THIS PUBLICATION
MAY NOT BE
BORROWED FROM
THE LIBRARY

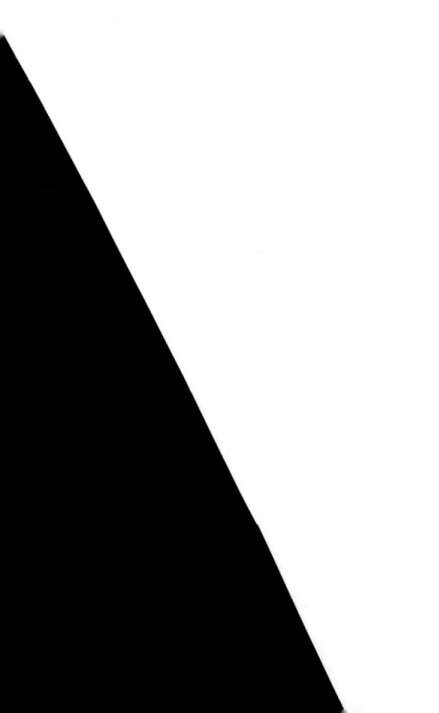

ASM Handbook®

Comprehensive Index Second Edition

Prepared under the direction of the
ASM International Handbook Committee

ASM International®
Materials Park, Ohio 44073-0002

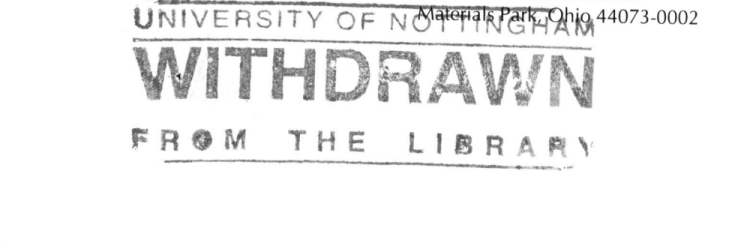

Copyright © 2000
by
ASM International®
All rights reserved

No part of this book may be reproduced, stored in a retrieval system, or transmitted, in any form or by any means, electronic, mechanical, photocopying, recording, or otherwise, without the written permission of the copyright owner.

First printing, January 2000

This book is a collective effort involving hundreds of technical specialists. It brings together a wealth of information from worldwide sources to help scientists, engineers, and technicians solve current and longrange problems.

Great care is taken in the compilation and production of this Volume, but it should be made clear that NO WARRANTIES, EXPRESS OR IMPLIED, INCLUDING, WITHOUT LIMITATION, WARRANTIES OF MERCHANTABILITY OR FITNESS FOR A PARTICULAR PURPOSE, ARE GIVEN IN CONNECTION WITH THIS PUBLICATION. Although this information is believed to be accurate by ASM, ASM cannot guarantee that favorable results will be obtained from the use of this publication alone. This publication is intended for use by persons having technical skill, at their sole discretion and risk. Since the conditions of product or material use are outside of ASM's control, ASM assumes no liability or obligation in connection with any use of this information. No claim of any kind, whether as to products or information in this publication, and whether or not based on negligence, shall be greater in amount than the purchase price of this product or publication in respect of which damages are claimed. THE REMEDY HEREBY PROVIDED SHALL BE THE EXCLUSIVE AND SOLE REMEDY OF BUYER, AND IN NO EVENT SHALL EITHER PARTY BE LIABLE FOR SPECIAL, INDIRECT OR CONSEQUENTIAL DAMAGES WHETHER OR NOT CAUSED BY OR RESULTING FROM THE NEGLIGENCE OF SUCH PARTY. As with any material, evaluation of the material under end-use conditions prior to specification is essential. Therefore, specific testing under actual conditions is recommended.

Nothing contained in this book shall be construed as a grant of any right of manufacture, sale, use, or reproduction, in connection with any method, process, apparatus, product, composition, or system, whether or not covered by letters patent, copyright, or trademark, and nothing contained in this book shall be construed as a defense against any alleged infringement of letters patent, copyright, or trademark, or as a defense against liability for such infringement.

Comments, criticisms, and suggestions are invited, and should be forwarded to ASM International.

Library of Congress Catalog Card Number: 99-080183
ISBN: 0-87170-388-2
SAN: 204-7586

ASM International®
Materials Park, OH 44073-0002
http://www.asm-intl.org

Printed in the United States of America

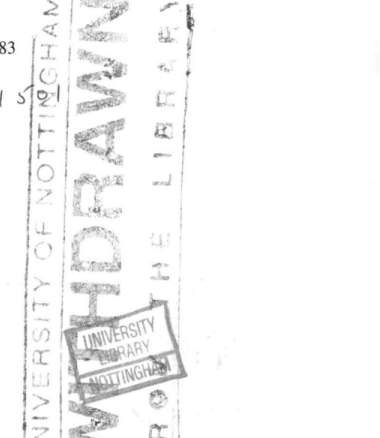

Preface

The *Comprehensive Index,* Second Edition is a convenient, single-volume compilation of indexes to 32 handbook volumes published by ASM International. It features indexes to 20 volumes of the current *ASM Handbook* (formerly *Metals Handbook*), and—as a service to owners of a complete set of the Ninth Edition *Metals Handbook*—it includes indexes for the 7 Ninth Edition volumes that have been superseded by revised *ASM Handbook* volumes. In addition, the *Comprehensive Index* includes indexes to the four-volume *Engineered Materials Handbook* as well as to the *Electronic Materials Handbook,* Volume 1, *Packaging.* A complete list of the handbooks covered in this Volume is given in the table below.

The format for the *Comprehensive Index* has been designed for ease of use. The letter and number code in boldface following a subject entry indicates the handbook series and volume number. The letter designations are **A,** *ASM Handbook,* Volumes 1–20; **M,** *Metals Handbook,* Ninth Edition, Volumes 1–7; **EM,** *Engineered Materials Handbook,* Volumes 1–4; and **EL,** *Electronic Materials Handbook,* Volume 1. Owners of Ninth Edition *Metals Handbook* volumes should note that Volumes 8 through 17 of that series have been folded into the *ASM Handbook* (and have been re-covered in the signature green *ASM Handbook* cover). Thus, index entries for these volumes are coded with **A;** however, these entries are also valid for the red-covered *Metals Handbook* volumes.

Following the boldface series and volume indicator for each entry are the page numbers that indicate the location of information on the indicated subject within that particular volume. For example, **A4:** 253–257, 655 directs the reader to *ASM Handbook,* Volume 4, pages 253 to 257 and 655. *ASM Handbook,* Volume 3, *Alloy Phase Diagrams* is numbered by sections; an example of an entry is **A3:** 1•24, which directs the reader to section 1, page 24 of that volume.

Because the separate indexes combined in the *Comprehensive Index* vary considerably in style and approach, the user of this Volume may want to try a number of strategies for finding information on a given subject. For example, to find information about heat treating of a particular alloy, the user should look not only under "Heat treating" but also under the name/designation of the particular material as well as under the names of specific heat treating processes.

Handbook volumes covered in the *Comprehensive Index*, Second Edition

Volume No.	Index code	Title	Year of publication
ASM Handbook			
1	**A1**	Properties and Selection: Irons, Steels, and High-Performance Alloys(a)	1990
2	**A2**	Properties and Selection: Nonferrous Alloys and Special-Purpose Materials(a)	1990
3	**A3**	Alloy Phase Diagrams	1992
4	**A4**	Heat Treating	1991
5	**A5**	Surface Engineering	1994
6	**A6**	Welding, Brazing, and Soldering	1993
7	**A7**	Powder Metal Technologies and Applications	1998
8	**A8**	Mechanical Testing(b)	1985
9	**A9**	Metallography and Microstructures(b)	1985
10	**A10**	Materials Characterization(b)	1986
11	**A11**	Failure Analysis and Prevention(b)	1986
12	**A12**	Fractography(b)	1987
13	**A13**	Corrosion(b)	1987
14	**A14**	Forming and Forging(b)	1988
15	**A15**	Casting(b)	1988
16	**A16**	Machining(b)	1989
17	**A17**	Nondestructive Evaluation and Quality Control(b)	1989
18	**A18**	Friction, Lubrication, and Wear Technology	1992
19	**A19**	Fatigue and Fracture	1996
20	**A20**	Materials Selection and Design	1997
Metals Handbook, **9th Edition**			
1	**M1**	Properties and Selection: Irons and Steels	1978
2	**M2**	Properties and Selection: Nonferrous Alloys and Pure Metals	1979
3	**M3**	Properties and Selection: Stainless Steels, Tool Materials, and Special-Purpose Metals	1980
4	**M4**	Heat Treating	1981
5	**M5**	Surface Cleaning, Finishing, and Coating	1982
6	**M6**	Welding, Brazing, and Soldering	1983
7	**M7**	Powder Metallurgy	1984
Engineered Materials Handbook			
1	**EM1**	Composites	1987
2	**EM2**	Engineering Plastics	1988
3	**EM3**	Adhesives and Sealants	1990
4	**EM4**	Ceramics and Glasses	1991
Electronic Materials Handbook			
1	**EL1**	Packaging	1989

(a) Originally released as *Metals Handbook*, 10th ed. (b) Originally released as *Metals Handbook*, 9th ed.

Numbered Entries

0.6-0.9C-10Cr-Mo alloy
abrasive wear volume **A18:** 805
2θ geometry, variable
RDF analysis **A10:** 396
4-(2-pyridylazo)-resorcino(PAR) reagent
use in ion chromatography.............. **A10:** 661
5-2½ alloy *See* Titanium alloys, specific types, Ti-5Al-2.5Sn
5-end satin weave *See* Satin (crowfoot) weave
6/4 alloy Ti
sawing **A16:** 360
7-14CuMo
composition **M6:** 354
7-Mo Plus *See* Stainless steels, specific types, S32950
8-8-2-3 beta alloy *See* Titanium alloys, specific types, Ti-8Mo-8V-2Fe-3Al
8-end satin weave *See* Satin (crowfoot) weave
8-hydroxyquinoline
as precipitant **A10:** 170
as solvent extractant **A10:** 170
8-quinolinol
as precipitant **A10:** 169
10 alloy *See* Copper alloys, specific types, C17500
13-11-3 *See* Titanium alloys, specific types, Ti-13V-11Cr-3Al
14CrMoV69 steel
fatigue curves......................... **M1:** 541
14-MeV fast neutron activation analysis
elemental concentrations in NBS fly ash determined using **A10:** 239
15-5 PH *See* Stainless steels
15-5PH *See* Stainless steels, specific types, S15500
15-7PH *See* Stainless steels, specific types, S15700
15-15LC *See* Stainless steels, specific types, S21300
16-25-6
18% maraging steel, constitutional liquation in multicomponent systems............ **A6:** 568
arc welding............................ **M6:** 364
broaching **A16:** 744, 745
composition **A6:** 564, **A16:** 736, **M6:** 354
electron-beam welding.................. **A6:** 869
machining . . **A16:** 738, 741–743, 746–747, 749–758
17-4PH *See* Stainless steels, specific types, S17400
17-14CuMo
composition........................... **A16:** 736
17-22 AS
composition **M1:** 649
17-22 AV
composition **M1:** 649
17-22A
broaching **A16:** 203, 209
drilling **A16:** 750
18-2FM *See* Stainless steels, specific types, S18200
18-2Mn *See* Stainless steels, specific types, S24100
18-18 Plus *See* Stainless steels, specific types, S28200
18Ni steels *See* Maraging steels
19 alloy/20 alloy thermocouple *See* Thermocouples, materials, nonstandard
19-9 DL
composition **A4:** 771, 794
19-9DL
annealing **M4:** 655
arc welding........................... **M6:** 364
composition **A16:** 736, **M4:** 651–652, **M6:** 354
drilling **A16:** 750
flash welding **M6:** 557
machining . . **A16:** 738, 741–743, 746–747, 749–758
stress relieving........................ **M4:** 655
19-9DX
flash welding **M6:** 557
20Cb-3
filler metal for stainless steel casting alloys **A6:** 496
21-6-9LC *See* Stainless steels, specific types, S21904
22 40 steel
composition and heat treatment.......... **M1:** 542
22-13-5 *See* Stainless steels, specific types, S20910
25 alloy *See* Copper alloys, specific types, C17200
30 CD 12 steel
composition and heat treatment.......... **M1:** 542
31CrMoV9 steel
composition and heat treatment.......... **M1:** 542
32 point groups *See* Crystal classes
38-6-44 *See* Titanium alloys, specific types, Ti-3Al-8V-6Cr-4Zr-4Mo
50 alloy *See* Copper alloys, specific types, C17600
60 metal *See* Tantalum alloys, specific types, Ta-10U
61 metal *See* Tantalum alloys, specific types, "61" metal
63 metal *See* Tantalum alloys, specific types, "63" metal
100-AR
composition and mechanical properties ... **M1:** 621
135M steel *See* Nitralloy 135M
165 alloy *See* Copper alloys, specific types, C17000
263
composition............................ **A6:** 573
300M
composition **M1:** 422
heat treatment......................... **M1:** 427
mechanical properties **M1:** 427–429
notches, effect on fatigue behavior ... **M1:** 668, 670
processing............................. **M1:** 427
885 °F embrittlement..................... **A6:** 848

A

2-Acetylaminofluorene
hazardous air pollutant regulated by the Clean Air Amendments of 1990 .... **A5:** 913
4-Aminobiphenyl
hazardous air pollutant regulated by the Clean Air Amendments of 1990 .... **A5:** 913
55% Aluminum-zinc alloy coating **M5:** 348–350
cooling **M5:** 349
corrosion resistance **M5:** 348
heat treating **M5:** 349–350
microstructure..................... **M5:** 348–350
precleaning............................ **M5:** 349
process **M5:** 348–349
steel sheet and wire **M5:** 348–350
A *See also* Absorbance; Crack length; Crack size; Crystal lattice length along the a axis; Stress ratio **EM3:** 3
defined **EM2:** 2
A basis
of design values **A8:** 662
A.O. Smith iron powder
functions of annealing **M7:** 182
A.W.G. system *See* American Wire Gage system
A/W glass ceramic..................... **EM4:** 1008
bonding to bone **EM4:** 1010, 1011
in vertebral surgery **EM4:** 1011
A2, A4, A5, A6, etc *See* Tool steels, specific types
A10 + SiO_4 + chromium oxide
coating for gas-lubricated bearings **A18:** 532
A15 superconductors *See also* Superconducting materials; Superconductivity; Superconductors
alloying, with third element additions **A2:** 1062–1063
applications...................... **A2:** 1070–1074
assembly techniques **A2:** 1065–1067
bronze tape conductors.................. **A2:** 1065
cable and winding................ **A2:** 1069–1070
chloride deposition **A2:** 1065
commercial magnets **A2:** 1070
conductor alloy.......................... **A2:** 12
critical current density **A2:** 1063–1064
defined **A2:** 1060
deformation............................ **A2:** 1067
development...................... **A2:** 1060–1062
fusion application **A2:** 1071–1072
high-energy physics **A2:** 1071
history **A2:** 1028
jelly roll method....................... **A2:** 1067
layer growth **A2:** 1063
liquid quenching........................ **A2:** 1065
matrix materials.................. **A2:** 1064–1065
modified jelly roll process **A2:** 1066
multifilamentary wire assembly..... **A2:** 1065–1067
niobium tube process **A2:** 1066–1067
phase diagrams **A2:** 1062
powder metallurgy **A2:** 1067
power generation applications...... **A2:** 1070–1071
processing **A2:** 1065–1070
properties **A2:** 1065–1070
reaction heat treatments.......... **A2:** 1068–1069
rod process **A2:** 1065–1066
surface diffusion....................... **A2:** 1065
tape conductor assembly................ **A2:** 1065
A16-SG alumina
rheological behavior in injection molding **EM4:** 174–175
A-40 *See* Titanium alloys, specific types, Ti grade 2
A-44 *See* Titanium alloys, specific types, Ti grade 3
A-70 *See* Titanium alloys, specific types, Ti grade 4
A-110AT *See* Titanium alloys, specific types, Ti-5Al-2.5Sn
A-286 *See also* Stainless steels, specific types, S66286 (AISI A286)
aging......................... **A4:** 796, 800, 801
aging cycle....................... **M4:** 656, 657
aging, effect on properties **M4:** 659, 664
aging precipitates **A4:** 796
annealing **M4:** 655
band sawing.................... **A16:** 738, 756
broachability constant.................. **A16:** 200
broaching **A16:** 203–206, 209, 743–746
carbon pickup **A4:** 798
cold working effect on aging **A4:** 801
composition **A4:** 794, **A16:** 736, **M4:** 651, 652, **M6:** 354
contour band sawing **A16:** 363
cooling rate, effect on properties **M4:** 661
double-aging **A4:** 796
drilling........................ **A16:** 738, 739
electrochemical grinding **A16:** 547
electrochemical machining **A16:** 534, 539, 541
end milling **A16:** 539, 738, 739
face milling.................... **A16:** 738, 739
fixtures **A4:** 799
flash welding **M6:** 557
gas nitriding...................... **A4:** 387, 401
gas tungsten arc welding **M6:** 365–366
grain growth...................... **A4:** 799, 800
grinding **A16:** 547, 759, 760
machinability **A16:** 737
machining . . **A16:** 738, 741–743, 746–747, 749–758
machining characteristics compared in table....................... **A16:** 738, 739
mechanical properties, effect of heat treatment.......................... **A4:** 800
milling **A16:** 547
nickel content and alloy classification **A4:** 800
precipitation strengthening and grain growth **A4:** 799
reaming........................ **A16:** 738, 739
sawing **A16:** 360
solution heat treatment **A4:** 796, 801
solution treating.................. **M4:** 656, 657
springs, strip for **M1:** 286
springs, wire for **M1:** 285
straddle milling................ **A16:** 738, 739
stress relieving......................... **M4:** 655
tapping **A16:** 738, 739
threading....................... **A16:** 738, 739
turning.................... **A16:** 738, 739, 740
A-allowable *See* A-basis
AAS *See* Atomic absorption spectrometry
ABA copolymers.......................... **EM3:** 3
defined **EM2:** 2
ABAQUS computer program for structural analysis...................... **EM1:** 26, 268
ABAQUS Finite-element analysis code **EM3:** 480, 486
ABAQUS model......................... **A20:** 172
A-basis *See also* B-basis; S-basis; Typical basis; Typical-basis......................... **EM3:** 3
defined **EM1:** 3, **EM2:** 2
Abbe number
dispersion property of glass **EM4:** 565
Abbé offset **A18:** 337
Abbé principle in dimensional measurement **A18:** 337
Abbe's criterion
for microscope magnification............ **A12:** 80
Abbott-Firestone curve *See also* Bearing area
defined **A18:** 1
Abbreviations **A4:** 968–970
and symbols **A8:** 724–726, **A10:** 689–692, **A11:** 796–798, **A12:** 492–494, **A13:** 1375–1377, **A14:** 944–945, **A15:** 896–897, **A17:** 758–760, **EL1:** 1166–1168, **EM1:** 948–950, **EM2:** 850–852, **EM3:** 852–853
Abbreviations, symbols, and tradenames..... **A1:** 1038–1041, **A2:** 1273–1277

Aberration
chromatic, defined ... **A10:** 670
defined ... **A9:** 1, **A10:** 668
spherical ... **A10:** 682
Aberration, spherical
in SEM imaging ... **A12:** 167–168
ABEX wet abrasion test ... **A18:** 189
Abhesive ... **EM3:** 3
defined ... **EM2:** 2
Abietic acid ... **A6:** 129
ABL bottle
defined ... **EM1:** 3, **EM2:** 2
Ablation ... **EM3:** 3
defined ... **EM1:** 3, **EM2:** 2
Ablation, laser
for solid sample analysis ... **A10:** 36
Ablative plastic ... **EM3:** 3
defined ... **EM1:** 3, **EM2:** 2
Abnormal grain growth *See also* Grain growth ... **A9:** 689–690
Abnormal zinc homeostasis
biologic indicators ... **A2:** 1255
Aborescent powder
defined ... **M7:** 1
Abradable seals
from composite powders ... **M7:** 175
Abraded ribbons
FMR study of ... **A10:** 274
Abraded surfaces *See also* Abrasion artifacts; Abrasion damage
flatness ... **A9:** 39–40
plastic deformation ... **A9:** 39
Abrasion ... **A8:** 1
and crushing failure, steel wire rope ... **A11:** 519
as fatigue crack origin ... **A12:** 263
carbon fiber ... **EM1:** 5
cobalt-base alloys ... **A13:** 663
data, cobalt-base alloys ... **A2:** 450
defined ... **A9:** 1, 35, **A11:** 1
definition ... **A5:** 944, **A16:** 40
edge retention of sample during ... **A9:** 44–45
effect, gas/oil wells ... **A13:** 479–480
failures, in pharmaceutical production ... **A13:** 1229
for adhesive bonding ... **EM1:** 68
fuel pump failure by ... **A11:** 465
high-carbon steels ... **A12:** 285
in XPS samples ... **A10:** 575
of glass fibers ... **EM1:** 4
of lead ... **A9:** 41
of thermoplastic mounting materials ... **A9:** 30
paints selected for resistance ... **A5:** 423
range of wear coefficients ... **A8:** 601–602
resistance, carbon and tungsten effects ... **A2:** 450
rub marks by ... **A11:** 27
surface, from mechanical damage ... **A11:** 342
Abrasion (abrasive wear) *See also* Abrasive erosion; Abrasive wear
defined ... **A18:** 1
Abrasion, aluminum alloys
soldering ... **A6:** 628
Abrasion artifacts *See also* Polishing artifacts; Tempering artifacts ... **A9:** 37–39
defined ... **A9:** 1
deformation etch markings ... **A9:** 37
in austenitic stainless steel ... **A9:** 34
in austenitic steels ... **A9:** 37
in brass ... **A9:** 33, 37
in ferrite steels ... **A9:** 35, 38
in metals with noncubic crystal structure ... **A9:** 37–38
in pearlitic steels ... **A9:** 35, 38
in plain carbon steels ... **A9:** 36
in surface oxide layers ... **A9:** 46
in very soft materials ... **A9:** 46–47
in zinc ... **A9:** 34, 37–38
Abrasion damage *See also* Polishing damage ... **A9:** 37–39
effect on hardness ... **A9:** 39
effect on transmission electron microscopy samples ... **A9:** 39
in gray iron ... **A9:** 36, 38–39
relationship of hardness to depth of ... **A9:** 37
Abrasion fluid
defined ... **A9:** 1
"Abrasion level" concept ... **A18:** 758
Abrasion models
wear models for design ... **A20:** 606
Abrasion, of dies *See also* Abrasives; Adhesion; Galling ... **A14:** 47, 56, 505
Abrasion process
defined ... **A9:** 1
Abrasion protection
thermal spray coatings ... **A6:** 1007
Abrasion rate
defined ... **A9:** 1
Abrasion resistance *See also* Fuzz ... **M3:** 582, 583
austenitic manganese steel ... **M3:** 580–583
chromate conversion coating ... **A13:** 392–393
comparisons ... **EM2:** 167
defined ... **EL1:** 1133
galvanized steels ... **A13:** 438
of coatings ... **A13:** 395
of core blowing machines ... **A15:** 191
of metal patterns ... **A15:** 195
polyamides (PA) ... **EM2:** 126
polyurethanes (PUR) ... **EM2:** 259
superhard tool materials ... **M3:** 453, 455, 456, 457–458, 461, 464
thermoplastic polyurethanes (TPUR) ... **EM2:** 206
ultrahigh molecular weight polyethylenes (UHMWPE) ... **EM2:** 167
Abrasion resistance index ... **A7:** 939
Abrasion resistance test
falling sand ... **A5:** 435
magnesium alloy finishes ... **M5:** 638
Taber abraser ... **A5:** 435
Abrasion soldering
definition ... **M6:** 1
Abrasion surface ... **EM3:** 35
Abrasion testing
austenitic manganese steel ... **M3:** 582
Abrasion wear *See* Abrasive wear
Abrasion-resistant (AR) steels ... **A18:** 649
wear rates for test plates in drag conveyor bottoms ... **A18:** 720
Abrasion-resistant cast iron ... **A9:** 245
as-cast against a chill ... **A9:** 254
high-chromium, as-cast ... **A9:** 255
Abrasion-resistant cast irons *See also* Alloy cast irons
abrasion resistance ... **M1:** 81, 87–88
alloying elements, effects on depth of chill ... **M1:** 76–80
applications ... **M1:** 81
characteristics ... **M1:** 75–76, 81
compositions ... **M1:** 76, 81, 82
heat treatment ... **M1:** 81–83
mechanical properties ... **M1:** 86–87
microstructure ... **M1:** 76, 83–86
physical properties ... **M1:** 83, 87, 88
production ... **M1:** 81
Abrasive
defined ... **A9:** 1
definition ... **A5:** 944, **M6:** 1
paint stripping method ... **A5:** 14
Abrasive belt grinding ... **A5:** 100–102
abrasive belt contact wheel characteristics and uses ... **A5:** 102
abrasive belt machines ... **A5:** 102
Al alloys ... **A16:** 770, 801
applications of belts ... **A5:** 102
cast Irons ... **A16:** 663
coated abrasives ... **A5:** 101–102
sheet-polishing heads ... **A5:** 102
Abrasive belt polishing *See* Belt polishing, abrasive
Abrasive blast cleaning ... **A13:** 414–415, 912, 1143
advantages and disadvantages ... **A5:** 11
aluminum and aluminum alloys ... **A5:** 784
babbitting ... **A5:** 374
before painting ... **A5:** 424
cast irons ... **A5:** 685–686
copper and copper alloys ... **A5:** 807–808
magnesium alloys ... **A5:** 820
normalizing scale removal method ... **A4:** 40
of stainless steel forgings ... **A14:** 230
stainless steels ... **A5:** 747
titanium and titanium alloys ... **A5:** 836–837
to remove rust and scale ... **A5:** 10
Abrasive blasting *See also* Grit blasting; specific blasting methods by name ... **A5:** 6, 11–12, **M5:** 83–96
abrasive types used ... **M5:** 83–86, 91, 93–95
advantages and limitations ... **A5:** 707
aluminum and aluminum alloys ... **M5:** 91, 571–573
applications ... **M5:** 83, 91–93
bronze ... **M5:** 91
cast iron ... **M5:** 91
castings ... **M5:** 86, 91–92, 614
ceramic coating processes ... **M5:** 537–539
copper and copper alloys ... **M5:** 614
definition ... **A5:** 944, **M6:** 1
dry *See also* Dry abrasive blasting ... **A17:** 81, 82
electropolishing processes ... **M5:** 304, 306, 308
environmental control ... **M5:** 88–90
equipment ... **M5:** 86–91, 95–96
ferrous P/M alloys ... **A5:** 763
for deburring ... **M7:** 458
for removing rust and scale ... **A5:** 10
heat-resistant alloys ... **A5:** 779, 780, 781, **M5:** 563–565
hot dip galvanized coating process ... **M5:** 326, 329, 332
hot dip tin coating process ... **M5:** 353
iron ... **M5:** 91
magnesium alloys ... **M5:** 628–629
mechanism of action ... **M5:** 4
molybdenum and tungsten ... **M5:** 659
nickel and nickel alloys ... **M5:** 669–670
nonmetallic materials ... **M5:** 91
painting pretreatment ... **M5:** 332
painting process, wire brushing compared with ... **M5:** 476
porcelain enameling process ... **M5:** 515
refractory metals ... **M5:** 652–653, 659–663, 667
refractory metals and alloys ... **A5:** 856, 860
rust and scale removal by ... **M5:** 11–14
safety and health hazards ... **A5:** 17
safety precautions ... **M5:** 21, 96
stainless steel ... **M5:** 552–553
steel ... **M5:** 91, 94
tantalum and niobium ... **M5:** 663
titanium and titanium alloys ... **M5:** 652–653
weldments ... **M5:** 91
wet *See* Wet abrasive blasting
zirconium and hafnium alloys ... **M5:** 667
Abrasive centerless grinding ... **A5:** 101
Abrasive cleaning ... **A5:** 4
after investment casting ... **A15:** 263
grit, zirconium castings ... **A15:** 838
heat-resistant alloys ... **A5:** 779–780
hot dip galvanized coatings ... **A5:** 366
of Replicast products ... **A15:** 271
Abrasive cloth wear testing ... **M1:** 603
Abrasive cutoff machine
for optical metallography specimen preparation ... **A10:** 300
Abrasive cutoff sawing
Al alloys ... **A16:** 800
Cu alloys ... **A16:** 818
refractory metals ... **A16:** 867, 868
Ti alloys ... **A16:** 846
Abrasive cutoff wheel cutting
specimen ... **A12:** 76, 92
Abrasive cutoff wheels
for nitrided steels ... **A9:** 218
hot upset forging ... **A14:** 86

SUBJECTS OF THE INDEXED VOLUMES: ASM Handbook (designated by the letter "A"): **A1:** Properties and Selection: Irons, Steels, and High-Performance Alloys (1990); **A2:** Properties and Selection: Nonferrous Alloys and Special-Purpose Materials (1990); **A3:** Alloy Phase Diagrams (1992); **A4:** Heat Treating (1991); **A5:** Surface Engineering (1994); **A6:** Welding, Brazing, and Soldering (1993); **A7:** Powder Metal Technologies and Applications (1998); **A8:** Mechanical Testing (1985); **A9:** Metallography and Microstructures (1985); **A10:** Materials Characterization (1986); **A11:** Failure Analysis and Prevention (1986); **A12:** Fractography (1987); **A13:** Corrosion (1987); **A14:** Forming and Forging (1988); **A15:** Casting (1988); **A16:** Machining (1989); **A17:** Nondestructive Evaluation and Quality Control (1989); **A18:** Friction, Lubrication, and Wear Technology (1992); **A19:** Fatigue and Fracture (1996); **A20:** Materials Selection and Design (1997). **Metals Handbook, 9th Edition** (designated by the letter "M"): **M1:** Properties and Selection: Irons and Steels (1978); **M2:** Properties and Selection: Nonferrous Alloys and Pure Metals (1979); **M3:** Properties and Selection: Stainless Steels, Tool Materials, and Special-Purpose Materials (1980); **M4:** Heat Treating (1981); **M5:** Surface Cleaning, Finishing, and Coating (1982); **M6:** Welding, Brazing, and Soldering (1983); **M7:** Powder Metallurgy (1984). **Engineered Materials Handbook** (designated by the letters "EM"): **EM1:** Composites (1987); **EM2:** Engineering Plastics (1988); **EM3:** Adhesives and Sealants (1990); **EM4:** Ceramics and Glasses (1991). **Electronic Materials Handbook** (designated by the letters "EL"): **EL1:** Packaging (1989)

used for tool steels **A9:** 256
Abrasive cutter **A9:** 23
Abrasive cutting
rhenium **A2:** 562
Abrasive cutting process
in metal removal processes classification scheme **A20:** 695
Abrasive cutting used for sectioning **A9:** 24–26
solutions to problems encountered **A9:** 24
Abrasive disk
definition **A5:** 944
Abrasive disk grinding
Al alloys **A16:** 770
Ti alloys **A16:** 846
Abrasive disks
for surface preparation **A17:** 52
Abrasive erosion *See also* Erosion
defined **A18:** 1
in boilers and steam equipment **A11:** 623
Abrasive fillers
two-component flexible epoxies **EL1:** 818
Abrasive finishing
application categories **A5:** 91
characteristics of processes **A5:** 90
hardness of work materials **A5:** 92
materials **A5:** 92–94
products **A5:** 91–92
relative usage for various work material types **A5:** 91
Abrasive flow **A16:** 19
Abrasive flow machining **A5:** 107
alloy steels **A5:** 710
carbon steels **A5:** 710
definition **A5:** 944
Abrasive flow machining (AFM) .. **A16:** 509, 514–519
abrasive grains **A16:** 517
and postprocessing **A16:** 35
machines **A16:** 515–516
media **A16:** 516–517
process applications **A16:** 518–519
process capabilities **A16:** 517–518
process characteristic flow rates **A16:** 514–515, 516
stock removal **A16:** 518
surface finish **A16:** 518
tooling **A16:** 516
Abrasive flow process
advantages and limitations **A5:** 707
Abrasive fluid jet cutting **EM4:** 313, 314
Abrasive fluid jet machining **EM4:** 363–366
abrasive slurry jets **EM4:** 365
abrasive waterjet cutting fundamentals .. **EM4:** 363, 364
advantages **EM4:** 363, 364
limitations **EM4:** 364
process capabilities **EM4:** 363–364
system components **EM4:** 363, 364
applications **EM4:** 365, 366
cutting parameters' effect on surface quality **EM4:** 364–365
abrasives used **EM4:** 365
cut surface properties **EM4:** 365
cutting speeds **EM4:** 365
future outlook **EM4:** 366
interactions at the grinding zone **EM4:** 315–317
abrasive grain size effect **EM4:** 316, 317, 325
grinding direction effect **EM4:** 316, 317
surface finish **EM4:** 316, 317, 318, 325, 327
principles of **EM4:** 363
recommended cutting speeds for selected ceramics **EM4:** 366
Abrasive fraction **A18:** 431
Abrasive grain shape **A18:** 185
Abrasive grinding
of investment castings **A15:** 264
Abrasive jet cutting, in metal removal processes classification scheme **A20:** 695
Abrasive jet machining **A5:** 92, 106–107
definition **A5:** 944
residual stresses and risk of explosion **A5:** 150
Abrasive jet machining (AJM) **A16:** 509, 511–513
advantages and disadvantages **A16:** 512
applications **A16:** 511
compared to sandblasting **A16:** 511
material removal abrasive powders **A16:** 512
material removal flow rates **A16:** 512
material removal nozzle tip distance **A16:** 513
stainless steels **A16:** 706
system components **A16:** 511
tolerance and finish **A16:** 513
Abrasive machining **A20:** 696, **EM4:** 313, 314
defined **A9:** 1
definition **A5:** 944
in ceramics processing classification scheme **A20:** 698
Abrasive machining methods
and milling operation **A16:** 329
surface alterations produced **A16:** 23–24
Abrasive machining, principles of **EM4:** 315–327
grindability of ceramics versus metals ... **EM4:** 315
elastic deformation **EM4:** 315
strength **EM4:** 315
thermal conductivity **EM4:** 315
material removal mechanism in the grinding of ceramics **EM4:** 317–320
chip formation and surface generation **EM4:** 319–320
chip formation model for precision grinding of ceramics **EM4:** 318–320
ductile regime grinding model **EM4:** 317–318
indentation fracture mechanism .. **EM4:** 317, 319
plastic deformation **EM4:** 319, 320
systems approach **EM4:** 320–327
machine tool parameters **EM4:** 320, 321–324
operational factors **EM4:** 320, 326–327
wheel specification **EM4:** 320, 324
work material properties **EM4:** 320, 325–326
Abrasive minerals
hardness of **M1:** 89
Abrasive paint stripping method **M5:** 18–19
Abrasive papers
flatness obtained compared to fixed-abrasive lap **A9:** 39
Abrasive precision grinding **A5:** 100–102
Abrasive processes **A16:** 19
Abrasive processing **A16:** 32–33
Abrasive removal
nickel-titanium shape memory effect (SME) alloys **A2:** 899
Abrasive slurries and compounds **A5:** 104–105
abrasive grains used with finishing compounds **A5:** 104
bobbing compounds **A5:** 104
chromium buffing compounds **A5:** 105
color or coloring compounds **A5:** 104–105
cut and color compounds **A5:** 104
emery paste **A5:** 105
greaseless compounds **A5:** 105
liquid compounds **A5:** 105
rouge compounds **A5:** 105
stainless steel buffing compounds **A5:** 105
steel buffing compounds **A5:** 105
Tripoli compound **A5:** 104
types **A5:** 104–105
Abrasive slurry
used with wire saws **A9:** 26
Abrasive tumbling **A16:** 27, 35
as mechanical cleaning method **A17:** 82
Abrasive waterjet cleaning
cast irons **A5:** 686
Abrasive water-jet cutting **A5:** 107, **A14:** 743–755, **EM1:** 673–67
abrasives **A14:** 747–748
advantages/limitations **A14:** 743
applications **A14:** 752–755, **EM1:** 674–67
as new metalworking process **A14:** 18–19
benefits/problems **EM1:** 673–67
cut quality **A14:** 751–752
cutting characteristics **EM1:** 674–67
cutting principle **A14:** 743–744
defined **A14:** 743
equipment tools **EM1:** 67
future trends **EM1:** 67
materials cut by **EM1:** 675
safety **A14:** 755
surface finish **A14:** 746–748
system components **A14:** 743–747
waterjet speeds, calculation **A14:** 748–751
Abrasive waterjet machining (AWJM) *See also* Waterjet/abrasive waterjet machining **A16:** 509
carbon and alloy steels **A16:** 677
compared to friction band sawing **A16:** 365
MMCs **A16:** 893–894, 896, 897
stainless steels **A16:** 704, 706
Abrasive wear *See also* Adhesive wear; Fretting; Fretting corrosion; Oxidative wear; specific type by name, such as Scratching abrasion... **A7:** 965, 968, 969, 1069, **A8:** 1, 602, **A18:** 184–190, 613, **A20:** 603, 604, 606, 607, 608, 611
abrasive particle size **M1:** 601, 602
aluminum-silicon alloys **A18:** 788
bearing steels **A18:** 732–733
bearings **A19:** 361
categories **A18:** 184–190
ceramics **A18:** 814
cobalt-base wrought alloys **A18:** 767, 768
composite restorative materials (dental), studies and testing **A18:** 670
correlations between dissimilar tests .. **M1:** 600–602
damage dominated by chip formation **A18:** 179–180
defined **A9:** 1, **A11:** 1, **A18:** 1, 184
definition **A5:** 944, **A7:** 965
dental amalgam abrasion test methods **A18:** 669
dental cement testing **A18:** 673
denture acrylics **A18:** 674
die material, material loss (dental) **A18:** 675
effect of material properties on **A11:** 158–159
electroplated coating applications **A18:** 835
embeddability of soft metals **M1:** 609–610
environmental effect **A18:** 187–189
abrasive **A18:** 188
corrosive effects **A18:** 189
humidity **A18:** 188–189
load **A18:** 188
speed of contact **A18:** 188
temperature **A18:** 188
failures **A11:** 146–148
gray cast iron **M1:** 24
hardfacing alloys **A18:** 758, 759, 760–761, 763, 764, 765
hardfacing for **M7:** 823
hardness of abrasive **M1:** 601–603
hardness of metal **M1:** 603–605
in shafts **A11:** 465
in sliding bearings **A11:** 488, **A18:** 742, 743
internal combustion engine parts ... **A18:** 555, 558, 559
ion implantation **A18:** 855–856, 857, 858
jet engine components **A18:** 588, 590
laboratory vs. field tests **M1:** 600
laser-hardened gray iron **A18:** 864
lubricant analysis case history **A18:** 308
mass loss measures of wear **A18:** 362
material properties, effects of **A18:** 186–187
abrasive grain size **A18:** 187
alloying **A18:** 186
crystal structure and orientation ... **A18:** 186, 187
fracture toughness **A18:** 186
hardness correlation with abrasion rate **A18:** 186
modulus of elasticity **A18:** 187
second phase size **A18:** 186–187
solidus temperature **A18:** 186
material selection for **A13:** 333
materials **A18:** 189–190
ceramics **A18:** 189
metals **A18:** 189–190
plastics **A18:** 190
mechanism **M1:** 599
mechanisms for material removal **A18:** 184
cutting **A18:** 184, 185
microcracking **A18:** 184, 185–186
microfatigue **A18:** 184
plowing **A18:** 184–185, 186
wedge formation **A18:** 184
mechanisms responsible for **A7:** 965
metal-matrix composites .. **A18:** 804–805, 806, 807, 809, 810
mining and mineral industries .. **A18:** 649–650, 651, 652
types of **A18:** 649
nickel, electroless **A18:** 837
nitrided surfaces **A18:** 879, 880, 881, 882
of bearings **A11:** 494–495
of cemented carbides .. **A18:** 797–798, 799, **M7:** 779
of cobalt-base wear-resistant alloys **A2:** 447
of shell liner **A11:** 375–377
on gear teeth **A11:** 595–596
processes **A18:** 184, 185
pump sleeve failure by **A11:** 159

Abrasive wear (continued)
pumps **A18:** 595, 597–598, 599
resistance, cemented carbides **A2:** 958–959
rubbing wear particles in lubricant analysis **A18:** 302
semiconductors **A18:** 685
sliding wear coefficient **A20:** 604
solid particle erosion **A18:** 199, 203–204
stainless steels .. **A18:** 713–714, 716, 717, 718–720, 722–723
surface texture applications **A18:** 343
tester.................................. **A8:** 605
testing **M1:** 599, 600–603, 618
theory **A11:** 146–148, **A18:** 189
thermal spray coating applications....... **A18:** 831, 832–833
performance factors **A18:** 833
thermal spray coatings for hardfacing applications **A5:** 735
thermoplastic composites **A18:** 821
third-particle **A11:** 494
tool steels **A18:** 736–737, 738
toothbrush and dentifrice prophylactic wear of human dental tissues **A18:** 665
wear studies **A18:** 667–669
types **A7:** 965, **M1:** 597, 599
under lubrication **A11:** 150
volume rate per unit length of sliding, symbol for **A11:** 798
wear resistance tables **M1:** 617, 621
wear resistance versus hardness, annealed unalloyed metals **A18:** 707, 708
Abrasive wear factor
defined **A18:** 1
Abrasive wear, of dies *See also* Abrasion; Wear **A14:** 47
Abrasive wear resistance **A18:** 490–491
in ferrous P/M materials **M7:** 464
of cemented carbides **M7:** 778
Abrasive wear resistance of cemented carbides, specifications **A7:** 1100
Abrasive wheel
definition **A5:** 944
Abrasive wheel cutting
of carbon and alloy steels **A9:** 165–166
Abrasive wheel grinding
Al alloys **A16:** 770
Abrasive wheels
as copper-based powder application **M7:** 733
metal bonded **M7:** 797
nonconsumable **A9:** 25
powders used for **M7:** 572
Abrasive wheels, consumable
coolants for use with **A9:** 24–25
edge wear used to determine suitability..... **A9:** 25
selection of **A9:** 24
shelf life **A9:** 25
speeds **A9:** 25
Abrasive wood/plastic composites
diamond for machining **A16:** 105
Abrasives *See also* Abrasion; Abrasive waterjet cutting **A5:** 92–94, **EM4:** 329–335
ceramic machining guidelines **EM4:** 333–335
grinding of glass **EM4:** 333–334
grinding of high-alumina ceramics..... **EM4:** 333
grinding of technical ceramics **EM4:** 334–335
coated **A5:** 101
coatings to improve bond properties **EM4:** 332–333
nickel metal coatings **EM4:** 333
combinations of types **A5:** 94
controlling abrasive properties...... **EM4:** 331–332
bondability **EM4:** 332
friability **EM4:** 332
toughness index **EM4:** 332
conventional **A5:** 92
copper-coated **A5:** 94
cubic boron nitride **A5:** 101
diamond **A5:** 101
diamond grinding applications **EM4:** 333
distribution/angle of impact **A15:** 517–518
drilling **A16:** 229
flow rates **A15:** 516–517
for blast cleaning **A15:** 510–511
for grinding ceramics and glasses **EM4:** 331
garnet **A14:** 746–748
grit size **A14:** 752
matching abrasive and bond properties .. **EM4:** 331
metal-coated **A5:** 94
nomenclature **EM4:** 333
grinding ratio **EM4:** 333
grit size **EM4:** 333
specific grinding energy **EM4:** 333
specific grinding ratio **EM4:** 333
operating mix **A15:** 511
parameters of **A15:** 518–520
performance characteristics **A13:** 415
physical properties of engineered materials **EM4:** 329
hardness **EM4:** 329, 330
modulus of resilience **EM4:** 329, 330
position of abrasives on the hardness/MOR map **EM4:** 329–331
properties **A13:** 921
rolling **A5:** 105
silica **A14:** 747–748
sliding **A5:** 105
steel shot/grit as **A15:** 506
superabrasives **A5:** 92, 94, 96, 97
synthetic **A5:** 92–94
Abrasives for aluminum alloys **A9:** 352–353
effect on flatness **A9:** 40
embedding in specimens **A9:** 39
for aluminum-silicon alloys **A9:** 40
for beryllium **A9:** 389
for beryllium-copper alloys **A9:** 392–393
for beryllium-nickel alloys **A9:** 392–393
for carbon and alloy steels **A9:** 168–169
for carbon steel casting specimens **A9:** 230
for cast irons **A9:** 243
for copper and copper alloys **A9:** 400
for electrical contact materials **A9:** 550
for electrogalvanized sheet steel **A9:** 197
for ferrites and garnets **A9:** 533
for fiber composites, grinding **A9:** 588–589
for fiber composites, polishing **A9:** 589–591
for hafnium **A9:** 497
for hand polishing **A9:** 35
for heat-resistant casting alloys **A9:** 330
for hot-dip galvanized sheet steel **A9:** 197
for hot-dip zinc-aluminum coated sheet steel **A9:** 197
for iron-cobalt and iron-nickel alloys.. **A9:** 532–533
for low-alloy steel casting samples **A9:** 230
for powder metallurgy materials **A9:** 505–506
for preservation of nonmetallic inclusions... **A9:** 39
for refractory metals **A9:** 439
for sleeve bearing materials **A9:** 565–567
for tin and tin alloy coatings **A9:** 450–451
for tin and tin alloys **A9:** 449
for titanium and titanium alloys **A9:** 458–459
for transmission electron microscopy specimens **A9:** 104
for use with tool steels **A9:** 257
for wire sawing **A9:** 26
for wrought heat-resistant alloys **A9:** 305–307
for wrought stainless steel **A9:** 279
for zinc and zinc alloys **A9:** 488
for zirconium and zirconium alloys **A9:** 497
Abrasives, polishing
types used **M5:** 108
Abrasivity
defined **A18:** 1
definition **A5:** 944
ABS *See* Acrylonitrile-butadiene-styrene; Acrylonitrile-butadiene-styrenes
Absolute coil arrangement
eddy current inspection **A17:** 175–176
Absolute density
by computed tomography (CT) **A17:** 361
defined **M7:** 1
Absolute depth scale
by FIM/AP **A10:** 593
Absolute humidity **EM3:** 3
defined **EM2:** 2
Absolute impact velocity *See* Impact velocity
Absolute magnetic permeability **A6:** 365
Absolute methanol, and bromine
to isolate inclusions in steel **A10:** 176
Absolute pore size
defined **M7:** 1
Absolute probes
eddy current inspection **A17:** 180–181
Absolute temperature **A20:** 352
Absolute viscosity *See also* Viscosity **EM3:** 3
defined **EM2:** 2
Absorbance
abbreviation for **A10:** 689
as function of wavelength **A10:** 63
defined **A10:** 668
in IR quantitative analysis **A10:** 117
in IR spectra **A10:** 110
optimum, UV/VIS **A10:** 68
UV/VIS, as function of sample concentration **A10:** 62–64
vs. radiation energy **A10:** 85–86
Absorbance-subtraction techniques
as IR qualitative analysis **A10:** 116
for polymer curing reactions **A10:** 120
Absorbed dose
SI derived unit and symbol for **A10:** 685
SI unit/symbol **A8:** 721
Absorbed moisture *See* Absorption; Moisture absorption
Absorbed specimen current detection
in scanning electron microscopy **A9:** 90
Absorbed water
and permittivity **EL1:** 600–601
Absorber
ultraviolet **EM2:** 1
Absorption *See also* Adsorption; Moisture absorption; Radiographic absorption; Water absorption **A13:** 1, 147, 329–333, **A19:** 475, **EM3:** 3
and chemical susceptibility **EM2:** 572
and fluorescence spectra, N-phenyl carbazole **A10:** 75
and Lorentz polarization, in surface stress measurement **A10:** 385–386
and photoelectric effect **A10:** 97
and porosity, wave effects **A17:** 212
as leakage **A17:** 58
broad-beam **A17:** 310
characteristics, compared with neutron and x-ray scattering **A10:** 421
coefficients **A17:** 310
contrast, AEM **A10:** 444–445
correction, EPMA **A10:** 524
cross section, Mössbauer effect **A10:** 288
cross section, Mössbauer spectroscopy **A10:** 288
curve, for uranium, as function of wavelength **A10:** 85
defined **A10:** 84, 668, **EM1:** 3, **EM2:** 2
edges **A10:** 85–86
edges, defined **A17:** 309
effect in AAS **A10:** 43
effect of low neutron **A10:** 423
effective, of x-rays **A17:** 310–311
-emission, model approximations of....... **A10:** 97
enhancement effects, interelement......... **A10:** 97
in ferromagnetic resonance **A10:** 267
jump **A10:** 85–86
lineshapes, NMR **A10:** 280
matrix, as XRPD source of error **A10:** 341
measured as function of applied magnetic field, FMR **A10:** 267
micro-, as XRPD source of error **A10:** 341

SUBJECTS OF THE INDEXED VOLUMES: ASM Handbook (designated by the letter "A"): **A1:** Properties and Selection: Irons, Steels, and High-Performance Alloys (1990); **A2:** Properties and Selection: Nonferrous Alloys and Special-Purpose Materials (1990); **A3:** Alloy Phase Diagrams (1992); **A4:** Heat Treating (1991); **A5:** Surface Engineering (1994); **A6:** Welding, Brazing, and Soldering (1993); **A7:** Powder Metal Technologies and Applications (1998); **A8:** Mechanical Testing (1985); **A9:** Metallography and Microstructures (1985); **A10:** Materials Characterization (1986); **A11:** Failure Analysis and Prevention (1986); **A12:** Fractography (1987); **A13:** Corrosion (1987); **A14:** Forming and Forging (1988); **A15:** Casting (1988); **A16:** Machining (1989); **A17:** Nondestructive Evaluation and Quality Control (1989); **A18:** Friction, Lubrication, and Wear Technology (1992); **A19:** Fatigue and Fracture (1996); **A20:** Materials Selection and Design (1997). **Metals Handbook, 9th Edition** (designated by the letter "M"): **M1:** Properties and Selection: Irons and Steels (1978); **M2:** Properties and Selection: Nonferrous Alloys and Pure Metals (1979); **M3:** Properties and Selection: Stainless Steels, Tool Materials, and Special-Purpose Materials (1980); **M4:** Heat Treating (1981); **M5:** Surface Cleaning, Finishing, and Coating (1982); **M6:** Welding, Brazing, and Soldering (1983); **M7:** Powder Metallurgy (1984). **Engineered Materials Handbook** (designated by the letters "EM"): **EM1:** Composites (1987); **EM2:** Engineering Plastics (1988); **EM3:** Adhesives and Sealants (1990); **EM4:** Ceramics and Glasses (1991). **Electronic Materials Handbook** (designated by the letters "EL"): **EL1:** Packaging (1989)

molecular, and de-excitation processes, MFS Jablonsky diagram for **A10:** 73
molecular, of UV/VIS radiation, as requirement for fluorescence **A10:** 73
negative **A10:** 98
neutron and x-ray **A17:** 387
neutrons, process **A17:** 390
of a photon **A10:** 61
of energy, by honeycomb structures **EM1:** 728
of hydrogen **A12:** 124
of light, effect of sample thickness **A10:** 61
of microwaves **A17:** 204
of ultrasonic energy, ultrasonic beams **A17:** 238
particle, as XRPD source of error **A10:** 341
photoelectric, in EXAFS **A10:** 409
probability, fluorescence intensity as measure of **A10:** 411
spectra, ESR **A10:** 260
spectra, Mössbauer spectroscopy **A10:** 294
spectrum, K-edge, of krypton gas **A10:** 410
total, above absorption edge **A10:** 409
total, electromagnetic radiation attenuation **A17:** 309
tracer gas, and system responses **A17:** 69
ultrasonic waves, attenuation by **A17:** 231
x-ray, as cause of interelement effects **A10:** 97
x-ray, effect in AEM-EDS microanalysis . . **A10:** 448
x-ray, in XRS **A10:** 84
Absorption coefficients **A18:** 463, 464, 466
Absorption contrast
AEM **A10:** 444–445
defined **A10:** 668
Absorption correction (A)
in EPMA analysis **A10:** 524
Absorption diffraction method
XRPD analysis **A10:** 339–340
Absorption edge
defined **A10:** 668
Absorption of high-energy electrons **A9:** 111
Absorption spectroscopy
defined **A10:** 668
Absorptive lens
definition **M6:** 1
Absorptivity **A6:** 265–266
defined **A10:** 668
in UV/VIS **A10:** 62
molar **A10:** 62–63
Abundance, natural
and atomic mass, for naturally occurring isotopes **A10:** 643
Abuse, electrical *See* Electrical abuse
Abusive drilling **A16:** 29
Abusive final grinding
cracking from **A12:** 335
Abusive grinding **A16:** 26
of tool steel parts **A11:** 567, 569
AC *See* Acetal (AC) copolymers; Acetal (AC) homopolymers; Acetal (AC) resins; Acetal copolymers; Alternating current; Homopolymer and copolymer acetals (AC)
AC corona
defined **EM2:** 461
ac noncapacitive arc
defined **A10:** 668
a-carbon
plasma-assisted physical vapor deposition **A18:** 848
Acc cooling (AcC) **A4:** 58
Accelerated aging *See also* Artificial weathering
definition **A5:** 944
Accelerated corrosion
by stray current **A13:** 87
Accelerated corrosion tests **A11:** 174, **A13:** 194
defined **A13:** 1
laboratory, for exfoliation corrosion **A13:** 242
of intergranular corrosion **A13:** 239
of magnesium/magnesium alloys **A13:** 745
of pitting corrosion **A13:** 231–233
of uniform corrosion **A13:** 229
Accelerated cost recovery system **A13:** 372
Accelerated fatigue cracking **A19:** 206–207
Accelerated fatigue reliability testing **EL1:** 741, 747–751
Accelerated life prediction
accelerated testing/analysis **EM2:** 789–790
analytical plan development **EM2:** 793–794
compliance model **EM2:** 790–791
curing/aging/environment, effects of **EM2:** 788–789
durability prediction synopsis **EM2:** 794
failure model **EM2:** 791–792
laminate model **EM2:** 792–793
Accelerated mission test (AMT) **A19:** 586
ENSIP Task IV, ground and flight engine tests **A19:** 585
Accelerated rupture tests **A19:** 520
Accelerated stress-corrosion crack testing **A8:** 496–501
for alloy systems **A8:** 522–532
interpretation of results **A8:** 500–501
medium, correlation of **A8:** 522–523
purposes **A8:** 495
test environment for **A8:** 521–522
Accelerated test
defined **EM1:** 3
Accelerated testing *See also* Testing **A20:** 93
acceleration factor **EL1:** 889
cautions **EL1:** 893
defined **EL1:** 887, 1133
failure kinetics, VLSI mechanisms . . . **EL1:** 889–893
failure rate **EL1:** 889
fatigue reliability **EL1:** 741, 747–751
for aging and solderability **EL1:** 631
pur-pose **EL1:** 887
time-to-failure modeling **EL1:** 887–888
time-to-failure statistics **EL1:** 888–889
Accelerated thermal cycle testing
life cycle **EL1:** 136–139
Accelerated thermal cycling (ATC) test **A19:** 887–888
Accelerated-life test *See also* Artificial aging **EM3:** 3
defined **EM2:** 2
Accelerating and storage complex (UNK)
as niobium-titanium superconducting material application **A2:** 1055
Accelerating potential
defined **A9:** 1
definition **M6:** 1
Accelerating voltage
defined **A10:** 668
SEM imaging **A12:** 167
Acceleration *See also* Angular acceleration
and inertia, strain rate testing **A8:** 40
angular, SI derived unit and symbol for . . **A10:** 685
factor, in accelerated testing **EL1:** 889
factors, humidity testing **EL1:** 497
nonuniform **EL1:** 893
of cracking **A11:** 744
potential, electron, effect in x-ray emission **A10:** 84
SI defined unit and symbol for **A10:** 685
SI unit/symbol for **A8:** 721
transform, fatigue **EL1:** 741, 745
wear testing **A8:** 604, 606
Acceleration, gravitational
solidification effects **A15:** 147–158
Acceleration period
defined **A18:** 1
Accelerator *See also* Catalyst; Promoter **EM3:** 3
defined **EM2:** 2
Accelerator pedals
economy in manufacture **M3:** 848
Accelerator test
phosphate coating solutions **M5:** 442
Accelerators **A13:** 384, 393
as neutron source **A17:** 388–389
defined **EM1:** 3
for epoxy curing **EM1:** 137
for machine guns **M7:** 685
high-energy x-ray machines **A17:** 388–389
low-voltage **A17:** 388
phosphate coating process **M5:** 435, 442
Van de Graaff **A17:** 389
Accelerators, combustion
use in high-temperature combustion **A10:** 221–222
Acceptable quality level
defined **EL1:** 1133
Acceptable quality level (AQL)
definition **A7:** 707
polished components **EM4:** 469
Acceptable quality levels (AQL) **EM3:** 785
Acceptable weld
definition **M6:** 1
Acceptance *See also* Acceptance or rejection
and NDE response **A17:** 675
conditional **A17:** 675
criteria, NDI **A17:** 663
standards, liquid penetrant inspection **A17:** 88
standards, radiography **A17:** 347
threshold criterion **A17:** 676
Acceptance or rejection
by coordinate measuring machines **A17:** 18
criteria, adhesive-bonded joints **A17:** 633
methods, acoustic emission inspection **A17:** 278
weld **A17:** 590
Acceptance test **EM3:** 3
Acceptance tests **A13:** 193, 207, 239, 240
mechanical **A11:** 19
Acceptance, user
of corrosion test results **A13:** 316–317
Accepted reference value
defined **A8:** 1
Access control
to radiation facilities **A17:** 302
Accessibility
to corrosives **A13:** 340
Accessory gear
engine M-1 Abrams tank **M7:** 688
Accessory seal
defined **A18:** 2
Accident prevention signs **A20:** 144
Accidents *See also* Safety **A20:** 139
Accumulated effective inelastic strain **A20:** 525
Accumulated plastic strain
equation **A19:** 548
Accumulating-type multiblock continuous wire-drawing machine **A14:** 333–334
Accumulation period *See* Acceleration period
Accumulator
defined **EM2:** 2
for hydraulic torsional system **A8:** 216
Accumulator ring
hydrogen embrittlement fracture **A11:** 337, 338
Accumulator-drive presses
for hot extrusion **A14:** 319
Accuracies
defined, in welding **A17:** 590
diffraction pattern technique **A17:** 13
human vs. machine vision **A17:** 30
laser triangulation sensors **A17:** 13
of photodiode array imaging **A17:** 12–13
of scanning laser gage **A17:** 12
volumetric, coordinate measuring machines **A17:** 26
Accuracy *See also* Allowances; Dimensional accuracy; Tolerances **A8:** 1, **A20:** 77
and precision, compared **A10:** 525
characteristics, forming machines **A14:** 16
component placement, factors affecting . . . **EL1:** 732
defined **A10:** 668
definition **A20:** 828
in HERF processing **A14:** 105
in piercing **A14:** 466–467
in shearing **A14:** 706, 714
in UV/VIS **A10:** 70
locational, technological capabilities **EL1:** 508
number of samples and **A8:** 623–624
of activity coefficient **A15:** 55
of blanking operations **A14:** 456–457
of contour roll forming **A14:** 633
of failure analysis and fracture mechanics **A11:** 55–57
of hot forming titanium alloys **A14:** 842
of low-acceleration fatigue tests **EL1:** 741
of mechanical presses **A14:** 39–40
of microanalysis, standards for **A10:** 530
of press forming **A14:** 552
of presses **A14:** 39–40, 495
of radioanalysis **A10:** 246–247
of single-crystal analysis **A10:** 352
of stretch forming **A14:** 596–597
of temperature control, precision forging . . **A14:** 165
parameter **A8:** 387
translation/rotational, for component placement **EL1:** 732
wire forming **A14:** 695
Aceramic Neolithic period
metalworking in **A15:** 15
Acetal
critical surface tension **EM3:** 180
friction coefficient data **A18:** 73
Acetal (AC) copolymers **EM3:** 3
Celcon **EM3:** 278
defined **EM2:** 2
primer **EM3:** 278

Acetal (AC) copolymers (continued)
surface preparation **EM3:** 278, 291
Acetal (AC) homopolymers **EM3:** 3
defined **EM2:** 2
Delrin **EM3:** 278
surface preparation **EM3:** 278
Acetal (AC) resins *See also* Homopolymer and copolymer acetals (AC); Polyoxymethylene (POM) **EM3:** 3
as engineering thermoplastics **EM2:** 448
as structural plastic **EM2:** 65
chemistry **EM2:** 65, 100
defined **EM2:** 2, 100
Acetaldehyde
hazardous air pollutant regulated by the Clean Air Amendments of 1990 . . . . **A5:** 913
physical properties **EM3:** 104
Acetamide
hazardous air pollutant regulated by the Clean Air Amendments of 1990 . . . . **A5:** 913
Acetate chemical group
an polymer naming **EM2:** 56
Acetate group
chemical groups and bond dissociation energies used in plastics **A20:** 440
Acetate solution
copper/copper alloy SCC **A13:** 633
Acetate tape
for plastic replicas **A17:** 53
Acetates
as salt precursors **EM4:** 113
Acetic acid **A13:** 1158–1159
and nitric acid as an etchant for stainless steels welded to carbon or low alloy steels . . **A9:** 203
and stress-corrosion cracking **A19:** 493
as chemical cleaning solution **A13:** 1141
as ferrous cleaning agent **A12:** 75
boiling glacial, austenitic stainless steel corrosion **A13:** 556
boiling, nickel-base alloy corrosion **A13:** 648
copper/copper alloy corrosion in **A13:** 629
corrosion of stainless steels in **M3:** 78–81
electroless nickel coating corrosion **A20:** 479
for acid cleaning **A5:** 48, 53
glacial, electroless nickel coating corrosion **A5:** 298
in an aqueous solution as an etchant for magnesium alloys **A9:** 426
in petroleum refining and petrochemical operations **A13:** 1268
nickel-base alloy resistance **A13:** 646, 648
nitric acid and glycerol as an etchant for tin-lead alloys **A9:** 450
salt spray test **A5:** 211, 639
stainless steel corrosion in **A13:** 558
Acetic acid-salt spray (fog) test **A13:** 225
Acetic anhydride
copper/copper alloy resistance **A13:** 629
Acetic anhydride and perchloric acid **A9:** 51
Acetic nitrate-pickling for macroetching magnesium alloys **A9:** 426
Acetic-nitrate
acid pickling treatments for magnesium alloys **A5:** 828
Acetic-nitrate pickling
magnesium alloys **M5:** 630–631, 640–641
Acetic-picral etchants used for magnesium alloys **A9:** 426
Acetone **A7:** 81
cleaning with **M5:** 40–41
deep immersion in **A8:** 36
effect on bearing strength, aluminum alloy sheet **A8:** 60
electroless nickel coating corrosion **A5:** 298, **A20:** 479
epoxy resin removal by **EM1:** 153
for cleaning electron gun components and workpiece parts **A6:** 257
milling of WC **A16:** 72
properties **A5:** 21
surface tension **EM3:** 181
wipe solvent cleaner **A5:** 940
Acetone (C_3H_6O)
as solvent used in ceramics processing . . . **EM4:** 117
Acetonitrile
hazardous air pollutant regulated by the Clean Air Amendments of 1990 . . . . **A5:** 913
Acetophenone
hazardous air pollutant regulated by the Clean Air Amendments of 1990 . . . . **A5:** 913
Acetylacetone
as solvent extractant **A10:** 161
Acetylene
chemical bonding **M6:** 900
chemisorption and solid friction **A18:** 28
cutting gas for oxyfuel gas cutting **M6:** 899–901
for oxyfuel gas cutting **A14:** 722–723
fuel gas for flame spraying of cast irons . . . **A6:** 720
fuel gas for oxyfuel gas cutting **A6:** 1156, 1157, 1158, 1161, 1162
fuel gas for torch brazing **M6:** 950
in high-velocity oxyfuel powder spray process **A18:** 830
oxyfuel gas welding fuel gas **A6:** 281, 282, 283, 284, 285, 287–288, 290
underwater cutting **M6:** 923
use in oxyfuel gas welding **M6:** 584
valve thread connections for compressed gas cylinders **A6:** 1197
cost **A6:** 1157
heat content **A6:** 1157
heat-affected zone **A6:** 1157
properties **A6:** 1157
safety hazards **A6:** 1157
Acetylene addition polyimides **EM1:** 85
Acetylene (C_2H_2)
fuel gas for torch brazing **A6:** 328
Acetylene end-capped oligomer imides **EM1:** 84
Acetylene end-capped polyimide resin . . . **EM1:** 78, 80
Acetylene-oxygen
maximum temperature of heat source **A5:** 498
Acetylene-terminated thermosetting polymers **EM2:** 631
Acheson process **EM4:** 49
Achromat objectives **A9:** 72–73
effect of lens defects in using **A9:** 75
Achromatic
defined **A9:** 1, **A10:** 668
Achromatic lens
defined **A10:** 668
Achromatic objective
defined **A9:** 1
ACI casting alloys *See* Heat-resistant alloys, ACI specific types; Stainless steels, ACI specific types
ACI specifications *See* Heat-resistant alloys, ACI specific types; Stainless steels, ACI specific types
Acicular alpha
defined **A9:** 1
Acicular α alloys
fracture toughness versus strength **A19:** 387
Acicular constituents
in iron-chromium-nickel heat-resistant casting alloys **A9:** 332
Acicular eutectic microstructure . . . . **A3:** 1•19, 1•20
Acicular ferrite **A20:** 370
defined **A13:** 1
definition **A5:** 944
Acicular ferrite (AF) **A6:** 76, 77, 78, 79, 94, 99, 1011
Acicular ferrite, classification of
in weldments **A9:** 581
Acicular ferrite (low-carbon bainite) steels
alloying additions and properties as category of HSLA steel **A19:** 618
Acicular ferrite steels **A1:** 148, 400, 404–405
definition **A5:** 944
Acicular needles
martensite **A12:** 328
Acicular powders
defined **M7:** 1
particle shapes **M7:** 233, 234
Acid
defined **A15:** 1
Acid anhydrides **EM1:** 70, 132
Acid attack
in qualitative classical wet methods **A10:** 168
Acid bath plating
copper *See* Copper plating, acid process
gold **M5:** 282
tin **M5:** 271–272
zinc *See* Zinc acid chloride plating
Acid baths
agitation preferred methods **A5:** 170
Acid chloride zinc baths **A5:** 232–233
Acid cleaning **A5:** 4, 48–54, **M5:** 59–67
acid attack and sludge formation **A5:** 51, 52
acid attack during **M5:** 63
acid pickling compared to **M5:** 59–60
additives used in **M5:** 60
agitation used in **M5:** 64
alkaline cleaning as precleaning **A5:** 50
alkaline cleaning combined with **M5:** 61–62
alligatoring from **A12:** 351
aluminum and aluminum alloys . . **A5:** 54, 789–790, **M5:** 578–579
analysis, cleaner **M5:** 64
antifoaming agents **A5:** 49
antifoaming agents used in **M5:** 60
application methods **A5:** 49–50
applications **M5:** 61–62
barrel cleaning **A5:** 49–50
barrel process **M5:** 60–64
before painting **A5:** 424
cast irons **A5:** 687
chemical brightening *See* Chemical
chemical etching **A12:** 75–76
chromic acid process **M5:** 59–60
cleaner composition **A5:** 48, 52
cleaner compositions and operating conditions **M5:** 59–60, 64–65, 579
cold acid cleaners **M5:** 15
combined with alkaline cleaning **A5:** 50
control of process variables **A5:** 51–52
corrosion resistance enhanced by **M5:** 59–60
cutting fluids removed by **M5:** 7–8
definition **A5:** 48, 944
drying process **M5:** 63
electrolytic cleaning **A5:** 50–51, 52
electrolytic process **M5:** 60–65
equipment **A5:** 51, **M5:** 62–64
foaming agents **A5:** 49
for liquid penetrant inspection **A17:** 81, 82
for removal of pigmented drawing compounds **A5:** 7
for removing rust and scale **A5:** 10
handling and conveying of parts **A5:** 51
hydrogen embrittlement by **A12:** 22
immersion **A5:** 48, 49, 51, 52
immersion process **M5:** 60–65
inhibitors **A5:** 49, 53
inhibitors used in **M5:** 60
iron **M5:** 59–67
limitations **A5:** 50
maintenance **A5:** 52
maintenance schedules **M5:** 65
mechanism of action **M5:** 4
mineral acid *See* Mineral acid cleaning
mineral acid cleaning of iron and steel . . **A5:** 48–53
molybdenum **A5:** 54, **M5:** 659
niobium **A5:** 54, **M5:** 663
nonferrous alloys **A5:** 54
of stainless steel forgings **A14:** 230
operating conditions for acid cleaners of ferrous metals **A5:** 48
operating temperature **A5:** 51, 52
organic acid *See* Organic acid cleaning
organic acid advantages **A5:** 53

SUBJECTS OF THE INDEXED VOLUMES: ASM Handbook (designated by the letter "A"): **A1:** Properties and Selection: Irons, Steels, and High-Performance Alloys (1990); **A2:** Properties and Selection: Nonferrous Alloys and Special-Purpose Materials (1990); **A3:** Alloy Phase Diagrams (1992); **A4:** Heat Treating (1991); **A5:** Surface Engineering (1994); **A6:** Welding, Brazing, and Soldering (1993); **A7:** Powder Metal Technologies and Applications (1998); **A8:** Mechanical Testing (1985); **A9:** Metallography and Microstructures (1985); **A10:** Materials Characterization (1986); **A11:** Failure Analysis and Prevention (1986); **A12:** Fractography (1987); **A13:** Corrosion (1987); **A14:** Forming and Forging (1988); **A15:** Casting (1988); **A16:** Machining (1989); **A17:** Nondestructive Evaluation and Quality Control (1989); **A18:** Friction, Lubrication, and Wear Technology (1992); **A19:** Fatigue and Fracture (1996); **A20:** Materials Selection and Design (1997). **Metals Handbook, 9th Edition** (designated by the letter "M"): **M1:** Properties and Selection: Irons and Steels (1978); **M2:** Properties and Selection: Nonferrous Alloys and Pure Metals (1979); **M3:** Properties and Selection: Stainless Steels, Tool Materials, and Special-Purpose Materials (1980); **M4:** Heat Treating (1981); **M5:** Surface Cleaning, Finishing, and Coating (1982); **M6:** Welding, Brazing, and Soldering (1983); **M7:** Powder Metallurgy (1984). **Engineered Materials Handbook** (designated by the letters "EM"): **EM1:** Composites (1987); **EM2:** Engineering Plastics (1988); **EM3:** Adhesives and Sealants (1990); **EM4:** Ceramics and Glasses (1991). **Electronic Materials Handbook** (designated by the letters "EL"): **EL1:** Packaging (1989)

organic acid applications **A5:** 48, 53
organic acid cleaning of irons and steels **A5:** 53–54
phosphoric acid process. **M5:** 59–65
pigmented drawing compounds
removed by **M5:** 7–8
polishing and buffing compounds
removed by **M5:** 11
power spray, for removing pigmented
compounds. **A5:** 7
process control **M5:** 64–65
process types *See also* specific processes
by name **M5:** 60–65
selection criteria. **M5:** 61–62
refractory metals and alloys **A5:** 857–858, 860
removal method **A5:** 10
removal of iron- and copper-bearing
deposits **A5:** 54
rinse tank solutions. **A5:** 51, 52
rinsing process. **M5:** 63–64
rust and scale removal by **M5:** 13
safety and health hazards **A5:** 17, 52–53
safety precautions. **M5:** 21, 65
selection factors **A5:** 50
selection of process **A5:** 50–51
sludge formation, control of **M5:** 63–65
solution strength. **A5:** 48
spray cleaning. **A5:** 49–50, 51, 52
spray process **M5:** 7–9, 60–65
stainless steel cleaning. **A5:** 53–54, 749, 755
steel. **M5:** 59–67
surfactants used in. **M5:** 59–60, 64
synthetic inhibitors **A5:** 49, 53
tantalum **A5:** 54, **M5:** 663
temperature **M5:** 63–64
to remove chips and cutting fluids from steel
parts **A5:** 9
to remove rust and scale **A5:** 11–12
to remove unpigmented oil and grease. **A5:** 8
tungsten. **A5:** 54, **M5:** 659
unpigmented oils and greases removed by. . . **M5:** 5,
8–9

vs. acid pickling **A5:** 48
waste disposal **A5:** 52
waste treatment **M5:** 65, 313
wipe on/wipe off method. **A5:** 49, 51–52
wiping process. **M5:** 60–65
with ultrasonic cleaning **A5:** 52

Acid concentration
effect in copper powders **M7:** 111–113
effect on iron corrosion rate **A11:** 175

Acid contamination
of penetrants **A17:** 85

Acid copper sulfate
copper plating baths . . **A5:** 167, 168–169, 170, 174,
175
plating bath, anode and rack material for copper
plating **A5:** 175

Acid copper test **A5:** 17

Acid descaling
stainless steels. **A5:** 747–748

Acid digestion
bomb **A10:** 165
for residue isolation. **A10:** 176
oxidizing or nonoxidizing. **A10:** 165–166

Acid dipping
aluminum and aluminum alloys **M5:** 603–604, 606
brass die castings. **M5:** 29
cadmium plating systems. **M5:** 263
copper and copper alloys **M5:** 619–621
stainless steel **M5:** 561
steel **M5:** 16–17, 36
zinc alloys **A5:** 872
zinc and zinc alloy die castings **M5:** 677

Acid electroless nickel plating **M5:** 220–222

Acid electrolytic brightening
aluminum and aluminum alloys. **M5:** 582

Acid electropolishing *See also* Electrolytic
polishing. **M5:** 303–305, 308

Acid etching **EM3:** 42, **M7:** 462
alkaline etching used with **M5:** 585
aluminum and aluminum alloys. **A5:** 794–795,
M5: 582–586
anodic *See* Anodic acid etching
equipment and operating procedures **M5:** 585–586
heat-resistant alloys **A5:** 779
magnesium alloys. **M5:** 638–639, 645
nickel alloys **M5:** 564

solution compositions and operating
conditions. **M5:** 584–586
stainless steel. **M5:** 560–561

Acid extraction
defined **A9:** 1

Acid, flexural effects
unsaturated polyesters **EM2:** 247

Acid fluorides
in Group VI electrolytes **A9:** 54

Acid gases
as samples in gas analysis by mass
spectroscopy **A10:** 152

Acid gases corrosion
gas/oil wells. **A13:** 482

Acid gold industrial plating baths **A5:** 249

Acid hypophosphate-reduced electroless nickel plating solution
composition and operating conditions **A5:** 291

Acid insoluble test **M7:** 247

Acid melting practice **A15:** 363–365
melting heats and raw materials **A15:** 364–365
steelmaking. **A15:** 363–364

Acid percolator
for integrated circuit analyses **A11:** 767, 768

Acid pickling *See also* Pickling; specific systems by
name **A5:** 11, 12, 13, 336
cast irons **A5:** 687
chemical cleaning methods compared. **A5:** 707
corrosion inhibitors in. **A13:** 524
enameling. **EM3:** 303
for precoat cleaning **A15:** 561
for removing rust and scale **A5:** 10
heat-resistant alloys **A5:** 780–781
hot dip galvanized coating **A5:** 365
low-carbon steel **A5:** 6, 12
magnesium alloys **A5:** 821, 822, 828, 829
normalizing scale removal method. **A4:** 40, 41
of cold extruded parts **A14:** 304
of investment castings **A15:** 264
of stainless steel forgings. **A14:** 230
of titanium alloy forgings. **A14:** 280–281
phosphate coatings **A5:** 383
procedure for removing scale from heat-resistant
alloys **A5:** 780
procedure for removing scale from Inconel
alloys **A5:** 780
refractory metals and alloys. **A5:** 857, 860
titanium and titanium alloys **A5:** 838–839
vs. acid cleaning. **A5:** 48

Acid pickling baths
acidity-basicity measured **A10:** 172
wet chemical analysis of **A10:** 165

Acid plating *See* Acid bath plating

Acid process
defined **A15:** 1

Acid rain **A5:** 912
defined **A13:** 1

Acid ratio test
phosphate coating solutions **M5:** 443

Acid refractory *See also* Basic refractory
defined **A15:** 1

Acid resistance
chlorendics. **EM1:** 93

Acid retardation (acid purification) process
plating waste treatment **M5:** 317–318

Acid split
for water content determination **A14:** 516

Acid spot test
porcelain enamel. **M5:** 527–529

Acid stain resistance **M7:** 594

Acid surface activating solution . . . **M5:** 642, 644, 646

Acid washing
of tungsten powders **M7:** 152

Acid-acceptor. **EM3:** 3
defined **EM2:** 2

Acid-base indicators
common. **A10:** 172

Acid-base titration
alkaline cleaners **M5:** 25

Acid-base titrations
equilibrium in. **A10:** 163
of industrial materials. **A10:** 172–173

Acid-catalyzed alkoxide gels **EM4:** 450

Acid-consumed value test
phosphate coating solutions **M5:** 443

Acidic environments **A19:** 207

Acidic fluxing **A20:** 600

Acidic solutions
as corrosive environment **A12:** 24

Acidic water
effect on aluminum alloys **A9:** 353

Acidification **A20:** 102

Acidified chloride fatigue testing
at ambient and elevated temperatures **A8:** 418–420
continuous bubbling. **A8:** 419
control of oxidizing nature of environment **A8:** 418
electrochemical potential. **A8:** 419
electrodes. **A8:** 419
flowing test solution **A8:** 419
fracture surface analysis **A8:** 420
high-pressure pumps **A8:** 419
material selection **A8:** 418
post-test analysis. **A8:** 420
potentiostat for imposed potential **A8:** 419–420
seals **A8:** 418–419
solution containment. **A8:** 418–419
specimens **A8:** 419–420
standard hydrogen electrode scale. **A8:** 419
temperature uniformity. **A8:** 419

Acid-insoluble content of copper and iron powders, specifications **A7:** 138, 1098

Acidity *See also* pH. **A18:** 84
defined **A15:** 1
effects, aqueous corrosion. **A13:** 37
in iron corrosion **A13:** 37–38
porcelain enamels resistance to **A13:** 446, 449, 451

Acid-resistant enamel
frit melted-oxide composition for ground coat for
sheet steel **A5:** 731
melted oxide compositions of frits for groundcoat
enamels for sheet steel. **A5:** 454

Acids *See also* Aqueous acids; Chemical processing
industry; specific acids
analytic methods for **A10:** 7
-base indicators. **A10:** 172
-base solutions, conductometric titration
used in **A10:** 203
-base titrations **A10:** 172–173
cemented carbides corrosion in **A13:** 856
cleaners, for surface oxides. **A13:** 381
concentrated, analysis of solutions in **A10:** 35
copper/copper alloy corrosion **A13:** 627–629
corrosive (inorganic) soldering fluxes **A6:** 628
defined **A13:** 1
deposition, corrosion testing **A13:** 204
determined **A10:** 215–216
electroplated chromium deposit
resistance to. **A13:** 873
embrittlement, defined **A13:** 1
environments, inhibitors. **A13:** 524–525
equivalent weight of an unknown **A10:** 216
fatty, for corrosion inhibitors. **A13:** 481
functional group analysis of. **A10:** 215–216
-gas corrosion **A13:** 482
gold corrosion in **A13:** 798
in chromate conversion coatings. **A13:** 393
in phosphate baths. **A13:** 384
intermediate (organic) soldering fluxes. **A6:** 628
isolation, as second-phase test method. . . . **A10:** 177
magnesium/magnesium alloys in **A13:** 742
mineral, stainless steel corrosion. . . . **A13:** 557–558
mixtures **A13:** 646–647, 727
mixtures, for sample dissolutions **A10:** 165, 166
naphthenic **A13:** 1271–1273
nickel-base alloy corrosion resistance **A13:** 643
organic **A13:** 544, 558–559
osmium corrosion in **A13:** 806
paints selected for resistance to. **A5:** 423
palladium corrosion in **A13:** 804
platinum corrosion in **A13:** 801
porcelain enamels resistance. . . **A13:** 446, 449, 451
production, in biological corrosion **A13:** 43
pure, corrosion rates in **A13:** 645, 647
pure tin in. **A13:** 771–772
purity of. **A10:** 216
reducing. **A13:** 678
rhodium corrosion in **A13:** 805
solutions **A13:** 29, 722
strong, effect in oil/gas production **A13:** 1233
sulfuric, alloy steel corrosion **A13:** 544
tantalum resistance to **A13:** 725–727, 729–730
uranium/uranium alloys in. **A13:** 815–816
zinc corrosion in **A13:** 763

8 / Acids, as corrosive

Acids, as corrosive
copper casting alloys **A2:** 352
Acme screws
economy in manufacture **M3:** 854
ACO
as synchrotron radiation source. **A10:** 413
Acoustic Barkhausen noise *See* Barkhausen noise
Acoustic detectors
used in thermal-wave imaging **A9:** 90
Acoustic electron spin resonance
as ESR supplemental technique. **A10:** 258
Acoustic emission **A19:** 138, 174
adhesion measurements. **A6:** 143
application for detecting fatigue cracks . . . **A19:** 210
as inspection or measurement technique for
corrosion control **A19:** 469
crack detection method used for fatigue
research **A19:** 211
crack detection sensitivity. **A19:** 210
life-assessment techniques and their limitations for
creep-damage evaluation for crack initiation
and crack propagation **A19:** 521
to detect blisters. **A19:** 480
Acoustic emission (AE) technique
defect detection **EM3:** 751
for measuring fiber fragment lengths. . . . **EM3:** 397,
398, 401
Acoustic emission (AE) testing **EM1:** 3, 777
Acoustic emission inspection *See also* Acoustic
emission; NDE reliability **A11:** 18,
A17: 278–294
acoustic emission waves/propagation **A17:** 279–280
codes, boilers/pressure vessels **A17:** 642
data displays. **A17:** 283–284
data evaluation procedures **A17:** 290–291
emission counts **A17:** 281–282
hit-driven systems **A17:** 282
in materials studies **A17:** 286–289
in production quality control. **A17:** 289–290
in-service, tubular products **A17:** 574
instrumentation principles **A17:** 281–284
load control/repeated loadings **A17:** 286
measurements, typical **A17:** 280
multichannel **A17:** 283
noise, precautions against. **A17:** 285–286
of adhesive-bonded joints. **A17:** 627
of pressure vessels **A17:** 654–656
of weldments **A17:** 598–602
preamplifiers. **A17:** 280–281
principles, applications, and notes for
cracks **A20:** 539
range of applicability **A17:** 278–279
sensors **A17:** 280–281
signal detection **A17:** 281–282
signal measurement parameters. **A17:** 282–283
special purpose **A17:** 284
structural test applications **A17:** 290–292
with other NDT methods, combined **A17:** 278
Acoustic emission sensors. **A19:** 469
Acoustic emission techniques. **A19:** 215–216
Acoustic emission testing **A7:** 702, 714, **A18:** 435
Acoustic emission testing (AE). **A6:** 1081, 1084
brazed joints **A6:** 1119, 1123
Acoustic emission(s) *See also* Acoustic emission
inspection
counts **A17:** 281–284
defined. **A17:** 278
defined, powder metallurgy parts **A17:** 540–541
from crack growth **A17:** 287
inspection for weld discontinuities . . . **M6:** 849–850
laser beam weld inspection **M6:** 668
scales of **A17:** 278
sensor, for Barkhausen noise **A17:** 160
sources, mechanisms of. **A17:** 287
waveform transmission **A17:** 280
waves and propagation **A17:** 279–280
Acoustic horn
extension, resonance properties **A8:** 245
for amplifying converter output. **A8:** 246

for ultrasonic fatigue testing **A8:** 240, 244–245
Acoustic impedance *See also* Impedance
effects, ultrasonic beams **A17:** 238
of various materials **A17:** 476
ultrasonic inspection **A17:** 234–235
Acoustic inspection
of solder joints **EL1:** 942
Acoustic lens focused ultrasonic search
units. **A17:** 259–260
Acoustic material signatures (AMS) **A18:** 407
Acoustic microscopes
for optical imaging **EL1:** 1069–1071
Acoustic microscopy *See also* Acoustic ultrasonic
inspection; C-mode scanning acoustic
microscopy (C-SAM); Scanning acoustic
microscopy (SAM); Scanning laser acoustic
microscopy (SLAM) **A17:** 465–482
applications. **A17:** 468–481
as nondestructive testing **EL1:** 369–371
bearing steel inclusion imaging and length
verification **A18:** 726
color images by **A17:** 485, 487
methods, compared **A17:** 468
methods, fundamentals of **A17:** 465–468
microstructure effect **A17:** 51
of ceramic materials **A17:** 469–472
of composite materials **A17:** 469
of integrated circuits (ICs) **A17:** 474–480
of metals **A17:** 472–473
of microelectronic components **A17:** 473–481
of soldered joints **A17:** 607
techniques, compared **A17:** 470
Acoustic noise *See also* Noise
in acoustic emission inspection **A17:** 285
Acoustic pressure
and angle of reflection/refraction **A17:** 237
Acoustic properties
of metals/nonmetals. **A17:** 235
Acoustic reflection coefficient. **A6:** 143
Acoustic stressing
for optical holographic
interferometry **A17:** 408–409
Acoustic ultrasonic inspection *See also* Acoustic
microscopy; Ultrasonic inspection
of powder metallurgy parts **A17:** 539–541
Acoustic wave train **A8:** 243–244
Acoustic waveguide sensors
of nuclear waste **A17:** 281
Acoustical holography *See also* Holography; Optical
holographic interferometry; Optical holography;
Ultrasonic inspection
and ultrasonic inspection **A17:** 240
applications. **A17:** 445–447
calibration **A17:** 444–445
defined **A17:** 438
interpretation of results. **A17:** 445
liquid-surface **A17:** 438–440
liquid-surface and scanning systems
compared. **A17:** 443–444
liquid-surface equipment, commercial **A17:** 441
of adhesive-bonded joints. **A17:** 630–631
of welds. **A17:** 445–446
readout methods. **A17:** 444
scanning **A17:** 440–441
scanning equipment, commercial **A17:** 441–443
Acoustical microphone elements
powder used. **M7:** 573
Acoustical microscopy
and ultrasonic inspection **A17:** 240
Acoustical plastics
powders used **M7:** 574
Acoustical-control knockout machines. **A15:** 505
Acoustic-ultrasonic test technique **EM1:** 776–777
Acoustophoresis-based techniques **EM4:** 74
Acquisition of data
forging process design **A14:** 439–442
Acrawax **A7:** 127, 129, 322–325, 453–454, 478
as lubricant **M7:** 190–193
burn off. **M7:** 191, 351, 352

Acrawax C **A7:** 324, 374
Acrolein
hazardous air pollutant regulated by the Clean Air
Amendments of 1990 . . . . **A5:** 913
Acronyms
for analytical techniques **A10:** 689
Acrylamate polymer *See also* Urethane hybrids
characteristics **EM2:** 268
prepreg composites. **EM2:** 270
Acrylamide
hazardous air pollutant regulated by the Clean Air
Amendments of 1990 . . . . **A5:** 913
Acrylamide copolymer
as flocculant **EM4:** 92
Acrylate coatings *See also* Acrylates; Coatings
development **EL1:** 785
equipment **EL1:** 787
masking **EL1:** 787
materials **EL1:** 785–786
processing techniques **EL1:** 786–787
UV future **EL1:** 788
Acrylate dispersions
adhesion to selected hot dip galvanized steel
surfaces. **A5:** 363
Acrylate pressure-sensitive adhesives
automotive decorative trim **EM3:** 552
Acrylate resins *See also* Acrylic resins **EM3:** 3
Acrylated silicone urethanes **EM3:** 90
Acrylated silicones **EM3:** 90
as ultraviolet-curable **EL1:** 824
Acrylated urethanes **EM3:** 90
for electronic general component
bonding **EM3:** 573
Acrylate(s) *See also* Acrylate coatings **EM3:** 594
advantages and limitations **EM3:** 85
as coatings/encapsulants **EL1:** 759
bonding substrates and applications **EM3:** 85
caprolactone **EL1:** 862
difunctional/multifunctional, in radiation-cure
systems. **EL1:** 857
epoxy, photochemistry of. **EL1:** 854–866
for automotive electronics bonding **EM3:** 553
for automotive structural bonding. **EM3:** 554
for electrically conductive bonding **EM3:** 572
for electronic general component
bonding **EM3:** 573
for window assembly attachments. **EM3:** 553
temperature limits **EM3:** 621
UV-curable, for solder masking. **EL1:** 555
Acrylic
applications demonstrating corrosion
resistance **A5:** 423
cost per unit mass **A20:** 302
curing method. **A5:** 442
definition **A5:** 944
laser cutting of **A14:** 742
paint compatibility. **A5:** 441
properties, organic coatings on iron
castings. **A5:** 699
shrinkage **A20:** 796
Acrylic acid
deposition rates **A5:** 896
hazardous air pollutant regulated by the Clean Air
Amendments of 1990 . . . . **A5:** 913
Acrylic acid polymers
as binders **EM4:** 474
Acrylic adhesives *See also* Acrylic coatings;
Acrylics. **EM1:** 684, 686
for flexible printed boards **EL1:** 582
for surface mounting. **EL1:** 671
Acrylic and cellulose acetate butyrate (CAB)
applications **A20:** 797
Acrylic casting resin method
for plastic replicas **A17:** 53
Acrylic caulks with silicone
plumbing sealant **EM3:** 608
Acrylic coatings *See also* Acrylic adhesives; Acrylics
and urethane, silicone, epoxy, compared. . **EL1:** 775
as conformal coatings **EL1:** 763

SUBJECTS OF THE INDEXED VOLUMES: ASM Handbook (designated by the letter "A"): **A1:** Properties and Selection: Irons, Steels, and High-Performance Alloys (1990); **A2:** Properties and Selection: Nonferrous Alloys and Special-Purpose Materials (1990); **A3:** Alloy Phase Diagrams (1992); **A4:** Heat Treating (1991); **A5:** Surface Engineering (1994); **A6:** Welding, Brazing, and Soldering (1993); **A7:** Powder Metal Technologies and Applications (1998); **A8:** Mechanical Testing (1985); **A9:** Metallography and Microstructures (1985); **A10:** Materials Characterization (1986); **A11:** Failure Analysis and Prevention (1986); **A12:** Fractography (1987); **A13:** Corrosion (1987); **A14:** Forming and Forging (1988); **A15:** Casting (1988); **A16:** Machining (1989); **A17:** Nondestructive Evaluation and Quality Control (1989); **A18:** Friction, Lubrication, and Wear Technology (1992); **A19:** Fatigue and Fracture (1996); **A20:** Materials Selection and Design (1997). **Metals Handbook, 9th Edition** (designated by the letter "M"): **M1:** Properties and Selection: Irons and Steels (1978); **M2:** Properties and Selection: Nonferrous Alloys and Pure Metals (1979); **M3:** Properties and Selection: Stainless Steels, Tool Materials, and Special-Purpose Materials (1980); **M4:** Heat Treating (1981); **M5:** Surface Cleaning, Finishing, and Coating (1982); **M6:** Welding, Brazing, and Soldering (1983); **M7:** Powder Metallurgy (1984). **Engineered Materials Handbook** (designated by the letters "EM"): **EM1:** Composites (1987); **EM2:** Engineering Plastics (1988); **EM3:** Adhesives and Sealants (1990); **EM4:** Ceramics and Glasses (1991). **Electronic Materials Handbook** (designated by the letters "EL"): **EL1:** Packaging (1989)

Acrylic copolymers
for electrocoating **A5:** 430

Acrylic diisocyanate
adhesion to selected hot dip galvanized steel surfaces. **A5:** 363

Acrylic emulsion
applications **EM3:** 56

Acrylic in methyl ethyl ketone
batch weight of formulation when used in nonoxidizing sintering atmospheres **EM4:** 163

Acrylic lacquers
as preservative **A12:** 73

Acrylic latex
characteristics **EM3:** 53
chemistry **EM3:** 50
E, water-base PSA properties **EM3:** 88
for recreational vehicle sealing........... **EM3:** 58
G, water-base PSA properties............ **EM3:** 88
G/rosin (50/50), water-base PSA properties **EM3:** 88
properties.............................. **EM3:** 50

Acrylic latexes
as binders **EM4:** 474

Acrylic plastic *See also* Acrylics; Polymethyl methacrylate; Polymethyl methacrylate (PMMA) **EM3:** 3
defined **EM1:** 3, **EM2:** 2
environmental effects **EM2:** 427–428

Acrylic plastics
tools for shaped tube electrolytic machining **A16:** 555

Acrylic polyols **A5:** 448–450

Acrylic resin mounting materials.......... **A9:** 30–31
for electropolishing....................... **A9:** 49
for tin and tin alloys...................... **A9:** 449

Acrylic resins **EM3:** 3
as media for decorating................. **EM4:** 475
defined **EM2:** 2
properties and applications............... **A5:** 422
rubber as toughener.................... **EM3:** 185
water emulsion, coating characteristics for structural steel....................... **A5:** 440

Acrylic resins and coatings .. **M5:** 473–479, 495, 498, 500, 504

Acrylic rubber phenolics **EM3:** 104
suppliers............................... **EM3:** 104

Acrylic urethanes **A13:** 409

Acrylic vinyl emulsions
residential applications **EM3:** 675

Acrylic wax binders
as binders for spray drying before dry pressing **EM4:** 146

Acrylic/epoxy and sulfur dioxide cold box process
See also Cold box processes; Cold box resin binder processes; Coremaking
as coremaking system **A15:** 238

Acrylic-based silk screen processes......... **EL1:** 115

Acrylics *See also* Acrylic adhesives; Acrylic-coatings; Acrylic plastic; Acrylic resin; Thermoplastic resins **A13:** 1, 404–406, **EM3:** 44, 75, 92, 119–125, 594
advantages and limitations............... **EM3:** 90
aerospace application................... **EM3:** 559
applications **EM2:** 104, **EM3:** 44
as engineering adhesives family......... **EM3:** 567
as gap-filling materials.................. **EM3:** 125
as glassy polymers **EM3:** 617
as modifiers to improve surface wetting **EM3:** 181
as solder resists.......................... **A6:** 133
as structural plastic **EM2:** 65
as top coats............................ **EM3:** 640
automotive applications **EM3:** 45–46
blow molding **EM2:** 107
bonding composites to composites **EM3:** 293
butyl methacrylate **EM3:** 119
cast sheet.............................. **EM2:** 103
chain reactions **EM3:** 120
characteristics **EM2:** 105–108, **EM3:** 90
chemical resistance properties **EM3:** 639
chemistry **EM3:** 50, 119–120
cold-cured (single-part) toughened shear properties.......................... **EM3:** 321
commercial formulations................ **EM2:** 103
compared to epoxies **EM3:** 98, 119, 120, 121, 124
compared to polysulfides **EM3:** 195
compared to urethanes... **EM3:** 119, 120, 121, 124
competing with anaerobics.............. **EM3:** 116
competing with silicones................ **EM3:** 134
competitive materials................... **EM2:** 104
conformal overcoat **EM3:** 592
cost factors **EM3:** 124–125
cross-linking............................ **EM3:** 90
curing methods......... **EM3:** 114–121, 123, 124
degradation **EM3:** 679
design considerations................... **EM2:** 106
development **EM3:** 119
DuPont Hypalon (DH) acrylics..... **EM3:** 121, 122
electrical properties..................... **EL1:** 822
elevated-temperature resistance **EM3:** 123
emulsion, properties.................... **EM3:** 677
equal-mix (no-mix, honeymoon type).... **EM3:** 123
fillers **EM3:** 122
for acrylonitrile-butadiene-styrene (ABS) bonding **EM3:** 121
for aluminum aircraft repair and primary bonding **EM3:** 125
for aluminum boats..................... **EM3:** 125
for aluminum bonding **EM3:** 121, 122
for aluminum construction use **EM3:** 125
for aluminum window and door bonding **EM3:** 119
for boat construction................... **EM3:** 125
for bonding **EM3:** 60
for bronze bonding **EM3:** 122
for caulking..................... **EM3:** 607–608
for circuit protection **EM3:** 592
for coating/encapsulation **EL1:** 242
for construction applications **EM3:** 675
for copper bonding..................... **EM3:** 122
for equipment enclosures and housings .. **EM3:** 125
for exterior seals in construction **EM3:** 56
for faying surfaces **EM3:** 604
for fillets **EM3:** 604
for flexible printed wiring boards (PMBs) **EM3:** 45
for galvanized steel bonding....... **EM3:** 60, 121, 123–124
for in-house glazing **EM3:** 58
for interior seals in window systems...... **EM3:** 57
for lead bonding....................... **EM3:** 122
for magnesium bonding................. **EM3:** 122
for metal building construction....... **EM3:** 57, 58
for motorcycle construction **EM3:** 125
for nickel bonding **EM3:** 122
for plastic appliance component bonding **EM3:** 125
for plastics bonding **EM3:** 125
for polycarbonate lens bonding **EM3:** 124
for polystyrene bonding................. **EM3:** 121
for polyvinyl chloride (PVC) bonding ... **EM3:** 121
for printed wiring board manufacture ... **EM3:** 591
for protecting electronic components **EM3:** 59
for rivets **EM3:** 604
for rubber bonding..................... **EM3:** 121
for sheet molding compound (SMC) bonding **EM3:** 46
for sporting equipment bonding **EM3:** 125
for stainless steel bonding............... **EM3:** 60
for steel bonding....................... **EM3:** 121
for surface-mount technology bonding ... **EM3:** 570
for thermoplastics bonding.............. **EM3:** 121
for wood bonding...................... **EM3:** 121
for zinc bonding **EM3:** 60, 124
future trends.................... **EM3:** 124–125
generations of adhesives **EM3:** 121
glass transition temperature **EM3:** 119
grades................................ **EM2:** 103
heating and air conditioning duct sealing and bonding **EM3:** 610
high-impact (HI)....................... **EM3:** 122
high-performance (HP)........... **EM3:** 119, 122
hybrid epoxy-acrylic **EM3:** 122–123
impact-modified **EM2:** 103, 105, 107
injection molding................. **EM2:** 106–107
latex E **EM3:** 90
latex G **EM3:** 90
methyl methacrylate **EM3:** 119, 120
molecule **EL1:** 671
odor **EM3:** 119
patents.......................... **EM3:** 122, 124
performance **EM3:** 674
phase structure **EM3:** 413
photocurable **EM3:** 124
processing **EM2:** 106–107
producers.............................. **EM2:** 108
product properties **EM2:** 105–106
production volume..................... **EM2:** 104
properties.................. **EM3:** 92, 121, 122
reacting with acrylonitrile-butadiene rubber............................ **EM3:** 148
resin, as conformal coating **EL1:** 761
resin compound types **EM2:** 108
resin pricing **EM2:** 103–104
resistant to many aggressive materials ... **EM3:** 637
shear strength of mild steel joints....... **EM3:** 670
shelf life **EM3:** 119, 120, 124
silane coupling agents **EM3:** 182
solution
applications **EM3:** 56
properties **EM3:** 677
solvent cements **EM3:** 567
steel joints wedge tested **EM3:** 668
substrate cure rate and bond strength for cyanoacrylates.................... **EM3:** 129
suppliers **EM3:** 58, 124
surface-activated (SAA)........... **EM3:** 123–124
tackifiers for **EM3:** 183
thermal properties **EM3:** 52
thermoforming **EM2:** 107
tougheners **EM3:** 183
water-base *See also* Latex......... **EM3:** 210–214

Acrylics as sealants **EM3:** 188, 191, 675
component terminal sealant **EM3:** 612
dielectric sealants **EM3:** 611
resident-al construction applications..... **EM3:** 188
tensile strength affected by temperature.. **EM3:** 189

Acrylics, for denture teeth
studies **A18:** 673–674

Acrylics (solvent base)
organic coating classifications and characteristics **A20:** 550

Acrylic-styrene dispersions
adhesion to selected hot dip galvanized steel surfaces............................. **A5:** 363

Acrylic-styrene-acrylonitriles (ASA) *See* Styrene-acrylonitriles

Acrylonitrile **EM3:** 3
defined **EM2:** 3
hazardous air pollutant regulated by the Clean Air Amendments of 1990 .... **A5:** 913

Acrylonitrile rubber
maskant material for chemical milling of Al alloys **A16:** 803

Acrylonitrile-butadiene rubber (NBR) *See also* Nitrile rubber
additives and modifiers................. **EM3:** 149
chemistry............................. **EM3:** 148
commercial forms...................... **EM3:** 148
cross-linking **EM3:** 149
exposure in electrochemically inert conditions **EM3:** 629
for auto brake and clutch linings **EM3:** 148
for bonding gasketing **EM3:** 148
for fabrication of aircraft honeycomb structures **EM3:** 148
for printed wiring boards **EM3:** 148
for shoe sole attachment................ **EM3:** 148
hose and belt manufacture **EM3:** 148
markets **EM3:** 148–149
properties............................. **EM3:** 148
shelf life.............................. **EM3:** 148

Acrylonitrile-butadiene-styrene (ABS).. **A20:** 261, 439, 451, 455, 646
cooling time vs. wall thickness **A20:** 645
cost per unit mass **A20:** 302
cost per unit volume **A20:** 302
critical surface tension.................. **EM3:** 180
cross-link density **EM3:** 418
extrusion effects **EM1:** 100
fatigue crack propagation behavior....... **A20:** 643
gating variation......................... **A20:** 646
loading variation for 40 °C and 1000 h... **A20:** 645
maximum shear conditions **A20:** 455
mechanical keying **EM3:** 416
medical applications **EM3:** 576
processing temperatures **A20:** 455
rubber-toughened **EM3:** 413
sample power-law indices............... **A20:** 448
shrinkage **A20:** 796
shrinkage values........................ **A20:** 454
solvent cements **EM3:** 567

Acrylonitrile-butadiene-styrene (ABS) (continued)
substrate cure rate and bond strength, for cyanoacrylates ... **EM3:** 129
surface preparation ... **EM3:** 278–279, 291
temperature variation ... **A20:** 645
use for rapid prototyping model ... **A20:** 233, 234
water absorption ... **A20:** 455
Acrylonitrile-butadiene-styrene (ABS) resins .. **EM3:** 3
in flexible epoxies ... **EL1:** 818
Acrylonitrile-butadiene-styrene (ABS) terpolymers ... **A20:** 446
Acrylonitrile-butadiene-styrenes (ABS) *See also* Thermoplastic resins
alloys and blends ... **EM2:** 109
applications ... **EM2:** 110–111
characteristics ... **EM2:** 111–114
commercial forms ... **EM2:** 109
competitive materials ... **EM2:** 111
costs and production volume ... **EM2:** 109–110
defined ... **EM2:** 3
design considerations ... **EM2:** 111–112
future trends ... **EM2:** 111
processing ... **EM2:** 112–113
product properties ... **EM2:** 111
resin compound types ... **EM2:** 114
suppliers ... **EM2:** 114
vs. polycarbonates (PC) ... **EM2:** 151
ACS *See* American Carbon Society; American Ceramic Society
ACSR wire ... **M1:** 264
Actinide carbonyls ... **M7:** 135
Actinide metals *See also* Pure metals; Transplutonium metals
actinium, properties ... **A2:** 1189
neptunium, properties ... **A2:** 1190
plutonium, properties ... **A2:** 1192
protactinium, properties ... **A2:** 1194
thorium, properties ... **A2:** 1195
ultrapurification by electrotransport process ... **A2:** 1094–1095
uranium, properties ... **A2:** 1197
Actinides
ICP-MS analysis of ... **A10:** 40
in periodic table ... **A10:** 688
laser-induced resonance ionization mass spectrometry for ... **A10:** 142
Actinium *See also* Actinide metals
as actinide metal, properties ... **A2:** 1189
pure ... **M2:** 714, 832–833
Actinolite
chemical composition ... **A6:** 60
Actions, as application programs
computer-aided design ... **EL1:** 129–130, 133
Activated carbon
Amoco PX-21, diffraction data ... **A10:** 399
RDF analysis of ... **A10:** 399–400
Activated charcoal
Raman analysis ... **A10:** 132
Activated Diffusion Bonding (ADB) *See* Diffusion brazing
Activated Diffusion Healing (ADH) *See* Diffusion brazing
Activated liquid-phase sintering (ALPS) ... **A7:** 565, 571–572
activator concentration ... **A7:** 571–572
applications ... **A7:** 571
densification ... **A7:** 571
particle size effect ... **A7:** 571
properties ... **A7:** 571–572
systems ... **A7:** 572
temperature ... **A7:** 572
time ... **A7:** 572
Activated reaction evaporation (ARE) ... **A5:** 565–566
Activated reactive evaporation ... **EM4:** 218
Activated reactive evaporation (ARE) .. **A18:** 840, 844, 849
characteristics of PVD processes compared ... **A20:** 483
compounds and synthesized deposition rates ... **A18:** 848
titanium alloys ... **A18:** 780
Activated rosin flux
definition ... **A6:** 1206, **M6:** 1
Activated sintering .. **A7:** 438, 445–447, **M7:** 316–319
and conventional sintering compared ... **M7:** 318
chemical additions ... **M7:** 319
copper powder ... **A7:** 862, 864
criteria for activators ... **M7:** 318
defined ... **M7:** 1
kinetics ... **M7:** 318
of tungsten nickel powders ... **M7:** 308
phase diagram ... **M7:** 319
tungsten ... **M7:** 318
Activation ... **EM3:** 3, 35
control, aqueous corrosion ... **A13:** 30–32
defined ... **A13:** 1, **EM1:** 3, **EM2:** 3, **M7:** 1
definition ... **A5:** 944
energy, in aqueous solutions ... **A13:** 17
Activation analysis *See also* Prompt gamma activation analysis (PGAA)
chemical elements measured by ... **A10:** 243
defined ... **A10:** 668
Activation barrier
for nucleation ... **A15:** 103
Activation energy ... **A19:** 37
defined ... **M7:** 1
determination ... **EL1:** 890
ESR analysis ... **A10:** 266
for aluminum and aluminum alloys ... **A11:** 772
for crack propagation in SMIE ... **A11:** 244
for steel-cadmium embrittlement ... **A11:** 240, 244
RBS analysis ... **A10:** 628
Activation energy, creep and self-diffusion
related ... **A8:** 309
Activation energy for coarsening ... **A7:** 505
Activation energy term (*Q*) ... **A20:** 576, 578
Activation, surface *See* Surface activation
Activator *See also* Accelerator; Accelerators **EM3:** 3
in polyester resin reaction ... **EM1:** 133
Activator base in computer printers
soft magnetic application ... **M7:** 641
Activator key
spring-material test apparatus ... **A8:** 134–135
Activators ... **A20:** 620
as flux component ... **EL1:** 644
criteria in activated sintering ... **M7:** 318
defined ... **M7:** 1
palladium as ... **M7:** 318
Activators, for sintering ... **A7:** 446
Active
defined ... **A13:** 1
definition ... **A5:** 944
Active analog components *See also* Active digital components
active devices, bipolar IC technology ... **EL1:** 145–146
bipolar transistor analysis ... **EL1:** 150–154
field effect transistor (FET) analysis **EL1:** 154–159
gallium arsenide technology ... **EL1:** 148
high-performance active devices, bipolar technology ... **EL1:** 146–147
monolithic diodes ... **EL1:** 144
monolithic resistors/capacitors ... **EL1:** 144
MOS integrated circuit fabrication ... **EL1:** 147–148
npn bipolar junction transistor IC technology ... **EL1:** 144–145
Active circuit technology ... **EL1:** 7, 143
Active clearance control
blade tips of jet engines ... **A18:** 589
Active component fabrication *See also* Active devices; Fabrication
bipolar junction transistor technology ... **EL1:** 195–196
device -solation techniques ... **EL1:** 199
diffusion of impurities ... **EL1:** 194–195
digital devices ... **EL1:** 201
epitaxial growth ... **EL1:** 192–193
gallium arsenide technology ... **EL1:** 199–200
metal-oxide semiconductor integrated circuit ... **EL1:** 196–198
new directions ... **EL1:** 200–201
oxidation ... **EL1:** 195
packaging considerations ... **EL1:** 199
photolithographic process ... **EL1:** 193–194
wafer preparation ... **EL1:** 191–192
yield considerations ... **EL1:** 198–199
Active components *See also* Active analog components; Active component fabrication; Active digital components
defined ... **EL1:** 1133
Active devices
active element ... **EL1:** 1013–1017
defined ... **EL1:** 1133
failure mechanisms ... **EL1:** 1006–1017
high-performance, with bipolar technology ... **EL1:** 146–147
in bipolar IC technology ... **EL1:** 145–146
in npn BJT technology ... **EL1:** 196
zone 2, package exterior ... **EL1:** 1006–1008
zone 2, package interior ... **EL1:** 1008–1013
Active digital components *See also* Active analog components
complementary metal-oxide semiconductor (CMOS) ... **EL1:** 162–163
emitter-coupled logic (ECL) ... **EL1:** 163–165
future trends ... **EL1:** 176–177
introduction ... **EL1:** 160–161
large-scale integration (LSI), types ... **EL1:** 166–168
packaging considerations ... **EL1:** 172–174
signal transmission ... **EL1:** 168–172
technologies, compared ... **EL1:** 165–166
thermal management ... **EL1:** 174–176
transistor-transistor logic (TTL) ... **EL1:** 161–162
Active layer ... **A18:** 177
Active metal
defined ... **A13:** 1
definition ... **A5:** 944
Active path corrosion
abbreviation ... **A8:** 724
SCC testing ... **A8:** 532
Active path dissolution *See* Anodic dissolution
Active potential
defined ... **A13:** 1
Activity
defined ... **A13:** 1
Activity coefficient
accuracy ... **A15:** 55
as departure from ideality ... **A15:** 51–52
at infinite dilution, liquid metals ... **A15:** 60
carbon, in iron melt ... **A15:** 62
defined ... **A13:** 1
liquid copper-aluminum alloys ... **A15:** 58
liquid copper-nickel alloys ... **A15:** 58
liquid copper-tin alloys ... **A15:** 58
liquid copper-zinc alloys ... **A15:** 59
of aluminum-magnesium alloys ... **A15:** 57
of aluminum-silicon alloys ... **A15:** 57
silicon, in iron melt ... **A15:** 62
Activity diagram ... **A20:** 21
definition ... **A20:** 828
Activity (of radionuclides)
SI derived unit and symbol for ... **A10:** 685
SI unit/symbol ... **A8:** 721
Activity quotient ... **A6:** 56
Activity (thermodynamic)
alloy components, calculated ... **A15:** 61–70
and thermal properties, aluminum/copper alloys ... **A15:** 55
Darken formalism for ... **A15:** 62–63
defined ... **A15:** 51
liquid aluminum-magnesium alloys ... **A15:** 57
liquid copper-aluminum alloys ... **A15:** 58
liquid copper-nickel alloys ... **A15:** 58
liquid copper-tin alloys ... **A15:** 58
liquid copper-zinc alloys ... **A15:** 59
of iron and nickel, binary solutions ... **A15:** 51

SUBJECTS OF THE INDEXED VOLUMES: ASM Handbook (designated by the letter "A"): **A1:** Properties and Selection: Irons, Steels, and High-Performance Alloys (1990); **A2:** Properties and Selection: Nonferrous Alloys and Special-Purpose Materials (1990); **A3:** Alloy Phase Diagrams (1992); **A4:** Heat Treating (1991); **A5:** Surface Engineering (1994); **A6:** Welding, Brazing, and Soldering (1993); **A7:** Powder Metal Technologies and Applications (1998); **A8:** Mechanical Testing (1985); **A9:** Metallography and Microstructures (1985); **A10:** Materials Characterization (1986); **A11:** Failure Analysis and Prevention (1986); **A12:** Fractography (1987); **A13:** Corrosion (1987); **A14:** Forming and Forging (1988); **A15:** Casting (1988); **A16:** Machining (1989); **A17:** Nondestructive Evaluation and Quality Control (1989); **A18:** Friction, Lubrication, and Wear Technology (1992); **A19:** Fatigue and Fracture (1996); **A20:** Materials Selection and Design (1997). **Metals Handbook, 9th Edition** (designated by the letter "M"): **M1:** Properties and Selection: Irons and Steels (1978); **M2:** Properties and Selection: Nonferrous Alloys and Pure Metals (1979); **M3:** Properties and Selection: Stainless Steels, Tool Materials, and Special-Purpose Materials (1980); **M4:** Heat Treating (1981); **M5:** Surface Cleaning, Finishing, and Coating (1982); **M6:** Welding, Brazing, and Soldering (1983); **M7:** Powder Metallurgy (1984). **Engineered Materials Handbook** (designated by the letters "EM"): **EM1:** Composites (1987); **EM2:** Engineering Plastics (1988); **EM3:** Adhesives and Sealants (1990); **EM4:** Ceramics and Glasses (1991). **Electronic Materials Handbook** (designated by the letters "EL"): **EL1:** Packaging (1989)

of liquid aluminum-silicon alloys **A15:** 57
Activity-based cost (ABC) accounting . . **A20:** 256, 717
definition **A20:** 828
Actual bearing load (P) **A19:** 357
Actual contact area
definition **A5:** 944
Actual contact area (real area of contact)
defined **A18:** 2
Actual life from strain-life equation **A19:** 257
Actual slip *See* Macroslip
Actual strain
symbol for key variable. **A19:** 242
Actual stress
symbol for key variable. **A19:** 242
Actual throat
definition **A6:** 1206
Actual tire load **A18:** 578
Actuator
hydraulic rotary **A8:** 157–158
linear **A8:** 160
torsional hydraulic, finite-element
model of. **A8:** 217
Acute angles
by press-brake forming **A14:** 536
Acute berylliosis
from beryllium powder/dust exposure **A2:** 687
Acute pulmonary disease (chemical pneumonitis)
from beryllium exposure. **A2:** 1239
Acute toxicity *See* Toxicity
Adams software from MDI
solutions of mechanism problems **A20:** 166
Adapter bending
in tooling design **M7:** 337
Adapter grip
for axial fatigue testing **A8:** 369
Adaptive control (AC) **A16:** 618–626
adaptive control with constraints (ACC)
system **A16:** 619, 620, 622–624, 625
adaptive control with optimization (ACO)
system **A16:** 619–620, 621–622, 624
CAD/CAM/CIM systems integration **A16:** 624
compared to CNC **A16:** 618
computer-integrated manufacturing (CIM) . . . .
A16: 624
control systems. **A16:** 618–619
geometric adaptive control (GAC)
system. **A16:** 619, 621, 624
tool life. **A16:** 618, 621, 622, 623, 624
variable-gain ACC systems **A16:** 624, 625
Adaptive mask selection **A18:** 353
Adaptive mesh refinement. **A20:** 193
Adatoms **A18:** 848
ADC *See* Analog-to-digital converter
ADCL/DCRF nomograph
as die casting analysis method. **A15:** 290
Addition agent
defined **A13:** 1, **A15:** 1
definition **A5:** 944
Addition curing
of room-temperature vulcanizing (RTV)
silicones **EL1:** 823
Addition polyimides *See also* Polyimide resins
acetylene **EM1:** 85
acetylene end-capped **EM1:** 80
bismaleimides **EM1:** 78–79
chemistry **EM1:** 78–80
for aerospace prepregs **EM1:** 141
Reverse Diels-Alder (RDA) **EM1:** 79–80
Addition polymerization *See also*
Polymerization **EM3:** 3
defined **EM1:** 3, **EM2:** 3
mechanism. **EM1:** 752
Addition techniques
potentiometric membrane electrodes **A10:** 183
Additive *See also* Filler
alkaline cleaning. **A5:** 18
corrosivity **A18:** 84
defined **A18:** 2, **EM1:** 3
definition **A5:** 944
filterability **A18:** 85
for carbon-graphite materials **A18:** 816
for thermoplastic composites **A18:** 820
gear oils **A18:** 86
high-vacuum polymer lubricant
applications **A18:** 154
lubricating oils for valve train
assembly **A18:** 558–559
polymers in misting oils **A18:** 87
pultrusion **EM1:** 539
sliding bearing lubrication **A18:** 519, 520
stability of liquid lubricants **A18:** 84
to inhibit corrosion of internal combustion engine
parts. **A18:** 555, 558
Additive laminates
rigid printed wiring boards **EL1:** 548
Additive manufacturing sequences
rigid printed wiring boards **EL1:** 549
Additive processing
of rigid printed wiring boards **EL1:** 547
Additive rigid printed wiring boards
processing **EL1:** 540
Additive technology
for printed wiring boards **EL1:** 505
Additives *See also* Alloying elements **A20:** 446, 700,
EM2: 493–507, **EM3:** 3
antioxidants. **EM2:** 67
antistatic agents **EM2:** 501–502
blowing agents **EM2:** 503
colorants **EM2:** 500–501
compounding problems. **EM2:** 493–494
conductive, selection **EM2:** 473–474
defined **A15:** 1, **EM2:** 3
effect on particle size **M7:** 54
effects, chemical susceptibility **EM2:** 572–573
electrical breakdown from **EM2:** 466
electrical conductivity **EM2:** 474–475
fiber reinforcements **EM2:** 504–506
fillers and extenders **EM2:** 497–500
flame retardants **EM2:** 67, 503–504
for fluxes **EL1:** 644
for glazes **EM3:** 308
GC/MS analysis of. **A10:** 639
heat stabilizers. **EM2:** 67, 494–495
high-density polyethylenes (HDPE). **EM2:** 166
impact modifiers **EM2:** 497
in lubricants **A14:** 514–515, **EM2:** 496–497
iron **M7:** 614
light stabilizers **EM2:** 495
metal powder, ultrahigh molecular weight
polyethylenes (UHMWPE) **EM2:** 170
nucleating agents **EM2:** 502–503
plasticizers, and polymer miscibility. **EM2:** 496
properties effect **EM2:** 424–425
properties modification by **EM2:** 493–507
pultrusion **EM2:** 395
rigid epoxies **EL1:** 813
rotational molding **EM2:** 362
solvent leaching of **EM2:** 774
to engineering plastics **A20:** 454
ultrafine and nanophase powders
applications **A7:** 76
ultraviolet stabilizers **EM2:** 67
unmelted and undissolved **M7:** 486, 487
wax, for investment casting **A15:** 254
Additives, corrosion control
for steam equipment **A11:** 620
Add-on hybrid components
advantages/limitations **EL1:** 258–259
Add-on SIMS instrument
for qualitative analysis **A10:** 613
Add-ons **A20:** 10
Adduct **EM3:** 3
defined **EM2:** 3
Adequate performance **A20:** 87
Adhere **EM3:** 4
Adherence *See also* Adhesion (adhesive force);
Adhesion, mechanical
defined **A18:** 2
of porcelain enamels **A13:** 450–451
Adherence, particle
as nonrelevant indication **A17:** 105
Adherence, sand
as casting defect **A15:** 549
Adherences
glass-to-metal seals. **EL1:** 455
Adherend **EM3:** 4
defined **EM1:** 3, **EM2:** 3
definition **A5:** 944, **EM3:** 39
Adherend defects
adhesive-bonded joints **A17:** 612–613
Adherend preparation **EM3:** 4
Adherent packing material
as casting defect **A11:** 385
Adhesion *See also* Abrasion; Abrasives; Adhesive
wear; Galling **EM3:** 4, 39–43
and die life **A14:** 505
and matrix strength in composite plastic-filler
mixtures **M7:** 612
and surface chemical analysis. **M7:** 250
and wear **A8:** 601
as nomenclature processing problem **EL1:** 559
basic concepts. **EM3:** 39–40
bonding mechanisms **EM3:** 40
electrostatic attraction **EM3:** 40
formation of covalent chemical bonds . . **EM3:** 40
mechanical interlocking **EM3:** 40
classification of adhesives **EM3:** 8–9, 40–41
elastomers. **EM3:** 41
hybrids **EM3:** 41
laminating adhesives. **EM3:** 41
natural glues. **EM3:** 41
polyolefins **EM3:** 41
pressure-sensitive adhesives. **EM3:** 41
rubbery thermosets **EM3:** 41
structural adhesives. **EM3:** 41
thermoplastics **EM3:** 41
thermoset polymers. **EM3:** 41
columnar dendritic structure by **A15:** 132
composite joints **EM3:** 777
conductor, rigid printed wiring boards . . . **EL1:** 548
defined. **EL1:** 1133, **EM1:** 3, **EM2:** 3, **M7:** 1
definition **A5:** 944
detection **EL1:** 1091
during milling **M7:** 57
effect in metal-plastic composites. **M7:** 612
failures, caused by thin-film contaminants **A11:** 43
hardfacing for **M7:** 823
high-performance adhesives **EM3:** 41
in organic-coated steels **A14:** 565
initial, as fretting **A11:** 148
joint design **EM3:** 42–43
metal, and nonlubricated wear **A11:** 154–155
of anodized coatings **A13:** 397
of coatings. **A13:** 395
of gold-palladium powders **M7:** 151
of hot dip galvanized steel **A13:** 438
of plated coatings. **A13:** 426
of polyimides **EL1:** 769
of rigid epoxies **EL1:** 810
of thick-film conductor inks **EL1:** 207
of ultrahigh molecular weight polyethylenes
(UHMWPE). **EM2:** 170
paint. **A13:** 442
particle size, filler, and elongation at
break. **M7:** 612, 613
performance. **EM3:** 41
plating, as PTH failure mechanism **EL1:** 1025
polymer-metal **M7:** 606
printed board coupons **EL1:** 576
promoter, defined. **EM2:** 3
promoters, thin-film hybrids **EL1:** 326
promotion, substrates **EL1:** 624
solder mask. **EL1:** 554
solder mask/protective coat, materials and
processes selection **EL1:** 115
surface parameters **EM3:** 41–42
testing. **A13:** 418
theory of friction **A11:** 149
time-temperature superposition **EM3:** 40
to metal, in extrusion **EM2:** 386
work of. **A18:** 400, 403, 404, 405, 435
Adhesion 1-Adhesion 13 . . . . **EM3:** 69
Adhesion (adhesive force) **A18:** 31
defined. **A18:** 2
Adhesion and Adhesives **EM3:** 67, 71
Adhesion and Bonding **EM3:** 70
Adhesion and the Formulation of Adhesives . . **EM3:** 70
Adhesion coating
coated carbide tools. **A2:** 960
Adhesion coefficient *See* Coefficient of adhesion
Adhesion energy **A6:** 145
Adhesion factor **EM3:** 397
Adhesion, mechanical *See also* Adherence;
Mechanical adhesion
defined **A18:** 2
Adhesion promoter
definition **A5:** 944
Adhesion promoters . . . **EM1:** 3, 122–123, **EM3:** 4, 49,
52, 254–258, 674
for anaerobics **EM3:** 113

12 / Adhesion promoters

Adhesion promoters (continued)
for butyls **EM3:** 202
for polyimides. **EM3:** 157
for polysulfides. **EM3:** 196–197
silane coupling agents. **EM3:** 255–256, 257
Adhesion Science and Technology **EM3:** 70
Adhesion test **A5:** 435
Adhesion tests **A18:** 404
Adhesion theory of friction
AES analyses. **A10:** 565
Adhesion, thermally aged *See* Thermally aged adhesion
Adhesion—Fundamentals and Practice **EM3:** 69
Adhesive *See also* Adherend; Adhesives; Anaerobic adhesive; Cold-setting adhesive; Contact adhesive; Gap-filling adhesive; Heat-activated adhesive; Heat-sealing adhesive; Hot-melt adhesive; Intermediate temperature setting adhesive; Press re-sensitive adhesive; Structural adhesive
amino resin **EM2:** 628
bonding **EM2:** 725
bonds **EM1:** 481–484
defined **EM1:** 3, **EM2:** 3
definition **A5:** 944, **A20:** 828
failure, defined **EM2:** 3
film, defined *See* Film adhesive
in joining processes classification scheme **A20:** 697
shear model, elastic-plastic **EM1:** 484
shearing **EM1:** 482
sources of materials data **A20:** 499
strength, defined **EM1:** 3, **EM2:** 3
Adhesive Abstracts **EM3:** 65
Adhesive, anaerobic *See* Anaerobic adhesive
Adhesive and Sealant Compound Formulations **EM3:** 68
Adhesive assembly **EM3:** 4
Adhesive bond
definition **A5:** 944, **M6:** 1
Adhesive bond strength classifier algorithm. . **A17:** 611
Adhesive bonding **A19:** 17, **A20:** 698, **EM1:** 484, **M7:** 457
aluminum. **M2:** 201–202
and sinter bonding **M7:** 457
as manufacturing process **A20:** 247
beryllium-copper alloys. **A2:** 414–415
cereal as sand addition for **A15:** 211
copper metals. **M2:** 456
definition **A6:** 1206, **M6:** 1
for honeycomb sandwich structures **EM1:** 727
in space and low-gravity environments **A6:** 1023
magnesium **M2:** 547–549, 550
of aircraft components, neutron
radiography of **A17:** 392–393
of ductile iron. **A15:** 665
of epoxy materials. **EL1:** 832–833
of magnesium and magnesium alloys **A2:** 474, 477
of thermoplastic composite. **EM1:** 552
protective film **A17:** 614
rating of characteristics. **A20:** 299
safety precautions **A6:** 1204–1205
surface preparation **EM1:** 681–682
ultrasonic inspection **A17:** 232
with zinc alloys. **A15:** 795
Adhesive Bonding ALCOA Aluminum **EM3:** 69
Adhesive Bonding Aluminum **EM3:** 69
Adhesive bonding, design for *See* Design for Joining
Adhesive Bonding of Aluminum Alloys **EM3:** 69
Adhesive Bonding of Wood **EM3:** 68
Adhesive Bonding—Techniques and Applications **EM3:** 70
Adhesive, cold-setting *See* Cold-setting adhesive
Adhesive, contact *See* Contact adhesive
Adhesive dispersion **EM3:** 4
Adhesive dot height
as process control measure. **EL1:** 673
Adhesive failure **EM3:** 4
defined **EM1:** 3

Adhesive film *See also* Films **EM3:** 4
defined **EM1:** 3, **EM2:** 3
definition. **A5:** 944
Adhesive flash
adhesive-bonded joints **A17:** 612
Adhesive friction component **A18:** 432
Adhesive, gap-filling *See* Gap-filling adhesive
Adhesive, heat-activated *See* Heat-activated adhesive
Adhesive, heat-sealing *See* Heat-sealing adhesive
Adhesive, hot-setting *See* Hot-setting adhesive
Adhesive, intermediate temperature setting *See* Intermediate temperature setting adhesive
Adhesive joint *See also* Joint(s)
defined **EM1:** 3, **EM2:** 3
Adhesive joints **EM3:** 4, 33–34
shear testing standards **A8:** 62
testing. **EM3:** 37
type of **EM3:** 36
Adhesive modifiers **EM3:** 175–186
adhesion promoters **EM3:** 180–182
chemical bonding **EM3:** 181–182
polarity and hydrogen bonding. **EM3:** 181
surface wetting **EM3:** 180–181
cost factors **EM3:** 185–186
filler considerations **EM3:** 179–180
processing considerations **EM3:** 177–179
electrical conductivity improvements . . **EM3:** 178
electrical property enhancement. . . **EM3:** 178–179
flame retardance **EM3:** 179
pigmentation **EM3:** 179
rheology control **EM3:** 177–178
smoke suppression **EM3:** 179
thermal conductivity improvement **EM3:** 178
tackifiers **EM3:** 182–183
tougheners. **EM3:** 183–186
plasticization **EM3:** 184
single-phase toughening **EM3:** 184–185
two-phase toughening. **EM3:** 185–186
Adhesive plumbum materials
applications **A2:** 555
Adhesive polymers
solid-film. **EL1:** 220–221
Adhesive, pressure-sensitive *See* Pressure-sensitive adhesive
Adhesive sheet
brazing filler metals available in this form **A6:** 119
Adhesive strength **EM3:** 4
defined **EM1:** 3
definition **A5:** 944
Adhesive, structural *See* Structural adhesive
Adhesive system **EM3:** 4
Adhesive theory of friction **A18:** 31
Adhesive wear *See also* Abrasive wear; Galling; Scoring; Scuffing; Seizing . . **A7:** 965, 969, 1069, **A20:** 603, 604, 605, 606
aircraft brakes. **A18:** 583
bearing steels **A18:** 732, 733
bearings **A19:** 361
defined **A8:** 1, 601–602, **A9:** 1, **A11:** 1, **A18:** 1
definition **A5:** 944, **A7:** 965
effect of material properties on **A11:** 158
electroplated coating applications **A18:** 835
examples of **A7:** 965
failures. **A11:** 145–146
from wire wooling **A11:** 466
gray cast iron. **M1:** 24
in ball bearings **A11:** 496, 498
in band printer **A8:** 607
in steel gears **A11:** 596
internal combustion engine parts **A18:** 555, 559
ion implantation **A18:** 855–856, 857, 858
jet engine components **A18:** 588, 590
lubrication **A8:** 602
mechanisms proposed for **A7:** 965
metal-matrix composites . . **A18:** 806, 807–808, 809, 810
mining and mineral industries. **A18:** 651
nitrided surfaces **A18:** 879, 880, 881, 882
off shafts **A11:** 466

on gear teeth **A11:** 596
in inner cone, roller bearing **A11:** 158
rolling contact wear **A18:** 257
shear fracture damage **A18:** 179
sliding. **A8:** 601
sliding bearings **A18:** 742, 743
sliding wear coefficient **A20:** 604
stainless steels **A18:** 715, 716, 717, 720–721
surface property effect **A18:** 342, 343
theory. **A11:** 145–146
thermal spray coating applications . . **A18:** 831–832, 833
performance factors **A18:** 832
thermal spray coatings for hardfacing. **A5:** 735
thermoplastic composites **A18:** 821
tool steels **A18:** 736, 737–738
Adhesive-bonded aluminum sheet
thermal inspection **A17:** 403
Adhesive-bonded joints *See also*
Joint(s) **A17:** 610–640
defects, description of. **A17:** 610–616
defects during fabrication **A17:** 612
glue-line thickness, by eddy current
inspection **A17:** 188–189
inspection results, evaluation. **A17:** 636–639
NDT, in product cycle **A17:** 632–636
NDT method, applications and
limitations **A17:** 616–632
NDT method, selection **A17:** 631–632
tap test **A17:** 626–627
thermal stress **EL1:** 57–58
Adhesiveless
defined. **EL1:** 582
Adhesively Bonded Joints: Testing, Analysis, and Design **EM3:** 67
Adhesives *See also* Adhesive **A19:** 17
acrylic **EM1:** 684, 686
adhesive joint design **EM1:** 683
alternatives to **EM1:** 687
anaerobic **EM3:** 4
application methods **EL1:** 1046
application technology **EL1:** 671–672
auxiliary materials/products,
specifications for **EM1:** 695–696
bismaleimide (BMI). **EM1:** 684
card/planar assembly **EL1:** 117
classification **EL1:** 671
cold-curing. **EM3:** 665
cold-setting. **EM3:** 4
compared to sealants **EM3:** 56
conductive, flexible printed boards. **EL1:** 590
contact **EM3:** 4
corrosivity **A13:** 342
curing **EM1:** 685
curing technology. **EL1:** 672
definition **EM3:** 4, 33, 39
dot height **EL1:** 673
epoxy. **EM1:** 684, 685–686
evaluation data **EM1:** 329
failure mechanisms **EL1:** 1046–1047
flexible printed wiring, compared **EL1:** 582
for flexible printed boards **EL1:** 582
for microelectronic applications **EL1:** 110
for surface mounting **EL1:** 631, 670–674
for surface-mount soldering **EL1:** 700
forms for application **EM3:** 40
functions **EM3:** 33
gap-filling **EM3:** 4
heat-activated **EM3:** 4
heat-sealing **EM3:** 4
hot-curing **EM3:** 665
hot-melt **EM1:** 13, 684, 687, **EM3:** 4
hot-setting **EM3:** 4
intermediate-temperature-setting **EM3:** 4
material property specifications. **EM1:** 690–695
organic, as component attachment . . . **EL1:** 348–349
organic, as die attachment **EL1:** 213
phenolic-based. **EM1:** 684
plasticization of **EM3:** 617

SUBJECTS OF THE INDEXED VOLUMES: ASM Handbook (designated by the letter "A"): **A1:** Properties and Selection: Irons, Steels, and High-Performance Alloys (1990); **A2:** Properties and Selection: Nonferrous Alloys and Special-Purpose Materials (1990); **A3:** Alloy Phase Diagrams (1992); **A4:** Heat Treating (1991); **A5:** Surface Engineering (1994); **A6:** Welding, Brazing, and Soldering (1993); **A7:** Powder Metal Technologies and Applications (1998); **A8:** Mechanical Testing (1985); **A9:** Metallography and Microstructures (1985); **A10:** Materials Characterization (1986); **A11:** Failure Analysis and Prevention (1986); **A12:** Fractography (1987); **A13:** Corrosion (1987); **A14:** Forming and Forging (1988); **A15:** Casting (1988); **A16:** Machining (1989); **A17:** Nondestructive Evaluation and Quality Control (1989); **A18:** Friction, Lubrication, and Wear Technology (1992); **A19:** Fatigue and Fracture (1996); **A20:** Materials Selection and Design (1997). **Metals Handbook, 9th Edition** (designated by the letter "M"): **M1:** Properties and Selection: Irons and Steels (1978); **M2:** Properties and Selection: Nonferrous Alloys and Pure Metals (1979); **M3:** Properties and Selection: Stainless Steels, Tool Materials, and Special-Purpose Materials (1980); **M4:** Heat Treating (1981); **M5:** Surface Cleaning, Finishing, and Coating (1982); **M6:** Welding, Brazing, and Soldering (1983); **M7:** Powder Metallurgy (1984). **Engineered Materials Handbook** (designated by the letters "EM"): **EM1:** Composites (1987); **EM2:** Engineering Plastics (1988); **EM3:** Adhesives and Sealants (1990); **EM4:** Ceramics and Glasses (1991). **Electronic Materials Handbook** (designated by the letters "EL"): **EL1:** Packaging (1989)

polyimide **EM1:** 684
polysulfide **EM1:** 687
postsolder deposits **EL1:** 674
pressure-sensitive **EM3:** 4
process control **EL1:** 672–674
processing specifications **EM1:** 689–690
properties **EL1:** 1046
reactive rubber **EM1:** 686–687
requirements **EL1:** 670
rubber-base **EM1:** 686–687
selection **EM1:** 683–688
silicone **EM1:** 684, 687
specifications/standards **EM1:** 688–701
structural **EM3:** 4
surface tensions **EM3:** 181
test methods **EM1:** 696–699
troubleshooting guide **EL1:** 673
types **EL1:** 670–671
void formation with **EM1:** 687
with fasteners **EM1:** 687

Adhesives, Adherends, Adhesion **EM3:** 70
Adhesives Age **EM3:** 65
Adhesives and Glue—How to Choose and Use Them **EM3:** 69
Adhesives and Sealants **EM3:** 71

Adhesives and sealants, specific types

3501 (epoxide), moisture ingression on joint performance **EM3:** 361–362

3501-6 (epoxy)
fracture process **EM3:** 509
fracture toughness **EM3:** 510

5208 (epoxy resin)
diffusion coefficient changes **EM3:** 362
fracture process **EM3:** 509
fracture toughness **EM3:** 510

acrylic latex E **EM3:** 88
acrylic latex G **EM3:** 88
acrylic latex G/rosin **EM3:** 88
AF 42 (epoxy) **EM3:** 657

AF 55
adhesive defect detected **EM3:** 750
variable-quality standard **EM3:** 770, 771
x-ray opaque adhesive **EM3:** 749–750, 759

AF 126 .... **EM3:** 364
surface preparation evaluation **EM3:** 802, 803

AF 126-2, shear modulus and proportionality **EM3:** 665, 666

AF 147, weak bond inspection **EM3:** 530, 531
AF 147/FM 300, storage time **EM3:** 522

AF 163
carrier cloth effect **EM3:** 515
high-temperature structural **EM3:** 508

Aflas (fluoroelastomer sealant) **EM3:** 226
Agomet U3 (polyester) **EM3:** 657

Alodine 1200 (primer)
effect on bond stability **EM3:** 802, 803
surface preparation **EM3:** 806

Apical (polyimide) **EM3:** 160
Araldite 508 (epoxy) **EM3:** 184
Araldite 6010 (epoxy) **EM3:** 184

Araldite (epoxy), for use with polysulfides **EM3:** 139

Ardel (polyarylate resin) **EM3:** 279
Astrel (polyaryl sulfone resins) **EM3:** 279
AW 106 (epoxy) **EM3:** 657
AY 103 .... **EM3:** 482, 483
BR 34B-18 (primer) **EM3:** 294
BR 127 (primer) **EM3:** 364, 644, 775
wedge testing of epoxy FM **EM3:** 667
BSL 312 (epoxy), shear properties **EM3:** 321
Capcure (polysulfide) **EM3:** 139, 141
Celanex (polyester) **EM3:** 279
Chemlock 205 (primer) **EM3:** 630
Chemlock 205/220 (primer) **EM3:** 629
Chlorobutyl 1066 .... **EM3:** 199
DC 1-2577 .... **EM3:** 597
DEN 438 (epoxy resin) **EM3:** 286
Durimid 100 (polyimide) **EM3:** 268
EA 934 (epoxy) **EM3:** 644
thickness effect on debond load **EM3:** 481
to bond metallic fitting to graphite-epoxy composite tube **EM3:** 496

EA 934NA (epoxy)
dynamic mechanical analysis results **EM3:** 646–647, 649
tension lap-shear test results **EM3:** 646–647

EA 9309, lap-shear and peel test results **EM3:** 809

EA 9309.3NA (epoxy)
dynamic mechanical analysis results ... **EM3:** 647, 649
tension lap-shear test results **EM3:** 647

EA 9320NA (epoxy)
dynamic mechanical analysis results **EM3:** 647–648, 649
tension lap-shear test results **EM3:** 647–648

EA 9334 (epoxy)
dynamic mechanical analysis results ... **EM3:** 648, 649
tension lap-shear test results **EM3:** 648

EA 9394 (epoxy, Hysol), structural schematic **EM3:** 493

EA 9396 (epoxy)
dynamic mechanical analysis results **EM3:** 648–649
tension lap-shear test results **EM3:** 648–649

EA 9628
adhesive defect detected **EM3:** 750
EA 9628NW (epoxy, Dexter-Hysol) ... **EM3:** 363, 364
lap-shear and peel test results **EM3:** 809
water absorption **EM3:** 363, 364

EA 9649
carrier cloth effect **EM3:** 515
effect of viscoelasticity **EM3:** 513
high-temperature structural **EM3:** 508

EA 9649R, weak bond inspection .. **EM3:** 530, 531

EC 2320 (primer), to bond wedge specimens **EM3:** 802, 803

EC 3445 (epoxy)
carrier cloth effect **EM3:** 515
fracture process **EM3:** 509
fracture toughness **EM3:** 510

EC 3448, graphite-epoxy substrates **EM3:** 524
EC 3924/AF **EM3:** 669
EH 330 (polysulfide) **EM3:** 139
ELP 3 (polysulfide) **EM3:** 138, 140, 141, 142
Epon 828 (epoxy resin) **EM3:** 285, 286
adhesion strength of AS4 carbon fibers to polyethylene (UHMW-PE) **EM3:** 393, 395–396, 402
coating on carbon/graphite **EM3:** 288

Epon 834 (epoxy resin) **EM3:** 184
Epon (epoxy) for use with polysulfides .. **EM3:** 139
epoxy B **EM3:** 595
ERL-4221 (epoxy) **EM3:** 96
Exxon Butyl 0-65 .... **EM3:** 199
Exxon Butyl 268 .... **EM3:** 199

F-185 (epoxy)
fracture process **EM3:** 509
fracture toughness **EM3:** 510

Fluorel (fluoroelastomer sealant) **EM3:** 226
FM 34B-18 (polyimide) **EM3:** 294

FM 37 (epoxy), incipient defects in bonded structures **EM3:** 524

FM 47, fatigue testing **EM3:** 502
FM 73 (epoxy) **EM3:** 355–357, 359
aluminum with BR 127 wedge tested .. **EM3:** 668
bond line porosities produced by shimming **EM3:** 523–524, 525
effect of high temperatures **EM3:** 513
lap-shear and peel test results **EM3:** 809
lap-shear strength versus adhesive thickness plotted **EM3:** 773, 774, 775
mechanical properties **EM3:** 360
moisture ingression **EM3:** 364
overlap edge stress concentration for single-lap joints **EM3:** 360–361
pulse-echo ultrasonic method for evaluation **EM3:** 778
shear modulus and proportionality **EM3:** 665, 666
shear properties **EM3:** 321
stress-strain curves in shear **EM3:** 474
wedge testing involving BR 127 primer **EM3:** 667

FM 73M (epoxy), peel and lap-shear test results **EM3:** 466

FM 300 (epoxy) **EM3:** 355–356, 357, 358–359
carrier cloth effect **EM3:** 515
direct compliance method of fracture analysis **EM3:** 340
effect of high temperatures **EM3:** 513
fracture process **EM3:** 509
fracture toughness **EM3:** 510
fracture toughness envelopes **EM3:** 446
fracture toughness values **EM3:** 447, 448
incipient defects bonded structures **EM3:** 524
mechanical properties **EM3:** 360
overlap edge stress concentration for single-lap joints **EM3:** 360–361

FM 300K (epoxy)
moisture ingression **EM3:** 364
peel and lap-shear test results **EM3:** 466
weak bond detection **EM3:** 530
weak bond inspection **EM3:** 531

FM 300M (epoxy)
dynamic mechanical analysis **EM3:** 648–649
tension lap-shear test results **EM3:** 9
Ti-6Al-4V adherend **EM3:** 270

FM 400 (epoxy)
fatigue testing **EM3:** 468
for advanced composite structures **EM3:** 822, 824–825, 827
peel and lap-shear test results **EM3:** 466
x-ray opaque adhesive **EM3:** 749–750, 759

FM 1000 (Cyanamid, epoxy)
effect of temperature on strength **EM3:** 619
shear modulus and proportionality **EM3:** 665, 666
tensile mechanical properties **EM3:** 619

FM series (polyimide) **EM3:** 160
FMS 1013 type 1B **EM3:** 528, 529
GORE-TEX (polytetrafluoroethylene) **EM3:** 225
Gylon (polytetrafluoroethylene) **EM3:** 225
HDS-100 (polysulfide) **EM3:** 139
HT 939 .... **EM3:** 96
HX 205 .... **EM3:** 205
fracture process **EM3:** 509
fracture toughness **EM3:** 510
HY 940 .... **EM3:** 96
Hydrite 121 (polysulfide) **EM3:** 139

Hypalon
applications **EM3:** 56
sealant characteristics (wet seals) **EM3:** 57

Hysol EA 934, shear stress peaking factor **EM3:** 483

IM 6/3501-6 .... **EM3:** 495
Kalar (butyl) **EM3:** 199
Kalene (butyl) **EM3:** 199
Kalrez (fluoroelastomer sealant) **EM3:** 226, 227
Kapton (polyimide) **EM3:** 159, 160, 165
Kynar **EM3:** 279, 454
LARC TPI (polyimide) **EM3:** 266–267, 270
LARC-13 .... **EM3:** 154

latex A/phthalate ester (40/60) (SBR), water-base PSA properties **EM3:** 88

latex D/low molecular weight polystyrene (60/40) (SBR), water-base PSA properties ... **EM3:** 88

latex H/phthalate ester (40/60) (SBR), water-base PSA properties **EM3:** 88

latex J/rosin (50/50) (SBR), water-base PSA properties **EM3:** 88

latex/rosin (40/60) (natural rubber), water-base PSA properties **EM3:** 88

latex/terpene (40/60) (natural rubber), water-base PSA properties **EM3:** 88

LP (liquid polysulfide) **EM3:** 138, 139
LP-2 .... **EM3:** 140
LP-3 .... **EM3:** 139, 140, 142
mechanical properties **EM3:** 141
physical properties **EM3:** 141
LP-12 .... **EM3:** 140
LP-31 .... **EM3:** 140
LP-32 .... **EM3:** 140
LP-33 .... **EM3:** 140
MB 329 .... **EM3:** 821
Metlbond 329 (M-329) **EM3:** 834
Metlbond 1113 ..... **EM3:** 502, 503, 505, 506, 510
carrier cloth effect **EM3:** 515
catastrophic threshold values **EM3:** 516
crack growth behavior **EM3:** 509
crack propagation under mixed-mode cyclic loading **EM3:** 513
dynamic fatigue **EM3:** 367
experiment synopsis **EM3:** 517–518
fatigue testing **EM3:** 350
onset threshold values **EM3:** 516
opening load versus in-plane shear load for ILMMS **EM3:** 517
plane-strain conditions **EM3:** 511
relaxation behavior in bulk **EM3:** 365

Adhesives and sealants, specific types (continued)
stress-whitening . . . EM3: 514, 515
Metlbond 1113-2 . . . EM3: 503, 510
carrier cloth effect . . . EM3: 515
catastrophic threshold values . . . EM3: 516
crack growth behavior . . . EM3: 509
crack propagation under mixed-mode cyclic loading . . . EM3: 513
dynamic fatigue . . . EM3: 367
experiment synopsis . . . EM3: 517–518
onset threshold values . . . EM3: 516
opening load versus in-plane shear load for ILMMS . . . EM3: 517
plastic deformation zone . . . EM3: 511
stress-whitening . . . EM3: 514, 515
MY 0500 (epoxy) . . . EM3: 94
MY 720 (epoxy) . . . EM3: 94–95
MY 750 . . . EM3: 482, 483
neoprene latex (carboxylated)/rosin (60/40), water-base PSA properties . . . EM3: 88
neoprene latex (noncarboxylated)/rosin (60/40), water-base PSA properties . . . EM3: 88
Nomex . . . EM3: 807
NR/C205-220 (natural rubber) . . . EM3: 629
Oppanol (butyl) . . . EM3: 199
P-1700 (polysulfone) . . . EM3: 364
PAG 200 . . . EM3: 669
Parylene C . . . EM3: 600
Parylene D . . . EM3: 600
Parylene N . . . EM3: 600
PasaJell . . . EM3: 105, 799
nontank procedure peel strength evaluation . . . EM3: 803, 804, 805, 806
PasaJell 107 . . . EM3: 799
Permabond ESP110 . . . EM3: 515
Permapol P-2 (polysulfide) . . . EM3: 141
Permapol P-2/P-3 (polysulfide) . . . EM3: 138–139
Permapol P-3 (polysulfide) . . . EM3: 141
PMR-15 (polyimide) EM3: 154, 155, 158–159, 160
RB-7116, mechanically induced artificial delamination . . . EM3: 523, 524
Redux 319 (epoxy), moisture ingression EM3: 364
Redux 775 (phenolic), corrosion resistance . . . EM3: 671
Redux 775RN (phenolic), shear properties . . . EM3: 321
Reliabond 398
for lap-shear specimen fabrication . . . EM3: 744
storage time . . . EM3: 522
RTV-I . . . EM3: 597, 598
RTV-II . . . EM3: 597–598
Ryton (polyphenylene sulfide (PPS)) . . . EM3: 280
SF 340 (bonded aileron) . . . EM3: 562–563
Skybond 700 series (polyimide lacquer) . . EM3: 158
Solithane 60 . . . EM3: 283
Syntorg IP200-705 (polyphenylquinox-aline) . . . EM3: 164
Syntorg IP200-710 (polyphenylquinox-aline) . . . EM3: 164
Syntorg IP200-715 (polyphenylquinox-aline) . . . EM3: 164
Tenite (polyester) . . . EM3: 279
Thermid AL grade (polyimide) . . . EM3: 158
Thermid IP-6001 . . . EM3: 158
Thermid LR series (polyimide) . . . EM3: 158
Toluene (polysulfide) . . . EM3: 139, 181
Udel (polysulfone resin) . . . EM3: 279
Ultem (polyetherimide) . . . EM3: 280
Upilex (polyimide) . . . EM3: 160
Valox (polyester) . . . EM3: 279
Valox (polyester), lap-shear strength . . . EM3: 276
Vespel (polyimide) . . . EM3: 277–278
Victrex (polyether sulfone (PESV)) . . . EM3: 280
Vistanex L-100, molecular weight . . . EM3: 199
Vistanex L-140, molecular weight . . . EM3: 199
Vistanex LM-MH, molecular weight . . . EM3: 199
Vistanex LM-MS, molecular weight . . . EM3: 199
Viton (fluoroelastomer sealant) . . . EM3: 226
Adhesives, Annual Book of ASTM Standards . . . EM3: 67
Adhesives for Metals: Theory and Technology . . . EM3: 70
Adhesives for Structural Applications . . . EM3: 68
Adhesives for the Composite Wood Panel Industry . . . EM3: 68
Adhesives for Wood-Research Applications, and Needs . . . EM3: 68
Adhesives from Renewable Resources . . . EM3: 71
Adhesives Handbook . . . EM3: 69
Adhesives in Modern Manufacturing . . . EM3: 69
Adhesives, Sealants, and Coatings for the Electronics Industry . . . EM3: 68
Adhesives, Sealants, and Gaskets—A Survey EM3: 68
Adhesives, Sealants and Primers . . . EM3: 69
Adhesives specifications . . . EM1: 689–701
Adhesives Technology Handbook . . . EM3: 67
Adhesives Technology—Developments Since 1979 . . . EM3: 68
Adhesives, wheel polishing
types used . . . M5: 208
Adhesives/sealants
defined . . . EM3: 61
ADI *See* Austempered ductile iron
Adiabatic *See also* Extrusion . . . EM3: 4
conditions, in high strain rate regime . . . A8: 191
defined . . . EM2: 3
heating, in processing map . . . A8: 572
shear band, as flow localizations . . . A8: 155
shear instabilities, in torsion testing . . . A8: 217–218
Adiabatic diesel engines . . . EM4: 987–994
adiabatic engine designs . . . EM4: 987–989
applications
ceramic . . . EM4: 960
summary . . . EM4: 990
design considerations . . . EM4: 993–994
materials . . . EM4: 989–993
tests to qualify coatings for engine applications . . . EM4: 992
thermal properties of engine wall insulator lining materials . . . EM4: 992
Adiabatic fast passage
defined as ESR supplemental technique . . A10: 258
Adiabatic heating . . . A20: 304
Adiabatic shear
bands, in titanium alloy . . . A12: 43
defined . . . A12: 31
strain rates for . . . A12: 31–33, 43
Adiabatic stability
in superconductors . . . A2: 1038
ADINA
finite-element analysis code . . . EM3: 479, 480, 486
ADINA computer program for structural analysis . . . EM1: 268, 269
ADINAT thermal analysis software . . . EL1: 446–447
Adjoint variable method . . . A20: 213, 214
Adjoint variable vector . . . A20: 213
Adjustable light spot analyzers . . . M7: 229
Adjustable reamers . . . A16: 241, 242–243
Adjustable-bed presses
for piercing . . . A14: 463
Adjustable-iris diaphragm in optical microscopes . . . A9: 72
Adjustment factors . . . A20: 114
Adjustments
elimination of . . . EL1: 123
Admiralty alloy, SCC environment
AES analysis of . . . A10: 563–564
Admiralty brass
brazing . . . A6: 629–630
dezincification of . . . A13: 128, 132
galvanic series for seawater . . . A20: 551
weldability . . . A6: 753
Admiralty metal
applications and properties . . . A2: 318–319
electrolytic etching . . . A9: 401
Admiralty metals
antimonial *See* Copper alloys, specific types, C44400
arsenical *See* Copper alloys, specific types, C44300
arsenical, impingement attack . . . A11: 634–635
B brass, intergranular attack . . . A11: 182
brass heat-exchanger tubes, failed . . . A11: 637
inhibited *See* Copper alloys, specific types, C44300, C44400 and C44500
phosphorized *See* Copper alloys, specific types, C44500
SCC in . . . A11: 635
Admittance matrices
transmission line characteristic impendance and . . . EL1: 35
Admixing . . . A7: 106, 128
Admixture . . . EM3: 4
defined . . . EM1: 3, EM2: 3
ADONE
as synchrotron radiation source . . . A10: 413
Adsorbed contaminants . . . EM3: 41
Adsorbed layers on the surface, maximum number of . . . A7: 275
Adsorbed surfactants
IR analysis of . . . A10: 109
Adsorption *See also* Absorption . . . EM3: 4
as contamination of gravimetric samples . . A10: 163
as initial oxidation, gaseous corrosion . . . A13: 67
as mechanism of hydrogen embrittlement A19: 185
defined . . . A13: 1, EM1: 3, EM2: 3
definition . . . A5: 944–945
-enhanced plasticity . . . A13: 160
-induced brittle fracture, crack propagation . . . A13: 161
inhibitors . . . A13: 1141
isotherms, for surface species, Raman analysis as probe for . . . A10: 134
LEED analysis of . . . A10: 536
of hydrogen . . . A12: 124
of molecular species, IR identification of A10: 109
on active sites at the surface . . . A7: 275
pyridine, Raman studies . . . A10: 134
surface, and hydrogen damage . . . A13: 164
surface, as SCC parameter . . . A13: 147
surface, FIM/AP study of . . . A10: 583
tracer gas . . . A17: 69
Adsorption chromatography *See also* Liquid-solid chromatography
defined . . . A10: 668
Adsorption isotherms . . . EM4: 70, 155
Adsorption, water
in molding clays . . . A15: 210–212
Adsorption-desorption isotherm . . . A7: 277
Adsorption-induced embrittlement
in axles . . . A11: 718, 719
Advance separation
crack path after joining of . . . A8: 443
Advanced aluminum materials *See also* Aluminum; Aluminum alloys
aluminum-base discontinuous metal-matrix composites . . . A14: 251
aluminum-lithium alloys . . . A14: 250
forging of . . . A14: 249–251
prealloyed P/M alloys . . . A14: 250–251
"Advanced" ceramics . . . A20: 427–428, EM4: 45–49
additives to aid ceramic processing . . . EM4: 49
applications . . . EM4: 1–2, 16, 47, 48
electrical discharge machining . . . EM4: 375–376
electrical/electronic . . . EM4: 1105–1106
carbides . . . EM4: 47
centerless grinding . . . EM4: 341
definition . . . A20: 828
development . . . EM4: 16–17
estimated market in U.S . . . EM4: 47
fracture toughness lacking . . . EM4: 16
grinding capabilities for varying cycle times . . . EM4: 341
materials included . . . EM4: 16

SUBJECTS OF THE INDEXED VOLUMES: ASM Handbook (designated by the letter "A"): **A1:** Properties and Selection: Irons, Steels, and High-Performance Alloys (1990); **A2:** Properties and Selection: Nonferrous Alloys and Special-Purpose Materials (1990); **A3:** Alloy Phase Diagrams (1992); **A4:** Heat Treating (1991); **A5:** Surface Engineering (1994); **A6:** Welding, Brazing, and Soldering (1993); **A7:** Powder Metal Technologies and Applications (1998); **A8:** Mechanical Testing (1985); **A9:** Metallography and Microstructures (1985); **A10:** Materials Characterization (1986); **A11:** Failure Analysis and Prevention (1986); **A12:** Fractography (1987); **A13:** Corrosion (1987); **A14:** Forming and Forging (1988); **A15:** Casting (1988); **A16:** Machining (1989); **A17:** Nondestructive Evaluation and Quality Control (1989); **A18:** Friction, Lubrication, and Wear Technology (1992); **A19:** Fatigue and Fracture (1996); **A20:** Materials Selection and Design (1997). **Metals Handbook, 9th Edition** (designated by the letter "M"): **M1:** Properties and Selection: Irons and Steels (1978); **M2:** Properties and Selection: Nonferrous Alloys and Pure Metals (1979); **M3:** Properties and Selection: Stainless Steels, Tool Materials, and Special-Purpose Materials (1980); **M4:** Heat Treating (1981); **M5:** Surface Cleaning, Finishing, and Coating (1982); **M6:** Welding, Brazing, and Soldering (1983); **M7:** Powder Metallurgy (1984). **Engineered Materials Handbook** (designated by the letters "EM"): **EM1:** Composites (1987); **EM2:** Engineering Plastics (1988); **EM3:** Adhesives and Sealants (1990); **EM4:** Ceramics and Glasses (1991). **Electronic Materials Handbook** (designated by the letters "EL"): **EL1:** Packaging (1989)

mixed oxide ceramics **EM4:** 47
nitrides. **EM4:** 47
oxides **EM4:** 47
processing innovations **EM4:** 47–49
properties **EM4:** 1, 2, 16, 48, 1105
raw materials **EM4:** 32–33, 48
raw materials and formulations. **A20:** 787
shaping and finishing. **EM4:** 313
strength versus temperature properties. . **EM4:** 1001
stress-rupture characteristics. **EM4:** 1001
subcritical crack growth. **EM4:** 16
substrate formulations **EM4:** 1105
testing. **EM4:** 547
ultrasonic machining **EM4:** 360
workpieces finished by production grinding techniques **EM4:** 339

Advanced ceramics, application
internal combustion engine parts **A18:** 561

Advanced CMOS logic (ACL)
development **EL1:** 160

Advanced composite packaging materials. **EL1:** 1117–1118

Advanced composite structures *See* Composite structures, advanced

Advanced composites *See also* Aerospace applications; Aerospace composite structure fabrication; Composites **EM3:** 4
applications. **EM1:** 799–847
axial tensile strength **EM1:** 192
chemical structures. **EM1:** 101
damping properties analysis. **EM1:** 206–217
defined **EM2:** 3
for aircraft manufacturing industry. **EM1:** 34
in aircraft industry **EM1:** 801–809
matrix resins. **EM1:** 73, 545
testing requirements. **EM1:** 283
thermoplastic **EM1:** 544–553
thermoplastic resins. **EM2:** 621–622
tooling, quality control **EM1:** 738–739

Advanced cure monitor (ACM) 101
instrumentation **EM1:** 762

Advanced failure analysis techniques
for corrosion failure **EL1:** 1102–1116

Advanced forging process modeling **A14:** 409–416

Advanced gas turbine (AGT) program, DOE Office of Transportation Systems. **EM4:** 716–720
ceramic gasifier turbine scroll assembly for AGT-100 engine **EM4:** 717, 718, 720
design/manufacturing trade-offs. **EM4:** 720
radial inflow turbine rotor burst **EM4:** 718–719

Advanced gas turbines **EM4:** 995–1001
applications **EM4:** 995
nonautomotive. **EM4:** 995
background **EM4:** 995
ceramic gas turbine engine development in Europe **EM4:** 1000
ceramic materials. **EM4:** 1000–1001
ceramic turbine engine development in Japan **EM4:** 999–1000
ceramics versus superalloys for turbine nozzles **EM4:** 995
challenges **EM4:** 995–996
the DOE-ATTAP program **EM4:** 996–998, 999, 1001

U.S. development for auxiliary power units **EM4:** 998–999, 1000
versus conventional internal combustion engines **EM4:** 995

Advanced inertial Reference Sphere for
ICBM, for beryllium P/M parts **M7:** 761

Advanced (loose powder) filling
systems **M7:** 431

Advanced Materials and Processes
trade magazine **EM2:** 92

Advanced Materials & Processes Magazine . . **EM3:** 65

Advanced mean value method **A19:** 300, 301

Advanced Metalworking System **A7:** 25

Advanced Research Projects Agency (ARPA) **A20:** 635

Advanced statistical concepts of fracture in brittle materials **EM4:** 709–715
distributional models. **EM4:** 709–710
multiaxial failure. **EM4:** 710
Weibull distribution **EM4:** 709
Griffith/Orowan criteria **EM4:** 709

Weibull estimators for combined data **EM4:** 710–715
Bartlett correction factor **EM4:** 714
bootstrap techniques for confidence and tolerance **EM4:** 712–713
classes of problem. **EM4:** 710
confidence and tolerance bounds **EM4:** 712
example of Class IV strength data **EM4:** 710, 711
future needs and directions. **EM4:** 714–715
likelihood techniques for confidence and tolerance. **EM4:** 713–714
maximum likelihood estimator . . . **EM4:** 710–712, 714
probabilities of failure **EM4:** 711–712
profile log likelihood **EM4:** 713

Advanced structural ceramics
properties needed in these design areas **EM4:** 690, 691

Advanced thermal management design
tape automated bonding (TAB). **EL1:** 287

Advanced titanium materials *See also* Titanium; Titanium alloys
forging of **A14:** 282–283
titanium aluminides. **A14:** 283
titanium metal-matrix composites. **A14:** 283
titanium powder metallurgy materials **A14:** 283

Advanced titanium-base alloys. **A6:** 524–527
alpha-beta alloys **A6:** 524, 526
electron-beam welding. **A6:** 526
families **A6:** 524
fusion zone **A6:** 526
gas-tungsten arc welding **A6:** 526
heat-affected zone **A6:** 526, 527
heat-affected zone cracking. **A6:** 526
intermetallic alloys **A6:** 525, 526
intermetallics. **A6:** 525
laser-beam welding. **A6:** 526
metastable-beta alloys. **A6:** 524, 526
microstructure **A6:** 524, 525–526
near-beta alloys **A6:** 524, 526
physical metallurgy **A6:** 524–525
postweld heat treatment. **A6:** 526, 527
titanium-aluminum phase diagram **A6:** 525
titanium-matrix composites **A6:** 524, 525, 527
weldability. **A6:** 525–527

Advanced titanium-base alloys, specific types
Alpha-2
chemical composition. **A6:** 525
electron-beam welding **A6:** 526
mechanical properties. **A6:** 525
weldability **A6:** 525, 526
Beta 21S
chemical composition. **A6:** 524
mechanical properties **A6:** 524, 525
weldability. **A6:** 524, 526
Beta C
chemical composition **A6:** 524–525
gas-tungsten arc welding **A6:** 526
mechanical properties **A6:** 524–525
weldability. **A6:** 524, 526
Corona 5
chemical composition. **A6:** 524
mechanical properties **A6:** 524, 525
weldability. **A6:** 524, 526
Gamma
chemical composition. **A6:** 525
mechanical properties. **A6:** 525
microstructures **A6:** 525
weldability. **A6:** 525, 526
IMI 834
chemical composition. **A6:** 524
mechanical properties **A6:** 524, 525
weldability. **A6:** 524, 526
Orthorhombic
mechanical properties. **A6:** 525
weldability. **A6:** 525, 527
Ti-10V-2Fe-3Al
chemical composition. **A6:** 524
mechanical properties **A6:** 524–525
weldability. **A6:** 524, 526
Ti-1100
chemical composition. **A6:** 524
mechanical properties **A6:** 524, 525
weldability. **A6:** 524, 526

Advanced tool motions. **M7:** 327–328

Advanced turbine technology application project (ATTAP) **EM4:** 716
ceramic-to-ceramic joints deficient **EM4:** 720
design/manufacturing trade-offs. **EM4:** 720
Garrett radial inflow turbine redesign and foreign object damage **EM4:** 719

Advanced Turbine Technology Applications Program (ATTAP) **A20:** 630, 635

Advanced waveform analysis package
acoustic emission inspection **A17:** 286

Advances in Adhesives: Applications, Materials and Safety **EM3:** 69

Advances in Fatigue Lifetime Predictive Techniques **A19:** 227

Advances in Polymer Technology
as information source **EM2:** 93

Advantage
Fellgett's or multiplex **A10:** 129

Advantages of adhesive joining **EM3:** 33, 34

ADV-pH test
for sand reclamation **A15:** 355

AE inspection *See* Acoustic emission inspection

AEM *See* Analytical electron microscopy

Aerate
defined **A15:** 1

Aerated bath nitriding. **A5:** 945

Aerated concrete
powders used **M7:** 527

Aerated conditions
high-temperature pure water **A8:** 420–422

Aeration *See also* Deaeration
corrosion effect. **A13:** 1162
defined **A13:** 1
differential. **A13:** 339, 785, 788
effect, nickel-base alloy corrosion in HF . . **A13:** 648
effect, zinc corrosion in distilled water . . . **A13:** 760
in chemical processing plant **A13:** 1135
in foam fluxers. **EL1:** 682
of solution, total immersion tests **A13:** 221–222
water, corrosion effects **A13:** 207

Aeration cell *See* Differential aeration cell

Aerial piping
ductile iron **M1:** 99, 100

Aerobic bacteria
corrosion by **A11:** 190

Aerobic corrosion
of iron and steels **A13:** 117

Aerodynamic diameter of particles. **A7:** 257

Aerodynamic lubrication *See* Gas lubrication

Aerodynamic particle sizes (APS) analyzer. . . **A7:** 256, 257

Aerodynamic sieving **A7:** 236

Aerodynamic time-of-flight **A7:** 237

Aerogel **A20:** 418

Aerogels. **EM4:** 449
alkoxide-derived gels **EM4:** 210–211, 212, 213
sol-gel process for formation **EM4:** 62

Aerosizer **A7:** 257, 258

Aerosol process. **A7:** 77

Aerosol pyrolysis technique
high-temperature superconductors. **A2:** 1086

Aerosol samples
atmospheric, PIXE particle size
analysis of **A10:** 102
collection **A10:** 94

Aerosolizing **A7:** 257–258

Aerospace **A6:** 385–388
brazeability and solderability
applications. **A6:** 617–618
ceramic applications **EM4:** 960

Aerospace alloys
CBN tools for machining **A16:** 639
design values for bearing and tensile
properties. **A8:** 61
fracture mechanics data **A11:** 54
high-speed tool steels used **A16:** 59

Aerospace and military applications EM4: 1016–1020
frangible glasses **EM4:** 1020
glass fibers. **EM4:** 1029
infrared glasses. **EM4:** 1019–1020
mirrors for space **EM4:** 1016, 1017, 1018
missile nose cones (radomes). **EM4:** 1017–1019
solar cell covers **EM4:** 1019
spacecraft windows. **EM4:** 1016–1017, 1018

Aerospace applications. **EM4:** 1003–1006, **M7:** 646–656
aircraft propulsion. **EM4:** 1003–1005

Aerospace applications (continued)
as casting market . . . **A15:** 34
benefits of ceramics in aerospace systems . . . **EM4:** 1004
benefits of thermostructural ceramics . . . **EM4:** 1003
bulk molding compounds . . . **EM1:** 162–163
constructional steels for elevated temperature use . . . **M1:** 647
factors . . . **EM4:** 1003
for stainless steel alloys . . . **M7:** 730
High Temperature Engine Materials Program (NASA) . . . **EM4:** 1004
investment casting . . . **A15:** 265
key technical issues . . . **EM4:** 1004
limitations of thermostructural ceramics . . . **EM4:** 1003
liquid crystal polymers (LCP) . . . **EM2:** 180
matrices for . . . **EM1:** 32–33
nickel alloy powders for . . . **M7:** 142
of beryllium powders . . . **M7:** 169, 759–760
of copper-based powder metals . . . **M7:** 733
of hybrids . . . **EL1:** 254
of parts design . . . **EM2:** 616
of prepreg resins . . . **EM1:** 139–141
of semisolid metal casting/forging . . . **A15:** 327
of titanium powder . . . **M7:** 164
of vacuum induction melting . . . **A15:** 393
polybenzimidazoles (PBI) . . . **EM2:** 147
polyether sulfones (PES, PESV) . . . **EM2:** 159
potential applications in aircraft propulsion . . . **EM4:** 1004
powders used . . . **M7:** 572
refractory metals for . . . **M7:** 765
Small Engine Component Technology Study . . . **EM4:** 1004
space and missile systems . . . **EM1:** 816–822
Stirling Engine . . . **EM4:** 1005
technologies . . . **M7:** 18
thermoplastic fluoropolymers . . . **EM2:** 117
thermoplastic polyimides (TPI) . . . **EM2:** 177
turbopump components . . . **EM4:** 1005
ultra-clean powders for . . . **M7:** 36
unidirectional/two-directional fabrics . . . **EM1:** 126
urethane hybrids . . . **EM2:** 268
Aerospace applications for adhesives . . **EM3:** 558–566
adhesive bonding of aircraft canopies and windshields . . . **EM3:** 559, 563–564
application methods . . . **EM3:** 559, 560–561
bonding honeycomb to primary surfaces . . . **EM3:** 559, 562–563
classes . . . **EM3:** 559
F-15 composite speedbrake . . . **EM3:** 563
honeycomb core construction . . . **EM3:** 559–560
honeycomb core sandwich construction **EM3:** 559, 560–561
honeycomb structure damage . . . **EM3:** 559, 566
laminate repair . . . **EM3:** 559, 565
lightning strike applications . . . **EM3:** 559, 564–565
missile radome-bonded joint . . **EM3:** 559, 563, 564
noise-suppression systems for engine nacelles . . . **EM3:** 559, 561–562
product forms . . . **EM3:** 559
repair of adhesive disbonds . . . **EM3:** 559, 566
secondary honeycomb sandwich bonding . . . **EM3:** 559, 561
shelf life . . . **EM3:** 559
Aerospace composite structure fabrication *See also* Advanced composites; Aerospace applications . . . **EM1:** 73, 575–577
automated/mechanized lay-up . . . **EM1:** 577
design requirements . . . **EM1:** 575
labor-intensive lay-up . . . **EM1:** 575–577
ply shapes . . . **EM1:** 575–576
process requirements . . . **EM1:** 575
Aerospace construction
codes governing . . . **M6:** 824–825
joining processes . . . **M6:** 56–57
Aerospace industry . . . **A13:** 1058–1106
corrosion in . . . **A13:** 1058–1106
manned spacecraft, corrosion of . . . **A13:** 1058–1101
P/M superalloy applications . . . **A13:** 836
pin bearing testing in . . . **A8:** 59
space boosters and space satellites **A13:** 1101–1105
Aerospace industry applications *See also* Aircraft industry applications
acoustic emission inspection . . . **A17:** 290–292
aluminum and aluminum alloys . . . **A2:** 12
aluminum P/M alloys . . . **A2:** 200
aluminum-lithium alloys . . . **A2:** 178, 182
beryllium . . . **A2:** 683–687
computed tomography (CT) . . . **A17:** 363
neutron radiography . . . **A17:** 391–395
of NDE reliability models . . . **A17:** 702–715
of precious metals . . . **A2:** 693
of titanium and titanium alloys . . . **A2:** 587–588
titanium P/M products . . . **A2:** 655, 657–658
refractory metals and alloys . . . **A2:** 557–559
rocket motors, computed tomography . . . **A17:** 363
space shuttle program, as NDE reliability case study . . . **A17:** 685–686
titanium and titanium alloy castings . . . **A2:** 634, 644–645
Aerospace industry market . . . **EM3:** 58, 604–605
Aerospace manufacturing processes *See also* Aerospace composite structure fabrication . . . **EM1:** 575–663
autoclave cure systems . . . **EM1:** 645–648
automated integrated system . . . **EM1:** 636–638
automated ply lamination . . . **EM1:** 639–641
computer-controlled ply cutting labeling . . . **EM1:** 619–623
computerized autoclave cure control . . . **EM1:** 649–653
contoured tape laying . . . **EM1:** 631–635
curing BMI resins . . . **EM1:** 657–661
curing epoxy resins . . . **EM1:** 654–656
curing polyimide resins . . . **EM1:** 662–663
elastomeric tooling . . . **EM1:** 590–601
electroformed nickel tooling . . . **EM1:** 582–585
flat tape laying . . . **EM1:** 624–630
graphite-epoxy tooling . . . **EM1:** 586–589
manual lay-up . . . **EM1:** 602–604
mechanically assisted lay-up . . . **EM1:** 605–607
overview and basic operations . . . **EM1:** 575–577
preparation for cure . . . **EM1:** 642–644
tooling for autoclave molding . . . **EM1:** 578–581
ultrasonic ply cutting . . . **EM1:** 615–618
Aerospace Material Specification, 4779 standard
powders used for flame spraying . . . **A6:** 715
Aerospace Material Specification (of SAE) . . . **A8:** 724
Aerospace Material Specifications (AMS) . . . **EM1:** 41
2400S, cadmium plating . . . **A5:** 919
2401D, cadmium plating, low hydrogen content . . . **A5:** 919
2410G, specific silver plating undercoats and bake temperatures . . . **A5:** 246
2411D, specific silver plating undercoats and bake temperatures . . . **A5:** 246
2412, plating silver, copper strike, low bake . . . **A5:** 169
2412F, specific silver plating undercoats and bake temperatures . . . **A5:** 246
2413, silver and rhodium plating . . . **A5:** 169
2413C, specific silver plating undercoats and bake temperatures . . . **A5:** 246
2415, indium-lead plating . . . **A5:** 237–238
2416, plating, nickel-cadmium, diffused . . . **A5:** 919
2418, copper plating . . . **A5:** 169
2420, plating, aluminum for solderability, zincate process . . . **A5:** 169
2421, plating, magnesium for solderability, zincate process . . . **A5:** 169
2424C, selective plating specifications . . . **A5:** 281
2439, selective plating specifications . . . **A5:** 281
2441, selective plating specifications . . . **A5:** 281
2488, titanium anodizing . . . **A5:** 492
3166, contaminant solutions for wipe solvent cleaners . . . **A5:** 942
Aerospace material specifications (SAE AMS) . . . **EM2:** 91
Aerospace Materials Specifications . . . **A13:** 322
Aerospace Materials Specifications (AMS) . . **EM3:** 62
Aerospace Recommended Practice (ARP) . . . **A20:** 140, 926
Aerospatiale A320 access door substructure
component test for aluminum alloy castings . . . **A19:** 821
Aerostatic lubrication *See* Pressurized gas lubrication
AES *See* Atomic emission spectrometry; Auger electron spectroscopy
Aesthetics . . . **A20:** 104
AF2-1DA-6 . . . **A7:** 887, 893, 894, 898
AF2-lDA
thread grinding . . . **A16:** 275
AF115 . . . **A7:** 887, 892, 893, 894, 895, 898
AF1410 steel . . . **A1:** 431, 446–447
heat treatment for . . . **A1:** 447
properties of . . . **A1:** 445, 446, 447
AFBMA
defined . . . **A18:** 2
AFBMA model for ball bearings
application wear model . . . **A20:** 607
AFC *See* Automatic frequency control
Affinity diagram . . . **A20:** 19, 20
definition . . . **A20:** 828
AFNOR (French) standards for steels . . . **A1:** 158
compositions of . . . **A1:** 186–189
cross-referenced to SAE-AISI steels . . . **A1:** 166–174
AFNOR penetrameters
as step wedges . . . **A17:** 341
A-frame core knockout machine . . . **A15:** 504–505
Africa
metalworking in . . . **A15:** 19
A-fritting . . . **A18:** 682, 683
AFS *See* Atomic fluorescence spectrometry
AFS 50-70 test sand
defined . . . **A18:** 2
definition . . . **A5:** 945
AFS clay test
for sand reclamation . . . **A15:** 355
AFS grain fineness number . . . **A15:** 209
Afterbake *See also* Postcure . . . **EM3:** 4
After-fabrication galvanizing
as zinc coating . . . **A2:** 527–528
Afterglow
defined . . . **A17:** 383
AFWAL *See* Air Force Wright Aeronautical Laboratories
Ag-Al (Phase Diagram) . . . **A3:** 2•25
Ag-As (Phase Diagram) . . . **A3:** 2•25
Agate
as vial materials for SPEX mills . . . **A7:** 82
for planetary ball mill parts . . . **A7:** 82
honing stone selection . . . **A16:** 476
Ag-Au (Phase Diagram) . . . **A3:** 2•25
Ag-Au-Cu (Phase Diagram) . . . **A3:** 3•5
Ag-Be (Phase Diagram) . . . **A3:** 2•26
Ag-Bi (Phase Diagram) . . . **A3:** 2•26
Ag-Ca (Phase Diagram) . . . **A3:** 2•26
Ag-Cd (Phase Diagram) . . . **A3:** 2•27
Ag-Cd-Cu (Phase Diagram) . . . **A3:** 3•5–3•6
Ag-Cd-Zn (Phase Diagram) . . . **A3:** 3•6–3•7
Ag-Ce (Phase Diagram) . . . **A3:** 2•27
Ag-Co (Phase Diagram) . . . **A3:** 2•27
Ag-Cu (Phase Diagram) . . . **A3:** 2•28
Ag-Cu-Zn (Phase Diagram) . . . **A3:** 3•7
Ag-Dy (Phase Diagram) . . . **A3:** 2•28
Age
as factor in design reliability . . . **A20:** 88
Age hardenable alloys
microstructural features of precipitation . . . **A9:** 651
Age hardening *See also* Precipitation hardening . . . **A20:** 334
aluminum alloys **M2:** 30–32, 33, 36–38, 40–42, 43
beryllium-copper alloys . . . **A2:** 405–408, 421–422
copper alloys . . . **A2:** 236, **M2:** 256

SUBJECTS OF THE INDEXED VOLUMES: ASM Handbook (designated by the letter "A"): **A1:** Properties and Selection: Irons, Steels, and High-Performance Alloys (1990); **A2:** Properties and Selection: Nonferrous Alloys and Special-Purpose Materials (1990); **A3:** Alloy Phase Diagrams (1992); **A4:** Heat Treating (1991); **A5:** Surface Engineering (1994); **A6:** Welding, Brazing, and Soldering (1993); **A7:** Powder Metal Technologies and Applications (1998); **A8:** Mechanical Testing (1985); **A9:** Metallography and Microstructures (1985); **A10:** Materials Characterization (1986); **A11:** Failure Analysis and Prevention (1986); **A12:** Fractography (1987); **A13:** Corrosion (1987); **A14:** Forming and Forging (1988); **A15:** Casting (1988); **A16:** Machining (1989); **A17:** Nondestructive Evaluation and Quality Control (1989); **A18:** Friction, Lubrication, and Wear Technology (1992); **A19:** Fatigue and Fracture (1996); **A20:** Materials Selection and Design (1997). **Metals Handbook, 9th Edition** (designated by the letter "M"): **M1:** Properties and Selection: Irons and Steels (1978); **M2:** Properties and Selection: Nonferrous Alloys and Pure Metals (1979); **M3:** Properties and Selection: Stainless Steels, Tool Materials, and Special-Purpose Materials (1980); **M4:** Heat Treating (1981); **M5:** Surface Cleaning, Finishing, and Coating (1982); **M6:** Welding, Brazing, and Soldering (1983); **M7:** Powder Metallurgy (1984). **Engineered Materials Handbook** (designated by the letters "EM"): **EM1:** Composites (1987); **EM2:** Engineering Plastics (1988); **EM3:** Adhesives and Sealants (1990); **EM4:** Ceramics and Glasses (1991). **Electronic Materials Handbook** (designated by the letters "EL"): **EL1:** Packaging (1989)

defined ... A9: 1, A13: 1
definition ... A5: 945
development of ... A3: 1•25
maraging steels ... M1: 445–446, 448–449
mechanically alloyed oxide
alloys ... A2: 947
nickel and nickel alloys ... A4: 907, 911–912, M4: 757, 758–759
of uranium alloys ... A2: 674
process ... A3: 1•22
Age hardening (of grease)
defined ... A18: 2
Age hardening treatment ... A9: 646
Age softening
definition ... A5: 945
Aged, and equalized
heat treatment ... A13: 934
Age-hardenable alloys
effects of solution heat treatment ... A11: 122
Age-hardenable nickel-base wrought heat-resistant alloys ... A9: 309
Age-hardenable stainless steels
thermal expansion coefficient ... A6: 907
Age-hardening of nonferrous alloys
as manufacturing process ... A20: 247
Age-life history ... EM3: 735–736
Agency-related properties
data sheets ... EM2: 409
Agents *See also* Antistatic agents; Coupling agents; Foaming agents; Mold release agent; Release agent ... A20: 313
Ag-Er (Phase Diagram) ... A3: 2•28
Ag-Eu (Phase Diagram) ... A3: 2•29
Ag-Fe (Phase Diagram) ... A3: 2•29
Ag-Ga (Phase Diagram) ... A3: 2•29
Ag-Gd (Phase Diagram) ... A3: 2•30
Ag-Ge (Phase Diagram) ... A3: 2•30
AGGIE computer program for structural analysis ... EM1: 268, 269
Agglomerate
definition ... A5: 945, EM4: 632
Agglomerate (noun)
defined ... M7: 1
Agglomerate size distribution
in atomizing systems ... M7: 76
in spray drying ... M7: 73–74
Agglomerate (verb)
defined ... M7: 1
Agglomerated particle pattern ... M7: 186
Agglomeration *See also* Deagglomeration; Thermal agglomeration ... A7: 58, 59, 237
and grain refinement ... A15: 106
as milling process ... M7: 62
avoidance in silver powders ... M7: 147
by spray drying ... M7: 73–74, 76
chemical reactions in ... M7: 58
in oxide reduction ... M7: 52
of point defects and interstitials ... A9: 116
of precious metal powders ... M7: 149
of silver powders ... A7: 183
sieve analysis ... A7: 240
sieves and ... M7: 216
thermal spray forming ... A7: 414
Aggregate ... EM3: 4
defined ... EM1: 3, EM2: 3
Aggregate molding materials *See also* Clays; Molding aggregates; Molding materials; Plastic materials; Sand mixes; Sand(s) ... A15: 208–211
aluminum silicates ... A15: 209–210
bentonites ... A15: 210
chromite ... A15: 209
clays ... A15: 210–211
fireclay ... A15: 210–211
olivine ... A15: 209
plastics ... A15: 211
sand mixes, additions to ... A15: 211
sands ... A15: 208–210
silica sands ... A15: 208–209
Southern bentonite ... A15: 210
Western bentonite ... A15: 210
zircon ... A15: 209
Aggregate (noun)
defined ... M7: 1
Aggregate properties approach *See also* Design; Properties
computer data bases ... EM2: 411
data sheet alternatives ... EM2: 411
data sheet limitations ... EM2: 410–411
data sheets ... EM2: 407–411
design information ... EM2: 407
Aggregate (verb)
defined ... M7: 1
Aggregated two-phase structures
defined ... A9: 604
Aggregates
molecular, in complexometric titrations ... A10: 164
polycrystalline, x-ray topographic analysis A10: 365
x-ray powder diffraction analysis of ... A10: 333–343
Aggregation
precious metal powders ... A7: 182
Aggregation, particle
effects ... A15: 144
Aggressive environments
and fatigue resistance ... A1: 677, 681
Aggressive tack ... EM3: 4
Ag-Hg (Phase Diagram) ... A3: 2•30
Ag-Ho (Phase Diagram) ... A3: 2•31
Ag-In (Phase Diagram) ... A3: 2•31
Aging *See also* Age hardening; Aging temperature; Artificial aging; Artificial weathering; Environmental effects; Heat aging; Natural aging; Overaging; Precipitation; Weather resistance ... A1: 641–642, 946–947, A20: 348, 349, 361, EM3: 4
accelerated ... EL1: 677–678
Alnico alloys ... A9: 539
aluminum alloys ... A15: 761
and cooling stress, effects ... EM2: 751
and deep drawing ... A14: 575
and elevated-temperature failures ... A11: 267
and high-strain behavior ... EM2: 757
and physical properties ... EM2: 756
and transition behavior ... EM2: 757
artificial, defined (under artificial aging) ... A13: 2
artificial, wrought aluminum alloy ... A2: 40
as hardening, defined ... A2: 762
as stress-relief method ... A20: 817
austenitic weldments ... A19: 740–744
defined ... A8: 1, A9: 1, A13: 1, EM1: 3, EM2: 3
definition ... A5: 945
dilation during, cast copper alloys ... A2: 360
double ... A12: 34, 47
effect, long-term reliability ... EM2: 788–789
effect, mechanical properties ... EM2: 756
effect on carbide precipitation in wrought heat-resistant alloys ... A9: 311
effect on embrittlement ... A12: 34
effect on iron fracture surfaces ... A12: 458–459
effect on microstructure of titanium alloys A9: 461
effect on stainless steels ... A19: 725, 727–728
effect on toughness of austenitic stainless steel ... A1: 947
effects, corrosion-resistant high-alloy ... A15: 728
effects in iron-chromium-cobalt alloy autocorrelograms for ... A10: 599, 600
effects, rheological plot ... EL1: 835
heat treatment cycle and microstructure for alpha-beta titanium alloys ... A19: 832
in electrical resistance alloys ... A2: 822
in Unicast process ... A15: 252
isothermal ... EM2: 566
long-term, polymer die attach ... EL1: 219
magnesium alloys ... M4: 745, 746, 747
materials, FIM/AP study of nucleation growth, and coarsening of precipitates in ... A10: 583
natural and artificial ... A11: 87
natural, wrought aluminum alloy ... A2: 39–40
nickel alloys ... A12: 397
nonferrous high-temperature materials A6: 572–574
of epoxy resin matrices ... EM1: 77
of glass-polyester composites ... EM1: 93, 95
of polymers, and failure analysis ... EM2: 732
of shape memory alloys ... A2: 900
of titanium alloys ... A14: 842
over-, kinetics of ... A10: 317
physical, in polymers ... A11: 758
polymer, liquid chromatography monitoring of stability during ... A10: 649
precipitates, in gravimetric sample preparation ... A10: 163
quench, as embrittlement ... A12: 129–130
silicon steels, as magnetically soft materials ... A2: 769
solders ... A19: 886–887
stainless steel casting alloys ... A6: 497, 498
strain ... A14: 12, 547
strain, as embrittlement ... A12: 129–130
styrene-maleic anhydrides (S/MA) ... EM2: 219
TEM for ... A12: 129
temperature ... EM2: 569, 751
time, effect on zinc alloy tensile strength ... A2: 532
titanium beta alloys ... A19: 33
weather ... EM2: 575–580
wrought titanium alloys ... A2: 615, 619–620
Aging temperature *See also* Fabrication characteristics; Temperature(s)
aluminum casting alloys ... A2: 157–177
beryllium-copper alloys ... A2: 407
cast copper alloys ... A2: 356–391
uranium alloys ... A2: 680
wrought aluminum and aluminum alloys ... A2: 62–122
Aging temperatures for precipitation-hardenable stainless steels ... A9: 285
Aging time
effect on constructional steels ... M1: 656–658
Agitation
acid cleaning ... M5: 64
air *See* Air agitation
alkaline cleaning process ... M5: 11, 578
anodizing process ... M5: 593
bath, effect on ladle desulfurization ... A15: 78
chemical brightening process ... M5: 580
chromium plating process ... M5: 178
cleaning, for urethane coatings ... EL1: 777
copper plating process ... M5: 162–166
electroless nickel plating ... M5: 236
electropolishing processes ... M5: 305
emulsion cleaning process ... M5: 35
in wave soldering ... EL1: 689
mechanical, for grain refinement ... A15: 476–477
mechanism of action ... M5: 4
melting bath, vacuum induction furnace ... A15: 397
nickel plating process ... M5: 206–207, 212, 214
paint dipping process ... M5: 481
pickling process ... M5: 73
radiographic film processing ... A17: 352
solvent cleaning processes ... M5: 41–42, 44
tin-lead plating process ... M5: 277–278
ultrasonic cleaning process ... M5: 4
zinc alloy ... A15: 787
zinc cyanide plating process ... M5: 248, 252
Agitation during solidification
effect on dendritic structures in copper alloy ingots ... A9: 637–638
Agitation, effect
zinc corrosion in distilled water ... A13: 760
Agitation of
quenching media ... M4: 33, 47, 48, 49, 60–61
factors controlling agitation ... M4: 60–61
measurement of velocity ... M4: 61
molten salt ... M4: 49, 60
oil flow ... M4: 47, 48, 49, 60
turbulent agitation ... M4: 61
variables affecting agitation ... M4: 61, 62, 64–65
water and brine ... M4: 60
Agitator
defined ... M7: 1
Ag-La (Phase Diagram) ... A3: 2•31
Ag-Li (Phase Diagram) ... A3: 2•32
Ag-Mg (Phase Diagram) ... A3: 2•32
Ag-Mo (Phase Diagram) ... A3: 2•32
Ag-Na (Phase Diagram) ... A3: 2•33
Ag-Nd (Phase Diagram) ... A3: 2•33
Ag-Ni (Phase Diagram) ... A3: 2•33
Ag-P (Phase Diagram) ... A3: 2•34
Ag-Pb (Phase Diagram) ... A3: 2•34
Ag-Pb-Sn (Phase Diagram) ... A3: 3•7–3•8
Ag-Pd (Phase Diagram) ... A3: 2•34
Ag-Pr (Phase Diagram) ... A3: 2•35
Ag-Pt (Phase Diagram) ... A3: 2•35
Agree life
tests ... EL1: 494, 499
Agricultural applications
for stainless steels ... M7: 730
homopolymer/copolymer acetals ... EM2: 101
of copper-based powder metals ... M7: 733
powders used ... M7: 572
spraying, atomization mechanism of ... M7: 27
thermoplastic polyurethanes (TPUR) ... EM2: 205
urethane hybrids ... EM2: 268

Agricultural equipment
ductile iron ... **M1:** 36, 47
hardenable steels ... **M1:** 458–459
implements, wear testing of ... **M1:** 600
Agricultural machinery components
hardened steel for ... **A1:** 456
Agricultural mass finishing media ... **M5:** 135
Agricultural materials *See also* Food products
use of ICP-AES for ... **A10:** 31
Agricultural products
arsenic toxicity of ... **A2:** 1237
Ag-S (Phase Diagram) ... **A3:** 2•35
Ag-Sb (Phase Diagram) ... **A3:** 2•35
Ag-Sc (Phase Diagram) ... **A3:** 2•36
Ag-Se (Phase Diagram) ... **A3:** 2•36
Ag-Si (Phase Diagram) ... **A3:** 2•37
Ag-Sm (Phase Diagram) ... **A3:** 2•37
Ag-Sn (Phase Diagram) ... **A3:** 2•37
Ag-Sr (Phase Diagram) ... **A3:** 2•38
AGT *See* Advanced gas turbine program, DOE Office of Transportation Systems
Ag-Te (Phase Diagram) ... **A3:** 2•38
Ag-Ti (Phase Diagram) ... **A3:** 2•38
Ag-Tl (Phase Diagram) ... **A3:** 2•39
Ag-Y (Phase Diagram) ... **A3:** 2•39
Ag-Yb (Phase Diagram) ... **A3:** 2•39
Ag-Zn (Phase Diagram) ... **A3:** 2•40
Ag-Zr (Phase Diagram) ... **A3:** 2•40
Aileron
bonded ... **EM3:** 562–563
Air *See also* Atmospheres; Atmospheric corrosion; Oxygen
analytic methods for ... **A10:** 8
and vacuum, fatigue fractures in ... **A12:** 48, 55
as cutting fluid for tool steels ... **A18:** 738
as particle medium ... **A17:** 101
assay, for toxic elements, NAA for ... **A10:** 233
beryllium corrosion in ... **A13:** 808–809
conditions, intermittent immersion tests ... **A13:** 223
cooling, ultrasonic testing ... **A8:** 247
crack growth in ... **A11:** 54
direct sampling by AAS ... **A10:** 43
dry, as converter gas ... **A15:** 426
dry, for fracture preservation ... **A12:** 73
environment, effect on torsional fatigue testing ... **A8:** 152
explosivity of ... **M7:** 194
fatigue crack growth rate of nickel-base superalloy in ... **A8:** 412–413
humid, fracture effects ... **A12:** 72
inlet, annular, in Whiting cupola ... **A15:** 30
introduction, to cupola ... **A15:** 29
maximum service temperatures, stainless steels ... **A13:** 558
mean free path ... **A17:** 59
mean free path value at atmospheric conditions ... **A18:** 525
microwaves propagated through ... **A17:** 202
nickel alloy cracking in ... **A12:** 396
ovens, temperature control in ... **A8:** 36
physical properties as atmosphere ... **M7:** 341
pollutants, GFAAS analysis ... **A10:** 58
tantalum corrosion rate in ... **A13:** 736
turbulence, effect in optical holographic interferometry ... **A17:** 413
uranium oxidation rate in ... **A13:** 813
UV/VIS trace analysis of ... **A10:** 60
vs. vacuum environment at elevated temperatures ... **A8:** 412–413
Air acetylene welding
definition ... **M6:** 1
Air agitation
copper plating process ... **M5:** 162, 164–166
Air agitation cleaning
disadvantages of ... **M5:** 578, 580
Air and Waste Management Association
address and purpose ... **A20:** 133
Air aspiration
of atomized aluminum powder ... **M7:** 125
Air atomization *See also* Atomization ... **A7:** 36
bronze ... **A7:** 144, 145
copper-alloy powders ... **A7:** 143
of aluminum powders ... **M7:** 130
of tin powders ... **M7:** 123–124
tin powders ... **A7:** 146
Air atomized conventional spray method
average application painting efficiency ... **A5:** 439
Air atomized electrostatic spray method
average application painting efficiency ... **A5:** 439
Air bearing *See also* Gas lubrication; Pressurized gas lubrication
defined ... **A18:** 2
Air bearings
coordinate measuring machines ... **A17:** 24
Air bend die
defined ... **A14:** 1
Air bending
for press-brake forming ... **A14:** 536
Air blast cleaning
of fractures ... **A12:** 74
Air blast (pressure) abrasive blasting systems **M5:** 87, 90, 92–93
Air bubbles *See also* Bubbles
in iron castings ... **A11:** 357
Air cap
definition ... **A5:** 945, **M6:** 1
Air carbon arc cutting
carbon absorption ... **A14:** 734
electrodes ... **A14:** 733
pipe fabrication ... **A14:** 732
power/air supplies ... **A14:** 732–733
rough cutting ... **A14:** 732
technique ... **A14:** 733–734
Air carbon arc cutting and gouging ... **M6:** 918–920
absorption of carbon ... **M6:** 920
air supply ... **M6:** 918–919
cutting action ... **M6:** 918
definition ... **M6:** 1401
electrodes ... **M6:** 919
power supply ... **M6:** 918
rough cutting ... **M6:** 918
technique ... **M6:** 919–920
Air carbon arc process
cast irons ... **A6:** 712
Air chambers
of cupolas ... **A15:** 29
Air channel
defined ... **A15:** 1
Air classification
defined ... **M7:** 1
versus weighting factor ... **EM4:** 85
Air conditioners
powders used ... **M7:** 572
Air conditioning
as casting market ... **A15:** 34
Air contaminant control
schematic ... **EL1:** 781
Air coolers
finned tubing for ... **A11:** 628
Air cooling *See also* Cooling
vs. liquid cooling ... **EL1:** 50
with fans ... **EL1:** 309–310
Air core inductors
passive devices ... **EL1:** 1005
Air cores ... **A20:** 620
Air cutting gun (gas metal arc cutting)
definition ... **A6:** 1206
Air damping
effects ... **EM1:** 212
Air dried
defined ... **A15:** 1
Air dry enamel ... **M5:** 501
Air drying
of rammed graphite molds ... **A15:** 273
of thick-film circuits ... **EL1:** 249
Air entrainment ... **A7:** 299
Air feed
definition ... **A5:** 945, **M6:** 1
Air filters
GFAAS atomizers as ... **A10:** 58
PIXE analysis of ... **A10:** 102
powders used ... **M7:** 572
Air flow directionality
through honeycomb structures ... **EM1:** 728
Air Force
airplane damage tolerance requirements (MIL-A-83444) ... **EM3:** 504
contract to Boeing for surface preparation qualitative procedure evaluation ... **EM3:** 802, 803
Large Area Composite Structure Repair (LACOSR) program ... **EM3:** 821, 826
primer development efforts ... **EM3:** 254
repair procedures in contracts F33615-73-C-5171 and F33615-76-C-3137 ... **EM3:** 807
repair test program (advanced composites structures article) ... **EM3:** 844
Air Force Wright Aeronautical Laboratories ... **A8:** 724
Air furnace *See also* Reverberatory furnace
defined ... **A15:** 1
for commercially pure iron ... **A2:** 764
pig iron, early use ... **A15:** 25
Air gap
defined ... **EM2:** 3
definition ... **A5:** 945
Air hammer
defined ... **A18:** 2
Air hammers *See also* Air-lift hammers; Hammers
for drop hammer forming ... **A14:** 654
for heat-resistant alloys ... **A14:** 234
Air hardenability test ... **A1:** 465–466, **M1:** 473
Air hardening of low-alloy steels ... **A1:** 644–645, 646
Air heaters
flue-gas corrosion in ... **A11:** 619
Air heaters, high-temperature
corrosion of ... **A13:** 998–999
Air hole
defined ... **A15:** 1
definition ... **A5:** 945
Air jet
for aramid fiber ... **EM1:** 115
for texturized fiberglass fabric ... **EM1:** 111
Air Jet Sieve ... **A7:** 216, 217–218
Air knives *See also* Hot air solder leveling (HASL)
debridging hot ... **EL1:** 691–693
defined ... **EL1:** 691
wave soldering ... **EL1:** 702
wipe-off ... **EL1:** 683
Air lances
for ash removal ... **A11:** 619
Air melting ... **M7:** 25
ultrahigh-strength steels ... **M1:** 426–429, 437, 439–441
Air permeater (Blaine permeater) ... **M7:** 264
Air plasma spray (APS) forming ... **A7:** 410, 411, 418
Air plasma spraying ... **A7:** 412
Air plasma spraying (APS) ... **A20:** 475
design characteristics ... **A20:** 475
molten particle deposition ... **EM4:** 204, 205
Air pollutants
list as regulated by the Clean Air Amendments of 1990 ... **A5:** 913
Air ring
defined ... **EM2:** 3
Air setting
defined ... **A15:** 1
definition ... **A5:** 945
Air shotted copper ... **M7:** 106, 107
Air spray devices
for lubricant application ... **A14:** 515
Air tool exhaust muffler
powders used ... **M7:** 573
Air tools
for knockout ... **A15:** 504–505
Air unloading
of presses ... **A14:** 500

SUBJECTS OF THE INDEXED VOLUMES: ASM Handbook (designated by the letter "A"): **A1:** Properties and Selection: Irons, Steels, and High-Performance Alloys (1990); **A2:** Properties and Selection: Nonferrous Alloys and Special-Purpose Materials (1990); **A3:** Alloy Phase Diagrams (1992); **A4:** Heat Treating (1991); **A5:** Surface Engineering (1994); **A6:** Welding, Brazing, and Soldering (1993); **A7:** Powder Metal Technologies and Applications (1998); **A8:** Mechanical Testing (1985); **A9:** Metallography and Microstructures (1985); **A10:** Materials Characterization (1986); **A11:** Failure Analysis and Prevention (1986); **A12:** Fractography (1987); **A13:** Corrosion (1987); **A14:** Forming and Forging (1988); **A15:** Casting (1988); **A16:** Machining (1989); **A17:** Nondestructive Evaluation and Quality Control (1989); **A18:** Friction, Lubrication, and Wear Technology (1992); **A19:** Fatigue and Fracture (1996); **A20:** Materials Selection and Design (1997). **Metals Handbook, 9th Edition** (designated by the letter "M"): **M1:** Properties and Selection: Irons and Steels (1978); **M2:** Properties and Selection: Nonferrous Alloys and Pure Metals (1979); **M3:** Properties and Selection: Stainless Steels, Tool Materials, and Special-Purpose Materials (1980); **M4:** Heat Treating (1981); **M5:** Surface Cleaning, Finishing, and Coating (1982); **M6:** Welding, Brazing, and Soldering (1983); **M7:** Powder Metallurgy (1984). **Engineered Materials Handbook** (designated by the letters "EM"): **EM1:** Composites (1987); **EM2:** Engineering Plastics (1988); **EM3:** Adhesives and Sealants (1990); **EM4:** Ceramics and Glasses (1991). **Electronic Materials Handbook** (designated by the letters "EL"): **EL1:** Packaging (1989)

Air vent EM1: 4, 168
defined EM2: 3
Air venting *See also* Venting
die casting A15: 291
Air vibrators *See also* Vibrators
development A15: 28
Air-acetylene flame atomizer A10: 48
Air-assist forming
defined EM2: 3
Airblasting *See* Abrasive cleaning; Blast cleaning; Blasting
Airborne dust
as contaminant EL1: 661
Airborne particulates, effects
coordinate measuring machines A17: 27
Airborne radars
and microwave holography A17: 228
Air-bubble void *See also* Voids EM3: 4
defined EM1: 3–4, EM2: 3
Air-carbon arc cutting (CAC-A) A6: 1104, 1105, 1172, 1177
air supply requirements (minimum) A6: 1174
aluminum A6: 1172, 1173, 1176
aluminum alloys A6: 1176
aluminum bronze A6: 1176
aluminum-nickel-bronze A6: 1176
applications A6: 1172
automatic air-carbon arc U-shaped groove operating data A6: 1176
carbon steels A6: 1172, 1175, 1176
cast iron A6: 1176
copper alloys A6: 1172, 1176
current ranges for various electrode sizes A6: 1175
definition A6: 1206
description of process A6: 1172
ductile iron A6: 1172, 1176
electrodes A6: 1172, 1173–1174, 1175, 1176, 1177
equipment selection A6: 1174
automatic systems A6: 1174
gouging torches A6: 1174
power sources A6: 1174
vacuum gouging A6: 1174
gray iron A6: 1172
heat-affected zone A6: 1176
high-carbon steels A6: 1176
low-alloy steels A6: 1175
magnesium alloys A6: 1176
malleable iron A6: 1172, 1176
nickel A6: 1172, 1176
noise level and welding safety A6: 1192
nonferrous metals A6: 1172, 1173–1174
operating techniques A6: 1173–1174
beveling A6: 1174
gouging with manual torches A6: 1173, 1174
severing techniques A6: 1173–1174
washing A6: 1174
principles of operation A6: 1172–1173
carbon electrode A6: 1172, 1173, 1175
compressed air A6: 1172–1173
control of automatic gouging torches A6: 1173
gouging torch A6: 1173, 1175
power sources A6: 1172
process variables of importance A6: 1174–1176
safety and health A6: 1176–1177
electrical power A6: 1176
electrodes A6: 1176
fire and burn hazards A6: 1177
personal and protective equipment and clothing A6: 1176–1177
torches A6: 1176
ventilation hazards A6: 1177
stainless steels A6: 1172, 1176
suggested viewing filter plates A6: 1191
Air-cooled integral heat exchanger
as thermal control EL1: 47, 54–55
Aircraft
accelerometer A13: 1121
airframes A13: 1019–1036
bilges, corrosion in A13: 1032
bonded airframe structures A13: 1034–1035
brittle fracture A19: 372
case histories/failures A13: 1045–1054
catapult-hook attachment fitting A11: 88, 91
codes governing M6: 824–825
commercial
damage tolerance A19: 557–565
damage tolerance certification A19: 566–576
damage tolerance requirements A19: 415
corrosion fatigue A13: 1031
corrosion-related failures A13: 1022–1035
crevice corrosion A13: 1025–1026
damage tolerant design A19: 577–588
deck plate, service failure by fatigue cracking A11: 311–312
engine air-intake assembly, fatigue fracture A11: 310–311
engine governor, fatigue fracture A11: 308–309
engines, reciprocating, fatigue cracking A11: 477
erosion-corrosion A13: 1034–1035
fighter, stress-corrosion failure of clamp for A11: 309
filiform corrosion A13: 107, 1028–1030
fretting corrosion A13: 1030
fretting wear A18: 242
fuel-tank floors, fatigue factors of A11: 126–127
galvanic corrosion A13: 1022–1025
hot-salt SCC A13: 1039
intergranular corrosion A13: 1028
jet-impingement experiments, corrosive wear A18: 274–275
landing gear component, SCC failure of A11: 213
material/process corrosion solutions A13: 1020–1022
microbial growth A13: 120
microbiological corrosion A13: 120, 1031–1032
powerplants, corrosion A13: 1037–1045
pressure cabin, cracking A13: 1020
propellor blade, fatigue fracture A11: 125
shaft, steel, corrosion-fatigue cracking A11: 260–261
stress-corrosion cracking A13: 1026–1028
structural corrosion failures A13: 1046–1054
wheel half, fatigue fracture from subsurface defect A11: 330–331
wheel half, forged, fatigue cracking A11: 323
wing clamp, forging failure from burning A11: 334–335
wing nut, intergranular fracture A11: 29
wing slat track, bending distortion of A11: 140–141
wing-attachment bolt, cracked along Seam A11: 530, 532
Aircraft accelerometer
corrosion failure analysis of EL1: 1111–1112
Aircraft alloys
thermal coefficient of expansion for EM1: 716
Aircraft applications
bearings, steels for M1: 606
cold-finished steel bars M1: 221
investment casting A15: 265
liquid crystal polymers (LCP) EM2: 180
polyether-imides (PEI) EM2: 156
ultrahigh-strength steels M1: 424, 427, 429, 434, 441
Aircraft brakes, friction and wear of A18: 582–586
aircraft friction materials A18: 582
brake characteristics A18: 582
carbon brakes A18: 582, 583, 584–586
brake wear A18: 585
coefficient of friction A18: 585
friction coefficient variability A18: 586
mechanical properties A18: 584–585
moisture problems A18: 585
oxidation A18: 585, 586
physical properties A18: 584–585
processing A18: 584
raw materials A18: 584
thermal properties A18: 584–585
vibration A18: 586
wear debris analysis A18: 585
wear mechanism A18: 585
steel brakes A18: 582–584
balance A18: 583
brake design A18: 583
brake wear A18: 583
chemistry A18: 582–583
coefficient of friction A18: 583–584
friction material selection A18: 583
processing A18: 583
service life A18: 584
spalling A18: 584
thermal properties A18: 583
vibration A18: 584
wear mechanisms A18: 583
wear rates A18: 583
testing and its requirements A18: 586
Aircraft composite applications EM1: 801–809
air-frame components EM1: 34
carbon-carbon composite EM1: 922–924
composite components used EM1: 801–809
current production EM1: 802–807
early commercial EM1: 801–802
military EM1: 804–809
of towpregs EM1: 152
thermoset/thermoplastic trade-offs for EM1: 100
transport, flight service evaluations EM1: 826–831
Aircraft construction
joining processes M6: 56–57
Aircraft cord wire A1: 286, M1: 269
Aircraft drift measurements
powder used M7: 572
Aircraft engine components
surface finish requirements A16: 22
Aircraft engines
components M7: 647, 649
Aircraft gas turbine
development of A1: 995
Aircraft industry A13: 1019–1057
composite applications EM1: 801–809, 922–924
composite fabrication for EM1: 34
cost savings, from composites EM1: 97
damage tolerance requirements EM1: 259–267
full-scale tests for EM1: 346–351
Aircraft industry applications *See also* Aerospace industry applications
acoustic emission inspection A17: 290–292
adhesive-bonded aluminum honeycomb structures, neutron radiography A17: 392–393
airframe, titanium and titanium alloy castings A2: 587, 634, 644
airframes, and NDE reliability A17: 664, 680–681
aluminum and aluminum alloys A2: 12
aluminum-lithium alloys A2: 182
Clevis/Lua attachments, eddy current bushing inspection A17: 192–193
components, neutron radiography of A17: 392
components, ultrasonic inspection A17: 232
engine components, eddy current inspection A17: 189–194
engine structural maintenance plan A17: 666
fasteners A17: 191–192
fluorescent magnetic particle inspection A17: 103
fracture control/damage tolerance A17: 666–673
galvanic exfoliation corrosion of aluminum wing skins A17: 191
machine vision A17: 44
microwave holography, for concealed weapons A17: 226
nickel alloys A2: 430
of electric current perturbation A17: 138–140
of magnetic rubber inspection A17: 123, 125
on-aircraft eddy current inspection A17: 191–194
splice joints, eddy current inspection A17: 193
structural, eddy current inspection A17: 189–194
subassemblies, eddy current inspection A17: 190–191
Aircraft landing gear A20: 169–171
Aircraft quality A1: 254
of low-alloy steel A1: 209
Aircraft quality alloy steel
bars M1: 209
sheet and strip M1: 164
wire rod M1: 256
Aircraft quality plates A1: 237
Aircraft sealants
suppliers EM3: 59
Aircraft structural assemblies
adhesive bonded joints EM3: 743–745
Aircraft Structural Integrity Program A19: 582
Aircraft structural quality
of low-alloy steel A1: 209
Aircraft structures
fracture mechanics of A8: 459
Aircraft structures, composite, residual strength A19: 920–935
applications to stiffened panels A19: 932–933
average stress A19: 930
damage zone criterion A19: 930
damage zone model A19: 930
defects A19: 921, 933
discrete source damage for fuselage A19: 920

20 / Aircraft structures, composite, residual strength

Aircraft structures, composite, residual strength (continued)
impacter mass **A19:** 926–929, 934
laminate thickness **A19:** 922–926, 934
linear elastic fracture mechanics **A19:** 930–931
low-velocity impacts. **A19:** 921–930, 933–934
Mar-Lin model **A19:** 930
point stress **A19:** 930
postimpact fatigue **A19:** 929–930, 934
R-curve method **A19:** 930, 931–932
resin toughness. **A19:** 921–922, 923, 933–934
specimen size. **A19:** 926–929, 934
strain softening method **A19:** 930
summary **A19:** 933–934
tension strength analysis for two-bay
crack **A19:** 930–933, 934

Aircraft structures, repair of advanced composite
commercial **EM3:** 829–837
damage types **EM3:** 829, 830
inspecton techniques used **EM3:** 829, 830
repair development **EM3:** 829–833
graphite-polyimide composite
materials. **EM3:** 832–833
materials graphite-epoxy
composite **EM3:** 830–832
scarf repairs. **EM3:** 829–830
repair durability **EM3:** 833–837
baseline results **EM3:** 835
exposure and test plan **EM3:** 834
exposure results. **EM3:** 835–836
outdoor exposure test setup **EM3:** 834–835
program synopses **EM3:** 836–837
tabbed laminate specimen **EM3:** 834

Aircraft wings
compression testing of. **A8:** 55

Air-dried strength
defined **A15:** 1

Air-drying lacquers
use of **M5:** 626–627

AiResist 13
composition **A4:** 795, **A6:** 929, **A16:** 737
machining. **A16:** 738, 741–743, 746–758

AiResist 213
composition **A4:** 795, **A6:** 929
machining . . **A16:** 738, 741–743, 746–747, 749–758

AiResist 215
composition **A4:** 795, **A6:** 929, **A16:** 737
machining **A16:** 738, 741–743, 746–758

Air-film-metal interference effect **A9:** 136

Air-fired fracture surface
XPS survey **A10:** 577

Airfoil
microstructure **M7:** 563

Airfoils
electrochemical machining **A16:** 540

Airframe components
titanium and titanium alloy **A2:** 587, 634, 644

Airframe industry
advanced composites for. **EM1:** 34

Airframe Structural Integrity Programs (ASIP) **A19:** 582–585

Airframe structures **A14:** 150, 246

Airframes
aircraft. **A13:** 1019–1036
and NDE reliability **A17:** 664, 680–681

Air-hardening alloy
microstructure **M7:** 488

Air-hardening medium-alloy cold-work steels
composition limits **A5:** 768, **A18:** 735

Air-hardening medium-alloy tool steels
for hot-forging dies **A18:** 623, 624

Air-hardening steels **A7:** 1073
service temperature of die materials in
forging **A18:** 625

Air-hardening steels, medium alloy
cold work tool steels **A1:** 763–765

Air-hardening steels, medium-alloy *See* Medium-alloy air-hardening steels

Air-hardening tool steels
as die material **A7:** 353

Air-knife terne coating system **M5:** 359–360

Airless abrasive blast wheel systems . . **M5:** 86–87, 90, 92–93

Airless spray
as coating application technique **A13:** 416

Airless spray devices
for lubricant application **A14:** 515

Airless spraying
paint. **M5:** 478, 494

Airless spraying technique **A20:** 823

Airless-atomized conventional spray method
average application painting efficiency. **A5:** 439

Airless-atomized electrostatic spray method
average application painting efficiency. **A5:** 439

Air-lift hammer *See also* Drop hammer; Gravity hammer. **A14:** 1, 25

Air-melted alloys
counter-gravity low-pressure casting. . **A15:** 317–319

Air-mounted
punches. **M7:** 323

Air-moving systems
explosion proof **M7:** 197

Air-operated molding machines
development **A15:** 29

Air-oxidizing coatings **M5:** 500–501

Airport runways
microwave holographic visualization **A17:** 226–227

Air-slip forming
defined **EM2:** 3

Air-slip thermoforming **EM2:** 401

Airwash separator
use in dry blasting **M5:** 88–89

Air-water mist spray
of steel castings **A15:** 312

Airworthiness Notice **A19:** 89, 567

AISC *See* American Institute of Steel Construction

AISC weld category fatigue design method . . **A19:** 278

AISI *See* American Iron and Steel Institute

AISI carbon and alloy steels
compositions **A9:** 177

AISI designations *See* SAE-AISI designations

AISI specifications *See also* AISI-SAE specifications; Steels, AISI specific types
constructional steels for elevated
temperature use **M1:** 647, 649

AISI tube steels
compositions. **A9:** 211

AISI/SAE alloy steels *See also* AISI/SAE alloy steels, specific types; Steel(s)
austenitization effects **A12:** 339
bolts, spontaneous rupture **A12:** 299
Charpy impact fracture. **A12:** 338
drill pipe, corrosion fatigue fracture. **A12:** 291
fractal analysis **A12:** 212–214
fractographs **A12:** 291–344
fracture surface, pure tensile fatigue. **A12:** 342
fracture/failure causes illustrated **A12:** 216
high-strength low-alloy, fracture surfaces . . **A12:** 344
hydrogen flaking. **A12:** 125
quasi-cleavage facets, dimples, and voids **A12:** 330
spontaneous sulfide-SCC fracture **A12:** 299
temper embrittlement **A12:** 134

AISI/SAE alloy steels, specific types *See also* AISI/ SAE alloy steels; Steel(s)
AISI 304 (SUS 304), effect of frequency and wave
form effect on fatigue properties **A12:** 62
AISI 508 B60, torsional fatigue fracture . . **A12:** 323
AISI 1040 bolts, quench cracks **A12:** 149
AISI 1040 bolts, SCC failure **A12:** 151
AISI 1070, transverse fracture **A12:** 142, 163
AISI 1085, cathodic cleaning **A12:** 75
AISI 1085, ultrasonic cleaning. **A12:** 74
AISI 1340, corrosion fatigue fracture **A12:** 291
AISI 4130, brittle fracture **A12:** 291
AISI 4130, effect of stress intensity factor range on
fatigue crack growth rate. **A12:** 57
AISI 4130, fatigue fracture surface **A12:** 293
AISI 4130, frequency and wave form effects on
fatigue properties **A12:** 59
AISI 4130, hydrogen-embrittled. **A12:** 31
AISI 4130, metallographic study, hitchpost
failure **A12:** 292
AISI 4140, ductile fracture. **A12:** 298
AISI 4140, embrittlement by liquid
cadmium **A12:** 30, 39
AISI 4140, fatigue fracture surface **A12:** 295
AISI 4140, fracture surface, near
weld toe **A12:** 294
AISI 4140, improper heat treatment. **A12:** 298
AISI 4140, microstructures, with temper
embrittlement **A12:** 153
AISI 4140, service fracture. **A12:** 297
AISI 4140, tire tracks **A12:** 23
AISI 4142, splitting **A12:** 106
AISI 4146, improper induction hardening **A12:** 300
AISI 4150, star and beach marks **A12:** 301
AISI 4315, hydrogen embrittlement **A12:** 301
AISI 4315, tension overload fracture **A12:** 301
AISI 4320, fatigue failure **A12:** 111, 120
AISI 4340, Charpy impact fractures. **A12:** 314
AISI 4340, dimples, SEM fractograph **A12:** 207
AISI 4340, dimples with inclusions **A12:** 65, 67
AISI 4340, effect of frequency and wave form on
fatigue properties **A12:** 59
AISI 4340, effect of lead on fracture
morphology **A12:** 30, 38
AISI 4340, effect of stress intensity factor range on
fatigue crack growth rate. **A12:** 57
AISI 4340, effects of decreasing stress **A12:** 315
AISI 4340, embrittlement. **A12:** 214
AISI 4340, fatigue fracture surface **A12:** 303
AISI 4340, fractal analyses. **A12:** 212–215
AISI 4340, fractal dimensions **A12:** 213
AISI 4340, fractographic analysis **A12:** 302
AISI 4340, fracture appearance, impact energy vs.
test temperature **A12:** 109
AISI 4340, fretting wear **A12:** 308
AISI 4340, hammer blow mechanical
failure **A12:** 305
AISI 4340, hydrogen damage. **A12:** 302
AISI 4340, hydrogen embrittlement **A12:** 306
AISI 4340, improper heat treatment. **A12:** 309
AISI 4340, low-cycle fatigue fracture **A12:** 308
AISI 4340, mating fracture surface. **A12:** 310
AISI 4340, mating segments, fatigue
fracture **A12:** 315–316
AISI 4340, pre-existing crack as fracture
origin **A12:** 65
AISI 4340, profile angular distributions. . . **A12:** 203
AISI 4340, quasi-cleavage in
hydrogen-embrittled **A12:** 31
AISI 4340, radial fracture. **A12:** 312
AISI 4340, roughness parameters **A12:** 213
AISI 4340, service failure **A12:** 317
AISI 4340, stringers on fracture surface. . . . **A12:** 67
AISI 4340, tensile fracture **A12:** 103
AISI 4340, tension overload fracture. **A12:** 304, 311–313
AISI 4340, true profile length values **A12:** 200
AISI 4340, unfavorable grain flow **A12:** 67–68
AISI 4615, high-cycle bending fatigue
fracture. **A12:** 321
AISI 4817, fatigue fracture surface **A12:** 322
AISI 4817, subcase fatigue cracking **A12:** 322
AISI 5046, fatigue zone, subcase fatigue
cracking **A12:** 323
AISI 5132, mating fracture surface **A12:** 323
AISI 5140H, effect of strain rate on fracture
appearance **A12:** 31, 41
AISI 5160, ribbonlike inclusions **A12:** 326
AISI 5160 wire spring, fracture
from seam **A12:** 63, 64
AISI 5160H, fracture from seam. **A12:** 326
AISI 6150, fatigue fracture surface **A12:** 327
AISI 8617, bending fatigue fracture **A12:** 329
AISI 8620, bending fatigue fracture **A12:** 330

SUBJECTS OF THE INDEXED VOLUMES: ASM Handbook (designated by the letter "A"): **A1:** Properties and Selection: Irons, Steels, and High-Performance Alloys (1990); **A2:** Properties and Selection: Nonferrous Alloys and Special-Purpose Materials (1990); **A3:** Alloy Phase Diagrams (1992); **A4:** Heat Treating (1991); **A5:** Surface Engineering (1994); **A6:** Welding, Brazing, and Soldering (1993); **A7:** Powder Metal Technologies and Applications (1998); **A8:** Mechanical Testing (1985); **A9:** Metallography and Microstructures (1985); **A10:** Materials Characterization (1986); **A11:** Failure Analysis and Prevention (1986); **A12:** Fractography (1987); **A13:** Corrosion (1987); **A14:** Forming and Forging (1988); **A15:** Casting (1988); **A16:** Machining (1989); **A17:** Nondestructive Evaluation and Quality Control (1989); **A18:** Friction, Lubrication, and Wear Technology (1992); **A19:** Fatigue and Fracture (1996); **A20:** Materials Selection and Design (1997). **Metals Handbook, 9th Edition** (designated by the letter "M"): **M1:** Properties and Selection: Irons and Steels (1978); **M2:** Properties and Selection: Nonferrous Alloys and Pure Metals (1979); **M3:** Properties and Selection: Stainless Steels, Tool Materials, and Special-Purpose Materials (1980); **M4:** Heat Treating (1981); **M5:** Surface Cleaning, Finishing, and Coating (1982); **M6:** Welding, Brazing, and Soldering (1983); **M7:** Powder Metallurgy (1984). **Engineered Materials Handbook** (designated by the letters "EM"): **EM1:** Composites (1987); **EM2:** Engineering Plastics (1988); **EM3:** Adhesives and Sealants (1990); **EM4:** Ceramics and Glasses (1991). **Electronic Materials Handbook** (designated by the letters "EL"): **EL1:** Packaging (1989)

AISI 8620, fatigue striations **A12:** 331
AISI 8620, spalling fatigue fracture **A12:** 329
AISI 8620, torsional overload fracture **A12:** 330
AISI 8640, beach marks and final fast fracture **A12:** 331
AISI 8640, service fracture surface **A12:** 331
AISI 8645, fatigue fracture surface **A12:** 333
AISI 8740, decohesive rupture............**A12:** 24
AISI 8740, tensile-overload fracture **A12:** 334
AISI 9254, brittle intergranular fracture ..**A12:** 335
AISI 9310, fatigue fracture, reversed cyclic bending **A12:** 120
AISI 9310, inclusion in service fracture surface **A12:** 66
AISI 52100, effect of rapid heating in austenitizing **A12:** 328
AMS 6434, impact fracture **A12:** 319
AMS 6434 steel sheet, tension overload fracture **A12:** 319
AMS 6434, stress-corrosion cracking **A12:** 320
AMS 6434, tension overload fracture **A12:** 319
Cr-V alloy, high-cycle fatigue fracture **A12:** 337
D6B, fracture surface **A12:** 343
fracture **A12:** 321
SAE 21-4N (EV 8) steel, photo-illumination effects **A12:** 87
SAE 51 B60 railroad spring, torsion failure **A12:** 121
SAE 81 B45, fatigue fracture surface **A12:** 328
SAE 4150, overtempering **A12:** 301
SAE 4150, reversed torsional fatigue fracture **A12:** 301
SAE 5160, impact fracture, with mating surface **A12:** 324–325

AISI-SAE specifications *See also* Steels, AISI-SAE specific types
alloy steels, discussion of **M1:** 126–127
carbon steels, discussion of **M1:** 125–126
composition ranges and limits **M1:** 125–132
designation system **M1:** 124–127
hot rolled bars, equivalent AMS specifications **M1:** 209
hot rolled bars, equivalent ASTM specifications **M1:** 208
ultrahigh-strength steels **M1:** 421–428, 431–434

AISI-SAE steels *See* Steels, AISI-SAE

Ajax Metal Company (Philadelphia) **A15:** 32

AKS-doped tungsten
properties **A2:** 578

Al-2.5% Mg
weld microstructures **A6:** 53

Al_2O_3
solderable and protective finishes for substrate materials **A6:** 979

Al_3Li **precipitates**
in Al-Li alloys **A19:** 32

Al_3Ti
as grain refinement compound **A15:** 105–108

AL-905XL
composition **A6:** 1037
furnace brazing **A6:** 1040

AL-9052
composition **A6:** 1037
furnace brazing **A6:** 1040

Alarms, light and sound
eddy current readout **A17:** 178

Al-As (Phase Diagram) ....**A3:** 2•40
Al-Au (Phase Diagram) ....**A3:** 2•41
Al-Ba (Phase Diagram) ....**A3:** 2•41
Al-Be (Phase Diagram) ....**A3:** 2•41
AlBeMet **A7:** 160, 162, 944–945
Al-Bi (Phase Diagram) ....**A3:** 2•42
Albite (Na_2O-Al_2O_3-$6SiO_2$) **EM4:** 6
crystal structure **EM4:** 882
framework structure **EM4:** 759
purpose for use in glass manufacture **EM4:** 381
volume expansion coefficient **EM4:** 761

Al-Ca (Phase Diagram) ....**A3:** 2•42

Alcanodox
hard anodizing **A5:** 486

Alcanodox anodizing process
aluminum and aluminum alloys **M5:** 592

Al-Cd (Phase Diagram) ....**A3:** 2•42
Al-Ce (Phase Diagram) ....**A3:** 2•43
Alceram **EM4:** 1095

Alclad
chemical milling and scribing **A16:** 580
definition **A5:** 945
electrode potential in NaCl-H_2O_2 solution **A6:** 730

Alclad 3003
electrode potential in NaCl-H_2O_2 solution **A6:** 730
relative rating of filler alloys for welding ..**A6:** 731, 732, 733, 734, 735
weldability **A6:** 534

Alclad 3004
relative rating of filler alloys for welding ..**A6:** 731, 732, 733, 734, 735
weldability **A6:** 534

Alclad 6061
electrode potential in NaCl-H_2O_2 solution **A6:** 730

Alclad alloys
resistance welding **A6:** 848

Alclad products
alloying effects **A2:** 44
core and cladding combinations **M2:** 211
corrosion resistance **M2:** 210–211

Alclad wrought aluminum alloys
applications and properties ...**A2:** 82–86, 102, 115, 119

Alclad/alclad products **A13:** 1, 588
Al-Co (Phase Diagram) ....**A3:** 2•43

Alcoa
statistical technique for tensile properties ..**A8:** 662

Alcoa process **A7:** 148, 149, 150
aluminum powder production **M7:** 127–129
for demagging aluminum alloys **A15:** 474

Alcogel **A20:** 418
sol-gel transition role **EM4:** 210

Alcohol
and perchloric acid (Group I electrolytes) **A9:** 52–54
as reducing agent **A7:** 183
defined **EM2:** 3
role in etchants for wrought stainless steels **A9:** 281

Alcohol cleaners **M5:** 40–41, 44

Alcoholic ferric chloride as an etchant for tin A9: 450

Alcohols **EM3:** 4
and SCC in titanium and titanium alloys **A11:** 224
as cleaning solvents **EL1:** 663
as organic cleaning solvents **A12:** 74
as solvent used in ceramics processing ...**EM4:** 117
brightener for cyanide baths **A5:** 216
chemicals successfully stored in galvanized containers **A5:** 364
copper/copper alloy corrosion in **A13:** 635
determined by EFG **A10:** 216–217
for polyesters **EM1:** 132
properties **A5:** 21
titanium/titanium alloy SCC **A13:** 687–688
to control dusting **A18:** 684

Alcohols used in etchants **A9:** 67–68
nominal compositions **A9:** 68

Alcology *See* Copper alloys, specific types, C68800

Alcoloy
applications and properties **A2:** 336–337

Alconox
as ferrous and aluminum detergent **A12:** 74–75

Alcop (aluminum-copper bronze)
cage material for rolling-element bearings **A18:** 503

Al-Cr (Phase Diagram) ....**A3:** 2•43
Al-Cr-Fe (Phase Diagram) ....**A3:** 3•8
Al-Cr-Mg (Phase Diagram) ....**A3:** 3•8–3•9
Al-Cr-Mn (Phase Diagram) ....**A3:** 3•9
Al-Cr-Ni (Phase Diagram) ....**A3:** 3•9
Al-Cr-Ti (Phase Diagram) ....**A3:** 3•9
Al-Cu (Phase Diagram) ....**A3:** 2•44
Al-Cu-Fe (Phase Diagram) ....**A3:** 3•9–3•10
Al-Cu-Mn (Phase Diagram) ....**A3:** 3•10–3•11
Al-Cu-Ni (Phase Diagram) ....**A3:** 3•11–3•12
Al-Cu-Si (Phase Diagram) ....**A3:** 3•12
Al-Cu-Zn (Phase Diagram) ....**A3:** 3•12–3•13

Aldehyde group
chemical groups and bond dissociation energies used in plastics **A20:** 440

Aldehydes **EM3:** 4
and ketones, determined **A10:** 217
as reducing agents **A7:** 183, 184
brightener for cyanide baths **A5:** 216
copper/copper alloy corrosion in **A13:** 634
defined **EM2:** 3
functional group analysis of **A10:** 217
physical properties **EM3:** 104

Al-Er (Phase Diagram) ....**A3:** 2•44

Alexandrine **EM4:** 18

ALEXTR CAD/CAM program for hot
extrusion **A14:** 323–325

Alfalfa seeds
magnetically cleaned **M7:** 589

Al-Fe (Phase Diagram) ....**A3:** 2•44
Al-Fe-Mn (Phase Diagram) ....**A3:** 3•13–3•14
Al-Fe-Ni (Phase Diagram) ....**A3:** 3•14–3•15

Alfenol
photochemical machining etchant **A16:** 590

Al-Fe-Si (Phase Diagram) ....**A3:** 3•15–3•16

Alfesil
roll welding **A6:** 314

Alfesil, unsuitability as cladding **M6:** 691
aluminum alloys **M6:** 1030

Al-Fe-Zn (Phase Diagram) ....**A3:** 3•16
Al-Ga (Phase Diagram) ....**A3:** 2•45
Al-Gd (Phase Diagram) ....**A3:** 2•45
Al-Ge (Phase Diagram) ....**A3:** 2•45

Alginates
mill additions for wet-process enamel frits for sheet steel and cast iron **A5:** 456
removal **EM4:** 137

Algorithmic test generation methods
system-level **EL1:** 375

Algorithms
adhesive bond strength classifier **A17:** 611
CT image reconstruction **A17:** 359–360
defined **A17:** 383
for EIC count, in design **EL1:** 513
Hightower **EL1:** 531
Lee **EL1:** 529–531
pattern-fit **EL1:** 531–532
routing **EL1:** 529

Al-H (Phase Diagram) ....**A3:** 2•46
Al-Hg (Phase Diagram) ....**A3:** 2•46
Al-Ho (Phase Diagram) ....**A3:** 2•46

Aliasing **A18:** 294–295
defined **A17:** 383
of image artifacts **A17:** 375–376
of variable effects **A17:** 747

Alice (Isoft data mining program) **A20:** 313

Aligned discontinuous fibers *See also* Discontinuous fiber composites **EM1:** 153–156

Aligning bearing
defined **A18:** 2

Alignment *See also* Misalignment **A18:** 351
and specimen buckling, axial compression testing **A8:** 55
changes, effect on fatigue cracking **A11:** 475
defined **A9:** 1
fiber, in composites **A11:** 731
in metal casting **A15:** 40
mold **A15:** 190
shaft, and bearing failure **A11:** 507
tooling **A14:** 160
vertical, for Scleroscope hardness testing ...**A8:** 105

Alignment, measurement
by interferometer **A17:** 14–15

Alignment of silicon boule
for cutting along crystallographic planes ..**A10:** 342

Alignment techniques
for recovered carbon fiber **EM1:** 153–155

Al-In (Phase Diagram) ....**A3:** 2•47

Aliphatic amines, and curing agents
epoxies **EL1:** 827

Aliphatic hydrocarbons **EM3:** 4
defined **EM2:** 3
to control dusting **A18:** 684

Aliphatic nylons **A20:** 453

Aliphatic petroleum cleaners **M5:** 40–41

Aliphatic petroleums
properties **A5:** 21

Aliphatic polyester adducts **EM3:** 100

Aliphatic polyol epoxies/epoxy esters **EM2:** 272

Aliphatic solvent
definition **A5:** 945

Aliquot
defined **A10:** 668

Alkali alumina borosilicate glass
Corning glass code 8111 derived **EM4:** 463

Alkali aluminosilicate glass, applications
electronic processing **EM4:** 1059
laboratory and process **EM4:** 1087

Alkali and alkaline earth silicate glasses
thermal conductivity **EM1:** 47

Alkali catalyst
phenolics ... **EM3:** 104
Alkali chelating
procedure for removing scale from heat-resistant alloys ... **A5:** 780
Alkali cleaning, immersion or spray
chemical cleaning methods compared ... **A5:** 707
Alkali electrocleaning
chemical cleaning methods compared ... **A5:** 707
Alkali halides
as sample in Raman analysis of metal oxides ... **A10:** 131
brittle fracture ... **A19:** 44, 46
cleavage fracture ... **A19:** 46
ESR studied ... **A10:** 263
loss coefficient vs. Young's modulus ... **A20:** 267, 273–275
Alkali hydroxides
effect on aluminum powder ... **A7:** 156
for polishing amphoretic metals ... **A9:** 54
Alkali metal
addition to fluxes affecting ionization process ... **A6:** 57
Alkali metal removal
by flux injection ... **A15:** 453
from aluminum melts ... **A15:** 79–80
from cast iron and steels ... **A15:** 74
processes for ... **A15:** 470–471
Alkali metals
defined ... **A13:** 1
eluent suppression technique for ... **A10:** 660
fire ... **A13:** 96
flame source emissions for trace analyses ... **A10:** 29–30
in alkaline cleaners ... **M5:** 23–24
optical emission spectroscopy ... **A10:** 21, 29–30
reaction with oxygen ... **A13:** 94
solvent extractants for ... **A10:** 170
Alkali oxides
role in glazes ... **A5:** 878, **EM4:** 1062
Alkali silicate coatings
water-soluble ... **M5:** 533–534
Alkali silicate frits
melting/fining ... **EM4:** 392
Alkali silicate glasses
density ... **EM4:** 846
electrical properties ... **EM4:** 851, 852
heat capacity ... **EM4:** 847–848
modifier effect ... **EM4:** 845
optical properties ... **EM4:** 854
self-diffusion coefficients of alkali ions .. **EM4:** 461
thermal expansion ... **EM4:** 847
viscosity ... **EM4:** 848
Alkali strontium silicate glass ... **A20:** 635
Alkali zinc borosilicate glass, properties
non-CRT applications ... **EM4:** 1048–1049
Alkali zinc silicate glass
applications, information display ... **EM4:** 1049
properties, non-CRT applications **EM4:** 1048–1049
ceram ... **EM4:** 1048–1049
opal ... **EM4:** 1048–1049
Alkali-borate glasses
chemical properties ... **EM4:** 855
optical properties ... **EM4:** 854
properties ... **EM4:** 846, 847, 848, 851
Alkali-borosilicate glasses
ground coat enamels ... **EM4:** 1065–1066
leachable, composition ... **EM4:** 427
leachable, processing ... **EM4:** 427
properties ... **EM4:** 1057
properties, non-CRT applications **EM4:** 1048–1049
Alkalies ... **A16:** 105
alloy steel corrosion ... **A13:** 544
copper/copper alloy resistance ... **A13:** 629–630
electrolytes for electrochemical machining **A16:** 536
magnesium/magnesium alloys in ... **A13:** 742
nickel-base alloy corrosion resistance in... **A13:** 647
porcelain enamels resistance ... **A13:** 449, 451
stainless steel corrosion ... **A13:** 559
tantalum resistance to ... **A13:** 727–728
titanium/titanium alloy resistance ... **A13:** 680
zirconium/zirconium alloy resistance ... **A13:** 716
Alkali-free dielectric glass, properties
non-CRT applications ... **EM4:** 1048–1049
Alkali-free phosphate glasses
electrical properties ... **EM4:** 852
Alkali-germanate glasses
chemical properties ... **EM4:** 855, 856
electrical properties ... **EM4:** 852
mechanical properties ... **EM4:** 846, 847, 848–849
optical properties ... **EM4:** 854
Alkali-lime-silicate glass, applications
optical glass ... **EM4:** 1080
Alkali-metal aluminoborosilicate glasses
enameling ... **EM3:** 303
Alkali-metal containing glasses, applications
thick film circuits ... **EM4:** 1141
Alkaline
defined ... **A13:** 1
Alkaline aluminosilicate
as an addition to doped tungsten ... **A9:** 442
Alkaline batteries ... **A13:** 1318
Alkaline boilout solutions ... **A13:** 1141
Alkaline cleaner
definition ... **A5:** 945
Alkaline cleaners
for surface oxides ... **A13:** 381
Alkaline cleaning **A5:** 3, 18–20, 335–336, **M5:** 22–39
acid cleaning combined with ... **M5:** 61–62
acid-base titration ... **M5:** 25
additives ... **A5:** 18
agitation during, effects of ... **M5:** 11, 578
aluminum and aluminum alloys **A5:** 789, 799, 802, **M5:** 15, 24, 577–578, 590–591
application methods ... **A5:** 18, 19–20
before electrolytic acid cleaning ... **A5:** 50
before painting ... **A5:** 424
borates, function of ... **A5:** 18
builders ... **A5:** 18
carbonate cleaners ... **M5:** 23–24, 28, 35
carbonates, function of ... **A5:** 18
cast irons ... **A5:** 690
chelating agents ... **A5:** 18
chelating agents used in ... **M5:** 71
chemical methods of soil removal ... **A5:** 18
cleaner composition ... **A5:** 18–19
cleaner composition and operating
additives, use in ... **M5:** 24
builders, use in ... **M5:** 23–24, 28, 35
conditions ... **M5:** 4, 23–25, 28, 35, 70–71, 578, 590–591, 603–604, 606
surfactants, use in ... **M5:** 24, 28, 35, 577
cleaning cycles ... **M5:** 7, 29, 36
cleaning mechanisms ... **A5:** 19, **M5:** 4, 23
dispersion ... **M5:** 23
emulsification ... **M5:** 23
saponification ... **M5:** 23
cold alkaline cleaners ... **M5:** 15
combined with acid cleaning ... **A5:** 50
copper and copper alloys ... **A5:** 810, 811, **M5:** 617–620
corrosion inhibitors, function of ... **A5:** 18
cutting fluids removed by ... **M5:** 10
cycle for removing pigmented drawing compounds ... **A5:** 5
derusters in *See also* Alkaline descaling and derusting ... **M5:** 22
dispersion ... **A5:** 18, 19
displacement ... **A5:** 18, 19
electrolytic *See* Electrolytic cleaning, alkaline
electropolishing processes ... **M5:** 304
emulsification ... **A5:** 18, 19
environmental concerns ... **A5:** 20
equipment ... **M5:** 25, 30–31, 37–38
equipment for ... **A5:** 20
etching cleaners ... **M5:** 577–578
composition and operating conditions ... **M5:** 578
flow process ... **M5:** 23
for liquid penetrant inspection ... **A17:** 81, 82
for removing polishing and buffing compounds ... **A5:** 10
formulas for various metals ... **A5:** 18
free alkalinity titration ... **M5:** 25
glycol ethers, function of ... **A5:** 18
glycols, function of ... **A5:** 18
heat-resistant alloys ... **A5:** 779
hot dip galvanized coating process ... **M5:** 325
hot dip galvanized coatings ... **A5:** 365
hydroxide cleaners ... **M5:** 24
immersion cleaning ... **A5:** 19, 20
immersion process
cleaner composition and operating conditions ... **M5:** 24
equipment ... **M5:** 25
pigmented drawing compounds removed by ... **M5:** 5–7
process ... **M5:** 22
rust and scale removal ... **M5:** 12
steel stampings, wire fabrications, and fasteners ... **M5:** 29
in cold extrusion ... **A14:** 304
inhibited cleaners ... **M5:** 7, 10, 577
magnesium alloys **A5:** 820–821, 830, **M5:** 630–631, 633, 635, 637–639, 645, 647
metal oxide dissolution ... **A5:** 18, 19
niobium ... **M5:** 663
nonetching cleaners ... **M5:** 577–578
compositions and operating conditions .. **M5:** 578
nonsilicated cleaners ... **M5:** 577
oils and grease removed by ... **M5:** 9, 577
operating conditions ... **A5:** 20
phosphate cleaners ... **M5:** 23–24, 28
phosphate coating process ... **M5:** 439, 450–451, 453–454
phosphate coatings ... **A5:** 382, 383
phosphates, function of ... **A5:** 18
pickling process, precleaning ... **M5:** 70–71, 81
pigmented drawing compounds removed by ... **M5:** 6–7
plating process precleaning ... **M5:** 5, 16–18
polishing and buffing compounds removed by ... **M5:** 10–11
porcelain enameling process ... **M5:** 514–516
process selection ... **M5:** 4–7, 9–13, 15–18, 21
refractory metals and alloys ... **A5:** 857–858, 860
removal method ... **A5:** 9–10
rinsing ... **A5:** 19
rinsing process ... **M5:** 7, 9, 18, 23, 578
safety and health hazards ... **A5:** 17, 20
safety precautions ... **M5:** 21, 453–454
saponification ... **A5:** 18, 19
silicated *See* Silicate alkaline cleaners
silicates, function of ... **A5:** 18
soak process
cadmium plating systems ... **M5:** 263
cleaner compositions and operating conditions ... **M5:** 619, 630–631
copper and copper alloys ... **M5:** 618–619
electropolishing processes ... **M5:** 304
magnesium alloys ... **M5:** 630–631, 639, 642
oils and greases removed by ... **M5:** 9
pigmented drawing compounds removed by ... **M5:** 7
plating process precleaning ... **M5:** 17–18
polishing and buffing compounds removed by ... **M5:** 10–12
zinc alloy die castings ... **M5:** 677
solution composition and operating conditions ... **M5:** 325, 618–620
solution control and testing **M5:** 25, 29–30, 36–37
solution strength, effects of ... **M5:** 325
spray cleaning ... **A5:** 19–20
spray process ... **M5:** 5–7, 11–12, 22–25
cleaner composition and operating conditions ... **M5:** 24
equipment ... **M5:** 25

SUBJECTS OF THE INDEXED VOLUMES: ASM Handbook (designated by the letter "A"): **A1:** Properties and Selection: Irons, Steels, and High-Performance Alloys (1990); **A2:** Properties and Selection: Nonferrous Alloys and Special-Purpose Materials (1990); **A3:** Alloy Phase Diagrams (1992); **A4:** Heat Treating (1991); **A5:** Surface Engineering (1994); **A6:** Welding, Brazing, and Soldering (1993); **A7:** Powder Metal Technologies and Applications (1998); **A8:** Mechanical Testing (1985); **A9:** Metallography and Microstructures (1985); **A10:** Materials Characterization (1986); **A11:** Failure Analysis and Prevention (1986); **A12:** Fractography (1987); **A13:** Corrosion (1987); **A14:** Forming and Forging (1988); **A15:** Casting (1988); **A16:** Machining (1989); **A17:** Nondestructive Evaluation and Quality Control (1989); **A18:** Friction, Lubrication, and Wear Technology (1992); **A19:** Fatigue and Fracture (1996); **A20:** Materials Selection and Design (1997). **Metals Handbook, 9th Edition** (designated by the letter "M"): **M1:** Properties and Selection: Irons and Steels (1978); **M2:** Properties and Selection: Nonferrous Alloys and Pure Metals (1979); **M3:** Properties and Selection: Stainless Steels, Tool Materials, and Special-Purpose Materials (1980); **M4:** Heat Treating (1981); **M5:** Surface Cleaning, Finishing, and Coating (1982); **M6:** Welding, Brazing, and Soldering (1983); **M7:** Powder Metallurgy (1984). **Engineered Materials Handbook** (designated by the letters "EM"): **EM1:** Composites (1987); **EM2:** Engineering Plastics (1988); **EM3:** Adhesives and Sealants (1990); **EM4:** Ceramics and Glasses (1991). **Electronic Materials Handbook** (designated by the letters "EL"): **EL1:** Packaging (1989)

pigmented drawing compounds removed by . . . M5: 5–7
polishing and buffing compounds removed by . . . M5: 11–12
stainless steel . . . M5: 561
stainless steels . . . A5: 53, 749
steam process . . . M5: 23
steel . . . M5: 16–18, 24, 70–71, 81
surfactants . . . A5: 18–19
surfactants used in . . . M5: 24, 28, 35, 577
tanks, construction and equipment M5: 25, 30–31, 37–38
tantalum . . . M5: 663
testing and control of cleaners . . . A5: 20
to remove chips and cutting fluids from steel parts . . . A5: 8
to remove pigmented drawing compounds A5: 6–7
to remove unpigmented oil and grease . . . A5: 8
total alkalinity titration . . . M5: 25
uninhibited cleaners . . . M5: 7
wastewater treatment . . . M5: 312–313
zinc . . . M5: 24
zinc alloys . . . A5: 871–872
zirconium and hafnium alloys . . . A5: 852
Alkaline cleaning, of aluminum alloys
fatigue fracture from . . . A11: 126–127
Alkaline conditioning
procedure for removing scale from Inconel alloys . . . A5: 780
Alkaline descaling . . . A5: 12
removing rust and scale . . . A5: 10, 11
Alkaline descaling and derusting . . . M5: 12–13
electrolytic . . . M5: 12
Alkaline earth aluminoborosilicate glass, applications
information display . . . EM4: 1045
Alkaline earth aluminosilicate cladding glass . . . EM4: 1101
Alkaline earth aluminosilicate glass . . . EM4: 1102
applications . . . EM4: 1045, 1095
chemical corrosion . . . EM4: 1047
properties, non-CRT applications EM4: 1048–1049
Alkaline earth borate glasses
thermal expansion . . . EM4: 847
Alkaline earth boroaluminosilicate glass
chemical corrosion . . . EM4: 1047
properties, non-CRT applications EM4: 1048–1049
Alkaline earth elements *See also* Rare earths
purification, from aluminum melts . . . A15: 79–80
removal, from cast iron and steels . . . A15: 74
Alkaline earth metal hydroxide catalyst
phenolics . . . EM3: 104
Alkaline earth metals
complexometric titrations for . . . A10: 164
eluent suppression technique for . . . A10: 660
extractants for . . . A10: 170
optical emission spectroscopy for . . . A10: 21
Alkaline earth oxides
as glass stabilizers . . . A20: 417
Alkaline earth silicate
coefficient of thermal expansion . . . EM4: 1102
composition . . . EM4: 1102
softening point . . . EM4: 1102
Alkaline earths
role in glazes . . . A5: 878, EM4: 1062
specific properties imparted in CRT tubes . . . EM4: 1039
Alkaline electroless nickel plating . . . M5: 220–221
Alkaline electrolytes (Group VII electrolytes) . . . A9: 53–54
Alkaline electrolytic brightening
aluminum and aluminum alloys . . . M5: 582
Alkaline electrolytic stripping
chromium plate . . . M5: 198
Alkaline environments . . . A20: 548
corrosion of nickel and cobalt in aqueous A10: 135
oxidation of silver electrodes in . . . A10: 135
Alkaline etching
acid etching used with . . . M5: 585
aluminum and aluminum alloys . . . A5: 793–794, M5: 582–586, 590
bleed-out in . . . M5: 584
desmutting process . . . M5: 584
dimensional change in . . . M5: 584–585
equipment and operating procedures M5: 583–584
rinsing process . . . M5: 584
sequestrants used in . . . M5: 583
sodium hydroxide process . . . M5: 583
solution composition and control . . . M5: 583
waste treatment . . . M5: 583–584
Alkaline ferricyanide reagents *See also* Murakami's reagent
as an etchant for wrought stainless steels . . A9: 281
Alkaline hypochlorite solution . . . EM3: 35
Alkaline hypophosphite-reduced electroless nickel plating solution
composition and operating conditions . . . A5: 291
Alkaline noncyanide zinc baths . . . A5: 229, 231–232
Alkaline oxide
chromate conversion coating . . . A13: 394
Alkaline oxides
as glass modifiers . . . A20: 417
Alkaline oxidizing
procedure for removing scale from heat-resistant alloys . . . A5: 780
Alkaline plating
copper *See* Copperplating, alkaline process
tin . . . M5: 270–271
zinc *See* Zinc alkaline noncyanide plating
Alkaline potassium ferricyanide as an etchant for type 304 stainless steel . . . A9: 65
Alkaline precleaning
before acid pickling . . . A5: 69–70
Alkaline scale-conditioning
heat-resistant alloys . . . M5: 564–566
Alkaline sodium picrate as an etchant for
austenitic manganese steel casting specimens . . . A9: 239
carbon and alloy steels . . . A9: 166
silicon iron alloys . . . A9: 531
Alkaline solution cleaning
refractory metals and alloys . . . A2: 563
Alkaline solutions . . . A13: 722, 1141
cast iron resistance . . . A13: 570
in chemical etching cleaning . . . A12: 75
storage of . . . A9: 51
Alkaline solutions composition . . . M7: 459
Alkaline surface activating solutions . . . M5: 642, 644, 646
Alkaline/phenolic/ester no-bake processes *See also* Coremaking; No-bake processes
as coremaking system . . . A15: 238
Alkaline-etch cleaning process
pitting from . . . A11: 127
Alkalinity . . . A18: 84
of lead . . . A13: 788
Alkali-oxide-containing glasses
ion exchange . . . EM4: 460
Alkali-resistant enamel
frit melted-oxide composition for ground coat for sheet steel . . . A5: 731
melted oxide compositions of frits for groundcoat enamels for sheet steel . . . A5: 454
Alkalis
paints selected for resistance to . . . A5: 423
specific properties imparte in CTV tubes . . . EM4: 1039
Alkalis, corrosion of nickel alloys in *See also* Caustic solutions . . . M3: 173–174
Alkenes
determined . . . A10: 219
Alkyd modified DGEBA diacrylate
properties . . . EM3: 92
Alkyd (oil base)
organic coating classifications and characteristics . . . A20: 550
Alkyd paint system
estimated life of paint systems in years . . . A5: 444
Alkyd plastic . . . EM3: 4
as injection-moldable . . . EM2: 321
defined . . . EM1: 4, EM2: 3–4
Alkyd resin
properties and applications . . . A5: 422
Alkyd resins . . . A13: 400–403
as media for screening and stamping processes . . . EM4: 475
Alkyd resins and coatings . . . M5: 473–475, 498–499, 501, 505
modified . . . M5: 475, 498–499
Alkyd-acrylic combinations
adhesion to selected hot dip galvanized steel surfaces . . . A5: 363
Alkyd-amines
resistance to mechanical or chemical action . . . A5: 423
Alkyds
applications demonstrating corrosion resistance . . . A5: 423
as urethane coating . . . A13: 410
coating characteristics for structural steel . . A5: 440
curing method . . . A5: 442
defined . . . A13: 1
definition . . . A5: 945
for electrocoating . . . A5: 430
minimum surface preparation requirements . . . A5: 444
paint compatibility . . . A5: 441
properties, organic coatings on iron castings . . . A5: 699
resistance to mechanical or chemical action . . . A5: 423
topcoat, marine corrosion coatings . . . A13: 914
Alkyd-tung-oil-phenolic resin combinations
adhesion to selected hot dip galvanized steel surfaces . . . A5: 363
Alkyd-urethane no-bake resins . . . A15: 216
Alkyl amines
as solvent extractants . . . A10: 170
Alkyl aromatic
properties . . . A18: 81
Alkyl mercury, as biologic indicator
mercury toxicity . . . A2: 1249
Alkylation
defined . . . A13: 1
Alkylcyanoacrylate adhesives
moisture ingression on joint performance . . . EM3: 361
Alkyls catalysts
powder used . . . M7: 572
Al-La (Phase Diagram) . . . A3: 2•47
Allanophanate . . . EM3: 4
formation of . . . EM3: 203–204
All-at-once procedures . . . A20: 216
All-ceramic mold casting
procedure . . . A15: 249
All-chloride bath
composition and deposit properties . . . A5: 207
All-chloride nickel plating . . . M5: 202–203, 217
Allen, Ethan
as early founder . . . A15: 26
Allen, William
as early founder . . . A15: 25
Allenby framework . . . A20: 131
Allen's "golden rule" of powder sampling . . . EM4: 83
Allentheses
orthopedic implants as . . . A11: 670
Allergenicity *See also* Toxicity
of complex salts of platinum . . . A2: 1258
Allergic hypersensitive reactions
dental alloys . . . A13: 1337
Al-Li (Phase Diagram) . . . A3: 2•47
Alligator shears
for bar . . . A14: 714–715
for plate and flat sheet . . . A14: 702
Alligator skin *See also* Orange peel
as casting defect . . . A11: 384
Alligatoring . . . A6: 240, A13: 1, 406
austenitic stainless steels . . . A12: 351
defined . . . A11: 1
definition . . . A5: 945
in rolled slab . . . A14: 358
Alligatoring, defect *See also* Orange peel A8: 1, 595
Allison C-4
friction performance requirements for hydraulic fluids . . . A18: 99
Allophanate
defined . . . EM2: 4
Alloprene . . . EM3: 4
defined . . . EM2: 4
Allotriomorphic alpha (GB α) phase
titanium alloys . . . A6: 84
Allotriomorphic crystal
defined . . . A9: 1
Allotriomorphic ferrite . . . A6: 77, 78–79
Allotropes
iron . . . A13: 46, 48
Allotropic modification
pure tin . . . A13: 770
Allotropic transformation . . . A20: 338
definition . . . A20: 828
of zirconium and zirconium alloys . . . A2: 665–666

Allotropic transformations
in pure metals **A9:** 655
Allotropy *See also* Graphite .... **A3:** 1•1, **EM3:** 4
defined **A9:** 1, **EM1:** 4, **EM2:** 4
Allowable bending stress **A7:** 1062
Allowable contact stress **A7:** 1062
Allowable depth of wear for sliding bearings **A18:** 515
Allowable stress (SA) **A6:** 389, **A20:** 510
Allowables *See* Design allowables; Lamina allowables
Allowance
defined **A15:** 1
definition **A5:** 945
Allowances *See also* Accuracy; Dimensional accuracy; Machining allowance; Tolerances
and tolerances, open-die forging **A14:** 71–73
bend, for bar **A14:** 663
defined **A14:** 73
dimensional **A15:** 614–623
distortion **A15:** 193
for finish **A15:** 193, 621
for seamless rolled rings **A14:** 126–127
for shaving **A14:** 457, 470
for shift, three-roll forming **A14:** 619
machining, centrifugal casting molds **A15:** 302
machining, in ring rolling **A14:** 125–126
pattern **A15:** 192–193
radial forging **A14:** 148
shrinkage, for patterns **A15:** 192–193
shrinkage, magnesium alloys **A15:** 805
shrinkage, metals/alloys **A15:** 303
Allowed (diagram) lines
x-radiation **A10:** 86
Alloy *See also* Alloy designation systems; Alloy selection; Alloying; Specific metals and alloys **A20:** 336, **EL1:** 42, **EM3:** 4
as lead frame material **EL1:** 731
design, in ordered intermetallics **A2:** 913–914
development, aluminum-lithium alloys **A2:** 180–184
formation, rare earth metals **A2:** 726–727
glass frit attachment **EL1:** 734
lead frames, for CERDIP packages .. **EL1:** 203–204
preparation, of niobium-titanium superconductors **A2:** 1043–1044
special, low-expansion **A2:** 895
with shape memory effect **A2:** 897
Alloy 25
composition **A6:** 598
Alloy 42
ceramic/metal seals **EM4:** 506
properties **EM4:** 503
Alloy 49
glass/metal seals **EM4:** 494
Alloy 52 (52Ni-Fe)
glass/metal seals **EM4:** 536–537
Alloy 150
composition **A6:** 598
Alloy 214
heat-affected-zone cracks **A6:** 93
solidification cracking **A6:** 88, 91
Alloy 625
composition **A6:** 573
mill annealing temperature range **A6:** 573
solidification cracking, weldability study **A6:** 89, 90
solution annealing temperature range **A6:** 573
Alloy 713LC
corrosion resistance **A7:** 1001
Alloy 718
heat-affected-zone cracks **A6:** 93
Alloy 814
corrosion resistance **A7:** 1001
Alloy additions *See also* Additives; Alloying elements; Composition control; Inoculation
acid steelmaking **A15:** 365
analysis, for electric furnace **A15:** 365
kinetics of **A15:** 71–74
liquid at melt temperature **A15:** 71–72
solid at melt temperature **A15:** 72–74
Alloy brazing **M6:** 962
Alloy carburizing steels
machinability ratings **M1:** 568, 579–580
Alloy cast iron
use for deep drawing dies **M3:** 496, 498
Alloy cast iron, austenitic
alloying elements, effects of **M1:** 75–80
automotive applications **M1:** 96
compositions **M1:** 76, 82
corrosion resistance in acids and alkalies ... **M1:** 90
inoculants, effects of **M1:** 80
mechanical properties ... **M1:** 85–87, 89, 92, 94, 95
oxidation **M1:** 92–94
patternmakers' rules for **M1:** 33
physical properties **M1:** 88
Alloy cast irons *See also* specific types of cast iron **A1:** 11, 85–104, **A20:** 380
abrasion-resistant cast irons **A1:** 11, 90–98
abrasion resistance **A1:** 96–98
annealing, effect of **A1:** 92
compositions **A1:** 85, 91
hardness, conversions **A1:** 95
hardness, of microconstituents **A1:** 97
heat treatment **A1:** 91–92
mechanical properties **A1:** 94
microstructure **A1:** 92–94, 95
physical properties **A1:** 96
relative toughness **A1:** 96
tensile strength **A1:** 95–96
transverse strength **A1:** 96
wear rates **A1:** 97–98
alloying elements, effects of **A1:** 11, 86–90
carbon **A1:** 86, 88
chromiumium **A1:** 86, 88–90, 100
copper **A1:** 89
manganese **A1:** 87
molybdenum **A1:** 89, 90
nickel **A1:** 89
on depth of chill **A1:** 87
on rate of growth **A1:** 101, 103
on scaling **A1:** 101–102, 103
phosphorus **A1:** 87–88
silicon **A1:** 86–87, 88, 100
sulfur **A1:** 87
vanadium **A1:** 89–90
arc welding **M6:** 316
arc welding of **A15:** 528–529
classification of **A1:** 5
corrosion-resistant irons **A1:** 86
heat-resistant irons **A1:** 86
white cast irons **A1:** 85–86
corrosion-resistant cast irons **A1:** 11, 98–100
alloying elements, effects of **A1:** 98
compositions **A1:** 85
high-chromium irons **A1:** 99–100
high-nickel irons **A1:** 100
high-silicon irons **A1:** 98–99
mechanical properties **A1:** 99
physical properties **A1:** 96
cutting tool material selection based on machining operation **A18:** 617
for automotive service **A1:** 103–104
heat-resistant cast irons **A1:** 11, 100–104
alloy ductile irons **A1:** 103
alloying elements, effects of **A1:** 100
composition **A1:** 85
creep **A1:** 102
growth **A1:** 100–101
high-aluminum irons **A1:** 103
high-chromium irons **A1:** 103
high-nickel irons **A1:** 100, 103
high-silicon irons **A1:** 102–103
high-temperature strength **A1:** 102
mechanical properties **A1:** 99
physical properties **A1:** 96
scaling **A1:** 100, 101–102
inoculants, effects of **A1:** 90
oxidation of **A1:** 101
Alloy cast steel
die material for sheet metal forming **A18:** 628
Alloy casting *See* Cast irons; Cast steels
Alloy Casting Institute **A15:** 34
Alloy Casting Institute designations
for iron-chromium-nickel heat-resistant casting alloys **A9:** 330
for stainless steel **A9:** 298
Alloy composition *See also* Composition
single-phase alloys **A15:** 114
Alloy constructional steel
hardness conversion tables **A8:** 109–113
Alloy crown
(Au-Ag-Cu) proper-ties **A18:** 666
simplified composition or microstructure **A18:** 666
Alloy design for fatigue and fracture **A19:** 27–41
aluminum alloy fracture toughness **A19:** 31–32
aluminum-alloy FCP **A19:** 38–39
aluminum-lithium alloys **A19:** 32
beta titanium alloys **A19:** 33–34
boundary decohesion **A19:** 29
fabrication effects on toughness **A19:** 28
fatigue crack propagation **A19:** 34–40
fatigue crack propagation of steels **A19:** 37
fracture mechanic methods **A19:** 27–28
fracture mechanisms and models **A19:** 28–30
in ceramics **A19:** 30
in fatigue loading **A19:** 27–28
in monotonic loading **A19:** 27
in steels **A19:** 30–31
maraging steels **A19:** 30, 31
maximum stress to fracture **A19:** 27
microvoid coalescence **A19:** 29
monotonic fracture **A19:** 28–34
nickel-base alloys **A19:** 35–37
phase changes during deformation **A19:** 29–30
plastic constraint factor (pcf) **A19:** 30
processing effects on toughness **A19:** 28
quenched-and-tempered steels **A19:** 30
specific design for improved fatigue resistance **A19:** 40
stress-ratio effects at intermediate crack growth rates **A19:** 37
titanium alloy fracture toughness **A19:** 32–34
titanium-alloy FCP **A19:** 39–40
Alloy design use of phase diagrams in .. **A3:** 1•25–1•26
Alloy designation systems *See also* Alloy; Specific metals and alloys; Temper designation system
aluminum and aluminum alloys ... **A2:** 4–5, 15–16, 29, 32–33
aluminum casting alloys **A2:** 22–25, 123–126
aluminum-lithium alloys **A2:** 178, 180–184
for magnesium and magnesium alloys **A2:** 1401–1402
for wrought unalloyed aluminum and wrought aluminum alloys **A2:** 17–21
ISO and Aluminum Association International, equivalents **A2:** 26
magnetically soft materials **A2:** 763–778
Alloy development
aluminum alloys **A15:** 762
stress-corrosion cracking in **A8:** 495, 508
Alloy ductile irons **A1:** 103
Alloy grades
materials selection costs **A20:** 249
Alloy loss *See* Alloying elements
Alloy M25 *See* Copper alloys, specific types, C17300
Alloy MA 754
mechanically alloyed oxide dispersion-strengthened (MA ODS) alloy **A2:** 944–945
Alloy MA 758
mechanically alloyed oxide dispersion-strengthened (MA ODS) alloy **A2:** 945–946
Alloy MA 760
mechanically alloyed oxide dispersion-strengthened (MA ODS) alloy **A2:** 947

SUBJECTS OF THE INDEXED VOLUMES: ASM Handbook (designated by the letter "A"): **A1:** Properties and Selection: Irons, Steels, and High-Performance Alloys (1990); **A2:** Properties and Selection: Nonferrous Alloys and Special-Purpose Materials (1990); **A3:** Alloy Phase Diagrams (1992); **A4:** Heat Treating (1991); **A5:** Surface Engineering (1994); **A6:** Welding, Brazing, and Soldering (1993); **A7:** Powder Metal Technologies and Applications (1998); **A8:** Mechanical Testing (1985); **A9:** Metallography and Microstructures (1985); **A10:** Materials Characterization (1986); **A11:** Failure Analysis and Prevention (1986); **A12:** Fractography (1987); **A13:** Corrosion (1987); **A14:** Forming and Forging (1988); **A15:** Casting (1988); **A16:** Machining (1989); **A17:** Nondestructive Evaluation and Quality Control (1989); **A18:** Friction, Lubrication, and Wear Technology (1992); **A19:** Fatigue and Fracture (1996); **A20:** Materials Selection and Design (1997). **Metals Handbook, 9th Edition** (designated by the letter "M"): **M1:** Properties and Selection: Irons and Steels (1978); **M2:** Properties and Selection: Nonferrous Alloys and Pure Metals (1979); **M3:** Properties and Selection: Stainless Steels, Tool Materials, and Special-Purpose Materials (1980); **M4:** Heat Treating (1981); **M5:** Surface Cleaning, Finishing, and Coating (1982); **M6:** Welding, Brazing, and Soldering (1983); **M7:** Powder Metallurgy (1984). **Engineered Materials Handbook** (designated by the letters "EM"): **EM1:** Composites (1987); **EM2:** Engineering Plastics (1988); **EM3:** Adhesives and Sealants (1990); **EM4:** Ceramics and Glasses (1991). **Electronic Materials Handbook** (designated by the letters "EL"): **EL1:** Packaging (1989)

Alloy MA 956
mechanically alloyed oxide dispersion-strengthened (MA ODS) alloy **A2:** 946
Alloy MA 6000
mechanically alloyed oxide dispersion-strengthened (MA ODS) alloy **A2:** 946–947
Alloy mechanical coatings **M5:** 300–301
Alloy metals
mechanical properties of plasma sprayed coatings **A20:** 476
Alloy (other than stainless) steel mill products
net shipments (U.S.) for all grades, 1991 and 1992 . . . . **A5:** 701
Alloy oxidation **A13:** 73, 76
Alloy phase constitution
thermodynamic analysis **A15:** 101
Alloy phase equilibrium **A20:** 334
Alloy phases that possess superlattices **A9:** 681
Alloy plating
defined **A13:** 1
Alloy powder, alloyed powder
defined **M7:** 1
Alloy segregation *See* Segregation
Alloy selection *See also* Alloy; Materials selection
and steel casting failure **A11:** 391
beryllium-copper alloys **A2:** 416–421
effect on SCC in aluminum alloys **A11:** 219
effect on SCC in marine-air environment **A11:** 309–310
for buried metals **A11:** 192
for investment castings **A15:** 265
for niobium-titanium superconductors **A2:** 1043
Alloy sensitization
evaluation **A13:** 218–219
Alloy sheet and strip
powders used **M7:** 574
Alloy steel *See also* Low-alloy steel
alloying elements in **A1:** 144–147, 456–457
bulk formability of **A1:** 581–590
compatibility with various manufacturing processes **A20:** 247
composition-on **A1:** 152–153
definition of **A1:** 149
distortion in heat treatment **A1:** 369–370
embrittlement
aluminum nitride **A1:** 694–696
blue brittleness **A1:** 692
graphitization **A1:** 696–697
quench-age **A1:** 692–693
strain-age **A1:** 693–694, 695
energy per unit volume requirements for machining **A20:** 306
fabrication of parts and assemblies **A1:** 463
hardenable alloy steels **A1:** 453
induction and flame hardening **A1:** 463
loss coefficient vs. Young's modulus **A20:** 267, 273–275
machinability of through-hardening . . . **A1:** 600–601
mechanical properties **A1:** 457–458
temper embrittlement in **A1:** 698
tempering **A1:** 458–459, 462
wear applications **A20:** 607
weldability of **A1:** 609
weldability rating by various processes . . . **A20:** 306
Alloy steel bars *See also* Cold finished bars; Hot rolled bars **A1:** 245–246
aircraft quality and magnaflux quality **A1:** 246
axle shaft quality **A1:** 246
ball and roller bearing quality and bearing quality **A1:** 246
cold-shearing quality **A1:** 246
cold-working quality **A1:** 246
quality descriptors **A1:** 253–254
regular quality **A1:** 246
structural quality **A1:** 246
Alloy steel billet
bleeding **A9:** 175
butt tears **A9:** 175
carbon spots **A9:** 175
center segregation **A9:** 174
flakes **A9:** 174
flute marks **A9:** 174
splash **A9:** 174
Alloy steel forging
center burst **A9:** 176
Alloy steel piling *See* Piling
Alloy steel plate *See also* Plate . . . **M1:** 181, 183–184
ASTM specifications **M1:** 183–184, 186–189
mechanical properties **M1:** 190–193
Alloy steel rod **A1:** 275
qualities and commodities for **A1:** 275
special requirements for **A1:** 275–276
Alloy steel spring wire **A1:** 287
Alloy steel wire
fabrication characteristics **M1:** 587–593
oil-tempered, tensile strength ranges **M1:** 269
types **M1:** 269–270
Alloy steel wire rod
decarburization limits **M1:** 256–257
grain size **M1:** 257
hardenability **M1:** 257
heat-analysis limits **M1:** 256
inspection and testing **M1:** 257
qualities and commodities **M1:** 256
special requirements **M1:** 256–257
Alloy steels *See also* AISI/SAE alloy steels; Alloying; Alloy(s); ASTM/ASME alloy steels; Carbon and alloy steels; Heat-resistant alloy steels; High-alloy steels; High-strength low-alloy steels; High-strength medium-carbon quenched and tempered steels; Linepipe steels; Plate steels; Quenched and tempered high-strength alloy steels; specific types by designation or trade name; Steel(s) **A9:** 165–196, **A13:** 531–546, **A14:** 215–221, **A18:** 693, **EM4:** 968, 969, 971, 972
4000, 5000, 6000, 8000, and 9000 series . . . **A16:** 93
abrasion resistance . . . **M1:** 600, 602–605, 617–618, 620–621, **M3:** 582, 583
AISI compositions **A9:** 177
alloying at elevated temperatures **A13:** 538–539
aluminum coating of . . **M5:** 335, 342–343, 345–346
and carbon steel galvanic couple **A13:** 544
applications **M1:** 455, 470
arc welding **M6:** 247–306
as fastener material **A11:** 530
atmospheric corrosion resistance **A13:** 532–533
bar **A14:** 148
bar and tube, die materials for drawing . . . **M3:** 525
bar, hydrogen flaking in **A11:** 316
bearing applications compositions **M1:** 609–610
blanking, die materials for **M3:** 485–487
blue, brittleness of **M1:** 684
bolt applications, hardenability and cost comparison **M1:** 275–276
capacitor discharge stud welding **M6:** 730
carbon content effect on warm workability **A14:** 174
carbon content, effect on weldability **M1:** 561
carburized, heat treatment of . . . **M1:** 532, 533, 539
carburized, toughness **M1:** 534–536
case hardenability **M1:** 534–535
case hardened, hardness profiles **M1:** 633–634
cast, patternmakers' rules for **M1:** 31, 33
cermet tools for milling **A16:** 96
cermets and grooving **A16:** 95
cermets and threading **A16:** 95
chemical compositions **A5:** 705
classification scheme **A5:** 704
classifications and designations **M1:** 117–143
quality descriptors **M1:** 118–119
cold extrusion, tool materials for **M3:** 515–517
cold heading of **A14:** 291
composition ranges and limits
AISI-SAE standard grades **M1:** 127–131
bars **M1:** 121, 127–129
billets **M1:** 121, 127–129
blooms **M1:** 121, 127–129
grades formerly listed by SAE **M1:** 133–134
H-steels **M1:** 129–131
plate **M1:** 122, 129, 136–140
SAE experimental grades **M1:** 131–132
slabs **M1:** 121, 127–129
compositions, AMS grades **M1:** 141–143
contour band sawing **A16:** 364
core hardenability **M1:** 534–535
corrosion, in specific end-use environments **A13:** 533–542
corrosion of **A13:** 531–546
corrosive environments **A13:** 531–532
cutting fluids used **A16:** 125
cutting tool material selection based on machining operation **A18:** 617
die forging, materials for **M3:** 529, 530, 532
dies **A14:** 86
distortion in heat treatment **M1:** 469–470
drilling **A16:** 231
electrogas welding **M6:** 239
electroless nickel plating **A5:** 300
applications **A5:** 306, 307, 308
embrittlement of **M1:** 684–686
etchants **A9:** 169–175
explosion welding **A6:** 896, **M6:** 710
fabric knives **M1:** 625
flakes in **A11:** 121
flame hardening **M1:** 532
flash welding **M6:** 557
flux cored arc welding **M6:** 298–299
for case hardening, compositions of **A9:** 219
for fine-edge blanking and piercing **A14:** 472
for forging **A14:** 218
for hot forging **A14:** 43, 215–217
for hot upset forging **A14:** 83, 86
for wire-drawing dies **A14:** 336
forging costs **M1:** 350, 351
forging effects on properties **A14:** 217
forging lubricants **A14:** 217–218
forging of **A14:** 215–221
forging temperatures **A14:** 81
friction welding **A6:** 153, **M6:** 721
gas metal arc welding **M6:** 299–301
gas tungsten arc welding . . . **M6:** 182, 203, 303–304
gas-metal arc welding shielding gases **A6:** 67
gas-tungsten arc welding **A6:** 190
gear shaving with high-speed steel tools **A16:** 342–343
granular bainite **A9:** 665
graphitization of **M1:** 686
grinding **A9:** 168
grinding by CBN wheels **A16:** 455
hardenability **M1:** 471–525
hardenability equivalence table **M1:** 484–488
hardenable **M1:** 455–470
hardening of **M1:** 459–460
hardness conversion tables for **A8:** 109–113
heat treatment **A14:** 218–219
high frequency resistance welding **M6:** 760
high-speed machining **A16:** 598
hobbing with high-speed steel tools . . **A16:** 345–346
honing **A16:** 477
hot dip tin coating **M5:** 351
hot swaging of **A14:** 142
hydrochloric acid corrosion **A13:** 1162
hydrogen embrittlement of **M1:** 687
in aqueous chloride solution **A8:** 405
in chemical-processing industry **A13:** 544–545
in seawater, corrosion factors **A13:** 539
ion plating of **M5:** 421
Jominy equivalent hardenability **M1:** 537
laser cutting **A14:** 741
lift pin, fatigue fracture in **A11:** 77
lifting-fork an-n, fracture of **A11:** 325–326
machinability **M1:** 239, 568, 574, 579–583
machinability test matrix **A16:** 639–640
machining **A2:** 967
macroetching **A9:** 170–177
marine applications **A13:** 539, 542–545
mechanical properties **A14:** 165
microalloyed forging **A14:** 219–221
microetching **A9:** 169
microstructure **M1:** 455
microstructures **A9:** 177–179
milling **A16:** 312, 313, 314
miscellaneous, figure numbers for **A12:** 216
miscellaneous, fracture causes illustrated . . **A12:** 216
mounting **A9:** 166–168
nickel plating of **M5:** 215–216, 218
nitrided **M1:** 540–542
notch toughness . . **M1:** 690, 693–698, 704–707, 709
oxyacetylene pressure welding **M6:** 595
oxyfuel gas cutting . . . **A6:** 1159, **A14:** 724, **M6:** 904
photochemical machining **A16:** 591
physical properties **M1:** 145–151
pickling **A5:** 68, 69, 70, 74
pickling of **M5:** 68–70, 80
piston pins, wear influenced by surface finish **M1:** 635
plasma arc welding **A6:** 197, **M6:** 304–306
polishing **A9:** 168–169
polishing and buffing of **M5:** 108, 120

Alloy steels (continued)
postweld heat treatments **M6:** 259, 296, 301
AISI-SAE steel bars **M6:** 291
quenched and tempered steels **M6:** 288–289
reduction of residual stresses **M6:** 890–891
precoated before soldering **A6:** 131
preheating **M6:** 259–261, 287, 296, 301
AISI-SAE steel bars **M6:** 291
effect on weldability **M6:** 259–261
electrode selection **M6:** 260–261
recommended heat inputs **M6:** 288–289
reduction of residual stresses **M6:** 890
product composition tolerances **M1:** 123
properties, historical study **A12:** 2
protection from corrosion **M1:** 751–759
recommended shielding gas selection for gas-metal arc welding **A6:** 66
resistance seam welding **M6:** 494
rough and finish cutting of bevel gears . . . **A16:** 349
Schaeffler diagrams used to predict microstructures in dissimilar-metal welded joints **A9:** 582
seawater, corrosion in **M1:** 739–746
sectioning **A9:** 165–166
selected grades, tensile and fatigue properties **M1:** 680
selection for hardenability **M1:** 482–491
selection guide based on hardenability **M1:** 464–466
shaping gears with high-speed steel tools **A16:** 347–348
sheet and strip **M1:** 163–165
ASTM specifications **M1:** 164
composition **M1:** 163
mechanical properties **M1:** 165
mill heat treatment **M1:** 164–165
production of **M1:** 163
quality descriptors **M1:** 163–164
tolerances **M1:** 163
shielded metal arc welding **M6:** 297–298
soil corrosion **M1:** 725–731
specimen preparation **A9:** 165–169, 171
specimen preservation **A9:** 172
springs
grades for *See also* specific alloy designations **M1:** 284–285, 311–312
hardenability requirements . . . **M1:** 297, 301–303, 311–312
steam service applications **M1:** 747
stud arc welding **A6:** 210, 211, 212, 213, 214, **M6:** 730
stud material **M6:** 730
submerged arc welding **A6:** 202, 203, **M6:** 301–303
temper embrittlement of **M1:** 684–685
thread grinding **A16:** 274
timing chain components, wear compared to carbon steel **M1:** 628
tubular products *See* Steel pipe; Steel tubes; Steel tubing
turning **A16:** 144, 146, 147
valve springs, fatigue fracture of **A11:** 551
weld overlay material **M6:** 807
weldability **M1:** 561–564
wire, die materials for drawing **M3:** 522

Alloy steels (cast)
thermal expansion coefficient **A6:** 907

Alloy steels, fracture properties of **A19:** 614–654
aggressive environments . . **A19:** 642–644, 645, 646, 647, 648, 649
alloying effects **A19:** 647–648, 649, 650
aqueous chlorides **A19:** 645–646
at high ΔK values **A19:** 633, 635
chemistry effects on temper embrittlement **A19:** 626–627
ductile-brittle transition **A19:** 625, 632
dynamic plane-strain fracture toughness . . **A19:** 632
embrittlement **A19:** 618–620
embrittlement, types of **A19:** 618
fatigue crack growth in hydrogen sulfide **A19:** 644, 648
fatigue crack propagation **A19:** 633–636
ferritic nickel steels **A19:** 617
fracture mechanics of steel fatigue . . . **A19:** 632–644, 645, 646, 647
fracture toughness **A19:** 620–632
grain refinement of low-carbon and HSLA steels **A19:** 627–629
grain size effect on fracture toughness . . . **A19:** 628, 629
heat treatment effects **A19:** 636–639, 648–650
high-strength low-alloy steels **A19:** 617–618, 627–629
high-strength structural carbon steels **A19:** 617
high-temperature fatigue crack growth rates **A19:** 641–642, 643
hot-rolled carbon-manganese structural steels **A19:** 616–617
HSLA steels versus older structural steels **A19:** 627
hydrogen sulfide **A19:** 646, 649
inclusions **A19:** 629
inhibiting corrosion fatigue **A19:** 643–644, 648
inverse square-root grain size relationship **A19:** 614
linear fatigue crack growth region **A19:** 633, 634–635
low-alloy steels **A19:** 617
low-temperature fatigue crack growth **A19:** 642, 643, 644
low-temperature intergranular fracture **A19:** 618
maraging steels **A19:** 618
mean stress effects **A19:** 639–640, 641
mean stress effects on fatigue crack growth thresholds **A19:** 639–640, 645
microstructural factor effects **A19:** 620
microstructural fracture modes **A19:** 644
microstructure effects **A19:** 636–639, 648–650
mild (low-carbon) steels **A19:** 616
nickel effect on toughness **A19:** 624–625
nitrates **A19:** 647
nonmetallic inclusions **A19:** 625–626
notch effects on crack initiation **A19:** 632–633
processing methods of HSLA steels **A19:** 617
quench-age embrittlement **A19:** 619
quenched-and-tempered steels **A19:** 627
steel composition effect **A19:** 624–629
steel condition effect **A19:** 624–629
steel selection **A19:** 644–647, 648, 649
strain-rate effects **A19:** 629–632
structural steel types **A19:** 616–618
structural steels **A19:** 615–620
sulfide inclusion shape control **A19:** 626
sulfuric acid **A19:** 646–647
summation of crack increments **A19:** 641
sustained-load crack propagation **A19:** 644–651
temper embrittlement **A19:** 618–620
temperature effects . . . **A19:** 629–632, 641–642, 643, 644, 650–651
tempered martensite embrittlement . . **A19:** 618–619

Alloy steels, specific types *See also* HSLA steels; SAE specific types; Steels, AISI-SAE specific types; Steels, ASTM specific types; Tool steels, specific types
0.03C-2Mn, lath martensite **A9:** 670
1.2C-0.5Cr-0.9Mo-0.2V, bar, hot-rolled **A9:** 194
1Cr-½Mo, thermal expansion **M1:** 653
2¼Cr-1Mo, elevated temperature behavior **M1:** 639–641, 653–662
9Cr-1Mo, elevated temperature properties **M1:** 649, 651–653
12H2N4A gear, ion carburized and diffused **A9:** 225–226
51B60, bar, hot-rolled, different heat treatments compared **A9:** 195
2340, austenitized, isothermally transformed, upper bainite plates **A9:** 663
3310 bar, austenitized, cooled and tempered **A9:** 225
3310, gas carburized **A9:** 221
3310, pack carburized and cooled in the pot **A9:** 224
3310H, gas carburized, different etches compared **A9:** 222–223
4118, gas carburized, with decarburized surface layer **A9:** 223
4118, gas carburized, with grain boundary oxidation **A9:** 222
4118, hot rolled, annealed and gas nitrided **A9:** 228
4130, bar, hot-rolled **A9:** 191
4130, normalized by austenitizing **A9:** 191
4140, bar, different heat treatments compared **A9:** 191
4140, flow lines in a forged hook **A9:** 176
4140, gas nitrided **A9:** 228
4140, ion nitrided **A9:** 229
4140, isothermal transformation **A9:** 191
4140, oxide inclusions **A9:** 191
4140, resulfurized, forging **A9:** 191
4320, gas carburized **A9:** 222
4340, total dilation vs. transformation temperature during isothermal formation of bainite **A9:** 662
4350, bar, partial isothermal transformation **A9:** 191–192
4360, austenitized, isothermally transformed, lower bainite **A9:** 665
4360, austenitized, isothermally transformed, upper bainite **A9:** 663
4620, gas carburized and hardened **A9:** 223
4620, gas carburized at 1.00% carbon potential **A9:** 220–221
4620, pack carburized and cooled in the pot **A9:** 224
5132, forging, austenitized and water quenched **A9:** 192
8617 bar, annealed by austenitizing **A9:** 224
8617, carbonitrided **A9:** 226
8620 bar, carbonitrided **A9:** 227
8620 bar, normalized by austenitizing and cooled in still air **A9:** 225
8620, gas carburized, butterfly alterations at microcracks **A9:** 223
8620, gas carburized, with grain boundary oxidation **A9:** 222
8620H, gas carburized **A9:** 222
8620H, ion carburized **A9:** 225
8620H tubing, gas carburized, hardened and tempered **A9:** 224
8620H, vacuum carburized **A9:** 225
8720, hot-rolled, gas carburized **A9:** 221–222
8822H bar, austenitized and cooled **A9:** 225
8822H, gas carburized **A9:** 222
8822H, gas carburized, roller for contact-fatigue test **A9:** 223
9310 bar, normalized by austenitizing and cooled **A9:** 225
9310, gas carburized, different surface carbon contents compared **A9:** 220
52100, bar, different heat treatments compared **A9:** 195–196
52100, bar, different magnifications compared **A9:** 195
52100, damaged by an abrasive cutoff wheel **A9:** 196
52100, rod, austenitized and slack quenched in oil **A9:** 196
52100, roller, crack from a seam in bar stock **A9:** 196
AF 1410, lath martensite under different illuminations **A9:** 81
AMS 6419, different heat treatments compared **A9:** 192
AMS 6470, gas nitrided, different processing procedures compared **A9:** 227–228
API 5L-X60, pipe, resistance weld **A9:** 178
ASTM A517, grade J, arc butt weld **A9:** 178
C-½Mo, thermal expansion **M1:** 653
Fe-5Cr-1Mo-2Cu-0.5P-2.5C, pressed and sintered **A9:** 530

SUBJECTS OF THE INDEXED VOLUMES: ASM Handbook (designated by the letter "A"): **A1:** Properties and Selection: Irons, Steels, and High-Performance Alloys (1990); **A2:** Properties and Selection: Nonferrous Alloys and Special-Purpose Materials (1990); **A3:** Alloy Phase Diagrams (1992); **A4:** Heat Treating (1991); **A5:** Surface Engineering (1994); **A6:** Welding, Brazing, and Soldering (1993); **A7:** Powder Metal Technologies and Applications (1998); **A8:** Mechanical Testing (1985); **A9:** Metallography and Microstructures (1985); **A10:** Materials Characterization (1986); **A11:** Failure Analysis and Prevention (1986); **A12:** Fractography (1987); **A13:** Corrosion (1987); **A14:** Forming and Forging (1988); **A15:** Casting (1988); **A16:** Machining (1989); **A17:** Nondestructive Evaluation and Quality Control (1989); **A18:** Friction, Lubrication, and Wear Technology (1992); **A19:** Fatigue and Fracture (1996); **A20:** Materials Selection and Design (1997). **Metals Handbook, 9th Edition** (designated by the letter "M"): **M1:** Properties and Selection: Irons and Steels (1978); **M2:** Properties and Selection: Nonferrous Alloys and Pure Metals (1979); **M3:** Properties and Selection: Stainless Steels, Tool Materials, and Special-Purpose Materials (1980); **M4:** Heat Treating (1981); **M5:** Surface Cleaning, Finishing, and Coating (1982); **M6:** Welding, Brazing, and Soldering (1983); **M7:** Powder Metallurgy (1984). **Engineered Materials Handbook** (designated by the letters "EM"): **EM1:** Composites (1987); **EM2:** Engineering Plastics (1988); **EM3:** Adhesives and Sealants (1990); **EM4:** Ceramics and Glasses (1991). **Electronic Materials Handbook** (designated by the letters "EL"): **EL1:** Packaging (1989)

Fe-16Ni, lath martensite **A9:** 670
Fe-20Ni, lath martensite **A9:** 670
Fe-32Ni, plate martensite **A9:** 671
Fe-33.5Ni, plate martensite in an austenitic single crystal **A9:** 671
Alloy system
defined **A9:** 1
Alloy wire **A1:** 286–287
Alloyable coatings
as surface preparation **EL1:** 679
Alloyed steel
solderability **A6:** 978
Alloyed tungsten carbides **M7:** 773
properties **M7:** 776
selection of **M7:** 777
Alloy-environment systems
stress-corrosion cracking **A13:** 146, 326
Alloying *See also* specific alloying elements **A20:** 336
aluminum coatings **A13:** 434
and compressibility, iron powder **A14:** 190
and corrosion resistance **A13:** 47–48, 323, 693
and impurity specifications, aluminum alloy ingot **A2:** 16
as austenite stabilizers **A13:** 47
as ferrite stabilizers **A13:** 47
at elevated temperatures **A13:** 538–539
carbon steels, for atmospheric corrosion **A13:** 512–515
content, in cold extrusion **A14:** 301
development, for powder forging **A14:** 189
effect, formability of aluminum alloys **A14:** 791
effect of, on hardenability and tempering of steel **A1:** 392–394, 395, 396, 468–469
effect, on anodic polarization of uranium **A13:** 816
effect on fatigue strength **A11:** 119
effect on magnetic properties **A2:** 762
effect on SCC in copper alloys **A11:** 220–221
effect on SCC in magnesium alloys **A11:** 223
elements, volatilizaton **A13:** 344
equipment **M7:** 723
excessive, and brazed joint failures **A11:** 452
for atmospheric corrosion prevention **A13:** 83, 512–515
for surface stability of superalloys **A1:** 953, 955, 956–957, 958–959
galvanized steel **A13:** 433
in A15 superconducting materials . . **A2:** 1062–1063
in marine atmospheres **A13:** 540, 906
laser surface **A13:** 501–504
liquid-metal corrosion by **A13:** 56, 59, 92
mechanical **M7:** 23, 723
nickel aluminides **A2:** 914–915, 920
of silver **A13:** 794–795
palladium **A13:** 799–800
platinum **A13:** 798
primary phase or matrix, defined **A13:** 46
problems **A13:** 48
rare earth metals **A2:** 727–729
resistance to cavitation erosion **A18:** 217
secondary phase, or precipitate, defined . . . **A13:** 46
titanium/titanium alloys **A13:** 693, 695
to modify as-cast properties in gray iron **A1:** 28–29
uranium/uranium alloys **A13:** 814–815
with noble metal, as selective oxidation **A13:** 73
wrought aluminum alloy **A2:** 36–37, 44–57
wrought copper and copper alloy products **A2:** 241–242
zinc/zinc alloys and coatings **A13:** 759
Alloying additions
to austenitic manganese steel castings effects on microstructure **A9:** 239
to modify eutectic phase chemistries and volume fractions **A9:** 621
Alloying element
defined **A9:** 1
Alloying elements *See also* Alloy additions; individual elements by name; Inoculation; Minor elements
400 to 500 °C embrittlement, effect on susceptibility to **M1:** 686
500 °F embrittlement, effect on susceptibility to **M1:** 685
activity in solution, calculated **A15:** 55
aluminum alloys **A15:** 743–746
atmospheric corrosion resistance, effect on **M1:** 721–722
cast iron **M1:** 76, 80
cast steel, effect on **M1:** 386–389, 393–399
concentration, thermodynamic effects . . **A15:** 55–60
constructional steels for elevated temperature use, effect on **M1:** 647–650
corrosion protection **M1:** 751
effect, carbon solubility **A15:** 68
effect, hydrogen solubility in copper **A15:** 466
flame AAS analysis in steels **A10:** 56
for ductile iron **A15:** 648–649, **M1:** 34–42, 45
general effects **M1:** 114–115
gray cast iron **M1:** 26–27, 28–30
hardenability affected by **M1:** 476–477
hardenable steels **M1:** 455–456, 459–460, 466–469
HSLA steels **M1:** 410–411
hydrogen solubility in steels, influence on **M1:** 687
in gray iron **A15:** 639
in liquid copper alloys, interaction coefficients **A15:** 60
influence, carbon activity **A15:** 61–70
interaction coefficients in FE-C-X alloys . . . **A15:** 62
loss, acid steelmaking **A15:** 365
loss, basic steelmaking **A15:** 367
low-alloy steel **A15:** 715–716
machinability affected by **M1:** 580, 582
magnesium alloys **A15:** 802
maraging steels **M1:** 445
minor, in aluminum melts **A15:** 79
P/M materials **M1:** 333, 334–335
particle buoyancy effects **A15:** 72
partitioning of, FIM/AP analysis **A10:** 583
pearlitic steel, effect on transition temperature **M1:** 417
rare earth, as grain refiners **A15:** 481
sampling trainload of metal pipe for percentage of **A10:** 15
selective evaporation **A15:** 396
solubility effects, iron-carbon systems . . **A15:** 68–69
steel sheet, effects on formability **M1:** 554–557
temper embrittlement, effect on **M1:** 684–685
zinc alloys **A15:** 787–788
Alloying, localized
as failure mechanism **EL1:** 1013–1014
Alloying materials
as coatings **M7:** 174, 817
effect on compressibility **M7:** 286
refractory metals as **M7:** 765
Alloying process, laser *See* Laser processing techniques, laser alloying
Alloy-junction transistor
development and packaging **EL1:** 958
Alloys *See also* Aircraft alloys; Alloy steels; Alloying; Metals; Metals and alloys, characterization of; specific alloys by name
addition effect for three heats **A8:** 479–481
additions, and hydrogen embrittlement **A8:** 487
additions, and stress-corrosion cracking . . . **A8:** 487, 489
aerospace, fracture mechanics data **A11:** 54
analytic methods for **A10:** 4
and alloy surfaces **A13:** 46
and blends, applications **EM2:** 491
and temperature effect on torsional ductility **A8:** 164–166
arc-welded, heat-resisting **A11:** 433–434
as surgical implants **A13:** 1325
binary, oxide scale growth **A13:** 75–76
blending **M7:** 69
change to prevent corrosion **A11:** 193–194
characterized **A10:** 1
chemical analysis by controlled-potential coulometry **A10:** 207
chemical vapor deposition coating of **M5:** 382–383
chemistry, as metallurgically influenced corrosion **A13:** 123
coated composite powders **M7:** 174
"psuedo" **M7:** 147
commercial, hydrochloric acid for sample dissolution of **A10:** 165
crack nucleation in **A8:** 366
defined **A13:** 46, **EM1:** 4, **EM2:** 4
development, doping principle **A13:** 73
effect on toughness and crack growth **A11:** 54
effects of composition on mass absorption **A10:** 97
engineering, classes **EM2:** 632
ferrous, LME in **A11:** 234
FIM images of **A10:** 589–590
FIM/AP study of point defects in **A10:** 583
formation, RBS analysis **A10:** 628
galvanic series **M5:** 431
gold plating, uses in **M5:** 282–283
hardenable, heat treatment of **A11:** 140
heat-resisting, corrosion in **A11:** 200–201
high-purity, voltammetric analysis of **A10:** 188
high-temperature, dissolution mediums . . . **A10:** 166
hydrogen embrittlement relative resistance **A13:** 1104
hydrogen susceptibilities **A13:** 288
in aqueous environments **A8:** 406–407
ion-implanted, AEM microstructural analysis **A10:** 484–487
light, intergranular corrosion of **A11:** 182
liquid, NMR analysis of electronic structure of **A10:** 284
metal couples, compatibility **A13:** 1040
metals in, quantitative determination by electrogravimetry **A10:** 197
multicomponent, phase separation analysis by SAXS/SANS/SAS **A10:** 402
mutual solubility in **A11:** 452
nonferrous, liquid-metal embrittlement of **A11:** 233–234
of engineering plastics **EM2:** 632–637
ordered, effect of antiphase boundaries on FIM images **A10:** 589
ordered, ladder diagrams of **A10:** 594
oxidation: doping principle **A13:** 73
passive, crevice corrosion of **A13:** 303
perchloric acid as dissolution medium **A10:** 166
phosphate coating of **M5:** 437–438
polymer, environmental effects **EM2:** 431
prompt gamma activation analysis (PGAA) of **A10:** 240
purity **M7:** 179
segregation, banding and flakes from **A11:** 121
single phase and polyphase **A13:** 46
spark source excitation for elemental analysis of **A10:** 29
spot test kits for **A10:** 168
steels, sintering of *See also* Stainless steels; Steels **M7:** 366
surfaces, FIM imaged **A10:** 590
system, and homogenization **M7:** 315
trace impurities detected **A10:** 31, 43
two-phase, SEM atomic number contrast analysis of **A10:** 508
unsuitable, for pressure vessels **A11:** 644–646
used in electronics systems **A13:** 1108
verification of inorganic solids, applicable methods **A10:** 4–6
with high SCC resistance **A13:** 1103
with low SCC resistance **A13:** 1104
with moderate SCC resistance **A13:** 1103
workability behaviors **A8:** 165
Alloys and metals characterization *See* Metals and alloys, characterization of
Alloys, engineering *See* Engineering alloys
Alloys, high-temperature
and surface integrity **A16:** 22
cemented carbide machining **A16:** 88
Alloy-tin couple test
for tinplate **A13:** 781–782
All-sulfate bath
composition and deposit properties . . . **A5:** 207–208
All-sulfate nickel plating **M5:** 201–202
All-weld-metal tensile test **A6:** 103
All-weld-metal tension tests **A6:** 103–104, 105
All-weld-metal test specimen
defined **A8:** 1
definition **M6:** 1
Allyl
uses and properties **EM3:** 126
Allyl chloride
hazardous air pollutant regulated by the Clean Air Amendments of 1990 . . . . . **A5:** 913
Allyl glycidyl ether (AGE)
as epoxy diluent **EM1:** 67, 70
Allyl plastic
defined **EM1:** 4
Allyl resins **EM3:** 4
defined **EM2:** 4
Allylics *See* Allyl resins; Allyls
Allyls (DAP, DAIP) *See also* Thermosetting resins
applications **EM2:** 226–227

Allyls (DAP, DAIP) (continued)
as low-temperature resin system **EM2:** 440
characteristics **EM2:** 227–229
commercial forms **EM2:** 226
competitive materials **EM2:** 227
costs **EM2:** 226
processing **EM2:** 228–229
product forms **EM2:** 229
production volume **EM2:** 226
suppliers **EM2:** 229
thermoset **EM2:** 630
Almanite
fatigue endurance **A19:** 666
impact strength **A19:** 672
Almen test **A5:** 127, 128, 129, 134, 135
Al-Mg (Phase Diagram) **A3:** 2•48
Al-Mg-Mn (Phase Diagram) **A3:** 3•17
Al-Mg-Si (Phase Diagram) **A3:** 3•17–3•18
Al-Mg-Zn (Phase Diagram) **A3:** 3•18–3•19
Al-Mn (Phase Diagram) **A3:** 2•48
Al-Mn-Si (Phase Diagram) **A3:** 3•19
Al-Mo-Ni (Phase Diagram) **A3:** 3•20
Al-Mo-Ti (Phase Diagram) **A3:** 3•20
Al-Nb (Phase Diagram) **A3:** 2•48
Al-Nd (Phase Diagram) **A3:** 2•49
Al-Ni (Phase Diagram) **A3:** 2•49
Alnico
honing stone selection **A16:** 476
Alnico alloy
fracture topography **A12:** 461
Alnico alloys *See also* Cast Alnico alloys; Magnetic materials; Magnetic materials, specific types; Permanent magnet materials, specific types
applications **A2:** 793
as commercial permanent magnet materials **A2:** 785–787
crystallographic texture developed to achieve desired properties **A9:** 701
microstructure **A9:** 538–539
specimen preparation **A9:** 533
spinodal decomposition **A9:** 654
Alnico magnets, sintering
time and temperature **M4:** 796
Alnico permanent magnet alloys **A7:** 74, 1017, 1018
Alnico permanent magnets **M7:** 641–642
produced by Osprey atomizing **M7:** 531
Al-Ni-Ti (Phase Diagram) **A3:** 3•20–3•21
Al-Pb (Phase Diagram) **A3:** 2•49
Al-Pd (Phase Diagram) **A3:** 2•50
Alpha
defined **A9:** 1
Alpha + beta alloys
titanium **A2:** 586, 602
Alpha + beta microstructure **A19:** 13
α + γ steel
correlation between measured and calculated fracture toughness levels **A19:** 389
Alpha alloy *See* Titanium alloys, specific types, Ti-5Al-2.5Sn
Alpha alloys **A19:** 32–33, 833–835
titanium **A2:** 586, 600–601
Alpha alumina **EM4:** 6, 111, 112, 113
applications
dental **EM4:** 1008
medical **EM4:** 1009
canisters, HIP method used **EM4:** 196
engineering properties **EM4:** 752
properties **EM4:** 759
thermal etching **EM4:** 575
α- and β-fibers
in rolled copper **A10:** 363
Alpha brass powder
consolidation of compacts **A7:** 437
sintering **M7:** 308
Alpha bronze *See also* Bronze **M7:** 464
microstructure, bearing alloy **M7:** 707
structure, sintered bronze clutch **M7:** 737
Alpha case
defined **A9:** 1
in titanium and titanium alloys **A9:** 460
Alpha case removal
titanium alloys **A15:** 264
Alpha cellulose **EM3:** 4
defined **EM2:** 4
Alpha creep **A20:** 573
Alpha double prime
defined **A9:** 1
Alpha double-prime phase in titanium alloys **A9:** 461, 475
Alpha eucryptite
specialty refractory **EM4:** 907–908
α factor **A19:** 130
Alpha ferrite **A6:** 457
defined **A13:** 1
Alpha iron
defined **A9:** 1, **A13:** 1
high-stacking fault energy material **A8:** 173
Alpha iron (α-Fe)
fracture toughness estimated from interfacial energies and measured alloy fracture toughness values **A19:** 382
testing parameters used for fatigue research of **A19:** 211
Alpha iron plus iron carbide **A7:** 817
α lath size **A19:** 143
Alpha loss peak **EM3:** 4
defined **EM2:** 4
α mismatch, tensile failure due to
mechanisms and equations **A19:** 546
Alpha Model 1
defined **A18:** 2
Alpha nickel-aluminum bronze
properties and applications **A2:** 386
Alpha parameter
temperature and strain rate effect on **A8:** 172
Alpha particle
defined **EL1:** 965–966
Alpha particle induced failures
silicon *p-n* junctions **A11:** 782–784
Alpha particles
as radiation **A17:** 295
Alpha phase particles
mean free distance **A9:** 129
α phase, shape of
effect on fracture toughness of titanium alloys **A19:** 387
Alpha phase unalloyed uranium
fabrication techniques **A2:** 671
Alpha phases
in Alnico alloys **A9:** 539
in cobalt-base heat-resistant casting alloys **A9:** 334
in iron-cobalt-vanadium alloys **A9:** 538
in massive transformations **A9:** 656
in uranium and uranium alloys **A9:** 476–487
of cemented carbides **A9:** 274
of titanium alloys **A9:** 458, 460–461
Alpha plate colonies
titanium and titanium alloy castings **A2:** 638
Alpha prime
defined **A9:** 1
Alpha prime phase
in Alnico alloys **A9:** 539
in titanium alloys **A9:** 461
Alpha process *See also* Shell molding
defined **A15:** 1
Alpha radiation, effect
E-glass fibers **EM1:** 47
Alpha radiation from depleted uranium **A9:** 477
Alpha ray barriers
polyimides as **EL1:** 770
Alpha segregation defects in titanium and titanium alloys **A9:** 459
Alpha stabilizer
defined **A9:** 1
Alpha stabilizers
titanium alloys **A2:** 598
zirconium alloys **A2:** 665
Alpha stabilizers in titanium **A3:** 1•23
Alpha structures
in hafnium **A9:** 497–499, 501–502
in zirconium and zirconium alloys **A9:** 497–501
wrought titanium alloys **A2:** 606
Alpha titanium alloys
brazeability **M6:** 1049
weldability **M6:** 446
Alpha transus
defined **A9:** 1
Alpha/near-alpha titanium alloys **A14:** 267–268, 839
Alpha-2 alloys *See also* Ordered intermetallics; Titanium aluminides
crystal structure and deformation **A2:** 926
material processing **A2:** 926
mechanical/metallurgical properties **A2:** 926–927
α-Al_2O_3 (white ceramic) **A16:** 98
α-alumina **A19:** 939
engineering properties of **A20:** 429
metal-matrix reinforcements: boron and alumina fibers **A20:** 458
α-aluminum **A20:** 383–384
Alphabenzoinoxime
as narrow-range precipitant **A10:** 169
Alphabet, Greek
symbols for **A10:** 692, **A11:** 798
α-β alloy, SCC environment
AES analysis **A10:** 563–564
Alpha-beta alloys **A19:** 32–33, 39, 830–833, 838–841
environment effects **A19:** 33
fracture toughness values **A19:** 32, 33
fracture toughness versus strength **A19:** 387
interface fracture **A8:** 487
microstructure effects on fracture toughness **A19:** 33
texture effects **A19:** 33
workability **A8:** 575
Alpha-beta brass
effects of different amounts of NH40H in the suspending liquid in vibratory polishing **A9:** 44
Alpha-beta forging of titanium alloys **M3:** 368, 369
Alpha-beta structure
defined **A9:** 1
Alpha-beta titanium alloys **A7:** 164, **A9:** 458, **A14:** 267–268, 271, 839
beta flecks in **A9:** 459–460
brazeability **M6:** 1049–1050
cleavage fracture **A19:** 54
fatigue crack growth **A19:** 54
strengthening of flash welds **M6:** 579
torsion for flow softening study **A8:** 177
weldability **M6:** 446
Widmanstattten alpha microstructures in **A8:** 178
workability **A8:** 165, 575
α-brass
alloy/environment systems exhibiting stress-corrosion cracking **A19:** 483
crystallographic planes parallel to the rolling plane **A9:** 686
Cu-30Zn, cold worked and annealed **A9:** 156
defined **A9:** 1
deformation modes **A9:** 686
line etched grains **A9:** 63
line etching **A9:** 62
microstructural deformation modes as a function of strain **A9:** 686
α-brass alloy
Auger analysis **A10:** 563
Alpha-bronze
line etching **A9:** 62
α-case **A20:** 403
α-chromium **A20:** 482
α-martensite **A19:** 86
formation in 300 series stainless steels **A9:** 66
Alpha-particle emission
as radioactive decay mode **A10:** 244–245
Alpha-particle radiation
contamination by **EL1:** 45

SUBJECTS OF THE INDEXED VOLUMES: ASM Handbook (designated by the letter "A"): **A1:** Properties and Selection: Irons, Steels, and High-Performance Alloys (1990); **A2:** Properties and Selection: Nonferrous Alloys and Special-Purpose Materials (1990); **A3:** Alloy Phase Diagrams (1992); **A4:** Heat Treating (1991); **A5:** Surface Engineering (1994); **A6:** Welding, Brazing, and Soldering (1993); **A7:** Powder Metal Technologies and Applications (1998); **A8:** Mechanical Testing (1985); **A9:** Metallography and Microstructures (1985); **A10:** Materials Characterization (1986); **A11:** Failure Analysis and Prevention (1986); **A12:** Fractography (1987); **A13:** Corrosion (1987); **A14:** Forming and Forging (1988); **A15:** Casting (1988); **A16:** Machining (1989); **A17:** Nondestructive Evaluation and Quality Control (1989); **A18:** Friction, Lubrication, and Wear Technology (1992); **A19:** Fatigue and Fracture (1996); **A20:** Materials Selection and Design (1997). **Metals Handbook, 9th Edition** (designated by the letter "M"): **M1:** Properties and Selection: Irons and Steels (1978); **M2:** Properties and Selection: Nonferrous Alloys and Pure Metals (1979); **M3:** Properties and Selection: Stainless Steels, Tool Materials, and Special-Purpose Materials (1980); **M4:** Heat Treating (1981); **M5:** Surface Cleaning, Finishing, and Coating (1982); **M6:** Welding, Brazing, and Soldering (1983); **M7:** Powder Metallurgy (1984). **Engineered Materials Handbook** (designated by the letters "EM"): **EM1:** Composites (1987); **EM2:** Engineering Plastics (1988); **EM3:** Adhesives and Sealants (1990); **EM4:** Ceramics and Glasses (1991). **Electronic Materials Handbook** (designated by the letters "EL"): **EL1:** Packaging (1989)

α-phase alloy, SCC environment
AES analysis **A10:** 563–564
Alpha-prime embrittlement **A6:** 444
Alpha-prime martensite
in austenitic stainless steels **A9:** 283
Alpha-stabilized voids
in titanium alloy forgings **A17:** 497–498
Alpha-titanium *See also* Optically anisotropic metals
etching by polarized light **A9:** 59
Alpha-titanium alloys
plastic response **A8:** 231
Alpha-uranium
etching by polarized light **A9:** 59
Alpha-zirconium
etching by polarized light **A9:** 59
ALPID *See* Analysis of large plastic incremental deformation
Alpine wet sieving device **A7:** 217
Al-Pr (Phase Diagram) **A3:** 2•50
Al-Pt (Phase Diagram) **A3:** 2•50
Alrok oxide conversion coating process **M5:** 598–599
Alrok process
oxide coating of aluminum and aluminum alloys **A5:** 796
Al-S (Phase Diagram) **A3:** 2•51
Al-Sb (Phase Diagram) **A3:** 2•51
Al-Se (Phase Diagram) **A3:** 2•51
Al-Si (Phase Diagram) **A3:** 2•52
Al-SiC P/M composites, specific type
6061, vacuum hot pressing, mechanical properties **A19:** 339
Al-Si-Zn (Phase Diagram) **A3:** 3•21–3•22
Al-Sn (Phase Diagram) **A3:** 2•52
Al-Sr (Phase Diagram) **A3:** 2•52
Al-Ta (Phase Diagram) **A3:** 2•53
Al-Te (Phase Diagram) **A3:** 2•53
Alternate current (ac) mode
fluxes for welding **A6:** 57
Alternate extension wires
defined **A2:** 977
Alternate immersion
apparatus, lift-type **A13:** 223
test, defined **A13:** 1
Alternate immersion test
following heat treatment to decrease SCC susceptibility **A8:** 508
for aluminum alloys **A8:** 522–523
Alternate polarity electrochemical machining **A5:** 114
Alternate polarity operation
definition **M6:** 1
Alternate slip, at crack tip **A19:** 55
Alternate-blow swaging **A14:** 131
Alternating bending
and fatigue-crack propagation **A11:** 108
Alternating copolymer **EM3:** 4
Alternating copolymers **EM2:** 4, 58
Alternating current
abbreviation **A8:** 724
abbreviation for **A10:** 689
impedance measurement **A13:** 200
magnetization by **M7:** 576
stray-current corrosion by **A13:** 87
Alternating current (ac)
characteristics, WSI **EL1:** 356–357
demagnetization **A17:** 93, 121
effect, electrical contact materials **A2:** 840
forms **A17:** 92
full-wave rectified single-phase, defined **A17:** 91
in magnetic particle inspection **A17:** 91–92
injection, electric current perturbation **A17:** 136
losses, in superconductors **A2:** 1039–1040
magnetic properties **A2:** 773, 777
permeability, in magabsorption **A17:** 146
rectification **A17:** 91
ripple failures **EL1:** 997
skin effect **A17:** 91
solid ferromagnetic conductor carrying **A17:** 96
vs. direct current, magnetic particle inspection **A17:** 98–110
Alternating grinding (AG)
ceramics and wear studies **A18:** 409, 410
Alternating slip mechanism **A19:** 507
Alternating stress *See also* Stress **A19:** 17, 52, **A20:** 517, **EM3:** 4
amplitude, defined **EM1:** 4
defined **EM1:** 4, **EM2:** 4
effect on fatigue cracking **A12:** 15
Alternating stress amplitude **EM3:** 4
defined **EM2:** 4
symbol **A8:** 726
symbol for **A11:** 797
Alternating stresses
in shafts **A11:** 461
Alternating torsion
fatigue test specimens **A8:** 368
loading mode, fatigue life (crack initiation) testing **A19:** 196
Alternating twisting moment (torque)
in shafts **A11:** 461
Alternative hypotheses
and probability **A8:** 624
one-sided **A8:** 626
two-sided **A8:** 626
Alternative materials
for high-speed digital PWBs **EL1:** 604–608
Alternator contacts
powders used **M7:** 572
Alternator pole pieces
powders used **M7:** 572
Alternator regulator
powders used **M7:** 572
Al-Th (Phase Diagram) **A3:** 2•53
Al-Ti (Phase Diagram) **A3:** 2•54
Al-Ti-V (Phase Diagram) **A3:** 3•22
Al-U (Phase Diagram) **A3:** 2•54
Alum solution decolorizing
powder used **M7:** 574
Alumilite
anodizing process properties **A5:** 482
Alumilite 225
hard anodizing **A5:** 486
Alumilite 226
hard anodizing **A5:** 486
Alumilite anodizing processes
aluminum and aluminum alloys **M5:** 587, 592
Alumina *See also* Aluminum oxide; Molding sands; Sand(s) **A5:** 92–94, **A16:** 666–680, **EM3:** 33
33 vol% SiC whiskers, ceramic composites, tension testing or fully reversed fatigue **A19:** 941
AES spectra with peakshifts and plasmon loss peak structures **A10:** 552
Al_2O_3 + Al, correlation between measured and calculated fracture toughness levels **A19:** 389
Al_2O_3 + Fe, correlation between measured and calculated fracture toughness levels **A19:** 389
Al_2O_3 + Ni, correlation between measured and calculated fracture toughness levels **A19:** 389
as a reinforcing filler for mounting materials for epoxy-matrix composites **A9:** 588
as filler for conductive adhesives **EM3:** 76
as lining material, induction furnaces **A15:** 372
as mold refractory, investment casting **A15:** 258
as vial materials for SPEX mills **A7:** 82
background fluorescence of **A10:** 205
carrier material used in supported catalysts **A5:** 884–885
ceramic filler polyimide-base adhesives **EM3:** 159
ceramics **A2:** 1021
chemical vapor deposited coating for cutting tools **A5:** 902–903, 905, 907
chemical vapor deposition **A5:** 514
chromia catalysts, ESR analysis of **A10:** 265
compaction pressure effect on density **A7:** 506
consolidation of nanocrystalline powder **A7:** 508
copper bonding in gas-metal eutectic method **EM3:** 305
defined **A15:** 1
diffusion factors **A7:** 451
diluent for boriding **A4:** 441
elastic properties as reinforcement used in DRA materials **A19:** 895
field-activated sintering **A7:** 586
flame sprayed from rod, ceramic coatings **A5:** 471, 475, 476
for improved thermal performance **EM3:** 584
fusion fluxes for **A10:** 167
grinding wheels for W **A16:** 859
in austenitic manganese steel castings **A9:** 239
inclusions **A19:** 66, 480, 695
inclusions in hardened steels **A19:** 694–695
ceramic composites, tension testing or fully reversed fatigue **A19:** 941
sustained-load crack velocity **A19:** 941
injection molding **A7:** 314
lapping **A16:** 492–493, 497, 505
laser cladding material **M6:** 797–798
physical properties **A7:** 451
physical properties when flame sprayed from rod **A5:** 471
role in glazes **A5:** 878
silicon carbide whisker-reinforced **A2:** 1023–1024
sulfuric acid as dissolution medium **A10:** 165
thermal sprayed coatings **A5:** 661
transition metals as source of fluorescence on **A10:** 130
ultrasonic machining **A16:** 530, 532
unfused abrasive for lapping **A16:** 493
zirconia-toughened **A2:** 1022–1023
Alumina (79%)
refractory physical properties **EM4:** 897, 898, 899
Alumina (86%) ceramics
brazing with Cusil-ABA in Ar-O_2 atmosphere **A6:** 957
ceramic envelope used in vacuum device industry **A6:** 331
chemical composition **A6:** 60
fluxes used for SAW applications **A6:** 62
friction surfacing inclusion **A6:** 323
friction welding **A6:** 317
overlayed on cast irons **A6:** 721
properties **A6:** 992
sintering and diffusion bonding **A6:** 159
solid-state-welded interlayers **A6:** 169
Alumina (90%)
characteristics **EM4:** 976
properties **EM4:** 976
refractory physical properties **EM4:** 897, 898, 899
substrate properties **EM4:** 1108
Alumina (99.5%)
substrate properties **EM4:** 1108
Alumina abrasives
for ferrous metals **A9:** 24
for hand polishing **A9:** 35
Alumina AD-998
brazing with Cusil-ABA in Ar-O_2 atmosphere **A6:** 957
Alumina (Al_2O_3) *See also* Aluminum oxide **A20:** 423
$2Al_2O_3$•$2MgO$•$5SiO_2$ *See* Cordierite
$3Al_2O_3$•$2SiO_2$ *See* Mullite
abnormal grain growth development **EM4:** 307
abrasive machining **EM4:** 320, 321, 322, 326, 327
abrasive wear **A18:** 189
additive to Si_3N_4 **EM4:** 226
Al_2O_3-Al_2TiO_5, composite **EM4:** 19
Al_2O_3•MgO *See* Spinel
Al_2O_3-Ti composite
grain size affected by electrical discharge machining **EM4:** 376
properties **EM4:** 191
Al_2O_3-TiO_2, for substrates **EM4:** 17
Al_2O_3-ZrO_2 **EM4:** 2
applications **EM4:** 48
key product properties **EM4:** 48
properties **EM4:** 512
raw materials **EM4:** 48
application as a coating **EM4:** 208
applications **A18:** 812, **EM4:** 46, 47, 48, 752, 963, 964
aerospace **EM4:** 1005
heat exchangers **EM4:** 982
medical and dental **EM4:** 1008–1009
wear **EM4:** 974, 975, 976, 977
as additive for pressure densification **EM4:** 298–299
as an embedding agent **EM4:** 572
as brittle material, possible ductile phases **A19:** 389
as filler **EM4:** 6
as grinding abrasive before microstructural analysis **EM4:** 572
as plasma spray coating for titanium alloys **A18:** 780
as refractory filler **EM4:** 1072
as tooling for pressure calcintering **EM4:** 300
as tooling for uniaxial hot pressing **EM4:** 298
Auger electron spectroscopy spectrum **A18:** 454
bioceramic physical characteristics **EM4:** 1009
brazing with glasses **EM4:** 519, 520
ceramic coatings for dies **A18:** 643
ceramic substrates **EM4:** 1107–1109
ceramic/ceramic joining **EM4:** 480

Alumina (Al_2O_3) (continued)
ceramic/metal joints **EM4:** 515–516
ceramic/metal seals **EM4:** 502, 503, 505, 506, 507, 508, 509
chemical integrity of seals.............. **EM4:** 540
chemical properties **EM4:** 753
coating formation in molten particle deposition **EM4:** 206, 207
coatings for cutting tool materials........ **A18:** 614
coefficient of thermal expansion.... **EM4:** 503, 685
component in photochromic ophthalmic and flat glass composition **EM4:** 442
component in photosensitive glass composition..................... **EM4:** 440
composition........................... **EM4:** 46
composition by application **A20:** 417
crystal structure **EM4:** 30
damage dominated by brittle fracture **A18:** 180
densified, applications, medical and dental.......................... **EM4:** 1007
design approaches **A20:** 783
direct bonding......................... **EM4:** 480
effect of adding a second phase in ceramic matrix composites.................. **EM4:** 862–863
effect on chemical properties of glass.... **EM4:** 857
effect on elastic modulus **EM4:** 849
effect on glass hardness................ **EM4:** 851
electrical properties............... **EM4:** 752–753
electrical/electronic applications **EM4:** 1105
engineered material classes included in material property charts **A20:** 267
engineering properties **EM4:** 752
erodent particles in metals **A18:** 202, 203, 204
erosion in ceramics................ **A18:** 205, 206
erosion rate testing particles............. **A18:** 200
failure strength of bars analyzed using CARES program.................... **EM4:** 706–707
for coarse and fine polishing before microstructural analysis......................... **EM4:** 573
for cutting tools **EM4:** 959
for gas-lubricated bearings **A18:** 532
for substrates.......................... **EM4:** 17
fracture mechanics and R-curves........ **EM4:** 647
fracture stress data **A20:** 627, 628
fracture surface....................... **EM4:** 641
fracture toughness vs.
density.................... **A20:** 267, 269, 270
strength................ **A20:** 267, 272–273, 274
Young's modulus **A20:** 267, 271–272, 273
freeze drying **EM4:** 62
fretting wear.......................... **A18:** 250
friction coefficient data.................. **A18:** 72
fused................................ **EM4:** 50
fusion-cast **EM4:** 391
gas pressure sintering for pressure densification **EM4:** 299
glass/metal seal in high-pressure sodium vapor lamp **EM4:** 498
grain-growth inhibitor **EM4:** 188
high-purity............................ **EM4:** 19
hot pressed for pressure densification.... **EM4:** 296
hot pressing.......................... **EM4:** 191
humidity sensor basis **EM4:** 1148
hydrated, as dentifrice abrasive.......... **A18:** 665
impurity found in gypsum **EM4:** 380
in ceramic tiles **EM4:** 926
in composition of glass-ceramics........ **EM4:** 499
in composition of leachable alkali-borosilicate glasses.......................... **EM4:** 428
in composition of textile products **EM4:** 403
in composition of wool products........ **EM4:** 403
in dental polishing pastes **A18:** 666
in drinkware compositions **EM4:** 1102
in glaze composition for tableware **EM4:** 1102
in ovenware compositions **EM4:** 1103
in tableware compositions **EM4:** 1101
in typical ceramic body compositions...... **EM4:** 5
ion implantation applications **A20:** 484
ion-exchange **EM4:** 462
joining method and wear application **EM4:** 974
key product properties.................. **EM4:** 48
lapping abrasive.................. **EM4:** 351, 352
laser beam machining.... **EM4:** 361, 367, 368, 369
linear expansion coefficient vs. thermal conductivity............ **A20:** 267, 276, 277
linear expansion coefficient vs. Young's modulus............ **A20:** 267, 276–277, 278
liquid-phase sintering **EM4:** 286, 287, 288, 289
load-bearing lifetimes for orthopedic prostheses **EM4:** 1008–1009
loss coefficient vs. Young's modulus..... **A20:** 267, 273–275
material to which crystallizing solder glass seal is applied **EM4:** 1070
matrix for reinforced composites in directed metal oxidation **EM4:** 233–235
matrix material for ceramic-matrix composites **EM4:** 840
mechanical integrity of seals . . **EM4:** 533, 534, 535, 538
mechanical properties **A18:** 774, 813, **A20:** 420, 427, **EM4:** 331, 751, 753, 973, 974
mechanical properties of plasma sprayed coatings **A20:** 476
melting/fining **EM4:** 391
metal brazing **EM4:** 490
normalized tensile strength vs. coefficient of linear thermal expansion........ **A20:** 267, 277–279
opaque properties.................... **EM4:** 1110
optical properties................ **EM4:** 753, 754
phase analysis **EM4:** 25
physical properties....... **A18:** 192, 801, 813, 814, **A20:** 421, **EM4:** 752
physical properties of fired refractory brick **A20:** 424
plasma-sprayed
properties, adiabatic engine use **EM4:** 980
scuffing temperatures and coefficients of friction between ring and cylinder liner materials...................... **EM4:** 991
polycrystalline fracture surface **EM4:** 639–641
pressure densification
pressure........................... **EM4:** 301
technique **EM4:** 301
temperatures **EM4:** 301
primary sources in U.S **EM4:** 379
probability of failure curves **A20:** 627, 628
processing defects..................... **EM4:** 643
produced by calcination **EM4:** 111–112
properties. . . **A6:** 949, **A20:** 785, **EM4:** 30, 191, 330, 424, 503, 512, 761
adiabatic engine use **EM4:** 990
property data of composite components **EM4:** 863
protective coating for solid-electrolyte sensors **EM4:** 1137
raw materials.......................... **EM4:** 48
refractory compositions **EM4:** 895, 896
reinforced for cutting tools............ **EM4:** 959
role in glazes........................ **EM4:** 1062
scanning acoustic microscopy for wear studies **A18:** 409
scanning laser acoustic microscopy...... **EM4:** 625
sintered creep data.................... **EM4:** 753
sintered for handling and processing equipment **EM4:** 959
sintered, fretting wear.............. **A18:** 248, 249
sintered, strength **EM4:** 753
sintering **EM4:** 262, 263, 266, 511
sintering aid **EM4:** 188
sliding wear........................... **A18:** 389
solid particle erosion **A18:** 210
solid particle impingement erosion of cobalt-base wrought alloys........... **A18:** 768, 769, 770
solid-state joining..................... **EM4:** 487
solid-state sintering **EM4:** 273, 276–277, 278, 279, 280
specialty calcined **EM4:** 50
specific modulus vs. specific strength **A20:** 267, 271, 272
specific properties imparted in CTV tubes.......................... **EM4:** 1039
spherical media composition for wet milling **EM4:** 78
strength vs. density **A20:** 267–269
structure............................. **EM4:** 752
substrates for thick-film circuits **EM4:** 1142
superplasticity........................ **EM4:** 301
supply sources......................... **EM4:** 46
tabular **EM4:** 50
temperature at which fiber strength degrades significantly...................... **A20:** 467
tensile engineering stress-strain curves.... **A20:** 343
tensile strengths **A20:** 351
thermal conductivity vs. thermal diffusivity............... **A20:** 267, 275–276
thermal properties . . . **A20:** 428, **EM4:** 30, 191, 331, 503, 685, 974
thermal shock parameter............... **EM4:** 191
transition **EM4:** 111
translucent tubes produced for high-pressure sodium vapor lamps............. **EM4:** 150
ultrasonic machining **EM4:** 361
water slurry abrasive effect on Al-13Si alloy **A18:** 195
wear and corrosion properties of CVD coating materials **A20:** 480
wear rates, medical prostheses......... **EM4:** 1009
Young's modulus vs. density. . . **A20:** 266, 267, 268, 289
Young's modulus vs. strength. . . **A20:** 267, 269–271
Y-TZP composites **EM4:** 516
Alumina, amorphous
formed during active metal brazing **EM4:** 524
Alumina borosilicate glass
composition, laboratory glassware...... **EM4:** 1088
properties, laboratory glassware........ **EM4:** 1088
Alumina brick, applications
refractory............... **EM4:** 900, 901–902, 903
Alumina ceramic
diffusion bonded joint.................... **A9:** 62
Alumina ceramic coatings **M5:** 532, 534–536, 540–542
Alumina ceramics **A20:** 429–430
applications and properties **A2:** 1021
green machining feeds and speeds....... **EM4:** 183
thermal expansion coefficient............. **A6:** 907
Alumina cermets
thermal expansion coefficient............. **A6:** 907
Alumina coatings
mechanical properties of thermal spray coatings **A5:** 508
Alumina fiber
high, as synthetic reinforcement **EM1:** 117–118
importance............................ **EM1:** 43
properties...................... **EM1:** 60, 62, 118
Alumina Fiber FP (DuPont).............. **EM4:** 223
Alumina fiber metal matrix composites.................... **EM1:** 889–890
Alumina formers **A20:** 596, 597
Alumina grit blast
surface treatment **EM3:** 294
Alumina, high-fired
ceramic substrate for soldering **A6:** 132
Alumina inclusions in steel................. **A9:** 185
Alumina oxide coating
molybdenum **M5:** 662
Alumina particles
in high-strength aluminum alloy **A19:** 66
Alumina phosphate
as coremaking system **A15:** 238
no-bake resin binder process **A15:** 217
Alumina porcelain
mechanical properties **A20:** 420
physical properties..................... **A20:** 421
Alumina powder
applications.......................... **EM4:** 196

SUBJECTS OF THE INDEXED VOLUMES: ASM Handbook (designated by the letter "A"): **A1:** Properties and Selection: Irons, Steels, and High-Performance Alloys (1990); **A2:** Properties and Selection: Nonferrous Alloys and Special-Purpose Materials (1990); **A3:** Alloy Phase Diagrams (1992); **A4:** Heat Treating (1991); **A5:** Surface Engineering (1994); **A6:** Welding, Brazing, and Soldering (1993); **A7:** Powder Metal Technologies and Applications (1998); **A8:** Mechanical Testing (1985); **A9:** Metallography and Microstructures (1985); **A10:** Materials Characterization (1986); **A11:** Failure Analysis and Prevention (1986); **A12:** Fractography (1987); **A13:** Corrosion (1987); **A14:** Forming and Forging (1988); **A15:** Casting (1988); **A16:** Machining (1989); **A17:** Nondestructive Evaluation and Quality Control (1989); **A18:** Friction, Lubrication, and Wear Technology (1992); **A19:** Fatigue and Fracture (1996); **A20:** Materials Selection and Design (1997). **Metals Handbook, 9th Edition** (designated by the letter "M"): **M1:** Properties and Selection: Irons and Steels (1978); **M2:** Properties and Selection: Nonferrous Alloys and Pure Metals (1979); **M3:** Properties and Selection: Stainless Steels, Tool Materials, and Special-Purpose Materials (1980); **M4:** Heat Treating (1981); **M5:** Surface Cleaning, Finishing, and Coating (1982); **M6:** Welding, Brazing, and Soldering (1983); **M7:** Powder Metallurgy (1984). **Engineered Materials Handbook** (designated by the letters "EM"): **EM1:** Composites (1987); **EM2:** Engineering Plastics (1988); **EM3:** Adhesives and Sealants (1990); **EM4:** Ceramics and Glasses (1991). **Electronic Materials Handbook** (designated by the letters "EL"): **EL1:** Packaging (1989)

extrusion A7: 370
property variations of reinforcement A20: 460
rheological behavior in injection molding EM4: 174–175
Alumina scale A20: 483, 589, 591, 592, 596–597, 600
Alumina silicon carbide
hot pressing EM4: 191
Alumina silicon carbide whisker-reinforced EM4: 548
direct brazing EM4: 519
fracture toughness EM4: 191, 586, 973
joining oxide ceramics EM4: 512
properties EM4: 191
Alumina sintered fibers
metal-matrix reinforcements: short fibers and whiskers, properties A20: 458
Alumina substrates EL1: 104–106, 336–337
Alumina titanate
as filler for solder glass EM4: 1072
Alumina titanium oxide
applications as a coating EM4: 208
coating formation in molten particle deposition EM4: 206
Alumina trihydrate
as filler (flame retardant) EM3: 179
Alumina whiskers
metal-matrix reinforcements: short fibers and whiskers, properties A20: 458
Alumina zirconia
abrasive A16: 98, 99, 432, 434, 436, 440
Alumina zirconium silicate (AZS)
applications EM4: 963, 964
property comparison, mineral processing EM4: 962
refractory applications EM4: 904–905, 907
Alumina/Al matrix
directed metal oxidation EM4: 232
Alumina/titania
as thermal spray coating for hardfacing applications A5: 735
thermal spray coating material A18: 832
Alumina/titanium carbide
machining example of irons and steels for cutting tools EM4: 968
Alumina/zirconia
flexural strength aging time EM4: 773
flexural strength dependence on alumina content EM4: 772
properties EM4: 759, 770
Alumina-base ceramics
powder injection molding A7: 363
Alumina-base inserts
high removal rate machining A16: 608
Alumina-boria-silica fibers EM1: 43, 60–61
Alumina-chromia
injection molding A7: 314
Alumina-containing ceramics
chemical etching EM4: 575
Alumina-ethylene-vinyl acetate (Alumina-EVA)
viscosity in injection molding EM4: 174
Alumina-glass composites
crack-second-phase interactions EM4: 865
effect of volume fraction and size of dispersed phase EM4: 866
fracture strength data comparison EM4: 866
fracture toughness EM4: 867
hot-pressed, hardness EM4: 967
Alumina-modified silica sols
charge reversal EM4: 447
Alumina-molybdenum-manganese
metallizing process EM4: 490–491
Alumina-silica A20: 423
Alumina-silica fibers EM1: 60–61
Alumina-silica hybrid multidirectional composite
design and application EM1: 939–940
Alumina-silicate fibers EM1: 117–118
Aluminate
carburizing affected by content in steels . . A18: 875
Aluminate basic
fluxes used for SAW applications A6: 62
Aluminate glasses
electrical properties EM4: 851
Aluminates
formation in steel A9: 625
in austenitic manganese steel castings A9: 239
Alumina-titanium carbide (black ceramic composite) A16: 98, 99
laser-enhanced etching A16: 576
Alumina-zirconia (Al_2O_3•ZrO_2)
properties A6: 949
Alumina-zirconia nanocomposites A7: 505
Alumina-zirconia-silica (AZS) A20: 423
Aluminide
oxidation-resistant coating systems for niobium A5: 862
Aluminide coatings
refractory metals and alloys A5: 859, 862
superalloys and refractory metals M5: 376–380, 661–666
Aluminides
as coatings A20: 596–597, 598
combustion synthesis A7: 528, 530, 532–533
for intermetallic matrix composites A2: 910
iron A2: 920–925
nickel A2: 914–920
silicides A2: 933–935
titanium A2: 925–929
trialuminides A2: 929–933
types, ordered intermetallics A2: 914
Aluminized carbon steel
oxidation in air A20: 480
Aluminized explosives M7: 600–601
Aluminized steels *See also* Aluminum coatings A13: 434–435, 458, 527, 528, 1014
Aluminized wire A1: 281
Aluminizing *See also* Aluminum coatings . . A20: 480, 481–482
cast irons A5: 690
defined A13: 1
definition A5: 945
titanium and titanium alloys A5: 844
Aluminizing (pack)
characteristics of pack cementation processes A20: 481
Aluminoborate glasses
electrical properties EM4: 951
Aluminoborosilicate
apparatus properties A20: 418
properties A20: 418
Aluminoborosilicate glass EM4: 1056
applications
electronic processing EM4: 1055
laboratory and process EM4: 1087
Aluminoborosilicate glasses A20: 418
Aluminoborosilicate refractories
mechanical properties A20: 420
physical properties A20: 421
Aluminogermanate glasses
electrical properties EM4: 851
Aluminon method
analysis for aluminum in ferrosilicon/ferroboron by A10: 68
analysis for beryllium in copper-beryllium alloys by A10: 65
Aluminosilicate
filler for urethane sealants EM3: 205
for accelerating adhesive cure EM3: 179
glass-to-metal seals EM3: 302
Aluminosilicate fiber
applications EM4: 46
composition EM4: 46
supply sources EM4: 46
Aluminosilicate glass-ceramics
melting/fining EM4: 392
Aluminosilicate glasses
applications EM4: 960
aerospace EM4: 1017
electronic processing EM4: 1056, 1058
laboratory and process EM4: 1089
lighting EM4: 1032, 1034, 1036, 1037
composition EM4: 742
when used in lamps EM4: 1033
electrical properties EM4: 851
island structure EM4: 758
maximum operating temperature EM4: 1035
properties EM4: 742, 849, 1033, 1034, 1057
tempered, aerospace applications EM4: 1017, 1018
uses EM4: 742
Aluminosilicates
melting/fining EM4: 391
Aluminothermic reaction M6: 692–693
Aluminothermic reduction
niobium powders M7: 162
Aluminothermic steel
compensation for short preheats M6: 695–696
fusion thermit welding M6: 694
transformation in thermit welding M6: 697
Alumino-thermit method A7: 70
Aluminous fireclay
chamotte as A15: 248–249
Aluminum *See also* Advanced aluminum materials; Aluminum alloys; Aluminum alloys, specific types; Aluminum casting alloys; Aluminum casting alloys, specific types; Aluminum foundry products; Aluminum melts; Aluminum metallization; Aluminum mill and engineered products; Aluminum nitride; Aluminum P/M alloys; Aluminum P/M parts; Aluminum P/M processing; Aluminum powders, specific types; Aluminum recycling; Aluminum, specific types; Aluminum toxicity; Aluminum wire bonding; Aluminum-lithium alloys; Aluminum-lithium alloys, specific types; Aluminum-magnesium alloys; Aluminum-silicon alloys; Arc-welded aluminum alloys; Atomized aluminum powders; Cast Alnico alloys; High-purity aluminum; High-strength aluminum alloys; Liquid aluminum; Liquid aluminum alloys; P/M aluminum alloys; Prealloyed aluminum powders; Pure aluminum; Pure metals; Wrought aluminum alloys; Wrought aluminum alloys, specific types; Wrought aluminum and aluminum alloys; Wrought aluminum and aluminum alloys, specific types . . A13: 583–609
99.9 + cold rolled, measured values of plastic work of fatigue crack propagation, and A values A19: 69
99.5% Al
room-temperature cyclic parameters A19: 795
room-temperature monotonic properties A19: 796
320 °C in vacuum, critical stress required to cause a crack to grow A19: 135
abradable seal material A18: 589
abrasive blasting of M5: 571–573
abrasive wear A18: 188
absorptivity A6: 265
acid cleaning A5: 7
acid dipping of M5: 603–604, 606
activation energy of A11: 772
activation energy of creep for A8: 309
addition to epoxy adhesives EM3: 515
addition to filler metals for ceramic materials A6: 951
addition to precipitation-hardenable nickel alloys A6: 576
addition to solid-solution nickel alloys A6: 575
addition to strengthen chromium equivalent A6: 100
addition to superalloys to resist oxidation . . A4: 798
adherends
compared to graphite-epoxy adherends EM3: 506
direct compliance method of fracture analysis EM3: 340
durability EM3: 261–264
plastic deformation and Moire interferometry EM3: 451
surface preparation EM3: 259–264
adhesion measurement of fcc metals A6: 144
adhesion promoters used for urethane sealants EM3: 206
adhesion-dominated durability EM3: 665
adhesive bond causes of failure EM3: 249
AES spectra with peakshifts and plasmon loss peak structures A10: 552
age-hardened, FIM/AP study of precipitates in A10: 583
aiding surface hardening A4: 263
air-carbon arc cutting A6: 1172, 1173, 1176
aircraft structure repair by adhesives EM3: 801–819
Al 99.3, ISO designation A19: 772
Al 99.5, monotonic and fatigue properties, cold-rolled sheet at 23 °C A19: 978
alkaline cleaning formulas for A5: 18
alkaline cleaning of M5: 577–578, 590–591
alloy addition to zinc coatings A5: 343
alloying effect in titanium alloys A6: 508, 509
alloying effect on copper alloys M6: 400
alloying effect on nickel-base alloys A6: 589
alloying effects, electrolytic-solution potential A13: 584

32 / Aluminum

Aluminum (continued)

alloying element increasing corrosion resistance **A20:** 548

alloying, in microalloyed uranium. **A2:** 677

alloying, in niobium-titanium superconducting alloys **A2:** 1045

alloying, in wrought copper and copper alloys **A2:** 242

alloying, in wrought titanium alloys **A2:** 599

alloying, of nickel-base alloys. **A13:** 641

analysis in ferrosilicon/ferroboron, by aluminon method **A10:** 68

and aluminum alloys. **A15:** 743–770

and austenitic grain growth **A1:** 227

and polybenzimidazoles **EM3:** 170

and sulfur, ductility/impact strength effects **A15:** 93

anodes **A13:** 920–921

anodic coatings **M5:** 586, 589–591, 606–607, 608–610

anodized **EM3:** 416

anodizing. **A5:** 482–492

anodizing process. **M5:** 572, 580–598, 601, 603–610

corrosion resistance, anodized aluminum **M5:** 594–596

limitations, factors causing **M5:** 589–591

anodizing to study grain structure. **A9:** 142

applications **A20:** 303, **M7:** 205

applications and properties **A2:** 63–64

applications, internal combustion engine parts **A18:** 553

applications, sheet metals **A6:** 399

architectural finishes **M5:** 609–610

as a conductive coating for scanning electron microscopy specimens **A9:** 97

as an addition to austenitic manganese steel castings. **A9:** 239

as an alloying addition to nickel-base wrought heat-resistant alloys **A9:** 309–311

as an alloying addition to precipitation-hardening stainless steels **A9:** 285

as an alpha stabilizer in titanium alloys . . . **A9:** 458

as cast in plaster molds. **A15:** 243

as casting material **A15:** 35

as coating for silica fiber to resist fatigue. **EM4:** 744

as deoxidizer **A15:** 91

as ductile phase of ceramics. **A19:** 389

as electrical contact materials **A2:** 849–850

as electrically conductive filler. **EM3:** 178

as fastener material **EM1:** 716–718

as filler for conductive adhesives. **EM3:** 76

as filler for polyphenylquinoxalines **EM3:** 167

as flux for stud arc welding of carbon steels. **A6:** 660

as lap plate material **EM4:** 353

as lead additive **A2:** 545

as metal matrix **A20:** 657–658

as physical modeling material **A14:** 432–433

as polymer contaminant **A12:** 479

as pyrophoric. **M7:** 194–196, 199, 601

as reactive material, properties. **M7:** 597

as silicon modifier **A15:** 161

as solder impurity **EL1:** 637

as substrate for polyimides. **EM3:** 161

as substrate for polysulfides **EM3:** 141

as tin solder impurity **A2:** 520

as trace element, cupolas **A15:** 388

as unknown particle. **A10:** 457

atmospheric corrosion **A13:** 82

atmospheric etch **M5:** 578

atomic interaction descriptions **A6:** 144

atomized, effect of particle size on apparent density. **M7:** 273

atomized, shipment tonnage **M7:** 24

Auger electron microscopy map of a gallium arsenide field-effect transistor. **EM3:** 241

Auger electron spectroscopy spectra when oxidized **EM3:** 240

Auger electron spectroscopy spectrum **A18:** 454

backing bars **M6:** 382–383

barrel finishing of. **M5:** 572–574

base metal solderability **EL1:** 677

biological corrosion **A13:** 118–119

blanking-shear tests for **A8:** 64

bonded by polyamides and polyesters **EM3:** 82

bonded structure with incipient defects . . **EM3:** 524

bonding fixtures **EM3:** 707

brass condenser tube, failed **A11:** 632

brass plating of **M5:** 603–605

bright dipping of. **M5:** 579–582

bright finishing of **M5:** 574, 576

brightening of. **M5:** 579–582, 591, 596–597, 607–608, 610

chemical . . **M5:** 579–582, 591, 596, 607–608, 610

electrolytic **M5:** 580–582, 596–597, 607–608

Brinell test block for **A8:** 88

buffing *See also* Aluminum, polishing and buffing of **A5:** 104, 105

butt welding. **M6:** 674

cadmium plating. **A5:** 224

cadmium plating of **M5:** 605

calculated electron range for **EL1:** 1095

capacitor discharge stud welding **A6:** 221, 222

carburizing container coating. **A4:** 327

care of **A13:** 602–603

cast, history of **A15:** 22

castability rating. **A20:** 303

castings, cleaning and finishing of . . . **M5:** 571–574, 576, 583, 588, 590–591, 601–603, 606

castings, markets for **A15:** 42

cathodic corrosion **A13:** 748

ceramic coating of **M5:** 610

ceramic cutting tool cost effectiveness . . . **EM4:** 967

characterized **A13:** 583

chemical brightening of. . . . **M5:** 579–582, 590–591, 603–604, 606

process selection, factors affecting . . **M5:** 581–582

chemical cleaning of *See also* specific processes by name **M5:** 576–579, 607, 610

chemical conversion coating of. **M5:** 597–600, 606–607, 609–610

chemical finishes, designation system **M5:** 609–610

chemical plating of **M5:** 604–606

chemical resistance. **M5:** 4, 7–10

chemical state information by AES when oxidized **EM3:** 244

chlorine corrosion **A13:** 1170

chromate conversion coating of **M5:** 457–458, 599–600

chromate conversion coatings . . . **A5:** 405, 407, 409

chromating process sequence **A13:** 390

chromium plating. **A5:** 178, 186, 189

chromium plating of **M5:** 172, 180, 184–185, 609–610

hard chrome plating **M5:** 172, 180, 184–185

removal of plate **M5:** 184–185

cladding material for brazing. **A6:** 347

cleaning fluxes, ternary phase diagram. . . . **A15:** 446

cleaning processes **M5:** 571–586, 590–591, 603–604, 606–608

cleaning solutions for substrate materials . . **A6:** 978

cleanliness, degree of, testing **M5:** 576

coated, filiform corrosion **A13:** 107

coating for resistance seam welding. **M6:** 502

coating for valve train assembly components **A18:** 559

coatings **A13:** 527

coatings, for fasteners **A11:** 542

coextrusion welding **A6:** 311

cold welding. **A6:** 307–308, 309

commercial-purity, cold rolled. **A9:** 687–696

compatibility with various manufacturing processes **A20:** 247

composite processing map for **A14:** 365

composition, processing, and structure effects on properties **A20:** 383–389

compositional range in nickel-base single-crystal alloys **A20:** 596

conductor inks **EL1:** 208

contact angle with mercury **M7:** 269

content effect in beryllium alloys, electron-beam welding. **A6:** 872

content in magnesium alloys. **M6:** 427

continuous hot dip coatings, minimum coating mass and thickness ranges on steel wire **A5:** 339

convergent-beam electron diffraction (CBED) pattern **A18:** 387

conversion **A13:** 396

copper plating **A5:** 171, 176

copper plating of. **M5:** 160–161, 163, 168–169, 603–605

corroded honeycomb core. **EM3:** 845

corrosion defect detection. **EM3:** 751

corrosion fatigue behavior above 10^7 cycles **A19:** 598

corrosion in. **A11:** 201

corrosion of **A13:** 583–609

corrosion resistance **A13:** 583

corrosion resistance, anodized aluminum **M5:** 581, 594–596

cost per unit mass **A20:** 302

cost per unit volume **A20:** 302

crack interception of particle in aluminum in glass **EM4:** 863

creep rupture testing of. **A8:** 302

critical angles for cutting **A18:** 185

critical surface tensions **EM3:** 180

crystal formation, in master alloy processing **A15:** 107

crystal structure **A20:** 409

crystallization and coarsening stages, x-ray topography. **A10:** 376

cut wire for metallic abrasive media. **A5:** 61

cutting tool material selection based on machining operation **A18:** 617

cutting tool materials and cutting speed relationship **A18:** 616

cyclic oxidation **A20:** 594

damping capacity **M1:** 32

debris effect on wear **A18:** 249

decorative chromium plating **A5:** 192

deformation mechanisms map **A8:** 310

densities. **A2:** 47

deoxidization, of low-alloy steels. **A15:** 715

deoxidizing, copper and copper alloys **A2:** 236

deoxidizing process **M5:** 8, 12–13

depth profiling of **M7:** 258

designation systems **A2:** 15–28

determined in plant tissues. **A10:** 41

difficult to inspect by infrared methods. . **EM3:** 763

diffusion bonding **A6:** 145

diffusion coatings deposited **A5:** 611–613, 618

diffusion factors **A7:** 451

diffusivity of silicon in **A11:** 777

dip brazing **A6:** 336

distortion **A6:** 1098–1099

dominant texture orientations **A10:** 359

dry blasting **A5:** 59

dwell pressures, cold isostatic pressing **M7:** 449

dynamic yield stress vs. strain rate in **A8:** 41

EDTA titration. **A10:** 173

effect, CG irons **A15:** 673

effect of impact angle on **A11:** 155

effect of, on notch toughness **A1:** 741

effect of, on steel. **A1:** 146, 577

effect on case depth in carbonitriding **A4:** 376

effect on cyclic oxidation attack parameter. **A20:** 594

effect on SCC of copper **A11:** 221

effect on thermal conductivity **EM3:** 620

effect on tin-base alloys **A18:** 748

effects, cartridge brass. **A2:** 300–301

elastic anisotropy **A19:** 111

elastic modulus. **A20:** 409

SUBJECTS OF THE INDEXED VOLUMES: **ASM Handbook** (designated by the letter "A"): **A1:** Properties and Selection: Irons, Steels, and High-Performance Alloys (1990); **A2:** Properties and Selection: Nonferrous Alloys and Special-Purpose Materials (1990); **A3:** Alloy Phase Diagrams (1992); **A4:** Heat Treating (1991); **A5:** Surface Engineering (1994); **A6:** Welding, Brazing, and Soldering (1993); **A7:** Powder Metal Technologies and Applications (1998); **A8:** Mechanical Testing (1985); **A9:** Metallography and Microstructures (1985); **A10:** Materials Characterization (1986); **A11:** Failure Analysis and Prevention (1986); **A12:** Fractography (1987); **A13:** Corrosion (1987); **A14:** Forming and Forging (1988); **A15:** Casting (1988); **A16:** Machining (1989); **A17:** Nondestructive Evaluation and Quality Control (1989); **A18:** Friction, Lubrication, and Wear Technology (1992); **A19:** Fatigue and Fracture (1996); **A20:** Materials Selection and Design (1997). **Metals Handbook, 9th Edition** (designated by the letter "M"): **M1:** Properties and Selection: Irons and Steels (1978); **M2:** Properties and Selection: Nonferrous Alloys and Pure Metals (1979); **M3:** Properties and Selection: Stainless Steels, Tool Materials, and Special-Purpose Materials (1980); **M4:** Heat Treating (1981); **M5:** Surface Cleaning, Finishing, and Coating (1982); **M6:** Welding, Brazing, and Soldering (1983); **M7:** Powder Metallurgy (1984). **Engineered Materials Handbook** (designated by the letters "EM"): **EM1:** Composites (1987); **EM2:** Engineering Plastics (1988); **EM3:** Adhesives and Sealants (1990); **EM4:** Ceramics and Glasses (1991). **Electronic Materials Handbook** (designated by the letters "EL"): **EL1:** Packaging (1989)

Aluminum / 33

electrical contacts, use in. **M3:** 672
electrical resistance applications. **M3:** 641
electrical resistivity **A15:** 756
electrochemical machining. **A5:** 111, 112
electrochemical potential. **A5:** 635
electrodes, nylon liners **A6:** 184
electrogas welding. **A6:** 275, 278, **M6:** 239
electroless nickel plating **M5:** 219, 221, 228
electroless nickel plating applications **A5:** 306, 307, 308

electrolytic alkaline cleaning. **A5:** 7
electrolytic cleaning of **M5:** 578
electromigration **EL1:** 964
electron-beam welding **A6:** 851, 857
electronic applications. **A6:** 990
electroplating of **M5:** 600–610
electropolishing of **M5:** 305–306, 308
electroslag welding, reactions **A6:** 273, 274
elemental sputtering yields for 500
eV ions. **A5:** 574
embrittlement **A13:** 178
embrittlement by **A11:** 234, **A13:** 179–180
emulsion cleaning. **A5:** 34
emulsion cleaning of. **M5:** 4–5, 36, 577
enamel frits for. **A13:** 447
energy demand **A20:** 101
energy per unit volume requirements for
machining **A20:** 306
engine block microporosity sealants **EM3:** 609
engineered products. **A2:** 5–6
EPD voltages as measured on a standard compact-
type specimen **A19:** 177
epoxy and stress analysis **EM3:** 478
epoxy joint system primer application . . . **EM3:** 626
epoxy lap-shear strength to. **EM3:** 99
erosion mechanisms. **A18:** 202
erosive attack of melt on die surface **A18:** 630
etching of **M5:** 8–9, 582–586, 590, 608–610
acid **M5:** 582–586
explosion welding **A6:** 162, 163, 303, 304, **M6:** 710
electrical applications **M6:** 713–714
marine applications. **M6:** 714–715
explosivity **M7:** 194–196, 199, 601
exposure limits and toxicity **M7:** 205–206
extended solubility of iron in **A10:** 294–295
extruded, static recrystallization **A9:** 691
extruded, subgrains in **A9:** 690
extrusion **A7:** 626
extrusion welding **M6:** 714
extrusions, ultrasonic inspection **A17:** 271
fabrication characteristics **A2:** 7–9
FASIL adhesion excellent **EM3:** 678
fatigue crack threshold compared with the constant
C **A19:** 134
fatigue strength, anodic coatings affecting **M5:** 597
faying surface sealing with **EM1:** 720
ferrite formation **M6:** 346
fibers as fillers **EM3:** 178
field evaporation of **A10:** 586, 587
filler for polymers. **M7:** 606
fine-grained, superplasticity **A8:** 553
fineness of various porcelain enamels **A5:** 456
finish drilling **A5:** 88
finish turning **A5:** 85
finishes **M5:** 606–607, 609–610
designation system **M5:** 609–610
standards for **M5:** 606–607
finishing processes. **M5:** 573–577, 585–610
fixturing for induction brazing. **M6:** 971–972
flash welding. **A6:** 247
flat-rolled products (plate, sheet, foil). **A2:** 5
flow stress deformed in torsion. **A8:** 178–179
flow stress during rolling. **A8:** 179
foil, for flexible printed boards **EL1:** 581
foil, solid-state welding **A6:** 169
for coating surfaces before scanning transmission
electron microscopy **EM3:** 242
for cylinder blocks of automobile internal
combustion engines **A18:** 553
for explosively loaded torsional Kolsky bar **A8:** 224
for metal core molding **EM3:** 591
for metallization in wafer processing **EM3:** 581
for shallow forming dies. **A18:** 633
for sporting goods manufacturing **EM3:** 576
for thermal spray coatings **A6:** 1004–1009,
A13: 460–461
for torsional Kolsky bar strain rate testing **A8:** 227
for tubing in carbonitriding **A4:** 383
for windsurfer masts **A20:** 290
for wire bonding. **EM3:** 585
Forest Products Laboratory procedure, compared
to steel **EM3:** 271
forgings, cleaning and finishing **M5:** 590–591
forming by stainless tools **A18:** 633
forming, lubricants in **A14:** 519
fracture toughness estimated from interfacial
energies and measured alloy fracture
toughness values **A19:** 382
friction coefficient data **A18:** 71, 72
friction surfacing **A6:** 321
friction welding. **A6:** 152
fume generation from shielding gases. **A6:** 68
functions in FCAW electrodes. **A6:** 188
furnace, heat transfer in **A15:** 454
gages, combination, use for. **M3:** 556
galvanic action and corrosion **A5:** 145–146
galvanic corrosion **A13:** 84
gas metal arc welding. **M6:** 153
gas removal ratio **A15:** 85
gases in **A15:** 85–86
gasket material **A18:** 550
gas-metal arc welding. **A6:** 24
gas-tungsten arc welding. **A6:** 190, 191
gas-tungsten arc welding shielding gas
selection **A6:** 67
globular-to-spray transition currents for
electrodes. **A6:** 182
gold plating of **M5:** 605
Hall-Heroult process **A2:** 3
Hall-Petch coefficient value **A20:** 348
high fatigue strength **A18:** 743
high frequency resistance welding **M6:** 760
high-frequency welding **A6:** 252
high-temperature solid-state welding . . **A6:** 298, 299
history **A2:** 3
honeycomb. **EM1:** 722–723, 728
honeycomb components, neutron
radiography **A17:** 392–393
honeycomb core **EM3:** 807
hot dip coating effects. **A5:** 345
hot dip coatings effect on threshold voltages for
cratering of cathodic electrophoretic
primer. **A20:** 471
hot dip galvanized coating, use as alloying element
in **M5:** 324
hot extrusion of **A14:** 321
hydrogen embrittlement. **A12:** 23–24, 124
hydrogen solubility **A15:** 85, 456
immersion plating of. **M5:** 601, 603–607
impurity in solders **M6:** 1071
in austenitic stainless steels **A6:** 468
in cast iron. **A1:** 5, 6, 8
in cast iron, gas porosity from. **A15:** 82
in compacted graphite iron. **A1:** 56
in copper alloys **A6:** 752
in ductile iron. **A15:** 649
in electrical steels. **A9:** 537
in electronic nickel, photometric
method for. **A10:** 65
in enamel cover coats **EM3:** 304
in enameling ground coat **EM3:** 304
in ferrite **A1:** 404, 408
in filler metals for active metal brazing **EM4:** 523,
524, 525, 526
in filler metals for direct brazing . . . **EM4:** 518–519
in flame atomizers **A10:** 48
in glass electrodes. **EM4:** 1089
in hardfacing alloys **A18:** 765
in heat-resistant alloys. **A4:** 512
in iron-base alloys, flame AAS analysis for **A10:** 56
in magnesium alloys **A9:** 427
in malleable iron **A1:** 10
in maraging steels. **A4:** 220, 222, 224
in medical therapy, toxic effects **A2:** 1256
in moist chlorine **A13:** 1173
in Ni-Al/Ni-Cr-B-SiC, thermal spray coating
material **A18:** 832
in nickel-chromium coatings. **M7:** 174
in precipitation-hardening steels. **M6:** 350
in stainless steels **A18:** 712, 716
in steel ropes, fretting wear **A18:** 243
in steels, inclusion-forming. **A15:** 90
in superalloys, solution treating. **A4:** 799
in thermite, AAS analysis for. **A10:** 56
in tool steels **A18:** 739
in zinc alloys. **A9:** 489, **A15:** 788
in zinc/zinc alloys and coatings. **A13:** 759
induction heating energy requirements for
metalworking. **A4:** 189
induction heating temperatures for metalworking
processes **A4:** 188
induction soldering, physical properties. . . . **A6:** 364
ingot, macrograph of **A10:** 302
inoculants for **A6:** 53
inorganic fluxes for soldering. **A6:** 980
introduction to **A2:** 3–14
ion implantation and oxidation resistance **A18:** 856
ion removal from. **A10:** 200
ion sputtering and oxidized **EM3:** 244
ion-beam-assisted deposition (IBAD). . **A5:** 595, 597
ion-induced Auger yields **A10:** 550
iron in, extended solubility of. **A10:** 294–295
lacquering of. **M5:** 572, 583
laminated coatings **M5:** 609–610
laminates, fatigue levels **EM3:** 504, 505
lap welding. **M6:** 673
lap-shear strength, storage, and weathering
effect. **EM3:** 658
laser alloying. **A18:** 866
laser beam welding **M6:** 647, 661
weld properties. **M6:** 661
laser cladding **A18:** 867
laser melt/particle inspection **M6:** 802
laser-beam welding. **A6:** 263, 874, 876
LEISS spectra **A10:** 604
life cycle costs of automotive fenders **A20:** 263,
264
liftoff effect **A17:** 223
(liquid), contact angles on beryllium at various test
temperatures in argon and vacuum
atmospheres. **A6:** 116
liquid erosion resistance **A11:** 167
liquid, Gibbs free energies, element
Solution **A15:** 59
liquid-metal embrittlement of. . . **A11:** 233, **M1:** 688
load-displacement curves **A8:** 229, 231
low-temperature solid-state welding. . . **A6:** 300, 301
lubricant indicators and range of
sensitivities **A18:** 301
machinability rating. **A20:** 303
machining of. **A2:** 966
manufactured forms. **A2:** 5–7
mass finishing of **M5:** 129–130, 134
matrix, elastic properties. **EM1:** 188
maximum limits for impurity in nickel plating
baths. **A5:** 209
maximum strain level **A8:** 551
mechanical filter **A8:** 224, 227
mechanical finishes, designation
system. **M5:** 609–610
mechanical properties **EM4:** 316
mechanical properties of plasma sprayed
coatings **A20:** 476
melt drop (vibrating orifice)
atomization **A7:** 50–51
melting point **A20:** 409
metal forming lubricants. **A18:** 147
metallization corrosion **A11:** 770, 771, 775
metal-matrix reinforcements: metallic
wires **A20:** 458
metalworking fluid selection guide for finishing
operations **A5:** 158
microalloying of **A14:** 220
milling **A7:** 59
molten, effect on carbon fibers **EM1:** 52
molten-salt dip brazing **A6:** 338
molybdenum-implanted **A10:** 484, 486
Monte Carlo electron trajectories in. **A12:** 167
NDT methods used with skins and
cores of. **EM3:** 767
neutron and x-ray scattering, and absorption
compared **A10:** 421
nickel plating bath contamination by **M5:** 208, 210
nickel plating of **M5:** 203, 206, 216, 218, 232,
604–605
electroless **M5:** 232
nickel undercoat, for chrome
plating **M5:** 180
pretreatment for. **M5:** 457
nickel-implanted. **A10:** 485
nickel-iron decorative plating. **A5:** 206

34 / Aluminum

Aluminum (continued)
nitric acid corrosion **A13:** 1156
nitride-forming element. **A18:** 878
nitrocellulose coated, flaws. **A13:** 108
nitrogen-based sintering atmospheres **M7:** 345
North American metal powder shipments (1992–1996). **A7:** 16
oil coat minimizing good adhesion of urethane sealants. **EM3:** 205
oxide breakage and bond formation model **A6:** 145
oxide spectrum by x-ray photoelectron spectroscopy (XPS) **EM3:** 237, 238
oxyacetylene welding. **A6:** 281
oxyfuel gas cutting. **A6:** 1158
oxygen content of water-atomized metal powder **A7:** 42
oxygen cutting, effect on **M6:** 898
oxygen produced by. **A15:** 78
paint stripping **A5:** 15–16
painting of **M5:** 17, 19, 457, 606–607, 609
stripping **M5:** 19
pattern equipment **A15:** 195
perchloric acid as electrolyte for **A9:** 48
phosphate coating of. **M5:** 438, 597–599
phosphate coatings **A5:** 378, 380, 382
phosphate-bonded, ceramic coating characteristics **A5:** 472
phosphoric acid anodizing **EM3:** 42, 249–250, 845
-phosphorus-oxygen SBD **EM3:** 250, 251
photometric analysis methods **A10:** 64
physical and mechanical properties. **A5:** 163
physical properties **A7:** 451, **EM4:** 316
physical properties related to thermal stresses **A4:** 605
pin bearing testing. **A8:** 59–60
plain carbon steel resistance to **A13:** 515
plasma and shielding gas compositions **A6:** 197
plasma arc cutting **A6:** 1167, 1169, 1170, 1171, **M6:** 916–917
plasma arc welding **A6:** 197
plasma-MIG welding. **A6:** 224
plastic deformation, sequence of. **A9:** 685
polishing and buffing of **M5:** 573–576, 581–582, 609–610
polycrystalline, bright-field image of dislocations in. **A10:** 444
polycrystalline, liquid mercury embrittlement of. **A11:** 226
polycrystalline, ring pattern from **A10:** 437
porcelain enameling .. **A5:** 454, 455, 456, 458, 460, 463, 464
electrostatic dry powder spray process ... **A5:** 463
porcelain enameling of **M5:** 509–511, 514–516, 519–521, 524–525, 527–529, 606–607, 609–610
design parameters **M5:** 524–525
evaluation of enameled surfaces. ... **M5:** 527–529
frits, composition. **M5:** 511
methods **M5:** 519–521
selecting, factors in **M5:** 514
surface preparation for. **M5:** 515–516
porcelain enamels. **EM4:** 937
porosity in **M6:** 839–840
powder as pigment. **EM3:** 179
powder metallurgy materials, etching **A9:** 509
powder metallurgy materials, polishing **A9:** 507
power brushing of. **M5:** 153
prebond treatment **EM3:** 35
precipitate stability and grain boundary pinning. **A6:** 73
precoated before soldering **A6:** 131
preformed butyl tapes press-in-place application with glass **EM3:** 190
processing map. **A8:** 572
product classifications **A2:** 9–14
production **A2:** 3–4, 6
products, cross-referencing system. **A2:** 16
projection welding. **A6:** 233, **M6:** 506
properties. **A2:** 3, **A6:** 629, 992, **EM4:** 677
protective film **A13:** 82
pure *See also* Pure aluminum. **M2:** 714–715
pure, integrated circuit defects. **A12:** 481
pure, K-M CBEDP from. **A10:** 441
pure, properties **A2:** 1099–1100
radiographic absorption equivalence. **A17:** 311
radiographic film selection **A17:** 328
range and effect as titanium alloying element. **A20:** 400
rare earth alloy additives **A2:** 728–729
recommended guidelines for selecting PAW shielding gases. **A6:** 67
recommended impurity limits of solders ... **A6:** 986
recommended shielding gas selection for gas-metal arc welding **A6:** 66
recovery from selected electrode coverings .. **A6:** 60
recycled from engine block. **A20:** 137
reductant of metal oxides. **M6:** 692, 694
reflectance values, cleaning affecting **M5:** 596–598
relationship to graphitization **M6:** 834
relative solderability **A6:** 134
relative solderability as a function of flux type. **A6:** 129
relative weldability ratings, resistance spot welding. **A6:** 834
resinous coatings. **M5:** 609–610
resistance brazing **A6:** 340, **M6:** 976
resistance of, to liquid-metal corrosion **A1:** 635–636
resistance seam welding **A6:** 245, **M6:** 494
resistance soldering **A6:** 357
Rockwell scale for **A8:** 76
roll bonding processes. **A18:** 755–756
roll welding. **A6:** 312–314, 317, **M6:** 676
rolling, metalworking lubricant functions and requirements **A18:** 139
room-temperature bend strength of silicon nitride metal joints **EM4:** 526
sacrificial anodes **A13:** 469
sacrificial corrosion **A13:** 587
sampling and chemical analysis **M7:** 248
satin finishing of **M5:** 574–575, 577
SCC of **A12:** 28
SCC prevention **A13:** 328
seal adhesive wear **A18:** 549
segregation and solid friction. **A18:** 28
selected-area diffraction patterns for single-crystallite **A18:** 386
selective plating **A5:** 277
sensitive tint used to examine **A9:** 138
shear stress **EM3:** 402
sheet parts production, main material flow for production of **A20:** 100
shielded metal arc welding **A6:** 176
shielding, buried telephone cable, galvanic corrosion **A13:** 85
shielding gas purity **A6:** 65
shot peening **A5:** 128
shot peening of **M5:** 141–142, 145
silicide coatings for molybdenum **A5:** 860
-silicon interdiffusion **A11:** 777–778
silver plating of. **M5:** 605–606
single-crystal specimen Kolsky bar **A8:** 222, 224
single-crystal, spot diffraction pattern from **A10:** 437
sintering **A7:** 490–492, 493
sintering, time and temperature **M4:** 796
slide welding **M6:** 674
smut removal **M5:** 580–581, 584–585, 590–591
soft tooling **A7:** 427
solderability **A6:** 971, 978
solderable and protective finishes for substrate materials **A6:** 979
soldering **A6:** 628, 631, 632, **M6:** 1072, 1075
solubility in magnesium. **M2:** 525
solvent cleaning of **M5:** 576–577
species weighed in gravimetry **A10:** 172
specific gravity **A20:** 409
specific strength (strength/density) for structural applications **A20:** 649
spectrometric metals analysis. **A18:** 300
specular finishes **M5:** 574, 576, 580–581, 609–610
spray material for oxyfuel wire spray process **A18:** 829
stacking-fault energy **A18:** 715
stainless steel-clad **A13:** 889–890
standardized products **A2:** 5
strain rate sensitivity. **A8:** 38, 40, 230–231
strain-age cracking in precipitation-strengthened alloys **A6:** 573
strengths of ultrasonic welds. **M6:** 752
stress corrosion, microwave inspection. ... **A17:** 215
stress-corrosion cracking. **A19:** 483–484
striation spacing **A19:** 51
stripping methods **M5:** 19
structural bonding with titanium, primers. **EM3:** 254
structure of porous anodic film **EM3:** 416
stud arc welding **A6:** 210, 211, 212, 213, 214, 217, 218–219
stud material. **M6:** 731, 735
submerged arc welding effect on cracking **M6:** 129
substrate considerations in cleaning process selection **A5:** 4
substrate cure rate and bond strength for cyanoacrylates **EM3:** 129
suitability for cladding combinations **M6:** 691
superpure, ram speed vs. temperature extrusion **A14:** 318
super-purity, solid solution effects. **A2:** 38
surface preparation. **EM3:** 558
surface preparation for finishing processes **M5:** 180, 586, 597–598, 601
surface preparation for painting **A5:** 13
surface preparation for porcelain enameling. **A13:** 447
surface preparation methods **EM3:** 259–264
surfaces. **A2:** 3
susceptibility to hydrogen damage **A11:** 249
tap density **M7:** 277
temperature dependence of strength of lap joints. **EM3:** 619
test conditions effect on interfacial energies **A6:** 117
thermal diffusivity from 20 to 100 °C **A6:** 4
thermal expansion coefficient. **A6:** 907
thermal expansion coefficient at room temperature. **A20:** 409
thermal properties **A18:** 42
thermal properties when used as engine wall insulator lining **EM4:** 992
thermal radiation reflection, anodic coatings affecting **M5:** 596–598
thermal spray coatings. **A5:** 503
thermal spray forming. **A7:** 411
thermal stressing unsatisfactory **EM3:** 761
thermocompression welding **M6:** 674
thin films. **A5:** 643
evaluation of mechanical properties **A5:** 642, 643
threshold stress intensity. **A8:** 256
threshold stress intensity determined by ultrasonic resonance test methods **A19:** 139
tin plating of **M5:** 604–605
TNAA detection limits **A10:** 237
to deoxidize carburizing steels, for grain size control **A4:** 366–367
to fabricate integrated circuits **EM3:** 378
-to-aluminum joints **EM3:** 330
-to-aluminum lap joints. **EM3:** 327
-to-aluminum specimens for bond testing. **EM3:** 531
torch brazing. **A6:** 328
torch soldering **A6:** 351
torsion flow curves, plane-strain compression tests on **A8:** 162–164
torsion tests at hot working temperatures .. **A8:** 163
torsional ductility. **A8:** 166–167

SUBJECTS OF THE INDEXED VOLUMES: ASM Handbook (designated by the letter "A"): **A1:** Properties and Selection: Irons, Steels, and High-Performance Alloys (1990); **A2:** Properties and Selection: Nonferrous Alloys and Special-Purpose Materials (1990); **A3:** Alloy Phase Diagrams (1992); **A4:** Heat Treating (1991); **A5:** Surface Engineering (1994); **A6:** Welding, Brazing, and Soldering (1993); **A7:** Powder Metal Technologies and Applications (1998); **A8:** Mechanical Testing (1985); **A9:** Metallography and Microstructures (1985); **A10:** Materials Characterization (1986); **A11:** Failure Analysis and Prevention (1986); **A12:** Fractography (1987); **A13:** Corrosion (1987); **A14:** Forming and Forging (1988); **A15:** Casting (1988); **A16:** Machining (1989); **A17:** Nondestructive Evaluation and Quality Control (1989); **A18:** Friction, Lubrication, and Wear Technology (1992); **A19:** Fatigue and Fracture (1996); **A20:** Materials Selection and Design (1997). **Metals Handbook, 9th Edition** (designated by the letter "M"): **M1:** Properties and Selection: Irons and Steels (1978); **M2:** Properties and Selection: Nonferrous Alloys and Pure Metals (1979); **M3:** Properties and Selection: Stainless Steels, Tool Materials, and Special-Purpose Materials (1980); **M4:** Heat Treating (1981); **M5:** Surface Cleaning, Finishing, and Coating (1982); **M6:** Welding, Brazing, and Soldering (1983); **M7:** Powder Metallurgy (1984). **Engineered Materials Handbook** (designated by the letters "EM"): **EM1:** Composites (1987); **EM2:** Engineering Plastics (1988); **EM3:** Adhesives and Sealants (1990); **EM4:** Ceramics and Glasses (1991). **Electronic Materials Handbook** (designated by the letters "EL"): **EL1:** Packaging (1989)

transistor base lead, fatigue failure **A12:** 483
TWA limits for particulates **A6:** 984
twist reversal after deformation and strain **A8:** 174
U.S. shipments **M2:** 4, 17
ultimate shear stress **A8:** 148
ultrapure, by zone-refining technique **A2:** 1094
ultrasonic cleaning **A5:** 47
ultrasonic welding **A6:** 324, 326, 327
unalloyed, compositions **A2:** 22–25
under static, dynamic, incremental strain rate loading in shear **A8:** 224, 226
unibodies, emissions generated during vehicle life cycle stages **A20:** 262
use in flux cored electrodes. **M6:** 103
use of direct current electrode positive **M6:** 185–186
used to microalloy beryllium **A9:** 390
vacuum-deposited electrodes **EM3:** 429
vacuum-deposited, electronic defects. **A12:** 484, 486–487
vapor degreasing. **A5:** 25
vapor degreasing applications by vapor-spray-vapor systems **A5:** 30
vapor degreasing of **M5:** 45–46, 53–55
vapor pressure, relation to temperature . . . **A4:** 495, **M4:** 309, 310
Vickers and Knoop microindentation hardness numbers **A18:** 416
vitreous coatings **M5:** 609–610
voltage-specific corrosion of **A11:** 771
volumetric procedures for. **A10:** 175
wavelength dispersive x-ray spectroscopy map **EL1:** 1100
wavy slip lines in a single crystal **A9:** 689
weakened or distorted by welding **EM3:** 33
wedge testing of sheets . . . **EM3:** 666, 667, 668, 669
weighed as the phosphate **A10:** 171
weldability rating **A20:** 303
weldability rating by various processes . . . **A20:** 306
welding electrodes **A6:** 176
wettability **A6:** 115
wetting by gallium, LME by. **A11:** 719
wire connections, EPMA failure analysis **A10:** 531–532
wire, rod, and bar **A2:** 5
work hardening. **A20:** 347
work material for ion implantation **A18:** 858
world production. **M2:** 4
wrought, cleaning and finishing **M5:** 574, 576, 583, 597, 603–606
wrought unalloyed, compositions **A2:** 17–21
x-ray characterization of surface wear results for various microstructures **A18:** 469
yield strength vs. fracture toughness. **A6:** 1017
Young's modulus vs. density **A20:** 289
zinc and galvanized steel corrosion as a result of contact with. **A5:** 363
zinc plating of **M5:** 601–606
zincating process **M5:** 590–591, 601–606
zone refined, impurity concentration. **M2:** 713

Aluminum aircraft structures

2% hydrofluoric (HF) acid method, peel testing **EM3:** 806
aerodynamically flush honeycomb core-aluminum skin plug repair **EM3:** 814, 816
aerodynamically flush patch line maintenance repair **EM3:** 811, 812
Alclad dissolution and disbond **EM3:** 818
autoclave repair techniques. . . . **EM3:** 808, 817–818
chromate conversion coating surface preparation, peel testing **EM3:** 806–807
damage assessment, water contamination and environmental deterioration . . . **EM3:** 801–802
damage tolerance **EM3:** 801
FPL etch surface preparation, peel test results **EM3:** 138, 803, 805
fully repaired or rebuilt bonded structures **EM3:** 808, 818–819
honeycomb core plug line maintenance repair **EM3:** 811
life-limited repairs. **EM3:** 808, 813–814
metal sheet repair materials **EM3:** 807
nonaerodynamic patch line maintenance repairs **EM3:** 811–812
partial repairs **EM3:** 808, 814–817
PasaJell 105 nontank procedure peel testing **EM3:** 803, 804, 805, 806
phosphoric acid nontank anodizing **EM3:** 805–806
potted core technique line maintenance repairs. **EM3:** 811
prefabricated aerodynamically flush plug line maintenance repair. **EM3:** 813
preimpregnated cloth method. **EM3:** 811
puncture and gouge line maintenance repairs. **EM3:** 809
riveted line maintenance repairs . . . **EM3:** 808, 809, 810
selection of repair materials **EM3:** 807
skin and honeycomb core damage requiring wet lay-up **EM3:** 811
skin damage or delamination line maintenance repairs **EM3:** 809–811
small-area line maintenance work repair **EM3:** 808, 809–813
solvent wipe and abrade surface preparation, peel testing **EM3:** 806
surface dent line maintenance repairs . . . **EM3:** 809
surface preparation nontank procedures **EM3:** 804–807
surface preparation qualitative procedure comparison **EM3:** 802–803
surface preparation relationship to service life **EM3:** 802
trailing-edge damage line maintenance repairs **EM3:** 812–813
type of repairs **EM3:** 808–819

Aluminum alkyls

powder used. **M7:** 574

Aluminum alloy extruded parts **A14:** 307–310

Aluminum alloy filler metals

compositions of **A9:** 359

Aluminum alloy filler metals, specific types

4047, brazed joint between 6063-O sheets **A9:** 387
4245, brazed joint between 7004-O sheets **A9:** 387
4343, brazed joint in 12-O brazing sheets. . **A9:** 387
ER2319, electron beam weld in 2219-T37 sheet **A9:** 384
ER2319, gas tungsten arc weld in 2219-T37 sheet **A9:** 384
ER4043, gas tungsten arc weld, 6061-T6 tubing to A356-T6 casting **A9:** 382–383
ER4043, gas tungsten arc weld, butt joint. . **A9:** 381
ER5356, gas tungsten arc fillet weld. **A9:** 381
R-SG70A, repair weld in 356-F casting **A9:** 383

Aluminum alloy forms

applications **A7:** 1046, 1047

Aluminum alloy ingots

dendrite arm spacing in **A9:** 629
grain refining inoculants for use in. **A9:** 630
grain structures in **A9:** 629–631
homogenization of **A9:** 632
hydrogen porosity in **A9:** 633
macrosegregation in **A9:** 633
microsegregation in **A9:** 631–632
solidification structures of **A9:** 629–636
surface defects **A9:** 633–634

Aluminum alloy powders

air atomization. **A7:** 43, 44
as fuel source **A7:** 1089
cold sintering. **A7:** 576, 578–579
commercial press and sinter. **A7:** 158
consolidation. **A7:** 508
expansion behavior **A7:** 1044
extrusion **A7:** 623, 624
fatigue **A7:** 960
forging and hot pressing **A7:** 632
gas atomization **A7:** 37, 47
hot isostatic pressing **A7:** 590
hydrated aluminum oxide surface films **A7:** 59
metal-matrix composites **A7:** 21
applications **A7:** 22
particulate-reinforced **A7:** 22
microexamination. **A7:** 725
microstructures **A7:** 728, 742, 743
pneumatic isostatic forging. **A7:** 639
polishing **A7:** 724
pressed and sintered properties **A7:** 957
production of *See also* Production of aluminum alloy powder **A7:** 148–159
qualitative SEM shape analysis. **A7:** 267, 272
rapid solidification **A7:** 19
rapid solidification rate process **A7:** 48
sintering **A7:** 490–492, 493
spinning-cup atomization **A7:** 37, 48
spray deposition **A7:** 20
spray forming. **A7:** 378, 379, 404, 405
stircast, sticking efficiency **A7:** 402
vapor deposition. **A7:** 20

Aluminum alloy tubing

as tube stock **A14:** 671

Aluminum alloys *See also* Aluminum; Aluminum alloys, specific types; Aluminum bronzes; Aluminum casting alloys; Aluminum foundry products; Aluminum mill and engineered products; Aluminum P/M parts; Aluminum powders; Aluminum powders, specific types; Aluminum-lithium alloys; Aluminum-silicon alloys; Aluminum-titanium alloys; Arc-welded aluminum alloys; Atomized aluminum powders; Cast aluminum alloys; High-strength aluminum alloys; High-strength aluminum P/M products; Liquid aluminum alloys; P/M aluminum alloys; Prealloyed aluminum powders; Wrought aluminum alloys; Wrought aluminum alloys, specific types. **A9:** 351–388, **A13:** 583–609, **A14:** 241–254, 791–804, **A16:** 761–804, **A18:** 693, **A20:** 383–389

1100, corrosion resistance. **EM3:** 671
2000 series, not susceptible to corrosion if alclad **EM3:** 751
2024
aircraft structure repairs **EM3:** 801
bond line corrosion. **EM3:** 671
chromic acid anodization of aluminum adherends **EM3:** 261
FPL etching procedure. **EM3:** 260
mechanically induced artificial delamination **EM3:** 523, 524
phosphoric acid anodization **EM3:** 261
wedge testing. **EM3:** 667–668
wet peel test **EM3:** 669
2024-T3
and FM 47 adhesive. **EM3:** 502
and FM 73 with variation in lap-shear strength **EM3:** 774
bond line corrosion. **EM3:** 671
bond line porosities produced by shimming **EM3:** 525
bonded to composite **EM3:** 644
dynamic fatigue. **EM3:** 367
epoxy joint hydration of oxide layers . . **EM3:** 624
fatigue specimen **EM3:** 468
for aerospace adhesive testing. **EM3:** 733
for lap-shear testing **EM3:** 460
high-performance acrylic adhesive bonding when oiled. **EM3:** 122
metal sheet as repair materials. **EM3:** 807
metal-to-metal bond test specimens. . . . **EM3:** 530
primer-coated sheet for life-limited repairs. **EM3:** 813–814
thickness influence on shear strength of adhesives. **EM3:** 473
wedge test used to evaluate surface preparation **EM3:** 803
wedge testing **EM3:** 668
2024-T3B, surface preparation methods using wedge testing. **EM3:** 804
2024-T6, test specimens for comparison of NDI techniques **EM3:** 528, 529
2024-T351, moisture ingression at joints **EM3:** 364
5052
honeycomb core **EM3:** 733
repaired with 5056 aluminum honeycomb core. **EM3:** 807
5052-O, high-performance acrylic adhesive bonding when oiled **EM3:** 122
5056
corrosion resistance **EM3:** 671
honeycomb core as repair materials . . . **EM3:** 807
6061-T **EM3:** 6
end fitting for a small-diameter graphite-epoxy tube. **EM3:** 495, 498
high-performance acrylic adhesive bonding when oiled. **EM3:** 122
7000 series, corrosion attack in the bond line **EM3:** 751
7075
aircraft structure repairs **EM3:** 801
bond line corrosion. **EM3:** 671
7075-T6
as repair material **EM3:** 807

Aluminum alloys (continued)
inverse skin-doubler coupon **EM3:** 472
lap-shear coupon test **EM3:** 473
peel test results after surface preparation **EM3:** 805
7075-T6C, surface preparation methods using wedge testing **EM3:** 804
7075-T73, metal fitting with graphite-epoxy composite tube **EM3:** 496
abrasive belt grinding **A16:** 801
abrasive blasting of **M5:** 571–573
abrasive cutoff sawing **A16:** 800
abrasive flow machining **A16:** 517
acid cleaning **A5:** 7, 54
acid dipping of **M5:** 603–604, 606
activation energy **A11:** 772
adhesive bonding **M2:** 201–202
advanced, forging of **A14:** 249–251
advantages **A20:** 383
aerospace applications **EM3:** 559–560
aged, fatigue ratios **A19:** 791
aging **A19:** 88, **A20:** 387
air bottle, intergranular cracking failure . . . **A11:** 436
air-carbon arc cutting **A6:** 1176
alkaline cleaning of **M5:** 15, 577–578, 590–591
alloy designations **A6:** 528
alloy/environment systems exhibiting stress-corrosion cracking **A19:** 483
alloying elements **A20:** 384–386
alloying elements, effects **A15:** 743–746
alternate immersion test **A8:** 523
aluminum filler alloys **A6:** 724
aluminum melting and reverberatory furnaces **EM4:** 903
analysis for boron, by Can-nine method . . . **A10:** 68
and blended powders **M7:** 125
and sulfur compounds **A16:** 35
and tempers, corrosion ratings **A13:** 587
annealing **M2:** 28–29, 30
anodic coatings **M5:** 586, 589–591, 594–598, 606–607, 609–610
anodic films, features revealed with . . . **A9:** 351, 354
anodized, resistance of **A13:** 599–600
anodizing process **M5:** 572, 580–598, 601, 603–610
limitations, factors causing **M5:** 589–591
Antioch process for **A15:** 247
applications **A6:** 727, 736, **A15:** 743, 768–769, **A18:** 753, 790, 791, **A20:** 383, **M2:** 16–23
aerospace **A6:** 386, 387
building and construction **M2:** 16–17
consumer **M2:** 21–22
container and packaging **M2:** 17–18
electrical **M2:** 20–21
internal combustion engine parts **A18:** 561
machinery and equipment **M2:** 22
pistons for internal combustion engines **A18:** 553, 555
sheet metals **A6:** 399
transportation **M2:** 18–20
arc welding *See* Arc welding of aluminum alloys
architectural application **A15:** 22
architectural finishes **M5:** 609–610
arc-welded **A11:** 434–437
as bearing alloys **A18:** 748, 752–753
advantages **A18:** 752
applications **A18:** 752–753
compositions **A18:** 752, 753
designations **A18:** 752, 753
mechanical properties **A18:** 752–753
microstructural features **A18:** 752
as matrix material **EL1:** 1120
as part of bimetal bearings **A9:** 567
assembly, fatigue failure at spot welds **A11:** 310–311
at cryogenic temperature, fatigue crack threshold **A19:** 145–146
atmospheric corrosion **A13:** 596
averaging and stress-corrosion cracking . . . **A19:** 483
bacteria-produced tubercule **A13:** 120
bar and tube, die materials for drawing . . . **M3:** 525
bar vs. tubing **A16:** 764
barrel finishing of **M5:** 572–574
beading **A14:** 804
bearing material systems **A18:** 745, 746, 747
applications **A18:** 746
bearing performance characteristics **A18:** 746
compositions used **A18:** 746
load capacity rating **A18:** 746
bend radii for **A8:** 129–130
beryllium in **A2:** 426
binary, relative potency factors **A6:** 89
blanking, die materials for **M3:** 485, 486, 487
blanking of **A14:** 793–794
boring **A16:** 162, 768, 771–772, 777–778, 791, 797
brass plating of **M5:** 603–606
brazing *See also* Brazing of aluminum alloys **A6:** 828
dip brazing **M2:** 199–200
filler metals **M2:** 199–200
sheet for **M2:** 29, 201
summary of procedures **M2:** 200
torch brazing **M2:** 199–200
vacuum furnace brazing **M2:** 199–200
brazing and soldering characteristics . . **A6:** 627–628
brazing with clad brazing materials **A6:** 347
bright dipping of **M5:** 579–582
bright finishing of **M5:** 574, 576
brightening of **M5:** 579–582, 591, 596–597, 607–608, 610
chemical . . **M5:** 578–582, 591, 596, 607–609, 610
electrolytic **M5:** 580–582, 596–597, 607–608
Brinell test load for **A8:** 84
brittle fracture in aircraft **A19:** 372
broachability constant **A16:** 200
broaching **A16:** 203–206, 208, 769, 774–775, 778–780
buffing **A5:** 105, **M5:** 573–576, 581–582, 610
building and construction applications **A2:** 9–10
bulging **A14:** 804
cadmium plating **A5:** 224
cadmium plating of **M5:** 605
calculated weighted property index **A20:** 253
canning **A18:** 738
capacitor discharge stud welding **M6:** 730, 736
care of **A13:** 602–603
cast automotive products, tensile properties **A20:** 387
cast products used in automobile industry tensile properties **A20:** 387
castability, ratings **A15:** 766
casting alloys
alloy systems **M2:** 140–141
casting processes **M2:** 143–148
characteristics **M2:** 143, 144, 145
designation system **M2:** 141–143, 144, 145
mechanical properties **M2:** 148–151
modification **M2:** 149, 150
quality of castings **M2:** 148
casting alloys, chemical composition **A20:** 386
casting alloys, properties **A15:** 763–769
casting compositions, defined **A2:** 4–5
casting processes **A15:** 746
castings **M2:** 9–10
castings and ingot, compositions **A2:** 22–25
castings, cleaning and finishing of . . . **M5:** 571–574, 576, 583, 588, 590–591, 601–603, 606
castings, gas-tungsten arc welding **A6:** 192
castings, inspection of **A15:** 556–557
castings, inspection/quality control . . . **A17:** 532–534
castings, production **A2:** 5–7
cavitation erosion **A18:** 216
cemented carbide tool life **A16:** 76
ceramic coating of **M5:** 610
ceramic cutting tools applied **A16:** 103
cermet tools applied **A16:** 92
chemical brightening of **M5:** 579–582, 590–591, 603–604, 606
chemical cleaning of *See also* specific process by name **M5:** 576–579, 607, 610
chemical compositions **A15:** 743, **A20:** 385, 386
chemical conversion coatings **M5:** 597–603, 606–607, 609–610
chemical finishes, designation system **M5:** 609–610
chemical milling **A2:** 8, **A16:** 579, 581–586, 802–804
chemical plating of **M5:** 604–606
chemical resistance **EM3:** 639, **M5:** 4, 7–10
Chevron notch patterns **A19:** 401, 402
chip formation . . **A16:** 761, 765, 769–770, 780, 783, 787, 791–792
chips for machinability ratings **A16:** 761
chromate conversion coating **M5:** 599–600
chromating process sequence **A13:** 390
chromium as alloying element **A20:** 385
chromium plating **A5:** 189
chromium plating of **M5:** 184–185, 609–610
removal of plate **M5:** 184–185
circular sawing **A16:** 365, 794, 800
classes of **A9:** 357
classification, system **A16:** 761–763
cleaning **A15:** 762–763
cleaning processes **M5:** 571–586, 590–591, 603–604, 606–608
coated carbides for machining **A16:** 80, 81, 83
coated, filiform corrosion **A13:** 107
coatings, for fasteners **A11:** 542
coextrusion welding **A6:** 311
coining **A14:** 804
cold extrusion, tool materials for **M3:** 515, 516, 517
cold swaging **A14:** 128
commercial age-hardened **A19:** 86–87
compared to gray iron **A16:** 797
comparison of P/M and I/M **M7:** 747
compatibility with various manufacturing processes **A20:** 247
composite graph for Gill-Goldhoff correlation for **A8:** 337
composition control **A15:** 79–81
composition, effects on anodizing **M5:** 590
composition, processing and structure effects on properties **A20:** 383–389
composition/microstructure, corrosion effects **A13:** 585–587
compositions **A18:** 753, **M7:** 741
compositions of **A9:** 359
constant strain rate testing **A19:** 501
constituents **A20:** 388
constitutional liquation **A6:** 75
consumer durable applications **A2:** 13
contact with foods, pharmaceuticals, and chemicals **A13:** 602
containers and packaging applications **A2:** 10
containing copper **A13:** 592–593
containing copper, line etching **A9:** 62
continuous immersion test **A8:** 523
contour band sawing **A16:** 363, 800–801
contour milling **A16:** 604, 797
contour roll forming **A14:** 634, 795
contrasting by interference layers **A9:** 60
copper as alloying element **A20:** 385
copper plating of **M5:** 603–605
copper-alloyed, designation system **A2:** 15
copper-free **A13:** 593
corrosion fatigue **A13:** 595
corrosion fatigue behavior **A8:** 408
corrosion in **A11:** 201
corrosion of **A13:** 583–609
corrosion ratings **A13:** 586–588
corrosion resistance **A6:** 729–730
alclad products **M2:** 210–211
anodized products **M2:** 225–226, 229, 232
atmospheric corrosion **M2:** 219–228
cathodic protection **M2:** 210–211
chemical products, packaging **M2:** 228–229, 231–233

SUBJECTS OF THE INDEXED VOLUMES: ASM Handbook (designated by the letter "A"): **A1:** Properties and Selection: Irons, Steels, and High-Performance Alloys (1990); **A2:** Properties and Selection: Nonferrous Alloys and Special-Purpose Materials (1990); **A3:** Alloy Phase Diagrams (1992); **A4:** Heat Treating (1991); **A5:** Surface Engineering (1994); **A6:** Welding, Brazing, and Soldering (1993); **A7:** Powder Metal Technologies and Applications (1998); **A8:** Mechanical Testing (1985); **A9:** Metallography and Microstructures (1985); **A10:** Materials Characterization (1986); **A11:** Failure Analysis and Prevention (1986); **A12:** Fractography (1987); **A13:** Corrosion (1987); **A14:** Forming and Forging (1988); **A15:** Casting (1988); **A16:** Machining (1989); **A17:** Nondestructive Evaluation and Quality Control (1989); **A18:** Friction, Lubrication, and Wear Technology (1992); **A19:** Fatigue and Fracture (1996); **A20:** Materials Selection and Design (1997). **Metals Handbook, 9th Edition** (designated by the letter "M"): **M1:** Properties and Selection: Irons and Steels (1978); **M2:** Properties and Selection: Nonferrous Alloys and Pure Metals (1979); **M3:** Properties and Selection: Stainless Steels, Tool Materials, and Special-Purpose Materials (1980); **M4:** Heat Treating (1981); **M5:** Surface Cleaning, Finishing, and Coating (1982); **M6:** Welding, Brazing, and Soldering (1983); **M7:** Powder Metallurgy (1984). **Engineered Materials Handbook** (designated by the letters "EM"): **EM1:** Composites (1987); **EM2:** Engineering Plastics (1988); **EM3:** Adhesives and Sealants (1990); **EM4:** Ceramics and Glasses (1991). **Electronic Materials Handbook** (designated by the letters "EL"): **EL1:** Packaging (1989)

composition, effect of. **M2:** 206–209
corrosion fatigue **M2:** 219, 220
deposition corrosion **M2:** 211–212
erosion-corrosion **M2:** 219
exfoliation corrosion. **M2:** 218–220
food, packaging. **M2:** 228–229, 231
galvanic corrosion **M2:** 207, 209–210
high purity waters. **M2:** 222–223
intergranular corrosion **M2:** 212
microstructure, effect of. **M2:** 206–209
natural waters. **M2:** 223
nonmetallic building materials **M2:** 226–228
oxide film protection **M2:** 204–205
pharmaceuticals, packaging. **M2:** 228–229, 231–233
pitting **M2:** 204–206
ratings. **M2:** 209–211, 213
seawater. **M2:** 223–225, 228–232
soil **M2:** 22
solution potentials. **M2:** 206–207
stress-corrosion cracking. . **M2:** 210–211, 212–218
corrosion resistance, ratings **A15:** 766
counterboring **A16:** 766–767
coupling nut, SCC cracked in marine atmosphere **A11:** 209
crack growth thresholds **A19:** 138–141
creep-brittle materials **A19:** 512
cross-slip **A19:** 111
crystallographic texture **A20:** 389
curling **A14:** 804
cutting, effects of **A9:** 351
cutting fluids. **A16:** 125, 128, 761, 765–766, 769–795, 800–801
cutting force and power **A16:** 763–764
cutting speed **A16:** 765, 769, 770, 775, 779
cutting, tools for **M3:** 477
cyclic stress-strain response compared with monotonic behavior. **A19:** 235
deep drawing. **A14:** 795–797
deep drawing, tool materials for **M3:** 494, 495, 496
defects in cold extrusion of. **A8:** 591–592, 595
defects, permanent mold casting **A15:** 285
deformation bonding **A6:** 157
degassing of **A15:** 456–462
demagging of **A15:** 471–474
dendrite arm spacing vs. cooling rate. . . **M7:** 33, 36
densities. **A2:** 47
deoxidizing process **M5:** 8, 12–13
deposition corrosion **A13:** 589
designation systems **A2:** 15–28
designations. **A18:** 753
designed using LEFM concepts **A20:** 534
diamond tools for machining. **A16:** 105
die casting alloys, characteristics, used in sand, permanent mold, and die casting . . . **A20:** 303
die casting alloys of. **A15:** 286
die casting compositions. **A15:** 755
die cutting speeds. **A16:** 301
die design **A14:** 246–247
die forging, tool materials for . . . **M3:** 529, 530, 532
die manufacture **A14:** 247
die material. **A14:** 246
die threading. **A16:** 791
diffraction contrast **A18:** 387
diffraction techniques, elastic constants, and bulk values for. **A10:** 382
diffusion bonding. **A6:** 157
diffusion brazing **A6:** 343
diffusion welding **A6:** 884–885, 886
dimple fractures. **A19:** 9, 10
dip brazing **A6:** 338
direct-chill continuous casting. **A15:** 313–314
discontinuous metal-matrix composites . . . **A14:** 251
dispersoid control. **A8:** 484
dispersoids. **A20:** 388
dispersoids for grain refinement **A19:** 64
distortion **A6:** 727, 728
distortion and dimensional variation **A16:** 770–772
drilling **A16:** 220–231, 237, 766–769, 775–785, 791
drilling in automatic bar and chucking machines **A16:** 782–784
drilling/countersinking. **A16:** 899
drop hammer forging **A14:** 803–804
drop hammer forming. **A14:** 656–657
dye penetrant testing, preparation for **A9:** 351

effect of copper solute content on secondary dendrite arm spacing **A9:** 629
effects, nonmetallic building materials **A13:** 600–602
electric current perturbation inspection . . . **A17:** 136
electrical applications **A2:** 12–13
electrical discharge machining. **A16:** 558, 560
electrochemical grinding. **A16:** 543, 547
electrochemical machining **A5:** 112, **A16:** 533, 534, 535
electroforming in EDM **A16:** 560
electrohydraulic forming **A14:** 802
electroless nickel plating. **A5:** 300–301
electrolytic cleaning of **M5:** 578
electromagnetic forming **A14:** 802–803
electron beam machining **A16:** 570
electron beam welding. **M6:** 641–642
electron-beam welding **A6:** 739, 828, 855, 859, 871–872
electronic applications **A6:** 990, 998
electroplating of **M5:** 600–610
electroslag welding **A6:** 738
elements implanted to improve wear and friction properties. **A18:** 858
embossing **A14:** 804
embrittlement by low-melting alloys. **A12:** 29
emulsion cleaning of. **M5:** 577
enamels **EM3:** 303
end milling **A16:** 325, 766–767, 772–773, 784–787, 790–795
energy per unit volume requirements for machining **A20:** 306
engineered material classes included in material property charts **A20:** 267
engineered products. **A2:** 5–7
environment effect on fatigue crack threshold **A19:** 145
environments that cause stress-corrosion cracking **A6:** 1101
erosion-corrosion **A13:** 595–596
erosive attack on die surfaces **A18:** 630
etchants **A9:** 351–357
etching **A9:** 351–357
etching of **M5:** 8, 582–586, 590
acid **M5:** 582–586
alkaline. **M5:** 582–585, 590
eutectic reactions. **A20:** 383, 384
exfoliation corrosion **A13:** 334, 594–595, 1032
exothermic brazing. **A6:** 345
expanding **A14:** 804
explosion welding **A6:** 739, 896
explosive forming **A14:** 800–802
extruded parts **A14:** 307–310
extrusion rate vs. flow stress **A14:** 317
extrusion welding **M6:** 677
extrusions. **M2:** 5–6
extrusions, mechanical properties. **M7:** 574
fabrication characteristics **A2:** 7–9, **M2:** 14–16
face milling **A16:** 788–789, 791, 793, 795, 797
factors affecting casting process selection **A20:** 727
fasteners **M2:** 202–203
fasteners, use in **M3:** 184, 185
fatigue **A20:** 345
fatigue at subzero temperatures **M3:** 732, 733, 746
fatigue crack
growth. **A19:** 50
growth in vacuum **A19:** 138–139
growth rates. **A19:** 727
initiation. **A19:** 9
propagation **A19:** 38–39
fatigue limits. **A19:** 166
fatigue properties **A19:** 22
fatigue strength **A20:** 467
fatigue strength, anodic coatings affecting **M5:** 597
fatigue striations. **A19:** 52
fatigue striations in **A12:** 176
ferrographic application to identify wear particles **A18:** 305
figure of merit **A20:** 253
filiform corrosion. **A13:** 596–597, 1034–1034
filler alloys for sustained elevated-temperature service **A6:** 729
fillet ratio **A16:** 804
FIM sample preparation of **A10:** 586
finishes **M5:** 606–607, 609–610
designation system **M5:** 609–610
standards for **M5:** 606–607

finishing processes. **M5:** 573–577, 585–610
flaking during rolling. **A16:** 281
flash welding **M6:** 558
flat-rolled products (plate, sheet, foil). **A2:** 5
flow stress and workability as function of temperature **A14:** 169
fluxing of. **A15:** 445–447
FM-73, peel test results after surface preparation **EM3:** 805
foamed plaster molding of **A15:** 247
for aircraft **A19:** 562–563
for epicyclic gear of screwdriver, decision matrix. **A20:** 295
for fine-edge blanking and piercing. **A14:** 472
for hydraulic accumulator piston. **A20:** 297
for loaded thermal conductor decision matrix. **A20:** 293
for match plate pattern plaster mold casting **A15:** 245
for rolling **A14:** 343, 355
for soft metal bearings **A11:** 483, 484
for space boosters/satellites **A13:** 1101
for thermal spray coatings **A13:** 460–461
for wire-drawing dies. **A14:** 336
forge welding **A6:** 306, **M6:** 676
forgeability **A2:** 8–9, **A14:** 241–242, **M2:** 6
forging. **A2:** 6, 34
forging equipment **A14:** 244–245
forging methods **A14:** 242–244
forging of **A14:** 241–254
forging process **A14:** 248
forging, SCC fracture by decohesion . . . **A12:** 18, 25
forging temperatures **A14:** 242
forgings. **M2:** 5–9
forgings, cleaning and finishing **M5:** 590–591
forgings, flaws and inspection methods. **A17:** 496–497
forgings, processing of. **A14:** 247–249
formability. **A2:** 8, **A14:** 791–792
forming. **M2:** 14–16
forming equipment and tools **A14:** 792–793
forming limit diagram **A20:** 305, 306
forming limit diagrams for. **A14:** 20
forming of. **A14:** 791–804
foundry practice for specialty castings **A15:** 755–757
foundry products **M2:** 140–151
fracture resistance of **A19:** 384–386, 387
fracture surfaces, preservation of. **A9:** 351
fracture toughness **A19:** 31–32, **A20:** 537, 538, **M3:** 728, 732, 746
compared to that of ferrous alloys. . . **A19:** 11, 12, 13
reduced by particles **A19:** 10
variability. **A19:** 451
fracture toughness testing of **A8:** 458–462
fracture toughness vs.
density. **A20:** 267, 269, 270
strength. **A20:** 267, 272–273, 274
Young's modulus **A20:** 267, 271–272, 273
fretting fatigue **A19:** 327, 328
fretting wear **A18:** 248, 250, 252
friction band sawing **A16:** 365
friction surfacing. **A6:** 321
friction welding. . . **A6:** 152, 153, 739, 890, **M6:** 722
furnace brazing. **A6:** 330
fusion welding to steels. **A6:** 828
fusion zone **A6:** 727
future metalworking of **A14:** 20–21
galvanic corrosion **A6:** 729, **A13:** 84, 587–589
galvanic couples **A6:** 1065, 1066
galvanic series. **A13:** 587
galvanic series for seawater **A20:** 551
gas metal arc welding. **M6:** 153
gas tungsten arc welding. **M6:** 182, 203
gas-metal arc welding **A6:** 180, 722, 723, 724, 726, 729, 730, 731–735, 737–738, 739
gas-metal arc welding shielding gases. . . . **A6:** 66–67
gas-tungsten arc welding. **A6:** 725, 729, 730, 731–735, 736, 737, 738, 739, 871
gating and risering. **A15:** 754–755
general machining conditions **A16:** 764–765
gold plating of **M5:** 605
grain boundaries. **A13:** 156
grain boundary (GB) effect on microcrack growth **A19:** 112
grain refinement. **A15:** 476–480

38 / Aluminum alloys

Aluminum alloys (continued)
grain structure **A20:** 388–389
grinding **A9:** 352, **A16:** 547, 774, 783, 792, 798–802
grinding, effects of. **A9:** 351
grinding fluids **A16:** 801–802
grinding wheel core material **A16:** 456
groove joints, tensile strength after welding. **A6:** 729
ground/machined with superabrasives/ultrahard tool materials **A2:** 1013
gun drilling **A16:** 769, 778–779, 782, 784, 791
H tempers. **A20:** 386–387
heat and temperature effects on strength retention. **A18:** 745
heat treatable **A16:** 761
heat treatment. **A15:** 757–762, **M2:** 28–43
aging. **M2:** 29–33, 36–38, 40–42, 43
castings **M2:** 32, 33
cold work, effect after quenching. **M2:** 38, 39
corrosion resistance, effect of quenching **M2:** 32–35
dimensional change during **M2:** 39–42, 43
dimensional stability. **M2:** 42–43
precipitation hardening **M2:** 29–33, 36–38, 40–42, 43
quality control **M2:** 32
quenching **M2:** 32–35, 40–41, 43
refrigeration, effect on aging **M2:** 35–38
solution heat treatment . . . **M2:** 31, 32, 35, 38–40
wrought alloys **M2:** 30–32
heat-affected zone **A6:** 725, 726, 727, 729
heat-treatable cast **A6:** 724
heat-treatable commercial wrought, solution potentials **A13:** 584
heat-treatable wrought **A6:** 723, 728
heat-treated high-strength, intergranular corrosion **A13:** 241
HERF forgeability **A14:** 104
high removal rate machining **A16:** 609
high silicon-content alloys *See* Aluminum alloys, specific types (380, 390)
high-frequency resistance welding **M6:** 760
high-speed machining **A16:** 597, 598, 600–604
high-speed tool steels used **A16:** 57, 58, 59
high-strength / high temperature, forging and rolling **M7:** 522
high-strength, grain-boundary separation . .**A12:** 174
high-strength, SCC failure in **A11:** 27, 28
high-strength, threshold level and R ratio **A19:** 138
hole flanging **A14:** 804
honing **A16:** 472, 477, 484, 775, 801, 802
honing stone selection **A16:** 476
horns for ultrasonic impact grinding machines **A16:** 529
hot extrusion, billet temperatures for **M3:** 537
hot extrusion of **A14:** 321
hot extrusion, press capacities **M3:** 538
hot extrusion, tool materials for dies **M3:** 538
hot forging. **A18:** 625
hot isostatic pressing, effects **A15:** 541
hot pressing products **M7:** 509
hydraulic forming. **A14:** 803
hydrogen damage. **A13:** 169–170
hydrogen effects **A15:** 457
hydrogen embrittlement **A5:** 150
hydrogen solubility, effects, and removal **A15:** 747–749
hydrogen-embrittled, types **A12:** 23–24
hypereutectic, applications **A20:** 384
ideal oxide configuration for adhesion . . . **EM3:** 744
identification of phases. **A9:** 355–357
identification of temper **A9:** 358
immersion plating. **M5:** 601–607
impacts. **A2:** 6, **M2:** 8–10, 13
impurity **A20:** 384–386
in bimetal bearing material systems **A18:** 747
in irons, for elevated-temperature oxidation resistance **A15:** 701

in metal-matrix composites **A12:** 466, **A13:** 587
in petroleum refining and petrochemical operations **A13:** 1263
inclusions. **A20:** 388
inclusions in **A15:** 488
ingot, designation system **A2:** 15–16
initial overstrain effect on strain-fife curve. **A19:** 256
intergranular corrosion **A12:** 126, **A13:** 130, 240–241, 589–590
intermetallic inclusions effect on fracture toughness **A19:** 385
iron- and silicon-containing inclusions **A19:** 66
iron as alloying element **A20:** 384
joining **A2:** 9, **M2:** 16, 191–202
laminated coatings **M5:** 609–610
lap welding. **M6:** 673
lapping. **A16:** 492, 499, 802–803
laser beam machining. **A16:** 574, 575
laser beam welding **M6:** 647, 661
weld properties. **M6:** 661
laser cladding with alumina **M6:** 798
laser cutting. **A14:** 742
laser melt/particle injection **A18:** 870–871
laser-beam welding **A6:** 263, 739
life-limiting factors for die-casting dies . . . **A18:** 629
lifting sling, fractured **A11:** 528
linear expansion coefficient vs. thermal conductivity. **A20:** 267, 276, 277
linear expansion coefficient vs. Young's modulus **A20:** 267, 276–277, 278
liquation cracking **A6:** 75, 83
liquid erosion resistance **A11:** 167
liquid-metal embrittlement. **A11:** 27–28
lithium and corrosion resistance **EM3:** 671
lithium as alloying element **A20:** 385–386
localized attack measurement. **A13:** 194
loss coefficient vs. Young's modulus **A20:** 267, 273–275

low tin, in trimetal bearing material systems **A18:** 748
lubricant effect on bearing strength. **A8:** 60
lubricants for forming **A14:** 519, 793
lubrication of tool steels **A18:** 738
lug, fracture surfaces in. **A11:** 31
machinability. **A2:** 7–8, **A16:** 645, **A20:** 756
machinability grouping. **A16:** 761–763
machinability of castings **A20:** 307
machinability, ratings **A15:** 766, **A16:** 762, 763
machinery and equipment applications . .**A2:** 13–14
machining **M2:** 5, 6, 13, 15, 187–190
chip characteristics **M2:** 189–190
machinability ratings **M2:** 188–189
surface finish **M2:** 190
tool wear. **M2:** 187–189
machining problems, sources of **A16:** 773–774
macroexamination **A9:** 353–354
macrofatigue crack growth **A19:** 112
magnesium as alloying element **A20:** 385
magnesium-alloyed, designation system **A2:** 15
manganese as alloying element **A20:** 384–385
manufactured forms. **A2:** 5–7
material effects on flow stress and workability in forging chart **A20:** 740
material for die-casting dies. **A18:** 629
material for jet engine components. **A18:** 588
mean stress effects **A19:** 38
mechanical cutting **A6:** 1179, 1180
mechanical finishes, designation system **M5:** 609–610
mechanical properties. **A2:** 49–51, **A15:** 767, **M7:** 468, 474
mechanical properties of metal-matrix composites **A20:** 464
melt refining of **A15:** 470–471
melting and metal treatment **A15:** 746–747
melting heat for **A15:** 376
melting point **A16:** 601

melting practice, reverberatory furnace. **A15:** 376–380
melts, forced convection. **A15:** 453–456
metal preparation. **A15:** 753
metal removal rate. **A16:** 764
metallurgical corrosion effects **A13:** 130
metal-matrix composites (MMCs) **A2:** 7
metalworking fluid selection guide for finishing operations **A5:** 158
microexamination **A9:** 354–357
microstructural features not inferred from the alloy-temper designation systems. **A20:** 388–389
microstructures. **A9:** 357–360
microvoid coalescence **A19:** 29, 45, 48
mill products **M2:** 4–5, 44–62
milling. **A16:** 307, 312–313, 326–329, 547, 766–769, 784, 791–804
modification and refinement. **A15:** 751–753
modulus of elasticity at different temperatures **A8:** 23
mold coatings for **A15:** 282
monotonic and cyclic fatigue properties. . . **A20:** 524
monotonic and cyclic stress-strain properties. **A19:** 231
monotonic and fatigue properties **A19:** 978
monotonic fracture. **A19:** 28
mounting **A9:** 352
mounting, effects of. **A9:** 351
multiple-operation machining . . **A16:** 761, 764, 783, 793, 797
n value. **A8:** 550
NC machining operations. **A16:** 774
necking. **A14:** 804
nickel plating of **M5:** 604–605
nitrogen-sintered, properties **M7:** 742
nominal compositions **M7:** 381
nondestructive testing **A6:** 1086
non-heat-treatable cast **A6:** 723, 726
nonheat-treatable commercial wrought, solution potentials **A13:** 584
non-heat-treatable, fatigue ratios **A19:** 791
non-heat-treatable wrought **A6:** 727, 728
nonmetallic inclusions in **A11:** 316
normalized tensile strength vs. coefficient of linear thermal expansion. **A20:** 267, 277–279
not readily diffusion bondable. **A6:** 156
O temper **A20:** 386
overaging **A20:** 349
overheating **A16:** 769, 771–774, 784
oxides as inclusions **A15:** 95
oxyfuel gas welding **A6:** 281, 282, 285, 738–739, **M6:** 583

P/M chips versus processed wrought chips **A16:** 890
painting of **M5:** 17, 606–609
parts, cold extrusion **A14:** 307–310
PCD tooling application **A16:** 109, 110
peak aging **A19:** 483
peck drilling **A16:** 899
peel test use. **EM3:** 332
percussion welding **M6:** 740
peripheral milling. **A16:** 324, 786–787, 793
peritectic reactions. **A20:** 383
permanent mold casting alloys, characteristics, used in sand, permanent mold, and die casting **A20:** 303
phase designations. **A9:** 356–357
phase diagrams. **A20:** 383–384
phase identification **A9:** 358
phases, wrought aluminum alloys **A2:** 36–37
phosphate coating of **M5:** 597–599
photochemical machining. . **A16:** 588, 589, 590, 591
physical properties **A2:** 45–46, **A15:** 764–765, **A18:** 192
piercing of. **A14:** 793–794
pitting corrosion. **A13:** 583–584
plane-strain fracture toughness. **A8:** 451
planing **A16:** 184, 773, 778

SUBJECTS OF THE INDEXED VOLUMES: ASM Handbook (designated by the letter "A"): **A1:** Properties and Selection: Irons, Steels, and High-Performance Alloys (1990); **A2:** Properties and Selection: Nonferrous Alloys and Special-Purpose Materials (1990); **A3:** Alloy Phase Diagrams (1992); **A4:** Heat Treating (1991); **A5:** Surface Engineering (1994); **A6:** Welding, Brazing, and Soldering (1993); **A7:** Powder Metal Technologies and Applications (1998); **A8:** Mechanical Testing (1985); **A9:** Metallography and Microstructures (1985); **A10:** Materials Characterization (1986); **A11:** Failure Analysis and Prevention (1986); **A12:** Fractography (1987); **A13:** Corrosion (1987); **A14:** Forming and Forging (1988); **A15:** Casting (1988); **A16:** Machining (1989); **A17:** Nondestructive Evaluation and Quality Control (1989); **A18:** Friction, Lubrication, and Wear Technology (1992); **A19:** Fatigue and Fracture (1996); **A20:** Materials Selection and Design (1997). **Metals Handbook, 9th Edition** (designated by the letter "M"): **M1:** Properties and Selection: Irons and Steels (1978); **M2:** Properties and Selection: Nonferrous Alloys and Pure Metals (1979); **M3:** Properties and Selection: Stainless Steels, Tool Materials, and Special-Purpose Materials (1980); **M4:** Heat Treating (1981); **M5:** Surface Cleaning, Finishing, and Coating (1982); **M6:** Welding, Brazing, and Soldering (1983); **M7:** Powder Metallurgy (1984). **Engineered Materials Handbook** (designated by the letters "EM"): **EM1:** Composites (1987); **EM2:** Engineering Plastics (1988); **EM3:** Adhesives and Sealants (1990); **EM4:** Ceramics and Glasses (1991). **Electronic Materials Handbook** (designated by the letters "EL"): **EL1:** Packaging (1989)

plasma and shielding gas compositions **A6:** 197
plasma arc cutting. **A14:** 731, **M6:** 916
plasma arc welding. **A6:** 195, 197, 199, 735, 736–737, **M6:** 214
plasma-MIG welding. **A6:** 223, 224
plate, double-shear test results **A8:** 63
plate, flat-face tensile fracture in **A11:** 76
plot for estimating fatigue-endurance limits **A19:** 965
polishing **A9:** 351–353, **M5:** 573–574, 609
polysulfides as sealants **EM3:** 196
pop-in precracking **A8:** 517
porcelain enameling of *See* Aluminum porcelain enameling of
porosity **A20:** 388
postweld heat treatments **A6:** 83, 726–727, 728
pouring. **A15:** 754
pouring temperatures **A15:** 238, 283
powder compact, die contact surface cracking **A14:** 402
powder metallurgy materials microstructures **A9:** 511
powder metallurgy (P/M) parts **A2:** 6–7
powder metallurgy parts **A9:** 358, **M2:** 10–13
power band sawing. **A16:** 795, 797, 800
power hacksawing. **A16:** 796, 800, 801
power requirements **A16:** 764–765, 791–792
prealloyed P/M **A14:** 250
precipitates **A20:** 388
precipitates and intermetallic compounds **A19:** 385
precipitation hardening **A19:** 7, **A20:** 387
precipitation temperatures **A9:** 351
precipitation-hardened, and LEFM **A19:** 376
precision forgings. **A14:** 251–254
precracked specimens testing **A19:** 502
press-brake forming of **A14:** 794–795
press-formed parts, materials for forming tools **M3:** 492, 493
pressure welding. **A6:** 739
primary particles **A20:** 388
primary testing direction. **A8:** 667
process selection, factors affecting. . . . **M5:** 581–582
product classifications **A2:** 9–14
product forms **A18:** 753, **M2:** 4–14
production **A2:** 3–4
products, cross-referencing system. **A2:** 16
projection welding. **A6:** 233, **M6:** 503
propeller blade, fatigue fracture. **A11:** 125
properties *See also* data compilations for specific alloys **A2:** 3, **M2:** 3–4
properties compared, for cylindrical compression element. **A20:** 514
properties of candidate materials for cryogenic tank. **A20:** 253
pure Al. **A16:** 761
quality control **A15:** 762
r value **A8:** 550
ranking of materials for cryogenic tank . . . **A20:** 253
rapidly solidified **A9:** 615
ratio-analysis diagram. **A19:** 403, 404
ratio-analysis diagrams **A11:** 62–63
R-curve for **A11:** 64
reaming **A16:** 767, 780–782, 785–787
recommended hot extrusion tool steels and hardnesses **A18:** 627
recovery temperatures **A9:** 351
refining, with reactive gases **A15:** 80
reflectance values, cleaning and finishing processes affecting **M5:** 596–598
relative cost. **A20:** 253
removal from permanent molds **A15:** 284
resinous coatings. **M5:** 609–610
resistance brazing **A6:** 342
resistance seam welding **A6:** 241, **M6:** 494
resistance soldering **A6:** 357
resistance spot welding **A6:** 229, **M6:** 479–480
resistance welding *See also* Resistance welding of aluminum alloys **A6:** 833, 834, 840, 841, 847, 848–849
Rockwell scale for **A8:** 76
roll welding **A6:** 312, **M6:** 676
roller burnishing **A16:** 253, 787
rubber-modified epoxy **EM3:** 329
rubber-pad forming **A14:** 799–800
salt corrosion **A13:** 598–599
sampling and chemical analysis of. **M7:** 248

sand casting alloys, characteristics, used in sand, permanent mold, and die casting **A20:** 303
satin finishing of. **M5:** 574–577
sawing **A16:** 357, 358, 800–801
scaled values of properties **A20:** 253
SCC of. **A12:** 18, 25, 28, 133
SCC protection systems **A13:** 607
SCC resistance **A13:** 264–268, 1023
SCC testing of **A8:** 498–499, 519, 523–525
schematic effect of yield strength on fatigue crack growth rate under spectrum loading . . **A19:** 39
seawater effects **A13:** 603–607
second-phase constituents, solution potentials **A13:** 585
second-phase particles **A20:** 388
sectioning **A9:** 351–352
selection of alloy and temper. **A16:** 764
semisolid **A15:** 327, 334–336
semisolid forged, mechanical properties. . . **A15:** 333
SENB specimens. **EM3:** 447
shaping **A16:** 191, 778
shear lips. **A19:** 119–120
sheet and plate, crack growth. **A19:** 127
sheet, axial-stress fatigue strength **A13:** 595
sheet, blanking-shear and single-shear tests compared **A8:** 65
sheet products, tensile properties. **A20:** 387
sheet, stamping **M2:** 13, 14, 180–186
biaxial stretching **M2:** 180
characteristics. **M2:** 183–184
deep drawing **M2:** 180
flanging. **M2:** 180, 186
forming-limit diagrams. **M2:** 182–183
material properties **M2:** 180–181
pure bending. **M2:** 180
shape analysis **M2:** 184, 185
stretch bending. **M2:** 180, 181, 186
stretch/draw **M2:** 184–186
tests **M2:** 180–182
sheet, thick, weathering data **A13:** 598–599
shielded metal arc welding **A6:** 738, **M6:** 75
short crack lengths. **A19:** 126
shot peening **A5:** 130, 131, 134, **A14:** 803
shot peening of **M5:** 141–142, 145
shrinkage allowances **A15:** 303
silicon as alloying element **A20:** 384
silicon-alloyed, designation system **A2:** 15
silver plating of. **M5:** 605–606
simultaneous honing of Al and gray iron **A16:** 802
sintered in dissociated ammonia **M7:** 384
sintered in vacuum. **M7:** 384
sintering. **M7:** 381–385
size effect of notches. **A19:** 243
skin milling. **A16:** 795
slide welding **M6:** 674
slotting. **A16:** 790
smut removal **M5:** 580–581, 584–585, 590–591
soft spots. **A16:** 772–773
solderable and protective finishes for substrate materials **A6:** 979
soldering **A6:** 628, 631, 632, 739, **M2:** 200–201
solidification structures in welded joints **A9:** 479
solid-state phase transformations in welded joints. **A9:** 481
solid-state transformations in weldments. . . . **A6:** 83
solution heat treatment **A6:** 83, **A11:** 122
solution potentials **A13:** 584–585
solution-treated, cold-worked, and aged. . . **A20:** 301
solvent cleaning of **M5:** 576–577
sources of porosity **M6:** 839–840
spade drilling **A16:** 225, 777, 782
spar mill defect **A16:** 766, 772
specific power. **A16:** 18
specimen preparation **A9:** 351–353
spectrum truncation level effect on crack growth **A19:** 123
specular finishes **M5:** 574, 576, 580–581, 609–610
spinning of **A14:** 797–798
springback in **A8:** 552, 564
squeeze casting of **A15:** 323
stability **A15:** 762
stamping **A14:** 804
stampings. **M2:** 4, 13–14
standard designations **A15:** 743
standardized products **A2:** 5
stiffness **A20:** 515
storage time and temperature. **EM3:** 522

strain rate regimes for. **A8:** 519
strain-hardenable alloys. **A16:** 761
strain-hardened 5xxx, intergranular corrosion . . **A13:** 240–241, 264–268, 590–594, 607, 1023
strength improvement, methods of. **A2:** 36–41
strength vs. density **A20:** 267–269
stress-corrosion cracking . . . **A6:** 727, **A19:** 483–484, 494–495
stress-corrosion cracking in **A11:** 218–220
stress-corrosion cracking resistance. **A8:** 522
stretch forming. **A14:** 798–799
striation spacing **A19:** 51
striations, fatigue crack growth **A19:** 55
stripping of. **M5:** 218
structural **A19:** 89
structure control. **A15:** 749–751
stud arc welding. **M6:** 730, 733
stud material **M6:** 730
suitability for cladding combinations **M6:** 691
superplastic forming **A14:** 800
super-purity. **A19:** 10
surface parameters **EM3:** 41
surface preparation. **EM3:** 521
surface processing effects on fatigue resistance **A19:** 319
susceptibility to hydrogen damage **A11:** 249
susceptibility to porosity **M6:** 44
T tempers **A20:** 387
tapping. **A16:** 261
tapping, cold form **A16:** 266, 267
temper designation system. **A20:** 386–387
temper designations **M2:** 24–27
temperature, and extrusion. **A14:** 318
tensile properties. **A20:** 386, 387
tensile properties at subzero temperatures. **M3:** 722–730, 733–746
tensile strength **A20:** 513
tensile strength range. **A20:** 383
testing with precracked specimens **A8:** 524
tests on notched specimens and joints **A19:** 117
thermal conductivity vs. thermal diffusivity **A20:** 267, 275–276
thermal energy method of deburring **A16:** 577–578
thermal expansion coefficient. **A6:** 907
thermal properties **A6:** 17
thermal treatments **M7:** 381
thermodynamic properties **A15:** 55–60
thermomechanical fatigue. **A19:** 536–537
thin films. **A5:** 643
thread grinding. **A16:** 270
thread milling **A16:** 269
thread rolling. **A16:** 288, 290, 291, 292–293
threading **A16:** 766–767, 769, 791
threading using radial chasers **A16:** 297
Ti-6Al-4V
aerospace applications **EM3:** 264
anodization procedures **EM3:** 265, 266
chromic acid anodization . . . **EM3:** 266, 267, 269, 270
wedge-crack propagation test **EM3:** 268, 269
tin free, in trimetal bearing material systems. **A18:** 748
tin plating of. **M5:** 604–605
tin-alloyed, designation system. **A2:** 15
tool design **A16:** 761, 766, 769–771, 773–775, 787
tool life **A16:** 761, 764–765, 768–772, 775–785, 797
tool material. **A16:** 766–768
transportation applications. **A2:** 10–12
tube stock **A14:** 671
turning **A16:** 94, 110, 135–136, 380–381, 766–770, 774–777
ultrasonic fatigue testing. **A8:** 252
ultrasonic welding **A6:** 739, 894, 895, **M6:** 746
Unicast process for **A15:** 251
upset welding **A6:** 249
used in composites. **A20:** 457
vacuum effects **A12:** 46
vacuum induction melting **A15:** 396
versus steel properties. **A18:** 712–713
vitreous coatings. **M5:** 609–610
"void sheet" formation **A19:** 31
W tempers. **A20:** 387
water corrosion **A13:** 597–598
weld microstructures **A6:** 51
weld model **A6:** 1133

Aluminum alloys (continued)
weldability, ratings . . . **A15:** 766
weldbonding . . . **M2:** 202
weld-crack resistance in . . . **A11:** 435
welding . . . **A15:** 763
filler metals . . . **M2:** 193–194
finishing . . . **M2:** 195–196
joint preparation . . . **M2:** 193–195
joint types . . . **M2:** 193–194
processes . . . **M2:** 196–199
weld strength . . . **M2:** 195, 197–199
weldability . . . **M2:** 192–193
welding electrodes . . . **A6:** 176
weldment fatigue strength . . . **A19:** 823–828
weldments . . . **A13:** 344–345
wire, bonding . . . **EL1:** 224–226
wire, die materials for drawing . . . **M3:** 522
wire, rod, and bar . . . **A2:** 5
workability . . . **A8:** 165, 575
workability test for . . . **M7:** 411
wrought alloys
bar . . . **M2:** 51–52
designation system . . . **M2:** 44–51
elevated-temperature properties . . . **M2:** 56, 57–58, 62
extrudability . . . **M2:** 54
extrusions, interconnecting . . . **M2:** 55, 57–58
flat rolled products . . . **M2:** 51
low-temperature properties . . . **M2:** 62
mechanical properties . . . **M2:** 55, 58, 59–62
physical properties . . . **M2:** 53–54, 58
rod . . . **M2:** 51–52
shapes . . . **M2:** 52–57
tubular products . . . **M2:** 52
wire . . . **M2:** 51–52
wrought, applications and properties . . . **A2:** 62–122
wrought, cleaning and finishing **M5:** 574, 576, 583, 588, 597, 603–604
wrought commercial, SCC resistance ratings . . . **A11:** 220
wrought, compositions . . . **A2:** 4, 17–21
wrought, designation system . . . **A20:** 385, 386
yield strength . . . **A20:** 537
yield strength vs. aging time . . . **A20:** 348–349
Young's modulus vs. density . . . **A20:** 266, 267, 268, 289
Young's modulus vs. elastic limit . . . **A20:** 287
Young's modulus vs. strength . . . **A20:** 267, 269–271
zinc and galvanized steel corrosion as result of contact with . . . **A5:** 363
zinc as alloying element . . . **A20:** 385
zinc plating of . . . **M5:** 601–606
zinc-alloyed, designation system . . . **A2:** 15
zincating process . . . **M5:** 601–606
zirconium as alloying element . . . **A20:** 385
Aluminum alloys, annealing
castings . . . **M4:** 709
controlled-atmosphere . . . **M4:** 709
full annealing . . . **M4:** 707–708
partial annealing . . . **M4:** 708–709
stress-relief . . . **M4:** 709
temperature control . . . **M4:** 709
Aluminum alloys, brazing sheet, specific types, annealing
11 . . . **M4:** 708
12 . . . **M4:** 708
21 . . . **M4:** 708
22 . . . **M4:** 708
23 . . . **M4:** 708
24 . . . **M4:** 708
Aluminum alloys, cast, fatigue and fracture properties of . . . **A19:** 785, 813–822
aerospace compositions . . . **A19:** 814
Al-Cu cast alloys . . . **A19:** 818–820
corrosives (salt) effects . . . **A19:** 820
discontinuities effect . . . **A19:** 820
environmental effects . . . **A19:** 820
humidity effects . . . **A19:** 820
loading conditions effects . . . **A19:** 820
mechanical properties . . . **A19:** 818–819
microstructure . . . **A19:** 818–819
Al-Si-Mg cast alloys . . . **A19:** 814–815
casting design and manufacture . . . **A19:** 813–814
casting discontinuities effect on fatigue and fracture . . . **A19:** 814
premium-quality castings, mechanical properties . . . **A19:** 816
weld repair . . . **A19:** 814
weld rework on castings and its effect . . . **A19:** 813–814
Aluminum alloys, cast, specific types
220, anodizing effect on fatigue strength . . . **A5:** 492
242, matte finishes produced by chemical etching . . . **A5:** 793
242.0, voltage required for anodizing . . . **A5:** 485
295, matte finishes produced by chemical etching . . . **A5:** 793
295.0, voltage required for anodizing . . . **A5:** 485
319.0, composition . . . **A6:** 529
319, preplating surface preparation procedures . . . **A5:** 799
319.0, voltage required for anodizing . . . **A5:** 485
355.0, composition . . . **A6:** 529
355.0, voltage required for anodizing . . . **A5:** 485
356
anodizing effect on fatigue strength . . . **A5:** 492
preplating surface preparation procedures . . . **A5:** 799
356.0, composition . . . **A6:** 529, 724
356.0, voltage required for anodizing . . . **A5:** 485
356-T6, chemical conversion coating applications . . . **A5:** 796
357.0, composition . . . **A6:** 529
360, buffing . . . **A5:** 786, 787
380.0
buffing . . . **A5:** 786, 788
polishing . . . **A5:** 786
voltage required for anodizing . . . **A5:** 485
380, preplating surface preparation procedures . . . **A5:** 799
413, preplating surface preparation procedures . . . **A5:** 799
413.0, voltage required for anodizing . . . **A5:** 485
443.0, voltage required for anodizing . . . **A5:** 485
510, matte finishes produced by chemical etching . . . **A5:** 793
514, matte finishes produced by chemical etching . . . **A5:** 793
514.0, voltage required for anodizing . . . **A5:** 485
518, matte finishes produced by chemical etching . . . **A5:** 793
518.0, voltage required for anodizing . . . **A5:** 485
A514, matte finishes produced by chemical etching . . . **A5:** 793
B514, matte finishes produced by chemical etching . . . **A5:** 793
F514, matte finishes produced by chemical etching . . . **A5:** 793
Aluminum alloys, casting, specific types *See* Aluminum casting alloys, specific types
Aluminum alloys, heat treating *See also* Aluminum alloys, quenching; Aluminum alloys, solution heat treating . . . **A4:** 841–879
aging, natural . . . **A4:** 841, 842, 843, 844, 856, 859–866, 869, **M4:** 697–700
alloy systems . . . **A4:** 841–842
alloying additions . . . **A4:** 842–843
annealing . . . **A4:** 869–871, 872
applications . . . **A4:** 865
brazing sheet, annealing . . . **A4:** 871
cold work strain hardening **A4:** 865, 866, 870–871, 879, **M4:** 699
corrosion behavior . . . **A4:** 851, 856, 857–858, 873, 876, 877, 878
dimensional changes . . . **A4:** 875–876, **M4:** 713–714
dimensional stability . . . **A4:** 876, **M4:** 714
distortion and its control after heat treatment . . . **A4:** 617
electrical conductivity . . . **A4:** 843–844, 856, 858, 877–878, **M4:** 715
equipment maintenance . . . **A4:** 872–873, 876, **M4:** 714
forming . . . **A4:** 841, 869, **M4:** 695
fracture toughness . . . **A4:** 856, 860, 867, 870, 876, 878, **M4:** 717
furnaces, air . . . **A4:** 848, 872–873, 874, **M4:** 711
grain growth . . . **A4:** 842, 843, 856, 865, 869, 871–872, 877, **M4:** 709–710
Guinier-Preston (GP) zone solvus line . . . **A4:** 841–842, 860, 862
hardness tests . . . **A4:** 877, 878, **M4:** 715, 716
induction heating . . . **A4:** 872–873
intergranular-corrosion test **A4:** 852, 857, 858, 877, 878, **M4:** 715
Lüders lines formation . . . **A4:** 856
precipitate-free zones (PFZs) . . . **A4:** 843
precipitation treatments . . . **A4:** 841–844, 845–847, 859–866, 867, 868, 874, 875, 876, 877, 879, **M4:** 676, 677–684, 685–686, 700, 713–714
property development . . . **A4:** 867
quality assurance . . . **A4:** 876–878, **M4:** 714–717
reheating . . . **A4:** 853, 865, 868–869, 870, **M4:** 701–703, 706, 707
residual stresses . . . **A4:** 608–609
safety precautions . . . **A4:** 844, 850, 873, 874, **M4:** 710–711
salt baths . . . **A4:** 848, 872–873, 874, **M4:** 684, 710–712
soak time . . . **A4:** 848, 862, 863, 865–867, 869, 872–873, **M4:** 704
solubility-temperature relationship . . . **A4:** 841, 842, **M4:** 675–676, 677–683, 684, 685–686
stress relief, mechanical . . . **A4:** 854, 867–868, 876, 879, **M4:** 694, 695–696
stress relief, thermal treatments . . . **A4:** 854, 855, 867–868, 870–871, 876, 879, **M4:** 696–697
sulfur dioxide atmosphere harmful . . . **A4:** 902
temper designations . . . **A4:** 878–879, **M4:** 717–718
temperature control . . . **A4:** 841, 844, 865, 871, 873–875, **M4:** 704
instrument calibration . . . **A4:** 874, 875, **M4:** 712–713
probe checks . . . **A4:** 874, **M4:** 711
radiation effects . . . **A4:** 865, 874–875, **M4:** 712
sensing elements . . . **A4:** 874, 875, **M4:** 711
uniformity surveys . . . **A4:** 874–875, **M4:** 711–712
temper(s) . . . **A4:** 844–847, 860–862, 864–872, 875–879, **M4:** 700–704, 705
tensile strength . . . **A4:** 867
tensile tests . . **A4:** 852, 860, 876–877, **M4:** 714–715
transverse-flux heating . . . **A4:** 873
with magnesium alloys in same furnace . . . **A4:** 902
yield strength . . . **A4:** 862–863, 864, 867, 868, 870
Aluminum alloys, powder metallurgy, specific types *See also* Aluminum alloys, wrought, specific types; Aluminum casting alloys, specific types
201 AB
as-sintered properties . . . **M2:** 13
fatigue curves . . . **M2:** 15
tensile strength, effects of density and thermal condition on . . . **M2:** 14
601 AB
as-sintered properties . . . **M2:** 11
fatigue curves . . . **M2:** 14
tensile strength, effects of density and thermal condition on . . . **M2:** 13
Aluminum alloys, quenching *See also* Aluminum alloys, heat treating; Aluminum alloys, solution heat treating . . **A4:** 844, 848, 851–859, 867–870
air-blast . . . **A4:** 858
castings . . . **A4:** 866–867, 871, **M4:** 688, 689
corrosion behavior . . . **A4:** 851, 856, 857–858, **M4:** 691, 692
delay . . . **A4:** 851–852, **M4:** 684, 688–689
dimensional changes . . . **A4:** 851, 875, **M4:** 713–714
Lüders lines formation . . . **A4:** 856
mechanical properties . . . **A4:** 851, 852, 858

SUBJECTS OF THE INDEXED VOLUMES: ASM Handbook (designated by the letter "A"): **A1:** Properties and Selection: Irons, Steels, and High-Performance Alloys (1990); **A2:** Properties and Selection: Nonferrous Alloys and Special-Purpose Materials (1990); **A3:** Alloy Phase Diagrams (1992); **A4:** Heat Treating (1991); **A5:** Surface Engineering (1994); **A6:** Welding, Brazing, and Soldering (1993); **A7:** Powder Metal Technologies and Applications (1998); **A8:** Mechanical Testing (1985); **A9:** Metallography and Microstructures (1985); **A10:** Materials Characterization (1986); **A11:** Failure Analysis and Prevention (1986); **A12:** Fractography (1987); **A13:** Corrosion (1987); **A14:** Forming and Forging (1988); **A15:** Casting (1988); **A16:** Machining (1989); **A17:** Nondestructive Evaluation and Quality Control (1989); **A18:** Friction, Lubrication, and Wear Technology (1992); **A19:** Fatigue and Fracture (1996); **A20:** Materials Selection and Design (1997). **Metals Handbook, 9th Edition** (designated by the letter "M"): **M1:** Properties and Selection: Irons and Steels (1978); **M2:** Properties and Selection: Nonferrous Alloys and Pure Metals (1979); **M3:** Properties and Selection: Stainless Steels, Tool Materials, and Special-Purpose Materials (1980); **M4:** Heat Treating (1981); **M5:** Surface Cleaning, Finishing, and Coating (1982); **M6:** Welding, Brazing, and Soldering (1983); **M7:** Powder Metallurgy (1984). **Engineered Materials Handbook** (designated by the letters "EM"): **EM1:** Composites (1987); **EM2:** Engineering Plastics (1988); **EM3:** Adhesives and Sealants (1990); **EM4:** Ceramics and Glasses (1991). **Electronic Materials Handbook** (designated by the letters "EL"): **EL1:** Packaging (1989)

quench severity (Grossmann numbers) **A4:** 853, 854, 859
quench-factor analysis **A4:** 851, 852, 856–859, **M4:** 690–691
residual stress **A4:** 851, 854–855, 856, 868, **M4:** 692–695
spray **A4:** 851, 852–853, 855, **M4:** 690
tensile strength **A4:** 852, 853
warpage **A4:** 854–855, 857, 867, 868, 869, 875, **M4:** 692–695
water immersion **A4:** 851, 852, 853, 854, 858
water-immersion **M4:** 689–690
wrought **A4:** 853, 854, 856, 866–867, **M4:** 688
yield strength **A4:** 851, 852, 853, 858–859, 866–867, **M4:** 691–692, 693
Aluminum alloys, selection of **A19:** 771–812
2XXX alloys **A19:** 782–783
5XXX alloys **A19:** 783
6XXX alloys **A19:** 783
7XXX alloys containing copper **A19:** 783–785
alloy selection concepts **A19:** 772
alloy selection for fracture toughness **A19:** 774–780
aluminum-lithium alloys **A19:** 782–783
averaging **A19:** 794–796
casting alloys **A19:** 785
characteristics of aluminum alloy classes **A19:** 771–773
composition effect on fatigue crack growth **A19:** 801–802, 803
copper-free 7XXX alloys **A19:** 785
crack growth in alloy selection and design **A19:** 806–809
crack propagation tests **A19:** 807, 809
damage-tolerant (fail-safe) design approach **A19:** 772–773
design philosophies **A19:** 772–773
designation system of wrought aluminum and aluminum alloys **A19:** 772
environment effect **A19:** 787–791
exposure temperature effects **A19:** 804, 805
fatigue
crack growth **A19:** 800–809
life of **A19:** 785–800
limit **A19:** 788–791, 792
ratios **A19:** 791
strength versus tensile strength **A19:** 791
fracture mechanics **A19:** 773–774
fracture toughness **A19:** 773–774
humidity effect **A19:** 804, 805
ISO equivalents of wrought Aluminum Association designations **A19:** 772
J-integral method **A19:** 773–774
load, history effects on fatigue resistance **A19:** 807–809
load ratio effect **A19:** 806
load-time history effect **A19:** 805–806
low-temperature service compositions **A19:** 777
low-temperature toughness **A19:** 777, 779–780
microporosity effect on fatigue **A19:** 791, 793
microstructure and strain life **A19:** 794, 795, 796
microstructure effect **A19:** 802–806
microstructure effect on fatigue crack growth **A19:** 801–802, 803
nonshearable precipitates addition **A19:** 796–797
orientation effect **A19:** 804–805
plane-strain fracture toughness **A19:** 776
precipitate shearing **A19:** 794–798
precipitate-free zones (PFZs) **A19:** 795, 798–800
precracked specimens **A19:** 781
processing effect **A19:** 802–806
product form effect **A19:** 804–805
purity effect on fracture toughness **A19:** 777
reduced porosity materials **A19:** 791
room-temperature cyclic parameters **A19:** 795
room-temperature monotonic properties **A19:** 796
safe life design approach **A19:** 772
S-N fatigue **A19:** 787–791
steps in grain boundaries **A19:** 798, 799
strain control fatigue **A19:** 791–794, 795
strain localization **A19:** 794, 795
stress-corrosion cracking **A19:** 780–785
ratings for high-strength wrought products **A19:** 781–782
resistance ratings **A19:** 780–781
resistance through alloy selection **A19:** 781–785
tear-test specimens and curves **A19:** 775
tensile properties **A19:** 788–790
thermal treatment effect on fatigue crack growth **A19:** 801–802, 803
thermomechanical processing **A19:** 799–800
uncrystallized structures and shearable precipitates **A19:** 796, 797
Aluminum alloys, solution heat treating *See also* Aluminum alloys, heat treating; Aluminum alloys, quenching **A4:** 841, 844–851, 867, 872, 878–879
dimensional changes **A4:** 848, 850–851, 867, 875, **M4:** 713
high-temperature oxidation **A4:** 848–851, **M4:** 687–688
nonequilibrium melting **A4:** 844, **M4:** 684
overheating **A4:** 844, **M4:** 683–684
treating time **A4:** 844, 848, **M4:** 684–687
underheating **A4:** 844–845
vacuum heat-treating support fixture material **A4:** 503
Aluminum alloys, specific types *See also* Aluminum; Aluminum alloys; Aluminum alloys, specific types; Aluminum P/M parts; Aluminum powders; Aluminum powders, specific types; Atomized aluminum powders; High-strength aluminum alloys; Prealloyed aluminum powders; Sleeve bearing alloys, specific types; Wrought aluminum alloys
1*xxx* series
base alloy, filler alloy for welding, for sustained elevated-temperature service **A6:** 729
capacitor discharge stud welding **A6:** 222
fatigue limits **A19:** 788
ISO designations **A19:** 722
range of tensile strength **A19:** 772
strengthening method **A19:** 772
type of alloy composition **A19:** 772
weldability **A6:** 725
welding, for sustained elevated-temperature service **A6:** 729
1*xxx* series, insoluble particies in **A9:** 358
2*xxx* series
corrosion resistance **A6:** 729
elevated-temperature properties **A6:** 729
fatigue limits **A19:** 788
ISO designations **A19:** 722
range of tensile strength **A19:** 772
selection of, to resist failure by fracture mechanisms **A19:** 782–783
strengthening method **A19:** 772
tensile strengths **A19:** 788
type of alloy composition **A19:** 772
weldability **A6:** 725
2*xxx* series, macroetching **A9:** 354
2*xxx* series, soluble phases **A9:** 358
3XXX series
fatigual limits **A19:** 788
ISO designations **A19:** 722
range of tensile strength **A19:** 772
strengthening method **A19:** 772
type of alloy composition **A19:** 772
3*xxx* series, capacitor discharge stud welding **A6:** 222
3*xxx* series, homogenization of **A9:** 632
3*xxx* series, intermetallic phases **A9:** 358
4XXX series
fatigue limits **A19:** 789
ISO designations **A19:** 722
range of tensile strength **A19:** 772
strengthening method **A19:** 772
type of alloy composition **A19:** 772
5XXX series
brazeability **A6:** 937
capacitor discharge stud welding **A6:** 222
corrosion resistance **A6:** 729–730
ductility **A6:** 728
fatigue limits **A19:** 789
filler alloy choices **A6:** 730
gas-metal arc welding **A6:** 738
hydrogen solubility **A6:** 722
ISO designations **A19:** 722
not recommended for use at sustained temperatures **A6:** 729
range of tensile strength **A19:** 772
selection of, to resist failure by fracture mechanisms **A19:** 783
strengthening method **A19:** 772
stud arc welding **A6:** 215
surface preparation **A6:** 736
type of alloy composition **A19:** 772
5*xxx* series, insoluble particles **A9:** 358
6*xxx* series
capacitor discharge stud welding **A6:** 222
electron-beam welding **A6:** 739
fatigue limits **A19:** 790
ISO designations **A19:** 772
range of tensile strength **A19:** 772
selection of, to resist failure by fracture mechanisms **A19:** 783
strengthening method **A19:** 772
type of alloy composition **A19:** 772
weldability **A6:** 725
6*xxx* series, macroetching **A9:** 354
6*xxx* series, soluble phases **A9:** 358
6*xxx*-T4 series, groove weld strength **A6:** 727
7XXX series
corrosion resistance **A6:** 729
ductility **A6:** 728
fatigue limits **A19:** 790
PSE environment **A19:** 569–570, 571
range of tensile strength **A19:** 772
selection **A19:** 783–785
strengthening method **A19:** 772
stress-corrosion cracking **A19:** 495
type of alloy composition **A19:** 772
weldability **A6:** 725–726
7*xxx* series, macroetching **A9:** 354
7*xxx* series, soluble phases **A9:** 358
8XXX series
range of tensile strength **A19:** 772
strengthening method **A19:** 772
type of alloy composition **A19:** 772
43, porcelain enameling of **M5:** 513
82Al-9Pd-9Ga, brazing **A6:** 944
98Zn-2Al **A6:** 351
99.99%, seawater pitting **A13:** 907
201.0 applications and properties **A2:** 152–153
201, graphite-aluminum composite **A9:** 594
201, machining **A16:** 771–774, 776, 777, 779, 781, 782, 786, 788–790, 794–796, 798–800
201AB, effect of vacuum level on tensile strength **M7:** 384
201AB, electrical and thermal conductivity **M7:** 742
201AB, mechanical properties **M7:** 474
201AB, powder material, microstructure **A9:** 511
201AB, properties **M7:** 742
201-F, as premium quality cast, with shrinkage cavities **A9:** 377
201-T7, premium quality cast, solution heat treated and stabilized **A9:** 377
202AB, compacts, properties **M7:** 742
204.0, applications and properties **A2:** 154
206.0, applications and properties **A2:** 154–155
208.0
composition **A6:** 723
properties **A6:** 723
weldability **A6:** 723
208.0, applications and properties **A2:** 155–156
208, cleaning and finishing **M5:** 604, 606
208, machining **A16:** 763, 771–774, 776, 777, 779, 781, 782, 786, 788–790, 794–796, 798–800
212, contour band sawing **A16:** 363
213, machining **A16:** 763, 771–774, 776, 777, 779, 781, 782, 786, 788–790, 794–796, 798–800
222.0
composition **A6:** 724
physical properties **A6:** 724
weldability **A6:** 724
welding, for sustained elevated-temperature service **A6:** 729
222, machining **A16:** 763, 771–774, 776, 777, 779, 781, 782, 786, 788–790, 794–796, 798–800
222-T61, sand cast, solution heat treated and artificially aged **A9:** 372
224, close-tolerance alloy **A15:** 769
224, machining **A16:** 771–774, 776, 777, 779, 781, 782, 786, 788–790, 794–796, 798–800
224-F, as premium quality cast **A9:** 378
224-T7, premium quality cast, solution heat treated and stabilized **A9:** 378
238.0
composition **A6:** 723
properties **A6:** 723
weldability **A6:** 723

Aluminum alloys, specific types (continued)
238.0, applications and properties **A2:** 156–157
238, machinability rating **A16:** 763
238-F, as permanent mold cast **A9:** 372
238.0-F, resistance spot welding **A6:** 848
238.0-F, resistance welding **M6:** 536
240.0
composition **A6:** 724
physical properties **A6:** 724
weldability **A6:** 724
242.0
composition...................... **A6:** 529, 724
physical properties **A6:** 724
weldability **A6:** 724
242.0, applications and properties......... **A2:** 157
242, machining **A16:** 763, 771–774, 776, 777, 779, 781, 782, 786, 788–790, 794–796, 798–800
242-F, as permanent mold cast **A9:** 373
242-T77, sand cast and heat treated....... **A9:** 373
242-T571, permanent mold cast and artificially aged **A9:** 373
295.0
composition **A6:** 724
physical properties **A6:** 724
weldability **A6:** 724
welding, for sustained elevated-temperature service.......................... **A6:** 729
295.0, applications and properties **A2:** 157–159
295, cleaning and finishing **M5:** 604, 606
295, machining **A16:** 763, 771–774, 776, 777, 779, 781, 782, 786, 788–790, 794–796, 798–800
295-T6 investment casting, electron beam weld **A9:** 385
296.0, applications and properties **A2:** 159–160
300M, recommended upsetting pressures for flash welding........................... **A6:** 843
308.0, applications and properties......... **A2:** 160
308, machining **A16:** 763, 771–774, 776, 777, 779, 781, 782, 786, 788–790, 794–796, 798–800
308-F, as permanent mold cast **A9:** 376
308.0-F, resistance spot welding **A6:** 848
308.0-F, resistance welding **M6:** 536
312, contour band sawing............... **A16:** 363
316, FMR probes for................... **A17:** 221
319.0
composition **A6:** 724
electrode potential in NaCl-H_2O_2 solution **A6:** 730
physical properties **A6:** 724
relative rating of filler alloys for welding **A6:** 731
weldability....................... **A6:** 534, 724
welding, for sustained elevated-temperature service.......................... **A6:** 729
319.0, applications and properties **A2:** 160–161
319, automotive application............. **A15:** 769
319, cleaning and finishing **M5:** 603–604, 606
319, machining **A16:** 763, 768, 771–774, 776, 777, 779, 781, 782, 786, 788–790, 794–796, 798–800
319, purge gas efficiency................ **A15:** 462
319-F, as permanent mold cast **A9:** 376
319-T6, permanent mold cast, solution heat treated, artificially aged............. **A9:** 376
328, machining **A16:** 771–774, 776, 777, 779, 781, 782, 786, 788–790, 794–796, 798–800
332.0
composition **A6:** 724
physical properties **A6:** 724
weldability **A6:** 724
332.0, applications and properties......... **A2:** 161
333.0
composition **A6:** 724
electrode potential in NaCl-H_2O_2 solution......................... **A6:** 730
physical properties **A6:** 724
relative rating of filler alloys for welding **A6:** 731
weldability....................... **A6:** 534, 724
welding, for sustained elevated-temperature service.......................... **A6:** 729
333, machining **A16:** 763, 771–774, 776, 777, 779, 781, 782, 786, 788–790, 794–796, 798–800
333.0-T6, resistance spot welding **A6:** 848
333.0-T6, resistance welding............. **M6:** 536
335.0, applications and properties **A2:** 161–162
336.0
composition **A6:** 724
physical properties **A6:** 724
weldability **A6:** 724
336.0, plug gaging of, wear of gage materials.......................... **M3:** 556
339.0, applications...................... **A2:** 162
354.0
composition **A6:** 724
physical properties **A6:** 724
relative rating of filler alloys for welding **A6:** 731
weldability....................... **A6:** 534, 724
welding, for sustained elevated-temperature service.......................... **A6:** 729
354.0, applications and properties **A2:** 162–163
354, machining **A16:** 763, 771–774, 776, 777, 779, 781, 782, 786, 788–790, 794–796, 798–800
355.0
composition **A6:** 724
physical properties **A6:** 724
relative rating of filler alloys for welding **A6:** 731
weldability....................... **A6:** 534, 724
welding, for sustained elevated-temperature service.......................... **A6:** 729
355.0, applications and properties **A2:** 163–164
355, cleaning and finishing **M5:** 604, 606
355.0, composition/characteristics........ **A15:** 159
355, for match plate pattern plaster mold casting **A15:** 245
355, machining **A16:** 763, 771–774, 776, 777, 779, 781, 782, 786, 788–790, 794–796, 798–800
355.0, use for combination gages......... **M3:** 556
355-F, as investment cast **A9:** 374
355-F, modified with Al-IOSr, as investment cast.................... **A9:** 374
355.0-T6, electrode potential in NaCl-H_2O_2 solution **A6:** 730
355-T6, permanent mold cast, solution heat treated and artificially aged **A9:** 374
356.0
brazeability........................... **A6:** 937
filler alloys for best color match **A6:** 730
melting range......................... **A6:** 937
physical properties **A6:** 724
relative rating of filler alloys for welding **A6:** 731
resistance brazing **A6:** 342
weldability **A6:** 534, 724, 728
welding, for sustained elevated-temperature service.......................... **A6:** 729
356 and 356-T-6, cleaning and finishing.. **M5:** 515, 597, 599, 603, 605
356.0, applications and properties **A2:** 164–165
356, gas effect on tensile/yield strengths .. **A15:** 457
356, machining **A16:** 763, 771–774, 776, 777, 779, 781, 782, 786, 788–790, 794–796, 798–800
356, permanent mold castings........... **A15:** 275
356, purge gas efficiency................ **A15:** 462
356.0, use for combination gages......... **M3:** 556
356-F, as investment cast with sodium-modified ingot **A9:** 374
356-F, as sand cast **A9:** 374
356-F, modified with 0.025% Na, as sand cast **A9:** 374
356-T4, modified with 0.025% Na, sand cast and heat treated **A9:** 374
356-T4, sand cast, solution heat treated and quenched **A9:** 374
356.0-T6
electrode potential in NaCl-H_2O_2 solution......................... **A6:** 730
resistance spot welding................. **A6:** 848
356-T6, investment cast in a hot mold **A9:** 374
356-T6, investment cast with sodium-modified ingot, solution heat treated, artificially aged.................... **A9:** 374
356-T6, permanent mold casting, hydrogen porosity **A9:** 375
356.0-T6, resistance welding............. **M6:** 536
356-T7, modified with sodium, sand cast solution heat treated, and stabilized.......... **A9:** 375
356-T51, power requirements **A16:** 765
356-T51, sand cast, artificially aged....... **A9:** 375
357.0, applications and properties......... **A2:** 166
357.0, composition...................... **A6:** 529
357, dendritic/nondendritic microstructures compared **A15:** 327
357, machining **A16:** 763, 771–774, 776, 777, 779, 781, 782, 786, 788–790, 794–796, 798–800
357, magnetohydrodynamically cast **A15:** 329
357, semisolid automotive forging **A15:** 335
357, strain impact on microstructure SIMA processed **A15:** 330
359.0
composition **A6:** 724
physical properties **A6:** 724
relative rating of filler alloys for welding **A6:** 731
weldability....................... **A6:** 534, 724
welding, for sustained elevated-temperature service.......................... **A6:** 729
359.0, applications and properties **A2:** 166–167
359, machining **A16:** 763, 771–774, 776, 777, 779, 781, 782, 786, 788–790, 794–796, 798–800
360.0
composition **A6:** 723
electrode potential in NaCl-H_2O_2 solution......................... **A6:** 730
properties **A6:** 723
weldability **A6:** 723
360.0, applications and properties **A2:** 167–168
360.0, composition..................... **A15:** 159
360, machining **A16:** 763, 771–774, 776, 777, 779, 781, 782, 786, 788–790, 794–796, 798–800
364, machinability rating **A16:** 763
380.0
composition **A6:** 723
electrode potential in NaCl-H_2O_2 solution......................... **A6:** 730
properties **A6:** 723
relative rating of filler alloys for welding **A6:** 731
weldability....................... **A6:** 534, 723
380 and A380, cleaning and finishing **M5:** 573–574, 584, 603
380.0, applications and properties **A2:** 168–169
380, automotive application............. **A15:** 769
380.0, composition..................... **A15:** 159
380, machining **A16:** 363, 640, 763, 768, 771–774, 776, 777, 779, 781, 782, 786, 788–791, 793–800
380-F, die casting **A9:** 378–379
383.0, applications and properties **A2:** 169–170
383, machining **A16:** 771–774, 776, 777, 779, 781, 782, 786, 788–790, 794–796, 798–800
384.0, applications and properties **A2:** 170–171
384, machinability rating **A16:** 763
384, sludge crystals from **A9:** 380
384-F, die casting **A9:** 379–380
390.0, applications and properties......... **A2:** 171
390.0, composition..................... **A15:** 159
390, laser cladding **M6:** 799
390, machining...... **A16:** 640, 763, 765, 768–777, 779–783, 786–800
392, machining **A16:** 771–774, 776, 777, 779, 781, 782, 786, 788–790, 794–796, 798–800
392-F, as permanent mold cast **A9:** 376
392-F, as permanent mold cast with phosphorus added **A9:** 376
413.0
composition **A6:** 723
electrode potential in NaCl-H_2O_2 solution......................... **A6:** 730
properties **A6:** 723

SUBJECTS OF THE INDEXED VOLUMES: ASM Handbook (designated by the letter "A"): **A1:** Properties and Selection: Irons, Steels, and High-Performance Alloys (1990); **A2:** Properties and Selection: Nonferrous Alloys and Special-Purpose Materials (1990); **A3:** Alloy Phase Diagrams (1992); **A4:** Heat Treating (1991); **A5:** Surface Engineering (1994); **A6:** Welding, Brazing, and Soldering (1993); **A7:** Powder Metal Technologies and Applications (1998); **A8:** Mechanical Testing (1985); **A9:** Metallography and Microstructures (1985); **A10:** Materials Characterization (1986); **A11:** Failure Analysis and Prevention (1986); **A12:** Fractography (1987); **A13:** Corrosion (1987); **A14:** Forming and Forging (1988); **A15:** Casting (1988); **A16:** Machining (1989); **A17:** Nondestructive Evaluation and Quality Control (1989); **A18:** Friction, Lubrication, and Wear Technology (1992); **A19:** Fatigue and Fracture (1996); **A20:** Materials Selection and Design (1997). **Metals Handbook, 9th Edition** (designated by the letter "M"): **M1:** Properties and Selection: Irons and Steels (1978); **M2:** Properties and Selection: Nonferrous Alloys and Pure Metals (1979); **M3:** Properties and Selection: Stainless Steels, Tool Materials, and Special-Purpose Materials (1980); **M4:** Heat Treating (1981); **M5:** Surface Cleaning, Finishing, and Coating (1982); **M6:** Welding, Brazing, and Soldering (1983); **M7:** Powder Metallurgy (1984). **Engineered Materials Handbook** (designated by the letters "EM"): **EM1:** Composites (1987); **EM2:** Engineering Plastics (1988); **EM3:** Adhesives and Sealants (1990); **EM4:** Ceramics and Glasses (1991). **Electronic Materials Handbook** (designated by the letters "EL"): **EL1:** Packaging (1989)

Aluminum alloys, specific types / 43

relative rating of filler alloys for welding **A6:** 731
weldability **A6:** 534, 723
welding, for sustained elevated-temperature service **A6:** 729
413.0, applications and properties **A2:** 171–172
413.0, composition **A15:** 159
413, machining **A16:** 763, 771–774, 776, 777, 779, 781, 782, 786, 788–790, 794–796, 798–800
413-F, as die cast **A9:** 375
413-F, die castings, different defects from the gate area **A9:** 380–381
413.0-F, resistance spot welding **A6:** 848
413.0-F, resistance welding **M6:** 536
443.0
brazeability **A6:** 937
composition **A6:** 723
electrode potential in NaCl-H_2O_2 solution **A6:** 730
filler alloys for best color match **A6:** 730
melting range **A6:** 937
properties **A6:** 723
relative rating of filler alloys for welding **A6:** 731
resistance brazing **A6:** 342
weldability **A6:** 534, 723
welding, for sustained elevated-temperature service **A6:** 729
443.0, applications and properties **A2:** 172–173
443, machinability rating **A16:** 763
443-F, as sand cast **A9:** 376
443.0-F, resistance spot welding **A6:** 848
443.0-F, resistance welding **M6:** 536
444.0, relative rating of filler alloys for welding **A6:** 731
511.0
composition **A6:** 723
filler alloys for best color match **A6:** 730
properties **A6:** 723
weldability **A6:** 534, 723
512.0
composition **A6:** 723
properties **A6:** 723
weldability **A6:** 534, 723
513.0
composition **A6:** 723
properties **A6:** 723
weldability **A6:** 534, 723
513.0-F, resistance spot welding **A6:** 848
513.0-F, resistance welding **M6:** 536
514.0
composition **A6:** 723
electrode potential in NaCl-H_2O_2 solution **A6:** 730
filler alloys for best color match **A6:** 730
properties **A6:** 723
relative rating of filler alloys for welding **A6:** 731, 732, 733
weldability **A6:** 534, 723
514.0, applications and properties **A2:** 173
514, machining **A16:** 763, 771–774, 776, 777, 779, 781, 782, 786, 788–790, 794–796, 798–800
518.0
composition **A6:** 723
properties **A6:** 723
weldability **A6:** 723
518.0, applications and properties **A2:** 173–174
518, as die casting, composition **A15:** 286
518, machining **A16:** 763, 771, 772, 776, 779, 781, 782, 786, 788–790, 794, 796, 800
520.0
composition **A6:** 724
physical properties **A6:** 724
weldability **A6:** 724
520.0, applications and properties **A2:** 174
520, machining **A16:** 763, 771–774, 776, 777, 779, 781, 782, 786, 788–790, 794–796, 798–800
520-F, as sand cast, effect of solution heat treatment **A9:** 377
520.0-T4, resistance spot welding **A6:** 848
520.0-T4, resistance welding **M6:** 536
535.0
composition **A6:** 723
filler alloys for best color match **A6:** 730
properties **A6:** 723
weldability **A6:** 723
535.0, applications and properties **A2:** 174–175
535.0, hot tear sensitivity **A15:** 617
535, machining **A16:** 763, 771–774, 776, 777, 779, 781, 782, 786, 788–790, 794–796, 798–800
601AB, criteria on of deformation **M7:** 411
601AB, effect of vacuum level on tensile strength **M7:** 384
601AB, electrical and thermal conductivity **M7:** 742
601AB, mechanical properties **M7:** 474
601AB, powder metallurgy materials microstructure **A9:** 511
601AB, properties **M7:** 742
601AB, workability test **M7:** 411
601AC, atomized powder **A9:** 529
602AB, electrical and thermal conductivity **M7:** 742
602AB, properties **M7:** 742
705, machining **A16:** 763, 771–774, 776, 777, 779, 781, 782, 786, 788–790, 794–796, 798–800
707, machining **A16:** 763, 771–774, 776, 777, 779, 781, 782, 786, 788–790, 794–796, 798–800
710.0
brazeability **A6:** 937
composition **A6:** 723
melting range **A6:** 937
properties **A6:** 723
weldability **A6:** 534, 723
711.0
brazeability **A6:** 937
composition **A6:** 723
melting range **A6:** 937
properties **A6:** 723
weldability **A6:** 534, 723
712.0
composition **A6:** 723
properties **A6:** 723
weldability **A6:** 534, 723
712.0, applications and properties **A2:** 175
712-F, resistance spot welding **A6:** 848
712-F, resistance welding **M6:** 536
713.0, applications and properties **A2:** 175–176
713, machining **A16:** 763, 771–774, 776, 777, 779, 781, 782, 786, 788–790, 794–796, 798–800
750, contour band sawing **A16:** 363
771.0, applications and properties **A2:** 176
771, machining **A16:** 771–774, 776, 777, 779, 781, 782, 786, 788–790, 794–796, 798–800
850.0, applications and properties **A2:** 176–177
850, machining **A16:** 763, 771–774, 776, 777, 779, 781, 782, 786, 788–790, 794–796, 798–800
850-F, as permanent mold cast, with hot tear **A9:** 377
1050, composition **A6:** 538
1050A, fatigue strength versus tensile strength **A19:** 791
1060
composition **A6:** 538, 722
mechanical properties, gas-shielded arc welded butt joints **A6:** 727
physical properties **A6:** 722
relative rating of filler alloys for welding **A6:** 731, 732, 733, 734, 735
weldability **A6:** 534, 722
1060, extrudability **A2:** 35
1060, heat exchanger tube alloy **A2:** 33
1060, machining **A16:** 762, 771–774, 776, 777, 779, 781, 782, 786, 788–790, 794–796, 798–800
1060, resistance welding **M6:** 536–539
1060-0, strain rate sensitivity **A8:** 38, 40
1060-0, uniaxial stress/strain/strain rate data for **A8:** 40
1060-H18, resistance spot welding **A6:** 848
1070, weldability **A6:** 534
1080, weldability **A6:** 534
1100 . . . . **A19:** 772, 777, 795, 796, 967
abrasive blast cleaning **A5:** 784
annealed, measured values of plastic work of fatigue crack propagation, and A values **A19:** 69
anodizing conditions prior to electroplating **A5:** 798
anodizing products **A5:** 483
applications **A6:** 537
as received, monotonic and cyclic stress-strain properties **A19:** 231
Auger electron spectroscopy, electron micrographs **A18:** 454, 455
brazeability **A6:** 937
chemical conversion coating applications **A5:** 796
cleaning and finishing of **M5:** 572, 580, 583, 599, 603–604, 606
composition **A6:** 533, 538, 722, 724, **M3:** 723
corrosion resistance **M6:** 536
electrode potential in NaCl-H_2O_2 solution **A6:** 730
electrolytic brightening **A5:** 791
electron-beam welding **A6:** 873
erosion **A18:** 200
fasteners, use for **M3:** 184, 185
filler alloy **A6:** 537–538
filler alloy, electrode potential in NaCl-H_2O_2 solution **A6:** 730
filler alloy for welding, for sustained elevated temperature service **A6:** 729
filler alloy, relative rating for fillet welding or butt welding two component base alloys **A6:** 734, 735
filler alloy, ultimate tensile strength at selected temperatures of GSAW groove joints **A6:** 729
filler alloy, weldability **A6:** 534
filler alloys for best color match **A6:** 730
friction welding **A6:** 152, 153, 154, **M6:** 722
gages, combination, use for **M3:** 556
hot dip coating with **M5:** 339
matte finishes produced by chemical etching **A5:** 793
mechanical properties, gas-shielded arc welded butt joints **A6:** 727
melting range **A6:** 724, 937
minimum shear strengths of fillet welds . . **A6:** 728
physical properties **A6:** 722
porcelain enameling of **M5:** 513
preplating surface preparation procedures **A5:** 799, 800
press forming, tool materials for . . . **M3:** 492, 493
relative rating of filler alloys for welding **A6:** 731, 732, 733, 734, 735
resistance welding **M6:** 536, 539
roll welding **A6:** 313
temper mechanical properties **A19:** 788
thermal diffusivity from 20 to 100 °C **A6:** 4
ultrasonic welding **A6:** 894
ultrasonic welding power requirements . . **M6:** 750
voltages required for anodizing **A5:** 485
weldability **A6:** 534, 722, 725
weldments, tensile properties at subzero temperatures **M3:** 723
1100, anodic polarization curve **A13:** 583–584
1100, as plate alloy **A2:** 33
1100, bending specimen thickness **A8:** 130
1100, center cracking **A9:** 634
1100, columnar grains in **A9:** 630
1100, corrosion depth/tensile strength loss **A13:** 596
1100, distribution of porosity and hydrogen in as-cast ingot **A9:** 633
1100, dynamically recovered **A10:** 470
1100, effect of grain refiner on **A9:** 630–631
1100, effect of metal-feed location on **A9:** 631
1100, extrudability **A2:** 35
1100, fastener coating **A11:** 542
1100, feather crystals in **A9:** 631
1100, forging alloy **A2:** 34
1100, low-temperature alloy **A2:** 59
1100, machining **A16:** 15, 762, 764, 771–774, 776, 777, 779, 781, 782, 786, 788–790, 794–796, 798–800
1100, minimum bend radii **A8:** 129
1100, nomograph, hydrogen content **A15:** 460
1100, oxide stringer inclusion **A9:** 635
1100, pitting as function of coating thickness **A13:** 607
1100, shear testing **A8:** 65
1100, tube alloy **A2:** 33
1100, weathering data **A13:** 597
1100, wet chlorine attack **A13:** 1173
1100-H12, typical chips for machinability rating **A16:** 761
1100-H14, chemical solution corrosion . . . **A13:** 608
1100-H14, ultrasonic welding **A6:** 894
1100-H18, cold rolled sheet **A9:** 360
1100-H18, resistance spot welding **A6:** 848
1100-O, analog records **A8:** 228

Aluminum alloys, specific types (continued)
1100-O, anodizing products **A5:** 483
1100-O, effective true strain contour maps **A14:** 436
1100-O, high strain rate pressure-shear tests. **A8:** 236
1100-O, metal flow simulation **A14:** 435
1100-O, sheet, cold rolled and annealed . . . **A9:** 360
1100-O, stress-strain curves **A8:** 236–237
1100-O, tension and torsion effective fracture strains. **A8:** 168
1100-O, weldment properties. **A6:** 539
1145, composition **A6:** 538
1145, machining. **A16:** 771–774, 776, 777, 779, 781, 782, 786, 788–790, 794–796, 798–800
1175, composition **A6:** 538
1175, machining. **A16:** 771–774, 776, 777, 779, 781, 782, 786, 788–790, 794–796, 798–800
1188
composition **A6:** 533, 538, 724
corrosion resistance **A6:** 730
filler alloy **A6:** 537–538
filler alloy for welding, for sustained elevated temperature service. **A6:** 729
filler alloy, relative rating for fillet welding or butt welding two component base alloys. **A6:** 735
filler alloy, weldability **A6:** 534
filler for best color match to 1100, 3003, 5005, and 5050. . . . . **A6:** 730
melting range. **A6:** 724
1199, chloride ion effect on pitting potential. **A13:** 584
1200, composition **A6:** 538
1200, fatigue strength versus tensile strength **A19:** 791
1230
composition **A6:** 538
resistance welding. **A6:** 848
1230, clad to 2024-T3. . . . . **A9:** 264
1230, clad to 2024-T4, resistance spot weld **A9:** 386
1230, resistance welding **M6:** 535
1235, composition **A6:** 538
1235, machining. **A16:** 771–774, 776, 777, 779, 781, 782, 786, 788–790, 794–796, 798–800
1345, composition **A6:** 538
1350
brazeability. **A6:** 937
composition. **A6:** 538, 722
electrode potential in NaCl-H_2O_2 solution. **A6:** 730
mechanical properties, gas shielded arc welded butt joints. **A6:** 727
melting range. **A6:** 937
physical properties **A6:** 722
relative rating of filler alloys for welding **A6:** 731, 732, 733, 734, 735
weldability. **A6:** 534, 722
1350, electrical conductor alloy. **A2:** 33
1350, extrudability. **A2:** 35
1350, resistance welding **M6:** 536
1350-H19, resistance spot welding **A6:** 848
01420-T6, tensile properties. **A6:** 550
2011
preplating surface preparation procedures **A5:** 800
voltage required for anodizing **A5:** 485
2011, applications and properties. **A2:** 66–67
2011, bar, rod, wire alloy **A2:** 33
2011, cleaning and finishing **M5:** 604, 606
2011, effect of homogenization on structure. **A9:** 632
2011, extrudability. **A2:** 35
2011, machining. **A16:** 762, 764, 771–774, 776, 777, 779, 781, 782, 786, 788–790, 794–796, 798–800
2011, relative stress-corrosion cracking ratings. **A19:** 781
2011-T3, machining. . **A16:** 761, 764–765, 778, 782, 784
2011-TB, fatigue strength versus tensile strength **A19:** 791
2014
applications **A6:** 530
button diameter of welds **M6:** 542
composition **A6:** 529, 723, **M3:** 723
composition, for low-temperature service. **A19:** 777
crack sensitivity ratings of base alloy/filler alloy combinations **A6:** 725
electron-beam welding **A6:** 739
fatigue life. **M3:** 746
fatigue plots with static mechanical properties. **A19:** 787
flash welding. **M6:** 558
fracture toughness **M3:** 746
matte finishes produced by chemical etching. **A5:** 793
physical properties **A6:** 723
Poisson's ratio **M3:** 725
relative rating of filler alloys for welding **A6:** 731, 732, 733, 734, 735
resistance welding. **M6:** 536, 542
stress-corrosion cracking **A19:** 494
tensile properties at subzero temperatures. **M3:** 724, 726
thermal diffusivity from 20 to 100 °C. **A6:** 4
voltage required for anodizing **A5:** 485
weld microstructures. **A6:** 54
weldability **A6:** 534, 723, 726
welding, for sustained elevated-temperature service. **A6:** 729
Young's modulus. **M3:** 725
2014 Alclad, applications and properties **A2:** 67–68
2014, applications and properties **A2:** 67–68
2014, elevated-temperature behavior **A2:** 59
2014, extrudability. **A2:** 35
2014, flow stress vs. strain rate. **A14:** 242
2014, forging alloy. **A2:** 34
2014, fracture toughness. **A2:** 59
2014, low-temperature alloy. **A2:** 59
2014, machining. **A16:** 762, 771–774, 776, 777, 779, 781, 782, 786, 788–790, 794–796, 798–800
2014, minimum bend radii **A8:** 129
2014 plate, exfoliation corrosion. **A11:** 201
2014, tube alloy **A2:** 33
2014A, fretting fatigue **A19:** 328
2014A-TB, fatigue strength versus tensile strength **A19:** 791
2014A-TF, fatigue strength versus tensile strength **A19:** 791
2014-f6, aircraft component fatigue failure. **A12:** 175
2014-T4, closed-die forging, solution heat treated and quenched **A9:** 363
2014-T4, electrode potential in NaCl-H_2O_2 solution **A6:** 730
2014-T6
electrode potential in NaCl-H_2O_2 solution. **A6:** 730
endurance limit value. **A19:** 823
fatigue limit. **A19:** 788
fatigue strength bands **A19:** 786
fatigue strength bands for products. **A19:** 786
monotonic and cyclic stress-strain properties **A19:** 231
monotonic and fatigue strength properties, bar stocks at 23 °C. **A19:** 978
reinforcement effect on weldment fatigue. **A19:** 824
relative stress-corrosion cracking ratings **A19:** 781
resistance spot welding. **A6:** 848
room-temperature cyclic parameters **A19:** 795
room-temperature monotonic properties **A19:** 796
rotating-beam fatigue **A19:** 786
shot peening **A5:** 130, 131
slow stable tearing, aircraft **A19:** 571
strength and fracture toughness levels. . . **A19:** 385
tensile properties **A19:** 788, 967
total strain versus cyclic life. **A19:** 967
ultrasonic welding. **A6:** 327
used in low-cycle fatigue study to position elastic and plastic strain-range lines. **A19:** 964
2014-T6 actuator barrel lug, SCC failed . . **A11:** 219
2014-T6, aircraft part, exfoliation. **A13:** 1022
2014-T6 aircraft wheel half, fatigue cracking. **A11:** 323, 325
2014-T6, bar, pressure weld. **A9:** 387
2014-T6 (base alloy), mechanical properties, gas-shielded arc welded butt joints **A6:** 728
2014-T6, broaching **A16:** 209
2014-T6 catapult-hook attachment fitting, fracture from straightening process **A11:** 88, 91
2014-T6, chemical milling **A16:** 585
2014-T6 (clad), anodizing products. **A5:** 483
2014-T6, closed-die forging, hydrogen porosity **A9:** 363
2014-T6, closed-die forging, rosettes from eutectic melting. **A9:** 363
2014-T6, closed-die forging, solution heat treated, aged and overaged **A9:** 363
2014-T6, diffraction techniques, elastic constants, and bulk values for **A10:** 382
2014-T6, flange failure **A13:** 1052
2014-T6 hinge bracket, stress-corrosion cracking in. **A11:** 219
2014-T6, knobbly structure **A12:** 33
2014-T6, pitting corrosion, space shuttle orbiter **A13:** 1065
2014-T6, shear testing compared. **A8:** 65
2014-T-6, shot peening **M5:** 141
2014-T61, closed-die forging, hydrogen porosity **A9:** 264
2014-T451
fatigue limit. **A19:** 788
tensile properties. **A19:** 788
2014-T651
fatigue limit. **A19:** 788
plate, fracture toughness **A19:** 779
plate, yield strength and plane-strain fracture toughness. **A19:** 774, 776
tensile properties. **A19:** 788
2014-T651, double-shear test. **A8:** 63
2014-T651, SCC performance **A8:** 524
2014-T651, shear strength. **A8:** 64
2014-T652 turning. **A16:** 598
2016-T6, finish broaching. **A5:** 86
2017
preplating surface preparation procedures **A5:** 800
voltage required for anodizing **A5:** 485
2017, applications and properties. **A2:** 68, 70
2017, cleaning and finishing **M5:** 604, 606
2017, flash welding. **M6:** 558
2017, machining. **A16:** 282, 762, 764, 771–774, 776, 777, 779, 781, 782, 786, 788–790, 794–796, 798–800
2017, use for combination gages **M3:** 556
2017-T3, fatigue crack growth in welds . . . **A19:** 146
2017-T4
fatigue crack growth in welds. **A19:** 146
fatigue limit. **A19:** 788
relationship between ΔK_{th} and the square root of the area. **A19:** 166
tensile properties. **A19:** 788
2017-T4, machining . . **A16:** 763, 764, 780, 782–784
2018, machining. **A16:** 771–774, 776, 777, 779, 781, 782, 786, 788–790, 794–796, 798–800
2020, ultrasonic welding. **A6:** 894
2021, machining. **A16:** 771–774, 776, 777, 779, 781, 782, 786, 788–790, 794–796, 798–800
2024
anodizing and heat treatment **A5:** 487, 489
button diameter of welds **M6:** 542
chemical brightening. **A5:** 790

SUBJECTS OF THE INDEXED VOLUMES: ASM Handbook (designated by the letter "A"): **A1:** Properties and Selection: Irons, Steels, and High-Performance Alloys (1990); **A2:** Properties and Selection: Nonferrous Alloys and Special-Purpose Materials (1990); **A3:** Alloy Phase Diagrams (1992); **A4:** Heat Treating (1991); **A5:** Surface Engineering (1994); **A6:** Welding, Brazing, and Soldering (1993); **A7:** Powder Metal Technologies and Applications (1998); **A8:** Mechanical Testing (1985); **A9:** Metallography and Microstructures (1985); **A10:** Materials Characterization (1986); **A11:** Failure Analysis and Prevention (1986); **A12:** Fractography (1987); **A13:** Corrosion (1987); **A14:** Forming and Forging (1988); **A15:** Casting (1988); **A16:** Machining (1989); **A17:** Nondestructive Evaluation and Quality Control (1989); **A18:** Friction, Lubrication, and Wear Technology (1992); **A19:** Fatigue and Fracture (1996); **A20:** Materials Selection and Design (1997). **Metals Handbook, 9th Edition** (designated by the letter "M"): **M1:** Properties and Selection: Irons and Steels (1978); **M2:** Properties and Selection: Nonferrous Alloys and Pure Metals (1979); **M3:** Properties and Selection: Stainless Steels, Tool Materials, and Special-Purpose Materials (1980); **M4:** Heat Treating (1981); **M5:** Surface Cleaning, Finishing, and Coating (1982); **M6:** Welding, Brazing, and Soldering (1983); **M7:** Powder Metallurgy (1984). **Engineered Materials Handbook** (designated by the letters "EM"): **EM1:** Composites (1987); **EM2:** Engineering Plastics (1988); **EM3:** Adhesives and Sealants (1990); **EM4:** Ceramics and Glasses (1991). **Electronic Materials Handbook** (designated by the letters "EL"): **EL1:** Packaging (1989)

Aluminum alloys, specific types / 45

composition **A6:** 529, 723, **M3:** 723
composition, for low-temperature service **A19:** 777
dispersoid particles and fatigue limit. **A19:** 66
electrical conductivity **M6:** 536
electrode potential in NaCl-H_2O_2 solution **A6:** 730
electron-beam welding **A6:** 739
electroplating (zincating) **A5:** 799
fasteners, use for **M3:** 184, 185
fatigue crack threshold. **A19:** 145–146
fatigue plots with static mechanical properties **A19:** 787
flash welding. **M6:** 558
fracture toughness **A19:** 32, **M3:** 746
fracture toughness and fatigue crack threshold. **A19:** 140
fracture toughness and processing techniques. **A19:** 777
friction welding **A6:** 153, 154
gages, combination, use for **M3:** 556
ISO designation. **A19:** 772
load reduction and fatigue threshold. . . . **A19:** 138
matte finishes produced by chemical etching. **A5:** 793
physical properties **A6:** 723
plate, fatigue crack growth in moist air **A19:** 801
preplating surface preparation procedures **A5:** 800
properties **A6:** 529–530
resistance welding **M6:** 536
shrinkage during cooling. **M6:** 536
S-N curves **A19:** 796
solidification cracking **A6:** 531
strength of ultrasonic welds **M6:** 752
stress-corrosion cracking **A19:** 494
tensile properties at subzero temperatures **M3:** 727
ultrasonic welding power requirements . . **M6:** 750
upset welding. **A6:** 249
voltage required for anodizing **A5:** 485
weldability **A6:** 723
2024, aircraft alloy. **A2:** 33
2024, aircraft part, intergranular corrosion **A13:** 1033
2024 Alclad, applications and properties **A2:** 70–71
2024, applications and properties. **A2:** 70–71
2024 (bare), anodizing effect on fatigue strength **A5:** 492
2024 (clad), anodizing effect on fatigue strength **A5:** 492
2024, cleaning and finishing . . . **M5:** 579, 583, 594, 597, 603–604, 606
2024, dendritic structures. **A9:** 634
2024, elevated-temperature behavior **A2:** 59
2024, extrudability. **A2:** 35
2024, fracture toughness **A2:** 50
2024, fracture-limit line for **A8:** 583
2024, low-temperature alloy **A2:** 59
2024, machining. **A16:** 282, 762, 764, 771–774, 776, 777, 779, 781, 782, 786, 788–790, 794–796, 798–800
2024, minimum bend radii **A8:** 129
2024, nondestructive dimple profiles **A12:** 199
2024, radiographic absorption **A17:** 311
2024, sheet, bend testing **A8:** 127–128
2024, sheet, specimen thickness **A8:** 130
2024, tube alloy **A2:** 33
2024, with oxide inclusion **A9:** 635
2024, workability criteria for centerbursting in. **A8:** 577–758, **A14:** 370
2024-0, plate, hot rolled and annealed. **A9:** 365
2024-0, sheet. **A9:** 365
2024-351, power requirements. **A16:** 765
2024-Al, dimple fractures. **A19:** 9, 10
2024-O
fatigue limit **A19:** 788
tensile properties. **A19:** 788
2024T, drilling **A16:** 237
2024-T3
axial stress fatigue strength in air and seawater **A19:** 792
crack growth behavior **A19:** 913
crack growth data in double logarithmic plot **A19:** 559
crack growth delay after an overload and the influence on S_{op} **A19:** 118
crack growth retardation by residual stress. **A19:** 120, 121
crack initiation **A19:** 8–9
electrode potential in NaCl-H_2O_2 solution **A6:** 730
environment effect on fatigue crack threshold. **A19:** 144
fatigue crack growth test program. . **A19:** 122, 123
fatigue crack growth threshold **A19:** 139
fatigue crack growth under random loading versus program loading **A19:** 123
fatigue limit **A19:** 788
fatigue striations **A19:** 54
material thickness effect on crack growth delay **A19:** 118
mechanical properties. **A19:** 912
monotonic and fatigue strength properties, sheet at 23 °C **A19:** 978
overload cycles on fatigue crack growth **A19:** 117
panel width effects, aircraft. **A19:** 571
plastic casting of fatigue crack **A19:** 113
quasistatic indentation test results. **A19:** 913
relative stress-corrosion cracking ratings **A19:** 781
residual strength **A19:** 913
room-temperature cyclic parameters **A19:** 795
room-temperature monotonic properties **A19:** 796
sequence effects. **A19:** 116
stress range truncation effect **A19:** 569
striation pattern corresponding to periodic variable-amplitude load sequence. . **A19:** 113
tensile properties. **A19:** 788
truncation effect on crack initiation period **A19:** 122
ultrasonic welding **A6:** 327, 894
2024-T3, chemical milling **A16:** 583, 584
2024-T3, chromate conversion coating **A5:** 405, 406, 407, 409
2024-T3, ductile striations. **A8:** 481, 484
2024-T3, fatigue behavior. **A2:** 43–44
2024-T3, fatigue fracture stages. **A11:** 104
2024-T3, fatigue striations **A12:** 19, 20
2024-T3, shear testing **A8:** 65
2024-T3, sheet, solution heat treated, different quenches compared **A9:** 264
2024-T4
fatigue limit **A19:** 788
fatigue strength bands **A19:** 786
inclusion size **A19:** 66
load histories applied to a notched member and estimated notch stress-strain responses. **A19:** 256
measured values of plastic work of fatigue crack propagation, and A values. **A19:** 69
monotonic and cyclic stress-strain properties **A19:** 231
monotonic and fatigue strength properties, rod at 23 °C **A19:** 978
no linear relationship for elastic or plastic strain-life **A19:** 234
relative stress-corrosion cracking ratings **A19:** 781
room-temperature cyclic parameters **A19:** 795
room-temperature monotonic properties **A19:** 796
rotating-beam fatigue **A19:** 786
sequence effect **A19:** 242
slip band crack **A19:** 65, 66
stress/local strain curves versus distances from crack tip **A19:** 68
tensile properties. **A19:** 788
used in low-cycle fatigue study to position elastic and plastic strain-range lines. **A19:** 964
2024-T4, aircraft part, exfoliation corrosion **A13:** 1022
2024-T4, aircraft part, pitting corrosion **A13:** 1025
2024-T4, alclad sheet. **A9:** 385
2024-T4, bolts, screws alloy **A2:** 33
2024-T4, electrode potential in NaCl-H_2O_2 solution **A6:** 730
2024-T4, exposure time and temperature effects on tensile properties. **A8:** 37
2024-T4, extruded bar, section through cold rolled threads **A9:** 388
2024-T4, extruded bar, section through machined threads **A9:** 388
2024-T4, impact wear **A18:** 264
2024-T4, machining . . **A16:** 15, 761, 764, 782, 784, 787, 789
2024-T4 plates, liquid mercury embrittlement of. **A11:** 79
2024-T4, ringing in **A8:** 40, 44
2024-T4, sheet clad with 1230, resistance spot weld **A9:** 386
2024-T-4, shot peening **A5:** 130, 131, **M5:** 141
2024-T6
relative stress-corrosion cracking ratings **A19:** 781
ultrasonic methods to detect and size fatigue cracks **A19:** 216
2024-T6, for notched-pins **A8:** 221
2024-T6, lubricant effect on bearing strength of **A8:** 60
2024-T6, sheet, stretched from 2% to 20% **A9:** 264
2024-T-6, shot peening **M5:** 145
2024-T8
purity effect on fracture toughness **A19:** 777
relative stress-corrosion cracking ratings **A19:** 781
2024-T35, compression tests **A14:** 391
2024-T62, pitting corrosion, space shuttle orbiter **A13:** 1066
2024-T81, galvanic corrosion, space shuttle orbiter **A13:** 1067
2024-T351
crack aspect ratio variation. **A19:** 160
fatigue crack growth threshold **A19:** 139
fatigue crack threshold. **A19:** 140
fatigue limit **A19:** 788
fracture toughness **A19:** 32, 377
monotonic and cyclic stress-strain properties **A19:** 231
plate, yield strength and plane-strain fracture toughness. **A19:** 774, 776
room-temperature cyclic parameters **A19:** 795
room-temperature monotonic properties **A19:** 796
tensile properties. **A19:** 788
2024-T351, corroded aircraft part. **A13:** 1020
2024-T351, diffraction techniques, elastic constants, and bulk values for **A10:** 382
2024-T351, double shear tests **A8:** 63
2024-T351, fracture loci in upset test specimens **A8:** 580–581
2024-T351, fracture locus. **A14:** 392
2024-T351, fracture strain lines. **A14:** 397
2024-T351, intergranular cracking **A13:** 1049
2024-T351, SCC resistance. **A8:** 522
2024-T351, shear strength. **A8:** 64
2024-T361, resistance spot welding. **A6:** 848
2024-T851
crack growth rate and ΔK versus acoustic emission count rate. **A19:** 216
fracture toughness **A19:** 32
plate, fracture toughness **A19:** 779
plate, yield strength and plane-strain fracture toughness. **A19:** 774, 776
strength and fracture toughness levels. . . **A19:** 385
2024-T851, crevice corrosion, space shuttle orbiter **A13:** 1069
2024-T851, plate, cold rolled, solution heat treated, stretched, artificially aged, different sections compared **A9:** 365
2024-T851, plate, hot rolled, solution heat treated, stretched, artificially aged **A9:** 365
2024-T851, SCC resistance. **A8:** 522
2024-T852, hand forgings, yield strength and plane-strain fracture toughness **A19:** 774, 776
2024-T3511, chemical milling **A16:** 584
2024-TB, fatigue strength versus tensile strength **A19:** 791
2025, forging alloy **A2:** 34
2025, machining. **A16:** 762, 771–774, 776, 777, 779, 781, 782, 786, 788–790, 794–796, 798–800
2025-T6
fatigue limit **A19:** 788
tensile properties. **A19:** 788
2025-T6, closed-die forging, solution heat treated and artificially aged **A9:** 366
2030, ISO designation. **A19:** 772
2031-TF, fatigue strength versus tensile strength **A19:** 791
2034-T3, fatigue crack growth rate data . . **A19:** 802
2036
laser beam welding **M6:** 661
relative rating of filler alloys for welding **A6:** 731, 732, 733, 734, 735
resistance welding **M6:** 535–536

Aluminum alloys, specific types (continued)
ultrasonic welding . . . **A6:** 894
weldability . . . **A6:** 534
2036, applications and properties . . . **A2:** 71–72
2036, minimum bend radii . . . **A8:** 129
2036-T4 . . . **A19:** 788
2036-T4, resistance spot welding . . . **A6:** 848
2042-T351, fracture toughness . . . **A19:** 377
2048, applications and properties . . . **A2:** 74
2048-T8, purity effect on fracture toughness . . . **A19:** 777
2048-T851, relative stress-corrosion cracking ratings . . . **A19:** 781
2090
composition . . . **A6:** 529, 550, 723
electron-beam welding . . . **A6:** 551
environment effect on fatigue crack threshold . . . **A19:** 145
fatigue crack threshold . . . **A19:** 140
gas-tungsten arc welding . . . **A6:** 551
laser-beam welding . . . **A6:** 551
physical properties . . . **A6:** 723
properties . . . **A6:** 549, 550, 551
weldability . . . **A6:** 550, 551, 552, 723, 726
2090, microstructure . . . **A9:** 357
2090-T8, tensile properties . . . **A6:** 550
2091
composition . . . **A6:** 550
properties . . . **A6:** 549, 550
weldability . . . **A6:** 550
2091, fatigue crack threshold . . . **A19:** 140, 145
2091-T8, tensile properties . . . **A6:** 550
2094
composition . . . **A6:** 550
electron-beam welding . . . **A6:** 551
properties . . . **A6:** 549, 550, 551
weldability . . . **A6:** 550, 551
2095
composition . . . **A6:** 550
properties . . . **A6:** 549, 550
weldability . . . **A6:** 551, 726
2117 . . . **A19:** 772, 788
2117, machining . . . **A16:** 762, 771–774, 776, 777, 779, 781, 782, 786, 788–790, 794–796, 798–800
2117, rivet, fittings alloy . . . **A2:** 33
2117, voltage required for anodizing . . . **A5:** 485
2117-T4, cold upset rivet, solution heat treated and quenched . . . **A9:** 366
2124
fatigue crack threshold . . . **A19:** 145–146
fracture toughness . . . **A19:** 32
fracture toughness and processing techniques . . . **A19:** 777
overaged, fatigue crack threshold . . . **A19:** 140
2124, aircraft alloy . . . **A2:** 33
2124, applications and properties . . . **A2:** 74–75
2124, copper and magnesium microsegregation in . . . **A9:** 631
2124, exfoliation corrosion . . . **A13:** 242
2124, fracture toughness . . . **A2:** 60
2124, fracture toughness of plate . . . **M3:** 746
2124, second-phase constituents . . . **A2:** 42
2124, variation in copper concentration . . . **A9:** 633
2124-T4, slip-band crack in central portion . . . **A19:** 65, 66
2124-T8, purity effect on fracture toughness . . . **A19:** 777
2124-T851
fatigue limit . . . **A19:** 788
fracture toughness . . . **A19:** 32
plate, fracture toughness . . . **A19:** 779
plate, yield strength and plane-strain fracture toughness . . . **A19:** 774, 776
relative stress-corrosion cracking ratings **A19:** 781
strength and fracture toughness levels . . . **A19:** 385
tensile properties . . . **A19:** 788
2124-T851, aircraft alloy . . . **A2:** 59
2124-UT, hydrogen-embrittled . . . **A12:** 33
2125 . . . **A19:** 788
2125, fracture toughness, fatigue behavior . . . **A2:** 42
2134, manganese dispersoids effect . . . **A19:** 140
2195
composition . . . **A6:** 529, 550
properties . . . **A6:** 549, 550
2195-T8, tensile properties . . . **A6:** 550
2214 . . . **A19:** 788
2214, fracture toughness . . . **A2:** 60
2218, applications and properties . . . **A2:** 75, 77–78
2218, machining . . . **A16:** 762, 771–774, 776, 777, 779, 781, 782, 786, 788–790, 794–796, 798–800
2218-T6, fatigue crack threshold . . . **A19:** 143–144
2218-T61, closed-die forging, solution heat treated and artificially aged . . . **A9:** 366
2218-T72 . . . **A19:** 788
2219
applications . . . **A6:** 530
composition . . . **A6:** 529, 723, **M3:** 723
composition, for low-temperature service . . . **A19:** 777
crack sensitivity ratings of base alloy/filler alloy combinations . . . **A6:** 725
cryogenic applications . . . **A6:** 535
electron-beam welding . . . **A6:** 257, 871, 872
fatigue life . . . **M3:** 746
fracture toughness . . . **M3:** 746
gas tungsten arc welding . . . **M6:** 396
gas-tungsten arc welding . . . **A6:** 871, 872
ISO designation . . . **A19:** 772
laser beam welding . . . **M6:** 661
laser cladding of alumina . . . **M6:** 800
laser-beam welding . . . **A6:** 264
physical properties . . . **A6:** 723
Poisson's ratio . . . **M3:** 725
properties . . . **A6:** 539
relative rating of filler alloys for welding . . . **A6:** 731, 732, 733, 734, 735
resistance welding . . . **M6:** 536
stress-corrosion cracking . . . **A19:** 494
tensile properties at subzero temperatures . . . **M3:** 722, 729, 731, 732
ultimate tensile strength at selected temperatures for GSAW groove joints . . . **A6:** 729
weldability . . . **A6:** 534, 535, 551, 723, 725, 726, 727, 728
welding, for sustained elevated-temperature service . . . **A6:** 729
Young's modulus . . . **M3:** 725
2219, aircraft alloy . . . **A2:** 33
2219 Alclad, applications and properties **A2:** 79–80
2219, applications and properties . . . **A2:** 79–80
2219, forging alloy . . . **A2:** 34
2219, fracture toughness . . . **A2:** 59
2219, gas metal arc weld . . . **A9:** 584
2219, machining . . . **A16:** 585, 762, 771–774, 776, 777, 779, 781, 782, 786, 788–790, 794–796, 798–800
2219 overaged, measured values of plastic work of fatigue crack propagation, and A values . . . **A19:** 69
2219-O . . . **A19:** 788
2219-T3, electrode potential in NaCl-H_2O_2 solution . . . **A6:** 730
2219-T4, electrode potential in NaCl-H_2O_2 solution . . . **A6:** 730
2219-T6, closed-die forging, solution heat treated and artificially aged . . . **A9:** 366
2219-T6, electrode potential in NaCl-H_2O_2 solution . . . **A6:** 730
2219-T6, filiform corrosion, space shuttle orbiter . . . **A13:** 1066
2219-T8, electrode potential in NaCl-H_2O_2 solution . . . **A6:** 730
2219-T31
fatigue limit . . . **A19:** 788
reinforcement effect on weldment fatigue . . . **A19:** 824
tensile properties . . . **A19:** 788
2219-T31 (base alloy), mechanical properties, gas-shielded arc welded butt joints . . . **A6:** 728
2219-T37
fatigue limit . . . **A19:** 788
relative stress-corrosion cracking ratings **A19:** 781
resistance spot welding . . . **A6:** 848
tensile properties . . . **A19:** 788
ultimate tensile strength at selected temperatures for GSAW groove joints . . . **A6:** 729
2219-T37 (base alloy), mechanical properties, gas-shielded arc welded butt joints . . . **A6:** 728
2219-T37, chemical milling . . . **A16:** 584
2219-T37, sheet . . . **A9:** 383
2219-T37, sheet, electron beam weld with ER2319 . . . **A9:** 384
2219-T37, sheet, gas tungsten arc weld with ER2319 . . . **A9:** 384
2219-T42
fatigue limit . . . **A19:** 788
tensile properties . . . **A19:** 788
2219-T62
endurance limit roles . . . **A19:** 823
fatigue limit . . . **A19:** 788
reinforcement effect on weldment fatigue . . . **A19:** 824
tensile properties . . . **A19:** 788
2219-T62, shear strength . . . **A8:** 64
2219-T81
endurance limit roles . . . **A19:** 823
fatigue limit . . . **A19:** 788
reinforcement effect on weldment fatigue . . . **A19:** 824
tensile properties . . . **A19:** 788
2219-T81 (base alloy), mechanical properties, gas-shielded arc welded butt joints . . . **A6:** 728
2219-T87
corrosion of weldments, galvanic couples . . . **A6:** 1065, 1066
corrosion resistance . . . **A6:** 534, 535
crack aspect ratio variation . . . **A19:** 160
crack length influence on gross failure stress for center-cracked plate . . . **A19:** 7
differences in space-based (Skylab) and earth-based weld samples . . . **A6:** 1024
electron-beam welding in a space environment . . . **A6:** 1023–1025
fatigue limit . . . **A19:** 788
gas-tungsten arc welding . . **A6:** 532, 533, 534, 729
plate, fracture toughness . . . **A19:** 779
relative stress-corrosion cracking ratings **A19:** 781
tensile properties . . . **A19:** 788
2219-T87 (base alloy)
mechanical properties, gas-shielded arc welded butt joints . . . **A6:** 728
properties and compositions studied in M512 melting experiments . . . **A6:** 1024
2219-T87, chemical milling . . . **A16:** 584
2219-T87, fracture toughness . . . **A2:** 60
2219-T87, SCC performance . . . **A8:** 522, 524
2219-T87, weldment corrosion . . . **A13:** 345
2219-T351
fatigue limit . . . **A19:** 788
tensile properties . . . **A19:** 788
2219-T851
controlling parameters for creep crack growth analysis . . . **A19:** 522
crack aspect ratio variation . . . **A19:** 160
fatigue limit . . . **A19:** 788
fracture toughness . . . **A19:** 32
inclusions aiding in fatigue crack initiation . . . **A19:** 65
monotonic and cyclic stress-strain properties . . . **A19:** 231
plate, best-fit *S/N* curves . . . **A19:** 19
plate, yield strength and plane-strain fracture toughness . . . **A19:** 774, 776
tensile properties . . . **A19:** 788

SUBJECTS OF THE INDEXED VOLUMES: ASM Handbook (designated by the letter "A"): **A1:** Properties and Selection: Irons, Steels, and High-Performance Alloys (1990); **A2:** Properties and Selection: Nonferrous Alloys and Special-Purpose Materials (1990); **A3:** Alloy Phase Diagrams (1992); **A4:** Heat Treating (1991); **A5:** Surface Engineering (1994); **A6:** Welding, Brazing, and Soldering (1993); **A7:** Powder Metal Technologies and Applications (1998); **A8:** Mechanical Testing (1985); **A9:** Metallography and Microstructures (1985); **A10:** Materials Characterization (1986); **A11:** Failure Analysis and Prevention (1986); **A12:** Fractography (1987); **A13:** Corrosion (1987); **A14:** Forming and Forging (1988); **A15:** Casting (1988); **A16:** Machining (1989); **A17:** Nondestructive Evaluation and Quality Control (1989); **A18:** Friction, Lubrication, and Wear Technology (1992); **A19:** Fatigue and Fracture (1996); **A20:** Materials Selection and Design (1997). **Metals Handbook, 9th Edition** (designated by the letter "M"): **M1:** Properties and Selection: Irons and Steels (1978); **M2:** Properties and Selection: Nonferrous Alloys and Pure Metals (1979); **M3:** Properties and Selection: Stainless Steels, Tool Materials, and Special-Purpose Materials (1980); **M4:** Heat Treating (1981); **M5:** Surface Cleaning, Finishing, and Coating (1982); **M6:** Welding, Brazing, and Soldering (1983); **M7:** Powder Metallurgy (1984). **Engineered Materials Handbook** (designated by the letters "EM"): **EM1:** Composites (1987); **EM2:** Engineering Plastics (1988); **EM3:** Adhesives and Sealants (1990); **EM4:** Ceramics and Glasses (1991). **Electronic Materials Handbook** (designated by the letters "EL"): **EL1:** Packaging (1989)

water vapor pressure influence on fatigue crack growth rates **A19:** 189
2219-T851, cubic spline curve fit to fatigue crack growth **A8:** 681
2219-T851, *K*-gradient effect on near-threshold fatigue crack growth **A8:** 379–380
2219-T851, stress-life data and best-fit curves **A8:** 697
2219-T851, water vapor corrosion fatigue **A13:** 143
2219-T851, water vapor effect on crack propagation rate. **A12:** 40, 52
2219-T861
measured values of plastic work of fatigue crack propagation, and A values. **A19:** 69
stress/local strain curves versus distances from crack tip **A19:** 68
2219-tempers, relative stress-corrosion cracking ratings. **A19:** 781
2319
as filler metals **A6:** 533, 534, 535
composition. **A6:** 533, 724
corrosion of weldments. **A6:** 1065, 1066
crack sensitivity ratings of base alloy/filler alloy combinations **A6:** 725
filler alloy, electrode potential in $NaCl-H_2O_2$ solution **A6:** 730
filler alloy for welding, for sustained elevated temperature service. **A6:** 729
filler alloy, relative rating for fillet welding or butt welding two component base alloys. **A6:** 731–735
filler alloy, weldability **A6:** 534
filler metal for aluminum-lithium alloys **A6:** 550, 551, 552
gas-tungsten arc welding **A6:** 729
melting range **A6:** 724
minimum shear strengths of fillet welds. . **A6:** 728
weldability, filler metal **A6:** 725, 726, 728
2319, applications and properties **A2:** 80–81
2319 (filler alloy)
mechanical properties, gas-shielded arc welded butt joints. **A6:** 728
ultimate tensile strength at selected temperatures for GSAW groove joints **A6:** 729
2319, weld filler metal, corrosion **A13:** 345
2419, cold work effects **A2:** 48
2419, fracture toughness **A2:** 60
2419-T851, aircraft alloy. **A2:** 59
2519
applications **A6:** 530, 540
composition **A6:** 529
creep crack growth **A19:** 517
threshold stress intensity values **A19:** 139
weldability **A6:** 534
2618
composition **A6:** 723
physical properties **A6:** 723
weldability **A6:** 723
2618, applications and properties **A2:** 81–82
2618, forging alloy **A2:** 34
2618, machining. **A16:** 762, 771–774, 776, 777, 779, 781, 782, 786, 788–790, 794–796, 798–800
2618, threshold stress intensity values **A19:** 139
2618-T4, closed-die forging, solution heat treated and quenched **A9:** 366
2618-T4, forging, solution heat treated and cooled in air. **A9:** 366
2618-T61
fatigue limit **A19:** 788
tensile properties. **A19:** 788
2618-T61, finish broaching. **A5:** 86
2618-T61, forging, solution heat treated cooled in still air, aged, and stabilized. **A9:** 366
2618-T61, forging, solution heat treated quenched and stabilized **A9:** 366
2618-TF, fatigue strength versus tensile strength **A19:** 791
3002, machinability rating **A16:** 762
3003
anodizing conditions prior to electroplating **A5:** 798
brazeability. **A6:** 937
brazing **A6:** 944
chemical conversion coating applications **A5:** 796
composition **A6:** 538, 722, **M3:** 723
electrode potential in $NaCl-H_2O_2$ solution **A6:** 730
electrolytic brightening. **A5:** 791
explosion welding, wave morphology of trilayer. **A6:** 162
fatigue-crack-growth rates **M3:** 732, 733
filler alloys for best color match **A6:** 730
matte finishes produced by chemical etching. **A5:** 793
mechanical properties, gas-shielded arc welded butt joints. **A6:** 727
melting range. **A6:** 937
physical properties **A6:** 722
preplating surface preparation procedures **A5:** 799, 800
relative rating of filler alloys for welding **A6:** 731, 732, 733, 734, 735
resistance to corrosion **M6:** 536, 1032
resistance welding. **M6:** 535–536, 539
tensile properties at subzero temperatures **M3:** 734
ultimate tensile strength at selected temperatures for GSAW groove joints **A6:** 729
voltage required for anodizing **A5:** 485
weldability **A6:** 534, 722, 725
welding, for sustained elevated-temperature service **A6:** 729
3003 Alclad, applications and properties **A2:** 82–84
3003 Alclad, heat exchanger tube **A2:** 33
3003, applications and properties **A2:** 82–84
3003, as plate alloy **A2:** 33
3003, bending specimen thickness **A8:** 129–130
3003, bleed bands in **A9:** 634
3003, clad with 4343 brazing filler metal . . **A9:** 387
3003, cleaning and finishing . . . **M5:** 513, 580, 583, 599, 603–604, 605
3003, composition, for low-temperature service **A19:** 777
3003, corrosion depth and tensile strength loss. **A13:** 596
3003, dendrite arm spacing for different solidification rates **A9:** 630
3003, extrudability. **A2:** 35
3003, feather crystals in **A9:** 631
3003, foil alloy **A2:** 33
3003, forging alloy **A2:** 34
3003, heat exchanger tube alloy. **A2:** 33
3003, low-temperature alloy **A2:** 59
3003, machining. **A16:** 762, 764, 771–774, 776, 777, 779, 781, 782, 786, 788–790, 794–796, 798–800
3003, pipe alloy **A2:** 33
3003, shear testing **A8:** 65
3003, tensile properties **A8:** 555
3003, tube alloy **A2:** 33
3003, weathering data **A13:** 597
3003-0, annealed sheet **A9:** 361
3003-1114, anodizing products **A5:** 483
3003-F
axial fatigue test results of as-welded butt joints in 3/8 in. plate. **A19:** 824
reinforcement effect on weldment fatigue **A19:** 824
3003-F, extruded tube **A9:** 360
3003-F, hot rolled sheet **A9:** 361
3003-H14, atmospheric corrosion **A13:** 597
3003-H14 clad with 7072, eddy current inspection **A17:** 572–573
3003-H18
resistance spot welding. **A6:** 848
weldment properties **A6:** 539
3003-O, anodizing products **A5:** 483
3003-O, weldment properties **A6:** 539
3003-tempers
fatigue limit **A19:** 788
tensile properties. **A19:** 788
3004
applications **A6:** 537
brazeability. **A6:** 937
chemical conversion coating applications **A5:** 796
composition. **A6:** 538, 722
electrode potential in $NaCl-H_2O_2$ solution **A6:** 730
melting range. **A6:** 937
physical properties **A6:** 722
preplating surface preparation procedures **A5:** 800
relative rating of filler alloys for welding **A6:** 731, 732, 733, 734, 735
resistance to corrosion **M6:** 1032
resistance welding **M6:** 535
voltage required for anodizing **A5:** 485
weldability. **A6:** 534, 722
3004 Alclad, applications and properties **A2:** 84–86
3004, applications and properties **A2:** 84–86
3004, bending specimen thickness **A8:** 129–130
3004, cleaning and finishing **M5:** 599, 604, 606
3004, corrosion depth and tensile strength loss. **A13:** 596
3004, electromagnetic cast **A9:** 634
3004, ISO designation. **A19:** 772
3004, machining. **A16:** 762, 771–774, 776, 777, 779, 781, 782, 786, 788–790, 794–796, 798–800
3004, shear testing **A8:** 65
3004, weathering data **A13:** 597
3004-H14, weight loss measurements. **A13:** 583
3004-H32, typical chips for machinability rating **A16:** 761
3004-H38, resistance spot welding **A6:** 848
3004-tempers
fatigue limit **A19:** 788
tensile properties. **A19:** 788
3005, composition **A6:** 538
3005, machining. **A16:** 771–774, 776, 777, 779, 781, 782, 786, 788–790, 794–796, 798–800
3103, fatigue strength versus tensile strength **A19:** 791
3105, applications and properties **A2:** 87
3105, composition **A6:** 538
3105, minimum bend radii **A8:** 244
3105-tempers
fatigue limit **A19:** 789
tensile properties. **A19:** 789
4004
brazing filler metal **A6:** 627
fluxless vacuum brazing. **A6:** 627
4009
composition **A6:** 724
filler alloy for welding, for sustained elevated temperature service. **A6:** 729
melting range. **A6:** 724
4010
composition **A6:** 724
filler alloy for welding, for sustained elevated temperature service. **A6:** 729
filler for best color match to 356.0, A356.0, A357.0, and 443.0. . . . . **A6:** 730
melting range. **A6:** 724
4011
composition **A6:** 724
filler alloy for welding, for sustained elevated temperature service. **A6:** 729
melting range. **A6:** 724
4032, applications and properties **A2:** 87–88
4032, composition **A6:** 538
4032, forging alloy **A2:** 34
4032, machining. **A16:** 762, 764, 771–774, 776, 777, 779, 781, 782, 786, 788–790, 794–796, 798–800
4032-T6
fatigue limit **A19:** 789
tensile properties. **A19:** 789
4043
as filler metals **A6:** 533, 534
brazing **A6:** 944
composition **A6:** 533, 538, 724
corrosion resistance **A6:** 729
crack sensitivity ratings of base alloy/filler alloy combinations **A6:** 725
filler alloy **A6:** 537–538
filler alloy, electrode potential in $NaCl-H_2O_2$ solution **A6:** 730
filler alloy for welding, for sustained elevated temperature service. **A6:** 729
filler alloy, relative rating for fillet welding or butt welding two component base alloys. **A6:** 731–735
filler alloy, weldability **A6:** 534
filler for best color match to 356.0, A356.0, A357.0, and 443.0. . . . . **A6:** 730
filler metal for aluminum-lithium alloys **A6:** 550, 551, 552
fillet weld strength **A6:** 727

Aluminum alloys, specific types (continued)
melting range **A6:** 724
minimum shear strengths of fillet welds . . **A6:** 728
weldability **A6:** 539
weldability, filler metal **A6:** 725, 727–728
4043, applications and properties **A2:** 88–89
4043 (filler alloy)
mechanical properties, gas-shielded arc welded butt joints **A6:** 728
ultimate tensile strength at selected temperatures for GSAW groove joints **A6:** 729
4043 filler, brittle fracture **A11:** 527
4043-tempers
fatigue limit **A19:** 789
tensile properties **A19:** 789
4045, composition **A6:** 538
4047
brazing filler metal **A6:** 627
composition **A6:** 533, 538, 724
filler alloy **A6:** 537–538
filler alloy, electrode potential in NaCl-H_2O_2 solution **A6:** 730
filler alloy for welding for sustained elevated temperature service **A6:** 729
filler for best color match to 356.0, A356.0, A357.0, and 443.0 . . . . . . **A6:** 730
filler metal for aluminum metal-matrix composites **A6:** 556
filler metal for aluminum-lithium alloys . . **A6:** 551
melting range **A6:** 724
weldability **A6:** 539
weldability, filler metals **A6:** 725
4104, fluxless vacuum brazing **A6:** 627
4145
composition **A6:** 533, 538, 724
crack sensitivity ratings of base alloy/filler alloy combinations **A6:** 725
filler alloy, electrode potential in NaCl-H_2O_2 solution **A6:** 730
filler alloy for welding, for sustained elevated temperature service **A6:** 729
filler alloy, relative rating for fillet welding or butt welding two component base alloys **A6:** 731, 732, 734
filler alloy, weldability **A6:** 534
melting range **A6:** 724
weldability, filler metal **A6:** 725, 728
4153, broaching **A16:** 199
4343
brazing filler metal **A6:** 627
composition **A6:** 538
4643
composition **A6:** 533, 538, 724
filler alloy for welding, for sustained elevated temperature service **A6:** 729
melting range **A6:** 724
minimum shear strengths of fillet welds . . **A6:** 728
weldability, filler metal **A6:** 727
5005
anodizing **A5:** 489
brazeability **A6:** 937
chemical conversion coating applications **A5:** 796
composition **A6:** 538, 722
electrode potential in NaCl-H_2O_2 solution **A6:** 730
electrolytic brightening **A5:** 791
filler alloys for best color match **A6:** 730
matte finishes produced by chemical etching **A5:** 793
mechanical properties, gas-shielded arc welded butt joints **A6:** 727
melting range **A6:** 937
physical properties **A6:** 722
relative rating of filler alloys for welding **A6:** 731, 732, 733, 734
voltage required for anodizing **A5:** 485
weldability **A6:** 534, 722
welding, for sustained elevated-temperature service **A6:** 729
5005, applications and properties **A2:** 89
5005, bending specimen thickness **A8:** 129–130
5005, cleaning and finishing . . . **M5:** 580, 583, 594, 599
5005, machining **A16:** 762, 771–774, 776, 777, 779, 781, 782, 786, 788–790, 794–796, 798–800
5005, resistance welding **M6:** 535
5005-H38, resistance spot welding **A6:** 848
5005-tempers
fatigue limit **A19:** 789
tensile properties **A19:** 789
5050
composition **A6:** 538, 722
electrode potential in NaCl-H_2O_2 solution **A6:** 730
filler alloys for best color match **A6:** 730
mechanical properties, gas-shielded arc welded butt joints **A6:** 727
melting range **A6:** 937
physical properties **A6:** 722
properties **A6:** 539
relative rating of filler alloys for welding **A6:** 731, 732, 733, 734
weldability **A6:** 534, 722
welding, for sustained elevated-temperature service **A6:** 729
5050, applications and properties **A2:** 89–90
5050, bending specimen thickness **A8:** 129–130
5050, machining **A16:** 762, 771–774, 776, 777, 779, 781, 782, 786, 788–790, 794–796, 798–800
5050, resistance welding **M6:** 534–535
5050, shear testing **A8:** 65
5050, tube alloy **A2:** 33
5050, voltage required for anodizing **A5:** 485
5050-H32, weldment properties **A6:** 539
5050-H38
resistance spot welding **A6:** 848
weldment properties **A6:** 539
5050-O, weldment properties **A6:** 539
5050-tempers
fatigue limit **A19:** 789
tensile properties **A19:** 789
5052
anodizing conditions prior to electroplating **A5:** 798
brazeability **A6:** 937
chemical conversion coating applications **A5:** 796
composition **A6:** 538, 722
corrosion resistance **M6:** 535
crack sensitivity ratings of base alloy/filler alloy combinations **A6:** 725
electrode potential in NaCl-H_2O_2 solution **A6:** 730
electrolytic brightening **A5:** 791
explosion welding, interface failure of trilayer **A6:** 163, 164
filler alloys for best color match **A6:** 730
ISO designation **A19:** 772
laser melt/particle inspection **M6:** 802
matte finishes produced by chemical etching **A5:** 793
mechanical properties, gas-shielded arc welded butt joints **A6:** 727
melting range **A6:** 937
physical properties **A6:** 722
preplating surface preparation procedures **A5:** 800
relative rating of filler alloys for welding **A6:** 731, 732, 733, 734
resistance welding **M6:** 534–535, 539, 542
roll welding **A6:** 313
stress-corrosion cracking **A19:** 494
thermal diffusivity from 20 to 100 °C **A6:** 4
ultimate tensile strength at selected temperatures for GSAW groove joints **A6:** 729
voltage required for anodizing **A5:** 485
weldability **A6:** 534, 722
welding, for sustained elevated-temperature service **A6:** 729
5052 aircraft part, corrosion fatigue **A13:** 1038
5052, applications and properties **A2:** 90–91
5052, as plate alloy **A2:** 33
5052, ceramic/metal joints **EM4:** 515
5052, cleaning and finishing . . . **M5:** 580, 583, 599, 603–604, 606
5052, effect of homogenization on **A9:** 632
5052, explosively bonded to tantalum **A9:** 445
5052, foil alloy **A2:** 33
5052, hydrogen porosity in **A9:** 632
5052, laser melt/particle injection **A18:** 869
5052, machining **A16:** 762, 764, 771–774, 776, 777, 779, 781, 782, 786, 788–790, 794–796, 798–800
5052, minimum bend radii **A8:** 129
5052, seawater pitting **A13:** 907
5052-H32
endurance limit **A19:** 823
fatigue limit **A19:** 789
reinforcement effect on weld fatigue **A19:** 823
tensile properties **A19:** 789
5052-H38, resistance spot welding **A6:** 848
5052-O, anodizing products **A5:** 483
5052-O, GTA fillet weld in sheet, different sections **A9:** 381
5052-tempers
fatigue limit **A19:** 789
tensile properties **A19:** 789
5056
chemical conversion coating applications **A5:** 796
conversion coating process **A5:** 797
voltage required for anodizing **A5:** 485
5056 Alclad alloy **A2:** 33
5056 Alclad, applications and properties **A2:** 91–92
5056, applications and properties **A2:** 91–92
5056, cleaning and finishing **M5:** 599–600
5056, composition **A6:** 538
5056, foil alloy **A2:** 33
5056, machining **A16:** 762, 771–774, 776, 777, 779, 781, 782, 786, 788–790, 794–796, 798–800
5056 rivet material, composite applications **A11:** 530
5056, zipper alloy **A2:** 33
5056-H38, chips difficult to control **A16:** 764
5056-O, flash welding **M6:** 575–576
5056-O, surface stress measurement **A10:** 383
5056-tempers
fatigue limit **A19:** 789
tensile properties **A19:** 789
5083
applications **A6:** 537, 540
composition **A6:** 538, 722, **M3:** 723
composition, for low-temperature service **A19:** 777
crack sensitivity ratings of base alloy/filler alloy combinations **A6:** 725
cryogenic applications **A6:** 383
electrode potential in NaCl-H_2O_2 solution **A6:** 730
electron-beam welding **A6:** 538–539
explosion welding, interface failure of trilayer **A6:** 163, 164
explosion welding, wave morphology of trilayer **A6:** 162
fatigue life **M3:** 746
fatigue-crack-growth rates **M3:** 733
filler alloys for best color match **A6:** 730
filler metal for aluminum metal-matrix composites **A6:** 556
flash welding **M6:** 558
fracture toughness **M3:** 746
friction welding **A6:** 153
gas tungsten arc welding **M6:** 396
gas-tungsten arc welding **A6:** 736
ISO designation **A19:** 772
laser-beam welding **A6:** 264, 878

SUBJECTS OF THE INDEXED VOLUMES: ASM Handbook (designated by the letter "A"): **A1:** Properties and Selection: Irons, Steels, and High-Performance Alloys (1990); **A2:** Properties and Selection: Nonferrous Alloys and Special-Purpose Materials (1990); **A3:** Alloy Phase Diagrams (1992); **A4:** Heat Treating (1991); **A5:** Surface Engineering (1994); **A6:** Welding, Brazing, and Soldering (1993); **A7:** Powder Metal Technologies and Applications (1998); **A8:** Mechanical Testing (1985); **A9:** Metallography and Microstructures (1985); **A10:** Materials Characterization (1986); **A11:** Failure Analysis and Prevention (1986); **A12:** Fractography (1987); **A13:** Corrosion (1987); **A14:** Forming and Forging (1988); **A15:** Casting (1988); **A16:** Machining (1989); **A17:** Nondestructive Evaluation and Quality Control (1989); **A18:** Friction, Lubrication, and Wear Technology (1992); **A19:** Fatigue and Fracture (1996); **A20:** Materials Selection and Design (1997). **Metals Handbook, 9th Edition** (designated by the letter "M"): **M1:** Properties and Selection: Irons and Steels (1978); **M2:** Properties and Selection: Nonferrous Alloys and Pure Metals (1979); **M3:** Properties and Selection: Stainless Steels, Tool Materials, and Special-Purpose Materials (1980); **M4:** Heat Treating (1981); **M5:** Surface Cleaning, Finishing, and Coating (1982); **M6:** Welding, Brazing, and Soldering (1983); **M7:** Powder Metallurgy (1984). **Engineered Materials Handbook** (designated by the letters "EM"): **EM1:** Composites (1987); **EM2:** Engineering Plastics (1988); **EM3:** Adhesives and Sealants (1990); **EM4:** Ceramics and Glasses (1991). **Electronic Materials Handbook** (designated by the letters "EL"): **EL1:** Packaging (1989)

mechanical properties, gas-shielded arc welded butt joints **A6:** 727
physical properties **A6:** 722
Poisson's ratio **M3:** 728
properties **A6:** 539
relative rating of filler alloys for welding **A6:** 731, 732, 733, 734
resistance welding **M6:** 536
stress-corrosion cracking **A19:** 494
temper effect on axial-tension fatigue behavior **A19:** 824
tensile properties at subzero temperatures **M3:** 734, 735
ultimate tensile strength at selected temperatures for GSAW groove joints **A6:** 729
weldability **A6:** 534, 722, 728, 729
Young's modulus **M3:** 727
5083, applications and properties **A2:** 92–93
5083, cold rolled plate **A9:** 362
5083, extrudability **A2:** 35
5083, for marine, cryogenics, pressure vessels **A2:** 33
5083, forging alloy **A2:** 34
5083, low-temperature alloy **A2:** 59
5083, machining **A16:** 762, 771–774, 776, 777, 779, 781, 782, 786, 788–790, 794–796, 798–800
5083, minimum bend radii **A8:** 129
5083 plate, hot short weld cracks **A11:** 435
5083 welds
reinforcement effect on weldment fatigue **A19:** 824
temper effect on axial-tension fatigue behavior of butt-welded joints **A19:** 824
weld bead effect on axial fatigue of butt welds **A19:** 826
5083-H32, weldment properties **A6:** 539
5083-H112, cold rolled plate **A9:** 362
5083-H116, gas-metal arc welding **A6:** 726
5083-H131 weldment, mercury-cracked . . . **A13:** 589
5083-H321, resistance spot welding **A6:** 848
5083-O
cyclic strain versus life curve **A19:** 794
fatigue crack growth rate **A19:** 804, 805
fatigue limit **A19:** 789
fatigue strength versus tensile strength . . **A19:** 791
weldability **A6:** 729
weldment properties **A6:** 539
5083-O, cryogenic alloy **A2:** 59
5083-O, fracture toughness **A2:** 60
5083-O plate, microstructures **A13:** 594
5083-tempers
fatigue limit **A19:** 789
tensile properties **A19:** 789
5086
composition **A6:** 538, 722
electrode potential in NaCl-H_2O_2 solution **A6:** 730
filler alloys for best color match **A6:** 730
laser beam welding **M6:** 661
mechanical properties, gas-shielded arc welded butt joints **A6:** 727
physical properties **A6:** 722
relative rating of filler alloys for welding **A6:** 731, 732, 733, 734
resistance welding **M6:** 536
stud arc welding **A6:** 211
ultimate tensile strength at selected temperatures for GSAW groove joints **A6:** 729
weldability **A6:** 534, 722
5086 Alclad, applications and properties **A2:** 93–94
5086, applications and properties **A2:** 93–94
5086, bending specimen thickness **A8:** 129–130
5086, extrudability **A2:** 35
5086, for marine, cryogenics, pressure vessels **A2:** 33
5086, ISO designation **A19:** 772
5086, machining **A16:** 762, 771–774, 776, 777, 779, 781, 782, 786, 788–790, 794–796, 798–800
5086, shear testing **A8:** 65
5086-F, monotonic and cyclic stress-strain properties **A19:** 231
5086-H34, plate, cold rolled and stabilized **A9:** 362
5086-H34, resistance spot welding **A6:** 848
5086-tempers
base metal and weldments compared under axial fatigue ($R = 0$) **A19:** 825
fatigue limit **A19:** 789
fatigue with single-V and double-V reinforcement **A19:** 825
reinforcement effect on weldment fatigue **A19:** 824
tensile properties **A19:** 789
weld joint configuration **A19:** 827
5154
composition **A6:** 538, 722
crack sensitivity ratings of base alloy/filler alloy combinations **A6:** 725
electrode potential in NaCl-H_2O_2 solution **A6:** 730
filler alloys for best color match **A6:** 730
mechanical properties, gas-shielded arc welded butt joints **A6:** 727
physical properties **A6:** 722
relative rating of filler alloys for welding **A6:** 731, 732, 733
weldability **A6:** 534, 722
5154, applications and properties **A2:** 94–95
5154, bending specimen thickness **A8:** 130
5154, ISO designation **A19:** 772
5154, machining **A16:** 762, 771–774, 776, 777, 779, 781, 782, 786, 788–790, 794–796, 798–800
5154, resistance welding **M6:** 536
5154, shear testing **A8:** 65
5154 welds
axial fatigue test results of as-welded butt joints in 3/8 in. plate **A19:** 824
reinforcement effect on weldment fatigue **A19:** 824
5154A, ISO designation **A19:** 772
5154A-H2, fatigue strength versus tensile strength **A19:** 791
5154A-HB, fatigue strength versus tensile strength **A19:** 791
5154-H38, resistance spot welding **A6:** 848
5154-tempers
fatigue limit **A19:** 789
tensile properties **A19:** 789
5182
laser beam welding **M6:** 661
resistance welding **M6:** 535–536
5182, applications and properties **A2:** 95
5182-O, monotonic and cyclic stress-strain properties **A19:** 231
5182-O, resistance spot welding **A6:** 848
5183
as filler metal **A6:** 534, 535
composition **A6:** 533, 538, 724
corrosion of weldments **A6:** 1065, 1066
filler alloy **A6:** 537–538
filler alloy, electrode potential in NaCl-H_2O_2 solution **A6:** 730
filler alloy, relative rating for fillet welding or butt welding two component base alloys **A6:** 731–735
filler alloy, weldability **A6:** 534
filler for best color match to 5083, 5086, 5454, and 5456 . . . . **A6:** 730
gas-tungsten arc welding **A6:** 729
melting range **A6:** 724
minimum shear strengths of fillet welds . . **A6:** 728
properties **A6:** 539
stud arc welding **A6:** 211
weldability, filler metals . . **A6:** 725, 727, 728, 729
5183 (filler alloys), ultimate tensile strength at selected temperatures for GSAW groove joints **A6:** 729
5183, ISO designation **A19:** 772
5251, ISO designation **A19:** 772
5251-H3, fatigue strength versus tensile strength **A19:** 791
5251-O, fatigue strength versus tensile strength **A19:** 791
5252, applications and properties **A2:** 95–96
5252, bright finishing alloy **A2:** 37
5252, machining **A16:** 762, 771–774, 776, 777, 779, 781, 782, 786, 788–790, 794–796, 798–800
5252, minimum bend radii **A8:** 130
5252-tempers
fatigue limit **A19:** 789
tensile properties **A19:** 789
5254
composition **A6:** 538, 722
corrosion resistance **A6:** 730
electrode potential in NaCl-H_2O_2 solution **A6:** 730
physical properties **A6:** 722
relative rating of filler alloys for welding **A6:** 731, 732, 733
weldability **A6:** 534, 722
5254, applications and properties **A2:** 96–97
5254, machining **A16:** 762, 771–774, 776, 777, 779, 781, 782, 786, 788–790, 794–796, 798–800
5254, minimum bend radii **A8:** 130
5254-tempers
fatigue limit **A19:** 789
tensile properties **A19:** 789
5257, machinability rating **A16:** 762
5356
as filler metal **A6:** 531, 533
composition **A6:** 533, 538, 724
corrosion resistance **A6:** 729
crack sensitivity ratings of base alloy/filler alloy combinations **A6:** 725
filler alloy **A6:** 537–538
filler alloy, electrode potential in NaCl-H_2O_2 solution **A6:** 730
filler alloy, relative rating for fillet welding or butt welding two component base alloys **A6:** 731–735
filler alloy, weldability **A6:** 534
filler for best color match to 6061, 6063, 511.O, 514.O, and 535.O **A6:** 730
filler metal for aluminum-lithium alloys . . **A6:** 550
melting range **A6:** 724
minimum shear strengths of fillet welds . . **A6:** 728
relative rating of filler alloys for welding **A6:** 731, 732, 733, 734
stud arc welding **A6:** 211
weldability, filler metals **A6:** 725, 727, 728
5356, applications and properties **A2:** 97
5356 (filler alloy)
mechanical properties, gas-shielded arc welded butt joints **A6:** 728
ultimate tensile strength at selected temperatures for GSAW groove joints **A6:** 729
5356, ISO designation **A19:** 772
5356 weld filler metal, seawater corrosion **A13:** 345
5356-H12, microstructure, SCC susceptibility **A13:** 591
5356-H321
axial fatigue test results of as-welded butt joints in 3/8 in. plate **A19:** 824
reinforcement effect on weldment fatigue **A19:** 824
5357
electrolytic brightening **A5:** 791
voltage required for anodizing **A5:** 485
5357 and 5357-H-32, cleaning and finishing **M5:** 580, 588, 594
5357, machinability rating **A16:** 762
5357-H32, anodizing **A5:** 489
5386, relative rating of filler alloys for welding **A6:** 731, 732, 733
5454
applications **A6:** 537
composition **A6:** 538, 722
crack sensitivity ratings of base alloy/filler alloy combinations **A6:** 725
electrode potential in NaCl-H_2O_2 solution **A6:** 730
filler alloys for best color match **A6:** 730
mechanical properties, gas-shielded arc welded butt joints **A6:** 727
physical properties **A6:** 722
relative rating of filler alloys for welding **A6:** 731, 732
stress-corrosion cracking **A19:** 494
ultimate tensile strength at selected temperatures for GSAW groove joints **A6:** 729
weldability **A6:** 534, 722, 729
welding, for sustained elevated-temperature service **A6:** 729

Aluminum alloys, specific types (continued)
5454, applications and properties....... **A2:** 97–98
5454, hot-rolled slab, with oxide stringer... **A9:** 362
5454, machining..... **A16:** 762, 771–774, 776, 777, 779, 781, 782, 786, 788–790, 794–796, 798–800
5454, resistance welding **M6:** 536
5454, shear testing....................... **A8:** 65
5454-H24 LT, rolled, fatigue crack propagation rates **A19:** 824
5454-H34, resistance spot welding **A6:** 848
5454-tempers
fatigue limit.......................... **A19:** 789
room-temperature cyclic parameters.... **A19:** 231, 795
room-temperature monotonic properties.................. **A19:** 231, 796
tensile properties...................... **A19:** 789
5456
composition **A6:** 538, 722, **M3:** 723
composition, for low-temperature service.......................... **A19:** 777
crack sensitivity ratings of base alloy/filler alloy combinations **A6:** 725
electrode potential in NaCl-H_2O_2 solution.......................... **A6:** 730
filler alloys for best color match **A6:** 730
gas-tungsten arc welding **A6:** 736
laser beam welding **M6:** 661
laser-beam welding..................... **A6:** 264
mechanical properties, gas-shielded arc welded butt joints........................ **A6:** 727
monotonic and cyclic stress-strain properties **A19:** 231
monotonic and fatigue strength properties, bar stocks at 23 °C.................. **A19:** 978
physical properties **A6:** 722
properties **A6:** 539
relative rating of filler alloys for welding............ **A6:** 731, 732, 733, 734
resistance welding **M6:** 536
room-temperature cyclic parameters **A19:** 795
room-temperature monotonic properties **A19:** 796
stud arc welding **A6:** 211
tensile properties...................... **A19:** 967
tensile properties at subzero temperatures................ **M3:** 736, 737
total strain versus cyclic life **A19:** 967
ultimate tensile strength at selected temperatures for GSAW groove joints **A6:** 729
used in low-cycle fatigue study to position elastic and plastic strain-range lines...... **A19:** 964
weldability........................ **A6:** 534, 722
5456, applications and properties....... **A2:** 98–99
5456, for marine, cryogenics, pressure vessels............................. **A2:** 33
5456, hot rolled plate, dynamic recrystallization..................... **A9:** 363
5456, low-temperature alloy **A2:** 59
5456, machining..... **A16:** 762, 771–774, 776, 777, 779, 781, 782, 786, 788–790, 794–796, 798–800
5456, minimum bend radii **A8:** 130
5456, plate, cold rolled and stress relieved **A9:** 363
5456, shear testing.................... **A8:** 64–65
5456 welds
axial fatigue test results of as-welded butt joints in 3/8 in. plate.................. **A19:** 824
fatigue limit.......................... **A19:** 790
fatigue with single-V and double-V reinforcement................... **A19:** 825
reinforcement effect on weldment fatigue......................... **A19:** 824
reinforcement effect on weldment fatigue (R = 0)............................ **A19:** 825
stress relief effect on fatigue strength ... **A19:** 828
5456-H112
fatigue limit.......................... **A19:** 789
tensile properties...................... **A19:** 789
5456-H116
fatigue limit.......................... **A19:** 790
tensile properties...................... **A19:** 790
5456-H116, gas-tungsten arc welding **A6:** 532, 533, 534
5456-H321
corrosion of weldments, galvanic couples.................. **A6:** 1065, 1066
corrosion resistance **A6:** 534, 535
gas-metal arc welding.................. **A6:** 729
resistance spot welding................. **A6:** 848
5456-H321, double shear tests............. **A8:** 63
5456-H321, plate, electron beam weld **A9:** 384
5456-H321, weldment corrosion **A13:** 345
5456-O, plate, hot rolled and annealed **A9:** 363
5456-tempers
fatigue limit.......................... **A19:** 790
tensile properties...................... **A19:** 790
5457
anodizing......................... **A5:** 491, 492
electrolytic brightening.................. **A5:** 791
matte finishes produced by chemical etching.......................... **A5:** 793
5457, applications and properties...... **A2:** 99–100
5457, bending specimen thickness......... **A8:** 130
5457, cleaning and finishing........ **M5:** 580, 583, 596–597
5457, composition **A6:** 538
5457, machining..... **A16:** 762, 771–774, 776, 777, 779, 781, 782, 786, 788–790, 794–796, 798–800
5457-F, extrusion **A9:** 361
5457-F, plate............................ **A9:** 361
5457-H25, anodizing **A5:** 490
5457-O, plate, effect of cold rolling **A9:** 361
5457-tempers
fatigue limit.......................... **A19:** 790
tensile properties...................... **A19:** 790
5554
as filler metal......................... **A6:** 535
composition **A6:** 533, 538, 724
crack sensitivity ratings of base alloy/filler alloy combinations **A6:** 725
filler alloy **A6:** 537–538
filler alloy, electrode potential in NaCl-H_2O_2 solution......................... **A6:** 730
filler alloy for welding, for sustained elevated temperature service............... **A6:** 729
filler alloy, relative rating for fillet welding or butt welding two component base alloys......................... **A6:** 731–735
filler alloy, weldability **A6:** 534
melting range......................... **A6:** 724
minimum shear strengths of fillet welds.. **A6:** 728
weldability, filler metals................ **A6:** 729
5554, ISO designation.................. **A19:** 772
5556
as filler metal......................... **A6:** 535
composition **A6:** 533, 538, 724
corrosion of weldments.......... **A6:** 1065, 1066
crack sensitivity ratings of base alloy/filler alloy combinations **A6:** 725
filler alloy **A6:** 537–538
filler alloy, electrode potential in NaCl-H_2O_2 solution......................... **A6:** 730
filler alloy, relative rating for fillet welding or butt welding two component base alloys....................... **A6:** 731–735
filler alloy, weldability **A6:** 534
filler for best color match to 5083, 5086, 5454, and 5456....................... **A6:** 730
fillet weld strength **A6:** 727
gas-metal arc welding.................. **A6:** 729
melting range......................... **A6:** 724
minimum shear strengths of fillet welds.. **A6:** 728
stud arc welding **A6:** 211
weldability, filler metals....... **A6:** 725, 727–728
5556 (filler alloy)
mechanical properties, gas-shielded arc welded butt joints....................... **A6:** 728
ultimate tensile strength at selected temperatures for GSAW groove joints **A6:** 729
5556 weld filler metal, corrosion......... **A13:** 345
5557, machinability rating **A16:** 762
5557-1125, anodizing products **A5:** 483
5652
composition....................... **A6:** 538, 722
corrosion resistance **A6:** 730
physical properties **A6:** 722
relative rating of filler alloys for welding............ **A6:** 731, 732, 733, 734
weldability........................ **A6:** 534, 722
5652, applications and properties **A2:** 100
5652, machining..... **A16:** 762, 771–774, 776, 777, 779, 781, 782, 786, 788–790, 794–796, 798–800
5652, minimum bend radii **A8:** 130
5652-tempers
fatigue limit.......................... **A19:** 790
tensile properties...................... **A19:** 790
5654
composition **A6:** 533, 538, 724
corrosion resistance **A6:** 730
crack sensitivity ratings of base alloy/filler alloy combinations **A6:** 725
filler alloy **A6:** 537–538
filler alloy, electrode potential in NaCl-H_2O_2 solution......................... **A6:** 730
filler alloy, relative rating for fillet welding or butt welding two component base alloys............. **A6:** 731, 732, 733, 734
filler alloy, weldability **A6:** 534
filler for best color match to 5052 and 5154........................ **A6:** 730
melting range......................... **A6:** 724
minimum shear strengths of fillet welds.. **A6:** 728
weldability, filler metals................ **A6:** 727
5657, applications and properties **A2:** 100
5657, bright finishing alloy................ **A2:** 37
5657, composition **A6:** 538
5657, grain growth in **A9:** 632
5657, grain structure in.................. **A9:** 632
5657, ingot **A9:** 362
5657, machining..... **A16:** 762, 771–774, 776, 777, 779, 781, 782, 786, 788–790, 794–796, 798–800
5657, minimum bend radii **A8:** 130
5657, sheet, with banding from dendritic segregation....................... **A9:** 362
5657-F, cold rolled, stress relieved, and annealed.......................... **A9:** 362
5657-tempers
fatigue limit.......................... **A19:** 790
tensile properties...................... **A19:** 790
5754, ISO designation.................. **A19:** 772
6003, resistance welding................. **A6:** 848
6005
composition **A6:** 529
relative rating of filler alloys for welding **A6:** 731, 732, 733
6005, applications and properties..... **A2:** 100–101
6005, machinability rating **A16:** 762
6005, S-N curves **A19:** 828
6005A-T6 LT, extruded, fatigue crack propagation rates **A19:** 824
6005A-T6 TL, extruded, fatigue crack propagation rates **A19:** 824
6009
composition...................... **A6:** 529, 723
laser beam welding **M6:** 661
physical properties **A6:** 723
resistance welding **M6:** 535–536
weldability **A6:** 723
6009, applications and properties **A2:** 101
6009-T4 (base alloy), mechanical properties, gas-shielded arc welded butt joints **A6:** 728

SUBJECTS OF THE INDEXED VOLUMES: ASM Handbook (designated by the letter "A"): **A1:** Properties and Selection: Irons, Steels, and High-Performance Alloys (1990); **A2:** Properties and Selection: Nonferrous Alloys and Special-Purpose Materials (1990); **A3:** Alloy Phase Diagrams (1992); **A4:** Heat Treating (1991); **A5:** Surface Engineering (1994); **A6:** Welding, Brazing, and Soldering (1993); **A7:** Powder Metal Technologies and Applications (1998); **A8:** Mechanical Testing (1985); **A9:** Metallography and Microstructures (1985); **A10:** Materials Characterization (1986); **A11:** Failure Analysis and Prevention (1986); **A12:** Fractography (1987); **A13:** Corrosion (1987); **A14:** Forming and Forging (1988); **A15:** Casting (1988); **A16:** Machining (1989); **A17:** Nondestructive Evaluation and Quality Control (1989); **A18:** Friction, Lubrication, and Wear Technology (1992); **A19:** Fatigue and Fracture (1996); **A20:** Materials Selection and Design (1997). **Metals Handbook, 9th Edition** (designated by the letter "M"): **M1:** Properties and Selection: Irons and Steels (1978); **M2:** Properties and Selection: Nonferrous Alloys and Pure Metals (1979); **M3:** Properties and Selection: Stainless Steels, Tool Materials, and Special-Purpose Materials (1980); **M4:** Heat Treating (1981); **M5:** Surface Cleaning, Finishing, and Coating (1982); **M6:** Welding, Brazing, and Soldering (1983); **M7:** Powder Metallurgy (1984). **Engineered Materials Handbook** (designated by the letters "EM"): **EM1:** Composites (1987); **EM2:** Engineering Plastics (1988); **EM3:** Adhesives and Sealants (1990); **EM4:** Ceramics and Glasses (1991). **Electronic Materials Handbook** (designated by the letters "EL"): **EL1:** Packaging (1989)

6009-T4, resistance spot welding. **A6:** 848
6009-T4, tensile properties **A8:** 555
6010, applications and properties. **A2:** 101–102
6010, composition **A6:** 529
6010, resistance welding **M6:** 535–536
6010-T4, resistance spot welding. **A6:** 848
6013

composition. **A6:** 529, 723
physical properties **A6:** 723
weldability **A6:** 723

6013-T6

gas-tungsten arc welding **A6:** 531
liquation cracking **A6:** 531

6033, flash welding. **M6:** 558
6053

brazeability. **A6:** 937
melting range. **A6:** 937
resistance welding **A6:** 848

6053, machining. **A16:** 771–774, 776, 777, 779, 781, 782, 786, 788–790, 794–796, 798–800
6053, resistance welding **M6:** 535
6053, rivet, fittings alloy. **A2:** 33
6053, voltage required for anodizing **A5:** 485
6060, ISO designation. **A19:** 772
6061

adhesive wear resistance **A18:** 721
anodizing conditions prior to electroplating **A5:** 798
applications **A6:** 530
brazeability. **A6:** 937
button diameter of welds **M6:** 542
chemical conversion coating applications **A5:** 796
composition **A6:** 529, 723, **M3:** 723
composition, for low-temperature service **A19:** 777
corrosion resistance **A6:** 729, **M6:** 535
corrosive wear **A18:** 719
crack growth **A19:** 121
crack sensitivity ratings of base alloy/filler alloy combinations **A6:** 725
electrical resistivity **A18:** 713
electrolytic brightening. **A5:** 791
electron-beam welding **A6:** 860
endurance limits **A19:** 823
fasteners, use for. **M3:** 184, 185
fatigue life **M3:** 746
fatigue limit **A19:** 790
fiber for reinforcement. **A18:** 803
filler alloys for best color match **A6:** 730
flash welding. **M6:** 558
fracture toughness **A19:** 779, 877, **M3:** 746
friction welding **A6:** 153, **M6:** 722
gas-tungsten arc welding, weld microstructures **A6:** 51
J_c mean value compared **A19:** 877
low-heat electron beam welding **M6:** 625–626
matrix hardness. **A18:** 789
matte finishes produced by chemical etching. **A5:** 793
melting range. **A6:** 937
physical properties **A6:** 723
postbraze heat treatment **A6:** 940
preplating surface preparation procedures **A5:** 800
processing technique. **A18:** 803
properties. **A6:** 530, 539, **A18:** 713, 714, 803
relative rating of filler alloys for welding. **A6:** 731, 732
resistance welding **M6:** 535–536, 539, 542
stress-corrosion cracking **A19:** 494, 781
tensile properties. **A19:** 790
tensile properties at subzero temperatures. **M3:** 738, 739
thermal diffusivity from 20 to 100 °C. **A6:** 4
voltage required for anodizing **A5:** 485
weldability **A6:** 534, 723, 727–728
welding, for sustained elevated-temperature service **A6:** 729

6061, 6061-S, 6061-T-4, and 6061-T-6 cleaning and finishing . . . **M5:** 513, 580, 583, 594, 597, 599

6061 Alclad, applications and properties. **A2:** 102–103
6061, applications and properties. **A2:** 102–103
6061, artificial aging **A2:** 40
6061, as plate alloy **A2:** 33

6061 (bare), anodizing effect on fatigue strength **A5:** 492
6061, bending specimen thickness. **A8:** 130
6061, boron-aluminum composite **A9:** 595, 597
6061, flow stress vs. strain rate **A14:** 242
6061, forging alloy **A2:** 34
6061, graphite-aluminum composite . . **A9:** 594, 597
6061, halide-flux inclusion. **A12:** 65, 67
6061, low-temperature alloy **A2:** 59
6061, machining. **A16:** 762, 764, 771–774, 776, 777, 779, 781, 782, 786, 788–790, 794–796, 798–800, 895
6061, pipe alloy **A2:** 33
6061, rotary forged **A14:** 179
6061, structural shape alloy **A2:** 34
6061, tube alloy **A2:** 33
6061 welds

axial fatigue test results of as-welded butt joints in 3/8 in. plate. **A19:** 824
fatigue with single-V and double-V reinforcement. **A19:** 825
reinforcement effect on weldment fatigue **A19:** 824

6061-F, plate, as hot rolled **A9:** 367
6061-F, sheet, hot rolled. **A9:** 367
6061-O, effective true strain

contour maps **A14:** 436

6061-O, metal flow simulation **A14:** 435
6061T, drilling **A16:** 237
6061-T4 (base alloy)

electrode potential in $NaCl-H_2O_2$ solution **A6:** 730
mechanical properties, gas-shielded arc welded butt joints. **A6:** 727
postweld heat treatments. **A6:** 532–533
welding condition effect on weld strength **A6:** 728

6061-T4, chemical conversion coating applications **A5:** 796
6061-T6

adhesive wear resistance **A18:** 721
anodizing products **A5:** 483
chemical conversion coating applications **A5:** 796
chromate conversion coatings **A5:** 409
corrosion resistance **A6:** 729
electrode potential in $NaCl-H_2O_2$ solution **A6:** 730
erosion mechanisms **A18:** 203
friction coefficient data **A18:** 71, 73, 74
gas-tungsten arc welding **A6:** 532, 533, 534
heat-affected zone microstructures. **A6:** 727
M7 workpiece material, tool life increased by PVD coating **A5:** 771
mechanical properties, gas-shielded arc welded butt joints. **A6:** 728
postweld heat treatments. **A6:** 532–533
resistance spot welding. **A6:** 848
ultimate tensile strength at selected temperatures for GSAW groove joints **A6:** 729
weldability **A6:** 727
welding condition effect on weld strength **A6:** 728

6061-T6 combustion chamber, cavitation erosion **A11:** 168–169
6061-T6 connector tube, failed **A11:** 312–313
6061-T6, crevice corrosion, space shuttle orbiter **A13:** 1070
6061-T6, extruded tube, with gas tungsten arc fillet weld to A356-T6 investment casting **A9:** 382–383
6061-T6 extrusions, ductile overload fracture **A11:** 86–87, 91
6061-T6, for notched pins **A8:** 221
6061-T6 forged and formed truck wheels **A14:** 248
6061-T6, high-cycle fatigue striations in . . . **A11:** 78
6061-T6, lubricant effect on bearing strength. **A8:** 60
6061-T6, machining **A16:** 15, 58, 600, 761, 764
6061-T6, pitting/corrosion products **A13:** 1047
6061-T6, plate. **A9:** 382
6061-T6, plate, AC and DC welds compared **A9:** 382
6061-T6, plate with welded butt joint **A9:** 381
6061-T6, pressure-shear waves for **A8:** 231
6061-T6, shear testing **A8:** 65
6061-T6, sheet **A9:** 382

6061-T6, sheet, AC and DC welds compared **A9:** 382
6061-T6, sheet, electron beam weld **A9:** 385
6061-T6, sheet with welded butt joint **A9:** 381
6061-T6, striations on fatigue crack fronts **A12:** 23
6061-T651, double shear tests **A8:** 63
6061-T651, fracture toughness **A2:** 60
6061-T651, friction welding **A6:** 558
6061-T651, power requirements **A16:** 765
6061-T651, SCC resistance. **A8:** 522
6061-T651, shear strength. **A8:** 64
6061-T651, stress vs. rupture life **A8:** 332
6063

brazeability. **A6:** 937
chemical conversion coating applications **A5:** 796
composition. **A6:** 529, 723
corrosion resistance **A6:** 729, **M6:** 535
electrode potential in $NaCl-H_2O_2$ solution **A6:** 730
electrolytic brightening. **A5:** 791
electron-beam welding **A6:** 860
filler alloys for best color match **A6:** 730
flash welding. **M6:** 558
friction surfacing. **A6:** 323
matte finishes produced by chemical etching. **A5:** 793
melting range. **A6:** 937
physical properties **A6:** 723
relative rating of filler alloys for welding **A6:** 731, 732, 733
resistance welding **M6:** 535
voltage required for anodizing **A5:** 485
weldability **A6:** 534, 723, 728
welding, for sustained elevated-temperature service **A6:** 729

6063 and 6063-T-6, cleaning and finishing **M5:** 580, 583, 594, 599
6063, angular interdendritic porosity **A9:** 633
6063, applications and properties. **A2:** 103–104
6063, columnar grains in **A9:** 630
6063, effect of grain refiner on **A9:** 630
6063, equiaxed grains in. **A9:** 630
6063, extrudability. **A2:** 35
6063, hydrogen porosity in. **A9:** 633
6063, ISO designation. **A19:** 772
6063, machining. **A16:** 762, 771–774, 776, 777, 779, 781, 782, 786, 788–790, 794–796, 798–800
6063, pipe alloy **A2:** 33
6063, tube alloy **A2:** 33
6063A, ISO designation **A19:** 772
6063-O, sheets, brazed joint with 4047 filler **A9:** 387
6063-T5, extrusion. **A9:** 367
6063-T6

anodizing **A5:** 489
anodizing products **A5:** 483

6063-T6 (base alloy), mechanical properties, gas-shielded arc welded butt joints **A6:** 728
6063-T6 extension ladder side-rail, buckling and plastic deformation of **A11:** 137
6063-T6, resistance spot welding. **A6:** 848
6063-tempers

fatigue limit **A19:** 790
tensile properties. **A19:** 790

6066, applications and properties. **A2:** 104–105
6066, electron-beam welding **A6:** 860
6066, machining. **A16:** 762, 771–774, 776, 777, 779, 781, 782, 786, 788–790, 794–796, 798–800

6066-tempers

fatigue limit **A19:** 790
tensile properties. **A19:** 790

6070

relative rating of filler alloys for welding. **A6:** 731, 732
weldability **A6:** 534

6070, applications and properties **A2:** 105
6070, machining. **A16:** 762, 771–774, 776, 777, 779, 781, 782, 786, 788–790, 794–796, 798–800

6070-T6

fatigue limit **A19:** 790
tensile properties. **A19:** 790

6082

ISO designation. **A19:** 772

Aluminum alloys, specific types (continued)
- monotonic and fatigue strength properties, round bar at 23 °C **A19:** 978
- *S-N* curves **A19:** 828

6082-T6 LT
- extruded, fatigue crack propagation rates **A19:** 824
- rolled, fatigue crack propagation rates **A19:** 824

6082-TB, fatigue strength versus tensile strength **A19:** 791

6101
- composition **A6:** 723
- physical properties **A6:** 723
- relative rating of filler alloys for welding **A6:** 731, 732, 733
- weldability **A6:** 534, 723

6101, applications and properties **A2:** 105–106
6101, electrical conductor alloy **A2:** 33
6101, ISO designation **A19:** 772
6101, machining **A16:** 771–774, 776, 777, 779, 781, 782, 786, 788–790, 794–796, 798–800
6101, resistance welding **M6:** 536
6101-T6, resistance spot welding **A6:** 848

6101-tempers
- fatigue limit **A19:** 790
- tensile properties **A19:** 790

6151
- anodizing products **A5:** 483
- relative rating of filler alloys for welding **A6:** 731, 732, 733
- resistance brazing **A6:** 342
- voltage required for anodizing **A5:** 485
- weldability **A6:** 534

6151, applications and properties **A2:** 106
6151, machining **A16:** 762, 771–774, 776, 777, 779, 781, 782, 786, 788–790, 794–796, 798–800

6151-T6
- fatigue limit **A19:** 790
- tensile properties **A19:** 790

6151-T6, closed-die forging **A9:** 367
6181, ISO designation **A19:** 772

6201
- relative rating of filler alloys for welding **A6:** 731, 732, 733
- weldability **A6:** 534

6201, applications and properties **A2:** 106–107
6201, electrical conductor alloy **A2:** 33

6201-T81
- fatigue limit **A19:** 790
- tensile properties **A19:** 790

6205, applications and properties **A2:** 107

6253
- chemical conversion coating applications **A5:** 796
- conversion coating process **A5:** 797

6253, machining **A16:** 771–774, 776, 777, 779, 781, 782, 786, 788–790, 794–796, 798–800

6262
- composition **A6:** 529, 723
- physical properties **A6:** 723
- weldability **A6:** 723

6262, applications and properties **A2:** 107
6262, ISO designation **A19:** 772
6262, machining **A16:** 762, 764, 771–774, 776, 777, 779, 781, 782, 786, 788–790, 794–796, 798–800
6262, wire, bar, and rod alloy **A2:** 33

6262-T9
- fatigue limit **A19:** 790
- tensile properties **A19:** 790

6262-T9, machinability of hexagonal nut **A16:** 764

6351
- composition **A6:** 723
- physical properties **A6:** 723
- relative rating of filler alloys for welding **A6:** 731, 732, 733
- weldability **A6:** 534, 723

6351, applications and properties **A2:** 107–108
6351, ISO designation **A19:** 772

6351-T4
- fatigue limit **A19:** 790
- tensile properties **A19:** 790

6351-T6
- fatigue limit **A19:** 790
- tensile properties **A19:** 790

6351-T6, extruded tube **A9:** 367

6463
- electrolytic brightening **A5:** 791
- matte finishes produced by chemical etching **A5:** 793

6463, applications and properties **A2:** 108
6463, machining **A16:** 762, 771–774, 776, 777, 779, 781, 782, 786, 788–790, 794–796, 798–800

6463-T1
- fatigue limit **A19:** 790
- tensile properties **A19:** 790

6463-T5
- fatigue limit **A19:** 790
- tensile properties **A19:** 790

6463-T6
- fatigue limit **A19:** 790
- tensile properties **A19:** 790

6951
- brazeability **A6:** 937
- composition **A6:** 723
- melting range **A6:** 937
- physical properties **A6:** 723
- relative rating of filler alloys for welding **A6:** 731, 732, 733
- weldability **A6:** 534, 723

6951, machining **A16:** 762, 771–774, 776, 777, 779, 781, 782, 786, 788–790, 794–796, 798–800
7001, machining **A16:** 762, 771–774, 776, 777, 779, 781, 782, 786, 788–790, 794–796, 798–800
7001-T75, fracture toughness **A19:** 32

7002-T6
- fatigue limit **A19:** 790
- tensile properties **A19:** 790

7004 extrusion, with speed cracks **A11:** 91
7004, machining **A16:** 771–774, 776, 777, 779, 781, 782, 786, 788–790, 794–796, 798–800
7004, properties **A6:** 530
7004-O, sheets, brazed joint with 4245 filler **A9:** 387
7004-T41, reinforcement effect on weldment fatigue ($R = 0$) **A19:** 823

7005
- brazeability **A6:** 937
- composition **A6:** 529, 723, **M3:** 723
- composition, for low-temperature service **A19:** 777
- corrosion of weldments **A6:** 1065
- crack sensitivity ratings of base alloy/filler alloy combinations **A6:** 725
- electron-beam welding **A6:** 871
- ISO designation **A19:** 772
- mechanical properties **M6:** 1032
- melting range **A6:** 937
- not brazed **A6:** 627
- physical properties **A6:** 723
- precipitation hardening after brazing **M6:** 1031
- properties **A6:** 530
- relative rating of filler alloys for welding **A6:** 731, 732
- tensile properties at subzero temperatures **M3:** 740
- weldability **A6:** 534, 723, 725, 726, 728, **M6:** 373
- welding, for sustained elevated-temperature service **A6:** 729

7005, applications and properties **A2:** 108–109
7005, low-temperature alloy **A2:** 59
7005, machining **A16:** 762, 771–774, 776, 777, 779, 781, 782, 786, 788–790, 794–796, 798–800
7005, seawater corrosion **A13:** 345

7005-T6
- corrosion resistance **A6:** 729
- electrode potential in NaCl-H_2O_2 solution **A6:** 730

7005-T53 (base alloy), mechanical properties, gas-shielded arc welded butt joints **A6:** 728
7005-T53, relative stress-corrosion cracking ratings **A19:** 781
7005-T63, relative stress-corrosion cracking ratings **A19:** 781
7005-T6351, fracture toughness **A19:** 32

7010
- crack aspect ratio after shot peening **A19:** 161, 162
- crack shapes observed in different orientations **A19:** 162, 163
- ISO designation **A19:** 772

7010, diffusion welding **A6:** 885
7010, forging alloy **A2:** 34
7020, ISO designation **A19:** 772
7020-T6 LT, rolled, fatigue crack propagation rates **A19:** 824
7021, relative rating of filler alloys for welding **A6:** 731, 732
7022, deformation-induced transformations **A19:** 86–87

7039
- applications **A6:** 540
- composition **A6:** 529, 723, **M3:** 723
- corrosion of weldments **A6:** 1065
- crack sensitivity ratings of base alloy/filler alloy combinations **A6:** 725
- electron-beam welding **A6:** 871
- fatigue life **M3:** 746
- fracture toughness **M3:** 746
- gas tungsten arc welding **M6:** 396
- physical properties **A6:** 723
- properties **A6:** 530
- relative rating of filler alloys for welding **A6:** 731, 732
- tensile properties at subzero temperatures **M3:** 741–743
- weldability **A6:** 534, 535, 723, 725, 726, 728, **M6:** 373

7039, applications and properties **A2:** 109–111
7039, composition, for low-temperature service **A19:** 777
7039, forging alloy **A2:** 34
7039, fracture toughness **A2:** 60
7039, ingot **A9:** 368
7039, low-temperature alloy **A2:** 59
7039, machining **A16:** 771–774, 776, 777, 779, 781, 782, 786, 788–790, 794–796, 798–800
7039, plate, as hot rolled, reduced 50% and 83% **A9:** 368

7039-T6
- fatigue limit **A19:** 790
- plate, fracture toughness **A19:** 779
- tensile properties **A19:** 790

7039-T6 C-ring, stress-corrosion cracking in **A11:** 78–79
7039-T6, electrode potential in NaCl-H_2O_2 solution **A6:** 730

7039-T61
- reinforcement effect on weldment fatigue **A19:** 824
- stress-corrosion cracking **A19:** 494

7039-T61 (base alloy), mechanical properties, gas-shielded arc welded butt joints **A6:** 727
7039-T63, plate, electron beam weld **A9:** 385
7039-T63, relative stress-corrosion cracking ratings **A19:** 781

7039-T64
- relative stress-corrosion cracking ratings **A19:** 781
- stress-corrosion cracking **A19:** 494

7039-T64, industrial atmospheric SCC **A13:** 266

7039-T651
- corrosion of weldments, galvanic couples **A6:** 1065, 1066

SUBJECTS OF THE INDEXED VOLUMES: ASM Handbook (designated by the letter "A"): **A1:** Properties and Selection: Irons, Steels, and High-Performance Alloys (1990); **A2:** Properties and Selection: Nonferrous Alloys and Special-Purpose Materials (1990); **A3:** Alloy Phase Diagrams (1992); **A4:** Heat Treating (1991); **A5:** Surface Engineering (1994); **A6:** Welding, Brazing, and Soldering (1993); **A7:** Powder Metal Technologies and Applications (1998); **A8:** Mechanical Testing (1985); **A9:** Metallography and Microstructures (1985); **A10:** Materials Characterization (1986); **A11:** Failure Analysis and Prevention (1986); **A12:** Fractography (1987); **A13:** Corrosion (1987); **A14:** Forming and Forging (1988); **A15:** Casting (1988); **A16:** Machining (1989); **A17:** Nondestructive Evaluation and Quality Control (1989); **A18:** Friction, Lubrication, and Wear Technology (1992); **A19:** Fatigue and Fracture (1996); **A20:** Materials Selection and Design (1997). **Metals Handbook, 9th Edition** (designated by the letter "M"): **M1:** Properties and Selection: Irons and Steels (1978); **M2:** Properties and Selection: Nonferrous Alloys and Pure Metals (1979); **M3:** Properties and Selection: Stainless Steels, Tool Materials, and Special-Purpose Materials (1980); **M4:** Heat Treating (1981); **M5:** Surface Cleaning, Finishing, and Coating (1982); **M6:** Welding, Brazing, and Soldering (1983); **M7:** Powder Metallurgy (1984). **Engineered Materials Handbook** (designated by the letters "EM"): **EM1:** Composites (1987); **EM2:** Engineering Plastics (1988); **EM3:** Adhesives and Sealants (1990); **EM4:** Ceramics and Glasses (1991). **Electronic Materials Handbook** (designated by the letters "EL"): **EL1:** Packaging (1989)

Aluminum alloys, specific types / 53

corrosion resistance **A6:** 534, 535
gas-tungsten arc welding **A6:** 729
7039-T651, weldment corrosion **A13:** 345
7045, grain size and aging effect on fatigue crack growth rate **A19:** 804
7046, relative rating of filler alloys for welding **A6:** 731, 732
7049, applications and properties. **A2:** 111–113
7049, forging alloy **A2:** 34
7049, machining. **A16:** 771–774, 776, 777, 779, 781, 782, 786, 788–790, 794–796, 798–800
7049A, ISO designation **A19:** 772
7049-T73

fatigue limit **A19:** 790
relative stress-corrosion cracking ratings **A19:** 781
tensile properties. **A19:** 790

7049-T76, relative stress-corrosion cracking ratings. **A19:** 781
7049-T7352

fatigue limit **A19:** 790
tensile properties. **A19:** 790

7050

crack growth data for compact tension specimens **A19:** 803
environment effect on fatigue crack threshold. **A19:** 145
fatigue life **A19:** 805
ISO designation. **A19:** 772
plate, fracture toughness **A19:** 10, 11
plate, microporosity effect on fatigue . . . **A19:** 791
sheet, dispersoid type effect on fatigue crack propagation **A19:** 803
strain-life curves with shearable precipitates. **A19:** 796
yield strength effect on fatigue crack propagation life **A19:** 809

7050, aircraft alloy. **A2:** 33
7050, applications and properties. **A2:** 113–114
7050, composition **A6:** 529
7050, forging alloy **A2:** 34
7050, fracture toughness. **A2:** 60
7050, fracture toughness, fatigue behavior. . . **A2:** 42
7050 (high-purity), fracture strain **A19:** 10
7050 low copper, hydrogen-embrittled **A12:** 33
7050, machining. **A16:** 771–774, 776, 777, 779, 781, 782, 786, 788–790, 794–796, 798–800
7050, SCC propagation rates **A13:** 269
7050, second-phase constituents **A2:** 42
7050-T4, measured values of plastic work of fatigue crack propagation, and A values **A19:** 69
7050-T6, diffraction techniques, elastic constants, and bulk values for **A10:** 382
7050-T74, relative stress-corrosion cracking ratings. **A19:** 781
7050-T76

fatigue crack growth rates **A19:** 820
measured values of plastic work of fatigue crack propagation, and A values. **A19:** 69
relative stress-corrosion cracking ratings **A19:** 781

7050-T736

die forgings, yield strength and plane-strain fracture toughness **A19:** 774, 776
purity effect on fracture toughness **A19:** 777

7050-T7351x, extrusion, yield strength and plane-strain fracture toughness **A19:** 774, 776
7050-T7451

crack growth testing at room temperature **A19:** 205
fatigue limit **A19:** 790
tensile properties. **A19:** 790

7050-T7452

damage tolerance life **A19:** 39
fatigue crack propagation **A19:** 38, 39
fatigue crack propagation for hand forgings **A19:** 38
fracture toughness test results, S-L and S-T. **A19:** 32

7050-T7651

fatigue limit **A19:** 790
tensile properties. **A19:** 790

7050-T7651x, extrusion, yield strength and plane-strain fracture toughness **A19:** 774, 776
7050-T73510

fatigue limit **A19:** 790
tensile properties. **A19:** 790

7050-T73511

fatigue limit **A19:** 790
tensile properties. **A19:** 790

7050-T73651, plate, yield strength and plane-strain fracture toughness **A19:** 774, 776
7050-T73651, stress range truncation effect on crack growth life. **A19:** 569
7050-T73652, hand forgings, yield strength and plane-strain fracture toughness **A19:** 774, 776
7055-T77, plate, fracture toughness modifications **A19:** 778–779
7057-T6, high-speed machining. **A16:** 603
7070-T651, in potassium iodide solution electrode potential effect **A8:** 407–408
7072

brazeability. **A6:** 937
cladding material only **A6:** 627
electrode potential in $NaCl-H_2O_2$ solution **A6:** 730

7072, applications and properties. **A2:** 114–115
7072, chemical conversion coating applications **A5:** 796
7072, chemical milling **A16:** 803–804
7072, clad to 7075-T6. . . . . **A9:** 369
7072, clad to 7178-T76, sacrificially corroded. **A9:** 369
7072, minimum bend radii **A8:** 130
7072, resistance welding **M6:** 535
7072-H14

fatigue limit **A19:** 790
tensile properties. **A19:** 790

7075

anodizing products **A5:** 483
button diameter of welds **M6:** 542
chemical brightening. **A5:** 790
chemical conversion coating applications **A5:** 796
chromium content and $Cr_2Mg_3Al_{18}$ particles. **A19:** 66
composition **A6:** 529, 723, **M3:** 723
composition, for low-temperature service **A19:** 777
crack growth data for microstructurally small cracks **A19:** 154
electron-beam welding. **A6:** 739, 872
electroplating (zincating) **A5:** 799
environment effect on fatigue crack threshold. **A19:** 145
fatigue crack threshold. **A19:** 140
fatigue life **A19:** 805, **M3:** 746
fatigue plots with static mechanical properties **A19:** 787
flash welding. **M6:** 558
fracture toughness **A19:** 32, **M3:** 746
fracture toughness and processing techniques. **A19:** 777
grain boundary precipitate size effect on fracture toughness **A19:** 386, 387
inclusion density effect on stress-life behavior **A19:** 798, 799
ISO designation. **A19:** 772
matte finishes produced by chemical etching. **A5:** 793
physical properties **A6:** 723
plate, fatigue crack growth in moist air **A19:** 801
properties **A6:** 530
resistance welding **M6:** 535–536
shrinkage during cooling. **M6:** 536
S-N curves with and without TMTs **A19:** 799
solidification cracking **A6:** 531
stress-corrosion cracking **A19:** 494, 495
tensile properties at subzero temperatures **M3:** 744
thermal diffusivity from 20 to 100 °C. **A6:** 4
voltage required for anodizing **A5:** 485
weldability **A6:** 723, 725–726, 728

7075, aircraft alloy. **A2:** 33
7075 Alclad, applications and properties. **A2:** 115–116
7075, applications and properties. **A2:** 115–116
7075 (bare), anodizing effect on fatigue strength **A5:** 492
7075, bending specimen thickness. **A8:** 130
7075 (clad), anodizing effect on fatigue strength **A5:** 492
7075, cleaning and finishing . . . **M5:** 579, 583, 597, 599, 603
7075, effect of solidification rate on secondary dendrite arm spacing **A9:** 629
7075, effect of temperature on strength and ductility **A8:** 36
7075, extrudability. **A2:** 35
7075 extrusion, temper effects on exfoliation **A13:** 595
7075, flow stresses and deformation. **A14:** 250
7075, forging alloy **A2:** 34
7075, fracture toughness **A2:** 59
7075, low-temperature alloy **A2:** 59
7075, machining **A16:** 776, 777, 779, 781, 782, 786, 788–790, 794–796, 798–800, 803
7075, SCC relative susceptibility. **A13:** 267
7075, SCC testing **A13:** 251
7075, segregation in. **A9:** 633
7075, stress-corrosion cracking **A13:** 159
7075, temper effect on SCC. **A13:** 251
7075, thermal treatment to decrease SCC susceptibility **A8:** 508
7075, tube alloy **A2:** 33
7075, with CrAl7 inclusion **A9:** 635
7075-O

fatigue limit **A19:** 790
fracture toughness. **A19:** 877
J_c mean value compared **A19:** 877
tensile properties. **A19:** 790

7075-O, sheet, annealed, different cooling rates compared **A9:** 368
7075T, coatings and tool life **A16:** 58
7075T, M3 workpiece material, tool life increased by PVD coating **A5:** 771
7075-T6

amplitude block sequence effect on fatigue life in program fatigue tests **A19:** 121
anodizing products **A5:** 483
axial stress fatigue strength in air and seawater **A19:** 792
chromate conversion coatings. . **A5:** 407, 408, 409
crack closure observed in a single severe flight **A19:** 124
crack growth retardation **A19:** 808
electrode potential in $NaCl-H_2O_2$ solution **A6:** 730
fatigue crack growth rate data **A19:** 802
fatigue crack growth rates, R effect **A19:** 38
fatigue life estimation using Paris equation **A19:** 28
fatigue limit **A19:** 790
fatigue strength bands **A19:** 786
fatigue test results and fatigue curves . . . **A19:** 966
fatigue test results with fatigue curves constructed by the four-point method **A19:** 966
fatigue-life curves **A19:** 800
flight simulation load histories and test results **A19:** 129
flight simulation tests. **A19:** 116
forging, fatigue property assessment **A19:** 16
fracture surfaces of three center-cracked tension specimens **A19:** 125
fracture toughness. **A19:** 773
fracture toughness variability **A19:** 451
load ratio effect on fatigue crack growth rate. **A19:** 806
monotonic and cyclic stress-strain properties **A19:** 231
monotonic and fatigue strength properties, rod at 23 °C **A19:** 978
no linear relationship for elastic or plastic strain-life **A19:** 234
panel width effects, aircraft. **A19:** 571
properties **A6:** 537
purity effect on fracture toughness **A19:** 777
relative stress-corrosion cracking ratings **A19:** 781
resistance spot welding. **A6:** 848
room-temperature cyclic parameters **A19:** 795
room-temperature monotonic properties **A19:** 796
rotating-beam fatigue **A19:** 786
shot peening **A5:** 130, 131
tensile properties. **A19:** 790
thickness effect on crack growth **A19:** 124
truncation effect on crack growth **A19:** 123
ultrasonic welding. **A6:** 327
used in low-cycle fatigue study to position elastic and plastic strain-range lines. **A19:** 964

Aluminum alloys, specific types (continued)
7075-T6 aircraft landing gear component, SCC failure **A11:** 213
7075-T6, aircraft part, galvanic corrosion **A13:** 1024
7075-T6, alclad sheet, brittle fracture **A9:** 372
7075-T6, alclad sheet, ductile fracture **A9:** 372
7075-T6, compressed with orange peel effect **A8:** 57
7075-T6, crack tip stress intensity control fatigue cracking **A13:** 297
7075-T6, diffraction techniques, elastic constants, and bulk values for **A10:** 382
7075-T6, effect of corrosion on fatigue strength **A12:** 43, 54
7075-T6, extruded bar, intergranular stress-corrosion cracks **A9:** 372
7075-T6, extrusion, exfoliation-type corrosion **A9:** 372
7075-T6, extrusion, fractures **A9:** 371
7075-T6, extrusion, intergranular corrosion **A9:** 371
7075-T6, extrusion, pitting-type corrosion . . **A9:** 371
7075-T6 fasteners, fabrication failure **A11:** 530, 533
7075-T6, fatigue behavior **A2:** 43–44
7075-T6, fatigue crack propagation . . . **A8:** 364–365, 404
7075-T6, fatigue fracture, resistance spot weld **A12:** 66, 67
7075-T6 fatigue-fracture surfaces **A11:** 112, 253
7075-T6, forging, shrinkage cavities and internal cracks **A9:** 370–371
7075-T6, forging, stress corrosion cracking **A9:** 370
7075-T6, forging, with fold at machined fillet **A9:** 369–370
7075-T6, forging, with parting-plane fracture **A9:** 369
7075-T6 forgings, thermal treatment effects **A11:** 340
7075-T6, lubricant effect on bearing strength **A8:** 60
7075-T6, machining **A16:** 583, 584, 585, 604, 764, 768, 797
7075-T6, mixed-mode fracture in **A11:** 84
7075-T6, mud crack pattern **A13:** 1049
7075-T6 plate, fatigue-fracture surface **A11:** 104
7075-T6 plate, grain structure **A13:** 592
7075-T6 plates, fatigue-fracture zones **A11:** 110
7075-T6, residual stresses **A13:** 591
7075-T6 rifle receivers, exfoliation failure **A11:** 338–342
7075-T6, SEM and TEM fractographs, compared **A12:** 187–188
7075-T6, sequential erosion **A18:** 202, 203
7075-T6, shear testing **A8:** 65
7075-T6, sheet clad with 7072 . . . . . **A9:** 369
7075-T6 sheet, eddy current inspection . . . **A17:** 188
7075-T-6, shot peening **M5:** 141, 145
7075-T6, *S-N* curve **A8:** 364
7075-T6, stress-corrosion fracture **A12:** 28, 35
7075-T6, surface appearance **A13:** 1047
7075-T6, tension and torsion effective fracture strains **A8:** 168
7075-T61, monotonic and fatigue strength properties, plate at 23 °C **A19:** 978
7075-T65, monotonic and fatigue strength properties, stock at 23 °C **A19:** 978
7075-T73
  environment effect on fatigue **A19:** 247–248
  fatigue limit **A19:** 790
  fatigue-ductility coefficient **A19:** 248
  fatigue-ductility exponent **A19:** 248
  fatigue-strength coefficient **A19:** 248
  fatigue-strength exponent **A19:** 248
  modulus of elasticity **A19:** 248
  monotonic and cyclic stress-strain properties **A19:** 231
  purity effect on fracture toughness **A19:** 777
  relative stress-corrosion cracking ratings **A19:** 781
  tensile properties **A19:** 790
7075-T73, chromate conversion coatings . . . **A5:** 408
7075-T73, electrode potential in NaCl-H_2O_2 solution **A6:** 730
7075-T73 landing gear torque arm, fatigue fracture design **A11:** 114
7075-T73 very large precision forging section **A14:** 254
7075-T74, relative stress-corrosion cracking ratings **A19:** 782
7075-T76, relative stress-corrosion cracking ratings **A19:** 782
7075-T651
  fatigue crack threshold **A19:** 140
  fatigue limit **A19:** 790
  fracture toughness **A19:** 32, 773
  fracture toughness value for engineering alloy **A19:** 377
  plate, fracture toughness **A19:** 779
  plate, yield strength and plane-strain fracture toughness **A19:** 774, 776
  tensile properties **A19:** 790
7075-T651, anodic polarization curves **A8:** 532
7075-T651, anodic polarization curves, SCC testing **A13:** 265
7075-T651, directionality effect on SCC in **A8:** 501
7075-T651, double shear test **A8:** 63
7075-T651, electron-beam welding **A6:** 872
7075-T651, fayed to 4130 steel, surface fretting **A9:** 387
7075-T651, milling **A16:** 767, 769
7075-T651, plate, surfaces of electrochemically machined hole **A9:** 388
7075-T651, SCC cracking **A13:** 1045
7075-T651, SCC resistance **A8:** 522
7075-T651, shear strength **A8:** 64
7075-T651, sheet, effect of saturation peening **A9:** 387
7075-T651, stress-corrosion cracking **A13:** 591
7075-T651x, extrusion, yield strength and plane-strain fracture toughness **A19:** 774, 776
7075-T7351
  fracture toughness **A19:** 32
  monotonic and fatigue strength properties, plate at 23 °C **A19:** 978
  plate, fracture toughness **A19:** 779
  plate, yield strength and plane-strain fracture toughness **A19:** 774, 776
  room-temperature cyclic parameters **A19:** 795
  room-temperature monotonic properties **A19:** 796
  strength and fracture toughness levels . . . **A19:** 385
7075-T7351, SCC performance **A8:** 522, 524
7075-T7351x, extrusion, yield strength and plane-strain fracture toughness **A19:** 774, 776
7075-T7352, forging, solution heat treated cold reduced, artificially aged **A9:** 368
7075-T7352, hand forgings, yield strength and plane-strain fracture toughness **A19:** 774, 776
7075-T7361, peak residual surface stress correlated to 10^7 cycles fatigue limit for grinding, sanding, milling, and turning **A19:** 316
7075-T7651, plate, yield strength and plane-strain fracture toughness **A19:** 774, 776
7075-TF, fatigue strength versus tensile strength **A19:** 791
7075-TMT, fatigue-life curves **A19:** 800
7076, applications and properties **A2:** 116–118
7076-T6
  fatigue limit **A19:** 790
  tensile properties **A19:** 790
7079
  composition **A6:** 723
  physical properties **A6:** 723
  weldability **A6:** 723
7079, forging alloy **A2:** 34
7079, fracture toughness **A2:** 59
7079, machining **A16:** 762, 771–774, 776, 777, 779, 781–782, 786, 788–790, 794–796, 798–800
7079-T6
  anodizing products **A5:** 483
  fatigue limit **A19:** 790
  relative stress-corrosion cracking ratings **A19:** 782
  rotating-beam fatigue **A19:** 786
  shot peening **A5:** 130, 131
  tensile properties **A19:** 790
7079-T6, clamshell marks **A13:** 1048
7079-T6, forging, solution heat treated artificially aged, reduced from 40% to 85% **A9:** 367
7079-T-6, shot peening **M5:** 141
7079-T6, stress-corrosion cracking **A13:** 1027–1029
7079-T6, stress-corrosion failure **A13:** 1102
7079-T69, stress-corrosion cracking **A19:** 494
7079-T651
  endurance limit roles **A19:** 823
  fracture toughness **A19:** 32
  strength and fracture toughness levels . . . **A19:** 385
7079-T651, corrosion fatigue behavior **A13:** 300
7079-T651, corrosive environment effect on SCC **A13:** 268
7079-T651, double shear test **A8:** 63
7079-T651, effect of corrosive environment on SCC in **A8:** 499–500
7079-T651, relative SCC susceptibility **A13:** 267
7079-T651, SCC performance **A8:** 524
7079-T651, shear strength **A8:** 64
7079-T652, hand forgings, yield strength and plane-strain fracture toughness **A19:** 774, 776
7090, flow stresses and deformation **A14:** 250
7090, microstructure **A9:** 358
7090, P/M aerospace forgings **M7:** 746
7090-T6, fatigue crack growth threshold . . **A19:** 139
7091, flow stresses and deformation **A14:** 250
7091, microstructure **A9:** 358
7106-T63, reinforcement effect on weldment fatigue **A19:** 824
7139-T63, reinforcement effect on weldment fatigue **A19:** 824
7146, relative rating of filler alloys for welding **A6:** 731, 732
7149-T73
  die forgings, yield strength and plane-strain fracture toughness **A19:** 774, 776
  relative stress-corrosion cracking ratings **A19:** 781
7150, aircraft alloy **A2:** 33
7150 Al-Zn-Mg alloy, fatigue-crack propagation behavior **A19:** 940
7150, fatigue crack threshold **A19:** 140
7150-7177, plate, fracture toughness modifications **A19:** 778
7150-T651, autographic bearing load vs. bearing deformation curves for **A8:** 61
7175, applications and properties **A2:** 118
7175, machining **A16:** 771–774, 776, 777, 779, 781, 782, 786, 788–790, 794–796, 798–800
7175-T74, relative stress-corrosion cracking ratings **A19:** 782
7175-T736
  die forgings, yield strength and plane-strain fracture toughness **A19:** 774, 776
  hand forgings, yield strength and plane-strain fracture toughness **A19:** 774, 776
  purity effect on fracture toughness **A19:** 777
7178
  composition **A6:** 529, 723
  crack sensitivity ratings of base alloy/filler alloy combinations **A6:** 725
  physical properties **A6:** 723
  weldability **A6:** 723, 725–726, 728
7178, aircraft alloy **A2:** 33
7178 Alclad, applications and properties . . . **A2:** 119
7178, applications and properties **A2:** 119
7178, extrudability **A2:** 35
7178, ISO designation **A19:** 772

SUBJECTS OF THE INDEXED VOLUMES: ASM Handbook (designated by the letter "A"): **A1:** Properties and Selection: Irons, Steels, and High-Performance Alloys (1990); **A2:** Properties and Selection: Nonferrous Alloys and Special-Purpose Materials (1990); **A3:** Alloy Phase Diagrams (1992); **A4:** Heat Treating (1991); **A5:** Surface Engineering (1994); **A6:** Welding, Brazing, and Soldering (1993); **A7:** Powder Metal Technologies and Applications (1998); **A8:** Mechanical Testing (1985); **A9:** Metallography and Microstructures (1985); **A10:** Materials Characterization (1986); **A11:** Failure Analysis and Prevention (1986); **A12:** Fractography (1987); **A13:** Corrosion (1987); **A14:** Forming and Forging (1988); **A15:** Casting (1988); **A16:** Machining (1989); **A17:** Nondestructive Evaluation and Quality Control (1989); **A18:** Friction, Lubrication, and Wear Technology (1992); **A19:** Fatigue and Fracture (1996); **A20:** Materials Selection and Design (1997). **Metals Handbook, 9th Edition** (designated by the letter "M"): **M1:** Properties and Selection: Irons and Steels (1978); **M2:** Properties and Selection: Nonferrous Alloys and Pure Metals (1979); **M3:** Properties and Selection: Stainless Steels, Tool Materials, and Special-Purpose Materials (1980); **M4:** Heat Treating (1981); **M5:** Surface Cleaning, Finishing, and Coating (1982); **M6:** Welding, Brazing, and Soldering (1983); **M7:** Powder Metallurgy (1984). **Engineered Materials Handbook** (designated by the letters "EM"): **EM1:** Composites (1987); **EM2:** Engineering Plastics (1988); **EM3:** Adhesives and Sealants (1990); **EM4:** Ceramics and Glasses (1991). **Electronic Materials Handbook** (designated by the letters "EL"): **EL1:** Packaging (1989)

Aluminum alloys, specific types / 55

7178, machining. **A16:** 762, 771–774, 776, 777, 779, 781, 782, 786, 788–790, 794–796, 798–800

7178, minimum bend radii **A8:** 130

7178-T6 aircraft fuel-tank floors, fatigue fracture **A11:** 126–127

7178-T6, fatigue cracking. **A11:** 311–312

7178-T6, pitting/cracking **A13:** 1046

7178-T6, relative stress-corrosion cracking ratings. **A19:** 782

7178-T76, clad with 7072. . . . . **A9:** 369

7178-T76, exposed to a salt fog. **A9:** 369

7178-T76, relative stress-corrosion cracking ratings. **A19:** 782

7178-T651, double shear test **A8:** 63

7178-T651, exfoliation corrosion. **A13:** 595

7178-T651, SCC performance **A8:** 524

7178-T651, shear strength. **A8:** 64

7178-T7651, fracture toughness. **A19:** 32

7475

alignment of grain boundaries **A19:** 799

benefit at intermediate and high stress intensity **A19:** 801

fracture strain **A19:** 10

fracture toughness. **A19:** 32

fracture toughness and processing techniques. **A19:** 777

fracture toughness modifications **A19:** 778

inclusion density effect on stress-life behavior. **A19:** 798, 799

ISO designation. **A19:** 772

overaging effects. **A19:** 807, 809

7475, aircraft alloy. **A2:** 33

7475, applications and properties. **A2:** 119, 121–122

7475, diffusion welding. **A6:** 885

7475, effect of stress intensity factor range on fatigue crack growth rate. **A12:** 57

7475, fracture toughness **A2:** 60

7475, fracture toughness, fatigue behavior. . . **A2:** 42

7475, second-phase constituents **A2:** 42

7475, superplasticity in **A14:** 800

7475-T6, relative stress-corrosion cracking ratings. **A19:** 782

7475-T73, relative stress-corrosion cracking ratings. **A19:** 782

7475-T76, relative stress-corrosion cracking ratings. **A19:** 782

7475-T651, plate, yield strength and plane-strain fracture toughness **A19:** 774, 776

7475-T761

room-temperature cyclic parameters **A19:** 795

room-temperature monotonic properties **A19:** 796

7475-T7351

fracture toughness. **A19:** 32

plate, fracture toughness **A19:** 774

plate, yield strength and plane-strain fracture toughness **A19:** 774, 776

7475-T7351, fracture toughness. **A8:** 461

7475-T7651, fatigue striation spacing. **A12:** 22

7475-T7651, plate, yield strength and plane-strain fracture toughness **A19:** 774, 776

8009, threshold stress intensity values **A19:** 139

8079, foil alloy **A2:** 33

8090

composition. **A6:** 529, 550

crack growth resistance **A19:** 140

crack shapes. **A19:** 162

diffusion welding. **A6:** 885

electron-beam welding **A6:** 551

fatigue crack growth threshold **A19:** 141

fatigue crack propagation. **A19:** 38

fatigue crack threshold **A19:** 140, 145

properties. **A6:** 549, 550

8090, microstructure **A9:** 357

8090-T6, tensile properties. **A6:** 550

8090-T852

damage tolerance life **A19:** 39

fatigue crack propagation **A19:** 38, 39

fracture toughness test results, S-L and S-T **A19:** 32

8091, fatigue crack threshold **A19:** 140, 145

8111, foil alloy **A2:** 33

8280, machinability rating **A16:** 762

A 201.0

composition **A6:** 724

physical properties **A6:** 724

weldability **A6:** 724

A 242.0

composition **A6:** 724

physical properties **A6:** 724

weldability **A6:** 724

A 356.0

composition. **A6:** 533, 724

filler alloys for best color match **A6:** 730

melting range. **A6:** 724

physical properties **A6:** 724

relative rating of filler alloys for welding **A6:** 731

weldability. **A6:** 534, 724

welding, for sustained elevated-temperature service **A6:** 729

A 357.0

composition. **A6:** 533, 724

filler alloys for best color match **A6:** 730

melting range. **A6:** 724

physical properties **A6:** 724

relative rating of filler alloys for welding **A6:** 731

weldability. **A6:** 534, 724

welding, for sustained elevated-temperature service **A6:** 729

A 444.0

composition **A6:** 723

electrode potential in $NaCl-H_2O_2$ solution **A6:** 730

filler alloys for best color match **A6:** 730

properties **A6:** 723

weldability. **A6:** 534, 723

welding, for sustained elevated-temperature service **A6:** 729

A 514.0, relative rating of filler alloys for welding **A6:** 731, 732, 733

A 712.0

electrode potential in $NaCl-H_2O_2$ solution **A6:** 730

relative rating of filler alloys for welding. **A6:** 731, 732

A201-T7, hot isostatic pressing. **A15:** 540, 541

A240, machinability rating. **A16:** 763

A240-F, as investment cast, with shrinkage voids. **A9:** 372

A242, machinability rating. **A16:** 763

A332, machining **A16:** 763, 771–774, 776, 777, 779, 781, 782, 786, 788–790, 794–796, 798–800

A332-F, as investment cast **A9:** 373

A332-T65, sand cast, solution heat treated and artificially aged **A9:** 373

A332-T551, sand cast and artificially aged **A9:** 373

A354-F, as investment cast **A9:** 373

A354-T4, investment casting with fusion voids. **A9:** 373

A356,0, minimum tensile properties. **A15:** 160

A356.0, applications and properties . . . **A2:** 164–165

A356, as widely used. **A15:** 159

A356.0, composition/characteristics **A15:** 159

A356, grain size/modification effects **A15:** 752

A356, machining **A16:** 00, 763, 771–774, 776, 777, 779

A356, mechanical properties **A15:** 166

A356, porosity effect, hot isostatic pressing **A15:** 540

A356, strontium effects **A15:** 166, 167

A356, volume fraction porosity. **A15:** 165

A356-F, sand casting **A9:** 375

A356-F, sand casting, with grain refiner added **A9:** 375

A356-T6, hot isostatic pressing **A15:** 541

A356-T6, investment casting welded to 6061-T6 tube **A9:** 382–383

A356-T62, dendrite cell size and tensile properties. **A15:** 167

A356-T62, tensile properties vs. dendrite cell size **A15:** 749

A357.0, applications and properties **A2:** 166

A357.0, composition/characteristics **A15:** 159

A357, helicopter application **A15:** 769

A357, machinability rating. **A16:** 763

A357-F, as premium quality cast **A9:** 378

A357-T6, hot isostatic pressing **A15:** 541

A357-T6, premium quality cast, solution heat treated and artificially aged **A9:** 378

A357-T61, permanent mold cast, solution heat treated, quenched and aged **A9:** 375

A360.0, applications and properties . . . **A2:** 167–168

A360, as die casting, composition. **A15:** 286

A360, machining **A16:** 763, 771–774, 776, 777, 779, 781, 782, 786, 788–790, 794–796, 798–800

A380.0, applications and properties . . . **A2:** 168–169

A380, as die casting, composition. **A15:** 286

A380, machining **A16:** 763, 771–774, 776, 777, 779, 781, 782, 786, 788–790, 794–796, 798–800

A383, as die casting, composition. **A15:** 286

A384.0, applications and properties . . . **A2:** 170–171

A384, as die casting, composition. **A15:** 286

A384, machining **A16:** 771–774, 776, 777, 779, 781, 782, 786, 788–790, 794–796, 798–800

A390.0, applications and properties **A2:** 171

A390, machining **A16:** 643, 763, 895

A413.0, applications and properties . . . **A2:** 171–172

A413, as die cast'ng, composition. **A15:** 286

A413, machining **A16:** 763, 771–774, 776, 777, 779, 798–800

A444.0, applications and properties . . . **A2:** 172–173

A444, machinability rating. **A16:** 763

A514, machining **A16:** 763, 771–774, 776, 777, 779, 798–800

A535.0, applications and properties . . . **A2:** 174–175

A535, machinability rating. **A16:** 763

A712, machining **A16:** 763, 771–774, 776, 777, 779, 781, 782, 786, 788–790, 794–796, 798–800

A850, machining **A16:** 763, 771–774, 776, 777, 779, 781, 782, 786, 788–790, 794–796, 798–800

A1050, non-oxide ceramic joining. **EM4:** 480

A2010 (Al-4.7Cu)

fiber for reinforcement. **A18:** 803

processing technique. **A18:** 803

properties **A18:** 803

A2024, sliding wear in metal-matrix composites with hard particles **A18:** 809

A12014, contact conditions effect on wear rate **A18:** 808

AA8009, friction welding. **A6:** 546, 547

AC-8A, non-oxide ceramic joining **EM4:** 480

ADC 12

fiber for reinforcement. **A18:** 803

processing technique. **A18:** 803

properties **A18:** 803

Al-Zn-Mg alloy, fretting wear **A18:** 250

Al-0.12Cu-1.2Mn (3003), reactive metal brazing, filler metal **A6:** 945

Al-1.7Cu, information from FIM image of. **A10:** 589–590

Al-1.91Mg, deformed 0.62%, grain-boundary sliding. **A9:** 691

Al-1Mg-0.6Si-0.379Cu, pressed and sintered **A9:** 525–526

Al2XXX-T4

constants for the unified model **A19:** 549

constants for the unified model for the back stress evolution term **A19:** 551

constants for the unified model for the drag stress term **A19:** 551

oxidation-fatigue laws summarized with equations **A19:** 547

Al-4.5 Cu, atomized powder **A9:** 616

Al-4Cu, diffraction patterns **A9:** 118

Al-4.7Cu, diffusion-induced grain-boundary migration **A10:** 461–464

Al-4Cu, fracture surface measurements **A12:** 205–206

Al-4Cu, fractured, SEM projected facets . . **A12:** 195

Al-4Cu, fractured, serial sectioning profile. **A12:** 198

Al-4Cu, friction surfacing **A6:** 322, 323

Al-4Cu, SEM fractograph, calculation of features **A12:** 206–207

Al-4Cu, structure-factor contrast **A9:** 118

Al-4Cu, true profile length values **A12:** 200

Al-4.7Cu, typical CBEDP for. **A10:** 464

Al-4.4Cu-0.8Si-0.4Mg, pressed and sintered. **A9:** 525

Al-4.5Mg alloy, specific wear rate **A18:** 805

Al-4Mg and Al-5Si, yield strength vs. temperature **A6:** 1016

Al-5Cu, thermal analysis of **A15:** 184

Al-5.2Si (4043), reactive metal brazing, filler metal. **A6:** 945

Aluminum alloys, specific types (continued)
Al-6Ag, structure-factor contrast **A9:** 118
Al-6Si, electrohydrodynamic atomized powder **A9:** 616
Al-6Ti, addition to aluminum-silicon alloys **A18:** 787
Al-6U, peritectic structures **A9:** 676
Al-7Si, dendrite arm spacing **A15:** 164
Al-7Si ingots, grain refinement effects **A15:** 750
Al-8Fe, vacuum-atomized **A9:** 617
Al-8Fe-1.7Ni, chemical composition **A6:** 542
Al-8.5Fe-1.3V-1.7Si (AA 8009 alloy)
chemical composition **A6:** 542
microstructure **A6:** 542
Al-8Fe-2Mo
electron-beam welding **A6:** 544, 545
laser-beam welding **A6:** 544, 545, 546
Al-8Fe-2.3Mo, chemical composition **A6:** 542
Al-8.7Fe-2.8Mo-1V, chemical composition **A6:** 542
Al-8.4Fe-3.7Ce
chemical composition **A6:** 542
microstructure **A6:** 542
Al-8.4Fe-3.6Ce,for niobium-titanium superconducting materials **A2:** 1045
Al-8Fe-4Ce
capacitor-discharge welding **A6:** 544
microstructure **A6:** 542
Al-9Fe-3Mo-1V
friction welding **A6:** 546
microstructure **A6:** 542
Al-9Fe-4Ce (AA 8019 alloy)
chemical composition **A6:** 542
friction welding **A6:** 546
Al-9Fe-7Ce, chemical composition **A6:** 542
Al-10Fe-5Ce
chemical composition **A6:** 542
gas-tungsten arc welding **A6:** 543, 544
Al-10Si, dendrite arm spacing **A15:** 164
Al-11.7Fe-1.2V-2.4Si (FVS 1212 alloy), chemical composition **A6:** 542
Al-11.7Si-0.3Fe, backscattered electron images and secondary electron images compared .. **A9:** 93
Al-11.7Si-1Co-1Mg-1Ni-0.3Fe, cast **A9:** 98
Al-12Mn, melt spun, alpha-aluminum **A9:** 615
Al-12Si, dendrite arm spacing **A15:** 164
Al-12Si-50Al$_2$O$_3$, wear rate **A18:** 806
Al-13Si alloy, polishing wear **A18:** 195
Al-13Si, graphite-aluminum composite **A9:** 594
Al-15Ag, Guinier-Preston zones **A9:** 651
Al-15Mn, melt spun **A9:** 615
Al-18Ag, cellular precipitation colonies **A9:** 651
Al-18Ag, intragranular Widmanstatten precipitation **A9:** 648
Al-20Ag, Widmanstatten precipitation **A9:** 649
Al-20SiC alloy
adhesive wear conditions **A18:** 808
erosive wear rate **A18:** 806
Al-22Si-1Ni-1Cu, phosphorus refinement .. **A15:** 753
Al40, machining **A16:** 771–774, 776, 777, 779, 781, 798–800
Alcan B54S-O rivet, SCC failure after heating **A11:** 544–545
Alclad 2014, bending specimen thickness .. **A8:** 130
Alclad 2014-T6, shear testing **A8:** 65
Alclad 2024, shear testing **A8:** 65
Alclad 2024-T3, axial stress fatigue strength in air and seawater **A19:** 792
Alclad 3003-tempers
fatigue limit **A19:** 788, 789
tensile properties **A19:** 788, 789
Alclad 3004-tempers
fatigue limit **A19:** 788, 789
tensile properties **A19:** 788, 789
Alclad 6061-T6, shear testing **A8:** 65
Alclad 7075, chemical milling **A16:** 585
Alclad 7075-O
fatigue limit **A19:** 790
tensile properties **A19:** 790
Alclad 7075-T6
axial stress fatigue strength in air and seawater **A19:** 792
fatigue crack growth rate **A19:** 805
fatigue limit **A19:** 790
tensile properties **A19:** 790
Alclad 7075-T6, shear testing **A8:** 65
Alclad 7075-T651
fatigue limit **A19:** 790
tensile properties **A19:** 790
Al-Mg-Si: 97% Al, 1% Mg, 1% Si, thermal properties **A18:** 42
Al-Sn alloys, bearing material microstructures **A18:** 743, 744
Al-Ti-B, addition to aluminum-silicon alloys **A18:** 787
Al-Zn-Mg-Mn-Cr, SCC responses with bending vs. tension **A8:** 503
B 514.0, relative rating of filler alloys for welding **A6:** 731, 732, 733
B295, machining **A16:** 763, 771–774, 776, 777, 779, 781, 782, 786, 788–790, 794–796, 798–800
B358, machinability rating **A16:** 763
B390, as die casting, composition **A15:** 286
B443.0, applications and properties ... **A2:** 172–173
B443.0, composition/characteristics **A15:** 159
B443, machining **A16:** 771–774, 776, 777, 779, 781, 798–800
B443-F, as permanent mold cast **A9:** 376
B514, machining **A16:** 763, 771–774, 776, 777, 779, 781, 782, 786, 788–790, 794–796, 798–800
B535.0, applications and properties ... **A2:** 174–175
B535, machinability rating **A16:** 763
B850, machining **A16:** 00, 763, 771–774, 776, 777, 779
C 355.0
composition **A6:** 533, 724
filler alloys for welding, for sustained elevated temperature service **A6:** 729
melting range **A6:** 724
physical properties **A6:** 724
relative rating of filler alloys for welding **A6:** 731, 732
weldability **A6:** 534, 724
welding, for sustained elevated-temperature service **A6:** 729
C 355.0-T61, resistance spot welding **A6:** 848
C335, reaming **A16:** 781
C355.0, applications and properties ... **A2:** 163–164
C355.0, characteristics **A15:** 159
C355, machining **A16:** 763, 771–774, 776, 777, 779, 781, 782, 786, 788–790, 794–796, 798–800
C355.0-T61, resistance welding **M6:** 536
C443.0, applications and properties ... **A2:** 172–173
C443, machining **A16:** 771–774, 776, 777, 779, 781, 798–800
C443-F, as die cast **A9:** 376
C712, machinability rating **A16:** 763
CW67, flow stresses and deformation **A14:** 250
D712, machining **A16:** 763, 771–774, 776, 777, 779, 781, 782, 786, 788–790, 794–796, 798–800
D712-F, as investment cast, intergranular fusion voids **A9:** 377
D712-F, as sand cast **A9:** 377
DTD 3064, tension and torsion effective fracture strains **A8:** 168
EC, machining .. **A16:** 323–325, 771–774, 776, 777, 779, 781, 782, 786, 788–790, 794, 795, 798–800
F 514.0, relative rating of filler alloys for welding **A6:** 731, 732, 733
F132-T5, power requirements **A16:** 765
F332, machining **A16:** 763, 771–774, 776, 777, 779, 781, 782, 786, 788–790, 794–796, 798–800
F514, machinability rating **A16:** 763
FVS1212, friction welding **A6:** 546, 547
Hiduminium RR -350 machining ... **A16:** 771–774, 776, 777, 779, 781, 782, 786, 788–790, 794–796, 798–800
I/M 2024-T351, friction welding **A6:** 546, 547
IN9021, flow stresses and deformation ... **A14:** 250
L514, machinability rating **A16:** 763
modified ingot, with aluminum-oxide inclusions **A9:** 375
Pure Al
alloy designations **A6:** 528
gas-tungsten arc welding, weld microstructures **A6:** 51
SIMA 6262, semisolid forging **A15:** 334
solution heat treated **A9:** 264
X2020-T6, ultrasonic welding **A6:** 326
X2095, fatigue crack threshold **A19:** 140
X7046-T63, cyclic strain versus life curve **A19:** 794
X7064, flow stresses and deformation **A14:** 250
X7075, precipitate-free zones **A19:** 798
X7090, mechanical properties **M7:** 474
X7091, mechanical properties **M7:** 474
X7091, true profile length values **A12:** 200
XAP001, mechanical properties **M7:** 475
XAP002, mechanical properties **M7:** 475
XAP004, mechanical properties **M7:** 475
Aluminum alloys, use for bearings *See also* Bearings, sliding **M3:** 817–820
Aluminum alloys, wrought, specific types *See also* Aluminum alloys, powder metallurgy, specific types; Aluminum casting alloys, specific types
1050 .... **M2:** 63–64
composition **M2:** 45
mechanical properties **M2:** 59
physical properties **M2:** 53
product forms **M2:** 45
1060 .... **M2:** 64–65
annealing temperature **M2:** 29
applications **M2:** 46
composition **M2:** 45
corrosion resistance **M2:** 46, 209
fabrication characteristics **M2:** 46
mechanical properties **M2:** 59
physical properties **M2:** 53
product forms **M2:** 45
solution potential **M2:** 207
stress-corrosion cracking resistance **M2:** 209
weldability **M2:** 193
1060, annealing **A4:** 871, **M4:** 708
1100 .... **M2:** 65–66, 67
annealing **A4:** 870, 871, 872
annealing curves **M2:** 28, 30
annealing temperature **M2:** 29
anodic polarization curve **M2:** 205
applications **M2:** 46
atmospheric corrosion resistance ... **M2:** 221, 222
composition **M2:** 45
corrosion in chemical solutions **M2:** 233
corrosion pit density vs. anodic coating thickness **M2:** 229
corrosion resistance .. **M2:** 46, 209, 223, 224, 230, 231, 232
fabrication characteristics **M2:** 46
forming-limit diagram **M2:** 183
grain growth **A4:** 872
impacts, mechanical properties **M2:** 10
impacts, minimum wall thickness **M2:** 9
machinability rating **M2:** 188
mechanical properties **M2:** 59
physical properties **M2:** 53
product forms **M2:** 45
properties, expected for welds **M2:** 197
properties, gas metal-arc welded plate ... **M2:** 198
solution potential **M2:** 207
stress-corrosion cracking resistance **M2:** 209
weldability **M2:** 193
1100, annealing **M4:** 708, 709
1135 atmospheric corrosion resistance **M2:** 224

SUBJECTS OF THE INDEXED VOLUMES: ASM Handbook (designated by the letter "A"): **A1:** Properties and Selection: Irons, Steels, and High-Performance Alloys (1990); **A2:** Properties and Selection: Nonferrous Alloys and Special-Purpose Materials (1990); **A3:** Alloy Phase Diagrams (1992); **A4:** Heat Treating (1991); **A5:** Surface Engineering (1994); **A6:** Welding, Brazing, and Soldering (1993); **A7:** Powder Metal Technologies and Applications (1998); **A8:** Mechanical Testing (1985); **A9:** Metallography and Microstructures (1985); **A10:** Materials Characterization (1986); **A11:** Failure Analysis and Prevention (1986); **A12:** Fractography (1987); **A13:** Corrosion (1987); **A14:** Forming and Forging (1988); **A15:** Casting (1988); **A16:** Machining (1989); **A17:** Nondestructive Evaluation and Quality Control (1989); **A18:** Friction, Lubrication, and Wear Technology (1992); **A19:** Fatigue and Fracture (1996); **A20:** Materials Selection and Design (1997). **Metals Handbook, 9th Edition** (designated by the letter "M"): **M1:** Properties and Selection: Irons and Steels (1978); **M2:** Properties and Selection: Nonferrous Alloys and Pure Metals (1979); **M3:** Properties and Selection: Stainless Steels, Tool Materials, and Special-Purpose Materials (1980); **M4:** Heat Treating (1981); **M5:** Surface Cleaning, Finishing, and Coating (1982); **M6:** Welding, Brazing, and Soldering (1983); **M7:** Powder Metallurgy (1984). **Engineered Materials Handbook** (designated by the letters "EM"): **EM1:** Composites (1987); **EM2:** Engineering Plastics (1988); **EM3:** Adhesives and Sealants (1990); **EM4:** Ceramics and Glasses (1991). **Electronic Materials Handbook** (designated by the letters "EL"): **EL1:** Packaging (1989)

1145 ... M2: 66–67
composition ... M2: 45
physical properties ... M2: 53
product forms ... M2: 45
1188
atmospheric corrosion resistance ... M2: 224
1199 ... M2: 67–68
atmospheric corrosion resistance ... M2: 224
composition ... M2: 45
physical properties ... M2: 53
pitting potential, effect of chloride-ion activity ... M2: 206
product forms ... M2: 45
seawater corrosion resistance ... M2: 230
1350 ... M2: 68–69, 70
annealing temperature ... M2: 29
applications ... M2: 46
composition ... M2: 45
corrosion resistance ... M2: 46, 209
fabrication characteristics ... M2: 46
machinability rating ... M2: 188
mechanical properties ... M2: 59
physical properties ... M2: 53
product forms ... M2: 45
stress-corrosion cracking resistance ... M2: 209
weldability ... M2: 193
wire conductors ... M2: 20
1350, annealing ... A4: 871, M4: 708
01429 precipitation heat treatment ... A4: 843
2008
precipitation heat treatment ... A4: 845
solution heat treatment ... A4: 845
2011 ... M2: 69–70, 71
age hardening ... A4: 865
applications ... M2: 46
composition ... M2: 45
corrosion resistance ... M2: 46, 209
fabrication characteristics ... M2: 46
machinability rating ... M2: 188
mechanical properties ... M2: 59
physical properties ... M2: 53
precipitation heat treatment ... A4: 845, M4: 677–683
product forms ... M2: 45
solution heat treatment ... A4: 845, M4: 677–683
stress-corrosion cracking resistance M2: 209, 213
weldability ... M2: 193
2014 ... M2: 70–73
age hardening ... A4: 864, 865
aging ... M4: 701–703
aging characteristics at low aging temperatures ... M2: 36–38
annealing ... A4: 871, M4: 708
annealing temperature ... M2: 29
applications ... M2: 46
composition ... M2: 45
corrosion resistance ... M2: 46, 209, 224, 225
fabrication characteristics ... M2: 46
fatigue curves ... M2: 15
forgeability, relative ... M2: 6
forging, relative cost vs. forging weight ... M2: 5
fracture toughness ... A4: 878
hardness ... A4: 877
hardness values ... M4: 716
impacts, mechanical properties ... M2: 10
impacts, minimum wall thickness ... M2: 9
intergranular corrosion ... A4: 877
machinability rating ... M2: 188
mechanical properties ... M2: 59
physical properties ... M2: 53
precipitation heat treatment ... A4: 845, 876, M4: 677–683
product forms ... M2: 45
quenching ... A4: 856, 869, 875, M4: 695, 713
quenching stresses ... M2: 40, 43
reheating ... M4: 707
reheating schedules ... A4: 869
solution heat treatment ... A4: 844, 845, 854, M4: 677–683
solution potential ... M2: 207
stress-corrosion cracking resistance M2: 209, 213
weldability ... M2: 193
2017
annealing ... A4: 871, M4: 708
annealing temperature ... M2: 29
corrosion resistance ... M2: 209, 223
galvanic corrosion with magnesium ... M2: 607
machinability rating ... M2: 188
precipitation heat treatment ... A4: 845, M4: 677–683
quenching ... A4: 856, M4: 695
solution heat treatment ... A4: 844, 845, 854, M4: 677–683
stress-corrosion cracking resistance ... M2: 209
2018
corrosion resistance ... M2: 209
precipitation heat treatment ... A4: 845, M4: 677–683
solution heat treatment ... A4: 845, M4: 677–683
stress corrosion cracking resistance ... M2: 209
2020 precipitation heat treatment ... A4: 843
2024 ... M2: 72–75, 76–78
age hardening ... A4: 860, 864, 865, 866
aging ... M4: 701–703
aging characteristics at low aging temperatures ... M2: 31, 36–38
aging time and temperature effect on mechanical properties ... A4: 835–836
annealing ... A4: 871, M4: 713
annealing temperature ... M2: 29
applications ... M2: 46
composition ... M2: 45
corrosion ... M4: 691, 692
corrosion behavior ... A4: 858, 859
corrosion rate affected by quenching rate M2: 34
corrosion resistance. . M2: 46, 209, 224, 225, 226, 232
dimensional changes ... A4: 876
fabrication characteristics ... M2: 46
fatigue characteristics . . A4: 858, M2: 35, M4: 695
fracture toughness ... A4: 867, 878
galvanic corrosion with magnesium ... M2: 607
hardness ... A4: 842, 877
hardness values ... M4: 716
intergranular corrosion ... A4: 877
machinability rating ... M2: 188
mechanical properties ... M2: 59
natural aging curve ... M2: 31
physical properties ... M2: 53
precipitation heat treatment . . . A4: 845, 874, 876, M4: 677–683
product forms ... M2: 45
properties, elevated temperatures ... M2: 56, 62
quenching A4: 856, 857, 858, 859, M4: 691, 695
quenching rate, effect on yield strength after aging ... M2: 34
reheating ... A4: 869, 870, M4: 707
solution heat treatment . . A4: 844, 845, 848, 852, 854, M4: 677–683, 687
solution potential ... M2: 207
stress-corrosion cracking resistance M2: 209, 213
tensile properties affected by cold work before aging ... M2: 39
tensile properties, effect of cold work ... M4: 705
weldability ... M2: 193
yield strength ... A4: 867, M4: 689
2025
corrosion resistance ... M2: 209
forging, relative cost vs. forging weight ... M2: 5
precipitation heat treatment ... A4: 845, M4: 677–683
solution heat treatment ... A4: 845, M4: 677–683
stress-corrosion cracking resistance ... M2: 209
2036 ... M2: 75–76
annealing ... A4: 871, M4: 708
annealing temperature ... M2: 29
applications ... M2: 46
composition ... M2: 45
corrosion resistance ... M2: 46, 209
fabrication characteristics ... M2: 46
machinability rating ... M2: 188
mechanical properties ... M2: 59
mechanical properties, sheet ... M2: 181
physical properties ... M2: 53
precipitation heat treatment ... A4: 845, M4: 677–683
product forms ... M2: 45
solution heat treatment ... A4: 845, M4: 677–683
solution potential ... M2: 207
stress-corrosion cracking resistance ... M2: 209
2038
precipitation heat treatment ... A4: 845
solution heat treatment ... A4: 845
2048 ... M2: 77–78, 80–82
composition ... M2: 45
mechanical properties ... M2: 59
physical properties ... M2: 53
product forms ... M2: 45
stress-corrosion cracking resistance ... M2: 213
2048, fracture toughness ... A4: 878
2090
fracture toughness ... A4: 878
precipitation heat treatment ... A4: 843, 845
solution heat treatment ... A4: 845, 852
tensile properties ... A4: 852
2091
fracture toughness ... A4: 878
precipitation heat treatment ... A4: 843, 845
solution heat treatment ... A4: 845
2117
annealing ... A4: 871, M4: 708
annealing temperature ... M2: 29
corrosion resistance ... M2: 209
precipitation heat treatment ... A4: 845, M4: 677–683
quenching ... A4: 856, M4: 695
solution heat treatment ... A4: 845, 854, M4: 677–683
stress-corrosion cracking resistance ... M2: 209
2124 ... M2: 78–79, 82–84
age hardening ... A4: 864, 865
annealing ... A4: 871
annealing temperature ... M2: 29
composition ... M2: 45
fracture toughness ... A4: 878
mechanical properties ... M2: 59
physical properties ... M2: 53
product forms ... M2: 45
stress-corrosion cracking resistance ... M2: 213
2124, annealing ... M4: 708
2218 ... M2: 79, 85
applications ... M2: 46
composition ... M2: 45
corrosion resistance ... M2: 46, 209
fabrication characteristics ... M2: 46
mechanical properties ... M2: 59
physical properties ... M2: 53
precipitation heat treatment ... A4: 845, M4: 677–683
product forms ... M2: 45
solution heat treatment ... A4: 845, M4: 677–683
stress-corrosion cracking resistance ... M2: 209
weldability ... M2: 193
2219 ... M2: 86–88, 89, 91
age hardening ... A4: 864, 865
annealing ... A4: 871, M4: 708
annealing temperature ... M2: 29
applications ... M2: 46
composition ... M2: 45
corrosion resistance ... M2: 46, 209
fabrication characteristics ... M2: 46
fracture toughness ... A4: 878
hardness ... A4: 842
intergranular corrosion ... A4: 877
machinability rating ... M2: 188
mechanical properties ... M2: 59
physical properties ... M2: 53
precipitation heat treatment ... A4: 845, 876, M4: 677–683
product forms ... M2: 45
quenching ... A4: 856, 875, M4: 695
solution heat treatment ... A4: 844, 845, 875, M4: 677–683
solution potential ... M2: 207
stress-corrosion cracking resistance M2: 209, 213
weldability ... M2: 193
2224 fracture toughness ... A4: 878
2319
physical properties ... M2: 53
product forms ... M2: 45
2324
age hardening ... A4: 860–861, 865
fracture toughness ... A4: 878
2419
age hardening ... A4: 865
fracture toughness ... A4: 878
2618 ... M2: 88–90, 92, 93
applications ... M2: 47
composition ... M2: 45
corrosion resistance ... M2: 47, 209

Aluminum alloys, wrought, specific types (continued)
fabrication characteristics . . . **M2:** 47
forgeability, relative . . . **M2:** 6
machinability rating . . . **M2:** 188
mechanical properties . . . **M2:** 59
physical properties . . . **M2:** 53
precipitation heat treatment . . . **A4:** 845, **M4:** 677–683
product forms . . . **M2:** 45
solution heat treatment . . . **A4:** 845, **M4:** 677–683
stress-corrosion cracking resistance . . . **M2:** 209
weldability . . . **M2:** 193
3003 . . . **M2:** 90–92, 94, 95
annealing temperature . . . **M2:** 29
applications . . . **M2:** 47
atmospheric corrosion resistance . . . **M2:** 221, 222
composition . . . **M2:** 45
corrosion resistance . . **M2:** 47, 209, 223, 224, 225, 230, 231, 232
fabrication characteristics . . . **M2:** 47
fatigue characteristics, weldments . . **M2:** 195, 199
galvanic corrosion with magnesium . . . **M2:** 607
impacts, mechanical properties of . . . **M2:** 10
machinability rating . . . **M2:** 188
mechanical properties . . . **M2:** 59
mechanical properties, sheet . . . **M2:** 181
physical properties . . . **M2:** 53
product forms . . . **M2:** 45
properties, expected for welds . . . **M2:** 197
properties, gas metal-arc welded plate . . . **M2:** 197
solution potential . . . **M2:** 207
stress-corrosion cracking resistance . . . **M2:** 209
weldability . . . **M2:** 193
3003, annealing . . . **A4:** 869, 871, **M4:** 708
3004 . . . **M2:** 92–94, 96, 97
annealing temperature . . . **M2:** 29
applications . . . **M2:** 47
atmospheric corrosion resistance . . . **M2:** 221, 222
composition . . . **M2:** 45
corrosion in distilled water . . . **M2:** 205
corrosion resistance . . **M2:** 47, 209, 224, 225, 232
fabrication characteristics . . . **M2:** 47
machinability rating . . . **M2:** 188
mechanical properties . . . **M2:** 60
physical properties . . . **M2:** 53
product forms . . . **M2:** 45
properties, expected for welds . . . **M2:** 197
solution potential . . . **M2:** 207
stress-corrosion cracking resistance . . . **M2:** 209
weldability . . . **M2:** 193
3004, annealing . . . **A4:** 871, **M4:** 708
3105 . . . **M2:** 94–95, 97
annealing temperature . . . **M2:** 29
applications . . . **M2:** 47
composition . . . **M2:** 45
corrosion resistance . . . **M2:** 47, 209
fabrication characteristics . . . **M2:** 47
mechanical properties . . . **M2:** 60
physical properties . . . **M2:** 53
product forms . . . **M2:** 45
stress-corrosion cracking resistance . . . **M2:** 209
weldability . . . **M2:** 193
3105, annealing . . . **A4:** 871, **M4:** 708
4032 . . . **M2:** 95–96, 98
applications . . . **M2:** 47
composition . . . **M2:** 45
corrosion resistance . . . **M2:** 209
fabrication characteristics . . . **M2:** 47
forgeability, relative . . . **M2:** 6
mechanical properties . . . **M2:** 60
physical properties . . . **M2:** 53
precipitation heat treatment . . . **A4:** 845, **M4:** 677–683
product forms . . . **M2:** 45
solution heat treatment . . . **A4:** 845, **M4:** 677–683
stress-corrosion cracking resistance . . . **M2:** 209
weldability . . . **M2:** 193
4043 . . . **M2:** 97–98
atmospheric corrosion resistance . . . **M2:** 204
composition . . . **M2:** 45
mechanical properties . . . **M2:** 60
physical properties . . . **M2:** 53
product forms . . . **M2:** 45
5005 . . . **M2:** 98–99
annealing temperature . . . **M2:** 29
applications . . . **M2:** 47
composition . . . **M2:** 45
corrosion resistance . . . **M2:** 47, 209, 224
fabrication characteristics . . . **M2:** 47
machinability rating . . . **M2:** 188
mechanical properties . . . **M2:** 60
physical properties . . . **M2:** 53
product forms . . . **M2:** 45
properties, expected for welds . . . **M2:** 197
stress-corrosion cracking resistance . . . **M2:** 209
weldability . . . **M2:** 193
5005, annealing . . . **A4:** 871, **M4:** 708
5050 . . . **M2:** 99–100
annealing temperature . . . **M2:** 29
applications . . . **M2:** 47
composition . . . **M2:** 45
corrosion resistance . . . **M2:** 47, 209, 224, 225
fabrication characteristics . . . **M2:** 47
machinability rating . . . **M2:** 188
mechanical properties . . . **M2:** 60
physical properties . . . **M2:** 53
product forms . . . **M2:** 45
properties, expected for welds . . . **M2:** 197
properties, gas metal-arc welded plate . . . **M2:** 197
solution potential . . . **M2:** 207
stress-corrosion cracking resistance . . . **M2:** 209
weldability . . . **M2:** 193
5050, annealing . . . **A4:** 871, **M4:** 708
5052 . . . **M2:** 101–102
annealing curves . . . **M2:** 28, 30
annealing temperature . . . **M2:** 29
applications . . . **M2:** 47
composition . . . **M2:** 45
corrosion resistance . . **M2:** 47, 209, 224, 225, 230, 231
fabrication characteristics . . . **M2:** 47
galvanic corrosion with magnesium . . . **M2:** 607
machinability rating . . . **M2:** 188
mechanical properties . . . **M2:** 60
mechanical properties, sheet . . . **M2:** 181
physical properties . . . **M2:** 53
product forms . . . **M2:** 47
properties, expected for welds . . . **M2:** 197
properties, gas metal-arc welded plate . . . **M2:** 197
solution potential . . . **M2:** 207
stress-corrosion cracking resistance . . . **M2:** 209
weldability . . . **M2:** 193
5052, annealing . . . **A4:** 870, 871, 872, **M4:** 708, 709
5056 . . . **M2:** 102–103
annealing temperature . . . **M2:** 29
applications . . . **M2:** 47
composition . . . **M2:** 45
corrosion resistance . . . **M2:** 47, 209, 230, 231
fabrication characteristics . . . **M2:** 47
galvanic corrosion with magnesium . . . **M2:** 607
machinability rating . . . **M2:** 188
mechanical properties . . . **M2:** 60
mechanical properties, sheet . . . **M2:** 181
physical properties . . . **M2:** 53
product forms . . . **M2:** 45
solution potential . . . **M2:** 207
stress-corrosion cracking resistance . . . **M2:** 209
weldability . . . **M2:** 193
5056, annealing . . . **A4:** 871, **M4:** 708
5083 . . . **M2:** 103, 104
annealing temperature . . . **M2:** 29
applications . . . **M2:** 47
composition . . . **M2:** 45
corrosion resistance . . **M2:** 47, 209, 224, 230, 232
cruciform weldment, mercury cracking of . . . **M2:** 212
fabrication characteristics . . . **M2:** 47
forgeability, relative . . . **M2:** 6
machinability rating . . . **M2:** 188
mechanical properties . . . **M2:** 60
physical properties . . . **M2:** 53
product forms . . . **M2:** 45
properties, expected for welds . . . **M2:** 197
properties, gas metal-arc welded plate . . . **M2:** 197
solution potentials . . . **M2:** 207
stress-corrosion cracking resistance . . . **M2:** 209, 216–217
weldability . . . **M2:** 193
5083, annealing . . . **A4:** 871, **M4:** 708
5086 . . . **M2:** 104–105
annealing temperature . . . **M2:** 29
applications . . . **M2:** 48
composition . . . **M2:** 45
corrosion resistance . . . **M2:** 48, 209, 224, 232
fabrication characteristics . . . **M2:** 48
machinability ratings . . . **M2:** 188
mechanical properties . . . **M2:** 60
mechanical properties, sheet . . . **M2:** 181
physical properties . . . **M2:** 53
product forms . . . **M2:** 45
properties, expected for welds . . . **M2:** 197
properties, gas metal-arc welded plate . . . **M2:** 197
solution potential . . . **M2:** 207
stress-corrosion cracking resistance . . . **M2:** 209
weldability . . . **M2:** 193
5086, annealing . . . **A4:** 871, **M4:** 708
5154 . . . **M2:** 105, 106
annealing temperature . . . **M2:** 29
applications . . . **M2:** 48
composition . . . **M2:** 45
corrosion resistance . . **M2:** 48, 209, 224, 230, 232
fabrication characteristics . . . **M2:** 48
fatigue characteristics, weldments . . **M2:** 195, 199
machinability rating . . . **M2:** 188
mechanical properties . . . **M2:** 60
physical properties . . . **M2:** 53
product forms . . . **M2:** 45
properties, gas metal-arc welded plate . . . **M2:** 197
solution potential . . . **M2:** 207
stress-corrosion cracking resistance . . . **M2:** 209
weldability . . . **M2:** 193
5154, annealing . . . **A4:** 871, **M4:** 708
5182 . . . **M2:** 106–107
annealing temperature . . . **M2:** 29
composition . . . **M2:** 45
machinability rating . . . **M2:** 188
mechanical properties . . . **M2:** 60
mechanical properties, sheet . . . **M2:** 181
physical properties . . . **M2:** 53
product forms . . . **M2:** 45
solution potential . . . **M2:** 207
5182, annealing . . . **A4:** 871, **M4:** 708
5252 . . . **M2:** 107
applications . . . **M2:** 48
composition . . . **M2:** 45
corrosion resistance . . . **M2:** 48, 209
fabrication characteristics . . . **M2:** 48
mechanical properties . . . **M2:** 60
mechanical properties, sheet . . . **M2:** 181
physical properties . . . **M2:** 53
product forms . . . **M2:** 45
stress-corrosion cracking resistance . . . **M2:** 209
weldability . . . **M2:** 193
5254 . . . **M2:** 108–109
annealing temperature . . . **M2:** 29
applications . . . **M2:** 48
composition . . . **M2:** 45
corrosion resistance . . . **M2:** 48, 209
fabrication characteristics . . . **M2:** 48
mechanical properties . . . **M2:** 60–61
physical properties . . . **M2:** 53
product forms . . . **M2:** 45
stress-corrosion cracking resistance . . . **M2:** 209
weldability . . . **M2:** 193
5254, annealing . . . **A4:** 871, **M4:** 708
5356 . . . **M2:** 109
composition . . . **M2:** 45

SUBJECTS OF THE INDEXED VOLUMES: ASM Handbook (designated by the letter "A"): **A1:** Properties and Selection: Irons, Steels, and High-Performance Alloys (1990); **A2:** Properties and Selection: Nonferrous Alloys and Special-Purpose Materials (1990); **A3:** Alloy Phase Diagrams (1992); **A4:** Heat Treating (1991); **A5:** Surface Engineering (1994); **A6:** Welding, Brazing, and Soldering (1993); **A7:** Powder Metal Technologies and Applications (1998); **A8:** Mechanical Testing (1985); **A9:** Metallography and Microstructures (1985); **A10:** Materials Characterization (1986); **A11:** Failure Analysis and Prevention (1986); **A12:** Fractography (1987); **A13:** Corrosion (1987); **A14:** Forming and Forging (1988); **A15:** Casting (1988); **A16:** Machining (1989); **A17:** Nondestructive Evaluation and Quality Control (1989); **A18:** Friction, Lubrication, and Wear Technology (1992); **A19:** Fatigue and Fracture (1996); **A20:** Materials Selection and Design (1997). **Metals Handbook, 9th Edition** (designated by the letter "M"): **M1:** Properties and Selection: Irons and Steels (1978); **M2:** Properties and Selection: Nonferrous Alloys and Pure Metals (1979); **M3:** Properties and Selection: Stainless Steels, Tool Materials, and Special-Purpose Materials (1980); **M4:** Heat Treating (1981); **M5:** Surface Cleaning, Finishing, and Coating (1982); **M6:** Welding, Brazing, and Soldering (1983); **M7:** Powder Metallurgy (1984). **Engineered Materials Handbook** (designated by the letters "EM"): **EM1:** Composites (1987); **EM2:** Engineering Plastics (1988); **EM3:** Adhesives and Sealants (1990); **EM4:** Ceramics and Glasses (1991). **Electronic Materials Handbook** (designated by the letters "EL"): **EL1:** Packaging (1989)

microstructure, effect on susceptibility to stress-corrosion cracking . . . M2: 213–215
physical properties . . . M2: 53
product forms . . . M2: 45
5357 atmospheric corrosion resistance . . . M2: 224
5454 . . . M2: 109–110
annealing temperature . . . M2: 29
applications . . . M2: 48
composition . . . M2: 45
corrosion resistance . . . M2: 48, 209, 224, 232
fabrication characteristics . . . M2: 48
machinability rating . . . M2: 188
mechanical properties . . . M2: 61
physical properties . . . M2: 53
product forms . . . M2: 45
properties, expected for welds . . . M2: 197
solution potential . . . M2: 207
stress-corrosion cracking resistance . . . M2: 209
weldability . . . M2: 193
5454, annealing . . . A4: 871, M4: 708
5456 . . . M2: 110–111
annealing temperature . . . M2: 29
applications . . . M2: 48
composition . . . M2: 45
corrosion resistance . . . M2: 48, 209, 224, 232
fabrication characteristics . . . M2: 48
machinability rating . . . M2: 188
mechanical properties . . . M2: 61
physical properties . . . M2: 48
product forms . . . M2: 45
properties, expected for welds . . . M2: 197
solution potential . . . M2: 207
stress-corrosion cracking resistance . . . M2: 209
weldability . . . M2: 193
5456, annealing . . . A4: 871, M4: 708
5457 . . . M2: 111–112
annealing temperature . . . M2: 29
applications . . . M2: 48
composition . . . M2: 45
corrosion resistance . . . M2: 48, 209, 232
fabrication characteristics . . . M2: 48
machinability rating . . . M2: 188–189
mechanical properties . . . M2: 61
physical properties . . . M2: 53
product forms . . . M2: 45
stress-corrosion cracking resistance . . . M2: 209
weldability . . . M2: 193
5457, annealing . . . A4: 871, M4: 708
5652 . . . M2: 112–113
annealing temperature . . . M2: 29
applications . . . M2: 48
composition . . . M2: 45
corrosion resistance . . . M2: 48, 209
fabrication characteristics . . . M2: 48
mechanical properties . . . M2: 61
physical properties . . . M2: 53
product forms . . . M2: 45
stress-corrosion cracking resistance . . . M2: 209
weldability . . . M2: 193
5652, annealing . . . A4: 871, M4: 708
5657 . . . M2: 113
applications . . . M2: 48
composition . . . M2: 45
corrosion resistance . . . M2: 48, 209
fabrication characteristics . . . M2: 48
machinability rating . . . M2: 189
mechanical properties . . . M2: 61
physical properties . . . M2: 53
product forms . . . M2: 45
stress-corrosion cracking resistance . . . M2: 209
weldability . . . M2: 193
6005 . . . M2: 113–114
annealing . . . A4: 871, M4: 708
annealing temperature . . . M2: 29
applications . . . M2: 48
composition . . . M2: 45
corrosion resistance . . . M2: 48
mechanical properties . . . M2: 61
physical properties . . . M2: 53
precipitation heat treatment . . . A4: 846, M4: 677–683
product forms . . . M2: 45
solution heat treatment . . . A4: 846, M4: 677–683
6009 . . . M2: 114–115
annealing . . . A4: 871, M4: 708
annealing temperature . . . M2: 29
composition . . . M2: 45
machinability rating . . . M2: 189
mechanical properties . . . M2: 61
mechanical properties, sheet . . . M2: 181
physical properties . . . M2: 54
precipitation heat treatment . . . A4: 846, M4: 677–683
product forms . . . M2: 45
solution heat treatment . . . A4: 846, M4: 677–683
solution potential . . . M2: 207
6010 . . . M2: 115
annealing . . . M4: 708
annealing temperature . . . M2: 29
composition . . . M2: 45
machinability rating . . . M2: 189
mechanical properties . . . M2: 61
mechanical properties, sheet . . . M2: 181
physical properties . . . M2: 54
precipitation heat treatment . . . M4: 677–683
product forms . . . M2: 45
solution heat treatment . . . M4: 677–683
solution potential . . . M2: 207
6010, annealing . . . A4: 871
6013
precipitation heat treatment . . . A4: 846
solution heat treatment . . . A4: 846
6051 corrosion resistance . . . M2: 223, 230, 231
6053
annealing . . . A4: 871, M4: 708
annealing temperature . . . M2: 29
corrosion resistance . . . M2: 209, 224, 231, 232
hardness . . . A4: 877
hardness values . . . M4: 716
precipitation heat treatment . . . A4: 846, M4: 677–683
solution heat treatment . . . A4: 846, M4: 677–683
stress-corrosion cracking resistance . . . M2: 209
6061 . . . M2: 115–117
age hardening . . . A4: 865
aging . . . M4: 701–703
aging characteristics at low aging temperatures . . . M2: 31, 36–38
annealing . . . A4: 871, M4: 708
annealing temperature . . . M2: 29
applications . . . M2: 48
composition . . . M2: 45
corrosion resistance . . M2: 48, 209, 224, 225, 230, 231, 232
dimensional changes . . . A4: 876
fabrication characteristics . . . M2: 48
fatigue characteristics, weldments . . M2: 195, 199
fatigue curves . . . M2: 14
forgeability, relative . . . M2: 6
forging, relative cost vs. forging weight . . . M2: 5
forming, change from alloy 5052 to eliminate cracking during . . . M2: 16
forming-limit diagram . . . M2: 183
galvanic corrosion with magnesium . . . M2: 607
hardness . . . A4: 877
hardness values . . . M4: 716
impacts, mechanical properties of . . . M2: 10
impacts, minimum wall thickness . . . M2: 9
machinability rating . . . M2: 189
mechanical properties . . . M2: 61
mechanical properties, sheet . . . M2: 181
natural aging curve . . . M2: 31
physical properties . . . M2: 54
precipitation heat treatment . . . A4: 846, 851, M4: 677–683
product forms . . . M2: 45
properties, expected for welds . . . M2: 197
properties, gas metal-arc welded plate . . . M2: 197
quenching . . . A4: 856, 858, M4: 694, 695
quenching rate, effect on yield strength after aging . . . M2: 34
reheating . . . M4: 707
reheating schedules . . . A4: 869
solution heat treatment . . . A4: 844, 846, 855, M4: 677–683
solution potential . . . M2: 207
stress-corrosion cracking resistance M2: 209, 213
weldability . . . M2: 193
yield strength . . . M4: 689
6062, reheating . . . M4: 707
6062, reheating schedules . . . A4: 869
6063 . . . M2: 117–118
annealing . . . A4: 871, M4: 708
annealing temperature . . . M2: 29
applications . . . M2: 49
composition . . . M2: 45
corrosion resistance . . M2: 49, 209, 226, 231, 232
fabrication characteristics . . . M2: 49
galvanic corrosion with magnesium . . . M2: 607
hardness . . . A4: 877
hardness values . . . M4: 716
machinability rating . . . M2: 189
mechanical properties . . . M2: 61
physical properties . . . M2: 54
precipitation heat treatment . . . A4: 846, 851, M4: 677–683
product forms . . . M2: 45
properties, expected for welds . . . M2: 197
reheating . . . M4: 707
reheating schedules . . . A4: 869
solution heat treatment . . . A4: 846, 851, M4: 677–683
solution potential . . . M2: 207
stress-corrosion cracking resistance . . . M2: 209
weldability . . . M2: 193
6066 . . . M2: 118–119
annealing . . . A4: 871, M4: 708
annealing temperature . . . M2: 29
applications . . . M2: 49
composition . . . M2: 45
corrosion resistance . . . M2: 49, 209
fabrication characteristics . . . M2: 49
mechanical properties . . . M2: 61
physical properties . . . M2: 54
precipitation heat treatment . . . A4: 846, M4: 677–683
product forms . . . M2: 45
solution heat treatment . . . A4: 846, M4: 677–683
stress-corrosion cracking resistance . . . M2: 209
weldability . . . M2: 193
6070 . . . M2: 119
applications . . . M2: 49
composition . . . M2: 45
corrosion resistance . . . M2: 49, 209, 232
fabrication characteristics . . . M2: 49
mechanical properties . . . M2: 61
physical properties . . . M2: 54
precipitation heat treatment . . . A4: 846, M4: 677–683
product forms . . . M2: 45
solution heat treatment . . . A4: 846, M4: 677–683
stress-corrosion cracking resistance . . . M2: 209
weldability . . . M2: 193
6101 . . . M2: 119–120
application . . . M2: 49
composition . . . M2: 45
corrosion resistance . . . M2: 49, 209
fabrication characteristics . . . M2: 49
mechanical properties . . . M2: 61
physical properties . . . M2: 54
product forms . . . M2: 45
stress-corrosion cracking resistance . . . M2: 209
weldability . . . M2: 193
6101, precipitation heat treatment . . . A4: 843–844
6111
precipitation heat treatment . . . A4: 846
solution heat treatment . . . A4: 846
6151 . . . M2: 120–121
applications . . . M2: 49
composition . . . M2: 45
corrosion resistance . . . M2: 209
fabrication characteristics . . . M2: 49
forgeability, relative . . . M2: 6
forging, relative cost vs. forging weight . . . M2: 5
hardness . . . A4: 877
hardness values . . . M4: 716
mechanical properties . . . M2: 61
mechanical properties, sheet . . . M2: 181
physical properties . . . M2: 54
precipitation heat treatment . . . A4: 846, M4: 677–683
product forms . . . M2: 45
quenching . . . A4: 857, 875
quenching stress . . . M2: 40, 41, 43
solution heat treatment . . . A4: 846, M4: 677–683
solution potential . . . M2: 207
stress-corrosion cracking resistance . . . M2: 209
6201
applications . . . M2: 49
composition . . . M2: 45
corrosion resistance . . . M2: 49, 209

Aluminum alloys, wrought, specific types (continued)
fabrication characteristics . . . **M2:** 49
mechanical properties . . . **M2:** 61
physical properties . . . **M2:** 54
product forms . . . **M2:** 45
stress-corrosion cracking resistance . . . **M2:** 209
weldability . . . **M2:** 193
6201, precipitation heat treatment . . . **A4:** 843–844
6205 . . . **M2:** 121–122
composition . . . **M2:** 45
mechanical properties . . . **M2:** 61
physical properties . . . **M2:** 54
product forms . . . **M2:** 45
6262 . . . **M2:** 122
applications . . . **M2:** 49
composition . . . **M2:** 45
corrosion resistance . . . **M2:** 49, 209
fabrication characteristics . . . **M2:** 49
machinability rating . . . **M2:** 189
mechanical properties . . . **M2:** 61
physical properties . . . **M2:** 54
precipitation heat treatment . . . **A4:** 846, **M4:** 677–683
product forms . . . **M2:** 45
solution heat treatment . . . **A4:** 846, **M4:** 677–683
stress-corrosion cracking resistance . . . **M2:** 209
weldability . . . **M2:** 193
6351 . . . **M2:** 122–123
composition . . . **M2:** 45
impacts, mechanical properties . . . **M2:** 10
mechanical properties . . . **M2:** 62
physical properties . . . **M2:** 54
product forms . . . **M2:** 45
properties, expected for welds . . . **M2:** 197
seawater corrosion resistance . . . **M2:** 232
solution potential . . . **M2:** 207
6463 . . . **M2:** 123
applications . . . **M2:** 49
composition . . . **M2:** 45
corrosion resistance . . . **M2:** 49, 209
fabrication characteristics . . . **M2:** 49
machinability rating . . . **M2:** 189
mechanical properties . . . **M2:** 62
physical properties . . . **M2:** 54
precipitation heat treatment . . . **A4:** 846, 851, **M4:** 677–683
product forms . . . **M2:** 45
solution heat treatment . . . **A4:** 846, **M4:** 677–683
stress-corrosion cracking resistance . . . **M2:** 209
weldability . . . **M2:** 193
6951
precipitation heat treatment . . . **A4:** 846, **M4:** 677–683
solution heat treatment . . . **A4:** 846, **M4:** 677–683
7001
annealing . . . **A4:** 871, **M4:** 708
annealing temperature . . . **M2:** 29
corrosion resistance . . . **M2:** 209
precipitation heat treatment . . . **A4:** 847, **M4:** 677–683
solution heat treatment . . . **A4:** 847, **M4:** 677–683
stress-corrosion cracking resistance . . . **M2:** 209
7005 . . . **M2:** 123–125
annealing . . . **A4:** 871, **M4:** 708
annealing temperature . . . **M2:** 29
composition . . . **M2:** 45
mechanical properties . . . **M2:** 62
physical properties . . . **M2:** 54
precipitation heat treatment . . . **A4:** 847, 851, **M4:** 677–683
product forms . . . **M2:** 45
solution heat treatment . . . **A4:** 847, 851, **M4:** 677–683
solution potential . . . **M2:** 207
stress-corrosion cracking resistance . . . **M2:** 213
weldability . . . **M2:** 193
7021, mechanical properties, sheet . . . **M2:** 181
7029, mechanical properties, sheet . . . **M2:** 181
7039
seawater corrosion resistance . . . **M2:** 232
stress-corrosion cracking resistance **M2:** 213, 232
7049 . . . **M2:** 125–126
annealing . . . **A4:** 871
annealing temperature . . . **M2:** 29
composition . . . **M2:** 45
fracture toughness . . . **A4:** 878
machinability rating . . . **M2:** 189
mechanical properties . . . **M2:** 62
physical properties . . . **M2:** 54
precipitation heat treatment . . . **A4:** 862
product forms . . . **M2:** 45
solution potential . . . **M2:** 207
stress-corrosion cracking resistance . . . **M2:** 213
7049, annealing . . . **M4:** 708
7050 . . . **M2:** 126–128
age hardening . . . **A4:** 863
aging characteristics at room temperature . . . **M2:** 36–38
annealing . . . **A4:** 871, **M4:** 708
annealing temperature . . . **M2:** 29
composition . . . **M2:** 45
fracture toughness . . . **A4:** 878
machinability rating . . . **M2:** 189
mechanical properties . . . **M2:** 62
physical properties . . . **M2:** 54
precipitation heat treatment . . . **A4:** 847, 862, 876, **M4:** 677–683
product forms . . . **M2:** 45
quenching rate, effect on yield strength after aging . . . **M2:** 34
solution heat treatment . . . **A4:** 847, **M4:** 677–683
solution potential . . . **M2:** 207
stress-corrosion cracking resistance . . . **M2:** 213
yield strength . . . **A4:** 866, 867, **M4:** 689, 704
7072 . . . **M2:** 128–129
composition . . . **M2:** 45
mechanical properties . . . **M2:** 62
physical properties . . . **M2:** 54
product forms . . . **M2:** 45
seawater corrosion resistance . . . **M2:** 230
solution potential . . . **M2:** 207
7075 . . . **M2:** 129–132
age hardening . . . **A4:** 860
aging characteristics at low aging temperatures . . . **M2:** 36–38
annealing . . . **A4:** 869, 871, **M4:** 708
annealing,effect on ductility . . . **M4:** 708
annealing temperature . . . **M2:** 29
applications . . . **M2:** 49
composition . . . **M2:** 45
cooling curves . . . **M4:** 692
corrosion rate affected by quenching rate **M2:** 34
corrosion resistance . . **M2:** 49, 209, 224, 225, 226, 230, 232
exfoliation corrosion resistance . . . **M2:** 219
fabrication characteristics . . . **M2:** 49
forgeability, relative . . . **M2:** 6
forged part, mechanical properties . . . **M2:** 13
forging, relative cost vs. forging weight . . . **M2:** 5
fracture toughness . . . **A4:** 878
galvanic corrosion with magnesium . . . **M2:** 607
hardness . . . **A4:** 877
hardness values . . . **M4:** 716
impacts, mechanical properties . . . **M2:** 10, 13
impacts, minimum wall thickness . . . **M2:** 9
machinability rating . . . **M2:** 189
mechanical properties . . . **M2:** 62
natural aging curve . . . **M2:** 31
physical properties . . . **M2:** 54
precipitation heat treatment . . . **A4:** 847, 862, 876, **M4:** 677–683
precipitation-hardening curves **M2:** 31, 36–38, 43
product forms . . . **M2:** 45
properties, elevated temperatures **M2:** 56, 58, 62
quality assurance . . . **A4:** 876
quenching **A4:** 856, 857, 859, 875, **M4:** 690, 693, 695
quenching rate, effect on yield strength after aging . . . **M2:** 34
reheating . . . **A4:** 869, **M4:** 707
solution heat treatment . . **A4:** 847, 851, 852, 853, 854, 855, 875, **M4:** 677–683
solution potential . . . **M2:** 207
stress-corrosion cracking resistance . . . **M2:** 209, 213–216
tempers . . . **A4:** 862
weldability . . . **M2:** 193
yield strength . . **A4:** 851, 860, 866, **M4:** 689, 693, 704, 714
7079
annealing . . . **A4:** 871, **M4:** 708
annealing temperature . . . **M2:** 29
atmospheric corrosion resistance . . . **M2:** 224, 232
forged parts, variation in mechanical properties . . . **M2:** 8, 9
forging, relative cost vs. forging weight . . . **M2:** 5
fracture toughness . . . **A4:** 878
hardness . . . **A4:** 877
hardness values . . . **M4:** 716
quenching . . . **A4:** 856, **M4:** 695
stress-corrosion cracking resistance . . . **M2:** 213
7146, mechanical properties, sheet . . . **M2:** 181
7149, fracture toughness . . . **A4:** 878
7149, stress corrosion cracking resistance . . **M2:** 213
7150
fracture toughness . . . **A4:** 878
solution heat treatment . . . **A4:** 852
7175 . . . **M2:** 131–134
applications . . . **M2:** 49
composition . . . **M2:** 45
corrosion resistance . . . **M2:** 49
fabrication characteristics . . . **M2:** 49
fracture toughness . . . **A4:** 878
mechanical properties . . . **M2:** 10, 62
physical properties . . . **M2:** 54
precipitation heat treatment . . . **A4:** 847, 862, **M4:** 677–683
product forms . . . **M2:** 45
quenching . . . **A4:** 856, **M4:** 695
solution heat treatment . . . **A4:** 847, **M4:** 677–683
stress-corrosion cracking resistance . . . **M2:** 214
7178 . . . **M2:** 134–135
annealing . . . **A4:** 871, **M4:** 708
annealing temperature . . . **M2:** 29
applications . . . **M2:** 49
composition . . . **M2:** 45
corrosion resistance . . . **M2:** 49, 209
fabrication characteristics . . . **M2:** 49
hardness . . . **A4:** 842, 877
hardness values . . . **M4:** 716
machinability rating . . . **M2:** 189
product forms . . . **M2:** 45
quenching . . . **A4:** 856, **M4:** 695
reheating . . . **M4:** 707
reheating schedules . . . **A4:** 869
solution heat treatment . . . **A4:** 854
solution potential . . . **M2:** 207
stress-corrosion cracking resistance **M2:** 209, 214
weldability . . . **M2:** 193
7475 . . . **M2:** 135–139
annealing . . . **A4:** 871, **M4:** 708
annealing temperature . . . **M2:** 29
composition . . . **M2:** 45
fracture toughness . . . **A4:** 878
machinability rating . . . **M2:** 489
mechanical properties . . . **M2:** 62
physical properties . . . **M2:** 54
precipitation heat treatment . . . **A4:** 847, 862, **M4:** 677–683
product forms . . . **M2:** 45
solution heat treatment . . . **A4:** 847, 852, **M4:** 677–683
solution potential . . . **M2:** 207
stress-corrosion cracking resistance . . . **M2:** 214
7475 Alclad
precipitation heat treatment . . . **M4:** 677–683

SUBJECTS OF THE INDEXED VOLUMES: ASM Handbook (designated by the letter "A"): **A1:** Properties and Selection: Irons, Steels, and High-Performance Alloys (1990); **A2:** Properties and Selection: Nonferrous Alloys and Special-Purpose Materials (1990); **A3:** Alloy Phase Diagrams (1992); **A4:** Heat Treating (1991); **A5:** Surface Engineering (1994); **A6:** Welding, Brazing, and Soldering (1993); **A7:** Powder Metal Technologies and Applications (1998); **A8:** Mechanical Testing (1985); **A9:** Metallography and Microstructures (1985); **A10:** Materials Characterization (1986); **A11:** Failure Analysis and Prevention (1986); **A12:** Fractography (1987); **A13:** Corrosion (1987); **A14:** Forming and Forging (1988); **A15:** Casting (1988); **A16:** Machining (1989); **A17:** Nondestructive Evaluation and Quality Control (1989); **A18:** Friction, Lubrication, and Wear Technology (1992); **A19:** Fatigue and Fracture (1996); **A20:** Materials Selection and Design (1997). **Metals Handbook, 9th Edition** (designated by the letter "M"): **M1:** Properties and Selection: Irons and Steels (1978); **M2:** Properties and Selection: Nonferrous Alloys and Pure Metals (1979); **M3:** Properties and Selection: Stainless Steels, Tool Materials, and Special-Purpose Materials (1980); **M4:** Heat Treating (1981); **M5:** Surface Cleaning, Finishing, and Coating (1982); **M6:** Welding, Brazing, and Soldering (1983); **M7:** Powder Metallurgy (1984). **Engineered Materials Handbook** (designated by the letters "EM"): **EM1:** Composites (1987); **EM2:** Engineering Plastics (1988); **EM3:** Adhesives and Sealants (1990); **EM4:** Ceramics and Glasses (1991). **Electronic Materials Handbook** (designated by the letters "EL"): **EL1:** Packaging (1989)

Angular velocity of gear rad/s
symbol and units ... **A18:** 544
Angular velocity of pinion
symbol and units ... **A18:** 544
Angular-contact ball bearings ... **A18:** 500, 506
applications ... **A11:** 490
basic load rating ... **A18:** 505
fretting failure ... **A11:** 498
f_v factors for lubrication method ... **A18:** 511
z and *y* factors ... **A18:** 511
Angular-contact bearings
defined ... **A18:** 2
Angular-contact groove ball bearings ... **A18:** 509
Angularity
defined ... **A14:** 1, **A15:** 1
of sand grains, molding effects ... **A15:** 208
Angularity (triangularity) of the particle ... **A7:** 273
Anhydride
defined ... **EM2:** 4
Anhydride group
chemical groups and bond dissociation energies used in plastics ... **A20:** 441
Anhydride/epoxide reaction
in epoxy composite curing ... **EM1:** 67–71
Anhydrides ... **EM3:** 5
commercial, list of ... **EM3:** 99
for curing epoxies ... **EM3:** 95
reaction with epoxies ... **EM3:** 99
Anhydrides, as curing agents
epoxies ... **EL1:** 828–829
Anhydrides, boric acid
as flux ... **A10:** 167
Anhydrides, types
epoxy curing ... **EM1:** 70–71
Anhydrous aluminum chloride in Group Vi electrolytes ... **A9:** 54
Anhydrous ammonia ... **A13:** 328, 544, 630
Anhydrous borax ($Na_2O{\bullet}2B_2O_3$)
purpose for use in glass manufacture ... **EM4:** 381
Anhydrous dibasic calcium phosphate
dentifrice abrasive ... **A18:** 665
Anhydrous ethyl alcohol (solvent)
batch weight of formulation when used in oxidizing sintering atmospheres ... **EM4:** 163
Anhydrous hydrogen fluoride ... **A13:** 1166–1170
Aniline ... **EM3:** 5
defined ... **EM2:** 4
hazardous air pollutant regulated by the Clean Air Amendments of 1990 ... **A5:** 913
Aniline point
defined ... **A18:** 2
Aniline-formaldehyde resins ... **EM3:** 5
defined ... **EM2:** 4
Animal feed
powder used ... **M7:** 572
Animal glue
applications ... **EM3:** 45
characteristics ... **EM3:** 45
for packaging ... **EM3:** 45
Animal medication
powder used ... **M7:** 572
Animal tissue
AAS analysis of trace metals ... **A10:** 55
NAA analysis of retention of toxic elements in ... **A10:** 233
voltammetric detection of herbicide/pesticide residues in ... **A10:** 188
Anion *See also* Cation; Ion ... **A13:** 1, 18–19, 65–66, 71, 330
definition ... **A5:** 945, **A20:** 828
Anion-exchange column
simulated pressurized water reactor water system ... **A8:** 423–424
Anionic detergent
definition ... **A5:** 945
Anionic detergents
for surface cleaning ... **A13:** 380
Anionic surfactants
use in alkaline cleaners ... **M5:** 24
Anionic wetting agent
composition ... **A5:** 48
Anions
as negatively charged ions ... **A10:** 659
defined ... **A10:** 669
determined on contaminated surfaces, by ion chromatography ... **A10:** 658
exchange resins, use in ion chromatography ... **A10:** 659
green and yellow, as determined by single-crystal analysis ... **A10:** 354
influence in stress-corrosion cracking ... **A8:** 499
inorganic, determined by ion chromatography ... **A10:** 663
potentiometric membrane electrodes quantification ... **A10:** 181
qualitative and quantitative analysis by ion chromatography ... **A10:** 658–667
Anisotropic *See also* Optically anisotropic ... **EM3:** 5
defined ... **EM1:** 4, **EM2:** 4
laminate, defined ... **EM1:** 4
Anisotropic alloys (Alnico) ... **A15:** 738
Anisotropic effects
ESR studied ... **A10:** 256
Anisotropic hyperfine coupling constants
electron spin resonance ... **A10:** 261
Anisotropic laminate *See also* Laminate(s)
defined ... **EM2:** 4
Anisotropic material ... **A20:** 538
Anisotropic materials
high-temperature solid-state welding ... **A6:** 299
Anisotropic mechanical properties
and mechanical fibering ... **A9:** 686
Anisotropic metals
polarized light optical color metallography **A9:** 138
Anisotropic reliability models ... **A20:** 625
Anisotropic thermal expansion coefficients
XRPD analysis ... **A10:** 333
Anisotropic thermal motions
and crystal structure determination ... **A10:** 352, 353
Anisotropy *See also* Directionality; Planar anisotropy ... **A8:** 1, **A20:** 302, 538
and birefringence ... **EM2:** 596–597
average normal, and *r* value ... **A8:** 550
constants, FMR for obtaining ... **A10:** 272, 273
defined ... **A9:** 2
definition ... **A20:** 828
design requirements for ... **EM1:** 181
effect, deep drawing ... **A14:** 584
effect of, on notch toughness ... **A1:** 744–745
forgings ... **M1:** 356–360
high-temperature superconductors ... **A2:** 1088
in forging ... **A11:** 316, 319
in high-strength steel ... **A1:** 343, 344, 345
in plastic torsion ... **A8:** 143
in wrought alloys ... **A14:** 367
in wrought metallic materials ... **A20:** 513
magnetic, determined ... **A10:** 272–273
material, properties effects ... **EM2:** 405
microstructural, effect on fatigue ... **M1:** 681
microwave measurement ... **A17:** 215
notch toughness of steels ... **M1:** 695–696, 700
of fracturing, wrought products ... **A11:** 317
of laminates, defined ... **EM1:** 4
of unidirectional composite materials ... **EM1:** 218
phenomenological theory ... **A8:** 143
planar, and earing ... **A14:** 576
planar, and *r* value ... **A8:** 550
plate, instability of ... **EM1:** 446
steel sheet ... **M1:** 549
unidirectional composites ... **EM1:** 218
zirconium ... **A2:** 667
Anisotropy effect
inclusion-forming ... **A15:** 91
Anisotropy of P/M high-speed tool steels ... **A16:** 62
Anneal
definition ... **EM4:** 632
effect on fatigue performance of ferrous components ... **A19:** 318
Anneal to temper
defined ... **A9:** 2
definition ... **A5:** 945
Annealed and tempered glass ... **EM4:** 453–459
applications ... **EM4:** 453–454
automotive glass forming ... **EM4:** 457–459
measurement of stress in glass ... **EM4:** 456–457
Babinet Compensator ... **EM4:** 457
differential surface refractometer ... **EM4:** 457
polarimeter ... **EM4:** 457
scattered light polarimeter ... **EM4:** 457
strength of glass ... **EM4:** 456
break pattern of tempered glass ... **EM4:** 456
tempering process ... **EM4:** 454–456
equipment ... **EM4:** 454–455
physics of process ... **EM4:** 455–456
types of tempering systems ... **EM4:** 454
Annealed brass strip
thickness for Scleroscope testing ... **A8:** 105
Annealed glass
seal design techniques ... **EM4:** 534
Annealed low-carbon manufacturers' wire ... **A1:** 282, **M1:** 264
Annealed microstructures
in tool steels ... **A9:** 258
Annealed powder
defined ... **M7:** 1
Annealed single-phase alloys ... **A19:** 64
Annealed spring wire
characteristics of ... **A1:** 307–308
Annealed steel
press forming of ... **A14:** 558
Annealed temper ... **A1:** 850
Annealed wire
springs wound from ... **M1:** 289–290
Annealing *See also* Annealing temperature; Decarburization; Fabrication characteristics; Heat treatment; Stress relieving; Stress-relief anneal; Stress-relief annealing ... **A1:** 122–123, 132–133, 272, **A7:** 322, **EM3:** 5
abrasion resistance of steels ... **A18:** 490
alloy steel sheet and strip ... **M1:** 164
alloy steels ... **A4:** 37, 39
aluminum alloys ... **A15:** 761, **M2:** 28, 29, **M4:** 707–708, 709
and deep drawing ... **A14:** 575
and diffusion bonding ... **A6:** 157
and x-ray diffraction results ... **A18:** 469
applied to a cold-worked metal microstructural stages ... **A9:** 692–699
as powder treatment ... **M7:** 24
as secondary operation ... **M7:** 456
as stress-relief method ... **A20:** 817
atmosphere, magnetically soft materials ... **A2:** 763
austenitic ductile irons ... **A15:** 700
Austenitizing temperatures, carbon-iron compacts ... **M7:** 456
batch ... **A1:** 122
beehive furnace, early ... **A15:** 31
black ... **A1:** 280
bright ... **A1:** 280
carbon steels ... **A4:** 37, 39
cast irons ... **A6:** 714
cast steels, effect on mechanical properties ... **M1:** 383, 384, 385, 386–387
caused by sintering ... **A7:** 441
chilled cast iron, effect on hardness and combined carbon ... **M1:** 82
chilled-iron railroad car wheels ... **A15:** 30
cold finished bars ... **M1:** 234
cold rolled low-carbon steel sheet and strip ... **M1:** 156–157
continuous ... **A1:** 122–123
control of malleable iron ... **A15:** 688–690
copper alloys ... **M4:** 719–724
copper and copper alloys ... **A2:** 216
copper metals ... **M2:** 253–255
copper wire ... **M2:** 272
decarburization in QMP iron powder ... **M7:** 86–87
defined ... **A9:** 2, **A13:** 1, **EM1:** 4, **EM2:** 4, **M7:** 182
definition ... **EM4:** 632
dimensional change ... **A7:** 711
dimensional change during ... **M7:** 481
distortion during ... **M7:** 480
Domfer iron powder process ... **M7:** 90–91
effect on crystallographic texture ... **A9:** 700–701
effect on ductile iron microstructure ... **A9:** 245
effect on fatigue crack threshold ... **A19:** 143
effect on green strength ... **M7:** 302
effect on tool steel microstructure ... **A9:** 258
electrolytic iron powder ... **M7:** 94
enameling ... **EM3:** 303
enhanced by accelerated cooling ... **A4:** 167
flame ... **M4:** 506
for gas cutting ... **A14:** 724
formation of metal-silicon contacts ... **EM3:** 581
fretting fatigue and ... **A19:** 328
functions in iron powder processes ... **M7:** 182–183
gear materials ... **A18:** 261
gold and gold alloys ... **A4:** 941, 942–944
grain-coarsening, mechanically alloyed oxide alloys ... **A2:** 944

Annealing (continued)
gray cast iron **M1:** 23
(growth) twin, rutile images of **A10:** 443
hafnium **A2:** 663
high-chromium white irons **A15:** 684
improper, defect depth distribution from **A10:** 628
in specialty P/M strip production **M7:** 403
intermediate, for heat-resistant alloys **A14:** 779
intermediate, in three-roll forming **A14:** 620–621
iridium **A4:** 945, 946–947
killed steel to avoid **A14:** 548
lime bright **A1:** 280
magnetically soft materials **A2:** 762–763
malleable cast iron **M1:** 57–63
metal powders **M7:** 182–185
molybdenum alloys **A6:** 581
molybdenum-implanted aluminum **A10:** 486
nickel and nickel alloys **A4:** 907–911, **M4:** 754–757
nickel plate **M5:** 217–218
nickel strip **M7:** 401
nickel-base corrosion-resistant alloys containing molybdenum **A6:** 596
niobium-titanium ingot **A2:** 1044
nonferrous high-temperature materials **A6:** 572
notch toughness of steels, effect on **M1:** 706, 708
of cold-rolled steel products **A1:** 132–133
of dual-phase steels **A1:** 424–425
of ductile iron **A1:** 41, **A15:** 657, **M1:** 37
of gray iron **A1:** 23–24, **A15:** 642–643, **M4:** 529–531
of hot-rolled steel bars **A1:** 241
of Invar **A2:** 890–891
of low-alloy steel sheet/strip **A1:** 209
of malleable iron **A1:** 72–73
of metal powders **A7:** 305
of powder metallurgy high-speed tool steels **A1:** 783
of press formed parts **A14:** 548
of pure copper, as electrical contact material **A2:** 843
of rhodium **A4:** 945, 946–947, **A14:** 850
of shape memory effect (SME) alloys **A2:** 899–900
of sintered high-speed steels **M7:** 374
of steel wire **A1:** 280, **M1:** 262
of titanium alloy forgings **A14:** 281
of tool and die steels **A14:** 53–54
palladium **A2:** 716, **A14:** 850
palladium and palladium alloys **A4:** 944, 945, 946
physical aging **EM3:** 422
plain carbon steels **A15:** 713
platinum **A2:** 709, **A7:** 4, **A14:** 850
platinum alloys **A14:** 851
platinum and platinum alloys **A4:** 944, 945–946
porous materials **A7:** 1035
post-treatment after atomic deposition method for metallizing **EM4:** 542
precious metals **M4:** 760–761, 762
prehistoric **A15:** 15
process, effect on cold heading properties **A14:** 293
Raman analysis of **A10:** 133
recrystallization, copper/copper alloys **A13:** 615
regenerative burner fuel savings from furnace **A4:** 522
ring forging cracked after **A11:** 574, 580
ruthenium **A4:** 946–947
salt **A1:** 280
SAS techniques for **A10:** 405
silver and silver alloys **A4:** 939–941
solution annealing, austenitic stainless steels **A1:** 898–899, 912, 945
solution, beryllium-copper alloys **A2:** 405–406
spheroidize **A1:** 209, 280
spherulite enlargement **EM3:** 410
stainless steel **M4:** 624, 625–626, 628, 633–634, 639, **M5:** 102
steel **M4:** 14–27
steel wire, during fabrication **M1:** 590–591
steel wire rod **M1:** 253
strand **A1:** 280
stress-relief, for fracture resistance **A11:** 125
structures of hypoeutectic bearing caps after **A11:** 350
studies, by NMR **A10:** 277
titanium **M4:** 765
to develop equiaxed alpha grains in titanium and titanium alloys **A9:** 460
to reveal as-cast solidification structures in steel **A9:** 624
tool steels **A4:** 734–737, 739, 743, 750, 757, 758, 759, **M4:** 563–564, 565
ultrahigh-strength steels **M1:** 424, 430, 431, 432, 433, 434, 435, 438, 441
with induction heating **A4:** 193–194
wrought copper and copper alloy wiredrawing and wire stranding **A2:** 256
wrought copper and copper alloys **A2:** 245–247
wrought titanium alloys **A2:** 619
zirconium **A2:** 2803
Annealing behavior of cold-worked metals **A9:** 692–699
Annealing carbon *See* Temper carbon
Annealing out of point defects during recovery **A9:** 693
Annealing point **EM4:** 424
defined **EM1:** 47
Annealing temperature *See also* Annealing; Fabrication characteristics
aluminum casting alloys **A2:** 157
cast copper alloys **A2:** 367–368, 383–387
effect on recrystallization **A9:** 686
wrought aluminum and aluminum alloys **A2:** 63–122
Annealing, thermal
as failure mechanism **EL1:** 1012
Annealing twin
defined **A9:** 2, **A11:** 1
in steel **A9:** 178
Annealing twin bands *See also* Twin bands **A9:** 2
Annealing twins **A20:** 341
Anneal-resistant electrolytic copper *See also* Copper alloys, specific types, C11100
applications and properties **A2:** 272–274
Annual Book of ASTM Standards **EM3:** 61
Annual interest compounding **A13:** 370–371
Annular air inlet
in Whiting cupola **A15:** 30
Annular bearing
defined **A18:** 2
Annular fracture surface
metal-matrix composites **A12:** 466
Annular free fall nozzle designs **M7:** 26, 29
Annular gas jets
confined atomization **M7:** 26, 29
Annular nozzle
atomizing technique **M7:** 123
Annular nozzle atomization
tin powders **A7:** 146
Annular ram assembly **A7:** 25
Annular ring
as plated-through hole failure **EL1:** 1022
Annular snap joints **EM2:** 719–720
Anodal
anodizing process properties **A5:** 482
Anodal anodizing process
aluminum and aluminum alloys **M5:** 587
Anode *See also* Cathode
area, ratio to cathode area, galvanic corrosion **A11:** 186
corrosion, defined **A13:** 1
corrosion efficiency, defined **A13:** 1
defined **A11:** 1, **A13:** 1
definition **A5:** 945
effect, defined **A13:** 1
efficiency, defined **A13:** 1
film, defined **A13:** 2
in aqueous corrosion **A13:** 29
materials, cathodic protection **A13:** 468–469, 920–922
single, formulas **A13:** 470
splines, in metal-processing equipment **A13:** 1316
Anode aperture
defined **A9:** 2
Anode corrosion
definition **A5:** 945
Anode film
definition **A5:** 945
Anode materials
x-ray tubes **A10:** 89
Anode melting rate **A7:** 99
atomization **M7:** 41, 43
particle size distribution and **A7:** 99
Anode polarization *See* Polarization
Anodes
aluminum and aluminum alloys **A2:** 14
and antenna covers, microwave inspection **A17:** 202
for electropolishing **A9:** 49
hooded **A17:** 305
lead and lead alloy **A2:** 555
reflection technique, microwave inspection **A17:** 206
silver **M7:** 148
transmission technique, microwave inspection **A17:** 205
x-ray tubes **A17:** 302
Anodes, dual
in electrogravimetry **A10:** 199
Anodic acid etching *See also* Anodic etching
steel **M5:** 16–18
Anodic back series
in equine serum **A13:** 1330
Anodic breakdown pitting
titanium/titanium alloys **A13:** 683–684
Anodic cleaning **A5:** 4
alkaline cleaning solutions for zinc die castings **A5:** 872
defined **A13:** 2
definition **A5:** 945
Anodic coating **A13:** 1, 424, 811
definition **A5:** 945
Anodic coatings *See also* Anodizing
abrasion resistance **M5:** 596
aluminum and aluminum alloys **M5:** 586, 589–591, 594–598, 606–607, 609–610
color anodizing **M5:** 595–596, 609–610
integral process **M5:** 595–596, 609–610
two-step (electrolytic) process **M5:** 596
evaluation of **M5:** 596
fatigue strength affected by **M5:** 597
lightfastness **M5:** 596
magnesium alloys **M5:** 629, 632–638, 640–641, 643–644, 647
problems and corrections **M5:** 636–638, 642–643
process control of **M5:** 635–636, 640–641
repair of **M5:** 635
surface preparation **M5:** 632
reflectance values affected by **M5:** 596–598
sealing processes **M5:** 590–591, 594–596, 603–604, 606
standards **M5:** 606–607
surface and mechanical properties affected by **M5:** 596–598
thermal radiation reflectance affected by **M5:** 596–598
thickness **M5:** 596–601
weight, as function of time **M5:** 588, 590–591, 595–596
Anodic desmutting **A5:** 13
Anodic dissolution **A19:** 186–187
as SCC mechanism **A12:** 25
effect on cleavage **A12:** 42
in electrochemical principles **A9:** 144
mechanisms **A19:** 185
to extract phases from wrought heat-resistant alloys **A9:** 308
Anodic electrocleaning **A5:** 13, 14
aluminum and aluminum alloys **M5:** 578

copper and copper alloys **M5:** 618–620
magnesium alloys **M5:** 631
periodic reverse system **M5:** 34–35
processes and materials **M5:** 33–35, 618–620
stainless steel **M5:** 561
steel **M5:** 16–18
zinc alloy die castings **M5:** 677
Anodic electroplating
molybdenum and tungsten **M5:** 660–661
solution compositions and operating conditions **M5:** 660
Anodic etching *See also* Anodic acid etching **A9:** 61
definition **A5:** 945
hard chromium plating pretreatment by . . **M5:** 180, 183
steel **M5:** 180
Anodic film replicas
used to examine aluminum alloys **A9:** 351
Anodic films on aluminum alloys
features revealed with reflected plane-polarized light **A9:** 351, 354
Anodic hard coating
postforging defects from **A11:** 333
Anodic inhibitor
definition **A5:** 945
Anodic inhibitors *See also* Cathodic-inhibitors; Inhibitors **A13:** 1141
as corrosion control **A11:** 197
chromates **A13:** 494
defined **A13:** 2
molybdates **A13:** 494
nitrites **A13:** 494
water-recirculating systems **A13:** 494–495
Anodic metal dissolution
at dislocations **A13:** 46
Anodic overvoltage
in electrogravimetry **A10:** 198
Anodic oxidation of isotropic metals and alloys
polarized light etching **A9:** 59
Anodic oxides
as barrier protection **A13:** 377–378
Anodic passivation at heterogeneities in electrolytic polishing **A9:** 48
Anodic pickling
definition **A5:** 945
Anodic polarization *See also* Polarization **A7:** 985–986, 990, **A19:** 497
behavior, intergranular corrosion **A13:** 123
behavior, typical **A13:** 217
curve, aluminum alloy **A13:** 265, 584
curve, schematic **A13:** 464
curves, aluminum alloy **A8:** 532
curves, for zirconium in phosphoric acid **A13:** 717
curves, for zirconium in sulfuric acid **A13:** 708–709
defined **A13:** 2
potentiostatic, measurement **A13:** 1333
potentiostatic passive **A13:** 218
stainless steel powders **A7:** 996
stress-corrosion cracking under **A8:** 537
studies, apparatus **A13:** 464
uranium, alloying effects **A13:** 816
Anodic polarization testing, specifications **A7:** 997
Anodic potential ranges **A9:** 144
Anodic protection *See also* Cathodic-protection **A13:** 2, 463–465, 694
definition **A5:** 945
for corrosion control **A11:** 196
Anodic reaction
aqueous corrosion rate control by **A13:** 32
defined **A13:** 2
definition **A5:** 945
noble metals **A13:** 807
Anodic reaction products
in electropolishing **A9:** 49–50
Anodic reactions in electrochemical etching **A9:** 60–61
Anodic reactivation polarization testing **A13:** 220
Anodic Tafel slope **A18:** 274
Anodic-cathodic pickling system
iron and steel **M5:** 76
Anodization
of thin-film hybrids **EL1:** 313
Anodize
chromic **A13:** 396
classification (MIL-A-8625) **A13:** 396
sulfuric **A13:** 396–397
Anodized aluminum . . . **A13:** 219, 599–600, 607, 1081
coating for seals **A18:** 551
corrosion resistance **M2:** 225–226, 229–232
for resistant to scuffing **A18:** 538
sensitive tint used to examine **A9:** 138
Anodized coatings **A13:** 397
Anodizing *See also* Anodic coatings . . . **A5:** 482–492, **A20:** 5, **EM3:** 416–417
abrasion resistance evaluation **A5:** 491
agitation used in **M5:** 593
alloy composition affecting **M5:** 590
aluminum and aluminum alloys **M5:** 572, 580–598, 601, 603–610
limitations, factors causing **M5:** 589–591
aluminum and aluminum alloys **A5:** 784, 793, 795, 798, 801
aluminum casting alloys **A2:** 175
bleaching prior to, aluminum and aluminum alloys **M5:** 572
bulk processing **M5:** 594
ceramic coating for adiabatic diesel engines **EM4:** 992
chromic *See* Chromic anodizing
chromic acid process. . . **A5:** 484–485, 487–488, 489
coating thickness evaluation **A5:** 490–491
color **M5:** 595–596, 609–610
color anodizing **A5:** 490
definition **A5:** 950
commercial processes, solution conditions **M5:** 586–587
corrosion resistance **A5:** 483
defined **A13:** 599
definition **A5:** 482, 945
design limitations for inorganic finishing processes **A20:** 824
Dow 17 process **A5:** 492
effect of thickness on reflectance of infrared radiation **A5:** 492
effect on reflectance values of electrobrightened aluminum **A5:** 491
effects of coatings on surface and mechanical properties **A5:** 491–492
electrolytic polishing pretreatment **M5:** 305
electroplating pretreatment **M5:** 601–603
equipment **A5:** 487–488
equipment and process control **M5:** 591–594
racks, design and materials for **M5:** 593–594
equipment, corrosion of **A13:** 1314–1316
evaluation of anodic coatings **A5:** 490–491
galvanic anodize (Dow 9 process) **A5:** 492
HAE process **A5:** 492
hafnium alloys **M5:** 667–668
hard *See* Hard anodizing
hard anodizing **A5:** 485–486
heat treatment affecting **M5:** 591
inserts, handling **M5:** 591
lightfastness **A5:** 491
magnesium **A5:** 492
magnesium alloys **A5:** 823–826, 827–830
masking **A5:** 488
metals for bases **A5:** 482
molybdenum **M5:** 661
niobium **M5:** 663
nonaluminum substrates **A5:** 492
of aluminum and aluminum alloys **A11:** 195
of zinc alloy castings **A15:** 797
operating procedures **M5:** 586–589, 591–594
oxalic solution for anodizing process **A5:** 487
phosphoric, Boeing process, solution for anodizing process **A5:** 487
phosphoric solution for anodizing **A5:** 486, 487
power requirements **M5:** 593
prior processing affecting **M5:** 591–592
problems **A5:** 489
problems and corrections for examples **M5:** 594
process control **A5:** 487–488
process control used **A5:** 283
process limitations **A5:** 487
process types *See also* specific processes by name **M5:** 586–589, 592
special **M5:** 589, 592
processes **A5:** 482, 483–487
products **A5:** 483
properties **A5:** 482–483
racks for **A5:** 488–489
reasons tor **M5:** 585–586
refractory metals and alloys **A5:** 859, 861
rough finishing, affecting **M5:** 591
sealing effectiveness **A5:** 491
sealing of anodic coatings **A5:** 489–490
selective, masking for **M5:** 593
sequence of operations **A5:** 484
solution composition and operating conditions **M5:** 587–592, 596–597
reflectance values affected by **M5:** 596–597
sulfuric *See* Sulfuric anodizing
sulfuric acid process . . . **A5:** 485, 486, 488, 489–490
sulfuric-oxalic solution for anodizing . . **A5:** 486, 487
surface finish, effects on **M5:** 590–591
surface preparation **A5:** 484, **M5:** 586
tantalum **M5:** 663
temper affecting **M5:** 591
temperature control **M5:** 593
titanium and titanium alloys **A5:** 492, 848
tungsten **M5:** 667–668
used to enhance contrast in hafnium . . **A9:** 497–499
used to enhance contrast in zirconium and zirconium alloys **A9:** 497–499
used to produce interference films of oxides **A9:** 137, 142–143
used to render isotropic metals optically active **A9:** 78
zinc **A5:** 492
zinc alloys **A2:** 530, **A5:** 873
zinc-coated steel **M1:** 169
zirconium alloys **M5:** 667–668
zirconium and hafnium alloys **A5:** 852–853
Anodizing (chromic) solution
selective plating special-purpose solution . . . **A5:** 281
Anodizing (hard coat)
selective plating special-purpose solution . . . **A5:** 281
Anodizing solutions
for uranium and uranium alloys **A9:** 478
Anodizing (sulfuric)
selective plating special-purpose solution . . . **A5:** 281
Anolyte
defined **A13:** 2
definition **A5:** 945
Anomalies, structural
as casting defects **A11:** 387–388
Anomalous absorption of high-energy electrons **A9:** 111
Anomalous service conditions
of continuous fiber-reinforced composites **A11:** 733
Anomalous transmission
divergent beam topography **A10:** 370
in x-ray topography **A10:** 367
Anorthic crystal system . . . . . . **A3:** 1•10, 1•15, **A9:** 706
Anorthite ($CaO{\cdot}Al_2O_3{\cdot}2SiO_2$) **EM4:** 6
crystal structure **EM4:** 882
purpose for use in glass manufacture **EM4:** 381
Anoxal
anodizing process properties **A5:** 482
Anoxal anodizing process
aluminum and aluminum alloys **M5:** 587
Anschultz, George
as early founder **A15:** 26
ANSI *See* American National Standards Institute
ANSI geometric dimensioning and tolerancing (GD&T) notation **A20:** 229
ANSI specification B 1.1
electroplating **A20:** 826–827
ANSI Z535 Committee on Safety Signs and Colors **A20:** 144
ANSI/ASTM D 2270
reference oil viscosities tabulated and formula for viscosity index numbers over **A18:** 83
ANSYS
finite-element analysis code **EM3:** 479, 480
ANSYS computer program **EM4:** 700–702
ANSYS finite element program **A20:** 629
ANSYS model **A20:** 172, 173
ANSYS REVISION 4.0+ computer program for structural analysis **EM1:** 268, 270
ANSYS software program
for heat transfer problems **A15:** 30
Antacids
as bismuth application **A2:** 1256
magnesium in **A2:** 1259
Antechamber
defined **M7:** 1
Antenna marker beacon **A13:** 1119–1120
Antenna marker beacons
corrosion failure analysis **EL1:** 1108

Anthracene, and naphthalene
total luminescence spectrum (EEM) of mixture . . . **A10:** 78
Anthropometrics . . . **A20:** 130
Anthropometrics Source Book . . . **A20:** 130
Anti-acid metal *See also* Copper alloys, specific types, C93800
properties and applications . . . **A2:** 380–382
Antichills *See also* Chills
in permanent mold casting . . . **A15:** 283
Anticlastic curvature
in elastic bending . . . **A8:** 118
Anticorrosion agents
grease additives . . . **A18:** 124
Anticorrosive additive
defined . . . **A18:** 3
Antiextrusion ring
defined . . . **A18:** 3
Antiferromagnetic materials
defined . . . **A9:** 63
ESR identification of magnetic states in . . **A10:** 253
variable temperature studies of . . . **A10:** 257
Antiferromagnets
domains . . . **A9:** 602
Antifoam additive
defined . . . **A18:** 3
for metalworking lubricants . . . **A18:** 141–142, 144, 147
hydraulic oils . . . **A18:** 86
in rust and oxidation (R&O) oils . . . **A18:** 133
Antifoam compounds
for ceramic shell investment molds . . . **A15:** 259
Antifoaming agents
as lubricant additives . . . **A14:** 515
for spray drying . . . **M7:** 75
use in acid cleaners . . . **M5:** 60
Anti-fouling
defined . . . **A13:** 2
topcoats, organic coatings . . . **A13:** 918
Anti-fouling paints
powders used . . . **M7:** 572
Anti-fouling ship paints
powders used . . . **M7:** 574
Antifriction . . . **A18:** 499
Antifriction bearing *See also* Roller bearing; Rolling-element bearing; Self-lubricating bearing
defined . . . **A18:** 3
wear failure of . . . **A11:** 764–765
Antifriction material
defined . . . **A18:** 3
Anti-galling pipe joint compound lubricant
powders used . . . **M7:** 573
Antihalation films
camera lens . . . **A12:** 84
Antihistamines
coulometric titration of . . . **A10:** 205
Antilock braking systems (ABS)
as automotive hybrid application . . . **EL1:** 382
Antimicrobial agents
as lubricant additives . . . **A14:** 515
for metalworking lubricants . . . **A18:** 142, 143–144
Antimigration barriers . . . **A18:** 151
Antimisting agents
as lubricant additives . . . **A14:** 515
Antimonial admiralty metal
applications and properties . . . **A2:** 318–319
Antimonial lead
for industrial (hard) chromium plating coils . . . **A5:** 183
lining materials for low-carbon steel tanks for hard chromium plating . . . **A5:** 184
Antimonial naval brass
applications and properties . . . **A2:** 319–320
Antimonial-tin solder
applications and compositions . . . **A2:** 521
Antimony
alloying, aluminum casting alloys . . . **A2:** 130
alloying, wrought aluminum alloy . . . **A2:** 46
and stress-corrosion cracking . . . **A19:** 486–487
anode composition complying with Federal Specification QQ-A-671 . . . **A5:** 217
applications . . . **A2:** 1258
as addition to aluminum-silicon alloys . . . **A18:** 788
as an addition to electrical steels . . . **A9:** 537
as eutectic refiner . . . **A15:** 164
as halogen trap material . . . **A10:** 224
as lead additive . . . **A2:** 545
as minor element, ductile iron . . . **A15:** 648
as minor toxic metal, biologic effects . . . **A2:** 1258–1259
as modifier addition . . . **A15:** 484
as silicon modifier . . . **A15:** 79
as solder impurity . . . **EL1:** 637
as tin solder impurity . . . **A2:** 520
as trace element . . . **A15:** 394
as tramp element . . . **A8:** 476
as-cleaved, twins, river patterns, and cracks . . . **A9:** 159
cast polycrystalline, early TEM . . . **A12:** 6
cause of temper embrittlement . . . **A4:** 124, 135
compatibility in bearing materials . . . **A18:** 743
determined by controlled-potential coulometry . . . **A10:** 209
-doped ASTM/ASME alloy steels . . . **A12:** 350
-doped gold contact wires . . . **EL1:** 958
effect in copper alloys . . . **A11:** 635
effect, lead-acid battery corrosion . . . **A13:** 1317
effects of, on notch toughness . . . **A1:** 742
embrittlement by . . . **A11:** 234–235, **A13:** 180
epithermal neutron activation analysis (ENAA) . . . **A10:** 239
etching by polarized light . . . **A9:** 59
fire refining effect . . . **A15:** 453
fractured ingots, history . . . **A12:** 1
gaseous hydride, for ICP sample introduction . . . **A10:** 36
heat-affected zone fissuring in nickel-base alloys . . . **A6:** 588
impurity in solders . . . **M6:** 1072
in aluminum alloys . . . **A15:** 743
in carbon-graphite materials . . . **A18:** 816
in cast iron . . . **A1:** 5, 8
in composition, effect on ductile iron . . . **A4:** 686
in composition, effect on gray irons . . . **A4:** 671
in copper alloys, determined by iodoantimonite method . . . **A10:** 68
in lead-base alloys . . . **A18:** 749
in steel weldments . . . **A6:** 420
lubricant indicators and range of sensitivities . . . **A18:** 301
photometric analysis methods . . . **A10:** 64
plain carbon steel resistance to . . . **A13:** 515
price per pound . . . **A6:** 964
pure . . . **M2:** 715, 716
pure, properties . . . **A2:** 1100
quartz tube atomizers for . . . **A10:** 49
recommended impurity limits of solders . . . **A6:** 986
resistance of, to liquid-metal corrosion . . . **A1:** 635
safety standards for soldering . . . **M6:** 1099
segregation to grain boundaries . . . **A12:** 350
selective plating solution for ferrous and nonferrous metals . . . **A5:** 281
species weighed in gravimetry . . . **A10:** 172
spectrometric metals analysis . . . **A18:** 300
thermal diffusivity from 20 to 100 °C . . . **A6:** 4
TNAA detection limits . . . **A10:** 237, 238
toxicity . . . **A6:** 1195
TWA limits for particulates . . . **A6:** 984
vapor pressure . . . **A6:** 621
vapor pressure, relation to temperature . . . **A4:** 495
volatilizing . . . **A10:** 166
volumetric procedures for . . . **A10:** 175
weighed as the sulfide . . . **A10:** 171
Antimony alloys, Sb-14Ni
peritectic transformations . . . **A9:** 678
Antimony alloys, specific types
95Sn-5Sb . . . **A6:** 351
Antimony compounds
hazardous air pollutant regulated by the Clean Air Amendments of 1990 . . . **A5:** 913
Antimony in fusible alloys . . . **M3:** 799
Antimony in steel
notch toughness, effect on . . . **M1:** 694
temper embrittlement, role in . . . **M1:** 684–685
Antimony oxide
as filler (flame retardant) . . . **EM3:** 179
cost-effective replacements for . . . **EM3:** 179
Antimony oxides
examination under polarized light . . . **A9:** 400
Antimony powder
diffusion factors . . . **A7:** 451
electrodeposition . . . **A7:** 70
milling . . . **A7:** 58
physical properties . . . **A7:** 451
Antimony powdered, technical, specifications **A7:** 1098
Antimony precipitate in lead-antimony alloys **A9:** 417
Antimony trioxide
as flame retardant . . . **EM2:** 504
for stripping electro-deposited cadmium . . . **A5:** 224
Antimony trioxide (Sb_2O_3)
as fining agent . . . **EM4:** 380
component in photosensitive glass composition . . . **EM4:** 440
in ovenware compositions . . . **EM4:** 1103
in tableware compositions . . . **EM4:** 1101
purpose for use in glass manufacture . . . **EM4:** 381
specific properties imparted in CTV tubes . . . **EM4:** 1039
volatilization losses in melting . . . **EM4:** 389
Antimony, vapor pressure
relation to temperature . . . **M4:** 310
Antimony/antimony alloys
chemical analysis and sampling . . . **M7:** 248
Antimony-opacified porcelain enamel
composition of . . . **M5:** 510
Antinode strain
cooling in ultrasonic testing . . . **A8:** 247
Antioch process
dehydration/rehydration . . . **A15:** 246
drying temperature . . . **A15:** 246–247
metals cast . . . **A15:** 247
mold assembly . . . **A15:** 247
molds, composition . . . **A15:** 246
pouring practice . . . **A15:** 247
sequence of operations . . . **A15:** 246
Antioxidant
defined . . . **A18:** 3, **EM1:** 4
definition . . . **A5:** 945
for metalworking lubricants . . . **A18:** 141, 143
grease additive . . . **A18:** 124
Antioxidants . . . **A20:** 434, **EM3:** 5
added to elastomeric adhesives . . . **EM3:** 143
as additive, effects . . . **EM2:** 425
as polymer additive . . . **EM2:** 67
defined . . . **EM2:** 4
effect, chemical susceptibility . . . **EM2:** 572
for copper powder grades . . . **A7:** 134
GC/MS analysis of . . . **A10:** 639
ultrahigh molecular weight polyethylenes (UHMWPE) . . . **EM2:** 170
Antiozonants, as additive
effects . . . **EM2:** 425
Anti-personnel bombs
powders used . . . **M7:** 573
Antiphase boundaries . . . **A9:** 681–683
defined . . . **A9:** 681
dislocation generated . . . **A9:** 682–683
schematic representation of edge dislocation . . . **A9:** 682
transmission electron microscopy . . . **A9:** 118–119
Antiphase boundaries, in ordered alloys
effect in FIM images . . . **A10:** 589
Antiphase domain boundaries . . . **A9:** 601
Antiphase domain structures
in nonferrous martensite . . . **A9:** 672–673

SUBJECTS OF THE INDEXED VOLUMES: ASM Handbook (designated by the letter "A"): **A1:** Properties and Selection: Irons, Steels, and High-Performance Alloys (1990); **A2:** Properties and Selection: Nonferrous Alloys and Special-Purpose Materials (1990); **A3:** Alloy Phase Diagrams (1992); **A4:** Heat Treating (1991); **A5:** Surface Engineering (1994); **A6:** Welding, Brazing, and Soldering (1993); **A7:** Powder Metal Technologies and Applications (1998); **A8:** Mechanical Testing (1985); **A9:** Metallography and Microstructures (1985); **A10:** Materials Characterization (1986); **A11:** Failure Analysis and Prevention (1986); **A12:** Fractography (1987); **A13:** Corrosion (1987); **A14:** Forming and Forging (1988); **A15:** Casting (1988); **A16:** Machining (1989); **A17:** Nondestructive Evaluation and Quality Control (1989); **A18:** Friction, Lubrication, and Wear Technology (1992); **A19:** Fatigue and Fracture (1996); **A20:** Materials Selection and Design (1997). **Metals Handbook, 9th Edition** (designated by the letter "M"): **M1:** Properties and Selection: Irons and Steels (1978); **M2:** Properties and Selection: Nonferrous Alloys and Pure Metals (1979); **M3:** Properties and Selection: Stainless Steels, Tool Materials, and Special-Purpose Materials (1980); **M4:** Heat Treating (1981); **M5:** Surface Cleaning, Finishing, and Coating (1982); **M6:** Welding, Brazing, and Soldering (1983); **M7:** Powder Metallurgy (1984). **Engineered Materials Handbook** (designated by the letters "EM"): **EM1:** Composites (1987); **EM2:** Engineering Plastics (1988); **EM3:** Adhesives and Sealants (1990); **EM4:** Ceramics and Glasses (1991). **Electronic Materials Handbook** (designated by the letters "EL"): **EL1:** Packaging (1989)

Antipitting agent
defined **A13:** 2
definition **A5:** 945
Antipitting agents
use in nickel plating **M5:** 200–203, 206, 209
Antique green brass coloring solution **M5:** 586
Antirust additives
high-vacuum lubricant applications **A18:** 157
Antiscuffing lubricant
defined **A18:** 3
Anti-segregation process
for tool steels **M7:** 784–787
Anti-segregation process (ASP) **A1:** 780, **A7:** 687
high-speed tool steel bend testing **A16:** 62
steel grade **A16:** 61, 62
steel grindability **A16:** 61, 62, 63
Antiseize additives
in nonengine lubricant formulations **A18:** 111
Antiseizure coating
for steel bolts **A11:** 536
Antiseizure property
defined **A18:** 3
Antiskinning agents
definition **A5:** 945
Antistatic
agents **EM2:** 4, 501–502
compounds, types **EM2:** 468–469
Antistatic agents **EM3:** 5
defined **EM1:** 4
Anti-static surfaces **M7:** 610–611
by specialty polymers **M7:** 606
Anti-Stokes lines **EM4:** 56
Anti-Stokes Raman line
defined **A10:** 669
Anti-Stokes scattering
energy-level diagram **A10:** 127
in Raman spectroscopy **A10:** 126–128
Antisymmetry **A20:** 181, 182
Antiwear additive
defined **A18:** 3
for metalworking lubricants **A18:** 141
high-vacuum liquid lubricants **A18:** 157
hydraulic oils **A18:** 86
mineral oils **A18:** 155
Antiwear and extreme-pressure (EP) agents . . **A18:** 99, 101–103
antiseize additives **A18:** 102
applications **A18:** 101, 102
ASTM sequence IIIE and VE engine tests **A18:** 101
dithiophosphoric acid zinc salts **A18:** 102
formation of **A18:** 102–103
for internal combustion engine lubricants **A18:** 162
in engine lubricant formulations **A18:** 111
in nonengine lubficant formulations **A18:** 111
in rust and oxidation (R&O) oils **A18:** 133
load factor **A18:** 101
testing **A18:** 101
Antiwear films
AES characterized **A10:** 566
Antiwear number (AWN) *See also* Archard wear law
defined **A18:** 3
Antiweld characteristic *See* Antiseizure property
Anval gas atomization system **A7:** 75
Anval (Sweden) **A7:** 72
Anvil
defined **A14:** 1
effect in Brinell test workpiece **A8:** 85–86, 88
effect in Rockwell hardness testing **A8:** 76–77
for Rockwell hardness testers **A8:** 80
free-surface transverse velocity **A8:** 235–236
hammers, types **A14:** 41–42
in Charpy V-notch test **A8:** 263
in open-die forging **A14:** 61
support, cylindrical workpieces **A8:** 83
Anvil cap *See* Sow block
Anvil die closure
for helical gear compaction **M7:** 324
Anvil effect **A18:** 417
Anvil plate
before lapping **A8:** 235
normal stress-particle velocity **A8:** 232
pressure-shear impact testing **A8:** 231–235
properties **A8:** 235
Anvil presses **A7:** 348–349, 924–925
AOD *See* Argon oxygen decarburization
AP *See* Atom probe; Atom probe microanalysis
Apartment buildings
corrosion in **A13:** 1299
Apatite **EM4:** 1010, 1012
hardness **A18:** 433
on Mohs scale **A8:** 108
APB *See* Antiphase boundaries
APC *See* Active path corrosion
Apeizon oil
defined **A18:** 3
Aperture
camera lens, selection **A12:** 80–81
defined **A9:** 2
number to *f*/number conversions for Macro-Nikkor lenses **A12:** 81
optimum, problem of **A12:** 80–81
size effects in SEM imaging **A12:** 168
Aperture, collimator
defined **A17:** 383
Aperture diaphragm in optical microscopes **A9:** 72
Aperture size
defined **M7:** 1
secondary electron imaging (SEI) . . **EL1:** 1096–1097
Aperture size, effective
computed tomography (CT) **A17:** 373
API *See* American Petroleum Institute
API GL-4
extreme pressure performance requirements for hydraulic fluids **A18:** 99
API gravity (API degree)
defined **A18:** 3
API pipe steels *See also* Steel pipe, specific types
compositions **A9:** 211
API Specification for line pipe **A9:** 210
API specifications
for steel tubular products . . . **A1:** 328, 329, 330, 332
API Specifications for oil country tubulars . . . **A9:** 210
API specifications, steel pipe **M1:** 317, 319, 321, 322
Aplanatic
defined **A9:** 2, **A10:** 669
Aplite (K, Na, Ca, Mg, alumina silicate) . . . **EM4:** 379
purpose for use in glass manufacture **EM4:** 381
Apochromatic lens
defined **A10:** 669
Apochromatic objective
defined **A9:** 2
Apochromatic objective lenses **A9:** 73
A-porosity in cemented carbides **A9:** 274
Apparatus
recommended practices **M7:** 249
Apparent area of contact *See also* Hertzian contact area; Nominal contact area
defined **A8:** 1, **A18:** 3
definition **A5:** 945
Apparent creep modulus
phenolics **EM2:** 244
Apparent density **A7:** 287, **M7:** 272–275
and flow rate **M7:** 273
and green strength **M7:** 288, 289
and tap density, compare **M7:** 297
as packed density **M7:** 297
change with particle shape **M7:** 188, 189
change with particle size in packing **M7:** 296
compressibility **A7:** 302, 304
control by high-energy milling **M7:** 69
defined **A10:** 669, **M7:** 1
definition **A7:** 292
effect of particle size distribution **M7:** 297
effect of production method **M7:** 297
effect of stainless steel mixture on **M7:** 273
effect on atomized copper powder **M7:** 118
effect on powder compact **M7:** 211
factors affecting **M7:** 272–273
green strength dependence on **A7:** 306, 307
in milling of single particles **M7:** 59
measurement equipment **M7:** 273–275
of atomized aluminum powder **M7:** 129
of copper powders, effect of acid concentration **M7:** 113
of electrolytic copper powders **M7:** 113, 114
of low-alloy steel powder **M7:** 102
of magnesium powder **M7:** 131, 132
theoretical, and flow rate **M7:** 280
tin powders **M7:** 123, 124
Apparent (effective) permeability
in magnetic particle inspection **A17:** 99
Apparent hardness *See also* Hardness and Microhardness **M7:** 489
defined **M7:** 1
effect of sintering temperature on **M7:** 367
of copper-based P/M materials **M7:** 470
of ferrous P/M materials **M7:** 465, 466
Apparent hardness of sintered metal powder products, determination of, specifications **A7:** 1099
Apparent pore volume
defined **M7:** 1
Apparent porosity
defined **EL1:** 1134
Apparent resistance *See* Resistance, apparent
Apparent signal line impedance
defined **EL1:** 37
Apparent viscosity, defined *See* under Viscosity
Appearance
aluminum and aluminum alloys **A2:** 3
of conformal coatings **EL1:** 765
of metal castings **A15:** 40, 762–763
Appearance standards
for weldments **A17:** 591
Applets (small programs) **A20:** 312, 313
Appliance applications
acrylonitrile-butadiene-styrenes (ABS) **EM2:** 111
blow molding **EM2:** 359
high-impact polystyrenes (PS, HIPS) **EM2:** 195
homopolymer/copolymer acetals **EM2:** 100–101
of part design **EM2:** 616
phenolics **EM2:** 243
polycarbonates (PC) **EM2:** 151
polyphenylene ether blends (PPE PPO) . . **EM2:** 183
polyphenylene sulfides (PPS) **EM2:** 186
polyurethanes (PUR) **EM2:** 259
reinforced polypropylenes (PP) **EM2:** 192–193
styrene-acrylonitriles (SAN, OSA ASA) . . **EM2:** 215
Appliances
estimated worldwide sales **A20:** 781
P/M parts for **M7:** 622–623, 736
P/M self-lubricating bearings in **M7:** 705
use of stainless steels **M7:** 730–732
Applicable load **A18:** 511
Application methods **EM3:** 4, 36
adhesives **EL1:** 1046
fluoropolymer coatings **EL1:** 783–784
of parylene coatings **EL1:** 797–800
Application pressure ratio **A18:** 605
Application(s) *See also* End uses; specific metals and alloys **EM3:** 44–47, 76–77
ablative barriers, sealants **EM3:** 605
acetal, anaerobics **EM3:** 79
acrylic windows bonding, cyanoacrylates **EM3:** 128
acrylics **EM2:** 104
acrylonitrile-butadiene-styrene (ABS) bonding acrylics **EM3:** 121
acrylonitrile-butadiene-styrenes (ABS) **EM2:** 110–111
adhesion promoter in water-base coatings, urethanes **EM3:** 111
adhesive bonding of aircraft canopies and silicones **EM3:** 563–564
thermoplastics **EM3:** 563
advanced aircraft, polybenzimidazoles . . . **EM3:** 171
aerodynamic smoothing compounds
polysulfides **EM3:** 194
sealants **EM3:** 58, 677
silicones **EM3:** 59
aerospace **EM3:** 558–566
epoxies **EM3:** 97
polyether silicones **EM3:** 230
silicone sealants **EM3:** 192
aerospace and automotive gaskets, fluoroelastomer sealants **EM3:** 227
aerospace and automotive packing materials, fluoroelastomer sealants **EM3:** 227
aerospace and automotive seals, fluoroelastomer sealants **EM3:** 227
aerospace honeycomb core construction
epoxies **EM3:** 560
phenolics **EM3:** 560
aerospace honeycomb sandwich construction, epoxies **EM3:** 560
aerospace industry
phenolics **EM3:** 105
polysulfides **EM3:** 193, 194, 196
primers **EM3:** 255
silicones **EM3:** 218, 220
syntactics **EM3:** 176

Application(s) (continued)
aerospace missile radome-bonded joint, epoxy **EM3:** 564
aerospace protective coating, potential in polyphenylquinoxalines **EM3:** 164
aerospace secondary honeycomb sandwich bonding **EM3:** 561
aerospace structural parts adhesive, polyimides **EM3:** 151
aerospace window sealant silicones (RTV) **EM3:** 220
air conditioner sealing
asphalt **EM3:** 59
polypropylenes **EM3:** 59
solvent acrylics **EM3:** 209
air conditioning heater components, EPDM **EM3:** 57
air filter gasket formation, plastisols **EM3:** 46
aircraft
adhesive-bonded joints **EM3:** 743–745
epoxy-phenolics **EM3:** 80
integral fuel tanks **EM3:** 50
aircraft and aerospace industries, high-temperature adhesives **EM3:** 80
aircraft and device encapsulation, silicones **EM3:** 677
aircraft assembly **EM3:** 41, 52
phenolics **EM3:** 79
aircraft construction with improved heat, chemical, and solvent resistance, fluoroelastomer sealants **EM3:** 226, 227
aircraft engines, epoxies **EM3:** 97
aircraft fuel tanks, Buna-N **EM3:** 604
aircraft honeycomb acoustic panels **EM3:** 751
aircraft inspection plates
fluorosilicones **EM3:** 604
polysulfides **EM3:** 604
aircraft interior assembly
epoxies **EM3:** 97
neoprenes **EM3:** 44
nitriles **EM3:** 44
aircraft, investment casting **A15:** 265
aircraft skins, phenolics **EM3:** 105
aircraft structural parts and repair, polyimides **EM3:** 160
aircraft wing **EM3:** 36
aircraft/aerospace industry, structural adhesives **EM3:** 44
airfield joint sealants, asphalts and coal tar resins **EM3:** 51
alloy steels **M1:** 455, 470
alloys and blends **EM2:** 491
allyls (DAP, DAIP) **EM2:** 226–227
alpha-particle memory chip protection, polyimides **EM3:** 161
aluminum aircraft repair and primary bonding, acrylics **EM3:** 125
aluminum aircraft structure repairs **EM3:** 801–819
aluminum alloys ... **A15:** 743, 768–769, **M2:** 46–49
aluminum boats, acrylics **EM3:** 125
aluminum bonding
acrylics **EM3:** 121, 122
polysulfides **EM3:** 138
aluminum construction use, acrylics **EM3:** 125
aluminum skin bonding to aircraft bodies, epoxies **EM3:** 97
aluminum window and door bonding, acrylics **EM3:** 119
aminos **EM2:** 230, 628
appliance seal and gasket applications, polypropylenes **EM3:** 51
appliance sealing
butyl rubber **EM3:** 146
butyls **EM3:** 200
silicones **EM3:** 192
appliances, water-base adhesives **EM3:** 87
architectural **A15:** 18, 20–22
armature coil sealing and bonding epoxies **EM3:** 612
art material cement, natural rubber **EM3:** 145
assembly bonding, hot-melt adhesives **EM3:** 82
assembly of electronic connectors and circuit boards **EM3:** 707
assistance bonding, hot-melt adhesives **EM3:** 82
attaching stone, metal, or glass to a building side **EM3:** 188
austempered steel **M4:** 105, 107–109
auto battery casings, polypropylene **EM3:** 58
auto body sealant
butyl **EM3:** 57
nitrile sealants **EM3:** 57
styrene-butadiene rubber (SBR) **EM3:** 57
auto body sealants and glazing materials
gilsonites **EM3:** 57
plastisols **EM3:** 57
auto brake and clutch linings, acrylonitrile-butadiene rubber **EM3:** 148
auto glass seal, butyl rubber **EM3:** 146
auto headliners, styrene-butadiene rubber **EM3:** 147
auto tire tread cracking, viscoelastic structural adhesives **EM3:** 513
auto transmission blades, phenolics **EM3:** 105
automobile interior seam sealing, plastisol sealants **EM3:** 720
automobile valve stem seals, fluoroelastomer sealants **EM3:** 227
automobile windshield sealing, urethane sealants **EM3:** 204
automotive **A15:** 32–34, 44, 327, 334–336, 691, **EM3:** 551–557
polyether silicones **EM3:** 230
polyurethanes **EM3:** 111
pressure-sensitive adhesives **EM3:** 83, 84
UV/EB-cured adhesives **EM3:** 91
automotive body assembly bonding, epoxies **EM3:** 609
automotive body sheet **EM3:** 41
automotive bonding and sealing
hot melts **EM3:** 609
vinyl plastisols **EM3:** 609
automotive brakeshoes, phenolics **EM3:** 79
automotive carpet bonding, hot melts **EM3:** 46
automotive circuit devices
epoxies **EM3:** 610
urethanes **EM3:** 610
automotive crash damage repair, epoxies **EM3:** 556–557
automotive decorative trim **EM3:** 551–552
acrylate pressure-sensitive adhesives **EM3:** 552
elastomeric adhesives **EM3:** 552
poly(butyl acrylate) adhesives **EM3:** 552
polychloroprene rubber **EM3:** 149
automotive electronic tacking and sealing **EM3:** 610
automotive electronics bonding
acrylates **EM3:** 553
epoxy resins **EM3:** 553
silicones **EM3:** 553
urethanes **EM3:** 553
automotive fabric adhesive **EM3:** 551–552
automotive filter element bonding, urethanes **EM3:** 110
automotive gasketing **EM3:** 547
anaerobics **EM3:** 553
silicones (RTV) **EM3:** 220
automotive industry
butyls **EM3:** 200
carbon black **EM3:** 178
phenolics **EM3:** 105
polybenzimidazoles **EM3:** 171
primers **EM3:** 255
silicone sealants **EM3:** 192
automotive interior trim bonding, natural rubber **EM3:** 145
automotive padding and insulation, styrene-butadiene rubber **EM3:** 147
automotive repair, urethane sealants **EM3:** 204
automotive sound absorption, elastomeric adhesives **EM3:** 555–556
automotive structural bonding
acrylates **EM3:** 554
epoxies **EM3:** 554–555
urethanes **EM3:** 554
automotive threadlocking, anaerobics **EM3:** 553
automotive under-hood elastomers **EM3:** 52
automotive valve sealing, elastomeric sealants **EM3:** 547
automotive windshield bonding, urethane **EM3:** 723–724
back lights (auto)
butyls **EM3:** 50
polyurethanes **EM3:** 554
battery construction, epoxies **EM3:** 45
battery separators, polybenzimidazoles **EM3:** 169
belt lamination, polychloroprene rubber **EM3:** 149
belting, natural rubber **EM3:** 145
binding electrical, industrial, and decorative laminates **EM3:** 105
biomedical/dental area
acrylics **EM3:** 76
cyanoacrylates **EM3:** 76
inorganics **EM3:** 76
modified epoxies **EM3:** 76
boat construction, acrylics **EM3:** 125
body assembly, epoxies **EM3:** 553, 554
epoxies **EM3:** 553, 554
reactive plastisol adhesives **EM3:** 554
urethanes **EM3:** 554
body assembly sealant, epoxies **EM3:** 608
epoxies **EM3:** 608
polysulfides **EM3:** 609
silicones (RTV) **EM3:** 609
urethanes **EM3:** 608, 609
body sealants and glazing materials
butyl **EM3:** 57
ethylene-vinyl acetate **EM3:** 57
nitrile mastics **EM3:** 57
polyurethanes **EM3:** 57
styrene-butadiene rubber (SBR) **EM3:** 57
body seam (auto) sealant
hot melts **EM3:** 46
vinyl plastisols **EM3:** 51
bonded aircraft, aluminum **EM3:** 42
bonded auto lens assembly, thermoset polyester **EM3:** 575
bonding aluminum oxide and silicon carbide, phenolics **EM3:** 105
bonding coated abrasives, phenolics (resols) **EM3:** 105
bonding composites, polyimides **EM3:** 160
bonding decorative wall panels, latex **EM3:** 577
bonding gasketing, acrylonitrile-butadiene rubber **EM3:** 148
bonding honeycomb to primary surfaces, epoxy **EM3:** 563
bonding of electrical wires and devices
conductive adhesives **EM3:** 45
semiconductive adhesives **EM3:** 45
bonding to paper of wood, metals, plastics, and metal, phenolics **EM3:** 105
bonding together galvanized steel sheets **EM3:** 577
book binding
hot-melt adhesives **EM3:** 82
styrene-butadiene rubber **EM3:** 147
bottom-brazed flatpacks **EL1:** 992
brake blocks, phenolics **EM3:** 105
brake linings, phenolics **EM3:** 105, 639
brake shoe bonding **EM3:** 551, 552
brick and stone masonry pointing, solvent acrylics **EM3:** 209
bronze bonding, acrylics **EM3:** 122
building and highway expansion joints, silicones (RTV) **EM3:** 218–219
building construction, epoxies **EM3:** 97
cabin pressure sealing
polyurethanes **EM3:** 59

SUBJECTS OF THE INDEXED VOLUMES: ASM Handbook (designated by the letter "A"): **A1:** Properties and Selection: Irons, Steels, and High-Performance Alloys (1990); **A2:** Properties and Selection: Nonferrous Alloys and Special-Purpose Materials (1990); **A3:** Alloy Phase Diagrams (1992); **A4:** Heat Treating (1991); **A5:** Surface Engineering (1994); **A6:** Welding, Brazing, and Soldering (1993); **A7:** Powder Metal Technologies and Applications (1998); **A8:** Mechanical Testing (1985); **A9:** Metallography and Microstructures (1985); **A10:** Materials Characterization (1986); **A11:** Failure Analysis and Prevention (1986); **A12:** Fractography (1987); **A13:** Corrosion (1987); **A14:** Forming and Forging (1988); **A15:** Casting (1988); **A16:** Machining (1989); **A17:** Nondestructive Evaluation and Quality Control (1989); **A18:** Friction, Lubrication, and Wear Technology (1992); **A19:** Fatigue and Fracture (1996); **A20:** Materials Selection and Design (1997). **Metals Handbook, 9th Edition** (designated by the letter "M"): **M1:** Properties and Selection: Irons and Steels (1978); **M2:** Properties and Selection: Nonferrous Alloys and Pure Metals (1979); **M3:** Properties and Selection: Stainless Steels, Tool Materials, and Special-Purpose Materials (1980); **M4:** Heat Treating (1981); **M5:** Surface Cleaning, Finishing, and Coating (1982); **M6:** Welding, Brazing, and Soldering (1983); **M7:** Powder Metallurgy (1984). **Engineered Materials Handbook** (designated by the letters "EM"): **EM1:** Composites (1987); **EM2:** Engineering Plastics (1988); **EM3:** Adhesives and Sealants (1990); **EM4:** Ceramics and Glasses (1991). **Electronic Materials Handbook** (designated by the letters "EL"): **EL1:** Packaging (1989)

sealants **EM3:** 58
canopy sealing, sealants. **EM3:** 605
carbon bonding, polysulfides **EM3:** 138
carbon steels **M1:** 455, 457–459, 470
carburized steels **M1:** 626
carton closing, butyl rubber **EM3:** 146
catheters bonding, cyanoacrylates **EM3:** 128
caulking
  acrylics **EM3:** 607–608
  butyl **EM3:** 607–608
  silicones **EM3:** 607
  urethanes **EM3:** 607–608
cell, automated. **A15:** 568–569
ceramic and tile bonding compounds, styrene-butadiene rubber. **EM3:** 147
ceramic bonding, polysulfides **EM3:** 138
ceramic molding. **A15:** 248
channel sealing, sealants **EM3:** 677
chemical gasketing
  anaerobics **EM3:** 609, 610
  silicones (RTV) **EM3:** 609
chipboard construction, phenolics **EM3:** 105
circuit protection
  acrylics **EM3:** 592
  epoxies **EM3:** 592
  glass-base systems **EM3:** 592
  parylene **EM3:** 592
  polyimides **EM3:** 592
  silicones **EM3:** 592
  UV-curable acrylics. **EM3:** 592
circulation pumps. **A15:** 456
civil engineering, polysulfides. **EM3:** 194
CLA process **A15:** 317–318
CLAS process **A15:** 319
cloth bonding, phenolics **EM3:** 105
clutch disks, phenolics. **EM3:** 79
clutch facings, phenolics. **EM3:** 105, 639
coated and bonded abrasives, phenolics. . **EM3:** 105
coating and encapsulation
  benzocyclobutene **EM3:** 580
  block copolymers. **EM3:** 580
  epoxy **EM3:** 580
  parylenes. **EM3:** 580
  polyimides **EM3:** 580
  silicone-polyimides **EM3:** 580
  silicones **EM3:** 580
  sol-gels. **EM3:** 580
  urethanes **EM3:** 580
cold finished bars. **M1:** 220, 221
commercial tape foundation, natural rubber. **EM3:** 145
component carrier tapes, silicones. **EM3:** 134
component covers
  fluorosilicones **EM3:** 611
  silicones **EM3:** 611
component terminal sealant
  acrylics **EM3:** 612
  silicones **EM3:** 612
  urethanes **EM3:** 612
composite panel assembly or repair,
  epoxies. **EM3:** 98, 100
composite primary aircraft components, MB 329
  adhesive **EM3:** 821
composite repair, epoxies **EM3:** 97
compression packings, fluorocarbon
  sealants **EM3:** 223, 225–226
computer, cupola **A15:** 384
concrete and mortar patch repair,
  polysulfides **EM3:** 38
concrete bonding, epoxies **EM3:** 96, 101
concrete crack repair, polysulfides. **EM3:** 138
conductive sealants **EM3:** 604–605
construction industry. **EM3:** 76
  polyether silicones. **EM3:** 229
  polysulfides **EM3:** 193–194, 196
  pressure-sensitive adhesives **EM3:** 83, 84
  sealants. **EM3:** 605–608
  silicone sealants. **EM3:** 192
  silicones **EM3:** 218–220
  styrene-butadiene rubber **EM3:** 147
  urethanes **EM3:** 606, 607
  water-base adhesives **EM3:** 87, 88
construction joints sealants. **EM3:** 605
consumer do-it-yourself silicone sealants **EM3:** 192
consumer goods, water-base adhesives **EM3:** 88
contact bonds, polychloroprene rubber. . . **EM3:** 149
containers, hot-melt adhesives **EM3:** 82
contour pattern flocking, urethanes. **EM3:** 110
contraction joints, sealants **EM3:** 605
control joints, solvent acrylics **EM3:** 209
copper alloy castings **A15:** 771, 782–785
copper bonding acrylics. **EM3:** 122
copper metals. **M2:** 466
copper tubular products **M2:** 261, 262
cork and rubber gasket sealing, rosin
  sealant **EM3:** 57–58
corrosion protection
  pressure-sensitive adhesives **EM3:** 83, 84
  sealants **EM3:** 604
corrosion-inhibiting sealants. **EM3:** 194
cure-in-place gasketing (CIPG) sealants . . **EM3:** 548
curtain wall construction
  polysulfide **EM3:** 549
  polyurethane **EM3:** 549
  silicone **EM3:** 549
CV process **A15:** 318
cyanates **EM2:** 232–234
cylindrical parts fitting, anaerobics **EM3:** 115, 116
cylindrical parts retaining, anaerobics. . . . **EM3:** 115
decals **EM3:** 41
deck sealing, plastisols **EM3:** 46
design guidelines. **EM2:** 710
dialysis membranes bonding,
  cyanoacrylates **EM3:** 128
diaper construction, hot-melt adhesives . . . **EM3:** 47
die attach adhesives, polyimides. . . . **EM3:** 159, 161
die attach in device packaging
  epoxies **EM3:** 584
  polyimides **EM3:** 584
  thermoplastics **EM3:** 584
  thermosets **EM3:** 584
die attachment and interconnection
  epoxies **EM3:** 580
  polyimides **EM3:** 580
  thermoplastics **EM3:** 580
  thermosets **EM3:** 580
dielectric interlayer adhesion,
  polyimides **EM3:** 161
dielectric sealants
  acrylics **EM3:** 611
  silicones **EM3:** 611
  silicones (RTV) **EM3:** 611
  urethanes **EM3:** 611
dielectrics, polymers. **EM3:** 378
differential cover sealing, elastomeric
  sealants. **EM3:** 547
dip coating. **EM3:** 36
disk pads, phenolics. **EM3:** 105
display panels bonding, cyanoacrylates. . . . **EM3:** 28
domestic households,
  polybenzimidazoles. **EM3:** 171
drip rail steel molding urethane sealants **EM3:** 204
electrical. **EM3:** 36
electrical contact assemblies
  epoxies **EM3:** 611
  polyesters **EM3:** 611
  silicones **EM3:** 611
  urethanes **EM3:** 611
electrical insulator protection
  epoxies **EM3:** 612
  epoxy urethanes. **EM3:** 612
  silicones **EM3:** 612
electrical, pressure-sensitive adhesives **EM3:** 83, 84
electrical/electronics
  acrylics **EM3:** 44
  cyanoacrylates **EM3:** 44
  epoxies **EM3:** 44
  polyamide hot melts **EM3:** 44
  polyimides **EM3:** 44
  polyurethanes. **EM3:** 44
  silicones **EM3:** 44
electrically conductive bonding
  acrylates **EM3:** 572
  epoxies **EM3:** 572, 573
  silicones **EM3:** 572
  urethanes **EM3:** 572
electrically conductive sealants,
  polysulfides **EM3:** 194
electron beam melting. **A15:** 414
electronic components potting and
  encapsulation. **EM3:** 48
electronic general component bonding
  acrylated-urethanes **EM3:** 573
  acrylates **EM3:** 573
  anaerobics. **EM3:** 573
  cyanoacrylates **EM3:** 573
  epoxies **EM3:** 573
  methacrylates. **EM3:** 573
  silicones **EM3:** 573
  thermoplastic hot melts **EM3:** 573
electronic insulation urethanes. **EM3:** 110
electronics
  butyls. **EM3:** 201
  polybenzimidazoles **EM3:** 171
  UV/EB-cured adhesives **EM3:** 91
  water-base adhesives. **EM3:** 87
electronics industry, silicones **EM3:** 218, 220
electronics market **EM3:** 76
electronics/microelectronics end-uses,
  polyimides **EM3:** 151
elevated-temperature, CG irons. **A15:** 675–676
encapsulation of electronic and electrical
  components **EM3:** 50, 52
  epoxies **EM3:** 51
engine gasketing, RTV silicones. **EM3:** 553
engine sealant
  anaerobic polymers. **EM3:** 609
  sealants **EM3:** 609
engineering change order (ECO) wire tacking,
  cyanoacrylates. **EM3:** 569, 572
environmental barriers, sealants **EM3:** 608, 609
environmental seals, sealants **EM3:** 604
environmental stress screening **EL1:** 876–877
epoxies. **EM2:** 240–241
equipment cabinet **EM3:** 36
equipment enclosures and housings,
  acrylics **EM3:** 125
expansion joint sealing, polyurethanes . . . **EM3:** 204
expansion joints, sealants **EM3:** 605, 607, 608
exterior horizontal and vertical control and
  expansion joints, sealants **EM3:** 56
exterior horizontal paving or traffic-bearing
  joints. **EM3:** 56
exterior joints in water/chemical retainment
  structures **EM3:** 56
exterior mirrors bonding, silicones **EM3:** 553
exterior mullion and curtain wall panel
  joints. **EM3:** 56
exterior panel joints, solvent acrylics **EM3:** 209
exterior perimeter joints **EM3:** 56
exterior pointing of brick and stone
  masonry **EM3:** 56
exterior roof joints (parapets, reglets, flashings,
  pipes, ducts, vent openings) **EM3:** 56
exterior sealants in buildings **EM3:** 49
exterior sealing of glass into window
  frames. **EM3:** 56
exterior seals around windows, doors, and
  acrylics **EM3:** 56
  latex caulks. **EM3:** 56
  silicones **EM3:** 56
exterior seals for roofing penetrations
  acrylics **EM3:** 56
  latex caulks. **EM3:** 56
  silicones **EM3:** 56
exterior seals on aluminum and vinyl siding, butyl
  caulks **EM3:** 56
exterior use in internal seals in window framing
  systems **EM3:** 56
extruded gaskets
  EDPM. **EM3:** 58
  neoprenes **EM3:** 58
F-111 flaps bonding. **EM3:** 762
fabricated structures,
  polybenzimidazoles. **EM3:** 169
fabrication of aircraft honeycomb structures,
  acrylonitrile-butadiene rubber. **EM3:** 148
faying surfaces. **EM3:** 48
  acrylics **EM3:** 604
  fluorosilicones **EM3:** 604
  polysulfides **EM3:** 604
  polyurethanes. **EM3:** 604
  rubber compounds **EM3:** 604
  sealants **EM3:** 604
  silicones (RTV) **EM3:** 604
ferrite cores fixturing, cyanoacrylates **EM3:** 128
fiber optics, UV/EB-cured adhesives. **EM3:** 91
fiberglass insulation bonding, hot melts . . . **EM3:** 45
fiberglass molds potting, cyanoacrylates . . **EM3:** 128
fiber-reinforced plastic (FRP) bonding,
  polysulfides **EM3:** 141, 142

Application(s) (continued)
fillets
acrylics . . . **EM3:** 604
fluorosilicones . . . **EM3:** 604
polysulfides . . . **EM3:** 604
polyurethanes . . . **EM3:** 604
rubber compounds . . . **EM3:** 604
silicones (RTV) . . . **EM3:** 604
filling unitized steel shells, polyurethanes . . . **EM3:** 577
filter caps fixturing, cyanoacrylates . . . **EM3:** 128
filter sealants and bonding agents, plastisols . . . **EM3:** 46
fingerprint development, cyanoacrylates . . **EM3:** 127
fire stops
latex sealants . . . **EM3:** 177
silicone . . . **EM3:** 177
solvent-base sealants . . . **EM3:** 177
urethanes . . . **EM3:** 177
fire-resistant aircraft seats, polybenzimidazoles . . . **EM3:** 169
flame hardening . . . **M4:** 484
flame-retardant fire stop sealants, silicones (RTV) . . . **EM3:** 219–220
flange sealing, anaerobics . . . **EM3:** 116
flanges, fluorocarbon sealants . . . **EM3:** 223, 224
flexible packaging, urethanes . . . **EM3:** 110
flexible printed wiring board substrate material, polyimides . . . **EM3:** 161
flexible printed wiring boards (PWBs)
acrylics . . . **EM3:** 45
polyester film . . . **EM3:** 45
polyimides . . . **EM3:** 45
flight suits, polybenzimidazoles . . . **EM3:** 169
flow brush . . . **EM3:** 36
flow gun . . . **EM3:** 36
fluorosilicones . . . **EM3:** 50
foam and fabric laminations, urethanes . . **EM3:** 110
foam sponges, urethanes . . . **EM3:** 110
foams, polybenzimidazoles . . . **EM3:** 169
footwear, natural rubber . . . **EM3:** 145
for alloy cast irons . . . **A1:** 103–104
for austenitic manganese steels . . **A1:** 822, **A15:** 735
for austenitic stainless steels . . . **A1:** 948–949
for carbon and low-alloy steel sheet and strip . . . **A1:** 200
for cobalt-base superalloys . . . **A1:** 965, 967–968
for compacted graphite iron . . . **A1:** 70
for ductile iron . . . **A1:** 35–38, **M1:** 34–35, 36, 47
for electrostatic flocking of plastics, textiles, or rubbers, urethanes . . . **EM3:** 110, 111
for gray iron . . . **A1:** 12
for high-temperature bearing steels . . . **A1:** 384–386
for HSLA steels . . . **A1:** 399, 415–423, **M1:** 403, 405–406
for malleable irons . . . **A1:** 73, 74, 83, 84
for polystyrene patterns, investment casting . . . **A15:** 255
for precipitation-hardening semiaustenitic stainless steels . . . **A1:** 944
for quenched and tempered martensitic stainless steels . . . **A1:** 940–942
for steel plate . . . **A1:** 226
for superalloys . . . **A1:** 950
forgings . . . **M1:** 349, 350, 354, 357, 369, 371–373
formed-in-place gaskets silicone rubber . . . **EM3:** 57
form-in-place gasketing (FIPG) . . . **EM3:** 547–548
foundry and shell moldings, phenolics . . . **EM3:** 105
foundry sand patterns, phenolic resin binders . . . **EM3:** 47
freezer coils bonding, hot melts . . . **EM3:** 45
friction materials, phenolics . . . **EM3:** 105
fuel containment, silicone sealants . . . **EM3:** 192
fuel tank sealants
polysulfides . . . **EM3:** 194
sealants . . . **EM3:** 677
fuel tank structures (airframe) bonding, polysulfides . . . **EM3:** 195
furniture . . . **EM3:** 41
furniture assembly . . . **EM3:** 41
polychloroprene rubber . . . **EM3:** 149
structural adhesives . . . **EM3:** 46
galvanized steel bonding
acrylics . . . **EM3:** 60, 121, 123–124
polysulfides . . . **EM3:** 141
galvanized steel G-60 bonding, polysulfides . . . **EM3:** 142
gas tank seam sealant
Buna-N . . . **EM3:** 610
fluorosilicones . . . **EM3:** 610
polysulfides . . . **EM3:** 610
urethanes . . . **EM3:** 610
gasket bonding . . . **EM3:** 707
gasket dressings . . . **EM3:** 51
gasket fixturing, cyanoacrylates . . . **EM3:** 128
gasket replacements, silicones . . . **EM3:** 547
gasketing . . . **EM3:** 51
RTV silicones . . . **EM3:** 54
gears to shaft bonding, cyanoacrylates . . . **EM3:** 128
gearshift indicators bonding, cyanoacrylates . . . **EM3:** 128
general glazing for weatherproofing, silicones (RTV) . . . **EM3:** 219
general industrial sealant, silicones (RTV) . . . **EM3:** 220–221
glass bonding
epoxies . . . **EM3:** 96, 101
polysulfides . . . **EM3:** 138, 141, 142
glass unit insulation, polysulfides . . . **EM3:** 194–195, 196
glass-phenolic laminate, phenolics . . . **EM3:** 107
glass-to-mullion joints, solvent acrylics . . . **EM3:** 209
glazing of insulating glass panels, solvent acrylics . . . **EM3:** 209
glazing, sealants . . . **EM3:** 606
gold in dentistry . . . **M2:** 684–687
grain refinement . . . **A15:** 477–478
granite construction, polyurethanes . . . **EM3:** 607
gray cast iron . . . **M1:** 11, 16–19, 22–24, 26, 30
grouting compounds, polysulfides . . . **EM3:** 138
gutter repair, urethane sealants . . . **EM3:** 204
gyroscope bearings . . . **EM3:** 37
handle assemblies bonding
epoxies . . . **EM3:** 45
polyurethanes . . . **EM3:** 45
hardboard construction, phenolics . . . **EM3:** 105
hardenable steels . . . **M1:** 457–459, 470
hardware to printed circuit boards, cyanoacrylates . . . **EM3:** 128
headliner adhesives, thermoplastic hot-melt adhesives . . . **EM3:** 552
heat sinks fixturing, cyanoacrylates . . . **EM3:** 128
heating and air conditioning duct sealing and
acrylics . . . **EM3:** 610
butyls . . . **EM3:** 610
silicones (RTV) . . . **EM3:** 610
urethanes . . . **EM3:** 610
heat-protective apparel, polybenzimida-zoles . . . **EM3:** 169
heel filler beads for glazing, solvent acrylics . . . **EM3:** 209
helicopter blade bonding . . . **EM3:** 762
helicopter rotor blades . . . **EM3:** 33
hem flange bonding of car door . . . **EM3:** 48
hemmed flange bonding, vinyl adhesives . . . **EM3:** 553–554
hermetic packaging, epoxies . . . **EM3:** 587
high-chromium white irons . . . **A15:** 684–685
high-density polyethylenes (HDPE) . . **EM2:** 163–165
high-impact polystyrenes (PS HIPS) **EM2:** 194–196
high-performance military aircraft, polysulfides . . . **EM3:** 195
high-silicon irons . . . **A15:** 699, 701
high-speed application machinery . . . **EM3:** 35
high-temperature, dynamic-type sealing, fluoroelastomer sealants . . . **EM3:** 226
high-temperature insulation and seals for plasma spray masking, silicones . . . **EM3:** 134
high-temperature sealing of aircraft assemblies, silicones . . . **EM3:** 808
high-temperature wire insulation, potential in polyphenylquinoxalines . . . **EM3:** 164
highway construction
epoxies . . . **EM3:** 97
silicone sealants . . . **EM3:** 192
highway construction joints
asphalts and coal tar resins . . . **EM3:** 51, 57
neoprene rubber . . . **EM3:** 57
silicones . . . **EM3:** 57
tar . . . **EM3:** 57
urethanes . . . **EM3:** 57
homopolymer/copolymer acetals . . . **EM2:** 100–101
honing stones bonding, cyanoacrylates . . . **EM3:** 128
hood sealing, plastisols . . . **EM3:** 46
horizontal centrifugal casting . . . **A15:** 300
horizontal joints, urethane sealants . . . **EM3:** 204
horizontal stabilizer stub box test, graphite composite . . . **EM3:** 539
horizontal stabilizers for aircraft, composites . . . **EM3:** 533, 535
hose and belt manufacture, acrylonitrile-butadiene rubber . . . **EM3:** 148
hose and belting production, polychloroprene rubber . . . **EM3:** 149
hoses, natural rubber . . . **EM3:** 145
hospital/first aid, pressure-sensitive adhesives . . . **EM3:** 83, 84
hot rolled bars and shapes . . **M1:** 206–209, 211–213
household cookware coatings . . . **EM3:** 172
housewares, water-base adhesives . . . **EM3:** 87
housing assemblies bonding
epoxies . . . **EM3:** 45
polyurethanes . . . **EM3:** 45
hybrid circuit encapsulants, polyimides . . **EM3:** 159
hybrid circuit protective overcoat, polyimides . . . **EM3:** 161
industrial bonding, hot-melt adhesives . . . **EM3:** 82
industrial gaskets, fluorocarbon sealants **EM3:** 223, 224, 225, 226
industrial sealants
butyls . . . **EM3:** 58
fluorocarbons . . . **EM3:** 223
thermoplastics . . . **EM3:** 58
in-house glazing
acrylics . . . **EM3:** 58
silicones . . . **EM3:** 58
insulated double-pane window construction
polysulfides . . . **EM3:** 46
polyurethanes . . . **EM3:** 46
silicones . . . **EM3:** 46
thermoplastics . . . **EM3:** 46
insulated glass construction
butyls . . . **EM3:** 58
polyisobutylenes . . . **EM3:** 58
polysulfides . . . **EM3:** 58
polyurethanes . . . **EM3:** 58
silicones . . . **EM3:** 58
insulated glass window sealant . . . **EM3:** 50
butyl rubber . . . **EM3:** 146
butyls . . . **EM3:** 190, 200, 201
insulating tile bonding to space shuttle . . . **EM3:** 41
insulation materials, phenolics . . . **EM3:** 105
insulation of glass windows and doors, butyls . . . **EM3:** 675
integral fuel tanks in aircraft . . . **EM3:** 50
integral fuel tanks, sealants . . . **EM3:** 58
integrated circuit dielectric films, polyimides . . . **EM3:** 161
interior duct, pipe, electrical penetration joints . . . **EM3:** 56
interior fire stops . . . **EM3:** 56
interior floor joints . . . **EM3:** 56
interior horizontal and vertical control and expansion joints . . . **EM3:** 56
interior perimeter joints . . . **EM3:** 56
interior plaster and trim joints . . . **EM3:** 56
interior sanitary fixture sealants . . . **EM3:** 56

SUBJECTS OF THE INDEXED VOLUMES: ASM Handbook (designated by the letter "A"): **A1:** Properties and Selection: Irons, Steels, and High-Performance Alloys (1990); **A2:** Properties and Selection: Nonferrous Alloys and Special-Purpose Materials (1990); **A3:** Alloy Phase Diagrams (1992); **A4:** Heat Treating (1991); **A5:** Surface Engineering (1994); **A6:** Welding, Brazing, and Soldering (1993); **A7:** Powder Metal Technologies and Applications (1998); **A8:** Mechanical Testing (1985); **A9:** Metallography and Microstructures (1985); **A10:** Materials Characterization (1986); **A11:** Failure Analysis and Prevention (1986); **A12:** Fractography (1987); **A13:** Corrosion (1987); **A14:** Forming and Forging (1988); **A15:** Casting (1988); **A16:** Machining (1989); **A17:** Nondestructive Evaluation and Quality Control (1989); **A18:** Friction, Lubrication, and Wear Technology (1992); **A19:** Fatigue and Fracture (1996); **A20:** Materials Selection and Design (1997). **Metals Handbook, 9th Edition** (designated by the letter "M"): **M1:** Properties and Selection: Irons and Steels (1978); **M2:** Properties and Selection: Nonferrous Alloys and Pure Metals (1979); **M3:** Properties and Selection: Stainless Steels, Tool Materials, and Special-Purpose Materials (1980); **M4:** Heat Treating (1981); **M5:** Surface Cleaning, Finishing, and Coating (1982); **M6:** Welding, Brazing, and Soldering (1983); **M7:** Powder Metallurgy (1984). **Engineered Materials Handbook** (designated by the letters "EM"): **EM1:** Composites (1987); **EM2:** Engineering Plastics (1988); **EM3:** Adhesives and Sealants (1990); **EM4:** Ceramics and Glasses (1991). **Electronic Materials Handbook** (designated by the letters "EL"): **EL1:** Packaging (1989)

interlevel insulators, polymers **EM3:** 378
internal appliance gap sealing, silicones ... **EM3:** 59
internal seals of window and curtain wall
acrylics **EM3:** 177
butyls............................ **EM3:** 177
silicones **EM3:** 177
urethanes **EM3:** 177
ionomers **EM2:** 120
jet engine firewall sealing, silicones ... **EM3:** 58, 59
jet engine lip seals, fluoroelastomer
sealants......................... **EM3:** 227
jet turbine blades, sealants **EM3:** 605
jet window sealing, silicones............ **EM3:** 59
joint sealing, butyls **EM3:** 675
joints
auto **EM3:** 51
building............................. **EM3:** 51
joints between roadway concrete slabs ... **EM3:** 188
jumper wires fixturing, cyanoacrylates ... **EM3:** 128
label attachment **EM3:** 41, 707
labels, pressure-sensitive adhesives.... **EM3:** 83, 84
laminate bonding, contact cements...... **EM3:** 577
laminated film packaging, urethanes..... **EM3:** 110
laminates
nylon-epoxies........................ **EM3:** 78
phenolics **EM3:** 103, 105
polyimides **EM3:** 161
styrene-butadiene rubber **EM3:** 148
lamination of building panels, urethanes **EM3:** 110
laminations for furniture construction,
urethanes **EM3:** 110
latex compounds in paper, natural
rubber.......................... **EM3:** 145
lead **M2:** 495–498
lead bonding, acrylics **EM3:** 122
lead-free automotive body solder,
polysulfides **EM3:** 138
leather bonding, phenolics **EM3:** 105
leather goods bonding, urethanes **EM3:** 110
leather shoe sole bonding
natural rubber **EM3:** 145
polychloroprene rubber **EM3:** 149
lens bonding
epoxies **EM3:** 575
methacrylates....................... **EM3:** 575
polyurethanes....................... **EM3:** 575
lighting subcomponent bonding
hot-melt thermoplastics **EM3:** 552
room-temperature-vulcanizing silicones **EM3:** 552
two-part urethanes **EM3:** 552
ultraviolet (UV)-curable acrylates...... **EM3:** 552
lightning strike, epoxy resins **EM3:** 565
liquid carburizing **M4:** 245–246, 247
liquid crystal display potting and sealing, UV-
curable epoxies **EM3:** 612
liquid crystal polymers (LCP) **EM2:** 180–181
liquid membranes or sheet goods between concrete
slabs, urethane sealants **EM3:** 204
localized metal reinforcement, epoxies... **EM3:** 555
lock washer replacements, anaerobics..... **EM3:** 51
loud speaker assembly
cyanoacrylates **EM3:** 575
methacrylates....................... **EM3:** 575
low-stress construction, butyls **EM3:** 577
machinery, water-base adhesives **EM3:** 87
magnesium............................ **M2:** 525
magnesium alloy sand casting **A15:** 806
magnesium bonding, acrylics **EM3:** 122
magnet bonding for motors and speakers, free-
radical reactive adhesives **EM3:** 45
magnetic media, UV/EB-cured adhesives.. **EM3:** 91
malleable iron .. **A15:** 690–691, **M1:** 57, 63, 70, 71, 73
maraging steels **M1:** 451
marine, butyl rubber **EM3:** 146
butyl rubber......................... **EM3:** 146
epoxies **EM3:** 97
martempered steel parts........... **M4:** 96, 97, 98
masking of printed circuit boards,
silicones **EM3:** 134
medical.............................. **EM3:** 576
UV/EB-cured adhesives **EM3:** 91
medical adhesive to close wounds,
cyanoacrylates **EM3:** 127
medical bonding (class IV approval)
cyanoacrylates **EM3:** 576
silicones **EM3:** 576
UV-curing methacrylates **EM3:** 576
UV-curing urethane-acrylates **EM3:** 576
membranes, polybenzimidazoles **EM3:** 169
metal bonding, phenolics **EM3:** 79
metal building construction
acrylics **EM3:** 57, 58
butyls **EM3:** 58, 177
latex............................... **EM3:** 57
silicones **EM3:** 57
urethanes **EM3:** 57
metal casting........................ **A15:** 37–45
metal finishing, UV/EB-cured adhesives .. **EM3:** 91
metal-to-metal bonding
acrylics **EM3:** 46
epoxies **EM3:** 46, 101
evaporation adhesives................. **EM3:** 75
polyimides **EM3:** 160
polyurethanes........................ **EM3:** 46
microelectronics industry protective-coating,
polyimides **EM3:** 160
microelectronics, polybenzimidazoles **EM3:** 172
mirror assemblies, silicones **EM3:** 553
missile assembly
epoxies **EM3:** 97
polybenzimidazoles.............. **EM3:** 171–172
mobile home manufacture, butyl rubber **EM3:** 146
motor magnet bonding
methacrylates **EM3:** 574, 575
urethane-acrylates............... **EM3:** 574, 575
motorcycle construction, acrylics........ **EM3:** 125
mounting wires and circuitry, silicones .. **EM3:** 134
multichip modules, polyimides **EM3:** 160
multilayer packaging **EM3:** 41
nameplates bonding, cyanoacrylates **EM3:** 128
nickel bonding, acrylics................ **EM3:** 122
nickel-chromium white irons **A15:** 681
nonrigid bonding, water-base adhesives... **EM3:** 87, 88
nonwoven goods binder, styrene-butadiene
rubber...................... **EM3:** 147–148
nylon, anaerobics **EM3:** 79
of aluminum-silicon castings **A15:** 159
of composites in packages........ **EL1:** 1126–1128
of core coatings **A15:** 240–241
of ductile iron castings **A15:** 665
of engineering plastics **EM2:** 1, 68–73
of gray irons..................... **A15:** 644–645
of investment castings............. **A15:** 264–266
of parts design **EM2:** 616–617
of plaster molding **A15:** 242
of semisolid metal casting/forging........ **A15:** 327
of welding processes **EL1:** 1041
office/graphic arts, pressure-sensitive
adhesives..................... **EM3:** 83, 84
off-the-road tires, natural rubber........ **EM3:** 145
oil recovery systems, polybenzimidazoles **EM3:** 171
opera window sealing, urethane sealants **EM3:** 204
orbital vehicles, polybenzimidazoles..... **EM3:** 172
organic junction coatings, silicones...... **EM3:** 587
oriented strand board (OSB) construction,
phenolics **EM3:** 105
O-rings bonding **EM3:** 707
cyanoacrylates **EM3:** 128
O-rings sealing, fluoroelastomer sealants **EM3:** 227
orthopedic devices, styrene-butadiene
rubber.......................... **EM3:** 147
overwraps for plumbing repairs, polyester
cloth **EM3:** 608
P/M materials..................... **M1:** 327, 339
pacers fixturing, cyanoacrylates **EM3:** 128
pack carburizing **M4:** 105
package lamination, UV/EB-cured
adhesives **EM3:** 91
packaging
animal glues......................... **EM3:** 45
casein **EM3:** 45
dextrines............................ **EM3:** 45
hot-melt adhesives **EM3:** 45, 82
isocyanates **EM3:** 45
polyvinyl and acrylic resin emulsions ... **EM3:** 45
pressure-sensitive adhesives **EM3:** 83, 84
rubber lattices **EM3:** 45
silicates **EM3:** 45
solvent cements **EM3:** 45
starch conversions.................... **EM3:** 45
styrene-butadiene rubber **EM3:** 147
urethanes **EM3:** 110
water-base adhesives **EM3:** 87, 88
packaging large appliances in protective containers,
hot melts **EM3:** 45
panel sealing, butyls.................. **EM3:** 675
parking deck sealing, urethane sealing... **EM3:** 204, 206
particle board construction
phenol formaldehyde **EM3:** 106
phenolics........................... **EM3:** 105
paving joint sealing, polyurethanes...... **EM3:** 204
phenolics **EM2:** 242–243
photoresists, polymers **EM3:** 378
photovoltaic cell construction,
methacrylates.................... **EM3:** 578
pipe flanges, anaerobics................ **EM3:** 547
plain carbon steels **A15:** 714
plastic appliance component bonding,
acrylics **EM3:** 125
plastic film lamination, urethanes....... **EM3:** 110
plastic plumbing joint sealant, vinyl
plastisols......................... **EM3:** 51
plastics bonding
acrylics **EM3:** 125
epoxies **EM3:** 96
phenolics........................... **EM3:** 105
polysulfides **EM3:** 138
plate **M1:** 181
platen seals
nitrile rubber **EM3:** 694
polytetrafluoroethylene (PTFE)-encapsulated
silicone rubber................. **EM3:** 694
silicone rubber...................... **EM3:** 694
plumbing repairs, epoxies **EM3:** 608
plumbing sealants, polyvinyl acetate..... **EM3:** 608
plywood **EM3:** 41
phenolics **EM3:** 79, 105
polysulfides **EM3:** 141, 142
polyamide-imides (PAI)................ **EM2:** 128
polyamides (PA).................. **EM2:** 125–126
polyarylates (PAR)............... **EM2:** 138–139
polyaryletherketones (PAEK, PEK PEEK,
PEKK) **EM2:** 142
polybenzimidazoles (PBI).......... **EM2:** 147–148
polybutylene terephthalates (PBT) .. **EM2:** 153–154
polycarbonate lens bonding, acrylics..... **EM3:** 124
polycarbonates (PC).................. **EM2:** 151
polyether silicones (s-m RTV)...... **EM3:** 231–232
polyether sulfones (PES, PESV) **EM2:** 159–160
polyether-imides (PEI)................ **EM2:** 156
polyethylene terephthalates (PET)....... **EM2:** 172
polymer thick film, polyimides **EM3:** 161
polyolefins, anaerobics.................. **EM3:** 79
polyphenylene ether blends
(PPE PPO) **EM2:** 183–184
polyphenylene sulfides (PPS) **EM2:** 186
polystyrene bonding, acrylics **EM3:** 121
polysulfones (PSU).................... **EM2:** 200
polyurethanes (PUR).............. **EM2:** 258–260
polyvinyl chloride (PVC) bonding,
acrylics **EM3:** 121
polyvinylidene chloride, anaerobics....... **EM3:** 79
porosity sealants for engine blocks
anaerobics.......................... **EM3:** 57
unsaturated polyesters **EM3:** 57
porosity sealing, anaerobics **EM3:** 115–116
porosity sealing in castings
sodium silicates **EM3:** 51
unsaturated polyesters **EM3:** 51
potting
epoxies **EM3:** 585
polyurethanes....................... **EM3:** 585
silicones **EM3:** 585
prefabricated construction, butyls **EM3:** 200
prefabricated metal buildings, butyl
rubber.......................... **EM3:** 146
pressure sealants, polysulfides **EM3:** 194
printed board manufacture
acrylics **EM3:** 591
epoxies **EM3:** 591
epoxy-glass.................... **EM3:** 589, 590
polyimide-glass **EM3:** 589, 590
printed circuit boards,
polybenzimida-zoles **EM3:** 169
printed circuits **EM3:** 36
printed wiring boards
acrylonitrile-butadiene rubber......... **EM3:** 148
polyimide resins **EM3:** 569

Application(s) (continued)
product, squeeze casting............ **A15:** 323–327
protection of terminals and wiring connections, PVC liquid coating.............. **EM3:** 611
pumps, fluorocarbon sealants.......... **EM3:** 223
pushbuttons bonding, cyanoacrylates **EM3:** 128
quick-repair sealants, polysulfides....... **EM3:** 194
radiation masks, polymers **EM3:** 378
reaction vessels, fluorocarbon sealants ... **EM3:** 223
recreational vehicle modifications
silicones (RTV)................. **EM3:** 610, 611
urethanes...................... **EM3:** 610, 611
recreational vehicle sealant
acrylic latex **EM3:** 58
butyls................................ **EM3:** 58
polybutene **EM3:** 58
refrigerator and freezer cabinet sealing
asphalt.............................. **EM3:** 59
polybutene **EM3:** 59
polypropylene........................ **EM3:** 59
polyvinyl chloride (PVC) plastisol **EM3:** 59
silicones **EM3:** 59
refrigerator and freezer sealing........... **EM3:** 45
polybutene caulk..................... **EM3:** 59
refrigerator cabinet seams, foam stop hot-melt adhesive **EM3:** 45
refrigerator component sealing, PVC plastisol **EM3:** 59
reinforced polypropylenes (PP) **EM2:** 192–193
-related failure mechanisms......... **EL1:** 974–975
release coatings, UV/EB-cured adhesives .. **EM3:** 91
release-coated paper, hot-melt adhesives .. **EM3:** 82
replacement glass sealant, butyls........ **EM3:** 200
Replicast process............... **A15:** 37, 271–272
reservoirs and canals, sealants.......... **EM3:** 188
residential construction
acrylic sealants...................... **EM3:** 188
skinning butyls **EM3:** 188
retread and tire patch compounds, natural rubber.......................... **EM3:** 145
rigid bonding, water-base adhesives **EM3:** 88
rivet heads, sealants................... **EM3:** 604
rivet holes in an aluminum fuselage structure........................ **EM3:** 762
rivets
acrylics **EM3:** 604
fluorosilicones **EM3:** 604
polyurethanes....................... **EM3:** 604
rubber compounds **EM3:** 604
silicones (RTV) **EM3:** 604
robotic foundry **A15:** 566–568
rocket foam-to-tank bond lines **EM3:** 762
rocket motor nozzles, phenolics **EM3:** 105–106
roofing panel sealing, plastisols **EM3:** 46
rubber athletic flooring, urethanes....... **EM3:** 110
rubber battery sealant
asphalt.............................. **EM3:** 58
epoxies **EM3:** 58
rubber bonding, acrylics **EM3:** 121
rubber bumpers bonding, cyanoacrylates **EM3:** 128
rubber coating bonding onto aluminum.. **EM3:** 762
rubber feet bonding, cyanoacrylates **EM3:** 128
rubber roof installation, butyl rubber.... **EM3:** 146
rubbers bonding, phenolics............. **EM3:** 105
sanitary mildew-resistant sealant, silicones (RTV) **EM3:** 219, 220
satellites, polybenzimidazoles **EM3:** 171, 172
sealed relays **EM3:** 37
sealing aircraft assemblies, polysulfides .. **EM3:** 808
sealing construction, polyurethanes...... **EM3:** 606
self-sealing tires
butyl sealants........................ **EM3:** 58
natural rubber **EM3:** 58
semiconductor component coating, elastomeric sealants......................... **EM3:** 612
shaft seal collars, anaerobics............ **EM3:** 547
sheet molding compound bonding to a metal frame, epoxies.................... **EM3:** 97
sheet molding compound (SMC) bonding
acrylics **EM3:** 46
epoxies **EM3:** 46
hot-melt adhesives.................... **EM3:** 46
polyurethanes........................ **EM3:** 46
shell molding, phenolics **EM3:** 105
shelving and window construction, silicones **EM3:** 45
shoe sole attachment
acrylonitrile-butadiene rubber......... **EM3:** 148
urethanes **EM3:** 110
shunt plates fixturing, cyanoacrylates **EM3:** 128
sidewalk repair, urethane sealants....... **EM3:** 204
silicones **EM3:** 50, 57–58
silicones, insulated glass assembly........ **EM3:** 50
silicones (SI) **EM2:** 266–267
slotted screwheads potting, cyanoacrylates................... **EM3:** 128
solar panel construction, methacrylates/silicones........... **EM3:** 578
solid rocket space booster joints, fluoroelastomer sealants......................... **EM3:** 227
sound-deadening material bonding
hot melts........................... **EM3:** 45
plastisols **EM3:** 46
space shuttle orbiter thermal protection tiles bonding **EM3:** 762
space vehicles, polybenzimidazoles **EM3:** 171
speaker cones bonding, cyanoacrylates... **EM3:** 128
sporting goods manufacturing
acrylics **EM3:** 125
cyanoacrylates................. **EM3:** 576, 577
epoxy............................. **EM3:** 576
methacrylates...................... **EM3:** 577
urethanes **EM3:** 576–577
stainless steel bonding, acrylics **EM3:** 60
static gasketing, fluoroelastomer sealants **EM3:** 226
steel bonding
acrylics **EM3:** 121
polysulfides **EM3:** 138
stepped-lap joints for aircraft wings and tails........................... **EM3:** 471
strain gages bonding, cyanoacrylates..... **EM3:** 128
structural bonding, anaerobics **EM3:** 116
structural glazing, silicones ... **EM3:** 192, 219, 606, 607
structural integrity **EM3:** 604
structural wood bonding, phenolics (resorcinols).................... **EM3:** 105
styrene-acrylonitriles (SAN, OSA ASA) .. **EM2:** 215
styrene-maleic anhydrides (S/MA) .. **EM2:** 217–219
subsonic aircraft, epoxy adhesives....... **EM3:** 808
substrate attach adhesive, polyimides.... **EM3:** 161
supersonic aircraft repair, epoxy adhesives....................... **EM3:** 808
surface-mount technology bonding
acrylics **EM3:** 570
epoxies **EM3:** 570
pressure-sensitive adhesives........... **EM3:** 570
silicones **EM3:** 570
thermoplastic hot melts **EM3:** 570
urethane-acrylates **EM3:** 570
surgical plaster foundation, natural rubber.......................... **EM3:** 145
tack coat for concrete, polysulfides...... **EM3:** 138
taillight and headlight bonding, polyurethanes..................... **EM3:** 46
taillight sealing **EM3:** 11
hot melts........................... **EM3:** 46
urethanes **EM3:** 204
tape automated bonding (TAB), polyimides **EM3:** 161
tapes
butyl rubber........................ **EM3:** 146
pressure-sensitive adhesives **EM3:** 83, 84
water-base adhesives.................. **EM3:** 88
tapes and labels, thermoplastic elastomers **EM3:** 82
tapes (sealant), fluorocarbon sealants **EM3:** 223
Teflon, anaerobics **EM3:** 79
tennis racket parts, fixturing, cyanoacrylates................... **EM3:** 128
textile binding, natural rubber (vulcanized latex)........................... **EM3:** 145
thermal barriers, sealants **EM3:** 605
thermally conductive bonding
anaerobic acrylates **EM3:** 571
anaerobic/aerobics................... **EM3:** 572
epoxies **EM3:** 571
methacrylates **EM3:** 571, 572
silicones **EM3:** 571
Thermex process press tooling.......... **EM3:** 711
thermoplastic fluoropolymers....... **EM2:** 117–118
thermoplastic polyimides (TPI) **EM2:** 177
thermoplastic polyurethanes (TPUR) **EM2:** 205–206
thermoplastic resins............... **EM2:** 623–625
thermoplastics bonding
acrylics **EM3:** 121
epoxies **EM3:** 96
thermosetting resins............... **EM2:** 223–224
thermostat housings, sealants........... **EM3:** 548
threaded fittings **EM3:** 51
threadlocking, anaerobics **EM3:** 115
threadsealing, anaerobics............... **EM3:** 115
tin powder **M2:** 616
tire cord adhesion, phenolics **EM3:** 105
tire cord coating, styrene-butadiene rubber.......................... **EM3:** 147
titanium alloys **A15:** 824–825, 833–834
titanium bonding with advanced composites, polyphenylquinoxalines **EM3:** 163
to fill surface dents in aluminum aircraft structures, epoxy adhesives........ **EM3:** 809
to mate the decks and hulls of small fiberglass boats........................... **EM3:** 707
transistors potting, cyanoacrylates....... **EM3:** 128
transportation, water-base adhesives...... **EM3:** 88
trim bonding, urethanes **EM3:** 110
trowel **EM3:** 36
truck and aircraft tire assembly......... **EM3:** 761
truck and trailer roof and floor bonding, polychloroprene rubber **EM3:** 149
truck trailer joints
neoprenes **EM3:** 58
polysulfides.......................... **EM3:** 58
polyurethanes........................ **EM3:** 58
truss networks......................... **EM3:** 495
T-top roof sealing, urethane sealants **EM3:** 204
tube perimeter repair, urethane sealants **EM3:** 204
tubing, fluorocarbon sealants **EM3:** 223
ultrahigh molecular weight polyethylenes (UHMWPE) **EM2:** 167–168
ultrahigh-strength steels ... **M1:** 423, 424, 427, 429, 431–434, 437, 441
undersea cable splicing
epoxies **EM3:** 612
polyesters **EM3:** 612
silicones **EM3:** 56
urethanes **EM3:** 56
vacuum bag sealants, butyls **EM3:** 59
valves, fluorocarbon sealants.......... **EM3:** 223
vertical joints, urethane sealants **EM3:** 204
video game cartridges bonding, cyanoacrylates **EM3:** 128
vinyl repair, urethanes............... **EM3:** 110
wafer board construction, phenolics ... **EM3:** 105
wall construction, silicones **EM3:** 56
unsaturated polyesters............. **EM2:** 246–247
urethane hybrids...................... **EM2:** 268
vacuum arc remelting **A15:** 414
vacuum induction melting **A15:** 396
vinyl esters **EM2:** 272–273
water deflector sealant, polypropylene **EM3:** 57
water tank sealing, sealants.............. **EM3:** 58
water-deflector films (auto), butyls **EM3:** 50
wave solder masking, silicones.......... **EM3:** 134
weather seals (auto), polypropylenes...... **EM3:** 51
weather seals (roofing), polypropylenes.... **EM3:** 51

SUBJECTS OF THE INDEXED VOLUMES: ASM Handbook (designated by the letter "A"): **A1:** Properties and Selection: Irons, Steels, and High-Performance Alloys (1990); **A2:** Properties and Selection: Nonferrous Alloys and Special-Purpose Materials (1990); **A3:** Alloy Phase Diagrams (1992); **A4:** Heat Treating (1991); **A5:** Surface Engineering (1994); **A6:** Welding, Brazing, and Soldering (1993); **A7:** Powder Metal Technologies and Applications (1998); **A8:** Mechanical Testing (1985); **A9:** Metallography and Microstructures (1985); **A10:** Materials Characterization (1986); **A11:** Failure Analysis and Prevention (1986); **A12:** Fractography (1987); **A13:** Corrosion (1987); **A14:** Forming and Forging (1988); **A15:** Casting (1988); **A16:** Machining (1989); **A17:** Nondestructive Evaluation and Quality Control (1989); **A18:** Friction, Lubrication, and Wear Technology (1992); **A19:** Fatigue and Fracture (1996); **A20:** Materials Selection and Design (1997). **Metals Handbook, 9th Edition** (designated by the letter "M"): **M1:** Properties and Selection: Irons and Steels (1978); **M2:** Properties and Selection: Nonferrous Alloys and Pure Metals (1979); **M3:** Properties and Selection: Stainless Steels, Tool Materials, and Special-Purpose Materials (1980); **M4:** Heat Treating (1981); **M5:** Surface Cleaning, Finishing, and Coating (1982); **M6:** Welding, Brazing, and Soldering (1983); **M7:** Powder Metallurgy (1984). **Engineered Materials Handbook** (designated by the letters "EM"): **EM1:** Composites (1987); **EM2:** Engineering Plastics (1988); **EM3:** Adhesives and Sealants (1990); **EM4:** Ceramics and Glasses (1991). **Electronic Materials Handbook** (designated by the letters "EL"): **EL1:** Packaging (1989)

weather strip sealants, hot melts EM3: 46
welded wheel rim seals for tubeless tires, anaerobics EM3: 116
wet systems in constructing butyl tapes . . . EM3: 56
wind noise baffles (auto), butyls EM3: 50
window assembly attachments EM3: 553
acrylates EM3: 553
epoxies EM3: 553
window (auto) glazing, butyls EM3: 50
window glazing
butyl tapes EM3: 56
ethylene-propylene-diene monomer (EPDM) rubber EM3: 56
neoprene EM3: 56
preformed vinyl EM3: 56
sealants EM3: 545
silicones EM3: 56
window glazing and mounting silicones . . EM3: 577
window glazing and wall panel taping, butyls EM3: 199–200
window repair, urethane sealants EM3: 204
windshield (auto) installation EM3: 50
urethanes EM3: 53
windshield bonding, urethanes EM3: 554
windshield glass bonding, polyether silicones EM3: 229, 231
windshield glazing
polyurethanes EM3: 57
urethanes EM3: 57
windshield installation, polyurethanes . . . EM3: 554
windshield sealants EM3: 605
polysulfides EM3: 194, 608
polyurethanes EM3: 608
urethanes EM3: 46
wiper blades bonding, cyanoacrylates EM3: 128
wire splice protection, rubber EM3: 612
wire tacking on motor assemblies, UV-curable resins EM3: 612
wire-winding operation adhesive
epoxies EM3: 574
UV-curing adhesives EM3: 573, 574
wood bonding
acrylics EM3: 121
phenolics EM3: 103, 106
polysulfides EM3: 138
wood, epoxies EM3: 101
wood, fibrous and granulated, phenolics EM3: 105
wood veneer plywood production, phenolics EM3: 107
woodworking
epoxies/acrylates EM3: 46
hot-melt adhesives EM3: 46
solvent cement/weld EM3: 46
structural adhesives EM3: 46
water-base adhesives EM3: 46
wrapping and bundling of wires, silicones EM3: 134
wrapping transformers, silicones EM3: 134
zinc M2: 629–637
zinc bonding, acrylics EM3: 60, 124
Applications and examples
(111) pole figures from Cu tubing A10: 363
300/400 series stainless steels, analysis of A10: 100
AAS instruments as detectors for other analytical equipment A10: 55
acids, determined A10: 215–216
activated carbon, analysis of A10: 399–400
AES application to tribology A10: 566
alcohols, determined A10: 216–217
aldehydes and ketones determined A10: 217
alignment of silicon boule for cutting along crystallographic planes A10: 342
alkenes, determined A10: 219
Al-killed steel, analysis of A10: 231
amines, determined A10: 217–218
anisotropy, magnetic, determined A10: 272–273
archaeological samples, copper determined in A10: 186
aromatic hydrocarbons, determined A10: 218
atmospheric particles, analysis of A10: 106
atomic number contrast, in analysis of two-phase alloys A10: 508
baby lotion, analysis of parabens in . . A10: 655–656
biological materials, powdered, analysis of A10: 106–107
blocking and channeling surface structure study by A10: 633
borosilicate glass, determination of B and F in A10: 179
brine analysis, geological A10: 665
bromine, indirect determined of A10: 70
bulk samples, composition of A10: 631
calcite, quantitative analysis of ZnO in . . . A10: 342
carbon, activated, analysis of A10: 399–400
carbon determined by combustion A10: 214
carbon, surface, determination of A10: 224
catalysts, chromia alumina A10: 265
cellular decomposition of martensite in uranium alloy, kinetics of A10: 316–318
cement, analysis of A10: 99–100
ceramic nuclear waste form simulant study of A10: 532–535
ceramics, SAXS/SANS analysis of A10: 405
channeling and blocking, surface structure study by A10: 633
chemical reaction products, analysis of A10: 656–657
chloride ions, nickel determined in samples containing A10: 201
chromia alumina catalysts A10: 265
chromium depletion in weld zone A10: 179
coal fly ash, determination of Cu and Pb in A10: 147–148
cobalt compounds, trace nickel determined in A10: 194–195
cold-rolled steel, corrosion resistance A10: 556–557
combustion, determination of carbon hydrogen, and nitrogen by A10: 214
complex, number of ligands determined in A10: 70
composition fluctuations, local, in ternary 3:5 semiconductor A10: 601
composition of bulk samples A10: 631
composition, of mixtures, determined A10: 213
composition vs. depth, passive film on Sn-Ni substrate A10: 608–609
compounds, organic, identification of A10: 213
concentrations, high, and well-resolved peaks gold-copper alloy analysis with A10: 530
coordination geometry, determination of . . A10: 354
copper determined in archaeological samples A10: 186
copper, hydrogen determined in A10: 231–232
copper oxidation using ^{18}O A10: 609
copper tubing, (111) pole figures from A10: 363
copper-manganese alloy, copper content estimated A10: 201
corrosion and surface strains, connector . . A10: 607
corrosion in pyrotechnic actuators . . . A10: 510–511
corrosion of Ni and Co in aqueous alkaline media A10: 135
corrosion on lead surfaces A10: 135
corrosion on metals, analysis of A10: 134–135
corrosion resistance of cold-rolled steel A10: 556–557
crystal growth and electronic device material studies A10: 375–376
crystal kinetics and material transformation A10: 376
crystalline phase, unknown, use of unit cells to identify A10: 353
crystallographic planes, alignment of silicon boule for cutting along A10: 342
curing mechanism of a polyimide resin . . . A10: 285
dc arc excitation to determine trace metal impurities in $CaWO_4$ A10: 29
deer hair, analysis of sulfur in A10: 224
defects, analysis of A10: 464–468
deformation analysis A10: 376–378, 468–470
depth profiles, heavy element impurities A10: 632–633
depth profiling, granular sample using ATR DRS, and PAS A10: 120
detection of phase changes A10: 282–283
detection of surface phase A10: 293
determination of BTU and ash content in coal A10: 100
determination of Cr, Ni, and Mn in stainless steel A10: 146–147
determination of trace Sn and Cr in HO_2, by GFAAS A10: 57–58
determination of ultratrace uranium by laser-induced fluorescence spectroscopy A10: 80
diamond, synthetic, characterization of metal impurities in A10: 417
diffusion measurements A10: 476–478
diffusion of plutonium into thorium A10: 249
diffusion phenomena, investigation of A10: 576–577
diffusion-induced grain-boundary migration analysis of A10: 461–464
direct determination of benzo(a)pyrene A10: 79
direct solid-sample AAS analysis A10: 58
dislocation cell structure analysis A10: 470–473
dopant atoms, lattice location of A10: 633–634
electrical contacts, surface films on . . A10: 578–579
electrochemically based corrosion systems in aqueous environments A10: 134–135
electrolytically generated radical ions A10: 265
electronic device material studies, and crystal growth A10: 375–376
electronic structure, liquid metals and alloys A10: 284
elemental analysis, Schöniger flask method for A10: 215
elemental mapping of high-temperature solder A10: 532
elements, light, analyses of A10: 459–461, 558–559
empirical formulas, determination of A10: 213
enzymatic determination of glucose using oxygen quenching of fluorescence A10: 79–80
enzyme activity, assay of A10: 70
esters, determined A10: 218
estimation of Cu in a Cu-Mn alloy A10: 201
exchange stiffness A10: 275
exotic effects, studied in disordered magnetic material A10: 276
explosive actuator, determination of oxygen isotopes in A10: 625–626
extended solubility of iron in aluminum A10: 294–295
factor analysis and curve fitting applied to polymer blend system A10: 118
failure of Al wire connections A10: 531–532
failure, overload, of steel threaded rod A10: 511–513
fcc materials, features of rolling textures in A10: 363–364
ferromagnetic alloys, order-disorder in A10: 284–285
films, grain size of silver A10: 543
films, thick, analysis of A10: 561
fingerprinting, multielement A10: 195
flame AAS for elemental analysis A10: 55–56
flame analysis determination of alloying elements in steels A10: 56
formulas, empirical determination of A10: 213
fracture behavior and deformation . . . A10: 376–378
fracture surfaces, SCC A10: 562–564
free lime in portland cement, determination of A10: 179
geological brine analysis of A10: 665
geometric and elemental analysis, particles produced by explosive detonation A10: 318–320
GFAAS determination of Bi in Ni A10: 57
glass microballoons, analysis of A10: 665–667
glass surface layers, analysis of A10: 624–625
glasses, SAXS/SANS analysis of A10: 405
glow charge to determine C, P, and S in low-alloy steels and cast iron A10: 29
gold determined A10: 210–211
gold-copper alloys, analysis with well-resolved peaks and high concentrations for . . . A10: 530
grain size, Ag film grown on mica . . . A10: 543–544
grain-boundary chemistry, study of . . A10: 561–562
grain-boundary migration, diffusion-induced, analysis of A10: 461–464
grain-boundary segregation, analysis of A10: 481–484
graphites, analysis of A10: 132–133
graphites, wettability of A10: 543
grinding, local variations in residual stress produced by A10: 390
habit plane and orientation relationships A10: 453–455
heavy element impurities, depth profiles of A10: 632–633
hexamethyldisiloxane, structure and degradation of plasma-polymerized A10: 285–286
high resolution, analysis of Jominy jar using A10: 508

Applications and examples (continued)
high-temperature solder, elemental mapping of **A10:** 532
historical objects, analysis of **A10:** 107
hydrided TiFe, phase analysis of **A10:** 293–294
hydrocarbons, aromatic, determined **A10:** 218
hydrogen determined by combustion **A10:** 214
hydrogen determined in copper **A10:** 231
hydroxyl and boron content in glass, quantitative analysis **A10:** 121–122
impurities, heavy element, depth profiles of **A10:** 632–633
impurities in nickel, determined **A10:** 240
impurities in UO_2, determination of **A10:** 149–150
impurity analysis in LPCVD thin films, quantitative **A10:** 624
Inconel 600 tubing, residual stress and percent cold work distribution **A10:** 390
indirect determination of bromine **A10:** 70
inhomogeneities, magnetic, determined **A10:** 274–275
integrated circuit problems, SEM analysis for **A10:** 513–514
interatomic bond lengths and physical properties **A10:** 355
interface/superlattice studies **A10:** 634–635
interfacial segregation studies in Mo **A10:** 599–601
intermetallic compounds, sublattice ordering in **A10:** 283–284
internal electrolysis, separation of Cd and Pb by **A10:** 201
ion-implantation profile in silicon, phosphorus, quantitative analysis of **A10:** 623–624
ion-implanted ions, microstructural analysis of **A10:** 484–487
iridium anomaly at Cretaceous-Tertiary boundary **A10:** 240–241
iron in copper, analysis of phases of **A10:** 294
iron oxide films, composition determined **A10:** 135
iron-base magnet alloy, spinodal decomposition of **A10:** 598–599
isotopes, oxygen, determined in explosive actuator **A10:** 625–626
Jominy bar, use of high resolution in analysis of **A10:** 508
Karl Fischer method, water determination **A10:** 219
ketones and aldehydes determined **A10:** 217
kinetics, crystal, and material transformations **A10:** 376
kinetics of cellular decomposition of martensite in uranium alloy **A10:** 316–318
kinetics of radical production and subsequent decay **A10:** 265–266
Kjeldahl method, to determine nitrogen **A10:** 214–215
Knight shift measurements on metallic glass **A10:** 284
Kovar-glass seals, shear fracture studies of **A10:** 577–578
laser treatment, of stainless steel, surface composition effects during **A10:** 622–623
lattice location of dopant atoms **A10:** 633–634
lead surfaces, corrosion on **A10:** 135
ligands in complex, numbers determined . . . **A10:** 70
light element analysis **A10:** 459–461, 558–559
liquid metals and alloys, electronic structure of **A10:** 284
local composition fluctuations in ternary 3:5 semiconductor **A10:** 601–602
local variations in residual stress produced by surface grinding **A10:** 390–391
longitudinal residual stress distribution in welded railroad rail **A10:** 391–392
LPCVD thin films, quantitative impurity analysis of **A10:** 624
machining, magnitude and direction of by **A10:** 392
magnetic anisotropy, determined **A10:** 272–273
magnetic disordered materials, exotic effects in **A10:** 276
magnetic inhomogeneities determined **A10:** 274–275
magnetization, determined **A10:** 271
major constituent analysis with peak overlap **A10:** 530
material transformations and crystal kinetics **A10:** 376
maximum residual stress, magnitude and direction produced by machining **A10:** 392
mercury switch, analysis of surface films on electrical contacts in **A10:** 578–579
metal oxide systems, analysis of **A10:** 130–131
metallic glass, Knight shift measurements on **A10:** 284
metals, analysis by SAXS and SANS **A10:** 405
metatorbernite, analysis of **A10:** 265
microballoons, glass, analysis of **A10:** 665–666
microcircuit process gas analysis **A10:** 156–157
microstructure, ion-implanted alloys determined **A10:** 484–487
microstructure, weld metal **A10:** 478–481
mixtures, composition determined **A10:** 213
molecular orientation in drawn polymer films determined **A10:** 120
molybdenum, interfacial segregation studies in **A10:** 599–601
monitoring polymer-curing reactions using ATR **A10:** 120–121
monolayers adsorbed on metal surfaces examined **A10:** 118–120
multielement fingerprinting and approximate quantification in effluent samples . . . **A10:** 195
natural waters, analysis of **A10:** 41
$Nd_2(CoFe_{0.9})_{14}B$, Rietveld analysis of **A10:** 425
near-surface defects in single-crystals, study of **A10:** 633
nickel determined in samples containing chloride ions **A10:** 201
nickel, impurities determined in **A10:** 240
nickel-base superalloy, phase chemistry and phase stability of **A10:** 598
nickel-phosphorus film, coverage determined on platinum substrate **A10:** 608
nitrogen determined by combustion **A10:** 214
nitrogen determined by Kjeldahl method **A10:** 214–215
nontransparent samples, surfaces characterized **A10:** 70–71
nuclear waste form simulant, ceramic, study of **A10:** 532–535
optical microscopy, complementarity of SEM and SAM in **A10:** 509–510
order-disorder in ferromagnetic alloys **A10:** 284–285
organic compounds identified **A10:** 213
orientation relationships and habit plane **A10:** 453–455
overload failure, quench-cracked steel threaded rod **A10:** 511–513
oxidation of Ag electrodes in alkaline environments **A10:** 135
oxidation of copper using ^{18}O, study of . . . **A10:** 609
oxygen in silicon wafers, quantitative analysis of **A10:** 122–123
oxygen in Ti, determined **A10:** 231
oxygen isotopes determined in explosive actuator **A10:** 625–626
parabens, analysis in baby lotion **A10:** 655–656
particles produced by explosive detonation geometric and elemental analysis **A10:** 318–320
passive film on Sn-Ni substrate, composition vs. depth of **A10:** 608
passive films, study of thin **A10:** 557–558
peak overlap, analysis of major constituents with **A10:** 530
peaks, well resolved, and high concentrations gold-copper alloy analysis with **A10:** 530
pearlite growth, use of SACP to understand **A10:** 508–509
peroxides, determined **A10:** 218
petroleum products, analysis of **A10:** 100–101
phase analysis of hydrided TiFe **A10:** 293–294
phase analysis of iron in copper **A10:** 294
phase changes, detection of **A10:** 282–283
phase chemistry and phase stability of Ni-base superalloy **A10:** 598
phase diagrams, determination of **A10:** 473–476
phases, surface, on silicon, qualitative analysis of **A10:** 341–342
phases, unknown crystalline, unit cell information to identify **A10:** 353
phases, unknown, identification of . . . **A10:** 455–459
phenols, determined **A10:** 218
phosphorus ion-implantation profile in silicon quantitative analysis of **A10:** 623–624
PIXE and proton microprobe **A10:** 107
plant tissues, analysis of **A10:** 41
plasma-polymerized hexamethyldisiloxane structure and degradation of **A10:** 285–286
platinum substrate, determined coverage of Ni-P film on **A10:** 608
plutonium diffusion into thorium **A10:** 249
pole figures (111), from copper tubing **A10:** 363
polyimide resin, curing mechanism of **A10:** 285
polymer and plasticizer materials in vinyl film, identification of **A10:** 123–124
polymers, analyses of **A10:** 131–132, 405, 647–648
porous graphite atomizers as filters for air particulates **A10:** 58
powdered biological materials, analysis of **A10:** 106–107
praseodymium and neodymium, separation of **A10:** 249–250
preferred crystallographic growth, use of SACP to establish **A10:** 509
pyrotechnic actuators, corrosion in . . . **A10:** 510–511
radical ions, electrolytically generated **A10:** 265
radical production and subsequent decay, kinetics of **A10:** 265
recovery, analysis of **A10:** 468–470
recrystallization structure analysis . . . **A10:** 468–470
relay weld integrity, determined **A10:** 156
residual stress analyses **A10:** 390, 392, 425–426
Rietveld analysis **A10:** 425
rod, overload failure of **A10:** 511–513
rolling textures in fcc materials, features of **A10:** 363–364
SACP **A10:** 508–509
sampling a trainload of metal pipe for percentage of alloying element **A10:** 15
SAXS/SANS analyses **A10:** 405
Schöniger flask method for elemental determinations **A10:** 215
seals, shear fracture studies of Kovar-glass **A10:** 577–578
segregation, analysis of grain-boundary **A10:** 481–484
segregation, interfacial, in molybdenum **A10:** 599–601
segregation, of Pb to surface of Sn-Pb solder **A10:** 607–608
segregation, surface **A10:** 564–566
SEM analysis of integrated circuit problems **A10:** 513–514
SEM and SAM, complementary contributions of optical microscopy **A10:** 509–510
semiconductor, local composition fluctuations in **A10:** 601–602
separation of Cd and Pb by internal electrolysis **A10:** 201
separation of praseodymium and neodymium **A10:** 249–250
shear fracture studies of Kovar-glass seals **A10:** 577–578

SUBJECTS OF THE INDEXED VOLUMES: ASM Handbook (designated by the letter "A"): **A1:** Properties and Selection: Irons, Steels, and High-Performance Alloys (1990); **A2:** Properties and Selection: Nonferrous Alloys and Special-Purpose Materials (1990); **A3:** Alloy Phase Diagrams (1992); **A4:** Heat Treating (1991); **A5:** Surface Engineering (1994); **A6:** Welding, Brazing, and Soldering (1993); **A7:** Powder Metal Technologies and Applications (1998); **A8:** Mechanical Testing (1985); **A9:** Metallography and Microstructures (1985); **A10:** Materials Characterization (1986); **A11:** Failure Analysis and Prevention (1986); **A12:** Fractography (1987); **A13:** Corrosion (1987); **A14:** Forming and Forging (1988); **A15:** Casting (1988); **A16:** Machining (1989); **A17:** Nondestructive Evaluation and Quality Control (1989); **A18:** Friction, Lubrication, and Wear Technology (1992); **A19:** Fatigue and Fracture (1996); **A20:** Materials Selection and Design (1997). **Metals Handbook, 9th Edition** (designated by the letter "M"): **M1:** Properties and Selection: Irons and Steels (1978); **M2:** Properties and Selection: Nonferrous Alloys and Pure Metals (1979); **M3:** Properties and Selection: Stainless Steels, Tool Materials, and Special-Purpose Materials (1980); **M4:** Heat Treating (1981); **M5:** Surface Cleaning, Finishing, and Coating (1982); **M6:** Welding, Brazing, and Soldering (1983); **M7:** Powder Metallurgy (1984). **Engineered Materials Handbook** (designated by the letters "EM"): **EM1:** Composites (1987); **EM2:** Engineering Plastics (1988); **EM3:** Adhesives and Sealants (1990); **EM4:** Ceramics and Glasses (1991). **Electronic Materials Handbook** (designated by the letters "EL"): **EL1:** Packaging (1989)

silica glass, x-ray diffraction pattern. . **A10:** 398–399
silicon, analysis of phosphorus ion-implantation profile in **A10:** 623–624
silicon boule, alignment for cutting along crystallographic planes. **A10:** 342
silicon, qualitative analysis of surface phase **A10:** 341–342
silver film grown on mica, grain size in **A10:** 543–544
silver scrap metal, analysis of **A10:** 41
single crystals, study of near-surface defects in **A10:** 633
solder, analyses of **A10:** 179, 532, 607–608
solubility, extended, of iron in aluminum **A10:** 294–295
spark source excitation for elemental analysis of metal or alloy **A10:** 29
spectrophotometric titrations **A10:** 70
spin relaxation rates, determined **A10:** 275–276
spin wave resonances. **A10:** 275
spinodal decomposition of Fe-base magnet alloy **A10:** 598–599
stable free radical hydrazyl. **A10:** 265
stainless steel alloy, "umpire" analysis of. **A10:** 178–179
stainless steels, surface composition effects during laser treatment of. **A10:** 622–623
strains, measurement of **A10:** 275
strains, surface, and corrosion products, connector **A10:** 607
stress-corrosion crack fracture surfaces **A10:** 563–564
structure and degradation of plasma-polymerized hexamethyldisiloxane. **A10:** 285–286
sublattice ordering in intermetallic compounds **A10:** 283–284
subsurface residual stress and hardness shaft **A10:** 389–390
sulfur in deer hair, analysis of. **A10:** 224
superlattice/interface studies **A10:** 634–635
surface carbon, determined **A10:** 224
surface composition effects during laser treatment of stainless steels **A10:** 622–623
surface effects, determined. **A10:** 273
surface films on electrical contacts, mercury switch, analysis of. **A10:** 578–579
surface layers, glass, analysis of. **A10:** 624–625
surface phase on silicon, qualitative analysis **A10:** 341–342
surface segregation. **A10:** 564–566
surface species on nonmetals, analysis of **A10:** 134
surface strains and corrosion products on connector, identification of. **A10:** 607
surface structure, analysis of **A10:** 133–134
surface structure study, by channeling and blocking **A10:** 633
sur-face-phase detection **A10:** 293
surfaces of nontransparent samples characterization of **A10:** 70–71
surfactant molecules in water, examination of structural changes in **A10:** 118
synthetic diamond, metal impurities in . . . **A10:** 417
synthetic substance, analysis of new. . **A10:** 353–354
texture, measurement and analysis of. . . . **A10:** 425
thermite, flame AAS analysis of **A10:** 56–57
thick films, analysis of **A10:** 561
thickness, of thin films, determination of **A10:** 100, 631–632
thin film composition and layer thickness **A10:** 631–632
thin films, passive **A10:** 557–558
thin films, quantitative impurity analysis in LPCVD **A10:** 624
tin-nickel substrate, composition vs. depth of passive film on **A10:** 608
titrations, spectrophotometric. **A10:** 70
toxic trace elements in ground water measurement of. **A10:** 148
trace amounts of Ni in Co compounds **A10:** 194–195
transformations, material, and crystal kinetics. **A10:** 376
transformer cores, analysis **A10:** 224
tribology, AES application to. **A10:** 566
turquoise, analysis of. **A10:** 265
two-phase alloys, atomic number contrast in analysis of **A10:** 508
umpire analysis, stainless steel alloy. . **A10:** 178–179
unit cells, use to identify unknown crystalline phase **A10:** 353
unknown phases, identification of . . . **A10:** 455–459
unsaturation, determined **A10:** 219
uranium, determined. **A10:** 211
vanadium determined in compounds **A10:** 206
water determination, Karl Fischer method for. **A10:** 219
weld metal microstructure, interpretation of. **A10:** 478–481
welded railroad rail, longitudinal residual stress distribution in. **A10:** 391–392
wettability, of graphite **A10:** 543
wire connections, aluminum, failure of **A10:** 531–532
x-ray diffraction pattern, of silica glass **A10:** 398–399
Applications, composite. **A10:** 342, **EM1:** 799–847
aircraft industry **EM1:** 801–809
and experience **EM1:** 799–847
automotive **EM1:** 832–836
commercial **EM1:** 832–836, 845–847
continuous SiC fiber MMCs **EM1:** 864–865
flight service **EM1:** 823–831
glass fibers. **EM1:** 107
glass rovings **EM1:** 109
high-temperature **EM1:** 810–815
introduction. **EM1:** 799
long-term environmental effects in . . **EM1:** 823–831
marine **EM1:** 837–844
space and missile systems **EM1:** 816–822
sports and recreational equipment . . **EM1:** 845–847
Applications engineering
with machine vision **A17:** 42–43
Applications of metal powders **M7:** 569–574
Application-specific integrated circuits (ASICS)
as new digital IC class **EL1:** 161
ceramic hybrids using **EL1:** 297, 298
Applicon CAD system. **A20:** 155
Applied bending moment **A20:** 344
reversing in shafts **A11:** 462
Applied current density. **A5:** 637–638
Applied current, magnitude
magnetic particle inspection. **A17:** 111
Applied dose. **A5:** 605
Applied electromotive force (emf)
in electrogravimetry. **A10:** 197
Applied fracture mechanics **EM4:** 645–650
fracture mechanics analysis of ceramics. **EM4:** 646–649
elliptical crack **EM4:** 647
flaw shape parameter **EM4:** 648
inclusions **EM4:** 648
irregularly shaped two-dimensional cracks **EM4:** 647–648
multiple flaws **EM4:** 648–649
residual stress effects **EM4:** 648
semielliptical crack. **EM4:** 647, 648
stress-intensity factor **EM4:** 647–649
voids. **EM4:** 648, 649
linear elastic fracture mechanics **EM4:** 645–646
fracture toughness. **EM4:** 646
stress field of mode I loading. **EM4:** 645–646
stress-intensity factor for mode I loading **EM4:** 645, 646
Applied load **A18:** 508
abbreviation for **A11:** 797
and distortion failures. **A11:** 136–138
and thickness, effect on buckling and plastic deformation. **A11:** 137
effect in composites. **A11:** 733
ion implantation. **A18:** 779
symbol for. **A8:** 725
Applied motion software from PTC
solutions of mechanism problems **A20:** 166
Applied normal force. **A18:** 434
Applied Polymer Symposia **EM3:** 68
Applied potential
changes for corrosion control. **A11:** 198
effect on electrolytic polishing **A9:** 105
Applied pressure, and density *See* Density; Pressure; Relative density
Applied statistics. **A8:** 623–627
Applied strain rate. **A20:** 568
Applied stress **A13:** 277, 292, 615, **A20:** 533, 624, 625, 632, 635, 642
and residual stress distribution **A8:** 124
as permanent distortion **A11:** 467
defined. **A11:** 102
effect, embrittlement **A12:** 29
effect, striation spacing. **A12:** 120
examining **A12:** 92
in fatigue cracking **A11:** 102
in fatigue-crack initiation **A11:** 102
in fracture mechanics **A11:** 48
intensity, and fatigue-crack growth rate . . . **A11:** 107
of castings **A11:** 346
periodic interruptions, wrought aluminum alloys **A12:** 418
pulsation from **A12:** 304
vs. case depth, in gears. **A11:** 594
Applied stress amplitude
of welds **A19:** 280
Applied stress (*S*). **A19:** 6, 210, 281
Applied stresses
effect on magnetoresistance **A17:** 144
magabsorption measurement of. **A17:** 154–155
Applied stress-intensity amplitude (Δ*K*apl) . . . **A19:** 56
Applied thrust load **A18:** 508
Approximate optimization techniques **A20:** 214
Approximate-failure theories
laminates **EM1:** 235
Approximation
circuit **EL1:** 30–31
transmission line **EL1:** 31–32
Approximation, single-scattering
in EXAFS **A10:** 409
Aqua regia as an etchant for
heat-resistant casting alloys **A9:** 330
wrought stainless steels **A9:** 281
Aqua-regia
for precious metal powder production **A7:** 182
Aqueous
defined **A13:** 2
Aqueous acids and chemicals used in etchants. **A9:** 67–68
Aqueous caustic molten salt bath descaling process
refractory metals **M5:** 654
Aqueous chlorides
effect on alloy steels **A19:** 645–646
stress-corrosion cracking and **A19:** 487
Aqueous cleaning
materials for **EL1:** 663
Aqueous corrosion *See also* Aqueous corrosion resistance. **A19:** 473
activation control. **A13:** 30–32
aluminized steels **A13:** 527
and gaseous corrosion, compared **A13:** 61
and liquid-metal corrosion, compared **A13:** 17
biological effects. **A13:** 41–43
cemented carbides **A13:** 850–855
defined **A13:** 29
effects, environmental variables **A13:** 37–44
effects, metallurgical variables **A13:** 45–49
electrode potentials **A13:** 19–21
electrode processes. **A13:** 18–19
exposure types **A13:** 516
kinetics **A13:** 17, 29–36
mass transport control **A13:** 33–35
mechanism **A13:** 433
niobium **A13:** 723
of beryllium **A13:** 809–810
of carbon steels. **A13:** 512
of cobalt-base corrosion-resistance alloys . . . **A2:** 453
of galvanized steel **A13:** 433–434, 526–527
oxiding power (potential) **A13:** 39
passivation **A13:** 35–36
pH, effect **A13:** 37–39
potential measurements, reference electrodes. **A13:** 21–24
potential vs. pH (Pourbaix) diagrams. . . **A13:** 24–28
rate, measurement of. **A13:** 32–33
structural steels, fatigue in **A19:** 598–599
temperature and heat transfer **A13:** 39–40
testing, copper/copper alloys **A13:** 636–638
thermodynamics **A13:** 18–28, 32
titanium/titanium alloy SCC **A13:** 689
velocity/fluid flow rate **A13:** 40
Aqueous corrosion resistance *See also* Aqueous corrosion
aluminum coatings. **A13:** 435

Aqueous corrosion resistance (continued)
aluminum-zinc alloy coatings **A13:** 435–436
galvanized steel **A13:** 433–434
Aqueous electroplating
oxidation-resistant coatings. **M5:** 664–666
Aqueous environment synthesis **A8:** 416
Aqueous environments **A13:** 143, 314
cracking from hydrogen charging in. . **A11:** 245–247
effect on stainless steels **A19:** 728–729
electrochemically based corrosion systems determined in **A10:** 134
simulation variables. **A19:** 207
Aqueous hydrofluoric acid **A13:** 1166–1170
Aqueous media
Raman analyses of polymers in. **A10:** 131
Aqueous nitric acid as a macroetchant for tool steels **A9:** 256
Aqueous phase corrosion. **A19:** 473
Aqueous samples
optical emission spectroscopy **A10:** 21
Aqueous slip (slurry)
in rigid tool compaction **M7:** 327
Aqueous solution
metal electrode potential in. **A8:** 416–417
SCC testing of nickel alloys in. **A8:** 531
Aqueous solution electroplating. **A20:** 477, 480
Aqueous solutions
at ambient temperature **A8:** 415–417
containing nickel and cobalt ions, spectra compared **A10:** 65
ionic, use in ion chromatography . . **A10:** 658–664
corrosion in. **A13:** 17
corrosion protection in. **A13:** 377–379
SCC testing. **A13:** 274
SCC testing of titanium alloys in **A8:** 531
Uranium/uranium alloys in **A13:** 814
AR 213
composition. **A16:** 736
Ar-5CO_2-4O_2, effect on carbon
manganese, and silicon losses and on weld strength values **A6:** 68
Ar-10CO_2 shielding gas, effect on carbon
manganese, and silicon losses and on weld strength values **A6:** 68
Ar-12O_2 shielding gas, effect on carbon
manganese, and silicon losses and on weld strength values **A6:** 68
Ar-18CO_2 shielding gas, effect on carbon
manganese, and silicon losses and on weld strength values **A6:** 68
Ar-25CO_2 shielding gas, effect on carbon
manganese, and silicon losses and on weld strength values **A6:** 68
AR-213
composition **A6:** 564, **M6:** 354
Aragonite
Miller numbers. **A18:** 235
Aragonite ($CaCO_3$). **EM4:** 379
purpose for use in glass manufacture **EM4:** 381
ARALL laminates. **A19:** 910–913
fatigue crack threshold **A19:** 144
Aramid *See also* Aramid composites; Aramid fibers; Aramid fibers, specific types; Kevlar . . . **EM3:** 5
aramid fibers. **EM1:** 4
as thixotrope **EM3:** 178
defined **EM2:** 4
fibers, as reinforcements **EM2:** 506
Aramid composites
drilling of **EM1:** 668–669
fabric, properties **EM1:** 149
shedding, by cutting. **EM1:** 667
Aramid fiber reinforced plastics, and aluminum
weights compared. **EM1:** 35
Aramid fibers *See also* Aramid composites; Aramid fibers, specific types; Fiber properties analysis; Fibers; Kevlar aramid fibers; Para-aramid fibers; p-aramid fibers **A20:** 445, **EM1:** 114–116, **EM3:** 283–286
as reinforcement. **EL1:** 535, 615–618
continuous filament. **EM1:** 114–115
damping in **EM1:** 208
discontinuous filament forms. **EM1:** 115
effect, vinyl ester resins. **EM1:** 92
elastic buckling stress. **EM1:** 197
fabrics **EM1:** 114, 115
felts. **EM1:** 115
fiber type effect on flexure strength and impact strength of fiber/epoxy composites . . **A20:** 462
for short-fiber reinforced composites **EM1:** 120
for woven materials. **EM1:** 125–128
forms **EM1:** 360
impact properties **EM1:** 36
in space and missile applications **EM1:** 817
introduction. **EM1:** 30
Kevlar, fibrillar structure **EM1:** 55
laser cutting of **A14:** 742
locking leno pattern yams **EM1:** 127–128
moisture absorption in **EM1:** 190
organic, specific strength (strength/density) for structural applications **A20:** 649
papers. **EM1:** 115
properties **EM1:** 58, 361
pulp **EM1:** 115
rovings **EM1:** 114
spun yams **EM1:** 115
spunlaced sheets **EM1:** 115
staple/spun yams **EM1:** 115
structure **EL1:** 605
tensile properties **EM3:** 285
textured **EM1:** 115
thermal expansion properties **EL1:** 615–618
unidirectional, reinforced epoxies, strength of **EM1:** 35
used in composites. **A20:** 457
vs. glass fibers, cost **EM1:** 105
with polyester resins **EM1:** 92
woven rovings **EM1:** 114–115
yarns **EM1:** 114, 115
Aramid fibers, specific types
HM-50, properties **EM1:** 56
Kevlar 29, creep. **EM1:** 55
Kevlar 29, fiber properties. **EL1:** 615
Kevlar 29, properties. **EM1:** 55
Kevlar 29, yam and roving sizes. **EM1:** 114
Kevlar 49, baseline STEB design. **EM1:** 514
Kevlar 49, creep. **EM1:** 55
Kevlar 49, electron radiation effects. **EM1:** 56
Kevlar 49, fabric/woven roving specifications. **EM1:** 114
Kevlar 49, properties **EL1:** 535, **EM1:** 55, 175
Kevlar 49, temperature effect on tensile strength/ modulus **EM1:** 55
Kevlar 49, tensile modulus vs. temperature **EM1:** 362
Kevlar 49, tensile strength retention. **EM1:** 55
Kevlar 49, ultimate tensile strength vs. temperature **EM1:** 362
Kevlar 49, yam and roving sizes. **EM1:** 114
Kevlar 149, properties. **EL1:** 615, **EM1:** 55
Nomex, as honeycomb core material **EM1:** 723
Nomex, as paper **EM1:** 115
Technora HM-50, properties **EL1:** 535
Aramid glass
signal bandwidth effects **EL1:** 82
Aramid paper
for flexible printed boards **EL1:** 583
Aramid papers **EM1:** 115
Aramid printed wiring boards **EL1:** 616–618
Aramid pulp **EM1:** 115
Aramid-epoxy
single-filament interfacial bond strength **EM3:** 284
Aramid-epoxy composites
applications. **A9:** 592
fabric, microstructure of. **EM1:** 768
local fiber failure mechanisms **EM1:** 198
polishing **A9:** 590
unidirectional, with voids. **A9:** 593
Aramid-graphite-epoxy hybrid composites, fastener holes
techniques/tools for **EM1:** 715
Aramid-polystyrene composites
properties. **EM3:** 286
***A*-ratio** **A20:** 517, 519
Arbitrary body and coordinate system
for crack-tip stresses **A11:** 47
Arbitrary continuum element
volume of **A20:** 624
Arbitration bar
defined **A8:** 1, **A15:** 1
Arbor
defined. **A15:** 1
Arbor-type punches
for press-brake forming. **A14:** 537
Arc
direct-current. **A10:** 25
initiation for gas tungsten arc welding **M6:** 183–184
systems for gas tungsten arc welding. **M6:** 184
Arc blow
backward **M6:** 87–88
definition **A6:** 1206, **M6:** 1, 87
forward. **M6:** 87–88
shielded metal arc welding. **M6:** 78–79, 87–88
alternating current **M6:** 79
direct current **M6:** 78
stud arc welding **M6:** 733
Arc blow in
shielded metal arc welds of nickel alloys . . **M6:** 441
submerged arc welds **M6:** 127–128
Arc brazing
definition **M6:** 1
Arc brazing (AB)
definition. **A6:** 1206
Arc burns **A6:** 1073
in weldments. **A17:** 582
Arc butt weld
optical macrograph **A10:** 303
Arc column **A6:** 67
Arc cutting
defined. **A14:** 720
definition **M6:** 1
types. **A14:** 729–734
Arc cutting (AC)
definition. **A6:** 1206
Arc deposition. **A5:** 602–604, 926
advantages. **A5:** 604
and drilling **A16:** 219
applications. **A5:** 604
arc currents. **A5:** 602
arc source types **A5:** 603
definition. **A5:** 602
deposition rate **A5:** 603
disadvantages **A5:** 602
future trends **A5:** 604
limitations. **A5:** 604
macroparticle filtering. **A5:** 602–603
process utilization **A5:** 602
processing parameters. **A5:** 603–604
properties of deposited materials. **A5:** 604
rate of apparent motion of arc spot **A5:** 602
type of arc used **A5:** 602
Arc efficiency **A20:** 713
Arc emission spectroscopy
to analyze the bulk chemical composition of starting powders **EM4:** 72
Arc energy input **A6:** 412
Arc erosion
as function of cadmium oxide in dispersion-strengthened silver **M7:** 717
Arc erosion rate **A7:** 1022
Arc etching
sputter deposition and. **A5:** 579
Arc force
definition **A6:** 1206, **M6:** 1
Arc furnace
defined **A15:** 1

SUBJECTS OF THE INDEXED VOLUMES: ASM Handbook (designated by the letter "A"): **A1:** Properties and Selection: Irons, Steels, and High-Performance Alloys (1990); **A2:** Properties and Selection: Nonferrous Alloys and Special-Purpose Materials (1990); **A3:** Alloy Phase Diagrams (1992); **A4:** Heat Treating (1991); **A5:** Surface Engineering (1994); **A6:** Welding, Brazing, and Soldering (1993); **A7:** Powder Metal Technologies and Applications (1998); **A8:** Mechanical Testing (1985); **A9:** Metallography and Microstructures (1985); **A10:** Materials Characterization (1986); **A11:** Failure Analysis and Prevention (1986); **A12:** Fractography (1987); **A13:** Corrosion (1987); **A14:** Forming and Forging (1988); **A15:** Casting (1988); **A16:** Machining (1989); **A17:** Nondestructive Evaluation and Quality Control (1989); **A18:** Friction, Lubrication, and Wear Technology (1992); **A19:** Fatigue and Fracture (1996); **A20:** Materials Selection and Design (1997). **Metals Handbook, 9th Edition** (designated by the letter "M"): **M1:** Properties and Selection: Irons and Steels (1978); **M2:** Properties and Selection: Nonferrous Alloys and Pure Metals (1979); **M3:** Properties and Selection: Stainless Steels, Tool Materials, and Special-Purpose Materials (1980); **M4:** Heat Treating (1981); **M5:** Surface Cleaning, Finishing, and Coating (1982); **M6:** Welding, Brazing, and Soldering (1983); **M7:** Powder Metallurgy (1984). **Engineered Materials Handbook** (designated by the letters "EM"): **EM1:** Composites (1987); **EM2:** Engineering Plastics (1988); **EM3:** Adhesives and Sealants (1990); **EM4:** Ceramics and Glasses (1991). **Electronic Materials Handbook** (designated by the letters "EL"): **EL1:** Packaging (1989)

Arc furnace method
to make compacts of silicon **EM4:** 237
Arc gouging
definition **A6:** 1206, **M6:** 1
Arc, immersed
vacuum arc degassing **A15:** 437
Arc length
electrogas welding **M6:** 242–243
shielded metal arc welding **M6:** 86–87
Arc light sources for microscopes **A9:** 72
Arc melting **M7:** 25
defined **A15:** 1
Arc of contact
definition **A5:** 945
Arc oxygen cutting
definition **A6:** 1206, **M6:** 1
Arc plasma **A6:** 64
Arc resistance **EM3:** 5
defined **EM1:** 4, **EM2:** 4, 460, 467
Arc seam weld
definition **A6:** 1206, **M6:** 1
Arc sources
applications **A10:** 29
compared **A10:** 27
for optical emission spectroscopy **A10:** 25
Arc spay forming **A7:** 409–410, 411
Arc spot weld
definition **A6:** 1206, **M6:** 1
Arc spray
alternative to hard chromium plating **A5:** 926
Arc spraying (ASP)
cast irons **A6:** 720
definition **A6:** 1206
Arc stabilizers
as coating material **M7:** 817
Arc starting
gas tungsten arc welding of austenitic stainless steels **M6:** 339
percussion welding **M6:** 741
shielded metal arc welding **M6:** 78–79
alternating current **M6:** 79
direct current **M6:** 78
submerged arc welding **M6:** 134–135
Arc strike
arc burns **A6:** 1073
definition **A6:** 1206, **M6:** 1
Arc strikes
damage by **A11:** 413, 414
fatigue crack initiation at **A12:** 261
hard spot caused by **A11:** 97
in fracture surfaces, medium-carbon steels **A12:** 255
in weldments **A17:** 582
Arc stud welding *See* Stud arc welding
Arc time
definition **M6:** 1
percussion welding **M6:** 740–741
Arc tracking
defined **EM2:** 590
resistance **EM2:** 586–588
Arc voltage
definition **M6:** 1
electrogas welding **M6:** 242–243
Arc weld
gas tungsten **A11:** 438
Arc welding *See also* Arc welds; Welding; Weldments; Weldments, failures of; Weld(s)
adaptive robotic **A17:** 43
aluminum coated steel **M1:** 173
and cast iron microstructure **A15:** 522
as secondary operation **M7:** 456
cast steels **M1:** 401
comparison to gas welding oxyacetylene . . . **M6:** 601
comparison to projection welding **M6:** 522–523
consumables **A15:** 523–524
definition **M6:** 1
electrodes, selection of **M1:** 562–564
flux-cored **A11:** 414
fusion zone **A15:** 523
gas metal **A11:** 414–415
gas tungsten **A11:** 415
hardfacing **M6:** 783–787
hardfacing deposition in mining and mineral industries **A18:** 653
heat-affected zone, cast iron **A15:** 522
high-deposition submerged **M7:** 821–822
hydrogen embrittlement of steel during . . . **M1:** 687
low-carbon steel electrodes, function and composition **M7:** 817
maraging steel **M1:** 563
martensite tempered by **M1:** 564
medium-carbon low-alloy steel **M1:** 561
metallography of joints **A9:** 577–586
metallurgy **A15:** 520–522
of aluminum metal-matrix composites **A6:** 555–556
of aluminum-lithium alloys **A6:** 551, 552
of cast irons **A15:** 520–529
of corrosion- and heat-resistant cast irons **A15:** 529
of ductile irons **A15:** 527
of gray irons **A15:** 526–527
of Invar **A2:** 892–893
of malleable irons **A15:** 528
of thermocouple thermometers **A2:** 871
of white/alloy cast irons **A15:** 528–529
partially melted region **A15:** 522–523
plasma **A11:** 415
postweld heat treatment **A15:** 526
preheat/interpass temperature **A15:** 525–526
preparation **A15:** 524–525
processes, types **A15:** 523
submerged **A11:** 415
techniques **A15:** 526
vs. laser-beam welding **A6:** 262
wire *See* Welding wire
Arc welding and cutting
safety precautions **A6:** 1191
Arc welding (AW)
definition **A6:** 1206
Arc welding electrode
definition **A6:** 1206, **M6:** 1
Arc welding gun
definition **A6:** 1206, **M6:** 1
Arc welding of
alloy steels **M6:** 247–306
hardenable carbon steels **M6:** 247–306
heat-resistant low-alloy steels **M6:** 247, 292–294
high-strength alloy steels **M6:** 291–292
high-strength medium-carbon quenched and tempered steels **M6:** 247
line pipe **M6:** 278–280
tool steels **M6:** 294–297
Arc welding of aluminum alloys **A6:** 722–739
aluminum filler alloys **A6:** 724
applications **A6:** 727, 736
base metals **M6:** 373
corrosion resistance **A6:** 724, 729–730
cracking **M6:** 386–387
distortion **A6:** 727, 728
ductility **A6:** 724, 728
edge preparation **M6:** 375
electrical conductivity **A6:** 723
electrodes **A6:** 722–723, **M6:** 381–382, 390
filler alloy choices **A6:** 730
filler alloy, selection criteria **A6:** 724–730
filler alloys for sustained elevated-temperature service **A6:** 729
filler metals **A6:** 722, 724–727, 729, 730–737, 739, **M6:** 373–374, 377–378, 391–392
fillet weld strength **A6:** 727–728
fixtures **M6:** 379–380
forms of aluminum **A6:** 724
fusion zone **A6:** 727
galvanic corrosion **A6:** 729
gas metal arc welding **M6:** 380–390, 397–398
gas tungsten arc welding **M6:** 390–398
groove joints, tensile strength after welding **A6:** 729
groove weld strength **A6:** 726–727
heat-affected zone **A6:** 725, 726, 727, 729
heat-treatable cast aluminum alloys **A6:** 724
heat-treatable wrought aluminum alloys . . . **A6:** 723, 727, 728
hydrogen solubility **A6:** 722
joining aluminum to other metals **A6:** 739
joint design **M6:** 374–375
joint designs **A6:** 730–736
non-heat-treatable cast aluminum alloys . . . **A6:** 723, 726
oxide **A6:** 722
percussion welding **M6:** 399
porosity **M6:** 386
postweld heat treatments **A6:** 726–727, 728
powder metallurgy parts **A6:** 724
power supplies **M6:** 383–385, 392–395
preheating **M6:** 378–379
preparation for welding **A6:** 730–736
preweld cleaning **M6:** 375, 378
process selection and comparsion **M6:** 397–399
properties affecting welding **A6:** 722
properties of aluminum **A6:** 722–724
quality control requirements for filler rods and electrodes **A6:** 730
sensitivity to weld cracking **A6:** 724, 725–726
shielded metal arc welding **M6:** 398–399
shielding gases **M6:** 380, 390–391
soundness of welds **M6:** 385–388
spray transfer arc **M6:** 381
stress-corrosion cracking **A6:** 727
stud welding **M6:** 399
surface preparation **A6:** 736
temperature vs. performance **A6:** 724, 729
thermal characteristics **A6:** 723–724
weld and base metal color match **A6:** 730
weld backing **M6:** 382–383, 392
weldability **M6:** 373
casting alloys **M6:** 373
wrought alloys **M6:** 373
welding processes **A6:** 736–739
electrogas welding **A6:** 738
electron-beam welding **A6:** 739
electroslag welding **A6:** 738
gas-metal arc welding **A6:** 722, 723, 726, 729, 730, 731–735, 737–738, 739
gas-tungsten arc welding **A6:** 725, 729, 730, 731–735, 736, 737, 738, 739
laser-beam welding **A6:** 739
oxyfuel gas welding **A6:** 738–739
plasma arc welding **A6:** 735, 736–737
shielded metal arc welding **A6:** 738
Arc welding of beryllium
joint design **M6:** 462
processes and procedures **M6:** 461–462
safety **M6:** 462
shielding gases **M6:** 462
surface preparation **M6:** 461
weld repair **M6:** 462
Arc welding of carbon steels **A6:** 641–660
definition of carbon steels **A6:** 64
electrodes **A6:** 641, 642, 643, 652
electrogas welding **A6:** 652, 653, 658–659, 660
electroslag welding **A6:** 652, 653, 659
flux-cored arc welding **A6:** 643, 647, 652, 653, 654, 657–658
gas-metal arc welding **A6:** 647, 652, 653, 654, 655, 657
gas-tungsten arc welding **A6:** 652, 653, 654, 655–656, 658
heat affected zone **A6:** 641, 642, 647, 648, 649, 652, 658, 659, 660
hydrogen-induced cracking **A6:** 641, 642–649
factors causing **A6:** 642
hydrogen sources **A6:** 643
prevention of **A6:** 644–647
temperature range **A6:** 644
tensile stresses **A6:** 643–644
inspection methods for crack detection **A6:** 642–643
lamellar tearing **A6:** 651, 652
plasma arc welding **A6:** 652, 653, 654, 658
porosity **A6:** 641, 651–652
killed steels **A6:** 652
postweld heat treatment **A6:** 641, 645–647, 648, 649
process selection **A6:** 652–655
shielded metal arc welding **A6:** 651, 652, 653, 654, 656–657
solidification cracking **A6:** 649–651, 657
stud arc welding **A6:** 652, 653, 656–660
submerged arc welding **A6:** 642, 643, 647, 648, 649, 650, 652, 653, 654, 658
weldability considerations **A6:** 642–652
welding consumable selection and procedure development **A6:** 655–660
Arc welding of cast irons
applications **M6:** 307
consumables **M6:** 310–311
copper-based electrodes **M6:** 311
filler metals for flux cored arc welding . . **M6:** 311
filler metals for other processes **M6:** 311
filler metals for shielded metal arc welding **M6:** 310–311

Arc welding of cast irons (continued)
nickel-based electrodes **M6:** 311
corrosion- and heat-resistant cast irons **M6:** 316
design requirements **M6:** 307
ductile irons **M6:** 315–316
electrodes **M6:** 310–311
filler metals **M6:** 310–311
gray irons **M6:** 314–315
malleable irons **M6:** 315–316
microstructures **M6:** 308–310
fusion zone **M6:** 310
heat-affected zone **M6:** 309–310
partially melted region **M6:** 309–310
postweld heat treatment **M6:** 314
practical applications **M6:** 316–318
preparation for welding **M6:** 311–312
procedures and processes **M6:** 310
flux cored arc welding **M6:** 310
gas metal arc welding **M6:** 310
gas tungsten arc welding **M6:** 310
shielded metal arc welding **M6:** 310
submerged arc welding **M6:** 310
repair welding **M6:** 316–317
temperature, preheat
and interpass **M6:** 312–313
martensite behavior **M6:** 313
preheating **M6:** 312–313
welding metallurgy of **M6:** 307–308
compacted or vermicular graphite irons **M6:** 308
ductile cast iron **M6:** 308
gray cast irons **M6:** 308
malleable iron **M6:** 308
white iron **M6:** 307–308
welding practices **M6:** 314
welding techniques **M6:** 313
backstep technique **M6:** 313
block sequence **M6:** 313
cascade sequence **M6:** 313
for heat input control **M6:** 313
peening **M6:** 313
stringer and weave beads **M6:** 313
white and alloy cast irons **M6:** 316
Arc welding of copper and copper alloys **M6:** 400–426
developments in welding
fine-wire gas metal arc welding **M6:** 426
plasma arc welding **M6:** 426
processes **M6:** 426
pulsed-current gas metal arc welding **M6:** 426
pulsed-current gas tungsten arc welding . . **M6:** 426
submerged arc welding **M6:** 426
effects of alloying elements **M6:** 400–402
factors affecting weldability **M6:** 402–404
hot cracking **M6:** 402
joint design **M6:** 402
porosity **M6:** 402
precipitation-hardenable alloys **M6:** 402
shielding gas **M6:** 402
surface condition **M6:** 404
thermal conductivity **M6:** 402
welding position **M6:** 402
gas metal arc welding **M6:** 415–424
aluminum bronzes **M6:** 420–421
beryllium copper, high-conductivity **M6:** 418–419
beryllium copper, high-strength **M6:** 419–420
brasses **M6:** 420
copper alloys to dissimilar metals **M6:** 424
copper nickels **M6:** 421–422
coppers **M6:** 417–418
dissimilar copper alloys **M6:** 422–424
electrode wires **M6:** 416–417
filler metals **M6:** 415, 417
phosphor bronzes **M6:** 420
silicon bronzes **M6:** 421
welding conditions **M6:** 417
welding position **M6:** 417
gas tungsten arc welding **M6:** 400, 404–415
aluminum bronzes **M6:** 412–413
beryllium copper, high-conductivity **M6:** 408
beryllium copper, high-strength **M6:** 408–409
cadmium and chromium coppers **M6:** 409
copper nickels **M6:** 414
coppers **M6:** 405–408
copper-zinc alloys **M6:** 409–410
dissimilar metals **M6:** 414–415
electrodes **M6:** 404
filler metals **M6:** 404
mechanized applications **M6:** 404
nickel silver **M6:** 409
phosphor bronze **M6:** 410–412
silicon bronzes **M6:** 413–414
type of current **M6:** 404
shielded metal arc welding **M6:** 424–426
aluminum bronzes **M6:** 425
brasses **M6:** 425
copper nickels **M6:** 426
copper to aluminum **M6:** 425
coppers **M6:** 425
phosphor bronzes **M6:** 425
silicon bronzes **M6:** 425–426
Arc welding of heat-resistant alloys **M6:** 353–370
alloy composition **M6:** 354
cobalt-based alloys **M6:** 367–370
cleaning **M6:** 368
gas metal arc welding **M6:** 370
gas tungsten arc welding **M6:** 368–370
shielded metal arc welding **M6:** 370
weld defects **M6:** 368
electrode composition **M6:** 359
filler metal composition **M6:** 359
fixtures **M6:** 354–355
backing bars **M6:** 353
for gas tungsten arc welding **M6:** 355
gas metal arc welding **M6:** 362, 366–367, 370
joint designs **M6:** 362
welding techniques **M6:** 362
gas tungsten arc welding . . . **M6:** 358–361, 365–366, 368–370
crack repair **M6:** 369–370
filler metals **M6:** 358–360, 365
joint preparation and fit-up **M6:** 365–366
resistance seam welding **M6:** 360–361
shielding gas **M6:** 358, 365
tack welding **M6:** 366
welding techniques **M6:** 361
iron-nickel-chromium and iron-chromium-nickel
alloys **M6:** 364–367
gas metal arc welding **M6:** 366–367
gas tungsten arc welding **M6:** 365–366
joint design **M6:** 365
shielded metal arc welding **M6:** 367
submerged arc welding **M6:** 367
treatments, pre- and postweld **M6:** 365
nickel-based alloys **M6:** 355–364
cold work effect **M6:** 358
gas metal arc welding **M6:** 362
gas tungsten arc welding **M6:** 358–362
joint design **M6:** 356–357
overaging **M6:** 358
shielded metal arc welding **M6:** 362–363
treatments, pre- and postweld **M6:** 357–358
weld defects **M6:** 363–365
shielded metal arc welding **M6:** 362–363, 367, 370
electrodes **M6:** 363, 367
welding conditions **M6:** 363
submerged arc welding **M6:** 367
weld defects **M6:** 363–365, 368
cold shuts and surface pits **M6:** 364
cracks and fissures **M6:** 363
notches **M6:** 364
porosity and inclusions **M6:** 363
strain-age cracking **M6:** 363–364
void at the root joint **M6:** 364
workpiece cleaning **M6:** 353
Arc welding of magnesium alloys **M6:** 427–435
filler metals **M6:** 427–428
gas metal arc welding **M6:** 429–430
metal transfer **M6:** 429
operating conditions **M6:** 429–430
power supplies **M6:** 429
welding positions **M6:** 429
gas tungsten arc welding **M6:** 429–432
automatic welding **M6:** 432–433
manual welding **M6:** 430–432
power supplies **M6:** 430
short-run production **M6:** 431
joint design **M6:** 428–429
edges **M6:** 428
fit-up **M6:** 428
grooves in backing bars **M6:** 428–429
welding fixtures **M6:** 428–429
postweld heat treatment **M6:** 435
preheating **M6:** 429
repair welding of castings **M6:** 432–435
shielding gases **M6:** 428
surface preparation **M6:** 429
weldability **M6:** 427
Arc welding of molybdenum and tungsten **M6:** 462–465
filler metals **M6:** 464
gas tungsten arc welding **M6:** 464
interstitial contamination **M6:** 463
preheating **M6:** 464
stress relieving **M6:** 463–464
surface cleaning **M6:** 463
alkaline-acid procedure **M6:** 463
dual-acid procedure **M6:** 463
welding conditions **M6:** 464
welding heat input **M6:** 464
Arc welding of nickel alloys **M6:** 436–445
cast nickel alloys **M6:** 438
cleaning of workpieces **M6:** 437
fixtures for welding **M6:** 437–438
backing bars **M6:** 437
clamping and restraint **M6:** 438
gas metal arc welding **M6:** 439–440
electrodes **M6:** 439
filler metals **M6:** 440
joint design **M6:** 440
shielding gas **M6:** 439–440
welding current **M6:** 439
welding techniques **M6:** 440
gas tungsten arc welding **M6:** 438–439
electrodes **M6:** 438–439
filler metals **M6:** 439
joint design **M6:** 439
shielding gas **M6:** 438
welding techniques **M6:** 439
joining of dissimilar metals **M6:** 443–445
dilution of weld metal **M6:** 444
filler metal selection **M6:** 444–445
joint design **M6:** 437
beveled joints **M6:** 437
corner and lap joints **M6:** 437
design considerations **M6:** 437
plasma arc welding **M6:** 440
postweld treatment **M6:** 436
precipitation-hardenable alloys **M6:** 438
general welding procedures **M6:** 438
susceptibility to cracking **M6:** 438
treatments, pre- and postweld **M6:** 438
preweld heating and heat treating **M6:** 436
shielded metal arc welding **M6:** 440–442
cleaning the weld bead **M6:** 442
electrodes **M6:** 440–441
joint design **M6:** 441–442
welding current **M6:** 441
welding position **M6:** 441
welding techniques **M6:** 441–442
submerged arc welding **M6:** 442
bead deposition **M6:** 442
electrodes **M6:** 439, 442
fluxes **M6:** 442
joint design **M6:** 442–443
welding current **M6:** 442
weld defects **M6:** 442–443
cracking **M6:** 443
effect of slag on weld metal **M6:** 443

SUBJECTS OF THE INDEXED VOLUMES: ASM Handbook (designated by the letter "A"): **A1:** Properties and Selection: Irons, Steels, and High-Performance Alloys (1990); **A2:** Properties and Selection: Nonferrous Alloys and Special-Purpose Materials (1990); **A3:** Alloy Phase Diagrams (1992); **A4:** Heat Treating (1991); **A5:** Surface Engineering (1994); **A6:** Welding, Brazing, and Soldering (1993); **A7:** Powder Metal Technologies and Applications (1998); **A8:** Mechanical Testing (1985); **A9:** Metallography and Microstructures (1985); **A10:** Materials Characterization (1986); **A11:** Failure Analysis and Prevention (1986); **A12:** Fractography (1987); **A13:** Corrosion (1987); **A14:** Forming and Forging (1988); **A15:** Casting (1988); **A16:** Machining (1989); **A17:** Nondestructive Evaluation and Quality Control (1989); **A18:** Friction, Lubrication, and Wear Technology (1992); **A19:** Fatigue and Fracture (1996); **A20:** Materials Selection and Design (1997). **Metals Handbook, 9th Edition** (designated by the letter "M"): **M1:** Properties and Selection: Irons and Steels (1978); **M2:** Properties and Selection: Nonferrous Alloys and Pure Metals (1979); **M3:** Properties and Selection: Stainless Steels, Tool Materials, and Special-Purpose Materials (1980); **M4:** Heat Treating (1981); **M5:** Surface Cleaning, Finishing, and Coating (1982); **M6:** Welding, Brazing, and Soldering (1983); **M7:** Powder Metallurgy (1984). **Engineered Materials Handbook** (designated by the letters "EM"): **EM1:** Composites (1987); **EM2:** Engineering Plastics (1988); **EM3:** Adhesives and Sealants (1990); **EM4:** Ceramics and Glasses (1991). **Electronic Materials Handbook** (designated by the letters "EL"): **EL1:** Packaging (1989)

porosity M6: 442–443
Arc welding of niobium
gas tungsten arc welding M6: 460
surface preparation M6: 460
weldability M6: 459
welding processes M6: 459–460
Arc welding of stainless steels
alloying elements M6: 320
austenitic stainless steels M6: 320–344
carbide precipitation M6: 321–323
contamination of welds M6: 321–322
electrogas welding M6: 344
electroslag welding M6: 344
ferrite estimation M6: 322–323
flux cored arc welding M6: 326–327
gas metal arc welding M6: 329–333
gas tungsten arc welding M6: 333–342
heat of welding M6: 321–322
microfissuring M6: 321–323
plasma arc welding M6: 342–344
porosity M6: 324
postweld stress relieving M6: 323–324
preheating M6: 323
shielded metal arc welding M6: 324–326
solution annealing M6: 321
stabilized steels M6: 321
submerged arc welding M6: 326–329
underbead cracking M6: 323
weld characteristics M6: 320
austenitic stainless steels, nitrogen-strengthened M6: 344–345
electrogas welding M6: 345
electroslag welding M6: 345
gas metal arc welding M6: 345
gas tungsten arc welding M6: 345
plasma arc welding M6: 345
shielded metal arc welding M6: 345
submerged arc welding M6: 345
electrodes
flux cored arc welding M6: 326–327, 349
gas metal arc welding M6: 331–332, 349
gas tungsten arc welding M6: 333, 349
shielded metal arc welding M6: 324–325, 345
submerged arc welding M6: 327–328, 349
ferritic stainless steels M6: 346–348
corrosion resistance M6: 347
ductility M6: 346
electrogas welding M6: 348
electroslag welding M6: 348
filler metal selection M6: 346–347
flux cored arc welding M6: 347
gas metal arc welding M6: 348
gas tungsten arc welding M6: 347–348
grain size M6: 346
plasma arc welding M6: 348
postweld annealing M6: 346
preheating M6: 346
shielded metal arc welding M6: 347
submerged arc welding M6: 347
temperature, effect on notch toughness .. M6: 346
welding heat, effects of M6: 346
martensitic stainless steels M6: 348–349
flux cored arc welding M6: 349
gas tungsten arc welding M6: 349
postweld heat treating M6: 348–349
preheating M6: 348–349
shielded metal arc welding M6: 349
submerged arc welding M6: 349
precipitation-hardening stainless steels M6: 349–352
austenitic M6: 351–352
compositions M6: 350
martensitic steels M6: 349–350
semiaustenitic steels M6: 350–351
shielding gas
gas metal arc welding M6: 332
gas tungsten arc welding M6: 334
welding current
flux cored arc welding M6: 327
gas metal arc welding M6: 329
gas tungsten arc welding M6: 333–335
Arc welding of tantalum M6: 460–461
applications M6: 461
gas tungsten arc welding M6: 460–461
surface preparation M6: 461
weldability M6: 460
welding processes M6: 460–461
Arc welding of titanium and titanium alloys M6: 446–456
cleaning M6: 448–449
degreasing M6: 448–449
oxide removal M6: 449
filler metals M6: 447
composition M6: 447
preparation M6: 447
gas metal arc welding M6: 446, 455–456
gas tungsten arc welding M6: 446, 453–455
equipment M6: 453–455
hot wire process M6: 455
procedures M6: 454–455
joint preparation M6: 448
plasma arc welding M6: 446, 456
repair welding M6: 456
setups for welding M6: 447
shielding gas M6: 447–448
stress relieving M6: 456
weldability M6: 446
alpha alloys M6: 446
alpha-beta alloys M6: 446
beta alloys M6: 446
unalloyed titanium M6: 446
welding in chambers M6: 449–451
metal chambers M6: 449–450
plastic chambers M6: 451
welding out of chambers M6: 451–453
Arc welding of zirconium and hafnium .. M6: 456–459
filler metals M6: 457
shielding gases M6: 458
weldability M6: 456–457
welding process M6: 458–459
Arc welding processes
application EL1: 238
Arc welds
contours A11: 412
discontinuities in A17: 582–585
double-submerged A11: 698
failure origins A11: 412–415
gas tungsten, voids in A11: 93
plasma, defective A11: 415
radiographic inspection A17: 334–335
Arc wire process
design characteristics A20: 475
Arc-gouged drain groove
dendritic crack structure in A11: 647
Archaeological samples
as NAA application A10: 234
ion selective electrode to determine copper in A10: 186
of books and artifacts, PIXE analysis for A10: 102
Archard wear law *See also* Wear coefficient; Wear constant; Wear factor A18: 282
defined A18: 3
Archard's equation A18: 185, 188, 189, 571
Archimedes experiment
to determine density of ceramic powders EM4: 27
Architectural Aluminum Manufacturers Association (AAMA) peel adhesion test
for latex EM3: 213
Architectural applications
of cast iron A15: 18
of electroplating A15: 22
of lead A15: 20–21
Architectural bronze
applications and properties A2: 312–313
Architectural glass EM4: 1021
cooling energy versus electric lighting requirements EM4: 1022
laminated glass EM4: 1021
parameters that can be controlled by specific residential and commercial glazing EM4: 1022
regulation of heat and light EM4: 1021
tempered glass EM4: 1021
total transmission versus light transmission EM4: 1022
wired glass EM4: 1021
Architectural panels, porcelain enameled
steel sheets for M1: 180
Architecture
design, introduction EL1: 1
evaluated by modeling EL1: 15
innovations EL1: 10
machine, engineering design system for... EL1: 127
system design EL1: 2
system, WSI, testing EL1: 376–377
VSLI-optimized EL1: 2
Architecture applications
titanium and titanium alloy A2: 589–590
Arcing A6: 365
brush/slip ring assembly failure from A12: 488
Arcing contacts *See also* Electrical contact materials
and sliding contacts, compared A2: 841
as failure factor A2: 841
defined A2: 840
property requirements for make-break contacts A2: 841
Arcing damage
in electrical contact materials A9: 563–564
Arc-outs A6: 860
Arc-rib mist hackle EM4: 639, 640
Arc-shaped A(T) specimen A19: 171
Arc-sprayed coatings
resistance to cavitation erosion A18: 217
Arctic pipeline steel X-80
laser-beam welding A6: 264
Arcweld creep rupture machine A7: 849
Arc-welded alloy steel
failures in A11: 423–426
Arc-welded aluminum alloys
distortion in A11: 436
failures in A11: 434–437
gas porosity A11: 434
inclusions A11: 435–436
incomplete fusion in A11: 435
undercuts in A11: 435
weld cracks in A11: 435
Arc-welded hardenable carbon steel
failures in A11: 422–423
Arc-welded heat-resisting alloys
failures in A11: 433–434
Arc-welded low-carbon steel
failures in A11: 415–422
hot cracking in A11: 416
inclusions in A11: 416
Arc-welded nonmagnetic ferrous tubular products
inspection A17: 566–567
Arc-welded stainless steel
austenitic A11: 427–428
failures in A11: 426–433
ferritic A11: 428
martensitic A11: 427
precipitation-hardening A11: 428
Arc-welded titanium and titanium alloys
failures in A11: 437–439
ARE (BARE) process A18: 845
Area
and surface parameters A12: 200
as basic convex figure quantity A12: 194
conversion factors A8: 722, A10: 686
effect in galvanic corrosion A13: 83
fractal analysis A12: 214–215
fracture surface A12: 201–205
of closed figure A12: 195
of cross section, symbol A8: 724
of fracture surface, importance A12: 193
of interconnections EL1: 20
of irregular fracture surfaces A12: 211–215
parametric relationships A12: 204–205
planar circuit, interconnection requirements EL1: 6
profile angular distributions for A12: 202–204
ratios, for partially oriented surfaces A12: 201
reduction, and strain A8: 575
reduction of A11: 8, 338
SI derived unit and symbol for A10: 685
SI unit/symbol for A8: 721
stereological relationships A12: 196
total facet surface A12: 202
triangular elements for A12: 201–202
true, and true length A12: 204
true fracture surface, importance A12: 211
true mean facet A12: 208
true, vertical sectioning for A12: 198–199, 211–212
vs. lead count EL1: 211
Area amplitude *See also* Ultrasonic inspection
blocks A17: 264
blocks, standard reference A17: 264
curves, determined, ultrasonic inspection A17: 265–266
Area (array) tape automated bonding (TAB)
defined EL1: 275

Area channeling analysis *See also* Channeling
crystallographic texture measurement and analysis by **A10:** 357
Area cooling
for thermal inspection **A17:** 398
Area equivalent diameter **A7:** 237
Area fraction **A7:** 269, **A18:** 464
effects of varying in image analysis . . **A10:** 311–312
Area fraction of porosity **A7:** 713
Area heating
for thermal inspection **A17:** 398
Area of contact
defined **A18:** 3
Area reduction *See also* Reduction **A14:** 368, 378
Area scan
EMPA analog mapping as **A10:** 525
Area sequential volume addition (ASVA) **A20:** 238–239
Area under the load against displacement plot (A_{pl}) **A20:** 535
Areal ratio
equality of volume fraction to **A9:** 125
Areal weight **EM1:** 4, 125, 286, 737
defined **EM2:** 4
Argentometric titration
to analyze the bulk chemical composition of starting powders **EM4:** 72
Argon
active metal brazing atmosphere **EM4:** 525
adsorbed, effects in FIM **A10:** 588
as an ion bombardment etchant for fiber composites **A9:** 591
as converter gas **A15:** 426
as cutting fluid for tool steels **A18:** 738
atomized aluminum powder **M7:** 130
atomized nickel-based superalloy powder, Auger composition-depth profile **M7:** 254
atomized powders, Auger profile of . . **M7:** 254, 255
atomized stainless steel powders **M7:** 101–103
atomized superalloys, composition-depth profile **M7:** 254
bubbling, nitrogen removal by **A15:** 84
by residual gas analysis (RGA) **EL1:** 1065
characteristics in a blend **A6:** 65
contamination **M7:** 434
continuous-wave gas lasers **A10:** 128
crack propagation in **A1:** 719, 720
duplex stainless steel welding backing gas . . **A6:** 474
electrogas welding shielding **A6:** 275
electron-beam welding atmosphere **A6:** 857
electron-beam welding, high-strength alloy steels **A6:** 867
flux-cored arc welding shielding gas . . . **A6:** 187, 189
for high-temperature torsion testing **A8:** 159
for low-current plasma arc welding **A6:** 68
for plasma arc spraying **A6:** 811
for plasma arc welding **A6:** 197
fume generation from shielding gases **A6:** 68
gas atomization **M7:** 27
gas-metal arc welding shielding gas . . . **A6:** 181, 185, 489
for aluminum alloys **A6:** 738
for copper alloys **A6:** 755
for nickel alloys **A6:** 743–744, 745, 746
gas-tungsten arc welding shielding gas **A6:** 1022
ferritic stainless steels **A6:** 445, 452, 453
for aluminum alloys **A6:** 736
for copper alloys **A6:** 756
hot isostatic pressing atmosphere **A6:** 884
ionization potential **A6:** 64
low-heat-input welding of low-alloy steels **A6:** 662
magnesium alloy shielding gas **A6:** 772
plasma-MIG welding **A6:** 224
plasma-MIG welding shielding gas **A6:** 224
shielding gas for aluminum metal-matrix composites **A6:** 555
shielding gas for arc welding of low-alloy steels **A6:** 66
shielding gas for FCAW **A6:** 67
shielding gas for GMAW **A6:** 66, 67
shielding gas for GMAW of cast irons . . . **A6:** 718, 719
shielding gas for GTAW **A6:** 32, 33, 67
shielding gas for GTAW of cast irons **A6:** 720
shielding gas for plasma arc welding **A6:** 197
shielding gas for zirconium alloys . . . **A6:** 787–788
shielding gas properties **A6:** 64
shielding gas purity and moisture **A6:** 65
steel weldment soundness in gas-shielded processes **A6:** 408, 409
stud arc welding shielding gas **A6:** 211, 214
thermal conductivity **A6:** 64
torch gas for gas metal arc welding **A6:** 23
valve thread connections for compressed gas cylinders **A6:** 1197
in CAP process **M7:** 533
in plasma arc powder spraying process . . . **A18:** 830
in sputter deposition process **A18:** 840
in stainless steels **A1:** 930
in weld relay, gas mass spectrometry of . . . **A10:** 156
ion etching, use in XPS **A10:** 575
ionization potentials and imaging fields for **A10:** 586
ion-sputtering, XPS analysis **A10:** 575, 576
leakage flow rates **M7:** 433, 434
liquid, for hot isostatic pressing **M7:** 421, 422
mean free path **A17:** 59
-oxygen mixture **A15:** 426
plasma, use in ICP-AES **A10:** 31
purging system, vacuum induction furnace **A15:** 397
purified, for sintering powder-rolled titanium strip **M7:** 394
recirculation and purification system . . . **M7:** 27, 30
removal **M7:** 180–181
sigma values for ionization **A17:** 68
used for ion-beam thinning of transmission electron microscopy specimens **A9:** 107
working gas for ion implantation **A18:** 857
Argon dry box welding **M7:** 431
for HIP containers **A7:** 613
Argon fluoride (Ar-F_2) gas/halogen mixture
excimer laser wavelengths **A5:** 623
Argon gas
in insulating glass unit production **EM3:** 196
Argon gas atomization **A7:** 131
Argon ion lasers
for optical holographic interferometry **A17:** 417
Argon National Laboratory
Intense Pulsed Neutron Source **A10:** 424
Argon oxygen decarburization **A14:** 222
Argon shielding
in plasma melting/casting **A15:** 420
Argon shielding gas
comparison to helium **M6:** 197–198
effect on weld metallurgy **M6:** 41
furnace atmosphere for brazing **M6:** 1008–1009
removal of oxygen **M6:** 199
Argon shielding gases for
arc welding of
coppers **M6:** 402
magnesium alloys **M6:** 428
molybdenum and tungsten **M6:** 462–464
stainless steels, austenitic **M6:** 331–332, 334
titanium and titanium alloys **M6:** 447–448
electron beam welding **M6:** 623
gas metal arc welding **M6:** 163–164
aluminum alloys **M6:** 380
nickel alloys **M6:** 439–440
nickel-based heat-resistant alloys **M6:** 362
gas tungsten arc welding **M6:** 197–199
aluminum alloys **M6:** 390–391
iron-nickel-chromium and iron-chromium-nickel heat-resistant alloys **M6:** 365
nickel alloys **M6:** 438
nickel-based heat-resistant alloys . . . **M6:** 358–360
plasma arc welding **M6:** 217
Argon stirring
direct current arc furnace **A15:** 368
Argon/carbon dioxide/hydrogen
shielding gas for GMAW **A6:** 67
Argon/oxygen/carbon dioxide
shielding gas for GMAW **A6:** 67
Argon-carbon dioxide
flux-cored arc welding, low-alloy steels **A6:** 662
flux-cored arc welding shielding gas **A6:** 189
gas-metal arc welding, low-alloy steels **A6:** 662
Argon-helium
flux-cored arc welding shielding gas **A6:** 189
gas-metal arc welding shielding gas . . . **A6:** 181, 185
gas-tungsten arc welding shielding gas for aluminum alloys **A6:** 736
shielding gas for GMAW **A6:** 66–67
shielding gas for GTAW **A6:** 67
shielding gas for plasma arc welding **A6:** 197
Argon-hydrogen
plasma arc welding of aluminum alloys **A6:** 735
shielding gas for GTAW **A6:** 67–68
shielding gas for plasma arc cutting **A6:** 1167, 1168, 1170
thermal conductivity **A6:** 64
Argon-oxygen
flux-cored arc welding, low-alloy steels **A6:** 662
gas-metal arc welding, low-alloy steels **A6:** 662
plasma-MIG welding shielding gas **A6:** 224
shielding gas for GMAW **A6:** 66, 67
surface tension **A6:** 65
Argon-oxygen decarburization
as secondary refining **A15:** 426
development **A15:** 36
equipment **A15:** 427
fundamentals **A15:** 426–427
nickel alloys **A15:** 820
of plain carbon steels **A15:** 709
oxygen top and bottom blowing, as extension **A15:** 428–429
processing **A15:** 427–428
vessel, schematic **A15:** 427
Argon-oxygen decarburization (AOD)
ultrahigh-strength steels **A4:** 207
Argon-oxygen decarburization (AOD) process **A1:** 841, 970, **A6:** 593
ferritic stainless steels **A6:** 443, 444
shielding gas for GMAW **A6:** 66, 67
Argon-oxygen deoxidation (AOD) **A1:** 930
ARGUS computer program for structural analysis **EM1:** 268, 270
Argyria, local
as silver poisoning **M7:** 205
Arimax **EM3:** 294
Arithmetic average (AA) **A20:** 75, 689
Arithmetic average surface roughness **A18:** 436
Arithmetic mean *See* Sample average
Arithmetic normal probability paper **A20:** 82
Arithmetic-probability plots **A7:** 263
Arm
definition **M6:** 1
Arm bearing
compaction of iron-based **M7:** 706
Armacor-M
volume steady-state erosion rates of weld-overlay coatings **A20:** 475
Armature binding wire **A1:** 851–852
Armature, dc motor
fabrication failure of **A11:** 421
Armature-type sensitive relays
recommended microcontact materials **A2:** 866
Armco iron **A18:** 878
crack closure **A19:** 135
for anodes for iron plating **A5:** 214
Pippan loading conditions and fatigue crack threshold **A19:** 137
stress-strain curves **A8:** 174
Armco iron friction welded to carbon steel **A9:** 156
Armor plate **A20:** 57–58
drilling **A16:** 219

SUBJECTS OF THE INDEXED VOLUMES: ASM Handbook (designated by the letter "A"): **A1:** Properties and Selection: Irons, Steels, and High-Performance Alloys (1990); **A2:** Properties and Selection: Nonferrous Alloys and Special-Purpose Materials (1990); **A3:** Alloy Phase Diagrams (1992); **A4:** Heat Treating (1991); **A5:** Surface Engineering (1994); **A6:** Welding, Brazing, and Soldering (1993); **A7:** Powder Metal Technologies and Applications (1998); **A8:** Mechanical Testing (1985); **A9:** Metallography and Microstructures (1985); **A10:** Materials Characterization (1986); **A11:** Failure Analysis and Prevention (1986); **A12:** Fractography (1987); **A13:** Corrosion (1987); **A14:** Forming and Forging (1988); **A15:** Casting (1988); **A16:** Machining (1989); **A17:** Nondestructive Evaluation and Quality Control (1989); **A18:** Friction, Lubrication, and Wear Technology (1992); **A19:** Fatigue and Fracture (1996); **A20:** Materials Selection and Design (1997). **Metals Handbook, 9th Edition** (designated by the letter "M"): **M1:** Properties and Selection: Irons and Steels (1978); **M2:** Properties and Selection: Nonferrous Alloys and Pure Metals (1979); **M3:** Properties and Selection: Stainless Steels, Tool Materials, and Special-Purpose Materials (1980); **M4:** Heat Treating (1981); **M5:** Surface Cleaning, Finishing, and Coating (1982); **M6:** Welding, Brazing, and Soldering (1983); **M7:** Powder Metallurgy (1984). **Engineered Materials Handbook** (designated by the letters "EM"): **EM1:** Composites (1987); **EM2:** Engineering Plastics (1988); **EM3:** Adhesives and Sealants (1990); **EM4:** Ceramics and Glasses (1991). **Electronic Materials Handbook** (designated by the letters "EL"): **EL1:** Packaging (1989)

Hy 80, milling **A16:** 317
Hy 100, milling **A16:** 317
wrought, milling **A16:** 312, 313
Armor-piercing cores
powders used **M7:** 573
Arms
for quick-release clamp **A8:** 221
Army Materials and Mechanics Research Center (AMMRC) **A8:** 724
verification of Charpy impact test apparatus **A8:** 263
Arnold meter **A7:** 293
Arnold meters **M7:** 274, 275
Aroma components
IR determination of **A10:** 109
Aromatic
defined **A10:** 669, **EM1:** 4, **EM2:** 4
Aromatic amines **EM1:** 70
Aromatic amines, as curing agents
epoxies **EL1:** 828
Aromatic co-polyester **EM3:** 601
Aromatic dianhydrides
for polyimide coatings **EL1:** 767
Aromatic divinyl compounds
bismaleimide reaction with **EM2:** 255
Aromatic ethers
as engineering thermoplastic **EM2:** 449
Aromatic hydrocarbons
determined **A10:** 218
Aromatic isocyanates
in polyurethanes **EM2:** 257
Aromatic polyamide
typical properties **EM3:** 83
Aromatic polyamide fibers *See also* Aramid fibers; Para-aramid fibers; p-aramid fibers . . . **EM1:** 30
Aromatic polyamides **A20:** 445, 454
Aromatic polyarylates (PARs) *See also* Polyarylates (PAR)
chemistry **EM2:** 66
Aromatic polyester *See also* Polyesters **EM3:** 5
defined **EM2:** 4
Aromatic polysulfones (PSU) chemistry **EM2:** 66
properties **EM2:** 450
Aromatic rings, polymer
chemical structure **EM2:** 52
Aromatic silicones
Raman analysis **A10:** 132
Aromatic solvents
as cleaning agents **EL1:** 663
Aromatic sulfones *See also* Aromatic polysulfones; Polysulfones
as engineering thermoplastics **EM2:** 449
Aromatic thermoplastic polyesters **EM2:** 65–66
Aromatic thermoplastic polyimides (TPIs) **EM2:** 177–178
Aromatics **EM3:** 5
composition **A5:** 33
definition **A5:** 945
high-temperature resistant **EM3:** 76
operation temperature **A5:** 33
Arrangement of atoms
as x-ray diffraction analysis **A10:** 325
Array
-based system functions **EL1:** 8–9
physical, types **EL1:** 9
Arrays
data, defined **A17:** 383
detector, defined **A17:** 383
orthogonal **A17:** 748–750
processor, defined **A17:** 383
types of **M7:** 296
Arrest
of pipeline fractures **A11:** 704–706
Arrest line *See also* Beach marks
definition **EM4:** 632
in ceramics **A11:** 747
Arrest mark
definition **EM4:** 632
Arrest marks *See* Beach marks
Arrhenius collision coefficient **A18:** 571
Arrhenius constant
tribological **A18:** 280, 283
Arrhenius equation **A20:** 93, **EM4:** 460
Arrhenius expression
simplified **EM4:** 55–56
Arrhenius function
for liquid diffusivity **A15:** 103
Arrhenius model **A20:** 644
Arrhenius plots
delayed failure by SMIE **A13:** 186
Arrhenius plots of delayed failure **A11:** 240, 244
Arrhenius rate equation **A20:** 581
Arrowhead defects
1008 steel **A9:** 183
Arsenic *See also* Arsenic toxicity
alloying, wrought aluminum alloy **A2:** 46
alloying, wrought copper and copper alloys **A2:** 242
and stress-corrosion cracking **A19:** 486–487
anode composition complying with Federal Specification QQ-A-671 . . . . **A5:** 217
as fining agent **EM4:** 380
as inhibitor in acid systems **A20:** 550
as inoculant **A15:** 105
as lead additive **A2:** 545
as major toxic metal with multiple effects **A2:** 1237–1239
as minor element, ductile iron **A15:** 648
as solder impurity **EL1:** 637
as tin solder impurity **A2:** 520
as trace element **A15:** 394
cause of temper embrittlement **A4:** 124, 135
composition range for cadmium anodes . . . **A5:** 217
determined by controlled-potential coulometry **A10:** 209
-doped gold contact wires **EL1:** 958
effect in copper alloys **A11:** 221, 635
effect of addition on lead-antimony-tin microstructures **A9:** 417
effect on tin-base alloys **A18:** 748
effects, cartridge brass **A2:** 301
effects, electrolytic tough pitch copper **A2:** 270
effects of, on notch toughness **A1:** 742
epithermal neutron activation analysis of **A10:** 239
evaporation fields for **A10:** 587
extending epoxy lifetimes **EM3:** 170
fire refining effect **A15:** 453
gaseous hydride for ICP sample introduction **A10:** 36
high-purity, production **A2:** 747
ICP-determined in natural waters **A10:** 41
impurity in solders **M6:** 1072
in cast iron **A1:** 5, 8
in compacted graphite iron **A1:** 59
in glass, K-edge EXAFS spectra **A10:** 411
in lead-base alloys **A18:** 749–750
in silicon on ion-implanted silicon samples **A10:** 632
in steel weldments **A6:** 420
iodimetric titrations of **A10:** 174
maximum concentration for the toxicity characteristic, hazardous waste **A5:** 159
photometric analysis methods **A10:** 64
pure **M2:** 716
pure, properties **A2:** 1101
quartz tube atomizers for **A10:** 49
recommended impurity limits of solders . . . **A6:** 986
safety standards for soldering **M6:** 1098
sample modification, for GFAAS analysis . . **A10:** 55
species weighed in gravimetry **A10:** 172
TNAA detection limits **A10:** 237
toxicity **A2:** 1237–1238, **A6:** 1195
vapor pressure, relation to temperature **A4:** 495
volatilization losses in melting **EM4:** 389
volatilizing **A10:** 166
Volhard titration for **A10:** 173
volumetric procedures for **A10:** 175
weighed as the sulfide **A10:** 171
Arsenic as platinum alloy **M7:** 15
Arsenic chloride
distillation **A10:** 169
Arsenic compounds (inorganic including arsine)
hazardous air pollutant regulated by the Clean Air Amendments of 1990 . . . . **A5:** 913
Arsenic in lead, age-hardening
effect on **M4:** 741
Arsenic in steel
notch toughness, effect on **M1:** 694
temper embrittlement, role in **M1:** 684–685
Arsenic oxide (As_2O_3)
composition by application **A20:** 417
glass forming ability **EM4:** 494
in ovenware compositions **EM4:** 1103
in tableware compositions **EM4:** 1101
melting point **EM4:** 484
purpose for use in glass manufacture **EM4:** 381
specific properties imparted in CTV tubes **EM4:** 1039
viscosity at melting point **EM4:** 494
Arsenic oxides
examination under polarized light **A9:** 400
Arsenic toxicity
biologic indicators **A2:** 1238
biotransformation **A2:** 1237
carcinogenicity **A2:** 1238
cellular effects **A2:** 1237
disposition **A2:** 1237
reproductive effects and teratogenicity **A2:** 1238
toxicology **A2:** 1237–1238
treatment **A2:** 1238
Arsenic, vapor pressure
relation to temperature **M4:** 310
Arsenical admiralty metal
applications and properties **A2:** 318–319
Arsenical babbitts
applications **A2:** 553
Arsenical copper
in Bronze Age **A15:** 15–16
Arsenical leaded Muntz metal
applications and properties **A2:** 311
Arsenical naval brass
applications and properties **A2:** 319–320
Arsenic-impurities
effect on fracture toughness of steels **A19:** 383
Arsine gas
formation and toxicity **A2:** 1238
ART (expert system shell) **A20:** 310
Art founding
classical sculpture **A15:** 20–21
colossal statues **A15:** 21
gilding **A15:** 21
modem statuary **A15:** 21–22
Arthrodeses
as corrective orthopedic surgery **A11:** 671
Arthroplasty **A18:** 656–658
Artifact
defined **A17:** 383
Artifacts
defined **A9:** 2
distorting SIMS depth profiles **A10:** 619
in aluminum alloys as a result of mechanical polishing **A9:** 353
in carbon and alloy steels **A9:** 165–166, 168
in infiltrated powder metallurgy materials . . **A9:** 504
in replicas **A12:** 184–185
in wavelength-dispersive spectrum **A10:** 520
peaks, as AEM-EDS microanalytic limitation **A10:** 448
spectral, sum and escape peaks as **A10:** 520
structures **A9:** 36–37
Artificial accelerated aging *See* Accelerated aging
Artificial aging *See also* Aging **EM3:** 5
defined **A9:** 2, **A13:** 2, **EM2:** 4
wrought aluminum alloy **A2:** 40
Artificial graphite, electrodes
resistance brazing **A6:** 341
Artificial intelligence **A14:** 247, 409
and NDE reliability models **A17:** 713
Artificial intelligence (AI) technology **A20:** 309
Artificial joints
types of **A11:** 670–671
Artificial lift wells **A13:** 1247–1248
Artificial pore volume effect **A7:** 284
Artificial sweat test
laboratory corrosion test **A5:** 639
Artificial twist boundaries in gold
transmission electron microscopy **A9:** 120–121
Artificial weathering *See also* Aging; Weather resistance **EM3:** 5
defined **EM1:** 4, **EM2:** 4–5
Artificially aged tempers and solution-heat-treated tempers in aluminum alloys
etchants for distinguishing **A9:** 355
Artware
glazes **EM4:** 1061
Artware (ceramic)
estimated worldwide sales **A20:** 781
Artwork *See also* Master drawing
compensation **EL1:** 627
flexible printed boards **EL1:** 593
layer, and substrate compensation . . . **EL1:** 623–624
master, in final design package **EL1:** 524–525

Artwork (continued)
quality, and computer-aided design **EL1:** 527, 529
rigid printed wiring boards **EL1:** 548–549
Aryldiazonium salt
cationic curing with **EL1:** 859
ASA *See* Styrene-acrylonitriles
ASAAS II computer program for structural analysis **EM1:** 268, 270
Asahi
solar-cell cover glass product **EM4:** 1019
As-Au (Phase Diagram) **A3:** 2•56
Asbestos **EM1:** 60, 115, **EM3:** 175
as filler **EM3:** 177, 178
crystal structure **EM4:** 882
drilling **A16:** 229, 230
for compression packings **EM3:** 226
for gaskets **EM3:** 224, 225
for organic brake linings **A18:** 569, 570
function and composition for mild steel SMAW electrode coatings **A6:** 60
hazardous air pollutant regulated by the Clean Air Amendments of 1990 **A5:** 913
no longer a slag former **A6:** 61
toxic chemicals included under NESHAPS **A20:** 133
toxicity of brake wear debris **A18:** 574
Asbestos board
waterjet machining **A16:** 522
Asbestosis **M7:** 202
As-Bi (Phase Diagram) **A3:** 2•57
As-brazed
definition **M6:** 1
A-scan display modes
applications **A17:** 242
data interpretation **A17:** 244–246
data, optical recording of **A17:** 228
display **A17:** 242, 244–246
optical coherent signal processor for **A17:** 227
pulse-echo ultrasonic inspection **A17:** 241–242
scanning acoustical holography **A17:** 443
signal display **A17:** 242
system setup **A17:** 242
As-cast condition
defined **A15:** 1
As-casting
gear materials **A18:** 261
As-Cd (Phase Diagram) **A3:** 2•57
As-Co (Phase Diagram) **A3:** 2•58
As-Cu (Phase Diagram) **A3:** 2•58
ASEA presses
Quintus fluid forming **A14:** 614–615
rubber-pad forming **A14:** 608
ASEA Quintus fluid-cell process **A14:** 610–611
ASEA STORA process (ASP) **A7:** 126
ASEA-STORA process **A16:** 60, **M7:** 784–787
ASF-1307, crystallizing solder glass designation
commercially available **EM4:** 1070
ASF-1307B, crystallizing solder glass designation
commercially available **EM4:** 1070
As-Fe (Phase Diagram) **A3:** 2•58
As-Ga (Phase Diagram) **A3:** 2•59
As-Ge (Phase Diagram) **A3:** 2•59
Ash **A18:** 84
and BTU determined in coal **A10:** 100
deposits, superheater **A13:** 1201
engineered material classes included in material property charts **A20:** 267
fracture toughness vs.
density **A20:** 267, 269, 270
strength **A20:** 267, 272–273, 274
Young's modulus **A20:** 267, 271–272, 273
-handling systems, fossil fuel power plants **A13:** 1007–1008
linear expansion coefficient vs. Young's modulus **A20:** 267, 276–277, 278
loss coefficient vs. Young's modulus **A20:** 267, 273–275
Miller numbers **A18:** 235
strength vs. density **A20:** 267–269
Young's modulus vs.
density **A20:** 266, 267, 268, 289
elastic limit **A20:** 287
strength **A20:** 267, 269–271
Ash content **EM3:** 5
defined **EM1:** 4, **EM2:** 5
Ash removal
steam equipment **A11:** 619–620
Ashby maps **A20:** 493
Ashby model **A7:** 597, 598
Ashby process selection charts **A20:** 247, 249, 291, 298, 687
casting **A20:** 298
Ashby-Brown contrast *See also* Black-white contrast
of second-phase precipitates **A9:** 117
of stacking-fault tetrahedra **A9:** 117
Ashby-Frost deformation maps **A14:** 421
Ashing
in second-phase testing **A10:** 177
of organic liquids and solutions, for analysis **A10:** 10
of organic solids, for analysis **A10:** 9
of samples, GFAAS analysis **A10:** 55
oxygen plasma dry **A10:** 167
As-In (Phase Diagram) **A3:** 2•59
As-K (Phase Diagram) **A3:** 2•60
ASKA computer program for structural analysis **EM1:** 268, 270
ASLE *See* American Society of Lubrication Engineers
ASM INTERNATIONAL **EM4:** 38, 39, 40
as information source **EM1:** 40
ASME *See* American Society of Mechanical Engineers
ASME boiler and pressure vessel code **A19:** 416
ASME Section XI Boiler and Pressure Vessel Code **A19:** 464
ASME specifications *See also* listings in data compilations for individual alloys; Specifications; Steels, ASME specific types **M1:** 132
constructional steels for elevated temperature use **M1:** 647–648, 654
copper tube and pipe **M2:** 264
ASME-STLE curve **A19:** 360
As-Mn (Phase Diagram) **A3:** 2•60
As-molded designators **A7:** 698
As-Nd (Phase Diagram) **A3:** 2•60
As-Ni (Phase Diagram) **A3:** 2•61
Asp fasteners
materials and composite applications for **A11:** 530
As-P (Phase Diagram) **A3:** 2•61
ASP steels (anti-segregation process steels) **M7:** 784–787
austenitizing **M7:** 786
grades, compositions, applications **M7:** 785
heat treatment of **M7:** 785–787
properties **M7:** 784–785
***a*-spacing**
layer lattice solid lubricants **A18:** 113
As-Pb (Phase Diagram) **A3:** 2•61
As-Pd (Phase Diagram) **A3:** 2•62
Aspect ratio **A7:** 263–265, 272, **A18:** 580, 802, 803, **A19:** 159–160, 161, 162, 163, 164, 165, 166, **A20:** 183, 246, **EM1:** 4, 120, **EM3:** 5
at fracture, forged disk **M7:** 411
conductive filler **EM2:** 474
defined **EM2:** 5
definition **A7:** 264
effect on free-surface strain **A8:** 580
effects **A14:** 66
of particle shape **M7:** 242
Aspects of joints
as factor influencing crack initiation life **A19:** 126
Asperities
defined **A11:** 1, **A18:** 3
deformation **A11:** 149
during crack closure **A19:** 138
fretting fatigue **A19:** 322
in adhesive wear **A11:** 145
in delamination theory of wear **A11:** 148
in initial adhesion **A11:** 148
Asperity **A18:** 46
defined **A8:** 1, **A18:** 3
definition **A5:** 945
Asperity contact theory **A18:** 46
Asperity deformation behavior **A18:** 33, 59, 60
Asperity film thickness or microelastohydrodynamic film thickness **A18:** 94
nomenclature for lubrication regimes **A18:** 90
Asperity lubrication modes **A18:** 94–96
micro-EHL and friction polymer films **A18:** 94–95
oxide film **A18:** 94, 96
physically adsorbed and other surface films **A18:** 94, 95–96
Asperity (or surface-roughness)
induced closure **A19:** 57
Asphalt
appliance market applications **EM3:** 59
applications **EM3:** 56
as carbon mold addition **A15:** 211
cure properties **EM3:** 51
extender for urethane sealants **EM3:** 205
for highway construction joints **EM3:** 57
for refrigerator and freezer cabinet sealing **EM3:** 59
for rubber battery sealing **EM3:** 58
fracture/failure causes illustrated **A12:** 217
sulfur, fracture surface **A12:** 473
suppliers **EM3:** 59
Asphalt reclamation
cemented carbide tools for **A2:** 973
Asphalt roof coating
powder used **M7:** 572
Asphalt tile mixer gate
materials for wear resistance **M1:** 622
Asphaltic
minimum surface preparation requirements **A5:** 444
Asphalts
as bituminous coatings **A13:** 406
Asphalts and coal tar resins
chemistry **EM3:** 50, 51
for highway and airfield joint sealing **EM3:** 51
properties **EM3:** 50, 51
Asphyxiation
dangers of sintering atmospheres **M7:** 349
Aspiration atomization **M7:** 125
A-spot
defined **A18:** 1
As-quenched hardness **A1:** 471, 476, **M1:** 478, 481
As-rolled pearlitic steels **A1:** 399, 404
for steel tubular products **A1:** 328, 329, 330, 331, 332, 333, 334
As-rolled structural steels *See also* Heat treated HSLA steels; Microalloyed HSLA steels **M1:** 403, 404
compositions, typical **M1:** 404
mechanical property distributions **M1:** 412–416
As-S (Phase Diagram) **A3:** 2•62
Assay
defined **A10:** 669
As-Sb (Phase Diagram) **A3:** 2•62
As-Se (Phase Diagram) **A3:** 2•63
Assemblability Evaluation Method (AEM) **A20:** 678, 679
Assembled structures
computed tomography (CT) inspection **A17:** 364
Assembly *See also* Assembly and manufacture; Flip chip assembly **A20:** 167, **EM3:** 5
and assembly forms **EM1:** 665, 681–737
and manufacture, design for **EL1:** 119–126
as stress source **A11:** 205
board, lead frame materials **EL1:** 488
board, through-hole packages **EL1:** 970
Boothroyd-Dewhurst design for, method **EL1:** 124–125
by electromagnetic forming **A14:** 644

SUBJECTS OF THE INDEXED VOLUMES: ASM Handbook (designated by the letter "A"): **A1:** Properties and Selection: Irons, Steels, and High-Performance Alloys (1990); **A2:** Properties and Selection: Nonferrous Alloys and Special-Purpose Materials (1990); **A3:** Alloy Phase Diagrams (1992); **A4:** Heat Treating (1991); **A5:** Surface Engineering (1994); **A6:** Welding, Brazing, and Soldering (1993); **A7:** Powder Metal Technologies and Applications (1998); **A8:** Mechanical Testing (1985); **A9:** Metallography and Microstructures (1985); **A10:** Materials Characterization (1986); **A11:** Failure Analysis and Prevention (1986); **A12:** Fractography (1987); **A13:** Corrosion (1987); **A14:** Forming and Forging (1988); **A15:** Casting (1988); **A16:** Machining (1989); **A17:** Nondestructive Evaluation and Quality Control (1989); **A18:** Friction, Lubrication, and Wear Technology (1992); **A19:** Fatigue and Fracture (1996); **A20:** Materials Selection and Design (1997). **Metals Handbook, 9th Edition** (designated by the letter "M"): **M1:** Properties and Selection: Irons and Steels (1978); **M2:** Properties and Selection: Nonferrous Alloys and Pure Metals (1979); **M3:** Properties and Selection: Stainless Steels, Tool Materials, and Special-Purpose Materials (1980); **M4:** Heat Treating (1981); **M5:** Surface Cleaning, Finishing, and Coating (1982); **M6:** Welding, Brazing, and Soldering (1983); **M7:** Powder Metallurgy (1984). **Engineered Materials Handbook** (designated by the letters "EM"): **EM1:** Composites (1987); **EM2:** Engineering Plastics (1988); **EM3:** Adhesives and Sealants (1990); **EM4:** Ceramics and Glasses (1991). **Electronic Materials Handbook** (designated by the letters "EL"): **EL1:** Packaging (1989)

by spinning **A14:** 604
ceramic multilayer, technologies
compared **EL1:** 297–298
CERDIPs. **EL1:** 487
costs **EM2:** 649
defined. **EL1:** 1134
definition **A20:** 828
design requirements for **EM1:** 182–183
drawing, in final design package **EL1:** 524
equipment, selection **EL1:** 732
failures **EL1:** 943, 1058
final, cost of **EM2:** 650
fixtures **A16:** 404, 406
for differentiation **EL1:** 438–441
for optimum chip performance **EL1:** 438
for quality. **EL1:** 441–448
hermetic/nonhermetic. **EL1:** 484–485
high-density, on substrates **EL1:** 439
levels, environmental stress
screening **EL1:** 877–878, 884
methods. **EM2:** 711–725
NC implemented **A16:** 616
of boilers/pressure vessels **A17:** 646
of dual-in line package, plastic
postmolded **EL1:** 487
of plastic packages **EL1:** 471–479
of plastic pin-grid arrays **EL1:** 475–476
package, lead frame **EL1:** 484–485
package requirements, lead frame . . . **EL1:** 487–488
purpose **EL1:** 449
techniques, thick/thin-film technology **EL1:** 255
through-hole and surface mount **EL1:** 437–438
time, defined **EM1:** 4, **EM2:** 5
ultrasonic. **EM2:** 721–722
uniaxis. **EL1:** 121–122
wafer-scale, as hybrids **EL1:** 250
Assembly adhesive **EM3:** 5
Assembly and assembly forms *See also* Machining;
specific assembly techniques. **EM1:** 665,
681–737
adhesive bonding surface
preparation **EM1:** 681–682
adhesives selection. **EM1:** 683–688
adhesives specifications. **EM1:** 689–701
blind fastening **EM1:** 709–711
bonding cure considerations. **EM1:** 702–705
dissimilar material separation **EM1:** 716–718
fastener hole considerations **EM1:** 712–715
faying surface sealing **EM1:** 719–720
fiber properties analysis **EM1:** 731–735
honeycomb structure. **EM1:** 721–728
mechanical fastener selection. **EM1:** 706–708
quality control **EM1:** 729–730
resin properties analysis **EM1:** 736–737
Assembly and manufacture *See also* Assembly
design for **EL1:** 119–126
design for manufacturability **EL1:** 121–125
early manufacturing involvement (EMI) . . **EL1:** 125
future directions **EL1:** 125–126
historical background **EL1:** 119–120
value engineering. **EL1:** 120–121
Assembly design **A20:** 155
definition **A20:** 828
Assembly, design for *See* Design for assembly
Assembly drawing
definition **A20:** 828
Assembly method variation **A20:** 219, 221
Assembly methods
heat welding and sealing. **EM2:** 724–725
inserts **EM2:** 722–724
mechanical fastening **EM2:** 711–713
press and snap fits. **EM2:** 713–721
solvent and adhesive bonding **EM2:** 725
ultrasonic assembly **EM2:** 721–722
Assembly, mold *See* Mold assembly
Assembly sequences **A20:** 219, 221
Assembly techniques
for A15 tape superconductors **A2:** 1065–1067
for multifilamentary wire A15
superconductors **A2:** 1065–1067
Assembly time **EM3:** 5
Assembly variation targets **A20:** 219
Assembly-cost ratio (K). **A20:** 678
Assembly-evaluation score (E) **A20:** 678
Assembly-oriented product design **A20:** 678
Assembly-oriented product design method . . . **A20:** 678

Assessment
of corrosion damage **A13:** 194–195
Assessment techniques **A19:** 15
Asset depreciation range **A13:** 372
As-Si (Phase Diagram) . . . . **A3:** 2•63
As-Sn (Phase Diagram) . . . . **A3:** 2•63
Associated flow rule **A7:** 329
Association of Plastics Manufacturers in Europe (APME)
life-cycle inventory databases. **A20:** 102
Associativity **A20:** 155, 160
Assumption of randomness
in projected images **A12:** 194–195
Assumptions
as error source in damage tolerance
analysis. **A19:** 425
A-stage *See also* B-stage; C-stage. **EM3:** 5
defined **EM1:** 4, **EM2:** 5
A-stage resin. **A20:** 700
ASTAP simulation **EL1:** 33–34, 38
As-Te (Phase Diagram) . . . . **A3:** 2•64
Asthma
as toxic reaction to cobalt **M7:** 204
Astigmatism
defined **A9:** 2
in SEM illuminating/imaging system **A12:** 167
As-Tl (Phase Diagram) . . . . **A3:** 2•64
ASTM *See* American Society for Testing and Materials; American Society for Testing and Materials (ASTM)
ASTM 163 etchant for
niobium **A9:** 440
tantalum. **A9:** 440
ASTM A 27 . . . . **A9:** 230
ASTM A 47 . . . . **A9:** 245
ASTM A 48 . . . . **A9:** 245
ASTM A 148 . . . . **A9:** 230–231
ASTM A 216 . . . . **A9:** 230–231
ASTM A 220 . . . . **A9:** 245
ASTM A 247 . . . . **A9:** 161
ASTM A 319 . . . . **A9:** 161
ASTM A 352 . . . . **A9:** 231
ASTM A 436 . . . . **A9:** 245
ASTM A 439 . . . . **A9:** 245
ASTM A 487 . . . . **A9:** 231
ASTM A 518 . . . . **A9:** 245
ASTM A 532 . . . . **A9:** 245
ASTM A 536 . . . . **A9:** 245
ASTM A 602 . . . . **A9:** 245
ASTM A 677
silicon iron electrical steels. **A9:** 537
ASTM A 683
silicon iron electrical steels. **A9:** 537
ASTM A 763, Practice Z
for ferritic stainless steels. **A13:** 125–126
ASTM Annual Book of Standards **A19:** 393
ASTM B 215
for powder metallurgy materials **A9:** 505
ASTM B 276
for apparent porosity of cemented
carbides **A9:** 274
ASTM B 328
for powder metallurgy materials **A9:** 503–504
ASTM B 390
for grain size of cemented carbides **A9:** 274
ASTM B 657
for microstructure of cemented carbides . . . **A9:** 274
ASTM compositions for plate steels **A9:** 202
ASTM E 112 . . . . **A9:** 129
application to austenitic manganese steel
castings. **A9:** 238
applied to grain size measurement of aluminum
alloys **A9:** 357
dendrite arm spacing measurements
in zinc **A9:** 490
ASTM E 381
center segregation **A9:** 173–174
ASTM E-49 (Committee on Computerization of Material and Chemical Property Data) A20: 504
ASTM E-49 materials database standards . . . **A20:** 504
ASTM F 746
pitting corrosion test method. **A13:** 231
ASTM G 48
pitting corrosion test method. **A13:** 231
ASTM G 61
pitting corrosion test method. **A13:** 231

ASTM grain-size number **A9:** 129
for austenitic manganese steel castings
obtaining **A9:** 238
nomograph for **A9:** 130
ASTM microcontact tester
life test using **A2:** 858
ASTM pipe steels
compositions. **A9:** 211
ASTM Special Technical Publications
wear tests for ceramics (STP 1010) **EM4:** 605, 608
wear tests for coatings (STP 769) **EM4:** 605
wear tests for metals (STP 615). **EM4:** 605
wear tests for plastics (STP 701) **EM4:** 605
ASTM specifications *See also* listings in data compilations for individual alloys; Nonferrous alloys, ASTM specific types; Specifications; Steels, ASTM specific types **A1:** 150, 154, 156,
162, 163–164, 334
abrasion-resistant cast irons **M1:** 82, 86
alloy steel sheet and strip **M1:** 164
alloy steel, use at subzero
temperatures **M3:** 739–740, 754
aluminum casting alloys, former designations *See* Aluminum casting alloys, former ASTM designations
austenitic manganese steel **M3:** 568, 574
bearing materials **M3:** 813, 814
cast steels **M1:** 377–378, 401
coatings for steel sheet. **M1:** 168–174
aluminum coatings **M1:** 172
chromate passivation, testing of **M1:** 169
hot dip galvanized. **M1:** 170–171
terne coatings **M1:** 174
tin coatings **M1:** 173
zinc coatings, tests for **M1:** 168
composition ranges and limits **M1:** 135–140
constructional steels for elevated
temperature use **M1:** 647, 648
copper casting alloys **M2:** 384–386
copper tube and pipe **M2:** 264
copper wire **M2:** 266–273
creep and stress-rupture tests **M3:** 229
description **M1:** 119, 132, 134
fastener materials **M3:** 184, 185
for alloy steel pressure pipe and pressure
tubes **A1:** 331, 334
for aluminum coatings **A1:** 218–219
for aluminum-zinc alloy coatings **A1:** 220
for austenitic grain size. **A1:** 274
for carbon and alloy steel pressure tubes. . . **A1:** 333
for carbon and alloy steel structural and
mechanical tubing **A1:** 335
for carbon and low-alloy steels for elevated-
temperature services. **A1:** 618
for carbon steel rod **A1:** 274
for carburizing steels. **A1:** 483
for chromate passivation. **A1:** 215
for cold-finished steel bars **A1:** 251
for concrete reinforcement rod **A1:** 274
for deformation rates **A8:** 39–40
for ductile iron. . **A1:** 34, 36, 40, 41, **M1:** 34, 35, 36
for flake graphite **A1:** 13
for fracture toughness **A1:** 341
for gray iron **A1:** 15, 16, 17, 22
for high-carbon steels **A1:** 483
for high-strength carbon and low-alloy
steels. **A1:** 390
for hot-rolled steel bars and shapes . . **A1:** 240, 241,
242, 243, 244, 245, 246, 247
for low-alloy steel **A1:** 208, 209
for machinability testing for screw
machines **A1:** 593
for nonmetallic inclusion testing **A1:** 274
for notch toughness **A1:** 753
for stainless steel products **A1:** 932
for steel castings **A1:** 364, 365, 366, 368, 370, 377,
378, 379
for steel tubular products **A1:** 335
for structural quality steel plate **A1:** 230, 236
for structural steel **A1:** 664
for terne coatings **A1:** 221
for threaded fasteners **A1:** 289, 290, 294, 295, 296
for tin coatings **A1:** 221
for tool steels. **A1:** 757, 759
for weathering steels **A1:** 399
for wrought tool steels. **A1:** 757
for zinc coatings. **A1:** 213–215

98 / ASTM specifications

ASTM specifications (continued)
generic designations **M1:** 134–135
gray cast iron. **M1:** 16–17
heat-resistant castings. **M3:** 269
hot rolled steel bars and shapes. **M1:** 204–212
HSLA steels. **M1:** 403, 405–407, 409–410
low-carbon steel sheet and strip **M1:** 154, 155
magnesium alloys designations. . **M2:** 525–526, 527, 528
of carbon and alloy steel pipe **A1:** 332
on hardenability **A1:** 464
P/M materials **M1:** 330, 332, 333
pipe, steel . . **M1:** 317, 318, 320–321, 322, 324, 325
plate. **M1:** 183–184, 186–189
plate, discussion of. **M1:** 134–136
pressure-vessel plate, discussion of **M1:** 136
sheet products, discussion of **M1:** 134–135
structural shapes, discussion of **M1:** 135–136
temper designations, copper metals. . . **M2:** 248–251
testing of superhard tool materials . . . **M3:** 452, 453
titanium. **M3:** 357, 360
tubing, steel **M1:** 321, 323, 324, 325, 326

ASTM standards
air-entraining admixtures for concrete
(C 260). **EM4:** 921
air-entraining cements designated (C 175) **EM4:** 12
annealing grade measurement of glass containers
(C 148). **EM4:** 1085
annealing point of glass determined by midpoint
deflection of a glass beam (C 598) **EM4:** 567
annealing point of glass determined
(C 336). **EM4:** 567
bend strength tests on ceramics (C
1161). **EM4:** 710
blended cement manufacture (C 595). . . . **EM4:** 918
block-on-ring test (G 77). **EM4:** 606
bond-strength measurement test on coated
specimens (C 633) **EM4:** 992
ceramic tile property measurements **EM4:** 927
chemical admixtures for concrete
(C 494). **EM4:** 921
chemical durability rating basis (C 225) **EM4:** 876, 877
chipping extent of brick allowable
(C 216). **EM4:** 946
compressive strength as an index of structural clay
product durability (C 67) **EM4:** 946
emittance **EM4:** 611
"Flow Rate and Tap Density of Electrical Grade
Magnesium Oxide for Use in Sheathed-Type
Electric Heating Elements" (D
3347-86). **EM4:** 71
flowability measurement procedure
(B 213). **EM4:** 107
fly ash and raw or calcined natural pozzolan for
use as a mineral admixture in concrete (C
618). **EM4:** 921
for material selection. **A13:** 322
for testing waters/materials in water. **A13:** 208
ground blast-furnace slag for use in concrete and
mortars (C 989) **EM4:** 921
industrial flooring prescribed types
(C 410). **EM4:** 950
lead and cadmium extractions, test methods for (C
738, C 895, C 927, C 1034). **EM4:** 1065
lead and cadmium release from porcelain enamel
surfaces (C 872) **EM4:** 1065
"Method for Tension and Vacuum Testing
Metallized Ceramic Seals " (F 19) **EM4:** 513, 515, 516
mortar specifications (C 270). **EM4:** 947
on plastics **EM2:** 90
on strength during overpressurization or thermal
shock (C 47-62, C-149-50) **EM4:** 743
paving brick specification, discontinued in 1980 (C
7). **EM4:** 949
pedestrian and light traffic paving brick
specifications (C 902) **EM4:** 949
portland cement manufacture (C 150) . . . **EM4:** 918
powder bulk density measurement procedure (B
212). **EM4:** 107
sieve aperture variety (E 11-61, E 11-87) **EM4:** 66
size distribution measurement procedure
(B 214). **EM4:** 107
sliding wear of ceramics test (pin-on-disk) (G 99)
(1990) **EM4:** 605, 606
softening point temperature and viscosity of glass
related (C 338) **EM4:** 567
specific heat capacity. **EM4:** 611
specifications on strength during overpressurization
or thermal shock (C 47-62, C
149-50) **EM4:** 743
standard definitions of terms relating to
thermophysical properties (E 1142) **EM4:** 611
"Standard Test Method for the Specific Gravity of
Soils" (D 854-83) **EM4:** 71
strain point determined in glass (C 336,
C 598) **EM4:** 567
strength measurement technique for whiteware
products (C 674). **EM4:** 567
test for photoelasticity of glass (C 770) . . **EM4:** 565
test measuring the viscosity of glass above the
softening point (C 965) **EM4:** 567
thermal conductivity/diffusivity. **EM4:** 611
thermal expansion **EM4:** 611
thermal expansion measurement of glass (C 372, E
228). **EM4:** 568
three tests to measure the durability of glass
containers (C 225) **EM4:** 566
to determine density achieved by compacting
spray-dried powder at a given pressure (B
331). **EM4:** 107
ultrasonic attenuation determination using
immersion technique (E 664). **EM4:** 623
ultrasonic velocity measurement in materials (E
494). **EM4:** 621

ASTM Standards (American Society for Testing and Materials)
abrasive wear testing of TiN coated tool steels (G
65-10 modified) **A18:** 739
API gravity definition and formula
(D 287). **A18:** 82
"Apparent Viscosity of Lubricating Greases" (D
1092) **A18:** 127, 128
apparent viscosity, pour-point depressants, and
cold cranking simulator (D 2602). . . . **A18:** 83, 108
ash measurement of oils (D 482) **A18:** 84
block-on-ring machine and friction testing (D2
Committee) **A18:** 49
borderline pumping temperature determination (D
3892) **A18:** 163
borderline pumping temperature of engine oil (D
4684). **A18:** 84
borderline pumping test, pour-point depressants (D
3829) **A18:** 108
Brookfield viscometer, detection of presence of
glycol coolants (D 2983). **A18:** 83, 300
"Calibration and Operation of Alpha Model LFW-
1 Friction and Wear Testing Machine" (D
2714; D-2 Committee on lubricants) **A18:** 50
capillary viscometer to measure viscosity . . **A18:** 84
carbon/graphite types of materials in coefficient of
friction tests (C-5 Committee) **A18:** 49
"Carburizing Steels for Anti-Friction Bearings,"
inclusion standards (A 534) **A18:** 875
cavitation damage resistance assessment, vibratory
tests (G 32). . . . **A18:** 217, 218, 226, 600, 762, 763, 769
"Classification of and Specifications for
Automotive Service Greases" (D
4950) **A18:** 125
classification of porosity into 3 types (B 276
procedure) **A18:** 797
Cleveland open cup procedure to determine flash
and fire points (G 92) **A18:** 84
coefficient of friction and wear definitions
(G 40) **A18:** 47, 48, 228, 367
"Coefficient of Friction and Wear of Sintered
Metal," inclined plane method (B 526; B-9
Committee on metal powders). **A18:** 50
"Coefficient of Friction, Yam to Yam," extension
of D 3108 test (D 3412; D-13 Committee on
textiles) **A18:** 49, 51
"Coefficient of Static Friction of Corrugated and
Solid Fiberboard" **A18:** 49, 51
inclined plane method (D 3248; D-6 Committee
on paper) **A18:** 49, 51
sled testing (D 3247; D-6 Committee on
paper) **A18:** 49, 51
color matching with standards for
lubricants **A18:** 82
color-indicator methods for oils, acidity, and
alkalinity **A18:** 84, 300
"Compatibility of Lubricating Grease with
Elastomers" (D 4289) **A18:** 129
composite friction materials for clutches and
brakes (B-9 Committee). **A18:** 48
concentration of water in lubricants measured (D
1744) **A18:** 300
Cone Penetration Test (NGLI specification IIE,
grease testing) for classifying consistency of
greases (D 217) **A18:** 13, 125, 127, 136
Conradson method for measurement of carbon
residue (D 187). **A18:** 84
conversion factors between current and previously
used viscosity units (D 2161). **A18:** 82–83
crossed-cylinder wear test (G 83) **A18:** 721
detection of presence of glycol coolants (D 2982,
D 2983, D 2984) **A18:** 300
determination of a lubricant's boiling point range
using temperature-programmed gas
chromatography (D 2887). **A18:** 84
determination of the Miller number, a measure of
abrasivity of a slurry (G 75). **A18:** 1, 17, 234–235, 597
determination of the precision of a test method by
way of interlaboratory study
(E 691) **A18:** 486, 487
"Determining Pavement Surface Frictional and
Polishing Characteristics using a Small
Torque Device" (E 510; E-17 Committee on
traveled surfaces). **A18:** 52, 53
development of a standard format for friction
databases, maximum erosion rate and
incubation period equations (G-2
Committee). **A18:** 58, 228
dropping point test, test description and results (D
566). **A18:** 127
dry sand/rubber wheel abrasion tests (G
65-B). **A18:** 808
dry sand-rubber wheel abrasive wear test
(G 65). . . . **A18:** 2, 7, 362, 759, 761–762, 768, 774, 804, 805, 807
"Dynamic Coefficient of Friction and Wear of
Sintered Metal Friction Materials under Dry
Conditions" (B 460; B-9 Committee on metal
powders). **A18:** 50
"Evaluation of Test Data Obtained by Using the
Horizontal Slipmeter or the James Machine
for Measurement of Static Slip Resistance of
Footwear, Sole, Heel, or Related Material" (F
695-81; F-13 Committee on
footwear) **A18:** 53
"Evaporation Loss of Grease," evaporation loss of
lubricating greases at temperatures between
95 and 315 °C (D 2595) **A18:** 127
evaporation test procedure used for motor oils and
other oils (D 972). **A18:** 84
foaming tendency assessment of a
lubricant **A18:** 85, 108
friction and floor finishes (D-21
Committee) **A18:** 49
friction coefficient of flooring and sole leather (D-7
Committee) **A18:** 49
friction test for plastic films versus other solids (D-
20 Committee) **A18:** 49

SUBJECTS OF THE INDEXED VOLUMES: **ASM Handbook** (designated by the letter "A"): **A1:** Properties and Selection: Irons, Steels, and High-Performance Alloys (1990); **A2:** Properties and Selection: Nonferrous Alloys and Special-Purpose Materials (1990); **A3:** Alloy Phase Diagrams (1992); **A4:** Heat Treating (1991); **A5:** Surface Engineering (1994); **A6:** Welding, Brazing, and Soldering (1993); **A7:** Powder Metal Technologies and Applications (1998); **A8:** Mechanical Testing (1985); **A9:** Metallography and Microstructures (1985); **A10:** Materials Characterization (1986); **A11:** Failure Analysis and Prevention (1986); **A12:** Fractography (1987); **A13:** Corrosion (1987); **A14:** Forming and Forging (1988); **A15:** Casting (1988); **A16:** Machining (1989); **A17:** Nondestructive Evaluation and Quality Control (1989); **A18:** Friction, Lubrication, and Wear Technology (1992); **A19:** Fatigue and Fracture (1996); **A20:** Materials Selection and Design (1997). **Metals Handbook, 9th Edition** (designated by the letter "M"): **M1:** Properties and Selection: Irons and Steels (1978); **M2:** Properties and Selection: Nonferrous Alloys and Pure Metals (1979); **M3:** Properties and Selection: Stainless Steels, Tool Materials, and Special-Purpose Materials (1980); **M4:** Heat Treating (1981); **M5:** Surface Cleaning, Finishing, and Coating (1982); **M6:** Welding, Brazing, and Soldering (1983); **M7:** Powder Metallurgy (1984). **Engineered Materials Handbook** (designated by the letters "EM"): **EM1:** Composites (1987); **EM2:** Engineering Plastics (1988); **EM3:** Adhesives and Sealants (1990); **EM4:** Ceramics and Glasses (1991). **Electronic Materials Handbook** (designated by the letters "EL"): **EL1:** Packaging (1989)

friction tests on footwear (F-13 Committee) **A18:** 49

"Frictional Characteristics of Sintered Metal Friction Materials Run in Lubricants" (B 461; B-9 Committee on metal powders). **A18:** 50

frictionometer used to determine coefficient of friction of plastic solids and sheeting (D 3028; D-20 Committee on plastics) . . **A18:** 49, 51

graphite defined by shape, size, and distribution (A 247-47 and A 247-67) **A18:** 698

Jernkontoret system, resistance to rolling contact fatigue (spalling) and carburizing (E 45) **A18:** 875

kinematic viscosity measurement of lubricants (D 445) **A18:** 82, 134, 140, 163, 300

Knoop (microindentation) hardness number determination test method. **A18:** 12, 417

liquid impingement erosion testing and erosion resistance number definition. . . **A18:** 226–227, 228, 229–230

"Low Temperature Torque of Ball Bearing Greases" (D 1478) **A18:** 127

"Low Temperature Torque of Grease Lubricated Wheel Bearings" (D 4693) **A18:** 127

low-temperature viscosity determination (D 2802, modified) **A18:** 163

measurement of carbon residue by Ramsbottom method (D 524) **A18:** 84

measurement of evaporation tendency of lubricants (D 2715). **A18:** 84

"Measuring Surface Frictional Properties using the British Pendulum Tester" (E E-17 Committee on traveled surfaces) **A18:** 49, 52

method for calculating viscosity index from kinematic viscosities at two temperatures **A18:** 134

nomenclature and grading of graphite (A 247-47; A 247-67). **A18:** 698

nominal compositions (A 485-1; A 485-3) **A18:** 725

oxidative stability test method (D 943; D 2272, D 2893, D 4742) **A18:** 84, 105

performance specifications for engine lubrication **A18:** 98

permanent viscosity loss measurement (D 3945). **A18:** 84

pin-on-disk sliding wear testing (G 99) . . . **A18:** 363, 364, 365

potentiometric method to measure acidity and alkalinity (D 664) **A18:** 84, 300

pour point testing of lubricants (D 97). . . . **A18:** 83, 108, 127

"Preparation of Substrate Surfaces for Coefficient of Friction Testing" (D 4103, D-21 Committee on polishes) **A18:** 49, 52

"Rating of Static Coefficient of Shoe Sole and Heel Materials as Measured by the James Machine" (F 489; F-13 Committee on footwear) **A18:** 52, 53

"Reciprocating Pin-on-Flat Evaluation of Friction and Wear Properties of Polymeric Materials for Use in Total Joint Prostheses" (F F-4 on medical and surgical materials) **A18:** 53

reference oil viscosities tabulated and formula for viscosity index numbers over 100 (D 2270). **A18:** 83

"Reporting Friction and Wear Test Results of Manufactured Carbon and Graphite Bearing and Seal Materials" (C 808; C-5 Committee on carbon/graphite) **A18:** 50

Rockwell hardness testing procedure (E 40) **A18:** 16

rotational tapered plug tests (D 4741) **A18:** 84

rubber wheel abrasion tests (B 611) **A18:** 804, 805, 807

sequence dynamometer engine tests **A18:** 100

sequence IID engine test for engine oils corrosion inhibition **A18:** 106

sequence IIIE and VE engine tests for antiwear agent effectiveness. **A18:** 101, 105

shear stability test, test description and results (D 217A) **A18:** 127

shell roller test, test description and results (D 1831) **A18:** 127

"Side Force Friction on Paved Surfaces using the Mu-Meter" (E 670; E-17 Committee on traveled surfaces) **A18:** 52, 53

"Simulated Service Testing of Wood and Wood-Base Finish Flooring" (D 2394; D-7 Committee on Wood) **A18:** 50

"Skid Resistance of Paved Surfaces using the North Carolina State University Variable Speed Friction Tester" (E 707; E-17 Committee on traveled surfaces). . **A18:** 52, 53

sled and inclined plane tests (D-6 Committee) **A18:** 49

slurry/steel wheel test for high-stress abrasion (B 611). **A18:** 768, 797, 799

slurry/steel wheel test for high-stress abrasion resistance (B 611, modified). **A18:** 759

solid-particle gas-jet impingement erosion test (G 76) **A18:** 767, 768, 769, 805

"Standard Method for Extreme-Pressure Properties of Lubricating Grease (Four-Ball Method)" (D 2596) **A18:** 127

"Standard Method for Measurement of Extreme-Pressure Properties of Lubricating Grease (Timken Method)" (D 2509) **A18:** 127

"Static and Kinetic Coefficients of Friction of Plastic Films and Sheeting" (D 1894). **A18:** 50

"Static Coefficient of Friction of Polish Coated Floor Surfaces as Measured by the James Machine" (D 2047; D-21 Committee on polishes) **A18:** 49, 50

sulfated ash measurement of unused oils with metal-containing additives (D 874). . . **A18:** 84

surveillance panels, performance testing of engine oils **A18:** 170

tapered bearing simulator to measure viscosity (D 4683). **A18:** 84

"Test Method for Static Slip Resistance of Footwear, Sole, Heel, or Related Materials by Horizontal Pull Slipmeter (HPS)" (F 609) **A18:** 53

"Testing of Fabrics Woven from Polyolefin Monofilaments," static coefficient of friction test using inclined planes (D 3334; D-13 Committee on textiles) **A18:** 49, 51

tin-base bearing alloy compositions (B 23) **A18:** 748, 749

to measure lubricant rust prevention properties (D 665, D 3603). **A18:** 84

to test greases at high speeds (D 3336) . . . **A18:** 127

total base number measurement (D 2896) **A18:** 310

U.S. Steel, bleeding and evaporation testing, test description and results. **A18:** 127

Vickers microindentation hardness test (E 284) **A18:** 20

viscosity grades of lubricants (D 2422) **A18:** 85

viscosity-temperature equation, defined **A18:** 3

viscosity-temperature relation (MacCoull-Walther) equation (D 341) **A18:** 83

wear rate determination of self-lubricated materials, thrust washer test procedure (D 3702). **A18:** 820, 821, 822

wear testing using the block-on-ring machine (G 77) **A18:** 2, 49

wheel bearing test, test description and results (D 1263) **A18:** 127

yarn versus solid materials test method using the capstan formula for measuring friction (D 3108; D-13 Committee on textiles) . . **A18:** 49, 51

ASTM standards, E-49 materials database committee, specific types

E 622, guide for development of computerized systems **A20:** 504

E 625, guide for training users **A20:** 504

E 627, guide for documenting computerized systems **A20:** 504

E 731, guide for selection and acquisition of commercially available computer systems **A20:** 504

E 919, specifications for software documentation of computerized systems **A20:** 504

E 1013, terminology for computerized systems **A20:** 504

E 1034, guide for classifying industrial robots **A20:** 504

E 1206, guide for computerization of existing equipment **A20:** 504

E 1283, guide for procurement of computer integrated manufacturing systems . . . **A20:** 504

E 1308, polymers **A20:** 504

E 1313, material properties data **A20:** 504

E 1314, structuring terminological records **A20:** 504

E 1338, metals and alloys. **A20:** 504

E 1339, aluminum alloys **A20:** 504

E 1340, guide for rapid prototyping. **A20:** 504

E 1407, materials database management . . **A20:** 504

E 1443, terminology for materials and chemical databases **A20:** 504

E 1484, quality indicators for data and databases **A20:** 504

E 1485, material and chemical property database descriptors **A20:** 504

ASTM standards for qualitative metallography of cemented carbides **A9:** 274

ASTM standards, specific types

C 1239-95, computing confidence bounds for maximum likelihood estimates **A20:** 626, 627–628

D 1238, load melt viscosity and melt strength **A20:** 453

D 3244, utilization of test data to determine conformance with specifications **A20:** 86

D 4356, establishing consistent test method tolerances **A20:** 86

D 4392, terminology for statistically related terms. **A20:** 86

D 4467, interlaboratory testing of a test method that produces non-normally distributed data. **A20:** 86

D 4853, guide for reducing test variability **A20:** 86

D 4854, guide for estimating the magnitude of variability from expected sources in sampling plans **A20:** 86

D 4855, comparing test methods **A20:** 86

D 5592, guide for materials properties needed in engineering design using plastics **A20:** 504

E 23, Charpy impact test **A20:** 539

E 48, conversion table, hardness and tensile strength. **A20:** 375, 377, 378

E 105, probability sampling of materials . . . **A20:** 86

E 122, choice of sample size to estimate a measure of quality for a lot or process **A20:** 86

E 141, acceptance of evidence based on the results of probability sampling **A20:** 86

E 177, use of the terms precision and bias in ASTM test methods **A20:** 86

E 178, dealing with outlying observations . . **A20:** 86

E 399, plane-strain fracture toughness testing. **A20:** 534–535, 537, 539, 540, 542

E 456, terminology related to statistics **A20:** 86

E 616, fracture toughness testing **A20:** 534–535

E 691, conducting an interlaboratory study to determine the precision of a test method **A20:** 86

E 739, statistical analysis of linear or linearized stress-life (S-N) and strain-life (E-N) fatigue data. **A20:** 86

E 1290, crack tip opening displacement test methods. **A20:** 535, 539

E 1309, identification of composite materials **A20:** 504

E 1323, guide for evaluating laboratory measurement practices and the statistical analysis of the resulting data **A20:** 86

E 1325, terminology relating to design of experiments **A20:** 86

E 1402, terminology relating to sampling . . **A20:** 86

E 1434, recording mechanical property test data for high-modulus fiber-reinforced composites **A20:** 504

E 1454, recording computerized ultrasonic test data. **A20:** 504

E 1471, identification of fibers, fillers, and core materials **A20:** 504

E 1475, recording computerized radiological test data. **A20:** 504

E 1578, guide for laboratory information management systems **A20:** 504

E 1586, computerization of chemical structural information **A20:** 504

ASTM standards, specific types (continued)
E 1699, guidelines of value analysis in construction projects . . . **A20:** 316
E 1722, materials and chemical property data codes . . . **A20:** 504
E 1723, test data for plastics . . . **A20:** 504
E 1737, elastic-plastic fracture toughness testing . . . **A20:** 539, 540–541
E 1761, fatigue and fracture data for metals . . . **A20:** 504
E-813, elastic-plastic fracture toughness testing . . . **A20:** 537, 539, 540
G 107, recording corrosion data for metals . . . **A20:** 504
ASTM test methods . . . **EM2:** 334
ASTM test methods, P-W (C 225)
durability of glasses . . . **EM4:** 540
ASTM tube steels
compositions . . . **A9:** 211
ASTM/ASME alloy steels *See also* ASTM/ASME alloy steels, specific types; Steels(s)
fractographs . . . **A12:** 345–350
fracture/failure causes illustrated . . . **A12:** 216
hydrogen flaking . . . **A12:** 125
temper embrittlement . . . **A12:** 134
ASTM/ASME alloy steels, specific types *See also* ASTM/ASME alloy steels; Steel(s)
ASME SA213, creep failure . . . **A12:** 346
ASTM 533B pressure vessel, hydrogen effects on fracture appearance . . . **A12:** 37, 51
ASTM A325 bolt, SCC in . . . **A12:** 133
ASTM A372, solidification cracking, laser-beam welds . . . **A12:** 345
ASTM A490, bolt specimens . . . **A12:** 103, 104
ASTM A508 class II, overheating . . . **A12:** 146
ASTM A508, fracture by overpressurization . . . **A12:** 345
ASTM A514F, effect of inclusions on fatigue crack propagation . . . **A12:** 346
ASTM A517H, brittle fracture . . . **A12:** 347
ASTM A533B, cavitated intergranular fracture, hydrogen attack . . . **A12:** 349
ASTM A533B, effect of inclusions on fatigue crack propagation . . . **A12:** 347, 348
Cr-Mo-V, elevated-temperature fracture surface . . . **A12:** 349
Cr-Mo-V, phosphorus effect on cavities . . . **A12:** 349
Cr-Mo-V, phosphorus effect on ductility . . **A12:** 349
Ni-Cr antimony-doped, hydrogen effects . . **A12:** 350
Astralloy-V
adhesive wear resistance . . . **A18:** 721
corrosive wear . . . **A18:** 719
Astrology
application of station function approach to . . . **A8:** 334, 336
Astroloy *See also* Nickel-base superalloys, specific types
aging . . . **A4:** 796
aging cycle . . . **M4:** 656
aging precipitates . . . **A4:** 796
annealing . . . **M4:** 655
applications . . . **A4:** 807, **A7:** 999
composition . . . **A4:** 794, **A6:** 573, **A16:** 736, **M4:** 651–652
compositions . . . **A7:** 1000
corrosion resistance . . . **A7:** 1000, 1002
drilling . . . **A16:** 746, 747
heat treatments . . . **A4:** 807–808
machining . . **A16:** 738, 741–743, 746–747, 749–758
oxidation-fatigue laws summarized with equations . . . **A19:** 547
sawing . . . **A16:** 360
solution treating . . . **A4:** 796, **M4:** 656
stress relieving . . . **M4:** 655
thermomechanical fatigue . . . **A19:** 542
thread grinding . . . **A16:** 275
Astrophysical research
qualitative spectral analysis for . . . **A10:** 43
Astroquartz II fibers . . . **EM1:** 61
As-welded
definition . . . **A6:** 1206, **M6:** 1
As-welded sound specimen
normalized and tempered, endurance ratios in bending and torsion . . . **A19:** 659
quenched and tempered, endurance ratios in bending and torsion . . . **A19:** 659
As-Yb (Phase Diagram) . . . **A3:** 2•64
Asymmetric populations . . . **A8:** 632
Asymmetric reflections
in double-crystal spectrometry . . . **A10:** 371
Asymmetric rod impact test . . . **A8:** 204–205
Asymmetric stripline properties
impedance models . . . **EL1:** 602–603
Asymmetric transmission
Guinier camera arrangement . . . **A10:** 335
Asymmetric waves
in wave soldering . . . **EL1:** 688
Asymmetrical diffraction optics . . . **A18:** 467–468
Asymmetry . . . **A20:** 181
Asymptotic continuum mechanics
with fracture mechanics . . . **A8:** 465
Asymptotic curvature
fractal . . . **A12:** 211–212
Asynchronous systems . . . **A20:** 206
As-Zn (Phase Diagram) . . . **A3:** 2•65
Atactic polypropylene
rheological behavior in injection molding . . . **EM4:** 174–175
shear modulus . . . **EM4:** 176
Atactic stereoisomerism *See also* Isotactic stereoisomerism; Syndiotactic stereoisomerism . . . **EM3:** 5
defined . . . **EM2:** 5
Atactic-polystyrene (PS or a-PS)
properties . . . **A20:** 435
structure . . . **A20:** 435
tacticity in polymers . . . **A20:** 442
ATE electrical testing
for failure verification/fault isolation **EL1:** 1060
ATEM *See* Analytical transmission electron microscopy
Athermal
defined . . . **A9:** 2
Athermal martensite in titanium alloys **A9:** 461
Athermal stress component . . . **A19:** 84
ATL *See* Automatic tape layers
Atlantic Ocean
carbon steel/wrought iron corrosion . . **A13:** 898–899
Atmosphere
abbreviation for . . . **A8:** 724, **A11:** 796
for elevated/low temperature tension testing **A8:** 37
of creep-rupture testing . . . **A8:** 303
steel corrosion protection in . . . **M1:** 751, 752
Atmosphere carburizing
carbon gradient profile . . . **A20:** 487
Atmosphere control . . . **A4:** 568–572
dew point instrument **A4:** 568, 569, 570, 571
endothermic **A4:** 568, 569–572, **M4:** 362–364
equipment adjustment. . **A4:** 570, 571–572, **M4:** 364
exothermic **A4:** 568, 569–572, **M4:** 362–364
infrared analyzer . . . **A4:** 568, 569, 570, 571
oxygen analysis . . . **A4:** 569, 571
oxygen probes . . . **A4:** 568–569, 570–571, **M4:** 365–366
purpose . . . **A4:** 568, **M4:** 361–362
shim analysis . . . **A4:** 568
systems . . . **A4:** 570, 572, **M4:** 361–362
total combustibles analyzer (catalytic type) **A4:** 571
Atmosphere heat treating
high-speed tool steels . . . **A16:** 55–56
Atmospheres *See also* Atmospheric corrosion; Industrial atmospheres; Marine atmospheres; Reducing atmosphere; Rural atmospheres; Sintering atmospheres, specific sintering atmospheres; Urban atmospheres
analyzers . . . **A4:** 577–586
annealing of steel, furnaces . . . **A4:** 45–46, 50
brazeability and solderablity considerations . . . **A6:** 621–622, 623, 626
brazing . . . **M7:** 457
brazing, clad brazing material applications **A6:** 963
brazing of ceramic and ceramic-to-metal joints . . . **A6:** 955–956, 957
brazing of cobalt-base alloys . . . **A6:** 928
brazing of reactive metals . . . **A6:** 941
brazing of refractory metals . . . **A6:** 941
brazing, safety precautions . . . **A6:** 1202
brazing types per AWS specification B2.2 **A6:** 622, 628
carbon restoration . . . **A4:** 598–599
carburizing atmospheres . . . **A2:** 834
composition, effect on sintered iron graphite powders . . . **M7:** 363–364
composition for sintering steel . . . **M7:** 339
contamination . . . **A2:** 835
controlled, for brazing . . . **M6:** 1016
inert gases . . . **M6:** 1017
pure dry hydrogen . . . **M6:** 1016–1017
vacuum . . . **M6:** 1017
cooling by . . . **M7:** 341
copper or copper alloy brazing . . **A6:** 931, 933, 934
corrosion rates by . . . **A13:** 510–511
corrosion testing in . . . **A13:** 204–206
corrosivity of . . . **A11:** 192
crucible furnace . . . **A15:** 383
dewpoints . . . **M7:** 340, 341
diffusion welding . . . **A6:** 884
effect, electrical contact materials **A2:** 859–860
effect on sintered aluminum P/M parts . . . **M7:** 385
effect on stress-corrosion cracking . . . **A11:** 208–209
effects of composition . . . **M7:** 367
explosive ranges of . . . **M7:** 348
for heating element materials . . . **A2:** 833–835
for heat-resistant alloys, brazing of . . . **A6:** 927
for hot pressing . . . **M7:** 503–504
for nickel-base alloys, brazing of . . . **A6:** 928
for nitrocarburizing . . . **M7:** 455
for sintering brasses and nickel silvers **M7:** 380
for sintering tungsten and molybdenum . . . **M7:** 389
for tungsten heavy alloys . . . **M7:** 392
for tungsten-rhenium thermocouples . . . **A2:** 876
functions . . . **M7:** 339
furnace, for austenitizing . . . **M7:** 453
furnace, improper control of . . . **A11:** 573
gas carburizing . . . **M4:** 143, 161
gaseous, physical properties . . . **M7:** 341
high-temperature solid-state welding . . **A6:** 297, 298
indoor . . . **A13:** 746–747
industrial . . . **A11:** 192–193
liquid, physical properties . . . **M7:** 342
magnesium alloy heat treatments **A4:** 901–902
marine and marine-air . . . **A11:** 193, 309–310
molybdenum high-temperature behavior in gases . . . **A4:** 818
neutral, carbon potential . . . **M7:** 340
nickel alloy heat treating . . . **A4:** 909
nickel and nickel alloys . . . **M4:** 756, 757
nickel heat treating . . . **A4:** 909
nitrogen-based . . . **M7:** 345–346
of dissociated ammonia . . . **M7:** 344
of endothermic gas . . . **M7:** 341–343
of exothermic gas . . . **M7:** 343–344
of hydrogen . . . **M7:** 344–345
oxidizing . . . **A2:** 833–834
pressure and flow rate in . . . **M7:** 339
production sintering . . . **M7:** 339–350
protective, for brazing of steels **M6:** 934–935
brazing with silver alloy filler metal . . . **M6:** 944–945
protective, for martensitic stainless steels . . **A4:** 781
protective, for sintering . . . **M7:** 295, 380
protective, furnace brazing of copper **M6:** 1037
reactive metal brazing . . . **A6:** 947
reducing atmospheres . . . **A2:** 834–835
reduction-oxidation function of . . . **M7:** 343
refractory metal brazing . . . **A6:** 947

repair welding of magnesium alloy castings A6: 780
rural A11: 193
seacoast, SCC in aluminum alloys A13: 265
simulated, testing by A13: 226
sintering A7: 457–466, M4: 794–796, M7: 341–346, 360–361
sintering, effect in stainless steel powders M7: 729
sintering, in activated sintering M7: 319
stabilized austenitic alloys heat treatment . . A4: 769
stainless steel brazeability................ A6: 911
steel furnaces........................ M4: 20–21
titanium, furnace M4: 771–772
tool steels, heat treating............. A4: 728–729, M4: 579–580
types................................ A13: 510
types, for simulated service testing....... A13: 204
ultradry hydrogen...................... A11: 450
vacuum M7: 341, 345
vacuum arc remelting A15: 407
vacuum, for brazing.................... A11: 450
zoned M7: 346–348
Atmospheres for
brazing of molybdenum................ M6: 1058
brazing of nickel-based alloys........... M6: 1019
brazing of niobium.................... M6: 1057
brazing of reactive metals.............. M6: 1053
brazing of steel M6: 931
brazing of tungsten.................... M6: 1059
furnace brazing of stainless steel M6: 1004
air................................ M6: 1009
argon......................... M6: 1008–1009
dissociated ammonia M6: 1007–1008
dry hydrogen M6: 1004–1007
induction brazing of stainless steel M6: 1011
laser brazing.......................... M6: 1065
Atmospheric
aerosol sample collection A10: 94
aerosols, PIXE analysis by particle size . . A10: 102, 106
physics and chemistry, PIXE studies in. . . A10: 106
pressure, abbreviation for............... A10: 691
Atmospheric control
for hot-die/isothermal forging dies . . . A14: 154–155
Atmospheric corrosion *See also* Rust. . . . A13: 80–83, M1: 717–723
aluminized steels A13: 527
aluminum coatings protecting against M5: 333–334
aluminum/aluminum alloys. A13: 434–435, 596
aluminum/nonferrous metals, rates for. . . . A13: 601
aluminum-zinc alloy coatings............ A13: 435
and salinity A13: 908
atmospheric factors A13: 511–512
atmospheric variables A13: 81–82
austenitic stainless steels................ A13: 554
cadmium plate protecting against M5: 256, 263–264, 266, 269
carbon steels...................... A13: 510–512
cast aluminum alloys.................... A13: 601
cast carbon/low-alloy steels A13: 573–574
cast irons............................. A13: 570
cast steels.................. A13: 573–575, 577
chromate conversion coatings protecting against....................... M5: 457–458
chromium content, effect of M1: 717, 721–722
composition, effect of M1: 721–723
contaminants.......................... A13: 81
copper content, effect of........ M1: 717, 721–723
copper/copper alloys . . A13: 616–618, 634, 637–638
corrosion rates..................... M1: 719–722
corrosion-product films............. A11: 192–193
corrosivity of.......................... A11: 192
defined A13: 2
defined and described M5: 431
definition............................. A5: 946
dew, effects of..................... M1: 717–720
effects, on SCC........................ A13: 266
from moisture.......................... A13: 17
galvanic A13: 237–238
galvanic couples M1: 718
galvanized steel A13: 432–433
geographic and meteorological factors....................... M1: 717–718
hot dip galvanized coatings protecting against M5: 323–24, 331–32
in threaded fasteners A11: 535
industrial environment M1: 721, 723
inert dusts M1: 717, 720
kinetics............................... A13: 512
lead/lead alloys........................ A13: 787
magnesium alloys M5: 628, 637, 646
magnesium/magnesium alloys A13: 742
marine exposure M1: 720, 721, 723
marine, world test sites............. A13: 917–918
mechanical coatings M5: 300–302
nickel content, effect of M1: 717, 721–722
nickel plating M5: 199–200, 207
nickel-base alloy applications for......... A13: 654
of copper casting alloys.................. A2: 352
of porcelain enamels............... A13: 449, 451
of specific systems A13: 82
of structures A13: 1303–1308
of tin-coated steel...................... A13: 777
oxygen, role in.......................... M1: 718
paint protecting against M5: 474–475, 491, 504
passivity.............................. A11: 193
penetration, measurement of M1: 719, 722
phosphorus content, effect of........ M1: 721–722
prevention A13: 82–83
preventive measures M1: 722
pure tin A13: 770
rates of............................... A11: 192
rates, various metals A13: 82
relative humidity........................ M1: 718
resistance, nickel alloys.................. A2: 429
rural environment....................... M1: 723
silicon content, effect of........ M1: 717, 721–722
soft solder A13: 774
space shuttle orbiter A13: 1061
stainless steels A13: 555, M3: 65–70
steel, weight loss from.................. A11: 193
sulfur oxides, role in M1: 717, 718
test sites, marine environments.......... A13: 906
testing A13: 204–206, 237–238, 757–758, M1: 718–719
tests A13: 204–206, 638, 906
thermal spray coatings for A13: 460–461
tin/tin alloy coatings............... A13: 775–776
tin/tin alloys...................... A13: 774–775
tropical environments M1: 721, 723
types............................. A13: 80–81
vs. time, industrial environment A13: 531
wrought aluminum alloys A13: 600
zinc coatings protecting steel from . . . M5: 253–255
zinc/zinc alloys and coatings A13: 756–758
Atmospheric corrosion testing......... A13: 204–206, 237–238, 757–758
Atmospheric etch
aluminum surfaces M5: 578
Atmospheric evaporation
plating waste recovery process M5: 316
Atmospheric galvanic corrosion
evaluation A13: 237–238
Atmospheric pollution................ A13: 511–512
Atmospheric pressure
consolidation by M7: 533–536
defined in leak testing.................. A17: 58
Atmospheric pressure sintering............ M7: 376
Atmospheric riser *See also* Blind riser
defined A15: 1
Atmospheric zone
marine structures.................. A13: 542–544
Atmospheric-corrosion resistance *See also* Weather resistance
of engineering plastics EM2: 1
Atmospheric-pressure chemical vapor deposition (APCVD).......................... A5: 532
Atom positions in unit cells A9: 708
for simple metallic crystals A9: 716–718
Atom probe
abbreviation A10: 689
defined A10: 584, 669
principle of A10: 591
voltage-pulsed and laser-pulsed compared A10: 597
Atom probe microanalysis *See also* Field ion microscopy A10: 583–602
alternate data representation A10: 594
calibration A10: 592
complete system.................. A10: 591–592
composition profiles A10: 593–594
field evaporation as basis of A10: 587
field ion microscopy and A10: 583–602
high-resolution energy-compensated atom probe A10: 592, 597
imaging atom probe A10: 596–597
instrument design and operation......... A10: 591
mass resolution, ECAP effect............ A10: 597
mass spectra and interpretation A10: 591–593
mass spectra of γ matrix, IN 939, and primary γ′ precipitates A10: 598, 599
principles............................ A10: 591
pulsed laser atom probe............ A10: 597–598
quantitative analysis A10: 594–595
single-layer depth resolution of A10: 595
spatial resolution, factors limiting. . . . A10: 595–596
Atomet diffusion-bonded powders
properties.............................. A7: 128
ATOMET iron powders A7: 118
by QMP process M7: 87–89
ATOMET iron powders, specific types *See also* ATOMET iron powders; Iron powders
ATOMET 25........................ M7: 87–89
ATOMET 28......................... M7: 87, 89
ATOMET 30........................ M7: 87–89
ATOMET 67 .... M7: 89
ATOMET 68 .... M7: 89
ATOMET 602 .... M7: 89
ATOMET 664 .... M7: 89
ATOMET 669 .... M7: 89
ATOMET steel powders
chemical composition A7: 125
compressibility A7: 126
green strength A7: 126
physical properties A7: 125
Atomic absorption (AA)
spectrometric metals analysis............ A18: 300
Atomic absorption (AA), for trace element analysis EM4: 24
Atomic absorption analysis
for trace elements A2: 1095
Atomic absorption coefficient
radiography........................... A17: 309
Atomic absorption spectrometer (AAS). . A7: 230–231
Atomic absorption spectrometers
alternative designs................... A10: 53, 54
double-beam A10: 50
multielement A10: 52
Atomic absorption spectrometry.......... A10: 43–59
accessory equipment A10: 55
advantages................. A7: 231–232, A10: 46
analytical sensitivities, hydride-generation AAS systems........................... A10: 50
and optical emission spectroscopy......... A10: 21
applications A10: 43, 55–58
atomizers A7: 232, 233, A10: 46–50
Boltzman equation...................... A10: 44
capabilities........... A10: 31, 102, 181, 233, 333
capabilities, compared with ion chromatography A10: 658
capabilities, compared with molecular fluorescence spectroscopy A10: 72
capabilities, compared with UV/VIS absorption spectroscopy A10: 60
capabilities, compared with x-ray spectrometry A10: 82
continuum-source................... A10: 52–53
direct solid-sample analysis A10: 58
discrete atomic line-source lamps, effects of A10: 52
electrothermal vaporization technique for . . A10: 36
estimated analysis time.................. A10: 43
flame atomizer versions A10: 44–46
hydride-generation system................ A10: 50
instruments, as detectors................. A10: 55
introduction A10: 43–44
limitations A10: 43
neutron activation analysis and compared A10: 233
of inorganic liquids and solutions.......... A10: 7
of inorganic solids A10: 4–6
of organic solids A10: 9
principles and instrumentation A10: 44–46
quantitative elemental analysis by......... A10: 43
related techniques A10: 43, 44–46
research and future trends A10: 52–55
sampling.................. A10: 43, 47, 54–58
sensitivities A7: 232–233, A10: 46
signal error in A10: 45
spectrometers A10: 50–52
Atomic absorption spectrophotometry
capabilities, compared with classical wet analytical chemistry A10: 161

102 / Atomic absorption spectrophotometry

Atomic absorption spectrophotometry (continued)
capabilities, compared with electrometric
titration **A10:** 197
residue analysis by...................**A10:** 177
Atomic absorption spectroscopy ..**A13:** 391–392, 1115
as advanced failure analysis technique. . . . **EL1:** 129
Atomic absorption spectroscopy (AAS) . . **A7:** 222, 228
chemical analysis of glass-quality sand. . . **EM4:** 378
for chemical analysis **EM4:** 552–553, 555
for metallizing ceramics **EM4:** 542
to analyze feldspars and nepheline
syenite **EM4:** 379
to analyze salt cake **EM4:** 380
to analyze soda ash **EM4:** 380
to analyze the bulk chemical composition of
starting powders **EM4:** 72
Atomic absorption tests..................**EM1:** 737
Atomic bonding
as milling process **M7:** 62
Atomic clusters
and surface atoms.....................**M7:** 259
Atomic coordinates
effect of Rietveld method on............**A10:** 423
for defining crystal structure **A10:** 348
Atomic diameter **A20:** 337, 346, 352, 354
Atomic diffusion.........................**A20:** 340
amorphous materials and metallic glasses . . **A2:** 813
Atomic diffusion at elevated temperatures and low strain rates **A9:** 690
Atomic displacement profile **A18:** 851
Atomic emission
optical systems for...................**A10:** 23–24
Atomic emission spectrometry
atomic absorption spectrometry
compared.....................**A10:** 44–46
capabilities...................**A10:** 102, 181, 333
energy-level transitions **A10:** 44
principles and instrumentation **A10:** 44–45
Atomic emission spectrometry (AES) . . . **A7:** 222, 230,
231, 232
Atomic emission spectroscopy (AES)
spectrometric metals analysis............**A18:** 300
Atomic fluorescence spectrometry
and atomic absorption spectrometry
compared.....................**A10:** 44–46
effort sources.........................**A10:** 46
energy-level transitions **A10:** 44
principles and instrumentation **A10:** 45–46
Atomic fluorescence spectrometry (AFS) **A7:** 230,
231, 232
Atomic flux (*J*).........................**A7:** 449
Atomic FM..............................**A6:** 145
Atomic force microscope (AFM) . . **A18:** 397, 401, 402
Atomic force microscopy (AFM). . . . **A6:** 144, **A19:** 67,
71, 219, 221
application for detecting fatigue cracks . . . **A19:** 210
to determine nucleation density **A5:** 541
Atomic hydrogen welding
definition **M6:** 1
in joining processes classification scheme **A20:** 697
Atomic mass unit **A10:** 669, 689
Atomic number
abbreviation for **A10:** 691, **A11:** 798
and characteristic x-ray wavelength relationship
between **A10:** 433
backscattering coefficient and secondary electron
yield as a function of.................**A9:** 92
contrast, two-phase alloys..............**A10:** 508
correction (Z) **A10:** 524
defined...............................**A10:** 669
effect on depth of information in secondary
electron imaging **A9:** 95
imaging, defined......................**A10:** 669
of elements **A10:** 688
Atomic number contrast, scanning electron microscopy.........................**A9:** 93–94
of wrought stainless steels..............**A9:** 282
Atomic number correction
in EPMA analysis **A10:** 524

Atomic number imaging
defined...............................**A10:** 669
electrons and uses for **A12:** 168
Atomic order
as fine structure effect.................**A10:** 438
Atomic ordering
in $AlFe_3$ phase **A9:** 682
Atomic oxygen **A13:** 1099–1100
effect on silver solar cell interconnect **A12:** 481
Atomic packing **A20:** 337
Atomic percent
abbreviation for **A10:** 689
symbol for............................**A8:** 724
Atomic replica...........................**A9:** 2
definition.............................**A5:** 946
Atomic scattering factor **A9:** 2
defined...............................**A10:** 329
Atomic sensitivity factors
x-ray photoelectron spectroscopy..........**A10:** 574
Atomic spectroscopy *See also* Spectroscopy
energy-level transitions **A10:** 44
Fourier transform spectrometers in........**A10:** 39
Atomic structure
and electronic phenomena **EL1:** 90–92
defined...............................**A10:** 669
neutron diffraction analysis for..........**A10:** 420
of lanthanum-nickel-platinum alloy.......**A10:** 284
symmetry related to crystal symmetry and crystal
systems...........................**A10:** 348
Atomic surface energy **A19:** 43
Atomic theory
and optical emission spectroscopy **A10:** 21–23
basic **A10:** 33
Atomic transport
in low-gravity eutectic alloys **A15:** 151–152
Atomic volume **A7:** 441, **A20:** 352
of rare earth elements..................**A2:** 722
symbol **A7:** 449
Atomic wear
defined...............................**A18:** 3
Atomic weight
defined...............................**A10:** 669
Atomic weight of specimens
effect on depth of information in x-ray scanning
electron microscopy **A9:** 93
Atomization *See also* Air atomization; Gas
atomization; Water atomization **A7:** 35–52
advanced, oxide reduction by.............**M7:** 256
air **A7:** 36, 43–47
aluminum alloys......................**A7:** 834
aluminum P/M alloys **A2:** 201
aluminum powders **A7:** 148–153
and particle size distribution **M7:** 47, 75–76
and roll compacting, effects **M7:** 401
and volatilization, in graphite furnace
atomizers **A10:** 53
capacity worldwide....................**A7:** 35
centrifugal. **A2:** 685, **A7:** 35, 36, **M7:** 25, 26, 49
centrifugal methods **A7:** 48–50
characteristics of atomized metal
powders **A7:** 36–37
composition..........................**A7:** 37
confined............................**M7:** 26, 29
copper powder......................**A7:** 859, 860
copper powders. . . **A2:** 392–393, **M7:** 106, 116–118,
121, 734
copper-alloy powders..................**A7:** 143
cross-jet.............................**M7:** 123
defined **A10:** 669, **M7:** 1
definition................**A5:** 946, **A7:** 35, **M6:** 2
effect of particle collisions. **M7:** 29–30, 34, 254
efficiency **M7:** 30
engineering properties **M7:** 25
estimation of powder yields **M7:** 33, 35
flame, typical system..................**A10:** 48
for brazing and soldering powders........**M7:** 837
for cobalt-base powders **A7:** 180, 181
free-fall............................**M7:** 26, 29
gas **A7:** 36, 43–47

industrial methods **A7:** 35
iron powder produced by **M7:** 23
mechanism..........................**M7:** 27–30
melt drop (vibrating orifice) techniques. . **A7:** 50–51
microstructure.........................**A7:** 37
nickel powders produced by........**M7:** 134, 142
nickel-base powders **A7:** 174, 776
nozzle designs....................**M7:** 28, 123
of Astroloy powder....................**M7:** 428
of beryllium **A2:** 684–685
of cobalt powders **M7:** 146
of composite bearings..................**M7:** 407
of copper alloy powder, flowchart **M7:** 121
of silver powders......................**M7:** 148
of tin powder **M7:** 123–124
of titanium powder....................**M7:** 167
oil atomization **A7:** 43
operating conditions and properties of water
atomized powders...................**A7:** 36
particle size of atomized powders.......**A7:** 35, 36
process, schematic.....................**M7:** 26
purity **A7:** 36
reductions in particle collision during . . **M7:** 29–30,
34, 254
roller atomization......................**A7:** 50
rotating electrode process **M7:** 39–42
shape of particles....................**A7:** 36, 37
silicon diffusion during **M7:** 252
silver powders........................**A7:** 183
soluble-gas **A7:** 35
spray drying systems **M7:** 73–76
stages **M7:** 28, 39–44
superalloy powders....................**A7:** 889
systems, AAS sample introduction **A10:** 54
techniques for **M7:** 75–76
tin powders........................**A7:** 147, 147
two-fluid...................**A7:** 35, **M7:** 25, 27
ultrafine and nanophase powders **A7:** 72–77
ultrasonic **M7:** 25, 26, 28
ultrasonic (vibrational) atomization. . **A7:** 35, 36, 50
vacuum **A7:** 35, **M7:** 25, 26, 43–45
-vaporization interferences.............**A10:** 33, 34
variables.............................**M7:** 27
vibrating electrode **A7:** 50
water **A7:** 36, 37–39
water, of low-carbon iron **M7:** 83–86
Atomized aluminum powders *See also* Aluminum;
Aluminum powders
air-atomized..........................**M7:** 129
apparent density **M7:** 297
chemical analysis **M7:** 129–130
compressibility curve **M7:** 287
effect of stearate coating on explosivity . . . **M7:** 195
effect of tapping on loose powder density **M7:** 297
explosibility.............**M7:** 125, 127, 130, 195
for metal cutting......................**M7:** 843
Micromerograph particle size **M7:** 129
oxygen content and surface area **M7:** 130
particle size and shape..................**M7:** 129
powder shipments......................**M7:** 24
production process..................**M7:** 125, 126
Atomized cobalt-based hardfacing powders . . . **M7:** 146
Atomized copper powders *See also* Copper powders
effect of additions on apparent density **M7:** 34, 37
pressure density relationships............**M7:** 299
Atomized iron powders
compressibility curve **M7:** 287
different amounts of carbon
compared....................**A9:** 517–518
for welding...........................**M7:** 818
green density and green strength **M7:** 289
mercury porosimetry for **M7:** 268
microstructures........................**A9:** 509
Atomized magnesium particles **M7:** 132
Atomized nickel-based alloys **M7:** 255
Atomized nickel-based hardfacing powders . . . **M7:** 142
Atomized particles
SEM examination **M7:** 238

Atomized powders *See also* Atomization; specific elemental powders
chemical composition and microstructure of . . . **M7:** 32–34
consolidation by atmospheric pressure (CAP process) . . . **M7:** 533–536
for brazing and soldering . . . **M7:** 837
microstructure . . . **M7:** 36–39
properties . . . **M7:** 25
solidification structures . . . **A9:** 616–617
Atomized stainless steel powders
apparent density . . . **M7:** 297
Atomized steel powders
surface composition . . . **M7:** 256
Atomizer test . . . **A5:** 17
Atomizer test cleaning process efficiency . . . **M5:** 20
Atomizers . . . **A7:** 232, 233, **M7:** 46
air-acetylene flame, characteristics . . . **A10:** 48
centrifugal (rotating disk) . . . **M7:** 74–76
defined . . . **A10:** 669
electrical plasma . . . **A10:** 53–54
flame . . . **A10:** 47–49
for atomic absorption spectrometry . . . **A10:** 46–50
furnaces . . . **A10:** 48, 49
graphite furnace . . . **A10:** 48, 49
Langmuir torch . . . **A10:** 54
nitrous oxide-acetylene flame . . . **A10:** 48
nozzle . . . **M7:** 74–76
quartz tube for . . . **A10:** 48
twin . . . **A7:** 398
Atomizing . . . **A7:** 130–131
Atomizing nozzle technology . . . **M7:** 125, 127
Atoms . . . **A13:** 46
absolute configurations . . . **A10:** 344
arrangement of . . . **A10:** 287, 325
black . . . **A10:** 348–349
chemisorbed, EXAFS for geometry of . . . **A10:** 407
coordination numbers and geometries . . . **A10:** 344
defined . . . **A10:** 669
dopant, lattice location of . . . **A10:** 633
electronic structure by UV/VIS . . . **A10:** 60
energy-level diagram of . . . **A10:** 570
field-evaporated, effects of . . . **A10:** 590, 602
fluorescent . . . **A10:** 72–74
geometry around . . . **A10:** 345, 352
hydrogen . . . **A10:** 410, 420
inorganic, MFS analysis . . . **A10:** 74
interstitial, FIM images of . . . **A10:** 588
irradiated, decay rate equals production rate . . . **A10:** 235
kinetics of . . . **A15:** 50
layered, in FIM images . . . **A10:** 590
location . . . **A10:** 344, 349, 350
near-neighbor environment, analysis in solids by NMR . . . **A10:** 277
phase difference in scattering from different electrons within . . . **A10:** 328
scattering factor . . . **A10:** 349
shells, photoejection of electrons from . . . **A10:** 85
single-layer depth analysis . . . **A10:** 595
sputter removal of . . . **A10:** 554
surface positions of . . . **A10:** 536
wave from, mathematical form of . . . **A10:** 349
white . . . **A10:** 348–349
x-rays generated from disturbance of electron orbitals of . . . **A10:** 83
Atoms n atomic structure . . . **EL1:** 90–92
and conductivity . . . **EL1:** 93–94
in crystals . . . **EL1:** 93
ATR *See* Attenuated total reflectance spectroscopy
AT&T Bell Laboratories
scoring system for "greenness" of a design and its components . . . **A20:** 135
AT&T interactive systems analysis model **EL1:** 13–15
Attachment
alloys, millimeter/microwave applications . . . **EL1:** 755–757
compliancy, SM solder joint attachments . . . **EL1:** 741–743
component, technologies . . . **EL1:** 347–351
component, trends . . . **EL1:** 387–388
configurations, flexible printed boards . . . **EL1:** 590
leadless solder . . . **EL1:** 744
methods, die . . . **EL1:** 213–223
millimeter/microwave applications . . . **EL1:** 755–756
process, selection . . . **EL1:** 734
reliability, dies . . . **EL1:** 61–62
rigidity effects . . . **EL1:** 740
solder joint . . . **EL1:** 740–742
solder, leaded . . . **EL1:** 744–745
surface mounting . . . **EL1:** 631
Attachment alloys
microwave applications . . . **EL1:** 756–757
Attachment fitting, aluminum alloy catapult-hook
fractured . . . **A11:** 88, 91
Attachment method
sliding electrical contacts . . . **A2:** 842
Attachments, pressure vessels
failures of . . . **A11:** 644
Attack parameter . . . **A20:** 592, 593, 594
Arrhenius relationship for . . . **A20:** 594
Attack polishing *See* Chemical-mechanical polishing; Polish-etching
Attack-polishing
beryllium . . . **A9:** 389
defined . . . **A9:** 2
definition . . . **A5:** 946
of uranium and uranium alloys . . . **A9:** 478, 480
ATTAP *See* Advanced turbine technology applications project
Attapulgite . . . **A18:** 569
Attenuated total reflectance spectroscopy . . . **A10:** 113–114
and photoacoustic spectroscopy compared . . . **A10:** 115
depth profiling granular sample by . . . **A10:** 120
for monolayer adsorption on metal surfaces . . . **A10:** 119
of polymer curing reactions . . . **A10:** 120–121
Wilks' ATR attachment . . . **A10:** 120–121
Attenuation *See also* Damping . . . **EM3:** 5
as measurement, microwave inspection . . . **A17:** 205
by absorption and scattering . . . **A17:** 231
Compton scattering . . . **A17:** 309
defined **A10:** 669, **EL1:** 1134, **EM1:** 4, 776, **EM2:** 5
differential, radiographic inspection . . . **A17:** 309
effective absorption, x-rays . . . **A17:** 310–311
gating, forms . . . **EM2:** 841–842
high-frequency digital systems . . . **EL1:** 80
measurement, as ultrasonic test technique . . . **EM1:** 776
method, microstructural ultrasonic inspection . . . **A17:** 274
of electromagnetic radiation . . . **A17:** 309–311
of neutron beams . . . **A17:** 390
of neutrons and x-rays, compared . . . **A17:** 387
of optical systems . . . **EL1:** 15
of ultrasonic beams . . . **A17:** 238–240
of x-rays, defined . . . **A17:** 383
overall, ultrasonic beams . . . **A17:** 240
porosity effects . . . **A17:** 212
rate, glass fiber production . . . **EM1:** 108
signal, design considerations . . . **EL1:** 41–42
sound, in transmission method, ultrasonic inspection . . . **A17:** 240
ultrasonic inspection, welding . . . **A17:** 597
ultrasonic wave . . . **A17:** 232–233
variation, in neutron radiography . . . **A17:** 387
Attenuation formula . . . **A18:** 325
Attenuation period *See* Deceleration period
Attenuators
microwave inspection . . . **A17:** 202
Attitude (attitude angle) . . . **A18:** 525–526
defined . . . **A18:** 3
Attribute data
in Shewhart control charts . . . **A17:** 734
Attribute listing technique . . . **A20:** 45
Attrition . . . **A7:** 57, 59, 60
compaction . . . **M7:** 56
defined . . . **A18:** 3
definition . . . **A5:** 946, **A7:** 53
mechanical, for copier powders . . . **M7:** 587
Attrition ball mill . . . **A7:** 82, 83
Attrition grinding . . . **A7:** 63
Attrition mills . . . **A7:** 62–64
advantages . . . **A7:** 63
for precious metal powders . . . **A7:** 182
mechanism of . . . **A7:** 63
Attrition reclaimers
of sands . . . **A15:** 227, 351–352
Attrition wear
as cemented carbide tool wear mechanism **A2:** 954
Attritioned beryllium powders . . . **M7:** 170–171
Attritioned mills *See also* Ball milling; Ball mills
ball . . . **M7:** 23, 68
mechanism . . . **M7:** 68–69
of silver powders . . . **M7:** 148
Attritioning process
beryllium . . . **A2:** 684
Attritor
ball milling . . . **M7:** 23
defined . . . **M7:** 1
definition . . . **A5:** 946
grinding, defined . . . **M7:** 1
Attritor grinding
definition . . . **A5:** 946
Attritors . . . **A7:** 82, 83
Au-Be (Phase Diagram) . . . **A3:** 2•65
Au-Bi (Phase Diagram) . . . **A3:** 2•65
Au-Ca (Phase Diagram) . . . **A3:** 2•66
Au-Cd (Phase Diagram) . . . **A3:** 2•66
Au-Ce (Phase Diagram) . . . **A3:** 2•67
Au-Co (Phase Diagram) . . . **A3:** 2•67
Au-Cr (Phase Diagram) . . . **A3:** 2•67
Au-Cu (Phase Diagram) . . . **A3:** 2•68
Au-Cu-Ni (Phase Diagram) . . . **A3:** 3•22–3•23
Audio equipment
commercial hybrid applications . . . **EL1:** 385
Audit process control
solder joint inspection as . . . **EL1:** 735
Auditing
of design . . . **EL1:** 127
Audrey
defined . . . **EM1:** 4
Au-Dy (Phase Diagram) . . . **A3:** 2•68
Au-Eu (Phase Diagram) . . . **A3:** 2•68
Au-Fe (Phase Diagram) . . . **A3:** 2•69
Au-Ga (Phase Diagram) . . . **A3:** 2•69
Au-Ge (Phase Diagram) . . . **A3:** 2•69
Auger
bevel gears . . . **M7:** 675, 676
electron emission . . . **M7:** 250
spectra . . . **M7:** 251–255
transition . . . **M7:** 250, 251
Auger analysis . . . **A19:** 521
cutting fluids and Ti alloys . . . **A16:** 846
of thermal embrittlement of maraging steels . . . **A1:** 697–698
Auger analysis used to study the fiber-matrix interface of fiber composites . . . **A9:** 592
Auger chemical shift
defined . . . **A10:** 669
Auger composition depth profile
P/M stainless steel . . . **A13:** 830
Auger electron microscopy . . . **A7:** 223
compared to scanning electron microscopy . . . **A9:** 90
Auger electron spectroscopy **A10:** 549–567, **A13:** 391, 830, **M7:** 250–255
and scanning Auger microscopy . . . **M7:** 254
and x-ray photoelectron spectroscopy . . . **M7:** 250
applications . . . **A10:** 549, 556–566, **M7:** 252–255
capabilities . . . **A10:** 333, 490, 516, 603, 610
capabilities, and FIM/AP . . . **A10:** 583
capabilities, compared with classical wet analytical chemistry . . . **A10:** 161
capabilities, compared with x-ray photoelectron spectroscopy . . . **A10:** 568
chemical effects . . . **A10:** 552
compared with XPS and x-ray analysis . . . **A10:** 569
data acquisition . . . **A10:** 555
defined . . . **A10:** 669
electron beam artifacts . . . **A10:** 556
elemental detection sensitivity . . . **A10:** 556
equipment . . . **M7:** 250–252
estimated analysis time . . . **A10:** 549
experimental methods . . . **A10:** 554–556
general uses . . . **A10:** 549
high vapor pressure samples . . . **A10:** 556
instrumentation . . . **A10:** 554
introduction . . . **A10:** 550
limitations . . . **A10:** 549, 556
of inorganic solids, types of information from . . . **A10:** 4–6
point analysis . . . **A10:** 557–558
principles . . . **A10:** 550–554
quantitative analysis . . . **A10:** 553
related techniques . . . **A10:** 549
sample charging . . . **A10:** 556
samples . . . **A10:** 549, 556–566
sensitivity . . . **A10:** 550, 556

Auger electron spectroscopy (continued)
spectral peak overlap **A10:** 556
sputtering artifacts **A10:** 556
Auger electron spectroscopy (AES) .. **A1:** 689, **A5:** 669, 670–673, 674–675, 676, **A7:** 222, 225–226, 227, **A18:** 445, 446–447, 449, 450–456, **EM1:** 285, **EM2:** 816–817, **EM3:** 237, 238–240
advantages and limitations **EM3:** 239
alloy identification **A18:** 305
and EPMA failure analysis **A11:** 39–41
applications **A18:** 454–455
as surface failure analysis **EL1:** 1107
as wafer-level physical test method .. **EL1:** 922–924
chemical state information **EM3:** 244
combined with ion sputtering **EM3:** 244, 245
data analysis **A18:** 452–453
depth profiling by ball cratering **EM3:** 245
depth profiling by inelastic scattering ratio **EM3:** 247
depth profiling by multiple anodes/different transitions **EM3:** 247
development of **A11:** 33
effects of chemical environment on AES spectrum **A18:** 454
electron escape depth **A18:** 451–452
elemental depth profiling **EL1:** 1079–1080
elemental mapping **EL1:** 1079
equipment **A18:** 452
failure analysis **EM3:** 248–249
for crystallographic damage (cratering) .. **EL1:** 1043
for surface analysis **EM4:** 25
fundamentals **A18:** 450–451
instrumental resolution **EL1:** 1078–1079
instrumentation **EL1:** 1077–1078
ion etching (sputtering) **A18:** 453–454, 455
limitations **A18:** 455–456
maps of gallium arsenide field-effect gallium **EM3:** 241
material interactions and resolution **EL1:** 1079
microstructural identification of carburized steels **A4:** 368
photoemission in **EL1:** 1075
platinized titania application ... **A18:** 449–450, 451
process **EM3:** 238–240
quantification **EM3:** 242–243
spectrum **A18:** 452–453
sputter depth profiles of PAA samples ... **EM3:** 250
sputter-depth profiles of microelectronic bonding pad **EM3:** 245
surface behavior diagrams **EM3:** 247
to determine nucleation density **A5:** 541
to observe embedding of erodent fragments in metals **A18:** 203
to observe seal wear **A18:** 552
uses **A11:** 37
versus SIMS **A18:** 458, 459
Auger electron spectroscopy/scanning Auger microscopy **A7:** 226
Auger electron yield
defined **A10:** 669
Auger electrons *See also* Electrons **A7:** 224, 225
chemical effects **A10:** 552–553
defined **A10:** 669
energy, principal **A10:** 550, 551
escape depths, and x-ray emission depths compared **A10:** 552
inner-shell ionization and de-excitation by **A10:** 433
kinetic energy of **A10:** 550, 551
peaks **A10:** 551
produced **A10:** 550
spectra **A10:** 550–551
yield, defined **A10:** 669
Auger emissions
and light-element sensitivity **A10:** 550
probabilities, and qualitative analysis **A10:** 550
Auger extrusion **EM4:** 9
Auger imaging
of integrated circuit **A10:** 555
Auger map
defined **A10:** 669
Auger matrix effects
defined **A10:** 669
Auger microprobe analysis
capabilities **A10:** 516
Auger parameter
in XPS analysis **A10:** 572
Auger process
defined **A10:** 669
Auger spectroscopy **A20:** 591
Auger spectroscopy (AES) **A6:** 144
Auger transition **A7:** 225
Auger transition designations
defined **A10:** 669
Augers
as sampling tools **A10:** 16
Auger-type samples **A7:** 208
Au-Hg (Phase Diagram) .... **A3:** 2•70
Au-In (Phase Diagram) .... **A3:** 2•70
Au-K (Phase Diagram) .... **A3:** 2•70
Au-La (Phase Diagram) .... **A3:** 2•71
Au-Li (Phase Diagram) .... **A3:** 2•71
Ault-Wald-Bertolo Charpy fracture
toughness correlation **A8:** 265
Ault-Wald-Bertolo correlation
Charpy/K_{Ic} correlations for steels, and transition temperature regime **A19:** 405
Au-Mg (Phase Diagram) .... **A3:** 2•71
Au-Mn (Phase Diagram) .... **A3:** 2•72
Au-Na (Phase Diagram) .... **A3:** 2•72
Au-Nb (Phase Diagram) .... **A3:** 2•73
Au-Ni (Phase Diagram) .... **A3:** 2•73
Au-Pb (Phase Diagram) .... **A3:** 2•73
Au-Pd (Phase Diagram) .... **A3:** 2•74
Au-Pr (Phase Diagram) .... **A3:** 2•74
Au-Pt (Phase Diagram) .... **A3:** 2•74
Au-Pu (Phase Diagram) .... **A3:** 2•75
Au-Rb (Phase Diagram) .... **A3:** 2•75
Au-Sb (Phase Diagram) .... **A3:** 2•75
Aus-bay quenching **A4:** 212
Au-Se (Phase Diagram) .... **A3:** 2•76
Ausformed steels
fracture strength-ductility combinations attainable in commercial steels **A19:** 608
Au-Si (Phase Diagram) .... **A3:** 2•76
Au-Sn (Phase Diagram) .... **A3:** 2•76
Au-Sr (Phase Diagram) .... **A3:** 2•77
Austempered ductile iron **A5:** 683, 684
classification by commercial designation, microstructure, and fracture **A5:** 683
Austempered ductile iron (ADI) **A1:** 34, 35, 37–38
advantages **A1:** 37–38
effect of austempering temperature on strength and ductility **A1:** 40
heat treatment for **A1:** 40, 42
mechanical property requirements **A1:** 34
properties **A1:** 42
specifications **A1:** 36
Austempered ductile irons *See also* Ductile iron **A20:** 381
development of **A15:** 35, 38–39
specifications **A15:** 655
Austempering **A1:** 455, 457
6150 steel **M1:** 431
defined **A9:** 2
definition **A5:** 946, **A20:** 828
ductile iron **A15:** 659
hardenable steels **M1:** 460
properties achieved **A15:** 660
Austempering of ductile cast iron **A4:** 682, 685, 688–689, 691, 692
Austempering of steel **A4:** 152–163
advantages **A4:** 152
applications .. **A4:** 155–156, 157, **M4:** 105, 107–109
austenitizing temperature **A4:** 153, 154, 156, 159–160, **M4:** 105–106
dimensional changes ... **A4:** 160–161, 162, **M4:** 114, 115
equipment **A4:** 156–159, **M4:** 110, 111–112
modified **A4:** 156, 162–163, **M4:** 115–116
problems **A4:** 160, 161–162, **M4:** 113–115
process control **A4:** 152, 156–160, **M4:** 110–111
quenching media **A4:** 152–153, 157, 158, 159, **M4:** 104–105
racking **A4:** 158–159, **M4:** 110
safety precautions **A4:** 160, 163, **M4:** 116
salt baths **A4:** 152–153, 156, 157, 158, 160, **M4:** 109, 110–113
section thickness limitations **A4:** 154–155, **M4:** 106–107
steel selection **A4:** 153–154, **M4:** 105, 106
titration procedure for chloride determination **A4:** 158
washing and drying ... **A4:** 156, 159, 163, **M4:** 110, 116
Austempering of steel, furnaces
batch **A4:** 156, 158, 159
belt **A4:** 156, 157, **M4:** 109
carboaustempering systems **A4:** 158
direct-fired tunnel-type **A4:** 157, **M4:** 109–110
fluidized bed **A4:** 158
gantry **A4:** 158
induction heating systems **A4:** 158
multiple-quench batch-type **A4:** 158
pusher **A4:** 156, 158
rotary retort **M4:** 109
rotary-retort **A4:** 156–157, 160
salt pot **A4:** 159
shaker-hearth **A4:** 156, 157, 159, **M4:** 109
Austenite *See also* Retained austenite ..... **A3:** 1•23, **A20:** 349, 376–378
abrasion resistance **M1:** 614
as ductile phase of martensite **A19:** 389
as iron allotrope **A13:** 46, 48
bright-field image and diffraction pattern **A10:** 440
carbon metastable, cleavage **A8:** 481
carbon solubility in **A15:** 66
defined **A9:** 2, **A13:** 2, **A15:** 1
definition **A5:** 946, **A20:** 828
disadvantages **A20:** 376
formation during compact sintering **M7:** 314
formation, from cast iron solidification **A15:** 82
formation of, during intercritical annealing **A1:** 425
formation, symbol for temperature at **A8:** 724
grain size, effect on notch toughness **M1:** 699, 701
grain size, in bearing materials **A11:** 509
-graphite eutectic, graphite structure **A15:** 169
-graphite growth curves, in cast iron **A15:** 170
gray cast iron **M1:** 13, 28, 29
hydrogen solubility in **A15:** 82
in abrasion-resistant cast irons **A1:** 93–94
in cast iron **A15:** 82
in duplex alloys **A13:** 127
in ferritic stainless steels **A13:** 127
in maraging steels **A1:** 794
in steel **A9:** 177–178
inhibition of cleavage fracture **M1:** 701
manganese steel **A20:** 377
peritectic transformation from ferrite .. **A9:** 679–680
primary, in cast iron **A15:** 173–174
properties **A20:** 376
retained in steels, Mössbauer analysis of .. **A10:** 287
role in nucleation and growth of pearlite **A9:** 659–661
stabilizers .... **A3:** 1•25, **A13:** 47
strengthening **A20:** 376
temperature at which cementite completes solution in, symbol for **A11:** 796
temperature at which formation begins symbol for **A11:** 796
transformation of, after intercritical annealing **A1:** 425
transformation temperature of ferrite to symbol **A11:** 796
Austenite dendrites
in cast iron **M1:** 5, 6

SUBJECTS OF THE INDEXED VOLUMES: ASM Handbook (designated by the letter "A"): **A1:** Properties and Selection: Irons, Steels, and High-Performance Alloys (1990); **A2:** Properties and Selection: Nonferrous Alloys and Special-Purpose Materials (1990); **A3:** Alloy Phase Diagrams (1992); **A4:** Heat Treating (1991); **A5:** Surface Engineering (1994); **A6:** Welding, Brazing, and Soldering (1993); **A7:** Powder Metal Technologies and Applications (1998); **A8:** Mechanical Testing (1985); **A9:** Metallography and Microstructures (1985); **A10:** Materials Characterization (1986); **A11:** Failure Analysis and Prevention (1986); **A12:** Fractography (1987); **A13:** Corrosion (1987); **A14:** Forming and Forging (1988); **A15:** Casting (1988); **A16:** Machining (1989); **A17:** Nondestructive Evaluation and Quality Control (1989); **A18:** Friction, Lubrication, and Wear Technology (1992); **A19:** Fatigue and Fracture (1996); **A20:** Materials Selection and Design (1997). **Metals Handbook, 9th Edition** (designated by the letter "M"): **M1:** Properties and Selection: Irons and Steels (1978); **M2:** Properties and Selection: Nonferrous Alloys and Pure Metals (1979); **M3:** Properties and Selection: Stainless Steels, Tool Materials, and Special-Purpose Materials (1980); **M4:** Heat Treating (1981); **M5:** Surface Cleaning, Finishing, and Coating (1982); **M6:** Welding, Brazing, and Soldering (1983); **M7:** Powder Metallurgy (1984). **Engineered Materials Handbook** (designated by the letters "EM"): **EM1:** Composites (1987); **EM2:** Engineering Plastics (1988); **EM3:** Adhesives and Sealants (1990); **EM4:** Ceramics and Glasses (1991). **Electronic Materials Handbook** (designated by the letters "EL"): **EL1:** Packaging (1989)

Austenite grains
influence of size of, on hardenability. . **A1:** 392–393
size of, and steel plate production **A1:** 227–228
transformation of, to ferrite **A1:** 586

Austenite, retained *See also* Retained austenite
contact fatigue resistance **A18:** 260
retained percent as function of carbon content **A18:** 874

Austenite stabilizer **A6:** 100
definition **A20:** 828

Austenite-finish temperature (A_f) **A6:** 438

Austenite-flake graphite eutectic
graphite structure. **A15:** 169–170
nucleation of. **A15:** 170–172

Austenite-iron carbide eutectic
growth, multidirectional
solidification **A15:** 179–180
iron carbide structure **A15:** 173

Austenite-spheroidal graphite eutectic
nucleation of. **A15:** 172–173

Austenite-stabilizing elements in wrought stainless steels **A9:** 283, 285

Austenite-start temperature (A_s) **A6:** 438

Austenitic alloy irons
advantages **A6:** 797
applications **A6:** 797

Austenitic alloy irons, specific types
Cr-Mo, advantages and applications of materials for surfacing, build-up, and hardfacing **A18:** 650
Ni-Cr, advantages and applications of materials for surfacing, build-up, and hardfacing. . **A18:** 650

Austenitic alloys **A18:** 649
as high-alloy steels **A15:** 722–723, 731–732
carburization detection in. **A11:** 272

Austenitic cast iron impellers
shrinkage porosity in. **A11:** 355–356

Austenitic cast irons
compositions **M1:** 76
for corrosion resistance **M1:** 91
for heat resistance. **M1:** 93–96
growth at high temperature. **M1:** 93
mechanical properties **M1:** 89, 92
oxidation at high temperature **M1:** 93–94

Austenitic cast irons, corrosion-resistant
composition **M4:** 556
dimensional stabilizing. **M4:** 557
high-temperature stabilizing **M4:** 557
mechanical properties. **M4:** 557
solution treating **M4:** 557
spheroidize annealing. **M4:** 557
stress relieving. **M4:** 556–557

Austenitic cast steels
corrosion fatigue. **A13:** 581
general corrosion **A13:** 577–578
intergranular corrosion **A13:** 578–580
localized corrosion. **A13:** 580–581

Austenitic chromium-nickel alloys **A20:** 245

Austenitic ductile irons *See also* Ductile irons; High-alloy graphitic irons **A9:** 245
heat treatment **A15:** 700–701
melting. **A15:** 700
molding and casting. **A15:** 700
shakeout. **A15:** 700

Austenitic ferritic chromium steel
by STAMP process **M7:** 248

Austenitic grade white iron
surface engineering. **A5:** 684

Austenitic grades
of corrosion-resistant steel castings. **A1:** 913

Austenitic grain size
defined **A9:** 2

Austenitic gray irons, as corrosion resistant
elevated-temperature service alloys. . . **A15:** 699–700

Austenitic iron
classification and composition of hardfacing alloys **A18:** 652

Austenitic manganese steel . . . **A20:** 377, **M3:** 568–588
abrasion resistance **M3:** 580–583
abrasion testing **M3:** 582
alloy modifications **M3:** 568–572, 584–585
applications **A18:** 702, **M3:** 568
classification and composition of hardfacing alloys **A18:** 652
composition. **M3:** 568–572, 573, 584–585
corrosion resistance **M3:** 583
hardness **M3:** 573, 580, 582, 583, 587
hardness measurement **M3:** 578
heat treatment **M3:** 573–575, 578–560
machinable grade **M3:** 587, 588
machining **M3:** 586–587, 588
magnetic properties **M3:** 584, 587
mechanical properties **M3:** 568–573, 575–576, 578, 579, 580, 583, 584, 585, 586, 587
microstructure **M3:** 568–575, 577–580
physical properties **M3:** 574, 583, 584, 587
properties. **A18:** 702
reheating **M3:** 578–580
stress-strain curve **M3:** 576
temperature effects. **M3:** 583–584
tensile properties **M3:** 568–573, 575, 576–578, 579, 580, 583, 585, 586, 587
toughness **M3:** 575, 576, 578, 580, 583, 584
welding **M3:** 586
work hardening **M3:** 576–578

Austenitic manganese steel castings **A9:** 237–241
effect of cooling rate on microstructure **A9:** 237
effect of superheat on grain size **A9:** 237
grain size **A9:** 238
macroetching. **A9:** 238
macroexamination **A9:** 238
microexamination **A9:** 238–239
microstructure. **A9:** 239
mounting **A9:** 237
polishing **A9:** 237–238
sectioning. **A9:** 237
specimen preparation **A9:** 237–238

Austenitic manganese steels **A1:** 822–840
abrasion resistance vs. carbon content **M1:** 608
abrasion resistance vs. toughness **M1:** 607
applications **A1:** 822, **A15:** 735
as high-alloy **A15:** 733–735
as-cast properties. **A1:** 828, 829
commercial use of castings. **A1:** 828, 829
heavy sections **A1:** 829
brittle fracture in **A11:** 393–395
composition of **A1:** 822
bismuth **A1:** 825–826
carbon. **A1:** 822–824
common alloy modifications **A1:** 824–825
copper **A1:** 825
manganese. **A1:** 822–824, 825
phosphorus **A1:** 822, 824
silicon. **A1:** 822, 824
sulfur. **A1:** 826
titanium **A1:** 826
vanadium **A1:** 825
compositions **A9:** 239, **A15:** 733
corrosion of. **A1:** 836
effect of temperature on. **A1:** 836–837
arc welding. **A1:** 838
magnetic properties **A1:** 837
precautions. **A1:** 838
welding **A1:** 837–838
heat treatment for precautions **A1:** 830, 831
procedures **A1:** 822, 830
higher manganese content steels **A1:** 826–827
fabrication **A1:** 828
oxidation **A1:** 828
physical properties **A1:** 44–45
machinability **A15:** 734–735
machining **A1:** 838–839
machinable grade **A1:** 839
procedures **A1:** 839
mechanical properties **A15:** 734
mechanical properties after heat
treatment **A1:** 830–831
melt practice **A1:** 828
microstructural wear **A11:** 161
reheating **A1:** 833
wear in grinding mills **M1:** 622–624
wear resistance **A1:** 834
abrasion testing. **A1:** 835–836
metal-to-metal contact **A1:** 834–835
weldability **A15:** 735
work hardening **A1:** 831–832
determination of rate **A1:** 832
methods of. **A1:** 832–833
service limitations. **A1:** 832

Austenitic manganese steels, applications
railroad equipment. **A6:** 398

Austenitic manganese steels, specific types
ASTM A128, as-cast **A9:** 240
ASTM A128, cast and solutionized **A9:** 241
ASTM A128, cast, heat treated and quenched **A9:** 240–241
ASTM A128 grade A, as-cast. **A9:** 240
ASTM A128 grade A, cast and overheated **A9:** 241
ASTM A128 grade A, cast, heat treated and quenched **A9:** 241
ASTM A128 grade C, cast, heat treated and quenched **A9:** 241
ASTM A128 grade D, cast, heat treated and quenched **A9:** 241
ASTM A128, grade D, tensile test specimen **A9:** 158
ASTM A128 grade E2, air cooled and partially solutionized **A9:** 241
ASTM A128, heat treated and quenched. . . **A9:** 240
experimental alloy, as-cast **A9:** 240
experimental alloys, heat treated and quenched **A9:** 240
Fe-15Mn, sheet martensite **A9:** 672
Fe-19Mn, sheet martensite **A9:** 672

Austenitic nickel cast iron
galvanic series for seawater **A20:** 551

Austenitic nickel-alloy irons
applications, and types **A15:** 699–701
for high-temperature service. **A15:** 699

Austenitic nitrocarburizing **A4:** 264, 430–431
advantages **A4:** 430
Alpha Plus industrial process **A4:** 431, 432
Beta industrial process **A4:** 431, 432
compound layer formation. **A4:** 430–431
gaseous, physical metallurgy **A4:** 430–431
industrial techniques. **A4:** 431, 432
Nitrotec C process **A4:** 431
production applications. **A4:** 432

Austenitic nodular irons, corrosion-resistant
composition **M4:** 557
mechanical properties. **M4:** 557

Austenitic precipitation-hardenable stainless steels
See also Wrought stainless steels; Wrought stainless steels, specific types. **A9:** 285

Austenitic stainless steel *See also* Stainless steel; Stainless steel, austenitic
25% hard strip, mechanical properties **A20:** 373
50% hard, mechanical properties. **A20:** 373
50% hard sheet, mechanical properties . . . **A20:** 373
annealed and cold drawn bar, mechanical properties **A20:** 373, 374
annealed and cold drawn, mechanical properties. **A20:** 373
annealed bar, mechanical properties **A20:** 373
annealed, mechanical properties **A20:** 373
annealed sheet, mechanical properties **A20:** 373
annealed wire 1040 °C (1900 °F). **A20:** 374
cold drawn, high tensile mechanical properties. **A20:** 373
cold drawn, mechanical properties **A20:** 373
constant-stress creep curve. **A8:** 320–321
corrosion resistance **A20:** 549
deformation processing map for **A8:** 154
environments for stress-corrosion cracking **A8:** 527
extra hard, mechanical properties **A20:** 373
fatigue crack propagation in liquid sodium. **A8:** 426, 428
for autoclaves in high-temperature aerated water testing. **A8:** 420
for liquid metal systems **A8:** 425
full hard, mechanical properties **A20:** 373
hardness conversion tables **A8:** 109
high-energy-rate-forged extrusion. **A8:** 573
in chloride solution, electrode potential control **A8:** 407
intergranular stress-corrosion cracking **A8:** 420–422
interrupted oxidation test results. **A20:** 594
interstitial solid-solution strengthening. . . . **A20:** 377
mechanical properties **A20:** 373–374
metal-matrix reinforcements: metallic wires **A20:** 458
microstructure. **A20:** 376
mill finishes **M5:** 552, 561
modulus of elasticity at different temperatures **A8:** 23
negative creep **A8:** 331
nickel content effect. **A20:** 377
pickling of **M5:** 72–73
porcelain enameling of. **M5:** 513
sheet, combined creep-fatigue data in reversed bending. **A8:** 356

Austenitic stainless steel (continued)
stress-strain curve **A8:** 177
susceptibility to chloride cracking **A8:** 528–529
true stress/true strain curve for **A8:** 24–25
weldability rating by various processes . . . **A20:** 306
weld-overlay coatings **A20:** 474
Austenitic stainless steel powders
annealing **A7:** 305, **M7:** 185
applications **A7:** 781, 782, 783, 784
compositions **A7:** 1073
corrosion resistance **A7:** 989–991, 999
for encapsulation **M7:** 428
hot isostatic pressing **A7:** 617, 618
powder metallurgy near-net shapes **A7:** 19
properties **M7:** 100, 729
sensitization **A7:** 477
sintering **A7:** 480–481, 482, **M7:** 308
Austenitic stainless steel tubing
ultrasonic inspection **A17:** 569–570
Austenitic stainless steels *See also* Austenite; Austenitic alloys; Austenitic stainless steels, specific types; Austenitic steels; Cast stainless steels; Stainless steel(s); Stainless steels, austenitic grades; Stainless steels, specific types; Steel(s); Wrought stainless steel . . . **A5:** 741–743, **A14:** 224–226
abrasion artifacts examples **A5:** 140
abrasion artifacts in **A9:** 34
advantages **A6:** 797
aging **A1:** 946–947
alloying effects at elevated temperatures **A13:** 538–539
applications **A1:** 948–949, **A6:** 378, 383, 797
arc welding *See* Arc welding of stainless steels
arc-welded **A11:** 427–428
as magnetically soft materials **A2:** 776–777
brazing **A6:** 913
second-phase precipitation **A6:** 622, 625
brazing and soldering characteristics . . **A6:** 625–626
cast, SCC prevention **A13:** 327
categories of **A1:** 931, 944–945
caustic (SCC) embrittlement, welds **A13:** 353
characterized **A13:** 549–550
clad to carbon, welding of **A6:** 501–502
clad to low-alloy steels, welding of **A6:** 501–502
compositions **A5:** 742, **M6:** 526
compositions of **A1:** 843, 847–848
constitutional liquation **A6:** 75
consumables for ferritic stainless steel welding **A6:** 449, 450
corrosion resistance effects, heat-tint oxides **A13:** 351–353
crevice corrosion **A13:** 323
cryogenic service **A6:** 1016
diffusion coatings **A5:** 619, 620
dislocation interaction **A10:** 469
dissimilar metal joining **A6:** 827
dissimilar metal joining, buttering **A6:** 825–826
ductility loss, hydrogen damage **A13:** 171
electrodes for arc welding of high-carbon steels **A6:** 64
electrogas welding **M6:** 239
electron beam welding **M6:** 638
electron-beam brazing **A6:** 922–923
electron-beam welding **A6:** 868–869
electroslag welding **A6:** 278
elevated-temperature properties **A1:** 944–949
embrittlement by zinc **A11:** 236–237
eutectic joining **EM4:** 526
extralow-carbon **A14:** 225
fatigue crack growth **A1:** 948, 949
fatigue properties **A1:** 947–948
fatigue striations **A12:** 21
ferritic iron-aluminum, brittleness of **A12:** 365
for thermal spray coatings **A13:** 461
forgeability of **A1:** 891–893
forging of **A14:** 224–226
forging procedure **A14:** 225
formability of **A1:** 888–889
forming operations, suitability **A14:** 759
fractographs **A12:** 351–365
fracture/failure causes illustrated **A12:** 217
friction surfacing **A6:** 321, 323
friction welding **A6:** 152, 153, 154, **M6:** 721
furnace brazing **A6:** 918–919
galvanic corrosion **A6:** 625
gas-metal arc welding shielding gases **A6:** 67
gas-tungsten arc welding **A6:** 1018
Charpy V-notch absorbed energy vs. strength **A6:** 1018
glass-metal seals **EM4:** 875
H grades **A1:** 931, 945
hardfacing **A6:** 790, 791, 798
high-energy-rate-forged extrusion **A14:** 365
high-temperature solid-state welding **A6:** 298
hot cracking **A6:** 677, 687, 688, 694
hydrochloric acid corrosion **A13:** 1162
hydrogen charging **A13:** 329
hydrogen effects **A12:** 39
hydrogen embrittlement in **A1:** 715
hydrogen fluoride/hydrofluoric acid corrosion **A13:** 1165–1168
hydrogen mitigation, underwater welding **A6:** 1011–1012, 1014
impact toughness **A1:** 947
in boiling glacial acetic acid **A13:** 556
in carbonate melts **A13:** 91
in pharmaceutical production facilities . . **A13:** 1226
in sour gas environments **A11:** 300
intergranular corrosion . . . **A12:** 126, 142, **A13:** 239, 325, **M6:** 48
intergranular corrosion of **A11:** 180
irradiation embrittlement **A12:** 127
knife-line attack **A13:** 124
laser surface alloying **A13:** 504
laser-beam brazing **A6:** 922
laser-beam welding **A6:** 877
liquid erosion resistance **A11:** 167
localized biological corrosion **A13:** 117
localized corrosion resistance **A13:** 562–563
M2 machining of, tool life improvement due to steam oxidation **A5:** 770
machinability of **A1:** 894–896
machining **A2:** 966
metallurgical corrosion effects **A13:** 124–125
metalworking fluid selection guide for finishing operations **A5:** 158
microbiologically influenced corrosion **A6:** 1068
mill finishes available on stainless steel sheet and strip **A5:** 745
molten zinc effects **A13:** 334
Nelson diagram **A6:** 380
nitric acid corrosion **A13:** 1155
nitrogen pickup, oxygen partial pressure effect **A15:** 443
nitrogen-strengthened **A14:** 225–226
oxyfuel gas welding **A6:** 284
physical properties **M6:** 527
pickling **A5:** 74
pickling conditions for cold-rolled strip after annealing **A5:** 76
pickling conditions for hot-rolled strip following shot blasting **A5:** 76
plasma and shielding gas compositions **A6:** 197
plasma-MiG welding **A6:** 224
preferential attack, weld metal precipitates **A13:** 347–348
press forming **A14:** 763–764
primary austenite solidification **A6:** 686–695
primary ferrite solidification **A6:** 686
principal ASTM specifications for weldable steel sheet **A6:** 399
projection welding **M6:** 506
repair welding **A6:** 1105–1106
residual stress and stress-corrosion cracking **A5:** 145
resistance of, to stress-corrosion cracking **A1:** 726–728
resistance welding **A6:** 847–848, **M6:** 527–530
SCC behavior **A13:** 272
SCC failures of **A12:** 133
sensitization of, to intergranular corrosion **A1:** 706–707
sheet metals **A6:** 399, 400
shielded metal arc welding **A6:** 1018
shielded metal arc welding, Charpy V-notch absorbed energy vs. strength **A6:** 1018
sigma phase embrittlement in **A1:** 709–711
sigma-phase embrittlement **A12:** 132
sintered, corrosion resistance **A13:** 831
solid solubility of carbon in **A13:** 827
solid-state transformations in weldments **A6:** 82
stress-corrosion cracking in **A11:** 27, 215–217, 624, 635
stud arc welding **A6:** 211, 213, **M6:** 733
sulfuric acid corrosion **A13:** 1150–1151
susceptibility to hydrogen damage **A11:** 249
temperature effects **A12:** 50–52
tensile properties **A1:** 934, 945–946
thermal expansion coefficient **A6:** 907
thermal properties **A6:** 17
void swelling in **A1:** 655–656
weight loss as function of absorbed nitrogen **A13:** 829
weld cladding **A6:** 817, 818
weld decay, and prevention **A13:** 351
weldability of **A1:** 897–905
welding consumables for field repair of heavy machinery **A6:** 1065–1066, 1067
welding to carbon steels **A6:** 500–501, 502
welding to dissimilar austenitic stainless steels **A6:** 500
welding to low-alloy steels **A6:** 500–501
weldments **A13:** 125, 347–355
zinc embrittlement **A13:** 184
Austenitic stainless steels, new alloy development . . . . . **A3:** 1•26
Austenitic stainless steels, nitrogen-strengthened
arc welding *See* Arc welding of stainless steels
composition **M6:** 526
resistance welding **M6:** 527
Austenitic stainless steels, specific types *See also* Austenitic stainless steels
AISI 301, fatigue fracture surface **A12:** 351
AISI 301, hydrogen-embrittled **A12:** 31, 39, 52
AISI 302, alligatoring **A12:** 351
AISI 302, high-cycle fatigue fracture **A12:** 352
AISI 302, hydrogen effect **A12:** 39, 52
AISI 302, rock-candy fracture **A12:** 351
AISI 304, chloride SCC **A12:** 354
AISI 304, effect of strain rate on creep crack propagation **A12:** 354
AISI 304, hydrogen embrittlement . . . **A12:** 355, 357
AISI 304, polythionic acid SCC **A12:** 354
AISI 304, SCC facets **A12:** 354
AISI 304L, hydrogen damaged **A12:** 356
AISI 316, channel fracture **A12:** 365
AISI 316, chloride SCC **A12:** 357
AISI 316, fatigue fracture appearance . . **A12:** 51, 56
AISI 316, intergranular SCC **A12:** 357
AISI 316L, fatigue fracture, orthopedic implant **A12:** 359–364
P/M 316L, brittle fracture **A12:** 358
SIS 2343, corrosion pit cracking **A12:** 358
Austenitic stainless steels, wrought **A6:** 456–469
alloy types **A6:** 456
alloying effects **A6:** 459–461
carbide precipitation **A6:** 465–466, 469
coefficient of thermal expansion **A6:** 456, 469
composition **A6:** 456–457
copper contamination cracking **A6:** 465
corrosion behavior **A6:** 465–467
crevice corrosion **A6:** 467
distortion **A6:** 469
ductility dip cracking **A6:** 465
electron-beam welding **A6:** 459, 462, 464

SUBJECTS OF THE INDEXED VOLUMES: ASM Handbook (designated by the letter "A"): **A1:** Properties and Selection: Irons, Steels, and High-Performance Alloys (1990); **A2:** Properties and Selection: Nonferrous Alloys and Special-Purpose Materials (1990); **A3:** Alloy Phase Diagrams (1992); **A4:** Heat Treating (1991); **A5:** Surface Engineering (1994); **A6:** Welding, Brazing, and Soldering (1993); **A7:** Powder Metal Technologies and Applications (1998); **A8:** Mechanical Testing (1985); **A9:** Metallography and Microstructures (1985); **A10:** Materials Characterization (1986); **A11:** Failure Analysis and Prevention (1986); **A12:** Fractography (1987); **A13:** Corrosion (1987); **A14:** Forming and Forging (1988); **A15:** Casting (1988); **A16:** Machining (1989); **A17:** Nondestructive Evaluation and Quality Control (1989); **A18:** Friction, Lubrication, and Wear Technology (1992); **A19:** Fatigue and Fracture (1996); **A20:** Materials Selection and Design (1997). **Metals Handbook, 9th Edition** (designated by the letter "M"): **M1:** Properties and Selection: Irons and Steels (1978); **M2:** Properties and Selection: Nonferrous Alloys and Pure Metals (1979); **M3:** Properties and Selection: Stainless Steels, Tool Materials, and Special-Purpose Materials (1980); **M4:** Heat Treating (1981); **M5:** Surface Cleaning, Finishing, and Coating (1982); **M6:** Welding, Brazing, and Soldering (1983); **M7:** Powder Metallurgy (1984). **Engineered Materials Handbook** (designated by the letters "EM"): **EM1:** Composites (1987); **EM2:** Engineering Plastics (1988); **EM3:** Adhesives and Sealants (1990); **EM4:** Ceramics and Glasses (1991). **Electronic Materials Handbook** (designated by the letters "EL"): **EL1:** Packaging (1989)

gas-tungsten arc welding . . . **A6:** 462–463, 464, 465, 466, 468

heat-affected zone **A6:** 456, 464, 465, 466, 467, 468

heat-affected zone liquation cracking. . **A6:** 464–465

high-energy density weld solidification behavior and microstructure. **A6:** 462–463

intergranular attack **A6:** 465–466

lack-of-fusion defects. **A6:** 456

laser-beam welding. **A6:** 459, 463, 464

liquation cracking **A6:** 456, 464–465

measurement of weld-metal ferrite . . . **A6:** 461–462, 465

mechanical properties **A6:** 467–468

microbiologically influenced corrosion **A6:** 467

microstructural development **A6:** 456, 457–458, 463

nitrogen-strengthened stainless steels **A6:** 462

pitting. **A6:** 467

postweld heat treatment **A6:** 466, 467, 469

shielded metal arc welding. **A6:** 461

sigma phase. **A6:** 465

sigma-phase embrittlement **A6:** 465

solidification behavior **A6:** 458–459

solidification cracking **A6:** 456, 458–459, 461, 462, 463–464, 467

solid-state transformations and ferrite morphologies. **A6:** 459–461

superaustenitic stainless steels **A6:** 467

weld defect formation. **A6:** 463–465

weld penetration characteristics. **A6:** 468

weld porosity **A6:** 465

weld thermal treatments. **A6:** 468–469

welding characteristics **A6:** 456–457

weld-metal liquation cracking **A6:** 465

Austenitic steels *See also* Austenite; Austenitic alloys; Austenitic stainless steels; Steel(s)

abrasion artifacts in **A9:** 37

as hardfacing alloys **M7:** 828–829

casting failure **A11:** 393

dissimilar-metal welds with **A11:** 620

solidification structures in welded joints . . . **A9:** 479

thermal expansion coefficients. **A11:** 620

Austenitic-ferritic (duplex) alloys *See* Duplex stainless steels

Austenitization

aging after, effect in iron alloy **A12:** 458

AISI/SAE alloy steels. **A12:** 298

effect on fracture characteristics **A12:** 339

effect on fracture toughness **A12:** 340

effect on fracture toughness of quenched-and-tempered steels. **A19:** 383, 384

incomplete, AISI/SAE alloy steels **A12:** 291

of high-Cr white irons **A15:** 684

phosphorus segregation during, tool steels **A12:** 375

rapid heating effects in **A12:** 328

Austenitizing

as secondary operation. **M7:** 453

ASP steels. **M7:** 786

constructional steels for elevated temperature use. **M1:** 654

defined **A9:** 2, **A13:** 2

definition. **A5:** 946

die-casting dies **A18:** 632

furnaces and furnace atmospheres for. **M7:** 453

nonuniform, effect in heat-treated steel **A11:** 140–141

of sintered high-speed steels **M7:** 374

of tool and die steels **A14:** 54

over-, of tools and dies. **A11:** 569–571

surface hardening of steels **M1:** 528–529, 531, 539, 542

temperature control **A11:** 571

temperature of, effect on notch toughness **M1:** 699

temperatures, and hardness **M7:** 451, 452

Austenitizing of steel

to reveal as-cast solidification structures . . . **A9:** 624

Austenitizing temperatures for hardening

carbon steel **M4:** 28, 29, 30

low-alloy steel. **M4:** 28, 29, 30

Austenitizing temperatures of tool steels

effects on microstructure **A9:** 258–259

Australia

electrolytic tin- and chromium-coated steel for canstock capacity in 1991. . . . . **A5:** 349

Au-Te (Phase Diagram) . . . . **A3:** 2•77

Au-Th (Phase Diagram) . . . . **A3:** 2•77

Au-Ti (Phase Diagram) . . . . **A3:** 2•78

Au-Tl (Phase Diagram) . . . . **A3:** 2•78

Auto fab **A20:** 232

Autocatalytic pitting corrosion **A13:** 112–113

Autocatalytic plating **A20:** 479

definition. **A5:** 946

Autocatalytic process

for plated-through hole (PTH). **EL1:** 114

Autoclave *See also* Autoclave cure; Autoclave molding. **A19:** 203, 204, **EM3:** 5

defined **EM1:** 4, **EM2:** 5

heat, pressure, control systems. **EM1:** 704

heat rate. **EM1:** 747

in aggressive environments. **A19:** 207

in polymer-matrix composites processes classification scheme **A20:** 701

lamination capabilities **EL1:** 510

loading **EM1:** 747

unbiased, as humidity test **EL1:** 495

Autoclave cure

control, computerized **EM1:** 649–653

control systems **EM1:** 647

gas stream heating and circulation sources **EM1:** 645–647

gas stream pressurizing systems. **EM1:** 647

lay-up preparation for. **EM1:** 642–644

loading system **EM1:** 647

management synergisms **EM1:** 649

materials processed **EM1:** 645

modified autoclaves. **EM1:** 647–648

of polyimide resins. **EM1:** 662

pressure vessel **EM1:** 645

process modeling of. **EM1:** 500–501

safety and installation **EM1:** 648

system control logic. **EM1:** 651–652

systems **EM1:** 645–648

vacuum systems **EM1:** 647

Autoclave cure control

computerized **EM1:** 649–653

dynamics **EM1:** 650–652

system programming dynamics **EM1:** 652–653

utility support-program concepts. **EM1:** 653

Autoclave dewaxing, as pattern removal

investment casting **A15:** 262

Autoclave molding *See also* Autoclave **EM2:** 5, 338, 340–341, **EM3:** 5

defined **EM1:** 4

of epoxy **EM1:** 71

of thermoplastic resin composites **EM1:** 549

tooling for **EM1:** 578–581

Autoclave processing **EM4:** 224

Autoclaving

zirconium and hafnium alloys **A5:** 852–853, **M5:** 667–668

Autocorrelation analysis

of atom probe composition profiles **A10:** 594

Autocorrelation function (ACF) . . . **A18:** 335–336, 337

Autocorrelograms

for iron-chromium-cobalt alloy, effects of aging. **A10:** 599

of spinodally decomposing iron-chromium-cobalt permanent-magnet alloy **A10:** 594, 600

Autofretagged gun tubes **A19:** 161

Autofrettage

pressure vessel fracture during **A11:** 327–328

Autogenous GTA welding

preferential attack **A13:** 359–360

Autogenous ignition. **M7:** 194, 198–199

Autogenous weld

definition **A6:** 1206, **M6:** 2

Autographic recorder

curve vs. bearing deformation curve, pin bearing testing. **A8:** 61

for strain or deflection **A8:** 58

with drop tower compression test **A8:** 197

Autohesion. **A7:** 59, **M7:** 62, 63

definition **A7:** 58

Automated batch-manufacturing systems **A16:** 309

Automated bonding, tape *See* Type automated bonding (TAB) technology

Automated defect evaluation systems

real-time radiography **A17:** 320–321

Automated die-closing swaging machine. **A14:** 135

Automated equipment *See also* Equipment

for liquid penetrant inspection **A17:** 79–80

specific applications, by magnetic particle inspection **A17:** 116–120

Automated forging design

as knowledge-based expert system. **A14:** 410

Automated image analysis *See* Image analysis

Automated image analysis systems **A7:** 263

Automated integrated manufacturing

system **EM1:** 636–638

integrated laminating center. **EM1:** 636

modules of operation **EM1:** 636–638

Automated logic diagram (ALD) **EL1:** 128

Automated pick-and-place equipment

selection. **EL1:** 732

Automated ply lamination. **EM1:** 639–641

Automated swaging machines. **A14:** 134

Automated ultrasonic inspection *See also* Ultrasonic inspection

of boilers/pressure vessels. **A17:** 649

Automated uniaxial pressing **EM4:** 126

Automated weaving machines. **EM1:** 129–131

Automatic associativity **A20:** 160

Automatic bar and chucking machines. . **A16:** 371–379

Al alloy drilling. **A16:** 778, 782–784

Al alloy reaming **A16:** 782, 787

boring. **A16:** 168

Cu alloy machining **A16:** 815

die threading. **A16:** 296

Monel R-405 for high production rates . . . **A16:** 836

multiple-spindle bar and chucking machines **A16:** 376–378

reamers **A16:** 242

roller burnishing. **A16:** 252

single-spindle automatic bar and chucking machines **A16:** 371–374

thread rolling. **A16:** 284, 285, 286

vertical multiple-spindle automatic chucking machines **A16:** 378–379

Automatic brazing

definition **M6:** 2

Automatic chargers for filling **EM4:** 384

Automatic counting **EM4:** 66

Automatic electromagnetic forming **A14:** 646

Automatic exposure devices

used in photomicroscopy **A9:** 84–85

Automatic frequency control

abbreviation **A10:** 689

Automatic gas cutting

definition **M6:** 2

Automatic guided vehicles

foundry **A15:** 570–571

Automatic lathes **A16:** 153–158, 367–393

single-spindle automatic lathes **A16:** 367–369

Automatic mold

defined **EM1:** 4, **EM2:** 5

Automatic optical inspection (AOI)

and electrical testing **EL1:** 565, 568–571

as component/board-level physical test method **EL1:** 941–942

defect types **EL1:** 568–569

drivers **EL1:** 569

for quality control, printed wiring boards **EL1:** 873–874

illumination alternatives. **EL1:** 570

method description **EL1:** 568

optical system selection **EL1:** 570–571

system technology **EL1:** 569–570

Automatic oxygen cutting

definition **M6:** 2

Automatic pouring systems *See also* Pouring

benefits **A15:** 497–498

bottom-pour **A15:** 570

control schemes **A15:** 500–501

electric heating of pouring vessels . . . **A15:** 498–499

electrically heated pouring furnaces. . . **A15:** 499–500

foundry **A15:** 569–570

laser level measurement **A15:** 570

methods **A15:** 498

pouring control parameters. **A15:** 500

robotic **A15:** 570

Automatic press

defined **A14:** 1, **EM1:** 4, **EM2:** 5, **M7:** 1

Automatic press roll straightening **A14:** 687–688

Automatic press stop

defined **A14:** 1

Automatic radial-axial multiple-mandrel ring mills. **A14:** 114–115

Automatic radiographic film processing A17: 353–355

Automatic ratio adjusters for endothermic atmospheres **A7:** 461

Automatic screw machine
characteristics **A20:** 695
Automatic solid meshing **A20:** 163
Automatic tab plating
process control used **A5:** 283
Automatic tape layers (ATL)
for tape prepreg **EM1:** 145
Automatic tool lifters
shaping **A16:** 190
Automatic trace routing
channel routers **EL1:** 532
gridless routing **EL1:** 533
Hightower algorithm **EL1:** 531
Lee algorithm **EL1:** 529–531
net list sorting **EL1:** 533
pattern-fit algorithm **EL1:** 531–532
rip-up routers **EL1:** 532–533
routing algorithms **EL1:** 529
Automatic transmission parts
automobile **M7:** 617, 619
Automatic welding
definition **A6:** 1206, **M6:** 2
Automatically programmed tool (APT) language *See* Numerical control
Automation *See also* Computer-aided design/computer-aided manufacture; Computer-aided engineering; Modeling **EM3:** 699–702, 705, 716–725
advancements in dispensing technology **EM3:** 719–720
and process selection **EM2:** 278
applications **EM3:** 716–725
automotive body shop robotic sealing **EM3:** 723–724
automotive door bonding **EM3:** 721–722
automotive interior seam sealing .. **EM3:** 720–721
automotive windshield bonding ... **EM3:** 723–724
blow molding, costs **EM2:** 299
compression molding, and costs **EM2:** 297
costs, permanent mold casting **A15:** 285
developing a robotic system **EM3:** 724–725
dispensing equipment for robotic applications **EM3:** 716–719
bead management methods **EM3:** 718–719
dispensing gun or valve **EM3:** 716, 717–718
header system **EM3:** 716, 717
pumping system **EM3:** 716–717
injection molding, costs **EM2:** 295
of continuous casting **A15:** 315
of electroslag remelting **A15:** 404
of feed metal availability **A15:** 584–585
of filament winding **EM1:** 135
of forging process design **A14:** 409–416
of foundries **A15:** 33–36, 566–573
of pattern assembly, investment casting ... **A15:** 257
of patternmaking **A15:** 198
of permanent mold casting **A15:** 276
of semisolid metal casting/forging ... **A15:** 327, 333
of solid graphite mold casting **A15:** 285
of squeeze casting **A15:** 323
of vacuum induction melting **A15:** 397–399
process, vacuum induction remelting and shape casting **A15:** 399–400
resin transfer molding, costs **EM2:** 301
Automobile
exhaust extract, fluorescence spectrum of liquid-chromatographic fraction of **A10:** 79
paint, NAA forensic studies of **A10:** 233
Automobile axle shafts
fatigue life of **M1:** 675
Automobile bumper
plastics selection for **A20:** 299–300
Automobile door latch **A20:** 172, 173
simulation modeling **A20:** 172, 173
Automobile doors
tolerance stackup **A20:** 110–111
Automobile radiators
as copper recycling scrap **A2:** 1214
Automobile scrap recycling *See also* Recycling
gravity separation **A2:** 1212
jigging system **A2:** 1213
low-temperature separation **A2:** 1212
technology **A2:** 1211–1213
Automobile shredding process
cost breakdown **A20:** 260
Automobile stub axles
slag inclusions in **A11:** 322–323
Automobile transmission stick-shift
failure of **A11:** 763
Automobile transmissions
conformance to specification **A20:** 111
Automobiles **A6:** 393–395
ceramic applications **EM4:** 960
interior noise, finite element analysis approach to **A20:** 173
material composition changes **EM3:** 551
Automotive and truck drive trains, friction and wear of **A18:** 563–568
automatic transmission components .. **A18:** 563–568
automatic transmission fluid (ATF) issues **A18:** 563–564
clutch bands and plates **A18:** 564
engine components **A18:** 567
manual transmission components **A18:** 564–565
cluster gear wear **A18:** 565
synchronizer wear **A18:** 554–565
transfer cases **A18:** 565–567
sprocket and chain wear **A18:** 565–566
thrust surface wear **A18:** 566–567
wheel end components **A18:** 567–568
Automotive antilock brake system (ABS) sensor rings **A7:** 775, 776–777
Automotive applications *See also* Automotive industry **EM1:** 832–836, **M7:** 617–621
acrylonitrile-butadiene-styrenes (ABS) **EM2:** 111
aluminum flake coatings **M7:** 594–595
as casting market **A15:** 34
blow molding **EM2:** 359
bus transmission gears, service life vs. processing **M1:** 635
cast alloy steel **A15:** 32
cast steels for **M1:** 383–384
CG iron **M1:** 7–8
commercial hybrids **EL1:** 381–382, 385
compacted and sintered parts **M7:** 617–618
composite materials and processes .. **EM1:** 832–834
corrosion protection **M1:** 755, 757
critical properties **EM2:** 458
ductile iron **M1:** 35, 36
engine blocks and liners, materials for **M1:** 604
engine parts **M7:** 617, 619
engine parts, corrosive wear **M1:** 636–637
environmental testing **EL1:** 500
for comfort, hybrids **EL1:** 382
future trends **EL1:** 393
gray cast iron **M1:** 11, 16, 18–19, 24–26
high-impact polystyrenes (PS, HIPS) **EM2:** 195
homopolymer/copolymer acetals **EM2:** 100
hot formed parts **M7:** 618, 620
hot rolled bars **M1:** 206, 208, 209
malleable cast irons **M1:** 63, 70, 71, 73
malleable iron castings **A15:** 691
metal casting trends **A15:** 44
of alloy cast irons **A1:** 103–104, **M1:** 96
of aluminum P/M parts **M7:** 744–745
of bronze P/M parts **M7:** 736
of bulk molding compounds **EM1:** 163
of copper-based powder metals **M7:** 733
of glass roving applications **EM1:** 109
of gray cast irons **A1:** 19
of high-strength low-alloy steels **A1:** 417
of hybrids **EL1:** 254
of semisolid metal casting/forging **A15:** 327
of stainless steels **A1:** 881, **M7:** 730
part design **EM2:** 616
phenolics **EM2:** 243
phosphate coating to reduce wear in torque converter **M1:** 631, 637
piston pins, wear influenced by surface finish **M1:** 635
piston rings, wear affected by operating variables **M1:** 601, 602, 636
polyarylates (PAR) **EM2:** 138
polybutylene terephthalates (PBT) **EM2:** 153
polyether sulfones (PES, PESV) **EM2:** 159
polyether-imides (PEI) **EM2:** 156
polyethylene terephthalates (PET) **EM2:** 172
polyphenylene ether blends (PPE PPO) .. **EM2:** 183
polyphenylene sulfides (PPS) **EM2:** 186
polyurethanes (PUR) **EM2:** 258–259
powders used **M7:** 572
reinforced polypropylenes (PP) **EM2:** 192
self-lubricating bearings **M7:** 704
semisolid aluminum **A15:** 334–336
styrene-acrylonitriles (SAN, OSA ASA) .. **EM2:** 215
styrene-maleic anhydrides (S/MA) .. **EM2:** 217–218
surface-hardened steel parts **M1:** 527, 537
thermoplastic fluoropolymers **EM2:** 117
thermoplastic polyimides (TPI) **EM2:** 177
thermoplastic polyurethanes (TPUR) **EM2:** 205
timing chain, wear affected by lubricant contamination **M1:** 636
torque converter seal rings, materials for .. **M1:** 624
ultrahigh-strength steels **M1:** 423, 431, 432
urethane hybrids **EM2:** 268
vacuum induction shape casting **A15:** 401
Automotive applications ferrous structural parts **A7:** 763, 766, 767
Automotive bearing materials
fatigue life **A11:** 487
fretting failure **A11:** 498
Automotive body panels
stretching of **A8:** 547
Automotive body-in-white
cost estimation case study **A20:** 257–261
Automotive brakes, friction and wear of **A18:** 569–577
automotive brake frictional characteristics **A18:** 574–575
brake design basis **A18:** 574
design factors **A18:** 574–575
effectiveness **A18:** 574, 576
self-actuation **A18:** 574
automotive brake linings **A18:** 569–570
carbon-based brake linings **A18:** 570
metallic brake linings **A18:** 570
organic friction materials **A18:** 569–570
brake drum and disk wear **A18:** 572–574
brake lining chemistry effects **A18:** 572
external abrasive effects **A18:** 572–574
graphite morphology effects **A18:** 572
local cast iron wear **A18:** 572
normal cast iron wear **A18:** 572
transfer coatings **A18:** 573–574
brake frictional performance **A18:** 575–576
blister fade **A18:** 575
burnished effectiveness **A18:** 575
contamination fade **A18:** 575
delayed fade **A18:** 575
effectiveness drift **A18:** 576
environmental sensitivity **A18:** 575
fade recovery **A18:** 575
fade resistance **A18:** 575
flash fade **A18:** 575
green effectiveness **A18:** 575
moisture sensitivity **A18:** 575–576
rust effects **A18:** 576
speed sensitivity **A18:** 575
wet friction **A18:** 575
brake lining wear **A18:** 570–571
aftermarket (AM) friction materials **A18:** 571
brake rubbing speed effects **A18:** 570
brake temperature effects **A18:** 570
brake torque effects on wear **A18:** 570
brake usage severity effects **A18:** 570–571
break-in wear **A18:** 570

SUBJECTS OF THE INDEXED VOLUMES: ASM Handbook (designated by the letter "A"): **A1:** Properties and Selection: Irons, Steels, and High-Performance Alloys (1990); **A2:** Properties and Selection: Nonferrous Alloys and Special-Purpose Materials (1990); **A3:** Alloy Phase Diagrams (1992); **A4:** Heat Treating (1991); **A5:** Surface Engineering (1994); **A6:** Welding, Brazing, and Soldering (1993); **A7:** Powder Metal Technologies and Applications (1998); **A8:** Mechanical Testing (1985); **A9:** Metallography and Microstructures (1985); **A10:** Materials Characterization (1986); **A11:** Failure Analysis and Prevention (1986); **A12:** Fractography (1987); **A13:** Corrosion (1987); **A14:** Forming and Forging (1988); **A15:** Casting (1988); **A16:** Machining (1989); **A17:** Nondestructive Evaluation and Quality Control (1989); **A18:** Friction, Lubrication, and Wear Technology (1992); **A19:** Fatigue and Fracture (1996); **A20:** Materials Selection and Design (1997). **Metals Handbook, 9th Edition** (designated by the letter "M"): **M1:** Properties and Selection: Irons and Steels (1978); **M2:** Properties and Selection: Nonferrous Alloys and Pure Metals (1979); **M3:** Properties and Selection: Stainless Steels, Tool Materials, and Special-Purpose Materials (1980); **M4:** Heat Treating (1981); **M5:** Surface Cleaning, Finishing, and Coating (1982); **M6:** Welding, Brazing, and Soldering (1983); **M7:** Powder Metallurgy (1984). **Engineered Materials Handbook** (designated by the letters "EM"): **EM1:** Composites (1987); **EM2:** Engineering Plastics (1988); **EM3:** Adhesives and Sealants (1990); **EM4:** Ceramics and Glasses (1991). **Electronic Materials Handbook** (designated by the letters "EL"): **EL1:** Packaging (1989)

heavy-duty (HD) friction materials **A18:** 570
original equipment (OE) **A18:** 571
specific wear rate **A18:** 570
brake lining wear modeling **A18:** 571–572
interfacial temperature effects **A18:** 571–572
lining cure effect **A18:** 571
laboratory and vehicle brake
evaluation **A18:** 576–577
correlation of laboratory and vehicle test
results **A18:** 576–577
federal braking requirements and other brake
tests **A18:** 577
friction assessment screening test (FAST)
machine **A18:** 576
friction material performance **A18:** 577
friction materials test machine **A18:** 576
full brake inertia dynamometer **A18:** 576
SAE-recommended practices **A18:** 577
semimet frictional behavior **A18:** 576
environmental sensitivity **A18:** 576
thermal fade **A18:** 576
water sensitivity **A18:** 576
toxicity of brake wear debris **A18:** 574
Automotive coatings. **A7:** 1087
Automotive connecting rods **A20:** 184
Automotive construction
joining processes **M6:** 57
Automotive emissions
percentage generated during vehicle life cycle
stages for steel vs. aluminum
unibodies **A20:** 262
Automotive engine block **A20:** 183, 184
Automotive engine, friction and wear of *See* Internal
combustion engine parts, friction and wear of
Automotive exhaust system
materials selection for **A20:** 245
Automotive exhaust systems .. **A7:** 775, 776, 777, 781
Automotive industry *See also* Automotive
applications **A13:** 1011–1018
composite applications **EM1:** 834–835
corrosion forms **A13:** 1011
corrosion testing **A13:** 1016–1017
design **A13:** 1016
design for simultaneous engineering **EM1:** 835–836
inhibitor applications **A13:** 525
P/M production **M7:** 17–18, 569
paint systems **A13:** 1015–1017
precoated steels **A13:** 1011–1015
structural vs. appearance composite
requirements **EM1:** 832
Automotive industry applications *See also* Parts;
Shafts; specific automotive parts
aluminum and aluminum alloys **A2:** 10
borescopes **A17:** 7
cobalt-base wear-resistant alloys **A2:** 451
copper and copper alloys **A2:** 239
machine vision **A17:** 38, 43
of holography **A17:** 16
of structural ceramics **A2:** 1019
of titanium P/M products **A2:** 657
powder metallurgy parts **A17:** 542–543
titanium and titanium alloy **A2:** 589
Automotive parts
advances **A7:** 21–22
closed-die forging **A14:** 82
driveshafts, electromagnetic forming **A14:** 648
manufacturing costs compared **A7:** 22
precoated steel sheet for ... **M1:** 167, 169, 172–176
transmission shaft, by radial forging **A14:** 147
Automotive poppet valves, steel
aluminum coating process **M5:** 335, 339–341
Automotive rear-view mirror brackets **A7:** 775–776
Automotive shredder residue (ASR) **A20:** 260
mechanical separation/selective precipitation
process **A20:** 261
pyrolysis process **A20:** 260
treatment **A20:** 260–261
Automotive turbocharger wheels
design practices for structural
ceramics **EM4:** 722–726
Automotive valve spring
distortion failure of **A11:** 138–139
Auto-oxidative cross-linked resins **A13:** 400
Autophoretic paints. **M5:** 472
Autoradiography
in neutron radiography **A17:** 387

to reveal as-cast solidification structures in
steel **A9:** 624
Autorouting technology
Lee algorithm in **EL1:** 529–531
Autospectrum **A18:** 294
Au-U (Phase Diagram) .... **A3:** 2•78
Au-V (Phase Diagram). .... **A3:** 2•79
Auxiliary anode
defined **A13:** 2
Auxiliary brighteners
use in nickel plating **M5:** 205
Auxiliary cooling
permanent mold casting **A15:** 283
Auxiliary electrode
defined **A13:** 2
Auxiliary equipment *See also* Equipment; Tooling;
Tools **A20:** 142–143
for explosive forming **A14:** 638
for open-die forging **A14:** 61–63
for power spinning **A14:** 603
sheet metal forming **A14:** 489, 499–503
Auxiliary heating
for component removal **EL1:** 723–724
Auxiliary magnifier
definition **M6:** 2
Auxiliary metals
in tungsten carbide powder production **M7:** 157
Au-Yb (Phase Diagram). .... **A3:** 2•79
Au-Zn (Phase Diagram) .... **A3:** 2•79
Au-Zr (Phase Diagram). .... **A3:** 2•80
Availability **A20:** 93
and materials selection **A20:** 250
definition **A20:** 828
Avalanche photodiode (APD)
defined **EL1:** 1134
Average (bulk) asperity contact pressure
nomenclature for lubrication regimes **A18:** 90
Average (bulk) hydrodynamic pressure
nomenclature for lubrication regimes **A18:** 90
Average (bulk) surface temperature rise
nomenclature for lubrication regimes **A18:** 90
Average cornering force. **A18:** 579
Average density
defined **M7:** 1
Average energy flux (AEF). **A18:** 583
Average erosion rate
defined **A18:** 3
Average film **A18:** 94
Average flash temperature **A18:** 41, 43
Average flow fields. **A20:** 189
Average frictional power **A18:** 478
Average grain diameter
defined **A9:** 2
definition **A5:** 946
Average grain dislocation density **A10:** 358
Average grain orientation
texture as measure of **A10:** 358
Average internal effective strain
increment **A7:** 331–332
Average linear strain *See* Engineering strain
Average lubricant film thickness
nomenclature for hydrostatic bearings with orifice
or capillary restrictor **A18:** 92
nomenclature for lubrication regimes **A18:** 90
Average lubricant flow
nomenclature for hydrostatic bearings with orifice
or capillary restrictor **A18:** 92
Average lubricant shear stress
nomenclature for lubrication regimes **A18:** 90
Average molecular weight **EM3:** 5
defined **EM2:** 5
Average normal anisotropy
and *r* value **A8:** 550
of sheet metals **A8:** 555–556
Average of the sample. **EM3:** 786
Average particle diameter (d_m) **A7:** 242
Average particle spacing between inclusions .. **A19:** 11
Average pressure
nomenclature for hydrostatic bearings with orifice
or capillary restrictor **A18:** 92
Average root-mean-square (rms) surface roughness
symbol and units **A18:** 544
Average solid composition. **A6:** 47
Average stiffness
nomenclature for hydrostatic bearings with orifice
or capillary restrictors **A18:** 92

Average stress criterion
of failure **EM1:** 235, 254–255
Average stress method. **EM3:** 481
Average surface roughness **A18:** 340, 341–342
Average total heat flux (q_{av}) **A18:** 40
Average true stress
in necking **A8:** 25
Averages, lot *See* Lot averages
Averaging extensometer
dial-type **A8:** 616
for elevated/low temperature tension testing **A8:** 36
for strain measurement **A8:** 49
LVDT **A8:** 618
Aviation
as casting market **A15:** 34
Avicel PH101 (microcrystalline cellulose)
angle of repose **A7:** 300
Avimid K-III
as condensation polyimide **EM1:** 78
Avimid N (NR-150B2)
temperature capabilities **EM1:** 78
Avionics
space shuttle orbiter **A13:** 1074
Avogadro's number
defined **A10:** 162, 669
AWS specifications, specific types
C3.6–90, specification of furnace brazing .. **A7:** 658
AX-140 filler metal
hydrogen-induced cracking **A6:** 413
Axes
defined **EM1:** 357, 359
Axial
compression, in shafts **A11:** 461
defined **A11:** 1, **EM1:** 275
fatigue, in shafts **A11:** 461
Axial closed-die rolling process
principle **A14:** 112
Axial compression testing. **A8:** 55–58
Axial compressive strength
analysis of **EM1:** 196–197
Axial compressive stress
at equator of upset cylinder **A8:** 578
Axial displacement. **A6:** 315
Axial effects
and alternative analysis methods **A8:** 180–184
Axial fatigue
of P/M forged steel **M7:** 301, 416, 468, 469
Axial fatigue testing *See also* Axial fatigue testing
machine
constant-amplitude **A8:** 149
grips **A8:** 369
loading, notch-sensitivity for steel **A8:** 373
machine **A8:** 369, 371
universal open-front holders **A8:** 369
Axial fatigue tests **A19:** 341
reliability **M1:** 676
Axial flow blast cleaning machine. **A15:** 509
Axial force
of body-centered cubic metals during torsion
testing **A8:** 181, 183
of face-centered cubic metals during torsion
testing **A8:** 181–182
Axial line
application on gage section surface **A8:** 157
Axial load bearing *See* Thrust bearing
Axial loading
and fatigue-crack propagation **A11:** 109
defined **M7:** 1
effect on ball or roller-path patterns **A11:** 492
electrohydraulic testing machine **A8:** 159–160
fatigue test specimen **A8:** 371
fatigue testing by **A11:** 102
pure, fatigue failures **A11:** 109
rolling-contact fatigue from **A11:** 503–504
Axial loading tests
of aircraft **A19:** 557
Axial loading type
testing parameter adopted for fatigue
research **A19:** 211
Axial pulse attenuator. **A8:** 227
Axial radial loads
ball bearing **A11:** 491–492
Axial ratio
defined **A9:** 2
Axial rolls **A14:** 1, 114
Axial seal *See* Face seal

Axial shear failure
matrix....... **EM1:** 198
Axial shrinkage
as casting defect....... **A11:** 382
Axial strain....... **A8:** 1, **EM3:** 5
defined....... **A11:** 1, **EM1:** 4, **EM2:** 5
in cold upset testing....... **A8:** 579–580
Axial stress....... **A7:** 336
dependence on temperature in copper....... **A8:** 181
during torsion testing....... **A8:** 180–181
fatigue test specimens....... **A8:** 368
Axial stress notch fatigue strength....... **M7:** 301, 416, 468, 469
Axial structure
carbon fibers....... **EM1:** 50
Axial tensile strength
analysis of....... **EM1:** 192–194
Axial tests....... **A8:** 351–352
Axial upset....... **A6:** 315
Axial winding *See also* Polar winding; Winding
defined....... **EM1:** 4, **EM2:** 5
Axial-load fatigue test....... **A1:** 861
Axicell Mirror Fusion Test Facility
thermonuclear fusion containment....... **A2:** 1057
Axis (crystal)
defined....... **A9:** 2
Axis of a weld
definition....... **M6:** 2
Axis of revolution
horizontal centrifugal castings with....... **A15:** 296
Axis of symmetry
assumed....... **A12:** 202–203
Axisymmetry....... **A20:** 181
Axle grease
as fracture preservative....... **A12:** 73
Axle, hollow
by radial forging....... **A14:** 147
Axle ratio....... **A18:** 566
Axle shaft
roll forging of....... **A14:** 98
Axle shaft quality steel....... **A1:** 253
Axles *See also* Locomotive axles, failures of
highway trailer, weld failure....... **A11:** 419
housing, fatigue fracture....... **A11:** 397
housing, fracture surface....... **A11:** 389
locomotive, failure analysis studies....... **A11:** 723–724
normal microstructure of....... **A11:** 723
steel drive, fatigue fracture....... **A11:** 117
stub, slag inclusions in....... **A11:** 322–323
torsion tests for....... **A8:** 139
tractor, U-bolt fitting failure....... **A11:** 533–535
ultrasonic inspection....... **A17:** 232
AZ 31B-92A
contour band sawing....... **A16:** 363
AZS
glass-contact refractories....... **EM4:** 392
melting/fining....... **EM4:** 391, 392
o-Anisidine
hazardous air pollutant regulated by the Clean Air Amendments of 1990....... **A5:** 913
The Adhesives and Sealants Newsletter....... **EM3:** 71
The Adhesives & Sealants Newsletter....... **EM3:** 65

B

1,3-bis(3-aminophenoxy)benzene (APB)....... **EM3:** 155
1,3-Butadiene
hazardous air pollutant regulatedby the Clean Air Amendments of 1990....... **A5:** 913
B *See also* Burger's vector; Crystal lattice; Magnetic flux density....... **EM3:** 5
defined....... **EM2:** 5
B 1900
composition....... **M4:** 653
***B* basis**
of design values....... **A8:** 662
B. & S. G. system *See* Brown and Sharp Gage system
***B* value**....... **A20:** 80
B. W. G. system *See* Birmingham Wire Gage system
B-1 aircraft
as NDE reliability case study....... **A17:** 680–681
B_{10} life *See* Rating life
B-66
welding conditions effect....... **A6:** 581
B-120 *See* Titanium alloys, specific types, Ti-13V-11Cr-3Al
B-1900
aging cycle....... **A4:** 812
composition....... **A4:** 795, **A16:** 737
machining....... **A16:** 738, 741–743, 746–758
B-1900 + Hf
aging cycle....... **A4:** 812
Ba_2FeO_x....... **EM4:** 58
$Ba_2P_4O_7$/Ti....... **EM4:** 18
Babbitt *See also* Babbitt metal; Lead babbitt; Tin babbitt....... **A9:** 419
500 °F embrittlement, susceptibility to....... **M1:** 685
ability to embed abrasives....... **M1:** 609
and broaching....... **A16:** 204
as thermal spray coating for hardfacing applications....... **A5:** 735
compatibility with steel journals....... **M1:** 606–607
energy factors for selective plating....... **A5:** 277
neutron embrittlement, susceptibility to....... **M1:** 686
notch toughness, effect on **M1:** 699, 701, 702, 704, 706
spray material for oxyfuel wire spray process....... **A18:** 829
thermal spray coating material....... **A18:** 832
thermal spray coatings....... **A5:** 503
wear resistance compared with martensite **M1:** 613
Babbitt bearing alloys....... **A13:** 774
Babbitt metal....... **A18:** 693
bearings for reciprocating pumps....... **A18:** 597
compatibility in bearing materials....... **A18:** 743
defined....... **A18:** 3
in friction bearings....... **A11:** 715
seal adhesive wear....... **A18:** 549
sliding bearings (steel backed)....... **A18:** 516, 518, 520
tin and lead base....... **A11:** 483
Babbitt metals....... **A5:** 372
as bearing alloy....... **A2:** 523–524
definition....... **A5:** 946
lead-base....... **A2:** 523–524, 553–554
part of bimetal bearings....... **A9:** 567
recycling....... **A2:** 1219
Babbitt Navy Grade 2
selective plating solution for alloys....... **A5:** 281
Babbitt SAE 11
selective plating solution alloys....... **A5:** 281
Babbitted bearings *See also* Tin and tin alloy coatings
etching....... **A9:** 451
grinding....... **A9:** 451
Babbitting....... **A5:** 372–377, **M5:** 356–357
abrasive blast cleaning....... **A5:** 374
applications....... **A5:** 372, **M5:** 356
bearing shells....... **M5:** 356–357
bond quality....... **A5:** 376
cast iron....... **A5:** 374, 375, **M5:** 356
centrifugal casting....... **A5:** 372, 375–376
centrifugal process....... **M5:** 304
cleaning and degreasing methods....... **M5:** 356
cost advantage....... **A5:** 372
definition....... **A5:** 372, 946
degreasing or pickling for cleaning....... **A5:** 373–374
equipment....... **A5:** 375
fluxing....... **A5:** 374–375
hot dip tinning compositions of flux solutions....... **A5:** 374
lead-base babbitts....... **A5:** 373
mechanical bonding....... **A5:** 375
mechanical bonding process....... **M5:** 356
metal spray babbitting....... **A5:** 372, 376–377
metal-spray process....... **M5:** 357
methods....... **A5:** 372
preparation....... **A5:** 372–375
rotating speeds....... **M5:** 357
single-pot tinning....... **A5:** 375
solidification of babbitt....... **M5:** 357
static babbitting (hand casting)....... **A5:** 372, 376
static process....... **M5:** 356–357
tin-base babbitts....... **A5:** 372
ultrasonic cleaning....... **A5:** 374
Babington nebulizers
for ICP sample introduction....... **A10:** 36
Baby lotion
liquid chromatographic analysis of parabens in....... **A10:** 655–656
Ba-Ca (Phase Diagram)....... **A3:** 2•87
Ba-Cd (Phase Diagram)....... **A3:** 2•87
Back bead
definition....... **A6:** 1206
Back contacts
large area....... **EL1:** 958
Back draft
defined....... **A15:** 1
Back emission
definition....... **A5:** 946
Back extrusion punches
cemented carbide....... **A2:** 970–971
Back face correction factor....... **A19:** 463
Back face strain compliance techniques....... **A19:** 174
Back face strain gages....... **A19:** 175
Back free surface (BFS)....... **A19:** 423
Back gages
straight-knife shearing....... **A14:** 703
Back gouging
definition....... **A6:** 1206, **M6:** 2, 68
in gas metal arc welding of aluminum alloys....... **M6:** 383
Back ionization
definition....... **A5:** 946
Back pressure
defined....... **EM1:** 4, **EM2:** 5
Back pressuring
defined as pressure testing....... **A17:** 65
Back rake angles....... **A16:** 18, 143, 162, 175, 192
Back reflection *See also* Percentage of back reflection technique
defined....... **A9:** 2
intensity, various metals....... **A17:** 238
loss, ultrasonic inspection....... **A17:** 246
method, for forgings....... **A17:** 505
technique, ultrasonic inspection....... **A17:** 263, 505
Back ring
defined....... **A18:** 3
Back rolls....... **A14:** 96–97
Back scatter *See also* Backscattering
protection, radiographic inspection....... **A17:** 344
shadow formation, radiography....... **A17:** 313–314
Back scattering....... **A18:** 448, 449
Back screen
radiography....... **A17:** 315
Back stress
unified model used for thermomechanical fatigue T-E prediction....... **A19:** 549
Back taper *See also* Undercut
defined....... **EM2:** 5
Back weld
definition....... **M6:** 2
Backer cams
designs of....... **A14:** 131
Backer rod
for urethane sealants....... **EM3:** 205
Backers
for swaging....... **A14:** 131
Back-face strain method....... **A19:** 211
Backfill
defined....... **A13:** 2
Backfire
definition....... **A6:** 1206, **M6:** 2
Backfires....... **A6:** 1201

SUBJECTS OF THE INDEXED VOLUMES: ASM Handbook (designated by the letter "A"): **A1:** Properties and Selection: Irons, Steels, and High-Performance Alloys (1990); **A2:** Properties and Selection: Nonferrous Alloys and Special-Purpose Materials (1990); **A3:** Alloy Phase Diagrams (1992); **A4:** Heat Treating (1991); **A5:** Surface Engineering (1994); **A6:** Welding, Brazing, and Soldering (1993); **A7:** Powder Metal Technologies and Applications (1998); **A8:** Mechanical Testing (1985); **A9:** Metallography and Microstructures (1985); **A10:** Materials Characterization (1986); **A11:** Failure Analysis and Prevention (1986); **A12:** Fractography (1987); **A13:** Corrosion (1987); **A14:** Forming and Forging (1988); **A15:** Casting (1988); **A16:** Machining (1989); **A17:** Nondestructive Evaluation and Quality Control (1989); **A18:** Friction, Lubrication, and Wear Technology (1992); **A19:** Fatigue and Fracture (1996); **A20:** Materials Selection and Design (1997). **Metals Handbook, 9th Edition** (designated by the letter "M"): **M1:** Properties and Selection: Irons and Steels (1978); **M2:** Properties and Selection: Nonferrous Alloys and Pure Metals (1979); **M3:** Properties and Selection: Stainless Steels, Tool Materials, and Special-Purpose Materials (1980); **M4:** Heat Treating (1981); **M5:** Surface Cleaning, Finishing, and Coating (1982); **M6:** Welding, Brazing, and Soldering (1983); **M7:** Powder Metallurgy (1984). **Engineered Materials Handbook** (designated by the letters "EM"): **EM1:** Composites (1987); **EM2:** Engineering Plastics (1988); **EM3:** Adhesives and Sealants (1990); **EM4:** Ceramics and Glasses (1991). **Electronic Materials Handbook** (designated by the letters "EL"): **EL1:** Packaging (1989)

Background
correction systems, atomic absorption spectrometry . . . **A10:** 51–52
defined . . . **A10:** 669
fluorescence . . . **A10:** 130
intensity, abbreviation for . . . **A10:** 690
parameters defining, RDF analysis . . . **A10:** 396
removal, in EXAFS analysis . . . **A10:** 412
spectral, defined . . . **A10:** 682
Background, as signal
defined . . . **A17:** 678
Background noise
effect on scanning electron microscopy images . . . **A9:** 90
Background papers
fractographic . . . **A12:** 78
Background variables (factors) . . . **A8:** 639
Backhand welding
definition . . . **A6:** 1206, **M6:** 2
oxyfuel gas welding . . . **M6:** 589
Backhand welding technique . . . **A6:** 183
Backhoe . . . **A20:** 171–172
Backing
defined . . . **A18:** 3
definition . . . **A5:** 946, **A6:** 1206, **M6:** 2
for oxyfuel gas repair welding . . . **M6:** 592
Backing bars
arc welding of
heat-resistant alloys . . . **M6:** 353
magnesium alloys . . . **M6:** 428–429
nickel alloys . . . **M6:** 437
stainless steels . . . **M6:** 327–328
edge preparations . . . **M6:** 68
electroslag welding . . . **M6:** 227–228
gas metal arc welding of
aluminum alloys . . . **M6:** 382–383
gas tungsten arc welding . . . **M6:** 197
of coppers . . . **M6:** 406
keyhole welding . . . **M6:** 218–220
submerged arc welds . . . **M6:** 134
Backing bead
definition . . . **A6:** 1207, **M6:** 2
Backing board *See also* Bottom board
defined . . . **A15:** 1
Backing filler metal
definition . . . **A6:** 1207
Backing film
defined . . . **A9:** 2
definition . . . **A5:** 946
Backing pass
definition . . . **A6:** 1207, **M6:** 2
Backing piece
in welding process . . . **A17:** 582
Backing piece left on . . . **A6:** 1073
Backing plate *See also* Backing board
defined . . . **EM2:** 5
Backing plates
metallographic examination of welds made with . . . **A9:** 578
Backing ring
definition . . . **A6:** 1207
Backing rings
arc welding of austenitic stainless steels . . . **M6:** 329
definition . . . **M6:** 2
submerged arc welds . . . **M6:** 134
Backing rings, weld
crevice corrosion . . . **A13:** 350–351
Backing shoe
definition . . . **A6:** 1207
Backing strips
definition . . . **M6:** 2
for gas metal arc welding . . . **M6:** 169
Backing weld
definition . . . **A6:** 1207, **M6:** 2
Back-ionization . . . **A20:** 826
Backlash
in Rockwell hardness testing . . . **A8:** 74
n tension testing machine . . . **A8:** 47
Backlay welding . . . **A20:** 817
Backlighting
for automatic optical Inspection . . . **EL1:** 942
Backoff angle
broaching . . . **A16:** 195
Backplane
placement and level . . . **EL1:** 76
Back-pressure relief port
defined . . . **EM2:** 5
Backprojection, defined
computed tomography (CT) . . . **A17:** 381–383
Back-propagation . . . **A18:** 412
Back-reflection Laue method
x-ray diffraction . . . **A10:** 329, 330
Backscatter, beta
as plating thickness testing . . . **EL1:** 943
Backscattered electron . . . **A10:** 669, 689
Backscattered electron (BSE)
imaging . . . **EL1:** 1094, 1096–1098
micrographs . . . **EL1:** 1099–1100
Backscattered electron detectors
contrast with . . . **A10:** 502–504
ring geometry . . . **A10:** 503
used for wrought stainless steels . . . **A9:** 282
Backscattered electron image
compared to secondary electron image . . . **A9:** 92
Backscattered electron imaging . . . **A9:** 95
of solder and solder joints . . . **A9:** 451
Backscattered electron intensity
used in electronic image analysis . . . **A9:** 152
Backscattered electron microscopy
used to study titanium alloy subgrain boundaries . . . **A9:** 461
Backscattered electrons . . . **A18:** 377–378, 379, 380
and secondary electrons, compared . . . **A12:** 168
energy . . . **A9:** 92
fractographs, sulfur concrete fracture surfaces . . . **A12:** 472
in magnetic contrast . . . **A9:** 95
in scanning transmission electron microscopy . . . **A9:** 104
production of . . . **A9:** 91–92
SEM illuminating/imaging system . . . **A12:** 167–168
Backscattered scanning electron microscopy . . . **A9:** 91–92
depth of information as a function of acceleration voltage of primary electron beam . . . **A9:** 91
voltages . . . **A9:** 91–92
Backscattering *See also* Rutherford backscattering spectrometry; Scattering
analysis and signal processing . . . **A10:** 631
and industrial computed tomography compared . . . **A17:** 362
as two-body elastic collision process . . . **A10:** 629
fine structure from . . . **A10:** 408
in EPMA quantitative analysis . . . **A10:** 524
in Rutherford backscattering spectrometry . . . **A10:** 629
microwave inspection . . . **A17:** 220
polar, as angle-beam ultrasonic inspection **A17:** 248
Backscattering coefficient and secondary electron yield as a function of atomic number . . . **A9:** 92
topographic contrast . . . **A9:** 93
Back-slagging pit
electric arc furnace . . . **A15:** 359
Backstep sequence
definition . . . **A6:** 1207, **M6:** 2
Backstep welding of cast irons . . . **M6:** 313
Backstep welding technique
cast irons . . . **A15:** 526
Backstop tongs
in hot upset forging . . . **A14:** 87
Back-titrations
in nitrogen determination . . . **A10:** 173
yield of analyte concentration . . . **A10:** 173
Back-to-back ring seal
defined . . . **A18:** 3
Backup
definition . . . **M6:** 2
Back-up bars
electrogas welding . . . **M6:** 242
Backup coat
defined . . . **A15:** 1
Backup refractories
Shaw process . . . **A15:** 249
Backup roll, steel
fracture in shipping . . . **A11:** 97–98
Backward coupled noise, saturated . . . **EL1:** 35
Backward extrusion *See also* Extrusion
hot . . . **A14:** 316
load vs. displacement curve . . . **A14:** 37
of cuplike parts . . . **A14:** 305
of titanium alloys . . . **A14:** 273
Backward tube spinning . . . **A14:** 576–676
Backward wave oscillator (BWO) tube
microwave inspection . . . **A17:** 209
Backward-coupling coefficients
three coupled lines . . . **EL1:** 40
Bacteria
anaerobic biological corrosion by . . . **A13:** 116
films . . . **A13:** 42, 88, 900–901
in pipelines . . . **A13:** 1288–1289
-induced corrosion, gas/oil wells . . . **A13:** 482–483
rod-shaped . . . **A13:** 88
sulfate-reducing . . . **A13:** 116–117, 482–483
sulfur cycle, biological corrosion . . . **A13:** 41–42
tubercule formed by . . . **A13:** 120
Bacteria, thiobacillus
as corrosive . . . **A12:** 245
Bacteriacides . . . **A13:** 483
Bacterial corrosion *See also* Biological corrosion; Localized biological corrosion; Microbiological corrosion
on metals . . . **A11:** 190–191
telephone cables . . . **A13:** 1130
Bacterial film
in seawater . . . **A13:** 900–901
Bacterial resistance
and weather aging . . . **EM2:** 580
Ba-Cu (Phase Diagram) . . . **A3:** 2•88
Bad design . . . **A20:** 106
Bad manufacturing . . . **A20:** 106
Baddeleyite (ZrO_2) *See also* Zirconia; Zirconium oxide . . . **EM4:** 45, 50
radioactivity . . . **EM4:** 50
$BaFe_{12}O_{19}$
applications . . . **EM4:** 48
key product properties . . . **EM4:** 48
raw materials . . . **EM4:** 48
Baffle . . . **EM3:** 5
defined . . . **EM2:** 5
Baffle sources . . . **A5:** 557
Baffles
effect in powder mixing . . . **M7:** 189
for solder wave configurations . . . **EL1:** 688
Bag molding *See also* Vacuum bag molding **EM3:** 5
defined . . . **EM1:** 4, **EM2:** 5
Bag side
defined . . . **EM1:** 4, **EM2:** 5
Ba-Ga (Phase Diagram) . . . **A3:** 2•88
Bagaryatski orientation relationship
in pearlite . . . **A9:** 658
in upper bainite . . . **A9:** 664
Ba-Ge (Phase Diagram) . . . **A3:** 2•88
Baggage, aircraft
microwave holography inspection . . . **A17:** 226
BAGGER
used for engineering design and CFD analysis . . . **A20:** 198
Bagging *See also* Vacuum bag; Vacuum bagging . . . **EM3:** 5
defined . . . **EM1:** 4, 703, **EM2:** 5
lay-up, sequence for . . . **EM1:** 703
quality control . . . **EM1:** 755
Baghouse collectors . . . **M7:** 73
Ba-H (Phase Diagram) . . . **A3:** 2•89
Ba-Hg (Phase Diagram) . . . **A3:** 2•89
Bailey-Orowan
equation, for creep . . . **A8:** 309–310
model . . . **A8:** 301
Ba-In (Phase Diagram) . . . **A3:** 2•89
Bainite . . . **A1:** 128, 129, **A9:** 662–667, **A13:** 2, 566, **A20:** 368, 369–372
classification scheme . . . **A20:** 370
definition . . . **A5:** 946
effect with hardness on abrasion resistance . . . **A20:** 474
Hall-Petch relationship . . . **A20:** 370, 371
Bainite hardening
definition . . . **A5:** 946
Bainite in carbon and alloy steels . . . **A9:** 179
defined . . . **A9:** 2
etching to reveal . . . **A9:** 170
nonferrous . . . **A9:** 665–666
Bainite lath size . . . **A20:** 370, 371
Bainite packet
for cleavage fracture . . . **A8:** 466–467
Bainite start (B_s) temperature . . . **A20:** 370
Bainite structure
ductile iron . . . **A15:** 35
Bainitic microstructure
brittleness from . . . **A11:** 325–326
low-alloy steel . . . **A11:** 393

Bainitic steel rails **A20:** 381
Bainitic steels
advantage....... **A20:** 372
applications....... **A20:** 372
Bainitic transformation **A9:** 655
Bake
defined....... **A15:** 1
Bake sand
defined....... **A15:** 1
Bake (verb)
defined **M7:** 1
Baked core
defined....... **A15:** 1
Baked sand molding
Alnico alloys....... **A15:** 736
Bake-hardenable steels **A20:** 381
Bake-hardening steels **A4:** 61, **A20:** 361
definition....... **A20:** 828
Bakelite **M7:** 606
defined....... **EM2:** 5
definition....... **A5:** 946
drilling....... **A16:** 230
machining of, tool life improvements due to steam oxidation **A5:** 770
no permanent deformation....... **A20:** 351
on cast iron, fretting corrosion **A19:** 329
tensile fracture strains....... **A20:** 343–344
Bakelite as a mounting material *See also* Mounting materials **A9:** 26
copper and copper alloys **A9:** 399
for carbon and alloy steels....... **A9:** 166–167
for carbonitrided and carburized steels **A9:** 217
for nitrided steels....... **A9:** 218
powder metallurgy materials **A9:** 504
titanium and titanium alloys **A9:** 458
Bakelite mounting
for optical metallography sample **A10:** 300
Bakelite premolds **A9:** 26
Bake-out cycle
for hydrogen removal **A13:** 330
Bake-out temperature
for environmental test chamber....... **A8:** 411
Baking
hard chromium plating **M5:** 186
in all-ceramic mold casting....... **A15:** 249
maraging steels **M1:** 448
material, rigid printed wiring boards **EL1:** 541
nickel plating process....... **M5:** 217–218
of rammed graphite molds....... **A15:** 273
ovens, for core production **A15:** 32
paint *See* Paint and painting, curing methods
postlamination **EL1:** 544
prelamination inner layer....... **EL1:** 543
ultrahigh-strength steels....... **M1:** 425, 436
Baking enamel **M5:** 501
Baking mold expansion as casting defect....... **A11:** 386
Baking, postplate
high-carbon steels....... **A12:** 284
Balance
abbreviation for **A8:** 724
Balance beam
for constant-stress testing....... **A8:** 319–320
leveling motor, for creep test stand **A8:** 311–312
Balance construction
defined....... **EM2:** 5
Balance displacement pendulum
weighing system **A8:** 613
Balanced biaxial stretching
in sheet metal forming **A8:** 547
with Marciniak test **A8:** 558
Balanced construction
defined....... **EM1:** 4
Balanced design
defined **EM1:** 4, **EM2:** 5
Balanced incomplete block experiment plan **A8:** 646–649
Balanced laminate *See also* Laminate(s); Symmetrical laminate
defined **EM1:** 5, **EM2:** 5
Balanced matrix....... **A20:** 51
Balanced twist
defined **EM1:** 5, **EM2:** 5
Balanced-in-plane contour
defined **EM1:** 4–5, **EM2:** 5
"Balancing" aspect of the orthogonal array....... **A20:** 116
Balancing cam
in constant-stress testing....... **A8:** 320
Balata
properties and structure **A20:** 435
Baler **A20:** 137
Ba-Li (Phase Diagram) .... **A3:** 2•90
Baling wire....... **A1:** 282, **M1:** 264
Ball and roller bearing quality and bearing quality....... **A1:** 253–254
Ball and roller bearings
alloy steel wire for....... **A1:** 286–287
measurement of residual stress and hardness of raceway of....... **A10:** 380
Ball bar
defined....... **A17:** 18
Ball bearing *See also* Rolling-element bearings, friction and wear of
defined....... **A18:** 3
fatigue spalling life....... **A18:** 258
scanning acoustic microscopy for quality assurance of ceramics **A18:** 408
wedging film action of hydrodynamic lubrication....... **A18:** 89
Ball bearing cup and race **M7:** 570
Ball bearing radial rating equation **A19:** 357
Ball bearings *See also* Bearings; Rolling-element bearings....... **A19:** 334–336
alloy steel wire for **M1:** 269
and roller bearings, compared **A11:** 490
ball path patterns....... **A11:** 491–492
deformation of raceway....... **A11:** 510
hardened steel contact fatigue **A19:** 692
hybrid....... **A19:** 335
race spall contact fatigue **A19:** 332
rolling-contact fatigue fracture, from subsurface inclusions....... **A11:** 504
stainless steel, pitting failure of **A11:** 495, 497
types of **A11:** 490
Ball bonding *See also* Thermocompression welding
gold wire....... **EL1:** 350
methods of....... **EL1:** 224–226
Ball clay....... **EM4:** 32, 44
in typical ceramic body compositions....... **EM4:** 5
Ball complement
defined....... **A18:** 1
Ball cratering
for AES sputtering problems **A10:** 556
Ball indented bearing
defined....... **A18:** 3
Ball indenter
Brinell **A8:** 86–88
hardened steel....... **A8:** 84
in Rockwell hardness testing **A8:** 77
tungsten carbide....... **A8:** 84
verification **A8:** 88
Ball joints
wedging film action of hydrodynamic lubrication....... **A18:** 89
Ball mandrels
for bending tube....... **A14:** 667
Ball mill
fractured linings from....... **A11:** 377–378
ore samples crushed in **A10:** 165
Ball mill components *See* Grinding balls; Liners
Ball mill production processes
aluminum powder **A7:** 148
Ball milling *See also* Ball mills **A7:** 77, 78, **A16:** 100–101, **M7:** 56–70
beryllium **A2:** 684
cobalt powders....... **M7:** 145
cobalt-covered tungsten carbide **M7:** 173
defined **M7:** 1
definition....... **A5:** 946
grinding elements **M7:** 60
in Pyron process **M7:** 82
in QMP process **M7:** 86
of magnesium powders....... **M7:** 131
of silver powders....... **A7:** 183, **M7:** 148
platelet tantalum particle shapes **M7:** 161
Ball mills *See also* Attrition mills; Ball milling
brittle cathode process **M7:** 72
charge parameters....... **M7:** 66
defined **M7:** 1
for metallic flake pigments **M7:** 593
for precious metal powders **A7:** 182
high-energy....... **M7:** 723
powders, for brazing and soldering **M7:** 837
production, of aluminum powder....... **M7:** 125
Ball path patterns
by axial and unidirectional radial loads....... **A11:** 491–492
effect of tilt and bearing clearance **A11:** 492
Ball punch tests
as simulative stretching test....... **A8:** 561
Ball sizing....... **A16:** 210
Ball-and-wedge bonds
cycle, steps **EL1:** 226
formation, plastic packages **EL1:** 472
Ballast resistors
of electrical resistance alloys **A2:** 823
Balling, pitch
in rammed graphite molds....... **A15:** 274
Balling up
definition **A6:** 1207, **M6:** 2
Ballistic particle manufacturing (BPM) **A20:** 236
Ballizing **A19:** 328
and fretting fatigue **A19:** 328
Ball-on-ball impact fracture(s)
AISI/SAE alloy steels....... **A12:** 336
Ballotini solid glass spheres....... **A7:** 300
to calibrate Hall funnel....... **A7:** 296
Ball-plane wear test
for print band....... **A8:** 607
reciprocating....... **A8:** 603
stress and strokes combined....... **A8:** 603
Balls, steel
magnetic particle inspection....... **A17:** 98–99
Balsa wood
engineered material classes included in material property charts **A20:** 267
fracture toughness vs.
density....... **A20:** 267, 269, 270
strength....... **A20:** 267, 272–273, 274
Young's modulus **A20:** 267, 271–272, 273
linear expansion coefficient vs. Young's modulus....... **A20:** 267, 276–277, 278
loss coefficient vs. Young's modulus....... **A20:** 267, 273–275
strength vs. density **A20:** 267–269
Young's modulus vs.
density **A20:** 266, 267, 268, 289
elastic limit **A20:** 287
strength **A20:** 267, 269–271
Balshin's expression **A7:** 575
BAMACAST software program....... **A15:** 888
Ba-Mg (Phase Diagram) .... **A3:** 2•90
Ba-Na (Phase Diagram) .... **A3:** 2•90
Banbury....... **EM3:** 5
defined....... **EM2:** 5
Band density **EM1:** 5, 508
defined....... **EM2:** 5
Band head
in molecular emission **A10:** 23
Band printer....... **A8:** 607
Band saw cutting
for macroscopic examination....... **A12:** 92
Band sawing *See* Sawing
Band sawing, of titanium alloys *See also* Sawing....... **A14:** 841
Band saws used in sectioning....... **A9:** 23
Band theory
quantum mechanical (solid state)....... **EL1:** 96–103

SUBJECTS OF THE INDEXED VOLUMES: ASM Handbook (designated by the letter "A"): **A1:** Properties and Selection: Irons, Steels, and High-Performance Alloys (1990); **A2:** Properties and Selection: Nonferrous Alloys and Special-Purpose Materials (1990); **A3:** Alloy Phase Diagrams (1992); **A4:** Heat Treating (1991); **A5:** Surface Engineering (1994); **A6:** Welding, Brazing, and Soldering (1993); **A7:** Powder Metal Technologies and Applications (1998); **A8:** Mechanical Testing (1985); **A9:** Metallography and Microstructures (1985); **A10:** Materials Characterization (1986); **A11:** Failure Analysis and Prevention (1986); **A12:** Fractography (1987); **A13:** Corrosion (1987); **A14:** Forming and Forging (1988); **A15:** Casting (1988); **A16:** Machining (1989); **A17:** Nondestructive Evaluation and Quality Control (1989); **A18:** Friction, Lubrication, and Wear Technology (1992); **A19:** Fatigue and Fracture (1996); **A20:** Materials Selection and Design (1997). **Metals Handbook, 9th Edition** (designated by the letter "M"): **M1:** Properties and Selection: Irons and Steels (1978); **M2:** Properties and Selection: Nonferrous Alloys and Pure Metals (1979); **M3:** Properties and Selection: Stainless Steels, Tool Materials, and Special-Purpose Materials (1980); **M4:** Heat Treating (1981); **M5:** Surface Cleaning, Finishing, and Coating (1982); **M6:** Welding, Brazing, and Soldering (1983); **M7:** Powder Metallurgy (1984). **Engineered Materials Handbook** (designated by the letters "EM"): **EM1:** Composites (1987); **EM2:** Engineering Plastics (1988); **EM3:** Adhesives and Sealants (1990); **EM4:** Ceramics and Glasses (1991). **Electronic Materials Handbook** (designated by the letters "EL"): **EL1:** Packaging (1989)

Barium titanium oxide (Ba_2TiO_3) / 113

Band thickness
defined **EM1:** 5, **EM2:** 5

Band width
defined **EM1:** 5, **EM2:** 5

Band-aid joints **EM3:** 550

Banded structure
defined **A11:** 1, **A13:** 2
from alloy segregation **A11:** 121

Bandedness **A20:** 180

Band-gap theory **A20:** 615

Banding *See also* Bands **A19:** 7
defined **A9:** 2
in stainless steel as a result of hot rolling . . **A9:** 627
in steel as a result of hot rolling **A9:** 626
segregation **A15:** 306

Bandpass
acoustic emission inspection **A17:** 281

Bands
AISI/SAE alloy steels **A12:** 333
as alloy segregation, effect on fatigue
strength **A11:** 121
deformation, butterflies as **A12:** 115, 134
deformation, defined **A11:** 3
ferrite-pearlite **A11:** 316
in steel bearing ring **A11:** 505
in steel plate **A11:** 320
microstructural, from chemical segregation and
mechanical working **A11:** 315
microstructural, in forged product **A11:** 315
shear **A12:** 32, 42
shear, defined **A11:** 9
slip, in fatigue cracking **A11:** 102
transformed **A12:** 32
twin, defined **A11:** 11

Bands, molecular
in emission spectroscopy **A10:** 23

Bandwidth **A20:** 182
defined **A17:** 255
of load-measuring system **A8:** 193

Bandwidths
distribution of available **EL1:** 5
maximum, limits **EL1:** 6
of optical systems **EL1:** 16
reduction, as future development **EL1:** 10

Bank sand *See also* Sand
defined **A15:** 1

Banking concept
of radiation safety doses **A17:** 301

Ba-P (Phase Diagram) ....**A3:** 2•91

Ba-Pb (Phase Diagram) ....**A3:** 2•91

Bar *See also* Bar bending; Bar drawing; Bar
sections; Bars; Round Bar
beryllium **A2:** 683
beryllium-copper alloys **A2:** 403, 411
double-shear tests for **A8:** 62–63
extruded, and shapes, of wrought magnesium
alloys **A2:** 459
for tensile tests **A8:** 155
for torsion testing **A8:** 139, 143
for ultrasonic testing **A8:** 242–243, 250
in split Hopkinson pressure bar test . . . **A8:** 200–202
materials **A2:** 769
mechanically alloyed oxide dispersion-strengthened
(MA ODS) alloys **A2:** 948–949
mover **A8:** 201
primary testing direction **A8:** 667
rolled steel, specimen fracture surface **A8:** 278, 279
rolling, of nickel-titanium shape memory effect
(SME) alloys **A2:** 899
round, for workability **A8:** 156
selection for torsional Kolsky bar
strain rate **A8:** 227
solid, dimensional changes in torsion **A8:** 143
specimen locations for **A8:** 60
stainless steel *See* Stainless steel, bar
steel *See* Steel, bar
stopper **A8:** 201
stress intensity ranges, ultrasonic testing . . . **A8:** 252
wrought aluminum alloy **A2:** 33
wrought beryllium-copper alloys **A2:** 409
wrought titanium alloys **A2:** 610–611

Bar and tubing
economy in manufacture **M3:** 849

Bar bending **A14:** 661–664

Bar compound application buffing system . . . **M5:** 116, 127

Bar drawing **A14:** 330, 334–337
in bulk deformation processes classification
scheme **A20:** 691

Bar drawing dies
cemented carbide **M3:** 523–525
chromium plating **M3:** 525
diamond **M3:** 521, 523, 525
polishing **M3:** 525
sectional, adjustable **M3:** 524
tool breakage **M3:** 525
tool steels **M3:** 523, 524, 525

Bar magnet
magnetic fields of **A17:** 90

Bar rolling *See also* Bars
fracture prediction **A14:** 397–399
pass, finite-element computer
modeling **A14:** 350–351

Bar (screw) machines *See also* Automatic bar and
chucking machines **A16:** 160, 256

Bar section
in bulk deformation processes classification
scheme **A20:** 691

Bar sections
bending of **A14:** 661–664
shearing of **A14:** 714–719
straightening of **A14:** 680–689

Bar, steel *See also* Alloy steel bars; Carbon steel
bars; Cold finished steel bars; Hot-rolled steel
bars and shapes
annealing **A4:** 39, **M4:** 19, 25–26
normalizing **A4:** 39–40

Bar stock
manganese phosphate coating **A5:** 381
ultrasonic inspection **A17:** 267–268

Barba's law
for ductility measurement **A8:** 26

Barbed wire fence **M1:** 271

Barcol hardness *See also* Hardness **EM3:** 5
defined **EM1:** 5, **EM2:** 5
polyester resins **EM1:** 91, 92

Bare copper circuit boards *See* Circuit boards

Bare electrode
definition **M6:** 2

Bare glass
defined **EM1:** 5, **EM2:** 5

Bare metal arc welding
definition **M6:** 2

Bare silicon circuit board (SCB)
testing **EL1:** 362–363

Barite **A18:** 572, **EM3:** 175

Barite/barytes ($BaSO_4$)
purpose for use in glass manufacture **EM4:** 381

Barium
applications **A2:** 1259
as minor toxic metal, biologic effects **A2:** 1259
as silicon modifier **A15:** 161
glass-to-metal seals **EM3:** 302
gravimetric finishes **A10:** 171
in enamel cover coats **EM3:** 304
in enamel ground coat **EM3:** 304
lubricant indicators and range of
sensitivities **A18:** 301
maximum concentration for the toxicity
characteristic, hazardous waste **A5:** 159
pure **M2:** 716–717
pure, properties **A2:** 1101
species weighed in gravimetry **A10:** 172
sulfate ion separation **A10:** 169
sulfuric acid as dissolution medium **A10:** 165
TNAA detection limits **A10:** 237, 238
toxicity **A6:** 1195
ultrapure, by distillation process **A2:** 1094
used to make detergents **A18:** 100
weighed as chromate **A10:** 171
weighed as sulfate **A10:** 171

Barium aluminoborosilicate
chemical corrosion **EM4:** 1047
properties, non-CRT applications **EM4:** 1048–1049

Barium carbonate
carburizing role **A4:** 325
in composition of unmelted frit batches for high-
temperature service silicate-based
coatings **A5:** 470

Barium carbonate and iron oxide mixture
mixing index affected by time and heat
treatment **EM4:** 97

Barium carbonate ($BaCO_3$)
decomposition **EM4:** 110
purpose for use in glass manufacture **EM4:** 381

Barium chloride
molten **A11:** 277

Barium enamel
melted-oxide compositions of frits for
aluminum **A5:** 455
melted-oxide compositions of frits for porcelain
enameling of aluminum **A5:** 802

Barium ferrite **A7:** 1018, **A9:** 539, 549, **EM4:** 56
comminution milling types **EM4:** 78
hexagonal **EM4:** 59
thermal etching **EM4:** 575

Barium fluoride
rolling-element bearing lubricant **A18:** 138
to control dusting **A18:** 684

Barium glass
replacement for quartz filler in dental clinical
studies **A18:** 671

Barium hexaferrite **EM4:** 97

Barium hydrated salt coating
alternative conversion coat technology,
status of **A5:** 928

Barium lead borosilicate glass
properties **EM4:** 1057

Barium metaborate
for flame retardance **EM3:** 179

Barium osmullite
maximum use temperature **EM4:** 875

Barium oxide
in binary phosphate glasses **A10:** 131

Barium oxide (BaO)
composition by application **A20:** 417
in composition of melted silicate frits for high-
temperature service ceramic coatings **A5:** 470
in composition of textile products **EM4:** 403
in composition of wool products **EM4:** 403
in drinkware compositions **EM4:** 1102
in glaze composition for tableware **EM4:** 1102
in ovenware compositions **EM4:** 1103
in tableware compositions **EM4:** 1101
properties **EM4:** 424
specific properties imparted in CTV
tubes **EM4:** 1039

Barium porcelain enamels
composition of **M5:** 510–511

Barium salts
toxic effects **A2:** 1259

Barium soap **A18:** 126, 129

Barium stearate **A7:** 324, 325
lubricants **M7:** 191

Barium sulfate
biologic inhalation effects **A2:** 1259

Barium titanate
as transducer element **A17:** 255
for accelerating adhesive cure **EM3:** 179

Barium titanate (Ba_2TiO_3) *See also* Barium titanium
oxide **EM4:** 55
application **EM4:** 542
ceramic powder, batch weight of formulation when
used in non-oxidizing sintering
atmospheres **EM4:** 163
chemical etching **EM4:** 575
discovery **EM4:** 16
for capacitors **EM4:** 17
piezoelectric property **EM4:** 16
precipitation process **EM4:** 60
production process **EM4:** 109
rare earth doped **EM4:** 58
used in Langevin-type piezoelectric
vibrators **EM4:** 1119

Barium titanium oxide (Ba_2TiO_3) *See also* Barium
titanate
anisotropic dielectric constants as function of
temperature **EM4:** 771
applications **EM4:** 48, 300
electrical/electronic applications **EM4:** 1106
gas pressure sintering for pressure
densification **EM4:** 299
hot pressing **EM4:** 192
key product properties **EM4:** 48
pressure densification
pressure **EM4:** 301
technique **EM4:** 301
temperature **EM4:** 301
raw materials **EM4:** 48

114 / Barium titanium oxide carbonate ($BaTiO(C_2O_4)_2$)

Barium titanium oxide carbonate ($BaTiO(C_2O_4)_2$)
pressure densification **EM4:** 300

Barium, vapor pressure
relation to temperature......... **A4:** 495, **M4:** 310

Bark
definition............................... **A5:** 946

Barker v. Lull **A20:** 147

Barkhausen effect. **A9:** 534, **A19:** 214

Barkhausen jumps
defined................................ **A17:** 159

Barkhausen magnetic methods
capabilities of **A10:** 380

Barkhausen noise *See also* Noise
acoustic **A17:** 160
as decarburization measure **A17:** 134
as magnetic material characterization..... **A17:** 129
capabilities and limitations.............. **A17:** 160
instrumentation **A17:** 160
measurement, magnetic................. **A17:** 132
residual stress measurement by...... **A17:** 159–160
stress dependence...................... **A17:** 160

Barkhausen noise analysis
life-assessment techniques and their limitations for creep-damage evaluation for crack initiation and crack propagation............. **A19:** 521

Barn **A10:** 669, 691

Barnacles
as biofouling organisms......... **A13:** 88, 111, 114

Barrel *See also* Extruder
defined **M7:** 1

Barrel acid cleaning **M5:** 60–64

Barrel burnishing
aluminum and aluminum alloys...... **A5:** 785–786
definition............................... **A5:** 946

Barrel cracking. **A6:** 993

Barrel cracks
printed board coupons **EL1:** 576

Barrel finish jewelry plating
flash formulations for decorative gold plating **A5:** 248

Barrel finishing **A5:** 118, 119
advantages and limitations............... **A5:** 707
aluminum and aluminum alloys...... **A5:** 785–786, **M5:** 572–574
applications **M5:** 134–135
cast irons............................... **A5:** 686
centrifugal *See* Centrifugal barrel finishing
definition............................... **A5:** 946
dry *See* Dry barrel finishing
in metal removal processes classification scheme **A20:** 695
magnesium alloys **A5:** 821, **M5:** 629–630
mass finishing *See* Mass finishing
media **M5:** 134–136
of stainless steel forgings................ **A14:** 230
roughness average....................... **A5:** 147
self-tumbling *See* Self-tumbling
titanium and titanium alloys **A5:** 839
wet *See* Wet barrel finishing
zinc alloys **M5:** 676

Barrel image distortion **A9:** 77

Barrel line plating
process control used **A5:** 283

Barrel or bowl abrading
magnesium alloys....................... **A5:** 820

Barrel plating
brass **M5:** 285–286
bronze................................. **M5:** 288
cadmium **M5:** 257–261
chromium **M5:** 179–180
copper **M5:** 162–163, 167
definition............................... **A5:** 946
gold................................... **M5:** 282
lead and lead alloys **M5:** 275
nickel *See* Nickel plating, barrel process
rhodium **M5:** 290–291

Barrel, shotgun
distortion in **A11:** 139–140

Barreling
and compressive strength **A8:** 58
and friction.............................. **A8:** 56
in compression testing........ **A8:** 55–58, 196–197
in nonlubricated, nonisothermal hot forging **A8:** 582
of cylindrical specimens................. **A8:** 56–57

Barreling, defined *See also* Compression test **A14:** 1

Barren solution. **A7:** 174

Barretters
microwave detection by **A17:** 208

Barrier
as cure processing material............. **EM1:** 644
as vitreous dielectric application......... **EL1:** 109
platings, as surface preparation........... **EL1:** 679
properties, parylene coatings........ **EL1:** 794–795

Barrier coat *See also* Coatings
defined **EM1:** 5, **EM2:** 5
definition............................... **A5:** 946

Barrier coatings *See also* Barrier
protection **M5:** 362, 433
electroplated hard chromium....... **A13:** 871–875
for galvanic corrosion................. **A13:** 86–87
for marine corrosion **A13:** 916

Barrier film *See also* Films
defined **EM1:** 5, **EM2:** 5
definition............................... **A5:** 946

Barrier gates. **A20:** 142

Barrier layer
definition............................... **A5:** 946

Barrier oxide film *See* Barrier coatings; Film; Oxide film; Oxides

Barrier pigment effect **A20:** 452

Barrier plastics **EM3:** 6
defined................................ **EM2:** 5–6

Barrier protection
anodic oxides.................... **A13:** 377–378
ceramic coatings....................... **A13:** 378
conversion coatings.............. **A13:** 378–379
corrosion inhibitors.................... **A13:** 378
organic coatings....................... **A13:** 378

Barrier-layer-clad
oxidation-resistant coating systems for niobium **A5:** 862

Bars *See also* Bar bending; Bar drawing; Bar rolling; Bar sections; Barstock; Cold finished bars; Hot rolled bars; Rolling; Steel bar
bending **A14:** 661–664
by radial forging....................... **A14:** 145
computing ovality in **A14:** 133
cutting and fullering **A14:** 63
cutting, for closed-die forging **A14:** 80–81
cylindrical, frequency selection, eddy current inspection........................... **A17:** 174
dies and die materials for drawing **A14:** 337
drawbenches for................... **A14:** 334–335
drawing of **A14:** 330, 334–337
eddy current inspection system **A17:** 166
flash welding..................... **M6:** 558, 577
forged, allowances and tolerances **A14:** 72
forged, bursts in.................. **A11:** 317–318
forming.......................... **A14:** 622, 836
forming, nickel-base alloy............... **A14:** 836
friction welding **M6:** 720–721, 726
infiltration-brazed butted iron-copper **M7:** 558
in-line drawing and straightening machine for........................ **A14:** 333
magabsorption measurement of.......... **A17:** 155
magnetized, defined..................... **A17:** 80
metal flow during swaging **A14:** 130
oxyfuel gas cutting **M6:** 913
porter.................................. **A14:** 63
radiographic methods **A17:** 296
reinforcement thermit welding....... **M6:** 702–703
rotary swaging of................. **A14:** 128–144
round steel, quench crack in **A11:** 94
shearing of **A14:** 714–719
solid cylindrical, impedance of **A17:** 171–172
springs, hot wound, use for **M1:** 297, 301
steel, magabsorption measurement **A17:** 155
steel, ultrasonic inspection........... **A17:** 271–272
straightening of **A14:** 680–689
tool materials for drawing **A14:** 336
yeild strength, relation to hardness **M1:** 301

Bars, bar size light shapes
net shipments (U.S.) for all grades, 1991 and 1992 .... **A5:** 701

Bars, cold finished
net shipments (U.S.) for all grades, 1991 and 1992 .... **A5:** 701

Bars, hot rolled
net shipments (U.S.) for all grades, 1991 and 1992 .... **A5:** 701

Bars, reinforced
net shipments (U.S.) for all grades, 1991 and 1992 .... **A5:** 701

Bars, steel *See* Cold finished steel bars; Hot rolled steel bars; Steel bars

Bar-shaped steel compacts
full density............................. **M7:** 505

Barsom Charpy/fracture toughness
correlation............................. **A8:** 265

Barsom correlation
Charpy/K_{Ic} correlations for steels, and transition temperature regime **A19:** 405

Barsom-Rolfe Charpy/fracture toughness
correlation............................. **A8:** 265

Barsom-Rolfe correlation
Charpy/K_{Ic} correlations for steels, and transition temperature regime **A19:** 405

Barus equation **A18:** 83

Basal plane
defined................................. **A9:** 2

Basalt
applications **EM4:** 963, 964
high-level waste disposal in **A13:** 975

Basalt fused cast, property comparison
mineral processing **EM4:** 962

Basalt stoneware **EM4:** 3, 4

Base diffusion
bipolar junction transistor technology **EL1:** 195

Base event. **A20:** 120

Base material
definition **A6:** 1207, **M6:** 2

Base materials *See also* phase metals
materials and processes selection **EL1:** 113–114

Base metal
definition **A5:** 946, **A6:** 1207, **M6:** 2

Base metal erosion
in brazed joints **A17:** 603

Base metal test specimen
definition............................... **M6:** 2

Base metals *See also* Metals
and solderability **EL1:** 676
as dental alloys........................ **A13:** 1351
common cleaners for.................... **EL1:** 678
PFM alloys **A13:** 1356

Ba-Se (Phase Diagram) .... **A3:** 2•91

Base plate
defined................................. **M7:** 1
lower-shelf and transition region, fracture toughness variability **A19:** 451
structural steel, fracture toughness variability......................... **A19:** 451

Base sands *See also* Reclamation; Sands
reclamation effects..................... **A15:** 355

Base SI units
guide for **A10:** 685

Base units
Système International d'Unités (SI) **A11:** 793

Base/bed construction
coordinate measuring machines........... **A17:** 24

Base-centered space lattice .... **A3:** 1•15

Baseline. **A20:** 77

Base-line technique
defined................................ **A10:** 669

Base-metal cracking
in laser beam welds.................... **A11:** 449

Base-metal thermocouple
for creep test temperature control **A8:** 314
Base-metal thermocouples *See* Thermocouple materials; Thermocouple(s)
Bases
analytic methods for **A10:** 7
and acids, indicators **A10:** 172
and acids, titrations................ **A10:** 172–173
aqueous corrosion in................. **A13:** 38–39
defined **A13:** 2, 1140
pure tin in............................ **A13:** 772
uranium/uranium alloys in.......... **A13:** 815–816
zinc corrosion in **A13:** 763
BASF-A wax
additive to atactic polypropylene in injection molding.................... **EM4:** 174, 176
Ba-Si (Phase Diagram) .... **A3:** 2•92
$BaSi_2O_5$/Pb............................. **EM4:** 18
Basic brick
applications **EM4:** 903, 913
Basic chemical equilibria
and analytical chemistry............ **A10:** 162–165
Basic design language for structure (BDL/S)
defined.............................. **EL1:** 128
in computer aided design........... **EL1:** 128–129
Basic device/product function (active verb) classes **A20:** 22
Basic dynamic capacity **A18:** 505
Basic dynamic load capacity *See also* Basic load rating.............................. **A19:** 357
defined.................................. **A18:** 3
Basic dynamic load rating **A18:** 505
Basic fluoride
fluxes used for SAW applications **A6:** 62
Basic fluxing........................... **A20:** 600
Basic function **A20:** 115, 192
Basic helix angle
symbol and units **A18:** 544
Basic load rating *See also* Basic dynamic load capacity; Dynamic load **A18:** 505
defined.................................. **A18:** 3
Basic melting practice
steelmaking **A15:** 366
Basic NMR frequency
defined.............................. **A10:** 669
Basic oxygen furnace **M1:** 109–110, 112
Basic oxygen process (BOP) **A1:** 110, 111, 112
Kawasaki basic oxygen process **A1:** 111
quick-quiet basic oxygen process.......... **A1:** 112
Basic oxygen steelmaking (BOS)........... **EM4:** 44
Basic plumbum materials
applications............................ **A2:** 555
Basic refractory *See also* Acid refractory
defined................................. **A15:** 1
Basic solutions
as corrosive environment **A12:** 24
Basic static load rating
defined.................................. **A18:** 3
Basic theory of solid friction **A18:** 27–37
basic mechanisms of friction **A18:** 30
ceramics, friction of..................... **A18:** 36
composition **A18:** 28–29
chemical compound formation **A18:** 29
chemisorption **A18:** 28–29
mechanical compound formation........ **A18:** 29
reconstruction **A18:** 28
segregation **A18:** 28
definition of friction **A18:** 27
definition of solid friction **A18:** 27
elastomers, friction of................... **A18:** 36
friction under lubricated conditions.... **A18:** 29–30
future outlook.......................... **A18:** 37
graphite, friction of..................... **A18:** 36
history **A18:** 30–31
English School........................ **A18:** 31
French School **A18:** 30–31
ice, friction of.......................... **A18:** 36
metals, friction of **A18:** 31–35
adhesion **A18:** 31–33
asperity deformation **A18:** 33–34
deformation energy................. **A18:** 34–35
third-body effects **A18:** 35
molybdenum disulfide, friction of......... **A18:** 36
nature of surfaces....................... **A18:** 27
polymers, friction of **A18:** 35–36
deformation zone friction **A18:** 36
interfacial zone shear **A18:** 36
rolling friction.......................... **A18:** 37
anelastic hysteresis losses............... **A18:** 37
microslip at the interface............... **A18:** 37
surface roughness **A18:** 37
subsurface microstructure................ **A18:** 29
topography **A18:** 27–28
asperity, distribution model **A18:** 28
macrodeviations **A18:** 27, 28
microroughness **A18:** 27–28
roughness **A18:** 27
roughness measurement **A18:** 28
waviness **A18:** 27
Basicity **A18:** 84
index.................................. **M6:** 125
effect of oxygen **M6:** 41
relationship to weld metallurgy.......... **M6:** 41
relationship to weld-metal oxygen content **M6:** 125
Basicity index (BI) **A6:** 204
Basis metal
definition.............................. **A5:** 946
Basis metals
electroplated hard chromium............ **A13:** 872
Basis values
defined and computed **EM1:** 302–303
Basket weave................. **EM1:** 111, 125, 148
defined **EM2:** 6
Basketweave
defined **A9:** 2
Basketweave structure **A19:** 495
Basquin relation........................ **A19:** 111
Basquin-Coffin-Manson
strain-life relationship **A8:** 698
Basquin-Morrow equation................ **A19:** 285
Basquin's exponent **A19:** 233
Basquin's Law.................... **A19:** 269, 270
Batch *See also* Lot........................ **EM3:** 6
defined **A8:** 1, **A15:** 1, **EM1:** 5, **EM2:** 6, **M7:** 1
fabric prepreg, defined *See* Fabric prepreg batch
glass, melting/forming **EM1:** 107–108
mixers, for coremaking **A15:** 239
operation, induction furnaces **A15:** 373–374
Batch attrition mills...................... **M7:** 69
Batch furnace
furnace brazing **A6:** 121, 122
porcelain enameling............... **M5:** 519–521
Batch furnaces
to steam treat P/M steels **A7:** 13
Batch galvanizing process................ **A20:** 470
Batch hot dip aluminum coating process
steel..................... **M5:** 333–334, 337, 339
Batch hot dip galvanized coating *See* Hot dip galvanized coating
Batch hot dip galvanized coatings
Batch spray cleaning, attributes compared.... **A5:** 4
Batch life
emulsions............................ **A18:** 143
Batch mixers for seed separation **M7:** 589
Batch mixing
SMC resin pastes **EM1:** 159
Batch ovens, paint curing
direct- and indirect-fired **M5:** 486–487, 505
Batch pickling process **M5:** 68–69, 71
Batch process
hot dip galvanizing by **A13:** 436–444
Batch reactors
precious metal powders **M7:** 149
Batch sintering **M7:** 1
Batch size............................ **A20:** 248
Batch vacuum coating process **M5:** 397–398
Batch vertical process equipment
condensation (vapor phase) soldering..... **EL1:** 703
Batch-carburizing furnace
radiant tube failure in............. **A11:** 292–294
Batched production
fixturing.............................. **A16:** 410
Batches, process streams and
as corrosive.......................... **A11:** 210
Batching **EM4:** 95
in ceramics processing classification scheme **A20:** 698
masterbatching **EM4:** 95
objectives............................ **EM4:** 95
pickup **EM4:** 95, 97
safety precautions..................... **EM4:** 95
whitewares........................... **EM4:** 95
Batch-tumbling barrel blast cleaning equipment **A15:** 506–507
Batch-type furnaces **A7:** 456, **M7:** 356–357
bell and elevator.................. **M7:** 356–357
for Al powders **M7:** 381, 743
for carbonitriding **M7:** 454
sintering **M7:** 743
vacuum sintering **M7:** 357–359
Batch-type integral quench furnaces
nitrocarburizing **A7:** 650
Batch-type mills.......................... **A7:** 63
Batch-type muller
green sand preparation............. **A15:** 344–345
Batch-type vacuum sintering furnaces ... **A7:** 456, 484
Batdorf fracture theory method
prediction of fast-fracture reliability of ceramics **EM4:** 700, 701, 703, 706, 707
Batdorf's model........ **A20:** 625, 626, 628, 634, 635
Ba-Te (Phase Diagram)................... **A3:** 2•92
Bath *See also* Hardening bath
additions, as contamination............. **EL1:** 679
agitation, effect, ladle desulfurization..... **A15:** 78
chemical analysis, as bath control........ **EL1:** 680
defined **A15:** 1
liquid metal, kinetic paths for melting..... **A15:** 71
stratification, reverberatory furnace **A15:** 378
Baths
chromate coating.................. **A13:** 389–390
chromium plating...................... **A13:** 871
cleaner, control of **A13:** 382
phosphate, testing of............... **A13:** 384–385
stop, for radiographic film **A17:** 353
strength, for magnetic particles **A17:** 102
wet developer **A17:** 79
zinc plating **A13:** 767
Baths, chemical
UV/VIS analysis....................... **A10:** 233
Bathtub curve
device failure rate **EL1:** 887
hermeticity, passivation considerations................ **EL1:** 244–245
of integrated circuit failure rates......... **A11:** 766
phases of............................. **EL1:** 740
reliability.......................... **EL1:** 897–899
"Bathtub" failure rate curve........... **A18:** 494–495
Bathtub-type plug-in package.............. **EL1:** 452
Bathythermograph
as parylene application................. **EL1:** 800
Ba-Tl (Phase Diagram) .... **A3:** 2•92
Batt
defined **EM2:** 6
Battelle Columbus Laboratories
run-arrest experiments.................. **A8:** 285
Battelle drop-weight tear test............. **A19:** 403
Battelle Memorial Institute
DWTT test **A11:** 61–62
Batter Up! product design concept ... **A20:** 28, 29, 30, 31
Batteries
from P/M porous parts **M7:** 700
powders used.......................... **M7:** 573
Batteries, lead-acid
cycle life and failure mechanisms in...... **A10:** 135
Battery corrosion.................. **A13:** 1317–1323
alkaline, sintered nickel electrode in..... **A13:** 1318
aluminum/air batteries **A13:** 1319–1320
fuel cells **A13:** 1320–1321
lead-acid **A13:** 1317–1318
lithium ambient-temperature batteries................ **A13:** 1318–1319
lithium/sulfur dioxide batteries **A13:** 1319
sodium/sulfur batteries **A13:** 1320
Battery grid alloys *See also* Lead; Lead alloys
as lead application.................. **A2:** 548–549
compositions **A2:** 544, 551
containing tin **A2:** 526
Battery-recycling chain
recent changes **A2:** 1221–1222
Batts **EM1:** 5, 62
Bauer-Vogel (MBV) oxide conversion coating process........................ **M5:** 598–599
Baumé hydrometer **M5:** 173
Baumé syrup
for rammed graphite molds......... **A15:** 273–274
Bauschinger effect ... **A7:** 917, **A8:** 1, **A19:** 75, 76, 92, 282, **A20:** 333
in low-cycle fatigue testing **A8:** 367
in titanium alloys...................... **A14:** 839
wrought titanium alloys **A2:** 614

Bauxite EM4: 45, 49–50, 895, 896, 903
applications EM4: 46
composition EM4: 46
gallium recovery from A2: 739, 741
refractory material composition EM4: 896
supply sources EM4: 46
Bauxite (Al_2O_3)
methods used for synthesis A18: 802
Miller numbers A18: 235
Bayer aluminum process EM4: 56, 111
followed by powder washing EM4: 92–93
Bayer process
of gallium recovery from bauxite A2: 742
Bayerite EM3: 262, 264, EM4: 111, 112
Bayer-Ku zero-sliding-wear theory A18: 265, 266
Bayes' theorem A20: 91
Ba-Zn (Phase Diagram) .... A3: 2•93
B-basis *See also* A-basis; A-basis,-Design allowables; S-basis; Typical basis; Typical-basis EM3: 6
defined EM1: 5, EM2: 6
normal method EM1: 304
statistical analysis for EM1: 302–307
Weibull method EM1: 304
B-C (Phase Diagram) .... A3: 2•80
bcc *See* Body centered cubic (bcc) materials; Body-centered cubic lattice; Body-centered cubic materials
B-C-Fe (Phase Diagram) .... A3: 3•23–3•24
B-Co (Phase Diagram) .... A3: 2•80
B-Cr (Phase Diagram) .... A3: 2•81
BCR-67 .... A7: 256, 257
B-Cu (Phase Diagram) .... A3: 2•81
BE *See* Backscattered electron
BE P/M technology *See* Blended elemental titanium P/M compacts/products
Be-38Al
physical properties A6: 941
Beach marks *See also* Striation A19: 55, 452
AISI/SAE alloy steels A12: 301, 322, 331, 332
and circular spall A12: 114, 125–126
as fatigue striations A12: 175
austenitic stainless steels A12: 358, 359
cast aluminum alloys A12: 408
circular A12: 273
defined A8: 1, A11: 1, A13: 2
ductile iron crankshaft A12: 228
fracture mechanics of A11: 57
from advancing fatigue-crack front A11: 26
from stable crack growth A11: 87
high-carbon steels A12: 281, 285
in diesel truck crankshaft A11: 77, 78
in fatigue fracture A12: 111–112
in forged components A11: 321
in fracture surface fatigue regions A11: 104
in integral coupling and gear A11: 129
in medium-carbon steels... A12: 260, 267, 273–276
in spring failures A11: 554
in steel knuckle pins A11: 129
in unidirectional-bending fatigue, shafts .. A11: 461
macroscopy of A11: 104
martensitic stainless steels A12: 369
on aircraft fuel-tank floors A11: 126
on springs A19: 367, 368
oval A12: 273
superalloys A12: 391
titanium alloys A12: 446, 452
tool steels A12: 377
wrought aluminum alloys .. A12: 415, 416, 421, 427
Beach-marked cracks A19: 217
Bead
defined A15: 1
Bead weld
definition A6: 1207
Beaded flange
defined A14: 1
Beading
aluminum alloy A14: 804
dies, for press-brake forming A14: 537–538
of titanium alloys A14: 846
Bead(s)
defined A14: 1
definition A5: 946
draw A14: 582
formation, during radial-axial rolling A14: 115
press forming of A14: 552
Beam A20: 9
balance, in torsional testing machine A8: 146
grid deformations in longitudinal and cross A8: 118–120
design of A20: 512
sections, bend tests for A8: 117
skeletal points A8: 326–327
springback in simple bending A8: 552
torsion tests for A8: 139
Beam bending
formulas for EM2: 653
Beam breaks
inner/outer tape automated bonding (TAB) EL1: 287
Beam diagrams for transmission electron microscopy A9: 104
Beam, electron
in SEM imaging A12: 167–168
Beam elements A20: 179
Beam hardening A17: 376, 383
Beam intensity
ultrasonic inspection A17: 237–238
Beam leads
bonding, as component attachment EL1: 351
defined EL1: 1135
Beam paradox A20: 176–178
Beam splitters
for optical holography A17: 418
Beam stops, integrated
as optical structure EL1: 10
Beam tape constructions
types EL1: 275–277
Beam theory A20: 9, EM3: 0
Beam-broadening effect
electron-beam welding A6: 854
Beam-condensing optics
use in IR diamond-anvil cells A10: 113
Beam-induced damage
from surface analytical techniques ... M7: 251, 255
Beam-lead sealed junction (BLSJ) chip EL1: 961
Beams *See also* Electron beams
angle, calibration, ultrasonic inspection ... A17: 266
damping analysis of EM1: 209–210
diameter, ultrasonic A17: 240
equalizer, fracture of A11: 388–390
high-energy x-ray A17: 307
laser cutting of EM1: 678
model, radiographic inspection A17: 710
models, ultrasonic inspection A17: 705
neutron, attenuation A17: 390
P/S polarization, intetferometers A17: 14
scanning light A17: 12
small-rotation assumption and EM2: 692–694
splitters, optical holographic interferometry A17: 418
spread, calibration, ultrasonic inspection .. A17: 266
spreading, ultrasonic A17: 240
steel cantilever, distortion and stress ratios A11: 137
ultrasonic, attenuation of A17: 238–240
Beam-to-chip separation
tape automated bonding (TAB) EL1: 287
Beam-to-substrate separation
tape automated bonding (TAB) EL1: 287
Beardsley, Elmer
as early founder A15: 28
Bearing
area, defined A8: 1, EM1: 5
defined A18: 3
deformation curves, vs. autographic bearing load, pin bearing testing A8: 61
load, in pin bearing testing A8: 59
metals, Rockwell scales for A8: 76
strain, defined EM1: 5
stress, defined EM1: 5
stress, pin bearing testing for A8: 59
yield, calculated in pin bearing testing A8: 61
Bearing alloys A13: 183, 774
aluminum base A2: 128, 131
fatigue resistance A2: 554
lead A2: 544, 553–554
tin A2: 522–523
Bearing alloys, specific types
52100 steel bar, different heat treatments compared A9: 195–196
52100 steel bar, different magnifications compared A9: 195
52100 steel, damaged by an abrasive cutoff wheel A9: 196
52100 steel rod, austenitized and slack quenched in oil A9: 196
52100 steel roller, crack from a seam in bar stock A9: 196
Bearing applications
copper alloy castings M2: 392–393
hot rolled bars M1: 208
journal bearing alloys, compatibility with shafting alloys M1: 606
journal bearings, wire wooling selection to avoid M1: 606
rolling contact bearings, steels for M1: 606
compositions M1: 609–610
Bearing area
defined A18: 3–4, EM2: 6
Bearing bronze
applications and properties A2: 325, 378–380
Bearing bronzes (lead bronzes) A18: 693
bearing material microstructures A18: 743, 744
casting processes with tin in alloy ... A18: 754, 755
corrosion resistance A18: 744
defined A18: 4
in bimetal bearing material systems A18: 747
in trimetal bearing material systems A18: 748
sliding bearings A18: 516
Bearing cap
failed, by stress raiser and low-strength microstructure A11: 347–350
structure, hypereutectic gray iron A11: 349
structure, hypoeutectic cast iron A11: 349
Bearing cap bolts
sulfide SCC failure A12: 299
Bearing capacity A18: 507
Bearing characteristic number *See also* Capacity number; Sommerfeld number
defined A18: 4
Bearing design guide
Furon A20: 309
Bearing diameter
nomenclature for Raimondi-Boyd design chart A18: 91
Bearing endurance A18: 508
Bearing fraction
defined A18: 4
Bearing friction torque A18: 510–511
Bearing internal speeds A18: 513
Bearing land thickness
nomenclature for hydrostatic bearings with orifice or capillary restrictor A18: 92
Bearing length A18: 63
nomenclature for Raimondi-Boyd design chart A18: 91
Bearing life A18: 507
life adjustment factors A18: 507–508
Bearing materials
effect of free lead on boundary lubrication A11: 161
embrittlement by A11: 236
from metal powders, patent for A7: 3
peak stresses for normal fatigue life A11: 487
rolling-element A11: 490
sliding A11: 483–484
steel, fabrication A11: 490

SUBJECTS OF THE INDEXED VOLUMES: ASM Handbook (designated by the letter "A"): **A1:** Properties and Selection: Irons, Steels, and High-Performance Alloys (1990); **A2:** Properties and Selection: Nonferrous Alloys and Special-Purpose Materials (1990); **A3:** Alloy Phase Diagrams (1992); **A4:** Heat Treating (1991); **A5:** Surface Engineering (1994); **A6:** Welding, Brazing, and Soldering (1993); **A7:** Powder Metal Technologies and Applications (1998); **A8:** Mechanical Testing (1985); **A9:** Metallography and Microstructures (1985); **A10:** Materials Characterization (1986); **A11:** Failure Analysis and Prevention (1986); **A12:** Fractography (1987); **A13:** Corrosion (1987); **A14:** Forming and Forging (1988); **A15:** Casting (1988); **A16:** Machining (1989); **A17:** Nondestructive Evaluation and Quality Control (1989); **A18:** Friction, Lubrication, and Wear Technology (1992); **A19:** Fatigue and Fracture (1996); **A20:** Materials Selection and Design (1997). **Metals Handbook, 9th Edition** (designated by the letter "M"): **M1:** Properties and Selection: Irons and Steels (1978); **M2:** Properties and Selection: Nonferrous Alloys and Pure Metals (1979); **M3:** Properties and Selection: Stainless Steels, Tool Materials, and Special-Purpose Materials (1980); **M4:** Heat Treating (1981); **M5:** Surface Cleaning, Finishing, and Coating (1982); **M6:** Welding, Brazing, and Soldering (1983); **M7:** Powder Metallurgy (1984). **Engineered Materials Handbook** (designated by the letters "EM"): **EM1:** Composites (1987); **EM2:** Engineering Plastics (1988); **EM3:** Adhesives and Sealants (1990); **EM4:** Ceramics and Glasses (1991). **Electronic Materials Handbook** (designated by the letters "EL"): **EL1:** Packaging (1989)

steels, heat treatment variations **A11:** 509
tin alloy **M2:** 614–615
Bearing materials, ASTM specific types
B23
composition **M3:** 813, 814
properties **M3:** 813, 814
Bearing materials, SAE specific types
AAR M501, composition............... **M3:** 814
SAE 11, composition **M3:** 813
SAE 12
bearing life, effect of babbitt thickness.. **M3:** 806, 813
composition **M3:** 813
SAE 16, composition **M3:** 814
SAE 19, composition **M3:** 814
SAE 190, composition **M3:** 814
Bearing materials, sleeve *See* Sleeve bearing materials
Bearing number **A18:** 522–523, 524, 525
Bearing pitch diameter............... **A18:** 505, 511
Bearing pocket diameter
nomenclature for hydrostatic bearings with orifice or capillary restrictor **A18:** 92
Bearing properties
aluminum casting alloys **A2:** 154
wrought aluminum and aluminum alloys.. **A2:** 111, 113
Bearing quality
alloy steel sheet and strip **M1:** 164
alloy steel wire rod **M1:** 256
of low-alloy steel **A1:** 209
Bearing races
Barkhausen noise measurement.......... **A17:** 160
flux leakage inspection **A17:** 133
microhoned **A16:** 491
Bearing radius
nomenclature for Raimondi-Boyd design chart **A18:** 91
Bearing shells
babbitting processes **M5:** 356–357
Bearing speed (rev/s)
nomenclature for Raimondi-Boyd design chart **A18:** 91
Bearing steels....... **A1:** 149, 380–388, **A5:** 704, 705
carburizing.................... **A1:** 381–382, 383
composition
carburizing steels...................... **A1:** 382
corrosion-resistant steels **A1:** 388
high-carbon steels **A1:** 381
high-temperature steels................. **A1:** 387
deformation resistance vs. rolling temperature **A14:** 119
heat treatment, effect of **A1:** 383, 384, 385
high- or low-carbon steels for.. **A1:** 24–25, 380–381
high-carbon........................ **A1:** 381, 382
induction-hardened **A1:** 380, 381
mechanical properties
hardness......................... **A1:** 381, 387
impact strength **A1:** 381
nonmetallic inclusion rating **A1:** 385
tensile strength **A1:** 381
microstructure characteristics **A1:** 381–382, 383
carburizing **A1:** 381–382, 383
high-carbon **A1:** 381, 382
quality of **A1:** 382–384, 385
rolling-contact fatigue.............. **A12:** 115, 134
special-purpose...................... **A1:** 384–388
Bearing steels, friction and wear of **A18:** 693, 725–733
abrasive wear **A18:** 732–733
adhesive wear..................... **A18:** 732, 733
application, internal combustion engine parts **A18:** 556
bearing life **A18:** 728, 729, 730
composition **A18:** 725–727
carburizing steel advantages **A18:** 725–726
cleanness **A18:** 726–727
cost **A18:** 726
fatigue life............ **A18:** 726, 727, 728, 730
high-carbon steel advantages........... **A18:** 725
properties **A18:** 726
vacuum arc remelting (VAR) **A18:** 726, 727, 731
vacuum induction melted/vacuum arc remelted (VIM/VAR) **A18:** 726, 727, 731
concentrated contacts **A18:** 727–729
asperity slope........................ **A18:** 729
bearing life **A18:** 728, 729
fatigue life **A18:** 727–729
friction coefficient.................... **A18:** 728
load effect on bearing life **A18:** 728
damage classification **A18:** 728
electroslag remelting (ESR)............. **A18:** 731
friction coefficient data **A18:** 74
lambda ratio and modes of wear **A18:** 729–732
application of environmental condition factor a_3 .... **A18:** 729, 731–732
fatigue spall criteria **A18:** 731
friction coefficient.................... **A18:** 730
life adjustment factors............ **A18:** 730–731
load-life equation **A18:** 730, 731
material factor a_2 .... **A18:** 731
reliability factor a_1 .... **A18:** 731
rolling contact fatigue **A18:** 260
wear mode............................ **A18:** 728
Bearing steels, high-carbon, specific types... **A19:** 355
Bearing steels, through-hardened, specific types
52100, composition **A5:** 705
A 485 grade 1, composition.............. **A5:** 705
A 485 grade 3, composition.............. **A5:** 705
Bearing strain
defined **A8:** 1, **EM2:** 6
Bearing strength............................ **A8:** 1
and grain direction, pin bearing testing **A8:** 61
defined **EM1:** 5
lubricant effect in aluminum alloys **A8:** 60
pin and bolt **EM1:** 314–316
pin bearing testing for.................... **A8:** 59
Bearing stress
defined **A8:** 1, **EM2:** 6
Bearing test
defined **A8:** 1
Bearing ultimate strength
computation of derived.................. **A8:** 667
effect of lubricants and cleaners **A8:** 60
pin bearing testing for.................... **A8:** 59
symbols and unit **A8:** 662
Bearing yield strength **A8:** 1
effect of lubricants and cleaners **A8:** 60
pin bearing testing for.................... **A8:** 59
symbols and unit **A8:** 662
Bearing-life tests **A19:** 334
Bearing-load ratings **A11:** 490–491
Bearings *See also* Ball bearings; Bearing alloys; Bearing bronze; Bearing properties; Gas-lubricated bearings; Rolling contact wear of; Rolling-element bearings; Rolling-element bearings, failures of; Rolling-element bearings, friction and wear of; Sliding bearings; Sliding bearings, failures of; Tin and tin alloy coatings **M7:** 704–709
alloy, performance characteristics......... **M7:** 408
alloy steel wire for **M1:** 269
aluminum and aluminum alloys **A2:** 11
and shaft failures **A11:** 466
antifriction, wear of **A11:** 764–765
applications, beryllium-copper alloys **A2:** 418
assembly, fretting damage............... **A11:** 341
automotive front-wheel, fretting failure ... **A11:** 498
babbitts **A11:** 483
ball and roller, compared **A11:** 490
bronze P/M **M7:** 736
butterflies in.................... **A12:** 115, 134
caps, failed **A11:** 347–350
carbon fiber reinforced nylon............ **EM1:** 35
cemented carbide **A2:** 973
composite and sleeve, powder-rolled.. **M7:** 406–408
construction, coordinate measuring machines **A17:** 24
control system or oscillatory pivot **A19:** 325
copper-lead alloy, deleading failure....... **A11:** 488
cylindrical-roller **A11:** 490
deformation, as fastener failure.......... **A11:** 531
design using solid lubrication............ **A11:** 153
early P/M techniques for................. **M7:** 16
effect of porosity....................... **M7:** 451
engine, silver in **A2:** 691
examination of failed **A11:** 491
failures........................... **A11:** 486–489
for appliances **M7:** 623
for three-roll forming machines.......... **A14:** 619
friction, overheated, failure of locomotive axles from **A11:** 715–727
grease and oil lubrication guides......... **A11:** 511
halves, fatigue failure **A11:** 489
high-performance **A11:** 483
indium plating **A2:** 635
industrial, powders used **M7:** 573
infiltration use.......................... **M7:** 565
length **M7:** 709
life, self-lubricating sintered bronze bearings **A2:** 395–396
lubricant viscosities **A11:** 511
materials for **A11:** 490
misalignment of long and short.......... **A11:** 489
of copper casting alloys **A2:** 352, 354–355
oilite **A8:** 201
overheated traction-motor support, locomotive axle failures from **A11:** 715–727
overloading, effects of.................. **A11:** 501
pillow-block, misaligned **A11:** 475
porous **M7:** 17, 706
porous, lubricant for.................... **M7:** 706
powder metallurgy **A20:** 751
powders used.......................... **M7:** 572
probability of failure **A19:** 349
races **A17:** 133, 160
rings, magnetic particle inspection **A17:** 117
rollers, magnetic particle inspection methods...................... **A17:** 116–117
rolling contact fatigue tester.............. **A8:** 370
rolling of strip for **M7:** 406, 407
rolling-element **A19:** 325
rolling-element antifriction, flux leakage inspection........................ **A17:** 133
self-lubricating....................... **M7:** 16, 18
sleeve, powder-rolled **M7:** 407–408
sliding **A11:** 483–489
spalling fatigue in **A12:** 114–115
spherical, corrosion fatigue failure **A11:** 488
strength, of magnesium alloys **A2:** 460–461
-surface failure, of rivets................ **A11:** 544
surfaces, grinding bums.................. **A11:** 89
thrust, electrical wear **A11:** 487
tin powders for.................... **M7:** 123–124
trimetal, distortion failure **A11:** 489
wear, and shaft failure **A11:** 459
Bearings, fatigue and life prediction of.. **A19:** 355–362
abrasive wear **A19:** 361
adhesive wear......................... **A19:** 361
ball bearing radial rating equation **A19:** 357
bearing damage modes............. **A19:** 360, 361
bearing fundamentals **A19:** 356–358
bearing life prediction............. **A19:** 358–361
bearing materials **A19:** 355–356
carburizing bearing steels, compositions of **A19:** 355
fatigue life of bearings.................. **A19:** 357
fatigued bearings, ordered by increasing life **A19:** 358
generic forms of the basic dynamic load rating equations **A19:** 358
geometric stress concentration, edge loading on a bearing outer raceway **A19:** 361
geometry factor versus transcendental functions μ and υ **A19:** 356
high-carbon bearing steels, compositions of **A19:** 355
line contact geometry **A19:** 356
load-life exponent effect with one million revolutions reference point **A19:** 357
lubricants.................... **A19:** 355, 359, 361
near-surface fatigue initiation site from inclusion origin fatigue..................... **A19:** 359
operating conditions factor **A19:** 359–360
other fatigue failure considerations... **A19:** 360–361
point contact geometry **A19:** 356
point surface origin fatigue.............. **A19:** 360
relating contact fatigue damage mode to λ **A19:** 361
relative lives versus λ for three asperity slope curves.......................... **A19:** 359
reliability factor **A19:** 358–359
residual stresses **A19:** 356
sources of rating/life exponents...... **A19:** 357–358
special bearing properties factor..... **A19:** 358, 359
surface contact and stresses **A19:** 356
Bearings, powder metallurgy **A7:** 1051–1057
advantages............................ **A7:** 1051
applications........................... **A7:** 1051
blending and mixing.............. **A7:** 1053–1056
bronze **A7:** 865

118 / Bearings, powder metallurgy

Bearings, powder metallurgy (continued)
compacting **A7:** 1053
composite, roll compaction **A7:** 393–394
compositions **A7:** 1052–1053
design guidelines **A7:** 13–14
design restrictions **A7:** 13–14
impregnation **A7:** 1054–1056
infiltration.......................... **A7:** 552–553
load-carrying capacities **A7:** 1055, 1056–1057
lubrication **A7:** 1051, 1052
material selection **A7:** 13
mechanical properties **A7:** 947
porous metal, and filters................... **A7:** 6
self-lubricating.................. **A7:** 3, 7, 13–14
sintering.............................. **A7:** 1054
sizing **A7:** 1054
specifications.......................... **A7:** 1099

Bearings, sliding
aluminum alloys **M3:** 806–807, 818–820
bearing life, effect of babbitt thickness ... **M3:** 806, 813
bimetal systems.................... **M3:** 807–809
casting of **M3:** 808–811
cemented carbides **M3:** 820–821
classification **M3:** 802–803
configuration **M3:** 803
copper alloys................. **M3:** 806, 816–818
corrosion **M3:** 804, 806
electroplating.................... **M3:** 809, 812
gray cast irons......................... **M3:** 820
lead alloys **M3:** 814–815
manufacturing method.................. **M3:** 803
microstructures **M3:** 805
nonmetallic materials for **M3:** 821–822
operating conditions................ **M3:** 803–804
overlays **M3:** 815–816
powder metallurgy **M3:** 811–812
roll bonding....................... **M3:** 808, 812
silver alloys **M3:** 820
single-metal systems............... **M3:** 806, 807
size **M3:** 803
structural characteristics **M3:** 803
testing................................ **M3:** 805
tin alloys **M3:** 813–814
trimetal systems **M3:** 809, 810

Becke test **A7:** 250–251

Be-Co (Phase Diagram) .... **A3:** 2•93

Becquerel, as SI derived unit
symbol for............................. **A10:** 685

Be-Cr (Phase Diagram) .... **A3:** 2•93

Be-Cu (Phase Diagram) .... **A3:** 2•94

Bed
defined **A14:** 1

Bed filters
for particle filtration **A15:** 490

Bedding
defined.................................. **A15:** 1

Bedding a core
defined.................................. **A15:** 1

Bed-of-nails handlers
for electrical testing................ **EL1:** 566–567

Beer
barrels, corrosion in................... **A13:** 1223
copper/copper alloy resistance **A13:** 631
pure tin resistance **A13:** 772

Beer fermentation process
powder used............................ **M7:** 574

Beer-Lambert law **EM4:** 1042

Beer's law
as basis for IR quantitative analysis...... **A10:** 117
defined............................. **A10:** 669–670
deviations from **A10:** 70
in ion chromatography **A10:** 665
in UV/VIS absorption spectroscopy **A10:** 61–63, 70

Beeswax
for investment casting.............. **A15:** 253–254

Beet-sugar solution
copper alloy corrosion in **A13:** 635

Be-Fe (Phase Diagram) .... **A3:** 2•94

Begley-Logsdon correlation
Charpy/K_{Ic} correlations for steels, and transition temperature regime **A19:** 405

Begley-Logsdon empirical methods **A20:** 536
fracture toughness tests.................. **A20:** 540

Begley-Logsdon three-point Charpy fracture toughness
correlation **A8:** 265

Behavior
as form of CAD model definition **EL1:** 1104

Behavior of the thermal coefficient of resistivity (TCR) as a function of mass deposited
to determine nucleation density **A5:** 541

Behavioral model
as rules **EL1:** 1104

Be-Hf (Phase Diagram) .... **A3:** 2•95

Beilby layer
defined **A8:** 1, **A18:** 4
definition............................... **A5:** 946

Beilby theory of polishing **A18:** 197

Beja process
of gallium recovery from bauxite **A2:** 742

Belite **EM4:** 11

Bell
defined **M7:** 1

Bell and elevator batch-type furnaces ... **M7:** 356–357

Bell jar
carbon **A12:** 173

Bell OH-58 helicopter **M7:** 760

Bell process
for demagging aluminum alloys.......... **A15:** 473

Bell-and-spigot joint
welding cracks......................... **A11:** 424

Bellcrank assemblies
economy in manufacture............ **M3:** 848–849

Belleek china *See* Frit china

Belleville spring
in manned spacecraft **A13:** 1091

Belleville washers **A19:** 363
heat-treatment distortion **A11:** 140

Bellows
in vacuum fatigue test chamber **A8:** 412, 414

Bellows expansion joint
intergranular fatigue cracking in **A11:** 131–133

Bellows grips
with elevated-temperature compression testing.............................. **A8:** 196

Bellows length
photomacrography **A12:** 79

Bellows liners, welded
fatigue fracture in **A11:** 118

Bellows seal
defined **A18:** 4

Bells
by Paul Revere......................... **A15:** 26
cast, history of **A15:** 19–20
cast steel, German **A15:** 31
Liberty, history of **A15:** 27

Bell-type furnace
defined **M7:** 1

Belt grinding
belt life, stainless steel processes **M5:** 556–557
characteristics of process.................. **A5:** 90
mechanized, stainless steel **M5:** 556
safety precautions **M5:** 557
stainless steel...................... **M5:** 556–557
titanium and titanium alloys **M5:** 652

Belt polishing
abrasive **M5:** 109–110, 115, 676
applicability **M5:** 110, 115
construction, coated abrasives...... **M5:** 109–110
contact wheels, types, characteristics, and uses of....... **M5:** 110–111, 115, 125–126
flat part polishing machines ... **M5:** 122–124, 127
grades, abrasive **M5:** 110
grit size and belt speeds **M5:** 113, 115
process selection factors........... **M5:** 110–111
surface finishes, range of **M5:** 110
aluminum and aluminum alloys **M5:** 573–574
copper and copper alloys................ **M5:** 616

lubricants used **M5:** 115
magnesium alloys **M5:** 632
stainless steel.......................... **M5:** 557
titanium and titanium alloys **M5:** 655–656
zinc alloys **M5:** 676

Belt-drop hammer **A14:** 42

Beltless sheet molding compound machines **EM1:** 159–160

Beltrami maximum strain energy **A8:** 344

Belt-type continuous furnace
for carbonitriding **M7:** 455

Belt-type continuous furnaces
for steam treating....................... **A7:** 653

Belt-type sintering furnaces
for induction hardening **A7:** 650
for sinter hardening...................... **A7:** 652

Be-Nb (Phase Diagram) .... **A3:** 2•95

Bench grinding
unalloyed molybdenum recommendations.. **A5:** 856

Bench lathes **A16:** 153

Bench micrometer
laser **A17:** 13

Bench molding
defined.................................. **A15:** 1

Bench units
for circular magnetization................ **A17:** 97
for magnetic particle inspection **A17:** 111

Benchmark component tests **A19:** 319

Benchmarking **A20:** 13
definition.............................. **A20:** 828

Bench-mounted microhardness tester **A8:** 91–92

Bend *See also* Bar bending; Defect; Twist
allowance, for bar **A14:** 663
defined.................................. **A14:** 1
holes close to **A14:** 553

Bend allowance
steel wire fabrication **M1:** 588

Bend angle
defined.................................. **A14:** 1

Bend angles **A20:** 36

Bend bar
modulus of rupture tests............... **EM4:** 547

Bend contours **A9:** 111, 113
pattern, for strain fields in crystals....... **A10:** 368
polycrystalline molybdenum-rhenium alloy **A10:** 445

Bend deflection
P/M and ingot metallurgy tool steels **M7:** 471, 472

Bend formability
beryllium-copper alloys.................. **A2:** 411

Bend forming
lead frame materials **EL1:** 487

Bend fracture strength
CPM alloys **A16:** 64–65

Bend fracture stress
P/M and ingot metallurgy tool steels **M7:** 471, 472

Bend loading vs. pure tensile loading **A11:** 746

Bend radii
steel wire fabrication **M1:** 587–588

Bend radius **A8:** 1, 125, **A14:** 1, 523

Bend stages
number of **A20:** 36

Bend test **A1:** 582, 583, 610, **A8:** 1, **EM3:** 6
cadmium plate adhesion **M5:** 269
defined................................. **EM2:** 6
definition............................... **A5:** 946
for welds **A6:** 101
of ceramics **A20:** 344
pass-fail results......................... **A8:** 117

Bend test data
alloy steel forgings............ **M1:** 358–360, 374

Bend test, plate
for weldability.......................... **M1:** 198

Bend test requirements
hot dip galvanized steel sheet **M1:** 170, 171
hot rolled bars................ **M1:** 205, 206, 212
low-carbon steel sheet and strip.......... **M1:** 155

Bend testing **A16:** 61, 62
and linear elastic behavior **A8:** 117

for bulk workability assessment **A8:** 577–578
simple **A8:** 560
simulative **A8:** 560–561
Bend tests
Lehigh **A11:** 59
of rocket-motor case fracture **A11:** 96
simple **A11:** 18
Bendability
of steels **A14:** 523
Bend-beam specimens **A19:** 499
Benders
as impression dies **A14:** 44
Bending *See also* Bend; Bend testing; Bending ductility tests; Bending stress; Deformation; Elastic bending; Elastic plastic bending; Press bending; Pure plastic bending ... **A14:** 665–672, **A20:** 93
air, for press-brake forming **A14:** 536
alternating **A11:** 108
analysis **A14:** 915–918
and forming, of tubing **A14:** 665–674
and stretching **A8:** 552–553
as sheet metal forming **A8:** 547
as springback **A8:** 552, 565
as stress, in fatigue fracture **A11:** 75
as stress on shafts **A11:** 461
behavior, laminates **EM1:** 224
cold draw, minimum radii **A14:** 665
cold, vs. hot bending **A14:** 671
compression, of bar **A14:** 661
cylindrical **A8:** 118–119
cylindrical parts **A14:** 529
defined **A14:** 1
definition **A5:** 946
designing for **A20:** 512
dies, defined **A14:** 1
distortion, of aircraft wing slat track **A11:** 140–141
draw, of bar **A14:** 661
ductility, tests for **A8:** 117, 125–131
edge **A14:** 529
elastic **A8:** 118–119, 552
elastic, below yield stress **A14:** 881
elastic-plastic **A8:** 119–120
fatigue fracture, of alloy steel pushrod **A11:** 469
fatigue fracture, steel pump shaft **A11:** 109
fatigue machine **A8:** 369
forced-displacement system **A8:** 392
forced-vibration system **A8:** 392
free **A14:** 532
hand vs. power **A14:** 665
high-cycle fatigue, alloy steels **A12:** 296
historical studies **A12:** 3
hot **A14:** 669–671
HSLA steels **M1:** 406, 408, 419
in contour roll forming **A14:** 624
in hot upset forging **A14:** 83
in multiple-slide forming **A14:** 569
in pipe **A11:** 704
in sheet metalworking processes classification scheme **A20:** 691
in wing slat track, from service stresses **A11:** 140–141
lateral, from thin-lip ruptures **A11:** 606
load vs. displacement curve **A14:** 37
loaded elements **EM1:** 325
loaded subcomponents **EM1:** 334
lubrication for **A14:** 672–673
machines **A14:** 668–669, 671
manual, of wire **A14:** 695–696
method, selection **A14:** 665
modulus of rupture in **A11:** 7
moment **A11:** 462
multifunction machining **A16:** 387, 388
noncylindrical **A8:** 119
notch-sensitivity with notch radius for steels in **A8:** 373
of bars **A14:** 661–664
of beryllium **A14:** 805–807
of copper and copper alloys **A14:** 812–814
of curved flanges **A14:** 530
of magnesium and magnesium alloy parts **A2:** 476–477
of nickel-base alloys **A14:** 834–837
of organic-coated steels **A14:** 565
of stainless steel tubing **A14:** 777
of titanium alloys **A14:** 848
of tubing **A14:** 665–673
orientation **A14:** 524–525
plane strain **A8:** 120–121
plastic **A8:** 118, 120–122
plate **M1:** 194
power, of wire **A14:** 695–696
press-brake forming **A8:** 119
proof strength **A8:** 132–135
proof stress **A8:** 134
properties, wrought aluminum alloy **A2:** 58
pure, bent beam for **A8:** 505
pure plastic **A8:** 120–122
residual stress and springback **A8:** 122–124
resonance system **A8:** 392
reversed, alloy steel lift pin **A11:** 77
roll **A8:** 119
roll, of bar **A14:** 661
rotational **A11:** 108–109
rotational bending system **A8:** 392
servomechanical system **A8:** 392
severe, tool materials for **A14:** 539
sheet **M1:** 552–555
sheet, process modeling **A14:** 913–914
simple **A8:** 552, **A14:** 881–882
simple, tool materials for **A14:** 539
steel wire fabrication **M1:** 587–588
strain curvature **A8:** 118
strength, selected structural metals **A2:** 478
strength test **A8:** 132–136
stress-moment equations **A8:** 118
stress-strain curve **A8:** 132
stress-strain relationships **A8:** 118–124
stretch, of bar **A14:** 661
tests **A14:** 889–890
thin-wall tubes **A14:** 671–672
three-point **A8:** 118–119
tools **A14:** 665–666, 671–672
tube stock for **A14:** 671
tubing, with mandrel **A14:** 666–668
tubing, without mandrel **A14:** 668
unidirectional **A11:** 108
universal testing machines for **A8:** 612
unsymmetrical **A8:** 119
vs. uniaxial tension, in SCC testing **A8:** 503
Bending brake
defined **A14:** 1
Bending ductility tests *See also* Bend testing; Bending **A8:** 117, 125–131
apparatus **A8:** 125–126
characteristics **A8:** 128–129
devices for **A8:** 125–126
effect of bending method in **A8:** 127
specimens **A8:** 126–127, 130
strain distributions **A8:** 128
terms used **A8:** 125
test method and interpretation **A8:** 127–129
Bending fatigue
failure, steel wire hoisting rope **A11:** 518
fracture, of shaft assembly, from misalignment **A11:** 475
fracture, steel pump shaft **A11:** 109
in shafts **A11:** 109, 461
testing **A11:** 102
Bending fatigue fracture(s)
AISI/SAE alloy steels **A12:** 296, 321, 329–330, 332
alloy steel gear teeth **A12:** 329–330
iron **A12:** 220
rotating, alloy steels **A12:** 321
surfaces, tool steels **A12:** 376
Bending fatigue machine **A8:** 369
Bending fatigue testing
carburized steels **A19:** 681
Bending forming process
characteristics **A20:** 693
Bending impact fracture
low-carbon steel **A12:** 242
Bending Lam waves
ultrasonic inspection **A17:** 234
Bending loading type
testing parameter adopted for fatigue research **A19:** 211
Bending machines and presses
bending presses **A14:** 668–669
for bar **A14:** 661–663
for tube **A14:** 668–669
powered rotary benders **A14:** 668
roll benders **A14:** 669
Bending, modulus of rupture in *See* Modulus of rupture, in bending
Bending moment **A19:** 68
conversion factors **A8:** 722, **A10:** 686
-deflection, for spring-tempered C77000 copper alloy strip **A8:** 134
sign convention for **A8:** 119–120
symbol for **A8:** 725
Bending moment (*M*) **A20:** 284, 512
definition **A20:** 828
Bending overload fracture, classic
medium-carbon steels **A12:** 272
Bending proof strength
in three- and four-point bend tests **A8:** 132–135
Bending proof stress
in three- and four-point bend test **A8:** 134
Bending rolls
defined **A14:** 1
Bending stiffness **A20:** 288
Bending strength test **A8:** 132–136
Bending stress
definition **EM4:** 632
magnesium structures **M2:** 552
Bending stress, defined *See also* Bending **A14:** 1
Bending tests **A13:** 247–248, 286–288, **A14:** 376–377, 792, 889–890, **A19:** 341
aluminum alloys **A14:** 792
for workability **A14:** 377
three-point **A14:** 376
Bending-twisting coupling
defined **EM1:** 5, **EM2:** 6
Benefit-cost analysis
definition **A20:** 828
Benefit-cost ratios method
economic analysis **A13:** 370
Bengough-Stewart anodizing process
aluminum and aluminum alloys **M5:** 598
Bengough-Stuart (original process)
anodizing process properties **A5:** 482
Be-Ni (Phase Diagram) .... **A3:** 2•95
Benin bronzes
of Nigeria **A15:** 19
Bent-beam specimens
SCC testing **A8:** 503–504, **A13:** 248–249
Benton (clay) **A18:** 126, 129
Bentonite
as binder **EM4:** 120
as suspending agent for ceramic coatings **EM4:** 955
chemical composition **A6:** 60
mill additions for wet-process enamel frits for sheet steel and cast iron **A5:** 456
Bentonite, modified
as filler **EM3:** 178
Bentonites
as binder **A15:** 29
as molding clay, characteristics/types **A15:** 210
defined **A15:** 1
sodium and calcium, blending effects **A15:** 210
types, for green sand molding **A15:** 341
Benzaldehyde (C_6H_5CHO)
as solvent used in ceramics processing ... **EM4:** 117
Benzalkonium chloride
description **A9:** 68
Benzene **A20:** 434
as toxic chemical targeted by 33/50 Program **A20:** 133
chemical groups and bond dissociation energies used in plastics **A20:** 440
copper/copper alloy resistance **A13:** 631
deposition rates **A5:** 896
electroless nickel coating corrosion **A5:** 298, **A20:** 479
hazardous air pollutant regulated by the Clean Air Amendments of 1990 (including benzene from gasoline) **A5:** 913
maximum concentration for the toxicity characteristic, hazardous waste **A5:** 159
toxic chemicals included under NESHAPS **A20:** 133
wipe solvent cleaner **A5:** 940
Benzene, adsorbed
SERS analyses for **A10:** 136
Benzene ring **EM3:** 6
defined **EM2:** 6
Benzeneloleic acid **A7:** 322

120 / Benzidine

Benzidine
hazardous air pollutant regulated by the Clean Air Amendments of 1990 .... **A5:** 913

Benzilideneacetone
chemicals successfully stored in galvanized containers. **A5:** 364

Benzine (C_6H_6)
as solvent used in ceramics processing... **EM4:** 117

Benzo(a)pyrene
direct determination of **A10:** 79

Benzocyclobutene **EM3:** 161
for coating and encapsulation **EM3:** 580
for multichip structures **EL1:** 302–303
for printed board material systems **EM3:** 592

Benzoic acids
as ion chromatography eluents **A10:** 660

Benzol
copper/copper alloy resistance **A13:** 631
properties. **A5:** 21

Benzotriazole **A18:** 141

Benzotrichloride
hazardous air pollutant regulated by the Clean Air Amendments of 1990 .... **A5:** 913

Benzoyl peroxide
added to acrylic adhesives **EM3:** 120
formulation **EM3:** 123

Benzoyl peroxide (BPO) **EM1:** 133
as vinyl ester cure **EM2:** 274

Benzyl alcohol (C_7H_7OH)
as solvent used in ceramics processing... **EM4:** 117

Benzyl chloride
hazardous air pollutant regulated by the Clean Air Amendments of 1990 .... **A5:** 913

Be-Pd (Phase Diagram) .... **A3:** 2•96

Beraha's reagent
as a color etchant for carbon and low alloy steels **A9:** 142

Beraha's tint etchant
used with carbon and alloy steels **A9:** 170

Berg clip lead
thermal expansion mismatch **EL1:** 611

Berg-Barrett reflection topography method
applicability. **A10:** 368
camera for **A10:** 369
topographs of shadowing due to cleavage steps **A10:** 369

Berkelium *See also* Transplutonium metals
applications and properties **A2:** 1198–1201
pure **M2:** 717, 832–833

Berkman model **A5:** 522

Berkovich indenter **A5:** 644

Bernal-Finney DRPHS model
of amorphous materials and metallic glasses **A2:** 810

Bernoulli equation **A6:** 161

Bernoulli trials **A20:** 80

Bernoulli's equation **A18:** 594, 600

Bernoulli's theorem
in gating design **A15:** 590–591

Bertrandite *See also* Beryllium
mining and refining. **A2:** 684

Bertrandite ore **A7:** 202

Beryl *See also* Beryllium
crystal structure **EM4:** 881
fusion flux for. **A10:** 167
isolated group structure. **EM4:** 758
mining and refining. **A2:** 684
sintering agent for **A10:** 166

Beryl ore **A7:** 202

Berylco 10 *See* Copper alloys, specific types, C17500

Berylco 165 *See* Copper alloys, specific types, C17000

Berylco alloys
applications and properties. **A2:** 284

Beryllia
as ceramic substrate **EL1:** 106, 337
as filler. **EM3:** 596
as filler for conductive adhesives. **EM3:** 76
as heat sink. **EL1:** 1129
diffusion factors **A7:** 451
for improved thermal performance **EM3:** 584
in composition of unmelted frit batches for high-temperature service silicate-based coatings **A5:** 470
physical properties **A7:** 451
thermal expansion coefficient. **A6:** 907

Beryllia (99.5%) ceramics
properties. **A6:** 992

Beryllia (BeO) *See also* Beryllium
oxide **EM4:** 13–14
as chemical substate **EM4:** 1110
engineered material classes included in material property charts **A20:** 267
freeze drying **EM4:** 62
linear expansion coefficient vs. Young's modulus **A20:** 267, 276–277, 278
properties. **EM4:** 503
specific modulus vs. specific strength **A20:** 267, 271, 272
substrate properties **EM4:** 1108
thermal shock resistance. **EM4:** 1003
Young's modulus vs. density ... **A20:** 266, 267, 268
Young's modulus vs. strength... **A20:** 267, 269–271

Beryllia insulators
for thermocouples **A2:** 883

Beryllia scale **A20:** 589

Beryllia-silicon carbide **EM4:** 191

Beryllide phase
in beryllium-copper alloys **A9:** 395–397

Beryllides in beryllium-copper alloys
as revealed by etching. **A9:** 394

Berylliosis
acute and chronic **A2:** 687, 1239

Berylliosis (chronic beryllium disease)
description and symptoms. **M7:** 202

Beryllium *See also* Beryllium grades, specific types; Beryllium oxide; Beryllium powders; Beryllium toxicity; Beryllium-copper alloys; Beryllium-nickel alloys; Optically anisotropic metals. **A9:** 389–391, **A13:** 808–812, **A14:** 805–808, **A20:** 408–409
aircraft break, pitted **A13:** 1026
alloying, aluminum casting alloys **A2:** 131
alloying effect on copper alloys **M6:** 400
alloying, wrought aluminum alloy **A2:** 46
applications **A2:** 683, **A20:** 409, **M6:** 1052, **M7:** 202
aqueous corrosion **A13:** 809–810
arc welding *See* Arc welding of beryllium
as major toxic metal with multiple effects. **A2:** 1238–1239
atomic interaction descriptions **A6:** 144
atomization. **A2:** 684–685
attack-polishing. **A9:** 389
blocks, vacuum hot pressing **M7:** 508
brazeability **A20:** 409
brazing **M6:** 1052
applications. **M6:** 1054
brazeability. **M6:** 1052
filler metals. **M6:** 1052
preparation **M6:** 1053
safety **M6:** 1052
brazing to aluminum **M6:** 1031
chemical analysis and sampling **M7:** 248
chips **M7:** 170
color differences under polarized light **A9:** 389
commercial grades, chemistry **A2:** 686
consolidated part, secondary ion mass spectroscopy of **M7:** 258
contact angles of liquid metals on. **A6:** 116
-containing alloys, safe handling **A2:** 426–427
corrosion protection. **A13:** 81
current industrial practices. **A2:** 684
deep drawing of **A14:** 806–807
deoxidizing, copper and copper alloys **A2:** 236
dies and workpieces, heating of. **A14:** 806
effect on maraging steels **A4:** 222, 224
elasticity and density **M7:** 169
electrochemical machining **A5:** 111
electron-beam welding. **A6:** 872–873
autogenous welds **A6:** 872–873
braze welds **A6:** 873
preheat effect on weldability. **A6:** 873
elemental sputtering yields for 500 eV ions. **A5:** 574
engineered material classes included in material property charts **A20:** 267
equipment and tooling **A14:** 805–806
etchants for **A9:** 390
etching **A9:** 390
etching by polarized light **A9:** 59
evaporation fields for **A10:** 587
extrusions **M7:** 514, 759
flash welding **M6:** 558
for pyrotechnics. **M7:** 597
forgings. **M7:** 759
formability. **A14:** 805
galvanic series for seawater **A20:** 551
gas tungsten arc welding **M6:** 206
gas-tungsten arc welding **A6:** 192
grades and their designations. **A2:** 686–687
grain size control **A9:** 390
grinding **A9:** 389
handling and storage **A13:** 810
hot pressing. **M7:** 172, 513
in air **A13:** 808–809
in alloys, oxyfuel gas cutting **A6:** 1165
in aluminum alloys **A2:** 426, **A15:** 744
in copper alloys **A6:** 752
in filler metal used for direct brazing. ... **EM4:** 519
in magnesium systems. **A2:** 426
infrared reflectivity **A2:** 684
ingot, reduction to chips **M7:** 170
in-process corrosion. **A13:** 810
instrument grades **A2:** 686–687
joining techniques **A2:** 683
linear expansion coefficient vs. thermal conductivity. **A20:** 267, 276, 277
linear expansion coefficient vs. Young's modulus. **A20:** 267, 276–277, 278
low-temperature solid-state welding. ... **A6:** 300, 301
lubrication for. **A14:** 806
macroexamination **A9:** 389
mechanical properties. **M6:** 461
metal-matrix reinforcements: metallic wires **A20:** 458
metalworking fluid selection guide for finishing operations **A5:** 158
microalloying **A9:** 390
microexamination **A9:** 389–390
microstructures. **A9:** 390
microyield strength **A2:** 684
mining and refining. **A2:** 684
mounting. **A9:** 389
near-net shape processes. **A2:** 685–686
nuclear applications **M7:** 664
occupational safety and health standards. . **A20:** 409
P/M technology. **M7:** 755–762
photometric analysis methods **A10:** 64
physical properties. **A2:** 683, **A6:** 941, **M6:** 461
polishing **A9:** 389
powder characteristics, commercial **M7:** 171
powder consolidation methods **A2:** 685–686
powder metallurgy (P/M) production. . **A2:** 683–686
powder production operations. **A2:** 684–685
precipitation **A10:** 169
processing **A20:** 408–409
production and consolidation. **M7:** 757–758
properties. **A20:** 408–409, **M7:** 756
properties of importance **A2:** 683–684
pure. **M2:** 717–718
pure, properties **A2:** 1102
relative solderability **A6:** 134
relative solderability as a function of flux type. **A6:** 129
roll welding **A6:** 314
safety **A9:** 389

SUBJECTS OF THE INDEXED VOLUMES: ASM Handbook (designated by the letter "A"): **A1:** Properties and Selection: Irons, Steels, and High-Performance Alloys (1990); **A2:** Properties and Selection: Nonferrous Alloys and Special-Purpose Materials (1990); **A3:** Alloy Phase Diagrams (1992); **A4:** Heat Treating (1991); **A5:** Surface Engineering (1994); **A6:** Welding, Brazing, and Soldering (1993); **A7:** Powder Metal Technologies and Applications (1998); **A8:** Mechanical Testing (1985); **A9:** Metallography and Microstructures (1985); **A10:** Materials Characterization (1986); **A11:** Failure Analysis and Prevention (1986); **A12:** Fractography (1987); **A13:** Corrosion (1987); **A14:** Forming and Forging (1988); **A15:** Casting (1988); **A16:** Machining (1989); **A17:** Nondestructive Evaluation and Quality Control (1989); **A18:** Friction, Lubrication, and Wear Technology (1992); **A19:** Fatigue and Fracture (1996); **A20:** Materials Selection and Design (1997). **Metals Handbook, 9th Edition** (designated by the letter "M"): **M1:** Properties and Selection: Irons and Steels (1978); **M2:** Properties and Selection: Nonferrous Alloys and Pure Metals (1979); **M3:** Properties and Selection: Stainless Steels, Tool Materials, and Special-Purpose Materials (1980); **M4:** Heat Treating (1981); **M5:** Surface Cleaning, Finishing, and Coating (1982); **M6:** Welding, Brazing, and Soldering (1983); **M7:** Powder Metallurgy (1984). **Engineered Materials Handbook** (designated by the letters "EM"): **EM1:** Composites (1987); **EM2:** Engineering Plastics (1988); **EM3:** Adhesives and Sealants (1990); **EM4:** Ceramics and Glasses (1991). **Electronic Materials Handbook** (designated by the letters "EL"): **EL1:** Packaging (1989)

safety practice........................ **A14:** 806
safety standards for soldering...... **M6:** 1098–1099
sample, copper impurities detected... **M7:** 258, 259
scanning acoustic microscopy for machining damage......................... **A18:** 409
sectioning............................. **A9:** 389
sheet metal envelope, hot pressing of..... **M7:** 509
solderability........................... **A6:** 978
species weighed in gravimetry........... **A10:** 172
specific modulus vs. specific strength **A20:** 267, 271, 272
specific strength (strength/density) for structural applications...................... **A20:** 649
specimen preparation.................... **A9:** 389
spinning of...................... **A14:** 807–808
strength vs. density................ **A20:** 267–269
stress relieving of...................... **A14:** 806
stretch forming of **A14:** 807
strip, temperature profiles **A14:** 357
structural grades........................ **A2:** 686
structural members, Hughes satellite...... **M7:** 759
stylus shanks **M7:** 762
substrate with internal cavities HIP **M7:** 427
surface treatments/coatings.............. **A13:** 811
tensile properties.............. **A19:** 967, **M7:** 756
tensile strengths **A20:** 351
thermal conductivity vs. thermal diffusivity.............. **A20:** 267, 275–276
thermal diffusivity from 20 to 100 °C....... **A6:** 4
thermal expansion coefficient............. **A6:** 907
three-roll bending of **A14:** 807
-to-Monel brazed joint, embrittlement.... **A13:** 879
total strain versus cyclic life............. **A19:** 967
toxic chemicals included under NESHAPS....................... **A20:** 133
toxicity......... **A6:** 1195, 1196, **A9:** 389, **M7:** 202
toxicity, health, and safety............... **A2:** 687
unsuitability for cladding combinations... **M6:** 691
used in low-cycle fatigue study to position elastic and plastic strain-range lines....... **A19:** 964
UV/VIS analysis for chromium, by diphenylcarbazide method.......... **A10:** 68
vacuum hot pressing **A2:** 685
vacuum hot-pressed, compositions **A13:** 808
vacuum hot-pressed grades............... **A9:** 390
vapor pressure, relation to temperature.... **A4:** 495
V(*z*)-curves of surfaces................. **A18:** 407
wettability......................... **A6:** 115–116
window **A10:** 519, 670
workability **A8:** 165, 575
wrought product forms **M7:** 758–759
wrought products and fabrication......... **A2:** 687
Young's modulus vs.
density **A20:** 266, 267, 268, 289
elastic limit **A20:** 287
strength.................... **A20:** 267, 269–271

Beryllium alloy powders *See also* Production of beryllium powders
milling................................. **A7:** 64
rapid solidification rate process............ **A7:** 48

Beryllium alloys........ **A16:** 870–873, **A20:** 408–409
applications.................. **A6:** 945, **A20:** 408
brazing................................ **A6:** 947
chemical milling............... **A16:** 871, 872–873
cold isostatic pressing.................. **A16:** 870
cutting fluids..................... **A16:** 159, 872
diffusion welding................... **A6:** 885, 886
ductile-to-brittle transition temperature.... **A6:** 945
electrochemical grinding............ **A16:** 543, 547
electrochemical machining removal rates.. **A16:** 534
elements implanted to improve wear and friction properties....................... **A18:** 858
etching and heat treating.......... **A16:** 871–872
filler metals........................ **A6:** 945–946
flash welding.......................... **M6:** 558
fluxes................................. **A6:** 946
gas tungsten arc welding............... **M6:** 182
grinding.............................. **A16:** 547
health concerns....................... **A16:** 870
hot isostatic pressing.................. **A16:** 870
linear expansion coefficient vs. Young's modulus........................ **A20:** 278
material considerations................ **A16:** 873
metalworking fluid selection guide for finishing operations....................... **A5:** 158
milling........................ **A16:** 547, 870
photochemical machining.. **A16:** 588, 590, 872–873
properties affecting its handling......... **A16:** 870
sawing............................... **A16:** 364
sintering............................. **A16:** 870
surface damage.................. **A16:** 870–872
surface finish......................... **A16:** 872
thermal expansion coefficient............. **A6:** 907
tool life............................. **A16:** 872
tools................................. **A16:** 872
transverse tensile properties............. **A16:** 871
trepanning........................... **A16:** 176
turning.............................. **A16:** 872
vacuum heat treating.................. **A16:** 871
vacuum hot pressing.................. **A16:** 870

Beryllium alloys, specific types
Be-Cu........................ **A16:** 476, 588, 590
Be-Ni, milling......................... **A16:** 313
S65 Be, composition **A16:** 870
S65 Grade 1319A, transverse tensile properties........................ **A16:** 871
S65 Grade S200E, transverse tensile properties........................ **A16:** 871
Select S65 Be, composition **A16:** 870

Beryllium carbide
thermal expansion coefficient............. **A6:** 907

Beryllium compounds
hazardous air pollutant regulated by the Clean Air Amendments of 1990 .... **A5:** 913

Beryllium copper *See also* Copper alloys, specific types, C17000, C17200, C17300 and C17600; Wear-resistant alloys, nonferrous **A6:** 752
and brass, barrier coatings for........... **EL1:** 679
cleaning solutions for substrate materials .. **A6:** 978
composition.......................... **A20:** 391
composition and properties............. **M6:** 401
cost per unit mass..................... **A20:** 302
cost per unit volume.................. **A20:** 302
electrical conductivity **M6:** 551
electronic applications.................. **A6:** 998
foil, for flex printed boards............ **EL1:** 581
gas metal arc welding **M6:** 418–420
high-conductivity grades.......... **M6:** 418–419
high-strength grades **M6:** 419–420
gas tungsten arc welding........... **M6:** 408–409
high-conductivity grades............... **M6:** 408
high-strength grades **M6:** 408–409
high-conductivity, gas-tungsten arc welding...................... **A6:** 761, 762
high-strength, gas-metal arc welding... **A6:** 761–762
high-strength, gas-tungsten arc welding.... **A6:** 760, 761, 762
industrial (hard) chromium plating........ **A5:** 177
molds for plastics and rubber, use in **M3:** 548, 549
nonconsumable wire guide tubes......... **M6:** 227
properties............................ **A20:** 391
relative hydrogen susceptibility........... **A8:** 542
relative solderability **A6:** 134
relative solderability as a function of flux type.......................... **A6:** 129
resistance welding *See also* Resistance welding of copper and copper alloys **A6:** 849
Rockwell scale for **A8:** 76
self-lubrication......................... **M3:** 594
soldering............................ **M6:** 1075
springs, strip for **M1:** 286
springs, wire for **M1:** 284
tensile strength, reduction in thickness by rolling.......................... **A20:** 392
thermal expansion coefficient............. **A6:** 907
wear-resistance techniques **M3:** 593, 594
weldability............................ **A6:** 753

Beryllium copper alloys
precipitation hardening of **A14:** 809

Beryllium copper nickel 72C *See also* Cast copper alloys
properties and applications.............. **A2:** 391

Beryllium coppers
10C *See* Copper alloys, specific types, C82000
20C *See* Copper alloys, specific types, C82500
30C *See* Copper alloys, specific types, C82200
50C *See* Copper alloys, specific types, C81800
70C *See* Copper alloys, specific types, C81400
165C *See* Copper alloys, specific types, C82400
245C *See* Copper alloys, specific types, C82600
275C *See* Copper alloys, specific types, C82800
Be-modified chrome copper *See* Copper alloys, specific types, C81400
casting alloy 10C *See* Copper alloys, specific types, C82000
casting alloy 30C *See* Copper alloys, specific types, C82200
casting alloy 35C *See* Copper alloys, specific types, C82200
casting alloy 53B *See* Copper alloys, specific types, C82200
casting alloy 165C *See* Copper alloys, specific types, C82400
casting alloy 245C *See* Copper alloys, specific types, C82600
casting alloy 275C *See* Copper alloys, specific types, C82800
grain-refined casting alloy 21C *See* Copper alloys, specific types, beryllium copper 21C
heat treating................. **M2:** 256–257, 258
heat treatment **A15:** 782
melt treatment **A15:** 775
standard casting alloy *See* Copper alloys, specific types, C82500

Beryllium cupro-nickel *See* Copper alloys, specific types, C96600; Beryllium copper nickel 72C

Beryllium cupro-nickel alloy
properties and applications.............. **A2:** 388

Beryllium fluoride
molten **A13:** 52–54

Beryllium grades, specific types
I-70, for optical components **A2:** 686
I-220, ductility and microyield strength.... **A2:** 687
I-400, microyield strength................ **A2:** 687
O-50, infrared reflectivity grade **A2:** 687
S-65, aerospace grade **A2:** 686
S-200E, attritioned powder............... **A2:** 686
S-200F, as most commonly used grade **A2:** 686
S-200FH, HIP consolidated **A2:** 686

Beryllium nitride **A16:** 100

Beryllium oxide.................... **A16:** 100, 530
based cermets **M7:** 803
effect on tensile elongation of high-purity beryllium powders.......................... **M7:** 758
in binary phosphate glasses **A10:** 131
to improve thermal conductivity........ **EM3:** 178
to increase thermal conductivity.... **EM3:** 620, 621
vacuum heat-treating support fixture material **A4:** 503

Beryllium oxide as a constituent of vacuum hot-pressed beryllium.................... **A9:** 390
appearance under polarized light.......... **A9:** 390
effect on ductility....................... **A9:** 390
effect on grain size...................... **A9:** 390
effect on strength **A9:** 390

Beryllium oxide (BeO) *See also* Beryllia
applications.......................... **EM4:** 48
composition.......................... **EM4:** 14
composition of high-duty refractory oxides.......................... **A20:** 424
content effect, electron-beam welding...... **A6:** 872
electrical/electronic applications **EM4:** 1105
for substrates.......................... **EM4:** 17
grain-growth inhibitor **EM4:** 188
in composition of melted silicate frits for high-temperature service ceramic coatings **A5:** 470
key product properties.................. **EM4:** 48
mechanical properties **A20:** 427
melting point **A5:** 471
properties..................... **A6:** 629, **EM4:** 14
raw materials.......................... **EM4:** 48
sintering aid **EM4:** 188
solderable and protective finishes for substrate materials **A6:** 979
solid-state sintering **EM4:** 273
ultrasonic machining **EM4:** 359
Young's modulus vs. density............ **A20:** 289
Young's modulus vs. elastic limit........ **A20:** 287

Beryllium oxide cermets
applications and properties.............. **A2:** 993

Beryllium oxide, effects
beryllium powder metallurgy **A2:** 686

Beryllium powders *See also* Beryllium; Beryllium oxide.......................... **A7:** 941–946
applications **A7:** 6, 202, 628, 941, 944–945, **M7:** 169, 759–762
as-cast grain size...................... **M7:** 169
attritioning........................... **A7:** 204
block impact ground powder **M7:** 170

Beryllium powders (continued)
characteristics used for commercial billets **A7:** 203, 204
cold isostatic pressing **A7:** 382
cold pressing/sintering/coining techniques **A7:** 203, 204
comminution, pole density, and ductility **M7:** 171
compacting pressure and density **M7:** 171
composition **M7:** 171
compositions **A7:** 942–943
consolidation **A7:** 943–944, **M7:** 172
consumer applications **M7:** 761–762
density **A7:** 202
development **A7:** 941
diffusion factors **A7:** 451
elastic modulus **A7:** 202
electrodeposition **A7:** 70
extrusion **A7:** 627–628
gas atomization **A7:** 204
Hall-Petch relationship **A7:** 203, 204
high-temperature applications **M7:** 761
hot isostatic pressing **A7:** 204, 590
hot pressed block **M7:** 172
hot pressing **A7:** 316, 636
impact attrition mill **M7:** 757
impact grinding **A7:** 202, 203
injection molding **A7:** 314
instrument applications **M7:** 761
manufacture **M7:** 170–172
mechanical comminution **A7:** 53
mechanical properties **A7:** 941–942, 943, 944
melt drop (vibrating orifice) atomization **A7:** 50–51
microalloying **A7:** 942–943
microstructures **A7:** 728
nuclear and structural grades **M7:** 758
particle size, oxide content, and grain size **M7:** 171
physical and mechanical properties **M7:** 169, 170, 756–757
physical properties **A7:** 202, 451, 941
powder forging **A7:** 635
powder production **A7:** 943–944
production **M7:** 169–172
production of **A7:** 202–203
purity improvement **M7:** 757
raw material **A7:** 202–203
safety exposure limits **M7:** 202
shapemaking by hot pressing **A7:** 636
strength and grain size **M7:** 171
uniaxial vacuum hot pressing **A7:** 203
vacuum hot pressing **A7:** 202, 204
wrought product forms **A7:** 944
Beryllium, specific grades
1-220, consolidated from impact-ground powder **A9:** 391
1-400, consolidated from ball-milled powder **A9:** 391
S-65B, consolidated from impact-ground powder **A9:** 391
S-200F, consolidated from impact-ground powder **A9:** 391
SR-200, sheet, rolled from S-200E **A9:** 391
Beryllium structural materials **A20:** 409
Beryllium thrust tube
Japanese CS-2 satellite **M7:** 759
Beryllium toxicity
disposition **A2:** 1238
in metallic wire **EM1:** 118
pulmonary effects **A2:** 1239
skin effects **A2:** 1239
Beryllium, vapor pressure
relation to temperature **M4:** 309, 310
Beryllium window **A10:** 519, 670
for x-ray tubes **A17:** 306
with EDX detectors **A11:** 38–39
Beryllium-aluminum alloys **A20:** 409
correlation between microstructure and mechanical properties **A9:** 30
elastic modulus as a function of complexity index **A9:** 31
interpenetrating two-phase **A9:** 31
yield strength as a function of complexity index **A9:** 31
Beryllium-copper alloys *See also* Cast beryllium-copper alloys; Copper-beryllium alloys; Wrought beryllium-copper alloys **A9:** 392–398
adhesive bonding **A2:** 414–415
age hardening **A2:** 405–408
applications **A2:** 284–290, 356–363, 403
cast products **A2:** 422–423
casting, properties and applications **A2:** 358–363
cleaning **A2:** 414
cleaning and finishing **M5:** 612, 614, 620
cold working and age hardening **A2:** 421–422
compositions **A9:** 395
corrosion resistance **A2:** 420–421
cryogenic temperature thermal/electrical conductivity **A2:** 420
design and alloy selection **A2:** 416–421
dimensional change (age hardening) **A2:** 412–414
elastic springback **A2:** 412
electrolytic etching **A9:** 401
electropolishing **A9:** 393
etchants for **A9:** 394
etching **A9:** 394
extrusions, properties **A2:** 412
fabrication characteristics **A2:** 411–416
fatigue strength **A2:** 419
fatigue strength and resilience **A2:** 417–418
forgings, properties **A2:** 412
formability **A2:** 411
galling stress **A2:** 418
general corrosion behavior **A2:** 361
grinding of **A9:** 392–393
heat treatment **A2:** 405–408
high-conductivity wrought alloys, age hardening **A2:** 406–407
high-strength wrought alloys, age hardening **A2:** 406
hot-working processes **A2:** 415
machining **A2:** 415–416
macroetching **A9:** 393–394
macroexamination **A9:** 393–394
magnetic susceptibility **A2:** 418–419
mechanical properties **A2:** 409–411
melting, casting, hot working **A2:** 421
metallographic AES study **A10:** 558–559
microexamination **A9:** 394
microstructure **A2:** 404–405
microstructures **A9:** 394–395
mounting **A9:** 392–393
overaging **A2:** 407–408
peak-age treatments **A2:** 407–408
phase diagram **A2:** 403–404
physical metallurgy **A2:** 403–404
physical properties **A2:** 408–409
polishing **A9:** 392–393
precipitation hardening **A2:** 403
production metallurgy **A2:** 421–423
properties **A2:** 284–290, 356–363, 390–391, 408–410
quenching **A2:** 406
resilience **A2:** 416
resistance to specific agents **A2:** 361
safety precautions **A9:** 392
secondary electron micrograph **A10:** 559
sectioning **A9:** 392
soldering **A2:** 414
solution annealing **A2:** 405–406
specimen preparation **A9:** 392–393
spinodal decomposition hardening **A2:** 236
strength and electrical conductivity **A2:** 417
strip, temper designations and properties **A2:** 409–410
tempering **A2:** 410–411
thermal conductivity **A2:** 419
thermal stability of spring properties **A2:** 416–417
underage treatments **A2:** 407–408
welding **A2:** 414
wire, mechanical and electrical properties **A2:** 411
wrought, age hardening **A2:** 236
Beryllium-copper alloys, specific types
C17000 **A9:** 395
C17000, wrought high-strength, composition **A2:** 403
C17200 **A9:** 395
C17200, alloy plate, homogenized and hot worked **A9:** 397
C17200, alloy strip, AM temper **A9:** 396
C17200, alloy strip, solution annealed and age hardened **A9:** 398
C17200, alloy strip, XHMS temper **A9:** 396
C17200, solution annealed and cold rolled **A9:** 397
C17200, solution annealed and overaged **A9:** 397
C17200, solution annealed and quenched **A9:** 396
C17200, solution annealed, cold rolled and precipitation hardened **A9:** 397
C17200, solution annealed, quenched and precipitation hardened **A9:** 396
C17200, wrought high-strength, composition **A2:** 403–404
C17300 **A9:** 395
C17500 **A9:** 395
C17500, alloy strip, solution annealed, cold rolled, and precipitation hardened **A9:** 397
C17500, alloy strip, solution annealed quenched and precipitation hardened **A9:** 397
C17510 **A9:** 395
C17510, alloy rod, solution annealed and aged **A9:** 398
C17510, alloy strip, solution annealed, cold rolled, and precipitation hardened **A9:** 397
C17510, alloy strip, solution annealed quenched and precipitation hardened **A9:** 397
C82000 **A9:** 395
C82200 **A9:** 395
C82200, as-cast, beryllide phase **A9:** 396
C82400 **A9:** 395
C82400, high-strength casting, composition **A2:** 403–404
C82500 **A9:** 395
C82500, high-strength casting, composition **A2:** 403–404
C82500, solution annealed and aged **A9:** 396
C82510 **A9:** 395
C82600 **A9:** 395
C82600, high-strength casting, composition **A2:** 403–404
C82800 **A9:** 395
C82800, high-strength casting, composition **A2:** 403–404
Beryllium-copper phase diagram **A20:** 392, 393
Beryllium-modified chrome copper
properties and applications **A2:** 356–357
Beryllium-nickel alloy, UNS 36000
alloy strip, solution annealed, quenched, and aged **A9:** 397
Beryllium-nickel alloys **A9:** 392–398
cleaning **A2:** 424
compositions **A2:** 423, **A9:** 396
etchants **A2:** 423
etchants for **A9:** 394
etching **A9:** 394
fatigue behavior **A2:** 425
grinding of **A9:** 392–393
heat treatment **A2:** 423
joining **A2:** 424
macroetching **A9:** 393–394
macroexamination **A9:** 393–394
mechanical properties **A2:** 423–424
melting and casting (foundry products) **A2:** 425
microexamination **A9:** 394
microstructures **A9:** 395–396
mounting **A9:** 392–393
physical and electrical properties **A2:** 426
physical metallurgy **A2:** 423

SUBJECTS OF THE INDEXED VOLUMES: ASM Handbook (designated by the letter "A"): **A1:** Properties and Selection: Irons, Steels, and High-Performance Alloys (1990); **A2:** Properties and Selection: Nonferrous Alloys and Special-Purpose Materials (1990); **A3:** Alloy Phase Diagrams (1992); **A4:** Heat Treating (1991); **A5:** Surface Engineering (1994); **A6:** Welding, Brazing, and Soldering (1993); **A7:** Powder Metal Technologies and Applications (1998); **A8:** Mechanical Testing (1985); **A9:** Metallography and Microstructures (1985); **A10:** Materials Characterization (1986); **A11:** Failure Analysis and Prevention (1986); **A12:** Fractography (1987); **A13:** Corrosion (1987); **A14:** Forming and Forging (1988); **A15:** Casting (1988); **A16:** Machining (1989); **A17:** Nondestructive Evaluation and Quality Control (1989); **A18:** Friction, Lubrication, and Wear Technology (1992); **A19:** Fatigue and Fracture (1996); **A20:** Materials Selection and Design (1997). **Metals Handbook, 9th Edition** (designated by the letter "M"): **M1:** Properties and Selection: Irons and Steels (1978); **M2:** Properties and Selection: Nonferrous Alloys and Pure Metals (1979); **M3:** Properties and Selection: Stainless Steels, Tool Materials, and Special-Purpose Materials (1980); **M4:** Heat Treating (1981); **M5:** Surface Cleaning, Finishing, and Coating (1982); **M6:** Welding, Brazing, and Soldering (1983); **M7:** Powder Metallurgy (1984). **Engineered Materials Handbook** (designated by the letters "EM"): **EM1:** Composites (1987); **EM2:** Engineering Plastics (1988); **EM3:** Adhesives and Sealants (1990); **EM4:** Ceramics and Glasses (1991). **Electronic Materials Handbook** (designated by the letters "EL"): **EL1:** Packaging (1989)

polishing A9: 392–393
production metallurgy A2: 425–426
safety precautions A9: 392
sectioning A9: 392
specimen preparation A9: 392–393
wrought, mechanical and physical properties A2: 423–424
Beryllium-silicon alloys A20: 409
Beryllium-window x-ray tube
for radiographing adhesive-bonded structures EM3: 759
Berzelius, Johns Jakob
as chemist A15: 29
Be-Si (Phase Diagram) .... A3: 2•96
Bessel function
modified A6: 10
Bessemer
Sir Henry A15: 31–32, 34
Bessemer converter
development A15: 31–32
Bessemer dry stamping process A7: 148, M7: 125
Bessemer process A20: 334
BESSY
as synchrotron radiation source A10: 413
Best available control technology (BACT) A5: 914
Best Best quality telephone and telegraph wire M1: 264–265
Best candidate system description
leadless packaging EL1: 986–987
Best efficiency point (BEP) A18: 594
Best image voltage A10: 588, 689
Best line fit
x-ray spectrometry A10: 97
Best-fit curve *See also* Goodness of fit
comparison using stress and life as dependent variables A8: 698
for aluminum alloy at different stress ratios A8: 697
BET *See* Braunauer-Emmett-Teller
BET method *See* Brunauer-Emmet-Teller (BET) method
Beta
defined A9: 2
Beta alloys .. A19: 32, 33–34, 835–836, 840–841, 842
aging A19: 33
mechanical properties A19: 34
properties A19: 32
titanium A2: 586–587, 602, A14: 267–268, 271–272, 839
β- and α-fibers
in rolled copper A10: 363
Beta anneal
cycle and microstructure A6: 510
heat treatment cycle and microstructure for alpha-beta titanium alloys A19: 832
Beta annealing
wrought titanium alloys A2: 619, 620
Beta backscatter
as plating thickness inspection EL1: 943
Beta brass
martensitic structures A9: 672–673
Beta C alloy *See* Titanium alloys, specific types, Ti-3Al-8V-6Cr-4Zr-4Mo
Beta creep A20: 573
Beta emissions from depleted uranium A9: 477
Beta eucryptite ($Li_2O \cdot Al_2O_3 \cdot SiO_2$)
as filler for solder glass EM4: 1072
as refractory filler EM4: 1072
chemical system EM4: 870
glass/metal seals EM4: 499
thermal expansion coefficients EM4: 499
Beta eutectoid group of alloying elements for titanium alloys A9: 458
Beta eutectoid stabilizer
defined A9: 2
Beta flecks
defined A9: 2
in titanium and titanium alloys A9: 459
macroscopic appearance A9: 472
Beta forging
of titanium A2: 612–613
of titanium alloys A14: 271–272
Beta forging of titanium alloys M3: 368–369
Beta gage EM3: 6
defined EM2: 6
Beta grain size
titanium and titanium alloy castings A2: 638
Beta III *See* Titanium alloys, specific types, Ti-11.5Mo-6Zr-4.5Sn
Beta isomorphous group of alloying elements for titanium alloys A9: 458
Beta isomorphous stabilizer
defined A9: 2
Beta loss peak EM3: 6
defined EM2: 6
Beta particles
as radiation A17: 295
defined EL1: 966
in neutron radiography A17: 391
Beta phase A19: 33
effect on fracture toughness of titanium alloys A19: 387
in beryllium-copper alloys A9: 394–395
in brass, electrolytic etching to reveal A9: 401
in copper alloys A9: 639
in silver-aluminum alloy, single crystal A9: 657
in uranium and uranium alloys A9: 476–487
of cemented carbides A9: 274
of titanium and titanium alloys A9: 458, 461
Beta phase brass alloys
massive transformations in A9: 655–656
Beta phase unalloyed uranium
fabrication techniques A2: 671
Beta prime phase in titanium alloys A9: 461, 475
Beta quench
cycle and microstructure A6: 510
heat treatment cycle and microstructure for alpha-beta titanium alloys A19: 832
Beta radiation, effect
E-glass fibers EM1: 47
Beta rays
definition A5: 946
Beta segregation defects in titanium and titanium alloys A9: 459
Beta solution treatment (BST)
breakdown field dependency on dielectric constant A20: 619
Beta stabilizers in titanium .... A3: 1•23
Beta structure
defined A9: 2
Beta structures
wrought titanium alloys A2: 607–608
Beta titanium alloys A7: 164
brazeability M6: 1049
weldability M6: 446
workability A8: 575
Beta transus
defined A9: 2
Beta transus temperature of titanium and titanium alloys A9: 458
effect of beta flecks on A9: 459
Beta transus temperatures
wrought titanium alloys A2: 623
Beta/metastable beta titanium alloys A14: 267–268
Beta-alumina
ionic conductor EM4: 18
solid-state sintering EM4: 272, 279
thermal etching EM4: 575
Beta-aluminum-nickel alloy
diffraction pattern A9: 109
β-diketones
as extractant A10: 170
Betaketone EM3: 626
Betamax system A20: 15, 17
Beta-particle emission
as radioactive decay mode A10: 245
beta-Propiolactone
hazardous air pollutant regulated by the Clean Air Amendments of 1990 .... A5: 913
Beta-quartz
coefficient of thermal expansion EM4: 1103
composition EM4: 1103
primary phase glass-ceramics based on .. EM4: 870, 872
solid solution, aluminosilicate glass ceramics EM4: 435
volume expansion coefficient EM4: 761
Beta-ray emission, radiochemical
destructive TNAA A10: 238
Beta-ray gage *See* Beta gage
Beta-spodumene ($Li_2O \cdot Al_2O_3 \cdot 4SiO_2$)
coefficient of thermal expansion EM4: 1103
composition EM4: 1103
glass/metal seals EM4: 499
maximum use temperature EM4: 875
primary phase glass-ceramic based on ... EM4: 870, 871
solid solution, aluminosilicate glass ceramics EM4: 435
specialty factory EM4: 908
thermal expansion coefficient EM4: 499
volume expansion coefficient EM4: 761
Beta-stabilizers
titanium alloys A2: 598–599
zirconium alloys A2: 665
Beta-titanium
erosion test results A18: 200
orthodontic wires A18: 666, 675–676
Be-Th (Phase Diagram) .... A3: 2•96
Bethe formula
ion stopping power A18: 323
Bethlehem's RQC-100 .... A19: 246
Be-Ti (Phase Diagram) .... A3: 2•97
Bevel
definition A6: 1207, M6: 2
Bevel angle
definition A6: 1207, M6: 2
Bevel cut
for plating thickness inspection EL1: 943
Bevel cutting M6: 911–912, 917
by plasma arc A14: 731
Bevel (extruding) angle
thread rolling A16: 282, 284, 287, 294
Bevel gears A7: 1060
blanks, production methods A14: 124–126
differential, by precision forming A14: 163
hypoid A11: 587, 588
spiral A11: 587, 588
spiral, precision forming of A14: 173–175
straight A11: 587
tooth-gear contact in A11: 588
zerol A11: 587
Bevel groove weld
definition A6: 1207
Bevel groove welds
definition, illustration M6: 2, 60–61
double, applications of M6: 61
gas tungsten arc welding M6: 360
of heat-resistant alloys M6: 356–357, 360
oxyfuel gas welding M6: 590–591
preparation M6: 67–68
single, applications of M6: 61
Bevel joints
radiographic inspection A17: 334
Beveling
multiple-operation machining A16: 376
Bevels A7: 354
Beverage cans
aluminum alloy A2: 10
Beverage industry
stainless steel corrosion A13: 559–560
Be-W (Phase Diagram) .... A3: 2•97
Be-Zr (Phase Diagram) .... A3: 2•97
B-Fe (Phase Diagram) .... A3: 2•81
B-fritting A18: 682
BG42
nominal compositions A18: 726
B-H characteristics *See also* Magnetic field testing
magabsorption measured A17: 145
$Bi_2Sr_2Ca_2Cu_3O_{10}$ EM4: 47
$Bi_2Sr_2CaCu_2O_8$ EM4: 47
applications EM4: 48
key product properties EM4: 48
raw materials EM4: 48
solid-state sintering EM4: 274
Biamperometric titration A10: 204
Bias A20: 76–77
defined A8: 1, A10: 670
definition A20: 828
in corrosion testing A13: 195–196
of test methodologies, and sampling ... A10: 12, 13
oxide contamination effect with/without .. EL1: 959
Bias buffs M5: 118, 125
Bias fabric
defined EM1: 5, EM2: 6
Biased autoclave test
for humidity-induced stress EL1: 495
Biaxial compressive stress system A8: 576
Biaxial compressive stresses A19: 52
Biaxial compressive threshold stress A20: 632

Biaxial contact
defined in ceramics **A11:** 755
Biaxial fatigue test
specimen **A8:** 370
Biaxial load.............................. **EM3:** 6
defined **EM1:** 5, **EM2:** 6
Biaxial stress
at equator of upset cylinder............. **A8:** 578
correction factor for cracks in **A11:** 124
effect on dimple rupture **A12:** 31, 39
Biaxial stress, defined (under Principal stress
normal) **A13:** 10–11
Biaxial stretch testing.... **A8:** 558–559, **A14:** 887–888
Biaxial tensile stress
and compressive hydrostatic stress **A8:** 559
system **A8:** 576
Biaxial tension
in fatigue fracture....................... **A11:** 75
Biaxial tension-uniaxial compression system .. **A8:** 576
Biaxial winding *See also* Winding
defined **EM1:** 5, **EM2:** 6
Biaxiality ratios **A19:** 268
Bi-Ca (Phase Diagram) .... **A3:** 2•98
Bi-Cd (Phase Diagram) .... **A3:** 2•98
BICMOS *See also* Bipolar complementary metal-oxide semiconductor
defined............................... **EL1:** 177
Bi-Cs (Phase Diagram) .... **A3:** 2•98
Bi-Cu (Phase Diagram) .... **A3:** 2•99
Bidentate ligands
role in metal toxicity.................... **A2:** 1235
Bidirectional associativity **A20:** 160
Bidirectional laminate *See also* Laminate(s); Unidirectional laminate
defined **EM1:** 5, **EM2:** 6
Bidirectional seal
defined **A18:** 4
Bidirectional waves
in wave soldering...................... **EL1:** 688
Bifilar eyepiece
defined **A9:** 2
Bifluoride salts
for acid cleaning......................... **A5:** 48
Bifurcated fiber optic light source
fractographic **A12:** 79
Bifurcated fiber optic tubes
dynamic notched round bar testing **A8:** 277
Bifurcation
definition............................ **EM4:** 632
Big bang mechanism
of equiaxed grain growth **A15:** 131
Bi-Ga (Phase Diagram) .... **A3:** 2•99
Bi-Ge (Phase Diagram) .... **A3:** 2•99
Big-end bearing (bottom-end bearing, crankpin bearing, large-end bearing) *See also* Little-end bearing
defined **A18:** 4
BIGHT
defined............................. **EL1:** 1135
Bi-Hg (Phase Diagram) .... **A3:** 2•100
Bi-In (Phase Diagram) .... **A3:** 2•100
Bi-K (Phase Diagram) .... **A3:** 2•100
Bi-La (Phase Diagram) .... **A3:** 2•101
Bilateral symmetry....................... **A20:** 181
Bilevel loading example **A19:** 239, 240
Bi-Li (Phase Diagram) .... **A3:** 2•101
Bilinear RAMOD-2 equation **EM3:** 515
Bill of materials............. **A20:** 24, 27, 226, 228
definition............................ **A20:** 828
Billet
cleanliness, niobium-titanium superconducting materials **A2:** 1046
defined **EM1:** 5
for wrought titanium alloys **A2:** 610
Billet materials........................... **A7:** 19
Billet method
hot extrusion of powder mixtures......... **A2:** 988
Billet separation equipment
precision forging **A14:** 162–164
Billet shape
effect on stress state in forging **A8:** 588
Billet stacking method
superconductor manufacture **A14:** 338–341
Billet, steel
pickling of **M5:** 69
Billets *See also* Ingots
cold isostatic pressing **A7:** 385
copper and copper alloy **A14:** 257
cutting, in ring rolling.................. **A14:** 123
defined................................ **A14:** 343
eddy current inspection **A17:** 559–560
extrusion, defined........................ **A14:** 5
flow lines in **A14:** 428
for mechanical testing, forging modes **A14:** 197
forging, defined.......................... **A14:** 6
heating **A14:** 164
magnetic particle inspection **A17:** 115–116, 119–120, 558–559
molybdenum...................... **A14:** 237–238
net shipments (U.S.) for all grades, 1991 and 1992 .... **A5:** 701
niobium **A14:** 237
of stainless steel **A14:** 223
preparation, for hot extrusion **A14:** 322
processing flaws **A17:** 492–493
shape, and enclosure **A14:** 279
steel, surface discontinuities............. **A17:** 116
surface preparation **A17:** 558
temperatures, for hot extrusion **A14:** 315
ultrasonic inspection **A17:** 267–268
Billets CAP process for................... **M7:** 533
defined **M7:** 1
filled, extrusion process **M7:** 518
for hot working into mill shapes CAP process for **M7:** 533
forging and rolling **M7:** 522–529
in cold isostatic pressing **M7:** 448
Billets, mill annealed
hardness of........................... **M1:** 203
Bi-lubricant systems.......... **A7:** 324–325, **M7:** 192
Bimetal *See also* Centrifugal casting
defined **A15:** 1
Bimetal bearing
defined **A18:** 4
Bimetal bearing alloys **M7:** 408
Bimetal bearings **A9:** 567
Bimetal casting *See also* Dual-metal centrifugal casting
defined **A15:** 5
Bimetal electrical contact tape **A9:** 563
Bimetal foil laminates
XPS analyses of **A11:** 44
Bimetal tubes
for heat exchangers/condensers **A13:** 627
Bimetallic components, hot isostatic pressing **A7:** 619
Bimetallic parts
processing by rapid omnidirectional compaction **M7:** 544–546
Bimetallic strip, for rod bearings
roll compacting in..................... **M7:** 406
Bimetallic tubes
horizontal centrifugal casting........ **A15:** 299–300
Bimetallic tubing
powder extrusion **A7:** 317
Bi-Mg (Phase Diagram) .... **A3:** 2•101
Bi-Mn (Phase Diagram) .... **A3:** 2•102
Bimodal particle size distribution **M7:** 41, 43
Bi-Na (Phase Diagram).................. **A3:** 2•102
Binary alkali silicate glasses
ion exchange **EM4:** 460
Binary alloy
defined **A9:** 2
Binary alloy phase diagrams .... **A3:** 2•25–2•383
Binary alloys **A13:** 75–76
Binary alloys diagram
Au-Al phases **EL1:** 1013
Binary alloys index .... **A3:** 2•5–2•21
Binary aluminum alloys
relative potency factors................... **A6:** 89
Binary aluminum-copper **A19:** 64
Binary collisions
low-energy ion-scattering spectroscopy **A10:** 604
Binary eutectic alloys
schematic phase diagram **A9:** 618
Binary gold-copper alloys
EPMA analysis of **A10:** 530
Binary image.................. **A18:** 346, 350, 352
Binary iron-base systems *See also* Iron-base alloys
Fe-C, thermodynamics of............. **A15:** 61–62
Fe-Si, thermodynamics of................. **A15:** 62
phase diagram.......................... **A15:** 61
Binary iron-chromium equilibrium phase diagram..................... **A6:** 678, 681
Binary iron, relative potency factors........ **A6:** 89
Binary isomorphous phase diagram **A6:** 46, 47
Binary metal infiltration systems **M7:** 554
Binary nickel-base alloys
relative potency factors................... **A6:** 89
Binary nonheat-treatable alloys
aluminum-silicon alloys as **A15:** 159
Binary optics
use in laser surface transformation hardening........................ **A4:** 292
Binary phase diagrams **A13:** 46–47
Binary phosphate glasses
cations bonding in..................... **A10:** 131
Binary polymer blends
types................................ **EM2:** 632
Binary system
defined **A9:** 2
in machine vision....................... **A17:** 33
Binary system or diagram description .... **A3:** 1•2–1•4
Bi-Nd (Phase Diagram).................. **A3:** 2•102
Binder
content, cermet systems **EL1:** 340
defined **EM1:** 5, **EM2:** 6
definition.............................. **A5:** 947
phase, thick-film formulations........... **EL1:** 249
system, rigid epoxy encapsulants......... **EL1:** 812
Binder, cobalt
in cemented carbides.................. **A13:** 846
Binder mean free path of cemented carbides
determination of........................ **A9:** 275
Binder metal
defined **M7:** 2
Binder phase
defined **M7:** 2
Binder phase of cemented carbides **A9:** 274
Binder resins for brake linings **A18:** 569
Binder systems *See also* Binders; Bonded sand molds
chemical, aluminum alloys.............. **A15:** 203
cold box, properties.................... **A15:** 215
heat-cured, properties **A15:** 215
no-bake **A15:** 214–217
of core coatings **A15:** 240
resin, market status **A15:** 215
Binder treatment blending **A7:** 106
Binder volume fraction of cemented carbides
determination of........................ **A9:** 275
Binder/plasticizers
injection molding....................... **A7:** 315
Binder-assisted extrusion **A7:** 365–375
Binders *See also* Binder systems; Bonded sand molds; Organic binders; Resin binder processes.................... **EM3:** 6, **M7:** 1
as coating material **M7:** 817
ceramic shell molds, investment casting **A15:** 258–259
core-oil......................... **A15:** 218–219
defined **A15:** 1
feedstock formulation **A7:** 366
for butyls............................ **EM3:** 202
for cores, types **A15:** 238
for decorating materials **EM4:** 474–475
for powder shaping **A7:** 313–314

hot box **A15:** 218
hybrid, investment casting **A15:** 259
in metal casting, plastics for **A15:** 211
in platinum production by Incas............ **A7:** 3
inorganic and organic, in spray drying.. **M7:** 74, 77
organic, development of **A15:** 35
plastic................................. **A15:** 211
premix processing with **A7:** 128
removal, postextrusion processing......... **A7:** 372
resin, processes of **A15:** 214–221
warm box **A15:** 218
Binder-treated mixes (BTM) **A7:** 108
Binder-treated powder **A7:** 322
Binding agents
x-ray spectrometry **A10:** 94
Binding energies **A18:** 445, 446, 447, 448
Bingham rheology **EM4:** 33
Bingham solid
defined................................. **A18:** 4
Bingham viscoelastic behavior **A20:** 788
Bingham-plastic flow behavior **EM4:** 156
Bingham-Prager threshold function......... **A20:** 632
Bi-Ni (Phase Diagram) .... **A3:** 2•103
Binocular vision *See* Stereo vision; Three-dimensional
Binodal curve
defined.................................. **A9:** 2
Binomial distribution.... **A8:** 628, 635–636, **A19:** 306, **A20:** 80, 92
cumulative distribution function **A8:** 629, 636
mean **A8:** 629, 636
mean value **A20:** 80
parameter estimates **A8:** 629, 636
percentile............................. **A8:** 629
probability density function.............. **A8:** 629
probability mass function............ **A8:** 635–646
standard deviation **A20:** 80
to calculate reliability **A20:** 90
variance........................... **A8:** 629, 636
Bioavailability, of iron powders
food enrichment **M7:** 614–615
Bioceramics............................. **A19:** 943
Biochemical mixtures
liquid chromatography of............... **A10:** 649
Biocides **A18:** 110, **EM3:** 674
and cutting fluids...................... **A16:** 131
applications........................... **A18:** 110
for metalworking lubricants **A18:** 142, 143, 144
functions **A18:** 110
in nonengine lubricant formulations...... **A18:** 110
Biocompatibility
of implant materials **A11:** 672
of metallic implants **A13:** 1328–1329
of shape memory alloys **A2:** 901
Biodegradation
defined............................. **EM2:** 784
measured......................... **EM2:** 784–785
mechanisms....................... **EM2:** 783–784
Biodeterioration
defined/measured................. **EM2:** 784–785
Biodisintegration
of plastic-starch blends **EM2:** 786
Biofilm formation
in water **A13:** 492, 900–902
Biofouling *See also* Anti-fouling; Biological corrosion
copper/copper alloys........... **A13:** 610, 625–626
copper-base paint...................... **A13:** 907
in water.......................... **A13:** 492–494
on aluminum alloys.................... **A13:** 598
organisms.............................. **A13:** 88
Bio-fouling corrosion
control of............................ **A11:** 191
on metals **A11:** 190–191
Bioglass **EM4:** 1008, 1096
45S5, endosseous ridge maintenance ... **EM4:** 1011
stainless steel fiber reinforced **EM4:** 1088
Biologic indicators *See also* Indicator tissues
of abnormal zinc homeostasis **A2:** 1255
of arsenic............................. **A2:** 1238
of cadmium........................... **A2:** 1241
of lead toxicity **A2:** 1246
of mercury toxicity **A2:** 1249
of nickel toxicity **A2:** 1250
Biological corrosion *See also* General biological corrosion; Localized biological corrosion; Microbiological corrosion
aqueous......................... **A13:** 17, 41–43
cell **A13:** 42–43
defined................................ **A13:** 2
in seawater **A13:** 900–902
localized **A13:** 114–120
mechanisms........................ **A13:** 41–43
of aluminum..................... **A13:** 118–119
of copper alloys **A13:** 119
of iron and steel **A13:** 116–117
of stainless steel.................. **A13:** 117–118
oil/gas production **A13:** 1234
organisms, characteristics **A13:** 41
telephone cables **A13:** 1130
tuberculation...................... **A13:** 119–120
Biological materials
characterization of...................... **A10:** 1
ESR analysis of **A10:** 264
fluid, potentiometric membrane electrode analysis......................... **A10:** 181
freeze-dried, as x-ray spectrometric samples.......................... **A10:** 93
GC/MS analysis of.................... **A10:** 639
MFS analysis of carcinogenic polynuclear aromatic compounds in **A10:** 72
NAA determination of toxic elements in.. **A10:** 233
PIXE analysis of **A10:** 106–107
powdered, analysis of **A10:** 106–107
use of ICP-AES for **A10:** 31
voltammetric monitoring of metals and nonmetals in............................. **A10:** 188
Biological testing
of lubricants **A14:** 517
Biomechanical implant failures **A11:** 681–687
Biomechanical stability
of intemal fixation devices.............. **A11:** 671
Biomedical applications
investment castings **A15:** 266
Biomedical prosthetic devices
corrosion of **A13:** 1324–1335
Biomolecular Strauss coupling reaction
polyimides.......................... **EM3:** 157
Biomolecules
EXAFS analysis of.................... **A10:** 407
Biopsy
GFAAS detection of metals in........... **A10:** 55
Biotransformation, of arsenic
as toxic metal........................ **A2:** 1237
BiO_x-Au glass thin-film system
Auger electron spectroscopy **A18:** 453, 454
secondary ion mass spectrometry (SIMS) spectrum, depth-profile data........ **A18:** 459, 460, 461
Bi-Pb (Phase Diagram) .... **A3:** 2•103
Bi-Pd (Phase Diagram) .... **A3:** 2•103
Biphenyl
hazardous air pollutant regulated by the Clean Air Amendments of 1990 .... **A5:** 913
Bipolar
defined............................. **EL1:** 1135
Bipolar complementary metal-oxide semiconductor (BICMOS).................... **EL1:** 177, 390
Bipolar drivers......................... **EL1:** 8, 83
Bipolar electrode
defined................................ **A13:** 2
Bipolar emitter-coupled logic (ECL)
as future trend **EL1:** 390
Bipolar junction transistor (BJT) technology
active devices in **EL1:** 145–146
active-component fabrication ... **EL1:** 191, 195–196
current components.................... **EL1:** 150
fabrication steps...................... **EL1:** 197
high-performance active devices with **EL1:** 146–147
IC technology, npn **EL1:** 144–145
Bipolar transistor analysis
current gain **EL1:** 151–152
Ebers-Moll equations **EL1:** 151–152
frequency response-small signal model...................... **EL1:** 153–154
mechanism **EL1:** 150–151
Bipolar transistor(s)
defined............................. **EL1:** 1135
failure mechanisms **EL1:** 975
Bipotentiometric titration
as electrometric **A10:** 204
Bi-Pt (Phase Diagram) .... **A3:** 2•104
Bi-Rb (Phase Diagram).................. **A3:** 2•104
Bird, William
as early founder **A15:** 26
Birefringence **A10:** 115, 129, **A18:** 304
defined.................................. **A9:** 3
in optical testing **EM2:** 596–597
of aluminum alloy phases **A9:** 356–357, 360
Birefringent crystal
defined............................... **A10:** 670
Birmingham wire gage (BWG) system **A1:** 277
Birmingham Wire Gage system **M1:** 259
Birotational seal
defined................................ **A18:** 4
Bis (2-ethylhexyl) phthalate (DEHP)
hazardousair pollutant regulated by the Clean Air Amendments of 1990 .... **A5:** 913
Bis (chloromethyl) ether
hazardous air pollutant regulated by the Clean Air Amendments of 1990 .... **A5:** 913
Bis (cyclopentadienyl) magnesium
physical properties **A5:** 525
Bi-S (Phase Diagram) .... **A3:** 2•104
Bis(4-maleimidodiphenyl) methane **EM2:** 252–253
Bi-Sb (Phase Diagram) .... **A3:** 2•105
Biscuit *See* Cull; Preform
Bi-Se (Phase Diagram) .... **A3:** 2•105
Bi-Sm (Phase Diagram).................. **A3:** 2•106
Bismaleimide 5245C resin **EM1:** 83, 88
Bismaleimide (BMI) *See also* Bismaleimide resins (BMIs)
defined................................ **EM1:** 5
Bismaleimide Matrimid 5292 .... **EM1:** 81–82, 86
Bismaleimide resins (BMIs)
addition-type....................... **EM1:** 78–90
adhesives **EM1:** 684
and fiber-resin composites **EM1:** 373–380
as high-temperature thermoset...... **EM1:** 373–380
commercial **EM1:** 80
constituent properties **EM1:** 83, 88
cure cycles........................ **EM1:** 658–660
cure time/temperature relationships **EM1:** 659–660
curing........................... **EM1:** 657–661
descriptions/types.................. **EM1:** 80–83
for aerospace application **EM1:** 32
for resin transfer molding.............. **EM1:** 169
hot/wet in-service temperatures.......... **EM1:** 33
Michael addition **EM1:** 79, 80
modified, constituent properties **EM1:** 83, 88
-olefin copolymers **EM1:** 80
processing parameters **EM1:** 81
properties............... **EM1:** 289, 291, 373–380
property optimization **EM1:** 657–658
sample chemical reactions **EM1:** 751–753
sizings for **EM1:** 123
tests for........................ **EM1:** 289, 291
-triazine **EM1:** 81
two-component BMI-olefin resins **EM1:** 81
Bismaleimide Rhone-Poulenc Kerimid... **EM1:** 80–81, 86
Bismaleimide thermoset
used in composites..................... **A20:** 457
Bismaleimide triazine/epoxy resin *See also* BT resins.......................... **EL1:** 1670
properties **EL1:** 534–535
Bismaleimides (BMI) *See also* Thermosets; Thermosetting resins **EM3:** 6, 44, 153
adhesive prepreg material.............. **EM3:** 426
aerospace application.................. **EM3:** 559
as high-temperature resin system ... **EM2:** 252, 444
chemical reaction mechanism **EM3:** 423
chemistry........................ **EM2:** 252–253
commercial forms **EM2:** 253–354
defined................................ **EM2:** 6
high-temperature stability.............. **EM3:** 320
homopolymerization of................ **EM2:** 254
in Kerimid........................... **EM2:** 252
Kerimid 601 .... **EM3:** 424
mechanical properties **EM2:** 256
preparation **EM2:** 252
processing **EM2:** 254–255
properties **EM2:** 254–256
suppliers **EM2:** 253–254
surface contamination of carbon laminate **EM3:** 845–846, 847
thermoplastic additives for toughness.... **EM3:** 185
Bismaleimide-triazine (BT) resins.... **EM1:** 81–83, 87

Bismuth *See also* Liquid bismuth **A13:** 56, 180, 515
additive for improved machinability of stainless steels **A16:** 685, 687, 688
additive for improved machinability of steels **A16:** 125, 673–677, 679
alloying, aluminum casting alloys **A2:** 132
alloying, wrought aluminum alloys **A2:** 46
and indium **A2:** 750
apparent density **A7:** 40
as addition to low-melting fusible alloy solders **A6:** 968
as an addition to permanent magnets **A9:** 539
as minor element, ductile iron **A15:** 648
as solder impurity **EL1:** 637
as solid lubricant inclusion for stainless steels **A18:** 716
as tin solder impurity **A2:** 520
as trace element **A15:** 388, 394
as trace metal in iron-based steel, AAS analysis **A10:** 55
bismuth-base solders **A2:** 756–757
cast, deformation twins **A9:** 59
compatibility in bearing materials **A18:** 743
content additions to P/M materials **A16:** 885
determined by controlled-potential coulometry **A10:** 209
effect, gas dissociation **A15:** 83
effect, nitrogen solubility, iron-base alloys **A15:** 83
effect on tin-base alloys **A18:** 748
embrittlement by **A11:** 235
etching by polarized light **A9:** 59
fire refining effect **A15:** 453
fusible alloys **A2:** 755–756, **EL1:** 636
gaseous hydride, for ICP sample introduction **A10:** 36
grain boundary adhesion **A6:** 144
gravimetric finishes **A10:** 171
heat-affected zone fissuring in nickel-base alloys **A6:** 588
history **A2:** 753
impurity in solders **M6:** 1072
in alloy cast irons **A1:** 90
in aluminum alloys **A15:** 744
in austenitic manganese steel **A1:** 825–826
in cast iron **A1:** 5, 8
in copper alloys **A6:** 753
in free-machining metals **A16:** 389
in malleable iron **A1:** 10
in medical therapy, toxic effects **A2:** 1256–1257
in nickel, determination by GFAAS **A10:** 57
mass median particle size of water-atomized powders **A7:** 40
mechanical comminution **A7:** 53
milling **A7:** 58
occurrence **A2:** 753
oxygen content **A7:** 40
photometric analysis methods **A10:** 64
price per pound **A6:** 964
pricing history **A2:** 754
properties **A2:** 754–755
pure, properties **A2:** 1103
quartz tube atomizers with **A10:** 49
recommended impurity limits of solders **A6:** 986
recovery methods **A2:** 753–754
reference electrodes for use in anodic protection, and solution used **A20:** 553
removal, from lead alloys **A15:** 476
resistance of, to liquid-metal corrosion **A1:** 636
safety standards for soldering **M6:** 1099
selective plating solution for ferrous and nonferrous metals **A5:** 281
separated from copper **A10:** 200
species weighed in gravimetry **A10:** 172
standard deviation **A7:** 40
thermal diffusivity from 20 to 100 °C **A6:** 4
toxicity, effects and treatment **A2:** 1256–1257
TWA limits for particulates **A6:** 984
ultrapure, by zone refining technique **A2:** 1094
volatilization losses in melting **EM4:** 389
weighed as the phosphate **A10:** 171
wetting of copper, LME by **A11:** 719
Bismuth containing fusible mounting alloys
for electropolishing **A9:** 49
Bismuth dioxide (BiO_2)
in composition of melted silicate frits for high-temperature service ceramic coatings **A5:** 470
Bismuth germanate
detector configuration **A18:** 325
Bismuth germanium oxide crystals
production **A2:** 743
Bismuth glycolyarsanilate
as medicinal application **A2:** 1256
Bismuth in cast iron
carbide-inducing inoculant, use as **M1:** 80
Bismuth in fusible alloys **M3:** 799
Bismuth in iron
malleable cast irons **M1:** 58
Bismuth nitrate
in composition of unmelted frit batches for high-temperature service silicate-based coatings **A5:** 470
Bismuth oxide
in binary phosphate glasses **A10:** 131
in composition of unmelted frit batches for high-temperature service silicate-based coatings **A5:** 470
metallizing by thick-film compound adhesion **EM4:** 544
Bismuth, pure **M2:** 718–719
solution potential **M2:** 207
Bismuth salts
catalyst for urethane sealants **EM3:** 204
Bismuth, vapor pressure
relation to temperature **A4:** 495, **M4:** 310
Bismuth-base solder alloys
applications **A2:** 756–757
Bi-Sn (Phase Diagram) **A3:** 2•106
Bisnadimides (BNI) *See also* Thermosets **EM3:** 153
Bisphenol A (BPA) **EM3:** 96, 590, 594–595, 617
for forming epoxies **EM3:** 94
physical properties **EM3:** 104
Bisphenol A (BPA) fumarate resins *See also* Polyester resins
application/preparation **EM1:** 90
basic solution resistance **EM1:** 93
clear casting mechanical properties **EM1:** 91
electrical properties **EM1:** 94
glass content effects **EM1:** 91
in fiberglass-polyester composites **EM1:** 91
mechanical properties **EM1:** 90
thermal stability **EM1:** 93
Bisphenol A (BPA) fumarates *See also* Unsaturated polyesters
electrical properties **EM2:** 250
preparation, properties **EM2:** 246
Bisphenol A vinyl ester resin **EM2:** 272
Bisphenol F **EM3:** 97, 594, 595
epoxidation **EM3:** 95
Bisphenol F (DGEBF)
as epoxy resin **EL1:** 826–827
Bisque
definition **A5:** 947
Bisque firing **EM4:** 181
Bisque (porcelain enameling) **M5:** 518, 530
Bi-Sr (Phase Diagram) **A3:** 2•106
BISRA *See* British Iron and Steel Research Association
Bisulfate chemi-mechanical pulping digesters **A13:** 1218
Bit
definition **A6:** 1207, **M6:** 2
Bi-Te (Phase Diagram) **A3:** 2•107
Bithermal fatigue **A19:** 531
Bithermal weld **A6:** 605, 606
Bi-Tl (Phase Diagram) **A3:** 2•107
Bitter patterns
magnetic etching **A9:** 63
Bitter technique for studying magnetic domains **A9:** 534–535
Bitumastic sealers
aluminum coatings **M5:** 345
Bitumen
defined **EM2:** 6
Bituminous
coating, paint compatibility **A5:** 441
Bituminous coal
for hot-blast furnace **A15:** 30
Bituminous coating
in cast iron pipes **M1:** 97–98, 100
Bituminous coatings
asphalts **A13:** 406
Bituminous-base caulks **EM3:** 188
Bi-U (Phase Diagram) **A3:** 2•107
Biuret
formation of **EM3:** 204
BIV *See* Best image voltage
Bivalve molds
historic use **A15:** 16–17
Bivariant equilibrium **A3:** 1•2
defined **A9:** 3
Bi-Y (Phase Diagram) **A3:** 2•108
Bi-Yb (Phase Diagram) **A3:** 2•108
Bi-Zn (Phase Diagram) **A3:** 2•108
Bi-Zr (Phase Diagram) **A3:** 2•109
Black aluminum **A20:** 649, 804
Black annealing **A1:** 280
defined **A9:** 3
definition **A5:** 947
Black anodizing copper coloring solution **M5:** 625
Black body
in thermal image analysis **EL1:** 368
Black boxes **A13:** 1074–1075, 1107–1108, 1111
Black carburizing
definition **A5:** 947
Black copper coloring solutions **M5:** 625–626
Black core **A20:** 420
Black coring **EM4:** 258
Black cupric oxide **A7:** 133
Black iron oxide
pressure-tightness by **M7:** 464
Black light *See* Ultraviolet light
Black liquor
defined **A13:** 2
processing equipment **A13:** 1213–1214
Black magnetic-powder indications
cold shut **A17:** 101
Black marking
defined **EM2:** 6
Black mix **M7:** 156
Black nickel (chloride bath)
composition and deposit properties **A5:** 207, 208
Black nickel plating **M5:** 119, 204–205, 623
Black nickel (sulfate bath)
composition and deposit properties **A5:** 207, 208
Black oxide
defined **A13:** 2
definition **A5:** 947
Black oxide, coating for taps
Ti alloys **A16:** 847
Black plate
net shipments (U.S.) for all grades, 1991 and 1992 **A5:** 701
Black specking
definition **A5:** 947
Black spots
as casting defect **A11:** 388
Black-and-white films for photomicroscopy **A9:** 84–86
Black-and-white imaging compared to color **A9:** 135
Black-and-white photography
filters for **A9:** 72
Blackbodies, effect
electromagnetic radiation **A17:** 396
Blackbody
defined **A9:** 3
in emission spectroscopy **A10:** 115
spectral radiance **EM4:** 615–616

SUBJECTS OF THE INDEXED VOLUMES: ASM Handbook (designated by the letter "A"): **A1:** Properties and Selection: Irons, Steels, and High-Performance Alloys (1990); **A2:** Properties and Selection: Nonferrous Alloys and Special-Purpose Materials (1990); **A3:** Alloy Phase Diagrams (1992); **A4:** Heat Treating (1991); **A5:** Surface Engineering (1994); **A6:** Welding, Brazing, and Soldering (1993); **A7:** Powder Metal Technologies and Applications (1998); **A8:** Mechanical Testing (1985); **A9:** Metallography and Microstructures (1985); **A10:** Materials Characterization (1986); **A11:** Failure Analysis and Prevention (1986); **A12:** Fractography (1987); **A13:** Corrosion (1987); **A14:** Forming and Forging (1988); **A15:** Casting (1988); **A16:** Machining (1989); **A17:** Nondestructive Evaluation and Quality Control (1989); **A18:** Friction, Lubrication, and Wear Technology (1992); **A19:** Fatigue and Fracture (1996); **A20:** Materials Selection and Design (1997). **Metals Handbook, 9th Edition** (designated by the letter "M"): **M1:** Properties and Selection: Irons and Steels (1978); **M2:** Properties and Selection: Nonferrous Alloys and Pure Metals (1979); **M3:** Properties and Selection: Stainless Steels, Tool Materials, and Special-Purpose Materials (1980); **M4:** Heat Treating (1981); **M5:** Surface Cleaning, Finishing, and Coating (1982); **M6:** Welding, Brazing, and Soldering (1983); **M7:** Powder Metallurgy (1984). **Engineered Materials Handbook** (designated by the letters "EM"): **EM1:** Composites (1987); **EM2:** Engineering Plastics (1988); **EM3:** Adhesives and Sealants (1990); **EM4:** Ceramics and Glasses (1991). **Electronic Materials Handbook** (designated by the letters "EL"): **EL1:** Packaging (1989)

Black-box analysis tools **A20:** 216
Black-box model **A20:** 22, 30, 31
Blackburn equation
in creep analysis. **A8:** 689
Blackening *See also* Density
as optical density **A10:** 143
line **A10:** 142
photoplate **A10:** 143
Blackheart malleable cast iron **M1:** 57
Blackheart malleable iron **A1:** 74
American. **A15:** 30–31
fatigue and fracture properties of **A19:** 676
Blackheart malleable irons, specific types
grade B290/6, minimum tensile and fatigue
properties **A19:** 676
grade B310/10, minimum tensile and fatigue
properties. **A19:** 676
grade B340/12, minimum tensile and fatigue
properties. **A19:** 676
Blacking
defined **A15:** 1
Blacking inclusions
as casting defect **A11:** 387
Blacking scab
as casting defect **A11:** 385
Black-level suppression for image modification in
scanning electron microscopy **A9:** 95
Blacksmith welding
definition. **A6:** 1207
in joining processes classification scheme **A20:** 697
Black-white contrast
of dislocation loops **A9:** 116–117
of second-phase precipitates. **A9:** 117
of stacking-fault tetrahedra **A9:** 117
Bladder
defined **EM1:** 5, **EM2:** 6
Blade slots, fan-disk
electric current perturbation inspection . . . **A17:** 138
Blade-and-fork connections
and controlled impedance **EL1:** 87
Blades *See also* Shear blades
aircraft propeller, repair deformation **A11:** 125
helicopter, spindle fatigue fracture **A11:** 126
jet-engine turbine, high-temperature fatigue
fracture. **A11:** 131
turbine. **A13:** 1000–1001
Blaine air permeability apparatus. **M7:** 264
Blaine apparatus. **EM4:** 70
Blaine permeameter **A7:** 278
Blank **A7:** 772
defined **M7:** 2
Blank nitriding
definition **A5:** 947
Blank preparation
for drop hammer forming. **A14:** 655
for ring rolling **A14:** 122–123
HERF processing **A14:** 104
in three-roll forming **A14:** 619
of titanium alloys **A14:** 840–841
Blanked edges
characteristics **A14:** 447
Blanket
defined **EM1:** 5, **EM2:** 6
Blanket epitaxy
as GaAs-silicon wafer production
technique **A2:** 747
Blankholder ring
in sheet metal forming **A8:** 547
Blankholders
and metal flow restraint, deep
drawing **A14:** 581–582
deep-drawing, materials for **A14:** 508–509
defined **A14:** 1
design, for explosive forming. **A14:** 639
force, deep drawing **A14:** 582
magnesium alloy, pressures **A14:** 828
materials for **A14:** 511
shaped, in press forming. **A14:** 549
types, deep drawing **A14:** 582
Blankholding
in drawing presses **A14:** 578
Blanking *See also* Blank preparation; Blankholders;
Blanking dies; Blanking tools; Blank(s); Fine-
edge blanking; Piercing; Punching; Shearing
accuracy. **A14:** 456–457
aluminum alloy **A14:** 519, 793–794
and piercing, compared. **A14:** 459
and piercing, with compound dies . . . **A14:** 456–457
auxiliary equipment. **A14:** 477–478
blank layout **A14:** 449–450
blanked edges, characteristics. **A14:** 447
burr removal after **A14:** 458
by Guerin process **A14:** 607
by multiple slide forming. **A14:** 569–570
chemical. **A14:** 458
conventional dies. **A14:** 453–456
defined. **A14:** 1, 445–446, **EM2:** 6
die clearance **A14:** 447
ductile and brittle fractures from **A11:** 88
fine-edge **A14:** 458
force requirements, calculation **A14:** 448
fracture in **A8:** 548
heat-resistant alloys, lubricant for **A14:** 519
high-carbon steel **A14:** 556
in press brake **A14:** 538
in sheet metalworking processes classification
scheme **A20:** 691
load vs. displacement curve **A14:** 37
methods, in presses **A14:** 445–447
of carbon/low-alloy steels, lubricants for . . **A14:** 518
of copper and copper alloys. **A14:** 811
of electrical steel sheet **A14:** 476–482
of low-carbon steel **A14:** 445–458
of nickel-base alloys **A14:** 520, 832
of organic-coated steels. **A14:** 565
of stainless steels. **A14:** 759, 761–762
operating conditions **A14:** 456
presses **A14:** 451, 458
process, for ceramic multilayer packages.. **EL1:** 463
processing factors **A14:** 448–449
refractory metals and alloys **A2:** 561
rigid printed wiring boards **EL1:** 547
safety **A14:** 458
short-run dies for. **A14:** 451–453
tool materials for **A14:** 539
tools, for ring rolling **A14:** 121, 124
welded blanks. **A14:** 450–451
work metal form selection **A14:** 449
work metal thickness, effect **A14:** 456
wrought copper and copper alloys. **A2:** 248
Blanking and piercing dies **M3:** 484–488
Blanking dies **A14:** 451–456
applications. **A14:** 485–486
material selection for **A14:** 483–486
tool materials **A14:** 484–485
Blanking forming process
characteristics **A20:** 693
Blanking fracture
effect in high-carbon steels **A12:** 285
Blanking lines *See* Cut-to-length lines
Blanking, noncutting process
in metal removal processes classification
scheme **A20:** 695
Blanking-shear test **A8:** 64–65
Blanks *See also* Blank preparation; Blankholders;
Blanking; Cutoff; Slug
applying circle grids to **A8:** 567
beryllium, development of **A14:** 806–807
bevel gear, production methods **A14:** 124–126
carburizing, in powder forging. **A14:** 202
cutting off, multiple-slide forming. **A14:** 569
deburring, in press forming **A14:** 548
defined **A10:** 222, 670, **A14:** 445
design, effect in ring rolling **A14:** 116
design, for fine-edge blanking and
piercing **A14:** 473
developed, vs. trimming, deep drawing . . . **A14:** 589
distorted by punch/blank diameter **A14:** 119
feeding of. **A14:** 500
finished ring profile from **A14:** 119
forged and pierced, shapes of. **A14:** 61
forging and piercing of **A14:** 69
heated, explosive forming of **A14:** 643
holding **A14:** 571
large, welded **A14:** 450
layout of **A14:** 449–450
manufacture **A14:** 120
non-nesting **A14:** 551
preformed, refractory metals **A14:** 788
preheating, for drop hammer forming **A14:** 657
preparation **A14:** 119
preparation, in UV/VIS analysis **A10:** 68
processing, factors **A14:** 448–449
refractory metal **A14:** 788
round **A14:** 449–450
sampling error reduction by. **A10:** 12
short, multiple-slide forming **A14:** 570
size, for deep drawing **A14:** 578
transfer, in multiple-slide forming. **A14:** 570
welded **A14:** 450
Blanks, quartz
defects in. **EL1:** 979
Blast cleaning *See also* Abrasive cleaning; Abraslue
blasting; Blasting; Grit Blasting; Sandblasting;
specific methods by name. . . **A13:** 414–415, 521
abrasive flow rates. **A15:** 516–517
abrasive parameters. **A15:** 518–520
abrasives **A15:** 510–511
angle of impact, abrasive **A15:** 517–518
cast irons. **A5:** 685–686
centrifugal wheels, types. **A15:** 511–516
defined **A15:** 1, 506
definition. **A5:** 947
equipment, selection **A15:** 506–510
of castings **A15:** 506–520
of internal surfaces **A15:** 520
vs. shot peening **A5:** 126
zirconium and hafnium alloys **A5:** 852
Blast furnace. **A1:** 107–108, **M1:** 109–110
current technology for. **A1:** 108–109
Blast meter
cupola. **A15:** 30
Blast pattern
defined. **A15:** 517
Blast residues, effect
magnesium/magnesium alloys **A13:** 741
Blast tubes
of cupolas **A15:** 29
Blasting *See also* Abrasive cleaning; Blast cleaning;
Grit; Sandblasting
alloy steels. **A5:** 707–708
carbon steels **A5:** 707–708
defined **A15:** 1
definition **A5:** 947, **M6:** 2
for core buildup removal **A15:** 240
nickel and nickel alloys. **A5:** 869
Blasting/deburring
design limitations. **A20:** 821
Blasting-tumbling machines. **M5:** 88–89, 93, 95
Bleaching
prior to anodizing aluminum **M5:** 572
Bleed **EM3:** 6
defined **A15:** 1, **EM2:** 6
Bleed bands in aluminum alloy ingots **A9:** 633
in alloy 3003. . . . . **A9:** 634
Bleed hole, hydraulic-oil
corrosion of. **A11:** 37
Bleed out
defined **M7:** 2
Bleedback, penetrant
as inspection method. **A17:** 74
Bleeder
as cure processing material **EM1:** 643–644
Bleeder cloth **EM3:** 6
defined **EM1:** 5, **EM2:** 6
Bleeding **A7:** 552, **EM3:** 6
additive **EM2:** 493
colorant **EM2:** 501
defined **A18:** 4, **EM1:** 5, **EM2:** 6
plasticizer. **EM2:** 496
Bleeding revealed by macroetching **A9:** 173–174
in alloy steel billet **A9:** 175
Bleed-out **EM3:** 6
defined **EM1:** 5, **EM2:** 6
Blend, blending (verb)
defined **M7:** 2
Blend draft
forgings **M1:** 362, 363
Blend (noun)
defined **M7:** 2
Blended elemental alloy production. **M7:** 654, 655
compaction, nuts and parts produced by . . **M7:** 753
powders for shapemaking **M7:** 749–750
titanium and titanium alloy powders **M7:** 164–165,
167, 681, 748–749
Blended elemental (BE) method
titanium alloy powders **A7:** 874–876, 877, 878,
880, 882
Blended elemental (BE) MMC titanium
approach **A7:** 21

Blended elemental (BE) titanium compacts *See also* Titanium P/M products
blended elemental Ti-6Al-4V **A2:** 648–649
fracture toughness **A2:** 648–650
mechanical properties **A2:** 647–651
tensile properties **A2:** 648–650
Blended elemental Ti-6Al-4V compacts
mechanical properties **A2:** 648–649
Blended elemental titanium P/M products
types and processes **A2:** 654–655
Blended sand *See also* Sand(s)
defined **A15:** 2
Blenders **A7:** 321–322, **M7:** 189, 213
Blending *See also* Reblending **M7:** 24, 186–289
and grinding, of samples **A10:** 17
and roll compacting **M7:** 402
and sampling **A10:** 16
as P/M oxide-dispersion technique ... **M7:** 711–718
defined **A18:** 4
degree of uniformity **M7:** 186, 188
equipment **M7:** 189
in QMP powder process **M7:** 87
of core coatings **A15:** 240–241
of glass **EM1:** 107–108
of molybdenum powders **M7:** 155–156
of P/M ferrous powders **M7:** 683
of tungsten powders **M7:** 154
P/M alloys, consolidation and **M7:** 308
P/M materials **M1:** 331
powder characteristics and variables .. **M7:** 187–189
reclaimed and new sands **A15:** 353
statistical analysis **M7:** 187
Blending and premixing of metal powders and binders **A7:** 102–105
definitions **A7:** 102
equipment for **A7:** 105
powder characteristics effect of **A7:** 104–105
variables **A7:** 102–104
Blending (binder)
in powder metallurgy processes classification scheme **A20:** 694
Blending (lubricant)
in powder metallurgy processes classification scheme **A20:** 694
Blending techniques, effect on properties of metal powder mixes **A7:** 106–109
binder treatment of metal powder mixes **A7:** 107–109
binder-treated mixes for high-density parts **A7:** 108–109
dry mixing of metal powders **A7:** 106–107
flow rate **A7:** 108
green properties **A7:** 108
physical and green properties and dust resistance **A7:** 107–108
Blends **A20:** 156
amorphous-crystalline, properties **EM2:** 490
and alloys, applications **EM2:** 491
binary polymer **EM2:** 632
chemistry **EM2:** 66–67
components **EM2:** 490
immiscible, amorphous resins **EM2:** 632–633
immiscible, amorphous/semicrystalline polymers **EM2:** 633–635
isomorphic **EM2:** 632
mechanical properties **EM2:** 634–636
miscible, amorphous polymers **EM2:** 635–636
miscible, amorphous/semicrystalline resins **EM2:** 636–637
miscible, semicrystalline polymers **EM2:** 637
of engineering plastics **EM2:** 632–637
plastic-starch **EM2:** 784–787
polymer, environmental effects **EM2:** 431
Blind bolts
for advanced composites **A11:** 530
Blind fasteners
defined **A11:** 529
failures in **A11:** 545
types of **A11:** 545–546
Blind fastening *See also* Fastener holes; Fasteners; Mechanical fastening **EM1:** 709–711
galvanic compatibility **EM1:** 709
installation effects **EM1:** 710
joint strength **EM1:** 710
robotics installation **EM1:** 711
sensitivity to hold quality **EM1:** 711
sheet take-up **EM1:** 710–711
Blind hole **A20:** 160
defined **EM2:** 6
Blind hole clamps **EM1:** 711
Blind holes *See also* Hole(s)
magnetic rubber inspection methods for .. **A17:** 123
Blind pores
measured with surface area **M7:** 264–265
Blind riser *See also* Atmospheric riser
defined **A15:** 2
Blind rivets
material and composite applications **A11:** 530
Blind sample
defined **A10:** 670
Blind shrinkage
as casting defect **A11:** 382
Blind stagger
as selenium poisoning **A2:** 1254–1255
Blind vias *See also* Vias
geometry and alternatives **EL1:** 112–113
Blinded sieves **M7:** 216
Blindjoint
definition **M6:** 2
Blisks **A18:** 592
Blister **EM3:** 6
defined **A13:** 2, **A15:** 1, **EM2:** 6
definition **A5:** 947
Blister cracking *See also* Hydrogen-induced cracking (HIC) **A19:** 479
Blister, solder *See* Solder blister
Blister test **A18:** 404
Blister tests **EM3:** 384–386, 389
axisymmetric fracture mechanics ... **EM3:** 385–386, 389
Blistering *See also* Hydrogen blistering..... **A7:** 458, 464, 729, 747, **A13:** 164, 242, 331, 1277–1278, **A19:** 479, 480
as hydrogen damage **A12:** 124, 125, 142
copper plate **M5:** 168
defect, squeeze casting **A15:** 325–326
defined **M7:** 2
definition **A5:** 947
during pickling, effects of **M5:** 80–81
hydrogen-induced **A11:** 5, 247–248
in BMI laminate curing **EM1:** 661
in continuous furnaces **A7:** 454
in semisolid casting and forging **A15:** 336–337
in steel bar and wire **A17:** 549
in tubular products **A17:** 567
nickel plating **A5:** 210
of porcelain enameled steel **M1:** 179
paint **M5:** 489, 491, 493, 495
radiographic inspection methods **A17:** 296
tungsten heavy alloys **A7:** 499
Blisters
carbon-graphite materials **A18:** 818
from rolling heating practice **A14:** 358–359
Bloch equations
T_1, and T_2 .... **A10:** 280
Bloch walls **A9:** 534
Bloch waves
bright-dark image oscillations **A9:** 112
dynamical diffraction theory for imperfect crystals **A9:** 112
equation **A9:** 111
Block *See* Pin or Mandrel
Block and cascade welding technique
cast irons **A15:** 526
Block and finish
defined **A14:** 1
Block brazing
definition **M6:** 2
Block copolymers **A20:** 445, 446, **EM2:** 6, 58, **EM3:** 6, 80, 147, 148
for coating and encapsulation **EM3:** 580
predicted 1992 sales **EM3:** 81
sealant formulations **EM3:** 677
Block diagrams **A20:** 89–90
acoustic emission inspection **A17:** 282–283
reliability **EL1:** 899
Block experimental designs **A8:** 643–650
and randomized design **A8:** 643–650
and stress amplitude **A8:** 374
balanced incomplete **A8:** 646, 648–649
chain **A8:** 646–647
estimating and testing block effects ... **A8:** 657, 661
incomplete **A8:** 644–646
Latin squares **A8:** 647–650
select factorial **A8:** 645
to minimize nuisance variables **A8:** 641
types of **A8:** 640
Youden square **A8:** 650
Block, first, second, and finish
defined **A14:** 1
Block grease
defined **A18:** 4
Block loading **A19:** 641, 642
Block polymers
SAS applications **A10:** 405
Block sequence
cast irons, welding of **A6:** 715
definition **A6:** 1207, **M6:** 2
welding of cast irons **M6:** 313
Block terpolymers
properties **EM3:** 82
Block tests
main variable of test **A19:** 114
Blockage **A7:** 248
photozone method **A7:** 248
Blocked curing agent **EM3:** 6
Blocked factorial experimental designs ... **A8:** 642–643
Blocked tee configuration **A18:** 199
Blocker dies
defined **A14:** 2
design **A14:** 77, 410
Blocker initial design
as knowledge-based expert system **A14:** 410
Blockers, as impression dies *See also* Preforms **A14:** 44
Blocker-type forgings
aluminum alloy **A14:** 243
by closed-die forging **A14:** 76
defined **A14:** 2
Blocking **EM3:** 6
defined **A14:** 2, **EM2:** 6
impression, defined **A14:** 2
in open-die forging **A14:** 64
Blocking and channeling
for surface structure **A10:** 633
Blocking (experimental)
defined **EM2:** 600
Blocks **A14:** 1, 665–666, **A18:** 569
Blocks, gray iron cylinder
cracking in **A11:** 345–346
Blocks, test *See* Test blocks
Blocky alpha
defined **A9:** 3
in zirconium and zirconium alloys **A9:** 501
Blocky impact ground beryllium powder **M7:** 170, 172
Blok-Jaeger method
calculation of maximum surface contact temperature **A18:** 93
Blok's contact temperature theory **A18:** 539–540
Blok's critical temperature theory **A18:** 538
Blok's equation **A18:** 541
Blok's flash temperature equation (AGMA 2001-B88) **A18:** 539
Blood lead levels
national estimates **A2:** 1243
Blood plasma
ionic composition of **A11:** 672

SUBJECTS OF THE INDEXED VOLUMES: ASM Handbook (designated by the letter "A"): **A1:** Properties and Selection: Irons, Steels, and High-Performance Alloys (1990); **A2:** Properties and Selection: Nonferrous Alloys and Special-Purpose Materials (1990); **A3:** Alloy Phase Diagrams (1992); **A4:** Heat Treating (1991); **A5:** Surface Engineering (1994); **A6:** Welding, Brazing, and Soldering (1993); **A7:** Powder Metal Technologies and Applications (1998); **A8:** Mechanical Testing (1985); **A9:** Metallography and Microstructures (1985); **A10:** Materials Characterization (1986); **A11:** Failure Analysis and Prevention (1986); **A12:** Fractography (1987); **A13:** Corrosion (1987); **A14:** Forming and Forging (1988); **A15:** Casting (1988); **A16:** Machining (1989); **A17:** Nondestructive Evaluation and Quality Control (1989); **A18:** Friction, Lubrication, and Wear Technology (1992); **A19:** Fatigue and Fracture (1996); **A20:** Materials Selection and Design (1997). **Metals Handbook, 9th Edition** (designated by the letter "M"): **M1:** Properties and Selection: Irons and Steels (1978); **M2:** Properties and Selection: Nonferrous Alloys and Pure Metals (1979); **M3:** Properties and Selection: Stainless Steels, Tool Materials, and Special-Purpose Materials (1980); **M4:** Heat Treating (1981); **M5:** Surface Cleaning, Finishing, and Coating (1982); **M6:** Welding, Brazing, and Soldering (1983); **M7:** Powder Metallurgy (1984). **Engineered Materials Handbook** (designated by the letters "EM"): **EM1:** Composites (1987); **EM2:** Engineering Plastics (1988); **EM3:** Adhesives and Sealants (1990); **EM4:** Ceramics and Glasses (1991). **Electronic Materials Handbook** (designated by the letters "EL"): **EL1:** Packaging (1989)

Bloom **EM3:** 6
defined **A14:** 2, 343, **EM1:** 5, **EM2:** 6–7
definition **A5:** 947
net shipments (U.S.) for all grades, 1991 and 1992 .... **A5:** 701
product, of stainless steel **A14:** 223
Blooming *See also* Blushing **A20:** 452
colorant **EM2:** 501
dot mapping and **A10:** 526–527
of additives **EM2:** 493
Blooming mill
defined **A14:** 2
Blooms
ultrasonic inspection **A17:** 267–268
Blow
defined **A15:** 2
Blow down
defined **A13:** 2
Blow, forging
rapidity and intensity effects **A14:** 57
Blow forming
as superplastic forming process **A14:** 18, 857
in polymer processing classification scheme **A20:** 699
Blow hole
definition **A5:** 947
Blow holes
as gray iron defect **A15:** 641
defined **A15:** 2
from rolling **A14:** 358
Blow molding **A20:** 793, 797–798, **EM2:** 352–359
acrylics **EM2:** 107
attributes **A20:** 248
conventional, properties effects **EM2:** 285
cost summary **EM2:** 299
defined **EM2:** 7
definition **A20:** 828
economic factors **EM2:** 298–299
engineering thermoplastics advantages **EM2:** 356–357
high molecular weight **EM2:** 164
in ceramics processing classification scheme **A20:** 698
injection, properties effects **EM2:** 285
large part, of high-density polyethylenes (HDPE) **EM2:** 164
machinery and processing methods **EM2:** 352–353
market opportunities **EM2:** 359
material distribution **EM2:** 357–358
molded-in color **EM2:** 306
molds and associated parameters ... **EM2:** 353–356
part design **EM2:** 357
piece-part cost analysis **EM2:** 358–359
polymer melt characteristics **A20:** 304
porous materials **A7:** 1034
processing characteristics, closed-mold **A20:** 459
rating of characteristics **A20:** 299
reinforced polypropylenes (PP) **EM2:** 193
size and shape effects **EM2:** 290
textured surfaces **EM2:** 305
thermoplastics **A20:** 453
thermoplastics processing comparison **A20:** 794
Blow molding (extrusion)
compatibility with various materials **A20:** 247
Blow molding (injection)
compatibility with various materials **A20:** 247
Blow pin
defined **EM2:** 7
Blow pressure
defined **EM2:** 7
Blow rate
defined **EM2:** 7
Blow, surface *See* Surface blow
Blowback effects **A7:** 151
Blowby **A18:** 98
Blower gears
economy in manufacture **M3:** 855, 856
Blowers
cupolas **A15:** 385–386
development of **A15:** 27
types, illustrated **A15:** 27
Blowhole **EM3:** 6
definition **A6:** 1207
Blowholes **A7:** 658
as casting defects **A11:** 382
as preheating defect **EL1:** 687
defined **A9:** 3
in austenitic manganese steel castings causes of **A9:** 238
in iron **A12:** 221
Blowing
oxygen, for carbon and silicon removal **A15:** 78
sand, with hydraulic squeeze **A15:** 29
Blowing agents
as additives **EM2:** 503
chemical, defined **EM2:** 9
defined **EM2:** 7
physical **EM2:** 30, 503
structural foams **EM2:** 510–512
Blown core
adhesive-bonded joints **A17:** 613–614
Blown linseed oil **M5:** 498–499
Blown oil
defined **A18:** 4
Blown tubing
defined **EM2:** 7
Blown-film extrusion
products **EM2:** 383–384
Blowoff, mold
as green sand mold finishing **A15:** 347
Blowout
of aluminum alloy connector tubes **A11:** 312
Blowpipe
definition **M6:** 2
Blow-up ratio
defined **EM2:** 7
Blue annealing
defined **A9:** 3
definition **A5:** 947
Blue brittleness **A1:** 692, **M1:** 684
alloy steels **A19:** 619
defined **A13:** 2
definition **A5:** 947
notch toughness, effect on **M1:** 701–703
of steels **A11:** 98
Blue coring **EM4:** 258
Blue dip
definition **A5:** 947
Blue enamel
definition **A5:** 947
Blue porcelain enamel
composition of **M5:** 510
Blue Ribbon Teams **A20:** 316
Blue, thymol and bromthymol
as acid-base indicators **A10:** 172
Blue-black copper coloring solution **M5:** 626
Blue-black porcelain enamel
composition of **M5:** 510
Blueing
defined **EM2:** 7
finish for nails **M1:** 271
Blueprint
definition **A20:** 828
Bluff-body aerodynamics **A20:** 197
Bluing
definition **A5:** 947
Blum's slice model **EM4:** 602
Blunting **A20:** 534, 648, 649
at crack tip **A12:** 15, 21
crack-tip **A11:** 56
Blunting line
in elastic-plastic fracture toughness **A8:** 455
Blur circles
photographic **A12:** 84
Blushing **EM3:** 6
defined **A13:** 2
definition **A5:** 947
BMC *See* Bulk molding compound
BMI *See* Bismaleimide; Bismaleimide resins (BMIs); Bismaleimides
B-Mn (Phase Diagram) .... **A3:** 2•82
B-Mo (Phase Diagram) .... **A3:** 2•82
BMW **A20:** 135
B-Nb (Phase Diagram) .... **A3:** 2•82
B-Ni (Phase Diagram) .... **A3:** 2•83
Board failure *See* Board-level physical test methods; Circuit(s); Failure(s)
Board of Standards Review **A20:** 67
Board-drop hammers *See also* Drop hammer **A14:** 2, 25–26, 41–42
Board-level physical test methods
automatic optical inspection **EL1:** 941–942
capabilities **EL1:** 941
environmental testing **EL1:** 944
for plating thickness **EL1:** 942–943
for solderability **EL1:** 943–944
solderjoint inspection **EL1:** 942
Board(s) *See also* Circuit boards,-Integrated circuit boards (ICs)
assembly, through-hole packages **EL1:** 970
fibers, as contaminants **EL1:** 661
-level cooling **EL1:** 47
particles, as contaminants **EL1:** 661
single-sided, double-sided **EL1:** 711–712
solderability of leaded and leadless surface-mount joints **EL1:** 731
thickness, defined **EL1:** 1135
-to-board interconnections, line segments ... **EL1:** 3
trade-offs **EL1:** 21
wiring density, design and manufacture effects **EL1:** 129
Boat
defined **M7:** 2
Boat-growth horizontal Bridgeman (HB) GaAs single-crystal growth method **A2:** 744
Boating *See also* Marine applications
composite material applications for **EM1:** 847
Bobbin
on fly-shuttle loom **EM1:** 127
Bobbing
nickel alloys **M5:** 674–675
Bobbing compound
definition **A5:** 947
BOCA National Building Code **A20:** 69
Bochumer Verein Company (Germany) **A15:** 31
Bode plot **A5:** 638
Body **EM3:** 6
defined **A18:** 4, **EL1:** 1135
Body environment
biochemical **A11:** 673
biochemical attack **A11:** 676–677
bone healing in **A11:** 673–674
bone resorption in **A11:** 674–676
dynamic **A11:** 673, 676–677
mechanical properties of bone **A11:** 676
Body fluids and tissues
tantalum resistance to **A13:** 728
Body fluids, dried
as corrosive **A12:** 361
Body putty
defined **EM1:** 5
Body solders
for plastic reinforcing, powders used **M7:** 574
powders used **M7:** 572
Body-centered
defined **A9:** 3
Body-centered cubic array
density and coordination number **M7:** 296
Body-centered cubic (bcc) crystal structures
abrasive wear **A18:** 186
adhesive wear **A18:** 179
cavitation erosion **A18:** 216
Body-centered cubic (bcc) materials
ductile-to-brittle transition **A11:** 84–85
flow strength **A11:** 138
fracture transition **A11:** 66
fractures in **A11:** 75
hydrogen damage in **A11:** 338
transgranular brittle fracture in **A11:** 22
Body-centered cubic (bcc) metals
abbreviation **A8:** 724
cyclic deformation of **A8:** 256
cyclic stress-strain curve **A8:** 256
ductile-to-brittle transition temperature .. **A8:** 34, 36
effects of strain aging in **A8:** 256
epitaxial growth direction **A6:** 50–51
fatigue limits of **A8:** 253
flow stress **A8:** 224
mechanical twinning in **A8:** 34–35
texture components and axial forces during torsion testing **A8:** 181, 183
Body-centered cubic (bcc) unit cell **A20:** 337–338, 339
Body-centered cubic forms
in uranium **A9:** 476
Body-centered cubic lattice
slip planes **A9:** 684
Body-centered cubic materials
abbreviation for **A10:** 689
and fcc materials, Kurdjumov-Sachs orientation relationship **A10:** 439
formation of dislocation loops **A9:** 116

Body-centered cubic materials (continued)
iron-nickel alloy as, EXAFS analysis **A10:** 416–417
Body-centered cubic metals
compacts of **M7:** 310
defined **A13:** 45
Body-centered cubic wires
curly grain structure in **A9:** 687
Body-centered space-lattice **A3:** 1•15
Body-centered-cubic (bcc) microstructure
ductile-to-brittle transition **A20:** 354
toughness **A20:** 354
Body-centered-cubic metals
embrittlement **A12:** 123
hydrogen embrittlement **A12:** 22
in low temperatures, effect on fracture mode **A12:** 33
intergranular fracture in **A12:** 123
iron, slip lines **A12:** 219
state of stress effects on **A12:** 31
strain rate effect on **A12:** 31
Body-in-white **A20:** 257–261
"Body-in-white" blank automotive bodies
laser-beam welding **A6:** 264
Body-in-white manufacture **A20:** 258
Boehmite .. **EM3:** 250, 262, 264, 624, **EM4:** 111, 112
pressure calcintering for study of compaction kinetics **EM4:** 300
sol-gel, solid-state sintering **EM4:** 276
Boeing 707 aircraft **A19:** 566, 567
Boeing 737 **A19:** 372
Boeing 777 airliner **A20:** 175
Boeing Company
BAC 5555 proprietary process **EM3:** 802
environmental attack of a bonded surface postulated **EM3:** 802
surface preparation qualitative procedure evaluation **EM3:** 802, 803
Boeing Corrosion Task Force **A19:** 561
Boeing wedge-crack test **EM3:** 472
Bog ore
early casting with **A15:** 24
Bohr magneton
in electron spin resonance **A10:** 254
Bohr model of atom **A12:** 168
Boil scab
as casting defect **A11:** 385
Boiled linseed oil **M5:** 498
Boiler and Pressure Vessel Code **A6:** 677, **A20:** 68
Boiler cleaning
organic acids for **A5:** 53
Boiler drum, utility
failure during hydrotesting **A11:** 647
Boiler plate
creep-induced failure in **A11:** 30
Boiler tube steels **A1:** 616, 937
maximum-use temperature of **A1:** 617
Boiler tubes
ASTM specifications for **M1:** 323
sigma-phase embrittlement of **M1:** 686
Boiler water embrittlement detector test
for carbon/low-alloy steels **A13:** 270
Boilers *See also* Boilers and related equipment, failures of; Pressure vessels; Steam equipment; Weldments; Weld(s)
acoustic emission inspection **A17:** 642
burning municipal solid waste **A13:** 997–998
caustic cracking in **A11:** 214
cleaning **A13:** 1138–1139
coal-fired **A13:** 995–996
codes governing **M6:** 823
corrosion control during idle periods **A11:** 616
corrosion protection **A11:** 615–616
design and construction **A11:** 619
dew point corrosion **A13:** 1001–1004
dissimilar-metal welds in **A11:** 620–621
eddy current inspection **A17:** 642
fire-side corrosion **A11:** 616–620
forgings, inspection **A17:** 644–645
fossil fuel, remote-field eddy current inspection **A17:** 200–201
generating bank, corrosion in **A13:** 1202
in-service quantitative evaluation **A17:** 653–654
inspection codes **A17:** 4
inspection during fabrication **A17:** 645–646
joining processes **M6:** 56
liquid penetrant inspection **A17:** 642
magnetic particle inspection **A17:** 642
oil-fired **A13:** 995–996
plate, inspection **A17:** 644–645
radiographic inspection **A17:** 641–642
recovery, wood pulp industry **A13:** 1198–1202
replication microscopy inspection **A17:** 642–644
service corrosion of carbon steels **A13:** 513–514
steam/water-side **A13:** 990–993
tubes, corrosion-fatigue cracks in **A11:** 79
tubes, inspection **A17:** 644–645
ultrasonic inspection **A17:** 642
water, and steam chemistry **A13:** 992–993
water-side corrosion **A11:** 614–616
Boilers and related equipment, failures of **A11:** 602–627
by corrosion or scaling **A11:** 614–621
by erosion **A11:** 623–624
by fatigue **A11:** 621–623
by overheating ruptures **A11:** 603–614
by stress-corrosion cracking **A11:** 624–626
causes, in steam equipment **A11:** 602–603
failure analysis procedures **A11:** 602
multiple-mode **A11:** 626
with sudden tube rupture **A11:** 603
Boiling
cooling, temperature drop for **EL1:** 364
definition **A5:** 947
of organic solvent cleaners **EL1:** 663
Boiling acetic acid test **A7:** 797
Boiling acid test
porcelain enamel **M5:** 525–528
Boiling liquid-warm liquid-vapor cleaning techniques **M7:** 459
Boiling liquid-warm liquid-vapor degreasing system **M5:** 46–47, 51, 54–55
Boiling magnesium chloride test **A19:** 490, 491
Boiling point
in reduction reactions **M7:** 53
of rare earth metals **A2:** 723–724
Boiling water
embrittlement detector testing, low-carbon steels **A8:** 526
with contaminants, fatigue crack growth testing **A8:** 426–430
Boiling water reactor (BWR) coolants
and stress-corrosion cracking **A19:** 491
Boiling water reactors **A13:** 927–937
alloy X-750 jet pump beams, SCC of **A13:** 933–935
and light water reactors **A13:** 948
corrosion fatigue in **A13:** 928, 937
feedwater nozzles, corrosion fatigue **A13:** 937
irradiation-assisted SCC **A13:** 935–936
nitrided stainless steel, SCC in **A13:** 933
piping, intergranular SCC **A13:** 928–933
radiation fields, corrosion influence **A13:** 949–951
stress-corrosion cracking in **A13:** 927–928
Bolometers (barretters)
microwave detection by **A17:** 208
Bolster
defined **EM2:** 7
Bolster plates **A14:** 2, 62, 497
Bolt
modified Charpy V-notch testing of **A8:** 542
-on attachment, crack-opening displacement transducer **A8:** 384
Bolt, and pin
bearing strength **EM1:** 314–316
Bolt load **A19:** 289
Bolt pretension **A19:** 289
Bolted connectors
recommended contact materials **A2:** 861
Bolted joints *See also* Joint(s) .. **A19:** 289, **EM1:** 479, 488–492
crevice corrosion in **A11:** 184
dissimilar material separation **EM1:** 716–717
elements, testing **EM1:** 325–326
fastener selection for **EM1:** 716–717
long-term exposure testing **EM1:** 825–826
subcomponents, testing **EM1:** 336–337
Bolted material
pin bearing testing for **A8:** 59–61
Bolting
as manufacturing process **A20:** 247
galvanized members **A13:** 441
weathering steel **A13:** 519
Boltmaking machines
for cold heading **A14:** 292
Bolt-nut assemblies
axial fatigue strength at 10^7 cycles **A19:** 287
Bolt-on system **A19:** 175–176
Bolts *See also* Threaded fasteners; Threaded steel fasteners for elevated-temperature service **A1:** 296, 620, 631
AISI/SAE alloy steels, spontaneous rupture **A12:** 299
alloy steel, shear-face tensile fracture in **A11:** 76
as spring **A11:** 530–531, 533
bearing cap, sulfide SCC in **A12:** 299
blind, material and composite applications **A11:** 530
breaking strength **M1:** 277
bronze, preferential corrosion **A12:** 403
chevrons from fracture origin, SEM fractographs **A12:** 170
clamping forces **M1:** 280–282
coatings **M1:** 280
cold heading **M1:** 274, 280
cold-forged high-tensile, eddy current inspection **A17:** 554
delayed failure from hydrogen embrittlement **A11:** 539–540
elevated temperatures, steels recommended for **M1:** 280
explosive, neutron radiography of **A17:** 394
fabrication of **M1:** 274, 280
failures, fractographic study **A12:** 248
fatigue strength **M1:** 275–276, 279–280, 282
fractured, SEM fractographs of radial marks **A12:** 169
hardened, cap screw substitution for **A11:** 142
hardness **M1:** 278–281
holes, stress concentration cracking at **A11:** 346–347
hot heading **M1:** 274, 275, 280
low hardness wear failure of **A11:** 160–161
mechanical fastening of **EM2:** 711
mechanical properties **M1:** 274, 278–282
preloading, and fastener performance **A11:** 542
proof stress **M1:** 273, 274, 277–278
quench cracks **A12:** 131
relaxation tests **A1:** 624
selection of steel for **A1:** 292, 293, 295, **M1:** 273–276
stainless steel, hydrogen embrittlement of **A11:** 249
stainless steel, SCC of **A11:** 536–537
steel wire for **M1:** 265–266
strength grades and property classes .. **M1:** 273–277
strength-hardness relations **M1:** 278–281
stress-corrosion tests for antiseizure coating **A11:** 536
structural, reversed-bending fatigue failure **A11:** 322
T-, SCC of **A11:** 538
threads, diffraction pattern measurement .. **A17:** 13
U-, fatigue fracture **A11:** 533–535
unitemp 212, hydrogen-induced delayed cracking **A11:** 249

SUBJECTS OF THE INDEXED VOLUMES: ASM Handbook (designated by the letter "A"): **A1:** Properties and Selection: Irons, Steels, and High-Performance Alloys (1990); **A2:** Properties and Selection: Nonferrous Alloys and Special-Purpose Materials (1990); **A3:** Alloy Phase Diagrams (1992); **A4:** Heat Treating (1991); **A5:** Surface Engineering (1994); **A6:** Welding, Brazing, and Soldering (1993); **A7:** Powder Metal Technologies and Applications (1998); **A8:** Mechanical Testing (1985); **A9:** Metallography and Microstructures (1985); **A10:** Materials Characterization (1986); **A11:** Failure Analysis and Prevention (1986); **A12:** Fractography (1987); **A13:** Corrosion (1987); **A14:** Forming and Forging (1988); **A15:** Casting (1988); **A16:** Machining (1989); **A17:** Nondestructive Evaluation and Quality Control (1989); **A18:** Friction, Lubrication, and Wear Technology (1992); **A19:** Fatigue and Fracture (1996); **A20:** Materials Selection and Design (1997). **Metals Handbook, 9th Edition** (designated by the letter "M"): **M1:** Properties and Selection: Irons and Steels (1978); **M2:** Properties and Selection: Nonferrous Alloys and Pure Metals (1979); **M3:** Properties and Selection: Stainless Steels, Tool Materials, and Special-Purpose Materials (1980); **M4:** Heat Treating (1981); **M5:** Surface Cleaning, Finishing, and Coating (1982); **M6:** Welding, Brazing, and Soldering (1983); **M7:** Powder Metallurgy (1984). **Engineered Materials Handbook** (designated by the letters "EM"): **EM1:** Composites (1987); **EM2:** Engineering Plastics (1988); **EM3:** Adhesives and Sealants (1990); **EM4:** Ceramics and Glasses (1991). **Electronic Materials Handbook** (designated by the letters "EL"): **EL1:** Packaging (1989)

wing-attachment, cracked along seam **A11:** 530, 532
Bolts, hollow titanium **A7:** 1102–1103
Bolts, round-headed
economy in manufacture **M3:** 852, 853
Bolt-tension calibrator **A19:** 290
Boltzmann
distribution, defined **A10:** 670
equation **A10:** 24, 44
Boltzmann constant **A18:** 441
Boltzmann superposition principle **EM2:** 412
Boltzmann's constant **A20:** 352, **EL1:** 98
Bomb
acid digestion **A10:** 165
Bomb calorimeter ignition
for sample dissolution **A10:** 167
Bombs, smoke *See* Smoke bombs
Bond **EM3:** 6
definition **A5:** 947, **A6:** 1207
Bond angle **EM3:** 6
defined **EM2:** 7
Bond breakers **EM3:** 549–550
Bond bridge **A18:** 236
Bond clay *See also* Bonding agent; Clays
defined **A15:** 2
Bond coat
definition **A5:** 947, **M6:** 2
Bond coat (thermal spraying)
definition **A6:** 1207
Bond coats
for thermal spray coatings **A13:** 460
Bond distances
determined by single-crystal analysis **A10:** 354
Bond energies
polymers **EM2:** 57
Bond face **EM3:** 6
Bond failure **EM3:** 629–635
Bond length **EM3:** 6
Bond lengths, interatomic
and physical properties **A10:** 355
Bond line **EM3:** 6
definition **A6:** 1207, **M6:** 2
Bond line corrosion **EM3:** 670–671
Bond strength *See also* Bonding; Bonding agent; Bond(s); Peel strength **EM3:** 6
defined **A15:** 1, **EM1:** 5, **EM2:** 7
Bond strength development
water-base organic-solvent-base adhesives properties **EM3:** 86
Bond testers, ultrasonic *See* Ultrasonic bond testers
Bond testing
thermal spray coatings **M5:** 372
Bond zone formation **M6:** 706
Bondascope 2100 .... **EM3:** 757–758, 778
for adhesive-bonded joints **A17:** 622
Bonded abrasives
application categories..................... **A5:** 91
Bonded asbestos brake linings
powders used **M7:** 573
Bonded cutting process
in metal removal processes classification scheme **A20:** 695
Bonded film lubricant *See* Bonded solid lubricant
Bonded honeycomb structures
microwave inspection **A17:** 202
Bonded joints *See also* Joint(s)........... **A20:** 663, **EM1:** 480–488
adhesive shear stresses................. **EM1:** 683
dissimilar material separation **EM1:** 717
elements, testing **EM1:** 326
subcomponents, testing **EM1:** 337–339
surface preparation **EM1:** 681–682
ultrasonic inspection **A17:** 272–273
Bonded lead
intermetallic formation around **A11:** 776
Bonded metal-metal laminary composite systems
clad metals **A13:** 887
Bonded particle filters
foundry and die casting **A15:** 490
Bonded plumbum materials
applications **A2:** 555
Bonded resistance-strain gage *See also* Strain gage
for displacement measurement **A8:** 193
Bonded sand molds *See also* Binder systems; Binders; Resin binder systems
dry sand molding **A15:** 228
green sand molds.................. **A15:** 222–228
loam molding **A15:** 228–229
phosphate molds **A15:** 229–230
silicate molds **A15:** 229–230
skin-dried molds **A15:** 228
Bonded solid lubricant
defined **A18:** 4
Bonded structure corrosion
as type of corrosion **A19:** 561
Bonded structure repair
introduction and overview **EM3:** 799–800
Bonded-abrasive grains
bonds **A2:** 1014
coatings **A2:** 1015
in grinding wheels **A2:** 1013
Bonded-phase chromatography
defined **A10:** 670
stationary phases **A10:** 652
Bonding *See also* Tape automated bonding (TAB); Tape automated bonding (TAB) technology; Ultrasonic bonding
adhesive **EM2:** 725
adhesive, of epoxy materials **EL1:** 832–833
adhesive, surface preparation for ... **EM1:** 681–682
and bonding distance, EXAFS determined **A10:** 407, 415
and surface chemistry **M7:** 260
Auger spectral lineshapes showing **A10:** 552
automation **EL1:** 274
by welding, during milling **M7:** 57
cermet **M7:** 801–802
composites **A20:** 808, 809
cure **EM1:** 702–705
defined **M7:** 2
eutectic, as die attachment method .. **EL1:** 213, 349
explosive, refractory metals and alloys **A2:** 559
for stray-current corrosion **A13:** 87
gang (mass) **EL1:** 278
in metal-matrix composites **A12:** 466
in ternary molybdenum chalcogenides (chevrel phases) **A2:** 1078
infinite nature, and single-crystal analysis **A10:** 345
inner lead **EL1:** 278–281
integrity polymer die attach **EL1:** 217–218
interatomic bond-lengths, and physical properties **A10:** 355
interfacial, carbon fibers **EM1:** 52
of cermets **A2:** 990–991
of clad metals **A13:** 887–888
outer lead **EL1:** 283–286
pi, defined **A10:** 679
polymer **EM2:** 63–64
reaction, of structural ceramics **A2:** 1020–1021
secondary *See also* Secondary bonding ... **EM2:** 59
secondary, cast irons **A15:** 238
sigma, defined **A10:** 681
silver-glass **EL1:** 349
single-point **EL1:** 278
solid-state, metal-matrix composites **A2:** 903
solvent **EM2:** 725
substance differences due to **A10:** 345
substrate **EL1:** 627
sulfur-cement **A12:** 472
thermocompression **EL1:** 278–279, 734
to frame, as cooling..................... **EL1:** 310
topologies, RDF analysis and **A10:** 393, 398
types, in aggregate molding **A15:** 212–213
ultrasonic, aluminum transistor base lead **A12:** 483
void distributions **EL1:** 214
void formation during **EM1:** 687
wires (chip and wire assembly) **EL1:** 110
within mer **EM2:** 57
zone 2, package interior **EL1:** 1011–1013
Bonding agent *See also* Bond clay; Bond strength
defined **A15:** 2
Bonding bridge type (π) **A7:** 167
Bonding force
definition **A6:** 1207, **M6:** 2
Bonding preparation, application, and tooling **EM3:** 703–708
adhesive application **EM3:** 704–705
film **EM3:** 705
liquid **EM3:** 705
new application techniques **EM3:** 705
paste **EM3:** 705
bonding preparations **EM3:** 703–704
bond line thickness control **EM3:** 703–704
prefit evaluation **EM3:** 704
prefitting of adherends **EM3:** 703
selection **EM3:** 703
surface treatment prior to adhesive application **EM3:** 704
tooling **EM3:** 705–708
autoclave bonding fixtures **EM3:** 706–707
bonding fixtures **EM3:** 705–707
curing equipment **EM3:** 708
fixture design **EM3:** 707
fixtureless bonding **EM3:** 707
press bonding fixtures **EM3:** 705–706
pressure applicators **EM3:** 707–708
pressure bag fixtures **EM3:** 706
Bonding success
factors **EM3:** 43
Bonding systems *See also* Aggregate molding materials; Binders; Binding systems; Bonded sand molds
plastic **A15:** 211
Bonding, tape automated *See* Tape automated bonding (TAB) technology
Bonding wire(s)
in plastic packages **EL1:** 211
physical characteristics **EL1:** 110
types **EL1:** 227
Bond-related failures, zone 2
package interior **EL1:** 1011–1013
Bond(s)
bonded-abrasive grains **A2:** 1015
brazing, ultrasonic inspection **A17:** 232
clay and water, types **A15:** 210–212
electroplated bond systems **A2:** 1015
formed, in molding aggregates **A15:** 212–213
lack as planar flaw **A17:** 50
metal bond systems **A2:** 1015
organic **A15:** 213
phenol-aralkyl bonds **A2:** 1014
phosphoric acid **A15:** 213
resin bonds **A2:** 1014
silica-based **A15:** 212–213
thermoplastic resins **A2:** 1014
vitreous bond systems **A2:** 1014–1015
weak, adhesive-bonded joints **A17:** 616
Bone *See also* Bone fractures; Bone plate; Bone screw; Implants; Metallic orthopedic implants, failures of; Skeletal system
breakage, as implant failure **A11:** 672
cement degradation, effect on hip prosthesis **A11:** 690–693
cortical, microradiography from thin section of **A11:** 672
grafting, primary **A11:** 673
heating **A11:** 672–674
mechanical properties of **A11:** 676
plates **A11:** 671
resorption, as implant failure ... **A11:** 672, 674–676
resorption, effects on hip prosthesis .. **A11:** 690–693
Bone ash **EM4:** 44
in ceramic tiles **EM4:** 926
in typical ceramic body compositions **EM4:** 5
Bone china **EM4:** 4
absorption **EM4:** 4
absorption (%) and products **A20:** 420
body compositions **A20:** 420
composition **EM4:** 5, 45
imports **EM4:** 935
physical properties **A20:** 787, **EM4:** 934
products **EM4:** 4
properties of fired ware **EM4:** 45
Bone fractures *See also* Bone; Metallic orthopedic implants, failures of
bone resorption in **A11:** 674–676
combined dynamic and biochemical attack **A11:** 676–677
corrective surgery and treatment for **A11:** 671
healing of **A11:** 673–674
total hip joint prostheses **A11:** 692–693
Bone oil
defined **A18:** 4
Bone plate *See also* Bone
corrosion and wear products transported in tissue **A11:** 688, 692
crack initiation on **A11:** 680, 685–686
fracture surfaces of failed **A11:** 682, 686–687
straight, fatigue initiation .. **A11:** 679, 680, 684–686
surface, with fatigue cracks **A11:** 680, 684

Bone plate (continued)
with fatigue crack and broken screw..... **A11:** 681, 686–687
Bone screw *See also* Bone
broken, and fatigue cracked bone plate... **A11:** 681, 686–687
cancellous **A11:** 671
cortical................................ **A11:** 671
fatigue failure..................... **A11:** 679, 682
fracture surfaces of failed **A11:** 682, 686–687
head, titanium, wear and fretting at plate hole **A11:** 689, 692
hole, with fretting and fretting corrosion **A11:** 688, 691–692
pitting corrosion in................ **A11:** 687, 691
pure titanium, shearing fracture..... **A11:** 677, 682
retrieved, from cobalt-chromium alloy with casting defects...................... **A11:** 674, 680
sheared-off **A11:** 678, 682
stainless steel, fatigue failure........ **A11:** 679, 682
stainless steel, shearing fracture **A11:** 676, 682
Boniszewski basicity index................. **A6:** 204
Book mold casting
wrought copper and copper alloys......... **A2:** 242
Boolean methods.................... **A20:** 155–156
Boolean operation.................. **A20:** 157, 160
definition............................. **A20:** 828
Boolean substitutions
in design layout................... **EL1:** 513, 516
Boosters, space
corrosion of **A13:** 1101–1105
Boothroyd, Dewhurst, and Knight (BDK) estimate method....................... **A20:** 718–719
Boothroyd-Dewhurst design for assembly (DFA) method **EL1:** 124–125
Boothroyd-Dewhurst design for assembly (DFA) methods........................... **A20:** 678
Boothroyd-Dewhurst design for service (DFS) software........................... **A20:** 135
Boots/Technochemie Compimide resins .. **EM1:** 82–83
Bootstrapping.......................... **A19:** 299
BOPACE 3d version 6 computer program for structural analysis............ **EM1:** 268, 270
Borate alkaline cleaners.................... **M5:** 24
Borate glasses
electrical properties............... **EM4:** 851, 853
heat capacity......................... **EM4:** 847
thermal expansion **EM4:** 847
typical oxide compositions of raw materials........................ **EM4:** 550
Borate materials
applications.......................... **EM4:** 380
in fiberglass.......................... **EM4:** 380
mining techniques **EM4:** 380
properties............................ **EM4:** 380
purpose for use in glass manufacture **EM4:** 381
sources............................... **EM4:** 380
Borate solutions......................... **A19:** 491
Borates **A20:** 550
effects on electroless nickel plating **M5:** 223
in torch brazing flux..................... **M6:** 962
Borax
as flux **A10:** 167
flux removal after torch brazing.......... **M6:** 963
fluxing agent for dip brazing............. **M6:** 991
for flame retardance **EM3:** 179
mill additions for wet-process enamel frits for sheet steel and cast iron **A5:** 456
Borax bead tests
as qualitative wet analyses **A10:** 168
Borax coating
steel wire......................... **M1:** 262, 266
steel wire rod.......................... **M1:** 253
Borax frits and glazes
typical oxide compositions............. **EM4:** 550
Borazon
abrasive for ECG...................... **A16:** 545
Bordie particles
as inoculant **A15:** 106–107
Bore holes
gray iron crankcase failure from **A11:** 363
Bore scope
in split Hopkinson pressure bar **A8:** 201
Bore seal
defined................................. **A18:** 4
Borehole logging
PGAA use in.......................... **A10:** 240
Bores, splined and tapered
in gears and gear trains **A11:** 589–590
Borescope examination **A19:** 469
Borescopes **A17:** 3–10
applications.......................... **A17:** 9–10
direction of view **A17:** 9
extendable **A17:** 5
field of view **A17:** 9
flexible............................. **A17:** 5–10
flexible fiberscopes...................... **A17:** 5
focusing and resolution **A17:** 8
for residual core detection **A17:** 393
hybrid.................................. **A17:** 5
illumination........................ **A17:** 8–9
in visual leak detection.................. **A17:** 66
measuring **A17:** 8
miniborescopes.......................... **A17:** 4
mirror sheaths........................... **A17:** 5
rigid **A17:** 4–5
scanning................................ **A17:** 5
selection........................... **A17:** 8–9
videoscopes with CCD probes........... **A17:** 5–8
working length **A17:** 9
Boria scales **A20:** 589
Boric acid
flux constituent for torch brazing......... **M6:** 962
flux removal after torch brazing.......... **M6:** 963
for flame retardance **EM3:** 179
for pH level reduction................. **A13:** 944
in composition of unmelted frit batches for high-temperature service silicate-based coatings **A5:** 470
in corrosion fatigue tests................. **A8:** 423
nickel plating, use in **M5:** 199–200, 204–205, 207, 209
tin-lead plating process using........ **M5:** 276–278
Boric acid, as binding agent for samples
x-ray spectrometry **A10:** 94
Boric acid as injection molding binder **M7:** 498
Boric acid (B_2O_3•$3H_2O$)
purpose for use in glass manufacture **EM4:** 381
Boric acid bath
commercial noncyanide cadmium plating bath concentration...................... **A5:** 216
Boric oxide
role in glazes............... **A5:** 878, **EM4:** 1062
Boride cermets *See also* Cermets...... **M7:** 811–813
application and properties **A2:** 1003
chromium boride cermets............... **A2:** 1004
defined................................ **A2:** 979
molybdenum boride cermets **A2:** 1004
titanium boride cermets **A2:** 1004
zirconium boride cermets............... **A2:** 1003
Boride cladding
of tool steels for powder injection molding **A7:** 359
Boride-base cermets **A7:** 923–924
Boride-based cermets **M7:** 789–799, 811–813
and metal borides, properties **M7:** 812
Boride-containing nickel-base alloys
hardfacing **A6:** 790, 794–795, 796
Borides......................... **A1:** 952, 955–956
applications.......................... **EM4:** 203
chemical vapor deposition of **M5:** 381
combustion synthesis....... **A7:** 524, 527, 530–531
in structural ceramics **A2:** 1019, 1021–1024
maximum service temperature.......... **EM4:** 203
plasma spray material **EM4:** 203
properties............................ **EM4:** 203
Borides in wrought heat-resistant alloys **A9:** 309, 311–312
anodic dissolution to extract **A9:** 308
Boriding........... **A4:** 437–446, **A20:** 481, 482–483
advantages................ **A4:** 437, 443–444, 446
alloying elements and their effects **A4:** 441
alternative nonthermochemical surface-coating processes **A4:** 437
applications............................ **A4:** 446
thermochemical................... **A4:** 444–445
boroaluminizing......................... **A4:** 444
borochromizing.................... **A4:** 444, 445
borochromtitanizing................ **A4:** 444, 445
borochromvanadized steels............... **A4:** 444
borosiliconizing......................... **A4:** 444
borovanadized steels **A4:** 444
Borudif process.......................... **A4:** 442
case depths........................ **A4:** 440, 442
characteristic features of layers....... **A4:** 437–438
characteristics of pack cementation processes **A20:** 481
chemical vapor deposition (CVD) **A4:** 445–446
definition............................... **A5:** 947
diamond lapping **A4:** 438
disadvantages......... **A4:** 437–438, 442, 443, 444
egg shell effect **A4:** 440
electroless salt bath **A4:** 442
electrolytic salt bath............ **A4:** 442–443, 444
ferrous materials **A4:** 438–441
fluidized bed boriding............... **A4:** 443–444
gas boriding............................ **A4:** 443
growth **A4:** 438
heat treatment after...................... **A4:** 441
liquid boriding..................... **A4:** 442–443
multicomponent boriding **A4:** 444
nonferrous materials **A4:** 441
pack boriding.................. **A4:** 441–442, 444
paste boriding **A4:** 442, 444
plasma boriding **A4:** 443
process description...................... **A4:** 437
rolling contact fatigue properties.......... **A4:** 438
safety precautions....................... **A4:** 443
stainless steels.......................... **A5:** 760
titanium alloys.................... **A18:** 780–781
tool steels........ **A5:** 769–770, **A18:** 641, 642, 739
wear testing **A4:** 437, 438, 439, 441
Boring............................ **A16:** 160–174
accuracy of form and diameter...... **A16:** 170–171
adapters.......................... **A16:** 381, 382
aircraft engine components, surface finish requirements **A16:** 22
Al alloys ... **A16:** 768, 771–772, 777–778, 791, 797
and transfer machines **A16:** 394, 397
as machining process **M7:** 461
bars **A16:** 170, 171
carbon and alloy steels **A16:** 668
cast irons **A16:** 655, 658
cemented carbides used.................. **A16:** 75
ceramics used **A16:** 101
close tolerance **A16:** 171
compared to broaching............. **A16:** 194, 196
compared to grinding.............. **A16:** 426, 427
compared to honing..................... **A16:** 473
compared to reaming.................... **A16:** 239
composition and hardness of workpiece... **A16:** 169
control of vibration and chatter **A16:** 171–172
Cu alloys......................... **A16:** 810, 813
cutting fluids........................... **A16:** 170
cylinder block **A16:** 115
dimensional tolerance achievable as function of feature size **A20:** 755
equipment use for other operations .. **A16:** 173–174
finish machining......................... **A16:** 33
fixtures................................ **A16:** 404
heat-resistant alloys **A16:** 743, 751–752
high-speed tool steels.................... **A16:** 152
in conjunction with broaching...... **A16:** 194, 195, 209–210, 211
in conjunction with drilling.... **A16:** 214, 216, 218, 219, 221, 235
in conjunction with milling **A16:** 304, 306, 329
in conjunction with tapping............. **A16:** 256

SUBJECTS OF THE INDEXED VOLUMES: ASM Handbook (designated by the letter "A"): **A1:** Properties and Selection: Irons, Steels, and High-Performance Alloys (1990); **A2:** Properties and Selection: Nonferrous Alloys and Special-Purpose Materials (1990); **A3:** Alloy Phase Diagrams (1992); **A4:** Heat Treating (1991); **A5:** Surface Engineering (1994); **A6:** Welding, Brazing, and Soldering (1993); **A7:** Powder Metal Technologies and Applications (1998); **A8:** Mechanical Testing (1985); **A9:** Metallography and Microstructures (1985); **A10:** Materials Characterization (1986); **A11:** Failure Analysis and Prevention (1986); **A12:** Fractography (1987); **A13:** Corrosion (1987); **A14:** Forming and Forging (1988); **A15:** Casting (1988); **A16:** Machining (1989); **A17:** Nondestructive Evaluation and Quality Control (1989); **A18:** Friction, Lubrication, and Wear Technology (1992); **A19:** Fatigue and Fracture (1996); **A20:** Materials Selection and Design (1997). **Metals Handbook, 9th Edition** (designated by the letter "M"): **M1:** Properties and Selection: Irons and Steels (1978); **M2:** Properties and Selection: Nonferrous Alloys and Pure Metals (1979); **M3:** Properties and Selection: Stainless Steels, Tool Materials, and Special-Purpose Materials (1980); **M4:** Heat Treating (1981); **M5:** Surface Cleaning, Finishing, and Coating (1982); **M6:** Welding, Brazing, and Soldering (1983); **M7:** Powder Metallurgy (1984). **Engineered Materials Handbook** (designated by the letters "EM"): **EM1:** Composites (1987); **EM2:** Engineering Plastics (1988); **EM3:** Adhesives and Sealants (1990); **EM4:** Ceramics and Glasses (1991). **Electronic Materials Handbook** (designated by the letters "EL"): **EL1:** Packaging (1989)

in conjunction with turning **A16:** 135, 139, 140–142
in machining centers **A16:** 393
in metal removal processes classification scheme **A20:** 695
inertia-disk dampers **A16:** 172
jig machines and milling................ **A16:** 329
machines **A16:** 1, 160–161, 212, 223, 252
Mg alloys **A16:** 820, 821–823
mills **A16:** 170, 240, 473
MMCs **A16:** 896
monitoring systems **A16:** 414, 416
multifunction machining **A16:** 366–368, 371, 378–380, 384
NC implemented................. **A16:** 613, 614
Ni alloys **A16:** 837
number of operations **A16:** 168–169
P/M materials................ **A16:** 881, 882, 889
pilots and supports **A16:** 162–163
plug dampers **A16:** 171–172
production quantity.................... **A16:** 170
refractory metals............. **A16:** 859, 862, 863
relative difficulty with respect to machinability of the workpiece **A20:** 305
roughness average....................... **A5:** 147
speed and feed **A16:** 163
stainless steels............... **A16:** 154, 691, 692
surface finish.......................... **A16:** 173
surface finish achievable................ **A20:** 755
surface roughness and tolerance values on dimensions....................... **A20:** 248
taper................................... **A16:** 387
tool design **A16:** 162, 164, 170, 173
tool, for porous bronze bearings.......... **M7:** 462
tool life **A16:** 162–163, 166, 168, 169, 172, 173
tool materials **A16:** 162
tool steels **A16:** 716, 727
tools **A16:** 161–162, 163, 166
workpiece configuration **A16:** 166–168
workpiece size **A16:** 164–166
zirconium **A16:** 853, 856
Zn alloys........................ **A16:** 831–832

Boring bars
cemented carbide **A2:** 971

Boring bars, machine-tool
economy in manufacture **M3:** 854

Boring mill
development of......................... **A15:** 20

Boring plungers
cemented carbide **A2:** 971

Boring, tunnel and shaft
cemented carbide tools **A2:** 973

Borland's concepts
solidification cracking................. **A6:** 89, 90

Bormioli alkaline earth silicate
coefficient of thermal expansion **EM4:** 1102
composition.......................... **EM4:** 1102
softening point **EM4:** 1102

Borocementite............................. **A4:** 440

Borohydride-reduced electroless nickel plating *See* Sodium borohydride

Borohydride-reduced electroless nickel plating solution
compositions and operating conditions **A5:** 291

Boron *See also* Cubic boron nitride... **A13:** 728, 860
AAS analysis of **A10:** 46
acid-base titrations..................... **A10:** 172
addition to high-temperature alloys **A6:** 563
addition to improve hardenability of low-carbon steels.............................. **A4:** 366
addition to inhibit deleterious effect of AlN particles........................ **A4:** 60, 61
addition to underwater welds, microstructural development **A6:** 1011
additive to stainless steels improving machinability............ **A16:** 683, 687–688
alloying, aluminum casting alloys **A2:** 132
alloying effect on nickel-base alloys ... **A6:** 589–590
alloying, ordered intermetallics **A2:** 913
alloying, wrought aluminum alloy....... **A2:** 46–47
as addition to brazing filler metals....... **A6:** 904
as addition to carbon-graphite materials .. **A18:** 816
as addition to nickel aluminide alloys.... **A18:** 772, 774, 775
as alloying element, effect on susceptibility to stress-corrosion cracking of two low-alloy steels.............................. **A19:** 486
as inoculant........................... **A15:** 105
as paint for laser-alloyed stainless steel ... **A18:** 866
at elevated-temperature service **A1:** 641
atomic interactions and adhesion **A6:** 144
cemented carbides **A16:** 81
chemical vapor deposition of **M5:** 381
content effect on heat-affected zone cracks.. **A6:** 93
content effect on hot-ductility response.. **A6:** 91, 93
content effect on solidification cracking..... **A6:** 90
content, in glass, IR analysis **A10:** 121–122
continuous, as reinforcements **A2:** 7
deoxidizing, copper and copper alloys **A2:** 236
determined in borosilicate glass........... **A10:** 179
detrimental to welding of alloy systems..... **A6:** 89
diffusion, neutron radiography of **A17:** 391
effect of, on hardenability of steels **A1:** 395, 469–470
effect of, on notch toughness of steels **A1:** 741
effect on cobalt-base corrosion-resistant alloys **A6:** 598
effect on ferrite transformation...... **A20:** 369, 371
effect on precipitation-hardening stainless steels.............................. **A6:** 490
electroslag welding, reactions **A6:** 278
engineered material classes included in material property charts **A20:** 267
filaments, microwave inspection **A17:** 215
for grain refinement, inclusion-forming **A15:** 95
for laser alloying....................... **A18:** 866
forming lower melting point eutectics **A6:** 588
heat-affected zone fissuring in nickel-base alloys **A6:** 588
impurity in diamond................... **A16:** 454
in aluminum alloys **A15:** 744
in austenitic stainless steels......... **A6:** 458, 463
in ductile iron......................... **A15:** 649
in electroless nickel **A18:** 837
in enamel cover coats **EM3:** 304
in enameling ground coat **EM3:** 304
in flux for submerged arc welding........ **M6:** 124
in hardfacing alloys **A18:** 763–764, 765
in heat-resistant alloys................... **A4:** 512
in high-strength low-alloy steels........... **A1:** 408
in interlayer metal for joining non-oxide ceramics **EM4:** 528
in malleable iron **A1:** 10
in Mo/Ni-Cr-B-Si blend, thermal spray coating material **A18:** 832
in Mo/Ni-Cr-B-SiC, thermal spray coating material **A18:** 832
in Ni-Al/Ni-Cr-B-SiC, thermal spray coating material **A18:** 832
in Ni-Cr-B-SiC (fused), thermal spray coating material **A18:** 832
in Ni-Cr-B-SiC (unfused), thermal spray coating material **A18:** 832
in Ni-Cr-B-SiC/WC (fused), thermal spray coating material **A18:** 832
in Ni-Cr-B-SiC-Al-Mo, thermal spray coating material **A18:** 832
in seawater, determined by electrometric titration **A10:** 205
in steel **A1:** 145
in superalloys..................... **A1:** 954, 984
in superalloys, solution treating........... **A4:** 799
in WC/Ni-Cr-B-SiC (fused), thermal spray coating material **A18:** 832
in WC/Ni-Cr-B-SiC (unfused), thermal spray coating material **A18:** 832
ion-beam-assisted deposition (IBAD).. **A5:** 595, 597
linear expansion coefficient vs. Young's modulus............ **A20:** 267, 276–277, 278
lubricant indicators and range of sensitivities **A18:** 301
nickel-chromium-boron filler metal....... **A6:** 344
photometric analysis methods **A10:** 64
powders fused after flame spraying of cast irons **A6:** 720
prompt gamma activation analysis of..... **A10:** 240
pure................................ **M2:** 719–720
pure, properties **A2:** 1103
recovery from selected electrode coverings .. **A6:** 60
segregation and solid friction............ **A18:** 28
sensitivity **A7:** 233
separation by distillation **A10:** 169
-shielded samples for epithermal neutron bombardment **A10:** 234
silicide coatings for molybdenum **A5:** 860
specific modulus vs. specific strength **A20:** 267, 271, 272
specific strength (strength/density) for structural applications **A20:** 649
spectrometric metals analysis............ **A18:** 300
strength vs. density **A20:** 267–269
temperature at which fiber strength degrades significantly....................... **A20:** 467
thermal conductivity vs. thermal diffusivity............... **A20:** 267, 275–276
UV/VIS analysis in aluminum alloys Carmine method **A10:** 68
vapor pressure, relation to temperature **A4:** 495
volatilization losses in melting.......... **EM4:** 389
volumetric procedures for................ **A10:** 175
Young's modulus vs.
density **A20:** 266, 267, 268, 289
elastic limit **A20:** 287
strength **A20:** 267, 269–271

Boron as an addition to
cobalt-base heat-resistant casting alloys **A9:** 334
electrical steels **A9:** 537
nickel-base heat-resistant casting alloys **A9:** 334
wrought heat-resistant alloys **A9:** 311–312

Boron carbide.............................. **A7:** 1065
abrasive for lapping **A16:** 493, 505
abrasive machining hardness of work materials............................ **A5:** 92
as structural ceramic, applications and properties......................... **A2:** 1022
as superhard material **A2:** 1008
chemical vapor deposition **A5:** 514
for gas-lubricated bearings **A18:** 532
for truing of CBN grinding wheels **A16:** 468
friction coefficient data.................. **A18:** 72
honing stone selection **A16:** 476
in abrasive flow machining operation **A16:** 517
in abrasive slurry for ultrasonic machining................... **A16:** 529, 531
melting point **A5:** 471
metallic binder phase, effects............. **A2:** 1008
pellets, swelling of....................... **M7:** 666
use in nuclear control rods and shielding.. **M7:** 666
Vickers and Knoop microindentation hardness numbers **A18:** 416

Boron carbide (B_4C)...................... **EM4:** 47
adiabatic temperatures................. **EM4:** 229
applications **EM4:** 1, 48, 200, 230, 806
as abrasive for ultrasonic machining..... **EM4:** 360
elastic properties as reinforcement used in DRA materials **A19:** 895
electrical properties **EM4:** 806
fabrication **EM4:** 805
grain-growth inhibitor **EM4:** 188
hardness.............................. **EM4:** 351
hot pressing.......................... **EM4:** 191
key product properties.................. **EM4:** 48
manufacture **EM4:** 804–805
mechanical properties versus product condition **EM4:** 807
nuclear properties..................... **EM4:** 806
phase diagram........................ **EM4:** 805
pressure densification **EM4:** 298
properties **A6:** 629, **EM4:** 191, 806–806
raw materials.......................... **EM4:** 48
sintering aid **EM4:** 188
stoichiometry......................... **EM4:** 804
structure **EM4:** 804, 805
synthesized by SHS process........ **EM4:** 229, 230
thermal expansion coefficient............. **A6:** 907
uses.................................. **EM4:** 806

Boron carbide-alumina.................... **EM4:** 191

Boron content
effect in sintering **M7:** 373

Boron deoxidation
of copper alloys **A15:** 469

Boron fiber reinforced aluminum (B-Al)
applications **EL1:** 1122–1125

Boron fiber titanium composites
production............................. **EM1:** 851

Boron fibers *See also* Continuous boron fiber MMCs **EM1:** 58
and epoxy resins **EM1:** 75–76
as reinforcements...................... **EM2:** 505
brittleness, as testing, problem.......... **EM1:** 732
defined **EM1:** 5
fabrication of **A9:** 592

Boron fibers (continued)
filament modifications **EM1:** 852
galvanic corrosion of **EM1:** 717
importance **EM1:** 43
in metal matrix composites(MMCs) **EM1:** 31
introduction **EM1:** 31
manufacture **EM1:** 851–853
mean/range strengths **EM1:** 193
mechanical testing **EM1:** 731–732
microstructure **EM1:** 59
properties **EM1:** 58, 118, 175, 851
surface treatment vs. sizing of **EM1:** 122
Boron in cast iron
depth of chill, effect on **M1:** 77
Boron in iron
malleable cast iron **M1:** 58, 60
Boron in steel **M1:** 115, 411
hardenability affected by **M1:** 477
modified low-carbon steels **M1:** 162
notch toughness, effect on **M1:** 692
Boron metal
deposited on a carbon fiber, property variations of reinforcement **A20:** 460
Boron metalloid carbide cermets
application and properties **A2:** 1002
Boron nitride *See also* Tool materials, superhard **A7:** 677
admixed to improve machinability **A7:** 106
as filler for conductive adhesives **EM3:** 76
chemical vapor deposition **A5:** 514
combustion synthesis **A7:** 535, 537
ion-beam-assisted deposition (IBAD) **A5:** 596
isothermal compression tests **A7:** 29
sulfuric acid as dissolution medium for . . . **A10:** 165
thermal expansion coefficient **A6:** 907
Boron nitride (BN)
adiabatic temperatures **EM4:** 229
applications **EM4:** 230, 820
as crack-stopping interfacial material fibers **A20:** 660
metal-matrix reinforcements: short fibers and whiskers, properties **A20:** 458
chemical vapor deposition **EM4:** 217
for laser cladding **A18:** 868
grain-growth inhibitor **EM4:** 188
mechanical properties **A20:** 427
non-oxide ceramic joining **EM4:** 480
properties **EM4:** 820
refractory material **EM4:** 14
sintering aid **EM4:** 188
structure **EM4:** 820
synthesized by SHS process **EM4:** 229
Boron nitride crucibles
vacuum coating **M5:** 390, 392, 400
Boron nitride wheels
used to section tool steels **A9:** 256
Boron oxide (B_2O_3)
component in photochromic ophthalmic and flat glass composition **EM4:** 442
composition by application **A20:** 417
direct evaporation **A18:** 844
glass-forming ability **EM4:** 494
in composition of glass-ceramics **EM4:** 499
in composition of leachable alkali-borosilicate glasses **EM4:** 428
in composition of melted silicate frits for high-temperature service ceramic coatings **A5:** 470
in composition of textile products **EM4:** 403
in composition of wool products **EM4:** 403
in drinkware compositions **EM4:** 1102
in glaze composition for tableware **EM4:** 1102
in ovenware compositions **EM4:** 1103
in tableware compositions **EM4:** 1101
melting point **EM4:** 494
properties **EM4:** 424
Boron phosphide
protective coating against liquid impingement erosion **A18:** 222
Boron powder
applications, nuclear power plants **A7:** 6
as filler for polyphenylquinoxalines **EM3:** 167
Boron stainless steel structural components, powder metallurgy (P/M) specifications **A7:** 1099
Boron steels **A1:** 208
SAE-AISI system of designations for carbon and alloy steels **A5:** 704
threaded fasteners **M1:** 276
Boron tetrafluoride
electrode **A10:** 184
Boron trichloride
for extinguishing magnesium fires **A4:** 906
Boron trifluoride
complexing of **EM1:** 140
for extinguishing magnesium fires **A4:** 906
Boron trifluoride complexes **EM3:** 95–96
Boron trioxide
as flux **A10:** 167
Boron tungsten matrix composites **EM1:** 117
Boron type igniters **M7:** 604
Boron, vapor pressure
relation to temperature **M4:** 309, 310
Boron/epoxy
fatigue strength **A20:** 467
Boron/tungsten wire
used in composites **A20:** 457
Boron-aluminum composites **EM1:** 851, 854–856
applications **A9:** 592
diffusion bonded to Ti-6Al-4V **A9:** 595
fiber on foil, diffusion bonded **A9:** 595, 597
grinding **A9:** 589
liquid impingement erosion protection applications **A18:** 222
polishing **A9:** 590
Boron-aluminum continuous fiber metal-matrix composites **A2:** 904
Boron-carbon
metal-matrix reinforcements: boron and alumina fibers **A20:** 458
Boron-carbon matrix composites **EM1:** 117
Boron-chromium **A7:** 158
Boron-copper woven tape
continuous reentrant fill **EM1:** 127
Boron-epoxy 27-ply multidirectional laminate **EM3:** 821
Boron-epoxy composites **A9:** 592
application **EM1:** 31
failures, tension-loaded **EM1:** 200
Boron-fiber/epoxy-resin composite
properties **A20:** 652, 653
Boronizing *See also* Boriding **A20:** 481, 482–483
titanium and titanium alloys **A5:** 844
Boron-reduced cobalt alloy coatings **A5:** 327, 328
Boron-reduced cobalt-boron
electroless cobalt alloy plating systems **A5:** 328
Boron-tungsten
metal-matrix reinforcements: boron and alumina fibers **A20:** 458
Borophosphosilicate glasses (BPSG)
applications electronic processing **EM4:** 1056
Borosilicate cladding glass
composition **EM4:** 1101
properties **EM4:** 1101
Borosilicate glass
applications
biomedical **EM4:** 19
dental **EM4:** 1093
electronic processing **EM4:** 1056, 1058
glass containers **EM4:** 1082, 1083, 1084
laboratory and process **EM4:** 1087, 1088, 1089
lighting **EM4:** 1032, 1034, 1036, 1037
optical glass products **EM4:** 1076
chemical properties **EM4:** 857
composition **EM4:** 566, 741, 742, 1033, 1083, 1088
determination of B and F in **A10:** 179
E-glass properties **EM4:** 1057
electrical properties **EM4:** 851
fatigue resistance parameter obtained from universal fatigue curve or *V-K* curve **A19:** 958
for ovenware **EM4:** 1103
glass-contact and fused AZS refractories **EM4:** 904
heat transfer coefficients compared **EM4:** 1090
in glass enamel **EM4:** 1066
maximum operating temperature **EM4:** 1035
melting/fining **EM4:** 392
not strengthened by ion-exchange **EM4:** 462
porcelain enamels a variation of **EM4:** 937
properties . . . **EM4:** 566, 742, 849, 863, 1033, 1083
laboratory glassware **EM4:** 1088
non-CRT applications **EM4:** 1048–1049
refractive index **EM4:** 566
regenerative heat exchanger refractory applications **EM4:** 906–907
S-glass **EM4:** 1057
softening point **EM4:** 566
uses **EM4:** 742
volatilization and devitrification **EM4:** 389
Borosilicate glass (B-glass) **A20:** 418
engineered material classes included in material property charts **A20:** 267
linear expansion coefficient vs. thermal conductivity **A20:** 267, 276, 277
linear expansion coefficient vs. Young's modulus **A20:** 267, 276–277, 278
Borosilicate glasses
glass-to-metal seals **EM3:** 302
types and properties **EM1:** 45–47
Borosilicate specialty glasses
applications **EM4:** 380
borate materials in composition **EM4:** 380
Borosilicates
as bases for photochromic glasses **EM4:** 441
Boroxine-polycarbosilane-derived coatings
time-dependent weight loss **EM4:** 226
Borrmann effect *See also* Anomalous transmission
diffraction geometry for **A10:** 370
in x-ray diffraction **A10:** 367
Borrmann fan
effect of crystal thickness on **A10:** 367
BOSOR
finite difference method code **EM3:** 480
BOSOR 4 computer program for structural analysis **EM1:** 268, 270
BOSOR 5 computer program for structural analysis **EM1:** 268, 270
Boss
defined **A15:** 2
Boss feature **A20:** 160
Bosses *See also* Hub **A7:** 354, **A14:** 2, 552
by metal casting **A15:** 40
defined **EM2:** 7
design of **EM2:** 615
forgings **M1:** 362, 364
polyamide-imides (PAI) **EM2:** 131
Bosses (design feature) **A20:** 156
Boston round
defined **EM2:** 7
Bottle
definition **A6:** 1207
Bottle, ABL *See* ABL bottle
Bottleneck-shaped forgings **A14:** 71
Bottles, steel
by radial forging **A14:** 145
Bottom blow
defined **EM2:** 7
Bottom board
defined **A15:** 2
Bottom draft
defined **A14:** 2
Bottom filling technique
in Cosworth and FM processes **A15:** 38
Bottom gating
permanent mold casting **A15:** 279
Bottom plate
defined **EM2:** 7

SUBJECTS OF THE INDEXED VOLUMES: ASM Handbook (designated by the letter "A"): **A1:** Properties and Selection: Irons, Steels, and High-Performance Alloys (1990); **A2:** Properties and Selection: Nonferrous Alloys and Special-Purpose Materials (1990); **A3:** Alloy Phase Diagrams (1992); **A4:** Heat Treating (1991); **A5:** Surface Engineering (1994); **A6:** Welding, Brazing, and Soldering (1993); **A7:** Powder Metal Technologies and Applications (1998); **A8:** Mechanical Testing (1985); **A9:** Metallography and Microstructures (1985); **A10:** Materials Characterization (1986); **A11:** Failure Analysis and Prevention (1986); **A12:** Fractography (1987); **A13:** Corrosion (1987); **A14:** Forming and Forging (1988); **A15:** Casting (1988); **A16:** Machining (1989); **A17:** Nondestructive Evaluation and Quality Control (1989); **A18:** Friction, Lubrication, and Wear Technology (1992); **A19:** Fatigue and Fracture (1996); **A20:** Materials Selection and Design (1997). **Metals Handbook, 9th Edition** (designated by the letter "M"): **M1:** Properties and Selection: Irons and Steels (1978); **M2:** Properties and Selection: Nonferrous Alloys and Pure Metals (1979); **M3:** Properties and Selection: Stainless Steels, Tool Materials, and Special-Purpose Materials (1980); **M4:** Heat Treating (1981); **M5:** Surface Cleaning, Finishing, and Coating (1982); **M6:** Welding, Brazing, and Soldering (1983); **M7:** Powder Metallurgy (1984). **Engineered Materials Handbook** (designated by the letters "EM"): **EM1:** Composites (1987); **EM2:** Engineering Plastics (1988); **EM3:** Adhesives and Sealants (1990); **EM4:** Ceramics and Glasses (1991). **Electronic Materials Handbook** (designated by the letters "EL"): **EL1:** Packaging (1989)

Bottom pouring *See* Bottom running
Bottom punch
defined **M7:** 2
Bottom running
defined **A15:** 2
Bottom setting *See* Coining
Bottom-braze packages .... **ELI:** 77, 992–993
Bottom-end bearing *See* Big-end bearing
Bottoming bending
defined **A14:** 2
Bottom-pour ladle *See also* Ladles; Nozzle
automatic **A15:** 497–498
defined **A15:** 2
for plain carbon steels.................. **A15:** 710
Bottom-up mesh **A20:** 182
Boule, silicon
alignment for cutting along crystallographic
planes **A10:** 342
Boundaries *See also* High-angle boundaries
incoherent, in massive transformations **A9:** 655
resulting from plastic deformation **A9:** 693
Boundaries, rugged
fractals as descriptors............... **M7:** 243–244
Boundary additives
for metalworking lubricants.... **A18:** 140–141, 142, 143
Boundary conditions
laminate........................ **EM1:** 229–230
Boundary element analysis
for high-frequency digital system design ... **EL1:** 81
Boundary energies in pure metals **A9:** 610
Boundary grain
defined **A9:** 3
Boundary integral method
of magnetic flaw characterization **A17:** 131
Boundary layer model
mass transfer limited kinetics **A15:** 53
Boundary layer thickness
in carbon diffusion in iron-carbon
melts........................... **A15:** 72–74
Boundary lubricant...................... **A19:** 345
defined **A18:** 4
Boundary lubricants *See also* Lubricant forms; Lubricant(s); Lubrication
for sheet metal forming................. **A14:** 512
for wire forming...................... **A14:** 696
Boundary lubrication *See also* Elastohydrodynamic lubrication; Extreme-pressure lubrication; Lubricants; Lubrication; Thin-film
lubrication .. **A18:** 80, 89, 94, 96, **A20:** 606, 607
and hydrodynamic lubrication........... **A11:** 484
and wear **A11:** 151
by free lead in bearing alloy **A11:** 161
chemically reacted surface films **A18:** 96
chemisorption **A18:** 96
defined **A18:** 4
friction and wear in.................... **A11:** 150
physisorption.......................... **A18:** 96
straight-chain fatty-acid molecules in **A11:** 152
valve train assembly of internal combustion
engine........................... **A18:** 558
zone **A18:** 29
Boundary method................... **A19:** 306–307
Boundary precipitates
quantitative metallography of **A9:** 29
Boundary representation
as geometric modeler.................. **A15:** 858
Boundary structure
and crystals, compared **A10:** 358
EPMA analysis of compositional
gradients in **A10:** 516
Boundary Technique.... **A19:** 306–307, 310, 311, 312
Boundary-element calculations
remote-field eddy current model......... **A17:** 198
Bourdon tube gage........................ **A7:** 593
Bourdon tube gauge **M7:** 423
Bourdon tube hydraulic test gage
with load measuring system **A8:** 613
Bow
defined **A14:** 2, **EM2:** 7
Bowden-Tabor model
friction coefficient **A18:** 46
Bowing stress **A20:** 349
Bowl vibratory finishing **M5:** 131–132
Bowling balls **A20:** 168–169
asymmetric cores **A20:** 168
nonspherical cores **A20:** 168

Box annealing
defined **A9:** 3
definition............................. **A5:** 947
Box beam tests........................ **EM3:** 555
Box furnace
defined **M7:** 2
Box milling
in conjunction with milling **A16:** 322
Box skin tooling design **EM1:** 597–599
Box-annealed aluminum-killed steel
strain-age embrittlement of.............. **M1:** 684
Box-annealed rimmed steel
strain-age embrittlement of.............. **M1:** 684
Box-Behnken experimental design......... **EM2:** 601
Box-forming dies
for press-brake forming................. **A14:** 537
Box-girder webs (bridge)
penetrations through............. **A11:** 710–711
Boxing
definition **A6:** 1207, **M6:** 2
of tubing **A11:** 630
Box-Wilson experimental design **EM2:** 601–602
Boyden process **A20:** 381
Boyden, Seth
as metallurgist **A15:** 31, 33
BPA epoxy resins *See also* Epoxy
resins **EM1:** 66–77
BPA fumarate *See* Bisphenol A (BPA) fumarates
B-Pd (Phase Diagram)................... **A3:** 2•83
B-porosity in cemented carbides **A9:** 274
B-Pt (Phase Diagram)................... **A3:** 2•83
Brackish water
corrosion of steels in............. **M1:** 739, 744
defined **A13:** 2
Bradelloy (Hastelloy X honeycomb + braze/nickel aluminum)
abradable seal material **A18:** 589
Bradley model of gas atomization **A7:** 45
Bragg angle **A18:** 463, 464
defined **A9:** 3
XRPD analysis....................... **A10:** 337
Bragg angles **A5:** 650, 665
Bragg case
reflection topography.................. **A10:** 366
Bragg conditions
in electron-channeling patterns **A9:** 94
Bragg diffraction **A18:** 388
Bragg equation *See also* Bragg's law
defined **A9:** 3
derivation of.......................... **A10:** 327
Bragg equation, relationship between angle of incidence
wavelength, and interplanar
spacing **EM4:** 557–558, 559
Bragg method
defined **A9:** 3
Bragg peaks **A18:** 464, 465, 468
Bragg reflection **A5:** 649
Bragg reflections
excited by high-energy electron diffraction **A9:** 111
Bragg-Brentano diffractometers
geometry of.......................... **A10:** 337
Bragg-Brentano geometry
XRPD analysis....................... **A10:** 337
Bragg-Brentano x-ray diffractometer **EM4:** 73
Bragg's equation........................ **A18:** 386
Bragg's law .. **A6:** 1150, **A18:** 464, 465, 468, **A19:** 221
and x-ray spectrometers **A10:** 87
defined **A10:** 670
diffraction defined by **A10:** 381
effect on inelastically scattered electrons ... **A9:** 109
electron diffraction patterns in TEM **A10:** 436
electron probe x-ray microanalysis ... **A10:** 520–521
in determining pole figures.............. **A10:** 360
in single-crystal analysis **A10:** 348–349
in x-ray diffraction.................... **A10:** 329
in x-ray powder diffraction **A10:** 337
Braided composites *See also* Braiding
cost, comparative **EM1:** 519
properties **EM1:** 525–527
two-/three-dimensional **EM1:** 525–527
Braiding **EM1:** 519–528
and filament winding, compared......... **EM1:** 519
application, automotive industry.... **EM1:** 833–835
classifications **EM1:** 520–521
computer-aided.................. **EM1:** 522–523
defined............... **EM1:** 5, 519–520, **EM2:** 7

in ceramic-ceramic composites.......... **EM1:** 934
in polymer-matrix composites processes
classification scheme **A20:** 701
processing characteristics, open-mold **A20:** 459
three-dimensional................. **EM1:** 523–527
two-dimensional **EM1:** 521–523, 525
Brain processing
human factors in design........... **A20:** 126, 127
Brainstorming **A20:** 44–45, 315, 317–319
definition............................. **A20:** 828
Brake asperity "flash" temperatures **A18:** 570
Brake assemblies (multidisciplinary
problem) **A20:** 185
Brake bands
powders used......................... **M7:** 572
Brake drum, ductile iron
brittle fracture of................. **A11:** 370–371
Brake drums and discs
alloy cast iron for...................... **M1:** 96
Brake effectiveness **A18:** 574, 576
Brake heat sink **A18:** 582
Brake life **A18:** 583
Brake liners **A7:** 1092
Brake lining **A18:** 569
Brake linings
joined by welding **M7:** 457
powders used......................... **M7:** 572
Brake-shoe components
economy in manufacture................ **M3:** 850
Braking systems, antilock (ABS)
as automotive hybrid application **EL1:** 382
Brale
defined **A8:** 2
Brale indenter
defined **A18:** 4
Bramson's formula (emissivity) **A6:** 265
Branch
of fault tree.......................... **A20:** 120
Branch lines
wafer-scale integration................. **EL1:** 361
Branched polymer........................ **EM3:** 6
Branched polymers **EM1:** 5, 751, **EM2:** 7, 63
Branching **EM3:** 6
as molecular structure **EM2:** 58
defined **EM2:** 7
in eutectic structures **A9:** 620
mer, and melt properties................ **EM2:** 62
Brass *See also* Cartridge brass; Copper alloys, specific types; Copper and copper alloys; Copper-base alloys, specific types; Copper-zinc alloys
abrasion artifacts in **A9:** 33, 37
adhesive wear versus tool steel **A18:** 237–238
and beryllium copper, barrier platings for **EL1:** 679
bainitic-like microstructures **A9:** 666
base metal solderability **EL1:** 677
bearing material systems **A18:** 745, 747
bonded by polyamides and polyesters **EM3:** 82
brazeability.......................... **M6:** 1033
Brinell test block for **A8:** 88
broaching................. **A16:** 203, 204, 206
buffing *See also* Brass, polishing and
buffing of.......................... **A5:** 104
cage material for rolling-element bearings **A18:** 503
capacitor discharge stud welding **M6:** 738
carbides for machining............. **A16:** 75, 108
cartridge, EDS and WDS analysis of **A10:** 530
castings, cleaning and finishing **M5:** 615–616
cermet tools applied.................... **A16:** 92
chromium plating...................... **A5:** 189
chromium plating, hard................. **M5:** 171
cleaning and finishing processes **M5:** 611–621, 625–626
cold-drawn and stress-relieved........... **A20:** 301
coloring solutions **M5:** 625–626
composition.......................... **A20:** 391
composition and properties.............. **M6:** 401
compositions of various types............ **M6:** 546
contact bridge when sliding on silicon carbide
surface **A18:** 236
cost per unit mass **A20:** 302
cost per unit volume **A20:** 302
cutting tool material selection based on machining
operations **A18:** 617
damage dominated by shear fracture **A18:** 179
diamond abrasive for honing............ **A16:** 476

Brass (continued)
die castings
electrolytic cleaning of . . . **M5:** 33, 35–36
emulsion cleaning of . . . **M5:** 35
polishing and buffing compounds removed from . . . **M5:** 10–11
polishing and buffing of . . . **M5:** 112–114
die materials for blanking . . . **M3:** 487
drilling . . . **A16:** 220, 221, 227, 229
EDG wheels . . . **A16:** 565
EDM electrode polarity . . . **A16:** 558, 559, 561
electrochemical machining . . . **A16:** 540
electrochemical machining tool **A16:** 533, 536, 537, 541
electroless nickel plating applications **A5:** 306, 307, 308
electrolytic potential . . . **A5:** 797
electroplated onto sleeve bearing liners . . . **A9:** 567
electroplating on zincated aluminum surfaces . . . **A5:** 801
electropolishing of . . . **M5:** 305–08
emulsion cleaning . . . **A5:** 34
emulsion cleaning of . . . **M5:** 35
enamels . . . **EM3:** 303
energy factors for selective plating . . . **A5:** 277
energy per unit volume requirements for machining . . . **A20:** 306
erosive attack of melt on die surface **A18:** 630, 631
fixturing for induction brazing . . . **M6:** 971
flash welding . . . **M6:** 558
for shallow forming dies . . . **A18:** 633
forgings, cleaning and finishing . . . **M5:** 611–613
form turning . . . **A16:** 381
forming limit diagram . . . **A20:** 305, 306
free-cutting . . . **A16:** 297–299, 301
friction coefficient data . . . **A18:** 71
gas metal arc welding . . . **M6:** 416, 420
gas tungsten arc welding . . . **M6:** 408–410
hard chromium plating, selected applications . . . **A5:** 177
hardness and density of P/M materials . . . **A16:** 882
honing stone selection . . . **A16:** 476
induction heating energy requirements for metalworking . . . **A4:** 189
induction heating temperatures for metalworking processes . . . **A4:** 188
isolation of lead in . . . **A10:** 173
lapping process . . . **A16:** 499
laser cladding . . . **A18:** 867
lead and sulfur content and flaking . . . **A16:** 281
leaded free-cutting, ultrasonic inspection . . . **A17:** 274–275
lead-free, for flame head for oxy-fuel gas flame heating . . . **A4:** 274
martensitic structures . . . **A9:** 672–673
maximum strain level . . . **A8:** 551
milling with PCD tooling . . . **A16:** 110
multipoint cutting tools used . . . **A16:** 59
nickel plating of . . . **M5:** 20, 215–216, 238–240
electroless . . . **M5:** 238–240
nickel-iron decorative plating . . . **A5:** 206
paint stripping . . . **A5:** 15–16
photochemical machining . . . **A16:** 588
physical properties . . . **M6:** 546
planing . . . **A16:** 184
polishing and buffing of . . . **M5:** 108, 112, 123–124
polishing damage in . . . **A9:** 41
powder metallurgy materials, etching . . . **A9:** 509
powder metallurgy parts, preparation for plating . . . **M5:** 620–621
properties . . . **A20:** 391
radial tangential turning . . . **A16:** 380
radiographic absorption . . . **A17:** 311
reaming . . . **A16:** 239, 247, 248
recovery, by microelectrogravimetry . . . **A10:** 200
relative hydrogen susceptibility . . . **A8:** 542
resistance welding *See* Resistance welding of copper and copper alloys
Rockwell C and B scales for . . . **A8:** 74
rod, cleaning and finishing . . . **M5:** 612–614, 618
rubber bonding cross-link density . . . **EM3:** 418
sawing . . . **A16:** 362
selective plating solution for alloys . . . **A5:** 281
shaping . . . **A16:** 191
shear stresses and HP . . . **A16:** 15
shielded metal arc welding . . . **M6:** 425
shim, in torsional impact machine . . . **A8:** 217
shot peening of . . . **M5:** 145–146
solid solution hardening . . . **A20:** 340
spade drilling . . . **A16:** 225
specific energy factors . . . **A16:** 18
strengthening mechanisms . . . **A20:** 349
stud material . . . **M6:** 735
substrate cure rate and bond strength for cyanoacrylates . . . **EM3:** 129
tapping . . . **A16:** 259
tapping, cold form . . . **A16:** 266
tension and torsion effective fracture strain . . . **A8:** 168
texture orientations . . . **A10:** 360
thermal energy method of deburring **A16:** 577–578
thermal spray coatings . . . **A5:** 503
thread milling . . . **A16:** 269
thread rolling . . . **A16:** 282, 288, 290–293
tool bit tool steels used . . . **A16:** 57
tool life . . . **A16:** 299
tool steel alloys used . . . **A16:** 57, 58
tubing, cleaning and finishing . . . **M5:** 613–614
turning . . . **A16:** 135, 380, 381
turning operation with cermet tools . . . **A16:** 94
turning with PCD tooling . . . **A16:** 110
ultrasonic cleaning . . . **A5:** 47
ultrasonic impact grinding machine cutting tools . . . **A16:** 529
vapor degreasing applications by vapor-spray-vapor systems . . . **A5:** 30
vapor degreasing of . . . **M5:** 45, 53–54
weldability rating by various processes . . . **A20:** 306
work-hardening exponent and strength coefficient . . . **A20:** 732
yellow, ultimate shear stress . . . **A8:** 148
zinc and galvanized steel corrosion as result of contact with . . . **A5:** 363
zinc, low and high . . . **M6:** 554–556

Brass (70-30)
abrasion damage . . . **A5:** 141
etching . . . **A5:** 142

Brass, 70Cu-30Zn
thermal properties . . . **A18:** 42

Brass alloys
lubrication for tool steels . . . **A18:** 738

Brass alloys, beta phase
massive transformations in . . . **A9:** 655–656

"Brass chills" copper poisoning . . . **M7:** 205

Brass coatings
steel wire . . . **M1:** 263

Brass cups, cold drawn
shot peening . . . **A5:** 131

Brass electrical contact material . . . **A9:** 553

Brass mill
sheet and strip manufacturing process **A2:** 241–248

Brass plating . . . **M5:** 285–287
aluminum and aluminum alloys . . . **M5:** 603–605
ammonia used in . . . **M5:** 286–287
anodes . . . **M5:** 287
applications . . . **M5:** 285
barrel (bulk) process . . . **M5:** 285–286
carbonate used in . . . **M5:** 286
color, alloy composition determining . . . **M5:** 285
copper content . . . **M5:** 285–286
current densities . . . **M5:** 286
cyanide process . . . **M5:** 285–287
cyanide-to-zinc ratio . . . **M5:** 285–286
decorative . . . **M5:** 285
efficiency of . . . **M5:** 286
engineering . . . **M5:** 285
equipment . . . **M5:** 287
free cyanide . . . **M5:** 285
gold-colored . . . **M5:** 285–286
high-speed process . . . **M5:** 286–287
impurities . . . **M5:** 286
noncyanide process . . . **M5:** 285
pH control . . . **M5:** 286
proprietary additions . . . **M5:** 286
solution compositions and operating conditions . . . **M5:** 285–287
sputter deposition . . . **A5:** 579
steel . . . **M5:** 285
temperature . . . **M5:** 286–287
yellow brass . . . **M5:** 285
zinc content . . . **M5:** 285–286

Brass powder . . . **A7:** 861, 866, 867, 868
atomization of . . . **A7:** 37
diffusion factors . . . **A7:** 451
flow rate through Hall and Carney funnels **A7:** 296
for sintering, specifications . . . **A7:** 1098
gas atomization . . . **A7:** 47
lubricants for . . . **A7:** 323, 324
metal injection molding . . . **A7:** 14
microexamination . . . **A7:** 725
microstructures . . . **A7:** 728, 742
physical properties . . . **A7:** 451
production of . . . **A7:** 143, 144
sintering . . . **A7:** 489–490
tolerances . . . **A7:** 711

Brass powder alloys, specific types *See also* Brasses
B-126, flow rate through Hall and Carney funnels . . . **M7:** 279
CZP-0010, mechanical properties . . . **M7:** 470
CZP-0020, mechanical properties . . . **M7:** 470
CZP-0030, mechanical properties . . . **M7:** 470
CZP-0210, mechanical properties . . . **M7:** 470
CZP-0230, mechanical properties . . . **M7:** 470

Brass rack guide
rack and pinion steering column . . . **M7:** 738

Brass sheet
cost per unit volume . . . **A20:** 302

Brass, sintering
time and temperature . . . **M4:** 796

Brass, specific types
70-30, relative hydrogen susceptibility . . . **A8:** 542
70-30, rolled 60%, shear bands . . . **A9:** 686
70-30, strain to produce deformation in cold rolled . . . **A9:** 685–686
70-30, strain-hardening exponent and true stress values for . . . **A8:** 24
70-30, tensile properties . . . **A8:** 555
alpha-brass, deformation modes . . . **A9:** 686

Brass striking
aluminum and aluminum alloys . . . **M5:** 603–604

Brass/stainless steel
electroless nickel plating applications . . . **A5:** 306

Brass/steel
electroless nickel plating applications . . . **A5:** 307

Brass(es) *See also* Aluminum brasses; Bronzes; Copper; Copper alloy powders; Copper alloys; Copper alloys, specific types; Copper-zinc alloys; Nickel silvers; Tin brasses; Yellow brasses . . . **A3:** 1•22, **A6:** 752
56-2-10-12 *See* Copper alloys, specific types, C97300
63-1-1-35 *See* Copper alloys, specific types, C85700 and C85800
67-1-3-29 *See* Copper alloys, specific types, C85400
70-30 *See* Copper alloys, specific types, C26000
72-1-3-24 *See* Copper alloys, specific types, C85200
76-2½-6½-15 *See* Copper alloys, specific types, C84800
81-3-7-9 *See* Copper alloys, specific types, C84400
82-4-14 *See* Copper alloys, specific types, C87500 and C87800
85-5-5-5 *See* Copper alloys, specific types, C83600
Admiralty brass *See* Copper alloys, specific types, C44300, C44400 and C44500
as copper alloy powder . . . **M7:** 121–122

SUBJECTS OF THE INDEXED VOLUMES: ASM Handbook (designated by the letter "A"): **A1:** Properties and Selection: Irons, Steels, and High-Performance Alloys (1990); **A2:** Properties and Selection: Nonferrous Alloys and Special-Purpose Materials (1990); **A3:** Alloy Phase Diagrams (1992); **A4:** Heat Treating (1991); **A5:** Surface Engineering (1994); **A6:** Welding, Brazing, and Soldering (1993); **A7:** Powder Metal Technologies and Applications (1998); **A8:** Mechanical Testing (1985); **A9:** Metallography and Microstructures (1985); **A10:** Materials Characterization (1986); **A11:** Failure Analysis and Prevention (1986); **A12:** Fractography (1987); **A13:** Corrosion (1987); **A14:** Forming and Forging (1988); **A15:** Casting (1988); **A16:** Machining (1989); **A17:** Nondestructive Evaluation and Quality Control (1989); **A18:** Friction, Lubrication, and Wear Technology (1992); **A19:** Fatigue and Fracture (1996); **A20:** Materials Selection and Design (1997). **Metals Handbook, 9th Edition** (designated by the letter "M"): **M1:** Properties and Selection: Irons and Steels (1978); **M2:** Properties and Selection: Nonferrous Alloys and Pure Metals (1979); **M3:** Properties and Selection: Stainless Steels, Tool Materials, and Special-Purpose Materials (1980); **M4:** Heat Treating (1981); **M5:** Surface Cleaning, Finishing, and Coating (1982); **M6:** Welding, Brazing, and Soldering (1983); **M7:** Powder Metallurgy (1984). **Engineered Materials Handbook** (designated by the letters "EM"): **EM1:** Composites (1987); **EM2:** Engineering Plastics (1988); **EM3:** Adhesives and Sealants (1990); **EM4:** Ceramics and Glasses (1991). **Electronic Materials Handbook** (designated by the letters "EL"): **EL1:** Packaging (1989)

as pressed and sintered prealloyed powders. **M7:** 464

brazing **A6:** 931, 932, 934

bushings. **A11:** 470

cartridge, applications and properties **A2:** 300–302

cartridge, as solid-solution copper alloy **A2:** 234

cartridge brass, 70% *See* Copper alloys, specific types, C26000

cast, corrosion ratings **M2:** 390–391

castings in, African **A15:** 19

cleaning solutions for substrate materials . . **A6:** 978

clock brass *See* Copper alloys, specific types, C34200 and C35300

clock brass, applications and properties. **A2:** 308–309

copper-base structural parts from **A2:** 397

corrosion pitting fracture **A12:** 404

corrosion resistance **A13:** 610

dezincification. **A13:** 131

dezincification of **A11:** 633

die castings, size. **A2:** 346

dimensional change **M7:** 292

effect of hot pressing temperature and pressure on density. **M7:** 504

effect of lithium stearate lubrication **M7:** 191

electrical and thermal conductivity **M7:** 742

electronic applications. **A6:** 998

engraver's brass *See* Copper alloys, specific types, C34200 and C35300

engraver's brass, applications and properties. **A2:** 308–309

extra quality brass *See* Copper alloys, specific types, C26000

extra-high leaded brass *See* Copper alloys, specific types, C35600

extra-high-leaded brass, applications and properties. **A2:** 310

failure mode domains **A13:** 153

flakes, particle size measurement **M7:** 225

flash welding. **A6:** 247

forgeability and application **A14:** 255

forging brass *See* Copper alloys, specific types, C37700

forging brass, applications and properties . . **A2:** 312

forming limit diagrams for. **A14:** 20

free-cutting, applications and properties. **A2:** 310–311

free-cutting brass *See* Copper alloys, specific types, C36000

free-cutting tube brass *See* Copper alloys, specific types, C33200

free-cutting yellow brass *See* Copper alloys, specific types, C36000

free-turning brass *See* Copper alloys, specific types, C36000

friction welding. **A6:** 152

galvanic corrosion with magnesium. **M2:** 607

gas-tungsten arc welding **A6:** 192

gold bronze as **M7:** 593

heavy-leaded, applications and properties. **A2:** 308–309

heavy-leaded brass *See* Copper alloys, specific types, C34200 and C35300

high, applications and properties. **A2:** 306

high brass *See* Copper alloys, specific types, C33000

high copper yellow brass *See* Copper alloys, specific types, C85200

high strength yellow brass *See* Copper alloys, specific types, C86100, C86200, C86300 and C86500

high-frequency welding **A6:** 252

high-leaded brass *See* Copper alloys, specific types, C34200, C35300 and C36000

high-leaded brass (tube) *See* Copper alloys, specific types, C33200

high-leaded naval brass, applications and properties. **A2:** 321

high-zinc, susceptibility to dezincification **A11:** 633

horizontal centrifugal casting **A15:** 296

in liquid mercury, crack propagation rate. **A11:** 227, 232

induction brazing **A6:** 333, 335

inorganic fluxes for **A6:** 980

laser cutting. **A14:** 742

leaded high strength yellow brass *See* Copper alloys, specific types, C86400

leaded naval, applications and properties. **A2:** 320–321

leaded nickel brass *See* Copper alloys, specific types, C97300

leaded red brass *See* Copper alloys, specific types, C83600

leaded semi-red brass *See* Copper alloys, specific types, C84400 and C84800

leaded, susceptibility to hot cracking **A11:** 450

leaded, thermal expansion coefficient. **A6:** 907

leaded yellow brass *See* Copper alloys, specific types, C85200, C85400, C85700 and C85800

limiting draw ratios **A14:** 575

liquid embrittlement in **A11:** 27

low brass, 80% *See* Copper alloys, specific types, C24000

low brass, applications and properties **A2:** 299–300

low-leaded **A2:** 306

low-leaded brass *See* Copper alloys, specific types, C33500

low-leaded brass (tube) *See* Copper alloys, specific types, C33000

mechanical properties. **M7:** 738

medium-leaded, applications and properties **A2:** 307–308, 309

medium-leaded brass, 62% *See* Copper alloys, specific types, C35000

medium-leaded brass, 64.5% *See* Copper alloys, specific types, C34000

medium-leaded naval brass, applications and properties. **A2:** 320–321

microstructural analysis. **M7:** 488–489

microstructures of **A9:** 551

naval, applications and properties **A2:** 319–322

naval brass *See* Copper alloys, specific types, C46400, C46500, C46600 and C46700

naval brass, antimonial *See* Copper alloys, specific types, C46600

naval brass, arsenical *See* Copper alloys, specific types, C46500

naval brass, high leaded *See* Copper alloys, specific types, C48500

naval brass, inhibited *See* Copper alloys, specific types, C46500, C46600 and C46700

naval brass, leaded *See* Copper alloys, specific types, C48200 and C48500

naval brass, medium leaded *See* Copper alloys, specific types, C48200

naval brass, phosphorized *See* Copper alloys, specific types, C46700

naval brass, uninhibited *See* Copper alloys, specific types, C46400

No. 1 yellow brass *See* Copper alloys, specific types, C85400

oxyacetylene welding **A6:** 281

P/M parts. **M7:** 737–739

plain, thermal expansion coefficient **A6:** 907

plasma arc cutting **A6:** 1170

plumbing goods brass *See* Copper alloys, specific types, C84800

precoated before soldering **A6:** 131

properties **M7:** 122

red brass, 85% *See* Copper alloys, specific types, C23000

red brass, applications and properties **A2:** 298–299

relative solderability **A6:** 134

relative solderability as a function of flux type. **A6:** 129

relative weldability ratings, resistance spot welding. **A6:** 834

resistance welding. **A6:** 847

SCC of. **A12:** 28, 36

SCC resistance **A13:** 615

semisolid application **A15:** 336

shielded metal arc welding **A6:** 755

silicon brass *See* Copper alloys, specific types, C87500 and C87800

silicon red brass *See* Copper alloys, specific types, C69400

sintering **M7:** 378–381

solderability. **A6:** 978

spinning brass *See* Copper alloys, specific types, C26000

spinning brass, applications and properties. **A2:** 300–302

spring brass *See* Copper alloys, specific types, C26000

spring brass, applications and properties. **A2:** 300–302

stress-corrosion cracking **A2:** 216

stud arc welding **A6:** 210, 218–219

temper designations **M2:** 248–249

tin brass *See* Copper alloys, specific types, C41900

tin brass, applications and properties. **A2:** 315

torch brazing. **A6:** 328

torch soldering **A6:** 351

ultrasonic welding **A6:** 326

uninhibited naval brass, applications and properties. **A2:** 319–320

white manganese brass *See* Copper alloys, specific types, C99700

yellow, applications and properties. . . . **A2:** 302–304

yellow brass *See* Copper alloys, specific types, C26800, C27000 and C33000

yellow brass, 65% *See* Copper alloys, specific types, C27000

yellow brass, 66% *See* Copper alloys, specific types, C26800

yellow, intermetallic inclusions in **A15:** 96

Brasses, specific types

33 wt% Zn, properties. **A6:** 992

65-35, capacitor discharge stud welding. . . . **A6:** 222

70-30, capacitor discharge stud welding. . . . **A6:** 222

(hard), ultrasonic welding **A6:** 326

properties **A6:** 629

Brass-plated wire **A1:** 281

Braunauer-Emmett-Teller (BET)

equation **EM4:** 70

for surface area measurements of ceramic powders. **EM4:** 27

surface area given by adsorption isotherm **EM4:** 213

method **EM4:** 70, 428

surface area analysis **EM4:** 272

Bravais lattice *See also* Crystal structure;

Lattice. **A3:** 1*10

defined **A9:** 706

Bravais lattices

defined **EL1:** 93, 95

Braycoat 815Z polymer **A18:** 156

Braze

definition **A6:** 1207, **M6:** 3

Braze 071

brazing, composition **A6:** 117

wettability indices on stainless steel base metals. **A6:** 118

Braze 580

brazing, composition **A6:** 117

wettability indices on stainless steel base metals. **A6:** 118

Braze 630

brazing, composition **A6:** 117

wettability indices on stainless steel base metals. **A6:** 118

Braze 655

brazing, composition **A6:** 117

wettability indices on stainless steel base metals. **A6:** 118

Braze 852

brazing, composition **A6:** 117

wettability indices on stainless steel base metals. **A6:** 118

Braze cladding. **M6:** 804

Braze filler metals

gold, platinum, and palladium. **A11:** 450

nickel- and cobalt-base alloys. **A11:** 450

phosphide embroiling in **A11:** 452

Braze interface

definition. **A6:** 1207

Braze runoff

by liquid penetrant inspection **A17:** 86

Braze strength

first-level package **EL1:** 991–992

Braze welding. **A6:** 124–125

advantages. **A6:** 715–716

cast irons. **A6:** 715–716

composition and properties of rods and electrodes used with cast irons. **A6:** 716

copper alloys to dissimilar metals **M6:** 424

definition **A6:** 1207, **M6:** 3

equipment **A6:** 716

filler metals used **A6:** 716

limitations **A6:** 716

Braze welding (continued)
oxyacetylene **M6:** 604
techniques **A6:** 716
to solve problems in joining thin sections by oxyfuel gas welding **A6:** 288
weldability of various base metals compared **A20:** 306
Brazeability *See also* Brazing
aluminum and aluminum alloys **A2:** 13
definition **M6:** 3
materials and properties **A11:** 450
wrought aluminum alloys **A2:** 30–32
Brazeability and solderability of engineering materials **A6:** 617–636
aluminum alloys **A6:** 627–628
brazing **A6:** 627–628
soldering **A6:** 628, 631, 632
applications **A6:** 617–619
atmospheres selection **A6:** 622, 623, 626
austenitic stainless steels **A6:** 625–626
carbides **A6:** 635–636
cast irons **A6:** 626–627
ductile iron **A6:** 626
gray iron **A6:** 626–627
malleable iron **A6:** 626
ceramic materials **A6:** 635–636
characteristics of engineering materials **A6:** 623–636
cobalt-base alloys **A6:** 634
copper **A6:** 628–631
copper alloys **A6:** 628–631
dissimilar material joints **A6:** 619
duplex stainless steels **A6:** 626
ferritic stainless steels **A6:** 626
fluxes **A6:** 621–622, 625
graphite **A6:** 635
heating method effect **A6:** 624, 629
heat-resistant alloys **A6:** 632–633
interfacial reactions **A6:** 619–620, 621
joint clearance **A6:** 620, 621, 623
liquid filler flowability **A6:** 620–621
low-carbon steels **A6:** 624
martensitic stainless steels **A6:** 626
materials selection **A6:** 619–623
metallugical considerations **A6:** 622–623
molybdenum **A6:** 634
mutual dissolution and erosion .. **A6:** 621, 624, 625
nickel-base alloys **A6:** 631–632
niobium **A6:** 634
nitride ceramics **A6:** 636
oxide ceramics **A6:** 636
precipitation-hardening stainless steels **A6:** 626
refractory metals **A6:** 634–635
requirements **A6:** 617–619
spreading ... **A6:** 619, 620, 622, 624, 625, 626, 628
stainless steels **A6:** 625–626
tantalum **A6:** 634
titanium **A6:** 633–634
titanium alloys **A6:** 633–634
tool steels **A6:** 624–625
tungsten **A6:** 634–635
vapor pressure **A6:** 621, 625
wetting **A6:** 617, 619, 620, 624, 625, 626, 627–628, 629, 631, 632, 635, 636
Brazed assemblies *See also* Weldment(s)
flaw types **A17:** 602–603
inspection methods **A17:** 603
joint integrity **A17:** 603
liquid penetrant inspection **A17:** 604
pressure testing **A17:** 604
proof testing **A17:** 604
radiographic inspection **A17:** 604
thermally quenched phosphor inspection **A17:** 604–605
ultrasonic inspection **A17:** 604
visual inspection **A17:** 603–604
Brazed honeycomb panels *See also* Honeycomb structures
magnetic printing inspection **A17:** 126
Brazed joints *See also* Brazing; Joints **A13:** 876–886
as source, nonrelevant indications **A17:** 106
beryllium-to-Monel, embrittlement **A13:** 879
chemical etching **A9:** 401
contrasting by interference layers **A9:** 60
electrolytic polishing **A9:** 400
flaws in **A17:** 602–603
niobium, shear test data **A13:** 885
silver-copper-palladium filler alloy **A13:** 880
vacuum deposition of interference films ... **A9:** 148
Brazed joints, evaluation and quality control of **A6:** 1117–1123
brazing process planning and control **A6:** 1118–1120
case studies **A6:** 1121–1123
design testing, evaluation, and feedback **A6:** 1120–1121
overall quality system **A6:** 1117–1118
quality standards for brazing and brazing processes **A6:** 1118
specifications for overall quality systems **A6:** 1117–1118
Brazed joints, failures of **A11:** 450–455
examples of **A11:** 453–455
major defects **A11:** 451–453
testing and inspection **A11:** 451
Brazement
definition **A6:** 1207, **M6:** 3
Brazer
definition **A6:** 1207, **M6:** 3
Brazing *See also* Brazeability; Brazing filler metals; Joining; specific processes; Welding .. **A6:** 109–110, **A7:** 658, 659, 660, 661, 728, **A20:** 763–764, 765, **M7:** 837–841
advantages **A6:** 109
alloy powders, composition and properties **M7:** 838–839
aluminum **M2:** 199–201
aluminum alloys **A6:** 828, 937–940
applications
aerospace **A6:** 387
automotive **A6:** 393, 395
as attachment method, sliding contacts **A2:** 842
as manufacturing process **A20:** 247
as package sealing method **EL1:** 237–239
as secondary operation **M7:** 457
atmosphere types per AWS specification B2.2 .... **A6:** 622, 628
atmospheres **M7:** 457
automation and mass production **A6:** 110
basic requirements **A6:** 109
bonds, ultrasonic inspection **A17:** 232
chemical alloy powders, analysis and sampling **M7:** 249
conditions **A11:** 450–451
conventional die compacted parts **A7:** 13
copper alloys **M2:** 449–453
corrosion forms **A13:** 876–879
crack nucleation **A6:** 110
debond, as planar flaw **A17:** 50
defined **A11:** 450, **A13:** 876
definition **A6:** 1207, **A20:** 828–829, **M6:** 3
dip brazing **A6:** 110
dispersion-strengthened aluminum alloys ... **A6:** 543
dissimilar metal joining **A6:** 822
dissimilar metals, embrittlement **A6:** 622, 623, 629
distortion **A6:** 110
ductile and brittle fractures from **A11:** 92–94
ductile iron castings **A15:** 664–665
electrical resistance alloys **A2:** 822
failure mechanisms **EL1:** 1045
ferritic malleable iron **A15:** 693
filler metal **A6:** 109
filler metal atomized powders **M7:** 837
-flux residues, SCC failures produced by .. **A11:** 453
flux types per AWS specification B2.2 .... **A6:** 622, 627
fluxes **M7:** 840
fluxless **A11:** 451
for particulate depositions in metallizing **EM4:** 543
furnace brazing **A6:** 110
furnaces **M7:** 457
galvanic corrosion **A13:** 876
heat-affected zone **A6:** 110
history and development **A6:** 109
in joining processes classification scheme **A20:** 697
in sintering process **M7:** 340
in space and low-gravity environments ... **A6:** 1023
induction brazing **A6:** 110
joint strength **A6:** 109
leaded and leadless surface-mount joints .. **EL1:** 734
limitations **A6:** 110
malleable cast irons **M1:** 66–67, 71
mechanical properties of base metals **A6:** 110
mechanics of **A6:** 110
metal powders for **M7:** 837–841
methods **A11:** 450, **A13:** 880
molybdenum **A2:** 564
of beryllium **A2:** 683
of electrical contact materials **A2:** 841
of malleable iron **A1:** 76, 83–84
pearlitic/martensitic malleable iron .. **A15:** 696–697
porous materials **A7:** 1035
powder types **M7:** 837
preferential attack **A13:** 876
procedures **M7:** 457
process selection **A13:** 879–880
processes, failure mechanisms **EL1:** 1045
refractory metals **A7:** 906
refractory metals and alloys **A2:** 564
repair, distortion from **A11:** 141–142
safety precautions **A6:** 1191, 1202, **M6:** 58
sheet metals **A6:** 398–399
silver metallization onto alumina **EM4:** 544
steps **A6:** 110
tantalum alloys **A6:** 580
temperatures, corrosion tests, wettability Zircaloy-2 sheet **A13:** 881–883
titanium-matrix composites **A6:** 527
to solve problems in joining thin sections by oxyfuel gas welding **A6:** 288
torch brazing **A6:** 110
tungsten alloys **A6:** 581
tungsten heavy alloys **A7:** 921
use of fluxes or salts **A11:** 451
vs. other welding processes **A6:** 110
vs. soldering **A6:** 109, 110
vs. welding **A6:** 109
with amorphous materials and metallic glasses **A2:** 819
with Kovar materials **EL1:** 734
Brazing alloy
definition **A6:** 1207
Brazing alloy powders, specific types
aluminum-silicon alloys, compositions and properties **M7:** 839
cobalt alloys, compositions and properties **M7:** 838
copper, compositions and properties **M7:** 839
copper-phosphorus alloys, compositions and properties **M7:** 839
gold alloys, compositions and properties .. **M7:** 839
nickel alloys, compositions and properties **M7:** 838
silver alloys, compositions and properties **M7:** 838
Brazing alloys **EM3:** 40, **EM4:** 489–490, 491
Brazing alloys, aluminum
compositions of **A9:** 359
Brazing consumables, selection criteria .. **A6:** 903–905
filler metals **A6:** 904–905
joint considerations **A6:** 903–904
process stages **A6:** 903
product forms **A6:** 903–904
rapid solidification (RS) technology **A6:** 904
Brazing, design for *See* Design for joining
Brazing filler metal
definition **A6:** 1207, **M6:** 3
Brazing filler metals
refractory metals and alloys **A2:** 564
silver-base, properties **A2:** 702

SUBJECTS OF THE INDEXED VOLUMES: ASM Handbook (designated by the letter "A"): **A1:** Properties and Selection: Irons, Steels, and High-Performance Alloys (1990); **A2:** Properties and Selection: Nonferrous Alloys and Special-Purpose Materials (1990); **A3:** Alloy Phase Diagrams (1992); **A4:** Heat Treating (1991); **A5:** Surface Engineering (1994); **A6:** Welding, Brazing, and Soldering (1993); **A7:** Powder Metal Technologies and Applications (1998); **A8:** Mechanical Testing (1985); **A9:** Metallography and Microstructures (1985); **A10:** Materials Characterization (1986); **A11:** Failure Analysis and Prevention (1986); **A12:** Fractography (1987); **A13:** Corrosion (1987); **A14:** Forming and Forging (1988); **A15:** Casting (1988); **A16:** Machining (1989); **A17:** Nondestructive Evaluation and Quality Control (1989); **A18:** Friction, Lubrication, and Wear Technology (1992); **A19:** Fatigue and Fracture (1996); **A20:** Materials Selection and Design (1997). **Metals Handbook, 9th Edition** (designated by the letter "M"): **M1:** Properties and Selection: Irons and Steels (1978); **M2:** Properties and Selection: Nonferrous Alloys and Pure Metals (1979); **M3:** Properties and Selection: Stainless Steels, Tool Materials, and Special-Purpose Materials (1980); **M4:** Heat Treating (1981); **M5:** Surface Cleaning, Finishing, and Coating (1982); **M6:** Welding, Brazing, and Soldering (1983); **M7:** Powder Metallurgy (1984). **Engineered Materials Handbook** (designated by the letters "EM"): **EM1:** Composites (1987); **EM2:** Engineering Plastics (1988); **EM3:** Adhesives and Sealants (1990); **EM4:** Ceramics and Glasses (1991). **Electronic Materials Handbook** (designated by the letters "EL"): **EL1:** Packaging (1989)

Brazing filler-metal atomizer powders A7: 1077–1078
Brazing, fundamentals of A6: 114–125
base-metal characteristics A6: 116, 117
braze welding A6: 124–125
capillary attraction A6: 114
definition A6: 114
developments A6: 114
dip A6: 122–123
electron-beam brazing A6: 123–124
elements of the brazing process A6: 116–120
exothermic A6: 123
filler-metal characteristics A6: 117–119
filler-metal flow A6: 116–117
furnace A6: 121
heating methods A6: 120–125
induction brazing A6: 121–122
infrared (quartz) brazing A6: 123, 124
joint design and clearance A6: 116, 119–120
laser brazing A6: 123–124
manual torch A6: 121, 123
microwave brazing A6: 124
physical principles A6: 114–116
protection by an atmosphere or flux A6: 116
rate and source of heating A6: 116
resistance A6: 123
salt-bath A6: 121, 122
surface preparation A6: 116, 119
temperature and time A6: 116, 117–118, 120
torch, manual A6: 121, 122, 123
wetting A6: 114–116
Brazing joints
mechanical properties M7: 841
powders used M7: 573
Brazing of aluminum alloys A6: 937–940, M6: 1022–1032
alloy brazing M6: 1030
assembly A6: 938–939, M6: 1026
base metals A6: 937, M6: 1022
brazing sheet A6: 937, M6: 1023–1024
brazing to other metals M6: 1030–1031
copper M6: 1030
ferrous metals M6: 1030
nonferrous metals M6: 1031
corrosion, resistance to M6: 1032
dip brazing A6: 939, M6: 1026–1027
equipment M6: 1026
modifications M6: 1030
technique M6: 1026–1027
filler metals A6: 937, 938, 939, M6: 1022–1023
finishing M6: 1031–1032
flux removal M6: 1031
flux removal techniques A6: 939
fluxes A6: 937–938, M6: 1023–1025
stopoffs M6: 1024–1025
fluxless vacuum brazing A6: 939
furnace brazing A6: 939, M6: 1027–1029
joint design A6: 938, M6: 1025
mechanical properties M6: 1032
motion brazing M6: 1030
postbraze heat treatment A6: 939–940
prebraze cleaning A6: 938, M6: 1025
resistance brazing M6: 1030
safety M6: 1032
safety precautions A6: 940
silicon diffusion M6: 1023
specialized processes M6: 1030
to copper A6: 627
to ferrous alloys A6: 627
to other nonferrous metals A6: 627–628
torch brazing A6: 939, M6: 1029–1030
equipment M6: 1029
technique M6: 1029–1030
vacuum brazing, fluxless M6: 1029
equipment M6: 1029
technique M6: 1029
Brazing of carbon and graphite M6: 1061–1063
applications M6: 1062
brazing characteristics M6: 1062
brazing to dissimilar metal M6: 1062
thermal expansion M6: 1062
wettability M6: 1062
filler metals M6: 1062–1063
heating methods M6: 1063
material production M6: 1061–1062
Brazing of carbon steels A6: 906–910
base-metal brazeability A6: 906
cleaning procedures A6: 908–909
dissimilar metals A6: 906
filler metals A6: 906–908
fixturing procedures A6: 909
flux/atmosphere procedures A6: 909
furnace brazing A6: 910
heating methods A6: 909–910
heat-treatment requirements A6: 908
induction brazing A6: 909–910
preforms A6: 909
salt-bath brazing A6: 908, 910
torch brazing A6: 909
Brazing of cast irons A6: 906–910, M6: 996–1000
applicability M6: 996
base-metal brazeability A6: 906
brazeability M6: 996
ductile iron M6: 996
gray iron M6: 996
malleable iron M6: 996
cleaning procedures A6: 908–909
dip brazing in fused salt bath M6: 999–1000
dissimilar metals A6: 906
filler metal M6: 996
filler metals A6: 906–908, 909
fixturing procedures A6: 909
flux M6: 996
flux/atmosphere procedures A6: 909
furnace brazing A6: 909, 910
fused salt cleaning M6: 996–997
heating methods A6: 909–910
heat-treatment requirements A6: 908
induction brazing A6: 909–910
preforms A6: 909
preheating M6: 997
preparation of castings M6: 996
joint designs M6: 996
surface preparation M6: 996
production applications M6: 997–999
salt-bath brazing A6: 910
strength, retention of M6: 999
torch brazing A6: 909
Brazing of ceramic and ceramic-to-metal joints A6: 948–958
applications A6: 953
brazing parameters A6: 954–956
ceramic materials A6: 948–950
categories A6: 948
processing A6: 949–950
ceramic-to-metal joints A6: 956–958
direct brazing of ceramics with metallic filler metals A6: 951–952
direct brazing of graphitic materials A6: 957–958
direct brazing with nonmetallic glasses A6: 952–953
eutectic brazing A6: 953
filler metals A6: 949, 950, 951–952, 953, 954, 956, 957–958
gas-metal eutectic brazing A6: 953
graphitic materials A6: 950
chemical-vapor infiltration (CVI) A6: 950
liquid impregnation A6: 950
indirect brazing A6: 950–951
molybdenum-manganese (Mo-Mn) process A6: 951
partial transient liquid-phase joining A6: 953
procedure development A6: 950–956
reaction bonding A6: 949
reaction sintering A6: 949
surface preparation A6: 953–954
Brazing of copper and copper alloys A6: 628–630, 931–935, M6: 1033–1048
applications A6: 933–934, 935
atmospheres A6: 931, 933, 934
brazeability M6: 1033–1034
brazing fluxes A6: 932, M6: 1035
brazing processes A6: 932–935
dip brazing M6: 1048
minimizing distortion M6: 1048
filler metals A6: 931, 932, 933, 934, M6: 1034–1035
furnace brazing A6: 933, M6: 1035–1037
accelerated heating M6: 1036–1037
advantages M6: 1036
assembly M6: 1037
furnace atmosphere M6: 1037
furnaces M6: 1036
limitations M6: 1036
temperatures M6: 1036
venting M6: 1037
induction brazing A6: 934–935, M6: 1042–1045
advantages M6: 1042
avoiding flux use M6: 1045
cost of brazing M6: 1045
design of inductors M6: 1043
limitations M6: 1042–1043
mass production M6: 1043–1044
power supplies M6: 1043
use of fluxes M6: 1044–1045
joint clearance A6: 932, M6: 1035
joint design A6: 932
process selection M6: 1035
resistance brazing A6: 935, M6: 1045–1048
high production M6: 1048
leads to commutator bars M6: 1046–1047
multiple-strand copper wire M6: 1045–1046
portable machines M6: 1047–1048
salt-bath dip brazing A6: 935
torch brazing A6: 933–934, M6: 1037–1042
applications M6: 1037
filler metals M6: 1038–1039
fluxes M6: 1036
fuel gases M6: 1039–1042
joint design M6: 1041
manual brazing M6: 1037
mechanized and automatic M6: 1040
precision torch brazing M6: 1041
process selection M6: 1037
Brazing of heat-resistant alloys A6: 924–929
brazing filler metals A6: 924
chemical cleaning methods A6: 925–926
cobalt-base alloys A6: 928–929
cobalt-based alloys M6: 1021
controlled atmospheres A6: 927, M6: 1016–1018
inert gases M6: 1017
pure dry hydrogen M6: 1016
vacuum M6: 1017
filler metals M6: 1014
product forms M6: 1014–1015
fixturing A6: 926–927, M6: 1016
hydrogen fluoride cleaning A6: 926
mechanical cleaning A6: 926
microstructure of filler metals A6: 924, 925, 926
nickel flashing A6: 926
nickel-base alloys A6: 927–928
nickel-based alloys M6: 1018–1020
oxide dispersion-strengthened alloys M6: 1020–1021
oxide-dispersion-strengthened (ODS) alloys A6: 924, 928
powder metallurgy (P/M) products A6: 924, 925
product forms A6: 924–925
surface cleaning and
chemical cleaning methods M6: 1015–1016
mechanical cleaning M6: 1016
nickel flashing M6: 1016
preparation M6: 1015–1016
surface cleaning and preparation A6: 925–926
Brazing of low-alloy steels A6: 624, 924, 929–930
atmospheres A6: 930
brazing filler metals A6: 929–930
fixturing A6: 930
fluxes A6: 930
precleaning A6: 930
Brazing of low-carbon steels A6: 624
Brazing of precious metals A6: 931, 935–936
applications A6: 936
atmospheres A6: 936
brazing processes A6: 936
filler metals A6: 935–936
for gold jewelry brazing applications A6: 936
fluxes A6: 936
furnace brazing A6: 936
induction brazing A6: 936
material composition A6: 935
resistance brazing A6: 936
torch brazing A6: 936
Brazing of stainless steels A6: 911–923
applicability A6: 911, M6: 1001
applications A6: 920
atmosphere and dewpoint A6: 622
austenitic, second-phase precipitation A6: 622, 625
brazeability A6: 911
brazing filler metal A6: 911–913, 914, 915, 919, 920, 922
cobalt A6: 913
copper A6: 911, 913, 917, 920

140 / Brazing of stainless steels

Brazing of stainless steels (continued)
gold A6: 911, 913, 915–916, 920
nickel........... A6: 911, 913, 915, 917, 920
silver A6: 911–913, 914, 915, 920
carbide precipitation A6: 913
chromium oxide formation................ A6: 911
dip brazing in a salt bath A6: 911, 921–922
dip brazing in salt bath M6: 1012
electron beam brazing M6: 1012–1013
applications M6: 1012–1013
filler metal brazing and service
temperatures A6: 631
filler metals..................... M6: 1001–1004
fluxes A6: 913–914, M6: 1004
furnace atmospheres..................... M6: 1004
furnace brazing A6: 911, 913, 914–918,
M6: 1004–1010
furnace brazing in dry hydrogen ... A6: 915, 916,
917
in air atmosphere A6: 919–920, M6: 1009
in argon A6: 915, 919, M6: 1008–1009
in dissociated ammonia...... A6: 915, 918–919,
M6: 1007–1008
in hydrogen M6: 1004–1007
in vacuum M6: 1009–1010
in vacuum atmosphere A6: 920–921
high-energy-beam brazing........... A6: 922–923
induction brazing A6: 911, 921, 922,
M6: 1011–1012
atmospheres M6: 1011
in vacuum M6: 1011–1012
process fundamentals.................. M6: 1001
inclusions and surface contaminants ... M6: 1001
torch brazing A6: 911, 914, M6: 1010–1012
filler metals.......................... M6: 1010
flame adjustment..................... M6: 1010
flux................................... M6: 1010
vacuum brazing M6: 1009–1010
effect of filler-metal composition M6: 1010
Brazing of tool steels A6: 624–625, 924, 929–930
atmospheres............................. A6: 930
brazing filler metals................. A6: 929–930
fixturing................................ A6: 930
fluxes A6: 930
precleaning A6: 930
Brazing operator
definition A6: 1207, M6: 3
Brazing past mixtures..................... A7: 1078
Brazing powders A7: 1077–1080
Brazing procedure
definition M6: 13
Brazing salts..................... A6: 336–337, 338
Brazing sheet
definition M6: 3
Brazing technique
definition M6: 3
Brazing temperature
definition M6: 3
Brazing temperature range
definition M6: 3
Brazing with clad brazing materials A6: 347–348
aluminum alloys......................... A6: 347
applications A6: 347, 348
cladding materials A6: 347–348
advantages A6: 348
fabrication of...................... A6: 347–348
copper A6: 347
definition of clad brazing materials A6: 347
design and manufacturing considerations .. A6: 348
filler metals A6: 347, 348
fluxes.............................. A6: 347, 348
formation of clad brazing material A6: 347
stainless steels........................... A6: 347
steel A6: 347
titanium................................. A6: 347
Brazing/soldering
rating of characteristics................. A20: 299
B-Re (Phase Diagram)..................... A3: 2•84
Breach of warranty A20: 146

Breakage
cemented carbides....................... M7: 779
Breakage, cold
as casting defects A11: 383
Breakage, die
in drawing............................ A14: 337
Breakaway oxidation
scales A13: 72
Breakaway torque *See* Starting torque
Breakdown
defined.................................. A14: 2
ingot, for stainless steel forging...... A14: 222–223
of nickel-base alloys..................... A14: 261
Breakdown potential A7: 985
defined.................................. A13: 2
Breakdown temperature.................... A7: 1050
Breakdown voltage *See also* Arc resistance;
Dielectric breakdown voltage; Dielectric
strength; Electrical breakdown
defined EM2: 7
Breaker cores
and riser necks..................... A15: 587–588
Breaker plate
defined................................. EM2: 7
Break-even analysis................... A20: 16, 17
definition............................... A20: 829
Break-in A20: 605
definition............................... A20: 829
"Break-in" coatings...................... A18: 875
Break-in cycle *See* Wear-in
Breaking
extension, defined...................... EM1: 5
factor, defined.......................... EM1: 5
length, defined EM1: 5
Breaking extension........................ EM3: 6
defined................................. EM2: 7
Breaking factor........................... EM3: 6
defined................................. EM2: 7
Breaking, final
of specimens A12: 77
Breaking length
defined................................. EM2: 7
Breaking load
defined.................................. A8: 2
Breaking radiation *See* Bremsstrahlung radiation
Breaking strength (stress)................. EM3: 33
average................................. EM3: 34
Breaking stress *See* Rupture stress
Breakout *See also* Fiber breakout A5: 69, EM3: 6
defined EM1: 5, EM2: 7
definition............................... A5: 947
Breakthrough pressure A7: 622
Brearley, H
as metallurgist.......................... A15: 32
Breather EM1: 5, 644
defined................................. EM2: 7
Breather cloth *See* Vent cloth
Breathers
powder used............................. M7: 573
Breathing *See also* Permeability
defined EM1: 5, EM2: 7
Bremsstrahlung radiation A18: 446
Bremsstrahlung x-rays A18: 378
Bremsstrahlung radiation *See also* Continuum;
Radiation
and synchrotron radiation, compared..... A10: 411
as inelastic scattering process........... A10: 433
as x-ray source for EXAFS.............. A10: 411
defined A10: 83, 325–326
$K_α$ aluminum or magnesium x-ray lines as filter
for................................... A10: 570
Bremsstrahlung EM4: 558, 579
in computed tomography EM4: 620
Bremsstrahlung rays, defined *See also*
X-rays A17: 298
Bremsstrahlung x-ray spectrum A9: 92
Brenner nickel-phosphorus alloy
plating bath M5: 204

Brewery industry A13: 1221–1225
corrosion control methods...... A13: 1221–1223
equipment...................... A13: 1223–1224
plant structures A13: 1224–1225
Brewster angle
effect in microwave inspection A17: 204
Brick
as natural fiber reinforced matrix
composite.......................... EM1: 117
engineered material classes included in material
property charts A20: 267
estimated worldwide sales............... A20: 781
fracture toughness vs. strength A20: 267, 272–273,
274
friction coefficient data.................. A18: 75
linear expansion coefficient vs. thermal
conductivity............. A20: 267, 276, 277
normalized tensile strength vs. coefficient of linear
thermal expansion....... A20: 267, 277–279
relative productivity and product value... A20: 782
specific modulus vs. specific strength A20: 267,
271, 272
thermal conductivity vs. thermal
diffusivity............... A20: 267, 275–276
uniaxial strength..................... EM4: 591
Young's modulus vs. strength... A20: 267, 269–271
Brick (acid-resistant)
lining materials for low-carbon steel tanks for hard
chromium plating..................... A5: 184
Brick Institute of America (BIA) EM4: 947, 948, 951
Brick linings A13: 455, 1153
Brick plumbum materials
applications.............................. A2: 555
Bridge A7: 288
Bridge box girder
cracked web A11: 710–712
Bridge comparator for microscopes..... A9: 83, 85
Bridge components *See also* Bridge components,
failures of
box-girder webs A11: 710–712
cracks and defects in............... A11: 708–710
floor-beam-girder connection plates A11: 712
large initial defects and cracks in... A11: 708–710
low fatigue strength of A11: 707–708
materials for A11: 515
multiple-girder diaphragm A11: 712–714
tied-arch floor beams................... A11: 714
Bridge components, failures of........ A11: 707–714
cracking categories..................... A11: 707
details and defects................ A11: 707–711
out-of-plane distortion A11: 711–714
Bridge (dental) alloys
of precious metals A2: 696
Bridge formation
in electrical contact materials A2: 841
Bridge reamers A16: 241, 245
Bridge sites
number with cracking A11: 707
Bridge steels
Charpy toughness requirements for........ A8: 265
crack arrest toughness of A8: 284–286
impact K testing of A8: 453
toughness criteria A8: 264–265, 453
Bridge unbalance system
eddy current inspection A17: 177–178
Bridge wheel, steel crane
fracture of........................ A11: 527–528
Bridge wire M1: 272
Bridge wire, galvanized
coating weight M1: 263
description M1: 264
mechanical properties.................... M1: 265
Bridge wires, exploding
with symmetric rod impact test........... A8: 204
Bridgeman correction factor A19: 229
Bridgeman method
ferrite processing EM4: 1163

SUBJECTS OF THE INDEXED VOLUMES: ASM Handbook (designated by the letter "A"): A1: Properties and Selection: Irons, Steels, and High-Performance Alloys (1990); A2: Properties and Selection: Nonferrous Alloys and Special-Purpose Materials (1990); A3: Alloy Phase Diagrams (1992); A4: Heat Treatment (1991); A5: Surface Engineering (1994); A6: Welding, Brazing, and Soldering (1993); A7: Powder Metal Technologies and Applications (1998); A8: Mechanical Testing (1985); A9: Metallography and Microstructures (1985); A10: Materials Characterization (1986); A11: Failure Analysis and Prevention (1986); A12: Fractography (1987); A13: Corrosion (1987); A14: Forming and Forging (1988); A15: Casting (1988); A16: Machining (1989); A17: Nondestructive Evaluation and Quality Control (1989); A18: Friction, Lubrication, and Wear Technology (1992); A19: Fatigue and Fracture (1996); A20: Materials Selection and Design (1997). Metals Handbook, 9th Edition (designated by the letter "M"): M1: Properties and Selection: Irons and Steels (1978); M2: Properties and Selection: Nonferrous Alloys and Pure Metals (1979); M3: Properties and Selection: Stainless Steels, Tool Materials, and Special-Purpose Materials (1980); M4: Heat Treating (1981); M5: Surface Cleaning, Finishing, and Coating (1982); M6: Welding, Brazing, and Soldering (1983); M7: Powder Metallurgy (1984). **Engineered Materials Handbook** (designated by the letters "EM"): EM1: Composites (1987); EM2: Engineering Plastics (1988); **EM3:** Adhesives and Sealants (1990); **EM4:** Ceramics and Glasses (1991). **Electronic Materials Handbook** (designated by the letters "EL"): EL1: Packaging (1989)

Bridges *See also* Impedance bridge **A6:** 366, 375–377
acoustic emission inspection **A17:** 290
aluminum and aluminum alloys **A2:** 9
codes governing. **M6:** 824
corrosion in. **A13:** 1299
detector, magabsorption **A17:** 149–150
impedance, typical. **A17:** 176
induction, eddy current inspection **A17:** 178
unbalance system, eddy current inspection **A17:** 177–178
Wheatstone, strain gage. **A17:** 450
Bridges, Robert
as early founder **A15:** 24
Bridgesize
definition **M6:** 3
Bridge-type coordinate measuring machines . . . **A17:** 21
Bridgewire
SEM micrograph of corrosion and corrosion product in **A10:** 511
Bridging *See also* Dimensional control; Solidification; Void
and fluxes **EL1:** 647
as conformal coating application **EL1:** 762
defined **A15:** 2, **EM1:** 5, **EM2:** 7, **M7:** 2
from excess joint solder **EL1:** 691
in loose powder compaction **M7:** 298
in top-poured ingots **A11:** 315
interconnections as **EL1:** 12
laser/IR inspected **EL1:** 942
Bridging mechanisms. **A19:** 947–948, 949
Bridging zones. **A19:** 946, 948
Bridgman correction factor
assumptions of. **A8:** 25–26
effect on true stress/true strain curve **A8:** 26
relationship to true tensile strain. **A8:** 26
Bridgman method of growing single crystals *See also* Unidirectional solidification **A9:** 607
Bridgman seals. **A7:** 591
Bright acid tin
from codeposited organics **EL1:** 679
Bright annealing. **A1:** 280, **A5:** 947
defined **A9:** 3
steel wire **M1:** 262
Bright bronze plating solution. **M5:** 289
Bright dip **A5:** 947
Bright dipping
aluminum and aluminum alloys **M5:** 579–582
cadmium plating **M5:** 263, 269
copper and copper alloys. **A5:** 805–807, **M5:** 611–613, 619–620
nickel alloys. **M5:** 670–671
solution compositions and operating conditions **M5:** 611–612, 620
Bright dips
copper and copper alloy forgings. **A14:** 258
Bright electrodeposited copper
applications **M5:** 159
Bright field
defined. **EL1:** 1067
Bright finish
definition. **A5:** 947
steel wire **M1:** 261
Bright finishing
aluminum and aluminum alloys **M5:** 574, 576
Bright flake
wrought aluminum alloys **A12:** 415
Bright flake in aluminum alloys **A9:** 358
Bright nickel plating. **M5:** 199, 204–206
Bright nitriding
definition. **A5:** 947
Bright plate
definition. **A5:** 947
Bright rolling
copper and copper alloys. **M5:** 615
Bright soft wire
definition **M1:** 262
Bright stock
defined. **A18:** 4
Bright-dark oscillations in transmission electron microscopy. **A9:** 112
Brightener
defined **A13:** 2
definition. **A5:** 947
Brightener-levelers
use in nickel plating. **M5:** 205
Brighteners
auxiliary **M5:** 205
cadmium plating using **M5:** 256–257
copper plating using. **M5:** 168
nickel plating process. **M5:** 204–206
organic **A11:** 45
zinc plating using. **M5:** 246, 250
Brightening
aluminum and aluminum alloys. **M5:** 579–582, 590–591, 596–597, 603–604, 606–608, 610
chemical *See* Chemical brightening
electrolytic *See* Electrolytic brightening
process selection **M5:** 581–582
Brightening pickle
in procedure for heat-resistant alloys **A5:** 781
Bright-field illumination **A9:** 76
and color etching **A9:** 136
and dark-field, SEM images, compared **A12:** 92
coarse-grain iron alloy. **A12:** 93–94
defined **A9:** 3
for slip **A12:** 121
used for porcelain enameled sheet steel. . . . **A9:** 198
Bright-field images
fcc matrix (austenite). **A10:** 440
for image analyzer microscopes. **A10:** 310
in ceramic containing crystalline and amorphous phases. **A10:** 445
iron-base superalloy. **A10:** 442
of annealing twin in rutile **A10:** 443
of polycrystalline aluminum. **A10:** 444
of unknown phase/particle **A10:** 457
precipitates on grain boundary, iron-base superalloy. **A10:** 447
transmission electron microscopy . . . **A10:** 441–446, 457
Bright-field transmission electron microscopy **A9:** 103
beam diagram **A9:** 104
intensities calculated using the dynamical theory **A9:** 111
of dislocations. **A9:** 113
two-beam thickness contours **A9:** 112
Bright-finishing wrought aluminum alloy **A2:** 37
Brightness
of image, machine vision process **A17:** 33
of response, inspection materials. **A17:** 678
Bright-throwing power
definition. **A5:** 947
Brine **A13:** 2, 1233–1234
as ion chromatography solution. **A10:** 658
geological analysis **A10:** 665–667
Brine, 3½% salt, CO_2
electroless nickel coating corrosion **A5:** 298
Brine, 3½% salt, H_2S saturated
electroless nickel coating corrosion **A5:** 298
Brine quenching
advantages and disadvantages **M4:** 36, 41
contamination **M4:** 43
cooling rates. **M4:** 41–42
temperature **M4:** 36, 37, 42–43
Brine-heater shell
fracture at welds. **A11:** 637
Brinell hardness **A16:** 15, **M7:** 312
abbreviation **A8:** 724
abbreviation for **A10:** 690
Al alloys. **A16:** 774
number (HB), defined **A11:** 1
of gray iron. **A1:** 16–17
PCBN tools. **A16:** 113
symbol for. **A11:** 796
test, defined. **A11:** 1
Brinell hardness balls
tolerances. **A8:** 86
Brinell hardness number *See also* Hardness number **A8:** 2, 86
equivalent hardness numbers, steel. **A8:** 111
equivalent Rockwell B hardness numbers steel **A8:** 109–110
maximum range **A8:** 84
Rockwell C hardness conversions for steel **A8:** 110
Vickers hardness conversions, steel . . . **A8:** 112–113
Brinell hardness number (HB). **A1:** 40, **A18:** 4
Brinell hardness test
defined. **A18:** 4
for casting alloys **A17:** 521
Brinell hardness testing *See also* Brinell hardness number (HB); Hardness testing; Knoop hardness test; Rockwell hardness test; Scleroscope hardness test; Vickers hardness test. **A8:** 84–89
and Rockwell hardness test **A8:** 74
applications **A8:** 89, 102
as static indentation test. **A8:** 71
defined. **A8:** 2, 84
deformed grid pattern **A8:** 72
depth **A8:** 102
indentation process **A8:** 85
indenters. **A8:** 84, 102
load selection **A8:** 84
method of measurement **A8:** 102
minimum thickness requirements **A8:** 86
of nonferrous metals **A8:** 80
precautions and limitations **A8:** 85–86
surface preparation **A8:** 102
techniques compared. **A8:** 102
testing machines. **A8:** 86–88
verification of loads, indenters, and microscopes. **A8:** 88
Brinell hardness values. **A20:** 375
Brinell indentation diameter (BID) **A1:** 40
Brinell pressure **A18:** 682
Brinell test
for ductile iron **A1:** 40
for gray iron. **A1:** 18–19, 30
Brinelling *See also* False Brinelling. **A20:** 58
defined **A8:** 2, **A11:** 1, **A18:** 4
definition. **A5:** 947
false, defined. **A11:** 4
in bearings. **A11:** 490
true and false, compared in bearings **A11:** 499–500
Brinkmann size analyzer **A7:** 256, 257
Briquet roll
grinding cracks in. **A11:** 362
Briquets
as samples. **A10:** 93–94
Briquet(te)
defined **M7:** 2
nickel powder **M7:** 141–142
Briquetter **A20:** 136
Bristol glaze
composition based on mole ratio (Seger formula) **A5:** 879
composition based on weight percent. **A5:** 879
Britannia metal *See* Tin alloys, specific types, pewter
British Anti Lewisite (BAL)
as chelator. **A2:** 1235–1236
British CEGB (Central Electricity Generating Board) R6 method **A19:** 457, 460
British Iron and Steel Research Association (BISRA)
cam plastometer. **A8:** 194
British Standard PD6493. . . . . **A19:** 461
British Standards, BS 7448
fracture toughness tests **A20:** 535, 539, 540
British standards (BS) for steels **A1:** 158
compositions of **A1:** 182–186
cross-referenced to SAE-AISI steels . . . **A1:** 166–174
British Standards Institute. **A20:** 69
British Standards Institution **A8:** 724
British thermal unit. **A8:** 724
Brittle *See also* Brittle fractures **A20:** 447
defined **A11:** 1, **A12:** 173
definition. **A5:** 947
materials, erosion and wear failure in **A11:** 156
Brittle cathode process. **A7:** 70–71, **M7:** 72
Brittle coating-drilling technique. **A6:** 1095
Brittle coatings. **A20:** 509
Brittle corrosion fatigue cracking. . . **A8:** 408, **A19:** 201
Brittle crack propagation
defined **A8:** 2, **A11:** 1
Brittle erosion behavior
defined **A8:** 2, **A11:** 1
definition. **A5:** 947
Brittle film-rupture
as mechanism of anodic dissolution **A19:** 185
Brittle fracture *See also* Embrittlement; Fracture; Premature fracture **A8:** 2, **A13:** 2, 161, **A19:** 5–6, 7, **M6:** 881–883, 885, **M7:** 58–59
and stress-corrosion cracking **A8:** 495, **A19:** 486
as failure mode for welded fabrications. . . **A19:** 435
as mechanism of hydrogen embrittlement **A19:** 185
characteristics **A19:** 42

Brittle fracture (continued)
crazing **A19:** 42
defined **A9:** 3
definition **A5:** 947
effect of residual stress **M6:** 881–882, 886
effect of stress relieving **M6:** 882–883, 886
features on transgranular facets **A19:** 42
ferrous alloys **A19:** 10
in creep tests **A8:** 353–354
in micro-fracture mechanics **A8:** 465–466
in repeated tension test **A8:** 353–354
intergranular separation **A19:** 42
macroscopic **A19:** 6
mode I **A19:** 43–44, 45
mode II **A19:** 44, 45
mode III **A19:** 44, 45
of FIM samples **A10:** 587
relationship to material properties **A20:** 246
sequence of events **A19:** 372
ship structures **A19:** 440, 442
stress-strain curves **A19:** 47
transgranular cleavage or quasicleavage **A19:** 42
Brittle fracture failure
thermal **EL1:** 56
Brittle fracture transition
HSLA steels **M1:** 415, 417–418
Brittle fracture(s) *See also* Brittle; Brittle intergranular fracture(s); Brittleness **A7:** 55
AISI/SAE alloy steels **A12:** 291, 335
aluminum alloy lifting-sling member **A11:** 527
and ductile fractures **A11:** 82–101
appearance **A11:** 82–83
ASTM/ASME alloy steels **A12:** 347
austenitic stainless steels **A12:** 354, 356, 358
by liquid erosion **A11:** 164–166, 225, 227, 231
by liquid-metal embrittlement **A11:** 227, 231
by pure tensile fatigue **A12:** 342
by temper embrittlement **A11:** 75
by transgranular or intergranular cracking . . **A11:** 82
cast aluminum alloys **A12:** 405–408, 410
causes of **A11:** 85
cemented carbides **A12:** 470
characteristics of **M1:** 689
characterized **A11:** 76–77
defined **A11:** 1
ductile irons **A12:** 227, 231–232, 235–237
ductile-to-brittle transition **A11:** 84–85
effect of grain size **A12:** 106–107
failures, from residual stresses **A11:** 97–98
from coarse grain size **A11:** 70
from steel embrittlement **A11:** 98–101
granular, macrograph **A12:** 103
historical study **A12:** 5
identification chart for **A11:** 80
improper electroplating, failures from **A11:** 97
improper fabrication, failures from **A11:** 87–94
improper thermal treatment, failures from **A11:** 94–97
in cemented carbide **A11:** 26
in composites **A11:** 734
in large steel component **A11:** 84
in stainless steel bolts **A11:** 536–537
in-service, tool steels **A12:** 376
intergranular **A11:** 22, 25–26, 76–77, 536–537, **A12:** 174–175, 335, 354
intergranular and transgranular facets . . **A11:** 76–77
intergranular, in temper-embrittled steel . . . **A11:** 22
interpretation of **A12:** 105–111
lead inclusion in steels, effect on **A11:** 242
liquid lead induced **A11:** 225
low-carbon steels **A12:** 243, 249
macroscopic characteristics **A12:** 107
magnesium matrix, metal-matrix composites **A12:** 464
malleable iron **A12:** 238
materials illustrated in **A12:** 217
matrix, in composites **A12:** 468
medium-carbon steels **A12:** 258, 270, 273
metal-matrix composites **A12:** 466–468
microscopic characteristics **A12:** 109
of alloy steel chain links **A11:** 522
of alloy steel fasteners **A11:** 540–541
of cast austenitic manganese steel chain link **A11:** 393–395
of cast low-alloy steel jaws **A11:** 389–391
of clamp-strap assembly **A11:** 69–70
of clapper weldment for disk valve, improper filler metal **A11:** 645–646
of ductile iron brake drum **A11:** 370–371
of gray iron nut **A11:** 369–370
of iron casting oil-pump gear **A11:** 344–345
of locking collar, from fibering or banding **A11:** 320
of locomotive axles **A11:** 717
of polymers **A11:** 761
of pressure vessels **A11:** 663–666
of rehardened high-speed steels **A11:** 574
of rephosphorized, resulfurized steel check-valve poppet **A11:** 70–71
of rimmed steel tube, after strain aging by cold swaging **A11:** 648
of roadarm weldment **A11:** 391–392
of roll-assembly sleeve, from microstructure **A11:** 327
of shafts **A11:** 459, 466
of splines on rotor shafts **A11:** 478
of steel stop-block guide, crane **A11:** 526–527
polymer **A12:** 479
propagation modes **A11:** 696
SEM characterized **A12:** 174–175
service failure from **A11:** 69–71
splines, alloy steels **A12:** 330
titanium alloys **A12:** 449, 454
tool steels **A12:** 375
topography of **A11:** 75
transgranular **A11:** 22, 25
transgranular fracture path **A11:** 75
with river patterns, ductile iron **A12:** 230
wrought aluminum alloys **A12:** 424
Brittle intergranular fracture
in acoustic emission inspection **A17:** 287
of ordered intermetallics **A2:** 913
Brittle intergranular fracture (BIF) **A19:** 46, 47
Brittle intergranular fracture(s) *See also* Brittle fracture(s); Brittleness
austenitic stainless steels **A12:** 354
low-carbon steel **A12:** 245
precipitation-hardening stainless steels **A12:** 374
steel alloy **A12:** 30, 38
Brittle intermetallics
electronic industry **A13:** 1110
Brittle material
definition **A20:** 829
Brittle materials
advanced statistical concepts of fracture **EM4:** 709–715
bend tests for **A8:** 117
chevron-notched specimens for fracture toughness testing **A8:** 469
impact response curves for **A8:** 269
stress-strain curve for **A8:** 23
Brittle materials, design with *See* Design with brittle materials
Brittle materials, fatigue of **A19:** 936–945
ceramic fatigue data **A19:** 939
ceramics **A19:** 937, 938, 939, 940, 941
compressive load fatigue **A19:** 938–939
constitutive behavior of a brittle solid in cyclic compression **A19:** 938
crack growth behavior **A19:** 936–939
crack-advance micromechanisms **A19:** 938
cyclic damage zone **A19:** 939
cyclic fatigue crack growth behavior **A19:** 940
effective driving force crack advance **A19:** 937
fatigue and bioceramics **A19:** 943
fatigue crack
growth data **A19:** 939, 940
growth testing **A19:** 939
length **A19:** 939
length versus number of compression cycles **A19:** 939
propagation **A19:** 936
fatigue mechanisms in ceramics **A19:** 937, 938
fatigue threshold **A19:** 943
fatigue-crack propagation behavior **A19:** 940
fracture mechanic lifetime prediction versus that of metals **A19:** 942–943
high-temperature fatigue **A19:** 939–942
life prediction **A19:** 940, 942–943
S/N data **A19:** 943
sources of irreversible microscopic deformation in ductile metals and brittle solids **A19:** 937
tensile fatigue crack growth **A19:** 936, 937–938
tension or fully reversed fatigue of ceramics **A19:** 941
Brittle materials milling of **M7:** 56–70
ultrafine grinding of **M7:** 59
Brittle materials, nominally, toughening and strengthening models for **A19:** 946–954
anisotropic grains **A19:** 949–950
basic cell model (hysteresis loops) **A19:** 953
bridging mechanisms **A19:** 947–948, 949
brittle reinforcements **A19:** 948–949, 950
debond diagram for brittle reinforcements **A19:** 949, 950
ductile phases **A19:** 948
future work **A19:** 953
inelastic strains **A19:** 947, 950, 951–954
interface friction index **A19:** 952
large scale bridging (LSB) **A19:** 947
large scale yielding (LSY) **A19:** 947
ligament toughening **A19:** 949–950
misfit stress **A19:** 952
notch sensitivity and inelastic strain **A19:** 951–954
notch strength **A19:** 951–952
plastic zone toughening **A19:** 951
process zone mechanisms **A19:** 950–951
saturation toughening **A19:** 948, 950–951
stress distribution around a hole in pin-loaded ceramic-matrix composite **A19:** 954
tearing index **A19:** 947, 949
toughness models **A19:** 946–947
Brittle matrix-ductile phase composites
fracture resistance of **A19:** 388–389
Brittle nugget
definition **A6:** 1207
Brittle overload
methods for fracture mode identification . . **A19:** 44
Brittle phase
mechanical properties **A17:** 289
Brittle reaction zones, composites
acoustic emission inspection **A17:** 288
Brittle striations
formation **A12:** 35
Brittle surface fracture **A18:** 183
Brittle-coating method
of stress analysis **A17:** 51, 453
Brittlelike fracture
of polymers **A11:** 761
Brittleness *See also* Brittle fracture(s); Brittle intergranular fracture(s); Tough-brittle transition
as laminate fracture cause **EM1:** 234
as temperature-dependent **A12:** 106
blue **A11:** 98
caused by carbides, iron castings **A11:** 361
defined **A9:** 3, **A11:** 1
definition **A5:** 947
examining **A12:** 92
explosion characteristics **M7:** 196
from coarse grain size **A11:** 70
in bismaleimides (BMI) **EM2:** 253
in iron-base alloys **A12:** 460
in thermocouples **A2:** 882
of boron fibers **EM1:** 732
of composites **EM1:** 259–260
of ferritic iron-aluminum alloys **A12:** 365

SUBJECTS OF THE INDEXED VOLUMES: ASM Handbook (designated by the letter "A"): **A1:** Properties and Selection: Irons, Steels, and High-Performance Alloys (1990); **A2:** Properties and Selection: Nonferrous Alloys and Special-Purpose Materials (1990); **A3:** Alloy Phase Diagrams (1992); **A4:** Heat Treating (1991); **A5:** Surface Engineering (1994); **A6:** Welding, Brazing, and Soldering (1993); **A7:** Powder Metal Technologies and Applications (1998); **A8:** Mechanical Testing (1985); **A9:** Metallography and Microstructures (1985); **A10:** Materials Characterization (1986); **A11:** Failure Analysis and Prevention (1986); **A12:** Fractography (1987); **A13:** Corrosion (1987); **A14:** Forming and Forging (1988); **A15:** Casting (1988); **A16:** Machining (1989); **A17:** Nondestructive Evaluation and Quality Control (1989); **A18:** Friction, Lubrication, and Wear Technology (1992); **A19:** Fatigue and Fracture (1996); **A20:** Materials Selection and Design (1997). **Metals Handbook, 9th Edition** (designated by the letter "M"): **M1:** Properties and Selection: Irons and Steels (1978); **M2:** Properties and Selection: Nonferrous Alloys and Pure Metals (1979); **M3:** Properties and Selection: Stainless Steels, Tool Materials, and Special-Purpose Materials (1980); **M4:** Heat Treating (1981); **M5:** Surface Cleaning, Finishing, and Coating (1982); **M6:** Welding, Brazing, and Soldering (1983); **M7:** Powder Metallurgy (1984). **Engineered Materials Handbook** (designated by the letters "EM"): **EM1:** Composites (1987); **EM2:** Engineering Plastics (1988); **EM3:** Adhesives and Sealants (1990); **EM4:** Ceramics and Glasses (1991). **Electronic Materials Handbook** (designated by the letters "EL"): **EL1:** Packaging (1989)

of single fibers, as testing problem **EM1:** 732
of thermosetting resins **EM2:** 225
of urethane hybrids **EM2:** 268
ordered intermetallics **A2:** 914
phenolics **EM2:** 242
refractory metals and alloy welds **A2:** 564
temperature, supplier data sheets **EM2:** 642
testing for **EM2:** 738–739
thermoplastics **EM1:** 101
weld metals **A12:** 375

Broaches **A16:** 194–196, 205
burnishing **A16:** 210
coatings and increased tool life **A16:** 58
high-speed tool steels used **A16:** 59
TIN coatings **A16:** 57, 58
types of.................... **A16:** 199–202, 203

Broaching **A7:** 671, **A16:** 194–211, **A19:** 173
aircraft engine components, surface finish
requirements **A16:** 22
Al alloys **A16:** 769, 774, 775, 778–780
and gear manufacture **A16:** 330, 333–335, 344
and machining of internal gears **A16:** 339–340
and milling **A16:** 329
and multifunction machining **A16:** 368, 377
applicability **A16:** 195–196
applications of P/M high-speed tool
steel for **A1:** 785–786
as P/M tool steel applications............ **M7:** 791
broach breakage causes and prevention ... **A16:** 210
broach length selection **A16:** 206
broach life affected by work metal and ... **A16:** 208
broach repair......................... **A16:** 211
broachability constants **A16:** 200
burnishing **A16:** 210
cast irons **A16:** 650, 652, 655, 656, 658
cemented carbides used.................. **A16:** 75
chip breakers......................... **A16:** 205
compared to shaping and slotting ... **A16:** 187, 192, 193
Cu alloys....................... **A16:** 811, 813
cutting fluids............ **A16:** 125, 127, 206–208
definition.............................. **A5:** 947
dimensional accuracy **A16:** 208–209
dimensional tolerance achievable as function of
feature size **A20:** 755
fixtures.............................. **A16:** 205
heat-resistant alloys............... **A16:** 743–746
horizontal broaching machines **A16:** 196, 197–198, 208
in conjunction with boring.............. **A16:** 168
in conjunction with drilling **A16:** 223
in conjunction with turning **A16:** 140
in metal removal processes classification
scheme **A20:** 695
machines **A16:** 1, 196–200, 202, 203, 206
Mg alloys............................. **A16:** 823
monitoring systems **A16:** 414, 415, 417
Ni alloys **A16:** 837
notch root radius **A8:** 382
of investment castings.................. **A15:** 264
P/M high-speed tool steels applied.. **A16:** 66–67, 68
pot broaching machines **A16:** 199, 200
power requirement determination......... **A16:** 199
roughness average....................... **A5:** 147
selection of broach length............... **A16:** 206
selection of stroke speed................ **A16:** 206
stainless steels **A16:** 693–695, 700, 701, 704
strip broaching **A16:** 199
stroke speed selection **A16:** 206
surface alterations produced.............. **A16:** 23
surface finish achievable................ **A20:** 755
surface roughness and tolerance values on
dimensions....................... **A20:** 248
tool design **A16:** 203–205
tool life **A16:** 199–200, 202–203, 204, 208, 209
tool steels............................. **A16:** 717
tools.............. **A16:** 196–197, 199, 200–203
types of broaches **A16:** 199–202, 203
vertical broaching machines **A16:** 197, 198, 208
vs. alternative processes **A16:** 209–210
vs. planing........................... **A16:** 186

Broaching allowance
forgings............................... **M1:** 368

Broaching/honing
design limitations..................... **A20:** 821

Broad glass **EM4:** 395

Broad goods **EM1:** 5, 125–127
defined **EM2:** 7

Broadband tunable dye lasers.............. A10: 128

Broad-beam absorption/geometry
radiography **A17:** 310

Broad-beam SIMS instrument
for qualitative analysis **A10:** 613

Broadcasting
from root node.......................... **EL1:** 5

Broadening *See also* Line broadening
dipole-dipole, in ESR spectra............ **A10:** 255
separation, x-ray diffraction residual stress
techniques **A10:** 386

Broken-up structure (BUS) treatment *See also*
Titanium P/M products.......... **A7:** 878, 879
prealloyed titanium P/M compacts.... **A2:** 653–654

Bromcresol green
as acid-base indicator **A10:** 172

Bromide
as fining agents....................... **EM4:** 380
component in photochromic ophthalmic and flat
glass composition **EM4:** 442

Bromide solutions
and stress-corrosion cracking **A19:** 493

Bromides
anions, separation by ion
chromatography **A10:** 659
as electrodes **A10:** 184
determined by precipitation titration **A10:** 164
ion chromatography analysis of geological waters
for........................... **A10:** 665–666
ion chromatography calibration
curves for........................ **A10:** 666
titanium/titanium alloy resistance to **A13:** 683

Brominated epoxy resins
manufacture........................... **EM1:** 66

Bromination
aramid fibers......................... **EM3:** 285

Bromine
aluminum halide formation **A7:** 156–157
and methanol, for isolating inclusions from
steel............................. **A10:** 176
epithermal neutron activation analysis.... **A10:** 239
etchant for laser-enhanced etching **A16:** 576
in graphites, Raman analysis **A10:** 133
indirect determination of **A10:** 70
methyl acetate, second-phase test method **A10:** 177
safety hazards **A9:** 69
species weighed in gravimetry **A10:** 172
tantalum resistance to **A13:** 731
titration with......................... **A10:** 205
TNAA detection limits **A10:** 237
volatilization losses in melting.......... **EM4:** 389

Bromine-containing compounds
as flame retardants.................... **EM2:** 504

Bromoform
corrosion of stainless steels in **M3:** 81
hazardous air pollutant regulated by the Clean Air
Amendments of 1990 .... **A5:** 913

Bromthymol blue
as acid-base indicator **A10:** 172

Bronchitis
from occupational vanadium exposure.... **A2:** 1262

Bronchitis, chronic
as cobalt toxic reaction **M7:** 204

Bronchopneumonia
from occupational vanadium exposure.... **A2:** 1262

Bronsted acids
cycloaliphatic epoxide
polymerization with................ **EL1:** 861

Bronze *See also* Copper alloys, specific types;
Copper and copper alloys powder metallurgy
materials, etching; Copper-base alloys, specific
types.............................. **A9:** 509
abrasive blasting of..................... **M5:** 91
bearing material systems................ **A18:** 746
applications **A18:** 746
bearing performance characteristics..... **A18:** 746
load capacity rating **A18:** 746
bearing materials **A11:** 484
bearing shells, babbitting of **M5:** 357
Benin, of Nigeria **A15:** 19
bonded to aluminum-silicon-tin or aluminum-
silicon-lead alloys **A18:** 744
broaching................. **A16:** 200, 204, 206
cage material for rolling-element bearings **A18:** 503
cast, ritual vessels, historic.............. **A15:** 17
casting, in Renaissance **A15:** 21–22
casting processes **A18:** 754, 755
cermet tools applied..................... **A16:** 92
composition.......................... **A20:** 391
compositions for various types....... **M6:** 546–547
contamination **M6:** 321
cylinder, friction bearings as **A11:** 715
diamond as abrasive for honing **A16:** 476
drilling **A16:** 227, 229, 231
dry blasting............................ **A5:** 59
ECM tool.................. **A16:** 533, 536, 537
emulsion cleaning....................... **A5:** 34
enamels **EM3:** 302, 303
energy factors for selective plating **A5:** 277
energy per unit volume requirements for
machining **A20:** 306
for brake linings...................... **A18:** 570
for large cast bells **A15:** 19
friction bearings **A11:** 715
friction welding......................... **A6:** 152
gasket material **A18:** 550
grinding wheel core material **A16:** 456
guide shoe material for honing **A16:** 478
hardfacing **A6:** 807
hardfacing alloys **A18:** 758, 765
high-speed machining........... **A16:** 597, 598
hone forming **A16:** 488
honing stone selection **A16:** 476
indium plating **A5:** 237
inorganic fluxes for **A6:** 980
lapping.............................. **A16:** 499
laser cladding **A18:** 867
leaded, galling resistance with various material
combinations...................... **A18:** 596
low-lead, bearing material
microstructures............... **A18:** 743, 744
oxyacetylene welding.................... **A6:** 281
P/M materials, hardness and density **A16:** 882
phosphor, modulus of elasticity and proof strength
in bending **A8:** 136
phosphor, Rockwell scale for **A8:** 76
physical properties **M6:** 546–547
pickling solutions contaminated by **M5:** 80
planing **A16:** 185
polishing and buffing of **M5:** 112–114
porous
sliding bearings **A18:** 516
sliding bearings that are steel-backed and
impregnated with PTFE and lead **A18:** 516
sliding bearings with graphite
impregnation **A18:** 516
properties.................... **A6:** 992, **A20:** 391
pump impeller, cavitation damage
failure...................... **A11:** 167–168
radiographic film selection **A17:** 328
relative solderability **A6:** 134
resistance welding *See also* Resistance welding of
copper and copper alloys **A6:** 850
roller burnishing **A16:** 253, 254
sawing **A16:** 362
seal adhesive wear..................... **A18:** 549
shaping.............................. **A16:** 191
sliding bearings used in small electric
motors **A18:** 516
solderability........................... **A6:** 978
solid graphite mold casting of **A15:** 285
spade drilling **A16:** 225
spray material for oxyfuel wire spray
process **A18:** 829
spring-tempered phosphor,
load-deflection plot **A8:** 136
sputter deposition....................... **A5:** 579
superabrasive wheel bonds......... **A16:** 433–434
thermal properties (75Cu-25Sn)........... **A18:** 42
thermal spray coatings................... **A5:** 503
tool bit tool steels used.................. **A16:** 57
turning with cermet tools **A16:** 94
weldability rating by various processes ... **A20:** 306
white *See* Cast zinc

Bronze Age **A20:** 333
casting in.......................... **A15:** 15–17

Bronze alloys
corrosion in.......................... **A11:** 201
friction bearing composition **A11:** 715

Bronze bearings...................... **M7:** 705
copper powder......................... **M7:** 105
microstructure diluted **M7:** 706

Bronze bearings (continued)
microstructure produced by transient liquid-phase sintering **M7:** 319, 320
one-way, overrunning clutch **M7:** 737
properties **A2:** 325, 394–396
self-lubricating, chemical composition **M7:** 705
self-lubricating, permissible loads **M7:** 707
spherical compaction of **M7:** 707
tin powders for **M7:** 123–124
Bronze, commercial, bearing material systems **A18:** 745, 746, 747
applications **A18:** 746
bearing performance characteristics **A18:** 746
load capacity rating **A18:** 746
Bronze filter powder, specifications **A7:** 1098
Bronze, leaded
suitability for journal bearings **M1:** 610
Bronze plating **M5:** 288–289
alloy composition, control of **M5:** 288
anodes **M5:** 288
applications **M5:** 288
barrel (bulk) process **M5:** 288
bright bronze plating solution **M5:** 289
corrosion resistance **M5:** 288
current density **M5:** 289
equipment **M5:** 288
Rochelle salt addition **M5:** 288–289
solution compositions and operating conditions **M5:** 288–289
speculum plating **M5:** 288–289
standard bronze plating solution **M5:** 289
steel **M5:** 288
temperature **M5:** 288–289
Bronze powder **A7:** 861, 864–868
air atomization **A7:** 144
air atomized, particle size distributions of atomized powders **A7:** 35
applications **A7:** 1031, 1032
diffusion factors **A7:** 451
diffusion-alloyed **A7:** 145
for self-lubricating bearings **A7:** 13
gold, specifications **A7:** 1098
gravity-sintered **A7:** 729, 747
metal injection molding **A7:** 14, 314
microexamination **A7:** 725
microstructures **A7:** 728, 741, 742, 746
physical properties **A7:** 451
prealloyed **A7:** 144, 145
production of **A7:** 143, 144–145
sintering **A7:** 487, 489
spherical *89/111* **A7:** 143, 144–145
thermal spray forming **A7:** 411
tolerances **A7:** 711
water-atomization **A7:** 144, 145
Bronze premix blends
lubricating **M7:** 191, 192
Bronze process
P/M superconducting materials **M7:** 636–637
wire, superconducting **M7:** 638
Bronze, sintering
time and temperature **M4:** 795
Bronze welding
definition **A6:** 1207, **M6:** 3
Bronze-coated wire **A1:** 281
Bronze-graphite
bearing material systems **A18:** 746–747
Bronzes *See also* Alpha bronze; Aluminum bronzes; Bronze bearings; Copper; Copper alloy powders; Copper alloys; Nickel silvers **A13:** 614, 774–775
64-4-4-8-20 *See* Copper alloys, specific types, C97600
66-5-2-2-25 *See* Copper alloys, specific types, C97800
70-5-25 *See* Copper alloys, specific types, C94300
75-3-8-2-12 manganese aluminum bronze *See* Copper alloys, specific types, C95700
78-7-15 *See* Copper alloys, specific types, C93800
79-6-15 *See* Copper alloys, specific types, C93900
80-10-10 *See* Copper alloys, specific types, C93700
81-4-4-11 aluminum bronze *See* Copper alloys, specific types, C95500
83-4-6-7 *See* Copper alloys, specific types, C83800
83-7-7-3 *See* Copper alloys, specific types, C93200
84-10-2½-0-3½ *See* Copper alloys, specific types, C92900
85-4-11 aluminum bronze *See* Copper alloys, specific types, C95400
85-5-9-1 *See* Copper alloys, specific types, C93500
86½-12-0-0-1½ *See* Copper alloys, specific types, C91700
87-8-1-4 *See* Copper alloys, specific types, C92300
87-11-1-0-1 *See* Copper alloys, specific types, C92500
88-3-9 aluminum bronze *See* Copper alloys, specific types, C95200
88-6-1½-4½ *See* Copper alloys, specific types, C92200
88-8-0-4 *See* Copper alloys, specific types, C90300
88-10-0-2 *See* Copper alloys, specific types, C90500
88-10-2-0 *See* Copper alloys, specific types, C92700
89-1-10 aluminum bronze *See* Copper alloys, specific types, C95300
89-6-5 *See* Copper alloys, specific types, C87200
92-4-4 *See* Copper alloys, specific types, C87200
95-1-4 *See* Copper alloys, specific types, C87200
444 bronze *See* Copper alloys, specific types, C54400
alpha nickel aluminum bronze *See* Copper alloys, specific types, C95800
aluminium bronze, 7% *See* Copper alloys, specific types, C61300 and C61400
aluminum, applications and properties **A2:** 325–334
aluminum bronze, 5% *See* Copper alloys, specific types, C60600 and C60800
aluminum bronze, 8% *See* Copper alloys, specific types, C61000
aluminum bronze, 9% *See* Copper alloys, specific types, C62300
aluminum bronze 9A *See* Copper alloys, specific types, C95200
aluminum bronze 9B *See* Copper alloys, specific types, C95300
aluminum bronze 9C *See* Copper alloys, specific types, C95400
aluminum bronze 9D *See* Copper alloys, specific types, C95500
aluminum bronze, 11 % *See* Copper alloys, specific types, C62400
aluminum bronze A *See* Copper alloys, specific types, C60600
aluminum bronze D *See* Copper alloys, specific types, C61400
aluminum bronze E *See* Copper alloys, specific types, C63000
architectural, applications and properties **A2:** 312–313
architectural bronze *See* Copper alloys, specific types, C38500
as copper alloy powder **M7:** 121, 122
as porous materials **M7:** 698
bearing, applications and properties **A2:** 325, 394–396
bearing bronze *See* Copper alloys, specific types, C54400
bearing bronze 660 *See* Copper alloys, specific types, C93200
bushing and bearing bronze *See* Copper alloys, specific types, C93700
cast, corrosion ratings **M2:** 390–391
commercial, applications and properties **A2:** 296–297
commercial bronze, 90% *See* Copper alloys, specific types, C22000
copper-base structural parts from **A2:** 396
couch roll shell, primary crack **A12:** 403
density-pressure relationships **M7:** 300
dimensional change **M7:** 292, 481
electrical and thermal conductivity **M7:** 742
filters **M7:** 308, 699
flow rate **M7:** 279
"G"-bronze *See* Copper alloys, specific types, C90300
high leaded tin bronze *See* Copper alloys, specific types, C93200, C93566, C93700, C93800, C93900 and C94300
high-conductivity, applications and properties **A2:** 313
high-conductivity bronze *See* Copper alloys, specific types, C40500
high-silicon bronze *See* Copper alloys, specific types, C65500
high-silicon bronze A *See* Copper alloys, specific types, C65500
history **M7:** 14
hydraulic bronze *See* Copper alloys, specific types, C83800
isolation of lead in **A10:** 173
jewelry, applications and properties **A2:** 297–298
jewelry bronze, 87½% *See* Copper alloys, specific types, C22600
laser cutting **A14:** 742
leaded commercial, applications and properties **A2:** 305–309
leaded commercial bronze *See* Copper alloys, specific types, C31400
leaded commercial bronze, nickel-bearing *See* Copper alloys, specific types, C31600
leaded Navy "G" bronze *See* Copper alloys, specific types, C92300
leaded nickel bronze *See* Copper alloys, specific types, C97600 and C97800
leaded nickel-tin bronze *See* Copper alloys, specific types, C92900
leaded tin bronze *See* Copper alloys, specific types, C92300, C92500, C92600 and C92700
low-silicon bronze *See* Copper alloys, specific types, C65100
low-silicon bronze B *See* Copper alloys, specific types, C65100
manganese aluminum bronze *See* Copper alloys, specific types, C95700
manganese bronze (60 000 psi) *See* Copper alloys, specific types, C86400
manganese bronze (65 000 psi) *See* Copper alloys, specific types, C86500
manganese bronze (90 000 psi) *See* Copper alloys, specific types, C86100 and C86200
manganese bronze (100 00 psi) *See* Copper alloys, specific types, C86300
mechanical properties **M7:** 464, 470
medium bronze *See* Copper alloys, specific types, C94500
microstructural analysis **M7:** 488
Navy "M" bronze *See* Copper alloys, specific types, C92200
nickel alloying, history **A2:** 429
nickel aluminum bronze *See* Copper alloys, specific types, C63000 and C63200
nickel gear bronze *See* Copper alloys, specific types, C91700
nickel-aluminum, applications and properties **A2:** 331–333
P/M parts **M7:** 736–737
penny, applications and properties **A2:** 313
penny bronze *See* Copper alloys, specific types, C40500
phosphor bronze, 1.25% E *See* Copper alloys, specific types, C50500
phosphor bronze, 5%. A *See* Copper alloys, specific types, C51000
phosphor bronze, 8% C *See* Copper alloys, specific types, C52100

SUBJECTS OF THE INDEXED VOLUMES: ASM Handbook (designated by the letter "A"): **A1:** Properties and Selection: Irons, Steels, and High-Performance Alloys (1990); **A2:** Properties and Selection: Nonferrous Alloys and Special-Purpose Materials (1990); **A3:** Alloy Phase Diagrams (1992); **A4:** Heat Treating (1991); **A5:** Surface Engineering (1994); **A6:** Welding, Brazing, and Soldering (1993); **A7:** Powder Metal Technologies and Applications (1998); **A8:** Mechanical Testing (1985); **A9:** Metallography and Microstructures (1985); **A10:** Materials Characterization (1986); **A11:** Failure Analysis and Prevention (1986); **A12:** Fractography (1987); **A13:** Corrosion (1987); **A14:** Forming and Forging (1988); **A15:** Casting (1988); **A16:** Machining (1989); **A17:** Nondestructive Evaluation and Quality Control (1989); **A18:** Friction, Lubrication, and Wear Technology (1992); **A19:** Fatigue and Fracture (1996); **A20:** Materials Selection and Design (1997). **Metals Handbook, 9th Edition** (designated by the letter "M"): **M1:** Properties and Selection: Irons and Steels (1978); **M2:** Properties and Selection: Nonferrous Alloys and Pure Metals (1979); **M3:** Properties and Selection: Stainless Steels, Tool Materials, and Special-Purpose Materials (1980); **M4:** Heat Treating (1981); **M5:** Surface Cleaning, Finishing, and Coating (1982); **M6:** Welding, Brazing, and Soldering (1983); **M7:** Powder Metallurgy (1984). **Engineered Materials Handbook** (designated by the letters "EM"): **EM1:** Composites (1987); **EM2:** Engineering Plastics (1988); **EM3:** Adhesives and Sealants (1990); **EM4:** Ceramics and Glasses (1991). **Electronic Materials Handbook** (designated by the letters "EL"): **EL1:** Packaging (1989)

phosphor bronze, 10% D *See* Copper alloys, specific types, C52400
phosphor bronze B-2 *See* Copper alloys, specific types, C54400
phosphor bronze, free-cutting *See* Copper alloys, specific types, C54400
phosphor gear bronze *See* Copper alloys, specific types, C90700
premixed, lubricants for **M7:** 191, 192
propeller bronze *See* Copper alloys, specific types, C95800
properties of alloy compositions.......... **M7:** 122
shell, SCC microstructure.............. **A12:** 403
silicon, applications and properties ... **A2:** 334–335
silicon bronze *See* Copper alloys, specific types, C87200
sintering of **M7:** 377–378
sleeve, counterbalance mechanism for copier machines......................... **M7:** 737
soft bronze *See* Copper alloys, specific types, C94300
steam bronze *See* Copper alloys, specific types, C92200
stem manganese bronze *See* Copper alloys, specific types, C86400
structural parts, sintered, properties of.... **M7:** 737
tin bronze *See* Copper alloys, specific types, C90300 and C90500
tin bronze, 65 *See* Copper alloys, specific types, C90700
Bronzing
definition.............................. **A5:** 947
Brookfield viscosity
for molecular weight............. **EM2:** 533–534
Broun and Miller parameter............... **A19:** 270
Broust, Louis J
as chemist **A15:** 29
Brown and Sharp Gage system............. **M1:** 259
Brown copper and brass coloring solutions... **M5:** 626
Brownian motion
to analyze ceramic powder particle sizes .. **EM4:** 67
Brownian movement
in magnetic etching fluids................. **A9:** 64
Broyden-Fletcher-Goldfarb-Shanno (BFGS) quasi-Newton algorithm on Rosenbrock's function **A20:** 211
B-Ru (Phase Diagram).................... **A3:** 2•84
Brucite ($Mg(OH)_2$) **EM4:** 6, 113
calcination.......................... **EM4:** 111
Brunauer-Emmet-Teller (BET) method
of measuring specific surface area.... **M7:** 262, 263
Brunauer-Emmet-Teller (BET) surface area measurements
aluminum powder **A7:** 155
Brunauer-Emmett-Teller (BET) method...... **A7:** 147, 274–277
Brush blasting
before painting **M5:** 332
Brush cleaning
of fractures **A12:** 74
Brush coating *See also* Coatings
of conformal coatings **EL1:** 764
of silicone conformal coatings........... **EL1:** 774
of urethanes **EL1:** 779
Brush fluxers
stationary **EL1:** 682
Brush materials
for sliding contacts............. **A2:** 842, 862–863
Brush plating
definition.............................. **A5:** 948
selective plating compared to **M5:** 292
Brush polishing (electrolytic)
definition.............................. **A5:** 948
Brush seams, in billets
magnetic particle inspection............. **A17:** 115
Brush, stationary
as fluxer type **EL1:** 682
Brush Wellman beryllium extraction process.. **A2:** 684
Brushes
metal-graphite **M7:** 634–636
powders used.......................... **M7:** 573
Brushes, electrical contacts, and carbon stock, electrical contact brush, specifications.. **A7:** 1100
Brushing
advantages and limitations............... **A5:** 707
design limitations for organic finishing processes **A20:** 822
for removing rust and scale **A5:** 10
nickel alloys...................... **M5:** 674–675
nickel and nickel alloys.................. **A5:** 869
of magnetic paint................. **A17:** 126–128
paint application **A13:** 415
porcelain enameling process **M5:** 519
power *See* Power brushing
scratch *See* Scratch brushing
Tampico *See* Tampico brushing
wire *See* Wire brushing
zinc alloys **A2:** 530, **A5:** 871
Brushing/burnishing
design limitations...................... **A20:** 821
Brush-off blast cleaning (SP7)
equipment, materials, and remarks........ **A5:** 441
Brush-on
paint stripping method **A5:** 14
Brush-on paint stripping method **M5:** 18
B-Sc (Phase Diagram).................... **A3:** 2•84
B-scan display modes
applications **A17:** 243
display **A17:** 242–243
pulse-echo ultrasonic inspection **A17:** 242
scanning acoustical holography **A17:** 443
signal display **A17:** 243
signal processor for **A17:** 227–228
system setup **A17:** 243
BSCCO superconducting materials *See* High-temperature superconductors
B-Si (Phase Diagram) .... **A3:** 2•85
B-stage *See also* A-stage; C-stage........... **EM3:** 6
defined **EM1:** 5–6, **EM2:** 7
filament winding process **EM1:** 507
BT resins....................... **EM1:** 79, 81, 87
for printed wiring boards............... **EL1:** 607
BT-9
erosion test results..................... **A18:** 200
BT-10
erosion test results..................... **A18:** 200
BT-11
erosion test results..................... **A18:** 200
BT-12
erosion test results..................... **A18:** 200
BT-24
erosion test results..................... **A18:** 200
B-Ta (Phase Diagram).................... **A3:** 2•85
B-Ti (Phase Diagram) .... **A3:** 2•85
Btu *See* British thermal unit
BTU, and ash content
in coat **A10:** 100
Bubble **EM3:** 6
defined **M7:** 2
Bubble mass
in foam fluxers........................ **EL1:** 682
Bubble memory device
gallium gadolinium garnet **A2:** 740–741
Bubble memory devices **EL1:** 818, 820
Bubble structure
definition.............................. **A5:** 948
Bubble testing
of pressure systems **A17:** 60
Bubble tube
as leak detection method **A17:** 61
Bubble-forming solutions
as pressure system leak detectors **A17:** 60
"Bubble-point" test **A7:** 1036–1037, 1040
specifications............... **A7:** 1036–1037, 1038
Bubbler
defined **EM2:** 7
Bubbler molding cooling
defined **EM2:** 7
Bubbler techniques
ultrasonic inspection **A17:** 248
Bubbles *See also* Cavities; Microvoids
air, in iron castings **A11:** 357
aluminum chemical purification by **A15:** 79–80
behavior in liquid erosion.......... **A11:** 163, 167
caps, crevice corrosion pitting in......... **A11:** 183
gas, in heat-exchanger pitting............ **A11:** 632
gas-filled, in liquid erosion.............. **A11:** 163
in tungsten-rhenium thermocouples **A2:** 876
steam, in iron castings **A11:** 357
Bubbles, air
in cured epoxy systems................. **EL1:** 818
Bubbly oil
defined **A18:** 4
Bucket shackle, dragline
failure of......................... **A11:** 399–400
Bucket tooth dragline
hydrogen failure in..................... **A11:** 410
Bucket trucks
acoustic emission inspection **A17:** 290–292
Buckhorn plantain **M7:** 589, 591
Bucking.................. **A20:** 277, 510, 515, 652
definition............................. **A20:** 829
lateral **A20:** 35
of column, resistance to **A20:** 513
of cylindrical compression element....... **A20:** 514
relationship to material properties **A20:** 246
resistance to **A20:** 35
torsional............................... **A20:** 35
Buckle *See also* Buckling; Crush; Dip coat; Rattail
as casting defect....................... **A11:** 384
defined **A11:** 1, **A15:** 1
definition.............................. **A5:** 948
in iron castings........................ **A11:** 353
Buckled plate test **A6:** 147
Buckling.......... **A7:** 625, **A8:** 2, **A19:** 529, **EM3:** 6
analytical model **EM1:** 197
and distortion failure................... **A11:** 137
and material properties.................. **A8:** 551
as failure mode **EM1:** 196–197
as failure mode for welded fabrications... **A19:** 435
as formability problem **A8:** 548
boron-epoxy laminate............. **EM1:** 332, 335
control, in drop hammer forming........ **A14:** 655
defined.......... **A11:** 1, **A14:** 2, **EM1:** 6, **EM2:** 7
effects in axial compression testing **A8:** 55–58
elastic................................. **A11:** 143
failure, in riveted joint **A11:** 544
impact damage by **EM1:** 263
in composite compressive fracture **A11:** 739
in fibers **A11:** 739
in iron castings........................ **A11:** 353
in pin bearing testing.................... **A8:** 59
in pipe **A11:** 704
in shafts............................... **A11:** 467
in sheet metal forming **A8:** 548
in single-shear tests **A8:** 63–64
in torsion specimen **A8:** 156
inelastic cyclic, and distortion failure..... **A11:** 144
instability, in graphite-epoxy test structure..................... **A11:** 742–743
post-, of plates **EM1:** 447–449
prevention, by limit analysis **A11:** 137
sheet metal **A14:** 878
side-slip, schematic **A8:** 56
specimen, in axial compression testing .. **A8:** 55–56
stress, axial compression testing **A8:** 55
tests **A14:** 892–893
tests for.......................... **A8:** 563–564
Buckling distortion.................. **M6:** 879–880
compressive loading................ **M6:** 884–887
columns........................ **M6:** 884–885
plate........................... **M6:** 885–886
Buckling of oxide
mechanisms and equations.............. **A19:** 546
Buckyballs............................ **EM4:** 829
Buddha, the Great
cast statue **A15:** 21
Buff sections
definition.............................. **A5:** 948
Buffalo Steel Company *See* Pratt and Letchworth Company
Buffer
defined **A9:** 3
definition.............................. **A5:** 948
Buffer gas
defined **M7:** 2
Buffer layers
of superconducting thin-film materials.... **A2:** 1081
Buffer materials
in design **EL1:** 517
Buffering agent
use in surface cleaning **A13:** 381
Buffers
defined................................ **A10:** 670
effects in dc arc sources **A10:** 25
in nonengine lubricant formulations...... **A18:** 111
potential, use in electrogravimetry **A10:** 200

Buffing *See also* Polishing.... **A5:** 102–104, **A16:** 19, **M5:** 107–108, 115–127
aluminum *See* Aluminum, polishing and buffing of
aluminum and aluminum alloys **A5:** 786–787, 788, 792–793
applications **M5:** 107–108, 120, 123
automatic systems.... **M5:** 112–114, 119–121, 127, 575–576
rotary machines, types used ... **M5:** 120–122, 127
brass *See* Brass, polishing and buffing of
butler finish.............................. **A5:** 104
chemical and electrolytic brightening compared to.................. **M5:** 581–582
colonial finish............................ **A5:** 104
color *See* Color buffing
color buffing **A5:** 103
compound systems.................. **M5:** 116–118
compounds
problems with......................... **M5:** 125
selection of...................... **M5:** 116–117
types used........................ **M5:** 116–118
compounds, removal of
aluminum and aluminum alloys.... **M5:** 576–577
copper and copper alloys.......... **M5:** 619–620
processes................. **M5:** 5, 10–12, 56–57
contact buffing **A5:** 103
contact, process.................... **M5:** 115–116
contact time, determining **M5:** 125
copper *See* Copper, polishing and buffing of
copper and copper alloys ... **A5:** 809–810, 811, 812
copper plating............................ **A5:** 176
copper plating process **M5:** 168
definition................................ **A5:** 948
description............................... **A5:** 103
equipment.................... **M5:** 107, 119–125
glossary of terms.................. **M5:** 125–127
hard **M5:** 115, 557
hard buffing **A5:** 103
heads **M5:** 119–120, 126
high-luster, aluminum parts **M5:** 574–575
in metal removal processes classification scheme **A20:** 695
liquid compounds.................. **M5:** 116–118
magnesium alloys **A5:** 822–823, 834, **M5:** 631–632
materials used..................... **M5:** 107–108
matte finish............................. **A5:** 104
mush buffing **A5:** 103–104
mush, process..................... **M5:** 116, 119
nickel *See* Nickel, polishing and buffing of
nickel and nickel alloys................... **A5:** 869
problems **M5:** 124–125
process types, described............ **M5:** 115–116
refractory metals.................. **M5:** 655–656
rotary automatic systems............ **M5:** 120–122
safety precautions................. **M5:** 648–649
sanded finish............................ **A5:** 104
satin finish **A5:** 104
scratch brush finish **A5:** 104
semiautomatic systems **M5:** 120, 122
stainless steel *See* Stainless steel, polishing and buffing of
stainless steels **A5:** 750, 752–753
steel *See* Steel, polishing and buffing of
straight-line machines
camming arrangements................ **M5:** 124
noncircular parts **M5:** 124
tooling for............................ **M5:** 124
types used....................... **M5:** 121–124
surface finishes after buffing **A5:** 104
terminology, glossary of............. **M5:** 125–127
titanium and titanium alloys **A5:** 839–840, **M5:** 655–656
tooling for **M5:** 124
wheel *See* Wheel buffing
work-holding mechanisms **M5:** 119–120, 122
zinc *See* Zinc, polishing and buffing of
zinc alloys **A5:** 871
zirconium and hafnium alloys **A5:** 853
Buffing, mechanical
zinc alloys **A2:** 530
Buffing wheels **A5:** 92
definition............................... **A5:** 948
Build problems **A20:** 219
Build times......................... **A20:** 238–239
Builders **A5:** 18
use in alkaline cleaners **M5:** 23–24, 28, 35
Building and construction applications **M7:** 733
for stainless steels...................... **M7:** 730
of copper-based powder metals powders used..................... **M7:** 572
Building applications *See also* Construction applications
aluminum and aluminum alloys **A2:** 9–10
copper and copper alloys **A2:** 239–240
corrosion protection **M1:** 755
Building codes **A20:** 69
Building costs........................... **A20:** 257
Building materials
precoated steel sheet.. **M1:** 167, 169, 172, 175, 176
Building Officials and Code Administrators International, Inc. (BOCA)............ **A20:** 69
Building Seals and Sealants; Fire Standards; Building Constructions, Annual Book of ASTM Standards.......................... **EM3:** 67
Building up
definition............................... **A5:** 948
Buildings........................... **A6:** 375–377
codes governing......................... **M6:** 824
Buildup
definition.............................. **A6:** 1207
Build-up alloys (hardfacing)
abrasion resistance...................... **A18:** 759
applications **A18:** 759
compositions........................... **A18:** 759
impact resistance **A18:** 759
properties.............................. **A18:** 759
Buildup of metal
due to electrical arcing **A9:** 563
Built-in self-test (BIST)
system-level **EL1:** 374–376
Built-up edge
as cemented carbide tool wear mechanism **A2:** 954
definition............................... **A5:** 948
Built-up edge (BUE) *See also* Wedge formation **A18:** 610, 613, 617
defined.................................. **A18:** 4
prow behavior during polishing.......... **A18:** 195
Built-up laminated wood **EM3:** 6
Bulbous joint
fatigue life of **EL1:** 642
Bulge formation
affecting microhardness readings........... **A8:** 96
Bulge forming
refractory metals and alloys.............. **A2:** 562
Bulge test **A18:** 421
Bulge-testing technique **A5:** 643
Bulging
aluminum alloy.......................... **A14:** 804
as distortion in shotgun barrel **A11:** 139–140
by rubber-pad forming **A14:** 673
defined.................................. **A14:** 2
localized strains on **A14:** 389
plane-strain compression test for **A14:** 377–379
punches, fluid forming **A14:** 614
Bulk
shape classification..................... **A20:** 297
Bulk adherend **EM3:** 6
Bulk adhesive **EM3:** 6
Bulk analysis *See also* Bulk characterization; Macroanalysis
of inorganic gases, analytic methods for **A10:** 8
of inorganic liquids and solutions, applicable methods **A10:** 7
of inorganic solids, applicable analytical methods **A10:** 4–6
of organic solids and liquids, techniques for.................. **A10:** 9, 10
Bulk and surface characterization of powders........................ **A7:** 222–233
Bulk characterization *See also* Bulk analysis
atomic absorption spectrometry **A10:** 43–59
classical wet analytical chemistry **A10:** 161–180
controlled-potential coulometry...... **A10:** 207–211
crystallographic texture measurement and analysis **A10:** 357–364
electrochemical analysis **A10:** 181–211
electrogravimetry **A10:** 197–201
electrometric titration.............. **A10:** 202–206
electron spin resonance............. **A10:** 253–266
elemental and functional group analysis **A10:** 212–220
extended x-ray absorption fine structure...................... **A10:** 407–419
ferromagnetic resonance............ **A10:** 267–276
gas chromatography/mass spectrometry **A10:** 639–648
inductively coupled plasma atomic emission spectroscopy **A10:** 31–42
infrared spectroscopy **A10:** 109–125
ion chromatography **A10:** 658–667
liquid chromatography **A10:** 649–657
molecular fluorescence spectrometry ... **A10:** 72–81
Mössbauer spectroscopy............ **A10:** 287–295
neutron activation analysis **A10:** 233–242
neutron diffraction **A10:** 420–426
nuclear magnetic resonance......... **A10:** 277–286
optical emission spectroscopy **A10:** 21–30
optical metallography **A10:** 299–308
particle-induced x-ray emission...... **A10:** 102–108
potentiometric membrane electrodes **A10:** 181–187
radial distribution function analysis.. **A10:** 393–401
radioanalysis....................... **A10:** 243–250
Raman spectroscopy **A10:** 126–138
Rutherford backscattering spectrometry **A10:** 628–636
single-crystal x-ray diffraction **A10:** 344–356
small-angle x-ray and neutron scattering.................... **A10:** 402–406
spark source mass spectrometry **A10:** 141–150
ultraviolet/visible absorption spectroscopy **A10:** 60–71
voltammetry **A10:** 188–196
x-ray diffraction................... **A10:** 325–332
x-ray diffraction residual stress techniques.................. **A10:** 380–392
x-ray powder diffraction............ **A10:** 333–343
x-ray spectrometry.................. **A10:** 82–101
x-ray topography **A10:** 365–379
Bulk chemical analysis **M7:** 246–249
acid insoluble test....................... **M7:** 247
hydrogen loss testing **M7:** 246–247
metallographic examination **M7:** 247
of titanium sponge **M7:** 254
sampling method....................... **M7:** 246
Bulk conductivity................... **EM3:** 433, 436
Bulk deformation..................... **A7:** 316–317
Bulk deformation, processes... **A8:** 571, **A20:** 691–693
forging and rolling **M7:** 522
Bulk density *See also* Density
and mix flow, with zinc stearate lubricant **M7:** 190
and stripping pressure, lubricant effect in iron powders.......................... **M7:** 190
defined.................. **EM1:** 6, **EM2:** 7, **M7:** 2
in spray drying **M7:** 73–74
lubricant, in iron premixes **M7:** 190
of copier powders **M7:** 585
Bulk density of the solid in the bed (γ)...... **A7:** 295
Bulk diffusion
as SCC parameter **A13:** 147
Bulk dispensing technique
general solder paste parameters........... **A6:** 988
Bulk factor **EM1:** 6, 508, 509
defined................................ **EM2:** 8
Bulk flow stress of binder................. **A19:** 390

SUBJECTS OF THE INDEXED VOLUMES: ASM Handbook (designated by the letter "A"): **A1:** Properties and Selection: Irons, Steels, and High-Performance Alloys (1990); **A2:** Properties and Selection: Nonferrous Alloys and Special-Purpose Materials (1990); **A3:** Alloy Phase Diagrams (1992); **A4:** Heat Treating (1991); **A5:** Surface Engineering (1994); **A6:** Welding, Brazing, and Soldering (1993); **A7:** Powder Metal Technologies and Applications (1998); **A8:** Mechanical Testing (1985); **A9:** Metallography and Microstructures (1985); **A10:** Materials Characterization (1986); **A11:** Failure Analysis and Prevention (1986); **A12:** Fractography (1987); **A13:** Corrosion (1987); **A14:** Forming and Forging (1988); **A15:** Casting (1988); **A16:** Machining (1989); **A17:** Nondestructive Evaluation and Quality Control (1989); **A18:** Friction, Lubrication, and Wear Technology (1992); **A19:** Fatigue and Fracture (1996); **A20:** Materials Selection and Design (1997). **Metals Handbook, 9th Edition** (designated by the letter "M"): **M1:** Properties and Selection: Irons and Steels (1978); **M2:** Properties and Selection: Nonferrous Alloys and Pure Metals (1979); **M3:** Properties and Selection: Stainless Steels, Tool Materials, and Special-Purpose Materials (1980); **M4:** Heat Treating (1981); **M5:** Surface Cleaning, Finishing, and Coating (1982); **M6:** Welding, Brazing, and Soldering (1983); **M7:** Powder Metallurgy (1984). **Engineered Materials Handbook** (designated by the letters "EM"): **EM1:** Composites (1987); **EM2:** Engineering Plastics (1988); **EM3:** Adhesives and Sealants (1990); **EM4:** Ceramics and Glasses (1991). **Electronic Materials Handbook** (designated by the letters "EL"): **EL1:** Packaging (1989)

Bulk formability of steels **A1:** 581–590
characteristics of
bulk versus sheet formability **A1:** 581
of carbon and alloy steels **A1:** 581
tests for. **A1:** 581
flow localization. **A1:** 584–585
flow stress and forging pressure. **A1:** 585
formability characteristics. **A1:** 581
formability tests. **A1:** 581–584
bend test **A1:** 582, 583
compression test **A1:** 582
ductility testing **A1:** 582
hot twist testing **A1:** 583, 584
nonisothermal upset test **A1:** 584
notched-bar upset test **A1:** 584
partial-width indentation test **A1:** 583
plane-strain compression test **A1:** 582–583
ring compression test **A1:** 583
secondary-tension test **A1:** 583
sidepressing test **A1:** 583–584
tension test **A1:** 581–582
torsion test. **A1:** 582
truncated-cone indentation test **A1:** 584
wedge-forging test. **A1:** 583, 584
microalloyed steels. **A1:** 585–586
comparison of microalloyed plate and bar products. **A1:** 588, 589
processing of microalloyed bars. **A1:** 587–588
processing of microalloyed forging steels **A1:** 588–589, 590
processing of microalloyed plate steels. **A1:** 586–587
stainless steels. **A1:** 889–894
Bulk forming *See also* Sheetforming
compatibility with various materials. **A20:** 247
defined **A14:** 2, 15–16
definition. **A20:** 829
processes **A14:** 16
workability theory and application in **A14:** 388–404
Bulk fused silica
strength **EM4:** 755
thermal properties **EM4:** 754
Bulk ionic concentration **A19:** 200
Bulk materials
chemical analysis of. **A11:** 30
sampling of. **A10:** 12–18
Bulk metal powders
angle of repose **M7:** 282–285
properties **M7:** 211
Bulk metallic glasses
technology and applications. **A2:** 819–820
Bulk meters **EM3:** 693–695, 696, 697, 698, 700
Bulk modulus *See also* Bulk modulus of elasticity. **A7:** 329, **EM3:** 316
defined **EM1:** 6, **EM2:** 8
isentropic secant. **A18:** 82
isothermal secant **A18:** 82
Bulk modulus of elasticity. **EM3:** 6
defined. **A8:** 2
Bulk modulus of elasticity (*K*)
defined. **A11:** 1
Bulk molding compound (BMC) . . **A20:** 701, 805, 808, **EM3:** 6
in polymer processing classification scheme **A20:** 699
thermoset plastics processing comparison **A20:** 794
Bulk molding compounds (BMC) *See also* Molding compounds; Premix; Sheet molding compound; Sheet molding compounds (SMC) **EM1:** 161–163
applications. **EM1:** 162–163
as injection-moldable **EM2:** 321–322
chopped glass in. **EM1:** 110
compound preparation **EM1:** 161
defined **EM1:** 6, **EM2:** 8
discontinuous fiber matrix for. **EM1:** 33
formulation **EM1:** 161
markets **EM1:** 162–163
molded-in color **EM2:** 306
molding methods **EM1:** 161
processing **EM1:** 161
properties **EM1:** 161–162
properties effects **EM2:** 286
short fibers for **EM1:** 121
size and shape effects **EM2:** 291–292
Bulk noncutting process
in metal removal processes classification scheme **A20:** 695
Bulk plastic
nondestructive testing **A6:** 1086
Bulk plating *See* Barrel plating
Bulk properties of powders. **A7:** 287–301
angle of repose **A7:** 299–301
apparent density. **A7:** 292–294
bulk density **A7:** 292–295
cohesive strength **A7:** 288–290
compressibility **A7:** 294–295
frictional properties. **A7:** 290–292
particle size effect on apparent density **A7:** 292
permeability and flow rate. **A7:** 295–297
powder flow **A7:** 287–288
segregation tendency **A7:** 298–299
sliding at impact points **A7:** 297–298
tap density **A7:** 294, 295
Bulk samples
composition of. **A10:** 562, 631
defined as gross sample. **A10:** 674
DRS analysis for **A10:** 114
electron beam spreading in. **A10:** 434
preparation for AEM analysis **A10:** 450
surface, SEM chemical composition **A10:** 490
Bulk sampling programs
design of **A10:** 12
Bulk screening processes **A7:** 609
Bulk solids
dust collection of. **A13:** 1369
Bulk temperature **A18:** 39, 40, 41
gears **A18:** 539, 540
symbols and units **A18:** 544
Bulk unloaders. **EM3:** 716–717
Bulk viscosity. **A20:** 188
Bulk volume **A7:** 278
defined **M7:** 2
Bulk volumetric temperature. **A18:** 438
Bulk, weight of
and flow rate. **M7:** 280
Bulk workability *See also* Bulk workability testing; Workability. **A8:** 577–578
Bulk workability testing *See also* Workability. **A8:** 571–597
cold upset testing. **A8:** 578–581
evaluating workability. **A8:** 571–578
for forging. **A8:** 587–591
hot compression testing **A8:** 581–584
hot tension testing. **A8:** 586–587
in drawing. **A8:** 591–593
in extrusion. **A8:** 591–593
partial-width indentation test **A8:** 584–585
plane-strain compression test. **A8:** 583
ring compression test **A8:** 585–586
rolling **A8:** 593–596
Bulkiness
of mer **EM2:** 57, 62
Bulkiness factor. **A7:** 267–268
definition. **A7:** 271
Bulkwelding process **A7:** 1076–1077
for hardfacing **M7:** 835
Bull blocks. **A14:** 2, 333–334
Bull ladles *See also* Ladles
early usage. **A15:** 33
Bulldozer
defined. **A14:** 2
Bulldozing of springs *See* Presetting of springs
Bull's-eye structure. **M1:** 7–8
definition. **A5:** 948
malleable cast iron. **M1:** 60, 61
Bull's-eye structure in ductile iron. **A9:** 245
Bump check
definition. **EM4:** 632
Bump contacts
defined. **EL1:** 1136
Bump foil strip. **A18:** 531
Bump-contact chip
development. **EL1:** 961
Bumped tape automated bonding **EL1:** 275, 479
Bumper *See also* Jolt ramming
defined. **A15:** 2
Bumper assembly, automotive
economy in manufacture **M3:** 852, 853
Bumping *See* Breathing
Buna-N *See also* Acrylonitrile-butadiene rubber; Nitrile rubber
for aircraft fuel tanks. **EM3:** 604
gas tank seam sealant **EM3:** 610
Bunch stranded copper conductors. **M2:** 266, 272
Bundle *See also* Fiber(s); Filament(s)
defined **EM1:** 6, **EM2:** 8
Bundle strength **A20:** 648, 649, 661
Bundle theories **A20:** 623
Bundles **A19:** 78, 80, 81
in composite fractures. **A11:** 738
Bunge formalism
and Roe formalism, compared. **A10:** 362
in specifying orientation in crystallographic measurement. **A10:** 359–361
ODF coefficient determined. **A10:** 362
Buoyancy
alloy, effect in alloy additions **A15:** 72
-driven interdendritic solute transport **A15:** 154
Burden
definition. **A20:** 829
Burden (overhead)
as piece cost component **EM2:** 82
defined. **EM2:** 86
types. **EM2:** 86
Burden rate. **A20:** 257
Bureau of Mines
explosion testing chamber. **M7:** 197
Buret
defined. **A10:** 670
titrimetry and coulometry. **A10:** 205
walls, wetting of. **A10:** 172
Burgers vector. . . . **A18:** 388, 468, **A19:** 37, 63, 64, 77, 78, 80, 101
abbreviation for **A10:** 689
and dislocation loops **A9:** 116–117
contrast profiles of single perfect dislocations **A9:** 114
defined. **A9:** 719
dislocation displacement field **A9:** 113–114
easy-cross-slip metals. **A19:** 102
in dislocation pairs **A9:** 114–115
in dislocations, determination **A9:** 115–116
in saturation stress amplitude formula. . **A19:** 82–83
of body-centered cubic metals **A9:** 684
of face-centered cubic metals. **A9:** 684–685
of grain boundary dislocations. **A9:** 120
of hexagonal close-packed metals **A9:** 684
of molybdenum and molybdenum carbide interface. **A9:** 122
of partial dislocations **A9:** 685
one-dimensional defect analysis. **A10:** 465
orientation, effect on FIM contrast from dislocations **A10:** 588–589
relationship to slip. **A9:** 684
Burgers vector direction **A19:** 36
Burial zone
marine structures **A13:** 543
Buried metals
corrosion of **A11:** 191–192
Buried piping *See* Underground installations
Buried plants. **A13:** 1128, 1133
Buried via(s) *See also* Via(s)
inner layers. **EL1:** 543
rigid printed wiring boards **EL1:** 550
Buried-layer diffusion
bipolar junction transistor technology **EL1:** 195
Burn in **A20:** 617
as casting defect. **A11:** 384
definition. **A20:** 829
Burn on
as casting defect. **A11:** 384
Burn through
definition. **A6:** 1207
Burn through weld
definition. **A6:** 1207
Burnback. **A6:** 27
Burned. **EM3:** 6
defined **EM1:** 6, **EM2:** 8
Burned adhesive
adhesive-bonded joints **A17:** 612
Burned sand
defined. **A15:** 2
Burned-in sand
blast cleaning of. **A15:** 506
definition. **A5:** 948

Burned-on sand *See also* Metal penetration
cores, coatings for **A15:** 240
defined **A15:** 2
definition **A5:** 948
Burner
definition **A6:** 1207
Burner heating **A19:** 529
thermal fatigue test **A19:** 529
Burner rig testing **A20:** 601
Burners
as OES flame source **A10:** 28
crucible furnaces **A15:** 383
flame hardening **M4:** 489–492
reverberatory furnaces **A15:** 375–376
Burn-in
as temperature-induced stress test . . . **EL1:** 497–498
on tape-on-chip **EL1:** 281–282
Burn-in defect
core, coatings for **A15:** 240
mold porosity effect **A15:** 209
Burning *See also* Flammability; Metallurgical bum; Overheating; Oxidation **A3:** 1•19, **A20:** 740–741
alloy steels **A12:** 300
bridge web fracture from **A11:** 528
defined **A9:** 3, **A13:** 2, **A18:** 4
definition **A5:** 948, **A6:** 1207
effect on fatigue strength **A11:** 120
for macroscopic examination **A12:** 92
forging failures from **A11:** 332
in forging **A17:** 493
in medium-carbon steels **A12:** 259
in steels **A12:** 127
in steels, color etching to reveal **A9:** 142
of forged steel rocker arm **A11:** 119–120
polyester resistance to **EM1:** 96
tool and die failure from **A11:** 573
Burning rate **EM3:** 7
defined **EM2:** 8
Burnish
defined **A18:** 4
Burnishing **A7:** 685–686, **A19:** 335, **M7:** 462
aluminum and aluminum alloys, barrel finishing process **M5:** 272–274
and transfer machines **A16:** 397
compared to reaming **A16:** 239
defined **A9:** 3
definition **A5:** 948
in conjunction with thread rolling **A16:** 280
macroexamination of **A12:** 72
mass finishing process **M5:** 135
media for **M5:** 135
of shafts **A11:** 459
thermal spray-coated materials **M5:** 370
to improve surface integrity **A16:** 35
Burnishing, and shaving
of pierced holes **A14:** 470
Burnishing surface modification technique . . . **A18:** 178
Burn-off *See also* Mold stabilization **A6:** 844
carbon **A7:** 324
defined **A15:** 252, **M7:** 2
definition **A5:** 948
in all-ceramic mold casting **A15:** 249
in Shaw process **A15:** 252
lubricant **M7:** 191
postextrusion processing **A7:** 372
zone in furnaces **M7:** 351
Burn-off failures
in locomotive axles **A11:** 714, 715
Burn-off zone **A7:** 453
Burnout
of substrates **EL1:** 465
Burnout, and mold firing
investment casting **A15:** 262
Burnout method of purging **M6:** 948–949
Burnt deposit
definition **A5:** 948
Burn-through
definition **M6:** 3
Burn-through weld
definition **M6:** 3
Burnup **A19:** 361
Burnup, with plastic flow
roller bearing **A11:** 500–501
Burr *See also* Deburring
definition **A5:** 948
Burr grinding **A19:** 440, 441
Burr hardness
definition **A5:** 948
Burr height
definition **A5:** 948
Burr tolerance
forgings **M1:** 366, 367
Burring
definition **A5:** 948
multifunction machining **A16:** 374
Burrow's formula
impedance change **A17:** 173
Burrs *See also* Deburring
and shear testing **A8:** 68
by blanking **A11:** 88
defined **A14:** 2
detected by diffraction pattern technique . . **A17:** 13
fatigue fractures from **A11:** 123
height, in electrical steel sheet processing **A14:** 481
in cantilever beam bend test specimens **A8:** 132
in hole, spherical bearing **A11:** 489
in press forming **A14:** 548
liquid penetrant inspection **A17:** 86
microwave inspection **A17:** 215
on slit edges **A14:** 708
on upset butt welded steel wire **A11:** 443
removal, after blanking **A14:** 458
Burrs, removal of *See* Deburring
Burst strength
defined **EM1:** 6, **EM2:** 8
of three-directional hybridized fiber fabric **EM1:** 127
Bursts *See also* Chevron patterns
as forging defect **A11:** 85, 317, 327
as forging process flaws **A17:** 493
brittle fracture by **A11:** 185
in electron beam welds **A11:** 446–447
intemal, as subsurface discontinuities **A11:** 121
intemal, effects on cold-formed part failure **A11:** 307
internal, radiographic methods **A17:** 296
of forged bar **A11:** 317–318
ultrasonic inspection **A17:** 232
Bursts, revealed by macroetching **A9:** 174
in alloy steel forging **A9:** 176
Burst-type signals
acoustic emission inspection **A17:** 281
Bus bar
defined **EL1:** 116
Bus bar conductors
aluminum alloy **A2:** 12–13
Bus bars
in metal-processing equipment **A13:** 1316
Bus (bus bar) **A5:** 948
BUS circulating fluid-bed process
for zinc recycling **A2:** 1225
BUS treatment *See* Broken-up structure (BUS) treatment
Buses
aluminum and aluminum alloys **A2:** 11
Bush bearing
defined **A18:** 4
Bushing *See also* Glass filament bushing
ball-bearing, in ultrasonic hardness tester . . **A8:** 101
defined **EM1:** 6, **EM2:** 8
for hydraulic torsional system **A8:** 216
Bushing and bearing bronze
properties and applications **A2:** 379–380
Bushings
brass or steel **A11:** 470
pilot-valve, fatigue fracture of **A11:** 121
powders used **M7:** 572
steel **A11:** 470
Bushings (industrial)
powders used **M7:** 573
Bushings, nonmetallic
eddy current inspection **A17:** 192–193
Business case analysis **A20:** 16
Business machine applications
high-impact polystyrenes (PS, HIPS) **EM2:** 195
of aluminum P/M parts **M7:** 744–745
of bronze P/M parts **M7:** 736
of stainless steels **M7:** 732
P/M parts for **M7:** 667–670
polyphenylene ether blends (PPE, PPO) **EM2:** 183
powders used **M7:** 573
self-lubricating bearings in **M7:** 705
Business machine component
brittle fracture in **A11:** 90–92
Buster
defined **A14:** 2
Butadiene **EM3:** 7
defined **EM2:** 8
polymerization of **A10:** 132
Butadiene-acrylonitrile elastomers
as sizing **EM1:** 124
Butadiene-acrylonitrile rubber **EM3:** 82–83
Butadiene-co-maleic anhydride (BMA)
electrodeposition of carbon/graphite fibers **EM3:** 287
Butadiene-styrene plastic **EM3:** 7
Butadiene-styrene-plastics
defined **EM2:** 8
Butadiene-styrenes **EM3:** 594
Butane
valve thread connections for compressed gas cylinders **A6:** 1197
Butler finish
definition **A5:** 948
Butler finishing
stainless steel **M5:** 559
Butler-Volmer equation **A13:** 30
Butt fusion
defined **EM2:** 8
Butt joint **EM3:** 454, 545
brazing **A6:** 120
defined **EM1:** 6, **EM2:** 8
definition **A6:** 1207
electron-beam welding **A6:** 260
flash welding **A6:** 247
heat-treatable wrought aluminum alloys, gas-shielded arc welded, properties **A6:** 728
high-strength low-alloy quench and tempered structural steels, heat input **A6:** 666
hydrogen-induced cold cracking **A6:** 436
incomplete fusion **A6:** 408
lamellar tearing **A6:** 95–96
laser-beam welding **A6:** 264, 879, 880
nickel-base alloys **A6:** 591
non-heat-treatable aluminum alloys, gas-shielded arc welded, properties **A6:** 727
oxyfuel gas welding **A6:** 286, 287, 288
plasma arc welding **A6:** 197, 198
soldering **A6:** 130
wrought martensitic stainless steel **A6:** 438
Butt joint test **A18:** 404, **EM3:** 321–322
Butt joints **A19:** 284, 285–286
arc welding of nickel alloys **M6:** 437
brazing of aluminum alloys **M6:** 1025
definition, illustration **M6:** 3, 60–61
electron beam welds **M6:** 615–618
electroslag welding **M6:** 225–226
explosion welding **M6:** 712
furnace brazing of steels **M6:** 943
gas metal arc welding **M6:** 165, 166–167
of aluminum alloys **M6:** 374, 379, 384
of commercial coppers **M6:** 403
of coppers and copper alloys **M6:** 416
gas tungsten arc welding **M6:** 201
of aluminum alloys **M6:** 374, 379, 395–396, 398
of magnesium alloys **M6:** 431–432

SUBJECTS OF THE INDEXED VOLUMES: ASM Handbook (designated by the letter "A"): **A1:** Properties and Selection: Irons, Steels, and High-Performance Alloys (1990); **A2:** Properties and Selection: Nonferrous Alloys and Special-Purpose Materials (1990); **A3:** Alloy Phase Diagrams (1992); **A4:** Heat Treating (1991); **A5:** Surface Engineering (1994); **A6:** Welding, Brazing, and Soldering (1993); **A7:** Powder Metal Technologies and Applications (1998); **A8:** Mechanical Testing (1985); **A9:** Metallography and Microstructures (1985); **A10:** Materials Characterization (1986); **A11:** Failure Analysis and Prevention (1986); **A12:** Fractography (1987); **A13:** Corrosion (1987); **A14:** Forming and Forging (1988); **A15:** Casting (1988); **A16:** Machining (1989); **A17:** Nondestructive Evaluation and Quality Control (1989); **A18:** Friction, Lubrication, and Wear Technology (1992); **A19:** Fatigue and Fracture (1996); **A20:** Materials Selection and Design (1997). **Metals Handbook, 9th Edition** (designated by the letter "M"): **M1:** Properties and Selection: Irons and Steels (1978); **M2:** Properties and Selection: Nonferrous Alloys and Pure Metals (1979); **M3:** Properties and Selection: Stainless Steels, Tool Materials, and Special-Purpose Materials (1980); **M4:** Heat Treating (1981); **M5:** Surface Cleaning, Finishing, and Coating (1982); **M6:** Welding, Brazing, and Soldering (1983); **M7:** Powder Metallurgy (1984). **Engineered Materials Handbook** (designated by the letters "EM"): **EM1:** Composites (1987); **EM2:** Engineering Plastics (1988); **EM3:** Adhesives and Sealants (1990); **EM4:** Ceramics and Glasses (1991). **Electronic Materials Handbook** (designated by the letters "EL"): **EL1:** Packaging (1989)

nickel-based heat-resistant alloys..... **M6:** 356, 363
oxyacetylene braze welding.............. **M6:** 597
oxyfuel gas welding **M6:** 589–590
radiographic inspection................. **A17:** 334
recommended grooves for arc welding.. **M6:** 69, 71
resistance brazing...................... **M6:** 983
submerged arc welding.................. **M6:** 114
tolerances for laser beam welds...... **M6:** 663–664
Butt seam joints......................... **A6:** 239
Butt tears, revealed by macroetching......... **A9:** 174
in alloy steel billet...................... **A9:** 175
Butt weld
definition............................. **A6:** 1207
Butt weld detail, vertical
in bridges............................ **A11:** 709
Butt welded cold finished mechanical tubing **M1:** 324
Butt welding
clamp design...................... **M6:** 673–674
clamping procedure **M6:** 673–674
high frequency welds **M6:** 759
machines............................. **M6:** 674
metals welded **M6:** 674
seam welding...................... **M6:** 501–502
thermoplastic tape **EM1:** 551
ultrasonic welding....................... **M6:** 747
Butt welding, fluid flow phenomena
GTAW................................. **A6:** 21
Butt weldments
uncertainty in fatigue data.............. **A19:** 284
Butt welds
acoustic emission inspection **A17:** 599–600
angular change **M6:** 876, 878
effect of back chipping................ **M6:** 876
effect of groove shape................. **M6:** 876
arc welding of austenitic stainless
steels **M6:** 328–329, 334, 338
definition **M6:** 3
effect of restraint on transverse
shrinkage **M6:** 873–875
effect of tensile loading on residual stress **M6:** 881, 884
effect of welding sequence on transverse
shrinkage **M6:** 875–876
flux cored arc welding.................. **M6:** 109
longitudinal distortion.............. **M6:** 880, 882
longitudinal shrinkage **M6:** 876
magnetic particle inspection **A17:** 109, 114
non-heat-treatable aluminum alloys **A6:** 540
nonrelevant indications in.......... **A17:** 106–107
plasma arc welding..................... **M6:** 218
rotational distortion.................... **M6:** 873
submerged arc welds.................... **M6:** 129
transverse shrinkage **M6:** 870–875, 880
Butt welds, upset
failure origins..................... **A11:** 443–444
Butterflies......................... **A19:** 332–334
formation inclusion type and occurrence **A19:** 674, 675
in bearings **A12:** 115, 134
Butterflies, stress
in steel bearing ring.................... **A11:** 505
Butterfly alterations
in gas carburized steels.................. **A9:** 223
Butterfly cone
definition............................ **EM4:** 632
Butterfly wings
as submicrostructure **A11:** 593
Buttering **A6:** 498, 789
cast irons..................... **A6:** 712, 716, 717
definition **A5:** 948, **A6:** 1207, **M6:** 3
dissimilar copper alloys.................. **A6:** 770
dissimilar metal joining **A6:** 823–824, 825, 827
lamellar tearing.......................... **A6:** 96
Button
defined.................................. **A8:** 2
definition **A6:** 1207, **M6:** 3
Button defects *See* Scabs
Button melting
electron beam......................... **A15:** 412
Buttonhead
grips.................................. **A8:** 51
specimen, in constant-load testing......... **A8:** 314
Butyl
as bag material **M7:** 447
Butyl acetate/1.2% nitrocellulose
as vehicle for solder glass
powder.................. **EM4:** 1069–1070
Butyl benzyl phthalate (plasticizer)
batch weight of formulation when used in non-oxidizing sintering atmospheres.... **EM4:** 163
Butyl carbitol, description.................. **A9:** 68
Butyl caulks
for exterior seals on aluminum and vinyl
siding **EM3:** 56
Butyl cellosolve
description.............................. **A9:** 68
Butyl glycidyl ether
as epoxy diluent................... **EM1:** 67, 70
Butyl phenol.......................... **EM3:** 103
Butyl rubber..................... **EM3:** 76, 82–83
additives and modifiers **EM3:** 146–147
as substitute for fluoropolymers......... **EM3:** 678
chemistry **EM3:** 146, 198
commercial forms.................... **EM3:** 146
cross-linking **EM3:** 146
for appliance seating **EM3:** 146
for auto glass seal.................... **EM3:** 146
for carton closing.................... **EM3:** 146
for insulated glass window sealant **EM3:** 146
for marine uses....................... **EM3:** 146
for mobile home manufactures **EM3:** 146
for prefabricated metal buildings........ **EM3:** 146
for rubber roof installation............ **EM3:** 146
for tapes............................ **EM3:** 146
markets **EM3:** 146
maskant material for chemical milling.... **A16:** 803
performance **EM3:** 674
properties **EM3:** 146, 198
sealant applications **EM3:** 198
Butyl rubber insulation
wrought copper and copper alloy products **A2:** 258
Butyl rubbers (high *E*)
loss coefficient vs. Young's modulus..... **A20:** 267, 273–275
specific modulus vs. specific strength **A20:** 267, 271, 272
Butyl rubbers (low *E*)
loss coefficient vs. Young's modulus..... **A20:** 267, 273–275
Butyl skinning sealants.................. **EM3:** 191
Butyl stearate
as plasticizer not affecting viscosity in injection
molding **EM4:** 174
Butyl tapes
for wet systems in construction.......... **EM3:** 56
for window glazing.................... **EM3:** 56
Butylene glycol diglycidyl ether (BGDGE)
epoxy resin **EM1:** 67, 69
Butylene plastics......................... **EM3:** 7
defined **EM2:** 8
Butyls *See also* Butyl rubber;
Polyisobutylene **EM3:** 198–202
additives **EM3:** 202
advantages and limitations............. **EM3:** 675
applications...................... **EM3:** 56, 201
as hot-applied sealants................ **EM3:** 200
as replacement glass sealant **EM3:** 200
automotive applications **EM3:** 50, 200
binders used **EM3:** 200
characteristics **EM3:** 53
chemistry......................... **EM3:** 50, 198
construction market applications ... **EM3:** 199–200
cure capability **EM3:** 199
cure mechanism.................. **EM3:** 200–201
cure properties **EM3:** 51
electronics applications **EM3:** 201
features............................. **EM3:** 675
fillers used **EM3:** 200
Food and Drug Administration
regulations **EM3:** 201
for appliance sealing tapes **EM3:** 200
for auto back lights **EM3:** 50
for auto body sealing................... **EM3:** 57
for body sealants and glazing materials ... **EM3:** 57
for caulking.................... **EM3:** 607–608
for glazing windows and wall
panels...................... **EM3:** 199–200
for industrial sealants **EM3:** 58
for insulated glass construction **EM3:** 58
for interior seals in window systems...... **EM3:** 57
for low-stress construction applications .. **EM3:** 577
for metal building market............... **EM3:** 58
for prefabricated construction **EM3:** 200
for recreational vehicle sealing........... **EM3:** 58
for self-sealing tires **EM3:** 58
for vacuum bag sealing................. **EM3:** 59
forms **EM3:** 50, 199, 200
heating and air conditioning duct sealing and
bonding **EM3:** 610
high hydrocarbon-content sealants **EM3:** 201
insulated glass applications **EM3:** 200, 201
life expectancy of tape **EM3:** 200–201
methods of application............ **EM3:** 199, 200
mixing equipment used................ **EM3:** 198
polymer grades **EM3:** 199
properties.................... **EM3:** 50, 201, 202
replaced by polyurethanes in automotive
industry **EM3:** 50
sealant characteristics (wet seals)......... **EM3:** 57
sealant formulation **EM3:** 198–199
shelf life of tapes **EM3:** 199
silane coupling agent **EM3:** 182
substrate cure rate and bond strength for
cyanoacrylates **EM3:** 129
suppliers.................... **EM3:** 58, 199, 202
thermal properties **EM3:** 52
uses and properties **EM3:** 126
Butyls as sealants.................. **EM3:** 188, 190
for insulating glass windows and doors .. **EM3:** 675
for joint sealing **EM3:** 675
for panel sealing...................... **EM3:** 675
properties............................ **EM3:** 677
service life........................... **EM3:** 190
B-V (Phase Diagram)..................... **A3:** 2•86
B-W (Phase Diagram).................... **A3:** 2•86
B-Whitockite **EM4:** 1010
BWRA penetrameters
as step wedges **A17:** 341
B-Y (Phase Diagram)..................... **A3:** 2•86
By-pass sample station
for analyzing liquid metal purity.......... **A8:** 426
B-Zr (Phase Diagram)................... **A3:** 2•87
n-Butanol
surface tension **EM3:** 181
n-Butyl acetate
surface tension **EM3:** 181
n-Butyl n-butyrate
as solvent used in ceramics processing... **EM4:** 117
n-Butyraldehyde
physical properties.................... **EM3:** 104

C

1% Chromium-molybdenum-vanadium
multiaxial fatigue...................... **A19:** 266
plastic hysteresis energy versus N_f ... **A19:** 264, 265
2-Chloroacetophenone
hazardous air pollutant regulated by the Clean Air
Amendments of 1990 .... **A5:** 913
c *See* Crystal lattice; Velocity
C glass, effect
mechanically alloyed oxide dispersion-strengthened
(MA ODS) alloys **A2:** 947
C*-integral.......................... **A19:** 509, 510
C++ (computer language)................. **A20:** 312
***c/a* ratio**............................... **A20:** 339
C1, C2, C3, etc *See* Carbide tools, specific types
C-5A aircraft...................... **A19:** 580, 582
C-103 *See* Niobium alloys, specific types
C-110M *See* Titanium alloys, specific types, Ti-8Mn
C-120AV *See* Titanium alloys, specific types, Ti-6Al-4V
C-129Y *See* Niobium alloys, specific types
C-135AMo *See* Titanium alloys, specific types, Ti-7Al-4Mo
C-263
composition............................ **A4:** 794
Ca (Phase Diagram).................... **A3:** 2•120
CA test **A19:** 121, 122, 125
CA811 to CA879 *See* Cast copper alloys, specific
types
CAA Airworthiness Notice **A19:** 89, 569
Cabinet blasting machines........ **M5:** 88–89, 95–96
Cabinets
salt spray (fog) testing.............. **A13:** 225–226
Cable *See also* Cable sheathing; Cabling;
Thermocouple wire; Wire; Wire(s)
and wire, wrought copper and copper
alloys **A2:** 250–260

Cable (continued)
- classifications, wrought copper and copper alloys **A2:** 251–253
- copper **M2:** 265–274
- extruded **EM2:** 385
- jacketing, polyamide **EM2:** 125
- of A15 conductors **A2:** 1069–1070
- thermocouple extension wire, color codes **A2:** 879
- thermoplastic polyurethanes (TPUR) **EM2:** 205

Cable creep **A20:** 352, 353

Cable sheath
- lead **A9:** 418

Cable sheathing
- aluminum and aluminum alloys **A2:** 12
- lead and lead alloy **A2:** 544, 550–551

Cables
- bridge **M1:** 272
- electrical system pipe-type **A13:** 1292
- flux leakage inspection method **A17:** 133
- for direct contact magnetization **A17:** 94
- for magnetizing large forgings/castings **A17:** 112
- power, galvanic corrosion **A13:** 85
- surface roughness, optical sensors for **A17:** 10
- telephone, corrosion of **A13:** 85, 1127–1133

Cables, elevator
- fatigue fracture **A11:** 520–521

Cable-sheathing **A2:** 544

Cabling
- of niobium-titanium superconducting materials **A2:** 1051–1052

Cabling system
- as level 4 components **EL1:** 76

Cabot alloy 214
- heat-affected-zone cracks **A6:** 91, 93
- solidification cracking **A6:** 90, 91

Cabrera-Mott (thin-film) theory **A13:** 67

Ca-Cd (Phase Diagram) **A3:** 2•116

Ca-Cu (Phase Diagram) **A3:** 2•116

CAD/CAM
- definition **A20:** 829

CAD/CAM applications **A16:** 627–636
- advantages **A16:** 633–634
- analysis benefit **A16:** 630
- analysis capabilities function **A16:** 628
- Automatically Programmed Tools (APT) part program **A16:** 627, 629, 631, 633, 635
- benefits **A16:** 630–631
- bill of material **A16:** 627
- CAD to CAM interfaces **A16:** 633–634
- computer aided process planning (CAPP) systems **A16:** 628–629
- computer-aided design (CAD) **A16:** 627, 629, 635, 636
- computer-aided manufacturing (CAM) **A16:** 627
- computer-aided numerical control (CNC) **A16:** 634–635, 636
- cutter location file (CL) **A16:** 629, 633, 635
- data base **A16:** 633
- direct numerical control (DNC) **A16:** 634, 635, 636
- distributed numerical control **A16:** 635–636
- drafting function **A16:** 628
- finite-element model analysis **A16:** 628
- function of a CAD/CAM system **A16:** 627–630
- hardware components **A16:** 631–633
- improved accuracy benefit **A16:** 631
- inspection function **A16:** 630
- Machine Control Data (MCD) codes **A16:** 630
- Machine Control Unit (MCU) memory **A16:** 630
- machines programmed **A16:** 629
- Materials Requirement Planning (MRP) **A16:** 636
- minimum hardware requirements in NC machining **A16:** 633
- NC machines **A16:** 634
- NC part programming **A16:** 634
- NC part programming benefit **A16:** 631
- part machining function **A16:** 630
- part programming function **A16:** 629
- postprocessor **A16:** 634
- process planning function **A16:** 628
- program verification function **A16:** 629–630
- tool design benefit **A16:** 630
- understandable drawings benefit **A16:** 630–631

CAD/CAM integrated composite manufacturing center **EM1:** 621–622

CAD/CAM techniques *See* Computer-aided design; Computer-aided design and manufacture; Computer-aided manufacture

CAD/CAM/CIM systems **A16:** 624–625

Cadmium *See also* Solid cadmium **EL1:** 636, 637
- addition to aluminum-base bearing alloys **A18:** 752
- air-acetylene flame atomizer for **A10:** 48
- alloying, aluminum casting alloys **A2:** 132
- alloying effects on copper alloys **M6:** 402
- alloying, wrought aluminum alloy **A2:** 47
- alloying, wrought copper and copper alloys **A2:** 242
- and lead, separated by internal electrolysis **A10:** 201
- and SCC in titanium and titanium alloys **A11:** 223
- anode composition complying with Federal Specification QQ-A-671 **A5:** 217
- Arrhenius plots of delayed steel failure in **A11:** 240, 244
- as addition to aluminum alloys **A4:** 843
- as addition to brazing filler metals **A6:** 904–905
- as colorant **EM4:** 380
- as low-melting embrittler **A12:** 29
- as major toxic metal with multiple effects **A2:** 1239–1242
- as pigment **EM3:** 179
- as tin solder impurity **A2:** 520
- as toxic chemical targeted by 33/50 Program **A20:** 133
- as trace element, cupolas **A15:** 388
- average plate thickness ratio **A5:** 222
- chemical analysis and sampling **M7:** 248
- chemical resistance **M5:** 4
- chromate conversion coatings **A5:** 405
- coatings, for fasteners **A11:** 542
- compatibility in bearing materials **A18:** 743
- composition range for cadmium anodes **A5:** 217
- constant-current electrolysis **A10:** 200
- cost per unit mass **A20:** 302
- cost per unit volume **A20:** 302
- dangers in dip brazing **M6:** 995
- deposit hardness attainable with selective plating versus bath plating **A5:** 277
- determined by controlled-potential coulometry **A10:** 209
- effects, cartridge brass **A2:** 301
- effects, electrolytic tough pitch copper **A2:** 270
- effluent limits for phosphate coating processes per U.S. Code of Federal Regulations **A5:** 401
- electodeposited, minimum thicknesses and applications **A20:** 478
- electrodeposited on cast iron **A5:** 690
- electrodeposited recommended minimum thicknesses and applications on iron and steel **A5:** 727
- electrolytic potential **A5:** 797
- electroplated metal coatings **A5:** 687
- electroplating on zincated aluminum surfaces **A5:** 801
- embrittlement by **A11:** 230–235
- embrittlement, by mercury-indium **A11:** 230, 232
- energy factors for selective plating **A5:** 277
- environments known to promote stress-corrosion cracking of commercial titanium alloys **A19:** 496
- friction coefficient data **A18:** 71
- galvanic series for seawater **A20:** 551
- gravimetric finishes **A10:** 171
- hydrogen damage to **A11:** 126
- ICP-determined in plant tissues **A10:** 41
- impurity in solders **M6:** 1072
- in alloys, oxyfuel gas cutting **A6:** 1165
- in aluminum alloys **A15:** 745
- in blood, GFAAS analysis **A10:** 55
- in cast iron **A1:** 8
- in copper alloys **A6:** 753
- in enameling ground coat **EM3:** 304
- in furnace atomizers **A10:** 49
- in zinc alloys **A15:** 788
- lap welding **M6:** 673
- liquid, low-alloy steel embrittlement by **A12:** 30, 39
- liquid-metal embrittlement in **A11:** 234
- maximum concentration for the toxicity characteristic, hazardous waste **A5:** 159
- microelectrogravimetry of **A10:** 200
- molten, as embrittler of titanium **A11:** 226, 228
- nickel plating bath contamination by **M5:** 209–210
- -plated alloy steel bolts, hydrogen damage to **A11:** 540–541
- -plated steel aircraft wing clamp, forging failure from burning **A11:** 332–334
- -plated steel, embrittlement in **A11:** 242
- -plated steel, intergranular fracture **A11:** 29
- -plated steel nut, hydrogen embrittlement failure **A11:** 246–247
- -plated steel plate, arc striking fracture at hard spot in **A11:** 97
- plating for tool steels **A18:** 739
- precoating **A6:** 131
- prompt gamma activation analysis of **A10:** 240
- pure, properties **A2:** 1104
- recommended impurity limits of solders **A6:** 986
- reductant of metal oxides **M6:** 692, 694
- relative solderability **A6:** 134
- relative solderability as a function of flux type **A6:** 129
- release into glass housewares limited **EM4:** 1100
- resistance of, to liquid-metal corrosion **A1:** 635
- safety standards for soldering **M6:** 1098
- shielded metal arc welding **A6:** 179
- -shielded samples for epithermal neutron bombardment **A10:** 234
- soldering **A6:** 631
- solid, effect on crack depth in titanium alloys **A11:** 239–241
- species weighed in gravimetry **A10:** 172
- substrate considerations in cleaning process selection **A5:** 4
- thermal diffusivity from 20 to 100 °C **A6:** 4
- toxicity **A2:** 1240–1241, **A6:** 1195, 1196, **M5:** 267
- TWA limits for particulates **A6:** 984
- urinary concentration, and renal dysfunction **A2:** 1241
- vapor pressure **A6:** 621
- vapor pressure, relation to temperature **A4:** 495
- Vickers and Knoop microindentation hardness numbers **A18:** 416
- volatilization losses in melting **EM4:** 389
- volumetric procedures for **A10:** 175
- weighed as the phosphate **A10:** 171
- zinc and galvanized steel corrosion as result of contact with **A5:** 363

Cadmium (acid) selective plating solution
- anode-cathode motion and current density **A5:** 279
- for ferrous and nonferrous metals **A5:** 281

Cadmium (alkaline)
- selective plating solution for ferrous and nonferrous metals **A5:** 281

Cadmium alloy, Cd-25Ni
- peritectic envelopes **A9:** 679

Cadmium bath
- commercial noncyanide cadmium plating bath concentration **A5:** 216

Cadmium boride
- glass forming ability **EM4:** 494
- melting point **EM4:** 494
- viscosity at melting point **EM4:** 494

Cadmium coating
- hydrogen embrittlement testing in **A8:** 542

Cadmium coatings
- cast irons **M1:** 102
- for threaded steel fasteners **A1:** 295
- forgings **M1:** 356

SUBJECTS OF THE INDEXED VOLUMES: ASM Handbook (designated by the letter "A"): **A1:** Properties and Selection: Irons, Steels, and High-Performance Alloys (1990); **A2:** Properties and Selection: Nonferrous Alloys and Special-Purpose Materials (1990); **A3:** Alloy Phase Diagrams (1992); **A4:** Heat Treating (1991); **A5:** Surface Engineering (1994); **A6:** Welding, Brazing, and Soldering (1993); **A7:** Powder Metal Technologies and Applications (1998); **A8:** Mechanical Testing (1985); **A9:** Metallography and Microstructures (1985); **A10:** Materials Characterization (1986); **A11:** Failure Analysis and Prevention (1986); **A12:** Fractography (1987); **A13:** Corrosion (1987); **A14:** Forming and Forging (1988); **A15:** Casting (1988); **A16:** Machining (1989); **A17:** Nondestructive Evaluation and Quality Control (1989); **A18:** Friction, Lubrication, and Wear Technology (1992); **A19:** Fatigue and Fracture (1996); **A20:** Materials Selection and Design (1997). **Metals Handbook, 9th Edition** (designated by the letter "M"): **M1:** Properties and Selection: Irons and Steels (1978); **M2:** Properties and Selection: Nonferrous Alloys and Pure Metals (1979); **M3:** Properties and Selection: Stainless Steels, Tool Materials, and Special-Purpose Materials (1980); **M4:** Heat Treating (1981); **M5:** Surface Cleaning, Finishing, and Coating (1982); **M6:** Welding, Brazing, and Soldering (1983); **M7:** Powder Metallurgy (1984). **Engineered Materials Handbook** (designated by the letters "EM"): **EM1:** Composites (1987); **EM2:** Engineering Plastics (1988); **EM3:** Adhesives and Sealants (1990); **EM4:** Ceramics and Glasses (1991). **Electronic Materials Handbook** (designated by the letters "EL"): **EL1:** Packaging (1989)

springs, steel . . . M1: 291
threaded fasteners . . . M1: 279
Cadmium compounds
as toxic chemical targeted by 33/50 Program . . . A20: 133
hazardous air pollutant regulated by the Clean Air Amendments of 1990 . . . A5: 913
Cadmium copper *See also* Copper alloys, specific types, C16200 . . . A9: 553
Cadmium copper, deoxidized *See* Copper alloys, specific types, C14300
Cadmium coppers . . . A6: 762
Cadmium cyanide plating . . . M5: 256–269
analytical procedures plating baths . . . M5: 265–267
cyanide-to-cadmium ratio . . . M5: 256–257
equipment . . . M5: 258–261
maintenance . . . M5: 260
solution compositions and
cadmium metal content . . . M5: 257, 265–266
operating conditions . . . M5: 256–259, 261–263, 265–268
sodium carbonate content . . . M5: 257, 266–267
sodium cyanide content . . . M5: 257, 266
sodium hydroxide content . . . M5: 257, 266
temperature . . . M5: 257, 259, 262, 264
throwing power . . . M5: 256–257, 259, 261–262
Cadmium electrodeposited coatings . . . A13: 426, 911–912
embrittlement . . . A13: 179
embrittlement by . . . A13: 180, 335
plain carbon steel resistance to . . . A13: 515
sacrificial corrosion . . . A13: 587
Cadmium electroplating . . . A20: 478
Cadmium elimination . . . A5: 918–923
cadmium coating specifications . . . A5: 919
cadmium replacement identification . . A5: 919–923
cadmium replacement, identification matrix . . . A5: 920
coating lubricity . . . A5: 920, 921–922
constant extension rate test results . . . A5: 922
corrosion control performance . . . A5: 920
cost and performance factors . . . A5: 920, 922–923
environmental and worker health regulations . . . A5: 920, 922
environmental concerns . . . A5: 918–923
environmental regulations related to cadmium use in U.S. and Europe . . . A5: 919
environment-assisted cracking (EAC) . . A5: 920, 921
permissible exposure limit (PEL) . . . A5: 918
rationale for replacing cadmium coatings . . . A5: 918–919
safety and health hazards . . . A5: 918
torque-tension test results . . . A5: 922, 923
Cadmium etching by polarized light . . . A9: 59
in zinc alloys . . . A9: 489
slip planes . . . A9: 684
Cadmium ferrites . . . A9: 538
Cadmium fluoborate plating . . . M5: 256–258, 264
Cadmium fluoride
added to silicone vapor to control dusting . . . A18: 684
Cadmium fluoroborate bath
commercial noncyanide cadmium plating bath concentration . . . A5: 216
Cadmium in copper . . . M2: 241–243
Cadmium in fusible alloys . . . M3: 799
Cadmium LHE (low hydrogen embrittlement formula)
anode-cathode motion and current density A5: 279
Cadmium mechanical coatings . . . M5: 300–302
Cadmium metal
test constituent of cyanide cadmium plating baths . . . A5: 223
Cadmium (no-bake)
selective plating solution for ferrous and nonferrous metals . . . A5: 281
Cadmium noncyanide plating . . . M5: 256–257
Cadmium oxide
as a constituent of silver-base electrical contact materials . . . A9: 551–552, 555–557
as glaze . . . EM4: 1063
in binary phosphate glasses . . . A10: 131
Cadmium oxide bath
commercial noncyanide cadmium plating bath concentration . . . A5: 216
Cadmium oxide-graphite
layer lattice solid lubricant . . . A18: 115
Cadmium plated
mechanical plating, corrosion resistance . . . A5: 331
Cadmium plating . . . A5: 215–226, M5: 256–269
acid dipping in . . . M5: 263
adhesion, testing . . . M5: 269
alkaline soak cleaning in . . . M5: 263
alloy steels . . . A5: 726–727
aluminum and aluminum alloys . . . M5: 605
anodes . . . A5: 217, M5: 258, 262–263, 265–266
composition . . . M5: 258
conforming . . . M5: 262–263, 265–266
isoluble . . . M5: 258
application factors: hardness, springs, service temperature, diffused coatings, and solderability . . . A5: 221–222
applications . . . M5: 256, 260–266
automatic plating . . . A5: 218, 219
automatic systems . . . M5: 257, 259–261
barrel systems . . . M5: 257–261
bath temperature . . . A5: 215, 217
bright dipping . . . A5: 226, M5: 263, 269
brighteners . . . A5: 216
brighteners, use of . . . M5: 256–257
cadmium substitutes . . . A5: 224
carbon steels . . . A5: 726–727
carbonate content, effects of . . . M5: 257–258, 266–267
cast iron . . . M5: 256–257, 262, 264
cast irons . . . A5: 223, 689–690
chemical analysis of cyanide cadmium plating baths . . . A5: 224
chromate conversion coating of . . . M5: 269
chromate conversion coatings . . . A5: 226, 405
cleaning process . . . M5: 261–263
composite process (nickel and cadmium) . . M5: 264
composition range for cadmium anodes . . . A5: 217
conditions for plating cadmium to a thicknessless than 13 μm . . . A5: 220
copper and copper alloys . . . A5: 814, M5: 622
corrosion . . . A5: 215, 226
corrosion protection . . M5: 256, 263–264, 266, 269
corrosion protection by . . . M1: 753
current density . . . A5: 217, M5: 257–259
current efficiency . . . M5: 258–259
cyanide dipping in . . . M5: 263
cyanide process *See* Cadmium cyanide plating
deposition rates . . . A5: 217, M5: 259
diffused coatings . . . M5: 264
discoloration of . . . M5: 269
drying process . . . M5: 268
electrolytic cleaning process . . . M5: 263
equipment . . . A5: 218, 219, M5: 258–261
maintenance . . . M5: 260
fasteners . . . M5: 36, 261
filtration and purification . . . M5: 258
fluoborate process . . . M5: 256–258, 264
formation and elimination of carbonate . . . A5: 216
hardness, base metal, effects of . . . M5: 263
heat-resisting alloys . . . M5: 264
hydrogen embrittlement . . . A5: 225–226, M5: 256, 263–264, 268–269
magnesium alloys, stripping of . . . M5: 647
maintenance schedules . . . M5: 260
method, selection of . . . M5: 260–261
methods for measuring thickness of cadmium plate . . . A5: 224
molybdenum coating . . . A5: 226, M5: 269
nickel alloys . . . M5: 264
noncyanide process . . . M5: 256–257
operation flow diagram . . . A5: 221
phosphate treatment . . . A5: 226, M5: 269
plating baths . . . A5: 215–217
plating times to given thicknesses . . . A5: 217
postplating processes . . . M5: 261–263, 268–269
power requirements . . . A5: 218
purification and filtration . . . A5: 216–217
purpose . . . A5: 215
recommended maintenance schedules for plating and auxiliary equipment . . . A5: 219
recommended thicknesses . . . A5: 220
rectifiers used in . . . M5: 259
rinsing and drying . . . A5: 225
rinsing process . . . M5: 260–263, 268
rough or pitted deposits . . . A5: 216
rough or pitted deposits causes of . . . M5: 257–258
safety and health hazards . . . A5: 224
safety precautions . . . M5: 267
selection of plating methods . . . A5: 218–219
selective . . . M5: 298
selective plating . . . A5: 224–225
shapes requiring conforming anodes . . . M5: 262, 265–266
solderability . . . M5: 264
solution compositions and operating
cadmium metal content . . . M5: 257, 265–266
conditions M5: 256–259, 261–263, 265–269, 622
sodium carbonate content . . . M5: 257, 266–267
sodium cyanide content . . . M5: 257, 266
sodium hydroxide content . . . M5: 257, 266
solutions for stripping cadmium plate . . . A5: 224
springs . . . M5: 261, 263–264
stainless steel . . . A5: 222–223, M5: 264
steel . . . M5: 29, 256, 261–264, 266–268
still tank systems . . . M5: 256–259
stress-relieving and heat treating . . . A5: 225–226
stripping of . . . M5: 267–268, 647
temperature . . . M5: 257, 259, 262, 264
operating . . . M5: 257, 259, 262
service . . . M5: 264
tests for adhesion of plated coatings . . . A5: 226
thickness . . . M5: 261–267
measuring . . . M5: 267
normal variations . . . M5: 263, 266
throwing power . . . M5: 256–257, 259, 261–262
toxicity of cadmium . . . A5: 224
valve bodies . . . M5: 260–261
variations in plate thickness A5: 219–221, 222, 223
vs. zinc . . . A5: 223–224
zinc plating compared to . . . M5: 253–254, 264, 266
Cadmium powder
apparent density . . . A7: 40
electrodeposition . . . A7: 70
mass median particle size of water-atomized powders . . . A7: 40
oxygen content . . . A7: 40
standard deviation . . . A7: 40
Cadmium, pure . . . M2: 720–721
solution potential . . . M2: 207
Cadmium sulfide (CdS), chemical vapor
deposition . . . EM4: 217
Cadmium sulfide interference film
formation . . . A9: 142
Cadmium toxicity
biologic indicators . . . A2: 1241
carcinogenicity . . . A2: 1241
chronic pulmonary disease . . . A2: 1240
critical concentration . . . A2: 1240
disposition . . . A2: 1239–1240
hypertension and cardiovascular disease . . A2: 1241
metallothionein, role in . . . A2: 1240
of the kidney . . . A2: 1240
skeletal system effects . . . A2: 1241
treatment . . . A2: 1241–1242
Cadmium, vapor pressure
relation to temperature . . . M4: 309, 310
Cadmium-coated steels
resistance spot welding . . . M6: 480
Cadmium-copper alloys *See also* Wrought coppers and copper alloys
applications and properties . . . A2: 277, 283–284
work hardening . . . A2: 230
Cadmium-plated alloys
galling . . . A18: 715
Cadmium-tin
selective plating solution for alloys . . . A5: 281
Cadmium-tin eutectic . . . A9: 622
CADSI
(software for mechanism simulation) A20: 170, 172
CAE *See* Computer-aided engineering
Caesium, vapor pressure
relation to temperature . . . A4: 495, M4: 310
Ca-Ga (Phase Diagram) . . . A3: 2•117
Cage *See also* Separator . . . A18: 499, 503
defined . . . A18: 4
materials . . . A18: 503
Ca-Ge (Phase Diagram) . . . A3: 2•117
Ca-Hg (Phase Diagram) . . . A3: 2•117
Cai-Doherty shape model . . . A7: 399–400, 402
Ca-In (Phase Diagram) . . . A3: 2•118
Cake
defined . . . M7: 2
Caking
of sampling materials . . . A10: 16
Cal *See* Calorie

CAL (continuous-anneal technology) **A4:** 58
Calcareous coating on deposit
definition **A5:** 948
Calcareous deposition
in seawater **A13:** 897–898
Calcareous scale **A19:** 207
Calcia ceramics
chemical etching **EM4:** 575
Calcination **EM4:** 109–114
agglomeration **EM4:** 112–113
aluminum oxide **EM4:** 110–112
effect of process variables **EM4:** 113–114
nature of the precursor **EM4:** 113
temperature **EM4:** 113–114
time **EM4:** 113–114
kinetics **EM4:** 109
magnesium oxide **EM4:** 110–112
processes **EM4:** 109
production of fine particles **EM4:** 110
purpose **EM4:** 42
solid-state sintering **EM4:** 271–272
surface area reduction as temperature increased **EM4:** 111
thermodynamics **EM4:** 109
Calcined alumina
applications **EM4:** 47
composition **EM4:** 47
hardness **EM4:** 351
supply sources **EM4:** 47
Calcined aluminum oxide
in composition of slips for high-temperature service silicate-based ceramic coatings **A5:** 470
Calcined magnesium silicate
abrasive in commercial prophylactic paste **A18:** 666, 668
Calcining
granulated powders as feedstock **EM4:** 100
of aluminum silicates **A15:** 209
thermal, for sand reclamation **A15:** 227
Calcintering
pressure densification **EM4:** 300
Calcite **EM4:** 379
abrasive machining hardness of work materials **A5:** 92
chemical composition **A6:** 60
hardness **A18:** 433
in ceramic tiles **EM4:** 926
on Mohs scale **A8:** 108
typical oxide compositions of raw materials **EM4:** 550
XRDP analysis of ZnO in **A10:** 342
Calcitite **EM4:** 1008
Calcium
added to nuclear waste, EPMA analysis **A10:** 532–535
additions and HIC **A19:** 479–480
alloying, aluminum casting alloys **A2:** 132
alloying, wrought aluminum alloy **A2:** 47
as electrode **A10:** 184
as lead additive **A2:** 545
as modifier addition **A15:** 161, 484
as pyrophoric **M7:** 199
cations important for water quality of cutting fluids **A16:** 128
deoxidation of stainless steel **A16:** 688
deoxidation treatment of turned steels **A16:** 673
deoxidizing, copper and copper alloys **A2:** 236
determination in paint, absorption and enhancement effects **A10:** 98
dietary, and lead toxicity **A2:** 1246
EDTA titration **A10:** 173
effect of, on machinability of carbon steels **A1:** 599
effects of, on notch toughness **A1:** 742
forms, as desulfurization reagents **A15:** 75
gravimetric finishes **A10:** 171
gray cast iron content **A16:** 654
ICP-determined in plant tissues **A10:** 41
in cast iron **A1:** 5
in cement, optical emission spectroscopy for **A10:** 21
in compacted graphite iron **A1:** 56
in enamel cover coats **EM3:** 304
ions, exchanged in water softeners ... **A10:** 658–659
liquid, ultrapure, by external gettering **A2:** 1094
lubricant indicators and range of sensitivities **A18:** 301
maximum limits for impurity in nickel plating baths **A5:** 209
nickel plating bath contamination by **M5:** 208, 210
pure **M2:** 721–722
pure, properties **A2:** 1105
species weighed in gravimetry **A10:** 172
spectrometric metals analysis **A18:** 300
sulfate ion separation **A10:** 169
sulfuric acid as dissolution medium **A10:** 165
tantalum corrosion by **A13:** 733
TNAA detection limits **A10:** 237
ultrapure, by distillation ion **A2:** 1094
use in flux cored electrodes **M6:** 103
used to make detergents **A18:** 100
vapor pressure **A6:** 621
volumetric procedures for **A10:** 175
weighed as the fluoride **A10:** 171
Calcium 12-hydroxystearate **A18:** 129
Calcium aluminate **EM4:** 45
Calcium aluminate cements
applications **EM4:** 47
composition **EM4:** 47
supply sources **EM4:** 47
Calcium aluminate glasses
applications aerospace **EM4:** 1020
optical glass products **EM4:** 1074
electrical properties **EM4:** 851
Calcium aluminate inclusions in low carbon steel **A9:** 628
Calcium aluminates
carburizing affected by content in steels .. **A18:** 875
Calcium aluminoborate glass
electrical conductivity **EM4:** 566
Calcium aluminoborosilicate
as E-glass composition **EM1:** 45
Calcium aluminoferrite **EM4:** 11
Calcium aluminosilicates
aerospace applications **EM4:** 1020
Calcium as an addition to steel to reduce sulfur levels **A9:** 628
solubility in lead-calcium alloys **A9:** 417
Calcium bentonites *See also* Bentonites; Southern bentonite
and sodium bentonites, blending effects .. **A15:** 210
Calcium bicarbonate **A20:** 550
Calcium boroaluminate glasses (CABAL glasses)
chemical integrity of seals **EM4:** 540
Calcium carbide **A16:** 71
as flux addition **A15:** 389
Calcium carbon
angle of repose **A7:** 300
Calcium carbonate **EM3:** 175–176
and water quality of cutting fluids **A16:** 128
as filler **EM3:** 179
as filler for polysulfides **EM3:** 139
as filler for sealants **EM3:** 674
carburizing role **A4:** 325
decomposition **EM4:** 56
dentifrice abrasive **A18:** 665, 668
filler for urethane sealants **EM3:** 205
for explosion prevention **M7:** 197
function and composition for mild steel SMAW electrode coatings **A6:** 60
in ceramic tiles **EM4:** 926
Miller numbers **A18:** 235
Calcium carbonate, as filler/extender
polypropylenes (PP) **EM2:** 192
Calcium carbonate, scale
water-formed **A13:** 490–491
Calcium carbonates
as sheet molding compound filler **EM1:** 158
Calcium chloride
additive causing corrosion in reinforced concrete **EM4:** 921
effect on vaporization interferences **A10:** 29
electroless nickel coating corrosion **A20:** 479
Calcium chloride, 42%
electroless nickel coating corrosion **A5:** 298
Calcium chloride ($CaCl_2$)
salt and its hydrolysis mechanism **A19:** 475
Calcium chloride, pitting
stainless steel **A13:** 113
Calcium complex soap **A18:** 126, 129
Calcium cyanamide
hazardous air pollutant regulated by the Clean Air Amendments of 1990 .... **A5:** 913
Calcium EDTA
as chelator **A2:** 1236
Calcium, effects on inclusions and cracking
low-carbon steels **A12:** 247
Calcium fluoride
lubricating behavior for thermoplastic composites **A18:** 823
rolling element bearing lubricant **A18:** 138
thermogravimetric analysis **A18:** 823
Calcium fluoride (CaF_2) **EM4:** 18
in composition of melted silicate frits for high-temperature service ceramic coatings **A5:** 470
intemal origin in a bend specimen **EM4:** 640
opal core glass
composition **EM4:** 1101
properties **EM4:** 1101
opal glass
composition **EM4:** 1101
properties **EM4:** 1101
Calcium hydrated salt coating
alternative conversion coat technology, status of **A5:** 928
Calcium hydride **A7:** 70
Calcium hydride reduction method
titanium powder **A7:** 161
Calcium hydroxides
as sheet molding compound thickener ... **EM1:** 158
Calcium hypochlorite **A13:** 1180
Calcium in steel **M1:** 115
machinability improved by **M1:** 576
notch toughness, effect on **M1:** 694
Calcium molybdate/zinc phosphate blend
formulation **EM3:** 122
Calcium nitrate, apparent threshold stress values
low-carbon steels **A8:** 526
Calcium oxide
in binary phosphate glasses **A10:** 131
uncombined, analysis in Portland cement **A10:** 179
Calcium oxide (CaO)
composition by application **A20:** 417
in composition of melted silicate frits for high-temperature service ceraminc coatings **A5:** 470
in composition of textile products **EM4:** 403
in composition of wool products **EM4:** 403
in drinkware compositions **EM4:** 1102
in glaze composition for tableware **EM4:** 1102
in ovenware compositions **EM4:** 1103
in tableware compositions **EM4:** 1101
properties **EM4:** 424
Calcium oxides
as sheet molding compound thickener ... **EM1:** 158
Calcium phosphate
and vaporization interferences **A10:** 29
thermal conductivity of **A11:** 604
Calcium phosphate glass
applications
dental **EM4:** 1094
medical **EM4:** 1009
Calcium phosphate, scale
water-formed **A13:** 491
Calcium pyrophosphate
dentifrice abrasive **A18:** 665

SUBJECTS OF THE INDEXED VOLUMES: ASM Handbook (designated by the letter "A"): **A1:** Properties and Selection: Irons, Steels, and High-Performance Alloys (1990); **A2:** Properties and Selection: Nonferrous Alloys and Special-Purpose Materials (1990); **A3:** Alloy Phase Diagrams (1992); **A4:** Heat Treating (1991); **A5:** Surface Engineering (1994); **A6:** Welding, Brazing, and Soldering (1993); **A7:** Powder Metal Technologies and Applications (1998); **A8:** Mechanical Testing (1985); **A9:** Metallography and Microstructures (1985); **A10:** Materials Characterization (1986); **A11:** Failure Analysis and Prevention (1986); **A12:** Fractography (1987); **A13:** Corrosion (1987); **A14:** Forming and Forging (1988); **A15:** Casting (1988); **A16:** Machining (1989); **A17:** Nondestructive Evaluation and Quality Control (1989); **A18:** Friction, Lubrication, and Wear Technology (1992); **A19:** Fatigue and Fracture (1996); **A20:** Materials Selection and Design (1997). **Metals Handbook, 9th Edition** (designated by the letter "M"): **M1:** Properties and Selection: Irons and Steels (1978); **M2:** Properties and Selection: Nonferrous Alloys and Pure Metals (1979); **M3:** Properties and Selection: Stainless Steels, Tool Materials, and Special-Purpose Materials (1980); **M4:** Heat Treating (1981); **M5:** Surface Cleaning, Finishing, and Coating (1982); **M6:** Welding, Brazing, and Soldering (1983); **M7:** Powder Metallurgy (1984). **Engineered Materials Handbook** (designated by the letters "EM"): **EM1:** Composites (1987); **EM2:** Engineering Plastics (1988); **EM3:** Adhesives and Sealants (1990); **EM4:** Ceramics and Glasses (1991). **Electronic Materials Handbook** (designated by the letters "EL"): **EL1:** Packaging (1989)

Calcium silicate
as filler **EM3:** 179
Calcium silicate-low silica
fluxes used for SAW applications **A6:** 62
Calcium silicate-neutral
fluxes used for SAW applications **A6:** 62
Calcium silicon
defined **A15:** 2
Calcium soap **A18:** 126, 129
Calcium stearate **A7:** 324, 325
as mold release agent **EM1:** 158
Calcium stearates
as lubricant **M7:** 191
Calcium sulfate **A7:** 423
dentifrice abrasive **A18:** 665
forms of **A7:** 423
in plaster molds/cores **A15:** 242–243
thermal conductivity of **A11:** 604
Calcium sulfate dihydrate (gypsum) **A18:** 235, 433
die material for denture teeth **A18:** 675
properties **A18:** 666
Calcium sulfate, scale
water-formed **A13:** 491
Calcium sulfide
precipitates and turning of carbon steels . . **A16:** 673
Calcium sulfide inclusions in low carbon steel **A9:** 628
Calcium sulfonate **A18:** 126
Calcium titanate ($CaTiO_3$)
hot pressing **EM4:** 192
Calcium treatment (CaT) melting
Cr-Mo steels, fracture resistance **A19:** 705, 706
Calcium tungstate ($CaWO_4$) **EM4:** 18
Calcium, vapor pressure
relation to temperature **A4:** 495, **M4:** 310
Calcium wire injection
direct current arc furnaces **A15:** 368
Calcium zirconate
melting point **A5:** 471
Calcium/magnesium (water hardness) as electrode **A10:** 184
Calcium-aluminum-silicate/calumite slag
purpose for use in glass manufacture **EM4:** 381
Calcium-high silica
fluxes used for SAW applications **A6:** 62
Calcium-magnesium (Ca-Mg) **EM4:** 22
Calcium-magnesium-aluminum-silicate (CMAS) deposits **A20:** 600–601
Calcium-modified zinc phosphate **A13:** 386
Calculated bending stress **A19:** 351
Calculated endurance cycles to failure **A19:** 340
Calculated quantities
relationship to measured quantities **A9:** 124
Calculation
life-assessment techniques and their limitations for creep-damage evaluation for crack initiation and crack propagation **A19:** 521
Calculation matrix *See also* Experimental design; Orthogonal arrays
variable choice **A17:** 750
Calculator, programmable
composite material analysis by **EM1:** 277–279
Calculators
desktop **A10:** 310
Caldofix resin **A7:** 721
Calender
defined **EM1:** 6, **EM2:** 8
definition **A5:** 948
Calendering
in polymer processing classification scheme **A20:** 699
processing characteristics, open-mold **A20:** 459
thermoplastics **A20:** 453
Ca-Li (Phase Diagram) . . . . **A3:** 2•118
Caliber rolling **A14:** 347
Calibrate
defined **A8:** 2
Calibrate (verb)
defined **M7:** 2
Calibrated leaks
for leak rate measurement **A17:** 70
Calibration
accuracy tolerances **A8:** 612
acoustical holography **A17:** 444–445
agency requirements of **A8:** 611
and crack-extension force **A8:** 441–443
and data reduction of dynamic tests torsional Kolsky bar **A8:** 228
and verification, of testing equipment **A8:** 611
automatic, in CMMs **A17:** 20
by laser interferometer **A17:** 15
classical wet analyses for **A10:** 162
curves, for quantitative x-ray spectrometry **A10:** 97–98
defined **A8:** 2, 611
durometer **A8:** 107
elastic devices for **A8:** 614–615
energy, in spectrum-fitting programs **A10:** 91
error, in direct current electrical potential method **A8:** 389
for ICP-AES **A10:** 34
for TNAA **A10:** 236
for XPS qualitative analysis **A10:** 572
in dynamic notched round bar testing **A8:** 279
load cells **A8:** 615–616
of Charpy pendulum impact machine **A8:** 266
of extensometers **A8:** 616–619
of optical measuring device, round bar testing **A8:** 280–281
of Scleroscope hardness test **A8:** 105–106
of testing equipment **A8:** 611–619
of wavenumber, F-F-IR spectroscopy **A10:** 112
samples, by RBS **A10:** 628
Scleroscope HFRSc/HFRSd **A8:** 104
sensitivity, acoustic emission inspection . . **A17:** 280
temperature, for thermal inspection **A17:** 400
thermocouple **A2:** 878–881
thermocouple, changes during service **A2:** 881–882
ultrasonic inspection equipment **A17:** 266–267
ultrasonic inspection of forgings **A17:** 505–506
wavelength, MFS analysis **A10:** 77
Calibration curve
and electrical potential measurement accuracy **A8:** 386
for compact-type specimen **A8:** 386–387
of single-edge notched specimen **A8:** 386
Calibrator
for mechanical/electrical extensometers and load-elongation recorders **A8:** 618
requirements of **A8:** 611
Californium *See also* Transplutonium actinide metals
applications and properties **A2:** 1198–1201
pure **M2:** 832–833
Californium-252 neutron sources
use in borehole logging **A10:** 240
Caliper diameter
maximum and minimum **A7:** 237
Caliper survey
gas/oil production monitoring **A13:** 1251
Calipers
recording **M7:** 229
Callable graphics libraries
for process automation **A14:** 410
Calomel
reference electrodes for use in anodic protection, and solution used **A20:** 553
Calomel electrode *See also* Electrode potential; Reference electrode; Saturated calomel electrode
defined **A10:** 670, **A13:** 2
for acidified chloride solutions **A8:** 419
Calomel half cell (calomel electrode)
definition **A5:** 948
Calorie **A8:** 724
abbreviation for **A10:** 691
Calorimeter **EM3:** 7
defined **EM2:** 8
Calorizing
defined **A13:** 2
definition **A5:** 948
Calrod preheaters
wave soldering systems **EL1:** 684
Calumite slag
as fining agent **EM4:** 380
Cam backer
designs of **A14:** 131
Cam lobe
antiwear film analyzed for **A10:** 565–566
lubricated wear in **A11:** 361
Cam plastometer **A8:** 193–196
Cam press
defined **A14:** 2
Cam-actuated flanging dies
for press bending **A14:** 526–527
Camber **EL1:** 468, 483
defined **A14:** 2
in electrical steel sheet **A14:** 480–481
in straightening **A14:** 680
interference microscope measurement **A17:** 17
slitting, coiled metals **A14:** 709–710
wrought copper and copper alloys **A2:** 247–248
Camber angle **A18:** 578
Cambridge Crystallographic Data File **A10:** 355
Cambridge Materials Selector **A20:** 309, 313, 493
for comparing divergent materials **A20:** 250
information source in conceptual design process **A20:** 250
Cam-Clay model **A7:** 334
Camcorders
thick-film hybrid applications **EL1:** 385
Cam-driven compacting press **M7:** 330
Cam-driven dies
for press-brake forming **A14:** 538
Cameras *See also* Television cameras
35-mm single-lens-reflex **A12:** 78–79
back-reflection pinhole, schematic **A10:** 334
Debye-Scherrer, XRPD analysis **A10:** 335
Gandolfi, XRPD analysis **A10:** 335
glancing-angle, XRPD analysis **A10:** 336
Guinier, in asymmetric transmission arrangement **A10:** 335
Guinier, XRPD analysis **A10:** 335–336
Huber Guinier **A10:** 336
human eye vs. vidicon **A17:** 30
improved resolution, machine vision **A17:** 43
Laue, XRPD analysis **A10:** 334–335
magnification **A12:** 80
micro-, XRPD analysis **A10:** 336
pinhole, XRPD analysis **A10:** 334–335
Read, XRPD analysis **A10:** 336
reflection **A10:** 369
solid-state, vision machine **A17:** 32–33
transmission pinhole, schematic **A10:** 334
vidicon, vision machine **A17:** 31–32
view **A12:** 78–79
Ca-Mg (Phase Diagram) . . . . **A3:** 2•118
Cam-lever
constant-stress **A8:** 319–320
Cams **A19:** 331–332, 333
Cams and camshafts **M7:** 616–621
Cams, cast iron
coatings for **M1:** 104
Camshaft, carburized
wear compared to induction hardened **M1:** 629, 630
Camshaft lobes **A7:** 764, 767
Camshaft milling
effect on performance of cemented carbide tool materials **A5:** 906
Camshaft sprocket assembly **A7:** 1105, 1107
Camshafts
economy in manufacture **M3:** 847
magnetizing **A17:** 94
Can ironing press **A14:** 335–336
Can, metal
as package **EL1:** 958
Can (pack)
for rolling titanium and nickel-base alloys **A14:** 356
Can seaming
of metal strip **A14:** 572
Can solder **A9:** 422
Can vacuum degassing
aluminum alloy powder **A7:** 838
aluminum P/M alloys **A2:** 202–203
Can/cast fluid dies **M7:** 543, 544
Ca-Na (Phase Diagram) . . . . **A3:** 2•119
Canadian Department of Mines, Energy
and Resources, cam plastometer at **A8:** 194
Canadian Department of Mines, Energy, and Resources **A8:** 194
for high strain rate compression testing **A8:** 187
for hot compression testing **A8:** 582
for medium-rate compression testing **A8:** 190
Canadian heavy-water-moderated (CANDU) nuclear reactors **M7:** 664
Canadian Industries Limited flow test *See* CIL flow test
Canadian Offshore Structures Standard, risk matrix of **A19:** 445

Canadian Plastics
as information source **EM2:** 93

Canadian Standards Association **EM2:** 461

Canadian Standards Association (CSA) **A20:** 96

Canasite
polishing **EM4:** 469

Cancellous bone screw
as internal fixation device............... **A11:** 671

Cancer
beryllium-caused **M7:** 202
from nickel toxins...................... **M7:** 203
lung, copper toxicity.................... **M7:** 205

Ca-Nd (Phase Diagram) .... **A3:** 2•119

Candela
as investment casting wax **A15:** 253

Candela, as SI base unit
symbol for............................. **A10:** 685

Candescent lamp filaments **M7:** 16

Candles, smoke *See* Smoke candles

Ca-Ni (Phase Diagram) .... **A3:** 2•119

Canning **A7:** 621, 622, **A18:** 738
defined................................ **A14:** 2
definition.............................. **A5:** 948

Cannon tubes
tests for **A11:** 281

Cannula tubes
abrasive flow machining **A16:** 518, 519

Cans *See also* Containers
as cemented carbide application **A2:** 971
beverage, aluminum alloy................. **A2:** 10
defined **M7:** 2
leak-free, for powder encapsulation....... **M7:** 433
shape and dimensional control by
design of........................... **M7:** 432
sheet metal powder, rectangular and
cylindrical.......................... **M7:** 431
tantalum............................... **A2:** 559
tin.................................... **A13:** 778–779

Canted-vane wheels
blast cleaning **A15:** 515

Cantilever
beams, distortion and stress ratios **A11:** 137
curl, in ceramics........................ **A11:** 747
curl, in four-point bend specimens **A11:** 746
loading, fractures in..................... **A11:** 108

Cantilever beam bend test *See also* Cantilever beam
test.............................. **A8:** 132–134

Cantilever beam clip gage
for displacement measurement **A8:** 383

Cantilever beam clip gages **A19:** 175

Cantilever beam deflection **A5:** 644, 645

Cantilever beam machine
for fatigue testing....................... **A8:** 369

Cantilever beam specimen
stress-corrosion cracking in.............. **A8:** 500

Cantilever beam strip specimen
stress-relaxation bend testing **A8:** 326

Cantilever beam test
and contoured double-cantilever beam test
compared........................... **A8:** 538
and wedge-opening load test
compared........................ **A8:** 538–539
for hydrogen embrittlement **A8:** 537–538, **A13:** 284
procedure.............................. **A8:** 538

Cantilever bend specimens
constant-curvature, stress-relaxation bend
testing.............................. **A8:** 326
SCC testing **A8:** 511, **A13:** 254

Cantilever reverse bending
fatigue test specimen **A8:** 371

Cantilever rolls **A18:** 57

Cantilever snap joints **EM2:** 714–718

Cantilever spring leaves
characteristics of................... **M1:** 309–311

Cantilever-bending type of test **A19:** 230

Cantilever-type coordinate measuring
machines **A17:** 20–21

Canton flannel buffs **M5:** 118–119, 125

Canvas awnings protective coatings
powders used........................... **M7:** 572

$CaO(calcium\ oxide)\text{-}TiO_2\text{-}SiO_2$ **(CTS) glass** .. **A6:** 952

Cap models **A7:** 334

CAP process (consolidation of atomized
powders)........................ **M7:** 533–536
elements............................ **M7:** 533–534
materials............................ **M7:** 535–536
sequence and advantages............ **M7:** 533–535

Cap screws *See also* Bolts
commercial, service distortion of **A11:** 142
fatigue fracture of **A11:** 533, 535
selection of steel for................. **M1:** 275–276
strength distribution.................... **M1:** 279

Cap shift **A7:** 18–19

Capacitance
defined **EL1:** 90, 417–418, **EM2:** 8
distributed, flexible printed boards .. **EL1:** 587–588
effects in pulse polarography **A10:** 193
formulas for **EL1:** 29
SI derived unit and symbol **A10:** 685
SI unit/symbol for **A8:** 721
variation with voltage.................. **EL1:** 158

Capacitance and dielectric materials **A20:** 618

Capacitance density **A20:** 618, 619

Capacitance gage **A19:** 515

Capacitance gages
amplitude detection, ultrasonic testing **A8:** 245–246
as strain gage **A8:** 618
for Hugoniot elastic limit measurement.... **A8:** 211

Capacitance manometer
in environmental test chamber **A8:** 411

Capacitive environments
vs. transmission line environments....... **EL1:** 601

Capacitive loading **EL1:** 26, 37–39

Capacitive ratio test
for plastic package hermeticity **EL1:** 953

Capacitive strain gage testing **A19:** 469

Capacitor
for strain measurement **A8:** 202

Capacitor banks
for electromagnetic forming **A14:** 650

Capacitor dielectrics, ceramic *See* Ceramic capacitor dielectrics

Capacitor discharge (CD) stud welding **A6:** 210, 221–222
advantages............................. **A6:** 221
aluminum **A6:** 221, 222
applications........................ **A6:** 221–222
definition.............................. **A6:** 221
disadvantages **A6:** 221
drawn-arc mode.................... **A6:** 221, 222
equipment **A6:** 222
heat-affected zone (HAZ) **A6:** 221
initial-contact mode................. **A6:** 221–222
initial-gap mode..................... **A6:** 221–222
personnel responsibilities **A6:** 222
stainless steel........................... **A6:** 221

Capacitor discharge stud welding of
alloy steel **M6:** 730
aluminum alloys................... **M6:** 730, 736
brass **M6:** 738
carbon steel **M6:** 730
copper................................. **M6:** 738
copper alloys **M6:** 730
low-carbon steel........................ **M6:** 738
stainless steel **M6:** 730, 736
titanium and titanium alloys **M6:** 738
zinc alloys **M6:** 738

Capacitor discharge welding (CDW)
aluminum metal-matrix composites... **A6:** 555, 558
dispersion-strengthened aluminum alloys .. **A6:** 543, 544

Capacitor-discharge resistance brazing .. **M6:** 985–987

Capacitor-discharge welding **M6:** 740–743
control................................. **M6:** 742
current **M6:** 742–743
design and size of workpieces **M6:** 739–740
displacement **M6:** 742–743
high-voltage welding................. **M6:** 744–745
applications......................... **M6:** 744
machines.......................... **M6:** 744–745
low-voltage welding **M6:** 743–744
high-frequency-start machines....... **M6:** 743–744
nib-starter machines **M6:** 743
preparation of workpieces **M6:** 742
sequence of steps **M6:** 742
stud welding *See* Stud welding
voltage **M6:** 742–743

Capacitors *See also* Tantalum capacitors .. **A20:** 619, 620
aluminum alloy.......................... **A2:** 13
as IC modification...................... **EL1:** 249
barium-titanate, and lead germanate **A2:** 743
decoupling, placement................... **EL1:** 28
defined................................. **EL1:** 90
devitrifying dielectrics for **EL1:** 109
dielectrics, thick-film pastes......... **EL1:** 342–343
dipped mica, solderability defects **EL1:** 1036–1037
electrolytic, refractory metals and alloys... **A2:** 557, 559
electronic **M7:** 160–163
fabrication **EL1:** 185–187
failure mechanisms **EL1:** 971–973
high-voltage, percussion welding **M6:** 740
implementation at microwave frequency.. **EL1:** 178
in passive components **EL1:** 178–179
low-voltage, percussion welding **M6:** 740
materials selection **EL1:** 182
miscellaneous **EL1:** 998
monolithic, active analog components.... **EL1:** 144
MOS, structures........................ **EL1:** 156
multilayer ceramic **M7:** 151
parylene coatings **EL1:** 799
passive devices, failure mechanisms.. **EL1:** 994–999
removal methods..................... **EL1:** 724–727
resistance brazing **M6:** 977
thin-film **EL1:** 320–321
types **EL1:** 178–179
wound-film **EL1:** 999

Capacity
defined **A8:** 2

Capacity number (C_n)
defined **A18:** 4

Ca-Pb (Phase Diagram) .... **A3:** 2•120

Ca-Pd (Phase Diagram) .... **A3:** 2•120

Capillarity
and component removal................. **EL1:** 715
effects, eutectic growth **A15:** 124
model, of nucleation during solidification **A15:** 103

Capillary action
definition **M6:** 3

Capillary attraction
defined **M7:** 2
definition.............................. **A5:** 948

Capillary balance test
for solderability **EL1:** 944

Capillary condensation **A18:** 400

Capillary condensation effect **A7:** 276

Capillary drilling (CD) **A16:** 509, 551–553
acid electrolytes **A16:** 551, 552, 553
advantages............................. **A16:** 551
applications............................ **A16:** 551
CNC machines **A16:** 552
equipment and tooling **A16:** 552–553
limitations............................. **A16:** 551
process capabilities...................... **A16:** 551
process parameters....................... **A16:** 553

Capillary infiltration methods **M7:** 552, 553

Capillary pressure **A7:** 769

Capillary protocol
for molecular weight **EM2:** 535

Capillary radius **A7:** 280

Capillary rheometer (viscometer) **EM3:** 322, 323

Capillary rheometry
for rheological behavior measurement ... **EM4:** 174

Capillary rise
in liquid penetrant inspection **A17:** 71–73

SUBJECTS OF THE INDEXED VOLUMES: ASM Handbook (designated by the letter "A"): **A1:** Properties and Selection: Irons, Steels, and High-Performance Alloys (1990); **A2:** Properties and Selection: Nonferrous Alloys and Special-Purpose Materials (1990); **A3:** Alloy Phase Diagrams (1992); **A4:** Heat Treating (1991); **A5:** Surface Engineering (1994); **A6:** Welding, Brazing, and Soldering (1993); **A7:** Powder Metal Technologies and Applications (1998); **A8:** Mechanical Testing (1985); **A9:** Metallography and Microstructures (1985); **A10:** Materials Characterization (1986); **A11:** Failure Analysis and Prevention (1986); **A12:** Fractography (1987); **A13:** Corrosion (1987); **A14:** Forming and Forging (1988); **A15:** Casting (1988); **A16:** Machining (1989); **A17:** Nondestructive Evaluation and Quality Control (1989); **A18:** Friction, Lubrication, and Wear Technology (1992); **A19:** Fatigue and Fracture (1996); **A20:** Materials Selection and Design (1997). **Metals Handbook, 9th Edition** (designated by the letter "M"): **M1:** Properties and Selection: Irons and Steels (1978); **M2:** Properties and Selection: Nonferrous Alloys and Pure Metals (1979); **M3:** Properties and Selection: Stainless Steels, Tool Materials, and Special-Purpose Materials (1980); **M4:** Heat Treating (1981); **M5:** Surface Cleaning, Finishing, and Coating (1982); **M6:** Welding, Brazing, and Soldering (1983); **M7:** Powder Metallurgy (1984). **Engineered Materials Handbook** (designated by the letters "EM"): **EM1:** Composites (1987); **EM2:** Engineering Plastics (1988); **EM3:** Adhesives and Sealants (1990); **EM4:** Ceramics and Glasses (1991). **Electronic Materials Handbook** (designated by the letters "EL"): **EL1:** Packaging (1989)

Capillary rise phenomenon **A7:** 280
Capillary spaces
residue cleaning from **EL1:** 666
Capillary tubing
used in mounting wire specimens **A9:** 31
Capital cost
of the plant machinery and tooling for making a part **A20:** 248
Capital costs for machines **A20:** 256–257
Capital equipment
economic analysis. **EM2:** 294
Capital equipment cost **A20:** 256
Capped steels **A1:** 141, 143, **M1:** 112, 123
sheet strain-age embrittlement of **M1:** 683
wire rod **M1:** 255, 257
Capping
defined **A17:** 383
Capping of abrasive particles, defined **A9:** 3
Carbide, defined **A9:** 3
Carbide-formation rate in CF stainless steel casting alloys **A9:** 298
Caprolactam **EM3:** 7
defined **EM2:** 8
hazardous air pollutant regulated by the Clean Air Amendments of 1990 . . . . **A5:** 913
Capsil 9, brazing
composition. **A6:** 117
Capstan, multi-level aluminum **A7:** 1103, 1104
Ca-Pt (Phase Diagram) . . . . **A3:** 2•121
Captan
hazardous air pollutant regulated by the Clean Air Amendments of 1990 . . . . **A5:** 913
Captive hybrid markets **EL1:** 253
Capture cross section, defined
neutron radiography **A17:** 390
Capture efficiency *See* Collection efficiency
Carballoy 883 coating
abrasive wear data **A5:** 508
erosive wear data **A5:** 508
Carballoy 883 thermal spray coating
abrasive wear data **A20:** 477
Carbanion ion **EM3:** 7
Carbanium ion
defined **EM2:** 8
Carbide
abrasive wear materials. **A18:** 189
coating finishing. **A18:** 831
coating thickness limitations **A18:** 831
effect on cast iron. **M6:** 999
extension of tool life, via ion implantation, examples **A18:** 643
hardfacing material **M6:** 776–777
methods used for synthesis. **A18:** 802
plasma-assisted physical vapor deposition process **A18:** 848
spray material for oxyfuel powder spray method **A18:** 830
Carbide blends
mechanical properties of plasma sprayed coatings **A20:** 476
Carbide ceramic coatings. **M5:** 535–536, 541, 546
hardness **M5:** 546
melting points. **M5:** 534–535
Carbide ceramics
substrate for thermoreactive deposition/diffusion process **A4:** 449
Carbide cermets *See also* Carbides; Cermets. **A20:** 476, **M7:** 799, 804–811
aluminum-boron carbide cermets **A2:** 1002
aluminum-silicon carbide cermets. **A2:** 1002
and carbonitride cermets **A2:** 995–1003
chromium carbide cermets. **A2:** 1000–1001
defined **A2:** 979
hafnium carbide cermets. **A2:** 1001
nickel-bonded titanium carbide cermets. . . . **A2:** 995
niobium carbide cermets. **A2:** 1001
steel-bonded titanium carbide cermets **A2:** 996–998
steel-bonded tungsten **A2:** 1000
tantalum carbide cermets **A2:** 1001
zirconium carbide cermets **A2:** 1001
Carbide, chemical vapor
deposition of **M5:** 381
Carbide composition
as remaining life indicator **A17:** 55
Carbide cutting tools, eliminating
brittleness of . . . . **A3:** 1•28
Carbide degeneration **A1:** 985
Carbide fibers **EM1:** 63–64
and oxide fibers, compared **EM1:** 64
commercially available types **EM1:** 61
development **EM1:** 60
Carbide grain size in cemented carbides
determination of. **A9:** 275
Carbide hardening alloys **A20:** 474
Carbide hardfacing powders **M7:** 827–828
Carbide oxidation-resistant coating **M5:** 665–666
Carbide particles
delineation of, in heat-resistant casting alloys **A9:** 330–331
effect on high-temperature strength in iron-chromium-nickel heat-resistant casting alloys **A9:** 333
formation of, in cobalt-base heat-resistant casting alloys **A9:** 334
formation of, in iron-chromium-nickel heat-resistant casting alloys. **A9:** 333
identification of, in heat-resistant casting alloys **A9:** 332
in high speed steels, revealed by differential interference contrast. **A9:** 59
in high-speed steel, contrast enhancement for scanning electron microscopy. **A9:** 98–99
in roller bearing steels, revealed by differential interference contrast. **A9:** 59
Carbide phase in ferritic chromium steel
detection by phase contrast etching **A9:** 59
Carbide phases **A20:** 596
Carbide powders **A7:** 77
die inserts for compacting **A7:** 352
green strength **A7:** 346
Carbide powders/blends
mechanical properties of plasma sprayed coatings **A20:** 476
Carbide precipitates in
austenitic manganese steel castings **A9:** 239
Carbide precipitation
brazing and **A6:** 117
ductility discontinuities from **A8:** 34
in austenitic stainless steels **A9:** 283–284
in bainite. **A9:** 662–664
in stainless steel casting alloys, effect on intergranular corrosion **A9:** 297–298
Carbide segregation
in twistdrill **A20:** 148
Carbide strengthening
of nickel and nickel alloys **A2:** 429–430
Carbide tool inserts
vapor forming **M5:** 382–383
Carbide tools
boring tools **A16:** 162–164, 166, 168–169, 171–173
boring tools for Al alloys **A16:** 771, 777, 778
boring tools for Cu **A16:** 810, 813
boring tools for heat-resistant alloys. **A16:** 742
boring tools for refractory metals. . . . **A16:** 859, 863
boring tools for tool steels **A16:** 716
broaching. **A16:** 197, 200–202, 203, 206, 207
broaching tools for Al alloys **A16:** 775, 779
broaching tools for Cu alloys **A16:** 813
circular saws for Al alloys **A16:** 794, 800
circular saws for Cu alloys **A16:** 817
circular saws for Mg alloys **A16:** 827, 828
coated **A2:** 959–962
compared to cast Co alloy tools **A16:** 70
compared to TiN-coated tool steels **A16:** 58
counterboring tools for cast irons **A16:** 660
counterboring tools for Mg alloys **A16:** 825
counterboring tools for refractory metals. . **A16:** 860
definition **A5:** 948
disposable tools **A16:** 150, 155
drills **A16:** 43, 217, 218–220, 233–237
drills for Al alloys **A16:** 781, 784, 785
drills for cast irons. **A16:** 658
drills for Cu alloys. **A16:** 814
drills for heat-resistant alloys **A16:** 747, 748
drills for MMCs **A16:** 896, 897
drills for P/M materials **A16:** 890
drills for refractory metals **A16:** 860, 861, 865
drills for Ti alloys **A16:** 847
drills for tool steels **A16:** 718
drills for uranium alloys. **A16:** 875
drills for Zn alloys. **A16:** 832
electrochemical grinding. **A16:** 543, 544
end milling **A16:** 43
end milling tools for Al alloys. **A16:** 768–787
end milling tools for cast irons **A16:** 663
end milling tools for Cu alloys **A16:** 817
end milling tools for heat-resistant alloys **A16:** 754
end milling tools for Mg alloys **A16:** 827
end milling tools for Ti alloys. **A16:** 849
end milling tools for tool steels. **A16:** 722
end milling-slotting tools for refractory metals **A16:** 866, 867
face milling tools **A16:** 43
face milling tools for Al alloys **A16:** 788–789
face milling tools for cast irons **A16:** 662
face milling tools for Cu alloys **A16:** 816
face milling tools for heat-resistant alloys **A16:** 753
face milling tools for Mg alloys. **A16:** 827
face milling tools for refractory metals . . . **A16:** 859
face milling tools for Ti alloys. **A16:** 850
friction coefficient and specific power **A16:** 18
gear hand finishing **A16:** 343
ground and shaped with diamond wheels **A16:** 455, 460–461
gun drills for Al alloys **A16:** 779
gun drills for Mg alloys. **A16:** 824
high removal rate machining. **A16:** 608
high-speed machining. **A16:** 601, 603
hollow milling tools for refractory metals **A16:** 862
indexable inserts. **A16:** 456
machining parts tested when made from high-strength steel grades. **A16:** 679
milling **A16:** 311–315, 317–318, 321–323, 325–327, 329
milling Al alloys **A16:** 769, 785, 792, 793, 797
milling cast irons. **A16:** 660, 661
milling cutters for Cu alloys. **A16:** 816
milling cutters for Hf **A16:** 856
milling cutters for MMCs. **A16:** 898
milling cutters for refractory metals **A16:** 867
milling cutters for stainless steels **A16:** 703
milling cutters for Ti alloys **A16:** 846
milling cutters for tool steels **A16:** 726
multiple-operation machining tools. . **A16:** 369, 380, 381, 386, 388–389
peripheral end mill tools for refractory metals **A16:** 866, 867
peripheral end mill tools for Ti alloys **A16:** 849
peripheral milling of Mg alloys **A16:** 827
planing tools **A16:** 184, 185–186
planing tools for Al alloys **A16:** 773, 778
planing tools for cast irons **A16:** 657, 660
planing tools for Cu **A16:** 811, 813
planing tools for heat-resistant alloys **A16:** 743
planing tools for Hf. **A16:** 856
power band saws for MMCs **A16:** 897
reamers **A16:** 240–241, 243–247, 456
reamers for Al alloys. **A16:** 781
reamers for cast irons. **A16:** 659, 660
reamers for heat-resistant alloys **A16:** 750
reamers for Mg alloys. **A16:** 823, 825
reamers for P/M materials **A16:** 890
reamers for refractory metals . . . **A16:** 862–865, 867
reamers for stainless steels **A16:** 702–703, 705
reamers for Ti alloys **A16:** 847, 852
reamers for tool steels. **A16:** 718
reamers for Zn alloys **A16:** 832, 833
shaping and slotting operations **A16:** 190
shaping tools for Al alloys **A16:** 778
shaping tools for Hf. **A16:** 856
spade drills **A16:** 223–225
spotfacing tools for cast irons **A16:** 660
spotfacing tools for refractory metals **A16:** 860
taps **A16:** 256, 259
tip drills. **A16:** 229
tool grinding **A16:** 450
tools compared to TiN-coated tool steels. . . **A16:** 58
tools for adaptive control **A16:** 618
trepanning tools for refractory metals **A16:** 860
turning tools. **A16:** 43, 145, 148, 150–152, 154, 156–159
turning tools for Al alloys **A16:** 770, 774, 775, 776
turning tools for Be alloys **A16:** 872
turning tools for carbon and alloy steels. . **A16:** 670, 673
turning tools for cast irons. **A16:** 653, 654, 658
turning tools for Cu alloys **A16:** 809, 811, 812
turning tools for heat-resistant alloys **A16:** 739, 741
turning tools for Hf. **A16:** 856
turning tools for MMCs **A16:** 898
turning tools for Ni alloys **A16:** 837

Carbide tools (continued)
turning tools for refractory metals **A16:** 858
turning tools for stainless steels. **A16:** 692, 693, 696, 697
turning tools for Ti alloys **A16:** 846, 847
turning tools for tool steels. **A16:** 708–710, 713
turning tools for uranium alloys **A16:** 875
turning tools for Zn alloys **A16:** 831
twist drills **A16:** 456
wear pads **A16:** 222–223
Carbide tools, specific types
C-1, counterboring tools for refractory metals **A16:** 860
C-1, drills **A16:** 233, 234
C-1, planing tools for cast irons **A16:** 657
C-1, spotfacing tools for refractory metals **A16:** 860
C-1, tools for cast iron machining . . . **A16:** 656, 657
C-1, tools for Hf **A16:** 855
C-1, tools for refractory metals **A16:** 860
C-1, tools for Zr. **A16:** 855
C-1, turning tools for Zr. **A16:** 853
C-2, boring tools for Al alloys **A16:** 771
C-2, boring tools for Cu alloys **A16:** 813
C-2, boring tools for heat-resistant alloys **A16:** 742
C-2, boring tools for refractory metals. . . . **A16:** 859
C-2, circular saws for Al alloys **A16:** 794
C-2, counterboring tools for carbon steels **A16:** 251
C-2, counterboring tools for cast irons. . . . **A16:** 660
C-2, counterboring tools for heat-resistant alloys **A16:** 752
C-2, counterboring tools for refractory metals **A16:** 860
C-2, drills **A16:** 233, 234, 236, 237
C-2, drills for cast irons **A16:** 658
C-2, drills for heat-resistant alloys . . . **A16:** 747, 749
C-2, drills for refractory metals. **A16:** 860
C-2, drills for tool steels **A16:** 718
C-2, end milling tools **A16:** 325, 326, 722
C-2, end Milling tools for cast irons. **A16:** 663
C-2, end milling tools for heat-resistant alloys **A16:** 754
C-2, face milling tools. **A16:** 323
C-2, face milling tools for Al alloys . . **A16:** 788–789
C-2, face milling tools for cast irons **A16:** 662
C-2, face milling tools for heat-resistant alloys **A16:** 753
C-2, face milling tools for refractory metals **A16:** 863
C-2, face milling tools for Ti alloys . . **A16:** 848, 850
C-2, gun drills for Al alloys **A16:** 779
C-2, hollow milling tools for refractory metals **A16:** 862
C-2, milling cutters for Al alloys. **A16:** 797
C-2, milling cutters for refractory metals. . **A16:** 864
C-2, milling cutters for stainless steels **A16:** 699
C-2, milling cutters for Ti alloys. **A16:** 845
C-2, oil hole or pressurized coolant drills for refractory metals. **A16:** 861
C-2, peripheral end milling tools for Al alloys **A16:** 786–787
C-2, peripheral end milling tools for refractory metals **A16:** 866
C-2, peripheral end milling tools for Ti alloys **A16:** 849
C-2, planing tools for Al alloys **A16:** 773
C-2, planing tools for cast irons **A16:** 657
C-2, reamers for Al alloys. **A16:** 781
C-2, reamers for cast irons. **A16:** 659
C-2, reamers for heat-resistant alloys **A16:** 750, 751
C-2, reamers for Ni alloys **A16:** 839
C-2, reamers for refractory metals **A16:** 862
C-2, reamers for stainless steels **A16:** 702–703
C-2, reamers for Ti alloys. **A16:** 852
C-2, reamers for tool steels **A16:** 719
C-2, spade and gun drills for Ni alloys . . . **A16:** 839
C-2, spade drilling tools for Al alloys. **A16:** 777
C-2, spade drills for refractory metals **A16:** 861
C-2, spotfacing tools for carbon steels **A16:** 251
C-2, spotfacing tools for cast irons **A16:** 660
C-2, spotfacing tools for heat-resistant alloys **A16:** 752
C-2, spotfacing tools for refractory metals **A16:** 860
C-2, tools for Al alloys **A16:** 767
C-2, tools for cast irons **A16:** 656, 657
C-2, tools for Hf **A16:** 855
C-2, tools for plastic molds **A16:** 723
C-2, tools for refractory metals **A16:** 860
C-2, tools for Ti alloys **A16:** 844
C-2, tools for Zr. **A16:** 855
C-2, trepanning tools. **A16:** 179
C-2, trepanning tools for refractory metals **A16:** 860
C-2, turning tools **A16:** 145, 147
C-2, turning tools for Al alloys **A16:** 770
C-2, turning tools for cast irons **A16:** 651, 652, 653
C-2, turning tools for Cu alloys. **A16:** 811
C-2, turning tools for heat-resistant alloys **A16:** 739, 741
C-2, turning tools for MMCs **A16:** 897, 898
C-2, turning tools for Ni alloys. **A16:** 838
C-2, turning tools for refractory metals . . . **A16:** 858
C-2, turning tools for Ti alloys. **A16:** 845, 847
C-2, turning tools for Zr. **A16:** 853
C-3, boring tools for Al alloys **A16:** 771
C-3, boring tools for Cu alloys **A16:** 813
C-3, boring tools for heat-resistant alloys **A16:** 742
C-3, drills **A16:** 233, 234
C-3, end milling-slotting tools **A16:** 866
C-3, face milling tools for refractory metals **A16:** 863
C-3, planing tools for cast irons **A16:** 657
C-3, tools for Al alloys. **A16:** 767, 769
C-3, tools for cast irons **A16:** 656, 657
C-3, tools for Ti alloys **A16:** 844
C-3, turning tools for Al alloys **A16:** 770
C-3, turning tools for cast irons **A16:** 653
C-3, turning tools for Cu alloys. **A16:** 811
C-3, turning tools for heat-resistant alloys **A16:** 739, 741
C-3, turning tools for Ti alloys **A16:** 847
C-3, turning tools for uranium alloys. **A16:** 875
C-3, turning tools for Zr. **A16:** 853
C-4, boring tools for refractory metals. . . . **A16:** 859
C-4, grade Carbaloy. **A16:** 872
C-4, grade Teledyne HF **A16:** 872
C-4, tools for cast irons **A16:** 656, 657
C-4, tools for refractory metals **A16:** 860
C-4, turning tools for Be alloys **A16:** 872
C-4, turning tools for refractory metals . . . **A16:** 858
C-4, turning tools for uranium alloys. **A16:** 875
C-4, turning tools for Zr. **A16:** 853
C-5, climb milling tools for heat-resistant alloys **A16:** 755
C-5, drills **A16:** 236, 237
C-5, end milling tools. **A16:** 325, 328
C-5, end milling tools for castirons . . **A16:** 663, 664
C-5, end milling tools for heat-resistant alloys **A16:** 754
C-5, face milling tools **A16:** 325, 328
C-5, machinability testing. **A16:** 646
C-5, planing tools for cast irons **A16:** 657
C-5, slab milling tools. **A16:** 328
C-5, tools for cast irons **A16:** 656, 657
C-5, turning tools for tools for uranium alloys **A16:** 875
C-6, boring tools for heat-resistant alloys **A16:** 742
C-6, electrochemical discharge grinding . . . **A16:** 550
C-6, face milling tools. **A16:** 323, 714, 715
C-6, face milling tools for cast irons **A16:** 662
C-6, milling tools for stainless steels. **A16:** 699
C-6, planing tools for cast irons **A16:** 657
C-6, planing tools for heat-resistant alloys **A16:** 743
C-6, reaming tools for Ni alloys **A16:** 839
C-6, spade and gun drilling tools for Ni alloys **A16:** 839
C-6, tools for cast irons **A16:** 656, 657
C-6, trepanning tools. **A16:** 179
C-6, turning tools **A16:** 145, 147
C-6, turning tools for cast irons **A16:** 653
C-6, turning tools for heat-resistant alloys **A16:** 741
C-6, turning tools for Ni alloys **A16:** 839
C-6, turning tools for uranium alloys. **A16:** 875
C-7, boring operation **A16:** 164
C-7, tools for cast irons **A16:** 656, 657
C-7, turning tools. **A16:** 145
C-7, turning tools for cast irons **A16:** 653
C-7, turning tools for heat-resistant alloys **A16:** 741
C-7, turning tools for Ni alloys **A16:** 838
C-7, turning tools for uranium alloys. **A16:** 875
C-8, boring tools **A16:** 164
C-8, boring tools for heat-resistant alloys **A16:** 742
C-8, tools for cast irons **A16:** 656, 657
C-8, turning tools for heat-resistant alloys **A16:** 739, 741
C-8, turning tools for Ni alloys **A16:** 838
C-10, tools for Hf **A16:** 855
C-10, tools for Zn **A16:** 855
C-11, tools for Hf **A16:** 855
C-11, tools for Zn **A16:** 855
Carbide/malleable iron application
piston ring materials **A18:** 557
Carbide/malleable iron, piston ring material
surface engineering. **A5:** 688
Carbide-base and refractory metal composites
as electrical contact materials **A2:** 854–855
Carbide-base cermets **A7:** 922–923
Carbide-boride grain refinement model
kinetics of. **A15:** 105–106
Carbide-coarsening measurements
life-assessment techniques and their limitations for creep-damage evaluation for crack initiation and crack propagation. **A19:** 521
Carbide-forming elements
in cobalt-base heat-resistant casting alloys. . **A9:** 334
in steel **A9:** 178
in steel, effect on pearlite growth **A9:** 661
Carbide-forming elements (CFE)
thermoreactive deposition/diffusion process **A4:** 449
Carbide-inducing inoculants
alloy cast iron **M1:** 80
Carbide-metal cermets
substrate for thermoreactive deposition/diffusion process **A4:** 449
Carbides *See also* Carbide cermets; Carbide hardfacing; Carbide tools; Cemented carbides **A1:** 952, 954–955, **A19:** 492, **A20:** 361
abrasive flow machining **A16:** 517, 519
abrasive machining usage **A5:** 91
alloying, nickel-base alloys **A13:** 641–642
and stress-corrosion cracking **A19:** 486
applications **EM4:** 203
as coatings. **A5:** 471
as embrittling intergranular networks. **A11:** 359
as inclusions **A10:** 176
as inclusions in steels, effect on fracture toughness. **A19:** 30–31
austenitizing for surface hardening effect on **M1:** 531
brazing and soldering characteristics . . **A6:** 635–636
chevron-notched specimens of. **A8:** 470
chloride salt corrosion. **A13:** 90
cleavage fracture. **A19:** 47
cold sintering **A7:** 580
combustion synthesis **A7:** 524, 527, 530, 537
compared to ceramics **A16:** 101
composition **A7:** 1072–1073
containing steels, microstructural wear effects **A11:** 161
defined **M7:** 2
diamond as abrasive for honing **A16:** 476
electrical discharge grinding **A16:** 565, 566, 567
electrochemical discharge grinding . . **A16:** 548, 549, 550
electrodischarge machining. **A5:** 115
embrittling effect, AISI/SAE alloy steels . . **A12:** 341

SUBJECTS OF THE INDEXED VOLUMES: ASM Handbook (designated by the letter "A"): **A1:** Properties and Selection: Irons, Steels, and High-Performance Alloys (1990); **A2:** Properties and Selection: Nonferrous Alloys and Special-Purpose Materials (1990); **A3:** Alloy Phase Diagrams (1992); **A4:** Heat Treating (1991); **A5:** Surface Engineering (1994); **A6:** Welding, Brazing, and Soldering (1993); **A7:** Powder Metal Technologies and Applications (1998); **A8:** Mechanical Testing (1985); **A9:** Metallography and Microstructures (1985); **A10:** Materials Characterization (1986); **A11:** Failure Analysis and Prevention (1986); **A12:** Fractography (1987); **A13:** Corrosion (1987); **A14:** Forming and Forging (1988); **A15:** Casting (1988); **A16:** Machining (1989); **A17:** Nondestructive Evaluation and Quality Control (1989); **A18:** Friction, Lubrication, and Wear Technology (1992); **A19:** Fatigue and Fracture (1996); **A20:** Materials Selection and Design (1997). **Metals Handbook, 9th Edition** (designated by the letter "M"): **M1:** Properties and Selection: Irons and Steels (1978); **M2:** Properties and Selection: Nonferrous Alloys and Pure Metals (1979); **M3:** Properties and Selection: Stainless Steels, Tool Materials, and Special-Purpose Materials (1980); **M4:** Heat Treating (1981); **M5:** Surface Cleaning, Finishing, and Coating (1982); **M6:** Welding, Brazing, and Soldering (1983); **M7:** Powder Metallurgy (1984). **Engineered Materials Handbook** (designated by the letters "EM"): **EM1:** Composites (1987); **EM2:** Engineering Plastics (1988); **EM3:** Adhesives and Sealants (1990); **EM4:** Ceramics and Glasses (1991). **Electronic Materials Handbook** (designated by the letters "EL"): **EL1:** Packaging (1989)

enlargement, annealing-caused **M7:** 185
films, grain-boundary **A11:** 267, 405
for finish drilling tools **A5:** 88
formation, from cast iron inoculation **A15:** 170
formation of in $2^1/_4$Cr-1Mo steel **A1:** 632–633, 638, 641–642
formation, ternary iron-base alloys **A15:** 68
formed in advanced aluminum MMCs **A7:** 853
formers. **M7:** 373, 429
fracture toughness of welds **A19:** 736, 742
grains, dispersion, in cermets. **A2:** 991
gray cast iron. **M1:** 12, 13, 14, 26
grinding by superabrasives **A16:** 432, 433, 437
ground by diamond wheels. **A16:** 455, 461, 462
group Va, combustion synthesis **A7:** 530
hardened steel contact fatigue **A19:** 700
hardfacing **A6:** 790, 792, 793, 794, 796
hardness **A7:** 1072, 1073
hardness of **A1:** 394
high-temperature sintering **A7:** 831–832
honing grit size selection **A16:** 478
in austenitic stainless steels **A1:** 946–947
in carbon steels, etching **A9:** 170
in cast iron. **M1:** 3–5
in cast irons **A16:** 650, 651
in cast irons, magnifications to resolve **A9:** 245
in cobalt alloys **A20:** 397
in cobalt-base alloys. **A1:** 986
in cold-work particle metallurgy tool steels. **A7:** 793, 794–796, 798
in ductile iron, alloying. **A15:** 649
in high-speed tool steel. **A16:** 55, 56
in nickel alloys **A20:** 394
in nickel superalloys **A19:** 541, 542, 855
in nickel-base alloys **A19:** 492–493, 855
in nickel-chromium irons **A15:** 681–682
in particle metallurgy high-speed steels. **A7:** 789–790
in particle metallurgy tool steels **A7:** 787
in plate steels, examination **A9:** 203
in steel
formability influenced by. **M1:** 558–559
wear resistance influenced by **M1:** 608, 610–612, 614, 622
in structural ceramics **A2:** 1019, 1021–1024
in tempered martensite **A20:** 373, 376
in tool steel powders **A7:** 970
in tool steels **A9:** 258–259
in wrought heat-resistant alloys . . **A9:** 308–309, 311
in wrought stainless steels, etching . . . **A9:** 281–282
in wrought stainless steels, in austenitic grades. **A9:** 283–284
in wrought stainless steels, in ferritic grades **A9:** 285
inclusions formed in fluxes. **A6:** 56
infiltration **M7:** 556–557
interdendritic, in high-alloy graphitic iron **A15:** 698
intergranular, cracking in **A11:** 407
locating points for shaped tube electrolytic machining **A16:** 555
maximum service temperature. **EM4:** 203
melting points. **A5:** 471
milling **A7:** 63
mixed, in cemented carbides **A9:** 274
morphology, tool and die failure and **A11:** 575
networks, carburizing for **A11:** 121
nonmetal combustion synthesis **A7:** 530
non-stoichiometric **A7:** 530
oxidation-resistant coating systems for niobium **A5:** 862
particles, brittle fracture from **A11:** 327
particles, of, atom probe mass spectrum. . . **A10:** 592
particles, weld-interface. **A11:** 444
plasma spray material **EM4:** 203
platelets, after annealing **M7:** 184
powders used **M7:** 572
precipitation. **A13:** 349, 551
precipitation, and brazed joint defects. . . . **A11:** 451
properties. **EM4:** 203
reactions in elevated-temperature failures **A11:** 267
rigid tool **M7:** 322–328
sectioning by fracturing. **A9:** 23
segregation, tool and die failure due to . . . **A11:** 575
solubility in austenite **A1:** 407
spheroidization **A1:** 642
spheroidization, ASTM/ASME alloy steels **A12:** 346

T-111
electron-beam welding **A6:** 871
T-222
electron-beam welding **A6:** 871
thermally spray deposited. **A7:** 412
tools, for turning or boring **M7:** 461
torch brazing. **A6:** 328
tungsten-titanium-tantalum (niobium) **A2:** 950–951
vacuum sintering atmospheres for **M7:** 345
wear applications **A20:** 607
wear resistance additives **A7:** 966–967
Carbides, coated **A16:** 79–83
boring heat-resistant alloys **A16:** 742
cast iron machining **A16:** 653, 656
heat-resistant alloy machining . . **A16:** 739, 740, 742
machinability **A16:** 639–646
P/M material machining. **A16:** 882
threading **A16:** 95
Ti alloy machining. **A16:** 844
tool life **A16:** 79, 80
Carbides in steels . . . . **A3:** 1•24
Carbides, uncoated
machinability **A16:** 639–641, 643–646
P/M materials machining. **A16:** 881, 889
primary applications **A16:** 639
Carbide-tipped cutters
for milling procedures **M7:** 462
Carbide-tipped tools
matrix material that influences the finishing difficulty. **A5:** 164
Carbitol
description. **A9:** 68
Carbofrax D
erosion test results **A18:** 200
Carboloy 883
cutting tool material for refractory metals **A16:** 863
Carbon *See also* Binary iron-base systems; Carbon content; Carbon equivalent; Carbon fiber; Carbon fiber reinforced composites; Carbon solubility; Combined carbon; Iron-base alloys **EM3:** 7
absorption, air carbon arc cutting. **A14:** 734
absorption in air carbon arc cutting **M6:** 920
activated, RDF analysis of. **A10:** 399–400
activity, effect, alloying elements **A15:** 61–70
addition effect on iron yield strength **A20:** 360, 361
addition to solid-solution-strengthened superalloys **A4:** 809
AES analysis of surface chemistry . . . **A10:** 552–553
alloying effect on nickel-base alloys **A6:** 589
alloying, in wrought titanium alloys . . . **A2:** 599–600
alloying, nickel-base alloys **A13:** 641–642
alloying, stainless steels. **A13:** 550
alloying, wrought aluminum alloy **A2:** 47
amorphous, EELS edge shapes for **A10:** 460
and sulfur effects, ultimate tensile strength **A14:** 200
applications **EM4:** 46
arc deposition **A5:** 603
as a conductive coating for scanning electron microscopy specimen. **A9:** 97–98
as alloying element, effect on susceptibility to stress-corrosion cracking of two low-alloy steels. **A19:** 486
as an addition to austenitic manganese steel castings. **A9:** 239
as an addition to beryllium-nickel alloys . . . **A9:** 395
as an addition to cobalt-base heat-resistant casting alloys **A9:** 334
as an addition to nickel-base heat-resistant casting alloys **A9:** 334
as an alpha stabilizer in titanium alloys . . . **A9:** 459
as an austenite-stabilizing element in steel **A9:** 177
as an austenite-stabilizing element in wrought stainless steels. **A9:** 283
as an embedding agent **EM4:** 572
as an interference film **A9:** 147
as austenite stabilizer. **A13:** 47
as filler material **EM2:** 499
as impurity in uranium alloys **A9:** 477
as impurity, magnetic effects **A2:** 762
as inoculant. **A15:** 105
as major element, gray iron **A15:** 629–630
as refractory, for core coatings **A15:** 240
at elevated-temperature service **A1:** 640
atoms, in diamond/graphite **A2:** 1010
Auger chemical map for **A10:** 557
batch size. **EM4:** 382
brazing of **M6:** 1061–1063
burn off **M7:** 191
carbon bonds in plastics **A20:** 440
double bonds **A20:** 434, 440
single bonds **A20:** 434, 440, 441
triple bonds. **A20:** 434, 440, 441–442, 444
carrier material used in supported catalysts **A5:** 885
CDJ, properties **A18:** 549, 551
chain polymers, chemical structure **EM2:** 49
cladding dilution. **M6:** 809–810
coating for SEM specimens **A18:** 380
codeposited with chromium electroplating. **A18:** 835
combined **A13:** 3
combined, defined **A15:** 3
combined effect on sintering of ferrous materials **A7:** 470–471
combined, effects in sintering. **M7:** 362–363
combustion method for elemental analysis. **A10:** 214
compatibility with steel. **A18:** 743
composition **EM4:** 46
composition-depth profiles **M7:** 256
concentration, cupolas. **A15:** 380
contamination **M6:** 321
content affecting broach life. **A16:** 208
content, and liquation cracking . . **A6:** 568–569, 570
content effect, electron-beam welding. **A6:** 867
content effect in cemented carbides . . . **A7:** 494–495
content effect in molybdenum **A7:** 497
content effect in tungsten **A7:** 497
content effect on
austenite **A20:** 377
ferrite-pearlite steels **A20:** 366, 367, 368
martensite **A20:** 372, 373, 375, 376
martensite hardness with tempering temperature **A20:** 374, 377
martensite start temperature. . **A20:** 372–373, 375, 376
martensite yield strength. **A20:** 373, 377
content effect on alloy solidification cracking **A6:** 89–90
content effect on fracture toughness **A19:** 625, 628
content effect on minimum sensitization time in 300-series stainless steels. **A6:** 1067
content effect on quench cracking . . **A4:** 77, 78, 79, 80
content effect on stress-corrosion cracking **A19:** 486
content in carbon steels. **A16:** 149–150, 358
content in heat-treatable low-alloy (HTLA) steels. **A6:** 670
content in HSLA and Q&T steels. **A6:** 665
content in martensitic stainless steels **M6:** 348–349
content in nickel-base and cobalt-base high-temperature alloys **A6:** 573
content in P/M materials. . **A16:** 884, 887, 888, 889
content in stainless steels **A16:** 682–683, 684, 688, 689, 690, **M6:** 320, 322
content in tool steels **A16:** 708, 726, 727
content in ultrahigh-strength low-alloy steels **A6:** 673
content, microstructures, and properties of steels. **A1:** 127–128, 144, 576
content of weld deposits **A6:** 675
content related to flaking **A16:** 281
content, sink/float density separations for **A10:** 177
control agents in nitrogen-based atmospheres **M7:** 346
control, ductile iron **A15:** 647
cracking sensitivity in stainless steel casting alloys **A6:** 497
CVD *See* Chemical vapor deposited carbon
cyclic oxidation **A20:** 594
defined **EM1:** 6, **EM2:** 8
deoxidizing, copper and copper alloys **A2:** 236
determination by high-temperature combustion **A10:** 221–225
diffusion coefficient in nitrocarburizing. . . **A18:** 878
dissolution, in cast iron **A15:** 72–73
dissolution, powder forging **A14:** 192
double carbides (η phase) **A16:** 73, 74
effect, gas disassociation **A15:** 83
effect, hydrogen/nitrogen solubility **A15:** 82

158 / Carbon

Carbon (continued)
effect in cast iron, discovered **A15:** 29
effect in iron, and copper diffusion....... **M7:** 480
effect of, on cast stainless steel corrosion resistance.................... **A1:** 912, 913
effect of, on hardenability .. **A1:** 392, 465, 467–468
effect of, on notch toughness **A1:** 739
effect on DBTT of alloy steels........... **A19:** 625
effect on ferrite formation in heat-resistant casting alloys **A9:** 333
effect on hardenability.................... **A4:** 25
effect on hardfacing spraying **M6:** 789
effect on magnetic properties **A7:** 1014–1015
effect on shielding gas **M6:** 103
effect on weldability in stainless steels **M6:** 525
electrode content and arc welding of low-alloy steels............................... **A6:** 662
electrode systems based on............... **A10:** 191
electronegativity **A20:** 434
electroslag welding, reactions **A6:** 273, 274
elemental sputtering yields for 500 eV ions............................ **A5:** 574
equivalent, calculated **A15:** 68–69
-FeO reaction in iron **A12:** 221
ferritic stainless steel content **M6:** 346
filler to gain electrical conductivity...... **EM3:** 572
flux, defined **A15:** 74
for incandescent lamp filaments **A7:** 5
for laser alloying....................... **A18:** 864
glow discharge to determine.............. **A10:** 29
grain size effect and alloying effect on cyclic stress-strain response **A19:** 610
graphitic, determined by selective combustion **A10:** 223–224
graphitic, neutron, x-ray scattering and absorption characteristics **A10:** 421
hardness of steels affected by content **A4:** 185–186
heating coils for copper plating........... **A5:** 175
high content, effect on fracture toughness of steels............................. **A19:** 383
historical studies........................ **A12:** 3
impregnation effects on typical graphite-base material **A18:** 817
in alloy cast irons **A1:** 86, 88
in austenitic manganese steel......... **A1:** 822–824
in austenitic stainless steels **A6:** 457, 458, 465, 468
in bearing steels **A18:** 726
in cast Co alloys....................... **A16:** 69
in cast iron **A1:** 5
in cemented carbides **A9:** 273–275
in cobalt-base wrought alloys **A18:** 766, 768
in commercial CPM tool steel compositions................... **A16:** 63, 64
in composition, effect on dimensional changes in heat treatment..................... **A4:** 612
in composition, effect on ductile iron...... **A4:** 687, 689, 690, 692
in composition, effect on flame hardening **A4:** 277
in composition, effect on gray irons.. **A4:** 671, 672, 673, 675, 677, 678, 679
in CVD process **A16:** 80
in ductile iron **A1:** 40, 43
in duplex stainless steels................. **A6:** 471
in engineering plastics.............. **A20:** 434–439
in ferrite **A1:** 406
in hardfacing alloys.. **A18:** 758, 760, 761, 762, 763, 764
in heat-resistant alloys......... **A4:** 510, 511, 512
in high-alloy white irons................ **A15:** 679
in high-speed tool steels **A16:** 51, 52, 53
in inorganic solids, applicable analytical methods....................... **A10:** 4, 6
in metal carbide, EELS edge shape for ... **A10:** 460
in nickel-base superalloys **A1:** 984
in P/M alloys **A1:** 809
in P/M high-speed tool steels............ **A16:** 61
in P/M stainless steels............. **A13:** 827–829
in precipitation-hardening steels.......... **M6:** 350
in rail steels........................... **A20:** 380
in sintered austenitic stainless steels...... **A13:** 831
in stainless steels **A6:** 678, 682, **A18:** 710, 712, 713, 716
in steel weldments......... **A6:** 416, 418, 419, 420
in thermal spray coating materials **A18:** 832
in tool steels **A18:** 734, 735–736, 737, 738, 739
in wrought stainless steels............... **A1:** 872
induction hardening cracking tendency **A4:** 202
infrared detection, high temperature combustion **A10:** 223
interaction coefficient, ternary iron-base alloys............................ **A15:** 62
interstitial contamination................ **M6:** 463
interstitial, content in silicon wafers...... **A10:** 123
ion implantation of titanium alloys.. **A18:** 779, 780
ion-beam-assisted deposition (IBAD) **A5:** 597
KVV lineshapes, effect on quantitative analysis.......................... **A10:** 553
loss effect on welding parameters **A6:** 68
metallurgical effects, projection welding ... **M6:** 506
microalloying of.................. **A14:** 219–220
Miller numbers........................ **A18:** 235
mobile, determined in iron/steels **A10:** 178
nearest neighbors, liquid iron-carbon alloys **A15:** 168
oxygen cutting, effect on **M6:** 898
paste or plate for backing **M6:** 592
penetration from porosity in carbonitriding............... **M7:** 454, 455
pickup in milling of electrolytic iron powders **M7:** 64, 65
potential in protective atmospheres....... **M6:** 934
presence in cast irons **M6:** 307–308
prompt gamma activation analysis of..... **A10:** 240
properties.............................. **A18:** 817
recovery from, selected electrode coverings.. **A6:** 60
reductant of metal oxides **M6:** 694
relationship to hot cracking.............. **M6:** 38
removal, by oxygen blowing.............. **A15:** 78
removal, by solid-state refining techniques **A2:** 1094
removal from organic matrix............ **A10:** 167
removal of, salt bath descaling process **M5:** 99–100
removal rates, degassing processes compared **A15:** 430
residuals, effect iron powders **M7:** 183
segregation and solid friction **A18:** 28
segregation, electroslag remelting effects .. **A15:** 405
solid solubility in Fe-Cr-Ni alloy......... **A13:** 929
solubility..................... **A15:** 66–68, 465
solubility, cast irons and carbon steels.. **A13:** 46–47
solubility in ferrite vs. temperature........ **A1:** 132
specific strength (strength/density) for structural applications **A20:** 649
strain-life behavior as influenced by grain size and alloying.......................... **A19:** 610
stress-corrosion cracking **A19:** 487
substrate for thermoreactive deposition/diffusion process **A4:** 449
sulfuric acid corrosion................. **A13:** 1154
supply sources........................ **EM4:** 46
surface, cleaning of **A13:** 380
surface, determined............... **A10:** 223–224
tantalum corrosion at elevated temperatures **A13:** 728
temperature at which fiber strength degrades significantly **A20:** 467
thermal diffusivity from 20 to 100 °C **A6:** 4
thermal expansion coefficient............. **A6:** 907
thin films............................. **A12:** 173
tin-lead plating baths treated with........ **M5:** 278
trace element analysis, by combustion technique **A2:** 1095
use in oxide reduction.............. **M7:** 52, 53
used in composites..................... **A20:** 457
vacuum heat-treating support fixture material **A4:** 503
vapor pressure **A4:** 493, 494
vapor pressure, relation to temperature **A4:** 495
Vickers and Knoop microindentation hardness numbers **A18:** 416
vitreous, Raman analysis **A10:** 132
wear applications **A20:** 607
weld-metal content, underwater welding.. **A6:** 1010, 1011, 1012

Carbon alloys
13Cr-4Ni-0.05C, hydrogen-induced cold cracking resistance **A6:** 438
electron-beam welding................... **A6:** 581
Fe-0.2C-12Cr-1Mo
Charpy V-notch data for weld joints of EB welded alloy **A6:** 440
microhardness traverse test results....... **A6:** 441

Carbon and alloy steels, friction and wear of **A18:** 702–708
carbon content **A18:** 707
correlation to relative wear content..... **A18:** 707
heat-affected zone (HAZ) **A18:** 707
depth of hardened regions **A18:** 706
relation of hardness to microstructure................ **A18:** 707–708
steel metallurgy **A18:** 702–704
microstructures............. **A18:** 702–704, 705
properties influenced by microstructure **A18:** 704
steel selection based on relative costs..... **A18:** 706
steel transformation diagram **A18:** 704–705
toughness......................... **A18:** 706–707
wear properties of carbon steel **A18:** 705–706
corrosion resistance improved by altering microstructure **A18:** 706
hardness as a function of carbon content **A18:** 705
improving wear properties of mild steels **A18:** 705

Carbon and low-alloy steel plate *See* Steel plate
Carbon and low-alloy steels *See also* Alloy steel; Carbon steel; Low-alloy steel
alloy designations and specifications for elevated-temperature service **A1:** 617–618
alloying elements, effects of........... **A1:** 144–147
aluminum............................ **A1:** 146
boron................................ **A1:** 145
carbon............................... **A1:** 144
chromium **A1:** 145–146
copper............................... **A1:** 145
lead **A1:** 145
manganese **A1:** 144
molybdenum **A1:** 146
nickel **A1:** 146
niobium **A1:** 146
phosphorus........................... **A1:** 144
silicon **A1:** 145
sulfur **A1:** 144–145
titanium **A1:** 146
zirconium **A1:** 147
chemical analysis.................. **A1:** 141–142
heat and product analysis **A1:** 141
residual elements...................... **A1:** 141
silicon content........................ **A1:** 141
classification of **A1:** 140–141
deoxidation practice **A1:** 142–143
capped steel **A1:** 143
killed steel **A1:** 142
rimmed steel **A1:** 143
semikilled steel **A1:** 142–143
quality descriptors................. **A1:** 143–144
spheroidization and graphitization in...... **A1:** 644

Carbon and low-alloy steels, selection of A6: 405–407
chromium-molybdenum steels **A6:** 405, 406, 407
classification of steels **A6:** 405–406
composition and carbon equivalent of selected steels............................ **A6:** 406
heat-affected zone............ **A6:** 405, 406, 407
heat-treatable low-alloy (HTLA) steels **A6:** 405, 406
high-strength low-alloy (HSLA) steels **A6:** 405, 406, 407
low-carbon steels **A6:** 405, 406, 407
microalloyed steels................. **A6:** 405–406

mild steels . . . **A6:** 405–406
quenched-and-tempered steels . . . **A6:** 405, 406, 407
relative susceptibility of steels to hydrogen-assisted cold cracking . . . **A6:** 407
thermal-mechanical-controlled processing (TMCP) steels . . . **A6:** 405, 406, 407
weldability . . . **A6:** 405
fabrication weldability . . . **A6:** 405
service weldability . . . **A6:** 405
Carbon arc brazing (CAB)
definition . . . **A6:** 1207
Carbon arc cutting
definition . . . **M6:** 3
Carbon arc cutting (CAC)
definition . . . **A6:** 1207
power source selected . . . **A6:** 37
Carbon arc welding
definition . . . **M6:** 3
Carbon arc welding (CAW) . . . **A6:** 124–125, 200–201
applications . . . **A6:** 201
definition . . . **A6:** 200, 1207
electrodes . . . **A6:** 200–201
of cast irons . . . **A6:** 201
of copper . . . **A6:** 201
of galvanized steel . . . **A6:** 201
of steels . . . **A6:** 200
operation . . . **A6:** 200–201
single-electrode . . . **A6:** 200
twin-electrode . . . **A6:** 200–201
Carbon (AS-4) fibers
bonded to polyethylene (UHMW-PE) by epoxy resin . . . **EM3:** 393, 395–396, 402
Carbon austenite fracture
transmission electron micrograph . . . **A8:** 483
Carbon black . . . **A7:** 77, **EM2:** 8, 470, 501, **EM3:** 7
additive for urethane sealants . . . **EM3:** 205
automotive industry applications . . . **EM3:** 178
extender . . . **EM3:** 176
filler for elastomeric adhesives . . . **EM3:** 150
pigment . . . **EM3:** 179
to enhance electrical conductivity in adhesives . . . **EM3:** 178
"Carbon boil" . . . **A6:** 595
Carbon boiling
during porcelain enameling . . . **M1:** 177–179
Carbon brushes
as copper powder application . . . **M7:** 105
Carbon coating
for extraction replicas . . . **A9:** 108–109
Carbon composition resistors
failure mechanisms . . . **EL1:** 971, 1002–1003
Carbon content *See also* Carbon
400 to 500 °C embrittlement effect on . . . **M1:** 686
alloy cast irons . . . **M1:** 76, 77, 78, 82
alloy steel, effect on weldability . . . **M1:** 561
and fracture toughness . . . **A8:** 481, 484
and tempering, effects on hardness . . . **A14:** 198
at austenitizing temperatures . . . **M7:** 451, 452
cast iron, effect on weldability . . . **M1:** 563–564
CG iron, optimum . . . **A15:** 668
concentration profiles, iron-carbon melt . . . **A15:** 73
control during sintering . . . **M7:** 370, 386, 390
distribution, in steel plate . . . **M1:** 189, 195–196
effect, cast iron . . . **A15:** 29
effect, hydrogen/nitrogen solubility . . . **A15:** 82
effect of sintering atmosphere on . . . **M7:** 340, 341
effect on formation of upper bainite . . . **A9:** 663
effect on martensitic start temperature . . . **A9:** 669
effect on sintering . . . **M7:** 372
effect on torsional ductility in steels and aluminum alloys . . . **A8:** 166–167
effect on warm workability . . . **A14:** 174
equivalent, effect on strength of cold extruded steel . . . **M1:** 592
eutectic, in high-alloy graphitic irons . . . **A15:** 698
fatigue limit of alloy steel effect on . . **M1:** 675, 676
hydrogen solubility, effect on . . . **M1:** 687
in cold extrusion . . . **A14:** 300
in stainless steel casting alloys, effects of . . . **A9:** 298
in stainless steels . . . **A15:** 431
of ferritic stainless steels . . . **A9:** 284–285
of martensitic stainless steels . . . **A9:** 285
of steel, and swageability . . . **A14:** 128
of steel, effect on martensite . . . **A9:** 178
of tool steels . . . **A9:** 258–259
quench-age embrittlement effect on . . . **M1:** 684
steel plate, effect on mechanical properties . . . **M1:** 194, 197
temper embrittlement, effect on . . . **M1:** 684, 685
vs. mechanical properties, iron-carbon alloys . . . **A14:** 200
white cast irons . . . **M1:** 75, 76, 77, 78
Carbon control, evaluation *See also* Surface carbon content control . . . **A4:** 587–600
carbon gradients . . . **A4:** 588, 592–598, 599, **M4:** 438–440, 441, 442
carbon restoration . . . **A4:** 598–599, **M4:** 446, 447
case properties, effect of carbon gradient . . **A4:** 594, **M4:** 440, 442
case-depth variation . . . **A4:** 590–592, 593, **M4:** 437
coercive-force testing . . . **A4:** 590, **M4:** 436
consecutive cut analysis . . . **A4:** 588–589, **M4:** 433–434
electromagnetic testing . . . **A4:** 590, **M4:** 436
hardness testing . . . **A4:** 587, 588, **M4:** 432–433
low surface carbon . . . **A4:** 595, **M4:** 442–443
magnetic-comparator testing . . . **A4:** 590, **M4:** 436
microscopic examination . . . **A4:** 587–588, **M4:** 433
quality control . . . **A4:** 599–600, **M4:** 447–448
rejected parts, disposition . . . **A4:** 600, **M4:** 448
rolled wire analysis . . . **A4:** 590, **M4:** 436
shim stock analysis . . . **A4:** 589–590, **M4:** 434–435
spectrographic analysis . . . **A4:** 590, **M4:** 436
surface carbon content . . . **A4:** 594, **M4:** 440, 442
surface carbon variability . . . **A4:** 595–598, **M4:** 443, 444, 445, 446
test results . . . **A4:** 591–592, **M4:** 438, 439
Carbon correction *See* Carbon restoration
Carbon deficiency in cemented carbides . . **A9:** 274–275
on a fracture surface . . . **A9:** 276
Carbon deposition
in extraction replicas . . . **A17:** 54
Carbon depth profile
thin-film hybrids . . . **EL1:** 319
Carbon diffusion, in dissimilar-metal welds . . **A11:** 620
equivalent . . . **A11:** 391–392, 796
films, lustrous, as casting defect . . . **A11:** 388
groups, causing stress-corrosion cracking . . **A11:** 207
nitrogen interaction, in elevated-temperature failures . . . **A11:** 273
pickup, metallographic sectioning . . . **A11:** 24
-plus-nitrogen, effect on stress rupture life . . . **A11:** 268
saturation, symbol for . . . **A11:** 797
total content, abbreviation for . . . **A11:** 798
Carbon dioxide
and explosivity . . . **M7:** 195
as converter gas . . . **A15:** 426
as corrosive, copper casting alloys . . . **A2:** 352
as cutting fluid for tool steels . . . **A18:** 738
as extraction media for binder removal in injection molding . . . **EM4:** 179
atmospheric effect helping control dusting . . . **A18:** 684
by residual gas analysis . . . **EL1:** 1065
cause of porosity in nickel alloy welds . . . **M6:** 442–443
characteristics in a blend . . . **A6:** 65
content, endothermic gas . . . **M7:** 343
copper/copper alloy resistance . . . **A13:** 632
core curing with . . . **A15:** 240
corrosion, gas/oil production . . . **A13:** 1233, 1247
corrosion rate, fresh water effect on . . . **M1:** 733
covered by NAAQS requirements . . . **A20:** 133
dissociation . . . **A6:** 66
dissociation and recombination . . . **A6:** 64
dissolved, corrosive effects in seawater . . . **A13:** 896–898
dissolved, in water . . . **A13:** 489
effect, zinc corrosion in distilled water . . . **A13:** 760
electrogas welding shielding gas . . . **A6:** 270, 275
flux-cored arc welding shielding gas . . . **A6:** 189
fume generation from shielding gases . . . **A6:** 68
gas mass analysis of . . . **A10:** 155
as SFC solvent . . . **A10:** 116
gas-metal arc welding shielding gas . . . **A6:** 181, 183, 185
hazards and function of heat treating atmosphere . . . **A7:** 466
in marine atmospheres . . . **A13:** 904
in Shaw process . . . **A15:** 249
in superheaters . . . **A13:** 1201
in weld relay, gas mass spectroscopy of . . . **A10:** 156
injection, gas/oil production . . . **A13:** 1253–1254
ionization potential . . . **A6:** 66
laser-beam welding shielding gas . . . **A6:** 878
lasers, as germanium applications . . . **A2:** 743
low-heat-input welding of low-alloy steels . . **A6:** 662
mean free path . . . **A17:** 59
partial pressure, AOD, VODC, and VOD compared . . . **A15:** 430
partial pressure, effect on corrosion rate alloy steels . . . **A13:** 536
process, defined . . . **A15:** 2
reactivity/oxidation potential . . . **A6:** 64
shielding gas for FCAW . . . **A6:** 67
shielding gas for GMAW . . . **A6:** 66, 67
shielding gas for GMAW of cast irons . . . **A6:** 718, 719
shielding gas from fluxes . . . **A6:** 58
shielding gas properties . . . **A6:** 64
shielding gas purity and moisture content . . . **A6:** 65
sigma values for ionization . . . **A17:** 68
solubility in water . . . **M1:** 733, 734
steam system corrosion effects . . . **M1:** 733
steel weldment soundness in gas-shielded processes . . . **A6:** 408, 409
tantalum corrosion by . . . **A13:** 731
use to determine carbon . . . **A10:** 221–225
valve thread connections for compressed gas cylinders . . . **A6:** 1197
Carbon dioxide (dc excited) continuous wave lasers, parameters
laser-beam welding applications . . . **A6:** 263
Carbon dioxide gas
metalworking laser for laser surface transformation hardening . . . **A4:** 290–291
Carbon dioxide gas dynamic continuous wave lasers, parameters
laser-beam welding applications . . . **A6:** 263
Carbon dioxide lasers *See also* Laser beam machining
characteristics and advantages . . . **M6:** 656
comparison of weld results . . . **M6:** 658
laser beam transport . . . **M6:** 665
suitability for welding . . . **M6:** 651–652
Carbon dioxide pulsed lasers, parameters
laser-beam welding applications . . . **A6:** 263
Carbon dioxide (rf excited) continuous wave lasers, parameters
laser-beam welding applications . . . **A6:** 263
Carbon dioxide shielding gas
characteristics . . . **M6:** 103
containers . . . **M6:** 103–104
effect on weld metallurgy . . . **M6:** 41
flow rate . . . **M6:** 104
purity . . . **M6:** 104
Carbon dioxide shielding gas for
arc welding of austenitic stainless steels . . . **M6:** 331–332
electrogas welding . . . **M6:** 241
flux cored arc welding . . . **M6:** 103–104
gas metal arc welding . . . **M6:** 164
Carbon dioxide silicate molding
of Alnico alloys . . . **A15:** 737
Carbon dioxide welding *See* Gas metal arc welding
Carbon disulfide
hazardous air pollutant regulated by the Clean Air Amendments of 1990 . . . **A5:** 913
Carbon disulfide furnace tubes
corrosion and corrodents, temperature range . . . **A20:** 562
Carbon edges
definition . . . **A5:** 948
Carbon electrode
definition . . . **M6:** 3
Carbon equivalent . . . **M6:** 250, 262
abbreviation . . . **A8:** 724
as solidification impact . . . **A15:** 629
calculated . . . **A15:** 68–69
cast iron . . . **M1:** 4
code requirements . . . **M6:** 250
compacted graphite irons . . . **A15:** 667
ductile iron . . . **A15:** 648
effect on weldability . . . **M6:** 250
weldability of iron and steel effect on . . . **M1:** 561
Carbon equivalent (CE) . . . **A6:** 94
carbon steels . . . **A6:** 648, 649
cast irons . . . **A6:** 710, 711
for estimating sintering temperature . . . **A7:** 483–484

Carbon equivalent (CE) (continued)
related to hydrogen-assisted cold cracking . . **A6:** 407
to estimate whether hardenability will affect weldability **A20:** 307
Carbon equivalent (CE) value **A18:** 695–696, 698
Carbon equivalent (C_{eq}) formula **A6:** 379, 381
Carbon fabric reinforced phenolic resins
as medium-temperature thermoset matrix composite **EM1:** 382
Carbon ferroalloys **A7:** 474
Carbon fiber *See also* Carbon fiber reinforced composites; Fiber(s); Graphite; Graphite fiber; Pyrolysis **EM3:** 7
abrasive waterjet machining **A16:** 527
as conductive reinforcements **EM2:** 471–472
as filler/extender, polypropylenes (PP) . . . **EM2:** 192
defined **EM2:** 8
PCD tooling **A16:** 110
rovings, pultrusions **EM2:** 393
Carbon fiber ceramic composites **EM1:** 929–930
Carbon fiber reinforced aluminum (C-Al)
applications **EL1:** 1122–1125
Carbon fiber reinforced composites
short-beam shear **EM2:** 237
with cyanates **EM2:** 235–236
Carbon fiber reinforced copper (C-Cu)
applications **EL1:** 1122–1125
Carbon fiber reinforced epoxy (C-Ep)
applications **EL1:** 1122
Carbon fiber reinforced epoxy composites . . **EM3:** 293
Carbon fiber reinforced epoxy panels
surface contamination **EM3:** 846
Carbon fiber reinforced nylon
for bearings **EM1:** 35
Carbon fiber reinforced plastic
nondestructive testing **A6:** 1086
Carbon fiber reinforced plastic adherends
mechanical properties **EM3:** 333
Carbon fiber reinforced plastic (CFRP)
and aluminum, weights compared **EM1:** 35
beams, damping in **EM1:** 210, 213
compression properties **EM1:** 155
electrical waveguides **EM1:** 36
interlaminar shear strength **EM1:** 156
reduced energy dissipation in **EM1:** 36
scrap, recovering/recycling of **EM1:** 153–156
tensile properties **EM1:** 154, 155
with aligned discontinuous fibers . . . **EM1:** 153–155
Carbon fiber reinforced plastics (CFRP)
adherend shear strains **EM3:** 326
Carbon fiber reinforced polymers
friction and wear properties **EM1:** 36
Carbon fiber-epoxy matrix systems **EM3:** 402–403
microindentation test **EM3:** 400, 401
Carbon fibers *See also* Continuous graphite fiber MMCs; Fibers; Graphite fibers; Pitch-base carbon fibers **EM1:** 49–53, 112–113
aerospace application **EM1:** 139
and epoxy resins **EM1:** 75
and graphite fibers, compared **EM1:** 867
and silica fibers, cylinder showing **EM1:** 129
assay, methods **EM1:** 285
axial structure **EM1:** 50
bulk properties **EM1:** 51–52
carbon-matrix reinforcements, properties . . **A20:** 458
classes **EM1:** 51
commercially available, mechanical properties **EM1:** 113
conversion processes **EM1:** 112–113
critical lengths **EM1:** 120
defined **EM1:** 6
diameters **EM1:** 51–52
elastic buckling stress **EM1:** 197
elastic properties **EM1:** 188
environmental interaction **EM1:** 52
fastener corrosion with **EM1:** 706, 709
feedstock **EM1:** 112
for short fiber reinforced composites **EM1:** 120
for woven materials **EM1:** 125–128
forms **EM1:** 360
importance **EM1:** 43
in carbon/carbon composites **EM1:** 916
in space and missile applications **EM1:** 817
incorporation in thermoplastic composites **A18:** 820, 823–824
interfacial bonding **EM1:** 52
introduction **EM1:** 29–30
laminates, wet/dry properties **EM1:** 76
manufacture, for continuous graphite fiber MMCs **EM1:** 867–868
mesophase pitch precursor fibers **EM1:** 51
microstructures **EM1:** 50–52
modulus, determined **EM1:** 50
nickel-coated **EM1:** 36
precursors for **EM1:** 49, 868
prepreg **EM1:** 139
prepreg tow, for filament winding **EM1:** 138
processes **EM1:** 49–50
properties **EM1:** 51–52, 113, 361, 867
radial structure **EM1:** 51
rapier loom for **EM1:** 127
reinforced epoxy resin composites **EM1:** 400, 410–412
reinforcement **EL1:** 1126–1128
reinforcement, ceramic composites **EM1:** 929
scrap, recyling of **EM1:** 153–156
sizings **EM1:** 122, 868
spools **EM1:** 112
structure, types/effects **EM1:** 50–52
surface treatment vs. sizing of **EM1:** 122
surfaces **EM1:** 868
tensile strength/modulus, compared **EM1:** 113
-thermoset resins, interlaminar fracture toughness **EM1:** 98
three-dimensional structure **EM1:** 51
tow sizes **EM1:** 105
types, commercially available **EM1:** 113
unidirectional, reinforced epoxies, strength of **EM1:** 35
vapor-grown **EL1:** 1117–1118
vs. glass fibers, cost **EM1:** 105
with polyacrylonitrile precursor fibers properties **EM1:** 49
Carbon fibers, specific types
AS-4, properties **EM1:** 58
T1000, specific tensile strength and specific tensile modulus **EM1:** 28
Carbon filament precursors for boron fibers . . . **A9:** 592
Carbon flotation
as casting intemal discontinuity **A11:** 354
defined **A11:** 1
improper surface finish caused by . . . **A11:** 358–359
in iron castings **A11:** 358
Carbon free-cutting steels
thermal expansion coefficient **A6:** 907
Carbon gages
for Hugoniot elastic limit measurement **A8:** 211
Carbon gradients *See* Carbon control, evaluation
Carbon graphite
anodic oxidation **EM3:** 287, 290
AS-4 fibers **EM3:** 287
Celion 6000 fibers **EM3:** 287
electrodeposition **EM3:** 287
epoxy finish layer **EM3:** 288
fast atom bombardment **EM3:** 287
flame treatment **EM3:** 286
Fortafil 5T **EM3:** 287
interfacial shear stress and shear strength **EM3:** 288
nitric acid oxidation **EM3:** 286
oxidation of fibers **EM3:** 286
plasma treatments **EM3:** 288
properties **EM3:** 287
surface preparation **EM3:** 286–290
testing problems **EM3:** 333
wet chemical treatment **EM3:** 286
Carbon (HMU) fibers
microindentation test **EM3:** 400
Carbon in cast iron *See also* Graphite; Temper carbon **M1:** 3–5, 6, 9
ductile iron **M1:** 36–37, 38, 40–41, 47, 49
gray iron **M1:** 11–12, 21–23, 29, 31–32
malleable cast irons **M1:** 58–64, 73
Carbon in P/M materials **M1:** 336–337, 340, 342
Carbon in steel **M1:** 114–115, 410, 417
abrasion resistance **M1:** 600, 605, 617, 620
alloy steels **M1:** 459–460
carburizing and carbonitriding **M1:** 533
castings, effect in **M1:** 384, 385, 386–389, 393, 394–395, 399, 400
compressive yield strength hardened 86*xx* steels **M1:** 536
constructional steels for elevated temperature use, effect on **M1:** 647
depth of hardening for induction hardened bars **M1:** 530
fabric knives **M1:** 625
formability affected by **M1:** 553
hardenability **M1:** 456–457, 470, 474–476
hardening temperature and minimum hardness **M1:** 529
hardness affected by **M1:** 472, 478, 480
hardness vs. carbon content and percent martensite **M1:** 457, 458, 529, 530, 561, 607, 608
machinability affected by **M1:** 572–573, 577
maraging steels **M1:** 445–447, 449
notch toughness, effect on **M1:** 692, 697, 707, 709
relation to strength and ductility **M1:** 463, 470
wear resistance vs. carbon content . . . **M1:** 607, 608
Carbon interstitials
effect on fracture toughness of titanium alloys **A19:** 387
Carbon iron powders
annealing **M7:** 183
Brinell hardness of compacts **M7:** 312
density from vibratory compacting **M7:** 306
density with high-energy compacting **M7:** 305
for food enrichment **M7:** 615
Carbon manganese boiler plate
tension and torsion effective fracture strains **A8:** 168
Carbon matrix composites, ceramic or glassy, microstructure **A9:** 592
polishing **A9:** 591
Carbon, max
chemical compositions per ASTM specification B 550-92 . . . . . **A6:** 787
Carbon microballoon
used in composites **A20:** 457
Carbon molds *See* Mold(s)
Carbon monofluoride
as layer lattice solid lubricant **A18:** 116
Carbon monoxide **A13:** 632, 731, 1200–1201, **A19:** 200
disproportionation reaction of **A7:** 168
electrometric titration for **A10:** 205
explosive range **A7:** 465, **M7:** 348
fume generation from arc welding **A6:** 68
hazards and function of heat treating atmosphere **A7:** 466
measured on nickel powder surface **M7:** 258
physiological effects **A7:** 466
poisoning **M7:** 349
pressure in carbonyl vapormetallurgy processing **M7:** 92
reaction **A6:** 58
reaction, underwater welding **A6:** 1010–1011, 1012
reaction with nickel **M7:** 134
safety precautions when sintering **A7:** 466
Carbon monoxide, evolution
during porcelain enameling **M1:** 179
in aluminum **A15:** 82
Carbon monoxide reduction
of copper oxide **M7:** 107, 109
of iron powders for food enrichment **M7:** 615
of oxides **M7:** 52, 53

SUBJECTS OF THE INDEXED VOLUMES: ASM Handbook (designated by the letter "A"): **A1:** Properties and Selection: Irons, Steels, and High-Performance Alloys (1990); **A2:** Properties and Selection: Nonferrous Alloys and Special-Purpose Materials (1990); **A3:** Alloy Phase Diagrams (1992); **A4:** Heat Treating (1991); **A5:** Surface Engineering (1994); **A6:** Welding, Brazing, and Soldering (1993); **A7:** Powder Metal Technologies and Applications (1998); **A8:** Mechanical Testing (1985); **A9:** Metallography and Microstructures (1985); **A10:** Materials Characterization (1986); **A11:** Failure Analysis and Prevention (1986); **A12:** Fractography (1987); **A13:** Corrosion (1987); **A14:** Forming and Forging (1988); **A15:** Casting (1988); **A16:** Machining (1989); **A17:** Nondestructive Evaluation and Quality Control (1989); **A18:** Friction, Lubrication, and Wear Technology (1992); **A19:** Fatigue and Fracture (1996); **A20:** Materials Selection and Design (1997). **Metals Handbook, 9th Edition** (designated by the letter "M"): **M1:** Properties and Selection: Irons and Steels (1978); **M2:** Properties and Selection: Nonferrous Alloys and Pure Metals (1979); **M3:** Properties and Selection: Stainless Steels, Tool Materials, and Special-Purpose Materials (1980); **M4:** Heat Treating (1981); **M5:** Surface Cleaning, Finishing, and Coating (1982); **M6:** Welding, Brazing, and Soldering (1983); **M7:** Powder Metallurgy (1984). **Engineered Materials Handbook** (designated by the letters "EM"): **EM1:** Composites (1987); **EM2:** Engineering Plastics (1988); **EM3:** Adhesives and Sealants (1990); **EM4:** Ceramics and Glasses (1991). **Electronic Materials Handbook** (designated by the letters "EL"): **EL1:** Packaging (1989)

Carbon pearlitic alloy
temperature effect on torsional flow
curve for **A8:** 176

Carbon pickup
Replicast process for **A15:** 270

Carbon planchets
for SEM specimens **A12:** 172

Carbon potential
defined **A9:** 3
endothermic gas **A7:** 469
sintering of steel **A7:** 470, 471

Carbon powder
used in composites. **A20:** 457

Carbon powders
in laser cladding material **A18:** 867

Carbon refractory
defined **A15:** 2

Carbon replicas
techniques, TEM **A12:** 7
two-stage **A12:** 182

Carbon resistors
types and construction **EL1:** 178

Carbon restoration **A1:** 261, 263–264, **M1:** 235, **M4:** 446, 447
defined **A9:** 3

Carbon solubility
in copper alloys **A15:** 465
in multicomponent systems **A15:** 68
ternary iron-base systems **A15:** 66–68

Carbon spots
in alloy steel billet **A9:** 175
macroetching to reveal **A9:** 173

Carbon steel *See also* Hardenable steels; High-carbon steel; Low-carbon steel; Medium-carbon steel
adhesive wear (low, 12% C). **A18:** 238–239
alloying elements in **A1:** 144–147, 456–457
alloys, hardenability. **M7:** 451, 452
aluminum coating of **M5:** 334–335, 343–344
AMS designations **A1:** 153–154, 159, 160–162
application, internal combustion engine
parts **A18:** 556
applications **A20:** 303, **M1:** 455, 457–459, 470
ASTM specifications **A1:** 150, 154, 156, 162, 163–164
atmospheric corrosion of. **M1:** 717–723
bars *See* Cold finished bars; Hot rolled bars
blue brittleness of **M1:** 684
bulk formability of. **A1:** 581
carbon contents, AMS grades **M1:** 140
carbon contents of **A1:** 148, 454–456
cast, carbon-content classifications . . . **M1:** 377–378
cast, patternmakers rules. **M1:** 31, 33
castability rating. **A20:** 303
castings and. **A1:** 363
cavitation erosion rate. **A18:** 774
classification and composition of hardfacing
alloys **A18:** 652, 653
classification of. **A1:** 147
classifications and
designations **M1:** 117–140, 457–459
quality descriptors. **M1:** 118–119
cold finished bars. **M1:** 215–251
combined effect of strain rate and
temperature in **A8:** 38, 40
compacts, austenitizing temperatures **M7:** 453
compatibility with various manufacturing
processes **A20:** 247
composition of **A1:** 147, 149–151, 363
composition ranges and limits
15*xx* grades. **M1:** 126
AISI-SAE standard grades **M1:** 125–127
cold finished bars. **M1:** 120, 125, 126
grades formerly listed by SAE. **M1:** 132
hot rolled bars **M1:** 120, 125, 126
H-steels **M1:** 127
merchant-quality grades **M1:** 126
plate **M1:** 120, 125, 136, 138
resulfurized and rephosphorized grades. . **M1:** 126
seamless tubing. **M1:** 120, 125, 126
semifinished products for forging . . **M1:** 120, 125, 126
sheet and strip **M1:** 120, 125, 135
structural shapes. **M1:** 120, 125, 136
welded tubing **M1:** 120, 125
wire rod. **M1:** 120, 125, 126
compositions. **A20:** 359
corrosion in river water. **M1:** 737–738
corrosion in seawater. **M1:** 739–746
corrosion protection. **M1:** 751–759
corrosive wear. **A18:** 723
creep damage from service exposures. **A8:** 338
cutting tool material selection based on machining
operation **A18:** 617
damage by plastic deformation **A18:** 178
damage dominated by extrusion **A18:** 179
definition of **A1:** 147
deoxidation practice. **A1:** 148
die material for sheet metal forming **A18:** 628
distortion in heat treatment **A1:** 369–370, **M1:** 469–470
ductility measurement from hot torsion
tests **A8:** 165–166
electropolishing of **M5:** 305–08
elevated temperature properties **M1:** 639, 647, 649–653
elevated-temperature properties **A1:** 618, 619
embrittlement
aluminum nitride **A1:** 694–696
blue brittleness **A1:** 692
graphitization **A1:** 696–697
quench-age. **A1:** 692–693
strain-age **A1:** 693–694
endodontic instruments
manufactured from **A18:** 666, 675
endothermic gas sintering atmosphere. **M7:** 341
energy per unit volume requirements for
machining **A20:** 306
fabrication of parts and assemblies. **A1:** 463
hardenability **A1:** 451–454
flame hardening response **A20:** 484
flow curves via torsion and tension
testing for **A8:** 163, 165
fluid die, processing steps **M7:** 543
for autoclave construction **A8:** 424
for precipitator wires in basic oxygen
furnace **A20:** 324, 325–326
for shallow forming dies **A18:** 633
for tooling in HIP units. **M7:** 423
forging costs **M1:** 350, 351
forming by aluminum bronze tools. **A18:** 633
fretting corrosion seen in light
microscopy. **A18:** 372
fretting wear. **A18:** 248, 249
friction coefficient data. **A18:** 73
galvanic effect in seawater **M1:** 740–741
graphitization of **M1:** 686
hardenability **M1:** 471–497
selection for **M1:** 482–491
hardenability equivalence table **M1:** 484–488
hardenable **M1:** 455–470
hardness conversion tables for. **A8:** 109–113
heat treatment **M7:** 559
heat-treated **A18:** 693
hot dip tin coating of. **M5:** 351
impact energies absorbed **A20:** 346
impact resistance and abrasion resistance
properties. **A18:** 759
impact wear **A18:** 268
in pressure vessel fabrication **A1:** 618
induction and flame hardening **A1:** 463
induction hardening temperature **M4:** 452, 455
international designations and
British (BS) steel compositions **A1:** 158, 166–174, 182–184
French (AFNOR) steel compositions **A1:** 158, 166–174, 186–188
German (DIN) steel compositions **A1:** 157, 166–174, 175–178
Italian (UNI) steel compositions. **A1:** 159, 166–174, 190–191
Japanese (JIS) steel compositions. . . **A1:** 157–158, 166–174, 180
specifications for **A1:** 156–159, 166–194
Swedish (SS) steel compositions **A1:** 159, 166–174, 193
laser melting **A18:** 864
linear expansion coefficient vs. thermal
conductivity. **A20:** 267, 276, 277
low-strength, oxygen contamination effect. . **A8:** 408
machinability **A20:** 756, **M1:** 236–239, 572–579
machinability of. **A1:** 595–597
resulfurized **A1:** 597–599
with calcium **A1:** 599
with lead **A1:** 599–600
with nitrogen **A1:** 599
with phosphorus **A1:** 599
with selenium **A1:** 599
with tellurium **A1:** 599
machinability rating. **A20:** 303
mechanical properties **A1:** 202, 205, 206, 457–458, **A20:** 357, 370, 371
mechanical properties hardenable
grades **M1:** 460–463
mechanical properties of plasma sprayed
coatings **A20:** 476
microstructure. **A20:** 358, **M7:** 487, 488
modulus of elasticity at different
temperatures **A8:** 23
nickel plating of **M5:** 215–258, 230–231
electroless **M5:** 230–231
notch toughness . . **M1:** 691–701, 704–707, 708–709
NR/C **EM3:** 629
nylon adhesive wear rate **A18:** 240
oxidation in air **A20:** 480
P/M parts, quenching. **M7:** 453
parameter Z dependence on grain size in . . **A8:** 175
physical properties **A1:** 195–199, **M1:** 145–151
pickling of **M5:** 68–73
piling *See* Piling
pipeline, fatigue check extension in **A8:** 405
plate *See also* Plate **M1:** 181, 183
ASTM specifications. **M1:** 183–185
mechanical properties. **M1:** 188–190, 192, 194–198
polishing and buffing **M5:** 112–114, 120–121
product composition tolerances **M1:** 122
quality descriptors. **A1:** 201, 203
quench-age embrittlement **M1:** 684
rust and scale removal. **M5:** 12–13
SAE-AISI designations **A1:** 149–151
seawater exposure effect on adhesives . . . **EM3:** 632
selected grades, tensile and fatigue
properties **M1:** 680
shafting, selection for **M1:** 606
sheet and strip *See* Low-carbon steel, sheet and strip
sheet formability of. **A1:** 573–579
sheet, minimum bend radii. **M1:** 554
sheet, precoated *See* Steel sheet, precoated
sheet, terne coating of **M1:** 173–174
shot peening of **M5:** 141–142
single-phase austenite, stress-strain curves. . **A8:** 174
soil corrosion. **M1:** 725–731
specimen size effect on fatigue limit reversed
bending. **A8:** 372
spring steel, abrasion resistance **M1:** 603
springs
grades for *See also* specific alloy
designations **M1:** 284–285
hardenability requirements **M1:** 297, 301
steam service applications. **M1:** 747
stiffness **A20:** 515
strain aging **A8:** 179
strain-age embrittlement of. **M1:** 683–684
strain-hardening exponent and true stress values
for **A8:** 24
stress ratio effect on corrosion fatigue crack
propagation **A8:** 406–407
temper embrittlement of **M1:** 684–685
tempering. . . . **A1:** 458–459, 462, **M1:** 463, 466–469
threaded fasteners **M1:** 275, 277
timing chain components, wear compared to alloy
steel **M1:** 628
torsion for flow softening study. **A8:** 177
torsional flow stress data, Zener-Hollomon
parameter **A8:** 162–163
tubular products *See* Steel pipe; Steel tubes; Steel tubing
UNS designations **A1:** 151, 153
versus stainless steel properties **A18:** 713
weldability **M1:** 561–564
weldability of **A1:** 608–609
weldability rating **A20:** 303
wire
fabrication characteristics **M1:** 587–593
manufacture of **M1:** 259–262
products *See also* Fasteners; Fence; Rope;
Springs. **M1:** 271–272
standard size tolerances **M1:** 261

Carbon steel (continued)
  wire rod
    compositions . . . **M1:** 254
    decarburization limits . . . **M1:** 254–256
    grain size . . . **M1:** 255
    heat treatment . . . **M1:** 255–256
    inspection and testing . . . **M1:** 255
    manganese content, effect on tensile strength . . . **M1:** 257
    mechanical properties . . . **M1:** 256, 257
    qualities and commodities . . . **M1:** 254–255
    special requirements for . . . **M1:** 255–256
    tensile strength . . . **M1:** 256, 257
  workability . . . **A8:** 165, 575
  work-hardening exponent and strength coefficient . . . **A20:** 732
Carbon steel bars, for specific applications *See also* Cold-finished steel bars; Hot-rolled steel bars and shapes
  axle shaft quality . . . **A1:** 245
  cold-shearing quality . . . **A1:** 245
  cold-working quality . . . **A1:** 245
  structural quality . . . **A1:** 245
Carbon steel castings *See also* Austenitic manganese steel castings; Low-alloy steel castings . . . **A9:** 230–235
  abrasives for . . . **A9:** 230
  compositions of . . . **A9:** 230–231
  etchants . . . **A9:** 230
  etching . . . **A9:** 230
  grinding . . . **A9:** 230
  mechanical properties . . . **A9:** 230
  microstructures . . . **A9:** 230–231
  mounting . . . **A9:** 230
  polishing . . . **A9:** 230
  sectioning . . . **A9:** 230
Carbon steel mill products
  net shipments (U.S.) for all grades, 1991 and 1992 . . . **A5:** 701
Carbon steel plate *See also* Steel plate **A1:** 226, 227, 232–233, 235
  explosive-bonded to zirconium . . . **A9:** 155
Carbon steel powder
  mechanical properties . . . **A7:** 1095
Carbon steel powder, plain
  for self-lubricating bearings . . . **A7:** 13
Carbon steel rod . . . **A1:** 272
  mechanical properties of . . . **A1:** 275–276
  qualities and commodities of . . . **A1:** 272–274
  special requirements for . . . **A1:** 274
Carbon steel sheet and strip . . . **A1:** 200–208
  application of . . . **A1:** 200
  control of flatness . . . **A1:** 205–208
  direct casting methods . . . **A1:** 211
  mechanical properties of carbon steels . . . **A1:** 202, 205, 206
  mill heat treatment of cold-rolled steel products . . . **A1:** 202–204
  modified low-carbon steel sheet and strip **A1:** 206, 207
  production of . . . **A1:** 200–201, 203, 204
  quality descriptors for carbon
    commercial quality . . . **A1:** 201
    drawing quality . . . **A1:** 201–202
    steels . . . **A1:** 201–202, 203
    structural quality . . . **A1:** 202
  surface characteristics . . . **A1:** 204–205
    strain aging . . . **A1:** 204–205
    stretcher strains . . . **A1:** 204
Carbon steel spring wire
  characteristics of . . . **A1:** 307
Carbon steels *See also* Carbon steels, specific types; Hardenable carbon steels; High-carbon steel; High-carbon steels; Low-alloy steels; Low-carbon steels; Medium carbon steels; Medium-carbon steels; Plain carbon steel; Plain carbon steels; Plate steels; specific types; Steel(s); Steels, AISI-SAE; Steels, specific types **A5:** 702, **A9:** 165–196, **A14:** 215–221
  0.21 %C steel, corrosion fatigue behavior above 10^7 cycles . . . **A19:** 598
  abrasion artifacts in . . . **A9:** 36
  acid pickling . . . **A5:** 68, 69, 73–75
  air-carbon arc cutting . . . **A6:** 1172, 1175, 1176
  aircraft part, fatigue cracking . . . **A13:** 1024
  AISI compositions . . . **A9:** 177
  alloy/environment systems exhibiting stress-corrosion cracking . . . **A19:** 483
  ammonium nitrate induced SCC in . . . **A11:** 211
  and alloy steel galvanic couple . . . **A13:** 544
  and stainless steels, formabilities compared . . . **A14:** 760
  annealing . . . **A4:** 37, 39
  annual steel production . . . **A13:** 509
  applications . . . **A6:** 641
    automotive . . . **A6:** 395
    sheet metals . . . **A6:** 399
  applications, austempered parts . . . **A4:** 155, 157, 161–162, 163
  applications, protection tubes and wells . . . **A4:** 533
  aqueous corrosion . . . **A13:** 512
  arc-welded hardenable, failures in . . . **A11:** 422–423
  atmospheric corrosion . . . **A13:** 510–512
  austenitic-stainless-clad, welding of . . . **A6:** 501–502
  back reflection intensity . . . **A17:** 238
  backing bars . . . **M6:** 382–383
  bar and tube, die materials for drawing . . . **M3:** 525
  blanking, die materials for . . . **M3:** 485, 486, 487
  boiler service corrosion . . . **A13:** 513–514
  boiler tube, hydrogen damage and decarburization . . . **A11:** 612
  boriding . . . **A4:** 437
  brazing properties . . . **M6:** 966
  brazing temperature effect on hardness . . . **A6:** 908
  brine-heater shell, failed . . . **A11:** 638
  buffing . . . **A5:** 104
  capacitor discharge stud welding . . . **M6:** 730
  carbon content effect on warm workability . . . **A14:** 174
  carbon solubility . . . **A13:** 46
  cast, weldability . . . **A15:** 532–534
  casting . . . **A13:** 573–574
  categorized by carbon content . . . **A5:** 702
  clad stainless steel, seawater corrosion . . . **A13:** 889
  cladding of austenitic stainless steel to . . . **A6:** 502–504
  classified . . . **A15:** 702
  cold extrusion, tool materials for . . . **M3:** 515, 516, 517
  cold heading of . . . **A14:** 291
  cold reduction effect, hydrogen absorption . . . **A13:** 329
  color or colorizing compounds for . . . **A5:** 105
  columnar bainite . . . **A9:** 665
  composition of tool and die steel groups . . . **A6:** 674
  compositions . . . **A5:** 702
  compositions of electrodes . . . **M6:** 162–163
  connecting rod, forging fold-fractured . . . **A11:** 328, 330
  corrosion by hydrogen sulfide . . . **A11:** 631
  corrosion fatigue crack growth rates **A19:** 194, 197
  corrosion fatigue strength in 3% salt water . . . **A19:** 671
  corrosion fatigue strength in sea water . . . **A19:** 671
  corrosion in concrete . . . **A13:** 513
  corrosion losses, chemical plant atmospheres . . . **A13:** 533
  corrosion of . . . **A11:** 199, 253, 300, 631, **A13:** 509–530
  corrosion prevention guide, various environments . . . **A13:** 523
  corrosion protection . . . **A13:** 521–525
  corrosion, types of . . . **A13:** 509–515
  corrosion-fatigue cracks in . . . **A11:** 253
  counterbalance spring, fatigue failure . . . **A11:** 558
  covering for welding electrodes . . . **A6:** 177
  deaerator tanks, weld corrosion . . . **A13:** 366
  decarburization bands when held in a fluidized bed . . . **A4:** 486
  deep drawing, tool materials for **M3:** 494, 495, 496
  deformation resistance vs. rolling temperature . . . **A14:** 119
  degassing procedures . . . **A15:** 428
  description of ferrite/carbide microconstituents in low-carbon steel welds . . . **A6:** 101
  die forging, tool materials for . . **M3:** 529, 530, 532, 534
  diffusion coatings . . . **A5:** 619
  diffusion welding . . . **A6:** 884
  dimple rupture . . . **A19:** 11
  dip brazing . . . **A6:** 336–338
  discharge line, failure of . . . **A11:** 639
  dissimilar metal joining . . . **A6:** 821, 824, 825
  distortion in heat treatment . . . **A4:** 612, 614, 615
  drop hammer forming of . . . **A14:** 655–656
  effect of austenite grain size on ferrite and pearlite . . . **A9:** 179
  effect of bushings on fatigue strength . . . **A11:** 470
  electrodes, chemical composition of . . . **M6:** 241
  electrodes for flux-cored arc welding . . . **A6:** 188
  electrodes for shielded metal arc welding . . . **M6:** 81–82
  electrodes, submerged arc welding . . . **A6:** 204, 205
  electrogas welding . . . **A6:** 652, 653, 658–659, 660
  electroless nickel plating . . . **A5:** 300
  electron beam welding, preheating . . . **M6:** 613
  electron-beam welding . . . **A6:** 259, 828, 860
  electropolishing in acid electrolytes . . . **A5:** 754
  electroslag welding . . . **A6:** 273, 274, 276–277, 652, 653, 659
  etchants . . . **A9:** 169–175
  explosion welding **A6:** 303, 896, **M6:** 706–707, 710, 713
    electrical applications . . . **M6:** 714
  flash welding . . . **M6:** 557
  flux-cored arc welding . . . **A6:** 186, 187, 188, 643, 647, 652, 653, 654, 657–658
  for case hardening, compositions of . . . **A9:** 219
  for fine-edge blanking and piercing . . . **A14:** 472
  for forging . . . **A14:** 218
  for gastight shell of cold-wall vacuum furnace . . . **A4:** 498
  for hot upset forging . . . **A14:** 83
  for hot water rinse tanks, chromium plating . . . **A5:** 184
  for springs . . . **A19:** 365, 368
  for wire-drawing dies . . . **A14:** 336
  forge welding . . . **A6:** 306, **M6:** 676
  forging effects on properties . . . **A14:** 217
  forging lubricants . . . **A14:** 217–218
  forging of . . . **A14:** 215–221
  forging temperatures . . . **A14:** 81
  fracture toughness . . . **A19:** 707, 708
  fretting fatigue . . . **A19:** 327, 328
  friction surfacing . . . **A6:** 321, 323
  friction welded to Armco iron . . . **A9:** 156
  friction welding . . . **A6:** 889, **M6:** 721
  fusion welding to stainless steels . . . **A6:** 826, 827
  galvanizing vat, failure of . . . **A11:** 273–274
  gas metal arc welding . . . **M6:** 153
  gas tungsten arc welding . . . **M6:** 182, 203
  gas-metal arc welding . . **A6:** 68, 180, 467, 652, 653, 654, 655, 657
  gas-metal arc welding shielding gases . . . **A6:** 66, 67
  gas-tungsten arc welding . . . **A6:** 190, 652, 653, 654, 655–656, 658
  graphitization . . . **M6:** 834
  grinding . . . **A9:** 168

SUBJECTS OF THE INDEXED VOLUMES: ASM Handbook (designated by the letter "A"): **A1:** Properties and Selection: Irons, Steels, and High-Performance Alloys (1990); **A2:** Properties and Selection: Nonferrous Alloys and Special-Purpose Materials (1990); **A3:** Alloy Phase Diagrams (1992); **A4:** Heat Treating (1991); **A5:** Surface Engineering (1994); **A6:** Welding, Brazing, and Soldering (1993); **A7:** Powder Metal Technologies and Applications (1998); **A8:** Mechanical Testing (1985); **A9:** Metallography and Microstructures (1985); **A10:** Materials Characterization (1986); **A11:** Failure Analysis and Prevention (1986); **A12:** Fractography (1987); **A13:** Corrosion (1987); **A14:** Forming and Forging (1988); **A15:** Casting (1988); **A16:** Machining (1989); **A17:** Nondestructive Evaluation and Quality Control (1989); **A18:** Friction, Lubrication, and Wear Technology (1992); **A19:** Fatigue and Fracture (1996); **A20:** Materials Selection and Design (1997). **Metals Handbook, 9th Edition** (designated by the letter "M"): **M1:** Properties and Selection: Irons and Steels (1978); **M2:** Properties and Selection: Nonferrous Alloys and Pure Metals (1979); **M3:** Properties and Selection: Stainless Steels, Tool Materials, and Special-Purpose Materials (1980); **M4:** Heat Treating (1981); **M5:** Surface Cleaning, Finishing, and Coating (1982); **M6:** Welding, Brazing, and Soldering (1983); **M7:** Powder Metallurgy (1984). **Engineered Materials Handbook** (designated by the letters "EM"): **EM1:** Composites (1987); **EM2:** Engineering Plastics (1988); **EM3:** Adhesives and Sealants (1990); **EM4:** Ceramics and Glasses (1991). **Electronic Materials Handbook** (designated by the letters "EL"): **EL1:** Packaging (1989)

grooving corrosion **A13:** 130–131
hard chromium plating, selected applications **A5:** 177
hardfacing **A6:** 789
hardfacing alloys for **A6:** 791
heat treatment **A14:** 218–219
HERF forgeability **A14:** 104
high frequency welding **M6:** 760
high-frequency welding **A6:** 252
hook, brittle fracture of **A11:** 332–333
hot forging behavior **A14:** 215–217
hot-twist testing **A14:** 216
humidity and atmospheric pollutant effects **A13:** 511–512
hydrochloric acid corrosion **A13:** 1162
hydrogen attack **A13:** 332
hydrogen fluoride/hydrofluoric acid corrosion **A13:** 1166–1167
hydrogen-induced cracking **A6:** 94, 642–649
in $CO/CO_2/H_2O$, bare-surface current density versus crack velocity **A19:** 196
in $CO^{=}_3/HCO^{-}_3$, bare-surface current density versus crack velocity **A19:** 196
in metal-matrix composites **A12:** 466
in mineral acids **A13:** 575
in NO^{-}_3, bare-surface current density versus crack velocity **A19:** 196
in OH^-, bare-surface current density versus crack velocity **A19:** 196
in petroleum refining and petrochemical operations **A13:** 1262–1263
in seawater **A13:** 539, 1256
in sour gas environments **A11:** 300
induction heating energy requirements for metalworking **A4:** 189
induction heating temperatures for metalworking processes **A4:** 188
inhibitors for **A13:** 524
J1S S45C, friction welding **A6:** 441
lamellar tearing **A6:** 651, 652
laser beam welding **M6:** 647
laser cutting **A14:** 741
laser surface hardening **A4:** 286
liquid erosion resistance **A11:** 167
liquid nitriding **A4:** 419
liquid-metal corrosion **A13:** 514–515
liquid-metal embrittlement **A11:** 28
locomotive axles **A11:** 715–727
longitudinal properties **A14:** 219
low-carbon steel
  dislocation structure of persistent slip bands **A19:** 99
  ductile fracture **A19:** 10, 11
  microcrack growth **A19:** 112
  normalized, Lüders band propagation **A19:** 85
  persistent slip bands containing microcracks on surface **A19:** 99
  sulfide inclusions **A19:** 10, 11
macroetching **A9:** 170–177
mass, effect on hardness **A4:** 39
mechanical properties **A14:** 164
mechanical properties, austempered parts . . **A4:** 155
mechanical properties of electrodes . . . **M6:** 162–163
metallic coated **A13:** 526–527
microalloyed forging **A14:** 219–221
microetching **A9:** 169
microstructure **A6:** 642–643, 648
microstructure of annealed material **M6:** 22, 24
microstructures **A9:** 177–179
minimum bend radius **A14:** 523–524
monotonic and fatigue properties **A19:** 968–974
mounting **A9:** 166–168
nonrelevant indications **A17:** 106–108
normalizing **A4:** 35–37, 38, 39
ocean corrosion rates **A13:** 898–899
organic coated **A13:** 528–529
overlay material **M6:** 602
oxide stability **A11:** 452
oxy/methylacetylene-propadiene-stabilized gas cutting **M6:** 904
oxyacetylene gas cutting **M6:** 901–902
oxyacetylene pressure welding **M6:** 595
oxyfuel gas cutting . . **A6:** 1156, 1159–1160, **M6:** 897
oxyfuel gas cutting, manual OFC-A **A6:** 1157
oxyfuel gas welding **A6:** 281, 286, **M6:** 583
oxynatural gas cutting **M6:** 903
oxypropane gas cutting **M6:** 904
oxypropylene gas cutting **M6:** 905
pack cementation aluminizing **A5:** 618
parts, casting failure **A11:** 392
phases **A13:** 48
pickling **A5:** 68, 69, 73–75
pipe, cavitation damage **A13:** 333
pipe, hydrogen embrittlement in **A11:** 645
pipe, weld inspection **A17:** 112
pipe, with uniform corrosion **A11:** 300
plasma arc cutting **A6:** 1168, 1169–1170, **A14:** 731, **M6:** 916–917
plasma arc welding . . . **A6:** 197, 652, 653, 654, 658, **M6:** 214
plasma (ion) nitriding **A4:** 423
polished, monolayers adsorbed on . . . **A10:** 118–120
polishing **A9:** 168–169
porosity **A6:** 641, 651–652
  killed steels **A6:** 652
precoated before soldering **A6:** 131
preferential HAZ corrosion **A13:** 363
press forming dies, use for **M3:** 490
protection needed for vacuum chamber constructions **A4:** 503, 504
quasi-single-phase **A19:** 86
recommended guidelines for selecting PAW shielding gases **A6:** 67
recommended machining specifications for turning with HIP metal-oxide ceramic insert cutting tools **EM4:** 969
recommended shielding gas selection for gas-metal arc welding **A6:** 66
repair welding **A6:** 1105
repair welding and corrosion of weldments **A6:** 1066
Replicast castings of **A15:** 272
residual stress distribution in **A10:** 389
residual stresses **A6:** 643, 651
resistance seam welding **A6:** 241
resistance soldering **A6:** 357
resistance spot welding **M6:** 478, 486
roll welding **A6:** 313, 314
SAE-AISI system of designations for carbon and alloy steels **A5:** 704
SCC failures **A12:** 133
SCC in **A11:** 635
SCC susceptibility, temperature/concentration limits **A13:** 328
SCC testing **A13:** 270
Schaeffler diagrams used to predict microstructures in dissimilar-metal welded joints **A9:** 582
sectioning **A9:** 165–166
shielded metal arc welding **A6:** 651, 652, 653, 654, 656–657, **M6:** 75, 83
shielding gas purity **A6:** 65
shot peening **A5:** 130, 131
shrinkage allowances **A15:** 303
slow strain rate testing **A13:** 263
soil corrosion **A13:** 512–513
solidification cracking **A6:** 641, 649–651, 657
specimen preparation **A9:** 165–169, 171
specimen preservation **A9:** 172
spheroidization of pearlite **A19:** 534
spraying for hardfacing **M6:** 789
springs, failure of **A11:** 555, 556
stainless steel clad, corrosion control **A13:** 888
steam tube, corroded inner surface **A11:** 176
stress-corrosion cracking **A19:** 484, 486–487
structural joints, fatigue strength of **A19:** 287
structure, principles **A13:** 46–47
stud arc welding **A6:** 210, 211, 212, 213, 214, 216, 652, 653, 659–660, **M6:** 730, 733
stud material **M6:** 730
submerged arc welding **A6:** 202, 203, 204, 642, 643, 647, 648, 649, 650, 652, 653, 654, 658, **M6:** 115
  effect on cracking **M6:** 128
  electrodes for **M6:** 120
suitability for cladding combinations **M6:** 691
sulfur dioxide concentration effect on corrosion rate **A13:** 909
sulfuric acid corrosion **A13:** 1148
superheater tube, pitting corrosion **A11:** 615
surface effects of grinding analyzed by Mössbauer **A10:** 287
susceptibility to hydrogen damage . . . **A11:** 126, 249
swageability of **A14:** 128–129
swaging cold reduction effects **A14:** 129
thermal fatigue and thermomechanical fatigue **A19:** 532–536
thermal properties **A6:** 17
thermite welding **A6:** 292
thermophysical constants for laser surface hardening **A4:** 289, 290
thermoreactive deposition/diffusion process **A4:** 452
tool, concrete roughers, bending failure **A11:** 564–565
tool, hydrogen flaking **A11:** 574
torch brazing *See* Torch brazing of steels
tubing, remote-field eddy current inspection **A17:** 200–201
type SA-516-70 thermal cycling effects **M6:** 712
ultrasonic welding **A6:** 893
weathering steels **A13:** 515–521
welding to austenitic stainless steels . . **A6:** 500–501, 502
welding to ferritic stainless steels **A6:** 501
welding to martensitic stainless steels **A6:** 501
weldment, brittle fracture **A11:** 93–94
weldment properties **A6:** 417, 424
weldments **A13:** 362–367
wetting by copper, LME from **A11:** 719
wire, die materials for drawing **M3:** 522
wires, biological corrosion **A13:** 116
zinc and galvanized steel corrosion as result of contact with **A5:** 363
Carbon steels and alloy steels **A16:** 666–680
  abrasive waterjet cutting **A16:** 677
  annealing process **A16:** 672, 674, 676
  automatic screw machine test **A16:** 677
  bainite **A16:** 667, 669, 671–672
  bevel gear rough and finish cutting **A16:** 349
  boring **A16:** 163, 164, 668
  Ca treatment for deoxidation **A16:** 673, 675
  cementite **A16:** 666–667, 670–671
  cermet tools **A16:** 92, 93, 95, 96
  chip formation **A16:** 668, 669, 670, 674
  classification into 3 groups **A16:** 666, 667
  coating of tools **A16:** 57
  cold form tapping **A16:** 266
  composition percentages **A16:** 667
  contour band sawing **A16:** 361, 364
  cutoff band sawing **A16:** 360
  cutting fluids **A16:** 125, 677, 691
  cutting speeds **A16:** 668, 678, 679
  deformation zones **A16:** 669
  drill eccentricity test **A16:** 679
  drill force test **A16:** 678–679
  drilling **A16:** 222, 225–226, 229–232, 237, 673–675
  ductile fracture **A16:** 669
  electrochemical grinding **A16:** 677
  end milling **A16:** 325
  feed and cutting forces compared **A16:** 764
  feed and metal removal rates compared . . **A16:** 764
  ferrites **A16:** 666–667, 669, 671–672, 674, 675
  gear shaping **A16:** 347
  gear shaving **A16:** 342
  grinding **A16:** 676–677
  heat treatment **A16:** 671, 672, 674, 676
  hobbing **A16:** 345
  honing **A16:** 477
  laser cutting **A16:** 677
  leaded or resulfurized **A16:** 149
  machinability **A16:** 668, 669–670, 671
  machinability test matrix **A16:** 639–640
  machinability testing **A16:** 677–680
  martensite **A16:** 667, 669, 671–672, 674
  mechanical properties compared **A16:** 763, 764
  microcrack formation **A16:** 669, 672, 674–675, 676
  microhoning **A16:** 490
  microstructures **A16:** 666–669, 675–676
  microvoid coalescence **A16:** 669, 672, 674–675
  milling **A16:** 312, 313, 315, 675–676
  multifunction machining **A16:** 386, 392
  normalizing **A16:** 674
  pearlite **A16:** 666–667, 669–672, 675–677
  photochemical machining **A16:** 588, 591
  planing **A16:** 676
  plunge test **A16:** 677–678
  power requirements **A16:** 690
  rephosphorized steels **A16:** 672
  resulfurization **A16:** 672–673, 675
  saw bands **A16:** 357, 358, 359, 362, 364

Carbon steels and alloy steels (continued)
sawing **A16:** 359, 360
shaping **A16:** 347, 676
shear formation **A16:** 671
slab milling **A16:** 324
spheroidizing **A16:** 672, 674, 676
surface finish **A16:** 670, 672, 673, 675
susceptibility to seaming **A16:** 282
tapping **A16:** 256, 260, 262, 263, 676
thread grinding **A16:** 274
thread rolling **A16:** 282, 288, 290, 292–293
threading **A16:** 300
tool life **A16:** 669–673, 675, 677, 679
turning **A16:** 144, 146–147, 149, 668–673, 675–676
twist drill geometries **A16:** 674
Carbon steels, fracture properties of **A19:** 614–654
alloying effects **A19:** 614–615
compositions **A19:** 614–615
grain refinement of low-carbon and HSLA steels **A19:** 627, 628
manganese content effect **A19:** 617
normalizing effect on **A19:** 617
versus HSLA steels **A19:** 627
Carbon steels, specific types *See also* Carbon steels
0.7% C
oxidation-fatigue laws summarized with equations **A19:** 547
thermomechanical fatigue experiments **A19:** 532, 534
0.19% C, stress-corrosion cracking **A19:** 649
0.20% C, water quenched **A9:** 185
0.02 to 0.22% C, stress-corrosion cracking **A19:** 649
0.05 wt% C, plastic work of fatigue crack propagation **A19:** 70
0.05C annealed, measured values of plastic work of fatigue crack propagation, and A values **A19:** 69
0.2C, number of overload cycles effect on crack growth delay period **A19:** 119
0.32C-0.5Mo-3Cr, stress-corrosion cracking **A19:** 649
0.20C-1.0Mn, as-quenched **A9:** 185
0.14C-1.73Mn, stress-corrosion cracking . . **A19:** 649
0.45C-Ni-Cr-Mo-V, fracture toughness and particle spacing **A19:** 12
1% Mn max
nil ductility transition temperatures and yield strengths after normalizing and tempering **A19:** 656
nil ductility transition temperatures and yield strengths after quenching and tempering **A19:** 656
10B21, monotonic and fatigue properties **A19:** 969
10B22, monotonic and fatigue properties **A19:** 969
10B30, monotonic and fatigue properties **A19:** 969
10B35, different heat treatments compared **A9:** 186–187
15B27, monotonic and fatigue properties **A19:** 969
15B35, monotonic and fatigue properties **A19:** 969
1008, aluminum-killed, different anneal temperatures **A9:** 182
1008, aluminum-killed, hot-rolled, open skin lamination **A9:** 183
1008, aluminum-killed, hot-rolled sheet arrowhead defects **A9:** 183
1008, capped, finished hot, coiled cold, hot rolled, reductions from 10% to 90% **A9:** 180–181
1008, cold-rolled, longitudinal streaks **A9:** 183–184
1008, cold-rolled sheet, ingot scab sliver . . . **A9:** 183
1008, cold-rolled sheet, mill scale defect . . . **A9:** 183
1008, cold-rolled sheet, surface pits from rolled-in sand **A9:** 184
1008, rimmed, coiled, cold rolled, effects of different process temperatures **A9:** 182
1008, rimmed, orange peel **A9:** 182
1008, rimmed, stretcher strains **A9:** 182
1010, as hot rolled, effects of insufficient grinding **A9:** 167
1010, carbonitrided **A9:** 227
1010, decarburized, effects of improper polishing **A9:** 169
1010, hot-rolled, different sectioning techniques **A9:** 166
1010, liquid nitrided **A9:** 229
1012 modified, cold-rolled strip carbonitrided **A9:** 226
1018 bar, austenitized and furnace cooled **A9:** 224
1018 bar, carbontrided **A9:** 226
1018, gas carburized, different times and surface carbon contents compared **A9:** 219–220
1020, carbonitrided **A9:** 227
1020, carburized, prior austenite grain boundaries **A9:** 185
1020, cyanided **A9:** 227
1025, normalized by austenitizing **A9:** 186
1030, isothermal transformation of austenite **A9:** 186
1035 & 10B35, effect of boron on hardenability **A9:** 187
1035 modified, salt bath nitrided **A9:** 229
1038, bar, as-forged, secondary pipe **A9:** 187
1038, bar, as-forged, severely overheated . . . **A9:** 187
1039, gas carburized roller for contact-fatigue tests, with butterfly alterations **A9:** 223
1040, bar, different heat treatments **A9:** 187
1040, isothermal transformation **A9:** 187
1045, bar, different heat treatments compared **A9:** 188
1045, bar stock, different heat treatments compared **A9:** 188
1045, forging, different heat treatments compared **A9:** 188
1045 modified, salt bath nitrided **A9:** 229
1045, partial isothermal transformation **A9:** 188
1045, sheet, normalized by austenitizing . . . **A9:** 188
1050, different heat treatments compared . . **A9:** 189
1052, forging, various inclusions **A9:** 190
1055, rod, patented by austenitizing **A9:** 192
1055, wire, patented by austenitizing **A9:** 192
1060, decarburized **A9:** 193
1060, rod, different heat treatments compared **A9:** 192
1060, wire, air patented by austenitizing . . . **A9:** 193
1064, strip, cold-rolled **A9:** 193
1065, wire, patented by austenitizing **A9:** 193
1070, valve-spring wire, 80% reduction **A9:** 193
1074, sheet, cold-rolled, different heat treatments compared **A9:** 193
1080, bar, hot-rolled, different cooling rates compared **A9:** 193–194
1095, different heat treatments compared . . **A9:** 194
1095, wire, different heat treatments compared **A9:** 194
1522, monotonic and fatigue properties . . . **A19:** 969
1541, forged, different heat treatments **A9:** 190
1541, forging lap **A9:** 190
1541, monotonic and fatigue properties . . . **A19:** 969
1561, monotonic and fatigue properties . . . **A19:** 969
AISI 1042, temperature effect on fracture mode **A12:** 33, 45
AISI 1060, knobbly structure **A12:** 33
AISI 1080, temperature effect on fracture mode **A12:** 33, 44
AISI 1085, cathodic cleaning **A12:** 75–76
API 5LX52, fatigue crack extension from a weld toe crack **A19:** 198
ASTM A27, annealed by austenitizing **A9:** 231
ASTM A27, as-cast **A9:** 231
ASTM A27, grade 70-36, as-cast **A9:** 232
ASTM A27, grade 70-36, normalized by austenitizing **A9:** 232
ASTM A27, grade 70-36, quenched and tempered **A9:** 232
ASTM A27, quenched and tempered **A9:** 231
ASTM A148, annealed by austenitizing **A9:** 233
ASTM A148, grade 90-60, as-cast **A9:** 232
ASTM A148, grade 90-60, normalized and tempered **A9:** 233
ASTM A148, grade 90-60, normalized by austenitizing **A9:** 233
ASTM A148, grade 105-85, quenched and tempered **A9:** 233
ASTM A148, quenched and tempered **A9:** 233
ASTM A216, grade WCA, annealed by austenitizing **A9:** 233–234
ASTM A216, grade WCA, as-cast **A9:** 233
ASTM A216, grade WCA, normalized and tempered **A9:** 233–234
ASTM A216, grade WCA, quenched and tempered **A9:** 234
ASTM A216, grade WCB, annealed by austenitizing **A9:** 234
ASTM A216, grade WCB, as-quenched **A9:** 234–235
ASTM A216, grade WCB, normalized by austenitizing **A9:** 234–235
C-Mn
fatigue crack growth **A19:** 635
fracture toughness **A19:** 627
hydrogen embrittlement **A19:** 443, 445
hydrogen-induced cracking **A19:** 480
DQ SK, monotonic and fatigue properties **A19:** 969
Fe-0.69C, lower bainite **A9:** 665
Fe-0.57C, plate martensite **A9:** 671
Fe-1.34C, inverse bainite **A9:** 665
Fe-1.2C, plate martensite **A9:** 671
low-carbon steels
composition **A19:** 615
F1140, corrosion fatigue **A19:** 599, 600
Ni-Cr-Mo-V steel with 0.45% carbon, particle size effect on fracture **A19:** 11
SA333-grade 6 ASME, cycle-based corrosion fatigue crack growth rates **A19:** 199
Carbon, T-300
fiber type effect on flexure strength and impact strength of fiber/epoxy composites . . **A20:** 462
Carbon tetrachloride **A7:** 59
as toxic chemical targeted by 33/50 Program **A20:** 133
electroless nickel coating corrosion **A5:** 298, **A20:** 479
hazardous air pollutant regulated by the Clean Air Amendments of 1990 . . . . . **A5:** 913
maximum concentration for the toxicity characteristics, hazardous waste **A5:** 159
reaction to aluminum powder **A7:** 157
Carbon treating
as bath control **EL1:** 680
Carbon tube furnace
defined **M7:** 2
Carbon vane pump
in environmental test chamber **A8:** 411
Carbon, vapor pressure
relation to temperature **M4:** 309, 310
Carbon whiskers
carbon-matrix reinforcements, properties . . **A20:** 458
Carbon/carbon composites **A20:** 660, 661
Carbon/graphite matrix composites
applications **EM1:** 918
densification processing **EM1:** 917–918
multidirectionally reinforced **EM1:** 915–919
preforms, woven **EM1:** 915–917
properties **EM1:** 918
Carbonaceous
additions, to molding sand mixes **A15:** 211
defined **A15:** 2
Carbon-arc microscope illumination systems . . . **A9:** 72
Carbonate
brass plating, use in **M5:** 286, 571, 573
cadmium cyanide plating bath content effects of **M5:** 257–258, 266–267
copper plating, formation during, effects and removal of **M5:** 163–164

SUBJECTS OF THE INDEXED VOLUMES: ASM Handbook (designated by the letter "A"): **A1:** Properties and Selection: Irons, Steels, and High-Performance Alloys (1990); **A2:** Properties and Selection: Nonferrous Alloys and Special-Purpose Materials (1990); **A3:** Alloy Phase Diagrams (1992); **A4:** Heat Treating (1991); **A5:** Surface Engineering (1994); **A6:** Welding, Brazing, and Soldering (1993); **A7:** Powder Metal Technologies and Applications (1998); **A8:** Mechanical Testing (1985); **A9:** Metallography and Microstructures (1985); **A10:** Materials Characterization (1986); **A11:** Failure Analysis and Prevention (1986); **A12:** Fractography (1987); **A13:** Corrosion (1987); **A14:** Forming and Forging (1988); **A15:** Casting (1988); **A16:** Machining (1989); **A17:** Nondestructive Evaluation and Quality Control (1989); **A18:** Friction, Lubrication, and Wear Technology (1992); **A19:** Fatigue and Fracture (1996); **A20:** Materials Selection and Design (1997). **Metals Handbook, 9th Edition** (designated by the letter "M"): **M1:** Properties and Selection: Irons and Steels (1978); **M2:** Properties and Selection: Nonferrous Alloys and Pure Metals (1979); **M3:** Properties and Selection: Stainless Steels, Tool Materials, and Special-Purpose Materials (1980); **M4:** Heat Treating (1981); **M5:** Surface Cleaning, Finishing, and Coating (1982); **M6:** Welding, Brazing, and Soldering (1983); **M7:** Powder Metallurgy (1984). **Engineered Materials Handbook** (designated by the letters "EM"): **EM1:** Composites (1987); **EM2:** Engineering Plastics (1988); **EM3:** Adhesives and Sealants (1990); **EM4:** Ceramics and Glasses (1991). **Electronic Materials Handbook** (designated by the letters "EL"): **EL1:** Packaging (1989)

zinc cyanide plating bath content **M5:** 248
Carbonate alkaline cleaners **M5:** 23–24, 28, 35
Carbonate group
chemical groups and bond dissociation energies used in plastics **A20:** 441
Carbonates
as molten salt **A13:** 50, 91
as salt precursors **EM4:** 113
Carbon-base materials
hot isostatic pressing **A7:** 316
Carbon-boron-nitrogen-silicon composition tetrahedron
as superhard material **A2:** 1008
Carbon-carbon
defined **EM1:** 6
Carbon-carbon composites ... **EM1:** 911–924, **EM4:** 20
applications **A9:** 592, **EM1:** 922–924, **EM4:** 20
chemical vapor infiltration process .. **EM1:** 911–912
coatings, for oxidation resistance **EM1:** 920
continuous carbon fiber reinforced .. **EM1:** 911–914
etching **A9:** 591
fabrication processes **A9:** 591
for brake linings **A18:** 570
for carbon aircraft brakes **A18:** 584
heat sink properties **EM1:** 36
high-performance, properties **EM1:** 920
in aircraft brakes **A18:** 582
liquid impregnation process **EM1:** 911–912
manufacture **EM1:** 924
mounting and mounting materials **A9:** 588
multidirectionally reinforced ... **EM1:** 129, 915–919
oxidation-resistant **EM1:** 920–921
polarized light rnicroscopy **A9:** 592
polishing **A9:** 590–591
process **EM1:** 911–912
properties **EM4:** 20
protective coatings for **A5:** 887–890
redensified with pyrolytic graphite **A9:** 595–596
scanning electron microscopy **A9:** 592
structurally reinforced **EM1:** 922–924
tape-wound, shrinkage cracks and voids ... **A9:** 595
thermal conductivity **EM1:** 924
unidirectional properties **EM1:** 912–914
Carbon-carbon deposits
manufacturing methods **A18:** 816, 817
Carbon-carbon engineering properties **EM4:** 835–838, 842–843
Carbon-carbon friction materials
for carbon aircraft brakes **A18:** 584
Carbon-chromium equilibrium curves **A15:** 426
Carbon-containing cermets **A7:** 924, **M7:** 799
defined **A2:** 979
Carbon-control agents
as oxide-reducing agents in sintering atmosphere **A7:** 464
Carbon-epoxy composites
applications **A9:** 592
fiber volume fraction effect on thermal expansion **EM1:** 190
flexural damping variation **EM1:** 208
grinding **A9:** 588
ply angle effects on damping **EM1:** 210
polishing **A9:** 590
S-N curves **EM1:** 201
Carbon-equivalent number (CEN) **A6:** 416
Carbon-fiber composites
fatigue properties **A19:** 22, 23
Carbon-fiber/epoxy composites **A20:** 463
properties **A20:** 654, 655
specific types, temperature effect on strength **A20:** 461
Carbon-fiber-reinforced polymer (CFRP)
engineered material classes included in material property charts **A20:** 267
for efficient compact springs **A20:** 288
for windsurfer masts **A20:** 290
fracture toughness vs. density .. **A20:** 267, 269, 270
fracture toughness vs. Young's modulus .. **A20:** 267, 271–272, 273
linear expansion coefficient vs. thermal conductivity **A20:** 267, 276, 277
loss coefficient vs. Young's modulus **A20:** 267, 273–275
normalized tensile strength vs. coefficient of linear thermal expansion **A20:** 267, 277–279
specific modulus vs. specific strength **A20:** 267, 271, 272
strength vs. density **A20:** 267–269
Young's modulus vs. density ... **A20:** 266, 267, 268, 289
Young's modulus vs. elastic limit **A20:** 287
Carbon-fiber-reinforced polymer (CFRP) uniply
Young's modulus vs. density ... **A20:** 266, 267, 268
Carbon-fiber-reinforced polymer laminate glass-fiber-reinforced polymer (CFRP laminate GFRP)
specific modulus vs. specific strength **A20:** 267, 271, 272
Young's modulus vs. density ... **A20:** 266, 267, 268
Young's modulus vs. strength ... **A20:** 267, 269–271
Carbon-fiber-reinforced polymer uniply glass-fiber-reinforced polymer (CFRP uniply GFRP)
Young's modulus vs. strength ... **A20:** 267, 269–271
Carbon-filled epoxy
volume resistivity and conductivity **EM3:** 45
Carbon-film resistors *See also* Resistors
construction **EL1:** 178
failure mechanism **EL1:** 971, 999–1001
Carbon-graphite **A18:** 693
electrodes for resistance brazing **A6:** 341
electrodes, resistance brazing **A6:** 340–341
filler for seals **A18:** 551
G-14 (grade), properties **A18:** 549, 551
hard, oxidation resistant, electrodes, resistance brazing **A6:** 340–341
P-658RC, properties **A18:** 549, 551
properties (70%-30%) **A18:** 817
seal material **A18:** 551
soft, electrodes, resistance brazing **A6:** 340–341
Carbon-graphite composites
single-lap shear, fatigue failure in fastened joints **A11:** 549
static tensile failures in **A11:** 548–549
Carbon-graphite materials, friction and wear of **A18:** 816–819
applications **A18:** 816, 819
component design **A18:** 819
corrosive wear **A18:** 816
electrical carbons **A18:** 816
electrographite **A18:** 818, 819
"film control" **A18:** 818
friction and wear **A18:** 817–819
impregnation effects on typical carbon-graphite base material **A18:** 817
impregnation effects on typical graphite-base material **A18:** 817
lubrication **A18:** 818
manufacturing methods **A18:** 816–817
mechanical carbons **A18:** 816
microstructure **A18:** 816
physical and mechanical properties .. **A18:** 816, 817, 818, 819
rubbing speed **A18:** 818
Carbonic acid **A19:** 474, 487
conductometric titration of **A10:** 203
Carbonitride cermets *See also* Carbide cermets **A16:** 91–92
applications and properties **A2:** 1004–1005
defined **A2:** 979
titanium carbonitride cermets **A2:** 998–1000
Carbonitride coatings **A20:** 481
Carbonitride-base cermets **A7:** 923
Carbonitrided steels **A9:** 217–229
electron microscopy **A9:** 217
etchants for **A9:** 217
etching **A9:** 217
grinding **A9:** 217
microstructures **A9:** 218
mounting **A9:** 217
polishing **A9:** 217
sectioning **A9:** 217
specimen preparation **A9:** 217
Carbonitrides **A19:** 491, **A20:** 361
appearance of, in iron-chromium-nickel heat-resistant casting alloys **A9:** 332
as addition to tungsten carbide **A7:** 195
as inclusions **A10:** 176
cold sintering **A7:** 580
for fatigue resistance **A11:** 121
identification of **A11:** 39
Carbonitrides, precipitation of
in steel **A1:** 115–116
Carbonitriding **A4:** 264, 266, 376–386, **A19:** 342, 343, **A20:** 486, 488, **M4:** 176–190
alloy steels **A5:** 738–739
and drilling operations **A16:** 219
applications **A4:** 379–380, 385, **M4:** 176–178
as modified gas carburizing **M7:** 454
atmosphere constituents **A4:** 380, **M4:** 181
atmosphere control **A4:** 380–382, **M4:** 182–183, 184
atmospheres, batch furnace **A4:** 382–383, **M4:** 183–184
atmospheres, continuous-furnace **A4:** 383, **M4:** 185
benefits **A5:** 737
carbon steels **A5:** 738–739
case and core hardenabilities **M1:** 533–538
case composition **A4:** 376–377, 382, **M4:** 178, 179, 180
case depth .. **A4:** 376, 377–379, 381, 382, 383–384, 385–386, **M4:** 180–181, 182, 183
case hardenability **A4:** 376, 379, 382, 386, **M4:** 180, 182
case hardening by **M7:** 454
case properties **M1:** 533, 536, 538
cermets **M7:** 813
core properties **M1:** 534–535
defined **A9:** 3, **A13:** 2
definition **A5:** 948
electroless nickel coating **A5:** 299
equipment and techniques **M7:** 454
examples **A4:** 377, 378–379, 380, 382, 383–384
ferrous alloys **A7:** 645, 649–650
ferrous P/M alloys **A5:** 766
for fracture resistance **A7:** 963
furnaces **A4:** 380–383, **M4:** 181
gas quenching **A4:** 376, 385, **M4:** 188
hardenability affected by **M1:** 493–495
hardness gradients **A4:** 379, 380, **M4:** 179–180, 181, 182
hardness profiles developed by **M1:** 632–633
hardness testing ... **A4:** 385–386, **M4:** 189, **M7:** 454
in fluidized beds **A4:** 486, 490
methods **M1:** 533, 539–540
oil quenching **A4:** 376, 378, 383, 386, **M4:** 188
P/M drive gears **M7:** 667
P/M materials **M1:** 339, 343
powder metallurgy parts **A4:** 383, 386, **M4:** 189–190
ferrous **A4:** 386, **M4:** 799
quenching media **A4:** 376, 384–385, **M4:** 177
refractory cermets **M7:** 813
retained austenite **A18:** 260
retained austenite, control of **A4:** 384, **M4:** 187
safety precautions **A4:** 383, **M4:** 185
selection of steel for **M1:** 535–538
temperature selection ... **A4:** 383–384, **M4:** 186–187
tempering **A4:** 379, 385, 386, **M4:** 189–190
threaded fasteners **M1:** 277, 279
time and temperature, effect of **A4:** 376, 378, 379, 382, 383, **M4:** 180–181, 182, 183
titanium alloys **A18:** 866
uses **A4:** 376, **M4:** 176
void formation **A4:** 379, 382, **M4:** 179, 181
water quenching **A4:** 385, **M4:** 187
Carbonium ion **EM3:** 7
defined **EM2:** 8
Carbonization **A20:** 465, 468–469, **EM1:** 6, 112, **EM3:** 7
defined **A18:** 4
Carbonized resin
used in composites **A20:** 457
Carbonizing flame
definition **A6:** 1207
Carbon-manganese
submerged arc welding **M6:** 118–119
Carbon-manganese alloys
slow-strain rate testing **A13:** 263
Carbon-manganese cast steels **A1:** 373
as low-alloy **A15:** 715
Carbon-manganese steel **A8:** 499
Carbon-manganese steel, as-hot rolled
composition **A19:** 615
Carbon-manganese steels
applications, machinery and equipment **A6:** 390
composition of **A1:** 151
creep crack growth rate **A19:** 517
creep-brittle material **A19:** 512
fatigue and fracture properties **A19:** 655, 660, 661, 663, 664
hot ductility tests on **A1:** 696
hot-rolled, fracture properties **A19:** 616–617

Carbon-manganese steels (continued)
principal ASTM specifications for weldable sheet steels **A6:** 399
sheet and strip **A1:** 206, 208
weld microstructure **A6:** 53
weldability . . **A6:** 420, 421, 422, 423, 424, 426–427

Carbon-manganese structural steels
hot-rolled **A1:** 390, 391

Carbon-matrix composites
manufacturing of **A20:** 702

Carbon-molybdenum
resistance to graphitization **M6:** 834
submerged arc welding electrodes for **M6:** 121

Carbon-molybdenum desulfurizer welds
cracking in. **A11:** 663

Carbon-molybdenum steel
creep damage from service exposures. **A8:** 338

Carbon-molybdenum steel, flux-cored arc welding
designator **A6:** 189

Carbon-molybdenum steels
boiler applications. **M1:** 747
graphitization in **A11:** 100

Carbon-phenolic prepregs
as flame resistant **EM1:** 141

Carbon-platinum replicas **A9:** 108

Carbon-resin composites
as advanced composite **EM1:** 28
property data. **EM1:** 294

Carbon-silicon steels **A1:** 208

Carbontetrachloride
as carcinogenic cleaning agent **A12:** 74

Carbon-tungsten special-purpose tool steel *See* Tool steels, carbon-tungsten, special purpose

Carbon-tungsten special-purpose tool steels
forging temperatures **A14:** 81

Carbonyl group
chemical groups and bond dissociation energies used in plastics **A20:** 440

Carbonyl iron powders **A7:** 72, 73
annealing of. **A7:** 322
Brinell hardness of compacts **A7:** 441
electronic and microwave applications . . **A7:** 72, 73
for injection molding. **A7:** 73
for magnetic power cores **A7:** 76–77
for powder metallurgy **A7:** 73
magnetic properties **A7:** 1008
metal injection molding applications **A7:** 76
microstructures **A9:** 509
powder injection molding. **A7:** 359–360
radar absorption applications **A7:** 73, 76
vibratory compacting of powders **A7:** 318–319

Carbonyl metallurgy
powder applications. **A7:** 171

Carbonyl nickel powder
density of compacts **A7:** 439, **M7:** 310
microstructures **M7:** 396
production **M7:** 134–138
products **A7:** 501
properties **M7:** 396
shrinkage of iron mixes with **M7:** 480, 481
sintering. **A7:** 474

Carbonyl powders
cluster **M7:** 135
defined **M7:** 2
in thermal decomposition **M7:** 54–55
iron **A7:** 113
metal **M7:** 135
nickel **A7:** 113
vapor **M7:** 137–138

Carbonyl sulfide
hazardous air pollutant regulated by the Clean Air Amendments of 1990 . . . . **A5:** 913

Carbonyl vapor deposition
ultrafine and nanophase powders **A7:** 72, 75

Carbonyl vapor metallurgy **A7:** 110, 112–114, 167–171
commercial processes **A7:** 169–170
development of. **A7:** 167
metal carbonyl formation and decomposition **A7:** 168
metal carbonyls. **A7:** 167
nickel tetracarbonyl **A7:** 168–169
powder properties **A7:** 170, 171
thermal decomposition reactions. **A7:** 168

Carbonyl vapormetallurgy processing **M7:** 92–93, 134–138

Carbonyls **A7:** 69, 167–171

Carborundum (220 mesh)
Miller numbers **A18:** 235

Carborundum's sintered alpha (SA) silicon carbide **EM4:** 980

Carbowax
for cemented carbides **A7:** 494

Carboxy DGEBA diacrylate
properties. **EM3:** 92

Carboxyl
hazardous air pollutant regulated by the Clean Air Amendments of 1990 . . . . **A5:** 913

Carboxylated butadiene acrylonitrile
used as modifiers **EM3:** 121

Carboxylic acid group
chemical groups and bond dissociation energies used in plastics **A20:** 441

Carboxyl-terminated butadiene acrylonitrile adhesive
principal strains **EM3:** 329

Carboxyl-terminated butadiene acrylonitrile epoxy
compared to epoxy-urethane **EM3:** 185

Carboxyl-terminated butadiene acrylonitrile epoxy system
strain-energy release rates **EM3:** 365

Carboxyl-terminated butadiene acrylonitrile liquid polymers
properties. **EM3:** 185

Carboxyl-terminated polybutadiene acrylonitrile rubber
as polyimide toughening agent. **EM3:** 161

Carboxymethylcellulose
removal **EM4:** 137

Carburization *See also* Decarburization **A7:** 728, 743, **A16:** 71
and conventional die compaction **A7:** 13
at elevated-temperature service **A1:** 643
by macroetching. **A9:** 174–175
case hardening by **M7:** 453–454
-caused brittle fracture, austenitic stainless steels **A12:** 358
effect in tool steels **A11:** 571–572
effect on chromium depletion and magnetic permeability. **A11:** 272
effect on stainless steel microstructure **A11:** 271
effect on stainless steels **A11:** 271–273
excessive, of tools and dies **A11:** 571–573
faulty, effect on distortion **A11:** 141
from soot on belts during sintering. **A7:** 457
gas **M7:** 453
growth or shrinkage during **M7:** 480
high-temperature **A13:** 99–101
historical study **A12:** 1–2
improper, steel gear and pinion failure from **A11:** 336
in carbon and alloy steels, revealed of iron-chromium-nickel heat-resistant casting alloys, effect of silicon on **A9:** 333
in forging. **A11:** 335–336, **A17:** 493
in heat-treating components **A13:** 1311–1313
in iron casting **A11:** 361–362
in steel castings **A11:** 396, 406
iron **A7:** 70
mechanically alloyed oxide dispersion-strengthened (MA ODS) alloys **A2:** 947
molybdenum powder **A7:** 497
nickel-base alloys and welding considerations **A6:** 591–592
nickel-base corrosion-resistant alloys containing molybdenum **A6:** 596
of fatigue surface **A8:** 373
of heat-resistant cast alloys. **A13:** 576
of P/M superalloys. **A13:** 839
of powder metallurgy materials. **A9:** 503, 512
of stainless steels **A13:** 559
of steel, microstructure **A11:** 326–327
of tungsten carbide powder, furnaces for . . **M7:** 157
of tungsten carbide powder production **M7:** 156–157
pack **M7:** 453
postforging defects from **A11:** 333
surface **A11:** 406
tool steels, high-speed **A16:** 55
tungsten powder **A7:** 497

Carburized cases
microhardness testing **A8:** 96

Carburized hardenability test **A1:** 464–465, 466, **M1:** 472–473

Carburized steel
electroless nickel plating applications **A5:** 306
welding factor **A18:** 541

Carburized steel parts
surface hardening of **M1:** 532

Carburized steels **A9:** 217–229
characteristics of **A1:** 380–381
electron microscopy **A9:** 217
etchants for **A9:** 217
etching **A9:** 217
grinding **A9:** 217
machinability of **A1:** 600
microstructures **A9:** 218
mounting **A9:** 217
polishing **A9:** 217
sectioning. **A9:** 217
specimen preparation. **A9:** 217
thermoreactive deposition/diffusion process **A4:** 448
versus through-hardened steels. **A19:** 693

Carburized steels, bending fatigue of . . . **A19:** 680–690
austenitic grain size and fatigue **A19:** 680, 681, 684–685
bending fatigue testing **A19:** 681
carburizing process **A19:** 680–681
intergranular fracture **A19:** 680–681, 684
microstructure **A19:** 680–681
residual stresses and shot peening. . . **A19:** 686, 687, 688
retained austenite and fatigue. . . **A19:** 681, 686–687
specimen design **A19:** 681–683
stages of fatigue and fracture. **A19:** 683–684
subzero cooling and fatigue **A19:** 687
surface oxidation and fatigue . . . **A19:** 685–686, 687

Carburized steels, specific types
20MnCr5, composition, for carburized bearings **A19:** 355
M50 NiL, contact fatigue **A19:** 335
SCM420, composition, for carburized bearings **A19:** 355

Carburizing **A18:** 873–876, **A19:** 315, 328, 334, 680–681, **A20:** 486, 487
alloy steels **A5:** 738
and drilling **A16:** 219
applications **A18:** 873, 874
as surface treatment in wrought tool steels **A1:** 779
benefits. **A5:** 737
carbon steels **A5:** 738
carburizing process. **A18:** 873
pack carburizing **A18:** 873
salt bath carburizing. **A18:** 873
vacuum and plasma carburizing. **A18:** 873
carburizing steels **A18:** 875–876
cleanliness **A18:** 875
fabricability **A18:** 876
hardenability **A18:** 875
preoxidation prior to carburizing. **A18:** 876
secondary hardening alloys **A18:** 876
case and core hardenabilities **M1:** 533–538
case properties **M1:** 532–536
characteristics of carburized surfaces **A18:** 873–875
diffusion of carbon **A18:** 873
microstructure **A18:** 873–874
residual stress **A18:** 874–875

SUBJECTS OF THE INDEXED VOLUMES: ASM Handbook (designated by the letter "A"): **A1:** Properties and Selection: Irons, Steels, and High-Performance Alloys (1990); **A2:** Properties and Selection: Nonferrous Alloys and Special-Purpose Materials (1990); **A3:** Alloy Phase Diagrams (1992); **A4:** Heat Treating (1991); **A5:** Surface Engineering (1994); **A6:** Welding, Brazing, and Soldering (1993); **A7:** Powder Metal Technologies and Applications (1998); **A8:** Mechanical Testing (1985); **A9:** Metallography and Microstructures (1985); **A10:** Materials Characterization (1986); **A11:** Failure Analysis and Prevention (1986); **A12:** Fractography (1987); **A13:** Corrosion (1987); **A14:** Forming and Forging (1988); **A15:** Casting (1988); **A16:** Machining (1989); **A17:** Nondestructive Evaluation and Quality Control (1989); **A18:** Friction, Lubrication, and Wear Technology (1992); **A19:** Fatigue and Fracture (1996); **A20:** Materials Selection and Design (1997). **Metals Handbook, 9th Edition** (designated by the letter "M"): **M1:** Properties and Selection: Irons and Steels (1978); **M2:** Properties and Selection: Nonferrous Alloys and Pure Metals (1979); **M3:** Properties and Selection: Stainless Steels, Tool Materials, and Special-Purpose Materials (1980); **M4:** Heat Treating (1981); **M5:** Surface Cleaning, Finishing, and Coating (1982); **M6:** Welding, Brazing, and Soldering (1983); **M7:** Powder Metallurgy (1984). **Engineered Materials Handbook** (designated by the letters "EM"): **EM1:** Composites (1987); **EM2:** Engineering Plastics (1988); **EM3:** Adhesives and Sealants (1990); **EM4:** Ceramics and Glasses (1991). **Electronic Materials Handbook** (designated by the letters "EL"): **EL1:** Packaging (1989)

surface oxidation A18: 875
transformation of retained austenite A18: 875
copper brazed assemblies M6: 936
core properties M1: 537–538
defined A9: 3, A13: 2
definition A5: 948
ferrous alloys A7: 645, 646, 649–650
ferrous P/M alloys A5: 766
for valve train assembly components A18: 559
gear materials A18: 261
history and development A18: 873
in powder forging A14: 201–202
mainshaft bearings of jet engines A18: 590
methods M1: 533, 538–539
notch toughness of steels, effect on . . M1: 704–705, 706
process/materials selection for wear resistance A18: 876
retained austenite A18: 260
stainless steels A5: 760, A18: 715, 716, 723
steels for M1: 535–538, 610
threaded fasteners M1: 277, 279
titanium alloys A18: 780–781
titanium and titanium alloys A5: 844
tool steels A5: 769, A18: 642, 739
tungsten carbide A18: 795
typical hardness profiles M1: 634

Carburizing and cyaniding salts
dip brazing A6: 337, 338

Carburizing atmospheres
heating-element materials A2: 834

Carburizing bearing steels A1: 381–382, 383

Carburizing potential
neutral M7: 388
of cemented carbides A7: 494
of cemented carbides in hydrogen atmosphere M7: 386–387

Carburizing prediction programs A20: 774

Carburizing salts
use in dip brazing M6: 991

Carburizing steels
compressive layer and hardness produced by A10: 380
machinability M1: 568, 578–581

CARCA *See* Computer-assisted rocking curve analysis

Carcass foundation stiffness A18: 580

Carcinogenesis
and dental alloys A13: 1339
and metal toxicity A2: 1235
of lead toxicity A2: 1245–1246
of nickel toxicity A2: 1250

Carcinogenic organic solvents
cleaning A12: 74

Carcinogenic polynuclear aromatic compounds
MFS analysis of A10: 72

Carcinogenicity
of arsenic A2: 1238
of cadmium A2: 1241
of metals, chronology of observations A2: 1236
of platinum complexes A2: 1258

Carcinogens
in metallic wires EM1: 118

Card *See* Printed board; Printed wiring board (PWB)

Card assembly materials
and processes selection EL1: 116–117

Card edge
substrate EL1: 624

Cardboard
carbides for machining A16: 75

Carded glass fibers EM1: 11

Carding process
defined EM1: 111

Cardiomyopathy
as cobalt toxicity M7: 204
from cobalt toxicity A2: 1251

Cardiovascular disease
from cadmium exposure A2: 1241

Card-on-board
defined EL1: 1136

Card-on-mother-board package *See* Card-on-board; Third-level package

Care
of fractures A12: 72

CARES algorithm A20: 629–630, 631

CARES computer program *See also* Probabilistic design of ceramic components, NASA/CARES computer program EM4: 700, 744

CARES/Life algorithm A20: 635

CARES/Life Users and Programmers Manual A20: 631

Cariogenesis A13: 1337

CARLOS
standardized service simulation load history A19: 116

Carmen-Kozeny equation
permeation of viscous flow along tortuous channels through many small capillaries EM4: 70

Carmine method
for boron in Al alloys A10: 68

Carnauba
as investment casting wax A15: 253

Carney flowmeter A7: 287

Carney funnel A7: 292–293
for determining apparent density M7: 273–274
for determining powder rate M7: 279
to measure flow rate of powders A7: 296–297

Carnotite ore (uranium)
toxicity of A2: 1261–1262

Carousel-type rig
for thermal fatigue testing A11: 278–279

Carpenter Hampden steel
properties A8: 234

Carpenter Stentor steel
properties A8: 234

Carpenters' saws
wear of M1: 624

Carpet plot *See* Fracture surface map

Carpet plots EM1: 233, 310–312
fractured titanium alloy A12: 172
stereo imaging A12: 171
titanium alloy, by stereophotogrammetry . . A12: 198

Carriage
cam plastometer A8: 195–196
in quick-release clamp A8: 221

Carrier
defined A10: 670
effects in dc arc sources A10: 25
gas, in analytic ICP systems A10: 34

Carrier coatings A7: 1086

Carrier core composition
in copier powders M7: 584

Carrier density
as function of position EL1: 152

Carrier gas
definition A5: 948, M6: 3

Carriers *See also* Chip Carriers
in core castings A15: 240
liquid, wet abrasive blasting process M5: 94–95
nickel plating, use in M5: 204–205

Carriers (bases)
of lubricants A14: 514

Carriers for planetary pinion gears (P/M) . . . A7: 764, 767

Carrousel sample holder
in Auger spectrometer A10: 554

Cartesian coordinate system
definition A20: 829

Cartesian tensor notation A20: 187

Cartridge brass *See also* Brasses; Copper alloys; Copper alloys, specific types; Copper alloys, specific types, C26000; Wrought coppers and copper alloys
applications and properties A2: 300–302
as solid-solution copper alloy A2: 234
composition A20: 391
EDS and WDS analysis of A10: 530
electrolytic etching A9: 401
hardness conversion tables A8: 109
properties A20: 391
resistance spot welding A6: 850
SCC failures in A11: 27
tensile strength, reduction in thickness by rolling A20: 392
weldability A6: 753

Cartridge cases
20-mm M7: 680

Cartridge filters
as rigid filter A15: 490

Ca-Sb (Phase Diagram) . . . . . A3: 2•121

Cascade A18: 851

Cascade cleaning A13: 1139

Cascade development
of copier powders M7: 582

Cascade impaction
to analyze ceramic powder particle sizes . . EM4: 67

Cascade method, cast irons
welding of A6: 715

Cascade separator
defined M7: 2

Cascade sequence
definition M6: 3
welding of cast irons M6: 313

Cascade tests
for gas-turbine components A11: 280–281

Cascade welding sequence
cast irons A15: 526

Cascades
of peritectic reaction A15: 128

Cascading A7: 60, 61

Case
and core, low ductility of A11: 389–391
carburizing, for fatigue resistance A11: 121
crushing, gear failure from A11: 595
defined A9: 3
definition A5: 948, A7: 714
hardness of gear tooth A11: 600

Case carburizing
in powder forging A14: 201–202

Case crushing
as fatigue mechanism A19: 696
defined A18: 4

Case debonding
as squeeze casting defect A15: 326

Case depth *See also* Case depth, measurement
and Knoop hardness readings A8: 96, 101
case depth, control of
measurement . . . M4: 155, 156, 158–159, 172–174
variation M4: 153–154, 154–155
gears A19: 352
metallographic sections for A11: 24
mounting for examination of, in cast irons A9: 243
of powder metallurgy materials measuring A9: 508
preparation of specimens for examining A9: 217–218
vs. applied stress, in gears A11: 594

Case depth, measurement A4: 454–461
chemical method A4: 454–456, M4: 276–277
procedure for carburized cases A4: 454–455, M4: 276, 277
spectrographic analysis A4: 455–456, M4: 276–277, 278
destructive methods A4: 460–461
macroscopic visual procedures A4: 457, M4: 278–279
mechanical method A4: 456, M4: 277–278
cross-section procedure A4: 456, M4: 277–278
step-grind procedure A4: 456, M4: 278
taper-grind procedure A4: 456, M4: 278
microhardness testing A4: 459–460
microscopic visual procedures A4: 457–459, M4: 278–279
annealed condition . . . A4: 457–458, M4: 279–280
carbonitrided cases A4: 458, M4: 280
carburized cases A4: 457–458
cyanided cases A4: 458–459, M4: 280
hardened condition A4: 457–459, M4: 279
nitrided cases A4: 459, M4: 281
selectively hardened cases A4: 459, M4: 281
nondestructive methods A4: 460–461
process parameter contributions to variations A4: 624, 625
specifications A4: 454

Case depth requirements
surface hardened steels M1: 528, 538

Case hardened steel
Brinell testing of A8: 89
Rockwell hardness testing of A8: 83
shallow, Rockwell scale for A8: 76

Case hardening . . . A19: 315, 342, A20: 355, 487, 488, M1: 457, 470, 473, 491–496
and material specifications A20: 228
as secondary operation M7: 453–455
brittle fracture and A11: 90–92
by carbonitriding M7: 454
by carburizing M7: 453–454
by gas nitriding M7: 455
chemical surface studies of A10: 177
defined A9: 3, A13: 2

Case hardening (continued)
definition. **A5:** 948–949
depths **M7:** 454
effect on fatigue behavior **M1:** 673–675
effective case depth **A4:** 454, 459, **M4:** 276
faulty, effect on distortion **A11:** 141
ferrous P/M alloys **A5:** 766
for fracture resistance **A7:** 963
hardness profiles developed by **M1:** 632, 633
hardness surveys **A4:** 454, **M4:** 275
of iron-carbon P/M drive gears **M7:** 667
of parts. **A11:** 94
of shaft, high-cycle fatigue in. **A11:** 106
steels for. **M1:** 491–496
total case depth **A4:** 454, 458, 459, **M4:** 276

Case hardening, effects
visual examination **A12:** 72

Case hardening steels **A9:** 217–229
carbonitrided, specimen preparation. **A9:** 217
carburized, specimen preparation **A9:** 217
compositions of **A9:** 219
microstructures **A9:** 218
nitrided, specimen preparation **A9:** 217–218

Case hardness of powder metallurgy parts, determining the, specifications **A7:** 713, 724, 1099

Case Histories in Fatigue Design. **A19:** 246

Case properties
carburized and carbonitrided steels. . . **M1:** 533–537
nitrided steels **M1:** 540

Case-carburizing treatments **A7:** 13

Case-hardening
gear materials **A18:** 261
mainshaft bearings of jet engines **A18:** 590
rolling-element bearings **A18:** 262

Case-hardening steels, specific types
805A 17, residual stresses. **A4:** 609
805A20, residual stresses **A4:** 609
832M 13, residual stresses **A4:** 609
897M39, residual stresses **A4:** 609
905M39, residual stresses **A4:** 609

Casein **EM3:** 7
applications **EM3:** 45
characteristics **EM3:** 45
defined **EM2:** 8
for packaging. **EM3:** 45

Casein adhesive **EM3:** 7

Ca-Si (Phase Diagram) . . . . **A3:** 2•121

Casing *See also* Steel tubular products. **M1:** 320
extrusion press **A11:** 37
fractured, after bisection of bleed hole. **A11:** 38

Ca-Sr (Phase Diagram) . . . . **A3:** 2•122

CASS test **A13:** 4, 225

CASSE computer program for structural analysis **EM1:** 268, 270

Cassette **EM3:** 65

Cassiterite **A7:** 197, **M7:** 160
as stream tin **A15:** 16
fusion flux for. **A10:** 167

Cassiterite (SNO_2)
applications **EM4:** 48
electrical/electronic applications **EM4:** 1106
key product properties. **EM4:** 48
raw materials. **EM4:** 48

Cast
defined **EM2:** 8
effect on fatigue performance of components **A19:** 317

Cast alloy steel
circumferential V-notch effect on bending fatigue strength **A19:** 669

Cast alloy steels *See also* Casting alloys; Ferrous casting alloys
development of. **A15:** 32

Cast alloy steels, specific types
14% Cr alloy (VM), development **A15:** 32
20Cr-7Ni (VA), development of **A15:** 32
80% Ni 20% Cr, development of. **A15:** 32

Cast alloy tools
cast iron machining **A16:** 656
Ni alloy machining **A16:** 837
turning Ti alloys. **A16:** 846

Cast alloys *See also* Zinc and zinc alloys
scanning electron microscopy used to determine microstructural morphology **A9:** 101
Scheil equation for the solute distribution characteristic **A9:** 631

Cast Alnico alloys
chemical analysis and magnetic property control **A15:** 737
foundry practice. **A15:** 736–738
grinding **A15:** 738–739
heat treatment **A15:** 738
history **A15:** 736
inspection and testing. **A15:** 738–739
melting and casting **A15:** 737–738
molding **A15:** 736–737
patterns **A15:** 736
structure and properties **A15:** 739

Cast aluminum *See also* Aluminum; Aluminum casting alloys
bobbing compounds for **A5:** 104
designation system **A2:** 15–16
elongation measurements of. **A8:** 655

Cast aluminum alloys *See also* Aluminum; Aluminum casting alloys; Cast aluminum alloys, specific types
atmospheric corrosion **A13:** 596, 601
chemical analysis **A12:** 405
composition and microstructure effects on corrosion **A13:** 585–587
designation system **A2:** 15–16
effects of freezing and heat treatment **A12:** 409
experimental, transverse fracture surface. . **A12:** 413
foundry products **A2:** 123–151
fractographs **A12:** 405–413
fracture/failure causes illustrated. **A12:** 217
nomenclatures. **A2:** 4–5
properties **A2:** 152–177
shrinkage cavities. **A12:** 409
solution potentials **A13:** 585

Cast aluminum alloys, specific types *See also* Cast aluminum alloys
356.0-T6, brittle fracture **A12:** 405–406
356.0-T6, fatigue fracture. **A12:** 407–408
356.0-T6, service fracture. **A12:** 409–410
380.0, brittle fracture. **A12:** 410
518.0, overload fracture in service . . . **A12:** 411–412
A357 blade, porosity in **A12:** 66, 67
A357-T6 gear housing, shrinkage void. . **A12:** 66, 67
A357-T6, inclusion in fracture surface **A12:** 65, 66
A357-T6, shrinkage void. **A12:** 67

Cast aluminum and aluminum alloys
cleaning and finishing of . . **M5:** 571–574, 576, 583, 588, 590–591, 597, 601–603, 606

Cast aluminum bronze
dealuminification. **A13:** 130

Cast aluminum molds
rotational molding **EM2:** 366

Cast aluminum-magnesium alloy
nose-splitting in **A8:** 595–596

Cast austenitic stainless steels
ferrite in **A1:** 909, 910–911
SCC prevention **A13:** 327

Cast austenitic-manganese steels, specific types
12Mn, nominal compositions and applications **A18:** 703
12Mn-1Mo, nominal compositions and applications **A18:** 703
12Mn-1Mo-Ti, nominal compositions and applications **A18:** 703
C-Mn, nominal compositions and applications **A18:** 703
Cr-Ni-Mo, nominal compositions and applications **A18:** 703
Mn-Cr-Mo, nominal compositions and applications **A18:** 703

Cast beryllium-copper alloys *See also* Beryllium-copper alloys
mechanical properties **A2:** 412
microstructure **A2:** 404–405

Cast beryllium-nickel alloys
melting and casting **A2:** 403

Cast billet
beryllium-copper alloys **A2:** 403

Cast chromium steels
mineral acid corrosion **A13:** 575

Cast cobalt alloys
for cutting tool materials **A18:** 614, 615
hot hardness values compared **A16:** 69
machining of Zn alloys **A16:** 831
processing **A16:** 69
properties and applications. **A16:** 69
Tantung 144 . . . . **A16:** 69–70
Tantung G. **A16:** 69–70
tools **A16:** 69, 70, 154, 654

Cast cobalt-base superalloys *See also* Polycrystalline cast superalloys
compositions of **A1:** 983
design of **A1:** 985–986
physical properties **A1:** 983
stress-rupture properties **A1:** 985–987
tensile properties **A1:** 984

Cast cobalt-chromium-molybdenum endoprosthesis. **A13:** 663

Cast Co-Cr-W alloys
for planer tools. **A16:** 183

Cast copper alloys *See also* Cast copper alloys, specific types; Copper; Copper alloys; Copper alloys, specific types. **A13:** 619–620, 624
applications. **A2:** 224–228
availability. **A2:** 216
corrosion ratings. **A2:** 231
properties. **A2:** 224–228, 356–390

Cast copper alloys, specific types *See also* Cast copper alloys
beryllium copper 21C, properties and applications. **A2:** 390–391
C81100, composition, applications properties, fabrication **A2:** 356
C81300, properties and applications. **A2:** 356
C81400, properties and applications . . **A2:** 356–357
C81500, properties and applications. **A2:** 357
C81800, properties and applications . . **A2:** 357–358
C82000, properties and applications . . **A2:** 358–359
C82200, properties and applications. **A2:** 359
C82400, properties and applications . . **A2:** 359–360
C82500, properties and applications (standard) **A2:** 360–362
C82600, properties and applications. **A2:** 362
C82800, properties and applications . . **A2:** 362–363
C83300, properties and applications . . **A2:** 363–364
C83600, properties and applications. **A2:** 364
C83800, properties and applications. **A2:** 365
C84400, properties and applications. **A2:** 365
C84800, properties and applications . . **A2:** 365–366
C85200, properties and applications. **A2:** 366
C85400, properties and applications. **A2:** 366
C85700, properties and applications . . **A2:** 366–367
C85800, properties and applications . . **A2:** 366–367
C86100, properties and applications. **A2:** 367
C86200, properties and applications. **A2:** 367
C86300, properties and applications . . **A2:** 367–368
C86400, properties and applications . . **A2:** 368–369
C86500, properties and applications. **A2:** 369
C86700, properties and applications. **A2:** 370
C86800, properties and applications . . **A2:** 370–371
C87300, properties and applications (formerly C87200). **A2:** 371–372
C87500, properties and applications . . **A2:** 372–373
C87600, properties and applications. **A2:** 372
C87610, properties and applications. **A2:** 372
C87800, properties and applications . . **A2:** 372–373
C87900, properties and applications. **A2:** 373
C90300, properties and applications. **A2:** 374
C90500, properties and applications. **A2:** 374

SUBJECTS OF THE INDEXED VOLUMES: ASM Handbook (designated by the letter "A"): **A1:** Properties and Selection: Irons, Steels, and High-Performance Alloys (1990); **A2:** Properties and Selection: Nonferrous Alloys and Special-Purpose Materials (1990); **A3:** Alloy Phase Diagrams (1992); **A4:** Heat Treating (1991); **A5:** Surface Engineering (1994); **A6:** Welding, Brazing, and Soldering (1993); **A7:** Powder Metal Technologies and Applications (1998); **A8:** Mechanical Testing (1985); **A9:** Metallography and Microstructures (1985); **A10:** Materials Characterization (1986); **A11:** Failure Analysis and Prevention (1986); **A12:** Fractography (1987); **A13:** Corrosion (1987); **A14:** Forming and Forging (1988); **A15:** Casting (1988); **A16:** Machining (1989); **A17:** Nondestructive Evaluation and Quality Control (1989); **A18:** Friction, Lubrication, and Wear Technology (1992); **A19:** Fatigue and Fracture (1996); **A20:** Materials Selection and Design (1997). **Metals Handbook, 9th Edition** (designated by the letter "M"): **M1:** Properties and Selection: Irons and Steels (1978); **M2:** Properties and Selection: Nonferrous Alloys and Pure Metals (1979); **M3:** Properties and Selection: Stainless Steels, Tool Materials, and Special-Purpose Materials (1980); **M4:** Heat Treating (1981); **M5:** Surface Cleaning, Finishing, and Coating (1982); **M6:** Welding, Brazing, and Soldering (1983); **M7:** Powder Metallurgy (1984). **Engineered Materials Handbook** (designated by the letters "EM"): **EM1:** Composites (1987); **EM2:** Engineering Plastics (1988); **EM3:** Adhesives and Sealants (1990); **EM4:** Ceramics and Glasses (1991). **Electronic Materials Handbook** (designated by the letters "EL"): **EL1:** Packaging (1989)

C90700, properties and applications . . **A2:** 374–375
C91700, properties and applications. **A2:** 375
C92200, properties and applications . . **A2:** 375–376
C92300, properties and applications. **A2:** 376
C92500, properties and applications . . **A2:** 376–377
C92600, properties and applications . . **A2:** 377–378
C92700, properties and applications. **A2:** 378
C92900, properties and applications. **A2:** 378
C93200, properties and applications . . **A2:** 378–379
C93400, properties and applications. **A2:** 379
C93500, properties and applications. **A2:** 379
C93700, properties and applications . . **A2:** 379–380
C93800, properties and applications . . **A2:** 380–382
C93900, properties and applications. **A2:** 382
C94300, properties and applications. **A2:** 382
C94500, properties and applications. **A2:** 382
C95200, properties and applications . . **A2:** 382–383
C95300, properties and applications . . **A2:** 383–384
C95400, properties and applications . . **A2:** 384–385
C95500, properties and applications. **A2:** 385
C95600, properties and applications. **A2:** 386
C95700, properties and applications. **A2:** 386
C95800, properties and applications . . **A2:** 386–387
C96200, properties and applications. **A2:** 387
C96400, properties and applications . . **A2:** 387–388
C96600, properties and applications. **A2:** 388
C97300, properties and applications. **A2:** 388
C97600, properties and applications . . **A2:** 388–389
C97800, properties and applications. **A2:** 389
C99400, properties and applications. **A2:** 389
C99500, properties and applications . . **A2:** 389–390
C99700, properties and applications. **A2:** 390

Cast copper (high purity)

anode and rack material for use in copper plating **A5:** 175

Cast dies **A14:** 53

Cast film *See also* Films
defined **EM2:** 8
definition. **A5:** 949

Cast film extrusion *See* Chill roll extrusion

Cast grit

blasting with **M5:** 83–84, 86

Cast iron *See also* Alloy cast irons; Compacted graphite iron; Ductile iron; Gray iron; Iron; Iron castings; Malleable iron; specific type, such as Alloy cast iron; White iron . . **A1:** 3–104
abrasion resistance. **M3:** 582, 583
abrasive blasting of. **M5:** 91
acid cleaning of **M5:** 59, 62
air-carbon arc cutting. **A6:** 1176
alloy production, powders used **M7:** 572
alloyed **M1:** 4–5, 6, 7, 75–96
alloying elements, graphitization potential of **A1:** 6
architectural uses **A15:** 18
as eutectic alloy **A15:** 168–181
as lap plate material **EM4:** 352–353
austenite dendrites **M1:** 5, 6
austenitic, impellers, shrinkage porosity damage. **A11:** 355–356
automotive applications of gray. **A1:** 19
babbitting of **M5:** 356
basic metallurgy of. **A1:** 3–11
bearing, cap, hypoeutectic **A11:** 349–350
brazing and soldering characteristics . . **A6:** 626–627
Brinell test application **A8:** 84, 89
cadmium plating of **M5:** 256–257, 262, 264
carbon content of. **A1:** 3, 5
carbon dissolution in. **A15:** 72–73
carbon effects, discovered. **A15:** 29
carbon equivalent **M1:** 4
carbon in. **M1:** 3–5, 6, 9
cementite in **M1:** 3–5, 6
chemical analysis and sampling **M7:** 249
chemical composition. **A15:** 185, 522
chemical pipe sealants for plumbing. **EM3:** 608
chilled
abrasion resistance **M1:** 81, 87–88
annealing, effect on hardness and combined carbon **M1:** 82
compositions. **M1:** 76
depth of chill, effect of alloying elements. **M1:** 76–80
mechanical properties **M1:** 85–87
structure. **M1:** 75–76, 82–85
chrome plating, hard **M5:** 171–172
classification of. **A1:** 3–11
classified **A15:** 627–628
cleaning solutions for substrate materials . . **A6:** 978
common **A1:** 3
compacted graphite irons **A1:** 3, 8–9
compatibility with various manufacturing processes **A20:** 247
composition ranges **A1:** 5, 6
Connellsville coke for **A15:** 30
constitutional liquation **A6:** 75
cooling curve analysis **A15:** 180
corrosion in near-neutral soil **M1:** 726–727
corrosion of **A11:** 199–200
cost per unit mass **A20:** 302
cost per unit volume **A20:** 302
coupled zone in **A15:** 174
cutting, tools for **M3:** 477
defined **A15:** 2
definition of **A1:** 3, 12
design for casting **A20:** 724, 726
desulfurization **A15:** 75–76
development of. **A15:** 29
dip brazing **A6:** 338
ductile *See* Ductile cast iron
ductile iron **A1:** 3, 7–8
ductile, stress concentration cracking **A11:** 346–347
electroslag welding **A6:** 278
emulsion cleaning of. **M5:** 35
enamel application **EM3:** 301, 303
energy per unit volume requirements for machining **A20:** 306
engineered material classes included in material property charts **A20:** 267
ferrite in **M1:** 6–9
ferrosilicon as inoculant for **A15:** 105
flame hardening response **A20:** 484
fluxing of **M5:** 353
fracture toughness vs.
density. **A20:** 267, 269, 270
strength. **A20:** 267, 272–273, 274
Young's modulus **A20:** 267, 271–272, 273
fresh water corrosion, effect of H_2S. **M1:** 733
friction welding. **A6:** 152
gages, use for **M3:** 556
galvanic series for seawater **A20:** 551
gas porosity in **A15:** 82
gases in **A15:** 82–85
gas-tungsten arc welding **A6:** 192
graphite in **M1:** 3–9
graphite shape **A1:** 3, 6
graphitic, postweld heat treatment **A15:** 527
graphitic, wear applications **A20:** 607
gray *See also* Gray cast iron. **A11:** 199
gray iron **A1:** 3, 4–7
gray, paper-roll driers, failures of **A11:** 653–654
gray, yield strength of **A8:** 21
growth of eutectic in. **A15:** 174–180
hardened steel ball indenters for **A8:** 74
hardfacing. **A6:** 798, 807
hardness testing. **M7:** 452
heat treatment. **A1:** 7
high-nickel. **A11:** 200
high-silicon **A11:** 200
high-temperature behavior **A20:** 527
history of. **A15:** 17–18
hot dip tin coating of **M5:** 351–355
hydrogen removal **A15:** 84–85
hydrogen solubility in **A15:** 82
hypoeutectic, structure of bearing cap cast from **A11:** 349
inclusions in **A15:** 94–95
inert gas flushing of. **A15:** 84–85
inoculants for **A15:** 105
inorganic fluxes for **A6:** 980
iron-iron carbide-silicon system **M1:** 3–4
kinetics of gas-liquid reactions **A15:** 82–83
ladle desulfurization. **A15:** 77
linear expansion coefficient vs. thermal conductivity. **A20:** 267, 276, 277
linear expansion coefficient vs. Young's modulus **A20:** 267, 276–277, 278
liquid iron-carbon alloys,
structure of **A15:** 168–169
liquid treatment of. **A1:** 7
loss coefficient vs. Young's modulus **A20:** 267, 273–275
machinability **A20:** 756
malleable *See* Malleable cast iron
malleable and ductile. **A11:** 199
malleable irons. **A1:** 3, 9–11
martensite in **M1:** 5–7
matrix. **A1:** 3
mechanical properties of plasma sprayed coatings **A20:** 476
melts, purification of. **A15:** 75–79
metallurgy of **M1:** 3–9
metalworking rolls, use for **M3:** 504–506
microhardness testing **A8:** 97
microstructural wear **A11:** 161
microstructure **M1:** 3–9
microstructure, and weldability **A15:** 522
microstructures and processing for obtaining common commercial **A1:** 4
mottled, defined *See* Mottled cast iron
mottled iron **A1:** 3
nickel plating, electroless. **M5:** 238–240
nitrogen removal **A15:** 84–85
nitrogen solubility in. **A15:** 82–83
normalized tensile strength vs. coefficient of linear thermal expansion. **A20:** 267, 277–279
nucleation of eutectic in. **A15:** 169–174
oxyacetylene welding of **A15:** 529–531
oxyfuel gas cutting. **A6:** 1155
oxyfuel gas welding **A6:** 281
oxygen removal. **A15:** 74
paper-roll dryer, journal -to-head failure . . **A11:** 655
pearlite in **M1:** 4, 6–9
phosphate coating of **M5:** 436–438, 441, 448
pickling of **M5:** 72
polishing and buffing. **M5:** 112–114
porcelain enameling of **M5:** 509–513, 515, 519–522, 524–525, 527–528
design parameters **M5:** 524–525
evaluation of enameled surfaces **M5:** 527–528
frits, composition. **M5:** 510
methods **M5:** 519–520
selecting, factors in **M5:** 512–513
surface preparation for **M5:** 515
precoated before soldering **A6:** 131
press forming, dies, use for **M3:** 490, 493
principles of metallurgy of **A1:** 3–4
properties. **EM4:** 677, 990, 992
pump impeller, graphitic corrosion. . . **A11:** 374–375
relative solderability as a function of flux type. **A6:** 129
repair welding. **A6:** 1105
repair welding and corrosion of weldments **A6:** 1066
Rockwell hardness testing of **A8:** 82
Rockwell scale for **A8:** 76
rust and scale removal. **M5:** 13–14
salt bath descaling of **M5:** 98–100, 102
scrap, as charge **A15:** 388
scuffing temperatures and coefficients between ring and cylinder-liner materials **EM4:** 991
shielded metal arc welding. **A6:** 176
silicon in. **M1:** 3–5
solderability. **A6:** 971
solderable and protective finishes for substrate materials **A6:** 979
soldering **A6:** 631
solidification of. **A15:** 83–84, 168–181
special **A1:** 3, 11
spheroidal graphite iron **A1:** 7–8
strength vs. density **A20:** 267–269
structural diagrams for **A15:** 68–70
sulfur removal. **A15:** 74
tensile strength **A1:** 6, 7
ternary, third element effects. **A15:** 65–68
thermal spray forming. **A7:** 411
tooling for pressed ware **EM4:** 398
turning and milling recommended ceramic grade inserts for cutting tools **EM4:** 972
types **M1:** 3–9
urea effect **A15:** 238
vapor degreasing of. **M5:** 54
weld repair with high-nickel alloys **A6:** 1066
weldability **M1:** 563–564
weldability rating by various processes . . . **A20:** 306
welding of **A15:** 520–531
white iron **A1:** 3
white irons, hardfacing. **A6:** 790, 791
with graphite particles, Rockwell hardness testing of. **A8:** 80
Young's modulus vs. elastic limit **A20:** 287
Young's modulus vs. strength . . . **A20:** 267, 269–271

Cast iron (austenite)
zinc and galvanized steel corrosion as result of contact with . . . **A5:** 363
Cast iron cylinder compressed air blast
early use . . . **A15:** 25
Cast iron, glow discharge to determine C P, and S in . . . **A10:** 29
Cast iron, induction hardening
flake-graphite gray iron . . . **M4:** 470, 476–477
applications . . . **M4:** 477
distortion . . . **M4:** 476
ferrite . . . **M4:** 476
pearlite . . . **M4:** 476
nodular iron . . . **M4:** 470, 477–479
as cast . . . **M4:** 477
normalized and tempered . . . **M4:** 478
prior treatments . . . **M4:** 477–478
quenched and tempered . . . **M4:** 478–479
pearlitic malleable iron . . . **M4:** 470, 479–480
Cast iron pipe *See also* Ductile iron pipe; Gray iron pipe . . . **M1:** 97–100
applications . . . **M1:** 97–100
coatings and linings . . . **M1:** 97–98, 100
joints and fittings . . . **M1:** 97–100
specifications for . . . **M1:** 97–98, 100
standard laying conditions . . . **M1:** 98, 99
Cast iron rolls
applications and types . . . **A14:** 352–353
Cast iron shot peening . . . **M5:** 141
Cast iron/steel
electroless nickel plating applications . . . **A5:** 307
Cast irons *See also* Ductile irons; Gray iron; Gray irons; Iron; Malleable iron; Malleable irons; Nodular iron **A3:** 1•23–1•24, 1•26, **A9:** 242–255, **A13:** 566–572, **A16:** 184–185, 648–665
abrasion damage in . . . **A9:** 38–39
abrasive belt grinding . . . **A16:** 663–664
abrasive machining . . . **A16:** 648
acicular structures . . . **A16:** 9, 650
acid cleaning . . . **A5:** 48
alloying effects . . . **A13:** 556–567
alloying element effect on machining characteristics . . . **A16:** 652–654
anaerobic biological corrosion . . . **A13:** 116
annealing treatments . . . **A16:** 651
applications, protection tubes and wells . . . **A4:** 533
arc welding *See* Arc welding of cast irons
austenite . . . **A16:** 649
babbitting . . . **A5:** 374, 375
bainite . . . **A16:** 648
basic metallurgy . . . **A13:** 566
boriding . . . **A4:** 440
boring . . . **A16:** 162, 655
brazing *See* Brazing of cast irons
Brinell hardness indicator . . . **A16:** 648
broaching . . **A16:** 197, 200, 203–204, 206, 208, 656
cadmium plating . . . **A5:** 215, 223
carbides . . . **A16:** 649
carbon solubility . . . **A13:** 46–47
cemented carbide tools . . . **A16:** 86
centerless roll lapping . . . **A16:** 496
ceramic cutting tools . . . **A16:** 98, 101–103
cermet tools applied . . . **A16:** 92
chemical compositions . . . **M6:** 309
chill . . . **A16:** 649, 650
chill cast iron rolls . . . **A16:** 98
chromium plating . . . **A5:** 178
classification, by carbon form/shape . . . **A13:** 566
coated carbide tools . . . **A16:** 79
coatings . . . **A13:** 570–571
color etching . . . **A9:** 141–142
commercially available . . . **A13:** 567–568
compacted graphite . . . **A16:** 648
containing tin . . . **A2:** 526
corrosion forms . . . **A13:** 468–569
corrosion-resistant, hydrochloric acid corrosion . . . **A13:** 1163
counterboring . . . **A16:** 660
cutting fluids . . . **A16:** 125, 651–652, 654, 665
cutting speed related to tool life . . . **A16:** 651
cylindrical grinding . . . **A16:** 664
diamond as abrasive for honing . . . **A16:** 476
drilling . . . **A16:** 218, 219, 226–230, 236–237, 658
dry blasting . . . **A5:** 59
dry machining . . . **A16:** 392
ductile, fracture modes . . . **A12:** 230
ductile iron machining characteristics . . . **A16:** 651
electrochemical grinding . . . **A16:** 544, 547
electrochemical machining . . . **A16:** 538, 539
emulsion cleaning . . . **A5:** 34
end milling . . . **A16:** 663–664
etchants . . . **A9:** 244–246
face milling . . . **A16:** 648, 651, 652
ferrite . . . **A16:** 648, 649, 650
ferritic nodular, corrosion fatigue . . . **A19:** 671
filters for copper plating . . . **A5:** 175
fineness of various porcelain enamels . . . **A5:** 456
flame hardening . . . **A4:** 284
for blast wheel assembly . . . **A5:** 55
for casings on air-fuel gas burners . . . **A4:** 274
friction band sawing . . . **A16:** 365
friction welding . . . **M6:** 722
frits for . . . **A13:** 446–447
gas metal arc welding . . . **M6:** 153
granular brittle fractures . . . **A12:** 103
graphite nodules in, revealed by different illuminations . . . **A9:** 81
graphite retention . . . **A9:** 243–244
graphitic corrosion . . . **A13:** 568
gray cast iron metal removal rates compared . . . **A16:** 652
gray iron machining characteristics . . **A16:** 649–651
grinding . . . **A9:** 243, **A16:** 112, 547, 661–664
ground/machined with superabrasives/ultrahard tool materials . . . **A2:** 1013
guide shoe materials for honing . . . **A16:** 478
hard chromium plating, selected applications . . . **A5:** 177
hardness of microconstituents . . . **A16:** 648
hardness test results as function of testing scale used . . . **A4:** 623
highly alloyed . . . **A13:** 567
high-Ni irons . . . **A16:** 656
high-Si irons . . . **A16:** 661
honing . . . **A16:** 476, 484, 664–665
hot dip galvanized coatings . . . **A5:** 366
in petroleum refining and petrochemical operations . . . **A13:** 1263
induction hardening . . . **A4:** 668
iron-iron carbide-silicon ternary phase diagram . . . **A13:** 566
lap material . . . **A16:** 498, 502, 503, 504
lapping . . . **A16:** 492, 494, 499, 503, 664–665
laser surface transformation hardening . . . **A4:** 265, 286, 287, 290, 293, 294–295
liquid nitriding . . . **A4:** 419
low/moderately alloyed . . . **A13:** 567
machinability test matrix . . . **A16:** 639–640
machine lapping between plates **A16:** 494–495, 497
machining . . . **A2:** 966
malleable iron machining characteristics . . **A16:** 652
manganese phosphate coating . . . **A5:** 381
martensite . . . **A16:** 9
matrix microstructure effect on tool life . . **A16:** 650
metalworking fluid selection guide for finishing operations . . . **A5:** 158
microhoning . . . **A16:** 40
microstructure . . . **A13:** 567
microstructure effect on machinability . . . **A16:** 648–649, 650
microstructure, effect on properties . . . **A9:** 242
microstructures . . . **A9:** 245–246
milling . . . **A16:** 319, 328, 547, 660–661
mold stress relieving . . . **A4:** 668
molten salt bath cleaning . . . **A5:** 40
monotonic and fatigue properties . . . **A19:** 979
mounting . . . **A9:** 243
nickel alloying, history . . . **A2:** 429
nodular ferritic, salt bath nitrided . . . **A9:** 229
on amalgamated copper plate, fretting corrosion . . . **A19:** 329
on cast iron
fretting corrosion . . . **A19:** 329
rough surface, fretting corrosion . . . **A19:** 329
with coating of rubber cement, fretting corrosion . . . **A19:** 329
with Molykote lubricant, fretting corrosion . . . **A19:** 329
with phosphate conversion coating, fretting corrosion . . . **A19:** 329
with rubber gasket, fretting corrosion . . . **A19:** 329
with tungsten sulfide coating, fretting corrosion . . . **A19:** 329
on chromium plating, fretting corrosion . . **A19:** 329
on copper plating, fretting corrosion . . . **A19:** 329
on silver plating, fretting corrosion . . . **A19:** 329
on stainless steel with Molykote lubricant, fretting corrosion . . . **A19:** 329
on tin plating, fretting corrosion . . . **A19:** 329
oxyacetylene braze welding *See* Oxyacetylene braze welding of steel and cast irons
oxyacetylene welding . . . **M6:** 601–605
applications . . . **M6:** 601–602, 605
comparison to arc welding . . . **M6:** 601
corrosion-resistant cast irons . . . **M6:** 605
ductile iron . . . **M6:** 604
ductility . . . **M6:** 601
filler metals . . . **M6:** 603
fluxes . . . **M6:** 603
gray iron . . . **M6:** 603–604
hardfacing . . . **M6:** 602
malleable and white iron . . . **M6:** 604–605
porosity . . . **M6:** 601
postweld heat treatment . . . **M6:** 602
preheating . . . **M6:** 602
preparation of castings . . . **M6:** 602
repair and reclamation . . . **M6:** 601–602
welding rods . . . **M6:** 602–603
oxyfuel gas cutting . . . **M6:** 112–113, 897
oxyfuel gas welding . . . **M6:** 583
PCBN tooling used . . . **A16:** 111, 112, 113, 115
pearlite . . . **A16:** 648, 649, 650, 652
pearlitic flake, corrosion fatigue . . . **A19:** 671
pearlitic nodular, corrosion fatigue . . . **A19:** 671
phosphate coatings . . . **A5:** 382, 390
planing . . . **A16:** 184, 185, 657, 659–660
plasma (ion) nitriding . . . **A4:** 423
polishing . . . **A9:** 243–244
porcelain enameling . . . **A5:** 454–455, 456, 458, 460, 463
electrostatic dry powder spray process . . . **A5:** 463
rail steel engine failures . . . **A19:** 5
reaming . . . **A16:** 239, 245, 659
resistance, to corrosive environments . . . **A13:** 569–570
roller burnishing . . . **A16:** 252
sampling . . . **A9:** 242
sand content . . . **A16:** 650
sectioning . . . **A9:** 242–243
selection . . . **A13:** 571
selective plating . . . **A5:** 277
shaping . . . **A16:** 190, 659–660
shielded metal arc welding . . . **M6:** 75
shifting or swelling of castings . . . **A16:** 650
shrinks . . . **A16:** 650
silicon carbide for abrasive on honing stones . . . **A16:** 476
spade drilling . . . **A16:** 225
specimen preparation . . . **A9:** 242–245
spheroidite . . . **A16:** 649, 650
steadite . . . **A16:** 649, 652
structure, principles . . . **A13:** 46–47
substrate for thermoreactive deposition/diffusion process . . . **A4:** 449
sulfuric acid corrosion . . . **A13:** 1149–1150
surface grinding . . . **A16:** 664
surface preparation, porcelain enameling . . **A13:** 447

SUBJECTS OF THE INDEXED VOLUMES: ASM Handbook (designated by the letter "A"): **A1:** Properties and Selection: Irons, Steels, and High-Performance Alloys (1990); **A2:** Properties and Selection: Nonferrous Alloys and Special-Purpose Materials (1990); **A3:** Alloy Phase Diagrams (1992); **A4:** Heat Treating (1991); **A5:** Surface Engineering (1994); **A6:** Welding, Brazing, and Soldering (1993); **A7:** Powder Metal Technologies and Applications (1998); **A8:** Mechanical Testing (1985); **A9:** Metallography and Microstructures (1985); **A10:** Materials Characterization (1986); **A11:** Failure Analysis and Prevention (1986); **A12:** Fractography (1987); **A13:** Corrosion (1987); **A14:** Forming and Forging (1988); **A15:** Casting (1988); **A16:** Machining (1989); **A17:** Nondestructive Evaluation and Quality Control (1989); **A18:** Friction, Lubrication, and Wear Technology (1992); **A19:** Fatigue and Fracture (1996); **A20:** Materials Selection and Design (1997). **Metals Handbook, 9th Edition** (designated by the letter "M"): **M1:** Properties and Selection: Irons and Steels (1978); **M2:** Properties and Selection: Nonferrous Alloys and Pure Metals (1979); **M3:** Properties and Selection: Stainless Steels, Tool Materials, and Special-Purpose Materials (1980); **M4:** Heat Treating (1981); **M5:** Surface Cleaning, Finishing, and Coating (1982); **M6:** Welding, Brazing, and Soldering (1983); **M7:** Powder Metallurgy (1984). **Engineered Materials Handbook** (designated by the letters "EM"): **EM1:** Composites (1987); **EM2:** Engineering Plastics (1988); **EM3:** Adhesives and Sealants (1990); **EM4:** Ceramics and Glasses (1991). **Electronic Materials Handbook** (designated by the letters "EL"): **EL1:** Packaging (1989)

tapping **A16:** 259, 263, 264, 266, 660, 661
tests performed during specimen preparation **A9:** 242
thermal energy method of deburring **A16:** 578
thread milling **A16:** 269
threading **A16:** 298
tool bit tool steels use **A16:** 57
tool life **A16:** 112, 648–652, 654, 656
tool materials **A16:** 654–656
tool steel alloys used **A16:** 57
turning **A16:** 112, 135, 158, 159, 653, 654
types of **A4:** 667
unalloyed **A13:** 567
vapor degreasing applications by vapor-spray-vapor systems **A5:** 30
WC-Co tools **A16:** 74, 75
white iron .. **A16:** 112, 115, 535, 648–649, 652, 656
zinc and galvanized steel corrosion as result of contact with **A5:** 363

Cast irons, fatigue and fracture properties of **A19:** 665–679
advantages over cast steel **A19:** 665
alternating bend fatigue strength/tensile strength **A19:** 665
blackheart malleable irons **A19:** 676
corrosion fatigue **A19:** 670–671
ductile iron **A19:** 672, 673–675
Charpy impact toughness **A19:** 673, 674
dynamic fracture toughness **A19:** 672, 675
dynamic tear energy **A19:** 674, 675
fatigue strength **A19:** 673, 674
fracture toughness **A19:** 674–675
lower-shelf fracture toughness **A19:** 674–675
fatigue **A19:** 666–671
crack growth **A19:** 667
endurance **A19:** 666
notch sensitivity **A19:** 669
fracture appearance **A19:** 667
fracture toughness **A19:** 671, 672, 673
gray cast iron **A19:** 671–673
fatigue strength **A19:** 671–672
impact strength and toughness **A19:** 672–673
limitations **A19:** 665
load variables **A19:** 667–669, 670
malleable iron **A19:** 675–677, 678
Charpy impact toughness **A19:** 676
dynamic tear energy **A19:** 675, 676, 677
fracture toughness **A19:** 676–677, 678
microstructure **A19:** 665–666
reversed bending fatigue strength **A19:** 668
thermal fatigue **A19:** 669–670, 671
white iron **A19:** 677–678
whiteheart malleable irons **A19:** 676, 677

Cast irons, friction and wear of ... **A18:** 693, 695–701
adhesive wear **A18:** 241
alloy **A18:** 649
for deep-drawing dies **A18:** 634
applications **A18:** 701
internal combustion engine parts .. **A18:** 553, 556, 557, 561
laser transformation **A18:** 863
carbon contents and steel metallurgy **A18:** 702
cast iron
carbon equivalent value **A18:** 694–696
constitution **A18:** 695–696
cooling rate **A18:** 696
section sensitivity **A18:** 696
cavitation resistance **A18:** 600
cutting tool material selection based on machining operation **A18:** 617
cutting tool materials and cutting speed relationship **A18:** 616
die material for sheet metal forming **A18:** 628
diesel engine wear, lubricant analysis case history **A18:** 308–309
ferrographic analysis **A18:** 306
for brake drums and disk brake rotors ... **A18:** 572, 573
for brake linings **A18:** 570
for sliding vane rotary compressor cylinder **A18:** 606
galling resistance with various material combinations **A18:** 596
gear materials, surface treatment and minimum surface hardness **A18:** 261
graphite **A18:** 698–700
flake **A18:** 698–699
nodular **A18:** 699
gray iron **A18:** 695, 697–698, 699
applications **A18:** 695, 701
microstructure **A18:** 695, 697–698, 699, 700–701
properties **A18:** 695
section thickness **A18:** 698
tensile strength **A18:** 696, 698
grinding media, mining industry **A18:** 654
high-resolution electron microscopy to study sliding wear **A18:** 389
laser alloying **A18:** 866
laser melted gray cast iron **A18:** 864
laser melting **A18:** 864
laser transformation hardening **A18:** 862, 863, 864
light microscopy **A18:** 372
malleable iron **A18:** 695–701
microstructure **A18:** 695, 700–701
properties **A18:** 695
mechanical properties and supplementary information **A18:** 700
mottled iron **A18:** 695
nodular or spherical graphite iron ... **A18:** 695, 698, 699–700
applications **A18:** 695, 700, 701
microstructure **A18:** 699–701
properties **A18:** 695
sliding bearings **A18:** 516
surface replica versus SEM micrograph of gear tooth **A18:** 374
tensile properties **A18:** 696–697
section effect on strength **A18:** 696–697
thermal spray coating applications ... **A18:** 832, 833
typical microstructures **A18:** 700–701
acicular transformation structures **A18:** 701
austenite **A18:** 701
bainitic transformation structures **A18:** 701
cementite **A18:** 700
ferrite **A18:** 700
martensite **A18:** 701
pearlite **A18:** 700
phosphide eutectic **A18:** 700–701
versus aluminum-silicon alloy A390.0 for piston cylinder liners **A18:** 556
white iron (chilled iron) **A18:** 695, 696
applications **A18:** 695, 701
composition **A18:** 698
hardness specification **A18:** 696, 698
ledeburite formation **A18:** 697
microstructure **A18:** 695, 697, 698, 700–701

Cast irons, heat treating **A4:** 667–669
equipment **A4:** 668, **M4:** 526–527
hardness measurement **A4:** 668, 669
hardness measurements **M4:** 525–526, 527
heating media **A4:** 668, **M4:** 528
heating rate **A4:** 667, **M4:** 527
proven applications for borided ferrous materials **A4:** 445
quenching media **A4:** 668, **M4:** 528
quenching temperature, effect on carbon content **A4:** 669, **M4:** 525
temperature control **A4:** 667, 668, **M4:** 527–528

Cast irons, high-alloy *See* High-alloy cast irons, heat treating

Cast irons, specific types
Cu-Mo nodular, fatigue crack threshold ... **A19:** 142
GG 25, monotonic and fatigue properties at 23 °C **A19:** 979
GG 35, monotonic and fatigue properties at 23 °C **A19:** 979
GG 40, monotonic and fatigue properties at 23 °C **A19:** 979
GGG 40, monotonic and fatigue properties at 23 °C **A19:** 979
GGG 60, monotonic and fatigue properties at 23 °C **A19:** 979
GTS 55, monotonic and fatigue properties at 23 °C **A19:** 979

Cast irons, welding of **A6:** 708–721
air-carbon arc process **A6:** 712
alloying additions **A6:** 709
annealing **A6:** 714
arc spraying **A6:** 720
arc-welding processes **A6:** 716–721
austempered ductile iron **A6:** 708
block sequence **A6:** 715
braze welding **A6:** 715–716
cascade method **A6:** 715
classification by commercial designation, microstructure, and fracture **A6:** 708
compacted graphite iron **A6:** 708, 710
contaminants **A6:** 711, 712
defect removal **A6:** 711, 712
ductile iron **A6:** 708, 709, 712
braze welding **A6:** 716
gas-metal arc welding **A6:** 719
postweld heat treatment **A6:** 714
shielded metal arc welding **A6:** 717
electron-beam welding **A6:** 720
flame spraying **A6:** 715, 720
flux-cored arc welding **A6:** 716, 719–720
gas-metal arc welding **A6:** 716, 718–719, 720
globular transfer mode **A6:** 718
short circuiting transfer mode **A6:** 718, 719
spray transfer mode **A6:** 718
gas-tungsten arc welding **A6:** 716, 720
gray iron **A6:** 708, 712
braze welding **A6:** 716
flame spraying **A6:** 715
hot cracking **A6:** 715
oxyfuel welding **A6:** 714
postweld heat treatment **A6:** 714
shielded metal arc welding **A6:** 717
groove face grooving **A6:** 712, 713
heat-affected zone **A6:** 709, 710, 712, 713–714, 717, 718, 720
joint design modifications **A6:** 712, 713
laser-beam welding **A6:** 720
malleable iron **A6:** 708, 709
braze welding **A6:** 716
microstructures **A6:** 709, 711
minimizing dilution of the base iron casting **A6:** 721
mottled iron **A6:** 708
nodularizer additives **A6:** 709
overlaying **A6:** 720–721
oxyfuel gas welding **A6:** 720
oxyfuel welding **A6:** 714–715
peening **A6:** 712, 713
plasma spraying **A6:** 720
postwelding treatment **A6:** 713–714
processing steps **A6:** 709
production of **A6:** 708
shielded metal arc welding **A6:** 716–718
stress relieving **A6:** 714
stringer bead welding **A6:** 710
studding **A6:** 712–713
submerged arc welding **A6:** 716, 720, 721
surfacing **A6:** 720–721
surfacing materials **A6:** 720–721
cast iron alloys **A6:** 721
ceramic materials **A6:** 721
copper alloys **A6:** 720–721
hardfacing alloys **A6:** 721
high-nickel alloys **A6:** 721
stainless steels **A6:** 721
temperature zone schematic representation in a typical welding **A6:** 710
thermal spraying **A6:** 720
weldability **A6:** 710–713
base-metal preparation **A6:** 711–712
fusion zone **A6:** 710
heat-affected zone **A6:** 709, 710
identification of iron casting **A6:** 710
of castings **A6:** 710
partially melted region **A6:** 710
preheat **A6:** 710–711
preweld testing **A6:** 711
special techniques **A6:** 712–713
welding processes and consumables **A6:** 714–716
white iron **A6:** 708

Cast irons, white
superplasticity **A14:** 869–871

Cast lean manganese-austenitic steels, specific types
6Mn-5Cr-1Mo, nominal compositions and applications **A18:** 703
9Mn-1Mo-Ti, nominal compositions and applications **A18:** 703

Cast magnesium alloys *See also* Cast magnesium alloys, specific types; Magnesium; Magnesium alloys; Magnesium alloys, cast
properties of **A2:** 491–516

Cast magnesium alloys, specific types *See also* Magnesium alloys
AM60A, properties **A2:** 491–492

Cast magnesium alloys, specific types (continued)
AM60B, properties . . . **A2:** 491–492
AMIOOA, properties . . . **A2:** 492
AS41XB, properties . . . **A2:** 492–493
AZ63A, properties . . . **A2:** 493–494
AZ81 A, properties . . . **A2:** 494–496
AZ91 D, properties . . . **A2:** 496–497
AZ91 E, properties . . . **A2:** 496–497
AZ91A, properties . . . **A2:** 496–497
AZ91C, properties . . . **A2:** 496–497
AZ92A, properties . . . **A2:** 497–498
EQ21, properties . . . **A2:** 499–501
EZ33A, properties . . . **A2:** 501
HK31A, properties . . . **A2:** 501–503
HZ32A, properties . . . **A2:** 503–504
K1A, properties . . . **A2:** 504–505
QE22A, properties . . . **A2:** 505–506
QH21A, properties . . . **A2:** 506–507
WE43, properties . . . **A2:** 507–508
WE54, properties . . . **A2:** 508–510
ZC63, properties . . . **A2:** 510–511
ZE41A, properties . . . **A2:** 511
ZE63A, properties . . . **A2:** 511–512
ZH62A, properties . . . **A2:** 513–514
ZK51A, properties . . . **A2:** 514–515
ZK61A, properties . . . **A2:** 515–516
Cast materials
corrosion testing . . . **A13:** 193–194
Cast metal
and wrought metal workability at varied temperatures . . . **A8:** 574
quasi-static torsional testing of . . . **A8:** 145
structure, grain size . . . **A8:** 573
Cast metal-matrix composites *See also* Metal-matrix composites
applications/properties . . . **A15:** 849, 851–852
casting techniques . . . **A15:** 842–848
development . . . **A15:** 36
fiber-metal wettability, casting effects . . . **A15:** 840–842
fluidity, of composites . . . **A15:** 849–850
matrix-dispersoid combinations . . . **A15:** 841
microstructures . . . **A15:** 850–851
remelting/degassing effects . . . **A15:** 848–849
structure . . . **A15:** 840
Cast metals
fatigue analysis for design . . . **A19:** 246–247
monotonic and fatigue properties . . . **A19:** 979
workabilities . . . **A14:** 366
Cast microstructure
of TI-6AI-4V . . . **A2:** 637
Cast nickel *See also* Nickel; Nickel alloys; Nickel alloys, cast, specific types, CZ-100; Nickel alloys, specific types
applications . . . **A15:** 823
heat treatment . . . **A15:** 822
mechanical properties . . . **A15:** 817
welding . . . **A15:** 822
Cast nickel-base superalloys *See also* Polycrystalline cast superalloys
compositions of . . . **A1:** 982
design of . . . **A1:** 983–985
directionally solidified alloys . . . **A1:** 996–998
castability . . . **A1:** 996–997
compositions Of . . . **A1:** 996
heat treatment . . . **A1:** 997–998
stress-rupture properties . . . **A1:** 998
heat treatment . . . **A1:** 993
hot isostatic pressing . . . **A1:** 993–994
effect on fatigue properties . . . **A1:** 991, 992, 994
investment casting . . . **A1:** 989–990
melting practice . . . **A1:** 986–988
microstructures . . . **A1:** 990–992
carbides . . . **A1:** 990–991
dendrites . . . **A1:** 990
eutectic segregation . . . **A1:** 991
grain size . . . **A1:** 992
porosity . . . **A1:** 991–992
single-crystal alloys . . . **A1:** 998–1006
castability . . . **A1:** 998
compositions . . . **A1:** 996, 997
fatigue properties . . . **A1:** 1002, 1004, 1005
heat treatment . . . **A1:** 1000–1002
microstructure . . . **A1:** 1000–1002
oxidation of . . . **A1:** 1004, 1006
stress-rupture properties . . . **A1:** 1000, 1002, 1004
stress-rupture properties . . . **A1:** 985, 986, 987, 991, 993
tensile properties . . . **A1:** 984
Cast products
beryllium-copper alloys . . . **A2:** 422–423
zinc applications . . . **A2:** 530
"CAST" Program YC-14 forward bulkhead
component test for aluminum alloy castings . . . **A19:** 821
Cast replica
defined . . . **A9:** 3
definition . . . **A5:** 949
Cast sheet
acrylic . . . **EM2:** 103
Cast shot
blasting with . . . **M5:** 83–84, 86
Cast stainless steel lever
vibration fatigue fracture . . . **A11:** 113–114
Cast stainless steels *See also* High-alloy steels; Stainless steels . . . **A1:** 908–929
composition . . . **A13:** 574–575
composition and microstructure of . . . **A1:** 909, 910
ferrite control . . . **A1:** 911
ferrite in cast austenitic stainless steels . . **A1:** 909, 910–911
corrosion-resistant steel castings . . . **A1:** 909, 912
compositions . . . **A1:** 909, 912–913
corrosion characteristics . . . **A1:** 915–917
mechanical properties . . . **A1:** 909, 914, 917–920
microstructures . . . **A1:** 909, 913–915
C-type alloys, corrosion behavior . . . **A13:** 576–582
grade designations and compositions . . . **A1:** 908
C-type (corrosion-resistant) steel castings . . . **A1:** 908–910
H-type (heat-resistant) steel castings . . . **A1:** 910
heat treatment of . . . **A1:** 911
homogenization . . . **A1:** 911
sensitization and solution annealing of austenitic alloys . . . **A1:** 912
heat-resistant cast steels . . . **A1:** 920
galling . . . **A1:** 928–929
general properties . . . **A1:** 909, 919, 920–921
iron-chromium-nickel . . . **A1:** 922–925
iron-nickel-chromium . . . **A1:** 921, 923, 925–927
magnetic properties . . . **A1:** 929
manufacturing characteristics . . . **A1:** 919, 928, 929
metallurgical structures . . . **A1:** 921–922
properties of heat-resistant alloys . . . **A1:** 920, 921, 924, 925, 926, 927–928
straight chromium heat-resistant castings **A1:** 922
H-type alloys, corrosion behavior . . . **A13:** 575–576
intergranular corrosion . . . **A13:** 581
microstructure . . . **A13:** 574–575
research alloys, composition . . . **A13:** 581
stress-corrosion cracking . . . **A13:** 581–582
sulfuric acid corrosion . . . **A13:** 1151
weldability . . . **A15:** 535–537
Cast stainless steels, selection of . . . **A6:** 495–498
aging . . . **A6:** 497, 498
"buttering" . . . **A6:** 498
compositions and typical microstructures of corrosion-resistant stainless steel casting alloys . . . **A6:** 496
electron-beam welding . . . **A6:** 496
electroslag welding . . . **A6:** 496
fusion welding . . . **A6:** 495–496, 498
fusion zone . . . **A6:** 497, 498
gas-metal arc welding . . . **A6:** 496
gas-tungsten arc welding . . . **A6:** 496
heat-affected zone . . . **A6:** 497, 498
hot cracking . . . **A6:** 497–498
laser-beam welding . . . **A6:** 496
plasma arc welding . . . **A6:** 496
postweld heat treatment . . . **A6:** 497, 498
postweld solutionizing . . . **A6:** 498
shielded metal arc welding . . . **A6:** 496
stainless steel casting alloys . . . **A6:** 495
categories . . . **A6:** 495
nomenclature . . . **A6:** 495
properties . . . **A6:** 495
"upgrading" . . . **A6:** 495
welding and weldability . . . **A6:** 495–498
defects . . . **A6:** 495, 497–498
martensitic stainless steel castings . . . **A6:** 497
metallurgical considerations . . . **A6:** 496, 497
parameters . . . **A6:** 498
welding processes . . . **A6:** 495–496
Cast stainless steels, specific types
A27
composition . . . **A6:** 642
mechanical properties . . . **A6:** 642
A216
composition . . . **A6:** 642
mechanical properties . . . **A6:** 642
HK, pack cementation aluminizing . . . **A5:** 618
HP, pack cementation aluminizing . . . **A5:** 618
SAE J435c
composition . . . **A6:** 642
mechanical properties . . . **A6:** 642
Cast statuary
history . . . **A15:** 20–22
Cast steel *See also* Steel castings; Steels, AMS; Steels, ASTM . . . **M1:** 377–402
abrasion resistant . . . **M1:** 616, 618
alloying elements, effect of **M1:** 388–389, 394–395
aluminum coating of . . . **M5:** 339
annealing, effect on mechanical properties . . . **M1:** 383, 384, 385, 386–388
applications . . . **M1:** 383–384, 386–388, 393–399
ASTM specifications . . . **M1:** 377–378, 401
carbon content, effect of . . . **M1:** 384, 385, 386–388, 393, 394–395, 399, 400
chromium additions, effect of . . . **M1:** 388
composition . . . **M1:** 377–378, 379, 382, 383
contraction of . . . **M1:** 400
corrosion resistance . . . **M1:** 400
Cr-Mo hold times in push-pull loading test **A8:** 351
Cr-Mo-V, low-cycle fatigue data in hold periods in tension . . . **A8:** 351
Cr-Mo-V, reversed bend . . . **A8:** 352
Cr-Mo-V, static creep, repeated tension reversed cyclic creep tests with . . . **A8:** 353–354
elastic constants . . . **M1:** 393
engineering properties . . . **M1:** 400–401
fatigue properties . . . **M1:** 383, 389, 397
hardenability . . . **M1:** 377, 380, 496
heat resistance . . . **M1:** 400
heat treatments . . **M1:** 379, 381, 382, 388–389, 392, 398
hot dip galvanized coatings . . . **A5:** 366
impact properties . . . **M1:** 378–381, 382, 389, 390, 392–393, 398, 399
low carbon, short-time tensile properties . . . **M1:** 52
machinability . . . **M1:** 54–56, 400, 567–568
magnetic properties . . . **M1:** 399
manganese content, effect of . . . **M1:** 384, 386–391, 394, 399
mass, effect of . . . **M1:** 384–386, 392, 393, 398
mechanical properties . . . **M1:** 378–399
metalworking rolls, use for . . . **M3:** 506
microstructure, control of . . . **M1:** 386, 389
Mo, hold times in push-pull loading test . . . **A8:** 351
Mo push-pull fatigue . . . **A8:** 352
molybdenum content, effect of . . **M1:** 388, 394–395
nickel content, effect of . . . **M1:** 388, 394–395
nondestructive inspection . . . **M1:** 401–402
normalizing, effect on mechanical properties . . . **M1:** 384, 385, 386–388
notch toughness . . . **M1:** 705–707, 708, 709
oxidation resistance . . . **M1:** 46

SUBJECTS OF THE INDEXED VOLUMES: ASM Handbook (designated by the letter "A"): **A1:** Properties and Selection: Irons, Steels, and High-Performance Alloys (1990); **A2:** Properties and Selection: Nonferrous Alloys and Special-Purpose Materials (1990); **A3:** Alloy Phase Diagrams (1992); **A4:** Heat Treating (1991); **A5:** Surface Engineering (1994); **A6:** Welding, Brazing, and Soldering (1993); **A7:** Powder Metal Technologies and Applications (1998); **A8:** Mechanical Testing (1985); **A9:** Metallography and Microstructures (1985); **A10:** Materials Characterization (1986); **A11:** Failure Analysis and Prevention (1986); **A12:** Fractography (1987); **A13:** Corrosion (1987); **A14:** Forming and Forging (1988); **A15:** Casting (1988); **A16:** Machining (1989); **A17:** Nondestructive Evaluation and Quality Control (1989); **A18:** Friction, Lubrication, and Wear Technology (1992); **A19:** Fatigue and Fracture (1996); **A20:** Materials Selection and Design (1997). **Metals Handbook, 9th Edition** (designated by the letter "M"): **M1:** Properties and Selection: Irons and Steels (1978); **M2:** Properties and Selection: Nonferrous Alloys and Pure Metals (1979); **M3:** Properties and Selection: Stainless Steels, Tool Materials, and Special-Purpose Materials (1980); **M4:** Heat Treating (1981); **M5:** Surface Cleaning, Finishing, and Coating (1982); **M6:** Welding, Brazing, and Soldering (1983); **M7:** Powder Metallurgy (1984). **Engineered Materials Handbook** (designated by the letters "EM"): **EM1:** Composites (1987); **EM2:** Engineering Plastics (1988); **EM3:** Adhesives and Sealants (1990); **EM4:** Ceramics and Glasses (1991). **Electronic Materials Handbook** (designated by the letters "EL"): **EL1:** Packaging (1989)

patternmakers' rules **M1:** 31
phosphorus content, effect of **M1:** 399
physical properties **M1:** 392, 393, 399–400
pickling of **M5:** 72
press forming dies, use for **M3:** 490
SAE specifications **M1:** 377–378, 379
section size and thickness, effect of. . **M1:** 379, 381, 383, 392, 398
silicon content, effect of **M1:** 378, 399
S-N curves **M1:** 389, 397
specifications **M1:** 377–378, 379, 380, 400–401
sulfur content, effect of **M1:** 399
tempering . . **M1:** 379, 382, 383, 384, 385, 386–389
testing **M1:** 378, 379, 380–381, 400–402
U.S. Government specifications **M1:** 377, 378
vanadium content, effect of **M1:** 388
volumetric changes, effect of. **M1:** 400
weak resistance **M1:** 400
wear vs. toughness **M1:** 607
weldability. **M1:** 400–401, 563
Cast steel rolls **A14:** 353
Cast steel shot peening **M5:** 140–141
Cast steels *See also* Cast alloy steels; Cast iron; Steel castings; Steels; Steels, specific types **A1:** 363–379, **A13:** 573–582
0.4% C, circumferential V-notch effect on bending fatigue strength **A19:** 669
atmospheric corrosion. **A13:** 573–575
ball and rod grinding media, mining industry **A18:** 654
carbon/low-alloy corrosion **A13:** 573–574
cermet tools for milling. **A16:** 96
composition, categories **A13:** 573
corrosion rates **A13:** 574
dendritic structure revealed by macroetching **A9:** 173
development of **A15:** 19, 31–32
die material for sheet metal forming **A18:** 628
high-speed tool steels used **A16:** 58
low-alloy steel castings
C-Mn, axial fatigue limits **A19:** 661
C-Mn, constant-amplitude fatigue crack growth constants. **A19:** 663
C-Mn, fatigue crack thresholds. **A19:** 664
C-Mn, fatigue ratios **A19:** 661
C-Mn, linear-elastic plane parameters and fracture toughness values **A19:** 662
C-Mn, linear-elastic plane-strain parameters and fracture toughness values **A19:** 662
C-Mn, monotonic and low-cycle fatigue properties **A19:** 660
C-Mn, room-temperature fracture toughness, yield strength, and upper-shelf Charpy V-notch toughness correlated **A19:** 663
Cr-Mo, plane-strain fracture toughness . . **A19:** 662
Fe-0.5C, plane-strain fracture toughness **A19:** 662
Fe-0.35C-0.6Ni-0.7Cr-0.4Mo, plane-strain fracture toughness. **A19:** 662
Fe-0.5C-1Cr, plane-strain fracture toughness **A19:** 662
Fe-0.5C-1.5Mn, plane-strain fracture toughness **A19:** 662
Fe-0.3C-1Ni-1Cr-0.3Mo, plane-strain fracture toughness **A19:** 662
Fe-0.5Cr-0.5Mo-0.25V, plane-strain fracture toughness **A19:** 662
Fe-1.25Cr-0.5Mo, plane-strain fracture toughness **A19:** 662
Mn-Mo, axial fatigue limits **A19:** 661
Mn-Mo, constant-amplitude fatigue crack growth constants. **A19:** 663
Mn-Mo, fatigue ratios **A19:** 661
Mn-Mo, linear-elastic plane parameters and fracture toughness values **A19:** 662
Mn-Mo, linear-elastic plane-strain parameters and fracture toughness values **A19:** 662
Mn-Mo, monotonic and low-cycle fatigue properties **A19:** 660
Mn-Mo, room-temperature fracture toughness, yield strength, and upper-shelf Charpy V-notch toughness correlated **A19:** 663
Ni-Cr-Mo, plane-strain fracture toughness **A19:** 662
microalloyed steel castings, applications compositions **A1:** 420
microdiscontinuities affecting fatigue behavior **A19:** 612
nominal compositions and applications . . . **A18:** 703
notch toughness of. **A1:** 746–747
notched, fatigue endurance limit versus tensile strength **A19:** 657
stainless, corrosion. **A13:** 574–582
tool bit tool steels used **A16:** 57, 58
tool steel alloys used **A16:** 57
unnotched, fatigue endurance limit versus tensile strength **A19:** 657
weldability **A15:** 532, 535
welding of **A15:** 531–537
welding processes **A15:** 531
Cast steels, fatigue and fracture properties of **A19:** 655–664
applied stress effects **A19:** 659
axial fatigue limits and fatigue ratios **A19:** 661
Charpy impact toughness. **A19:** 655, 656
cyclic stress-strain behavior **A19:** 659, 660
defects effect. **A19:** 658–659
fatigue crack growth rates (constant amplitude) **A19:** 663
fatigue of cast steel **A19:** 658–661
fatigue strength limits. **A19:** 656–658
fracture mechanics. **A19:** 661–664
high-cycle axial fatigue behavior **A19:** 660–661
J-integral method. **A19:** 662–663
low-cycle axial fatigue behavior **A19:** 659–660, 661
monotonic and low-cycle fatigue properties. **A19:** 660
nil ductility transition temperatures . . **A19:** 655–656
plane-strain fracture toughness **A19:** 656, 662
plane-stress fracture toughness. **A19:** 661–662
section size effects. **A19:** 657, 658
strength and toughness **A19:** 655–656
structure and property correlations. . . **A19:** 655–658
tensile strength limits **A19:** 656–658
threshold crack growth behavior **A19:** 663
variable amplitude fatigue crack initiation and growth **A19:** 663–664
Cast steels, specific types
1030, constant amplitude fatigue crack growth **A19:** 663
Mn-Mo, fatigue crack thresholds. **A19:** 664
Stainless Steels **A19:** 656
Cast steel-sound specimen
endurance ratios in bending and torsion . . **A19:** 659
normalized and tempered, endurance ratios in bending and torsion. **A19:** 659
Cast structure
defined **A9:** 3, **A15:** 2
Cast tin bronzes
destannification **A13:** 133
Cast tooling, of patterns
investment casting. **A15:** 256–257
Cast tungsten carbide
as wear resistant coating. **A7:** 974–975
Castability **A20:** 302–303
aluminum alloys. **A15:** 766
aluminum casting alloys **A2:** 153–177
aluminum-silicon alloys **A15:** 159, 167
compacted graphite irons **A15:** 671
defined **A2:** 346, **A15:** 2
of compacted graphite iron. **A1:** 57
of copper casting alloys **A2:** 346, 348
of gray iron **A1:** 12–13
vs. fluidity, copper casting alloys **A2:** 346
Castability of gray iron **M1:** 11–12
Castable
defined **A15:** 2
Castable mounting materials
for carbon and alloy steels **A9:** 167
Castable plastics as mounting materials. . . . **A9:** 30–31
for aluminum alloys. **A9:** 352
Caster oil, hydrogenated
as investment casting wax **A15:** 254
Cast-in inserts
in magnesium alloy parts **A2:** 466
Casting *See also* Cast products; Casting processes; Casting temperatures; Metal casting; specific casting processes **EM3:** 585
aluminum and aluminum alloys **A2:** 4–5
and melting, in investment casting. . . **A15:** 262–263
art. **A15:** 20–22
as metalworking **A14:** 15
beryllium-copper alloys. **A2:** 421–423
bore, and lubrication hole, fatigue cracking from **A11:** 346
brittle fracture from. **A11:** 85
carbon steel **A11:** 392
centrifugal, defined *See* Centrifugal casting
centrifugal, development of **A15:** 34
computational fluid dynamics example **A20:** 197–198
computer applications/modeling **A15:** 855–891
continuous, defined *See* Continuous casting
defects, testing and inspection. **A15:** 544–561
defined **A15:** 2
definition. **A20:** 829
design, titanium and titanium alloy castings **A2:** 640–642
development of crystallographic texture during. **A9:** 700–701
die, development of. **A15:** 35
end uses. **A15:** 42–43
fatigue strength. **A11:** 120
gas porosity in **A15:** 82
history of. **A15:** 15–23
in ceramics processing classification scheme **A20:** 698
in continuous flow melting. **A15:** 415
in polymer processing classification scheme **A20:** 699
incomplete, as casting defect **A11:** 385–386
industry, markets for. **A15:** 41–42
integrated system, automated. **A15:** 570
load bearing ability **A11:** 346
low-alloy steel. **A11:** 392–393
magnesium alloy, product form selection. **A2:** 462–463
magnesium alloys. **A2:** 456–459
markets, development **A15:** 34
materials, corrosion failures in **A11:** 401–405
materials, developments in. **A15:** 38–39
materials processing data sources **A20:** 502
modeling of. **A20:** 710–713
of discontinuous ceramic fiber MMCs . . . **EM1:** 905
of ductile iron **A15:** 651–652
of epoxies **EL1:** 831–832
of graphite-reinforced MMCs. **EM1:** 872
operations, process developments in. **A15:** 38
parameters, macrostructural effects. **A15:** 130
permanent mold. **A15:** 34–35
plastics **A20:** 793, 801
polymer melt characteristics. **A20:** 304
polymers **A20:** 701
processes, aluminum casting alloys. . . . **A2:** 136–145
production, flow diagram for. **A15:** 203
property variations from point to point. . . **A20:** 510
radiographic inspection of **A11:** 17
rating of characteristics. **A20:** 299
refurbishment, by hot isostatic pressing. . . **A15:** 544
removal, from permanent molds. **A15:** 283–284
residual stresses **A20:** 815–816
shrinkage, defined **A15:** 2
slush, development **A15:** 34–35
stresses, cracking in gray iron cylinder blocks by **A11:** 345–346
stresses, failed gray iron crankcase by **A11:** 362–365
surface roughness arithmetic average extremes. **A18:** 340
temperature, cast copper alloys **A2:** 357
tire-mold, surface defect **A11:** 358
tungsten-fiber matrix **EM1:** 885
types, copper and copper alloys **A2:** 224–228
unalloyed and alloyed aluminum **A2:** 22–25
US birthplace of. **A15:** 24
variables, aluminum casting alloys **A2:** 148–149
with beryllium **A2:** 683
zirconium **A2:** 663–664
Casting alloys *See also* Cast alloy steels; Ferrous casting alloys; Nonferrous casting alloys
advances in. **A15:** 29–32
cast alloy steels. **A15:** 32
cast steel **A15:** 31–32
chilled iron **A15:** 30
Connellsville coke **A15:** 30
cupola iron **A15:** 29–30
malleable iron. **A15:** 30–31
Casting alloys, stainless steel *See* Stainless steel casting alloys
Casting aluminum
minimum web thickness **A20:** 689

Casting cast iron
minimum web thickness **A20:** 689
Casting cleaning
molten salt bath cleaning **A5:** 40–41
Casting cold shut
as planar flaw **A17:** 50
Casting conditions
effect on microstructure of nickel-base heat-resistant casting alloys **A9:** 334
Casting defects *See also* Castings; Defects; Discontinuities; Flaws; Gas defects; Inclusions
cavities **A11:** 382, **A17:** 512, 514
classification **A11:** 380, **A15:** 545–553, **A17:** 512
control of **A11:** 380, 388
defective surface **A17:** 515–517
defective surface as **A11:** 383–385
defined **A15:** 2
discontinuities **A11:** 383, **A17:** 512, 515
flaws, radiographic appearance **A17:** 348–349
in paper-drier head **A11:** 352–354
inclusions **A17:** 512, 519–520
inclusions or structural anomalies as **A11:** 387–388
incomplete casting **A17:** 517–518
incomplete casting as **A11:** 385–386
incorrect dimension/shape...... **A17:** 512, 518–519
incorrect dimensions or shape as **A11:** 386–387
internal discontinuities **A15:** 544–545
metallic projections **A11:** 381, **A17:** 512–513
shrinkage as **A11:** 355, 357
steel **A11:** 380–391
testing and inspection **A15:** 544–561
Casting design *See also* Design; Design considerations **A15:** 598–613
and mechanical properties **A15:** 765
austenitic ductile irons **A15:** 700
changing thermal shape **A15:** 606–610
computer-aided **A15:** 610–611
economical, rules for **A15:** 602–604, 611–612
feeding **A15:** 606
high-chromium white irons **A15:** 683
high-silicon irons **A15:** 699–701
mold complexity **A15:** 611–613
nickel-chromium white irons **A15:** 680
solidification **A15:** 598–599
solidification sequence **A15:** 599–606
titanium alloys **A15:** 829–831
Casting, design for *See* Design for casting
Casting ejection *See* Ejection
Casting equipment *See also* Equipment
advances, history.............. **A15:** 27–29, 33–36
history of.......................... **A15:** 24–36
two-handed scythe **A15:** 24
Casting industry
structure................................ **A15:** 41
Casting Industry Supplier's Association **A15:** 34
Casting ingot
beryllium-copper alloys **A2:** 403
Casting markets
and end uses....................... **A15:** 41–45
for casting industry **A15:** 42
shipment tonnages.................. **A15:** 41–42
trends in **A15:** 43–45
Casting methods
direct **A1:** 211
Casting modulus
definition.............................. **A20:** 829
Casting molding
characteristics of polymer manufacturing process **A20:** 700
compatibility with various materials...... **A20:** 247
Casting molds
effect on pure metal solidification structures..................... **A9:** 608–610
Casting neat resin
processing characteristics, open-mold **A20:** 459
Casting on
historic use **A15:** 17
Casting operations
process development in.................. **A15:** 38
Casting plants
jobbing **A15:** 28
Casting processes *See also* Molding processes
aggregate molding materials......... **A15:** 208–211
alloy selection **A2:** 136
aluminum alloys **A15:** 746
aluminum casting alloys **A2:** 136–145
blast cleaning **A15:** 506–520
capabilities............................ **A15:** 615
centrifugal casting **A2:** 141, **A15:** 296–307
ceramic molding **A15:** 248–252
classification **A15:** 203–207
coating........................... **A15:** 561–565
composite-mold casting.................. **A2:** 141
continuous casting **A2:** 141, **A15:** 308–316
core knockout...................... **A15:** 502–506
coremaking **A15:** 238–241
die casting............ **A2:** 136–139, **A15:** 285–295
evaporative (lost-foam) pattern casting (EPC) **A2:** 140
flow charts of...................... **A15:** 203–207
hot isostatic pressing **A2:** 141, **A15:** 538–544
investment casting................. **A15:** 253–269
investment casting, aluminum casting alloys **A2:** 140–141
molding aggregates, bonds formed in **A15:** 212–213
new and emerging processes **A15:** 317–338
permanent mold casting **A15:** 275–285
permanent mold (gravity die) casting...... **A2:** 139
plaster molding **A15:** 242–247
rammed graphite molds **A15:** 273–274
Replicast process **A15:** 270–272
resin binder processes.............. **A15:** 214–221
sand casting **A2:** 139–140
sand molding **A15:** 222–237
selection, factors affecting............... **A15:** 614
shakeout **A15:** 502–506
shell mold casting......................... **A2:** 140
testing and inspection, of defects **A15:** 544–561
welding, cast irons and steels **A15:** 520–537
Casting, rotational *See* Rotational casting
Casting section thickness
by FM processes......................... **A15:** 38
defined **A15:** 2
Casting shrinkage *See* Liquid shrinkage; Shrinkage cavity; Solid shrinkage; Solidification shrinkage
Casting size, effects of
gray cast iron........................ **M1:** 14–16
Casting speed
effect on center cracking of aluminum alloy ingots **A9:** 634–635
effect on grain structures in copper alloy ingots **A9:** 642
effect on macrosegregation of aluminum alloy ingots **A9:** 633
Casting stresses
defined **A15:** 2
Casting temperature *See also* Casting; Fabrication characteristics; Temperature(s)
aluminum casting alloys **A2:** 157–177
cast copper alloys....................... **A2:** 357
effect on grain size in continuous cast copper alloy wirebars **A9:** 642
of lead and lead alloys **A2:** 547–548
Casting thickness
defined **A15:** 2
Casting volume
defined **A15:** 2
Casting yield
defined **A15:** 2
Castings *See also* Casting defects; Die castings; specific metals and alloys; Steel castings **A17:** 512–535, **A20:** 337
abrasive blasting of **M5:** 86, 91–92
aluminum *See* Cast aluminum
aluminum alloy, inspection **A17:** 532–534
brass *See* Brass, castings
casting defects **A17:** 512–520
coating of **A15:** 561–565
copper alloy *See* Copper alloys, castings
copper and copper alloy, inspection.. **A17:** 534–535
copper, annealing **M4:** 724
damaged, welding repair of **A15:** 529–530
dimensional inspection, computer-aided............... **A17:** 521–524
ductile iron **A17:** 532
eddy current inspection **A17:** 525–526
fine-grain, hot isostatic pressing **A15:** 545
grain growth in pure metal **A9:** 608–610
gray iron, inspection **A17:** 531
half-wave current, magnetic particle inspection.......................... **A17:** 91
heat-affected-zone cracks.................. **A6:** 91
hollow, by slush casting **A15:** 35
hot isostatic pressing............... **A15:** 538–544
imported, market effects **A15:** 44
incomplete, as defect............... **A17:** 517–518
inspection categories **A17:** 512
inspection procedures.......... **A17:** 512, 520–521
intergranular fractures in **A1:** 694–695
leak testing **A17:** 531
liquid penetrant inspection **A17:** 524–525
magnetic particle inspection of.. **A17:** 112–114, 525
magnetizing............................ **A17:** 94
magnetizing cable....................... **A17:** 112
malleable iron..................... **A17:** 531–532
mangesium alloy *See* Magnesium alloys, cast
matrix material that influences the finishing difficulty.......................... **A5:** 164
nickel- and cobalt-based alloys **M7:** 468
nonferrous, inspection of **A17:** 531–532
of varying thicknesses **A15:** 581–582
pickling of......................... **M5:** 72, 326
precision, computed tomography (CT).... **A17:** 363
preferred crystallographic orientations in.. **A10:** 358
products, liquid penetrant inspection of.... **A17:** 71
quality control tests................ **A12:** 141–142
radiographic methods.......... **A17:** 296, 526–529
salt bath descaling of................ **M5:** 98–102
small, from crucible steel **A15:** 31
small, magnetic particle inspection methods **A17:** 117
steel *See* Steel, castings
steel, normalizing **M4:** 12
structural evaluation **A17:** 530–531
ultrasonic inspection **A17:** 267, 529–531
vapor degreasing of **M5:** 54, 56
worn, repair of.................... **A15:** 529–530
Castings, stainless steel *See* Stainless steel castings
Castings, steel
normalizing **A4:** 36, 38, 40
CAT scanning *See* Computed tomography
Catalan forge
historic use **A15:** 31
Catalysis
heterogeneous, FIM/AP study of......... **A10:** 583
surface, AES analysis for **A10:** 549
surface analysis technique **M7:** 250
Catalyst *See also* Accelerator, Curing agent; Hardener; Inhibitor; Promoter **EM3:** 7, 674
defined **EM2:** 8
definition.............................. **A5:** 949
Catalyst chamber (retort) **A7:** 462
Catalysts *See also* Accelerator; Curing agent; Hardener; Inhibitor; Promoter
analytic methods applicable **A10:** 6
BET analysis of specific surface area **M7:** 262
chlorine in, determined by electrometric titration **A10:** 205
chromia alumina **A10:** 265
defined **EM1:** 6
effects, neutron diffraction.............. **A10:** 420
electron spin resonance for.............. **A10:** 263
EXAFS structural analysis of............ **A10:** 407
for epoxy resins.................. **EM1:** 139, 140
for promoting synthesis of water powder used........................... **M7:** 574
for sheet molding compounds.. **EM1:** 141, 157–158

SUBJECTS OF THE INDEXED VOLUMES: ASM Handbook (designated by the letter "A"): **A1:** Properties and Selection: Irons, Steels, and High-Performance Alloys (1990); **A2:** Properties and Selection: Nonferrous Alloys and Special-Purpose Materials (1990); **A3:** Alloy Phase Diagrams (1992); **A4:** Heat Treating (1991); **A5:** Surface Engineering (1994); **A6:** Welding, Brazing, and Soldering (1993); **A7:** Powder Metal Technologies and Applications (1998); **A8:** Mechanical Testing (1985); **A9:** Metallography and Microstructures (1985); **A10:** Materials Characterization (1986); **A11:** Failure Analysis and Prevention (1986); **A12:** Fractography (1987); **A13:** Corrosion (1987); **A14:** Forming and Forging (1988); **A15:** Casting (1988); **A16:** Machining (1989); **A17:** Nondestructive Evaluation and Quality Control (1989); **A18:** Friction, Lubrication, and Wear Technology (1992); **A19:** Fatigue and Fracture (1996); **A20:** Materials Selection and Design (1997). **Metals Handbook, 9th Edition** (designated by the letter "M"): **M1:** Properties and Selection: Irons and Steels (1978); **M2:** Properties and Selection: Nonferrous Alloys and Pure Metals (1979); **M3:** Properties and Selection: Stainless Steels, Tool Materials, and Special-Purpose Materials (1980); **M4:** Heat Treating (1981); **M5:** Surface Cleaning, Finishing, and Coating (1982); **M6:** Welding, Brazing, and Soldering (1983); **M7:** Powder Metallurgy (1984). **Engineered Materials Handbook** (designated by the letters "EM"): **EM1:** Composites (1987); **EM2:** Engineering Plastics (1988); **EM3:** Adhesives and Sealants (1990); **EM4:** Ceramics and Glasses (1991). **Electronic Materials Handbook** (designated by the letters "EL"): **EL1:** Packaging (1989)

for silicone-based coatings **EL1:** 773
influence of surface structure on **A10:** 536
metal oxide, Raman analysis **A10:** 133
polyester resin **EM1:** 133
prompt gamma activation analysis of **A10:** 239
properties analysis of **EM1:** 736
surfaces of, studies **A10:** 114, 253
tungsten carbide powder **A7:** 196
Catalytic cracking to produce gasoline
industrial processes and relevant catalysts.. **A5:** 883
Catalytic techniques, and electrometric titration
compared **A10:** 202
Catalyzed epoxy
applications demonstrating corrosion
resistance **A5:** 423
paint compatibility **A5:** 441
Catalyzing
in magnetic rubber inspection **A17:** 122–123
Catapult-hook attachment fitting
fracture of **A11:** 88, 91
Cataracting **A7:** 60, 61
Catastrophic crack propagation **EM3:** 513
threshold values, epoxy adhesives .. **EM3:** 516–517, 518

Catastrophic failure *See also* Failure
alloy steels **A12:** 336
compressive strength defined by **A8:** 57
fracture equation for **M7:** 58
graphite-aluminum metal matrix
composite **A13:** 860
stress-corrosion fracture **A13:** 148
Catastrophic failures *See also* Failure
defined **EM1:** 6
Catastrophic fracture failures **A20:** 533
Catastrophic period
defined **A18:** 4
Catastrophic thermal failure
defined **EL1:** 46
Catastrophic threshold **EM3:** 507
Catastrophic wear
defined **A8:** 2, **A11:** 1, **A18:** 5
definition **A5:** 949
Catatectic reaction .... **A3:** 1•5
Catchlights
on fracture surfaces **A12:** 83–84
Catchment efficiency *See* Collection efficiency
Catcracking regenerators
corrosion and corrodents, temperature
range **A20:** 562
CATE program *See* Ceramic applications in turbine engines (CATE) program
Catechol
hazardous air pollutant regulated by the Clean Air
Amendments of 1990 .... **A5:** 913
Categorization *See also* Classification; Nomenclature; Terminology
of plastics **EM2:** 68
of polymers **EM2:** 63–64
Catenary **EM1:** 6, 109
defined **EM2:** 8
Caterpillar 1K/IH2
single-cylinder engine tests **A18:** 101
Caterpillar TO-2/TO-4
friction performance requirements for hydraulic
fluids **A18:** 99
Cathedral mist hackle **EM4:** 639
Cathetometer
for creep testing **A8:** 303
for measuring deflection **A8:** 134
Cathode *See also* Anode
bombardment **A10:** 26
brittle, process of **M7:** 72
defined **A13:** 2–3
definition **A5:** 949
deposition **M7:** 71–72, 93–94
efficiency, defined **A13:** 3
film, defined **A13:** 3
for anodic protection **A13:** 464
galvanic, anodic protection of **A13:** 465
mercury, in electrogravimetry **A10:** 199
metals adherence, in electrogravimetry ... **A10:** 198
shielding alternatives **M7:** 612
silver grown on **M7:** 148
sputtering **A10:** 27
Cathode area, ratio to anode area
galvanic corrosion **A11:** 186
Cathode cleaning action **A6:** 31

Cathode film
definition **A5:** 949
Cathode materials
for interference films, optical constants **A9:** 149
for reactive sputtering of interference layers **A9:** 60
Cathode probes for in situ local
electropolishing **A9:** 55
Cathode ray tube
as synchronized with SEM imaging
system **A12:** 169–171
in x-ray analyses **A12:** 168
Cathode sputtering *See* Cathodic sputtering; Reactive sputtering
Cathode sputtering system **M5:** 413–414
Cathode-ray oscilloscope **A8:** 724
for split-Hopkinson bar test **A8:** 213
Cathode-ray tube **A10:** 670, 690
abbreviation **A8:** 724
with scanning electron microscope **EL1:** 1094
Cathode-ray tubes *See also* CRTs and TV picture tubes
powders used **M7:** 573
Cathodes
for electropolishing **A9:** 49–50
Cathode-type gage
for vacuum pumping system **A8:** 414
Cathodic
breakdown test, electrochemicals **A13:** 219
charging, titanium/titanium alloys **A13:** 673
cleaning, defined **A13:** 3
coatings, corrosion prevention
mechanisms **A13:** 424–425
corrosion, defined **A13:** 3
disbondment, defined **A13:** 3
hydrogen uptake, titanium/titanium
alloys **A13:** 685–686
pickling, defined **A13:** 3
polarization behavior **A13:** 217
Cathodic attack
of titanium **A11:** 202
Cathodic cleaning **A5:** 4
definition **A5:** 949
of fractures **A12:** 75
Cathodic corrosion
definition **A5:** 949
Cathodic disbondment
definition **A5:** 949
Cathodic electrocleaning
aluminum and aluminum alloys **M5:** 578
contamination by hexavalent chromium ... **M5:** 34, 618
copper and copper alloys **M5:** 618–620
hydrogen embrittlement by **M5:** 27–28, 34–35
magnesium alloys **M5:** 631, 639–640
periodic reverse system **M5:** 27–28, 34–35
processes and materials **M5:** 33–35, 619–620
Cathodic electrocoating systems
painting **M5:** 474, 484
Cathodic etching *See* Ion etching
Cathodic inhibitors *See also* Anodic inhibitors;
Inhibitors **A13:** 1141
as corrosion control **A11:** 197
defined **A13:** 3
in water recirculating systems **A13:** 495–497
multicomponent systems **A13:** 495–496
phosphonates **A13:** 495
polyphosphates **A13:** 495
precipitating **A13:** 495
zinc ions **A13:** 495
Cathodic pickling
definition **A5:** 949
Cathodic polarization **A19:** 492, 497
effect on ultrasonic and conventional-frequency
corrosion fatigue **A8:** 254
hydrogen stress cracking under **A8:** 537
stainless steel powders **A7:** 996
Cathodic potential ranges **A9:** 144
Cathodic protection *See also* Anodic protection;
Corrosion protection .. **A13:** 466–477, **A19:** 328, **M1:** 751, 757–759
against corrosion **M5:** 433
and anodic protection **A13:** 463
anode materials **A13:** 468–469, 920–922
as kinetic **A13:** 377
criteria **A13:** 467–468, 920
defined **A13:** 3
definition **A5:** 949

design/power sources **A13:** 470
effect on fatigue crack threshold **A19:** 145
example resistance calculations **A13:** 470–477
for chloride SCC **A13:** 327
for corrosion control **A11:** 195–197
for marine corrosion **A13:** 919–924
fresh water systems **M1:** 738
from hydrogen damage **A11:** 246–247
fundamentals **A13:** 466–467
galvanic corrosion **A13:** 84, 87
gas/oil production equipment **A13:** 1237–1240
impressed-current **A13:** 467–469, 922
impressed-current and sacrificial anode
systems **A13:** 922
in aqueous corrosion **A13:** 29
in breweries **A13:** 1223–1224
maraging steels **M1:** 451
of aluminum alloys **A13:** 588–589
of carbon steels **A13:** 525
of cast steels **A13:** 581
of offshore structures **A13:** 922–924
of pipelines **A13:** 922, 1291
of ship hulls **A13:** 914
of tantalum/tantalum alloys **A13:** 735, 736
sacrificial anode **A13:** 467–469, 922
seawater corrosion **M1:** 743
soil corrosion prevented by **M1:** 731
space boosters/satellites **A13:** 1103
system, for buried steel tank **A11:** 196
system, schematic **A13:** 466
types **A13:** 467
zinc anodes **M2:** 654–655
zinc/zinc alloys and coatings **A13:** 764
Cathodic protection techniques **A19:** 187
Cathodic reaction **A13:** 3, 29
aqueous corrosion rate control by **A13:** 32
definition **A5:** 949
Cathodic sputtering *See also* Reactive
sputtering **A9:** 62
Cathodic Tafel slope **A7:** 987, **A18:** 274
Cathodic vacuum etching **A9:** 62
Cathodoluminescence ... **A7:** 223, **A10:** 507, 670, 689, **A18:** 378, 385, 391
in scanning electron microscopy **A9:** 90
used in electronic image analysis **A9:** 152
Catholyte
defined **A13:** 3
definition **A5:** 949
Cation *See also* Anion; Ion ... **A13:** 3, 18–19, 65–66, 71, **EM3:** 7
defined **EM2:** 8
definition **A5:** 949, **A20:** 829
-exchange column, simulated pressurized water
reactor water system **A8:** 423–424
influence in stress-corrosion cracking **A8:** 499
Cation exchange capacity (CEC) **EM4:** 117
Cationic alumina plus organic flocculant
application or function optimizing powder
treatment and green forming **EM4:** 49
Cationic cure systems *See also* Coating(s); Cure;
Curing **EL1:** 859–865
conformal coatings **EL1:** 864
dual cure **EL1:** 863–864
formulations **EL1:** 861–863
photoinitiators **EL1:** 859–861
Cationic detergent
definition **A5:** 949
Cationic detergents
for surface cleaning **A13:** 380
Cationic surfactants
use in alkaline cleaners **M5:** 24
Cations
as positively charged ions **A10:** 659
defined **A10:** 670
inorganic, determined by ion
chromatography **A10:** 663
ion chromatography analyses **A10:** 658–667
potentiometric membrane electrode quantitative
analysis **A10:** 181
Ca-Tl (Phase Diagram) .... **A3:** 2•122
Cauchy method **A5:** 651
Cauchy normal stress **A20:** 625
Cauchy peak location method
XRD residual stress techniques **A10:** 386
Cauchy stress **A20:** 632
Caul **EM3:** 7
definition **A5:** 949

Caul plates EM1: 6, 581, 593
defined EM2: 8
Caulk weld
definition A6: 1207
Caulking compound
powder used M7: 572
Caulks
compared to sealants EM3: 56
Causality values A20: 29
Caustic
corrosion, steam/water-side boilers A13: 991
defined A13: 3
dip, defined A13: 3
environments, nickel-base alloy SCC in A13: 650
in petroleum refining and petrochemical operations A13: 1269
Caustic cracking *See also* Caustic embrittlement; Embrittlement A8: 2
defined A11: 2
failure, low-carbon steels A8: 526
failures, in wrought carbon and low-alloy steels A11: 214–215
in boilers A11: 214
Caustic dip
definition A5: 949
Caustic embrittlement *See also* Caustic cracking; Embrittlement A13: 3, 353–354, 650
in pressure vessels A11: 658
of low carbon steels, by potassium hydroxide A11: 658–660
Caustic environments
stress-corrosion cracking in A11: 217
Caustic etchant used for aluminum alloys A9: 354
Caustic fusion
use in ion chromatography A10: 664
Caustic permanganate
as chemical cleaning solution A13: 1141
Caustic SCC *See* Caustic embrittlement
Caustic soda A13: 328, 1174–1178
etchant for chemical milling of aluminum alloys A16: 803
Caustic soda/sodium hydroxide (NaOH)
purpose for use in glass manufacture EM4: 381
Caustic solutions
effect on duplex stainless steels A19: 766
stress-corrosion cracking A19: 487
Caustic solutions, corrosion of zirconium in *See also* Alkalis M3: 785–786
Caustic-permanganate pickling process
iron and steel M5: 73
Cautions *See* Safety
Cavitating disk apparatus
defined A18: 5
Cavitation *See also* Cavitation damage; Cavitation erosion; Erosion A6: 374, A8: 571, A18: 272, A19: 469
aircraft powerplants A13: 1044–1045
and slip lines, iron A12: 219
at high temperatures A8: 154, 572
by oxide scale A13: 61
carbon steel pipe A13: 333
collapse pressures for A11: 163–164
copper/copper alloys A13: 613
creep, as decohesive rupture A12: 20
damage A8: 2, A13: 334
damage, cylinder lining diesel motor A11: 377–378
data, test-service correlations A13: 313
defined A8: 154, A11: 2, A13: 3, A14: 19, A18: 5
definition A5: 949
effect on corrosion of titanium M3: 415
erosion A11: 190
evaluation of A13: 311–313
formation A14: 364
formation by methane gas bubbles A12: 37, 51
from liquid-erosion A11: 163–164
from superplastic forming A14: 800
grain-boundary A8: 574, A12: 19, 26, 219, 349
in iron A12: 219
in iron castings A11: 377
in mining/mill application A13: 1295–1296
in oil/gas production A13: 1234
in sliding bearings A11: 488, A18: 742
intergranular creep rupture by A12: 19, 26
local parameter of A11: 167
material selection for A13: 333–334
of superplastic metals A14: 867
resistance, materials rating for A13: 1297
seals A18: 549–550
shock waves A11: 165
spheres as wear particles A18: 303
stainless steels A18: 715
surface property effect A18: 342
testing A13: 311–313
thermal spray coatings for hardfacing applications A5: 735
ultrasonic cleaning A5: 44, 45
used to obtain sonogels EM4: 211
Cavitation cloud
defined A18: 5
Cavitation corrosion A19: 534
as type of corrosion A19: 561
definition A5: 949
Cavitation damage *See also* Cavitation
components and structures sustaining A11: 163
defined A8: 2, A11: 2, 163
in brazed joints A11: 451
in impeller specimen A11: 357
of bronze pump impeller A11: 167–168
ultrasonic cleaning of specimens to prevent A9: 28
Cavitation erosion *See also* Cavitation; Cavitation damage; Corrosion; Crevice corrosion; Erosion A7: 1069, A18: 214–219, A20: 603
cavity clusters A18: 214–215
cobalt-base wrought alloys A18: 768, 769
collapse velocity A18: 214
combined effects of cavitation erosion and corrosion A18: 217–218
cavitation effect on the corrosion process A18: 217–218
corrosion effect on cavitation process A18: 218
components and structures sustaining A11: 163
conclusions A18: 219
defined A11: 163, A18: 5, 214
definition A5: 949
energy dissipation A18: 214, 215
factors A18: 214–215
hardfacing alloys A18: 762, 763, 765
hardfacing for M7: 823
in boiler and steam equipment A11: 614
in water A11: 190
iron-base alloys A18: 768, 769
materials factors A18: 215–217
erosion of metals and alloys A18: 215–217
localized loading A18: 215
surface coatings and treatments A18: 217
means of combating erosion A18: 218–219
air injection A18: 218–219
coatings A18: 218
control of operating temperature or pressure A18: 219
materials selection and development A18: 218
surface treatments A18: 218
system design A18: 218
nickel-base alloys A18: 768, 769
of aluminum alloy combustion chamber A11: 168–169
of cast iron suction bell A11: 624
of cobalt-base wear resistant alloys A2: 450–451
of water pump impeller A11: 167–168
pumps A18: 593, 597, 599–600
resistance ratings, in seawater A11: 190
sliding bearing surface A11: 488
sliding bearings A18: 520
testing A18: 218, 230
cavitating jet A18: 218
flow channels A18: 218
rotating disk test equipment A18: 218
to screen materials for service under liquid impingement conditions A18: 230
vibratory (ultrasonic) equipment A18: 218
versus liquid impingement erosion A18: 222, 225–226
Cavitation measurement
life-assessment techniques and their limitations for creep-damage evaluation for crack initiation and crack propagation A19: 521
Cavitation number
defined A18: 5
Cavitation problems A20: 353
Cavitation tunnel
defined A18: 5
Cavitation-erosion A13: 3, 142
Cavities *See also* Bubbles; Defects; Shrinkage cavities; Shrinkage cavity; Voids
absorption A17: 216
and dimples, compared A12: 20, 220
as casting defects A11: 382, A15: 547, A17: 512, 514
as gray iron defect A15: 640–641
circular A17: 217
die, EDM failures in A11: 566–567
elongated, titanium alloys A12: 450
fatigue fracture from A12: 419
gas, cast aluminum alloys A12: 405–406
gas-filled, in liquid erosion A11: 163
grain-boundary A12: 219, 349
in alloy steel A12: 349
in intergranular iron fracture A12: 219
in iron A12: 219–220
mechanics of growth, collapse and rebound A11: 163
microwave inspection A17: 202
microwave-resonant A10: 256
nodule-bearing, in ductile iron A12: 229
nonsymmetrical collapse, stages of A11: 164
normalized and tempered, endurance ratios in bending and torsion A19: 659
nucleation A12: 122
r-type A12: 122, 140
separation, copper alloys A12: 402
shrinkage A12: 140, 160, A15: 640–641, 838
transmission electron microscopy A9: 117
types, austenitic stainless steels A12: 364
Cavities, formation of
during irradiation A1: 654
Cavities, internal
for copper castings A2: 355
Cavities specimen
quenched and tempered, endurance ratios in bending and torsion A19: 659
Cavity
defined A15: 2, EM1: 6, EM2: 8
development, in creep damage A8: 344
due to creep deformation A8: 306
Cavity clusters A18: 214–215, 222
Cavity packages
as hybrid package form EL1: 452
Innovative solutions for EL1: 448
Cavity retainer plates *See also* Force retainer plates
defined EM2: 8–9
Cavity-less expanded polystyrene casting process *See* Lost foam casting
Ca-Yb (Phase Diagram) A3: 2•122
Ca-Zn (Phase Diagram) A3: 2•123
CB-752 *See also* Niobium alloys, specific types
electrical discharge machining A16: 868
CBED *See* Convergent-beam electron diffraction
CBEDP *See* Convergent-beam electron-diffraction pattern
C-bend
as lead formation EL1: 733–734
CBN *See* Cubic boron nitride
CBS-600
nominal compositions A18: 726
CBS-1000M
nominal compositions A18: 726

SUBJECTS OF THE INDEXED VOLUMES: ASM Handbook (designated by the letter "A"): **A1:** Properties and Selection: Irons, Steels, and High-Performance Alloys (1990); **A2:** Properties and Selection: Nonferrous Alloys and Special-Purpose Materials (1990); **A3:** Alloy Phase Diagrams (1992); **A4:** Heat Treating (1991); **A5:** Surface Engineering (1994); **A6:** Welding, Brazing, and Soldering (1993); **A7:** Powder Metal Technologies and Applications (1998); **A8:** Mechanical Testing (1985); **A9:** Metallography and Microstructures (1985); **A10:** Materials Characterization (1986); **A11:** Failure Analysis and Prevention (1986); **A12:** Fractography (1987); **A13:** Corrosion (1987); **A14:** Forming and Forging (1988); **A15:** Casting (1988); **A16:** Machining (1989); **A17:** Nondestructive Evaluation and Quality Control (1989); **A18:** Friction, Lubrication, and Wear Technology (1992); **A19:** Fatigue and Fracture (1996); **A20:** Materials Selection and Design (1997). **Metals Handbook, 9th Edition** (designated by the letter "M"): **M1:** Properties and Selection: Irons and Steels (1978); **M2:** Properties and Selection: Nonferrous Alloys and Pure Metals (1979); **M3:** Properties and Selection: Stainless Steels, Tool Materials, and Special-Purpose Materials (1980); **M4:** Heat Treating (1981); **M5:** Surface Cleaning, Finishing, and Coating (1982); **M6:** Welding, Brazing, and Soldering (1983); **M7:** Powder Metallurgy (1984). **Engineered Materials Handbook** (designated by the letters "EM"): **EM1:** Composites (1987); **EM2:** Engineering Plastics (1988); **EM3:** Adhesives and Sealants (1990); **EM4:** Ceramics and Glasses (1991). **Electronic Materials Handbook** (designated by the letters "EL"): **EL1:** Packaging (1989)

c-chart *See also* Control charts; Quality; Quality control
for number of defects **A17:** 736–737
C-Chart analysis **A7:** 702–703
C-Co (Phase Diagram) . . . . **A3:** 2•109
C-Cr (Phase Diagram) . . . . **A3:** 2•109
C-Cr-Fe (Phase Diagram) . . . . **A3:** 3•24–3•25
C-Cr-Mo (Phase Diagram) . . . . **A3:** 3•25–3•26
C-Cr-N (Phase Diagram) . . . . **A3:** 3•26
C-Cr-V (Phase Diagram) . . . . **A3:** 3•26–3•27
C-Cr-W (Phase Diagram) . . . . **A3:** 3•27
CCT *See* Center-cracked-tension, or Continuous cooling transformation
CCT diagrams *See* Continous cooling transformation diagrams
C-Cu (Phase Diagram) . . . . **A3:** 2•110
C-Cu-Fe (Phase Diagram) . . . . **A3:** 3•27–3•28
CDA *See* Copper Development Association
Cd-Cu (Phase Diagram) . . . . **A3:** 2•123
Cd-Eu (Phase Diagram) . . . . **A3:** 2•123
CDF *See* Centered dark-field (image)
Cd-Ga (Phase Diagram) . . . . **A3:** 2•124
Cd-Gd (Phase Diagram) . . . . **A3:** 2•124
Cd-Ge (Phase Diagram) . . . . **A3:** 2•124
Cd-Hg (Phase Diagram) . . . . **A3:** 2•125
Cd-In (Phase Diagram) . . . . **A3:** 2•125
CDJ (unfilled carbon)
properties **A18:** 549, 551
Cd-La (Phase Diagram) . . . . **A3:** 2•125
Cd-Li (Phase Diagram) . . . . **A3:** 2•126
Cd-Mg (Phase Diagram) . . . . **A3:** 2•126
Cd-Na (Phase Diagram) . . . . **A3:** 2•126
Cd-Ni (Phase Diagram) . . . . **A3:** 2•127
Cd-P (Phase Diagram) . . . . **A3:** 2•127
Cd-Pb (Phase Diagram) . . . . **A3:** 2•127
Cd-Sb (Phase Diagram) . . . . **A3:** 2•128
Cd-Sb-Sn (Phase Diagram) . . . . **A3:** 3•35–3•36
Cd-Se (Phase Diagram) . . . . **A3:** 2•128
Cd-Sm (Phase Diagram) . . . . **A3:** 2•128
Cd-Sn (Phase Diagram) . . . . **A3:** 2•129
Cd-Sr (Phase Diagram) . . . . **A3:** 2•129
Cd-Te (Phase Diagram) . . . . **A3:** 2•129
Cd-Th (Phase Diagram) . . . . **A3:** 2•130
Cd-Tl (Phase Diagram) . . . . **A3:** 2•130
Cd-Y (Phase Diagram) . . . . **A3:** 2•130
Cd-Yb (Phase Diagram) . . . . **A3:** 2•131
Cd-Zn (Phase Diagram) . . . . **A3:** 2•131
CE *See* Carbon equivalent
Ce (Phase Diagram) . . . . **A3:** 2•135
CEA/CEREM model of HIP **A7:** 602–603
Ce-Co (Phase Diagram) . . . . **A3:** 2•131
Ce-Cu (Phase Diagram) . . . . **A3:** 2•132
Ce-Fe (Phase Diagram) . . . . **A3:** 2•132
Ce-Ga (Phase Diagram) . . . . **A3:** 2•133
Ce-Ge (Phase Diagram) . . . . **A3:** 2•133
Ce-In (Phase Diagram) . . . . **A3:** 2•133
Ce-Ir (Phase Diagram) . . . . **A3:** 2•134
Celion 6000
properties **A18:** 803
Cell *See also* Cellular plastic; Electrochemical cell **EM3:** 7
aeration/differential aeration/oxygen *See* Differential aeration cell
biological corrosion **A13:** 42–43
defined **A13:** 3, **EM1:** 6, **EM2:** 9
definition **A5:** 949
electrochemical **A13:** 20
electrochemical polarization **A13:** 214
filiform corrosion, diagrams **A13:** 106
formation in creep deformation **A8:** 310
potentials, and electromotive force series **A13:** 20–21
profiles for symmetric rod impact test **A8:** 205–206
size, defined **EM1:** 6
Cell applications
automated **A15:** 568–569
Cell configuration
as electrolytic inclusion and phase isolation **A10:** 176
Cell size *See* Secondary dendrite arm spacing
Cell structure *See also* Cellular structures
formed by dislocation tangles **A9:** 685, 688
use of thin-foil specimens to observe **A9:** 693
Cell voltage as a function of anode current density for electropolishing copper **A9:** 48
Cell-based circuits
defined **EL1:** 168
Cellosolve
and hydrochloric acid as an electrolyte for magnesium alloys **A9:** 426
description **A9:** 68
properties **A5:** 21
Cells
and electrodes, for electrogravimetry **A10:** 199–200
classical types **A10:** 199
constant-current **A10:** 199–200
controlled-potential **A10:** 199–200
dendritic structures, single-phase alloys . . . **A15:** 116
electrolysis **A10:** 199, 207–208
electrolytic, to decrease concentration polarization **A10:** 200
for internal electrolysis **A10:** 199
half-, volumetric analysis of **A10:** 163
in dendritic growth **A15:** 116–119
in the deformed state **A9:** 693
kinetics of martensite decomposition in **A10:** 316–318
size, and eutectic structure aluminum-silicon alloys **A15:** 167–168
small, rotation about axes **A10:** 473
spacing, velocity effect **A15:** 117
structure, dislocation analysis of **A10:** 470–473
structure factor equation for **A10:** 329
typical dual anode **A10:** 199
Cellular
effects, of arsenic, as toxic metal **A2:** 1237
growth, low-gravity **A15:** 153
interface, particle behavior at **A15:** 144–145
metabolism, of mercury, as toxin **A2:** 1248
structures, single-phase alloys **A15:** 116
Cellular adhesive **EM3:** 7
Cellular growth as a result of impurities in high-purity tin **A9:** 607
Cellular logic arrays **EL1:** 8
Cellular plastic *See also* Cell; Foamed plastic; Syntactic cellular plastics **EM3:** 7
defined **EM2:** 9
Cellular precipitation **A9:** 647–649
in beryllium-copper alloys **A9:** 395
Cellular structures *See also* Cell structure
formation **A9:** 601
in rapidly solidified alloys **A9:** 615–616
solidification **A9:** 612–613
Cellulose
as x-ray tube filter **A10:** 90
chemical composition **A6:** 60
critical surface tension **EM3:** 180
effectiveness of fusion-bonding resin coatings **A5:** 699
function and composition for mild steel SMAW electrode coatings **A6:** 60
powdered, as binding agent for x-ray spectrometry samples **A10:** 94
properties of **EM2:** 450
removal of sulfur trioxide, in high-temperature combustion **A10:** 222
surface preparation **EM3:** 291
Cellulose acetate **EM3:** 7
defined **EM2:** 9
surface preparation **EM3:** 291
Cellulose acetate butyrate **EM3:** 7
defined **EM2:** 9
properties, organic coatings on iron castings **A5:** 699
surface preparation **EM3:** 291
Cellulose acetate replica(s)
for SEM imaging **A12:** 171–172
tape, as fracture preservative **A12:** 73
tape, for light microscopy **A12:** 94–95, 99
with acetone **A12:** 180
Cellulose acetate rust-preventive compound
use of **M5:** 465
Cellulose additions
to molding sand mixes **A15:** 211
Cellulose ester **EM3:** 7
Cellulose ethers
as binders **EM4:** 475, 955
Cellulose nitrate **EM3:** 7
defined **EM2:** 9
properties, organic coatings oniron castings **A5:** 699
surface preparation **EM3:** 291
Cellulose nitrate, with amyl-
ethyl-, or methyl acetate, for replicas **A12:** 180
Cellulose propionate **EM3:** 7
Cellulose propionate, defined **EM2:** 9
Cellulose-base insulating lacquers as mounting materials for electropolishing **A9:** 49
Cellulosic plastics **EM3:** 7
Cellulosics **A20:** 439, 446, **EM2:** 9, 450
solvent cements **EM3:** 567
surface preparation **EM3:** 279
Celsian
in glass-ceramics **EM4:** 1102
Celsius, vs. Fahrenheit degrees
in creep and creep-rupture analyses **A8:** 685
Cement **EM3:** 7
analyses of **A10:** 99–100
calcium in, optical emission spectroscopy for **A10:** 21
engineered material classes included in material property charts **A20:** 267
fracture toughness vs. density . . **A20:** 267, 269, 270
fracture toughness vs. Young's modulus . . **A20:** 267, 271–272, 273
natural fiber reinforcement of **EM1:** 117
Portland **A10:** 30, 179
sources of materials data **A20:** 499
specific modulus vs. specific strength **A20:** 267, 271, 272
strength vs. density **A20:** 267–269
thermal conductivity vs. thermal diffusivity **A20:** 267, 275–276
Young's modulus vs. density . . . **A20:** 266, 267, 268, 289
Young's modulus vs. strength . . . **A20:** 267, 269–271
Cement coatings nails **M1:** 271
Cement copper **A7:** 141–142, 860
as hydrometallurgical copper powder **M7:** 118–119
chemical analysis **M7:** 106, 119
Cement grinding balls **M7:** 58
Cement lining
in cast iron pipe **M1:** 97–98, 100
Cement mixer
for lacquer coating **M7:** 588
Cement/concrete
fracture toughness vs. strength **A20:** 267, 272–273, 274
linear expansion coefficient vs. thermal conductivity **A20:** 267, 276, 277
linear expansion coefficient vs. Young's modulus **A20:** 267, 276–277, 278
normalized tensile strength vs. coefficient of linear thermal expansion **A20:** 267, 277–279
Young's modulus vs. elastic limit **A20:** 287
Cement-asbestos
in oil/gas production **A13:** 1243–1244
Cementation
copper production by **M7:** 105, 119
metal precipitation by **M7:** 54
Cementation process **A7:** 67, 185
copper powder production **A7:** 132, 141–142
Cementation processes
ceramic coating **M5:** 542–545
fluidized-bed process *See* Fluidized-bed cementation process
pack cementation *See* Pack cementation
vapor streaming, ceramic coatings **M5:** 545
Cementation/diffusion
design limitations for inorganic finishing processes **A20:** 824
Cemented carbide powder *See also* Cermets and cemented carbides **A7:** 188, 195
as die material **A7:** 353
as punch material **A7:** 353
combustion synthesis **A7:** 530, 531
definition **A7:** 492
development of **A7:** 3, 5–6
dimensional tolerance control **A7:** 10
extrusion **A7:** 629
fatigue **A7:** 958
hot isostatic pressing **A7:** 605, 617
liquid-phase sintering **A7:** 438, 567, 568
powder injection molding **A7:** 364
resistance sintering **A7:** 583
sintering **A7:** 438, 492–496, 567, 568, 583
specifications **A7:** 1100
spray drying **A7:** 95
Cemented carbide tools
coating materials for **A20:** 481

Cemented carbides *See also* Carbides; Cemented carbides, specific types; Cermets; Tool materials, superhard. **A2:** 950–977, **A9:** 273–278, **A13:** 846–858, **A16:** 70–90, 113, **A19:** 338, **EM4:** 330, 808–810, **M7:** 17, 773–783
abrasion resistance . . . **M3:** 453, 455, 456, 457, 464, 582
Al_2O_3-coated tool material for machining cast irons **A16:** 652
applications. . . . **A13:** 847, **EM4:** 808, **M3:** 449, 450, 451, 452, 460, **M7:** 73, 76, 156, 777–779
aqueous corrosion **A13:** 850–855
batch-type vacuum furnace for sintering. . . **M7:** 359
bearings, valve seats, valve stems **A2:** 973
blanking and piercing dies, use for . . **M3:** 485, 487, 488
boring bars and plungers **A2:** 971
brittle fracture. **A11:** 26
carbon deficiency. **A9:** 274–275
classification **A2:** 953–954, 968, **M7:** 773
classification of **A16:** 74, 75
coated carbide tools **A2:** 959–962, **A16:** 79–83
coated carbides. **M3:** 456–458, 459
coatings **A13:** 856–857
coatings to improve bond properties **EM4:** 332
cobalt powder as binder **M7:** 144, 145
cobalt/carbon effect on phases. **A13:** 849
cobalt-bonded carbides **M3:** 452, 457–458
cobalt-bonded, properties **EM4:** 809
Co-bonded, properties **A16:** 73
cold heading tools, use for **M3:** 512–513
cold-forming applications **A2:** 970–971
compared with cermets. **A16:** 93–95
composition. **M3:** 459, 460
composition effect on properties. **A13:** 846–847
compositions **A2:** 951–953, 968, **EM4:** 808, 809
compositions and microstructures. **A16:** 72–74
compressive properties **A16:** 78
containerless **M7:** 441, 443
contrasting by interference layers **A9:** 60
corrosion resistance **A13:** 848–855, **M3:** 456
cutting tools **A16:** 41
deep drawing dies, materials for **M3:** 499
defined **A9:** 273, **M7:** 2
density property **A16:** 79
diamond indenter for **A8:** 74
drawing dies **A2:** 969
elemental cobalt alloying. **A2:** 446
eta phase on a fracture surface **A9:** 276
eta phases **A9:** 274–275
etchants for. **A9:** 274
fluid-handling components. **A2:** 972–973
for coining. **A14:** 183
for corrosion applications. **A13:** 848–850
for high temperature use, microexamination of **A9:** 274
for machining applications **A2:** 965–968, **A16:** 86–88
for nonmachining applications **A2:** 968–977
for wear applications **M7:** 777–780
fractographs. **A12:** 470
fracture toughness **A12:** 470
fracture toughness property **A16:** 78–79
fracture/failure causes illustrated. **A12:** 217
free carbon in. **A9:** 276
friction welding. **A6:** 152
gages, use for. **M3:** 554–556
galvanic corrosion. **A13:** 855, 857
grain size determination **A9:** 274
grinding **A9:** 273, **EM4:** 334
grooving operation. **A16:** 97
ground with superabrasives **A2:** 1013
hardness . . . **M3:** 453, 455, 456, 457–458, 459, 460, 464
hardness property. **A16:** 77–78
high-pressure dies and punches **A2:** 972
hot isostatic pressing **M3:** 451–452
hot pressing. **M7:** 441, 443
imaging methods for **A9:** 275
indexable carbide inserts. **A16:** 84–85, 86, 88
inserts, in deep-drawing dies **A14:** 511
inserts, indexable. **M3:** 451
machinability **A16:** 639
machined by ultrahard tool materials. **A2:** 1013
machining. **M7:** 777
macroexamination **A9:** 273–274
manufacture. **M3:** 451–452
manufacture of. **A2:** 950–951, **A16:** 71–72
mechanical properties. **A20:** 427, **M3:** 453, 456, 457–458, 459, 460, **M7:** 469, 476
metalforming applications **A2:** 968–971
microexamination **A9:** 274–275
microstructure . . . **M3:** 452–453, 454–455, 459, 460
microstructures **A2:** 951–953, **A13:** 847, **M7:** 387–388, 780–783
milling **A16:** 79
mining and oil and gas drilling. **A2:** 974–977
mounting **A9:** 273
nickel-bonded titanium carbide **M3:** 459, 460
nozzles **A2:** 973
oxidation resistance. **A13:** 855–856
phases. **A9:** 274
physical properties . . . **M3:** 453, 455, 456, 457–458, 459, 460, **M7:** 780–783
polishing **A9:** 273
porosity determination **A9:** 274
powder compacting dies and punches **A2:** 971
powders used **M7:** 572
preparation of specimens **A9:** 273
primary applications **A16:** 639
production of **M7:** 156–158
production processes **EM4:** 808–810
properties **A20:** 785, **EM4:** 330, 808
properties of. **A2:** 955–959
properties of hot pressed **M7:** 515
property test methods **A16:** 77
proprietary designations **EM4:** 809
qualitative metallography **A9:** 274–275
quantitative metallography. **A9:** 275
reaction rates base on Murakami's reagent **A9:** 274
rebar rolls **A2:** 970
refractory-metal carbides **M3:** 453
Rockwell hardness testing of **A8:** 83
Rockwell scale for **A8:** 76
rod mill rolls. **A2:** 969
saw tips and corrosion **A13:** 856
scanning electron microscopy of fractures . . . **A9:** 99
seal rings **A2:** 972
sectioning. **A9:** 273
selection of **M7:** 776–777
Sendzimir mill rolls. **A2:** 969–970
sintering **M7:** 308–309, 385–389
sliding bearings, use in **M3:** 820–821
slitter knives **A2:** 970
specifications **M3:** 453
spray drying **M7:** 73, 76
stamping punches and dies. **A2:** 971
steel-bonded carbide. **M3:** 459–461
strength and toughness in **M7:** 153
structural components. **A2:** 971–972
structural components, use for **M3:** 558
substrated for thermoreactive deposition/diffusion process. **A4:** 450, 452
surface treatments **A13:** 857
test methods for determining properties of . . **M3:** 2, 453, 455–456
thermal properties **A20:** 428
thermal shock resistance **A16:** 79
tool holding. **A16:** 83–86
tool life. . . **A16:** 75–76, 81–82, 85, 87, 88, 110, 113
tool wear mechanisms. . . . **A2:** 954–955, **A16:** 75–77
tools and toolholding **A2:** 962–965
toughness **M3:** 456, 457–458, 459
transportation and construction applications. **A2:** 973–974
transverse rupture strength. . . **A2:** 961, 989, **A16:** 78
tungsten, for drawing dies **A14:** 336
vacuum deposition of interference films . . . **A9:** 148
vibratory compacting of. **M7:** 306
wire flattening rolls **A2:** 970

Cemented carbides, friction and wear of **A18:** 693, 795–800
applications. **A18:** 795
as bearing alloys **A18:** 748, 754
applications **A18:** 754
composition **A18:** 754
mechanical properties. **A18:** 754
chemical vapor deposition **A18:** 849
compatibility with steel. **A18:** 743
corrosive wear. **A18:** 795
damage dominated by brittle fracture **A18:** 180
damage dominated by dissolution or diffusion. **A18:** 181
damage dominated by plastic deformation. **A18:** 178
die material for sheet metal forming **A18:** 628
elements implanted to improve wear and friction properties. **A18:** 858
erosion resistance (WC) **A18:** 204
for cutting tool materials **A18:** 616
for hot-forging dies **A18:** 625, 627
ion plating. **A18:** 849
laboratory testing methods for solid friction **A18:** 57
lubrication. **A18:** 796
magnetron sputtering. **A18:** 849
manufacturing methods **A18:** 795–796
finishing operations **A18:** 796
grade powders. **A18:** 795–796
physical or chemical vapor deposition (PVD or CVD). **A18:** 796
preforming or shaping operations **A18:** 796
pressing or powder consolidation. **A18:** 796
sintering operations **A18:** 796
properties **A18:** 796–797, 798, 799, 800
applications **A18:** 797
binder content **A18:** 797
microstructures. **A18:** 797, 799
nominal composition. **A18:** 796, 797
relative abrasion resistance **A18:** 796
raw materials **A18:** 795
chromium carbide. **A18:** 795
cobalt **A18:** 795
nickel **A18:** 795
tantalum/titanium/niobium carbides **A18:** 795
tungsten carbide **A18:** 795
wear properties. **A18:** 797–800

Cemented carbides, specific types
5WC-8Mo-79TiC-8Ni **A9:** 276
43WC-50(Ta,Ti,Nb,W)C-6Co. **A9:** 278
73WC-21(Ta,Ti,Nb,W)C-6Co. **A9:** 278
75WC-25Co, coarse grain structure. **A9:** 278
76WC-16(Ta,Ti,Nb,W)C-8Co. **A9:** 278
78WC-15(Ta,Ti,Nb,W)C-7Co. **A9:** 278
79WC-14(Ta,Ti,Nb,W)C-7Co. **A9:** 276
80WC-13(Ta,Ti,Nb,W)C-7Co, etch series . . **A9:** 276
83WC-10(Ta,Ti,Nb,W)C-8Co. **A9:** 278
85WC-8(Ta,Ti,Nb,W)C-7Co, eta phase **A9:** 277
85WC-9(Ta,Ti,Nb,W)C-6Co, with coatings **A9:** 277
85WC-15Co, coarse grain structure. **A9:** 278
86WC-8(Ta,Ti,Nb,W)C-6Co, with C-porosity **A9:** 276
86WC-8(Ta,Ti,Nb,W)C-6Co, with CVD coating **A9:** 278
89WC-10(Ta,W)C-ICo, progressive etching **A9:** 277
89WC-11Co, medium size grain structure. . **A9:** 278
90WC-10CO **A9:** 277
92WC-2(Ta,W)C-6Co **A9:** 277
94WC-6Co, eta-phase, fracture surface. . . . **A12:** 470
94WC-6Co, mating fracture analysis **A12:** 470
97WC-3Co, brittle fractures. **A12:** 470
97WC-3Co, type 3-F microstructure. **A9:** 277
ISO P20. . . . . **A9:** 274
WC-12Co, dot map **A9:** 91
WC-12Co, fracture toughness test specimen **A9:** 91
WC-12Co, orientation contrast **A9:** 91

SUBJECTS OF THE INDEXED VOLUMES: ASM Handbook (designated by the letter "A"): **A1:** Properties and Selection: Irons, Steels, and High-Performance Alloys (1990); **A2:** Properties and Selection: Nonferrous Alloys and Special-Purpose Materials (1990); **A3:** Alloy Phase Diagrams (1992); **A4:** Heat Treating (1991); **A5:** Surface Engineering (1994); **A6:** Welding, Brazing, and Soldering (1993); **A7:** Powder Metal Technologies and Applications (1998); **A8:** Mechanical Testing (1985); **A9:** Metallography and Microstructures (1985); **A10:** Materials Characterization (1986); **A11:** Failure Analysis and Prevention (1986); **A12:** Fractography (1987); **A13:** Corrosion (1987); **A14:** Forming and Forging (1988); **A15:** Casting (1988); **A16:** Machining (1989); **A17:** Nondestructive Evaluation and Quality Control (1989); **A18:** Friction, Lubrication, and Wear Technology (1992); **A19:** Fatigue and Fracture (1996); **A20:** Materials Selection and Design (1997). **Metals Handbook, 9th Edition** (designated by the letter "M"): **M1:** Properties and Selection: Irons and Steels (1978); **M2:** Properties and Selection: Nonferrous Alloys and Pure Metals (1979); **M3:** Properties and Selection: Stainless Steels, Tool Materials, and Special-Purpose Materials (1980); **M4:** Heat Treating (1981); **M5:** Surface Cleaning, Finishing, and Coating (1982); **M6:** Welding, Brazing, and Soldering (1983); **M7:** Powder Metallurgy (1984). **Engineered Materials Handbook** (designated by the letters "EM"): **EM1:** Composites (1987); **EM2:** Engineering Plastics (1988); **EM3:** Adhesives and Sealants (1990); **EM4:** Ceramics and Glasses (1991). **Electronic Materials Handbook** (designated by the letters "EL"): **EL1:** Packaging (1989)

WC-12Co, worn drill . . . A9: 91
WC-Co, ZnSe interference film for color . . . A9: 158
Cemented tungsten carbide
applications . . . A7: 968, 969
as wear resistance coating . . . A7: 974
cobalt content effect . . . A7: 967, 968, 969
grade designation systems . . . A7: 967
liquid-phase sintering . . . M7: 320
microstructure . . . A7: 967–968
properties . . . A7: 967–968
wear resistance . . . A7: 967–969, 972, 973
Cemented tungsten powders
particle size and distribution for . . . M7: 154
Cementite *See also* Carbides; Eutectic carbide; Pearlite . . . A3: 1•23, A6: 708, A13: 3, 47, A20: 360, 364, 379–380, 381, 724
500 °F embrittlement, role in . . . M1: 685
annealing with . . . M7: 182, 185
cast iron . . . M1: 3–5, 6, 12
defined . . . A9: 3, A15: 2
definition . . . A5: 949
etching to reveal . . . A9: 170
from cast iron solidification . . . A15: 82
in carbon and alloy steels . . . A9: 178–179
in gray iron . . . A15: 632
in lower bainite . . . A9: 664
in tool steels . . . A18: 734
in upper bainite . . . A9: 663
proeutectoid . . . A1: 127, 129–130
solubility of nitrogen in . . . A15: 82
stability of . . . A15: 61
Cementitious coatings
curing method . . . A5: 442
paint compatibility . . . A5: 441
Cementitious materials
steel in . . . A13: 1306–1308
Cement-mill equipment
elevated-temperature failures in . . . A11: 294
Cements for repairing castings and metal parts
powders used . . . M7: 574
Cementum
abrasion of dentifrices . . . A18: 668
Ce-Mg (Phase Diagram) . . . A3: 2•134
Ce-Mn (Phase Diagram) . . . A3: 2•134
Ce-Ni (Phase Diagram) . . . A3: 2•135
Censored data . . . A20: 627
Censored distribution
definition . . . A20: 829
Centane number
defined . . . A18: 5
Center bead cracks
by liquid penetrant inspection . . . A17: 86
Center burst in alloy steel forging . . . A9: 176
Center bursts
cold extruded steel . . . M1: 591, 592
Center crack, panel
plan views . . . A8: 452
Center cracking in aluminum alloy ingots
effect of casting speed on . . . A9: 634–635
effect of grain refiners on . . . A9: 630
effect of ingot diameter on . . . A9: 635
enter cracks in copper alloy ingots . . . A9: 642
in alloy 1100 . . . A9: 634
Center cracks
fracture analysis of . . . EM1: 252–257
Center defects *See also* Defects
in cold-formed parts . . . A11: 307
in friction welds . . . A11: 444
Center for Professional Development (Brunswick NJ) . . . EM2: 95
Center heating . . . EM4: 630
Center of gravity method . . . A5: 651
Center porosity
in carbon and alloy steels, revealed by macroetching . . . A9: 173
Center segregation
ASTM graded series . . . A9: 173–174
Center upsetting, in cold heading
complex workpieces . . . A14: 294–295
Centerburst
at center of extruded or drawn products . . A8: 592, 595
fracture . . . A8: 573–574
in aluminum alloys, workability criteria . . . A8: 577–578
Centerbursting *See* Central burst
Center-cracked panels collapse
parameters of examples . . . A19: 430
Center-cracked tensile (CCT) panel . . . A19: 513
Center-cracked tension specimen *See also* Compact specimens
for fatigue crack growth analysis A8: 377–379, 678
for vacuum and gaseous fatigue testing . . . A8: 411
for vacuum and oxidizing fatigue testing . . . A8: 414–415
geometries for . . . A8: 251
gripping arrangements . . . A8: 382
precracking . . . A8: 382
size . . . A8: 380–381
stress-intensity factor solutions . . . A8: 379–380
thickness . . . A8: 381
Center-cracked tension specimens A19: 171, 172, 173, 180, 203
Center-cracked-tension
abbreviation . . . A8: 724
Centered dark-field image . . . A10: 689
Center-gated mold
defined . . . EM2: 9
Centering
multifunction machining . . . A16: 375
Centerless grinding *See also* Grinding
by scanning laser gage . . . A17: 12
definition . . . A5: 949
nuclear fuels . . . M7: 665
Centerless wire-filled brushes . . . M5: 156
Centerline . . . EM3: 791–796
segregation, squeeze casting . . . A15: 325
shrinkage, defined . . . A15: 2
symbol for . . . A8: 726
Centerline average (CLA) . . . A18: 475, A20: 689
Centerline chill in ductile iron casting . . . A9: 251
Centerline cracking . . . A6: 51
Centerline cracks . . . A6: 409
low-carbon steel . . . A12: 244
Centerline shrinkage . . . A17: 349, 391
as casting defect . . . A11: 382
defined . . . A11: 2
forging . . . A11: 315
in ingots . . . A11: 315
Centimeter
abbreviation . . . A8: 724
Centistoke . . . A18: 140
Central burst
during extrusion . . . A14: 399–400
in forgings . . . A14: 401–402
prediction, wire drawing . . . A14: 395
workability criteria . . . A14: 370
Central burst (chevron cracking) . . . A20: 738
Central bursts *See* Bursts; Chevron patterns
Central composite designs
experimental . . . EM2: 601–602
Central conductors
applications . . . A17: 94
circular magnetization by . . . A17: 96
defined . . . A17: 95
for bearing rings . . . A17: 117
for cylinders . . . A17: 112
magnetizing by . . . A17: 94, 130
offset . . . A17: 96–97
solid ferromagnetic, ac/dc current . . . A17: 96
solid nonmagnetic, dc current . . . A17: 96
within hollow ferromagnetic cylinder . . . A17: 96–97
Central crack
crack tip strip zone model for . . . A8: 449
vector lines from crack tip and crack center for . . . A8: 444
Central electronic processor
image analyzers . . . A10: 310
Central fibrous region
alloy steels . . . A12: 334
Central film thickness . . . A18: 539
Central location parameter . . . A20: 624
Central processing unit (CPU)
in design process . . . EL1: 128
Central tendency
measures of . . . A8: 624–625
Central tendency of data
definition . . . A20: 829
Centrifugal atomization . . . A1: 972–973, A7: 36, 131, M7: 25, 26, 49, 75–77
aluminum and aluminum alloy powders . . . A7: 148
beryllium powder . . . A2: 685
controlled spray deposition process . . . A7: 319
in titanium powder production . . . M7: 167
process method . . . A7: 35
superalloy powders . . . A7: 175–176, 889
Centrifugal atomization methods . . . A7: 35, 36, 48–50
bimodal particle size distribution . . . A7: 50
limitations . . . A7: 49
major producers . . . A7: 48–49
median particle size . . . A7: 49
models . . . A7: 50
rapid solidification rate process . . . A7: 48–49
rotating electrode process . . . A7: 49–50
rotation rate . . . A7: 49
spinning disk atomization of electronic grade solder . . . A7: 48
spinning-cup atomization of zinc, aluminum, and magnesium . . . A7: 48, 50
superalloys . . . A7: 50
variants . . . A7: 51
Centrifugal babbitting . . . M5: 357
Centrifugal barrel finishing . . . A5: 118, 122, M5: 133–134
advantages and disadvantages . . . A5: 123, 707
advantages and limitations . . . A5: 708
chemically accelerated . . . M5: 134
fatigue strength improved by . . . M5: 134
with shot peening . . . A5: 122
Centrifugal casting *See also* Bimetal; Castings; Centrifuge casting; Foundry products; Horizontal centrifugal casting; Pressure casting; Vertical centrifugal casting
aluminum alloys . . . M2: 146–147
aluminum casting alloys . . . A2: 141
and static casting, compared . . . A15: 301
applications . . . A15: 299–300
as permanent mold process . . . A15: 34, 276–277
attributes . . . A20: 248
defects in . . . A15: 306–307
defined . . . EM1: 6, EM2: 9
dual-metal, defined *See* Dual-metal centrifugal casting
equipment . . . A15: 296–297, 307
horizontal . . . A15: 296–300
machining allowances . . . A15: 302
molds . . . A15: 296–297, 300–304
of copper alloys . . . A2: 346, 348, M2: 384
of metal-matrix composites . . . A15: 844
process details . . . A15: 297–298, 304–306
processes . . . A15: 34, 37, 296, 300
rating of characteristics . . . A20: 299
vertical . . . A15: 300–307
with combustion synthesis . . . A7: 529, 530
Centrifugal disc finishing . . . A5: 118, 121
advantages and disadvantages . . . A5: 123, 708
Centrifugal disk finishing . . . M5: 133
Centrifugal finishing . . . M7: 459
Centrifugal high-energy deburring . . . M7: 459
Centrifugal impact atomization . . . A7: 51
Centrifugal pressure impregnation in infiltration . . . M7: 554
Centrifugal pumping systems . . . A7: 253
Centrifugal (rotating disk) atomizer . . . M7: 74–76
Centrifugal screen . . . M7: 177
Centrifugal sedimentation . . . A7: 236, 246
to analyze ceramic powder particle sizes . . EM4: 67
Centrifugal shrinkage
defined . . . A15: 2
Centrifugal slurry casting
porous materials . . . A7: 1034
Centrifugal wheels
performance . . . A15: 516–517
types . . . A15: 511–516
Centrifugally atomized electrostatic spray method
average application painting efficiency . . . A5: 439
Centrifugally atomized powders . . . A13: 833
Centrifugally atomized specialty powders
rigid tool compaction of . . . M7: 322
Centrifugal-thermite process . . . A7: 536–538
Centrifuge
as physical testing . . . EL1: 944
Centrifuge casting *See also* Centrifugal casting
defined . . . A15: 2
Centrifuge centrifugal casting
defined . . . A15: 300
Centrifuge testing method
hard chromium plating bath composition M5: 173

Centrifuged casting
in shape-casting process classification scheme . . . **A20:** 690
Centrifuges . . . **A7:** 529, 530
axial . . . **A7:** 529
radial . . . **A7:** 529
Centroid . . . **A7:** 265, 266
Centroid aspect ratio (CAR)
definition . . . **A7:** 271
Centroid aspect ratio (CAR), as particle shape factor
See Aspect ratio
Centrosymmetry
determining effect on ODF coefficient . . . **A10:** 362
Ce-Pd (Phase Diagram) . . . **A3:** 2•135
Ce-Pu (Phase Diagram) . . . **A3:** 2•136
CERABULL (database) . . . **EM4:** 40, 692
Ceracon process . . . **A7:** 84, 606–607, **M7:** 537–541
applications and properties . . . **M7:** 540–541
flowchart . . . **M7:** 537
mechanical properties . . . **M7:** 540
part geometries . . . **M7:** 540–541
pin location for lateral pressure measurement in . . . **M7:** 539
processing sequence . . . **M7:** 537–538, 540
Ceramers
alkoxide-derived gels . . . **EM4:** 210, 211
Ceramic *See also* Ceramic composites; Ceramic fibers; Sintering
defined . . . **EL1:** 1136, **EM1:** 6
for RTM tooling . . . **EM1:** 168–169
Ceramic (96% Al)
recommended waterjet cutting speeds . . . **EM4:** 366
Ceramic Abstracts On-Line (data base) . . . EM4: 40
Ceramic alumina
applications . . . **EM4:** 331
bond type . . . **EM4:** 331
Ceramic and glass bonding
ceramic-ceramic bonding . . . **EM3:** 309
glass-glass bonding . . . **EM3:** 309
glazes . . . **EM3:** 308–309
compositions . . . **EM3:** 309
opacifying . . . **EM3:** 310
Ceramic applications in turbine engines (CATE) program . . . **EM4:** 716, 719, 720
design/manufacturing trade-offs . . . **EM4:** 720
Ceramic ball grid array (CBGA) technology . . . **A19:** 888–889
Ceramic body preparation
structural ceramics . . . **A2:** 1019–1020
Ceramic capacitators
acoustic microscopy of . . . **A17:** 479–480
Ceramic capacitor dielectrics . . . **EM4:** 1112–1117
barium titanate-based dielectrics . . **EM4:** 1112–1114
barium-neodymium-titanate . . . **EM4:** 1114–1115
calcium titanate . . . **EM4:** 1114
commercial capacity requirements . . . **EM4:** 1113
dielectric compositions with high lead content . . . **EM4:** 1115–1116
dielectric constants at 25 °C . . . **EM4:** 1113
integrated capacitors . . . **EM4:** 1117
magnesium titanate . . . **EM4:** 1114
multilayer ceramic capacitors . . . **EM4:** 1112
processing
disks and tubulars . . . **EM4:** 1116
multilayer ceramic capacitors . . . **EM4:** 1116–1117
thick-film and thin-film capacitors . . . **EM4:** 1117
strontium titanate . . . **EM4:** 1114
Ceramic capacitors
failure mechanisms . . . **EL1:** 972, 994–995
Ceramic carbon matrix composites
polishing . . . **A9:** 591
Ceramic coating . . . **M5:** 532–547
abrasive blasting processes . . . **M5:** 537–539
alumina coatings . . . **M5:** 532, 534–536, 540–542
aluminum and aluminum alloys . . . **M5:** 609–610
applicability . . . **M5:** 538–539, 544–545
applications . . . **M5:** 532–538, 540–542, 544–545
applying, methods of *See also* specific processes by name . . . **M5:** 532–546
bond strength, testing . . . **M5:** 547
carbide coatings . . . **M5:** 535–536, 541, 546
hardness . . . **M5:** 546
melting points . . . **M5:** 534–535
cementation processes . . . **M5:** 542–545
fluidized-bed cementation . . . **M5:** 542, 544–545
pack cementation . . . **M5:** 542–544
vapor streaming cementation . . . **M5:** 545
cermet coatings . . . **M5:** 536–537
chemical cleaning processes **M5:** 537–538, 542–543
compatability, chemical and mechanical . . . **M5:** 532
continuity of, effects of sharp and round corners . . . **M5:** 542–543
crystallized glass coatings . . . **M5:** 533
dipping process . . . **M5:** 536–538
electrophoretic coating process . . . **M5:** 545–546
elevated-temperature
conditions . . . **M5:** 533–534, 536–537, 540, 546
high-temperature test . . . **M5:** 546
equipment . . . **M5:** 538–543
flame spraying process . . . **M5:** 534–536, 538–541
combustion system . . . **M5:** 539–542, 546
detonation gun system . . . **M5:** 542, 546
plasma-arc system . . . **M5:** 535, 541–542, 546–547
flow coating process . . . **M5:** 538–539
hardness, true and Vickers . . . **M5:** 546–547
heat-resisting alloys . . . **M5:** 537–538, 566
impact strength, testing . . . **M5:** 546–547
materials used, types and characteristics *See also* specific types by name . . . **M5:** 533–537
melting points . . . **M5:** 534–536
molybdenum and molybdenum alloys . . . **M5:** 543–545, 662
oxidation resistance . . . **M5:** 535–537, 543, 546
oxide coatings . . . **M5:** 534–536, 546–547
hardness . . . **M5:** 546–547
melting points . . . **M5:** 534–535
phosphate-bonded coatings . . . **M5:** 535–537
densities and maximum service temperatures . . . **M5:** 536–537
process steps . . . **M5:** 537–546
protection mechanisms . . . **M5:** 532
quality control . . . **M5:** 533, 546–547
refractory metals . . . **M5:** 532–533, 535, 537, 542
repairability . . . **M5:** 533
selection factors . . . **M5:** 532–533
service environment, effects of . . . **M5:** 532
silicate coatings . . . **M5:** 533–534
silicide coatings . . . **M5:** 535, 537, 542–545
spray process . . . **M5:** 533–542, 546
stainless steel . . . **M5:** 537–538
structure, testing . . . **M5:** 546–547
surface preparation . . . **M5:** 537–539, 542–545
temperature . . . **M5:** 533–534, 536–537, 539–546
elevated temperatures . . . **M5:** 533–534, 536–537, 539–540, 546
thermal barrier coatings . . . **M5:** 541–542
thickness . . . **M5:** 534–537, 541–545
control of . . . **M5:** 541–542
time-and-temperature effects . . . **M5:** 541, 543–545
trowel coating process . . . **M5:** 545
tungsten . . . **M5:** 662
vapor deposition process . . . **M5:** 535
wear properties, testing . . . **M5:** 547
zirconia coatings . . . **M5:** 534–536, 540–542
Ceramic coatings *See also* Ceramics; Coatings . . . **EM4:** 953–958
applications . . . **EM4:** 953
as barrier protection . . . **A13:** 378
coating fit . . . **EM4:** 957
crazing . . . **EM4:** 957
shivering . . . **EM4:** 957
dry application techniques . . . **EM4:** 956
dry-powder cast iron enameling . . . **EM4:** 956
electrostatic dry-powder coatings . . . **EM4:** 956
flame spraying . . . **EM4:** 956
firing . . . **EM4:** 956–957
box furnaces . . . **EM4:** 956–957
continuous furnaces . . . **EM4:** 957
fuel costs . . . **EM4:** 957
single-fire processing . . . **EM4:** 957
two-fire processing . . . **EM4:** 957
for carbon steels . . . **A13:** 524
frit-melting furnaces . . . **EM4:** 953–954
minimizing coating defects . . . **EM4:** 957–958
bubbles . . . **EM4:** 957–958
crawling . . . **EM4:** 958
crazing . . . **EM4:** 957
metal marking . . . **EM4:** 958
peeling . . . **EM4:** 957
shivering . . . **EM4:** 957
specking . . . **EM4:** 958
raw materials . . . **EM4:** 953, 954
wet application processes . . . **EM4:** 954–956
application techniques . . . **EM4:** 955–956
bactericides . . . **EM4:** 955
binders . . . **EM4:** 955
dipping . . . **EM4:** 955
doctor blade method . . . **EM4:** 956
electrolytes . . . **EM4:** 955
electrostatic spray coating . . . **EM4:** 955–956
mill additives . . . **EM4:** 954–955
organic color-code dyes . . . **EM4:** 955
painting and brushing . . . **EM4:** 956
silk screen process . . . **EM4:** 956
slip preparation . . . **EM4:** 954
spraying . . . **EM4:** 955–956
suspending agents . . . **EM4:** 955
wetting agents . . . **EM4:** 955
Ceramic coatings and linings . . . **A5:** 469–480
applications . . . **A5:** 469
carbides . . . **A5:** 471
cementation processes . . . **A5:** 477–479
cermets . . . **A5:** 472–473
coating materials . . . **A5:** 469–473
coating methods . . . **A5:** 473
combustion flame spraying . . . **A5:** 474–476
description . . . **A5:** 469
detonation gun flame spraying . . . **A5:** 477
dipping . . . **A5:** 473–474
electrophoresis . . . **A5:** 479
flame spraying . . . **A5:** 474
flow coating . . . **A5:** 474
fluidized-bed cementation process . . . **A5:** 478–479, 480
heat-resistant alloys . . . **A5:** 782
melted silicate frits for high-temperature service ceramic coatings . . . **A5:** 470
oxides . . . **A5:** 471
pack cementation . . . **A5:** 477–478
phosphate-bonded coatings . . . **A5:** 472
plasma-arc flame spraying . . . **A5:** 476–477
quality control . . . **A5:** 479–480
refractory metals and alloys . . . **A5:** 859, 860
selection factors . . . **A5:** 469
silicate glasses . . . **A5:** 469–471
silicides . . . **A5:** 471–472, 477
slips for high-temperature service silicate-based ceramic coatings . . . **A5:** 470
spraying . . . **A5:** 473–474
surface preparation, descaling . . . **A5:** 473
trowel coating . . . **A5:** 479
unmelted frit batches for high-temperature service silicate-based coatings . . . **A5:** 470
vapor streaming cementation . . . **A5:** 479
Ceramic coatings for thermal barriers
matrix material that influences the finishing ductility . . . **A5:** 164
Ceramic collars
for insulating specimen from machine . . . **A8:** 389
Ceramic composites *See also* Ceramic; Ceramic fibers; Ceramic-ceramic composites; Composites; Metal-matrix composites; Multidirectionally, reinforced ceramics . . . **EM1:** 925–944
fiber reinforcement of . . . **EM1:** 59, 925–926
future directions and problems . . . **A2:** 1024
metal-ceramic composites . . . **A2:** 1024

SUBJECTS OF THE INDEXED VOLUMES: ASM Handbook (designated by the letter "A"): **A1:** Properties and Selection: Irons, Steels, and High-Performance Alloys (1990); **A2:** Properties and Selection: Nonferrous Alloys and Special-Purpose Materials (1990); **A3:** Alloy Phase Diagrams (1992); **A4:** Heat Treating (1991); **A5:** Surface Engineering (1994); **A6:** Welding, Brazing, and Soldering (1993); **A7:** Powder Metal Technologies and Applications (1998); **A8:** Mechanical Testing (1985); **A9:** Metallography and Microstructures (1985); **A10:** Materials Characterization (1986); **A11:** Failure Analysis and Prevention (1986); **A12:** Fractography (1987); **A13:** Corrosion (1987); **A14:** Forming and Forging (1988); **A15:** Casting (1988); **A16:** Machining (1989); **A17:** Nondestructive Evaluation and Quality Control (1989); **A18:** Friction, Lubrication, and Wear Technology (1992); **A19:** Fatigue and Fracture (1996); **A20:** Materials Selection and Design (1997). **Metals Handbook, 9th Edition** (designated by the letter "M"): **M1:** Properties and Selection: Irons and Steels (1978); **M2:** Properties and Selection: Nonferrous Alloys and Pure Metals (1979); **M3:** Properties and Selection: Stainless Steels, Tool Materials, and Special-Purpose Materials (1980); **M4:** Heat Treating (1981); **M5:** Surface Cleaning, Finishing, and Coating (1982); **M6:** Welding, Brazing, and Soldering (1983); **M7:** Powder Metallurgy (1984). **Engineered Materials Handbook** (designated by the letters "EM"): **EM1:** Composites (1987); **EM2:** Engineering Plastics (1988); **EM3:** Adhesives and Sealants (1990); **EM4:** Ceramics and Glasses (1991). **Electronic Materials Handbook** (designated by the letters "EL"): **EL1:** Packaging (1989)

multidirectionally reinforced **EM1:** 933–940
structural **EM1:** 925–932
system characteristics **EM1:** 927–931
types **A2:** 1023–1024
ultrasonic machining **EM4:** 359
whisker-reinforced **EM1:** 941–944

Ceramic composites, specific types
Al_2O_3 (90% pure), tension testing or fully reversed fatigue. **A19:** 941
Al_2O_3-33 vol% SiC_w
crack growth **A19:** 941
small-crack growth rates **A19:** 942
tension testing or fully reversed fatigue **A19:** 941
MgO-PSZ
fatigue crack growth **A19:** 940
fatigue-crack propagation behavior **A19:** 940
small-crack growth **A19:** 942
subcritical crack growth behavior...... **A19:** 940
Mg-PSZ, over-aged, tension testing or fully reversed fatigue. **A19:** 941
Mg-PSZ (peak strength), tension testing or fully reversed fatigue. **A19:** 941

Ceramic cutting tools **EM4:** 966–972
cost effectiveness of machining with ceramics **EM4:** 967
difficult-to-machine materials **EM4:** 970–972
high-productivity machining of cast iron with Si_3N_4-based ceramics......... **EM4:** 969–970
history **EM4:** 966–967
machining of irons and steels with oxide-based ceramic inserts......... **EM4:** 967–969, 970
properties distinguishing them from traditional steel and tungsten-carbide cutting materials. **EM4:** 966

Ceramic design and process engineering **EM4:** 29–36
ceramic material design. **EM4:** 29
ceramic processing methods. **EM4:** 32–36
firing **EM4:** 35–36
forming processes **EM4:** 33–35
preparation for forming **EM4:** 33
raw materials for advanced ceramics **EM4:** 32–33
raw materials for traditional ceramics. . . **EM4:** 32
testing and evaluation **EM4:** 36
design flow chart **EM4:** 31–32
design methodology **EM4:** 29–30
deterministic **EM4:** 29, 30
empirical **EM4:** 29, 30
probabilistic. **EM4:** 29–30
design process overview **EM4:** 678–688
material selection **EM4:** 29
proof testing **EM4:** 31
Weibull statistics **EM4:** 30–31

Ceramic design process overview **EM4:** 676–688
conceptual design. **EM4:** 677–678
ceramic precombustion chambers. **EM4:** 677
indirect-injection diesel engines **EM4:** 677
sample applications. **EM4:** 677
turbochargers. **EM4:** 677–678
detailed design **EM4:** 678–688
effective volume. **EM4:** 680–682
fast fracture reliability **EM4:** 678–679
finite-element models for reliability **EM4:** 683–684
joints, attachments, and interfaces **EM4:** 685–686
lifetime reliability **EM4:** 685
modulus of rupture **EM4:** 680, 683
probability of failure . . . **EM4:** 682, 683, 684, 686
proof testing **EM4:** 686–688
reliability prediction **EM4:** 679, 683
reliability selection **EM4:** 684
reliability sensitivity to various parameters **EM4:** 680–683
risk of rupture **EM4:** 679, 680–681, 684, 687
simplified structural ceramic design technique **EM4:** 683
thermal shock considerations **EM4:** 686
Weibull material property generation. **EM4:** 680–687
Weibull theory. **EM4:** 679–680, 683–687
key structural ceramic characteristics **EM4:** 676
modulus of rupture. **EM4:** 676
major phases of design **EM4:** 676

Ceramic dual-in-line package (CERDIP)
assembly sequence **EL1:** 487
defined. **EL1:** 1137
die attachments **EL1:** 213
humidity in. **EL1:** 962
nuclear radiation induced device failure **EL1:** 1056
package outline. **EL1:** 203
residual gas analysis results for **EL1:** 1066
substrates and **EL1:** 203–204
world market **EL1:** 460

Ceramic facing, preparation
Shaw process. **A15:** 249

Ceramic fibers *See also* Ceramic composites; Discontinuous ceramic
fiber MMCs **EM1:** 60–65
alumina-silica/alumina-boria-silica **EM1:** 60–61
aluminum oxide **EM1:** 60
as thermocouple wire insulation **A2:** 882–883
continuous oxide **EM1:** 60–61
continuous silicon carbide **EM1:** 63–64
development **EM1:** 60
discontinuous, for metal matrix composites. **EM1:** 903–910
discontinuous oxide. **EM1:** 62–63
discontinuous silicon carbide/silicon nitride whiskers **EM1:** 64
fused-silica. **EM1:** 61
leached-glass **EM1:** 61
nonoxide **EM1:** 63–64
-reinforced piston for high-performance diesel engines **A2:** 922
zirconia-silica **EM1:** 61

Ceramic film
defined. **EL1:** 1136

Ceramic films and coatings on metals
chemical vapor deposition. **EM3:** 307, 308
coating techniques **EM3:** 307
evaporation **EM3:** 307
ion implantation. **EM3:** 308
plasma spraying **EM3:** 307–308
sol-gel coatings **EM3:** 308
sputtering. **EM3:** 307
uses. **EM3:** 307

Ceramic filters *See also* Ceramics; Filtration
foam, as inclusion control **A15:** 90
foam, for nonferrous casting **A15:** 490–491
in gating design **A15:** 594–597

Ceramic heat exchangers **EM4:** 960
applications **EM4:** 960

Ceramic investment mold method
of encapsulation. **M7:** 428, 429

Ceramic joining technologies, material types and uses **EM4:** 478–480
ceramic/ceramic joining **EM4:** 480
liquid-phase active-metal techniques . . . **EM4:** 480
solid-state brazing. **EM4:** 480
solid-state pressure/diffusion bonding . . **EM4:** 480
ceramic/metal joining **EM4:** 479–480
active metal brazing. **EM4:** 479
applications **EM4:** 479
disadvantages. **EM4:** 479
glass bonding of ceramics to metals . . . **EM4:** 479
liquid-phase joining **EM4:** 479
moly-manganese (Mo-Mn) process. **EM4:** 479
precious metal brazes. **EM4:** 479
refractory metal brazing. **EM4:** 479
solid-state joining **EM4:** 479–480
tungsten brazes **EM4:** 479
glass/metal seals. **EM4:** 478–479
applications **EM4:** 478
field-assisted bonding. **EM4:** 478–479
glass seal classification scheme. **EM4:** 478
metals and metallic alloys **EM4:** 478
glass-ceramic/metal sealing **EM4:** 479
applications **EM4:** 479
properties **EM4:** 479
non-oxide ceramic joining **EM4:** 480
applications **EM4:** 480
brazing of Si_3N_4 .... **EM4:** 480
composite interlayer bonding **EM4:** 480
direct brazing SiC and Si_3N_4 .... **EM4:** 480
liquid-phase joining techniques. **EM4:** 480
properties **EM4:** 480
solid-state joining techniques **EM4:** 480

Ceramic layers
interference films used to improve contrast **A9:** 59

Ceramic leadless chip carrier (LCC)
heat sinks **EL1:** 1129–1131

Ceramic magnet materials *See* Ferrites

Ceramic magnets *See also* Permanent magnet materials
as ferrimagnetic **A2:** 782
as hard ferrites. **A2:** 788–790

Ceramic mass finishing media **M5:** 135

Ceramic materials
acoustic microscopy methods **A17:** 469–472
as difficult-to-recycle materials **A20:** 138
engineering, computed tomography (CT) of. **A17:** 364
liquid penetrant inspection. **A17:** 71
mechanical properties **EL1:** 1120
microwave inspection **A17:** 202
multichip structures, unsuitable **EL1:** 305
polarized, as transducer elements **A17:** 255
standard conditions for sliding **A18:** 236
thermal etching. **A9:** 62
thermal, mechanical, electrical properties **EL1:** 335–336
thermal properties **EL1:** 335–336, 1120

Ceramic matrix composites. **A9:** 592
with silicon-carbide fibers **A9:** 596–597

Ceramic metallization and joining **EM3:** 304–306
active metal process. **EM3:** 305
direct bonding **EM3:** 305–306
electroforming. **EM3:** 306
gas-metal eutectic (direct) method . . **EM3:** 305–306
graded-powder process. **EM3:** 306
liquid-phase metallizing. **EM3:** 306
metal powder-glass frit method **EM3:** 305
moly-manganese paste process. **EM3:** 304–305
nonmetallic fusion process **EM3:** 306
pressed diffusion joining. **EM3:** 306
sintered metal powder (SMP) process **EM3:** 304–305
vapor-phase ceramic coatings. **EM3:** 306
vapor-phase metallizing. **EM3:** 306

Ceramic microspheres
as extender **EM3:** 176

Ceramic microwave resonators
solid-state sintering **EM4:** 281

Ceramic mold process in hot isostatic pressing **M7:** 425, 426, 428
manufacturing sequence. **M7:** 751
with superalloys. **M7:** 440

Ceramic molding *See also* Ceramic(s); Cope; Drag. **A15:** 248–252
all-ceramic mold casting, procedure **A15:** 249
and investment molding, compared **A15:** 248
applications **A15:** 248
defined **A15:** 2
Shaw process **A15:** 248–250
Unicast process **A15:** 250–252

Ceramic multilayer assemblies
Hybrid, as VLSI packaging approach. **EL1:** 270
technologies compared **EL1:** 297–298

Ceramic multilayer package fabrication **EL1:** 460–469
ceramic covered. **EL1:** 460
layer personalization. **EL1:** 463–464
market. **EL1:** 460
materials preparation **EL1:** 460–463
physical properties **EL1:** 467–468
reliability. **EL1:** 468
substrate fabrication **EL1:** 464–467
substrate layers **EL1:** 460–462
thick-film metallization **EL1:** 462–463

Ceramic nuclear waste forms
EPMA study of simulant **A10:** 532–535

Ceramic oxides **EM4:** 17
mechanical properties of plasma sprayed coatings **A20:** 476

Ceramic packages *See also* Ceramic dual-in-line package (CERDIP); Ceramic multilayer package fabrication; CERPA K; Encapstilation; Pressed ceramic packages. **EM3:** 585, 588
defined. **EL1:** 454
failure mechanisms **EL1:** 961–962
glass-sealed **EL1:** 203–204
substrates **EL1:** 203–206
thermal performance of **EL1:** 409–410

Ceramic powders *See also* Ceracon process; Ceramic investment mold method,-Ceramic mold process; Cermets
as contaminants. **M7:** 178
as hardfacing powders. **A7:** 1074
binder-assisted extrusion **A7:** 372, 373
cold sintering **A7:** 580

Ceramic powders (continued)
combustion synthesis **A7:** 530, 531
consolidation of ultrafine and nanocrystalline powders **A7:** 508–510
deflocculants for. **A7:** 422
die inserts for compaction **A7:** 352
electric and optical sensing zone analysis . . **A7:** 247
extruded. **A7:** 372
field-activated sintering **A7:** 586, 587, 588
firing temperatures **M7:** 151
for hardfacing **M7:** 830
gelcasting **A7:** 432
grain characteristics **M7:** 539
high densities for packed. **M7:** 297
hot isostatic pressing **A7:** 316
hot pressed, products **M7:** 514
hot pressing **A7:** 636–637
injection molding **A7:** 314
milling **A7:** 63
muffles **A7:** 454, 455
multilayer capacitors **M7:** 151
particles **M7:** 537–541
precious metal powders in. **M7:** 151
pressureless sintering **A7:** 509
reactive hot isostatic pressing **A7:** 520
reactive hot pressing **A7:** 520
reactive sintering **A7:** 520
slip casting. **A7:** 314
superconductor wires **A7:** 373
tapping or vibrating **M7:** 297
thermal spray forming. **A7:** 408
thermally spray deposited **A7:** 412
Ceramic powders and processing
applications **EM4:** 41
characterization methods **EM4:** 41
introduction **EM4:** 41–42
mixing methods **EM4:** 42
starting materials **EM4:** 41
characteristics. **EM4:** 42
Ceramic powders, characterization. **EM4:** 65–74
chemical
bulk composition. **EM4:** 66
phases **EM4:** 66
surface composition **EM4:** 66
chemical composition **EM4:** 72–73
arc emission spectroscopy **EM4:** 72
argentometric titration **EM4:** 72
atomic absorption spectroscopy **EM4:** 72
atomic emission spectroscopy **EM4:** 72
combustion. **EM4:** 72
coulometry **EM4:** 72
direct current plasma emission spectroscopy **EM4:** 72
electrochemical techniques. **EM4:** 72
gravimetry **EM4:** 72
inductively coupled plasma emission spectroscopy **EM4:** 72
Kjeldahl **EM4:** 72
mass spectrometry **EM4:** 72, 73
methods for bulk chemical analysis. **EM4:** 72
neutron activation analysis **EM4:** 72–73
potentiometric titration **EM4:** 72
selective-ion potentiometry **EM4:** 72
x-ray fluorescence spectroscopy **EM4:** 72
density **EM4:** 71
bulk **EM4:** 71
tap **EM4:** 71
theoretical. **EM4:** 71
methods of analysis **EM4:** 66–69
centrifugal techniques. **EM4:** 68
specific gravity balance **EM4:** 68
morphological analysis. **EM4:** 69
definition **EM4:** 69
fractal analysis **EM4:** 69
Luerkens equations **EM4:** 69
particle shape definitions **EM4:** 69
nominal size ranges of particles. **EM4:** 67
particle size **EM4:** 65
particle size analysis methods **EM4:** 67
phase composition **EM4:** 73
nuclear magnetic resonance spectroscopy **EM4:** 73
Rietveld refinement methods **EM4:** 73
x-ray powder diffraction **EM4:** 73
physical
agglomerates. **EM4:** 66
grains. **EM4:** 66
porosity **EM4:** 71–72
gas adsorption **EM4:** 71–72
mercury porosimetry. **EM4:** 71
nuclear magnetic resonance **EM4:** 71, 72
porosimetry curve characteristics. . . . **EM4:** 71, 72
research methods. **EM4:** 72
small angle neutron scattering **EM4:** 71, 72
size analysis steps. **EM4:** 65–66
data collection **EM4:** 66
dispersion. **EM4:** 65–66
error, total overall estimation **EM4:** 65
interpretation **EM4:** 66
measurement **EM4:** 66
sampling from powder lot **EM4:** 65
wetting **EM4:** 65–66
size distribution **EM4:** 65
specific surface area. **EM4:** 69–71
equivalent spherical diameter of a particle **EM4:** 69
gas adsorption **EM4:** 69–70
Harkins-Jura methods **EM4:** 70–71
multipoint method **EM4:** 70
permeametry **EM4:** 70, 71
single point method **EM4:** 70
total surface area. **EM4:** 70
surface composition. **EM4:** 73–74
electrokinetic properties. **EM4:** 74
electron spin resonance **EM4:** 73–74
Fourier transform infrared spectroscopy **EM4:** 73
INMR spectroscopy **EM4:** 73
Raman spectroscopy. **EM4:** 73
x-ray photoelectron spectroscopy **EM4:** 73
Ceramic printed wiring boards *See also* Boards; Printed wiring boards; Thick-film ceramic wiring boards
circuit construction **EL1:** 387
component attachment **EL1:** 388
defined. **EL1:** 505
for high-bandwidth digital systems. **EL1:** 76
materials **EL1:** 388–389
Ceramic process
definition. **A5:** 949
Ceramic processing. **A20:** 697, 698–699
Ceramic processing, design for *See* Design for ceramic processing
Ceramic properties data base systems **EM4:** 690–692
ceramics property information **EM4:** 690–691
assessment criteria **EM4:** 691
data reliability considerations. **EM4:** 690–691
evaluated data **EM4:** 691
important properties **EM4:** 690, 691
metadata. **EM4:** 690
existing compilations ceramic property data. **EM4:** 691
computerized data bases **EM4:** 691–692
printed compilations. **EM4:** 691
issues for future developments. **EM4:** 692
linking of materials property data bases **EM4:** 692
structured query language **EM4:** 692
Ceramic quad flat package (CQFP) technology. **A19:** 888–889
Ceramic rod flame spraying
definition **M6:** 3
Ceramic rod spray process
materials, feed material, surface preparation, substrate temperature, particle velocity. **A5:** 502
Ceramic stationary gas turbine (CSGT) program **A20:** 635
Ceramic substrates *See also* Ceramic; Substrates **EM4:** 1107–1111
advanced **EL1:** 8
alumina substrates. **EM4:** 1107–1110
aluminum nitride **EM4:** 1110
beryllia substrates. **EM4:** 1110
fabrication **EL1:** 464–467
for thick-film circuits **EL1:** 249
glass-ceramic materials **EM4:** 1110–1111
large-aspect ratio **EL1:** 8
layers **EL1:** 460–462
materials. **EL1:** 336–338
thick-film hybrids **EL1:** 334–338
with cermets, medical and military applications **EL1:** 386, 388
world market **EL1:** 460
Ceramic Technology for Advanced Heat Engines program (Oak Ridge National Laboratory (ORNL). **EM4:** 692
Ceramic tiles *See also* Tile whiteware **A18:** 649
Ceramic wall tile
recommended waterjet cutting speeds. . . . **EM4:** 366
Ceramic/metal seals **EM4:** 502–509, 513
active brazing process considerations. **EM4:** 504–509
active brazed joints. **EM4:** 509
active brazing filler metals **EM4:** 505
process mechanism **EM4:** 505
processing steps **EM4:** 505
screenable paste versus foil preform-n for edge brazing **EM4:** 509
techniques. **EM4:** 504
materials **EM4:** 502
coefficent of thermal expansion **EM4:** 502
static fatigue. **EM4:** 502
typical materials used and their properties **EM4:** 503
moly-manganese process **EM4:** 502–504, 506
process mechanism. **EM4:** 502–503
processing steps. **EM4:** 503–504
process evolution **EM4:** 502–503
seal design finite-element stress-analytic techniques **EM4:** 538
Ceramic-belt conveyor furnace **A7:** 453, 455–456
Ceramic-ceramic composites. **EM1:** 118, 930–931, 933–940, **EM4:** 47
glass-encapsulated HIP processed **EM4:** 200
Ceramic-coated carbides
cutting speed and work material relationship **A18:** 616
Ceramic-filled plastics
as mounting materials **A9:** 45
Ceramic-lined die assembly **M7:** 506
Ceramic-matrix composites . . **A20:** 659–661, **EM4:** 20, 29
acrospace applications. **EM4:** 1004–1005
application in future jet engine components **A18:** 592
chemical vapor deposition **EM4:** 215
chemical vapor infiltration **EM4:** 215
electrical discharge machining **EM4:** 371, 374, 376
hot pressing **A7:** 636–637
manufacturing of **A20:** 702
properties . . **A20:** 660–661, **EM4:** 20, 383–843, 835
reaction sintering **EM4:** 291
Ceramic-matrix fiber-reinforced composites
fabrication processes **EM4:** 35
Ceramic-metal coating
definition. **A5:** 949
Ceramic-metal composites
hot pressing. **A7:** 637

SUBJECTS OF THE INDEXED VOLUMES: ASM Handbook (designated by the letter "A"): **A1:** Properties and Selection: Irons, Steels, and High-Performance Alloys (1990); **A2:** Properties and Selection: Nonferrous Alloys and Special-Purpose Materials (1990); **A3:** Alloy Phase Diagrams (1992); **A4:** Heat Treating (1991); **A5:** Surface Engineering (1994); **A6:** Welding, Brazing, and Soldering (1993); **A7:** Powder Metal Technologies and Applications (1998); **A8:** Mechanical Testing (1985); **A9:** Metallography and Microstructures (1985); **A10:** Materials Characterization (1986); **A11:** Failure Analysis and Prevention (1986); **A12:** Fractography (1987); **A13:** Corrosion (1987); **A14:** Forming and Forging (1988); **A15:** Casting (1988); **A16:** Machining (1989); **A17:** Nondestructive Evaluation and Quality Control (1989); **A18:** Friction, Lubrication, and Wear Technology (1992); **A19:** Fatigue and Fracture (1996); **A20:** Materials Selection and Design (1997). **Metals Handbook, 9th Edition** (designated by the letter "M"): **M1:** Properties and Selection: Irons and Steels (1978); **M2:** Properties and Selection: Nonferrous Alloys and Pure Metals (1979); **M3:** Properties and Selection: Stainless Steels, Tool Materials, and Special-Purpose Materials (1980); **M4:** Heat Treating (1981); **M5:** Surface Cleaning, Finishing, and Coating (1982); **M6:** Welding, Brazing, and Soldering (1983); **M7:** Powder Metallurgy (1984). **Engineered Materials Handbook** (designated by the letters "EM"): **EM1:** Composites (1987); **EM2:** Engineering Plastics (1988); **EM3:** Adhesives and Sealants (1990); **EM4:** Ceramics and Glasses (1991). **Electronic Materials Handbook** (designated by the letters "EL"): **EL1:** Packaging (1989)

Ceramics *See also* Ceracon process; Ceramic filters; Ceramic investment mold method; Ceramic mold process; Ceramic molding; Ceramics, characterization of; Ceramics, specific types; Cermets; Design with brittle materials; Engineering ceramics; Filtration; Preformed ceramic core; Structural ceramics **A16:** 2, 98–104

abrasion damage. **A5:** 142
abrasive flow machining **A16:** 517, 519
abrasive jet machining **A16:** 511, 512
abrasive machining usage **A5:** 91
additives to optimize powder treatment and green forming. **EM4:** 49
aerospace applications. **A6:** 617–618
Al_2O_3-10ZrO_2 .... **A9:** 94
alumina-based and silicon nitride-based, for finish turning tools **A5:** 84
analytic methods applicable **A10:** 5
and cermets, compared **A2:** 978
and LEFM. **A19:** 376
applications. **A6:** 948, **A16:** 101–103, 639, **EM4:** 959–960
applications as a coating. **EM4:** 208
as brittle material, possible ductile phases **A19:** 389
as ferrites for high-frequency applications. . **A2:** 776
as thermocouple protection **A2:** 882–884
at fracture **A12:** 471
bend testing. **A20:** 344
bivalve mold **A15:** 17
body preparation **A2:** 1019–1020
boring **A16:** 101, 162
brazing. **A6:** 948–950
brazing and soldering characteristics . . **A6:** 635–636
carbides for machining **A16:** 75
cast iron machining **A16:** 656, 658
characterized **A10:** 1
chemical resistance. **A20:** 245
chemical vapor deposition **A5:** 513–514, **EM3:** 308
chevron-notched specimens of **A8:** 470
cleavage fracture. **A19:** 47
coated. **A16:** 103
coating and firing, Replicast process **A15:** 271
compared to high-speed tool steels **A16:** 54
compressive strength, MPa (ksi) **A20:** 245
containing crystalline and amorphous phases. **A10:** 445
cooling effects of cutting fluids **A16:** 122
cores, manufacture of **A15:** 261
crack propagation **EM4:** 694–698
creep recovery. **A20:** 576
creep rupture **A20:** 634–635
crystalline materials. **A10:** 381
crystallographic texture measurement and analysis. **A10:** 357
cutters, high removal rate machining **A16:** 607, 608
cutting fluids. **A16:** 125
defined **A2:** 1019, **A15:** 2
definition **A20:** 416, 829
density. **A20:** 245, 337
determining causes **A11:** 749–757
diamond as abrasive for honing **A16:** 476
drilling **A16:** 102
ductility **A20:** 339
edge preparation and machinability . . **A16:** 646–647
electrical characteristics. **A20:** 245
electrical conductivity **A20:** 337
electrodischarge machining. **A5:** 116
electromagnetic forming with **A14:** 649–650
electron beam machining **A16:** 570
electronic applications. **A6:** 991
extensometers, elevated-temperature testing with **A8:** 36
failure analysis of **A11:** 744–757
fatigue **A20:** 345
fatigue of. **A19:** 937–943
finish turning tools. **A5:** 84
for dental crowns. **A20:** 635–636
for efficient compact springs **A20:** 288
for three-dimensional grains and particles. . **A9:** 132
for two-dimensional planar figures **A9:** 131
fractographs. **A12:** 471
fracture stresses **A20:** 344
fracture surface analysis by instrumented stereometry **A9:** 96
fracture toughness **A20:** 354
fracture toughness and volume change. **A19:** 30
fracture toughness testing **A8:** 469
fracture/failure causes illustrated. **A12:** 217
friction welding. **A6:** 152, 154, 891
fundamental characteristics of. **A20:** 336–337
glass precoats, for titanium alloy forgings **A14:** 279
grindability **A5:** 162–164
grinding **A5:** 155, **A16:** 102, 432, 433
grinding wheel core material **A16:** 456
ground by CBN wheels. **A16:** 455
ground by diamond wheels **A16:** 455, 460, 461, 462, 463
hardness. **A20:** 245
high-palladium **A13:** 1361
high-speed machining **A16:** 604
high-strength materials of limited ductility **A19:** 375
high-temperature creep resistance **A20:** 245
high-temperature solid-state welding . . **A6:** 298, 299
honing **A16:** 472, 476, 477, 478
impressed-current anodes **A13:** 469, 921–922
in Neolithic period. **A15:** 15
indentation techniques **A5:** 645
indexable-insert milling cutters **A16:** 315
ion implantation. **A5:** 608
ion implantation applications **A20:** 484
joining of. **A6:** 617, 618, 619
lapping. **A5:** 156–157, **A16:** 492, 494, 499
laser cutting of **A14:** 742
laser hardfacing **A6:** 806
laser-enhanced etching. **A16:** 576
linings, chemical-setting **A13:** 453–455
liquid-metal corrosion **A13:** 59
location of fracture origin **A11:** 744–747
machinability **A20:** 245
malleability **A20:** 337
market effects **A15:** 44
melting points. **A20:** 245
metallized, electron diffraction/EDS method to identify unknown phase in. **A10:** 457–458
metal-matrix composites, low gravity effects. **A15:** 152–153
microstructural changes. **A10:** 366
microstructures. **A6:** 953–954
microwave brazing. **A6:** 124
milling. **A16:** 102, 327
mixed-phase, as superconducting materials **A2:** 1028
multiphase, IA quantitative determination of second-phase phenomena **A10:** 309
multiphase, SIMS phase distribution analysis in **A10:** 610
nitric acid corrosion **A13:** 1156
nuclear applications **A6:** 618, 619
of precious metals **A2:** 693
oxidation resistance **A20:** 245
PCD tooling **A16:** 110
performance characteristics of. **A20:** 599–600
Permalloy film thickness, x-ray spectrometry for. **A10:** 100–101
phase analysis **A5:** 141
phase and discontinuity distribution. **A19:** 17
phase separation analysis by SAXS/SANS/SAS. **A10:** 402, 405
polycrystalline, fracture mirrors. **A11:** 745
polycrystalline, fracture of **A11:** 26
powder, XRPD analysis of crystalline phases in **A10:** 333
prebond treatment **EM3:** 35
precision grinding, systems description **A5:** 163
processing future and problems. **A2:** 1024
production process. **A16:** 98
properties. **A6:** 948, **A16:** 101
reinforced by metals **A20:** 352
sample preparation for microstructural analysis. **A5:** 140
SAS applications. **A10:** 405
sectioning by fracturing. **A9:** 23
shell molds, manufacture of. **A15:** 257–261
Si_3N_4-base tool materials **A16:** 100
SIMS analysis of surface layers **A10:** 610
single-phase, image analysis of. **A10:** 309
solderable and protective finishes for substrate materials **A6:** 979
sources of materials data **A20:** 498
stiffness **A20:** 337
strength **A20:** 337
strength in compression **A20:** 513
structural. **A2:** 1019–1024
techniques of fractography. **A11:** 747–749
TEM bright-field images and diffraction patterns **A10:** 445
tensile strength. **A20:** 245, 351
tensile testing **A20:** 344
thermal conductivity. **A20:** 245, 337
thermal expansion **A20:** 245
thermal shock **A16:** 102
thermal shock resistance. **A20:** 245
thermal sprayed, as coating **A15:** 563
thread grinding. **A16:** 271
tool geometries **A16:** 101
tool steels. **A16:** 714
tools and machinability **A16:** 642, 646
tools for boring. **A16:** 714
tools for turning. **A16:** 708–710
toughened **A2:** 1022–1023
toughened by grain size reductions. **A20:** 354
toughness and crack-tip deformation **A20:** 354
truing of CBN grinding wheels **A16:** 468
turning. **A16:** 101, 146, 150, 151
turning of Al alloys **A16:** 777
turning of heat-resistant alloys **A16:** 739, 740
turning operation. **A16:** 146, 154
ultrasonic cleaning **A5:** 47
ultrasonic fatigue testing of **A8:** 240
ultrasonic machining. **A16:** 530, 531
used in composites. **A20:** 457
vacuum deposition of interference films. . . **A9:** 148, 158

Cesium chloride, diffraction patterns **A9:** 109
vapor-phase soldering **A6:** 369
volume change during deformation. **A19:** 30
waterjet machining **A16:** 520, 527
wear applications **A20:** 607
wear mechanisms **A16:** 40
wear resistance **A16:** 108
weld overlay material. **M6:** 807
whisker-reinforced **A16:** 99
Young's modulus **A20:** 245
vs. density **A20:** 285
vs. elastic limit **A20:** 287

Ceramics Analysis and Reliability Evaluation of Structures (CARES) algorithm . . . **A20:** 629–630, 631

Ceramics Analysis and Reliability Evaluation of Structures/life-prediction program (CARES/Life) **A20:** 631, 635

Ceramics, and thermosetting resins compared. **EM2:** 222

Ceramics, characterization of *See also* Ceramics
analytical transmission electron microscopy **A10:** 429–489
atomic absorption spectrometry **A10:** 43–59
Auger electron spectroscopy. **A10:** 549–567
classical wet analytical chemistry **A10:** 161–180
controlled-potential coulometry. **A10:** 207–211
electrochemical analysis **A10:** 181–211
electrogravimetry **A10:** 197–201
electrometric titration. **A10:** 202–206
electron probe x-ray microanalysis. . . **A10:** 516–535
electron spin resonance. **A10:** 253–266
extended x-ray absorption fine structure. **A10:** 407–419
inductively coupled plasma atomic emission spectroscopy **A10:** 31–42
infrared spectroscopy **A10:** 109–125
ion chromatography **A10:** 658–667
low-energy electron diffraction **A10:** 536–545
low-energy ion-scattering spectroscopy **A10:** 603–609
neutron activation analysis **A10:** 233–242
neutron diffraction **A10:** 420–426
optical emission spectroscopy **A10:** 21–30
particle-induced x-ray emission. **A10:** 102–108
potentiometric membrane electrodes **A10:** 181–187
radial distribution function analysis. . **A10:** 393–401
Raman spectroscopy **A10:** 126–138
Rutherford backscattering spectrometry **A10:** 628–636
scanning electron microscopy **A10:** 490–515
secondary ion mass spectroscopy **A10:** 610–627
single-crystal x-ray diffraction **A10:** 344–356
small-angle x-ray and neutron scattering **A10:** 402–406

Ceramics, characterization of (continued)
spark source mass spectrometry **A10:** 141–150
ultraviolet/visible absorption spectroscopy **A10:** 60–71
voltammetry **A10:** 188–196
x-ray diffraction **A10:** 325–332
x-ray diffraction residual stress techniques **A10:** 380–392
x-ray photoelectron spectroscopy **A10:** 568–580
x-ray powder diffraction **A10:** 333–343
x-ray spectrometry **A10:** 82–101
x-ray topography **A10:** 365–379
Ceramics, composition, processing, and structure effects on properties **A20:** 416–433
admixtures **A20:** 427
advanced ceramics **A20:** 427–428
alumina ceramics **A20:** 429–430
applications **A20:** 416
basic refractories **A20:** 424
bonding structures **A20:** 416
carbon, as additive **A20:** 425
china **A20:** 421
classes of **A20:** 416
clay refractories **A20:** 423–424
concrete **A20:** 426, 427
continuous (ceramic) fiber-reinforced ceramic matrix composites (CFCMCs) . . **A20:** 432–433
definition of ceramics **A20:** 416
earthenware **A20:** 421
electronic ceramics **A20:** 433
enamels, porcelain **A20:** 419
engineering ceramics **A20:** 427–428
glass ceramics **A20:** 416
glazes **A20:** 419
graphite, as additive **A20:** 425
insulating refractories **A20:** 425–426
magnetic ceramics **A20:** 433
monoxide ceramics **A20:** 431–432
mullite refractories **A20:** 424–425
porcelain **A20:** 421
portland cements and concrete . . **A20:** 425, 426–427
properties **A20:** 416
R-curve behavior **A20:** 430, 431, 432
refractories **A20:** 422–426
silica refractories **A20:** 425
silicon carbide refractories **A20:** 425
stoneware **A20:** 419, 421
structural ceramics **A20:** 426, 428–433
structural clay products **A20:** 422
technical ceramics **A20:** 416, 421–422, 427
traditional ceramics **A20:** 416, 419–420
transformation-toughened zirconia (TTZ) **A20:** 430–431, 432
whitewares (fine ceramics) **A20:** 419, 420–422
zirconia, as additive **A20:** 424, 425
zirconia-base **A20:** 422
Ceramics Correspondence Institute **EM4:** 40
Ceramics, friction and wear of **A18:** 158, 693, 812–815
abrasion resistance **A18:** 490
abrasive wear materials **A18:** 186
applications **A18:** 812
in future jet engine components **A18:** 592
internal combustion engine parts . . **A18:** 554, 561
rolling-element bearings **A18:** 261
cermets **A18:** 812
applications **A18:** 812
definition **A18:** 812
coating finishing **A18:** 831
coating thickness limitations **A18:** 831
coating to improve abrasive wear resistance **A18:** 639
compatibility with steel **A18:** 743
cutting speed and work material relationship **A18:** 616
damage dominated by brittle fracture **A18:** 180
elements implanted to improve wear and friction properties **A18:** 858
erosion of **A18:** 199, 204–206
particle hardness **A18:** 205–206
for cutting tool insert materials **A18:** 616–617
for gas-lubricated bearings **A18:** 532
heat-treatable ceramics **A18:** 814–815
material parameters that should be documented to ensure repeatability when testing tribosystems **A18:** 55
mechanical and physical properties . . **A18:** 812–814
microfracture **A18:** 186
particle size effect of erosion rate **A18:** 200
phase contrast imaging **A18:** 389
plasma-spray coating for pistons **A18:** 556, 561
product lines **A18:** 812
relative erosion factors **A18:** 201
rolling contact bearings **A18:** 815
rolling contact fatigue **A18:** 260–261
rolling contact wear **A18:** 260
roughness measurement and surface texture **A18:** 340–341
scanning acoustic microscopy for wear studies **A18:** 409
scanning acoustic microscopy to study machining damage **A18:** 409, 410
sliding and adhesive wear **A18:** 237, 240–241
spray material for oxyfuel powder spray method **A18:** 830
spray material for plasma arc powder spraying **A18:** 830
thermal spray coating recommended **A18:** 832
tool steel coatings **A18:** 643–644
wear properties **A18:** 814
abrasive wear **A18:** 814
erosive wear **A18:** 814
Ceramics joined to glasses
surface considerations **EM3:** 298–310
Ceramics, specific types
Al_2O_{32} + 3 glass, true profile length **A12:** 200
Al_2O_{32}-glass, area/length parametric relation **A12:** 204
alpha-SiC, corrosion pitting fracture **A12:** 471
Ceramics technology readiness development (CTRD) program **EM4:** 716
Ceramics, traditional *See* Traditional ceramics
Ceramic-to-metal joining **A20:** 629, 630
Ceramography
for microstructural analysis **EM4:** 25–26
CeraPerl, applications
dental **EM4:** 1095
Ceravital **EM4:** 1008, 1010
bonding to bone **EM4:** 1010, 1011
for middle ear surgery **EM4:** 1011
Cerclage stainless steel wire
intercrystalline corrosion on **A11:** 676, 681
Cercor
composition **EM4:** 871
properties **EM4:** 871
CERDIP *See* Ceramic-dual-in-line package
Cereals
in molding sand mixes **A15:** 211
Ceresin, as wax
investment casting **A15:** 254
Cerestore **EM4:** 1095, 1096
Ceria
thermionic emission production **A6:** 30
Cerium *See also* Rare earth metals
addition to magnesium alloys **A7:** 19–20
as pyrophoric **M7:** 199, 597
as rare earth metal, properties **A2:** 720, 1178
as silicon modifier **A15:** 161
Ce_2O_3 . . . . . **A16:** 100
CeO_2 . . . . . **A16:** 100
classification in tungsten alloy electrodes for GTAW **A6:** 191
dispersoid-strengthened elevated-temperature alloys **A7:** 19
effect of, on steel composition and formability **A1:** 577
effect on ductile iron welds **M6:** 604
gray cast iron content **A16:** 654
in cast iron **A1:** 5
in compacted graphite iron **A1:** 56
in ductile iron **A15:** 648
in ferrite **A1:** 408
in malleable iron **A1:** 10
in nodular graphite composition **A18:** 699
oxide, abrasive for lapping **A16:** 493
pure **M2:** 722–723
redox titration **A10:** 175
SiCeON **A16:** 100
TNAA detection limits **A10:** 238
volumetric procedures for **A10:** 175
Cerium (Ce)
in heat-resistant alloys **A4:** 512
vapor pressure, relation to temperature **A4:** 495
Cerium in steel **M1:** 115, 556
Cerium, nodulizing agent
ductile iron **M1:** 6, 37
Cerium oxide (CeO_2)
as additive for pressure densification **EM4:** 298–299
component in photosensitive glass composition **EM4:** 440
crystal structure **EM4:** 30
for coarse and fine polishing before microstructural analysis **EM4:** 573
in composition of melted silicate frits for high-temperature service ceramic coatings **A5:** 470
in composition of unmelted frit batches for high-temperature service silicate-based coatings **A5:** 470
ion-beam-assisted deposition (IBAD) . . **A5:** 595, 596
melting point **A5:** 471
properties **EM4:** 30
purpose for use in glass manufacture **EM4:** 381
sol-gel processing **EM4:** 447
specific properties, imparted in CTV tubes **EM4:** 1039
Cerium, vapor pressure
relation to temperature **M4:** 310
Cerium-doped glasses, applications
solar cell covers **EM4:** 1019
Cerium-sulfur ratio, HSLA steels
effect on toughness **M1:** 418
Cermet
defined **EM1:** 6
definition **A7:** 922
Cermet billets *See also* Cermets
hot extrusion of **A2:** 987–988
Cermet ceramic coatings **M5:** 536–537
Cermet films
PVD applications **EM4:** 219
Cermet forming techniques, specific types
cold hydrostatic pressing **M7:** 800
extrusion **M7:** 800
hot isostatic pressing **M7:** 800
infiltration **M7:** 800
plasma spraying **M7:** 800
slip casting **M7:** 800
static cold pressing **M7:** 800
static hot pressing **M7:** 800
Cermet paste systems
conductors **EL1:** 339–341
dielectrics and encapsulants **EL1:** 341–343
resistors **EL1:** 343–345
Cermet powder mixtures
warm extrusion of **A2:** 982–983
Cermets *See also* Cemented carbides; Ceramics; Cermet forming techniques, specific types; Metal-matrix composites
aluminum oxide cermets **A2:** 992–993
aluminum-boron carbide cermets . . . **A2:** 1002–1003
aluminum-silicon carbide cermets **A2:** 1002
application **A2:** 978–979
applications . . . **A7:** 968, **A16:** 95–97, 639, **A18:** 812, **EM4:** 203, 810
applications as a coating **EM4:** 208
as coatings **A5:** 472–473

SUBJECTS OF THE INDEXED VOLUMES: ASM Handbook (designated by the letter "A"): **A1:** Properties and Selection: Irons, Steels, and High-Performance Alloys (1990); **A2:** Properties and Selection: Nonferrous Alloys and Special-Purpose Materials (1990); **A3:** Alloy Phase Diagrams (1992); **A4:** Heat Treating (1991); **A5:** Surface Engineering (1994); **A6:** Welding, Brazing, and Soldering (1993); **A7:** Powder Metal Technologies and Applications (1998); **A8:** Mechanical Testing (1985); **A9:** Metallography and Microstructures (1985); **A10:** Materials Characterization (1986); **A11:** Failure Analysis and Prevention (1986); **A12:** Fractography (1987); **A13:** Corrosion (1987); **A14:** Forming and Forging (1988); **A15:** Casting (1988); **A16:** Machining (1989); **A17:** Nondestructive Evaluation and Quality Control (1989); **A18:** Friction, Lubrication, and Wear Technology (1992); **A19:** Fatigue and Fracture (1996); **A20:** Materials Selection and Design (1997). **Metals Handbook, 9th Edition** (designated by the letter "M"): **M1:** Properties and Selection: Irons and Steels (1978); **M2:** Properties and Selection: Nonferrous Alloys and Pure Metals (1979); **M3:** Properties and Selection: Stainless Steels, Tool Materials, and Special-Purpose Materials (1980); **M4:** Heat Treating (1981); **M5:** Surface Cleaning, Finishing, and Coating (1982); **M6:** Welding, Brazing, and Soldering (1983); **M7:** Powder Metallurgy (1984). **Engineered Materials Handbook** (designated by the letters "EM"): **EM1:** Composites (1987); **EM2:** Engineering Plastics (1988); **EM3:** Adhesives and Sealants (1990); **EM4:** Ceramics and Glasses (1991). **Electronic Materials Handbook** (designated by the letters "EL"): **EL1:** Packaging (1989)

beryllium oxide cermets **A2:** 993
bonding **A2:** 990–992
bonding and microstructure **M7:** 801–802
boride cermets **A2:** 1003–1004
bucket, stress-rupture properties of
 infiltrated **M7:** 562
carbide **M7:** 804–811
carbide and carbonitride cermets **A2:** 995–1003
carbonitride- and nitride-based
 cermets **A2:** 1004–1005
cast iron machining **A16:** 656
chemical processing **M7:** 55
chromium boride cermets. **A2:** 1004
chromium carbide cermets. **A2:** 1000–1001
classification **A2:** 979, **M7:** 798–799
coatings **A20:** 480
cold hydrostatic pressing **A2:** 981–982
cold sintering **A7:** 580
compared with cemented carbides **A16:** 93–95
composition and microstructure **A16:** 90–92
compositions **A18:** 806
consolidation of ultrafine and nanocrystalline
 powders **A7:** 510–511
cutting speed and work material
 relationship **A18:** 616
defined **A2:** 978, **A18:** 812, **M7:** 2, 798
detonation gun used for molten particle
 deposition **EM4:** 204, 206
electrical discharge machining **EM4:** 371, 374, 376
electrodeposited, mechanical properties . . . **A20:** 479
engineered material classes included in material
 property charts **A20:** 267
fabrication techniques . . **A2:** 979–990, **M7:** 799–801
for cutting tool materials **A18:** 616–617
for finish turning tools **A5:** 84
for gas-lubricated bearings **A18:** 532
forming techniques. **A2:** 981
fracture toughness vs. Young's modulus . . **A20:** 267,
 271–272, 273
future directions and problems **A2:** 1024
gasless combustion synthesis **A7:** 530, 531
graphite- and diamond-containing
 cermets. **A2:** 1005
grooving **A16:** 95, 97
hafnium carbide cermets. **A2:** 1001
history **A2:** 978
hot extrusion of cermet billets. **A2:** 987–988
hot isostatic pressing (HIP) **A2:** 986–987
in medical and military applications **EL1:** 386, 388
infiltration **A7:** 550, 551, 552
infiltration process. **A2:** 989–990
injection molding. **A7:** 314–315
liquid phase sintering **A7:** 317
magnesium oxide cermets. **A2:** 993
malleable cast iron machining. **A16:** 653, 654
maximum service temperature. **EM4:** 203
metal-matrix high-temperature superconductor
 cermet. **A2:** 995
microstructure **A2:** 990–992
milling **A16:** 96, 97
molybdenum boride cermets **A2:** 1004
nickel-bonded titanium carbide cermets. . . . **A2:** 995
niobium carbide cermets. **A2:** 1001
P/M injection molding (MIM) process **A2:** 984–985
phase contrast imaging **A18:** 389
plasma spray material **EM4:** 203
plasma-spray coating for pistons **A18:** 556
powder preparation **A2:** 979–980
powder rolling (roll compacting). **A2:** 983–984
powders. **M7:** 55
product development and marketing **A2:** 978
properties. **EM4:** 203
properties and grade selection **A16:** 92–95
reactive hot isostatic pressing **A7:** 520
reactive hot pressing **A7:** 520
reactive sintering. **A7:** 519, 520
silicide cermets. **A2:** 1005
silicon oxide cermets. **A2:** 992
sintering. **A2:** 985–986
sintering-compacting combination **A2:** 988–989
slip casting. **A2:** 984
solid particle erosion **A18:** 207
solubility **A2:** 990–991
specific modulus vs. specific strength **A20:** 267,
 271, 272
spray material for oxyfuel powder spray
 method. **A18:** 830
static cold pressing **A2:** 980–981
steel-bonded titanium carbide cermets **A2:** 996–998
steel-bonded tungsten carbide cermets **A2:** 1000
strength vs. density **A20:** 267–269
tantalum carbide cermets **A2:** 1001
thorium oxide cermets **A2:** 993
threading **A16:** 95, 96, 97
titanium boride cermets **A2:** 1004
titanium carbonitride cermets **A2:** 998–1000
tool life **A16:** 92, 95, 97
turbined blade, graded **M7:** 562, 563
turning **A16:** 95–97
uranium carbide cermets **A2:** 1002
uranium oxide cermets **A2:** 993–994
warm extrusion of cermet powder
 mixtures. **A2:** 982–983
wear resistance **A7:** 967–969
wetting **A2:** 991
Young's modulus vs. elastic limit **A20:** 287
Young's modulus vs. strength. . . **A20:** 267, 269–271
zirconium boride cermets. **A2:** 1003
zirconium carbide cermets **A2:** 1001
Cermets and cemented carbides. **A7:** 922–940
Ceroxides
as casting defect **A11:** 387
Cerpacks
and substrates. **EL1:** 204
Cerquads
and substrates. **EL1:** 204
Certification
of liquid penetrant inspection
 personnel **A17:** 85–86
operators, and NDE reliability. . **A17:** 663, 677, 678
titanium and titanium alloy castings **A2:** 645
Cervit
composition. **EM4:** 871
properties. **EM4:** 871
Ce-S (Phase Diagram) . . . . **A3:** 2•136
Ce-Si (Phase Diagram) . . . . **A3:** 2•136
Cesium **A13:** 92, 94–95, 733
as pyrophoric. **M7:** 199
-cadmium-induced cleavage fracture. **A11:** 235
cations, in glasses, Raman analysis. **A10:** 131
epithermal neutron activation analysis. . . . **A10:** 239
explosive reactivity in moisture **M7:** 194
flooding, in secondary ion mass
 spectroscopy **M7:** 258
liquid, Zircaloy claddings embrittled by . . **A11:** 230
organic precipitant for. **A10:** 169
species weighed in gravimetry **A10:** 172
pure. **M2:** 723–724
TNAA detection limits **A10:** 238
use with flame emission sources **A10:** 30
vapor pressure **A6:** 621
Cesium chloride
unit cell **A20:** 338
Cesium dioxide (CeO_2)
mechanical properties **A20:** 427
properties. **A20:** 785
thermal properties **A20:** 428
Cesium iodide (CsI)
radiographic screens of **A17:** 318
Cesium oxide-silicon dioxide (Cs_2O-SiO_2)
self-diffusion coefficients of alkali ions . . **EM4:** 461
Cesium, pure
properties. **A2:** 1107
Ce-Sn (Phase Diagram) . . . . **A3:** 2•137
CESR
as synchrotron radiation source. **A10:** 413
Ce-Te (Phase Diagram) . . . . **A3:** 2•137
Ce-Ti (Phase Diagram) . . . . **A3:** 2•137
Ce-Tl (Phase Diagram) . . . . **A3:** 2•138
Cetyl alcohol. **A7:** 59
Ce-Zn (Phase Diagram) . . . . **A3:** 2•138
C-Fe (Phase Diagram) . . . . **A3:** 2•110
C-Fe-Mn (Phase Diagram) . . . . **A3:** 3•28–3•30
C-Fe-Mo (Phase Diagram) . . . . **A3:** 3•30–3•31
C-Fe-N (Phase Diagram) . . . . **A3:** 3•31–3•32
C-Fe-Ni (Phase Diagram) . . . . **A3:** 3•32
C-Fe-Si (Phase Diagram) . . . . **A3:** 3•33–3•34
C-Fe-V (Phase Diagram) . . . . **A3:** 3•34
C-Fe-W (Phase Diagram) . . . . **A3:** 3•35
CG iron *See* Compacted graphite cast iron;
 Compacted graphite irons
CG Nicalon **EM4:** 224
composition. **EM4:** 225
mechanical properties,
 room-temperature **EM4:** 225
room-temperature properties **EM4:** 226
C-glass *See also* Glass, fibers
chemical resistance. **EM1:** 107
composition and use **EM1:** 45
defined **EM1:** 6, **EM2:** 9
specific heat. **EM1:** 47
C-grade system
cemented carbides **A2:** 953
C-grade system, cemented carbide
classification **A7:** 934–935
CHA *See* Concentric hemispherical analyzer
Chafing *See also* Fretting
defined **A18:** 5
definition. **A5:** 949
Chafing fatigue *See also* Fretting
defined **A8:** 2, **A11:** 2
definition. **A5:** 949
Chain belt compaction
sheet molding compound machine **EM1:** 160
Chain block experimental plan **A8:** 646–647
Chain ditchers
of cemented carbides. **A2:** 974
Chain entanglements
chemistry of **EM2:** 64
Chain extenders
as thermoplastic polyurethanes (TPUR) **EM2:** 204,
 257
Chain fittings and hooks
materials for **A11:** 515
Chain intermittent weld
definition. **A6:** 1207
Chain intermittent welds
definition **M6:** 3
Chain length **EM3:** 7
defined **EM1:** 6, **EM2:** 9
Chain link *See also* Chains
cast conveyor, fabrication weld fracture. . . **A11:** 400
failures of **A11:** 521–522
steel, brittle fracture in **A11:** 393–395
steel, fatigue failure **A11:** 398
steel, fracture surface. **A11:** 409
Chain link fence
wire **M1:** 269, 271
Chain link fence wire **A1:** 285
Chain links, welded
magnetic particle inspection. **A17:** 116
Chain quality rod **A1:** 273
Chain scission process. **EM3:** 654, 655, 678
Chain transfer agent **EM3:** 7
defined **EM2:** 9
Chain-quality carbon steel wire rod **M1:** 254
Chains *See also* Chain link
failures of **A11:** 521–522
materials for **A11:** 515
sling, steel hook failure on **A11:** 524
weld defect fracture. **A11:** 521–522
Chains, welded
alloy steel wire for **M1:** 270
Chair, office
failure of roller on. **A11:** 763–764
Chalcide glass, applications
optical glass products **EM4:** 1074–1075
Chalcogenide glasses **A20:** 418
chemical properties **EM4:** 855–856
properties **EM4:** 846, 847, 849, 850, 851
structural role of components **EM4:** 845
structures **EM4:** 846
Chalcogenides **EM4:** 22
applications **EM4:** 22
combustion synthesis **A7:** 527, 534
production processes **EM4:** 22
two-state (switching) behavior **EM4:** 22
Chalcolithic period
metalworking in **A15:** 15
Chalking **EM2:** 9, 494, **EM3:** 7
defined **A13:** 3, **EM1:** 6
Chalkley method
for determining the surface- to-volume ratio of
 discrete particles **A9:** 125
Chalmers method, of growing single crystals . . **A9:** 607
Charge density, effect on potentiostatic
 etching **A9:** 146
Charging effects in scanning electron microscopy
 specimens, prevention **A9:** 97–98

Chamber
for fatigue crack growth testing in high-pressure or
pressurized-water **A8:** 427, 429
liquid metal environmental **A8:** 427

Chamber furnace
defined **M7:** 2

Chambers
arc welding of titanium and titanium
alloys **M6:** 449–450
inert atmosphere for arc welding **M6:** 464

Chamberscopes, rigid *See also* Borescopes.... **A17:** 5

Chamfer
defined **A14:** 2
definition................................ **A6:** 1207

Chamfer angles
and die threading.................... **A16:** 300
thread rolling **A16:** 292

Chamfering **A16:** 33
in conjunction with boring **A16:** 168, 169
in conjunction with drilling.... **A16:** 215, 216–217,
221, 222, 235
in conjunction with turning.... **A16:** 135, 138, 157,
158
multifunction machining................. **A16:** 375

Chamfers **A7:** 354

Chammotte **EM4:** 45
applications **EM4:** 46
supply sources........................... **EM4:** 46

Chamotte
in composite ceramic molds **A15:** 248–249

CHAMPION 3D computer program for structural analysis **EM1:** 268, 270

Change in quantity
symbol for **A10:** 692

Change of state
as x-ray diffraction analysis **A10:** 325

Channel
number of lines **EL1:** 19
number per centimeter.............. **EL1:** 19–20
routers, as automatic trace routing....... **EL1:** 532
stop, ion-implantation for **EL1:** 197–198

Channel dies
for press-brake forming.................. **A14:** 536

Channel fracture
austenitic stainless steels................ **A12:** 365

Channel induction
furnace **A15:** 368, 636
heating, of pouring vessels **A15:** 499

Channel injection process
for demagging aluminum alloys **A15:** 473–474

Channel plate multiplier
for x-ray photoelectron spectroscopy **A10:** 571

Channel plots
acoustic emission inspection **A17:** 283–284

Channel segregation **A15:** 140–141, 156

Channel widening. **EM4:** 372

Channeling *See also* Electron channeling
and blocking, surface structure study by .. **A10:** 633
and dechanneling **A10:** 634
angular scan, lattice strain
measurement by **A10:** 635
contrast, source of **A10:** 504
defined **A18:** 5
effect, RBS analysis................. **A10:** 630–631
electron, capabilities **A10:** 365
electron, patterns and contrast **A10:** 504–506
for lattice location of solute atoms....... **A10:** 633
in conjunction with milling **A16:** 308
ion scattering to study surface
structure by **A10:** 633
patterns..................... **A10:** 504–506, 670
selected-area patterns **A10:** 505–506
spectrum **A10:** 632–633

Channeling angular scan
lattice strain measurement by **A10:** 635

Channeling patterns **A10:** 504–506, 670

Channels
wrought aluminum alloy **A2:** 34

Chaplet **A15:** 2, 17

Chaplet, unfused
as casting defect **A11:** 383

Chaplets, unfused
radiographic appearance **A17:** 349

Characteristic
defined **A8:** 2

Characteristic curves
x-ray film............................... **A17:** 324

Characteristic electron energy loss phenomena
defined **A10:** 670

Characteristic function
in optical holographic interferometry **A17:** 415

Characteristic impedance **A20:** 617, 618
flexible printed boards **EL1:** 588

Characteristic $K_α$ peaks
and bremsstrahlung radiation............ **A10:** 571

Characteristic particle size **A7:** 525

Characteristic radiation
defined.................................. **A10:** 670
spectra **A10:** 326

Characteristic spectrum **EM4:** 558

Characteristic value **A20:** 92

Characteristic x-ray analysis **A13:** 1117
as advanced failure analysis technique .. **EL1:** 1106

Characteristic x-rays
defined.................................. **A12:** 168

Characterization **EM4:** 24–28, 547–548
ceramic powder characterization **EM4:** 26–27
density................................ **EM4:** 27
particle size **EM4:** 26
porosity............................... **EM4:** 27
rheometry **EM4:** 27
surface area **EM4:** 27
surface properties **EM4:** 26–27
surface roughness **EM4:** 27
chemical analysis **EM4:** 24–25
additives and their effects............ **EM4:** 24
bulk chemistry analysis methods **EM4:** 24
bulk chemistry analyzed.............. **EM4:** 24
microchemical analysis............... **EM4:** 25
surface or interfaces **EM4:** 25
failure analysis **EM4:** 28
microstructural analysis **EM4:** 25–26
ceramography........................ **EM4:** 25
image analysis **EM4:** 26
optical microscopy **EM4:** 26
scanning electron microscopy **EM4:** 26
transmission electron microscopy....... **EM4:** 26
of thin films **A10:** 559–561
phase analysis **EM4:** 25
crystal diffraction **EM4:** 25
electron diffraction **EM4:** 25
error-causing factors **EM4:** 25
neutron diffraction **EM4:** 25
x-ray diffraction...................... **EM4:** 25
x-ray powder diffraction **EM4:** 25
properties of glasses..................... **EM4:** 25
spectrochemical absorption methods **EM4:** 25
sources of potential frustration **EM4:** 24
structure of glasses...................... **EM4:** 25
techniques, acronyms for **A10:** 689
testing............................... **EM4:** 27–28
hardness and wear **EM4:** 27
nondestructive evaluation **EM4:** 27
proof testing......................... **EM4:** 27
strength.............................. **EM4:** 27
thermophysical properties **EM4:** 27–28
toughness **EM4:** 27

Characterization of ceramic powders *See* Ceramic powders, characterization

Characterization of ceramics *See* Ceramics, characterization of

Characterization of corrosion products *See* Corrosion products, characterization of

Characterization of gases *See* Gases, characterization of

Characterization of geologic samples *See* Geologic samples, characterization of

Characterization of glasses *See* Glasses, characterization of

Characterization of inorganic materials *See* Inorganic materials, characterization of

Characterization of liquids *See* Liquids, characterization of

Characterization of metals and alloys *See* Metals and alloys, characterization of

Characterization of minerals *See* Minerals, characterization of

Characterization of organic materials *See* Organic materials, characterization of

Characterization of solids *See* Solids, characterization of

Characterization of surfaces *See* Surface; Surface analysis and characterization

Characterization of surfaces by acoustic imaging techniques **A18:** 406–412
high-frequency acoustic imaging (HAIM) **A18:** 406,
409–410, 411
applications **A18:** 410
principles **A18:** 409–410
scanning acoustic microscopy (SAM) **A18:** 406–409
applications **A18:** 408–409
evaluation of surface conditions caused by
machining...................... **A18:** 408–409
thin-film thickness measurements **A18:** 408
scanning laser acoustic microscopy
(SLAM).................. **A18:** 406, 410–412
principles **A18:** 410–411
reconstruction of images by
holography **A18:** 411–412
summary **A18:** 412

Charcoal
as fuel **A15:** 15, 26

Charcoal, activated
Raman analysis......................... **A10:** 132

Charcoal powder
drained angles of repose **A7:** 300

Charcoal-base atmospheres
composition **M4:** 394, 411–412

Charge *See also* Static charge **A5:** 565
acid steelmaking........................ **A15:** 364
and physical characteristics of precious metal
powders............................ **M7:** 149
basic steelmaking................... **A15:** 366–367
calculations, cupolas **A15:** 388
crucible furnace **A15:** 383
defined............... **A15:** 112, **EM2:** 9, **M7:** 2
equipment for hot pressing.............. **M7:** 502
material, dry, induction furnaces......... **A15:** 374
materials, cupolas **A15:** 387–389
metal **A15:** 388
polarity, of copier powders......... **M7:** 583–584
tap-and-, induction furnaces............. **A15:** 374
techniques, reverberatory furnaces **A15:** 379
water dissipators, effect in blending and
premixing **M7:** 188

Charge bucket
electric arc furnace...................... **A15:** 361

Charge, electrical
defined **EL1:** 89–92

Charge injection
silicon oxide interface failures........... **A11:** 782

Charge transfer **A13:** 30, 32
schematic of **EL1:** 1076

Charge trapping
in silicon oxide failures **A11:** 780–781

Charge-coupled device
abbreviation for **A11:** 796

Charge-coupled device (CCD)
as image sensor, borescopes **A17:** 4
in machine vision....................... **A17:** 32
optical sensors with **A17:** 10
videoscopes with **A17:** 54

Charged device model (CDM)
defined................................. **EL1:** 966

Charged particle beam
in x-ray spectrometry.................... **A10:** 82

Charged particle detectors
for x-ray diffraction. **A10:** 245–246
Charges
for explosive forming. **A14:** 636, 641, 642
Charge-up time
capacitive load. **EL1:** 26–27
for receiver circuits. **EL1:** 30–34
Charging
in chemical testing. **EM1:** 285
Charpy C-notch impact
CPM alloys **A16:** 65
Charpy C-notch impact energy
CPM Rex 20 compared to M **A16:** 64
Charpy C-notch impact testing
cold-work PM tool steels **A7:** 795–796
Charpy impact test *See also* Impact strength; Impact test **EM3:** 7
defined **EM1:** 6, **EM2:** 9
Charpy test *See also* Charpy V-notch impact test; Impact properties, Notch toughness; Izod test. **M1:** 689–691
defined **A8:** 2, **A11:** 2
definition. **A5:** 949, **A20:** 829
for notch toughness. **A11:** 57–60
Charpy three-point bend specimen **A8:** 262
Charpy V-notch
abbreviation **A8:** 724
cast copper alloys. **A2:** 357–391
Charpy V-notch (CVN) impact tests. . **A19:** 11–12, 28, 372, 403, 406, 441, 442, 443, 444
low-carbon steel plate **A19:** 630
steel plate of *Titanic* **A19:** 5
used to measure toughness requirements of Canadian Offshore Structures Standard. **A19:** 446
Charpy V-notch energy (CVN) **A20:** 536
Charpy V-notch impact
and bend fracture strengths, CPM alloys . . **M7:** 789
P/M and ingot metallurgy tool steels **M7:** 471, 472
P/M forged low-alloy steel powders. **M7:** 470
response in fully dense iron powder **M7:** 415
Charpy V-notch impact energy test
low-alloy steels **A15:** 717
plain carbon steels. **A15:** 702
Charpy V-notch impact test *See also* Impact energy; Impact test; Izod test . . **A6:** 101, 103, 104, 374, 376–377, 384, **A20:** 323, 324, 536, 537, 539–540
abbreviation for **A11:** 796
and alternative dynamic bend tests. **A8:** 259
and concept of impact response curves **A8:** 259
and dynamic notched round bar testing compared. **A8:** 276
and keyhole Charpy test, compared **A11:** 57–58
and tests using inertial loading **A8:** 259
and toughness test, compared **A11:** 55
as toughness control in bridge steels . . **A8:** 265, 453
change in properties. **A8:** 262
effect of neutron irradiation. **A11:** 69
effect of specimen orientation on **A11:** 68
electrodes for SMAW of HSLA steels. **A6:** 663
ferrite-pearlite steels. **A20:** 368
ferritic stainless steels **A6:** 452, 453, 454
for dynamic fracture testing **A8:** 259, 261–268
for high strain rate fracture toughness testing. **A8:** 187
fractures. **A12:** 106, 108–110, 341
fracture-transition data, steel **A11:** 67
instrumented. **A8:** 264–267
of ductile and brittle fractures. **A11:** 84–85
precracked **A8:** 259, 267–268
shear dimples in shear-lip zone of fracture **A11:** 76
solid-state transformations in weldments. . . . **A6:** 78
specimen, Type A **A8:** 263
standard. **A8:** 262–264
testing apparatus **A20:** 345, 346
transition temperatures from **A11:** 67
wrought martensitic stainless steels. **A6:** 440
Charpy V-notch impact testing, specifications **A7:** 813, 918
Charpy V-notch specimen
for hydrogen embrittlement testing. . . . **A8:** 539–540
modified, for testing of bolts **A8:** 542
time-to-fracture measurement **A8:** 270
Charpy V-notch test **A1:** 610–611, 737, 753
correlation of, to fracture mechanics **A1:** 753
for steel castings. **A1:** 367
hydrogen embrittlement **A13:** 287
variability of results **A1:** 749–753
Charpy V-notch toughness
heat-resistant (Cr-Mo) ferritic steels. . **A19:** 705–708
Charred carbon
ESR studied **A10:** 263
Charring **A7:** 413
defined **EM1:** 6, **EM2:** 9
Chart recorders, strip
eddy current inspection. **A17:** 179
Chase
defined **EM2:** 9
Chasers *See* Thread chasers
Chatter
defined. **A18:** 5
shear cracks from. **A11:** 464
Chatter marks
definition. **A5:** 949
Chatter sleek
definition. **EM4:** 632
Check
defined **A14:** 2, **A15:** 2
Check marks *See* Checks
Check points. **A20:** 315
Checker board test procedures. **EL1:** 375
Checking *See also* Craze cracking
defined. **A13:** 3
definition. **A5:** 949
in precision forging **A14:** 162
resistance, of die materials. **A14:** 47
Checking fixtures
for part shape measurement. **A8:** 549
Checking wear
solid graphite molds **A15:** 285
Checklist
definition. **A20:** 829
Checks
defined. **A13:** 3
in torsional testing equipment. **A8:** 146
Check-valve poppet
brittle fracture and redesign of **A11:** 70–71
Chelants
as chemical cleaning solution. **A13:** 1141
Chelatable lead
toxicity of **A2:** 1246
Chelate *See also* Complexation **EM3:** 8
defined **A10:** 670, **A13:** 3, **EM2:** 9
used in formulating anaerobics **EM3:** 114
Chelate fertilizers
powder used. **M7:** 572
Chelating agent
alkaline cleaning. **A5:** 18
defined. **A13:** 3
definition. **A5:** 949
Chelation *See also* Chelators
and metal toxicities. **A2:** 1235–1237
defined. **A2:** 1235, **A13:** 3
of aluminum. **A2:** 1256
therapy, for bismuth toxicity **A2:** 1257
Chelators *See also* Chelation
BAL (British Anti Lewisite). **A2:** 1235–1236
calcium EDTA **A2:** 1236
desferrioxamine **A2:** 1236
dithiocarb **A2:** 1236–1237
DMPS (2,3-dimercapto-1-propanesulfonic acid) **A2:** 1236
penicillamine. **A2:** 1236
Chelometric titration **A10:** 164, 173, 174
Chelons
formation. **A10:** 164
Chem milling *See* Chemical milling
Chemcor process **EM4:** 1059
Chemical activators
use in spray drying. **M7:** 75
Chemical additives
effects on explosivity. **M7:** 194, 196
in activated sintering **M7:** 319
Chemical analysis *See also* Chemical susceptibility; Evaluation; Inspection; Testing . . . **A7:** 222–233, **A19:** 521, **A20:** 591, **EM4:** 549–555
advanced failure analysis techniques. **EL1:** 1103–1106
analytical process steps **EM4:** 549–550
evaluation of data and report preparation. **EM4:** 549
measurement (including calibration graph). **EM4:** 549, 550
problem identification and method selection **EM4:** 549
sample preparation according to selected method **EM4:** 549–550
sampling. **EM4:** 549
analytical technique selection **EM4:** 554–555
and sampling, ASTM standards. **M7:** 248–249
as failure analysis. **A11:** 29–31
bath **EL1:** 680
bulk. **M7:** 246–249
cast aluminum alloys **A12:** 405, 407
certified reference materials sources **EM4:** 551
continuous, and corrosion rates. **A11:** 199
electron spectroscopy for **M7:** 251, 255–257
electron spectroscopy for (ESCA) **A11:** 35
for classifying steels. **A1:** 141
for microbiological corrosion. **A13:** 314
for pitting **A11:** 177
for SCC **A11:** 213
heat exchanger failed parts. **A11:** 629
hydrogen loss testing **M7:** 246–247
major analytic techniques. **EM4:** 550–554
atomic absorption spectrophotometry **EM4:** 552–553, 555
direct current plasma-emission spectrometry. **EM4:** 553
energy dispersion spectrometry . . . **EM4:** 550–551
inductively coupled radio frequency. . . **EM4:** 553, 554, 555
plasma-emission spectrophotometry . . . **EM4:** 553, 554
ultraviolet/visible spectrophotometry **EM4:** 553–554
wavelength dispersion XRFS **EM4:** 550–551
x-ray fluorescence spectrometry . . **EM4:** 550–552, 553, 554, 555
metallographic examination **M7:** 247
of bulk materials **A11:** 30
of failed locomotive axles. **A11:** 724
of investment castings. **A15:** 264
of rocket-motor case fracture **A11:** 96
of shafts. **A11:** 460
of surfaces and deposits **A11:** 30
of test spots **A11:** 30–31
of worn parts **A11:** 158
precision and accuracy **EM4:** 555
purposes. **EM4:** 549
recommended practices **M7:** 249
relation to designations. **M1:** 120–124
sampling method. **M7:** 246
thermoplastic resins. **EM2:** 533–543
trace elements in pure metals. **M2:** 711
types of materials. **EM4:** 549
Chemical analysis, and microstructure
of precipitates. **A17:** 55
Chemical analysis of microstructural elements
by scanning electron microscopy. **A9:** 90–93
Chemical analysis of thermoset resins
chromatography **EM2:** 517–522
composition characterization. **EM2:** 517–522
gel permeation chromatography (GPC). **EM2:** 518–519
high-performance liquid chromatography (HPLC) **EM2:** 517–518
infrared (IR) spectroscopy **EM2:** 521–522
liquid-solid chromatography (LSC). . **EM2:** 519–520
processing characterization. **EM2:** 522–528
thin-layer chromatography (TLC) . . . **EM2:** 520–521
Chemical analysis of zinc dust (metallic zinc powder), specifications. **A7:** 1098
Chemical analysis techniques
advanced failure analysis **EL1:** 1103
atomic absorption spectroscopy (AAS). . . **EL1:** 1104
emission spectroscopy. **EL1:** 1104
gas and liquid chromatography. . . . **EL1:** 1104–1105
infrared, visible ultraviolet spectroscopies. **EL1:** 1103–1104
mass spectroscopy. **EL1:** 1105–1106
Raman spectroscopy **EL1:** 1104
wet chemistry and microelemental analysis **EL1:** 1106
x-ray diffraction. **EL1:** 1104
Chemical and electrolytic methods of powder production **A7:** 67–71
brittle cathode process **A7:** 70–71
chemical embrittlement. **A7:** 70
direct deposition. **A7:** 70

Chemical and electrolytic methods of powder production (continued)
electrodeposition **A7:** 70–71
hydride decomposition **A7:** 70
oxide reduction **A7:** 67, 68
precipitation from a gas **A7:** 70
precipitation from salt solutions **A7:** 69
precipitation from solution. **A7:** 67–69
thermal decomposition **A7:** 69
thermit reactions **A7:** 70
Chemical and Engineering News **EM2:** 95
Chemical applications
for stainless steels **M7:** 731
of copper-based powder metals **M7:** 733
of metal powders, powders used **M7:** 572
Chemical binding processes *See also* Binding; Binding systems
hardening and compaction of **A15:** 203
Chemical blanking *See also* Photochemical machining **A14:** 458
refractory metals and alloys **A2:** 561
Chemical blowing agent *See also* Blowing agents
as additives **EM2:** 9, 503
Chemical bonding
defined **A10:** 670
effects in EXAFS **A10:** 415
types **EL1:** 92–93
Chemical brightening
agitation used in **M5:** 580
aluminum and aluminum alloys **M5:** 579–582, 591, 596, 607–608, 610
process selection, factors affecting . . **M5:** 581–582
aluminum and aluminum alloys **A5:** 790–791
buffing compared to **M5:** 581–582
copper used in **M5:** 579
dragout, effects of **M5:** 579–580
electrolytic brightening vs.. . . . . **M5:** 581
phosphoric and phosphoric-sulfuric acid baths **M5:** 580
phosphoric-nitric acid baths **M5:** 579–580
process selection **M5:** 581–582
surfactants used in **M5:** 579–580
Chemical cleaning *See also* Cleaning; specific processes by name **A13:** 1139–1143
aluminum and aluminum alloys **A5:** 788–790
copper and copper alloys **A5:** 810–812
definition **A5:** 949
for coatings **A15:** 561
for solderability **EL1:** 678
magnesium alloys **A5:** 820–821, 828
methods **A13:** 1139
methods, liquid penetrant inspection **A17:** 81
of process equipment **A13:** 1137–1143
procedures **A13:** 1141–1143
refractory metals and alloys **A5:** 857
solutions **A13:** 1140–1141
titanium and titanium alloys **A5:** 844–845, 846
Chemical coatings
for corrosion control **A11:** 195
Chemical compatibility
of plastics **EM2:** 1
Chemical complexes
ESR studied **A10:** 263
Chemical composition *See also* Composition
aluminum casting alloys **A2:** 148, 152–177
and magnetic characterization **A17:** 131
as NDE area **A17:** 49
as surface parameter **EM3:** 41
cast copper alloys **A2:** 356–391
cast magnesium alloys **A2:** 491–516
effect on corrosion-fatigue **A11:** 256
effect on costs **A20:** 249
electrical resistance alloys **A2:** 835–839
heat tinting to identify **A9:** 136
magnetic effects **A17:** 132
of dielectric materials, microwave inspection **A17:** 215
of iron castings **A11:** 363
of zinc alloys **A2:** 532–542
pewter **A2:** 522
pure metals **A2:** 1100–1178
wrought aluminum and aluminum alloys **A2:** 62–122
wrought copper and copper alloys **A2:** 265–345
wrought magnesium alloys **A2:** 480–491
Chemical composition, effect of
on weldability **A1:** 606, 609
Chemical contouring *See* Chemical milling
Chemical control
of inclusion-forming reactions **A15:** 90
of reaction rate **A15:** 83
Chemical conversion coating *See also* Coatings; Conversion coatings **EM3:** 42
aluminum and aluminum alloys **M5:** 597–600, 606–610
chromate *See* Chromate conversion coating
defined **A13:** 3, **A18:** 5
for corrosion control **A11:** 195
magnesium alloys **M5:** 629, 632–638, 640–641, 643–644, 647
oxide *See* Oxide conversion coating processes
phosphate *See* Phosphate coating process
procedure and equipment **M5:** 598–600
solution compositions and operating conditions **M5:** 598–600, 656–657
standards **M5:** 606–607
surface preparation **M5:** 598
thickness **M5:** 657
titanium and titanium alloys **M5:** 656–658
wear testing **M5:** 656–658
Chemical conversion coatings
atmospheric corrosion resistance enhanced by **M1:** 722
cast irons **A15:** 563
Chemical conversion process **A7:** 197
Chemical corrosion *See also* Chemical processing industry **M5:** 430–431
aircraft powerplants **A13:** 1045
of aluminum/aluminum alloys **A13:** 602
of lead/lead alloys **A13:** 780–781
of soldered joints **A17:** 609
of stainless steel **A13:** 556
polymer susceptibilities to **EM2:** 573–574
prevention **A11:** 19
Chemical crack size effect **A19:** 156, 157
Chemical deposition
definition **A5:** 949
Chemical descaling
zirconium and hafnium alloys **A5:** 852
Chemical drop test
cadmium plate thickness measuring **M5:** 267
Chemical effects on adhesive joints . . . **EM3:** 637–643
chemical agents often encountered . . **EM3:** 637–639
chemical resistance of adhesives by chemical type **EM3:** 639
chemical resistance of common adherends **EM3:** 639
chemical resistance test methods. . . . **EM3:** 642–643
composite surface contamination and pretreatment on joints effect **EM3:** 638
elastomeric sealants **EM3:** 641–642
methods of bonded joint protection **EM3:** 639–642
moisture absorbed into the bond line. . . . **EM3:** 638
paint systems **EM3:** 640–641
water-displacing corrosion inhibitors **EM3:** 641
Chemical embrittlement **A7:** 70
Chemical environments
effect on corrosion-fatigue **A11:** 255
Chemical equilibrium **A15:** 50–52, 56, **A19:** 422
defined **A10:** 163
Chemical equipment
cast iron, coatings for **M1:** 104–106
organic coatings for **M1:** 755
Chemical etches, for surface preparation
SCC testing **A8:** 510
Chemical etching *See also* Color etching; Electrochemical etching; Etching; Macroetching . . **A9:** 61, **A10:** 144–145, **A20:** 825
aluminum and aluminum alloys **A5:** 793, 798, **M5:** 582–586, 609
as fracture cleaning technique **A12:** 75–76
before heat tinting **A9:** 136
copper and copper alloys **A9:** 400–401
definition **A5:** 949
for liquid penetrant inspection **A17:** 81
magnesium alloys **M5:** 638–639, 645
of casting surfaces, as inspection **A17:** 512
of electrical contact materials **A9:** 550–551
post treatments **M5:** 583
precleaning **M5:** 583
selected examples of ceramics **EM4:** 575
titanium alloys before ultrasonic welding. . . **A6:** 894
to remove surface oxide layer for solid-state welding **A6:** 165
wet **EL1:** 327
Chemical exposure
as environmental factor **EM2:** 70–71
Chemical extraction
of wrought stainless steel second phases . . . **A9:** 283
Chemical finishing *See also* Finishes; specific processes by name
of aluminum alloys **A15:** 762
zinc alloys **A2:** 530
Chemical finishing treatments
magnesium alloys **A5:** 823, 827–830
Chemical flux cutting **A14:** 728–729
definition **M6:** 3
Chemical flux cutting (FOC)
definition **A6:** 1207
Chemical fumes
organic coatings selected for corrosion resistance **A5:** 423
Chemical industry applications *See also* Process industry applications
bismuth **A2:** 1256
lead pipe and traps **A2:** 552
liquid crystal polymers (LCP) **EM2:** 180
nickel alloys **A2:** 430
of precious metals **A2:** 693
of titanium and titanium alloys **A2:** 588
polybenzimidazoles (PBI) **EM2:** 147
polyphenylene sulfides (PPS) **EM2:** 186
polysulfones (PSU) **EM2:** 200
titanium and titanium alloy castings **A2:** 634, 644–645
titanium P/M products **A2:** 655–656
vinyl esters **EM2:** 272
Chemical inertness
of structural ceramics **A2:** 1019
Chemical ion plating **EM4:** 218
Chemical kinetics
in composite curing **EM1:** 748–751
interphase mass transport **A15:** 52–53
nucleation **A15:** 52–53
Chemical layer theory **EM3:** 300
Chemical lead *See also* Lead
composition **A2:** 543–545
corrosion resistance **A2:** 551
Chemical lead sheet
micrograph of **A9:** 418
Chemical machining **EM4:** 313
Chemical machining (CM) *See also* Chemical milling **A16:** 34
4340 steel surface characteristics **A16:** 33
and fatigue strength **A16:** 25
and postprocessing **A16:** 35
surface alterations produced **A16:** 24, 25
surface integrity effects in material removal processes **A16:** 28
Chemical Manufacturers Association
performance testing of engine oils. **A18:** 170
Chemical microanalysis
determination of nature of surface films . . **A18:** 369
FIM/AP **A10:** 583

SUBJECTS OF THE INDEXED VOLUMES: ASM Handbook (designated by the letter "A"): **A1:** Properties and Selection: Irons, Steels, and High-Performance Alloys (1990); **A2:** Properties and Selection: Nonferrous Alloys and Special-Purpose Materials (1990); **A3:** Alloy Phase Diagrams (1992); **A4:** Heat Treating (1991); **A5:** Surface Engineering (1994); **A6:** Welding, Brazing, and Soldering (1993); **A7:** Powder Metal Technologies and Applications (1998); **A8:** Mechanical Testing (1985); **A9:** Metallography and Microstructures (1985); **A10:** Materials Characterization (1986); **A11:** Failure Analysis and Prevention (1986); **A12:** Fractography (1987); **A13:** Corrosion (1987); **A14:** Forming and Forging (1988); **A15:** Casting (1988); **A16:** Machining (1989); **A17:** Nondestructive Evaluation and Quality Control (1989); **A18:** Friction, Lubrication, and Wear Technology (1992); **A19:** Fatigue and Fracture (1996); **A20:** Materials Selection and Design (1997). **Metals Handbook, 9th Edition** (designated by the letter "M"): **M1:** Properties and Selection: Irons and Steels (1978); **M2:** Properties and Selection: Nonferrous Alloys and Pure Metals (1979); **M3:** Properties and Selection: Stainless Steels, Tool Materials, and Special-Purpose Materials (1980); **M4:** Heat Treating (1981); **M5:** Surface Cleaning, Finishing, and Coating (1982); **M6:** Welding, Brazing, and Soldering (1983); **M7:** Powder Metallurgy (1984). **Engineered Materials Handbook** (designated by the letters "EM"): **EM1:** Composites (1987); **EM2:** Engineering Plastics (1988); **EM3:** Adhesives and Sealants (1990); **EM4:** Ceramics and Glasses (1991). **Electronic Materials Handbook** (designated by the letters "EL"): **EL1:** Packaging (1989)

Chemical milling **A20:** 825, **EM3:** 772
aluminum alloy........................ **A15:** 763
aluminum and aluminum alloys **A2:** 8
definition............................ **A5:** 949
design limitations...................... **A20:** 821
of investment castings.................. **A15:** 264
refractory metals and alloys.............. **A2:** 562
residual stress.......................... **A5:** 145
roughness average....................... **A5:** 147
titanium alloys......................... **A15:** 832
titanium and titanium alloy castings **A2:** 401
Chemical milling (CHM) *See also* Chemical machining **A16:** 509, 579–586
advantages and disadvantages **A16:** 586
Al alloys.................... **A16:** 802, 803–804
applications **A16:** 579, 584–586
Be alloys.................... **A16:** 871, 872–873
chemical leaching....................... **A16:** 586
chem-mill quality....................... **A16:** 582
computer-guided lasers used............. **A16:** 580
controls **A16:** 581
design features **A16:** 582
equipment........................ **A16:** 579–581
etchants **A16:** 579, 581–586
etching........................... **A16:** 580–581
historical development **A16:** 579
hydrogen absorption **A16:** 584
masking................ **A16:** 579–580, 581, 586
MCAIR process **A16:** 584
mechanical properties of machined parts........................ **A16:** 583–584
military specifications.................. **A16:** 581
minimum residual stress (MRS) **A16:** 582
MMCs............................ **A16:** 896–897
Ni- and Co-base alloys **A16:** 802
precleaning **A16:** 579
process characteristics............. **A16:** 579–581
process defects.................... **A16:** 582, 583
refractory metals **A16:** 859, 868
scribing **A16:** 580
steels.................................. **A16:** 802
surface finish.... **A16:** 579, 581–583, 584, 585, 586
Ti alloys **A16:** 802, 846, 852, 853
triethanolamine (TEA) addition to Al etchant **A16:** 583, 584, 585
Chemical modification
aluminum-silicon alloys................ **A15:** 162
of core coatings **A15:** 240
Chemical names
of polymers **EM2:** 53
Chemical nitriding....................... **A19:** 328
Chemical noncutting process
in metal removal processes classification scheme **A20:** 695
Chemical pickling **A5:** 336
Chemical pitting
nickel alloys **A2:** 432
Chemical plating *See also* Electroless plating
and drilling operations **A16:** 219
Chemical pneumonitis (acute pulmonary disease)
from beryllium exposure................ **A2:** 1239
Chemical polishing *See also* Bright dipping; Chemical brightening
aluminum alloys........................ **A9:** 353
aluminum and aluminum alloys **M5:** 579–582, 596
copper and copper alloys **M5:** 623–624
defined **A9:** 3
definition.............................. **A5:** 949
of magnesium alloys **A9:** 426
of transmission electron microscopy specimens......................... **A9:** 105
process selection factors................. **M5:** 624
stainless steel.......................... **M5:** 559
stainless steels......................... **A5:** 754
Chemical polishing solutions
for aluminum alloys..................... **A9:** 353
for electrical steels.................... **A9:** 533
Chemical potential
defined **A13:** 3
Chemical potential gradient **A7:** 442
Chemical precipitation
tin powders **A7:** 146
Chemical preparations
radioanalysis.......................... **A10:** 247
Chemical process fluids
lead/lead alloys in **A13:** 789–790
Chemical processing industry **A13:** 1134–1185
alloy steel corrosion in **A13:** 544–545
ammonia corrosion............... **A13:** 1180–1182
chemical cleaning, process equipment................ **A13:** 1137–1143
chlorine corrosion **A13:** 1170–1180
cobalt-base alloy applications........... **A13:** 667
corrosion under thermal insulation **A13:** 1144–1147
failure causes in **A13:** 338
hydrogen chloride/hydrochloric acid corrosion................. **A13:** 1160–1166
hydrogen fluoride/hydrofluoric acid corrosion................. **A13:** 1166–1170
nickel-base alloys **A13:** 653
niobium applications................... **A13:** 723
nitric acid corrosion **A13:** 1154–1156
organic acid corrosion **A13:** 1157–1160
plants, waste systems **A13:** 1369–1370
process/environmental variables ... **A13:** 1134–1137
protective linings for.................. **A13:** 455
sulfuric acid corrosion **A13:** 1148–1154
zirconium/zirconium alloy applications.................. **A13:** 719–720
Chemical processing industry applications
cobalt-base wear-resistant alloys **A2:** 451
Chemical processing quality
checked by wedge-crack extension test... **EM3:** 738
Chemical properties *See also* Chemical resistance; Chemical structure; Chemical susceptibility; Chemistry; Corrosion
actinide metals................... **A2:** 1189–1198
amorphous materials and metallic glasses **A2:** 817–818
as material performance characteristics ... **A20:** 246
commercially pure tin............... **A2:** 518–519
copper-clad E-glass laminates **EL1:** 536–537
effect on aluminum metallization........ **EL1:** 965
electrical resistance alloys............ **A2:** 836–839
fluoropolymer coatings............. **EL1:** 782–783
germanium and germanium compounds ... **A2:** 733
lead frame materials **EL1:** 489
niobium alloys **A2:** 567–571
of make-break arcing contacts **A2:** 841
of polymers....................... **EM2:** 61–62
of rare earth metals **A2:** 725, 1178–1189
of zinc alloys **A2:** 532–542
palladium and palladium alloys **A2:** 715–718
pewter **A2:** 522
platinum and platinum alloys.... **A2:** 708–709, 846
polyimides **EL1:** 324–325
pure metals...................... **A2:** 1100–1178
silver and silver alloys **A2:** 699–704
tantalum alloys.................... **A2:** 573–574
titanium and titanium alloy castings **A2:** 637
transplutonium actinide metals **A2:** 1199
wrought aluminum and aluminum alloys **A2:** 62–122
wrought copper and copper alloys **A2:** 265–345
Chemical Propulsion Information Agency (CPIA)
as information source **EM1:** 40
Chemical purification *See also* Melt purification
for hydrogen, in aluminum melts...... **A15:** 79–80
Chemical reaction rate theory **A20:** 576
Chemical reactions
gelation/curing.................... **EL1:** 850–852
products, liquid chromatography analysis of.................. **A10:** 656–657
rates of, measured................. **A10:** 60, 243
scanning electron microscopy study of specimens.......................... **A9:** 97
surfaces (chemisorbed layers), LEED analysis.......................... **A10:** 536
Chemical reactor filters
powder used............................ **M7:** 574
Chemical reagents *See also* Reagents
analytic methods for **A10:** 6–10
GFAAS analysis of...................... **A10:** 58
inorganic, analytic methods for.......... **A10:** 6, 7
organic, analytic methods for **A10:** 9, 10
Chemical reduction **A7:** 67
Chemical resistance
and degradation **EM2:** 424
and process selection.................. **EM2:** 277
as selection criterion, electrical contact materials **A2:** 840
ASTM test methods.................... **EM2:** 334
epoxies............................... **EM2:** 241
high-impact polystyrenes (PS, HIPS) **EM2:** 197
measured **EM2:** 614
measurement **EL1:** 536–537
metals vs. ceramics and polymers........ **A20:** 245
metals vs. plastic **EM2:** 77
of castable resins **A9:** 30
of ECR-glass **EM1:** 107
of engineering plastics **EM2:** 1
of glass fibers **EM1:** 46
of polyester resins **EM1:** 93–94
of polymers **EM2:** 62
of pultruded composites........... **EM1:** 541–542
of pultrusions **EM2:** 396
of rigid epoxies **EL1:** 810
of substrates **EL1:** 105
of thermoplastic resins.......... **A9:** 30, **EM2:** 618
of thermoplastics **EM1:** 293–294
of thermosetting resins.......... **A9:** 29, **EM2:** 223
polyamide-imides (PAI) **EM2:** 130, 134
polyamides (PA).................. **EM2:** 126–127
polyarylates (PAR)..................... **EM2:** 140
polyaryletherketones (PAEK, PEK PEEK, PEKK)..................... **EM2:** 142, 144
polybenzimidazoles (PBI).......... **EM2:** 149–150
polyether sulfones (PES, PESV) **EM2:** 160, 161
polyphenylene sulfides (PPS) **EM2:** 186
resin systems **EL1:** 534–535
silicone conformal coatings **EL1:** 774
silicones (SI) **EM2:** 267
structural foams **EM2:** 509
styrene-maleic anhydrides (S/MA)....... **EM2:** 219
tests for **EM2:** 425–426
tungsten alloys **A2:** 579
ultrahigh molecular weight polyethylenes (UHMWPE) **EM2:** 169–170
unsaturated polyesters................. **EM2:** 247
vinyl esters **EM2:** 272–273
Chemical segregation
banding from **A11:** 315
forging failures from **A11:** 323–325
in cast alloys, and forging failure **A11:** 314–315
ingot.................................. **A17:** 491
Chemical shifts
in XPS analysis **A10:** 572
Chemical solutions
used with wire sawing.................... **A9:** 26
Chemical spinodal **A9:** 652
Chemical spot tests **A1:** 1030, 1031
substrate.............................. **A13:** 421
Chemical stability
lead frame materials **EL1:** 489
Chemical stoneware
composition............................. **EM4:** 5
Chemical stripping....................... **EM3:** 42
Chemical structure
heterochain thermoplastic polymers **EM2:** 53
hydrocarbon thermoplastic polymers **EM2:** 50
nonhydrocarbon carbon-chain thermoplastic polymers.......................... **EM2:** 51
of polymers....................... **EM2:** 48–52
thermosets **EM2:** 55
Chemical surface studies
classical wet chemistry **A10:** 177–178
Chemical susceptibility *See also* Chemical analysis; Chemical properties; Chemical structure; Chemistry
absorption and transport............... **EM2:** 572
additive effects.................. **EM2:** 572–573
chemical corrosion................ **EM2:** 573–574
degradation detection **EM2:** 574
environmental corrosion **EM2:** 573
photooxidative degradation **EM2:** 573
polymer structure................. **EM2:** 571–572
thermal degradation.................... **EM2:** 573
thermal oxidative degradation **EM2:** 573
Chemical synthesis **EM4:** 52–62
gas phase reactions..................... **EM4:** 62
high-intensity arcs.................... **EM4:** 62
lasers **EM4:** 62
plasma jets **EM4:** 62
preparation from solution........... **EM4:** 56–62
coated colloids or slurries **EM4:** 60
collection of powder................... **EM4:** 61
combustion............................ **EM4:** 61
emulsion methods...................... **EM4:** 61
ferricyanides.......................... **EM4:** 58

Chemical synthesis (continued)
ferrocyanides **EM4:** 58
freeze drying **EM4:** 61
hydroxides **EM4:** 59–60
metal organics **EM4:** 60
mixed reagents. **EM4:** 60
overall process **EM4:** 56
oxalate ion **EM4:** 58
precipitation process. **EM4:** 56–58
sol-gel process **EM4:** 62
spray drying **EM4:** 61
spray roasting. **EM4:** 61
thermal evaporation **EM4:** 61
thermal methods **EM4:** 61
thermal decomposition principles **EM4:** 52–56
decomposition temperatures of iron-lithium mixtures **EM4:** 55
mechanisms **EM4:** 53–56
particle size **EM4:** 56
rate law expression **EM4:** 55
rates **EM4:** 53–56
reactivity **EM4:** 53–56
stoichiometry **EM4:** 52–53
techniques **EM4:** 52–53
Chemical thermodynamics *See also* Thermodynamics
enthalpy and heat capacity. **A15:** 50
Gibbs free energy. **A15:** 50–51
phase diagrams **A15:** 52
Chemical thinning
of transmission electron microscopy specimens. **A9:** 105
Chemical toxicity of depleted uranium **A9:** 477
Chemical Treatment No. 9
magnesium alloys **M5:** 632, 636–637, 640–641, 643
Chemical Treatment No. 17
magnesium alloys **M5:** 632, 636–638, 640–641, 643
Chemical treatments
magnesium alloys. **A5:** 823–827, **A19:** 880
Chemical vapor deposited (CVD) carbon
defined **EM1:** 6
Chemical vapor deposition **A13:** 3, 457, **M5:** 381–385
abbreviation for **A11:** 796
alloys coated by **M5:** 382–383
aluminide coatings. **A20:** 596
aluminum oxide coatings **M5:** 383–384
applications **M5:** 382–384
as manufacturing process **A20:** 247
carbon deposition, used in composites. . . . **A20:** 457
ceramics. **A20:** 699
characteristics of PVD processes compared **A20:** 299, 483
chromium coatings **M5:** 383
coated materials characteristics of. **M5:** 385
coating structure **M5:** 385
coating types **M5:** 382–384
coatings for cermented tungsten carbide . . . **A7:** 968
compared to thermoreactive deposition/diffusion process **A4:** 448
composites **A20:** 463, 465
defined **M7:** 2
deposition pressure. **M5:** 385
deposition temperature **M5:** 384–385
deposition temperatures **A20:** 479
design limitations for inorganic finishing processes **A20:** 824
fluidized bed process **M5:** 385
for passivation in wafer processing. **EM3:** 582
for thin-film hybrids **EL1:** 313
grain structure, control of **M5:** 385
graphite deposition, used in composites. . . **A20:** 457
limitations and advantages of. **M5:** 381–382
nickel coatings. **M5:** 382
of pyrolytic graphite to redensify a carbon-carbon composite **A9:** 595–596
of wear resistant coatings **M1:** 635
open-tube process, chromium coatings **M5:** 383
oxidation-resistant coating **M5:** 664–666
passivation preparation. **EM3:** 593
process control **M5:** 384–385
reactant concentration **M5:** 384
silicon nitride grown **EM3:** 583
steel coated by **M5:** 382–384
surface preparation for. **M5:** 384
titanium coatings **M5:** 382–384
tool steel powders **A7:** 788
tools coated by **M5:** 382–384
tungsten alloy welds. **A6:** 582
tungsten coatings. **M5:** 382–383, 385
used to make boron fibers **A9:** 592
wear resistance, coating. **M5:** 382–383
Chemical vapor deposition ceramic (aluminum oxide) coated carbides
for finish turningtools **A5:** 84
Chemical vapor deposition coatings on cemented carbides
effect on eta phases **A9:** 275
preparation for examination of. **A9:** 273
Chemical vapor deposition (CVD) *See also* PVD and CVD coatings **A18:** 840, 841, 846–851, **EM4:** 32, 124
advanced ceramics **EM4:** 47
advanced techniques **A18:** 848
and flaw identification **EM4:** 666
anti-ice and antifog protection to aircraft window glass **EM4:** 1024
applications **A18:** 846
as ultrapurification process. **A2:** 1094
carbon aircraft brakes **A18:** 584
carbon-carbon composites **A5:** 887, 889
cemented carbides **A18:** 796
ceramic coatings for adiabatic diesel engines **EM4:** 992
classification of reactions **A18:** 846
coated carbide tools **A2:** 959–960
coating application method for cutting tools **A5:** 902–903, 904, 905, 906, 907
coating method for valve train assembly components **A18:** 559
comparison with polymer-derived coatings **EM4:** 225
complex reactions. **A18:** 846
conventional (CCVD). **A18:** 840, 846–847
corrosive by-products. **EM4:** 445
defined **EM1:** 6
definition. **A5:** 949–950, **A18:** 846
development **EM4:** 377
diamond coatings. **EM4:** 826–827
diamond synthesis **EM4:** 822
for boron fiber production **EM1:** 58, 851–852
for carbon/carbon densification. **EM1:** 918
hot-filament CVD **A18:** 848
in reaction sintering. **EM4:** 294
in SiC fiber production **EM1:** 59, 63, 858
infiltration unit. **EM1:** 868
laser-induced (LCVD). **A18:** 846, 848
low-pressure (LPCVD). **A18:** 847
metal-organic (MOCVD). **A18:** 846
microstructure of coatings **A5:** 661
microwave excitation **A18:** 840, 849
mullite ultrafine powder. **EM4:** 763–764
nonoxide fibers by. **EM1:** 63–64
of carbon/graphite fibers. **EM1:** 868
organo-metallic (OMCVD) **A18:** 846
parameters. **A18:** 841
photon excitation **A18:** 840
plasma-assisted. **A18:** 840, 846, 847–848
processes **A18:** 840, 841, 846–848
rate-limiting steps. **A18:** 846
reactors **A18:** 846–847
refractory metals and alloys **A2:** 563, **A5:** 862
rf excitation. **A18:** 840
semiconductor thin films **A5:** 542
silicon carbide manufacture **EM4:** 806
silicon carbide monofilament fibers by. . . . **EM1:** 58
thermal. **A18:** 840, 846–847
titanium and titanium alloys **A5:** 848
titanium carbide coatings. **A18:** 158, 645
critical normal force versus substrate hardness **A18:** 436
to make ferrite films **EM4:** 1163
to make gamet films **EM4:** 1163
tool steels . . . **A5:** 770, **A18:** 641, 643, 645, 646, 739
tungsten carbide coatings, comparison of coatings for cold upsetting **A18:** 645
ultralow-expansion glass production **EM4:** 1016
Chemical vapor deposition (CVD) of nonsemiconductor materials **A5:** 510–516
applications **A5:** 510, 514–515
ceramics, deposition of. **A5:** 513–514
chemical vapor infiltration (CVI). **A5:** 512, 513
closed-reactor chemical vapor deposition **A5:** 511–512
criteria for selecting coating materials for cutting tools **A5:** 515
CVD reactions **A5:** 510–511
deposition temperatures **A5:** 511
diamond. **A5:** 513
diamond-like carbon (DLC) **A5:** 513
diffusion coatings. **A5:** 617
disadvantages **A5:** 515–516
environmental concerns **A5:** 516
equipment. **A5:** 511–513
free-standing structures produced by **A5:** 515
graphite **A5:** 513
laser chemical vapor deposition **A5:** 511, 512
materials and reactions. **A5:** 513–514
metal-organic CVD (MOCVD) **A5:** 512–513
metals deposited. **A5:** 513
pack cementation **A5:** 511–512, 513
photo-laser CVD **A5:** 511, 512
plasma chemical vapor deposition **A5:** 511, 512
principles of **A5:** 510–511
process. **A5:** 511–513
safety and health hazards **A5:** 516
thermal chemical vapor deposition . . . **A5:** 510, 511
thermal-laser CVD **A5:** 511, 512
Chemical vapor deposition (CVD) process **A16:** 57
and drilling **A16:** 219
application of coatings to cemented carbides **A16:** 71
cemented carbide coatings. . **A16:** 81–82, 83–85, 86, 87
cemented carbides **A16:** 80
Chemical vapor deposition films
crystallographic texture in. **A9:** 700
Chemical vapor deposition for purifying metals. **M2:** 711
Chemical vapor deposition of semi-conductor materials **A5:** 517–529
advantages. **A5:** 515–516
antimony-based materials **A5:** 527, 528
applications. **A5:** 517
cadmium telluride **A5:** 528
chemical-beam epitaxy **A5:** 518
definition. **A5:** 517
deposition reactions. **A5:** 520
engineering considerations to optimize growth **A5:** 523–524
epitaxial deposition **A5:** 517
epitaxial silicon (Si) layers **A5:** 528–529
fundamentals of chemical vapor deposition **A5:** 518–519
gallium arsenide-based materials **A5:** 526–527, 528
gas-flow patterns **A5:** 520–522
gas-phase transport **A5:** 520–522
Group III semiconductor growth parameters. **A5:** 526–528
Group III sources **A5:** 524–526
Group II-VI semiconductor growth parameters. **A5:** 528
Group IV semiconductor growth parameters. **A5:** 528–529
hybrid MBE and CVD techniques **A5:** 518
indium phosphide-based materials. . . . **A5:** 527, 528
kinetics **A5:** 520–522

SUBJECTS OF THE INDEXED VOLUMES: ASM Handbook (designated by the letter "A"): **A1:** Properties and Selection: Irons, Steels, and High-Performance Alloys (1990); **A2:** Properties and Selection: Nonferrous Alloys and Special-Purpose Materials (1990); **A3:** Alloy Phase Diagrams (1992); **A4:** Heat Treating (1991); **A5:** Surface Engineering (1994); **A6:** Welding, Brazing, and Soldering (1993); **A7:** Powder Metal Technologies and Applications (1998); **A8:** Mechanical Testing (1985); **A9:** Metallography and Microstructures (1985); **A10:** Materials Characterization (1986); **A11:** Failure Analysis and Prevention (1986); **A12:** Fractography (1987); **A13:** Corrosion (1987); **A14:** Forming and Forging (1988); **A15:** Casting (1988); **A16:** Machining (1989); **A17:** Nondestructive Evaluation and Quality Control (1989); **A18:** Friction, Lubrication, and Wear Technology (1992); **A19:** Fatigue and Fracture (1996); **A20:** Materials Selection and Design (1997). **Metals Handbook, 9th Edition** (designated by the letter "M"): **M1:** Properties and Selection: Irons and Steels (1978); **M2:** Properties and Selection: Nonferrous Alloys and Pure Metals (1979); **M3:** Properties and Selection: Stainless Steels, Tool Materials, and Special-Purpose Materials (1980); **M4:** Heat Treating (1981); **M5:** Surface Cleaning, Finishing, and Coating (1982); **M6:** Welding, Brazing, and Soldering (1983); **M7:** Powder Metallurgy (1984). **Engineered Materials Handbook** (designated by the letters "EM"): **EM1:** Composites (1987); **EM2:** Engineering Plastics (1988); **EM3:** Adhesives and Sealants (1990); **EM4:** Ceramics and Glasses (1991). **Electronic Materials Handbook** (designated by the letters "EL"): **EL1:** Packaging (1989)

mass-transport limited growth **A5:** 519
mercury cadmium telluride **A5:** 528
mercury telluride **A5:** 528
metal-organic chemical-beam deposition (MOCBD) **A5:** 518
metal-organic CVD (MOCVD) process **A5:** 517–518, 519, 520
MOCVD growth technique **A5:** 522–529
MOCVD starting materials **A5:** 524–526
molecular-beam epitaxy (MBE)....... **A5:** 517, 518
nitride semiconductors **A5:** 527
organometallic CVD (OMCVD) **A5:** 517
reactor systems and hardware **A5:** 522–523
silicon carbide.......................... **A5:** 529
single-crystal germanium................. **A5:** 529
technique principles **A5:** 517–518
thermodynamics.................... **A5:** 519–520
ultrahigh vacuum (UHV) technique **A5:** 518
vapor-phase epitaxy (VPE).............. **A5:** 517
zinc selenide **A5:** 528
zinc sulfide **A5:** 528
zinc sulfide selenide..................... **A5:** 528
Chemical vapor deposition triphase (TiC/TiCN/TiN) coated carbides
for finish turning tools **A5:** 84
Chemical vapor deposition/chemical vapor infiltration
ceramic prototypes of tubular heat exchangers **EM4:** 983
Chemical vapor deposition/PVD coatings
for cutting tools **A5:** 904, 905, 907
Chemical vapor impregnations
carbon-carbon composites.............. **EM4:** 835
Chemical vapor infiltration
of composites **A20:** 664
Chemical vapor infiltration (CVI) **A5:** 512, 513, **EM4:** 35
carbon aircraft brakes **A18:** 584
ceramic-matrix composites **EM4:** 840
fiber-reinforced for aerospace applications **EM4:** 1004–1005
fiber-reinforced composites.... **EM4:** 215, 219–220
for advanced ceramics.................. **EM4:** 47
in reaction sintering **EM4:** 293–294
of ceramic matrix composites **EM4:** 224
of matrix phase........................ **EM4:** 35
silicon carbide manufacture **EM4:** 806
to fabricate ceramic-matrix composites ... **EM4:** 20
Chemical vapor reaction (CVR) process **A7:** 77
tungsten carbide powder................. **A7:** 194
Chemical vapor transport (CVT)
tungsten powder **A7:** 190, 191
Chemical washing
as surface preparation.............. **A13:** 413–414
Chemical wear *See* Corrosive wear
Chemical-beam epitaxy.................... **A5:** 518
Chemical-element segregation
flaking from **A11:** 121
Chemically accelerated centrifugal
barrel finishing **M5:** 134
Chemically bonded sand molding
and green sand molding, compared **A15:** 341
self-setting **A15:** 37
Chemically clean surfaces.................. **A9:** 28
Chemically deposited coatings for contrast enhancement in scanning electron
microscopy **A9:** 99
Chemically precipitated powder
defined **M7:** 2
Chemically reactive adhesives **EM3:** 74–75
shelf life............................. **EM3:** 75
Chemically reactive paints **M5:** 500–501
Chemically short cracks **A19:** 195
"Chemically small crack" effect **A19:** 145
Chemical-mechanical polishing *See also* Polish-etching............................... **A9:** 39
etch attack in **A9:** 42
in skid polishing......................... **A9:** 42
in vibratory polishing **A9:** 42
of hafnium **A9:** 497–498
of zirconium and zirconium alloys.... **A9:** 497–498
Chemical-processing equipment
ultrasonic inspection **A17:** 232
Chemical(s)
analysis **A10:** 72, 177
coatings, explosion characteristics **M7:** 196
commercial, voltammetric characterization of metals in **A10:** 188
composition...................... **M7:** 246–249
decomposition, as ignition source **M7:** 197
decomposition, defined **M7:** 2
deposition, defined **M7:** 2
embrittlement **M7:** 52, 55
industry, refractory metals in **M7:** 17
methods of powder production **M7:** 52–55
precipitation, of tin powders............. **M7:** 123
reduction metal precipitation by **M7:** 54
refractory metals, use in **M7:** 765
surface species identified **A10:** 568
systems, analyzed...................... **A10:** 263
wastes assay for toxic elements, NAA for **A10:** 233
Chemicals used in etchants **A9:** 66–68
disposal **A9:** 69
labelling **A9:** 67
purity grades **A9:** 67
storage containers....................... **A9:** 69
Chemical-setting ceramic linings
inorganic **A13:** 453–455
Chemietching *See* Chemical milling
Chemiluminescence
monitoring........................... **EM2:** 426
Chemisorption *See also* Physisorption **A5:** 540
defined **A10:** 670, **A13:** 3
Chemisorption effect **A7:** 275
Chemistry *See also* Analytical chemistry; Chemical analysis; Chemical properties; Classical wet analytical chemistry; Photochemistry; Physical chemistry
and single-crystal castability **A1:** 998–1003
atmospheric, PIXE studies in **A10:** 106
cationic systems.................. **EL1:** 859–864
irradiation **A10:** 235
liquid crystal polymers (LCP) **EM2:** 179
metallurgical **A15:** 27
of bismaleimides (BMI) **EM2:** 252–253
of cermet systems **EL1:** 340–341
of elements at surfaces, AES lineshapes showing **A10:** 552–553
of epoxy resins/hardeners **EL1:** 474, 825–827
of grain boundaries................ **A10:** 561–562
of PMDA-ODA polyimide............. **EL1:** 324
polycarbonates (PC).................. **EM2:** 151
polyimide.................... **EL1:** 324–326, 767
polymer **EM2:** 63–67
Chemi-thermomechanical pulping equipment **A13:** 1217–1218
Chemlock 205........................... **EM3:** 630
Chemlock 205/220....................... **EM3:** 629
Chem-milling **A19:** 316
C-HEMP
to determine dynamic flow curve **A8:** 205
Chert
abrasive wear **A18:** 188
Chevron cracking........................ **A20:** 738
submerged arc welds **M6:** 129–130
Chevron marks *See also* Chevron pattern.. **A19:** 375, 376
AISI/SAE alloy steels **A12:** 306, 307
as brittle........... **A12:** 107–108, 111, 173, 258
ASTM/ASME alloy steels **A12:** 347
cast aluminum alloys.................. **A12:** 413
causes........................... **A12:** 107–108
fracture, brittleness and ductility of **A12:** 108
fractures, crack front in **A12:** 107
from fracture origin, SEM fractographs ... **A12:** 170
medium-carbon steels **A12:** 255–258, 260–261, 269
on cleavage fracture surface **A12:** 13
polymers **A12:** 480
visual examination **A12:** 107, 111–113
wrought aluminum alloys........... **A12:** 429, 436
Chevron notch
alternative **A13:** 259
Chevron pattern
and fracture origin..................... **A11:** 80
and river marks, contrasted **A11:** 25
at crack origin **A11:** 397
defined **A8:** 2, **A11:** 2, **A13:** 3
definition............................. **A5:** 950
fatigue fracture **A11:** 116
in brittle fracture **A11:** 82
in low-alloy steel ship-plate **A11:** 77
in steel plate punched hole............. **A11:** 90
from tensile brittle fracture.......... **A11:** 76–77
on fracture surface, steel axle shaft........ **A11:** 21
Chevron slot
angle for curved....................... **A8:** 472
geometries......................... **A8:** 470, 473
thickness **A8:** 471
Chevron-notched specimen method **A19:** 174, 400–403
brittle materials **A19:** 401–402
configuration for both bar and rod....... **A19:** 401
critical unloading slope ratio **A19:** 403
metal alloys....................... **A19:** 402–403
plasticity factor....................... **A19:** 403
specimen description............... **A19:** 400–401
specimen geometries **A19:** 401
Chevron-notched specimens
advantages............................ **A8:** 469
and test equipment, fracture toughness testing **A8:** 469–470, 472
calibration constant for............. **A8:** 471–472
data analysis with **A8:** 473–474
elastic plastic behavior with.......... **A8:** 471–473
for fracture toughness testing......... **A8:** 469–475
geometry of........................... **A8:** 470
linear elastic fracture mechanics test with...................... **A8:** 470–471
short rod/bar, for fracture toughness testing........................... **A8:** 461
single **A8:** 469
Chevrons
in steel bar and wire **A17:** 550
ultrasonic inspection for................ **A17:** 271
C-Hf (Phase Diagram).................. **A3:** 2•111
Chi (χ) parameter................. **A19:** 389, 390
Chi phase
in austenitic stainless steels **A9:** 284
in iron-chromium-nickel heat-resistant casting alloys **A9:** 332–333
in wrought heat-resistant alloys........... **A9:** 309
Chill
casting, irons......................... **A12:** 219
defined **A11:** 2
formation, macroetching of cast iron for.. **A11:** 344
inverse, ductile iron fracture from **A12:** 227
inverse, in iron castings **A11:** 362
tests, applications..................... **A12:** 141
to control shrinkage................... **A11:** 354
use to accelerate cooling................ **A11:** 345
Chill casting
used to obtain random orientation........ **A9:** 701
Chill coating
defined **A15:** 3
Chill, correction of
gray cast iron.......................... **M1:** 22
Chill layer **A7:** 400–401, 403
Chill ring
definition............................ **A6:** 1207
Chill roll
defined **EM2:** 9
Chill test
for cupolas........................... **A15:** 390
Chill tests
in ductile iron.......................... **A1:** 39
Chill-block melt-spinning **M7:** 48, 49
Chilled car wheel iron
development of......................... **A15:** 30
Chilled iron *See also* Cast irons, chilled; Chill; Inverse chill
arc welding of.................... **A15:** 528–529
defined **A15:** 3
development of......................... **A15:** 30
Chilled iron rolls **A14:** 353
Chilled iron shot peening **M5:** 140–141
Chilled zone in ductile iron **A9:** 251
Chiller chamber...................... **A7:** 148, 149
Chilling tendency
CG irons **A15:** 671–673
of compacted graphite iron............... **A1:** 57
Chills *See also* Antichills; Chilled iron; Insulating pads and sleeves; Inverse chill
as dendritic structure growth mechanism **A15:** 118
copper alloy casting **A15:** 779, 781
effect, solidification sequence **A15:** 606–608
in permanent mold casting.............. **A15:** 283
magnesium alloy...................... **A15:** 806
of high-alloy graphitic irons **A15:** 698
shielded metal arc welding **M6:** 91
water-cooled copper, DS/SC furnaces **A15:** 400–401
Chills, for directional solidification
copper alloy casting **A2:** 348

Chimera grids **A20:** 190, 193
Chimney effect **A19:** 530
Chimney source **A5:** 563
China **A20:** 421
absorption **EM4:** 3
absorption (%) and products **A20:** 420
composition **EM4:** 4
early metalworking in **A15:** 16–18
electrolytic tin- and chromium-coated steel for canstock capacity in 1991 . . . . **A5:** 349
glazing **EM4:** 3
properties **EM4:** 3–4
subclassifications based on use or quality . . **EM4:** 4
China clay **A6:** 60, **EM4:** 32, 44
in typical ceramic body compositions **EM4:** 5
pressure calcintering for study of compaction kinetics **EM4:** 300
China clay (kaolin)
as filler material **EM2:** 499–500
Chinese finger puzzle effect **A20:** 654
Chinese script . . . . **A3:** 1•19, 1•20
beryllide phase in beryllium-copper alloys . . **A9:** 395
eutectic, defined **A9:** 3
in aluminum alloys **A9:** 359
in eutectics **A9:** 621
"Chinese script" eutectic **A18:** 785
Chinese script-type eutectic
irregular **A15:** 120
Chip attach
ceramic multilayer packages **EL1:** 466–467
materials, in plastic packages **EL1:** 211
plastic pin-grid array **EL1:** 476
Chip breakers *See also* Chip control; Chip formation **A16:** 143, 148
and broaching **A16:** 204, 205
boring **A16:** 166, 167
cast irons **A16:** 649
drilling **A16:** 220, 227
milling **A16:** 316
Ni alloys **A16:** 837
stainless steels **A16:** 681, 696, 697, 704
trepanning **A16:** 178
Chip bumping, tape automated bonding
plastic packages **EL1:** 477
Chip carrier (CC) *See also* Chip(s); Leadless chip carrier (LCC); Plastic leaded chip carrier (PLCC)
as package family **EL1:** 404
conductive polymer interconnection for . . . **EL1:** 15
conformal coatings/encapsulants, introduction **EL1:** 759–760
CTE mismatch problem **EL1:** 661
defined **EL1:** 1137
dimensional tolerances **EL1:** 734
in surface-mount technology **EL1:** 76
leaded and leadless **EL1:** 730–734
routability **EL1:** 15
Chip characteristics
in machining aluminum **M2:** 189–190
relation to machinability **M1:** 574
Chip control *See also* Chip breakers; Chip formation **A16:** 19
adaptive control implementation **A16:** 624
and fixturing **A16:** 404, 405
and grinding of steel gears **A16:** 354
and truing and dressing of grinding wheels **A16:** 466, 467
boring **A16:** 162, 164
broaching **A16:** 195, 196, 197, 205, 206, 208
cast irons **A16:** 654
cemented carbides **A16:** 84–85, 86
drilling **A16:** 219, 221, 222, 224, 229, 236–238
electrical discharge machining **A16:** 560
grinding and abrasives **A16:** 433, 434, 437, 442, 444
high removal rate machining **A16:** 608
honing **A16:** 488
milling **A16:** 307, 318, 319, 321, 327–328
multifunction machining **A16:** 392, 396
Ni alloys **A16:** 837, 840
planing **A16:** 182, 184, 186
reaming **A16:** 58
sawing **A16:** 358, 365
tapping **A16:** 256, 257, 259, 261, 262, 267
thread grinding **A16:** 278
trepanning **A16:** 177, 178, 180
turning **A16:** 159
Chip cutting **A16:** 23
Chip failures
corrosion, plastic packages **EL1:** 479
integrated circuits **A11:** 766
mechanical stresses **EL1:** 480
Chip formation *See also* Chip breakers; Chip control **A16:** 7–12
Al alloys . . . **A16:** 761, 765, 769–770, 780, 783, 787, 791–792
analysis **A16:** 13–18
and machinability **A16:** 642, 646
broaching of heat-resistant alloys . . . **A16:** 743, 744, 745
carbon and alloy steels **A16:** 668, 669, 670
carbon steels and drilling **A16:** 674–675
characteristic types **A16:** 12
Cu alloys **A16:** 805, 808–812, 815, 817
cutting parameters **A16:** 10–11
energy **A16:** 14
friction coefficient **A16:** 10
high-speed machining **A16:** 597, 598–600, 603
Mg alloys **A16:** 820, 821–822, 824, 825, 828
P/M materials **A16:** 883, 885
P/M tool steels **A16:** 735
power consumption in production processes **A16:** 17, 18
properties and their effect **A16:** 10
reaming **A16:** 239
stainless steels **A16:** 681, 696
stress distributions -n metal cutting **A16:** 14–17
types **A2:** 964, 966
uranium alloys **A16:** 874, 875, 876
Zn alloys **A16:** 831, 832, 834
Zr reactive metals **A16:** 853, 855
Chip inductors
types **EL1:** 179
Chip interconnection *See also* Chip(s); Interconnection; Interconnects
direct **EL1:** 231–232
for very-large-scale integration **EL1:** 231
laser pantography **EL1:** 232–233
pressure contacts **EL1:** 232
schemes **EL1:** 232
Chip packages from DIPS, evaluated **EL1:** 15
epoxies and molding processes **EL1:** 760–761
Chip passivation computer modeling
technology **EL1:** 244
CHIP process **A7:** 162, 883
Chip removal rate
volumetric **A18:** 611
Chip resistors tools and removal methods **EL1:** 724–727
types **EL1:** 178
Chip size DIP, effects **EL1:** 53
thermal resistance effect **EL1:** 411
Chip velocity **A18:** 610, 611
Chipboard
milling with PCD tooling **A16:** 110
Chipbreaking
carbide metal cutting tools **A2:** 963–964
Chip-level packaging
current level 1 packages **EL1:** 403–405
elimination of **EL1:** 407
integrated circuit trends **EL1:** 399–401
level 1 package trends **EL1:** 405–407
overview **EL1:** 398–407
package design considerations **EL1:** 401–403
Chip-on-board defined **EL1:** 1137
technology, as cavityless hybrid packaging **EL1:** 452
Chipping
definition **A5:** 950
for magnesium powder production **M7:** 131
gear-tooth **A11:** 595
multiple, in ceramics **A11:** 754
of cemented carbides **M7:** 779
scoring damage by **A11:** 157
Chipping, porcelain enamel
resistance to **M5:** 527, 529
Chipping resistance
porcelain enamels **A13:** 451
Chips *See also* Chip-to-chip; On-chip; Semiconductor chips **A7:** 671
and wire assembly, physical characteristics **EL1:** 110
beam-lead design, development **EL1:** 961
bump-contact design **EL1:** 961
contamination by, vapor degreasing solvents **M5:** 48
continuous **A16:** 122
definition **A5:** 950
discontinuous **A16:** 122
discrete, mounting technologies **EL1:** 143
dynamic random access memory (DRAM), as future trend **EL1:** 390
edges **EL1:** 7
fabrication vs. packaging **EL1:** 397
failures **EL1:** 479–480
gate counts per, growth of **EL1:** 416
in interconnection hierarchy **EL1:** 4
load, defined **EL1:** 1137
mount pad, size **EL1:** 411
mounting, bipolar junction transistor technology **EL1:** 195–196
passivation **EL1:** 244
power dissipation vs. time **EL1:** 46
reduction of beryllium ingot to **M7:** 170
-related failure mechanisms, through-hole packages **EL1:** 974
removal, from steel parts **M5:** 5, 9–10
semiconductor, packaging **EL1:** 397
silicon, thermomechanical design considerations **EL1:** 415–416
single vs. multichip module **EL1:** 252
size, constant **EL1:** 143
size, effects **EL1:** 53
soldering methods **EL1:** 180
tape bonded **EL1:** 484
technologies, mix of **EL1:** 443
temperature, thermal management **EL1:** 45
test, as design tools **EL1:** 419
thermal parameters **EL1:** 47
-type components, fabrication **EL1:** 178–190
yield, in WSI **EL1:** 354
Chips, steel
AAS analysis **A10:** 55
Chip-to-bump separation
as tape automated bonding (TAB) mechanical failure **EL1:** 287
Chip-to-chip issues
physical performance **EL1:** 7–8
Chisel steels
early fractographs **A12:** 5
Chisel test
explosion welds **M6:** 711
resistance spot welds **M6:** 487
Chisel-point fractures
fcc metals **A12:** 100
Chi-square (χ^2) distribution **A18:** 482, 485
Chi-square distribution
and reliability prediction **EL1:** 902
Chi-square test
to determine normal distribution **A8:** 663–664, 673
Chloramben
hazardous air pollutant regulated by the Clean Air Amendments of 1990 . . . . **A5:** 913
Chlorate, sodium
electrolyte for electrochemical machining **A16:** 533, 535, 536

SUBJECTS OF THE INDEXED VOLUMES: ASM Handbook (designated by the letter "A"): **A1:** Properties and Selection: Irons, Steels, and High-Performance Alloys (1990); **A2:** Properties and Selection: Nonferrous Alloys and Special-Purpose Materials (1990); **A3:** Alloy Phase Diagrams (1992); **A4:** Heat Treating (1991); **A5:** Surface Engineering (1994); **A6:** Welding, Brazing, and Soldering (1993); **A7:** Powder Metal Technologies and Applications (1998); **A8:** Mechanical Testing (1985); **A9:** Metallography and Microstructures (1985); **A10:** Materials Characterization (1986); **A11:** Failure Analysis and Prevention (1986); **A12:** Fractography (1987); **A13:** Corrosion (1987); **A14:** Forming and Forging (1988); **A15:** Casting (1988); **A16:** Machining (1989); **A17:** Nondestructive Evaluation and Quality Control (1989); **A18:** Friction, Lubrication, and Wear Technology (1992); **A19:** Fatigue and Fracture (1996); **A20:** Materials Selection and Design (1997). **Metals Handbook, 9th Edition** (designated by the letter "M"): **M1:** Properties and Selection: Irons and Steels (1978); **M2:** Properties and Selection: Nonferrous Alloys and Pure Metals (1979); **M3:** Properties and Selection: Stainless Steels, Tool Materials, and Special-Purpose Materials (1980); **M4:** Heat Treating (1981); **M5:** Surface Cleaning, Finishing, and Coating (1982); **M6:** Welding, Brazing, and Soldering (1983); **M7:** Powder Metallurgy (1984). **Engineered Materials Handbook** (designated by the letters "EM"): **EM1:** Composites (1987); **EM2:** Engineering Plastics (1988); **EM3:** Adhesives and Sealants (1990); **EM4:** Ceramics and Glasses (1991). **Electronic Materials Handbook** (designated by the letters "EL"): **EL1:** Packaging (1989)

Chlorate solutions
copper/copper alloy SCC in **A13:** 634

Chlorbenzene
maximum concentration for the toxicity characteristic, hazardous waste **A5:** 159

Chlordane
hazardous air pollutant regulated by the Clean Air Amendments of 1990 . . . . **A5:** 913
maximum concentration for the toxicity characteristic, hazardous waste **A5:** 159

Chlorendics *See also* Polyester resins
acid resistance. **EM1:** 93
clear casting mechanical properties. **EM1:** 91
glass content effect. **EM1:** 91
in fiberglass-polyester resin composites . . . **EM1:** 91
mechanical properties **EM1:** 90
preparation/application **EM1:** 90

Chloride
anions, separation by ion chromatography **A10:** 659
as electrode **A10:** 184
contamination, in austenitic stainless steels. **A11:** 635
content, high-purity oxygenated water **A8:** 420
corrosion fatigue test specification **A8:** 423
determined by precipitation titration **A10:** 164
electrolyte for Ni alloy electrochemical machining **A16:** 843
ferric, analysis in graphite **A10:** 133
hot, SSC of pressure vessels from. **A11:** 660
integral-finned stainless steel tube cracked by **A11:** 636
ion pitting, of Kovar lead material. **A11:** 770
ions **A10:** 169, 201
ions, pitting of heat-exchanger tubes by. . . **A11:** 630
Mohr titration for **A10:** 173
pitting, U-bend heat-exchanger tubes failure from **A11:** 637
pressurized water reactor specification. **A8:** 423
quantitative determination of metals in presence of, electrogravimetry **A10:** 197
salts, hot dry, and SCC. **A11:** 223
SCC in stainless steel shaft from. **A11:** 660
SCC of nuclear steam-generator vessel by **A11:** 656–657
SCC tube failure from. **A11:** 635
solutions, effect on critical strain rate **A8:** 519
weighing as the, gravimetry **A10:** 171

Chloride bath
electrodeposited iron coating bath properties. **A5:** 214
iron electroforming solutions and operating conditions **A5:** 288
iron plating bath composition, pH, temperature and current density **A5:** 213

Chloride baths **A7:** 114

Chloride cracking tests
of stainless steels **A1:** 725

Chloride deposition
for A15 superconductor assembly **A2:** 1065

Chloride ion stress-corrosion cracking
precipitator wires **A20:** 326

Chloride salts
for SCC testing of titanium alloys **A8:** 531

Chloride stress-corrosion cracking. **A19:** 490, 491, **A20:** 564

Chloride/bromide salts, molten
environments known to promote stress-corrosion cracking of commercial titanium alloys **A19:** 496

Chlorides **A19:** 491
alloying effect on stress-corrosion cracking resistance of martensitic low-alloy steels. **A19:** 486
and stainless steels, stress-corrosion cracking **A19:** 490
aqueous, crevice corrosion in titanium . . . **A13:** 672
as fining agents. **EM4:** 380
corrosion fatigue effect on structural steels **A19:** 597, 598
dissolved, corrosion resistance effect nickel-base alloys **A13:** 646
effect in alloy steels. **A12:** 291
effect on duplex stainless steels **A19:** 764, 765
effect, pulp bleach plants **A13:** 1193
environments known to promote stress-corrosion cracking of commercial titanium alloys **A19:** 496
in marine atmospheres **A13:** 903
in PSE environment, aircraft **A19:** 570
in torch brazing flux. **M6:** 962
ion activity, aluminum alloy **A13:** 584
ions, as cause of steel corrosion in concrete **A13:** 513
level, for pitting/crevice corrosion. **A13:** 1367
magnesium/magnesium alloys in **A13:** 743
organic **A13:** 1268
role in freshwater corrosion **M1:** 733, 735
salts, molten **A13:** 90
SCC, prevention. **A13:** 327
solution, as corrosive environment **A12:** 24
solution, copper/copper alloy SCC in **A13:** 634
stress-corrosion cracking **A12:** 357
titanium/titanium alloy resistance. . . . **A13:** 682–683
zirconium/zirconium alloy corrosion **A13:** 717

Chloride-sulfate nickel plating **M5:** 201–202

Chlorimet alloys *See* Nickel alloys, cast, specific types

Chlorinated diphenyl
environments known to promote stress-corrosion cracking of commercial titanium alloys **A19:** 496
for SCC testing of titanium alloys **A8:** 531

Chlorinated fluorocarbons **A20:** 140

Chlorinated hydrocarbon **EM3:** 8

Chlorinated hydrocarbon solvent cleaners **M5:** 40–42, 57

Chlorinated hydrocarbons
properties. **A5:** 21
safety precautions. **A6:** 1196

Chlorinated lubricant *See also* Extreme-pressure lubricant; Sulfochlorinated lubricant; Sulfurized lubricant
defined **A18:** 5
definition **A5:** 950

Chlorinated polyether
effectiveness of fusion-bonding resin coatings **A5:** 699
properties, organic coatings on iron castings. **A5:** 699

Chlorinated rubber
adhesion to selected hot dip galvanized steel surfaces. **A5:** 363
applications demonstrating corrosion resistance **A5:** 423
coating characteristics for structural steel . . **A5:** 440
curing method. **A5:** 442
minimum surface preparation requirements **A5:** 444
organic coating classifications and characteristics **A20:** 550
paint compatibility. **A5:** 441
resistance to mechanical or chemical action **A5:** 423

Chlorinated rubber coatings **A13:** 404, 405, 914

Chlorinated rubber paint system
estimated life of paint systems in years **A5:** 444

Chlorinated rubber resin
properties and applications. **A5:** 422

Chlorinated rubber resins and coatings **M5:** 473–474, 495, 498, 500–502, 504–505

Chlorinated rubber-acrylic combinations
adhesion to selected hot dip galvanized steel surfaces. **A5:** 363

Chlorinated solvent
definition **A5:** 950

Chlorinated solvents **M5:** 617
corrosion of stainless steels in **M3:** 81–82
for chemical cleaning. **A15:** 561

Chlorination
and microbiological corrosion **A13:** 314
as second-phase test method **A10:** 177
for iron and manganese carbides and sulfides in residues **A10:** 177
in blended elemental titanium alloys. **M7:** 164
inclusion testing by **A10:** 176
niobium extraction **M7:** 160

Chlorine **A13:** 1170–1180
alloy steel corrosion. **A13:** 544–545
and grinding operation. **A16:** 437, 438
as NAA sample contaminant **A10:** 236
as reagent, aluminum melts **A15:** 80
cold form tapping **A16:** 266, 267
compounds, oxidizing, titanium/titanium alloy resistance **A13:** 677
contamination. **A13:** 1162
corrosion of corrosion-resistant steel castings from **A1:** 913
corrosion of nickel alloys in **M3:** 174
degassing, of magnesium alloys. **A15:** 462–463
detected by Auger electron spectroscopy . . **M7:** 251, 254
dry, tantalum resistance to. **A13:** 731
effect, copper/copper alloys in seawater. **A13:** 624–625
embrittlement caused by. **A20:** 580
for demagging aluminum alloys **A15:** 472–474
for SCC testing of titanium alloys **A8:** 531
gas, hafnium-zirconium composition in . . . **A13:** 720
hazardous air pollutant regulated by the Clean Air Amendments of 1990 . . . . **A5:** 913
in coal or catalysts, determined by electrometric titration **A10:** 205
in engineering plastics. **A20:** 439–440
in EP additives. **A16:** 123, 125, 126
in thread grinding oils. **A16:** 273
ionic composition, and metal implants . . . **A11:** 672, 673
lubricant indicators and range of sensitivities **A18:** 301
measured in lubricants **A14:** 516
moist **A13:** 1172–1173
phosphate coating accelerators. **A5:** 379
production **M7:** 134
reaction with aluminum powder **A7:** 157
refrigerated liquid **A13:** 1171–1172
SCC in titanium and titanium alloys by . . **A11:** 223
species weighed in gravimetry **A10:** 172
spectrometric metals analysis. **A18:** 300
TNAA detection limits **A10:** 237
volumetric procedures for. **A10:** 175
-water corrosion. **A13:** 1173–1174

Chlorine (Cl)
component in photochromic ophthalmic and flat glass composition **EM4:** 442
volatilization losses in melting. **EM4:** 389

Chlorine compounds
and stress corrosion **A16:** 35

Chlorine dioxide
tantalum resistance to **A13:** 727

Chlorine extraction
defined **A9:** 3

Chlorine gas
environments known to promote stress-corrosion cracking of commercial titanium alloys **A19:** 496

Chlorine-containing compounds
as flame retardants. **EM2:** 504

Chlorinity
seawater. **A13:** 894

Chlorite **EM4:** 6

Chloroacetic acid
hazardous air pollutant regulated by the Clean Air Amendments of 1990 . . . . **A5:** 913

Chloro-alkali chemical processing plants
pollution control. **A13:** 1369

Chloroauric acid **A7:** 184

Chlorobenzene
hazardous air pollutant regulated by the Clean Air Amendments of 1990 . . . . **A5:** 913

Chlorobenzilate
hazardous air pollutant regulated by the Clean Air Amendments of 1990 . . . . **A5:** 913

Chlorobutyl 1066
molecular weight **EM3:** 199

Chlorocarbon(s) blends, physical properties. . **EL1:** 664
molecular structure of. **EL1:** 662
solvents, as organic cleaners **EL1:** 662

Chlorofluorocarbon (CFC) solvents
alternatives for cleaning PWB assemblies . . **A6:** 354
as organic cleaners **EL1:** 662–663, 667

Chlorofluorocarbon cleaners **M5:** 40–41

Chlorofluorocarbon foaming agents **A20:** 138

Chlorofluorocarbon plastics. **EM3:** 8

Chlorofluorocarbons (CFC) **A5:** 914, 930, 936
chemicals successfully stored in galvanized containers. **A5:** 364

Chlorofluorocarbons (CFCs) . . **A6:** 112, **A20:** 131, 138

Chlorofluorohydrocarbon plastics. **EM3:** 8

Chloroform
as toxic chemical targeted by 33/50 program . . . **A20:** 133
extractants for . . . **A10:** 170
hazardous air pollutant regulated by the Clean Air Amendments of 1990 . . . **A5:** 913
maximum concentration for the toxicity characteristic, hazardous waste . . . **A5:** 159
Chloromethyl methyl ether
hazardous air pollutant regulated by the Clean Air Amendments of 1990 . . . **A5:** 913
Chloropalladous acid . . . **A7:** 185
Chloroplasts
ESR studied . . . **A10:** 264
Chloroplatinic acid . . . **A7:** 186, 187
Chloroprene *See also* Neoprene . . . **EM3:** 51
hazardous air pollutant regulated by the Clean Air Amendments of 1990 . . . **A5:** 913
Chloroprene rubber
exposure in electrochemically inert conditions . . . **EM3:** 629
Chlorosulfonated polyethylene
used as modifier . . . **EM3:** 121
Chlorosulfonic acid
corrosion of stainless steels in . . . **M3:** 82
Chlorotrifluoroethylene *See also* Polychlorotrifluoroethylene (CTFE)
as fluoropolymer . . . **EM2:** 116
Choked flow
in leaks . . . **A17:** 58
Chokes
copper alloy casting . . . **A15:** 776–777
gating system effects . . . **A15:** 590–591
Cholesteric crystals
for optical imaging . . . **EL1:** 1072
Cholesteric liquid crystal
use in integrated circuit failure analysis . . . **A11:** 767–768
Cholesteric liquid crystals
as temperature sensors . . . **A17:** 399
C-hooks
design and materials for . . . **A11:** 522–523
Chopped fiber
as toughener . . . **EM3:** 185
Chopped fibers *See also* Chopped glass; Discontinuous,fibers; Short fiber; Staple fiber
for sheet molding compounds . . . **EM1:** 141
for spray lay-up technique . . . **EM1:** 132
length, composite effect . . . **EM1:** 162
Chopped glass . . . **EM1:** 109–110
Chopped mat *See* Mats
Chopped-fiber reinforced polymers . . . **A19:** 17
Chopped-strand glass fiber products . . . **EM1:** 109–110
Chopped-strand mats *See* Mats
Chopper dies . . . **A14:** 132
Chord measurements
image analysis . . . **A10:** 316
Chord modulus *See also* Modulus of elasticity; Modulus of elasticity (E) . . . **A8:** 2
defined . . . **A11:** 2, **A14:** 2
Christmas trees
oil/gas production . . . **A13:** 1237
Chromadizing *See also* Chromating; Chromizing
defined . . . **A13:** 3
definition . . . **A5:** 950
Chromalloy
broaching . . . **A16:** 203, 204
Chromalloy steel
flash welding . . . **M6:** 557
Chromate *See also* Chromate conversion coatings
as anodic inhibitor . . . **A13:** 494
as refractory, core coatings . . . **A15:** 240
chemical conversion coatings, structures and characteristics . . . **A5:** 698
finishes, for zinc castings . . . **A15:** 796
rinses, after phosphate coating . . . **A13:** 387
sands, reclamation of . . . **A15:** 355
Chromate coating
hot dip galvanized products . . . **M5:** 332
mechanical coating process using . . . **M5:** 301–302
phosphate coating resisted by . . . **M5:** 438
Chromate concentration
phosphate coating solutions . . . **M5:** 443
Chromate conversion coating . . . **M5:** 457–458
aluminum and aluminum alloys . . . **M5:** 457
cadmium plate . . . **M5:** 269
chromium chromate type . . . **M5:** 457–458
chromium phosphate type . . . **M5:** 457
corrosion resistance . . . **M5:** 457–458
equipment . . . **M5:** 599–600
mechanism of action . . . **M5:** 457
properties . . . **M5:** 457–458, 599
quality control . . . **M5:** 600
solution compositions and operating conditions . . . **M5:** 599–600
solution control . . . **M5:** 599–600
zinc plated parts . . . **M5:** 254–255
Chromate conversion coatings . . . **A5:** 405–410, **A13:** 389–395, **M1:** 752, 754
alkaline oxide . . . **A13:** 394
alloy steels . . . **A5:** 711–712
alternative technologies . . . **A5:** 409–410
alternatives to . . . **A5:** 927–928
aluminum and aluminum alloys . . **A5:** 793, 795–797
applications . . . **A5:** 406–407, **A13:** 389
as barrier protection, aqueous solutions . . . **A13:** 379
cadmium plating . . . **A5:** 226
carbon steels . . . **A5:** 711–712
cast irons . . . **A5:** 698, **M1:** 104
characteristics of . . . **A5:** 405–406, 927
chromate-type . . . **A13:** 394
chromating mechanism . . . **A5:** 407
chromium phosphate . . . **A13:** 394
control and testing . . . **A13:** 393–394
corrosion inhibition with . . . **M1:** 169, 175
corrosion resistance . . . **A5:** 405, 406–407, 409–410
description . . . **A5:** 405
disadvantages . . . **A5:** 407
environmental concerns . . . **A5:** 408
equipment and application . . . **A13:** 390
fluoride ion presence and role . . . **A5:** 406–407
for beryllium . . . **A13:** 811
for carbon steel . . . **A13:** 523–524
gas phase . . . **A5:** 409–410
history . . . **A5:** 406
ion implantation . . . **A5:** 409–410
magnesium-based treatments for aluminum and aluminum alloys . . . **A5:** 409
metal organic chemical vapor deposition (MOCVD) . . . **A5:** 410
metals as substrates . . . **A5:** 405, 406–407
micrographs . . . **A13:** 392
multivalent metals . . . **A5:** 409
no-rinse processes . . . **A13:** 394
on aluminum . . . **A13:** 394
on cadmium . . . **A13:** 395
on magnesium . . . **A13:** 395
on steels . . . **A13:** 395
on zinc and galvanized steels . . . **A13:** 394–395
organic-based coatings . . . **A5:** 409
passivation, zinc-coated surfaces . . . **M1:** 168–169
processes . . . **A5:** 406–407, **A13:** 389–390
properties . . . **A13:** 390–393
purposes . . . **A5:** 405
rare earth metals . . . **A5:** 409
safety and waste treatment . . . **A13:** 395
salt spray data . . . **A13:** 393
sputter deposition . . . **A5:** 409–410
standard practices/specifications for . . . **A13:** 394
substrate microstructure effects . . . **A5:** 407–408
testing methods and standards . . . **A13:** 395
trivalent cobalt . . . **A5:** 409
uses . . . **A5:** 405
Chromate conversion process
aluminum and aluminum alloys . . . **A5:** 796, 797
Chromate films
deposited by color etching . . . **A9:** 141
Chromate passivation . . . **A1:** 214–215
Chromate treatment
defined . . . **A13:** 3
definition . . . **A5:** 950
selective plating special-purpose solution . . . **A5:** 281
Chromate, weighing as the
gravimetric analysis . . . **A10:** 171
Chromates . . . **A19:** 491, **A20:** 550
as corrosion inhibitors . . . **A18:** 277
Chromatic aberration . . . **EM3:** 8
defined . . . **A10:** 670
Chromatic aberrations
defined . . . **A9:** 3
effect on secondary electron imaging . . . **A9:** 95
Chromatic contrast by an interference film . . . **A9:** 158
Chromating *See also* Chromadizing
defined . . . **A13:** 3
definition . . . **A5:** 950
process . . . **A13:** 389–390
zinc alloys . . . **A2:** 530
Chromatizing *See* Chromadizing
Chromatograms
common anions separated by single-column ion chromatography . . . **A10:** 661
defined . . . **A10:** 670
eluent-suppressed ion . . . **A10:** 660
fiber-suppressed ion . . . **A10:** 660
for geological brines . . . **A10:** 666
for glass microballoons . . . **A10:** 667
for ion chromatography separation and detection of alkali and transition metals . . **A10:** 660–661
ion-exchange, of radioactive alkali metals **A10:** 653
ion-pair, of napthylamine sulfonic acids . . **A10:** 653
normal phase . . . **A10:** 652
reverse-phase, of an organic mixture . . . **A10:** 653
reverse-phase, of parabens and baby lotion extract . . . **A10:** 655
single-ion . . . **A10:** 645
size-exclusion . . . **A10:** 654
typical total ion . . . **A10:** 644
Chromatographic effluents
IR identification of . . . **A10:** 109
Chromatographs
high-performance liquid . . . **A10:** 665
liquid . . . **A10:** 650–651, 665
liquid, essential components . . . **A10:** 650
Chromatographs, gas
for leak detection . . . **A17:** 64
Chromatography *See also* High-performance liquid chromatography (HLPC); Testing; Thin-layer chromatography (TLC) . . . **EM3:** 8
bonded-phase . . . **A10:** 652
defined . . . **A10:** 670
gas chromatography/mass spectroscopy . . . **A10:** 639–648
ion . . . **A10:** 658–667
ion-exchange . . . **A10:** 168, 653
liquid . . . **A10:** 649–657
liquid-liquid . . . **A10:** 652
liquid-solid . . . **A10:** 651–652
normal-phase . . . **A10:** 652
of thermoplastic resins . . . **EM2:** 539–540
of thermoset resins . . . **EM2:** 517–522
paper . . . **A10:** 168
potentiometric membrane electrodes as detectors for . . . **A10:** 181
preparative liquid . . . **A10:** 654
reversed-phase . . . **A10:** 652–653
silica-based supports . . . **EM4:** 1088–1089
size-exclusion . . . **A10:** 654
versus weighting factor . . . **EM4:** 85
Chromatography for epoxies . . . **EL1:** 833
gas and liquid, as failure analyses **EL1:** 1104–1105
Chromatopyrogram
failed nitrile sheath . . . **A10:** 648
intact neoprene sheath . . . **A10:** 648
Chrome
alloying, magnetically soft materials . . . **A2:** 762
coating for seals . . . **A18:** 551
copper alloys, properties and applications . . **A2:** 357

SUBJECTS OF THE INDEXED VOLUMES: ASM Handbook (designated by the letter "A"): **A1:** Properties and Selection: Irons, Steels, and High-Performance Alloys (1990); **A2:** Properties and Selection: Nonferrous Alloys and Special-Purpose Materials (1990); **A3:** Alloy Phase Diagrams (1992); **A4:** Heat Treating (1991); **A5:** Surface Engineering (1994); **A6:** Welding, Brazing, and Soldering (1993); **A7:** Powder Metal Technologies and Applications (1998); **A8:** Mechanical Testing (1985); **A9:** Metallography and Microstructures (1985); **A10:** Materials Characterization (1986); **A11:** Failure Analysis and Prevention (1986); **A12:** Fractography (1987); **A13:** Corrosion (1987); **A14:** Forming and Forging (1988); **A15:** Casting (1988); **A16:** Machining (1989); **A17:** Nondestructive Evaluation and Quality Control (1989); **A18:** Friction, Lubrication, and Wear Technology (1992); **A19:** Fatigue and Fracture (1996); **A20:** Materials Selection and Design (1997). **Metals Handbook, 9th Edition** (designated by the letter "M"): **M1:** Properties and Selection: Irons and Steels (1978); **M2:** Properties and Selection: Nonferrous Alloys and Pure Metals (1979); **M3:** Properties and Selection: Stainless Steels, Tool Materials, and Special-Purpose Materials (1980); **M4:** Heat Treating (1981); **M5:** Surface Cleaning, Finishing, and Coating (1982); **M6:** Welding, Brazing, and Soldering (1983); **M7:** Powder Metallurgy (1984). **Engineered Materials Handbook** (designated by the letters "EM"): **EM1:** Composites (1987); **EM2:** Engineering Plastics (1988); **EM3:** Adhesives and Sealants (1990); **EM4:** Ceramics and Glasses (1991). **Electronic Materials Handbook** (designated by the letters "EL"): **EL1:** Packaging (1989)

for valve springs for reciprocating compressors **A18:** 604
refractory physical properties .. **EM4:** 897, 898, 899
Chrome brick **EM4:** 896
applications, refractory ... **EM4:** 901–902, 903, 906
Chrome compounds
as colorants **EM4:** 380
Chrome conversion coating **EM3:** 42
Chrome copper *See* Copper alloys, specific types, C81500
Chrome Copper 999 *See* Copper alloys, specific types, C18200
Chrome ore **EM4:** 45
applications **EM4:** 46
composition **EM4:** 46
supply sources **EM4:** 46
Chrome pickle
chemical treatments for magnesium alloys **A5:** 828
defined **A13:** 3
Chrome pickling
magnesium alloys **A5:** 823, 829, 830
Chrome pickling, magnesium alloys **M5:** 629, 632–634, 636, 640–641, 643, 647–648
modified **M5:** 632, 636, 640–641
sealed **M5:** 632, 634, 636–637, 640–642
stripping of chrome pickle **M5:** 648
Chrome plating *See* Chromium plating; Decorative chromium plating; Hard chromium plating
Chrome steel
for planetary ball mill parts **A7:** 821
Chrome steels
6Cr-1Mo, abrasive wear data **A18:** 705
thermal properties **A18:** 42
Chrome yellows
as pigment **EM3:** 179
Chrome-alumina-pink corundum
inorganic pigment to impart color to ceramic coatings **A5:** 881
Chrome-alumina-pink spinel
inorganic pigment to impart color to ceramic coatings **A5:** 881
Chrome-antimony-titanium buff rutile
inorganic pigment to impart color to ceramic coatings **A5:** 881
Chromed steel
glass-metal seals **EM4:** 875
Chrome-iron-manganese brown spinel
inorganic pigment to impart color to ceramic coatings **A5:** 881
Chromel A
composition **A6:** 573
Chromel-Alumel thermocouples **A8:** 330
Chrome-magnesite **A20:** 423
composition **A20:** 424
properties **A20:** 424
Chrome-molybdenum **A7:** 753
Chrome-molybdenum-manganese steels **A7:** 753
Chrome-niobium-titanium buff rutile
inorganic pigment to impart color to ceramic coatings **A5:** 881
Chrome-tin orchid cassiterite
inorganic pigment to impart color to ceramic coatings **A5:** 881
Chrome-tin pink sphere
inorganic pigment to impart color to ceramic coatings **A5:** 881
Chrome-tungsten-titanium buff rutile
inorganic pigment to impart color to ceramic coatings **A5:** 881
Chromia
diffusion factors **A7:** 451
melting/fining **EM4:** 391
physical properties **A7:** 451
Chromia alumina catalysts
ESR analysis of **A10:** 265
Chromia (Cr_2O_3) *See also* Chromium oxide
mechanical properties **A20:** 427
physical properties of fired refractory brick **A20:** 424
plasma spray coating for titanium alloys .. **A18:** 780
properties **A20:** 785
thermal properties **A20:** 428
Chromia formers **A20:** 596, 597
Chromia scale **A20:** 483, 589, 591, 592
Chromia/alumina
melting/fining **EM4:** 391
Chromia-AZS
melting/fining **EM4:** 391
Chromic acid **A13:** 677, 1141
acid pickling treatment conditions for magnesium alloys **A5:** 828
acid pickling treatments for magnesium alloys **A5:** 822
as an electrolyte for zinc and zinc alloys ... **A9:** 489
as an etchant for carbon-carbon composites **A9:** 591
as an etchant for chromized sheet steel **A9:** 198
as an etchant for copper and copper alloys **A9:** 401
as an etchant for stainless-clad sheet steel .. **A9:** 198
as cleaning agent **A12:** 75
corrosion of stainless steels in **M3:** 82
decorative chromium plating processes **M5:** 189–191
description **A9:** 68
for acid cleaning **A5:** 48–49, 51, 54
for stripping electrodeposited cadmium **A5:** 224
in Group VI electrolytes **A9:** 54
in water as an electrolyte for refractory metals **A9:** 440
in water (Group V electrolytes) **A9:** 52–54
in water with sodium sulfate as an etchant for electrogalvanized sheet steel **A9:** 197
passivation with **M1:** 169
phosphate coating processes **M5:** 439, 442, 444, 448, 454
photochemical machining etchant **A16:** 593
safety hazards **A9:** 69
safety precautions in handling **M5:** 454
used to electrolytically etch heat-resistant casting alloys **A9:** 331
with sodium sulfate as an etchant for zinc and zinc alloys **A9:** 488
Chromic acid anodization (CAA) process
bond line corrosion **EM3:** 670–671
of polyphenylquinoxalines **EM3:** 166, 167
pretreatment before wet peel testing of aluminum **EM3:** 668
surface preparation, processing quality control **EM3:** 738
Chromic acid anodizing .. **A5:** 484–485, 487–488, 489
Chromic acid cleaning process **M5:** 9–10
cast iron and stainless steel **M5:** 59–60
Chromic acid electropolishing solutions **M5:** 303, 305, 308
Chromic acid etching bath **M5:** 180
Chromic acid hard chromium plating baths **M5:** 172–175, 182, 186–187
Chromic acid pickling
magnesium alloys **M5:** 630–631, 635–637, 640–642, 647
Chromic acid purification
plating wastes **M5:** 317–318
Chromic anodize **A13:** 396
Chromic anodizing
power requirements **A5:** 488
Chromic anodizing, aluminum and aluminum alloys **M5:** 586–589, 591–595
pH control **M5:** 586, 589
Chromic oxide
chemical composition **A6:** 60
description **A9:** 68
in composition of slips for high-temperature service silicate-based ceramic coatings **A5:** 470
Chromic sulfuric acid
acid pickling treatments for magnesium alloys **A5:** 822, 828
Chromic-acetic acid as electrolyte
current-voltage relation **A9:** 48–49
Chromic-nitrate acid
acid pickling treatments for magnesium alloys **A5:** 822
Chromic-nitric acid pickling
magnesium alloys **M5:** 638, 645, 647
Chromic-sulfuric acid pickling
magnesium alloys **M5:** 630, 640–641
Chromindur ductile permanent magnets
FIM/AP analysis of **A10:** 598–599
Chromite
composition **A20:** 424
erosion test results **A18:** 200
properties **A20:** 424
Chromite, as molding sand
characteristics **A15:** 209
Chromite ($FeO-Cr_2O_3$)
purpose for use in glass manufacture **EM4:** 381
refractory material composition **EM4:** 896
solid-state sintering **EM4:** 278–279
Chromite ores
sample dissolution mediums **A10:** 166
sulfuric acid as dissolution medium **A10:** 165
Chromium *See also* Chromium toxicity; Chromium-copper alloys; Electrical resistance alloys
addition effects on aluminum alloy fracture toughness **A19:** 385, 386
addition to cylinder liner materials for strength **A18:** 556
addition to ferritic stainless steels **A6:** 444
addition to low-alloy steels for pressure vessels and piping **A6:** 667
addition to solid-solution nickel alloys **A6:** 575
addition to superalloys to resist oxidation .. **A4:** 798
alloyed with Ni **A16:** 835
alloying, aluminum casting alloys **A2:** 132
alloying effect in titanium alloys **A6:** 508
alloying effect on copper alloys **M6:** 402
alloying effect on nickel-base alloys **A6:** 589
alloying effect on stress-corrosion cracking **A19:** 487
alloying effects **A13:** 47–48
alloying element increasing corrosion resistance **A20:** 548
alloying, magnetic property effect **A2:** 762
alloying, of cast irons **A13:** 567
alloying, of nickel-base alloys **A13:** 641
alloying, of stainless steels **A13:** 550
alloying, wrought copper and copper alloys **A2:** 242
and crack growth **A8:** 487
anode-cathode motion and current density **A5:** 279
arc deposition **A5:** 603
as a beta stabilizer in titanium alloys **A9:** 459
as a carbide former in steel **A9:** 178, 661
as a ferrite-stabilizing element in wrought stainless steels **A9:** 283
as a substitute for manganese in sulfides .. **A9:** 279, 284
as addition to cemented carbides **A18:** 800
as adhesion layer for polyimides **EM3:** 158
as alloying element affecting temper embrittlement of steels **A19:** 620
as alloying element, effect on susceptibility to stress-corrosion cracking of two low-alloy steels **A19:** 486
as alloying element in aluminum alloys ... **A20:** 385
as an addition to austenitic manganese steel castings **A9:** 239
as an addition to beryllium-nickel alloys ... **A9:** 395
as an addition to nickel-iron alloys **A9:** 538
as an addition to permanent magnet alloys **A9:** 538
as an addition to wrought stainless steels **A9:** 284–285
as an addition to zirconium **A9:** 497
as dopant for tungsten carbide **A18:** 795
as ductile phase of intermetallics **A19:** 389
as ferrite stabilizer **A13:** 47
as gray iron alloying element **A15:** 639
as hard plating material, and fatigue strength **A11:** 126
as major toxic metal with multiple effects **A2:** 1242
as metallic coating for molybdenum **A5:** 859
as pyrophoric **M7:** 199
as toxic chemical targeted by 33/50 program **A20:** 133
as trace element, cupolas **A15:** 388
at elevated-temperature service **A1:** 640
cast iron content **A16:** 649
cause of temper embrittlement **A4:** 135
characteristics of electrochemical finishes for engineering components **A20:** 477
coarse primary carbides produced by carburizing of alloys **A18:** 874
coating for dental feldspathic porcelain and ceramics **A18:** 674
coating for TEM specimens **A18:** 382
coating to improve abrasive wear resistance **A18:** 639
coatings for dies **A18:** 641
coefficient of friction **A18:** 836, 837

Chromium (continued)
color or coloring compounds for **A5:** 105
compositional range in nickel-base single-crystal alloys **A20:** 596
concentration, in stainless steels **A15:** 431
containing low-alloy steel powders **M7:** 101
contaminant of optical fibers **EM4:** 413–414
content, effect on scale flaking or spalling **A18:** 210
content in heat-treatable low-alloy (HTLA) steels **A6:** 670
content in HSLA Q & T steels **A6:** 665
content in nickel-base and cobalt-base high-temperature alloys **A6:** 573
content in saw bands **A16:** 358
content in stainless steels **A16:** 681, 682–684, 685, 686, **M6:** 320
content in tool and die steels **A6:** 674
content in tool steels affecting grindability **A16:** 727, 729, 732
content in ultrahigh-strength low-alloy steels **A6:** 673
content of weld deposits **A6:** 675
continuous electrodeposited coatings for steel, process classification and key features **A5:** 354
corrosion films on **M7:** 259
cost per unit mass **A20:** 302
cost per unit volume **A20:** 302
crevice corrosion **A13:** 110
cyclic oxidation **A20:** 594
depletion, austenitic stainless steels **A12:** 51
depletion, by molten salt corrosion **A13:** 89
depletion, effect of carburization on **A11:** 272
depletion, in a weld zone **A10:** 179
depletion, in wrought heat-resisting alloys **A11:** 277
deposit hardness attainable with selective plating versus bath plating **A5:** 277
deposits, microcrack structure **A13:** 871–872
determined by controlled-potential coulometry **A10:** 209
determined in stainless steel **A10:** 146
distribution in pearlite **A9:** 661
dual or duplex *See* Microcracked chromium plating
effect of, on corrosion resistance **A1:** 912, 913
effect of, on hardenability **A1:** 395, 468
effect of, on notch toughness **A1:** 741
effect on activity coefficient in gas carburizing **A4:** 315
effect on base metal color matching in aluminum alloys **A6:** 730
effect on cast iron microstructure **A18:** 701
effect on cyclic oxidation attack parameter **A20:** 594
effect on equilibrium temperature, cast irons **A15:** 65
effect on iron borides **A4:** 441
effect on maraging steels **A4:** 222
effect, oxidation resistance, cast steels **A13:** 578
effects, cartridge brass **A2:** 301
effects of thermoreactive deposition/diffusion process **A4:** 449, 451
effluent limits for phosphate coating processes per U.S. Code of Federal Regulations **A5:** 401
electrochemical grinding **A16:** 543
electrochemical potential **A5:** 635
electrodeposited coatings **A13:** 426–427
electrodeposition microstructure **A5:** 662
electrolyte compositions and conditions for plating on zirconium **A5:** 854
electroplated metal coatings **A5:** 687
electroplating of dies **A18:** 644
electroslag welding, reactions **A6:** 273, 274
elemental sputtering yields for 500 eV ions **A5:** 574
embrittlement sources **A12:** 123
energy factors for selective plating **A5:** 277
erosion resistance **A18:** 228
evaporation fields for **A10:** 587
for laser alloying **A18:** 866
for plating of tool steels to prevent galling **A18:** 633
frequency-distribution curves **A10:** 601
friction coefficient **A18:** 71, 72
functions in FCAW electrodes **A6:** 188
glass/metal seals **EM4:** 1037
hardfacing **A6:** 807
hexavalent *See* Hexavalent chromium
ICP-determined in plant tissues **A10:** 41
ICP-determined in silver scrap metal **A10:** 41
impurity concentrations **A2:** 1097
in abrasion-resistant cast irons **A1:** 115
in alloy cast irons **A1:** 86, 88–89, 100
in aluminum alloys **A15:** 745
in aluminum-silicon alloys **A18:** 788
in amorphous metals **A13:** 865–868
in austenitic manganese steel **A1:** 824, 825
in austenitic stainless steels **A6:** 457, 458, 459, 461
in cast Co alloys **A16:** 69
in cast iron **A1:** 6, 28
in commercial CPM tool steel compositions **A16:** 63
in composition, effect on ductile iron **A4:** 686
in composition, effect on gray irons .. **A4:** 671, 672, 673, 676, 678, 680
in copper alloys **A6:** 753
in dichromate ion, analysis for **A10:** 70
in ductile iron **A15:** 649
in duplex stainless steels **A6:** 471–473, 478
in electrodes, weld metal hydrogen vs. oxygen content **A6:** 59
in electroplated coatings **A18:** 835–836, 838
applications **A18:** 835–836, 838
in ferrite **A1:** 408
in ferritic stainless steels **A6:** 450, 451
in gray iron **A1:** 22
in hardfacing alloys ... **A18:** 759–760, 763–764, 765
in heat/corrosion-resistant casting alloys **A13:** 574–581
in heat-resistant alloys **A4:** 510, 511, 512, 514
in high-alloy white irons **A15:** 680
in high-speed tool steels **A16:** 52
in hydrogen peroxide, GFAAS analysis **A10:** 57–58
in iron-base alloys, flame AAS analysis **A10:** 56
in limestone **EM4:** 379
in low-alloy steels **A16:** 150
in nickel-base superalloys **A1:** 984
in nickel-chromium white irons **A4:** 700–702, **A15:** 680
in P/M alloys **A1:** 810
in P/M high-speed tool steels **A16:** 61
in stainless steels **A18:** 710, 712, 716, 719, 721
in steel **A1:** 145–146, 577
in steel weldments **A6:** 417
in Stellite alloys **A13:** 658
in thermal spray coating materials **A18:** 832
in tool steels **A16:** 53, **A18:** 734, 735–736, 737, 739
in vapor-phase metallizing **EM3:** 306
in wrought heat-resistant alloys **A9:** 310–311
in wrought stainless steels ... **A1:** 871, **A9:** 283–285
in zinc alloys **A15:** 788
in zinc/zinc alloys and coatings **A13:** 759
ion implantation and oxidation resistance **A18:** 856
ion-beam-assisted deposition (IBAD) **A5:** 597
iron-chromium phase diagram **A6:** 447
isotope composition and intensity **A10:** 146
laser cladding **A18:** 867
loss, analysis at weld zone **A10:** 179
lubricant indicators and range of sensitivities **A18:** 301
maximum concentration for the toxicity characteristic, hazardous waste **A5:** 159
maximum limits for impurity in nickel plating baths **A5:** 209
metal-to-metal oxide equilibria **M7:** 340
molybdenum steel and sawing **A16:** 363
neutron and x-ray scattering, and absorption compared **A10:** 421
nickel plating bath contamination by **M5:** 200, 208
nickel-chromium-boron filler metal **A6:** 344
nitride-forming element **A18:** 878
oxygen cutting, effect on **M6:** 898
partitioning oxidation states in **A10:** 178
permanganate titration for **A10:** 176
phosphoric acid as dissolution medium ... **A10:** 165
photometric analysis methods **A10:** 64
piston ring liners for cast iron rings only **A18:** 556
pitting effect, amorphous metals **A13:** 867–868
plating **A13:** 871–875
plating baths **A13:** 871
plating, effect in AISI/SAE alloy steel fracture **A12:** 297
plating for deep-drawing dies **A18:** 635
plating for piston rings **A18:** 556
plating for tool steels **A18:** 739
plating of drills **A16:** 219, 847
plating of pilot boring tools **A16:** 163
plating of taps **A16:** 259
pure, oxide scale formation **A13:** 97
pure, properties **A2:** 1107
qualitative tests to identify **A10:** 168
range and effect as titanium alloying element **A20:** 400
recommended neutralization pH values **A5:** 402
recovery from selected electrode coverings .. **A6:** 60
redox titrations **A10:** 175
relative solderability **A6:** 134
relative solderability as a function of flux type **A6:** 129
removal effect on toughness of commercial alloys **A19:** 10
selective oxidation of **A13:** 134
sensitization, Inconel 600 .... **A10:** 483
solderability **A6:** 978
solution for plating niobium or tantalum .. **A5:** 861
specific properties imparted in CTV tubes **EM4:** 1040, 1042
spectrometric metals analysis **A18:** 300
spraying for hardfacing **M6:** 789
steel, feather markings **A12:** 18
steel, general corrosion of **A11:** 674, 680
stripping of **M5:** 218
submerged arc welding **A6:** 200
tap density **M7:** 277
TNAA detection limits **A10:** 238
to enhance case hardness **A4:** 263
to form chemical bonds with alumina substrate in metallizing **EM4:** 545
to improve hardenability in carburized steels **A4:** 366, 367
to promote hardness **A4:** 124, 128–129
toxicity **A6:** 1195, 1196
trace, in hydrogen peroxide, GFAAS analysis for **A10:** 57
trace levels in H_2O_2, GFAAS determined **A10:** 57–58
trivalent *See* Trivalent chromium
TWA limits for particulates **A6:** 984
ultrapure, by iodide/chemical vapor deposition **A2:** 1094
use in flux cored electrodes **M6:** 103
UV/VIS analysis in beryllium, by diphenylcarbazide method **A10:** 68
vapor pressure **A4:** 493
vapor pressure, relation to temperature **A4:** 495
varying, effect on stress-rupture life **A11:** 268
volumetric procedures for **A10:** 175
wear resistance of die material **A18:** 635–636
x-ray characterization of surface wear results for various microstructures **A18:** 469
zinc and galvanized steel corrosion as result of contact with **A5:** 363

Chromium alloy plating **A5:** 270–272
additives **A5:** 271
approaches recommended **A5:** 270
bath compositions and plating parameters **A5:** 272
chromium-iron alloys **A5:** 270–271

chromium-iron-nickel alloys **A5:** 270, 271–272
chromium-nickel alloys.............. **A5:** 270, 271
corrosion resistance **A5:** 272
difficulty in deposition process **A5:** 270
heat treatments......................... **A5:** 271
history **A5:** 270
"oztelloy" process **A5:** 271
properties.............................. **A5:** 270
solutions used...................... **A5:** 270–272
technology options for deposition of chromium-base alloys **A5:** 270
Chromium alloy powders
pneumatic isostatic forging............... **A7:** 638
Chromium alloys
eutectic joining and joint properties **EM4:** 526
fretting wear...................... **A18:** 248, 250
oxygen domination of Auger electron spectroscopy spectrum **A18:** 456
Chromium alloys, containing rhenium
calculation of compressive strain.......... **A9:** 127
Chromium alloys, specific types
2.25Cr-1Mo steel, time versus mass-based E/C rates **A18:** 209
9Cr-1Mo steel, erosion-enhanced corrosion **A18:** 208
9Cr-1Mo steel, scale spalling **A18:** 210
12Cr-Mo-0.3V (HT9)
applications **A6:** 433
filler metals, specific welding recommendations **A6:** 440
gas-tungsten arc welding........... **A6:** 435, 836
laser welding **A6:** 441
microstructure **A6:** 435
orientation and PWHT effect........... **A6:** 437
tempering behavior.................... **A6:** 440
13Cr-4Ni-0.05C, hydrogen-induced cold cracking resistance **A6:** 438
18Cr-8Ni-Fe, refractory metal brazing, filler metal............................. **A6:** 942
21Cr-6Ni-9Mn
cryogenic service..................... **A6:** 1017
fatigue strength for gas-tungsten arc welds.......................... **A6:** 1018
25Cr-20Ni, hot cracking................. **A6:** 497
25Cr-20Ni-Fe, refractory metal brazing, filler metal............................. **A6:** 942
105Cr6, nominal compositions **A18:** 725
Cr-Ni-Co-Fe superalloys, thermal expansion coefficient **A6:** 907
Cr-Ni-Fe superalloys, thermal expansion coefficient **A6:** 907
Fe-0.2C-12Cr-1Mo
Charpy V-notch data for weld joints of EB welded alloy..................... **A6:** 440
microhardness traverse test results....... **A6:** 441
Chromium (bearing) steels
SAE-AISI system of designations for carbon and alloy steels........................ **A5:** 704
Chromium black hematite
inorganic pigment to impart color to ceramic coatings **A5:** 881
Chromium boride......................... **A7:** 175
Chromium boride cermets
application and properties **A2:** 1004
Chromium boride-based cermets............ **M7:** 812
Chromium buffing compound
definition.............................. **A5:** 950
Chromium buffing compounds.............. **M5:** 117
Chromium carbide........ **A7:** 1065, **A16:** 72, 73, 74, **A20:** 377, 394, 482
and hard-phase Ni alloys **A16:** 835
and machinability of stainless steels...... **A16:** 689
chemical vapor deposition **A5:** 514
chemical vapor deposition process........ **M5:** 383
coating for dies....................... **A18:** 643
coating for jet engine components **A18:** 592
for gas-lubricated bearings **A18:** 532
formation.............................. **A13:** 48
honing stone selection.................. **A16:** 476
in cast irons **A16:** 649
in cemented carbides................... **A18:** 795
in laser cladding material............... **A18:** 867
mechanical properties **A20:** 427
melting point **A5:** 471
oxidation-resistant coating process ... **M5:** 665–666
properties.................... **A18:** 795, **A20:** 785
thermal properties **A20:** 428
thermal spray coating material **A18:** 832
Vickers and Knoop microindentation hardness numbers........................ **A18:** 416
wear and corrosion properties of CVD coating materials **A20:** 480
Chromium carbide cermet
thermal expansion coefficient............. **A6:** 907
Chromium carbide cermets
applications and properties **A2:** 1000–1001
Chromium carbide coating
as thermal spray coating for hardfacing applications....................... **A5:** 735
refractory metals and alloys **A5:** 862
Chromium carbide (Cr_3C_2)
crystal structure **EM4:** 30
properties............................ **EM4:** 30
Chromium carbide powder
as grain growth inhibitor **A7:** 496
as wear resistant coating................. **A7:** 974
tap density............................. **A7:** 295
Chromium carbide-based cermets....... **M7:** 805–806
properties........................ **M7:** 806, 807
Chromium carbide-based cermets, specific types
chromium carbide, composition.......... **M7:** 806
nickel, composition.................... **M7:** 806
tungsten, composition **M7:** 806
Chromium carbide-molybdenum
plasma-spray coating for pistons......... **A18:** 556
Chromium carbide-nichrome
physical characteristics of high-velocity oxyfuel spray deposited coatings **A5:** 927
Chromium carbide-nickel
plasma-spray coating for pistons......... **A18:** 556
Chromium carbide-nickel chromide (Cr_3C_2-NiCr)
application as a coating............... **EM4:** 208
Chromium carbides, appearance of, in iron-chromium-nickel heat-resistant casting
alloys **A9:** 332
Chromium chromate coatings.......... **M5:** 457–458
Chromium coating
chemical vapor deposition of **M5:** 383
molybdenum and tungsten **M5:** 661
pack cementation process **M5:** 383
Chromium compounds
as toxic chemical targeted by 33/50 program **A20:** 133
hazardous air pollutant regulated by the Clean Air Amendments of 1990 .... **A5:** 913
Chromium content of heat-resistant casting alloys, effect on oxidation and sulfidation
resistance.......................... **A9:** 333–334
Chromium copper *See also* Copper alloys, specific types, C18200, C18400, C18500 and C81500 .... **A9:** 553
Chromium copper alloys
heat treatment **A15:** 782
melt treatment **A15:** 774
Chromium coppers........................ **A6:** 762
brazing................................ **A6:** 931
heat treating **M2:** 257, 259
induction brazing....................... **A6:** 935
resistance brazing...................... **A6:** 339
tongs for manual resistance brazing **A6:** 340
Chromium, decorative
electroplating on zincated aluminum surfaces........................... **A5:** 801
Chromium, decorative (direct on zincate)
electroplating on zincated aluminum surfaces........................... **A5:** 801
Chromium electrodeposition process
plate characteristics **A5:** 925
Chromium electroplating................. **A20:** 478
Chromium elimination **A5:** 925–928
alternatives to chromate conversion coating **A5:** 927–928
alternatives to hard chromium plating **A5:** 925–927
chromate conversion coatings **A5:** 925
cobalt-molybdenum-base conversion coating **A5:** 927
electroless nickel plating **A5:** 926
environmental concerns **A5:** 925
nickel-tungsten composite electroplating ... **A5:** 926
"no-rinse" conversion coating **A5:** 928
oxide layer growth in high-temperature deionized water **A5:** 927–928
phosphate coatings...................... **A5:** 928
safety and health hazards............ **A5:** 925–928
spray coating applications **A5:** 926–927
sulfuric acid/boric acid anodizing (SBAA).. **A5:** 928
Chromium equivalence (Cr_{eq}) **A6:** 457, 459–461, 462, 463, 464, 483, 503
Chromium equivalent......... **A6:** 817–818, 819, 825
Chromium, hard
electroplating on zincated aluminum surfaces........................... **A5:** 801
Chromium, hard (direct on zincate)
electro-plating on zincated aluminum surfaces........................... **A5:** 801
Chromium, hard (for corrosion protection)
electroplating on zincated aluminum surfaces........................... **A5:** 801
Chromium heat-resistant castings........... **A1:** 922
Chromium hexacarbonyl................... **A7:** 167
Chromium (hexavalent)
selective plating solution for ferrous and nonferrous metals.................. **A5:** 281
Chromium hot-work steels **A1:** 762
catastrophic die failure/plastic deformation...................... **A18:** 641
ceramic coatings for dies **A18:** 643
composition limits............. **A5:** 768, **A18:** 735
for hot extrusion tools.................. **A18:** 627
for hot-forging dies **A18:** 623, 624, 625
resistance to abrasive wear.............. **A18:** 638
service temperature of die materials in forging **A18:** 625
thermal fatigue in dies **A18:** 639
Chromium hydroxide
sol-gel processing **EM4:** 447
Chromium impurities
effect on fracture toughness of aluminum alloys **A19:** 385
Chromium in cast iron *See also* High-chromium cast irons; Nickel-chromium cast irons **M1:** 77, 78–79
ductile iron, effect on magnetic properties.. **M1:** 54
gray iron.............. **M1:** 21, 26, 27, 28, 29, 30
Chromium in steel **M1:** 115, 411, 417
400 to 500 °C embrittlement role in...... **M1:** 686
500 °F embrittlement, role in............ **M1:** 685
atmospheric corrosion resistance **M1:** 717, 721–722
castings, effect in **M1:** 388
constructional steels for elevated temperature use effect on **M1:** 647, 649–650
formability reduced by.................. **M1:** 554
hardenability affected by................ **M1:** 477
nitriding, effect on................. **M1:** 540–541
notch toughness, effect on............... **M1:** 693
seawater corrosion, effect on.... **M1:** 741–742, 745
sigma-phase embrittlement, role in **M1:** 686
soil corrosion, effect on................. **M1:** 730
temper embrittlement, role in **M1:** 684, 703
Chromium iron *See also* Cast irons **A9:** 245–246
Chromium iron, 25Cr iron
erosion test results..................... **A18:** 200
Chromium iron rolls
PCBN cutting tools **A16:** 115
Chromium metallization
thin-film hybrids **EL1:** 326
Chromium nitride
coating for jet engine components **A18:** 592
in fracture surface **M7:** 253, 254
Chromium nitride (CrN)
ion-beam-assisted deposition (IBAD) **A5:** 596
physical vapor deposited coating for cutting tools **A5:** 903–904
Chromium nitride sensitization
P/M stainless steels................ **A13:** 828, 830
Chromium nitrides, appearance of
in iron-chromium-nickel heat-resistant casting alloys **A9:** 332
in wrought stainless steels................ **A9:** 284
Chromium oxide *See also* Chromia
as thermal spray coating for hardfacing applications....................... **A5:** 735
hardness of ceramic coating deposited by three processes **A5:** 480
heats of reaction........................ **A5:** 543
mechanical properties of plasma sprayed coatings **A20:** 476
melting point **A5:** 471
metal-to-metal oxide equilibria........... **M7:** 340
overlayed on cast irons.................. **A6:** 721

Chromium oxide coating
molybdenum **M5:** 662

Chromium oxide (Cr_2O_3)
applications **EM4:** 47
applications as a coating. **EM4:** 208
ceramic coatings for dies **A18:** 643–644
coating for gas-lubricated bearings **A18:** 532
coating for seals **A18:** 551
coating formation in molten particle
deposition **EM4:** 206
composition. **EM4:** 47
corrosion resistance of refractories **EM4:** 391
crystal structure **EM4:** 30
densified coating, properties, adiabatic
engine use **EM4:** 990
densified, scuffing temperatures and coefficients of
friction between ring and cylinder liner
material **EM4:** 991
for gas-lubricated bearings **A18:** 532
plasma-spray coating for pistons **A18:** 556
plasma-sprayed, properties **EM4:** 990
plasma-sprayed, scuffing temperatures and
coefficients of friction between ring and
cylinder liner material. **EM4:** 991
properties. **EM4:** 30
supply sources. **EM4:** 47
thermal spray coating material **A18:** 832

Chromium oxide scale
on alloy 800 . . . . **A13:** 97

Chromium oxide-silicon oxide (Cr_2O_3-SiO_2)
applications as a coating. **EM4:** 208

Chromium phosphate
chromate conversion coating **A13:** 394
chromate/phosphate for aluminum
applications. **A5:** 396, 397

Chromium phosphate coatings **M5:** 457

Chromium plate
broaching. **A16:** 203
diamond as abrasive for honing **A16:** 476
friction coefficient data. **A18:** 74
galling resistance with various material
combinations. **A18:** 596
hone forming **A16:** 488
honing **A16:** 476, 477
micronhoning **A16:** 490

Chromium plating **A20:** 5, 553
alloy steels **A5:** 724–725, 726
atmospheric corrosion resistance
enhanced by **M1:** 722
carbon steels **A5:** 724–725, 726
cast irons **A5:** 688, **M1:** 102
copper and copper alloys **A5:** 814
corrosion protection. **M1:** 753, 754
definition. **A5:** 950
for wear resistance. **M1:** 606, 638
maraging steels **M1:** 448
on chromium plating, fretting corrosion . . **A19:** 329
refractory metals and alloys. **A5:** 858
surface condition for **M1:** 157
threaded fasteners. **M1:** 279

Chromium plating aluminum and aluminum alloys **M5:** 608–610
applications **M5:** 170–171, 179–180, 182–183, 188,
190–195
copper and copper alloys. **M5:** 622
decorative *See* Decorative chromium plating
equipment **M5:** 173, 177–180, 192–195
hafnium alloys. **M5:** 668
hard *See* Hard chromium plating
heat-resistant alloys. **M5:** 566
hexavalent process **M5:** 188–189
magnesium alloys, copper-nickel-chromium and
decorative chromium systems. . . **M5:** 646–647
stripping of **M5:** 646
maintenance schedules **M5:** 179, 195
microcracked *See* Microcracked chromium plating
molybdenum **M5:** 660
nickel plating process using **M5:** 205, 207
niobium **M5:** 663–664

rinsewater recovery **M5:** 317–318
selective **M5:** 194
solution compositions and operating
conditions. . **M5:** 172–177, 181–183, 189–191,
663–664, 668
stripping of **M5:** 198, 646
tantalum. **M5:** 663–664
trivalent process **M5:** 196–198
tungsten **M5:** 660
zirconium alloys **M5:** 668

Chromium plating, hard
for P/M tooling. **A7:** 353

Chromium plating of specimens for edge retention. **A9:** 32

Chromium plus chromium oxide
continuous electrodeposited coatings for steel strip,
applications **A5:** 350

Chromium plus hafnium oxide
cermet electrodeposited coatings for high-
temperature oxidation protection **A5:** 473

Chromium plus zirconium boride
cermet electrodeposited coatings for high-
temperature oxidation protection **A5:** 473

Chromium powder
content effect on pitting potential. **A7:** 988
diffusion factors **A7:** 451
effect on aluminum-alloy powders **A7:** 156
effect on powder compressibility. **A7:** 303
electrodeposition. **A7:** 70
milling **A7:** 58
multitemperature extrusion **A7:** 629
physical properties **A7:** 451
sintering. **A7:** 474
tap density. **A7:** 295

Chromium, pure **M2:** 724–725
solution potential **M2:** 207

Chromium reduction process
plating waste disposal **M5:** 311–312

Chromium stainless steel
composition of **A1:** 912

Chromium stainless steels
oxalate coating process **A5:** 381

Chromium stainless steels, aluminum coating
effects of variables on **M5:** 343

Chromium steel
sintering. **A7:** 474

Chromium steels
composition of tool and die steel groups. . . **A6:** 674
corrosion in nitric acid **M3:** 85–86
dissimilar metal joining. **A6:** 827
SAE-AISI system of designations for carbon and
alloy steels **A5:** 704
SCC effect of nickel alloying **A13:** 273

Chromium steels, specific types
3Ni-0.7Cr, corrosion fatigue strength in
seawater **A19:** 671
5Cr, corrosion fatigue behavior above 10^7
cycles **A19:** 598
12.5Cr, corrosion fatigue behavior above 10^7
cycles **A19:** 598
18.5Cr, corrosion fatigue behavior above 10^7
cycles **A19:** 598

Chromium sulfides in austenitic stainless steels **A9:** 284

Chromium toxicity **A2:** 1242

Chromium trioxide
as an etchant for wrought stainless steels . . **A9:** 282
grades. **A9:** 67
in Group V electrolytes. **A9:** 54
thermit reactions **A7:** 70

Chromium (trivalent)
selective plating solution for ferrous and
nonferrous metals. **A5:** 281

Chromium vacuum coating **M5:** 389–390, 392

Chromium, vapor pressure
relation to temperature **M4:** 309, 310

Chromium white irons
hardness and good abrasive resistance **A18:** 188

Chromium/silicon coatings **A20:** 483

Chromium-22, treatment
magnesium alloys **M5:** 634–635, 640–641, 644

Chromium-alumina oxide
oxide coatings for molybdenum. **A5:** 860

Chromium-antimony alloys
peritectic transformations **A9:** 678

Chromium-base hot-work tool steels
compositions **A14:** 43
forging temperatures **A14:** 81
heat treating **A14:** 54
tempering temperature effects **A14:** 55

Chromium-bearing copper nickel alloys
applications and properties. **A2:** 341

Chromium-carbide/nickel-chromium
coating compositions for jet engine
components. **A18:** 590, 591

Chromium-coated steels
resistance spot brazing. **M6:** 479

Chromium-cobalt-iron alloys *See* Magnetic materials

Chromium-containing alloys, specific types
0.32C-3Cr-1Mo-0.3V, plasma nitriding **A4:** 405
1.2C-1.5Cr, distortion in heat treatment . . . **A4:** 614
2C-12Cr, distortion in heat treatment **A4:** 612, 615
18Cr-9Ni, boriding. **A4:** 439
35Ni-15Cr
for cast element material in heat-treating
furnaces. **A4:** 472
heat-resistant alloy applications **A4:** 515, 516,
517
35Ni-18Cr, recommended for parts and fixtures for
salt baths **A4:** 514
35Ni-18Cr-44Fe, ribbon material in heat-treating
furnaces **A4:** 472
35Ni-20Cr, heat-resistant alloy
applications **A4:** 515
68Ni-20Cr, for element strip material in heat-
treating furnaces **A4:** 472
80Ni-20Cr
for element strip material in heat-treating
furnaces. **A4:** 472
heat-resistant alloy applications **A4:** 516
Cr-Ni-V steel
applications, austempered parts **A4:** 157
austenitizing. **A4:** 162
Ni-Cr-Mo, distortion in heat treatment **A4:** 614

Chromium-copper alloys
age hardenable **A2:** 236
applications and properties **A2:** 290–291

Chromium-copper system **A7:** 545

Chromium-cracked panels
for liquid penetrant inspection **A17:** 88

Chromium-glass
oxide coatings for molybdenum. **A5:** 860

Chromium-green hematite
inorganic pigment to impart color to ceramic
coatings **A5:** 881

Chromium-iron alloy plating **A5:** 270–271
bath compositions and plating parameters for
deposition **A5:** 272

Chromium-iron-nickel alloy plating **A5:** 270, 271–272

Chromium-iron-nickel black spinel
inorganic pigment to impart color to ceramic
coatings **A5:** 881

Chromium-iron-niobide phase (Z phase)
in austenitic stainless steels **A9:** 284

Chromium-manganese steels
powder forging **A7:** 807

Chromium-manganese-zinc brown spinel
inorganic pigment to impart color to ceramic
coatings **A5:** 881

Chromium-molybdenum
alloy composition and abrasion resistance **A18:** 189
coating for titanium alloys. **A18:** 781, 782

Chromium-molybdenum alloy steels
as low-alloy **A15:** 716
horizontal centrifugal casting **A15:** 299

Chromium-molybdenum alloys
weight gain vs. time for cyclic oxidation. . **A20:** 482

Chromium-molybdenum cast steels **A1:** 374

Chromium-molybdenum heat-resistant steels . . . **A1:** 619–630, **A5:** 704, 705
ASTM specifications . . . **A1:** 157
compositions of . . . **A1:** 158
definition of . . . **A1:** 149
Chromium-molybdenum piping steels
creep crack growth . . . **A19:** 478
Chromium-molybdenum steel
creep curve . . . **A8:** 331
creep damage from service exposures . . . **A8:** 338
log stress vs. log rupture life curves . . . **A8:** 333
rupture strength . . . **A8:** 340
Chromium-molybdenum steel alloys
fatigue fracture in . . . **A11:** 129, 395–396
pinion fracture . . . **A11:** 395–396
superheater tubes, overheating rupture of **A11:** 609
Chromium-molybdenum steels **A1:** 149–150, 618–620
0.5Mo steel . . . **A1:** 619–620
1.0Cr-0.5Mo steel . . . **A1:** 620
2.25Cr-1Mo steel . . . **A1:** 620, 645–647
9Cr-1Mo steel . . . **A1:** 620, 622, 623, 625, 937
allowable stresses . . . **A1:** 625
boiler applications . . . **M1:** 747
classification and group description . . **A6:** 405, 406, 407
compositions . . . **A1:** 618
corrosion resistance in steam systems . . . **M1:** 751
creep crack growth rate . . . **A19:** 516
creep embrittlement . . . **A12:** 124
creep strengths . . . **A1:** 620
creep zone . . . **A19:** 508–509
creep-rupture strength . . . **A1:** 622, 937
damaged classification vs. expended creep-life fraction . . . **A6:** 1115
diffusion welding . . . **A6:** 884
dissimilar metal joining . . . **A6:** 823
electroslag welding . . . **A6:** 276, 277, 278, 279
environmental effect on fatigue crack propagation . . . **A19:** 37
flux-cored arc welding, designator . . . **A6:** 189
fracture toughness . . . **A19:** 707, 708
high-frequency welding . . . **A6:** 252
modified chromium-molybdenum steels . . . **A1:** 621, 939
monotonic and fatigue properties . . . **A19:** 973
room-temperature tensile properties . . . **A1:** 618
SAE-AISI system of designations for carbon and alloy steels . . . **A5:** 704
stress-rupture strength variation . . . **A6:** 1113
tensile properties at elevated temperatures **A1:** 624
thermomechanical fatigue . . . **A19:** 532
weldability . . . **A6:** 420–421
Chromium-molybdenum steels, specific type
19Cr-4Mn, nickel content effect on fracture toughness . . . **A19:** 749
Chromium-molybdenum steels, specific types
0.5Cr-0.5Mo-0.25V
controlling parameters for creep crack growth analysis . . . **A19:** 522
corrosion fatigue crack growth data . . . **A19:** 643
½Cr-½Mo
maximum use temperature . . . **A19:** 704
minimum or range of ultimate strength **A19:** 704
minimum yield strength . . . **A19:** 704
product form . . . **A19:** 704
specification . . . **A19:** 704
typical product forms . . . **A19:** 704
typical UNS numbers . . . **A19:** 704
½Cr-Mo-V
oxidation-fatigue laws summarized with equations . . . **A19:** 547
thermomechanical fatigue . . . **A19:** 543
1.0Cr-0.5Mo
controlling parameters for creep crack growth analysis . . . **A19:** 522
crack growth analysis . . . **A19:** 523
creep versus creep-fatigue crack growth **A19:** 518
embrittlement . . . **A19:** 708
maximum use temperature . . . **A19:** 704
minimum or range of ultimate strength **A19:** 704
minimum yield strength . . . **A19:** 704
product form . . . **A19:** 704
specification . . . **A19:** 704
typical product forms . . . **A19:** 704
typical UNS numbers . . . **A19:** 704
1.25Cr-0.5Mo-Si
maximum use temperature . . . **A19:** 704
minimum or range of ultimate strength **A19:** 704
minimum yield strength . . . **A19:** 704
product form . . . **A19:** 704
specification . . . **A19:** 704
typical product forms . . . **A19:** 704
typical UNS numbers . . . **A19:** 704
1.0Cr-1.0Mo-0.25V
controlling parameters for creep crack growth analysis . . . **A19:** 522
creep crack growth rate . . . **A19:** 516, 517
fatigue crack threshold . . . **A19:** 143
microstructural damage mechanisms summarized . . . **A19:** 535
thermomechanical fatigue . . . **A19:** 533
2½ Cr-1 Mo, composition, heat-resistant . . **A5:** 705
2¼% Cr-1% Mo, pack cementation aluminizing . . . **A5:** 618
2.25Cr-1.0Mo
content effects on temper embrittlement . . . **A19:** 620
controlling parameters for creep crack growth analysis . . . **A19:** 522
corrosion fatigue due to hydrogen embrittlement . . . **A19:** 201, 202
crack closure in air and in vacuum . . . **A19:** 141
creep versus creep-fatigue crack growth **A19:** 518
creep-fatigue crack growth correlations . . **A19:** 517
fatigue and fracture resistance . . . **A19:** 705, 706, 708, 709, 710
fatigue crack threshold . . . **A19:** 143
in vacuum at 538 °C, fatigue crack growth rate as a function of ΔK . . . **A19:** 142
maximum use temperature . . . **A19:** 704
minimum or range of ultimate strength **A19:** 704
minimum yield strength . . . **A19:** 704
monotonic and fatigue properties, plate at 550 °C . . . **A19:** 973
monotonic and fatigue properties, tested at 538 °C . . . **A19:** 971
oxidation-fatigue laws summarized with equations . . . **A19:** 547
oxide-induced crack closure . . . **A19:** 58
product form . . . **A19:** 704
specification . . . **A19:** 704
tempering effect on fatigue crack growth rate . . . **A19:** 142
typical product forms . . . **A19:** 704
typical UNS numbers . . . **A19:** 704
2.5Cr-1Mo, trace element impurity effect on GTA weld penetration . . . **A6:** 20
2Mo, in vacuum at 53 8 °C, fatigue crack growth rate as a function of ΔK . . . **A19:** 142
3Cr-1Mo
maximum use temperature . . . **A19:** 704
minimum or range of ultimate strength **A19:** 704
minimum yield strength . . . **A19:** 704
product form . . . **A19:** 704
specification . . . **A19:** 704
typical product forms . . . **A19:** 704
typical UNS numbers . . . **A19:** 704
3Cr-1Mo-¼V-Ti-B
maximum use temperature . . . **A19:** 704
minimum or range of ultimate strength **A19:** 704
minimum yield strength . . . **A19:** 704
product form . . . **A19:** 704
specification . . . **A19:** 704
typical product forms . . . **A19:** 704
typical UNS numbers . . . **A19:** 704
3Cr-1Mo-V, silicon and melting practice effect on fracture resistance . . . **A19:** 707, 708
3Cr-1Mo-V-Ti-B, fracture resistance after normalizing . . . **A19:** 706, 708
5 Cr-½ Mo, composition, heat-resistant . . . **A5:** 705
5Cr-½Mo
maximum use temperature . . . **A19:** 704
minimum or range of ultimate strength **A19:** 704
minimum yield strength . . . **A19:** 704
product form . . . **A19:** 704
specification . . . **A19:** 704
typical product forms . . . **A19:** 704
typical UNS numbers . . . **A19:** 704
5Cr-½Mo-Si
maximum use temperature . . . **A19:** 704
minimum or range of ultimate strength **A19:** 704
minimum yield strength . . . **A19:** 704
product form . . . **A19:** 704
specification . . . **A19:** 704
typical product forms . . . **A19:** 704
typical UNS numbers . . . **A19:** 704
5Cr-½Mo-Ti
maximum use temperature . . . **A19:** 704
minimum or range of ultimate strength **A19:** 704
minimum yield strength . . . **A19:** 704
product form . . . **A19:** 704
specification . . . **A19:** 704
typical product forms . . . **A19:** 704
typical UNS numbers . . . **A19:** 704
9 Cr-1 Mo
composition, heat-resistant . . . **A5:** 705
pack cementation aluminizing . . . **A5:** 618
9Cr-1Mo
fatigue and fracture resistance . . . **A19:** 710
fatigue crack threshold . . . **A19:** 143
fracture toughness . . . **A19:** 718
in vacuum at 538 °C, fatigue crack growth rate as a function of ΔK . . . **A19:** 142
maximum use temperature . . . **A19:** 704
minimum or range of ultimate strength **A19:** 704
minimum yield strength . . . **A19:** 704
product form . . . **A19:** 704
specification . . . **A19:** 704
typical product forms . . . **A19:** 704
typical UNS numbers . . . **A19:** 704
9Cr-1Mo steel, mod
crack closure in air and in vacuum . . . **A19:** 141
tempering effect on fatigue crack growth rate . . . **A19:** 142
9Cr-1Mo, transformation effect on transient weld stresses . . . **A6:** 80
9Cr-1Mo-V
fatigue and fracture resistance . . . **A19:** 709, 710
maximum use temperature . . . **A19:** 704
minimum or range of ultimate strength **A19:** 704
minimum yield strength . . . **A19:** 704
product form . . . **A19:** 704
specification . . . **A19:** 704
typical product forms . . . **A19:** 704
typical UNS numbers . . . **A19:** 704
9Cr-2Mo
fatigue crack threshold . . . **A19:** 143
fracture toughness . . . **A19:** 718
in air at 20 °C, fatigue crack growth rate as function of ΔK . . . **A19:** 142
in vacuum at 20 °C, fatigue crack growth rate as function of ΔK . . . **A19:** 142
in vacuum at 538 °C, fatigue crack growth rate as a function of ΔK . . . **A19:** 142
9Cr-2W
maximum use temperature . . . **A19:** 704
minimum or range of ultimate strength **A19:** 704
minimum yield strength . . . **A19:** 704
product form . . . **A19:** 704
specification . . . **A19:** 704
typical product forms . . . **A19:** 704
typical UNS numbers . . . **A19:** 704
9Cr-W-V, fracture resistance after tempering . . . **A19:** 707, 708
12Cr-1Mo-1W-Nb, fracture toughness . . . **A19:** 718
12Cr-2W
maximum use temperature . . . **A19:** 704
minimum or range of ultimate strength **A19:** 704
minimum yield strength . . . **A19:** 704
product form . . . **A19:** 704
specification . . . **A19:** 704
typical product forms . . . **A19:** 704
typical UNS numbers . . . **A19:** 704
12CrMo, transformation effect on transient weld stresses . . . **A6:** 80
2¼Cr-1Mo-¼V
maximum use temperature . . . **A19:** 704
minimum or range of ultimate strength **A19:** 704
minimum yield strength . . . **A19:** 704
product form . . . **A19:** 704
specification . . . **A19:** 704
typical product forms . . . **A19:** 704
typical UNS numbers . . . **A19:** 704
2¼Cr-1Mo-V-Ti-B, fracture resistance after tempering . . . **A19:** 706, 708
2¼Cr-1.6W
maximum use temperature . . . **A19:** 704
minimum or range of ultimate strength **A19:** 704
minimum yield strength . . . **A19:** 704
product form . . . **A19:** 704
specification . . . **A19:** 704

Chromium-molybdenum steels, specific types (continued)
typical product forms . . . **A19:** 704
typical UNS numbers . . . **A19:** 704
2¼Cr-1.6W-V-Nb, fracture resistance after heat treatment . . . **A19:** 707, 708
26Cr-1Mo, weldability . . . **A6:** 452, 453
A 217, composition and carbon content . . . **A6:** 406
A 387, composition and carbon content . . . **A6:** 406
Chromium-molybdenum-vanadium steels
bainite structures . . . **A20:** 369–370
creep . . . **A20:** 576, 577
embrittlement . . . **A20:** 578–579
for elevated-temperature service **A1:** 619, 620–621, 624, 937, 939
microstructure . . . **A20:** 368, 369–370
Chromium-nickel alloy plating . . . **A5:** 270, 271
Chromium-nickel alloys *See also* Nickel-chromium alloys; Nickel-iron-chromium alloys
17Cr-4Ni precipitation-hardening stainless steel . . . **A18:** 222
milling . . . **A16:** 313
Chromium-nickel plating
bath compositions and plating parameters for deposition . . . **A5:** 272
Chromium-nickel stainless steel
principal ASTM specifications for weldable steel sheet . . . **A6:** 399
Chromium-nickel steel
for planetary ball mill parts . . . **A7:** 82
Chromium-nickel steels
solderability . . . **A6:** 971
Chromium-nickel-iron alloy plating **A5:** 270, 271–272
bath compositions and plating parameters for deposition . . . **A5:** 272
Chromium-nickel-molybdenum alloy steel
effect of bushings on fatigue strength of . . **A11:** 470
Chromium-plated steel
resistance spot welding . . . **M6:** 491
Chromium-plated steels
deformation resistance vs. rolling temperature . . . **A14:** 119
for draw rings . . . **A14:** 510
press forming of . . . **A14:** 563–564
Chromium-silicon monoxide (Cr-SiO)
hot pressing . . . **EM4:** 191
Chromium-silicon steel *See also* Steel, ASTM specific types, A401; Steels, AISI-SAE specific types, 9254
modulus of rigidity . . . **M1:** 300
spring wire, cost . . . **M1:** 305
spring wire, stress relieving . . . **M1:** 291
Chromium-silicon steel spring wire and strip
characteristics of . . . **A1:** 306–307
Chromium-silicon steel VSQ wire
characteristics of . . . **A1:** 307
Chromium-to-nickel ratio in heat-resistant casting alloys, effect on ferrite
formation . . . **A9:** 333
Chromium-tungsten-cobalt alloys
advantages . . . **A6:** 797
applications . . . **A6:** 797
Chromium-tungsten-cobalt alloys, advantages and applications of materials for surfacing build-up
and hardfacing . . . **A18:** 650
Chromium-vanadium
spray for hardfacing . . . **M6:** 789
Chromium-vanadium steel *See also* Steels, AMS specific types; Steels, ASTM specific types A231, A232
electropolishing of . . . **M5:** 308
modulus of rigidity . . . **M1:** 300
spring wire, cost . . . **M1:** 305
spring wire, stress relieving . . . **M1:** 291
Chromium-vanadium steel spring wire and strip
characteristics of . . . **A1:** 306–307
Chromium-vanadium steel wire
characteristics of . . . **A1:** 307
Chromium-vanadium steels
SAE-AISI system of designations for carbon and alloy steels . . . **A5:** 704
Chromized 1006 sheet steel . . . **A9:** 200
Chromized sheet steels
color etched . . . **A9:** 156
specimen preparation . . . **A9:** 197–198
Chromizing *See also* Chromadizing . . . **A20:** 481
defined . . . **A13:** 3
definition . . . **A5:** 950
for P/M tooling . . . **A7:** 353
superalloys . . . **A20:** 598
Chromizing by chemical vapor deposition
characteristics of pack cementation processes . . . **A20:** 481
Chromodizing *See* Chromadizing
Chromoloy
finish broaching . . . **A5:** 86
Chromophores, isolated
in UV/VIS analyses . . . **A10:** 63
Chromosil steel . . . **M1:** 624
Chronic berylliosis
from beryllium powder/dust exposure . . . **A2:** 687
Chronic granulomatous pulmonary disease (berylliosis) . . . **A2:** 1239
Chronic interstitial nephropathy
as lead toxicity effect . . . **A2:** 1244
Chronic manganese poisoning (manganism) . . **A2:** 1253
Chronic pulmonary disease
from cadmium exposure . . . **A2:** 1240
Chrysler Corporation
flow rate test . . . **M7:** 280
powder forged parts . . . **A7:** 822
test method for flow rate of metal powders . . . **A7:** 297
Chrysotile
as filler . . . **EM3:** 177
Chucking . . . **A16:** 156, 157
stainless steel . . . **A16:** 154
Chucking machines (chuckers) . . . **A16:** 136, 140, 141, 286
boring . . . **A16:** 160
die threading . . . **A16:** 296
reamers . . . **A16:** 242
roller burnishing . . . **A16:** 252
tapping . . . **A16:** 256
Chunkiness . . . **A7:** 263–265, 266, 269
Church shape factor . . . **M7:** 239
definition . . . **A7:** 271
Churchill two-line method
SSMS calibration curves . . . **A10:** 143
Chute
defined . . . **M7:** 2
rifflers, particle sizing sampling technique **M7:** 226
Chute angle . . . **A7:** 297–298
Chute feeds
blanks . . . **A14:** 500
Chute rifflers . . . **A7:** 260
Chute splitter . . . **A7:** 209, 216
Chvorinov's rule . . . **A20:** 710, 711, 723, 728
definition . . . **A20:** 829
solidification times . . . **A15:** 601, 779–780, 860
CIDI cervit
elastic constant . . . **EM4:** 875
Cigarette lighter flint
powder used . . . **M7:** 578
CIL flow test . . . **EM3:** 8
defined . . . **EM2:** 9
CIM *See* Compression injection molding
Cinchonine
as narrow-range precipitant . . . **A10:** 169
Cinders
steel corrosion in . . . **M1:** 729
CIP *See* Cold isostatic pressing
Circ winding *See* Circumferential ("circ") winding
CIRCLE *See* Cylindrical internal reflection cell
Circle arc elongation test
for sheet metals . . . **A8:** 556
Circle grid
analysis . . . **A8:** 567, **A14:** 2, 895–896
defined . . . **A14:** 2
uniaxial tensile testing . . . **A8:** 554
Circle grid analysis
for steel sheet . . . **A1:** 575–576
Circle shearing *See* Rotary shearing
Circles, as gage marks
sheet metal forming . . . **A8:** 549
Circuit
boards, defined . . . **EM1:** 6
defined . . . **EM1:** 6, **EM2:** 9
Circuit areas, planar
interconnections . . . **EL1:** 6
Circuit board *See also* Printed circuit board; Printed wiring board . . . **EM3:** 8
defined . . . **EM2:** 9–10
Circuit boards *See also* Boards; Circuitry; Circuits; FR 4 glass-epoxy boards; Printed wiring assemblies; Printed wiring boards
bare copper . . . **EL1:** 561
solderability, inspection methods . . . **EL1:** 944
wire-wrapped . . . **EL1:** 7
Circuit breakers . . . **A13:** 1118–1119
life tests in . . . **A2:** 859
recommended contact materials . . . **A2:** 863
Circuit effects extraction
high-frequency digital systems . . . **EL1:** 86
Circuit voltage, effect
electrical contact materials . . . **A2:** 840
Circuit wiring demand *See* Wiring demand
Circuitization
materials and processes selection . . . **EL1:** 115
sequential process . . . **EL1:** 133–134
yield loss, and cost . . . **EL1:** 112
Circuit-pack level
of interconnection . . . **EL1:** 13
Circuitry *See also* Circuitization; Circuit(s)
configuration, commercial hybrids . . . **EL1:** 381
defective, replacement classes . . . **EL1:** 9
direction of current, defined . . . **EL1:** 95
eddy current inspection . . . **A17:** 167
gating . . . **A17:** 253
magabsorption . . . **A17:** 148
marginal oscillator . . . **A17:** 151
modfied Villard/Greinacher . . . **A17:** 305
network logic . . . **EL1:** 2
pulsar, ultrasonic inspection . . . **A17:** 252
receiver-amplifier, ultrasonic inspection . . . **A17:** 253
thermocouple extension wires . . . **A2:** 876
Villard, radiography . . . **A17:** 305
Circuits
electrical, EPMA failure analysis for . . . **A10:** 531
for electrolysis . . . **A10:** 199
polarographic . . . **A10:** 189
Circuit(s) applicable technologies . . . **EL1:** 161
approximation . . . **EL1:** 30–31
breakers . . . **EL1:** 1108
cell-based . . . **EL1:** 168
configuration, commercial hybrids . . . **EL1:** 381
design, flexible printed boards . . . **EL1:** 586–588
-related failure mechanisms . . . **EL1:** 974–975
speed as determined by dielectric constant . . **EL1:** 1
types . . . **EL1:** 160–161
Circular end brushes . . . **M5:** 155
Circular faceplates
in torsional testing equipment . . . **A8:** 145–146
Circular fluorescent-light tubes
photographic . . . **A12:** 83
Circular groove test
comparison of fields of use, controllable variables, data type, equipment, and cost . . . **A20:** 307
Circular holes *See also* Hole
fracture analysis . . . **EM1:** 252–255
specimens/experimental data . . . **EM1:** 255–257
Circular magnetization *See also* Magnetization
by central conductors . . . **A17:** 96
current strength . . . **A17:** 105
defined . . . **A17:** 90–91

SUBJECTS OF THE INDEXED VOLUMES: ASM Handbook (designated by the letter "A"): **A1:** Properties and Selection: Irons, Steels, and High-Performance Alloys (1990); **A2:** Properties and Selection: Nonferrous Alloys and Special-Purpose Materials (1990); **A3:** Alloy Phase Diagrams (1992); **A4:** Heat Treating (1991); **A5:** Surface Engineering (1994); **A6:** Welding, Brazing, and Soldering (1993); **A7:** Powder Metal Technologies and Applications (1998); **A8:** Mechanical Testing (1985); **A9:** Metallography and Microstructures (1985); **A10:** Materials Characterization (1986); **A11:** Failure Analysis and Prevention (1986); **A12:** Fractography (1987); **A13:** Corrosion (1987); **A14:** Forming and Forging (1988); **A15:** Casting (1988); **A16:** Machining (1989); **A17:** Nondestructive Evaluation and Quality Control (1989); **A18:** Friction, Lubrication, and Wear Technology (1992); **A19:** Fatigue and Fracture (1996); **A20:** Materials Selection and Design (1997). **Metals Handbook, 9th Edition** (designated by the letter "M"): **M1:** Properties and Selection: Irons and Steels (1978); **M2:** Properties and Selection: Nonferrous Alloys and Pure Metals (1979); **M3:** Properties and Selection: Stainless Steels, Tool Materials, and Special-Purpose Materials (1980); **M4:** Heat Treating (1981); **M5:** Surface Cleaning, Finishing, and Coating (1982); **M6:** Welding, Brazing, and Soldering (1983); **M7:** Powder Metallurgy (1984). **Engineered Materials Handbook** (designated by the letters "EM"): **EM1:** Composites (1987); **EM2:** Engineering Plastics (1988); **EM3:** Adhesives and Sealants (1990); **EM4:** Ceramics and Glasses (1991). **Electronic Materials Handbook** (designated by the letters "EL"): **EL1:** Packaging (1989)

electrical **M7:** 576

Circular plaque design
of penetrameters. **A17:** 339

Circular sawing *See* Sawing

Circular spall
in steels **A12:** 113–115, 123–128

Circular test grids
for Hilliard's grain size measurement. **A9:** 130
superimposed on a micrograph **A9:** 127
used in quantitative metallography. **A9:** 124

Circular-step bearing *See also* Step bearing
defined **A18:** 5

Circulating fluid systems. **A18:** 133

Circulating oil lubrication systems **A18:** 133

Circulating oils
pour-point depressants **A18:** 108

Circulating systems
for liquid metal systems **A13:** 95–96

Circulation
aluminum melt. **A15:** 453–456
forced, advantages **A15:** 454–456
of chemical cleaners **A13:** 1139

Circulation loop
for liquid metal systems **A13:** 95–96

Circulation pump *See also* Molten metal pump
aluminum furnace **A15:** 455
electric centrifugal **A15:** 456
for hydrogen removal **A15:** 461

Circulation-type attrition mills **M7:** 69

Circulation-type mills **A7:** 63–64

Circumferential annulus
hydrostatic gas-lubricated bearings **A18:** 528

Circumferential ("circ") winding
as hoop patterns **EM1:** 509–510, 514
defined **EM1:** 6, **EM2:** 10

Circumferential corrosion-fatigue cracks
low-alloy steel superheater tube. **A11:** 79

Circumferential strain **A19:** 500
in upset testing. **A8:** 579–580

Circumferential stress **A20:** 520
during bending. **A8:** 121, 123

Circumferential stress at centroids **A20:** 814

Circumferential weaving
of fabrics and preforms **EM1:** 129, 131

Circumferential welding
electroslag welds. **M6:** 226, 233
gas tungsten arc welds **M6:** 210
in stainless steels **M6:** 339–340
plasma arc welds. **M6:** 221
in stainless steels **M6:** 344
submerged arc welds **M6:** 139–140
in stainless steels **M6:** 329

Cis isomers
chemistry **EM2:** 64

CIS stereoisomer **EM3:** 8
defined **EM2:** 10

Cis-1,4-polyisoprene *See* Rubber, natural

Citrate solutions
copper/copper alloy SCC in **A13:** 634

Citric acid
as chemical cleaning solution. **A13:** 1141
corrosion of stainless steels in **M3:** 82
electroless nickel coating corrosion **A20:** 479
for acid cleaning **A5:** 48, 53
in composition of slips for high-temperature service silicate-based ceramic coatings **A5:** 470
to remove mill scale from steel **A5:** 67

Citric acid, saturated
electroless nickel coating corrosion **A5:** 298

Citric acid spot test
porcelain enamel. **M5:** 527–529

Civil Aviation Authority (CAA) of United Kingdom **A19:** 566, 567

CL *See* Cathodoluminescence

C-La (Phase Diagram). . . . . **A3:** 2•111

CLA process *See* Counter-gravity low-pressure casting

CLA2D laminate analysis computer program **EM1:** 274

Clad brazing materials, application of . . . **A6:** 961–963
advantages. **A6:** 963
assembly **A6:** 962–963
atmosphere for brazing **A6:** 963
brazing parameters. **A6:** 963
cleaning **A6:** 962–963
cold roll bonding process steps **A6:** 962
copper cladding amount **A6:** 962
definition of clad brazing material **A6:** 961
design considerations. **A6:** 961
embrittlement **A6:** 961
fabrication of **A6:** 961
galvanic coupling, corrosion due to **A6:** 961
low-carbon steel base metals **A6:** 961
material selection **A6:** 961
precautions during brazing cycle **A6:** 961
stainless steel base metals. **A6:** 961
stamping **A6:** 962–963
thickness ratio. **A6:** 962
three-layer **A6:** 963
two-layer **A6:** 962

Clad brazing materials, brazing with **A6:** 347–348
aluminum alloys. **A6:** 347
applications **A6:** 347, 348
cladding materials **A6:** 347–348
advantages **A6:** 348
fabrication of. **A6:** 347–348
copper **A6:** 347
definition of clad brazing material **A6:** 347
design and manufacturing considerations . . **A6:** 348
filler metals, 5W-1 . . . . **A6:** 348
fluxes. **A6:** 347, 348
formation of clad brazing material **A6:** 347
stainless steels. **A6:** 347
steel **A6:** 347
titanium. **A6:** 347

Clad brazing sheet
definition **A6:** 1207, **M6:** 3

Clad metal
definition **A5:** 950, **M6:** 3

Clad metal combinations
high purity nickel strip for **M7:** 403

Clad metal composites
as heat sinks **EL1:** 1130–1131

Clad metals **A13:** 887–890
defined **A13:** 3
for carbon steel. **A13:** 523

Clad, noble metal coatings
oxidation-resistant coating systems for
niobium **A5:** 862

Clad or bonded
metallic coating process for molybdenum . . **A5:** 859

Clad overlays
precious metal. **A2:** 848

Clad plate
refractory metals and alloys **A2:** 559

Clad tube
wrought aluminum alloy **A2:** 33

Clad vessels
flaws and inspection methods **A17:** 646, 654

Cladding. **A7:** 973–974, 975
aluminum-lead strip **M7:** 408
and weld repair, nuclear reactors **A13:** 970–971
angle arrangements **M6:** 705
as metallic coating for corrosion control . . **A11:** 195
brazing filler metals available in this form **A6:** 119
by roll welding **M6:** 689–691
corrosion-resistant **A13:** 652, 931
defined **A18:** 5
definition **A5:** 950, **M6:** 3
design limitations for inorganic finishing processes **A20:** 824
laser process *See* Laser cladding; Laser processing techniques
metal combinations **M6:** 690–691
nickel-base alloys and welding considerations **A6:** 591
of electrical contacts **A2:** 848
of uranium dioxide fuel rods **M7:** 664
oxidation-resistant coatings. **M5:** 665–666
parallel arrangements **M6:** 705
plasma-MIG welding **A6:** 224
procedure **M6:** 689–691
resistance to cavitation erosion **A18:** 217
steel sheet with aluminum rolling process **M5:** 345–346
strip roll welding **A6:** 314

Cladding materials for reactors
neutron embrittlement of **M1:** 686

Cladding thickness of aluminum alloys
etchants for examination **A9:** 355

Cladless hot isostatic pressing. . . **EM4:** 194, 196–197, 199

Cladosporium
biological corrosion by **A13:** 118–119

Clam shell markings **A19:** 55

Clamer, Dr. G.H
as inventor **A15:** 32

Clamp mounting
of porcelain enameled sheet steel **A9:** 198
zinc and zinc alloys **A9:** 488

Clamp mounts. **A9:** 28–29, 167–168

Clamp spring
stress-relaxation test setup **A8:** 327

Clamp/joint friction grip
for fatigue test specimen. **A8:** 371

Clamping **A20:** 757–758

Clamping blocks
for bending **A14:** 665–666

Clamping dies
flash welding **M6:** 529–532

Clamping force **A19:** 175

Clamping forces
of threaded steel fasteners **A1:** 300–301

Clamping force-torque relation. **A19:** 289

Clamping of carburized steel specimens **A9:** 217

Clamping pressure **A19:** 326
defined **EM1:** 6, **EM2:** 10

Clamp-off
as casting defect **A11:** 384

Clamps
as tension source for stress-corrosion cracking **A8:** 502
blind hole **EM1:** 711
for direct contact magnetization **A17:** 94
for stored-torque Kolsky bar **A8:** 219–221
hold-down, distortion in **A11:** 140
in torsional testing equipment **A8:** 146
ring, brittle fracture from burning of **A11:** 332–333
-strap assembly, brittle fracture of **A11:** 69–70
strap-type, stress-corrosion failure **A11:** 309

Clamp-up
of mechanical fasteners. **EM1:** 706–707

Clamshell markings *See* Beach marks; Fatigue striations

Clamshell marks *See* Beach marks

CLAP laminate analysis computer program EM1: 274

Clapeyron, Benoit . . . . **A3:** 1•8

Clarification process, plating waste
disposal **M5:** 312–313
retention time **M5:** 312–313
sludge blanket in. **M5:** 312–313

Clarity
of polycarbonates (PC) **EM2:** 151

CLAS process *See* Counter-gravity low-pressure casting

Clash **A18:** 564

Class A extensometers **A8:** 618

Class B-1 extensometers. **A8:** 618–619

Class B-2 extensometers. **A8:** 619

CLASS computer program for laminate analysis **EM1:** 269, 274, 275–281, 452–454

Class I alloys
creep in **A8:** 308

Class I through Class IV
P/M parts **M7:** 332, 333, 463

Classic Moore hip endoprosthesis. **A11:** 670

Classic Taylor test *See* Rod impact (Taylor) test

Classical Bagby compression bone plate
as internal fixation device **A11:** 671

Classical design
and distortion failures **A11:** 136

Classical diffusion theory **EM3:** 631–632

Classical, electrochemical, and radiochemical analysis
capabilities. **A10:** 333
classical wet analytical chemistry **A10:** 161–180
controlled-potential coulometry. **A10:** 207–211
electrogravimetry **A10:** 198–201
electrometric titration **A10:** 202–206
elemental and functional group analysis **A10:** 212–220
high-temperature combustion **A10:** 221–225
inert gas fusion **A10:** 226–232
neutron activation analysis **A10:** 233–242
potentiometric membrane electrodes **A10:** 181–187
radioanalysis. **A10:** 243–250
voltammetry **A10:** 188–196

Classical gravimetric analysis **A10:** 170–171

Classical nucleation theory **EM3:** 408, 409

Classical scaling rule. **A7:** 506

Classical sculpture
metalworking of **A15:** 20–21
Classical Sherman bone plate
as internal fixation device **A11:** 671
Classical wet analytical chemistry **A10:** 161–180
applications **A10:** 161, 178–179
appropriateness of methods **A10:** 162
as basis for spectrographic calibration **A10:** 162
basic chemical equilibria and analytical chemistry of **A10:** 162–165
buffer solution **A10:** 163
capabilities compared with ion chromatography **A10:** 501
capabilities, compared with voltammetry **A10:** 188
chemical equilibrium **A10:** 162–165
chemical surface studies **A10:** 177–178
common ion effect **A10:** 163
coprecipitation **A10:** 163
estimated analysis time **A10:** 161
general uses **A10:** 161
gravimetry **A10:** 170–171
half-cell reactions **A10:** 163–164
inclusion and second-phase testing . . . **A10:** 176–177
introduction **A10:** 162
Jones reductor **A10:** 175–176
Kjeldahl determination **A10:** 172–173
limitations **A10:** 161
partitioning oxidation states **A10:** 178
qualitative methods **A10:** 167–168
reduction-oxidation reactions **A10:** 163–164
related techniques **A10:** 161
sample dissolution **A10:** 165–167
samples **A10:** 161, 165, 178–179
separation techniques **A10:** 168–170
solubility products constant **A10:** 163
techniques for subdividing solids in **A10:** 165
titrations, acid-base **A10:** 172–173
titrimetry **A10:** 171–176
Classical wet chemistry *See* Classical wet analytical chemistry
Classical wet chemistry analysis
for phosphorus detected in glassivation layers **A11:** 41
Classical wet methods
appropriateness of **A10:** 162
Classification *See also* Categorization; Nomenclature; Terminology
international, of casting defects **A11:** 380
of carbides **A2:** 968
of casting defects, international **A15:** 545–553
of casting processes **A15:** 203–207
of cemented carbides, machining applications **A2:** 953–954
of cermets **A2:** 979
of coremaking processes **A15:** 138
of ferrous casting alloys **A15:** 627–628
of gear failures **A11:** 590–597
of hybrid packages **EL1:** 451–454
of resin binder processes **A15:** 214
of sliding bearings **A11:** 483
of stress **EM2:** 751–752
performance range, of electronic packages. . **EL1:** 25
Classification, classifying
classify defined **M7:** 2
Classification of cast iron **A1:** 3
Classification of characteristics **A7:** 705
Classification of powders **A7:** 206, 210–213
air classification **A7:** 210
basic variables **A7:** 211–212
counterflow centrifugal classifiers **A7:** 212
counterflow equilibrium **A7:** 212
counterflow equilibrium classifiers in a gravitational field: elutriators **A7:** 212
crossflow centrifugal classifiers **A7:** 212, 213
crossflow elbow classifier **A7:** 212, 213
crossflow gravitational classification . . **A7:** 211, 212
crossflow separation **A7:** 212
fluid classification **A7:** 210
systems for **A7:** 211, 212–213
zig-zag classifiers **A7:** 211, 212
Classification of steel **A1:** 140–141
Classification zone **A7:** 212
Clausius, Rudolf . . . . . **A3:** 1•7, 1•8
Clauslus-Clapeyron equation . . . . . **A3:** 1•8, 1•10
Clay
as grease thickener **A18:** 126, 129
as sheet molding compound filler **EM1:** 158
chemical composition **A6:** 60
function and composition for mild steel SMAW electrode coatings **A6:** 60
high level waste disposal in **A13:** 980
in composition of slips for high-temperature service silicate-based ceramic coatings **A5:** 470
mill additions for wet-process enamel frits for sheet steel and cast iron **A5:** 456
Miller numbers **A18:** 235
typical oxide compositions of raw materials **EM4:** 550
Clay molds
historic use **A15:** 19
Clay products **EM4:** 1
structural, testing **EM4:** 547
Clay-bonded sand
ramming of **A15:** 203
reclamation of **A15:** 354–355
Clays
bentonites **A15:** 210, 341
bonding efficiency **A15:** 225
defined **A15:** 3
fireclay **A15:** 210–211
for green sand molding **A15:** 224–225, 341
in ceramic tiles **EM4:** 926, 928
investment molds **A15:** 16
properties, controlling **A15:** 224–225
Southern bentonite **A15:** 210, 341
Western bentonite **A15:** 210, 341
Clay-water bonds *See also* Aggregate moldin material; Bonds; Clay(s); Sand(s)
characteristics **A15:** 212
Cl-Cs (Phase Diagram) . . . . . **A3:** 2•138
Clean Air Act **A5:** 911, 912–914, 930
Clean Air Act, 1970 (CAA) **A20:** 132–133
purpose of legislation **A20:** 132
Clean Air Act Amendments of 1990, Hazardous Air Pollutants **A5:** 439, 912–914, 935
material and curtailment schedule for use of solvent materials **A5:** 940
Clean Air Act and Amendments **A5:** 160
affecting cadmium use, emission and waste disposal **A5:** 918
Clean bright wire finish
for steel wire **A1:** 279, **M1:** 261
Clean Drinking Water Act **A5:** 160
Clean extrusion technique **A7:** 621
Clean geometry **A20:** 182
Clean rooms
pressure for **EM1:** 144
Clean surface **EM3:** 8
definition **A5:** 950
Clean Water Act **A5:** 911, 916–917, 930
Clean Water Act, 1972 (CWA)
purpose of legislation **A20:** 132
Clean Water Act and Amendments **A5:** 160, 408, 911, 916–917, 930
affecting cadmium use, emission and waste disposal **A5:** 918
Cleanability, flux
defined **EL1:** 644
Cleaner bath
control of **A13:** 382
Cleaners **EM3:** 52
acid **A13:** 381
alkaline **A13:** 381
and coaters, iron phosphating **A13:** 386
for base metals **EL1:** 678
formulation **A13:** 382
high- and low-temperature **A13:** 382
liquid **A13:** 382
organic solvent **EL1:** 662–663
powder **A13:** 382
Cleaning *See also* Cleaning materials; Cleaning stations; Cleanliness; "No-clean" applications; Postcleaning; Precleaning; Surface preparation
abrasive **A13:** 414, 1143
abrasive blast **A13:** 414, **A14:** 230
abrasive blast, of Replicast castings **A15:** 271
after soldering/interconnection **EL1:** 117
alkaline **A14:** 304
alkaline, effect on fatigue fracture . . . **A11:** 126–127
aluminum alloys **A15:** 762–763
and mold life **A15:** 281
and removal methods, for conversion **A13:** 380–381
and simultaneous deburring **M7:** 458
aqueous **EL1:** 663–666
as manufacturing process **A20:** 247
as secondary operation **M7:** 451, 459
beryllium-copper alloys **A2:** 414
beryllium-nickel alloys **A2:** 424
chemical, for solderability **EL1:** 678
chemical, of boiler tubes **A11:** 616
chemical, of heat-exchanger tubing **A11:** 630
chemical, of process equipment . . . **A13:** 1137–1143
definition **A5:** 950
effect on fatigue strength **A11:** 126
effect, optical properties **EM2:** 485–486
effects on bearing strength in aluminum alloys **A8:** 60
effects, stainless steel corrosion **A13:** 551
electrolytic alkaline **M7:** 459
electrolytic, postforging defects from **A11:** 333
emulsion **EL1:** 666
equipment, for surface conversion . . . **A13:** 381–382
excessive, as casting detect **A11:** 385
flexible printed boards **EL1:** 590
fluxes **A15:** 446
for chromate conversion coating **A13:** 389
for imaging, rigid printed wiring boards . . **EL1:** 542
for marine organic coatings **A13:** 912
for passivation **A13:** 552
for surface conversion **A13:** 380–382
for thermal spray coatings **A13:** 460
for thin-film hybrids **EL1:** 319
grades, abrasive blasting **A13:** 414
hand tool **A13:** 414
health and safety regulations **A17:** 81–82
hydrogen embrittlement of bolts from **A11:** 540–541
immersion specimens **A13:** 221
in deep drawing **A14:** 589
in extrusion **EM2:** 386
in solder masking **EL1:** 554
magnesium alloy forgings **A14:** 260
materials **EL1:** 661–666
materials selection **EL1:** 668
methods **M7:** 459
methods, liquid penetrant inspection . . . **A17:** 80–81
of aluminum alloy forgings **A14:** 248–249
of aluminum/aluminum alloys **A13:** 603
of copper and copper alloy forgings **A14:** 258
of crucible furnaces **A15:** 383
of encapsulated powders **M7:** 430
of equipment, design effects **A13:** 340
of failed parts **A11:** 173
of fracture surfaces **A11:** 19
of friction welds **A11:** 444
of heat-exchanger tubes **A11:** 629, 630
of magnesium alloys **A13:** 750
of military board designs **EL1:** 517
of press formed parts **A14:** 548
of soldered joints **A17:** 609
of titanium alloys **A14:** 280–281, 839–840
of welds, for inspection **A17:** 591
oil/gas production pipe **A13:** 1258–1259
oils, surface **A13:** 380
on-line **A13:** 1143

SUBJECTS OF THE INDEXED VOLUMES: ASM Handbook (designated by the letter "A"): **A1:** Properties and Selection: Irons, Steels, and High-Performance Alloys (1990); **A2:** Properties and Selection: Nonferrous Alloys and Special-Purpose Materials (1990); **A3:** Alloy Phase Diagrams (1992); **A4:** Heat Treating (1991); **A5:** Surface Engineering (1994); **A6:** Welding, Brazing, and Soldering (1993); **A7:** Powder Metal Technologies and Applications (1998); **A8:** Mechanical Testing (1985); **A9:** Metallography and Microstructures (1985); **A10:** Materials Characterization (1986); **A11:** Failure Analysis and Prevention (1986); **A12:** Fractography (1987); **A13:** Corrosion (1987); **A14:** Forming and Forging (1988); **A15:** Casting (1988); **A16:** Machining (1989); **A17:** Nondestructive Evaluation and Quality Control (1989); **A18:** Friction, Lubrication, and Wear Technology (1992); **A19:** Fatigue and Fracture (1996); **A20:** Materials Selection and Design (1997). **Metals Handbook, 9th Edition** (designated by the letter "M"): **M1:** Properties and Selection: Irons and Steels (1978); **M2:** Properties and Selection: Nonferrous Alloys and Pure Metals (1979); **M3:** Properties and Selection: Stainless Steels, Tool Materials, and Special-Purpose Materials (1980); **M4:** Heat Treating (1981); **M5:** Surface Cleaning, Finishing, and Coating (1982); **M6:** Welding, Brazing, and Soldering (1983); **M7:** Powder Metallurgy (1984). **Engineered Materials Handbook** (designated by the letters "EM"): **EM1:** Composites (1987); **EM2:** Engineering Plastics (1988); **EM3:** Adhesives and Sealants (1990); **EM4:** Ceramics and Glasses (1991). **Electronic Materials Handbook** (designated by the letters "EL"): **EL1:** Packaging (1989)

operations, robotic **A15:** 468–569
plain carbon steels **A15:** 712–713
postweld, associated corrosion **A13:** 350
power tool **A13:** 414
preoperational, chemical
processing **A13:** 1138–1139
printed wiring boards, for conformal
coatings **EL1:** 763
procedures, pin bearing testing **A8:** 59
process, flow chart **EL1:** 777
refractory metals and alloys **A2:** 563
rigid printed wiring boards **EL1:** 547
sample, uniform corrosion testing **A13:** 230
solutions, hydrogen embrittlement
testing for **A8:** 541
solvent **A13:** 413–414
stainless steels **A14:** 230
steam **A13:** 414
substrate, for urethane conformal
coating **EL1:** 776–778
surface, before coating **A15:** 561
surface -mount assemblies **EL1:** 666–667
thermal **A13:** 1143
time, and surfactant concentration **A13:** 380
typical shapes requiring **M7:** 459
water **A13:** 414, 1143
wrought copper and copper alloys **A2:** 247
Cleaning and finishing
stainless steel **M3:** 52–55
Cleaning compounds
safety precautions **A6:** 1196
Cleaning during manual wet sieving, specifications **A7:** 217
Cleaning fluxes, aluminum
ternary phase diagram **A15:** 446
Cleaning for
arc welding of
cobalt-based heat-resistant alloys **M6:** 368
titanium and titanium alloys **M6:** 448–449
brazing of aluminum alloys **M6:** 1025
electron beam welding **M6:** 612
furnace brazing of steels **M6:** 938
resistance brazing **M6:** 982–983
resistance welding of
aluminum alloys **M6:** 539
copper and copper alloys **M6:** 548
Cleaning index **A5:** 17
determining **M5:** 20
Cleaning materials *See also* Cleaning **EL1:** 661–666
aqueous cleaning **EL1:** 663–666
contaminant types **EL1:** 658–661
contaminants/residues, sources of **EL1:** 658
emulsion cleaning **EL1:** 666
environmental considerations **EL1:** 667
for surface-mount assemblies **EL1:** 666–667
materials selection parameters **EL1:** 668
measurement of cleanliness **EL1:** 667–668
no cleaning **EL1:** 666
organic solvent cleaners **EL1:** 662–663
Cleaning of specimens to be mounted **A9:** 28
Cleaning process, selection of **M5:** 03–21
cleanliness, degree of *See* Cleanliness, degree of
mechanism of action **M5:** 3–4
pollution control and resource recovery **M5:** 20
safety considerations **M5:** 3–20
soil types, effects of **M5:** 3–15
substrate considerations **M5:** 3–14
surface preparation procedures **M5:** 5, 16–19
Cleaning processes, classification and selection of **A5:** 3–17
abrasive cleaning **A5:** 4
acid cleaning **A5:** 4
as removal method **A5:** 10
for removal of pigmented drawing
compounds **A5:** 7
to remove chips and cutting fluids from steel
parts **A5:** 9
to remove rust and scale **A5:** 11–12
to remove unpigmented oil and grease **A5:** 8
alkaline cleaners, to remove chips and cutting
fluids from steel parts **A5:** 8
alkaline cleaning **A5:** 3
as removal method **A5:** 9–10
cycle for removing pigmented drawing
compounds **A5:** 5
for removal of pigmented drawing
compounds **A5:** 6–7
to remove unpigmented oil and grease **A5:** 8
attributes of cleaning processes **A5:** 4
carbon steels **A5:** 704–706
cleaning media **A5:** 3–4
cleaning process selection **A5:** 3–4
electrolytic alkaline cleaning
as removal method **A5:** 10
for removal of pigmented drawing
compounds **A5:** 7
to remove chips and cutting fluids from steel
parts **A5:** 8
to remove unpigmented oil and grease **A5:** 8
electrolytic cleaning **A5:** 4
emulsion cleaning **A5:** 3
to remove chips and cutting fluids from steel
parts **A5:** 8–9
to remove pigmented drawing
compounds **A5:** 4–6
to remove unpigmented oil and grease **A5:** 7
ferrous P/M alloys **A5:** 763–764
for alloy steels **A5:** 704–706
for copper and copper alloys **A5:** 805
for magnesium alloys **A5:** 819–821
for maraging steels **A5:** 771–772
for nickel and nickel alloys **A5:** 867–868
for stainless steels **A5:** 749, 753
for titanium and titanium alloys **A5:** 835–840
glass bead cleaning **A5:** 16
grinding, honing, and lapping compound removal,
special procedures for **A5:** 12
metal cleaning processes for removing selected
contaminants **A5:** 5
molten salt bath cleaning **A5:** 4
paint stripping **A5:** 14–16
phosphoric acid etching **A5:** 4
pollution control and resource recovery **A5:** 16
power spray acid cleaning for removing pigmented
compounds **A5:** 7
removal methods **A5:** 9–10
removal of chips and cutting fluids from steel
parts **A5:** 8–9
removal of pigmented drawing compounds **A5:** 4–7
removal of polishing and buffing compounds **A5:** 9
removal of residues from magnetic particle and
fluorescent penetrant inspection **A5:** 12
removal of rust and scale **A5:** 10–12
removal of unpigmented oil and grease **A5:** 7–8
room-temperature cleaning **A5:** 12–13
safety **A5:** 16, 17
saponification **A5:** 3
soil types **A5:** 4
solvent cleaning **A5:** 3
for removal of pigmented drawing
compounds **A5:** 7
to remove chips and cutting fluids from steel
parts **A5:** 8–9
to remove unpigmented oil and grease . . . **A5:** 7–8
stripper selection for removing organic
coatings **A5:** 16
substrate considerations **A5:** 4
surface preparation
for painting **A5:** 13
for phosphate coating **A5:** 13
surface preparation for electroplating **A5:** 13–14
tests for cleanliness **A5:** 16–17
ultrasonic cleaning **A5:** 4, 12, 13
vapor degreasing
for removal of pigmented drawing
compounds **A5:** 7
to remove chips and cutting fluids from steel
parts **A5:** 8
to remove unpigmented oil and grease **A5:** 7
Cleaning solvents *See also* Cleaning,-Solvents
resistance, of flexible epoxies **EL1:** 821
Cleaning stations
liquid penetrant inspection **A17:** 78, 80–82, 84
Cleaning techniques
air blast **A12:** 74
brush **A12:** 74
cathodic **A12:** 75
chemical etching **A12:** 75–76
of fracture surfaces **A12:** 73–77, 179–183
organic solvents **A12:** 74
replica-stripping **A12:** 74
water-base detergent **A12:** 74
Cleaning-emulsifiable solvent
definition **A5:** 950
cleanliness
and fatigue resistance **A1:** 678–679, 681, 682
in soldering process **EL1:** 631
measurement of **EL1:** 667–668
wafer-surface **EL1:** 192
Cleanliness, billet
for niobium-titanium superconducting
materials **A2:** 1046
Clean-room microscopy **A9:** 83
Clear acrylic lacquers
as fracture preservatives **A12:** 73
Clear chromate conversion coating
cadmium plate **M5:** 269
Clear enamel
frit melted oxide composition for cover coat for
sheet steel **A5:** 732
melted oxide compositions of frits for cover coat
enamel for sheet steel **A5:** 455
Clear openings
screening **M7:** 176
Clear plastic parts
dry blasting **A5:** 59
Clearance *See also* Die clearance
and tool size, piercing **A14:** 462–463
blanking/piercing, stainless steels **A14:** 761–762
defined **M7:** 2
gib, and press accuracy **A14:** 495
in deep drawing **A14:** 575
in straight-knife shearing **A14:** 705
large, in piercing **A14:** 461–462
punch-to-die, deep drawing effects **A14:** 581
side, die design with **A14:** 133
slitting knives **A14:** 708–709
small, in piercing **A14:** 461
Clearance and interference of pin
influencing stress concentration factor of pin
joints **A19:** 291
Clearance angle **A20:** 148
Clearance ratio
defined **A18:** 5
Clearance test
ENSIP Task IV, ground flight engine
tests **A19:** 585
Clear-liquid cold-mounting resins **A7:** 721
Cleavage *See also* Cleavage facets; Cleavage fracture; Cleavage fractures; Cleavage steps; Intergranular fracture; Intergranular fractures; Transgranular cleavage fractures **A8:** 2
alloy steels **A12:** 338
Alnico alloy **A12:** 461
and mechanical twinning **A12:** 4
and ripples, compared **A12:** 453
and slip, in hcp and bcc metals **A11:** 75
and trialuminides **A2:** 930–931
and void growth, aluminum fracture . . **A8:** 478–479
as transgranular fracture mode, SEM
defined **A12:** 175
austenitic stainless steels **A12:** 352
brittle fracture by **A11:** 82
by high deformation rates **A8:** 251
crack, defined **A11:** 2
-crack nucleation, fracture surface **A11:** 23
crack path, low-carbon steel **A12:** 117
cyclic **A8:** 484–485, 487
defined **A9:** 4, **A11:** 2, **A12:** 13–14, **A13:** 3, **EM2:** 10
effect of anodic dissolution **A12:** 42
effect on measurement point in structural
steels **A8:** 458
facets, of transgranular brittle fracture **A11:** 22
fracture, and aluminides **A2:** 930–931
fracture, defined **A13:** 3
fracture mechanics and **A11:** 47
fracture mechanics of **A8:** 439
from brittle ordered intermetallics **A2:** 914
historical study **A12:** 4
in brittle materials **A11:** 75
in subcritical fracture mechanics (SCFM) . . **A11:** 47
intergranular and transgranular,
compared **A12:** 290
iron alloys **A12:** 223, 459
local, tool steels **A12:** 382
low-carbon steel **A12:** 174
materials illustrated in **A12:** 217
metal-matrix composites **A12:** 467
of alpha on alpha-beta phase field **A8:** 487
of carbon metastable austenite **A8:** 481
overload fracture **A8:** 479–481

Cleavage (continued)
plane, defined . . . **A11:** 2
plane, step-wise growth on Fe-Ni . . . **A8:** 484–485
planes . . . **A12:** 13
river patterns on . . . **A12:** 252, 424
steps . . . **A12:** 223, 352
stress-intensity factor range effect . . . **A8:** 485–486
surface features . . . **A12:** 13–18
tools steels . . . **A12:** 382
transcrystalline, iron . . . **A12:** 222
transgranular . . . **A12:** 175, 461, 467
wrought aluminum alloys . . . **A12:** 418
Cleavage crack
defined . . . **A9:** 4
definition . . . **EM4:** 632
Cleavage crack propagation . . . **A19:** 43
Cleavage facets
AISI/SAE alloy steels . . . **A12:** 319
and dimples, sizes of . . . **A12:** 328
formation . . . **A12:** 339
light fractographs . . . **A12:** 93–95
molybdenum alloy . . . **A12:** 464
nickel alloys . . . **A12:** 396–397
titanium alloys . . . **A12:** 453
Cleavage fracture **A8:** 2, **A19:** 5, 7, 29, 42, 46–47, 51, 54, 186, 448
alloy steels . . . **A19:** 618
and fracture toughness evaluation . . . **A8:** 450
and stress-corrosion cracking . . . **A19:** 486
as metallurgical variable affecting corrosion fatigue . . . **A19:** 187, 193
bainite packet grain size . . . **A8:** 467
carbide density variations in . . . **A8:** 458
crack arrest testing for . . . **A8:** 453–455
crack formation . . . **A19:** 29
defined . . . **A9:** 4, **A11:** 2
grain size as factor . . . **A19:** 46
in low-carbon steels . . . **A8:** 466
in notched impact steel . . . **A11:** 22
of cadmium monocrystals, by LME . . . **A11:** 225
RKR critical stress model for . . . **A8:** 466–467
run-arrest . . . **A8:** 285
second phase, of Ti-6Al-4V . . . **A8:** 485, 488
stress-controlled modet for . . . **A8:** 466
transgranular . . . **A19:** 490
Cleavage fractures
AISI/SAE alloy steels . . . **A12:** 302–303, 319
at three different magnifications . . . **A12:** 175
brittle, ductile iron . . . **A12:** 227
by early TEM study . . . **A12:** 6
by mercury vapor embrittlement . . . **A12:** 30, 38
by SCC, titanium alloys . . . **A12:** 453
defined . . . **A12:** 13
ductile irons . . . **A12:** 232, 236, 237
effect of subgrain and grain boundaries . . . **A12:** 17
etch pits on . . . **A12:** 101
feather pattern, steps . . . **A12:** 18
flat, high-purity iron . . . **A12:** 219
formation . . . **A12:** 13, 17
in Armco iron, shear step . . . **A12:** 224
in hydrogen-embrittled stainless steel . . . **A12:** 31
in polycrystalline metals . . . **A12:** 252
iron-aluminum alloys . . . **A12:** 365
iron-base alloys . . . **A12:** 224, 365, 457, 460
light fractographs . . . **A12:** 94, 99
low-carbon steels . . . **A12:** 249, 252
low-melting metals . . . **A12:** 30, 38
nickel alloys . . . **A12:** 297
of corrosion products . . . **A12:** 29
surfaces . . . **A12:** 13, 17–18
titanium alloys . . . **A12:** 30, 38, 453
transgranular . . . **A12:** 302, 460
transition to dimple rupture . . . **A12:** 33, 45
with river patterns, tongues, grain boundary . . . **A12:** 224
woody, alloy steels . . . **A12:** 319
wrought aluminium alloys . . . **A12:** 424, 430
Cleavage plane
defined . . . **A9:** 4
Cleavage steps . . . **A12:** 13, 263
AISI/SAE alloy steels . . . **A12:** 301
Alnico alloy . . . **A12:** 461
austenitic stainless steels . . . **A12:** 352–353
giant, titanium alloys . . . **A12:** 450
in Armco iron . . . **A12:** 18
in iron . . . **A12:** 17, 457
medium-carbon steels . . . **A12:** 263
precipitation-hardening stainless steels . . . **A12:** 370
terraced facets with . . . **A12:** 448
titanium alloys . . . **A12:** 448, 450
wrought aluminum alloys . . . **A12:** 417, 432
Cleavage strength . . . **EM3:** 8
Cleavage surfaces
examination by phase contrast etching . . . **A9:** 59
Cleavage, transgranular
acoustic emission inspection . . . **A17:** 287
Cleaved alpha grains
in hydrogen-charged Ti-6Al-6V-2Sn microstructure . . . **A8:** 490
Cleland clamp design
for torsional Kolsky bar . . . **A8:** 196
Cleveland open cup procedure
to determine flash and fire points . . . **A18:** 84
Clevis/Lua attachments
eddy current bushing inspection . . . **A17:** 192–193
Cl-Ga (Phase Diagram) . . . **A3:** 2•139
Cl-Hg (Phase Diagram) . . . **A3:** 2•139
Cliff-Lorimer (standardless ratio) technique
microanalysis . . . **A10:** 447
Cliffs
wrought aluminum alloys . . . **A12:** 418
CLIMAT test
galvanic corrosion . . . **A13:** 238
Climate effect
atmospheric corrosion . . . **A13:** 81
Climb dislocation
pure metals . . . **A8:** 308
Climb milling
carbon and alloy steels . . . **A16:** 675
MMCs . . . **A16:** 900
refractory metals . . . **A16:** 861, 867
Ti alloys . . . **A16:** 845, 846, 848
zirconium . . . **A16:** 854
Zn alloys . . . **A16:** 834
Climb-glide creep . . . **A20:** 353
Climbing temperature program (CTP) **EM4:** 189–190
Cl-In (Phase Diagram) . . . **A3:** 2•139
Clinched lead attachment
flexible printed boards . . . **EL1:** 590
Clinging, electrostatic
of sample materials . . . **A10:** 16
Clinoenstatite
chemical system . . . **EM4:** 870
Clip gage
for crack arrest testing . . . **A8:** 454
to monitor crack extension in corrosive environments . . . **A8:** 428
Clip gage extensometer . . . **A19:** 76
Clip leads
thermal expansion mismatch problem . . . **EL1:** 611
Clipping . . . **A19:** 122
Clips, spring
failures in . . . **A11:** 548–549
Cl-Na (Phase Diagram) . . . **A3:** 2•140
Clock brass
applications and properties . . . **A2:** 308–309
Clock signal transitions . . . **A20:** 206
Clock skew . . . **EL1:** 7
Clock springs *See also* Power springs . . . **A19:** 363
Clocking, optical
for clock skew . . . **EL1:** 7
Clock(s)
as external-to-internal global communication . . . **EL1:** 5
frequencies . . . **EL1:** 76
global, in WSI technology . . . **EL1:** 9
signals, on-chip . . . **EL1:** 7
Close tolerance
defined . . . **A14:** 307
Close tolerances
of composites . . . **EM1:** 36
Closed assembly time . . . **EM3:** 8
Closed circuit TV systems used in optical microscopy . . . **A9:** 83
Closed climate . . . **EM3:** 656–657, 661
Closed die forging . . . **A20:** 693
compatibility with various materials . . . **A20:** 247
in bulk deformation processes classification scheme . . . **A20:** 691
Closed dies . . . **A14:** 2, 101
aluminum and aluminum alloys . . . **A2:** 6
Closed pass
defined . . . **A14:** 2
Closed pore
defined . . . **M7:** 2
Closed porosity
in encapsulated hot isostatic pressing . . . **M7:** 435
Closed thermodynamic system . . . **A3:** 1•5
Closed-cell cellular plastics . . . **EM3:** 8
defined . . . **EM2:** 10
Closed-cell foam *See* under Open-cell foam
Closed-die axial rolling machines . . . **A14:** 114
Closed-die compaction . . . **A7:** 327, 328
Closed-die compression . . . **A7:** 599
Closed-die forging *See also* Die block; Forging; Impression dies; Impression-dieforging **A7:** 316, **A8:** 587, 590–591
and ring rolling, combined . . . **A14:** 112, 125–126
and ring rolling, compared . . . **A14:** 122–123
blocker die design . . . **A14:** 77–78
CAD/CAM of dies . . . **A14:** 80
classifications . . . **A14:** 76–77
cooling practice . . . **A14:** 82
defects in . . . **A14:** 385–386
dies for . . . **A14:** 43–45, 77–80, 101
equipment for . . . **A14:** 80–81
flash design . . . **A14:** 78–79
forging pressure, prediction . . . **A14:** 79–80
friction and lubrication in . . . **A14:** 76
hot trimming punches for . . . **A14:** 230
hot/warm, as precision forging . . . **A14:** 158
in hammers and presses . . . **A14:** 75–82
load versus displacement curve . . . **A14:** 37
load-stroke curves . . . **A14:** 79
materials for . . . **A14:** 75–76
metal flow in . . . **A14:** 79
multiple-impression dies for . . . **A14:** 44
of aluminum alloys . . . **A14:** 243–244
of copper and copper alloys . . . **A14:** 255
of heat-resistant alloys . . . **A14:** 231
of stainless steels . . . **A14:** 222–223
of titanium alloys . . . **A14:** 272–273, 276
process capabilities . . . **A14:** 75
sequence, typical . . . **A14:** 82
shape complexity in . . . **A14:** 77
temperatures for . . . **A14:** 81–82
tolerances for . . . **A14:** 243
trimming method . . . **A14:** 82
wrought aluminum alloy . . . **A2:** 34
Closed-die forging tools
die failure, causes . . . **M3:** 526–527
forging shapes, effect on die life . . . **M3:** 530–531
hammer-forging dies . . . **M3:** 528, 529–530
hardness ranges . . . **M3:** 527, 528–530
plug-type inserts . . . **M3:** 528, 529–530
press forging dies . . . **M3:** 529–530
selection of materials for . . . **M3:** 526–532
trimming tools . . . **M3:** 531–532
Closed-die forgings . . . **A1:** 337–357
allowance for machining . . . **A1:** 352
decarburization . . . **A1:** 352
design for tooling economy . . . **A1:** 352–353
design of hot extrusion forgings . . **A1:** 354, 355, 356
machining allowance . . . **A1:** 357
mechanical properties . . . **A1:** 356, 357
mismatch tolerances . . . **A1:** 356–357

SUBJECTS OF THE INDEXED VOLUMES: ASM Handbook (designated by the letter "A"): **A1:** Properties and Selection: Irons, Steels, and High-Performance Alloys (1990); **A2:** Properties and Selection: Nonferrous Alloys and Special-Purpose Materials (1990); **A3:** Alloy Phase Diagrams (1992); **A4:** Heat Treating (1991); **A5:** Surface Engineering (1994); **A6:** Welding, Brazing, and Soldering (1993); **A7:** Powder Metal Technologies and Applications (1998); **A8:** Mechanical Testing (1985); **A9:** Metallography and Microstructures (1985); **A10:** Materials Characterization (1986); **A11:** Failure Analysis and Prevention (1986); **A12:** Fractography (1987); **A13:** Corrosion (1987); **A14:** Forming and Forging (1988); **A15:** Casting (1988); **A16:** Machining (1989); **A17:** Nondestructive Evaluation and Quality Control (1989); **A18:** Friction, Lubrication, and Wear Technology (1992); **A19:** Fatigue and Fracture (1996); **A20:** Materials Selection and Design (1997). **Metals Handbook, 9th Edition** (designated by the letter "M"): **M1:** Properties and Selection: Irons and Steels (1978); **M2:** Properties and Selection: Nonferrous Alloys and Pure Metals (1979); **M3:** Properties and Selection: Stainless Steels, Tool Materials, and Special-Purpose Materials (1980); **M4:** Heat Treating (1981); **M5:** Surface Cleaning, Finishing, and Coating (1982); **M6:** Welding, Brazing, and Soldering (1983); **M7:** Powder Metallurgy (1984). **Engineered Materials Handbook** (designated by the letters "EM"): **EM1:** Composites (1987); **EM2:** Engineering Plastics (1988); **EM3:** Adhesives and Sealants (1990); **EM4:** Ceramics and Glasses (1991). **Electronic Materials Handbook** (designated by the letters "EL"): **EL1:** Packaging (1989)

design of hot upset forgings **A1:** 353
design of specific parts **A1:** 35, 353–354
machining stock allowances **A1:** 35, 353
tolerances **A1:** 353
design stress calculations **A1:** 34, 342, 343–346
fundamentals of hammer and press
draft. **A1:** 346, 347, 348
fillets and radii. **A1:** 34, 347–348
forgings **A1:** 34
holes and cavities **A1:** 348
lightening holes in webs **A1:** 348–349
minimum web thickness **A1:** 348, 349
parting line. **A1:** 346, 347, 348
ribs and bosses **A1:** 346–347
scale control. **A1:** 349
inspection techniques **A17:** 495
material control **A1:** 338–339
combined specifications. **A1:** 339
critical forging **A1:** 339
ductility and amount of forging
reduction **A1:** 340–341
end-grain exposure **A1:** 342
fatigue strength. **A1:** 341, 342
fracture toughness. **A1:** 341–342
grain flow. **A1:** 341
grain size and microconstituents **A1:** 341
identification **A1:** 339
material specification **A1:** 339
quality assurance and quality control **A1:** 339
residual stress **A1:** 342
routine production **A1:** 339
test plans. **A1:** 339, 340
tests and test coupons **A1:** 339–340
wrought structure and ductility **A1:** 340
mechanical properties **A1:** 342
anisotropy in high-strength steel. . . . **A1:** 343, 344, 345
grain flow and anisotropy. **A1:** 342–343
selection of steel for. **A1:** 337
cost **A1:** 338
design requirements **A1:** 338
forgeability. **A1:** 338
microalloyed high-strength low-alloy (HSLA)
steels **A1:** 337
precipitation-hardenable stainless
steels **A1:** 337–338
tolerances **A1:** 349, 350
broaching allowance **A1:** 352
die wear **A1:** 351
draft **A1:** 351
flash. **A1:** 351
hot shearing **A1:** 351
length. **A1:** 349–350, 351
piercing **A1:** 351–352
shift or mismatch tolerance **A1:** 349, 350
trimming. **A1:** 351
types. **A14:** 76–77
types of **A1:** 337
Closed-die steel forgings **M1:** 349–375
anisotropy **M1:** 356–359
applications **M1:** 349, 350, 354, 357, 369, 371–373
cost considerations. **M1:** 350, 351, 367, 369
design considerations. . **M1:** 350, 359–361, 369–375
design stress calculations. **M1:** 359–361
fatigue data **M1:** 354–355, 359–361
fundamentals. **M1:** 360–364
grain flow. **M1:** 354
machining allowance. **M1:** 368–371, 375
material control **M1:** 350–356
mechanical properties **M1:** 354–359, 374, 375
test plans. **M1:** 352–353
selection of steel for. **M1:** 349–350
testing. **M1:** 351–359
tolerances . . . **M1:** 362, 364–368, 370–371, 373–375
Closed-end protection tubes
for thermocouples **A2:** 883–884
Closed-form solutions **A20:** 535
Closed-form theoretical calibration equations
for crack advance. **A8:** 391
Closed-loop
low-cycle torsional fatigue testing **A8:** 151
Closed-loop cure. **EM1:** 761–763
Closed-loop electrohydraulic machine
loading tests on **A8:** 717–718
Closed-loop resonant fatigue tester
components **A8:** 393
Closed-loop servo-controlled testing machine
for strain rate **A8:** 582
Closed-loop servohydraulic testing machines
speed of **A8:** 43
Closed-loop servomechanical tester **A8:** 394–395
with furnace chamber and electronic
controls **A8:** 395–396
Closed-reactor chemical vapor deposition **A5:** 511–512
Close-packed
defined **A9:** 4
Close-packed directions. **A20:** 338
Close-to-finish factor
forgings. **M1:** 349
Close-tolerance forging *See also* Precision
forging. **A14:** 2, 77
Closing crack, in fatigue *See also* Cracks. . . . **A12:** 15
Closure
defined **EM1:** 6, **EM2:** 10
Closure effect *See also* Crack closure **A19:** 37
"Closure free" fatigue crack growth **A19:** 179
Closure from plastic deformation. **A19:** 57–58
Closure model. **A19:** 571
Closure-induced "tare" load at the crack tip **A19:** 196
Cloth *See also* Fabric; Nonwoven fabric; Polishing cloth; Roving cloth; Vent cloth; Woven fabric
defined **M7:** 2
of fiber reinforcements **EM2:** 506
Cloud *See* Dust cloud
Cloud chamber
powder coating **M5:** 503
Cloud point
defined. **A18:** 5
Clover seeds. **M7:** 589
Cluster analysis **A7:** 271
Cluster carbonyl **A7:** 168, **M7:** 135
Cluster formation phenomenon. **A7:** 297
Cluster gears
economy in manufacture. **M3:** 855–856
Cluster mill *See also* Four-high mill; Two-high mill
defined. **A14:** 2
rolling **A14:** 351–352
Cluster porosity *See also* Porosity
in arc welds. **A11:** 413
in weldments. **A17:** 583
Cluster rolling mills
for wrought copper and copper alloys **A2:** 244
Clustering
atom probe composition profile of. **A10:** 593
Clusters
and pattern assembly, investment casting **A15:** 257
design, investment casting **A15:** 257
energetics of **A15:** 103
flux, kinetics **A15:** 103
of solids during solidification **A15:** 103–105
preparation, investment casting. **A15:** 260
Clutch
lever bearing **M7:** 617, 619
magnets, powders used. **M7:** 573
plate, from P/M friction materials. **M7:** 701
Clutch lever bearing, bronze. **A7:** 1102
Clutch plates **A7:** 1107, 1108
Clutch-drive assembly
tapered pin fatigue fracture **A11:** 545–546
Clutches
eddy current **A14:** 497
friction. **A14:** 497
positive **A14:** 496–497
CLV process *See* Counter-gravity low-pressure processes
CMA *See* Cylindrical mirror analyzers
CMM *See* Coordinate measuring machines
C-Mn (Phase Diagram). . . . . **A3:** 2•111
C-Mo (Phase Diagram). . . . . **A3:** 2•112
CMOD *See* Crack mouth opening displacement
C-mode scanning acoustic microscope (C-SAM) **EL1:** 1070–1071
C-mode scanning acoustic microscopy (C-SAM)
color image **A17:** 487
defined. **A17:** 465
of soldered joints **A17:** 607
operating principles. **A17:** 466–467
parameters/techniques, compared **A17:** 470
CMOS *See* Complementary metal-oxide semiconductors
CMSX-2
aging cycle. **A4:** 812
composition. **A4:** 795
CM-X
preparation and properties. **EM1:** 102–103
CNC direct die sinking
CAM-driven **A14:** 247
CNC machining centers
achievable machining accuracy **A5:** 81
C-Ni (Phase Diagram). . . . . **A3:** 2•112
CO_2 process *See* Carbon dioxide process
Co_3Ti trialuminide alloys
properties **A2:** 929–930
Co_3V trialuminide alloy
properties **A2:** 929–930
Coagulation **EM3:** 8
defined **EM2:** 10
Coal **EM3:** 175
analysis, PGAA for **A10:** 240
analytic methods for **A10:** 9
analyzed by x-ray spectrometry. **A10:** 100
and germanium. **A2:** 733
angle of repose **A7:** 301
as fuel. **A15:** 30
ash, XRPD study of phases in. **A10:** 333
BTU and ash content in. **A10:** 100
chlorine in, determined by electrometric
titration **A10:** 205
combustion, beryllium toxicity from. **A2:** 1238
derivatives, analytic methods for. **A10:** 9
drained angles of repose **A7:** 300
fly ash, gallium recovery from. **A2:** 742–743
fly ash, SSMS analysis **A10:** 147–148
gasification and liquefaction products, GC/MS
analysis of volatile compounds in . . . **A10:** 639
hydrosulfurization, Raman surface analysis of
molybdenum oxide catalysts
used for **A10:** 133
local structure of trace impurities, EXAFS
determined. **A10:** 407
Miller numbers. **A18:** 235
service life of coal-handling equipment . . . **A18:** 719
sintering agents for **A10:** 166
stainless steels for coal-handling
equipment **A18:** 722
x-ray spectrometric results **A10:** 100
Coal ash
alternative fuels and **A11:** 616
composition of **A11:** 616
equipment **A11:** 617–618
Coal fly ash
copper and lead determined in **A10:** 147–148
Coal gasification
corrosive wear. **A18:** 271
nickel alloy applications **A2:** 430
Coal mine
machinery, aluminum and aluminum alloys **A2:** 14
tools, cemented carbide **A2:** 975–976
Coal pulverizer shaft, steel
fatigue failure **A11:** 468
Coal tar
cure properties **EM3:** 51
curing method. **A5:** 442
enamels **A13:** 406
epoxies, for marine corrosion **A13:** 916–918
extender for urethane sealants **EM3:** 205
minimum surface preparation
requirements **A5:** 444
Coal tar distillate
as toughener **EM3:** 184
Coal tar epoxy
curing method. **A5:** 442
minimum surface preparation
requirements **A5:** 444
organic coating classifications and
characteristics **A20:** 550
paint compatibility. **A5:** 441
Coal tar epoxy paint system
estimated life of paint systems in years. . . . **A5:** 444
Coal tar resins and coatings. **M5:** 496, 500–502, 504–505
Coalescence *See also* Microvoid coalescence
defined. **A9:** 4
definition **A6:** 1207, **M6:** 3
ductile fracture by **A8:** 572, **A11:** 82
microcrack-to-macrocrack **A8:** 57
of aluminum alloy phases. **A9:** 359
of particles in atomization. **M7:** 25, 28, 34
particle growth by **A15:** 79

Coal-tar coatings
for corrosion protection **M1:** 757
Coal-tar-based laminate
in culvert pipe **M1:** 176
Coal-tar-epoxy lining
in cast iron pipe **M1:** 100
Coanda effect **A7:** 213
Coarse carbides
effect on fracture toughness of steels **A19:** 383
Coarse fraction
defined **M7:** 2
Coarse grains
defined **A9:** 4
definition **A5:** 950
Coarse grit
for abrasive blasting **M7:** 458
Coarse mineral abrasives
physical properties and comparative characteristics **A5:** 62
Coarse powders
effect on packed density **M7:** 296
Coarse shot
for abrasive blasting **M7:** 458
Coarse slip bands **A19:** 64, 66
Coarse-grained region (CGR) **A6:** 81
Coarsening *See also* Grain growth **A7:** 404, 405, 406, **A9:** 697–698, **A20:** 348–349, 353
alloy steels **A12:** 292
dendrite **A15:** 138, 154–155
during precipitation reactions **A9:** 647
nucleation effects **A15:** 101
secondary arm **A15:** 117
Coarsening, and crystallization
aluminum, by x-ray topography **A10:** 376
Coarsening, degree of **A7:** 505
Coarsening, rate of **A7:** 567
Coast Metal 64
coating compositions for LPT blade interlocks **A18:** 590
Coated abrasive product
defined **A9:** 4
Coated abrasives **A5:** 101
application categories **A5:** 91
definition **A5:** 950
in metal removal processes classification scheme **A20:** 695
Coated aluminum
alloys, types **A13:** 107
filiform corrosion **A13:** 107
foil **A13:** 105
Coated atomized powders **M7:** 125
Coated carbide tools *See also* Cemented carbides **A16:** 79–83
chemical vapor-deposited coatings **A2:** 959
cobalt enrichment **A2:** 960–961
compositions of CVD coatings **A2:** 960
diffusion wear **A2:** 960
for boring **A16:** 716
for high-speed machining **A16:** 601
for turning **A16:** 708–710, 714
hardness and tool life **A2:** 960
laminated coatings **A2:** 959
physical vapor deposition (PVD) **A2:** 961–962
thermal expansion and coating adhesion **A2:** 960–961
Coated electrode
definition **A6:** 1207
Coated electrodes for arc welding
powders used **M7:** 573
Coated lenses **A12:** 84
Coated magnesium **A13:** 107
Coated metals
polarized light used to examine **A9:** 79
projection welding **M6:** 506
Coated microelectronic devices
failure mechanisms **EL1:** 1049–1057
Coated microstrip
impedance models **EL1:** 602
Coated sheet steel **A9:** 197
Coated spherical developer bead
copier powder **M7:** 580
Coated steel
characteristics **EM4:** 976
properties **EM4:** 976
Coated steels
aluminum **M6:** 480, 491–492
brazing to aluminum **M6:** 1030
cadmium **M6:** 480
characteristics **A13:** 104–105
chromium **M6:** 479
filiform corrosion **A13:** 104–107
gas tungsten arc welding **M6:** 183
lacquered can lid, filiform corrosion **A13:** 104
press forming of **A14:** 560–566
projection welding **M6:** 520–521
resistance seam welding **M6:** 494, 502
resistance spot
lead-tin alloy **M6:** 491
welding **M6:** 479–480, 491
terne metal **M6:** 479–480, 491
tin **M6:** 479–480, 491–493
types, filiform corrosion **A13:** 107
zinc **M6:** 479–480, 491–492
Coated superabrasive grains
types **A2:** 1015
Coated surfaces *See also* Coating(s); Surface(s)
magnetic rubber inspection of **A17:** 123–124
Coated tools **A5:** 906–907
Coating
bend tests for **A8:** 117
copper and copper alloys **A5:** 812–818
definition **A5:** 950, **M6:** 3
disk-pressure test for hydrogen embrittlement in **A8:** 540–541
ferrous P/M alloys **A5:** 765–766
for correction of spangles **A8:** 548
protective, for high-temperature torsion test specimen **A8:** 159
titanium and titanium alloys **A5:** 836, 844–848
Coating adhesion
coated carbide tools **A2:** 960
Coating density
definition **A6:** 1207, **M6:** 4
Coating failure mechanisms *See also* Coating(s)
corrosion **EL1:** 1049–1052
interconnect **EL1:** 1054–1056
nuclear radiation induced device failure **EL1:** 1056
stress-related **EL1:** 1052–1054
Coating intensity method
for thin-film sample preparation **A10:** 95
Coating methods
conformal coatings **EL1:** 763–764
urethane coatings **EL1:** 775, 778–779
Coating Ni-base superalloys
damage mechanisms for thermomechanical fatigue in-phase and thermomechanical fatigue out-of-phase loadings **A19:** 541
Coating pickoff **A20:** 471
Coating reagents
for electrozone analysis **A7:** 248
Coating strength
definition **A5:** 950
Coating stress
definition **A5:** 950
Coating techniques
sheet steels **A20:** 381
Coatings *See also* Acrylate coatings; Antiseizing coatings; Application methods; Barrier coatings; Chemical coatings; Chemical conversion coatings; Coating failure mechanisms; Coating methods; Conformal coatings; Conversion coatings; Curtain coating; Elastomeric coatings; Electroplated coatings; Fluidized-bed coating; Fluoropolymer coatings; Get coat; Metal coatings; Metallic coatings; Parylene coatings; Platings, Linings, Finishes and specific coating types by name; Polyimide coatings; Protective coatings; Silicon-based coatings; specific coatings; Surface coatings; Urethane coatings **A13:** 522–524, **A19:** 160, 161
acrylate **EL1:** 785–788
acrylic **A13:** 404–405
AES in-depth compositional analysis **A10:** 549
alloyable, as surface preparation **EL1:** 679
aluminum **A13:** 527
aluminum anodizing **A13:** 396–398
aluminum, for fasteners **A11:** 542
amorphous materials and metallic glasses . . **A2:** 819
and mold life **A15:** 281
and optical properties **EM2:** 484–485
anodic **A13:** 811
anodic hard, postforging defects from **A11:** 333
anodized **A13:** 396–398
antiseizure, for steel bolts **A11:** 536
as anodic/cathodic, to substrate **A13:** 419
as lubricant form **A14:** 514
as secondary operation **M7:** 451, 459–461
atmospheric corrosion resistance enhanced by **M1:** 722
barrier **A13:** 86–87
bituminous **A13:** 406
bonded-abrasive grains **A2:** 1015
cadmium **A13:** 426, 571
cadmium, for fasteners **A11:** 542
carbon/graphite **EM3:** 287–288
carrier, for copier powders **M7:** 585–586
cast iron pipe **M1:** 97–98, 100
cathodic damage to **A13:** 748
ceramic **A13:** 378, 524, **EM4:** 20
ceramic glass precoat **A14:** 279
ceramic, Replicast process **A15:** 271
chemical conversion **A11:** 195
chemical conversion, aluminum alloys **A15:** 763
chemical vapor-deposited (CVD), coated carbide tools **A2:** 959–660
chemically bonded media **A15:** 341
chlorinated rubber **A13:** 404
chromate conversion **A13:** 389–395, 523–524
chromium **A13:** 426–427, **A19:** 329
clad metals **A13:** 523
clusters, investment casting **A15:** 260–261
cobalt **M7:** 174
cobalt-chromium AlY **A19:** 540–541
codeposited organics in **EL1:** 679–680
conformal, types **EL1:** 762–763
continuity **A13:** 451
conversion **A13:** 378–379, **A15:** 563, **A19:** 329
conversion, for shafts **A11:** 482
copper **A13:** 427
copper metals, corrosion protection **M2:** 465
copper wire **M2:** 272
corrosion protection **M1:** 751–755
cure formulation **EL1:** 856–859, 861–863
CVD/PVD **A13:** 456–458
defective, as casting defect **A11:** 385
diamond, spiked nickel **A2:** 1014
diffusion **A15:** 563
effect of hydrogen reduction on **M7:** 173
effect on formability **A14:** 563
effect, solder masking **EL1:** 556
effects, nondestructive evaluation **A17:** 123
elastomeric **A11:** 170–171
electrochemical evaluation **A13:** 219–220
electrogalvanized **A13:** 766–767

SUBJECTS OF THE INDEXED VOLUMES: ASM Handbook (designated by the letter "A"): **A1:** Properties and Selection: Irons, Steels, and High-Performance Alloys (1990); **A2:** Properties and Selection: Nonferrous Alloys and Special-Purpose Materials (1990); **A3:** Alloy Phase Diagrams (1992); **A4:** Heat Treating (1991); **A5:** Surface Engineering (1994); **A6:** Welding, Brazing, and Soldering (1993); **A7:** Powder Metal Technologies and Applications (1998); **A8:** Mechanical Testing (1985); **A9:** Metallography and Microstructures (1985); **A10:** Materials Characterization (1986); **A11:** Failure Analysis and Prevention (1986); **A12:** Fractography (1987); **A13:** Corrosion (1987); **A14:** Forming and Forging (1988); **A15:** Casting (1988); **A16:** Machining (1989); **A17:** Nondestructive Evaluation and Quality Control (1989); **A18:** Friction, Lubrication, and Wear Technology (1992); **A19:** Fatigue and Fracture (1996); **A20:** Materials Selection and Design (1997). **Metals Handbook, 9th Edition** (designated by the letter "M"): **M1:** Properties and Selection: Irons and Steels (1978); **M2:** Properties and Selection: Nonferrous Alloys and Pure Metals (1979); **M3:** Properties and Selection: Stainless Steels, Tool Materials, and Special-Purpose Materials (1980); **M4:** Heat Treating (1981); **M5:** Surface Cleaning, Finishing, and Coating (1982); **M6:** Welding, Brazing, and Soldering (1983); **M7:** Powder Metallurgy (1984). **Engineered Materials Handbook** (designated by the letters "EM"): **EM1:** Composites (1987); **EM2:** Engineering Plastics (1988); **EM3:** Adhesives and Sealants (1990); **EM4:** Ceramics and Glasses (1991). **Electronic Materials Handbook** (designated by the letters "EL"): **EL1:** Packaging (1989)

electrolytic and chemical, for corrosion
control . . . **A11:** 195
electroplated. . . **A13:** 419–431, 523
electroplated hard chromium. . . **A13:** 871–875
electroplated, intergranular cracks from . . . **A11:** 337
electroplating . . . **A15:** 561–562
electroplating as. . . **M7:** 460
external, for photolytic protection. . . **EM2:** 782
extrusion . . . **EM2:** 385–386
ferromagnetic, magabsorption
measurement . . . **A17:** 152
finish effects, permanent molds. . . **A15:** 285
flexible epoxy junction . . . **EL1:** 819
fluoride, for beryllium. . . **A13:** 811
fluoropolymer. . . **EL1:** 782–784
for adhesive-bonded joints . . . **A17:** 629
for appliances . . . **M1:** 105, 755
for atmospheric corrosion. . . **A13:** 83
for beryllium . . . **A13:** 811
for cast irons *See also* specific coating types by
name. . . **A13:** 570–571, **M1:** 101–106
for cemented carbides. . . **A13:** 856–857
for copper/copper alloys . . . **A13:** 636
for cores . . . **A15:** 240–241
for corrosion resistance. . . **A20:** 550, 551–553, 565
for dry sand molding. . . **A15:** 228
for elevated temperatures . . . **A1:** 296
for fasteners . . . **A11:** 530, 542
for gas wells . . . **A13:** 1249
for graphite . . . **A13:** 458
for graphite grains, rammed graphite
molds . . . **A15:** 273
for hydrogen damage. . . **A11:** 251
for lost foam casting. . . **A15:** 232–233
for oil/gas production equipment **A13:** 1236–1237,
1259
for polyaramid . . . **EM3:** 286
for resin-matrix composites . . . **A20:** 664
for rhenium alloys . . . **A20:** 413
for specific temperatures. . . **A13:** 461
for stray-current corrosion . . . **A13:** 87
for structural corrosion. . . **A13:** 1303
for tungsten. . . **A14:** 238
for tungsten alloys . . . **A20:** 413
for wood/wood laminate patterns . . . **A15:** 194
fresh water corrosion protection from. . . **M1:** 738
function. . . **EL1:** 822
fused dry-resin . . . **A15:** 565
galfan . . . **A14:** 561
gel coat. . . **EM1:** 134
glass frit. . . **A14:** 237
glass, tantalum forgings. . . **A14:** 238
glasses and aluminides, for tantalum . . . **A14:** 238
green sand . . . **A15:** 341
hard, and fretting fatigue . . . **A19:** 329
heat-sensitive, thermal inspection . . . **A17:** 399
high-gloss, radiation cure formulation . . . **EL1:** 858
hot dip. . . **A13:** 522–523, **A15:** 562
hot rolled bars and shapes . . . **M1:** 200
in ceramic processing classification
scheme . . . **A20:** 698
in multiple-slide forming . . . **A14:** 567
in-mold. . . **EM2:** 306
iron castings . . . **M1:** 101–106
laminated, coated carbide tools. . . **A2:** 959
lead . . . **A13:** 427, 571
leaf springs, steel. . . **M1:** 313
life, permanent molds . . . **A15:** 282
lubricant, and explosivity . . . **M7:** 194, 196
lubricating, for fasteners . . . **A11:** 542
magnesium/magnesium alloys . . . **A13:** 749–753
measuring thickness of. . . **M7:** 259
mechanical . . . **M7:** 459
metal matrix composites . . . **A13:** 861–862
metal, measurement. . . **A10:** 177
metallic, cast irons. . . **A13:** 570–571
metallic, corrosivity. . . **A13:** 342–343
metallic, for carbon steels . . . **A13:** 526–527
metallic, for corrosion control . . . **A11:** 195
metallic, galvanic corrosion . . . **A13:** 84
metallic, nickel-base alloys . . . **A14:** 832
metallic zinc, economics. . . **A13:** 755
methods, conformal coatings. . . **EL1:** 763–764
methods, for cast irons . . . **A13:** 571
microstructural wear and . . . **A11:** 161
microstructure. . . **A13:** 526
mixed-oxide. . . **A13:** 379
mold, for specific alloys . . . **A15:** 282
molybdenum . . . **A19:** 329
nickel . . . **A19:** 329
nickel electrodeposited . . . **A13:** 426
nickel-based hardfacing . . . **M7:** 142
nickel-chromium . . . **A13:** 427–428
nickel-phosphorus. . . **A13:** 426
nitric acid corrosion . . . **A13:** 1156–1157
nonmetallic . . . **A13:** 524, **A19:** 329
nonmetallic, and fretting fatigue . . . **A19:** 329
notch toughness of steels, effect on . . . **M1:** 705
of castings. . . **A15:** 561–565
of copper-based powder metals . . . **M7:** 733
of solid graphite molds . . . **A15:** 285
on nonferrous metals. . . **A13:** 776
organic. . . **A13:** 378, 399–418, 524, 528–529,
912–918, **A14:** 564–565, **A15:** 564–565
organic, as preservation . . . **EL1:** 563
organic, for magnetic printing . . . **A17:** 125
organic, in solderable systems . . . **EL1:** 680
organic, measurement . . . **A10:** 177
painting as. . . **M7:** 459–460
parylene. . . **EL1:** 789–801
passivation. . . **A13:** 381
passive device, failure mechanisms . . . **EL1:** 1000
pattern. . . **A15:** 195–196
permanent molds. . . **A15:** 281–282
pharmaceutical production materials . . . **A13:** 1231
phosphate . . . **A14:** 304
phosphate conversion . . . **A13:** 383–388, 523–524
photoelastic . . . **A11:** 134
photoelastic, for crack length
measurements . . . **EM3:** 342
PIXE analysis of . . . **A10:** 102
plastic, for zinc castings . . . **A15:** 796
plastic, in magnetic printing. . . **A17:** 125
plumbum, uses. . . **A2:** 555–556
polyimide . . . **EL1:** 767–772
polyimide, as thermocouple wire
insulation . . . **A2:** 882
polymer, for package sealing . . . **EL1:** 239–243
porcelain enamel . . . **A13:** 446–452
porcelain enameling. . . **A15:** 563
porous surface, for prosthesis systems . . . **A11:** 671
precious metals. . . **A2:** 695
processes, copier powders . . . **M7:** 587–588
products of, x-ray spectrometric analysis. . . **A10:** 100
properties, typical . . . **EL1:** 783
protective (dielectric), for pipeline. . . **A13:** 1259,
1289–1290
protective, for springs . . . **A11:** 560
protective, materials and processes
selection. . . **EL1:** 115
protective, tests for . . . **EM2:** 425
quality, thermal spray . . . **A13:** 462
radiation curing . . . **EL1:** 854
refractory ceramic, for oxidation
resistance . . . **EM1:** 921
refractory materials for . . . **A15:** 240
refractory metals and alloys. . . **A2:** 564–565
requirements, permanent molds . . . **A15:** 281
residual stresses . . . **A20:** 817
resin-bonded sand systems . . . **A15:** 213
resinous and inorganic base, for
corrosion . . . **A11:** 194
resins, amino. . . **EM2:** 628
resins, principal . . . **A13:** 401–402
rhodium, for sterling silver. . . **A2:** 691
robotic . . . **A15:** 568
seawater corrosion, protection from . . . **M1:** 745
selection. . . **A13:** 529
silicon carbide (SiC), for oxidation
resistance . . . **EM1:** 920
silicone conformal coating. . . **EL1:** 822–824
silver. . . **A2:** 691
soft . . . **A19:** 329
soft, and fretting fatigue . . . **A19:** 329
soft metal, for wear applications . . . **M1:** 634
solvent, for woven fabric prepregs . . . **EM1:** 149
sputter . . . **A12:** 173
steel sheet . . . **M1:** 167–176
steel wire . . . **M1:** 262–265
steel wire products . . . **M1:** 271–272
steel wire rod. . . **M1:** 253
stress. . . **A11:** 134
sulfuric acid corrosion. . . **A13:** 1154
superhard, low-pressure synthesis is . . . **A2:** 1009
surface. . . **A12:** 72–73, 83
surface preparation . . . **EM1:** 681–682
system, diffusion phenomena in . . . **A10:** 576–577
tallow-base, gas chromatographic
measurement . . . **A10:** 177
techniques, cast irons . . . **A13:** 571
terne. . . **A2:** 554–555
testing methods/standards for . . . **A13:** 395
tests and designations . . . **A1:** 212–214, 215
thermal evaporation. . . **A12:** 173
thermal spray. . . **A13:** 459–462, 523
thickness, and aluminum alloy pitting . . . **A13:** 607
thickness, and mold temperature. . . **A15:** 282
thickness, eddy current inspection . . . **A17:** 164
thickness inspection. . . **EL1:** 943
threaded fasteners, effect on fatigue
strength . . . **M1:** 279
tin . . . **A13:** 427, 571, 780–782, **M2:** 613–614
tin/tin alloys . . . **A13:** 775, 780–782
tin-lead. . . **A13:** 571
to improve glass strength . . . **EM4:** 743–744
cold-end . . . **EM4:** 743
hot-end . . . **EM4:** 743
shrink-wrapped . . . **EM4:** 744
to prevent production problems associated with
automotive welds . . . **A6:** 395
to protect printed boards from chlorine and
sulfur . . . **EM3:** 592
types, conformal. . . **EL1:** 761
urethane . . . **EL1:** 775–781
use in breweries . . . **A13:** 1222
used to improve image quality in scanning electron
microscopy . . . **A9:** 97–99
UV-curable. . . **EL1:** 785–788
vapor-deposited. . . **A13:** 456–458, 523
wear resistant. . . **M1:** 631–632, 634–635
weight. . . **A1:** 218–219, **A13:** 385, 391, 395
wire, wrought copper and copper
alloys . . . **A2:** 256–257
zinc. . . **A13:** 410–412, 426, 526–527, 571, 756–759,
765–769, **A19:** 328
zinc dust/zinc oxide . . . **A13:** 768–769
zinc, for fasteners. . . **A11:** 542
zinc on iron and steel . . . **M2:** 651–653
zinc phosphate, for wire . . . **A14:** 697
zinc, types. . . **A2:** 527–528
zinc-phosphate, Auger imaging . . . **A10:** 558
zinc-phosphate, on steels . . . **EM3:** 272–273
zinc-rich. . . **A13:** 410–412, 768–769
zinc-rich, for corrosion control . . . **A11:** 194
Coatings, curing of
induction heating energy requirements. . . **A4:** 189
induction heating temperatures . . . **A4:** 188
Coaxial cables . . . **A13:** 1127
Coaxial capacitor/condenser
for strain measurement . . . **A8:** 199, 202
Coaxing. . . **A19:** 215
defined. . . **A8:** 705
Cobalt *See also* Cobalt alloy powders; Cobalt
powder strip; Cobalt powders; Cobalt toxicity;
Cobalt-base alloys; Cobalt-base alloys, specific
types; Cobalt-base corrosion-resistant alloys;
Cobalt-base high-temperature alloys; Cobalt-
base wear-resistant alloys; Elemental
cobalt. . . **A20:** 396
addition to complex metal
carbonitrides . . . **A16:** 91–92
addition to solid-solution nickel alloys. . . **A6:** 575
additions to gold electroplating solution . . **A18:** 837
adhesion and solid friction. . . **A18:** 32–33
alloying and HIC . . . **A19:** 480
alloying effect in titanium alloys. . . **A6:** 508
alloying effect on stress-corrosion
cracking . . . **A19:** 487
alloying, magnetic property effect . . . **A2:** 762
alloying, nickel-base alloys . . . **A13:** 641
alloying, wrought aluminum alloy . . . **A2:** 47
alloys as substrate for thermoreactive deposition/
diffusion process . . . **A4:** 449, 452
and cobalt alloys . . . **A2:** 446–454
and nickel, corrosion in aqueous alkaline
media . . . **A10:** 135
applications . . . **M7:** 144
as a beta stabilizer in titanium alloys. . . **A9:** 459
as an addition to beryllium-copper
alloys . . . **A9:** 394–395
as binder for gas-lubricated bearings . . . **A18:** 532

Cobalt (continued)
as colorant . . . **EM4:** 380
as ductile phase of intermetallics . . . **A19:** 389
as essential metal . . . **A2:** 1251
as inoculant . . . **A15:** 105
as pyrophoric . . . **M7:** 199
binder, cemented carbides . . . **A13:** 846
binder for WC . . . **A16:** 71, 72
biologic effects and toxicity . . . **A2:** 1251
cavitation erosion . . . **A18:** 216
cemented carbide machining applications . . **A16:** 86
cemented carbide thermal properties . . . **A16:** 81–82
chemical analysis and sampling . . . **M7:** 248
coating to improve abrasive wear resistance . . . **A18:** 639
coatings . . . **M7:** 174
coatings, bonded-abrasive grains . . . **A2:** 1015
coatings for dies . . . **A18:** 641
compositional range in nickel-base single-crystal alloys . . . **A20:** 596
compounds, trace nickel determined in . . . **A10:** 194–195
content effect on tungsten carbide properties . . . **A18:** 813
content in nickel-base and cobalt-base high-temperature alloys . . . **A6:** 573
content in tool and die steels . . . **A6:** 674
content in tool steels . . . **A16:** 708
content in ultrahigh-strength low-alloy steels . . . **A6:** 673
content in WC, PCD tooling . . . **A16:** 110
cost per unit mass . . . **A20:** 302
cost per unit volume . . . **A20:** 302
damage dominated by plastic deformation in cemented carbide . . . **A18:** 178
deficiencies, biologic effects . . . **A2:** 1251
deposit hardness attainable with selective plating versus bath plating . . . **A5:** 277
determined by controlled-potential coulometry . . . **A10:** 209
determined in samples containing chloride ions . . . **A10:** 201
diffusion brazing . . . **A6:** 343
effect on catalytic activity and disbondment . . . **EM3:** 634
effect on hardenability . . . **A4:** 25
effect on tool steel grindability . . . **A16:** 726
effect on tool steel tempering . . . **A4:** 722
electrochemical grinding . . . **A16:** 543
electroforming . . . **A5:** 286
electroplated coating material . . . **A18:** 838
electroplating of dies . . . **A18:** 644
electroplated metal coatings . . . **A5:** 687
elemental . . . **A2:** 446
elemental sputtering yields for 500 eV ions . . . **A5:** 574
energy factors for selective plating . . . **A5:** 277
enrichment, coated carbide tools . . . **A2:** 960–961
enrichment of tools . . . **A16:** 82–83
E-pH diagram . . . **A13:** 27
erosion resistance . . . **A18:** 228
evaporation fields for . . . **A10:** 587
ferromagnetism . . . **A9:** 533
friction coefficient data . . . **A18:** 71
friction welding . . . **A6:** 154
gamma spectrum, radionuclide . . . **A18:** 326
hydrometallurgical processing . . . **M7:** 118
in age hardening in maraging steels . . . **A1:** 794
in austenitic stainless steels . . . **A9:** 284
in cemented carbides **A18:** 795, 796, 797, 798, 799
in ceramics and cermets . . . **A18:** 812, 813
in commercial CPM tool steel compositions . . . **A16:** 63
in CPM Rex . . . **A16:** 63
in enameling ground coat . . . **EM3:** 303, 304
in hardfacing alloys . . . **A18:** 761–762
in heat-resistant alloys . . . **A4:** 512
in iron-base alloys, flame AAS analysis of . . **A10:** 56
in maraging steel composition . . . **A4:** 219, 220, 221–222, 223, 224
in MAR-M 247 . . . **A1:** 1016–1018
in milling cutters . . . **A16:** 314
in nickel-base superalloys . . . **A1:** 984
in P/M high-speed tool steels . . . **A16:** 61
in permanent magnets . . . **A9:** 538–539
in stainless steel brazing filler metals . . . **A6:** 913
in stainless steels . . . **A18:** 723
in T15 and M42 high-speed tool steels **A16:** 63–64
in thermal spray coating materials . . . **A18:** 832
in tool material for drilling . . . **A16:** 234
in tool steels . . . **A18:** 734, 735–736
in Udimet 700 . . . **A1:** 1014–1016
in Waspaloy . . . **A1:** 1014–1016
ion-beam-assisted deposition (IBAD) . . . **A5:** 597
ion-irradiated, analysis of small dislocation loops . . . **A9:** 117
iron-nickel-cobalt ASTM F 15 alloy . . . **EM3:** 301
isolation in high-temperature alloys . . . **A10:** 174
low explosivity class . . . **M7:** 196–197
magnetic contrast . . . **A9:** 94
martensitic structures . . . **A9:** 672–673
metalworking fluid selection guide for finishing operations . . . **A5:** 158
milling with PCBN tools . . . **A16:** 114
neutron and x-ray scattering, and absorption compared . . . **A10:** 421
oxygen cutting, effect on . . . **M6:** 898
particle-impact-induced brittle fracture . . . **A18:** 182
particles . . . **M7:** 145
photometric analysis methods . . . **A10:** 64
physical metallurgy . . . **A13:** 658
projected U.S. supply and demand of . . . **M7:** 144
properties . . . **A18:** 795
pure . . . **M2:** 725–726
pure, properties . . . **A2:** 1109
qualitative tests to identify . . . **A10:** 168
refining process, Sherritt Gordon . . . **M7:** 144
separation, by phenylthiohydantoic acid . . **A10:** 169
solvent/catalyst of diamond . . . **A16:** 105
species weighed in gravimetry . . . **A10:** 172
specific properties imparted in CTV tubes . . . **EM4:** 1042
submerged arc welding . . . **A6:** 206
suitability for cladding combinations . . . **M6:** 691
tap density . . . **M7:** 277
thermal diffusivity from 20 to 100 °C . . . **A6:** 4
thermal expansion coefficient . . . **A6:** 907
TNAA detection limits . . . **A10:** 238
toxicity . . . **A6:** 1195, 1196
toxicity, diseases, exposure limits . . . **M7:** 204
vapor pressure, relation to temperature . . . **A4:** 495
Vickers and Knoop microindentation hardness numbers . . . **A18:** 416
volumetric procedures for . . . **A10:** 175

Cobalt alloy, MAR-M509
effect of temperature on strength and ductility . . . **A8:** 36

Cobalt alloy powders *See also* Cobalt; Cobalt powder strip; Cobalt powders; Cobalt-based hardfacing alloys
changes in powder particle morphology . . . **M7:** 62
cold sintering . . . **A7:** 581
effect of milling time on density and flowability . . . **M7:** 59
extrusion . . . **A7:** 625–626
for hardfacing . . . **M7:** 145, 825–828
full density . . . **A7:** 975–976
hot isostatic pressing . . . **A7:** 605
liquid-phase sintering . . . **A7:** 570
mechanical properties . . . **M7:** 468, 472
production . . . **M7:** 144–146

Cobalt alloys *See also* Cast cobalt alloys; Cobalt alloys, specific types; Heat-resistant alloys . . . **A20:** 396–399
abrasion resistance . . . **A20:** 397–398
alloying elements effects . . . **A20:** 396–397
aluminum coating of . . . **M5:** 341–343
applications . . . **A20:** 396–397
brazing, available product forms of filler metals . . . **A6:** 119
brazing, joining temperatures . . . **A6:** 118
carbides . . . **A20:** 397
corrosion-resistant . . . **A20:** 399
erosion resistance . . . **A20:** 398
explosion welding . . . **A6:** 896
fractographs . . . **A12:** 398
fracture/failure causes illustrated . . . **A12:** 217
gas tungsten arc welding . . . **A20:** 397
general welding characteristics . . . **A6:** 563
heat-resistant . . . **A20:** 398–399
in metal-matrix composites, ductile dimpled rupture . . . **A12:** 470
interrupted oxidation test results . . . **A20:** 594, 595
microstructures . . . **A20:** 397
properties . . . **A20:** 396
radiographic inspection . . . **A17:** 308
sliding wear resistance . . . **A20:** 398
solid-state phase transformation in welded joints . . . **A9:** 581
wear-resistant . . . **A20:** 397–398

Cobalt alloys, high temperature *See* High temperature cobalt alloys

Cobalt alloys, specific types *See also* Superalloys, cobalt-base, specific types; Wear-resistant alloys, nonferrous
ASTM F75 cast, fatigue fracture . . . **A12:** 398
ASTM F75, stage I fatigue fracture appearance . . . **A12:** 16
Co-8Fe, deformation bands in a single crystal deformed 44% . . . **A9:** 689
Co-8Fe, slip bands in a plastically deformed single crystal . . . **A9:** 689
Co-12Fe-6TI, coherent metastable precipitate . . . **A9:** 650
Co-12Fe-6TI, general and grain boundary precipitation . . . **A9:** 648
Stellite 6, wear data . . . **M3:** 590
Stellite 6B . . . **M3:** 590, 591
composition . . . **M3:** 210, 265, 590
erosion shield, use for . . . **M3:** 591
physical properties . . . **M3:** 217
property data . . . **M3:** 264, 265
wear data . . . **M3:** 590
Stellite 6K . . . **M3:** 590
composition . . . **M3:** 265, 590
property data . . . **M3:** 265–266
wear data . . . **M3:** 590
Tribaloy T-400 . . . **M3:** 590–591
composition . . . **M3:** 590
wear data . . . **M3:** 590
Tribaloy T-800 . . . **M3:** 590–591
composition . . . **M3:** 590
wear data . . . **M3:** 590
Vitallium, fatigue fracture . . . **A12:** 398

Cobalt alloys, specific types L-605
aluminum coating, tensile strength affected by . . . **M5:** 342

Cobalt aluminides
cold sintering . . . **A7:** 579

Cobalt and its alloys
eutectic joining . . . **EM4:** 526
medical applications . . . **EM4:** 1009
semifinish turning component example using ceramic insert cutting tools . . . **EM4:** 972

Cobalt binder phase in cemented carbides . . . **A9:** 274

Cobalt carbonyl . . . **A7:** 167

Cobalt compounds
hazardous air pollutant regulated by the Clean Air Amendments of 1990 . . . **A5:** 913

Cobalt electroplating . . . **M1:** 102, 753–754

Cobalt ferrites . . . **A9:** 538

Cobalt (for heavy buildup)
selective plating solution for ferrous and nonferrous metals . . . **A5:** 281

Cobalt, gold plating
use in . . . **M5:** 282–283

Cobalt hydrated salt coating
alternative conversion coat technology, status of **A5:** 928
Cobalt in steel **M1:** 445–447
Cobalt (machinable)
anode-cathode motion and current density **A5:** 279
Cobalt nitrate
dc and differential pulse polarograms of nickel in **A10:** 194–195
Cobalt octacarbonyl **A7:** 168
Cobalt oxide
diffusion factor **A7:** 451
physical properties **A7:** 451
thermal decomposition of **A7:** 180
Cobalt oxide (CoO)
as colorant **EM4:** 380
(Co_2O_3•CoO), purpose for use in glass manufacture **EM4:** 381
in composition of melted silicate frits for high-temperature service ceramic coatings **A5:** 470
melting point **A5:** 471
pressure densification
/titania stain **EM4:** 474
pressure **EM4:** 391
technique **EM4:** 301
temperature **EM4:** 301
Cobalt oxide, thermal
decomposition of **M7:** 145–146
Cobalt oxtacarbonyl **M7:** 135–136
Cobalt powder
content effect on tungsten heavy alloys **A7:** 915
diffusion factors **A7:** 451
in feed solution for nickel reduction **A7:** 173
liquid-phase sintering **A7:** 438
microstructure **A7:** 727
operating conditions and properties of water-atomized powders **A7:** 36
oxide reduction **A7:** 67
oxygen content of water-atomized metal powders **A7:** 42
physical properties **A7:** 451
precipitation from solution **A7:** 67, 69
roll compacting **A7:** 391, 392
separation from nickel **A7:** 172
tap density **A7:** 295
used to produce hard metals **A7:** 195
world production origin **A7:** 179
Cobalt powder strip *See also* Cobalt; Cobalt alloy powders; Cobalt powders
properties, and production **M7:** 402
Cobalt powders *See also* Cobalt; Cobalt alloy powders; Cobalt powder strip; Cobalt-based hardfacing alloys
applications **M7:** 144
hydrometallurgical processed properties **M7:** 145
need for substitute **M7:** 144
production **M7:** 144–146
reduced **M7:** 145–146
Cobalt sheet and strip
powder used **M7:** 574
Cobalt silicide in Cu-2.5Co-1.2Cd-0.5Si **A9:** 553
Cobalt sulfides **A7:** 173
Cobalt titanides
cold sintering **A7:** 579
Cobalt toxicity
biologic effects **A2:** 1251
Cobalt tungsten-carbide coatings (WC-Co)
adhesion pressure of molten particle deposition **EM4:** 204
applications as a coating **EM4:** 208
Cobalt, vapor pressure
relation to temperature **M4:** 310
Cobalt/chrome powder
pneumatic isostatic forging **A7:** 639
Cobalt/chromium alloys
ion implantation **A5:** 608
ion implantation applications **A20:** 484
Cobalt/molybdenum-base coating
characteristics **A5:** 927
Cobalt/molybdenum-base conversion coating .. **A5:** 927
Cobalt/rare earth permanent magnets ... **M7:** 642–643
Cobalt-12% iron-6% titanium alloy, microstructure of .... **A3:** 1•22
Cobalt-60 containers **A7:** 6
Cobalt-aluminate blue spinel
inorganic pigment to impart color to ceramic coatings **A5:** 881
Cobalt-aluminum oxidation protective coating
superalloys **M5:** 376
Cobalt-base alloy
design for **A1:** 983, 985–986
heat treatment for **A1:** 993
Cobalt-base alloy powders
applications **A7:** 179
cold sintering **A7:** 576, 579
composition **A7:** 1070–1071
corrosion resistance **A7:** 1070
fatigue **A7:** 958
injection molding **A7:** 314
properties **A7:** 1070–1071
wear data **A7:** 1072
Cobalt-base alloys *See also* Cobalt; Cobalt-base alloys, specific types **A13:** 658–668
air melting practices **A15:** 812–813
and rare earth alloys, as permanent magnet materials **A2:** 787–788
applications **A13:** 665–667, **A15:** 811
as carrier, sliding electrical contacts **A2:** 842
as P/M materials **A19:** 338
as surgical implants **A13:** 1326–1327
brazing **A6:** 928–929
brazing and soldering characteristics **A6:** 634
cast, fatigue fracture **A11:** 284
cavitation erosion **A18:** 217
composition **A6:** 929
compositions **A13:** 659
corrosion of **A13:** 658–668
corrosion-resistant **A2:** 403, 448, 453–454
deslagging **A15:** 813
development **A15:** 811
diffusion brazing **A6:** 344
diffusion welding **A6:** 885
electrochemical machining **A5:** 112
electron-beam welding **A6:** 869
environmental embrittlement **A13:** 661–662
erosion resistance for pump components .. **A18:** 598
explosive forming **A14:** 783–784
fabrication **A13:** 662–665
fatigue strengths **A13:** 666
forge welding **A6:** 306
forging temperatures and forgeability **A14:** 232
forming practice **A14:** 783
fretting **A13:** 138
fusion welding to steels **A6:** 828
galling **A18:** 715
galvanic corrosion **A13:** 85
general corrosion **A13:** 658–661
hardfacing .. **A6:** 789, 790, 792, 793–794, 796, 797, 799, 803
hardfacing and wear **A13:** 663–664
heat treatment **A15:** 813–814
heat-resistant **A2:** 446–448, 451–453
heat-resistant, forging of **A14:** 233–234
hydrochloric acid corrosion **A13:** 661
hydrogen embrittlement **A13:** 661–662
hydrogen peroxide dissolution medium **A10:** 166
in acid media, alloying effects **A13:** 660
in corrosive environments, behavior **A13:** 658–661
in nitric acid **A13:** 661
in nuclear reactor systems **A13:** 951
laser cladding components and techniques **A18:** 869
localized corrosion **A13:** 661
machining, ultrahard materials for **A2:** 1010
master ingots, manufacture and remelting **A15:** 811–812
material for jet engine components .. **A18:** 588, 591
melting ranges **A15:** 812
nominal compositions **A15:** 811
not readily diffusion bondable **A6:** 156
physical metallurgy **A13:** 658
preheat and pouring **A15:** 813–814
special metallurgical welding considerations **A6:** 575–579
creep-resistant secondary carbide-strengthened alloys welded with nickel alloys **A6:** 577
overaging **A6:** 575
special welded product conditions... **A6:** 577–579
stacking faults in fcc phase **A10:** 466
superalloys, stress rupture data **A2:** 452
thermal spray coating recommended **A18:** 832
Unicast process for **A15:** 251
wear-resistant **A2:** 446–451
weldability **A13:** 662–665
welded overlays for resistance to cavitation erosion **A18:** 217
wrought, as implant materials **A11:** 672
yttrium segregation in **A10:** 483
Cobalt-base alloys, carbide type
abrasive wear **A18:** 761
applications **A18:** 758
coefficient of friction **A18:** 764
composition **A18:** 762
composition of alternate alloy replacements **A18:** 764
properties **A18:** 758, 761, 762, 764
sliding wear **A18:** 762
wear resistance **A18:** 758
Cobalt-base alloys, heat treating *See also* Heat-resistant alloys, heat treating
aging **M4:** 669–670
annealing **M4:** 669
atmospheres **M4:** 670
temperatures **M4:** 655, 656, 657, 669–670
Cobalt-base alloys, specific types
17Co7Cr3W, laser alloying and abrasive wear resistance **A18:** 866
19-9DL, recommended upsetting pressures for flash welding **A6:** 843
52Co22Cr9W, laser alloying and abrasive wear resistance **A18:** 866
54Co-27Cr-6Mo-5Ni, refractory metal brazing, filler metal **A6:** 942
55Co-20Ni-15W-10Ni, refractory metal brazing, filler metal **A6:** 942
AiResist 215, vacuum casting **A15:** 812
Alloy 6
abrasive wear **A18:** 767
erosive wear **A18:** 768
Alloy 6B
abrasive wear **A18:** 767, 770
annealed hardness **A18:** 768
applications **A18:** 770
carbide volume fraction **A18:** 766
erosive wear **A18:** 767, 768
hot hardness **A18:** 770
microstructure after etching **A18:** 767
nominal composition **A18:** 766
Alloy 6K
abrasive wear **A18:** 770
applications **A18:** 770
carbide volume fraction **A18:** 766
microstructure after etching **A18:** 767
nominal composition **A18:** 766
Alloy 20CB-3
annealed hardness **A18:** 768
erosive wear **A18:** 768
Alloy 25
abrasive wear **A18:** 767
annealed hardness **A18:** 768
applications **A18:** 770
carbide volume fraction **A18:** 766
erosive wear **A18:** 768
hot hardness **A18:** 770
metastability **A18:** 767
microstructure after etching **A18:** 767
nominal composition **A18:** 766
Alloy 31, friction coefficient **A18:** 770
Alloy 188
carbide volume fraction **A18:** 766
erosive wear **A18:** 767
hot hardness **A18:** 770
metastability **A18:** 766
microstructure after etching **A18:** 767
nominal composition **A18:** 766
physical properties **A18:** 766
Alloy 255
abrasive wear **A18:** 767
annealed hardness **A18:** 768
erosive wear **A18:** 767, 768
Alloy 625
annealed hardness **A18:** 768
erosive wear **A18:** 768
Alloy 718, erosive wear **A18:** 767–768
alloy 1233, pitting resistance **A2:** 453–454
Alloy C-276
annealed hardness **A18:** 768
erosive wear **A18:** 767–768
sliding wear **A18:** 769
Co-10Cr, multilayer oxide scale **A13:** 98

Cobalt-base alloys, specific types (continued)
CoAl, as brittle material, possible ductile phases . . . **A19:** 389
CoAl+Co, correlation between measured and calculated fracture toughness levels . . **A19:** 389
F75 cobalt-chromium-molybdenum, cast broken hip prosthesis . . . **A11:** 690–693
F563 wrought, fatigue-fracture structures showing toughness of . . . **A11:** 685, 689
H-31, electron-beam welding . . . **A6:** 869
Havar, corrosion at boiling temperatures . . **A13:** 661
Havar, nitric acid corrosion . . . **A13:** 661
Haynes 188, multiaxial fatigue . . . **A19:** 264
Haynes 188, solid particle erosion . . . **A2:** 450
Haynes 188, sulfidation data . . . **A2:** 453
Haynes alloy 6B, product forms and microstructure . . . **A2:** 449
Haynes alloy 25, solid particle erosion . . . **A2:** 450
Haynes alloy 25, sulfidation data . . . **A2:** 453
Haynes alloys, boiling temperature environments . . . **A13:** 661
Haynes alloys, sulfuric acid corrosion . . . **A13:** 660
HS-21, air casting . . . **A15:** 812
HS-21, electron-beam welding . . . **A6:** 869
HS-25, air casting . . . **A15:** 812
MAR-M 302, vacuum pouring . . . **A15:** 811–813
MAR-M 509, vacuum pouring . . . **A15:** 811–812
MP35N
nominal composition . . . **A18:** 766
physical properties and carbon content . . **A18:** 766
strength levels controlled by cold reduction and aging . . . **A18:** 766
MP35N, corrosion at boiling temperatures . . . **A13:** 661
MP35N multiphase alloy, mechanical properties . . . **A2:** 454
MP35N, nitric acid corrosion . . . **A13:** 661
MP159
nominal composition . . . **A18:** 766
physical properties and carbon content . . **A18:** 766
strength levels controlled by cold reduction and aging . . . **A18:** 766
physical properties . . . **A18:** 766
S-816, electron-beam welding . . . **A6:** 869
Stellite 1, overlay microstructures . . . **A13:** 659
Stellite 6, overlay microstructures . . . **A13:** 660
Stellite 6 sheet, liquid-metal corrosion . . . **A13:** 91
Stellite alloy 1, for castings/overlays . . . **A2:** 449
Stellite alloy 1, microstructure . . . **A2:** 449
Stellite alloy 6, application . . . **A2:** 449
Stellite alloy 6, microstructure . . . **A2:** 449
Stellite alloy 12, application . . . **A2:** 449
Stellite alloy 12, microstructure . . . **A2:** 449
Stellite alloy 21, as wear-resistant . . . **A2:** 449
Stellite, chromium effects . . . **A13:** 658
Tribaloy alloy (T-800), Laves precipitates . . **A2:** 449
Ultimet
abrasive wear . . . **A18:** 767
annealed hardness . . . **A18:** 768
applications . . . **A18:** 770
erosive wear . . . **A18:** 768
hot hardness . . . **A18:** 770
microstructure after etching . . . **A18:** 767
no grain boundary carbide precipitation **A18:** 766
nominal composition . . . **A18:** 766
physical properties and carbon content . . **A18:** 766
sliding wear . . . **A18:** 769, 770
WI-52, air casting . . . **A15:** 812
X-40, electron-beam welding . . . **A6:** 869
Cobalt-base corrosion-resistant alloys . . . **A6:** 585
alloy compositions and product forms . . . **A2:** 453
applications . . . **A2:** 454
corrosion properties . . . **A2:** 453–454
mechanical properties . . . **A2:** 454
nominal compositions . . . **A2:** 448
postweld heat treatment . . . **A6:** 599
types of aqueous corrosion . . . **A2:** 453
Cobalt-base corrosion-resistant alloys, selection of . . . **A6:** 598–599
applications . . . **A6:** 598
composition of selected alloys . . . **A6:** 598
gas-metal arc welding . . . **A6:** 598
heat-affected zone, cracking . . . **A6:** 598
microstructure . . . **A6:** 598
weldability characteristics . . . **A6:** 598–599
Cobalt-base hardfacing alloy powders . . . **A7:** 74, 974, 975
composition . . . **A7:** 180
hardness . . . **A7:** 180
Cobalt-base hardfacing alloys
laser cladding materials . . . **A18:** 866–867
Cobalt-base heat-resistant casting alloys
compositions of . . . **A9:** 331
microstructures . . . **A9:** 334
Cobalt-base heat-resistant casting alloys, specific types
98M2 Stellite, as investment cast, different magnifications compared . . . **A9:** 348
Haynes 21, as-cast and aged . . . **A9:** 347
Haynes 31, as-cast and aged, thin and thick sections compared . . . **A9:** 347
Haynes 151, as-cast and aged . . . **A9:** 347
MAR-M 302, as-cast . . . **A9:** 348
MAR-M 509, as-cast and aged . . . **A9:** 349
WI-52, as-cast . . . **A9:** 348
Cobalt-base high-temperature alloys
alloy compositions and product forms **A2:** 451–452
applications . . . **A2:** 452–453
nominal compositions . . . **A2:** 448
oxidation/sulfidation resistances . . . **A2:** 452
Cobalt-base powders, production of *See also* Production of cobalt-base powders **A7:** 179–181
Cobalt-base superalloy powder
extrusion . . . **A7:** 627, 628
thermal spray forming . . . **A7:** 411
Cobalt-base superalloys *See also* specific types; Super-alloys, cobalt-base, specific types; Wrought heat-resistant alloys
cast cobalt-base superalloys . . . **A1:** 983, 985–987
compositions . . . **A20:** 398
diffusion coatings . . . **A5:** 611–617, 619
extreme-temperature solid lubricants . . . **A18:** 118
interrupted oxidation test ranking . . . **A20:** 595
phases in . . . **A15:** 812
powder metallurgy (P/M) cobalt-base alloys . . . **A1:** 977–980
properties . . . **A15:** 812, 814
thermal and thermomechanical fatigue of **A19:** 542
thermal expansion coefficient . . . **A6:** 907
VIM melt protocol . . . **A15:** 394
wrought cobalt-base superalloys . . **A1:** 950, 962–968
Cobalt-base superalloys, arc-welded
failures in . . . **A11:** 433–434
Cobalt-base wear-resistant alloys
abrasive wear . . . **A2:** 447
alloy compositions and product forms **A2:** 448–449
applications . . . **A2:** 451
erosive wear . . . **A2:** 448
mechanical and physical properties . . . **A2:** 451
nominal compositions . . . **A2:** 448
physical/mechanical properties . . . **A2:** 451
sliding wear . . . **A2:** 447–448
wear data . . . **A2:** 449–451
Cobalt-base wrought alloys, friction and wear of . . . **A18:** 766–770
annealed hardnesses of specific alloys . . . **A18:** 768
categories . . . **A18:** 766
hot hardnesses of specific alloys . . . **A18:** 770
mechanical properties . . . **A18:** 770
wear properties . . . **A18:** 767–770
wear-related applications . . . **A18:** 770
Cobalt-based alloys
brazing . . . **M6:** 1021
compositions, characteristics and applications . . . **M6:** 1019
electron beam welding . . . **M6:** 638
forge welding . . . **M6:** 676
friction welding . . . **M6:** 722
hardfacing material . . . **M6:** 774
plasma arc welding . . . **M6:** 214
Tribaloy alloys laser cladding . . . **M6:** 796–797
weld overlay material . . . **M6:** 806
Cobalt-based hardfacing alloys . . . **M7:** 145, 825–828
carbide percentages . . . **M7:** 827
compositions and hardness . . . **M7:** 145
corrosion rates . . . **M7:** 828
wear data . . . **M7:** 828
Cobalt-based heat-resistant alloys *See* Heat-resistant alloys; specific types
Cobalt-bonded tungsten carbide
chemical vapor deposition . . . **EM4:** 217
Cobalt-bonded tungsten carbide, and heat-treatable steel-bonded carbides
compared . . . **A2:** 996–997
Cobalt-boron
wear resistance . . . **A5:** 326
Cobalt-chromite blue-green spinel
inorganic pigment to impart color to ceramic coatings . . . **A5:** 881
Cobalt-chromite green spinel
inorganic pigment to impart color to ceramic coatings . . . **A5:** 881
Cobalt-chromium alloys . . . **A7:** 544
as implant materials . . . **A11:** 672
broken adjustable Moore pins from . . **A11:** 675, 681
cold-worked, implant failure of . . . **A11:** 675, 681
dental . . . **A13:** 1361
liquid-phase sintering . . . **A7:** 570
orthodontic wires . . . **A18:** 666, 675–676
part material for ion implantation . . . **A18:** 858
retrieved bone screw from . . . **A11:** 674, 680
rotating electrode process . . . **A7:** 100
Cobalt-chromium AlY coatings . . . **A19:** 540–541
Cobalt-chromium-aluminum-yttrium oxidation protective coating, superalloys . . . **M5:** 376–378
structure . . . **M5:** 376–377
thermal mechanical fatigue behavior and ductility . . . **M5:** 376–378
Cobalt-chromium-molybdenum
polymethyl methacrylate abrasion tests following 10 . . . **A5:** 847
Cobalt-chromium-molybdenum alloys
applications, femoral components of hip and knee replacements . . . **A18:** 657, 658
bone screw, sheared-off . . . **A11:** 678, 682
cast, as implant materials . . . **A11:** 672
composition . . . **A18:** 658
cycle rotating beam fatigue limit . . . **M7:** 660
fretting wear . . . **A18:** 250
orthopedic implants . . . **M7:** 657
physical and mechanical properties . . . **A18:** 659
tensile properties . . . **M7:** 660
Cobalt-chromium-nickel-tungsten
as thermal spray coating for hardfacing applications . . . **A5:** 735
physical characteristics of high-velocity oxyfuel spray deposited coatings . . . **A5:** 927
Cobalt-chromium-tungsten alloys
classification and composition of hardfacing alloys . . . **A18:** 652
for cutting tool materials . . . **A18:** 615
Cobalt-chromium-tungsten-nickel-carbon alloys
for hardfacing applications . . . **A7:** 181
Cobalt-covered tungsten carbide . . . **M7:** 173
Cobalt-free super-high-speed steels . . . **A7:** 790–791
Cobaltic hexammine sulfate . . . **A7:** 180
Cobalt-iron powder
roll compacting . . . **A7:** 392
Cobalt-iron powder alloys
properties of . . . **M7:** 402
Cobalt-molybdenum-chromium-silicon
as thermal spray coating for hardfacing applications . . . **A5:** 735
Cobalt-nickel
energy factors for selective plating . . . **A5:** 277

SUBJECTS OF THE INDEXED VOLUMES: ASM Handbook (designated by the letter "A"): **A1:** Properties and Selection: Irons, Steels, and High-Performance Alloys (1990); **A2:** Properties and Selection: Nonferrous Alloys and Special-Purpose Materials (1990); **A3:** Alloy Phase Diagrams (1992); **A4:** Heat Treating (1991); **A5:** Surface Engineering (1994); **A6:** Welding, Brazing, and Soldering (1993); **A7:** Powder Metal Technologies and Applications (1998); **A8:** Mechanical Testing (1985); **A9:** Metallography and Microstructures (1985); **A10:** Materials Characterization (1986); **A11:** Failure Analysis and Prevention (1986); **A12:** Fractography (1987); **A13:** Corrosion (1987); **A14:** Forming and Forging (1988); **A15:** Casting (1988); **A16:** Machining (1989); **A17:** Nondestructive Evaluation and Quality Control (1989); **A18:** Friction, Lubrication, and Wear Technology (1992); **A19:** Fatigue and Fracture (1996); **A20:** Materials Selection and Design (1997). **Metals Handbook, 9th Edition** (designated by the letter "M"): **M1:** Properties and Selection: Irons and Steels (1978); **M2:** Properties and Selection: Nonferrous Alloys and Pure Metals (1979); **M3:** Properties and Selection: Stainless Steels, Tool Materials, and Special-Purpose Materials (1980); **M4:** Heat Treating (1981); **M5:** Surface Cleaning, Finishing, and Coating (1982); **M6:** Welding, Brazing, and Soldering (1983); **M7:** Powder Metallurgy (1984). **Engineered Materials Handbook** (designated by the letters "EM"): **EM1:** Composites (1987); **EM2:** Engineering Plastics (1988); **EM3:** Adhesives and Sealants (1990); **EM4:** Ceramics and Glasses (1991). **Electronic Materials Handbook** (designated by the letters "EL"): **EL1:** Packaging (1989)

Cobalt-nickel gray periclase
inorganic pigment to impart color to ceramic coatings . . . **A5:** 881
Cobalt-nickel-phosphorus
electroplated coatings . . . **A18:** 838
Cobalt-phosphorus
corrosion protection . . . **A5:** 326
electroplated coatings . . . **A18:** 838
wear resistance . . . **A5:** 326
Cobalt-phosphorus-molybdenum
corrosion protection . . . **A5:** 326
Cobalt-phosphorus-tungsten
wear resistance . . . **A5:** 326
Cobalt-rare earth alloys *See* Magnetic materials
Cobalt-samarium permanent magnets . . . **M7:** 643
Cobalt-silicate blue olivine
inorganic pigment to impart color to ceramic coatings . . . **A5:** 881
Cobalt-tin alloys
peritectic transformations . . . **A9:** 678
Cobalt-tin blue-gray spinel
inorganic pigment to impart color to ceramic coatings . . . **A5:** 881
Cobalt-tin-alumina blue spinel
inorganic pigment to impart color to ceramic coatings . . . **A5:** 881
Cobalt-titanate green spinel
inorganic pigment to impart color to ceramic coatings . . . **A5:** 881
Cobalt-tungsten
energy factors for selective plating . . . **A5:** 277
selective plating solution for alloys . . . **A5:** 281
Cobalt-tungsten carbide composites
cold sintering . . . **A7:** 580
Cobalt-tungsten-boron
electroless ternary alloy plating systems . . . **A5:** 328
high temperature properties . . . **A5:** 326
Cobalt-tungsten-carbon phase diagram . . . **A3:** 1•29
Cobalt-tungsten-phosphorus
electroless ternary alloy plating systems . . . **A5:** 328
Cobalt-zinc-aluminate blue spinel
inorganic pigment to impart color to ceramic coatings . . . **A5:** 881
Cobalt-zinc-silicate blue phenacite
inorganic pigment to impart color to ceramic coatings . . . **A5:** 881
Coble diffusional creep . . . **EM4:** 296
Cobron *See also* Copper alloys, specific types, C66400
applications and properties . . . **A2:** 335–336
Co-carburization, tungsten carbide/titanium
carbide . . . **M7:** 158
Cockcroft and Latham criterion . . . **A8:** 168–169
Cockcroft model
of fracture . . . **A14:** 394
Cocking
of mechanical fasteners . . . **EM1:** 706
Cocks' model . . . **A7:** 333
Cocoa
definition . . . **A5:** 950
Cocoa (red mud)
defined . . . **A18:** 5
Co-Cr (Phase Diagram) . . . **A3:** 2•140
Co-Cr-Fe (Phase Diagram) . . . **A3:** 3•36–3•37
Co-Cr-Ni (Phase Diagram) . . . **A3:** 3•37
Co-Cr-Ti (Phase Diagram) . . . **A3:** 3•38
Co-Cr-W (Phase Diagram) . . . **A3:** 3•38
Co-Cu (Phase Diagram) . . . **A3:** 2•140
Co-curing *See also* Cure; Secondary bonding . . . **EM3:** 8
defined . . . **EM1:** 7, **EM2:** 10
Cocurrent drying . . . **M7:** 73, 74
COD *See* Crack opening displacement
COD method . . . **A19:** 211
measurement of crack closure load . . **EM3:** 510–511
Code . . . **A20:** 149
defined . . . **A20:** 67
Codeposited organics
effects in plated coatings . . . **EL1:** 679–680
Codeposition
in constant-current methods of electrogravimetry . . . **A10:** 198
Codes
for boiler/pressure vessel inspection methods . . . **A17:** 641–644
Codes and standards, designing to *See* Designing to codes and standards
Codes for
aircraft and spacecraft . . . **M6:** 824–825
boilers and pressure vessels . . . **M6:** 823
bridges, buildings similar structures . . . **M6:** 824
concrete requirements . . . **M6:** 702
field-welded storage tanks . . . **M6:** 824
flash welding . . . **M6:** 580
industrial machinery . . . **M6:** 825
industrial pipelines and piping . . . **M6:** 824
liquid-penetrant inspection . . . **M6:** 826–827
magnetic-particle inspection . . . **M6:** 827
nuclear reactors . . . **M6:** 823–824
pressure piping . . . **M6:** 824
radiographic inspection . . . **M6:** 827
railroad rolling stock . . . **M6:** 824
shipbuilding . . . **M6:** 824
ultrasonic inspection . . . **M6:** 827
Coding, color
of thermocouple wires and extension wires **A2:** 878
Coding of levels (experimental)
defined . . . **EM2:** 600
Co-Dy (Phase Diagram) . . . **A3:** 2•141
COE *See* Cube-on-edge texture
Coefficient of adhesion . . . **A6:** 144, **A18:** 475
defined . . . **A18:** 5
Coefficient of elasticity *See also* Compliance; Young's modulus . . . **EM3:** 8
defined . . . **EM1:** 7, **EM2:** 10
Coefficient of expansion . . . **EM2:** 1, 10, **EM3:** 8
defined . . . **EM1:** 7
electrical resistance alloys . . . **A2:** 822
Coefficient of expansion effect
fastener performance at elevated temperatures . . . **A11:** 542
Coefficient of friction *See also* Friction . . . **A6:** 144, **A8:** 2, **A18:** 27, 28, 31–33, 35, 40, 432–436, **EM3:** 8
acrylic versus porcelain denture teeth . . . **A18:** 673, 674
and Sommerfeld number . . . **A11:** 485
automotive
brakes . . . **A18:** 574–575
sprocket and chain wear . . . **A18:** 566
bearing steels . . . **A18:** 730
boundary lubrication . . . **A18:** 96
ceramics . . . **A18:** 814, 815
chromium . . . **A18:** 836, 837
chromium electroplating . . . **A18:** 835
cobalt-base wrought alloys . . . **A18:** 770
crankshaft bearings in internal combustion engines . . . **A18:** 559–561
decreased with sliding velocity . . . **A18:** 43
defined . . . **A18:** 5, **EM1:** 7, **EM2:** 10
definition . . . **A5:** 950
dental tissue (human) and laboratory studies . . . **A18:** 667
fretting wear in a vacuum . . . **A18:** 249
gallium arsenide, as a function of temperature and doping . . . **A18:** 688–689
gray iron . . . **A18:** 695
historical development . . . **A18:** 45–46
metal-matrix composites . . **A18:** 803, 804, 805, 806, 807, 808–809, 810
nickel, electroless . . . **A18:** 837
nickel, electroplated . . . **A18:** 836
of acetals . . . **EM2:** 100
of nickel aluminide alloys . . . **A18:** 772–777
orthodontic wires . . . **A18:** 676
polyether etherketone . . . **A18:** 824, 825, 826
polytetrafluoroethylene . . . **A18:** 824, 825
pump materials . . . **A18:** 595
seals . . . **A18:** 547
silicon (*n*-type), as a function of temperature and doping . . . **A18:** 688–689
sliding bearings . . . **A18:** 515, 516, 518, 519
stainless steels . . . **A18:** 717
strip rolling . . . **A18:** 66
surface texture of magnetic storage tapes . . **A18:** 343
symbol for . . . **A8:** 726, **A11:** 796
synovial joints, major load-bearing natural . . . **A18:** 656
thermoplastic composites **A18:** 820, 821, 822, 824, 825, 826
titanium alloys . . . **A18:** 778, 779, 780, 781, 782
tool steels . . . **A18:** 737, 738, 739
tribotest example . . . **A18:** 483, 484, 485
ultrahigh molecular weight polyethylenes (UHMWPE) . . . **EM2:** 167
VAMAS round-robin sliding wear tests . . . **A18:** 487
Coefficient of friction testing . . . **A13:** 962
Coefficient of linear thermal expansion *See also* Coefficient of thermal expansion; Thermal expansion
aluminum and aluminum alloys . . . **A2:** 9
cast copper alloys . . . **A2:** 356–391
defined . . . **A2:** 9
temperature dependence . . . **EL1:** 814
Coefficient of thermal expansion *See also* Coefficient of linear thermal expansion; Thermal expansion . . . **A19:** 535
aluminum casting alloys . . . **A2:** 153–177
definition . . . **A20:** 829
iron-nickel low-expansion alloys . . . **A2:** 893
of beryllium . . . **A2:** 683
of gray iron . . . **A1:** 31
variability in . . . **A8:** 623
wrought aluminum and aluminum alloys . . . **A2:** 62–122
Coefficient of thermal expansion (CTE) *See also* CTE-matched materials; Linear expansion; Temperature(s); Thermal **A6:** 433, **EM3:** 8, 401, 444, 575, 582–583, 595
aluminum metal-matrix composites . . . **A6:** 555
aluminum-silicon alloys . . . **A18:** 785
and elasticity . . . **EM1:** 188–190
and material selection . . . **EM1:** 38
and reliability, electronic interconnect . . . **EL1:** 730
and specific heat . . . **EM2:** 455–456
and strain, vs. temperature, copper-Invar-copper . . . **EL1:** 622
and thermal loading . . . **EL1:** 57
and thermal stresses . . . **EM2:** 751
austenitic stainless steels, 8D-1 . . . **A6:** 456, 469
bonding fixture . . . **EM3:** 707
calculated . . . **EM1:** 358–359
carbon fiber/fabric reinforced epoxy resin . . . **EM1:** 411
carbon fibers . . . **EM1:** 52
ceramic material brazing . . . **A6:** 635
ceramic materials . . . **A6:** 949, 950, 952, 957
ceramic multilayer packages . . . **EL1:** 468
ceramics . . . **A18:** 814, **EL1:** 336
composite packaging materials . . . **EL1:** 1122
control, in PWBs . . . **EL1:** 77
cryogenic service . . . **A6:** 1018
data sheet information . . . **EM2:** 410
defined . . . **EM1:** 7, **EM2:** 10
differences causing thermal stresses . . . **EM3:** 617
dissimilar metal joining . . . **A6:** 824, 825, 826
dissimilar metals joined to carbon steels and cast irons . . . **A6:** 906
effect on cryogenic service . . . **A6:** 1018
epoxy resin system composites . . . **EM1:** 402, 406, 408, 411, 413
for package materials . . . **EL1:** 415
for packaging materials . . . **EL1:** 58
for substrate materials, thin-film hybrids **EL1:** 318
glass addition effect . . . **EM2:** 70
glass fiber reinforced epoxy resin . . . **EM1:** 406
glass fibers . . . **EM1:** 47, 107
graphite fiber reinforced epoxy resin . . . **EM1:** 413
graphitic materials . . . **A6:** 950
heat sink effects . . . **EL1:** 1129–1131
heat-treatable aluminum alloys . . . **A6:** 530
high-temperature thermoset matrix composites . . . **EM1:** 376, 380
hydrogen mitigation, underwater welding . . . **A6:** 1011–1012
importance, hybrid packages . . . **EL1:** 451
in SMT design . . . **EL1:** 733–734
Kevlar 49 fiber/fabric reinforced epoxy resin . . . **EM1:** 408
laminate . . . **EM1:** 225–226
lead frame alloys . . . **EL1:** 491
linear, for various materials . . . **EM2:** 752
longitudinal, for graphite laminate . . . **EM1:** 184
low-temperature thermoset matrix composites . . . **EM1:** 396
matrix materials . . . **EL1:** 1120–1121, 1127–1128
medium-temperature thermoset matrix composites . . . **EM1:** 384, 387, 390, 391
metal matrix composites . . . **EL1:** 1127–1128
mismatch between solder and substrate . . . **A6:** 964

Coefficient of thermal expansion (CTE) (continued)
mismatch problem **EL1:** 77, 611
nickel alloys **A6:** 750
of aircraft alloys **EM1:** 716
of common packaging materials **EL1:** 454
of composite materials **EM1:** 716
of composite tooling......... **EM1:** 580–581, 586
of engineering plastics **EM2:** 69
of homogeneous solids, defined......... **EM1:** 189
of polymer matrix composites.......... **EL1:** 1117
of reinforcements........................ **EL1:** 535
polyamide-imides (PAI)................. **EM2:** 129
polyimide............................... **EM3:** 597
resin effects **EL1:** 534–535
rigid epoxies **EL1:** 811
sheet metals.............................. **A6:** 399
sheet molding compounds **EM1:** 158
silicon carbide particle reinforced
aluminum **EL1:** 1124
silicone conformal coatings **EL1:** 822
slag vs. weld differences **A6:** 61
soldered joint mismatches **A6:** 1128
soldering in electronic applications ... **A6:** 992–993, 996, 997
stainless steel dissimilar welds............ **A6:** 501
stainless steels............................ **A6:** 847
substrates **EL1:** 318, 612
surface-mount solder joints, effect on **EL1:** 633
tailoring.................. **EL1:** 614–628, 741–743
target, for substrates............... **EL1:** 612–613
thermoplastic matrix composites... **EM1:** 366, 369, 371
thermoplastic polyimides (TPI) **EM2:** 177
ultrahigh molecular weight polyethylenes
(UHMWPE)....................... **EM2:** 170
values, glasses and metals **EL1:** 457
vs. temperature, Kevlar................. **EM1:** 362
Coefficient of variation (COV) ... **A19:** 296, 297, 298, 299, 300, **A20:** 76, 78, 512
weldment fatigue strength................ **A19:** 285
Coefficient of wear *See* Archard wear law; Wear coefficient; Wear constant; Wear factor
Coefficients
mass absorption **A10:** 85
Coefficients of swelling
and elasticity.................. **EM1:** 188–190
Coefficients of thermal expansion (CTE)
in drinkware compositions........... **EM4:** 1102
in ovenware compositions **EM4:** 1103
in tableware compositions **EM4:** 1101
uniaxial hot pressing **EM4:** 187
Co-Er (Phase Diagram)................. **A3:** 2•141
Coercive field........... **A7:** 1007, 1008, 1012, 1013
defined................................ **A7:** 1007
Coercive force
and hardness, steel..................... **A17:** 134
defined................................ **A17:** 100
of magnetic materials **A2:** 761
Coercivity **A19:** 214
magnetic............................... **M7:** 643
Coercivity in permanent magnets........... **A9:** 538
Coextrusion **A20:** 452–453
as process.............................. **EM2:** 387
Coextrusion welding
definition **M6:** 4
Coextrusion welding (CEW)................ **A6:** 311
advantages.............................. **A6:** 311
aluminum **A6:** 311
aluminum alloys......................... **A6:** 311
applications............................. **A6:** 311
copper **A6:** 311
definition **A6:** 311, 1207
low-carbon steel **A6:** 311
nickel **A6:** 311
nickel-base alloys **A6:** 311
niobium **A6:** 311
steel **A6:** 311
tantalum................................ **A6:** 311
titanium................................. **A6:** 311

zirconium **A6:** 311
Co-Fe (Phase Diagram).................. **A3:** 2•141
Co-Fe-Mo (Phase Diagram) .... **A3:** 3•38–3•39
Co-Fe-Ni (Phase Diagram) .... **A3:** 3•39–3•40
Co-Fe-W (Phase Diagram) .... **A3:** 3•40–3•41
Coffee-bean contrast in copper-cobalt alloys .. **A9:** 117
Coffin-Manson equation **A19:** 532
Coffin-Manson exponent.................. **A19:** 34
Coffin-Manson law **A19:** 269
Coffin-Manson low cycle fatigue
relationship **A19:** 126, 127, 235
Coffin-Manson relationship **A20:** 524
low-cycle fatigue testing **A8:** 367
Cofired ceramic multilayer packages *See also*
Ceramic multilayer package, fabrication
as substrate material **EL1:** 106
physical characteristics **EL1:** 106
process flow **EL1:** 461
thermal expansion properties............ **EL1:** 615
Cofired tape technology
as thick film modification **EL1:** 249
Cofiring
defined................................ **EL1:** 1137
Co-Ga (Phase Diagram) .... **A3:** 2•142
Co-Gd (Phase Diagram) .... **A3:** 2•142
Co-Ge (Phase Diagram).................. **A3:** 2•142
Cogging **A1:** 971
defined.................................. **A14:** 2
of ingot products **A11:** 327
Cohen-Grest model **EM4:** 849
Coherence
in the illuminating beam of a transmission electron
microscope......................... **A9:** 103
Coherent atomic scattering intensity
abbreviation for **A10:** 690
Coherent Bragg diffraction
analytical transmission electron
microscopy......................... **A10:** 436
Coherent diffraction
of inelastically scattered electrons..... **A9:** 109–110
Coherent interface
between matrix and precipitate **A9:** 648
defined **A9:** 604, 647
Coherent light scattering.................. **A7:** 237
Coherent phase transformations
revealed by differential interference contrast ......
A9: 59
Coherent precipitate
definition.............................. **A20:** 829
Coherent precipitates
defined.................................. **A9:** 4
structure-factor contrast **A9:** 112–113
Coherent scattering *See also* Rayleigh scattering
defined.................................. **A9:** 4
Cohesion **EM3:** 8
composite joints....................... **EM3:** 777
defined **EM1:** 7, **EM2:** 10
definition.............................. **A5:** 950
work of.................... **A18:** 399, 400, 403
Cohesion coefficient...................... **A6:** 144
Cohesion, degree of, between particles **A7:** 334
Cohesion strength measurement,
specifications **A7:** 288–289
Cohesive
failure, defined **EM1:** 7
strength, defined....................... **EM1:** 7
Cohesive blocking........................ **EM3:** 8
Cohesive failure **EM3:** 8
defined................................ **EM2:** 10
Cohesive force *See* Adhesion
Cohesive powders
angle of repose for **M7:** 284
mobility and angle of repose............ **M7:** 285
Cohesive strength **EM3:** 8
defined................................ **EM2:** 10
Cohesive-matrix failure
in composites **A11:** 734
Co-Hf (Phase Diagram).................. **A3:** 2•143
Co-Ho (Phase Diagram) .... **A3:** 2•143

Coil and roller coat method
average application painting efficiency..... **A5:** 439
Coil annealing
wrought copper and copper alloys......... **A2:** 246
Coil breaks
definition.............................. **A5:** 950
Coil cradles.............................. **A14:** 501
Coil hooks
fatigue fracture.................... **A11:** 523–524
materials for...................... **A11:** 515, 522
Coil impedance *See also* Impedance
components........................ **A17:** 166–167
in eddy current inspection.......... **A17:** 166–167
phasor representation of sinusoids **A17:** 167
Coil lift-off locus
defined................................ **A17:** 172
Coil springs *See* Helical springs
Coil, steel
pickling of...................... **M5:** 71, 76, 80
Coil stock
feeds for............................... **A14:** 499
for blanking............................ **A14:** 449
for electromagnetic forming............. **A14:** 650
Coil termination adhesives........... **EM3:** 573, 574
Coil with support
definition **M6:** 4
Coil without support
definition **M6:** 4
Coiled sheet *See also* Sheet forming; Sheet metals
flatteners and levelers **A14:** 713
slitting **A14:** 708–711
Coiled strip *See also* Strip
flatteners and levelers **A14:** 713
multiple-slide forming of **A14:** 567
shearing (cut-to-length lines) **A14:** 711–713
slitting of.......................... **A14:** 708–711
Coiled tubing fatigue................. **A19:** 603–604
Coiled wire
multiple-slide forming of **A14:** 567
Coil-handling equipment............. **A14:** 501–502
Coil(s) *See also* Coil impedance; Conductor(s); Eddy current inspection; Probes; Sensors
applications............................. **A17:** 94
arrangement, eddy current
inspection............... **A17:** 174–175, 185
encircling **A17:** 176, 183
encircling tubing, impedance of **A17:** 169–170
exciter, in eddy current vs. electric current
perturbation methods **A17:** 136–137
flux leakage measurement with **A17:** 130
for longitudinal magnetization........... **A17:** 95
for reflection method, eddy current
inspection.......................... **A17:** 183
for transmission method, eddy current
inspection.......................... **A17:** 183
impedance **A17:** 166–167, 169–170
inspection, eddy current inspection .. **A17:** 175–177
internal................................. **A17:** 183
magnetizing, advantages/limitations **A17:** 94
multiple......................... **A17:** 176, 196
multiple sector, remote-field eddy current
inspection.......................... **A17:** 196
probe **A17:** 176
single, and resistor..................... **A17:** 177
sizes and shapes................... **A17:** 176–177
superconducting.................. **A2:** 1056–1057
types, eddy current inspection **A17:** 165, 176
Coil-type electrical magnetization equipment
longitudinal magnetization by **M7:** 576
Coin
production of.................... **A14:** 184, 823
straightening, defined..................... **A14:** 2
Coin test **EM3:** 8
defined **EM1:** 7, **EM2:** 10
Coinability
of metals **A14:** 183
Coinage
as copper and copper alloy
application.................... **A2:** 239–240

SUBJECTS OF THE INDEXED VOLUMES: ASM Handbook (designated by the letter "A"): **A1:** Properties and Selection: Irons, Steels, and High-Performance Alloys (1990); **A2:** Properties and Selection: Nonferrous Alloys and Special-Purpose Materials (1990); **A3:** Alloy Phase Diagrams (1992); **A4:** Heat Treating (1991); **A5:** Surface Engineering (1994); **A6:** Welding, Brazing, and Soldering (1993); **A7:** Powder Metal Technologies and Applications (1998); **A8:** Mechanical Testing (1985); **A9:** Metallography and Microstructures (1985); **A10:** Materials Characterization (1986); **A11:** Failure Analysis and Prevention (1986); **A12:** Fractography (1987); **A13:** Corrosion (1987); **A14:** Forming and Forging (1988); **A15:** Casting (1988); **A16:** Machining (1989); **A17:** Nondestructive Evaluation and Quality Control (1989); **A18:** Friction, Lubrication, and Wear Technology (1992); **A19:** Fatigue and Fracture (1996); **A20:** Materials Selection and Design (1997). **Metals Handbook, 9th Edition** (designated by the letter "M"): **M1:** Properties and Selection: Irons and Steels (1978); **M2:** Properties and Selection: Nonferrous Alloys and Pure Metals (1979); **M3:** Properties and Selection: Stainless Steels, Tool Materials, and Special-Purpose Materials (1980); **M4:** Heat Treating (1981); **M5:** Surface Cleaning, Finishing, and Coating (1982); **M6:** Welding, Brazing, and Soldering (1983); **M7:** Powder Metallurgy (1984). **Engineered Materials Handbook** (designated by the letters "EM"): **EM1:** Composites (1987); **EM2:** Engineering Plastics (1988); **EM3:** Adhesives and Sealants (1990); **EM4:** Ceramics and Glasses (1991). **Electronic Materials Handbook** (designated by the letters "EL"): **EL1:** Packaging (1989)

copper and copper alloys **A14:** 823
silver, properties **A2:** 700–702
Coincidence boundaries in pure metals **A9:** 610
Coincidence-site model for grain boundaries .. **A9:** 119
Coin-dimpling **A19:** 290
Coining **A7:** 639, 668, 835, **A14:** 180–187, **A15:** 3, 264, **A19:** 342, 343
aluminum alloy........................ **A14:** 804
aluminum and aluminum alloys, defined..... **A2:** 6
applicability........................... **A14:** 180
as sheet metal forming **A8:** 548
beryllium-copper alloys **A2:** 411
by multiple-slide forming **A14:** 567
capacity **A14:** 181
compressive residual stresses by **A11:** 125
decorative **A14:** 180–182, **M3:** 508–510
defined................................ **A14:** 2
die materials.......................... **A14:** 181–183
dies, defined **A14:** 2
dimension control **A14:** 186–187
drop hammer **A14:** 655
finish control **A14:** 186–187
for fracture resistance **A7:** 963
hammers and presses **A14:** 180–181
in green machining **EM4:** 183
in progressive dies..................... **A14:** 182
load vs. displacement curve.............. **A14:** 37
lubricants............................. **A14:** 181
metals, coinability **A14:** 183
of carbon/low-alloy steels, lubricants for .. **A14:** 518
of copper and copper alloys............. **A14:** 818
of sheet metals..................... **A14:** 877–878
of stainless steels **A14:** 759
process steps.......................... **A14:** 180
production practice **A14:** 183–186
vs. machining **A14:** 185
weight control..................... **A14:** 186–187
working hardnesses **A14:** 182
Coining dies
cemented carbides, use for **M3:** 511
decorative coining **M3:** 508–510
gears **M3:** 510
hubbed dies **M3:** 509
machined dies **M3:** 509
P/M steels, use for **M3:** 510–511
progressive forming **M3:** 510
silverware......................... **M3:** 509–510
working hardnesses..................... **M3:** 510
Coinjection of materials **A7:** 413
Coin(s), coining
as secondary pressing operation...... **M7:** 337–338
defined **M7:** 2
early technology for **M7:** 16
effect on copper powder conductivity..... **M7:** 116
of copper-based powder metals **M7:** 733
powders used.......................... **M7:** 573
Co-ion adsorption **A7:** 421
Coke
as cupola fuel **A15:** 30
as reducing agent in Hoeganaes process **M7:** 79–82
bed, cupolas **A15:** 389
defined **A15:** 3, **EM1:** 7, **EM2:** 10
fine, injection **A15:** 384
furnace, defined **A15:** 3
high-temperature gasification **A15:** 53
specifications, cupolas.............. **A15:** 387–388
Coke bed *See also* Flask
defined................................ **A15:** 3
Coke breeze **A7:** 110
defined................................ **A15:** 3
in Hoganäs process **A7:** 110
Coke oven emissions
hazardous air pollutant regulated by the Clean Air Amendments of 1990 .... **A5:** 913
toxic chemicals included under NESHAPS **A20:** 133
Coke pig iron *See also* Pig iron
early usage............................ **A15:** 30
Cokeless cupolas **A15:** 392
Cokemaking **A1:** 107
Coke-oven car wheels
fatigue fracture of **A11:** 130
Coking **A19:** 475
Colburn process **EM4:** 399
Cold acid cleaners. **A5:** 12–13, **M5:** 15
Cold alkaline cleaners. **A5:** 12, 13, 14, **M5:** 15
application examples **A5:** 13
Cold box processes *See also* Cold box resin binder processes
as coremaking systems **A15:** 238
defined................................ **A15:** 3
release agents for **A15:** 240
Cold box resin binder processes *See also* Cold box processes
free radical cure process................ **A15:** 220
phenolic ester cold box process...... **A15:** 220–221
phenolic urethane cold box **A15:** 219
SO_2 process (Furan/SO_2) **A15:** 219–221
sodium silicate/CO_2 system **A15:** 221
Cold break failures
as copper penetration failure in locomotive axles **A11:** 715
Cold breakage
as casting defect **A11:** 383
Cold cathode **A6:** 30
Cold cell attachments for optical microscopes .. **A9:** 82
Cold chamber machine *See also* Hot chamber machine; Plunger; Port
defined................................ **A15:** 3
Cold chamber pressure casting *See* Pressure casting
Cold chamber process
as die casting method **A15:** 286
gating system **A15:** 290
schematic............................. **A15:** 287
Cold cleaning (solvent). **M5:** 40–44
Cold coined forging
defined................................ **A14:** 2
Cold compacting
and rapid omnidirectional compacting.................... **M7:** 543–544
defined **M7:** 2
Cold compaction
vs. warm compaction **A7:** 380
Cold compacts
effect of metal powders in polymer....... **M7:** 607
Cold corrosion
aircraft powerplants **A13:** 1041–1045
Cold crack
definition.............................. **A6:** 1207
Cold cracking *See also* Hot cracking; Lamettar tearing; Stress-relief cracking.......... **A6:** 410
as casting defect **A15:** 548
defined **A13:** 3, **A15:** 3
examination/interpretation.......... **A12:** 137–138
high-strength low-alloy steels **A6:** 73
stainless steels......................... **A6:** 677
Cold cracks *See also* Cracking; Crack(s); Mechanical cracks
in arc welds........................... **A11:** 413
in base metals......................... **A11:** 440
in Electroslag welds **A11:** 440
in flash welds **A11:** 443
in iron castings........................ **A11:** 353
radiographic appearance **A17:** 349
Cold die filling
in hot pressing **M7:** 502–503
Cold die quenching **M4:** 66
Cold dies
failure of **A14:** 56
Cold drawing *See also* Drawing
defined............................... **EM2:** 10
for sizing of tubular products............ **M2:** 264
in polymer processing classification scheme **A20:** 699
surface roughness and tolerance values on dimensions...................... **A20:** 248
Cold drawing, of Invar **A2:** 891
wrought copper and copper alloys......... **A2:** 250
Cold drawn steel
hardening of **M1:** 460, 461
machinability **M1:** 581–582, 585
spring wire grades................. **M1:** 284–285
wire, for concrete reinforcement **M1:** 271
Cold dynamic degassing **M7:** 180, 181
Cold equipment
as thermal inspection application **A17:** 402
Cold etching
defined................................ **A9:** 4
definition............................. **A5:** 950
of tools and dies....................... **A11:** 563
Cold extrusion *See also* Extrusion **A14:** 299, **A20:** 692, 693
and impact extrusion, magnesium alloys **A14:** 311–312
composition effects **A14:** 300–301
dimensional accuracy................... **A14:** 307
equipment........................ **A14:** 301–302
extrusion ratio **A14:** 300
for stepped shafts................. **A14:** 305–306
in bulk deformation processes classification scheme **A20:** 691
of aluminum alloy parts **A14:** 307
of copper and copper alloy parts **A14:** 310–311
of nickel-base alloys **A14:** 836–837
of steel, condition effects **A14:** 300–301
problems/causes....................... **A14:** 307
procedure selection **A14:** 304–307
quality **A14:** 301
quality carbon steel wire rod **M1:** 254, 255
slug preparation................... **A14:** 303–304
steel, lubricants for **A14:** 304
steel wire fabrication **M1:** 591–592
surface defects................ **A8:** 591–592, 595
surface roughness and tolerance values on dimensions....................... **A20:** 248
tool materials **A14:** 303
tooling **A14:** 302–303
vs. alternative processes **A14:** 300
vs. hot upset forging **A14:** 95
Cold extrusion, forward
chevrons from.......................... **A11:** 88
Cold extrusion tools **M3:** 514–520
air-hardening tool steel **M3:** 518
backward extrusion....... **M3:** 514–516, 517, 518
cemented carbides............ **M3:** 516, 519–520
dies.............................. **M3:** 514–520
drawing tools...................... **M3:** 515–516
forward extrusion **M3:** 514, 516–517
high speed steels................... **M3:** 518–519
high-carbon, high-chromium tool steels.... **M3:** 518
lubrication **M3:** 515
oil-hardening tool steels................. **M3:** 518
punches................ **M3:** 515–517, 518, 519
secondary components **M3:** 516, 517–518
shock-resisting tool steels................ **M3:** 518
wear, effect of **M3:** 515
Cold finger
defined................................ **A10:** 670
Cold finished bars **M1:** 215–251
applications...................... **M1:** 220, 221
bar types.............................. **M1:** 215
carbon restoration...................... **M1:** 235
diameter tolerances **M1:** 217–219
elevated temperature drawing........ **M1:** 246–249
fatigue strength **M1:** 227–231
grades available.................... **M1:** 215–216
heat treatment **M1:** 219, 232–235
heavy draft drawing................. **M1:** 247–249
impact properties **M1:** 225, 227–229, 231, 244, 247, 250
machinability **M1:** 216, 236–239
mechanical properties...... **M1:** 221–234, 241–251
microstructure, control of........... **M1:** 234, 235
product types...................... **M1:** 215–219
quality descriptors **M1:** 219–221
residual stress **M1:** 225–226, 232, 234–235
special die drawing................. **M1:** 245–251
straightening **M1:** 225, 235
straightness tolerances **M1:** 219
stress relieving........... **M1:** 225–226, 232, 234
stress-strain curves **M1:** 221, 244, 249
tolerances......................... **M1:** 217–219
transition temperature..... **M1:** 228, 230, 231, 232
Cold finishing
for steel tubular products **A1:** 328–329, **M1:** 316–317, 324–325
quality carbon steel wire rod **M1:** 254
Cold finishing quality rod **A1:** 273
Cold flow *See also* Creep; Deformation
under load............................ **EM3:** 8
defined **EM1:** 7, **EM2:** 10
of acetals **EM2:** 100
Cold forging **A20:** 693, 737, 740
alloy steel wire for **M1:** 269–270
aluminum alloy powders **A7:** 836, 837
and powder forging, compared **A14:** 196
by HERF processing **A14:** 104
classification of cracks **A8:** 590, 592
cold heading as........................ **A14:** 291
cracking in............................ **A14:** 385
extrusion, characteristics................ **A20:** 692

Cold forging (continued)
in bulk deformation processes classification scheme . . . **A20:** 691
precision forging as . . . **A14:** 158
process characteristics . . . **A7:** 313
workability tests for. . . **A8:** 589–591
Cold formed
defined . . . **A11:** 307
Cold forming *See also* Cold working
and hot forming, combined . . . **A14:** 620
of heat-resistant alloys . . . **A14:** 779
of magnesium alloys . . . **A14:** 825
of titanium alloys . . . **A14:** 841
property variations from point to point . . . **A20:** 510
vs. hot forming, three-roll forming . . . **A14:** 619
with cemented carbides . . . **A2:** 970–971
wrought titanium alloys . . . **A2:** 615
Cold heading *See also* Heading; Upsetting . . . **A14:** 291–298
alloy steel wire for . . . **M1:** 269–270
and extrusion, combined . . . **A14:** 296–297, 306
and machining, compared . . . **A14:** 291
and warm heading . . . **A14:** 297–298
as tool steel application . . . **M7:** 792
bolts . . . **M1:** 274, 280
carbon and alloy steels . . . **A14:** 291
compatibility with various materials . . . **A20:** 247
complex workpieces . . . **A14:** 294–295
defined . . . **A14:** 2
dimensional accuracy . . . **A14:** 295–296
economy in . . . **A14:** 295
equipment . . . **A14:** 291–292
lubrication . . . **A14:** 294
materials for . . . **A14:** 291
of nickel-base alloys . . . **A14:** 836–837
quality steel wire rod . . . **M1:** 255, 256
steel wire fabrication . . . **M1:** 589–592
steels, microalloyed . . . **A14:** 221
straightening stainless steel for . . . **A14:** 687
surface finish . . . **A14:** 296
tool materials . . . **A14:** 293
tools . . . **A14:** 292–293
vs. hot upset forging . . . **A14:** 95
work metal, preparation . . . **A14:** 293–294
Cold heading quality alloy steel rod . . . **A1:** 275
Cold heading tools
selection of materials for . . . **M3:** 512–513
Cold hearth
melting, plasma . . . **A15:** 424
refining process, electron beam . . . **A15:** 414–415
Cold hydrostatic extrusion . . . **A14:** 328
Cold hydrostatic pressing
advantages/disadvantages . . . **A2:** 982
as cermet forming technique . . . **M7:** 800
cermets . . . **A7:** 925–926
dry-bag pressing . . . **A2:** 982
wet-bag method . . . **A2:** 982
Cold isostatic compaction
process characteristics . . . **A7:** 313
Cold isostatic pressing . . . **A16:** 100–101
beryllium . . . **A16:** 870
cemented carbides . . . **A18:** 796
ceramics . . . **A20:** 790
evaluation factors for ceramic forming methods . . . **A20:** 790
FULDENS process . . . **A16:** 64–65, 66
in production of cemented carbides . . . **A16:** 72
Cold isostatic pressing (CIP) *See also* Cold pressing; Hot isostatic pressing (HIP); Hot pressing . . . **A7:** 316, 317, 326, 382–388, **EM4:** 124, 147–151, 188–189
advantages . . . **EM4:** 147, 151, **M7:** 444–445
alumina . . . **A7:** 508
aluminum alloy powder . . . **A7:** 838
and powder properties . . . **M7:** 448
applications . . . **A7:** 382, 385, 386, 387–388, **EM4:** 150, **M7:** 449–450
beryllium powder . . . **A2:** 685–686, **A7:** 943
cemented carbides . . . **A7:** 932
ceramics . . . **A7:** 510
commercialization of . . . **A7:** 7
constituents of powder formulation . . . **EM4:** 126
control and safety features . . . **A7:** 384
defined . . . **M7:** 2
definition . . . **A7:** 382
depressurization design . . . **A7:** 384
dimensional control . . . **A7:** 320
dry-bag isostatic pressing **EM4:** 123, 147–148, 149, 150, 151
advantages . . . **EM4:** 147–148
applications . . . **EM4:** 151
automated lines . . . **EM4:** 151
disadvantages . . . **EM4:** 148
dry-bag process . . . **A7:** 382
dwell pressures . . . **M7:** 449
encapsulation of silicon nitride powder . . . **EM4:** 197
equipment . . . **A7:** 383–385, **EM4:** 149–150, **M7:** 445–446
evaluation . . . **A7:** 387
flow diagram of system . . . **A7:** 383
flowchart . . . **M7:** 448
flowchart, for part production . . . **A7:** 384
formation of rod from titanium boride . . . **EM4:** 199
gas-atomized stainless steel powders . . . **A7:** 129
history of process . . . **EM4:** 147
invention . . . **A7:** 382
limitations . . . **A7:** 383, **EM4:** 147
materials . . . **EM4:** 148–149
green body properties . . . **EM4:** 148–149
subsystems . . . **EM4:** 150
mechanical consolidation . . . **EM4:** 125, 126
mold material . . . **A7:** 384–385
near-net shapes . . . **A7:** 385–386
of blended elemental Ti-6Al-4V . . . **A2:** 649
of metal powders . . . **M7:** 444–450
of titanium-based alloys . . . **M7:** 164, 438–439
parameters . . . **M7:** 448–449
part size and shape . . . **A7:** 385–386
powder properties . . . **A7:** 386–387
process . . . **A7:** 382
process characteristics . . . **A7:** 382–383
process materials . . . **A7:** 1034
process parameters . . . **A7:** 384, 385, 387
schematic . . . **M7:** 446
thermal processing . . . **A7:** 387
titanium alloy powders . . . **A7:** 880
tooling . . . **A7:** 382, 384, **EM4:** 149
latex molds . . . **EM4:** 149
natural rubber molds . . . **EM4:** 149
neoprene rubber molds . . . **EM4:** 149
nitrile rubber molds . . . **EM4:** 149
polysulfide molds . . . **EM4:** 149
polyurethane molds . . . **EM4:** 149
polyvinyl chloride molds . . . **EM4:** 149
silicone molds . . . **EM4:** 149
tooling material . . . **A7:** 384–385
units . . . **M7:** 446
vs. hot isostatic pressing . . . **A7:** 606–607
warm temperatures . . . **EM4:** 150
wet bag isostatic pressing . . . **EM4:** 123, 147, 148, 149, 150, 151
advantages . . . **EM4:** 147
applications . . . **EM4:** 151
automated line . . . **EM4:** 151
disadvantages . . . **EM4:** 147
wet-bag process . . . **A7:** 382, 384, 385
with HIP and sintering . . . **A7:** 387–388
Cold lap *See also* Cold shut
as casting defect . . . **A11:** 383
as defect, squeeze casting . . . **A15:** 326
defined . . . **A14:** 2–3, **A15:** 3
definition . . . **A5:** 950
Cold melting
malleable cast irons . . . **M1:** 57
Cold molding
defined . . . **EM2:** 10
Cold mounting
of carburized and carbonitrided steels . . . **A9:** 217
Cold nickel plating . . . **M5:** 202–203
Cold parison blow molding
defined . . . **EM2:** 10
"Cold" plasma treatment . . . **EM3:** 35
Cold plastic flow
rolling element bearings failure by . . . **A11:** 499
Cold plates *See* Heat sinks
Cold plus hot isostatic process (CHIP) . . . **A7:** 162
Cold press molding
defined . . . **EM2:** 10
properties effects . . . **EM2:** 287
size and shape effects . . . **EM2:** 291
Cold pressing . . . **EM3:** 8
and dimensional change from tooling . . . **M7:** 480
and sintering . . . **M7:** 172, 522, 545, 665
and structural functions . . . **A7:** 320
beryllium powders . . . **A7:** 204
ceramics . . . **A16:** 98
cermets . . . **M7:** 799
coins . . . **M7:** 172
combustion synthesis . . . **A7:** 526
compared to rapid omnidirectional compaction . . . **M7:** 545
defined . . . **EM2:** 10, **M7:** 2
nuclear fuels . . . **M7:** 665
of beryllium powders . . . **M7:** 171, 172
Cold pressing in rigid dies . . . **A7:** 316
Cold pressing/sintering/coining technique
beryllium powders . . . **A7:** 203, 204
Cold pressure welding *See also* Cold welding
definition . . . **A6:** 1207
Cold processing
ternary molybdenum chalcogenides (chevrel phases) . . . **A2:** 1079
Cold proof tests . . . **EM4:** 718
Cold reduction
beryllium-copper alloys . . . **A2:** 406
Cold re-pressing
elastic springback during . . . **M7:** 480
Cold resistance . . . **EM3:** 52
water-base versus organic solvent-base adhesives properties . . . **EM3:** 86
Cold roll bonding
of clad metals . . . **A13:** 887
Cold rolled aluminum-killed steel
for porcelain enameling . . . **M1:** 177
mechanical properties . . . **M1:** 178
Cold rolled rimmed steel
mechanical properties . . . **M1:** 178
porcelain enameling of . . . **M1:** 177–178
sag resistance . . . **M1:** 179–180
Cold rolled sheet and strip
annealing . . . **M1:** 156–157
ASTM specifications . . . **M1:** 154, 155
bend limitation for . . . **M1:** 555
characteristics . . . **M1:** 154, 556
classes of . . . **M1:** 153–154
flatness . . . **M1:** 157, 160–161
leveling . . . **M1:** 157, 160–161
mechanical properties **M1:** 155–156, 160–161, 178
mechanical properties related to formability . . . **M1:** 547–549
mill heat treatment . . . **M1:** 156–157
minimum bend radii, selected grades . . . **M1:** 554
modified low-carbon steels . . . **M1:** 161–162
normalizing . . . **M1:** 157
Olsen ductility . . . **M1:** 156, 161
porcelain enameling of . . . **M1:** 177–178
production of . . . **M1:** 153–154, 178–179
quality descriptors . . . **M1:** 154–155
sag resistance, enameling steel . . . **M1:** 179–180
spring strip grades . . . **M1:** 285–286
standard sizes . . . **M1:** 154
strain aging . . . **M1:** 154, 157, 162
stretcher strains, in annealed stock . . . **M1:** 157
surface characteristics . . . **M1:** 157
thickness . . . **M1:** 153, 154, 161
width range . . . **M1:** 153, 154

SUBJECTS OF THE INDEXED VOLUMES: ASM Handbook (designated by the letter "A"): **A1:** Properties and Selection: Irons, Steels, and High-Performance Alloys (1990); **A2:** Properties and Selection: Nonferrous Alloys and Special-Purpose Materials (1990); **A3:** Alloy Phase Diagrams (1992); **A4:** Heat Treating (1991); **A5:** Surface Engineering (1994); **A6:** Welding, Brazing, and Soldering (1993); **A7:** Powder Metal Technologies and Applications (1998); **A8:** Mechanical Testing (1985); **A9:** Metallography and Microstructures (1985); **A10:** Materials Characterization (1986); **A11:** Failure Analysis and Prevention (1986); **A12:** Fractography (1987); **A13:** Corrosion (1987); **A14:** Forming and Forging (1988); **A15:** Casting (1988); **A16:** Machining (1989); **A17:** Nondestructive Evaluation and Quality Control (1989); **A18:** Friction, Lubrication, and Wear Technology (1992); **A19:** Fatigue and Fracture (1996); **A20:** Materials Selection and Design (1997). **Metals Handbook, 9th Edition** (designated by the letter "M"): **M1:** Properties and Selection: Irons and Steels (1978); **M2:** Properties and Selection: Nonferrous Alloys and Pure Metals (1979); **M3:** Properties and Selection: Stainless Steels, Tool Materials, and Special-Purpose Materials (1980); **M4:** Heat Treating (1981); **M5:** Surface Cleaning, Finishing, and Coating (1982); **M6:** Welding, Brazing, and Soldering (1983); **M7:** Powder Metallurgy (1984). **Engineered Materials Handbook** (designated by the letters "EM"): **EM1:** Composites (1987); **EM2:** Engineering Plastics (1988); **EM3:** Adhesives and Sealants (1990); **EM4:** Ceramics and Glasses (1991). **Electronic Materials Handbook** (designated by the letters "EL"): **EL1:** Packaging (1989)

Cold rolled steel
porcelain enameling of........ **M5:** 512, 517, 527
Cold rolling **A19:** 141, **A20:** 692
edge cracking in **A8:** 594
effect on fatigue crack threshold of
steel **A19:** 142–143
green strip densification by **M7:** 406, 407
hafnium **A2:** 663
in processing of solid steel **A1:** 121–122, 123
metalworking lubricants and friction **A18:** 147
nickel strip **M7:** 401
reduction, in tension testing **A8:** 595–596
roughness average....................... **A5:** 147
workability limits....................... **A8:** 594
wrought copper and copper alloys **A2:** 244–245
zirconium **A2:** 663
Cold rolling quality carbon steel wire rod.... **M1:** 254
Cold sawing, for stock preparation
hot upset forging **A14:** 86
Cold setting of springs *See* Presetting of springs
Cold shearing, for stock preparation
hot upset forging **A14:** 86
Cold sheet
definition.............................. **A5:** 950
Cold sheet welding *See* Lap welding
Cold shortness
sulfur effects **A15:** 29
Cold shot
as casting defect **A11:** 387
defined **A11:** 2, **A15:** 3
in iron castings......................... **A11:** 353
Cold shut *See also* Cold lap
as casting defect **A11:** 282
as surface discontinuities, iron
castings **A11:** 352–354
defined **A11:** 2, **A14:** 3
in closed-die forgings................... **A14:** 385
in iron castings......................... **A11:** 352
insert **A11:** 383
preventing, in hot upset forging.......... **A14:** 88
stainless steel fuel-control lever
fractured at **A11:** 388
Cold shut defect
in closed-die forging **A8:** 590
Cold shuts
and pouring temperature **A15:** 283
arc welds in heat-resistant alloys **M6:** 364
as die casting defect.................... **A15:** 294
as discontinuities, defined **A12:** 64–65
as forging flaws........................ **A17:** 494
as planar flaw **A17:** 50
black magnetic-power indications **A17:** 101
defined **A15:** 3
in copper alloy ingots **A9:** 642
in permanent mold castings............. **A15:** 285
in semisolid metal casting and
forging **A15:** 336–337
magnetic particle inspection............. **A17:** 108
radiographic appearance **A17:** 349
radiographic inspection methods......... **A17:** 296
tool steels.............................. **A12:** 378
wrought aluminum alloys **A12:** 435
zirconium alloys........................ **A15:** 838
Cold sintering (high-pressure consolidation) **A7:** 574–582
amorphous powders..................... **A7:** 575
composites, by blending of very fine
powders **A7:** 579–580
densification of powders under
pressure **A7:** 575–576
description............................. **A7:** 574
dies and punches for................. **A7:** 574–575
diffusion **A7:** 576–577
experimental techniques **A7:** 574
high performance materials by fine elemental
powder blends **A7:** 579–580
homogenization **A7:** 579
mechanisms of...................... **A7:** 576–577
metal matrix composites............. **A7:** 580–581
microcrystalline powders................. **A7:** 575
microstructures resulting from............ **A7:** 574
nanocrystalline powder **A7:** 506
nanocrystalline powders and
nanocomposites..................... **A7:** 581
net shape parts fabrication of **A7:** 581
pressure die............................ **A7:** 574
processing by **A7:** 577–581
processing of aluminum alloys for elevated
temperatures **A7:** 578–579
rapidly solidified iron-and nickel-base
alloys **A7:** 579
rapidly solidified powders **A7:** 574, 575
reduction of surface oxides **A7:** 577–578
shear stresses........................... **A7:** 576
Cold slug
defined................................ **EM2:** 10
Cold soldered joint
definition **A6:** 1207, **M6:** 4
Cold stamping marks
quench cracking from **A11:** 94
Cold static degassing **M7:** 180–181
Cold straightening
effect on fatigue fracture................ **A11:** 125
Cold stretch
defined................................ **EM2:** 10
Cold swaging *See also* Swagers; Swaging
reduction by **A14:** 128
rolls and backers for **A14:** 131
Cold swaging, of rimmed steel tube
brittle fracture after.................... **A11:** 648
Cold tearing
as casting defect....................... **A11:** 383
Cold test
defined................................ **A18:** 5
Cold trap **A5:** 28
with gas chromatographs................ **A17:** 68
Cold traps **A7:** 500
Cold treating
steel **A4:** 203–204, **M4:** 117–118
Cold treatment
definition.............................. **A5:** 950
Cold trimming **A14:** 3, 82
forgings................................ **M1:** 367
Cold upset testing **A8:** 579–581
Cold upset welding *See* Butt welding
Cold water *See also* Water
zinc corrosion in **A13:** 761
Cold water rinsing
of cold extruded parts.................. **A14:** 304
Cold weld
defined................................ **A17:** 562
Cold welding *See also* Welding **A6:** 307–309, **A7:** 53, 55, **A20:** 697, **M6:** 673–674
aluminum..................... **A6:** 307–308, 309
and nonlubricated wear **A11:** 154–155
as mechanism of green strength...... **M7:** 303–304
butt welding....................... **M6:** 673–674
cold pressure butt welding........... **A6:** 308–309
cold pressure lap welding............ **A6:** 307–308
copper...................... **A6:** 307–308, 309
defined **M7:** 2
definition **A6:** 1207, **A7:** 307, **M6:** 4
equipment **A6:** 307, 308, 309
from fretting **A13:** 138
green strength **A7:** 307
in drawing processes **A6:** 309
in joining processes classification scheme **A20:** 697
lap welding........................... **M6:** 673
mechanically alloyed oxide
alloys.............................. **A2:** 943
multiple-step upsetting method **A6:** 308
single-step upsetting method **A6:** 308–309
slide welding **M6:** 674
surface extension parameter.............. **A6:** 308
variations **A6:** 307–309
Cold welding theory
green strength..................... **A7:** 307–309
Cold work **A9:** 684
effect on duplex stainless steels.......... **A19:** 763
percent, measured................. **A10:** 380, 390
plastic strain, topographic methods for ... **A10:** 368
Cold worked structure
defined................................ **A9:** 4
Cold working *See also* Cold extrusion; Cold forging; Cold forming; Cold heading; Deformation; Forming; Hot working; Warm working.. **A13:** 3, 48–49, 741, **A20:** 355, 692, 732–733
aluminum alloys, relation to heat
treatment................ **M2:** 32, 38, 40–42
and upset forging **M7:** 690
as strengthening mechanism for fatigue
resistance **A19:** 605
beryllium-copper alloys.............. **A2:** 421–422
copper and copper alloys............ **A2:** 219, 223
copper and copper alloys, formability
effects....................... **A14:** 809–810
copper metals.......................... **M2:** 241
damage from sectioning **A9:** 23
defined................................ **A14:** 3
effect on cellular precipitation........... **A9:** 649
effect on magnetic properties............. **A9:** 539
effect on maraging steel **A11:** 218
effect on microhardness **A8:** 96
effect on sigma phase formation in austenitic
stainless steels..................... **A9:** 284
effect on sigma phase formation in duplex stainless
steels.............................. **A9:** 286
effect on SSC resistance **A11:** 299
hardness as measure of **M7:** 61
in aluminum alloys, etchants for
examination of **A9:** 355
of iridium **A14:** 851
of magnesium alloys during sectioning..... **A9:** 425
of maraging steels **A1:** 795, **M1:** 447
of palladium **A14:** 850
of platinum........................ **A14:** 849–850
of precipitation-hardenable stainless steels to
produce martensite.................. **A9:** 285
of rhodium **A14:** 850
platinum alloys......................... **A14:** 851
strain-age embrittlement, effect on........ **M1:** 683
sulfide stress cracking, effect on.......... **M1:** 687
unidirectional, Brinell indentation in **A8:** 85
working methods in..................... **A14:** 383
zirconium **A2:** 666
Cold working alloys
ion implantation strengthening
mechanisms **A18:** 855, 858
wear resistance versus hardness of
materials **A18:** 708
Cold working of stainless steels **M3:** 43–44
Cold working temperature
defined................................ **A8:** 575
ductile fracture at **A8:** 154, 573–574
flow stress **A8:** 575
Cold wound springs M1: 283–286, 288–300, 303–313
steels for.......................... **M1:** 283–285
Cold-drawn bar
eddy current inspection................. **A17:** 553
hexagonal, inspection **A17:** 552–554
ultrasonic inspection **A17:** 551–552
Cold-drawn steel
machinability of **A1:** 601
Cold-drawn wire
flaw detection **A17:** 552, 554
Cold-extruded steel parts
ultrasonic inspection **A17:** 271
Cold-finished steel bars **A1:** 248–271
bar sizes............................... **A1:** 248
classifications **A1:** 248
commercial grades................. **A1:** 248–249
heat treatment.......................... **A1:** 260
carbon restoration **A1:** 261, 263–264
machinability **A1:** 264–265
mechanical properties.............. **A1:** 254, 257
hardness **A1:** 258
impact properties **A1:** 259
tensile and yield strengths........... **A1:** 257–258
product quality descriptors............... **A1:** 252
alloy steel quality descriptors **A1:** 253–254
carbon steel quality descriptors **A1:** 252–253
product types **A1:** 248
cold-drawn bars **A1:** 250–251
machined bars.................... **A1:** 249–250
turning versus cold drawing **A1:** 251
residual stresses **A1:** 259
straightening.......................... **A1:** 259
stress relieving.................... **A1:** 259–261
special die drawing **A1:** 268–269
drawing at elevated temperatures **A1:** 269–271
heavy drafts **A1:** 269
strength considerations.......... **A1:** 265–266, 268
Cold-formed parts, failures of **A11:** 307–313
by materials defects **A11:** 307
design problems....................... **A11:** 307–308
prevention of **A11:** 308–313
process problems **A11:** 307–308
Cold-forming
ductile or brittle fractures from........... **A11:** 88
Cold-forming strip
high-strength low-alloy steels for...... **A1:** 418–419

Cold-heading applications
cemented carbides **A2:** 971
Cold-heading wire **A1:** 851
Cold-manifold molding *See* Warm-runner molding
Cold-mounting epoxies
as mounting material for tool steels **A9:** 257
Cold-mounting materials **A9:** 30–31
for resin-matrix composites **A9:** 588
Cold-mounting resins
used for powder metallurgy materials **A9:** 504
Cold-press molding
thermoset plastics processing comparison **A20:** 794
Cold-pressure welding
of aluminum/copper to-packages **EL1:** 239
Cold-rolled high-strength low-alloy steels **A1:** 420–421
Cold-rolled sheet
defined **A14:** 3
Cold-rolled sheets
definition **A5:** 950
Cold-rolled steel
AES analysis of corrosion resistance in **A10:** 556–557
composition, for porcelain enameling **A5:** 732
dry blasting **A5:** 59
effects of steelmaking practices on formability of **A1:** 577–578
for glass-to-metal seals **EL1:** 455
on cold-rolled steel, fretting corrosion **A19:** 329
porcelain enamel effect on torsion resistance of metal angles **A5:** 467
tensile properties and formability factors of **A1:** 398, 420
vapor degreasing applications by vapor-spray-vapor systems **A5:** 30
Cold-rolled steel products
mill heat treatment of **A1:** 202–204
Cold-rolled steels
enamels **EM3:** 303
etching procedure **EM3:** 272
Cold-runner molding *See also* Warm-runner molding
defined **EM2:** 10
Cold-set phenolic urethane molds
Alnico alloys **A15:** 736–737
Cold-setting adhesive
defined **EM1:** 7, **EM2:** 10
Cold-setting adhesives **EM3:** 8
Cold-setting epoxy
as a mounting material for wrought stainless steels **A9:** 279
Cold-setting process *See also* No-bake binder
defined **A15:** 3
Cold-slug well
defined **EM2:** 10
Coldstream impact process **A7:** 64
Coldstream impact process milling **M7:** 2, 69
Coldstream process **A7:** 196, 197
Cold-thermal-wave excitation
for thermal inspection **A17:** 398, 403
Cold-welding **A18:** 367
"Cold-welding" phenomenon **A18:** 150
Cold-work finishing processes **A16:** 26
Cold-work particle metallurgy tool steels **A7:** 792–796
applications **A7:** 795, 796
compositions **A7:** 792, 795
development **A7:** 792
heat treatment **A7:** 792, 793, 798
primary carbides **A7:** 793, 794–796, 798
wear resistance **A7:** 792–793
Cold-work tool steels powder metallurgy **A1:** 786–789
wrought **A1:** 763–766
air-hardening, medium-alloy **A1:** 763–765
high-carbon, high-chromium **A1:** 765
oil-hardening **A1:** 765
Cold-work tools
ASP steel grades application **A16:** 61
Cold-worked alloys **A19:** 64
Cold-worked metals
nucleation sites **A9:** 694
stages of annealing **A9:** 692
Cold-worked steels
macroetching **A9:** 172
Cold-worked structure
definition **A5:** 950
Cold-working methods **A19:** 328
Colemanite ($Ca_2B_6O_{11}$•$5H_2O$)
purpose for use in glass manufacture **EM4:** 381
Collapse
defined **EM2:** 10
of liquid-erosion bubbles or cavities **A11:** 163–164
pressures, from cavitation **A11:** 163–164
Collapse load **A19:** 428
Collapsibility *See also* Core filler
defined **A15:** 3
of polyol urethane and phenolic urethane compared **A15:** 217
Collapsible cores
permanent mold casting **A15:** 279–280
Collapsible tool
defined **M7:** 2
Collapsible tubes
tin-base alloy **A2:** 525
Collapsing-bag technique **A7:** 384
Collar
definition **M6:** 4
in split-Hopkinson bar tension test . . . **A8:** 212–213
Collar oiler
defined **A18:** 5
Collaring
definition **M6:** 4
Collation, of layers
ceramic packages **EL1:** 464
Collection efficiency
defined **A18:** 5
Collection of indexable data (CID)
of engineering design system **EL1:** 129
Collection optics **A10:** 24, 128
Collector slit
in gas mass spectrometers **A10:** 153, 154
Collet
defined **EM1:** 7, **EM2:** 10
Collet grip
for fatigue testing **A8:** 368
Collet retainer tube
SCC in **A13:** 933
Collet-type machines
die threading operations **A16:** 296
Colliau cupola
development of **A15:** 29–30
Colligative properties **EM3:** 8
defined **EM2:** 10
definition **A20:** 829
Collimate
defined **A10:** 670
Collimated **EM3:** 8
defined **EM1:** 7, **EM2:** 10
Collimated electron beam
SEM imaging **A12:** 167
Collimated roving *See also* Roving
defined **EM1:** 7, **EM2:** 10
Collimation
defined **A9:** 4, **A10:** 670
in neutron radiography **A17:** 388–389
neutron diffraction **A10:** 422
x-ray, basic methods **A10:** 403
Collimator **EM3:** 8
defined **EM2:** 10
Collimators
aperture, defined **A17:** 383
defined **A17:** 383
for scattered radiation **A17:** 344
Soller **A10:** 87
x-ray, computed tomography (CT) . . . **A17:** 368–369
Collipriest equation **A19:** 420, 570
Collipriest equation modified **A19:** 570
Collision efficiency *See* Collection efficiency
Collision kinematics
RBS analysis **A10:** 629
Collision-activated dissociation mass spectra
gas chromatography/mass spectrometry . . . **A10:** 647
Collisional line broadening
in emission spectroscopy **A10:** 22
Collision-point velocity (Vc) **A6:** 160, 161, 162
Collisions
elastic and inelastic **A12:** 168
Collisions, binary
LEISS analysis **A10:** 604
Collisions (particle)
effect on particle shape **M7:** 32
effects on quench rates **M7:** 38, 39
force or energy in grinding **M7:** 60
kinematics, as simple elastic binary collision **M7:** 259
milling mechanisms of **M7:** 57, 65–70
of particles, in atomization **M7:** 29–30, 34
Collodian replica
defined **A9:** 4
Collodion replica
definition **A5:** 950
Colloidal **EM3:** 8
defined **EM1:** 7, **EM2:** 10
Colloidal particle
definition **A5:** 950
Colloidal silica
as binder, investment casting **A15:** 258
as filler **EM3:** 178
bonds, characteristics **A15:** 212
for hand polishing **A9:** 35
used for very soft materials **A9:** 47
used in mechanical polishing **A9:** 43
Colloidal suspensions of magnetic particles **A9:** 63–64
Colloids **A7:** 70
definition **A5:** 950
Collusion **A20:** 67
Colmoloy
laser cladding components and techniques **A18:** 869
Colmonoy
honing stone selection **A16:** 476
thermal spray forming **A7:** 411
Co-location of team members **A20:** 52
Colonial finish
definition **A5:** 950
Colonies
defined **A9:** 4
formation by precipitation **A9:** 647–649
in pearlite **A9:** 658
Colony size **A19:** 143, 147, **A20:** 364, 365
Colony size of acicular alpha in titanium and titanium alloys
effect on properties **A9:** 460
Colony structures, eutectic **A9:** 619–620
aluminum and Mg_2Al_3 . . . . . **A9:** 619
$CuAl_2$-Al **A9:** 620
niobium-carbide rods in nickel matrix **A9:** 619
Colophony **EM3:** 8
Color
as an aluminum alloy phase identifier **A9:** 359–360
brass plating, alloy composition determining **M5:** 285
change, gas/leak detection by **A17:** 61
coding, thermocouple wires and extension wires **A2:** 878
colorants, as additives **EM2:** 500–501
copper and copper alloys **A2:** 216, 219
development and stability, in UV/VIS analysis **A10:** 68
for degradation detection **EM2:** 574
images, by various NDE methods . . . **A17:** 483–488
in milling of single particles **M7:** 59
inherent, of engineering plastics **EM2:** 1
models, digital image enhancement **A17:** 458
molded-in, processes for **EM2:** 305–306
of chromate conversion coatings **A13:** 390, 392
of lead compounds **A2:** 548
of penetrants **A17:** 75
of polyamide-imides (PAI) **EM2:** 130

of porcelain enamels . . . A13: 448, 451
of thermoplastic polyurethanes (TPUR) . . EM2: 206
of welded gray iron . . . A15: 527
or tint etching, of image analysis samples A10: 313
oxide . . . EM2: 501
paint *See* Paint and painting, color
palladium-silver alloys . . . A2: 716
porcelain enamel *See* Porcelain enameling, color
sensing, by machine vision . . . A17: 43
styrene-acrylonitriles (SAN, OSA ASA) . . EM2: 216
styrene-maleic anhydrides (S/MA) . . . EM2: 219
surface, optical testing . . . EM2: 598
use, in digital image enhancement . . . A17: 458
Color anodizing . . . A5: 490
aluminum and aluminum alloys . . . M5: 595–596, 609–610
definition . . . A5: 950
Color background
for optical testing . . . EL1: 571
Color buffing
compound . . . M5: 117
copper and copper alloys . . . M5: 616
definition . . . A5: 950
process . . . M5: 115–116, 126
silver . . . M5: 306
stainless steel . . . M5: 557–558
Color centers
defined . . . A10: 670
detected by ESR . . . A10: 263
Color comparison
in UV/VIS absorption analysis . . . A10: 66
kits . . . A10: 66–67
Color concentrate . . . EM3: 8
defined . . . EM2: 10
Color contrast
in potentiostatic etching . . . A9: 145–147
in wrought stainless steels . . . A9: 281
Color differences
in beryllium under polarized light . . . A9: 389
Color dipping
copper and copper alloys . . . M5: 611–612
Color etchants . . . A9: 136–137, 139–142
Color etching
definition . . . A5: 950
Color etching to obtain interference films . . . A9: 136
principles . . . A9: 139–142
Color films
for photomicroscopy . . . A9: 84–86
Color filter
defined . . . A9: 4
Color filter nomograph for photography . . . A9: 140
Color images
by acoustic microscopy . . . A17: 485, 487
by computed tomography . . . A17: 483, 486
by digital radiography . . . A17: 485
by stress analysis . . . A17: 488
by ultrasonic inspection . . . A17: 484–486, 488
under polarized light . . . A9: 78
Color metallography . . . A9: 135–162
advantages . . . A9: 135
interference film deposition *See also* Anodizing; Color etching; Heat tinting; Potentiostatic etching; Reactive sputtering; Vacuum deposition . . . A9: 135–138
methods . . . A9: 135–139
Color oxide
definition . . . A5: 950
Color photograpahy . . . A9: 139–140, 142
effect of lens defects on . . . A9: 75
Color (pigmented coatings) test . . . A5: 435
Color temperature
defined . . . A9: 4
of light source in optical microscopes balancing to film . . . A9: 72
Color TV glasses
material to which crystallizing solder glass seal is applied . . . EM4: 1070
material to which vitreous solder glass seal is applied . . . EM4: 1070
Color TV panel
defect inclusion levels . . . EM4: 392
Colorants . . . EM3: 304, EM4: 380
as additives . . . EM2: 500–501
for epoxies . . . EM3: 99
Colored, acid resistant enamel
fineness as a cover coat for sheet steel . . . A5: 456
Colored container glass
iron content . . . EM4: 378
Colored, non-acid resistant enamel
fineness as a cover coat for sheet steel . . . A5: 456
Colorimeter
paint color testing . . . M5: 491
Colorimetric method for corrosion evaluation . . . A7: 982–983
Colorimetric technique
to measure oxygen content . . . A19: 208
Colorimetry
schematic of Nessler tube . . . A10: 66
Coloring
copper and copper alloys . . . A5: 816–817
definition . . . A5: 950
stainless steels . . . A5: 757
Coloring process . . . M5: 624–626
copper and copper alloys . . . M5: 624–626
nickel alloys . . . M5: 674–675
procedures . . . M5: 624–626
solution compositions and operating conditions . . . M5: 625–626
Colorizing
pack diffusion processes . . . M5: 340
Color-producing groups *See* Chromophores
Colors
fatigue area, austenitic stainless steels . . . A12: 352
formed by precipitation etching . . . A9: 61
of fracture, crack growth measurement by A12: 120
of interference films, effect of thickness on . . . A9: 136, 141, 143, 145–146
temper, of cracks . . . A12: 65
Colossal statues
metalworking of . . . A15: 21
Colt-Crucible ceramic mold process containerization, system for . . . M7: 751
parts produced by . . . M7: 754
titanium powder production . . . M7: 167, 755
Columbite . . . A7: 197, M7: 160
niobium pentoxide recovery fro m . . . A2: 1043
Columbium *See* Niobium
Columbium, vapor pressure, relation to temperature *See also* Niobium . . . M4: 310
Columbium-stabilized steel
porcelain enameling of . . . M5: 512–513
Column hydrodynamic chromatography
to analyze ceramic powder particle sizes . . EM4: 67
Column type
coordinate measuring machines . . . A17: 21
Column vector of displacements . . . A20: 180
Column vector of forces . . . A20: 180
Columnar bainite . . . A9: 665
Columnar fractures . . . A12: 2
Columnar front
described . . . A15: 132–133
Columnar grain structure
in aluminum alloy 1100 . . . A9: 630
in aluminum alloy 6063 . . . A9: 630
in aluminum alloy ingots . . . A9: 629–631
in pure metals . . . A9: 610
in titanium alloy welded joints . . . A9: 579
Columnar grains
formation in Alnico alloys . . . A9: 539
in castings, crystallographic texture in A9: 700–701
in DHP copper . . . A9: 641
in steel macrostructure . . . A9: 623
Columnar growth *See* Twinned columnar growth
Columnar structure
defined . . . A11: 2
definition . . . A5: 950
Columnar structure defined . . . A9: 4
formation of . . . A9: 603
Columnar structures
defined . . . A15: 3
from directional solidification . . . A15: 319–320
growth, vs. equiaxed grain growth . . . A15: 135
modeling of . . . A15: 884–885
Columnar to equiaxed transition . . . A15: 130–135
casting parameters, effect . . . A15: 130
columnar vs. equiaxed grain growth . . . A15: 135
equiaxed grains, growth of . . . A15: 132–135
equiaxed nuclei, origin of . . . A15: 130–132
Columnar zone
in ferrous alloy welded joints . . . A9: 581
Columns
cleaning of . . . A13: 1138
definition . . . A20: 829
design of . . . A20: 512–513
factor of safety for . . . A20: 513
Coma
defined . . . A9: 4, A10: 670
Combination die *See also* Compound die
defined . . . A15: 3
Combination gears . . . A7: 1060
Combination mechanical coatings . . . M5: 300–302
Combination mold *See* Family mold
Combination polishing wheels . . . M5: 109
Combination rotary automatic polishing and buffing machines . . . M5: 121
Combination sintering-compacting
cermets . . . A7: 930–931
Combined carbon *See also* Carbon; Free carbon
defined . . . A9: 4, A13: 3, A15: 3
effect in sintering iron-graphite powder . . . M7: 362–363
effect on microstructure . . . M7: 363
effect on tensile strength of wrought (rolled) steel . . . M7: 362
effect on transverse-rupture strength of sintered steel . . . M7: 362
Combined cyclic stress
analysis . . . EM1: 202–203
Combined environments reliability test . . . A13: 1114
Combined environments reliability testing (CERT)
as advanced failure analysis technique . . EL1: 1095
Combined Industry Standards and Military Specifications . . . EM3: 72
Combined *J* standard (ASTM E 1737-96) testy . . . A19: 399–400
Combined roughness . . . A18: 146
Combined stress
loading mode, fatigue life (crack initiation) testing . . . A19: 196
Combined temperature-moisture-mechanical effects on adhesive joints . . . EM3: 651–655
evaluation parameters . . . EM3: 651
model selection . . . EM3: 652–653
multiple stresses . . . EM3: 653–654
selecting the number of experiments . . . EM3: 652
service life tests . . . EM3: 651–653, 654
temperature, moisture, and mechanical stress . . . EM3: 654–655
Combined wear
mechanisms of . . . A11: 159
Combines
P/M parts for . . . M7: 675–676
Combing
defined . . . EM2: 10
Combusted fuel gas
brazing atmosphere source . . . A6: 628
Combustible-gas detectors
for leak testing . . . A17: 62
Combustion *See also* Flame retardants; Flammability
accelerators . . . A10: 221–222
chamber, aluminum alloy, cavitation erosion . . . A11: 168
control, steam equipment . . . A11: 619
determination of carbon, hydrogen, and nitrogen by . . . A10: 214
furnaces, high-temperature combustion . . . A10: 221–225
high-frequency . . . A10: 221–225
high-frequency, typical configuration . . . A10: 222
in space heater catalysts, powder used . . . M7: 572
mechanisms of metals in oxygen . . . M7: 597
natural gas . . . M6: 588
of composites . . . EM1: 35
of polyaryl sulfones (PAS) . . . EM2: 146
of polyarylates (PAR) . . . EM2: 140
oxyacetylene . . . M6: 587–588
oxyhydrogen . . . M6: 588
polyvinyl chlorides (PVC) . . . EM2: 209
products, detection in high-temperature combustion . . . A10: 222
propane . . . M6: 588
to analyze the bulk chemical composition of starting powders . . . EM4: 72
total and selective, sample preparation . . . A10: 223–224
Combustion analysis . . . A7: 475
Combustion chamber liners . . . A2: 922
Combustion equipment
cast iron coatings for . . . M1: 104

218 / Combustion flame spraying

Combustion flame spraying
ceramic coatings. **M5:** 539–542, 546
equipment **M5:** 540–542
gravity-feed powder system. **M5:** 540–542
pressure-feed powder system. **M5:** 540
process steps **M5:** 539–540
rod spray system. **M5:** 540–542
surface preparation for. **M5:** 539

Combustion front velocity **A7:** 526

Combustion method, for elemental analysis of carbon hydrogen, and nitrogen **A10:** 214

Combustion ratio for fuel gases **M6:** 900

Combustion reactions, zones
cupolas. **A15:** 389

Combustion spray forming **A7:** 409, 410, 411, 412

Combustion synthesis **A7:** 516

Combustion synthesis (CS) **EM4:** 228

Combustion synthesis of advanced materials **A7:** 523–540
classes and properties of synthesized
materials **A7:** 530–538
combustion wave propagation theory. . **A7:** 525–526
definition. **A7:** 523
gas pressure combustion sintering method. . **A7:** 528
gasless combustion **A7:** 524, 526
gasless combustion synthesis from
elements **A7:** 523, 530–534
gas-solid combustion **A7:** 524
gas-solid combustion synthesis. **A7:** 523
high-speed shock-wave pressing. **A7:** 528
hot rolling technique **A7:** 529
in solid-gas systems **A7:** 534–536
infiltration (filtration) combustion
synthesis. **A7:** 523
methods for large-scale synthesis **A7:** 526–529
microstructural models. **A7:** 525, 526
modes of occurrence. **A7:** 523, 524
oscillating combustion synthesis regime **A7:** 526
phenomenological aspects. **A7:** 526
powder production and sintering. **A7:** 527
products synthesized by **A7:** 524
reduction combustion synthesis. **A7:** 523
reduction-type combustion **A7:** 524
self-propagating high-temperature synthesis
(SHS) **A7:** 523, 524, 527, 530, 531, 532–533,
534–535, 536, 537
shock-induced synthesis **A7:** 528
spin combustion regime **A7:** 526
steady propagation for the combustion synthesis
wave (steady SHS process) **A7:** 526
theoretical considerations. **A7:** 524–526
thermal explosion mode **A7:** 523
thermite reaction **A7:** 523
thermodynamics. **A7:** 524–525
unsteady propagation regimes **A7:** 526
volume combustion synthesis (VCS). . **A7:** 523, 524,
527, 530, 531, 532, 534

Combustion technique, for trace element analysis
in carbon. **A2:** 1095

Combustion turbines
corrosion of **A13:** 999–1001

Combustion wave velocity **A7:** 526

Combustion wire process *See* Oxyfuel wire spray process

COMCO
used for engineering design and CFD
analysis. **A20:** 198

Comet accidents **A19:** 117

Comet jet-aircraft **A19:** 134

Comet tails
defined **A9:** 4
in magnesium alloys **A9:** 425

Comet tails (on a polished surface)
definition **A5:** 950

Comets, brittle fracture of. **A19:** 372

Commands
initialization **EL1:** 5

Commerce Department **A20:** 68

Commercial alloys
cast copper alloys. **A2:** 356–391
cyclic stress-strain response and
microstructure. **A19:** 89
mechanically alloyed oxide
alloys **A2:** 944–947
with rare earth metals **A2:** 720, 730

Commercial applications *See also* Marine applications; Sports and recreational equipment
automotive electronics **EL1:** 381–382
consumer electronics **EL1:** 385
environmental testing for. **EL1:** 493–503
hybrid characteristics **EL1:** 381
matrices for. **EM1:** 31–32
of structural composites **EM1:** 832–836
telecommunications. **EL1:** 382–383

Commercial blast (SP6)
equipment, materials, and remarks. **A5:** 441

Commercial bronze *See also* Copper alloys, specific types, C22000. . . . . **A6:** 752
applications **A18:** 750, 751
applications and properties **A2:** 296–297
composition. **A18:** 751
designations. **A18:** 751
for loaded thermal conductor, decision
matrix. **A20:** 293
mechanical properties. **A18:** 750, 752
product form **A18:** 751, 752
tensile strength, reduction in thickness by
rolling. **A20:** 392
weldability. **A6:** 753

Commercial cast irons
types. **A13:** 567–568

Commercial chromic acid process
anodizing process properties **A5:** 482

Commercial clays **EM4:** 6
properties. **EM4:** 7

Commercial coppers
gas-metal arc butt welding **A6:** 760

Commercial Duralumin alloys
as aluminum casting alloys. . **A2:** 126–127, 129–130

Commercial ferrous forging. **M7:** 415–417

Commercial fine gold
properties **A2:** 704–705

Commercial flaw detector. **A19:** 216, 217

Commercial glass
composition by application **A20:** 417

Commercial heat-treatable aluminum alloys
types. **A2:** 40–41

Commercial hybrids *See* Hybrids

Commercial iron (III) oxide
decomposition temperatures. **EM4:** 55

Commercial items descriptions (CIDS) **EM3:** 63

Commercial mills for mechanical alloying **A7:** 82–83, 84

Commercial names
of polymers. **EM2:** 53–56

Commercial nitrogen-base atmospheres
advantages **M4:** 403–404
applications **M4:** 406–408
blending equipment. **M4:** 404, 405–406
carbon-controlled **M4:** 403
components. **M4:** 404–405, 406
protective atmospheres. **M4:** 403
reactive atmospheres **M4:** 403

Commercial permeametry **M7:** 263

Commercial powder metallurgy. **M7:** 16–18

Commercial prepreg, defined *See* under Prepreg

Commercial purity
of metals **A2:** 1093

Commercial pycnometers **M7:** 265

Commercial quality
of carbon steels. **A1:** 201

Commercial quality sheet and strip
low-carbon steel **M1:** 154, 155

Commercial rolled zinc alloys
properties **A2:** 539–540

Commercial salt bath hardening
high-speed tool steels **A16:** 55, 56

Commercial shape memory effect (SME) alloys
copper-base shape memory alloys. **A2:** 899–900
nickel-titanium alloys **A2:** 899

Commercial standards (CS) **A20:** 63

Commercial suppliers
of UV-cured conformal coating material. . **EL1:** 786

Commercial vacuum hot pressed beryllium products **M7:** 172

Commercial x-ray photoelectron spectroscopy systems **M7:** 255

Commercially pure copper
applications, properties, types . . . **A2:** 223, 230, 234

Commercially pure iron
air-furnace melted, magnetically soft . . **A2:** 764–765
vacuum-induction melted,
magnetically soft. **A2:** 764

Commercially pure lead. **A9:** 418

Commercially pure nickel
applications and characteristics . . **A2:** 435, 437, 441

Commercially pure palladium
properties **A2:** 714–716

Commercially pure platinum
properties **A2:** 707–709

Commercially pure silver
properties **A2:** 699–700

Commercially pure tin
properties **A2:** 518–519

Commercially pure titanium *See also* Titanium; Titanium alloys, specific types, unalloyed Ti
vacuum effects on fatigue. **A12:** 48–49

Comminution. **A7:** 54, **EM4:** 75–81
additives and their effect **EM4:** 77
alteration of powder properties **EM4:** 77
compacting by **M7:** 58
control of milling systems. **EM4:** 77
defined **M7:** 2
definition **A20:** 829, **EM4:** 75
dry-milling technique **EM4:** 75, 76
effect of chemical reactions. **M7:** 58
equipment **EM4:** 78–81
basic mechanisms **EM4:** 78
dry-milling methods **EM4:** 78
types **EM4:** 78
wet-milling, agitation ball. **EM4:** 78, 80–81
wet-milling, fluid energy **EM4:** 80, 81
wet-milling, methods **EM4:** 78
wet-milling, particle size distribution. . . . **EM4:** 79
wet-milling, planetary ball **EM4:** 78
wet-milling, tube **EM4:** 78
wet-milling, vibratory ball **EM4:** 78, 79–80
for hard metals and oxide powders. **M7:** 56
for prealloyed titanium powder
production **M7:** 165–167
mechanical, of precious metal powders. . . . **M7:** 149
mechanochemical effects. **EM4:** 76–77
objectives. **EM4:** 75
advantages **EM4:** 75
breakage phenomenon **EM4:** 75
disadvantages. **EM4:** 75
of beryllium powder. **M7:** 170
of magnesium **M7:** 131, 132
of sliver powders. **M7:** 148
process **EM4:** 75–76
models **EM4:** 76, 77
purpose. **EM4:** 42
slip casting. **EM4:** 157
tape casting **EM4:** 161
uniaxial hot pressing **EM4:** 188
wet-milling technique **EM4:** 75, 76

Comminution (milling)
in ceramics processing classification
scheme **A20:** 698
in powder metallurgy processes classification
scheme **A20:** 694

Committee C-24 (ASTM) on Building Seals and Sealants **EM3:** 71

Committee D-14 (ASTM) on Adhesives **EM3:** 71

Committee D-30 on High Modulus Fibers and Their Composites (of ASTM) **EM1:** 40

SUBJECTS OF THE INDEXED VOLUMES: ASM Handbook (designated by the letter "A"): **A1:** Properties and Selection: Irons, Steels, and High-Performance Alloys (1990); **A2:** Properties and Selection: Nonferrous Alloys and Special-Purpose Materials (1990); **A3:** Alloy Phase Diagrams (1992); **A4:** Heat Treating (1991); **A5:** Surface Engineering (1994); **A6:** Welding, Brazing, and Soldering (1993); **A7:** Powder Metal Technologies and Applications (1998); **A8:** Mechanical Testing (1985); **A9:** Metallography and Microstructures (1985); **A10:** Materials Characterization (1986); **A11:** Failure Analysis and Prevention (1986); **A12:** Fractography (1987); **A13:** Corrosion (1987); **A14:** Forming and Forging (1988); **A15:** Casting (1988); **A16:** Machining (1989); **A17:** Nondestructive Evaluation and Quality Control (1989); **A18:** Friction, Lubrication, and Wear Technology (1992); **A19:** Fatigue and Fracture (1996); **A20:** Materials Selection and Design (1997). Metals Handbook, 9th Edition (designated by the letter "M"): **M1:** Properties and Selection: Irons and Steels (1978); **M2:** Properties and Selection: Nonferrous Alloys and Pure Metals (1979); **M3:** Properties and Selection: Stainless Steels, Tool Materials, and Special-Purpose Materials (1980); **M4:** Heat Treating (1981); **M5:** Surface Cleaning, Finishing, and Coating (1982); **M6:** Welding, Brazing, and Soldering (1983); **M7:** Powder Metallurgy (1984). Engineered Materials Handbook (designated by the letters "EM"): **EM1:** Composites (1987); **EM2:** Engineering Plastics (1988); **EM3:** Adhesives and Sealants (1990); **EM4:** Ceramics and Glasses (1991). Electronic Materials Handbook (designated by the letters "EL"): **EL1:** Packaging (1989)

Committee for Acoustic Emission in Reinforced Plastics (CARP) **A17:** 291

Committee on Characterization of Materials, Materials Advisory Board

National Research Council **A10:** 1

Commodity plastics

definition **A20:** 829

properties of **A20:** 449

structures of **A20:** 449

Common cause. **EM3:** 785, 795

Common cause of failure. **A20:** 121

Common cold-rolled steels

flat-rolled carbon steel product available for porcelain enameling **A5:** 456

Common desilverized lead *See* Leads and lead alloys, specific types, corroding lead

Common dry drawn finish

steel wire **M1:** 261

Common emitter current gain

bipolar transistor analysis **EL1:** 152–153

Common fracture toughness test method (ASTM E 1820-96) **A19:** 399, 400

Common hardness scales. **M7:** 489

Common hot-rolled steels

flat-rolled carbon steel product available for porcelain enameling **A5:** 456

Common ion effect

in gravimetric analysis **A10:** 163

Common lead *See also* Lead

composition **A2:** 543, 545

Common logarithm (base 10)

abbreviation for **A10:** 690

Common manufacturing information system (CMIS) **EL1:** 130

Common modes

in parallel lines **EL1:** 37–38

modification factor **EL1:** 38–39

parameters. **EL1:** 39

Common release processing system (CRPS) EL1: 130

Common value scale **A20:** 122

Communication

issues and types **EL1:** 3–5

Communications applications *See also* Telecommunications applications

acrylonitrile-butadiene-styrenes (ABS). . . . **EM2:** 111

for hybrids **EL1:** 254

urethane hybrids. **EM2:** 268

Communications equipment **A13:** 1113–1126

analysis techniques **A13:** 1113–1118

chemical analysis. **A13:** 1114–1117

electron optics **A13:** 1117

electronic/electrical corrosion, examples **A13:** 1118–1126

Community Right-to-Know Act **A5:** 160

Community Right-to-Know List. **A5:** 408

Community Right-to-Know Program **A5:** 408

Commutator **A6:** 39, 40

Commutator-controlled welding

definition **M6:** 4

Commutators **M7:** 715

Co-Mn (Phase Diagram) . . . . **A3:** 2•143

Co-Mo (Phase Diagram) . . . . **A3:** 2•144

Co-molding **A7:** 361

Co-Mo-Ni (Phase Diagram) . . . . **A3:** 3•41

Compact

defined **A14:** 3

Compact disc (CD)

plastics design and processing considerations **A20:** 802

Compact graphite (CG). **A5:** 683–684

Compact specimen *See also* Center-cracked tension specimens

abbreviation **A8:** 724

and current input and potential probe locations. **A8:** 386

calibration curve **A8:** 386–387

crack measurement intervals **A8:** 378

equipotential distribution from electrical analog patterns **A8:** 387

for corrosive environmental testing . . . **A8:** 427, 429

for fatigue crack growth analysis **A8:** 379, 678–679

for fatigue crack propagation testing . . **A8:** 377–378

for plane-strain fracture toughness testing **A8:** 450–451

for vacuum and gaseous fatigue testing **A8:** 411

grip **A8:** 382

non-dimensional voltage with lead position on **A8:** 388

precracking **A8:** 382

predicted and experimental compliance **A8:** 385

size **A8:** 380–381

stress-intensity factor solutions **A8:** 379–380

thickness **A8:** 381

with copper current input connections and potential probes **A8:** 389

Compact tension *See also* Tension

abbreviation for **A11:** 796

specimen, crack growth in **A11:** 63

Compact tension specimens **A19:** 203

Compact testing

system-level. **EL1:** 375

Compacted graphite cast iron **M1:** 7–9

applications **M1:** 8

foundry practices. **M1:** 8

graphite shape **M1:** 7–9

microstructure **M1:** 7–9

relation of properties to structure **M1:** 8–9

Compacted graphite iron *See also* Ductile iron, Gray iron. **A1:** 3, 8–9, 56–70

advantages **A1:** 70

alternating bend fatigue strength/tensile strength ratio **A19:** 665

applications **A1:** 70

castability

chilling tendency **A1:** 57

fluidity **A1:** 57

shrinkage characteristics. **A1:** 57

classification by commercial designation, microstructure, and fracture **A5:** 683

composition of **A1:** 5, 8–9, 56–57

cooling rate **A1:** 9

corrosion resistance. **A1:** 68, 69

damping capacity **A1:** 69–70

ferritic, thermal fatigue test results **A19:** 670

ferritization tendency **A1:** 57

graphite morphology **A1:** 56

graphite shape effect on dynamic fracture toughness, ferritic grades. **A19:** 672

graphite shape effect on fracture toughness, pearlitic grades **A19:** 672

heat treatment for **A1:** 9

liquid treatment of. **A1:** 9

machinability **A1:** 68–69

mechanical properties at elevated

growth and scaling **A1:** 63, 66

temperature **A1:** 63–64

tensile properties **A1:** 63, 65

thermal fatigue. **A1:** 63–64, 66, 67

mechanical properties at room

compressive properties **A1:** 58, 60–61, 62, 63, 64

fatigue strength **A1:** 58, 62–63, 65

impact properties **A1:** 61–62, 63, 64

modules of elasticity **A1:** 58, 61, 62, 63

shear properties **A1:** 61

temperature **A1:** 57–63

tensile properties and hardness. **A1:** 57, 58, 59–60, 62

thermal conductivity. **A1:** 58

microstructure **A1:** 56, 61

pearlite content effect on toughness **A19:** 675

pearlitic, thermal fatigue test results. **A19:** 670

physical properties **A1:** 66–69

damping capacity **A1:** 69–70

sonic and ultrasonic properties **A1:** 67–68, 69

thermal conductivity **A1:** 58, 64, 66–68, 69

thermal expansion **A1:** 67, 68

rotating-bending fatigue strength **A19:** 676

strain-life fatigue curve **A19:** 666

stress-life fatigue curve **A19:** 666

Compacted graphite irons *See also* Cast iron; High-alloy graphitic irons

applications. **A15:** 675–676

castability **A15:** 671

chemical composition **A15:** 667–668

chilling tendency **A15:** 671

corrosion resistance **A15:** 675

damping capacity **A15:** 675

defined **A15:** 13, 667

dross formation **A15:** 671

elevated-temperature properties. **A15:** 673–675

fluidity **A15:** 671

linear expansion **A15:** 675

machinability **A15:** 675

mechanical properties **A15:** 671–673

melt treatment **A15:** 668–670

molding materials. **A15:** 671

physical properties **A15:** 675

process control **A15:** 670–671

production techniques. **A15:** 667–671

quality control **A15:** 671

shrinkage **A15:** 671

tensile strength and hardness. **A15:** 672–673

thermal conductivity **A15:** 675

welding metallurgy. **A15:** 521–522

Compacted/vermicular graphite eutectic, growth

in multidirectional solidification. **A15:** 178–179

Compactibility **A7:** 302–306

and compressibility. **M7:** 286

defined **M7:** 2

definition **A7:** 302

in milling of single particles **M7:** 59

of stainless steels. **M7:** 184

Compacting *See also* Compaction; Compact(s)

aluminum P/M alloys **A2:** 210–211

as tool steel application **M7:** 792

automatic, and stroke capacity **M7:** 325

crack, defined **M7:** 2

defined **M7:** 2

effect on copper powder tensile strength . . **M7:** 116

ferrous P/M materials **M1:** 329, 331

force, defined. **M7:** 2

methods for higher density **M7:** 304–307

of aluminum P/M parts. **M7:** 743

physical fundamentals of. **M7:** 308–321

-sintering combination, of cermets **A2:** 988–989

sliding and plastic deformation in **M7:** 298

vibratory. **M7:** 306

Compacting crack

defined **M7:** 2

Compacting force

defined **M7:** 2

Compacting grade metal powders

lubricants for. **A7:** 322

Compacting lubricants

commonly used **M7:** 352

Compacting mill *See* Compacting presses

Compacting powders

equiaxed shaped, apparent density **M7:** 272

green strength **M7:** 288–289

lubricant effects. **M7:** 192

Compacting presses

adjustable die filling. **M7:** 329

deflection analysis. **M7:** 336

designing **M7:** 335–337

double-action tooling **M7:** 333

double-reduction gearing systems for. **M7:** 330

floating die tooling. **M7:** 333–334

flow rate through **M7:** 278

gearing systems **M7:** 329–330

hydraulic **M7:** 330–332

requirements **M7:** 329

secondary operations **M7:** 337–338

selection **M7:** 331–332

single-reduction gearing systems for **M7:** 330

tooling systems for **M7:** 332–334

types of **M7:** 334–335

withdrawal tooling systems **M7:** 334

Compacting pressure

and density, isostatic pressing. **M7:** 299

and lubricant mixing time. **M7:** 191

defined **M7:** 2

density of carbonyl nickel powder compacts as function of **M7:** 310

effect on densification and expansion during homogenization **M7:** 315

electrolytic copper powder. **M7:** 115

for beryllium powders **M7:** 171

in rigid tool compaction **M7:** 325

Compacting tool set

defined **M7:** 2

Compacting tools

for free-flowing powder **M7:** 278

rectangular test specimens. **M7:** 286

Compaction *See also* Compactibility; Compacting; Compacting presses; Compacting pressure; Compacting tools; Compact(s); Isostatic compaction; Loose powder

compaction **A7:** 54–55, **EM3:** 8

and lubrication **M7:** 190

by Wollaston press **M7:** 15

220 / Compaction

Compaction (continued)
copper-base structural parts **A2:** 397
defined **EM1:** 7, **EM2:** 10, **M7:** 2
force, in molding machines **A15:** 345
high-speed, effect on green strength....... **M7:** 302
history **M7:** 14
in manual lay-up **EM1:** 604
in rigid dies, pressure and relative density of
powders **M7:** 298
isostatic, and rigid tool compaction....... **M7:** 323
of iron-based arm bearing **M7:** 706
of loose powder, stages **M7:** 297–298
of P/M ferrous powders.................. **M7:** 683
of polymers **M7:** 607
posts, titanium P/M treatments........... **A2:** 653
presses **M7:** 295
pressure **M7:** 289
properties affecting **M7:** 211
rapid omnidirectional **M7:** 542–546
rigid tool, and shape attainment *See* Rigid tool compaction
roll, and rigid tool compaction........... **M7:** 323
sand, coremaking **A15:** 239–240
second stage **M7:** 58
self-lubricating sintered bronze bearings ... **A2:** 394
sheet molding compound, types......... **EM1:** 160
split die **M7:** 326, 327
third stage **M7:** 58
triaxial chamber for **M7:** 304
wet magnet **M7:** 327–328

Compaction in rigid dies **A7:** 326

Compaction of a two-level component **A7:** 337–340

Compaction of powders in a rigid die **A7:** 575

Compaction pressure **A7:** 344
correction factor for **A7:** 344

Compaction, zone of **A7:** 54, 55

Compactness
planar shape **A7:** 271

Compact(s) *See also* Green compacts
carbonyl nickel powder, density **M7:** 310
changes in mechanical properties **M7:** 311
compact (noun), defined **M7:** 2
compact (verb), defined **M7:** 2
dimensional change **M7:** 290–292
electrolytic copper, density of............ **M7:** 310
green **M7:** 288–289, 311
green density **M7:** 310
hardness and sintering temperature **M7:** 312
hot pressing fully dense **M7:** 501–521
Kirkendall porosity formation and coarsening in
nickel blend **M7:** 314
mean composition, effect on densification and
expansion during homogenization ... **M7:** 315
microstructure of copper particle blend ... **M7:** 314
of body-centered cubic metals **M7:** 310
puffed **M7:** 9
shrinkage as function of particle size **M7:** 309
shrinkage as function of sintering
temperature **M7:** 191
sintering **M7:** 309–314
sintering, of homogeneous metal
powders **M7:** 302–312
variation of sintered density during
homogenization in nickel-copper **M7:** 314

Compacts, sintered
tin and tin alloy **A2:** 519–520

Compact-type C(T) specimen **A19:** 171, 172, 173, 176, 177, 178, 180, 198, 513

Companion specimen method **A19:** 659

Comparative experiments *See also*
Experiment **A8:** 639–642
block designs for **A8:** 643–650
determining optimum levels **A8:** 650–652
factorial **A8:** 641–643
nature of **A8:** 639–641
planning, introduction **A8:** 623
precision of **A8:** 640
randomized designs for **A8:** 643–650
requisites and tools **A8:** 640

Comparators
in acoustic emission inspection **A17:** 281
microwave inspection **A17:** 205
optical **A17:** 10–11

Comparison method
of thermocouple calibration **A2:** 881

Comparison microscopes **A9:** 83–84

Comparison standard
defined **A9:** 4

Compatibility **EM3:** 8
agents **EM2:** 488–489
defined **EM1:** 7, **EM2:** 10
of dissimilar materials **A13:** 340–343
of polymer-polymer mixtures....... **EM2:** 487–488

Compatibility equation **A19:** 544–545

Compatibility (frictional)
defined **A18:** 5

Compatibility (lubricant)
defined **A18:** 5–6

Compatibility (metallurgical)
defined **A18:** 6

Compensating extension wires
defined **A2:** 877

Compensating eyepieces
defined **A10:** 671

Compensating microscope eyepieces **A9:** 73
defined **A9:** 4
effect on image distortion **A9:** 77

Compensation
defined **A18:** 6

Compensation and Liability Act ("Superfund") **A5:** 160

Competition
and quality design and control **A17:** 719

Competitive benchmarking **A20:** 15, 24–27, 219

Competitive markets theory **A20:** 263

Compimide bismaleimides **EM1:** 81–83, 87

Complementary error function
defined **EL1:** 194

Complementary metal-on-silicon (CMOS)
circuits **A20:** 619

Complementary metal-oxide semiconductor (CMOS) **EM3:** 593
active-component fabrication **EL1:** 196–198
and ECL, TTL, compared **EL1:** 165–166
as ASIC technology **EL1:** 161
as circuit interface **EL1:** 160–161
as future trend **EL1:** 390
defined **EL1:** 1138
development **EL1:** 160
failure mechanisms **EL1:** 978
for digital ICs **EL1:** 162–163
IC trend lines **EL1:** 399–400
ICs, heat flux dissipated **EL1:** 402
logic circuits **EL1:** 76
very-large-scale integration (VLSI) devices, as
future trend **EL1:** 390

Complementary pnp bipolar junction transistors
active devices **EL1:** 145–146

Complete fusion
definition **A6:** 1207, **M6:** 4

Complete joint penetration
definition **A6:** 1207, **M6:** 4

Complete penetration
definition **A6:** 1207

Completely randomized experimental plans **A8:** 643–644, 646

Complex
numbers of ligands determined in **A10:** 70

Complex castings
by ceramic molding **A15:** 248
by permanent mold casting **A15:** 275

Complex center upset
production of **A14:** 295

Complex composite contacts
properties **A2:** 853

Complex composite electrical contacts
properties **A7:** 1025

Complex dielectric constant *See also* Dielectric constant
defined **EM1:** 7, **EM2:** 10

Complex failures
determined **A11:** 29

Complex geometries, part classifications **A20:** 258

Complex geometry factors **A19:** 462–463

Complex inclusions
EPMA detected **A11:** 39
in steels **A15:** 92–93

Complex ion
definition **A5:** 951

Complex modulus **EM2:** 11, 551, **EM3:** 8

Complex modulus test (Oberst Bar ASTM E 756) **EM3:** 556

Complex multicomponent glass
EDS and WDS x-ray spectra of **A10:** 521

Complex multilayer systems
for cladding **A13:** 889–890

Complex oxides *See also* Oxides
as inclusions, aluminum alloys **A15:** 95

Complex parts
as integral unit **A15:** 40
metal casting advantages **A15:** 39

Complex permittivity
microwave inspection **A17:** 205

Complex relative permittivity **EM3:** 428, 429

Complex reliability block diagram **EL1:** 900

Complex shapes *See also* Shapes; Workpieces
forged, ultrasonic inspection **A17:** 504
radiographic inspection **A17:** 333–334
thermal inspection **A17:** 396
tool materials for drawing **A14:** 336

Complex shear modulus
defined **EM1:** 7

Complex silicate inclusions
defined **A9:** 4

Complex silicide
oxidation-resistant coating systems for
niobium **A5:** 862

Complex silicide multilayered coatings
oxidation-resistant coating systems for
niobium **A5:** 862

Complex stresses
effect on fatigue strength **A11:** 112

Complex subsystems
reliability prediction in **EL1:** 900

Complex tension-compression loading **A19:** 202

Complex viscosity
for closed-loop cure **EM1:** 761

Complex workpieces *See also* Shapes; Workpieces
cold heading of **A14:** 294

Complex Young's modulus *See also* Complex dielectric constant; Young's modulus ... **EM3:** 8
defined **EM1:** 7

Complexation *See also* Cheitite; Coordination compound; Ligand
defined **A10:** 671, **A13:** 3
in internal electrogravimetry, effects of ... **A10:** 200
organic complexing agents and metals determined
fluorimetrically by **A10:** 74
selected, UV/VIS **A10:** 65–66
separation, for interferences **A10:** 65
in voltammetry **A10:** 193–194

Complexing agents
defined **A13:** 1140
effect on decomposition potentials **A10:** 198
effect on UV/VIS analysis **A10:** 64
organic, determined fluorimetrically **A10:** 74

Complexity **A20:** 247, 267
of integrated circuits **EL1:** 399–401
of rigid printed wiring boards **EL1:** 551–552

Complexity index
for assessing the effects of heat treatment .. **A9:** 130

Complexity, mold
and design **A15:** 611–613

Complexity theory **A20:** 717, 719–721, 722

Complexometric titrations
classical wet chemical analysis **A10:** 164

in internal electrolysis **A10:** 201
Complex-shaped parts
CAP process for **M7:** 533
Compliance *See also* Coefficient of elasticity **A20:** 540, **EM3:** 8, 504
and crack length........................ **A8:** 383
and tensile load **A8:** 383–386
defined **EM1:** 7, **EM2:** 11
indirect, for crack growth in aqueous solutions.......................... **A8:** 417
measurement mathematics........... **A8:** 385–386
measurements .. **EM3:** 318–319, 445–446, 447, 448
model, accelerated life prediction ... **EM2:** 790–791
normalized, computing **A8:** 385
predicted and experimental for compact-type fatigue specimen................... **A8:** 385
Compliance calibration
Rice J integral procedure as.............. **A8:** 448
Compliance method **A19:** 174–175, 178, 182–183, 202, 203, 211
and displacement....................... **A8:** 383
application for detecting fatigue cracks ... **A19:** 210
crack detection sensitivity............... **A19:** 210
for crack extension measurement **A8:** 382–386, 412
laboratory practice.................. **A8:** 383–384
measurement mathematics........... **A8:** 385–386
normalized, computing **A8:** 385
system components **A8:** 383
to monitor crack extension in corrosive environments.......................... **A8:** 428
Compliance offset method **A19:** 180–181
Compliance-based fracture toughness testing........................ **A20:** 540, 541
Compliant organic coatings **A5:** 935–938
anode dipping process................... **A5:** 936
application equipment................... **A5:** 938
electrodeposition **A5:** 937–938
electrophoresis **A5:** 937
exempt-solvent-based coatings........ **A5:** 936–937
exempt-solvent-based primers **A5:** 936–937
exempt-solvent-based topcoats............ **A5:** 937
high-solids coatings **A5:** 937
high-solids epoxy topcoats **A5:** 937
high-solids primers...................... **A5:** 937
high-solids self-priming urethane topcoat... **A5:** 937
high-solids urethane topcoats............. **A5:** 937
maximum allowable volatile organic compound contents **A5:** 935
powder coatings **A5:** 937
Rule 1124 .... **A5:** 935
single tank method...................... **A5:** 936
waterborne chemical milling maskant...... **A5:** 936
waterborne coatings................. **A5:** 935–936
waterborne primers **A5:** 935–936
waterborne topcoats..................... **A5:** 936
Compliant surface approach
as interconnection option............... **EL1:** 985
Compliant surface bearings **A18:** 530–531
advantages............................ **A18:** 529
applications........................... **A18:** 531
bending-dominated continuous foil bearings..................... **A18:** 530, 531
bending-dominated segmented foil bearings **A18:** 530–531
design analysis **A18:** 531
modified bending-dominated continuous foil bearings **A18:** 531
pressurized-membrane bearings.......... **A18:** 531
surface coatings **A18:** 532
Compliant wipe solvent cleaners **A5:** 940–943
alternate materials.................. **A5:** 940–941
aqueous cleaners........................ **A5:** 941
combination wipe solvent cleaners **A5:** 941
compositions of MIL-C-38736 wipe solvent cleaners **A5:** 940
corrosion potential...................... **A5:** 942
evaluation of wipe solvent cleaners ... **A5:** 940–943
evaluation parameters by property **A5:** 942–943
isoparaffins **A5:** 941
perfluorocarbons........................ **A5:** 941
safety and health hazards **A5:** 943
Significant New Alternatives Program (SNAP)........................... **A5:** 941
standard contaminant for testing the cleaning efficiency of....................... **A5:** 942
tests for **A5:** 942
U.S. regulations related to curtailment in the use of solvent materials **A5:** 940
Compocast *See also* Metal-matrix composites
defined.............................. **A15:** 338
of metal-matrix composites **A15:** 844–847
Component
defined **M7:** 2
definition............................ **A20:** 829
Component and discrete chip mounting technologies **EL1:** 143
Component attachment technology
beam lead bonding **EL1:** 351
eutectic bonding....................... **EL1:** 349
organic adhesives.................. **EL1:** 348–349
silver-glass bond....................... **EL1:** 349
soldering **EL1:** 347–348
thick-film hybrids **EL1:** 347–351
wire bonding **EL1:** 349–350
Component design *See also* Complex parts; Design; Parts
metal casting advantages **A15:** 39–41
Component lead materials/finishes
electronics industry **A13:** 1109
Component mode synthesis (CMS) technique **A20:** 172, 182
Component of variance
defined **A8:** 2
Component removal
factors affecting................... **EL1:** 713–714
methods................. **EL1:** 715–718, 724–727
surface-mount technology........... **EL1:** 722–724
tools............................. **EL1:** 724–727
Component test model approach to fatigue design............................... **A19:** 3
Component testing.................. **EM3:** 540–541
aircraft graphite composite horizontal stabilizer stub box test................ **EM3:** 539, 540
damage tolerance testing............... **EM3:** 540
environmental tests **EM3:** 540
multirib wing box test fixture...... **EM3:** 540, 541
to evaluate galvanic corrosion **A13:** 234
Component tests
cast aluminum alloys **A19:** 820–821
Component-calibration techniques **A19:** 245
Component-level cooling
as thermal control **EL1:** 47
Component-level physical test methods
automatic optical inspection **EL1:** 941–942
capabilities **EL1:** 941
environmental testing **EL1:** 944
for plating thickness **EL1:** 942–943
for solderability **EL1:** 943–944
solder joint inspection.................. **EL1:** 942
Components *See also* Active analog components; Active component fabrication; Active digital components; Component attachment technology; Component removal; Component-level physical testing methods; Parts; Passive component fabrication
active digital...................... **EL1:** 160–177
aircraft.......................... **EM1:** 801–809
attachment, trends................. **EL1:** 387–388
burn-in, TAB advantages **EL1:** 281
by compression molding........... **EM1:** 560–561
customer requirements **EM1:** 38
defined.............................. **EL1:** 1138
design/layout **EL1:** 513–516
digital logic....................... **EL1:** 160–161
dimensions, process control......... **EL1:** 672–673
dynamic characteristics.................. **EL1:** 65
functions, microcircuitry vs. conventional.. **EL1:** 89
hybrid, integral and add-on......... **EL1:** 258–259
insertion problems, through-hole packages.......................... **EL1:** 970
leadless, joint failures **EL1:** 735
masking of **EL1:** 764
material selection for................. **EM1:** 38–39
miniature electrical **EL1:** 800
physical testing methods **EL1:** 941–944
placement, in surface-mount soldering **EL1:** 700–701
preparation, surface-mount joints........ **EL1:** 731
re working processes............... **EL1:** 712–715
realignment........................... **EL1:** 289
removal and replacement........... **EL1:** 288–289
repair **EL1:** 289
selection or design..................... **EL1:** 747
solderability **EL1:** 731, 944
surface-mount, number of I/Os per **EL1:** 730
testing, tape automated bonding......... **EL1:** 281
thin plastic, design/analysis techniques **EM2:** 691–700
transport aircraft, flight service evaluations **EM1:** 826–831
urethane-coated, removal **EL1:** 780
winding **EM1:** 507
Components of a system .... **A3:** 1•2
Composi-Lok fasteners **EM1:** 710–711
Composite B
properties............................. **A18:** 548
Composite bearing material
defined **A18:** 6
Composite bearings.................. **A7:** 393–394
as roll compacting specialty applications **M7:** 406–408
performance characteristics.............. **M7:** 408
powder melting.................... **M7:** 406–407
production setup **M7:** 406, 407
roll compaction **A7:** 393–394
Composite camshaft assembly as nonconventional automobile application **M7:** 620
Composite cements
material loss on abrasion (dental)........ **A18:** 673
Composite ceramics
silicon carbide whisker-reinforced alumina **A2:** 1023–1024
Composite coating
defined **M7:** 2
definition............................. **A5:** 951
Composite compact
defined **M7:** 3
Composite cure control.............. **EM1:** 649–653
Composite cylinder assemblage (CCA) **EM1:** 187–188
Composite cylinder assemblage (CCA) model............................ **A20:** 652
Composite deposition plating **A20:** 477, 479, 480
Composite die construction
specifications.......................... **EM1:** 611
Composite dust
part rejection for **EM1:** 36
Composite el*ctrical contacts *See also* Electrical contact materials.............. **A7:** 1021–1028
categories of materials................... **A2:** 850
hybrid consolidation **A2:** 857–858
internal oxidation....................... **A2:** 857
manufacturing methods **A2:** 856–858
properties **A2:** 850–853
properties, for electrical make-break contacts **A2:** 851–853
refractory metal and carbide-base composites................... **A2:** 854–855
silver-base composites............... **A2:** 855–856
Composite electrode
definition **M6:** 4
Composite external scales
gaseous corrosion.................... **A13:** 74–76
Composite fiber-matrix bond tests..... **EM3:** 391–405
Composite fluid dies...................... **M7:** 544
Composite friction material applications of cement copper............................ **M7:** 119
Composite image building
digital image enhancement............. **A17:** 457
Composite insulating materials **A20:** 615
Composite joint
definition **M6:** 4
Composite laminates, fatigue of........ **A19:** 905–919
ARALL and GLARE laminates fatigue properties **A19:** 912–913
ARALL fiber-metal laminates **A19:** 910–913
bolted joint fatigue..................... **A19:** 909
crack patterns under fatigue loading...... **A19:** 906
crack patterns under static loading .. **A19:** 905, 906
damage tolerance of ARALL and GLARE laminates **A19:** 913
delamination...................... **A19:** 905–907
delamination growth as a function of fatigue cycles **A19:** 907
fatigue
and static strengths normalized with respect to unidirectional tensile strengths **A19:** 908
data analysis and life prediction ... **A19:** 909–910
failure.......................... **A19:** 905–907
life prediction **A19:** 910

Composite laminates, fatigue of (continued)
of fiber-reinforced metal-matrix composites **A19:** 914–918
fiber break **A19:** 907
fiber-metal laminate types **A19:** 911–912
GLARE fiber-metal laminates **A19:** 910–913
graphite-epoxy delamination after static loading **A19:** 906
helicopter rotor blade fatigue **A19:** 909
impact toughness of ARALL and GLARE laminates **A19:** 913
interface debonding **A19:** 907
layer cracking **A19:** 905, 906
mean stress **A19:** 907–908
mechanical properties of fiber-metal laminates **A19:** 912
metal-matrix composites
cracking effect on residual strength **A19:** 917–918
fatigue crack growth from notches **A19:** 916, 917
fatigue crack initiation **A19:** 916
fatigue of notched specimens **A19:** 916–918
fatigue of unnotched specimens **A19:** 914–916
interface strength and residual stresses effect on fatigue **A19:** 915–916
prediction of growth rates in bridged cracks **A19:** 916–917
thermomechanical fatigue **A19:** 915
notch **A19:** 908–909
PAFAC finite element Program **A19:** 917
parameters estimation **A19:** 909–910
percentage points **A19:** 910
pooling technique **A19:** 910
quasistatic indentation test **A19:** 913
R ratio effect on fatigue life **A19:** 909
repairability of ARALL and GLARE laminates **A19:** 913
S-N curve characterization **A19:** 910
S-N relation **A19:** 907–909
Weibull distribution **A19:** 909–910
Composite layup
as manufacturing process **A20:** 247
Composite manufacture, design for *See* Design for composite manufacture
Composite material *See also* Composites **EM3:** 8
defined **M7:** 3
definition **A20:** 829
Composite material age **A8:** 716
Composite materials *See also* Composite material analysis and design; Composite(s); Dissimilar materials; Fiber composites; Material properties; Material properties analysis; Metal matrix composites **EM1:** 176–179
acoustic emission inspection **A17:** 287–288
acoustic microscopy methods **A17:** 469
advantages **EM1:** 105
analysis, programmable calculator programs for **EM1:** 277–279
analysis requirements for **A8:** 713–718
analysis, software for **EM1:** 269, 274, 275–281
and single joint data **EM1:** 313–319
anisotropic properties, and design **EM1:** 38
applications **A7:** 628, **EM1:** 799–847
basic elements/axis systems **EM1:** 176
binder-assisted extrusion **A7:** 373, 374
cold sintering **A7:** 579, 580
combustion synthesis **A7:** 530
computed tomography (CT) **A17:** 363
consolidation of ultrafine and nanocrystalline powders **A7:** 510–511
C-SAM image **A17:** 469
defined **EM1:** 7, 27
description **EM1:** 355–359
design cycle for composite structures **EM1:** 179
development of **A7:** 3, 5, 6
directional nature **EM1:** 177
evaluation of **EM1:** 38–39
extrusion **A7:** 628–629
fabrication processes **EM1:** 179
failure causes **EM1:** 767
failure mechanisms **A8:** 714
fiber-matrix, microwave inspection **A17:** 215
fibers, form and properties **EM1:** 175, 179, 360–362
field-activated sintering **A7:** 587
flight service evaluation **EM1:** 823, 826–830
forms **EM1:** 353–415
general use considerations **EM1:** 35–37
high-performance, applications **EM1:** 206
hot isostatic pressing **A7:** 605
injection molding **A7:** 314–315
interface debonding in **A8:** 714
laminate code for **A8:** 714
long-term environmental effects **EM1:** 823–826
matrix, forms **EM1:** 175–176
metallic, eddy current inspection **A17:** 190–191
microstructures **A7:** 728
microstructures of **EM1:** 177, 768
microwave inspection **A17:** 202, 215
optical holography of **A17:** 429
Osprey process used **A7:** 75, 319
prebond surface treatment **EM1:** 681–682
process modeling of **EM1:** 499–502
properties **EM1:** 173, 177–179, 353–415
quality control **EM1:** 729–763
raw materials **EM1:** 105–171
reaction control, as quality control **EM1:** 729
requirements **EM1:** 38
screens, radiography **A17:** 316
selection of **EM1:** 38–39
service characteristics **EM1:** 179–180
SLAM images **A17:** 469
software for analysis of . . . **EM1:** 269, 274, 275–281
structure-property relationships **A20:** 351–352
technology, information sources for . . . **EM1:** 40–42
ten-year worldwide ground-based exposure tests **EM1:** 823–825
terminology **EM1:** 176–177
thermal coefficient of expansions for **EM1:** 716
thermal spray forming **A7:** 413–414
thermoplastic matrix **EM1:** 363–372
thermoset, high-strength medium-temperature **EM1:** 399–415
thermoset, high-temperature **EM1:** 373–380
thermoset, low-temperature **EM1:** 392–398
thermoset, medium temperature **EM1:** 381–391
titanium matrix, ultrasonic inspection **A17:** 250
use in electrical contacts . . . **M3:** 665, 672–681, 682
Composite materials analysis and design **EM1:** 173–281
computer programs for structural analysis **EM1:** 268–274
damage tolerance **EM1:** 259–267
damping properties analysis **EM1:** 206–217
design requirements **EM1:** 181–184
failure analysis, of laminates **EM1:** 236–251
fatigue analyses, of laminates **EM1:** 236–251
fracture analysis, of laminates **EM1:** 252–258
laminate properties analysis **EM1:** 218–235
material properties analysis **EM1:** 185–205
overview **EM1:** 173, 175–180
software for composite materials analysis **EM1:** 275–281
strength analysis, of laminates **EM1:** 236
Composite materials, design with *See* Design with composite materials
Composite metal particles
mechanically alloyed oxide dispersion-strengthened (MA ODS) alloys **A2:** 943
Composite mold
Shaw process **A15:** 250
Unicast process **A15:** 251
Composite packaging materials *See also* Advance composite packaging materials
as heat sinks, types **EL1:** 1122
requirements for **EL1:** 1122
Composite parts *See also* Part(s)
defined **EM1:** 422–423
Composite patterns **A15:** 193, 195
Composite plate
definition **A5:** 951
Composite powders
alloy-coated **M7:** 174
applications **M7:** 174–175
core and coating **M7:** 174
defined **M7:** 3, 173
extrusion die **M7:** 442, 443
high-energy milling **M7:** 69
hot isostatic pressing of **M7:** 442–443
nickel-coated, production **M7:** 173–174
Osprey process for **M7:** 530
P/M history **M7:** 17
production **M7:** 173–175
properties **M7:** 174
ratio of components **M7:** 173
roll compaction for **M7:** 406
with graphite **M7:** 174
Composite processing map
for aluminum **A14:** 365
Composite rolls **A14:** 353
Composite roughness **A18:** 30, **A19:** 359
Composite sample
defined **A10:** 13
Composite structural analysis **EM1:** 458–462
applications **EM1:** 460–462
classical lamination theory **EM1:** 458–460
numerical **EM1:** 463–478
numerical codes for **EM1:** 469
Composite structure
defined **M7:** 3
definition **A20:** 829
Composite structures *See also* Composite structural analysis; Structural
analysis **EM1:** 458–462
analysis and design **EM1:** 417–495
cost drivers, in design/manufacture of **EM1:** 419–427
failure of **EM1:** 432–435
fatigue strength of **EM1:** 436–444
instability considerations in **EM1:** 445–449
integrated manufacturing center for **EM1:** 621–622
interfaces, design/tooling/manufacturing of **EM1:** 428–431
joint design **EM1:** 479–495
laminate ranking tool for **EM1:** 450–457
laminate sizing for **EM1:** 450–457
numerical design and analysis **EM1:** 463–478
static strength **EM1:** 432–435
Composite structures, advanced
blind-side bonded-scarf repair **EM3:** 824
blind-side sandwich repair **EM3:** 824–825
bonded, external patch repair **EM3:** 825, 826
bonded-scarf joint flush repair **EM3:** 822–823, 825, 826
double-scarf joint flush repair **EM3:** 823–824
load-transfer analysis **EM3:** 827–828
panel repair, 100 mm diameter holes **EM3:** 825–826
repair concepts **EM3:** 821–828
Composite strut
design of **EM1:** 183–184
Composite surface roughness **A18:** 539
Composite target sputtering
as thin-film deposition technique . . . **A2:** 1081–1082
Composite testing
graphite composite outboard elevator test **EM3:** 540
Composite tools *See also* Electroformed nickel tooling; Tooling
graphite-epoxy **EM1:** 586–587
prepreg tool fabrication **EM1:** 739
wet lay-up fabrication **EM1:** 739
Composite x-ray target
refractory metals and alloys **A2:** 559
Composite-grain model **A19:** 81, 82

SUBJECTS OF THE INDEXED VOLUMES: ASM Handbook (designated by the letter "A"): **A1:** Properties and Selection: Irons, Steels, and High-Performance Alloys (1990); **A2:** Properties and Selection: Nonferrous Alloys and Special-Purpose Materials (1990); **A3:** Alloy Phase Diagrams (1992); **A4:** Heat Treating (1991); **A5:** Surface Engineering (1994); **A6:** Welding, Brazing, and Soldering (1993); **A7:** Powder Metal Technologies and Applications (1998); **A8:** Mechanical Testing (1985); **A9:** Metallography and Microstructures (1985); **A10:** Materials Characterization (1986); **A11:** Failure Analysis and Prevention (1986); **A12:** Fractography (1987); **A13:** Corrosion (1987); **A14:** Forming and Forging (1988); **A15:** Casting (1988); **A16:** Machining (1989); **A17:** Nondestructive Evaluation and Quality Control (1989); **A18:** Friction, Lubrication, and Wear Technology (1992); **A19:** Fatigue and Fracture (1996); **A20:** Materials Selection and Design (1997). **Metals Handbook, 9th Edition** (designated by the letter "M"): **M1:** Properties and Selection: Irons and Steels (1978); **M2:** Properties and Selection: Nonferrous Alloys and Pure Metals (1979); **M3:** Properties and Selection: Stainless Steels, Tool Materials, and Special-Purpose Materials (1980); **M4:** Heat Treating (1981); **M5:** Surface Cleaning, Finishing, and Coating (1982); **M6:** Welding, Brazing, and Soldering (1983); **M7:** Powder Metallurgy (1984). **Engineered Materials Handbook** (designated by the letters "EM"): **EM1:** Composites (1987); **EM2:** Engineering Plastics (1988); **EM3:** Adhesives and Sealants (1990); **EM4:** Ceramics and Glasses (1991). **Electronic Materials Handbook** (designated by the letters "EL"): **EL1:** Packaging (1989)

Composite-mold casting *See also* Castings; Foundry products
aluminum alloys **M2:** 147
aluminum casting alloys **A2:** 141
Composites *See also* Advanced composites; Cast metal-matrix composites; Composite material(s); Composite packaging materials; Composite structural analysis; Composite structures; Constituent materials; Continuous fiber reinforced composite; Continuous fiber reinforced composites; Continuous fibers; Discontinuous fiber composites; Engineering composites; Fiberglass-polyester composites; Fiber-reinforced composites; High performance composites; High-modulus composites; Matrix alloys; Metal-matrix composites; Particulate-reinforced composites; Reinforced composites; Resin-matrix composites; Short fiber composites; specific composites; Subcomposites; Tensile strength **EM3:** 71
abrasive machining usage **A5:** 91
acrylamate prepreg, physical properties **EM2:** 270
adhesive bonding, surface preparation **EM1:** 681–682
advanced, fasteners for **A11:** 530
advanced, thermoplastic resins **EM2:** 621–622
advantages **EM1:** 36–37
aerospace, epoxy **EM1:** 73
aircraft cost savings by **EM1:** 97
aluminum alloy **A13:** 587
aluminum-base discontinuous metal-matrix **A14:** 251
aluminum-base metal-matrix, for casting **A2:** 126
analytic methods applicable **A10:** 6
and metals, compared **EM1:** 35, 216, 259–260
application, in packages **EL1:** 1126–1128
as heat sinks **EL1:** 1130–1131
autoclave curing of **EM1:** 645–653
BMI, mechanical properties **EM2:** 256
bonding fixtures **EM3:** 707
breakdown field dependence on dielectric constant **A20:** 619
carbon fiber reinforced **EM2:** 235–236
ceramic, applications and properties **A2:** 1023–1024
chop length, effect of **EM1:** 164
chopped fiber reinforced acrylamate **EM2:** 270
clad metals as **A13:** 887
coinability of **A14:** 183
commercial aircraft **EM1:** 100
components **EM1:** 355
composition **EM1:** 289
compression fracture from buckling in **A11:** 742–743
continuous fiber **A11:** 731
continuous fiber reinforced magnesium alloys **A2:** 460
corrosion-resistant, welding **A13:** 652
CTE relationships **EL1:** 611
curing process **EM1:** 702–705
cutting tool material selection based on machining operation **A18:** 617
damage tolerance of **EM1:** 259–267
damping properties analysis of **EM1:** 206–217
defined **A10:** 671, **A11:** 2, **EM2:** 98
deformation processed copper refractory metals **A2:** 922
design **EM1:** 33
die materials **A14:** 639
discontinuous phase **EM1:** 27
electromagnetic forming with **A14:** 649–650
engineering properties **A11:** 731
evaluation of **EM1:** 38–39
fabric weave types **EM1:** 256, 355
fabrication **EM1:** 33–34
failure causes **EM1:** 767
fiber, deformation of **A11:** 761
fiberglass-polyester resin **EM2:** 248–249
Fiberite T300 carbon fibers **EM3:** 644
fiber-resin applications **EM1:** 355, 356
fibers **EM1:** 29–31
for consumer products **EM1:** 554
for electrical make-break contacts, properties of **A2:** 851–853
for pressure vessels, welding of **A11:** 654–656
forms **EM1:** 355
fracture modes in **A11:** 733
fracture resistance of **A19:** 388–391
friction as described by various properties **A18:** 669
general use considerations **EM1:** 35–37
glass reinforced acrylamate, physical properties **EM2:** 269
graphite fiber reinforced copper matrix, for space power radiator panels **A2:** 922
ground by diamond wheels **A16:** 455, 460
high-performance consumer **EM1:** 554
hybrid
properties **A18:** 666
simplified composition of microstructure **A18:** 666
hypoeutectic alloys as **A15:** 167–168
inorganic-inorganic, laser cutting of **EM1:** 679–680
inorganic-organic, laser cutting of **EM1:** 679
interlaminar fracture toughness **EM1:** 99
introduction to **EM1:** 27–34
load states in **A11:** 735
loss coefficient vs. Young's modulus **A20:** 267, 273–275
low-performance consumer **EM1:** 554
machinability test matrix **A16:** 639–640
machining **A20:** 702
manufacture of **A20:** 701–702
material, defined **EM2:** 11
material forms **EM1:** 33
material parameters that should be documented to ensure repeatability when testing tribosystems **A18:** 55
matrices **EM1:** 31–33
mechanical fasteners for **A11:** 529
metal-ceramic **A2:** 1024
metal-matrix **EL1:** 1126–1128
microfilled
properties **A18:** 666
simplified composition on microstructure **A18:** 666
microstructural changes studied by x-ray topography **A10:** 366
microstructures **A11:** 732
moisture-induced failure in **EM2:** 765–766
molded, properties **EM1:** 161
multifilamentary NbTi superconducting **A2:** 1043–1052
organic, analytic methods for **A10:** 9
organic-organic, laser cutting of **EM1:** 678–679
particulate, defined *See* Particulate composite, defined
phase contrast imaging **A18:** 389
phenolics for adhesive **EM3:** 105
plastic, environmental effects **EM2:** 428–429
polymer matrix **EL1:** 1117–1118
polyphenylene sulfides (PPS) **EM2:** 190
principle, for packaging **EL1:** 1117
processing **A20:** 793, 799–801
reaming of Ni alloys **A16:** 839
refractory metal fiber reinforced **A2:** 582–584
reinforced, flexible printed boards **EL1:** 583
resin matrix effect **EM1:** 162
selection of **EM1:** 38–39
short fiber reinforced **EM1:** 119–121
SiC whisker-reinforced aluminum metal-matrix **A14:** 20
silicon-nitride matrix **A2:** 1024
solidification, low-gravity eutectic alloys **A15:** 150–153
solvent impregnation/solvent resistance problem **EM1:** 102
sources of materials data **A20:** 498
space shuttle orbiter **A13:** 1066
structural, cyanates **EM2:** 232–233
structural, polyimides for **EM1:** 78
structural testing **EM1:** 313–345
structure, high-impact polystyrenes (PS HIPS) **EM2:** 195
surface preparation for adhesive-bonded repair **EM3:** 840–844
T300/934 **EM3:** 644
tailorability **A11:** 731
titanium metal-matrix **A14:** 283
types of **A11:** 731–732, **EM1:** 768–769
versatility **EM1:** 35
vinyl ester **EM2:** 274
vs. metal, compared **EM2:** 371–373
wear resistant **M1:** 635
wire, superconductors as **A14:** 338–342
with molybdenum skeletons, as electrical contact materials **A2:** 855
with tungsten carbide skeletons, as electrical contact materials **A2:** 855
woven fibrous, damping analysis **EM1:** 213
Young's modulus vs. density **A20:** 285
Composites, composition, processing, and structure effects on properties **A20:** 457–469
carbon/carbon matrix processing **A20:** 464–466
carbon-fiber/carbon-matrix composites **A20:** 461
carbon-fiber/epoxy-matrix composites **A20:** 461
carbon-reinforcement/carbon-matrix processing **A20:** 463
closed mold methods **A20:** 460–461
composition of composites **A20:** 458–460
composition variation effects on properies **A20:** 462, 463, 464, 465, 467–468
compressed reinforcement preform with matrix infiltrations **A20:** 463–464
conclusions **A20:** 469
design loadings effects on properties **A20:** 466–469
environmental conditions effects on properties **A20:** 466–469
fiber type effect on flexure strength and impact strength **A20:** 462
fillers for resin matrices **A20:** 458, 460
hot pressing and diffusion bonding **A20:** 463
manufacturing of composites **A20:** 460–466
materials used in composites **A20:** 457
mechanical properties of composites **A20:** 457, 460, 464, 466–467
mechanical properties of metal-matrix composites **A20:** 464
metal-matrix processing **A20:** 462–464
open-mold methods **A20:** 461–462
powder metallurgy **A20:** 462
processing cure parameter effect on compressive properties of graphite-fabric/epoxy composites **A20:** 465
processing effects on properties **A20:** 464, 465, 466, 468–469
reinforcement fibers, mechanical properties and service temperatures **A20:** 458
reinforcement forms for resin-, carbon-, and metal-matrix composite systems **A20:** 457
reinforcements for metal- and carbon-matrix composites **A20:** 458
resin-matrix composite closed-mold processing characteristics **A20:** 459
resin-matrix composite open-mold processing characteristics **A20:** 459
resin-matrix processing **A20:** 460–462
rotating-mandrel process **A20:** 462, 464
static (male/female) open/closed mold mandrels **A20:** 464–465
Composites Technology (CMPS) standardization area *See* Department of Defense (DoD)
Composite-to-metal joining **A6:** 1041–1047
amorphous bonding **A6:** 1043, 1044, 1045
bolted joints **A6:** 1045, 1046
bonded joints **A6:** 1042–1046
composite-to-metal bolted joint concept **A6:** 1045
galvanic corrosion **A6:** 1041–1042
joint designs **A6:** 1041, 1042–1044, 1045–1046
Man-Rated Demonstration Article (MRDA) **A6:** 1045, 1046
organic-matrix composites **A6:** 1041–1047
STEPLAP computer procedure **A6:** 1041, 1042–1043, 1044
submersible thick composite-to-metal joint **A6:** 1046–1047
thermoplastic composites **A6:** 1042, 1044–1045
thermoset composites **A6:** 1042, 1044
Ultem film **A6:** 1044, 1045
Composite-to-metal joints
filament wound **EM1:** 511, 514
Composition *See also* Alloy steel; Carbon steel; Gray cast iron; HSLA steel; Nominal composition
alloy steel sheet and strip **M1:** 163
aluminum casting alloys **A15:** 744–745
and layer thickness, of thin films **A10:** 631–632
and purity, NAA analysis for **A10:** 233
atomic-scale, FIM/AP for **A10:** 584
bulk, of nickel alloys **A10:** 562
cemented carbides **A2:** 968
changes, during solidification **A15:** 101–103

224 / Composition

Composition (continued)
chemical **A11:** 256, 363
chemical, aluminum alloys **A15:** 743
chemical, determined by atom probe
microanalysis. **A10:** 591
chemical, of surfaces, AES analysis for . . . **A10:** 549
cobalt-base corrosion-resistant alloys . . **A2:** 453–454
cobalt-base high-temperature alloys . . . **A2:** 451–452
cobalt-base wear-resistant alloys **A2:** 448–449
diagrams, vs. free energy **A15:** 102
ductile iron **A15:** 652, 656–657
effect, columnar grain growth **A15:** 135
effect on dislocation distribution. **A9:** 693
effect on maraging steels. **A11:** 218
effect on metal properties. **A11:** 325
effect on toughness and crack growth. **A11:** 54
effects, aluminum/aluminum alloys . . **A13:** 585–587
effects on ductile-to-brittle transition temperature,
structural steels **A11:** 68
effects on expansion coefficient, of
Invar **A2:** 889–890
effects on stress-corrosion cracking. **A11:** 206
effects, stainless steels **A13:** 550
heat-resistant high-alloy steels **A15:** 724
heat-treated copper casting alloys **A2:** 355
homogeneity, nucleation effects. **A15:** 101
in phase diagrams **A15:** 57
in stainless steels **A11:** 391
influence, iron-carbon-silicon alloys **A15:** 172
limits, HSLA steels (ASTM grades). **M1:** 407
material selection **A11:** 391
mean, effect on densification and expansion during
homogenization **M7:** 315
metal, testing **A13:** 193–194
microanalysis, electron probe x-ray
microanalysis **A10:** 517–518
nominal, cobalt-base alloys. **A2:** 448
nondestructive XPS **A10:** 568
of aluminum oxide-containing cermets **M7:** 804
of bulk garnets **A10:** 628
of bulk samples **A10:** 631
bulk, XRS analysis **A10:** 83
of cast iron pump parts, wear from . . **A11:** 365–367
of cemented carbides, machining
applications **A2:** 951–953
of cobalt-base alloys **A2:** 448–449
of common aluminum-silicon alloys. **A15:** 159
of copper casting alloys **A2:** 347, **M2:** 383–384
of copper-based P/M materials. **M7:** 470
of CVD coatings. **A2:** 960
of gray iron. **A15:** 629–630
of iron oxide films, determined. **A10:** 135
of lunar surface, NAA application for **A10:** 234
of magnesium alloys **A2:** 457
of matrix, in cermets. **A2:** 991
of mixtures, EFG analysis **A10:** 213
of P/M stainless steels **M7:** 468
of shafts. **A11:** 478
of silica sand. **A15:** 208
of unalloyed and alloyed aluminum castings and
ingots **A2:** 22–25
of wrought unalloyed aluminum and wrought
aluminum alloys. **A2:** 17–21
off analysis of. **A11:** 391
P/M steels **M1:** 333, 337–339
relation to designations **M1:** 120–124
single-phase alloys **A15:** 114
SSMS verification of alloy **A10:** 141
steel casting failures due to **A11:** 391–392
temperature, and sintering atmosphere **M7:** 246
unspecified and trace elements **A11:** 392
vs. depth, passive film on tin-nickel
substrate **A10:** 608–609
wrought aluminum and aluminum
alloys **A2:** 62–122

Composition control *See also* Alloy additions; Melt
purification; Presolidification **A15:** 71–81
alloy additions, kinetics of. **A15:** 71–74
ductile iron **A15:** 647

mechanisms of **A15:** 71
of scrap **A15:** 71
purification of metals **A15:** 74–81

Composition conversion . . . . **A3:** 1•18
Composition gradient **A6:** 47, 51, 52

Composition gradients
effect on microsegregation **A9:** 614

Composition limits
cast copper alloys. **A2:** 356–391

Composition metal *See* Copper alloys, specific types, C83600

Composition metal foil
characteristics and composition. **A2:** 555

Composition of specimens
semiquantitative analysis by scanning electron
microscopy. **A9:** 92

Composition, processing, and structure effects on materials properties,
introduction to **A20:** 331–335
alloying atoms. **A20:** 332
atom-to-atom (or ion-to-ion) bonding. **A20:** 332
classification of materials **A20:** 331
composition, determining properties. **A20:** 331
defects in crystalline materials. **A20:** 332
elements of structure. **A20:** 331–332
evolution of engineering materials . . . **A20:** 332–334
historical perspective. **A20:** 332–334
interatomic (or interionic) packing **A20:** 332
materials ages. **A20:** 332, 333
structure and structure analysis **A20:** 333
structure, determining properties. **A20:** 331

Composition profiles *See also* Depth profiles; Depth profiling
depth, atom probe microanalysis. **A10:** 593
depth, gold-nickel-copper metallization
system. **A10:** 560
depth, LEISS analyses for. **A10:** 603
for iron-chromium-cobalt alloy **A10:** 600
low-level dopants **A10:** 610
of elemental distribution in thin films,
by XPS. **A10:** 568
of FIM/AP analyzed ductile magnets **A10:** 599
x-ray microanalysis, Al-4.7Cu **A10:** 462

Composition scales . . . . **A3:** 1•18

Compositional depth profile *See also* Composition;
Composition profiles; Compositional mapping
defined. **A10:** 671

Compositional gradients
microbeam analysis **A10:** 530

Compositional mapping
by electron probe x-ray
microanalysis **A10:** 525–529
digital. **A10:** 528–529
of heterogeneous specimens **A10:** 516

Composition-depth profiles **M7:** 37, 252–254, 256
ion gun for. **M7:** 255
of atomized steel powder. **M7:** 256
of green sintered compacts. **M7:** 252, 253
of stainless steel alloys **M7:** 252, 253
P/M type 316L stainless steel **M7:** 252, 253

Composition-modulated alloys (CMAs). **A5:** 274

Compound **EM3:** 8
defined **EM2:** 11

Compound analysis *See also* Compound or phase
identification; Compounds
chemical, flame AAS for major and minor
component analysis **A10:** 56
gas analysis by mass spectroscopy . . . **A10:** 151–157
of inorganics. **A10:** 7, 8
of organics **A10:** 9, 10

Compound buffing systems *See* Buffing, compound systems

Compound dies. **A14:** 456–457
defined **A14:** 3
flanging and hemming, for press bending **A14:** 527
for blanking. **A14:** 454
for piercing **A14:** 465–466
for press bending **A14:** 527
for press forming **A14:** 546

for sheet metal drawing **A14:** 579
for stainless steels **A14:** 765–766

Compound gears. **A7:** 1061

Compound impact wear **A18:** 263

Compound interest
annual vs. continuous. **A13:** 370–371
factors, functional forms. **A13:** 370

Compound or phase identification
analytical transmission electron
microscopy **A10:** 429–489
electron probe x-ray microanalysis . . . **A10:** 516–535
elemental and functional group
analysis **A10:** 212–220
field ion microscopy **A10:** 583–602
gas analysis by mass spectrometry . . . **A10:** 151–157
gas chromatography/mass
spectrometry **A10:** 639–648
infrared spectroscopy **A10:** 109–125
liquid chromatography **A10:** 649–657
molecular fluorescence spectrometry . . . **A10:** 72–81
Mössbauer spectroscopy **A10:** 287–295
neutron diffraction **A10:** 420–426
nuclear magnetic resonance **A10:** 277–286
optical metallography **A10:** 299–308
Raman spectroscopy **A10:** 126–138
single-crystal x-ray diffraction **A10:** 344–356
small-angle x-ray and neutron
scattering **A10:** 402–406
x-ray diffraction **A10:** 380–392
x-ray powder diffraction. **A10:** 333–343

Compound reaction
as liquid-metal corrosion **A13:** 92

Compound reduction, liquid-metal
corrosion by **A13:** 56, 59

Compound types *See* Resin compounds

Compound zone **A20:** 488
definition **A5:** 951

Compounders, independent *See* Suppliers

Compounding **A19:** 423, 431, 432, 462
of additives. **EM2:** 493–494
of powder metal-filled plastics **M7:** 606
of sands **A15:** 32

Compounds *See also* Compound analysis;
Compound or phase identification; Organic
compounds; Unsaturated compounds
application categories. **A5:** 91
as aluminum alloy inoculants, types. **A15:** 105
bulk molding, composition **EM1:** 161
chemical analysis by controlled-potential
coulometry. **A10:** 207
chemical, flame AAS for major and minor
component analysis **A10:** 56
cobalt, voltammetric analysis of trace
nickel in. **A10:** 194–195
defined **EM1:** 7
extended x-ray absorption fine
structure for. **A10:** 407
fluorescent organic, in volumetric
analysis. **A10:** 164
for molecular structure, dynamics and environment
of. **A10:** 109
formation in arc welds **A11:** 413
identification of, as x-ray diffraction
analysis. **A10:** 325
inorganic, applicable analytic methods **A10:** 6, 151
inorganic, gas analysis of **A10:** 151
inorganic, molecular requirements for fluorescence
in **A10:** 73–74
inorganic solid, bulk analyses methods for . . **A10:** 6
NMR analysis. **A10:** 277
nucleant. **A15:** 105–108
ordered metallic **A2:** 913–942
organic. **A13:** 558–559, 570, 631
organic, analysis of **A10:** 60, 73–74, 151, 213
purified, liquid chromatography isolation for
synthetic purposes **A10:** 649
rare earth metal **A2:** 726
sublattice ordering in intermetallic, NMR
analysis. **A10:** 283

SUBJECTS OF THE INDEXED VOLUMES: **ASM Handbook** (designated by the letter "A"): **A1:** Properties and Selection: Irons, Steels, and High-Performance Alloys (1990); **A2:** Properties and Selection: Nonferrous Alloys and Special-Purpose Materials (1990); **A3:** Alloy Phase Diagrams (1992); **A4:** Heat Treating (1991); **A5:** Surface Engineering (1994); **A6:** Welding, Brazing, and Soldering (1993); **A7:** Powder Metal Technologies and Applications (1998); **A8:** Mechanical Testing (1985); **A9:** Metallography and Microstructures (1985); **A10:** Materials Characterization (1986); **A11:** Failure Analysis and Prevention (1986); **A12:** Fractography (1987); **A13:** Corrosion (1987); **A14:** Forming and Forging (1988); **A15:** Casting (1988); **A16:** Machining (1989); **A17:** Nondestructive Evaluation and Quality Control (1989); **A18:** Friction, Lubrication, and Wear Technology (1992); **A19:** Fatigue and Fracture (1996); **A20:** Materials Selection and Design (1997). **Metals Handbook, 9th Edition** (designated by the letter "M"): **M1:** Properties and Selection: Irons and Steels (1978); **M2:** Properties and Selection: Nonferrous Alloys and Pure Metals (1979); **M3:** Properties and Selection: Stainless Steels, Tool Materials, and Special-Purpose Materials (1980); **M4:** Heat Treating (1981); **M5:** Surface Cleaning, Finishing, and Coating (1982); **M6:** Welding, Brazing, and Soldering (1983); **M7:** Powder Metallurgy (1984). **Engineered Materials Handbook** (designated by the letters "EM"): **EM1:** Composites (1987); **EM2:** Engineering Plastics (1988); **EM3:** Adhesives and Sealants (1990); **EM4:** Ceramics and Glasses (1991). **Electronic Materials Handbook** (designated by the letters "EL"): **EL1:** Packaging (1989)

vanadium determined in. **A10:** 206
weighing as the, gravimetric analysis **A10:** 171
Comprehensive Environmental Response
Compensation, and Liability, 1980 (CERCLA)
purpose of legislation. **A20:** 132
Comprehensive Environmental Response,
Compensation, and Liability Act (CERCLA)
(Superfund) **A5:** 160, 401, 916
affecting cadmium use, emission and waste
disposal **A5:** 918
chromate conversion coatings **A5:** 408
Compressed air
for tin powder atomization **M7:** 123
Compressed hydrogen gas
as atmosphere **M7:** 344
Compressed powdered iron
low-carbon steels **A2:** 765
Compressibility *See also* Green
strength **A7:** 302–306, 861, **M7:** 286–287
and apparent density **A7:** 302, 304
and compactibility **M7:** 286
and green strength **M7:** 85, 108, 110, 288, 289
and green strength, P/F vs. P/M
applications **A14:** 189
annealing **A7:** 305
defined **M7:** 3, 211
effect of internal pore size **M7:** 269, 270
effect of lubrication **M7:** 191–192, 288, 302
ferrous P/M materials **M1:** 327–330
high-carbon iron, residual carbon effect . . . **M7:** 183
influencing factors. **M7:** 286
key variables. **A7:** 302–305
of iron powder **A14:** 190
of iron powders **M7:** 23, 84, 93–95
of loose powders **M7:** 298
of mercury **M7:** 268–269
of metal powders **A7:** 302
of metal powders, definition **A7:** 302
powder characterization **A7:** 34
stainless steel powder **M7:** 102
testing **A7:** 305–306
Compressibility curve
defined **M7:** 3, 287
Compressibility number **A18:** 522–523, 525, 526,
527, 528, 529
defined **A18:** 6
Compressibility of metal powders in uniaxial
compaction, specification **A7:** 305, 1098
Compressibility test
defined **M7:** 3
Compressible Navier-Stokes equations **A20:** 188
Compression *See also* Dry and baked compression
test; Stress(es)
as in-plane failure mode. **EM1:** 781–782
as stress on shafts **A11:** 461
axial, in shafts **A11:** 461
CG iron **A15:** 673
computer-code simulation, steel. **A8:** 57
cracking **A8:** 57
definition **A7:** 53
ductile iron **A15:** 660
effect, magabsorption measurement **A17:** 154
effective stress-strain curves, 304L stainless
steel **A8:** 162, 164
effects in resin-matrix composites. **A12:** 478
elastic proving rings for **A8:** 614
elongation percent, thermoset matrix
composites **EM1:** 396
flow stress in. **A1:** 585, **A14:** 375–376
forced-vibration system **A8:** 392
forming **A14:** 594–595
fracture. **A8:** 57–58, **EM1:** 792
fracture, composites, delamination and
interlocking **A11:** 739
fracture, graphite-epoxy test
structure. **A11:** 742–743
in fatigue fracture. **A11:** 75
in forced-displacement system **A8:** 392
jig, for sheet **A8:** 56
lip, in ceramics **A11:** 746, 747
load requirements for **A8:** 58
-loaded elements **EM1:** 323–324
-loaded subcomponents **EM1:** 331
loading, of shafts **A11:** 460–461
longitudinal, and damping **EM1:** 207–208
malleable iron, pearlitic/martensitic **A15:** 696
measurement, by Barkhausen noise **A17:** 160

milling. **M7:** 56
molding of polymers. **M7:** 606
of gray iron. **A15:** 643–644
process, analysis. **A14:** 376–377
pure, elastic-stress distribution. **A11:** 461
resonance system **A8:** 392
rotational bending system. **A8:** 392
servomechanical system **A8:** 392
strains between tapered dies **M7:** 412
strength **M7:** 318
strength, in composites **A11:** 731
surface, effect on fatigue strength **A11:** 125–126
test *See also* Compression test. **EM1:** 298–299
test fixture **A8:** 198
thermoplastics processing comparison **A20:** 794
thermostat plastics processing comparison **A20:** 794
translaminar **EM1:** 792
transverse, ply. **EM1:** 238
uniaxial, ply **EM1:** 137
universal testing machines for **A8:** 612
vertical, deformation under **A14:** 389
Compression, and uniaxial flow
rheology **EL1:** 839, 844
Compression bending
of bar **A14:** 661
Compression bone plate with glide holes
as internal fixation device. **A11:** 671
Compression crack **M7:** 3
Compression forming **A14:** 594–595
Compression injection molding (CIM) **EM2:** 323
Compression load
applications **A8:** 55
Compression modulus *See* Bulk modulus cf
elasticity (K); Bulk modulus of elasticity
Compression molding *See also* Autoclave
molding . . . **A20:** 805, **EM1:** 559–563, **EM4:** 224
attributes **A20:** 248
characteristics of polymer manufacturing
process **A20:** 700
compared as process for producing automotive
bumpers **A20:** 299
components,
processing/manufacture **EM1:** 560–561
computer-aided design (CAD) **EM2:** 335–336
cost comparison **EM2:** 333–335
cost per part at different production
levels. **A20:** 300
defined. **EM1:** 7, **EM2:** 11, 302–303
definition **A20:** 829
design considerations **EM2:** 326–333
economic factors **EM2:** 296–298
finite-element analysis (FEA). **EM2:** 336–337
for coating/encapsulation **EL1:** 240
for discontinuous fibers **EM1:** 120–121
in polymer processing classification
scheme **A20:** 699
in polymer-matrix composites processes
classification scheme **A20:** 701
labor input/unit **A20:** 300
materials and methods **EM2:** 324–326
materials, for sheet manufacture. . . . **EM1:** 559–560
mechanical properties **EM2:** 333
mold cost. **A20:** 300
molded-in color **EM2:** 306
of bulk molding compounds. **EM1:** 161
of cast irons **A9:** 243
of epoxy composites. **EM1:** 71
of polyimide resins. **EM1:** 663
plastics **A20:** 793, 798–799
polymer melt characteristics. **A20:** 304
polymers **A20:** 701
processing characteristics, closed-mold. . . . **A20:** 459
properties effects **EM2:** 285–287
qualitative DFM guidelines for **A20:** 35–36
rating of characteristics **A20:** 299
sheet molding compounds by **EM1:** 157–160
size and shape effects **EM2:** 290
structural **EM1:** 561–562
surface finish. **EM2:** 303
textured surfaces. **EM2:** 305
thermoplastic **EM1:** 562–563
unsaturated polyesters **EM2:** 249–250
Compression mount packages
two-terminal **EL1:** 432

Compression preform densified
metal-matrix composite processing materials,
densification method, and final shape
operations **A20:** 462
Compression ratio. **A7:** 302, 315, **M7:** 3, 286, 297
defined **EM2:** 11
Compression set **EM3:** 51–52
defined **A18:** 6
Compression springs **A1:** 302, 319–320, 322,
A19: 363
design. **M1:** 303, 306–307
fatigue properties. **M1:** 291–296, 297
relaxation **M1:** 296–297, 298–300
residual stresses. **M1:** 290–291
wire for **M1:** 288–289
Compression stamping *See also* Stamping
computer-aided design (CAD) **EM2:** 335–336
cost comparison **EM2:** 333–335
defined **EM2:** 324
design considerations **EM2:** 326–333
finite-element analysis (FEA). **EM2:** 336–337
mechanical properties **EM2:** 333
size and shape effects **EM2:** 290
textured surfaces. **EM2:** 305
Compression strength *See* Compressive strength
Compression test **A20:** 344
defined **A14:** 3
evaluation of workability parameter **A20:** 304, 305
for workability **A14:** 374–376
free surface combinations for. **A14:** 392
on aluminum alloys **A14:** 391
plane-strain **A14:** 377–379
specimens **A14:** 391
Compression test specimen
and tension test specimen orientation **A8:** 581
cylindrical **A8:** 578–580
flanged **A8:** 578–579
lubricated and non-lubricated **A8:** 195–197
orientation from hot rolled steel. **A8:** 580–581
tapered. **A8:** 578–579
Compression testing. **A8:** 2
advantage over tension testing, high strain
rates **A8:** 191
as-machined specimen. **A8:** 197
axial **A8:** 55–58
barreling **A8:** 196–197
disadvantage **A8:** 57–58
elevated-temperature **A8:** 196
for bulk workability assessment **A8:** 577–578
friction in **A8:** 192
fully reversed, ultrasonics **A8:** 248
glass frits **A8:** 195
grips **A8:** 191
high strain rate. **A8:** 190–207
hot **A8:** 581–584
isothermal hot, Ti-6242Si specimen **A8:** 172
lubrication during. **A8:** 192, 195–196
medium strain rate, cam plastometer. . **A8:** 193–196
medium strain rate, with conventional load
frames **A8:** 192–193
necking. **A8:** 577
plane-strain, room-temperature torsion flow curves
on copper and aluminum **A8:** 162–164
powdered tungsten disulfide. **A8:** 195
room-temperature. **A8:** 195
strain rate ranges for **A8:** 40
stress-relaxation **A8:** 325–328
stress-strain curves for Armco iron. **A8:** 174
tungsten carbide bearing blocks for. **A8:** 57
Compression testing for cemented carbides,
specifications. **A7:** 1100
Compression testing of metallic materials at room
temperature, specifications **A7:** 1098
Compression waves *See* Longitudinal waves
Compression/deflection measurements (tests)
butyl tapes. **EM3:** 202
Compression-after-impact test
for damage tolerance **EM1:** 97, 98, 100
Compression-hold-only test
and symmetrical-hold-only tests. **A8:** 347
saturation effect **A8:** 348–349
Compression-ignition engines **A18:** 553
Compression-mounting epoxies **A9:** 29
used as a mounting material for wrought stainless
steels. **A9:** 279

Compression-mounting epoxy resins *See also* Epoxy resins
used to mount tool steels **A9:** 256–257
Compression-mounting materials **A9:** 29–30
for carbonitrided and carburized steels **A9:** 217
Compressive
defined **A11:** 2, **A13:** 3
strength, defined **A13:** 3–4
stress, defined **A13:** 4
Compressive burr
definition **A5:** 951
Compressive failure
continuous fiber composites **EM1:** 792
discontinuous fiber composites **EM1:** 796–797
fiber mode **EM1:** 200
matrix mode **EM1:** 200
Compressive flow stress curve
with strain softening **A8:** 583
Compressive hoop strain
true **A8:** 564
Compressive hoop strain during growth, failure due to
mechanisms and equations **A19:** 546
Compressive hoop stress
Barkhausen noise measurement **A17:** 160
Compressive linear strain *See* Linear strain
Compressive loading
end effects correction **A14:** 376
extrapolation method for and effects in **A8:** 583
Compressive mean stress **A19:** 238, 241, 256
Compressive modulus **EM3:** 8
defined **EM1:** 7, **EM2:** 11
elastic, Kevlar fiber/fabric reinforced epoxy resin **EM1:** 408
glass fabric reinforced epoxy resin **EM1:** 404
Compressive properties *See also* Compressive field strength; Compressive strength; Mechanical properties
cast copper alloys **A2:** 365, 367, 372, 378
cemented carbides **A2:** 955–956
of compacted graphite iron . . **A1:** 58, 60–61, 62, 63, 64
of ductile iron **A1:** 42, 45, **M1:** 38, 41
surface hardened 86*xx* steels **M1:** 536
wrought magnesium alloys **A2:** 483
Compressive residual stresses **A19:** 316
by heat treatment **A11:** 97
surface, and fatigue strength **A11:** 112
Compressive residual surface stresses
and fatigue strength **A8:** 374
Compressive seals **EM3:** 301
Compressive strain, in cast chromium-base alloys containing rhenium, calculation
of **A9:** 127
Compressive strength *See also* Mechanical properties; Strength; Ultimate compressive strength **EM3:** 8, 51–52
aluminum casting alloys **A2:** 154–177
analytical model **EM1:** 196–197
and material selection **EM1:** 38
as damage tolerance property **EM1:** 99
axial, analysis **EM1:** 196–197
defect effects **EM1:** 261
defined **A8:** 2, **A14:** 3, **EM1:** 7, **EM2:** 11
detained **A11:** 2
engineering plastics **EM2:** 245
long-term exposure testing **EM1:** 825
metals vs. ceramics and polymers **A20:** 245
of epoxy resin matrices **EM1:** 73
of gray iron **A1:** 17–18, 19
of magnesium alloys **A2:** 460
of malleable irons **A1:** 82
p-aramid fibers **EM1:** 55
phenolics **EM2:** 244
polyester resins **EM1:** 91, 92
residual, thermosetting/thermoplastic systems **EM1:** 98
resin shear modulus influence **EM1:** 262
short fiber based CFRP **EM1:** 155
test **EM1:** 298–299
testing, for damage tolerances **EM1:** 264
Compressive stress *See also* Stress(es); Tensile stress **A8:** 2, **A19:** 169, **A20:** 517, 519, 776, **EM3:** 9
defined **A11:** 2, **A14:** 3, **EM1:** 7, **EM2:** 11
in fatigue tests **A11:** 102
residual **A11:** 97, 112
system **A8:** 576
systems, as controlling workability **A14:** 369
Compressive stresses, biaxial **A19:** 52
Compressive tests **A7:** 333, 938, 1098, 1100
Compressive uniaxial threshold stress **A20:** 632
Compressive yield strength *See also* Mechanical properties; Yield strength **A8:** 662, 667
aluminum casting alloys **A2:** 154–177
chromium carbide-based cermets **M7:** 806
copper casting alloys **A2:** 349
of aluminum oxide-containing cermets **M7:** 804
of ASP steels **M7:** 785
of copper-based P/M materials **M7:** 470
of titanium carbide-based cermets **M7:** 808
wrought aluminum and aluminum alloys . . . **A2:** 85, 90, 92–94, 96
Compressive yield strength, of powder forged materials *See also* Yield strength **A14:** 201–202
Compressometer **A8:** 2–3, 56
Compressor blades and disks
corrosion of **A13:** 999–1000
Compressor disks
aircraft engines **M7:** 647
Compressor shaft
peeling-type fatigue cracking **A11:** 471
Compressor stator vane
Ti alloy powder **M7:** 681–682
Compressors **A13:** 1139, 1223
asset loss risk as a function of equipment type **A19:** 468
in HIP processing **M7:** 421–422
Compressors, friction and wear of **A18:** 602–608
centrifugal compressors **A18:** 606–608
bearings **A18:** 607–608
lubrication **A18:** 607, 608
seals **A18:** 607–608
types **A18:** 606–607
wear considerations **A18:** 608
compressor comparison **A18:** 608
reciprocating compressors **A18:** 602–605, 608
crosshead **A18:** 604
crosshead-type **A18:** 603, 604
cycle **A18:** 602
cylinder **A18:** 602–603
frame portion **A18:** 604–605
overview **A18:** 605
piston rod packing **A18:** 604
piston-ring materials **A18:** 603
trunk-type **A18:** 602, 604
valves **A18:** 603–604
rotary compressors **A18:** 605–606, 608
dry helical lobe **A18:** 605–606, 608
flooded helical lobe **A18:** 606, 608
lobe type **A18:** 604–606
Lysholm compressor **A18:** 605
seals used **A18:** 606
sliding vane and its components **A18:** 606
SRM compressor **A18:** 605
Compromise length **A20:** 813
Compton edge **A18:** 325
Compton equation **A18:** 325
Compton imaging, and industrial computed tomography
compared **A17:** 362
Compton scatter/scattering
and Rayleigh scatter, x-rays **A10:** 85
defined **A10:** 671
for rhodium tube **A10:** 99
from x-ray absorption **A10:** 84
intensity, effect of decreasing mass absorption on **A10:** 99
Compton scattering **A18:** 324, 325
in electromagnetic radiation attenuation . . **A17:** 309
Compton wavelength
defined **A10:** 84
Computation
as electronic function **EL1:** 89
Computation models, numerical
for material properties **EM1:** 187
Computational fluid dynamic (CFD) techniques **A7:** 46
Computational fluid dynamics (CFD) . . . **A20:** 186–203
building interiors **A20:** 198
combustion models **A20:** 186–187
computer hardware growth **A20:** 186–187, 188
computer-aided design geometry model for geometric representation **A20:** 194, 195
constitutive relations of fluid flow . . . **A20:** 187–188
continuous, compressible media equations **A20:** 187
data formats available **A20:** 198
definition **A20:** 829
discretization of fluid equations **A20:** 189–192
environmental flows **A20:** 188, 198
examples of engineering CFD **A20:** 196–199
experimental dynamics measurements **A20:** 201
external aerodynamics **A20:** 196, 197
flow solution **A20:** 196
fluid-flow equations, simplifications of **A20:** 188–189
fluid-flow equations, solutions of **A20:** 186
for engineering design **A20:** 194–199
fundamentals of **A20:** 187–189
future of engineering CFD **A20:** 201
geometric fidelity **A20:** 199–200
geometry acquisition (CAD) **A20:** 195
governing equations **A20:** 187–189
grid generation and problem specification **A20:** 195–196
grid generation of complex geometries **A20:** 193
implicit equations, solution of **A20:** 192–193
in-cylinder processes, reciprocating internal combustion engines **A20:** 198–199
information sources **A20:** 198, 201
interdisciplinary analysis **A20:** 195, 201
internal combustion dynamics engine **A20:** 198–199
internal duct flow **A20:** 195, 197
introduction **A20:** 186–187, 188
issues and directions for engineering CFD **A20:** 199–201
manufacturing processes **A20:** 197–198
multiphase flow models **A20:** 186–187
numerical inaccuracy **A20:** 200
numerical solutions of fluid-flow equations **A20:** 189–193
physical models **A20:** 200
postprocessing and synthesis **A20:** 194, 196
practice of **A20:** 186
process **A20:** 192, 194–196
software available in the United States . . . **A20:** 194
spatial resolution **A20:** 186
specialized differencing techniques **A20:** 193
turbulence and other models . . . **A20:** 186–187, 189
unstructured meshes **A20:** 190, 191, 193
user expertise **A20:** 200–201
Computed tomography **A7:** 702, 714
Computed tomography (CT) *See also* Industrial computed tomography
defined **A17:** 383
of castings **A17:** 528–529
of powder metallurgy parts **A17:** 538
Computer *See also* Data base; Information
control, test stands **A8:** 312–313
-controlled resonant fatigue tester **A8:** 394
data acquisition systems, for high strain rates **A8:** 192
data banks, and materials selection **EM2:** 1
data-acquisition, for load-displacement data **A8:** 385

SUBJECTS OF THE INDEXED VOLUMES: ASM Handbook (designated by the letter "A"): **A1:** Properties and Selection: Irons, Steels, and High-Performance Alloys (1990); **A2:** Properties and Selection: Nonferrous Alloys and Special-Purpose Materials (1990); **A3:** Alloy Phase Diagrams (1992); **A4:** Heat Treating (1991); **A5:** Surface Engineering (1994); **A6:** Welding, Brazing, and Soldering (1993); **A7:** Powder Metal Technologies and Applications (1998); **A8:** Mechanical Testing (1985); **A9:** Metallography and Microstructures (1985); **A10:** Materials Characterization (1986); **A11:** Failure Analysis and Prevention (1986); **A12:** Fractography (1987); **A13:** Corrosion (1987); **A14:** Forming and Forging (1988); **A15:** Casting (1988); **A16:** Machining (1989); **A17:** Nondestructive Evaluation and Quality Control (1989); **A18:** Friction, Lubrication, and Wear Technology (1992); **A19:** Fatigue and Fracture (1996); **A20:** Materials Selection and Design (1997). **Metals Handbook, 9th Edition** (designated by the letter "M"): **M1:** Properties and Selection: Irons and Steels (1978); **M2:** Properties and Selection: Nonferrous Alloys and Pure Metals (1979); **M3:** Properties and Selection: Stainless Steels, Tool Materials, and Special-Purpose Materials (1980); **M4:** Heat Treating (1981); **M5:** Surface Cleaning, Finishing, and Coating (1982); **M6:** Welding, Brazing, and Soldering (1983); **M7:** Powder Metallurgy (1984). **Engineered Materials Handbook** (designated by the letters "EM"): **EM1:** Composites (1987); **EM2:** Engineering Plastics (1988); **EM3:** Adhesives and Sealants (1990); **EM4:** Ceramics and Glasses (1991). **Electronic Materials Handbook** (designated by the letters "EL"): **EL1:** Packaging (1989)

tension testing machine, block diagram **A8:** 51
use of IBM PC-AT-compatible for microdebonding indentation system **EM3:** 401
used with Bondascope 2100 to get PortaScan (portable ultrasonic color scan imaging) **EM3:** 758
Computer analysis and repair system (CARS) **EL1:** 131
Computer applications *See also* Computer-aided design and manufacture Modeling; Computer-aided design/computer-aided manufacture; Computer-aided engineering; Modeling; Process modeling; Simulation; Software
contour roll forming **A14:** 634–635
for die and die materials **A14:** 57–58
for rolling ring mill **A14:** 117
hot forging **A14:** 57–58
in metal casting **A15:** 855–891
introduction **A15:** 857
modeling of combined fluid flow and heat/mass transfer **A15:** 877–882
modeling of fluid flow **A15:** 867–876
modeling of microstructural evolution **A15:** 883–891
modeling of solidification heat transfer **A15:** 858–866
of closed-die forging deformation **A14:** 80
Computer control *See also* Automated; Automation; Computers
through-hole soldering **EL1:** 695–696
Computer control of scanning electron microscopy
for electronic image analysis **A9:** 152
Computer databases
information sources for **A20:** 250
Computer disks
scanning laser gages for **A17:** 12
Computer disks, as samples
XRS **A10:** 95
Computer graphic nesting systems **EM1:** 620–621
Computer hardware *See also* Automation; Computers; Software
coordinate measuring machines **A17:** 25–26
Computer image
crack detection method used for fatigue research **A19:** 211
Computer modeling *See also* Computer applications; Modeling **A20:** 6
definition **A20:** 829
galvanic corrosion evaluation by **A13:** 234
Computer Numerical Control **A14:** 464, 501
Computer numerical control (CNC) **A7:** 666, **A20:** 164, 696
electrical discharge machining technology **EM4:** 371
for ultrasonic machining processing equipment **EM4:** 361
systems **EM4:** 141
tools used in green machining **EM4:** 181, 182, 183
Computer numerical control (CNC) shape-cutting machines **A6:** 1169
Computer numerical control motion **A7:** 426
Computer numerical controlled presses **A7:** 449
Computer numerical controllers (CNCs) **A7:** 708–709
capability study, existing outside diameter (OD) grinder **A7:** 709
capability study, new equipment purchase **A7:** 708, 709
lathe, tool life study **A7:** 708–709
Computer numerically controlled machining center **A7:** 673, 684
Computer numerically controlled machining systems **A20:** 755, 756, 758–759, 760, 761
Computer programs
basic crack propagation **A19:** 570
computer modeling errors, in damage tolerance analysis **A19:** 425
damage tolerance analysis **A19:** 420, 421
damage tolerance software, residual strength diagram calculation **A19:** 431
evaluations **EM1:** 269–273
for fiber fragment analysis **EM3:** 397
for laminate analysis **EM1:** 269, 274–281, 451–454
for resin bleeder schedule **EM1:** 756
for structural analysis **EM1:** 268–274
FORTRAN, generating a polynomial fit to crack growth data **A19:** 570
IPOCRE **A19:** 574
Levenberg-Marquardt routine **EM3:** 512
LICAFF **A19:** 569
life assessment under creep crack growth with C_t **A19:** 522
NASA/FLAGRO **A19:** 459
subroutine ZXSSQ **EM3:** 512
to predict ceramic component reliability **EM4:** 700
Computer simulation *See also* Modeling
of solidification **A15:** 36, 863–865
Computer simulation model **A20:** 155
to determine process and product requirements **A20:** 219
Computer simulation software
to model preforms for powder forging . . . **A7:** 14–15
Computer software *See also* Software
ADINA **EM4:** 737–738
ANSYS **EM4:** 737–738, 739
CARES, failure probabilities of ceramics **EM4:** 724
cold welded butt-welded joints **A6:** 308
finite-element stress analytic techniques for seal design **EM4:** 536–537
JAC2D, finite-element stress-analytic techniques **EM4:** 538
MARC **EM4:** 737–738, 739
MSC/NASTRAN **EM4:** 737–738, 739
SCARE (later CARES), failure probabilities of ceramics **EM4:** 724
TCARES algorithm **EM4:** 733, 737–738, 739
Computer vision *See* Machine vision
Computer-aided analysis **EL1:** 132–135
Computer-aided design *See also* Computer-aided design and manufacture; Computer-aided manufacture **A12:** 421
application **A14:** 905–906
as geometry representation tool **A14:** 410
costs/advantages **A14:** 905
engineering (CAE) **A7:** 433
engineering packages **A7:** 448
equipment **A14:** 904–905
part geometry for **A14:** 409
powder forging **A7:** 635
preforming design of P/F steel **A7:** 807
solid free-form fabrication **A7:** 843
superalloy powders **A7:** 896
Computer-aided design and computer-aided manufacturing *See* CAD/CAM applications in machining
Computer-aided design and manufacture
applications for flat dies **A14:** 323–324
for aluminum alloy forgings **A14:** 246–247, 253–254
for closed-die forging **A14:** 80
for die and die materials **A14:** 57–58
for hot extrusion **A14:** 321, 323–326
for hot forging **A14:** 57–58
for laser cutting **A14:** 740–741
for lubricated extrusion **A14:** 325–326
future of **A14:** 326, 909–910
in sheet forming **A14:** 903–910
information flow **A14:** 909
system selection **A14:** 904
Computer-aided design (CAD) . . **A20:** 5, 13, 155–165, 172, 175, 186, 670
applications of CAD systems **A20:** 161–165
as computer-aided analysis **EL1:** 132
as tool **EL1:** 419
assembly design **A20:** 160–161
automatic trace routing **EL1:** 529–533
-based methodology, for high-frequency digital systems **EL1:** 81
capturing design intent **A20:** 161
compression molding/stamping **EM2:** 335–336
constraint- and feature-based computer-aided design **A20:** 157–160
constraints **A20:** 157–159
data associativity **A20:** 160
definition **A20:** 829
design verification **EL1:** 129
development **EL1:** 127
documenting and communicating the design **A20:** 222, 224, 225, 226
drafting and product documentation **A20:** 162
features **A20:** 159–160
for final design package **EL1:** 523–526
for layout **EL1:** 513
for VLSI **EL1:** 8
functional objectives **EL1:** 127–128
history of **A20:** 155–156
integrated product development (IPD) **A20:** 161–162
logic design **EL1:** 129
mechanisms analysis **A20:** 163
model simulation **EL1:** 129
mold, tool, and die design **A20:** 164, 165
numerical control programming **A20:** 163–164, 165
of printed wiring boards (PWBS) **EL1:** 505
physical design **EL1:** 129
physical partitioning **EL1:** 128–129
process flow **EL1:** 128
product visualization **A20:** 162–163
rapid prototyping systems **A20:** 164
release data flow **EL1:** 128
routing algorithms **EL1:** 529–533
structural analysis **A20:** 163
system objectives **EL1:** 527–528
systems **A20:** 4, 173–174, 175, 759–760
technology overview **A20:** 155, 156–157
technology rules **EL1:** 128
wire harness design **A20:** 164
work flow through design system **EL1:** 528–529
Computer-aided design (CAD) system **A6:** 1057–1058
Computer-aided design/computer-aided engineering (CAD/CAE) fields
mechanism simulation **A20:** 166
Computer-aided design/computer-aided manufacture *See also* Automation Computer-aided engineering; Computer applications; Modeling; Software
advantages **A15:** 857
as automatic sorting and inspection **A15:** 572
casting **A15:** 610–611
cooling analyses, die casting **A15:** 293
finite-difference method **A15:** 610–611
finite-element method **A15:** 610–611
for geometric modeling **A15:** 858–859
for patternmaking **A15:** 198–199
heat transfer analysis **A15:** 610
of metal casting **A15:** 36
sand casting tolerances **A15:** 618
vision inspection system, schematic **A15:** 572
Computer-aided design/computer-aided manufacture (CAD/CAM)
and NDE reliability models **A17:** 702–703
ultrasonic inspection model with **A17:** 712–713
with coordinate measuring machines **A17:** 20
with mathematical modeling, machine vision process **A17:** 37
Computer-aided design/computer-aided manufacturing (CAD/CAM) systems **A20:** 155, 672
Computer-aided dimensional inspection
of castings **A17:** 521–524
Computer-aided electrical/electronic design **A20:** 204–208
electrical phase of electrical design . . . **A20:** 204–207
functional phase of electrical design **A20:** 204
other analysis **A20:** 206–207
physical phase of electrical design **A20:** 204, 207–208
printed circuit board layout **A20:** 207–208
schematic capture **A20:** 204–205
simulation **A20:** 205–206
standards **A20:** 208
test design **A20:** 208
testing **A20:** 205–206
Computer-aided engineering . . **A14:** 252, 409, 909–910
advantages **A15:** 857
Computer-aided engineering (CAE) **A20:** 186, 219, 670
for high-bandwidth systems **EL1:** 85
for layout **EL1:** 513
method, preferred **EL1:** 86
software tools **EL1:** 81
Computer-aided engineering simulations **A20:** 211
Computer-aided machining (CAM) technology
in green machining **EM4:** 181
Computer-aided manufacture *See also* Computer-aided design; Computer-aided design and manufacture **A14:** 907–909
computer requirements **A14:** 907
costs/advantages **A14:** 908
equipment **A14:** 907
machining with **A14:** 908–909
NC machine tools **A14:** 907–908
use **A14:** 908

Computer-aided manufacturing (CAM) A20: 186, 670
and computer-aided design . . . EL1: 129
data generation. . . EL1: 130
process. . . EL1: 129–132
process flow . . . EL1: 128
Computer-aided manufacturing (CAM) techniques . . . A7: 433
Computer-aided materials selection. . . A20: 309–314
agents and agencies . . . A20: 313
conceptual architecture of a computer-assisted materials selection system. . . A20: 309
current status . . . A20: 313
data mining programs . . . A20: 313
example: heat exchanger materials selection system. . . A20: 312
expandable, relational database . . . A20: 313
expert systems
architecture of. . . A20: 310
current status and outlook. . . A20: 313
general description . . . A20: 309–310
heat exchanger materials selection system query results. . . A20: 312
IKSMAT materials selection system, model of. . . A20: 311
LOG-LISP materials selection query results. . . A20: 310
LOG-LISP materials substitution query, results of . . . A20: 311
object-oriented systems. . . A20: 312–313
outlook. . . A20: 313
qualitative and experiential selection systems. . . A20: 311–312
quantitative problem solver (QPS) . . . A20: 312
quantitative selection systems . . . A20: 310–311
Computer-aided materials selection system (CAMSS) . . . A20: 310
definition. . . A20: 829
Computer-aided process design . . . A14: 21
acquisition of data. . . A14: 439–442
for bulk forming . . . A14: 407–442
forging process design. . . A14: 409–416
introduction . . . A14: 407–408
modeling techniques . . . A14: 417–438
Computer-aided process planning (CAPP) program. . . A20: 759–760
definition. . . A20: 829
Computer-aided roll pass designs
for shape rolling. . . A14: 347–350
Computer-aided testing *See* Life cycle testing; Testing
Computer-assisted design . . . M7: 569–570
(CAD) systems . . . A7: 426, 427, 432–433
soft tooling file. . . A7: 430
Computer-assisted rocking curve analysis
abbreviation . . . A10: 689
with position-sensitive detector . . . A10: 372
Computer-control
electron-beam heat treating. . . M4: 520
Computer-controlled ply cutting and labeling . . . EM1: 619–623
Computer-controlled spectrum load tests . . . A19: 196
Computer-controlled tests . . . A19: 180
Computer-integrated manufacturing (CIM)
in hybrid facility . . . EL1: 256–257
Computer-integrated manufacturing process and control (CIMPAC) system . . . EL1: 130
Computer-integrated manufacturing system
Replicast . . . A15: 569
Computerized axial tomography (CAT scanning)
of castings. . . A17: 528–529
Computerized modeling *See also* Modeling; Model(s); Simulation
of assembly/packaging . . . EL1: 442–444
Computerized numerical control (CNC), automatic joint tracking
electron-beam welding. . . A6: 863
Computerized properties-prediction and technology planning . . . A4: 638–654
computer simulation objectives. . . A4: 638–639
gas carburizing process parameters. . . A4: 650–654
property-prediction systems (PPS) . . . A4: 641–650
applications examples . . . A4: 646–650
austenite grain size computation . . . A4: 642–643
austenitization time and temperature calculation . . . A4: 642
continuous cooling transformation modelling . . . A4: 644–645
cooling curve computation . . . A4: 644
design of a heat-treatment method . . . A4: 648
grain size computation . . . A4: 642–643
hardness calculation. . . A4: 645, 652
heating curve computation . . . A4: 642
kinetic functions for isothermal conditions. . . A4: 644
mechanical property estimates A4: 646, 647, 649
microstructural transformations determinations. . . A4: 645, 647–648, 649
microstructure calculation . . . A4: 641
model description . . . A4: 641
property calculation . . . A4: 641
selection procedure for hardenable steel grades. . . A4: 648–650, 651
tempering computer model. . . A4: 645–648
TTT diagram calculation. . . A4: 643–644
simulation softwares . . . A4: 639–641
case hardening simulation . . . A4: 641, 652–654
data base systems. . . A4: 639, 640
development trends . . . A4: 639
distortion analysis. . . A4: 641
dynamic models . . . A4: 639
examples of heat-treatment softwares. . . A4: 639, 640, 652, 653–654
hardenability prediction . . A4: 641, 648–650, 651, 652–654
heat-treatment process selection. . . A4: 641
material selection . . . A4: 641
property prediction . . . A4: 639, 641
residual stress analysis . . . A4: 641
static models. . . A4: 639, 641
Computerized systems for heat treating
advantages . . . M4: 375
applications . . . M4: 369–370
atmospheres control, carburizing furnace . . . M4: 370–371
carbon potential, monitoring. . . M4: 370
components . . . M4: 370–371
computer basics . . . M4: 367–368
computer control. . . M4: 374
glossary, computer terms. . . M4: 375–377
limitations. . . M4: 370, 371
management applications. . . M4: 375
memory systems . . . M4: 368–369
monitoring. . . M4: 367, 370
operation . . . M4: 374, 375
software . . . M4: 369
time vs. temperature program . . . M4: 371–373, 374
Computer-related materials
XRS analysis of. . . A10: 82, 95
Computers *See also* Microcomputers . . A13: 317, 483
applications, for hybrids. . . EL1: 254
as readout, eddy current inspection . . . A17: 179
-controlled gas mass spectrometer. . . A10: 152
data handling, in final design package . . . EL1: 525–526
for ICP-AES systems . . . A10: 39
for MFS analysis . . . A10: 77
for vision systems . . . A17: 44
in acoustic emission inspection development . . . A17: 282
in computed tomography (CT) . . . A17: 372
mainframe, multichip assemblies in. . . EL1: 298
midrange, mechanical package for . . . EL1: 22
Military, ceramic PWB for. . . EL1: 387
personal, for electrical testing . . . EL1: 567
thermal control . . . EL1: 48–49
x-ray powder diffraction . . . A10: 340
Computers, development and growth . . . A20: 186–187, 188
Computers (nuclear engineering)
powder used. . . M7: 573
Computers, used in transmission electron microscopy. . . A9: 113
of precipitates. . . A9: 117
using dynamical theory of electron diffraction to study grain boundaries . . . A9: 120
Computervision CAD system . . . A20: 155
Co-Nb (Phase Diagram) . . . A3: 2•144
Concave fillet weld
definition . . . M6: 4
Concave grating
defined. . . A10: 671
Concave root surface
definition . . . M6: 4
Concave surfaces
electropolishing of . . . A9: 55
Concavity
definition . . . A6: 1207, M6: 4
Concentrated central load (*P*). . . A20: 512
Concentrated load
symbol for. . . A8: 725
Concentration *See also* Species concentration
absorbance as function of . . . A10: 63, 64
and diffusion current. . . A10: 190
atomic, of surface elements . . . A10: 603
component, constant, maintained by electrometric titration . . . A10: 202
constituent, aqueous corrosion . . . A13: 40–41
defined. . . A10: 671
effect on corrosion rate. . . A11: 175
exponential decay of radiant power as function of. . . A10: 62
gradual, of corrosive substances . . . A11: 211
high, and well-resolved peaks, gold-copper alloy analysis with . . . A10: 530
of amount of substance, SI defined unit and symbol for . . . A10: 685
of analyte elements, and intensity in x-ray spectrometry . . . A10: 99
profiles . . . A10: 475, 610
spin wave stiffness as function of. . . A10: 273
UV/VIS measured . . . A10: 63–66
vs. sputter etching time, Inconel . . . A10: 558, 625
weight fractions as, EPMA quantitative analysis. . . A10: 524
Concentration cell *See also* Differential aeration cell
defined . . . A13: 4
effects, telephone cables . . . A13: 1129–1130
oxygen/chemical . . . A13: 42–43
Concentration cell corrosion
as type of corrosion. . . A19: 561
Concentration, of amount of substance
SI unit and symbol for . . . A8: 721
Concentration polarization. . . A13: 4, 34, 214
Concentration profiles
elemental, by SIMS . . . A10: 610
hydrogen . . . A10: 610
molybdenum, in Ni-Cr-Mo alloy . . . A10: 475
oxide surfaces, SIMS. . . A10: 610
Concentration-cell corrosion *See also* Crevice corrosion; Galvanic corrosion . . . M1: 713
of metals . . . A11: 183
pitting by. . . A11: 631–632
Concentration-depth profile
by sputter analysis . . . M7: 251
Concentration-distance profile
aqueous corrosion . . . A13: 33
Concentric hemispherical analyzer
abbreviation . . . A10: 689
Concentric nebulizers
for analytic ICP systems. . . A10: 34–35
Concentricity
of a forging . . . A14: 73
powder forged parts. . . A7: 15
Concentric-lay stranded copper conductors. . . M2: 266, 268
Concept design *See* Conceptual design

SUBJECTS OF THE INDEXED VOLUMES: ASM Handbook (designated by the letter "A"): **A1:** Properties and Selection: Irons, Steels, and High-Performance Alloys (1990); **A2:** Properties and Selection: Nonferrous Alloys and Special-Purpose Materials (1990); **A3:** Alloy Phase Diagrams (1992); **A4:** Heat Treating (1991); **A5:** Surface Engineering (1994); **A6:** Welding, Brazing, and Soldering (1993); **A7:** Powder Metal Technologies and Applications (1998); **A8:** Mechanical Testing (1985); **A9:** Metallography and Microstructures (1985); **A10:** Materials Characterization (1986); **A11:** Failure Analysis and Prevention (1986); **A12:** Fractography (1987); **A13:** Corrosion (1987); **A14:** Forming and Forging (1988); **A15:** Casting (1988); **A16:** Machining (1989); **A17:** Nondestructive Evaluation and Quality Control (1989); **A18:** Friction, Lubrication, and Wear Technology (1992); **A19:** Fatigue and Fracture (1996); **A20:** Materials Selection and Design (1997). **Metals Handbook, 9th Edition** (designated by the letter "M"): **M1:** Properties and Selection: Irons and Steels (1978); **M2:** Properties and Selection: Nonferrous Alloys and Pure Metals (1979); **M3:** Properties and Selection: Stainless Steels, Tool Materials, and Special-Purpose Materials (1980); **M4:** Heat Treating (1981); **M5:** Surface Cleaning, Finishing, and Coating (1982); **M6:** Welding, Brazing, and Soldering (1983); **M7:** Powder Metallurgy (1984). **Engineered Materials Handbook** (designated by the letters "EM"): **EM1:** Composites (1987); **EM2:** Engineering Plastics (1988); **EM3:** Adhesives and Sealants (1990); **EM4:** Ceramics and Glasses (1991). **Electronic Materials Handbook** (designated by the letters "EL"): **EL1:** Packaging (1989)

Concept development *See* Creative concept development
Concept generating tools **A20:** 42–47
Concept selection method
definition **A20:** 829, 830
Concept variants **A20:** 27, 30
Conceptual and configuration design of parts **A20:** 33–38
aluminum extrusions
qualitative reasoning on design for manufacturing **A20:** 36
tolerances **A20:** 37
brackets **A20:** 35
columns **A20:** 35
compression, for transmitting forces. **A20:** 35
convection as mechanism **A20:** 35
design for assembly guidelines for part design at the configuration state. **A20:** 36–37
design for manufacturing **A20:** 34
design for tolerances: general guidelines for configuration stage. **A20:** 37–38
design rule for economy of parts. **A20:** 34
determining the configuration **A20:** 34
die casting tolerances. **A20:** 37
evaluating trial part configurations **A20:** 38
forged parts, design for manufacturing guidelines for **A20:** 36
forging tolerances **A20:** 37
heat transfer **A20:** 35
injection molding tolerances. **A20:** 37
inside corners **A20:** 35
insulating against heat transfer **A20:** 35
looking for risks **A20:** 38
material and process selection **A20:** 34
material use **A20:** 34–35
part features to aid manufacturing or to reduce material cost **A20:** 34
part functions. **A20:** 33, 34
parts relationship to assemblies. **A20:** 33–34
qualitative DFM guidelines
compression-molded parts. **A20:** 35–36
die-cast parts **A20:** 35–36
injection-molded parts **A20:** 35–36
transfer-molded parts **A20:** 35–36
qualitative physical reasoning to guide generation of part configuration alternatives **A20:** 34–35
qualitative reasoning about manufacturing to guide generation of part configuration alternatives **A20:** 35–37
questions for revealing part configuration design risks **A20:** 38
radiation **A20:** 35
recursive decomposition **A20:** 33
redesign guided by evaluations **A20:** 38
stamped parts, DFM guidelines for **A20:** 36
stamped parts tolerances. **A20:** 37
tension, for transmitting forces **A20:** 35
tolerances. **A20:** 37–38
trusses. **A20:** 35
types of features making up a part **A20:** 34
undercuts, avoidance of **A20:** 36
Conceptual and configuration design of products and assemblies **A20:** 15–32
anchored measure approach **A20:** 19
break-even cost analysis **A20:** 17
business case analysis: understanding the financial market **A20:** 16–17
competitive benchmarking **A20:** 24–27
compiling customer needs. **A20:** 19
concept and configuration development process **A20:** 15
current costs scenario **A20:** 16, 17
customer demands **A20:** 15
customer need collection form. **A20:** 18
definition of specifications **A20:** 28
establishing functionality and product architecture **A20:** 21–24
forming quantitative specifications **A20:** 27
functional decomposition: modeling, analysis, and structure. **A20:** 20–24
gathering customer need data **A20:** 17–18
gathering customer use data. **A20:** 19–20
generating design configurations and form concepts **A20:** 24, 26, 27, 28, 30
Harvard business case method **A20:** 16, 17
identifying specification metrics **A20:** 26, 28
market share to avoid loss of. **A20:** 15
mission statement. **A20:** 16
product application example **A20:** 30–31
proposed costs scenario. **A20:** 17
ranking customer needs. **A20:** 19
ranking specification importance. **A20:** 28–30
sample template for a mission statement. . . **A20:** 16
steps in establishing product architecture and assemblies **A20:** 23
summarizing customer needs **A20:** 20
task clarification. **A20:** 15–17
technical questioning **A20:** 16
technology-push approach. **A20:** 17
understanding and satisfying the customer **A20:** 17–20
Conceptual design. **A20:** 8, 127–128
definition. **A20:** 830
dimensional requirements defined. **A20:** 219
information sources used **A20:** 250
Conceptual design and prototype **A20:** 17
Conceptual design reviews **A20:** 149
Conchoidal fracture
as casting defect **A11:** 383
low-alloy steel **A11:** 392
Conchoidal marks *See* Beach marks
Concrete. . . . **A13:** 454, 455, 513, 1303, **A20:** 426, 427
cost per unit volume **A20:** 302
diamond for machining. **A16:** 105
engineered material classes included in material property charts **A20:** 267
epoxy bonding. **EM3:** 96
fracture toughness vs. density . . **A20:** 267, 269, 270
fracture toughness vs. Young's modulus . . **A20:** 267, 271–272, 273
fracture/failure causes illustrated. **A12:** 217
galvanic corrosion of metals embedded in. **A11:** 186–187
ground by diamond wheels. **A16:** 455
loss coefficient vs. Young's modulus. **A20:** 267, 273–275
roughers, bending failure of. **A11:** 564–565
sources of materials data **A20:** 499
specific modulus vs. specific strength **A20:** 267, 271, 272
strength vs. density **A20:** 267–269
sulfur, fracture surfaces. **A12:** 472–473
thermal conductivity vs. thermal diffusivity. **A20:** 267, 275–276
thermal expansion rate. **M7:** 611
waterproofing, powders used. **M7:** 574
Young's modulus vs. density. . . **A20:** 266, 267, 268, 289
Young's modulus vs. strength. . . **A20:** 267, 269–271
Concrete reinforcement
steel wire for **M1:** 271
wire rod for **M1:** 255
Concrete reinforcing bars **M1:** 211–212
Concrete reinforcing wire
coating weight **M1:** 263
description **M1:** 264
Concrete-reinforcing bars **A1:** 246–247
Concrete-reinforcing wire **A1:** 282–283
Concurrent engineering . . . **A20:** 57–65, 155, 160, 243, 297, 687
concept development and selection. **A20:** 61–64
concepts. **A20:** 59–65
concurrent process **A20:** 57–58
definition. **A20:** 830
functional analysis **A20:** 60
functional tree **A20:** 60, 61, 62
holistic decisions **A20:** 57, 65
improvement. **A20:** 59–65
improvement of concepts **A20:** 63–64
integration of QFD and functional analysis **A20:** 60–61, 62
integration of requirements development and concept development and selection. **A20:** 62–63
knowledge-based engineering and standards **A20:** 60–61
mistake minimization **A20:** 64
multifunctional teams. **A20:** 58–59, 65
noise parameters. **A20:** 63
parameter design **A20:** 63–64
problems encountered in sequential engineering of a materials innovation, example . . **A20:** 57–58
product design team configurations **A20:** 59
product design teams vs. functional roles . . **A20:** 58
product requirements **A20:** 60–61
Pugh concept selection **A20:** 61–62
quality function deployment (QFD). . . . **A20:** 59–60
matrix. **A20:** 60–61
requirements. **A20:** 59–65
requirements development **A20:** 59–61
robust design **A20:** 63–64
sequential engineering **A20:** 57
structured decision making. **A20:** 59
subsystem teams. **A20:** 59
theory of inventive problem solving (TIPS or TRIZ). **A20:** 61
tolerance design **A20:** 63, 64
Concurrent heating
definition **M6:** 4
Concurrent Technologies Corporation (CTC) model of HIP **A7:** 602
Co-Nd (Phase Diagram) . . . . **A3:** 2•144
Condensate chemistry
nuclear reactors **A13:** 958
Condensate corrosion **A13:** 622, 989
Condensates
as ion chromatography solutions. **A10:** 658
Condensation. **A7:** 442, **EM3:** 9
on high-impedance circuits **EL1:** 762
on PWB assemblies. **EL1:** 761
Condensation and evaporation
as material transport systems in sintering of compacts. **M7:** 313
Condensation polyamic acid-polyimide
synthesizing. **EL1:** 767
Condensation polyimides *See also* Polyimide resins
as high temperature resistant. **EM1:** 810–815
chemistry, formation, solvents. **EM1:** 78, 79
for aerospace prepregs. **EM1:** 141
types **EM1:** 79
Condensation polymerization *See also* Polymerization
defined **EM1:** 7, **EM2:** 11
mechanism. **EM1:** 752
Condensation polymers **A5:** 450–451
Condensation resin
defined. **EM2:** 11
Condensation review. **EM3:** 9
Condensation (vapor phase) soldering . . **EL1:** 702–704
Condensed corrosion test for welded parts **A7:** 777
Condensed forced random stimulation worksheet **A20:** 43
Condensed phase equilibrium, and activity
defined. **A15:** 51
Condensed water alternating climate test **A5:** 639
laboratory corrosion test **A5:** 639
Condenser
defined. **A10:** 671
lens, defined **A10:** 671
Condenser aperture
defined **A9:** 4
Condenser lens
defined **A9:** 4
Condenser of an optical microscope. **A9:** 72
defined **A9:** 4
Condenser tubes
ASTM specifications for **M1:** 323
Condensers **A13:** 637, 986–989
corrosion of. **A11:** 615
tube, failed aluminum brass. **A11:** 632
Conditional probability **A20:** 91
in NDE reliability **A17:** 675
Conditioners
magnetic particle **A17:** 101
Conditioning **EM3:** 9
defined **EM1:** 7, **EM2:** 11
definition. **A5:** 951
Conditioning time. **EM3:** 9
Conditioning treatments
hardenable steels. **M1:** 457
Condominium structures
corrosion of. **A13:** 1299
Conductance
defined. **A10:** 671, **EM2:** 590, 592
definition. **A5:** 951
mho, as original ion chromatography unit of **A10:** 659
SI derived unit and symbol for. **A10:** 685
SI unit/symbol for **A8:** 721
Conductimetric sensors *See* Oxygen sensors, semiconductor sensors

230 / Conducting materials

Conducting materials
for rigid printed wiring boards **EL1:** 538–539

Conducting salt
definition **A5:** 951

Conduction *See also* Conductivity; Eletrical conductivity; Thermal conductivity
and cooling techniques **EL1:** 413–414
extrinsic, defined **EL1:** 99
formulas for **EL1:** 51–52
four-point probes **EM3:** 434–435
in thermal inspection **A17:** 396
intrinsic, defined **EL1:** 99
microwave **A17:** 204
parallel plate measurements **EM3:** 434

Conduction band
defined **EL1:** 97–98

Conduction electrons
ESR study **A10:** 261–263
excitation leading to secondary-electron (low-energy) emission **A10:** 433–434

Conduction enhanced circuit pack
for PWBs **EL1:** 47

Conduction equation **A6:** 8

Conduction heat transfer
in sintering **M7:** 341

Conduction heat-transfer equation **A20:** 814

Conduction, in boiler tubes
heat transfer by **A11:** 603

Conduction-mode electron-beam welds **A6:** 20, 21

Conduction-mode welding **A6:** 264

Conductive
adhesives **M7:** 607
fillers as shielding alternatives **M7:** 612
paints, powders used **M7:** 105, 572
plastics, powders used **M7:** 572
processes, atomization **M7:** 47–48
rapid quenching techniques **M7:** 47–48
silver inks **M7:** 147

Conductive adhesives **EM3:** 76
flexible printed boards **EL1:** 590
for bonding electrical wires and devices ... **EM3:** 45
suppliers **EM3:** 76
used to mount scanning electron microscopy specimens **A9:** 97–98

Conductive and non-spark flooring
powder used **M7:** 572

Conductive belt soldering **EL1:** 706

Conductive coatings used in scanning electron microscopy **A9:** 97

Conductive films
of indium/indium-tin oxides **A2:** 752

Conductive foils/tapes
electromagnetic interference shielding **A5:** 315

Conductive heating
for component removal **EL1:** 723

Conductive (hot bar) soldering **EL1:** 705–706

Conductive inks
for thick-film screen printing **EL1:** 207–208

Conductive materials
physical characteristics **EL1:** 106–107
thick-film, types **EL1:** 249

Conductive mounting materials **A9:** 29, 32

Conductive plastic materials **EM2:** 467–478
antistatic compounds **EM2:** 468–469
electrical conductivity, factors influencing **EM2:** 473–475
electrical resistivity testing **EM2:** 475
electromagnetic interference (EMI) shielding **EM2:** 476–478
fillers and reinforcements **EM2:** 469–473
static elimination testing **EM2:** 475–476

Conductive plastics
defined **EM2:** 461
electromagnetic interference shielding **A5:** 315

Conductive polymer film interconnections
function **EL1:** 15

Conductive resins
as electropolishing mounting materials **A9:** 49

Conductive solids nebulizer
abbreviation for **A10:** 690
as solid-sampling device **A10:** 36

Conductive-thermal detection
inert gas fusion **A10:** 229–230

Conductivity *See also* Conduction; Electrical; Electrical conductivity; Electrical properties; Superconductive materials; Superconductivity; Thermal conductivity **A13:** 4, 17, **EM3:** 9
and hardness, eddy current inspection **A17:** 168
and microwave inspection **A17:** 202–203
and moisture diffusion, in UDCs ... **EM1:** 191–192
band theory of **EL1:** 97
common metals and alloys **A17:** 168
copper casting alloys **M2:** 393
corrosion fatigue test specification **A8:** 423
curve, impedance-plane diagram **A17:** 168
defined **EL1:** 89, **EM1:** 7, **EM2:** 11
detection, ion chromatography **A10:** 659–661, 663, 665
eddy current inspection **A17:** 164, 167
electrical **EL1:** 93–96
electrical, as ion chromatography detector **A10:** 659
high-purity oxygenated water **A8:** 420
high-temperature, in rare earth cuprates .. **A2:** 1027
ionic **EL1:** 93–96
lower, PLAP analysis of **A10:** 597
monitoring at ambient temperature **A8:** 421
of carbon fibers **EM1:** 52
of composite laminates **EM1:** 36
of heat sinks **EL1:** 1130
of polymers **EM2:** 62
specific, pressurized water reactor specification **A8:** 423
temperature effect **EL1:** 98
thermal, conversion factors **A10:** 686
thermal, SI derived unit and symbol for .. **A10:** 685
transients, and crack growth rate in stainless steel/ water system **A8:** 421–422

Conductivity detection
eluent-suppressed **A10:** 659–660
of inorganic anions and cations determined by ion chromatography **A10:** 663
of inorganic ions determined by ion chromatography **A10:** 663
single-column ion chromatography with **A10:** 660–661

Conductivity detectors
ion chromatography **A10:** 665

Conductivity of coolant **A20:** 568–569

Conductivity, specimen
for SEM imaging **A12:** 171

Conductometric oxidation-reduction titrations (redox)
rarity of **A10:** 203

Conductometry
and amperometry, compared **A10:** 204
capabilities, compared with voltammetry **A10:** 188

Conductor accessories
aluminum and aluminum alloys **A2:** 12

Conductor films, deposition of
vacuum coating process **M5:** 408

Conductor spacing
selection criteria **EL1:** 518–519, 587

Conductors *See also* A15 superconductors; High-temperature superconductors; Niobium-titanium superconductors; Superconducting materials; Superconductivity; Superconductors; Ternary molybdenum chalcogenides (chevrel phases); Thin-film materials
adhesion, rigid printed wiring boards **EL1:** 548
cermet thick-film paste systems **EL1:** 339–341
corners, 90-degree **EL1:** 76
design, flexible printed boards **EL1:** 586–587
design spacing/design width, defined **EL1:** 1140
high-conductivity, wrought copper and copper alloys **A2:** 251
ideal materials for **EL1:** 112
inks, characteristics **EL1:** 208
materials **EL1:** 1041
monofilamentary **A2:** 1046–1047
multifilamentary **A2:** 1047–1049
multilevel **EL1:** 324
one-dimensional, nonstoichiometric salts as **A10:** 355
printed board coupons **EL1:** 576–577
selection criteria **EL1:** 518
spacing **EL1:** 518–519, 587
thickness, design effects **EL1:** 517
thin-film **EL1:** 316–320, 324
use of glow discharges with **A10:** 28

Conductors, central *See also* Central conductors; Coils **A17:** 95–97

Conductors, nonmetallic
galvanic corrosion **A13:** 84

Conduit pipe **A1:** 331, **M1:** 318

Condylar angle blade plate
as internal fixation device **A11:** 671

Cone
and cup samplers **M7:** 226
and quartering samples **M7:** 226–227
definition **A6:** 1207, **M6:** 4

Cone 4 dinnerware glaze
composition based on mole ratio (Seger formula) **A5:** 879
composition based on weight percent **A5:** 879

Cone 6 artware glaze
composition based on mole ratio (Seger formula) **A5:** 879
composition based on weight percent **A5:** 879

Cone and cup sampler **A7:** 260

Cone and plate test **EM3:** 443, 444

Cone and plate viscometer **EM3:** 322–323

Cone angle **A18:** 60, 61, 63, 66

Cone blenders
for sampling **A10:** 17

Cone crack **EM4:** 319

Cone geometries
in melt rheology **EM2:** 535–540

Cone indentation test
truncated **A14:** 384

Cone resistance value *See also* Penetration (of a grease)
defined **A18:** 6

Cone tests **EM3:** 387, 388

Cones
deficiency and diffraction **A10:** 327, 371
formation, AES analysis **A10:** 556
spinning of **A14:** 599–602
truncated, forming **A14:** 621–622

Confidence **A20:** 75–76

Confidence bands
bearing steel test groups **A18:** 728

Confidence interval **A18:** 482
defined **A8:** 626
width, with increasing sample size **A8:** 706

Confidence intervals **A19:** 135
as statistical method **A17:** 746
for POD(A) function **A17:** 695
hit/miss data **A17:** 696
signal response analysis **A17:** 698

Confidence level **A18:** 481–482, 484, 485
and reliability levels **A8:** 627
defined **A8:** 626, **A10:** 671
Student's t value **A8:** 700

Confidence limits **A20:** 76
and probability **A8:** 624
for Probit test data **A8:** 703
for simple linear regression line **A8:** 700
for stress **A8:** 703
in sampling bulk materials **A10:** 13
ninety-five percent computation, on response curves **A8:** 703
on least squares parameters **A8:** 702
on mean fatigue curve **A8:** 700
statistical **A8:** 626
unknown distribution **A8:** 666

Confidence percentage level **A20:** 19

Configuration
as design category **A11:** 115
SAS techniques for. **A10:** 405

Configuration design
definition **A20:** 830
information sources for data **A20:** 250

Configuration design of special-purpose parts
configuration requirements sketch. **A20:** 11
evaluate design for manufacturability at the part
configuration stage **A20:** 11
features of parts **A20:** 10
formulating the problem **A20:** 11
generating alternative configuration
solutions. **A20:** 11
materials at the configuration stage **A20:** 11
redesigning. **A20:** 11
tolerances at the configuration stage. **A20:** 11

Configuration, or reconfiguration
of defective circuitry **EL1:** 9

Configuration parameter
surface roughness **A12:** 200

Configuration requirement sketch **A20:** 11

Configurationally frozen liquid *See* Amorphous materials; Metallic glasses

Configurations. **EM3:** 9
defined **EM2:** 11

Confined atomization **M7:** 26, 29

Confocal microscopy **A18:** 357–361
applications. **A18:** 359–361
development **A18:** 357
equipment **A18:** 357
experimental techniques **A18:** 358–359
computerized image processing **A18:** 359
image acquisition **A18:** 359
microscope configurations. **A18:** 358–359
specimen requirements and limitations. . **A18:** 359
hardware configurations for confocal
microscopes **A18:** 358
image processing techniques for optical
sections. **A18:** 360
principles of the process. **A18:** 357–358

Confocal scanning laser microscope
block diagram. **EL1:** 367

Conform process. **A7:** 630

Conforma clad process **A7:** 1077
hardfacing. **M7:** 836

Conformability
defined **A18:** 6

Conformal coating **EM3:** 9
definition **A5:** 951

Conformal coatings *See also* Acrylics; Coatings; Epoxies; Epoxy; Parylene coatings; Polyurethane; Protective coatings; Urethane coatings; Urethanes
acrylic **EL1:** 763
applications **EL1:** 761–762
cationic cure systems. **EL1:** 864
characteristics **EL1:** 765
coating methods. **EL1:** 763–764
coating types **EL1:** 762–763
cure types **EL1:** 764–765
defined **EL1:** 761–762, 1138
electrical properties **EL1:** 822
epoxy **EL1:** 763
fluoropolymer. **EL1:** 782–784
in design **EL1:** 517
introduction **EL1:** 759–760
manufacturing variables **EL1:** 762
non-UV curable **EL1:** 785
operating variables. **EL1:** 763
overview **EL1:** 761–766
parylene. **EL1:** 763
polyurethane **EL1:** 763
properties **EL1:** 762
radiation curing **EL1:** 854
silicone **EL1:** 763, 773–774, 822–824
specific energies **EL1:** 783
urethane **EL1:** 775–781
UV curable, properties **EL1:** 785–786
vessication, by ionic residues **EL1:** 660–661

Conformal surfaces
defined **A18:** 6

Conformance **A20:** 104
solder masks **EL1:** 554

Conformance to specification **A20:** 110, 111–112

Conformation
effects, polymer blend system IR analysis **A10:** 118

molecular, and stereochemistry, IR determination
of. **A10:** 109

Conformations. **EM3:** 9
defined **EM2:** 11

Conforming contact
in sliding contact wear tests. **A8:** 605–606

Conforming shear blades **A14:** 717–718

Confound/alias (experimental)
defined **EM2:** 600

Confounding, statistical
in experimental design **A17:** 747, 749

Congruent phase change . . . . **A3:** 1•4

Congruent phase transformation . . . . **A3:** 1•4, 1•10

Congruent point. . . . . **A3:** 1•10

Co-Ni (Phase Diagram) . . . . **A3:** 2•145

Conical cap wrinkling test
for sheet metals **A8:** 563–564

Conical joints
friction welds. **M6:** 726–727

Coning and quartering **A7:** 207, 209, 216, 241
particle image analysis **A7:** 260

Co-Ni-Ti (Phase Diagram) . . . . **A3:** 3•41

Conjugate heat transfer analysis **A20:** 185

Conjugate phases . . . . **A3:** 1•3
defined **A9:** 4

Conjugate planes
defined **A9:** 4

Conjugated triple bonds **A20:** 434

Conjugate-gradient methods **A20:** 193

Connecting of three points method
of object orientation **A17:** 34

Connecting rod
and shafts, failures of **A11:** 459
cap, fatigue fracture. **A11:** 119–120
fracture, from forging fold. **A11:** 328, 330

Connecting rod, truck engine
fatigue fracture from forging lap. **A11:** 328–329

Connecting rods **A20:** 184–185
by Ceracon process **M7:** 541
cap, by precision forging. **A14:** 163
comparison of production methods **A7:** 823
forging data **A14:** 368
hot formed from P/M preform. **M7:** 620
magnetic particle inspection
methods **A17:** 117–119
powder forged **A7:** 822

Connection plates
floor-beam-girder **A11:** 712
multiple-girder diaphragm **A11:** 712–714

Connection rods
economy in manufacture **M3:** 850

Connectivity
as roughness parameter **A12:** 201

Connectivity, degree of **A7:** 268–269

Connector alloys
beryllium-copper. **A2:** 416

Connector link arm
engine **M7:** 750

Connectors
copper and copper alloys **A14:** 821
eye, sand-cast low-alloy steel **A11:** 390
failure of aluminum wire **A10:** 531–532
LEISS identification of surface stains and
corrosion products on **A10:** 607
stained, LEISS analysis **A10:** 607
steel, tensile fracture in **A11:** 289–390
surface strains and corrosion products on **A10:** 607
tubes, aluminum alloy, flowout
failure. **A11:** 312–313

Connectors, bolted
recommended contact materials **A2:** 861

Connectors(s) *See also* Fundamental interconnection issues; Interconnection(s); Interconnects
as level 3 components. **EL1:** 76
as mechanical support. **EL1:** 21
effect, switching speeds. **EL1:** 76
electrical failure analysis of **EL1:** 1112
failure mechanisms **EL1:** 981
high-density. **EL1:** 394
low-voltage, corrosion failure analysis . . . **EL1:** 1112
metallurgy **EL1:** 22
rack-and-panel, defined. **EL1:** 1154
reliability of **EL1:** 21–23
system, requirements. **EL1:** 86

Connellsville coke
development of. **A15:** 30

Connes's advantage
in FT-IR spectrometers. **A10:** 112

Conostan C-20
EDS determination of sulfur in **A10:** 101

Conradson method **A18:** 84

Conservation integral **A19:** 950

Conservation of mass. **A7:** 334

Conservation of Strategic Aerospace Materials (COSAM) program **A1:** 1009

Considere's construction
point of maximum load **A8:** 25

Consignment sampling **A7:** 207, 208

Consistency *See also* Cone resistance value; Penetration hardness number **A7:** 423, 424, **EM3:** 9
defined **A18:** 6

Consistency index **A20:** 448

Consolidated triaxial test **A7:** 335

Consolidation *See also* Powder
consolidation **A7:** 289, **M7:** 295
alloy system variables. **M7:** 315
and mechanics of metal powder
aggregates **M7:** 295
and production **M7:** 23–24
and sintering **M7:** 295
applications **M7:** 295
beryllium powder. **A2:** 685–696
by atmospheric pressure (CAP
process). **M7:** 533–536
by curing **EM1:** 655
defined **EM1:** 7, **M7:** 295
deformation during, Ceracon process **M7:** 538
homogenization variables **M7:** 315
in powder metallurgy processes classification
scheme **A20:** 694
laminate level of, as quality-control
variable. **EM1:** 730
mechanical fundamentals of **M7:** 296–307
mechanically alloyed oxide
alloys **A2:** 943–944
methods, aluminum and aluminum alloys. . . . **A2:** 7
of beryllium powders **M7:** 172
of composite bearings **M7:** 407–408
of copper powders **M7:** 734
of titanium powders. **M7:** 748–749
parts **EM1:** 36
physical fundamentals of. **M7:** 308–321
powder, cemented carbides. **A2:** 951
powder, high-strength aluminum P/M
alloys **A2:** 203–204
powder variables **M7:** 315
processes, in roll compacting **M7:** 407
processes, special and developing. **M7:** 295
rapidly solidified, permanent magnet
materials **A2:** 791–792
Rapi-Press **EM1:** 872
techniques, P/M **M7:** 719–720

Consolidation at atmospheric pressure (CAP process) **A1:** 780, 973, **A16:** 60

Consolidation bench. **A7:** 290

Consolidation by atmospheric pressure (CAP) **A7:** 606–607

Consolidation of metal powder, steps in process **A7:** 326

Consolidation of ultrafine and nanocrystalline powder **A7:** 504–515

Consolidation, parts
and costs **EM2:** 85

Consolidation principles and process modeling **A7:** 437–452
activated sintering **A7:** 445–447
description. **A7:** 437
homogeneity, degree determination . . . **A7:** 444–445
homogenization during sintering. **A7:** 442–443
liquid-phase sintering **A7:** 445, 447–448
mechanical properties **A7:** 440–441
microstructure **A7:** 439–440
of compacts **A7:** 437–438
physical properties and diffusion factors . . **A7:** 450, 451
powder, alloy system, and homogenization
variables **A7:** 443–444
process modeling **A7:** 448–452
shrinkage and densification **A7:** 438–439
sintering of simple-metal compacts. . . . **A7:** 441–442

Constancy of volume
for plastic deformation **A8:** 22

Constant
definition ... **A6:** 38
symbol and units ... **A18:** 544
Constant acceleration
package-level testing ... **EL1:** 937–938
Constant amplitude, and sinusoidal loading
S-N curves ... **A11:** 103
Constant amplitude fatigue tests ... **A19:** 291
Constant amplitude tests
low-alloy steels ... **A15:** 717
plain carbon steels ... **A15:** 703–704
Constant amplitude with OL test
main variables of test ... **A19:** 114
Constant cell potential
abbreviation for ... **A10:** 690
Constant current imaging ... **A18:** 393, **A19:** 70
Constant displacement rate (CDR) test **A20:** 585, 586
Constant extension testing ... **A19:** 499–500
Constant failure rate ... **A20:** 88
Constant head flow coating method
porcelain enameling ... **M5:** 516
Constant *K* specimens
SCC testing ... **A8:** 515, **A13:** 256
Constant K_{max} test ... **A19:** 179
Constant K_{mean} test ... **A19:** 179
Constant load amplitude fatigue crack growth ... **A1:** 370, 371, 372
Constant load testing ... **A19:** 500–501
Constant maximum shear stress ... **A8:** 72
Constant rate of extension testing
machines ... **A8:** 47
Constant strain amplitude
low-cycle fatigue tests ... **A8:** 367
Constant strain rate
for titanium alloy ... **A8:** 171
Constant strain rate testing ... **A19:** 501
Constant stress
cam-lever apparatus ... **A8:** 319–320
creep curve for austenitic stainless steel ... **A8:** 320–321
curves ... **A8:** 311, 333, 335
vs. constant load, in creep testing ... **A8:** 305
Constant stress creep ... **EL1:** 840, 846–847
Constant tensile load testing ... **EM2:** 802
Constant volume
as material behavior ... **A8:** 343
Constant-amplitude (CA) loading ... **A19:** 15, 111, 170
Constant-amplitude fatigue tests
ASTM E 466 in ... **A8:** 149
for fatigue crack growth rate ... **A8:** 678
Constant-amplitude loads
dynamic variables for ... **A19:** 17
Constant-amplitude stress cycle
vs. crack growth ... **A8:** 379, 678–679
Constant-amplitude tests of smooth bars **A1:** 369–370
Constantan *See also* Electrical resistance alloys; Electrical resistance alloys, specific types; Thermocouple materials
thermal properties ... **A18:** 42
Constant-current cells
for electrogravimetry ... **A10:** 199–200
Constant-current electrolysis
separation and analysis of metal ions by ... **A10:** 200
Constant-current methods
of electrogravimetry ... **A10:** 198
Constant-curvatuve cantilever specimen
stress-relaxation bend testing ... **A8:** 326
Constant-deflection
for high-cycle fatigue tests ... **A8:** 1–367
Constant-Δ*K* tests ... **A19:** 119
Constant-displacement specimens
K-decreasing tests ... **A8:** 517–518
Constant-force springs ... **A1:** 302, **A19:** 363
Constantin
photochemical machining etchant ... **A16:** 590
Constant-*K* max increasing *R*-ratio (CKIR) test procedure ... **A19:** 143
Constant-level pouring
permanent mold method ... **A15:** 276
Constant-life diagram ... **A19:** 18–19, 558
temperature behavior of S-816 alloy ... **A11:** 131
use of ... **A11:** 111
Constant-life fatigue diagram ... **A8:** 3
Goodman ... **A8:** 712–713
Constant-lifetime diagram
and fatigue resistance ... **A1:** 675
Constant-load testing
amplitude, for high-cycle fatigue tests ... **A8:** 367
and constant-stress testing, lead wire ... **A8:** 319–320
bending, SCC testing ... **A8:** 503
creep curve ... **A8:** 311
data presentation ... **A8:** 315
for creep, stress rupture, stress relaxation ... **A8:** 311, 313–318
for stress-corrosion ... **A8:** 496, 502
interruptions ... **A8:** 315
K-increasing ... **A8:** 517
notched-specimen testing ... **A8:** 315–318
rate tension machines ... **A8:** 47
specimen loading ... **A8:** 314
strain rate and time for creep ... **A8:** 331
temperature control ... **A8:** 314–315
threshold stresses by ... **A8:** 499
vs. constant stress, in creep testing ... **A8:** 305
Constant-load tests
SCC evaluation ... **A13:** 246–247
Constant-load vs. constant-strain testing ... **EM2:** 801–802
Constant-load wheel, with balancing cam
constant-stress testing ... **A8:** 320
Constant-load-amplitude test ... **A19:** 178
Constant-*R* value tests ... **A19:** 18
Constant-radii fillets
ultrasonic fatigue testing specimens ... **A8:** 250–251
Constant-rate drying period ... **EM4:** 105
Constant-strain cycling
stress-strain loop for ... **A8:** 367
Constant-strain testing ... **EM2:** 802
Constant-strain tests
effect of low strain rate in ... **A8:** 499
effects of changing stress on crack growth in ... **A8:** 502
of stress corrosion cracking ... **A8:** 496, 502
SCC evaluation ... **A13:** 246–247
threshold stresses by ... **A8:** 499
vs. constant-load test, in SCC testing ... **A8:** 502
Constant-stress testing ... **A8:** 318–321
and constant-load testing, lead wire ... **A8:** 319–320
compression ... **A8:** 320–321
creep curve ... **A8:** 311
equipment and methods ... **A8:** 311, 318–321
hyperbolic-weight apparatus ... **A8:** 318–319
system and furnace ... **A8:** 321–322
test methods and equipment ... **A8:** 318–321
weight pan knife edge ... **A8:** 321–322
with balancing cam and constant-load wheel ... **A8:** 320
Constant-stress testing equipment
cam-lever apparatus ... **A8:** 319–320
hyperbolic-weight apparatus ... **A8:** 318–319
Constant-time curves ... **A8:** 333, 335
Constant-voltage electrogravimetry ... **A10:** 199
Constituent ... **EM3:** 9
defined ... **A9:** 4, **EM1:** 7, **EM2:** 11, **M7:** 3
Constituent material forms ... **EM1:** 105–171
aramid fibers ... **EM1:** 114–116
bulk molding compounds ... **EM1:** 161–163
carbon fibers ... **EM1:** 112–113
fiber sizing ... **EM1:** 122–124
filament-winding resins ... **EM1:** 135–138
glass fibers ... **EM1:** 107–111
injection molding compounds ... **EM1:** 164–167
multidirectional tape prepregs ... **EM1:** 146–147
multidirectionally reinforced fabrics preforms ... **EM1:** 129–131
other continuous fibers ... **EM1:** 117–118
other discontinuous fibers ... **EM1:** 119–121
prepreg resins ... **EM1:** 139–142
recycling carbon fiber scrap ... **EM1:** 153–156
resin transfer molding (RTM) materials ... **EM1:** 168–171
sheet molding compounds ... **EM1:** 157–160
two-directional fabrics ... **EM1:** 125
unidirectional fabrics ... **EM1:** 125–128
unidirectional tape prepregs ... **EM1:** 143–145
wet lay-up resins ... **EM1:** 132–134
woven fabric prepregs ... **EM1:** 148–150
Constituent materials
boron and silicon carbide fibers ... **EM1:** 58–59
carbon/graphite fibers ... **EM1:** 49–53
ceramic fibers ... **EM1:** 60–65
epoxy resins ... **EM1:** 66–77
glass fibers ... **EM1:** 45–48
introduction ... **EM1:** 43
organic fibers ... **EM1:** 54–57
polyester resins ... **EM1:** 90–96
polyimide resins ... **EM1:** 78–89
properties of ... **EM1:** 43–104
thermoplastic resins ... **EM1:** 97–104
Constituent particles ... **A19:** 8, 31–32
Constitution diagram
stainless steel weld metal ... **M3:** 51
Constitution diagrams ... **A6:** 127, 677, 678, 679, 680, 681, 682
Constitutional diagram *See also* Phase diagram ... **A3:** 1•2
Constitutional liquation ... **A6:** 74–75, 91
nickel-base alloys ... **A6:** 588
Constitutional supercooling ... **A6:** 46–48, 49, 51, 52, 53, **A9:** 611–612
and equiaxed growth ... **A15:** 130–131
effect on dendritic structures ... **A9:** 613
equation, simplified ... **A9:** 621
Constitutional undercooling
effect on eutectic structures ... **A9:** 619
Constitutive equation ... **A20:** 346–347
definition ... **A20:** 830
Constitutive equations
for material modeling ... **A14:** 417–420
Constitutive material models ... **A7:** 23–25, 26
Constitutive relations ... **A20:** 187
Constrained fiber printed wiring board ... **EL1:** 984
Constrained flow stress ... **A8:** 577
Constrained recovery
of shape memory alloys ... **A2:** 900
Constrained technique
as interconnection system option ... **EL1:** 984–985
Constrained thermal test
cast irons ... **A19:** 670
Constraint
defined ... **A8:** 3, **A15:** 3
Constraint modeling ... **A20:** 155, 156
definition ... **A20:** 830
Constraint order dependence ... **A20:** 158
Constraint-based modelers ... **A20:** 157
Constraints ... **A20:** 157–158
algebraic ... **A20:** 157–158
attributes ... **A20:** 157–158
geometric ... **A20:** 157–158
numeric ... **A20:** 157
types of ... **A20:** 157
Constricted arc
definition ... **M6:** 4
Constricted arc (plasma arc welding and cutting)
definition ... **A6:** 1207
Constricting nozzle
definition ... **M6:** 4
Constricting orifice
definition ... **M6:** 4
Constriction resistance *See also* A-spot; Contact resistance; Film resistance
defined ... **A18:** 6
Construction *See also* Fabrication
fabric pattern as ... **EM1:** 125
of passive components ... **EL1:** 178–179
reliability effects, passive components ... **EL1:** 180–181

SUBJECTS OF THE INDEXED VOLUMES: ASM Handbook (designated by the letter "A"): **A1:** Properties and Selection: Irons, Steels, and High-Performance Alloys (1990); **A2:** Properties and Selection: Nonferrous Alloys and Special-Purpose Materials (1990); **A3:** Alloy Phase Diagrams (1992); **A4:** Heat Treating (1991); **A5:** Surface Engineering (1994); **A6:** Welding, Brazing, and Soldering (1993); **A7:** Powder Metal Technologies and Applications (1998); **A8:** Mechanical Testing (1985); **A9:** Metallography and Microstructures (1985); **A10:** Materials Characterization (1986); **A11:** Failure Analysis and Prevention (1986); **A12:** Fractography (1987); **A13:** Corrosion (1987); **A14:** Forming and Forging (1988); **A15:** Casting (1988); **A16:** Machining (1989); **A17:** Nondestructive Evaluation and Quality Control (1989); **A18:** Friction, Lubrication, and Wear Technology (1992); **A19:** Fatigue and Fracture (1996); **A20:** Materials Selection and Design (1997). **Metals Handbook, 9th Edition** (designated by the letter "M"): **M1:** Properties and Selection: Irons and Steels (1978); **M2:** Properties and Selection: Nonferrous Alloys and Pure Metals (1979); **M3:** Properties and Selection: Stainless Steels, Tool Materials, and Special-Purpose Materials (1980); **M4:** Heat Treating (1981); **M5:** Surface Cleaning, Finishing, and Coating (1982); **M6:** Welding, Brazing, and Soldering (1983); **M7:** Powder Metallurgy (1984). **Engineered Materials Handbook** (designated by the letters "EM"): **EM1:** Composites (1987); **EM2:** Engineering Plastics (1988); **EM3:** Adhesives and Sealants (1990); **EM4:** Ceramics and Glasses (1991). **Electronic Materials Handbook** (designated by the letters "EL"): **EL1:** Packaging (1989)

Construction and Structural Adhesives and Sealants—An Industrial Guide **EM3:** 67
Construction applications *See also* Building applications; Plumbing applications
acrylonitrile-butadiene-styrenes (ABS) **EM2:** 111
aluminum and aluminum alloys **A2:** 9–10
architectural covercoat enamels **EM4:** 1066
cemented carbides **A2:** 973–974
critical properties **EM2:** 458
exterior, polyarylates (PAR) **EM2:** 139
polybutylene terephthalates (PBT) **EM2:** 153
polyurethanes (PUR) **EM2:** 259
styrene-acrylonitriles (SAN, OSA ASA) .. **EM2:** 215
unsaturated polyesters **EM2:** 246
Construction glass **EM4:** 1024–1025
cellular glass **EM4:** 1025
ceramic building cladding **EM4:** 1025
foam glass **EM4:** 1025
glass block **EM4:** 1025
glass ceramic versus marble and granite **EM4:** 1025
transparent materials properties **EM4:** 1024
Construction joint sealants **EM3:** 52–53
design and categorization **EM3:** 53
Construction Sealants and Adhesives **EM3:** 70
Construction sections
bend tests for **A8:** 117
Constructional steel *See* Alloy steel; Carbon steel; Low-alloy steel
Constructional steels *See* Structural steels
Constructive solid geometry
as geometric modeler **A15:** 858
Consumable electrode remelting **M1:** 111
Consumable electrode vacuum arc remelting (VAR) *See also* Vacuum arc remelting
for niobium-titanium superconducting materials **A2:** 1044
Consumable electrode vacuum melting *See also* Vacuum arc remelting **A19:** 335
Consumable electrode welding
in joining processes classification scheme **A20:** 697
Consumable guide electroslag welding **M6:** 227
definition **M6:** 4
Consumable insert
definition **A6:** 1207
Consumable inserts
definition **M6:** 4
gas tungsten arc welding **M6:** 202
Consumable vacuum-melted (CVM)
rolling contact component material **A18:** 503
Consumable-abrasive cutting **A9:** 24–25
Consumable-Anode Radial One-Side ELectroplating technology (CAROSEL) **A5:** 357
Consumable-electrode remelting *See also* Electroslag remelting; Vacuum arc remelting
defined **A15:** 3
Consumables
in cast iron welding **A15:** 523–524
Consumables for
arc welding of cast irons **M6:** 310–311
high-strength low-alloy
flux cored arc welding **M6:** 278
gas metal arc welding **M6:** 274–278
shielded metal arc welding **M6:** 274–275
steels **M6:** 271–278
submerged arc welding **M6:** 278
submerged arc welding **M6:** 119–127
Consumable-wheel abrasive cutting **A9:** 24–25
Consumed life fraction **A19:** 481
Consumer complaints **A20:** 149
Consumer electronics
self-lubricating bearings in **M7:** 705
Consumer housewares applications .. **EM4:** 1100–1103
categories of glass houseware **EM4:** 1100
drinkware **EM4:** 1102
classifications **EM4:** 1102
compositions used commercially **EM4:** 1102
durability **EM4:** 1102
material requirements **EM4:** 1102
properties **EM4:** 1102
types **EM4:** 1102
ground coat enamels **EM4:** 1066
history **EM4:** 1100
material requirements **EM4:** 1100
decoration durability **EM4:** 1100
durability **EM4:** 1100
loss tangent and microwave heating .. **EM4:** 1100
strength **EM4:** 1100
thermal shock resistance **EM4:** 1100
ovenware **EM4:** 1102–1103
compositions **EM4:** 1103
durability **EM4:** 1103
glass **EM4:** 1103
glass-ceramic **EM4:** 1103
properties **EM4:** 1102–1103
safety and health **EM4:** 1100
Food and Drug Administration Standards **EM4:** 1100
tableware
alternate materials **EM4:** 1102
compositions **EM4:** 1101
glass-ceramics **EM4:** 1101–1102
glaze compositions **EM4:** 1102
laminates **EM4:** 1101
opals (opaque) **EM4:** 1101
properties **EM4:** 1101
soda-lime dinnerware **EM4:** 1101
top-of-stove ware **EM4:** 1103
aluminosilicate glass compositions **EM4:** 1103
beta-quartz glass ceramics **EM4:** 1103
Consumer hybrid applications
types **EL1:** 255, 385
Consumer product applications
blow molding **EM2:** 359
copper and copper alloys **A2:** 239
durables, aluminum and aluminum alloys ... **A2:** 13
high-impact polystyrenes (PS, HIPS) **EM2:** 195
homopolymer/copolymer acetals **EM2:** 101
liquid crystal polymers (LCP) **EM2:** 180
polyamides (PA) **EM2:** 125
polybutylene terephthalates (PBT) **EM2:** 153
polyether sulfones (PES, PESV) **EM2:** 159
polysulfones (PSU) **EM2:** 200
polyurethanes (PUR) **EM2:** 259
reinforced polypropylenes (PP) **EM2:** 193
silicones (SI) **EM2:** 266
styrene-acrylonitriles (SAN, OSA ASA) .. **EM2:** 215
titanium and titanium alloys **A2:** 590
Consumer product manufacturing processes **EM1:** 554–574
compression molding **EM1:** 554, 559–563
injection molding **EM1:** 554, 555–558
resin transfer molding **EM1:** 554, 564–568
tube rolling **EM1:** 554, 569–574
Consumer product market **EM3:** 47
Consumer Product Safety Commission (CPSC) **A20:** 140
Consumer surplus **A20:** 263
Consumer's risk **EM4:** 86
Contact
and fracture mechanics **A11:** 57
cracking **A11:** 754
stresses, in fatigue fracture **A11:** 75
wear, spiral bevel gear teeth **A11:** 596
windows, electromigration effects at **A11:** 778
Contact adhesive
defined **EM1:** 7, **EM2:** 13
Contact adhesives **EM3:** 9
phenolics **EM3:** 105
Contact angle
defined **A18:** 6
of liquid in a capillary **A7:** 280
Contact angle (in a bearing) *See* Angle of contact
Contact angles
liquid metals on beryllium **A6:** 116
wetting and brazing process **A6:** 115, 116
Contact bond adhesives **EM3:** 9, 36
Contact bridge **A18:** 236
Contact buffing **M5:** 115–116
Contact cements
for laminate bonding **EM3:** 577
Contact compliance **A18:** 423
Contact corrosion
defined **A13:** 4
Contact dermatitis
from beryllium **A2:** 1239
Contact fatigue *See also* Faitigue; Spalling **A18:** 242, **A19:** 331–336
ball-bearing performance map **A19:** 335
burnishing **A19:** 335
carburizing **A19:** 335
defined **A11:** 2, 465
examples of **A19:** 331–332, 333
failure **A11:** 133–134
in cams **A19:** 331–332, 333
in gears **A11:** 594, **A19:** 331–332, 333
in rails **A19:** 332, 333
in shafts **A11:** 465
lubrication **A19:** 334, 335
mechanisms of **A19:** 332–334
minimizing of **A19:** 335–336
nitriding **A19:** 335
relationship to material properties **A20:** 246
rolling **A11:** 500–505
rolling contact bearing life **A19:** 334–335
shot peening **A19:** 335
spalling **A19:** 331, 332, 333, 334
subsurface **A11:** 134
surface pitting as **A11:** 134
testing, surface pitting from **A11:** 133–134
Contact fatigue wear
tool steels **A18:** 736, 737
Contact force distribution **EM3:** 450
Contact load
in fretting **A13:** 139
Contact lubrication
defined **A18:** 6
Contact marks, as flaws
defined **A17:** 562
Contact metal
properties and applications **A2:** 363–364
Contact method probe, for aircraft subassemblies
eddy current inspection **A17:** 190
Contact molding *See also* Spray lay-up; Spray molding
compared as process for producing automotive bumpers **A20:** 299
cost per part at different production levels **A20:** 300
defined **EM1:** 7, **EM2:** 11
labor input/unit **A20:** 300
mold cost **A20:** 300
processes **A20:** 804, 805, **EM2:** 338–339
Contact pad metallurgy **EL1:** 116
Contact patch **A18:** 438
Contact plating
definition **A5:** 951
Contact potential
defined **A13:** 4
definition **A5:** 951
in adhesive-bonded joints **A17:** 611
Contact pressure **A18:** 476
Contact pressure resins **EM3:** 9
defined **EM1:** 7, **EM2:** 11
Contact printing of micrographs **A9:** 85
Contact probing
as instrumentation/testing **EL1:** 371
Contact radius **A18:** 43
Contact resistance **A18:** 682–683
defined **A18:** 6
Contact resistance (resistance welding)
definition **A6:** 1207
Contact rolling fatigue
failure distribution according to mechanism **A19:** 453
Contact stress **A18:** 506
defined **A18:** 6
maximum normal **A18:** 506
Contact supports
oxide-dispersion-strengthened copper **A2:** 401
Contact surface fracture
prediction **A14:** 399
Contact surface temperature **A18:** 40
Contact temperature **A18:** 438–439, 441
symbol and units **A18:** 544
Contact through transmission inspection
of adhesive-bonded joints **A17:** 617
Contact tube
definition **A6:** 1208, **M6:** 4
Contact ultrasonic ringing
defect detection **EM3:** 751
Contact wheels
polishing and buffing **M5:** 111, 125–126
Contact window alloy spikes
as failure mechanism **EL1:** 1015–1016
Contacting needle
in spring-material test apparatus **A8:** 134–135
Contacting ring seal
defined **A18:** 6
Contactless probing
as instrumentation/testing **EL1:** 371–372

234 / Contactors

Contactors
resistance spot welding **M6:** 470–471

Contact-point compressometer **A8:** 56

Contact-pressure laminates *See* Laminate(s)

Contact(s)
area, defined **M7:** 3
composite metals for **M7:** 17
density of **EL1:** 440
design, and connector reliability....... **EL1:** 22–23
electromigration effects................. **EL1:** 964
failure, VLSI mechanisms **EL1:** 890–891
infiltration **M7:** 3, 553
injecting................................. **EL1:** 958
large-area back **EL1:** 958
material, defined **M7:** 3
ohmic................................... **EL1:** 958
pitting, semiconductor chip **EL1:** 964
powders used **M7:** 572
transfer method of painting **M7:** 460

Contacts, electrical
XPS analysis of surface films on **A10:** 578–579

Contact-type search ultrasonic units *See also* Search units
angle-beam **A17:** 257
delay-tip................................. **A17:** 258
dual-element **A17:** 257–258
paintbrush transducers **A17:** 258
straight-beam........................... **A17:** 257

Container applications
steel wire **M1:** 264

Container disposal **EM3:** 693

Container glass
alumina content **EM4:** 379
applications........................... **EM4:** 1015
composition ranges **EM4:** 382
melters.......................... **EM4:** 391–392
melting furnace **EM4:** 389, 390
strength a key factor **EM4:** 741

Container materials **A13:** 50, 971–980

Container selection **EM3:** 693–694, 717

Containerless hot isostatic pressing **M7:** 436, 441

Containers *See also* Cans
aluminum and aluminum alloys **A2:** 10
assembly.......................... **M7:** 430–431
can designs.............................. **M7:** 430
conditions and explosivity.............. **M7:** 195
corner designs, in hot isostatic pressing ... **M7:** 430
deep drawing of **A14:** 575
defect inclusion levels **EM4:** 392
design, and encapsulation techniques **M7:** 429–430
fabrication of........................... **M7:** 430
fill tubes for **M7:** 430, 431
filling practices.................... **M7:** 431, 433
leak testing........................ **M7:** 431–434
packaged, sampling from **M7:** 213
plugs, during evacuation and gassing **M7:** 430, 431
precoated steel sheet for **M1:** 172, 173
rectangular, from sheet metal **M7:** 430
sheet metal powder **M7:** 430, 431
welding, in containerized hot isostatic
pressing............................ **M7:** 431

Containers for chemicals.................... **A9:** 69

Containers/tableware glass
applications **EM4:** 379

Containment test
ENSIP Task III, component and core engine
tests................................. **A19:** 585
ENSIP Task IV, ground and flight engine
tests................................. **A19:** 585

Contaminant **EM3:** 9
defined **EM1:** 7, **EM2:** 11

Contaminants
defined **A13:** 380
effect on compressibility and sintering **M7:** 211
effects, types, removal **M7:** 178–181
process and handling operations with **EL1:** 658
solder-bath **EL1:** 638
surface.................................. **M7:** 260

trapping, by particle impact noise
detection **EL1:** 954
types **EL1:** 658–661

Contamination
adhesion failures caused by thin-film **A11:** 43
air, control of **EL1:** 781
airborne, in marine atmospheres..... **A13:** 903–905
analysis, on grain-boundary fractures.... **A11:** 41–42
argon, and leakage flow in compacts...... **M7:** 434
atmospheres, heating-element materials **A2:** 835
by nonvolatile organics, in XPS samples.. **A10:** 575
control, parylene coatings............... **EL1:** 800
coupling, microwave inspection.......... **A17:** 202
defects, defined **EL1:** 978–979
effect, fatigue strength titanium P/M
compact **A2:** 653
effect, in magnesium **A13:** 741
effects and cleaning of.............. **M7:** 178–181
environmental, influencing corrosion fatigue crack
propagation **A8:** 405, 407–408
flux, control of **EL1:** 649
hydrogen, in aluminum-silicon melts **A15:** 164–165
identification by secondary ion mass
spectroscopy **M7:** 258
in as-sintered, high-speed steels **M7:** 379
in bearing lubricated systems **A11:** 485, 486
in microanalytical samples **A11:** 36
in seeds, magnetic separation for........ **M7:** 589
in sintered tool steel microstructures...... **M7:** 376
in steam or boiling water, fatigue crack growth
testing **A8:** 426–430
in steam treating........................ **M7:** 453
in tungsten oxide reduction.............. **M7:** 153
ionic **EL1:** 1026–1027
iron powder **A14:** 190–191
lubricant failure from **A11:** 153
metal, feeding aids...................... **A15:** 586
mobile ion **EL1:** 34
of aluminum melts **A15:** 79–81
of apparatus or reagents, controlling for ... **A10:** 12
of developers........................... **A17:** 85
of emulsifiers **A17:** 85
of encapsulated powders **M7:** 430
of melts...................... **A15:** 74, 79–81
of particle surfaces, and green
strength........................ **M7:** 288–289
of penetrants........................... **A17:** 85
of personnel, in nuclear applications...... **M7:** 666
of process fluid, and material selection ... **A13:** 323
of rolling-element bearings **A11:** 511
organic **EL1:** 1027–1030
organic surface, SIMS analysis **EL1:** 1086–1087
oxide **EL1:** 959–960
particle, identification of **EL1:** 1089
prevention, ultrahigh vacuum for........ **M7:** 251
radioactive............................. **A13:** 950
radioactive, in NAA samples............ **A10:** 236
removal and yield of cleaned red clover
seeds **M7:** 591
sampling, quality assurance and **A10:** 17
silicon inversion due to.................. **A11:** 781
surface, blast cleaning for............... **A15:** 506
surface, RBS analysis................... **A10:** 628
surface, trace analysis **A10:** 177
type, in liquid penetrant inspection **A17:** 81
under lead plating **EL1:** 990
variable resistor................ **EL1:** 1001–1002
visual inspection........................ **A17:** 3
with modifiers **A15:** 484–485

Contamination line
nondestructive profiles **A12:** 199

Contamination, surface
optical effects **EM2:** 597–598

Contiguity in cemented carbides
determination of........................ **A9:** 275

Continental dies *See* Steel-rule dies

Contingency costs
of plastics program..................... **EM2:** 87

Contingent valuation method **A20:** 263

Continuity
law of.................................. **A15:** 591

Continuity bond
defined **A13:** 4

Continuity equation **A7:** 334–335, **A20:** 711

Continuity function **A20:** 634

Continuity of coating
definition............................... **A5:** 951

Continuous aluminum oxide fiber MMCs *See also*
Aluminum oxide, fibers **EM1:** 874–877
applications **EM1:** 876
constituent materials **EM1:** 874
fabrication......................... **EM1:** 874–875
properties **EM1:** 875–876

Continuous annealing furnace
as shoving furnace **A15:** 31

Continuous attrition mills **M7:** 69

Continuous belt furnaces
to steam treat P/M steels **A7:** 13

Continuous boron fiber MMCs *See also* Boron
fibers **EM1:** 851–857
applications...................... **EM1:** 856–857
boron fiber production **EM1:** 851–853
composite processing................... **EM1:** 854
composite properties **EM1:** 855

Continuous boron MMC reinforcements........ **A2:** 7

Continuous bubbling
in acidified chloride solutions **A8:** 419

Continuous butt-welded steel pipe
inspection of **A17:** 567

Continuous carbon fiber reinforced carbon matrix composites..................... **EM1:** 911–914

Continuous cast copper alloy ingots
freezing front **A9:** 641
grain structures.................... **A9:** 640–642

Continuous casting *See also* Castings, Foundry products; Shape casting processes; Strand
casting **A15:** 308–316, **EM4:** 44
aluminum alloys **M2:** 147
aluminum casting alloys **A2:** 141
as permanent mold method **A15:** 277
defined **A15:** 3
effect on Lüders lines **A8:** 553
history **A15:** 308
horizontal **A15:** 313
machines.......................... **A15:** 308–315
of metallic glasses....................... **A2:** 806
of nonferrous alloys............... **A15:** 313–315
of steel........................... **A15:** 308–313
plant layout....................... **A15:** 309–310
sequence of operations **A15:** 308
steel, effect on gray iron casting **A15:** 43–44
types.................................. **A15:** 309
wire rod................................ **A2:** 254
wrought copper and copper alloys........ **A2:** 243

Continuous casting machines **A15:** 308–312

Continuous (ceramic) fiber-reinforced, ceramic matrix composites (CFCMCs) **A20:** 432–433

Continuous compaction
defined **M7:** 3

Continuous conveyor cleaning
attributes compared **A5:** 4

Continuous cooling *See also* Cooling.. **A20:** 369, 370, 371, 372, 374
diffusional growth in peritectic
transformations..................... **A9:** 677
peritectic transformation during **A15:** 127

Continuous cooling transformation
abbreviation **A8:** 724
white cast iron.......................... **M1:** 84

Continuous cooling transformation (CCT) diagram
steel weldments **A6:** 416, 417, 418, 419

Continuous cooling transformation curve
low carbon-manganese steel plate weld
metal.............................. **A9:** 580

Continuous cooling transformation diagram
constructional steels for elevated
temperature use **M1:** 654

Continuous cooling transformation diagram (CCT) **A20:** 366, 369, 370, 371, 372, 374
Continuous cooling transformation diagrams **M6:** 25–26, 39–40
used to describe nonequilibrium phases in welded joints............................ **A9:** 580
Continuous cycling, mode
sonic converters **A8:** 243
Continuous depth recording (CDR) **A18:** 419–420, 421, 423, 426
Continuous distribution function
gradients in x-ray characterization of surface wear **A18:** 465
Continuous distributions **A20:** 77–80
Continuous dry abrasive blasting systems **M5:** 88–89, 92–93
Continuous electrodeposited coatings for steel strip **A5:** 349–358
anode type............................ **A5:** 354
applications........................ **A5:** 349–350
CAROSEL radial design **A5:** 357
characteristics...................... **A5:** 350–353
chromium and chromium oxide electrodeposition of steel strip **A5:** 357
chromium coatings **A5:** 352–353
classification of continuous electrodeposition processes **A5:** 354–358
components of continuous steel strip platinglines **A5:** 353–355
continuous plating lines **A5:** 349
delivery section **A5:** 354, 356
description............................. **A5:** 349
electrogalvanized sheet **A5:** 350
electrolyte chemistry **A5:** 354–357
electrolytic tin coatings.................. **A5:** 352
Ferrostan process **A5:** 356
Galvanneal coating **A5:** 352
Gravitel........................... **A5:** 356, 357
Halogen process **A5:** 356
horizontal cell design **A5:** 357–358
key coating properties............... **A5:** 350–353
major Asian electrogalvanizing lines started since 1976 .... **A5:** 351
major European electrogalvanizing lines started since 1980 .... **A5:** 351
major U.S. electrogalvanizing lines and their capabilities........................ **A5:** 350
matte-finish tinplate...................... **A5:** 352
payoff section **A5:** 353
plating cell geometry............... **A5:** 357–358
plating section **A5:** 353, 356
post-treatment section............... **A5:** 353–354
pretreatment section **A5:** 353
pure zinc (electrogalvanized) coatings **A5:** 350–351
radial cell design **A5:** 357
tin electrodeposition of steel strip **A5:** 356–357
tin-free steel **A5:** 350
tin-free steel line......................... **A5:** 354
tinplate.................. **A5:** 349–350, 352, 357
vertical plating cell design.......... **A5:** 356, 357
worldwide capacity for electrolytic tin- and chromium-coated steel for canstock by region, 1991 .... **A5:** 349
worldwide capacity for electrolytic zinc and zinc alloy (Zn-Ni, Zn-Fe) coated steel strip for primarily automotive body panels, 1991 .... **A5:** 349
zinc and zinc alloy electrodeposition of steel strip..................... **A5:** 354, 355–356
zinc-iron alloy coatings.............. **A5:** 351–352
zinc-nickel alloy coatings............ **A5:** 351, 352
Continuous electron beam accelerator facility (CEBAF)
as niobium-titanium superconducting material application....................... **A2:** 1056
Continuous emission *See also* Acoustic emission inspection; Acoustic emission(s)
acoustic emission inspection of...... **A17:** 281–284
and burst-type, compared............... **A17:** 287
Continuous fiber aluminum metal-matrix composites **A2:** 7, 904–906
Continuous fiber placement method
ceramic-ceramic composites............ **EM1:** 934
Continuous fiber reinforced composites *See also* Composites; Fiber composites; Fiber-reinforced composites
as packaging materials **EL1:** 1122–1125
basic failure modes **EM1:** 781–785
defined **EM1:** 27
failure analysis **EM1:** 768–769
fibers in **EM1:** 29
fractography for **EM1:** 786–793
general considerations............. **EM1:** 768–769
multidirectional **EM1:** 933–934
optical micrograph of **EM1:** 769
strength tests..................... **EM4:** 595–596
Continuous fiber reinforced composites, failure analysis of..................... **A11:** 731–743
causes of failure................... **A11:** 732–733
fracture modes in composites **A11:** 733–739
procedures for **A11:** 739–743
types of composites................ **A11:** 731–739
Continuous fiber reinforced magnesium composites......................... **A2:** 460
Continuous fiber-reinforced composites *See also* Continuous fiber-reinforced composites, failure analysis of
compression fracture from buckling.. **A11:** 742–743
defined **A11:** 731
failure modes **A11:** 735, 736
fracture modes in.................. **A11:** 733–739
inclined microcracks in................ **A11:** 736
matrix feathering in.................... **A11:** 736
optical micrograph, laminated construction...................... **A11:** 732
planes of separation in **A11:** 734
types of **A11:** 731–739
Continuous fibers *See also* Fiber(s)
as reinforcement **EL1:** 1119–1121
boron (B) filaments **EM1:** 117
carbon/graphite, properties............ **EM1:** 867
effect, fluidity..................... **A15:** 849–850
high-alumina..................... **EM1:** 117–118
in metal-matrix composites **A15:** 840
metallic wire **EM1:** 118
natural **EM1:** 117
product forms **EM1:** 33
silicon nitride **EM1:** 118
synthetic **EM1:** 117–118
vs. discontinuous fibers, cost **EM1:** 105
Continuous filament *See also* Continuous fibers; Fiber(s); Filaments
aramid fiber **EM1:** 114–115
Continuous filament yarn *See also* Fiber(s); Filaments; Yarn; Yarn(s)
defined **EM1:** 7, **EM2:** 11
Continuous flow electron beam melting
equipment........................ **A15:** 415–416
melted materials, characteristics **A15:** 416–417
principles......................... **A15:** 414–415
vs. drip method **A15:** 415
Continuous flow melting
by electron beam.................. **A15:** 414–415
historic **A15:** 27
Continuous furnace
furnace brazing **A6:** 121, 122
porcelain enameling **M5:** 520
Continuous furnace(s)........... **A7:** 453–456, **M7:** 3
areas.............................. **A7:** 453–455
characteristics..................... **A7:** 453–455
final cooling area **A7:** 453, 454, 455
for Al powders **M7:** 381–382
for sintering P/M compacts **M7:** 351–359
high heat or sintering area **A7:** 453, 454, 455
humpback **M7:** 351, 353–354, 355, 356
mesh-belt conveyor................ **M7:** 351–353
preheat area **A7:** 453–454
production nomograph for **M7:** 353
pusher **M7:** 351, 354, 356
roller-hearth **M7:** 351, 354, 357
slow cool or transition area **A7:** 453, 454–455
types **A7:** 453, 455–456
vacuum........................... **M7:** 357–358
walking-beam...................... **M7:** 354–358
Continuous galvanized strip
chromating **A13:** 390
Continuous glass fibers
types................................ **EM1:** 107
Continuous grain growth *See also* Grain growth **A9:** 697
grain shape distribution **A9:** 697
grain size distribution **A9:** 697
Continuous graphite fiber MMCs..... **EM1:** 867–873
carbon/graphite fiber manufacture .. **EM1:** 867–868
casting **EM1:** 872–873
diffusion bonding................. **EM1:** 869–870
direct-metal infiltration processing **EM1:** 872
precursors **EM1:** 868–869
pultrusion **EM1:** 870–872
Rapi-Press consolidation............... **EM1:** 872
Continuous graphite/copper metal-matrix composites.......................... **A2:** 909
Continuous heating transformation (CHT) diagrams **A6:** 73
Continuous hot dip aluminum coating process
mill products.................... **M5:** 335–337
Continuous hot dip coatings............ **A5:** 339–348
aluminum, as alloy addition to zinc coatings **A5:** 343
aluminum coating, Type 1, (aluminum-silicon alloy)............................ **A5:** 346
aluminum coating, Type 2........... **A5:** 344, 346
applications........................ **A5:** 339–340
coating thickness as performance factor.... **A5:** 339
cold lines.............................. **A5:** 342
corrosion resistance **A5:** 339, 343–344, 345, 347–348
galvanized steel sheet **A5:** 343–345
galvanneal......................... **A5:** 345–346
hot lines **A5:** 340–342
lead-tin alloy coatings **A5:** 348
low-carbon steel **A5:** 340
post treatments..................... **A5:** 342–343
sheet-coating processes **A5:** 340–343
spangle cracking **A5:** 343
steel.............................. **A5:** 339, 340
threshold voltages for cratering of cathodic electrophoretic primer **A5:** 345
tip life during spot welding of steel sheet .. **A5:** 344
U.S. shipments of coated steel............ **A5:** 340
zinc coatings....................... **A5:** 343–345
zinc-iron alloy coatings.............. **A5:** 345–346
Zn-5Al alloy coatings **A5:** 346–347
Zn-55Al alloy coatings **A5:** 347–348
Continuous immersion test
for SCC susceptibility **A8:** 523
Continuous jet impingement
versus liquid impingement erosion....... **A18:** 222
Continuous ladle-desulfurization processes **A15:** 77–78
Continuous loadshedding.................. **A19:** 178
Continuous loadshedding tests **A19:** 178, 179
Continuous magnetism *See also* Magnetization
as magnetic particle inspection method... **A17:** 110
magnetic fields **A17:** 91
Continuous mixers
for coremaking **A15:** 239
Continuous mixing
SMC resin pastes **EM1:** 159
Continuous muller
green sand preparation............. **A15:** 344–345
Continuous multifrequency techniques
eddy current inspection................. **A17:** 174
Continuous on-line oil monitoring.......... **A18:** 299
Continuous ovens, convection and radiant
paint curing process................ **M5:** 487–488
Continuous oxide fibers
alumina-silica/alumina-boria-silica **EM1:** 60–61
aluminum............................ **EM1:** 60
commercially available types **EM1:** 60
fused-silica........................... **EM1:** 61
leached-glass **EM1:** 61
properties/types........................ **EM1:** 62
zirconia-silica **EM1:** 61
Continuous phase
defined.................................. **A9:** 4
of composites **EM1:** 27
Continuous phase separation *See* Spinodal decomposition
Continuous pickling process....... **M5:** 68–69, 71–72
Continuous precipitation **A9:** 647
Continuous processing
polyurethanes (PUR)............. **EM2:** 263–264
Continuous quenching
of steel **M4:** 58, 63
Continuous random network model
amorphous materials and metallic glasses **A2:** 809–810
Continuous random strength variable ... **A20:** 623–625
Continuous reinforcement *See also* Fillers; Reinforcements
pultrusions.......................... **EM2:** 393

236 / Continuous rotary automatic polishing and buffing machines

Continuous rotary automatic polishing and buffing machines **M5:** 121–122

Continuous sampling **A7:** 208

Continuous second-phase networks and forging failure **A11:** 327

Continuous sequence definition **M6:** 4

Continuous service motors and generators as magnetically soft material application ... **A2:** 779

Continuous silicon carbide fiber MMCs *See also* Silicon carbide (SiC) fibers ..... **EM1:** 858–866 applications........................ **EM1:** 864–865 chemical vapor deposition .... **EM1:** 858 composite processing................. **EM1:** 859–862 fiber properties...................... **EM1:** 63–64 future trends .... **EM1:** 865 properties .... **EM1:** 862–863 SiC fiber production **EM1:** 858–859

Continuous silicon carbide fibers........ **EM1:** 63–64

Continuous sintering........................ **M7:** 3 vacuum, of iron and steel compacts **M7:** 359

Continuous solid solution.............. **A3:** 1•2, 1•18

Continuous spectrum defined **A9:** 4

Continuous strand annealing of wrought copper and copper alloys .. **A2:** 246–247

Continuous strand rovings tests for **EM1:** 291

Continuous systematic improvement **A20:** 315

Continuous tumbling barrel blast cleaning........................ **A15:** 507–508

Continuous tungsten fiber MMCs..... **EM1:** 878–888 creep resistance .... **EM1:** 880–881 design.............................. **EM1:** 884–885 fabrication techniques............... **EM1:** 885–887 fiber-matrix compatibility........... **EM1:** 879–880 hot corrosion .... **EM1:** 882–883 impact strength..................... **EM1:** 883–884 oxidation........................... **EM1:** 882–883 stress rupture strength................ **EM1:** 880 thermal conductivity .... **EM1:** 884 thermal fatigue..................... **EM1:** 881–882

Continuous tungsten fiber reinforced copper composites....................... **A2:** 908–909

Continuous vacuum coating... **M5:** 392, 397, 404–405

Continuous vacuum furnace **A7:** 453

Continuous vacuum sintering furnace **A7:** 456–457

Continuous variables in fractional factorial design **A17:** 746

Continuous wave (CW) lasers **A18:** 861

Continuous wave laser beam welding.... **M6:** 657–658

Continuous waves microwave inspection........... **A17:** 202, 205–206 solid state devices **A17:** 209

Continuous wear.......................... **A18:** 737

Continuous weld definition **M6:** 4

Continuous x-rays production of **A17:** 298

Continuous yielding tensile load vs. elongation **A9:** 684

Continuous-anneal process line (CAPL) technology **A4:** 58

Continuous-beam testing ultrasonic inspection **A17:** 249

Continuous-belt sheet molding compound machines **EM1:** 159–160

Continuous-drive welding titanium alloys **A6:** 522

Continuous-fiber composites, coatings for ... **A13:** 859, 861–862

Continuous-filament fiber composites *See* Fiber composites

Continuously applied coatings, surface preparation for .... **A5:** 335–338 alkaline cleaning........................ **A5:** 335 chemical pickling .... **A5:** 336 contaminant removal methods............ **A5:** 335 direct-fired furnace .... **A5:** 336–337 electrolytic cleaning .... **A5:** 336 electrolytic pickling .... **A5:** 336 flame cleaning and furnace preparation .... **A5:** 336–338 fluxes .... **A5:** 338 maintenance .... **A5:** 336 mechanical cleaning...................... **A5:** 338 oxidizing furnace .... **A5:** 336 radiant-tube furnace .... **A5:** 337–338 Sendzimir oxidation/reduction method .... **A5:** 336 types of contaminants.................... **A5:** 335 ultrasonic cleaning....................... **A5:** 338 wet cleaning methods **A5:** 335–336

Continuous-monorail hanger blast cleaning machine **A15:** 508

Continuous-rim resin-bonded wheels.......... **A9:** 25

Continuous-strand mat **EM1:** 109, 169

Continuous-type mills **A7:** 63

Continuous-wave (CW) carbon dioxide (CO_2) lasers **A6:** 262, 263, 265, 266, 267

Continuous-wave (CW) lasers optical holographic interferometry **A17:** 407

Continuous-wave gas lasers Raman spectroscopy **A10:** 128

Continuous-wave NMR spectrometer with field sweep and crossed coil detector **A10:** 283

Continuous-wave optical holographic interferometry **A17:** 410

Continuous-wave reflectometers microwave inspection **A17:** 212–213

Continuous-wave spectrometers **A10:** 258, 283, 690

Continuous-welded cold-finished mechanical tubing................................ **A1:** 335

Continuum defined.................................. **A10:** 671 effects, electron probe x-ray microanalysis .... **A10:** 527–528 emission, intensity of .... **A10:** 83–84 overlap, as spectral interference in ICP-AES............................. **A10:** 34 -source background correction, atomic absorption spectrometry .... **A10:** 51 -source systems, atomic absorption spectrometry .... **A10:** 52–53 x-rays, as inelastic scattering process **A10:** 433

Continuum derivations..................... **A20:** 187

Continuum element.......... **A20:** 178–179, 180

Continuum mechanics .... **A19:** 3, **EM3:** 328 and multiaxial creep .... **A8:** 343 definition............................... **A20:** 830

Continuum mechanisms (striation growth) fatigue crack growth rate variation with alternating stress intensity...................... **A19:** 633

Continuum models **A7:** 599

Continuum principle in engineering mechanics........... **A20:** 626, 634

Continuum radiation defined **A10:** 83

Contour band sawing and blanking .... **A14:** 458 metal-matrix composites................. **A16:** 895 stainless steels.......................... **A16:** 705

Contour boring machines **A16:** 174

Contour dies for rotary swaging **A14:** 132

Contour forging of double bottleneck-shaped workpiece .... **A14:** 73 open-die................................. **A14:** 71 shapes of **A14:** 61

Contour forming *See* Rollforming; Stretch forming; Tangent bending; Wiper forming

Contour, geodesic-isotensoid *See* Geodesic isotensoid contour

Contour integral (*J*)........................ **A20:** 534

Contour maps aluminum alloys......................... **A14:** 436

Contour measurement by coordinate measuring machines **A17:** 19

Contour plots fractured titanium alloy .... **A12:** 172 stereo imaging.......................... **A12:** 171

Contour ring rolling **A14:** 117–120

Contour roll forming................. **A14:** 624–635 accuracy................................ **A14:** 633 aluminum alloys......................... **A14:** 795 and three-roll forming................... **A14:** 623 auxiliary equipment................. **A14:** 627–628 auxiliary operations...................... **A14:** 624 bending in.............................. **A14:** 624 categories............................... **A14:** 624 computer-aided .... **A14:** 634–635 defined.................................. **A14:** 624 lubricants for .... **A14:** 625 machines........................... **A14:** 625–627 materials .... **A14:** 624 of copper and copper alloys.............. **A14:** 818 of titanium alloys....................... **A14:** 846 of tube and pipe.............. **A14:** 630–632, 673 postcut method .... **A14:** 624–625 power and speed .... **A14:** 625 process variables......................... **A14:** 625 quality .... **A14:** 633 stainless steels.................... **A14:** 775–776 straightness .... **A14:** 632–633 surface finish .... **A14:** 633–634 tolerances .... **A14:** 632–634 tooling...................... **A14:** 624, 628–630

Contour roll forming machines .... **A14:** 625–627 drive systems .... **A14:** 627 selection................................ **A14:** 627 spindle support.......................... **A14:** 626 station configuration **A14:** 626–627

Contour rolling *See* Contour roll forming; Profile rolling

Contoured double-cantilever beam test compared with wedge-opening load test and cantilever beam test................. **A8:** 538 for hydrogen embrittlement **A8:** 538–539

Contoured double-cantilevered beam test for hydrogen embrittlement......... **A13:** 285–286

Contoured polishing wheels................. **M5:** 111

Contoured ring *See also* Ring rolling production stages **A14:** 109

Contoured tape laying .... **EM1:** 631–635 automated machine development .... **EM1:** 631 future technology .... **EM1:** 634–635 machine features .... **EM1:** 631–633 machine programming **EM1:** 633–634

Contoured weld effect on fatigue performance of components **A19:** 317

Contouring holographic .... **A17:** 408, 425–429 in conjunction with drilling .... **A16:** 235 in machining centers.................... **A16:** 393 multifunction machining................. **A16:** 375 of surfaces, by acoustical holography ..... **A17:** 447 with image enhancement, digital......... **A17:** 457

Contours, curved reflex, by metal casting **A15:** 40

Contracting aluminum alloy.......................... **A14:** 804

Contracting geometry rate law expression..................... **EM4:** 55

Contraction at crack tip .... **A11:** 51 hindered or irregular, as casting defect ... **A11:** 386

Contraction (solidification) defined.................................. **A15:** 3 in sand casting .... **A15:** 618 liquid-liquid .... **A15:** 598 liquid-solid .... **A15:** 599 solid-solid **A15:** 598–599

Contrast absorption, analytical electron microscopy **A10:** 444–445

SUBJECTS OF THE INDEXED VOLUMES: ASM Handbook (designated by the letter "A"): **A1:** Properties and Selection: Irons, Steels, and High-Performance Alloys (1990); **A2:** Properties and Selection: Nonferrous Alloys and Special-Purpose Materials (1990); **A3:** Alloy Phase Diagrams (1992); **A4:** Heat Treating (1991); **A5:** Surface Engineering (1994); **A6:** Welding, Brazing, and Soldering (1993); **A7:** Powder Metal Technologies and Applications (1998); **A8:** Mechanical Testing (1985); **A9:** Metallography and Microstructures (1985); **A10:** Materials Characterization (1986); **A11:** Failure Analysis and Prevention (1986); **A12:** Fractography (1987); **A13:** Corrosion (1987); **A14:** Forming and Forging (1988); **A15:** Casting (1988); **A16:** Machining (1989); **A17:** Nondestructive Evaluation and Quality Control (1989); **A18:** Friction, Lubrication, and Wear Technology (1992); **A19:** Fatigue and Fracture (1996); **A20:** Materials Selection and Design (1997). **Metals Handbook, 9th Edition** (designated by the letter "M"): **M1:** Properties and Selection: Irons and Steels (1978); **M2:** Properties and Selection: Nonferrous Alloys and Pure Metals (1979); **M3:** Properties and Selection: Stainless Steels, Tool Materials, and Special-Purpose Materials (1980); **M4:** Heat Treating (1981); **M5:** Surface Cleaning, Finishing, and Coating (1982); **M6:** Welding, Brazing, and Soldering (1983); **M7:** Powder Metallurgy (1984). **Engineered Materials Handbook** (designated by the letters "EM"): **EM1:** Composites (1987); **EM2:** Engineering Plastics (1988); **EM3:** Adhesives and Sealants (1990); **EM4:** Ceramics and Glasses (1991). **Electronic Materials Handbook** (designated by the letters "EL"): **EL1:** Packaging (1989)

atomic number, use in two-phase alloy analysis . . . A10: 508
between phases, revealed by scanning electron microscopy . . . A9: 94
calculations for grain boundaries . . . A9: 120
channeling, source of . . . A10: 504
diffraction, analytical electron microscopy . . . A10: 444–445
electron channeling . . . A10: 504–506
emission, scanning electron microscopy . . . A10: 502
image, scanning electron microscopy A10: 500–504
magnetic, as SEM special technique . . . A10: 506
mechanisms, analytical electron microscopy . . . A10: 444–445
of dislocation pairs . . . A9: 114–115
of interfaces . . . A9: 118–119
of single perfect dislocations . . . A9: 114
phase, analytical electron microscopy . . . A10: 445
radiographic . . . A17: 298–299
sample material influence on . . . A10: 497
voltage, as SEM special technique . . . A10: 506–507
with backscattered electron detector . . A10: 502–504
with magnetic particles . . . A17: 100
Contrast enhancement
by coating in scanning electron microscopy . . . A9: 98–99
defined . . . A9: 4
Contrast enhancement techniques
color images . . . A17: 485
Contrast fliter
defined . . . A9: 4
Contrast oscillations in transmission electron microscopy . . . A9: 112
Contrast perception
defined . . . A9: 4
Contrast scale
defined . . . A17: 383
Contrast sensitivity
by image intensifiers, real-time radiography . . . A17: 318–319
defined . . . A17: 383
defined, radiography . . . A17: 299
Contrast simulations
high resolution electron microscopy . . . A9: 121
Contrast stretching
digital image enhancement . . . A17: 456
in machine vision process . . . A17: 33–34
Contrast-detail-dose diagram (CDD) . . . A17: 375, 383
Contrasting by interference layers . . . A9: 59
Contrasting chamber for sputtering of interference layers . . . A9: 59–60
Control *See also* Production control; Quality-control . . . A8: 392
degree of, in robust experimental design . . A17: 750
factors, quality design . . . A17: 722
in wear tests . . . A8: 604, 606
limits, and tolerances, in quality control assessments . . . A17: 739
of inspection materials, and NDE reliability . . . A17: 678
of parts, by machine vision . . . A17: 40–41
Control arm ball joint ball . . . M7: 617, 619
Control charts *See also* Quality control . . . A7: 707–708, EM3: 792–797, EM4: 85–86, 87
c-chart, for number of defects . . . A17: 736–737
combined usage . . . A17: 728
examples . . . A17: 733–734, 736–737
exponentially weighted moving average (EWMA) . . . A17: 732
for castings . . . A17: 523
for individual measurements . . . A17: 732–734
initial, interpretation . . . A17: 728
moving range . . . A17: 732–734
p-charts, for fraction defective . . . A17: 735–737
R-control charts, construction and interpretation . . . A17: 725
revised, interpretation . . . A17: 728
sample means, construction interpretation . . . A17: 725
Shewhart model . . . A17: 725–728
tests for . . . A17: 731–732
u-chart, for number of defects per unit . . . A17: 737
x control charts . . . A17: 732–734
zone rules, for analysis . . . A17: 730–732
Control equipment
for rolling mills . . . A14: 354–355
Control limits . . . A7: 694, 695, 702, 703
Control method . . . A7: 707
Control modes
in cyclic torsional testing . . . A8: 149
in fatigue experiments . . . A8: 696
load/torsional moment . . . A8: 149
rotational angle . . . A8: 149
strain control . . . A8: 149
Control plans . . . A7: 705, 706, 707, 709
control method . . . A7: 707–708
frequency . . . A7: 708
gaging method . . . A7: 706–707
responsibility . . . A7: 708
Control points . . . A20: 315
Control, process or production *See* Process control
Control, quality *See* Quality control; Quality design; Statistical methods
Control systems *See also* Process control
autoclave . . . EM1: 704
for cold isostatic pressing . . . M7: 445
temperature . . . M4: 345–360
ultrasonic inspection . . . A17: 254
Control techniques guidelines (CTGs) . . . A5: 914
Control valves
in servo-hydraulic test frames . . . A8: 192
Control volumes . . . A20: 191
Controlled atmosphere . . . M7: 3
Controlled atmosphere plasma spray (CAPS) forming . . . A7: 410, 411, 413
Controlled cooling . . . A1: 272
definition . . . A5: 951
steel wire rod . . . M1: 253, 256, 257
Controlled energy flow forging machines A14: 29, 101
Controlled etching
defined . . . A9: 4
definition . . . A5: 951
Controlled expansion alloys
applications and properties . . . A2: 441
nickel-base, applications and properties . . . A2: 440
types . . . A2: 443
Controlled experiments . . . A20: 106
Controlled impact test
abrasive strength . . . EM4: 332
Controlled impedance *See also* Impedance; Impedance models
connector description . . . EL1: 86
connector systems, high-frequency . . . EL1: 87
high I/O connector, performance requirements . . . EL1: 86
multilayer lamination . . . EL1: 510
Controlled pore glass (CPG) . . . EM4: 429–430
Controlled rolling . . A1: 115, 117–118, 131, 408–409, 587–588, A20: 368
conventional controlled rolling . . . A1: 117, 409
defined . . . A9: 4
definition . . . A5: 951, A20: 830
dynamic recrystallization controlled rolling . . . A1: 117–118, 409
mechanical properties of control-rolled steel . . . A1: 409
of microalloyed bar . . . A1: 587–588
of microalloyed plate . . . A1: 586–587
recrystallization controlled rolling . . . A1: 117, 409
temperature-time schedules . . . A1: 130, 131
Controlled slow cooling
ductile iron . . . A15: 657
Controlled spray deposition and hot working (CSD and Osprey) . . . A1: 780
Controlled spray deposition (CSD) . . . A16: 60
Controlled spray deposition process . . . A7: 319, M7: 531–532
Controlled thermal severity test . . . A1: 612–613
comparison of fields of use, controllable variables, data type, equipment, and cost . . . A20: 307
Controlled tilting experiment
for unknown phase/particle confirmation A10: 458
Controlled waveform spark
optical emission spectroscopy . . . A10: 25, 26
Controlled-potential cells
for electrogravimetry . . . A10: 199–200
Controlled-potential coulometry . . . A10: 207–211
and controlled-potential electrolysis . . A10: 208–210
apparatus for . . . A10: 208
applications . . . A10: 207, 210–211
capabilities . . . A10: 188, 197
defined . . . A10: 671
electrometric titration and, compared . . . A10: 202
estimated analysis time . . . A10: 207
general uses . . . A10: 207
introduction . . . A10: 207, 210
limitations . . . A10: 207
related techniques . . . A10: 207
reversible processes . . . A10: 208
samples . . . A10: 207
technique . . . A10: 210
Controlled-potential electrogravimetry
automatic potentiostat for . . . A10: 200
Controlled-potential electrolysis
as electrogravimetnc method . . . A10: 199
capabilities . . . A10: 207, 208–210
Controlled-speed drawing machines . . . A14: 334
Controlled-strain cycling . . . A19: 230
Controlled-strain-amplitude cycling . . . A19: 232
Controlled-stress cycling . . . A19: 230
Controlled-toughness high-strength alloys
fracture toughness of . . . A8: 458
Control-rolled steels . . . A1: 148
mechanical properties of . . . A1: 409
Controls . . . A20: 143
and measurement electronics . . . EL1: 567
corrosion test . . . A13: 195
wave soldering . . . EL1: 702
Convection
and big bang theory . . . A15: 131
and dendrite detachment . . . A15: 131–132
and liquid melt temperature field . . . A15: 147–148
and solute redistribution . . . A15: 148–149
as heat transfer mode in boilers . . . A11: 603
cooling . . . EL1: 522
defined . . . A15: 3
effects in voltammetry . . . A10: 189
forced, aluminum melt circulation . . . A15: 453
formulas for . . . EL1: 51–52
heat exchange, modeling of . . . A15: 857
heat transfer coefficient, defined . . . A17: 396
in alloy additions . . . A15: 71
in reflow soldering . . . EL1: 694
in thermal inspection . . . A17: 396
level, and insoluble particles . . . A15: 146
level, liquid . . . A15: 144
postfilling buoyant . . . A15: 880–881
Convection coefficient . . . A6: 1133
Convection coefficients . . . A20: 185
Convection continuous oven
paint curing process . . . M5: 487–488
Convection during solidification
effect on grain growth in copper alloy ingots . . . A9: 641
Convection heat transfer
in sintering . . . M7: 341
Convection losses . . . A6: 611
Convection processes
atomization . . . M7: 48–49
Convection-dominant reflow soldering . . . A6: 353
Convective flow
for on-eutectic growth . . . A15: 150–151
Convective heat transfer coefficient . . . A20: 712
Convective heat transfer gages . . . A4: 508
Convective heating
for component removal . . . EL1: 723
Convective mixing . . . A19: 157
statistical analysis . . . M7: 187
Convenience applications
automotive hybrids . . . EL1: 382
Conventional abrasives applications . . . EM4: 331
bond type . . . EM4: 331
hardness . . . EM4: 331
mechanical properties . . . EM4: 331
modulus of resilience . . . EM4: 331
not for use in metal bonds . . . EM4: 331
thermal properties . . . EM4: 331
Conventional blanking dies *See also* Blanking
compound . . . A14: 454
multiple . . . A14: 455–456
progressive . . . A14: 454–455
single-operation . . . A14: 453–454
tool materials . . . A14: 453
transfer . . . A14: 455
Conventional (CON) melting
Cr-Mo steels, fracture resistance . . . A19: 705, 706
Conventional controlled rolling (CCR) . . . A1: 117, 408–409
Conventional cut gasket
design . . . EM3: 54

Conventional die compaction **A7:** 12–13
Conventional flame spraying **A7:** 411
Conventional forging **A7:** 951
Conventional forming
refractory metals and alloys **A2:** 562
Conventional hot extrusion *See also* Extrusion **A14:** 315–326
Conventional hybrids *See also* Hybrids
test procedures **EL1:** 372
Conventional IC packaging *See also* Integrated circuits (IC); Packaging
types/advantages **EL1:** 7
Conventional interconnection environments *See also* Connections; Fundamental interconnection issues; Interconnections
communication issues **EL1:** 4
physical interconnection hierarchy **EL1:** 2–4
Conventional load frames
crosshead movement **A8:** 192
for high strain rate compression testing **A8:** 187
for high strain rate tension testing **A8:** 187
for medium strain rate compression testing **A8:** 192–193
grip design **A8:** 192–193
screw-driven machines **A8:** 192
servo-hydraulic test frames **A8:** 192
Conventional logic
minimum device size for **EL1:** 2
Conventional memory integrated circuits **EL1:** 8
Conventional molding processes
plaster, sequence of operations **A15:** 243–245
types **A15:** 37
Conventional packaging *See* Packaging
Conventional pinch-type three-roll forming machines **A14:** 616–617
Conventional radiography *See* Radiography
Conventional strain *See* Engineering strain
Conventional stress *See* Engineering stress
Conventional strip galvanizing
as zinc coating **A2:** 527
Conventional (structural) reinforcement
corrosion of **A13:** 1309
Conventional transmission electron microscope (CTEM) **A18:** 380, 390–391
Convergence difficulties **A20:** 188
Convergent magnetic lenses
SEM **A12:** 167
Convergent thinking
definition **A20:** 830
Convergent-beam diffraction in transmission electron microscopy **A9:** 109–110
Convergent-beam electron diffraction
analytical transmission electron microscopy **A10:** 438–440
defined **A10:** 671
for phase diagram determination **A10:** 474
in diffraction-induced grain boundary migration **A10:** 462–464
patterns **A10:** 439, 441, 689
structural analysis by **A10:** 461–464
Convergent-beam electron diffraction (CBED) pattern **A18:** 386–387
Convergent-beam electron-diffraction pattern
abbreviation **A10:** 689
with analytical electron microscopy **A10:** 431, 439
Conversion
in cobalt recovery **A7:** 180
Conversion coating *See also* Chemical conversion coating; Chemical conversion coatings; specific types by name
definition **A20:** 830
design limitations **A20:** 821
Conversion coatings *See also* Chromate conversion coating; Chromate treatment; Coatings; Phosphate conversion coating; Phosphating; Protective coatings; specific type by name
alloy steels **A5:** 711–712
aluminum anodizing **A13:** 396–398
as barrier protection **A13:** 378–379
carbon steels **A5:** 711–712
cast irons **A5:** 697–698
casting **A15:** 563
chemical, aluminum alloys **A15:** 763
chromate **A13:** 389–395
cleaning for **A13:** 380–382
corrosion protection **M1:** 754
defined **A13:** 4
definition **A5:** 951
for cast irons **A13:** 571, **M1:** 104
for shafts **A11:** 482
magnesium/magnesium alloys **A13:** 751
phosphate compounds in **A13:** 383
porcelain enamel **A13:** 446–452
types **A13:** 378–379
zinc alloys **A5:** 872–873
Conversion electron Mössbauer scattering
austenite result of **A10:** 294
Conversion factors
common uniform corrosion rate units **A13:** 229
for leak testing **A17:** 57
metric conversion guide **A11:** 794
Conversion guide
metric **A1:** 1035–1037, **A2:** 1270–1272, **A11:** 793–795, **A14:** 941–943, **A15:** 893–895, **A17:** 755–757, **EL1:** 1163–1165, **EM1:** 945–947, **EM2:** 847–849
Conversion oxide film replicas
formation **A12:** 181
Conversion processes
carbon fiber **EM1:** 112–113
Conversion screens
for neutron radiography **A17:** 387, 391
Conversion tables
hardness **A8:** 109–113
Converter
current/voltage **A10:** 199
magnetostrictive **A8:** 244
microchannel plate-image, field ion microscopy **A10:** 584
piezoelectric, in ultrasonic hardness tester **A8:** 101
Converter clutch cam
powder forged **A7:** 819–820, 821
Converters
Bessemer **A15:** 32–33
metallurgy of **A15:** 426–431
steel production by **A15:** 31
Tropenas **A15:** 33
vacuum oxygen decarburization **A15:** 430
Converters, hybrid digital-to-analog
corrosion failure analysis **EL1:** 1115
Convex figure
basic quantities for **A12:** 194
Convex fillet weld
definition **M6:** 4
Convex particles *See also* Particles
general equations for **A7:** 268
in space **A9:** 134
in their sections **A9:** 134
properties of **A9:** 133
relationships between in their projection **A9:** 134
Convex root surface
definition **M6:** 4
Convex surfaces
electropolishing of **A9:** 55
Convexity
definition **A6:** 1208, **M6:** 4
Conveyor chains
corrosive wear of **M1:** 637
Conveyor loaders
as transfer equipment **A14:** 501
Convolutional integral
ESR line and **A10:** 261
Convolution(s)
and fibers, filtered-backprojection technique **A17:** 380
computed tomography (CT) of **A17:** 383
filters, for image enhancement **A17:** 459
Cook-Norteman (cold) lines **A5:** 342
Cook-Norteman line **A20:** 470
Cook-Norteman process
zinc-base coatings **A13:** 526
Cookware **EM4:** 4
absorption **EM4:** 4
absorption (%) and products **A20:** 420
applications **EM4:** 4
body compositions **A20:** 420
composition **EM4:** 5
glazing **EM4:** 4
process **EM4:** 4
products **EM4:** 4
properties **EM4:** 4
Cookware, cast iron
coatings for **M1:** 106
Cool components
gas-turbine **A11:** 284
Cool time
definition **M6:** 4
Coolant leakage
by shrinkage porosity **A11:** 355, 357
Coolants *See also* Cutting fluids; Superconducting materials
for consumable abrasive wheel cutting **A9:** 24
for diamond wheel cutting **A9:** 25
for machining of magnesium and magnesium alloys **A2:** 475
for power spinning **A14:** 604
for sawing **A9:** 23
Coolants, liquid-vapor metal
corrosion effects **A13:** 93
Coolant-system assembly, radar
brazed, joint failure **A11:** 452–453
Coolers, air
hydrogen, and oil, finned tubing for **A11:** 628
Coolidge process **A7:** 5
incandescent lamp filaments **M7:** 16–17
Coolidge x-ray tubes
in wavelength-dispersive x-ray spectrometers **A10:** 88
Cooling *See also* Continuous cooling; Cooling curve analysis; Cooling curves; Cooling rate; Cryogenic cooling; Heat removal; Immersion cooling; Slow cooling; Spiral mold cooling; Supercooling; Undercooling
analysis, thermoplastic injection molding **EM2:** 312
auxiliary, permanent mold casting **A15:** 283
blow molding **EM2:** 355–356
board-level **EL1:** 47
boiling **EL1:** 364
centerline rates, uranium alloys **A2:** 679
channels, NTT **EL1:** 310
chills for **A11:** 345
component-level **EL1:** 47
continuous **A15:** 127
continuous, effect on flow stress vacuum-melted iron **A8:** 177
controlled slow **A15:** 242, 657
convection **EL1:** 522
deviation, from equilibrium solidification **A15:** 183
die, in hot upset forging **A14:** 87
effect on solidification structures of steel **A9:** 623–624
galling caused by **A11:** 366
heat sinks used in **EL1:** 414
heat transfer coefficients **EL1:** 24
importance during deformation **A8:** 178
in cemented carbide sintering **M7:** 388–389
in ceramics processing classification scheme **A20:** 698
in die casting, analysis **A15:** 293–294
in lost foam casting **A15:** 231
in thermoforming **EM2:** 400
in thermoplastic extrusion **EM2:** 382
in tungsten and molybdenum sintering **M7:** 391
in tungsten heavy alloy sintering **M7:** 393
induction furnace **A15:** 371
intermetallic inclusions during **A15:** 95

SUBJECTS OF THE INDEXED VOLUMES: ASM Handbook (designated by the letter "A"): **A1:** Properties and Selection: Irons, Steels, and High-Performance Alloys (1990); **A2:** Properties and Selection: Nonferrous Alloys and Special-Purpose Materials (1990); **A3:** Alloy Phase Diagrams (1992); **A4:** Heat Treating (1991); **A5:** Surface Engineering (1994); **A6:** Welding, Brazing, and Soldering (1993); **A7:** Powder Metal Technologies and Applications (1998); **A8:** Mechanical Testing (1985); **A9:** Metallography and Microstructures (1985); **A10:** Materials Characterization (1986); **A11:** Failure Analysis and Prevention (1986); **A12:** Fractography (1987); **A13:** Corrosion (1987); **A14:** Forming and Forging (1988); **A15:** Casting (1988); **A16:** Machining (1989); **A17:** Nondestructive Evaluation and Quality Control (1989); **A18:** Friction, Lubrication, and Wear Technology (1992); **A19:** Fatigue and Fracture (1996); **A20:** Materials Selection and Design (1997). **Metals Handbook, 9th Edition** (designated by the letter "M"): **M1:** Properties and Selection: Irons and Steels (1978); **M2:** Properties and Selection: Nonferrous Alloys and Pure Metals (1979); **M3:** Properties and Selection: Stainless Steels, Tool Materials, and Special-Purpose Materials (1980); **M4:** Heat Treating (1981); **M5:** Surface Cleaning, Finishing, and Coating (1982); **M6:** Welding, Brazing, and Soldering (1983); **M7:** Powder Metallurgy (1984). **Engineered Materials Handbook** (designated by the letters "EM"): **EM1:** Composites (1987); **EM2:** Engineering Plastics (1988); **EM3:** Adhesives and Sealants (1990); **EM4:** Ceramics and Glasses (1991). **Electronic Materials Handbook** (designated by the letters "EL"): **EL1:** Packaging (1989)

interrupted, ductile iron **A15:** 657
liquid, ultrasonic testing. **A8:** 247–248
magnesium alloy forgings **A14:** 260
methods, effect on mold life **A15:** 281
multichip technology. **EL1:** 307–309
nickel-base forgings **A14:** 263
of dry sand castings. **A15:** 228
of forged heat-resistant alloys **A14:** 235
of mounting presses. **A9:** 30
of nuclear waste, acoustic emission
inspection. **A17:** 281
of sand. **A15:** 348–350
practice, closed-die forging **A14:** 82
rate, iron-copper-carbon alloys. **A14:** 200
rate, stainless steels **A14:** 229
scanning electron microscopy study of
specimens. **A9:** 97
scheme, selection **EL1:** 50
selective forced, for stress and distortion.. **A15:** 616
slow, of irons **A11:** 360
splat, aluminum P/M alloys. **A2:** 201–202
stresses **EM2:** 751
surfaces **EL1:** 310
symbol for temperature at which ferrite transforms
upon **A8:** 724
systems, conventional and ultrasonic fatigue
testing **A8:** 246–248
techniques. **EL1:** 23–24
techniques, for thermal design **EL1:** 413–414
titanium alloys **A12:** 454
under-, effect on bearing cap **A11:** 350
uneven, shape distortions from **A11:** 266
wafer-scale integration (WSI) **EL1:** 363–364
water, electric arc furnace. **A15:** 359
water, permanent steel molds. **A15:** 304
x-ray tubes. **A17:** 306

Cooling and coiling system
in processing of solid steel **A1:** 118–119, 121
precipitation. **A1:** 119–120, 123

Cooling channels
defined **EM2:** 11

Cooling cracks *See also* Flakes; Thermal cracks
revealed by macroetching **A9:** 173

Cooling curve
defined **A9:** 4

Cooling curve analysis *See also* Cooling curves;
Thermal analysis
cast iron. **A15:** 180
interpretation and use. **A15:** 182–185

Cooling curves *See also* Cooling curve analysis;
Thermal analysis. .... **A3:** 1•15, 1•16, 1•17
and phase diagrams, relationship **A15:** 182
effect of oxidation **M4:** 50, 62
for master alloy processing. **A15:** 108
interpretation and use. **A15:** 182–185
quenching of steel. **M4:** 32–34
stages **M4:** 33

Cooling fixture
defined **EM2:** 11

Cooling, rapid
martensite formation **A13:** 47

Cooling rate *See also* Heating rate
as a beta stabilizer in titanium alloys. **A9:** 459
as a conductive coating for scanning electron
microscopy specimens **A9:** 97
as a reactive sputtering cathode material. ... **A9:** 60
as an addition to nickel-iron alloys. **A9:** 538
as an addition to permanent magnets **A9:** 538
as an addition to precipitation-hardenable stainless
steels. **A9:** 285
as an addition to tin-zinc alloys, effects on
microstructure. **A9:** 452
bearing alloys **A2:** 553
bright-field bend contours. **A9:** 113
cell voltage as a function of anode current density
in electropolishing of **A9:** 48
chills and antichills, effects. **A15:** 283
color etching. **A9:** 141–142
current-voltage relation in
electropolishing of **A9:** 48
defined **A9:** 4
diffraction contrast of a single dislocation.. **A9:** 113
dislocation loops. **A9:** 116
dislocation pairs. **A9:** 115
dislocations in single crystal. **A9:** 689
effect of addition on lead-antimony-tin
microstructures **A9:** 417
effect on carbon steel casting
microstructures **A9:** 231
effect on dendritic structure in copper alloy
ingots **A9:** 637–640
effect on gray iron microstructure. **A9:** 245
effect on massive transformation **A9:** 655
effect on microstructure of austenitic manganese
steel castings **A9:** 237
effect on microstructure of titanium and titanium
alloys **A9:** 460–461
effect on nonequilibrium constituents in aluminum
alloy ingots **A9:** 634
effect on peritectic reactions **A9:** 676
effect on precipitation strengthening. **A1:** 402
effects, copper casting alloys **A2:** 350
electrical resistivity of, changes during isothermal
recovery **A9:** 693
electroplated onto sleeve bearing liners **A9:** 567
etch pits due to dislocation lines. **A9:** 127
fatigued, deformation marks **A9:** 100
grain-nucleating particles in lead alloy **A9:** 418
in aluminum powder metallurgy alloys **A9:** 511
in diffusion-alloyed steel powder metallurgy
materials **A9:** 510
in nickel steel powder metallurgy materials **A9:** 510
in zinc alloys. **A9:** 489
influence, Maurer diagram **A15:** 69
lead and lead alloys **A2:** 545
line etching **A9:** 62
magnetically soft materials **A2:** 763
microstructural deformation modes as a function
of strain **A9:** 686
of compacted graphite irons **A1:** 9
of ductile iron. **A1:** 8
of gray iron **A1:** 6–7, **A15:** 634
of malleable iron **A1:** 10
oriented dislocation arrays in thin foil. **A9:** 128
plastic deformation, modes of **A9:** 686
plastic deformation, sequence of **A9:** 693
polishing pure powder materials **A9:** 507
powder metallurgy materials, etching **A9:** 509
relationship of ductility and volume fraction of
dispersions in **A9:** 125
single crystal sphere, oxidized **A9:** 137
stacking-fault tetrahedra **A9:** 117
thickness contours, bright field and dark field
compared **A9:** 112

Cooling rates
effect on iron-graphite powders. **M7:** 365, 366
hardenability related to ... **M1:** 471, 481–488, 491,
492
in forced convection cooling. **M7:** 46
in sintering. **M7:** 370

Cooling stress *See also* Thermal stress
and aging effects. **EM2:** 751

Cooling stresses
defined **A15:** 3

Cooling time for a semi-infinite slab. **A20:** 257

Cooling water
analysis, nuclear reactors **A13:** 958
jackets **A13:** 1139
polluted, copper/copper alloys in. **A13:** 625
systems. **A13:** 487, 1134–1135

Cooling-rate equation **A6:** 10, 14–15

Cooperative Test Program **A8:** 285

Coordinate measuring machines (CMMS) **A17:** 18–28
applications **A17:** 20
bridge-type. **A17:** 21
cantilever-type **A17:** 20–21
components. **A17:** 23–26
error characterization by interferometer. ... **A17:** 15
fixed-table type **A17:** 23
gantry CMMs **A17:** 21
horizontal CMMs. **A17:** 21–23
implementation **A17:** 27–28
measurement techniques **A17:** 19
moving-ram type **A17:** 23
moving-table type. **A17:** 23
operating principles. **A17:** 18–20
performance factors **A17:** 26–27
specifications. **A17:** 21
types. **A17:** 20–23
vertical CMMs **A17:** 21

Coordinate systems
coordinate measuring machines. **A17:** 19

Coordinate tolerancing
of parts **A15:** 622–623

Coordinates
transformation of **EM1:** 459

Coordinating European Council
performance testing of engine oils. **A18:** 170

Coordination catalysis *See also* Ziegler-Natta
catalysts **EM3:** 9
defined **EM2:** 11

Coordination compound *See also* Chelate;
Complexation; Ligand
defined **A10:** 671, **A13:** 4

Coordination geometry
determination of. **A10:** 354
effects on XANES spectrum. **A10:** 415

Coordination number
defined **A10:** 671, **M7:** 296

Coordination number (CN) **A20:** 336, 337, 338

Coors Si/SiC, SC-2 (RBSC)
properties. **EM4:** 240

Co-P (Phase Diagram). .... **A3:** 2•145

Co-Pd (Phase Diagram). .... **A3:** 2•145

Cope *See also* Ceramic molding; Drag; Flask; Mold;
Pattern
and drag molding machines. **A15:** 342–343
and drag patterns. **A15:** 190
defined **A15:** 189, 203

Cope defect
casting **A11:** 384

Cope spall
as casting defect. **A11:** 385

Cope-side defect
ductile irons **A15:** 94

Copier machine parts of stainless steel
powders. **M7:** 732

Copier powders. **A7:** 1083–1086, **M7:** 580–588
carrier core composition **M7:** 584–585
charge polarity **M7:** 583–584
coating processes. **M7:** 587–588
development processes. **M7:** 582–584
electrostatic history. **M7:** 581
evolution **M7:** 580–582
irregularly shaped **M7:** 582
manufacturing process **M7:** 586–587
P/M parts for. **M7:** 667
properties **M7:** 585
recycling. **M7:** 582
spherical, estimated consumption. **M7:** 582

Coplanarity
lead **EL1:** 731

Copolyhydrazide
tensile strengths **A20:** 351

Copolymer *See also* Polymer(s) **EM3:** 9
bismaleimides as. **EM1:** 78
blending, BT resins **EM1:** 79
block, microphase separation by
SAXS/SANS/SAS **A10:** 402
defined **EM1:** 7
definition. **A20:** 830
formation. **A13:** 404
ratios, NMR determination of. **A10:** 277

Copolymerization *See also* also. **A5:** 449, **EM3:** 9
bismaleimides **EM1:** 78–81
molecular. **EM2:** 58

Copolymer(s) *See also* Acetals; Copolymer acetals;
Polymers; Styrene copolymers
chemistry of **EM2:** 63
compatibilities, styrene-acrylonitriles (SAN, OSA,
ASA) **EM2:** 216
defined **EM2:** 11
environmental effects. **EM2:** 429
polyphenylene ether blends (PPE, PPO) **EM2:** 183
styrene-acrylonitriles **EM2:** 214–216
styrene-maleic anhydride (SMA) **EM2:** 66
types **EM2:** 58

240 / Copper

Copper *See also* Atomized copper powders; Brasses; Bronzes; Copper alloy castings; Copper alloy strip; Copper alloys; Copper alloys, specific types; Copper contact alloys; Copper P/M products; Copper powders; Copper recycling; Copper-base structural parts; Copper-based powder metals; Copper-matrix composites; Copper-nickel alloys; Copper-zinc alloys; Electrolytic tough pitch (ETP) copper; Nickel silvers; Tin brasses; Pure copper; specific copper alloys; Tumbaga; Wrought copper and copper alloys. **A13:** 610–640, **A14:** 809–824, **A20:** 389–390, **M2:** 239–247

600 °C in vacuum, critical stress required to cause a crack to grow. **A19:** 135

abrasive blasting **M5:** 614

abrasive wear **A18:** 188, 189

addition to aluminum-base alloys **A18:** 752

addition to cylinder liner materials for strength **A18:** 556

addition to epoxy adhesives. **EM3:** 515

additions, effect in P/M stainless steel. . . . **A13:** 832

adherends

alkaline-chlorite etch **EM3:** 269–270

Ebonol C etch **EM3:** 269–270

ferric chloride-nitric acid solution **EM3:** 269–270

adhesion and solid friction **A18:** 32, 33

adhesion, in copper-clad E-glass laminates. **EL1:** 535–536

advantages. **A20:** 389

air-shotted **M7:** 106, 107

alkaline cleaning of **M5:** 617–620

alloy strip, stress-strain curve for **A8:** 134

alloying, aluminum casting alloys **A2:** 132

alloying and HIC **A19:** 480

alloying in aluminum alloys **M6:** 373

alloying, in cast irons **A13:** 567

alloying, magnetically soft materials. **A2:** 762

alloying, nickel-base alloys **A13:** 641

alloying, wrought aluminum alloy. **A2:** 47–48

aluminum alloys containing. **A13:** 592

analysis in presence of lead, cell for. **A10:** 199

and copper alloys. **A15:** 771–785

and zinc specifications, cast copper alloys. . **A2:** 370

annealing **M2:** 241

furnace atmospheres **A4:** 549, 550

with precious metals **A4:** 939, 940–941, 946

anneal-resistant **M2:** 241, 242, 243

anode and rack material for use in copper plating **A5:** 175

anodized **EM3:** 417

applications. **A2:** 239–240, **A20:** 303, 389–390, **M7:** 205

arc deposition **A5:** 603

arc welding *See* Arc welding of copper and copper alloys

arsenical, in Bronze Age. **A15:** 15–16

as addition to ferrous P/M alloys **A19:** 338

as alloying element, effect on susceptibility to stress-corrosion cracking of two low-alloy steels. **A19:** 486

as alloying element in aluminum alloys. . . **A20:** 385

as cast in plaster molds. **A15:** 243

as cathode material for anodic protection, and environment used in **A20:** 553

as colorant. **EM4:** 380

as conductive, thick-film material. **EL1:** 249

as electrically conductive filler. **EM3:** 178

as electrode **A10:** 184

as essential metal. **A2:** 1251–1252

as gold alloy **A2:** 690

as gray iron alloying element **A15:** 639

as lead frame material **EL1:** 731

as matrix material, A15 superconductors. . **A2:** 1064

as minor element, ductile iron. **A15:** 648

as SERS metal **A10:** 136

as solder impurity. **EL1:** 637–638

as tin solder impurity **A2:** 520

as trace element. **A15:** 388, 394

atmospheric corrosion **A13:** 82, 621

Auger electron spectroscopy application . . **A18:** 452, 453

average plate thickness ratio **A5:** 222

axial force dependence on temperature in. . **A8:** 181

backing bars for aluminum alloys **M6:** 382–383

bare, solder mask over **EL1:** 550

base metal solderability **EL1:** 677

bearing lubricants, nuclear reactors. **A13:** 964

-bearing steel. **A13:** 516

beryllium, Rockwell scale for **A8:** 76

biologic effects and toxicity. **A2:** 1251–1252

bonded by polyamides and polyesters **EM3:** 82

brass plating bath content. **M5:** 285–286

brazeability. **M6:** 1033

brazeability of. **A11:** 450

brazing *See* Brazing of copper and copper alloys

brazing, furnace atmosphere **A4:** 548, 552

brazing properties. **M6:** 966–967

Brinell test load for **A8:** 84

bronze plating bath content **M5:** 288–289

buffing *See also* Copper, polishing and buffing of. **A5:** 104

butt welding. **M6:** 674

cadmium plating. **A5:** 224

cadmium plating of **M5:** 622

calculated electron range **EL1:** 1095

capacitor discharge stud welding **M6:** 738

cast, applications and properties. **A2:** 224–228

castability rating. **A20:** 303

catalytic effect on oxidation of polyolefins **EM3:** 418

cementation **M7:** 54

characteristics **M6:** 400

characteristics of electrochemical finishes for engineering components **A20:** 477

chemical analysis. **M7:** 248

chemical and electrolytic cleaning of **M5:** 617–619

chemical and electrolytic polishing of **M5:** 623–624

chemical brightening baths, use in, effect of **M5:** 579–580

chemical pipe sealants for plumbing. **EM3:** 608

chemical resistance **M5:** 4

chip combustion accelerators. **A10:** 222

chlorine corrosion **A13:** 1170–1171

chromate conversion coatings **A5:** 405

chromium plating. **A5:** 189

chromium plating baths contaminated by **M5:** 173–174

chromium plating of **M5:** 171, 622

cleaning processes *See also* specific processes by name. **M5:** 611–621

coatings, bonded-abrasive grains **A2:** 1015

coil liners for inductor coils. **A4:** 174

coinability of. **A14:** 183

cold extrusion of **A14:** 310

cold working. **A2:** 219, 223

color **A2:** 219

coloring process. **M5:** 611–612, 624–626

compatibility with various manufacturing processes **A20:** 247

composition range for cadmium anodes **A5:** 217

compositions and properties. **M6:** 401

compositions for various types. **M6:** 546–547

conductor inks **EL1:** 208

conductors on printed boards **EM3:** 591

constant-current electrolysis **A10:** 200

contact angle with mercury. **M7:** 269

contamination **M6:** 321

contamination, in low-carbon steel **A12:** 249

content in stainless steels. **M6:** 320

content in steels, atmospheric corrosion effects. **A13:** 514

controlled-potential electrogravimetry of . . **A10:** 200

cooling in ultrasonic testing **A8:** 247

copper metals, production **A2:** 237–239

corrosion by some epoxy adhesives. **EM3:** 37

corrosion fatigue behavior above 10^7 cycles **A19:** 598

corrosion fatigue test specification **A8:** 423

corrosion, freshwater **A13:** 621

corrosion in. **A11:** 201

corrosion ratings **A2:** 353–354

corrosion resistance. **A2:** 216, **A13:** 610, **M2:** 239–240

cost per unit mass **A20:** 302

cost per unit volume **A20:** 302

cracks, from low-stress sliding **A8:** 603

critical angles for cutting **A18:** 185

critical relative humidity. **A13:** 82

critical surface tensions **EM3:** 180

cross-wire projection welding **M6:** 518

crystal structure **A20:** 409

damage dominated by chip formation. . . . **A18:** 179, 180

debris effect on wear. **A18:** 249

decorative chromium plating **A5:** 192

decorative colors and finishes. **M2:** 240

deoxiders. **A2:** 236–237

deposit hardness attainable with selective plating versus bath plating. **A5:** 277

deposition. **A10:** 198, 199

deposition in gas metal welding arc **A11:** 721

determination using internal electrolysis . . **A10:** 200

determined by controlled-potential coulometry. **A10:** 209

determined in coal fly ash **A10:** 147

diffusion coatings **A5:** 619

diffusion welding **M6:** 677–678

dimple formation **A12:** 173

dislocation arrangements. **A19:** 81

dispersion-strengthened **M7:** 711–716

dominant texture orientations **A10:** 359

dwell pressures for cold isostatic pressing **M7:** 449

dynamically recrystallized grain size Zener-Hollomon parameter **A8:** 175

effect of arsenic, phosphorus, antimony, and silicon on SCC of. **A11:** 221

effect of, on hardenability **A1:** 393, 395

effect of, on notch toughness **A1:** 741

effect of particle size on apparent density **M7:** 273

effect on hot workability. **A11:** 722

effect on maraging steels. **A4:** 222

effect on thermal conductivity **EM3:** 620, 621

effect, weathering steels. **A13:** 515

effect, wrought/cast aluminum alloys **A13:** 586

effects of aluminum, nickel, tin, and zinc on SCC of. **A11:** 221

effluent limits for phosphate coating processes per U.S. Code of Federal Regulations **A5:** 401

elastic modulus. **A20:** 409

electrical conductivity **A2:** 219, **EM3:** 596

electrical contacts, use in **M3:** 665–666

electrical coppers **A2:** 223, 230, 234

electrical resistance applications. **M3:** 641

electrochemical machining. **A5:** 111, 112

electrochemical potential. **A5:** 635

electrodeposited coatings. **A13:** 427

electroforming **A5:** 287, 288

electroless, as additive process **EL1:** 548

electrolyte compositions and conditions for plating on zirconium. **A5:** 854

electrolytic cleaning of. **M5:** 618–620

electrolytic potential **A5:** 797

electrolytically deposited/rolled-annealed. . **EL1:** 581

electron beam welding **M6:** 642

electroplated metal coatings **A5:** 687

electroplated on surface for sintered metal powder process **EM3:** 305

electroplating for SEM specimen preparation **A18:** 380–381

electroplating of bearing materials **A18:** 756

electroplating on zincated aluminum surfaces. **A5:** 801

electropolishing of **M5:** 305, 308

elemental sputtering yields for 500 eV ions. **A5:** 574

embrittlement **A13:** 178–179

SUBJECTS OF THE INDEXED VOLUMES: ASM Handbook (designated by the letter "A"): **A1:** Properties and Selection: Irons, Steels, and High-Performance Alloys (1990); **A2:** Properties and Selection: Nonferrous Alloys and Special-Purpose Materials (1990); **A3:** Alloy Phase Diagrams (1992); **A4:** Heat Treating (1991); **A5:** Surface Engineering (1994); **A6:** Welding, Brazing, and Soldering (1993); **A7:** Powder Metal Technologies and Applications (1998); **A8:** Mechanical Testing (1985); **A9:** Metallography and Microstructures (1985); **A10:** Materials Characterization (1986); **A11:** Failure Analysis and Prevention (1986); **A12:** Fractography (1987); **A13:** Corrosion (1987); **A14:** Forming and Forging (1988); **A15:** Casting (1988); **A16:** Machining (1989); **A17:** Nondestructive Evaluation and Quality Control (1989); **A18:** Friction, Lubrication, and Wear Technology (1992); **A19:** Fatigue and Fracture (1996); **A20:** Materials Selection and Design (1997). **Metals Handbook, 9th Edition** (designated by the letter "M"): **M1:** Properties and Selection: Irons and Steels (1978); **M2:** Properties and Selection: Nonferrous Alloys and Pure Metals (1979); **M3:** Properties and Selection: Stainless Steels, Tool Materials, and Special-Purpose Materials (1980); **M4:** Heat Treating (1981); **M5:** Surface Cleaning, Finishing, and Coating (1982); **M6:** Welding, Brazing, and Soldering (1983); **M7:** Powder Metallurgy (1984). **Engineered Materials Handbook** (designated by the letters "EM"): **EM1:** Composites (1987); **EM2:** Engineering Plastics (1988); **EM3:** Adhesives and Sealants (1990); **EM4:** Ceramics and Glasses (1991). **Electronic Materials Handbook** (designated by the letters "EL"): **EL1:** Packaging (1989)

embrittlement by **A11:** 235, 721, **A13:** 180
emulsion cleaning of **M5:** 618
enamels **EM3:** 302, 303
end-use applications **A2:** 239
energy factors for selective plating **A5:** 277
energy per unit volume requirements for
machining **A20:** 306
engineering stress-strain diagram for soft
polycrystalline **A20:** 342
erosion mechanisms **A18:** 202, 203
erosion-corrosion in **A11:** 201–202
estimated in copper-manganese alloy **A10:** 201
ethylene-vinyl acetate (EVA)
coatings for **EM3:** 411
evaporation fields for **A10:** 587
excitation and emission for photoejection of
electrons **A10:** 85, 87
explosion welding **M6:** 713
electrical applications **M6:** 714
exposure limits **M7:** 205
extruded parts **A14:** 310–311
extrusion welding **M6:** 676–677
fabrication, ease of **A2:** 219
fabricators **A2:** 238
fatigue crack threshold **A19:** 145–146
compared with the constant *C* **A19:** 134
fatigue life as function of stress
amplitude in **A8:** 253
fatigue testing using x-ray diffraction **A19:** 221
fiber for reinforcement **A18:** 803
fibers as filler **EM3:** 178
filler for conductive adhesives **EM3:** 76
filler for polymers **M7:** 606
films, LEISS study of oxidation of **A10:** 609
finish drilling **A5:** 88
finish turning **A5:** 85
finished, cracking problems analyzed by inert gas
fusion **A10:** 231–232
finishing processes *See also* specific processes by
name **M5:** 621–627
fixturing for induction brazing **M6:** 971–972
flow stress, strain-rate history effect **A8:** 179
for brazing in ceramic/matrix seals **EM4:** 504, 505, 506
for busbars for chromium plating **A5:** 184
for coating in ceramic/metal seals **EM4:** 504
for conductors **EL1:** 114
for flame head for oxy-fuel gas flame
heating **A4:** 274
for metal core molding **EM3:** 591
for metallizing **EM4:** 54, 542
for wire-drawing dies **A14:** 336
forging of **A14:** 255–258
forgings, burning of **A11:** 332, 334
forming, lubricants for **A14:** 519
forming of **A14:** 809–824
-free aluminum alloys **A13:** 593
free machining **A12:** 401
fretting wear **A18:** 248
friction coefficient data **A18:** 71, 72
galvanic corrosion with magnesium **M2:** 607
galvanic series for seawater **A20:** 551
gas metal arc welding **M6:** 153, 417–418
of deoxidized coppers **M6:** 418
of oxygen-free coppers **M6:** 418
of tough pitch coppers **M6:** 418
to aluminum bronze **M6:** 422
to copper nickels **M6:** 422
gas tungsten arc welding **M6:** 405–408
of deoxidized coppers **M6:** 406
of oxygen-free coppers **M6:** 407
of tough pitch coppers **M6:** 407
gases in **A15:** 86
gasket material **A18:** 550
gaskets, for fatigue test chamber **A8:** 412
glass coatings referred to as
enamels **EM3:** 301–302
glass-ceramic/metal seals **EM4:** 499
glass-to-metal seals **EL1:** 455, **EM3:** 302
gold plating of **M5:** 621–623
gold plating, uses in **M5:** 283
grain-boundary embrittlement, low-carbon
steel **A12:** 246
gravimetric finishes **A10:** 171
ground, reduction of oxidized **M7:** 107–110
Hall-Petch coefficient value **A20:** 348
hard chromium plating, selected
applications **A5:** 177
hardness conversion tables **A8:** 109
heat treatment **A2:** 223
high fatigue strength **A18:** 743
high frequency resistance welding **M6:** 760
high-conductivity, degassing **A15:** 469
high-purity **A12:** 399–400
high-purity, SSMS analysis **A10:** 144
high-resolution electron microscopy to study sliding
wear **A18:** 389
hot extrusion of **A14:** 322
hot working **A2:** 223
hydrochloric acid corrosion **A13:** 1163
hydrogen determined in **A10:** 231–232
hydrogen embrittlement **M2:** 239–240
hydrogen solubility **A15:** 466
ICP-determined in plant tissues **A10:** 41
ICP-determined in silver scrap metal **A10:** 41
impurity in solders **M6:** 1072
in abrasion-resistant cast irons **A1:** 115
in active metal process **EM3:** 305
in alloy cast irons **A1:** 89
in aluminum alloys **A15:** 745
in aluminum alloys, and stress-corrosion
cracking **A19:** 494–495
in aluminum-silicon alloys **A18:** 786, 787, 789
in archaeological samples **A10:** 186
in austenitic manganese steel **A1:** 825
in carbon-graphite materials **A18:** 816
in cast iron **A1:** 6, 28
in compacted graphite iron **A1:** 57, 59
in composite metals, history **M7:** 17
in composition, effect on ductile iron **A4:** 686, 688, 689
in composition, effect on gray irons . . **A4:** 671, 673, 681
in Cu-Ni, thermal spray coating material **A18:** 832
in Cu-Ni-In, thermal spray coating
material **A18:** 832
in dental amalgam **A18:** 669
in ductile iron **A1:** 44
in electroforming **EM3:** 306
in electroplated coatings **A18:** 838
in enameling ground coat **EM3:** 303, 304
in ferrite **A1:** 406–407
in filler metals for active metal
brazing **EM4:** 523–524, 526, 529, 530
in filler metals used for direct
brazing **EM4:** 517–518, 519
in gas-metal eutectic method **EM3:** 305
in iron-base alloys, flame AAS analysis **A10:** 56
in lead-base alloys **A18:** 750
in magnesium alloys, by hydrobromic acid-
phosphoric acid method **A10:** 65
in metal powder-glass frit method **EM3:** 305
in metal-matrix composites **A18:** 808–809, 810
in moist chlorine **A13:** 1173
in nickel-chromium white irons **A15:** 680
in P/M alloys **A1:** 809
in precipitation-hardening steels **M6:** 350
in pressed diffusion joining **EM3:** 306
in stainless steels **A18:** 712, 713
in steel **A1:** 145, 577
in tin-base alloys **A18:** 749
in torsion, effect of increasing or decreasing strain
rate on flow stress **A8:** 177–178
in vapor-phase metallizing **EM3:** 306
in zinc alloys **A15:** 788
in zinc/zinc alloys and coatings **A13:** 759
-induced LME in steels **A11:** 232, 233
induction heating energy requirements for
metalworking **A4:** 189
induction heating temperatures for metalworking
processes **A4:** 188
industry structure **A2:** 238–239
infiltration **M7:** 457
infiltration in P/M materials **A19:** 340
ingot, spider cracks **A10:** 302
inhibitors **A13:** 497
injection nozzle material for laser melt/particle
injection **A18:** 868
inspection methods **A17:** 534
intermediate leveling coating **A20:** 477
introduction to **A2:** 216–240
ion-beam-assisted deposition (IBAD) . . **A5:** 595, 597
ion-scattering spectra from **A10:** 604
iron in, phase analysis **A10:** 294
lamination background color, optical
testing **EL1:** 571
lap welding **M6:** 673
laser beam welding **M6:** 647
lead plating **A5:** 242
LEISS study of oxidation, using oxygen . . . **A10:** 609
liquid, effect of hydrogen and steam
pressures **M7:** 117
liquid, standard Gibbs free energies for
solution in **A15:** 60
liquid-metal embrittlement of **A11:** 233–234
long-term corrosion, testing **A13:** 195
lubricant indicators and range of
sensitivities **A18:** 301
machinability rating **A20:** 303
malleability **A15:** 26
mass absorption coefficient vs. x-ray
energy **A10:** 85, 87
mass finishing of **M5:** 614–616
material to which vitreous solder glass seal is
applied **EM4:** 1070
materials for conductors **EM4:** 1142
matrix materials, niobium-titanium
superconducting materials **A2:** 1045
maximum limits for impurity in nickel plating
baths **A5:** 209
mechanical properties of plasma sprayed
coatings **A20:** 476
mechanical working **A2:** 219, 223, **M2:** 241
melting of **M7:** 106
melting point **A20:** 409
metallization, for multichip
structures **EL1:** 303–304
metallochrome color, use in titration **A10:** 174
metal-matrix reinforcements: metallic
wires **A20:** 458
metalworking fluid selection guide for finishing
operations **A5:** 158
microhardness traverses **A8:** 230
microstructure of compacted blend **M7:** 314
mills, prompt gamma activation analysis
use in **A10:** 240
mining, prompt gamma activation analysis
use in **A10:** 240
molds, horizontal centrifugal casting **A15:** 296
mutual solubility of **A11:** 452
nickel plating bath contamination by **M5:** 208–210
nickel plating of **M5:** 207, 215–216
OFHC, friction coefficient data **A18:** 71
OFHC, shear stress-strain curve **A8:** 216–217
on cast iron, fretting corrosion **A19:** 329
organic coating of **M5:** 621, 626–627
oxidation using ^{18}O **A10:** 609
oxygen cutting, effect on **M6:** 898
oxygen effect on corrosion rates **A13:** 627
oxygen-free high-conductivity **A12:** 401
oxygen-free, high-conductivity (OFHC)
cold working effect on mechanical
properties **A4:** 827
for coil construction **A4:** 180
oxygen-free, impurities effect on
conductivity **M7:** 106
P/M parts lubrication **M7:** 192, 193
paint stripping **A5:** 15–16
particles, partially oxidized and reduced . . **M7:** 108, 110
passivation of **M5:** 624
penetration failures, in locomotive
axles **A11:** 715–727
penetration, x-ray elemental dot map of . . **A11:** 720
percussion welding **M6:** 740, 745
phase structure influence on
microstructure **EM3:** 418
photoejection of electrons in **A10:** 85
photometric analysis methods **A10:** 64
physical properties **M6:** 546–547
physical properties related to thermal
stresses **A4:** 605
pickling and bright dipping **M5:** 611–615, 619–620
pickling solutions contaminated by **M5:** 80
pigments **M7:** 595–596
pipe, erosion pitting from river water **A11:** 189
plasma arc cutting **M6:** 915
plate, fatigue limit when cracked **A19:** 135, 136
plating procedures **M5:** 619–624
electroless process **M5:** 621–622

242 / Copper

Copper (continued)
electroplating **M5:** 622–624
immersion process **M5:** 622
surface preparation **M5:** 619–621
plating, uses **EL1:** 679
polishing and buffing of **M5:** 615–617
polycrystalline, crack growth data **A8:** 255
polycrystals of **A19:** 7
polyethylene adhesion **EM3:** 414
polyethylene coatings **EM3:** 412
polyimide adhesion **EM3:** 158
Pourbaix (potential-pH) diagram **A13:** 28
prebond treatment **EM3:** 35
precipitation strengthening with **A1:** 411
prehistoric use. **A15:** 15
pressurized water reactor specification **A8:** 423
processing technique **A18:** 803
properties **A18:** 803, **A20:** 389
properties of importance **A2:** 216, 219
protective film **A13:** 82
pure **M2:** 726–733
pure, direct-chill casting **A15:** 314
pure, melt treatment **A15:** 774
pure, properties **A2:** 1110
pure, structural parts application **M7:** 105
qualitative tests to identify **A10:** 168
radiation **A10:** 326
radiographic absorption **A17:** 311
range and effect as titanium alloying
element **A20:** 400
rare earth alloy additives **A2:** 729
recovery in copper foil **A10:** 200
recycling **A2:** 1213–1216
removal effect on toughness of commercial
alloys **A19:** 10
resistance brazing **M6:** 976
resistance seam welding **M6:** 494
resistance welding *See* Resistance welding of
copper and copper alloys
rhodium plating of **M5:** 623
roll welding **M6:** 676
rolled, Euler space **A10:** 363
room-temperature torsion flow curves and plane-
strain compression tests on **A8:** 162–164
rubber bonding cross-link density **EM3:** 418
sampling practices **M7:** 249
scratch brushing of **M5:** 616
screens, radiography **A17:** 316
seal adhesive wear **A18:** 549
segregation and solid friction **A18:** 28
selective plating **A5:** 277
separation, from zinc **A10:** 198
serpentine glide formation **A12:** 17
shear stress-strain curves **A8:** 229, 231
shielded metal arc welding to aluminum . . **M6:** 425
silver plating of **M5:** 617, 621–623
single crystal, electrodeposition and primary slip
plane **A19:** 100
single crystal, persistent slip bands **A19:** 99, 100
sintering **A19:** 338
sintering time and temperature **M4:** 796
slide welding **M6:** 674
slugs for correcting flux patterns of inductor
coils **A4:** 176, 177
soft, yield strength of **A8:** 21
soldering **M6:** 1075
solid particle erosion **A18:** 388–389
solid-state sintering **EM4:** 273
solution for plating niobium or tantalum . . **A5:** 861
solution potential **M2:** 207
solvent cleaning of **M5:** 617–618
sources **M7:** 205
species weighed in gravimetry **A10:** 172
specific gravity **A20:** 409
spectrometric metals analysis **A18:** 300
spraying for hardfacing **M6:** 789
spring-tempered alloy strip, bending moment-
deflection data **A8:** 134
stacking fault energy **A18:** 715

stacking fault energy of **A19:** 77
strain bursts in **A19:** 81
strain-hardening exponent and true stress values
for **A8:** 24
stress-corrosion cracking **M2:** 239–240
stress-corrosion cracking in **A11:** 220–223
strip combustion accelerators **A10:** 222
substrate considerations in cleaning
processselection **A5:** 4
substrates **EL1:** 307
suitability for cladding combinations **M6:** 691
sulfuric acid corrosion **A13:** 1153
superplasticity of **A8:** 553
supply and reserves **A2:** 240
surface fatigue damage in **A8:** 603
surface, oxidized, LEISS spectra from **A10:** 609
surface preparation **EM3:** 259
tarnish removal **M5:** 613, 619
temper designations **A2:** 223, **M2:** 248–251
temperature effect, corrosion rate **A13:** 910
tension and torsion flow curves at room
temperature **A8:** 162–164
texture dependence on temperature . . . **A8:** 181–182
thermal conductivity **A2:** 219
thermal expansion coefficient at room
temperature **A20:** 409
thermal properties **A18:** 42
thermal spray coatings **A5:** 503
thermocompression bonding with **EL1:** 734
thermocompression welding **M6:** 674–675
threshold stress intensity **A8:** 256
threshold stress intensity determined by ultrasonic
resonance test methods **A19:** 139
tilt pins, in plate impact testing **A8:** 234
tin plating **A5:** 239
tin, tin-lead, and tin-copper alloy
plating of **M5:** 621–624
TNAA detection limits **A10:** 237
to reduce electromigration **EM3:** 581
torsionally prestrained, tensile fracture in . . **A8:** 156
toxic chemicals included under
NESHAPS **A20:** 133
toxicity **M7:** 204–205
transition diagram for **A10:** 87
transition for K lines of **A10:** 86, 87
triggering anaerobic curing mechanism . . **EM3:** 113,
118
tubing **A10:** 361, 363
tubing, (111) pole figures from **A10:** 363
tubing for master work coils **A4:** 177, 180, 181
ultrapure, by zone-refining technique **A2:** 1094
ultrasonic cleaning **A5:** 47
ultrasonic cleaning of **M5:** 619
ultrasonic welding power requirements **M6:** 750
UNS C10100
coefficient of thermal expansion **EM4:** 503
elastic modulus **EM4:** 503
elongation modulus **EM4:** 503
temperature range **EM4:** 503
tensile strength **EM4:** 503
yield strength **EM4:** 503
usage, PWB manufacturing **EL1:** 510
use in breweries **A13:** 1222
use in thick-film technology **M7:** 151
vapor degreasing of **M5:** 617–618
vapor pressure **A4:** 493
relation to temperature **A4:** 495
vapor pressure, relation to temperature . . . **M4:** 309,
310
Vickers and Knoop microindentation hardness
numbers **A18:** 416
volume resistivity and conductivity **EM3:** 45
volumetric procedures for **A10:** 175
weak beam imaging **A18:** 388
weldability rating **A20:** 303
weldability rating by various processes . . . **A20:** 306
wetting by bismuth, LME by **A11:** 719
work-hardening exponent and strength
coefficient **A20:** 732

zinc and galvanized steel corrosion as result of
contact with **A5:** 363
zinc at grain boundaries of **A10:** 527
zinc-containing, digital composition map **A10:** 528
Copper (acid)
selective plating solution for ferrous and
nonferrous metals **A5:** 281
Copper adhesion
in copper-clad E-glass laminates **EL1:** 535–536
Copper (alkaline)
selective plating solution for ferrous and
nonferrous metals **A5:** 281
Copper alloy castings
alloy selection **A2:** 346–355
applications **A2:** 346–355
bearing and wear properties **A2:** 352, 354–355
castability **A2:** 346, 348
dimensional tolerances **A2:** 350
electrical and thermal conductivity **A2:** 355
for corrosion service **A2:** 352
general-purpose alloys **A2:** 351–352
heat-treated, composition/typical
properties **A2:** 355
machinability **A2:** 351
mechanical properties **A2:** 348, 350
nominal compositions **A2:** 347
solidification, control of **A2:** 348
types of copper **A2:** 346
Copper alloy extruded parts **A14:** 310–311
Copper alloy filler metals, specific types
BAg-1, joining C12200 . . . . **A9:** 409
BAg-8a, joining C10100 . . . . **A9:** 408
BCuP-5, joining C10100 . . . . **A9:** 408
BCuP-5, joining C12200 . . . . **A9:** 409
Copper alloy plating **A5:** 255–257
additives **A5:** 256
anodes **A5:** 256, 257
applications **A5:** 257
architectural bronze **A5:** 255
brass plating **A5:** 255–257
bronze plating **A5:** 257
carbonate content **A5:** 256
copper cyanide content **A5:** 256
decorative applications **A5:** 255
engineering applications **A5:** 255
equipment **A5:** 255, 257
flash plating **A5:** 255
high-alkalinity brass plating solutions **A5:** 256
history **A5:** 255
impurities in solution **A5:** 256
low-pH brass plating conditions **A5:** 256
operating conditions **A5:** 255–256, 257
plate thickness **A5:** 255
solution analysis **A5:** 256–257
solution composition **A5:** 255–256, 257
stress-relieving **A5:** 255
surface preparation **A5:** 255
temperature effect **A5:** 256, 257
waste water treatment **A5:** 257
Copper alloy powders *See also* Atomized copper
powders; Brasses; Bronzes; Copper; Copper
powders; Copper-based powder metals; Nickel
silvers; Production of copper alloy powders;
Pure copper **A7:** 143–145, **A20:** 393
air atomization **A7:** 43, 44
apparent density **A7:** 40
applications **M7:** 733–734
as infiltrants **A7:** 552–553
compacts, mechanical properties **M7:** 510
effect of infiltration with
precipitation-hardened **M7:** 628
fatigue **A7:** 958
for brazing, composition and properties . . . **M7:** 839
friction materials, nominal compositions . . **M7:** 702
HIP temperatures and process times for . . . **M7:** 437
hot pressed, products **M7:** 509–510
mass median particle size of water-atomized
powders **A7:** 40
mechanical properties **M7:** 464, 470

SUBJECTS OF THE INDEXED VOLUMES: **ASM Handbook** (designated by the letter "A"): **A1:** Properties and Selection: Irons, Steels, and High-Performance Alloys (1990); **A2:** Properties and Selection: Nonferrous Alloys and Special-Purpose Materials (1990); **A3:** Alloy Phase Diagrams (1992); **A4:** Heat Treating (1991); **A5:** Surface Engineering (1994); **A6:** Welding, Brazing, and Soldering (1993); **A7:** Powder Metal Technologies and Applications (1998); **A8:** Mechanical Testing (1985); **A9:** Metallography and Microstructures (1985); **A10:** Materials Characterization (1986); **A11:** Failure Analysis and Prevention (1986); **A12:** Fractography (1987); **A13:** Corrosion (1987); **A14:** Forming and Forging (1988); **A15:** Casting (1988); **A16:** Machining (1989); **A17:** Nondestructive Evaluation and Quality Control (1989); **A18:** Friction, Lubrication, and Wear Technology (1992); **A19:** Fatigue and Fracture (1996); **A20:** Materials Selection and Design (1997). **Metals Handbook, 9th Edition** (designated by the letter "M"): **M1:** Properties and Selection: Irons and Steels (1978); **M2:** Properties and Selection: Nonferrous Alloys and Pure Metals (1979); **M3:** Properties and Selection: Stainless Steels, Tool Materials, and Special-Purpose Materials (1980); **M4:** Heat Treating (1981); **M5:** Surface Cleaning, Finishing, and Coating (1982); **M6:** Welding, Brazing, and Soldering (1983); **M7:** Powder Metallurgy (1984). **Engineered Materials Handbook** (designated by the letters "EM"): **EM1:** Composites (1987); **EM2:** Engineering Plastics (1988); **EM3:** Adhesives and Sealants (1990); **EM4:** Ceramics and Glasses (1991). **Electronic Materials Handbook** (designated by the letters "EL"): **EL1:** Packaging (1989)

microexamination....................... **A7:** 725
microstructures... **A7:** 735, 736, 743, 744, 746, 747
operating conditions and properties of water atomized powders.................... **A7:** 36
oxygen content........................... **A7:** 40
pneumatic isostatic forging............... **A7:** 638
prealloyed, lubrication of................ **M7:** 191
processing of dispersion-strengthened..... **M7:** 528
production of................. **M7:** 121–122, 734
sampling practices...................... **M7:** 249
shipments of....................... **M7:** 24, 571
sintering atmosphere.................... **A7:** 462
sintering of....................... **M7:** 376–381
spray forming........................... **A7:** 398
standard deviation....................... **A7:** 40
tolerances.............................. **A7:** 711
water atomization........................ **A7:** 37

Copper alloy strip
bending of.............................. **A8:** 134

Copper alloys *See also* Bronze, commercial; Cast copper alloys; Copper; Copper alloy castings; Copper alloys, specific types; Copper contact alloys; Copper P/M products; Copper-base alloys, specific types; Electrical resistance alloys; Electrical resistance alloys, specific types; High-purity copper; Oxygen-free high-conductivity copper; Tin bronze; Tumbaga; Wrought copper and copper alloy products; Wrought copper and copper alloys............ **A6:** 752–771, **A13:** 610–640, **A14:** 809–824, **A16:** 805–819, **A20:** 389–393, **M2:** 239–274
1.4Cu-0.28C, 13 min, 500 °C, measured values of plastic work of fatigue crack propagation, and A values.......................... **A19:** 69
1.4Cu-0.45C, 200 min, 500 °C, measured values of plastic work of fatigue crack propagation, and A values.......................... **A19:** 69
4.5Cu-Al
(BSL65), critical stress required to cause a crack to grow........................ **A19:** 135
fatigue crack threshold compared with the constant *C*..................... **A19:** 134
15%Zn brass, cyclic deformation.......... **A19:** 64
31% Zn brass, cyclic deformation......... **A19:** 64
60/40 brass
corrosion fatigue behavior above 10^7 cycles.......................... **A19:** 598
critical stress required to cause a crack to grow, 550 °C in air................... **A19:** 135
fatigue crack threshold compared with the constant *C*..................... **A19:** 134
69Cu-31Zn, dislocation arrangement...... **A19:** 84
70/30 brass
fretting fatigue.................. **A19:** 327, 328
relationship between ΔK_{th} and the square root of the area........................ **A19:** 166
abrasive blasting........................ **M5:** 614
abrasive cutoff.................... **A16:** 818, 819
acid corrosion..................... **A13:** 627–629
addition affecting stainless steel machinability................ **A16:** 689, 690
admiralty brass, weldability.............. **A6:** 753
advantages........................ **A6:** 752, 797
advantages and applications of materials for surfacing, build-up, and hardfacing.. **A18:** 650
advantages of rapid solidification......... **A9:** 640
AEM analysis in.................. **A10:** 471–473
age hardenable.......................... **A2:** 236
age-hardenable.......................... **M2:** 242
air-carbon arc cutting............. **A6:** 1172, 1176
alkali corrosion................... **A13:** 629–630
alkaline cleaning.................. **M5:** 617–620
alloy families..................... **M2:** 241–242
alloy metallurgy.................. **A6:** 752–753
alloy ranges, major...................... **A15:** 772
alloy systems........................... **A2:** 238
alloyed with Ni......................... **A16:** 835
alloying element effect on machinability................ **A16:** 805–808
α-brass
as planar slip materials................. **A19:** 83
cyclic deformation curves................ **A19:** 90
dislocation structure................... **A19:** 102
stacking fault energy.................... **A19:** 77
aluminum brass, arsenical, weldability..... **A6:** 753
aluminum brasses....................... **A13:** 611
aluminum bronzes..... **A2:** 236, **A6:** 754, 764–766, **A13:** 611
gas-metal arc welding............. **A6:** 755, 770
gas-tungsten arc welding................ **A6:** 769
weldability............................ **A6:** 753
analysis for nickel, by dimethylgloxime method........................... **A10:** 66
annealed, Rockwell scale for.............. **A8:** 76
Antioch process for..................... **A15:** 247
applications.. **A2:** 216, 220–223, 239–240, **A6:** 752, 797, **A13:** 610, **A15:** 771, 782–785, **A18:** 750–752, **A20:** 389–390
sheet metals........................... **A6:** 400
arc welding *See* Arc welding of copper and copper alloys
arc welding processes.............. **A6:** 754–755
arc welding with nickel alloys............ **M6:** 443
as electrical contact materials........ **A2:** 842–843
as forged.............................. **A14:** 256
as matrix material...................... **EL1:** 1120
atmospheric exposure.............. **A13:** 616–618
back extrusion of.................. **A14:** 398–399
bainitic-like structures................... **A9:** 666
bar and tube, die materials for drawing... **M3:** 525
bearing material systems....... **A18:** 745, 746, 747
applications.......................... **A18:** 746
bend ductility data...................... **A8:** 131
bending of........................ **A14:** 812–813
beryllium copper
cutoff band sawing with bimetal blades **A6:** 1184
thermal diffusivity from 20 to 100 °C...... **A6:** 4
weldability............................ **A6:** 753
beryllium-containing, cleaning and finishing................ **M5:** 612, 614, 620
beryllium-copper
fatigue test results and fatigue curves... **A19:** 966
fatigue test results, four-point method.. **A19:** 966
beryllium-copper alloys.................. **A20:** 392
wear applications...................... **A20:** 607
beta phase.............................. **A9:** 639
billets/slugs, heating of................ **A14:** 257
biofouling........................ **A13:** 625–626
biological corrosion................ **A13:** 87, 119
blanking, die materials for.......... **M3:** 485, 486
blanking of....................... **A14:** 811–812
boring........................... **A16:** 810, 813
brass
fatigue limit.......................... **A19:** 166
fatigue properties..................... **A19:** 869
fatigue test results and fatigue curves... **A19:** 966
fatigue test results, four-point method.. **A19:** 966
in NH^+_4, bare-surface current density versus crack velocity................... **A19:** 196
on cast iron, fretting corrosion......... **A19:** 329
sintering............................. **A19:** 338
brass alloys............................ **A20:** 390
brasses................................ **A13:** 610
brasses, gas-metal arc welding............ **A6:** 755
brazeability of......................... **A11:** 450
brazing *See* Brazing of copper and copper alloys
brazing and soldering characteristics...... **A6:** 631
brazing, available product forms of filler metals............................ **A6:** 119
brazing, joining temperatures............. **A6:** 118
brazing with cast iron................... **M6:** 996
broaching........... **A16:** 200, 204, 208, 811, 813
bronze
fatigue properties..................... **A19:** 869
sintering............................. **A19:** 338
bronze alloys..................... **A20:** 390–391
wear applications...................... **A20:** 607
cadmium coppers......................... **A6:** 762
cadmium plating......................... **A5:** 224
cadmium plating of...................... **M5:** 622
capacitor discharge stud welding......... **M6:** 730
carbides for machining................... **A16:** 75
cartridge brass, weldability.............. **A6:** 753
cast, corrosion ratings, various media.......................... **A13:** 619–620
cast grain structures............... **A9:** 640–642
casting alloys.................... **A20:** 392–393
castings, cleaning and finishing...... **M5:** 614–616, 619–620
centerless grinding..................... **A16:** 818
cermet tools applied..................... **A16:** 92
characteristics.......................... **M6:** 400
chemical and electrochemical cleaning of................... **M5:** 617–619
chemical and electrolytic polishing of **M5:** 623–624
chemical resistance....................... **M5:** 7
chip formation........... **A16:** 805, 808–812, 817
chromium coppers........................ **A6:** 762
chromium plating of..................... **M5:** 622
chromium-coppers....................... **A20:** 392
circular sawing................... **A16:** 817–818
classification, generic................... **A2:** 236
classification into 3 subgroups........... **A16:** 805
classification system.................... **A14:** 809
cleaning............................... **A14:** 258
cleaning processes *See also* specific processes by name......................... **M5:** 611–621
cleaning solutions for substrate materials.. **A6:** 978
closed-die forging...................... **A14:** 255
coextrusion welding...................... **A6:** 311
coining of.................... **A14:** 184–185, 818
cold extrusion of.................. **A14:** 310–311
cold form tapping................. **A16:** 266, 267
cold reduction swaging............ **A14:** 128–129
cold work effect........................ **A16:** 808
cold working...................... **A2:** 219, 223
color................................... **A2:** 219
color etching..................... **A9:** 141–142
coloring process........... **M5:** 611–612, 624–626
commercial bronze
thermal diffusivity from 20 to 100 °C...... **A6:** 4
weldability............................ **A6:** 753
compatibility with various manufacturing processes........................... **A20:** 247
compositions........ **A18:** 751, 752, **A20:** 390, 391
compositions and properties........ **M6:** 401, 546
contact tube, gas-metal arc welding....... **A6:** 183
contaminated naphtha.................... **A13:** 635
content additions to P/M materials...... **A16:** 885
contour band sawing..................... **A16:** 363
contour roll forming of.................. **A14:** 818
copper fabricators....................... **A2:** 238
copper nickels.......................... **A13:** 611
copper-nickel alloys............. **A6:** 754, 766–769
gas-metal arc welding............. **A6:** 755, 770
gas-tungsten arc welding................ **A6:** 769
recommended shielding gas selection for gas-metal arc welding................... **A6:** 66
weldability............................ **A6:** 753
copper-nickel-zinc alloys................ **A20:** 391
copper-phosphorus alloys
brazing, available product forms of filler metals............................ **A6:** 119
brazing, joining temperatures............ **A6:** 118
recommended gap for braze filler metals **A6:** 120
coppers and high-copper alloys, corrosion resistance.......................... **A13:** 610
coppers, gas-metal arc welding............ **A6:** 755
copper-silicon alloys.................... **A13:** 611
copper-silver-phosphorus alloys
brazing, available product forms of filler metals............................ **A6:** 119
brazing, joining temperatures............ **A6:** 118
copper-tin alloys
brazing, available product forms of filler metals............................ **A6:** 119
brazing, joining temperatures............ **A6:** 118
copper-zinc alloys................ **A6:** 762–763
brazing, available product forms of filler metals............................ **A6:** 119
brazing, joining temperatures............ **A6:** 118
recommended gap for braze filler metals **A6:** 120
corrosion guide......................... **A13:** 612
corrosion in..................... **A11:** 201–202
corrosion in gases................ **A13:** 632–633
corrosion in organic compounds.......... **A13:** 631
corrosion in salts....................... **A13:** 630
corrosion, in specific environments.. **A13:** 616–633
corrosion resistance... **A2:** 216, **A13:** 610, **A20:** 549
crevice corrosion in..................... **A11:** 632
critical strain rate for SCC in............ **A8:** 519
crystallographic directions................ **A9:** 638
Cu graphite as electrode material for EDM.................... **A16:** 559, 560
Cu-16Al, cyclic deformation curve and planar slip......................... **A19:** 84
Cu-22wt%Zn, dislocation structure....... **A19:** 102
Cu-22Zn, difficult-cross-slip metals...... **A19:** 102
Cu-31Zn, dislocation structure........... **A19:** 102

Copper alloys (continued)
Cu-Al alloys
as planar-slip materials **A19:** 83, 84
stacking fault energy **A19:** 77
strain bursts in **A19:** 81
$CuAl_2Mg$ **A19:** 10
Cu-Co, shearable precipitates **A19:** 88
Cu-infiltrated iron **A16:** 882
cupronickels **A20:** 391
Cu-Te and EDM **A16:** 559
cutoff band sawing **A16:** 360
cutting fluids . . . **A16:** 125, 159, 808, 811, 814–815, 817
cutting, tools for **M3:** 477
Cu-W and EDM **A16:** 558, 559, 560
Cu-W, tool for electrochemical machining **A16:** 536
Cu-Zn alloys, as planar slip materials **A19:** 83
cylindrical grinding **A16:** 818
decorative chromium plating **A5:** 192
decorative colors and finishes **M2:** 240
deep drawing, tool materials for **M3:** 494, 495, 496
defects, permanent mold casting **A15:** 285
degassing of **A15:** 86, 464–468
deoxidation of **A15:** 468–470
deoxidized coppers, weldability **A6:** 753
deoxidizers **A2:** 236–237, **M2:** 243
designations **A18:** 751
diamond for machining **A16:** 105
die casting types **A15:** 286
die forging, tool materials for **M3:** 529, 530
dies **A14:** 256
dispersion of precipitates **A20:** 394
dispersion strengthening **A20:** 392
dissimilar metals **A6:** 769–770
gas-metal arc welding **A6:** 769–770
gas-tungsten arc welding **A6:** 769
drawing of **A14:** 814–818
drilling **A16:** 226, 229, 230, 237, 811–816
dry machining **A16:** 392
ductile irons, gas-metal arc welding **A6:** 770
effect of alloying elements on SCC . . . **A11:** 220–221
effect of casting temperature **A9:** 642
effects, alloy compositions **A13:** 610–611
electrical conductivity **A2:** 219
electrical discharge machining . . **A16:** 558, 559, 560, 561
electrochemical grinding **A16:** 543, 545, 547
electrochemical machining . . **A5:** 112, **A16:** 535, 537
electrochemical machining removal rates . . **A16:** 534
electrodes **A6:** 754, 764–765
electroless nickel plating **A5:** 301
electrolytic alkaline cleaning **A5:** 7
electrolytic cleaning of **M5:** 618–620
electrolytic tough pitch (ETP) copper, weldability **A6:** 753
electrolytic, ultrasonic welding **A6:** 326
electrolytic-tough-pitch (ETP) copper, fatigue test results and fatigue curves **A19:** 966
electromagnetic forming **A14:** 819
electron beam drilling **A16:** 570
electron beam welding **M6:** 642
electron-beam welding **A6:** 855, 872
electronic applications **A6:** 988–990, 998
elements implanted to improve wear and friction properties **A18:** 858
embossing of **A14:** 819
emulsion cleaning of **M5:** 618
end milling **A16:** 325, 816–817
end-use applications **A2:** 239
engineered material classes included in material property charts **A20:** 267
environments that cause stress-corrosion cracking **A6:** 1101
erosion-corrosion in **A11:** 201–202
erosive attack on die surfaces **A18:** 630
erosive wear during die casting **A18:** 629
ETP copper, fatigue test results, four-point method **A19:** 966
explosion welding **A6:** 896, **M6:** 710
extruded parts **A14:** 310–311
extrusion welding **M6:** 677
fabrication characteristics **A2:** 219–223
face milling **A16:** 816
factors affecting weldability **A6:** 753–754
hot cracking **A6:** 754
porosity **A6:** 754
precipitation-hardenable alloys **A6:** 754
surface condition **A6:** 754
thermal conductivity **A6:** 754
welding position **A6:** 754
fasteners, use in **M3:** 184
fatigue strength at subzero temperatures **M3:** 733–734
feeding **A15:** 778–782
ferrographic application to identify wear particles **A18:** 305
filler metals **A6:** 755–756, 763, 764, 765, 766, 768
FIM sample preparation of **A10:** 586
finishing processes *See also* specific processes by name **M5:** 621–627
fire refining effects **A15:** 453
flash welding **M6:** 558
flow-through water-cooled **A15:** 311
fluxes **A6:** 755
fluxing of **A15:** 448–451
for fine-edge blanking and piercing . . **A14:** 472–473
for loaded thermal conductor, decision matrix **A20:** 293
for wire-drawing dies **A14:** 336
forged, appearance of **A14:** 258
forging alloys **A14:** 255
forging brass, forgeability **A14:** 255
forging machines **A14:** 256
forging of **A14:** 255–258
forging severities **A14:** 257
forging temperatures **A14:** 257
forgings, cleaning and finishing . . **M5:** 611, 613–616
forming limit analysis **A14:** 820–821
forming of **A14:** 809–824
forming operations **A14:** 809
foundry properties, for sand casting **A2:** 348
fractographs **A12:** 399–404
fracture toughness vs.
density **A20:** 267, 269, 270
strength **A20:** 267, 272–273, 274
Young's modulus **A20:** 267, 271–272, 273
fracture/failure causes illustrated **A12:** 217
free machining **A2:** 216
free-cutting alloys **A16:** 805, 808, 811–818
free-cutting, die cutting speeds **A16:** 301
freezing front in continuous casting **A9:** 641
fretting wear **A18:** 248, 250
friction band sawing **A16:** 365
friction welding **M6:** 722
galling in shallow forming dies **A18:** 633
galvanic corrosion **A13:** 85
gas metal arc welding **M6:** 153
to dissimilar metals **M6:** 424
gas porosity, inspection of **A15:** 557–558
gas tungsten arc welding **M6:** 182, 206
gases in **A15:** 86, 466
gas-metal arc welding **A6:** 180, 752, 754–755
shielding gases **A6:** 66–67
gas-tungsten arc welding . . . **A6:** 192, 752, 754, 755, 756, 764–765, 766
gating **A15:** 776–778
general biological corrosion **A13:** 87
general-purpose, casting **A2:** 351–352
generic classification **A13:** 611
gilding, weldability **A6:** 753
gold plating of **M5:** 621–623
grain refining of **A15:** 481
gray irons, gas-metal arc welding **A6:** 770
grinding **A16:** 547, 818–819
grinding fluids **A16:** 819
group I **A15:** 771, 774–775, 778–781
group II **A15:** 771–772, 775–776, 778–781
group III **A15:** 771–772, 776, 781–782
groups divided into **A6:** 752
hardfacing material **M6:** 777
heat treatment **A2:** 223, **A15:** 782
heat-affected zone **A6:** 754
heating of dies **A14:** 257
high frequency resistance welding **M6:** 760
high-carbon steel, gas-metal arc welding . . . **A6:** 770
high-carbon steels, gas-tungsten arc welding **A6:** 769
high-copper alloys **A20:** 390
high-silicon bronze, cutoff band sawing with bimetal blades **A6:** 1184
high-speed machining **A16:** 597
high-zinc brasses
gas-metal arc welding **A6:** 770
weldability **A6:** 753
hone forming **A16:** 488
honing **A16:** 476, 477, 819
hot extrusion
billet temperatures **M3:** 537
die life **M3:** 539–540
die materials **M3:** 538
hot extrusion of **A14:** 322
hot working **A2:** 223
hydraulic forming of **A14:** 819
hydrochloric acid corrosion **A13:** 1163
hydrogen damage **A13:** 170
impingement attack **A13:** 624
in bimetal bearing material systems **A18:** 747
in ester solutions, corrosion **A13:** 633
in freshwater **A13:** 621–622
in heat exchangers and condensers . . . **A13:** 626–627
in moist chlorine **A13:** 1173
in polluted cooling waters **A13:** 625
in salt water **A13:** 622–625
in seawater, critical surface shear stress . . . **A13:** 624
in soils and groundwater **A13:** 618–621
in steam condensate **A13:** 622
in water **A13:** 621–627
inclusions in **A15:** 96, 488
industry structure **A2:** 238–239
ingot solidification structures **A9:** 637–645
inhibited alloys **A13:** 611
inoculants for **A15:** 105
insoluble alloying elements **A2:** 236
insoluble elements, effect on machinability **M2:** 242–243
inspection methods **A17:** 534–535
inspection of **A15:** 557–558
intergranular corrosion evaluation **A13:** 241
internal grinding **A16:** 818
knurling **A16:** 815–816
lapping **A16:** 494
laser beam welding **M6:** 647
laser cutting **A14:** 742
lead effect on machinability **A16:** 805, 808
lead frame strip, manufacture **EL1:** 483
leaded, electroless nickel plating **M5:** 232–233
life-limiting factors for die-casting dies . . . **A18:** 629
line etching **A9:** 62
linear expansion coefficient vs. thermal conductivity **A20:** 267, 276, 277
linear expansion coefficient vs. Young's modulus **A20:** 267, 276–277, 278
liquid-erosion resistance **A11:** 167
liquid-metal embrittlement of **A11:** 28
loss coefficient vs. Young's modulus **A20:** 267, 273–275
low brass, weldability **A6:** 753
low-alloy steels
gas-metal arc welding **A6:** 770
gas-tungsten arc welding **A6:** 769
low-carbon steel
gas-metal arc welding **A6:** 770
gas-tungsten arc welding **A6:** 769
low-zinc brasses
gas-metal arc welding **A6:** 770
gas-tungsten arc welding **A6:** 769

SUBJECTS OF THE INDEXED VOLUMES: ASM Handbook (designated by the letter "A"): **A1:** Properties and Selection: Irons, Steels, and High-Performance Alloys (1990); **A2:** Properties and Selection: Nonferrous Alloys and Special-Purpose Materials (1990); **A3:** Alloy Phase Diagrams (1992); **A4:** Heat Treating (1991); **A5:** Surface Engineering (1994); **A6:** Welding, Brazing, and Soldering (1993); **A7:** Powder Metal Technologies and Applications (1998); **A8:** Mechanical Testing (1985); **A9:** Metallography and Microstructures (1985); **A10:** Materials Characterization (1986); **A11:** Failure Analysis and Prevention (1986); **A12:** Fractography (1987); **A13:** Corrosion (1987); **A14:** Forming and Forging (1988); **A15:** Casting (1988); **A16:** Machining (1989); **A17:** Nondestructive Evaluation and Quality Control (1989); **A18:** Friction, Lubrication, and Wear Technology (1992); **A19:** Fatigue and Fracture (1996); **A20:** Materials Selection and Design (1997). **Metals Handbook, 9th Edition** (designated by the letter "M"): **M1:** Properties and Selection: Irons and Steels (1978); **M2:** Properties and Selection: Nonferrous Alloys and Pure Metals (1979); **M3:** Properties and Selection: Stainless Steels, Tool Materials, and Special-Purpose Materials (1980); **M4:** Heat Treating (1981); **M5:** Surface Cleaning, Finishing, and Coating (1982); **M6:** Welding, Brazing, and Soldering (1983); **M7:** Powder Metallurgy (1984). **Engineered Materials Handbook** (designated by the letters "EM"): **EM1:** Composites (1987); **EM2:** Engineering Plastics (1988); **EM3:** Adhesives and Sealants (1990); **EM4:** Ceramics and Glasses (1991). **Electronic Materials Handbook** (designated by the letters "EL"): **EL1:** Packaging (1989)

weldability **A6:** 753
lubricants **A14:** 257, 519
machinability **A20:** 756
machinability ratings and variations. **A16:** 805
malleable irons, gas-metal arc welding **A6:** 770
manganese bronze A
cutoff band sawing with bimetal blades **A6:** 1184
weldability **A6:** 753
manganese bronzes, gas-metal arc welding **A6:** 755
manganese-nickel-aluminum bronzes, gas-metal arc
welding. **A6:** 755
marine pitting. **A13:** 906
martensitic structures **A9:** 672–673
mass finishing of **M5:** 614–616
materials for die-casting dies **A18:** 629
mechanical working **A2:** 219, 223
medium-carbon steel
gas-metal arc welding. **A6:** 770
gas-tungsten arc welding **A6:** 769
melt refining. **A15:** 449–450
melt treatment **A15:** 774–782
melting heat for **A15:** 376
melting practice **A15:** 772–774
metal forming lubricants. **A18:** 147
metalworking fluid selection guide for finishing
operations **A5:** 158
microdrilling **A16:** 238
microstructure. **A20:** 341
microstructures of **A9:** 551
milling **A16:** 110, 312, 313, 314, 327, 547,
816–817
minimum-draft forgings **A14:** 258
modified solid-solution alloys **A2:** 234–235
mold coatings for. **A15:** 282
monocrystalline copper
cyclic stress-strain curve **A19:** 78
three-dimensional image of dislocation
arrangement **A19:** 80
multiple-operation machining **A16:** 815
muntz metal, weldability. **A6:** 753
naval brass
thermal diffusivity from 20 to 100 °C. **A6:** 4
weldability **A6:** 753
nickel alloys
gas-metal arc welding. **A6:** 770
gas-tungsten arc welding **A6:** 769
nickel plating **A5:** 211
nickel plating of. . **M5:** 199–200, 215, 218, 232–233
electroless **M5:** 232–233
nickel silvers **A13:** 611
nickel silvers, weldability **A6:** 753
nickel-aluminum bronzes, gas-metal arc
welding. **A6:** 755
nickel-chromium alloys
gas-metal arc welding. **A6:** 770
gas-tungsten arc welding **A6:** 769
nickel-chromium-iron alloys
gas-metal arc welding. **A6:** 770
gas-tungsten arc welding **A6:** 769
nickel-copper alloys
gas-metal arc welding. **A6:** 770
gas-tungsten arc welding **A6:** 769
nickel-iron alloys
gas-metal arc welding. **A6:** 770
gas-tungsten arc welding **A6:** 769
no resistance seam welding **A6:** 241–242
nondestructive testing. **A6:** 1086
nonmetallic inclusions in **A11:** 316
normalized tensile strength vs. coefficient of linear
thermal expansion. **A20:** 267, 277–279
organic coating of **M5:** 621, 626–627
oxyfuel gas welding **A6:** 281, 285, **M6:** 583
oxyfuel welding. **A6:** 756
oxygen-free copper (OFC), weldability **A6:** 753
oxygen-free high-conductivity. **A12:** 401
passivation of **M5:** 624
PCD tooling application **A16:** 109, 110
percussion welding **M6:** 740
peripheral milling **A16:** 815, 816
peritectic transformations. **A9:** 677–678
permanent mold casting **A15:** 275
petroleum refining and petrochemical
operations **A13:** 1263
phosphor bronze
corrosion fatigue behavior above 10^7
cycles. **A19:** 598
critical stress required to cause a crack to grow,
550 °C in air **A19:** 135
fatigue crack threshold compared with the
constant *C* **A19:** 134
phosphor bronzes **A13:** 611
gas-metal arc welding **A6:** 755, 770
gas-tungsten arc welding **A6:** 769
weldability **A6:** 753
phosphorus as inclusion forming. **A15:** 90
phosphorus deoxidation **A15:** 468–469
photochemical machining. . **A16:** 587, 588, 591, 593
photochemical machining etchant . . . **A16:** 590, 591
physical properties **M6:** 546–547
pickling and bright dipping **M5:** 611–615, 619–620
piercing of. **A14:** 811–812
planing **A16:** 810–811, 813
plasma and shielding gas compositions **A6:** 197
plasma arc cutting. **A6:** 1169, 1170
plasma arc welding . . . **A6:** 197, 752, 754, 755, 756,
M6: 214
plating procedures **M5:** 619–624
electroless process **M5:** 621–622
electroplating **M5:** 622–624
immersion process. **M5:** 622
surface preparation **M5:** 619–621
polishing and buffing. **M5:** 615–617
polycrystalline copper
cyclic deformation curve **A19:** 83
cyclic neutralization **A19:** 76
cyclic stress-strain curves of **A19:** 82
microstructure **A19:** 82
stress-strain path **A19:** 76
porosity in **A15:** 86, 557–558
pouring **A15:** 776–778
pouring temperatures. **A15:** 283
power band sawing **A16:** 818
power hacksawing **A16:** 818
precipitation hardening **A20:** 392, 393
precoated before soldering **A6:** 131
press forming, tool materials for **M3:** 492, 493
principal ASTM specifications for weldable
nonferrous sheet metals. **A6:** 400
product forms **A18:** 751
production of **A2:** 237–238
products, ceramic molded. **A15:** 248
projection welding. **M6:** 503
properties **A18:** 750–752, **A20:** 390, 391
properties of. **A2:** 216, 219
property requirements, for formed
products. **A14:** 821–824
protective coatings **A13:** 636
pure alloys. **A20:** 390
reaming. **A16:** 248, 812–813, 814, 815
recessing **A16:** 815–816
recommended shielding gas selection for gas-metal
arc welding **A6:** 66
red brass, weldability. **A6:** 753
relative hydrogen susceptibility **A8:** 542
removal, from permanent molds **A15:** 284
resistance brazing **A6:** 339, 342, **M6:** 976
resistance seam welding. **M6:** 494
resistance soldering **A6:** 357
resistance spot welding **M6:** 479–480
resistance welding *See also* Resistance welding of
copper and copper alloys . . **A6:** 834, 841, 847,
849–850
rhodium plating of **M5:** 623
ring rolling **A14:** 255–256
Rockwell scale for **A8:** 76
roll welding **A6:** 312, **M6:** 676
roller burnishing **A16:** 254, 813
rolling of. **A14:** 343, 355–356
rotary forging of. **A14:** 179
rubber-pad forming of **A14:** 818–819
safe welding practices **A6:** 770–771
sawing. **A14:** 257, **A16:** 362
SCC failures **A12:** 133
SCC, in specific environments **A13:** 633–636
SCC testing. **A13:** 268–270
SCC testing of **A8:** 525–526
scratch brushing of **M5:** 616
selective leaching **A13:** 334
semisolid metal casting and forging **A15:** 327
shaping. **A16:** 191
shear stresses and horsepowers **A16:** 15
shearing **A14:** 256–257
shielded metal arc welding **A6:** 176, 179, 752, 754,
755, **M6:** 75
shrinkage voids in **A15:** 558
silicon bronzes **A6:** 754, 766
gas-metal arc welding **A6:** 755, 770
gas-tungsten arc welding **A6:** 769
weldability **A6:** 753
silicon-containing, pickling **M5:** 612–613
silver plating of. **M5:** 621–623
slab milling **A16:** 324
slitting **A16:** 817–818
Sn effect on machinability **A16:** 808
soldering **A6:** 630–631
solid solution **M2:** 242
solid-solution alloys **A2:** 1019
solution hardening **A20:** 391
solvent cleaning of **M5:** 617–618
spade drilling **A16:** 225
special alloys. **A6:** 752
special brasses, gas-metal arc welding. **A6:** 770
specific modulus vs. specific strength **A20:** 267,
271, 272
specific power. **A16:** 18
specific types **A19:** 869–872
spinning of **A14:** 818
spring materials, forming of. **A14:** 819–820
springback in. **A14:** 820
squeeze casting of **A15:** 323
stainless steels
gas-metal arc welding **A6:** 770
gas-tungsten arc welding **A6:** 769
stampings, cleaning and finishing. . . . **M5:** 614–615,
620
standardized system of identification **A6:** 752
steam as SCC source **A13:** 328
stock preparation **A14:** 256–257, 671
strength vs. density **A20:** 267–269
strengthening mechanisms for wrought
alloys **A20:** 391–392
stress-corrosion cracking in **A11:** 27, 220–223
stress-corrosion testing **A13:** 636–639
stress-relieving parameters **A13:** 615
stretch forming of **A14:** 814–818
stripping of. **M5:** 218
stud arc welding **M6:** 730
stud material **M6:** 730
submerged arc welding. **A6:** 752, 755
suction shell **A13:** 1204
sulfur effect on machinability **A16:** 805–808
sulfuric acid corrosion. **A13:** 1153
supply and reserves **A2:** 240
surface activation of. **M5:** 232–233
surface finish . . . **A16:** 805, 808, 812, 815, 817, 819
surface grinding **A16:** 818
swaging of **A14:** 128–129, 819
tapping. **A16:** 263, 813–815, 816
tarnish removal **M5:** 613, 619
Te effect on machinability. **A16:** 805–808
temper designations **A2:** 223
temperature distribution and cutting of Al
bronzes. **A16:** 808
tensile properties at subzero
temperatures **M3:** 732–733, 747
tensile strength **A20:** 347
reduction in thickness by rolling **A20:** 392
tensile-stress-relaxation characteristics **A20:** 390
testing in Mattsson's solution. **A8:** 525
testing mediums. **A8:** 525–526
thermal conductivity **A2:** 219
thermal conductivity vs. thermal
diffusivity. **A20:** 267, 275–276
thermodynamic properties **A15:** 55–60
threading **A16:** 813–815
threading operation and circular chasers **A16:** 297,
298
tin brasses **A13:** 610–611
tin brasses, weldability **A6:** 753
tin, gas-metal arc welding. **A6:** 770
tin, tin-lead, and tin-copper
plating of **M5:** 621–624
tin-containing **A2:** 526
tin-copper as **A13:** 774
tool design. **A16:** 809–810, 811, 812
tool for electrochemical machining. . **A16:** 533, 535,
536, 540
tool life **A16:** 815
torch brazing. **A6:** 328

Copper alloys (continued)
- torch soldering ... **A6:** 351, 352
- trimming ... **A14:** 257
- tube stock ... **A14:** 671
- turning ... **A16:** 135, 809–810, 811, 812
- turning operation with cermet tools ... **A16:** 94
- turning operation with PCD tooling ... **A16:** 110
- types ... **A15:** 771–772
- types of ... **A2:** 346–347
- types of attack ... **A13:** 612–616
- ultrasonic cleaning of ... **M5:** 619
- ultrasonic welding ... **A6:** 894–895, **M6:** 746
- upset forging ... **A14:** 255
- UV/VIS analysis for antimony, by iodoantimonite method ... **A10:** 68
- vacuum induction melting ... **A15:** 396
- vapor degreasing of ... **M5:** 617–618
- versus stainless steel properties ... **A18:** 712–713
- water-base cutting or grinding fluids ... **A16:** 128
- weld overlay material ... **M6:** 806, 816
- weldability ... **A6:** 752–753
- weldability rating by various processes ... **A20:** 306
- welding electrodes ... **A6:** 176
- welding of coppers ... **A6:** 756–760
- welding of high-strength beryllium coppers ... **A6:** 760–762
- wire, die materials for drawing ... **M3:** 522
- work hardening ... **A20:** 391–392
- wrought ... **A20:** 390–392
- wrought, corrosion ratings, various media ... **A13:** 617–618
- yellow brass, weldability ... **A6:** 753
- yield strengths, plastic packages ... **EL1:** 490
- Young's modulus vs. density ... **A20:** 266, 267, 268, 289
- Young's modulus vs. elastic limit ... **A20:** 287
- Young's modulus vs. strength ... **A20:** 267, 269–271
- Zn effect on machinability ... **A16:** 808

Copper alloys, annealing ... **A4:** 881–884, 889, **M4:** 722–724
- castings ... **A4:** 884, **M4:** 724
- cooling ... **A4:** 884
- fire cracking ... **A4:** 881, 884, **M4:** 723
- hydrogen embrittlement ... **A4:** 884, **M4:** 723
- impurities ... **A4:** 884, **M4:** 723
- loading ... **A4:** 884, **M4:** 723
- lubricants, effect of ... **A4:** 884, **M4:** 723
- oxidation ... **A4:** 884, **M4:** 723
- pretreatment, effect of ... **A4:** 884, **M4:** 723
- sulfur stains ... **A4:** 884
- sulphur stains ... **M4:** 723–724
- testing ... **A4:** 884, **M4:** 723
- thermal shock ... **A4:** 884, **M4:** 723
- time, effect of ... **A4:** 884, **M4:** 723
- wrought products ... **A4:** 881–883, **M4:** 719–721

Copper alloys, cast, specific types
- C81300, stress-relieving temperature ... **A4:** 885
- C81500, stress-relieving temperature ... **A4:** 885
- C81540, stress-relieving temperature ... **A4:** 885
- C81700, stress-relieving temperature ... **A4:** 885
- C81800, stress-relieving temperature ... **A4:** 885
- C82200, stress-relieving temperature ... **A4:** 885
- C82400, stress-relieving temperature ... **A4:** 885
- C82500, stress-relieving temperature ... **A4:** 885
- C82600, stress-relieving temperature ... **A4:** 885
- C82700, stress-relieving temperature ... **A4:** 885
- C82800, stress-relieving temperature ... **A4:** 885
- C83300, stress-relieving temperature ... **A4:** 885
- C84800, stress-relieving temperature ... **A4:** 885
- C95200, stress-relieving temperature ... **A4:** 885
- C95400, stress-relieving temperature ... **A4:** 885
- C95500, stress-relieving temperature ... **A4:** 885
- C95800, stress-relieving temperature ... **A4:** 885
- C96600, stress-relieving temperature ... **A4:** 885
- C97800, stress-relieving temperature ... **A4:** 885
- C99300, stress-relieving temperature ... **A4:** 885

Copper alloys, castings
- applications ... **M2:** 387, 389–390
- ASTM specifications ... **M2:** 384, 386
- centrifugal casting ... **M2:** 384
- composition ... **M2:** 383–384
- conductivity ... **M2:** 393
- corrosion resistance ... **M2:** 390–391
- cost considerations ... **M2:** 393–394
- dimensional tolerances ... **M2:** 388–389
- machinability ... **M2:** 388
- mechanical properties ... **M2:** 385–387
- permanent mold casting ... **M2:** 384
- plaster mold casting ... **M2:** 384–385
- sand casting ... **M2:** 384
- solidification control ... **M2:** 385

Copper alloys, corrosion environments
- acetic acid ... **M2:** 473, 475–476
- alkalis ... **M2:** 477
- ammonium hydroxide ... **M2:** 477
- anhydrous ammonia ... **M2:** 477
- atmospheric ... **M2:** 467, 470
- beer ... **M2:** 480
- benzol ... **M2:** 480
- biofouling ... **M2:** 472
- carbon dioxide ... **M2:** 480–481
- carbon monoxide ... **M2:** 480–481
- creosote ... **M2:** 479
- dry oxygen ... **M2:** 482–483
- fatty acids ... **M2:** 476
- fresh water ... **M2:** 470–471
  - copper aluminum alloys ... **M2:** 471
  - copper nickels ... **M2:** 471
  - copper-silicon alloys ... **M2:** 471
  - copper-zinc alloys ... **M2:** 470
- gasoline ... **M2:** 479, 483
- halogen gases ... **M2:** 475, 481
- hydrochloric acid ... **M2:** 473–675
- hydrocyanic acid ... **M2:** 476–477
- hydrofluoric acid ... **M2:** 475
- hydrogen ... **M2:** 481–483
- hydrogen sulfide ... **M2:** 481
- linseed oil ... **M2:** 480
- oleic acid ... **M2:** 476
- organic compounds ... **M2:** 478, 482
- oxidizing salts ... **M2:** 478–479
- phosphoric acids ... **M2:** 473–474
- salt water ... **M2:** 471–472
- salts ... **M2:** 477–479
- selection for specific environment ... **M2:** 466–467, 468–469
- soil ... **M2:** 467, 470
- steam ... **M2:** 471
- stearic acid ... **M2:** 476–477
- sugar ... **M2:** 480, 483
- sulfur compounds ... **M2:** 480
- sulfur dioxide ... **M2:** 481, 483
- sulfuric acid ... **M2:** 473, 474, 475
- tartaric acid ... **M2:** 477

Copper alloys, corrosion resistance
- aluminum brasses ... **M2:** 464
- aluminum bronzes ... **M2:** 465
- brasses ... **M2:** 461, 463, 464
- copper nickels ... **M2:** 464–465
- copper-silicon ... **M2:** 464, 465
- inhibited brasses ... **M2:** 464
- nickel silvers ... **M2:** 464, 465
- phosphor bronzes ... **M2:** 464, 465
- tin brasses ... **M2:** 463–464

Copper alloys, corrosion service ... **M2:** 466–483
- tubes, condenser ... **M2:** 472
- tubes, heat exchange ... **M2:** 472

Copper alloys, fatigue properties of ... **A19:** 869–873
- alloy designations ... **A19:** 869
- alloy metallurgy ... **A19:** 869–870
- bend fatigue testing of strip ... **A19:** 870
- beryllium coppers ... **A19:** 870, 873
  - heat-treatable and heat-treated alloys ... **A19:** 871
  - mill-hardened strip ... **A19:** 871–872
- brasses ... **A19:** 869
- bronzes ... **A19:** 869
- C70250 alloys ... **A19:** 871
- compositions ... **A19:** 869
- discussion ... **A19:** 872–873
- fatigue data ... **A19:** 870–872
- fatigue properties ... **A19:** 870, 871–873, 965
- fatigue strengths ... **A19:** 871, 965
- fatigue testing ... **A19:** 870
- fretting fatigue ... **A19:** 327–328
- heavy-section beryllium copper ... **A19:** 872, 873
- mechanical properties ... **A19:** 869–870
- nickel-silvers ... **A19:** 869
- nonaging alloys ... **A19:** 870–871
- rotating beam fatigue tests ... **A19:** 870
- spinodal alloys ... **A19:** 870, 872
- strip, fatigue data ... **A19:** 870–872
- temper designations ... **A19:** 869
- tensile strengths ... **A19:** 871

Copper alloys, heat treating ... **A4:** 880–898
- aluminum bronzes ... **M2:** 259
- annealing *See* Copper alloys, annealing
- annealing temperatures ... **M2:** 256
- atmospheres, protective ... **A4:** 887, 888–889, 894, **M4:** 727–728
- beryllium coppers ... **M2:** 256–257, 258
  - aging ... **M2:** 257, 258
  - solution treating ... **M2:** 256–257
- chromium coppers ... **M2:** 257–258, 259
- copper-nickel-phosphorus alloys ... **M2:** 257
- hardening ... **A4:** 886, **M4:** 724–726
- homogenizing ... **A4:** 880–881, **M4:** 719
- low-temperature hardening alloys ... **A4:** 886–887, **M4:** 724
- order-hardening alloys ... **A4:** 886–887, **M4:** 725–726
- precipitation-hardening alloys ... **A4:** 886, 894, 896, **M4:** 724–725
- quench hardening ... **A4:** 887, **M4:** 726
- spinodal-hardening alloys ... **A4:** 886, 894–897, **M4:** 725, 736
  - microduplexing ... **A4:** 897
- stress relieving ... **A4:** 884–885, 886, **M4:** 722–723, 724
- tempering ... **A4:** 887, **M4:** 726
- zirconium copper ... **M2:** 258–259

Copper alloys, heat treating equipment
- aging ... **M4:** 727
- furnaces ... **M4:** 726
- salt baths ... **M4:** 726–727
- stress-relieving ... **M4:** 727

Copper alloys, heat-treating equipment
- aging ... **A4:** 887–888, 889
- furnaces ... **A4:** 887, 888
- salt baths ... **A4:** 887, 888
- stress-relieving ... **A4:** 34, 887–888

Copper alloys, microstructure of specific types
- C23000 ... **A3:** 1•22, 1•23
- C24000 ... **A3:** 1•22, 1•23
- C26000 ... **A3:** 1•22, 1•23
- C27000 ... **A3:** 1•22, 1•23
- C28000 ... **A3:** 1•22, 1•23
- C71500 ... **A3:** 1•18

Copper alloys, specific types *See also* Copper; Copper alloys
- 4Cu-1Mg, precipitation hardening ... **A4:** 836
- 64Cu-27Ni-9Fe, spinodal decomposition ... **A12:** 402
- 64Cu-27Ni-9Fe, tensile overload fracture **A12:** 402
- 70Cu-30Ni, crevice corrosion ... **A13:** 110
- 70Cu-30Zn brass, dealloying corrosion ... **A13:** 128, 132
- 70Cu-30Zn cartridge brass, SCC failure in **A11:** 27
- 75-5-20, bearing wear ... **M3:** 592
- 75Cu-25Ni, roll welding ... **A6:** 314
- 80Cu-20Zn brass, corrosion pitting fracture ... **A12:** 404
- 90-10 Cu-Ni, photochemical machining ... **A16:** 588
- 90Cu-10Ni tube, biological pitting corrosion ... **A13:** 120
- 90Cu-10Sn-lPb, stress-corrosion cracking ... **A12:** 403
- 95Cu-2.5Co-2.5Be, wear data ... **M3:** 593
- 95Cu-5Al (Al bronze), properties ... **A18:** 714
- 97% aluminum bronze, thermal diffusivity from 20 to 100 °C ... **A6:** 4

SUBJECTS OF THE INDEXED VOLUMES: ASM Handbook (designated by the letter "A"): **A1:** Properties and Selection: Irons, Steels, and High-Performance Alloys (1990); **A2:** Properties and Selection: Nonferrous Alloys and Special-Purpose Materials (1990); **A3:** Alloy Phase Diagrams (1992); **A4:** Heat Treating (1991); **A5:** Surface Engineering (1994); **A6:** Welding, Brazing, and Soldering (1993); **A7:** Powder Metal Technologies and Applications (1998); **A8:** Mechanical Testing (1985); **A9:** Metallography and Microstructures (1985); **A10:** Materials Characterization (1986); **A11:** Failure Analysis and Prevention (1986); **A12:** Fractography (1987); **A13:** Corrosion (1987); **A14:** Forming and Forging (1988); **A15:** Casting (1988); **A16:** Machining (1989); **A17:** Nondestructive Evaluation and Quality Control (1989); **A18:** Friction, Lubrication, and Wear Technology (1992); **A19:** Fatigue and Fracture (1996); **A20:** Materials Selection and Design (1997). **Metals Handbook, 9th Edition** (designated by the letter "M"): **M1:** Properties and Selection: Irons and Steels (1978); **M2:** Properties and Selection: Nonferrous Alloys and Pure Metals (1979); **M3:** Properties and Selection: Stainless Steels, Tool Materials, and Special-Purpose Materials (1980); **M4:** Heat Treating (1981); **M5:** Surface Cleaning, Finishing, and Coating (1982); **M6:** Welding, Brazing, and Soldering (1983); **M7:** Powder Metallurgy (1984). **Engineered Materials Handbook** (designated by the letters "EM"): **EM1:** Composites (1987); **EM2:** Engineering Plastics (1988); **EM3:** Adhesives and Sealants (1990); **EM4:** Ceramics and Glasses (1991). **Electronic Materials Handbook** (designated by the letters "EL"): **EL1:** Packaging (1989)

170
springs, strip for . . . M1: 286
springs, wire for . . . M1: 284
184, resistance brazing . . . M6: 976
260 (cartridge brass)
friction welding . . . A6: 153
thermal diffusivity from 20 to 100 °C . . . A6: 4
353, resistance brazing . . . M6: 976
360, resistance brazing . . . M6: 976
400, crevice corrosion . . . A13: 110
510
springs, strip for . . . M1: 286
springs, wire for . . . M1: 284
793 (SAE), used as a surface layer for bushings . . . A18: 750
10100 tubing, (111) pole figure from inside wall . . . A10: 363
10100 tubing, ODF using Euler plots . . . A10: 361
10100 tubing, pole figure, from midwall . . A10: 362
10300, roll welding . . . A6: 313
11000, roll welding . . . A6: 313
11600, stress relaxation . . . M2: 486, 488
26000 (cartridge brass, 70%), microstructure from several directions . . . A10: 305
Al-4Cu, friction surfacing . . . A6: 322, 323
aluminum bronze D, cutoff band sawing with bimetal blades . . . A6: 1184
AMS 4881, wear-test results . . . M3: 591
beryllium copper 21C . . . M2: 438
beryllium copper nickel 72C . . . M2: 438–439
beryllium copper, use in die-casting dies . . M3: 543
C10100, composition and machinability rating . . . A16: 806
C10100 (ETP Cu) . . . A16: 809, 810, 811
C10100, material for ECM tool s . . . A16: 537
C10100, oxygen-free, characteristics . . . A2: 230
C10100-10800, composition and machinability rating . . . A16: 806
C10100-C10800 (oxygen-free Cu) . . . A16: 809, 810, 811, 813
C10200 . . . A16: 363
composition . . . M3: 746
stress relaxation . . . M2: 484–487
tensile properties at subzero temperatures . . . M3: 747
tubes, applications . . . M2: 262
tubes, mechanical properties . . . M2: 263
C10200, brazing with phosphor bronze cladding . . . A6: 347
C10200 forging, effects of overheating and burning . . . A11: 332, 334
C10200, oxygen-free, characteristics . . . A2: 230
C11000
acetic acid, corrosion in . . . M2: 476
acetic acid-acetic enhydride, corrosion in . . . M2: 475
alcohols, corrosion in . . . M2: 482
aldehydes, corrosion in . . . M2: 481
amine-system, corrosion in . . . M2: 478
ammonia, corrosion in . . . M2: 477
atmospheric corrosion . . . M2: 470
beet-sugar, corrosion in . . . M2: 483
$CaCl_2$ refrigeration brine, corrosion in . . . M2: 478
composition . . . M2: 467
contaminated naphtha, corrosion in . . . M2: 483
ester solutions, corrosion in . . . M2: 479–480
ethers, corrosion in . . . M2: 481
ethylene glycol, corrosion in . . . M2: 482
fasteners . . . M2: 443
hydrocyanic acid, corrosion in . . . M2: 477
hydrogen, corrosion in . . . M2: 482, 483
hydrogen cyanide, corrosion in . . . M2: 476
isopropyl ether-acetic acid, corrosion in M2: 476
ketones, corrosion in . . . M2: 481
sodium chloride brine, corrosion in . . . M2: 478
stearic acid corrosion in . . . M2: 476–477
stress relaxation . . . M2: 484–487
sulfuric acid, corrosion in . . . M2: 474
tubes, piercing temperature . . . M2: 263
C11000, characteristics . . . A2: 230
C11000 (tough pitch copper), electron-beam welding . . . A6: 860, 872
C11000, use for fasteners . . . M3: 184
C11300-C11600 (Ag-bearing ETP Cu) composition and machinability rating . . . A16: 806
C11400, softening characteristics . . . A2: 234
C12000
atmospheric corrosion . . . M2: 470
ketones, corrosion in . . . M2: 481
steam condensate, corrosion in . . . M2: 471
stress relaxation . . . M2: 485, 488
tubes, used for . . . M2: 471
C12200
clad to 304 L stainless steel, clad brazing . . . A6: 347
clad to 409 stainless steel, clad brazing . . A6: 347
clad to 1008 steel, clad brazing . . . A6: 347
composition . . . M2: 467, M3: 746
tensile properties at subzero temperatures . . . M3: 747
tubes, applications . . . M2: 262
tubes, mechanical properties . . . M2: 263
tubes, piercing temperature . . . M2: 263
C12200 (phosphorus-deoxidized Cu) composition and machinability rating . . . A16: 806
C12300, tubes . . . M2: 472
C12500, characteristics . . . A2: 223
C12500-C13000 (fire-refined ETP Cu) composition and machinability rating . . . A16: 806
C13400, stress relaxation . . . M2: 486, 488
C13700, stress relaxation . . . M2: 485, 488
C14200
steam condensate, corrosion in . . . M2: 471
sulfuric acid, corrosion in . . . M2: 474
C14300, cadmium-copper, cold rolling . . . A2: 234
C14300, softening characteristics . . . A2: 234
C14500, composition and machinability rating . . . A16: 806
C14500, electrochemical machining . . . A16: 537
C14500 (Te-Cu) . . . A16: 323, 324, 325, 815
C14500, tellurium-bearing, machinability . . A2: 230
C14700 . . . A16: 323, 324, 325
C14700, sulfur-bearing, machinability . . . A2: 230
C15000, as age hardenable . . . A2: 236
C15100, as age hardenable . . . A2: 236
C15100, copper-zirconium, conductivity . . . A2: 234
C15500, copper-silver-magnesium-phosphorus A2: 234
C15710 . . . M2: 298
C15720 . . . M2: 299
C15735 . . . M2: 299, 300
C16200 . . . M2: 300
stress relaxation . . . M2: 486, 488
C16200 (Cd-Cu), composition and machinability rating . . . A16: 806
C16500, composition and machinability rating . . . A16: 806
C17000 . . . A16: 361, 363, M2: 301–302
aging, proper-ties corresponding to . . . M2: 258
C17000, as gold alloy . . . A2: 236
C17200 . . . M2: 303–304, 305
aging, properties corresponding to . . . M2: 258
composition . . . M3: 746
fatigue life . . . M3: 748
stress relaxation . . . M2: 487
tensile properties at subzero temperatures . . . M3: 747
wear data . . . M3: 593
C17200, as gold alloy . . . A2: 236
C17200 (Be-Cu), composition and machinability rating . . . A16: 806
C17300 . . . M2: 303–304, 305
C17300, age hardenable . . . A2: 236
C17300 (Be-Cu) . . . A16: 323, 324, 325
C17300, composition and machinability rating . . . A16: 806
C17300, wear data . . . M3: 593
C17500 . . . M2: 306–307
aging, properties corresponding to . . . M2: 258
stress relaxation . . . M2: 488
C17500, age hardenable . . . A2: 236
C17500 (low-Be Cu), composition and machinability rating . . . A16: 806
C17500, wear data . . . M3: 593
C17510, age hardening . . . A2: 236
C17600 . . . M2: 308
C18200 . . . M2: 309
C18200, as age hardenable . . . A2: 236
C18200, resistance brazing . . . A6: 339
C18200-C18500 (chrome Cu), composition and machinability rating . . . A16: 806
C18400 . . . M2: 309
C18500 . . . M2: 309
C18500, as age hardenable . . . A2: 236
C18700 . . . M2: 310
C18700, composition and machinability rating . . . A16: 806
C18700, electrochemical machining . . . A16: 537
C18700, end milling . . . A16: 325
C18700, face milling . . . A16: 323
C18700 (leaded Cu) . . . A16: 323, 324, 325
C18700, slab milling . . . A16: 324
C19000 . . . M2: 488
C19000, as age hardenable . . . A2: 236
C19000 (high-Cu alloy), composition and machinability rating . . . A16: 806
C19100 . . . A16: 323, 324, 325
C19100, as age hardenable . . . A2: 236
C19200 . . . M2: 311
tubes, applications . . . M2: 262
tubes, mechanical properties . . . M2: 263
C19400 . . . M2: 311–312, 313
C19500 . . . M2: 313
C19500, copper-iron-cobalt-tin-phosphorus A2: 234
C19500 (Strescon), composition and machinability rating . . . A16: 806
C21000 . . . M2: 256, 316
C21000 (gilding, 95%), composition and machinability rating . . . A16: 806
C22000 . . . M2: 317, 318
composition . . . M2: 467, M3: 746
stress-relieving temperatures . . . M2: 256
tensile properties at subzero temperatures . . . M3: 747
C22000 (commercial bronze, 90%) . . . A16: 363
C22000, composition and machinability rating . . . A16: 806
C22000, electrochemical machining . . . A16: 537
C22600 . . . M2: 318, 319
C22600 jewelry bronze), composition and machinability rating . . . A16: 806
C23000 . . . M2: 320–321, 322
alcohols, corrosion in . . . M2: 482
atmospheric corrosion . . . M2: 470
composition . . . M2: 467
contaminated naphtha, corrosion in . . . M2: 483
steam condensate, corrosion in . . . M2: 471
stress-relieving temperatures . . . M2: 256
sulfur compounds, corrosion in . . . M2: 480
tartaric acid, corrosion in . . . M2: 477
tubes, applications . . . M2: 262
tubes, mechanical properties . . . M2: 263
tubes, piercing temperature . . . M2: 263
C23000 (red brass, 85%), composition and machinability rating . . . A16: 806
C24000 . . . M2: 256, 322, 323
C24000 (low brass, 80%), composition and machinability rating . . . A16: 806
C24000, susceptibility to dezincification . . A11: 633
C26000 . . . M2: 323–326, 327, 481
ammonia, corrosion in . . . M2: 477
atmospheric corrosion . . . M2: 470
composition . . . M2: 467, M3: 746
ethylene glycol, corrosion in . . . M2: 482
fasteners . . . M2: 444
fatigue life . . . M3: 748
ketones, corrosion in . . . M2: 481
oleic acid, corrosion in . . . M2: 476
stearic acid, corrosion in . . . M2: 476–477
stress-relieving temperatures . . . M2: 256
sulfuric acid, corrosion in . . . M2: 474
tartaric acid, corrosion in . . . M2: 477
tensile properties at subzero temperatures . . . M3: 747
tubes, applications . . . M2: 262
tubes, extrusion . . . M2: 261–262
tubes, mechanical properties . . . M2: 263
tubes, piercing temperature . . . M2: 263
C26000 (cartridge brass, 70%), composition and machinability rating . . . A16: 806
C26000 cartridge brass, dezincification of A11: 633
C26000 cartridge brass pipe, dezincification differences from domestic water supply . . . A11: 178
C26000, electrochemical machining . . . A16: 537
C26000, intergranular corrosion of . . . A11: 182
C26000, SCC from amines . . . A13: 633
C26000 steam-turbine condenser tube, dezincification failure of . . . A11: 634
C26800 . . . M2: 327–328

Copper alloys, specific types (continued)
C26800-C27000, composition and machinability rating . . . **A16:** 806
C26800-C27000 (yellow brass) . . . **A16:** 808
C27000 . . . **M2:** 327–328
dezincification . . . **M2:** 461
fasteners . . . **M2:** 443
stress-relieving temperatures . . . **M2:** 256
C27000, use for fasteners . . . **M3:** 184
C27000 yellow brass air-compressor innercooler tube, dezincification failure . . . **A11:** 179
C28000 . . . **M2:** 328, 329–330
composition . . . **M2:** 467
contaminated naphtha, corrosion in . . . **M2:** 483
fasteners . . . **M2:** 444
stress-relieving temperatures . . . **M2:** 256
sulfur compounds, corrosion in . . . **M2:** 480
tubes, piercing temperature . . . **M2:** 263
C28000, composition and machinability rating . . . **A16:** 806
C28000 (Muntz metal, 60/40 brass) **A16:** 808, 809, 811
C31400 . . . **M2:** 330
C31400, composition and machinability rating . . . **A16:** 806
C31400 (leaded commercial bronze) **A16:** 323, 324, 325, 363, 808
C31600 . . . **M2:** 331–331
C31600, composition and machinability rating . . . **A16:** 806
C31600 (leaded commercial bronze-Ni) . . **A16:** 323, 324, 325
C33000 . . . **M2:** 331
tubes, applications . . . **M2:** 262
tubes, mechanical properties . . . **M2:** 263
C33000, composition and machinability rating . . . **A16:** 806
C33000 (low-leaded brass, tube) . . . **A16:** 323, 324, 325
C33200 . . . **M2:** 332
C33200, composition and machinability rating . . . **A16:** 806
C33200 (high-leaded brass tube) . . . **A16:** 323, 324, 325
C33500 . . . **M2:** 333
C33500, composition and machinability rating . . . **A16:** 806
C33500 (low-leaded brass) . . . **A16:** 323, 324, 325
C34000 . . . **M2:** 333–334
C34000, composition and machinability rating . . . **A16:** 806
C34000 (medium-leaded brass) **A16:** 323, 324, 325
C34200 . . . **M2:** 333, 334
C34200, composition and machinability rating . . . **A16:** 806
C34200 (high-leaded brass) . . . **A16:** 323, 324, 325, 815, 817
C34200, use for fasteners . . . **M3:** 184
C34900 . . . **M2:** 335, 336
C34900 (brass) . . . **A16:** 323, 324, 325
C34900, composition and machinability rating . . . **A16:** 806
C35000 . . . **A16:** 323, 324, 325, **M2:** 336
C35300 . . . **A16:** 323, 324, 325, **M2:** 334, 335
C35600 . . . **M2:** 336–337
C35600, composition and machinability rating . . . **A16:** 806
C35600 (extrahigh-leaded brass) . . . **A16:** 323, 324, 325
C36000 . . . **M2:** 337–338
composition . . . **M2:** 467
fasteners . . . **M2:** 444
stress-relieving temperatures . . . **M2:** 256
tubes, applications . . . **M2:** 262
tubes, extrusion . . . **M2:** 261–262
C36000, composition and machinability rating . . . **A16:** 806
C36000, electrochemical machining . . . **A16:** 537
C36000, free cutting brass, semisolid application . . . **A15:** 336
C36000 (free-cutting brass) . . . **A16:** 323, 324, 325, 363
C36000, use for fasteners . . . **M3:** 184
C36500 . . . **M2:** 338–339
C36500-C36800, composition and machinability rating . . . **A16:** 806
C36500-C36800 (leaded Muntz metal) . . . **A16:** 323, 324, 325
C36600 . . . **M2:** 338–339
C36700 . . . **M2:** 338–339
C36800 . . . **M2:** 338–339
C37000 . . . **M2:** 339
C37000, composition and machinability rating . . . **A16:** 806
C37000 (free-cutting Muntz metal) . . **A16:** 323, 324, 325
C37700 . . . **M2:** 340–341
C37700, composition and machinability rating . . . **A16:** 806
C37700 (forging brass) . . . **A16:** 323, 324, 325, 814
C37700, high-zinc brass . . . **A2:** 236
C38500 (architectural bronze) . . **A16:** 323, 324, 325
C38500, composition . . . **M2:** 342, 467
C38500, composition and machinability rating . . . **A16:** 806
C40500 . . . **M2:** 342
C40800 . . . **M2:** 343
C41100 . . . **M2:** 343, 344
C41100 (Lubaloy), composition and machinability rating . . . **A16:** 806
C41500 . . . **M2:** 344–345
C41900 . . . **M2:** 345
C42200 . . . **M2:** 345
C42500 . . . **M2:** 346
C42500-C43500 (Sn brass), composition and machinability rating . . . **A16:** 806
C43000 . . . **M2:** 346, 347
C43400 . . . **M2:** 347
C43500 . . . **M2:** 347–348
tubes, applications . . . **M2:** 262
tubes, mechanical properties . . . **M2:** 263
C44200
amine-system, corrosion in . . . **M2:** 478
atmospheric corrosion . . . **M2:** 470
contaminated naphtha, corrosion in . . . **M2:** 483
ethylene glycol, corrosion in . . . **M2:** 482
C44300 . . . **M2:** 348–349
beet-sugar, corrosion in . . . **M2:** 483
composition . . . **M2:** 467
gasoline, corrosion in . . . **M2:** 483
impingement attack . . . **M2:** 460
steam condensate, corrosion in . . . **M2:** 471
stress-relieving temperatures . . . **M2:** 256
tubes . . . **M2:** 472
tubes, applications . . . **M2:** 262
tubes, extrusion . . . **M2:** 261–262
tubes, mechanical properties . . . **M2:** 263
C44300, gasoline corrosion . . . **A13:** 635
C44300 heat-exchanger tube, impingement corrosion failure . . . **A11:** 635
C44300, impingement attack . . . **A11:** 634–635
C44300, SCC in . . . **A11:** 635
C44300-C44500 (inhibited admiralty) composition and machinability rating . . . **A16:** 806
C44400 . . . **M2:** 348–349
alcohols, corrosion in . . . **M2:** 482
beet-sugar, corrosion in . . . **M2:** 483
composition . . . **M2:** 467
steam condensate, corrosion in . . . **M2:** 471
tubes . . . **M2:** 472, 480
tubes, applications . . . **M2:** 262
tubes, mechanical properties . . . **M2:** 263
C44400, SCC in . . . **A11:** 635
C44500 . . . **M2:** 348–349
beet-sugar, corrosion in . . . **M2:** 483
composition . . . **M2:** 467
intercrystalline corrosion . . . **M2:** 461
steam condensate, corrosion in . . . **M2:** 471
tubes . . . **M2:** 472, 480
tubes, applications . . . **M2:** 262
tubes, mechanical properties . . . **M2:** 263
C44500, SCC in . . . **A11:** 635
C46200 fasteners . . . **M2:** 443
C46200, use for fasteners . . . **M3:** 184
C46400 . . . **M2:** 349–351
composition . . . **M2:** 467
contaminated naphtha, corrosion in . . . **M2:** 483
fasteners . . . **M2:** 443, 444
tubes, applications . . . **M2:** 262
tubes, mechanical properties . . . **M2:** 263
tubes, piercing temperature . . . **M2:** 263
C46400, electrochemical machining . . . **A16:** 537
C46400 (naval brass), composition and machinability rating . . . **A16:** 806
C46400, use for fasteners . . . **M3:** 184
C46500 . . . **M2:** 349–351
composition . . . **M2:** 467
fasteners . . . **M2:** 444
tubes, applications . . . **M2:** 262
tubes, mechanical properties . . . **M2:** 263
C46500-C46700 (naval brass), composition and machinability rating . . . **A16:** 806
C46600 . . . **M2:** 349–351
composition . . . **M2:** 467
fasteners . . . **M2:** 444
tubes, applications . . . **M2:** 262
tubes, mechanical properties . . . **M2:** 263
C46700 . . . **M2:** 349–351
composition . . . **M2:** 467
fasteners . . . **M2:** 444
tubes, applications . . . **M2:** 262
tubes, mechanical properties . . . **M2:** 263
C48200 . . . **M2:** 351–352
C48200, composition and machinability rating . . . **A16:** 806
C48200 (medium-leaded naval brass) . . . **A16:** 323, 324, 325
C48500 . . . **M2:** 352–353
fasteners . . . **M2:** 444
C48500, composition and machinability rating . . . **A16:** 806
C48500 (leaded naval brass) . . . **A16:** 323, 324, 325
C50500 . . . **M2:** 353–354
C50500-C52400 (phosphor bronze) composition and machinability rating . . . **A16:** 806
C51000 . . . **M2:** 354–355
aldehydes, corrosion in . . . **M2:** 481
composition . . . **M2:** 467, **M3:** 746
ester solutions, corrosion in . . . **M2:** 480
ethylene glycol, corrosion in . . . **M2:** 482
fasteners . . . **M2:** 443
oleic acid, corrosion in . . . **M2:** 476
paper-mill vapor, corrosion . . . **M2:** 483
stress relaxation . . . **M2:** 489
stress-relieving temperatures . . . **M2:** 256
sulfuric acid, corrosion in . . . **M2:** 474
tensile properties at subzero temperatures . . . **M3:** 747
C51000 (phosphor bronze) . . . **A16:** 361, 814, 815
C51100 . . . **M2:** 355
C52100 . . . **M2:** 355–356
atmospheric corrosion . . . **M2:** 470
composition . . . **M2:** 467
paper-mill vapor, corrosion in . . . **M2:** 483
C52400 . . . **M2:** 356
C52400, clad to phosphor bronze C10200 copper, clad bronzing . . . **A6:** 347
C54400 . . . **M2:** 356–357
C54400, composition and machinability rating . . . **A16:** 806
C54400 (free-cutting phosphor bronze) . . . **A16:** 323, 324, 325, 363
C60600 . . . **M2:** 357–358
C60800 . . . **M2:** 358
ester solutions, corrosion in . . . **M2:** 479
ethylene glycol, corrosion in . . . **M2:** 482

SUBJECTS OF THE INDEXED VOLUMES: ASM Handbook (designated by the letter "A"): **A1:** Properties and Selection: Irons, Steels, and High-Performance Alloys (1990); **A2:** Properties and Selection: Nonferrous Alloys and Special-Purpose Materials (1990); **A3:** Alloy Phase Diagrams (1992); **A4:** Heat Treating (1991); **A5:** Surface Engineering (1994); **A6:** Welding, Brazing, and Soldering (1993); **A7:** Powder Metal Technologies and Applications (1998); **A8:** Mechanical Testing (1985); **A9:** Metallography and Microstructures (1985); **A10:** Materials Characterization (1986); **A11:** Failure Analysis and Prevention (1986); **A12:** Fractography (1987); **A13:** Corrosion (1987); **A14:** Forming and Forging (1988); **A15:** Casting (1988); **A16:** Machining (1989); **A17:** Nondestructive Evaluation and Quality Control (1989); **A18:** Friction, Lubrication, and Wear Technology (1992); **A19:** Fatigue and Fracture (1996); **A20:** Materials Selection and Design (1997). **Metals Handbook, 9th Edition** (designated by the letter "M"): **M1:** Properties and Selection: Irons and Steels (1978); **M2:** Properties and Selection: Nonferrous Alloys and Pure Metals (1979); **M3:** Properties and Selection: Stainless Steels, Tool Materials, and Special-Purpose Materials (1980); **M4:** Heat Treating (1981); **M5:** Surface Cleaning, Finishing, and Coating (1982); **M6:** Welding, Brazing, and Soldering (1983); **M7:** Powder Metallurgy (1984). **Engineered Materials Handbook** (designated by the letters "EM"): **EM1:** Composites (1987); **EM2:** Engineering Plastics (1988); **EM3:** Adhesives and Sealants (1990); **EM4:** Ceramics and Glasses (1991). **Electronic Materials Handbook** (designated by the letters "EL"): **EL1:** Packaging (1989)

Copper alloys, specific types / 249

tubes, applications M2: 262
tubes, mechanical properties M2: 263
C60800-C61000 (Al bronze) A16: 813, 814
C60800-C62400, composition and machinability rating A16: 806
C61000 .... M2: 358–359
atmospheric corrosion M2: 470
C61300 .... M2: 359–360, 361
composition M2: 467
oleic acid, corrosion in M2: 476
wear applications M3: 592
wear-test results M3: 591
C61400 (Al bronze, D) A16: 361, 363
C61400, fasteners M2: 359, 360–361, 443
C61400, wear applications M3: 592
C61500 .... M2: 362
C61800
ethylene glycol, corrosion in M2: 482
paper-mill vapor, corrosion in M2: 483
C62300 .... M2: 362–363
ester solutions, corrosion in M2: 479
C62300-C62400 (Al bronze) A16: 323, 324, 325
C62400 .... M2: 364
wear applications M3: 592
wear-test results M3: 591
C62500 .... M2: 364–365
wear applications M3: 592
wear-test results M3: 591
C62500 (Ampco 21, Wearite 4-14) composition and machinability rating A16: 806
C63000 .... M2: 365–366
bearing wear M3: 593
ethylene glycol, corrosion in M2: 482
fasteners M2: 443
wear applications M3: 592
C63000 aluminum bronze, fatigue fracture A11: 114
C63000 (NI-AL bronze), composition and machinability rating A16: 806
C63200 .... M2: 366, 367
C63600 .... M2: 367
ester solutions, corrosion in M2: 479
C63700, composition M2: 467
C63800 .... M2: 367–369
C63800, composition and machinability rating A16: 806
C63800 (Coronze) A16: 323, 324, 325
C63800, high-strength A2: 235
C63900 (Al-Si bronze), electrochemical machining A16: 537
C64200 (Al bronze) A16: 323, 324, 325
C64200, composition and machinability rating A16: 806
C64200, fasteners M2: 443
C64200, use for fasteners M3: 184
C64700, age hardenable A2: 236
C65100 .... M2: 369
composition M2: 467
fasteners M2: 443, 444
tubes, applications M2: 262
tubes, mechanical properties M2: 263
C65100 (low-Si bronze, B), composition and machinability rating A16: 806
C65100, use for fasteners M3: 184
C65400, high-strength alloy A2: 236
C65500 .... M2: 369–370
acetic acid, corrosion in M2: 476
acetic acid-acetic enhydride, corrosion in M2: 475
alcohols, corrosion in M2: 482
aldehydes, corrosion in M2: 481
amine-system, corrosion in M2: 478
atmospheric corrosion M2: 470
composition M2: 467
ester solution, corrosion in M2: 479
ethers, corrosion in M2: 481
ethylene glycol, corrosion in M2: 482
fasteners M2: 443, 444
hydrocyanic acid, corrosion in M2: 477
hydrogen cyanide, corrosion in M2: 476
ketones, corrosion in M2: 481
oleic acid, corrosion in M2: 476
stearic acids, corrosion in M2: 476–477
sulfuric acid, corrosion in M2: 473
tubes, applications M2: 262
tubes, mechanical properties M2: 263
C65500 (high-Si bronze, A), composition and machinability rating A16: 806
C65500, in sulfuric acid A13: 627
C65500, use for fasteners M3: 184
C65600 (high-Si bronze, D) A16: 361
C65800
hydrochloric acid, corrosion in M2: 475
paper-mill vapor, corrosion in M2: 483
C65800, hydrochloric acid corrosion A13: 628–629
C66100 fasteners M2: 443
C66100 (leaded Si bronze D), composition and machinability rating A16: 806
C66400 .... M2: 370, 371
C66400, low-zinc brass A2: 236
C67500, composition and machinability rating A16: 806
C67500 fasteners M2: 443
C67500 (Mn bronze, A) A16: 361
C68700
composition M2: 467
tubes, applications M2: 262
tubes, mechanical properties M2: 263
tubes, used for M2: 472
C68700 (Al brass), composition and machinability rating A16: 806
C68700, effect of arsenic in A11: 635
C68800 .... M2: 370–371
C68800 (Alcoloy), composition and machinability rating A16: 806
C68800, high-strength modified aluminum brass A2: 235
C69000 .... M2: 372
C69400 .... M2: 372
C69400, composition and machinability rating A16: 806
C69400 (Si red brass) A16: 363
C70250, age hardenable A2: 236
C70400 .... M2: 373
C70600 .... M2: 373–374
composition M2: 467, M3: 746
ethylene glycol, corrosion in M2: 482
tensile properties at subzero temperatures M3: 747
tubes, applications M2: 262
tubes, mechanical properties M2: 263
tubes, used for M2: 472
Young's modulus M3: 733
C70600, chlorination effects A13: 626
C70600, corrosion rate as function of seawater velocity and sulfide content A13: 625
C70600 (Cu-Ni, 10%), composition and machinability rating A16: 806
C70600, electrochemical machining A16: 537
C70600, fouling rates as function of seawater velocity A13: 626
C70600 heat-exchanger tubing A11: 633
C70600, in seawater, corrosion rates with sulfide additions A13: 625
C70600, iron effect on seawater corrosion A13: 623
C70600, salt water corrosion A13: 623
C70600 tube, hydraulic oil cooler A11: 633
C70600/C71500, galvanic couple data, in flowing seawater A13: 624
C71000 .... M2: 374–375
beet-sugar, corrosion in M2: 483
fasteners M2: 443
steam condensate, corrosion in M2: 471
tartaric acid, corrosion in M2: 477
C71000 (Cu-Ni), composition and machinability rating A16: 806
C71300 tartaric acid, corrosion in M2: 477
C71500 .... M2: 375–376
amine-system, corrosion in M2: 478
beet-sugar, corrosion in M2: 483
composition M2: 467, M3: 746
ester solutions, corrosion in M2: 479
ethylene glycol, corrosion in M2: 482
fasteners M2: 443
gasoline, corrosion in M2: 483
hydrofluoric, corrosion in M2: 475
stress relieving temperatures M2: 256
tensile properties at subzero temperatures M3: 747
tubes, applications M2: 262
tubes, mechanical properties M2: 263
tubes, used for M2: 472
Young's modulus M3: 733
C71500 (Cu-Ni, 30%), composition and machinability rating A16: 806
C71500, gasoline corrosion A13: 635
C71500, salt water corrosion A13: 623
C71640, iron effects on seawater corrosion A13: 623
C71900 .... M2: 376–377
C71900, spinodal decomposition hardening A2: 236
C72200 .... M2: 377–378
C72200, iron effects on seawater corrosion A13: 623
C72500 (Cu-Ni, tin-bearing), composition and machinability rating A16: 806
C72500 stress relaxation M2: 489
C73200 paper-mill vapor, corrosion in M2: 483
C74500 .... M2: 378–379
fasteners M2: 444
C74500 (Ni-Ag, 65-10), composition and machinability rating A16: 806
C75200 .... M2: 379–380
composition M2: 467
paper-mill vapor, corrosion in M2: 483
stress-relieving temperatures M2: 256
C75200 (Ni-Ag, 65-18), composition and machinability rating A16: 806
C75400 .... M2: 380
C75400 (Ni-Ag, 65-15), composition and machinability rating A16: 806
C75700 .... M2: 380–381
C75700, composition and machinability rating A16: 806
C75700 (Ni-Ag, 65-12) A16: 363
C77000 .... M2: 381
paper-mill vapor, corrosion in M2: 483
C77000 (Ni-Ag), composition and machinability rating A16: 806
C78200 .... M2: 382
C78200, composition and machinability rating A16: 806
C78200 (leaded Ni-AG) A16: 323, 324, 325
C80100-C81100 (Cu), composition and machinability rating A16: 807
C81100 .... M2: 395
C81300-C82800 (Be-Cu), composition and machinability rating A16: 807
C81400 .... M2: 395–396
composition M2: 393
mechanical properties M2: 393
C81400, as age hardenable A2: 236
C81500 .... M2: 396
composition M2: 393
mechanical properties M2: 393
C81800 .... M2: 396–397
composition M2: 393
mechanical properties M2: 393
C82000 .... M2: 397–398
composition M2: 393
mechanical properties M2: 393
C82200 .... M2: 398–399
composition M2: 393
mechanical properties M2: 393
C82400 .... M2: 399–400
C82500 .... M2: 400–402
composition M2: 393
mechanical properties M2: 393
C82500, use in molds for plastics and rubber M3: 549
C82600 .... M2: 402–403
C82600, use in molds for plastics and rubber M3: 549
C82800 .... M2: 403–405
composition M2: 393
mechanical properties M2: 393
C82800, use in molds for plastics and rubber M3: 549
C83300-C83800 (leaded red brass) composition and machinability rating A16: 807
C83420, bearing material systems A18: 746
C83520, bearing material systems A18: 746
C83600 .... M2: 404–406
applications M2: 392
composition M2: 384
foundry properties, sand casting M2: 385
machinability M2: 389
mechanical properties M2: 386

Copper alloys, specific types (continued)
working stress, ASME Code castings **M2:** 390
C83600, allowable working stresses....... **A2:** 352
C83600, as general-purpose copper casting alloy **A2:** 351
C83800........................... **M2:** 406–407
applications.......................... **M2:** 392
composition **M2:** 384
machinability **M2:** 389
mechanical properties................. **M2:** 386
C83800, as general-purpose copper casting alloy **A2:** 351
C84200-C84800 (leaded semi-red brass) composition and machinability rating **A16:** 807
C84400............................... **M2:** 407
applications.......................... **M2:** 392
composition **M2:** 384
foundry properties, sand casting........ **M2:** 385
machinability **M2:** 389
mechanical properties................. **M2:** 386
C84400, as general-purpose copper casting alloy **A2:** 351
C84800........................... **M2:** 407–408
applications.......................... **M2:** 392
composition **M2:** 384
foundry properties, sand casting........ **M2:** 385
machinability **M2:** 389
mechanical properties................. **M2:** 386
C84800, as general-purpose copper casting alloy **A2:** 351–352
C85200............................... **M2:** 408
applications.......................... **M2:** 392
composition **M2:** 384
machinability **M2:** 389
mechanical properties................. **M2:** 386
C85200, as general-purpose copper casting alloy **A2:** 352
C85200-C85800 (leaded yellow brass) composition and machinability rating........... **A16:** 807
C85400........................... **M2:** 408–409
applications.......................... **M2:** 392
composition **M2:** 384
foundry properties, sand casting........ **M2:** 385
machinability **M2:** 389
mechanical properties................. **M2:** 386
C85700............................... **M2:** 409
composition **M2:** 384
mechanical properties................. **M2:** 386
C85700, as general-purpose copper casting lloy........................ **A2:** 352
C85800............................... **M2:** 409
composition **M2:** 384
foundry properties, sand casting........ **M2:** 385
mechanical properties................. **M2:** 386
C85800, as die casting, composition...... **A15:** 286
C86100........................... **M2:** 409–410
C86100-C86800 (Mn bronze), composition and machinability rating............... **A16:** 807
C86200........................... **M2:** 409–410
compositions......................... **M2:** 384
mechanical properties................. **M2:** 386
C86300........................... **M2:** 410–411
composition **M2:** 384
foundry properties, sand casting........ **M2:** 385
machinability **M2:** 389
mechanical properties................. **M2:** 386
C86300, wear-test results................ **M3:** 591
C86400........................... **M2:** 411–412
composition **M2:** 384
machinability **M2:** 389
mechanical properties................. **M2:** 386
C86500........................... **M2:** 412–415
composition **M2:** 384
foundry properties, sand casting........ **M2:** 385
machinability **M2:** 389
mechanical properties................. **M2:** 386
C86700
composition **M2:** 384
mechanical properties................. **M2:** 386
C87200............................... **M2:** 416
composition **M2:** 384
foundry properties, sand casting........ **M2:** 385
mechanical properties................. **M2:** 386
C87200-C87400 (Si bronze), composition and machinability rating............... **A16:** 807
C87400
composition **M2:** 384
mechanical properties................. **M2:** 386
C87500........................... **M2:** 416–417
composition **M2:** 384
foundry properties, sand casting........ **M2:** 385
mechanical properties................. **M2:** 386
C87500-C87900 (Si brass), composition and machinability rating............... **A16:** 807
C87600
composition **M2:** 384
mechanical properties................. **M2:** 386
C87800........................... **M2:** 416–417
composition **M2:** 384
mechanical properties................. **M2:** 386
C87800, as die casting, composition...... **A15:** 286
C87900
composition **M2:** 384
mechanical properties................. **M2:** 386
C87900, as die casting, composition...... **A15:** 286
C90200-C91700 (Sn bronze), composition and machinability rating............... **A16:** 807
C90300........................... **M2:** 417–418
composition **M2:** 384
foundry properties, sand casting........ **M2:** 385
machinability **M2:** 389
mechanical properties................. **M2:** 386
C90300, as general-purpose copper casting alloy **A2:** 352
C90500............................... **M2:** 418
composition **M2:** 384
machinability **M2:** 389
mechanical properties................. **M2:** 386
C90500, as general-purpose copper casting alloy **A2:** 352
C90500, bearing wear.................. **M3:** 592
C90700............................... **M2:** 418
C90700, phosphor bronze, for gear applications....................... **A2:** 352
C91100
applications.......................... **M2:** 394
composition **M2:** 384
C91100, bridge turntable application **A2:** 352
C91300
applications.......................... **M2:** 394
composition **M2:** 384
C91300, bridge turntable application **A2:** 352
C91700........................... **M2:** 418–419
C91700, wear-test results................ **M3:** 591
C92200........................... **M2:** 419–421
composition **M2:** 384
foundry properties, sand casting........ **M2:** 385
machinability **M2:** 389
mechanical properties................. **M2:** 386
working stress, ASME Code castings **M2:** 390
C92200, allowable working stresses........ **A2:** 352
C92200, corrosion resistance **A2:** 352
C92200 (Navy M bronze), composition and machinability rating............... **A16:** 807
C92300............................... **M2:** 422
composition **M2:** 384
machinability **M2:** 389
mechanical properties................. **M2:** 386
C92300 (Navy G bronze), composition and machinability rating............... **A16:** 807
C92500............................... **M2:** 422
C92500-C92800 (leaded Sn bronze) composition and machinability rating........... **A16:** 807
C92600........................... **M2:** 422–423
C92700............................... **M2:** 423
C92900............................... **M2:** 423
C93200............................... **M2:** 424
applications.......................... **M2:** 394
composition **M2:** 384
machinability **M2:** 389
mechanical properties................. **M2:** 386
C93200, bearing wear.................. **M3:** 592
C93200-C93900 (high-leaded Sn bronze) composition and machinability rating **A16:** 807
C93500............................... **M2:** 424
applications.......................... **M2:** 394
composition **M2:** 384
machinability **M2:** 389
mechanical properties................. **M2:** 386
C93700........................... **M2:** 424–427
applications.......................... **M2:** 394
composition **M2:** 384
foundry properties, sand casting........ **M2:** 385
machinability **M2:** 389
mechanical properties................. **M2:** 386
C93800........................... **M2:** 427–428
applications.......................... **M2:** 394
composition **M2:** 384
machinability **M2:** 389
mechanical properties................. **M2:** 386
C93900............................... **M2:** 428
C94100 composition.................... **M2:** 384
C94300............................... **M2:** 428
applications.......................... **M2:** 394
composition **M2:** 384
foundry properties, sand casting........ **M2:** 385
machinability **M2:** 389
mechanical properties................. **M2:** 386
C94400, composition **M2:** 384
C94500............................... **M2:** 429
composition **M2:** 384
C94700
composition **M2:** 384
mechanical properties................. **M2:** 386
C94700-C94800 (Ni-Sn bronze), composition and machinability rating............... **A16:** 807
C94800
composition **M2:** 384
mechanical properties................. **M2:** 386
C94900
composition **M2:** 384
mechanical properties................. **M2:** 386
C95200........................... **M2:** 429–431
composition **M2:** 384
machinability **M2:** 389
mechanical properties................. **M2:** 386
C95200-C95500 (Al bronze), composition and machinability rating............... **A16:** 807
C95300........................... **M2:** 430–431
composition **M2:** 384
foundry properties, sand casting........ **M2:** 385
machinability **M2:** 389
mechanical properties................. **M2:** 386
C95400........................... **M2:** 431–433
bearing wear......................... **M3:** 592
composition **M2:** 384
machinability **M2:** 389
mechanical properties................. **M2:** 386
wear applications..................... **M3:** 592
wear-test results...................... **M3:** 591
C95500........................... **M2:** 433–434
composition **M2:** 384
machinability **M2:** 389
mechanical properties................. **M2:** 386
C95500, wear-test results................ **M3:** 591
C95600, composition and machinability rating **A16:** 807
C95600, machinability.................. **M2:** 389
C95600 (Si-Al bronze).................. **A16:** 817
C95700............................... **M2:** 434
C95700 (Mn-Al bronze), composition and machinability rating............... **A16:** 807
C95800........................... **M2:** 434–435
foundry properties, sand casting........ **M2:** 385

SUBJECTS OF THE INDEXED VOLUMES: ASM Handbook (designated by the letter "A"): **A1:** Properties and Selection: Irons, Steels, and High-Performance Alloys (1990); **A2:** Properties and Selection: Nonferrous Alloys and Special-Purpose Materials (1990); **A3:** Alloy Phase Diagrams (1992); **A4:** Heat Treating (1991); **A5:** Surface Engineering (1994); **A6:** Welding, Brazing, and Soldering (1993); **A7:** Powder Metal Technologies and Applications (1998); **A8:** Mechanical Testing (1985); **A9:** Metallography and Microstructures (1985); **A10:** Materials Characterization (1986); **A11:** Failure Analysis and Prevention (1986); **A12:** Fractography (1987); **A13:** Corrosion (1987); **A14:** Forming and Forging (1988); **A15:** Casting (1988); **A16:** Machining (1989); **A17:** Nondestructive Evaluation and Quality Control (1989); **A18:** Friction, Lubrication, and Wear Technology (1992); **A19:** Fatigue and Fracture (1996); **A20:** Materials Selection and Design (1997). **Metals Handbook, 9th Edition** (designated by the letter "M"): **M1:** Properties and Selection: Irons and Steels (1978); **M2:** Properties and Selection: Nonferrous Alloys and Pure Metals (1979); **M3:** Properties and Selection: Stainless Steels, Tool Materials, and Special-Purpose Materials (1980); **M4:** Heat Treating (1981); **M5:** Surface Cleaning, Finishing, and Coating (1982); **M6:** Welding, Brazing, and Soldering (1983); **M7:** Powder Metallurgy (1984). **Engineered Materials Handbook** (designated by the letters "EM"): **EM1:** Composites (1987); **EM2:** Engineering Plastics (1988); **EM3:** Adhesives and Sealants (1990); **EM4:** Ceramics and Glasses (1991). **Electronic Materials Handbook** (designated by the letters "EL"): **EL1:** Packaging (1989)

C95800 (propeller bronze), composition and machinability rating . . . **A16:** 807
C96200-C96400 (Cu Ni), composition and machinability rating . . . **A16:** 807
C96400 . . . **M2:** 435
C96600 . . . **M2:** 435–436
C96600 (Be cupro-Ni), composition and machinability rating . . . **A16:** 807
C97300 . . . **M2:** 436
composition . . . **M2:** 384
machinability . . . **M2:** 389
mechanical properties . . . **M2:** 386
C97300-C97400 (leaded Ni brass) composition and machinability rating . . . **A16:** 807
C97600 . . . **M2:** 436–437
composition . . . **M2:** 384
foundry properties, sand casting . . . **M2:** 385
mechanical properties . . . **M2:** 386
C97600-C97800 (leaded Ni bronze) composition and machinability rating . . . **A16:** 807
C97800 . . . **M2:** 437
composition . . . **M2:** 384
foundry properties, sand casting . . . **M2:** 385
mechanical properties . . . **M2:** 386
C99300 (Incrament 900), composition and machinability rating . . . **A16:** 807
C99400 . . . **M2:** 437
C99700 . . . **M2:** 437–438
Cu-1-10
fiber for reinforcement . . . **A18:** 803
processing technique . . . **A18:** 803
properties . . . **A18:** 803
Cu-2.5Be, fully aged, strength . . . **A12:** 402
Cu-2.5Be, underaged fracture-toughness test . . . **A12:** 402
Cu_3Au, atomic interaction descriptions . . . **A6:** 144
Cu-3Zn, expected pole orientations of preferred orientations . . . **A10:** 360
Cu-3Zn, grain orientations . . . **A10:** 360
Cu-3Zn, measure (111) pole figure for . . . **A10:** 360
Cu-5Sn-5Pb-4Zn, corrosion fatigue failure **A12:** 403
Cu-5Zn
annealing time and temperature effect on hardness . . . **A4:** 828
annealing time and temperature effect on microstructure . . . **A4:** 829
annealing time effect on annealing process . . . **A4:** 830
microstructure showing deformation and bent annealing twins . . . **A4:** 828
recrystallization . . . **A4:** 829
Cu-8Al, intergranular fatigue cracking . . . **A11:** 254
CU-10MoS_2 alloys, sliding wear . . . **A18:** 810
Cu-10Ni *See* C70600
Cu-10Sn (tin-bronze), preferential corrosion . . . **A12:** 403
Cu-20MoS_2 alloys, sliding wear . . . **A18:** 810
Cu-20Pd-3In, brazing . . . **A6:** 945
Cu-30Ni *See* C71500
Cu-30Zn brass, diamond abrasive polishing wear . . . **A18:** 195
Cu-30Zn brass, fracture stress as function of liquid mercury exposure . . . **A11:** 226
Cu-38Zn-lPb, erosive attack of brass melt on the die surface . . . **A18:** 631
Cu-40Zn
heat-treatment effect on hardness . . . **A4:** 837, 838
microstructure after quenching . . . **A4:** 838
two-phase structure development . . . **A4:** 837, 838
Cu-42Zn, two-phase structure development . . . **A4:** 838, 839
Cu-43Zn, two-phase structure development . . . **A4:** 838, 839
Cu-Ag-P-Mg
fiber for reinforcement . . . **A18:** 803
processing technique . . . **A18:** 803
properties . . . **A18:** 803
Cu-Zn, plastic deformation . . . **A4:** 827
ETP, dislocation cell structure, by cold rolling . . . **A10:** 469
OFHC, dislocation cell structure analysis . . . **A10:** 472–473
phosphor bronze 5% A, cutoff band sawing with bimetal blades . . . **A6:** 1184
phosphor bronze C (C52100) wire cloth, fatigue fracture from warp tension . . . **A12:** 404

Copper alloys, use for bearings *See also* Bearings, sliding . . . **M3:** 816–818
Copper alloys with zinc
solderable and protective finishes for substrate materials . . . **A6:** 979
Copper alloys, wrought, specific types
78200, annealing temperature . . . **A4:** 882
C10100, annealing temperature . . . **A4:** 882
C10200, annealing temperature . . . **A4:** 882
C10300, annealing temperature . . . **A4:** 882
C10400, annealing temperature . . . **A4:** 882
C10500, annealing temperature . . . **A4:** 882
C10600, annealing temperature . . . **A4:** 882
C10700, annealing temperature . . . **A4:** 882
C10800, annealing temperature . . . **A4:** 882
C11100
annealing temperature . . . **A4:** 882
stress-relieving temperature . . . **A4:** 885
C11300, annealing temperature . . . **A4:** 882
C11400, annealing temperature . . . **A4:** 882
C11500, annealing temperature . . . **A4:** 882
C11600, annealing temperature . . . **A4:** 882
C12000
annealing temperature . . . **A4:** 882
stress-relieving temperature . . . **A4:** 885
C12200
annealing temperature . . . **A4:** 882
stress-relieving temperature . . . **A4:** 885
C12500, annealing temperature . . . **A4:** 882
C12700, annealing temperature . . . **A4:** 882
C13000, annealing temperature . . . **A4:** 882
C14200, stress-relieving temperature . . . **A4:** 885
C14500, annealing temperature . . . **A4:** 882
C14700, annealing temperature . . . **A4:** 882
C15000
aging temperature . . . **M4:** 725
hardness . . . **A4:** 886
heat treatments . . . **A4:** 896
properties, heat treated . . . **M4:** 725, 735
properties, heat-treated . . . **A4:** 886
solution-treating temperature . . . **M4:** 725
C15500, annealing temperature . . . **A4:** 882
C16200, annealing temperature . . . **A4:** 882
C17000
aging temperature . . . **A4:** 889, **M4:** 725, 728
annealing temperature . . . **A4:** 882, **M4:** 720
precipitation treatment . . . **M4:** 728, 730–731
precipitation treatments . . . **A4:** 891
properties, heat treated . . . **M4:** 725, 730–731
properties, heat-treated . . . **A4:** 886
solution-treating temperature . . **A4:** 889, **M4:** 725, 728
C17200
aging . . . **A4:** 888, 890, 894
aging temperature . . . **A4:** 889, 892, **M4:** 725, 728, 729
annealing temperature . . . **A4:** 882, **M4:** 720
hardness . . . **A4:** 894, 895
hardness measurement . . . **M4:** 733
hardness variation . . . **M4:** 734
precipitation treatment . . . **M4:** 728, 730–731, 732
precipitation treatments . . . **A4:** 891, 892
properties, heat treated . . . **M4:** 725, 730–731, 732
properties, heat-treated . . . **A4:** 886, 892
solution-treating . . . **A4:** 890
solution-treating temperature . . **A4:** 889, **M4:** 725, 728, 729
tensile strength . . . **A4:** 894
tensile strength variation . . . **M4:** 734
C17300
aging temperature . . . **A4:** 889, **M4:** 725, 728
properties, heat treated . . . **M4:** 725
properties, heat-treated . . . **A4:** 886
solution-treating temperature . . **A4:** 889, **M4:** 725, 728
C17500
aging temperature . . . **A4:** 889, 892, **M4:** 725, 728
annealing temperature . . . **A4:** 882, **M4:** 720
precipitation treatment . . . **A4:** 891, 892, **M4:** 728, 730–731, 732
properties, heat treated . . . **M4:** 725, 730–731, 732
properties, heat-treated . . . **A4:** 886, 892
solution-treating . . . **A4:** 890
solution-treating temperature . . **A4:** 889, **M4:** 725, 728, 729
C17510
aging temperature . . . **A4:** 889, **M4:** 728
precipitation treatment . . . **A4:** 891, **M4:** 728, 730–731
properties, heat treated . . . **M4:** 730–731
solution-treating temperature . . . **A4:** 889, **M4:** 728
C17600
aging temperature . . . **M4:** 725
properties, heat treated . . . **M4:** 725
solution-treating temperature . . . **M4:** 725
C17600, properties, heat-treated . . . **A4:** 886
C18000
aging temperature . . . **M4:** 725
hardness and electrical conductivity . . . **A4:** 886
properties, heat treated . . . **M4:** 725
properties, heat-treated . . . **A4:** 886
solution-treating temperature . . . **M4:** 725
C18200
aging temperature . . . **M4:** 725
hardness . . . **A4:** 886
heat treatments . . . **A4:** 895
properties, heat treated . . . **M4:** 725, 735
properties, heat-treated . . . **A4:** 886
solution-treating temperature . . . **M4:** 725
C18400
aging temperature . . . **M4:** 725
properties, heat treated . . . **M4:** 725
solution-treating temperature . . . **M4:** 725
C18400, properties, heat-treated . . . **A4:** 886
C18500
aging temperature . . . **M4:** 725
properties, heat treated . . . **M4:** 725
solution-treating temperature . . . **M4:** 725
C18500, properties, heat-treated . . . **A4:** 886
C19000, precipitation heat treatment . . . **A4:** 894
C19100, precipitation heat treatment . . . **A4:** 894
C19200, annealing temperature . . . **A4:** 882
C19400, annealing temperature . . . **A4:** 882
C19500, annealing temperature . . . **A4:** 882
C21000
annealing temperature . . . **A4:** 882, **M4:** 720
stress-relieving temperature . . . **A4:** 885, **M4:** 724
C22000
annealing temperature . . . **A4:** 882, **M4:** 720
stress-relieving temperature . . . **A4:** 885, **M4:** 724
C22600
annealing temperature . . . **A4:** 882
stress-relieving temperature . . . **A4:** 885
C22600, annealing temperature . . . **M4:** 720
C23000
annealing temperature . . . **A4:** 882, **M4:** 720
stress-relieving temperature . . . **A4:** 885, **M4:** 724
C24000, annealing temperature . . **A4:** 882, **M4:** 720
C26000
annealing . . . **A4:** 881, 883
annealing data . . . **M4:** 722–723
annealing temperature . . . **A4:** 882, **M4:** 720
properties, annealed . . . **A4:** 884, **M4:** 723
stress-relieving temperature . . . **A4:** 885, **M4:** 724
C26800, annealing temperature . . **A4:** 882, **M4:** 720
C27000
annealing . . . **A4:** 881
annealing data . . . **M4:** 721
annealing temperature . . . **A4:** 882, **M4:** 720
stress-relieving temperature . . . **A4:** 885, **M4:** 724
C27400, annealing temperature . . **A4:** 882, **M4:** 720
C28000
annealing temperature . . . **M4:** 720
stress-relieving temperature . . . **M4:** 724
C28000, annealing temperature . . . **A4:** 882
C31400
annealing temperature . . . **A4:** 882
stress-relieving temperature . . . **A4:** 885
C31400, annealing temperature . . . **M4:** 720
C31600, annealing temperature . . . **A4:** 882
C33000
annealing temperature . . . **A4:** 882
stress-relieving temperature . . . **A4:** 885
C33000, annealing temperature . . . **M4:** 720
C33200
annealing temperature . . . **A4:** 882
stress-relieving temperature . . . **A4:** 885
C33200, annealing temperature . . . **M4:** 720
C33500
annealing temperature . . . **A4:** 882
stress-relieving temperature . . . **A4:** 885
C33500, annealing temperature . . . **M4:** 720
C34000
annealing temperature . . . **A4:** 882

Copper alloys, wrought, specific types (continued)
stress-relieving temperature **A4:** 885
C34000, annealing temperature **M4:** 720
C34200, annealing temperature . . **A4:** 882, **M4:** 720
C35000
annealing temperature **A4:** 882
stress-relieving temperature **A4:** 885
C35000, annealing temperature **M4:** 720
C35300
annealing temperature **A4:** 882
stress-relieving temperature **A4:** 885
C35300, annealing temperature **M4:** 720
C35600
annealing temperature **A4:** 882
stress-relieving temperature **A4:** 885
C35600, annealing temperature **M4:** 720
C36000
annealing temperature **A4:** 882, **M4:** 720
stress-relieving temperature **A4:** 885, **M4:** 724
C36500, annealing temperature . . **A4:** 882, **M4:** 720
C36600, annealing temperature . . **A4:** 882, **M4:** 720
C36700, annealing temperature . . **A4:** 882, **M4:** 720
C36800, annealing temperature . . **A4:** 882, **M4:** 720
C37000, annealing temperature . . **A4:** 882, **M4:** 720
C37700
annealing temperature **A4:** 882
stress-relieving temperature **A4:** 885
C37700, annealing temperature **M4:** 720
C38500, annealing temperature . . **A4:** 882, **M4:** 720
C41100, annealing temperature **A4:** 882
C41300, annealing temperature **A4:** 882
C42500, annealing temperature **A4:** 882
C43000, stress-relieving temperature **A4:** 885
C43400, stress-relieving temperature **A4:** 885
C44300
annealing temperature **M4:** 720
stress-relieving temperature **M4:** 724
C44330
annealing temperature **A4:** 882
stress-relieving temperature **A4:** 885
C44400
annealing temperature **A4:** 882, **M4:** 720
stress-relieving temperature **A4:** 885, **M4:** 724
C44500
annealing temperature **A4:** 882, **M4:** 720
stress-relieving temperature **A4:** 885, **M4:** 724
C46200
annealing temperature **A4:** 882
stress-relieving temperature **A4:** 885
C46200, annealing temperature **M4:** 720
C46400-C46700
annealing temperature **A4:** 882
stress-relieving temperature **A4:** 885
C48200, annealing temperature . . **A4:** 882, **M4:** 720
C48500, annealing temperature . . **A4:** 882, **M4:** 720
C50500, annealing temperature . . **A4:** 882, **M4:** 720
C51000
annealing temperature **A4:** 882, **M4:** 720
stress-relieving temperature **A4:** 885, **M4:** 724
C51100, properties, annealed **A4:** 884, **M4:** 723
C52100
annealing temperature **A4:** 882, **M4:** 720
homogenization **A4:** 880, 881
stress-relieving temperature **A4:** 885, **M4:** 724
C52400
annealing temperature **A4:** 882
homogenization **A4:** 881
C53200
annealing temperature **A4:** 882, **M4:** 720
properties, annealed **A4:** 884, **M4:** 723
C53400
annealing temperature **A4:** 882, **M4:** 720
properties, annealed **A4:** 884, **M4:** 723
C54200, annealing temperature **M4:** 720
C54400
annealing temperature **A4:** 882, **M4:** 720
properties, annealed **A4:** 884, **M4:** 723
stress-relieving temperature **A4:** 885
C60600
annealing temperature **A4:** 882
heat treatments **A4:** 898
C60600, annealing temperature **M4:** 720
C60800, annealing temperature . . **A4:** 882, **M4:** 720
C61000
annealing temperature **A4:** 882
heat treatments **A4:** 898
C61000, annealing temperature **M4:** 720
C61300
annealing temperature **A4:** 882, **M4:** 720
heat treatments **A4:** 897, 898
stress-relieving temperature **M4:** 724
C61400
annealing temperature **A4:** 882, **M4:** 720
heat treatments **A4:** 897, 898
stress-relieving temperature **M4:** 724
C61500, annealing **A4:** 886
C61800, annealing temperature . . **A4:** 882, **M4:** 720
C61900, annealing temperature . . **A4:** 882, **M4:** 720
C62300, annealing temperature **A4:** 882
C62400
annealing temperature **A4:** 882, **M4:** 720
properties, heat treated **A4:** 898, **M4:** 737
C62500, annealing temperature **A4:** 882
C63000
annealing temperature **A4:** 882, **M4:** 720
properties, heat treated **M4:** 737
properties, heat-treated **A4:** 898
quenching **A4:** 898
C63200, annealing temperature . . **A4:** 882, **M4:** 720
C63800
annealing **A4:** 886
annealing temperature **A4:** 882
C64200, annealing temperature . . **A4:** 882, **M4:** 720
C65100
annealing temperature **A4:** 882
stress-relieving temperature **A4:** 885
C65100, annealing temperature **M4:** 720
C65500
annealing temperature **A4:** 882, **M4:** 720
stress-relieving temperature **A4:** 885, **M4:** 724
C66700, annealing temperature **A4:** 882
C67000, annealing temperature . . **A4:** 882, **M4:** 720
C67400, annealing temperature **A4:** 882
C67500, annealing temperature . . **A4:** 882, **M4:** 720
C68700
annealing temperature **A4:** 882
stress-relieving temperature **A4:** 885
C68700, annealing temperature **M4:** 720
C68800
annealing **A4:** 886
annealing temperature **A4:** 882
C69000, annealing **A4:** 886
C69700, stress-relieving temperature **A4:** 885
C70600
annealing temperature **A4:** 882, **M4:** 720
stress-relieving temperature **A4:** 885, **M4:** 724
C71000, annealing temperature **A4:** 882
C71500
annealing temperature **A4:** 882, **M4:** 720
stress-relieving temperature **A4:** 885, **M4:** 724
C71900
aging **A4:** 897
aging temperature **M4:** 725
homogenization applications **A4:** 880–881
properties, heat treated **M4:** 725
properties, heat-treated **A4:** 886
solution-treating temperature . . . **A4:** 896, **M4:** 725
times for spinodal alloys **A4:** 896
C72500, annealing temperature **A4:** 882
C72600
aging times **A4:** 897
solution-treating temperature **A4:** 896
strengths **A4:** 897
times for spinodal alloys **A4:** 896
C72700
aging times **A4:** 897
solution-treating temperature **A4:** 896
strengths **A4:** 897
times for spinodal alloys **A4:** 896
C72800
aging temperature **M4:** 725
aging times **A4:** 897
properties, heat treated **A4:** 886, **M4:** 725
solution-treating temperature . . . **A4:** 896, **M4:** 725
strengths **A4:** 897
times for spinodal alloys **A4:** 896
C72900
aging times **A4:** 897
solution-treating temperature **A4:** 896
strengths **A4:** 897
times for spinodal alloys **A4:** 896
C73500, stress-relieving temperature **A4:** 885
C74500
annealing temperature **A4:** 882
stress-relieving temperature **A4:** 885
C75200
annealing temperature **A4:** 882, **M4:** 720
properties, annealed **A4:** 884
stress-relieving temperature **A4:** 885, **M4:** 724
C75400
annealing temperature **A4:** 882
stress-relieving temperature **A4:** 885
C75700
annealing temperature **A4:** 882
stress-relieving temperature **A4:** 885
C75700, annealing temperature **M4:** 720
C76200, properties, annealed **M4:** 723
C77000
annealing temperature **A4:** 882
stress-relieving temperature **A4:** 885
C77000, annealing temperature **M4:** 720
C81300
aging temperature **A4:** 892, **M4:** 733
properties, heat treated **M4:** 733
properties, heat-treated **A4:** 892
solution-treating temperature . . . **A4:** 892, **M4:** 733
C81500
aging temperature **M4:** 725
heat treatment **A4:** 895
properties, heat treated **M4:** 729, 735
properties, heat-treated **A4:** 886
solution-treating temperature **M4:** 725
C81540
aging temperature **M4:** 725
properties, heat treated **M4:** 725
solution-treating temperature **M4:** 725
C81540, properties, heat-treated **A4:** 886
C81700
aging temperature **A4:** 892, **M4:** 733
properties, heat treated **M4:** 733
properties, heat-treated **A4:** 892
solution-treating temperature . . . **A4:** 892, **M4:** 733
C81800
aging temperature **A4:** 892, **M4:** 733
properties, heat treated **M4:** 733
properties, heat-treated **A4:** 892
solution-treating temperature . . . **A4:** 892, **M4:** 733
C82000
aging temperature **A4:** 892, **M4:** 733
properties, heat treated **M4:** 733
properties, heat-treated **A4:** 892
solution-treating temperature . . . **A4:** 892, **M4:** 733
C82100
aging temperature **A4:** 892, **M4:** 733
properties, heat treated **M4:** 733
properties, heat-treated **A4:** 892
solution-treating temperature . . . **A4:** 892, **M4:** 733
C82200
aging temperature **A4:** 892, **M4:** 733
properties, heat treated **M4:** 733
properties, heat-treated **A4:** 892
solution-treating temperature . . . **A4:** 892, **M4:** 733
C82400
aging temperature **A4:** 892, **M4:** 733
properties, heat treated **M4:** 733
properties, heat-treated **A4:** 892

SUBJECTS OF THE INDEXED VOLUMES: ASM Handbook (designated by the letter "A"): **A1:** Properties and Selection: Irons, Steels, and High-Performance Alloys (1990); **A2:** Properties and Selection: Nonferrous Alloys and Special-Purpose Materials (1990); **A3:** Alloy Phase Diagrams (1992); **A4:** Heat Treating (1991); **A5:** Surface Engineering (1994); **A6:** Welding, Brazing, and Soldering (1993); **A7:** Powder Metal Technologies and Applications (1998); **A8:** Mechanical Testing (1985); **A9:** Metallography and Microstructures (1985); **A10:** Materials Characterization (1986); **A11:** Failure Analysis and Prevention (1986); **A12:** Fractography (1987); **A13:** Corrosion (1987); **A14:** Forming and Forging (1988); **A15:** Casting (1988); **A16:** Machining (1989); **A17:** Nondestructive Evaluation and Quality Control (1989); **A18:** Friction, Lubrication, and Wear Technology (1992); **A19:** Fatigue and Fracture (1996); **A20:** Materials Selection and Design (1997). **Metals Handbook, 9th Edition** (designated by the letter "M"): **M1:** Properties and Selection: Irons and Steels (1978); **M2:** Properties and Selection: Nonferrous Alloys and Pure Metals (1979); **M3:** Properties and Selection: Stainless Steels, Tool Materials, and Special-Purpose Materials (1980); **M4:** Heat Treating (1981); **M5:** Surface Cleaning, Finishing, and Coating (1982); **M6:** Welding, Brazing, and Soldering (1983); **M7:** Powder Metallurgy (1984). **Engineered Materials Handbook** (designated by the letters "EM"): **EM1:** Composites (1987); **EM2:** Engineering Plastics (1988); **EM3:** Adhesives and Sealants (1990); **EM4:** Ceramics and Glasses (1991). **Electronic Materials Handbook** (designated by the letters "EL"): **EL1:** Packaging (1989)

solution-treating temperature . . . A4: 892, M4: 733
C82500
aging temperature . . . A4: 892, M4: 733
properties, heat treated . . . M4: 733
properties, heat-treated . . . A4: 892
solution-treating temperature . . . A4: 892, M4: 733
C82600
aging temperature . . . A4: 892, M4: 733
properties, heat treated . . . M4: 733
properties, heat-treated . . . A4: 892
solution-treating temperature . . . A4: 892, M4: 733
C82700
aging temperature . . . A4: 892, M4: 733
properties, heat treated . . . M4: 733
properties, heat-treated . . . A4: 892
solution-treating temperature . . . A4: 892, M4: 733
C82800
aging temperature . . . A4: 892, M4: 733
properties, heat treated . . . M4: 733
properties, heat-treated . . . A4: 892
solution-treating temperature . . . A4: 892, M4: 733
C94700
aging . . . A4: 894
aging temperature . . . M4: 725
properties, heat treated . . . M4: 725, 735
properties, heat-treated . . . A4: 886, 896
solution-treating temperature . . . A4: 896, M4: 725
C94800
aging . . . A4: 894
properties, heat-treated . . . A4: 896
solution-treating temperature . . . A4: 896
C94800, properties, heat treated . . . M4: 735
C95300
annealing temperature . . . A4: 882
properties, heat-treated . . . A4: 898
C95400
annealing temperature . . . A4: 882
properties, heat-treated . . . A4: 898
C95400, properties, heat treated . . . M4: 737
C95500
annealing temperature . . . A4: 882
properties, heat-treated . . . A4: 898
C95500, properties, heat treated . . . M4: 737
C95800 annealing temperature . . . A4: 882
C96300, properties, heat treated . . . M4: 737
C96400, homogenization . . . A4: 881
C96600
aging . . . A4: 894
properties, heat-treated . . . A4: 896
solution-treating temperature . . . A4: 896
C96600, properties, heat treated . . . M4: 735
C99400
aging . . . A4: 894
aging temperature . . . M4: 725
properties, heat treated . . . M4: 725, 735
properties, heat-treated . . . A4: 886, 896
solution-treating temperature . . . A4: 896, M4: 725
C99500
aging . . . A4: 894
properties, heat-treated . . . A4: 896
solution-treating temperature . . . A4: 896
C99500, properties, heat treated . . . M4: 735
Copper ammonium chloride
ferric chloride and hydrochloric acid as an etchant for stainless steels welded to carbon or low alloy steels . . . A9: 203
Copper and aluminum sheet
explosively welded . . . A9: 386
Copper and copper alloys . . . A9: 399–414
compositions . . . A9: 402
etchants for . . . A9: 401
eutectic alloys, solidification structures of welded joints . . . A9: 580
eutectics . . . A9: 620
grinding . . . A9: 399–400
microstructures . . . A9: 401
mounting . . . A9: 399
polishing . . . A9: 400
specimen preparation . . . A9: 399–401
stress relaxation . . . M2: 484–490
stress relaxation, mechanical components . . . M2: 487–489
Copper bearing alloys
weldability . . . A6: 725
Copper bearing cast steels
as low-alloy . . . A15: 716
Copper boil . . . A7: 172
Copper brazing
definition . . . A6: 1208, M6: 4
Copper brazing in furnaces . . . M7: 457
Copper bronze pigments . . . A7: 1087–1088
Copper cable . . . M2: 265–274
Copper carbonate hydroxide, as corrosion deposit
copper alloys . . . A11: 633
Copper cementation
powder used . . . M7: 573
Copper chip combustion accelerator . . . A10: 222
Copper chloride
catalyst for polychloroprene rubber . . . EM3: 149
Copper chromium powders . . . M7: 625
Copper clad
Invar, as heat sinks . . . EL1: 1129–1131
laminates, PWB technologies . . . EL1: 505
laminates, resins and reinforcements EL1: 534–537
molybdenum, as heat sink material . . . EL1: 1129–1131
Copper Cliff nickel refinery . . . A7: 169, M7: 137
Copper coated tungsten spheres
wetting during liquid phase sintering . . . A9: 100
Copper (commercially pure)
friction welding . . . A6: 153
Copper concentrate
Miller numbers . . . A18: 235
Copper conductive paints
electromagnetic interference shielding . . . A5: 315
Copper contact alloys *See also* Copper alloys
applications . . . A2: 843
as electrical contact material . . . A2: 842–843
Copper content of tin-antimony-copper alloys
effect on microstructure . . . A9: 452
Copper current input connections
screw-threaded . . . A8: 389
Copper cyanide plating . . . M5: 159–169
dilute process . . . M5: 159, 161–162, 167
cleaning action of . . . M5: 159, 161
equipment . . . M5: 167
high-efficiency sodium and potassium processes . . . M5: 159–162, 164–165, 167–169
Rochelle process . . . M5: 159, 161–163, 169
cleaning action of . . . M5: 159, 161
pH, adjusting . . . M5: 163
solution composition and operating conditions . . . M5: 159–165, 168–169
surface preparation for . . . M5: 161
Copper deficiencies
biologic effects . . . A2: 1251
Copper deoxidizers
testing and effectiveness . . . A15: 470
Copper Development Association . . . A8: 724
Copper Development Association (CDA) . . . A20: 390
Copper diallyl phthalate as a mounting material . . . A9: 32
Copper displacement test
electrolytic cleaning . . . M5: 37
Copper drossing
for lead refining . . . A15: 474–475
Copper electrodes
dipersion-strengthened . . . M7: 624–626
Copper electroplating
corrosion protection . . . M1: 753
on cast iron . . . M1: 102
Copper ferrites . . . A9: 538
Copper flash, prevention and removal . . . A5: 867
Copper flashing
mechanical coating process . . . M5: 302
nickel alloy surfaces, prevention and removal of . . . M5: 673
Copper fluoborate
copper electroforming solutions and selected properties of deposits . . . A5: 288
Copper fluoborate plating . . . M5: 160–161, 166–167
Copper foil
for flexible printed boards . . . EL1: 581
Copper graphite
electrical contact applications . . . M7: 631
Copper (high-speed acid plating solution)
anode-cathode motion and current density A5: 279
selective plating solution for ferrous and nonferrous metals . . . A5: 281
Copper (high-speed alkaline plating solution for heavy buildup)
selective plating solution for ferrous and nonferrous metals . . . A5: 281
Copper hydrated salt coating
alternative conversion coat technology, status of . . . A5: 928
Copper in cast iron . . . M1: 77, 79
ductile iron . . . M1: 40, 41, 47, 49
gray iron . . . M1: 15, 28
malleable iron . . . M1: 58, 66
Copper in steel . . . M1: 115, 410–411, 417
atmospheric corrosion resistance M1: 717, 721–723
formability affected by . . . M1: 554–555
modified low-carbon steels . . . M1: 162
neutron embrittlement, effect on susceptibility to . . . M1: 686
notch toughness, effect on . . . M1: 694
P/M alloys . . . M1: 337, 340
seawater corrosion, effect on . . . M1: 739–742, 744, 745
soil corrosion., effect on . . . M1: 730
Copper infiltration . . A7: 376, 673, 757–758, 769–773
and conventional die compaction . . . A7: 13
cost per pound for production of steel P/M parts . . . A7: 9
Copper ions, in fresh water
effect on corrosion rate . . . M1: 735
Copper iron powders
composition . . . M7: 464
Copper lubricants
powder used . . . M7: 573
Copper metals . . . M2: 243–246
applications . . . M2: 239, 240–241, 246–247, 466
corrosion fatigue . . . M2: 459, 463
corrosion potentials . . . M2: 458–459, 460
crevice corrosion . . . M2: 459, 460
dealloying . . . M2: 459, 461
deposit attack . . . M2: 458, 459
fabricated mill products . . . M2: 245–246
fretting . . . M2: 459, 460–461
galvanic corrosion . . . M2: 458–459
general corrosion . . . M2: 458, 459
impingement attack . . . M2: 459, 460–461
intercrystalline corrosion . . . M2: 459, 461–462
mining and refining . . . M2: 243–245
pitting . . . M2: 459–461
stress-corrosion cracking . . . M2: 462–463
sulfur corrosion . . . M2: 463, 464
water-line attack . . . M2: 459, 460
Copper metals, annealing
continuous strand . . . M2: 255
grain size . . . M2: 253, 254, 255
grain-size stabilized alloys . . . M2: 253
hydrogen embrittlement . . . M2: 255
mechanical properties, correlation with . . . M2: 253–254
pretreatment, effect of . . . M2: 255
recrystallization . . . M2: 253, 255
temperatures . . . M2: 253
testing . . . M2: 254
time, effect of . . . M2: 255
Copper metals, brazing
atmospheres . . . M2: 450–452
beryllium coppers . . . M2: 450
cadmium-bearing copper . . . M2: 450
chromium copper . . . M2: 450
copper-aluminum alloys . . . M2: 450
copper-nickel-zinc alloys . . . M2: 450
copper-silicon alloys . . . M2: 450
copper-tin alloys . . . M2: 450
copper-zinc alloys . . . M2: 450
deoxidized coppers . . . M2: 449
dissimilar metals . . . M2: 450, 451
filler metals . . . M2: 450, 451
fluxes . . . M2: 450–452
joint clearance . . . M2: 452
oxygen-free coppers . . . M2: 449
postbraze treatment . . . M2: 453
processes . . . M2: 452–453
surface preparation . . . M2: 452
tough pitch coppers . . . M2: 449
zirconium coppers . . . M2: 450
Copper metals, cast
corrosion ratings . . . M2: 390–391
Copper metals, heat treating
age hardening . . . M2: 256
homogenizing . . . M2: 252–253
martensitic transformation . . . M2: 259
precipitation hardening . . . M2: 256
spinodal decomposition . . . M2: 259–260

Copper metals, heat treating (continued)
stress relieving **M2:** 255–256
Copper metals, joining *See also* Copper metals, brazing; Copper metals, soldering; Copper metals, welding
adhesive bonding **M2:** 456
diffusion bonding **M2:** 456
electroplating **M2:** 457
mechanical joining **M2:** 440–443, 444
process selection **M2:** 440, 441, 442
roll bonding **M2:** 457
Copper metals, soldering
advantages **M2:** 443, 445
coated copper alloys **M2:** 448
fluxes **M2:** 446–447
mechanical properties, joints **M2:** 448–449, 450
methods **M2:** 447–448
solders **M2:** 444–446
surface preparation **M2:** 447
testing **M2:** 448
Copper metals, welding
aluminum bronzes **M2:** 455
beryllium coppers **M2:** 453, 454
brasses **M2:** 454–455
cadmium-coppers **M2:** 453, 454
chromium-copper **M2:** 453, 454
copper-nickels **M2:** 456
deoxidized coppers **M2:** 453
electron beam **M2:** 457
filler metals **M2:** 453, 454
friction **M2:** 457
gas metal-arc **M2:** 453, 454
gas tungsten-arc **M2:** 453, 454
laser **M2:** 457
nickel silvers **M2:** 456
oxygen-free coppers **M2:** 453
resistance **M2:** 453, 455
silicon bronzes **M2:** 455–456
tin brasses **M2:** 455
tin bronzes **M2:** 455
tough pitch coppers **M2:** 453
ultrasonic **M2:** 457
zirconium coppers **M2:** 453, 454
Copper mirror test **A6:** 130
Copper (neutral)
selective plating solution for ferrous and nonferrous metals **A5:** 281
Copper nickel *See* Copper alloys, specific types, C70600, C71500
Copper nickel, 30%, microstructure of ..... **A3:** 1•18
Copper nickels
10% *See* Copper alloys, specific types, C70600
20% *See* Copper alloys, specific types, C71000
30% *See* Copper alloys, specific types, C71500
70-30 *See* Copper alloys, specific types, C96400
brazeability **M6:** 1034
brazing **A6:** 630, 931
chromium-bearing *See* Copper alloys, specific types, C71900 and C72200
composition and properties **M6:** 401
compositions of various types **M6:** 546
corrosion in various media **M2:** 468–469
explosion welding **A6:** 303
friction welding **A6:** 152
gas metal arc welding **M6:** 421–422
gas tungsten arc welding **M6:** 414
gas-metal arc butt welding **A6:** 760
gas-metal arc welding
to high-carbon steel **A6:** 828
to low-alloy steels **A6:** 828
to low-carbon steels **A6:** 828
to medium-carbon steel **A6:** 828
to stainless steels **A6:** 828
gas-tungsten arc welding
to high-carbon steels **A6:** 827
to low-alloy steel **A6:** 827
to low-carbon steel **A6:** 827
to medium-carbon steel **A6:** 827
to stainless steel **A6:** 827
hot cracking **A6:** 754
oxyacetylene welding **A6:** 281
physical properties **M6:** 546
plasma arc cutting **M6:** 916
relative solderability as a function of flux type **A6:** 129
resistance welding *See also* Resistance welding of copper and copper alloys **A6:** 850
shielded metal arc welding **M6:** 426
tin-bearing *See* Copper alloys, specific types, C72500
weld overlay for hardfacing alloys **A6:** 820
weldability **A6:** 753
welding (bonding) **A6:** 145
Copper oxide
as lubricant for hot forging of tool steels **A18:** 738
as-oxidized copper shot **A7:** 133, 134
examination under polarized light **A9:** 400
free energies, heats, and rates of formation **A7:** 133
grinding of **A7:** 133, **M7:** 107, 108
in composition of slips for high-temperatureservice silicate-based ceramic coatings **A5:** 470
ion-beam-assisted deposition (IBAD) **A5:** 597
nonwetting **A6:** 129
particles **M7:** 108, 109, 111
reduction of **A7:** 133–134, 135
removal of **M5:** 619–620
shot after grinding **A7:** 133, 134
Copper oxide cake **M7:** 111
Copper oxide (CuO)
component in photochromic ophthalmic and flat glass composition **EM4:** 442
Copper oxide reduction **M7:** 52–53
copper powder produced by **M7:** 105–110
free energies and heats of reaction **M7:** 107, 109
temperatures **M7:** 108, 109
Copper P/M products
atomization **A2:** 392–393
beta stabilizers **A2:** 599
consumption **A2:** 392
copper-base structural parts **A2:** 396–398
electrolysis **A2:** 393
friction materials **A2:** 398–400
hydrometallurgy **A2:** 393–394
oxide-dispersion-strengthened copper **A2:** 400–401
porous bronze filters **A2:** 401–402
powder production **A2:** 392–394
reduction of oxide **A2:** 393
self-lubricating sintered bronze bearings **A2:** 394–396
Copper penetration failures
causes **A11:** 716–717
of locomotive axles **A11:** 715–727
x-ray elemental composition maps of **A11:** 725
Copper peritectic alloys *See also* Beryllium copper; Brass; Silicon bronze
solidification structures in welded joints **A9:** 580
Copper plating **A5:** 167–176, **EL1:** 545, **M5:** 159–169
acid plating baths **A5:** 167, 168–169, 170, 174, 175
acid process **M5:** 159–162, 165–167
equipment for **M5:** 167
solution composition and operating conditions **M5:** 160–163, 165–166
surface preparation for **M5:** 161
adhesion **A5:** 176
adhesion of **M5:** 168
agitation **A5:** 170, 171, 172, 173, 174, **M5:** 162–166
alkaline copper pyrophosphate baths **A5:** 167, 168, 170, 173, 175
alkaline noncyanide copper plating **A5:** 168, 169–170, 173, 175
alkaline plating baths **A5:** 167–168, 175
alkaline process **M5:** 159–168
equipment for **M5:** 167
solution composition and operation conditions **M5:** 159–165, 168
surface preparation for **M5:** 161
aluminum and aluminum alloys **M5:** 160–161, 163, 168–169
anode bags **M5:** 164, 167
anodes **M5:** 167
applications **M5:** 159
as thermal expansion barriers **A5:** 167
barrel plating process **M5:** 162–163, 167
bath composition and operating variables **A5:** 170
blistering **A5:** 176
blistering of **M5:** 168
brightness **A5:** 175–176
brightness, achieving **M5:** 168
buffing **A5:** 167, 176
buffing and electropolishing **M5:** 168
carbonate buildup **A5:** 170, 171, 172
carbonate formation during **M5:** 163–164
cast irons **A5:** 689
characteristics of **M5:** 168–169
characteristics of copper plate **A5:** 175–176
cleaning processes **M5:** 161
contamination factors **M5:** 162–166
copper electroplating specifications and standards **A5:** 169
copper fluoborate bath **A5:** 169, 174, 175
copper in multiplate systems **A5:** 176
copper pyrophosphate plating baths **A5:** 167, 168, 170, 173, 175
copper striking in **M5:** 159–161, 168–169
copper sulfate bath **A5:** 169, 174, 175
corrosion resistance **A5:** 167
cost **A5:** 176
cost factors **M5:** 169
current density **M5:** 161–166
current interruption cycle process **M5:** 159–160, 164, 168–169
current interruption cycles **A5:** 172–173
decorative chromium plating processes **M5:** 193–194
deposition by electrolytes **A5:** 167
die castings **M5:** 160–163, 168
dilute cyanide baths **A5:** 167, 168, 169, 170–171, 175
electropolishing **A5:** 176
equipment **A5:** 175, **M5:** 167
filtration **A5:** 171, 172, 174
filtration processes **M5:** 162–163, 165
fluoborate processes **M5:** 160–161, 166–167
hafnium alloys **M5:** 668
hardness **A5:** 176, **M5:** 168–169
heat-resisting alloys **M5:** 566–568
stripping method **M5:** 567–568
high-efficiency cyanide systems **M5:** 159–165, 167–169
high-efficiency sodium baths **A5:** 167–168, 169, 172–173, 176
leveling **A5:** 176, **M5:** 164–165, 169
magnesium **M5:** 160–161, 163, 168–169
materials for anodes and racks **A5:** 175
materials of construction for basic equipment **A5:** 175
multiplate systems **M5:** 161, 169
nickel striking in **M5:** 160
niobium **M5:** 663–664
organic contamination **M5:** 162–163, 165–166
orthophosphate formation during **M5:** 165
periodic reversal process **M5:** 159–160, 162, 164–165, 168
cycle efficiency **M5:** 164–165
porosity **A5:** 176
porosity of **M5:** 168
potassium cyanide baths **A5:** 167–168, 169, 172–173, 176
proprietary additives **A5:** 167, 171, 173, 174
pyrophosphate process **M5:** 160–162, 165, 167
racks **M5:** 167
rinsewater recovery **M5:** 318
Rochelle cyanide baths **A5:** 167, 168, 169, 171–172, 175
roughness **A5:** 176

roughness of. . . . M5: 168
solderability. . . . A5: 176
solderability of. . . . M5: 168
solution composition and operating conditions. . M5: 159–165, 168–169, 603–605, 663–664, 668
specifications and practices for. . . . M5: 161
stainless steel. . . . M5: 163, 168, 561–562
steel M5: 160–161, 163
stresses in. . . . M5: 163
stripping of. . . . M5: 567–568, 646–647
sulfate process M5: 160, 165–167
surface preparation considerations A5: 169–170
surface preparation for. . . . M5: 161
tanks M5: 167
tantalum. . . . M5: 663–664
temperature. . . . M5: 162–164, 166
temperature factor. . . . A5: 173, 174
thickness. . . . M5: 159–162, 165, 168
throwing power M5: 261–262, 265
titanium and titanium alloys A5: 845–846, M5: 658
ultrasonic vibration process. . . . M5: 162
uses. . . . A5: 167
wastewater control and treatment A5: 174–175, M5: 166–167
water purity. . . . A5: 170
water, purity of. . . . M5: 162
zinc die castings. . . . M5: 160–162, 168
zirconium alloys M5: 668
Copper plating of specimens for edge retention A9: 32
Copper plus chromium
system cycles. . . . A5: 197
Copper plus nickel plus chromium
system cycles. . . . A5: 197
Copper powder *See also* Nickel-copper powder; Production of copper powders
acid concentration effect A7: 135, 136
addition agents effect A7: 135, 137
admixed. . . . A7: 322
air-atomized A7: 133
air-shotted A7: 133
alloyed to tungsten. . . . A7: 193
apparent density. . . . A7: 40, 104, 292
applications. . . . A7: 6, 134
atomization. . . . A7: 132–133
cold sintering A7: 576
compaction pressure effect on density A7: 506
compressibility. . . . A7: 302, 304
consolidation A7: 437, 507–508
content in ancient platinum A7: 3
copper concentration effect on current efficiency and apparent density A7: 135, 136
current density effect. . . . A7: 135
diffusion factors A7: 451
effect on powder compressibility. . . . A7: 303
electrodeposition. . . . A7: 70
electrolyte composition effects. . . . A7: 135
electrolytic . . . A7: 70, 132, 136, 137, 138, 139, 860
electrorefining. . . . A7: 135
empirical yield function A7: 333
explosibility. . . . A7: 157
explosive compacting. . . . A7: 318
extrusion A7: 626
for use in ammunition, specifications A7: 1098
for use in antifouling paints, specifications. . . . A7: 1098
green strength and oleic acid effect . . . A7: 307, 308
green strength and surface oxide films. . . . A7: 308
green strength vs. compaction pressure. . . . A7: 306, 308
halo derivative of. . . . A7: 168
high-energy-rate compacting. . . . A7: 318
in nickel steel powders A7: 727, 738, 739
injection molding. . . . A7: 314
isodensity plots. . . . A7: 328
leaching. . . . A7: 140, 141
liquid-phase sintering A7: 438, 447
lubricants for. . . . A7: 325
mass median particle size of water-atomized powders A7: 40
melt drop (vibrating orifice) atomization A7: 50–51
melting of A7: 132
microexamination. . . . A7: 725
microstructure A7: 439, 440, 727, 746
milling. . . . A7: 59, 65
North American metal powder shipments (1992–1996). . . . A7: 16
not diffused during P/M sintering. . . . A7: 429
operating conditions effect. . . . A7: 135–136
oxidation of. . . . A7: 133
oxide reduction. . . . A7: 67
oxygen content A7: 40
of water atomized metal powder A7: 42
oxygen-free A7: 132
particle shape effect on density. . . . A7: 294
particle size distribution A7: 104
physical properties. . . . A7: 451
polishing A7: 724
powder removal effect. . . . A7: 136
precipitation from solutions. . . . A7: 67–69
production of. . . . A7: 132–142, 859
pure, properties related to density. . . . A7: 9
reduction processes A7: 142
removal of A7: 136, 137
roll compacting A7: 391, 394
shotting of. . . . A7: 132–133
shrinkage of compacts A7: 438, 439
sintering. . . . A7: 5, 710, 711
sintering atmosphere A7: 462
standard deviation A7: 40
sulfuric acid leaching. . . . A7: 142
tap densities A7: 104
temperature effect A7: 135–136
water-atomized. . . . A7: 36, 37, 42, 133
yield surface A7: 328
Copper powder compacts *See also* Copper; Copper alloy powders; Copper powders
effect of sintering temperature and time on densification. . . . M7: 735
effects of lubricant on density and strength of M7: 289
expansion. . . . M7: 310
mechanical properties of hot pressed M7: 510
microstructure M7: 311
shrinkage of. . . . M7: 309
Copper powder metallurgy alloys and composites. . . . A7: 859–873
applications. . . . A7: 859, 864, 865–866, 867, 868
atomization A7: 859, 860
brass. . . . A7: 866
bronze A7: 864–866
copper alloy powders A7: 860–861
copper powder characteristics A7: 860
copper powders A7: 859–860
copper-base brush materials A7: 869, 871
copper-base contact materials. . . . A7: 867–868, 870
copper-base friction materials . . . A7: 867, 868, 869
copper-lead A7: 867
copper-nickel A7: 866–867
densification A7: 862, 863–864
development A7: 859
electrolysis A7: 859, 860
homogenization (interdiffusion). . . . A7: 863
hydrometallurgy. . . . A7: 859, 860
infiltrated parts. . . . A7: 869
methods of producing copper powders. . . . A7: 859–860
nickel silver. . . . A7: 866
ODS copper materials. . . . A7: 869–873
oxide reduction A7: 859, 860
powder pressing. . . . A7: 861, 863
prealloying. . . . A7: 861
preblending. . . . A7: 860–861
properties. . . . A7: 859, 860, 861
pure copper A7: 864, 865
shipments in 1996 . . . . A7: 859
sintering A7: 861–864, 865, 867, 868
Copper powder spheres
progress of sintering. . . . A9: 99
Copper powders *See also* Atomized copper powders; Brasses; Bronzes; Copper alloy powders; Copper powders, specific types; Copper-based powder metals; Electrolytic copper powders; Nickel silver; Pure copper
air- and water-atomized M7: 106, 107
apparent and tap densities M7: 297
atomization. . . . A2: 392
atomized, alloying additions. . . . M7: 117–118
automotive applications. . . . M7: 17–18
chemical analysis and sampling. . . . M7: 247, 248
commercial, characteristics. . . . A2: 392
commercial grades, properties A2: 393
conductivity. . . . M7: 106
dendritic, density with high-energy compacting. . . . M7: 305
density and kinetic energy of projectile . . . M7: 305
density increase for three types M7: 276
effect of compacting pressure on compact porosities M7: 269
effect of copper concentration M7: 112
effect of hot pressing temperature and pressure on density. . . . M7: 504
effect of nozzle diameter and pouring temperature M7: 32, 36
effect of oxide films on green strength M7: 303
effect of particle shape M7: 189, 276
effects of electrolyte composition. . . . M7: 111–112
explosivity M7: 196–197
formation, effect of acid concentration. . . . M7: 111–112
hot pressed, products. . . . M7: 509–510
hydrometallurgical processing. . . . M7: 118–120
infiltrated parts M7: 740
Kirkendall porosity. . . . M7: 314
loss of green strength and electrical conductivity M7: 304
measurement of particle size M7: 223–225
mechanical properties of specific types. . . . M7: 470
oxidation M7: 106–109
P/M. . . . M7: 733–740
particle size distribution M7: 188
particle size/shape A2: 392
porous, I-pore and V-pore shrinkage. . . . M7: 299
prealloyed atomized bronze. . . . A2: 392–393
prealloyed, of brass and nickel silver A2: 392
pressure and green density M7: 298
processing. . . . M7: 734–735
production of M7: 105–120
properties of commercial grades. . . . M7: 111
pyrophoricity M7: 199
reduction of oxide A2: 393
shipments M7: 24, 571
Copper powders, specific types *See also* Copper; Copper alloy powders; Copper powders
C15715, mechanical properties. . . . M7: 713
C15715 strip, mechanical properties M7: 714
C15760, dispersion-strengthened M7: 625
RWMA class 2 standard M7: 625
SAE 792, alloy properties M7: 408
SAE 794, alloy properties M7: 408
Copper pyrophosphate plating M5: 160–162, 165, 167
Copper recycling
melt refining practices. . . . A2: 1216
scrap classification. . . . A2: 1213–1215
scrap metals A2: 1213
technology. . . . A2: 1215–1216
Copper refractory metals
electrical and magnetic applications . . M7: 633–634
Copper removal
Sherritt nickel powder production. . . . M7: 139–140
Copper resources M2: 246, 247
Copper salts
acute poisoning by. . . . A2: 1252
Copper shot
water atomized particle size distributions of atomized powders. . . . A7: 35
Copper solute content in aluminum alloys
effect on secondary dendrite arm spacing . . A9: 635
Copper steel
composition of common ferrous P/M alloy classes. . . . A19: 338
Copper steel powders
admixed A7: 755, 756–757
chemical compositions A7: 755, 756
for self-lubricating bearings A7: 13
free copper A7: 757
high-temperature sintering A7: 830
mechanical properties A7: 755, 756, 1095–1096
microstructure. . . . A7: 756
sintering. . . . A7: 757
Copper steel powders, composition. . . . M7: 464
heat treatment effects. . . . M7: 558
microstructural analysis M7: 487
Copper steels A1: 208
powder forged. . . . A7: 814
Copper striking
aluminum and aluminum alloys M5: 603–605
copper plating process M5: 159–161, 168–169

Copper striking (continued)
decorative chromium plating processes **M5:** 193–194
magnesium alloys **M5:** 639, 645–646, 647
stripping of **M5:** 646
zinc alloys **M5:** 677
Copper strip **A7:** 1104, 1105
Copper strip combustion accelerators **A10:** 222
Copper substrates
multichip structures **EL1:** 307
Copper sulfate
electroforming solutions and selected properties of deposits **A5:** 288
Copper sulfate, formation
in high-temperature combustion **A10:** 222
Copper sulfate plating **M5:** 160, 165–167
Copper sulfate test **A7:** 129, 476–477
Copper tensile specimen, fracture surfaces
in sodium nitrite solution **A8:** 490
Copper toxicity
biologic effects **A2:** 1251–1252
Copper tube shells, production
extrusion **M2:** 261–262
rotary piercing **M2:** 262, 263
Copper tubes, production
cold drawing **M2:** 264
reducing **M2:** 264
Copper tubing
ODF using Euler plots **A10:** 361
pole figures from **A10:** 363
Copper, tubular products **M2:** 261–264
applications **M2:** 261, 262
joints **M2:** 261
mechanical properties **M2:** 261, 263
Copper (two-sided) electroless plating
electromagnetic interference shielding **A5:** 315
Copper wire **M2:** 265–274
characteristics **M2:** 267–273
coating **M2:** 272
rectangular wire **M2:** 266, 272
round wire **M2:** 266, 267
square wire **M2:** 266
stranded wire **M2:** 266–273
tensile stress-relaxation curve **A8:** 325
tin coated **M2:** 266, 273
Copper wire, drawing
annealing **M2:** 272
flat wire **M2:** 272
processes **M2:** 271–272
rod preparation **M2:** 271
Copper wire, materials
electrical bronzes **M2:** 265–266
high-conductivity **M2:** 265–266
high-copper alloys **M2:** 265–266
Copper wire rod, fabrication
continuous casting **M2:** 269–270
Hazelett process **M2:** 271
Outokumpu process **M2:** 271
Properzi system **M2:** 270
rolling **M2:** 266–269
Southwire system **M2:** 270
wirebar **M2:** 266
Copper/nickel (one-sided) electroless plating
electromagnetic interference shielding **A5:** 315
Copper/nickel (two-sided) electroless plating
electromagnetic interference shielding **A5:** 315
Copper/steel test **A7:** 459
Copper-Accelerated Acetic Acid Salt Spray (CASS) test **A5:** 211, 639
definition **A5:** 951
nickel plating systems performance after 15 years outdoor marine exposure **A5:** 205
Copper-accelerated acetic acid-salt spray (fog) test **A13:** 4, 225
Copper-aluminum alloys *See also* Aluminum bronzes **A6:** 752
dealuminification **A13:** 133
dental **A13:** 1352, 1363
freshwater corrosion **A13:** 622
Copper-aluminum alloys, heat treating . . **A4:** 842, 843, 844, 845, 898
alpha aluminum bronzes **A4:** 898
alpha-beta aluminum bronzes **A4:** 898
Copper-aluminum alloys, heat treatings **M4:** 738–739
alpha aluminum bronzes **M4:** 734, 739
alpha-beta aluminum bronzes **M4:** 737, 739
Copper-aluminum alloys, liquid
thermodynamic properties **A15:** 58
Copper-aluminum dispersion alloys
strain rate as a function of mean free distance between particles **A9:** 131
Copper-aluminum powder
milling **A7:** 58
Copper-aluminum powder depth profiling **M7:** 258
Copper-aluminum-nickel alloys
as shape memory effect (SME) alloys . . **A2:** 899–900
Copper-aluminum-nickel-manganese alloys
as shape memory effect (SME) alloys . . **A2:** 899–900
Copper-ammonia-water system potential
pH diagram **M7:** 54
Copper-base alloy powders
hot isostatic pressing **A7:** 594
injection molding **A7:** 314
microstructures **A7:** 728, 741, 742, 746
North American metal powder shipments (1992–1996) **A7:** 16
sintering **A7:** 487–490
Copper-base alloys **A18:** 748, 750–752
bearing alloys **A18:** 750–752
classifications **A18:** 750
commercial bronze **A18:** 750, 751, 752
copper-lead alloys **A18:** 750–752
high-lead tin bronzes **A18:** 750, 751, 752
low-lead tin bronzes **A18:** 750, 751, 752
mechanical properties **A18:** 752
medium-lead tin bronzes **A18:** 750, 751, 752
tin bronzes **A18:** 750, 751, 752
unleaded tin bronze **A18:** 750, 751, 752
composition **M4:** 797
dissimilar metal joining **A6:** 824
fusion welding to steels **A6:** 828
hardfacing **A6:** 789, 795–796
heat and temperature effects on strength retention **A18:** 745
lubrication of tool steels **A18:** 737, 738
projection welding **A6:** 233
sintering temperatures **M4:** 797
torch brazing filler metals **A6:** 328
Copper-base alloys, specific types *See also* Copper alloy filler metals, specific types; Copper base powder metallurgy materials, specific types; Sleeve bearing materials, specific types
51.5Cu-33.5Ni-15Fe, spinodal microstructure **A9:** 653
66.3Cu-30Ni-2.8Cr (wt%), spinodal microstructure **A9:** 654
92Cu-8Sn, atomized filter powder **A9:** 529
100 RXM, powder **A9:** 529
10100 (oxygen-free electronic), bar, electron beam welded **A9:** 408
10100 (oxygen-free electronic), brazed with BAg-8a filler metal **A9:** 408
10100 (oxygen-free electronic), brazed with BCu-5 filler metal **A9:** 408
10100 (oxygen-free electronic), rolled and annealed **A9:** 410
10200 (oxygen-free), different heat treatments compared **A9:** 406
10200 (oxygen-free), test rod **A9:** 410
11000 (electrolytic tough pitch), cold-rolled bar, annealed, tungsten arc welded **A9:** 408
11000 (electrolytic tough pitch), extruded compared **A9:** 406–407
11000 (electrolytic tough pitch), hot-rolled rod **A9:** 406
11000 (electrolytic tough pitch), static cast **A9:** 403
11000 (electrolytic tough pitch), test bar . . . **A9:** 410
11000 (ETP copper), wirebar **A9:** 642
12200 (deoxidized high phosphorus), brazed with BAG-1 . . . . . **A9:** 409
12200 (deoxidized high phosphorus), brazed with BCuP-5 . . . . . **A9:** 409
12200 (deoxidized high phosphorus), drawn corrosion cracks **A9:** 409
12200 (deoxidized high phosphorus) internal oxidation **A9:** 407
12200 (deoxidized high phosphorus), lap defects in condenser tubes **A9:** 407
12200 (deoxidized high phosphorus), static cast **A9:** 403
12200 (DHP copper), continuous cast different sections compared **A9:** 641
12200 (DHP copper), effect of solidification conditions on dendrite arm spacing . . **A9:** 637
12200 (DHP copper), variation in dendrite arm spacing in continuously cast ingot **A9:** 638
12500 (fire-refined tough pitch), hot-rolled **A9:** 407
14520, hot-rolled and drawn rod **A9:** 407
14700, rod, cold worked, 50% reduction . . . **A9:** 407
17200 (beryllium copper), heat treated, and cold rolled **A9:** 407–408
18200, solutionized **A9:** 405
19400 (aluminum bronze), direct-chill cast **A9:** 640
19400 (aluminum bronze), electromagnetic casting **A9:** 639
26000 (cartridge brass), annealed **A9:** 404
26000 (cartridge brass), cast, cooled quenched **A9:** 404
26000 (cartridge brass), drawn cup **A9:** 409
26000 (cartridge brass), formation of nonequilibrium beta phase **A9:** 639
26000 (cartridge brass), hot rolled, annealed cold rolled **A9:** 410
26000 (cartridge brass), local dezincification **A9:** 411
26000 (cartridge brass), processed to obtain grain sizes from 5 μm to 200 μm **A9:** 411
26000 (cartridge brass), semicontinuous cast cold shuts **A9:** 643
26000 (cartridge brass), transgranular corrosion crack **A9:** 410
26000 (cartridge brass), tube, drawn annealed, cold-reduced 5% **A9:** 409
28000 (Muntz metal), as-cast ingot **A9:** 411
28000 (Muntz metal), hot-rolled plate **A9:** 412
36000 (free-cutting brass), as-cast **A9:** 403
36000 (free-cutting brass), extrusion internal cracks **A9:** 645
36000 (free-cutting brass), phase formation **A9:** 639
36000 (free-cutting brass), semicontinuous condensation **A9:** 644
36000 (free-cutting brass), semicontinuous cast, cold shuts **A9:** 643
36000 (free-cutting brass), semicontinuous cast, different sections of ingot **A9:** 639
36000 (free-cutting brass), semicontinuous cast, intergranular cracks **A9:** 643
36000 (free-cutting brass), semicontinuous cast, longitudinal crack **A9:** 642, 644
36000 (free-cutting brass), semi-solid processed plumbing fitting **A9:** 414
36000 (free-cutting brass), static cast **A9:** 642
44300 (arsenical admiralty), drawn tube . . . **A9:** 412
46400 (uninhibited naval brass), as-cast . . . **A9:** 404
46400 (uninhibited naval brass), extruded drawn and annealed **A9:** 405
51000 (phosphor bronze), rod, extruded cold drawn, annealed **A9:** 412
63800, ingot, hot rolled, 80% reduction **A9:** 645
64700, solution treated and aged **A9:** 412
67500, extruded rod **A9:** 412
68700 (arsenical aluminum brass) annealed **A9:** 404
68700 (arsenical aluminum brass), as-cast . . **A9:** 404
70600, grain-boundary cracks **A9:** 412
70600, laser welded to 1020 steel **A9:** 408
70600, semicontinuous cast **A9:** 405

SUBJECTS OF THE INDEXED VOLUMES: ASM Handbook (designated by the letter "A"): **A1:** Properties and Selection: Irons, Steels, and High-Performance Alloys (1990); **A2:** Properties and Selection: Nonferrous Alloys and Special-Purpose Materials (1990); **A3:** Alloy Phase Diagrams (1992); **A4:** Heat Treating (1991); **A5:** Surface Engineering (1994); **A6:** Welding, Brazing, and Soldering (1993); **A7:** Powder Metal Technologies and Applications (1998); **A8:** Mechanical Testing (1985); **A9:** Metallography and Microstructures (1985); **A10:** Materials Characterization (1986); **A11:** Failure Analysis and Prevention (1986); **A12:** Fractography (1987); **A13:** Corrosion (1987); **A14:** Forming and Forging (1988); **A15:** Casting (1988); **A16:** Machining (1989); **A17:** Nondestructive Evaluation and Quality Control (1989); **A18:** Friction, Lubrication, and Wear Technology (1992); **A19:** Fatigue and Fracture (1996); **A20:** Materials Selection and Design (1997). **Metals Handbook, 9th Edition** (designated by the letter "M"): **M1:** Properties and Selection: Irons and Steels (1978); **M2:** Properties and Selection: Nonferrous Alloys and Pure Metals (1979); **M3:** Properties and Selection: Stainless Steels, Tool Materials, and Special-Purpose Materials (1980); **M4:** Heat Treating (1981); **M5:** Surface Cleaning, Finishing, and Coating (1982); **M6:** Welding, Brazing, and Soldering (1983); **M7:** Powder Metallurgy (1984). **Engineered Materials Handbook** (designated by the letters "EM"): **EM1:** Composites (1987); **EM2:** Engineering Plastics (1988); **EM3:** Adhesives and Sealants (1990); **EM4:** Ceramics and Glasses (1991). **Electronic Materials Handbook** (designated by the letters "EL"): **EL1:** Packaging (1989)

71500, as-cast **A9:** 404
71500, coring in the columnar region **A9:** 639
71500, direct-chill, semicontinuous cast. . . . **A9:** 640
71500, effect of solidification conditions on dendrite arm spacing. **A9:** 637
71500, semicontinuous cast, shrinkage porosity **A9:** 643
71500, variation in dendrite arm spacing in semicontinuous-cast ingot **A9:** 638
74500 (nickel silver), cold-rolled sheet annealed. **A9:** 412
86200, as sand cast **A9:** 413
86300, as sand cast **A9:** 413
95400 (aluminum bronze), dealuminized, as sand cast **A9:** 413
95400 (aluminum bronze), heat treated. . . . **A9:** 413
95500, as sand cast **A9:** 413
97800, as sand cast **A9:** 413
ASTM B 148, Grade 9C, heat treated **A9:** 156
C69000. . . . . **A9:** 552
Copper-base powder metallurgy materials microstructures **A9:** 511
Cu-0.1Al, oxidized single crystal sphere. . . . **A9:** 137
Cu-2.1Be-0.4Ni, precipitation at grain boundaries and slip planes **A9:** 649
Cu-2.5Co-0.5Be. **A9:** 553
Cu-2.5Co-1.2Cd-0.5Si **A9:** 553
Cu-3.1Co, aged, metastable precipitate. **A9:** 650
Cu-3Ti, early stages of cellular reaction. . . . **A9:** 650
Cu-3Ti, Widmanstatten precipitation **A9:** 649
Cu-4Ti, cellular reaction **A9:** 650
Cu-4Ti (wt%), spinodally decomposed electron diffraction pattern **A9:** 653
Cu-5Ni-2.5Ti, hot extruded, heat treated **A9:** 413–414
Cu-8.9P sand cast alloy, different illuminations compared **A9:** 79
Cu-8Sn, filter powder, gravity sintered. **A9:** 530
Cu-10Al, intrinsic stacking fault, bright field and dark field images compared **A9:** 120
Cu-10Cd, peritectic transformations **A9:** 678
Cu-10Co, cobalt solid solution dendrites. . . . **A9:** 614
Cu-10Sn, pressed, sintered and sized. . **A9:** 524–525
Cu-11.8Al, heat treated, different illuminations compared **A9:** 79
Cu-12Al, martensitic structures **A9:** 673
Cu-14Al, martensitic structures **A9:** 673
Cu-18.4Ga-5Ge (at.%), massive transformation. **A9:** 630
Cu-19.3Al (at.%), beta-to-alpha massive transformation. **A9:** 630
Cu-20Sn, directionally solidified, peritectic reaction **A9:** 677
Cu-20Zn-2Pb, pressed, sintered re-pressed **A9:** 525
Cu-21.5Ga (at.%), massive transformation **A9:** 630
Cu-21Ga-1.5Ge, massive transformation . . . **A9:** 630
Cu-27.0Sn, alpha phase with interlath precipitation **A9:** 666
Cu-27Sn, nonlamellar eutectoid structure . . **A9:** 659
Cu-27.5Zn-1.05Sn, tube, stress-corrosion crack. **A9:** 412
Cu-30Zn, cold worked and annealed **A9:** 156
Cu-30Zn, crystallite orientation distribution function **A9:** 705
Cu-37.7Zn (at.%), partial massive transformation. **A9:** 630
Cu-37Zn-2Al-2Fe, iron-rich precipitates. . . . **A9:** 644
Cu-39Zn, martensitic structures. **A9:** 672
Cu-41.4Zn, bainite plates **A9:** 666
Cu-44.1Zn, surface relief from formation of bainitic plates **A9:** 662
Cu-50Zr, glass transition temperature **A9:** 640
Cu-70Sn, directionally solidified, peritectic reaction **A9:** 677
low-oxygen, high-purity, hot tears **A9:** 643
phosphorus-deoxidized, explosively bonded to tantalum. **A9:** 445

Copper-base castings
markets for **A15:** 42

Copper-base electrodes
as cast iron welding consumable **A15:** 524

Copper-base filler alloys
brazing corrosion resistance **A13:** 883

Copper-base metal matrix composites **A13:** 861

Copper-base powder metallurgy materials, specific types
70Cu-30W **A9:** 554
75Cu-25W **A9:** 554

Copper-base structural parts
applications **A2:** 396
P/M, from brass, nickel silver, or bronze **A2:** 396–397
pure copper P/M parts **A2:** 397–398

Copper-based powder metals *See also* Atomized copper powders; Brasses; Bronzes; Copper; Copper alloy powders; Copper powders; Nickel silvers; Pure copper **M7:** 376–381, 733–740

Copper-bearing cast steels **A1:** 374

Copper-bearing lead *See also* Lead **A9:** 418
composition. **A2:** 545

Copper-bearing steel
as weathering steel **A13:** 516
corrosion resistance **M1:** 735, 737–738, 751

Copper-beryllium
microstructure of **A9:** 551

Copper-beryllium alloys
analysis for copper by aluminon method. . . **A10:** 65
analysis for iron, by thiocyanate method. . . **A10:** 68
Unicast process for **A15:** 251

Copper-beryllium alloys, heat treating **A4:** 889–894
aging. **A4:** 889, 890, 892, 893, **M4:** 729–734
electrical conductivity **A4:** 892
examples **A4:** 893–894
hardness **A4:** 893–894
inspection **A4:** 893–894
mechanical properties. **A4:** 891, 892
oxidation **A4:** 890
precipitation hardening. **A4:** 890–894
quality control **A4:** 893–894
quenching **A4:** 890, **M4:** 729
solution treating **M4:** 728, 729
solution-treating **A4:** 889–890, 892–893

Copper-bismuth alloys
occurrence of SMIE in **A11:** 243

Copper-boron carbide as nuclear reactor shielding material **M7:** 666

Copper-cadmium alloys
peritectic transformations **A9:** 678

Copper-cadmium-zirconium
electrodes for resistance spot welding **M6:** 480

Copper-carbon alloy powder
spray formed. **A7:** 398

Copper-chromite black spinel
inorganic pigment to impart color to ceramic coatings **A5:** 881

Copper-chromium
microstructure of **A9:** 551
relative solderability as a function of flux type. **A6:** 129

Copper-chromium alloys
heat treating **A4:** 894, 895

Copper-chromium alloys, heat treating . . **M4:** 734, 735
C11000 . . . . **M4:** 720

Copper-chromium-zirconium alloy powder
spray formed. **A7:** 398

Copper-clad alloys
glass-to-metal alloys **EM3:** 302

Copper-clad nickel
glass-to-metal seals **EM3:** 302

Copper-cobalt alloys
transmission electron microscopy of precipitates **A9:** 117

Copper-cobalt powder
liquid-phase sintering. **A7:** 447

Copper-cobalt systems liquid-phase sintering **M7:** 319

Coppered finish
steel wire **M1:** 262

Coppered finish and liquor finishes
for steel wire. **A1:** 279

Copper-gallium alloys *See also* Copper alloys, specific types
feathery structures in. **A9:** 630

Copper-graphite
microexamination of **A9:** 550
pressed and sintered **A9:** 553

Copper-hardened rolled zinc alloy
properties **A2:** 540–541

Copperhead
definition **A5:** 951

Copperheads
in enameled steel sheet **M1:** 179

Copper-impregnated graphite
fatigue-crack propagation behavior **A19:** 940

Copper-infiltrated iron **M7:** 558

Copper-infiltrated iron powder
admixed. **A7:** 757–758
chemical composition **A7:** 757, 758
mechanical properties **A7:** 758, 759, 770
schematic of copper infiltration. **A7:** 757

Copper-infiltrated sintered carbon steel structural parts, specifications. **A7:** 426–429, 433, 441, 648, 654, 672, 714, 728, 753, 756–762, 765, 778–779, 1052, 1053, 1099

Copper-infiltrated steel powder **A7:** 13, 769–773
admixed. **A7:** 757–758
basic requirements **A7:** 769
chemical composition **A7:** 757, 758
conventionally (partially) infiltrated steels. **A7:** 769–770
evaluation of infiltrated parts **A7:** 771–773
fatigue **A7:** 961
fully infiltrated steels. **A7:** 773
infiltrant materials **A7:** 771
matrix materials. **A7:** 770–771
mechanical properties. **A7:** 758, 759, 770, 1097
microstructures **A7:** 726, 736
porosity effect. **A7:** 769
process **A7:** 771
properties of high-performance plain carbon steels. **A7:** 773
schematic of copper infiltration. **A7:** 757

Copper-infiltrated steels, powder metallurgy materials
microstructures **A9:** 510
pressed and infiltrated. **A9:** 519

Copper-infiltrated tungsten **A7:** 13

Copper-Invar-copper
for metal core molding **EM3:** 591

Copper-Invar-copper (CIC) . . . **EL1:** 620–625, 627–628

Copper-iron alloys
Mössbauer absorption spectrum **A10:** 294
phase analysis, Mössbauer spectroscopy. . . **A10:** 294

Copper-iron compact microstructure **M7:** 559

Copper-iron-cobalt-tin-phosphorus alloy
characteristics **A2:** 234

Copper-lead alloys **A18:** 750–752
applications **A18:** 750, 751, 752
as part of bimetal bearings. **A9:** 567
bearing material microstructures **A18:** 743, 744
casting processes **A18:** 754, 755
composition **A18:** 750, 751
corrosion resistance **A18:** 744
designations. **A18:** 751
in trimetal bearing material systems. **A18:** 748
mechanical properties **A18:** 750–752
microstructures **A18:** 750
product form **A18:** 751, 752

Copper-lead babbitt
bearing material microstructures **A18:** 744

Copper-lead bearing alloys
atomization of. **A7:** 37
materials for **A11:** 483–484

Copper-lead P/M parts **M7:** 739–740

Copper-lead powder **A7:** 867

Copper-magnesium alloying
wrought aluminum alloy **A2:** 48

Copper-manganese alloys
copper content estimated **A10:** 201
estimation of copper in. **A10:** 201
for niobium-titanium superconducting materials **A2:** 1046

Copper-manganese-aluminum
liquid impingement erosion of stator vanes. **A18:** 223

Copper-manganese-nickel resistance alloys *See also* Manganins; Resistance alloys
properties and application **A2:** 823, 825

Copper-matrix alloys
pneumatic isostatic forging. **A7:** 641

Copper-matrix composites
continuous graphite-copper MMCs **A2:** 909
continuous tungsten fiber reinforced . . **A2:** 908–909

Copper-molybdenum-copper (CMC)
for metal core construction **EL1:** 620

Copper-nickel
70–30, galvanic series for seawater. **A20:** 551
80–20, galvanic series for seawater. **A20:** 551
90–10, galvanic series for seawater. **A20:** 551
as thermal spray coating for hardfacing applications **A5:** 735
base metal solderability **EL1:** 677
composition. **A20:** 391

Copper-nickel (continued)
properties **A20:** 391
tensile strength, reduction in thickness by rolling **A20:** 392
weldability rating by various processes . . . **A20:** 306
zinc and galvanized steel corrosion as result of contact with **A5:** 363
Copper-nickel alloys *See also* Nickel-copper alloys **A6:** 752, 754, 766–769
applications **A2:** 228, 338–342
corrosion resistance **A13:** 611
denickelification **A13:** 133
denickelification of **A11:** 633, 634
electrolytic etching **A9:** 401
filler metals **A6:** 756
fluxes **A6:** 755
for heat exchangers/condensers **A13:** 627
for niobium-titanium superconducting materials **A2:** 1045
freshwater corrosion **A13:** 621
gas-metal arc welding **A6:** 754, 755, 768
gas-tungsten arc welding **A6:** 754, 766–768
iron alloying, seawater corrosion effects . . . **A13:** 623
liquid, integral thermal properties **A15:** 58
melt treatment **A15:** 775–776
oxidation **A18:** 591
plasma arc welding **A6:** 754
properties **A2:** 228, 338–342
recommended shielding gas selection for gas-metal arc welding **A6:** 66
shielded metal arc welding **A6:** 755, 768–769
shrinkage allowance **A15:** 303
surface condition **A6:** 754
thermal conductivity **A6:** 754
weldability **A6:** 753
Copper-nickel P/M parts **M7:** 739
Copper-nickel phase diagram **A20:** 347, 348, **M6:** 21–22
Copper-nickel plating systems
magnesium alloys **M5:** 646
Copper-nickel powder **A7:** 866–867
Copper-nickel resistance alloys *See* Electrical resistance alloys properties and applications
Copper-nickel-chromium plating systems **M5:** 193
Copper-nickel-indium
as thermal spray coating for hardfacing applications **A5:** 735
Copper-nickel-indium alloys
oxidation **A18:** 591
Copper-nickel-iron powder
green strength **A7:** 308
Copper-nickel-molybdenum steels
sintering **A7:** 474
Copper-nickel-phosphorus alloys
age hardenable **A2:** 236
heat treating **M2:** 242, 257
Copper-nickel-silicon alloys **A20:** 392, **M2:** 242
age hardenable **A2:** 236
Copper-nickel-tin alloys **A20:** 392
spray formed **A7:** 398
Copper-nickel-zinc alloy powder **M7:** 122
Copper-oxygen alloys, as-cast
effect of oxygen content on microstructure **A9:** 405–406
Copper-oxygen phase diagram **A15:** 466
Copper-phosphorus alloys
brazing, available product forms of filler metals **A6:** 119
brazing, joining temperatures **A6:** 118
for brazing **M7:** 839
liquid-phase sintering **M7:** 319
recommended gap for braze filler metals . . . **A6:** 120
resistance brazing filler metals **A6:** 342
Copper-phosphorus powder
liquid-phase sintering **A7:** 447
Copper-plated steel
welding factor **A18:** 541
Copper-refractory metal composites
deformation processed **A2:** 922
Copper(s) **A6:** 752
absorptivity **A6:** 265
addition to low-alloy steels for pressure vessels and piping **A6:** 667
addition to strengthen nickel equivalent . . . **A6:** 100
adhesion measurement of fcc metals **A6:** 144
adhesion to nickel **A6:** 144
alloying addition to heat-treatable aluminum alloys **A6:** 528, 529, 530, 531, 532
alloying effect in titanium alloys **A6:** 508
alloying effect on nickel-base alloys . . . **A6:** 588–589
applications, sheet metals **A6:** 400
as addition to brazing filler metals **A6:** 905
as addition to tin-lead solders . . . **A6:** 966, 967, 969
atomic interaction descriptions **A6:** 144
brazing and soldering characteristics **A6:** 631
brazing with clad brazing materials **A6:** 347
cladding for composite laminates, soldering **A6:** 132
cladding material for brazing **A6:** 347
cleaning solutions for substrate materials . . **A6:** 978
coextrusion welding **A6:** 311
cold welding **A6:** 307–308, 309
contact angles on beryllium at various test temperatures in argon and vacuum atmospheres **A6:** 116
contact tube, gas-metal arc welding **A6:** 183
contamination source for niobium electron-beam welding **A6:** 871
content in HSLA Q & T steels **A6:** 665
corrosion in various media **M2:** 468–469
diffusion bonding **A6:** 159
dip brazing **A6:** 336
distortion **A6:** 757–758
electrical **M2:** 240–241
electrodes, nylon liners **A6:** 183–184
electron-beam welding **A6:** 851, 872
explosion welding **A6:** 162, 163, 303, 304
filler metals **A6:** 757, 761, 762
flash welding **A6:** 247
foil, solid-state welding **A6:** 169
friction welding **A6:** 152, 153
gas-metal arc welding **A6:** 759–760
to high-carbon steel **A6:** 828
to low-alloy steel **A6:** 828
to low-carbon steel **A6:** 828
to medium-carbon steel **A6:** 828
to stainless steel **A6:** 828
gas-tungsten arc welding **A6:** 190, 192, 756–759
to high-carbon steel **A6:** 827
to low-alloy steels **A6:** 827
to low-carbon steel **A6:** 827
to medium-carbon steels **A6:** 827
to stainless steels **A6:** 827
heat-affected zone **A6:** 759
high-frequency welding **A6:** 252
in diffusion welding welds **A6:** 884–885, 886
in duplex stainless steels **A6:** 471
in eutectic alloys **A6:** 127
in intermetallic compounds **A6:** 127
in stainless steel brazing filler metals **A6:** 911, 913, 917, 920
induction brazing **A6:** 333
induction soldering, physical properties **A6:** 364
inorganic fluxes for **A6:** 980
joined to aluminum alloys **A6:** 739
low-temperature solid-state welding **A6:** 300
mechanical cleaning not recommended **A6:** 131
mechanical cutting **A6:** 1178
molten-salt dip brazing **A6:** 338
no resistance seam welding **A6:** 241–242
oxyacetylene welding **A6:** 281
oxyfuel gas welding **A6:** 285
plasma and shielding gas compositions **A6:** 197
postweld heat treatment **A6:** 761
precoated before soldering **A6:** 131
precoating **A6:** 131
price per pound **A6:** 964
projection welding **A6:** 233
properties **A6:** 629, 992
recommended gap for braze filler metals . . . **A6:** 120
recommended guidelines for selecting PAW shielding gases **A6:** 67
recommended impurity limits of solders . . . **A6:** 986
recovery from selected electrode coverings . . **A6:** 60
relative solderability **A6:** 134
relative solderability as a function of flux type **A6:** 129
relative weldability ratings, resistance spot welding **A6:** 834
resistance brazing **A6:** 339, 340, 342
resistance soldering **A6:** 357
resistance welding **A6:** 833, 849–850
roll welding **A6:** 312–314
rosin flux use **A6:** 129
shielded metal arc welding . . **A6:** 176, 179, 755, 760
shielding gas purity **A6:** 65
solderability **A6:** 978
solderable and protective finishes for substrate materials **A6:** 979
soldering **A6:** 130–131, 630–631
thermal conductivity value **A6:** 587
thermal diffusivity from 20 to 100 °C **A6:** 4
thermal expansion coefficient **A6:** 907
torch brazing **A6:** 328
torch soldering **A6:** 351
toxicity **A6:** 1195, 1196
TWA limits for particulates **A6:** 984
ultrasonic welding **A6:** 324, 326
weld discontinuities, plasma arc welding . . **A6:** 1078
wettability **A6:** 115
Coppers, specific types
C10100 . . . . . **M2:** 275–278
C10200 . . . . . **M2:** 275–278
C10300 . . . . . **M2:** 279
C10400 . . . . . **M2:** 280–281
C10500 . . . . . **M2:** 280–281
C10700 . . . . . **M2:** 280–281
C10800 . . . . . **M2:** 281–282
C11000 . . . . . **M2:** 282–290
C11100 . . . . . **M2:** 291
C11300 . . . . . **M2:** 291–292, 293
C11400 . . . . . **M2:** 291–292, 293
C11500 . . . . . **M2:** 291–292, 293
C11600 . . . . . **M2:** 291–292, 293
C12500 . . . . . **M2:** 292–293, 294
C12700 . . . . . **M2:** 292–293, 294
C12800 . . . . . **M2:** 292–293, 294
C12900 . . . . . **M2:** 292–293, 294
C13000 . . . . . **M2:** 292–293, 294
C14300 . . . . . **M2:** 294, 295
C14310 . . . . . **M2:** 294, 295
C14500 . . . . . **M2:** 295
C14700 . . . . . **M2:** 295–296
C15000 . . . . . **M2:** 296–297, 298
stress relaxation **M2:** 485–488
Coppers, wrought, specific types, annealing temperature
C10200 . . . . . **M4:** 720
C11300 . . . . . **M4:** 720
C11400 . . . . . **M4:** 720
C11500 . . . . . **M4:** 720
C11600 . . . . . **M4:** 720
C12000 . . . . . **M4:** 720
C12200 . . . . . **M4:** 720
C14500 . . . . . **M4:** 720
Copper-silicon
fretting wear **A18:** 248
relative solderability as a function of flux type **A6:** 129
Copper-silicon alloys **A6:** 752, 753, **A13:** 611, 621–622
stacking fault energies and deformation **A9:** 686
Copper-silver alloys
metal brazing **EM4:** 489–490, 491
relationship between composition and dendrite arm spacing **A9:** 638

SUBJECTS OF THE INDEXED VOLUMES: ASM Handbook (designated by the letter "A"): **A1:** Properties and Selection: Irons, Steels, and High-Performance Alloys (1990); **A2:** Properties and Selection: Nonferrous Alloys and Special-Purpose Materials (1990); **A3:** Alloy Phase Diagrams (1992); **A4:** Heat Treating (1991); **A5:** Surface Engineering (1994); **A6:** Welding, Brazing, and Soldering (1993); **A7:** Powder Metal Technologies and Applications (1998); **A8:** Mechanical Testing (1985); **A9:** Metallography and Microstructures (1985); **A10:** Materials Characterization (1986); **A11:** Failure Analysis and Prevention (1986); **A12:** Fractography (1987); **A13:** Corrosion (1987); **A14:** Forming and Forging (1988); **A15:** Casting (1988); **A16:** Machining (1989); **A17:** Nondestructive Evaluation and Quality Control (1989); **A18:** Friction, Lubrication, and Wear Technology (1992); **A19:** Fatigue and Fracture (1996); **A20:** Materials Selection and Design (1997). **Metals Handbook, 9th Edition** (designated by the letter "M"): **M1:** Properties and Selection: Irons and Steels (1978); **M2:** Properties and Selection: Nonferrous Alloys and Pure Metals (1979); **M3:** Properties and Selection: Stainless Steels, Tool Materials, and Special-Purpose Materials (1980); **M4:** Heat Treating (1981); **M5:** Surface Cleaning, Finishing, and Coating (1982); **M6:** Welding, Brazing, and Soldering (1983); **M7:** Powder Metallurgy (1984). **Engineered Materials Handbook** (designated by the letters "EM"): **EM1:** Composites (1987); **EM2:** Engineering Plastics (1988); **EM3:** Adhesives and Sealants (1990); **EM4:** Ceramics and Glasses (1991). **Electronic Materials Handbook** (designated by the letters "EL"): **EL1:** Packaging (1989)

Copper-silver system
wetting and spreading **EM4:** 485
Copper-silver-magnesium-phosphorus alloy
characteristics **A2:** 234
Copper-silver-phosphorus alloys
brazing, available product forms of filler metals **A6:** 119
brazing, joining temperatures. **A6:** 118
Copper-tin
base metal solderability **EL1:** 677
hot cracking **A6:** 754
Copper-tin alloys *See also* Phosphor bronzes; Tin-copper alloy **A15:** 58–59
brazing, available product forms of filler metals **A6:** 119
brazing, joining temperatures. **A6:** 118
fatigue diagram **A19:** 304–305
peritectic reactions **A9:** 677
Copper-tin bronze
ink-jet technology tooling **A7:** 427
Copper-tin plating systems
magnesium alloys **M5:** 646
Copper-tin powder
green strength **A7:** 308
milling **A7:** 58
oxygen content of water atomized metal powder **A7:** 42
Copper-tin powders
air atomized. **M7:** 122
compacts, effect of density on strength. . . . **M7:** 736
lubricant systems. **M7:** 186
premixes **M7:** 480, 481
pressing characteristics. **M7:** 736
systems, liquid-phase sintering. **M7:** 319, 320
Copper-tin-carbon-lubricant **A7:** 102
Copper-tin-lead alloys. **A20:** 392–393
Copper-tin-lead-bearing alloys **A7:** 74
Copper-tin-lead-zinc alloys. **A20:** 392–393
Copper-tin-lubricant. **A7:** 102
Copper-titanium alloy powder
spray forming **A7:** 401, 402, 403, 404, 405
Copper-titanium alloys
high-resolution mass scan for. **A10:** 616
Copper-tungsten
microexamination of. **A9:** 550
percussion welding **M6:** 740
resistance brazing **M6:** 965
tongs for manual resistance brazing **A6:** 340
Copper-tungsten powders
applications **M7:** 631
Copper-zinc alloy powder
as gilding metal. **A7:** 6
gas atomization. **A7:** 47
Copper-zinc alloys *See also* Brasses. **A6:** 752
as filler metal for dip brazing **A6:** 338
brazing, available product forms of filler metals **A6:** 119
brazing, joining temperatures. **A6:** 118
composition. **A6:** 762
composition and properties. **M6:** 401
corrosion in. **A11:** 201
dealloying **A2:** 216
dezincification **A13:** 131–133, 614
failure by SCC and dezincification . . **A11:** 222, 635
filler metals **A6:** 756
fracture history **A12:** 1
freshwater corrosion **A13:** 621
gas tungsten arc welding **M6:** 409–410
gas-metal arc welding **A6:** 762, 763
gas-tungsten arc welding. **A6:** 762, 763
grain orientation in **A10:** 360
liquid, thermodynamic properties **A15:** 59
shielded metal arc welding **A6:** 762, 763
zinc flaring in. **A15:** 466
Copper-zinc alloys, specific types
RBCuZn-A, dip brazing filler metal **A6:** 337
Copper-zinc phase diagram . . . . **A3:** 1•22
Copper-zinc powders **M7:** 121, 292, 380, 570
Copper-zinc system. . . . . **A3:** 1•22
Copper-zinc-aluminum alloys
as shape memory effect (SME) alloys. . **A2:** 899–900
Copper-zinc-aluminum-manganese alloys
as shape memory effect (SME) alloys. . **A2:** 899–900
Copper-zinc-lead alloys **A20:** 390
Copper-zinc-nickel alloys **A6:** 752
Copper-zinc-tin alloys
SCC and dezincification **A13:** 132
Copper-zirconium
electrodes for resistance spot welding **M6:** 480
Copper-zirconium alloys
heat treating **A4:** 894, 896, **M4:** 734–736
Copper-zirconium (Cu-Zr)
fiber for reinforcement **A18:** 803
processing technique **A18:** 803
properties. **A18:** 803
Copper-zirconium powder metallurgy product. . **A9:** 414
Co-Pr (Phase Diagram). . . . . **A3:** 2•146
Coprecipitation **A7:** 69, **M7:** 54, 55
as P/M oxide-dispersion technique . . . **M7:** 718–719
electrical contact materials. **A7:** 1029
in gravimetric analysis **A10:** 163
of ferrite **EM4:** 1163
Coprecipitation, as manufacturing process
composite contact materials. **A2:** 857–858
Co-Pt (Phase Diagram). . . . . **A3:** 2•146
Co-Pu (Phase Diagram). . . . . **A3:** 2•146
Copy milling
aluminum alloy forging dies. **A14:** 247
Copy turning
PCBN cutting tools. **A16:** 115, 116
Copying machine parts, powders used *See also* Copier powders. **M7:** 573
Cord **EM4:** 387, 388, 389, 391, 392
Cord-filled brushes. **M5:** 165
Cordierite
affecting slag removal in welds **A6:** 61
Cordierite ($2Al_2O_3$•MgO•$5SiO_2$)
applications **EM4:** 759
as filler for solder glass. **EM4:** 1072
as refractory filler. **EM4:** 1072
ceramic corrosion in the presence of combustion products **EM4:** 982
chemical system. **EM4:** 870, 872
composition. **EM4:** 759
crystal structure **EM4:** 881
in heat exchangers **EM4:** 980
isolated group structure **EM4:** 758–759
maximum use temperature. **EM4:** 875
mullite-cordierite composite . . . **EM4:** 859, 860, 861
mullite-cordierite fracture toughness. **EM4:** 865
properties. **EM4:** 512, 759–760, 761
refractory material **EM4:** 907
solid-state sintering **EM4:** 279
structure **EM4:** 759–760
thermal expansion curves for low- and high-temperature forms **EM4:** 761
Cordierite glass-ceramics
aluminosilicate glass-ceramics **EM4:** 435–436
Cordierite refractory
mechanical properties **A20:** 420
physical properties. **A20:** 421
"Cordierite-type" glass **EM4:** 872
Cordless electric toothbrush and razor
powders used. **M7:** 573
Core *See also* Force plug
crush, defined **EM1:** 7
defined **EM1:** 7, **EM2:** 11
depression, defined. **EM1:** 7
fluted *See* Fluted core
magnetic, of magnetically soft materials . . . **A2:** 780
RTM and SRIM, compared **EM2:** 347
separation, defined. **EM1:** 8
size, copper alloys casting. **A2:** 351
splicing, defined **EM1:** 8
vs. coreless cavity design, copper alloy casting **A2:** 355
Core assembly
defined. **A15:** 3
Core bake-out method
knockout **A15:** 506
Core binder
defined. **A15:** 3
Core blow
defined. **A15:** 3
Core blower
defined. **A15:** 3
Core blowing machines
abrasive wear by **A15:** 191
usage **A15:** 239–240
Core box *See also* Blow holes
CAD/CAM processing. **A15:** 618
defined **A15:** 3, 191
for plaster molding **A15:** 243
full split aluminum **A15:** 191
Core, broken or crushed
as casting defect. **A11:** 381
Core, defined **M7:** 3
hardness tested by magnetic bridge sorting. **M7:** 491
Core distortion
from directional solidification **A15:** 321
Core drilling
compared to reaming. **A16:** 239
Core dryers
defined. **A15:** 3
Core engine tests
ENSIP Task III, component and core engine tests. **A19:** 585
Core excitation
effect on Auger electrons **A10:** 551
Core filler *See also* Collapsibility
defined. **A15:** 3
Core hardness **A1:** 481–482
Core, honeycomb
adhesive-bonded joints **A17:** 613–615
Core knockout **A15:** 503–506
defined. **A15:** 503
equipment. **A15:** 504–505
high-frequency drive machine **A15:** 506
Core knockout machine
defined. **A15:** 3
Core losses in electrical steels
factors affecting **A9:** 537–538
Core materials
Antioch process **A15:** 246
selection, permanent mold casting **A15:** 280
Core oil
cores, release agents for **A15:** 240
defined. **A15:** 3
hot box presses. **A15:** 238
process, defined **A15:** 218
types of **A15:** 218
Co-Re (Phase Diagram). . . . . **A3:** 2•147
Core pin *See also* Cot-e
defined. **EM2:** 11
Core pin plate
defined. **EM2:** 11
Core plates
defined. **A15:** 3
Core plating *See also* Insulation
of electrical steel sheet **A14:** 482
Core prints. **A15:** 4, 192
Core properties, carburized and carbonitrided steels **M1:** 491–492, 534–535, 537–538
Core rod, defined. **M7:** 3
materials. **M7:** 337
mounting **M7:** 336
steps **M7:** 325
Core rod steps. **A7:** 346, 347
Core rods *See also* Core wires. . . . **A7:** 351, 352, 353
Core sample **A7:** 207
Core sand
defined. **A15:** 4
Core setting
as green sand mold finishing **A15:** 347
Core shift
defined. **A15:** 4
radiographic methods. **A17:** 296, 349
Core shrinkage
as casting defect. **A11:** 382
Core teams **A20:** 52
Core vents
defined. **A15:** 4
Core wash
defined. **A15:** 4
Core wires
defined. **A15:** 4
Cored bar
defined **M7:** 3
Cored mold
defined **EM1:** 7, **EM2:** 11
Cored solder
definition **A6:** 1208, **M6:** 4
Coreless induction furnaces. . . . **A15:** 3, 368–369, 500, 636
Coreless induction heating
of pouring vessels. **A15:** 499
Core-level ionization **A18:** 450
Coremaking **A15:** 238–241
by cold box process, and products **A15:** 239
coating. **A15:** 240–241

Coremaking (continued)
compaction . . . **A15:** 239–240
core system selection . . . **A15:** 238
curing . . . **A15:** 240
defined . . . **A15:** 238
development of . . . **A15:** 32–33
magnesium alloy casting . . . **A15:** 805
mechanization of . . . **A15:** 32
mixing . . . **A15:** 238–239
release agents . . . **A15:** 240
with baking ovens . . . **A15:** 32
Corers
as sampling tools . . . **A10:** 16
Core(s) *See also* Collapsible cores; Green sand core; Preformed ceramic core . . . **A20:** 725
breaker, and riser necks . . . **A15:** 587–588
ceramic, manufacture of . . . **A15:** 261
defects, power inductors . . . **EL1:** 1004
defined . . . **A15:** 3
distortion . . . **A15:** 321–322
effect, solidification sequence . . . **A15:** 606–608
erosion of . . . **A15:** 589
for die casting . . . **A15:** 287
for gray iron . . . **A15:** 640
large permanent, materials for . . . **A15:** 280
passive device failure mechanisms . . . **EL1:** 1000
patterns with . . . **A15:** 195
permanent mold casting . . . **A15:** 279–280
preformed . . . **A15:** 261
processes, development of . . . **A15:** 35
produced by shell process . . . **A15:** 217–218
removal, as postcasting operation . . . **A15:** 263
self-formed . . . **A15:** 261
strainer (choke) . . . **A15:** 596
system, selection of . . . **A15:** 238
use . . . **A15:** 191
Cores (electronic)
powders used . . . **M7:** 572
Cores, transformer
analysis of . . . **A10:** 224
Coring *See also* Extrusion pipe; Liquation **A3:** 1•18, 1•19
copper alloy ingots . . . **A9:** 638–640
defined . . . **A9:** 4, **A14:** 3, **A15:** 3, **EM2:** 11
definition . . . **A5:** 951
in cast structures . . . **A9:** 611–617
polyamide-imides (PAI) . . . **EM2:** 130–131
Scheil equation for . . . **A9:** 631
Coring operation
in conjunction with broaching . . . **A16:** 194, 195
Cork . . . **EM3:** 49
engineered material classes included in material property charts . . . **A20:** 267
fracture toughness vs. density . . **A20:** 267, 269, 270
linear expansion coefficient vs. thermal conductivity . . . **A20:** 267, 276, 277
linear expansion coefficient vs. Young's modulus . . . **A20:** 267, 276–277, 278
loss coefficient vs. Young's modulus . . . **A20:** 267, 273–275
normalized tensile strength vs. coefficient of linear thermal expansion . . . **A20:** 267, 277–279
specific modulus vs. specific strength . . . **A20:** 267, 271, 272
strength vs. density . . . **A20:** 267–269
thermal conductivity vs. thermal diffusivity . . . **A20:** 267, 275–276
Young's modulus vs.
density . . . **A20:** 266, 267, 268, 289
elastic limit . . . **A20:** 287
strength . . . **A20:** 267, 269–271
Corner blowholes
as casting defects . . . **A11:** 382
Corner castings, steel
aluminum coating of . . . **M5:** 339
Corner cracks . . . **A19:** 157
Corner joint
definition . . . **A6:** 1208
electron-beam welding . . . **A6:** 260
lamellar tearing . . . **A6:** 95
non-heat-treatable aluminum alloys . . . **A6:** 540
Corner joints
arc welding of
heat-resistant alloys . . . **M6:** 356–357, 360, 363
nickel alloys . . . **M6:** 437
stainless steels, austenitic . . . **M6:** 334
definition . . . **M6:** 4
design, illustration . . . **M6:** 60–61
electron beam welds . . . **M6:** 616–617
electroslag welding . . . **M6:** 225
flux cored arc welding . . . **M6:** 100
gas metal arc welding of aluminum alloys **M6:** 384
gas tungsten arc welding . . . **M6:** 201
of magnesium alloys . . . **M6:** 431–432
of silicon bronzes . . . **M6:** 413
laser beam welding . . . **M6:** 664
oxyfuel gas welding . . . **M6:** 589–590
recommended grooves . . . **M6:** 70
shielded metal arc welding of heat-resistant alloys . . . **M6:** 356, 363
Corner radii, steel forgings . . . **M1:** 362–364, 370, 371
Corner radius
computing of . . . **A14:** 133
Corner scab
as casting defect . . . **A11:** 381
Corner setting *See* Coining
Corner shrinkage
as casting defect . . . **A11:** 382
Corner thinning
in cold-formed parts . . . **A11:** 308
Corner weld
laser-beam welding . . . **A6:** 879
Corner-edge joints
oxyfuel gas welding . . . **A6:** 286, 287
Corner-flange weld
definition . . . **A6:** 1208, **M6:** 4
Cornering stiffness . . . **A18:** 578, 579–580
Corners
joint, lamellar tearing in HAZ of . . . **A11:** 92
sharp, as notches . . . **A11:** 85
sharp, as stress concentrators . . . **A11:** 318
sharp intemal, bending-fatigue fracture from . . . **A11:** 469
sharp, oil quenching cracks from . . . **A11:** 565
Corning Corelle Core Glass (Borosilicate cladding glass) . . . **EM4:** 1101
Corning Corelle Skin Glass (CaF_2 opal core glass) . . . **EM4:** 1101
Corning Corning Ware Beta-spodumene glass-ceramic . . . **EM4:** 1103
Corning glass codes
0010 . . . **EM4:** 497
0080 . . . **EM4:** 497
0110 . . . **EM4:** 497
0120 . . . **EM4:** 497
0129 . . . **EM4:** 497
0213 . . . **EM4:** 1019, 1056
0281 . . . **EM4:** 1103
0313 . . . **EM4:** 463, 1020
0315 . . . **EM4:** 463
0319 . . . **EM4:** 463
0335 . . . **EM4:** 877
0336 . . . **EM4:** 871, 872
1720 . . . **EM4:** 497
1723 . . . **EM4:** 497, 1017
1990 . . . **EM4:** 497
1991 . . . **EM4:** 497
3320 . . . **EM4:** 497
6720 . . . **EM4:** 1101
6810 . . . **EM4:** 863
7040 . . . **EM4:** 497
7050 . . . **EM4:** 497
7052 . . . **EM4:** 497, 498
7056 . . . **EM4:** 497
7251 . . . **EM4:** 1103
7570 . . . **EM4:** 497
7583 . . . **EM4:** 875
7720 . . . **EM4:** 497
7740 . . . **EM4:** 863
7750 . . . **EM4:** 497
7971 . . . **EM4:** 1016, 1018
8111 . . . **EM4:** 463
8361 . . . **EM4:** 463
9010 . . . **EM4:** 497
9013 . . . **EM4:** 536–537
9019 . . . **EM4:** 497
9455 . . . **EM4:** 871, 877
9606 . . . **EM4:** 872, 874, 875, 876, 877
9608 . . . **EM4:** 871, 875, 876, 877
9617 . . . **EM4:** 871, 877
9623 . . . **EM4:** 872
9741 . . . **EM4:** 1056
9753 . . . **EM4:** 1020
9754 . . . **EM4:** 1020
Corning Inc. photosensitive glass products **EM4:** 440, 442
Corning multiform process . . . **EM4:** 1056
Corning Visions beta-quartz glass-ceramic
coefficient of thermal expansion . . . **EM4:** 1103
composition . . . **EM4:** 1103
Cornish stone
flux composition . . . **EM4:** 932
Corona
definition . . . **M6:** 4
Corona 5 alloy
annealing . . . **A4:** 915
Corona (AC)
defined . . . **EM2:** 461
Corona (DC)
defined . . . **EM2:** 461
Corona extinguishing voltage (CEV)
defined . . . **EM2:** 461
Corona resistance . . . **EM3:** 9
defined . . . **EM2:** 11
Corona (resistance welding)
definition . . . **A6:** 1208
Corona starting voltage (CSV)
defined . . . **EM2:** 461
Corona treatment . . . **EM3:** 35, 42
Coronal plane
defined . . . **A17:** 383
Coronze *See also* Copper alloys, specific types, C63800
applications and properties . . . **A2:** 333–334
Corporate Average Fuel Economy (CAFE) standards . . . **A18:** 554
CORPUS model . . . **A19:** 119, 124, 130
developed for applications to flight simulation load histories . . . **A19:** 129
modified . . . **A19:** 130
developed for applications to flight simulation load histories . . . **A19:** 129
Corrected fatigue limit . . . **A19:** 19
Correction
defined . . . **A8:** 3
Correction factors
cracks in biaxial stress . . . **A11:** 124
for fatigue test data . . . **A11:** 115
Correction for finite width (W) . . . **A19:** 23
Corrective lens
definition . . . **M6:** 4
Corrective orthopedic surgery
intemal fixation devices as . . . **A11:** 671
Correlated fluctuations
SAS techniques for . . . **A10:** 405
Correlation . . . **A8:** 623
Correlation coefficient . . . **A19:** 181, **A20:** 85
Correlation coefficient method . . . **A19:** 181
Correlation distance . . . **A18:** 469
Correlation parameter . . . **A18:** 465
Corroded surfaces
microscopic examination . . . **A11:** 173–174
Corrodents, atmospheric
types encountered . . . **M5:** 333
Corroding lead *See also* Lead; Pure lead
composition . . . **A2:** 543–544

SUBJECTS OF THE INDEXED VOLUMES: ASM Handbook (designated by the letter "A"): **A1:** Properties and Selection: Irons, Steels, and High-Performance Alloys (1990); **A2:** Properties and Selection: Nonferrous Alloys and Special-Purpose Materials (1990); **A3:** Alloy Phase Diagrams (1992); **A4:** Heat Treating (1991); **A5:** Surface Engineering (1994); **A6:** Welding, Brazing, and Soldering (1993); **A7:** Powder Metal Technologies and Applications (1998); **A8:** Mechanical Testing (1985); **A9:** Metallography and Microstructures (1985); **A10:** Materials Characterization (1986); **A11:** Failure Analysis and Prevention (1986); **A12:** Fractography (1987); **A13:** Corrosion (1987); **A14:** Forming and Forging (1988); **A15:** Casting (1988); **A16:** Machining (1989); **A17:** Nondestructive Evaluation and Quality Control (1989); **A18:** Friction, Lubrication, and Wear Technology (1992); **A19:** Fatigue and Fracture (1996); **A20:** Materials Selection and Design (1997). **Metals Handbook, 9th Edition** (designated by the letter "M"): **M1:** Properties and Selection: Irons and Steels (1978); **M2:** Properties and Selection: Nonferrous Alloys and Pure Metals (1979); **M3:** Properties and Selection: Stainless Steels, Tool Materials, and Special-Purpose Materials (1980); **M4:** Heat Treating (1981); **M5:** Surface Cleaning, Finishing, and Coating (1982); **M6:** Welding, Brazing, and Soldering (1983); **M7:** Powder Metallurgy (1984). **Engineered Materials Handbook** (designated by the letters "EM"): **EM1:** Composites (1987); **EM2:** Engineering Plastics (1988); **EM3:** Adhesives and Sealants (1990); **EM4:** Ceramics and Glasses (1991). **Electronic Materials Handbook** (designated by the letters "EL"): **EL1:** Packaging (1989)

Corrodkote test. **A5:** 211
defined **A13:** 4
definition **A5:** 951
Corrosion *See also* Atmospheric corrosion; Corrosion economics; Corrosion failure analysis; Corrosion failure(s); Corrosion fatigue; Corrosion fatigue evaluation; Corrosion fatigue fracture(s); Corrosion pitting; Corrosion prevention; Corrosion product protection; Corrosion products; Corrosion products, characterization of; Corrosion rate; Corrosion resistance; Corrosion testing; Corrosion thinning; Corrosion-resistant alloys; Corrosive environments; Corrosivity; Crevice corrosion; Denickelification; Design for corrosion resistance; Dezincification; Electrical corrosion; Electrolytic corrosion; Electronic corrosion; Erosion-corrosion; Exfoliation; Exfoliation corrosion; Filiform corrosion; Freshwater corrosion; Fretting corrosion; Galvanic corrosion; Galvanic exfoliation corrosion; General corrosion; Graphitic corrosion; Impingement attack; Interdendritic corrosion; Intergranular corrosion; Internal oxidation; Liquid corrosion; Oxidation; Parting; Pitting; Pitting corrosion; Poultice corrosion; Rust; Seawater corrosion; Selective leaching; Soil corrosion; specific corroding agent or specific type of metal; specific corrosion types; Stray-current corrosion; Stress corrosion; Stress-corrosion cracking; Stress-cracking corrosion (SCC); Sulfide stress cracking; Uniform corrosion . . **A6:** 374, **A19:** 4, **A20:** 345, **EM3:** 48, 628–636, 661
accelerated testing **EL1:** 891
adhesive-bonded joints **A17:** 615–616
AES identification of chemical-reaction products in **A10:** 549
alloy steels . . . **A5:** 714–716, 717–719, 719–720, 721
aluminum alloys **A6:** 729–730, **A15:** 765
aluminum and aluminum alloys **A5:** 792–793, 797, 801, 804
aluminum metallization **A11:** 770
aluminum, neutron radiography of . . . **A17:** 392–393
aluminum-lithium alloys **A6:** 552
aluminum-magnesium alloys **A6:** 622
and alloying for surface stability **A1:** 953, 956–957, 958–959
and corrosion products, SEM analysis of bridgewire **A10:** 511
and erosion-corrosion **A11:** 189, 268–271
and liquid erosion **A11:** 167
and pH, in boiler tubes **A11:** 612–613
and surface stains, LEISS identified on connector **A10:** 607
and temperature, effects on wear failure . . **A11:** 156
anodizing **A5:** 483
as failure mode for welded fabrications . . . **A19:** 435
as source, acoustic emissions **A17:** 287
atmospheric **A11:** 192–193, 535
bacterial and bio-fouling **A11:** 190–191
bearing materials **M3:** 804, 806, 807, 808–809
behavior, cast copper alloys **A2:** 383–385, 388, 391
behavior, commercially pure tin **A2:** 518–519
behavior, testing **A13:** 193–196
by marine organisms **A11:** 191
cadmium and possible replacements compared **A5:** 920–921
cadmium plating **A5:** 215, 226
carbon steels **A5:** 714–716, 717–719, 719–720, 721
cast irons **A5:** 691
cast irons, temporary coatings for protection **A5:** 687
cells **A11:** 770
chloride-induced bond-pad **EL1:** 891
chromate conversion coatings . . . **A5:** 405, 406–407, 409–410
chromium alloy plating **A5:** 272
coal-ash, steam equipment **A11:** 617
cobalt-base corrosion-resistant alloys . . **A2:** 453–454
composite-to-metal joining **A6:** 1041–1042
conditions and forms **A13:** 17
continuous hot dip coatings **A5:** 339, 343–344, 345, 347–348
control, in steam-generator tubes **A11:** 615
control, parylene coatings **EL1:** 800
copper alloys **A12:** 403
copper and copper alloys **A5:** 805
copper metals **M2:** 458–465
corrective and preventive measures for **A11:** 193–199
costs, U.S **A13:** 755, 1039
crevice **A8:** 500, **A11:** 535, 631–632
data, and steel composition **A11:** 193
defined **A11:** 2, **A13:** 4
definition **A5:** 635, 951, **A20:** 830
design changes for **A11:** 197
dezincification **A6:** 753
diffusion coatings **A5:** 611, 615, 617, 619–620
dissimilar metal joining **A6:** 826–827
due to galvanization being burned off . . . **EM3:** 724
duplex stainless steels **A6:** 626
economics **A13:** 369–374
effect of boundary precipitation and solute segregation on **A10:** 549
effect on liquid-erosion failures **A11:** 167
effects, corrective, in fatigue failures **A11:** 259–260
effects, electrical resistance alloys **A2:** 824
effects in creep testing **A8:** 303
electrochemically based, determined in aqueous environments **A10:** 134
electrochemically based, Raman studies . . . **A10:** 135
electroless nickel coatings **A20:** 479
electroless nickel plating **A5:** 297, 298, 299, 305–308
electrolytic **EL1:** 493
electrolytic, of gold **A11:** 771
electronic materials **A12:** 482
erosion **A11:** 189
examination techniques **EL1:** 1043
exfoliation **A11:** 338–342
failure mechanisms **EL1:** 1043, 1049–1052
fatigue, and SCC, unified theory **A12:** 42
fatigue, defined **A11:** 2
fatigue, ductile iron **A15:** 662
fire-side **A11:** 616–620
fissure, environmentally assisted fracture at **A8:** 499
flux, defined **EL1:** 643–644
fracture, cleaning of **A12:** 73–76
fractures, identification chart for **A11:** 80
fretting, defined **A11:** 5
from quenching **M7:** 453
furnace wall **A11:** 618
galvanic **A11:** 5, 185–186, 535–536, **EL1:** 493
gas-phase, Raman analysis **A10:** 135
general **A11:** 630, **A12:** 41
general, as cause of premature cracking **A8:** 605
glazes and enamels for coating ceramics and glasses **A5:** 877
gold metallization **A11:** 770
graphitic, defined **A11:** 5
hardfacing as preventative measure **A6:** 789
hardfacing for **M7:** 823
heat-resistant alloys . . . **M3:** 196, 207–209, 218–219, 270, 319–320
heat-treatable aluminum alloys **A6:** 534–535
high-silicon stainless steels **A6:** 795
high-temperature **A11:** 130–133
hot **A11:** 200, 269–271, **A12:** 391
hot dip galvanized coatings **A5:** 361, 363
hot gas **A15:** 730
impingement **A11:** 189, 634–635
in adhesive-bonded aluminum, neutron radiography of **A17:** 392–393
in AISI/SAE alloy steels **A12:** 318
in bearing failures **A11:** 493
in boilers and steam equipment **A11:** 614–621
in bolts **A12:** 248
in ceramic packages **EL1:** 962
in dissimilar-metal welds **A11:** 620–621
in forging **A11:** 338
in integrated circuits **A11:** 769–770
in low-carbon steel **A12:** 243, 248
in milling environment **A7:** 59, **M7:** 63
in nuclear waste containers **A17:** 275–276
in plastic packages **EL1:** 479
in PSE environment, aircraft **A19:** 570
in pyrotechnic actuators **A10:** 510
in shafts **A11:** 467
in sliding bearings **A11:** 486–487
in water-containing fuels **A11:** 191
-induced, hydrogen-assisted fracture, low-carbon steels **A12:** 248
inhibitors **A14:** 515
inhibitors, for lubricant t-failure **A11:** 154
intergranular **A11:** 180–182, 403–404
intergranular, austenitic stainless steels . . . **A12:** 364
introduction **A13:** 17
ion implantation **A5:** 608
ion-beam-assisted deposition **A5:** 598, 599
iron plating **A5:** 213
kinetics **A12:** 41
liquid-immersion, of threaded fasteners . . . **A11:** 535
localized, and premature cracking **A8:** 496
low-temperature, steam equipment . . . **A11:** 618–619
magnesium alloys **A5:** 819, 821, 827, 832
mechanical plating **A5:** 331
mechanically assisted, defined **A13:** 79
metal, Raman analysis **A10:** 126, 134–135
metallurgically influenced, defined **A13:** 79
methods for fracture mode identification . . **A19:** 44
monitoring processing variables to control **A11:** 198–199
monitoring, ultrasonic inspection **A17:** 275–276
Mössbauer analysis of **A10:** 287
nickel alloys **M3:** 171–174
nickel and nickel alloys **A5:** 864
nickel plating **A5:** 205–206
non-heat-treatable aluminum alloys **A6:** 540
of adhesives **EL1:** 674
of aluminum alloys containing copper as a result of using magnesium oxide **A9:** 353
of austenitic manganese steel **A1:** 836
of cemented carbides **M3:** 456, **M7:** 779
of cobalt-base alloys **A1:** 968
of composites, and cost **EM1:** 35
of condensers and feedwater heaters **A11:** 615
of continuous aluminum oxide fiber MMCs **EM1:** 876
of copper alloys, as electrical contact materials **A2:** 843
of fracture surfaces **A11:** 212
of glass fiber **EM1:** 46
of heat exchangers **A11:** 630–635
of implants, dissolution as **A11:** 672
of iron, in water and dilute aqueous solutions **A11:** 198
of iron-base alloys **A11:** 632
of metallic materials, from ionic residues **EL1:** 660
of nickel and cobalt in aqueous alkaline media **A10:** 135
of nickel and cobalt, Raman studies **A10:** 135
of soldered joints **A17:** 608
of stainless steels **A1:** 869–884, 935–936
of steam equipment **A11:** 602, 619
of steel wire rope **A11:** 518
of titanium and titanium alloys **A2:** 588–589
of unalloyed uranium **A2:** 672
of welds **A11:** 400–401
oil-ash, steam equipment **A11:** 618
on metals, analysis of **A10:** 134–135
organic inhibitor additives **EM3:** 641
-oxidation, in ceramics **A11:** 755–757
painting **A5:** 421, 423
passive **A12:** 41–42
passive devices **EL1:** 1000
performance data sources **A20:** 501
phosphate coatings **A5:** 379–380, 381, 398
phosphorus related, by aluminum metallization **A11:** 771
physical vapor deposition films **A5:** 551
pitting **A11:** 176–177, 467
porcelain enameling **A5:** 466
potential effect on cracking in elevated-temperature water **A8:** 422
potential, of lubricants **A14:** 516
poultice, defined **A11:** 8
preferential, from urban atmosphere **A12:** 403
prevention, surface coatings for **A12:** 73
protection, for fasteners **A11:** 541–542
rate, effect of acid concentration **A11:** 175
rates **A11:** 174, 175, 188, 612–613
rates for cobalt- and nickel-based hardfacing alloys **M7:** 828
ratings, cast copper alloys **A2:** 231–233
ratings, copper and copper alloys **A2:** 229–230
relationship to material properties **A20:** 246
research **A13:** 193
residual effects of finishing methods . . **A5:** 145–146
resistance from chromic acid anodizing . . **EM3:** 738

262 / Corrosion

Corrosion (continued)
resistance of maraging steels to....... **A1:** 799–800
-resistant prealloyed P/M aluminum alloy
forgings............................ **A14:** 251
rolling-element bearings failures by . . **A11:** 498–499
selective plating **A5:** 278
service, of copper casting alloys **A2:** 352
sites, from dot maps **A12:** 168
soldering in electronic applications . . . **A6:** 990, 991
special test procedures **EL1:** 953
specific types **M6:** 805
spring failures caused by **A11:** 559–560
stainless steel **M3:** 6, 56–93
stainless steel castings **M3:** 94–103
stainless steels **A5:** 750, 752–753
stainless steels and brazing................ **A6:** 622
steel weldments **A6:** 424–425
strain amplitude and stress effects on **A12:** 418
subsurface, eddy current inspection **A17:** 193
surface, AES analysis for **A10:** 549
surface chemical analysis of **M7:** 250
system, defined.......................... **A13:** 4
tantalum............................... **A2:** 573
technology for cyclic crack growth
studies **A8:** 422–423
testing.................................. **A11:** 174
tests **A14:** 516–517
thermal spray coatings................... **A5:** 508
thermal stability in elevated temperatures for
aerospace applications............... **A6:** 385
thin-film chip resistors **EL1:** 1003
tin-alloy plating **A5:** 258
titanium alloys.... **A6:** 509, **M3:** 354, 373, 413–417
titanium and titanium alloys **A5:** 835, 838, 841
types **A11:** 174, **A13:** 79
under thermal insulation................ **A11:** 184
under-deposit, copper alloys............ **A12:** 403
uniform **A11:** 174–176, 300, 402
uranium **M3:** 778, 779
visual inspection......................... **A17:** 3
voltage-specific, of aluminum **A11:** 771
water-side **A11:** 614–616
weight-loss............................. **A11:** 300
weld overlays to overcome **M6:** 805
welding **EL1:** 1043
with stresses, static loading failures **A20:** 515
zinc.................................... **A5:** 715
zinc alloys **A5:** 870
zinc plating **A5:** 227
zirconium...................... **M3:** 784–791
zone 2, package interior......... **EL1:** 1008–1009

Corrosion analysis specimens
mounting **A9:** 31

Corrosion barrier **A13:** 889

Corrosion burst
failure distribution according to
mechanism......................... **A19:** 453

Corrosion cells
electrolytic, caused by applied bias...... **A11:** 770
galvanic, caused by dissimilar metals..... **A11:** 770

Corrosion current **A18:** 274

Corrosion current density **A5:** 637–638, **A7:** 987,
A18: 274, **A20:** 546

Corrosion de trepidation *See also*
Fretting wear **A18:** 242

Corrosion Design Handbook, Boeing **A19:** 561

Corrosion economics
analysis methods **A13:** 370
depreciation **A13:** 371–372
examples/applications **A13:** 374
generalized equations **A13:** 372–374
hot dip galvanizing **A13:** 443
money/time and **A13:** 369
notation and terminology........... **A13:** 369–370
of anodic protection **A13:** 465

Corrosion embrittlement
defined **A13:** 4
definition............................... **A5:** 951

Corrosion environments, zinc
behavior in various **M2:** 648–650

Corrosion failure analysis *See also* Advanced failure analysis; Corrosion; Corrosion failure analysis; Failure analysis; Failure mechanisms
advanced techniques for **EL1:** 1102–1116
analysis techniques **EL1:** 1102–1107
chemical analysis techniques...... **EL1:** 1103–1106
electron optics **EL1:** 1106
electronic/electrical corrosion,
examples **EL1:** 1108–1116
environmental testing........... **EL1:** 1102–1103
of aircraft accelerometers......... **EL1:** 1111–1112
of antenna marker beacon **EL1:** 1107
of circuit breakers **EL1:** 1108
of disk recorder heads **EL1:** 1112
of electrical connectors................ **EL1:** 1112
of fuses **EL1:** 1110–1111
of hybrid microcircuits................. **EL1:** 1115
of integrated circuits............. **EL1:** 1114–1115
of klystron electron tubes **EL1:** 1115–1116
of microwave detectors **EL1:** 1112–1113
of nickel/boron-plated panels **EL1:** 1113–1114
of printed wiring boards **EL1:** 1109–1110
of steering potentiometer **EL1:** 1111
of stepper motors...................... **EL1:** 1111
of tin whiskers **EL1:** 1116
of vacuum tubes **EL1:** 1110
package moisture content analysis **EL1:** 1106–1107
surface analysis **EL1:** 1107

Corrosion failures *See also* Corrosion **A11:** 172–202
analysis of......................... **A11:** 172–174
atmospheric **A11:** 191–192
bacterial and bio-fouling............ **A11:** 190–191
concentration-cell...................... **A11:** 183
corrective and preventive
measures for **A11:** 193–199
crevice **A11:** 183–184
differential-temperature cells **A11:** 184–185
factors that influence.................... **A11:** 172
galvanic **A11:** 185–188
inclusions, selective attack on **A11:** 182–183
intergranular...................... **A11:** 180–182
of buried metals..................... **A11:** 191–192
of cast materials..................... **A11:** 401–405
of heat-exchanger tee fitting......... **A11:** 630–631
of specific metals and alloys **A11:** 199–202
pitting **A11:** 176–177
selective leaching.................. **A11:** 178–180
uniform **A11:** 174–176
velocity-affected, in water **A11:** 188–190

Corrosion fatigue *See also* Corrosion; Corrosion fatigue crack growth rate; Fatigue; Fatigue strength **A8:** 3, 374–375, 403–410,
A13: 142–144, **A20:** 564, 568, 569
aircraft **A13:** 1031, 1045
aluminum alloys.................. **M2:** 219, 220
aluminum/aluminum alloys **A13:** 595
and hydrogen embrittlement **A13:** 143–144
and steels.............................. **A13:** 764
and stress corrosion/hydrogen embrittlement
compared........................... **A13:** 291
and stress-corrosion cracking **A8:** 495, 499,
A13: 143–144
and stress-intensity range **A8:** 405
applied stress parameters **A13:** 292
as cause of premature fracture........... **A8:** 496
as failure mode for welded fabrications... **A19:** 435
as type of corrosion.................... **A19:** 561
cast irons......................... **A19:** 670–671
circumferential cracks from **A11:** 79
control and monitoring bulk water
chemistry **A8:** 415
copper metals **M2:** 459, 463
copper/copper alloys **A13:** 614
crack closure effects **A8:** 408–409
crack growth, modeled effect............ **A13:** 298
crack growth rate **A12:** 41
crack initiation....... **A11:** 252–253, **A13:** 142–143
crack propagation **A11:** 81, 253–254, **A13:** 143–144
crack propagation rate................... **A13:** 297
cracking, gray iron cylinder inserts... **A11:** 371–372
defined **A8:** 374, **A11:** 2, **A12:** 36, **A13:** 4
definition............................... **A5:** 951
duplex stainless steels **A19:** 758–759
effect of cathodic polarization at ultrasonic/
conventional frequencies............ **A8:** 254
effect of frequency................. **A8:** 374–375
electrochemical potential................. **A8:** 415
electrode potential **A8:** 405–407
elevated-temperature **A8:** 405–406
endurance data, steels **A13:** 296
environment **A8:** 403, 405, 407–408
environmental effects on crack initiation... **A8:** 375
evaluation of...................... **A13:** 291–302
experimentation **A8:** 409–410
failure **A11:** 134, 637
failure analysis................ **A11:** 256, 260–261
failure distribution according to
mechanism......................... **A19:** 453
ferritic steels...................... **A19:** 718, 719
fracture mechanics.................. **A13:** 295–297
fracture mechanics approach..... **A8:** 403–405, 417
frequency effect **A8:** 405–406
high-cycle.............................. **A8:** 254
in boilers and steam equipment **A11:** 623
in boiling water reactors........... **A13:** 928–933
in heat exchangers................ **A11:** 636–637
in iron castings......................... **A11:** 371
in low-carbon steel **A12:** 245, 250
in nuclear feedwater nozzles **A13:** 937
in petroleum refining and petrochemical
operations **A13:** 1280–1281
in shafts................................ **A11:** 467
in sliding bearings **A11:** 487
in steam generators **A13:** 945
in steam turbines **A13:** 993
in telephone cables **A13:** 1130, 1132
in Ti-6Al-4V in aqueous sodium
chloride **A8:** 405–406
in U-bend heat-exchanger tubes **A11:** 637
in ultrasonic fatigue testing...... **A8:** 241, 253–254
magnesium alloys....................... **A19:** 880
metal matrix composite **A13:** 861
metallurgical variables................... **A8:** 408
microstructure influence............ **A8:** 405, 408
multiple cracking from **A11:** 24, 79
nickel alloys **A2:** 432
of aluminum alloys in aqueous halide
solutions **A8:** 407–408
of corrosion-resistant casting alloys...... **A13:** 581
of corrosion-resistant steel castings ... **A1:** 918, 920
of gray iron component **A11:** 372
of steel in hydrogen................ **A8:** 409–410
of steel in moist air...................... **A8:** 403
of steel in seawater **A8:** 407
oil/gas production **A13:** 1235
operating stress maps **A19:** 460
portable machine, with ultrasonics **A8:** 243
predicting............................... **A8:** 403
rate-limiting crack tip electromechanical
reactions.............................. **A8:** 404
relationship to material properties **A20:** 246
short-crack.............................. **A11:** 254
stress amplitude effect.................... **A8:** 375
stress intensity range **A13:** 143
stress ratio......................... **A8:** 405–407
sustained-load failure..................... **A8:** 486
test cell.................................. **A8:** 415
test specifications........................ **A8:** 423
testing.................. **A13:** 291, 1204–1205
testing, environment supply system for **A8:** 248
testing methods for measuring crack
extension **A8:** 428
testing specimens, aqueous solutions **A8:** 417
titanium/titanium alloys **A13:** 676
variables influencing ... **A8:** 405–409, **A13:** 297–300
versus stress-corrosion cracking.......... **A19:** 193

SUBJECTS OF THE INDEXED VOLUMES: **ASM Handbook** (designated by the letter "A"): **A1:** Properties and Selection: Irons, Steels, and High-Performance Alloys (1990); **A2:** Properties and Selection: Nonferrous Alloys and Special-Purpose Materials (1990); **A3:** Alloy Phase Diagrams (1992); **A4:** Heat Treating (1991); **A5:** Surface Engineering (1994); **A6:** Welding, Brazing, and Soldering (1993); **A7:** Powder Metal Technologies and Applications (1998); **A8:** Mechanical Testing (1985); **A9:** Metallography and Microstructures (1985); **A10:** Materials Characterization (1986); **A11:** Failure Analysis and Prevention (1986); **A12:** Fractography (1987); **A13:** Corrosion (1987); **A14:** Forming and Forging (1988); **A15:** Casting (1988); **A16:** Machining (1989); **A17:** Nondestructive Evaluation and Quality Control (1989); **A18:** Friction, Lubrication, and Wear Technology (1992); **A19:** Fatigue and Fracture (1996); **A20:** Materials Selection and Design (1997). **Metals Handbook, 9th Edition** (designated by the letter "M"): **M1:** Properties and Selection: Irons and Steels (1978); **M2:** Properties and Selection: Nonferrous Alloys and Pure Metals (1979); **M3:** Properties and Selection: Stainless Steels, Tool Materials, and Special-Purpose Materials (1980); **M4:** Heat Treating (1981); **M5:** Surface Cleaning, Finishing, and Coating (1982); **M6:** Welding, Brazing, and Soldering (1983); **M7:** Powder Metallurgy (1984). **Engineered Materials Handbook** (designated by the letters "EM"): **EM1:** Composites (1987); **EM2:** Engineering Plastics (1988); **EM3:** Adhesives and Sealants (1990); **EM4:** Ceramics and Glasses (1991). **Electronic Materials Handbook** (designated by the letters "EL"): **EL1:** Packaging (1989)

yield strength influence **A8:** 405, 408
zinc/zinc alloys and coatings **A13:** 763–764
Corrosion fatigue crack growth rate
acidified chloride solution test specimen . . . **A8:** 420
and cathodic potential. **A8:** 417
by applied stress-intensity range **A8:** 403
cycle-dependent **A8:** 405
electrochemical potential. **A8:** 419
elevated-temperature **A8:** 405–406
environment in acidified chloride solution
testing. **A8:** 419
in alloy steels in aqueous chloride **A8:** 405
in pressurized water reactor. **A8:** 425
in seawater **A8:** 406–407
in steam or boiling water with
contaminants. **A8:** 426–430
in ultrahigh-strength steel. **A8:** 405–406
loading frequency effect in salt water. **A8:** 404
monitoring crack length **A8:** 420–422
near-threshold, oxygen content effect. . **A8:** 427, 430
pH effect. **A8:** 427, 430
purity effect. **A8:** 411
temperature effect **A8:** 411
time-dependent. **A8:** 405
vs. stress intensity **A8:** 403–404
Corrosion fatigue crack growth testing
in pressurized-water. **A8:** 423
initial analysis frequency **A8:** 425
Corrosion fatigue crack propagation **A8:** 403–410
acidified chloride at ambient and elevated
temperatures **A8:** 418–420
electrode potential **A8:** 406–407
environment composition control **A8:** 410
of steel in moist air and steam **A8:** 409
stress ratio effect, carbon steel in pressurized
nuclear reactor water. **A8:** 406–407
testing in ambient temperature, aqueous
solutions. **A8:** 410
Corrosion fatigue cracking **A13:** 291, 299–300
Corrosion fatigue evaluation **A13:** 291–302
crack propagation tests **A13:** 295–300
cycles to failure tests. **A13:** 291–295
data presentation **A13:** 292
effect, specimen size **A13:** 293
effect, stress concentration **A13:** 293–294
environmental effects **A13:** 295
standards/practices. **A13:** 291
surface effects. **A13:** 294–295
testing regimes **A13:** 292
Corrosion fatigue experimentation
containing environment about crack. **A8:** 410
specimen thickness. **A8:** 410
Corrosion fatigue fracture(s)
copper alloys **A12:** 403
crack propagation, P/M aluminum alloys **A12:** 440
low-carbon steel **A12:** 250
transgranular **A12:** 438
wrought aluminum alloys. **A12:** 432, 438
Corrosion fatigue, mechanisms of **A19:** 185–192
anodic dissolution **A19:** 186–187
anodic dissolution mechanisms **A19:** 185
environment effect (water vapor pressure **A19:** 189
fatigue load frequency effect **A19:** 188–189
grain size effect **A19:** 189
hydride mechanism **A19:** 186
hydrogen embrittlement mechanisms **A19:** 185
hydrogen-assisted cracking **A19:** 185–186
hydrogen-enhanced plasticity mechanisms **A19:** 186
lattice decohesion mechanism **A19:** 186
pressure mechanism. **A19:** 186
ripple load cracking. **A19:** 190
stress ratio effect **A19:** 190–191
surface adsorption mechanism. **A19:** 186
surface energy reduction mechanism **A19:** 187
temperature effect **A19:** 191–192
variables affecting corrosion fatigue. . **A19:** 187–192
waveform effect **A19:** 191
Corrosion fatigue of stainless steel **M3:** 64–65
Corrosion fatigue test cell **A19:** 206
Corrosion fatigue test specification **A8:** 423
Corrosion fatigue testing **A19:** 193–209
acidified chloride **A19:** 207
aqueous solutions at ambient
temperature. **A19:** 206–207
calculation of crack growth rate **A19:** 204
compact-type specimens **A19:** 198
compliance method and other cracking monitoring
methods **A19:** 204
corrosion fatigue crack growth test
methods. **A19:** 202–205
crack closure effects **A19:** 201–202
crack growth test methods for specific
environments **A19:** 205–208
crack initiation testing. **A19:** 196
crack propagation testing **A19:** 196
dissolved oxygen in environment **A19:** 208
electrode potential. **A19:** 202–203
environmental concerns **A19:** 201
environmental factors during crack
advancement. **A19:** 193–195
environmentally assisted crack growth, concepts
and role of **A19:** 195–196
environmentally assisted cracking. . . . **A19:** 193–196
environmentally assisted cracking material,
mechanical, and environmental
variables. **A19:** 193
fatigue life test specimens. **A19:** 198
film-induced cleavage **A19:** 194
fracture mechanics versus ΔK approach to
corrosion fatigue **A19:** 197–198
fracture surface analysis **A19:** 204–205
general test methods **A19:** 196–198
high-temperature vacuum and oxidizing
gases. **A19:** 205–206
importance of environmental definition and
control **A19:** 198
in inert environments **A19:** 193
interrelationships associated with environmentally
assisted cracking. **A19:** 195
key test variables **A19:** 198–202
liquid metal environments **A19:** 207–208
load ratio **A19:** 199–200
loading frequency. **A19:** 199
metallurgical variables. **A19:** 201
modeled effect of loading frequency on corrosion
fatigue crack growth. **A19:** 198
monitoring crack length **A19:** 203–204
parametric measurement, computer automation,
and data analysis **A19:** 204
post-test analysis **A19:** 204–205
potential drop method **A19:** 203–204
slip oxidation mechanism **A19:** 194
steam or boiling water with contaminants **A19:** 208
stress amplitude versus cycles-to-failure for
corrosion fatigue. **A19:** 194
stress intensity amplitude as key test
variable **A19:** 198
test environment and chemical
contaminants. **A19:** 200
test specimens. **A19:** 202
vacuum and gases at room temperature. . . **A19:** 205
Corrosion film *See* Film
Corrosion immunity **A20:** 547
Corrosion in water
aluminum alloys **M2:** 205, 208, 220–222
Corrosion inhibitors *See also* Inhibitors **EM3:** 41, 52
alkaline cleaning **A5:** 18
use in aluminum coating processes . . . **M5:** 342–343
Corrosion inhibitors/metal deactivators
for metalworking lubricants. . . . **A18:** 141, 143, 144,
147
in engine lubricant formulations **A18:** 111
in nonengine lubricant formulations. **A18:** 111
Corrosion monitoring **A19:** 470–471
Corrosion of iron and steel
in alkali metals **M1:** 715
in atmospheric environments **M1:** 717–723
in fresh water **M1:** 731–736
in seawater. **M1:** 737–743
in soils **M1:** 725–731
in steam systems. **M1:** 745–748
Corrosion of weldments **A6:** 1065–1069
chevron cracking **A6:** 1068
forms of weld corrosion **A6:** 1065–1068
delta ferrite role in stainless steel weld
deposits **A6:** 1066–1067, 1068
galvanic couples **A6:** 1065–1066
heat-tint oxide formation **A6:** 1068
hydrogen damage **A6:** 1068
microbiologically influenced corrosion
(MIC) **A6:** 1068
pitting **A6:** 1067, 1068
stainless steel weld decay. **A6:** 1066
stress-corrosion cracking. **A6:** 1066, 1067
microsegregation. **A6:** 1065
microstructural gradients **A6:** 1065
microstructurally distinct regions (five) . . . **A6:** 1065
base metal **A6:** 1065
fusion zone **A6:** 1065, 1066, 1068
heat-affected zone . . . **A6:** 1065, 1066, 1067, 1068
partially melted region. **A6:** 1065
unmixed region **A6:** 1065
underbead cracking **A6:** 1068
welding practices to minimize
corrosion **A6:** 1068–1069
Corrosion performance *See* Corrosion resistance
Corrosion pits *See* Pits; Pitting
Corrosion pitting *See also* Pitting; Pitting corrosion
AISI/SAE alloy steels **A12:** 291, 318
as volumetric flaw **A17:** 50
austenitic stainless steels. **A12:** 358
copper alloys. **A12:** 404
in ceramic **A12:** 471
radiographic methods **A17:** 296
steel tubing, magnetic characterization. . . . **A17:** 131
wrought aluminum alloys **A12:** 414, 415, 419
Corrosion potential **A13:** 4, 17, 200, 344–345,
A20: 546, 551–552, 553, 554–555, 556
as inspection or measurement technique for
corrosion control **A19:** 469
of steel **A20:** 569
shifting of **A19:** 200
Corrosion prevention *See also* Anodic protection;
Cathodic protection; Coatings; Conversion
coatings; Corrosion protection; Corrosion
resistance; Corrosion testing; Protective
coatings; specific corrosion types. **A13:** 523,
989, 1130–1131
Corrosion prevention and control
MECSIP Task II, design information. **A19:** 587
Corrosion product
and plaque **A13:** 1347
and time of wetness. **A13:** 82
black, biological **A13:** 119
defined **A13:** 4
effect, electroplated coatings. **A13:** 419
effect, immersion tests **A13:** 221
formation, by copper in groundwater. **A13:** 621
formation, in liquid metals **A13:** 57–58
general form reaction. **A13:** 57
in brazed joints **A13:** 880
precipitation, manned spacecraft . . . **A13:** 1097–1099
process stream testing for. **A13:** 201
wedging, effect on SCC growth **A13:** 268
Corrosion products
AISI/SAE alloy steels **A12:** 299, 306
austenitic stainless steels **A12:** 37, 361
cadmium plate vs. zinc plate **M5:** 265
defined. **A12:** 29
effect on crack propagation **A12:** 133
effect on dimple rupture. **A12:** 29
electronic materials **A12:** 482
hot dip galvanized coating process
producing. **M5:** 331–332
hydroxide. **A12:** 372
in low-carbon steel. **A12:** 245
in SCC fractures. **A12:** 27
IR determination of molecular structure and
orientation in **A10:** 109
layers, on low-carbon steel gas-dryer
piping **A11:** 631
LEISS determined **A10:** 603
magnesium alloy. **A12:** 456
magnesium alloys **M5:** 636–637
niobium alloy **A12:** 37
on hip implant **A12:** 37
on intergranular fracture surface **A12:** 37
on reheat steam pipe fracture surface. **A11:** 653
on steel, Mössbauer analysis **A10:** 287
P/M aluminum alloys **A12:** 440
precipitation-hardening stainless steels. . . . **A12:** 372
XRPD analysis of crystalline phases in . . . **A10:** 333
Corrosion products, characterization of
analytical transmission electron
microscopy **A10:** 429–489
atomic absorption spectrometry **A10:** 43–59
Auger electron spectroscopy. **A10:** 549–567
classical wet analytical chemistry **A10:** 161–180
controlled-potential coutometry. **A10:** 207–211
electrochemical analysis **A10:** 181–211

Corrosion products, characterization of (continued)
electrogravimetry **A10:** 197–201
electrometric titration **A10:** 202–206
electron probe x-ray microanalysis . . . **A10:** 516–535
inductively coupled plasma atomic emission spectroscopy **A10:** 31–42
infrared spectroscopy **A10:** 109–125
ion chromatography **A10:** 658–667
low-energy ion-scattering spectroscopy **A10:** 603–609
Mössbauer spectroscopy **A10:** 287–295
optical emission spectroscopy **A10:** 21–30
particle-induced x-ray emission **A10:** 102–108
potentiometric membrane electrodes **A10:** 181–187
Raman spectroscopy **A10:** 126–138
scanning electron microscopy **A10:** 490–515
secondary ion mass spectroscopy **A10:** 610–627
spark source mass spectrometry **A10:** 141–150
voltammetry **A10:** 188–196
x-ray photoelectron spectroscopy **A10:** 568–580
x-ray spectrometry **A10:** 82–101
Corrosion properties **A6:** 97
Corrosion protection *See also* Anodic protection; Cathodic protection; Coatings; Corrosion resistance; Inhibitors; Protective coatings; specific coatings **M5:** 429–433
50% aluminum-zinc alloy coatings **M5:** 348
acid cleaning enhancing **M5:** 59–60
aluminum coating **M5:** 333–335, 337, 344–347
aluminum/aluminum alloys **A13:** 587–589
anodizing **M5:** 594–596
atmospheric corrosion **M5:** 431
barrier **A13:** 377–379
barrier coatings **M5:** 433
beryllium **A13:** 811
bronze plating **M5:** 288
by environmental control **A13:** 379
by metallurgical design **A13:** 379
by paint films **A13:** 528
by reducing reactivity of reacting phases . . **A13:** 521
by separating reacting phases **A13:** 521
by structural design **A13:** 379
cadmium plating **M5:** 256, 263–264, 266, 269
carbon steels **A13:** 521–525
cathodic **M5:** 433
ceramic coatings **A13:** 524
chemical corrosion **M5:** 430–431
chromate conversion coatings **A13:** 392, **M5:** 457–458
chromium plating, decorative **M5:** 189, 198
clad metals **A13:** 523
coatings, for carbon steels **A13:** 522–524
copper metals **M2:** 459, 465
corrosion inhibitors **M5:** 432
corrosion theory **M5:** 429–433
basic mechanisms **M5:** 429–430
corrosion rate, factors influencing **M5:** 430
corrosive conditions **M5:** 430–431
galvanic effect **M5:** 430–432
types of corrosion *See also* specific types by name **M5:** 430–432
defined **A13:** 4
definition **A5:** 951
electroplated coatings **A13:** 523
electropolishing **M5:** 306–07
extent of determining **M5:** 460
for threaded steel fasteners **A1:** 291, 296–297
from test data **A13:** 316–317
galvanic corrosion **M5:** 431–432
hot dip coating processes **A13:** 522–523
hot dip galvanized coating **M5:** 323–24, 331–32
in aqueous solutions **A13:** 377–379
ion implantation coatings **M5:** 425–426
ion plating **M5:** 420–421
lead plating **M5:** 275
localized corrosion, aluminum surfaces **M5:** 578
magnesium alloys **M2:** 602, 603, **M5:** 628–629, 631–633, 634, 636–638, 646
mechanical coatings **M5:** 300–302
nickel plating **M5:** 199–201, 204, 207–208, 229–231, 237–240
electroless **M5:** 229–231, 237–240
nonmetallic coatings for *See also* specific coatings by name **M5:** 432–433
of zirconium **A13:** 718
on kinetic basis **A13:** 377
on thermodynamic basis **A13:** 377
organic coatings **A13:** 524
oxidation protective coatings **M5:** 375–376, 379
paint **M5:** 474–476, 491, 500–501, 504
passivity and **M5:** 431–432
phosphate coatings **M5:** 435, 442, 453, 455–456
phosphate or chromate conversion coatings **A13:** 523–524
pitting **M5:** 432–433
porcelain enamel **M5:** 525–526
sacrificial coatings **M5:** 432–433
shot peening improving **M5:** 145–146
soil corrosion **M5:** 430–431
stray current corrosion **M5:** 432
surface preparation for **A13:** 522
temporary **A13:** 522
thermal spray coating **M5:** 361
thermal spray coatings **A13:** 523
vacuum coatings **M5:** 395, 397, 402
vapor-deposited coatings **A13:** 523
water corrosion **M5:** 430, 457–458
with zinc anodes **A13:** 764
zinc plating **M5:** 253–255
Corrosion protection of steel
cathodic **M1:** 751, 757–759
coatings for *See also* Coatings **M1:** 751–754
inhibitors **M1:** 751, 754–757
various environments, protection guide . . . **M1:** 751
Corrosion rate **A20:** 546
definition **A5:** 951
Corrosion rate and anodic coatings **A13:** 419
and critical humidity level **A13:** 511–512
and film formation **A13:** 195
and relative humidity **A13:** 511
atmospheric, measurement **A13:** 205
by ion concentration **A13:** 229
calcium concentration effect **A13:** 490
calculated, applied cathodic potential **A13:** 378
cast steels **A13:** 574
change, as function of time **A13:** 911
constant extension, notched tensile tests . . **A13:** 963
control, aqueous solutions **A13:** 32
conversion of electrochemical current data to **A13:** 213
data interpretation for **A13:** 316
defined **A13:** 4
effect of concrete **A13:** 513
in aqueous solutions **A13:** 17
in chemical cleaning **A13:** 1142
iron-base alloys, molten salts **A13:** 51
maximum achievable **A13:** 34
measurement **A13:** 32–33
metallic glasses and crystalline metals compared **A13:** 865
of high-silicon cast irons **A13:** 567
short-term, copper alloy in saline groundwater **A13:** 621
sulfide inclusion effect **A13:** 49
test coupons **A13:** 197–198
testing **A13:** 195, 197–198, 962–964
tin/tin alloys, in alkalies **A13:** 772
units, relationships among **A13:** 229
Corrosion rates
atmospheric corrosion **M1:** 719–721
cast steel **M1:** 401
seawater **M1:** 739–744
basic rate **M1:** 739, 741–742
galvanic couples **M1:** 740–74
tropical waters **M1:** 742
zones **M1:** 740, 742–744
Corrosion resistance *See also* Corrosion; General corrosion; specific types of corrosion . . **A1:** 581, 584, **EM3:** 9
alloying effects **A13:** 47–48, 323
aluminum **A2:** 3, **A13:** 583, 586–588, **M2:** 204–236
aluminum alloys **A15:** 766
aluminum alloys, effect of quenching . . . **M2:** 32–35
aluminum casting alloys **A2:** 150
aluminum P/M alloys **A2:** 204–206
aluminum-lithium alloys **A2:** 187, 190–191, 194–195
aluminum-silicon alloys **A15:** 159, 167
and elimination, cyanates **EM2:** 232
atmospheric, of engineering plastics **EM2:** 1
beryllium-copper alloys **A2:** 420–421
cast magnesium alloys **A2:** 492–516
cemented carbides **A13:** 851–852
CG irons **A15:** 675
coating cast iron for **M1:** 102, 106
copper **M2:** 239–240
copper alloys **M2:** 463–465
copper and copper alloys **A2:** 216
critical pitting temperature and **A13:** 347
defined **A13:** 4, **EM1:** 8, **EM2:** 11
definition **A5:** 951
ductile iron **A15:** 663
effect, metal form **A13:** 193–194
effects of carbon on **A1:** 912, 913
effects of chromium on **A1:** 912, 913
effects of molybdenum on **A1:** 912
effects of silicon on **A1:** 912, 913
electrical resistance alloys **A2:** 822
environmental parameters for selecting alloys **A6:** 585
ferritic stainless steels **A2:** 778, **A9:** 285
fiberglass-polyester resin composites **EM2:** 249
fiber-reinforced vinyl ester resins **EM2:** 275
gray cast iron, alloying elements for **M1:** 28
hard chromium plated steel, in salt spray **A13:** 871–872
hardfacing powders **A7:** 1070
Hastelloy nickel alloy series **A2:** 429
heat treatment effects **A13:** 48–49
high-alloy steels **A15:** 722
high-chromium white irons **A15:** 685
HSLA steels **M1:** 405–406, 409
in heat exchangers, types of **A11:** 628
in sealed cans **A13:** 779
in sintering atmospheres **A7:** 459
in stainless steel casting alloys **A9:** 298
in tubing **A11:** 628
inconel, in molten salts **A13:** 51
iridium **M2:** 669
iron alloys **A2:** 778
low-alloy steels **A13:** 82, **A15:** 720
low-melting temperature indium-base solders **A2:** 752
magnesium alloys **M2:** 596–609
malleable cast irons **M1:** 66
maraging steels **M1:** 450–451
mechanically alloyed oxide dispersion-strengthened (MA ODS) alloys **A2:** 943
mechanism, stainless steels **A13:** 550
metal composition and **A11:** 315
molybdenum and molybdenum alloys **A2:** 575
nickel alloys **A2:** 431–433
nickel-base alloy, acid media **A13:** 643–647
nickel-iron alloys **A2:** 778
nitrided carbon and low-alloy steels **M1:** 540
of aluminum coatings **A1:** 219, **M1:** 172
of aluminum P/M parts **M7:** 741–742
of anodized aluminum **A13:** 599–600
of anodized coatings **A13:** 397
of brazed joints **A13:** 880–885
of carbon fiber reinforced composites (CFRP) **EM1:** 709
of cast steels **A1:** 376, **M1:** 400
of cemented carbides for wear applications **M7:** 778

SUBJECTS OF THE INDEXED VOLUMES: ASM Handbook (designated by the letter "A"): **A1:** Properties and Selection: Irons, Steels, and High-Performance Alloys (1990); **A2:** Properties and Selection: Nonferrous Alloys and Special-Purpose Materials (1990); **A3:** Alloy Phase Diagrams (1992); **A4:** Heat Treating (1991); **A5:** Surface Engineering (1994); **A6:** Welding, Brazing, and Soldering (1993); **A7:** Powder Metal Technologies and Applications (1998); **A8:** Mechanical Testing (1985); **A9:** Metallography and Microstructures (1985); **A10:** Materials Characterization (1986); **A11:** Failure Analysis and Prevention (1986); **A12:** Fractography (1987); **A13:** Corrosion (1987); **A14:** Forming and Forging (1988); **A15:** Casting (1988); **A16:** Machining (1989); **A17:** Nondestructive Evaluation and Quality Control (1989); **A18:** Friction, Lubrication, and Wear Technology (1992); **A19:** Fatigue and Fracture (1996); **A20:** Materials Selection and Design (1997). **Metals Handbook, 9th Edition** (designated by the letter "M"): **M1:** Properties and Selection: Irons and Steels (1978); **M2:** Properties and Selection: Nonferrous Alloys and Pure Metals (1979); **M3:** Properties and Selection: Stainless Steels, Tool Materials, and Special-Purpose Materials (1980); **M4:** Heat Treating (1981); **M5:** Surface Cleaning, Finishing, and Coating (1982); **M6:** Welding, Brazing, and Soldering (1983); **M7:** Powder Metallurgy (1984). **Engineered Materials Handbook** (designated by the letters "EM"): **EM1:** Composites (1987); **EM2:** Engineering Plastics (1988); **EM3:** Adhesives and Sealants (1990); **EM4:** Ceramics and Glasses (1991). **Electronic Materials Handbook** (designated by the letters "EL"): **EL1:** Packaging (1989)

of cermets A2: 978
of chemical-setting ceramic linings A13: 455
of cold-rolled steel A10: 556–557
of compacted graphite iron A1: 68, 69
of composites EM1: 36
of copper casting alloys A2: 352, M2: 390–391
of ferritic malleable iron..... A1: 76, A15: 692–693
of glass fiber-polyester resin composites .. EM1: 93, 94
of gold A13: 796, M2: 669–670
of high-phosphorus weathering steel A1: 400
of implant materials A11: 672
of Invar A2: 891
of laser-processed materials A13: 503
of lead and lead alloys A2: 547
of magnetically soft materials A2: 778
of mechanical fasteners EM1: 706, 709
of microcrystalline alloys................ M7: 797
of nebulizers A10: 35
of phosphate coatings A13: 385
of platinum A13: 798, M2: 668–669
of polyester resins EM1: 93
of pultruded composites EM1: 541–542
of pultrusions EM2: 396
of rare earths A2: 731
of rhodium............... A13: 801–802, M2: 669
of silver...................... A13: 793, M2: 670
of sintered stainless steels A13: 825–832
of spray chambers A10: 35
of stainless steels, to crevice corrosion.... A13: 110
of STAMP products M7: 549
of tin-containing P/M stainless steels M7: 254
of uranium alloys....................... A2: 672
osmium A13: 807
package level testing of EL1: 935–936
painted.............................. A13: 385
painted, cold-rolled steel................ A10: 556
palladium A13: 799, M2: 669
petroleum refining and petrochemical
operations A13: 1265–1266
pewter A2: 522
powder injection molded materials ... A7: 363, 364
refractory metals and alloys.............. A2: 558
rhenium........................... A2: 581–582
silicon steels A2: 778
stainless steels sintered A7: 476
structural ceramics...................... A2: 1019
tanks, coatings, linings for
metal-finishing shop............. A13: 1315
tantalum, mechanism A13: 725
terne coatings M1: 173, 174
tin/tin-nickel alloys A13: 778
titanium.............................. A2: 586
titanium/titanium alloys
expanding/enhancing.......... A13: 693–696
to molten glass, mechanically alloyed oxide
dispersion-strengthened (MA ODS)
alloys A2: 947
to pitting A13: 114
tungsten alloys A2: 579
vinyl ester composites................. EM2: 274
vinyl esters EM2: 272–273
welds A6: 100
wrought aluminum, alloying effects......... A2: 44
wrought aluminum and aluminum alloys ... A2: 70, 111
X-ray photoelectron spectroscopy for M7: 256
zinc............................. M2: 646–655
zinc alloy plating A5: 265
zinc coatings................. M1: 167–168, 170
zinc, in soils A13: 762
zirconia grain-stabilized (ZGS) platinum and
platinum alloys............... A2: 713–714
zirconium/zirconium alloys..... A13: 707–717, 946
Corrosion resistance, design for *See* Design for
corrosion resistance
Corrosion resistance function.......... EM3: 33, 36
Corrosion surfaces
scanning electron microscopy used to study A9: 99
Corrosion testing *See also* Evaluation; Laboratoy
corrosion testing A5: 635–640
assessment, corrosion damage A13: 194–195
ASTM standard methods/practices A13: 230
automotive industry A13: 1016–1017
brazed joint corrosion, Zircaloy
specimens........................ A13: 885
brazed joints...................... A13: 881–883
controls A13: 195
corrosion of coating-substrate systems A5: 636
corrosion performance of coated parts A5: 639–640
corrosion processes A5: 635–636
corrosion protection techniques........... A5: 635
corrosive solutions, for immersion
tests A13: 220–222
current measurements A5: 637
definition of corrosion A5: 635
electrochemical corrosion tests A5: 636–638
electrochemical measurement cell A5: 637
electrochemical potential of metals.... A5: 635–636
environmental, electronics/communication
equipment A13: 1113–1114
field corrosion tests A5: 639
for microbiological corrosion........ A13: 314–315
fundamentals of corrosion of coating-substrate
systems....................... A5: 635–636
immersion tests A5: 639
impedance measurements................ A5: 638
implant metals................. A13: 1332–1333
in the atmosphere A13: 204–206
in water.......................... A13: 207–208
laboratory A13: 212–228
laboratory corrosion tests............ A5: 638–639
magnesium alloys.................. M2: 603, 604
marine atmospheric, world test sites...... A13: 917
materials, procurement A13: 193–194
media selection........................ A13: 194
methods for improving corrosion
resistance A5: 636
molten salt/liquid-metal A13: 17
objectives............................. A13: 194
planning and preparation .. A13: 193–196, 316–317
polarization curves A5: 639, 640
polarization measurements................ A5: 637
polarization resistance................... A5: 638
potential measurements.................. A5: 637
results, accelerated A13: 194
results, interpretation and use....... A13: 316–317
results, reliability.................. A13: 195–196
salt spray (fog) tests..................... A5: 639
short-term, effects A13: 195
simulated atmosphere tests A5: 638–639
simulated service A13: 208–210
specimens A13: 194
stainless steels......................... A13: 465
Tafel extrapolation...................... A5: 637
tin coatings A13: 780–782
types of A11: 174
unexpected trends A13: 196
with external electrical source A5: 637
without external electrical source A5: 636–637
Corrosion testing of stainless steel........... M3: 65
Corrosion thinning
as volumetric flaw A17: 50
tube, remote-field eddy current
inspection........................ A17: 195
Corrosion tunnel model A13: 160, 162
Corrosion-erosion *See* Erosion-corrosion
Corrosion-fatigue failures......... A11: 134, 252–262
analysis of........................ A11: 256–259
corrective measures................ A11: 259–260
crack initiation.................... A11: 252–253
crack propagation A11: 253–254
environment, effect of............. A11: 255–256
failure analysis A11: 260–261
fatigue strength, effect of environment on A11: 252
loading parameters, effect of A11: 254–255
metallurgical parameters, effect of A11: 256
short-crack A11: 254
Corrosion-fatigue strength
defined............................... A8: 375
Corrosion-penetration rates.................. A7: 980
Corrosion-product films
from atmospheric corrosion......... A11: 192–193
Corrosion-product-induced wedge effect A19: 145
Corrosion-resistance metals
body assembly sealants used EM3: 608
Corrosion-resistant alloys
explosion welding....................... A6: 303
Corrosion-resistant cast irons *See also* Alloy cast
irons.............................. A9: 245
alloying elements M1: 76, 88–89
arc welding of........................ A15: 529
compositions M1: 76
high silicon irons M1: 89, 90
high-alloy, as-cast A9: 255
high-chromium irons M1: 90–91
high-nickel irons M1: 91
high-silicon, as-cast A9: 255
mechanical properties.................... M1: 89
physical properties M1: 88
Corrosion-resistant cast steels
mechanical properties of.... A1: 909, 914, 917–920
Corrosion-resistant casting alloys
as C-type alloys A13: 576
composition........................... A13: 576
corrosion behavior................. A13: 576–582
fully austenitic, general corrosion A13: 578
martensitic, general corrosion A13: 576–577
Corrosion-resistant high-alloy steels
austenitic grades.................. A15: 722–723
austenitic-ferritic A15: 723
duplex A15: 723
ferritic grades A15: 723
iron-chromium-nickel A15: 724, 733
iron-nickel-chromium A15: 724, 733
martensitic grades A15: 722
mechanical properties A15: 726–728
precipitation hardening grades........... A15: 723
weldability............................ A15: 730
Corrosion-resistant nickel alloy castings M3: 175–178
**Corrosion-resistant powder metallurgy
alloys**......................... A7: 978–1005
applications............................ A7: 978
evaluating corrosion resistance A7: 978–988
passivity enhancement by alloying
additions A7: 978
processing parameters effect on stainless
steels......................... A7: 991–998
stainless steels...................... A7: 988–998
superalloys A7: 998–1003
Corrosion-resistant steel castings *See also* Stainless
steels, ACI specific types A1: 908–910, 912,
M3: 94–103
austenitic grades, ferrite in M3: 96–98
constitution diagram..................... M3: 98
corrosion resistance............. M3: 98–99, 102
galling M3: 102
heat treatment M3: 96, 99–101
iron-chromium-nickel alloys M3: 96
iron-nickel-chromium alloys M3: 96
machining M3: 100, 102
mechanical properties M3: 96–98, 103
precipitation-hardening alloys.......... M3: 95–96
welding.......................... M3: 101–103
Corrosion-resisting paints
powders used.......................... M7: 572
Corrosion-resisting steel
cadmium plating........................ A5: 224
Corrosion-tunneling
dissolution as mechanism of anodic...... A19: 185
Corrosive environment *See also* Stress-corrosion
cracking
effect on dimple rupture.............. A12: 24–29
liquid, effects and types........... A12: 36, 41–46
types A12: 24
Corrosive environments *See also* Atmospheres;
Environment; Environments
alkali metals........................... M1: 715
aqueous substances................ M1: 713–714
boiling water with contaminants...... A8: 426–430
corroding mediums, described M1: 713
liquid fertilizers M1: 714, 715
liquid metals M1: 714–715
nickel-base alloy behavior in........ A13: 643–647
Corrosive fluids
bearing damage by A11: 494, 496
Corrosive flux
definition M6: 4
Corrosive flux components A7: 1078
Corrosive pitting.......................... A18: 349
Corrosive wear *See also*
Oxidative wear A18: 271–277, A20: 603,
M1: 637–638
abrasive wear A18: 189
carbon steel........................... A18: 723
carbon-graphite materials A18: 816
cemented carbides A18: 795, 799–800
corrosive wear particles in lubricant
analysis.......................... A18: 304
defined A8: 3, A11: 2, A18: 6, 271
definition............................. A5: 951

Corrosive wear (continued)
electroplated coating applications **A18:** 834, 837
electroplating with lead-tin alloys **A18:** 838
environmental factors' effect on
corrosive wear **A18:** 272–274
grinding wear: impact and three-body abrasive-corrosive wear **A18:** 273–274
slurry particle impingement on two-body corrosive wear **A18:** 272–273
experimental measurement of corrosion-wear
synergism **A18:** 274–276
closed-loop pipeline experiments **A18:** 275
grinding wear systems **A18:** 275–276
jet-impingement experiments **A18:** 274–275
rotating ball-on electrode
experiments **A18:** 274–276
rotating cylinder/anvil experiments **A18:** 275
slurry particle impingement
systems **A18:** 274–275
slurry pot experiments **A18:** 274, 275
gold electroplating **A18:** 837
gray cast iron **M1:** 24
hardfacing alloys **A18:** 759, 765
internal combustion engine parts **A18:** 555, 556, 558
ion implantation **A18:** 856, 857, 858
mechanisms affecting aqueous
corrosion **A18:** 856
mechanisms affecting oxidation
resistance **A18:** 856
lubricant analysis case history **A18:** 309–310
means for combating corrosive wear **A18:** 276
cathodic protection **A18:** 277
design of pumps, valves, elbows **A18:** 277
materials selection **A18:** 277
modification of the materials handling
environment **A18:** 277
slurry parameters **A18:** 277
surface treatment **A18:** 277
use of corrosion inhibitors **A18:** 277
mechanisms of wear/corrosion synergism in
abrasive and impact wear **A18:** 276
abrasion **A18:** 276
corrosion **A18:** 276
impact **A18:** 276
mining and mineral industries **A18:** 649, 650–651
nickel
electroless **A18:** 837
electroplated **A18:** 837
nitrided surfaces **A18:** 882
occurrences in practice **A18:** 271–272
crushing **A18:** 271
grinding **A18:** 271
high-temperature processes **A18:** 271
power-generation plants **A18:** 271–272
sliding wear **A18:** 271
slurry handling **A18:** 271
pumps **A18:** 593
seals **A18:** 549–550
sliding bearing materials **A18:** 742, 743, 744–745
sliding wear coefficient **A20:** 604
stainless steels **A18:** 715, 716, 718–720, 722–723
surface property effect **A18:** 342
thermal spray coating applications **A18:** 833
thermoplastic composites **A18:** 820
tool steels **A18:** 736, 737
use of transmission electron microscopy for surface
studies **A18:** 381
Corrosive wear rate
abrasive particle dependence on **A18:** 272–273
corrosion products and the mass transfer of
oxygen **A18:** 273
hydrodynamics, dependence on **A18:** 273
slurry, dependence on **A18:** 273
Corrosives
storage and handling **EM3:** 686
Corrosivity
defined **A13:** 4
rapid changes, and coupon testing **A13:** 197
relative, simulated service testing **A13:** 204
site **A13:** 205
Corrosometer probe **A19:** 476
Corrugated board
waterjet machining **A16:** 522, 525
Corrugated manufacturing technique
for honeycomb **EM1:** 722
Corrugated sheet
press-brake forming of **A14:** 541
Corrugated steel pipe
natural water corrosion **A13:** 433
Corrugating *See also* Corrugations; Crimping **A14:** 3
Corrugation
in thermoplastic extrusion **EM2:** 382–383
Corrugations **A14:** 3, 277
definition **A5:** 951
Corten A
corrosion resistance of **A1:** 400
Cortical bone screw
as intemal fixation device **A11:** 671
Corundum **A5:** 92, **EM4:** 6, 49, 111
abrasive for lapping **A16:** 493
defined **A9:** 4, **A15:** 4
definition **A5:** 951
fusion with acidic fluxes **A10:** 167
hardness **A18:** 433
on Mohs scale **A8:** 108
polishing with **M5:** 108
Corundum grinding balls **M7:** 58
Co-S (Phase Diagram) **A3:** 2•147
Cos θ cot θ function **A5:** 665
COSAM program approach **A1:** 1013
advanced processing **A1:** 1018
alternate materials **A1:** 1018–1020
results **A1:** 1020–1021
substitution **A1:** 1014–1018
Co-Sb (Phase Diagram) **A3:** 2•147
Co-Se (Phase Diagram) **A3:** 2•148
Co-Si (Phase Diagram) **A3:** 2•148
Cosine wave
in elastic pressure bar **A8:** 199
Co-Sm (Phase Diagram) **A3:** 2•148
Cosmetic pass **A6:** 259–260
definition **M6:** 4
Cosmetics
powders used **M7:** 573
Cosmochemical research
use of NAA in **A10:** 233
Co-Sn (Phase Diagram) **A3:** 2•149
Co-spray roasting
of ferrites **EM4:** 1163
Cost *See also* Economics **A20:** 263
aluminum-lithium alloys **A14:** 250
and machine size selection **A14:** 85
as modified to the weighted property
index **A20:** 252
factor in selection for wear resistance **M1:** 606–607
heat sink assembly methods **EM3:** 572
of aluminum alloy precision forgings **A14:** 253–254
of extrusion vs. brazed assembly **A14:** 311
of hot-die/isothermal forging **A14:** 150, 155–157
of precision forging **A14:** 158–159, 286
tolerances, effect on **A14:** 94–95
water-base versus organic-solvent-base adhesives
properties **EM3:** 86
Cost allocation
definition **A20:** 830
Cost analysis
specialties involved during materials selection
process **A20:** 5
Cost considerations *See also* Cost(s)
alternative metals **EM2:** 85
burden (overhead) **EM2:** 86
contingency costs **EM2:** 87
cost control **EM2:** 87–88
cost optimizations **EM2:** 87
final design **EM2:** 88
of plastic program **EM2:** 82–88
part costing breakdown **EM2:** 83–85
plastic vs. metal **EM2:** 83
product cost components **EM2:** 83
project level **EM2:** 82
quoting prices **EM2:** 86–87
system level **EM2:** 82–83
Cost control
guidelines **EM2:** 88
Cost drivers
and lot size **EM1:** 420–421
effects (CDE) **EM1:** 421–425
in design/manufacture of composite
structures **EM1:** 419–427
material **EM1:** 420
of mechanical system **EM1:** 419
related to development **EM1:** 419
test, inspection, evaluation **EM1:** 421
Cost equation for making a part **A20:** 248
Cost estimation for manufacturing *See* Manufacturing cost estimating
Cost figure **A20:** 263
Cost function **A20:** 209
Cost per unit mass **A20:** 251
Cost per unit mass of the material **A20:** 283
Cost per unit time to operate **A20:** 255–256
Cost per unit-property method **A20:** 251
Cost reduction *See also* Cost(s)
as driving force **EL1:** 438
assembly/packaging for **EL1:** 448–449
Cost savings **A20:** 17
Cost/benefit analysis **A20:** 117
Cost-adjustment factors **A20:** 114
Cost-effective material selection **A13:** 335
Costs *See also* Cost considerations; Cost drivers; Economic process selection factors; Economical casting design rules; Economics; Equipment costs; Material costs; Operating costs; Pricing history
acrylics **EM2:** 103–104
acrylonitrile-butadiene-styrenes
(ABS) **EM2:** 109–110
allyls (DAP, DAIP) **EM2:** 226
aminos **EM2:** 230
analysis, resin transfer molding **EM1:** 170–171
analytic modeling **EL1:** 14–15
and design, of castings **A15:** 598
and diffusion technology **EL1:** 961
and hybridization **EM1:** 35
and materials selection **EM2:** 1
and tolerances **A15:** 614
as hybrid technology criterion **EL1:** 250–252
as material selection parameter **EM1:** 38–39, 105
assembly **EM2:** 649
connector **EL1:** 23
considerations **EM2:** 82–88
contingency **EM2:** 87
control, guidelines **EM2:** 88
cyanates **EM2:** 232
designer's worksheet for **EM1:** 425–427
design-to **EM1:** 419
distributed plane construction **EL1:** 628
drill bits vs. drill diameter **EL1:** 508
elastomeric tooling **EM1:** 595–596
electrical testing **EL1:** 372
energy, of continuous casting **A15:** 310
epoxies **EM2:** 240
equipment, inspection, tubular
products **A17:** 561–562
estimating **EM1:** 424–425
extrusion **EM2:** 386
factors affecting **A15:** 612
fibers **EL1:** 1120–1121
final assembly **EM2:** 650
finishing **EM2:** 650
for injection molds **EM2:** 296
forming/processing **EM2:** 647–648
gating removal **A15:** 589
green sand molding **A15:** 341
guidelines, material selection **EM1:** 105
hermetic packages **EL1:** 468

SUBJECTS OF THE INDEXED VOLUMES: ASM Handbook (designated by the letter "A"): **A1:** Properties and Selection: Irons, Steels, and High-Performance Alloys (1990); **A2:** Properties and Selection: Nonferrous Alloys and Special-Purpose Materials (1990); **A3:** Alloy Phase Diagrams (1992); **A4:** Heat Treating (1991); **A5:** Surface Engineering (1994); **A6:** Welding, Brazing, and Soldering (1993); **A7:** Powder Metal Technologies and Applications (1998); **A8:** Mechanical Testing (1985); **A9:** Metallography and Microstructures (1985); **A10:** Materials Characterization (1986); **A11:** Failure Analysis and Prevention (1986); **A12:** Fractography (1987); **A13:** Corrosion (1987); **A14:** Forming and Forging (1988); **A15:** Casting (1988); **A16:** Machining (1989); **A17:** Nondestructive Evaluation and Quality Control (1989); **A18:** Friction, Lubrication, and Wear Technology (1992); **A19:** Fatigue and Fracture (1996); **A20:** Materials Selection and Design (1997). **Metals Handbook, 9th Edition** (designated by the letter "M"): **M1:** Properties and Selection: Irons and Steels (1978); **M2:** Properties and Selection: Nonferrous Alloys and Pure Metals (1979); **M3:** Properties and Selection: Stainless Steels, Tool Materials, and Special-Purpose Materials (1980); **M4:** Heat Treating (1981); **M5:** Surface Cleaning, Finishing, and Coating (1982); **M6:** Welding, Brazing, and Soldering (1983); **M7:** Powder Metallurgy (1984). **Engineered Materials Handbook** (designated by the letters "EM"): **EM1:** Composites (1987); **EM2:** Engineering Plastics (1988); **EM3:** Adhesives and Sealants (1990); **EM4:** Ceramics and Glasses (1991). **Electronic Materials Handbook** (designated by the letters "EL"): **EL1:** Packaging (1989)

high-density polyethylenes (HDPE). **EM2:** 163
high-impact polystyrenes (PS, HIPS) **EM2:** 194
homopolymer/copolymer acetals **EM2:** 100
human vs. machine vision **A17:** 30
impact of decisions on **EM1:** 420
learning curve (LC) for. **EM1:** 424–425
liquid crystal polymers (LCP) **EM2:** 180
low, filament winding **EM2:** 368
machining, mold cavity. **A15:** 280
maintenance, of aircraft composites **EM1:** 259
manufacturing, of surface-mount
components. **EL1:** 730
manufacturing-to **EM1:** 419
material. **EM2:** 82, 648–649
material, of composites **EM1:** 35
molding, vertical centrifugal casting **A15:** 301
of braided composites **EM1:** 519
of cobalt-base alloys. **A15:** 811
of commercial products **EL1:** 1
of composite structures **EM1:** 417, 419–427
of conductive plastics **EM2:** 478
of copper casting alloy selection **A2:** 355
of damage tolerance. **EM1:** 259
of electrical contact materials **A2:** 868
of engineering plastics **EM2:** 73
of engineering thermoplastics. **EM2:** 99
of environmental stress screening. **EL1:** 876
of filament winding, comparative **EM1:** 503
of flexible printed boards. . **EL1:** 579–580, 592–594
of level 1 packages **EL1:** 403
of liquid penetrant methods. **A17:** 77–78
of machine vision. **A17:** 42
of melt purification **A15:** 74
of metal casting **A15:** 40–41
of non-water-based sizing **EM1:** 123
of plaster molding **A15:** 242
of polyimide resins. **EM1:** 43
of PWB materials **EL1:** 608
of shape memory alloys **A2:** 901
of thermoplastic composite **EM1:** 552–553
of thermoplastic resin composites **EM1:** 97
of thermoplastic resins **EM2:** 622
of titanium P/M products. **A2:** 647
operating, of inspection. **A17:** 562
optimization **EM2:** 87
packaging. **EM2:** 650
parts, estimating. **EM2:** 82, 647, 709–710
per system function, system-level products **EL1:** 12
permanent magnet materials **A2:** 792–793
permanent mold casting **A15:** 285
phenolics **EM2:** 242
piece, components **EM2:** 82
polyamide-imides (PAI) **EM2:** 128, 130
polyamides (PA) **EM2:** 125
polybenzimidazoles (PBI) **EM2:** 147
polybutylene terephthalates (PBT). **EM2:** 153
polycarbonates (PC). **EM2:** 151
polyethylene terephthalates (PET) **EM2:** 172
polyphenylene ether blends (PPE, PPO) **EM2:** 183
polyurethanes (PUR). **EM2:** 258
polyvinyl chlorides (PVC). **EM2:** 209
prefinishing **EM2:** 50
-quality relationships, magnesium alloys . . . **A2:** 463
reduction, assembly/packaging for . . . **EL1:** 448–449
rough order of magnitude (40M) **EL1:** 585
SiC fibers **EM1:** 59, 859
silicones (SI) **EM2:** 265
slag, least cost mix, cupolas **A15:** 388
solder alloys. **EL1:** 633, 642
solder masking **EL1:** 558
styrene-acrylonitriles (SAN, OSA ASA) . . **EM2:** 214
styrene-maleic anhydrides (S/MA). **EM2:** 217
substrate **EL1:** 612
summary, blow molding **EM2:** 299
thermoplastic fluoropolymers. **EM2:** 117
thermoplastic polyurethanes
(TPUR) **EM2:** 204–205
thermosetting engineering plastics. **EM2:** 222
titanium and titanium alloy castings **A2:** 634
-to-price translations **EM2:** 86
total system, and design **EM1:** 181
ultrahigh molecular weight polyethylenes
(UHMWPE). **EM2:** 167
unit volume prices, engineering plastics. . . **EM2:** 79
unsaturated polyesters **EM2:** 246
urethane hybrids. **EM2:** 268
Costs of avoidance **A20:** 263

Cosworth process
of aluminum casting **A15:** 38
Co-Ta (Phase Diagram). . . . . **A3:** 2•149
Cotangent
abbreviation for **A10:** 690
Co-Tb (Phase Diagram). . . . . **A3:** 2•149
Co-Te (Phase Diagram). . . . . **A3:** 2•150
Co-Th (Phase Diagram). . . . . **A3:** 2•150
Co-Ti (Phase Diagram) . . . . **A3:** 2•150
Cotter pin wire **A1:** 852
Cotton
as natural fiber **EM1:** 117
Cotton pickers **M7:** 672, 673
Cotton thread
friction coefficient data. **A18:** 75
Cottoning. **EM3:** 9
Cottrell-Hull mechanism. **A19:** 64
Cottrell-Hull model, intrusion-extrusion pair. . **A19:** 64
Coulomb
definition. **A5:** 951
symbol and abbreviation for. **A10:** 685, 691
Coulomb coefficient of friction. . . **A8:** 582, **A18:** 60, 66
Coulomb friction. **A18:** 31
defined **A18:** 6
Coulomb friction model **A7:** 338, 340
Coulombic sliding friction **A16:** 15, 16
**Coulomb-Mohr maximum pressure reduced shear
stress** **A8:** 344
Coulomb's law
of friction **A8:** 576
Coulomb's laws *See* Amontons' laws
Coulometers
electronic **A10:** 203
Coulometric titration
as electrometric **A10:** 204–205
capabilities, compared with electrometric
titration **A10:** 197
cell, with platinum generator electrode . . . **A10:** 205
measured electric quantities in **A10:** 202
Coulometry *See also* Controlled-potential coulometry
capabilities, compared with voltammetry **A10:** 188
defined. **A10:** 671
to analyze the bulk chemical composition of
starting powders **EM4:** 72
Coulter Counter analysis
of melts **A15:** 493
**Coulter counter for aluminum powder
measurement** **M7:** 129
Coulter principle **A7:** 215, 247, **EM4:** 67
**Council of American Building Officials
(CABO)** **A20:** 69
Count *See also* Pick count; Strand count; Thread
count
defined **EM1:** 8
Counter top plastics
powders used **M7:** 572
Counterbalance spring
hydrogen damage to **A11:** 558
Counterbalances
in press slides **A14:** 497
Counterblow equipment
defined **A14:** 3
Counterblow forging equipment
defined **A14:** 3
Counterblow hammers **A14:** 3, 28, 42
Counterbores **A7:** 353, **A20:** 749, 757
Counterboring. **A16:** 249–251
Al alloys **A16:** 766–767
cast irons **A16:** 660
heat-resistant alloys. **A16:** 751, 752
in conjunction with boring **A16:** 168, 169
in conjunction with drilling. . . . **A16:** 214, 219, 221,
222, 228
Mg alloys **A16:** 823, 825
refractory metals **A16:** 860, 863
speed and feed **A16:** 251
tools **A16:** 250
Countercurrent fountain spray drying **M7:** 73, 74
Counterdrilling
in conjunction with drilling **A16:** 219
Counterelectrode *See also* Auxiliary electrode
defined. **A10:** 671
for aqueous solutions. **A8:** 416
x-ray diffraction **A10:** 246
Counterformal surfaces
defined **A18:** 6

Counter-gravity low-pressure casting
air-melted, sand casting **A15:** 317, 319
check valve casting **A15:** 317, 318
of air-melted alloys **A15:** 317–318
of vacuum-melted alloys **A15:** 317, 318
Counter-ions **A7:** 422
adsorption **A7:** 421
Counterlocks **A14:** 3, 48–49
Countershaft pinion
fatigue fracture **A11:** 396
Countersinking . . . **A16:** 249–250, **EM1:** 552, 671–672
in conjunction with drilling. **A16:** 219, 222
speed and feed **A16:** 249–250
tools **A16:** 249–250
Countersinks **A7:** 353, **A20:** 749, 757
Countersunk holes **A20:** 156
Counterweighting
and turning **A16:** 135
Counterweights
composite metals for **M7:** 17
powders used **M7:** 572
Counts
effect of image analysis on **A10:** 309
in image analysis **A10:** 312
per second, abbreviation for **A10:** 690
pulse, Auger spectrometer. **A10:** 554
x-ray diffraction **A10:** 246
Couper-Gorman curves
and elevated-temperature service. **A1:** 632
Couplants
ultrasonic inspection. **A17:** 231, 256
Coupled analysis **A20:** 814
Coupled lines
nomographs for **EL1:** 39–41
Coupled noise *See* Cross talk
**Coupled transient nonlinear thermomechanical
analysis**. **A20:** 815, 816
Coupled two-phase eutectic structures . . . **A9:** 620–621
Coupled zone
diagram, aluminum-silicon alloys. . . . **A15:** 162, 164
directionally grown iron-carbon eutectic . . **A15:** 171
in cast iron **A15:** 174
of eutectics **A15:** 123–124
Couplers **A18:** 110
function **A18:** 110
in engine and nonengine lubricant
formulations **A18:** 111
Couples *See also* Galvanic corrosion; Galvanic
couples
diffusion **A10:** 477–478
dissimilar-metal, compatible. **A13:** 1061
Couples, galvanic *See* Galvanic couples
Coupling
extensional-bending, defined *See* Extensional-
bending coupling
extensional-shear, defined *See* Extensional shear
coupling
laminate **EM1:** 219, 220–222
magnetic particle inspection methods **A17:** 108,
117
Coupling agents **A20:** 458, 459, **EM3:** 9, 42,
181–182, 254–257, 674
as additives. **EM2:** 499–500
chemistry **EM3:** 255, 256
combined with primer **EM3:** 256–257
defined **EM1:** 8, **EM2:** 12
effect, reinforced polypropylenes (PP) . . . **EM2:** 193
examples **EM3:** 256
for epoxies. **EM3:** 99–100
for glass. **EM3:** 281–283
for injection molding compounds **EM1:** 164
for moisture resistance **EM1:** 123
for organic bonding of ceramics and glasses with
metals **EM3:** 309
for polyaramid **EM3:** 286
in metalworking lubricants **A18:** 143, 147
organo-titanates **EM3:** 256
silane **EM3:** 257
sizing as. **EM1:** 122
zircoaluminates. **EM3:** 256
Coupling, bending-twisting *See* Bending-twisting
coupling
Couplings
by radial forging. **A14:** 145
Coupon *See also* Testing. **EM3:** 9
defined. **A8:** 3, **A15:** 4, **EM1:** 8, **EM2:** 12
Coupon tests. **A19:** 470

Coupons
grinding and sanding A19: 471
printed board EL1: 572–577
registration EL1: 870
removal and handling of A19: 471–472
Coupon(s), testing
bleach plant, crevice corrosion A13: 349
cleaning and evaluation A13: 199
corrosion rates A13: 197–198
crevice corrosion A13: 198
design A13: 197
finish A13: 198
for immersion tests A13: 221
for uniform corrosion rate testing A13: 229–230
galvanic corrosion A13: 198
gas/oil production A13: 1250
marine corrosion A13: 920
options A13: 198
retractable, holder for A13: 199
sensitized A13: 199
stress-corrosion A13: 198
test rack A13: 199
testing, direct A13: 197–199
unpainted coated steel A13: 1014
welded A13: 198–199
Courant condition A20: 191
Courant number A20: 191
Co-V (Phase Diagram) A3: 2•151
Covalent bond A20: 336, 337
defined A10: 671
definition A6: 1208, A20: 830, M6: 4
Covalent bonding
chemical EL1: 92
Covalent ceramics A20: 431–432
Covalent compounds A20: 336
Covalent solids A20: 336, 340
Covalently bound materials
brittle fracture A19: 44, 45, 46
cleavage fracture A19: 46
Cover coat
definition A5: 951
Cover coats
flexible printed boards EL1: 584
Cover core *See also* Parting line
defined A15: 4
Cover fluxes
aluminum alloys A15: 446
neutral, for copper alloys A15: 449
Cover layers
flexible printed boards EL1: 583–584
Cover lens
definition M6: 4
Cover plate
bridge, cracked girder at A11: 707
bridge, typical large crack at weld toe A11: 707
cracked groove weld in A11: 710
definition M6: 4
polished-and-etched section, showing lack of fusion A11: 710
Cover-coat porcelain enamels *See* Porcelain enameling, cover-coat enamels
Covered electrode
definition A6: 1208, M6: 4
Covered electrode welding *See* Shielded metal arc welding
Covering power *See also* Throwing power
defined A13: 4
definition A5: 951
Co-W (Phase Diagram) A3: 2•151
Co-Y (Phase Diagram) A3: 2•151
Co-Zn (Phase Diagram) A3: 2•152
CPG-85 computer program
for contoured tape laying machines EM1: 634
CPIA *See* Chemical Propulsion Information Agency
CPM *See* Crucible Particle Metallurgy process
CPM alloys
Charpy C-notch impact A16: 65
hot hardness A16: 65
lathe tool test results A16: 65
temper resistance A16: 65
CPM (Crucible particle metallurgy)process
alloy development M7: 787–788
processed tool steels compositions M7: 788
temper resistance of M7: 788
C-porosity
in cemented carbides A9: 274
C-Pr (Phase Diagram) A3: 2•112
C-profiled ring
rolling production stages A14: 117
Cr_3Si
as brittle material, possible ductile phases A19: 389
Crab-form graphite
in cast iron M1: 6, 7
Crack *See also* Crack arrest; Crack arrest marks; Crack closure; Crack extension; Crack front; Crack growth; Crack initiation; Crack length; Crack nucleation; Crack opening; Crack opening displacement; Crack origin; Crack path; Crack propagation; Crack size; Crack speed; Crack tip; Crack tip opening displacement; Cracking; Cracks; Fatigue crack growth; Fatigue crack growth rate; Fatigue crack propagation; Fatigue striation spacings; Fatigue striations A6: 1073, 1075–1076, 1079
and crack growth mechanism characteristics A8: 590, 593
as smooth, continuous surface A8: 439
behavior, electrical potential method for measuring A8: 390–391
blunting A8: 499
central, vector lines from crack tips and crack center for A8: 444
classification of cold forging A8: 590, 592
closure A8: 391, 408–409, 449, 682
configuration, precracked SCC testing specimens A8: 516
definition A5: 951, A6: 1208, EM4: 632
deformation, three modes of A8: 441–443
-density limit, of composite materials A8: 714
detection in cold upset testing A8: 579
development and extension, forces causing A8: 439–464
driving tendency, methods representing A8: 439–464
-extension force A8: 439–443
formation at hot and warm temperatures A8: 572
front, in fracture mechanics A8: 439–464
ideal model A8: 440
in composite materials A8: 716
in shear band during high-energy-rate forging A8: 573
instability curve, short-lived stress pulses A8: 284
jump A8: 454–455, 474
length measurement A19: 24
measurement, precracked specimens A8: 518
mechanical driving force, measured A8: 497
nonpropagating A19: 24
nucleation A8: 363, 366, 537
part-through surface, shape of A8: 444
path, after joining out-of-plane advance separation A8: 443
path tortuosity A8: 477, 480
plane, direction of A8: 440
problems, three dimensional, *K* for A8: 444
profile, in direct current electrical potential method A8: 389
running A8: 284, 453
stationary A8: 259, 439
subsurface, in copper crystal from low-stress sliding A8: 603
surfaces, displacement pattern A8: 444
tendency of stress-strain field to drive A8: 439
velocity A8: 284
visible, defining A8: 128
Crack actually present and discovered (a_d) A19: 416
Crack advance mechanism A19: 196, 201
Crack advancement distance per stress cycle A20: 355
Crack arrest A19: 10, 52, 154
and crack propagation A8: 284
fracture toughness specimens A8: 288–293
marking and measuring A8: 291–292
mechanism of A12: 15
value of *K* at A8: 286
Crack arrest fracture toughness A8: 288–293
Crack arrest (K_{Ia}) (ASTM E 1221) test A19: 397
instrumentation A19: 397
notch preparation A19: 397
test specimen A19: 397
Crack arrest marks *See also* Fatigue striations
in hydrogen-embrittled titanium alloys A12: 23, 32
in springs A19: 367
wrought aluminum alloys A12: 414
Crack arrest testing
for dynamic fracture A8: 284–286
for high strain rate fracture toughness A8: 187
in fracture mechanics A8: 453–455
round-robin test program A8: 286, 288–293
specimens for A8: 290, 454
static post-arrest stress intensity in A8: 285
Crack arrest toughness
defined A8: 284
from run-arrest tests A8: 286
measurement of A8: 453–455
symbol for A8: 725
Crack arresters A19: 412, 418
Crack aspect ratio A19: 159–160, 161, 162, 163, 164, 165, 166
Crack blunting A19: 199
Crack branching
definition EM4: 632
in thermal shock fracture A11: 744
information from A11: 744
Crack bridging A19: 58
Crack closure A8: 391, 408–409, 449, A12: 15, A19: 56–59, 135, 136, 139, 175, 201–202, EM3: 508
as mechanical damage A12: 72
by partial slip reversal A12: 21
decarburization softening-induced enhancement A12: 38
defined A19: 135
observed in a single severe flight A19: 124
Crack closure, effects
corrosion fatigue A13: 299
Crack closure load level EM3: 509
Crack closure models A19: 128–129
as crack growth prediction model A19: 128
Crack closure point A19: 170, 171
Crack closure stress A19: 68
Crack coalescence A19: 161
Crack deflection A19: 58
model A12: 206
Crack depth *See also* Crack direction; Crack extension; Crack growth; Crack length; Crack(s)
aspect ratio as function of A11: 124
effect of solid cadmium on A11: 239–241
Crack depth in from the edge of the plate A19: 23
Crack detection M7: 483–484, 577
aluminum sheets, eddy current inspection A17: 187–188
by magnetic printing A17: 126
in failure analysis A17: 54
microwave system A17: 219
slow sweep mode, eddy current inspection A17: 190
trigger pulse mode, eddy current inspection A17: 190
Crack direction
in composites A11: 735–738
information from A11: 744
Crack extension *See also* Crack depth; Crack length; Crack-extension force; Effective crack size; Original crack size; Physical crack size A8: 3, A19: 15, 16, 23, 29, 30, 124, 140, 178, 186
and crack tip stress A8: 442

SUBJECTS OF THE INDEXED VOLUMES: ASM Handbook (designated by the letter "A"): **A1:** Properties and Selection: Irons, Steels, and High-Performance Alloys (1990); **A2:** Properties and Selection: Nonferrous Alloys and Special-Purpose Materials (1990); **A3:** Alloy Phase Diagrams (1992); **A4:** Heat Treating (1991); **A5:** Surface Engineering (1994); **A6:** Welding, Brazing, and Soldering (1993); **A7:** Powder Metal Technologies and Applications (1998); **A8:** Mechanical Testing (1985); **A9:** Metallography and Microstructures (1985); **A10:** Materials Characterization (1986); **A11:** Failure Analysis and Prevention (1986); **A12:** Fractography (1987); **A13:** Corrosion (1987); **A14:** Forming and Forging (1988); **A15:** Casting (1988); **A16:** Machining (1989); **A17:** Nondestructive Evaluation and Quality Control (1989); **A18:** Friction, Lubrication, and Wear Technology (1992); **A19:** Fatigue and Fracture (1996); **A20:** Materials Selection and Design (1997). **Metals Handbook, 9th Edition** (designated by the letter "M"): **M1:** Properties and Selection: Irons and Steels (1978); **M2:** Properties and Selection: Nonferrous Alloys and Pure Metals (1979); **M3:** Properties and Selection: Stainless Steels, Tool Materials, and Special-Purpose Materials (1980); **M4:** Heat Treating (1981); **M5:** Surface Cleaning, Finishing, and Coating (1982); **M6:** Welding, Brazing, and Soldering (1983); **M7:** Powder Metallurgy (1984). **Engineered Materials Handbook** (designated by the letters "EM"): **EM1:** Composites (1987); **EM2:** Engineering Plastics (1988); **EM3:** Adhesives and Sealants (1990); **EM4:** Ceramics and Glasses (1991). **Electronic Materials Handbook** (designated by the letters "EL"): **EL1:** Packaging (1989)

and stress-intensity factor *(K)*,
R-curves from **A8:** 450
by fracture **A11:** 49–50
by fracture, *J* as function of **A11:** 63
control during precracking **A8:** 382
defined **A11:** 2
determined by SEM **A8:** 542
dynamic impulse effect on **A8:** 454
effect of crack speeds on **A8:** 440
increasing, effect on singularity field size **A8:** 447
nominal crack tip opening displacement as
measure of **A8:** 446
resistance to, measuring **A8:** 456–457
surface cracks role in **A8:** 450
values of real **A8:** 451
Crack extension rates **A19:** 40
Crack formation
in line etching **A9:** 62
thermal-wave imaging used to study **A9:** 91
Crack front **A19:** 112, 159, 160
advancing, mechanical damage **A12:** 72
defined **A12:** 176
direction, wrought aluminum alloys **A12:** 430
fracture mechanics of **A8:** 439–464
in ideal crack model **A8:** 440
located by beach marks **A12:** 112
perturbations **A19:** 162
plane strain, and fracture toughness **A8:** 450
plastic zone, in progressive fracturing **A8:** 440
primary, ductile irons **A12:** 233
relation to fracture process zone **A8:** 440
schematic **A8:** 440
segment, simplified for stress field analysis **A8:** 442
stresses and dynamic characterization **A8:** 444–445
striations on **A12:** 23
Crack front curvature (CFC) **A19:** 180, 423
Crack geometry
as geometrical variable affecting corrosion
fatigue **A19:** 187, 193
Crack growth *See also* Crack growth rate; Fatigue
crack growth **A19:** 16, 25, **EM1:** 8, 261, **EM3:** 9
acoustic emissions from **A17:** 287
analysis, software for **A11:** 55
and additions of dispersoid-forming
elements **A8:** 487
and fatigue striation spacings **A12:** 205
and toughness, parameters for **A11:** 54
as creep-rupture phase **A8:** 344
by microvoid coalescence **A11:** 227, 230
change in cleaved intermetallic compound **A8:** 482
creep, in P/M superalloys **A13:** 838
criterion, and tearing instability **A8:** 446
curves, comparing materials by **A8:** 518–519
cyclic **A8:** 376, 378–379, 422–423, **A19:** 7
direction, titanium alloys **A12:** 441–442
effect of vibration **A12:** 109
effects of changing stresses on **A8:** 502
elastic-plastic **A19:** 6, 7
electrical potential method for measuring **A8:** 390
fatigue **A12:** 14–18, 420
fatigue-striation counts for **A11:** 56
fracture mechanics for **A11:** 47, 56–57
fracture mechanics models **A17:** 287
from surface flaw **A12:** 420
in fatigue, examination by in situ
electropolishing **A9:** 55–56
in fracture toughness specimens
electropolishing **A9:** 55–56
in graphite-epoxy composites **A11:** 737
in high toughness materials **A8:** 461
in pipeline steel **A11:** 54
in polyethylene **A12:** 480
in sintered ceramic **A11:** 756
life curve **A8:** 681–682
life, prediction of **A8:** 678
linear elastic fracture mechanics
(LEFM) for **A11:** 52
linear-elastic **A19:** 6
measurement, and acoustic emission
inspection **A17:** 286
measuring systems, ultrasonic testing **A8:** 246
mechanism, and crack characteristics **A8:** 590, 593
modes, medium-carbon steels **A12:** 273
OFHC copper **A12:** 401
prediction **A11:** 52
rate, and applied stress intensity **A11:** 107
rates **A11:** 53, 103, 107
resistance **A11:** 64
slow, in ceramics **A11:** 757
stable **A11:** 75, 87
stable and subcritical, compared **A11:** 63
stable, mechanical damage in **A12:** 72
stages, schematic **A11:** 710
stress-corrosion cracking and **A11:** 53
structure sensitivity, titanium alloys **A12:** 442–443
studied by bend or tension loading **A8:** 517
subcritical **A13:** 283, 1085
surface roughness from **A12:** 276
testing **A19:** 24
time-dependent slow **A19:** 7
ultrasonic testing of **A8:** 252
unstable, and fracture **A11:** 75
vs. constant-amplitude stress cycle **A8:** 379
Crack growth energy release rate
symbol for **A11:** 797
Crack growth life **A19:** 523
Crack growth per cycle *(da/dN)*
wrought aluminum alloy **A2:** 43
Crack growth period **A19:** 111
Crack growth prediction models
categories of **A19:** 128
Crack growth rate *See also* Crack propagation rate;
Fatigue crack growth rate **A19:** 27, 28
and applied stress intensity **A11:** 107
and fracture **A11:** 75
and stress-corrosion cracking **A19:** 484
and stress-intensity factor **A8:** 242, 365
calculation **A8:** 518–519, 679–680
calculation, SCC testing **A13:** 260
conventionally processed alloys **A19:** 35
copper **A8:** 255
curve **A19:** 24
cyclic **A8:** 376, 378–379
cyclic crack growth **A19:** 48
determined **A11:** 53
equation **A19:** 28
fatigue crack propagation using Coffin-Manson
exponent **A19:** 34
from hydrogen embrittlement **A8:** 537
grain size effect **A19:** 35
in maraging steels **A11:** 218
in precracked specimens **A8:** 518–519
LME, effect of loading on **A11:** 726
methods to determine **A8:** 365
model of **A8:** 678
modeling of **A8:** 680–681
nickel content effect in nickel-base alloys **A19:** 493
of ferritic/pearlitic steels **A19:** 377–378
precracked specimen testing **A19:** 502
schematic of typical **A8:** 242
steam turbine materials **A13:** 957–958
temperature effect **A19:** 36
test, curve, and stress ratio **A11:** 53
variables affecting **A19:** 479
Crack growth rate data
constructional steels for elevated
temperature use **M1:** 657–658, 660–661
Crack growth retardation **A19:** 124
Crack growth retardation or acceleration after overloads
interaction phenomena during crack growth under
variable-amplitude loading **A19:** 125
Crack growth retardation/acceleration model **A19:** 524
Crack healing technique **A20:** 432
Crack increment **A19:** 127–128
Crack initiation **A19:** 8–9, 16, 24, 197
acoustic emissions from **A17:** 287
AISI/SAE alloy steels **A12:** 302
and crack propagation, compared **A13:** 150
and stress-corrosion cracking **A11:** 203
and topography of crack surfaces **A11:** 212
as creep-rupture phase **A8:** 344
as fatigue stage **A11:** 102, 104
as fatigue stage I **A12:** 175
at corrosion pits **A13:** 149
at surface discontinuity **A13:** 148–149
by discontinuities **A11:** 106
by intergranular corrosion **A13:** 149
by slip dissolution **A13:** 149
by slip-plane fracture **A11:** 104
by tool marks and corrosion pits **A12:** 419
comparison of measured fracture toughness data
for **A8:** 467
corrosion fatigue **A13:** 142
corrosion-fatigue **A11:** 252–253
defined **A8:** 366
electrical potential technique **A8:** 389–390
environmental effects on **A8:** 375
fatigue **A8:** 363–364, 366–375, **A12:** 112
fretting fatigue **A19:** 326
hydrogen flaking and **A11:** 316
in axial test **A8:** 351–352
in elastic-plastic fracture toughness tests **A8:** 390
in fracture mechanics **A8:** 465
in high strain rate fracture testing **A8:** 259
in inert/aggressive environments,
compared **A13:** 142
in low-cycle torsional fatigue testing **A8:** 152
in welded structures **A8:** 366
incubation time **A11:** 242, 244
malleable iron **A12:** 238
mechanisms **A13:** 149–150
multiple, ratchet marks from **A11:** 77
on stainless steel dynamic compression
plate **A11:** 679, 683–686
P/M aluminum alloys **A12:** 440
point, in one-point bend tests **A8:** 275
processes, phenomenology **A13:** 148–150
relation to environment **A11:** 106
shear, in punch-loading Kolsky bar **A8:** 229–230
sites **A8:** 366
study, by magnetic rubber inspection **A17:** 125
subsurface **A11:** 79
tests **A13:** 291–295
toughness **A8:** 284, 466–467, 725
under multiaxial loading **A19:** 49
Crack initiation and propagation, resistance to
to evaluate fatigue resistance **A19:** 605
Crack initiation life
environmental factors **A19:** 126
Crack initiation onset **(J_{Ic})** **A20:** 534
Crack initiation period **A19:** 110
Crack initiation testing
fatigue **A8:** 363
Crack initiation toughness **A8:** 284, 466–467, 725
Crack jumps **A8:** 454–455, 474
Crack length *See also* Crack depth; Crack length
measurement; Crack length monitoring; Crack
size; Cracking **A8:** 3, **A19:** 49, 177, **A20:** 345
and compliance **A8:** 383
and crack path preference **A12:** 201
defined **A11:** 2
five-point average **A8:** 415
fracture band width as function of,
polymer pipe **A11:** 762
Krak-Gages for **A8:** 391
mean, calculated **A12:** 207
measuring **A12:** 77
normalized, and laboratory fatigue failure
compared **A11:** 762
symbol for **A8:** 724, **A11:** 796
true, calculated **A12:** 207
vs. elapsed-cycle, fatigue crack propagation **A8:** 377
vs. load drop, dynamic notched round bar
testing **A8:** 278, 279
Crack length estimation **A19:** 156
Crack length, final **A19:** 28
Crack length increment **(Δa)** **A19:** 121
Crack length increment for transient behavior **A19:** 204
Crack length measurement
alternating-current electric potential
method **A8:** 417
compliance method **A8:** 383–386
direct-current electric potential method for **A8:** 417
displacement measurement hardware
attachment **A8:** 384–385
effects of random error in **A8:** 679
electric potential **A8:** 386–391
for high-temperature aerated water testing **A8:** 422
in high temperature vacuum fatigue crack growth
rate **A8:** 415
in liquid metals environments **A8:** 426
interval, for compact-type specimens **A8:** 378
optical **A8:** 382–383
techniques **A8:** 382–391
Crack length monitoring
aqueous solutions **A8:** 417
electric potential **A8:** 386–391
in acidified chloride solutions **A8:** 420

Crack length monitoring (continued)
in steam or boiling water with contaminants **A8:** 428
in vacuum and gaseous fatigue testing **A8:** 412
Crack monitoring technique **A19:** 204
Crack mouth opening displacement (CMOD) *See also* Crack opening displacement; Crack opening displacement (COD)
abbreviation **A8:** 724
load as function of **A8:** 451
Crack nucleation . . . **A8:** 363, 366, 537, **A19:** 104, 267, 274, 275, 280
as fatigue stage **A11:** 102, 104
Crack nucleation models **A19:** 15
Crack opening
as source, acoustic emissions **A17:** 287
by slip **A12:** 21
displacement, measurement **A17:** 286
microwave sensitivity **A17:** 203
relation to *K*, crack-extension force, *J*-integral **A8:** 440
secondary **A12:** 77
size near physical crack tip **A8:** 446
Crack opening displacement (COD) *See also* Mode
abbreviation **A8:** 724
behind crack front in progressive fracturing **A8:** 439
defined **A11:** 2
definition **A20:** 830
factors affecting measurement accuracy **A8:** 384–385
in fracture mechanics **A8:** 439
test, for fracture toughness **A11:** 62
transducer, bolt-on attachment **A8:** 384–385
Crack opening displacements (COD) **EM3:** 507
Crack opening stress level (S_{op}) . . **A19:** 113, 118, 119, 121, 122, 124, 128, 129, 130
Crack origin *See also* Fracture origin
and chevron patterns **A11:** 76
at abraded surface area **A12:** 263
determined by beach marks **A12:** 112
fractured medum-carbon steel shell **A12:** 257
in composites **A11:** 742
in hydrogen damage **A11:** 250
lap as **A12:** 64, 65
medium-carbon steels **A12:** 261, 272
multiple **A12:** 272
superalloys **A12:** 390
wrought aluminum alloys **A12:** 415
Crack origin determination **A7:** 729, 732, 748
Crack path *See also* Fracture path
ductile and brittle **A12:** 102
in low-carbon steel **A12:** 245
in SCC **A12:** 133
in white iron **A12:** 239
tortuosity **A12:** 38, 206
transgranular, SCC caused **A12:** 133–134, 152
Crack path tortuosity **A8:** 477, 480
Crack plane orientation
defined **A8:** 3, **A11:** 2
Crack profile measurements **EM3:** 452–453
Crack profiles **A19:** 181
Crack propagating toughness
velocity dependence of **A8:** 284
Crack propagation *See also* Crack propagation rates; Fatigue crack propagation **A19:** 4, 10, 12, 24–25, **A20:** 353
activation energy, in SMIE **A11:** 244
along grain boundaries, surfaces of **A11:** 76, 77
and crack initiation, compared **A13:** 150
and fatigue life prediction **EM1:** 246
applied stress/flow depth effects on **A13:** 277
as fatigue stage **A11:** 102, 104
as fatigue stage II **A12:** 175
blended elemental titanium P/M compacts **A2:** 650–651
by alternate slip **A12:** 15, 21
by atom displacement at crack tip . . . **A11:** 226, 230
by multilayer self-diffusion of embrittlers **A11:** 244
by plastic blunting **A19:** 43
by slip plane/grain boundary intersection . . **A19:** 43
by slip plane/slip plane intersection **A19:** 43
calculated by SCFM **A11:** 55–57
corrosion fatigue **A13:** 143–144
corrosion-fatigue **A11:** 253–254
crack enlargement **A11:** 106
direction, and fatigue striation spacings . . . **A12:** 205
direction and origin, composites **A11:** 742
direction, and river patterns **A11:** 77
ductile iron **A12:** 228
effect of hardness on **A11:** 475
effect of liquid in **A11:** 227
effect of twin boundaries, austenitic stainless steels **A12:** 351
elliptical **A11:** 123–124
environmental effects **A12:** 35
environmental factors **A13:** 151–155
factors controlling **A8:** 365
fatigue **A8:** 376–402, 403–435, **A11:** 103
fatigue, localized failures in steel bridge components by **A11:** 707
fatigue, testing for **A11:** 103
fatigue, wrought titanium alloys **A2:** 624
final **A11:** 106–107
for nonlinear and plastic deformation **A8:** 445
historical studies **A12:** 3
in argon and liquid lithium **A1:** 720
in bearings **A11:** 502
in brittle fracture(s) **A11:** 76
in iron **A12:** 222–223
in low-carbon iron **A12:** 222
in monotonic fracture **A12:** 229
in polymers **A11:** 762
in stress-corrosion cracking **A8:** 496, **A13:** 148
initial **A11:** 106
liquid role, LME **A13:** 174
LME and SMIE, compared **A11:** 240
malleable iron **A12:** 238, 239
material chemistry **A13:** 155–158
mechanical factors **A13:** 158–159
mechanical fracture models **A13:** 160–162
mechanisms **A13:** 159–162
microstructure **A13:** 155–158
of steel in indium **A11:** 244
prealloyed titanium P/M compacts **A2:** 652–653
processes **A13:** 150–162
rapid, in brittle fracture **A11:** 82
rate, effect of grain-boundary cavitation on **A12:** 38
rate in liquid-metal embrittlement **A11:** 719
rate, liquid in **A11:** 227, 232
schematic **A13:** 161
SEM studies **A12:** 169
slow, in ceramics **A11:** 757
small cracks **A19:** 266–270
structurally dependent **A19:** 4
study, by magnetic rubber inspection **A17:** 125
testing **A11:** 102
testing, fracture mechanics methods for **A8:** 363
tests, corrosion fatigue **A13:** 295
tests, for dynamic fracture testing **A8:** 284
types **A17:** 54
unstable **A11:** 60
vs. stress intensity, visual fit model **A8:** 681
Crack propagation in ceramics **EM4:** 694–698
environmentally enhanced crack growth **EM4:** 695–696
chemical wedge **EM4:** 695
cyclic loading **EM4:** 696
Griffith energy condition **EM4:** 695, 696
static loading **EM4:** 695–696
threshold **EM4:** 696
fast fracture **EM4:** 694–695
fractography **EM4:** 694–695
strength-controlling flaws **EM4:** 694
future trends **EM4:** 698
high-temperature crack growth **EM4:** 696, 697
interfacial crack propagation **EM4:** 698
delamination **EM4:** 698
four-point flexure specimen **EM4:** 698
toughening ceramics **EM4:** 696–698
crack-growth resistance curve (R-curve) **EM4:** 697
Weibull modulus **EM4:** 697–698
Crack propagation laws **EM3:** 506–508
Crack propagation mechanisms
soft phase grain boundary film **A19:** 43
Crack propagation rate *See also* Crack growth rate; Crack propagation; Fatigue crack growth; Fatigue crack growth rate; Fatigue testing
and plasticity **A8:** 684
and strain rate, stainless steel **A13:** 160
as function of crack tip stress intensity . . . **A13:** 147
average, and oxidation **A13:** 155
average, in stainless steel, in water **A13:** 154
calculation methods **A8:** 678–680
corrosion fatigue **A13:** 297
factors influencing **A13:** 148
modeling of **A8:** 680–681
over entire stress intensity range **A8:** 681
sigmoidal log-log plot **A8:** 681
subcritical **A13:** 158
vs. temperature, intergranular SCC **A13:** 154
Crack propagation testing **A8:** 363
Crack shape **A19:** 159
Crack shape, effect on fatigue crack growth **A19:** 159–167
analysis **A19:** 163–166
crack aspect ratio **A19:** 159–160, 161, 162, 163, 164, 165, 166
crack shape **A19:** 159
estimation of stress-intensity factor for arbitrarily shaped cracks **A19:** 165
factors influencing **A19:** 159
failure prediction methods for arbitrarily shaped flaws **A19:** 165–166
fatigue crack threshold dependent on square root of area **A19:** 166
fatigue limit **A19:** 166
grain size effect **A19:** 162
inclusions effect **A19:** 162
measurement **A19:** 163–166
mechanical variables **A19:** 160–162
microstructural variables **A19:** 162–163
nature of three-dimensional surface cracks **A19:** 159
nonequilibrium **A19:** 163
variables that influence crack shape . . **A19:** 160–163
Crack shielding
due to microcracking **A19:** 58
Crack size *See also* Crack length; Physical crack size **A8:** 3, **A19:** 49
and beach marks **A11:** 57
and fracture stress **A11:** 56
as geometrical variable affecting corrosion fatigue **A19:** 187, 193
defined **A11:** 2
determined **A11:** 52
final, fracture mechanics for **A11:** 56
load vs. displacement curves for **A8:** 448
plasticity adjustment **A8:** 452
strength as decreasing with **A11:** 55
symbol for **A8:** 724
Crack speed
and crack front stresses **A8:** 445
and crack tip stress-intensity factor Homolite 100 . . . . . **A8:** 445, 446
dynamic **A8:** 444–445
effect on crack extension **A8:** 440
elastic analysis limit for **A8:** 445
relation to *K* in semi-brittle material **A8:** 441
to *K*, as toughness evaluation **A8:** 450
Crack stoppers **A19:** 559, 560, 572, 575
Crack stress field **A8:** 443–444
Crack tip **A19:** 29
alternate slip **A12:** 15, 21

blunting A11: 56, A12: 15, 21
characterization, by H-R-R singularity field A8: 446
chemistry, effect on corrosion-fatigue A11: 256
contraction at A11: 51
corrosion rate, crack depth effect A13: 150
cracking at A11: 47
diffraction, flaw sizing by A17: 654
dislocation nucleation A12: 30
displacement, by COD test A11: 62
displacement of atoms at A11: 230
environmentally-assisted fracture at A8: 499
film formation, alloy-environment systems for A13: 146
fracture at A11: 47
fracture mechanisms and model A19: 29
in bridge components, TEM fractograph . . A11: 708
plastic zone A12: 15, 16
plastic zone, acoustic emissions A17: 287
plastic zone, determined A11: 49
processes, schematic A13: 148
protective films at, and stress-corrosion cracking A8: 499
resharpening A12: 21
Rice *J*-integral contour around A8: 447
size of crack opening near physical analyses for A8: 446
slip at A12: 15, 21
stress intensity A13: 147, 297
stresses A11: 47–49, 51
stress-intensity factor, and crack speed Homolite 100 . . . . . A8: 446
stress-intensity factor (*K*) A8: 497

Crack tip intensity factor A19: 393

Crack tip opening angle
abbreviation A8: 724

Crack tip opening displacement *See also* Plane stress
abbreviation A8: 724
as measure of crack extension tendency A8: 446
in microvoid coalescence A8: 466
in wedge-opening load test for hydrogen embrittlement A8: 538
obtained by Rice *J*-integral A8: 449
symbol for A8: 726
use in *R*-curve format A8: 457

Crack tip opening displacement (CTOD) *See also* Crack opening and displacement A6: 81
and toughness A11: 56
tests A6: 104

Crack tip opening displacement (CTOD) test A19: 399

Crack tip opening displacement (CTOD) tests A1: 611, 662–663

Crack tip plastic zone EM3: 508

Crack tip strain measurement A19: 211

Crack tip stress
analysis, for prediction of stress corrosion . . A8: 497
fields, and stress-intensity factor A8: 441–443
in fracture mechanics A8: 465
-intensity, control of fatigue crack propagation in aluminum alloy A8: 404
-intensity, dynamic vs. static A8: 282

Crack tip stress-whitening zones (CTSWZ) EM3: 514

Crack tip strip zone model
for central crack A8: 449

Crack tunneling A19: 174, 515

Crack velocity A19: 485

Crack width
in truncated cone identification test A14: 380

Crack-arrest lines *See* Beach marks

Crack-closure method
for energy release rate EM1: 248–250

Crack-density coefficient A20: 626

Cracked element finite element analysis
for residual strength analysis validation . . . A19: 572

Cracked gas M7: 3

Cracked lap-shear (CLS) specimens . . EM3: 508, 509, 512

Crack-extension force A8: 3, 439–443

Crack-extension resistance
defined A8: 3

Crack-growth-criterion equivalent A19: 6

Cracking *See also* Crack; Crack propagation; Crack propagation rate; Crack(s); Delayed cracking; Fatigue crack growth; Fatigue crack growth rate; Fracture; Hot cracking; Macrocrack; Microcrack; Stress-corrosion cracking (SCC) A6: 88–96, A14: 19, 364, 380, 385
acceleration rates A11: 744
as a result of electric discharge machining . . A9: 27
as casting defect A15: 548
at crack tip A11: 47
base-metal cracking M6: 93
base-metal, in laser beam welds A11: 449
brazing and A6: 110
by hydrogen embrittlement, in titanium alloys A8: 522
calculation of susceptibility M6: 45
causes M6: 834–835
causes of A11: 96–97
caustic, defined A11: 2
caustic, in boilers A11: 214
centerline cracking M6: 93
chevron cracking M6: 48
cold A12: 137–138
cold cracking A6: 93–95, M6: 44–46
shielded metal arc welding M6: 93
cold, defined A15: 3
compression A8: 57
consequences M6: 843–844
contact, in ceramic A11: 754
corrosion-fatigue A11: 371–372
crater cracking A6: 88, 90, 91
creep, elastic-plastic fracture mechanics (EPFM) for A11: 47
defined A18: 6
defined for stress corrosion A8: 495
delayed A11: 95
delayed, uranium alloys A2: 675–676
ductility-dip cracking M6: 48
due to creep deformation A8: 306
effect of restraint M6: 251–252
electron-beam welding A6: 866–867, 870, 871–873
electron-beam welds A6: 866–867
environmentally induced A13: 145, 217–219
fast A11: 75
fatigue A8: 366, A11: 105–107
ferrite vein cracking M6: 46
fiber EM1: 195
fisheye M6: 831–832, 834–835
from extrusion speed A11: 87, 91
from gaseous hydrogen A11: 247
from hydride formation A11: 248–249
from hydrogen charging, aqueous environments A11: 245–247
from precipitation of internal hydrogen . . . A11: 248
general, SCC A13: 247
graphitization M6: 834
hairline A11: 28
heat-affected zone *See* Heat affected zone
heat-affected-zone cracks A6: 90–93
hot A12: 138
hot cracking A6: 88–90, 91, 92, M6: 47–48, 832–833
arc welds of coppers M6: 402
beryllium susceptibility M6: 461–462
causes M6: 47–48, 833
ductility-dip cracking M6: 832
liquation cracking M6: 832
prevention M6: 833
reheat cracking M6: 832–833
shielded metal arc welds M6: 92–93
solidification cracking M6: 832
stress-relief cracking M6: 832–833
susceptibility M6: 47
hydrogen-assisted A15: 532–534
hydrogen-induced cold
alloy and carbon steels M6: 248–249, 883
cracking M6: 44–46, 831–832
root cracking M6: 830–831
toe cracking M6: 830–831
underbead cracking M6: 830
hydrogen-induced cracking A6: 93–95
causes and cures A6: 95
in ammonia A11: 215
in bearing failures A11: 494
in bending ductility tests A8: 117
in fiber composites A11: 761
in hydrogen damage A13: 163–171
in liquid-metal embrittlement A13: 171–184
in nitrate solutions A11: 214–215
in permanent mold castings A15: 285
in polythionic acid A8: 528
in solid-metal induced embrittlement A13: 184–187
intergranular, and creep deformation A11: 29
interlaminar EM1: 241–244
kinetics of A8: 449
lamellar tearing A6: 95–96, M6: 46, 832
layer EM1: 436–437
layer, computer program for EM1: 277
localized (SCC) A13: 247
matrix, energy method EM1: 241
measurement, SCC testing A13: 259
mechanism EM2: 805–807
microfissures M6: 832
microporosity A11: 355–357
multiple, from corrosion fatigue A11: 79
of bridge components A11: 707
of coating, defined A13: 4
of drive-gear assembly A11: 143
of nut, as fastener failure A11: 531
of oxide A13: 72
of welds A13: 344
path, in maraging steels A11: 218
path, magnesium alloys A11: 223
pre A12: 75, 236–237, 397
prevention M6: 45, 834–835
prevention in electron
beam welds M6: 630
of hardenable steels M6: 637
quench, factors controlling A11: 94–95
reheat cracking A6: 92, 93, M6: 46–47
retardation effect A8: 682
season, defined A11: 9
sensitivity A6: 94
shatter A13: 164
slow A11: 75
slow, stable, and crack enlargement A8: 440
solid graphite molds A15: 285
solidification cracking A6: 88–90, 91, 92, M6: 249, 254–255
stepwise, low-strength steel A13: 170
strain-age cracking A6: 92, 93
strain-age cracking, nickel- based heat-resistant alloys M6: 363–364
stress corrosion cracking M6: 833
in carbon steels M6: 883–884
in nickel alloy welds M6: 443
stress-corrosion A13: 145–163, 247, 259, 275
stress-relief A12: 139–140
stress-relief cracking A6: 92, 93
stress-relief cracking in alloy steels M6: 249
subcritical fracture mechanics of A11: 47
submerged arc welding A6: 202–203
subsurface A11: 134
surface corrosion from A12: 72
sustained-load, SCC testing A13: 275
tests, environmental A11: 301–302
thermal stresses M6: 251
types in bridge components A11: 707
types of weld discontinuities M6: 829–835
underbead cracking in shielded metal arc welds M6: 92–93
weld A12: 137–140

Cracking, control of M1: 457, 460, 470

Cracking in
arc welds of nickel alloys M6: 443
nickel-based heat-resistant alloys . . . M6: 363–364
electroslag welds M6: 233–234
flash welds M6: 579
gas metal arc welds M6: 172
of aluminum alloys M6: 386–387
resistance welds of aluminum alloys . . M6: 543–544
resistance welds of stainless steels M6: 533
shielded metal arc welds M6: 92–93
base-metal cracking M6: 93
centerline cracking M6: 92–93
cold cracking M6: 93
hot cracking M6: 93
underbead cracking M6: 92–93
submerged arc welds M6: 128–130
weld overlays M6: 817

Cracking, in finished copper
IGF analysis A10: 231–232

272 / Cracking, package

Cracking, package
and stress **EL1:** 480
Crack-like discontinuities **A19:** 4, 16, 23
Crackling **A7:** 465
Crack-mouth opening displacement **A19:** 163
Crack-mouth opening displacement (CMOD) **A20:** 535, 536
Crack-opening displacement (COD) **A19:** 124, 211
crack closure **A19:** 57–58
in aircraft **A19:** 564
Crack-propagation rate **A20:** 556, 567–570
algorithms **A20:** 568–569, 570
model **A20:** 569, 570
Crack(s) *See also* Crack growth; Crack initiation; Crack opening; Crack propagation; Crack tip; Cracking; Crazing; Defects Discontinuities; Fatigue cracks; Flaw detection; Flaw(s); Grinding cracks; Inclusions; Internal shrinkage cracks; Microcracking; Microcracks; Nonmetallic inclusions; Stress crazing; Subsurface crack(s); Subsurface flaws; Surface crack(s); Surface defects; Surface flaws
Weldments **EM3:** 9
advancing fatigue front of. **A11:** 26
analysis, by replication **A17:** 54
and microlaminations. **M7:** 486
and unbonded particles, detected by metallography. **M7:** 484
angle of forking, information from **A11:** 744
as hydrogen damage **A12:** 124
base-metal **A11:** 449
branching. **A11:** 81, 702, 744
center **A11:** 61
center, fracture analysis **EM1:** 252–257
characterization, by electric current perturbation **A17:** 140–141
circumferential corrosion-fatigue. **A11:** 79
cleavage, defined **A11:** 2
closure, as source, acoustic emissions. **A17:** 287
cold, in arc welds. **A11:** 413
cold, radiographic appearance **A17:** 349
corrosion of **A12:** 72
crater **A17:** 86, 582, 585
creep. **A17:** 54–55
defined **EM1:** 8, **EM2:** 12
definition **M6:** 4
depth. **A11:** 124, 239–241
detection **M7:** 483–484
development **EM2:** 807–810
direction **A11:** 81, 735–738, 744
direction, effect, interlaminar/intralaminar fracture **EM1:** 787–790
double-edge **A11:** 61
during quenching **M7:** 453
eddy current inspection of. **A17:** 164–166
elliptical, schematic in origin region. **A11:** 124
enlargement. **A11:** 106
extension **A11:** 20, **EM2:** 805
face friction, acoustic emission inspection **A17:** 287
fastener hole **A17:** 139–140
fatigue, as planar flaw **A17:** 50
first, onset **EM1:** 243
formation. **EM2:** 806
frequency of branching, information from **A11:** 744
front, acoustic emissions from. **A17:** 287
front tunneling **A11:** 20
grinding, as planar flaw. **A17:** 50
growth, defined. **EM2:** 12
growth rates, in maraging steels. **A11:** 218
heat treatment, as planar flaw **A17:** 50
Hertzian cone, ceramics **A11:** 753
high-speed, effects in low-carbon steel **A12:** 252
hook **A11:** 449
hot, in arc welds. **A11:** 413
hot-shortness. **A11:** 444
in bearing materials. **A11:** 504–506
in billets, magnetic particle inspection **A17:** 115
in bridge components **A11:** 708–710
in broken/unbroken aluminum alloy compared **A12:** 121, 137, 138
in fiber composites, mounting to prevent fiber tearout **A9:** 588
in forging. **A11:** 327
in microetched carbon and alloy steels **A9:** 173
in powder metallurgy materials **A9:** 512
in resistance welds **A11:** 441
in steel bar and wire **A17:** 549–550
in weldments. **A17:** 50, 582, 584–585
-inducing substances **A11:** 210
initiation **A11:** 106, 203
internal and surface **A11:** 108
jumps as source, acoustic emissions **A17:** 287
laser/IR inspected **EL1:** 942
length, and flaw size **EM1:** 255
length as criterion, NDE reliability. **A17:** 664
liquid penetrant inspection **A17:** 71, 86
location, by microwave inspection **A17:** 203
magnetic field testing detection **A17:** 129
magnetic particle detection. **M7:** 484, 577
microwave inspection **A17:** 212
monitoring, by ultrasonic inspection. **A17:** 273
morphology, in hydrogen damage **A11:** 250
multiple, laminar **EM1:** 244
multiple-origin **A11:** 24
nucleation **A11:** 23, 106
nucleation, austenitic stainless steels. **A12:** 360
origin, in hydrogen damage **A11:** 250
part-through. **A11:** 51, **A12:** 72
patterns, and SCC **A11:** 212
peeling-type, in shafts **A11:** 471
plating, as planar flaw **A17:** 50
pre-existing, as fracture origin **A12:** 65
primary, opening **A12:** 77
quench **A11:** 122
radiographic appearance **A17:** 350
radiographic methods **A17:** 296
restraint, in friction welds **A11:** 444
root **A11:** 92, 93
secondary **A11:** 19–20, 79
secondary, opening. **A12:** 77
separations, measuring **A12:** 77
short-, corrosion-fatigue behavior **A11:** 254
single-edge **A11:** 61
size, effect, laminate failure **EM1:** 255
speed **A11:** 87, 91
stress corrosion, as planar flaw **A17:** 50
surface, laser-detected **A17:** 17
surfaces, topography of **A11:** 212
thermal, as forging defects **A11:** 317
through-thickness **A11:** 51
through-thickness, composite effects **EM1:** 261
transgranular, transverse section of. **A11:** 28
transverse, laminar **EM1:** 242–244
weld, in arc-welded aluminum alloys **A11:** 435
Crack-tip blunting . . . **A19:** 53, 55, 371, 507, **A20:** 353
metal-matrix composites. **A19:** 391
model, grain boundary ferrite present . . **A19:** 10, 12
PSE environment of aircraft **A19:** 570
Crack-tip cyclic plastic zone size (r^c_p) . . **A19:** 154, 156
Crack-tip displacement **A19:** 50
Crack-tip opening displacement **A20:** 533
Crack-tip opening displacement (CTOD) **A19:** 11, 12, 29, 393, 441
aluminum alloys. **A19:** 31
fracture in steels, and alloy design **A19:** 30
oxide-induced crack closure **A19:** 58
steel fatigue crack thresholds **A19:** 143
used to measure toughness requirements of Canadian Offshore Structures Standard. **A19:** 446
Crack-tip opening displacement (CTOD) method **A20:** 534, 535
Crack-tip opening displacement (CTOD) test. **A20:** 536, 537
fracture toughness tests **A20:** 540
Crack-tip plane strain
defined **A8:** 3, **A11:** 3
Crack-tip plastic deformation **A19:** 124
Crack-tip plastic zone **A19:** 118, 123, 130
Crack-tip plasticity **A20:** 534
Crack-tip shielding (closure) **A19:** 140, 195
Crack-tip strain rate **A19:** 194
Crack-tip stress **A19:** 462, 464, **A20:** 345
cleavage fracture **A19:** 46, 47
Crack-tip stress intensity factor **A20:** 633
Crack-tip stresses
and toughness **A11:** 48
by linear elastic fracture mechanics (LEFM) **A11:** 47
coordinate system for **A11:** 47
distribution for **A11:** 49
in a hole **A11:** 48
in plane strain. **A11:** 51
Crack-tip stress-intensity factor **A19:** 187
Crack-tip stress-intensity factor (K)
in fatigue-crack propagation **A11:** 103, 107
Crack-wake surface roughness **A19:** 57
Craig-Bampton modes **A20:** 172
Crane
hooks, magnetic particle inspection of . . . **A17:** 107, 112–113
overhead, magnetic particle inspection. . . . **A17:** 115
Crane and vehicle applications
high-strength low-alloy steels for **A1:** 419
Crane hooks
materials for **A11:** 522
Crane ladle *See also* Ladles
development of. **A15:** 33
early ladle movement by. **A15:** 27
jib, historic **A15:** 33
Cranes
and related members. **A11:** 525–528
-bridge wheel, fracture of **A11:** 527–528
brittle fracture of stop-block guide . . . **A11:** 526–527
electric overhead traveling **A14:** 63
failures of **A11:** 525–528
fatigue fracture of **A11:** 524–525
fatigue fracture of alloy steel lift pin from **A11:** 77
for explosive forming **A14:** 637
materials for **A11:** 515
steel drive axle wheel, fatigue fracture **A11:** 116–117
Cranfield test
comparison of fields of use, controllable variables, data type, equipment, and cost **A20:** 307
Crank
defined **A14:** 3
Crank and lever testing machine **A8:** 369–370
Crank presses **A14:** 3, 40
Crankcase
failed gray iron. **A11:** 362–365
Crankpin bearing *See* Big-end bearing
Crankshaft and camshaft sprocket gears **M7:** 617, 619
Crankshaft bearings **A18:** 559–561
Crankshaft drive
mechanical presses. **A14:** 493–494
Crankshaft lathes **A16:** 153
Crankshafts *See also* Shafts **A16:** 111
diesel-engine, fatigue failure from subsurface inclusions. **A11:** 323
ductile iron automotive, fatigue-fracture surface **A11:** 104
fatigue cracking from segregation of nonmetallic inclusions. **A11:** 477–478
fatigue failure analysis of **A11:** 123–125
fatigue failure from stress raisers. **A11:** 472
fatigue fracture, from metal spraying **A11:** 480
fatigue limits of. **M1:** 674
magnetic particle inspection methods. **A17:** 117
magnetizing **A17:** 94
main-bearing journals **A11:** 358–359
misalignment of **A11:** 475
residual stress, magabsorption measurement. **A17:** 157–158

Crater crack
definition **M6:** 4
Crater cracks
in weldments **A17:** 582, 585
liquid penetrant inspection **A17:** 86
Crater fill current
definition **M6:** 4
Crater fill time
definition **M6:** 4
Crater fill voltage
definition **M6:** 5
Crater filling **A6:** 747
Crater method **A7:** 300
Crater wall effects **EM3:** 241
Crater wear **A7:** 968, **A18:** 609, 610
as cemented carbide tool wear mechanism **A2:** 954
defined **A18:** 6
definition **A5:** 951
Cratering **EM3:** 9
as failure mechanism **EL1:** 1043
defined **EM2:** 12
definition **A5:** 951
of cermets **A2:** 979
TC **A16:** 74
titanium carbide for resistance to **M7:** 158
Cratering due to electrical arcing **A9:** 563
Craters *See also* Bubbles; Cavities **A6:** 703
definition **A6:** 1208, **M6:** 4
formed by liquid erosion **A11:** 165
in shielded metal arc welds **M6:** 93
Crawler tractor track pins, nitrided
wear of **M1:** 628, 630
Crawling
definition **A5:** 951
CRAY 2
immersion cooling of **EL1:** 49
Cray C90 supercomputer **A20:** 184
Craze cracking **A18:** 621–622
defined **A18:** 6
definition **A5:** 951
pumps **A18:** 595
Craze fibrils
defined **A11:** 760
Crazes, structure in glassy polymers
by SAXS/SANS/SAS **A10:** 402
Crazing *See also* Corrosion resistance; Crack, Stress; Crackling; Hairline craze; Star craze; Stress crack; Stress crazing **A19:** 7, 42, 52, 56, **EM3:** 9, 655, 683
as PTH failure mechanism **EL1:** 1025
as SCC **A11:** 451
brittleness testing **EM2:** 738–739
craze growth **EM2:** 737
defined **A13:** 4, **EM1:** 8, **EM2:** 12
definition **A5:** 951
ductile-brittle transition **EM2:** 735
effect on toughness **EM2:** 737
environmental effects **EM2:** 736
environmental stress **EM2:** 796–804
failure analysis of **EM2:** 734–740
formation **EM2:** 657
fracture toughness testing **EM2:** 739–740
in polymers **A11:** 759–760
in thin polystyrene film **A11:** 758
initiation criteria **EM2:** 736–737
of matrices **EM1:** 31
pattern, thermal fatigue of steel tube **A11:** 623
polymeric behavior **EM2:** 734
CRB-7
nominal composition **A18:** 726
CRC L-37 and CRC L-42
axle tests for EP agent performance **A18:** 101
CRC L-38 testing
oxidation inhibitors **A18:** 105
CRC L-60 test
oxidation inhibitors **A18:** 105
Cr-Cu (Phase Diagram) . . . . . **A3:** 2•152
Creams *See* Solder (-reams
Creams, topical
as bismuth application **A2:** 1256
Create by function process **A20:** 315, 316
Creative concept development **A20:** 39–48
applying creative concept generation in new product design **A20:** 47–48
attribute listing **A20:** 45
brainstorming **A20:** 44–45
breaking the product into subfunctional groups **A20:** 41–42
characteristics of vertical thinking and lateral thinking **A20:** 39
checklists **A20:** 42
conclusions **A20:** 48
condensed forced random stimulation worksheet **A20:** 43
creative concept generation tools **A20:** 42–47
creative problem solving process **A20:** 40–41
creative thinking **A20:** 39–40
creative thinking in design for assembly **A20:** 47–48
definition of creativity **A20:** 39–41
design for manufacture and assembly **A20:** 41
divergent thinking in manufacturing . . . **A20:** 47–48
forced random stimulation **A20:** 42–43
generalized flow chart for Creative Problem Solving (CPS) process **A20:** 40
group tools **A20:** 44–47
individual tools **A20:** 42–44
matrix analysis **A20:** 45–46
metaphors **A20:** 42
morphological analysis **A20:** 45–46
product improvement checklist (PICL) **A20:** 43–44
SCAMPER **A20:** 44–45
SCAMPER questions **A20:** 44
synectics **A20:** 46–47
transforming the product **A20:** 41
understanding the product problem **A20:** 41–42
Creative Problem Solving (CPS) process . . **A20:** 40–41, 44
Creative process
definition **A20:** 830
Creative thinking **A20:** 39–40
Creativity
defined **A20:** 39
Credibility
of corrosion test results **A13:** 316
Creel
defined **EM1:** 8, **EM2:** 12
Creel warp supply spools **EM1:** 127, 128
Creep *See also* Cold flow; Creep characteristics; Creep curve; Creep forming; Creep modulus; Creep properties; Creep rate; Creep recovery; Creep resistance; Creep rupture; Creep rupture properties; Creep rupture strength; Creep rupture testing; Creep strength; Creep testing; Creep-fatigue interaction; Deformation under load; Elevated-temperature properties; Elevated-temperature service; Flow; Plastic flow; Tensile creep; Yield . . . **A6:** 374, **A7:** 316–317, **A19:** 4, 5, 42, 476, **A20:** 344–345, 573–574, **EM3:** 9, 51–52, 353–359
activation energy vs. self-diffusion activation energy **A8:** 309
advanced aluminum MMCs **A7:** 849–850, 851
analysis, matrix for **A8:** 685–686
and creep rupture, forms **EM2:** 672–673
and prediction of deformation under load **EM2:** 673–678
and relaxation, compared **A11:** 542
and rupture relationship, with STAMP process **M7:** 549
and stress relaxation **A8:** 306–307, **A11:** 144, **EM2:** 659–678
and stress-rupture failures **A11:** 29
and uniform loading **EM2:** 660
and viscoelasticity **EM2:** 414
as crack propagation **A17:** 54
as joint design factor **EM3:** 43
as solder joint failure mechanism **EL1:** 1031
as time-dependent plastic distortion **A11:** 75
as time-temperature relation in polymers **EM3:** 421
ASTM test methods **EM2:** 334
at application temperature, plastics **EM2:** 1
behavior, negative **A8:** 331
-brittle materials **A8:** 344
bulk specimen behavior **EM3:** 364–365
classical behavior **A1:** 629
compliance **EM3:** 367–368
compliance and relaxation modulus, as viscoelasticity **EM1:** 190–191
components of **A8:** 301
constants as function of stress **A8:** 318–319
crack formation, schematic **A17:** 55
crack growth, fracture mechanics of **A11:** 52
crack growth, P/M superalloys **A13:** 838
crack propagation, austenitic stainless steels **A12:** 354
cracking, elastic-plastic fracture mechanics (EPFM) for **A11:** 47
creep damage in superalloys **M3:** 225–226
creep strain/time relationships **A8:** 686
curves **A8:** 304–305, 308–309
cyclic **A8:** 353–354
damage **A8:** 337–339, 344, **A11:** 290, 605, **A17:** 54–55
damage, as indicator of fracture mode . . **A12:** 62–63
data analysis **A8:** 685–694
data, analysis of **EM2:** 667–672
data presentation **A8:** 303–305, 315
data, thermoplastic resins **EM2:** 621
defects, from stress and thermal load **A17:** 54
defined . . . **A8:** 3, 301, **A11:** 3, **A13:** 4, **EM1:** 8, 190, **EM2:** 12
definition **A20:** 830
definition of **A1:** 622, 927, 932
deformation **A8:** 306, 308–310, 331, **M7:** 664
deformation and intergranular cracking **A11:** 29
design for heat treatment **A20:** 775
design of overlap to prevent **EM3:** 474
dislocation, mechanisms of **A8:** 309–310
distortion failure from **A11:** 138
ductility, data analyses of **A8:** 693
ductility, in steels **A11:** 98
effect on fracture **A12:** 59
electronic applications **A20:** 619
elevated temperature **A8:** 302
embrittlement, in steels **A11:** 98
embrittlement, of chromium-molybdenum steels **A12:** 124
embrittlement, petroleum refining and petrochemical operations **A13:** 1265
equations **A8:** 686–689
experiments **A8:** 302–303
failure **A11:** 406–407, 610–612
failure analysis of **EM2:** 728–730
failure, ASTM/ASME alloy steels **A12:** 346
failure, by wedge cracking **A12:** 364
failures **EL1:** 56, 632
-fatigue interaction **A8:** 346–360
fatigue interaction, in elevated-temperature failures **A11:** 266
fatigue life prediction by **A12:** 123
fissures, ultrasonic inspection **A17:** 652
fissuring **A11:** 272
fits to experimental curves **A8:** 688
fractures, identification chart for **A11:** 80
full densification of powder compact by . . . **M7:** 502
general behavior during **A8:** 301
in elevated-temperature failures **A11:** 263–264
in heat-resistant alloys **A1:** 920, 924, 927, **A15:** 729
in nickel-base alloy, cracking from **A11:** 284
in nickel-base superalloys **A19:** 863–865
in plastics, end-use application **A20:** 802
in pressure vessels **A11:** 666–668
in shafts **A11:** 459, 467
in shear/compression, polyether sulfones (PES, PESV) **EM2:** 161
in superalloys **A8:** 331, **M7:** 473, 652
in tension, polyether sulfones (PES, PESV) **EM2:** 160–161
in thermoplastic fluoropolymers **EM2:** 118–119
-induced failure, boiler plate **A11:** 30
interaction with fatigue **M3:** 234–235
Kevlar aramid fibers **EM1:** 55
life, and ductility, effect of multiaxial stresses **A8:** 343
life dependence on deformation and fracture **A8:** 344
logarithmic **A8:** 308
low-temperature/high-temperature **A8:** 301
matrix **A12:** 349
measurement **A8:** 339
measurement device **EM3:** 665
methods for fracture mode identification . . **A19:** 44
microstructural crystallinity **EM3:** 411
microstructure during **A8:** 305–306
microvoid linking by **A12:** 364
models of **EM2:** 659–666
modified **A11:** 264
moisture effects **EM2:** 763–765

Creep (continued)
Nicalon . . . **EM1:** 64
nonclassical behavior . . . **A8:** 331–332
of cast stainless steels . . . **A1:** 920, 924, 927
of gray iron . . . **A1:** 27, 102
of thermoplastics . . . **EM1:** 97, 100, 293
of wrought stainless steels . . . **A1:** 932
para-aramid fibers . . . **EM1:** 55
parameters . . . **A8:** 689–690
plastics . . . **A20:** 641–642
power law . . . **A8:** 303–304, 310
primary and tertiary . . . **A8:** 308, **A11:** 263, 264
primary, defined . . . **A11:** 8
properties of niobium alloys . . . **M7:** 772
pure titanium . . . **A2:** 596
rate . . . **A11:** 3, 264
rate of, defined . . . **EM1:** 8, **EM2:** 12
rate, zirconium alloys . . . **A2:** 668
relationship to material properties . . . **A20:** 246
relationship with hardness . . . **A1:** 640
relaxation . . . **A8:** 347
resistance . . . **A11:** 131, **M7:** 144, 439
resistance, of nickel alloys . . . **A2:** 429
rotational, in rolling-element bearings . . . **A11:** 492, 496
rupture, defined . . . **A12:** 18–20
-rupture embrittlement . . . **A12:** 123–124
-rupture embrittlement, defined . . . **A13:** 4
rupture strength, defined . . . **A11:** 3, **A13:** 4
schematic of . . . **A8:** 301
secondary . . . **A11:** 263
stages . . . **A8:** 311, 331, **A12:** 19, 25
stages of . . . **A11:** 264
steam equipment failure by . . . **A11:** 602
step excitation test methods . . . **EM2:** 549–551
strain . . . **A8:** 337
strain, defined . . . **A11:** 3
strain/time relationships . . . **A8:** 686–687, 691
strength, defined . . . **A11:** 3
strength for steels . . . **A8:** 330
strength, of boiler tubes . . . **A11:** 603
stress, defined . . . **A11:** 3
tertiary . . . **A11:** 263–264
test planning for . . . **A8:** 685
transient . . . **A8:** 308
testing, spin-test rig and pit for . . . **A11:** 280
tests . . . **EM2:** 334, 435, 549–551
tests, for high-temperature effects . . . **A12:** 121
tests, medium-density polyethylene . . . **A12:** 480
thermal . . . **EL1:** 56
thermoplastics compared to epoxies . . . **EM3:** 98
tungsten-reinforced MMCs . . . **EM1:** 880–881
ultrahigh molecular weight polyethylenes (UHMWPE) . . . **EM2:** 169
uniaxial tensile . . . **EM2:** 666–667
voids, in steam tube walls . . . **A11:** 605
Creep behavior *See also* Elevated-temperature properties, Stress rupture properties
alloy cast irons . . . **M1:** 92–93
constructional steels for elevated temperature use . . . **M1:** 640, 642–647, 649, 650, 655–656
ductile iron . . . **M1:** 47, 48, 49
gray cast iron . . . **M1:** 26, 27
Creep cavitation concepts . . . **A19:** 512
Creep characteristics
commercially pure tin . . . **A2:** 518
lead alloys . . . **A2:** 551
Creep compliance . . . **EM3:** 318
Creep compliance (*J*) . . . **A20:** 642
Creep crack growth . . . **A19:** 478–479
Creep curve . . . **A8:** 304–305, 308–309
and temperature and stress effect . . . **A8:** 318–319
constant-stress, austenitic stainless steel . . . **A8:** 320–321
creep stages . . . **A8:** 311
effect of oxide strengthening . . . **A8:** 332
for constant-load test . . . **A8:** 311
for constant-stress test . . . **A8:** 311
of alloy 2V tested in argon and air . . . **A8:** 332
of chromium-molybdenum steel with nonclassical early stage . . . **A8:** 331
Creep damage **A8:** 337–339, 344, **A19:** 534, 537, 543, **A20:** 584
Creep deformation . . . **A8:** 139–310, 306, 331
Creep deformation zone . . . **A19:** 508–509
Creep embrittlement . . . **A12:** 123–124
and elevated-temperature service . . . **A1:** 626
Creep forming
of titanium alloys . . . **A14:** 846–847
Creep law . . . **A7:** 602
Creep life assessment . . . **A19:** 477
Creep (microslip)
defined . . . **A18:** 6
Creep modulus
apparent, phenolics . . . **EM2:** 244
determination . . . **EM2:** 75
Creep properties
sand cast magnesium alloys . . . **A2:** 496–516
wrought magnesium alloy . . . **A2:** 485
Creep rate . . . **A8:** 3, **A20:** 344
curve . . . **A8:** 308
dependence on stress and temperature . . . **A8:** 302, 308
equivalent, in tensile and compressive directions . . . **A8:** 343
ferritic steels . . . **A8:** 331
measurement, after service . . . **A8:** 339
minimum, effect of frequency on . . . **A8:** 347
-time curve, for silver-lead alloy cable sheath . . . **A8:** 321, 323
Creep ratio *See also* Creep
defined . . . **A18:** 6
Creep recovery . . . **A20:** 575, **EM3:** 9
defined . . . **A8:** 3, **EM2:** 12
polyether sulfones (PES, PESV) . . . **EM2:** 161
Creep regression constants . . . **A19:** 508
Creep resistance
allyls (DAP, DAIP) . . . **EM2:** 227
of acetals . . . **EM2:** 100
phenolics . . . **EM2:** 244
polyether sulfones (PES, PESV) . . . **EM2:** 160
Creep resistance in tungsten alloys
effect of doping on . . . **A9:** 442
Creep rupture *See also* Creep-rupture properties; Mechanical properties . . . **A20:** 634–635
aluminum casting alloys . . . **A2:** 153–177
analysis, by computer . . . **A8:** 690
characteristics, cast copper alloys . . . **A2:** 366, 368–369, 375–376, 383, 386, 389
creep strain/time relationships . . . **A8:** 686
damage, by cyclic stress . . . **A8:** 354–355
data analysis . . . **A8:** 329–330, 685–694, **EM2:** 668–670
data extrapolation . . . **A8:** 332–337
definition . . . **A20:** 830
equations for . . . **A8:** 686–689
forms . . . **EM2:** 672–673
influence of multiaxial stressing on . . . **A8:** 343–345
life, static, prior fatigue effect on . . . **A8:** 353, 355
mixed criteria . . . **A8:** 344
phases . . . **A8:** 344
properties . . . **A8:** 329–342
scatter . . . **A8:** 329–330
step excitation . . . **EM2:** 552–553
strength . . . **A8:** 317, 319
testing . . . **A8:** 301–306, 334–337, 685
white metal . . . **A2:** 525
wrought aluminum and aluminum alloys . . . **A2:** 74–79, 81, 88, 113, 119, 122
Creep rupture fife . . . **A19:** 477–478
Creep rupture, in stainless steels
ultrasonic inspection . . . **A17:** 650–652
Creep rupture strength
defined . . . **EM2:** 12
plastic . . . **EM2:** 75
Creep rupture(s)
defined . . . **A12:** 18–20
embrittlement, interpreting . . . **A12:** 123–124
high-purity copper . . . **A12:** 399
intergranular, austenitic stainless steels . . . **A12:** 364
strain rates for . . . **A12:** 31
superalloys . . . **A12:** 389, 393, 395
Creep strain . . . **A8:** 3, 337, **A20:** 344
Creep strain rate
equation . . . **A19:** 548
Creep strength . . . **A6:** 374
cast copper alloys . . . **A2:** 364
chromium and molybdenum, effect of . . . **A1:** 643
compared with hardness . . . **A1:** 640
defined . . . **A8:** 3
effects of chromium on . . . **A1:** 643
maximum-use temperatures based on . . . **A1:** 617
of $2^1/_4$Cr-1Mo steel . . . **A1:** 635, 636, 647
of carbon steel . . . **A1:** 629
of chromium-molybdenum steels **A1:** 620, 623, 629
of ductile iron . . . **A1:** 48, 49, 50
of wrought stainless steels . . . **A1:** 932–933
wrought titanium alloys . . . **A2:** 626
Creep strength of iron-chromium-nickel heat-resistant casting alloys
influence of microstructure . . . **A9:** 333
Creep strengthening
effect of segregation in . . . **A10:** 598
Creep stress
defined . . . **A8:** 3
Creep test . . . **A20:** 344
Creep testing . . . **A8:** 3, 311–328, **EM3:** 316–318, 319
closed-loop servomechanical system . . . **A8:** 396
constant-load . . . **A8:** 313–318
constant-stress . . . **A8:** 318–321
design and analysis of adhesive bonding **EM3:** 467, 468
equipment . . . **A8:** 311–313
polybenzimidazoles . . . **EM3:** 170
specimen, thermocouple . . . **A8:** 312–313
step-down . . . **A8:** 324
strain rate ranges for . . . **A8:** 40
temperature control and measurement in furnace . . . **A8:** 312–313
torsional . . . **A8:** 147
vibration and shock load effect . . . **A8:** 312
Creep testing equipment . . . **A8:** 311–313
Creep tests . . . **A7:** 849, **A19:** 521, 527, 535, **EM4:** 36
constructional steels for elevated temperature use . . . **M1:** 640, 642
malleable cast irons . . . **M1:** 66, 72
Creep theory . . . **EM4:** 189
Creep zone size . . . **A19:** 511, 512, 521
Creep-fatigue behavior
duplex stainless steels . . . **A19:** 767
Creep-fatigue crack growth (CFCG) . . . **A19:** 507
Creep-fatigue crack growth test . . . **A19:** 513
Creep-fatigue interaction . . . **A8:** 346–360
10% rule . . . **A8:** 354
and chromium-molybdenum steels . . . **A1:** 625, 632, 633
and wrought stainless steels . . . **A1:** 934–935
damage rate analysis . . . **A8:** 358
diagrams . . . **A8:** 355–356
effect of ductility on . . . **A1:** 633, 935
effects . . . **A8:** 346–354
fractional damage equation . . . **A8:** 355–356
frequency effect . . . **A8:** 346–347
frequency-modified fatigue equation . . **A8:** 356–357
historical perspective . . . **A8:** 346
hold periods . . . **A8:** 346–347
linear damage rule . . . **A8:** 355
material behavior in . . . **A8:** 357
partitioned strain range/cycles to failure in **A8:** 357
plastic-strain fatigue resistance of stainless steel . . . **A8:** 348
plot for hold-time data . . . **A8:** 355–356
prediction techniques . . . **A8:** 354–358
strain-range partitioning . . . **A8:** 357–358
tensile hysteresis energy approach . . . **A8:** 358
test environment effect on . . . **A8:** 354

SUBJECTS OF THE INDEXED VOLUMES: ASM Handbook (designated by the letter "A"): **A1:** Properties and Selection: Irons, Steels, and High-Performance Alloys (1990); **A2:** Properties and Selection: Nonferrous Alloys and Special-Purpose Materials (1990); **A3:** Alloy Phase Diagrams (1992); **A4:** Heat Treating (1991); **A5:** Surface Engineering (1994); **A6:** Welding, Brazing, and Soldering (1993); **A7:** Powder Metal Technologies and Applications (1998); **A8:** Mechanical Testing (1985); **A9:** Metallography and Microstructures (1985); **A10:** Materials Characterization (1986); **A11:** Failure Analysis and Prevention (1986); **A12:** Fractography (1987); **A13:** Corrosion (1987); **A14:** Forming and Forging (1988); **A15:** Casting (1988); **A16:** Machining (1989); **A17:** Nondestructive Evaluation and Quality Control (1989); **A18:** Friction, Lubrication, and Wear Technology (1992); **A19:** Fatigue and Fracture (1996); **A20:** Materials Selection and Design (1997). **Metals Handbook, 9th Edition** (designated by the letter "M"): **M1:** Properties and Selection: Irons and Steels (1978); **M2:** Properties and Selection: Nonferrous Alloys and Pure Metals (1979); **M3:** Properties and Selection: Stainless Steels, Tool Materials, and Special-Purpose Materials (1980); **M4:** Heat Treating (1981); **M5:** Surface Cleaning, Finishing, and Coating (1982); **M6:** Welding, Brazing, and Soldering (1983); **M7:** Powder Metallurgy (1984). **Engineered Materials Handbook** (designated by the letters "EM"): **EM1:** Composites (1987); **EM2:** Engineering Plastics (1988); **EM3:** Adhesives and Sealants (1990); **EM4:** Ceramics and Glasses (1991). **Electronic Materials Handbook** (designated by the letters "EL"): **EL1:** Packaging (1989)

t-n diagram analysis . . . A8: 358
under mean load and high temperatures . . . A8: 254
wrought titanium alloys . . . A2: 626–627
Creep-fatigue interactions . . . A19: 22
Creep-feed grinding . . . A16: 443–444
definition . . . A5: 951
Creep-feed grinding (CFG)
ceramics and wear studies . . . A18: 409, 410
Creeping-spindle swaging . . . A14: 131
Creep-rate exponent . . . A19: 522
Creep-resistant steels
reheat cracking . . . A6: 92
Creep-rupture data extrapolation . . . A8: 332–337
Creep-rupture properties
assessment and use of . . . A8: 329–342
estimation of required properties from insufficient data . . . A8: 335–337
evaluating creep damage and remaining service life . . . A8: 337–339
extrapolation procedures . . . A8: 332–335
interpolation procedures . . . A8: 332–335
measuring rupture properties after service . . . A8: 338
Monkman-Grant relationship . . . A8: 335–337
nonclassical creep behavior . . . A8: 331–332
planning a test program . . . A8: 339–340
scatter . . . A8: 329–330
Creep-rupture strength *See also* Stress rupture . . . EM3: 9
austenitic stainless steels . . . A1: 934
304 stainless steel . . . A1: 622
effect of solution annealing temperature on . . . A1: 945
carbon steel . . . A1: 629
chromium-molybdenum steels . . . A1: 622
chromium-molybdenum-vanadium steels . . . A1: 619
defined . . . A8: 3
effect of heat treatment on
2¼Cr-1 Mo . . . A1: 641, 642
austenitic stainless steel . . . A1: 945
effect of microstructure on . . . A1: 638
effect of spheroidization on . . . A1: 644
ferritic steels . . . A1: 622, 939, 941
maximum-use temperatures based on . . . A1: 617
of 1Cr-1Mo-0.25V steel . . . A1: 629
of 2¼Cr-1Mo steel . . . A1: 622, 623, 636, 647
of 9Cr-1Mo steel . . . A1: 622, 623
Creep-rupture strength, of iron-chromium-nickel heat-resistant casting alloys
influence of microstructure . . . A9: 333
Creep-rupture testing . . . A8: 3, 301–306, 334–337
Creosote
chemicals successfully stored in galvanized containers . . . A5: 364
copper/copper alloy resistance . . . A13: 631
Crescent crack
definition . . . EM4: 632
Crescents *See* Beach marks
Cresol
maximum concentration for the toxicity characteristic, hazardous waste . . . A5: 159
m-cresol, hazardous air pollutant regulated by the Clean Air Amendments of 1990 A5: 159, 913
o-cresol, hazardous air pollutant regulated by the Clean Air Amendments of 1990 A5: 159, 913
p-cresol, hazardous air pollutant regulated by the Clean Air Amendments of 1990 A5: 159, 913
Cresol novolacs . . . EM3: 96, 594, 595
as epoxy resins . . . EL1: 826–827
epoxidized . . . EM3: 94
Cresol resins . . . EM3: 105
Cresol-base epoxy-novolac resins . . . EM3: 104
suppliers . . . EM3: 104
Cresols . . . EM3: 103
Cresols/cresylic acid (isomers and mixture)
hazardous air pollutant regulated by the Clean Air Amendments of 1990 . . . A5: 913
Cretaceous-Tertiary boundary
iridium determined by NAA at . . . A10: 240–241
Creusot-Loire system . . . A4: 645
Crevice corrosion *See also* Cavitation erosion; Concentration-cell corrosion; Corrosion; Crevice corrosion evaluation; Pitting corrosion . . . A7: 978, 983, 984, A13: 108–113, A19: 206, 207, 471, A20: 556, 558, 562, 563, M5: 432–433
aircraft . . . A13: 1025–1026
and design . . . A13: 339
and stress corrosion cracking . . . A8: 500
as type of corrosion . . . A19: 561
assembled test specimen . . . A13: 564
austenitic stainless steel weldments . . A13: 348–349
austenitic stainless steels . . . A6: 467
automotive industry . . . A13: 1011
by dirt in river water . . . A11: 633
cast irons . . . A13: 568
characteristics of . . . A11: 632
coupons . . . A13: 198
crevice geometry . . . A13: 111–112
defined . . . A11: 3, A13: 4, 303
definition . . . A5: 951
electrochemical testing methods . . . A13: 216–217
evaluation of . . . A13: 303–310
in brazed joints . . . A11: 451
in brazing . . . A13: 877
in chloride-containing natural waters . . . A13: 112
in copper/copper alloys . . . A13: 612–613
in manned spacecraft . . . A13: 1080–1082
in marine atmospheres . . . A13: 112
in mining/mill applications . . . A13: 1295
in seawater . . . A13: 108–112
in threaded fasteners . . . A11: 535
in titanium . . . A11: 202
in titanium/titanium alloys A13: 672–673, 681–683
in water, heat exchangers . . . A11: 631–632
in zirconium/zirconium alloys . . . A13: 717
indexes, stainless steels . . . A13: 556
initiation . . . A13: 305–309
material selection to avoid/minimize . . . A13: 323
mechanisms . . . A13: 100, 1012
of metal surfaces . . . A11: 183–184
of stainless steels . . . A13: 303, 465, 554
of tubing in hydraulic-oil cooler . . . A11: 632–633
oil/gas production . . . A13: 1234
paper machine . . . A13: 1189–1190
phases, defined . . . A13: 303
pitting, stainless steel bubble caps . . . A11: 183
porous materials . . . A7: 1039
prevention . . . A13: 112–113
propagation . . . A13: 308
resistance, amorphous metals . . . A13: 868
resistance, casting alloys . . . A13: 582
resistance, titanium/titanium alloys . . A13: 694–696
space shuttle orbiter . . . A13: 1069
stainless steel powders . . . A7: 988, 991, 995–997
steam surface condensers . . . A13: 987–988
tubesheet annular . . . A13: 944
under residual slag . . . A13: 349
water-recirculating systems . . . A13: 488
Crevice corrosion evaluation *See also* Crevice corrosion . . . A13: 303–310
aspects/guidelines . . . A13: 303
electrochemical tests . . . A13: 308–309
ferric chloride tests . . . A13: 304
immersion tests . . . A13: 303–308
Materials Technology Institute tests . . A13: 304–305
multiple-crevice assembly testing . . . A13: 305–308
spool specimen test racks . . . A13: 304
Crevices . . . A13: 111–112, 303
Cr-Fe (Phase Diagram) . . . A3: 2•152
Cr-Fe-Mo (Phase Diagram) . . . A3: 3•42
Cr-Fe-N (Phase Diagram) . . . A3: 3•43
Cr-Fe-Ni (Phase Diagram) . . . A3: 3•43–3•44
Cr-Fe-W (Phase Diagram) . . . A3: 3•45
Cr-Ga (Phase Diagram) . . . A3: 2•153
Cr-Ge (Phase Diagram) . . . A3: 2•153
Cr-Hf (Phase Diagram) . . . A3: 2•153
Crimp
defined . . . EM1: 8, EM2: 12
Crimped wire radial brushes . . . M5: 151–152
Crimping *See also* Corrugating
defined . . . A14: 3
steel wire fabrication . . . M1: 587–588
wrought aluminum alloy . . . A2: 36
Crimping assembly
furnace brazing of steels . . . M6: 940
C-ring, aluminum alloy
fracture of . . . A11: 78, 79
C-ring specimens . . . A19: 499
SCC testing . . . A13: 249
Cr-Ir (Phase Diagram) . . . A3: 2•154
Cristobalite
as quartz transition . . . A15: 208
chemical system . . . EM4: 870–871
crystal structure . . . EM4: 879–880, 881
framework structure . . . EM4: 759
in glass-ceramics . . . EM4: 1102
result of pyrophyllite phase transformation . . . EM4: 761
thermal expansion coefficients . . . EM4: 499
Criterion function . . . A20: 12
definition . . . A20: 830
Critical angle for jetting . . . A6: 162
Critical anodic current density
defined . . . A13: 4
Critical aspect ratio for fibers . . . A7: 629
Critical contact angle
liquid impact erosion . . . A18: 224
Critical cooling rate
defined . . . A9: 4
Critical crack (a_{cu}) . . . A19: 416
Critical crack in emergency conditions (a_{ce}) . . A19: 416
Critical crack sizes . . . A19: 476–477
Critical crevice temperature
cast/wrought alloys . . . A13: 581
Critical current density *See also* Current density . . . A7: 373, 985, 986, 988
definition . . . A5: 951
in A15 superconductors . . . A2: 1063–1064
ternary molybdenum chalcogenides (chevrel phases) . . . A2: 1079
Critical curve
defined . . . A9: 5
Critical damping . . . EM3: 9
defined . . . EM2: 12
Critical defect size . . . A19: 465, A20: 626
Critical diameter . . . M1: 474, 476
Critical dimension
defined . . . A15: 4
Critical effective stress distribution . . . A20: 634
Critical failure load . . . A18: 491, 492
Critical far-field normal stress . . . A20: 626
Critical fiber length . . . EM3: 368, 396, 397–398
defined . . . EM1: 119
Critical fiber length (L_c) . . . A7: 629
Critical film thickness . . . A18: 63
Critical flaw dimension (a_c) . . . A19: 435
Critical flaw size
defined . . . A13: 4
Critical flow transition velocity . . . A6: 162
Critical fracture strain . . . A19: 385
Critical heat input index . . . A6: 1100
Critical humidity
defined . . . A13: 4
Critical illumination
defined . . . A9: 5
Critical laminate strain
determining . . . EM1: 242
Critical length
defined . . . EM1: 8, EM2: 12
Critical load . . . A18: 491
Critical load effect . . . A18: 423
Critical longitudinal stress
defined . . . EM1: 8, EM2: 12
Critical maximum stress intensity (K* max) . . . A19: 58–59
Critical micelle concentration . . . A10: 118, 671, 690
Critical normal force . . . A18: 434–435, 436
Critical ordering temperature
ordered intermetallics . . . A2: 913–914
Critical parameter drawing . . . A20: 64
Critical parts analysis and class
MECSIP Task II, design information . . . A19: 587
Critical path method (CPM) chart . . . A19: 583
Critical pigment volume concentration (CPVC)
CPVC piping, electroless nickel plating . . . A5: 303
CPVC valves, electroless nickel plating . . . A5: 303
definition . . . A5: 952
Critical pitting potential
defined . . . A13: 4
Critical pitting temperature (CPT) . . . A6: 697
Critical plane approaches . . . A20: 522
Critical plane methods . . . A19: 268–270
Critical plane theories . . . A19: 265–266
Critical plane-strain fracture toughness . . . A19: 23
Critical point . . . A3: 1•2
defined . . . A9: 5
Critical pressure
defined . . . A9: 5
Critical quality test
after etching . . . EL1: 872

Critical rake angle
defined A9: 5
Critical rate of strain energy released during unstable crack extension (G_c) A19: 381
Critical relative humidity
defined A13: 82
Critical resolution point *See also* Fractal plot A12: 211
Critical rotational speed of the mill A7: 61
Critical sliding velocity
ceramics A18: 814
Critical speed of the mill A7: 61
Critical state A7: 25
Critical state line A7: 24, 25
Critical state theory (Schofield and Wroth) EM4: 274
Critical strain
defined A9: 5, EM1: 8, EM2: 12
in recrystallization A9: 696
Critical strain energy release rate (G_c) A19: 6, 47, 388
Critical strain rate A8: 519
Critical strain rate, regimes
SCC A13: 262
Critical stress A20: 533
Critical stress intensity factor A20: 622, 633, 634, EM1: 255–256, M7: 3
cemented carbides A16: 78–79
Critical stress intensity for static failure A19: 67
Critical stress-intensity (ΔK^*_{th}) A19: 58–59
Critical stress-intensity factor A18: 421, EM4: 36
effects of thickness on A11: 54
Critical stress-intensity factor (K_c) A19: 371, 463
Critical structural component A19: 581
Critical surface
defined A9: 5
Critical surface tensions EM3: 180
Critical temperature A6: 375
defined A9: 5
Critical temperatures A1: 115–116, 126–127, 130
Critical unloading slope ratio (r_c) A19: 403
Critical-damage curves A19: 106
Criticality A20: 140
materials selection A20: 250
Criticality analysis (CrA) A20: 118
Critical-point phenomena
Mössbauer analysis of A10: 287
Cr-Lu (Phase Diagram) . . . . . A3: 2•154
Cr-Mn (Phase Diagram) . . . . . A3: 2•154
Cr-Mo (Phase Diagram) . . . . . A3: 2•155
Cr-Mo-Ni (Phase Diagram) . . . . . A3: 3•45
Cr-Mo-V steel, nitrided
torsional fatigue strength M1: 541
Cr-Mo-W (Phase Diagram) . . . . . A3: 3•46
Cr-Nb (Phase Diagram) . . . . . A3: 2•155
Cr-Nb-Ni (Phase Diagram) . . . . . A3: 3•46–3•47
Cr-Nb-W (Phase Diagram) . . . . . A3: 3•47
Cr-Ni (Phase Diagram) . . . . . A3: 2•155
Cr-Ni-Ti (Phase Diagram) . . . . . A3: 3•47–3•48
Cr-Ni-W (Phase Diagram) . . . . . A3: 3•48
CRO *See* Cathode-ray oscilloscope
Cr-O (Phase Diagram) . . . . . A3: 2•156
Crochet's delayed failure equation EM3: 354–359, 365
Crocus (iron oxide)
natural abrasive A16: 434
Croning process *See also* Shell molding process
defined A15: 4
organic binders A15: 35
Cr-Os (Phase Diagram) . . . . . A3: 2•156
Cross correlation method A5: 651
Cross direction *See* Transverse direction
Cross drilling
in conjunction with turning A16: 135
Cross fittings
use in pipe welding M6: 591
Cross laminate *See also* Laminate(s); Parallel laminate EM3: 9
defined EM2: 12
Cross laminates, under fatigue loading
axial cracking in A8: 714
Cross linking A20: 445, 446, 448, 450, EM3: 9
between molecules EM2: 58–59
defined EM2: 12
definition A20: 830
in polyurethanes (PUR) EM2: 257
in thermoset resins EM2: 626–627
microstructural analysis EM3: 412–413
polyaramid EM3: 286
polyimides EM3: 154, 155
related to glass transition temperature . . . EM3: 320
ultrahigh molecular weight polyethylenes (UHMWPE) EM2: 170
Cross rolling
defined A9: 5
definition A5: 952
in bulk deformation processes classification scheme A20: 691
Cross section
as plating thickness inspection EL1: 943
Cross sectional area of scar
symbol for A20: 606
Cross talk
among coupled transmission lines EL1: 35–37
as design consideration EL1: 518–519
coplanar backward EL1: 83–84
data rate effect EL1: 7
defined EL1: 34, 417, 603–604
in preheating process, wave soldering EL1: 686
in signal transmission EL1: 172
in VHSIC technology EL1: 76
near-end, defined EL1: 36
optical interconnections EL1: 9, 16
Cross talk noise *See* Cross talk
Cross wire weld
definition M6: 5
Cross wire welding of
aluminum alloys M6: 543
copper M6: 518
low-carbon steel M6: 518
nickel-based alloys M6: 518
stainless steel M6: 518, 531–532
Cross wire welding, projection welding . . M6: 517–519
electrode design M6: 518
electrode force M6: 518
metals welded M6: 518
weld time M6: 518
welding current M6: 518
Cross-check defect
precipitation-hardening stainless steels A12: 374
Cross-checking A18: 654
Crosscutting
waterjet machining A16: 525–526
Crossed-axes helical gears
described A11: 586
Crossed-cylinder apparatus A18: 400
Crossed-cylinder wear test . . . A7: 787, 788, 794, 795, 799
Crossed-field amplifier (CFA)
microwave inspection A17: 209
Crossed-polarized light in optical microscopy . . A9: 72
Crossflow air classifier A7: 212–213
Cross-flow blenders M7: 189
Crossflow elbow classifier A7: 212–213
Crossflow nebulizers
for analytic ICP systems A10: 34–35
Cross-functional design teams A20: 49–53
background: the changing role of product design and development in industry A20: 49
balancing team needs with the specialists needs A20: 53
candidate organizational forms A20: 51–52
conclusions A20: 53
electronic team linkages vs. co-location A20: 52
emphasis on productivity and responsiveness A20: 49
full-time end-to-end involvement A20: 52
growing importance of new products A20: 49
organizing a development team A20: 51–53
power and difficulties of co-location A20: 52
role of rewards and other motivators . . . A20: 52–53
selecting the best form for a project A20: 52
special characteristics of cross-functional development teams A20: 49–50
specialist's role on a development team A20: 53
staffing a development team A20: 50–51
teams and meetings A20: 49
types of teams A20: 49–50
Cross-functional team
definition A20: 830
Crosshead
displacement, defined as relative displacement A8: 41, 45
displacement, strain measurement based on A8: 35
movement, in conventional load frames . . . A8: 192
specific rate of A8: 41
speed A8: 39, 43–44
with drop tower compression system A8: 196
Crossheading, plastics
in extrusion EM2: 383
Cross-jet atomization
tin powders A7: 146
Cross-jet atomization for tin powders M7: 123
Crosslink
of UV conformal coatings EL1: 786
Cross-linked polyethylene (XLPE) insulation
for copper and copper alloy products A2: 258
Cross-linked polyimides EM1: 78
Cross-linked polymers
formation/application EM1: 752
Cross-linked rubber
ductility dependence on strain rate for . . A8: 39, 43
Cross-linked thermosetting coatings A13: 406–410
Cross-linking
defined EM1: 8
degree of, defined EM1: 8
in thermoplastic matrices EM1: 33
of polyester resins EM1: 90
of resin cure, filament winding EM1: 135
Crossovers
devitrifying dielectrics for EL1: 109
dielectrics, thick-film EL1: 341–342
flexible printed boards EL1: 586
Cross-plied tapes *See also* Multidirectional type prepregs
properties EM1: 147
Cross-ply laminate *See also* Laminate(s)
defined EM1: 8, EM2: 12
Cross-section transmission electron microscopy
capabilities A10: 628
Cross-sectional area
defined A15: 4
Cross-slip A19: 64, 77–78, 83, 97–98, 100, 102, 111
grain size effect on fatigue crack growth . . A19: 189
in pure metals A19: 77
Cross-slip of dislocations
and formation of cell walls A9: 693
Crosstalk A20: 618
Crosstalk, detector
defined A17: 383
Cross-travel shaft
fatigue fracture of A11: 525
Crosswise direction EM3: 9
defined EM1: 8, EM2: 12
Crowdion diffusion A13: 68
Crowfoot
defined EM2: 12
Crowfoot satin *See* Four-harness satin
Crowfoot satin weave *See* Satin (crowfoot) weave
Crowfoot weave *See* Satin (crowfoot) weave
Crown
defined A14: 3
interference microscope measurement A17: 17
Crown (dental) alloys
of precious metals A2: 696
Crown glass process EM4: 395

SUBJECTS OF THE INDEXED VOLUMES: ASM Handbook (designated by the letter "A"): **A1:** Properties and Selection: Irons, Steels, and High-Performance Alloys (1990); **A2:** Properties and Selection: Nonferrous Alloys and Special-Purpose Materials (1990); **A3:** Alloy Phase Diagrams (1992); **A4:** Heat Treating (1991); **A5:** Surface Engineering (1994); **A6:** Welding, Brazing, and Soldering (1993); **A7:** Powder Metal Technologies and Applications (1998); **A8:** Mechanical Testing (1985); **A9:** Metallography and Microstructures (1985); **A10:** Materials Characterization (1986); **A11:** Failure Analysis and Prevention (1986); **A12:** Fractography (1987); **A13:** Corrosion (1987); **A14:** Forming and Forging (1988); **A15:** Casting (1988); **A16:** Machining (1989); **A17:** Nondestructive Evaluation and Quality Control (1989); **A18:** Friction, Lubrication, and Wear Technology (1992); **A19:** Fatigue and Fracture (1996); **A20:** Materials Selection and Design (1997). **Metals Handbook, 9th Edition** (designated by the letter "M"): **M1:** Properties and Selection: Irons and Steels (1978); **M2:** Properties and Selection: Nonferrous Alloys and Pure Metals (1979); **M3:** Properties and Selection: Stainless Steels, Tool Materials, and Special-Purpose Materials (1980); **M4:** Heat Treating (1981); **M5:** Surface Cleaning, Finishing, and Coating (1982); **M6:** Welding, Brazing, and Soldering (1983); **M7:** Powder Metallurgy (1984). **Engineered Materials Handbook** (designated by the letters "EM"): **EM1:** Composites (1987); **EM2:** Engineering Plastics (1988); **EM3:** Adhesives and Sealants (1990); **EM4:** Ceramics and Glasses (1991). **Electronic Materials Handbook** (designated by the letters "EL"): **EL1:** Packaging (1989)

Crown polyethers
as solvent extractant **A10:** 170
Crowning, of rolls
three-roll forming machines **A14:** 618
Crow's feet
as casting defect **A11:** 384
Crows feet cracking **A8:** 591, 594
Cr-Pd (Phase Diagram) .... **A3:** 2•156
Cr-Pt (Phase Diagram) .... **A3:** 2•157
Cr-Re (Phase Diagram) .... **A3:** 2•157
Cr-Rh (Phase Diagram) .... **A3:** 2•157
Cr-Ru (Phase Diagram) .... **A3:** 2•158
Cr-S (Phase Diagram) .... **A3:** 2•158
Cr-Sb (Phase Diagram) .... **A3:** 2•158
Cr-Sc (Phase Diagram) .... **A3:** 2•159
Cr-Se (Phase Diagram) .... **A3:** 2•159
Cr-Si (Phase Diagram) .... **A3:** 2•160
Cr-Sn (Phase Diagram) .... **A3:** 2•160
CRT *See* Cathode ray tube; Cathode-ray tube
CRT displays
digital image enhancement **A17:** 461–462
Cr-Ta (Phase Diagram) .... **A3:** 2•160
Cr-Te (Phase Diagram) .... **A3:** 2•161
Cr-Ti (Phase Diagram) .... **A3:** 2•161
Cr-Ti-W (Phase Diagram) .... **A3:** 3•49
CRTs and TV picture tubes **EM4:** 1038–1044
B&W picture tubes **EM4:** 1039, 1040
color **EM4:** 1041–1042
CRTs **EM4:** 1038
direct view CRT **EM4:** 1038–1039, 1040, 1041, 1042–1043
future trends **EM4:** 1044
projection CTV tube **EM4:** 1039
properties of glasses **EM4:** 1042–1044
specific properties imparted by various oxides used in CTV tubes **EM4:** 1039–1041
transmittance **EM4:** 1041
x-ray radiation limits for TV tubes **EM4:** 1041
Cr-U (Phase Diagram) .... **A3:** 2•161
Crucible B-120VCA *See* Titanium alloys, specific types, Ti-13V-11Cr-3Al
Crucible furnaces **A15:** 374, 381–383, **M7:** 3
defined **A15:** 4
design considerations **A15:** 383
early steel production **A15:** 31
movable/pouring ladies **A15:** 382–383
stationary **A15:** 381–382
tilting **A15:** 382
types **A15:** 381–383
Crucible model **A7:** 596–597
of HIP **A7:** 603
Crucible P/M (CPM) tool steels
as core rod material **A7:** 353
Crucible Particle Metallurgy (CPM) process **A1:** 780, **M7:** 787–788
bend fracture strengths **A16:** 65
Crucible refractories
developments in **A15:** 31
Crucible Steel Company (New York) **A15:** 32
Crucible wall scrapers
induction furnaces **A15:** 373
Crucible(s)
and mold assembly, African **A15:** 19
cobalt-base alloys **A15:** 812–813
defined **A15:** 4
elevated-temperature failures in **A11:** 296
for sinters/fusions **A10:** 166–167
graphite, for IGF analysis **A10:** 227
historical excavation of **A15:** 16
magnesium alloy **A15:** 800
materials, vacuum induction furnace **A15:** 394
plasma cold, casting **A15:** 424–425
precious metal applications **A2:** 693
steel, development of **A15:** 31
tungsten, nuclear applications **A2:** 558
vacuum arc skull casting **A15:** 409–410
VIM, refractory linings **A15:** 394
Crucible-type electric resistance heated furnaces **A15:** 500
Cruciform test
comparison of fields of use, controllable variables, data type, equipment, and cost **A20:** 307
Crud
in steam generators **A13:** 948, 950
Crude cascara extract
chemicals successfully stored in galvanized containers **A5:** 364
Crude oil **A18:** 123
Crude oil desalting **A19:** 475
Crude oil refineries
corrosion inhibitors for **A13:** 485–486
Cruise Missile engine radial compressor rotor
by Colt-Crucible ceramic mold process **M7:** 754
Crush *See also* Buckle
as casting defect **A11:** 381
defined **A11:** 3, **A15:** 4
Crush bead *See* Crush strip
Crush (nip)
defined **A18:** 6
Crush rolls for thread forms
thread grinding applications **A16:** 278
Crush strip
defined **A15:** 4
Crushers
for sampling **A10:** 16
Crushing
as wet chemical technique for subdividing solids **A10:** 165
defined **M7:** 3
in compression testing **A8:** 57
in QMP iron powder process **M7:** 87
of drive-gear assembly **A11:** 143
test for tantalum capacitor powder anodes **M7:** 163
Crushing test
defined **A8:** 3
Cr-V (Phase Diagram) .... **A3:** 2•162
Cr-W (Phase Diagram) .... **A3:** 2•162
Cryogels
alkoxide-derived gels **EM4:** 210, 211
Cryogenic *See also* Cryogenic applications; Low temperature
stability, in superconductors **A2:** 1037–1038
temperature behavior, elongation, wrought aluminum alloy **A2:** 56–58
Cryogenic applications *See also* Low-temperature properties
aluminum-lithium alloys **A2:** 184
beryllium-copper alloys **A2:** 420
materials for **M3:** 721–772
niobium-titanium superconductors **A2:** 1043
thermocouples **A2:** 872–873, 882, 885
Cryogenic cooling **EL1:** 49–50
with spraying techniques in molten particle deposition **EM4:** 207
Cryogenic ESR studies **A10:** 257
Cryogenic grinding
for samples **A10:** 16
Cryogenic pressure vessel failure **A19:** 453–454
Cryogenic service, welding for **A6:** 1016–1018
applications **A6:** 1017
effects on properties **A6:** 1016–1018
Charpy V-notch impact energy at 77 K **A6:** 1017–1018
coefficient of thermal expansion **A6:** 1018
electron-beam welding **A6:** 1017
fatigue strength **A6:** 1018
fracture toughness at 4 K **A6:** 1016–1017
gas-metal arc welding **A6:** 1017
gas-tungsten arc welding **A6:** 1017
inclusion content **A6:** 1018
shielded metal arc welding **A6:** 1017
strength **A6:** 1016
submerged arc welding **A6:** 1017
titanium alloys **A6:** 1017
ultrahigh-strength alloys **A6:** 1017
Cryogenic storage tank
properties of candidate materials for **A20:** 253
weighted property index in materials selection **A20:** 252–253
weighting factors for **A20:** 253
Cryogenic temperatures
austenitic weldment fracture toughness **A19:** 747–752
effect on fatigue **A12:** 52–53
polybenzimidazole behavior **EM3:** 170
stainless steel fatigue crack growth **A19:** 730
Cryogenic tensile shear strengths
polybenzimidazoles **EM3:** 171
Cryogenic trap
in environmental test chamber **A8:** 411
Cryogenic treatment of steels **A4:** 203, 204–206
Cryogenics
austenitic stainless steels **A6:** 468, 686, 689
furnace brazing of stainless steels in a vacuum atmosphere **A6:** 920–921
heat-affected zone **A6:** 1017
heat-treatable aluminum alloys **A6:** 535
materials for cryogenic applications **A6:** 383
stainless steels **A6:** 677
tin-lead solders, mechanical properties **A6:** 967
Cryolite
chemical composition **A6:** 60
in dip brazing flux **M6:** 991
ion-beam-assisted deposition (IBAD) **A5:** 596
Cryolite (Na_3AlF_6)
attack resisted by RBSN **EM4:** 238–239
corrosion resistance of silicon oxynitride for containers **EM4:** 239
purpose for use in glass manufacture **EM4:** 381
Cryomicroscopy methods **A18:** 376
Cryomilling **A7:** 81
Cryopump
defined **A10:** 671
in vacuum pumping system **A8:** 414
Cryptands
as general-use reagent **A10:** 170
Crystal
defined **A9:** 5
description .... **A3:** 1•10
dimensions .... **A3:** 1•10–1•15
ordering .... **A3:** 1•10
orientation **A8:** 188, 553
properties, use in phase-diagram determination .... **A3:** 1•17–1•18
single, in torsional Kolsky bar test **A8:** 222
single, Kolsky bar testing for **A8:** 219
structure .... **A3:** 1•10–1•17
structure, effect on deformation **A8:** 34
systems .... **A3:** 1•10
thermal conductivity of **EM1:** 47
Crystal analysis
defined **A9:** 5
Crystal classes
described **A10:** 346–347
Crystal Data
data base **A10:** 326, 355
Crystal defects
types **A13:** 45–46
Crystal defects from plastic deformation
determination of **A9:** 686
Crystal diffraction **A10:** 346
for phase analysis **EM4:** 25
Crystal geometry
as x-ray diffraction analysis **A10:** 325
Crystal growth *See also* Crystallization; Crystals; Growth; Needle crystals; Spherical crystals
and solidification **A15:** 109–113
equiaxed **A15:** 115
GaAs **EL1:** 200
liquid/solid states **A15:** 109–110
mass and heat transport **A15:** 111–113
nucleation effects **A15:** 101
of bulk GaAs material **EL1:** 199–200
packages, defect types **EL1:** 979
single, Czochralski process **EL1:** 191
solid/liquid interface **A15:** 110–111
Crystal growth, gallium
methods **A2:** 744
Crystal imperfections **A9:** 601
Crystal lattice *See also* Lattices; Superlattices
length along the *a* axis **A10:** 689
length along the *b* axis **A10:** 689
length along the *c* axis **A10:** 689
strain measured, for residual stress calculation **A10:** 381
Crystal lattice imperfections
corrosion from **A17:** 215
Crystal lattice length along a axis
symbol for **A8:** 724
Crystal multiplication
effect of dendrite structure on **A9:** 641
in copper alloy ingots **A9:** 638
Crystal orientation
as x-ray diffraction analysis **A10:** 325
dependence of mechanical and physical properties on **A9:** 701
determination of **A9:** 701–706
determined from diffraction patterns .. **A9:** 109–110
in a steel ingot **A9:** 623
in eutectoid compositions **A9:** 658–659

Crystal orientation (continued)
in pure metals **A9:** 610
Crystal perfection
as x-ray diffraction analysis **A10:** 325
Crystal plasticity theory **A7:** 332
Crystal pulling
defined **EL1:** 958
Crystal quartz sensitive tint plate
placement **A9:** 138
Crystal structure *See also* Body-centered cubic metals; Face-centered cubic metals; Hexagonal close-packed metals
A15 superconductors **A2:** 1060–1061
analysis, assumptions of **A10:** 352
and boundary structure, compared **A10:** 358
as metallurgical variable affecting corrosion fatigue **A19:** 187, 193
atom positions **A9:** 708, 716–718
beryllium-copper alloy **A2:** 286–290
by neutron diffraction **A10:** 420
calculated density of unit cell **A9:** 708
calculating intensities from **A10:** 349
cartridge brass **A2:** 302
cast copper alloys **A2:** 360, 362, 384–385, 387
"cat" layer crystallized in monoclinic space group *P2* **A10:** 347, 349
commercial bronze **A2:** 297
commercially pure titanium **A2:** 592–594
defects **A9:** 710, 719–720
defined **A9:** 706
defining **A10:** 348
determined **A10:** 345
effect, iron-base alloy corrosion **A13:** 126
effect of alloy composition **A9:** 708
effect of massive transformation on **A9:** 655–657
effect on dislocations **A9:** 684
extraction replicas used to study **A9:** 108
illustrated by Oak Ridge Thermal Ellipsoid Program **A10:** 352, 354
in gaseous corrosion **A13:** 61
increasing tendency for brittle fracture **A19:** 7
initial guessing procedure **A10:** 350
least squares refinement of atomic positions to determine **A10:** 351
long-range ordered, intermetallic **A2:** 913–914
of cubic boron nitride (CBN) **A2:** 1010
of diamond **A2:** 1009–1010
of diamond and graphite **A10:** 345, 355
of ferrous martensite **A9:** 669, 672
of inorganic solids, applicable analytical methods **A10:** 4–6
of organic solids, methods for analysis **A10:** 9
of pure metals **A13:** 62–63
of selected oxides **A13:** 64
of the elements **A9:** 709–710
of two carbon forms **A10:** 345
plane designation **A9:** 708–710
point groups **A9:** 708
structure prototypes **A9:** 707–708, 711–718
symbols for identifying **A9:** 706–707, 716–718
titanium aluminides **A2:** 926–928
transplutonium actinide metals **A2:** 1198
uranium, effect on mechanical properties **A2:** 671
Crystal structures
$AuCu_3$ **A9:** 681–682
AX structures **EM4:** 879–882
BiF_3 .... **A9:** 682–683
CsCl **A9:** 682–683
of aluminum alloy phases **A9:** 359
of titanium and titanium alloys **A9:** 459, 460–461
summary of ceramic crystal structures **EM4:** 880
unit cells **A9:** 681
Crystal supports
powders used **M7:** 573
Crystal symmetry **A10:** 346
determined from diffraction patterns **A9:** 109–110
Crystal systems **A10:** 347, 348
defined **A9:** 5
relationships of edge lengths and interaxial angles **A9:** 706
types **A9:** 706
Crystal zone
defined **A9:** 710
Crystal-figure etching
defined **A9:** 5
Crystalline
definition **A7:** 263, **A20:** 830
Crystalline arrangement **A20:** 337
Crystalline defects **A20:** 340–342
definition **A20:** 830
effects **EL1:** 93, 979
Crystalline fracture *See also* Fibrous fracture; Fracture; Granular fracture; Silky fracture
defined **A8:** 3, **A9:** 5, **A11:** 3
Crystalline fractures **A12:** 2
Crystalline interfaces
idealized constructions **A9:** 119
Crystalline lattice, preferential alignment in a polycrystalline aggregate *See also* Texture, crystallographic
rotation during compression **A9:** 700
rotation to a stable orientation **A9:** 700
Crystalline materials
ferromagnetic properties **A2:** 761–763
membrane electrodes, solid **A10:** 182
powder compacts, preferred orientations in **A10:** 358
solids, ESR detection of color centers and defects in **A10:** 253–266
x-ray diffraction residual stress techniques for **A10:** 381
Crystalline phases
from crystal structures **A10:** 345
identified by XRPD **A10:** 333
unknown, unit cell identification **A10:** 353
use of cell information to identify unknown **A10:** 353
Crystalline plastic *See also* Semicrystalline **EM3:** 9
defined **EM1:** 8, **EM2:** 12
Crystalline polymers
chemistry of **EM2:** 64
Crystalline rock
high level waste disposal in **A13:** 974–976
Crystalline segments
as toughener **EM3:** 185
Crystalline solids **A20:** 341
low-temperature strengthening **A20:** 346–351
progressive fracturing in **A8:** 439
Crystalline state
defined **A10:** 326
Crystallinity *See also* Secondary crystallization; Stress-induced crystallization **EM3:** 9, 654
defined **EL1:** 93, **EM2:** 12
effect, elongation/toughness **EM1:** 101
effect, environmental stress crazing **EM2:** 800
failure analysis of **EM2:** 731–732
initiators, injection molding **EM1:** 167
of homopolymer/copolymer acetals **EM2:** 101
of linear thermoplastics **EM1:** 98
of parylene coatings **EL1:** 796
of thermoplastics **EM1:** 100
polymer **EM2:** 59, 64
polyphenylene sulfides (PPS) **EM2:** 189
properties effects **EM2:** 437
thermoplastic resins **EM2:** 619–620
Crystallinity, of fossil fuels
ESR determined **A10:** 253
Crystallite
defined **A9:** 5
Crystallite orientation distribution function **A9:** 706
of Cu-30Zn **A9:** 705
Crystallite size
and subgrain size/shape, measured by x-ray topography **A10:** 365
EPMA analysis **A10:** 516–535
field ion microscopy **A10:** 583–602
measured, scanning electron microscopy **A10:** 490–515
x-ray diffraction **A10:** 325–332
Crystallites **A7:** 228
Crystallization
amorphous materials and metallic glasses **A2:** 809–813
heterogeneous nucleation effect **A15:** 104
homogeneous nucleation effect **A15:** 103
impurity effects **A15:** 103
liquid resistance to **A15:** 103
Crystallization, and coarsening
in aluminum x-ray topographs **A10:** 376
Crystallization, fractional *See* Fractional crystallization
Crystallization theory **A19:** 228
Crystallographic anisotropy
in plastic torsion **A8:** 143
Crystallographic cleavage
defined **A8:** 3
Crystallographic damage
in bond failure **EL1:** 1043
Crystallographic features revealed by electron-channeling patterns **A9:** 94
Crystallographic growth *See* Preferred crystallographic growth
Crystallographic information *See also* Crystallographic texture measurement and analysis; Texture
analytical transmission electron microscopy **A10:** 429–489
crystallographic texture measurement and analysis **A10:** 357–364
electron spin resonance **A10:** 253–266
extended x-ray absorption fine structure **A10:** 407–419
ferromagnetic resonance **A10:** 267–276
field ion microscopy **A10:** 583–602
infrared spectroscopy **A10:** 109–125
low-energy electron diffraction **A10:** 536–545
Mössbauer spectroscopy **A10:** 287–295
neutron diffraction **A10:** 420–426
nuclear magnetic resonance **A10:** 277–286
radial distribution function analysis **A10:** 393–401
Raman spectroscopy **A10:** 126–138
scanning electron microscopy **A10:** 490–515
single-crystal x-ray diffraction **A10:** 344–356
small-angle x-ray and neutron scattering **A10:** 402–406
x-ray diffraction **A10:** 325–332
x-ray powder diffraction **A10:** 333–343
x-ray topography **A10:** 365–379
Crystallographic orientation
effect on massive transformations **A9:** 657
etch pits used to determine **A9:** 62
heat tinting to reveal **A9:** 136
in sheet metal rolling **A8:** 553
line etching used to determine **A9:** 62
scanning electron microscopy used to study **A9:** 101
Crystallographic phase
and magnetic characterization **A17:** 131
Crystallographic phase transitions
by ESR analysis **A10:** 257
Crystallographic planes
alignment for cutting along **A10:** 333, 342
stress-corrosion cracking along **A8:** 501
Crystallographic planes of slip **A9:** 684
density of, parallel to the rolling plane of alpha-brass **A9:** 686
Crystallographic preferred orientations
measurement and analysis **A10:** 357–364
Crystallographic relations
between precipitate and parent phases **A9:** 647
Crystallographic texture *See also* Crystallographic information; Crystallographic texture measurement and analysis; Texture
anisotropic Young's modulus **A10:** 358
measurement and analysis **A10:** 357–364

SUBJECTS OF THE INDEXED VOLUMES: ASM Handbook (designated by the letter "A"): **A1:** Properties and Selection: Irons, Steels, and High-Performance Alloys (1990); **A2:** Properties and Selection: Nonferrous Alloys and Special-Purpose Materials (1990); **A3:** Alloy Phase Diagrams (1992); **A4:** Heat Treating (1991); **A5:** Surface Engineering (1994); **A6:** Welding, Brazing, and Soldering (1993); **A7:** Powder Metal Technologies and Applications (1998); **A8:** Mechanical Testing (1985); **A9:** Metallography and Microstructures (1985); **A10:** Materials Characterization (1986); **A11:** Failure Analysis and Prevention (1986); **A12:** Fractography (1987); **A13:** Corrosion (1987); **A14:** Forming and Forging (1988); **A15:** Casting (1988); **A16:** Machining (1989); **A17:** Nondestructive Evaluation and Quality Control (1989); **A18:** Friction, Lubrication, and Wear Technology (1992); **A19:** Fatigue and Fracture (1996); **A20:** Materials Selection and Design (1997). **Metals Handbook, 9th Edition** (designated by the letter "M"): **M1:** Properties and Selection: Irons and Steels (1978); **M2:** Properties and Selection: Nonferrous Alloys and Pure Metals (1979); **M3:** Properties and Selection: Stainless Steels, Tool Materials, and Special-Purpose Materials (1980); **M4:** Heat Treating (1981); **M5:** Surface Cleaning, Finishing, and Coating (1982); **M6:** Welding, Brazing, and Soldering (1983); **M7:** Powder Metallurgy (1984). **Engineered Materials Handbook** (designated by the letters "EM"): **EM1:** Composites (1987); **EM2:** Engineering Plastics (1988); **EM3:** Adhesives and Sealants (1990); **EM4:** Ceramics and Glasses (1991). **Electronic Materials Handbook** (designated by the letters "EL"): **EL1:** Packaging (1989)

of torsion tested material **A8:** 155
topographic methods for. **A10:** 368
Crystallographic texture, in electrical steels. . . **A9:** 537
preparation of specimens **A9:** 531
Crystallographic texture measurement and analysis
See also Crystallographic texture; Orientation distribution function; Preferred orientation; Texture
applications **A10:** 357, 363–364
Bragg's law **A10:** 360
descriptions of preferred orientation **A10:** 358–361
estimated time analysis. **A10:** 357
introduction **A10:** 358
limitations **A10:** 357, 362–363
pole figure. **A10:** 360
related techniques **A10:** 357
samples **A10:** 357
series method of ODF analysis. **A10:** 361–363
texture measurements **A10:** 358
Crystallographic transformation
types of invariant point. **EM4:** 883
Crystallography
and electronic phenomena **EL1:** 93
of shape memory alloys **A2:** 898
surface, LEED analysis **A10:** 536
surface, vocabulary of. **A10:** 537–538
Crystal-particle statistics
as XRPD source of error **A10:** 340
Crystals *See also* Crystal growth; Crystallization; Liquid crystals; Needle crystals; Single crystals; Spherical crystals
affecting grain refinement nucleation **A15:** 105–108
analyzing, by x-ray spectrometry **A10:** 87, 88
and boundary structure, compared **A10:** 358
as isotropic **A10:** 358
axes, stereographic projection of **A10:** 359
beta, nucleation and growth. **A15:** 125–126
classes of. **A10:** 346–347
defect intensities, measured by x-ray topography. **A10:** 365
diffraction in **A9:** 110–113
diffraction of. **A10:** 346
distribution of atoms. **EL1:** 93
effect of cooling on analysis. **A10:** 352
effect of thickness on topographic methods. **A10:** 367–370
effects of rotation. **A10:** 368
EXAFS analysis of. **A10:** 407
fluorescent, radiography **A17:** 317
for optical imaging **EL1:** 1071–1072
forces, Raman analyses lattice vibrations to obtain. **A10:** 130
formation, nucleant action **A15:** 105
fracture surface of **A10:** 376–377
growth. **A10:** 365, 375–376
ideal **A10:** 351
ideally imperfect. **A10:** 351
imperfections **A10:** 332
ionic, ESR studied. **A10:** 263
kinetics of **A10:** 376
local environment around transition ions characterized by ESR **A10:** 253–266
mosiac **A10:** 351
near-perfect, diffraction in. **A10:** 365, 367
next-nearest neighbors EXAFS determined. **A10:** 407
perfect **A10:** 325, 351
point-group symmetry of **A10:** 346
polar, LEISS identification of faces **A10:** 603
quartz, as piezoelectric elements. **A17:** 254–255
silicon, spin-dependent recombination analysis of **A10:** 258
single **A10:** 129, 256
size of, as x-ray diffraction analysis **A10:** 325
stored energy as a result of cold working . . **A9:** 692
structural information by EXAFS. **A10:** 407
structure, and electrical properties **EL1:** 93
structure definition **A10:** 348
structure, effect on magnetic properties **A17:** 131–132
symmetry of **A10:** 346
systems. **A10:** 347
through-hole packages **EL1:** 979
Crystal-structure
nomenclature . . . . **A3:** 1•15–1•16
prototypes. . . . . **A3:** 1•16
Cr-Zr (Phase Diagram) . . . . **A3:** 2•162
CSA specifications
of carbon and alloy steel pipe **A1:** 332
of steel tubular products . . . **A1:** 328, 329, 330, 332
CSA specifications, specific types
G164-M, Hot Dip Galvanizing of Irregularly Shaped Articles. **A5:** 360
C-SAM *See* C-mode scanning acoustic microscopy (C-SAM)
C-Sc (Phase Diagram) . . . . **A3:** 2•113
C-scan. **EM1:** 8, 262, 776, **EM3:** 9
defined **EM2:** 12
ultrasonic. **EM2:** 838–845
C-Scan Acoustic Microscopy (C-SAM). **EM4:** 624–625
C-scan display modes
display **A17:** 243–244
gating. **A17:** 243–244
microwave inspection **A17:** 213
of polar backscattering **A17:** 249
of titanium-matrix composite **A17:** 250–251
pulsed leaky Lamb wave testing **A17:** 253
pulse-echo ultrasonic inspection **A17:** 242
scanning acoustical holography **A17:** 443
system setup **A17:** 243
ultrasonic imaging, of powder metallurgy parts **A17:** 540
C-scan ultrasonic imaging
of soldered joints **A17:** 607
Cs-Ge (Phase Diagram). . . . . **A3:** 2•163
Cs-Hg (Phase Diagram) . . . . **A3:** 2•163
C-Si (Phase Diagram) . . . . **A3:** 2•113
Cs-In (Phase Diagram) . . . . **A3:** 2•163
Cs-K (Phase Diagram). . . . . **A3:** 2•164
Cs-Na (Phase Diagram) . . . . **A3:** 2•164
Cs-O (Phase Diagram) . . . . **A3:** 2•164
***c*-spacing**
layer lattice solid lubricants **A18:** 113
Cs-Rb (Phase Diagram). . . . . **A3:** 2•165
Cs-S (Phase Diagram). . . . . **A3:** 2•165
Cs-Sb (Phase Diagram). . . . . **A3:** 2•165
Cs-Se (Phase Diagram). . . . . **A3:** 2•166
Cs-Sn (Phase Diagram). . . . . **A3:** 2•166
C-stage *See also* A-stage; B-stage. **EM3:** 9
defined **EM1:** 8, **EM2:** 12
Cs-Te (Phase Diagram). . . . . **A3:** 2•166
Cs-Tl (Phase Diagram) . . . . **A3:** 2•167
CT *See* Compact specimen
CT numbers
defined. **A17:** 383
C-Ta (Phase Diagram). . . . . **A3:** 2•113
CTBN-ATBN
as toughener **EM3:** 185
CTE *See* Coefficient of thermal expansion; CTE-matched materials
CTE tailoring *See* Coefficient of thermal expansion (CTE)
CTE-matched materials
aluminum nitride. **EL1:** 306
heat sink effects. **EL1:** 1129–1131
leadless packaging **EL1:** 985
silicon carbide **EL1:** 306
CTFE *See* Polychlorotrifluoroethylene
C-Th (Phase Diagram) . . . . **A3:** 2•114
C-Ti (Phase Diagram). . . . . **A3:** 2•114
CTOD *See* Crack tip opening displacement
CTOD design curve method. **A19:** 446
CTOD fracture toughness test. **A19:** 444
C-U (Phase Diagram) . . . . **A3:** 2•114, 2•174
Cube texture
defined **A9:** 5
in electrical steels. **A9:** 537
in nickel-iron alloys. **A9:** 538
Cube-on-edge (COE) texture **A9:** 537
Cubex **A9:** 537
Cubic
defined **A9:** 5
Cubic boron nitride *See also* Tool materials, superhard **EM4:** 329
abrasive property control **EM4:** 332
applications. **EM4:** 481
bond type. **EM4:** 331
bondability **EM4:** 332
field-activated sintering. **A7:** 588
for cutting tools **EM4:** 959
grinding of technical ceramics. **EM4:** 334, 335
hardness **EM4:** 330, 331, 351, 806
key product properties. **EM4:** 48
mechanical properties **EM4:** 331
modulus of resilience **EM4:** 330, 331
nickel metal coatings **EM4:** 333
raw materials. **EM4:** 48
thermal properties **EM4:** 331
tooling for machining **A7:** 684
Cubic boron nitride (CBN) *See also* Sintered polycrystalline cubic boron nitride **A5:** 94, **A16:** 2, 105–117, 453–471
abrasive applications. **A16:** 455, 456, 465, 467
abrasive for cast irons. **A16:** 661
abrasive machining hardness of work materials. **A5:** 92
advantages of abrasives in precision production grinding **A16:** 457
and gear manufacture. **A16:** 350, 351, 353, 354
applications. **A16:** 639
as superhard material **A2:** 1008
atom arrangement **A16:** 106
Borazon grinding wheels for machining CPM 10V tool steel **A16:** 735
Borazon (trade name) **A16:** 454
boring heat-resistant alloys. **A16:** 742
boring of P/M materials **A16:** 889
compared to Al_2O_3 abrasive grinding **A16:** 462, 464, 465
compared to diamond **A16:** 105
concentration affecting tool life of grinding wheels. **A16:** 464
conditioning **A16:** 469–470
cutting speed and work material relationship **A18:** 616
cutting tool material **A18:** 614, 617
dressing methods **A16:** 468–469
equilibrium diagram **A2:** 1009
erosion test results **A18:** 200
finish machining of hardened steels and irons **A16:** 116
for finish drilling tools **A5:** 88
for flat honing wheels **A5:** 100
grinding **A16:** 421, 428, 429
grinding of 52100 bearing steel **A16:** 466
grinding wheels **A16:** 462–465
grinding wheels for heat-resistant alloys. . . **A16:** 758
grinding wheels for tool steels . . **A16:** 724, 728, 730
high-speed machining **A16:** 602, 604
honing of P/M materials. **A16:** 891
in honing stones. **A16:** 476, 477, 478
insert for turning fiber FP Al metal-matrix composite. **A16:** 898
laser beam machining **A16:** 574
machining of P/M materials. **A16:** 881
machining parameters **A16:** 112
milling **A16:** 112
milling operation eliminated **A16:** 460
PCBN and copy turning **A16:** 115, 116
PCBN and facing **A16:** 115, 116
PCBN and grinding. **A16:** 116
PCBN and grooving **A16:** 115, 116
PCBN and milling. **A16:** 116
PCBN and threading **A16:** 115, 116
PCBN rough machining applications **A16:** 112–113
PCBN tool life **A16:** 112, 113, 115
PCBN wear resistance. **A16:** 112
physical properties. **A18:** 192
plasma-assisted physical vapor deposition **A18:** 848
polycrystalline abrasion resistance. **A16:** 109
polycrystalline cubic boron nitride (PCBN). **A16:** 105, 106, 107
polycrystalline cutting tools **A16:** 111
properties of. **A2:** 1010–1011
properties of work materials **A5:** 154
rough machining applications **A16:** 113–116
softening point **A16:** 601
superabrasive. **A16:** 4, 430–432, 450, 453–455
synthesis. **A16:** 105
thermal conductivity **A2:** 1010
threading **A16:** 114
tool fabrication. **A16:** 111
tool geometries **A16:** 109–110, 112
tool life and grit sizes of grinding wheels **A16:** 457, 462, 469
tool material for machining cast irons . . . **A16:** 651, 654, 656
toolholders for solid PCBN inserts **A16:** 111
tools for high removal rate machining. . . . **A16:** 608
tools for turning. **A16:** 708

Cubic boron nitride (CBN) (continued)
truing methods **A16:** 466–467, 468
truing parameters **A16:** 468
turning of Be alloys **A16:** 872
turning of heat-resistant alloys . . **A16:** 739, 740, 742
turning of P/M materials **A16:** 889
wear resistance **A16:** 108–109, 111, 112
wear resistance of PCBN **A16:** 115
Cubic carbide *See also* Carbide particles
appearance of, in iron-chromium-nickel heat-resistant casting alloys **A9:** 332
Cubic crystal system . . . . **A3:** 1•10, 1•15, **A9:** 706
Cubic crystals
transmission electron microscopy contrast studies **A9:** 121
Cubic metals
appearance under polarized light **A9:** 58
Cubic phases
in aluminum alloys **A9:** 359–360
Cubic unit cells **A10:** 346–348
Cu-Dy (Phase Diagram) . . . . **A3:** 2•167
Cu-Er (Phase Diagram) . . . . **A3:** 2•167
Cu-Eu (Phase Diagram) . . . . **A3:** 2•168
Cu-Fe (Phase Diagram) . . . . **A3:** 2•168
Cu-Fe-Ni (Phase Diagram) . . . . **A3:** 3•49–3•50
Cu-Ga (Phase Diagram) . . . . **A3:** 2•168
Cu-Gd (Phase Diagram) . . . . **A3:** 2•169
Cu-Ge (Phase Diagram) . . . . **A3:** 2•169
Cu-H (Phase Diagram) . . . . **A3:** 2•169
Cu-Hf (Phase Diagram) . . . . **A3:** 2•170
Cu-Hg (Phase Diagram) . . . . **A3:** 2•170
Cu-In (Phase Diagram) . . . . **A3:** 2•170
Cu-Ir (Phase Diagram) . . . . **A3:** 2•171
Cu-La (Phase Diagram) . . . . **A3:** 2•171
Cu-Li (Phase Diagram) . . . . **A3:** 2•171
Cull
defined **EM2:** 12
Cullet **EM4:** 381
composition **EM4:** 381
melt stability **EM4:** 381
mixing **EM4:** 381
particle size **EM4:** 381
purpose **EM4:** 381
Culvert stock
galvanized sheet steel **A9:** 199
Cumene
hazardous air pollutant regulated by the Clean Air Amendments of 1990 . . . . **A5:** 913
Cu-Mg (Phase Diagram) . . . . **A3:** 2•172
Cu-Mn (Phase Diagram) . . . . **A3:** 2•172
Cumulative damage
analysis of **EM1:** 203–204
Cumulative damage theory **A20:** 93
Cumulative density function **A19:** 296
Cumulative distribution function
binomial distribution **A8:** 636
normal distribution **A8:** 631
of statistical distributions **A8:** 628–629
Poisson distribution **A8:** 637
Weibull distribution **A8:** 632–633
Cumulative distribution function (CDF) **A19:** 298, **A20:** 74–75, 76, 78, 79, 80, 622, 623, 624
definition **A20:** 830
Cumulative erosion-time curve
defined **A18:** 6–7
Cumulative fatigue damage . . **A19:** 239–240, 241, 242, 243
Cumulative fraction undersize of stream (F_c(x)) **A7:** 211
Cumulative group mode failure
analysis **EM1:** 195
Cumulative linear damage
theories of **A11:** 112
Cumulative material transfer
in rolling-element bearings **A11:** 496
Cumulative normal distribution **A8:** 631
Cumulative plastic strain ($\partial_{pl,\,cum}$) **A19:** 74–75
Cumulative probability **A20:** 82
Cumulative probability curve
increasing variability with increasing mean life **A8:** 699
Cumulative probability of detection **A19:** 414
Cumulative sum charts
in control chart quality control **A17:** 732–733
Cumulative sum (CuSum)-chart **EM3:** 795
Cumulative weakening failure
analysis **EM1:** 194–195
Cu-Nb (Phase Diagram) . . . . **A3:** 2•172
Cu-Nd (Phase Diagram) . . . . **A3:** 2•173
Cu-Ni (Phase Diagram) . . . . **A3:** 2•173
Cunico *See* Magnetic materials, specific types; Permanent magnet materials, specific types
Cunife *See also* Magnetic materials; Magnetic materials, specific types; Permanent magnet materials, specific types **A9:** 538
as commercial permanent magnet material **A2:** 785
Cu-Ni-Sn (Phase Diagram) . . . . **A3:** 3•50
Cu-Ni-Zn (Phase Diagram) . . . . **A3:** 3•51
Cup *See also* Cupping; Cupping test
and tubes, drawing with moving mandrel **A14:** 335–336
defined **A14:** 3
forming, analysis of **A14:** 924
fracture, defined **A14:** 3
-shaped workpieces, by deep drawing **A14:** 575
Cup and cone samplers **M7:** 226
Cup drawing
r value in **A8:** 550
Cup, drawn
with ears **A8:** 550
Cup for mounting powder metallurgy materials **A9:** 505
Cup fracture
defined **A8:** 3, **A11:** 3
Cu-P (Phase Diagram) . . . . **A3:** 2•174
Cup tests **A20:** 306
Cup-and-cone fracture *See also* Cup fracture
ductile and brittle **A11:** 82–83
fractographs **A11:** 83
Cup-and-cone fracture(s)
examining **A12:** 98
in alloy steels **A12:** 302
in fcc metals **A12:** 100
medium-carbon steels **A12:** 253
precipitation-hardening stainless steels **A12:** 370
studies **A12:** 3
tensile **A12:** 3, 98, 100, 102, 253
titanium alloys **A12:** 451
tool steels **A12:** 377
zones **A12:** 102
Cu-Pb (Phase Diagram) . . . . **A3:** 2•175
Cu-Pb-Zn (Phase Diagram) . . . . **A3:** 3•51–3•52
Cu-Pd (Phase Diagram) . . . . **A3:** 2•175
Cupferron
as precipitant **A10:** 169
as solvent extractant **A10:** 170
Cuplike parts
cold extruded **A14:** 305
Cupola iron
desulfurization **A15:** 75–76
development of **A15:** 29–30
Cupola malleable cast iron **M1:** 57
Cupolas **A15:** 383–392
automation of **A15:** 35
basic slag composition effects **A15:** 390–391
charge materials **A15:** 387–389
combustion reactions/zones **A15:** 389
computer use **A15:** 391–392
construction/operation **A15:** 384–387
control principles **A15:** 389–390
control tests and analyses **A15:** 390
defined **A15:** 4
desulfurization methods **A15:** 391
drop bottom **A15:** 29
equipment, refinements in **A15:** 384
gray iron melting **A15:** 636
plasma arc **A15:** 36
size ranges **A15:** 385
specialized **A15:** 392
straight-sided **A15:** 30
Cupping *See also* Deep drawing **A8:** 3, **A14:** 3
defined **A9:** 5, **A11:** 3, **A17:** 383
in sheet metalworking processes classification scheme **A20:** 691
radiographic methods **A17:** 296
test, defined **A8:** 3–4
Cupping and drawing
for steel tubular products **A1:** 328, **M1:** 316
Cupping test *See also* Cup, fracture; Erichsen test; Olsen ductility test **A14:** 3
Cuppy-core fractures **A8:** 592
Cupric ammonium chloride
description **A9:** 68
Cupric chloride **A16:** 69–70, **A19:** 473
electroless nickel coating corrosion **A20:** 479
photochemical machining etchant . . . **A16:** 589, 591, 593
Cupric chloride, 5%
electroless nickel coating corrosion **A5:** 298
Cupric chloride, hydrochloric acid and ethanol as an etchant for stainless steels welded
to carbon or low alloy steels **A9:** 203
Cupric salts
as impurities **A13:** 1161–1162
Cupric sulfide (CuS) **A7:** 172
Cupronickel *See also* Copper-nickel alloys . . **A6:** 313, 314
thermal expansion coefficient **A6:** 907
Cupronickel 30%
composition and properties **A20:** 391
Cupro-nickel alloys
pickling of **M5:** 612
Cupronickel powders
applications **A2:** 402
Cupronickels *See* Copper nickels
Cuprous oxide
examination under polarized light **A9:** 400
Cuprous oxide (Cu_2O)
heats of reaction **A5:** 543
Cuprous sulfide (Cu_2S) **A7:** 172
Cu-Pt (Phase Diagram) . . . . **A3:** 2•175
Cup-type brushes **M5:** 152, 154
Cu-Pu (Phase Diagram) . . . . **A3:** 2•176
Curatives *See also* Cure; Curing agents
for epoxy resins **EM1:** 134, 136, 139–141
for prepreg resins **EM1:** 140
Cure *See also* Co-curing; Cure cycle; Cure monitoring, electrical; Cure quality control; Cure stress; Curing; Curing agents; Degree of cure; Post cure; Postcure; Precure; Set (mechanical); Undercure **EM3:** 9
ambient-temperature system **EM2:** 274
and gelling, chemical **EM1:** 132
autoclave **EM1:** 500–501, 642–648, 704
bonding **EM1:** 702–705
closed-loop **EM1:** 761–763
composite, management synergisms **EM1:** 649
computer modeling of **EM1:** 500–501, 704–705, 758–759
defined **EM1:** 8, **EM2:** 12
definition **A5:** 952
degree of, solder masks **EL1:** 554
dual **EL1:** 859, 863–864
effect, part dimensions, polyurethanes (PUR) **EM2:** 264
final schedule, thin-film hybrids **EL1:** 328–329
hold temperatures **EM1:** 655–656
in filament winding **EM1:** 507
in wet lay-up **EM1:** 132–134
in-process control of material during **EM1:** 744
modeling **EM1:** 500–501, 704–705, 758–759
monitoring **EM2:** 12, 528
of BMI resins **EM1:** 657–661
of epoxy adhesives **EM1:** 685
of epoxy resins **EM1:** 67–73, 134–141, 654–656
of organic coatings **A13:** 418

SUBJECTS OF THE INDEXED VOLUMES: ASM Handbook (designated by the letter "A"): **A1:** Properties and Selection: Irons, Steels, and High-Performance Alloys (1990); **A2:** Properties and Selection: Nonferrous Alloys and Special-Purpose Materials (1990); **A3:** Alloy Phase Diagrams (1992); **A4:** Heat Treating (1991); **A5:** Surface Engineering (1994); **A6:** Welding, Brazing, and Soldering (1993); **A7:** Powder Metal Technologies and Applications (1998); **A8:** Mechanical Testing (1985); **A9:** Metallography and Microstructures (1985); **A10:** Materials Characterization (1986); **A11:** Failure Analysis and Prevention (1986); **A12:** Fractography (1987); **A13:** Corrosion (1987); **A14:** Forming and Forging (1988); **A15:** Casting (1988); **A16:** Machining (1989); **A17:** Nondestructive Evaluation and Quality Control (1989); **A18:** Friction, Lubrication, and Wear Technology (1992); **A19:** Fatigue and Fracture (1996); **A20:** Materials Selection and Design (1997). **Metals Handbook, 9th Edition** (designated by the letter "M"): **M1:** Properties and Selection: Irons and Steels (1978); **M2:** Properties and Selection: Nonferrous Alloys and Pure Metals (1979); **M3:** Properties and Selection: Stainless Steels, Tool Materials, and Special-Purpose Materials (1980); **M4:** Heat Treating (1981); **M5:** Surface Cleaning, Finishing, and Coating (1982); **M6:** Welding, Brazing, and Soldering (1983); **M7:** Powder Metallurgy (1984). **Engineered Materials Handbook** (designated by the letters "EM"): **EM1:** Composites (1987); **EM2:** Engineering Plastics (1988); **EM3:** Adhesives and Sealants (1990); **EM4:** Ceramics and Glasses (1991). **Electronic Materials Handbook** (designated by the letters "EL"): **EL1:** Packaging (1989)

of polyester resins EM1: 133
of polyimide resins EM1: 662–663
of thermoset molding compounds....... EM1: 167
ply thickness for...................... EM1: 761
preparation for.................. EM1: 642–644
processing materials............... EM1: 642–644
quality control EM1: 745–760
rapid, polymers for EM1: 121
reverse Diels-Alder reaction during....... EM1: 83
rigid epoxies EL1: 810
shrinkage, rigid epoxies EL1: 810
stress residuals EM1: 761
temperature/time effects on viscosity during.......................... EM1: 649
time/temperature relationships, BMIs EM1: 659–660
tube rolling...................... EM1: 573–574
types, conformal coatings........... EL1: 764–765
variables in EM1: 759–760
Cure acclerators EM3: 52
Cure cell management computer system EM3: 714
Cure cycle *See also* Cure
defined EM1: 8
developing EM1: 704
epoxies.......................... EM1: 140–141
flow in EM1: 753–755
PMR-15 polyimide.................... EM1: 141
with diffusion control EM1: 758
Cure, degree of
microwave inspection A17: 215
Cure modeling.... EM1: 500–501, 704–705, 758–759
Cure monitoring, electrical *See also* Cure
defined EM1: 8
Cure quality control................. EM1: 745–760
chemical kinetics EM1: 748–751
cure modeling.................... EM1: 758–759
curing variables EM1: 759–760
diffusion control.................. EM1: 757–758
fluid hydrostatic pressure.......... EM1: 755–757
heat transfer theory.............. EM1: 746–748
now EM1: 753–755
sample chemical reactions EM1: 751–753
Cure rate index........................... EM3: 9
Cure stress *See also* Cure................. EM3: 9
defined EM1: 8, EM2: 12
Cure time
measurement of EM3: 189
Cure/forming cycle........................ A20: 469
Cured strength
as process control measure.............. EL1: 674
Cu-Rh (Phase Diagram) .... A3: 2•176
Curie and Neel point measurements
by Mössbauer spectroscopy A10: 287
Curie point *See also* Curie temperature..... A6: 365
for ferromagnetic materials............... A17: 89
in magnetic hysteresis............... A17: 99–100
microstructural dependence......... A17: 131–132
Curie temperature A10: 671, 691, A20: 277
Curie temperatures
magnetically soft materials............... A2: 761
permanent magnet materials A2: 791
Curing *See also* Chemistry; Cure; Cure strength; Drying; Shadow cure; Ultraviolet-curable silicone coatings
agent, for flexible epoxies............... EL1: 818
agents, selection.................. EL1: 827–831
allyls (DAP, DAIP) EM2: 229
anaerobics EM3: 50–51
autoclave heat, pressure, control systems EM1: 704
autoclave, process modeling of EM1: 500–501
bagging operation................. EM1: 703–704
by cyclotrimerization.................. EM2: 233
chemistry, cyanates EM2: 232
coatings/encapsulants................... EL1: 242
computer modeling of.... EM1: 500–501, 704–705, 758–759
dielectric, defined *See* Dielectric curing
effect, long-term reliability......... EM2: 788–789
effect on rheological properties EM3: 323
electronic general component adhesives.. EM3: 573
epoxies EM3: 95–96, 101–102, 617–618
epoxy materials............... EL1: 825, 827–831
epoxy, reaction mechanisms EL1: 828
final, Unicast process A15: 252
future development EM1: 705
heat EL1: 773
in polymer-matrix composites processes classification scheme A20: 701
in surface-mount soldering.............. EL1: 700
industrial applications for adhesives..... EM3: 568
mechanism, of polymide resin........... A10: 285
methods A15: 238
of cores A15: 240
of leaded and leadless surface-mount joints EL1: 733
of polyamide-imides (PAI) EM2: 137
of polymers, ATR monitoring of A10: 120–121
of polyphenylene sulfides (PPS)......... EM2: 187
of silicone conformal coatings....... EL1: 823–824
of solder paste EL1: 733
parameters EM3: 37
polyimide coatings EL1: 771–772
printed board coupons EL1: 573
processing quality control.......... EM3: 739–742
radiation, types EL1: 854
radio frequency (RF) method........... EM3: 577
reactions, of epoxy resins EM1: 67–71
rheological behavior EL1: 850–852
shadow................................ EL1: 824
sheet molding compounds EM1: 142
SMT adhesives........................ EL1: 672
surface-mount technology adhesives EM3: 570–571
temperatures, wet lay-up............... EM1: 132
theoretical aspects EM1: 704–705
time, defined EM2: 12
time (no bake), defined.................. A15: 4
ultraviolet (UV) EL1: 785–788, 854
variables EM1: 759–760
viscosity, role of...................... EM1: 702
vs. imidization EL1: 772
Curing agent *See also* Catalyst; Latent curing agent.............................. EM3: 10
defined EM2: 12
Curing agents *See also* Cure; Hardener
aliphatic amine....................... EM1: 753
amine.......................... EM1: 134, 753
anhydride............................ EM1: 753
aromatic amine....................... EM1: 753
defined EM1: 8
for epoxy resins EM1: 67, 134, 139, 140
for filament winding EM1: 505
properties analysis of.................. EM1: 736
resin injection.................... EM1: 531–532
Curing and cure controls EM3: 709–715
autoclave processing system........ EM3: 709–710
bagless autoclave processing EM3: 710
mechanical restraint methods......... EM3: 710
press curing EM3: 710
computer-controlled cure systems... EM3: 711–715
evolution of control methods EM3: 711
future computer control techniques EM3: 714–715
gaseous pressurizing systems.......... EM3: 713
mechanical press (pressure control).... EM3: 713
pressure control..................... EM3: 713
reporting functions EM3: 714
temperature controls EM3: 712–713
temperature sensor.............. EM3: 711–712
thermocouple failure detection........ EM3: 712
vacuum control................. EM3: 713–714
water pressurizing systems............ EM3: 713
ovens EM3: 709
convection oven/autoclave............ EM3: 709
microwave EM3: 709
radiant EM3: 709
press tooling EM3: 710–711
matched metal tooling EM3: 710
repair using adhesives EM3: 711
roll consolidations................... EM3: 710
single-sided tooling EM3: 710
Thermex process.................... EM3: 711
Curing conditions......................... A19: 17
Curing, paint *See* Paint and painting, curing methods
Curing temperature EM3: 10
definition.............................. A5: 952
Curing time............................. EM3: 10
Curing times of castable resins A9: 30–31
Curium *See also* Transplutonium actinide metals
applications and properties A2: 1198–1201
pure M2: 733, 832–833
Curling
aluminum alloy........................ A14: 804
dies, for press-brake forming A14: 537
in TEM replicas........................ A12: 181
Curly grain structure.................. A9: 686–687
in iron wire............................ A9: 688
Curly lamellar structure
in pearlitic steel wire.................... A9: 688
Current *See also* Alternating current (ac); Direct current (dc); Electric current; specific process components, bipolar-junction transistor... EL1: 150
defined A13: 4
direction, defined....................... EL1: 95
efficiency, defined A13: 4
electric, SI base unit and symbol for A10: 685
exchange................................ A13: 6
flowing, effect on electrolysis........ A10: 197–198
gain, bipolar transistor analysis EL1: 151–152
-potential relationship, aqueous corrosion A13: 30–31
requirements, in design process.......... EL1: 128
Current and wire feed speed
effect on weld attributes................. A6: 182
Current costs scenario A20: 16, 17
Current densities
and single-electrode potential for electrolytes possessing polishing action A9: 48
critical, A15 superconductors A2: 1063–1064
critical, ternary molybdenum chalcogenides (chevrel phases) A2: 1079
for electrolytic etching of zinc and zinc alloys A9: 489
for electropolishing nickel alloys.......... A9: 439
for electropolishing nickel-copper alloys.... A9: 439
in potentiostatic etching............. A9: 144–147
in superconductors A2: 1033–1034
superconducting magnets A2: 1028
Current density
as electrolytic inclusion and phase isolation A10: 176
conversion factors A8: 722, A10: 686
defined A13: 4
definition.............................. A5: 952
effect on median time-to-failure of aluminum and aluminum alloys.................. A11: 772
exchange................................ A13: 6
exponent determination EL1: 890
measured A18: 274
reference electrodes A13: 24
SI derived unit and symbol for.......... A10: 685
SI unit/symbol for A8: 721
vs. life EL1: 963–964
Current density-voltage curve
for electropolishing...................... A17: 52
Current detection
in scanning electron rnicroscopy specimens.. A9: 90
Current distribution....................... A5: 209
Current efficiency
definition.............................. A5: 952
in electrolytic copper powders M7: 113
Current flow *See also* Electric current; Magnetizing current
direction, in magnetic fields............. A17: 90
Current input
and potential measurement probe locations, test specimen geometries A8: 386
leads, high-current cable A8: 389
locations optimized A8: 388
Current interruption cycle copper plating M5: 159–160, 164, 168–169
Current interruption technique
reference electrodes A13: 24
Current markets *See* Applications
Current rise
rate of.................................. A6: 38
Current stability
in direct current electrical potential method A8: 389
Current-decay method
of demagnetization...................... A17: 93
Current-sampled polarography
as improved voltammetry............... A10: 193
Current-voltage curves for electropolishing.... A9: 105
Current-voltage relationships
voltammetry and dc polarograms for A10: 189, 190
Curtain coat method
average application painting efficiency..... A5: 439

Curtain coating **A5:** 429–430
defined **EM2:** 12
definition **A5:** 952
equipment for **A5:** 430
paint **M5:** 482–483, 494
Curvature gradient **A7:** 449
Curvature, individual **A7:** 268
Curvature of field
defined **A9:** 5
Curvature, particle
in solidification **A15:** 102–103
Curvature, radius of
abbreviation for **A10:** 691
Curve fitting, and factor analysis
IR application to polymer blend system **A10:** 117–118
Curve fitting constant **A20:** 354
Curve tracer testing
in failure verification/fault isolation **EL1:** 1059–1060
Curved plates
radiographic inspection **A17:** 332
Curved-vane wheels
blast cleaning **A15:** 513–515
Curve-fitting equations
in fracture mechanics **A11:** 53
Cu-S (Phase Diagram) . . . . **A3:** 2•176
Cu-Sb (Phase Diagram) . . . . **A3:** 2•177
Cu-Sb-Sn (Phase Diagram) . . . . **A3:** 3•52
Cu-Se (Phase Diagram) . . . . **A3:** 2•178
Cushion bearing **A18:** 662
Cu-Si (Phase Diagram) . . . . **A3:** 2•178
Cusil
brazing, composition **A6:** 117
wettability indices on stainless steel base metals **A6:** 118
Cusil-ABA
ceramic/metal seals **EM4:** 506
wetting behavior and joining **EM4:** 491–492
Cusiltin 5
brazing, composition **A6:** 117
wettability indices on stainless steel base metals **A6:** 118
Cusiltin 10
brazing, composition **A6:** 117
wettability indices on stainless steel base metals **A6:** 118
Cusin-1-ABA
ceramic/metal seals **EM4:** 507, 509
Cu-Sn (Phase Diagram) . . . . **A3:** 2•178
Cu-Sn-Zn (Phase Diagram) . . . . **A3:** 3•52
Cu-Sr (Phase Diagram) . . . . **A3:** 2•179
Custom Age 625 PLUS
aging **A4:** 796
composition **A4:** 794
solution-treating **A4:** 796
Custom assembly
discrete two-terminal devices **EL1:** 432
Custom reference electrode
for acidified chloride solutions over boiling **A8:** 419
Customary names
of polymers **EM2:** 53
Customer
definition **A20:** 830
Customer delight
definition **A20:** 830
Customer importance rating
definition **A20:** 830
Customer needs analysis **A20:** 20, 28, 30, 31
Customer needs list **A20:** 20, 23
Customer requirements
and material selection **EM1:** 38
Customer response sheets **A20:** 18, 19, 20
Customer satisfaction **A20:** 104
Customized packaging
for differentiation **EL1:** 440–441
CuSum charts
in control chart quality control method **A17:** 732–733
Cut
defined **A11:** 3, **A15:** 4, **A18:** 7
Cut edges
in resin-matrix composites **A20:** 664
Cut layers
defined **EM2:** 13
Cut off
as postcasting operation, investment casting **A15:** 263
defined **A15:** 4
Cut size **A7:** 210
Cut wire blasting
definition **A5:** 952
Cu-Te (Phase Diagram) . . . . **A3:** 2•179
Cu-Th (Phase Diagram) . . . . **A3:** 2•180
Cu-Ti (Phase Diagram) . . . . **A3:** 2•181
Cut-off *See also* Blank; Multiple
bar shearing, method selection **A14:** 714
carbide metal cutting tools **A2:** 965
defined **A14:** 3, **EM2:** 13
equipment, contour roll forming **A14:** 628
for blanks **A14:** 445
impact cutoff machines, for shearing **A14:** 714, 718–719
in sheet metalworking processes classification scheme **A20:** 691
unit, multiple-slide machines **A14:** 568
Cutoff burr
definition **A5:** 952
Cutoff grinding
unalloyed molybdenum recommendations . . **A5:** 856
Cutoff tools
coatings and increased tool life **A16:** 58
multifunction machining **A16:** 366, 375, 376
Cut-stay fence **M1:** 271
Cut-then-stack process **A20:** 237, 239
Cutting *See also* Cutting machines; Sectioning; Shearing **A18:** 184, 185
abrasive waterjet **A14:** 18–19, 743–755, **EM1:** 673–675
abrasive wheel **A12:** 92
air carbon arc **A14:** 732–734
alignment of silicon boule for **A10:** 342
band saw **A12:** 92
band saw vs. ultrasonic **EM1:** 615
bevel **A14:** 731
blanking as **A14:** 445
by diamond tooling **EM1:** 295
by ultramicrotome **A12:** 199
chemical flux **A14:** 728–729
double, of angle sections **A14:** 718
dry **A11:** 19
flame **A11:** 19
force, in blanking **A14:** 448
gas, and blanking **A14:** 458
gouging **A14:** 732–734
laser **A14:** 18, 735–742, **EM1:** 676–680
mechanical and flame, compared for steam equipment **A11:** 602
mechanical, and thermal, compared **A14:** 720
metal powder **A14:** 728
of bar stock, closed-die forging **A14:** 80–81
of billets, ring rolling **A14:** 123
of blanks, three-roll forming **A14:** 619
of chromized sheet steel **A9:** 198
of electrogalvanized sheet steel **A9:** 197
of hot-dip galvanized sheet steel **A9:** 197
of hot-dip zinc-aluminum coated sheet steel **A9:** 197
of porcelain enameled sheet steel **A9:** 198
of samples **A10:** 16
of stainless-clad sheet steel **A9:** 198
of substrates **EL1:** 465
of thermoplastic composite **EM1:** 552
oxyfuel gas **A14:** 720–728
pattern, for tube rolling **EM1:** 573
plasma arc **A14:** 729–732
refractory metals and alloys **A2:** 560–562
residual stress distributions from **A10:** 392
specimen **A12:** 76–77
speed, bar shearing **A14:** 714
thermal **A14:** 720–734
tips, oxyfuel gas cutting **A14:** 726
to length, and cold heading **A14:** 294
tool steels **A18:** 738–739
tools **EM1:** 667–670
torches, oxyfuel gas cutting **A14:** 726
ultrasonic **EM1:** 615–618
underwater, oxygen arc **A14:** 734
water-jet **EM1:** 673–675
wrought copper and copper alloys **A2:** 247–248
Cutting attachment
definition **A6:** 1208, **M6:** 5
Cutting blowpipe
definition **A6:** 1208
Cutting down
definition **A5:** 952
Cutting edge wear **A18:** 610
conventional and P/M tool steels **M7:** 786
Cutting fluid **A7:** 683, 684, 685
definition **A5:** 952
Cutting fluids *See also* Coolants
affecting die threading accuracy and finish **A16:** 300
Al alloys **A16:** 761, 765–766, 769–773, 775, 778–782, 784–790, 792
and built-up edges **A16:** 40, 121, 122
and chip formation **A16:** 121
and gear cutting **A16:** 343, 344–346
and lubrication **A16:** 121–122
and machinability ratings **A16:** 643
and planing **A16:** 186
and surface integrity **A16:** 31–32
Be alloys **A16:** 872
boring **A16:** 165–172
broaching **A16:** 205, 206–208
carbon and alloy steels **A16:** 677
cast irons **A16:** 651–652, 654
chlorine prohibited when machining Ti **A16:** 28
contour band sawing **A16:** 362, 363
cooling **A16:** 122
Cu alloys **A16:** 808–809, 811, 814, 815, 817
drilling **A16:** 212–213, 216, 220–224, 228–230, 232, 234, 238
end milling **A16:** 174
filtering **A16:** 302
for machining of magnesium and magnesium alloys **A2:** 475
functions **A16:** 121–132
grinding **A16:** 423–424
gun drilling **A16:** 173
heat-resistant alloys **A16:** 747, 750–751, 753, 755–757
Hf machining **A16:** 856
high-speed machining **A16:** 602
influencing output **A16:** 299
Mg alloys **A16:** 820–823, 825, 826, 828, 829
milling **A16:** 320, 321, 322, 327–328
multifunction machining . . **A16:** 384, 386, 392, 393
Ni alloys **A16:** 836–837, 838, 839, 840, 841, 842–843
pipe threading **A16:** 302
reaming **A16:** 244, 245, 246, 247, 248
removal from steel parts **M5:** 5, 9–10
removal to avoid stress corrosion **A16:** 35
roller burnishing **A16:** 253
sawing systems **A16:** 358, 360, 361, 362, 363
shaping **A16:** 191, 192
soluble oil emulsion **A16:** 301
stainless steels . . **A16:** 691–698, 700, 701, 703–704, 705
sulfurated cutting oil **A16:** 301
sulfurized oils **A16:** 299
tapping **A16:** 257, 259–265, 267
thread rolling **A16:** 288

SUBJECTS OF THE INDEXED VOLUMES: ASM Handbook (designated by the letter "A"): **A1:** Properties and Selection: Irons, Steels, and High-Performance Alloys (1990); **A2:** Properties and Selection: Nonferrous Alloys and Special-Purpose Materials (1990); **A3:** Alloy Phase Diagrams (1992); **A4:** Heat Treating (1991); **A5:** Surface Engineering (1994); **A6:** Welding, Brazing, and Soldering (1993); **A7:** Powder Metal Technologies and Applications (1998); **A8:** Mechanical Testing (1985); **A9:** Metallography and Microstructures (1985); **A10:** Materials Characterization (1986); **A11:** Failure Analysis and Prevention (1986); **A12:** Fractography (1987); **A13:** Corrosion (1987); **A14:** Forming and Forging (1988); **A15:** Casting (1988); **A16:** Machining (1989); **A17:** Nondestructive Evaluation and Quality Control (1989); **A18:** Friction, Lubrication, and Wear Technology (1992); **A19:** Fatigue and Fracture (1996); **A20:** Materials Selection and Design (1997). **Metals Handbook, 9th Edition** (designated by the letter "M"): **M1:** Properties and Selection: Irons and Steels (1978); **M2:** Properties and Selection: Nonferrous Alloys and Pure Metals (1979); **M3:** Properties and Selection: Stainless Steels, Tool Materials, and Special-Purpose Materials (1980); **M4:** Heat Treating (1981); **M5:** Surface Cleaning, Finishing, and Coating (1982); **M6:** Welding, Brazing, and Soldering (1983); **M7:** Powder Metallurgy (1984). **Engineered Materials Handbook** (designated by the letters "EM"): **EM1:** Composites (1987); **EM2:** Engineering Plastics (1988); **EM3:** Adhesives and Sealants (1990); **EM4:** Ceramics and Glasses (1991). **Electronic Materials Handbook** (designated by the letters "EL"): **EL1:** Packaging (1989)

threading **A16:** 301
Ti alloys........ **A16:** 844–848, 850, 851, 853, 854
tool steel machining.................... **A16:** 716
trepanning............... **A16:** 175, 176, 178, 180
uranium alloys........... **A16:** 874, 875, 876, 877
Zn alloys............... **A16:** 831, 832, 833, 834
Zr machining **A16:** 855
Cutting fluids for machining operations **M7:** 461
Cutting head
definition **M6:** 5
Cutting lubricants...................... **EM3:** 41
Cutting machines *See also* Cutting; Shearing
directions **A14:** 727–728
portable **A14:** 727
stationary............................. **A14:** 727
tape control........................... **A14:** 728
Cutting methods *See also* Sectioning
depth of deformation in different metals.... **A9:** 23
Cutting nozzle
definition............................. **A6:** 1208
Cutting process
definition **M6:** 5
Cutting speed........................ **A1:** 591–592
Cutting speed, machining of steel.. **M1:** 566, 568, 571
interrelation with machining costs.... **M1:** 582–585
interrelation with tool life **M1:** 566, 572, 574, 581, 583
machinability ratings based on........... **M1:** 570
recommended cutting speeds selected
steels **M1:** 569
Cutting tip
definition............................. **A6:** 1208
Cutting tips
definition **M6:** 5
for oxyfuel gas cutting.............. **M6:** 906–907
Cutting tool
AES thick films analysis of **A10:** 561
Cutting tool applications
cermets for **A2:** 978
Cutting tool grades
coated carbide grade steels........... **A2:** 967–968
uncoated alloyed carbide grade steels...... **A2:** 967
uncoated straight WC-CO grade steels..... **A2:** 967
Cutting tools
drills **M3:** 472–473
end mills **M3:** 474–475
hobs.................................. **M3:** 477
material selection, general requirements... **M3:** 470
materials for **M3:** 470–477
milling cutters..................... **M3:** 475–476
powders used........................... **M7:** 573
reamers............................... **M3:** 473
single-point tools................... **M3:** 470–472
taps **M3:** 474
tool life.................. **M3:** 472–473, 474–475
Cutting tools and cutting tool materials, friction and wear of **A18:** 609–619
cutting fluid systems............... **A18:** 617–619
application mechanism **A18:** 618, 619
cutting fluid handling system...... **A18:** 618, 619
cutting fluids.................... **A18:** 618–619
cutting tool failure modes............... **A18:** 618
cutting tool material selection
guidelines.................... **A18:** 614–617
cast cobalt alloys **A18:** 614, 615
cemented carbides **A18:** 614, 616
ceramic inserts.............. **A18:** 614, 616–617
high-speed steel (HSS)............ **A18:** 614, 615
micrograin high-speed steels .. **A18:** 614, 615–616
ultrahard tool materials **A18:** 614, 617
cutting tool testing..................... **A18:** 617
machine, cutting tool, and tool wear
interactions **A18:** 613–614
temperatures in the wear zones...... **A18:** 611–612
wear environment **A18:** 609
wear mechanisms.................. **A18:** 612–613
classes **A18:** 612
initial **A18:** 612–613
steady-state........................ **A18:** 613
tertiary **A18:** 613
wear surfaces **A18:** 609–611
motion along the wear surfaces **A18:** 611
stresses................... **A18:** 610–611, 612
Cutting tools, coating materials selection
criteria **A20:** 481
Cutting tools, eliminating brittleness of
carbide .... **A3:** 1•28

Cutting torch
definition **M6:** 5
Cutting torch (arc)
definition............................. **A6:** 1208
Cutting torch (oxyfuel gas)
definition............................. **A6:** 1208
Cutting torches
for samples **A10:** 16
oxyfuel gas cutting.................... **A14:** 726
Cutting torches for
oxyfuel gas cutting **M6:** 906
plasma arc cutting **M6:** 915–916
Cutting velocity ... **A18:** 609, 610, 611, 614, 615, 618
Cutting wear *See* Abrasive wear
Cutting wheels *See also* Abrasive cutting wheels
for cemented carbides................... **A9:** 273
Cutting-down operation
nickel alloys...................... **M5:** 674–675
Cut-to-length lines
blanking lines......................... **A14:** 712
capacity **A14:** 712
dimensional accuracy **A14:** 712–713
edge-trim slitters....................... **A14:** 712
flying-die or rocker shear **A14:** 711
of sheet **A14:** 711–713
rotary drum shears **A14:** 711–712
stationary shears....................... **A14:** 711
stop/start **A14:** 711
Cu-V (Phase Diagram) .... **A3:** 2•181
Cu-Yb (Phase Diagram) .... **A3:** 2•181
Cu-Zn (Phase Diagram) .... **A3:** 2•182
Cu-Zr (Phase Diagram)................. **A3:** 2•182
C-V (Phase Diagram) .... **A3:** 2•115
CV process *See* Counter-gravity low-pressure casting
CVD *See* Chemical vapor deposition
CVD carbon *See* Chemical vapor deposited (CVD) carbon
CVD coatings *See* PVD and CVD coatings
CVN *See* Charpy V-notch
C-W (Phase Diagram) .... **A3:** 2•115
C-Y (Phase Diagram)................... **A3:** 2•115
CY-10C
properties............................. **A18:** 549
CY-179 (epoxy
Ciba-Geigy Corporation)............... **EM3:** 96
Cyanate
cyanide reduced to **M5:** 312
Cyanate ester resins **EL1:** 534–535, 606–607
Cyanate esters *See also* Cyanates **EM1:** 290
Cyanate resins **EM3:** 10
defined................................ **EM2:** 13
Cyanates *See also* Thermosetting resins
and epoxies, co-reactivity **EM2:** 234
applications...................... **EM2:** 232–234
characteristics..................... **EM2:** 234–238
competitive materials **EM2:** 233–234
cost/volume........................... **EM2:** 232
curing chemistry....................... **EM2:** 232
fiberglass laminates **EM2:** 235
prepolymers........................... **EM2:** 232
processing **EM2:** 236–238
properties............................. **EM2:** 236
resin forms **EM2:** 236
suppliers.............................. **EM2:** 238
unreinforced **EM2:** 234–235
Cyanic esters *See* Cyanates
Cyanide
as an etchant for beryllium-containing
alloys **A9:** 394
cleaning up spills **A9:** 54
free **M5:** 285
in alkaline electrolytes................... **A9:** 54
phosphate coating precautions ... **A5:** 399–400, 403
safety hazards **A9:** 69
safety precautions **M6:** 995
Cyanide bath plating
brass **M5:** 285–287
bronze............................. **M5:** 288–289
cadmium *See* cadmium cyanide plating
copper *See* copper cyanide plating
gold *See* Hot cyanide gold bath plating
silver.............................. **M5:** 279–280
zinc *See* Zinc cyanide plating
Cyanide baths
agitation preferred methods **A5:** 170

Cyanide compounds
hazardous air pollutant regulated by the Clean Air
Amendments of 1990 .... **A5:** 913
Cyanide dipping
cadmium plating process **M5:** 263
copper and copper alloys **M5:** 619, 621
Cyanide ions
ion chromatographic analysis of **A10:** 661
Cyanide oxidation process
plating waste disposal................... **M5:** 312
Cyanide peroxide hydroxide as an etchant for
beryllium-containing alloys **A9:** 394
Cyanide salts
procedure for use in brazing............. **M6:** 994
use in dip brazing...................... **M6:** 991
Cyanide tarnish removal solutions
use of and safety precautions **M5:** 613
Cyanide (total)
effluent limits for phosphate coating processes per
U.S. Code of Federal Regulations.... **A5:** 401
Cyanided 1020 steel...................... **A9:** 227
Cyanided steels
microstructures......................... **A9:** 218
specimen preparation..................... **A9:** 217
Cyanides
as electrodes **A10:** 185
as toxic chemical targeted by 33/50
Program **A20:** 133
nickel titration using................... **A10:** 174
Cyaniding *See also* Liquid carburizing **M1:** 539
characteristics compared................. **A20:** 486
defined.................................. **A9:** 5
definition.............................. **A5:** 952
hardness profiles developed by........... **M1:** 626
Cyanoacrylate Resins—The Instant
Adhesives **EM3:** 68
Cyanoacrylates **EM3:** 10, 35, 44, 74–75, 126–132
additives **EM3:** 130
advantages and limitations........... **EM3:** 77, 79
aerospace applications **EM3:** 559
applications...................... **EM3:** 128–129
automotive applications **EM3:** 45–46
chemical resistance properties **EM3:** 639
chemistry **EM3:** 78–79, 126–127
compared to epoxies **EM3:** 98
consumer product....................... **EM3:** 47
cost factors **EM3:** 128
curing mechanisms....... **EM3:** 78, 126–127, 128
degradation **EM3:** 679
design considerations **EM3:** 130–131
durability............................. **EM3:** 670
electrical/electronics applications......... **EM3:** 44
engineering adhesives family **EM3:** 567
fastest sales growth..................... **EM3:** 77
fiberglass molds potting................. **EM3:** 128
for acrylic windows bonding **EM3:** 128
for catheters bonding................... **EM3:** 128
for dialysis membranes bonding **EM3:** 128
for display panels bonding **EM3:** 128
for electronic general component
bonding **EM3:** 573
for engineering change order (ECO) wire
tacking..................... **EM3:** 569, 572
for ferrite cores fixturing................ **EM3:** 128
for filter caps fixturing **EM3:** 128
for fingerprint development **EM3:** 127
for gaskets fixturing.................... **EM3:** 128
for gears to shaft bonding............... **EM3:** 128
for gearshift indicators bonding.......... **EM3:** 128
for hardware to printed circuit boards ... **EM3:** 128
for heat sinks fixturing **EM3:** 128
for honing stones bonding **EM3:** 128
for jumper wires fixturing............... **EM3:** 128
for loud speaker assembly............... **EM3:** 575
for medical adhesives to close wounds... **EM3:** 127
for medical bonding (class IV approval) **EM3:** 576
for nameplates bonding................. **EM3:** 128
for O-rings bonding **EM3:** 128
for pushbuttons bonding................ **EM3:** 128
for rubber bumpers bonding **EM3:** 128
for rubber feet bonding................. **EM3:** 128
for shunt plates fixturing **EM3:** 128
for slotted screwheads potting **EM3:** 128
for spacers fixturing.................... **EM3:** 128
for speaker cones bonding **EM3:** 128
for sporting goods manufacturing... **EM3:** 576, 577
for strain gages bonding **EM3:** 128

Cyanoacrylates (continued)
for tennis racket parts fixturing **EM3:** 128
for video game cartridges bonding **EM3:** 128
for wiper blades bonding **EM3:** 128
for wire-tacking. **EM3:** 574
health and safety considerations **EM3:** 131
hydrolytic reactions. **EM3:** 127, 128
markets **EM3:** 127
medical applications **EM3:** 127, 576
moisture cured **EM3:** 74
not approved for medical applications
by FDA **EM3:** 127
performance of **EM3:** 124
predicted 1992 sales. **EM3:** 77
processing parameters **EM3:** 131
properties **EM3:** 78, 128–130
shear strength of mild steel joints. **EM3:** 670
shelf life. **EM3:** 131
suppliers. **EM3:** 79, 127–128, 129
surface activators **EM3:** 127
synthesis of cyanoacrylate monomers **EM3:** 126
temperature limits **EM3:** 621
test methods **EM3:** 130
time-weighted average (TWA) concentrations
recommended by OSHA **EM3:** 131
tougheners **EM3:** 183
transistors potting. **EM3:** 128
Cyanogen
abbreviation for **A10:** 690
emission molecule **A10:** 25
Cyanogen (CN)
produced by graphite reaction with nitrogen in
furnaces **EM4:** 246
Cyanosilicones **EM3:** 677
advantages and disadvantages **EM3:** 675
for severe environments **EM3:** 673
Cyanosiloxanes
sealant formulations **EM3:** 677–678
Cycle **A8:** 4
-by-cycle approach, damage analysis. **A8:** 682
defined **EM2:** 13
-dependent corrosion fatigue cracking **A8:** 405–406
frequency and number, composite
material age. **A8:** 716
life. **A8:** 351–352, 358
time vs. cycles to fracture. **A8:** 353
Cycle annealing **A1:** 261
cold finished bars **M1:** 232
defined **A9:** 5
Cycle counting **A19:** 240–241, 244, 245
Cycle frequency, and mold temperature
permanent molds **A15:** 282
Cycle period
vs. cycles to fracture fatigue behavior **A8:** 351
Cycle time. **A20:** 247
definition. **A20:** 830
for plastic injection molding,
estimation of. **A20:** 257
process factor **A20:** 299
Cycle time equation. **A20:** 257
Cycle (*W*)
defined **A11:** 3
Cycle-by-cycle crack extension. **A19:** 113
Cycled copper **A19:** 98
Cycled humidity-temperature test
under bias. **EL1:** 495
Cycled THB life test. **EL1:** 495
Cycles
to failure, vs. plastic strain range **A8:** 346–347
to fracture **A8:** 348–352
-to-crack-initiation, in fatigue testing ductile
materials **A8:** 696
-to-failure **A8:** 364, 696
Cycles, number of
effect in fretting **A13:** 140
Cycles per second
abbreviation for **A10:** 690
Cycles to failure **A20:** 345, 643
Cycles to failure (N_f) **A19:** 68
Cycles to failure tests
corrosion fatigue **A13:** 291–295
Cycles to fracture **A19:** 78, 79
Cycle-time reduction
and costs **EL1:** 448
Cyclic acidified salt spray tests. **A13:** 242–243
Cyclic cleavage **A8:** 484–485, 487
Cyclic contact stresses
hardened steels. **A19:** 691–693
Cyclic crack growth . . . **A8:** 376, 422–423, **A19:** 48, 53
fracture mechanics knowledge for. **A8:** 422–423
rate **A8:** 376, 378–379
water chemistry knowledge for **A8:** 422–423
Cyclic crack propagation. **A20:** 642
Cyclic creep. **A19:** 74
Cyclic creep, reversed
test results. **A8:** 353–354
Cyclic damage zone **A19:** 939
Cyclic deformation **A19:** 264
Cyclic deformation behavior **A19:** 73
Cyclic deformation curves **A19:** 74, 75, 76, 83, 85
Cyclic ductile decohesion
fatigue failure **A8:** 482–484
load ratio effect **A8:** 484
Cyclic elevated temperature
oxidation/corrosion test **A7:** 777
Cyclic fatigue phenomenon **A20:** 633
Cyclic flow curve
grain coarsening **A8:** 175
Cyclic frequency **A19:** 168
Cyclic frequency, effect on fatigue cracking *See also* Frequency **A12:** 15
Cyclic furnace tests **A20:** 601
Cyclic hardening . . **A19:** 64, 66, 74–75, 80–81, 85–86, 169, 228, 231, 531, 533, **A20:** 523, 525, 526, 528
single-crystal alloys. **A19:** 87
Cyclic heating
to promote rapid sintering. **A7:** 446–447
Cyclic hydrocarbons. **EM3:** 10
defined **EM2:** 13
Cyclic hysteresis energy, correlation
based on **A19:** 265
Cyclic intergranular process
fatigue failure **A8:** 484
Cyclic *J*-integral. **A19:** 169
Cyclic life **A19:** 28
Cyclic loading *See also* Frequency; Loading. . **A19:** 4, 8, 23, 170
crack extension. **A19:** 16
defined **A11:** 3
effect on fatigue cracking **A11:** 102
effects, produced fluids. **A13:** 479
fatigue analysis **A19:** 15
fatigue crack growth threshold. **A19:** 24
fatigue fractures by **A11:** 77
hysteresis losses under. **A19:** 19
in corrosion fatigue **A13:** 298
in shafts, torsional-fatigue fracture **A11:** 464
machine parts fatigue under. **A11:** 371
machinery, mining. **A13:** 1297
microstructural aspects of. **A19:** 76–86
of forged components **A11:** 321
retainer spring failure due to. **A11:** 561–562
structural response, control of **A19:** 17
weld crack under **A11:** 117
Cyclic loading, effect on fatigue *See also* Loading **A12:** 53–54, 111
Cyclic loads **A8:** 3, 377
metal vs. plastic **EM2:** 76
Cyclic microvoid process
D-6 AC steel. **A8:** 484
Cyclic microyielding. **A19:** 85
Cyclic neutralization **A19:** 76
Cyclic oxidation *See also* Oxidation
mechanically alloyed oxide
alloys. **A2:** 947
Cyclic oxidation attack parameter **A20:** 592, 593, 594
Cyclic plastic deformation . . . **A19:** 88, 96–97, 98, 103
Cyclic plastic strain amplitude. **A19:** 103
Cyclic plastic zone **A19:** 50, 51, 169
Cyclic plasticity **A19:** 228
Cyclic plasticity model **A19:** 271
Cyclic polarization **A7:** 985, 986
Cyclic potentiodynamic polarization **A13:** 217–218
Cyclic relaxation **A19:** 74
Cyclic saturation **A19:** 74–75, 80, 83, 87
used with care with secondary cyclic
hardening. **A19:** 83
Cyclic slip. **A19:** 111
Cyclic slip localization **A19:** 97, 103
Cyclic softening. . . . **A19:** 64–66, 74–75, 86, 169, 228, 230–232, 531, **A20:** 523, 525
non-shearable particles **A19:** 88
single-crystal alloys. **A19:** 88
Cyclic stability
to evaluate fatigue resistance **A19:** 605
Cyclic strain accumulation *See* Ratcheting
Cyclic strain range. **A19:** 169
Cyclic strain resistance **A19:** 21
Cyclic strain softening
defined. **A11:** 144
Cyclic straining *See also* Ultrasonic fatigue testing
bar **A8:** 242
Cyclic strain-stress curves. **A19:** 22
Cyclic stress. **A13:** 292, 614
combined. **EM1:** 202–203
creep-rupture damage by **A8:** 354–355
in ultrasonic fatigue testing **A8:** 240
metal vs. composites **EM1:** 261–62
single **EM1:** 201–202
test parameters **A8:** 364
Cyclic stress range. **A19:** 169
Cyclic stresses
and fracture mechanics accuracy. **A11:** 55
effect on corrosion-fatigue **A11:** 254
fatigue from **A11:** 102
in corrosion fatigue, brasses and stainless
steels. **A11:** 636
in stress-corrosion cracking **A11:** 206
mechanical **A11:** 636–637
peeling-type fatigue cracking from **A11:** 471
testing, schematic with test
parameters for. **A11:** 102
thermally generated **A11:** 636
Cyclic stresses, wrought aluminum alloys *See also* Stress. **A12:** 421, 430
Cyclic stress-intensity range parameter **A19:** 168, 169
Cyclic stress-plastic strain law. **A19:** 269
Cyclic stress-strain (CSS) behavior of metals **A19:** 73, 77, 79, 227, 230–233, 234, 235, 236
modeling of. **A19:** 91–92
Cyclic stress-strain curve (CSS) **A19:** 21, 75, 76, 100, 127, 234, 244, 245
of monocrystalline copper. **A19:** 78
Cyclic stress-strain diagrams **A20:** 522, 523, 524, 525
Cyclic stress-strain law **A19:** 169
Cyclic stress-strain response and
microstructure **A19:** 73–95, 233
bcc metals and alloys **A19:** 84–86
commercial alloys. **A19:** 89
cyclic deformation in structural alloys . . **A19:** 86–89
cyclic saturation. **A19:** 74–75
cyclic stress-strain behavior of polycrystals (fcc,
wavy slip) **A19:** 81–83
cyclic stress-strain of single crystals **A19:** 78–81
deformation-induced transformations. . . **A19:** 86–87
development of dislocation
arrangements. **A19:** 80–81
dislocation arrangement **A19:** 78
in saturation **A19:** 78–80
of cyclic saturation. **A19:** 77–78
dynamic Lüders band propagation **A19:** 85–86
fcc metals with planar slip. **A19:** 83–84
fcc metals with wavy slip **A19:** 78
hysteresis loop. **A19:** 74, 75, 76
loading amplitude. **A19:** 78
Masing behavior. **A19:** 73

mechanical stress-strain response **A19:** 74–76
memory effect and the 1:2 rule **A19:** 76
memory of prior deformation **A19:** 75–76
microstructural aspects of cyclic
loading **A19:** 76–86
modeling of the cyclic stress-strain **A19:** 91–92
non-shearable particles **A19:** 88
predeformation effect **A19:** 90–91
pure polycrystals **A19:** 88–89
secondary cyclic hardening (fcc, wavy slip) **A19:** 83
second-phase particles effect.............. **A19:** 87
shearable precipitates **A19:** 87–88
single-crystal alloys **A19:** 87–88
slip character.......................... **A19:** 78
slip character of a material, factors
determining..................... **A19:** 77–78
strain rate influence on bcc metals and
alloys **A19:** 84–85
temperature effect on bcc metals and
alloys **A19:** 84–85
variables and modeling.................. **A19:** 90

Cyclic tension-tension fatigue
loading.............................. **A8:** 717–718

Cyclic thermal cracking **A19:** 20

Cyclic torsional testing **A8:** 149–153

Cyclic variation in the stress intensity factor
(δK) **A6:** 1013

Cyclic voltammetry
fundamentals.......................... **A10:** 192

Cyclic-dependent stress relaxation A19: 240, 241, 243

Cyclic-dependent yielding **A19:** 239

Cyclic-load dominant fracture tests **EM3:** 507

Cyclic-plasticity analysis **A19:** 228

Cyclic-strain-hardening exponent **A19:** 233

Cyclic-strength coefficient **A19:** 233

Cycling *See also* Power cycling; Temperat recycling-sensitive
frequency effect in low-cycle fatigue behavior of
lead **A8:** 347

Cycloaliphatic **EM1:** 753

Cycloaliphatic amines
as curing agents **EL1:** 827–828

Cycloaliphatic epoxides **EL1:** 854–866, **EM3:** 594, 595
and products, commercial **EL1:** 862
polymerization, with Lewis acids **EL1:** 860
specific types, properties................ **EL1:** 864

Cycloaliphatic resins **EM3:** 94, 96

Cycloconverter power sources **A6:** 39

Cyclodextrin
defined............................... **A10:** 671

Cyclohexane **A20:** 434
chemical groups and bond dissociation energies
used in plastics **A20:** 440

Cyclohexanol
dendrites in **A9:** 608

Cyclohexanon (homogenizer)
batch weight of formulation when used in non-
oxidizing sintering atmospheres.... **EM4:** 163

Cyclohexonone cements with PVC fillers
medical applications **EM3:** 576

Cyclone
abatement chambers.................... **M7:** 127
defined **M7:** 3
for tin powders.................... **M7:** 123–124
separator, in spray drying **M7:** 73

Cyclone blowers
development of......................... **A15:** 27

Cyclotetramethylene tetranitramine (HMX)
friction coefficient data.................. **A18:** 75

Cyclotrimerization *See also* Cyanates
curing by **EM2:** 233
of aryl dicyanate **EL1:** 607
rates **EM2:** 234

Cyclotrimethylene trinitramine (RDX)
friction coefficient data.................. **A18:** 75

Cyclotron resonance principle
for microwave amplifiers **A17:** 209

Cylinder
for measuring displacement **A8:** 193
hollow **A8:** 143
Rockwell hardness testing correction
factors for **A8:** 82
specimen, torque vs. angle of twist........ **A8:** 327
upset, consequences of friction **A8:** 573

Cylinder compressed air blast
first cast iron **A15:** 25

Cylinder manifold
definition.............................. **A6:** 1208

Cylinder pore model **A7:** 284

Cylinder-head exhaust port
failed **A11:** 355, 357

Cylinders *See also* Cylindrical; Cylindrical shapes; Shapes; Solid cylindrical bar; Tubes; Tubing; Tubular products; Workpiece(s)
as basic casting shape **A15:** 599
blocks, gray iron cracking in **A11:** 345–346
castings, door-closer **A11:** 363–365
definition **M6:** 5
for oxyfuel gas welding **M6:** 584
forging of.............................. **A14:** 67
hollow, closed at one end, inspection..... **A17:** 112
hollow ferromagnetic, central conductor
within **A17:** 96
hollow, magnetic particle
inspection of................ **A17:** 111–112
inelastic cycle buckling of............... **A11:** 144
inserts, corrosion fatigue cracking in **A11:** 371–372
large, forming **A14:** 621
lining, diesel motor, cavitation
damage...................... **A11:** 377–378
penetrameters/identification markers radiographic
inspection........................ **A17:** 343
plate intersections, as basic casting
shapes............................ **A15:** 599
small, forming......................... **A14:** 621
solid, eddy current inspection **A17:** 184–185
solid, radiographic inspection **A17:** 332–333
solid, tubes on **A17:** 185
solidification and design................ **A15:** 606
steel and aluminum powders **M7:** 411
steel, carburization distortion **A11:** 141–142
upset, stresses on bulge surface **M7:** 410

Cylinders, hollow
of unalloyed uranium **A2:** 671

Cylindrical
bars, frequency selection, eddy current
inspection........................ **A17:** 274

Cylindrical bending
requirements............................ **A8:** 119

Cylindrical billets **M7:** 424–425
typical can shrinkage.............. **M7:** 425, 428

Cylindrical charge
for explosive forming **A14:** 636

Cylindrical chip
inductors, fabrication **EL1:** 188
resistors, construction **EL1:** 178

Cylindrical compression test specimen ... **A8:** 579–580

Cylindrical cup
drawing r value in **A8:** 550

Cylindrical flux and unidirectional flux
in sintering............................ **M7:** 315

Cylindrical grinding *See also* Grinding
definition............................... **A5:** 952
unalloyed molybdenum recommendations.. **A5:** 856

Cylindrical internal reflection cell **A10:** 118, 689

Cylindrical magnetron technique
sputtering **A18:** 841, 842

Cylindrical mirror analyzer **M7:** 251

Cylindrical mirror analyzers .. **A7:** 226, **A10:** 554, 689

Cylindrical parts *See also* Cylinder(s); Oil well tubing; Part(s); Tube; Tubes; Tubing; Tubular products
centrifugal casting of **A15:** 296
economy in manufacture **M3:** 850, 851

Cylindrical roller bearings
basic load rating....................... **A18:** 505
f_i factors.............................. **A18:** 511
f_v factors for lubrication method **A18:** 511

Cylindrical roller thrust bearings
basic load rating....................... **A18:** 505

Cylindrical sag
interference microscope measurement **A17:** 17

Cylindrical shapes *See also* Cylinders; Shapes; Workpiece(s)
bending of **A14:** 529
by manual spinning.................... **A14:** 599
deep drawn **A14:** 575
drawing of **A14:** 585
large, forming **A14:** 621
multiple-slide forming.................. **A14:** 572
small, forming......................... **A14:** 621

Cylindrical shells, welded
economy in manufacture **M3:** 853

Cylindrical specimen *See also* Cylindrical compression test specimen; Specimen
and compression fracture **A8:** 57
barreling of **A8:** 56–57
fracture loci **A8:** 580–581
stress-relaxation compression testing....... **A8:** 326
upset, with reduced gage section.......... **A8:** 589

Cylindrical specimens
fatigue corrosion testing **A13:** 293

Cylindrical-roller bearings
deformation of raceway by.............. **A11:** 510
described **A11:** 490

Cysteine hydrochloride staining test
for tinplate **A13:** 782

Czerny-Turner monochromators **A10:** 23, 38

Czerny-Turner spectrometers
with Triplemate device.................. **A10:** 129

Czochralski crystal growth process
silicon **EL1:** 191

Czochralski crystal-growing technique *See also*
Unidirectional solidification **A9:** 607

Czochralski method
ferrite processing **EM4:** 1163

C-Zr (Phase Diagram) .... **A3:** 2•116

p-Chlorobenzophenone
chemicals successfully stored in galvanized
containers.......................... **A5:** 364

D

1,1-Dichloroethylene
maximum concentration for the toxicity
characteristic, hazardous waste **A5:** 159

1,1-Dimethyl hydrazine
hazardous air pollutant regulated by the Clean Air
Amendments of 1990 .... **A5:** 913

1,2-Dibromo-3-chloropropane
hazardous air pollutant regulated by the Clean Air
Amendments of 1990 .... **A5:** 913

1,2-Dichloroethane
maximum concentration for the toxicity
characteristic, hazardous waste **A5:** 159

1,2-Diphenylhydrazine
hazardous air pollutant regulated by the Clean Air
Amendments of 1990 .... **A5:** 913

1,3-Dichloropropene
hazardous air pollutant regulated by the Clean Air
Amendments of 1990 .... **A5:** 913

1,4-Dichlorobenzene
hazardous air pollutant regulated by the Clean Air
Amendments of 1990 .... **A5:** 913
maximum concentration for the toxicity
characteristic, hazardous waste **A5:** 159

1,4-Dioxane (1,4-Diethyleneoxide)
hazardous air pollutant regulated by the Clean Air
Amendments of 1990 .... **A5:** 913

2,4-D, salts and esters
hazardous air pollutant regulated by the Clean Air
Amendments of 1990 .... **A5:** 913
maximum concentration for the toxicity
characteristic, hazardous waste **A5:** 159

2,4-Dinitrolphenol
hazardous air pollutant regulated by the Clean Air
Amendments of 1990 .... **A5:** 913

2,4-Dinitrotoluene
hazardous air pollutant regulated by the Clean Air
Amendments of 1990 .... **A5:** 913
maximum concentration for the toxicity
characteristic, hazardous waste **A5:** 159

3,3-Dichlorobenzidene
hazardous air pollutant regulated by the Clean Air
Amendments of 1990 .... **A5:** 913

3,3-Dimethyl benzidine
hazardous air pollutant regulated by the Clean Air
Amendments of 1990 .... **A5:** 913

4,4'-diphenyl methane diisocyanate (MDI) EM3: 203

4,6-Dinitro-o-cresol, and salts
hazardous air pollutant regulated by the Clean Air
Amendments of 1990 .... **A5:** 913

d, as symbol
defined................................ **A8:** 724

d.f *See* Degrees of freedom

D log E curve
radiography **A17:** 324

D1, D2, D3, D4, etc *See* Tool steels, specific types

D-6 AC
flash welding **M6:** 557
plasma arc welding. **M6:** 220

D-6a
composition. **A4:** 207, **M1:** 422, **M4:** 120
hardness. **A4:** 212
heat treatment. **M1:** 429–430
heat treatments. **A4:** 211–212
heat-treatment temperatures. **A4:** 208
mechanical properties **A4:** 212, **M1:** 430–432, **M4:** 124
processing. **M1:** 429
tempering temperature. **M4:** 124

D-6a/6ac steel **A1:** 436
heat treatment for **A1:** 436
properties of **A1:** 436–437, 438

D-6AC *See also* D-6a
fracture toughness **A4:** 211, 212
heat treatments. **A4:** 211–212
heat-treatment temperatures. **A4:** 208
plane-strain fracture toughness. **A4:** 213
tensile properties **A4:** 212

D-6ac low-alloy ultrahigh-strength steel
laser-beam welding. **A6:** 263

D-6ac steel
laser-beam welding. **A6:** 264

D-6ac, tensile properties *See also* D-6a. **M4:** 124

D-43 unmodified
welding conditions effect **A6:** 581

D-43Y
welding conditions effect **A6:** 581

D-979
broaching **A16:** 203, 209
composition **A6:** 573, **M4:** 651–652

da/dN *See* Crack growth rate; Fatigue crack growth rate

DAC method **A20:** 678, 679

Dacromet
mechanical plating, corrosion resistance . . . **A5:** 331

Dacron paint rollers **M5:** 503

DADS multibody dynamics (MBD) program,
CADSI. **A20:** 172

DADS program **A20:** 173

DADS software from CADSI **A20:** 168, 170, 171
solutions of mechanism problems **A20:** 166

DADS/Plant
simulation program **A20:** 171

Daimler-Benz AGI
ceramic components for an automotive research gas turbine **EM4:** 717

DAIP *See* Allyls

Dairy equipment
metal coatings for **M1:** 102
tin coated steel sheet for **M1:** 173

Dairy metal *See also* Copper alloys, specific types, C97600
properties and applications **A2:** 388–389

Daisy chain routing
for VHSIC systems **EL1:** 83

Dalton's Law **A6:** 58

Daly collector
in gas mass spectrometers **A10:** 154–155

Dam
defined **EM2:** 13
in cure processing **EM1:** 8, 644

Damage
and static strength **EM1:** 434–435
cumulative, analysis. **EM1:** 203–204
definition **A20:** 830
dent depth as **EM1:** 265
from electric discharge machining. **A9:** 27
from sectioning. **A9:** 23
modeling of **A19:** 4
modes, exact **EM1:** 247
visible, and tolerances **EM1:** 266

Damage accumulation
as fatigue failure mechanism **EM1:** 202
fatigue prediction models from **EM1:** 244–247

Damage analysis
cycle-by-cycle approach **A8:** 682
equivalent constant-amplitude stress approach **A8:** 682
in fatigue crack growth **A8:** 681–682
of creep-fatigue interaction. **A8:** 358

Damage factors **A18:** 266

Damage fraction **EM3:** 517

Damage function **A19:** 128

Damage growth
model and analysis **EM1:** 201–202

Damage, impact *See* Impact damage

Damage mechanics models **A19:** 4

Damage nucleation maps **A14:** 421

Damage parameters **A19:** 127–128

Damage present **A19:** 581

Damage resistance
of metals **A11:** 166–167

Damage state **A19:** 299

Damage tolerance *See also* NDE reliability; Tolerance. **A20:** 540, **EM3:** 10
and structural efficiency **EM1:** 259
constituent properties for improved **EM1:** 99
control plan **A17:** 669–670
cyclic loading **EM1:** 261–262
damage detectability **EM1:** 265
defect sensitivity and. **EM1:** 261
defined **A17:** 668, **EM1:** 8, 259, **EM2:** 13
definition **A20:** 830
design **A17:** 664, 702
designing for **EM1:** 182
fracture control philosophy as **A17:** 666
full-scale tests **EM1:** 351
in composites and metals compared **EM1:** 259–260
laminate **EM1:** 233
material effects on **EM1:** 262–264
of composites **EM1:** 180, 233, 259–267
of natural fiber **EM1:** 117
of thermoplastics **EM1:** 293
requirements, aircraft **EM1:** 264–266
requirements, thermoplastic resins **EM1:** 97–98
residual strength effects. **EM1:** 265
safety aspects. **EM1:** 259
tests **EM1:** 97–98, 264, 293, 343–344, 351

Damage tolerance analysis, the
practice of **A19:** 420–426
aging aircraft **A19:** 557–565
boundary effects. **A19:** 423
closed-form integration **A19:** 424
compounding **A19:** 423
computer programs **A19:** 420, 421
constant-amplitude loading **A19:** 423–424
corrosion-assisted fatigue crack growth **A19:** 422–423
crack growth energy release rate **A19:** 423
curve fitting *da/dN* data. **A19:** 420–421
curve-fitting procedures. **A19:** 421
cycle-by-cycle counting with variable-amplitude loading **A19:** 424–425
cycle-by-cycle integration **A19:** 424
cyclic loading presence **A19:** 420
error, sources of. **A19:** 425–426
fracture criterion **A19:** 420
geometry factors **A19:** 423, 424
input to the analysis **A19:** 420
integration of crack growth rates **A19:** 423–425
material data **A19:** 420–423
numerical integration. **A19:** 424
parts of **A19:** 420
process plants **A19:** 468–482
reference stress **A19:** 423
residual strength diagram **A19:** 420
retardation effect **A19:** 420
scatter in fatigue crack growth data . . **A19:** 421–422
stress history **A19:** 420
superposition. **A19:** 423

Damage tolerance, concepts of **A19:** 3, 410–419
ASME and other requirements **A19:** 415–417
calculation residual strength diagram **A19:** 411
concepts of **A19:** 411–412
crack growth curve calculation **A19:** 412
definition of **A19:** 410
destructive techniques **A19:** 410
fracture mechanics and fatigue design. **A19:** 417–418
known crack **A19:** 417
mathematical tool employed **A19:** 410
nondestructive inspection techniques **A19:** 410
objectives **A19:** 410, 411
permissible crack sizes, ASME requirements **A19:** 417
potential crack **A19:** 417
proof testing **A19:** 410
requirement for commercial airplanes **A19:** 415
requirements, nuclear pressure vessels **A19:** 416
safety factor. **A19:** 416
shipping bureaus, requirements issued by **A19:** 415
U.S. Air Force requirements **A19:** 415

Damage tolerance design method **A19:** 557

Damage tolerance durability control plans
Task I, USAF ASIP design information. . . **A19:** 582

Damage tolerance methods **A19:** 158

Damage tolerance test **A19:** 583, 584, 586
ENSIP Task III, component and core engine tests. **A19:** 585
MECSIP Task IV, component development and system functional tests. **A19:** 587
Task III, USAF ASIP full-scale testing. . . . **A19:** 582

Damage tolerance testing **EM3:** 540, 543

Damage tolerant design **A19:** 15, 16, 577–588

Damage tolerant philosophy **A19:** 15

Damaged castings
repair of **A15:** 529–530

Damage-tolerant approach **A19:** 3, 4, 25

Damp corrosion **A13:** 80

Damping *See also* Attenuation; Damping properties analysis; Hysteresis **A20:** 273–274, 275, **EM3:** 10
aerodynamic **EM1:** 206
air **EM1:** 212
and strength **EM1:** 216
as vibration property, defined **EM1:** 206
Debye-Waller and mean-free-path **A10:** 410
defined **EM1:** 8, **EM2:** 13
features, of composites **EM1:** 35–36
fiber volume fraction effect **EM1:** 207
flexural, variation with fiber volume fraction. **EM1:** 208
internal, sources of. **EM1:** 06
measuring **EM1:** 207
ply angle effects **EM1:** 210
properties, analysis of **EM1:** 206–217
temperature dependence of **EM1:** 215–216
vibration, as beneficial **EM1:** 190

Damping capacity **A20:** 406, 408
1018 steel **M1:** 41, 45
aluminum **M1:** 32
CG iron castings **A15:** 675
eutectoid steel **M1:** 32
of compacted graphite iron **A1:** 69–70
of ductile iron **A1:** 45–46, **M1:** 32, 41, 45
of gray iron. . . **A1:** 31–32, **A15:** 644, **M1:** 32, 41, 45
of magnesium alloys **A2:** 462
of malleable iron. **A1:** 82, 84, **M1:** 32
pure iron. **M1:** 32
steels, selected grades **M1:** 145
white cast iron. **M1:** 32

Damping devices
P/M porous parts **M7:** 700

Damping properties analysis
and strength **EM1:** 216
of beams cut from laminated plates **EM1:** 209–210
of laminated plates **EM1:** 210–213
of sandwich laminates **EM1:** 214
of unidirectional composites **EM1:** 207–209
of woven fibrous composites **EM1:** 213
temperature effects **EM1:** 215–216

SUBJECTS OF THE INDEXED VOLUMES: **ASM Handbook** (designated by the letter "A"): **A1:** Properties and Selection: Irons, Steels, and High-Performance Alloys (1990); **A2:** Properties and Selection: Nonferrous Alloys and Special-Purpose Materials (1990); **A3:** Alloy Phase Diagrams (1992); **A4:** Heat Treating (1991); **A5:** Surface Engineering (1994); **A6:** Welding, Brazing, and Soldering (1993); **A7:** Powder Metal Technologies and Applications (1998); **A8:** Mechanical Testing (1985); **A9:** Metallography and Microstructures (1985); **A10:** Materials Characterization (1986); **A11:** Failure Analysis and Prevention (1986); **A12:** Fractography (1987); **A13:** Corrosion (1987); **A14:** Forming and Forging (1988); **A15:** Casting (1988); **A16:** Machining (1989); **A17:** Nondestructive Evaluation and Quality Control (1989); **A18:** Friction, Lubrication, and Wear Technology (1992); **A19:** Fatigue and Fracture (1996); **A20:** Materials Selection and Design (1997). **Metals Handbook, 9th Edition** (designated by the letter "M"): **M1:** Properties and Selection: Irons and Steels (1978); **M2:** Properties and Selection: Nonferrous Alloys and Pure Metals (1979); **M3:** Properties and Selection: Stainless Steels, Tool Materials, and Special-Purpose Materials (1980); **M4:** Heat Treating (1981); **M5:** Surface Cleaning, Finishing, and Coating (1982); **M6:** Welding, Brazing, and Soldering (1983); **M7:** Powder Metallurgy (1984). **Engineered Materials Handbook** (designated by the letters "EM"): **EM1:** Composites (1987); **EM2:** Engineering Plastics (1988); **EM3:** Adhesives and Sealants (1990); **EM4:** Ceramics and Glasses (1991). **Electronic Materials Handbook** (designated by the letters "EL"): **EL1:** Packaging (1989)

Damping temperature
effects **EL1:** 45
Dams
acoustic emission inspection **A17:** 290
Dams for
electrogas welding **M6:** 239–240
electroslag welding **M6:** 227–228
Dancer roll **A18:** 57
Danger **A20:** 147
acceptable level of **A20:** 150–151
defined **A20:** 147
Danner process **EM4:** 399–400, 1032, 1038
DAP *See also* Allyls
for coating/encapsulation **EL1:** 242
D'Arcy's equation **A7:** 424
d'Arcy's Law **A7:** 295, 1037, **A20:** 712
permeation of a fluid through a packed bed of a powder **EM4:** 70
Dardelet-rivet bolt **A19:** 291
Dark etching areas (DEA)
hardened steels **A19:** 694–695
Dark field
defined **EL1:** 1067
Dark reaction **EM3:** 10
Dark red copper coloring solutions **M5:** 625
Darken formalism
for alloy component activity **A15:** 62–63
Dark-field illumination **A9:** 76, **A10:** 690
defined **A9:** 5
optical etching **A9:** 58
principles of **A9:** 58
used for porcelain enameled sheet steel **A9:** 199
Dark-field illumination fractographs
coarse-grain iron alloy **A12:** 93–94
light-field, and SEM, compared **A12:** 92–100
Dark-field images
band of precipitate particles **A10:** 460
iron-base superalloy **A10:** 442
nitrogen-implanted Ti alloy **A10:** 485
of annealing twin in rutile **A10:** 443
transmission electron microscopy . . . **A10:** 441–446, 460
Dark-field transmission electron microscopy . . **A9:** 103
beam diagram **A9:** 104
intensities calculated using dynamical theory **A9:** 111
two-beam thickness contours **A9:** 112
weak-beam images **A9:** 111
Darkroom photographic procedures used in photomicroscopy **A9:** 84–85
Darling-Saunder extensometer **EM2:** 657
Darting
of woven fabric prepregs **EM1:** 150
Dash 8 aircraft **A19:** 569
Dash pot
defined **EM2:** 13
Data
acquisition, uniform corrosion testing **A13:** 230
analysis and utilization, personal computer **A13:** 317
and tests, fracture toughness **A11:** 53–55
bases, on aerospace alloys **A11:** 54
corrosion, qualitative **A13:** 780
corrosion test, misapplication **A13:** 316
fatigue, presentation **A13:** 292
quantitative corrosion, chemicals **A13:** 780
scatter, in corrosion testing **A13:** 195
stress-corrosion cracking, precision of **A13:** 278
Data acquisition *See also* Analysis; Modeling; Process modeling
by hot compression testing **A14:** 439
for forging process design **A14:** 439–442
interface data **A14:** 441–442
of workability **A14:** 439–441
Data acquisition system (DAS)
defined **A17:** 383
Data analysis *See also* NDE reliability data analysis **EM2:** 602–606
dynamic notched round bar testing . . . **A8:** 281–282
for split Hopkinson pressure bar test **A8:** 202
fracture toughness using chevron-notched specimens **A8:** 473
graphical analysis **EM2:** 603–604
introduction **A8:** 623–627
least squares/analysis of variance . . . **EM2:** 602–603
model building **EM2:** 602
mold shrinkage, as example **EM2:** 604–605
of fatigue crack growth **A8:** 678–684
of hit/miss data **A17:** 689–691, 696–697
sensitivity analysis, as example **EM2:** 605–606
software **EM2:** 607–608
Data associativity **A20:** 160
definition **A20:** 830
Data Bank-Butt weldment: single-V
estimated sources of uncertainty in fatigue strength data **A19:** 284
Data base *See also* Computer applications; Simulation
design **EM1:** 181–182
for composite cures **EM1:** 705
for forging software tools **A14:** 412–413
fracture toughness **A8:** 462
on solidification **A15:** 862–863
relational, for KI SHELL **A14:** 412
workpiece and die thermophysical properties **A14:** 412
Data base management systems
for process design **A14:** 409–412
Data base systems *See* Ceramic properties data base systems
Data bases **EM4:** 40
computer, of application-specific properties **EM2:** 411
in single-crystal analysis **A10:** 355–356
infrared spectra **A10:** 116
on materials information **EM2:** 95
x-ray energy **A10:** 522–523
Data displays
acoustic emission inspection **A17:** 283–284
Data extrapolation methods **A20:** 581
Data filtering **A19:** 158
Data in life-cycle analysis **A20:** 100
Data input
as error source in damage tolerance analysis **A19:** 425
Data integration
definition **A20:** 830
Data integrity
in computer-aided design **EL1:** 528–529
Data logging
through-hole soldering **EL1:** 695–696
Data processing
as casting market **A15:** 34
Data reduction
for silica glass **A10:** 397
options in stainless steels, x-ray spectrometry for **A10:** 100
RDF analysis **A10:** 396–398
Data reduction processing
machine vision process **A17:** 33–34
Data sheets *See also* Aggregate properties approach; Information; Information sources; Supplier data sheets
alternatives to **EM2:** 411
electrical properties **EM2:** 409
introduction **EM2:** 405
mechanical properties **EM2:** 408
physical properties **EM2:** 407
supplier, interpreting **EM2:** 638–645
thermal properties **EM2:** 409
Data signals, SEM
origin and detection **A12:** 168
Data sources **A20:** 143
Data storage
for coordinate measuring machines **A17:** 20
Database
definition **A20:** 830
Database suppliers (hosts) **A20:** 494, 500
Data-processing equipment
ultrasonic inspection **A17:** 253–254
Data-regression techniques **A20:** 83–86
Dating of prehistoric materials
radioanalysis of **A10:** 243
Datum concept **A20:** 61
Datum line dimensioning **A20:** 228, 229
Daubing
defined **A15:** 4
Daughter ion scans
gas chromatography/mass spectrometry . . . **A10:** 646
Davidson-Fletcher-Powell (DFP) algorithm . . **A20:** 211
Daylight *See also* Shut height **A14:** 3
defined **EM1:** 8, **EM2:** 13
DBX explosive
aluminum powder containing **M7:** 601
dc *See* Direct current (dc)
dc arc source
for optical emission spectroscopy **A10:** 25
DC corona
defined **EM2:** 461
dc electric potential system **A19:** 175, 177
dc intermittent noncapacitive arc
defined **A10:** 671
dc plasma excitation
defined **A10:** 671
dc polarography *See* Polarography
dc potential difference technique **A19:** 177, 212
dc potential drop system **A19:** 204
DC surface resistance
defined **EM2:** 461
DC surface resistivity
defined **EM2:** 461
DC-10 aircraft **A19:** 568
DCAP computer program for structural analysis **EM1:** 268, 270
DCB *See* Double-cantilever beam
DCI
as synchrotron radiation source **A10:** 413
DCO-alkyd-calcium plumbate
adhesion to selected hot dip galvanized steel surfaces **A5:** 363
DCP *See* Direct-current plasma
DDE
hazardous air pollutant regulated by theClean Air Amendments of 1990 . . . . . **A5:** 913
De Havilland Comet failures **A19:** 566
De Hoff shape parameter **A7:** 269
De Koning strip yield model **A19:** 130–131
de la Breteque process
of gallium recovery from bauxite **A2:** 742
***De La Pirotechnia* (V. Biringuccio)** **A12:** 1
de Maresquelle, Louis (Louis Ansort)
as early founder **A15:** 26
Deactivation **A13:** 4, 603
Dead time
correcting, EDS dot mapping **A10:** 528–529
defined **A10:** 519, 671
practical effect of **A10:** 519–520
wavelength-dispersive spectrometer **A10:** 520
x-ray spectrometry **A10:** 92
Dead weight
as tension source for stress-corrosion cracking **A8:** 502
Dead weight Brinell hardness tester **A8:** 87
Dead zone, calibration
ultrasonic inspection **A17:** 267
Dead-burned
defined **A15:** 4
Dead-burned dolomite *See* Dolomite brick
Deadhesion **A5:** 550–551
Dead-load tests
SCC testing **A8:** 502
"Deadman" arrangement **A20:** 129
Dead-metal zone **A20:** 304
Dead-metal zones
fracture **A8:** 574
Dead-stop end-point titration *See* Biamperometric titration
Deadweight creep machines, cantilever-type . . **A19:** 513
Deadweight test machines **A19:** 513
Deaerated solutions **A20:** 553
Deaerated water
high-temperature pure **A8:** 422–425
Deaerated water environment
effect on fatigue crack threshold **A19:** 145
Deaerating feedwater heaters
failures of **A11:** 657–658
Deaeration
vacuum **A13:** 1244
Deaerators
corrosion forms of **A13:** 990
Deagglomeration *See also* Agglomeration . . . **A7:** 219, 220, 235–236
definition **A7:** 58
turbidimetry **A7:** 244
Deagglomeration of refractory metal powders and their compounds prior to particle, size analysis, specifications **A7:** 1099

Dealloying *See also* Chromium depletion; Dealloying corrosion; Dealuminification; Decarburization; Decobtiltization; Denickelification; Dezincification; Graphic corrosion; Selective leaching
alloys/environments subject to **A13:** 130
as SCC mechanism **A12:** 25
copper and copper alloys **A2:** 216
copper metals **M2:** 459, 461
defined **A13:** 4
definition **A5:** 952
from molten salt corrosion **A13:** 89
in mining/mill applications **A13:** 1295
material selection for **A13:** 333–334
mechanisms **A13:** 131
of noble metal systems **A13:** 133
of steam surface condensers **A13:** 987
tin effects **A13:** 132
Dealloying corrosion
as metallurgically influenced corrosion **A13:** 131–134
evaluation **A13:** 134
in aqueous environments **A13:** 131–133
in brazing **A13:** 877
of copper/copper alloys **A13:** 614
Dealuminification *See also* Dealloying **A13:** 130, 133, **A20:** 555
Debinding **A7:** 314
in injection molding **M7:** 497
powder injection molding **A7:** 360, 361
Debinding reaction injection molding (D-RIM) **A7:** 431–432
Debond *See also* Delamination; Disbond . . . **EM3:** 10
defined **EM1:** 8, **EM2:** 13
of matrices **EM1:** 31
Debonding *See also* Interface debonding **A19:** 32
case/extrusion **A15:** 326
die attach **EL1:** 371
in fiber composites **A11:** 761
interfacial, by axial cracking **EM1:** 195
interlaminar **EM1:** 234
of precipitates, as acoustic emission source **A17:** 287
optical holography of **A17:** 405
ultrasonic inspection of **A17:** 232
Deborah number **A6:** 1138
Deboronization
chemical surface studies **A10:** 177
Debossed
defined **EM2:** 13
Debridging hot air knives **EL1:** 691–693
Debris *See also* Wear debris **A18:** 376
from field fractures **A12:** 92
generation, as fretting **A11:** 148
in bearing lubricated systems **A11:** 486
wear failure from **A11:** 156
Debulking
defined **EM1:** 8, **EM2:** 13
Deburring *See also* Burrs **A7:** 681, **A16:** 33, **M5:** 151–156, 614–616
abrasive flow machining . . . **A16:** 514, 517, 518–519
aluminum and aluminum alloys **A5:** 785
aluminum and aluminum alloys barrel finishing process **M5:** 572–574
and electrochemical machining **A16:** 533
and simultaneous cleaning **M7:** 458
as secondary operation **M7:** 458–459
by blast cleaning **A15:** 506
compounds **M5:** 12, 152
conventional die compacted parts **A7:** 13
definition **A5:** 952
electrolytic *See* Electrolytic deburring
ferrous P/M alloys **A5:** 762–763, 764
mass finishing processes . . . **M5:** 128, 134, 614–616
media for **M5:** 134
methods **M7:** 458
of blanks, in press forming **A14:** 548
of stainless steels **A14:** 762
power brush process **M5:** 151–155
rigid printed wiring boards **EL1:** 544, 548
thermal energy method (TEM) **A16:** 577–578
typical shapes requiring **M7:** 459
zinc alloys **A5:** 870
Deburring drum
fatigue failure of **A11:** 346–348
Debye parameter **A7:** 421
Debye rings
as indicators of crystal orientation **A9:** 701
defined **A9:** 5
Debye temperatures **A20:** 275–276
Debye-Scherrer
camera, for XRPD analysis **A10:** 335
diffracted x-rays, imaging polycrystalline substructure by **A10:** 374
powder method, schematic **A10:** 335
Debye-Scherrer camera technique **A7:** 228
Debye-Scherrer method **A19:** 221
defined **A9:** 5
Debye-Waller damping
EXAFS analysis **A10:** 410
Decalcomanias **A20:** 144
Decalescence
definition **A5:** 952
Decapping
in integrated circuit failure analysis **A11:** 767
Decapsulation
as coating/encapsulant removal **EL1:** 243
Decarburization *See also* Annealing; Argon oxygen decarburization; Carburization; Dealloying; White zone . . . **A7:** 728, 743, **A8:** 4, **A13:** 4, 134, **A19:** 288
allowance, forging **M1:** 369
alloy steels **A12:** 300, 333
and annealing in QMP iron powder process **M7:** 86–87
and fatigue resistance **A1:** 679–680, 681
and notch toughness in wrought steels **A1:** 746
and steel plate imperfections **A1:** 230
argon-oxygen, development **A15:** 36
as by-product of annealing **A7:** 305
at elevated-temperature service **A1:** 642–643
chemical surface studies of **A10:** 177
defined **A9:** 5, **A11:** 3, 122
definition **A5:** 952
dissociated ammonia atmosphere **A7:** 462, 464
effect in Rockwell hardness testing **A8:** 83
effect, in VOD process **A15:** 435
effect of hydrogen **A12:** 37–38, 51
effect on fatigue strength **A11:** 122
endothermic atmospheres **A7:** 461
failure of engineering components **A20:** 515
fatigue resistance, effect on **M1:** 673–674
high-carbon steels **A12:** 288
hot rolled bars **M1:** 200
in annealing of metal powders **M7:** 182–185
in carbon and alloy steels, revealed by macroetching **A9:** 174–175
in coarse-grain pearlitic steel, effects . . . **A11:** 77–78
in Domfer iron powder process **M7:** 90
in forging **A11:** 335–336
in hot-rolled steel bars **A1:** 241
in iron casting **A11:** 361–362
in low-alloy steels **A15:** 428
in martensitic stainless steels **A9:** 285
in quench cracking **A11:** 94
in sintering process **M7:** 340
in stainless steels **A15:** 428
malleable iron, effect on machinability **M1:** 66
metallographic sectioning **A11:** 24
microhardness testing for **A8:** 83
notch toughness of steels effect on . . . **M1:** 705, 707
of carbon steel pipe **A11:** 645
of fatigue surface **A8:** 373
of steel springs **A1:** 308–309
of surface, bending-fatigue fracture from . . **A11:** 469
of tools and dies **A11:** 572
partial, alloy steels **A12:** 327
Reaumur's **A15:** 31
sintering atmospheres **A7:** 459–460
springs **M1:** 290, 301
stainless steel **A14:** 222
stainless steel pan failure from **A11:** 274
steel plate **M1:** 182
steel wire rod, limits for **M1:** 254–257
surface, powder forged parts **A14:** 204
TiC coating **A16:** 80
to prevent creep cavitation **A20:** 580
tool steels, high-speed **A16:** 55
ultrahigh-strength steels **A4:** 208
use of reducing atmosphere **M7:** 182
white cast iron **A20:** 381
Decarburization limits
for alloy steel rod **A1:** 274
for carbon steel rod **A1:** 274
Decarburization, magnetic measurement
steels **A17:** 134
Decarburized enameling steel
mechanical properties **M1:** 178
porcelain enameling of **M1:** 178
production **M1:** 179
Decarburized steel
composition, for porcelain enameling **A5:** 732
flat-rolled carbon steel product available for porcelain enameling **A5:** 456
porcelain enameling of **M5:** 509–510, 512–515, 521
Decarburizing reactions
effects on eta phases of cemented carbides **A9:** 275
Decay
constant (λ), defined **A10:** 671
kinetics of radical production and . . . **A10:** 265–266
spin lattice relaxation time and **A10:** 257
Deceleration
atomic number correction for **A10:** 524
Deceleration period
defined **A18:** 7
Dechanneling
lattice strain measurement by **A10:** 634–635
Decibel
abbreviation **A8:** 724
Decinary system or diagram . . . . **A3:** 1•2
Decision matrices, use in materials selection **A20:** 291–296
advantages **A20:** 291
alternatives **A20:** 291
conclusions **A20:** 295
criteria (objectives) **A20:** 291
definition **A20:** 291
Dominic method **A20:** 291, 292–293
evaluation matrix methods **A20:** 291
limitations **A20:** 291
Pahl and Beitz method **A20:** 291, 293–295
Pugh method **A20:** 291, 292
techniques **A20:** 291–295
weighting factors **A20:** 291
Decision matrix
definition **A20:** 830
Decision-tree guide
for leak testing methods **A17:** 69
Deck protective coatings
powders used **M7:** 572
Deckle rod
defined **EM2:** 13
Deck-type shakeouts
green sand molding **A15:** 347
Decobaltification *See also* Dealloying; Selective leaching
defined **A13:** 4
definition **A5:** 952
Decohesion *See also* Decohesive rupture(s); Intergranular decohesion fracture(s) . . . **A13:** 72, 164
along grain boundaries, elongated grains . . . **A12:** 23
along grain boundaries, equiaxed grains **A12:** 23
as mechanism of hydrogen embrittlement **A19:** 185
austenitic stainless steels **A12:** 364
glide-plane **A12:** 391

SUBJECTS OF THE INDEXED VOLUMES: ASM Handbook (designated by the letter "A"): **A1:** Properties and Selection: Irons, Steels, and High-Performance Alloys (1990); **A2:** Properties and Selection: Nonferrous Alloys and Special-Purpose Materials (1990); **A3:** Alloy Phase Diagrams (1992); **A4:** Heat Treating (1991); **A5:** Surface Engineering (1994); **A6:** Welding, Brazing, and Soldering (1993); **A7:** Powder Metal Technologies and Applications (1998); **A8:** Mechanical Testing (1985); **A9:** Metallography and Microstructures (1985); **A10:** Materials Characterization (1986); **A11:** Failure Analysis and Prevention (1986); **A12:** Fractography (1987); **A13:** Corrosion (1987); **A14:** Forming and Forging (1988); **A15:** Casting (1988); **A16:** Machining (1989); **A17:** Nondestructive Evaluation and Quality Control (1989); **A18:** Friction, Lubrication, and Wear Technology (1992); **A19:** Fatigue and Fracture (1996); **A20:** Materials Selection and Design (1997). **Metals Handbook, 9th Edition** (designated by the letter "M"): **M1:** Properties and Selection: Irons and Steels (1978); **M2:** Properties and Selection: Nonferrous Alloys and Pure Metals (1979); **M3:** Properties and Selection: Stainless Steels, Tool Materials, and Special-Purpose Materials (1980); **M4:** Heat Treating (1981); **M5:** Surface Cleaning, Finishing, and Coating (1982); **M6:** Welding, Brazing, and Soldering (1983); **M7:** Powder Metallurgy (1984). **Engineered Materials Handbook** (designated by the letters "EM"): **EM1:** Composites (1987); **EM2:** Engineering Plastics (1988); **EM3:** Adhesives and Sealants (1990); **EM4:** Ceramics and Glasses (1991). **Electronic Materials Handbook** (designated by the letters "EL"): **EL1:** Packaging (1989)

intergranular, band formation by hydrogen . . . A12: 37, 51
intergranular, effect of strain rate . . . A12: 41
intergranular, SCC fracture by . . . A12: 27
nodule, ductile irons . . . A12: 236
particle-mix . . . A11: 82–83
tearing, in welds . . . A12: 139
through weak grain-boundary phase . . . A12: 23
Decohesion theory . . . **A19:** 488
Decohesive rupture . . . **A19:** 7, 42
Decohesive rupture(s) *See also* Decohesion; Grain-boundary separation; Intergranular brittle fracture
by SEM imaging . . . **A12:** 174–175
creep rupture . . . **A12:** 18–20
defined . . . **A12:** 18–20
in precipitation-hardenable stainless steel . . **A12:** 18, 24
intergranular, steels . . . **A12:** 31
materials illustrated in . . . **A12:** 217
mechanisms . . . **A12:** 18
Decomposition . . . **A20:** 9–10
cellular, image analysis kinetic analysis . . . **A10:** 316–318
conceptual . . . **A20:** 9–10
defined . . . **M7:** 3
definition . . . **A20:** 830
Freiberger . . . **A10:** 167
function-first . . . **A20:** 9
kinetics of reactions . . . **EM4:** 110
of sample, in Raman analyses . . . **A10:** 130
of thermoplastics . . . **EM1:** 101
polyester resin, at elevated temperatures . . **EM1:** 93
potential . . . **A10:** 198, 201
recursive . . . **A20:** 9, 10
spinodal . . . **A10:** 583, 593
Decomposition of organic precursors
of ferrites . . . **EM4:** 1163
Decomposition potential
defined . . . **A13:** 4
Decomposition, thermal
of polymers . . . **EM2:** 60
Decomposition voltage *See* Decomposition potential
Deconvolution
based on multiplet splitting . . . **A10:** 573
Decorating . . . **EM4:** 471–475
direct methods . . . **EM4:** 471–472
acid etching . . . **EM4:** 472
chemical frosting . . . **EM4:** 472
curtain and roll coating . . . **EM4:** 471
laser etching . . . **EM4:** 472
sand blasting . . . **EM4:** 472
sand carving . . . **EM4:** 472
spraying process . . . **EM4:** 471
water-jet cutting . . . **EM4:** 472
history of the art . . . **EM4:** 471
indirect methods . . . **EM4:** 471, 472–474
decalomania (decals) . . . **EM4:** 473
double offset . . . **EM4:** 473–474
offset screen printing . . . **EM4:** 474
silicone pad printers . . . **EM4:** 472–473, 475
materials . . . **EM4:** 474–475
glass enamels . . . **EM4:** 474
lusters . . . **EM4:** 474
media . . . **EM4:** 474–475
metallics . . . **EM4:** 474
organic colors and processes . . . **EM4:** 475
stains . . . **EM4:** 474
photosensitive glass . . . **EM4:** 474
process comparison for multicolored designs . . . **EM4:** 474
processes . . . **EM4:** 471
rubber stamping . . . **EM4:** 472
screen printing . . . **EM4:** 472
stenciling . . . **EM4:** 472
semi-direct methods . . . **EM4:** 472
flexography . . . **EM4:** 472
Decoration aging technique, for studying recrystallization in beta titanium
alloys . . . **A9:** 461, 475
Decoration of dislocations
defined . . . **A9:** 5
Decorative applications
by coining . . . **A14:** 180
copper and copper alloys . . . **A14:** 822
Decorative brass plating . . . **M5:** 285
Decorative chromium plating . . . **A5:** 192–200, **M5:** 188–198
adhesion . . . **A5:** 192
adhesion of . . . **M5:** 188
agitation . . . **A5:** 199
anodes . . . **A5:** 195, 199, **M5:** 191–194
auxiliary . . . **M5:** 192–194
bipolar . . . **M5:** 194
nonconforming . . . **M5:** 192
appearance . . . **M5:** 198
applications . . . **M5:** 188, 190–195
auxiliary anodes . . . **A5:** 196–197
baths for microcracked chromium . . . **A5:** 194–195
bright, crack-free bath . . . **A5:** 194
case histories of plating problems . . . **A5:** 199
catalysts in . . . **M5:** 189–190
chromic acid concentration . . . **M5:** 189–191
chromic acid to sulfate ratio . . . **M5:** 189, 191
chromic anhydride to sulfate ratio . . . **M5:** 189–191
chromium electrodeposits . . . **A5:** 192–193
contamination control . . . **A5:** 199–200
control of current distribution . . . **A5:** 195–196
copper plating and copper striking processes . . . **M5:** 193–194
copper-nickel-chromium combinations . . . **M5:** 193
corrosion protection . . . **A5:** 192
corrosion resistance and testing . . . **M5:** 189, 198
cracking of . . . **M5:** 188–189, 197
crack pattern . . . **M5:** 189
current density . . . **A5:** 195, **M5:** 189–191, 194, 196
current distribution control of . . . **M5:** 192–193
current shields . . . **A5:** 196, **M5:** 192
design-cost requirements . . . **M5:** 194–197
die castings . . . **M5:** 189–192, 194–197
difficult-to-plate parts . . . **M5:** 192–193, 196
double-cell (shielded anode) method . . . **A5:** 198
ductility . . . **M5:** 198
duplex chromium systems . . . **A5:** 193
durability . . . **M5:** 198
equipment . . . **M5:** 192–195
maintenance of . . . **M5:** 195
general decorative bath . . . **A5:** 194
hard chromium plating differing from . . . **M5:** 188
heating . . . **A5:** 197
hexavalent . . . **A5:** 194–198
hexavalent process . . . **M5:** 188–189
influence of design on quality and cost . . . **A5:** 193–194
leveling . . . **M5:** 198
magnesium alloys . . . **M5:** 646
maintenance . . . **A5:** 197–198
maintenance schedule . . . **A5:** 198
maintenance schedules . . . **M5:** 195
metallic impurities, effects of . . . **M5:** 189
microcracked *See* Microcracked chromium plating
microcracking . . . **A5:** 192–193
microporosity . . . **A5:** 192
mischromes, causes and correction . . . **M5:** 190, 195
mixed catalyst baths, compositions and operating conditions . . . **M5:** 190
mixed-catalyst baths . . . **A5:** 194
nickel plating process . . . **M5:** 193–194
physical properties . . . **M5:** 188–189
plating cost-time relationship . . . **A5:** 194
plating cycles . . . **A5:** 197
plating problems and connections . . . **A5:** 200
plating time . . . **M5:** 190–196
costs affected by . . . **M5:** 195–196
porosity of . . . **M5:** 188–89, 197
problems and corrections . . . **A5:** 198, **M5:** 194–195, 197–198
rack assembly . . . **A5:** 196, 197
racks . . . **M5:** 192–193
selective . . . **M5:** 194
single-cell process . . . **A5:** 198
solution compositions . . . **A5:** 198–199
solution compositions and operating conditions . . . **M5:** 189–191
solution control . . . **A5:** 195, **M5:** 191
solution operation . . . **A5:** 199
steel . . . **M5:** 189–191, 196–197
stop-offs . . . **M5:** 194
striking process . . . **M5:** 192–194
stripping of . . . **M5:** 198
system cycles . . . **A5:** 197
tanks . . . **A5:** 197, **M5:** 194
temperature . . **A5:** 195, 199, **M5:** 190–191, 194–196
heating . . . **M5:** 194–195
thickness . . . **M5:** 188–192, 194, 198
porosity affected by . . . **M5:** 188–189
thieves or robbers . . . **M5:** 192
trivalent and hexavalent chromium comparison . . . **A5:** 199
trivalent and hexavalent deposit comparisons . . . **A5:** 200
trivalent chromium plating . . . **A5:** 198–200
trivalent process . . . **M5:** 196–198
troubleshooting . . . **A5:** 198
vs. hard chromium plating . . . **A5:** 192
zinc . . . **M5:** 189–191, 194–195
Decorative coatings
cast iron . . . **M1:** 102, 104, 105
Decorative gold plating . . . **M5:** 284
Decorative nickel plating . . . **M5:** 199, 205, 218
Decorative paints
powders used . . . **M7:** 572
Decorative parts
malleable iron for . . . **M1:** 9
Decorative plating-on-plastic (POP) . . . **A5:** 314, 317, 318–319, 321
Decorative rhodium plating . . . **M5:** 290–291
Decorative vacuum coating . . . **M5:** 392–394, 396–403, 407–408
Decoring *See* Core knockout
Decoupled modes
propagation of . . . **EL1:** 36–37
Decoupling capacitors
placement . . . **EL1:** 28
Decrepitation . . . **EM4:** 379
Dedicated equipment approach . . . **A20:** 256
Dedicated SIMS instrument
for probe imaging . . . **A10:** 613
Dedicated test heads
for quality control . . . **EL1:** 873
Dedication . . . **A20:** 52
Dedusted aluminum powders . . . **M7:** 125
Deep drawability
Swift cup test for . . . **A8:** 562–563
Deep drawing *See also* Drawability; Drawing . . . **A14:** 575–590
aluminum alloys . . . **A14:** 519, 795–797
and three-roll forming . . . **A14:** 623
and trimming . . . **A14:** 588–589
beryllium-copper alloys . . . **A2:** 411
cleaning, of workpieces . . . **A14:** 589
combined operations . . . **A14:** 510
defined . . . **A14:** 3, 575
developed blanks vs. final trimming . . . **A14:** 589
dies . . . **A14:** 579–580
dimensional accuracy . . . **A14:** 589–590
direct redrawing . . . **A14:** 584–585
drawability . . . **A14:** 576–577
drawing fundamentals . . . **A14:** 476
finite-element analysis programs . . . **A14:** 923–924
formability, magnesium alloys . . . **A2:** 468–469
lubricants for . . . **A14:** 519–520
magnesium . . . **M2:** 543, 545
maraging steels . . . **M1:** 447
materials for . . . **A14:** 583–584
multiple-step . . . **A14:** 816–817
of beryllium . . . **A14:** 806–807
of boxlike shells . . . **A14:** 585
of copper and copper alloys . . . **A14:** 519, 816–817
of hemispheres . . . **A14:** 586
of magnesium alloys . . . **A14:** 827–828
of nickel-base alloys . . . **A14:** 520, 833
of pressure vessels . . . **A14:** 587
of stainless steels . . . **A14:** 519, 759, 767–771
of superplastic alloys . . . **A14:** 857, 859
of titanium alloys . . . **A14:** 520, 844–845
of workpieces with flanges . . . **A14:** 585–586
organic-coated steels . . . **A14:** 565
presses . . . **A14:** 577–579
process, defined . . . **A14:** 508
process variables, effects . . . **A14:** 580–583
redrawing, tooling for . . . **A14:** 585
reducing drawn shells . . . **A14:** 586
reverse redrawing . . . **A14:** 585
safety . . . **A14:** 590
strain rates, of beryllium . . . **A14:** 807
technique, ASEA-Quintus . . . **A14:** 615
tin/terne-coated steels, and press forming **A14:** 563
with fluid-forming presses . . . **A14:** 587

Deep drawing (continued)
workpiece ejection **A14:** 587–588
workpieces, expanding **A14:** 586–587
zinc alloys, properties **A2:** 539
Deep drawing dies
cemented carbide die parts **M3:** 499
chromium plating **M3:** 498
draw rings **M3:** 495–497
galling **M3:** 496, 497, 498
lubrication **M3:** 494, 495
plastic die parts **M3:** 499
punches **M3:** 497, 498, 499
tools for **M3:** 494, 495
wear **M3:** 496, 497–498, 499
zinc alloy die parts **M3:** 499
Deep drawing forming process
characteristics **A20:** 693
Deep drawing zinc *See* Zinc alloys, specific types, commercial rolled zincs
Deep drilling
relative difficulty with respect to machinability of the workpiece **A20:** 305
Deep etching *See also* Macroetching
copper and copper alloys **A9:** 399
defined **A9:** 5
definition **A5:** 952
Deep eutectic alloys
as metallic glasses **A2:** 805
Deep groundbed *See also* Groundbed
defined **A13:** 4
Deep-draw mold
defined **EM1:** 8, **EM2:** 13
Deep-drawing dies
materials for **A14:** 508–511
performance **A14:** 508
service problems **A14:** 509–511
Deep-drawn steel sheet
Lüders lines in **A9:** 687
Deep-field microscopy
of fractures **A12:** 96
Deep-groove ball bearings
applicable load **A18:** 511
f_v factors for lubrication method **A18:** 511
y and *z* factors **A18:** 511
Deep-lying discontinuities
magnetic particle inspection **A17:** 105
Deep-penetration electron-beam and laser welding
fluid flow in the keyhole **A6:** 22
instability in keyhole fluid flow **A6:** 22–23
keyhole formation **A6:** 22
Deep-penetration-mode welding **A6:** 264–265, 266
Deep-submergence vessel float structure
magnetic particle inspection **A17:** 114
Deer hair
analysis of sulfur in **A10:** 224
De-excitation
atomic fluorescence spectrometry **A10:** 46
Auger electron **A10:** 433, 550
by x-ray photon emission **A10:** 433
in neutron activation analysis **A10:** 234
processes, and molecular absorption Jablonsky diagram **A10:** 73
Defect *See also* Weld defects **A20:** 332
as flow localization source **A8:** 170
definition **A5:** 952, **A6:** 1081, 1208, **A7:** 701, **A20:** 147, 830, **M6:** 5
design **A20:** 147
detection by Marciniak biaxial stretching test **A8:** 558
in cold extrusion of aluminum alloys **A8:** 591–592, 595
in explosion welds **M6:** 707–708
in rolling **A8:** 593–595
manufacturing **A20:** 147
marketing **A20:** 147–149
Defect analysis *See also* Defects; Defects, analytical methods
analytical transmission electron microscopy **A10:** 464–468
by nuclear magnetic resonance **A10:** 277
by SAXS/SANS/SAS **A10:** 402
by scanning electron microscopy **A10:** 490
electron spin resonance for **A10:** 254
experimental parameters **A10:** 464–465
of inorganic solids, applicable analytical methods **A10:** 4–6
one-dimensional **A10:** 465–466
three-dimensional **A10:** 466
two-dimensional **A10:** 466
weak-beam microscopy **A10:** 466–467
Defect and fault tolerance
system-level **EL1:** 377
Defect centers
ESR detected **A10:** 253
Defect evaluation systems
automated **A17:** 320–321
Defect growth of graphite
theory of **A15:** 177
Defect imaging **A10:** 367–368, 370
Defect leakage fields
origin **A17:** 129
Defect tolerance **A7:** 887–888
Defect verification process **EL1:** 872–874
Defective
defined **A15:** 4
definition **A7:** 701
Defective coating
as casting defect **A11:** 385
Defective surfaces
as casting defects **A11:** 383–385, **A17:** 515–517
Defective weld
definition **M6:** 5
Defect(s) *See also* Bend; Casting defects; Center defects; Cracks; Defect analysis; Defects, analytical methods; Discontinuities; Edge defects; Extrusion pipe; Flaw detection; Flaws; Forging defects; Fraction defective; Inclusion-forming reactions; Inclusions; Interior defects; Internal defects; Material flaws; Nonmetallic inclusions; Pipe; Postforging defects; Presolidification, specific defect types; specific defects; Subsurface cracks; Subsurface defects; Surface cracks; Surface defects; Twist; Weld defects; Weldments **EM1:** 261
accumulations of, characterized by x-ray topography **A10:** 365
alligatoring **A14:** 358
analysis, solderability **EL1:** 1035
and details, of bridge components **A11:** 707
and fault tolerance **EL1:** 377
as crack initiation sites **A13:** 148
automatic detection, solder joints **EL1:** 739
blister **A14:** 358–359
blow holes **A14:** 358
brittle fracture initiating at **A19:** 5
buried distribution of **A10:** 632
burn-in **A15:** 208–209
burrs **A17:** 13
-caused brittle fracture **A11:** 85
causing pipeline failures **A11:** 697
center, cold-formed parts **A11:** 307
centers of **A10:** 253
classification, international **A15:** 545–553
cold lap, defined *See* Cold lap
cold shuts **A15:** 294
cope-side **A15:** 94
defined **A15:** 4, **A17:** 49, 103
distribution depth profile, in single crystal **A10:** 511
drilling **EL1:** 870, 1021
effect on fatigue cracking **A11:** 102
electrical breakdown from **EM2:** 465
etching **EL1:** 1019
expansion **A15:** 346
FIM images, in pure metals **A10:** 588–589
finning **A14:** 359
fir tree **A14:** 403
fishtail **A14:** 359
flow lines **A15:** 337
flux, from low specific gravity **EL1:** 684
forging **A11:** 317, 327–331, **A14:** 385–386
freckles **A15:** 407
from postforging processes **A11:** 331–333
hard, detecting **EL1:** 568
heat check fins **A15:** 295
imaging of **A10:** 367–368
importance, electronic materials **EL1:** 93
in adhesive-bonded joints **A17:** 610–616
in centrifugal casting **A15:** 306–307
in crystalline solids, ESR detection of **A10:** 253
in die castings **A15:** 294–295
in directional solidification **A15:** 319–321
in extrusion **EM2:** 386
in gray iron **A15:** 640–642
in imperfect crystals **A10:** 365
in pipe body **A11:** 697, 699–701
in powder metallurgy parts **A17:** 536–537
in rolling **A14:** 358–359
in semisolid casting and forging **A15:** 336–337
in solder joint inspection **EL1:** 735
in tantalum and tantalum alloys **A14:** 238
ingot **A15:** 404, 407
initial, and crack growth analysis **A11:** 57
interfacial, imaged by x-ray topography . . . **A10:** 365
joint, and solder impurities **EL1:** 642
laminate **EL1:** 1022
large, in bridge components **A11:** 708–710
latent, defined **EL1:** 244, 867–868
longitudinal weld, in pipe **A11:** 704
lustrous carbon **A15:** 270
macrodefects, titanium alloy forgings **A17:** 498
magnesium castings **A15:** 809–810
materials, in cold-formed parts **A11:** 307
misoriented grains **A15:** 321
mold wall movement **A15:** 29
near, detecting **EL1:** 568
near-surface, in single crystals **A10:** 633
non-fill **A15:** 336–337
number of, c-chart for **A17:** 736–737
number, per unit, u-chart for **A17:** 737
observable using optical microscopy **A10:** 307
overlap **A14:** 359
permanent mold casting **A15:** 285
pipe **A14:** 358
plating **EL1:** 1027
point **A10:** 358, 556–559, 583, 588
polycrystalline, effects **EL1:** 93
porosity **A15:** 325
raining **A15:** 306–307
reference standard unavailability **A17:** 676
registration **EL1:** 1022
-related dielectric breakdown, integrated circuits **A11:** 778–779
sand expansion **A15:** 210
scale **A14:** 358–359
seams **A14:** 358
segregation banding **A15:** 306
shrinkage **A15:** 321
shrinkage porosity **A15:** 294
size, by NDE methods **A17:** 677
slivers **A14:** 358
solder joint **EL1:** 738–739
soldering **A15:** 294–295
soldering, types **EL1:** 1034
spiking **A11:** 350–352
strain-induced, as fine structure effect **A10:** 438, 440
structure, oxides **A13:** 65–66
subsurface **A11:** 330–331, **M7:** 576, 578
subsurface, from welding **A11:** 127
surface, cold-formed parts **A11:** 307
surface, from welding **A11:** 127
surface, hot isostatic pressing effects **A15:** 542
surface, investment castings **A15:** 264
testing and inspection of **A15:** 544–561
tree ring patterns **A15:** 407
verification process **EL1:** 872–874

SUBJECTS OF THE INDEXED VOLUMES: ASM Handbook (designated by the letter "A"): **A1:** Properties and Selection: Irons, Steels, and High-Performance Alloys (1990); **A2:** Properties and Selection: Nonferrous Alloys and Special-Purpose Materials (1990); **A3:** Alloy Phase Diagrams (1992); **A4:** Heat Treating (1991); **A5:** Surface Engineering (1994); **A6:** Welding, Brazing, and Soldering (1993); **A7:** Powder Metal Technologies and Applications (1998); **A8:** Mechanical Testing (1985); **A9:** Metallography and Microstructures (1985); **A10:** Materials Characterization (1986); **A11:** Failure Analysis and Prevention (1986); **A12:** Fractography (1987); **A13:** Corrosion (1987); **A14:** Forming and Forging (1988); **A15:** Casting (1988); **A16:** Machining (1989); **A17:** Nondestructive Evaluation and Quality Control (1989); **A18:** Friction, Lubrication, and Wear Technology (1992); **A19:** Fatigue and Fracture (1996); **A20:** Materials Selection and Design (1997). **Metals Handbook, 9th Edition** (designated by the letter "M"): **M1:** Properties and Selection: Irons and Steels (1978); **M2:** Properties and Selection: Nonferrous Alloys and Pure Metals (1979); **M3:** Properties and Selection: Stainless Steels, Tool Materials, and Special-Purpose Materials (1980); **M4:** Heat Treating (1981); **M5:** Surface Cleaning, Finishing, and Coating (1982); **M6:** Welding, Brazing, and Soldering (1983); **M7:** Powder Metallurgy (1984). **Engineered Materials Handbook** (designated by the letters "EM"): **EM1:** Composites (1987); **EM2:** Engineering Plastics (1988); **EM3:** Adhesives and Sealants (1990); **EM4:** Ceramics and Glasses (1991). **Electronic Materials Handbook** (designated by the letters "EL"): **EL1:** Packaging (1989)

vibration A15: 307
weld, fatigue failure from A11: 127–128
welding A11: 400
welding of A15: 529–530
white spots A15: 407
zirconium castings, weld repair A15: 838
Defects, analytical methods *See also* Defect analysis; Defects
analytical transmission electron microscopy A10: 429–489
electron spin resonance A10: 253–266
field ion microscopy A10: 583–602
Rutherford backscattering spectrometry A10: 628–636
scanning electron microscopy A10: 490–515
x-ray powder diffraction A10: 325–332
x-ray topography A10: 365–379
Defects and distortion in heat-treated parts *See* Tool steels, defects and distortion in heat-treated parts
Defects, bubbles
and chemical integrity of seals EM4: 541
Defendant
defined A20: 146
Defense Advanced Research Projects Agency (DARPA) A20: 635, EM4: 716
gallium research A2: 747
Defense, Department of (DoD)
adopted standards EM3: 61, 62
Index of Specifications and Standards (DoDISS) EM3: 63–64
Defense, Department of, specifications and standards A20: 69
Defense standardization and specification program EM2: 89
Defensive missile systems
composite components EM1: 816–817
Deficiency cones
in divergent-beam topographs A10: 371
Define (x-rays)
defined A9: 5
Definition
defined A9: 5
Definitions *See also* Glossary of terms; Nomenclature
and terms A8: 1–15
glossary of EL1: 1133–1162
magnetic particle inspection A17: 103
of high-level model EL1: 129
of quality A17: 720
of samples, statistical A17: 728–730
operational, control charts A17: 734
Deflagration explosives M7: 600
Deflashing
defined EM1: 8, EM2: 13
of molded plastic packages EL1: 475
Deflection
autographic recording of A8: 58
cathetometer for measuring A8: 134
defined A14: 3
deflectometer for measuring A8: 134
in cantilever beam bend test A8: 133
in three- and four-point bend tests A8: 134
machine, in tube spinning A14: 678
vs. load data, three- and four-point bending A8: 135–136
vs. strain A8: 58
Deflection analysis A7: 352
in tooling design M7: 336–337
Deflection model
crack path tortuosity by A12: 206
Deflection temperature under load
defined EM1: 8
Deflection temperature under load (DTUL) A20: 642, EM3: 10
defined EM2: 13
definition A20: 830
Deflection-rate partitioning A19: 511
Deflectometer
for measuring deflection A8: 134
Deflocculants A7: 422, 423
as electrolytes for ceramic coatings EM4: 955
Deflocculating
definition A5: 952
Deflocculating agents
for slurry in spray drying M7: 75
Defluidization A7: 115, 116
Defluxing
of surface-mount soldering EL1: 707–708
Defoamants
for lubricant failures A11: 154
Defoamers
as aqueous cleaners EL1: 665
for metalworking lubricants A18: 141–142, 144, 147
Deformability *See* Conformability
Deformation *See also* Bending; Cold work; Deformation mechanism maps; Deformation processing maps; Deformation rate; Elastic deformation; Forming; Localized deformation; Necking; Plastic deformation; Viscous deformation A7: 53, 55, A8: 4, A13: 72, 137
acoustic emission inspection of A17: 286–289
amorphous materials and metallic glasses . . A2: 813
analysis of A10: 468–470
and annealing structures A9: 602–603
and creep life A8: 344
and ductility M7: 298
and fracture behavior A10: 365, 376–378
and fracture mechanisms, of polymers A11: 758–761
and stress, defined A8: 308
and tensile stress A8: 168–169
as equal to crosshead displacement A8: 41
as mechanism of hydrogen embrittlement A19: 185
atomic level A19: 5
austenitic bar, martensitic strain-induced transformation from A8: 481–482
bands, butterflies as A12: 115, 134
bands, defined A11: 3
bearing, as fastener failure A11: 531
bending M1: 587–588
bending, in sheet metal forming A8: 547
blue brittleness, effect on M1: 684
by forging machines A14: 25
by liquid erosion A11: 164–166
by slip A8: 34, 188
by stress wave A8: 40, 44
caused by sectioning in carbon and alloy steels A9: 166
characteristics EM2: 58
Charpy impact testing of A8: 262
cold extrusion M1: 591–592
cold heading M1: 589–592
cold, substructure due to A10: 468–469
compressive, cam plastometer A8: 194
contours, symmetric rod impact test A8: 206
cooling importance A8: 178
copper and copper alloys A2: 219
creep, and intergranular cracking A11: 29
crystallographic texture of A10: 357–364
cyclic, in fcc metals A8: 256
defined A11: 3, EM2: 412, M7: 3
depth of, in different metals due to cutting method A9: 23
differences in titanium alloys A8: 583–584
double-barreled, in rolling A8: 593–594
ductile materials A7: 55
during cold upset testing A8: 579–580
dynamic recovery and recrystallization in single-phase materials A8: 173–177
effect on ductility A8: 164–165
effect on green strength M7: 288–289
elastic A7: 55
elastic, defined *See* Elastic deformation
elastic, magnetic printing detection A17: 126
elastic/elastoplastic/thermoelastic EL1: 55
end and side, in rolling A8: 593, 595
failure modes in A8: 573–574
fatigue fracture of steering knuckle by A11: 342
fields, in fracture mechanics A8: 465
flow localization alpha parameter application to A8: 171–172
flow, medium-carbon steels A12: 258
forging M7: 410–411, 413
friction during A8: 575–576
galling A8: 576
geometry for plastic straining of hollow cylinder A8: 143
geometry, pure plastic bending A8: 120, 122
grain boundary sliding A8: 188
grain-boundary void and crack formation at hot and warm temperatures A8: 572
hardness as resistance to A8: 71
heat transfer, and compression flow stress A8: 171
heating, in torsion testing A8: 161
hot, substructure due to A10: 469–470
hot, wrought titanium alloys A2: 612
impact forces M7: 60
in A15 superconductor assembly A2: 1067
in austenitic manganese steel castings A9: 237
in composite structural analysis EM1: 459–460
in gas cutting A14: 725
in loose powder compaction M7: 298
in nonlubricated, nonisothermal hot forging A8: 582
in ordered alloys A2: 913–914
in pin bearing testing A8: 59
in tungsten alloys, effect of doping on A9: 442
inhomogeneity A8: 573
in-plane, speckle metrology measurement A17: 432–434
kinematic analysis A12: 166
limit, defined A14: 3
localized, tests for A14: 384–385
long-term, polyether sulfones (PES PESV) EM2: 160–161
measurement of A14: 878–879
measurement, sheet metal forming A8: 548–549
measuring restraining force due to A8: 567
mechanisms A9: 602
mechanisms, process modeling A14: 420–421
microstructure development during . . . A8: 173–178
mode change due to strain rate A8: 188
mode I A11: 60–61
modeling, of open-die forging A14: 65–67
nonhomogeneous A8: 44
nonlinear, in progressive fracturing A8: 440
nonuniform A20: 302
of Ceracon preforms M7: 538
of dendritic pattern in steel, effect of hot rolling on A9: 626–627
of fiber composites A11: 761
of gas-nitrided drive-gear assembly . . . A11: 142–143
of roller and ball bearing raceway A11: 510
of single crystals in shear, Kolsky bar A8: 219
opening mode of *See* Stress-intensity factor
out-of-plane, speckle metrology measurement A17: 434
patterns, nonisothermal forging A14: 375
plane stress A8: 576
plastic A7: 55
plastic, effect on fringe patterns A10: 368
plastic, magnetic printing detection A17: 126
polymer, loading rate effects EM2: 680–681
prediction, under load EM2: 673–678
-processed copper-refractory metal composites A2: 922
processes, high-rate, examples A8: 190
processes, primary and secondary M7: 522
processing, ductile fracture in A14: 363–364
processing of preforms M7: 531
rate, and yield strength, in niobium A8: 38, 39
rates, ASTM specifications for A8: 39–40
recovery, and recrystallization structure analysis A10: 468–470
redundant work of A14: 331
resistance, complexing of cermet compositions for A2: 991
resistance, universal testing machine to determine A8: 612
resistance, vs. temperature, carbon/alloy steels A14: 216
seizing A8: 575–576
simple shear, inclination effect of mean burgers vector on length change A8: 180–181
specimen temperature during A8: 191
squeezing, rolling as A14: 343
steel wire M1: 587–593
strain A8: 574–575
strain rate control A8: 178
strain rate influence on A8: 188
stress states A8: 575
swaging M1: 593
temperature A8: 188, 575
temperature, iron powder preforms A14: 194
-temperature-time schedule and flow behavior of aluminum in torsion A8: 178–179
-temperature-time sequence, for microalloyed steels A8: 179

Deformation (continued)
texture, due to mechanical processing, PST for . . . **A10:** 374
thermoplastic composites . . . **A18:** 821
time-dependent, in pressure vessels . . **A11:** 666–668
titanium aluminides . . . **A2:** 926–928
torsional . . . **A8:** 139, 179
twins, in threshold regime Inconel. . . . **A8:** 488, 718
twist reversal on aluminum after strain and . . . **A8:** 174
uniform. . . . **A8:** 305
under horizontal tension and vertical compression. . . . **A14:** 389
under tension, effect of crystal structure **A8:** 34
wedge, simulation of . . . **A14:** 429
with fracture, iron alloy . . . **A12:** 458–459
work of . . . **A8:** 191
workpiece, rotary forging . . . **A14:** 178
zone parameter, in rolling . . . **A8:** 593
Deformation bands
as a result of tensile load . . . **A9:** 684
defined . . . **A8:** 4, **A9:** 5, 685, 687
in Co-8Fe single crystal deformed 44% **A9:** 689
Deformation bonding . . . **A6:** 145
aluminum alloys. . . . **A6:** 157
Deformation cells
effect of recovery on . . . **A9:** 694
Deformation curve *See also* Stress-strain diagram
definition. . . . **A20:** 830
Deformation lines
defined . . . **A9:** 5
Deformation maps . . . **A20:** 642
Ashby-Frost. . . . **A14:** 421
damage nucleation . . . **A14:** 421
process modeling of. . . . **A14:** 420–421
Rao-Raj . . . **A14:** 421
Deformation mechanism maps . . **A8:** 310, **A19:** 43–45, 46, 47
Deformation mode
as metallurgical variable affecting corrosion fatigue . . . **A19:** 187, 193
Deformation plasticity failure assessment diagram (DPFAD). . . . **A20:** 542
Deformation process . . . **A20:** 691–693
characteristics . . . **A20:** 692
secondary. . . . **A20:** 691
Deformation processes, design for *See* Design for deformation processes
Deformation processing. . . . **A20:** 337
as manufacturing process . . . **A20:** 247
definition. . . . **A20:** 830–831
failure modes . . . **A14:** 365–366
fracture mechanisms . . . **A14:** 363–364
map. . . . **A14:** 365, 370–371
materials processing data sources . . . **A20:** 502
Deformation processing map . . . **A8:** 154
Deformation rate . . . **A20:** 187
aluminum alloy, and forgeability. . . . **A14:** 242
and fracture mechanisms . . . **A8:** 154
and strain rate, defined. . . . **A8:** 44
ASTM specifications for. . . . **A8:** 39–40
effect on strength, quantifying. . . . **A8:** 39–40
titanium alloys . . . **A14:** 269–270
Deformation strength
steel wire fabrication . . . **M1:** 592
Deformation studies by scanning electron microscopy . . . **A9:** 100–101
Deformation texture . . . **A9:** 700–701
Deformation theory of friction (Bikerman). . . . **A18:** 46
Deformation twinning
in beryllium as a result of grinding . . . **A9:** 389
Deformation twins *See also* Twinning . . **A9:** 686–688
in 70-30 brass, strain to produce. . . . **A9:** 685
in cast bismuth. . . . **A9:** 59
in metals with noncubic crystal structure. . . . **A9:** 37–38
in silver . . . **A9:** 554–555
in zinc . . . **A9:** 37–38
Deformation under load *See also* Cold flow; Creep . . . **EM3:** 10
defined . . . **EM1:** 8, **EM2:** 13
Deformation wear
defined. . . . **A18:** 7
Deformation welding
applications . . . **M6:** 686–691
cold welding of aluminum tubing. . . . **M6:** 691
metal cladding by strip roll welding **M6:** 689–691
roll welded heat exchangers. . . . **M6:** 689
seal welds . . . **M6:** 686–689
cold welding . . . **M6:** 673–674
butt welding. . . . **M6:** 673–674
lap welding . . . **M6:** 673
slide welding. . . . **M6:** 674
differentiation from diffusion welding. . . . **M6:** 672
extrusion welding . . . **M6:** 676–677
mating of surfaces. . . . **M6:** 678
pressure. . . . **M6:** 679
solid-state sintering. . . . **M6:** 678–679
surface contaminants . . . **M6:** 678–679
surface extension. . . . **M6:** 678
surface roughness . . . **M6:** 679
thennocompression welding . . . **M6:** 674–675
Deformation zone geometry . . . **A7:** 624
Deformed grain structure
formation of . . . **A9:** 603
Deformed metals
polarized light used to examine. . . . **A9:** 79
Deformed mold, as casting
defect . . . **A11:** 387
Deformed pattern
as casting defect . . . **A11:** 387
Deformed state. . . . **A9:** 692–693
polycrystalline specimens . . . **A9:** 693
Degasification *See* Degassing
Degasifier
defined . . . **A15:** 4
Degassing *See also* Breathing; Degassing processes; Fluxes; Gases; Outgassing; Vacuum degassing . . . **EM3:** 10
and capsule filling station. . . . **M7:** 431, 433
as powder cleaning. . . . **M7:** 180–181
defined. . . . **A15:** 4, **M7:** 3
end point for . . . **M7:** 434
flux injection. . . . **A15:** 453
hexachloroethane. . . . **A15:** 460, 462–463
in CAP process . . . **M7:** 533
in vacuum melting ultrapurification. . . . **A2:** 1094
metal-matrix composites. . . . **A15:** 848–849
of copper alloys. . . . **A15:** 86, 467–468
of high-performance aluminum powder . . . **M7:** 526
of Invar . . . **A2:** 890
of vacuum induction furnace. . . . **A15:** 395
powder, high-strength aluminum P/M alloys . . . **A2:** 202–203
solid . . . **A15:** 467–468
Degassing for purifying metals. . . . **M2:** 710
Degassing processes *See also* Degassing; Gases; Secondary metallurgy
compared . . . **A15:** 439, 440
converter metallurgy . . . **A15:** 426–431
defined. . . . **A15:** 426
effect on modification. . . . **A15:** 485–486
for aluminum alloys . . . **A15:** 456–462
for copper alloys . . . **A15:** 464–468
for magnesium . . . **A15:** 462–464
gases used . . . **A15:** 426
hexachloroethane. . . . **A15:** 460, 462–463
hydrogen removal . . . **A15:** 459–462
ladle metallurgy . . . **A15:** 432–444
oxidation-deoxidation, copper alloys. . . . **A15:** 466
porous plug. . . . **A15:** 461–462
rotary . . . **A15:** 460–461
vacuum oxygen decarburization, ladle . . . **A15:** 434–435
Degradation. . . . **EM3:** 10
abrasive, of glass filaments. . . . **EM1:** 45
and structure . . . **A10:** 285–286
by light and heat, of polymers. . . . **A11:** 761
cavitation erosion. . . . **A13:** 142
corrosion fatigue . . . **A13:** 142–144
defined . . . **EM1:** 8, **EM2:** 13
detection . . . **EM2:** 574
erosion. . . . **A13:** 136–138
fretting corrosion. . . . **A13:** 138–140
fretting fatigue . . . **A13:** 141
hydrogen, classification. . . . **A13:** 165
in atmosphere. . . . **A13:** 204
in flow properties, as hydrogen damage. . . **A13:** 164
measuring . . . **A13:** 195
mechanical. . . . **EM2:** 424
mechanically assisted, types . . . **A13:** 79
microbial . . . **EM2:** 424, 783–787
of orthopedic implants. . . . **A11:** 672, 689–692
of polymers, Raman analyses. . . . **A10:** 131
photolytic . . . **EM2:** 776–782
photooxidative . . . **EM2:** 573
preferential dissolution as. . . . **A13:** 17
radiation . . . **EM2:** 424
thermal . . . **EM2:** 423–424, 568–570, 573
thermal, of thermoplastic matrices . . . **EM1:** 33
thermal oxidative . . . **EM2:** 573
types. . . . **EM2:** 424
water drop impingement. . . . **A13:** 142
WSI system. . . . **EL1:** 9
Degradation of microstructures due to morphological changes, scanning electron
microscopy used to study . . . **A9:** 101
Degrease . . . **EM3:** 10
Degreasing *See also* Grease, removal of; Vapor degreasing . . . **A7:** 979
definition. . . . **A5:** 952
for thermal spray coatings . . . **A13:** 460
ultrasonic cleaning operation . . . **M7:** 459
Degree of cure *See also* Cure; Curing
as quality-control variable. . . . **EM1:** 730
epoxy resin lamination . . . **EM1:** 74–75
for close-loop cure . . . **EM1:** 761
solder masks. . . . **EL1:** 554
Degree of hardness (for water)
symbol for. . . . **A11:** 798
Degree of order
increasing tendency for brittle fracture. . . . **A19:** 7
Degree of overbasing. . . . **A18:** 100
Degree of polymerization. . . . **EM3:** 10
defined . . . **EM1:** 8, **EM2:** 13
Degree of recrystallization. . . . **A19:** 796, 797
Degree of saturation . . . **EM3:** 10
defined. . . . **EM2:** 13
Degree of wear. . . . **A18:** 431
Degrees of freedom. . . . **A3:** 1•2, **A20:** 82–86, 159, 166–167, 177, 185
abbreviation . . . **A8:** 724
defined. . . . **A8:** 625–626, **A9:** 5
finite element analysis. . . . **A20:** 172
landing gear system . . . **A20:** 170
percentiles. . . . **A8:** 707, 709
percentiles of the *t* distribution for. . . . **A8:** 655
use in determining design allowables **A8:** 665, 668, 672–677
Degussa OX-50 . . . **EM4:** 447, 449
Degussit. . . . **A16:** 98
Dehydrated Kaolin. . . . **EM3:** 175
Dehydration
Antioch process . . . **A15:** 246
Delamination *See also* Debond; Disbond; Interlaminar fractures . . **A8:** 714, **A19:** 905–907, **EL1:** 1003, 1023–1024, **EM3:** 10
and interlocking, translaminar fracture. . . **EM1:** 792
as fatigue failure . . . **EM1:** 437–438
as impact damage . . . **EM1:** 259–260
as out-of-plane failure mode. . . **EM1:** 781, 783–784
at laminate edges . . . **EM1:** 230
at rivet hole . . . **A11:** 551–553
defined . . . **EM1:** 8, **EM2:** 13
definition. . . . **A20:** 831
detection of. . . . **A18:** 421

failure analysis case histories....... EM2: 817–822
free edge, interlaminar cracking by.. EM1: 241–242
growth EM1: 784
in composite compression fracture A11: 739
in fiber composites, as a result of manufacture....................... A9: 591
in fiber composites, as a result of specimen mounting A9: 588
interfaces, laminate EM1: 242
internal, by machining and drilling...... EM1: 668
internal, damage tolerances EM1: 262
mechanically induced artificial EM3: 522–523
of coatings during specimen preparation of sheet steels......................... A9: 197–198
pipe-wall, hook crack in A11: 448
resistance, as damage tolerance property .. EM1: 99
resistance, testing for.................. EM1: 264
surface, by cutting EM1: 667
theory, of wear......................... A11: 148
wear, under lubrication.................. A11: 150
Delamination test......................... A18: 404
Delamination wear
defined.................................. A18: 7
Delaminations *See also* Splitting
by computed tomography (CT) A17: 361
causes for.............................. A12: 105
defined................................ A12: 104
microwave inspection.............. A17: 202, 212
superalloys............................ A12: 393
thermal inspection A17: 402
ultrasonic inspection A17: 250
wrought aluminum alloys A12: 418
Delay cartridges M7: 600, 602, 603
Delay formulations
burning times M7: 603–604
Delay intrinsic device EL1: 2
RLC lines........................ EL1: 359–361
signal, and local physical performance...... EL1: 5
speed-of-light, as communication limit EL1: 2
time, interconnections................... EL1: 20
total, defined............................ EL1: 2
transmission line EL1: 6
Delay lines, computers
powders used.......................... M7: 573
Delay period (n_D cycles) A19: 118
Delayed cracking *See also* Crack propagation; Cracking A6: 410
ductile and brittle fracture from A11: 95
hydrogen-induced, in bolts.............. A11: 249
quench A11: 95–96, 122
uranium alloys A2: 675–676
Delayed failure *See also* Hydrogen embrittlement........ A19: 379, EM3: 353–355
by solid-metal embrittlement........ A13: 185–187
hydrogen effect A13: 329–330, 535–536
in hydrogen-embrittled steels.......... A11: 28–29
in nickel-base alloys A13: 650–652
in SMIE and LME systems A11: 242–244
of electroplated steel bolt, hydrogen embrittlement................ A11: 539–540
Delayed fishscaling
definition............................... A5: 952
Delayed fluorescence
in molecular fluorescence spectroscopy A10: 73
Delayed fracture
martensitic low-carbon steel............. A12: 248
Delayed hydride cracking (DHC) A6: 788
Delayed retardation................. A19: 119, 130
Delayed solidification
in iron casting.......................... A11: 350
Delayed-neutron counting............. A10: 238, 690
Delayed-tack adhesives EM3: 75
Delay-tip contact-type ultrasonic search unit A17: 258
Deleading failure
copper-lead alloy bearings............... A11: 488
Delineating etchants for heat-resistant casting alloys.......................... A9: 330–332
Deliquescence EM3: 10
defined................................ EM2: 13
DeLong diagrams ... A6: 82, 457, 458, 462, 501, 503, 677–678, 679, M6: 40
constitution diagram A6: 810
weld cladding prediction A6: 818, 819
Deloro 60
laser cladding components and techniques A18: 869
Delta ferrite *See also* Ferrite A6: 457, A7: 658
defined.................................. A9: 5
effect on sigma in austenitic stainless steel A9: 136–137
in 18-8 stainless steel, polarization curve for potentiostatic etching............... A9: 145
in austenitic steel welded joints........... A9: 579
in type 304 stainless steel, revealed by magnetic etching A9: 65–66
peritectic formation of austenite from A9: 679–680
Delta iron
defined.................................. A9: 5
definition.............................. A5: 952
Delta phase
in wrought heat-resistant alloys....... A9: 309–310
$\Delta\partial_p$ versus N_f curve....................... A19: 68
δ ferrite.................................. A19: 490
Delta-ferrite in wrought stainless steels
etchants compared...................... A9: 289
etching A9: 282
in austenitic grades A9: 283–284
in martensitic grades, prevention A9: 285
in precipitation-hardenable grades......... A9: 285
magnetic etching........................ A9: 282
Delta-glaze 347m/349m
as lubricant for compression testing....... A8: 195
Delta-I noise EL1: 27, 28
δ phase A19: 493
δ′ precipitate-free zones A19: 140
Delube
defined M7: 3
Delubing process................. A7: 457–458, 465
Delubing zone............................ A7: 453
Delubrication
effects of particle size distribution and mixture fluctuations...................... M7: 186
growth and shrinkage during............ M7: 480
in sintering atmosphere M7: 340
Delubrication zone
furnaces M7: 351
Demagging
of aluminum alloys A15: 471–474
Demagnetization *See also* Magnetic hysteresis; Magnetism; Magnetization .. M3: 616–617, 637, 639
after magnetic particle inspection.... A17: 120–122
by mobile equipment.................... A17: 93
current-decay method A17: 93
curve for permanent magnet alloy........ M7: 639
curves............................ A2: 785–790
resistance, of permanent magnets..... A2: 782, 784
with alternating current (ac)............ A17: 121
with direct current (dc)................. A17: 121
Demagnetization curve.................. EM4: 1161
Demagnetizing factor..................... A7: 1007
Demagnetizing field...................... A10: 690
Demarcation line A19: 106
Demarest process A14: 3, 610
Dementia
from aluminum toxicity A2: 1256
Deming, Edward A20: 105
Deming, W. Edward A7: 693
Deming's fourteen points
for quality control A17: 719–720
Demixed particle pattern.................. M7: 186
Demixing............ A7: 104, 321, 322, M7: 3, 188
Demodulation methods
eddy current inspection................ A17: 174
Demulsifiers........................ A18: 106–107
applications........................... A18: 107
formation of A18: 107
moieties.............................. A18: 106
structures............................. A18: 107
Denatured alcohols
use in etchants A9: 67–68
Dendrite
defined.............. A8: 4, A9: 5, A11: 3, A13: 4
Dendrite arm spacing *See also* Primary dendrite arm spacing; Secondary dendrite arm spacing
and relationship to solidification time equation for...................... A9: 629
as an indicator of solidification history and its effect on postsolidification processing A9: 625
in aluminum alloy 3003 .... A9: 630
in aluminum alloy ingots A9: 629
in cast aluminum alloys A9: 357
in copper alloy ingots, effect of cooling rate on...................... A9: 637, 639
in steel........................... A9: 623–625
in zinc alloys, measuring................. A9: 490
Dendrite arm spacing, vs. cooling rate
Al alloys........................... M7: 33, 36
Dendrite arms
maraging steels........................ A12: 384
Dendrite cell size, in cast aluminum alloys used to determine solidification rate and strength A9: 357
Dendrite formation
and tin whisker growth EL1: 969–970
zone 2, package interior............... EL1: 1009
Dendrite-arm spacing
aluminum casting alloys A2: 133
Dendrites *See also* Dendritic; Dendritic structure...... A3: 1•19, A7: 401–402, A20: 724
and eutectics, competitive growth of A15: 122–124
arm spacing, aluminum alloys....... A15: 749–750
as a result of supercooling in pure metals.. A9: 609
as grains, after solidification A15: 118
coarsening of................ A15: 138, 154–155
columnar........................ A15: 130–135
defined................................. A15: 4
detachment, as equiaxed grain growth mechanism A15: 131–132
equiaxed A15: 130–135
growth, and low gravity A15: 153–156
in aluminum alloy 2024 .... A9: 634
in aluminum alloy ingots A9: 629
in copper alloy ingots.............. A9: 637–641
in cyclohexanol......................... A9: 608
in rapidly solidified alloys A9: 615–617
instabilities....................... A15: 122–123
length, calculated A15: 117
morphology, in microsegregation......... A15: 137
redistribution of solutes during solidification A9: 614
secondary............................ A15: 117
SEM analysis.......................... A10: 490
solidification...................... A9: 612–614
spacing, low gravity effect A15: 150
tip, equiaxed.......................... A15: 135
Dendritic
definition.............................. A7: 263
microstructure .... A3: 1•20
segregation .... A3: 1•18, 1•19
Dendritic coarsening A15: 138, 154–155
Dendritic crack structure
arc-gouged drain groove A11: 647
Dendritic growth
from ionic residues EL1: 660
Dendritic growth in steel A9: 623–628
segregation during A9: 625–626
Dendritic interface
particle behavior at............... A15: 144–145
Dendritic macrostructure in aluminum alloy ingots............................. A9: 629
relationship to grain size................. A9: 631
Dendritic particle shapes M7: 233, 234
Dendritic particles
apparent density M7: 272
Dendritic pattern in steel
effect of hot rolling on A9: 627–628
Dendritic powder
defined M7: 3
Dendritic segregation
defined.................................. A9: 5
Dendritic solidification
microscopic solids in.................. A15: 102
particle behavior in............... A15: 145–146
Dendritic solidification structure
Ni-5Ce alloy A10: 307
Dendritic structure
aluminum-silicon alloys................ A15: 165
and semisolid cast microstructure compared....................... A15: 327
electrolytic copper powder............... M7: 71
electrolytic iron sheet................... M7: 72
growth, in mold.................. A15: 118–119
high-alloy steels A15: 731
in carbon and alloy steels, revealed by macroetching..................... A9: 173
in low alloy steel A9: 623
single-phase alloys A15: 116–119
velocity effect.................... A15: 116–119

294 / Dendritic theory

Dendritic theory **EM3:** 300

Denickelification *See also* Corrosion; Dealloying; Selective leaching. . . . . **A13:** 4, 130, 133 as selective leaching . . . . **A11:** 178, 633 defined . . . . **A11:** 3 definition . . . . **A5:** 952 failure, copper-nickel alloy heat-exchanger tubes **A11:** 634

Denier. . . . . **EM1:** 8–9, 114 defined **EM2:** 13

Denitriding as annealing of metal powders **M7:** 182

Denitriding, surface chemical studies **A10:** 177

Denmark inspection frequencies of regulations and standards on life assessment. . . . . **A19:** 478 nondestructive evaluation requirements of regulations and standards on life assessment . . . . **A19:** 477 regulations and standards on life assessment . . . . **A19:** 477 rejection criteria of regulations and standards on life assessment. **A19:** 478

Dense random packing of hard spheres (DRPHS) in amorphous materials and metallic glasses. **A2:** 810

Dense silicon nitride . . . . **EM4:** 812–183 additives . . . . **EM4:** 812 fabrication . . . . **EM4:** 812 flexural strength . . . . **EM4:** 816 sintering. **EM4:** 812

Densemix powder. **A7:** 376

Densification. . . . . **A7:** 24, 55, 173, 174, **A20:** 34 amount of . . . . **A7:** 9 and chemical composition . . . . **M7:** 246–249 and flow stress. . . . . **M7:** 300 and injection molding . . . . **A7:** 315 and shrinkage during sintering . . . . **M7:** 310 and sintering in CAP process . . . . **M7:** 533 and sol-gel processing . . . . **EM4:** 449–450 as function of compact green density . . . . . **M7:** 310 by cold rolling . . . . **M7:** 406, 407 by hydrostatic extrusion, stages . . . . **M7:** 300 ceramic-ceramic composites. . . . . **EM1:** 935–937 chemical vapor deposition (CVD) for. . . . **EM1:** 918 during cemented carbide sintering. . . . . **M7:** 386 effect on electrical conductivity and tensile properties of P/M copper. . . . . **M7:** 736 end point, effects of contained argon . . . . . **M7:** 434 factors affecting during homogenization . . . **M7:** 315 forging . . . . **M7:** 410–411 full, of powder compact. . . . . **M7:** 502 hot isostatic pressing, rate . . . . **A7:** 597 in carbon/carbon composites . . . . **EM1:** 917–918 in nuclear fuel pellet fabrication . . . . **M7:** 665 incomplete sintering, effects. . . . . **EM1:** 937–938 mode, and interparticle bonding . . . . **A7:** 320 model for ductile metal powders . . . . . **M7:** 299–300 of copper powder compacts . . . . **M7:** 735 of green strip . . . . **M7:** 405 of hollow sphere under hydrostatic pressure. . . . . **M7:** 298 of loose powders, plastic flow stage. . . . . . **M7:** 298 process, defined . . . . **EM1:** 9 reduction . . . . **A7:** 180 SAS techniques for. **A10:** 405 sintering . . . . **EM4:** 260–265, 266, 267–268 solid-state sintering **EM4:** 275–276, 279–280

Densification, of castings by hot isostatic pressing **A15:** 263

Densification process defined **EM2:** 13

Densification/coarsening ratio **EM4:** 297

Densified-with-small-particle (DSP) cements A20: 427

Densitometry **A7:** 268

Density *See also* Bulk density; Current density; Densification; Density distribution; Electric charge density; Electric flux density; Energy density; Green density; Heat flux density; Mass characteristics; Packed density; Porosity; Specific gravity . . . **A7:** 274, 278–280, **A20:** 257, **EM4:** 424, 582–583

absolute. . . . . **M7:** 3 absolute, defined. . . . . **A8:** 4 active circuitry . . . . **EL1:** 7 alloy cast iron . . . . **M1:** 88 aluminum and aluminum alloys . . . . **A2:** 47 aluminum casting alloys. . . . . **A2:** 153–177 and fill ratio, in rigid tool compaction . . . . **M7:** 321–325 and interconnected porosity, specifications. . . . **A7:** 227, 699, 712–713, 719, 720, 1099 and material selection . . . . **EM1:** 38 and materials selection. . . . . **M7:** 262 and mechanical properties, powder forging . . . . **A14:** 189 and pressure relationships, Ceracon process . . . . **M7:** 538 and pressure relationships, powder compacts . . . . **M7:** 298–300 and types of arrays. **M7:** 296 and weighing errors . . . . **M7:** 483 apparent, of metal powders, specifications . . **A7:** 14, 147, 190, 293, 1098 as function of energy in explosive compacting . . . . **M7:** 305 as function of hardenability . . . . **M7:** 451 as function of pressure in cold isostatic pressing. . . . . **M7:** 449 available, hybrids. . . . . **EL1:** 251 band, in filament winding . . . . **EM1:** 508 beryllium-copper alloys . . . . **A2:** 409 board wiring, design/manufacture effect . . **EL1:** 129 bulk. . . . . **EM4:** 582 bulk, defined *See* Bulk density carbon fibers . . . . **EM1:** 51 cast copper alloys. . . . . **A2:** 356–391 cast steels. . . . . **M1:** 392, 393 change during aging, cast copper alloys . . . **A2:** 360, 362 compact, and fatigue strength, titanium P/M . . . . **A2:** 652 compacted, of tungsten powders . . . . **M7:** 390 compaction pressure for prealloyed steel powder . . . . **M7:** 683 composite, for filament winding. . . . **EM1:** 508, 509 copper-based P/M materials . . . . **M7:** 470 crystal defect, measured by x-ray topography. . . . . **A10:** 365 current . . . . **A10:** 685 defined . . . . **A10:** 671 defined, thermal inspection . . . . **A17:** 396 definition . . . . **A7:** 712 dry . . . . **M7:** 3 eddy current, and depth . . . . **A17:** 169 eddy current, effect, remote-field eddy current inspection. . . . . **A17:** 195 effect, environmental stress crazing. . . . . . **EM2:** 800 effect in blending and premixing . . . . **M7:** 188 effect of lubrication in rigid dies . . . . **M7:** 302 effect of packing method in lead shot. . . . . **M7:** 296 effect on elastic modulus, Poisson's ratio. . **M7:** 466 effect on hardness testing . . . . **M7:** 452 effect on mechanical properties . . **A7:** 440, 762, 764 effect on tensile/impact properties . . . . **A14:** 202–203 effect, paper radiographs. . . . . **A17:** 314 effect, PUR foams . . . . **EM2:** 262 effect, radiographic inspection . . . . **A17:** 295 effective . . . . **EM4:** 583 effects from steam treating ferrous P/M materials . . . . **M7:** 466 effects in welding . . . . **M7:** 456 electric charge . . . . **A10:** 685 energy. . . . . **A10:** 685 final . . . . **A7:** 565, **M7:** 463 flux. . . . . **EL1:** 683 forging and ejection pressures. . . . . **M7:** 417 function, of variables. **A8:** 624 functional, of printed wiring boards. . . . . . **EL1:** 505 gradient . . . . **A7:** 701 increase by tapping. **M7:** 296 increase by vibration . . . . **M7:** 296 increased, methods in powder compacts . . . . **M7:** 304–307 interconnection . . . . **EL1:** 7, 10 lead and lead alloys . . . . **A2:** 545 low, of engineering plastics. . . . . **EM2:** 1 malleable iron . . . . **M1:** 67 maraging steels . . . . **M1:** 450, 451 mass . . . . **A10:** 685 mass, SI units/symbol for . . . . **A8:** 721 measurement and quality control . . . . **M7:** 482–483 measurement of . . . . . . **A7:** 712–713, **EM1:** 285–286 mechanical fundamentals. . . . . **M7:** 296 metals vs. ceramics and polymers . . . . **A20:** 245 metals/metal oxides, for gating systems . . . **A15:** 593 methods to determine . . . . **M7:** 262–271 mold aggregate, and tolerances . . . . **A15:** 618 near-full . . . . **A7:** 441 of aluminum alloys. . . . . **M7:** 474 of aluminum oxide-containing cermets . . . . **M7:** 804 of beryllium . . . . **A2:** 683–684 of carbonyl nickel powder compacts . . . . . . **M7:** 310 of cast steel . . . . **A1:** 374 of cemented carbides. **A2:** 957 of cemented carbides, specifications **A7:** 816, 1100 of chromium carbide-based cermets . . . . . . **M7:** 806 of compacts in sintering . . . . **M7:** 309 of composite tools . . . . **EM1:** 586–587 of contacts. . . . . **EL1:** 440 of ductile iron . . . . **A1:** 50, **A15:** 663, **M1:** 49 of electrolytic copper powder compacts . . . **M7:** 310 of electrostatic copier powders . . . . **M7:** 585 of ferrous P/M materials . . . . **M7:** 466 of gases, defined . . . . **A13:** 4 of glass fibers . . . . **EM1:** 46 of gray iron . . . . **A1:** 31, **A15:** 644, **M1:** 31 of injection molded P/M materials . . . . **M7:** 471 of iron powder compacts. . . . . **M7:** 511 of loose powder . . . . **A7:** 104–105 of loosely packed nickel powder. . . . . **M7:** 397 of magnesium, and casting weight . . . . **A15:** 808 of metal borides and boride-based cermets . . . . **M7:** 812 of molybdenum and molybdenum alloys . . **M7:** 476 of nickel-powder compacts, sintered . . . . . . **M7:** 314 of P/M and I/M alloys. . . . . **M7:** 747 of P/M stainless steels . . . . . **A13:** 830–832, **M7:** 468 of polyester resins . . . . **EM1:** 91 of powder forged parts . . . . **A14:** 204 of powders, empirical determination. . **M7:** 296–297 of rare earth elements. . . . . **A2:** 722–723 of semiconductor ICs . . . . **EL1:** 297 of sintered metal friction materials, specifications. . . . . **A7:** 1099 of solids and liquids, defined. . . . . **A13:** 4 of STAMP-processed materials. . . . . **M7:** 548 of synthetic sands. . . . . **A15:** 29 of titanium carbide-based cermets . . . . **M7:** 808 of titanium carbide-steel cermets . . . . **M7:** 810 of uranium and uranium alloys. . . . . **A2:** 670 of x-ray film . . . . **A17:** 323–324 optical, blackening as . . . . **A10:** 143 P/M and wrought titanium and alloys . . . . **M7:** 475 P/M forged low-alloy steel powders. . . . . . . **M7:** 470 P/M steels, designations and ranges. . . . . . . **M1:** 333 packaging, factors . . . . **EL1:** 438–440 packaging, model of . . . . **EL1:** 13–14 packaging, through-hole vs. surface mount technologies. . . . . **EL1:** 730 packing, grain size distribution effect. . . . . **A15:** 208 palladium. **A2:** 715

SUBJECTS OF THE INDEXED VOLUMES: ASM Handbook (designated by the letter "A"): **A1:** Properties and Selection: Irons, Steels, and High-Performance Alloys (1990); **A2:** Properties and Selection: Nonferrous Alloys and Special-Purpose Materials (1990); **A3:** Alloy Phase Diagrams (1992); **A4:** Heat Treating (1991); **A5:** Surface Engineering (1994); **A6:** Welding, Brazing, and Soldering (1993); **A7:** Powder Metal Technologies and Applications (1998); **A8:** Mechanical Testing (1985); **A9:** Metallography and Microstructures (1985); **A10:** Materials Characterization (1986); **A11:** Failure Analysis and Prevention (1986); **A12:** Fractography (1987); **A13:** Corrosion (1987); **A14:** Forming and Forging (1988); **A15:** Casting (1988); **A16:** Machining (1989); **A17:** Nondestructive Evaluation and Quality Control (1989); **A18:** Friction, Lubrication, and Wear Technology (1992); **A19:** Fatigue and Fracture (1996); **A20:** Materials Selection and Design (1997). **Metals Handbook, 9th Edition** (designated by the letter "M"): **M1:** Properties and Selection: Irons and Steels (1978); **M2:** Properties and Selection: Nonferrous Alloys and Pure Metals (1979); **M3:** Properties and Selection: Stainless Steels, Tool Materials, and Special-Purpose Materials (1980); **M4:** Heat Treating (1981); **M5:** Surface Cleaning, Finishing, and Coating (1982); **M6:** Welding, Brazing, and Soldering (1983); **M7:** Powder Metallurgy (1984). **Engineered Materials Handbook** (designated by the letters "EM"): **EM1:** Composites (1987); **EM2:** Engineering Plastics (1988); **EM3:** Adhesives and Sealants (1990); **EM4:** Ceramics and Glasses (1991). **Electronic Materials Handbook** (designated by the letters "EL"): **EL1:** Packaging (1989)

polyamide-imides (PAI) EM2: 133
polyaryl sulfones (PAS) EM2: 146
profile, polyurethanes (PUR) EM2: 260
pycnometry as measure of M7: 262, 265–266
ratio, defined M7: 3
reflection, radiography A17: 314, 323
relative A7: 327, 333
relative, measurement by computed tomography (CT) A17: 361
sheet molding compounds EM1: 158
signal line, VHSIC interconnects EL1: 389
steels, selected grades M1: 145
structural ceramics A2: 1019
symbol and units A18: 544
symbol for A8: 726, A10: 692
terminations, comparison EL1: 730
theoretical . . A7: 713, EM4: 582–583, M7: 280, 287
transmission, radiography A17: 323
true EM4: 582–583
uniform M7: 298, 300–301
variability in A8: 623
variations A7: 26
versus sintering time, liquid-phase sintering M7: 320
vs. costs, hybrids EL1: 250–252
wet M7: 3
white cast iron M1: 31
wiring, and thermal expansion EL1: 613
wiring, metal cores EL1: 620–621
wrought aluminum and aluminum alloys A2: 62–122

Density distribution *See also* Densification; Green density; Packed density; Porosity
and stress M7: 300–302
improved with top and bottom pressure . . . M7: 301
in compacts M7: 301
in dies with sidearm M7: 300
measuring M7: 301

Density function for a normal distribution A20: 77–78

Density function for an exponential distribution A20: 80

Density functions A20: 73–74

Density, material properties
flyer plate and explosion welding A6: 161

Density method A20: 215

Density of powder metallurgy materials A9: 503

Density resolution
defined A17: 383

Densmix polymer lubricant A7: 304

Dent depth *See* Damage

Dental alloys *See also* Dental amalgam; Dental fillings; Sliver alloys A13: 1336–1366
beryllium-nickel A2: 426
classification/characterization A13: 1348–1359
compositions/properties A13: 1336–1337
containing tin A2: 526
crown and bridge alloys A2: 696
crown, bridge, and partial A13: 1350
direct filling alloys A2: 696
implant alloys A2: 696
implant rejection A13: 1339
interstitial vs. oral fluid environments and artificial solutions A13: 1340–1341
intraoral surface A13: 1346–1347
intraoral vs. simulated exposures . . A13: 1347–1348
oral corrosion pathways/electrochemical properties A13: 1342–1344
oral corrosion process A13: 1344–1346
partial denture alloys A2: 696
porcelain fused to metal alloys A2: 696
properties A2: 698
saliva composition effects A13: 1341–1342
soldering alloys A2: 696–697
tarnish/corrosion resistance A13: 1337–1340
tarnish/corrosion under simulated/accelerated conditions A13: 1359–1363
trade practices A2: 691
with gallium A2: 741
wrought orthopedic wires A2: 696

Dental alloys, tin
use in M2: 615

Dental amalgam *See also* Dental alloys; Silver alloys M2: 678
properties A2: 703–704

Dental amalgams
liquid mercury with silver-based alloy powders M7: 661–662
powders used M7: 573

Dental applications . . EM4: 1091–1097, M7: 657–663
dental glass in composite resin materials EM4: 1091–1092
glass and glass-ceramic crown and bridge materials EM4: 1093–1096
glass implant materials EM4: 1096
glasses in dental ceramics EM4: 1092–1093
health and safety regulations EM4: 1096–1097

Dental ceramics A20: 635–636

Dental composites
single-pass sliding with amalgam material A18: 669

Dental fillings
germanium gold alloys for A2: 743

Dental impression rubber method
for plastic replicas A17: 53

Dental inlays
investment cast A15: 35

Dental materials, friction and wear of . . A18: 665–676
composite restorative materials A18: 669–672
abrasion tests A18: 670
aging and chemical softening A18: 670, 671
clinical studies A18: 671–672
correlating abrasion with hardness and tensile data A18: 670
double-pass sliding studies A18: 670
fracture toughness studies A18: 670
fundamental laboratory studies A18: 669–670
Leinfelder technique A18: 671
simulation studies A18: 670–671
single-pass sliding studies A18: 670, 671
dental amalgam A18: 669
abrasion tests A18: 669
clinical studies A18: 669
fracture toughness tests A18: 669
friction A18: 669
simulation studies A18: 669
single-pass sliding studies A18: 669
dental cements, studies A18: 673
material loss on abrasion A18: 673
dental feldspathic porcelain and ceramics, studies A18: 674
friction and wear properties for single-pass sliding A18: 674
denture acrylics, studies A18: 666, 674
die materials (stone, resin, and metal), studies A18: 666, 675
material loss on abrasion A18: 675
endodontic instruments, studies A18: 666, 675
human dental tissues A18: 665–666
noble and base metal alloys, studies A18: 673
orthodontic wires A18: 675–676
periodontal instruments, studies A18: 675
pits and fissure sealants, studies A18: 672
porcelain and plastic denture teeth, studies A18: 673–674
friction and wear properties for single-pass sliding A18: 674
interpenetrating polymer network (IPN) A18: 674
loss of material on opposing restoration A18: 674
wear studies A18: 666–669
classification of wear situations in dentistry A18: 666
clinical studies A18: 668–669
failure classification scale (lab) A18: 667
fundamental laboratory studies A18: 667–668
simulation studies A18: 668

Dental porcelain
absorption (%) and products A20: 420

Dentin
abrasion of dentifrices A18: 668
human teeth, properties A18: 666

Denting *See also* Brinelling
in steam generators A13: 940
resistance, in heat-exchanger tubes A11: 628

Dentistry
precious metals in A2: 695–698
use of gold M2: 684–687

Dents
adhesive-bonded joints A17: 613

Dents, by dirt
slivers in die A8: 548

Denture acrylics
properties A18: 666
simplified composition on microstructure A18: 666

Denuded zones A19: 8

Deoxidation *See also* Oxygen; Oxygen removal
and temper annealing, ferrous alloys M7: 185
basic steelmaking A15: 367
brittle fracture from A11: 85
by aluminum A15: 91
copper and copper alloys A2: 236–237
defined A15: 4
in acid steelmaking A15: 364, 365
low-alloy steels A15: 721
of copper alloys A15: 468–470
of ferrous melts A15: 74, 78–79
of Invar A2: 890
of plain carbon steels A15: 708–709
single-element A15: 78
systems A15: 78
vacuum, in water-atomized tool steel powders M7: 104
vacuum induction furnace A15: 395
vacuum sintering of high-speed steels A7: 484

Deoxidation of steel
effect on macrostructure A9: 623

Deoxidation practice M1: 111–112, 114, 121, 123–124
capped steel A1: 143
influence of, on graphitization A1: 696
killed steel A1: 142
notch toughness, effect on M1: 694–695, 698
rimmed steel A1: 143
semikilled steel A1: 142–143
steel plate production A1: 226–227

Deoxidation products
defined A9: 5

Deoxidized copper
filler metals A6: 755
gas-metal arc welding A6: 759
gas-tungsten arc welding A6: 192, 756, 757
globular-to-spray transition current for electrodes A6: 182
roll welding A6: 313
weldability A6: 753

Deoxidized steel
pipe revealed by macroetching A9: 174

Deoxidizer
addition, testing for A15: 470
defined A15: 4

Deoxidizers, aluminum processing *See also* Oxide, removal of M5: 8, 12–13

Deoxidizing
defined A13: 4

Deoxidizing elements A6: 753

Department of Defense Ceramics Analysis Information Center (CINDA) EM4: 692

Department of Defense (DoD) EL1: 458, 906–916
as information source EM1: 40, 42

Department of Defense index of Specifications and Standards (DoDISS) EL1: 906, EM1: 701, EM2: 89–90

Department of Defense Index of Standards and Specifications EM4: 40

Department of Transportation
restrictions for shipment of treatment chemicals A5: 408

Departure from nucleate boiling (DNB) . . A11: 1, 605, 796

Departure side pinning
superalloys A12: 393

Dependability
of metal castings A15: 40

Dependent variables A20: 77
in fatigue testing A8: 697–698

Dephosphorization
defined A15: 4

Depleted uranium *See* Uranium

Depleted uranium (DU), heat treating . . . A4: 928–938
aging . . . A4: 931, 932, 933, 934–935, 936, 937–938
analysis, chemical and gas A4: 928
annealing A4: 929–930, 931
applications A4: 928
atmospheres, furnace A4: 932, 936, 937
cast A4: 930–931
cleaning A4: 937
cold working A4: 929, 936
cooling rates A4: 929, 931, 932, 933
corrosion in molten salts A4: 937
density A4: 928–929, 930
dilute alloys A4: 928, 931–936
fixtures A4: 937

Depleted uranium (DU), heat treating (continued)
furnaces **A4:** 936, 937, 938
grain size **A4:** 928–929, 930, 936
hardness data **A4:** 929, 934, 935, 938
mechanical properties **A4:** 929, 930, 935, 936, 938
metallurgical characteristics **A4:** 928
metastable high alloys **A4:** 936
orientation control **A4:** 928–929
procedures, examples **A4:** 938
quenching **A4:** 931, 932–934, 936, 937, 938
safety requirements **A4:** 938
salt baths **A4:** 932, 936, 937–938
solution treatment **A4:** 931, 932, 933, 936, 937, 938
stress leveling **A4:** 934, 935
tensile properties **A4:** 931, 932, 936, 938
vacuum **A4:** 936–937, 938
vapor pressure of uranium, relation to temperature **A4:** 495
wrought **A4:** 928, 932, 937
Depleted uranium, heat treating
aging **M4:** 782, 784, 785, 786
analysis, chemical and gas **M4:** 778
annealing **M4:** 778–779, 780, 781
atmospheres, furnace **M4:** 784
cast **M4:** 779–781, 782
cleaning **M4:** 784
cold working **M4:** 778, 779
cooling rates **M4:** 782
corrosion in molten salts **M4:** 784
density **M4:** 777
dilute alloys **M4:** 781–782, 783
fixtures **M4:** 785, 787
furnaces **M4:** 784, 786
grain size **M4:** 778
hardness data **M4:** 779
mechanical properties **M4:** 779, 781
metallurgical characteristics **M4:** 777, 778
metastable high alloys **M4:** 783
procedures, examples **M4:** 785–786
quenching **M4:** 782–783
safety requirements **M4:** 786
salt baths **M4:** 785
solution treatment **M4:** 782
tensile properties **M4:** 782
vacuum **M4:** 784, 786
Depleted-uranium screens
radiography **A17:** 316
Depletion *See also* Chromium; Selective leaching
chromium, in a weld zone **A10:** 179
defined **A9:** 5, **A11:** 3
definition **A5:** 952
rate, in calibration of gas mass spectrometers **A10:** 155
Depletion gilding **A15:** 19, 21
Depletion mode
MOSFET **EL1:** 158–159
Deply testing technique **EM1:** 765–766, 774
Depolarization
defined **A13:** 5
Depolarizer
defined **A13:** 5
Deposit attack *See* Deposit corrosion; Poultice corrosion
Deposit corrosion *See also* Poultice corrosion
chemical, identification **A13:** 1138
control, gas/oil production **A13:** 1247
defined **A13:** 5
definition **A5:** 952
of aluminum/aluminum alloys **A13:** 589
Deposit etching **A9:** 61
and line etching **A9:** 62
of silicon steel transformer sheets **A9:** 62–63
Deposit on sequence
definition **M6:** 5
Deposit (thermal spraying)
definition **A6:** 1208
Deposited metal
definition **A6:** 1208, **M6:** 5
Deposition *See also* Electrodeposition **EM3:** 10
and electrometric titration **A10:** 203
conditions for complete electrogravimetric **A10:** 198
defined **EM1:** 9, **EM2:** 13
effect of medium **A10:** 198
electrolytic, piezoelectric effect in **A10:** 198
incomplete, use in electrogravimetry **A10:** 198
matrix, processes **A2:** 903
methods, spray thermal coatings **A13:** 459–460
of arsenic, as toxic metal **A2:** 1237
of copper on platinum cathode, as electrogravimetry example **A10:** 198
physical properties of deposits **A10:** 198
reversal **A10:** 198
thin-film, superconducting materials **A2:** 1081–1083
vapor **A13:** 456–458
Deposition, copper
by sputtering **EL1:** 303
Deposition corrosion
aluminum alloys **M2:** 211–212
Deposition, direct
electrolytic **M7:** 71–72
Deposition efficiency
definition **A5:** 952, **M6:** 5
Deposition efficiency (arc welding)
definition **A6:** 1208
Deposition efficiency (thermal spraying)
definition **A6:** 1208
Deposition efficiency yield of an electrode **A7:** 1068–1069
Deposition, film
by shadowing **A12:** 172
Deposition process (electroslag welding) **A18:** 644
Deposition rate
definition **A5:** 952, **M6:** 5
flux cored arc welding **M6:** 104
Deposition sequence
definition **A6:** 1208
Deposits *See also* Scaling
chemical analysis **A11:** 30
on boilers and steam equipment, effects . . **A11:** 608
on fracture surface, in hydrogen damage . . **A11:** 250
solid, effects on crevice corrosion **A11:** 184
Deposits, to improve wear resistance *See also* Coatings; Electroplating; Hardfacing **M1:** 634–635
Depot level inspection **A19:** 582
Depreciation
in corrosion economics **A13:** 371–372
Depressurization rate **A7:** 387
of cold isostatic pressing **M7:** 449
Depressurization systems
for cold isostatic pressing **M7:** 445
Depth **EM3:** 10
defined **EM2:** 13
three-dimensional measurement **A12:** 207
vs. composition, passive film on tin-nickel substrate **A10:** 608–609
vs. elements, semiquantitative PIXE analysis for **A10:** 102
Depth analysis *See* Depth profiles; Depth profiling
Depth dose **EM3:** 10
defined **EM2:** 13
Depth filtration **A7:** 1039
inclusion removal **A15:** 489
Depth measurement
Brinell test **A8:** 85
Depth of cut **A18:** 609
Depth of field **A10:** 497, 671
defined **A9:** 5
for macrophotography **A9:** 87
miniborescopes **A17:** 4
of optical microscopes **A9:** 76
of optical microscopes, relationship among light **A9:** 78
Depth of focus **A6:** 877–878
definition **A6:** 1208
of scanning electron microscopes **A9:** 89
Depth of fusion
definition **M6:** 5
Depth of hardening **M1:** 478–480
Depth of penetration *See also* Penetration **A10:** 113, 671
and frequencies, eddy current inspection . . **A17:** 169
dependence, microwave inspection **A17:** 202
Depth profile analysis
AES **A11:** 33
for surface sodium detection **A11:** 43
schematic of effects **A11:** 37
time taken by **A11:** 36
Depth profiles *See also* Composition profiles; Depth profiling
Auger, antiwear films analysis **A10:** 565–566
Auger elemental **A10:** 554
compositional 304 stainless steel **A10:** 555
compositional, AES **A10:** 549
from ATR spectra **A10:** 113
negative, LPCVD thin films **A10:** 624
of granular sample, using ATR, DRS, and PAS **A10:** 120
of heavy-element impurities **A10:** 632–633
of solid samples, infrared spectroscopy . . . **A10:** 109, 115
organometallic silicate film **A10:** 617
phosphorus, for ion-implanted silicon substrate **A10:** 624
RBS defect distribution, in single crystals **A10:** 628
secondary ion mass spectroscopy **A10:** 617–620, 623–626
spark source mass spectrometry **A10:** 142
x-ray photoelectron spectroscopy **A10:** 573–574
Depth profiling *See also* Composition profiles; Depth profile analysis; Depth profiles; Surface analysis techniques **EL1:** 1079–1080, 1090
Auger electron spectroscopy **A10:** 549–567
electron probe x-ray microanalysis . . . **A10:** 516–535
field ion microscopy **A10:** 583–602
granular sample using ATR, DRS, and PAS **A10:** 120
low-energy ion-scattering spectroscopy **A10:** 603–609
neutron diffraction **A10:** 420–426
particle-induced x-ray emission **A10:** 102–108
photoacoustic spectroscopy **A10:** 115
Rutherford backscattering spectrometry **A10:** 628–636
scanning electron microscopy **A10:** 490–515
secondary ion mass spectroscopy **A10:** 610–627
surface analytical technique **M7:** 251
vs. sputter analysis **M7:** 251
Depth, seawater
effect on copper/copper alloys **A13:** 624
Depth-contour mappings
by optical holography **A17:** 405
Depth-dose profiles *See* Depth dose
Depth-of-cut notching
as cemented carbide tool wear mechanism **A2:** 955
Depth-of-field
fractographic effects **A12:** 78, 80–81, 87–88
optimum aperture for **A12:** 80
SEM **A12:** 166
Depth-to-width (D/W) ratio **A6:** 608
Derakane vinyl ester resins **EM1:** 33, 137–138
Derating factors **A19:** 348, 349
Derbies
defined **A9:** 476
metallic uranium ingots as **A2:** 670
Derham process
for demagging aluminum alloys **A15:** 473
Derivative thermogravimetric curves (DTG) **EM4:** 52, 53
Derived property
defined **A8:** 667
Derived SI units
guide for **A10:** 685

SUBJECTS OF THE INDEXED VOLUMES: **ASM Handbook** (designated by the letter "A"): **A1:** Properties and Selection: Irons, Steels, and High-Performance Alloys (1990); **A2:** Properties and Selection: Nonferrous Alloys and Special-Purpose Materials (1990); **A3:** Alloy Phase Diagrams (1992); **A4:** Heat Treating (1991); **A5:** Surface Engineering (1994); **A6:** Welding, Brazing, and Soldering (1993); **A7:** Powder Metal Technologies and Applications (1998); **A8:** Mechanical Testing (1985); **A9:** Metallography and Microstructures (1985); **A10:** Materials Characterization (1986); **A11:** Failure Analysis and Prevention (1986); **A12:** Fractography (1987); **A13:** Corrosion (1987); **A14:** Forming and Forging (1988); **A15:** Casting (1988); **A16:** Machining (1989); **A17:** Nondestructive Evaluation and Quality Control (1989); **A18:** Friction, Lubrication, and Wear Technology (1992); **A19:** Fatigue and Fracture (1996); **A20:** Materials Selection and Design (1997). **Metals Handbook, 9th Edition** (designated by the letter "M"): **M1:** Properties and Selection: Irons and Steels (1978); **M2:** Properties and Selection: Nonferrous Alloys and Pure Metals (1979); **M3:** Properties and Selection: Stainless Steels, Tool Materials, and Special-Purpose Materials (1980); **M4:** Heat Treating (1981); **M5:** Surface Cleaning, Finishing, and Coating (1982); **M6:** Welding, Brazing, and Soldering (1983); **M7:** Powder Metallurgy (1984). **Engineered Materials Handbook** (designated by the letters "EM"): **EM1:** Composites (1987); **EM2:** Engineering Plastics (1988); **EM3:** Adhesives and Sealants (1990); **EM4:** Ceramics and Glasses (1991). **Electronic Materials Handbook** (designated by the letters "EL"): **EL1:** Packaging (1989)

Derived units
Système International d'Unités (SI) **A11:** 793

Derjaguin approximation **A18:** 400, 401

Dermatitis
contact, from beryllium. **A2:** 1239
from gold medical therapy **A2:** 1257
from nickel toxicity **A2:** 1250
from platinum **A2:** 1258
worker **EM1:** 36

Dermatitis (nickel itch) **M7:** 203

Derrick hooks
materials for **A11:** 522

Derusters, alkaline cleaners *See* Alkaline descaling and derusting

Desalination plant equipment
seawater corrosion of. **M1:** 744–745

Descaling *See also* Alkaline descaling and derusting; Defects; Salt bath descaling; Scale, removal of; Scaling **A5:** 14, 67–78
after cold heading **A14:** 294
defined **A13:** 5, **A15:** 4
definition **A5:** 952
high-pressure waterjets **A14:** 87
in hot upset forging. **A14:** 87
in open-die forging. **A14:** 64
in vacuum degassing. **M7:** 435
mechanical methods. **A14:** 87
mechanism of scale removal by mineral acids **A5:** 67
molten-salt. **A14:** 280
necessity of treatment **A5:** 67
of annealed stainless steel forgings **A14:** 230
salt-bath **A14:** 230
titanium and titanium alloys **A5:** 835–836, 836–838

Descent search methods **A20:** 210–211

Descriptive fractography **EM4:** 629, 635–644
fracture markings. **EM4:** 635–638
arrest line **EM4:** 637, 638, 639
gull wings. **EM4:** 637, 641
mirror, mist, and velocity hackle **EM4:** 635–636, 637, 638, 639, 640, 641, 643
rib mark **EM4:** 637
scarps **EM4:** 637–638
tail **EM4:** 637
twist hackle **EM4:** 636–637, 638, 642
wake hackle. **EM4:** 637, 641
Wallner lines **EM4:** 636, 637, 638, 639, 640, 642
fracture origins **EM4:** 641–644
impact sites. **EM4:** 641–643
indentation sites **EM4:** 641–643
machining flaws. **EM4:** 643
processing defects **EM4:** 643–644
fracture surfaces in materials. **EM4:** 638–641
glass. **EM4:** 638
polycrystalline ceramics. **EM4:** 639–640
single crystals **EM4:** 638–639
indentation and impact sites **EM4:** 642–643
half-penny crack **EM4:** 642
scanning electron microscopy **EM4:** 640, 641
significance **EM4:** 635
techniques **EM4:** 635
uses. **EM4:** 635
velocity hackle **EM4:** 640

Descriptive statistics **A8:** 624

Descriptors **A20:** 250

Desferrioxamine
as chelator. **A2:** 1236

Desiccant. **EM3:** 10
defined **EM2:** 13

Design *See also* Balanced design; Casting design; Computer-aided design (CAD); Computer-aided design/computer-aided manufacture; Computer-aided engineering; Design allowables; Design considerations; Design corrosion control; Design detail; Design for manufacturability (DFM); Design guidelines; Design requirements; Design trade-offs; Die design; Electrical design; Experimental design; Forging process; Joint design and quality; Life-cycle optimization; Mechanical design; Part design; Physical design; Process design; Quality control; Quality design; Structural analysis and design **EL1:** 513–526
adhesive joint **EM1:** 683
aircraft **A13:** 1023
allowables **EM1:** 9, 308–312
analysis costs. **EM2:** 83
and failure, in forging. **A11:** 317–319
and fit-up, of joints **A11:** 450
and material **EM2:** 612–617
and materials selection **A13:** 321
and mismatch **A14:** 49
and performance, testing **EL1:** 954–955
and quality control, statistical. **A17:** 719–753
and stress raisers, iron castings **A11:** 346
anodic protection system **A13:** 464–465
application **EL1:** 516–517
application example. **EM1:** 183–184
approach, engineering plastics **EM2:** 74–81
automation **EL1:** 127–129
automotive **A13:** 1016
beryllium-copper alloys **A2:** 416
Boothroyd-Dewhurst, method for assembly **EL1:** 124–125
bread-boarded. **EL1:** 505
capability, error-free **EL1:** 85–86
cascading effects **EM1:** 37
casting **A11:** 345
casting, surface finish effect **A15:** 285
changes, for corrosion control **A11:** 196–197
charts, for laminate selection **EM1:** 233
classical, and distortion failure **A11:** 136
component, metal casting advantages. .. **A15:** 39–41
configuration, effect, damage tolerance **EM1:** 262–264
configurations, evaluating **A8:** 683
considerations, aluminum-lithium alloys. **A2:** 186–187, 193–194
considerations, permanent magnet materials **A2:** 799–802
constraint, for parts **EM2:** 78–79
continuous casting machine **A15:** 310–312
costs **EM2:** 82
criteria, aluminum alloy precision forgings **A14:** 251–252
cycle, for composite structures. **EM1:** 179
damage tolerance **A17:** 702
data base **EM1:** 181–182
data, fatigue loading **EM2:** 706
defects, steam equipment failure by. . **A11:** 602–603
die, defects from **A15:** 294–295
die, for heat-resistant alloys **A14:** 234
effect of composite anisotropy on **EM1:** 38
effect of dynamic fracture toughness on **A8:** 259
effects, stainless steel corrosion **A13:** 551
elastomeric mandrels. **EM1:** 593–594
electrical **EL1:** 25–44, 402–403, 517–523
end plate wedge and pin, metal molds. ... **A15:** 303
environmental methodologies. .. **EL1:** 45–46, 65–67
error, and spring failures **A11:** 551
errors, as failure cause. **EM1:** 767
errors, continuous fiber-reinforced composites. **A11:** 732–733
factors, for forging failures **A11:** 318
fastener **A11:** 542
fatigue data for. **EM2:** 705–706
fatigue failure from **A11:** 396–397
faulty, of drive-gear assembly **A11:** 143
final design package **EL1:** 523–526
flash, closed-die forging **A14:** 78–79
for assembly and manufacture **EL1:** 119–126
for blow molding **EM2:** 357
for deposition corrosion, aluminum alloys **A13:** 589
for ease of orientation. **EL1:** 123
for flexibility **EL1:** 588–589
for galvanic corrosion **A13:** 87, 749
for inclusion control **A15:** 91
for life cycle optimization **EL1:** 127–141
for microcircuit performance. **EL1:** 260–261
for plating **A13:** 422
for reliability tool **EL1:** 741, 746–748
for simultaneous engineering, automotive industry **EM1:** 835–836
for space and missile hardware **EM1:** 816–822
for structural corrosion **A13:** 379, 1303
for testability **EL1:** 374
forging failure frequency from **A11:** 342
forging, minimum-draft. **A14:** 258
forging sequence. **A14:** 413–416
function, defined **A13:** 338
furnace, with water cooling **A15:** 360
guidelines, general **EM2:** 707–710
guidelines, in RTM material selection ... **EM1:** 168
guidelines, leaded and leadless surface-mount joints **EL1:** 733–734
guidelines/methodology high-frequency digital systems **EL1:** 82–85
high-level, defined **EL1:** 129
in patternmaking **A15:** 191, 193, 198–199
influence on fatigue strength **A11:** 115–118
influence on tool and die failure. **A11:** 564–566
information **EM2:** 410
layout **EL1:** 514–516
level 1 package **EL1:** 1401–403
low-level, defined. **EL1:** 129
magnesium/magnesium alloys **A13:** 749
mechanical, and lubricant failure **A11:** 154
mechanical and structural, categories of .. **A11:** 115
mechanical, costs **EM2:** 83
mechanical methodologies. **EL1:** 45–46, 55–65
mechanical parameters **EL1:** 517–523
metal matrix composite corrosion prevention **A13:** 862–863
metal vs. plastics **EM2:** 78
metallurgical, corrosion protection by **A13:** 379
methodologies, for durability. .. **EL1:** 1, 45–75, 401
mold, effect on mold life **A15:** 281
mold, permanent mold casting **A15:** 277–278
mounting, effect on bearing material failure. **A11:** 506
numerical methods **EM1:** 463–478
objectives. **EM1:** 39
of aluminum alloy precision forgings **A14:** 251
of blanks, effect in ring rolling **A14:** 116
of blocker (preform) dies **A14:** 77–78
of boilers. **A11:** 603, 619
of borescopes. **A17:** 3
of cathodic protection systems. **A13:** 470
of check-valve poppet **A11:** 70
of cluster, investment casting. **A15:** 257
of cold heading tools **A14:** 293
of cold-formed parts **A11:** 307–308
of composite structure, cost drivers in. **EM1:** 419–427
of continuous fiber-reinforced composites. **A11:** 731–732
of crack-tolerant structures, fracture mechanics as **A11:** 47
of crucible furnaces **A15:** 383
of ESR plant. **A15:** 403
of experiments. **A14:** 928, 937–939
of experiments, factorial designs. **A17:** 740–750
of fiber-reinforced composites **EM1:** 769
of filament winding applications. ... **EM1:** 508–510
of fine-edge blanking and piercing tools .. **A14:** 474
of flash gutter **A14:** 50
of gating **A15:** 289, 589–597
of heat exchangers **A11:** 636–639
of high-frequency digital systems **EL1:** 76–88
of honeycomb sandwich structures. . **EM1:** 727–728
of internal fixation devices **A11:** 677–680
of investment castings. **A15:** 264–266
of iron castings. **A11:** 344–352
of joints **A11:** 116, 639
of magnesium and magnesium alloy parts **A2:** 476–479
of molds, for resin transfer molding **EM1:** 168–169
of NDE reliability experiments. **A17:** 692–694
of parts, and paint films. **A13:** 528–529
of parts, effect on SCC in marine-air environment **A11:** 309–310
of permanent mold castings. **A15:** 284
of pipeline. **A13:** 1291
of plastic parts **EM2:** 78–81
of precision tooling **A14:** 159–160
of preforms **A14:** 50–51
of rolls. **A14:** 352
of solder masks **EL1:** 558–559
of steam turbines **A13:** 995
of thermoplastic extruders **EM2:** 379–383
of titanium alloy aircraft part **A14:** 274
of tooling, aluminum alloy precision forgings **A14:** 252–253
of tungsten-reinforced composites. .. **EM1:** 884–885
of two-directional fabrics **EM1:** 125–127
of unidirectional fabrics **EM1:** 125–127
optimization, example. **A17:** 750–752
optimization, parameter **A17:** 751
parameters, shafts. **A11:** 459

Design (continued)
part. **EM2:** 78–81, 357, 615–616
personnel, interfaces with tool/manufacturing
personnel **EM1:** 428–430
phase, environmental stress screening **EL1:** 876
philosophy, linear elastic fracture mechanics
(LEFM) **A17:** 664
power distribution, WSI **EL1:** 354
practice, and laminate complexities **EM1:** 311–312
probability of detection (POD)
functions for **A17:** 663
problems, in failure analysis. **A11:** 747
process, and material selection. **EM1:** 38
process, hot-die/isothermal forging . . . **A14:** 153–155
process, tooling/manufacturing
effects on **EM1:** 428–431
product, for die casting. **A15:** 286–288
product, thermoplastic resins. **EM2:** 622–623
properties, low- and
elevated-temperature **A8:** 670–671
PWB, future **EL1:** 506
-related discontinuities, welding. **A17:** 582
requirements **EM1:** 181–184
requirements, aggregate properties
approach **EM2:** 407–411
robust, implementing **A17:** 750–752
rule, for integrated circuits. **EL1:** 161
specialties involved during materials selection
process **A20:** 5
stainless steels. **A13:** 552–553
structural, requirements **EM1:** 313, 314
tension testing and. **A8:** 19
thermal methodologies **EL1:** 45–55, 287, 402
thin-film resistors and conductors . . . **EL1:** 316–320
time-frame, for new products **EL1:** 390
to minimize corrosion. **A13:** 338–343
tool, in powder forging **A14:** 197
tools **EL1:** 419
trade-off studies **EM1:** 426–427
trade-offs, flexible epoxies **EL1:** 821
transmission line, WSI **EL1:** 354
upper limit, defined. **A11:** 136
vacuum induction furnace **A15:** 397
values, minimum **A8:** 662
vehicle structural **EM1:** 346–351
weld, stainless steels **A13:** 551–552
weld-joint, incomplete fusion voids and. . . . **A11:** 92
with composites **EM1:** 33
with homopolymer/copolymer acetals. . . . **EM2:** 101
with weathering steels **A13:** 518
worksheet, for costs. **EM1:** 425–427

Design allowables *See also* A-basis; B-basis; S-basis;
Typical basis. **EM3:** 10
computation of derived properties **A8:** 667–668
defined **EM1:** 9, **EM2:** 13
determining by regression analysis **A8:** 668–670
determining distribution form **A8:** 663–664
direct computation for normal and unknown
distribution **A8:** 664–666
examples of computational
procedures. **A8:** 672–677
for low- and elevated-temperature
properties. **A8:** 670–671
for static metallic material properties **A8:** 662–667
general procedures **A8:** 662–663
generation of. **EM1:** 308–312

Design and analysis of adhesive
bonding **EM3:** 459–469
crack propagation tests. **EM3:** 460, 462–463
cleavage test. **EM3:** 462
design of adhesive joints **EM3:** 468–469
fatigue and creep allowable stress
testing. **EM3:** 467–468
lap-shear test. **EM3:** 460–461
model joint for stress analysis **EM3:** 459–460
adhesive shear stiffness **EM3:** 459, 460
skin doubler specimen **EM3:** 459–460, 467, 468, 469

peel tests (metal-to-metal) **EM3:** 460, 461–462
bell. **EM3:** 461
climbing drum **EM3:** 461
"T" peel **EM3:** 461
shear stiffness testing **EM3:** 463–465
skin-doubler adhesive strain in the nonlinear
range. **EM3:** 465–467
skin-doubler analysis verification **EM3:** 465

Design and analysis of experiments **EM3:** 797

Design and build process documentation **A20:** 220

Design capabilities
P/M products. **M7:** 295

Design changes
definition **A20:** 831

Design chemical/thermal environment spectra
Task II, USAF ASIP design analysis and
development tests. **A19:** 582

Design code
definition **A20:** 831

Design considerations *See also* Casting design;
Design; Design trade-offs **EL1:** 408–421,
EM2: 48–95
acrylics **EM2:** 106
acrylonitrile-butadiene-styrenes
(ABS) **EM2:** 111–112
casting **A15:** 598–613
compression molding/stamping **EM2:** 326–333
costs **EM2:** 82–88
design tools. **EL1:** 419
dimensional tolerances and
allowances **A15:** 614–623
driving forces/trade-offs **EL1:** 408
electrical considerations **EL1:** 416–419
engineering plastics, characteristics. . . . **EM2:** 68–73
engineering plastics, design approach . . **EM2:** 74–81
flexible printed boards **EL1:** 584–592
gating **A15:** 589–597
general, introduction **EM2:** 1
homopolymer/copolymer acetals **EM2:** 101
information sources **EM2:** 92–95
introduction. **EM4:** 675
ionomers **EM2:** 121–122
of polyamide-imides (PAI) **EM2:** 130–132
polyamides (PA) **EM2:** 127
polybenzimidazoles (PBI) **EM2:** 150
polybutylene terephthalates (PBT). **EM2:** 154
polycarbonates (PC). **EM2:** 151–152
polyether sulfones (PES, PESV) **EM2:** 160–162
polyethylene terephthalates (PET). . . **EM2:** 172–175
polymer chemistry, overview **EM2:** 63–67
polymer science for engineers **EM2:** 48–62
polyphenylene ether blends (PPE PPO) . . **EM2:** 185
polysulfones (PSU). **EM2:** 201
risers **A15:** 577–588
specifications and standards. **EM2:** 89–91
styrene-acrylonitriles (SAN, OSA ASA) . . **EM2:** 216
styrene-maleic anhydrides (S/MA) . . **EM2:** 219–220
thermal considerations **EL1:** 408–414
thermomechanical considerations **EL1:** 414–416
thermoplastic fluoropolymers **EM2:** 118
thermoplastic injection molding **EM2:** 308

Design constraint
definition **A20:** 831

Design constraints
common. **EM2:** 78–79

Design corrosion control *See also* Design
and compatibility. **A13:** 340–343
and material component failure. **A13:** 338
and materials selection **A13:** 338–339, 343
and shape **A13:** 339–340
function **A13:** 338
mechanical factors **A13:** 343
of surfaces **A13:** 343

Design criteria
MECSIP Task II, design information **A19:** 587

Design defect
definition **A20:** 831

Design detail *See also* Design
as process selection factor **EM2:** 288–292

effect, rotational molding **EM2:** 363–364
filament winding **EM2:** 371–373
RTM/SRIM, compared **EM2:** 349
to minimize corrosion. **A13:** 338–343

Design development test
ENSIP Task II, design analysis material
characterization and development
tests. **A19:** 585
Task II, USAF ASIP design analysis and
development tests. **A19:** 582

Design, die casting
zinc **M2:** 633–634

Design duty cycle
ENSIP Task II, design analysis material
characterization and development
tests. **A19:** 585

Design engineering, original
costs **EM2:** 83

Design enhancement plating equalizers **EL1:** 872

Design errors **A20:** 207

Design, experimental *See* Designed experiments;
Experimental design

Design factor **A20:** 77

Design features
definition **A20:** 831

Design for assembly (DFA). . **A20:** 7, 10, 13, 243, 674
and design for manufacture and
assembly **A20:** 677–678
creative thinking for **A20:** 47–48
definition **A20:** 831
DFA index **A20:** 677, 678, 681, 682
environmental aspects of design **A20:** 134
plastics **A20:** 801, 802
redesign concept matrix **A20:** 47–48
tool **A20:** 42

Design for casting **A20:** 723–729
casting discontinuities, effect on
properties **A20:** 725–727
casting tolerances **A20:** 727
challenges for designers. **A20:** 723
design and service considerations **A20:** 727
effects of casting process on casting
properties **A20:** 723–724
general design considerations for
castings **A20:** 724–725
hot isostatic pressing **A20:** 726, 727–728
hot tears **A20:** 726, 727
inclusions **A20:** 726
metal penetration **A20:** 726
oxide films **A20:** 726
porosity effect. **A20:** 725–726
second phases **A20:** 726
solidification, basic features of **A20:** 724
solidification simulation, use in designing
castings. **A20:** 728
surface defects **A20:** 726–727

Design for ceramic processing **A20:** 781–792
advanced ceramics **A20:** 781
advanced ceramics, raw materials and
formulation **A20:** 787
ceramic processing flow chart **A20:** 788
ceramic raw materials and formulation . . . **A20:** 787
ceramics, properties. **A20:** 785
costs **A20:** 781, 782–783, 784
design approaches **A20:** 783–786
deterministic design **A20:** 784
dry processing **A20:** 790
drying **A20:** 790–791
empirical design **A20:** 784
extrusion **A20:** 790
firing **A20:** 791–792
firing process factors **A20:** 791–792
forming processes **A20:** 788–790
general process design **A20:** 786–787, 788
injection molding. **A20:** 790
machining **A20:** 790
plastic forming **A20:** 789–790
preparation of materials **A20:** 787–788
pressure casting **A20:** 789

SUBJECTS OF THE INDEXED VOLUMES: ASM Handbook (designated by the letter "A"): **A1:** Properties and Selection: Irons, Steels, and High-Performance Alloys (1990); **A2:** Properties and Selection: Nonferrous Alloys and Special-Purpose Materials (1990); **A3:** Alloy Phase Diagrams (1992); **A4:** Heat Treating (1991); **A5:** Surface Engineering (1994); **A6:** Welding, Brazing, and Soldering (1993); **A7:** Powder Metal Technologies and Applications (1998); **A8:** Mechanical Testing (1985); **A9:** Metallography and Microstructures (1985); **A10:** Materials Characterization (1986); **A11:** Failure Analysis and Prevention (1986); **A12:** Fractography (1987); **A13:** Corrosion (1987); **A14:** Forming and Forging (1988); **A15:** Casting (1988); **A16:** Machining (1989); **A17:** Nondestructive Evaluation and Quality Control (1989); **A18:** Friction, Lubrication, and Wear Technology (1992); **A19:** Fatigue and Fracture (1996); **A20:** Materials Selection and Design (1997). **Metals Handbook, 9th Edition** (designated by the letter "M"): **M1:** Properties and Selection: Irons and Steels (1978); **M2:** Properties and Selection: Nonferrous Alloys and Pure Metals (1979); **M3:** Properties and Selection: Stainless Steels, Tool Materials, and Special-Purpose Materials (1980); **M4:** Heat Treating (1981); **M5:** Surface Cleaning, Finishing, and Coating (1982); **M6:** Welding, Brazing, and Soldering (1983); **M7:** Powder Metallurgy (1984). **Engineered Materials Handbook** (designated by the letters "EM"): **EM1:** Composites (1987); **EM2:** Engineering Plastics (1988); **EM3:** Adhesives and Sealants (1990); **EM4:** Ceramics and Glasses (1991). **Electronic Materials Handbook** (designated by the letters "EL"): **EL1:** Packaging (1989)

probabilistic design (Weibull analysis) **A20:** 784–786
relative productivity and product value for ceramic product categories **A20:** 782
sales worldwide of ceramics **A20:** 781, 782
sintering. **A20:** 791
tape casting **A20:** 789
technical ceramics, raw materials for **A20:** 781
traditional ceramics, raw materials and formulation **A20:** 787
vitrification **A20:** 791
wet processing **A20:** 788–789
whitewares, physical properties of. **A20:** 787

Design for composite manufacture **A20:** 804–810
bonding. **A20:** 808, 809
compression molding. **A20:** 805
contact molding processes **A20:** 804, 805
drape **A20:** 806
dry fibers and broad goods **A20:** 808
fabrication processes **A20:** 808–809
failure mechanisms **A20:** 804
filament winding **A20:** 805, 808
forming processes **A20:** 807–808
handling qualities. **A20:** 806
high-pressure laminates **A20:** 805
machining **A20:** 808–809
molding processes **A20:** 808
preform molding **A20:** 805
preimpregnated tapes and fabrics **A20:** 807–808
preparation **A20:** 806–807
process considerations. **A20:** 806–809
processes used **A20:** 804–806
pultrusion. **A20:** 805–806, 808
reinforcement types **A20:** 804
repair **A20:** 809
resin transfer molding (RTM). **A20:** 805, 806
sandwich structures **A20:** 809
tack. **A20:** 806
thermoplastics **A20:** 805, 806, 807
thermosetting plastics **A20:** 805, 806
tooling considerations **A20:** 806–807

Design for corrosion resistance **A20:** 545–572
alloy choice and design. **A20:** 548–550
annual cost of corrosion **A20:** 545
anodic protection **A20:** 549, 553, 554
basic principles of aqueous corrosion **A20:** 545–548
candidate crack-propagation models **A20:** 556
cathode materials for anodic protection. . . **A20:** 553
cathodic protection methods. . . . **A20:** 552, 553–554
coatings. **A20:** 550, 551–553
corrosion awareness. **A20:** 560
crevice corrosion **A20:** 556, 558, 562, 563
dealloying corrosion. **A20:** 555
design aspects for reliability. **A20:** 557
design considerations **A20:** 558–559
design details . . . **A20:** 551, 559, 560, 561, 562–565
design factors that influence corrosion . . **A20:** 558, 562, 563
differential aeration **A20:** 556
dissimilar-metal corrosion **A20:** 551, 554–555
draftsmen's delusions **A20:** 558–559
engineering design principles **A20:** 557–558
environmentally assisted cracking . . . **A20:** 556–557, 566–570
failure occurrence, reasons for. **A20:** 560–561
forms of corrosion. **A20:** 548–557
galvanic corrosion . . . **A20:** 551, 554–555, 558, 561, 562, 563
galvanic series for seawater **A20:** 551, 552
general corrosion **A20:** 548–554
general mitigation approaches **A20:** 548–557
high-temperature service. **A20:** 561–562
inhibitors. **A20:** 550–551
intergranular attack **A20:** 555
life prediction and management **A20:** 565–570
localized attack. **A20:** 554–556
materials selection and . . . **A20:** 551, 558, 559, 560, 561–565
metal atom (M) "removal" from the surface **A20:** 545
metal coatings **A20:** 551–553
organic coating classifications and characteristics **A20:** 550
paint coatings. **A20:** 550, 551
pitting **A20:** 555, 556

qualitative prediction methods, environmentally assisted cracking. **A20:** 556–557
quality assurance and control **A20:** 559
reference electrodes for use in anodic protection. **A20:** 553
reliability engineering **A20:** 559–560
slip-oxidation mechanism for stainless steels. **A20:** 568–569
standard electromotive force potentials (reduction potentials) **A20:** 547
validation of life-prediction algorithms and their application. **A20:** 567, 568, 569–570

Design for deformation processes **A20:** 730–744
advantages of deformation processes **A20:** 730–731
categories of deformation processes **A20:** 731
central burst (chevron cracking) **A20:** 738
cold working. **A20:** 732–733
cracking on die contact surface **A20:** 736, 737–738
defects in sheet metal parts **A20:** 742–743
design decision associated with **A20:** 731
disadvantages of deformation processes . . . **A20:** 730
extrusion defect, pipe, or suck-in **A20:** 742
flow stress **A20:** 732
flow-related defects in bulk forming. . **A20:** 741–742
flow-through defects. **A20:** 742
formability. **A20:** 737, 738, 739
free-surface cracking **A20:** 734, 735, 736–737
fundamentals of deformation processing **A20:** 731–732
goal of deformation process **A20:** 730
grain flow pattern **A20:** 740, 741
hot shortness and burning **A20:** 740–741
hot working. **A20:** 733–735
lap or fold **A20:** 742
microstructural effects on metal flow **A20:** 739–741
reasons for using deformation process **A20:** 730–731
shear-related defects. **A20:** 742
single-phase vs. multiphase microstructures **A20:** 739–740
underfill. **A20:** 741–742
workability **A20:** 734, 735–736, 737, 739

Design for disassembly (DFD)
definition **A20:** 831
environmental aspects of design **A20:** 134, 135–136

Design for fatigue prevention **A19:** 3

Design for fatigue resistance **A20:** 516–532
fatigue process **A20:** 516–517
fracture mechanics approach to crack propagation **A20:** 516
high-cycle fatigue. **A20:** 516, 517–522, 523, 524
data scatter **A20:** 518, 519
fatigue strength and tensile strength. **A20:** 517–518
high-temperature behavior **A20:** 527, 528
mean stress effects **A20:** 518–519
multiaxial fatigue. **A20:** 520, 521–522
stress concentration **A20:** 519–521
high-temperature behavior **A20:** 527–530
deformation behavior **A20:** 527–530
environment effect **A20:** 530
lifetime **A20:** 530
histograms as plots **A20:** 518, 519
low-cycle fatigue **A20:** 516, 517, 520, 521, 522–526
deformation behavior **A20:** 521, 522–524
fatigue life **A20:** 522, 523, 524
high-temperature behavior **A20:** 527–530
notched members **A20:** 524–525, 526
terms defined **A20:** 520, 522
multiaxial low-cycle fatigue **A20:** 525–526
nomenclature **A20:** 517
thermal fatigue. **A20:** 526–527

Design for fracture toughness **A20:** 533–544
analytical methods for fracture mechanics **A20:** 539
brief history of fracture mechanics. . . **A20:** 533–534
categories of fracture mechanics **A20:** 534–536
Charpy impact testing **A20:** 536, 539–540
compliance-based fracture toughness testing **A20:** 540, 541
cracks, descriptions of **A20:** 538, 539
damage tolerance. **A20:** 541, 542
design criterion, and fracture toughness values. **A20:** 539–541
detection of cracks **A20:** 538, 539
direct current electric potential (DCEP) technique **A20:** 540
dynamic and impact fracture mechanics . . **A20:** 536

elastic-plastic fracture mechanics (EPFM). **A20:** 534, 535–536
examples of fracture toughness in design. **A20:** 541–543
fail-safe design **A20:** 541
fracture prevention model **A20:** 539
fracture toughness and design philosophies. **A20:** 541
fracture toughness tests. **A20:** 540
future direction of **A20:** 543
infinite-life design **A20:** 541
inspection techniques used for cracks. **A20:** 539
linear elastic fracture mechanics **A20:** 534–535
loading rate. **A20:** 536–537
material orientation and anisotropy **A20:** 538
material thickness (plane stress and plane strain). **A20:** 537–538
modes of loading applied to a crack **A20:** 534–535
safe-life design **A20:** 541
temperature. **A20:** 537
variables affecting fracture toughness **A20:** 536–538
yield strength **A20:** 536, 537

Design for function and fit
definition. **A20:** 831

Design for heat treatment **A20:** 774–780
analysis software. **A20:** 779
boundary conditions **A20:** 779
component design for heat treating: experienced-based design rules **A20:** 777–778
computer modeling as design tool for components **A20:** 777, 778–779
deformation model. **A20:** 779
design criteria **A20:** 774
example: thermal and transformation-induced strains in large, thick plate. **A20:** 775–777
holes, deep splines, and keyways minimized **A20:** 778
long, thin sections avoided **A20:** 778
overview of component heat treatment **A20:** 774–775
part complexity avoided **A20:** 778
sharp corners avoided **A20:** 778
symmetrical design of component . . . **A20:** 776, 777
thermal strains in heat treated components. **A20:** 775–777
transformation-induced strains in heat treated components. **A20:** 775–777
uniform section thicknesses maintained . . **A20:** 776, 777–778

Design for high-temperature applications **A20:** 573–588
alternative design approaches and tests **A20:** 584–586
chlorine effects **A20:** 580
concepts of design **A20:** 574
conclusions **A20:** 586
crack nucleation and morphology **A20:** 578
creep processes. **A20:** 575–576
creep rupture data presentation **A20:** 580–582
creep under nonsteady stress and temperature. **A20:** 582–584
damage accumulation **A20:** 582–584
deformation mechanisms **A20:** 575
design methodology. **A20:** 580–582
design phenomenology **A20:** 574
design-for-performance concept **A20:** 584, 585
embrittlement phenomena **A20:** 578–579
environmental effects **A20:** 579–580
fracture at elevated temperatures **A20:** 578–579
historical development of creep deformation analysis **A20:** 573–574
hydrogen effects **A20:** 580
life prediction. **A20:** 582–584
limitations. **A20:** 584–585
Monkman-Grant relationship **A20:** 578, 582
oxygen, embrittling effects of. **A20:** 579–580
oxygen with carbon, combined effects of. . **A20:** 580
plastic instability **A20:** 574–575
post-exposure evaluation **A20:** 583, 584
strain components **A20:** 575–576
stress and temperature dependence . . **A20:** 576–578
sulfur effects **A20:** 580

Design for joining **A20:** 762–773
adhesive bonding. **A20:** 762–763
basic design considerations. **A20:** 765
brazing. **A20:** 763–764
brazing and soldering, advantages of **A20:** 765

Design for joining (continued)
case histories **A20:** 766–772
definition.............................. **A20:** 762
distortion control...................... **A20:** 766
examples
change in joint design to reduce distortion and
cost **A20:** 771, 772
design for diffusion bonding....... **A20:** 767–768
elimination of backing bars **A20:** 769, 770
joining sections of unequal thickness... **A20:** 770, 772
modified butt joint use to save tooling and labor
costs.................. **A20:** 770, 771–772
process selection obviating need for joint
preparation **A20:** 765, 767
redesign of joint to improve dimensional
control **A20:** 770, 772
revision of joint design to reduce cost .. **A20:** 768
submerged arc welding of large
piston **A20:** 768–769
two-tier welding **A20:** 766, 767
use of offset to eliminate backing
rings **A20:** 769–770
future directions....................... **A20:** 772
good design practices.......... **A20:** 764, 765–766
joining process considerations **A20:** 762
joining processes **A20:** 762–765
joint design aspects **A20:** 762
joint location and accessibility **A20:** 764, 766
joint types **A20:** 762
mechanical fastening **A20:** 762
orientation and alignment **A20:** 765–766
product-related considerations........... **A20:** 762
soldering **A20:** 764–765
unequal section thickness........... **A20:** 765, 766
welding **A20:** 763, 765–766, 767
Design for life-cycle manufacturing **A20:** 674
Design for machining **A20:** 754–761
abrasive processes **A20:** 754
application of design-for-machining rules **A20:** 759
choosing materials for optimal
machinability **A20:** 755–756
classes of machining operations........... **A20:** 754
CNC machining systems, special
considerations for.... **A20:** 758–759, 760, 761
computer aids....................... **A20:** 759–760
computer numerically controlled machining
systems **A20:** 754, 755, 756, 758
computer-aided process planning
programs **A20:** 759–760
conventional machining operations....... **A20:** 754
costs of machining...................... **A20:** 754
design considerations................... **A20:** 755
design-for-manufacturability programs ... **A20:** 759, 760
equipment types................... **A20:** 754–755
example: redesign of rotor housing .. **A20:** 760, 761
example: redesign of shaft support
bracket....................... **A20:** 760–761
general design-for-machining rules ... **A20:** 755–758
general-purpose machine tools........... **A20:** 754
holemaking operations, special
considerations for........ **A20:** 757, 758, 759
minimizing machined stock allowance.... **A20:** 756
minimizing number of machined features **A20:** 756
minimizing number of machined
orientations.................. **A20:** 756, 757
nontraditional machining processes **A20:** 754
optimizing dimensional and surface finish
tolerances **A20:** 755, 756
production machining systems **A20:** 754–755
production machining systems (transfer machines),
special considerations for **A20:** 758
providing adequate accessibility **A20:** 757
providing adequate strength and stiffness **A20:** 757
providing surfaces for clamping and
fixturing..................... **A20:** 757–758
standardizing features.............. **A20:** 756–757

Design for manufacturability (DFM) *See also* Design; Manufacturability
and early manufacturing involvement
(EMI) **EL1:** 125
quantitative measure............... **EL1:** 124–125
rules **EL1:** 121
uniaxis assembly **EL1:** 121–122
Design for manufacture and assembly (DFMA)................ **A20:** 41–43, 676–686
application at aerospace manufacturer.... **A20:** 683
application at electronics manufacturer ... **A20:** 682
application at medical devices
manufacturer...................... **A20:** 683
application at toy manufacturer **A20:** 683
Assemblability Evaluation Method
(AEM) **A20:** 678
assembly-oriented product design **A20:** 678
conclusion of DFMA analysis .. **A20:** 682, 684, 686
confusion with value analysis............ **A20:** 684
DAC method **A20:** 678, 679
design efficiency (ease of assembly) **A20:** 678
design for assembly (DFA).......... **A20:** 677–678
design for automatic assembly....... **A20:** 684–686
design for manufacture (DFM) **A20:** 679–682
design of parts, for feeding and orienting **A20:** 685
DFA implementation at automotive
manufacturer...................... **A20:** 682
early cost estimating **A20:** 679–680
estimating assembly time **A20:** 677–678
example: application of DFMA software to the
design of a motor-drive
assembly **A20:** 680–682
examples of assemblability evaluation and
improvement..................... **A20:** 677
implementation roadblocks **A20:** 683–684
introduction to **A20:** 676
Lucas Method..................... **A20:** 678–679
manufacturability benchmarking by automotive
manufacturer.................. **A20:** 682–683
part count reductions when DFMA software was
used **A20:** 682, 686
principal cost drivers................... **A20:** 680
product design for robot assembly ... **A20:** 685–686
reducing number of separate parts **A20:** 677
results of DFMA applications **A20:** 682–683
software analysis tools.................. **A20:** 676
various improvements due to application of
DFMA software.............. **A20:** 685, 686
Design for manufacture (DFM) ... **A20:** 4, 7, 13, 243, 300–301, 679–682
composites.............................. **A20:** 664
definition............................... **A20:** 831
divergent thinking **A20:** 47–48
manufacturing enterprise **A20:** 670
materials selection process and **A20:** 248
programs......................... **A20:** 759, 760
relationship of parts to assemblies **A20:** 34
workshops......................... **A20:** 759, 760
Design for oxidation resistance **A20:** 589–602
alloy design for optimal performance **A20:** 590, 591–592
aluminide coatings **A20:** 596–597, 598
ceramics, performance
characteristics of **A20:** 599–600
chromizing............................. **A20:** 598
coating concepts for superalloys **A20:** 596–598
cyclic oxidation **A20:** 592–596
degradation due to hot corrosion and particulate
ingestion **A20:** 600–601
interrupted long-term oxidation **A20:** 594–595
iron aluminides **A20:** 598
limitations: testing techniques and life
prediction.......................... **A20:** 601
methodologies..................... **A20:** 590–591
nickel aluminides, performance
characteristics................. **A20:** 598, 599
Ni(Co)CrAlY coatings **A20:** 597
oxidation process **A20:** 589

refractory metals, performance
characteristics of **A20:** 598–599
single-crystal superalloys, performance
characteristics of **A20:** 593, 596
superalloys, performance
characteristics................ **A20:** 592–596
thermal barrier coatings **A20:** 597–598
titanium aluminides, performance
characteristics of **A20:** 598, 599
Design for plastics processing **A20:** 793–803
blow molding................. **A20:** 793, 797–798
casting.............................. **A20:** 793, 801
composites processing **A20:** 793, 799–801
compression molding **A20:** 793, 798–799
cooling of plastic in the mold....... **A20:** 794, 795
design features and process
considerations **A20:** 801
design for assembly................ **A20:** 801, 802
design for optimum properties and
performance....................... **A20:** 801
details and design considerations.... **A20:** 795–796, 797
ejection of molded part from the mold... **A20:** 794, 795
end-use concerns **A20:** 802
extrusion.................... **A20:** 793, 796–797
factors in development and production of quality
plastic parts....................... **A20:** 793
feed of plastic pellets **A20:** 793, 795
filament winding.................. **A20:** 799, 801
holes and other features **A20:** 796
injection molding.................. **A20:** 793–796
injection of plastic melt into the mold.... **A20:** 794
matched metal molding **A20:** 799, 800
material selection matrix **A20:** 803
materials selection methodology **A20:** 802–803
melting of plastic pellets **A20:** 793, 795
metering of the plastic melt......... **A20:** 793–794
plastics processing methods **A20:** 793
polystyrene poker chip **A20:** 794
published vs. actual product properties ... **A20:** 802
pultrusion.................... **A20:** 799, 800–801
reaction injection molding (RIM).... **A20:** 799, 800
removal of molded part from the mold... **A20:** 795
resin transfer molding (RTM)....... **A20:** 799, 800
rotational molding................. **A20:** 793, 798
shrinkage.......................... **A20:** 795–796
solidification of plastic in the mold .. **A20:** 794–795
stress.................................. **A20:** 802
structural reaction injection molding
(SRIM) **A20:** 799, 800
thermoformed parts, typical............ **A20:** 797
thermoforming.................... **A20:** 793, 797
thermoplastics and thermoset processing
comparison **A20:** 794
transfer molding........... **A20:** 793, 798, 799
types of extruded parts **A20:** 797
understanding the end-use application.... **A20:** 802
understanding the properties of the plastic
material **A20:** 802–803
Design for powder metallurgy **A20:** 745–753
bearings **A20:** 751
comparison of powder processing
methods **A20:** 747, 748–749
conventional die compaction......... **A20:** 748–749
secondary operations **A20:** 750
shapes and features **A20:** 747, 748, 749–750
conventional (press-and-sinter)
processes **A20:** 745–747
design issues....................... **A20:** 749–751
finishing............................... **A20:** 750
full-density processes **A20:** 747
general P/M design considerations **A20:** 745
heat treatment **A20:** 750
hot isostatic pressing...... **A20:** 745, 747, 748, 749
hot pressing **A20:** 747, 748
impregnation and infiltration............ **A20:** 750
material selection.................. **A20:** 750–751
material systems....................... **A20:** 745

SUBJECTS OF THE INDEXED VOLUMES: ASM Handbook (designated by the letter "A"): **A1:** Properties and Selection: Irons, Steels, and High-Performance Alloys (1990); **A2:** Properties and Selection: Nonferrous Alloys and Special-Purpose Materials (1990); **A3:** Alloy Phase Diagrams (1992); **A4:** Heat Treating (1991); **A5:** Surface Engineering (1994); **A6:** Welding, Brazing, and Soldering (1993); **A7:** Powder Metal Technologies and Applications (1998); **A8:** Mechanical Testing (1985); **A9:** Metallography and Microstructures (1985); **A10:** Materials Characterization (1986); **A11:** Failure Analysis and Prevention (1986); **A12:** Fractography (1987); **A13:** Corrosion (1987); **A14:** Forming and Forging (1988); **A15:** Casting (1988); **A16:** Machining (1989); **A17:** Nondestructive Evaluation and Quality Control (1989); **A18:** Friction, Lubrication, and Wear Technology (1992); **A19:** Fatigue and Fracture (1996); **A20:** Materials Selection and Design (1997). **Metals Handbook, 9th Edition** (designated by the letter "M"): **M1:** Properties and Selection: Irons and Steels (1978); **M2:** Properties and Selection: Nonferrous Alloys and Pure Metals (1979); **M3:** Properties and Selection: Stainless Steels, Tool Materials, and Special-Purpose Materials (1980); **M4:** Heat Treating (1981); **M5:** Surface Cleaning, Finishing, and Coating (1982); **M6:** Welding, Brazing, and Soldering (1983); **M7:** Powder Metallurgy (1984). **Engineered Materials Handbook** (designated by the letters "EM"): **EM1:** Composites (1987); **EM2:** Engineering Plastics (1988); **EM3:** Adhesives and Sealants (1990); **EM4:** Ceramics and Glasses (1991). **Electronic Materials Handbook** (designated by the letters "EL"): **EL1:** Packaging (1989)

metal injection molding... **A20:** 745, 747–748, 749, 751, 752–753
powder extrusion process........... **A20:** 747, 748
powder forging........... **A20:** 747, 748, 749, 753
powder processing techniques....... **A20:** 745–748
properties........................ **A20:** 745, 746
quantity and cost...................... **A20:** 745
repressing............................ **A20:** 750
roll compaction.................. **A20:** 747, 748
shape complexity...................... **A20:** 745
size................................. **A20:** 745
steam treating......................... **A20:** 750
tolerances............................ **A20:** 745
Design for quality............... **A20:** 104–109, 674
causes of inadequate designed-in product quality **A20:** 107
continuous improvement approach....... **A20:** 106
controlled experiments **A20:** 106
costs of poor quality **A20:** 107
design changes to eliminate adjustment operation **A20:** 108
design for quality manufacturability (DFQM) approach................... **A20:** 106, 107
design of experiments **A20:** 106
dimensional tolerances **A20:** 108
dimensioning on engineering drawings ... **A20:** 107, 108
ease of assembly **A20:** 108–109
evaluating a product design for quality ... **A20:** 107
guidelines for promoting quality..... **A20:** 107–109
management of quality............. **A20:** 105–107
manufacturability method **A20:** 106, 107
matrix method.................... **A20:** 106, 107
modular construction................... **A20:** 108
orthogonal arrays...................... **A20:** 106
principles of quality management.... **A20:** 106–107
quality and design for manufacturability............. **A20:** 104–105
quality and robust design............... **A20:** 104
quality, definition of............... **A20:** 104–105
quality function deployment **A20:** 105–106
quality ramifications of engineering changes......................... **A20:** 108
robustness of components and assemblies **A20:** 108
sample matrix evaluation system for designers **A20:** 106
standardize on fewest number of part varieties......................... **A20:** 108
statistical process control........... **A20:** 105, 106
Taguchi methods **A20:** 106
teams **A20:** 106
total quality management **A20:** 105, 106
training **A20:** 106
U.S. Navy producibility tool No. 2 ...... **A20:** 107
worker involvement..................... **A20:** 106
Design for surface finishing........... **A20:** 820–827
aesthetics and function **A20:** 822
design as an integral part of manufacturing................ **A20:** 820–821
design features **A20:** 823
design features influencing electroplating **A20:** 825, 826
design limitations for
inorganic finishing processes........... **A20:** 824
organic finishing processes **A20:** 822
surface-preparation processes **A20:** 821
fabrication processes............... **A20:** 821–822
Faraday cage effect in powder coating ... **A20:** 822, 823, 826
flow diagram for incorporating design principles........................ **A20:** 820
general design principles related to .. **A20:** 821–823
inorganic finishing processes **A20:** 824, 825, 826–827
integrated product- and process-development process.......................... **A20:** 820
interrelation between part design, equipment limitations, and fixturing...... **A20:** 820, 821
organic finishing processes **A20:** 822, 825–826
polymeric materials.................... **A20:** 822
size and weight........................ **A20:** 822
surface-preparation processes........ **A20:** 823–825
Design for the environment (DFE) *See also* Environmental aspects of design........ **A20:** 5
definition............................. **A20:** 831
guidelines **A20:** 135–136
improvement analysis **A20:** 98
Design for wear resistance............ **A20:** 603–614
abrasive wear ... **A20:** 603, 604, 606, 607, 608, 611
adhesive wear............ **A20:** 603, 604, 605, 606
allowable loads for mechanisms **A20:** 609, 610, 611, 612, 613
application wear models................ **A20:** 607
bracketing analysis..................... **A20:** 606
control methods **A20:** 604
corrosive wear......................... **A20:** 603
design approach for low-wear computer peripherals.................. **A20:** 612–613
design rules for wear applications........ **A20:** 608
fatigue **A20:** 603, 605
fatigue-like wear **A20:** 603, 605
interaction among wear mechanisms **A20:** 603–604
lubricants effect on friction and wear for reciprocating sliding in a ball-plane **A20:** 606
lubrication........................ **A20:** 606–607
materials selection for wear applications.................. **A20:** 607–608
methods for wear design **A20:** 612–613
operational classification of wear situations........................ **A20:** 605
severe vs. mild wear............... **A20:** 604, 605
sliding wear coefficients **A20:** 604
symbols used in models, key **A20:** 608
tribofilms.................... **A20:** 604–605, 606
wear applications for engineering materials **A20:** 607
wear behavior......................... **A20:** 603
wear design....................... **A20:** 609–612
wear maps **A20:** 604, 605
wear mechanisms.................. **A20:** 603–606
wear models **A20:** 606, 607, 608–609, 610, 611
wear related to design parameters ... **A20:** 605–606
wear-in.............................. **A20:** 605
zero wear concept illustrated **A20:** 608
Design for "X" (DFX) **A20:** 7, 13, 133, 674
definition............................. **A20:** 831
environmental aspects of design **A20:** 134
Design guidelines *See also* Design
cost estimating plastics parts....... **EM2:** 709–710
end-use requirements, defining **EM2:** 707
part geometry.................... **EM2:** 707–709
strength of plastics.................... **EM2:** 709
structure/properties/processing/applications............ **EM2:** 710
Design history **A20:** 161
Design intent...................... **A20:** 155, 161
definition............................. **A20:** 831
Design layout
definition............................. **A20:** 831
Design life..................... **A19:** 481, **EM3:** 36
Design life fraction **A20:** 312
Design limit load (DLL) failure............ **A6:** 1046
Design limit stress
definition............................. **A20:** 655
Design lubricant film thickness
nomenclature for hydrostatic bearings with orifice or capillary restrictor............... **A18:** 92
Design of experiments........... **A14:** 928, 937–939
Design of experiments (DOE) **A20:** 63, 106, 174
definition............................. **A20:** 831
Design of experiments (DOEs) **A7:** 708
Design of forgings **M1:** 350, 357–360, 369–375
Design of friction and wear experiments.................. **A18:** 480–488
calculations of elastic contact dimensions and stresses...................... **A18:** 487–488
α and β parameter constants...... **A18:** 487, 488
formulas............................ **A18:** 488
nomenclature......................... **A18:** 487
categories of tribotests **A18:** 480–481
conditions of tribotests............. **A18:** 480–481
design of experiments............. **A18:** 482–485
one-at-a-time approach **A18:** 482–483
simple complete factorials approach.................. **A18:** 483–485
evaluation of tribotests............ **A18:** 481–482
laboratory friction and wear tests and simulative tribotesting **A18:** 481, 482
round-robin tests **A18:** 485
case study, international round-robin sliding wear tests...................... **A18:** 486–487
general rules......................... **A18:** 486
terminology **A18:** 485–486
Design of static structures, properties needed for..................... **A20:** 509–515
anisotropy, degree of.................... **A20:** 513
beams, design of........................ **A20:** 512
buckling strength **A20:** 515
causes of failure of engineering components **A20:** 515
columns, design of................. **A20:** 512–513
component geometry effect..... **A20:** 509–510, 511
deflection under load.................... **A20:** 514
design changes required for materials substitution **A20:** 514
design for torsional loading **A20:** 512
design guidelines for reducing deleterious effects of stress concentration **A20:** 509–510, 511
designing for
bending............................. **A20:** 512
static strength **A20:** 512
stiffness **A20:** 512–513
designing for axial loading **A20:** 512
factors to consider...................... **A20:** 509
function and consumer requirements..... **A20:** 509
manufacturing-related factors............ **A20:** 509
material-related factors **A20:** 509
materials selection for a cylindrical compression element.......................... **A20:** 514
mechanical failure types under static loading at normal temperatures **A20:** 515
probability of failure............... **A20:** 511–512
safety factor **A20:** 510–511
selection of materials for static strength **A20:** 513–514
selection of materials for stiffness.... **A20:** 514–515
service conditions **A20:** 510–511
shafts, design of........................ **A20:** 513
standard normal deviate *z* and corresponding levels of reliability and probability of failure........................... **A20:** 512
static strength and isotropy **A20:** 513–514
strength, level of.................. **A20:** 513, 514
stress concentration factor K_t values **A20:** 509, 510
weight and space limitations **A20:** 514
weight limitations **A20:** 514–515
Design optimization **A20:** 209–218
adjoint variable method............ **A20:** 213, 214
algorithm selection...................... **A20:** 211
analysis solutions and optimization solutions.......................... **A20:** 211
analytical design-sensitivity analysis...... **A20:** 213
approximate optimization techniques..... **A20:** 214
computer-aided engineering simulation tool **A20:** 209
computer-aided-engineering-based optimal design....................... **A20:** 211–214
constrained vs. unconstrained optimization................. **A20:** 209, 210
convergence criteria..................... **A20:** 211
definition............................. **A20:** 831
design parameterization **A20:** 212
design parameters, nature of **A20:** 210
design sensitivity analysis........... **A20:** 213–214
direct differentiation method **A20:** 213, 214
Edgeworth-Pareto optimization **A20:** 210
emerging technologies.............. **A20:** 215–217
finite difference approximations **A20:** 213
geometry-based mesh parameterization ... **A20:** 212
global optimization using stochastic search methods **A20:** 217
local and global optimum............... **A20:** 210
materials processing optimization........ **A20:** 216
measuring the performance of the optimization **A20:** 214
multidisciplinary optimization....... **A20:** 216–217
multiple-objective optimizations **A20:** 210
nonlinear constrained optimization problem **A20:** 209
numerical optimization, aspects of....... **A20:** 210
numerical optimization methods..... **A20:** 209–211
numerical simulation................... **A20:** 212
optimization algorithms **A20:** 210–211
optimization problem formulation **A20:** 213
performance measures, nature of......... **A20:** 210
reduced-basis method **A20:** 212–213
robustness **A20:** 214
shape design parameters............ **A20:** 212–213
single-objective optimizations **A20:** 210
sizing design parameters................ **A20:** 212

Design optimization (continued)
sizing parameters vs. shape parameters . . . **A20:** 213
software packages for CAE optimal design . . . **A20:** 214
structural optimization . . . **A20:** 214–215
topology optimization . . . **A20:** 215–216
Design optimization problem
example . . . **A17:** 750–752
Design package
final . . . **EL1:** 523–526
Design parameters . . . **A20:** 209
continuous . . . **A20:** 210
definition . . . **A20:** 831
discrete . . . **A20:** 210
Design performance measures
definition . . . **A20:** 831
Design perturbation . . . **A20:** 106
Design practices for glass and glass fibers
applications . . . **EM4:** 741–745
forming methods . . . **EM4:** 741–742
history of processing and raw materials used . . . **EM4:** 741
intrinsic strength of glass . . . **EM4:** 742
lessons learned . . . **EM4:** 744–745
material composition . . . **EM4:** 741
mechanisms of strength reduction . . **EM4:** 742–743
component shape . . . **EM4:** 742
intemal flaws . . . **EM4:** 742
residual stresses . . . **EM4:** 743
surface flaws . . . **EM4:** 742–743
methods for improving glass strength . . . **EM4:** 743–744
acid etching . . . **EM4:** 743
annealing . . . **EM4:** 743
coatings . . . **EM4:** 743–744
proof testing . . . **EM4:** 744
tempering . . . **EM4:** 743
properties of glass . . . **EM4:** 741
reliability analysis . . . **EM4:** 744
flaw statistics . . . **EM4:** 744
proof testing . . . **EM4:** 744, 745
time-dependent effects . . . **EM4:** 744
time-to-failure equation . . . **EM4:** 744
strength testing techniques . . . **EM4:** 743
Design practices for structural ceramics in automotive turbocharger wheels . . . **EM4:** 722–726
ceramic advantages . . . **EM4:** 722
component developments . . . **EM4:** 726
burst speed . . . **EM4:** 726
vehicle testing . . . **EM4:** 726
cost considerations . . . **EM4:** 726
design methodology . . . **EM4:** 723–725
brazed joint analyses . . . **EM4:** 724–725
joining silicon nitride to metals . . . **EM4:** 724
mechanical attachment . . . **EM4:** 725
minimizing failure probability . . . **EM4:** 723–724
minimizing stress concentrations . . . **EM4:** 723
resisting foreign object damage . . . **EM4:** 724
history . . . **EM4:** 722–723
material selection and design trade-offs . . . **EM4:** 725–726
nondestructive evaluation . . . **EM4:** 726
turbocharger operation . . . **EM4:** 722
Design practices for structural ceramics in gas turbine engines . . . **EM4:** 716–721
design methodology . . . **EM4:** 717, 718
lessons learned . . . **EM4:** 721
close coordination . . . **EM4:** 721
difficulty of large components . . . **EM4:** 721
thermally induced stresses . . . **EM4:** 721
thorough analysis . . . **EM4:** 721
materials selection, design trade-offs, and component development . . . **EM4:** 717–719
component evaluation . . . **EM4:** 718–719
design trade-offs . . . **EM4:** 718–719
manufacturability . . . **EM4:** 718
material selection . . . **EM4:** 717–718
program history . . . **EM4:** 716–717
successful ceramic components . . . **EM4:** 719–721
cyclic durability and time dependence . . . **EM4:** 719–720
design/manufacturing trade-offs . . . **EM4:** 719, 720–721
foreign object damage . . . **EM4:** 719
high temperatures and speeds . . . **EM4:** 719–720
high-speed blade rubs . . . **EM4:** 719
time-dependent and cyclic-durability data base . . . **EM4:** 719, 720
Design practices for structural ceramics in gasoline engines . . . **EM4:** 728–732
ceramic engine components under commercial production in Japan . . . **EM4:** 728
ceramic material properties compared . . . **EM4:** 729
ceramic valve design . . . **EM4:** 730–731
revolution limit . . . **EM4:** 730
stress distribution . . . **EM4:** 730–731
wear resistance . . . **EM4:** 730, 731
weight ratio basis . . . **EM4:** 730
design procedure . . . **EM4:** 728–730
finite-element method analysis . . . **EM4:** 729, 731
proof testing . . . **EM4:** 729, 730
material selection . . . **EM4:** 728
partially stabilized zirconia . . . **EM4:** 728
silicon carbide . . . **EM4:** 728
silicon nitride . . . **EM4:** 728, 729, 730, 731
sliding parts . . . **EM4:** 731
rocker arms engine components . . . **EM4:** 731
turbine wheels . . . **EM4:** 731–732
Design practices for whisker-toughened ceramic components . . . **EM4:** 733–740
estimating thermoelastic properties . . **EM4:** 733–736
examples . . . **EM4:** 738–740
noninteractive reliablity models . . . **EM4:** 736–737, 740
TCARES algorithm . . . **EM4:** 733, 737–378
Design process, overview of . . . **A20:** 7–14
best practices of product realization . . . **A20:** 12–13
configuration design of special-purpose parts . . . **A20:** 10–11
creative problem solving . . . **A20:** 8
design for assembly (DFA) . . . **A20:** 7
design for manufacturing (DFM) . . . **A20:** 7
design for "X" (DFX) . . . **A20:** 7
design of assemblies compared to design for assembly . . . **A20:** 10
designing for function and fit . . . **A20:** 7
engineering conceptual design . . . **A20:** 9–10
engineering design as a part of the product realization process . . . **A20:** 7
engineering design specification . . . **A20:** 8
engineering stages . . . **A20:** 8
evaluating conceptual design alternatives . . . **A20:** 10
from marketing goals to engineering requirements . . . **A20:** 8
generating conceptual design alternatives . . . **A20:** 9–10
guided iteration . . . **A20:** 8–9
guided iteration used for conceptual, configuration, and parametric design . . . **A20:** 9
guided redesign of conceptual alternatives . . **A20:** 10
industrial design . . . **A20:** 8
marketing considerations . . . **A20:** 8
methods for parametric design . . . **A20:** 11–12
role of engineering design . . . **A20:** 7
standard component . . . **A20:** 7
Design proof testing . . . **EM3:** 533–543
applications . . . **EM3:** 533–535
building block test program approach . . . **EM3:** 534–535
component testing . . . **EM3:** 539–541
coupon testing . . . **EM3:** 536–537
environmental considerations . . . **EM3:** 535–536
moisture analysis . . . **EM3:** 535–536
thermal analysis . . . **EM3:** 535–536
full-scale tests . . . **EM3:** 541–543
advanced composite elevator test **EM3:** 542–543
composite stabilizer ground test . . . **EM3:** 542–543
composite stabilizer test . . . **EM3:** 542–543
subcomponent testing . . . **EM3:** 537–539
bonded-stiffener runout detail . . . **EM3:** 537, 538
bonded-stiffener tension damage tolerance panel . . . **EM3:** 539
composite-to-titanium step-lap bonded joint . . . **EM3:** 537, 538
honeycomb panel attachment detail . . . **EM3:** 537, 538
pressure restraint test detail . . . **EM3:** 537, 538
short-column crippling test specimen . . **EM3:** 537, 538–539
YC-14 honeycomb panel shear test . . . **EM3:** 538, 539
YC-14 honeycomb panel stability test **EM3:** 538, 539
Design, quality *See* Quality control; Quality design; Statistical methods
Design requirements
anisotropy . . . **EM1:** 181
application example . . . **EM1:** 183–184
assembly . . . **EM1:** 182–183
damage tolerance . . . **EM1:** 182
design data base . . . **EM1:** 181–182
design process . . . **EM1:** 183
environmental effects . . . **EM1:** 182
inspection . . . **EM1:** 183
manufacturing and quality control . . . **EM1:** 182
repair . . . **EM1:** 183
total system cost . . . **EM1:** 181
Design review . . . **A20:** 70–71, 141, 149
definition . . . **A20:** 831
Design review board . . . **A20:** 149
Design review checklists . . . **A20:** 149
Design rules . . . **EL1:** 15, 161
definition . . . **A20:** 831
Design sensitivity . . . **A20:** 174, 213–214
definition . . . **A20:** 831
Design service life/design usage
MECSIP Task II, design information . . . **A19:** 587
Task 1, USAF ASIP design information . . **A19:** 582
Design service load spectra
Task II, USAF ASIP design analysis and development tests . . . **A19:** 582
Design sets . . . **A20:** 214
Design space . . . **A20:** 209
Design spacing of conductors
defined . . . **EL1:** 1140
Design standards
definition . . . **A20:** 831
Design steel temperature . . . **A19:** 481
Design stress . . . **A1:** 316–317, 319
Design stress environment/spectra development
MECSIP Task III, design analyses and development tests . . . **A19:** 587
Design stress range . . . **A19:** 278
Design team *See also* Cross-functional design teams
definition . . . **A20:** 831
Design to manufacturing interface . . . **A20:** 106
Design tradeoffs *See also* Design
connector reliability . . . **EL1:** 21–23
cooling . . . **EL1:** 23–24
in electronic packaging . . . **EL1:** 18–24
interconnections . . . **EL1:** 18–21
mechanical support . . . **EL1:** 21
Design ultimate stress
definition . . . **A20:** 655
Design verification, semiconductors
SEM for . . . **A10:** 490
Design width of conductor
defined . . . **EL1:** 1140
Design with brittle materials . . . **A20:** 622–638
Batdorf's model . . . **A20:** 625, 626, 628, 634, 635
CARES algorithm . . . **A20:** 629–630, 635
CARES/Life program . . . **A20:** 635
creep rupture . . . **A20:** 634–635
ERICA algorithm . . . **A20:** 629–630, 635
fracture mechanism maps . . . **A20:** 631

SUBJECTS OF THE INDEXED VOLUMES: ASM Handbook (designated by the letter "A"): **A1:** Properties and Selection: Irons, Steels, and High-Performance Alloys (1990); **A2:** Properties and Selection: Nonferrous Alloys and Special-Purpose Materials (1990); **A3:** Alloy Phase Diagrams (1992); **A4:** Heat Treating (1991); **A5:** Surface Engineering (1994); **A6:** Welding, Brazing, and Soldering (1993); **A7:** Powder Metal Technologies and Applications (1998); **A8:** Mechanical Testing (1985); **A9:** Metallography and Microstructures (1985); **A10:** Materials Characterization (1986); **A11:** Failure Analysis and Prevention (1986); **A12:** Fractography (1987); **A13:** Corrosion (1987); **A14:** Forming and Forging (1988); **A15:** Casting (1988); **A16:** Machining (1989); **A17:** Nondestructive Evaluation and Quality Control (1989); **A18:** Friction, Lubrication, and Wear Technology (1992); **A19:** Fatigue and Fracture (1996); **A20:** Materials Selection and Design (1997). **Metals Handbook, 9th Edition** (designated by the letter "M"): **M1:** Properties and Selection: Irons and Steels (1978); **M2:** Properties and Selection: Nonferrous Alloys and Pure Metals (1979); **M3:** Properties and Selection: Stainless Steels, Tool Materials, and Special-Purpose Materials (1980); **M4:** Heat Treating (1981); **M5:** Surface Cleaning, Finishing, and Coating (1982); **M6:** Welding, Brazing, and Soldering (1983); **M7:** Powder Metallurgy (1984). **Engineered Materials Handbook** (designated by the letters "EM"): **EM1:** Composites (1987); **EM2:** Engineering Plastics (1988); **EM3:** Adhesives and Sealants (1990); **EM4:** Ceramics and Glasses (1991). **Electronic Materials Handbook** (designated by the letters "EL"): **EL1:** Packaging (1989)

life prediction using reliability analysis A20: 630–631
life-prediction design examples. . A20: 633, 635–636
life-prediction reliability algorithms A20: 635
life-prediction reliability models A20: 633–635
multiaxial reliability models A20: 625–626
need for correct stress state A20: 631–633
normal stress averaging (NSA) model A20: 625–626, 633, 634, 635
parameter estimation A20: 626–629
principle of independent action (PIA) model A20: 625–626, 633, 634, 635
subcritical crack growth model. . A20: 633–634, 635
system reliability A20: 623
three-parameter linear regression A20: 628–629
three-parameter Weibull distribution. A20: 625, 626, 627, 628–629, 634
time-independent design examples . . . A20: 629–630
reliability algorithms. A20: 629
reliability analyses A20: 622–623, 634
two-parameter maximum likelihood estimators A20: 627–628
two-parameter Weibull distribution and size effects A20: 623–625, 626, 627, 628, 634

Design with composites A20: 648–665
asymmetric in-plane laminates, properties of A20: 655
asymmetric laminates, properties of A20: 653, 655–656
automated design A20: 657
bonded joints A20: 663
ceramic-matrix composites A20: 659–661
constituent selection A20: 660
properties of A20: 660–661
conceptual design of a composite part A20: 649
constituent properties A20: 650–651
constituent selection A20: 660
controlled thermal expansion composites A20: 656–657
curved laminates, properties of A20: 656
cut edges A20: 664
design for manufacturing A20: 664
discontinuous fiber lamina A20: 654
electrical current transfer A20: 662
energy absorption A20: 657
fatigue A20: 657
fiber-reinforced composite materials A20: 648–649
general lamina properties A20: 653–654
generic composite behavior A20: 649–650, 651
heat transfer A20: 662
interfacial bonding effect on strength A20: 650, 651
joint design A20: 662–663
lamina properties A20: 650
calculation of A20: 651–653
laminate properties A20: 653, 654–659
large composite structures: joints, connections, cutting, and repair A20: 661
load A20: 661, 662
mechanically fastened joints A20: 662–663
metal-matrix composites A20: 657–659
properties of A20: 658–659
parallel properties, calculation of A20: 651–652
residual stresses A20: 652–653
scaling considerations A20: 661–662
shear strength of a uniaxial resin-matrix composite A20: 652
specific modulus of materials for structural applications A20: 648
specific strength of materials for structural applications A20: 648, 649
structure/property relationships A20: 649, 650, 651
surface coatings A20: 664
symmetric in-plane laminates, properties of A20: 654–655
symmetric through-thickness laminates, properties of A20: 655
through-thickness laminates, properties of A20: 654–655
transverse properties, calculation of A20: 652
transverse strength of a uniaxial resin-matrix composite A20: 652
twist, bend, and splay orientations . . A20: 649, 650, 651
variance considerations A20: 661–662

Design with plastics A20: 639–647
creep/stress relaxation-time/temperature part performance A20: 641–642
cycle time estimation A20: 644–645
databases with engineering data A20: 639
design-based material selection. . A20: 641, 645–647
design-engineering process A20: 639
example: materials selection for an electrical enclosure A20: 644, 645–647
example: materials selection for plate design A20: 641, 645–646
fatigue-cycle-dependent part performance A20: 642–643
flow length estimation A20: 643–644
glass-filled plastic parts, strength and stiffness of A20: 640–641
impact resistance A20: 641
manufacturing considerations A20: 643–645
mechanical part performance A20: 639–643
part stiffness A20: 640
part strength A20: 641
Designation of sheet texture A9: 701
Designations
as applied to solder mask EL1: 559
Design-Based Material Selection Program . . A20: 644, 645, 646
Designed experiments *See also* Experimental design
analysis of A8: 623, 653–661
factorial A8: 653–654
fractional factorial A8: 654–656
incomplete block A8: 657–661
randomized block A8: 656–657
Design-for-assembly cost effectiveness (DAC) method A20: 678, 679
Design-for-reliability
as design tool EL1: 741, 746–748
Designing adhesive joints EM3: 457–458
design proof testing EM3: 457
Designing for safety, general principles of A20: 141–142
Designing to codes and standards A20: 66–71
ANSI documents A20: 69
ASTM standards A20: 69
building codes A20: 69
codes and standards preparation organizations A20: 69
commercial standards (CS) A20: 68
design standards A20: 68
designer's responsibility A20: 69–71
government specification standards A20: 68
historical background A20: 66
how standards develop A20: 67
industry consensus standards A20: 68
international standards A20: 68
National Fire Codes A20: 69
need for codes and standards A20: 66–67
physical reference standards A20: 68–69
product definition standards A20: 68
professional society codes A20: 68
proprietary (in-house) standards A20: 68
purposes and objectives of codes and standards A20: 67
regulations A20: 68
safety codes A20: 67
sponsoring organizations for standards published by the American National Standards Institute A20: 70
standards information services A20: 69
statutory codes A20: 68
testing and certification standards A20: 68
trade codes A20: 67
types of codes A20: 67–68
types of standards A20: 68–69
U.S. Government documents A20: 69
Underwriters' Laboratories documents A20: 69
Design-stress calculations
forgings M1: 357–360
Design-to-cost (DTC) process EM1: 419, 422–423
Desiliconification
of silicon bronzes A13: 133
Desilvering
as lead refining A15: 475–476
Desizing
defined EM1: 9, EM2: 13
Desktop manufacturing A20: 232
Desktop manufacturing (DTM) A7: 426, 427

Deslagging *See also* Slag
cobalt-base alloys A15: 813
Desludging
for inclusion control A15: 96
Desmearing
parameters for A10: 403
Desmutting *See* Smut, removal of
Desoldering
defined EL1: 719–722
for touch up and rework EL1: 722
heat rate recognition EL1: 714–715
large thermal mass joints EL1: 721
of terminals and sockets EL1: 721–722
planar-mounted components EL1: 722
unclinching of leads by EL1: 722
Desorption *See also* Absorption; Adsorption EM3: 10
as leakage A17: 58
defined EM1: 9, EM2: 13
images, gated A10: 596, 600–601
of adsorbed layers, LEISS analysis of A10: 603
Dessicator
for fracture preservation A12: 73
Destannification
of cast tin bronzes A13: 133
Destaticization EM3: 10
defined EM2: 13
Destructive cross-section metallography
detection of subsurface cracking A18: 369
Destructive etching A9: 60–62
Destructive evaluation criteria
failure criteria and definitions of high-temperature component creep life A19: 468
Destructive interference
x-ray spectrometers A10: 88
Destructive pitting
as fatigue mechanism A19: 696
Destructive testing
ceramic coatings M5: 546–547
Destructive testing of
explosion welds M6: 711
high frequency welds M6: 766–767
soldered joints M6: 1090–1091
Destructive tests EM3: 37
correlated with nondestructive test results EM3: 772
for joint design EM3: 43
grading of adhesive defects EM3: 526
inspection of final preparation EM3: 737
skin peeler construction EM3: 739
types EM1: 774
Desulfomonas
biological corrosion by A13: 116
Desulfotomaculum
biological corrosion by A13: 116
Desulfovibrio
biological corrosion by A13: 116, 118–119
Desulfurization *See also* Sulfur; Sulfur removal A1: 109, 110, 228, A13: 561, 1001–1006, A20: 596
cupolas A15: 391
in argon oxygen decarburization A15: 428
in low-carbon steel A12: 247
of ferrous melts A15: 74–78
plain carbon steels A15: 709–710
ratio A15: 75–78
requirements A15: 75–78
systems A15: 75–76
Desulfurization, hot metals
magnesium powders M7: 131
Desulfurization of steel plate M1: 181
Desulfurization ratio A15: 75–78
Desulfurization reactor, naphtha
cracks from hydrogen damage A11: 664
Desulfurizer welds, carbon-molybdenum
cracking in A11: 663
Desulfurizing *See also* Sulfur
defined A15: 4
Detail design A20: 128
definition A20: 831
information sources for A20: 250
Detail drawing A20: 225–226, 227
definition A20: 831
Detail fracture(s)
as rail fracture mode A12: 117, 136
high-carbon steels A12: 288
rail head A12: 289

Detail (micro) testing methods
defined **EM1:** 774
Detail perceptibility, of images
radiography **A17:** 300
Detail process analysis tools *See also* Analysis
ALPID system **A14:** 411–412
NIKE as FEM stress analysis program **A14:** 412
TOPAZ **A14:** 412
Detectability
low contrast, defined **A17:** 383
modeling of **A17:** 710
Detectability, damage
and tolerance requirements **EM1:** 265–266
Detected area fraction
effects of varying in iron-carbon alloys **A10:** 309
Detected signals, used for imaging and analysis in scanning electron
microscopy **A9:** 90
Detection *See also* Bridge detector; Crack detection; Detector probe; Detectors; Discontinuities; Gas detection; Leak rate; Leak testing; Leak(s); Leakage; Probability of detection (POD)
automated, electrometric titration for **A10:** 202
by magnetic particle inspection **A17:** 103–105
characteristics, of discontinuities **A17:** 104
crack depth effects **A17:** 104
electronics and interface, inductively coupled plasma **A10:** 39
feature, by image analysis **A10:** 310
fluorescence, EXAFS analysis **A10:** 412
infrared **A10:** 223, 230
magabsorption **A17:** 148–152
minimum, electron spin resonance **A10:** 259
modes, ion chromatography **A10:** 659–662
NDE, for volumetric flaws **A17:** 50
neutron, methods of **A17:** 390–391
of combustion products in high-temperature combustion **A10:** 222–223
of ESR spectrometers **A10:** 256–257
of flaws **A17:** 49–50
of phase changes **A10:** 282–283
of radioactivity **A10:** 245–246
of x-rays **A10:** 326
preferential, image analysis of AISI 416 stainless steel **A10:** 311
redox endpoint **A10:** 164
setting, effects on area fraction detected **A10:** 312
spectrophotometric, with ion chromatography **A10:** 661
surface-phase **A10:** 293
techniques, EXAFS analysis **A10:** 418
thermal-conductive **A10:** 223, 229–230
transmission mode, EXAFS analysis **A10:** 412
XRPD methods of **A10:** 331
Detection and monitoring of fatigue cracks **A19:** 210–223
ac electric potential method **A19:** 212–213, 222
acoustic emission techniques **A19:** 215–216, 222
applications of methods available for **A19:** 210
atomic force microscopy (AFM) **A19:** 219, 221
back-face strain method **A19:** 211
COD method **A19:** 211
compliance method **A19:** 211
crack detection sensitivity of methods available for **A19:** 210
crack measurement for specimen testing **A19:** 211–213
crack tip strain measurement **A19:** 211
direct potential method **A19:** 212, 213
eddy current techniques **A19:** 217–218, 222
electric potential measurement **A19:** 211–213, 222
electron microscopy **A19:** 219–220
exoelectrons **A19:** 219
gamma radiography **A19:** 219, 222
gel electrode imaging methods **A19:** 213
in-field application **A19:** 221–222
infrared techniques **A19:** 219, 222
liquid penetrant method **A19:** 213–214, 222
magnescope **A19:** 214
magnetic Barkhausen effect **A19:** 214, 222
magnetic flux leakage **A19:** 214, 222
magnetic particle method **A19:** 214, 222
magnetic techniques **A19:** 214
magnetoacoustic emission **A19:** 214
microscopy methods **A19:** 219–221
optical methods **A19:** 211
positron annihilation **A19:** 214–215
probe displacement method on compact specimens **A19:** 216–217
radiography methods **A19:** 222
scanning acoustic microscopy (SAM) **A19:** 219, 221
scanning electron microscopy **A19:** 219–220
scanning tunneling microscopy **A19:** 219, 220–221
testing parameters adopted by some fatigue researchers **A19:** 211
time of flight measuring techniques **A19:** 217, 218
transmission electron microscopy **A19:** 219–220
ultrasonic amplitude calibration methods **A19:** 216
ultrasonic attenuation technique **A19:** 216
ultrasonic methods **A19:** 216–217, 218, 222
x-ray diffraction **A19:** 221
Detection limits **A7:** 229
Auger electron spectroscopy **A10:** 556
defined **A10:** 671
elemental, AEM-EDS **A10:** 449
fluorescence analysis **A10:** 76
for ICP-AES analysis **A10:** 33
gas chromatography/mass spectrometry **A10:** 645
of minor elements in oil **A10:** 101
PIXE vs. XRF analysis **A10:** 106
radioanalysis **A10:** 246–247
single-element interference free, for TNAA **A10:** 238
thermal neutron activation analysis **A10:** 237–238
UV/VIS absorption spectroscopy **A10:** 70
varying **A10:** 96
Detective quantum efficiency (DQE)
and quantum noise (mottle) **A17:** 371
defined **A17:** 298, 383
Detector aperture
defined **A17:** 383
Detector probe(s)
accumulation technique, with tracer gases **A17:** 65
modes of **A17:** 5
technique, specific-gas **A17:** 64–65
Detectors
AAS instruments as **A10:** 55
and image formation, SEM microscopes **A10:** 493–494
backscatter, effect on SEM **A10:** 490
backscattered electron, contrast with **A10:** 502–504
backscattered electron, ring geometry of **A10:** 503
charged particle **A10:** 245–246
cleanup time **A17:** 69
early gas x-ray **A10:** 83
electron multiplier, x-ray photoelectron spectroscopy **A10:** 571
electron probe x-ray microanalysis, resolution (peak broadening) **A10:** 519
electron-optical, UV/VIS absorption spectroscopy **A10:** 67
energy-dispersive spectroscopy, cross section **A10:** 435
flow proportional **A10:** 521
for gamma-rays **A10:** 235
for x-ray spectrometry **A10:** 88–91
gas-filled **A10:** 88
germanium, and x-ray spectrometry **A10:** 83
glowing-gas proportional **A10:** 88
imaging, for retrofitting spark **A10:** 145
lithium-doped silicon **A10:** 83, 519
mercuric iodide **A10:** 95
molecular fluorescence spectroscopy **A10:** 77
multichannel **A10:** 128, 137
of energy-dispersive x-ray spectrometer **A10:** 519
photographic film **A10:** 326
photon **A10:** 246, 326
photoplate **A10:** 143
position-sensitive **A10:** 326, 372, 422
preamplifier and amplifier, x-ray spectrometers **A10:** 91
scintillation **A10:** 88–89
secondary electron **A10:** 495, 554
signal, analytical transmission electron microscopy **A10:** 434–436
solid-state lithium-drifted silicon **A10:** 89, 90
specimen current **A10:** 506
used for imaging and analysis in scanning electron microscopy **A9:** 90
used for x-ray scanning electron microscopy **A9:** 92–93
vidicon and diode array, use in Raman spectroscopy **A10:** 129
x-ray, defined **A17:** 383
Detergency
engine oils **A18:** 169
Detergent
definition **A5:** 952
paints selected for resistance to **A5:** 423
Detergent additive
defined **A18:** 7
definition **A5:** 952
Detergent oil
defined **A18:** 7
Detergent/dispersant additives
hydraulic oils **A18:** 86
Detergents **A18:** 99, 100–101, 102
analytic methods for **A10:** 9
applications **A18:** 101
as rust and corrosion inhibitors **A18:** 106
bases **A18:** 100, 101
degree of overbasing **A18:** 100
detection by infrared spectroscopy **A18:** 301
emulsifiers and **A18:** 106
for lubricant failure **A11:** 154
for surface cleaning **A13:** 380
formation of **A18:** 100–101
in engine lubricant formulations **A18:** 111
in nonengine lubricant formulations **A18:** 111
in soluble by-products **A18:** 101
metals used in formation of **A18:** 100
Miller numbers **A18:** 235
multifunctional nature **A18:** 111
neutral, idealized structures **A18:** 102
powder, as binding agents for samples **A10:** 94
total base number **A18:** 100
Deterioration *See also* Embrittlement
by temper embrittlement **A11:** 69
Deterioration test
ENSIP Task IV, ground and flight engine tests **A19:** 585
Determination
defined **A10:** 671
Determination of structure *See* Structure determinations
Deterministic approach **A20:** 72
Deterministic design **A20:** 91–92
Deterministic loads **A19:** 114
Deterministic maximum stress failure theory **A20:** 625
Deterministic surface **A18:** 346, 348
Detonation
explosive, dynamic fracture by **A8:** 259
explosives **M7:** 600
gun spray process for hardfacing **M7:** 835
of explosively loaded torsional Kolsky bar **A8:** 224, 227
Detonation circuit
for explosive forming **A14:** 637–638
Detonation flame spraying
definition **M6:** 5
Detonation gun (D-gun) **EM4:** 203, 204, 206, 207
Detonation gun (D-gun) spraying *See also* High-velocity oxyfuel powder spray process **A18:** 644
coatings for jet engine components **A18:** 592

SUBJECTS OF THE INDEXED VOLUMES: ASM Handbook (designated by the letter "A"): **A1:** Properties and Selection: Irons, Steels, and High-Performance Alloys (1990); **A2:** Properties and Selection: Nonferrous Alloys and Special-Purpose Materials (1990); **A3:** Alloy Phase Diagrams (1992); **A4:** Heat Treating (1991); **A5:** Surface Engineering (1994); **A6:** Welding, Brazing, and Soldering (1993); **A7:** Powder Metal Technologies and Applications (1998); **A8:** Mechanical Testing (1985); **A9:** Metallography and Microstructures (1985); **A10:** Materials Characterization (1986); **A11:** Failure Analysis and Prevention (1986); **A12:** Fractography (1987); **A13:** Corrosion (1987); **A14:** Forming and Forging (1988); **A15:** Casting (1988); **A16:** Machining (1989); **A17:** Nondestructive Evaluation and Quality Control (1989); **A18:** Friction, Lubrication, and Wear Technology (1992); **A19:** Fatigue and Fracture (1996); **A20:** Materials Selection and Design (1997). **Metals Handbook, 9th Edition** (designated by the letter "M"): **M1:** Properties and Selection: Irons and Steels (1978); **M2:** Properties and Selection: Nonferrous Alloys and Pure Metals (1979); **M3:** Properties and Selection: Stainless Steels, Tool Materials, and Special-Purpose Materials (1980); **M4:** Heat Treating (1981); **M5:** Surface Cleaning, Finishing, and Coating (1982); **M6:** Welding, Brazing, and Soldering (1983); **M7:** Powder Metallurgy (1984). **Engineered Materials Handbook** (designated by the letters "EM"): **EM1:** Composites (1987); **EM2:** Engineering Plastics (1988); **EM3:** Adhesives and Sealants (1990); **EM4:** Ceramics and Glasses (1991). **Electronic Materials Handbook** (designated by the letters "EL"): **EL1:** Packaging (1989)

Detonation gun process **A7:** 1076
materials, feed material, surface preparation, substrate temperature, particle
velocity **A5:** 502
refractory metals and alloys **A5:** 862
thermal spray coatings **A5:** 502, 508
titanium and titanium alloys **A5:** 847–848

Detonation gun spraying
ceramic coatings for adiabatic diesel
engines **EM4:** 992

Detonation gun systems
ceramic coating. **M5:** 542, 546
oxidation-resistant coating **M5:** 665–666

Detonation gun thermal spray process **A20:** 475
design characteristics **A20:** 475

Detonation velocity. **A6:** 160, 161, 897

Detritus *See* Wear debris

Deuterium lamp
for UV/VIS analysis. **A10:** 66

Deuteron
defined **A10:** 671

Deutsche Deramische Gesellschaft **EM4:** 38

Developed blank *See also* Blanks. **A14:** 4

Developers *See also* Liquid penetrant inspection; Penetrant(s)
application of **A17:** 83
contamination of **A17:** 85
forms **A17:** 77
purpose/properties **A17:** 76
solution, activity, radiographic film
processing **A17:** 353–354
stations for **A17:** 78–79

Developing
as multilayer inner layer process. **EL1:** 542

Development
film, arresting **A17:** 353
procedure, radiographic film **A17:** 351–352

Development and production records system (DPRS) **EL1:** 130–132

Development and refinement of requirements
MECSIP Task I, preliminary planning and
evaluation **A19:** 587

Development fracture mechanics of fatigue crack
growth rates **A19:** 4

Development teams **A20:** 49–50

Developmental carriers
with metal-matrix composites
(MMCS) **EL1:** 1126–1128

Developments in Adhesives 1 and 2 . . . . **EM3:** 70

Deviation stress, second invariant of **A7:** 599, 600

Deviation (x-ray)
defined **A9:** 5

Deviatoric back stress **A19:** 550, 551

Deviatoric components A7: 24, 25, 329–330, 335, 336

Deviatoric state variable **A20:** 632

Deviatoric strain tensor. **A19:** 263

Deviatoric stress. **A19:** 551

Deviatoric stress component **A7:** 24, 25, 329–330, 335

Deviatoric stress tensor. **A19:** 263

Deviatoric stress-deviatoric back stress. **A19:** 550

Device current
use with integrated circuits **A11:** 768–769

Device delay
defined. **EL1:** 2

Device operating failure
abbreviation for **A11:** 796

Device solution **A20:** 16

Device(s)
density, future trends **EL1:** 390
failure analysis. **EL1:** 917–918
future trends. **EL1:** 390–391
gate-level **EL1:** 2
history, determination. **EL1:** 1058
isolation techniques, active component
fabrication. **EL1:** 199
memory bit-cell **EL1:** 2
minimum size, for conventional logic **EL1:** 2
package, trends. **EL1:** 416
passive. **EL1:** 994–1005
speed, maximum usable intrinsic **EL1:** 2

Devitrification
defined **A9:** 5, **EM1:** 9, **EM2:** 13
definition. **A5:** 952

Devitrifying dielectric compositions
applications. **EL1:** 109

Devitrifying solder glass (for soda-lime), properties
non-CRT applications. **EM4:** 1048–1049

Dew formation
in accelerated corrosion **A13:** 82

Dew point **A7:** 481, 482, **EM3:** 10
corrosion, fossil fuel plants **A13:** 1001–1004
defined **EM2:** 13
endothermic gas. **A7:** 469, 470
for sintered P/M stainless steels **A13:** 828
nomograph **EL1:** 1065
of sintering atmosphere. **A7:** 771

Dewar flask
defined. **A10:** 671

Dewaxing **A15:** 4, 262
defined **M7:** 3

Dewaxing, low-pressure
of cermets **A2:** 989

Dewetting
as cleaning defect. **EL1:** 777
as solderability mechanism. . . **EL1:** 676, 1032–1034
copper alloys **A6:** 631
defined. **EL1:** 642
from sulfur impurities. **EL1:** 642
plated-through hole **EL1:** 1026
vs. wetting. **EL1:** 990

Dewetting growth **A5:** 542

Dewpoint
and metal/metal oxide equilibria of
hydrogen **M7:** 498
and water vapor content of sintering
atmospheres **M7:** 361
defined **M7:** 3
in exothermic gas **M7:** 344
of sintering atmospheres **M7:** 340, 341

Dew-point analyzers
atmospheres. **M4:** 426–428

Dewpoint corrosion **A19:** 475

Dexter, Thomas
as early founder **A15:** 24

Dextrin
brightener for cyanide baths. **A5:** 216

Dextrines
applications **EM3:** 45
characteristics **EM3:** 45
for packaging. **EM3:** 45

Dezincification *See also* Corrosion; Dealloying;
Selective leaching **A20:** 390, 555
as selective leaching in brasses **A11:** 633
copper-zinc alloy failure by **A11:** 222
cracking. **A13:** 129, 132
defined **A8:** 4, **A9:** 5, **A11:** 3, **A13:** 5, **M7:** 3
definition **A5:** 952
definition and mechanics of. **A12:** 26
in aqueous environments **A13:** 131–133
in brasses. **A13:** 614
in copper alloy (cartridge brass) pipe **A11:** 178
inhibitors **A13:** 132
of admiralty brass **A13:** 128, 132
of brass, as selective leaching. **A11:** 628
of copper-zinc alloys **A13:** 131–133
plug and layer types. **A11:** 633
plug-type **A13:** 128, 132
yellow brass failure by. **A11:** 179

Dezincification resistance
in manganese bronze **A2:** 348

Dezincing **A7:** 490

Df *See* Dilution factor

DFA index **A20:** 677, 678, 681, 682

DGEBA *See also* Diglycidyl ether of bisphenol A; Epoxies (EP)
as diglycidyl ether of bisphenol A **EM2:** 240
properties. **EM2:** 241
structure. **EM2:** 240

D-glass *See also* Glass fibers
as reinforcements **EL1:** 535, 604–605
defined **EM1:** 9, **EM2:** 13
dielectric constant of **EM1:** 107

DGV *See* Distributed gage volume

Di-(2-ethylhexyl)phosphoric acid
as solvent extractant **A10:** 169–170

Diadic polyamide **EM3:** 10
defined **EM2:** 13

Diagonal matrix **A20:** 180

Dial
in spring-material test apparatus. **A8:** 134–135

Dial comparators (micrometers) paint film thickness
tests **M5:** 491–492

DIAL computer program for structural
analysis. **EM1:** 268, 270–271

Dial feeds
of blanks **A14:** 500

Dial indicators (gages) **A7:** 668, 669

Diallyl chlorendate (DAC) *See* Allyls

Diallyl isophthalate (DAIP) *See* Allyls

Diallyl maleate (DAM) *See* Allyls

Diallyl phthalate
surface preparation. **EM3:** 278

Diallyl phthalate as a mounting material **A9:** 29
for cemented carbides **A9:** 273
for copper and copper alloys **A9:** 399
for hafnium **A9:** 497
for titanium and titanium alloys **A9:** 458
for zirconium and zirconium alloys **A9:** 497

Diallyl phthalate (DAP) *See also* Allyls
in polyester reaction **EM1:** 132–133

Diallyl phthalate resins *See also* Allyls (DAP, DAIP)
as injection-moldable. **EM2:** 321
characteristics **EM2:** 227–229
electrical properties **EM2:** 228
physical properties **EM2:** 228
suppliers. **EM2:** 229

Dialog Information Services Databases **A20:** 25

Diamagnetic glasses. **EM4:** 855

Diamagnetic materials
defined **A9:** 63

Diamagnetism
of superconducting materials **A2:** 1030

Diameter **A10:** 198, 690, 692

Diameter strain
and forging modes **M7:** 414

Diameter to thickness ratio (D/t)
in pin bearing testing. **A8:** 59

Diameter tolerances
cold finished bars **M1:** 217–219

Diameter(s) *See also* Dimensional measurement; Fiber diameter; Tube(s); Tubing
changes, tube, remote-field eddy current
inspection. **A17:** 195
cylinder, in three-roll forming **A14:** 621
for three-roll forming. **A14:** 616
measurement, by lasers **A17:** 12–16
reducing, by necking/nosing **A14:** 586
rolls, three-roll forming machines **A14:** 618
tube, eddy current method
selection by **A17:** 179–184
ultrasonic beams. **A17:** 240

Diametral compression testing of cemented carbides,
specifications. **A7:** 1100

Diametral expansion
dependence on overgrind **A14:** 142

Diametral pitch (P_d) **A19:** 350–351

Diametrical strength
defined **M7:** 3

Di-amine polyimides **EM1:** 78

Diamond *See also* Diamond abrasive grains; Diamond drill oil bits; Diamond grit; Diamond-containing cermets; Polycrystalline diamond; Sintered polycrystalline diamond; Superabrasives; Synthetic diamond; Tool materials, superhard; Ultrahard tool
materials. . . . **A5:** 94, **A16:** 2, 105–117, **A20:** 480
abrasive applications. **A16:** 454, 456, 457, 458
abrasive bond advantages **EM4:** 325
abrasive bond limitations **EM4:** 325
abrasive for Al-Si alloys **A16:** 402
abrasive for ECG **A16:** 545
abrasive for honing stones **A16:** 476
abrasive for lapping **A16:** 493, 495, 503, 505
abrasive for truing **EM4:** 347
abrasive machining hardness of work
materials. **A5:** 92
abrasive property control **EM4:** 332
abrasives for electronic ceramics
grinding. **EM4:** 336, 337–339
and graphite, crystal structures of . . . **A10:** 345, 355
and graphite, theoretical properties. **EM1:** 49
and grinding of gears **A16:** 351, 353
applications **A16:** 110, **EM4:** 331, 825–827
as abrasive. **EM4:** 324
as abrasive material **EM4:** 329
as grinding abrasive before microstructural
analysis **EM4:** 572, 574
as superhard material **A2:** 1008

306 / Diamond

Diamond (continued)
atom arrangement **A16:** 106
bond type. **EM4:** 331
bondability **EM4:** 332
bonded, in honing stones. **A16:** 475, 477
centerless grinding of advanced ceramics **EM4:** 341
chemical inertness **EM4:** 822–824
chemical vapor deposition **A5:** 513, 514
coatings for cutting tools. **A5:** 904, 905, 907
compared to CBN **A16:** 105
core drills for ultrasonic machining. . **A16:** 528–529, 530, 531
cutting tool material **A18:** 617
cutting tools, tungsten carbide use in **A2:** 976
CVD coatings **EM4:** 826–827
definition **A5:** 952
dressing methods **EM4:** 347–348
dry abrasive effect on Al-13Si alloy **A18:** 195
electrical discharge grinding. **A16:** 107–108
electrical properties **EM4:** 824
engineered material classes included in material
property charts **A20:** 267
engineering properties **EM4:** 821–831
for coarse and fine polishing before microstructural
analysis **EM4:** 573, 574
for finish drilling tools **A5:** 88
for flat honing wheels **A5:** 100
for orifice of waterjet nozzles **A16:** 521, 522
fracture toughness **A18:** 192
fracture toughness vs.
density. **A20:** 267, 269, 270
strength. **A20:** 267, 272–273, 274
Young's modulus **A20:** 267, 271–272, 273
friability of abrasives. **EM4:** 332
friction coefficient data **A18:** 75
grinding **A16:** 421–422, 423, 424, 425
grinding methods and applications based on
abrasive grain size **EM4:** 343
grinding of 52100 bearing steel **A16:** 465, 466
grinding of electronic ceramics **A16:** 462
grinding of technical ceramics. **EM4:** 334–335
grinding wheel construction . . . **EM4:** 337–339, 343
grinding wheel tolerance specifications. . . **EM4:** 344, 806, 821, 823
grinding wheels and their selection. . . **A16:** 460–461
grit, synthesis of. **A2:** 1008–1009
hardness **A18:** 433, **EM4:** 330, 351
high-alumina ceramics grinding **EM4:** 333
high-strength metal bonds with abrasives . . . .
EM4: 331
impurities **EM4:** 822
in abrasive flow machining **A16:** 517
in dental polishing pastes **A18:** 666
in honing stones **A16:** 476, 477, 478, 479
indenter **A8:** 74–75, 83, 90
indexable-insert milling cutters **A16:** 315, 317
lapping abrasive. **EM4:** 351, 352
linear expansion coefficient vs. thermal
conductivity. **A20:** 267, 276, 277
linear expansion coefficient vs. Young's
modulus. **A20:** 267, 276–277, 278
local structure of trace impurities, EXAFS
determined. **A10:** 407
machining parameters **A16:** 110
mechanical properties **EM4:** 331, 823, 824
modulus of resilience **EM4:** 330, 333
natural (type Ia), thermal properties **A18:** 42
nickel metal coatings **EM4:** 333
normalized tensile strength vs. coefficient of linear
thermal expansion. **A20:** 267, 277–279
on Mohs scale. **A8:** 108
optical properties. **EM4:** 825, 827
parameters affecting abrasive and wheel bond type
selection for machining ceramics . . . **EM4:** 343
paste **A8:** 234
PCD abrasion resistance **A16:** 109
PCD and boring, Al alloys **A16:** 772, 778
PCD and face milling, Al alloys **A16:** 789
PCD and grinding, Al alloys **A16:** 770
PCD and grinding wheels, Mg alloys **A16:** 821
PCD and gun drilling, Al alloys **A16:** 791
PCD and machining, Al alloys **A16:** 765, 766, 767, 792, 793, 797–800
PCD and machining, Cu alloys **A16:** 809, 811, 813, 816
PCD and machining, Mg alloys **A16:** 821, 827
PCD and machining, Zn alloys **A16:** 832
PCD and sawing **A16:** 110
PCD and turning, Al alloys **A16:** 767–769, 774, 775, 776, 777
PCD applications **A16:** 639
PCD cutting tools **A16:** 106–107, 111
PCD, grinding of **A16:** 107
PCD machinability **A16:** 639, 640
PCD (polycrystalline diamond). **A16:** 105, 106
PCD routing **A16:** 110
PCD Syndite microstructures, 4 different
grades **A16:** 108
PCD tool fabrication **A16:** 111
physical properties **A18:** 192, **EM4:** 316
plasma-assisted physical vapor deposition **A18:** 848
polytype parameters. **EM4:** 823
polytypes. **EM4:** 822, 823
properties **EM4:** 822–825
properties of. **A2:** 1009–1010
properties of work materials **A5:** 154
protective coating against liquid impingement
erosion **A18:** 222
relationship between particle size and particles per
carat **EM4:** 467
single-crystal tools **A16:** 107, 110
softening point **A16:** 601
specific modulus vs. specific strength **A20:** 267, 271, 272
strength vs. density **A20:** 267–269
structure. **EM4:** 821
superabrasive **A16:** 4, 102, 430–432, 439, 441–444, 453–454
superabrasive grinding wheels standard marking
system. **EM4:** 466
superabrasive tool grinding. **A16:** 450
synthesis. **A16:** 105
synthesis and deposition thermal spray
forming **A7:** 416–417
synthesis of. **A2:** 1008–1009
synthesized **EM4:** 822
synthetic **A16:** 453–454
synthetic, EXAFS characterization of metal
impurities in **A10:** 417
synthetic (polycrystalline), thermal
properties. **A18:** 42
thermal aspects of grinding **A5:** 152
thermal conductivity vs. thermal
diffusivity. **A20:** 267, 275–276
thermal properties. . . **EM4:** 316, 331, 824–825, 826
thin Type II, for diamond-anvil cell. **A10:** 113
thread grinding wheels **A16:** 271, 272–273
tool geometries. **A16:** 109–110
tool life. **A16:** 108–109, 110
tooling **EM1:** 295
toughness **EM4:** 332, 333
toughness index **EM4:** 332
truing device in thread grinding **A16:** 272
truing methods. **A16:** 466–467
truing methods for production grinding **EM4:** 346, 348
truing parameters **A16:** 468
wear and corrosion properties of CVD coating
materials **A20:** 480
wear resistance **A16:** 108–109, 111, 112
wheels for electrochemical grinding **A16:** 542
wire guide, EDM **A16:** 562
with spiked nickel coating **A2:** 1014
Young's modulus vs.
density **A20:** 266, 267, 268, 289
elastic limit **A20:** 287
strength **A20:** 267, 269–271

Diamond abrasive grains
shapes **A2:** 1010–1011
sizes **A2:** 1010–1011

Diamond abrasives
ability to delineate abrasion damage. **A9:** 37
for cemented carbides **A9:** 273
for hand polishing **A9:** 35
material removal rates in polishing. **A9:** 37
polycrystalline **A9:** 43
results with napless cloths. **A9:** 40
used for tool steels. **A9:** 257

Diamond clockwise (DCW) path **A19:** 531, 538

Diamond composites
combustion synthesis. **A7:** 533

Diamond counterclockwise (DCCW) history A19: 529

Diamond counterclockwise (DCCW)
path 531 . . . . **A19:** 538

Diamond cutting wheels **A9:** 25
used to section tool steels. **A9:** 256

Diamond dies
for drawing **A14:** 336

Diamond film *See also* Diamond like film
defined **A18:** 7

Diamond films **A20:** 481, 617

Diamond grinding machines
achievable machining accuracy **A5:** 81

Diamond grit
synthesis of. **A2:** 1008–1009

Diamond insulating films
electrical/electronic applications **EM4:** 1105

Diamond like carbon (DLC)
coating for titanium alloys **A18:** 778, 781–782

Diamond like film *See also* Diamond film
defined **A18:** 7

Diamond like hydrogenated carbon electroplated coatings **A18:** 838

Diamond oil drill bits
application. **A2:** 976

Diamond (or baseball) thermomechanical fatigue
strain variation **A19:** 531

Diamond pyramid hardness
abbreviation **A8:** 724
abbreviation for **A11:** 796

Diamond pyramid hardness (DPH) **A18:** 415

Diamond pyramid hardness indentation. **M7:** 61

Diamond pyramid hardness numbers *See also*
Vickers hardness numbers
conversion tables for. **A8:** 109–110

Diamond pyramid hardness test *See also* Vickers
hardness test; Vickers microhardness test **A8:** 4

Diamond pyramid indentation
barrel-shaped **A8:** 100, 102
distortion due to elastic effects **A8:** 102
for Vickers test **A8:** 91
pincushion **A8:** 100, 102

Diamond pyramid indenter **A7:** 713

Diamond saw cuts of honeycombs **A9:** 24

Diamond saws **A9:** 24–25

Diamond, single-crystal
ultraprecision milling tool materials **A5:** 87

Diamond, synthetic **A5:** 94

Diamond tools
grinding, Ti alloys **A16:** 848
honing, P/M materials. **A16:** 891
milling **A16:** 327
sawing, honeycomb structures **A16:** 900–901

Diamond turning
dimensional tolerance achievable as function of
feature size **A20:** 755

Diamond turning machines
achievable machining accuracy **A5:** 81

Diamond turning/boring
surface finish achievable. **A20:** 755

Diamond wheels *See also* Diamond cutting wheels
definition. **A5:** 952

Diamond-abrasive leadfoil lap, used in abrading materials with a surface oxide
layer **A9:** 46

Diamond-anvil cell **A10:** 113, 116

SUBJECTS OF THE INDEXED VOLUMES: ASM Handbook (designated by the letter "A"): **A1:** Properties and Selection: Irons, Steels, and High-Performance Alloys (1990); **A2:** Properties and Selection: Nonferrous Alloys and Special-Purpose Materials (1990); **A3:** Alloy Phase Diagrams (1992); **A4:** Heat Treating (1991); **A5:** Surface Engineering (1994); **A6:** Welding, Brazing, and Soldering (1993); **A7:** Powder Metal Technologies and Applications (1998); **A8:** Mechanical Testing (1985); **A9:** Metallography and Microstructures (1985); **A10:** Materials Characterization (1986); **A11:** Failure Analysis and Prevention (1986); **A12:** Fractography (1987); **A13:** Corrosion (1987); **A14:** Forming and Forging (1988); **A15:** Casting (1988); **A16:** Machining (1989); **A17:** Nondestructive Evaluation and Quality Control (1989); **A18:** Friction, Lubrication, and Wear Technology (1992); **A19:** Fatigue and Fracture (1996); **A20:** Materials Selection and Design (1997). **Metals Handbook, 9th Edition** (designated by the letter "M"): **M1:** Properties and Selection: Irons and Steels (1978); **M2:** Properties and Selection: Nonferrous Alloys and Pure Metals (1979); **M3:** Properties and Selection: Stainless Steels, Tool Materials, and Special-Purpose Materials (1980); **M4:** Heat Treating (1981); **M5:** Surface Cleaning, Finishing, and Coating (1982); **M6:** Welding, Brazing, and Soldering (1983); **M7:** Powder Metallurgy (1984). **Engineered Materials Handbook** (designated by the letters "EM"): **EM1:** Composites (1987); **EM2:** Engineering Plastics (1988); **EM3:** Adhesives and Sealants (1990); **EM4:** Ceramics and Glasses (1991). **Electronic Materials Handbook** (designated by the letters "EL"): **EL1:** Packaging (1989)

Diamond-containing cermets **M7:** 813–814
application and properties **A2:** 1005
Diamond-impregnated wires for sawing **A9:** 26
Diamondlike carbon
wear and corrosion properties of CVD coating materials **A20:** 480
Diamond-like carbon (DLC)
chemical vapor deposition **A5:** 513, 514
ion-beam-assisted deposition (IBAD) **A5:** 597
microstructure **A5:** 661
Diamondlike film
definition **A5:** 952
Diamond-stop lapping fixture, modified
for plate specimen thickness **A8:** 234–235
Diapers, baby
waterjet machining **A16:** 526
Diaphragm
defined **A10:** 671
definition **A5:** 952
for measuring displacement **A8:** 193
Diaphragm compressors **A7:** 592
in HIP processing **M7:** 421–422
Diaphragm forming
of thermoplastic resin composite . . . **EM1:** 549–551
Diaphragm gate
defined **EM2:** 13
Diaphragms
for scattered radiation **A17:** 344
Diaspore **EM4:** 49, 111
in composition of slips for high-temperature service silicate-based ceramic coatings **A5:** 470
Diatomaceous silicon dioxide
abrasive in commercial prophylactic paste **A18:** 666
Diatomite
in alloy-coated composite powders **M7:** 174
Diazomethane
hazardous air pollutant regulated by the Clean Air Amendments of 1990 . . . . **A5:** 913
Dibasic acid esters
lubricants for rolling-element bearings **A18:** 134–135
properties **A18:** 81
Dibasic calcium phosphate dihydrate
dentifrice abrasive **A18:** 665
Dibenzofurans
hazardous air pollutant regulated by the Clean Air Amendments of 1990 . . . . **A5:** 913
Diborides, as inclusions
aluminum alloys **A15:** 95
Dibutylphthalate
hazardous air pollutant regulated by the Clean Air Amendments of 1990 . . . . **A5:** 913
Dicalcium silicate
in composition of portland cement . . . **EM4:** 11, 12
Dicarbide clusters **A7:** 168
Dichloroethyl ether (Bis(2-chloroethyl) ether)
hazardous air pollutant regulated by the Clean Air Amendments of 1990 . . . . **A5:** 913
Dichloromethane
as toxic chemical targeted by 33/50 Program **A20:** 133
Dichloromethane (methylene chloride)
wipe solvent cleaner **A5:** 940
Dichlorvous
hazardous air pollutant regulated by the Clean Air Amendments of 1990 . . . . **A5:** 913
Dichromate coating, magnesium alloys **M5:** 629, 632, 634–637, 640–641, 643, 647–648
stripping of **M5:** 648
Dichromate coatings
magnesium alloys **A5:** 829
Dichromate sealing process
anodic coatings **M5:** 595
Dichromate treatment
chemical treatments for magnesium alloys **A5:** 828
defined **A13:** 5
definition **A5:** 952
sealing process for anodic coatings **A5:** 490
Dichromate-bifluoride post treatment
magnesium alloys **M5:** 633–634, 639
Dicing **A18:** 686–688
Dickite **EM4:** 5, 6
Dicobalt octacarbonyl **A7:** 167
Dicor, applications
dental **EM4:** 1094, 1095, 1096
Dicumene chromium
chemical vapor deposition process **M5:** 383
Dicyandiamide, as curing agent
epoxies **EL1:** 830–831
Dicyandiamide (DICY) **EM3:** 95
as curing agent **EM3:** 102, 590, 594
Die
cast zinc alloy **A13:** 241
chilling simulation, torsion test for **A8:** 180
circle grid analysis for **A8:** 566–567
definition **M6:** 5
forging, aluminum, transverse grain direction **A8:** 668
forging, primary testing direction, various alloys **A8:** 667
punch and, sheet metal forming **A8:** 547
-type wipe bending devices **A8:** 125
Die adapter
defined **EM2:** 14
Die angle **A18:** 63
Die applications **M1:** 429, 437
Die assembly
defined **A14:** 4
Die attach *See also* Die attachment methods; Die(s)
debonding **EL1:** 371
lead frame assembly **EL1:** 487
molded plastic packages **EL1:** 471–472
tests, package-level **EL1:** 931–934
thermal design considerations **EL1:** 411–412
thermomechanical design considerations . . **EL1:** 415
zone 2, package interior **EL1:** 1010–1011
Die attach adhesives **EM3:** 76
Die attachment methods *See also* Die attach; Die(s)
eutectic die attach **EL1:** 213–215
for hermetic packages **EL1:** 213–217
glass die attach **EL1:** 215
gold-silicon eutectic die attach **EL1:** 217
plastic-encapsulated devices **EL1:** 217–221
polymer die attach **EL1:** 217–220
silver-glass die attach **EL1:** 215–216
solder die attach **EL1:** 216–217, 221
solid-film polymers **EL1:** 220–221
Die barrel rotation **A7:** 318
Die block *See also* Closed-die forging **A14:** 4
Die block steels **A14:** 230
Die blocks
ultrasonic inspection **A17:** 232
Die burns **A6:** 844
Die cast
effect on fatigue performance of components **A19:** 317
Die casting *See also* Castings, Foundry products; Pressure casting **A15:** 286–295, **A20:** 297
alloying element and impurity specifications **A2:** 16
alloys, compositions **A15:** 286
aluminum alloy **A15:** 753–755
aluminum alloys **M2:** 140, 143, 145, 147
aluminum casting alloys **A2:** 136–139
aluminum, minimum web thickness **A20:** 689
as permanent mold process **A15:** 34
characteristics **A20:** 687
cold chamber process **A15:** 286
compatibility with various materials **A20:** 247
copper casting alloys **M2:** 384
copper, minimum web thickness **A20:** 689
cycles, preparation for **A15:** 294
defects **A15:** 294–295
defined **A15:** 4
development of **A15:** 35
direct injection process **A15:** 286
ejection, casting **A15:** 294
factors affecting casting process selection for aluminum alloys **A20:** 727
gating system **A15:** 288–292, 755
heat flow paths **A15:** 295
heat removal **A15:** 292–294
hot chamber process **A15:** 286
in shape-casting process classification scheme **A20:** 690
low-pressure **A15:** 276
magnesium alloy **A15:** 799, 807–810
of copper alloys **A2:** 346
of metal-matrix composites **A15:** 844
postcasting operations **A15:** 295
process control in **A15:** 286
product design for **A15:** 286–288
qualitative DFM guidelines for **A20:** 35–36
roughness average **A5:** 147
single-cavity, components **A15:** 288
temperature, aluminum casting alloys **A2:** 168, 172
tolerances **A15:** 289, 619–620, **A20:** 37
tooling used to control critical dimensions **A20:** 108
zinc, minimum web thickness **A20:** 689
Die casting alloys
intergranular corrosion evaluation **A13:** 241
Die casting machines
zinc alloys **A15:** 789
Die castings
aluminum, polishing and buffing **M5:** 573–574, 576
brass *See* Brass, die castings
chromium plating, decorative **M5:** 189, 192, 194–197
cleaning and finishing processes **M5:** 677
copper plating of **M5:** 160–161, 163, 168
magnesium alloy *See* Magnesium alloys, die castings
polishing and buffing of **M5:** 10–11, 108, 112–114, 123, 676
zinc *See also* Zinc and zinc alloy die castings **M2:** 630–634
Die cavity **A14:** 4, 159
Die check
defined **A14:** 4
Die chokes **A7:** 346, 347
Die clearance *See also* Clearance
deep drawing **A14:** 581
defined **A14:** 4
in blanking **A14:** 447
rotary swaging **A14:** 132
selection, for piercing **A14:** 459–460
Die closure
defined **A14:** 4
speeds, of forming machines **A14:** 100
Die compaction **A7:** 12–13, 23, 448–449, 633
cost advantages **A7:** 23
limiting factors **A7:** 23
porous materials **A7:** 1033–1034
process characteristics **A7:** 313
process simulation model **A7:** 25–26
Die cone angle **A18:** 60, 61, 63, 66
Die contact surface fracture
prediction **A14:** 402–403
Die cracking **EL1:** 215, 1045–1046
Die cushions *See also* Die(s) **A14:** 497–499
defined **A14:** 4
hydropneumatic **A14:** 498–499
pneumatic **A14:** 498
Die cutting *See also* Blanking **A20:** 807
cutting die **EM1:** 610–611
defined **EM2:** 14
die storage/retrieval **EM1:** 612–613
pad **EM1:** 609–610
ply **EM1:** 608–614
presses **EM1:** 608–609
Die design *See also* Die(s) **A7:** 350, **A20:** 164
and stress analysis, computer-aided **A14:** 414
cold extrusion **A14:** 302–303
for aluminum alloys **A14:** 246–247
for explosive forming **A14:** 639
for heat-resistant alloys **A14:** 234
for high-velocity pneumatic-mechanical forging **A14:** 101–102
for titanium alloys **A14:** 276–277
hot extrusion **A14:** 321
minimum-draft forging **A14:** 258
segmented, for physical modeling **A14:** 435
with CAD **A14:** 906–907
with side clearance **A14:** 133
Die entrance angle **A7:** 370
Die erosion
as casting defect **A11:** 384
Die failures
analytical approach **A11:** 563
causes of **A11:** 564–577
design and **A11:** 564–566
heat treatment, influence of **A11:** 564, 567–574
machining, influence of **A11:** 564, 566–567
service conditions **A11:** 575–577
steel quality and grade **A11:** 564, 566, 574–575
types of **A11:** 564
Die forger hammers **A14:** 28

Die forging
defined . . . A14: 4
Die forging of titanium alloys . . . M3: 366–368, 369
Die forming
defined . . . A14: 4
Die hardness *See also* Hardness
for stainless steels . . . A14: 228
Die heating *See also* Die temperature; Die(s); Heat treatment; Heating; Temperature(s) . . . A14: 235, 248
aluminum alloy . . . A14: 248
for beryllium forming . . . A14: 806
for copper and copper alloy forging . . . A14: 257
for heat-resistant alloys . . . A14: 235
for magnesium alloy forming . . . A14: 259, 828
for stainless steels . . . A14: 229
for titanium alloys . . . A14: 278–279
in precision forging . . . A14: 162
in pultrusion . . . EM2: 390–391
Die heating/dies
pultrusion . . . EM1: 534–536
Die height
defined . . . A14: 4
Die holder *See also* Sub-sow block . . . A14: 4
Die impression
defined . . . A14: 4
Die inserts . . . A7: 352
defined . . . A14: 4
gripper . . . A14: 48
in hot upset forging . . . A14: 86
types . . . A14: 47–48
Die land diameter . . . A7: 369
Die land length/die diameter ratio . . . A7: 370
Die life . . . A14: 57
and abrasion . . . A14: 505
blanking/piercing high-carbon steels . . . A14: 556
defined . . . A14: 4
fine-edge blanking and piercing . . . A14: 474–475
forging severity effects . . . A14: 228
hardness effects . . . A14: 99
impact cutoff machines . . . A14: 719
in high-energy-rate forging . . . A14: 102
in squeeze casting . . . A15: 323
of press forming dies . . . A14: 505–507
of roll dies . . . A14: 99
of wire-drawing dies . . . A14: 336
stainless steels . . . A14: 228
steel and carbide, compared . . . A14: 485
titanium alloy forging . . . A14: 277
Die line *See also* Galling; Pickup; Scoring . . . A14: 4
Die lines
definition . . . A5: 952
Die locks *See also* Counterlocks; Locks
for mismatch . . . A14: 49
Die lubricant *See also* Drawing compound; Lubricants; Lubrication
defined . . . A14: 4
for stainless steels . . . A14: 229
Die lubrication . . . A14: 87, 229, 508
Die making
CAD/CAM applied to . . . A14: 903–910
for aluminum alloys . . . A14: 245, 247
for heat-resistant alloys . . . A14: 235
for titanium alloys . . . A14: 277
Die match
defined . . . A14: 4
Die materials *See also* Tool materials; Work materials . . . A14: 45
and hardness, die life effects . . . A14: 57
common . . . A14: 45
compositions . . . A14: 43
computer-aided design and manufacturing of . . . A14: 57–58
for aluminum alloys . . . A14: 245–246
for bar bending . . . A14: 663
for blanking and piercing . . A14: 479, 483–486, 761
for coining . . . A14: 181
for contour forging . . . A14: 71
for drawing . . . A14: 336–337, 580
for electrical steel sheet . . . A14: 479
for explosive forming . . . A14: 638–639
for fine-edge blanking and piercing . . . A14: 474
for heat-resistant alloys . . . A14: 234–235
for HERF processing . . . A14: 102
for hot forging . . . A14: 43–58
for magnesium alloy forming . . . A14: 828
for nickel-base alloys . . . A14: 261
for press bending . . . A14: 527
for roll forging . . . A14: 97
for sheet metals . . . A14: 479, 580
for titanium alloys . . . A14: 275–276
for trimming and punching . . . A14: 55–56
for wire drawing . . . A14: 336
heat treating, types . . . A14: 53–55
hot-die/isothermal forging . . . A14: 154
life of . . . A14: 157
piercing . . . A14: 479, 761
safety with . . . A14: 58
selection of . . . A14: 45–47
stainless steel . . . A14: 227–228, 761
Die pad
defined . . . A14: 4
Die plates
materials for . . . A14: 484
Die presses . . . A14: 502
Die pressing
advanced ceramics . . . EM4: 49
advantages . . . A7: 373
at elevated pressure . . . EM4: 188–189
dimensional control . . . A7: 320
disadvantages . . . A7: 373
in ceramics processing classification scheme . . . A20: 698
in powder metallurgy processes classification scheme . . . A20: 694
in reaction sintering . . . EM4: 292
potential difficulties . . . A7: 373
shape of product . . . A7: 373
uniform powder loading . . . A7: 320
Die pressing, wet mixing
in ceramics processing classification scheme . . . A20: 698
Die proof *See also* Proof . . . A14: 4
Die pull
defined . . . A15: 4
Die radius
defined . . . A14: 4
Die run
and burr height . . . A14: 481
Die separation
defined . . . A15: 4
Die set
defined . . . A14: 4
Die sets . . . A7: 345
nonremovable . . . A7: 345
removable . . . A7: 345
Die shaft
defined . . . A14: 4
Die shape
for rotary swaging . . . A14: 132
simulation . . . A14: 428
Die shoes
defined . . . A14: 4
Die sinking . . . A14: 4, 247
Die sinking electrodischarge machining . . A5: 114–115
Die space . . . A14: 4, 84
Die springs . . . A1: 302
Die stamping
defined . . . A14: 4
Die steels
hardfacing . . . A6: 798
Die swell . . . A20: 304
definition . . . A20: 831
in extrusion of plastics . . . A20: 797
Die swell ratio
defined . . . EM2: 14
Die systems *See also* Die(s); Dies, specific types
aluminum precision forging . . . A14: 253
for explosive forming . . . A14: 638–639
for hot-die/isothermal forging . . . A14: 154
Die taper angle
for swaging . . . A14: 135, 139
Die temperature *See also* Die heating; Temperature(s)
aluminum alloy forging . . . A14: 242
control of . . . A14: 81–82
effects, on forging pressure . . . A14: 153
for titanium alloys . . . A14: 270
hot-die/isothermal forging . . . A14: 153
ranges, aluminum alloy forging . . . A14: 242
Die threading *See also* Dies
accuracy and finish . . . A16: 300
Acme threads . . . A16: 299
Al alloys . . . A16: 783, 791
automatic turret lathes . . . A16: 296
by a single-point tool . . . A16: 299
by grinding . . . A16: 299
chamfer angles . . . A16: 297, 298
chip clearance . . . A16: 298
collet-type machines . . . A16: 296
compared to thread rolling . . . A16: 295
composition and hardness of work metal A16: 299
factors that influence output . . . A16: 299
lead control . . . A16: 296, 300–301
Mg alloys . . . A16: 825–826
MMCs . . . A16: 896
pipe threading speed . . . A16: 302
selection of machine . . . A16: 296
single-chaser threading . . . A16: 298
single-point tool . . . A16: 302
solid dies . . . A16: 38–39, 296–297
stainless steels . . . A16: 694, 698, 700–701
taper threading of pipe . . . A16: 301–302
thread size . . . A16: 300
threading to a shoulder . . . A16: 300
tool life . . . A16: 301
tools for pipe threading . . . A16: 302
turret lathes . . . A16: 296, 297
using bar and chucking machines . . . A16: 296, 298
Zn alloys . . . A16: 833–834
Die trimming
in die casting . . . A15: 295
Die wall friction . . . A7: 448, 729, 747, EM4: 126, 127
Die wall lubrication . . . A7: 303, 307
cermets . . . A7: 925
isostatic pressing . . . A7: 320
titanium powder . . . A7: 500
Die wall thickness . . . A7: 350–351
formula for . . . A7: 351
Die wear . . . M1: 364–367
Die/isostatic pressing
for gas turbine component fabrication . . . EM4: 718
Die-cast zinc alloy nut
SCC of . . . A11: 538–539
Die-cast zinc alloys
capacitor discharge stud welding . . . A6: 222
Die-casting dies
injection components . . . M3: 542, 543
selection of materials for . . . M3: 542–543
slides, guides, cores and pins . . . M3: 542–543
trim dies . . . M3: 543
Die-closing swagers . . . A14: 131
Dieing machines . . . A14: 502
Dielectric *See also* Complex dielectric constant; Dielectric constant . . . EM3: 10
breakdown . . . EM2: 581–582
breakdown voltage, of glass fibers . . . EM1: 46–47
curing, defined . . . EM1: 9
defined . . . EM1: 9, 359, EM2: 14, 460
heating, defined . . . EM1: 9
loss, defined . . . EM1: 9
monitoring, defined . . . EM1: 9, EM2: 14
properties, of polymers . . . EM2: 62
Dielectric absorption
defined . . . EL1: 1141

SUBJECTS OF THE INDEXED VOLUMES: ASM Handbook (designated by the letter "A"): **A1:** Properties and Selection: Irons, Steels, and High-Performance Alloys (1990); **A2:** Properties and Selection: Nonferrous Alloys and Special-Purpose Materials (1990); **A3:** Alloy Phase Diagrams (1992); **A4:** Heat Treating (1991); **A5:** Surface Engineering (1994); **A6:** Welding, Brazing, and Soldering (1993); **A7:** Powder Metal Technologies and Applications (1998); **A8:** Mechanical Testing (1985); **A9:** Metallography and Microstructures (1985); **A10:** Materials Characterization (1986); **A11:** Failure Analysis and Prevention (1986); **A12:** Fractography (1987); **A13:** Corrosion (1987); **A14:** Forming and Forging (1988); **A15:** Casting (1988); **A16:** Machining (1989); **A17:** Nondestructive Evaluation and Quality Control (1989); **A18:** Friction, Lubrication, and Wear Technology (1992); **A19:** Fatigue and Fracture (1996); **A20:** Materials Selection and Design (1997). **Metals Handbook, 9th Edition** (designated by the letter "M"): **M1:** Properties and Selection: Irons and Steels (1978); **M2:** Properties and Selection: Nonferrous Alloys and Pure Metals (1979); **M3:** Properties and Selection: Stainless Steels, Tool Materials, and Special-Purpose Materials (1980); **M4:** Heat Treating (1981); **M5:** Surface Cleaning, Finishing, and Coating (1982); **M6:** Welding, Brazing, and Soldering (1983); **M7:** Powder Metallurgy (1984). **Engineered Materials Handbook** (designated by the letters "EM"): **EM1:** Composites (1987); **EM2:** Engineering Plastics (1988); **EM3:** Adhesives and Sealants (1990); **EM4:** Ceramics and Glasses (1991). **Electronic Materials Handbook** (designated by the letters "EL"): **EL1:** Packaging (1989)

Dielectric breakdown **A20:** 618, 619
as failure mechanism for MOS and CMOS **A11:** 778–779
copper-clad E-glass laminates. **EL1:** 537
defect-related **A11:** 778–779
defined. **EL1:** 1141
glass capacitors. **EL1:** 998
intrinsic, integrated circuits **A11:** 779–780
VLSI, and accelerated testing **EL1:** 892
wet-slug tantalum capacitors **EL1:** 997–998
Dielectric constant *See also* Complex dielectric constant; Dielectric . . . **A20:** 618, 619, **EM3:** 10, 428, 429
and dissipation factor **EM2:** 582–585
and propagation time **EL1:** 20–21
as determining circuit speed **EL1:** 1
as function of frequency. **EL1:** 82
at temperature, and material selection **EM1:** 38
ceramic multilayer packages **EL1:** 467–468
copper-clad E-glass laminates **EL1:** 534–536
defined **EL1:** 99, 1141, **EM1:** 9, **EM2:** 14, 461, 467
epoxy resin system composites. **EM1:** 403, 405, 409, 415
glass fabric reinforced epoxy resin **EM1:** 405
glass fibers. **EM1:** 107
high-temperature thermoset matrix composites **EM1:** 376
Kevlar 49 fiber/fabric reinforced epoxy resin **EM1:** 409
low-temperature thermoset matrix composites **EM1:** 397
medium-temperature thermoset matrix composites **EM1:** 385, 388
microwave inspection **A17:** 204
of ceramics **EL1:** 336
of engineering plastics **EM2:** 73
of packaging materials **EL1:** 21
of thermoplastics/thermosets **EM2:** 470
polyether-imides (PEI). **EM2:** 158
PWB substrate, effect **EL1:** 505
quartz fabric reinforced epoxy resin **EM1:** 415
reduced, high-performance electronic systems. **EL1:** 15
sheet molding compounds **EM1:** 158
thermoplastic matrix composites . . . **EM1:** 367, 369, 372
Dielectric curing. **EM3:** 10
Dielectric films, deposition of
vacuum coating process. **M5:** 408–409
Dielectric fluid
for electric discharge machining **A9:** 26
Dielectric heating. **EM3:** 10
defined. **EM2:** 14
Dielectric inks
thick-film **EL1:** 208, 346
Dielectric leakage **A20:** 618, 619
Dielectric loss **A20:** 451, 618, **EM3:** 10
angle, defined **EM2:** 14
cyanates **EM2:** 232
defined. **EM2:** 14
factor, defined **EM2:** 14, 461
of engineering plastics **EM2:** 73
Dielectric loss angle. **EM3:** 10
Dielectric loss factor **EM3:** 10
Dielectric materials *See also* Dielectrics; Substrates
chemical composition, by microwave inspection. **A17:** 215
constraining, CTE tailoring **EL1:** 614
effects. **EL1:** 83
for multichip structures **EL1:** 301–303
for printed wiring boards. **EL1:** 597–610
for rigid printed wiring boards **EL1:** 538–539
microwave thickness gaging **A17:** 212
nonmetallic, dielectric properties. **A17:** 205
polarization. **EL1:** 99–100
polyimide glass. **EL1:** 83
quantum mechanical band theory (solid state) **EL1:** 99–100
silicon dioxide **EL1:** 88
Dielectric monitoring **EM3:** 10
Dielectric permittivity **EM3:** 428
Dielectric phase angle **EM3:** 10
Dielectric power factor. **EM3:** 10
defined. **EM2:** 14
Dielectric process
and organic binders **A15:** 35
Dielectric properties
and high-speed electrical performance issues **EL1:** 597–610
as properties change monitor. **EL1:** 836
defined. **EL1:** 90
electrical properties. **EL1:** 597–604
materials properties. **EL1:** 604–608
of adhesives **EL1:** 674
printed board manufacturability. **EL1:** 608–609
recommendations. **EL1:** 608
Dielectric shield
defined **A13:** 5
definition. **A5:** 952
Dielectric strength **EM3:** 10
and dielectric breakdown **EM2:** 581–582
and mean free path **A17:** 59
defined **EL1:** 90, 336, 1141, **EM1:** 9, 359, **EM2:** 14, 460, 467
epoxy resin system composites **EM1:** 403, 409
high-temperature thermoset matrix composites **EM1:** 377
Kevlar 49 fiber/fabric reinforced epoxy resin **EM1:** 409
low-temperature thermoset matrix composites **EM1:** 398
medium-temperature thermoset matrix composites **EM1:** 385
of engineering plastics **EM2:** 73
retention, glass-polyester composites. **EM1:** 95
thermoplastic matrix composites . . . **EM1:** 367, 370, 372
unsaturated polyesters **EM2:** 250
Dielectric-phase angle
defined **EM2:** 14
Dielectric(s) *See also* Dielectric breakdown; Dielectric constant; Dielectric materials; Dielectric properties; Dielectric strength; Dynamic dielectric analysis (DDA); Substrates
as insulators, defined. **EL1:** 90
capacitor **EL1:** 342–343
chemistry, thick-film pastes **EL1:** 342
composition, physical characteristics **EL1:** 108–109
crossover and multilayer **EL1:** 341–342
defects, ceramic capacitors **EL1:** 994–995
defined. **EL1:** 109
devitrifying/vitreous **EL1:** 109
isolation techniques. **EL1:** 199
losses, and signal attenuation **EL1:** 603
multichip, comparative tests **EL1:** 303
multilayer thin-film hybrid **EL1:** 323–324
reinforcements, thermal expansion properties **EL1:** 615–619
reliability, tests. **EL1:** 468
strength **EL1:** 90, 336, 1141
substrates, flexible printed boards . . . **EL1:** 582–583
thick-film. **EL1:** 341
thickness, of PWBs **EL1:** 82
thin, organic **EL1:** 299
Dielectrics/piezoelectrics **EM4:** 17
Dielectrometry **EM3:** 10
defined **EM1:** 9, **EM2:** 14
Dieless drawing
as superplastic forming **A14:** 857
Diels-Aider reaction. **EM1:** 79–83
Diels-Alder reaction
of polyphenylquinoxalines. **EM3:** 163
Die-parting line
defined **EM2:** 14
Die(s) *See also* Attachment; Coining dies; Deep drawing dies; Die assembly; Die attach; Die attachment methods; Die block; Die clearance; Die cushions; Die design; Die failures; Die heating; Die life; Die lubrication; Die making; Die materials; Die systems; Die temperature; Die threading; Dies, specific types; Hermetic-packages; Plastic-encapsulated devices; Thread-rolling dies; Tools; Tools and dies, failures of **A7:** 352
adjustable solid. **A16:** 302
adjusting screw type **A16:** 296
and machines, interaction of fluid flow . . . **A15:** 292
and parting lines. **A14:** 48
angle and friction, top surface strains. **M7:** 412
arrangement, rotary forging **A14:** 17
as reusable reverse patterns **A15:** 192
attach reliability. **EL1:** 61–62
back side preparation, eutectic die attach. **EL1:** 213–214
barrel **M7:** 3, 304
beading **A14:** 537–538
body **M7:** 3
bolster **M7:** 3
box-forming. **A14:** 537
breakage, in drawing **A14:** 337
breakthrough **M7:** 3
cam-actuated flanging **A14:** 526–527
cam-driven. **A14:** 526–527, 538
cast **A14:** 53
cavities, EDM failures in **A11:** 566–567
cavity. **M7:** 3
channel. **A14:** 536
characteristics **A11:** 563
chokes **M7:** 325
chopper **A14:** 132
chromium-plated blanking, failed **A11:** 575
cold. **A14:** 56
cold heating **A16:** 519
combination, defined *See* Combination die
composite **A14:** 639
compound **A14:** 454, 465–466, 527, 546
compound flanging and hemming. **A14:** 527
computer modeling **A14:** 903–910
computer-aided design and manufacture **A14:** 57–58
construction, for press bending **A14:** 525–527
contour. **A14:** 132
cracking **EL1:** 215, 1045–1046
cracks, types of. **EL1:** 215
curling **A14:** 537
cushions for **A14:** 497–499
cutting force, blanking. **A14:** 448
deep drawing. **A14:** 508–511, 579–580
defined. **A14:** 4, **M7:** 3
design **M7:** 335
drawing **A16:** 519
drawing, cemented carbide. **A2:** 969
erosion **A11:** 384
extrusion. **A16:** 515, 516, 519, **EM2:** 381
fabrication, HERF processing **A14:** 102
failure, causes of **A14:** 55–56
failure mechanisms, through-hole packages. **EL1:** 974
fill **M7:** 3
filling **M7:** 297, 329
for aluminum and aluminum alloys **A2:** 6
for bending **A14:** 666
for blanking. **A14:** 451–456, 478–479, 484, 569
for closed-die (impression die) forging. . **A14:** 43–45
for coining silverware **A14:** 182
for cold extrusion **A14:** 308–309
for copper and copper alloys **A14:** 256
for decorative coining. **A14:** 181–182
for drawing. **A14:** 336–337
for electrical steel sheet **A14:** 478–479
for heat-resistant alloys. **A14:** 234–235
for hot forging **A14:** 43–58
for hot pressing. **M7:** 502
for hydrostatic extrusion. **A14:** 328
for magnesium alloys. **A14:** 259
for mandrel swaging **A14:** 137–138
for multiple-slide forming. **A14:** 569
for open-die forging **A14:** 61, 62
for piercing, electrical steel sheet **A14:** 478–479
for precision forging **A14:** 51–52
for press-brake forming. **A14:** 535–539
for stainless steels **A14:** 227–228
for titanium alloys. **A14:** 274–277
for zinc alloy casting. **A15:** 789–790
forging, for SIMA process. **A15:** 332
forging, fracture by segregation **A11:** 324–326
forging machine **A14:** 45
forgings, tensile properties. **M7:** 653
four-piece, ovality in **A14:** 133
fully cylindrical. **A14:** 97
heat treating **A14:** 53–55
heating, in pultrusions **EM2:** 390–391
high-energy-rate forging **A14:** 101–104
high-pressure, cemented carbide **A2:** 972
in rotary forging. **A14:** 178
insert **M7:** 3, 337
life of **A14:** 57
liner. **M7:** 3
lubricant **M7:** 3

310 / Die(s)

Die(s) (continued)
lubricants for **A14:** 279
lubrication of................. **A14:** 87, 229, 508
materials for **A14:** 45–47
mismatch **A14:** 49
nonadjustable solid **A16:** 302
number, for rotary swaging **A14:** 131
one-piece nonadjustable **A16:** 296
opening **M7:** 4
operation, and failure **A11:** 564
performance, deep-drawing............... **A14:** 508
plastic mold, white-etching in **A11:** 567–568
plate.................................... **M7:** 4
powder compacting, cemented carbide..... **A2:** 971
press forming **A14:** 504–507, 545–546
primary, pultrusion **EM2:** 392
pultrusion **EM1:** 534–536
punching **A14:** 55
radii, deep drawing effects......... **A14:** 580–581
rehardened high-speed steel **A11:** 574
rigid, pressing of powders **M7:** 297
role, types **A14:** 97–99
rubber *See* Rubber-pad forming
safety with.............................. **A14:** 58
self-opening **A16:** 298–299, 300
self-opening and tools for pipe threading.. **A16:** 302
self-opening revolving **A16:** 297
self-opening stationary.................. **A16:** 297
set............................ **M7:** 4, 331–332
setup, and failure....................... **A11:** 564
shape **A14:** 132, 428
shaped, for hot extrusion.......... **A14:** 320, 325
shaving.................................. **A14:** 458
silicon microelectronic, silicone conformal **EL1:** 22
size, and IC complexity **EL1:** 400
solid **A16:** 300
solid vs. self-opening................... **A16:** 298
spring-type adjustable **A16:** 296–297
stamping, cemented carbide.............. **A2:** 971
swaging **A14:** 132–133
tapered, strains in compression between... **M7:** 412
temperature, in die casting.............. **A15:** 289
temperature, wrought titanium alloys...... **A2:** 614
thermophysical properties, data base **A14:** 412
tools and, failures of.............. **A11:** 563–585
volume **M7:** 4
wall, friction, during compacting **M7:** 302
with shear, cutting force **A14:** 448
with side clearance, design **A14:** 133
with sidearm, direction of powder flow ... **M7:** 300

Dies and die materials, friction
and wear **A18:** 621–646
die materials for cold extrusion **A18:** 627–628
die materials for cold heading........... **A18:** 627
die materials for hot extrusion **A18:** 627
die materials for hot forging **A18:** 622–627
alloy steels for hot-forging dies **A18:** 622–623
cast steels......................... **A18:** 625–626
comparison of die steels for hot forging **A18:** 623
maraging steels **A18:** 625
process variables effect **A18:** 623–625
rating of die steels for hot forging...... **A18:** 623
selection factors....................... **A18:** 622
shock-resisting tool steels.............. **A18:** 625
superalloys **A18:** 626
workpiece properties effect **A18:** 623–625
die materials for sheet metal forming..... **A18:** 628
die wear and failure mechanisms **A18:** 621
abrasive wear.......................... **A18:** 621
adhesive wear **A18:** 621
corrosive wear **A18:** 621
erosive wear........................... **A18:** 621
gross cracking **A18:** 621, 622
mechanical fatigue **A18:** 621, 622
plastic deformation **A18:** 621, 622
thermal fatigue (heat checking) **A18:** 621–622
thermal shock.................... **A18:** 621, 622
die wear in hot forging dies......... **A18:** 635–641
abrasive wear characterization factors... **A18:** 635

abrasive wear factors **A18:** 635–638
catastrophic die failure/plastic
deformation **A18:** 641
mechanical fatigue **A18:** 640–641
methods of improving resistance to
abrasive wear.................. **A18:** 638–639
thermal fatigue **A18:** 639–640
factors influencing wear and failure in die-casting
dies........................... **A18:** 631–632
die material considerations........ **A18:** 631–632
geometric factors...................... **A18:** 631
heat checking.......................... **A18:** 632
interface considerations **A18:** 632
processing conditions.................. **A18:** 632
thermal fatigue **A18:** 632
heat treatment effect **A18:** 621
lubrication effect **A18:** 621
materials for die-casting dies........ **A18:** 628–629
materials for dies and molds **A18:** 622
surface treatments and coatings **A18:** 641–646
boriding......................... **A18:** 641, 642
carburizing........................... **A18:** 642
ceramic coatings.................. **A18:** 643–644
chemical vapor deposition (CVD) **A18:** 641, 643, 645, 646
electroplating......................... **A18:** 644
for cold upsetting **A18:** 646
hardcoatings for cold extrusion **A18:** 645–646
hardfacing **A18:** 644–645
ion implantation **A18:** 642–643, 645
ion nitriding.......................... **A18:** 641
MetalLife treatment **A18:** 643
nitriding **A18:** 641–642, 645
nitrocarburizing....................... **A18:** 645
PVD **A18:** 645
vanadizing **A18:** 645
wear and failure modes in
die-casting dies................ **A18:** 629–631
chemical attack **A18:** 629
corrosion............................. **A18:** 629
erosion and abrasive wear **A18:** 629–630
erosion due to liquid metal attack...... **A18:** 629
gross cracking **A18:** 629
soldering............................. **A18:** 629
test for erosion and corrosion
evaluation..................... **A18:** 629–630
thermal fatigue............. **A18:** 629, 630–631
thermal shock................... **A18:** 629, 631
wear and failure modes in die
casting....................... **A18:** 629–631
wear reduction methods................ **A18:** 629
wear in sheet metal forming dies **A18:** 632–635
deep-drawing dies................. **A18:** 633–635
shallow forming dies **A18:** 632–633

Dies, axisymmetric
for wires and rods **A10:** 359

Dies, forging *See* Closed-die forging tools; Hot upset forging tools

Dies, specific types *See also* Die systems; Die(s)
compound **A14:** 579
diamond, for drawing **A14:** 336
double-action **A14:** 579
double-extension........................ **A14:** 132
double-taper **A14:** 132
drop-through **A14:** 453
flat......................... **A14:** 67, 323–324
flat-back............................... **A14:** 97
flattening **A14:** 536
FM (free from Mannesmann Effect)........ **A14:** 61
impression **A14:** 43–45, 52–53
inverted **A14:** 453
locked and counterlocked............. **A14:** 48–49
lock-seam............................... **A14:** 537
long-taper............................... **A14:** 132
multiple........................... **A14:** 455–456
multiple, with transfer mechanism ... **A14:** 579–580
multiple-part **A14:** 51
multiple-slide **A14:** 569
offset **A14:** 536

one-stroke hemming.................... **A14:** 537
open **A14:** 43
piloted **A14:** 132
pipe-forming............................ **A14:** 537
pressure **A14:** 666
progressive **A14:** 182, 454–455, 466, 478–479, 527–528, 546, 569, 579
resinking **A14:** 53
return.............................. **A14:** 453–454
rocker-type.............................. **A14:** 537
rotary-bending.......................... **A14:** 526
segmented **A14:** 587
semicylindrical **A14:** 97–98
short-run, for blanking **A14:** 451–453
single-action **A14:** 579
single-extension......................... **A14:** 132
single-operation **A14:** 453–454, 465, 527, 546, 579
single-station **A14:** 478
single-taper **A14:** 132
sliding, upsetting with................. **A14:** 90–91
solid **A14:** 292–293, 639
steel-rule **A14:** 451–452
subpress........................... **A14:** 452–453
taper-point.............................. **A14:** 132
template................................. **A14:** 452
three-pass, for gear blanks **A14:** 45
transfer.................... **A14:** 455, 466, 528
trimming...................... **A14:** 55–56, 257
tube-forming **A14:** 537
two-piece.......................... **A14:** 132–133
U-bending **A14:** 526
V....................................... **A14:** 525
vertical four-station hot upset forging **A14:** 84
wing **A14:** 527
wiper **A14:** 666
wiping **A14:** 525–526
wrap, for precision forging............... **A14:** 52

Diesel burn
in injection molding **EM1:** 167

Diesel engines **M7:** 621
crankshaft, fatigue fracture from subsurface
inclusions......................... **A11:** 323
cylinder lining, cavitation damage ... **A11:** 377–378
locomotive, corrosion-fatigue
cracking...................... **A11:** 371–372
rocker levers, malleable, fatigue
failure........................ **A11:** 350–352

Diesel truck crankshaft
beach marks from fatigue fracture in... **A11:** 77, 78

Dietary iron source
elemental iron as....................... **M7:** 614

Diethanolamine
hazardous air pollutant regulated by the Clean Air Amendments of 1990 .... **A5:** 913

Diethyl sulfate
hazardous air pollutant regulated by the Clean Air Amendments of 1990 .... **A5:** 913

Diethylarsenic
physical properties..................... **A5:** 525

Diethylberyllium
physical properties..................... **A5:** 525

Diethylene glycol
description............................. **A9:** 68

Diethylene glycol ethers
wipe solvent cleaner **A5:** 940

Diethylene triamine (DETA) **EM3:** 96
reaction with phthalic anhydride........ **EM3:** 96

Diethylselenium
physical properties..................... **A5:** 525

Diethyltellurium
physical properties..................... **A5:** 525

Diethylzinc
physical properties..................... **A5:** 525

Die-workpiece
contact area (footprint), rotary forging..... **A14:** 17
interface, data base for **A14:** 413

Difference image.............. **A18:** 350, 351–352

Difference mode
parameters.............................. **EL1:** 39

Different crack growth mechanism for primary and secondary plastic zones
interaction phenomena during crack growth under variable-amplitude loading **A19:** 125
Differential aeration *See also* Crevice corrosion **A20:** 556
aluminum alloy exfoliation from. **A13:** 1022
and design **A13:** 339
cell **A13:** 5, 43
Differential aeration cell. **A13:** 5, 43
in lead. **A13:** 785, 788
in pipeline corrosion **A13:** 1288
pitting by. **A11:** 631–632
Differential aeration macrocell **A19:** 200
Differential attenuation
in radiographic inspection **A17:** 309
Differential bevel gear
by precision forming **A14:** 163
Differential case, steel **A7:** 1103, 1104
Differential coating
definition. **A5:** 952
Differential coil arrangement *See also* Coils
eddy current inspection. **A17:** 174
multiple coils **A17:** 176
Differential equations (DEs), second-order. . . **A20:** 167
Differential expansion **EM3:** 37
Differential index of plasticity **A18:** 424, 425
Differential interference contrast
after Nomarski, principles of. **A9:** 59
color metallography **A9:** 138, 150–152
etching **A9:** 59
used for precious metals and alloys **A9:** 552
Differential interference contrast microscopy
for as-polished samples. **A12:** 95, 100
titanium alloys **A12:** 445
Differential interference contrast-Nomarski system
for imaging. **EL1:** 1068
Differential interference-contrast illumination . . **A9:** 79
defined **A9:** 5
Differential probes
eddy current inspection **A17:** 180–181
Differential pulse polarography. **A10:** 193, 194
Differential pulse stripping voltammetry
principles. **A10:** 193
Differential scanning calorimeter **M7:** 197
Differential scanning calorimeter (DSC). **A7:** 30
for shape memory alloys. **A2:** 898
Differential scanning calorimetry (DSC) **EM2:** 523–525, 540, 825, 830–832, **EM3:** 10, 323, **EM4:** 52
defined **EM2:** 14
for phase analysis. **EM4:** 562
for temperature resistance **EM2:** 559–564
kinetic thermal analysis **EM3:** 424–425
of epoxies **EL1:** 835
thin-film hybrids **EL1:** 324
to measure scanning calorimetry relative energy difference. **EM4:** 27–28
Differential scanning calorimetry (DSC) analysis **EM1:** 9, 704, 780
Differential shear **EM3:** 478
Differential sintering **EM4:** 125
Differential sputtering
as artifact in AES analysis **A10:** 556
Differential testing
for shear stress. **A8:** 182–183
limitations **A8:** 183
Differential thermal analysis *See also* Cooling curve analysis; Thermal analysis
equipment, set-up. **A15:** 184
for second-phase testing **A10:** 177
simplified **A15:** 183–184
standard. **A15:** 184
Differential thermal analysis (DTA) *See also* Thermal analysis **EM2:** 825, 830–832, **EM3:** 10, **EM4:** 52, 53
defined **EM1:** 9, **EM2:** 14
densification during reactive sintering **A7:** 517–519
for phase analysis. **EM4:** 561–562
for temperature-time control in polymer removal techniques **EM4:** 137
melting temperature ranges measurement . . . **A6:** 89
of polyphenylene sulfides (PPS). **EM2:** 187
to measure heat capacity. **EM4:** 615
to measure temperature difference relative to a reference **EM4:** 27–28
Differential thermal expansion
printed circuit boards **A20:** 207
Differential thermat analysis. . . . . **A3:** 1•17
Differential thermogravimetric analysis (DTG)
for phase analysis. **EM4:** 561
Differential-algebraic equations (DAEs) **A20:** 167
Differential-pressure method
of quantity loss leak testing **A17:** 65–66
Differential-temperature cells
corrosion of **A11:** 184–185
Differentiation
assembly/packaging for. **EL1:** 438–441
Diffracted beams
intensities of. **A10:** 328–329
Diffracted intensities
resolving of **A10:** 424
Diffraction *See also* X-ray diffraction
and x-ray topography **A10:** 366–367
angle, diffraction x-ray beam at. **A10:** 381
angle, symbol for **A10:** 692
by scanning laser gages **A17:** 12
coherent Bragg **A10:** 436
cones **A10:** 327, 371
contrast **A10:** 444, 671
convergent-beam electron. **A10:** 438–440
crystal. **A10:** 346
defined **A9:** 5
dynamical theory of **A10:** 366–367
electron. **A10:** 410, 436–440
experiments, two types of single crystal . . . **A10:** 330
from surfaces, principles of **A10:** 538–539
geometry of. **A10:** 326–327
grating, defined. **A10:** 672
in near-perfect crystal **A10:** 367
intensities, in single-crystal x-ray diffraction **A10:** 348–349
intensities, kinematic and dynamic effects in **A10:** 366–367
kinematical theory of. **A10:** 366
line intensity **A10:** 328
of light by line gratings. **A10:** 345
of monochromatic x-ray beams at high diffraction angle **A10:** 381
of scattered radiation. **A17:** 345
of ultrasonic beams **A17:** 239
pattern, to determine atom locations within unit cells **A10:** 345–346
peaks, in surface stress measurement **A10:** 385
photozone method **A7:** 248
selected-area **A10:** 436–438
single-crystal methods **A10:** 329–331
single-crystal, principles of **A10:** 350
spots. **A10:** 345–346, 351, 366
techniques, recommended for ferrous and nonferrous alloys **A10:** 382
vector **A10:** 690
wave theory of **A10:** 83
Diffraction angle
symbol for. **A10:** 692
Diffraction cones **A10:** 327, 371
Diffraction contrast. **A10:** 444, 671
in imperfect crystals **A9:** 111–113
in perfect crystals. **A9:** 110–111
of an edge dislocation **A9:** 114
of defects, theory of **A9:** 110–113
of dislocation pairs in copper and silver . . . **A9:** 115
of single perfect dislocations **A9:** 114
Of translation interfaces, calculated by the matrix method. **A9:** 118–119
Diffraction contrast studies, of grain boundaries by transmission electron
microscopy **A9:** 119–120
Diffraction experiments
amorphous materials and metallic glasses . . **A2:** 809
Diffraction grating
defined **A9:** 5–6, **A10:** 672
in plate impact testing. **A8:** 233
photoresist for applying **A8:** 234
Diffraction grating ruling engines
achievable machining accuracy **A5:** 81
Diffraction intensities
calculation **A9:** 111
Diffraction limited focal spot size **A6:** 875
Diffraction lines
created by electron-channeling patterns **A9:** 94
Diffraction methods
crystallographic texture measurement and analysis **A10:** 357–364
extended x-ray absorption fine structure. **A10:** 407–419
neutron diffraction **A10:** 420–426
polycrystalline. **A10:** 331–332
radial distribution function analysis. . **A10:** 393–401
single-crystal **A10:** 329–331
small-angle x-ray and neutron scattering **A10:** 402–406
x-ray diffraction **A10:** 325–332
x-ray diffraction residual stress techniques **A10:** 380–392
x-ray powder diffraction. **A10:** 333–343
x-ray topography **A10:** 365–379
Diffraction pattern technique
of laser inspection **A17:** 13
Diffraction pattern (x-rays)
defined **A9:** 6
Diffraction patterns
as three-dimensional **A10:** 346
defined **A10:** 345, 672
for single crystals. **A10:** 345, 351
from superlattice **A10:** 540
GaAs, LEED analysis **A10:** 541
oriented pyrolytic graphite **A10:** 543
point-group symmetry from **A10:** 346
precession photographs showing three layers of **A10:** 346
Diffraction patterns in transmission electron microscopy **A9:** 109–110
effect of second phase precipitates on **A9:** 118
effects caused by spinodal decomposition . . **A9:** 653
from different modes. **A9:** 104
Kikuchi lines **A9:** 109–110
wrought heat-resistant alloys **A9:** 308
Diffraction ring
defined **A9:** 6
Diffraction spots
diffraction patterns at. **A10:** 345–346
identification, for single-crystal analysis. . . **A10:** 351
intensity variation within **A10:** 366
Diffraction studies of grain boundaries. . . **A9:** 120–121
Diffraction theory. **A19:** 221
Diffraction vector **A10:** 690
Diffraction vectors
different images used to distinguish moiré patterns **A9:** 110
Diffraction x-ray analysis **A19:** 5
Diffraction-peak location
methods, compared **A10:** 385–386
x-ray diffraction residual stress techniques **A10:** 385–386
Diffractometer technique
used to determine crystallographic texture **A9:** 702
Diffractometers. **A7:** 257
automated single-crystal **A10:** 351
Bragg-Brentano **A10:** 337
conventional four-circle. **A10:** 351
conventional x-ray powder diffraction **A10:** 337
double-crystal **A10:** 371–372
Eulerian cradle mounted on. **A10:** 360
Guinier. **A10:** 337
horizontal laboratory **A10:** 389
low-energy electron diffraction. **A10:** 540
micro **A10:** 337–338
modern automated powder. **A7:** 228
neutron powder **A10:** 422
Seeman-Bohlin **A10:** 337
θ-θ. **A10:** 337
thin film **A10:** 337
time-of-flight powder. **A10:** 422
time-of-flight single-crystal, at pulsed neutron source **A10:** 424
use in x-ray diffraction residual stress techniques **A10:** 387
Diffractometry
angle-dispersive, used to construct pole figures. **A9:** 695
energy-dispersive, used to construct pole figures **A9:** 695–706
Diffuse reflectance spectroscopy. **A10:** 114, 120, **EM4:** 52
Diffuse slip
in high-cycle corrosion **A8:** 254

Diffuse transmittance
defined **A10:** 672
Diffused germanium
temperature effect **EL1:** 958
Diffused silicon
temperature effect **EL1:** 958
Diffused strain gages **EL1:** 445
Diffusion *See also* Interface diffusion . . **A7:** 442–443, **A13:** 5, 61, 67–69, 147, **A20:** 619, **EM3:** 11, **EM4:** 136
and atomic transport, in low gravity eutectic alloys **A15:** 151–152
as leakage **A17:** 58
at very high solidification rates **A15:** 125
carbon, in dissimilar-metal welds **A11:** 620
coating, defined **A13:** 5
coating, powders used **M7:** 573
coatings **A15:** 563
coefficient **A13:** 5, 68
coefficient, concentration dependency of . . **A15:** 138
coefficients **A10:** 478
couples **A10:** 477–478, 503
current, voltammetry **A10:** 190
defined **A9:** 6, **EM2:** 1, **M7:** 4
definition **A5:** 952–953
effect in polymers **A11:** 758
effect on strength **A8:** 34
effect on tensile behavior **A8:** 35
element, in liquid **A15:** 82
Fick's first law of **A15:** 53
fields, eutectic growth **A15:** 121
force, temperature as **A15:** 74
grain-boundary vs. volume **A10:** 478
heat treatment, gaseous ferritic nitrocarburizing as **M7:** 455
in electrogravimetry **A10:** 198
in HIP model **A7:** 597, 598
in interphase mass transport **A15:** 53
in joining processes classification scheme **A20:** 697
in peritectic transformation **A15:** 126–127
in peritectic transformations **A9:** 677
in permeation **A17:** 58
in semiconductor development **EL1:** 961
-induced grain-boundary migration, EDS/CBED analysis of **A10:** 461–464
involved in corrosion fatigue crack growth in alloys exposed to aggressive environments **A19:** 185
-limited current density, defined **A13:** 5
measurements **A10:** 243, 476–478
natural, in voltammetry **A10:** 189
of boron, neutron radiography of **A17:** 391
of carbon, iron-carbon melts **A15:** 72–73
of gases **A15:** 82–83
of impurities, active-component fabrication **EL1:** 195
of nickel into iron, radioanalytically measured **A10:** 243
of plutonium into thorium **A10:** 249
of solutes in precipitation reactions **A9:** 647
organic movement by **EL1:** 680
path, in microsegregation **A15:** 137
phenomena, XPS analysis **A10:** 576–577
porosity **M7:** 4
processes for alloy-coated composite powders **M7:** 174
rates, of tracer gases **A17:** 67, 69
SIMS tracer studies **A10:** 610
solid, and chemical process rates **A15:** 52
solute, in eutectic growth **A15:** 124
solutions, to heat transfer, die casting **A15:** 293–294
studies, by Mössbauer spectroscopy **A10:** 287
surface, FIM/AP study of **A10:** 583
surface property effect **A18:** 342
treatment, high-temperature, and rapid omnidirectional compaction **M7:** 545
types, bipolar junction transistor technology **EL1:** 195–196
vacancy **A13:** 68
zone, in stainless steel can production **M7:** 440
Diffusion adhesives **EM3:** 75
Diffusion aid
definition **M6:** 5
Diffusion alloys *See also* Partially alloyed powders **A7:** 752, 753
laser sintering **A7:** 429
Diffusion, applications
aerospace **A6:** 387
Diffusion bond
metal-matrix composite processing materials, densification method, and final shape operations **A20:** 462
Diffusion bonding *See also* Diffusion brazing; Diffusion welding; High-temperature solid-state welding **A6:** 149, 156–159, **A7:** 607–608, **A20:** 763, 767–768
advanced aluminum MMCs **A7:** 852
aluminum alloys **A6:** 157
and annealing **A6:** 157
bonding surfaces containing oxides **A6:** 157
copper **A6:** 156
copper metals **M2:** 456
definition **A6:** 156
diffusion-controlled mass transport . . . **A6:** 158–159
discontinuities from **A17:** 588–589
graphite fiber MMCs **EM1:** 869–870
hot isostatic pressing **A7:** 618, 619
interface diffusion **A6:** 158
interface migration **A6:** 159
iron **A6:** 156
joint indistinguishable from surrounding material **A6:** 3
mechanism **A6:** 157–159
metal-matrix composites **A12:** 466
microasperity deformation **A6:** 157–158
niobium **A6:** 156
of boron fiber MMCs **EM1:** 854
plastic flow **A6:** 158
preferred term for process **A6:** 156
procedures **A6:** 156–157
projection welding **A6:** 232–233
refractory metals **A7:** 906
sequence of metallurgical stages **A6:** 157
sheet metals **A6:** 399
SiC-titanium composite **EM1:** 862
silver **A6:** 156
surface roughness **A6:** 158
tantalum **A6:** 156
titanium alloys **A6:** 156, 157–158, 159
tungsten **A6:** 156
tungsten alloys **A6:** 581
tungsten heavy alloys **A7:** 921
versus other joining processes **A7:** 618
with interface aids **A6:** 159
zirconium **A6:** 156
Diffusion bonding as a fabrication process for metal-matrix composites **A9:** 591
Diffusion bonding (DB) *See also* Sintering
aluminum and aluminum alloys **A2:** 6
refractory metals and alloys **A2:** 564
titanium alloy sheet **A2:** 590–591
Diffusion bonding/superplastic forming **A14:** 844, 857, 859–860
Diffusion brazing
definition **M6:** 5
Diffusion brazing (DFB) **A6:** 343–344
advantages **A6:** 344
aluminum alloys **A6:** 343
applications **A6:** 343, 344
aerospace **A6:** 387
cobalt **A6:** 343
cobalt-base alloy **A6:** 344
critical aspects **A6:** 343
definition **A6:** 343
example, stainless steel to copper **A6:** 343
mechanically alloyed oxide dispersion-strengthened (MA ODS) alloys **A2:** 949
nickel **A6:** 343
parameters **A6:** 343
stainless steel **A6:** 343
titanium **A6:** 343
Diffusion coating
aluminum, of steel **M5:** 334–335, 339–346
temperature and time effects **M5:** 343–346
cadmium plating **M5:** 264
cementation type *See* Pack cementation processes
heat-resistant alloys **M5:** 566
oxidation protective coatings *See also* Oxidation protective coating, diffusion types **M5:** 376–379
pack diffusion *See* Pack diffusion coating processes
Diffusion coatings **A5:** 611–620, **A19:** 540–541, **A20:** 482, 486, 487–488, 596
aluminizing . . **A5:** 611–613, 615, 616–617, 617–620
applications **A5:** 611, 617, 618
carburization resistance **A5:** 620
chemical vapor deposition **A5:** 617
chromizing **A5:** 613, 615, 617
classification of materials **A5:** 619
coating formation mechanisms **A5:** 614–615
coating protection and degradation **A5:** 615
codeposition of aluminum and other elements **A5:** 613
corrosion **A5:** 611, 615, 617, 619–620
definition **A5:** 953
description **A5:** 611
environmental concerns **A5:** 616
for cast iron **A15:** 563
for cobalt-base superalloys **A5:** 611–617
for gas turbine engine hot section parts **A5:** 611–617
for nickel-base superalloys **A5:** 611–617
furnace temperature cycle and heat treatments **A5:** 616
future development **A5:** 617
generalized reaction agents and products **A5:** 617–618
heat-resistant alloys **A5:** 782
inspection **A5:** 615
loading boxes and retorts **A5:** 616
manufacturing technology **A5:** 615–617
masking **A5:** 616
microstructures **A5:** 614
on low-carbon steel **A5:** 618
on stainless steels **A5:** 617, 618
out-of-contact processes **A5:** 617
oxidation resistance **A5:** 619
pack cementation **A5:** 611
pack cementation aluminizing . . . **A5:** 611–613, 615, 616–617, 617–620
pack cementation aluminizing of steels **A5:** 617–620
pack cementation process flow diagram **A5:** 616
pack cementation siliconizing **A5:** 611, 613–614
pack diffusion coating principles **A5:** 611–614
pack mix (source) preparation **A5:** 616
processing procedures **A5:** 618–619
properties of pack aluminized steels . . . **A5:** 619–620
properties on superalloys **A5:** 614–615
quality control **A5:** 616–617, 619
repair **A5:** 616, 617
siliconizing **A5:** 611, 613–614
source rejuvenation **A5:** 616
sulfidation resistance **A5:** 619–620
surface preparation **A5:** 615–616
titanium and titanium alloys **A5:** 844
Diffusion coefficient **A7:** 450, 473
Diffusion coefficients **A20:** 353
Diffusion constant **A20:** 352
Diffusion control
for gas bubble nucleation **EM1:** 757–758
Diffusion controlled (2D)
rate law expression **EM4:** 55
Diffusion controlled (3D)
rate law expression **EM4:** 55

SUBJECTS OF THE INDEXED VOLUMES: ASM Handbook (designated by the letter "A"): **A1:** Properties and Selection: Irons, Steels, and High-Performance Alloys (1990); **A2:** Properties and Selection: Nonferrous Alloys and Special-Purpose Materials (1990); **A3:** Alloy Phase Diagrams (1992); **A4:** Heat Treating (1991); **A5:** Surface Engineering (1994); **A6:** Welding, Brazing, and Soldering (1993); **A7:** Powder Metal Technologies and Applications (1998); **A8:** Mechanical Testing (1985); **A9:** Metallography and Microstructures (1985); **A10:** Materials Characterization (1986); **A11:** Failure Analysis and Prevention (1986); **A12:** Fractography (1987); **A13:** Corrosion (1987); **A14:** Forming and Forging (1988); **A15:** Casting (1988); **A16:** Machining (1989); **A17:** Nondestructive Evaluation and Quality Control (1989); **A18:** Friction, Lubrication, and Wear Technology (1992); **A19:** Fatigue and Fracture (1996); **A20:** Materials Selection and Design (1997). **Metals Handbook, 9th Edition** (designated by the letter "M"): **M1:** Properties and Selection: Irons and Steels (1978); **M2:** Properties and Selection: Nonferrous Alloys and Pure Metals (1979); **M3:** Properties and Selection: Stainless Steels, Tool Materials, and Special-Purpose Materials (1980); **M4:** Heat Treating (1981); **M5:** Surface Cleaning, Finishing, and Coating (1982); **M6:** Welding, Brazing, and Soldering (1983); **M7:** Powder Metallurgy (1984). **Engineered Materials Handbook** (designated by the letters "EM"): **EM1:** Composites (1987); **EM2:** Engineering Plastics (1988); **EM3:** Adhesives and Sealants (1990); **EM4:** Ceramics and Glasses (1991). **Electronic Materials Handbook** (designated by the letters "EL"): **EL1:** Packaging (1989)

Diffusion current A10: 190
Diffusion effects in aluminum alloys
etchants for examination of A9: 355
Diffusion measurements
advantages of AEM analysis A10: 476
by SIMS profiles A10: 610
data analysis A10: 476–478
diffusion coefficients A10: 478
diffusion couples A10: 477–478
radioanalytical tracer for A10: 243
sample preparation A10: 476
Diffusion methods
alloy steels A5: 738–739
carbon steels A5: 738–739
Diffusion phenomenon A19: 81
Diffusion pump
with split Hopkinson pressure bar A8: 201
Diffusion treatments
titanium and titaniumalloys A5: 842–844
Diffusion vacuum pumps
in gas mass spectrometer A10: 151–152
Diffusion wear
coated carbide tools A2: 960
Diffusion welding
applications M6: 682–686
for composites M6: 684
for iron-based alloys M6: 682–683
for nickel-based alloys M6: 683–684
for refractory metals M6: 684–685
for titanium and titanium alloys M6: 682
definition M6: 5
differentiation from deformation welding . . M6: 672
equipment M6: 673
forge welding M6: 675–676
heat M6: 673
load application M6: 673
metals welded M6: 677–678
procedures M6: 677
protective envelope M6: 673
roll welding M6: 676
Diffusion welding (DFW) *See also* Diffusion bonding; High-temperature solid-state welding
copper A6: 884–885, 886
definition A6: 1208
dispersion-strengthened aluminum alloys . . A6: 543, 547
dissimilar metal joining A6: 822
model for A6: 145
oxide-dispersion-strengthened materials . . A6: 1038, 1039
titanium alloys A6: 522
weld discontinuities A6: 1079–1080
Diffusion welding, procedure development and practice considerations A6: 883–886
advantages A6: 883
aluminum-base alloys A6: 884–885, 886
applications A6: 884, 885, 886
beryllium alloys A6: 885, 886
carbon steels A6: 884
cobalt-base alloys A6: 885
description of process A6: 883
dissimilar metal combinations A6: 885–886
ferrous-to-ferrous A6: 885–886
ferrous-to-nonferrous A6: 886
metal-ceramic joining A6: 886
nonferrous-to-nonferrous combinations . . . A6: 886
gold A6: 885
high-strength steels A6: 884
low-alloy steels A6: 884
mechanism A6: 883
microstructure A6: 884
Monel A6: 886
nickel-base alloys A6: 885, 886
noble metals A6: 885
postweld heat treatment A6: 884, 885
process variants A6: 883–884
hot isostatic pressing (HIP) A6: 884
liquid-phase process A6: 883–884
solid-phase process A6: 883
superplastic forming/diffusion welding (SPF/DW) technique A6: 884, 885
transient liquid-phase diffusion welding A6: 883–884
reactive metals A6: 885
refractory metals A6: 885
stainless steels A6: 884, 886
tantalum alloys A6: 886
tensile properties A6: 884
titanium A6: 884, 885, 886
titanium alloys A6: 884, 885, 886
uranium alloys A6: 886
vanadium alloys A6: 886
zirconium alloys A6: 885, 886
Diffusion zone A20: 488
defined A9: 6
Diffusional creep A20: 352, 353
Diffusional flow M7: 313, 315
Diffusional flow creep resistance A20: 352
Diffusional flow, effect of slip lines
iron A12: 219
Diffusional mass transport
creep by A8: 310
Diffusional mixing
statistical analysis M7: 187
Diffusion-alloyed material powders
microstructures A7: 727, 739, 740
Diffusion-alloyed steel powders A7: 126–128
advantages A7: 127
Atomet diffusion-bonded powders A7: 128
commercial grades A7: 127
Distaloy grades A7: 127
Mannesmann Demag grade A7: 128
mechanical properties A7: 1097
Sigmaloy grades A7: 127–128
sintering A7: 473
warm compaction benefits A7: 17
Diffusion-alloyed steels
heterogeneity A9: 503
microstructures A9: 510–511
Diffusion-bonded powders *See also* Thermal agglomeration A7: 322, 473, M7: 101, 102, 173
Diffusion-bonding
equipment for M7: 515, 517
Diffusion-controlled reactions A7: 526
Diffusion-induced grain-boundary migration analysis
abbreviation for A10: 690
by EDS/CBED A10: 461–464
convergent-beam electron diffraction A10: 462–464
EMPA dot map of A10: 527
in Al-4.7Cu A10: 461–464
x-ray microanalysis A10: 462
Diffusionless alloying elements *See also* Alloy selection; Alloying
iron/cerium, effect in niobium-titanium superconducting materials A2: 1045
Diffusionless phase transformations A9: 668
Diffusionless solidification
defined A9: 616
Diffusivity *See also* Thermal diffusivity A5: 658, A20: 352
and average flash temperature A18: 41
and thermal conductivity EM2: 451–456
superplastic titanium alloys A14: 843
Diffusivity constant A4: 259
Digestion, as sample preparation . . A10: 165–167, 176
Digital algorithm for laminate analysis
computer program EM1: 274
Digital components *See also* Active digital components; Components; Digital integrated circuits (ICs); Digital systems
active-component fabrication EL1: 201
future trends EL1: 176
Digital compositional mapping
flexible processing A10: 528
of zinc-containing copper A10: 528
relation of intensity to constituent . . . A10: 528–529
Digital gray-level image storages
used in scanning electron microscopy A9: 96
Digital image enhancement A17: 454–464
for thermal inspection A17: 400
image capture and acquisition system A17: 455–456
image display A17: 461–463
image enhancement A17: 456–458
image operations A17: 458–460
image processing A17: 119, 456
information extraction A17: 460–461
NDE systems A17: 454–455
of color images, examples A17: 483–488
Digital image processing
magnetic particles A17: 119
Digital images, color metallography A9: 138, 152–153
inkjet printout A9: 139
Digital imaging
and analog imaging, of iron in aluminum matrix A10: 448
semiautomatic analyzer for A10: 310
Digital instrumentation
eddy current inspection A17: 175
Digital integrated circuits
as gallium arsenide application A2: 740
Digital integrated circuits (ICs) *See also* Integrated circuits (ICs)
complementary metal-oxide semiconductor (CMOS) EL1: 162–163
design rule for EL1: 161
emitter-coupled logic (ECL) EL1: 163–165
future trends EL1: 176–177
introduction EL1: 160–161
large-scale integration (LSI), types . . . EL1: 166–168
packaging considerations EL1: 172–174
signal transmission EL1: 168–172
technologies, compared EL1: 165–166
thermal management EL1: 174–176
transistor-transistor log EL1: 161–162
Digital logic *See also* Logic functions, types EL1: 160
Digital logic method A20: 252
Digital meters
as eddy current inspection readout . . . A17: 178–179
Digital oscilloscope, for torsional Kolsky bar
dynamic test results A8: 228
Digital position readout
coordinate measuring machine A17: 19
Digital radiography *See also* Radiography
and computed tomography (CT) A17: 377
color images by A17: 485
defined A17: 317, 383
real-time A17: 320
Digital signal
line, characteristics EL1: 169–170
processing (DSP) EL1: 8, 378
Digital simulation engines A20: 206
Digital simulators A20: 205–206
Digital switching systems
applications and markets EL1: 382–385
Digital systems *See also* High-frequency digital systems
High-frequency, design of EL1: 76–88
improvement technologies EL1: 2
Digital VGH Program of the National Aeronautics and Space Administration (NASA) A19: 568
Digital voltmeter
for fatigue testing machine A8: 368
Diglycidyl ether of bisphenol A (DGEBA) EM1: 66–67, 69, 399–400, 753, EM3: 94
diacrylate properties EM3: 92
epoxy resin for polysulfides EM3: 141, 142
ester diacrylate properties EM3: 92
for basis of epoxy resin EM3: 77
Diglycidyl ethers of bisphenol A (DGEBA) EL1: 811, 825–827
DIGM *See* Diffusion-induced grain-boundary migration
Dihedral angle A7: 565, 566, 567
Dihedral angles A9: 604
Dihedral symmetry A20: 181
Di-iron nonacarbonyl A7: 113, 167
Diisocyanates
as thermoplastic polyurethanes (TPUR) . . EM2: 204
Diisopropanol *p*-toluidine
typical formulation EM3: 121
Diketones, β
as extractants A10: 170
Dilatant
defined A18: 7
Dilatant fluid flow A7: 366
Dilatation A19: 263
Dilatational Lamb waves
ultrasonic inspection A17: 234
Dilate cyanide
plating bath, anode and rack material for copper plating A5: 175
Dilating-bag technique A7: 384
Dilation during aging
cast copper alloys A2: 360
Dilation/voiding
SAS techniques for A10: 405

Dilatometer A7: 437
and dimensional change M7: 310
as measure of shrinkage and densification during sintering M7: 310
defined A8: 4
Dilatometer curve A7: 437
Dilatometry
densification during reactive sintering A7: 517
Dillard-Kynar sensors EM3: 453–454
Diluent EM3: 11
defined EM2: 14
definition A5: 953
Diluents
for filament winding EM1: 505
in engine lubricant formulations A18: 111
in polyester reaction EM1: 132–133
monofunctional epoxy EM1: 67, 70
vinyl ester EM1: 133
Dilute aqua regia test A7: 797
Dilute copper cyanide plating process M5: 159, 161–162, 167
Dilute cyanide
copper plating baths . . A5: 167, 168, 169, 170–171, 175
Dilute systems
EXAFS fluorescence analysis of A10: 418
Diluted bronze A7: 1052, 1053, 1054, 1055
Diluted combustion synthesis reaction . . . A7: 518, 519
Dilution A6: 500, 501
definition A6: 1208, M6: 5
Dilution factor
defined A10: 672
Dilution, infinite
activity coefficients A15: 60
Dilver-P alloy
as low-expansion alloy A2: 895
"Dime" test A19: 439
Dimension
in failure analysis A11: 747
incorrect, as casting defects A11: 386
-less constants, in fracture mechanics . . . A11: 48–49
Dimensional
accuracy, by re-pressing, aluminum and aluminum alloys A2: 6
change, flexible epoxy systems EL1: 819
changes, age-hardening, beryllium-copper alloys A2: 412–414
control, extrusions, aluminum and aluminum alloys A2: 5–6
defects, types EL1: 568
stability, high-performance electronic systems EL1: 16
Dimensional accuracy *See also* Accuracy; Allowances; Dimensional inspection; Tolerances
all-ceramic mold casting A15: 249
cut-to-length lines A14: 712–713
defect types A15: 551–552
gray iron A15: 640
hot/cold box processes A15: 238
in blanking/piercing high-carbon steels A14: 557
in coining A14: 180, 186
in die casting A15: 287–288
of ceramic molding A15: 248
of cold extrusion A14: 307
of cold heading A14: 295–296
of deep drawing A14: 575, 589–590
of P/M sintered parts M7: 480–492
of permanent mold castings A15: 284
of plaster molding A15: 242
of Replicast process A15: 271
of tube spinning A14: 677
of waxes A15: 254
organic binder effect A15: 35
press-brake forming A14: 542–543
rotary swaging A14: 140
tube bending A14: 668
Unicast process A15: 251
Dimensional change *See also* Dimensional control; Dimensional inspection methods; Dimensional tolerances
control by rapid omnidirectional compaction M7: 545
control of M7: 482, 545
defined M7: 4
during ejection, elastic springback M7: 480
during heat treating M7: 481
during P/M processing M7: 480
during sintering M7: 211, 480–481
effect of sintering temperatures M7: 367, 369
effect of sintering time M7: 370
effects of particle size distribution and mixture fluctuations M7: 186
expansion of copper powder compacts M7: 310
factors influencing M7: 291
in electrolytic copper powder M7: 115
in sintered bronze M7: 377–378
in sintering M7: 309
in solution and reprecipitation liquid phase sintering M7: 320
of incoming powder, evaluation M7: 481–482
of sintered metal compacts M7: 290–292
sintering temperature effect on A13: 825
standard test method for M7: 290–291
Dimensional change forecast formula A7: 639
Dimensional changes
in torsional straining A8: 143
Dimensional characteristics
regression analysis for A8: 663
Dimensional control
copper alloy castings M2: 388–389
Dimensional flexibility
of horizontal centrifugal casting A15: 299
Dimensional growth
ductile iron M1: 46–47
gray iron M1: 46–47
Dimensional inspection *See also* Dimensional accuracy
casting defects A15: 545
computer-aided A15: 558–561
of aluminum alloy forgings A14: 249
of titanium alloy forgings A14: 282
to evaluate gas turbine ceramic components EM4: 718
Dimensional inspection methods M7: 291
Dimensional management
definition A20: 219, 831
Dimensional management and tolerance analysis A20: 219–221
accurate documentation ensured A20: 219
advantage of dimensional management . . . A20: 219
assembly method variation A20: 221
assembly sequences A20: 221
between-component variation A20: 221
component part variation A20: 220–221
conclusions A20: 221
dimensional management process A20: 219–220
functional feature product model A20: 220
general requirements and simulation A20: 220–221
limitations of assigning tolerances A20: 219
manufacturing capabilities established vs. design intent A20: 220
measurement plan development to validate product requirements A20: 219–220
measurement schemes A20: 221
objective A20: 229
process and product requirements determination A20: 219
product dimensional requirements defined A20: 219
production-to-design feedback loop established A20: 220
Dimensional measurements *See also* Laser inspection; Metrology
accuracy and conformity, in weldments . . . A17: 591
by computed tomography (CT) A17: 364
by eddy current inspection A17: 164
by laser inspection A17: 12–16
by ultrasonic inspection A17: 273–274
computer-aided A17: 521–524
diffraction pattern technique A17: 13
holography A17: 16
interferometers A17: 14–15
laser triangulation sensors A17: 13
of castings A17: 512, 520–521
of tubular products A17: 561
photodiode array imaging A17: 12–13
scanning laser gage A17: 12
sorting by A17: 15–16
Dimensional measurements, periodic
for multiaxial testing A8: 344
Dimensional reproducibility
tolerances and allowances A15: 614–623
Dimensional restorative coatings
cast irons A5: 691
Dimensional stability EM1: 9, 36
and process selection EM2: 277
cyanates EM2: 232
defined EM2: 14
ionomers EM2: 122
maraging steels M1: 448, 451
of extrusion EM2: 386
of gray iron A1: 26–28, M1: 26–28
of molding materials A15: 208
phenolics EM2: 242, 243
polyamide-imides (PAI) EM2: 128
polycarbonates (PC) EM2: 151
polyether sulfones (PES, PESV) EM2: 160, 161
polymer, as thermal property EM2: 59–60
polyphenylene ether blends (PPE PPO) . . EM2: 184
polyvinyl chlorides (PVC) EM2: 210
RTM and SRIM, compared EM2: 347–348
styrene-maleic anhydrides (S/MA) EM2: 219
Dimensional stabilizers EM3: 175
Dimensional swelling phenomenon A7: 87–88, 89
Dimensional tolerance, techniques to improve A7: 663–670
characteristics influencing part coming off press A7: 667
compacting A7: 663–667
fill uniformity factors A7: 664–665
handling A7: 667–668
inspection measurement A7: 669
machining A7: 669
powder A7: 663
re-pressing (sizing) A7: 668–669
sintering A7: 668
Dimensional tolerances *See also* Tolerances M7: 291–292, 482
cost effects EL1: 594
leaded/leadless chip carriers EL1: 734
magnesium alloys A2: 464
malleable iron M1: 67
of copper casting alloys A2: 350
structural ceramics A2: 1019
Dimensionality of the particle A7: 266, 269
Dimensioning
and tolerancing A15: 622–623
Dimensionless compliance A19: 175
Dimensionless factor *See* Sommerfeld number
Dimensionless load parameter
nomenclature for lubrication regimes A18: 90
Dimensionless material parameter
nomenclature for lubrication regimes A18: 90
Dimensionless speed parameter
nomenclature for lubrication regimes A18: 90
Dimension(s) *See also* Dimensional; Dimensional tolerance; Size
and tolerances, flexible printed boards . . . EL1: 595
incorrect, as casting defect A17: 518–519
minimum, implications EL1: 2
of components, process control of . . . EL1: 673–674
physical, by eddy current inspection A17: 164
physical, glass-to-metal seals EL1: 459
tube, as test variable A17: 175
Dimensions, number of A20: 247

SUBJECTS OF THE INDEXED VOLUMES: ASM Handbook (designated by the letter "A"): **A1:** Properties and Selection: Irons, Steels, and High-Performance Alloys (1990); **A2:** Properties and Selection: Nonferrous Alloys and Special-Purpose Materials (1990); **A3:** Alloy Phase Diagrams (1992); **A4:** Heat Treating (1991); **A5:** Surface Engineering (1994); **A6:** Welding, Brazing, and Soldering (1993); **A7:** Powder Metal Technologies and Applications (1998); **A8:** Mechanical Testing (1985); **A9:** Metallography and Microstructures (1985); **A10:** Materials Characterization (1986); **A11:** Failure Analysis and Prevention (1986); **A12:** Fractography (1987); **A13:** Corrosion (1987); **A14:** Forming and Forging (1988); **A15:** Casting (1988); **A16:** Machining (1989); **A17:** Nondestructive Evaluation and Quality Control (1989); **A18:** Friction, Lubrication, and Wear Technology (1992); **A19:** Fatigue and Fracture (1996); **A20:** Materials Selection and Design (1997). **Metals Handbook, 9th Edition** (designated by the letter "M"): **M1:** Properties and Selection: Irons and Steels (1978); **M2:** Properties and Selection: Nonferrous Alloys and Pure Metals (1979); **M3:** Properties and Selection: Stainless Steels, Tool Materials, and Special-Purpose Materials (1980); **M4:** Heat Treating (1981); **M5:** Surface Cleaning, Finishing, and Coating (1982); **M6:** Welding, Brazing, and Soldering (1983); **M7:** Powder Metallurgy (1984). **Engineered Materials Handbook** (designated by the letters "EM"): **EM1:** Composites (1987); **EM2:** Engineering Plastics (1988); **EM3:** Adhesives and Sealants (1990); **EM4:** Ceramics and Glasses (1991). **Electronic Materials Handbook** (designated by the letters "EL"): **EL1:** Packaging (1989)

Dimer EM3: 11
defined A10: 672, EM2: 14
parylene coatings EL1: 789–790
Dimerization
defined A10: 672
Dimerized fatty acids
epoxidized EL1: 818
Dimethacrylate esters
as acrylic adhesives EL1: 671
Dimethacrylates
as monomers for anaerobics EM3: 113
Dimethyl aminoazobenzene
hazardous air pollutant regulated by the Clean Air Amendments of 1990 . . . . A5: 913
Dimethyl carbamoyl chloride
hazardous air pollutant regulated by the Clean Air Amendments of 1990 . . . . A5: 913
Dimethyl formamide
hazardous air pollutant regulated by the Clean Air Amendments of 1990 . . . . A5: 913
sol-gel processing EM4: 449
surface tension EM3: 181
Dimethyl phthalate
hazardous air pollutant regulated by the Clean Air Amendments of 1990 . . . . A5: 913
Dimethyl sulfate
hazardous air pollutant regulated by the Clean Air Amendments of 1990 . . . . A5: 913
Dimethylaluminum hydride
physical properties A5: 525
Dimethylarsenic
physical properties A5: 525
Dimethylberyllium
physical properties A5: 525
Dimethylcadmium
physical properties A5: 525
Dimethylglyoxime
as narrow-range precipitant A10: 169
complex, weighing as the, gravimetric analysis A10: 171
in amperometric titration A10: 204
Dimethyltellurium
physical properties A5: 525
Dimethylzinc
physical properties A5: 525
Diminished returns
point of A20: 112
DIMOX directed metal oxidation process . . EM4: 232, 294
Dimple
definition A5: 953
Dimple fracture
aluminum alloys A19: 31
due to coarse particles A19: 43
due to fine and coarse particles A19: 43
due to fine particles A19: 43
geometries from loading conditions A19: 9
in maraging steel A19: 31
Dimple rupture
defined A13: 5
Dimple rupture (microvoid coalescence) A19: 5, 7, 8–9, 42, 45
alloy steels A19: 618
ferrous alloys A19: 10
Dimple rupture, mode
of ductile fracture A14: 364
Dimple rupture(s) *See also* Dimple shape; Dimple size; Dimple(s); Ductile fracture(s); Microvoids
alloy steels A12: 291, 334
and microvoid coalescence A12: 12–13
and strain rate A12: 31–33
as aging effect, iron alloy A12: 458
as partially oriented surface A12: 203
biaxial tension effects A12: 31, 39
cast aluminum alloys A12: 413
cemented carbides A12: 470
corrosive environmental effects A12: 24–29
defined A12: 12–13
ductile iron A12: 235–237
environmental effects A12: 22–35
equiaxed, precipitation-hardening stainless steels A12: 371
exposure to low-melting metals A12: 29–30
hydrogen effects A12: 22–24
intergranular, in steel A12: 14
iron-aluminum alloys A12: 365
iron-base alloys A12: 365, 459–460
materials illustrated in A12: 217
precipitation-hardening stainless steels A12: 370–371
shear band formation A12: 444–445
stereo pair, titanium A12: 171
stress state effects A12: 30–31
surface contour cavities, iron A12: 223
surface, profile angular distribution A12: 203
temperature effects A12: 33–35
titanium alloys A12: 171, 443–445
tool steels A12: 382
transition to cleavage fracture A12: 33, 44
true area value, steel A12: 203
wrought aluminum alloys A12: 417, 418
Dimple shape
determined by loading A12: 173
effect of direction, principal stress A12: 30
effect of stress state A12: 12
high-purity copper A12: 399–400
Dimple size
acicular needles, effect of A12: 328
AISI/SAE alloy steels A12: 334
and asymmetrical strain A12: 12, 16
and particle size A12: 101
average, titanium alloys A12: 454
defined A12: 206
magnification effect A12: 425
microvoid effects A12: 12
range, titanium alloys A12: 449
temperature effects A12: 34, 46
titanium alloys A12: 449, 454
wrought aluminum alloys A12: 424
Dimple spacing A19: 12
Dimpled rupture A8: 4
ductile fracture A8: 476
mode, stages, ductile fracture A8: 571
rapid overload fracture A8: 476
single-phase microstructures A8: 476
void nucleation A8: 479
Dimpled rupture fracture *See also* Ductile fracture; Rupture
and subcritical fracture mechanics (SCFM) A11: 47
defined A11: 3
ductile, sulfide inclusions in A11: 83
fracture mechanics and A11: 47, 47
in brittle materials A11: 75
in overstress failures A11: 22
surface, of ductile fracture A11: 22
Dimple(s) *See also* Dimple ruptures; Dimple shape; Dimple size
alloy steels A12: 292, 293, 303–304, 308, 319, 324–325, 338
and fatigue striations A12: 177
and grain-boundary cavities, compared A12: 20
as cavities, in iron A12: 220
as ductile fracture mechanism A12: 4
austenitic stainless steels A12: 353, 359
by nondestructive profiling A12: 199
cast aluminum alloys A12: 409–410
clusters, wrought aluminum alloys A12: 423
complex, precipitation-hardening stainless steels A12: 372
copper/copper alloys A12: 399–400, 402
elongated . . A11: 25, 76, A12: 12–16, 173–174, 304, 338, 353, 442
equiaxed, on flat-face fracture surfaces A11: 76
fine, on void margins A12: 338
flat shear A12: 304
formation in copper A12: 173
grain-boundary, in low-carbon steel A12: 240
height and width measurement A12: 207
high-purity copper A12: 399–400
in fractured steel, SEM fractograph A12: 207
in irons A12: 219, 220
intergranular facet transition to A12: 306
intergranular fracture with, titanium alloys A12: 441
maraging steels A12: 385, 387
martensitic stainless steels A12: 367
on shear fractures A12: 12, 15–16
on tear fracture A12: 12, 15–16, 387, 452
oval-shaped, formation A12: 13
precipitation-hardening stainless steels A12: 371–372
pure titanium A12: 16
SEM for A12: 96
shallow, in transgranular-cleavage fracture . . A11: 79
shear, in shear-lip zone A11: 76
superalloys A12: 392
tear dimples on A12: 452
tension overload A12: 385
three-dimensional, quantitative measurement A12: 208
titanium/titanium alloys A12: 16, 441–442, 451
tool steels A12: 375, 379
true mean area of A12: 207
true mean intercept length A12: 207
two-dimensional, quantitative measurement A12: 206–207
with inclusions A12: 65, 67, 219
within dimples, titanium alloys A12: 451
wrought aluminum alloys . . A12: 417, 423–424, 427
Dimpling A14: 4, 847
definition A5: 953
Dimpling of transmission electron microscopy specimens A9: 105
DIN (German) standards for steels A1: 157
compositions of A1: 175–179
cross-referenced to SAE-AISI steels . . . A1: 166–174
Dings
in adhesive-bonded joints A17: 613
Dinitrogen derivative A7: 168
Dinnerware
estimated worldwide sales A20: 781
Dioctadecyldimethylammonium bromide
orientation of long-chain molecule A10: 119
Dioctedecyl disulfide A18: 532
Diode array detectors
use in Raman spectroscopy A10: 128–129
Diode configurations A20: 90
Diode ion plating A18: 840, 844–845
Diode sputter coater
for SEM specimens A12: 173
Diode sputtering A5: 576
Diode transistor logic (DTL) EL1: 160, 1141
Diodecyl dimethyl ammonium acetate (DDAA) A7: 81
Diodes *See also* Photodiodes
configurations, active analog components EL1: 145
discrete two-terminal devices as EL1: 429–432
failure mechanisms EL1: 973–974
gallium aluminum arsenide (GaAl) laser . . . A2: 739
impact avalanche transit time (IMPATT) A17: 209–210
indium gallium arsenide phosphide (InGaP) laser A2: 739–740
laser A2: 739
light-emitting LEDs A2: 739–740
monolithic, active analog components EL1: 144
removal methods EL1: 724–727
Schottky barrier EL1: 201
semiconductor, for microwave energy A17: 208
Diode-style electron guns A6: 254, 260–261
Diopside
chemical system EM4: 872, 873
crystal structure EM4: 881
DIP EM3: 588–589
Dip and look test
for solderability EL1: 677, 944
test standards used to evaluate solderability A6: 136
Dip brazing
definition M6: 5
modifications for aluminum alloys M6: 1030
of aluminum alloys M6: 1026–1027
of stainless steels M6: 1012
Dip brazing (DB) A6: 122–123, 336–338
aluminum A6: 336
aluminum alloys A6: 338, 939
applications A6: 336, 338
brazing salts A6: 336–337, 338
carbon steels A6: 336–338
carburizing and cyaniding salts A6: 337, 338
cast irons A6: 338
copper A6: 336
definition A6: 336, 1208
disadvantages A6: 336
ductile iron A6: 338
equipment maintenance A6: 336
ferrous alloys A6: 336
filler metals A6: 337, 338
fluxes A6: 337–338
fluxing agents A6: 337, 338
furnace construction A6: 336, 337
gray iron A6: 338

Dip brazing (DB) (continued)
low-alloy steels . . . **A6:** 336–338
malleable iron . . . **A6:** 338
neutral salts . . . **A6:** 337, 338
nickel-base alloys . . . **A6:** 336
process details . . . **A6:** 336
safety precautions . . . **A6:** 338, 1191, 1202
stainless steels . . . **A6:** 338
stainless steels in a salt bath . . . **A6:** 911, 921–922
Dip brazing of steels in molten salt . . . **M6:** 989–995
advantages . . . **M6:** 989
filler metals . . . **M6:** 991–992
fluxes . . . **M6:** 991
furnaces . . . **M6:** 991–992
externally heated . . . **M6:** 991
internally heated . . . **M6:** 991–992
pot materials . . . **M6:** 992
joint design . . . **M6:** 992
mechanized brazing . . . **M6:** 994–995
preparation for brazing . . . **M6:** 992
assemblies . . . **M6:** 992
preheating . . . **M6:** 992
procedures . . . **M6:** 991–994
combination heat treating . . . **M6:** 992–993
production examples . . . **M6:** 992–994
use of cyanide salts . . . **M6:** 994
safety precautions . . . **M6:** 995
threshold limit values . . . **M6:** 995
salts . . . **M6:** 990–991
carburizing and cyaniding salts . . . **M6:** 991
fluxing agents . . . **M6:** 991
neutral salts . . . **M6:** 990–991
Dip casting
defined . . . **EM2:** 14
Dip coat *See also* Buckle; Investment casting; Investment precoat; Shell molding
defined . . . **A15:** 4–5
Dip coat spall
as casting defect . . . **A11:** 385
Dip coating . . . **EM3:** 586
automotive . . . **A13:** 1015
defined . . . **EM2:** 14
definition . . . **A5:** 953
equipment, schematic . . . **EL1:** 779, 780
of conformal coatings . . . **EL1:** 764
of urethanes . . . **EL1:** 778–779
Dip emulsion cleaning . . . **M5:** 34–35
Dip (flux bath)
relative rating of brazing process heating method . . . **A6:** 120
Dip method
average application painting efficiency . . . **A5:** 439
Dip painting . . . **A5:** 427–428
equipment for . . . **A5:** 427–428
Dip plating *See also* Immersion plating
definition . . . **A5:** 953
Dip soldering
defined . . . **EL1:** 1141
definition . . . **M6:** 5
Dip soldering (DS) . . . **A6:** 356
advantages . . . **A6:** 356
applications . . . **A6:** 356
definition . . . **A6:** 356, 1208
equipment . . . **A6:** 356
fixturing . . . **A6:** 356
personnel . . . **A6:** 356
procedure . . . **A6:** 356
safety precautions . . . **A6:** 356
Dip test . . . **A6:** 136
Dip transfer - CO_2 process . . . **A7:** 658
Diperoxydodecanedioic acid
ATR, DRS, and PAS granular analysis of **A10:** 120
Diphase cleaning
definition . . . **A5:** 953
zinc alloy die castings . . . **M5:** 677
Diphase emulsion cleaner . . . **M5:** 33–35
Diphase strippers . . . **A5:** 16
Diphasic gels . . . **EM4:** 211
Diphenyl oxide
tantalum resistance to . . . **A13:** 727
Diphenyl oxide resins . . . **EM3:** 11
defined . . . **EM2:** 14
Diphenylcarbazide method
UV/VIS analysis for chromium in beryllium by . . . **A10:** 68
Diphenylmethane-4,4′-diisocyanate (MDI) **EM3:** 108, 109
Diphenyl-methane-diisocyanate (MDI)
in polyurethanes . . . **EM2:** 257–258
Dipole
dislocation, in ferrite . . . **A10:** 469
moment, effect in solvent extraction . . . **A10:** 164
strength of transition, molecular vibrations . . . **A10:** 111
Dipole flip-flop . . . **A19:** 80, 81
Dipole forces . . . **A20:** 444
Dipole magnets
for niobium-titanium superconduction materials . . . **A2:** 1056
Dipole polarization
of insulators/dielectric materials . . . **EL1:** 99–100
Dipotassium phosphate
use in gold plating . . . **M5:** 281–282
Dipped mica capacitor
solderability defects . . . **EL1:** 1036–1037
Dipping
acid *See* Acid dipping
as silicone conformal coating application method . . . **EL1:** 773
bright *See* Bright Dipping
ceramic coating processes . . . **M5:** 536–538
cyanide *See* Cyanide dipping
definition . . . **A5:** 953
design limitations for organic finishing processes . . . **A20:** 822
hot *See* Hot dip
paint *See* Paint and painting, dipping process
paint coating by . . . **M7:** 460
porcelain enameling . . . **M5:** 516–517, 523, 530
porcelain enameling by . . . **A13:** 447
surface cleaning by . . . **A13:** 381
Dipurative degassing
aluminum alloy powders . . . **A7:** 838
aluminum P/M alloys . . . **A2:** 203
Dirac delta function . . . **A20:** 189, 623
Direct arc melting
plain carbon steels . . . **A15:** 706–708
Direct (axial) stress
loading mode fatigue life (crack initiation) testing . . . **A19:** 196
Direct beam transmission ultrasonic testing **A17:** 248
Direct carbon method
TEM replication . . . **A12:** 7
Direct carbon replica technique
defined . . . **A17:** 53
Direct carbon replicas . . . **A9:** 108
formation . . . **A12:** 181
Direct casting methods
of carbon and low-alloy steel sheet and strip . . . **A1:** 211
Direct chemical separation
for UV/VIS interferences . . . **A10:** 65
Direct chip interconnect by wire bonding . . . **EL1:** 231
Direct cleaning . . . **A5:** 4
definition . . . **A5:** 953
Direct contact method
applications . . . **A17:** 94
bearing rollers . . . **A17:** 116–117
head shot, magnetizing advantages limitations . . . **A17:** 94
of generating magnetic fields . . . **A17:** 97
Direct current
differential transformer . . . **A8:** 223
electrical potential crack monitoring system . . . **A8:** 388
electrical potential method . . . **A8:** 389
magnetization . . . **M7:** 576
stray-current corrosion by . . . **A13:** 87
Direct current arc furnace
as new technology . . . **A15:** 367–368
Direct current cleaning *See* Cathodic electrocleaning
Direct current (dc)
characteristics, WSI . . . **EL1:** 355–356
demagnetization with . . . **A17:** 121
design requirements . . . **EL1:** 25–26
digital system operation . . . **EL1:** 78
effect, electrical contact materials . . . **A2:** 840
effects, magnetic particle inspection . . . **A17:** 108
in magnetic particle inspection . . . **A17:** 91–92
injection, electric current perturbation . . . **A17:** 136
magnetic properties . . . **A2:** 777
magnetic properties nickel iron alloys . . . **A2:** 772
probe testing . . . **EL1:** 946
single-phase full-wave, defined . . . **A17:** 91
solid ferromagnetic conductor carrying . . . **A17:** 96
solid nonmagnetic conductor carrying . . . **A17:** 96
vs. alternating current, magnetic particle inspection . . . **A17:** 108–110
Direct current (dc) plasma gun . . . **EM4:** 203, 205–206
Direct current displacement transducer (DCDT) . . . **A19:** 515
Direct current electric potential (DCEP) technique . . . **A20:** 540
Direct current electric potential method . . . **A19:** 515
Direct current electrical potential method . . . **A8:** 389
for martensitic steel . . . **A8:** 390
for monitoring crack length . . . **A8:** 417
Direct current electrode negative
definition . . . **M6:** 5
Direct current electrode negative (DCEN) . . **A6:** 30, 32
definition . . . **A6:** 1208
fluxes for welding . . . **A6:** 57
for air-carbon arc cutting . . . **A6:** 1176
for carbon arc welding . . . **A6:** 201
gas-metal arc welding . . . **A6:** 183
gas-tungsten arc welding . . . **A6:** 191, 192, 193
gas-tungsten arc welding of ferritic stainless steels . . . **A6:** 445
hardfacing . . . **A6:** 801, 804
plasma arc welding . . . **A6:** 195
plasma-MIG welding . . . **A6:** 223
shielded metal arc welding . . . **A6:** 177
to minimize hydrogen absorption in underwater welding . . . **A6:** 1013
Direct current electrode positive
definition . . . **M6:** 5
Direct current electrode positive (DCEP) . . **A6:** 30, 31, 67
definition . . . **A6:** 1208
for air-carbon arc cutting . . . **A6:** 1172, 1175–1176
gas-metal arc welding . . . **A6:** 183, 184
of ferritic stainless steels . . . **A6:** 446
gas-tungsten arc welding . . . **A6:** 191, 192
hardfacing . . . **A6:** 801
plasma arc welding . . . **A6:** 195
plasma-MIG welding . . . **A6:** 223
shielded metal arc welding . . . **A6:** 175, 177
of ferritic stainless steels . . . **A6:** 446
to minimize hydrogen absorption in underwater welding . . . **A6:** 1013
Direct current generator-rectifier . . . **A6:** 40
Direct current plasma atomic emission spectroscopy (DCP-AES) . . . **A7:** 232
Direct current plasma (DCP) emission spectroscopy
for chemical analysis . . . **EM4:** 553
to analyze the bulk chemical composition of starting powders . . . **EM4:** 72
Direct current plasma torches . . . **A15:** 440–443
Direct current plasma-spouted/fluidized bed . . . **A7:** 91
Direct current potential drop (DCPD) method . . . **A19:** 182
Direct current, pulsed
electromigration effects of . . . **A11:** 772
Direct current resistivity testing . . . **A7:** 715–716
of powder metallurgy parts . . . **A17:** 541–542

SUBJECTS OF THE INDEXED VOLUMES: ASM Handbook (designated by the letter "A"): **A1:** Properties and Selection: Irons, Steels, and High-Performance Alloys (1990); **A2:** Properties and Selection: Nonferrous Alloys and Special-Purpose Materials (1990); **A3:** Alloy Phase Diagrams (1992); **A4:** Heat Treating (1991); **A5:** Surface Engineering (1994); **A6:** Welding, Brazing, and Soldering (1993); **A7:** Powder Metal Technologies and Applications (1998); **A8:** Mechanical Testing (1985); **A9:** Metallography and Microstructures (1985); **A10:** Materials Characterization (1986); **A11:** Failure Analysis and Prevention (1986); **A12:** Fractography (1987); **A13:** Corrosion (1987); **A14:** Forming and Forging (1988); **A15:** Casting (1988); **A16:** Machining (1989); **A17:** Nondestructive Evaluation and Quality Control (1989); **A18:** Friction, Lubrication, and Wear Technology (1992); **A19:** Fatigue and Fracture (1996); **A20:** Materials Selection and Design (1997). **Metals Handbook, 9th Edition** (designated by the letter "M"): **M1:** Properties and Selection: Irons and Steels (1978); **M2:** Properties and Selection: Nonferrous Alloys and Pure Metals (1979); **M3:** Properties and Selection: Stainless Steels, Tool Materials, and Special-Purpose Materials (1980); **M4:** Heat Treating (1981); **M5:** Surface Cleaning, Finishing, and Coating (1982); **M6:** Welding, Brazing, and Soldering (1983); **M7:** Powder Metallurgy (1984). **Engineered Materials Handbook** (designated by the letters "EM"): **EM1:** Composites (1987); **EM2:** Engineering Plastics (1988); **EM3:** Adhesives and Sealants (1990); **EM4:** Ceramics and Glasses (1991). **Electronic Materials Handbook** (designated by the letters "EL"): **EL1:** Packaging (1989)

Direct current reverse *See also* Direct current electrode positive (DCEP)
definition **A6:** 1208
Direct current straight polarity *See also* Direct current electrode negative (DCEN)
definition **A6:** 1208
Direct deformation
liquid impact erosion **A18:** 224
Direct deposition **A7:** 70
of powder and sponge **M7:** 71–72
Direct differentiation method **A20:** 213, 214
Direct digitalization *See* Digital radiography
Direct dissolution
as liquid-metal corrosion **A13:** 56–57
Direct (Electrofax) and coated paper process
of electrostatic copying methods **M7:** 582
Direct energy welding machines **M6:** 469–473
controls **M6:** 470–472
contactors **M6:** 470–471
current controls **M6:** 472
heat controls **M6:** 471
regulators, current and voltage **M6:** 472
sequence controls **M6:** 471
timers **M6:** 471
equipment **M6:** 472–473
electrical system **M6:** 472
transformer **M6:** 472
secondary circuit **M6:** 473
throat depth and height **M6:** 473
single-phase **M6:** 470
three-phase **M6:** 470
Direct extrapolation
for creep-rupture analysis **A8:** 690
Direct extrusion *See* Extrusion
Direct fabrication
definition **A7:** 426
Direct failures
soldering **EL1:** 943
Direct filling alloys **A13:** 1348–1350
of precious metal **A2:** 696
Direct fire
definition **A5:** 953
Direct forming
thermoplastic polyimides (TPI) **EM2:** 178
Direct forming single-end roving process . . . **EM1:** 109
Direct Fourier reconstruction technique
computed tomography (CT) **A17:** 380
Direct heating refractory metal sintering furnace **M7:** 627
Direct imaging *See also* Stadimetry
and neutron radiography **A17:** 387
defined **A17:** 34
Direct imaging of grain boundaries
by high resolution electron microscopy **A9:** 121
Direct injection
as die casting method **A15:** 286
Direct injection burner
defined **A10:** 672
Direct isostatic pressing
in aerospace applications **M7:** 648–649
Direct labor
as piece cost component **EM2:** 82
Direct labor costs **A20:** 256
Direct laser sintering **A7:** 427–429
Direct magnetization
in leakage field testing **A17:** 130
Direct melt process
for glass fibers **EM1:** 45
Direct memory access
use in x-ray spectrometry **A10:** 92
Direct metal deposition
superalloy powders **A7:** 896
Direct metal infiltration processing
of graphite-reinforced MMCs **EM1:** 872
Direct method
to produce electron density maps **A10:** 351
Direct multiple-spot welding setups **M6:** 476
Direct (natural) recovery processes
plating waste treatment **M5:** 315–316
Direct neutron radiography
for adhesive-bonded joints **A17:** 625–626
Direct Numerical Control (DNC) system **A20:** 164
Direct potential (DP) method **A19:** 212
Direct potentiometry
ion-selective electrodes and **A10:** 204
Direct pouring *See also* Pouring
as automated ladle method **A15:** 498
Direct powder forming
aluminum alloy powders **A7:** 839
aluminum P/M alloys **A2:** 203
Direct powder precipitation
copper powders **M7:** 120
Direct powder rolling **A7:** 7
SEM analysis **M7:** 235
Direct Process (General Electric Company) . . **EM3:** 49
Direct quenching **M4:** 31
Direct redrawing **A14:** 584–585
Direct resistance
thermomechanical fatigue testing **A19:** 529
Direct resistance heating
as hot pressing setup **M7:** 505–507
Direct sample insertion device **A10:** 36, 690
Direct shear
as stress in fatigue fracture **A11:** 75
Direct single-spot welding setups **M6:** 475–476
Direct sintering
defined **M7:** 4
Direct stress
fatigue test specimens **A8:** 368
fixture, for rotating eccentric mass machine **A8:** 369
Direct surface replicas
defined **A17:** 53
Direct-chill casting
aluminum alloys **A15:** 313–314
Direct-chill (DC) semicontinuous casting
wrought copper and copper alloys **A2:** 243
Direct-chill semicontinuous casting of aluminum alloy ingots, center cracking
in **A9:** 634–635
Direct-cooled forging microstructures
processing of **A1:** 137, 138
Direct-current arc
defined **A10:** 25
Direct-current arc emission spectroscopy
and ICP-AES **A10:** 31
precision **A10:** 25
Direct-current motor
cam plastometer **A8:** 194
Direct-current plasma **A10:** 40, 690
Direct-current plasma atomic emission spectrometry **A10:** 21, 43
Direct-current polarograms
current-voltage curves as **A10:** 189–190
Direct-current polarography
circuit and cell arrangement **A10:** 189
Direct-drive hydraulic extrusion press **A14:** 319
Direct-drive wheels
blast cleaning **A15:** 515–516
Directed light fabrication (DLF)
superalloy powders **A7:** 896–897
Directed metal oxidation **EM4:** 232–235
applications **EM4:** 232, 233–235
composite examples and applications **EM4:** 233–235
Al_2O_3 particle-filled Al_2TiO_5 composite **EM4:** 235
Nicalon fiber-reinforced Al_2O_3 . . . . . **EM4:** 233
particle-filled AIN matrix composite . . . **EM4:** 235
SiC fiber-reinforced Al_2O_3 matrix composites **EM4:** 233–234
SiC particle-reinforced Al_2O_3 matrix composites **EM4:** 234
ZrB_2 platelet-reinforced ZrC composites **EM4:** 234
composite processing **EM4:** 232–233
examples of ceramic-matrix systems **EM4:** 233
Direct-electric drive presses **A14:** 33–34, 319
Direct-exposure method
of neutron detection **A17:** 390–391
Direct-fired batch ovens
paint curing process **M5:** 487
Direct-HIP process *See also* Hot isostatic pressing (HIP)
beryllium powder **A2:** 686
Direct-imaging ion microscopes
for SIMS analysis **A10:** 613, 614
Direct-imaging SIMS instrument **A7:** 227
Direct-injection diesel and gasoline engines . . **A20:** 199
Direction
and magnitude of maximum residual stress **A10:** 392
crack **A11:** 735–738, 744
of flux, effects **A17:** 91
of magnetization **A17:** 110–111, 129
of sensing coils, ECP **A17:** 137
of reaction, symbol for **A10:** 691
of relative motion, surface configuration . . **A11:** 159
Direction of flow
in magnetic field **A17:** 90
Direction of view
of borescopes **A17:** 9
Directional coupler **A20:** 618
Directional properties
of steel plate **A1:** 238
Directional solidification *See also* Aluminum castings; Solidification . . **A20:** 353, **M2:** 150–151
and equiaxed casting, compared **A15:** 399
and monocrystal solidification **A15:** 319–323
and progressive solidification **A15:** 778
and riser location **A15:** 578–579
castings, processing **A15:** 320–321
chills for **A2:** 348
copper alloy casting **A15:** 781–782
defects due to **A15:** 321–322
defined **A15:** 5
definition **A20:** 831
effect, inclusion-forming **A15:** 91
eutectic growth (cast iron) **A15:** 174–175
from the melt, methods of **A9:** 607
furnace **A15:** 321, 400–401
in succinonitrile-5.5 mole% acetone **A9:** 612
in Unicast process **A15:** 251
market effects **A15:** 44
nickel alloy **A15:** 817, 819, 823
of composites **A20:** 657
of eutectic aluminum alloys **A2:** 1045
of superalloys **A2:** 429, **A15:** 418
particle behavior in **A15:** 142–145
planar interface **A15:** 142–144
used to develop crystallographic texture . . . **A9:** 701
vertical centrifugal casting **A15:** 300
with high-shrinkage copper casting alloys . . **A2:** 346
Directional solidification (DS) casting process **A1:** 995
Directionality *See also* Anisotropy
crack propagation, FSS and **A12:** 205
effect on stress-corrosion cracking **A8:** 501
HSLA steels, effect on properties **M1:** 411, 417–418
in parametric relationships, partially-oriented surfaces **A12:** 201
in tensile testing **A11:** 19
steel plate **M1:** 194
Directionally solidified (DS)
definition **A20:** 831
Directionally solidified eutectics *See* Unidirectionally solidified eutectics
Directionally solidified investment casting **A19:** 17
Directionally solidified superalloys *See also* Cast nickel-base superalloys
chemistry and DS castability **A1:** 996–997
heat treatment and mechanical properties **A1:** 997–998
Directions **A20:** 129
products liability **A20:** 149–150
Direct-iron blast furnace
development of **A15:** 24–25
Directory
of information sources **EM1:** 40–42
Direct-reader spectrometer
inductively coupled plasma **A10:** 37
Direct-reduced iron **A7:** 116, **M7:** 97–98
Direct-stress fatigue testing machine *See* Axial fatigue testing machine
Dirt content
defined **A18:** 7
Dirt damage
in ball bearings **A11:** 493–494, 496
Dirty geometry **A20:** 182
"Dirty pin" values **A8:** 60
Disadvantages of adhesive joining **EM3:** 33, 34
Disassembly **A20:** 27
Disassembly, design for *See* Design for disassembly
Disbond *See also* Debond; Delamination; Disbonding **EM3:** 11
defined **EM1:** 9, **EM2:** 14
Disbonding
interlaminar **EM1:** 234
weld **A13:** 332
Disbonding failures **EL1:** 61, 1045

Disbondment
defined . . . A13: 5
definition . . . A5: 953
Disbonds
adhesive-bonded joints . . . A17: 612
by computed tomography (CT) . . . A17: 361
thermal inspection . . . A17: 402
Disc brake pad
from P/M friction materials . . . M7: 701
Disc grinding . . . A19: 440
Disc springs . . . A19: 363
Discaloy
aging . . . A4: 796
aging cycle . . . M4: 656
annealing . . . M4: 655
broaching . . . A16: 203
composition . . . A4: 794, A16: 736, M4: 651–652
contour band sawing . . . A16: 363
machining . . A16: 738, 741–743, 746–747, 749–758
notch sensitivity . . . A8: 316
rupture time variations . . . A8: 316–317
solution treating . . . M4: 656
solution-treating . . . A4: 796
stress relieving . . . M4: 655
Discharge
in continuous stream sampling . . . M7: 213
Disclaimers . . . A20: 149
Discoloration
in bearing failures . . . A11: 494
in burnup with plastic flow, roller bearings . . . A11: 500–501
of fracture surface . . . A11: 80
Discoloration, cast aluminum alloys *See also* Colors . . . A12: 408
Discoloration of aluminum alloy wrought products
effect of cooling rate on . . . A9: 634
Discoloy
composition . . . A6: 564, M6: 354
Discontinuities *See also* Cold shuts; Cracks; Defects; Flaws; Subsurface flaws; Surface flaws specific discontinuities
AISI/SAE alloy steels . . . A12: 331
alloy segregation as . . . A11: 121
as casting defects . . . A11: 383, A15: 548
as fracture initiation sites . . . A12: 64
brittle fracture initiating at . . . A19: 5
by mechanical effects (rupture) . . . A11: 383
casting types . . . A17: 512, 515
-caused brittle fracture . . . A11: 85
characteristics . . . A17: 348
characteristics, by color . . . A17: 483–488
cold shuts . . . A12: 64–65
crack initiation and . . . A11: 106
deep-lying . . . A17: 105
defined . . . A15: 5, A17: 49, 103
design-related, welding . . . A17: 582
detectable by eddy current inspection . . . A17: 179
detectable, magnetic particle inspection . . . A17: 103–105
detected by magnetic particle inspection . . . M7: 575–579
detection characteristics . . . A17: 104
dispersed, radiographic appearance . . . A17: 349
effect on fatigue behavior . . . M1: 682
effect on fatigue strength . . . A11: 119–121
extremities, NDE capabilities . . . A17: 677
from welding process, types . . . A17: 582
in pressure vessels, effects of . . . A11: 646
in shape, shafts . . . A11: 467
inclusions, defined . . . A12: 65
intemal, in shafts . . . A11: 467
intemal, in tire-mold casting . . . A11: 358
intemal, types of casting . . . A11: 354–359
internal, detecting . . . A15: 544–545
internal, in iron castings . . . A11: 354–369
internal, magnetic particle inspection . . . A17: 105
laps . . . A12: 64–65
leading to fracture . . . A12: 63–68
low-alloy steels . . . A15: 718
metallurgical, types . . . A17: 582
microwave inspection of . . . A17: 212–214
multiple, defined . . . A17: 663
orientation of . . . A17: 105
plain carbon steels . . . A15: 704
porosity . . . A12: 65, 67
reference, eddy current inspection . . . A17: 179
revealed by liquid penetrant inspection . . . A17: 86
seams . . . A12: 64–65
segregation . . . A12: 67
subsurface . . . A17: 89, 105
subsurface, effect on fatigue strength . . . A11: 120
subsurface, magnetic particle inspection . . . A17: 89
surface, effect on fatigue strength . . . A11: 119
surface, in iron castings . . . A11: 352–353
surface, in shafts . . . A11: 459, 467, 472
surface, iron casting failures from . . . A11: 352–353
surface, magnetic particle inspection of . . . A17: 89
unfavorable grain flow . . . A12: 67–68
Discontinuity *See also* Discontinuities . . . A13: 5, 148
definition . . . A6: 1208
Discontinuity, definition *See also* Weld discontinuities . . . M6: 5
Discontinuous aluminum metal-matrix composites . . . A2: 7, 906–907
Discontinuous ceramic fiber MMCs *See also* Ceramic fibers . . . EM1: 903–910
applications . . . EM1: 909–910
composite fabrication . . . EM1: 904–906
fibers . . . EM1: 903
matrix alloys . . . EM1: 904
properties . . . EM1: 906–908
secondary processing . . . EM1: 908–909
Discontinuous fiber composites *See also* Discontinuous fibers; Discontinuous oxide fibers; Short fiber composites . . . EM1: 794–797
compressive failure . . . EM1: 796–797
defined . . . EM1: 27
failure analysis . . . EM1: 794–797
fatigue failure . . . EM1: 797
from recycled carbon fiber scrap . . . EM1: 153–155
product forms . . . EM1: 33
shear failure . . . EM1: 797
structure of . . . EM1: 794–795
tensile failure . . . EM1: 795–796
Discontinuous fiber reinforced thermoplastic composites
injection molding process . . . EM1: 121
Discontinuous fibers *See also* Discontinuous fiber composites; Short fibers; specific fiber, fiber forms; Whiskers
aligned, fiber-reinforced plastic with . . . EM1: 153–155
aramid forms . . . EM1: 115
as reinforcement . . . EL1: 1119–1121
carbon/graphite, properties . . . EM1: 867
processing . . . EM1: 120–121
properties . . . EM1: 119–120, 903
recycled carbon fiber scrap as . . . EM1: 153–156
strength . . . EM1: 120
vs. continuous fibers . . . EM1: 105, 119
Discontinuous fibers/particles
fluidity effect . . . A15: 849
in metal-matrix composites . . . A15: 840
Discontinuous grain growth *See also* Grain growth . . . A9: 689–690
Discontinuous graphite/aluminum metal-matrix composites . . . A2: 907
Discontinuous growth bands . . . A19: 55, 56
Discontinuous intergranular facets . . . A8: 487
Discontinuous metal-matrix composites
aluminum-base . . . A14: 251
Discontinuous oxide fibers
commercially available . . . EM1: 61
from chemicals/sol-gels . . . EM1: 63
types/properties . . . EM1: 62–63
Discontinuous phase
of composites . . . EM1: 27
Discontinuous precipitation . . . A9: 649
in beryllium-copper alloys . . . A9: 395
Discontinuous processing
polyurethanes (PUR) . . . EM2: 262–263
Discontinuous reinforced metal matrix composites (MMCs)
ceramic fiber . . . EM1: 903–910
silicon carbide (SiC) whiskers . . . EM1: 889–902
Discontinuous silicon carbide fibers . . . EM1: 64
Discontinuous silicon carbide whiskers *See also* Silicon carbide (SiC) whiskers
properties . . . EM1: 63
Discontinuous silicon carbide/aluminum metal-matrix composites . . . A2: 906
Discontinuous silicon fiber MMCs . . . EM1: 889–895
Discontinuous silicon nitride whiskers . . . EM1: 63–64
Discontinuous sintering
defined . . . M7: 4
Discontinuous yielding
defined . . . A8: 4
requirements for . . . A9: 684
tensile load vs. elongation . . . A9: 684
Discontinuous-fiber composites
coatings for . . . A13: 859, 862
Discontinuously reinforced aluminum (DRA) composites, fracture and fatigue of . . . A19: 895–904
confining pressure effects on ductility and damage evolution . . . A19: 898–899
crack growth resistance . . . A19: 901–902
cracked Al_2O_{3p} as function of fracture strain . . . A19: 898
cracked Al_2O_{3p} at fracture as function of true stress . . . A19: 898
cracked SiC_p at fracture as function of three stress . . . A19: 898
cracked SiC_p particles as a function of fracture strain . . . A19: 897, 898
cracked SiC_p percentage, absolute number, and distribution . . . A19: 896
elastic properties of reinforcements in DRA materials . . . A19: 895
fatigue behavior . . . A19: 902–903
fatigue crack propagation . . . A19: 903
fracture toughness data for monolithic materials versus yield strength . . . A19: 900
fracture toughness versus volume fraction of reinforcement . . . A19: 900
global plastic strain effect on elastic modulus . . . A19: 897, 898
hot work amount effects on tensile properties of squeeze-cast composites . . . A19: 895
next generation, for improved toughness . . A19: 902
particle-associated damage accumulation during tensile straining . . . A19: 895–898
reinforcement effect on fatigue crack growth . . . A19: 903
reinforcement effect on stress life . . . A19: 902
strain-life behavior . . . A19: 902, 903
stress-life behavior . . . A19: 902, 903
superposed pressure effects on ductility . . . A19: 899
superposed pressure effects on unreinforced alloy ductility . . . A19: 899
toughness . . . A19: 899–902
toughness of DRA systems . . . A19: 899–901
uniaxial tension properties . . . A19: 895–899, 900
volume fraction effect on fatigue crack growth . . . A19: 903
Discontinuously reinforced aluminum (DRA) composites, specific types
201, SiC_p reinforced . . . A19: 897, 898
2014/Al_2O_3 reinforced . . . A19: 898, 901
2024 Al_2O_{3p} reinforced . . . A19: 898, 901
2080 SiC_p reinforced . . . A19: 897, 898, 901, 902
2124 DRA composites, volume fraction effect on fatigue crack growth . . . A19: 903
2618 SiC_p reinforced . . . A19: 897, 898
3003, reinforcement effects on unnotched Charpy impact toughness . . . A19: 901

SUBJECTS OF THE INDEXED VOLUMES: ASM Handbook (designated by the letter "A"): **A1:** Properties and Selection: Irons, Steels, and High-Performance Alloys (1990); **A2:** Properties and Selection: Nonferrous Alloys and Special-Purpose Materials (1990); **A3:** Alloy Phase Diagrams (1992); **A4:** Heat Treating (1991); **A5:** Surface Engineering (1994); **A6:** Welding, Brazing, and Soldering (1993); **A7:** Powder Metal Technologies and Applications (1998); **A8:** Mechanical Testing (1985); **A9:** Metallography and Microstructures (1985); **A10:** Materials Characterization (1986); **A11:** Failure Analysis and Prevention (1986); **A12:** Fractography (1987); **A13:** Corrosion (1987); **A14:** Forming and Forging (1988); **A15:** Casting (1988); **A16:** Machining (1989); **A17:** Nondestructive Evaluation and Quality Control (1989); **A18:** Friction, Lubrication, and Wear Technology (1992); **A19:** Fatigue and Fracture (1996); **A20:** Materials Selection and Design (1997). **Metals Handbook, 9th Edition** (designated by the letter "M"): **M1:** Properties and Selection: Irons and Steels (1978); **M2:** Properties and Selection: Nonferrous Alloys and Pure Metals (1979); **M3:** Properties and Selection: Stainless Steels, Tool Materials, and Special-Purpose Materials (1980); **M4:** Heat Treating (1981); **M5:** Surface Cleaning, Finishing, and Coating (1982); **M6:** Welding, Brazing, and Soldering (1983); **M7:** Powder Metallurgy (1984). **Engineered Materials Handbook** (designated by the letters "EM"): **EM1:** Composites (1987); **EM2:** Engineering Plastics (1988); **EM3:** Adhesives and Sealants (1990); **EM4:** Ceramics and Glasses (1991). **Electronic Materials Handbook** (designated by the letters "EL"): **EL1:** Packaging (1989)

6061 SiC_p and Al_2O_3 reinforced **A19:** 897–901
6090/SiC/25p-SA, superposed pressure effects on ductility of DRA **A19:** 899
6090/SiC/25p-T6, superposed pressure effects on ductility of DRA **A19:** 899
7050/SiC, fracture toughness versus tensile strength **A19:** 901
7050/SiC/11%, fracture toughness versus yield strength **A19:** 901
7050/SiC/17%, fracture toughness versus yield strength **A19:** 901
8090/20SiC, fracture toughness versus yield strength **A19:** 901
A356/SiC/10p-T6, superposed pressure effects on ductility of DRA **A19:** 899
A356/SiC/20p-T6, superposed pressure effects on ductility of DRA **A19:** 899
A356Al-T6, superposed pressure effects on ductility of unreinforced alloys **A19:** 899
A356-OA30/20%, global plastic strain effect on reduction in elastic modulus **A19:** 898
A356-T61/20%, global plastic strain effect on reduction in elastic modulus **A19:** 898
Al-12Si/17.3%/μpm
cracked SiC_p at fracture as a function of true stress **A19:** 898
cracked SiC_p particles as a function of fracture strain **A19:** 897
Al-Si-Mg/10%
cracked SiC_p as a function of fracture strain **A19:** 898
cracked SiC_p at fracture as a function of true stress **A19:** 898
Al-Si-Mg/15%
cracked SiC_p as a function of fracture strain **A19:** 898
cracked SiC_p at fracture as a function of true stress **A19:** 898
Al-Si-Mg/20%
cracked SiC_p as a function of fracture strain **A19:** 898
cracked SiC_p at fracture as a function of true stress **A19:** 898
Al-Si-Mg/Si, tearing modulus **A19:** 901
AZ91 Mg-T4, superposed pressure effects on ductility of unreinforced alloys **A19:** 899
AZ91/SiC/20p-T4, superposed pressure effects on ductility of DRA **A19:** 899
BB78/SiC, tearing modulus **A19:** 901
Duralcan grade F3D.*xx*S-F, axial fatigue .. **A19:** 902
Duralcan W2A.15-T6, notched fatigue strength **A19:** 902
F3A.*xx* T61, axial fatigue **A19:** 902
MB78 .... **A19:** 898–901

Discrete chip mounting technologies *See also* Component and discrete chip mounting technologies
introduction **EL1:** 143

Discrete distributions **A20:** 80–81

Discrete random variables **A20:** 74

Discrete semiconductor
defined **EL1:** 422

Discrete semiconductor packages
description, performance, construction of **EL1:** 422–434
future directions **EL1:** 434–435
industrial consumer packages **EL1:** 422
level 1 .... **EL1:** 405
multiple-terminal devices **EL1:** 432–434
system-level package **EL1:** 434
three-terminal devices **EL1:** 422–429
TO-92, TO-3, TO 220, as specific types .. **EL1:** 435
two-terminal devices **EL1:** 429–432

Discrete-device testing
electrical **EL1:** 946–951

Discrimination
in sampling **A10:** 16

Discrimination ratio (DR) **EM4:** 86–87

Dished
defined **EM2:** 14

Disilane **A7:** 416

Disilicides **A20:** 598–599

Disk *See also* Disc
forging, design curves **M7:** 411
production, P/M techniques plus forging **M7:** 522–523

Disk drive parts, miniature **A7:** 1104, 1105

Disk finishing, centrifugal *See* Centrifugal disk finishing

Disk grinding
definition **A5:** 953

Disk machine *See also* Amsler wear machine
defined **A18:** 7

Disk recorder heads **A13:** 1121
corrosion failure analysis of **EL1:** 1112

Disk-forming process
simulation of **A14:** 430

Disk-pressure test
for hydrogen embrittlement **A8:** 540–541

Disk-pressure testing
for hydrogen embrittlement **A13:** 287–288

Disks
magnetizing **A17:** 94
on shafts, inspection of **A17:** 113

Disks, compressor blade
corrosion of **A13:** 999–1000

Disk-shaped compact DC(T) specimen **A19:** 171

Dislocation *See also* Dislocation climb; Dislocation creep; Dislocation glide **A20:** 332, 334, 340–341, 732
as fracture mechanism **A12:** 12
defined **A9:** 6
definition **A20:** 831
effects, resistance-ratio test **A2:** 1096
in dynamic recrystallization **A8:** 173
in single-phase materials **A8:** 173
intersections, effect on failure **A8:** 34
irradiated materials **A12:** 365
mechanics force concept in **A8:** 440
nucleation, crack tip **A12:** 30
pile-ups, microvoid coalescence at **A12:** 12
producing serrations in stress-strain curves .. **A8:** 35
stationary, effect in crack extension **A8:** 439
structures, ordered intermetallics **A2:** 913
substructure **A12:** 52

Dislocation annihilation process **A19:** 79

Dislocation arrangements **A19:** 78
low-temperature **A19:** 78

Dislocation arrays *See also* Oriented dislocation arrays
in pure metals **A9:** 610

Dislocation bowing **A20:** 349

Dislocation Burgers vectors ... **A9:** 115–116, **A18:** 387
in grain boundaries **A9:** 120

Dislocation cell structure analysis
by analytical electron microscopy **A10:** 470–473
computerized misorientation determination **A10:** 471–472
limitations and conditions for orientation determination **A10:** 471
misorientation determination for small cells **A10:** 472–473

Dislocation climb
and creep at high temperatures **A8:** 309
in pure metals **A8:** 308
recovery **A8:** 310

Dislocation creep **EM4:** 295
from work hardening and thermal recovery **A8:** 309
mechanisms **A8:** 309

Dislocation debris **A19:** 36

Dislocation densities
determination using transmission electron microscopy **A9:** 115–116
in single-crystal pure metals **A9:** 607
in slip systems, contrast **A9:** 116
in workhardened metals **A9:** 685
indicating degree of deformation **A9:** 685
of single crystals, etch pits used to determine **A9:** 62
of specimens deformed to large strains **A9:** 693

Dislocation density **A18:** 468, 469, **A20:** 340, 341, 346
advanced aluminum MMCs **A7:** 848
and magnetic measurement **A17:** 131
definition **A20:** 831

Dislocation density (ρ) **A19:** 84

Dislocation dipoles **A19:** 105
contrast **A9:** 114–115

Dislocation etch pits
in copper **A9:** 127
quantitative metallography of **A9:** 126

Dislocation etch pitting reagents
for magnetic materials **A9:** 531, 534

Dislocation etching
defined **A9:** 6

Dislocation generation **A19:** 53

Dislocation glide **A18:** 426
along crystallographic planes **A8:** 34
thermally activated **A8:** 309
viscous **A8:** 308

Dislocation lines
as linear element in quantitative metallography **A9:** 126
in surface of silicon crystal **A9:** 127

Dislocation loops
and dislocation-precipitate reactions **A9:** 688
formation **A9:** 116
in copper single crystal deformed 10% **A9:** 689
in germanium **A9:** 608
in single-crystal pure metals **A9:** 607
transmission electron microscopy **A9:** 116–117

Dislocation model
for grain boundaries **A9:** 119

Dislocation models **A19:** 147

Dislocation motion **A20:** 352–353

Dislocation multiplication process **A19:** 79

Dislocation networks
formation of **A9:** 604

Dislocation pairs
contrast **A9:** 114–115
in $MnNi_3$ **A9:** 682–683

Dislocation slip character **A19:** 88

Dislocation stacking fault energy **A16:** 11

Dislocation substructure in titanium alloys
role in recrystallization studies **A9:** 461

Dislocation tangles
behind Lüders front **A9:** 685
cell structure **A9:** 685
in iron, forming cells **A9:** 685

Dislocation theory **A16:** 4, 11, **A18:** 468, **A19:** 5, 7

Dislocation walls or "hedges" **A19:** 9

Dislocation-generated antiphase boundaries **A9:** 682–683

Dislocation-precipitate reactions
types **A9:** 688

Dislocation(s) **A13:** 5, 45–47
as a result of electric discharge machining .. **A9:** 27
as carbide precipitation sites in austenitic stainless steels **A9:** 284
as crack initiation **A17:** 216
as source, acoustic emissions **A17:** 287
as stored energy sites in cold-worked metals **A9:** 692
cell structure, by cold rolling ETP copper **A10:** 469
concentration of, in deformed metals **A9:** 684
density, magnetic measurement of **A17:** 131
dipoles and loops, in ferrite **A10:** 469
distribution, factors affecting **A9:** 685
edge dislocations **A9:** 682–683
effect in bcc ferrite **A11:** 84
effect of Burgers vector orientation on FIM contrast from **A10:** 588–589
effect of temperature and strain rate on **A9:** 688–691
elastic displacement field associated with **A10:** 464
formation **M6:** 857
formed during plastic deformation **A9:** 693
glissile, fcc material **A10:** 465
imaged by x-ray topography **A10:** 365
imaged in aluminum alloy **A10:** 465
imaging by topography **A10:** 367–370
in bright-field images, polycrystalline aluminum **A10:** 444
in FIM samples **A10:** 587
in germanium **A9:** 608
in gold **A9:** 609
in grain boundaries, transmission electron microscopy diffraction studies of **A9:** 119–120
in pure metals **A9:** 607–608
in subgrain boundaries, effect on nucleated grain growth **A9:** 696–697
loops, ATEM imaged **A10:** 465
movement of **A9:** 684
moving, in $AlFe_3$ **A9:** 682–683
of cell structure, analysis of **A10:** 470–473
partial, stacking-fault region between **A10:** 589
perfect, effect in FIM images **A10:** 588
point defects and **A10:** 583
rearrangement during recovery **A9:** 693

Dislocation(s) (continued)
SAS techniques for **A10:** 405
slip deformation **A9:** 720
studies, by acoustic emission inspection . . **A17:** 286
study of alloy elements and impurities to **A10:** 583
superlattice **A9:** 682–683
tangle of **A10:** 358, 467
transmission electron microscopy of . . **A9:** 113–116
types **A9:** 719
Disodium salt, of EDTA
use in electrogravimetry **A10:** 201
Disordered alpha grains in a palladium-copper alloy **A9:** 564
Disordered crystal structure . . . . . **A3:** 1•10
Disordered materials, magnetic
exotic effects **A10:** 276
Disordered structure
defined **A9:** 6, **A10:** 672
Disordered superstructures of crystals **A9:** 708
Disordered systems
EXAFS analysis **A10:** 407
Dispenser sources **A5:** 563
Dispensing and application equipment **EM3:** 693–702
classification of materials **EM3:** 693
dispensing system components **EM3:** 693–701
dispensing gun or valve **EM3:** 693, 699–700, 701
dispensing system automation **EM3:** 699–700, 701–702
future of dispensing systems **EM3:** 702
header system **EM3:** 693, 696–699
pumping system **EM3:** 693–696
system controls **EM3:** 693, 700–701
Dispensing equipment
for resin transfer molding **EM1:** 169
Dispersalloy
abrasion resistance **A18:** 669
material loss on abrasion of dental amalgams **A18:** 669
Dispersancy
engine oils **A18:** 169
Dispersant additive **A18:** 99–100
applications **A18:** 99–100
defined **A18:** 7
definition **A5:** 953
detection by infrared spectroscopy of lubricants **A18:** 301
effectiveness in engine oils **A18:** 100
formation of **A18:** 99–100
in engine lubricant formulations **A18:** 111
in nonengine lubricant formulations **A18:** 111
multifunctional nature **A18:** 111
Dispersant oil
defined **A18:** 7
Dispersants **A20:** 788
anionic **A7:** 247
for lubricant failure **A11:** 154
nonionic **A7:** 247
ultrasonic **A7:** 247
Dispersant-viscosity improvers **A18:** 99, 109
Dispersed shrinkage
as casting defect **A11:** 382
Dispersing agent
defined **M7:** 4
definition **A5:** 953
Dispersion **A5:** 630, **A20:** 618, **EM3:** 11
curves, leaky Lamb wave testing **A17:** 252
defined **EM2:** 14
definition **A5:** 953
device, x-ray spectrometers **A10:** 89
lineshape, and Lorentzian absorption lineshape **A10:** 280, 281
of microwaves **A17:** 204
quantifying **A8:** 625
Dispersion alloy coating systems **A5:** 327–328
Dispersion cleaning
mechanics of action **M5:** 23
Dispersion forces **EM3:** 40
Dispersion gels **EM4:** 449
Dispersion hardening
defined **M7:** 4
Dispersion, of carbide grains
in cermets **A2:** 991
Dispersion of powders in liquids **A7:** 218–221
autogenous milling **A7:** 220
breaking up wetted clumps **A7:** 219–220
mechanical impact **A7:** 219–220
preparation steps for stable dispersion **A7:** 218
preventing flocculation of the dispersed particles **A7:** 220
selecting a dispersing agent **A7:** 220–221
ultrasonic baths or probes **A7:** 220
wetting powder clumps into the liquid **A7:** 218–219
Dispersion processing technique **EM4:** 449
Dispersion strengthened
abbreviation **A8:** 724
Dispersion strengthening *See also* Dispersioned-strengthened materials
defined **M7:** 4
definition **A20:** 831
high-energy milling **M7:** 69
Dispersion-casting technique (Scherer) **EM4:** 450
Dispersion-hardened aluminum alloys
for NbTi superconducting materials **A2:** 1045
Dispersion-strengthened alloys
and cermets, compared **A2:** 978
nickel superalloy, development **A2:** 429
titanium P/M products **A2:** 656
tungsten **A14:** 238
Dispersion-strengthened aluminum alloys **A6:** 541–547
advantages **A6:** 541
applications **A6:** 541, 542
brazing **A6:** 543
capacitor-discharge welding **A6:** 543, 544
catalytic nucleation **A6:** 545
characteristics of processing techniques **A6:** 541
composition **A6:** 541
description **A6:** 541
diffusion welding **A6:** 543, 547
electron-beam welding **A6:** 543, 544, 545, 546
filler metals **A6:** 543
freezing range **A6:** 541, 542
friction welding **A6:** 543, 546, 547
fusion welding **A6:** 542, 543–546
fusion zone **A6:** 542–543, 544, 545, 546
gas-tungsten arc welding **A6:** 543–544, 545
heat-affected zone **A6:** 542, 544, 545, 546
hydrogen content control **A6:** 543
hydrogen-induced fusion zone porosity **A6:** 542–543
laser-beam welding **A6:** 543, 544, 545, 546
metallurgy of aluminum-iron-base alloys **A6:** 541–542
microstructure **A6:** 541–542, 543–546, 547
properties **A6:** 541, 542
resistance welding **A6:** 543
solid-state welding **A6:** 546–547
vacuum brazing **A6:** 543
weld solidification behavior **A6:** 542
weldability **A6:** 542–543
Dispersion-strengthened copper **A7:** 6
Dispersion-strengthened iron-base alloys *See also* Dispersion-strengthened iron-base alloys, specific types
bar **A2:** 948–949
commercial alloys **A2:** 944–947
fabrication **A2:** 947–949
hot-corrosion properties **A2:** 947
joining of **A2:** 949
mechanical alloying alloy applications **A2:** 943
mechanical alloying process **A2:** 943–944
oxidation properties **A2:** 947
sheet **A2:** 949
Dispersion-strengthened iron-base alloys, specific types *See also* Dispersion-strengthened iron-base alloys
Alloy MA 754, microstructure and elevated-temperature strength **A2:** 944–945
Alloy MA 758, oxidation resistance properties, uses **A2:** 945–946
Alloy MA 760, composition and properties **A2:** 947
Alloy MA 760, high-temperature strength structural stability **A2:** 947
Alloy MA 956, properties, product forms . . **A2:** 946
Alloy MA 6000, elevated-temperature resistance **A2:** 946–947
Alloy MA 6000, microstructure and properties **A2:** 946–947
Dispersion-strengthened materials . . . **M7:** 18, 710–727
alloys **M7:** 77, 522, 527–528
copper **M7:** 711–716, 740
copper electrodes **M7:** 624–626
defined **M7:** 4
extrusion **A7:** 626–627
iron-based **M7:** 722–727
nickel-based **M7:** 722–727
platinum **M7:** 720–722
silver **M7:** 716–720
superalloys **M7:** 722–723
Dispersion-strengthened nickel-base alloys *See also* Mechanical alloying (MA)
bars **A2:** 948–949
commercial alloys **A2:** 944–947
fabrication of MA ODS alloys **A2:** 947–949
hot-corrosion properties **A2:** 947
joining of MA ODS alloys **A2:** 949
mechanical alloying alloy applications **A2:** 943
mechanical alloying process **A2:** 943–944
oxidation properties **A2:** 947
product forms, properties **A2:** 946
sheet **A2:** 949
Dispersion-type nuclear fuel elements . . . **M7:** 664–665
Dispersive EXAFS detection technique **A10:** 418
Dispersive infrared spectroscopy
instrumentation **A10:** 111
Dispersive spectrophotometers
dual-beam **A10:** 67–68
single-beam **A10:** 67
Dispersoid
defined **A9:** 6
Dispersoid control
aluminum alloys **A8:** 479
carbide distributions in steels **A8:** 479
Dispersoid-forming elements
and crack growth **A8:** 487
Dispersoids **A7:** 86
effect on fatigue resistance of alloys **A19:** 8
effect on fatigue resistance of alloys containing shearable precipitates and PFZs **A19:** 796
in aluminum alloys **A20:** 385
in niobium alloys **A20:** 410
ODS alloys **A7:** 86
Dispersoid-strengthened elevated-temperature alloys **A7:** 19
Displacement **A8:** 4
along acoustic wave train **A8:** 244
and crack **A8:** 383
and strain, in ultrasonic testing **A8:** 242
angle, in torsional testing **A8:** 146
crack-tip, COD test for **A11:** 62
crosshead, as relative displacement **A8:** 41, 45
eddy current probe for measuring **A8:** 383
in torsion testing **A8:** 139, 146
in torsional hydraulic actuator **A8:** 217
in-plane, by optical holographic interferometry **A17:** 415–416
limiting, crack arrest fracture toughness **A8:** 293
linear variable differential transformer for measuring **A8:** 383
measured by cantilever beam clip gage **A8:** 383
measurement at medium strain rates **A8:** 193

SUBJECTS OF THE INDEXED VOLUMES: ASM Handbook (designated by the letter "A"): **A1:** Properties and Selection: Irons, Steels, and High-Performance Alloys (1990); **A2:** Properties and Selection: Nonferrous Alloys and Special-Purpose Materials (1990); **A3:** Alloy Phase Diagrams (1992); **A4:** Heat Treating (1991); **A5:** Surface Engineering (1994); **A6:** Welding, Brazing, and Soldering (1993); **A7:** Powder Metal Technologies and Applications (1998); **A8:** Mechanical Testing (1985); **A9:** Metallography and Microstructures (1985); **A10:** Materials Characterization (1986); **A11:** Failure Analysis and Prevention (1986); **A12:** Fractography (1987); **A13:** Corrosion (1987); **A14:** Forming and Forging (1988); **A15:** Casting (1988); **A16:** Machining (1989); **A17:** Nondestructive Evaluation and Quality Control (1989); **A18:** Friction, Lubrication, and Wear Technology (1992); **A19:** Fatigue and Fracture (1996); **A20:** Materials Selection and Design (1997). **Metals Handbook, 9th Edition** (designated by the letter "M"): **M1:** Properties and Selection: Irons and Steels (1978); **M2:** Properties and Selection: Nonferrous Alloys and Pure Metals (1979); **M3:** Properties and Selection: Stainless Steels, Tool Materials, and Special-Purpose Materials (1980); **M4:** Heat Treating (1981); **M5:** Surface Cleaning, Finishing, and Coating (1982); **M6:** Welding, Brazing, and Soldering (1983); **M7:** Powder Metallurgy (1984). **Engineered Materials Handbook** (designated by the letters "EM"): **EM1:** Composites (1987); **EM2:** Engineering Plastics (1988); **EM3:** Adhesives and Sealants (1990); **EM4:** Ceramics and Glasses (1991). **Electronic Materials Handbook** (designated by the letters "EL"): **EL1:** Packaging (1989)

measurement by bonded strain gages A8: 193
measurement, by interferometer A17: 14
measurement, crack arrest fracture
toughness A8: 292
measurement hardware, attachmen... A8: 384–385
measurement, in pressure bars A8: 201–202
optical holographic interferometry of..... A17: 405
out-of-plane, by optical holography....... A17: 415
strain energy and A11: 49–50
symbols for A8: 726
-time and load-time curves, dynamic notched
round bar testing A8: 281
Displacement angle
defined EM1: 9, EM2: 14
Displacement compatibility analysis
for residual strength validation... A19: 572
Displacement field in imperfect crystals..... A9: 111
structure-factor contrast A9: 113
Displacement field of a dislocation A9: 113–114
Displacement interferometer
for shear wave profiles A8: 231
Displacement mixing A18: 854, 855
Displacement pendulum weighing system.... A8: 613
Displacement principle A7: 278
in pycnometric theory M7: 265
Displacement range A19: 169
Displacement transducer A19: 175, 176, 515
Displacement-controlled testing A19: 513
Displacement-load trace A19: 20
Displacements per incident atom (dpa)..... A18: 851
Display resolution
defined................................ A17: 383
Display system
SEM illuminating/imaging A12: 169
Disposables *See* Packaging applications
Disposal tipping fees..................... A20: 260
Disposal, waste *See* Waste recovery and treatment
Disposition
of arsenic, as toxic metal A2: 1237
of beryllium, as toxic metal A2: 1238
of cadmium A2: 1239–1240
of chromium, as toxic metal A2: 1242
of iron A2: 1252
of lead, as toxic metal.................. A2: 1243
of magnesium A2: 1259
of mercury, as toxic metal....... A2: 1247–1248
of molybdenum A2: 1253
of nickel, as toxic metal A2: 1250
of selenium A2: 1254
of thallium A2: 1260
of tin A2: 1261
of titanium A2: 1261
Disproportionation
defined EM2: 14
Disproportionation reaction A7: 113
Disregistry, lattice *See* Lattice disregistry
Dissection techniques, general
capabilities of A10: 380
Dissimilar material separation
bolted joints EM1: 716–717
bonded joints EM1: 717
graphite electrochemical and thermal
expansion......................... EM1: 716
testing EM1: 717–718
Dissimilar materials
drilling of EM1: 669–672
stress similarities when bonded..... EM3: 497–500
Dissimilar metal joining A6: 821, 822–828
brazing A6: 822
diffusion welding A6: 822
dilution in a joint A6: 821
electrodes A6: 824, 827
explosion welding....................... A6: 822
factors influencing joint integrity A6: 822–824
coefficient of thermal expansion ... A6: 824, 825,
826
dilution A6: 822–823, 824
melting temperatures A6: 823–824
thermal conductivity A6: 824
weld metal A6: 822
factors responsible for cracking A6: 822
filler metals..... A6: 822, 823, 824–825, 827, 828
friction welding......................... A6: 822
gas-metal arc welding A6: 824, 828
gas-tungsten arc welding A6: 824, 827, 828
heat-affected zone A6: 824, 826
hot cracking A6: 822, 827

service considerations A6: 826–827
carbon migration...................... A6: 826
corrosion A6: 826–827
oxidation resistance A6: 826–827
property considerations A6: 826
shielded metal arc welding...... A6: 824, 827, 828
soldering A6: 822
specific dissimilar metal
combinations.................. A6: 827–828
submerged arc welding A6: 824
ultrasonic welding A6: 822
welding considerations A6: 824–826
buttering A6: 825, 827
examples............................. A6: 825
filler metal selection............. A6: 824–825
joint design A6: 825
postweld heat treatments.......... A6: 825–826
preheat A6: 825–826
process A6: 824
Dissimilar metals
couples, metal/alloy compatibility A13: 1040, 1061
effect, brazed joints A13: 876
electronics industry............. A13: 1108, 1111
galvanic corrosion............ A13: 84, 440–441
in pipelines, effects A13: 1288
joining of, electron-beam welding....... A6: 866
nickel alloys A6: 577–578
Dissimilar-metal corrosion A20: 554
Dissimilar-metal welded joints............ A9: 582
Dissimilar-metal welds
abbreviation for A11: 796
between austenitic and ferritic steels A11: 620
Dissipation factor *See also* Electrical dissipation
factor A20: 451, EM3: 179, 429, 431, 432
and dielectric constant EM2: 582–585
copper-clad E-glass laminates........... EL1: 535
defined EL1: 1141, EM1: 359, EM2: 461, 467
electrical................................ EM1: 10
epoxy resin system composites.......... EM1: 403
glass fabric reinforced epoxy resin EM1: 405
high-temperature thermoset matrix
composites....................... EM1: 377
Kevlar 49 fiber/fabric reinforced epoxy
resin EM1: 409
low-temperature thermoset matrix
composites....................... EM1: 398
medium-temperature thermoset matrix
composites EM1: 385, 388
of ceramics EL1: 336, 467–468
of glass fibers EM1: 46
passive devices....................... EL1: 997
polyether-imides (PEI)................ EM2: 158
quartz fabric reinforced epoxy resin EM1: 415
thermoplastic matrix composites EM1: 72, 367,
370
Dissipation factor, electrical *See also* Electrical
displacement factor EM1: 10
Dissipation, total power
defined................................. EL1: 5
Dissociated aluminum
surface analysis techniques M7: 252
Dissociated ammonia
as aluminum sintering atmosphere M7: 338
as sintering atmosphere ... M7: 341, 344, 361, 368,
729
atmosphere for furnace brazing.... M6: 1007–1008
atmospheres M7: 341, 344, 361, 368, 729
atmospheric pressure sintering............ A7: 487
brazing atmosphere source A6: 628
composition M7: 342
composition of furnace atmosphere
constituents A7: 460
defined M7: 4
dewpoint and reduction of surface oxides M7: 344
effects of temperature on porosity of iron
compacts........................... M7: 362
for nickel and nickel alloys A7: 501, 502
for tungsten heavy alloys A7: 499
lubricant burn-off...................... A7: 324
properties of P/M aluminum alloys,
sintered in M7: 384
sintering atmosphere........ A7: 460, 462, 464, 465
sintering of aluminum and aluminum
alloys A7: 491, 492
sintering of brass and nickel silvers A7: 490
sintering of ferrous materials A7: 470
sintering of molybdenum and tungsten A7: 497

stainless steel sintering A7: 478
stainless steels, sintered in M7: 252, 253
Dissociated ammonia base atmospheres
equipment.................. M4: 408–409, 410
operating economics.................... M4: 409
safety -precautions M4: 409–410
Dissociated methanol
composition of furnace atmosphere
constituents A7: 460
Dissociation
as leakage.............................. A17: 58
defined.................................. A9: 6
Dissociation pressure
defined.................................. A9: 6
Dissociative chemical adsorption
involved in corrosion fatigue crack growth in
alloys exposed to aggressive
environments....................... A19: 185
Dissolution A19: 185
analytical methods requiring A10: 4
and electrometric titration A10: 203
and reprecipitation, as gravimetric sample
preparation A10: 163
and swelling EM2: 771–773
as liquid-metal corrosion A13: 92
as melt analysis A15: 493
carbon, in cast iron A15: 72–73
in alloy additions..................... A15: 71–74
kinetics, and fluid dynamics............ A15: 73
mass transfer controlled A15: 72–74
metal, by molten-salt corrosion A13: 89
metal, design for A13: 343
models, crack propagation.............. A13: 160
of implants, as corrosion A11: 672
of samples, flame AAS analysis of A10: 56–57
of solids, in liquid metals............. A13: 56–57
of steel, in iron-carbon melts......... A15: 73–74
preferential A11: 338
rates, order of........................... A15: 71
sample, for classical wet analytical
chemistry.................... A10: 165–167
slip, crack initiation by................. A13: 149
solvent, in sur-face-mount assemblies EL1: 666
thin-film chip resistors EL1: 1003
with modifiers A15: 484
Dissolution etching
defined.................................. A9: 6
definition.............................. A5: 953
Dissolution rate A20: 546
Dissolution rates in potentiostatic etching
factors affecting A9: 144
Dissolved gas
corrosion fatigue test specifications....... A8: 423
Dissolved gases *See also* Gases
evolution, porosity effects................ A15: 82
in water A13: 489
Dissolved gases, in fresh water
effect on corrosion rate............ M1: 733, 736
Dissolved hydrogen A8: 423
Dissolved oxygen *See also* Oxygen A13: 29, 221,
489, 895–898, 932
control in steam with contaminants A8: 427
corrosion fatigue test specification A8: 423
corrosion fatigue testing A19: 208
effect on environmentally controlled crack growth
rates A8: 422
in aqueous environment synthesis......... A8: 416
pressurized water reactor specification.... A8: 423
Dissolved salts, in fresh water
effect on corrosion rate M1: 734–735
Dissolved salts, in soil
corrosion caused by........... M1: 725–726, 730
Dissolved salts, in water *See also* Salts A13: 490
Dissolved solids
effect in boiler tubes............... A11: 615–616
effect on pressure vessels A11: 656
in water, corrosion by................. A11: 632
Distal tips
in borescopes A17: 3–5
Distalloy AE blend A7: 336–337
Distaloy grades............................. A7: 127
Distance
effect galvanic corrosion A13: 83
human vs. machine vision A17: 30
object-camera, machine vision........... A17: 34
Distance amplitude *See also* Ultrasonic inspection
blocks A17: 262, 264

322 / Distance amplitude

Distance amplitude (continued)
curves, determined, ultrasonic
inspection A17: 265–266
Distance between voids A19: 11
Distance check
computer-aided analysis EL1: 133
Distance dislocations move through the material
before being stopped (r_c) A19: 57
Distance-amplitude-correction (DAC) curve method
of ultrasonic inspection forgings A17: 505
Distance-separation guarding A20: 142
Distillation
as metal ultrapurification technique A2: 1094
efficiency measured A10: 243
microwave inspection A17: 202
of iron pentacarbonyl A7: 113
separation by A10: 169
steam, in nitrogen determination A10: 172–173
Distillation column
monitoring...........................A13: 202
Distillation for purifying metals M2: 710
Distillation retorts, historic
in Africa A15: 19
Distillation separation process
zirconium and hafnium A2: 661–662
Distilled water *See also* Water
environments known to promote stress-corrosion
cracking of commercial titanium
alloys A19: 496
purification A8: 421
titanium/titanium alloy SCC in........A13: 689
zinc corrosion in A13: 760
Distorted casting
as casting defect A11: 386
Distortion *See also* Distortion
failures A6: 1094–1102
allowance, pattern A15: 193
aluminum alloys A6: 727, 728
amount of......................A11: 137–138
analyses in weldments..................A6: 1095
and expansion, failure of high-temperature rotary
valve due to A11: 374–376
and residual stress A16: 25
and stress ratios, from overloading.....A11: 137
austenitic stainless steels................A6: 469
buckling, in shafts A11: 467
buckling under compressive loading......A6: 102
bulging as A11: 139–140
by metal solidification A15: 615–616
casting, and gating A15: 589
combined effects of residual stress ...M6: 886–887
control M6: 887–888
assembly procedures M6: 887–888
elastic prespring M6: 888
preheating M6: 888
presetting............................M6: 888
coppers A6: 757–758
core/mold, directional solidification...A15: 321–322
corrosion of weldments.................A6: 1068
creep, in shafts A11: 467
defined A8: 4, A11: 3, A15: 5, EM1: 9, EM2: 14
design effects.........................A15: 598
duplex stainless steels A6: 699
effect on service behavior................A6: 1100
elastic or plastic, as failure mechanism A11: 75,
143
electroslag welding.................A6: 278–279
failures A11: 136–144, 489
ferritic stainless steels A6: 445
formation of A6: 1094
from mold restraint................A15: 616–617
gas-tungsten arc welding A6: 191
hardfacing....................A6: 801, 807
heat-treatable aluminum alloys A6: 528
hydrogen-caused A11: 46
hydrogen-induced cracking..............A6: 411
in arc-welded aluminum alloys A11: 436
in bridge web gap A11: 712
in gas cutting A14: 725

in girder webs.......................A11: 711–714
in machining magnesium and magnesium alloy
parts A2: 476
in oxyfuel gas cutting..............M6: 904–905
in permanent mold castings A15: 285
in shielded metal arc welds.............M6: 91–92
in tool steels M7: 467
inelastic cyclic.........................A11: 144
localized..............................A11: 138
longitudinal M6: 880
magnesium alloys A6: 774, 781
measurements A16: 27
mechanical cutting...............A6: 1182–1183
mold, from pouring temperatures A15: 283
nickel alloys A6: 751
of castings, hot isostatic pressing effects...A15: 542
of shafts, creep and buckling as.........A11: 467
out-of-plane M6: 886
out-of-plane, bridge components.........A11: 707,
711–714
oxyfuel gas welding A6: 287, 288, 289
permanent, in shafts A11: 467
porcelain enamel A13: 448–449
ratcheting as A11: 143–144
reduction by thermal treatment......M6: 889–891
removal M6: 888–889
flame straightening M6: 888
jacking.........................M6: 888–889
pressing M6: 888
thermal straightening...................M6: 888
resistance welding......................A6: 834
SCC as...............................A11: 567
shape, defined.........................A11: 136
shape, from temperature cycling or uneven
cooling A11: 266
shape, sheet metal A14: 878
sheet metals.................A6: 398, 399, 400
size, defined...........................A11: 136
stainless steels.........................A6: 626
steam equipment failure by A11: 602
thermal stresses and metal movement during
welding A6: 1094–1095
titanium alloys A6: 522
transverse shrinkage of butt welds....M6: 870–875
types
angular change...................M6: 860–861
longitudinal shrinkage.............M6: 860–861
transverse shrinkage M6: 860–861
weld model A6: 1133, 1134, 1135
weldments A6: 1097–1100, M6: 859–860
angular distortion around the weld line A6: 1097,
1098, 1099
buckling A6: 1098–1100
longitudinal shrinkage parallel to the
weld line...........A6: 1097, 1098, 1099
transverse shrinkage............A6: 1097–1099
Distortion and safety in hardening of wrought tool
steels A1: 777
Distortion control
in tool steels M4: 614–620
Distortion during heat treatment....M1: 460, 469–470
Distortion Energy Hypothesis (DEH).......A18: 476
Distortion energy theory A19: 263
Distortion failures *See also* Distortion A11: 136–144
analysis of......................A11: 142–143
defined...............................A11: 136
of automotive valve spring A11: 138–139
overloading A11: 136–138
special types of...................A11: 143–144
specifications, failure to meet A11: 140–142
specifications, incorrect A11: 138–140
Distortion, in shadow formation
radiography.......................A17: 312–313
Distortion in tool steels *See also* Tool steels, defects
and distortion in heat-treated parts; Tool steels,
distortion.......................M3: 466–469
Distortion ratio of taper sections..........A9: 450
Distortion strain increment.................A7: 24

Distributed capacitance
flexible printed boards EL1: 587–588
Distributed discharge arc A5: 603
Distributed gage volume
for detecting flow localization A8: 589–590
to measure deformation distribution ..A8: 589–590
variation for pressed specimens..........A8: 590
Distributed impact test
defined...............................A18: 7
Distributed leak
defined..........................A17: 57–58
Distributed Numerical Control (DNC)
systems A20: 164
Distributed plane construction..........EL1: 625–628
Distributed power system
future trends..........................EL1: 392
Distributed view
of package parasitics..............EL1: 418–419
Distribution *See also* Normal distribution; Stress
distribution
cumulative normal......................A8: 631
for crack-tip stresses A11: 49
form, for determining design allowables ...A8: 663
introduction A8: 623, 629
normal A8: 628, 629–630, A17: 726–727
of fracture toughness, variability in A8: 625
of stress, and fatigue strength A11: 113
(pipe)lines, high-pressure long-distance....A11: 695
probability density A17: 675
sample means....................A17: 726–727
statistical A8: 628–638
t..A8: 655
types of A8: 628
unknown, direct computation for A8: 666–667
verified by goodness-of-fit test A8: 637–638
Distribution coefficient A6: 46–47, 52, 53
Distribution contour
defined M7: 4
Distribution functions
acoustic emission inspection A17: 283
Distribution manifolds
from P/M porous parts M7: 700
Distribution masking
vacuum coating process...........M5: 407–408
Distribution of alloy elements
as metallurgical variable affecting corrosion
fatigue A19: 187, 193
Distribution of alloy impurities
as metallurgical variable affecting corrosion
fatigue A19: 187, 193
Distribution parameters....................A20: 626
Distribution pipelines A13: 1292
Distributions *See also* Statistical methods A20: 92
time-to-failure, defects in EL1: 893
Ditallowdimethylammonium chloride, evaporated film
ATR spectrum of......................A10: 119
Ditchers, chain
of cemented carbides....................A2: 974
Ditching saws
of cemented carbide A2: 974
Dithiocarb
as chelator......................A2: 1236–1237
Dithizone
as solvent extractant A10: 170
Ditungsten carbide........A9: 274–275, EM4: 810
Divacancies
corrosion-generated A12: 42–43
Divariant equilibrium
defined................................A9: 6
Divergencies
of properties EM2: 655–658
Divergent beam method
x-ray topography A10: 370–371
Divergent thinking
definition.............................A20: 831
Diverter valve sampler.....................A7: 209
Divided cell
definition.............................A5: 953

SUBJECTS OF THE INDEXED VOLUMES: **ASM Handbook** (designated by the letter "A"): **A1:** Properties and Selection: Irons, Steels, and High-Performance Alloys (1990); **A2:** Properties and Selection: Nonferrous Alloys and Special-Purpose Materials (1990); **A3:** Alloy Phase Diagrams (1992); **A4:** Heat Treating (1991); **A5:** Surface Engineering (1994); **A6:** Welding, Brazing, and Soldering (1993); **A7:** Powder Metal Technologies and Applications (1998); **A8:** Mechanical Testing (1985); **A9:** Metallography and Microstructures (1985); **A10:** Materials Characterization (1986); **A11:** Failure Analysis and Prevention (1986); **A12:** Fractography (1987); **A13:** Corrosion (1987); **A14:** Forming and Forging (1988); **A15:** Casting (1988); **A16:** Machining (1989); **A17:** Nondestructive Evaluation and Quality Control (1989); **A18:** Friction, Lubrication, and Wear Technology (1992); **A19:** Fatigue and Fracture (1996); **A20:** Materials Selection and Design (1997). **Metals Handbook, 9th Edition** (designated by the letter "M"): **M1:** Properties and Selection: Irons and Steels (1978); **M2:** Properties and Selection: Nonferrous Alloys and Pure Metals (1979); **M3:** Properties and Selection: Stainless Steels, Tool Materials, and Special-Purpose Materials (1980); **M4:** Heat Treating (1981); **M5:** Surface Cleaning, Finishing, and Coating (1982); **M6:** Welding, Brazing, and Soldering (1983); **M7:** Powder Metallurgy (1984). **Engineered Materials Handbook** (designated by the letters "EM"): **EM1:** Composites (1987); **EM2:** Engineering Plastics (1988); **EM3:** Adhesives and Sealants (1990); **EM4:** Ceramics and Glasses (1991). **Electronic Materials Handbook** (designated by the letters "EL"): **EL1:** Packaging (1989)

Dividing cone
defined **M7:** 4
Divinyltetramethyldisiloxane
deposition rates **A5:** 896
Division of heat along the pin
DTHP...................... **A18:** 280, 282–283
Divorced eutectic
in cast iron............................. **M1:** 5–6
Divorced eutectic structure **A9:** 613
defined **A9:** 6
in the solidification structure of aluminum alloy
welded joints....................... **A9:** 579
DMPS (2,3-dimercapto-1 propanesulfonic acid)
as chelator.............................. **A2:** 1236
DMT expression **A18:** 403
DMTA trace
on polysulfides **EM3:** 139
DN value **A18:** 590
defined **A18:** 7
speed factor of greases **A18:** 127
DNC *See* Delayed-neutron counting
DOASIS computer program for structural
analysis...................... **EM1:** 268, 271
Dobby head
in textile looms...................... **EM1:** 127
Doctor
bar, defined **EM1:** 9
blade, defined **EM1:** 9
Doctor bar *See* Doctor blade
Doctor bar or blade **EM3:** 11
Doctor blade *See also* Paste metering blade
advantages.............................. **A7:** 373
defined **EM2:** 14
disadvantages **A7:** 373
potential difficulties..................... **A7:** 373
shape of product **A7:** 373
Doctor blade casting machine **EL1:** 462
Doctor roll.............................. **EM3:** 11
Documentation
of flexible printed wiring........... **EL1:** 592–593
of testing **EM1:** 300
Documentation, process
and NDE reliability................. **A17:** 678–679
Documenting and communicating the design. . . **A20:** 5,
222–230
background...................... **A20:** 222, 223
bill of materials.................. **A20:** 226, 228
checking............................. **A20:** 224
computer-aided design environment...... **A20:** 222
concept design **A20:** 223
conclusions **A20:** 229–230
corporate standards **A20:** 229
design approvals and release **A20:** 224
design layouts **A20:** 225, 226, 228
detail design **A20:** 223–224
detail drawings........... **A20:** 225–226, 227, 228
documentation, types of............ **A20:** 224–228
engineering change notices.......... **A20:** 226–228
engineering sketches **A20:** 224, 225
filing and archiving **A20:** 224
general dimensioning guidelines **A20:** 228–229
general documentation requirements **A20:** 222–224
geometric dimensioning and tolerancing symbols
and characteristics **A20:** 229
geometric dimensioning standards **A20:** 229
ISO 9000.............................. **A20:** 229
local standards **A20:** 229
manufacturing attributes................ **A20:** 228
material specifications.................. **A20:** 228
overall design process **A20:** 222–224
product engineering assumptions
documents **A20:** 225
product specifications **A20:** 224–225
product-related information **A20:** 228
record changes **A20:** 226–228
revisions **A20:** 226–228
"rough form" drawing.................. **A20:** 226
specialized drawings **A20:** 226
standards **A20:** 229
tolerances and tolerance stacks **A20:** 229
tolerancing standards................... **A20:** 229
traditional design process........... **A20:** 222, 223
understanding and using design
documentation **A20:** 228–229
Documents (military standards) *See also* Military
standards
numerical summary.................... **EL1:** 912

subject index.......................... **EL1:** 913
title and specification locator, military
standards..................... **EL1:** 909–911
DoD 4120.3-M
standardization documents.............. **EM1:** 40
DoD Index of Specifications and Standards
(DODISS) **EM1:** 40, **EM3:** 63–64
DoD/NASA conferences
fibrous composites **EM1:** 42
Dodder removal and yield
cleaned alfalfa seed..................... **M7:** 591
Dodecanedioic acid, ATR
DRS, and PAS granular analysis......... **A10:** 120
DoDISS *See* Department of Defense Index of
Specifications and Standards
DOE/ORNL Ceramic Technology Project
(CTP).............................. **A20:** 635
Doehler, H.H
as inventor **A15:** 35
Doepp structural diagram *See* Patterson and Doepp
structural diagram
"Dogbone" test bar **M7:** 490
Doily
defined **EM1:** 9, **EM2:** 14
Doloma
applications **EM4:** 46
composition.......................... **EM4:** 46
supply sources........................ **EM4:** 46
Dolomite **EM4:** 44
additions, fluxes................. **A15:** 388–389
batch size............................. **EM4:** 382
brick, defined **A15:** 5
chemical composition **A6:** 60
composition........................... **EM4:** 379
containing manganese, ESR studied **A10:** 264
decrepitation **EM4:** 379
dissolution in hydrochloric acid **A10:** 165
function and composition for mild steel SMAW
electrode coatings **A6:** 60
in ceramic tiles....................... **EM4:** 926
refractory material composition......... **EM4:** 896
typical oxide compositions of raw
materials.......................... **EM4:** 550
Dolomite brick **EM4:** 896
applications, refractory **EM4:** 900–901
Dolomite/dolomite limestone [$CaMg(CO_3)_2$]
purpose for use in glass manufacture **EM4:** 381
Domain **EM3:** 11
defined **EM2:** 14
SEM observed in ferromagnetic materials **A10:** 490
structures, evaluated by x-ray topography **A10:** 365
Domain boundaries **A19:** 65
calculation of contrast in transmission electron
microscopy......................... **A9:** 119
Domain structures
etch pits used to determine orientation **A9:** 62
Domain walls
magnetic **A9:** 534
Domains *See also* Magnetic domains
revealed by magnetic etching........... **A9:** 63–66
Dombrowski/Johns model of gas atomization. . **A7:** 45,
46
Dome **A7:** 288
defined **EM1:** 9, **EM2:** 14
Dome housing, P/M Ti alloy
for Sidewinder Missile **M7:** 681
Dome shapes **A14:** 599, 636
Dome tests
hemispherical **A8:** 561–562
Domed
defined **EM2:** 14
Domestic waters, zinc corrosion in *See also*
Water.............................. **A13:** 761
Domfer process **A7:** 117, 119–120, **M7:** 89–92
flowchart............................... **M7:** 90
for powder production **M7:** 89–92, 818
for welding-grade iron powders **M7:** 91, 818
for welding-rod grade powders **M7:** 91
functions of annealing in **M7:** 183, 185
P/M grade powders...................... **M7:** 91
Dominant creep mechanism **A20:** 353
Dominic method **A20:** 292–293
analysis **A20:** 293
comparison **A20:** 292
criteria **A20:** 293
definition............................. **A20:** 831
description............................ **A20:** 292

example **A20:** 292–293
material properties of candidates **A20:** 293
method................................ **A20:** 292
overall evaluation table........ **A20:** 292, 293, 294
Dominic method overall evaluation table
(DMOET) **A20:** 292
for loaded thermal conductor............ **A20:** 294
Donnan exclusion **A10:** 662, 672
Door-closer cylinder castings
fracturing........................ **A11:** 363–366
Dopant.................................. **EM3:** 11
defined..................... **EM2:** 15, **M7:** 4
Dopants **A6:** 957, **A20:** 336
atoms of, lattice location of............. **A10:** 633
low-level, GFAAS analysis of............ **A10:** 58
low-level, SIMS concentration profiles of **A10:** 610
metallic contaminants **EM4:** 117
Doped quartz glass
applications, lighting **EM4:** 1032, 1034, 1036
maximum operating temperature **EM4:** 1035
Doped semiconductors
conditions for growth **A9:** 612
Doped solder
definition **M6:** 5
Doping
defined **M7:** 4
effect on dynamic friction coefficient in silicon and
gallium arsenide **A18:** 688–689
gallium arsenide (GaAs)............ **A2:** 744–745
in tungsten powder production........... **M7:** 153
potassium, in tungsten-rhenium
thermocouples...................... **A2:** 876
Doping method
XRPD analysis........................ **A10:** 340
Doping of tungsten **A9:** 442
Doping, principle
alloy oxidation **A13:** 73
Doppler broadening measurements **A19:** 215
Doppler effect
defined................................ **A10:** 672
in laser interferometer measurement....... **A17:** 14
microwave inspection **A17:** 211
velocity measurement by **A17:** 16–17
Doppler energy shift **A19:** 215
Doppler line broadening **A10:** 22
Doppler shift
defined................................ **A10:** 672
DORIS
as synchrotron radiation source.......... **A10:** 413
Dorn equation
for steady-state creep.................... **A8:** 309
Dose-effect relationships
metal toxicities........................ **A2:** 1234
Dose-response effects
metal toxicities........................ **A2:** 1234
Dosimeter **EM3:** 11
defined **A10:** 672, **EM2:** 15
Dosimeters, pocket
for radiographic inspection.............. **A17:** 301
Dot mapping *See also* Elemental mapping; Mapping;
X-ray maps
effect of brightness on sensitivity of. . **A10:** 526–527
electron probe x-ray microanalysis ... **A10:** 525–527
for aluminum, at aluminum/brass interface of
aluminum wire connections.... **A10:** 531–532
for copper, at aluminum/brass interface of
aluminum wire connections.... **A10:** 531–532
for zinc, at aluminum/brass interface in aluminum
wire connections **A10:** 531–532
limitation of....................... **A10:** 527–528
of iron/aluminum interface in aluminum wire
connections **A10:** 531–532
of zinc, at grain boundaries **A10:** 527
on photographic film................... **A10:** 527
Dot maps
from x-ray analysis **A12:** 168
Double action press
defined **M7:** 4
Double action pressing **A7:** 448
Double arcing
definition **M6:** 5
Double cantilever beam tests **EM3:** 386–387, 388,
389

Double carbide
tungsten and titanium **M7:** 158
Double carburization **M7:** 158
Double cone blenders and mixers **M7:** 4, 189

324 / Double cone mixer

Double cone mixer
defined M7: 4
Double containment
of NAA samples A10: 236
Double crested optics A7: 257
Double crucible method EM4: 377
Double cutting
of angle sections A14: 718
"Double die" system A7: 349-350, M7: 327
Double diffraction A9: 109
as a result of second phase particles A9: 118
Double etching
defined A9: 6
definition A5: 953
Double fluorescence EXAFS detection
technique A10: 418
Double hub forging M7: 412, 413
Double keel block *See* Keel block
Double knife edge alignment coupling
test stand A8: 312
Double layer
defined A13: 5
formation, oxide scale A13: 72
Double monochromators
stray light rejection for A10: 129
Double normalizing A4: 39
Double oxides
silicates A13: 76
Double press and sintered (HIP)
cost per pound for production of steel P/M
parts A7: 9
Double press approach A19: 342
Double press/double sinter (DP/DS) A7: 640-641,
769, 948-949, 950
cost A7: 13
costs per pound for production of steel P/M
parts A7: 9
coupled with a high temperature sinter A7: 648
for fracture resistance A7: 963
stainless steel powders A7: 997
warm compacted materials A7: 376, 377
Double pressing A7: 377
defined M7: 4
Double resonance method
as supplemental to electron spin
resonance A10: 258
Double routing complexity
WSI EL1: 354
Double salt nickel plating M5: 202-203
Double shear
high strain rate shear testing A8: 215
Double sinter approach A19: 342
Double sintering
defined M7: 4
Double spread EM3: 11
Double submerged arc welded steel pipe
inspection of A17: 565-566
Double submerged-arc welding
steel tubular products M1: 316
Double sulfate bath
electrodeposited iron coating bath
properties A5: 214
iron plating bath composition, pH, temperature
and current density A5: 213
Double sweep method
terne coating M5: 359
Double through transmission effect
remote-field eddy current inspection A17: 200
Double transducer system
ultrasonic testing A8: 244-245
Double upsetting and piercing A14: 87
Double-action dies
for sheet metal drawing A14: 579
Double-action mechanical press A14: 4, 495
Double-action tooling systems M7: 333-334
Double-aging
effect on embrittlement A12: 34, 47
Double-beam specimens
dimensions and tolerances A8: 516

SCC testing A8: 505, 513, A13: 255-256
Double-beam spectrophotometers
UV/VIS absorption spectroscopy A10: 67
Double-bevel groove welds
applications M6: 61
arc welding of magnesium alloys M6: 428
combinations with fillet welds M6: 66
comparison to fillet welds M6: 64-65
preparation M6: 67-68
recommended proportions M6: 69, 71-72
submerged arc welding M6: 129
Double-bevel-groove weld
definition A6: 1208
Double-block accumulating drawing
machines A14: 334
Double-cantilever beam
abbreviation A8: 724
specimens, SCC testing A8: 513, 539
Double-cantilever beam geometry test A18: 404
Double-cantilever-beam tests
for fiber-resin composites EM1: 97, 98
Double-crystal spectrometers
for polycrystal rocking curve
analysis A10: 371-372
Double-crystal spectrometry
as x-ray topographical A10: 371-372
Double-cup fractures
fcc metals A12: 100
Double-deflection scanning electron microscopic
system A10: 493
Double-diffused junction field effect
transistor EL1: 146-147
Double-drilled holes
adhesive-bonded joints A17: 612-613
Double-edge cracked specimens
geometries for A8: 251
Double-end boring machines A16: 171
and boring A16: 168
Double-end pressing
simulation of A14: 429-430
Double-end upsetting A14: 90
Double-enveloping worm gear set A19: 346
Double-exposure method A19: 221
Double-extension dies A14: 132
Double-flare-bevel-groove weld
definition A6: 1208
Double-flare-V-groove weld
definition A6: 1208
Double-focusing mass spectrometer A7: 227
Double-focusing mass spectrometers
in gas mass spectrometry A10: 154
Double-frame power hammer A14: 28
Double-immersion zincating process
aluminum and aluminum alloys M5: 603-604, 606
Double-inspection methods
for NDE reliability A17: 680
Double-J-groove weld
definition A6: 1208
Double-J-groove welds
applications M6: 61
recommended proportions M6: 69
Double-junction electrode A8: 417
Double-lap joints A19: 289-290
design EM3: 474, 475
finite-element analysis EM3: 480, 481, 482
normal and shear stresses EM3: 478, 487, 491,
492
Double-layer interaction diagram EM4: 155
Double-layer theory A7: 421, EM4: 154-155
Double-notch shear testing
disadvantage A8: 228-229
for high shear A8: 228-229
for high strain rate shear testing A8: 187
input bar A8: 228-229
Kolsky bar apparatus, very high strain
rates A8: 229
lower yield stress with strain rate A8: 229
output tube A8: 228-229
punch loading A8: 229-230

specimen A8: 228-229
statically deformed specimen A8: 229
Double-pass cylindrical mirror analyzer
for x-ray photoelectron spectroscopy A10: 571
Doubler *See also* Tabs
defined EM1: 9, EM2: 15
Doublers A19: 418
Double-shear simple lap joint EM3: 537
Double-shear tapered-slice plate joint EM3: 536, 537
Double-shear test
aluminum alloy plate results A8: 63
and single-shear test, fasteners, compared ... A8: 66
fixtures A8: 62, 66-67
for fasteners A8: 66
for mill products A8: 62-63
specimen orientation A8: 62-63
Double-shot molding
defined EM2: 15
Double-sided boards
rework processes EL1: 711-712
Double-sided rigid (DSR)
defined EL1: 1141
Double-sided rigid printed wiring boards EL1: 15,
539
Double-square-groove weld
definition A6: 1208
Double-stage process A20: 488
Double-strap bonded joints EM3: 475
Double-stroke open-die headers
for cold heading A14: 292
Double-stroke solid-die headers
for cold heading A14: 292
Double-submerged arc welds
in pipe A11: 698
toe cracks in HAZ of A11: 698
Double-taper dies A14: 132
Double-U-groove butt joint, welding of titanium and
titanium alloys
joint dimensions A6: 785
Double-U-groove weld
definition A6: 1208
Double-U-groove welds
arc welding of nickel alloys M6: 437, 442-443
gas metal arc welding of coppers and copper
alloys M6: 416
recommended proportions M6: 69-71
submerged arc welding of nickel alloys M6: 442
Double-V-groove butt joint, welding of titanium and
titanium alloys
joint dimensions A6: 785
Double-V-groove weld
definition A6: 1208
Double-V-groove welds
applications M6: 61
arc welding of austenitic stainless steels ... M6: 328
arc welding of nickel alloys M6: 337-443
electroslag welding M6: 242
gas metal arc welding of commercial
coppers M6: 403
gas tungsten arc welding M6: 201
preparation M6: 67-68
recommended proportions M6: 69, 71-72
submerged arc welding M6: 129
Double-wall brazed tubing A1: 333-334, M1: 321
Double-wall radiographic techniques
for tube A17: 335-336
Double-welded joint
definition A6: 1208, M6: 5
Douglas Aircraft Company
use of water-break test for preparing plastic
surfaces EM3: 840
Dovetailing
definition M6: 5
Dovetails
suited to planing A16: 186
Dow 9 process A5: 492
Dow 17 process A5: 492

SUBJECTS OF THE INDEXED VOLUMES: ASM Handbook (designated by the letter "A"); A1: Properties and Selection: Irons, Steels, and High-Performance Alloys (1990); A2: Properties and Selection: Nonferrous Alloys and Special-Purpose Materials (1990); A3: Alloy Phase Diagrams (1992); A4: Heat Treating (1991); A5: Surface Engineering (1994); A6: Welding, Brazing, and Soldering (1993); A7: Powder Metal Technologies and Applications (1998); A8: Mechanical Testing (1985); A9: Metallography and Microstructures (1985); A10: Materials Characterization (1986); A11: Failure Analysis and Prevention (1986); A12: Fractography (1987); A13: Corrosion (1987); A14: Forming and Forging (1988); A15: Casting (1988); A16: Machining (1989); A17: Nondestructive Evaluation and Quality Control (1989); A18: Friction, Lubrication, and Wear Technology (1992); A19: Fatigue and Fracture (1996); A20: Materials Selection and Design (1997). Metals Handbook, 9th Edition (designated by the letter "M"): M1: Properties and Selection: Irons and Steels (1978); M2: Properties and Selection: Nonferrous Alloys and Pure Metals (1979); M3: Properties and Selection: Stainless Steels, Tool Materials, and Special-Purpose Materials (1980); M4: Heat Treating (1981); M5: Surface Cleaning, Finishing, and Coating (1982); M6: Welding, Brazing, and Soldering (1983); M7: Powder Metallurgy (1984). Engineered Materials Handbook (designated by the letters "EM"): EM1: Composites (1987); EM2: Engineering Plastics (1988); EM3: Adhesives and Sealants (1990); EM4: Ceramics and Glasses (1991). Electronic Materials Handbook (designated by the letters "EL"): EL1: Packaging (1989)

Dow Chemical
direct carburization of tungsten carbide
powder A7: 193
Dow Chemical Company
microdebonding indentation system
developed EM3: 401
Dowel
defined A15: 5
Down hole casing
flux leakage method A17: 132
Down stroke *See* Stroke
Downdraw process EM4: 400
Downgate *See* Sprue
Downgrading A1: 1028
Downhand
definition A6: 1208
Downhole equipment
oil/gas production A13: 1237, 1248
Downslope time
definition M6: 5
Downstream sizing
in thermoplastic extrusion EM2: 382
Downtime
as reliability objective EL1: 128
Downward associativity A20: 160
Downwind approximation A20: 190, 191
Dowson and Higginson equation A18: 92
DPH *See* Diamond pyramid hardness
DPPH standard free radical
ESR spectrum of A10: 259
Draft A7: 354, A20: 690, 749, 753, 795
angle, defined A14: 4, EM1: 9
defined ... A14: 4, 49–50, A15: 5, EM1: 9, EM2: 15,
M7: 4
definition A20: 831–832
design, effects A14: 66
for precision forging ejection A14: 158
forging M1: 362–363, 366–367
metal injection molding A7: 14
pattern, and casting design A15: 611–612
pattern, defined A15: 193
Draft angle EM2: 15, 130
Draft angles A20: 156
Drafting documentation A20: 162
Draftless forging *See* No-draft forging
Drafts, ingot
and forging defects A11: 327
Drag *See also* Ceramic molding; Cope; Flask; Mold;
Patterns A6: 1162, 1163, 1164
conditions for heavy cutting M6: 910
defined A15: 5, 189, 203
definition M6: 5–6
marks, as die casting defect A15: 294
oxyfuel gas cutting A14: 721–722, M6: 898
Drag angle
definition M6: 6
Drag finishing A5: 118
Drag, frictional A7: 298
Drag stress A19: 551
unified model used for thermomechanical fatigue
σ-ε prediction A19: 549
Drag (thermal cutting)
definition A6: 1208
Drag-in
definition A5: 953
Dragline bucket shackle
failure of A11: 399–400
Dragline bucket tooth
failure of A11: 410
Drag-out A5: 790
definition A5: 953
Dragout recovery process
plating waste treatment M5: 315–316
Drain casting A20: 789, EM4: 9, 34, 35
Drain stations
for liquid penetrant inspection A17: 78
Drain time
definition A5: 953
Drain tubes
copper A13: 627
Drainage
defined A13: 5
Drained angles of repose M7: 282–283
Draining
definition A5: 953
Drape A20: 806
as selection criterion EM1: 77

defined EM1: 9, EM2: 15
definition A20: 832
of epoxy composites EM1: 73
of fiberglass fabric EM1: 110–111
of unidirectional tape prepreg EM1: 144
prepreg EM1: 33, 139, 144
testing of EM1: 737
Drape forming
defined EM2: 15
Drape-forming machines
for stretch forming A14: 596
Draw
as casting defect A11: 384
defined A15: 5
Draw beads
deep drawing A14: 582
defined A14: 4
forces, simulated A14: 896
in press forming A14: 551–552
Draw bending
of bar A14: 661
Draw forming
defined A14: 4
Draw marks *See* Die line; Galling; Pickup; Scoring
Draw plate
defined A14: 4, A15: 5
Draw radius
defined A14: 4
Draw ring A14: 4, 508
Draw stock
defined A14: 4–5
Drawability *See also* Deep drawing;
Drawing A20: 305
deep, Swift cup test for A8: 562–563
defined A14: 4, 576
draw ratios A14: 576–577
earing A14: 576
factors A14: 576
of magnesium alloys A14: 828
temperature effects A8: 553
Drawbar, highway tractor-trailer
fatigue fracture A11: 127–128
Drawbead
as control, sheet metal forming A8: 547
forces A8: 567–568
simulators A8: 568
Drawbenches
for bars A14: 334–335
Drawbridging A6: 995
Draw-down ratio
defined EM2: 15
Drawing *See also* Deep drawing; Dies; Drawability;
Dry drawing; Superconductors; Wet drawing;
Wire drawing A8: 550, A14: 330–342, A20: 692,
694
analysis A14: 918–919
approach angle A14: 330–331
as bulk forming process A14: 16
as manufacturing process A20: 247
basic mechanics of A14: 330–331
commercial superconductors,
manufacture of A14: 338–342
deep A14: 575–590
defined A14: 5, EM2: 15
definition A20: 832
dies and die materials A14: 336–337
dies, cemented carbide A2: 969
dry-drawing continuous machines A14: 334
fiber, in ceramics processing classification
scheme A20: 698
force A14: 698
forging stock, steps A14: 67
fundamentals A14: 576
heat generation during A14: 331
in bulk deformation processes classification
scheme A20: 691
in sheet metalworking processes classification
scheme A20: 691
lubrication A14: 337–338, 519–520
machines A14: 333–334
of bar A14: 334–335
of boxlike shells A14: 585
of common sizes A14: 337
of complex shapes A14: 337
of copper and copper alloys A14: 814–818
of hemispheres A14: 586
of magnesium alloys, lubricants for .. A14: 519–520

of refractory metals and alloys,
lubricants for A14: 519
of rod and wire A14: 333–334
of sheet metal A8: 547–548
of sheet metals A14: 877
of tube A14: 335–336
of workpieces with flanges A14: 585–586
of zirconium A2: 665
pewter sheet A2: 523
preparation for A14: 331–333
processes, classified A14: 16
refractory metals and alloys A2: 563
roughness average A5: 147
shallow, Guerin process A14: 606
sheet, in ceramics processing classification
scheme A20: 698
single-step, copper and copper alloys A14: 815–816
steel tubular products M1: 316, 317
steel wire M1: 260–261
test, simulative, for sheet metals A8: 562–563
tests, Swift cup A8: 562–567
tests A14: 891–892
to size, in cold heading A14: 294
tube, in ceramics processing classification
scheme A20: 698
with fixed plug A14: 330
with floating plug A14: 331
workability in A8: 591–593
Drawing compound *See also* Die lubrication;
Extreme-pressure lubricant; Lubricant(s);
Lubrication A14: 5
defined A18: 7
Drawing compounds EM3: 41
pigmented *See* Pigmented drawing compounds
removal of, processes M5: 56
unpigmented *See* Unpigmented drawing
compounds
Drawing dies *See* Bar drawing dies; Deep drawing
dies; Tube drawing dies; Wiredrawing dies
Drawing lubricants
removal of M5: 71–72
Drawing of wire and rod
preferred orientation during A10: 359
Drawing operations, steel
phosphate coating aiding M5: 436–437
Drawing (pattern)
defined A15: 5
Drawing presses
availability A14: 578–579
blank size A14: 578
blankholding A14: 578
draw depth A14: 578
force requirements A14: 577–578
selection A14: 577–579
slide velocity A14: 578
Drawing quality
alloy steel sheet and strip M1: 164
low-carbon steel sheet and strip M1: 154, 155
of carbon steels A1: 201–202
of low-alloy steel A1: 208–209
Drawing quality special killed
low-carbon steel sheet and strip M1: 154, 155
Drawing tests A14: 891–892
Drawing-quality, special-killed steel
porcelain enameling of M5: 573
Drawn cup needle roller bearings
basic load rating A18: 505
Drawn fiber
defined EM1: 9, EM2: 15
Drawn polymer films
molecular orientation determined A10: 120
Dredge
definition A5: 953
Dredges
as sampling tools A10: 16
Dredging
definition A5: 953
Dressed weld
effect on fatigue performance of
components A19: 317
Dressing
definition A5: 953
Drexel University A7: 398–399, 401
Drier
definition A5: 953
Drift
defined A9: 6

Drifting **A19:** 290
Drill
artwork, and test information (DATI) system **EL1:** 130
bits, cemented carbide **A2:** 976
carbide metal cutting **A2:** 964–965
cost, vs. hole size **EL1:** 20
tape handling **EL1:** 525–526
Drill cores
resource evaluations by neutron activation analysis **A10:** 233
Drill life **A7:** 673
Drill pipe *See also* Steel tubular products **M1:** 319–320
ultrasonic inspection **A17:** 232
Drill presses *See also* Drilling
boring **A16:** 161, 170
die threading **A16:** 296, 297
die threading, dimensional control **A16:** 300
milling **A16:** 329
reaming **A16:** 240, 242
roller burnishing **A16:** 252
tapping **A16:** 255–256, 259
trepanning **A16:** 175
vertical, honing **A16:** 473, 486
Drill sizes
feeds for **M7:** 461
Drill thrust **A7:** 673
Drill torque **A7:** 673
Drill wear **A7:** 673
Drill-and-reamer combinations **A16:** 241, 245
Drilled holes
fatigue fracture **A11:** 21
fatigue fractures from **A11:** 123
in crankshafts, fracture mechanics failure analysis **A11:** 123–125
Drilling *See also* Drill presses; Drills **A7:** 684, **A16:** 212–238, **A19:** 290
adaptive control implemented **A16:** 622, 623
Al alloys **A16:** 766–767, 769, 775, 776, 778, 780–782, 782–785, 790–791
alloy steel corrosion in **A13:** 533–535
aluminum and aluminum alloys **A2:** 10
and chip formation **A16:** 8
and chip formation analysis **A16:** 17
and chip removal **A16:** 33
and swaging, combined **A14:** 141
aramid composite **EM1:** 668–669
as machining process **M7:** 461
as manufacturing process **A20:** 247
as wet chemical technique for subdividing solids **A10:** 165
bench drilling machines **A16:** 212–213, 235, 237
by ND-YAG laser **A14:** 737
carbon steels **A16:** 673
cast irons **A16:** 648, 650, 651, 652, 654, 655, 658, 660
cemented carbide tools **A16:** 84, 85
ceramics **A16:** 102
characteristics **A20:** 695
CNC systems **A16:** 217–218
coiled tubing failure **A19:** 603
compared to grinding **A16:** 427
compared to reaming **A16:** 239
compared to shaped tube electrolytic machining **A16:** 554
compared to ultrasonic machining **A16:** 528
cost factors **A16:** 233
cross drilling **A16:** 375, 377, 386
Cu alloys **A16:** 805, 808, 811, 812, 813–816
cutting fluid flow recommendations **A16:** 127
cutting fluids **A16:** 125, 126, 127, 229–230
deep hole, and cutting fluids used **A16:** 125
deep-hole drilling machines **A16:** 215–216
defects **EL1:** 870, 1021
dial-index machines **A16:** 217
dimensional accuracy of holes **A16:** 228
dimensional tolerance achievable as function of feature size **A20:** 755
drill life variables **A16:** 230–232
drill point modifications **A16:** 226–228, 229
drill selections **A16:** 219
drill types **A16:** 218–225
effect, nailheading as **EL1:** 575
effect on fatigue strength **A11:** 123
equipment, locational accuracy **EL1:** 508
fixtures **A16:** 404
gang drilling machines **A16:** 214
general drill classification **A16:** 220
graphite composite **EM1:** 668–669
hafnium **A16:** 856
hardness of workpiece and cost **A16:** 232–233
heat-resistant alloys **A16:** 746–750, 751–752
horizontal, cemented carbide tools **A2:** 974
horizontal multiple-station machines **A16:** 229
in conjunction with boring **A16:** 160, 168, 169
in conjunction with broaching **A16:** 194, 195, 204, 211
in conjunction with honing **A16:** 484
in conjunction with lapping **A16:** 494
in conjunction with milling **A16:** 304, 306
in conjunction with tapping **A16:** 256, 261
in conjunction with trepanning **A16:** 175
in conjunction with turning **A16:** 140, 153, 154
in conjunction with ultrasonic machining **A16:** 530
in machining centers **A16:** 393
in metal removal processes classification scheme **A20:** 695
in transfer machines **A16:** 217, 395
indexable-insert drills **A16:** 234–237
limits **EL1:** 508
machines and production reaming **A16:** 239–240
Mg alloys **A16:** 821–822, 823–824
MMCs **A16:** 894, 895, 896, 900, 901
monitoring systems **A16:** 414, 415–417
multifunction machining **A16:** 366–367, 368, 374, 379–380, 384
multiple-spindle machines **A16:** 214–215
Ni alloys **A16:** 835, 837, 838, 839
numerical control (NC) **A16:** 217–218, 613–616
of dissimilar materials **EM1:** 669–672
oil and gas, as cemented carbide application **A2:** 974–977
one-step/countersinking **EM1:** 671–672
P/M high-speed tool steels applied **A16:** 65, 67
P/M materials **A16:** 879–890
peck **EM1:** 669–671
peck drilling **A16:** 238
plated-through hole, primary **EL1:** 869–870
power consumption **A16:** 17
process capabilities **A16:** 212
radial machines **A16:** 213–214, 235
refractory metals **A16:** 860, 861, 863–865
resin impregnation effect **A7:** 691, 692
rigid printed wiring boards **EL1:** 544, 548
rotary, cemented carbides **A2:** 974
roto-percussive, cemented carbides **A2:** 974–975
roughness average **A5:** 147
selection of drilling machines **A16:** 217
shuttle-transfer machines **A16:** 217
small-hole drilling (microdrilling) **A16:** 237–238
solid-tool **EM1:** 667–672
special drills for hard steel applications **A16:** 225–226
speed and feed **A16:** 229–232, 233, 238
stainless steels **A16:** 155, 681, 686–687, 690, 693–695, 697–699, 704
surface alterations from dull tools **A16:** 29
surface alterations produced **A16:** 23
surface finish achievable **A20:** 755
surface finish requirements for machine tool components **A16:** 21
surface integrity effects in material removal processes **A16:** 28
surface roughness and tolerance values on dimensions **A20:** 248
systems **A16:** 217–218
tape-controlled machines **A16:** 217–218
Ti alloys **A16:** 845, 846, 847, 848, 850, 851
tool adapters **A16:** 381
tool life **A16:** 218, 222, 224, 228, 233, 234
tool steel selection **A16:** 710
tool steels **A16:** 710, 711, 715–716, 718, 721, 727
tools **EM1:** 669–672
transfer drilling machines **A16:** 216–217
trunnion-index machines **A16:** 217
types of drilling machines **A16:** 212–217
underwater **A16:** 226
upright machine spindle drives **A16:** 213
upright machines **A16:** 213–214, 235
uranium alloys **A16:** 875
vertical, cemented carbide tools **A2:** 974
vertical drill presses **A16:** 212
vertical multiple-spindle automatic chucking machines **A16:** 378
zirconium **A16:** 852, 854
Zn alloys **A16:** 832, 833
Drilling fluid corrosion
oil/gas production **A13:** 1245–1246
Drills *See also* Cutting tools; Drilling
aircraft **A16:** 222
as sampling tools **A10:** 16
automotive series **A16:** 221
center **A16:** 221
centering **A16:** 222
chip-breaker **A16:** 222
core **A16:** 221, 229
design **A16:** 218
double-margin **A16:** 221
flank wear scars **A16:** 44
gun **A16:** 222–223, 229, 230–232
half-round **A16:** 221
hardness examination in failure example **A20:** 148
high-helix **A16:** 220
left-hand **A16:** 221
life **A16:** 218, 223, 227–228, 230, 232–233, 238
low-helix **A16:** 220
oil-hole **A16:** 220–221, 229
point modification **A16:** 226–229
rail **A16:** 221
selection of **A16:** 219
spade **A16:** 223–225, 234, 235, 237
specific applications by type **A16:** 220–225
spotting **A16:** 222
step **A16:** 222
straight-flute **A16:** 221, 234
straight-shank **A16:** 218, 220
subland **A16:** 222
surface treatments **A16:** 219
taper-shank **A16:** 218, 220
TIN coatings **A16:** 57
twist **A16:** 218–224, 226–230, 234–238
types of **A16:** 218
underwater **A16:** 226
Drip applicators
for lubricant application **A14:** 515
Drip electron beam melting **A15:** 412–414
Drip feed (drop feed) lubrication
defined **A18:** 7
Drive axle, steel
fatigue fracture in **A11:** 116–117
Drive end
in torsional testing machine **A8:** 146
Drive gear for mail handling machine **A7:** 1101
Drive gears **M7:** 670
Drive mechanisms *See also* Presses
capacity **A14:** 496
contour roll forming machines **A14:** 627
hydraulic presses **A14:** 32–33
mechanical presses **A14:** 31
modified, crank presses with **A14:** 40
screw presses **A14:** 33–35, 41
slider-crank, kinematics of **A14:** 37–38
speed change **A14:** 497
Drive pins, jackscrew
fatigue failure **A11:** 546
Drive pipe **M1:** 320

SUBJECTS OF THE INDEXED VOLUMES: ASM Handbook (designated by the letter "A"): **A1:** Properties and Selection: Irons, Steels, and High-Performance Alloys (1990); **A2:** Properties and Selection: Nonferrous Alloys and Special-Purpose Materials (1990); **A3:** Alloy Phase Diagrams (1992); **A4:** Heat Treating (1991); **A5:** Surface Engineering (1994); **A6:** Welding, Brazing, and Soldering (1993); **A7:** Powder Metal Technologies and Applications (1998); **A8:** Mechanical Testing (1985); **A9:** Metallography and Microstructures (1985); **A10:** Materials Characterization (1986); **A11:** Failure Analysis and Prevention (1986); **A12:** Fractography (1987); **A13:** Corrosion (1987); **A14:** Forming and Forging (1988); **A15:** Casting (1988); **A16:** Machining (1989); **A17:** Nondestructive Evaluation and Quality Control (1989); **A18:** Friction, Lubrication, and Wear Technology (1992); **A19:** Fatigue and Fracture (1996); **A20:** Materials Selection and Design (1997). **Metals Handbook, 9th Edition** (designated by the letter "M"): **M1:** Properties and Selection: Irons and Steels (1978); **M2:** Properties and Selection: Nonferrous Alloys and Pure Metals (1979); **M3:** Properties and Selection: Stainless Steels, Tool Materials, and Special-Purpose Materials (1980); **M4:** Heat Treating (1981); **M5:** Surface Cleaning, Finishing, and Coating (1982); **M6:** Welding, Brazing, and Soldering (1983); **M7:** Powder Metallurgy (1984). **Engineered Materials Handbook** (designated by the letters "EM"): **EM1:** Composites (1987); **EM2:** Engineering Plastics (1988); **EM3:** Adhesives and Sealants (1990); **EM4:** Ceramics and Glasses (1991). **Electronic Materials Handbook** (designated by the letters "EL"): **EL1:** Packaging (1989)

Drive shaft, steel splined
fatigue fracture A11: 122–123
Drive spring
for torsional impact system A8: 216–217
Drive system
in fatigue testing machine A8: 368
in load train A8: 368
tension testing machines A8: 47–48
Drive train
cam plastometer A8: 195
Drive unit
for torsional impact system A8: 216–217
Drive-gear assembly
deformation of A11: 142–143
Drive-line assembly
failed due fatigue fracture of cap
screws A11: 533, 535
Driven well pipe M1: 320
Drive-pinion shaft
magnetic particle inspection of A17: 113
Driver circuit
output impedance EL1: 26–27, 39
Driver-pickup mode
remote-field eddy current inspection A17: 196
Driver(s)
bipolar EL1: 83
circuit EL1: 26–27, 39
circuit board line, as IC integrated EL1: 7
power dissipation, as limitation EL1: 6–7
silicon bipolar EL1: 8
Drives
ultrasonic inspection A17: 232
Driving energy A19: 428
Driving forces
and material transport sintering M7: 312–314
Driving gear, nylon
failure of A11: 764, 765
Driving severity number (DSN) A18: 578, 579
Droopers A6: 38
Drop
defined A15: 5
Drop bottom
cupola A15: 29
Drop (dropping) point A18: 136, 137
defined A18: 7
Drop etching
defined A9: 6
definition A5: 953
Drop forging
and powder forging, compared A14: 196–197
defined A14: 5
Drop hammer *See also* Air-lift hammer; Board
hammer; Gravity hammer; Hammers; Steam
hammer
forging, defined A14: 5
Drop hammer coining A14: 180, 655
Drop hammer forming A14: 654–658
aluminum alloys A14: 656, 803–804
blank preparation A14: 655
buckling, control of A14: 655
drop hammer coining A14: 180, 655
hammers for A14: 654
limits A14: 657–658
lubricants A14: 655
multistage forming A14: 655
of magnesium alloys A14: 656–657, 830
of titanium alloys A14: 657, 847
stainless steels A14: 774
steel processing A14: 655–656
tooling A14: 654–655
with trapped rubber A14: 608
Drop machine
development of A15: 28
Drop (mechanical shock)
as physical testing EL1: 944
Drop test
for high strain rate compression testing A8: 187
for medium-rate tests A8: 190
Drop tower compression test A8: 196–198
Drop velocity A7: 39
Drop weight tests A7: 714
Dropout A6: 1156
Droplet deposition processes A20: 236
Droplet diameter, median A7: 98
Droplet erosion *See also* Erosion (erosive) wear
definition A5: 953

Droplet formation
in atomization M7: 30
Droplet formation process A7: 99
Droplet sequence
flame emission spectroscopy A10: 29
Droplet sticking efficiency A7: 398, 400
Dropping mercury electrode
for polarography A10: 189
Drops
impingement A11: 165
of liquid, high-velocity impact of A11: 164
size, effect on erosion damage A11: 166
Drop-through
definition M6: 6
Drop-through dies
for blanking A14: 453
Drop-weight tear test A8: 724
toughness of steel M1: 701
Drop-weight tear test (DWTT) A11: 61, 796,
A19: 403
Drop-weight test A1: 610
for steel castings A1: 367–368
use on cast steels M1: 379
Drop-weight test (DWT)
abbreviation for A11: 796
explosion-bulge test, tension test and
compared A11: 59
for notch toughness A11: 57–58
Drop-weight testing A19: 591
Drop-weight tests A20: 324
Drop-weight transition temperature (DWTT) A20: 324
Dross A6: 1169
aluminum/zinc alloys, compared A15: 447
by-product, reverberatory furnace A15: 378
composition A15: 96
defined A15: 5
definition A5: 953
floating, teapot ladle for A15: 90
formation, compacted graphite irons A15: 671
formation, ductile cast iron A15: 94
formation, in copper alloys A15: 96
from solder waves EL1: 688–689, 691
in aluminum alloys A15: 95
in permanent mold castings A15: 285
particles, as contaminants EL1: 661
removal, in gating A15: 278, 589
Dross formation
in copper casting alloys A2: 346
Dross inclusions
composition A12: 422
wrought aluminum alloys A12: 422
Dross (nux) inclusions
as casting defect A11: 387
Drossing fluxes
aluminum alloys A15: 446
DRS *See* Diffuse reflectance spectroscopy
Drucker-Palgen model A19: 549
Drucker-Prager model A7: 333
Drugs
GC/MS analysis of volatile
compounds in A10: 639
Drum
definition M6: 6
Drum camera
to record strain in torsional impact testing A8: 217
Drum recorder
for torsional test recording A8: 147
Drum test
defined M7: 4
Drums
as sand cooling devices A15: 349–350
rotary, for sand reclamation A15: 353–354
steel wire rope A11: 517–518
Drum-type blenders M7: 189
Drum-type x-y recorder A8: 617
Dry EM3: 11
Dry abrasive blast cleaning
magnesium alloys A5: 820
Dry abrasive blasting *See also* Abrasive
blasting M5: 83–93
abrasives used M5: 83–88, 91
contaminant control M5: 85
metallic M5: 83–84
nonmetallic M5: 84–86
propulsion of M5: 86–88
replacement of M5: 85
selection of M5: 84–86

air blast (pressure) systems M5: 87, 90, 92–93
airless wheel systems M5: 86, 87, 90, 92–93
aluminum and aluminum alloys .. M5: 91, 571–572
applications M5: 91–93
continuous systems M5: 88–89, 92–93
copper and copper alloys M5: 614
cycle times M5: 90–91
equipment M5: 86–91
blasting-tumbling machines M5: 88–89
cabinet machines M5: 88–89
continuous-flow machines M5: 88–89
maintenance M5: 90
portable M5: 89
table-type machine M5: 88
for liquid penetrant inspection A17: 81, 82
heat-resistant alloys M5: 563, 565
limitations of M5: 91–93
magnesium alloys M5: 628–629
microabrasive system M5: 89–90
refractory and reactive metals M5: 652–653
soils, types of, effects M5: 92
suction systems M5: 87–88
titanium and titanium alloys M5: 652–653
tumbling system M5: 88–89, 93
wheel systems M5: 86–87, 90, 92–93
work loads, mixed, quantity, and flow of,
effects of M5: 92–93
workpiece shape and size effects of M5: 92
Dry abrasive cleaning
copper and copper alloys A5: 807
Dry air
as converter gas A15: 426
for fracture preservation A12: 73–74
Dry and baked compression test
defined A15: 5
Dry bag isostatic compaction
for forging A7: 633
Dry bag isostatic pressing EM4: 126, 127,
M7: 444–447
Dry baghouse
cupolas A15: 387
Dry ball milling
for metallic flake pigments M7: 593
not recommended for mixing when SHS process
involved EM4: 229
Dry barrel finishing
aluminum and aluminum alloys M5: 572
magnesium alloys M5: 631
Dry blast cleaning A5: 57–59
Dry blend *See also* Polyvinyl chlorides (PVC)
defined EM2: 15
Dry blending
of uranium dioxide pellets M7: 665
Dry bond adhesive EM3: 11
Dry chlorine A13: 1170–1171
Dry coloring
defined EM2: 15
Dry corrosion *See also* Gaseous corrosion; Thermal
oxidation
as atmospheric A13: 80
properties, ion implantation A13: 499
Dry cutting
of fracture surfaces A11: 19
of specimens A12: 76
Dry cutting abrasive wheels A9: 24
Dry cyaniding *See* Carbonitriding
Dry developers
application of A17: 83
stations A17: 79
Dry drawing *See also* Drawing
continuous machines for A14: 334
lubrication A14: 337–338
Dry etching
defined A9: 6
definition A5: 953
stainless steel M5: 560
Dry etching, polyimide
for via holes EL1: 328
Dry fiber
defined EM2: 15
Dry fiber weight
tested EM1: 737
Dry filament winding
of epoxy composites EM1: 71
Dry film
as solder mask process EL1: 555–556, 584
Dry film thickness test, magnetic gage A5: 435

Dry film thickness test, mechanical gage **A5:** 435
Dry fine grinding versus wet fine grinding, effect on graphite retention in cast
irons **A9:** 243
Dry fining
nickel alloys **M5:** 674
Dry forming
evaluation factors for ceramic forming methods **A20:** 790
Dry friction
defined **A18:** 7
Dry friction applications **M7:** 702, 703
Dry glass bead shot peening **M5:** 144
Dry hot dip galvanized coating **M5:** 328
Dry ice
deep immersion in **A8:** 36
Dry laminate
defined **EM1:** 9, **EM2:** 15
Dry lay-up *See also* Lay up; Lay-up
defined **EM1:** 9, **EM2:** 15
laminating, of epoxy composites ... **EM1:** 71–73, 75
Dry lay-up method
of lamination **EL1:** 832
Dry lubricant *See* Solid lubricant
Dry mixing **A7:** 106
Dry nitrogen
in zoned sintering atmospheres **M7:** 347
Dry objective
defined **A9:** 6
Dry oxygen
copper/copper alloy resistance **A13:** 632–633
Dry particles *See also* Magnetic particles; Particles
magnetic **A17:** 100–101
Dry permeability
defined **A15:** 5
"Dry pin" values **A8:** 60
Dry powder developers (form A)
for liquid penetrant inspection **A17:** 76–77
Dry powder pigments
for sheet molding compounds **EM1:** 158
Dry powder technique
magnetic particle forging inspection **A17:** 500
Dry power brush cleaning **M5:** 150–153
Dry pressing **EM4:** 9, 33–34, 123, 141–146
advantages **EM4:** 141
basic compaction stages **EM4:** 142–143
bulk compression **EM4:** 142, 143
die fill **EM4:** 142
low flow and fragmentation **EM4:** 142, 143
springback **EM4:** 142, 143
transitional restacking **EM4:** 142–143
characteristics **A20:** 697
compaction models **EM4:** 143–146
Cooper-Eaton model **EM4:** 143–144
empirical based models **EM4:** 143
green tensile strength **EM4:** 145–146
length-to-diameter ratio **EM4:** 145, 146
Lukasiewicz's model **EM4:** 143, 144
powder die wall coefficients of friction **EM4:** 145, 146
powder fluidity index **EM4:** 144–145, 146
quantitative models **EM4:** 143–144
semiquantitative based models **EM4:** 143
stages of compaction for agglomerated powders **EM4:** 144
upper punch hold-down pressure .. **EM4:** 145, 146
effect of increasing process parameters on green density and end-capping **EM4:** 146
equipment types **EM4:** 141
double-action presses **EM4:** 141, 142
floating-die presses **EM4:** 141, 142
hydraulic presses **EM4:** 141
mechanical rotary presses **EM4:** 141
punches and dies **EM4:** 141
single-action (anvil) presses **EM4:** 141, 142
state-of-the-art press **EM4:** 141
evaluation factors for ceramic forming methods **A20:** 790
factors influencing ceramic forming process selection **EM4:** 34
in ceramics processing classification scheme **A20:** 698
mechanics of process **EM4:** 141–142
powder specifications required **EM4:** 146
binders as additives **EM4:** 146
defoamers as additives **EM4:** 146
dispersants as additives **EM4:** 146
lubricants as additives **EM4:** 146
plasticizers as additives **EM4:** 146
wetting agents as additives **EM4:** 146
properties **EM4:** 141
viscoelastic properties required **EM4:** 116
Dry process enameling
definition **A5:** 953
Dry processing
ceramics **A20:** 790
Dry radiography *See* Xeroradiography
Dry reclamation systems
for sands **A15:** 351–353
Dry rubbing test
ceramic coatings **M5:** 547
Dry running
defined **A18:** 7
Dry sand
low-stress rubber wheel abrasive wear tester **A8:** 605
Dry sand casting
defined **A15:** 5
Dry sand molding *See also* Green sand mold
and green sand molding, compared **A15:** 228
methods **A15:** 228
Dry sand molds
defined **A15:** 5
for horizontal centrifugal casting **A15:** 296
pit mold, for diesel engine **A15:** 228
vertical centrifugal casting **A15:** 301
Dry sand-rubber wheel test
defined **A18:** 7
Dry scrubbing
for sand reclamation **A15:** 227
Dry silver film
radiography **A17:** 315
Dry sliding wear *See also* Unlubricated sliding
defined **A18:** 7
definition **A5:** 953
Dry spike isotope dilution
for SSMS analysis **A10:** 146
Dry steam, and moisture
in steam equipment **A11:** 615
Dry strength *See also* Wet strength **EM3:** 11
defined **EM2:** 15
Dry tack **EM3:** 11
Dry time
water-base versus organic-solvent-base adhesives properties **EM3:** 86
Dry toner development
copier powders **M7:** 582–583
Dry wear **A8:** 603
Dry wear rate
sliding bearings **A18:** 515
Dry weight
definition **A5:** 953
Dry winding *See also* Wet Winding; Winding **EM1:** 9, 71
defined **EM2:** 15
Dry-air blast
for cleaning **A11:** 19
Dry-bag pressing method
for cermets **A2:** 982
Dry-bottom cupola
tapping **A15:** 384–385
Dry-bulb temperature *See also* Temperature(s) **EM3:** 11
defined **EM2:** 15
Dry-drawing continuous machines **A14:** 334
Dry-drawn finish **A1:** 279
Dryer
for induction furnace preheating **A15:** 373
Dry-film lubrication
defined **A18:** 7
Dry-film rust-preventive compounds **M5:** 459, 461–464, 466
Dry-film thickness
measurement **A13:** 417
Drying *See also* Curing; Predrying; Spray drying **EM4:** 130–134
air, of rammed graphite molds **A15:** 273
air, of thick-film circuits **EL1:** 249
ceramic packaging **EL1:** 961
ceramics **A20:** 790–791
cluster, investment casting **A15:** 260–261
drying process **EM4:** 131–132
drying shrinkage and defects **EM4:** 132
checks **EM4:** 132
differential shrinkage **EM4:** 132
linear shrinkage **EM4:** 132
volume shrinkage **EM4:** 132
warping **EM4:** 132, 134
drying systems **EM4:** 130
conductive heating **EM4:** 130, 131
convection heating **EM4:** 130, 131
fluidized bed drying **EM4:** 130
infrared radiation **EM4:** 130
open-air drying **EM4:** 130
radiation **EM4:** 130, 131
equipment, plaster molding **A15:** 243
for liquid penetrant inspection **A17:** 83
in ceramics processing classification scheme **A20:** 698
in chromating **A13:** 390
liquid crystal polymers (LCP) **EM2:** 181
match plate patterns molds **A15:** 245
mechanisms in drying **EM4:** 130–131
evaporation **EM4:** 130–132
modes of drying **EM4:** 132–134
conduction drying **EM4:** 132, 134
controlled humidity drying **EM4:** 132–133
conventional drying **EM4:** 132, 134
freeze-drying **EM4:** 134
infrared drying **EM4:** 132
microwave drying **EM4:** 133
slurry drying **EM4:** 133–134
spray-drying **EM4:** 134
supercritical drying **EM4:** 134
vacuum-assisted drying **EM4:** 132
mold, plaster molding **A15:** 244
of gravimetric samples **A10:** 163
of porcelain enamels **A13:** 448
of radiographic film **A17:** 353
of solder paste **EL1:** 733
oil, defined **A13:** 5
polyamide-imides (PAI) **EM2:** 135
station, liquid penetrant inspection **A17:** 78–79
styrene-acrylonitriles (SAN, OSA ASA) .. **EM2:** 216
temperature, Antioch process **A15:** 246–247
Drying control chemical additives (DCCA) **EM4:** 449, 450
for obtaining xerogels **EM4:** 211
Drying cracks
definition **A5:** 953
Drying oil
definition **A5:** 953
minimum surface preparation requirements **A5:** 444
Drying oils
contamination of phosphate coating by ... **M5:** 439
Drying temperature **EM3:** 11
Drying time **EM3:** 11
Drying time test **A5:** 435
Dry-method particles **M7:** 577–578
Dryout, electrolyte
passive devices **EL1:** 998–999
Dry-powder magnetic particles
defect detection **M7:** 577–578

SUBJECTS OF THE INDEXED VOLUMES: ASM Handbook (designated by the letter "A"): **A1:** Properties and Selection: Irons, Steels, and High-Performance Alloys (1990); **A2:** Properties and Selection: Nonferrous Alloys and Special-Purpose Materials (1990); **A3:** Alloy Phase Diagrams (1992); **A4:** Heat Treating (1991); **A5:** Surface Engineering (1994); **A6:** Welding, Brazing, and Soldering (1993); **A7:** Powder Metal Technologies and Applications (1998); **A8:** Mechanical Testing (1985); **A9:** Metallography and Microstructures (1985); **A10:** Materials Characterization (1986); **A11:** Failure Analysis and Prevention (1986); **A12:** Fractography (1987); **A13:** Corrosion (1987); **A14:** Forming and Forging (1988); **A15:** Casting (1988); **A16:** Machining (1989); **A17:** Nondestructive Evaluation and Quality Control (1989); **A18:** Friction, Lubrication, and Wear Technology (1992); **A19:** Fatigue and Fracture (1996); **A20:** Materials Selection and Design (1997). **Metals Handbook, 9th Edition** (designated by the letter "M"): **M1:** Properties and Selection: Irons and Steels (1978); **M2:** Properties and Selection: Nonferrous Alloys and Pure Metals (1979); **M3:** Properties and Selection: Stainless Steels, Tool Materials, and Special-Purpose Materials (1980); **M4:** Heat Treating (1981); **M5:** Surface Cleaning, Finishing, and Coating (1982); **M6:** Welding, Brazing, and Soldering (1983); **M7:** Powder Metallurgy (1984). **Engineered Materials Handbook** (designated by the letters "EM"): **EM1:** Composites (1987); **EM2:** Engineering Plastics (1988); **EM3:** Adhesives and Sealants (1990); **EM4:** Ceramics and Glasses (1991). **Electronic Materials Handbook** (designated by the letters "EL"): **EL1:** Packaging (1989)

Dry-resin coatings
fused **A15:** 565
Dry-sand investment
aluminum and aluminum alloys **A2:** 5
Dry-sand/rubber wheel test
definition **A5:** 953
DS *See* Directional solidification
DS MAR-M200 + Hf
aging cycle **A4:** 812
DS MAR-M247
aging cycle **A4:** 812
DS Nickel *See* Nickel alloys, specific types, DS Ni
DS René 80H
aging cycle **A4:** 812
DSC *See* Differential scanning calorimeter; Differential scanning calorimetry; Differential scanning calorimetry (DSC) analysis
DSID *See* Direct sample insertion device
DSMC-SANDIA
used for engineering design and CFD analysis **A20:** 198
***d*-spacing gradient** **A18:** 465, 468
***d*-spacings**
formulas for **A10:** 328
use in unknown phase/particle identification **A10:** 455–456
D-stage washer corrosion
pulp bleach plants **A13:** 1193–1194
DTA *See* Differential thermal analysis; Differential thermal analysis (DTA)
DT-test *See* Dynamic tear (DT) test
DTUL *See* Deflection temperature under load
DU *See* Uranium
Dual chromium *See* Microcracked chromium plating
Dual energy imaging
computed tomography (CT) **A17:** 378–379
defined **A17:** 383
Dual intensifier pump
abrasive waterjet cutting **A14:** 744–746
Dual refractive index method
of holographic contouring **A17:** 408
Dual sealing treatment
anodic coatings **M5:** 594–595
Dual sprocket assemblies
for farm planters **M7:** 673–674
Dual wavelength holographic contouring **A17:** 408
Dual-alloy turbine disk/wheels **A7:** 895–896
Dual-antenna reflection technique
microwave inspection **A17:** 205
Dual-beam dispersive spectrophotometers
UV/VIS absorption spectroscopy **A10:** 67–68
Dual-element contact-type ultrasonic search unit **A17:** 257–258
Dual-flow plasma cutting **A14:** 730
Dual-frequency eddy current inspection **A17:** 181
Dual-hardness armor **A20:** 57–58
Dual-in-line packages (DIPS) **EL1:** 437–438
advantages **EL1:** 7
and high-package densities **EL1:** 405
as package family **EL1:** 404
chip size effects **EL1:** 53
cooling **EL1:** 47
cost/performance modeling **EL1:** 14–15
defined **EL1:** 1141
failure verification/fault isolation in **EL1:** 1058–1061
flux contamination analysis **EL1:** 1109
for silicon chips **EL1:** 12
heat flow paths **EL1:** 489
package configurations **EL1:** 485
plastic postmolded, assembly sequence . . . **EL1:** 487
resistor networks **EL1:** 178
resistores in design package **EL1:** 513
thermal resistance **EL1:** 409–410
through-hole/surface-mount assembly **EL1:** 437–438
vs. integrated circuits (ICs) **EL1:** 12
Dual-mechanism cure systems **EL1:** 859, 863–864
Dual-phase microstructure **A9:** 604
Dual-phase steels **A1:** 148, 400, 405, 424–429, **A4:** 57, 61, **A19:** 382, 609, **A20:** 378, 379, 381
alloying additions and properties as category of HSLA steel **A19:** 618
annealing **A4:** 52
Coffin-Manson low cycle fatigue relationship **A19:** 235
cold-forming strip **A1:** 417
continuous annealing **A4:** 62–63, 64
effects of grinding on retained austenite **A9:** 168–169
fatigue crack growth **A19:** 54
fatigue crack threshold **A19:** 142
forming properties **A1:** 398, 418, 420
heat treatment of
austenite transformation after intercritical annealing **A1:** 425
ferrite phase changes during intercritical annealing **A1:** 425–426
formation of austenite during intercritical annealing **A1:** 425
manganese segregation in **A10:** 483
mechanical properties
tempering and strain aging **A1:** 427–428
work hardening and yield behavior **A1:** 424, 426
yield and tensile strength **A1:** 417, 426–427
n value determined in **A8:** 550
new advances in **A1:** 428, 429
springback in **A8:** 553
tensile properties **A8:** 555
Dual-phase steels, specific types
0.11C-1.40Mn-0.58Si-0.12Cr-0.08Mo **A9:** 165
0.11C-1.40Mn-0.58Si-0.12Cr-0.08Mo, heat treated and air cooled **A9:** 191
Dual-pitch racks
economy in manufacture **M3:** 853–854
Dual-property turbine wheel **M7:** 652
Dual-tube attachments
for flame cutting **M7:** 843
Dual-turret NC lathe **A16:** 1
Dual-wave soldering **EL1:** 180
Duane method **A20:** 94
Dubé scheme **A6:** 76
Duct assembly, medium-carbon steel
fatigue fracture **A11:** 118
DUCT software program
for surface model **A15:** 859
Ductile and brittle fractures **A11:** 82–101
Ductile cast iron **M1:** 6–7, 33–56
alloying elements **M1:** 34–42, 45–51, 53–55
applications **M1:** 34–35, 36, 47
composition **M1:** 33, 34–35, 36–37
compressive properties **M1:** 38, 41
creep data **M1:** 47, 48, 49
damping capacity **M1:** 32, 41, 45
dimensional growth **M1:** 46–47
electrical properties **M1:** 52–53, 55
elevated-temperature properties **M1:** 46–52
fatigue data **M1:** 43–44, 45, 46
ferritic grades, weldability **M1:** 564
fracture toughness **M1:** 42, 45–46
hardenability **M1:** 47, 49
heat treatment **M1:** 7, 35, 37, 42, 45
high nickel ductile iron
composition **M1:** 76
corrosion resistance **M1:** 90–91
elevated-temperature properties **M1:** 93–96
mechanical properties **M1:** 89, 92
physical properties **M1:** 88
impact properties **M1:** 39–42, 45
machinability **M1:** 35, 54–56
magnetic properties **M1:** 53–54
malleable cast iron, compared to **M1:** 57
matrix structure, effect of. . . **M1:** 35, 45, 46, 53, 55
mechanical properties **M1:** 35, 36, 38–52
medium silicon ductile iron
composition **M1:** 76
mechanical properties **M1:** 92
oxidation resistance **M1:** 94
physical properties **M1:** 88
melting temperature **M1:** 52
metallurgical control **M1:** 36–38
microstructure **M1:** 7, 8
nodulizers **M1:** 37
nodulizing reactions **M1:** 6
notch toughness **M1:** 40–41, 45
oxidation resistance **M1:** 46
patternmakers' rules **M1:** 30–31, 33
pearlitic grades, weldability **M1:** 564
physical properties **M1:** 49, 52–55
section size, effect of **M1:** 40–41
specifications **M1:** 34, 35, 36
surface hardening **M1:** 37–38
tensile properties **M1:** 35, 36, 38, 41, 47, 52
testing **M1:** 37, 54–56
torsional properties **M1:** 38, 41
transition temperature **M1:** 40–41, 45
welding **M1:** 56
Ductile cast iron, grade 60-40-12, microstructure of . . . . . **A3:** 1•26
Ductile cast irons **A20:** 379, 380
applications **A20:** 379
heat treatments **A20:** 379
microstructural alterations **A20:** 381
microstructure **A20:** 379
properties **A20:** 379
unalloyed **A13:** 567
Ductile cleavage mixed modes
overload failure **A8:** 481
Ductile crack propagation
defined **A8:** 4, **A11:** 3
Ductile decohesion
cyclic **A8:** 482–484
process, of Inconel 718 specimens **A8:** 484–485
Ductile, defined *See* Dimple rupture(s); Ductile fracture(s); Ductile rupture(s); Ductile tearing; Ductility
Ductile erosion behavior
defined **A8:** 4, **A11:** 3
definition **A5:** 953
Ductile failure **A19:** 6
Ductile fatigue striation
in aluminum alloy **A8:** 484
Ductile fracture *See also* Ductility; Fracture; Fracture toughness **A8:** 4, 477–479, **A14:** 363–367, **A19:** 5, 7
and increasing temperature of deformation **A8:** 572
as failure mode for welded fabrications . . . **A19:** 435
at cold working temperatures **A8:** 154, 573–574
at hot working temperatures **A8:** 573–574
at warm working temperatures **A8:** 573–574
by microvoid coalescence **A8:** 466
causes **A19:** 6
centerburst-type **A8:** 573–574
characteristics **A19:** 42
characteristics at low temperatures **A19:** 45
dead-metal zones **A8:** 574
defined **A13:** 5
definition **A5:** 953
dimpled rupture **A19:** 42
fibrous tearing **A8:** 572
flat-face (square) **A19:** 42
free surface **A8:** 573–574
hole coalescence **A8:** 572
in austenitic stainless steel **A8:** 154
in processing map **A8:** 572
in repeated tension test **A8:** 353–354
in reversed cyclic creep test **A8:** 353–354
in static creep test **A8:** 353–354
in tension test with range of strain rates and temperatures **A8:** 571
low-carbon steel **A19:** 10, 11
macroscopic **A19:** 6
shear band tearing **A8:** 572
shear bands **A8:** 574
shear-face (slant-shear) **A19:** 42
stages **A8:** 571
stress-modified critical strain model and RKR critical stress model compared **A8:** 467
stress-strain curves **A19:** 47
triple-point cracks and fractures **A8:** 574
types **A8:** 477–478
void growth **A8:** 571–572
wrought aluminum alloy **A2:** 41–42
Ductile fracture from microvoid coalescence **A19:** 7
Ductile fracture(s) *See also* Dimple rupture(s); Dimpled rupture fracture; Ductile rupture(s)
AISI/SAE alloy steels **A12:** 298
and brittle fractures **A11:** 82–101
appearance **A11:** 82–83
ASTM/ASME alloy steels **A12:** 346
by liquid erosion **A11:** 164–166
by liquid lead embrittlement **A12:** 38
by liquid-metal embrittlement **A11:** 227, 231
by microvoid formation **A11:** 82
by overload fracture by **A11:** 25
by steel embrittlement **A11:** 98–101
causes of **A11:** 85–87
crack-growth rate to **A11:** 75
defined **A11:** 3
determined **A11:** 25
dimpled-rupture fracture surface of **A11:** 22

Ductile fracture(s) (continued)
dimples in . . . A12: 220
ductile-to-brittle transition . . . A11: 84–85
failures, from residual stresses . . . A11: 97–98
fractography of . . . A11: 25
identification chart for . . . A11: 80
improper electroplating failures from . . . A11: 97
improper fabrication failures from . . . A11: 87–94
improper thermal treatment failures from . . . A11: 94–97
interpretation of . . . A12: 96–98
irons . . . A12: 220, 223
light fractographs . . . A12: 94, 99
low-carbon steel bolts . . . A12: 248
maraging steels . . . A12: 385
materials illustrated in . . . A12: 217
metal-matrix composites . . . A12: 467–468
micromechanism . . . A12: 4
microscopic features . . . A12: 97
of alloy steel bolt . . . A11: 76
of fibers, metal-matrix composites . . . A12: 468
of forged steel shaft . . . A11: 481–482
of iron T-hooks . . . A11: 367–369
of pressure vessels . . . A11: 666
of shafts . . . A11: 459, 466–467
overload, in 63Sn-37Pb solder . . . A11: 45–46
polymer . . . A12: 479
propagation modes . . . A11: 696
radial marks, SEM fractographs . . . A12: 169
superalloys . . . A12: 389
surface information, SEM imaging . . . A12: 173–174
tearing shear, fracture surface of . . . A11: 697
tensile, appearance . . . A12: 173
tensile, appearance of . . . A11: 75–76
titanium alloys . . . A12: 443, 450, 451, 455
topography of . . . A11: 75
types of . . . A11: 75–76
wrought aluminum alloys . . . A12: 422, 425
Ductile hole joining fracture mode
separation in . . . A8: 450
Ductile intergranular fatigue . . . A8: 484, 486
Ductile intergranular striations . . . A8: 487
Ductile intergranular voids
particle nucleated . . . A8: 487
Ductile iron *See also* Cast irons; Ductile iron, specific types . . A1: 3, 7–8, 33–55, A5: 683, 684, 694, 696–697, 697–698, A9: 245
advantages of . . . A1: 33–34, 37
air-carbon arc cutting . . . A6: 1172, 1176
alloys . . . A1: 34
alternating bend fatigue strength/tensile strength ratio . . . A19: 665
annealing . . . A1: 41
application, internal combustion engine parts . . . A18: 556
applications for . . . A1: 34–38
arc welding . . . M6: 315–316
as cast ferritic, dynamic tear energy . . . A19: 677
as-cast, color etched . . . A9: 157
as-cast, heat treatment effect on fatigue properties . . . A19: 674
austempered . . . A1: 34, 35, 36, 37–38, 42
brake drum, brittle fracture . . . A11: 370–371
brazeability . . . M6: 996
brittle fracture . . . A12: 227, 231–232, 235–237
chemical composition . . . A6: 906
circumferential V-notch effect on bending fatigue strength . . . A19: 669
classification by commercial designation, microstructure, and fracture . . . A5: 683
commercial pearlitic, fatigue crack propagation . . . A12: 228–229
compared to gray or malleable iron . . . A1: 33–34
composition limits . . . M6: 309
composition of . . . A1: 33, 34, 35
corrosion of . . . A11: 200
cylinder head, shrinkage porosity in . . A11: 354–355
dip brazing . . . A6: 338
ductile tearing . . . A12: 230–236
ductile-to-brittle transition . . . A12: 231, 236
etched, bull's-eye structure . . . A9: 245
fatigue and fracture properties of . . . A19: 672–675
ferritic, dynamic tear energy . . . A19: 677
ferritic, high load fatigue fracture surface A12: 229
formation of graphite during solidification . . A1: 33
fractographs . . . A12: 227–237
fracture, slow monotonic loading . . . A12: 230
fracture/failure causes illustrated . . . A12: 216
galling resistance with various material combinations . . . A18: 596
graphite shape and distribution . . . A1: 38–39
graphite shape effect on dynamic fracture toughness, ferritic grades . . . A19: 672
graphite shape effect on fracture toughness, pearlitic grades . . . A19: 672
hardenability . . . A1: 48–50
heat treated, circumferential V-notch effect on bending fatigue strength . . . A19: 669
heat treatment . . . A1: 38, 40, 41–42
high-silicon ferritic . . . A12: 229
laser melting . . . A18: 864, 865
laser transformation hardening A18: 862, 863, 864
machinability of . . . A1: 52–53, 54
mechanical properties . . . A1: 36, 40, 42–43
at elevated temperatures . . . A1: 48, 49
composition, effect of . . . A1: 40, 43–44
compressive properties . . . A1: 42, 45
creep strength . . . A1: 48, 49, 50
damping capacity . . . A1: 45–46
fatigue strength . . . A1: 39, 46–47, 48
fracture toughness . . . A1: 46, 47
graphite shape, effect of . . . A1: 44–45
hot-tensile properties . . . A1: 48, 52
impact properties . . . A1: 40, 43, 44, 45, 46
notch sensitivity . . . A1: 48
section size, effect of . . . A1: 45
strain rate sensitivity . . . A1: 47
stress-rupture properties . . . A1: 48, 51, 52
tensile properties . . . A1: 37, 42, 45
torsional properties . . . A1: 42, 45
need for risers . . . A1: 33–35
nodular, machining . . . A2: 966
normalized, heat treatment effect on fatigue properties . . . A19: 674
normalizing . . . A1: 41–42
oil quenched, tempered 2 h 550 °C, heat treatment effect on fatigue properties . . . A19: 674
oil quenched, tempered 2 h 600 °C, heat treatment effect on fatigue properties . . . A19: 674
oxyacetylene welding . . . M6: 604
pearlite content effect on toughness . . . A19: 675
pearlitic and ferritic, fatigue fracture surfaces . . . A12: 229
physical properties
density . . . A1: 50
electrical and thermal relationship A1: 50–51, 52
electrical resistivity . . . A1: 51, 53
magnetic properties . . . A1: 51–52
thermal properties . . . A1: 49, 50
pipe, failure of centrifugal casting mold for . . . A11: 275–276
pistons, fracture of . . . A11: 360–361
postweld heat treatment practice . . . M6: 314
quenching . . . A1: 38, 41–42
rare earth alloy additives . . . A2: 737
rotating-bending fatigue strength . . . A19: 676
rotating-bending fatigue strength versus tensile strength . . . A19: 667
shrinkage allowance . . . A1: 34
specific types . . . A19: 666
specifications . . . A1: 34–35, 36
spur gear, brittle cleavage . . . A12: 227
strain-life fatigue curve . . . A19: 666
strength and toughness of . . . A1: 33
stress relieving . . . A1: 41
stress-life fatigue curve . . . A19: 666
subcritical annealed ferritic, dynamic tear energy . . . A19: 677
surface hardening . . . A1: 42
tempering . . . A1: 41–42
testing and inspection . . . A1: 37, 38, 39–41
thermal expansion coefficient . . . A6: 907
T-hooks, overload failure of . . . A11: 367–369
ultimate shear stress for . . . A8: 148
welding metallurgy . . . M6: 308
welding of . . . A1: 53–55
Ductile iron alloy production
powders used . . . M7: 572
Ductile iron castings
inspection of . . . A17: 532
Ductile iron, heat treating . . . A4: 682–692
annealing . . . A4: 685–686, 692
austempering . . . A4: 682, 685, 688–689, 691, 692
austenitizing . . . A4: 684–685, 686, 687, 689
characteristics . . . A4: 682–684
differentiated from gray iron . . . A4: 667
ductility . . . A4: 684, M4: 545, 546
examples . . . A4: 690
fatigue strength . . . A4: 684, 688, 692, M4: 551
hardening . . . A4: 684, 685, 686, 688, M4: 547, 548, 549, 551
hardness measurements . . . A4: 669
induction hardening . . . A4: 689–690, 691
microstructure . . . A4: 682, 683, 685–686
nitriding . . . A4: 690
normalizing . . . A4: 686–687, M4: 546–547
proven applications for borided ferrous materials . . . A4: 445
quench, comparison of severity . . A4: 687, 688–689, 690, 692, M4: 548
remelt hardening . . . A4: 690–691
stress relieving . . . A4: 689, 691–692, M4: 550, 551
surface hardening . . . A4: 689–691, M4: 551
tempering . . . A4: 687–688, 689, 690, 692, M4: 549, 550
tensile strength . . . A4: 684, 685, 688, 690, 691
yield strength . . . A4: 685, 690, 691
Ductile iron pipe *See also* Gray iron pipe . . . M1: 98–100
aerial installations . . . M1: 99, 100
applications . . . M1: 98–100
casting tolerance . . . M1: 98
coatings and linings . . . M1: 98, 100
corrosion resistance . . . M1: 98
grades . . . M1: 98
joints . . . M1: 98, 99, 100
manufacture . . . M1: 98
mechanical properties . . . M1: 98
sizes, standard . . . M1: 98, 99
specifications for . . . M1: 98, 100
standard laying conditions . . . M1: 98, 99
testing . . . M1: 98
underground installations . . . M1: 99
underwater installations . . . M1: 99–100
Ductile iron rolls . . . A14: 353
Ductile Iron Society . . . A15: 34
Ductile iron, specific types
80-60-03 induction hardened, fatigue-crack origin . . . A12: 228
80-60-03 induction hardened, fatigue-test fracture . . . A12: 228
AMS 5316 composition, properties and applications . . . M1: 34, 35
ASME SA395 composition, properties and applications . . . M1: 34, 35
ASTM A395
composition, properties and applications M1: 34, 35
machinability . . . M1: 54–56
ASTM A476 composition, properties and applications . . . M1: 34, 35
ASTM A536 composition, properties and applications . . . M1: 34, 35
ASTM A536 grade 100-70-03, brittle cleavage . . . A12: 227
grade 60-40-18, annealed . . . A9: 247
grade 60-40-18, as-cast, etched . . . A9: 247

SUBJECTS OF THE INDEXED VOLUMES: ASM Handbook (designated by the letter "A"): **A1:** Properties and Selection: Irons, Steels, and High-Performance Alloys (1990); **A2:** Properties and Selection: Nonferrous Alloys and Special-Purpose Materials (1990); **A3:** Alloy Phase Diagrams (1992); **A4:** Heat Treating (1991); **A5:** Surface Engineering (1994); **A6:** Welding, Brazing, and Soldering (1993); **A7:** Powder Metal Technologies and Applications (1998); **A8:** Mechanical Testing (1985); **A9:** Metallography and Microstructures (1985); **A10:** Materials Characterization (1986); **A11:** Failure Analysis and Prevention (1986); **A12:** Fractography (1987); **A13:** Corrosion (1987); **A14:** Forming and Forging (1988); **A15:** Casting (1988); **A16:** Machining (1989); **A17:** Nondestructive Evaluation and Quality Control (1989); **A18:** Friction, Lubrication, and Wear Technology (1992); **A19:** Fatigue and Fracture (1996); **A20:** Materials Selection and Design (1997). **Metals Handbook, 9th Edition** (designated by the letter "M"): **M1:** Properties and Selection: Irons and Steels (1978); **M2:** Properties and Selection: Nonferrous Alloys and Pure Metals (1979); **M3:** Properties and Selection: Stainless Steels, Tool Materials, and Special-Purpose Materials (1980); **M4:** Heat Treating (1981); **M5:** Surface Cleaning, Finishing, and Coating (1982); **M6:** Welding, Brazing, and Soldering (1983); **M7:** Powder Metallurgy (1984). **Engineered Materials Handbook** (designated by the letters "EM"): **EM1:** Composites (1987); **EM2:** Engineering Plastics (1988); **EM3:** Adhesives and Sealants (1990); **EM4:** Ceramics and Glasses (1991). **Electronic Materials Handbook** (designated by the letters "EL"): **EL1:** Packaging (1989)

grade 60-45-12, application of point-count grids to graphite nodules **A9:** 124
grade 60-45-12, as-cast **A9:** 247, 251–252
grade 60-45-12, surface weld **A9:** 251
grade 65-45-12, liquid nitrided and quenched **A9:** 251
grade 80-55-06, as-cast **A9:** 247, 251–252
grade 80-55-06, as-cast, effects of holding time **A9:** 252
grade 80-55-06, flame hardened **A9:** 250
grade 80-55-06, liquid nitrided **A9:** 250
MIL-I-11466B composition, properties and applications **M1:** 34, 35
MIL-I-24137 composition, properties and applications **M1:** 35
SAE J434c composition, properties and applications **M1:** 34, 35

Ductile iron tube
centrifugally cast **A9:** 161

Ductile irons *See also* Austempered ductile irons; Austenitic ductile irons; Cast iron; Cast irons ... **A15:** 647–666, **A16:** 648–651, 654, 658
annealing **A15:** 657–658
applications **A15:** 665
arc welding of **A15:** 527
austempering **A15:** 659–660
boring with high-speed steel and carbide tools **A16:** 655
brazing **A15:** 664–665
broaching **A16:** 656
casting and solidification **A15:** 651–652
centerless grinding **A16:** 665
composition **A15:** 656–657
composition control **A15:** 647–649
counterboring **A16:** 660
cylindrical grinding **A16:** 664
defined **A15:** 5
desulfurization **A15:** 75
development of **A15:** 35
drilling **A16:** 230, 231, 658
dross inclusions, types **A15:** 94
end milling **A16:** 663
exogenous inclusions in **A15:** 88
face milling **A16:** 662
graphite amount **A15:** 655
graphite structures **A15:** 654–655
hardening and tempering **A15:** 658–659
heat treatment **A15:** 657–660
honing **A16:** 477
horizontal centrifugal casting **A15:** 296
inclusions in **A15:** 94–95
internal grinding **A16:** 665
joining of **A15:** 664–665
machinability **A16:** 640, 643
markets for **A15:** 42
matrix microstructure effect on tool life .. **A16:** 650
matrix structure **A15:** 655–656
mechanical properties **A15:** 660–662
molten metal treatment **A15:** 649–651
nondestructive evaluation, castings ... **A15:** 663–664
normalizing **A15:** 658
oxyacetylene welding **A15:** 531
physical properties **A15:** 663
planing **A16:** 657, 660
production controls, metallurgical **A15:** 652–653
property requirements **A15:** 653
raw materials **A15:** 647
reaming **A16:** 659
section size **A15:** 656
specifications **A15:** 653–654
spotfacing **A16:** 660
stress relieving **A15:** 657
surface grinding **A16:** 664
surface hardening **A15:** 659–660
turning with ceramic tools **A16:** 654
turning with single-point and box tools ... **A16:** 653
welding **A15:** 521, 528, 664
weldments, transverse joint properties **A15:** 528

Ductile irons, specific grades
60-40-18, boring **A16:** 655
60-40-18, broaching **A16:** 656
60-40-18, counterboring **A16:** 660
60-40-18, drilling **A16:** 658
60-40-18, end milling **A16:** 663
60-40-18, face milling **A16:** 662
60-40-18, planing **A16:** 657
60-40-18, reaming **A16:** 659
60-40-18, spotfacing **A16:** 660
60-40-18, tapping **A16:** 661
60-40-18, turning **A16:** 653, 654
65-42-12, counterboring **A16:** 660
65-45-12, boring **A16:** 655
65-45-12, broaching **A16:** 656
65-45-12, drilling **A16:** 658
65-45-12, end milling **A16:** 663
65-45-12, face milling **A16:** 662
65-45-12, planing **A16:** 657
65-45-12, reaming **A16:** 659
65-45-12, spotfacing **A16:** 660
65-45-12, tapping **A16:** 661
65-45-12, turning **A16:** 653, 654
80-55-06, boring **A16:** 655
80-55-06, broaching **A16:** 656
80-55-06, counterboring **A16:** 660
80-55-06, drilling **A16:** 658
80-55-06, end milling **A16:** 663
80-55-06, face milling **A16:** 662
80-55-06, machinability testing **A16:** 643
80-55-06, planing **A16:** 657
80-55-06, reaming **A16:** 659
80-55-06, spotfacing **A16:** 660
80-55-06, tapping **A16:** 661
80-55-06, turning **A16:** 653, 654

Ductile irons, specific types
ASTM 80-60-03, surface hardening **A4:** 689
ASTM 100-70-03
normalizing **A4:** 686
surface hardening **A4:** 689
grade 60-40-18, annealing **A4:** 686

Ductile materials
area under stress-strain curve **A8:** 23
chevron-notched specimens for **A8:** 469
effects of tension **A8:** 23
erosion and wear failure in **A11:** 155–156
static design based on yield strength **A8:** 20
tensile strength as measure of maximum load for **A8:** 20

Ductile metal powders
densification model **M7:** 299–300
milling of **M7:** 56–70
permanent lattice strain in **M7:** 61

Ductile metals
mechanical comminution **A7:** 53
plastic deformation **A7:** 55

Ductile Ni-Resist
galling resistance with various material combinations **A18:** 596

Ductile overload
methods for fracture mode identification .. **A19:** 44

Ductile overload fracture
of extension ladder **A11:** 86–87

Ductile rupture
effect of stress-intensity factor range .. **A8:** 485–486
high **A8:** 571–572

Ductile rupture failure
thermal **EL1:** 56

Ductile rupture(s) *See also* Ductile fracture(s)
shear, titanium alloys **A12:** 447
titanium alloys **A12:** 443, 447
wrought aluminum alloys **A12:** 425, 428

Ductile shear
at high strain rates **A8:** 188

Ductile striation
and stress-intensity range over Young's modulus **A8:** 481–482
fatigue cracking **A8:** 476
fatigue failure **A8:** 481–482
in Inconel 718 .... **A8:** 482, 484
of aluminum alloy 2024-T3 .... **A8:** 481
subcritical growth under cyclic load **A8:** 476
triggering cleavage **A8:** 487

Ductile striation formation **A19:** 7

Ductile tearing
ASTM/ASME alloy steels **A12:** 345
in ductile irons **A12:** 230–236

Ductile tensile fractures **A19:** 42
appearance **A11:** 82
flat, defined **A11:** 82
shear **A11:** 82

Ductile tungsten **A7:** 188

Ductile/brittle transition temperature
microvoid coalescence **A19:** 29

Ductile-brittle
behavior, and physical aging **EM2:** 756–757
transitions, as failure analysis **EM2:** 734–735

Ductile-to-brittle fracture transition **A11:** 66–71, 84–85
brittle fracture service failures **A11:** 69–71
deterioration in service **A11:** 69
effect of temperature on toughness schematic **A11:** 66
factors influencing **A11:** 68–69
in structural steels **A11:** 68–69
in tensile tests, ferritic steel **A11:** 66
temperature, effect on fatigue fracture **A11:** 123
transition temperature evaluation **A11:** 66–68

Ductile-to-brittle fracture transition of steel **M1:** 691–692

Ductile-to-brittle transition **A1:** 737–739, **A19:** 46
ductile irons **A12:** 231, 236

Ductile-to-brittle transition (DBT)
erosion/corrosion **A18:** 209

Ductile-to-brittle transition temperature **A20:** 324, 346, 354
abbreviation for **A11:** 796
AISI/SAE alloy steels **A12:** 314
defined **A12:** 34
definition **A20:** 832
dependence on grain diameter **A11:** 68
effect of neutron irradiation **A12:** 127
factors influencing **A12:** 105–106
in ductile iron **A12:** 231

Ductile-to-brittle transition temperature (DBTT) **A6:** 101, 161
beryllium alloys **A6:** 945
ferritic stainless steels **A6:** 444, 445, 447, 452, 453, 454
molybdenum alloys **A6:** 581
niobium alloys **A6:** 581
oxide-dispersion-strengthened materials ... **A6:** 1039
refractory metals **A6:** 634, 941–942
refractory metals and alloys **A2:** 558
tantalum-base corrosion-resistant alloys **A6:** 599
titanium alloys **A6:** 633
tungsten **A2:** 579–580
tungsten alloys **A6:** 582
X-65 steel pipe (1.07 m) diameter **A6:** 104

Ductility *See also* Ductile fracture; Malleability; Mechanical properties; Tensile properties; Workability **EM3:** 11
aluminum and aluminum alloys **A2:** 8
aluminum and sulfur effects **A15:** 93
aluminum-lithium alloys **A12:** 440
and crack-tip blunting **A20:** 353
and creep life, effect of multiaxial stressing **A8:** 343
and densification **M7:** 299–300
and elevated-temperature service **A1:** 626–627, 633, 634
and fatigue resistance **A1:** 678
and forging, effects **M7:** 414
and manganese sulfide content in hot torsion tests **A8:** 166
and mechanical texture **A8:** 155
and multiaxial creep **A8:** 343
and multiaxial stressing **A8:** 344–345
and plastic deformation **M7:** 298
and strength **M7:** 319, 414, 691
and strength, carbon steels **A15:** 702
and toughness **A8:** 23, **EM2:** 554
and workability **A8:** 571
ASTM/ASME alloy steels, phosphorus enhancement **A12:** 349
bending tests for **A8:** 117, 125–131
bending tests, principal stress and strain directions **A8:** 127
beryllium-copper alloys **A2:** 409
by hot torsion testing **A14:** 375
Charpy impact testing of **A8:** 262
closed-die steel forgings ... **M1:** 352–354, 357, 358, 374
cold finished bars **M1:** 227–232, 244
-creep data, analysis of **A8:** 693
creep, in steels **A11:** 98
defined **A8:** 4, 344, **A11:** 3, **A13:** 5, **EM1:** 9, **EM2:** 15
definition **A5:** 953, **A20:** 832
deformation heating effect **A8:** 164–165
dependence on strain rate, cross-linked rubber **A8:** 39, 43
ductile iron **A15:** 647, 654

Ductility (continued)
effect, electromagnetic forming **A14:** 646
effect, hydrogen embrittlement, nickel-base alloys **A13:** 651–652
effect of grain size **A11:** 307
effect of hold time on **A8:** 36
effect of hydrogen flaking **A11:** 316
effect of strain rate **A8:** 19
effect of temperature **A8:** 19, 34
effect of temperature, titanium alloy . . . **A12:** 35, 48
effect of triaxial factor **A8:** 344
electrical resistance alloys **A2:** 822
elevated temperature, of hot-work die steels **A14:** 46
elevated-temperature, low-alloy and stainless steels **A11:** 265
examining **A12:** 72, 92
for deep drawing **A14:** 575
from hot torsion tests **A8:** 165–166
galvanizing effects, steel **A13:** 438
grain growth effect **A8:** 164–165
graphite effect, in gray irons **A12:** 226
gray iron **M1:** 18
hardenable steels **M1:** 460–463, 467
hot-rolled bars **M1:** 202, 204–207, 209, 212
hydrogen damage effects **A13:** 329–330
in closed-die forgings **A1:** 340–341
in low-carbon steels **A12:** 240
in titanium-based alloys **M7:** 254
inclusion effect **A15:** 88
increased, in ASTM/ASME alloy steels . . . **A12:** 349
loss, austenitic stainless steels **A13:** 171
low, by stress corrosion cracking **M7:** 254
low, of case and core, brittle fracture from **A11:** 389–391
low-alloy steels **A15:** 716
maraging steels **M1:** 447, 448, 450
measurement, in tension testing **A8:** 26–27, 581
measures of **A8:** 21–22
of beryllium **A2:** 683–687
of cermets **A2:** 978
of chromium carbide-based cermets **M7:** 806
of dual-phase steels **A1:** 427
of heat-exchanger tubing **A11:** 628
of heat-resistant alloys **A14:** 232
of high-oxygen iron **A8:** 165–166
of implant materials **A11:** 672
of metals subject to LME **A11:** 719
of nickel-base alloys **A14:** 831
of plated-through hole (PTH) **EL1:** 114
of rhenium, alloying effects **M7:** 770
of steel castings **A1:** 365
of unalloyed uranium **A2:** 671
ordered **A2:** 913–914
phosphorus-enhanced **A12:** 349
ratio, stress-corrosion cracking **A13:** 278
resistance to heat checking **A18:** 631
steel plate **M1:** 190–197
steel wire **M1:** 588
strain rate effect on **A8:** 38, 42
stress-rupture **A11:** 265
temperature dependence of **A8:** 262
tensile, effect of dissolved hydrogen on **A11:** 336–338
tensile, loss by hydrogen damage **A13:** 164
tensile, second-phase particle effects **A14:** 364
testing **A14:** 376
testing, hot compression **A8:** 583
torsion tests for **A8:** 139
torsional, temperature and alloying effect on **A8:** 164–166
transition temperature, defined **A11:** 59
under tension testing **A8:** 26–27
uranium alloys **A2:** 678
variation, of polycrystalline cadmium as function of indium content **A11:** 230, 232
vs. temperature, nickel-base heat-resistant alloys **A14:** 234

Ductility, and volume fraction of dispersions in copper
relationship of **A9:** 125
Ductility exhaustion concepts **A19:** 512
Ductility ratio **A20:** 641
definition **A20:** 641
Ductility testing **A1:** 582
Duffy clamp design
for torsional Kolsky bar **A8:** 221
Dugdale crack model **A19:** 130, 547
Dugdale crack model, modified **A19:** 136, 154
Dugdale formulation for the *J*-integral **A19:** 155
Dugdale plastic zone model **A19:** 130
Dugdale zone **A19:** 946, 948
Dullness
defined **EM2:** 15
Dulong and Petit values for vibrational heat capacity **EM4:** 847
Dumas method
of elemental analysis for nitrogen **A10:** 214
Dumbbell
design equations for ideal **A8:** 250
fillets and radii **A8:** 250–251
hollow, solid, for ultrasonic fatigue testing **A8:** 247, 250
Dumet
recommended glass/metal seal combinations **EM4:** 497
Dumet wire
glass/metal seals **EM4:** 1037
Dumet wire, as low-expansion
clad alloy **A2:** 894
Dummy block
defined **A14:** 5
Dummy cathode
defined **A13:** 5
Dummy (or dummy cathode)
definition **A5:** 953
Dummying **A5:** 209
defined **A13:** 5
Dump leaching **A7:** 141
Duoplasmatron
defined **A10:** 672
Duoplasmatron ion **A7:** 227
Duplex alloys
defined **A18:** 7
horizontal centrifugal casting of **A15:** 299
nominal compositions **A15:** 724
Duplex angular-contact ball bearings **A18:** 500
Duplex anneal
cycle and microstructure **A6:** 510
heat treatment cycle and microstructure for alpha-beta titanium alloys **A19:** 832
Duplex annealing *See also* Annealing
wrought titanium alloys **A2:** 619
Duplex cast steels
general corrosion **A13:** 577–578
intergranular corrosion **A13:** 578–580
Duplex cells from precipitation **A9:** 648
Duplex chromium *See* Microcracked chromium plating
Duplex chromium-nickel stainless steel
principal ASTM specifications for weldable steel sheet **A6:** 399
Duplex coatings **A6:** 131
Duplex electric holders
cupolas **A15:** 384
Duplex ferritic-austenitic stainless steels **A6:** 697–699
base metals **A6:** 697–698
distortion **A6:** 699
engineering for use in the as-welded condition **A6:** 698–699
engineering for use in the postweld heat treated condition **A6:** 699
metallurgy **A6:** 697
properties **A6:** 697
Duplex grain size
defined **A9:** 6
Duplex grain structure
formation of **A9:** 603

in uranium **A9:** 481, 483
Duplex insulated thermocouple wires
color coding **A2:** 878
Duplex microstructure
defined **A9:** 6
definition **A5:** 953
Duplex microstructures
fatigue crack growth **A19:** 54
Duplex nickel plating **M5:** 207–209
Duplex stainless steels *See also* Cast stainless steels; Stainless steels; Stainless steels, specific types; Wrought stainless steels; Wrought stainless steels, specific types **A5:** 742–743, 744
characterized **A13:** 550
compositions **A5:** 742, 743, **A13:** 359
compositions of **A1:** 843, 847–848
corrosion of weldments **A6:** 1067
elevated-temperature properties of **A1:** 947
forgeability of **A1:** 894
formability of **A1:** 889
hot isostatic pressing **A7:** 617
hydrogen-induced cracking **A6:** 697
in pharmaceutical production facilities . . **A13:** 1226
injection molding **A7:** 315
intergranular corrosion **A13:** 127, 359
machinability of **A1:** 896
microstructures **A9:** 286
nondestructive testing **A6:** 1086
pitting tests **A13:** 359–361
powder injection molding **A7:** 363
powder metallurgy near-net shapes **A7:** 19
repair welding **A6:** 1107
resistance, localized corrosion **A13:** 563
resistance of, to stress-corrosion cracking . . **A1:** 727
sensitization in **A1:** 707–708
sigma phase embrittlement in **A1:** 711
stress-corrosion cracking resistance to boiling magnesium chloride **A1:** 727
stress-corrosion cracking, weldments **A13:** 361
tensile properties of **A1:** 856, 858
weldability of **A1:** 904–905
weldments **A13:** 358–361
with high-alloy filler metals **A13:** 361
Duplex stainless steels (DSS), wrought . . **A6:** 471–480
advantages **A6:** 471
alloy grades **A6:** 471–472
alloy groups, generic types **A6:** 471, 472
applicable welding processes **A6:** 479–480
applications **A6:** 472, 479
sheet metals **A6:** 398, 399
ASTM standards **A6:** 474
backing gas **A6:** 474, 477
base material properties **A6:** 471–472
brazing and soldering characteristics **A6:** 626
composition **A6:** 471, 472, 473, 474
corrosion **A6:** 626
corrosion resistance **A6:** 472
definition **A6:** 471
electrodes used **A6:** 478–479
embrittlement **A6:** 472
explosive welding **A6:** 480
Ferrite Number conversion to percentage rule **A6:** 475
filler metals **A6:** 474, 476, 479
flux-cored arc welding **A6:** 480
friction welding **A6:** 480
fusion welding **A6:** 479–480
gas-metal arc welding **A6:** 480
gas-tungsten arc welding **A6:** 476, 479, 480
heat-affected zone **A6:** 473, 474, 475, 476, 478, 479
liquation cracking **A6:** 478
hydrogen cracking **A6:** 474, 476, 477
interpass temperature control **A6:** 474
microstructure **A6:** 471, 472–474, 475, 476, 478
morphology **A6:** 473–474, 478
pitting **A6:** 477, 478–479
pitting corrosion test **A6:** 475–476
postweld heat treatment **A6:** 474, 476

SUBJECTS OF THE INDEXED VOLUMES: ASM Handbook (designated by the letter "A"): **A1:** Properties and Selection: Irons, Steels, and High-Performance Alloys (1990); **A2:** Properties and Selection: Nonferrous Alloys and Special-Purpose Materials (1990); **A3:** Alloy Phase Diagrams (1992); **A4:** Heat Treating (1991); **A5:** Surface Engineering (1994); **A6:** Welding, Brazing, and Soldering (1993); **A7:** Powder Metal Technologies and Applications (1998); **A8:** Mechanical Testing (1985); **A9:** Metallography and Microstructures (1985); **A10:** Materials Characterization (1986); **A11:** Failure Analysis and Prevention (1986); **A12:** Fractography (1987); **A13:** Corrosion (1987); **A14:** Forming and Forging (1988); **A15:** Casting (1988); **A16:** Machining (1989); **A17:** Nondestructive Evaluation and Quality Control (1989); **A18:** Friction, Lubrication, and Wear Technology (1992); **A19:** Fatigue and Fracture (1996); **A20:** Materials Selection and Design (1997). **Metals Handbook, 9th Edition** (designated by the letter "M"): **M1:** Properties and Selection: Irons and Steels (1978); **M2:** Properties and Selection: Nonferrous Alloys and Pure Metals (1979); **M3:** Properties and Selection: Stainless Steels, Tool Materials, and Special-Purpose Materials (1980); **M4:** Heat Treating (1981); **M5:** Surface Cleaning, Finishing, and Coating (1982); **M6:** Welding, Brazing, and Soldering (1983); **M7:** Powder Metallurgy (1984). **Engineered Materials Handbook** (designated by the letters "EM"): **EM1:** Composites (1987); **EM2:** Engineering Plastics (1988); **EM3:** Adhesives and Sealants (1990); **EM4:** Ceramics and Glasses (1991). **Electronic Materials Handbook** (designated by the letters "EL"): **EL1:** Packaging (1989)

precipitation of intermetallic phases . . **A6:** 472, 473
preheat **A6:** 474
properties **A6:** 471, 472, 478, 479
shielded metal arc welding **A6:** 476, 477, 480
solidification cracking **A6:** 474, 476, 477–478
stress-corrosion cracking **A6:** 471, 477, 479
submerged arc welding **A6:** 477, 480
"super" duplex **A6:** 471, 472
time-temperature transformation diagram . . **A6:** 476
weldability **A6:** 471, 474–479
welding **A6:** 474–479
Duplex treatments
titanium and titanium alloys **A5:** 849
Duplex tubing
inspection of **A17:** 572
Duplicate measurement
defined **A10:** 672
Duplicate sample
defined **A10:** 672
Duplicating lathes **A16:** 153
DuPont NR-150 B2 thermoplastic polyimide resin **EM1:** 79
Dupré equation **A18:** 400
Dupre's equation **EM4:** 483, 514
Durability *See also* Fatigue **A20:** 104, 416, 418
assessment of **EM2:** 551–554
design requirements, damage tolerance . . . **A17:** 666
exponential distribution for **A8:** 634
of composites **EM1:** 35
of E-glass **EM1:** 107
of fiber composites **EM1:** 179–180
of reference standards **A17:** 677
of Western bentonite **A15:** 210
testing, composite structures **EM1:** 340–344
tests, full-scale **EM1:** 350–351
Durability analysis
MECSIP Task III, design analyses and development tests **A19:** 587
Task II, USAF ASIP design analysis and development tests **A19:** 582
Durability and damage tolerance control action (production)
ENSIP Task IV, engine life management . . **A19:** 585
Durability assessment and life prediction for adhesive joints **EM3:** 33, 663–671
bond line corrosion **EM3:** 663, 664
component testing **EM3:** 543
corrosion-dominated durability **EM3:** 669–671
durability test techniques **EM3:** 664–666
adhesion-dominated durability **EM3:** 665–666
diffusion-dominated durability **EM3:** 664–665
wedge test **EM3:** 666–668, 669
wet peel test **EM3:** 668–669
Durability component test
ENSIP Task III, component and core engine tests **A19:** 585
Durability design methodologies *See also* Design; Environmental durability design methodologies
environmental **EL1:** 45–46, 65–67
mechanical **EL1:** 45–46, 55–65
thermal **EL1:** 45–55
Durability of Adhesive Bonded Structures . . . **EM3:** 68
Durability of Structural Adhesives **EM3:** 71
Durability test **A19:** 583, 584
MECSIP Task IV, component development and system functional tests **A19:** 587
Task III, USAF ASIP full-scale testing **A19:** 582
Durable tools **A18:** 627
Duralumin **A19:** 562
Duralumin (Al-Cu: 94-96% Al; 3-5% Cu; trace Mg)
thermal properties **A18:** 42
Duralumin alloys . . . . **A3:** 1•25
Duralumin S(Q)
tension and torsion effective fracture strains **A8:** 168
Durand Arcoflam Clear-Line beta-quartz glass-ceramic
coefficient of thermal expansion **EM4:** 1103
composition **EM4:** 1103
Durand Arcopal (liquid-liquid opal glass)
composition **EM4:** 1101
properties **EM4:** 1101
Durand lead crystal
coefficient of thermal expansion **EM4:** 1102
composition **EM4:** 1102
softening point **EM4:** 1102
Durand Soda-Lime (soda-lime glass)
composition **EM4:** 1101
properties **EM4:** 1101
Durand Table (NaF opal glass)
composition **EM4:** 1101
properties **EM4:** 1101
Duranickel **A9:** 435–437
Duranickel 301, aged
machining **A16:** 837–843
Duranickel 301, unaged
machining **A16:** 837–843
Durapatite **EM4:** 1008
Durarc process **A7:** 51
Duration *See also* Time
as parameter, acoustic emission inspection **A17:** 283
Durichlor
fatigue endurance **A19:** 666
impact strength **A19:** 672
Duriron
fatigue endurance **A19:** 666
impact strength **A19:** 672
Durite
drained angles of repose **A7:** 300
Durometer **A8:** 107–108
hardness effect on stencil printer **EL1:** 732
Durometer reading
defined **A18:** 7
Durometer readings **EM3:** 51
Dushman's constant **A6:** 44
Dust
collection, electric arc furnace **A15:** 360
granulation, historical use **A15:** 18
Dust, airborne
as contaminant **EL1:** 661
Dust, blast furnace
Miller numbers **A18:** 235
Dust clouds concentration of particles in **M7:** 195
duration, factors affecting **M7:** 196
explosion characteristics **M7:** 196
ignition and explosion **M7:** 194, 195, 198
secondary **M7:** 198
Dust control systems
for dry developers **A17:** 79
Dust, electric arc furnace (EAF)
zinc recycling from **A2:** 1224–1225
Dust explosion **M7:** 194
conditions required for **M7:** 195
hazards, classification and test **M7:** 196–198
of iron powders **M7:** 197
Dust pressing **EM4:** 9
Dust resistance factor **A7:** 108
Dustbulb
pigmented magnetic particles blown from **M7:** 578
Dusting **A7:** 753, 755, 759, **A18:** 684
defined **A18:** 7
Dust(s) *See also* Dust clouds
defined **M7:** 4
lofting, factors affecting **M7:** 196
metal **M7:** 495–496
Dutchman coupon rack **A13:** 199
Duty
defined **A18:** 7
Duty cycle **A5:** 283, 284, **A6:** 42, **A18:** 834
definition **A6:** 36, **M6:** 6
Duty parameter *See* Capacity number
DVLO theory **A7:** 421–422, **EM4:** 119
Dwarf width
defined **EM2:** 15
Dwell
defined **A14:** 5, **EM1:** 9, **EM2:** 15
Dwell at liquidus **A6:** 354
Dwell mark **EM4:** 630
definition **EM4:** 632
Dwell pressure **A7:** 385, 387
isostatic compacting **M7:** 449
Dwell stations
for liquid penetrant inspection **A17:** 78
Dwell time **A6:** 316, **A7:** 387
defined **A12:** 59, **M7:** 4
effect on fatigue crack growth rate (*da*/*dN*) **A12:** 60
effect on hot pressed electrolytic iron powder compacts **M7:** 505
effect on mean stress **A12:** 63
effect on striation spacing **A12:** 60, 61
in accelerated fatigue tests **EL1:** 741
in spin coating **EL1:** 326
soldering **EL1:** 676
Dwell time, penetrant
liquid penetrant inspection **A17:** 82
Dwell times **A20:** 528, 529, 530
DWTT *See* Drop-weight tear test
Dye
for gage marks **A8:** 548
Dye and fluorescent penetrant inspections
brazed joints **A6:** 1119
Dye penetrant inspection **A6:** 97, 98, 99, 100
fitness for service evaluation **A6:** 376
gas-tungsten arc welding **A6:** 451
resistance seam welds **A6:** 245
shielded metal arc welding **A6:** 447
welding of cast CR alloys **A6:** 597
Dye penetrant inspection of fiber composites . . **A9:** 591
Dye penetrant leak testing
for lid seal integrity **EL1:** 954
Dye penetrant method
as inspection or measurement technique for corrosion control **A19:** 469
for determining aircraft in-service flaw size **A19:** 581
Dye penetrants
visual inspection with **A17:** 3
Dye penetrants or inks
to mark crack front before measurement . . **A19:** 163
Dye-penetrant enhanced x-ray radiography **EM1:** 770
Dye-penetrant techniques
for optical metallography specimens **A10:** 302
Dyes **A18:** 110
analytic methods for **A10:** 9
applications **A18:** 110
as colorants **EM2:** 501
corrosion of stainless steels in **M3:** 82
functions **A18:** 110
in engine and nonengine lubricant formulations **A18:** 111
Dy-Fe (Phase Diagram) . . . . **A3:** 2•182
Dy-Ga (Phase Diagram) . . . . **A3:** 2•183
Dy-Ge (Phase Diagram) . . . . **A3:** 2•183
Dy-In (Phase Diagram) . . . . **A3:** 2•183
Dy-Mn (Phase Diagram) . . . . **A3:** 2•184
Dynamic
defined **A11:** 3
Dynamic analysis **A20:** 167
Dynamic analysis, numerical
in fracture mechanics **A8:** 445–446
Dynamic and impact fracture mechanics **A20:** 536
Dynamic angle of repose **M7:** 282–283
Dynamic angle of repose method **A7:** 300
Dynamic behavior
and viscoelasticity **EM2:** 414
Dynamic bend angle **A6:** 160
Dynamic bend tests, alternative
and Charpy V-notch impact test **A8:** 259
Dynamic bridge loading **A20:** 537
Dynamic coefficient of friction **A18:** 27
Dynamic coefficient of friction and wear of sintered metal friction materials under dry conditions, specifications **A7:** 1099
Dynamic compaction
aluminum alloy powders **A7:** 839
aluminum P/M alloys **A2:** 204
Dynamic compression
apparatus **A8:** 218
fixture **A8:** 196
test, strain rate ranges for **A8:** 40
Dynamic compression plate
as internal fixation device **A11:** 671
fatigue or crack initiation **A11:** 679, 683–686
Dynamic consolidation
nanocrystalline powder **A7:** 506
Dynamic corrosion tests
copper/copper alloys **A13:** 637–638
Dynamic critical stress-intensity
from dynamic notched round bar test **A8:** 275
Dynamic dielectric analysis (DDA)
of epoxies **EL1:** 836
Dynamic electrode force
definition **A5:** 953
Dynamic environment, body
and implants **A11:** 673, 676–677
Dynamic environmental stress screening **EL1:** 878
Dynamic fatigue, polyether sulfones (PES, PESV) **EM2:** 161
Dynamic fatigue testing
deflection-controlled **EM2:** 704–705

Dynamic fatigue testing (continued)
stress-controlled **EM2:** 704
Dynamic (flowing) solder pot **EL1:** 731
Dynamic fracture *See also* Dynamic fracture testing
by explosive detonation **A8:** 259
by impact **A8:** 259
damage **A8:** 287–288
initiation **A8:** 276
mechanics, as a field **A8:** 455
micromechanics of. **A8:** 286–288
under rapidly applied load **A8:** 259
Dynamic fracture testing *See also* Dynamic fracture **A8:** 259–297
by Charpy impact test **A8:** 261–268
by crack arrest tests. **A8:** 284–286
by crack propagation tests **A8:** 284
by one-point bend test **A8:** 271–275
by short-pulse-duration tests **A8:** 282–283
crack arrest fracture toughness in. **A8:** 288–293
micromechanics of. **A8:** 286–288
of ferritic materials **A8:** 288–293
of fracture toughness. **A8:** 259–261
qualitative and quantitative **A8:** 259
using concept of impact response curves. **A8:** 269–271
using dynamic notched round bar test **A8:** 275–282
using servohydraulic testing systems . . **A8:** 259–261
Dynamic fracture toughness
by impact response curves **A8:** 269
by one-point bend test **A8:** 271–275
data, low-alloy steels **A8:** 272
defined (under stress-intensity factor). **A13:** 12
definition/symbol **A20:** 841
effect of finite element analysis in **A8:** 282
symbol for **A8:** 725, **A11:** 797
Dynamic fracture toughness testing **A19:** 403–407
Battelle DWTT. **A19:** 403
Charpy and dynamic toughness **A19:** 405–406
Charpy V-notch impact test **A19:** 403, 406
development and funding. **A19:** 406
drop-weight tear test (DWTT). **A19:** 403
dynamic tear (DT) test. **A19:** 403–405
instrumented Charpy impact test **A19:** 406
instrumented impact test. **A19:** 403, 406–407
precracked Charpy test. **A19:** 406–407
ratio-analysis diagram (RAD) **A19:** 403–405
time-to-fracture tests. **A19:** 406, 407
Dynamic friction *See* Kinetic friction
Dynamic hardness test *See also* Rebound hardness test **A8:** 71
Scleroscope **A8:** 104–106
Dynamic hot pressing
defined **M7:** 4
Dynamic hydraulic torsion test
facility **A8:** 216
Dynamic impact fracture toughness
as function of test temperature **A11:** 54
defined. **A11:** 10
Dynamic *J* fracture testing **A8:** 261
Dynamic leak testing
defined. **A17:** 61
Dynamic light scattering. **EM4:** 87
versus weighting factor **EM4:** 85
Dynamic load
defined. **A18:** 7
Dynamic load capacity
bearings **A11:** 490
Dynamic loading. **A16:** 21, **EL1:** 45, 62–63
slow strain rate testing **A8:** 496, 498–499, 519–520
Dynamic magnetic compaction (DMC). **A7:** 583
alumina **A7:** 508
Dynamic material modeling *See also* Material modeling; Process modeling. **A14:** 370–371, 421–422
basic concepts. **A14:** 422–423
intrinsic workability. **A14:** 423
processing conditions, selection. **A14:** 423–424
processing maps determined. **A14:** 423
Dynamic mechanical analysis (DMA) **A20:** 642, **EM1:** 779, **EM2:** 526–527, 833–834, **EM3:** 392, 645–646
of flexible epoxies **EL1:** 820
to identify mesophase properties. **EM3:** 395
Dynamic mechanical measurement **EM3:** 11, 318–320
defined. **EM2:** 15
Dynamic mechanical properties
as tests. **EM2:** 435–436
of solids. **EM2:** 538–539
Dynamic mechanical rheometry. **EM2:** 536–538
Dynamic mechanical spectroscopy. **EM1:** 654–656
Dynamic modulus. **EM1:** 9, 206, **EM3:** 11
defined **EM2:** 15
Dynamic modulus of elasticity **A8:** 249
Dynamic notched round bar testing **A8:** 275–282
and Charpy test, compared **A8:** 275, 276
data analysis. **A8:** 281–282
fatigue apparatus for **A8:** 278
for dynamic fracture **A8:** 275–282
for high strain rate fracture toughness testing. **A8:** 187
notch opening displacement measurement. **A8:** 278–281
specimens **A8:** 277–278
Dynamic nucleation and growth
as a result of dynamic recrystallization **A9:** 690
Dynamic oscillatory shear flow
rheology **EL1:** 839–840, 844
Dynamic overload factor **A19:** 349
Dynamic polarization, tests
crevice corrosion **A13:** 308–309
Dynamic random access memory (DRAM)
alpha particle induced random errors, detected **EL1:** 1056
chips, as future trend **EL1:** 390
IC trend lines. **EL1:** 399
memory density **EL1:** 439
polyimides in **EL1:** 770–771
size trends. **EL1:** 401
soft errors **EL1:** 805
wafer **EL1:** 393
Dynamic random access memory (DRAM) chips. **A20:** 618
Dynamic range
defined **A17:** 369, 383
film radiography. **A17:** 299
fluorescence analysis **A10:** 76
of radiographic contrast **A17:** 299
Dynamic recovery. . . **A8:** 172–173, **A20:** 733, 734, 735
and recrystallization in single-phase materials **A8:** 173–177
at elevated temperatures. **A9:** 690
definition. **A20:** 832
effect of low temperature and high strain rate on **A9:** 688
Dynamic recrystallization **A8:** 172–173, **A20:** 733–734, 735
and recovery in single-phase materials **A8:** 173–177
at elevated temperatures and large strains. . **A9:** 690
in austenitic stainless steel **A8:** 154
in processing map **A8:** 572
Dynamic recrystallization controlled rolling (DRCR). **A1:** 117–118
Dynamic response
defined. **A17:** 51
of electronic components **EL1:** 63–64
Dynamic scanning calorimetry (DSC)
on polyimides. **EM3:** 156, 159
Dynamic scanning electron microscopy. **A9:** 97
Dynamic seal
defined. **A18:** 7–8
Dynamic shear stress/shear strain curve **A8:** 225
Dynamic sliding friction coefficient. **A18:** 478
Dynamic stability
in superconductors **A2:** 1038–1039
Dynamic strain
aging, low-carbon steel **A8:** 40
rate test, Kolsky bar for **A8:** 219
role of stress in producing **A8:** 498
Dynamic strain aging **A19:** 535, 551, **A20:** 527
definition. **A20:** 832
Dynamic tear
abbreviation **A8:** 724
toughness control tests involving. **A8:** 453
Dynamic tear (DT) test
for fracture toughness. **A11:** 61–62, 796
Dynamic tear (DT) testing **A19:** 403–405, 591
Dynamic tear properties
of compacted graphite iron **A1:** 61, 64
of ductile iron. **A1:** 40, 43, 45, 46
Dynamic tension test
ringing effect. **A8:** 40
strain rate ranges for **A8:** 40
Dynamic theory **A18:** 388
Dynamic torsion test
calibration and data reduction. **A8:** 228
computed and measured stresses **A8:** 216–217
Dynamic toughness
determination in one-point bend test. . **A8:** 274–275
from strain gage records. **A8:** 274–275
Dynamic variables. **A19:** 17, 18
Dynamic viscosity *See also* Viscosity **A10:** 685
Si units/symbol for. **A8:** 721
Dynamic yield strength. **A19:** 397
Dynamic yield stress, strain rate
steel and aluminum **A8:** 41
Dynamic Young's modulus *See* Dynamic modulus of elasticity
Dynamical diffraction
in defect imaging. **A10:** 367–370
Dynamical diffraction theory **A9:** 111
effect on kinematical dislocations contrast **A9:** 114
in terms of plane waves **A9:** 112
used to study grain boundaries **A9:** 120
Dynamically loaded bearing applications
beryllium-copper alloys **A2:** 418
Dynamic-condenser method, Kelvin
for adhesive-bonded joints **A17:** 611
Dynamo steels
properties of castings **M1:** 399
Dynamometer **A16:** 10
thermal fatigue test **A19:** 529
Dynamometer stator vanes
liquid erosion of **A11:** 169–170
Dy-Ni (Phase Diagram). . . . . **A3:** 2•184
Dy-Pb (Phase Diagram) . . . . **A3:** 2•184
Dy-Pd (Phase Diagram) . . . . **A3:** 2•185
Dy-S (Phase Diagram). . . . . **A3:** 2•185
Dy-Sb (Phase Diagram). . . . . **A3:** 2•185
Dy-Sn (Phase Diagram). . . . . **A3:** 2•186
Dysonian shapes
in ESR spectra **A10:** 261
Dysprosium *See also* Rare earth metals
as delayed-emission converter for thermal neutron radiography **EM3:** 759
as rare earth metal. **A2:** 720
conversion screens. **A17:** 387, 391
elemental sputtering yields for 500 eV ions. **A5:** 574
properties. **A2:** 1179
pure. **M2:** 733
TNAA detection limits **A10:** 237
Dysprosium in garnets **A9:** 538
Dystetic equilibrium *See* Eutectoid equilibrium
Dy-Te (Phase Diagram). . . . . **A3:** 2•186
Dy-Tl (Phase Diagram) . . . . **A3:** 2•186
Dy-Zr (Phase Diagram). . . . . **A3:** 2•187
N,N-Diethylaniline (N,N-Dimethylaniline)
hazardous air pollutant regulated by the Clean Air Amendments of 1990 . . . . **A5:** 913
N,N-dimethyl + saccharin *p*-toluidine
generating free radicals for acrylic adhesives **EM3:** 120

SUBJECTS OF THE INDEXED VOLUMES: ASM Handbook (designated by the letter "A"): **A1:** Properties and Selection: Irons, Steels, and High-Performance Alloys (1990); **A2:** Properties and Selection: Nonferrous Alloys and Special-Purpose Materials (1990); **A3:** Alloy Phase Diagrams (1992); **A4:** Heat Treating (1991); **A5:** Surface Engineering (1994); **A6:** Welding, Brazing, and Soldering (1993); **A7:** Powder Metal Technologies and Applications (1998); **A8:** Mechanical Testing (1985); **A9:** Metallography and Microstructures (1985); **A10:** Materials Characterization (1986); **A11:** Failure Analysis and Prevention (1986); **A12:** Fractography (1987); **A13:** Corrosion (1987); **A14:** Forming and Forging (1988); **A15:** Casting (1988); **A16:** Machining (1989); **A17:** Nondestructive Evaluation and Quality Control (1989); **A18:** Friction, Lubrication, and Wear Technology (1992); **A19:** Fatigue and Fracture (1996); **A20:** Materials Selection and Design (1997). **Metals Handbook, 9th Edition** (designated by the letter "M"): **M1:** Properties and Selection: Irons and Steels (1978); **M2:** Properties and Selection: Nonferrous Alloys and Pure Metals (1979); **M3:** Properties and Selection: Stainless Steels, Tool Materials, and Special-Purpose Materials (1980); **M4:** Heat Treating (1981); **M5:** Surface Cleaning, Finishing, and Coating (1982); **M6:** Welding, Brazing, and Soldering (1983); **M7:** Powder Metallurgy (1984). **Engineered Materials Handbook** (designated by the letters "EM"): **EM1:** Composites (1987); **EM2:** Engineering Plastics (1988); **EM3:** Adhesives and Sealants (1990); **EM4:** Ceramics and Glasses (1991). **Electronic Materials Handbook** (designated by the letters "EL"): **EL1:** Packaging (1989)

E

1,2-Epoxybutane
hazardous air pollutant regulated by the Clean Air Amendments of 1990 .... **A5:** 913

2-Ethoxyethyl
uses and properties **EM3:** 126

8640 steel **A1:** 438
heat treatments for. **A1:** 439
properties of. **A1:** 439
processing of **A1:** 438

e See Electrons; Energy; Engineering strain; Modulus of elasticity

E 08 Committee on Fatigue and Fracture Mechanics of the American Society for Testing and Materials (ASTM) **A19:** 227

E polymers *See also* Polyaryletherketones (PAEK, PEK, PEEK, PEKK)
physical properties **EM2:** 142

E11018 filler metal
hydrogen-induced cracking **A6:** 413

EAF-AOD-VAR steel-making methods **A4:** 211

EAF-VAR steel-making methods **A4:** 211

Earing **A14:** 5, 576
as changing *r* value **A8:** 550
in pewter sheet **A2:** 523

Early American foundries
Saugus Iron Works. **A15:** 24
spread of **A15:** 24–27

Early crack growth **A19:** 280

Early life period **A20:** 88

Early manufacturing involvement (EMI)
in design **EL1:** 125

Early shakeout
as casting defect **A11:** 386

Earth elements *See also* Alkaline earth elements; Rare earths
alkali, eluent suppression ion chromatography techniques for **A10:** 660
alkaline, complexometric titrations for. ... **A10:** 164

Earthenware **A20:** 421, **EM4:** 3
absorption (%) and products **A20:** 420
body compositions **A20:** 420
colors **EM4:** 3
composition **EM4:** 5, 45
definition **EM4:** 3
glazing **EM4:** 3
physical properties **A20:** 787
properties **EM4:** 3, 934
properties of fired ware. **EM4:** 45
subclassifications **EM4:** 3
water absorption **EM4:** 3

Earthmoving applications
crawler tractor track pins, nitrided steels for **M1:** 628, 630
proving ground tests for wear **M1:** 604, 605
wear resistant steels for **M1:** 625

EASE2 computer program for structural analysis **EM1:** 268, 271

Eastern Europe
electrolytic tin- and chromium-coated steel for canstock capacity in 1991 .... **A5:** 349

Easy-cross-slip metals (high-amplitude cycling) **A19:** 102

Easy-cross-slip metals (low-amplitude cycling) **A19:** 98–102

Easy-machining steel
impact resistance and abrasion resistance properties **A18:** 759

EB melting *See* Electron beam melting and casting

EBB grade wire *See* Extra Best Best quality telephone and telegraph wire

Ebber closure ratio **A19:** 57

Ebber crack closure concept **A19:** 128

Ebber crack closure mechanism **A19:** 118, 119

Ebber-type relations. **A19:** 129

Ebers-Moll equations
bipolar transistor analysis **EL1:** 151–152

EBIC *See* Electron beam induced current

EB-melting process
tantalum powder **A7:** 909, 910

EBS (Acrawax) **A7:** 322–324

ECAP *See* Energy compensated atom probe

Eccentric
defined **A14:** 5
gear, defined **A14:** 5
-gear drives, mechanical presses **A14:** 494
press. **A14:** 5, 40
shaft drive, mechanical presses **A14:** 494

Eccentric gear
for washing machines. **M7:** 623

Eccentric loading
in creep-rupture testing **A8:** 330

Eccentric-driven presses **M7:** 330, 331

Eccentricity
defined **A18:** 8

Eccentricity ratio **A18:** 90, 523–524, 527, 528, 532
defined **A18:** 8
nomenclature for Raimondi-Boyd design chart **A18:** 91

Eccospheres. **EM4:** 419

ECDM grinding *See* Electrochemical discharge grinding

E_{cell} *See* Measured cell potential

Echelle grating spectrometer **A10:** 40–41

Echo capture gating
C-scan. **EM2:** 842

Echoes *See also* Pulse-echo methods; Ultrasonic inspection
in ultrasonic inspection **A17:** 240, 245–246

Eckhardt, A.G
as inventor **A15:** 34

ECL *See* Emitter-coupled logic

e-coat cratering. **A20:** 471

e-coating process **A5:** 345

Eco-labeling programs **A20:** 99, 102

Economic analysis
factors in **EM2:** 293–294

Economic calculations
corrosion **A13:** 369–374

Economic process selection factors *See also* Cost(s); Economic analysis; Economics; Material costs; Materials selection; Processing
filament winding **EM2:** 373
for rotational molding. **EM2:** 364–365
for thermoplastic injection molding **EM2:** 308–310
thermoforming **EM2:** 403

Economical casting design rules **A15:** 602–604, 611–612

Economics *See also* Corrosion economics; Cost; Costs
assembly costs. **EM2:** 649
estimating part cost **EM2:** 647
final assembly costs **EM2:** 650
finishing cost. **EM2:** 650
forming/processing costs. **EM2:** 647–648
lead frame materials **EL1:** 491–492
of cold heading. **A14:** 295
of damage tolerance. **EM1:** 259
of explosive sheet forming **A14:** 641
of forming welded assemblies **A14:** 642–643
of high-energy-rate forging **A14:** 100–101
of materials. **EM2:** 646–650
of precision forging **A14:** 159
packaging cost. **EM2:** 650
prefinishing costs **EM2:** 649–650

Economizers
flue-gas corrosion in **A11:** 619
heat transfer factors. **A11:** 604
steam/water-side boilers **A13:** 991–992
tube, after penetrant testing **A11:** 433
tube/fin assembly removed from. **A11:** 432

Economy in manufacture **M3:** 838–856
availability **M3:** 839, 845–846
chemical composition **M3:** 838, 840, 848
coatability **M3:** 839, 844–845
energy consumption **M3:** 839, 846–847
formability. **M3:** 839, 843
heat treatment response **M3:** 839, 844
interactive effects **M3:** 839–840
machinability **M3:** 839, 843–844
plant standardization **M3:** 839
processing factors **M3:** 839
product form **M3:** 838–839, 840
quality descriptors **M3:** 839, 842
quantity **M3:** 839
raw-materials factors **M3:** 838–839
selection for, examples. **M3:** 847–856
size. **M3:** 839, 840–841
special requirements, selection for **M3:** 846
specifications **M3:** 842–843
surface finish. **M3:** 839, 842
temper conditions **M3:** 839, 841–842
tolerances **M3:** 839
weldability **M3:** 839, 844

Economy of scale
definition **A20:** 832

Economy of scope
definition **A20:** 832

E_{const} *See* Constant cell potential

ECP *See* Electric current perturbation NDE

ECR glass
application and composition **EM1:** 107

ECTFE *See* Ethylene chlorotrifluoroethylene

Eczema
nickel-caused **M7:** 203

Eddy current
and nondestructive testing **M7:** 491–492
permanent magnet-coils with **A8:** 245
probes **A8:** 246, 383

Eddy current clutches
mechanical presses **A14:** 497

Eddy current gage
for crack arrest testing. **A8:** 454
for fatigue crack growth testing **A8:** 428, 430
to monitor crack extension in corrosive environments. **A8:** 428

Eddy current inspection *See also* NDE reliability; Remote-field eddy current inspection **A17:** 164–194, **A19:** 174, 204, 217–218, 469
advantages and limitations **A17:** 164
and electric current perturbation compared **A17:** 136
and induction heating technique compared. **A17:** 165–166
and microwave testing, compared. **A17:** 218
and ultrasonic inspection, simultaneous. .. **A17:** 272
application for detecting fatigue cracks ... **A19:** 210
applications **A17:** 164
automated, probability of detection (POD) curve. **A17:** 664
codes, boiler/pressure vessels **A17:** 642
coil impedance **A17:** 166–167
crack detection sensitivity. **A19:** 210
cumulative probability of crack detection as function of length of inspection interval. **A19:** 415
discontinuities detectable by **A17:** 179
dual-frequency **A17:** 181
edge effect **A17:** 169
electrical conductivity **A17:** 167
equipment **A17:** 185
examples of **A17:** 180–182, 187–189, 190–194
for determining aircraft in-service flaw size. **A19:** 581
for film thickness **A13:** 417
impedance concepts. **A17:** 169–173
in-service, tubular products **A17:** 574
inspection coils. **A17:** 175–177
inspection frequencies **A17:** 173
instruments **A17:** 177–179
lift-off factor **A17:** 168
magnetic permeability. **A17:** 167–168
microstructural effect. **A17:** 51
multifrequency techniques **A17:** 173–175
NDE reliability models of **A17:** 707–709
of aircraft structural and engine components **A17:** 189–194
of arc-welded nonmagnetic ferrous tubular products. **A17:** 566–567
of bar. **A17:** 171–172
of billets **A17:** 559–560
of boilers and pressure vessels. **A17:** 642
of bolts. **A17:** 554
of casting surfaces **A17:** 512
of castings **A17:** 512, 525–526
of continuous butt-welded steel pipe **A17:** 567
of defects. **A15:** 554–555
of duplex tubing. **A17:** 572
of finned tubing **A17:** 571
of forgings. **A17:** 510–511
of internal discontinuities, castings. **A17:** 512
of nonferrous tubing **A17:** 572–573
of pipe. **A17:** 186, 579
of plates. **A17:** 187–189
of powder metallurgy parts **A17:** 543–545
of resistance-welded steel tubing. **A17:** 562–563
of round steel bars **A17:** 185–186
of seamless pipe **A17:** 579
of seamless steel tubular products ... **A17:** 570–571

Eddy current inspection (continued)
of sheets . . . **A17:** 187–189
of skin sections . . . **A17:** 187–189
of solid cylinders . . . **A17:** 184–185
of spiral-weld steel pipe . . . **A17:** 567
of steel bar and wire . . . **A17:** 553–554
of tubes on solid cylinders . . . **A17:** 185
of tubing . . . **A17:** 169–170, 179–184, 186
of weldments . . . **A17:** 186, 602
operating variables . . . **A17:** 166–169
principles, applications and notes for cracks . . . **A20:** 539
principles of operation . . . **A17:** 165–166
probability of detection (POD) models in . . . **A17:** 708–709
probe-flaw interaction models . . . **A17:** 707–708
probes, ferromagnetic resonance . . . **A17:** 220–223
process development . . . **A17:** 164–165
process qualification . . . **A17:** 678
resistance seam welds . . . **A6:** 245
skin effect . . . **A17:** 169
slow sweep mode . . . **A17:** 190
speed of inspection . . . **A17:** 564
till factor . . . **A17:** 168–169
to detect subsurface porosity . . . **A6:** 1074
to detect tungsten inclusions . . . **A6:** 1074
trigger pulse mode . . . **A17:** 190
vs. ultrasonic inspection, for primary mill products . . . **A17:** 267
with microwaves . . . **A17:** 218–219
with visual inspection . . . **A17:** 3
Eddy current losses . . . **A7:** 1019
ferrites . . . **EM4:** 1161
Eddy current losses magnetically soft materials . . . **A2:** 761
in superconductors . . . **A2:** 1040
Eddy current sensors . . . **A7:** 602
Eddy current testing *See also* Eddy current inspection . . . **A7:** 229, 700, 702, 714, 715
Eddy current/magnetic bridge testing . . . **A7:** 700, 702, 714–715
Eddy currents *See also* Eddy current inspection
and skin effect . . . **A17:** 169
defined . . . **A17:** 164–166
flow patterns . . . **A17:** 165
for holes and small radii areas . . . **A17:** 223–224
Eddy sonic tests
defect detection . . . **EM3:** 750, 751
Eddy-current inspection . . . **M6:** 850
as failure analyses . . . **A11:** 17
Eddy-current technique . . . **A5:** 145
Eddy-current testing . . . **A6:** 1081, 1082–1083, 1085, 1086, 1087, 1088
EDF tests *See* Empirical distribution function (EDF) goodness-of-fit test
Edge *See also* Absorption; K-edge; Molded edge; Shear edge
absorption, defined . . . **A10:** 85
control, in roll compacting . . . **M7:** 404, 406
cracking . . . **A8:** 594, 596
dislocation, loop patches . . . **A8:** 256
distance, in pin bearing testing . . . **A8:** 4, 59
effects, in image analysis of low-carbon sheet steel . . . **A10:** 316
flaws, particle . . . **M7:** 59
K-shell ionization, pre- and post-structures in . . . **A10:** 450
milling, cantilever beam bend test specimens . . . **A8:** 132
restriction devices . . . **M7:** 404, 406
shapes, characteristic EELS, for amorphous carbon and carbon in metal carbide . . . **A10:** 460
stability, defined . . . **M7:** 4
strength, defined . . . **M7:** 4
Edge bending . . . **A14:** 529
power brushing process . . . **M5:** 155
Edge condition
effect on bending of steel sheet . . . **M1:** 553
Edge contrast in scanning electron microscopy **A9:** 94
Edge curvature . . . **A20:** 183
Edge defects
spring failure from . . . **A11:** 559
Edge delamination test
for fiber-resin composites . . . **EM1:** 97, 98
Edge detection
filters, digital image processing . . . **A17:** 461
remote-field eddy current inspection . . . **A17:** 199
with machine vision . . . **A17:** 34
Edge dislocation . . . **A20:** 340
Edge dislocations . . . **A13:** 45, 46, **A19:** 79, 80, 83, 85, 101
connected to antiphase boundaries . . . **A9:** 682–683
diffraction contrast . . . **A9:** 114
in crystals . . . **A9:** 719–720
in dislocation pairs . . . **A9:** 114–115
representation of . . . **A9:** 682
trapping distance of . . . **A19:** 80
Edge distance
defined . . . **A8:** 4
Edge distance ratio
defined . . . **A8:** 4, **EM1:** 9, **EM2:** 15
Edge effect . . . **A18:** 206–207
in eddy current inspection . . . **A17:** 169, 221
Edge enhancement
defined . . . **A17:** 383
Edge grinding
of contour flanges . . . **A14:** 530
Edge honing
cemented carbides . . . **A18:** 796
Edge joint . . . **EM3:** 11
defined . . . **EM1:** 9, **EM2:** 15
definition . . . **A6:** 1208
electron-beam welding . . . **A6:** 260
laser-beam welding . . . **A6:** 879, 880
oxyfuel gas welding . . . **A6:** 286, 287
Edge joints
definition, illustration . . . **M6:** 6, 60–61
electron beam welds . . . **M6:** 617
gas tungsten arc welding . . . **M6:** 201–202
oxyfuel gas welding . . . **M6:** 589–590
Edge length of a crystal . . . **A3:** 1•10
Edge lengths and interaxial angles
relationships for crystal systems . . . **A9:** 706
Edge, molded *See* Molded edge
Edge preparation
carbide metal cutting tools . . . **A2:** 964
definition . . . **M6:** 6
Edge preparations for
arc welding of aluminum alloys . . . **M6:** 375
oxyfuel gas welding . . . **M6:** 589–591
Edge protection
by nickel plate . . . **A11:** 24
Edge replication
as nondestructive test technique . . . **EM1:** 775
Edge retention
cleaning of specimens to be plated . . . **A9:** 28
effect of shrinkage stresses on . . . **A9:** 28
in cemented carbide samples . . . **A9:** 273
in metallographic sample preparation . . . **A9:** 44–45
in wrought heat-resistant alloy specimens . . **A9:** 305
mounting techniques . . . **A9:** 31–32
of acrylics . . . **A9:** 30
of carburized steel specimens . . . **A9:** 217
of compression-mounting epoxies . . . **A9:** 29
of powder metallurgy specimens . . . **A9:** 505
of tin and tin alloy specimens . . . **A9:** 449
of titanium and titanium alloys . . . **A9:** 458
of tungsten samples . . . **A9:** 439
of wrought stainless steels during mounting . . . **A9:** 279
Edge retention techniques . . . **A16:** 28–29
for uranium and uranium alloys . . . **A9:** 478
in electropolishing . . . **A9:** 56
Edge rolling
wrought copper and copper alloys . . . **A2:** 248
Edge, shear *See* Edgewise shear; Shear edge
Edge strain
defined . . . **A8:** 4
definition . . . **A5:** 953
Edge stresses
laminate . . . **EM1:** 230–231
Edge weld
definition . . . **A6:** 1208, **M6:** 6
Edge weld size
definition . . . **A6:** 1208
Edge-finder probe
coordinate measuring machine . . . **A17:** 25
Edge-flange weld
definition . . . **A6:** 1208, **M6:** 6
electron beam welding . . . **M6:** 614–615
electron-beam welding . . . **A6:** 260
laser-beam welding . . . **A6:** 879, 880
oxyfuel gas welding . . . **A6:** 286, 287
Edgers *See also* Fuller . . . **A14:** 5, 43–44
Edges *See also* Edge detection; Edge effect; Offset parts
absorption, defined . . . **A17:** 309
bending of . . . **A14:** 529
blanked, characteristics . . . **A14:** 447
chip . . . **EL1:** 7
condition, effect, press bending . . . **A14:** 523
defects, magnetic particle detection . . . **A17:** 103
fluorescent indications . . . **A17:** 117
human vs. machine vision . . . **A17:** 30
locations, laser triangulation measurement **A17:** 13
offset of plate, in steel pipe . . . **A17:** 565
pierced, types . . . **A14:** 460–461
preparation, three-roll forming . . . **A14:** 619
preparation, titanium alloy . . . **A14:** 841
punch-to-die clearances for . . . **A14:** 460
trimmed, press forming . . . **A14:** 553
Edges, blanked *See* Blanked edges
Edge-trailing technique
defined . . . **A9:** 6
Edge-trim slitters . . . **A14:** 712
Edgewise shear loaded subcomponents
testing . . . **EM1:** 331–333
Edgeworth-Pareto optimization . . . **A20:** 210
Edging
defined . . . **A14:** 5
Edging rolls
in hot rolling . . . **A8:** 594
EDL *See* Electroless discharge lamp
EDM *See* Electric discharge machining
EDS *See* Energy-dispersive spectrometry; Energy-dispersive x-ray Spectroscopy
EDS analysis . . . **A18:** 387, 389–390, 391
EDTA *See* Ethylenediaminetetraacetic acid
EDTA titration
elements determined by . . . **A10:** 173
EDXA *See* Energy-dispersive x-ray analysis
EEPROM *See* Electrically erasable programmable read-only memory
Effect
defined . . . **EM2:** 599
Effective absorption, of x-rays
radiography . . . **A17:** 310–311
Effective aperture size
computed tomography (CT) . . . **A17:** 373
Effective (apparent) permeability
defined for magnetic particle inspection . . . **A17:** 99
Effective atomic number
defined . . . **A17:** 383
Effective bending stiffness matrix
laminate . . . **EM1:** 224
Effective crack size . . . **A8:** 4
defined . . . **A11:** 3
elastic-plastic analysis for . . . **A8:** 446
plane-strain estimate . . . **A8:** 451
resistance . . . **A8:** 452
Effective deviatoric stress . . . **A20:** 632
Effective draw
defined . . . **A14:** 5
Effective end relief angles
shaping of tool steel die sections . . . **A16:** 192
Effective flaws *See also* Flaws
interlaminar . . . **EM1:** 241–244

SUBJECTS OF THE INDEXED VOLUMES: ASM Handbook (designated by the letter "A"): **A1:** Properties and Selection: Irons, Steels, and High-Performance Alloys (1990); **A2:** Properties and Selection: Nonferrous Alloys and Special-Purpose Materials (1990); **A3:** Alloy Phase Diagrams (1992); **A4:** Heat Treating (1991); **A5:** Surface Engineering (1994); **A6:** Welding, Brazing, and Soldering (1993); **A7:** Powder Metal Technologies and Applications (1998); **A8:** Mechanical Testing (1985); **A9:** Metallography and Microstructures (1985); **A10:** Materials Characterization (1986); **A11:** Failure Analysis and Prevention (1986); **A12:** Fractography (1987); **A13:** Corrosion (1987); **A14:** Forming and Forging (1988); **A15:** Casting (1988); **A16:** Machining (1989); **A17:** Nondestructive Evaluation and Quality Control (1989); **A18:** Friction, Lubrication, and Wear Technology (1992); **A19:** Fatigue and Fracture (1996); **A20:** Materials Selection and Design (1997). **Metals Handbook, 9th Edition** (designated by the letter "M"): **M1:** Properties and Selection: Irons and Steels (1978); **M2:** Properties and Selection: Nonferrous Alloys and Pure Metals (1979); **M3:** Properties and Selection: Stainless Steels, Tool Materials, and Special-Purpose Materials (1980); **M4:** Heat Treating (1981); **M5:** Surface Cleaning, Finishing, and Coating (1982); **M6:** Welding, Brazing, and Soldering (1983); **M7:** Powder Metallurgy (1984). **Engineered Materials Handbook** (designated by the letters "EM"): **EM1:** Composites (1987); **EM2:** Engineering Plastics (1988); **EM3:** Adhesives and Sealants (1990); **EM4:** Ceramics and Glasses (1991). **Electronic Materials Handbook** (designated by the letters "EL"): **EL1:** Packaging (1989)

Effective fraction of liquid in spray A7: 399, 400, 401, 402, 403, 404

Effective hardness number A18: 417

Effective interdiffusional distance effect of mechanical working M7: 315

Effective leakage area defined A18: 8

Effective length of the material undergoing crack tip plasticity A20: 353

Effective length of weld definition M6: 6

Effective load vector A6: 1133

Effective lubricant viscosity nomenclature for Raimondi-Boyd design chart A18: 91

Effective magnetic excitation (k) A6: 43

Effective magnetization A10: 690

Effective mean potential EXAFS analysis A10: 409

Effective medium theory A6: 143

Effective modulus, plastics time effects EM2: 412

Effective oxidation constant A19: 548

Effective penetration distance x-ray diffraction A18: 464

Effective pressure......................... A7: 597

Effective relative permittivity defined EL1: 597–598

Effective sieve size........................ A7: 215

Effective stiffness *See also* Stiffness of laminates.......................... EM1: 218

Effective stiffness matrix A6: 1133

Effective strain and shear stress and strain, in torsional loading....................... A8: 142–143 and stress, reduction of shear stress/shear strain to .... A8: 161 increment.............................. A7: 329 tension and torsion, for alloys............ A8: 168 to failure, in torsion tests................ A8: 165

Effective strain rate....................... A14: 439

Effective stress........ A7: 329, 330, 333, A19: 551, A20: 305, 521, 626, 632 and flow stress .... A8: 256 and shear stress and strain in torsional loading....................... A8: 142–143 and strain, reduction of shear stress/shear strain to .... A8: 161 maximum A20: 626

Effective stress amplitude.................. A19: 299

Effective stress criterion A20: 521

Effective stress intensity and fatigue striation spacing A12: 205

Effective stress intensity range.............. A7: 961

Effective stress range A19: 113, 128

Effective stress-intensity factor amplitude at the crack tip (ΔK_{ft}) A19: 56

Effective stress-intensity range A19: 68, 135, 138

Effective stress-intensity ratio A19: 283

Effective stress-strain curves for stainless steel in compression, tension torsion .... A8: 162, 164 from torsion tests using Tresca criterion ... A8: 163

Effective surface driving pressure............ A7: 504

Effective surface energy A19: 6, 373

Effective thermal expansion of porous material............................. A7: 1038

Effective thickness (L) A7: 424

Effective throat definition A6: 1208, M6: 6

Effective true strain contour maps aluminum alloys....................... A14: 436

Effective volume ratio A18: 467

Effective work function A19: 70

Effective x-ray energy defined............................... A17: 383

Effective yield strength *See also* Flow strength A8: 4, A19: 172

Effectiveness of a separation process A7: 211–212

Effects *See* Interaction effects; Main effects

Efficiency coarse grade .... A7: 211 fine grade............................. A7: 211 grade................................. A7: 211 at size x .... A7: 211 grade of classifier....................... A7: 211

in separations, radioanalysis measurement of .... A10: 243 of combustion accelerators.............. A10: 222 power sources A6: 36

Efficiency curves grade................................. A7: 211

Efficiency, total course A7: 211

Efficiency, total fine. A7: 211

Efficiency, x-ray detector computed tomography (CT).............. A17: 369

Efflorescence........................... EM4: 157

Effluent autoclave chemical composition A8: 424–425

Effluent gas analysis of residues........................... A10: 177

Effluent polishing plating waste treatment M5: 315–316, 318

Effluents analytic methods applicable .... A10: 6, 7, 8, 11 chromatographic, IR identification of .... A10: 109 differential pulse polarogram in analysis of .... A10: 195 industrial water, x-ray spectrum .... A10: 95 inorganic, analytic methods .... A10: 7, 8 multielement fingerprinting and voltammetric analysis............................ A10: 195 of liquid chromatographs, UV/VIS detection of species in .... A10: 60 organic gas, analytic methods for .... A10: 11 voltammetric monitoring of metals and nonmetals in................................. A10: 188

Eggcrate design mold autoclave molding EM1: 578–581

E-glass *See also* Glass fibers and polyester resin composites, importance........................ EM1: 43 application .... EM1: 45, 107 as PWB reinforcement .... EL1: 604 cloth, effective thickness................ EL1: 599 cloth, for base materials/insulators....... EL1: 114 composition .... EM1: 45, 107 continuous-filament, in copper-clad laminates...................... EL1: 534–537 defined .... EM1: 9, 29, 43, EM2: 15 density .... EM1: 46 durability............................ EM1: 107 effect, polyester resins .... EM1: 92 effect, vinyl ester resins................. EM1: 92 epoxy matrix composite, fiber orientation effect.............................. EM1: 120 epoxy printed wiring boards ...... EL1: 1117–1118 epoxy resin composites with/without .... EM1: 399–403 fiber type effect on flexure strength and impact strength of fiber/epoxy composites .. A20: 462 in space and missile applications .... EM1: 817 photoelastic stress pattern for .... EM1: 196 Poisson's ratio........................ EM1: 46 pristine strength .... EM1: 46 properties ..... EM1: 58, 175, EM4: 849, 850, 851, 1057 radiation properties .... EM1: 47 specific heat.......................... EM1: 47 specific strength (strength/density) for structural applications....................... A20: 649 with RTM materials .... EM1: 566–567 Young's modulus of elasticity EM1: 46

E-glass/epoxy fatigue strength........................ A20: 467

EIA/EDIF series of standards A20: 208

Eigenvalue problem. A20: 181, 185

Eigenvalues A20: 167, 172

Eigenvectors A20: 167

Eight harness satin weave *See also* Satin (crowfoot) weave for unidirectional/two-directional fabrics EM1: 125 of fiberglass fabric EM1: 111

Eight-harness, defined *See* Satin (crowfoot) weave; under Harness satin

Eight-harness satin defined.............................. EM2: 15

Eikem A/S process of gallium recovery A2: 743–744

Einstein equation HAZ width A6: 4, 5–6

Einsteinium *See also* Transplutonium actinide applications and properties A2: 1198–1201

pure.................................. M2: 733

Einzel lens in gas mass spectrometer........... A10: 153, 155

Ejection *See also* Extraction capacity .... M7: 324, 325 defined .... M7: 4 die casting............................. A15: 294 from tooling, dimensional changes........ M7: 480 in hot pressing......................... M7: 503 in lost foam casting.................... A15: 231 mechanism, precision forging............ A14: 158 of permanent molds.................... A15: 277 of workpieces, deep drawing .... A14: 587–588 part, designing for .... M7: 329, 331 part, multiple slide forming .... A14: 871 pressure .... M7: 192, 417 stress .... M7: 186 stroke, defined M7: 324, 325

Ejection cracks A7: 700

Ejection mark defined.............................. EM2: 15

Ejection pins for core removal....................... A15: 191 size and location, die casting............ A15: 294

Ejection temperature A20: 257

Ejector defined A14: 5, A15: 5

Ejector pins. A7: 14

Ejector punch defined M7: 4

Ekabor (boriding compound) A4: 441, 443

Elapsed-cycle vs. crack-length......................... A8: 377

Elastic analysis limit for crack speed A8: 445

Elastic anisotropy in nickel-base alloys A19: 36, 37

Elastic bending .... A8: 118–120 below yield stress...................... A14: 881 below yield stress, as springback.......... A8: 552 Rayleigh-Ritz method .... A8: 118 sign convention for bending moment.. A8: 119–120 simple-beam theory A8: 118

Elastic binary collision. M7: 259

Elastic buckling as distortion .... A11: 143 in creep experiments.................... A8: 302

Elastic calibration devices .... A8: 4, 614–615 verification method A8: 611

Elastic calibration device defined.................................. A8: 4

Elastic collisions as electron signals .... A12: 168 as energy-level diagrams A10: 127

Elastic compliance defined................................ A18: 8

Elastic compliance matrix. A7: 329

Elastic compressive modulus *See also* compression; Elastic modulus carbon fiber/fabric reinforced epoxy resin .... EM1: 411 glass fiber reinforced epoxy resin .... EM1: 406 graphite fiber reinforced epoxy resin .... EM1: 413 high-temperature thermoset matrix composites......................... EM1: 379 initial, high-temperature thermoset matrix composites......................... EM1: 375 initial, low-temperature thermoset matrix composites......................... EM1: 396 initial, medium-temperature thermoset matrix composites......................... EM1: 389 medium-temperature thermoset matrix composites......................... EM1: 387 quartz fabric reinforced epoxy resin ..... EM1: 415 thermoplastic matrix composites ... EM1: 366, 368

Elastic constants .... A10: 382, 387, 672 amorphous materials and metallic glasses .. A2: 813 defined .... A8: 4, A11: 3 of steel castings......................... A1: 374

Elastic constants, engineering of plies............................... EM1: 237

Elastic constitutive law. A7: 330–331

Elastic contact and stress nomenclature A18: 487

Elastic contact dimensions and stresses, calculations of .... A18: 487–488 α and β parameter constants......... A18: 487, 488

Elastic contact dimensions and stresses, calculations of (continued)
formulas **A18:** 488
nomenclature **A18:** 487
Elastic deflection **A20:** 343
in precision forging **A14:** 159
in spiral bevel gear forging **A14:** 173
in tension test machine **A8:** 45
of rolls **A14:** 346
tooling **A14:** 161
Elastic deformation **EM3:** 11, **M7:** 58, 298
and acoustic emissions **A17:** 287
and mechanical durability **EL1:** 55
average flash temperature **A18:** 43
defined **A8:** 4, **A11:** 3, **A13:** 5, **A14:** 5, **EM1:** 10, **EM2:** 15
during tensile loading **A9:** 684
friction during metal forming **A18:** 59
magnetic printing detection **A17:** 126
Elastic displacement field
associated with dislocations **A10:** 464
Elastic distortion
and distortion failure **A11:** 143–144
as failure mechanism **A11:** 75
temperature dependence **A11:** 138
Elastic effects
rheological models with **EL1:** 848–849
Elastic electron scatter
defined **A9:** 6
Elastic energy **A19:** 6, 105
defined **A8:** 4
release of **A11:** 50
Elastic energy release rate **A20:** 271–272
Elastic energy release rate of a plate **A20:** 533
Elastic energy stored per unit volume **A20:** 286
Elastic Euler equation **A8:** 55
Elastic hysteresis *See* Mechanical hysteresis
Elastic limit *See also* Hugoniot elastic limit; Proportional limit; True elastic limit **A8:** 4, 21, **A19:** 5, 228, **A20:** 286, **EM3:** 11
defined **A11:** 3, **A13:** 5, **A14:** 5, **EM1:** 10, **EM2:** 15–16
Elastic limit of chromium carbide-based cermets **M7:** 806
Elastic macrostrain *See* Macrostrain
Elastic modulus *See also* Elastic compressive modulus; Elastic properties; Elastic tensile modulus; Mechanical properties; Modulus of elasticity; Modulus of elasticity (E) **A7:** 338, **A19:** 169
aluminum casting alloys **A2:** 150, 152–177
and density in P/M steels **M7:** 466
cast copper alloys **A2:** 356–391
effect of filler on polymer matrices **M7:** 612
in failure analysis **EM1:** 775
longitudinal, graphite laminate **EM1:** 184
of beryllium **A2:** 683–684
of ferrous P/M materials **M7:** 465, 466
of P/M and wrought titanium and alloys .. **M7:** 475
of S-glass **EM1:** 107
shear, carbon fiber/fabric reinforced epoxy resin **EM1:** 411
symbol for key variable **A19:** 241
typical range of engineering metals **A19:** 230
variation in **A19:** 530
wrought aluminum and aluminum alloys **A2:** 62–122
Elastic modulus at maximum strain **A19:** 531
Elastic modulus corresponding to minimum strain **A19:** 531
Elastic modulus (*E*) **A20:** 342, 351
Elastic modulus effect **EM3:** 301
Elastic modulus, plotted against complexity index **A9:** 130
for beryllium-aluminum alloys **A9:** 131
Elastic plastic model
SCC behavior **A13:** 278
Elastic pressure bars
in split Hopkinson pressure bar test ... **A8:** 198–199
wave propagation in **A8:** 199–200
Elastic properties *See also* Elasticity; Material properties; Material properties analysis; Modulus of elasticity
cast steels **M1:** 393
constructional steels for elevated-temperature use .. **M1:** 640–641, 647, 650
graphite-aluminum composite **EM1:** 188
laminate **EM1:** 223–226
laminate, prediction **EM1:** 316
of rare earth metals **A2:** 725
Elastic proving ring *See also* Proving ring
as elastic calibration device **A8:** 614–615
with precision micrometer **A8:** 615
Elastic recoil
preventing in tension testing **A8:** 48
Elastic recovery **A8:** 4, **EM3:** 11
affecting microhardness readings **A8:** 96
defined **EM1:** 10, **EM2:** 16
in Knoop and Vickers indentations **A8:** 95
Elastic recovery parameter **A18:** 422, 427
Elastic resilience
defined **A8:** 4
Elastic scattering **A10:** 432–433, 672
Elastic springback **A7:** 577, 710, **M7:** 480
beryllium-copper alloys **A2:** 412
Elastic springback method
for torque **A8:** 327
Elastic strain *See also* Elastic deformation **A8:** 4, **A19:** 229, 530
effect on diffraction patterns **A10:** 438, 440
effect on fatigue behavior **M1:** 668, 670, 672
range, low-cycle fatigue **A8:** 364
rate, relation to strain rate **A8:** 41–42
specimens **A8:** 503–508
stress relaxation **A8:** 307, 323–324
Elastic strain amplitude **A19:** 21
Elastic strain energy **A19:** 5, 65, **A20:** 178
defined **A8:** 4
driving the crack **A19:** 37
Elastic strain range **A20:** 524
low-cycle fatigue **A11:** 103
Elastic strain rate
equation **A19:** 548
Elastic strain specimens **A8:** 503–508
Elastic strain SSC test specimens
bent-beam **A13:** 248–249
C-ring **A13:** 249
O-ring **A13:** 249–250
tension **A13:** 250–251
tuning fork **A13:** 251–252
Elastic stress concentration factor **A19:** 252, 261, **A20:** 525
Elastic tensile modulus *See also* Elastic modulus; Tensile modulus; Tensile strength
carbon fiber/fabric reinforced epoxy resin **EM1:** 410
epoxy resin system composites **EM1:** 401
graphite fiber reinforced epoxy resin **EM1:** 412
high-temperature thermoset matrix composites **EM1:** 378
Kevlar 49 fiber/fabric reinforced epoxy resin **EM1:** 407
low-temperature thermoset matrix composites **EM1:** 395
medium-temperature thermoset matrix composites **EM1:** 383, 386, 388, 390
quartz fabric reinforced epoxy resin **EM1:** 414
thermoplastic matrix composites ... **EM1:** 365, 368, 371
Elastic theory **A8:** 71–73
brazing **A6:** 110
Elastic true strain **EM3:** 11
defined **EM2:** 16
Elastic unloading, angle and torque
shear stress **A8:** 183–184
Elastic unloading compliance method **A19:** 398
Elastic wave velocity
and stress **A8:** 209
Elastically isotropic materials
small dislocation loops in **A9:** 117
Elasticity *See also* Anelasticity; Elastic properties; Viscoelasticity; Young's modulus **A8:** 4, **EM3:** 11, 322
analysis, of fiber composites **EM1:** 185–188
and material selection **EM1:** 38–39
and plasticity **A8:** 71
coefficient of, defined *See* Coefficient of elasticity
defined .. **A11:** 3, **A13:** 5, **A14:** 5, **EM1:** 10, **EM2:** 15
definition **A20:** 832
distortion of diamond pyramid indentations **A8:** 102
Hertz theory of **A8:** 72
loading conditions for evaluation ... **EM1:** 178, 186
metals vs. plastics **EM2:** 656
solutions, in elastic bending **A8:** 118
temperature dependence of **A11:** 138
theory of **A11:** 103, **A19:** 6
thermoplastic polyurethanes (TPUR) **EM2:** 206
visco-, of polymers **A11:** 758
Elastic-plastic analysis
estimate of crack opening method **A8:** 440
in fracture mechanics **A8:** 446–447, 457–458
Rice *j*-integral method **A8:** 440
Elastic-plastic behavior **A6:** 101
in chevron-notched specimens **A8:** 471
in fracture toughness testing **A8:** 473–474
Elastic-plastic bending
equations **A8:** 118
factor analysis of **A8:** 119
strain distribution **A8:** 119, 121
stress distribution **A8:** 119–121
Elastic-plastic boundary
in indentation testing **A8:** 72
Elastic-plastic dynamic analysis **A8:** 282
Elastic-plastic finite-element method
analytical modeling **A14:** 425
Elastic-plastic fracture mechanics
abbreviation **A8:** 724
effect of *J* concept on **A8:** 447
fracture toughness tests **A8:** 455–456
Elastic-plastic fracture mechanics (EPFM) **A11:** 49–51, **A19:** 4, 267, 427, 430–431, 432, 433, 528, **A20:** 534, 535–536, 539
analysis **A20:** 542, 543
energy criterion in **A11:** 50
failure assessment diagram **A19:** 460
fracture mechanics and **A11:** 47
in failure analyses **A11:** 49–51
parameters of examples **A19:** 430
testing **A20:** 540
versus LEFM **A19:** 462
Elastic-plastic fracture mechanics (EPFM) parameter **A19:** 156
Elastic-plastic fracture mechanics tests **A19:** 442
Elastic-plastic fracture toughness
crack initiation in tests **A8:** 390
Elastic-plastic indentation fracture mechanics
and erosion **A13:** 137–138
Elastic-plastic stress
as *J*-integral parameter **A8:** 261
Elastic-plastic tests **A19:** 170
Elastic-plastic toughness testing
structural steels **A19:** 592
Elastic-stress distribution
in pure compression **A11:** 461
in pure tension **A11:** 461
Elastohydrodynamic (EHD) lubrication **A19:** 335
Elastohydrodynamic (EHD) viscosity-pressure coefficient **A18:** 83
Elastohydrodynamic film
gears **A19:** 345, 350
Elastohydrodynamic film thickness (EHL)
divided by composite roughness (λ) .. **A19:** 359, 360
hardened steel contact fatigue **A19:** 700–701

SUBJECTS OF THE INDEXED VOLUMES: ASM Handbook (designated by the letter "A"): **A1:** Properties and Selection: Irons, Steels, and High-Performance Alloys (1990); **A2:** Properties and Selection: Nonferrous Alloys and Special-Purpose Materials (1990); **A3:** Alloy Phase Diagrams (1992); **A4:** Heat Treating (1991); **A5:** Surface Engineering (1994); **A6:** Welding, Brazing, and Soldering (1993); **A7:** Powder Metal Technologies and Applications (1998); **A8:** Mechanical Testing (1985); **A9:** Metallography and Microstructures (1985); **A10:** Materials Characterization (1986); **A11:** Failure Analysis and Prevention (1986); **A12:** Fractography (1987); **A13:** Corrosion (1987); **A14:** Forming and Forging (1988); **A15:** Casting (1988); **A16:** Machining (1989); **A17:** Nondestructive Evaluation and Quality Control (1989); **A18:** Friction, Lubrication, and Wear Technology (1992); **A19:** Fatigue and Fracture (1996); **A20:** Materials Selection and Design (1997). **Metals Handbook, 9th Edition** (designated by the letter "M"): **M1:** Properties and Selection: Irons and Steels (1978); **M2:** Properties and Selection: Nonferrous Alloys and Pure Metals (1979); **M3:** Properties and Selection: Stainless Steels, Tool Materials, and Special-Purpose Materials (1980); **M4:** Heat Treating (1981); **M5:** Surface Cleaning, Finishing, and Coating (1982); **M6:** Welding, Brazing, and Soldering (1983); **M7:** Powder Metallurgy (1984). **Engineered Materials Handbook** (designated by the letters "EM"): **EM1:** Composites (1987); **EM2:** Engineering Plastics (1988); **EM3:** Adhesives and Sealants (1990); **EM4:** Ceramics and Glasses (1991). **Electronic Materials Handbook** (designated by the letters "EL"): **EL1:** Packaging (1989)

Elastohydrodynamic lubrication
for bearings **A11:** 485
wear failure and **A11:** 150, 151
Elastohydrodynamic lubrication (EHD) *See also* Boundary lubrication; Plastohydrodynamic lubrication; Thin-film lubrication **A18:** 89, 92–93, 94, 477
defined **A18:** 8
film thickness and shape **A18:** 92–93
gear box applications of ferrography. **A18:** 305
pressure distributions. **A18:** 93
sliding traction and contact temperature . . . **A18:** 93
Elastohydrodynamic lubrication (EHL) film
bearings **A19:** 359
Elastohydrodynamic lubrication theories. **A18:** 80
concentrated contacts and film thickness of bearing steels. **A18:** 727
Elastomer *See also* Polymer(s). **A13:** 5, 1164, **A20:** 700
butadiene-acrylonitrile, as sizing **EM1:** 124
defined **EM1:** 10
definition. **A20:** 832
engineered material classes included in material property charts **A20:** 267
in polymer processing classification scheme **A20:** 699
linear expansion coefficient vs. thermal conductivity. **A20:** 267, 276, 277
linear expansion coefficient vs. Young's modulus. **A20:** 267, 276–277, 278
loss coefficient vs. Young's modulus. **A20:** 267, 273–275
normalized tensile strength vs. coefficient of linear thermal expansion. **A20:** 267, 277–279
sources of materials data **A20:** 498
specific modulus vs. specific strength **A20:** 267, 271, 272
strength vs. density **A20:** 267–269
thermal conductivity vs. thermal diffusivity. **A20:** 267, 275–276
Young's modulus vs.
density. **A20:** 266, 267, 268, 285, 289
elastic limit **A20:** 287
strength **A20:** 267, 269–271
Elastomer solution in methyl methacrylate
formulation **EM3:** 123
Elastomer-bonded wire-filled radial brushes . . **M5:** 155
Elastomer-epoxies **EM3:** 76
typical film adhesives properties **EM3:** 78
Elastomeric adhesives. **EM3:** 143–150
automotive decorative trim **EM3:** 552
commercial forms. **EM3:** 143
common additives and modifiers **EM3:** 150
common properties **EM3:** 143–144
cross-linking **EM3:** 143
cure mechanism **EM3:** 143
for automotive sound absorption . . . **EM3:** 555–556
properties and characteristics. **EM3:** 143–144
Elastomeric bag, and mandrel
for titanium alloys **M7:** 750
Elastomeric coatings
for prevention of erosion **A11:** 170–171
Elastomeric coatings for automotive plastics **A5:** 448–452
acrylic polyols. **A5:** 448–450
chemistry categories. **A5:** 448
coatings for thermoplastic olefins **A5:** 452
condensation polymers **A5:** 450–451
cross-linked mechanisms. **A5:** 448
environmental concerns **A5:** 448
environmental etching. **A5:** 451
types. **A5:** 448
vapor curing systems. **A5:** 451
water-based systems. **A5:** 451–452
Elastomeric flexible envelopes. **M7:** 300
Elastomeric materials. **EL1:** 818, 824
Elastomeric mold
preshaped **M7:** 444
Elastomeric sealants
for automotive valve sealing **EM3:** 547
for differential cover sealing. **EM3:** 547
semiconductor component coating **EM3:** 612
Elastomeric tooling **EM1:** 590–601
application **EM1:** 595–601
defined **EM1:** 10
details, fabricating **EM1:** 593
mandrels, design/fabrication of **EM1:** 593–594
thermal expansion molding methods. **EM1:** 590–591
volumetric analysis **EM1:** 591–593
Elastomeric tooling application *See also* Composite tools; Elastomeric tooling; Tooling **EM1:** 595–601
control surface construction. **EM1:** 595–596
integral structure design/fabrication **EM1:** 596–601
integral structure tooling. **EM1:** 596
Elastomers **EM3:** 11, 53
chemical properties **EM3:** 52
chemistry **EM2:** 64
defined **EM2:** 16
electrical applications **EM2:** 588–589
electrical properties **EM2:** 589
entropy elasticity **EM2:** 655–656
environmental effects. **EM2:** 430
no adverse effect by water-displacing corrosion inhibitors **EM3:** 641
semirigid cast, polyurethane (PUR) **EM2:** 259
thermoplastic, chemistry **EM2:** 66
thermoplastic, properties. **EM2:** 451
TPUR, suppliers. **EM2:** 207
Elastoplastic analysis **EM3:** 483
Elastoplastic constitutive equation, metal powder deformation **A7:** 26
Elastoplastic deformation
and mechanical durability **EL1:** 55
Elastoplastic finite-element methods **A20:** 525
Elasto-plastic stress-strain behavior on strain-based approach **A19:** 257–258
Elastoplastics
properties of **EM2:** 451
Elbow assembly, stainless steel
weld failure in **A11:** 117
Elbow element **A20:** 179
Elbow joint prosthesis
total **A11:** 670
Elbows
pipe welding. **M6:** 591
ELDOR *See* Electron-electron double resonance
Elecrical discharge compaction (EDC) **A7:** 583
Electrets
with parylene coatings **EL1:** 799–800
Electric
current, SI unit/symbol for. **A8:** 721
field strength, SI unit/symbol for **A8:** 721
flux density, SI unit/symbol for. **A8:** 721
motors, for torsion testing **A8:** 157
Electric actuator
in closed-loop servomechanical tester. **A8:** 394
Electric arc cutting
Exo-Process as **A14:** 734
Electric arc furnace (EAF) **EM4:** 44
Electric arc furnace (EAF) dust
zinc recycling from **A2:** 1224–1225
Electric arc furnaces *See also* Arc furnace
acid melting practice. **A15:** 363–365
basic melting practice **A15:** 365–367
components. **A15:** 357–362
cross section **A15:** 34
development **A15:** 32
dimensions/capacities **A15:** 358
direct current arc furnace. **A15:** 367–368
laboratory testing equipment **A15:** 363
new technology. **A15:** 367–368
power supply **A15:** 356–357
precision weighing **A15:** 363
scrap/alloy storage **A15:** 363
steel production by **A15:** 31
Electric arc rotating electrode process **M7:** 39
Electric arc spraying. **A13:** 459–460
definition **A5:** 953, **A6:** 1208, **M6:** 6
Electric arc welding. **A20:** 698
in joining processes classification scheme **A20:** 697
Electric arc welding wire *See* Welding wire
Electric arc (wire arc) spray process **A20:** 475
Electric arc wire spraying (EAW) **A18:** 829–830, 832
Electric beam welding
as secondary operation. **M7:** 456
Electric bonding
definition. **A6:** 1208
Electric brazing
definition. **A6:** 1208
Electric charge
density **A10:** 685
density, SI units/symbol for. **A8:** 721
SI derived unit and symbol for. **A10:** 685
SI unit/symbol for **A8:** 721
Electric current *See also* Alternating current (ac); Current; Direct current (dc)
density, during demagnetization **A17:** 121
density, in electric current perturbation. . . **A17:** 136
detection sensitivities **A17:** 101
SI base unit and symbol for. **A10:** 685
types, magnetic particle inspection. . . **A17:** 108–110
Electric current perturbation NDE **A17:** 136–142
and conventional eddy-current methods compared **A17:** 136
applications. **A17:** 137–140
defined. **A17:** 136
flaw characterization. **A17:** 140–141
for small flaws **A17:** 137
of weldments. **A17:** 602
principles/background **A17:** 136–137
probe configuration and orientation **A17:** 136
system, block diagram. **A17:** 137
test flaws **A17:** 137
Electric currents, and moisture
effects on roller bearing. **A11:** 495, 497
Electric dipole
defined. **A10:** 672
Electric dipole moment
defined. **A10:** 672
Electric dipole transition
defined. **A10:** 672
Electric dipole transition moment
in IR spectroscopy. **A10:** 111
Electric discharge machine (EDM)
for cutting cross sections of material for TEM studies **A18:** 381
Electric discharge machining **A10:** 690
Electric discharge machining (EDM) *See also* Machining
abbreviation for **A11:** 796
as a sectioning method **A9:** 26–27
defined. **A9:** 6, 26, **EM2:** 16
ductile and brittle fractures from **A11:** 91–92
effects on fatigue strength. **A11:** 122
primer cup plate spalling from **A11:** 566–567
tool and die failures from **A11:** 566–567
torsional fatigue failure from. **A11:** 474–475
"Electric eyes" **A20:** 143
Electric field
and stress, in field ion microscopy **A10:** 587
as field corrosion **A10:** 587
oscillating, wave theory of **A10:** 82
Electric field effect *See* Stark effect
Electric field strength **A10:** 685
copper-clad E-glass laminates. **EL1:** 535
Electric fields
microwave inspection **A17:** 202–203
scanning electron microscopy study of specimens. **A9:** 97
Electric flux density. **A10:** 685
Electric furnace
billet casting plant **A15:** 310
defined **A15:** 5
Electric furnace steelmaking. **A1:** 111
Electric furnaces, for steelmaking **M1:** 109–111, 113, 114
Electric glass *See* E-glass
Electric heating
of pouring vessels **A15:** 298, 499
Electric motor ball bearings
pitting failure of **A11:** 495, 497
Electric motor brushes. **M7:** 634–636
Electric overhead traveling cranes
for open-die forging. **A14:** 63
Electric overstress (OES)
as failure mechanism **EL1:** 1013–1014
in semiconductor chips. **EL1:** 966
Electric potential
crack detection sensitivity. **A19:** 210
SI derived unit and symbol for **A10:** 685
SI unit/symbol for **A8:** 721
to monitor crack extension in corrosive environments. **A8:** 428
Electric potential difference method. . . . **A19:** 176–178, 202, 212
Electric potential drop. **A19:** 182
Electric potential drop technique **A19:** 514
Electric potential method apparatus **A8:** 388–389
and load. **A8:** 390

Electric potential method apparatus (continued)
calibration curves **A8:** 386
crack initiation **A8:** 389–390
crack monitoring **A8:** 382, 386–391, 412
fatigue crack closure **A8:** 391
for crack growth in aqueous solutions **A8:** 417
for crack length in acidified chloride solutions **A8:** 420
for nonconducting materials **A8:** 391
limitations with vacuum and gaseous fatigue tests **A8:** 412
measurement accuracy **A8:** 386–387
optimization parameters **A8:** 387–388
small crack behavior **A8:** 390–391
Electric potential monitoring **A19:** 174
Electric potential techniques (bulk and foil) **A19:** 174, 177, 203
Electric potential/Krak gage
application for detecting fatigue cracks . . . **A19:** 210
Electric power industry
fossil fuel power system corrosion **A13:** 985
Electric power industry applications *See also* Electronic industry applications; Power industry applications
of niobium-titanium superconducting materials **A2:** 1057
Electric Power Research institute **A8:** 721
run-arrest cleavage fracture experiments . . . **A8:** 285
Electric Power Research Institute (EPRI) . . . **A20:** 817, **EM4:** 716
data bases **A11:** 54
Electric resistance
four-arm strain gage bridge **A8:** 220
furnace, for torsion testing **A8:** 159
SI derived unit and symbol for **A10:** 685
SI unit/symbol for **A8:** 721
Electric resistance welding
for steel tubular products . . . **A1:** 327–328, **M1:** 316
Electric resistance wire furnace-heated alloy steel die assembly **M7:** 505
Electric spark-activated hot pressing **M7:** 513
Electric welded wire fabric
for concrete reinforcement **M1:** 271
Electrical *See also* Design; Electrical design; Electrical design considerations; Electrical design methodologies; Electrical insulation; Electrical interconnection; Electrical modeling; Electrical performance testing; Electrical properties
abuse, electrostatic discharge as **EL1:** 966
applications, epoxy resin curing agents for **EL1:** 829
components, miniature, parylene applications **EL1:** 800
connectors, corrosion failure analysis of **EL1:** 1112
damage, integrated circuits **EL1:** 975–978
isolation, in optical interconnections **EL1:** 9
Electrical analog modeling **EL1:** 51
Electrical and electronic application **M7:** 624–645
of copper-based powder metals **M7:** 733
of stainless steels **M7:** 731
Electrical and optical
sensing zone analysis **A7:** 237, 247–249
Electrical applications
allyls (DAP, DAIP) **EM2:** 226–227
aminos **EM2:** 230
cast steels **M1:** 384
critical properties **EM2:** 458–459
elastomers **EM2:** 588
for thermoplastics **EM2:** 591
of bulk molding compounds **EM1:** 162
phenolics **EM2:** 243
polyamides (PA) **EM2:** 125
polyarylates (PAR) **EM2:** 138–139
polybenzimidazoles (PBI) **EM2:** 147
polybutylene terephthalates (PBT) **EM2:** 153
polyether sulfones (PES, PESV) **EM2:** 159
polyether-imides (PEI) **EM2:** 156
polyethylene terephthalates (PET) **EM2:** 172
polyphenylene ether blends (PPE PPO) . . **EM2:** 183
polyphenylene sulfides (PPS) **EM2:** 186
polysulfones (PSU) **EM2:** 200
thermoplastic fluoropolymers **EM2:** 118
thermoplastic polyimides (TPI) **EM2:** 177
thermosetting plastics **EM2:** 589
unsaturated polyesters **EM2:** 246
Electrical breakdown *See also* Electrical properties
factors influencing **EM2:** 465–467
of plastic materials **EM2:** 464–465
Electrical cables
in space boosters/satellites **A13:** 1103
Electrical ceramics
mixing operations **EM4:** 98
thermal expansion coefficient **A6:** 907
Electrical characteristics
metals vs. ceramics and polymers **A20:** 245
Electrical charge
defined **EL1:** 89–92
Electrical circuits
for electropolishing **A9:** 49–50
Electrical circuits, residential
EPMA failure analysis **A10:** 531
Electrical conduction *See also* Conductivity; Electrical conductivity
test methods **EM2:** 462
Electrical conductivity *See also* Conduction; Conductivity; Conductors; Electrical properties; Electrical resistivity; Superconducting materials; Superconductivity **A20:** 615, **EM3:** 33, **M7:** 585
aluminum **A2:** 3, 9
aluminum casting alloys **A2:** 153–177
and corrosion rates **A11:** 199
and electronic phenomena **EL1:** 93–96
and green strength **M7:** 304
and strength, beryllium-copper alloys **A2:** 417
as design consideration **EM2:** 1
at cryogenic temperatures, beryllium-copper alloys **A2:** 420
atomic oxygen effect in silver **A12:** 481
beryllium-copper alloys **A2:** 406
cast copper alloys **A2:** 356–391
copper and copper alloys **A2:** 216, 219
effect of density on **M7:** 736
electrical contact materials **A2:** 840
equivalent physical quantities **EM1:** 191
factors influencing **EM2:** 473–475
heat-treated copper casting alloys **A2:** 355
improvement with pressure **M7:** 608, 610
in eddy current inspection **A17:** 164, 167
in electrozone size analysis **M7:** 221
lubricating effects **M7:** 192, 193
measurement **EM1:** 286, **M7:** 485
mechanism, fillers/reinforcements . . . **EM2:** 469–473
of additives **EM2:** 474
of aluminum P/M parts **M7:** 742
of chromium carbide-based cermets **M7:** 806
of composite laminates **EM1:** 36
of copper casting alloys **A2:** 349
of copper powders **M7:** 106, 115, 116, 712
of copper/copper alloys **A13:** 610
of dispersion-strengthened copper **M7:** 712
of lead frame alloys **EL1:** 490
of make-break arcing contacts **A2:** 841
of specialty polymers **M7:** 606
polymer die attach **EL1:** 218
properties **EL1:** 89–90
silver **A2:** 699
silver contact alloys **A2:** 843
testing **EM2:** 585–586
wrought aluminum and aluminum alloys **A2:** 62–122
Electrical conductivity, and thermal conductivity of ductile iron
relationship between **A1:** 50–51, 52
Electrical conductor applications
steel wire for **M1:** 264–265
Electrical conductors
classification **A13:** 65
copper and copper alloys **A14:** 821
Electrical connectors **A13:** 1121–1122
beryllium-copper alloys **A2:** 416–417
Electrical contact materials *See also* Electrical contacts **A9:** 550–564
aluminum **M3:** 672
aluminum contacts **A2:** 849–850
applications **M3:** 665–672, 676–679, 686–694
availability **M3:** 690–691, 695
availability, contact alloys **A2:** 866–868
brazed assembly **A9:** 557
composite manufacturing methods **A2:** 856–858
composite material contacts **A2:** 850, 856
composite materials **M3:** 665, 672, 681, 682
contact materials, recommended **A2:** 861–866
copper contact alloys **A2:** 842–843
copper metals **M3:** 665–666
cost **M3:** 692
cost(s) **A2:** 868
damage from arcing **A9:** 563–564
defined **A2:** 840
electrolytic etching of **A9:** 551
etchants for **A9:** 551
etching procedures for **A9:** 551
failure modes of make-break contacts **A2:** 840–841
gold contact alloys **A2:** 845–846
gold metals **M3:** 668–669
life tests **A2:** 858–861
metal-graphite materials . . . **M3:** 664, 665, 676–679, 680
microscopic examination of **A9:** 550–551
microstructures of **A9:** 551–552
molybdenum **M3:** 671–672, 673, 674, 675
molybdenum contacts **A2:** 848–849
palladium **A13:** 805
palladium metals **M3:** 669–671, 672
platinum metals **M3:** 669–671
polarized contacts, life of **A2:** 860
precious metal overlays **A2:** 848, **M3:** 671
precious metals contacts, platinum group **A2:** 846–848
preparation of specimens **A9:** 550–551
property requirements, for make-break arcing contacts **A2:** 841
selection **M3:** 662–663, 686–694
selection criteria **A2:** 840
silver contact alloys **A2:** 843–845
silver metals **M3:** 666–668
silver-cadmium oxide **M3:** 664, 665, 673, 675, 676–679, 680, 681, 684, 685, 691
sliding contacts **A2:** 841–842
tungsten **M3:** 671–672, 673, 674, 675
tungsten contacts **A2:** 848–849
Electrical contact materials (P/M) **A7:** 188, 548–549, 550, 1021–1031
Electrical contacts *See also* Electrical contact materials
as electrical/magnetic applications **M7:** 630–634
as infiltration products **M7:** 560
contact force, factors affecting **A2:** 840
defined **A2:** 840
failure modes **M3:** 663, 669, 682–686, 687
life tests **M3:** 682–686, 687
make-and-break contacts . . . **M3:** 663–664, 676–679, 690–691
powders used **M7:** 573
precious metal overlays **M3:** 671
selection of materials **M3:** 662–663, 686–691, 692–694
sliding contacts **M3:** 664–665, 688–689
XPS analysis of surface films on **A10:** 578–579
Electrical contacts, friction and wear of **A18:** 682–684
atmospheric effects **A18:** 684
dusting **A18:** 684
brush materials **A18:** 684
"reading" or damage inspection **A18:** 684
circuit breaking **A18:** 683–684
contact resistance **A18:** 682–683
burnout **A18:** 683

SUBJECTS OF THE INDEXED VOLUMES: ASM Handbook (designated by the letter "A"): **A1:** Properties and Selection: Irons, Steels, and High-Performance Alloys (1990); **A2:** Properties and Selection: Nonferrous Alloys and Special-Purpose Materials (1990); **A3:** Alloy Phase Diagrams (1992); **A4:** Heat Treating (1991); **A5:** Surface Engineering (1994); **A6:** Welding, Brazing, and Soldering (1993); **A7:** Powder Metal Technologies and Applications (1998); **A8:** Mechanical Testing (1985); **A9:** Metallography and Microstructures (1985); **A10:** Materials Characterization (1986); **A11:** Failure Analysis and Prevention (1986); **A12:** Fractography (1987); **A13:** Corrosion (1987); **A14:** Forming and Forging (1988); **A15:** Casting (1988); **A16:** Machining (1989); **A17:** Nondestructive Evaluation and Quality Control (1989); **A18:** Friction, Lubrication, and Wear Technology (1992); **A19:** Fatigue and Fracture (1996); **A20:** Materials Selection and Design (1997). **Metals Handbook, 9th Edition** (designated by the letter "M"): **M1:** Properties and Selection: Irons and Steels (1978); **M2:** Properties and Selection: Nonferrous Alloys and Pure Metals (1979); **M3:** Properties and Selection: Stainless Steels, Tool Materials, and Special-Purpose Materials (1980); **M4:** Heat Treating (1981); **M5:** Surface Cleaning, Finishing, and Coating (1982); **M6:** Welding, Brazing, and Soldering (1983); **M7:** Powder Metallurgy (1984). **Engineered Materials Handbook** (designated by the letters "EM"): **EM1:** Composites (1987); **EM2:** Engineering Plastics (1988); **EM3:** Adhesives and Sealants (1990); **EM4:** Ceramics and Glasses (1991). **Electronic Materials Handbook** (designated by the letters "EL"): **EL1:** Packaging (1989)

insulating films effect (fritting) **A18:** 682–683
mechanical factors **A18:** 683
thermoelastic mounding............... **A18:** 683
tunneling............................ **A18:** 683
development **A18:** 682
fretting wear **A18:** 243
Electrical coppers *See also* Copper; Copper alloys
applications, properties, types ... **A2:** 223, 230, 234
Electrical corrosion *See also* Corrosion
of aircraft accelerometers......... **EL1:** 1111–1112
of antenna marker beacons **EL1:** 1108
of circuit breakers **EL1:** 1108
of disk recorder heads **EL1:** 1112
of electrical connectors................ **EL1:** 1112
of fuses **EL1:** 1110–1111
of hybrid microcircuits................ **EL1:** 1115
of integrated circuits............ **EL1:** 1114–1115
of klystron electron tubes **EL1:** 1115–1116
of microwave detectors **EL1:** 1112–1113
of nickel/boron-plated panels **EL1:** 1113–1114
of printed wiring boards **EL1:** 1109–1110
of steering potentiometers **EL1:** 1111
of stepper motors..................... **EL1:** 1111
of tin whiskers **EL1:** 1116
of vacuum tubes **EL1:** 1110
Electrical current
use in integrated circuit failure analysis... **A11:** 767
Electrical damage
integrated circuits **EL1:** 975–978
Electrical design *See also* Design; Electrical design considerations; Electrical design methodologies
importance **EL1:** 1
of level 1 packages **EL1:** 402–403
Electrical design considerations *See also* Electrical design
device trends **EL1:** 416
flexible printed boards **EL1:** 586–588
package parasitics and effects **EL1:** 416–419
Electrical design methodologies *See also* Design
direct current (dc) design requirements **EL1:** 25–26
for high-performance systems **EL1:** 28–42
for low-end systems................. **EL1:** 26–28
guideline synopsis **EL1:** 42–43
performance range classifications **EL1:** 25
Electrical differential transformer extensometers **A8:** 619
Electrical discharge breakdowns
defined.............................. **EM2:** 465
Electrical discharge grinding **A5:** 115
definition.............................. **A5:** 953
Electrical discharge grinding (EDG) **A16:** 509, 565–567
applications........................... **A16:** 566
automatic EDG machines............... **A16:** 565
compared to ECDG **A16:** 548, 550
diamond **A16:** 107–108
dielectric fluids **A16:** 565, 566
equipment and operation **A16:** 565
flushing **A16:** 566
process characteristics............. **A16:** 565–567
surface finish **A16:** 565–566
tool life **A16:** 567
Electrical discharge machines (EDM) notches **A17:** 137–138
Electrical discharge machining *See also* Machining **A19:** 173, 316
definition.............................. **A5:** 953
dependence on thermal energy........... **A5:** 161
fatigue life performance in finished parts .. **A5:** 149
notch root radius **A8:** 382
porous materials....................... **A7:** 1035
refractory metals and alloys **A2:** 561
rhenium........................... **A2:** 561–562
roughness average....................... **A5:** 147
semisynthetic fluids **A5:** 159
tool steel powders **A7:** 788
Electrical discharge machining (EDM)... **A16:** 19–22, 26–27, 33–34, 106, 509, 518, 557–564, **A20:** 696, **EM4:** 313, 314, 371–376
advantages............................ **A16:** 557
and PCBN............................ **A16:** 111
and shot peening **A16:** 35
application to advanced ceramics... **EM4:** 375–376
changes in hardness **EM4:** 375
contamination of the surface **EM4:** 375
grain size effects **EM4:** 376
material removal rates achieved....... **EM4:** 376
strength........................ **EM4:** 375–376
surface residual stresses **EM4:** 375
applications **A16:** 557, 561
attributes **A20:** 248
carbon deposit produced................. **A16:** 25
cemented carbides **A18:** 796
CNC vertical EDM........... **A16:** 560–561, 562
compared to ECG **A16:** 542
compared to EDG **A16:** 565
compared to electron beam machining.... **A16:** 571
compared to electrostream and capillary drilling **A16:** 551
compared to end milling and electrochemical machining **A16:** 539
compared to laser beam machining **A16:** 574
compared to shaped tube electrolytic machining **A16:** 554
compatibility with various materials...... **A20:** 247
diamond.............................. **A16:** 108
die casting **A16:** 560
dielectric fluids **A16:** 560, 563
dies.................................. **A20:** 235
drilling machines.................. **A16:** 559, 560
effect of operating conditions on material removal rate and surface quality **EM4:** 372–374
dielectric fluid **EM4:** 373
filtration system **EM4:** 373–374
various machine parameters **EM4:** 374
electrode manufacturing processes ... **A16:** 559–560
electroforming......................... **A16:** 560
erosion process.................. **EM4:** 371–372
fatigue strength......................... **A16:** 31
flushing **A16:** 560, 561, 562, 563
hole drilling........................... **A16:** 561
in conjunction with chemical milling..... **A16:** 586
machine types **EM4:** 371
die-sinking machine (ram-type, plunge, or vertical erosion) **EM4:** 371, 372, 373
wire-cutting machines .. **EM4:** 371, 372, 373, 374
machines, NC implemented **A16:** 613
mechanisms involved **EM4:** 374–375
melting and evaporation **EM4:** 374
thermal spalling **EM4:** 374–375
metal oxide field effect transistor (MOS-FET) devices **A16:** 558
method of operation **A16:** 557–558
MMCs **A16:** 896
no-wear **A16:** 560
orbital abrading.................. **A16:** 559, 561
power supplies **A16:** 558
rating of characteristics................. **A20:** 299
refractory metals............. **A16:** 859, 865, 868
safety of method **A16:** 564
sequential process steps................ **EM4:** 373
stainless steels......................... **A16:** 706
surface **A16:** 558–559, 563
surface alterations produced ... **A16:** 24, 25, 31, 34, 35
surface finish................ **A16:** 558, 561, 563
surface integrity.................... **A16:** 28, 559
surface roughness arithmetic average extremes......................... **A18:** 340
Ti alloys.............................. **A16:** 853
tooling systems **A16:** 560
traveling-wire EDM....... **A16:** 557, 559, 561–564
use expanding for ceramics **EM4:** 376
wire-EDM metal deposits and disadvantages **A16:** 563
wire-EDM power supplies............... **A16:** 563
zirconium **A16:** 852
Electrical discharge machining electrodes
powders used.......................... **M7:** 573
Electrical discharge machining noncutting process
in metal removal processes classification scheme **A20:** 695
Electrical discharge machining preforms
powders used.......................... **M7:** 573
Electrical discharge treatment **EM3:** 42
Electrical discharge wire cutting (EDWC)... **A16:** 509
Electrical discharges, static
ball bearing pitting failure from..... **A11:** 495, 497
Electrical dissipation factor *See also* Dissipation factor
defined **EM1:** 10, **EM2:** 16
Electrical double layer..................... **A7:** 421
Electrical equipment
precoated steel sheet for **M1:** 173
Electrical equivalent circuit model.......... **A13:** 216
Electrical erosion
in sliding bearings **A11:** 486
Electrical evaluation *See also* Electrical testing; Testing
introduction **EL1:** 867–868
Electrical faults **A20:** 140
Electrical generator rotors
fretting wear **A18:** 243
Electrical hazards **A20:** 140
Electrical heating........................ **A18:** 683
Electrical industry applications
aluminum and aluminum alloys **A2:** 12–13
copper and copper alloys **A2:** 239–240
of precious metals **A2:** 693
Electrical insulation
as application **EM2:** 1
by rigid epoxies **EL1:** 810
of substrates **EL1:** 104
Electrical interconnection *See also* Interconnection(s)
as wire bonding.................. **EL1:** 224–236
direct chip interconnect **EL1:** 231–232
laser pantography **EL1:** 232–233
pressure contacts **EL1:** 232–233
tape automated bonding (TAB) **EL1:** 228–231
thermocompression bonding **EL1:** 224–225
thermosonic bonding **EL1:** 225–226
ultrasonic bonding..................... **EL1:** 225
wire bond reliability and testing..... **EL1:** 226–228
Electrical ion detection method **A10:** 144
Electrical isolation...................... **A13:** 5, 87
Electrical laminates
circuit board materials, composition...... **EM1:** 73
epoxy, formulations/properties........... **EM1:** 76
epoxy resin **EM1:** 74–75
Electrical limit switch
fatigue testing machines **A8:** 368
Electrical materials
sources of materials data **A20:** 499
Electrical modeling *See also* Modeling; Models; Simulation
of assembly/packaging **EL1:** 447–448
of VHSIC SMT devices **EL1:** 77–81
Electrical noise sources
types.................................. **A17:** 285
Electrical or conductor applications
wire for **A1:** 283
Electrical overstress failures
integrated circuits **A11:** 786–788
Electrical performance testing *See also* Electrical testing; Testing
of discrete devices................. **EL1:** 946–951
of monolithic microwave integrated circuits (MMICS)................... **EL1:** 951–952
Electrical permittivity................ **A20:** 617, 618
definition............................. **A20:** 832
Electrical phase of electrical design **A20:** 204–207
Electrical pitting
defined.................................. **A18:** 8
definition.............................. **A5:** 953
in bearing failures **A11:** 493, 494, 496
Electrical plasma atomizers
atomic absorption spectrometry **A10:** 53–54
Electrical porcelain
absorption (%) and products **A20:** 420
annual sales.......................... **EM4:** 936
applications.......................... **EM4:** 935
body compositions..................... **A20:** 420
competitive materials.................. **EM4:** 936
development of the industry **EM4:** 936
physical properties.................... **EM4:** 934
Electrical porcelain (low voltage)
mechanical properties **A20:** 420
physical properties..................... **A20:** 421
Electrical properties *See also* Conductivity; Electrical breakdown; Electrical conductivity; Electrical resistivity; Electrical testing; Materials and electronic phenomena; Mechanical properties; Properties; Thermal properties **EM2:** 460–480, **EM3:** 428–439
acrylonitrile-butadiene-styrenes (ABS).... **EM2:** 113
actinide metals.................. **A2:** 1189–1198
aging................................ **EM3:** 438
discharge in gas-filled voids **EM3:** 438
electrical treeing **EM3:** 438–439
tracking............................. **EM3:** 439
water treeing **EM3:** 439

Electrical properties (continued)
allyls (DAP, DAIP) **EM2:** 8
aluminum casting alloys **A2:** 153–177
as design parameters **EL1:** 517–523
as material performance characteristics . . . **A20:** 246
ASTM test methods **EM2:** 334
BPA fumarate polyester **EM2:** 250
breakdown **EM3:** 437–439
electromechanical **EM3:** 438
flashover (surface) **EM3:** 438
short-term **EM3:** 438
thermal **EM3:** 438
capacitive vs. transmission line environments **EL1:** 601
cast copper alloys **A2:** 356–391
cast steels **M1:** 393–394, 399
ceramics **EL1:** 335–336
commercially pure tin **A2:** 518–519
conduction **EM3:** 433–436
conduction anisotropy **EM3:** 436–437
conduction mechanisms
Hall effect **EM3:** 437
photoconduction **EM3:** 437
thermally stimulated depolarization (TSD) **EM3:** 437
conductive plastic materials **EM2:** 467–478
copper-clad E-glass laminates **EL1:** 535
cross talk **EL1:** 603–604
crystal structure effects **EL1:** 93
data sheet, typical **EM2:** 409
dielectric losses **EL1:** 603
dielectric properties **EM3:** 428–432
bridge methods **EM3:** 431
low-frequency measurements **EM3:** 429–432
radio frequency and microwave measurements **EM3:** 431–432
resonant cavities **EM3:** 432
resonant circuits **EM3:** 431
slotted transmission lines **EM3:** 432
time-domain measurements **EM3:** 430–431
time-domain reflectometry (TDR) **EM3:** 432
diffusion **EM3:** 436
ductile iron **A15:** 663, **M1:** 53, 55
elastomers/rubbers **EM2:** 589
electrical resistance alloys **A2:** 836–839
electromagnetic interference (EMI) shielding **EM2:** 476–478
epoxies **EM2:** 241
epoxy resins **EL1:** 831
fiberglass-polyester composites **EM2:** 249
insulating plastics **EM2:** 460–467
gold and gold alloys **A2:** 705
impedance models **EL1:** 601–603
impedance time **EL1:** 601
insulating, structural ceramics **A2:** 1019, 1021–1024
interfacial effects **EM3:** 436
lead frame materials **EL1:** 488
liquid crystal polymers (LCP) **EM2:** 181
maraging steels **M1:** 451
measured **EM2:** 613
metals vs. plastics **EM2:** 77–78
niobium alloys **A2:** 567–571
nonlinear bulk conduction **EM3:** 436–437
of conformal coatings **EL1:** 822
of engineering plastics **EM2:** 73
of glass fibers **EM1:** 46
of gray iron **M1:** 28, 31, 53
of Invar **A2:** 891
of materials, basic **EL1:** 89–90
of plastics, characteristics **EM2:** 588–590
of polyester resins **EM1:** 95
of polyimides **EL1:** 769
of polymers **EM2:** 62
of steel castings **A1:** 374
of thermoplastic materials **EM2:** 592
of thermosetting molding materials **EM2:** 590
of zinc alloys **A2:** 532–542
on supplier data sheets **EM2:** 641
palladium and palladium alloy **A2:** 715–716
para-aramid fibers **EM1:** 56
parylene coatings **EL1:** 793–794
permittivity **EL1:** 597–601
phenolics **EM2:** 245
plastics, and polymer structure **EM2:** 462–464
platinum and platinum alloys **A2:** 708–714
polyamide-imides (PAI) **EM2:** 133
polyamides (PA) **EM2:** 126
polyaryl sulfones (PAS) **EM2:** 145–146
polyarylates (PAR) **EM2:** 138, 140
polyether sulfones (PES, PESV) **EM2:** 160
polyether-imides (PEI) **EM2:** 158
polyethylene terephthalates (PET) **EM2:** 173
polymeric substrates **EL1:** 338
polyphenylene sulfides (PPS) **EM2:** 189
polysulfones (PSU) **EM2:** 201
pure cobalt **A2:** 447
pure metals **A2:** 1100–1178
rare earth metals **A2:** 1178–1189
resistive losses (skin effect) **EL1:** 603
signal attenuation **EL1:** 603
silicone conformal coatings **EL1:** 822
silicones (SI) **EM2:** 267
silver and silver alloys **A2:** 699–704
static elimination testing **EM2:** 475–476
structure sensitive and structure insensitive **A2:** 761–762
styrene-acrylonitriles (SAN, OSA, ASA) . . **EM2:** 215
terminology **EM2:** 460–461, 590–593
test methods **EM2:** 461–462
tests for **EM2:** 78, 461–462, 475–478
thermoplastic polyimides (TPI) **EM2:** 177
thermoplastic resins **EM2:** 618–619
thermosetting resins **EM2:** 223
tin solders **A2:** 521–522
transient techniques **EM3:** 435–436
alternating current impedance measurements **EM3:** 435–436
voltage rate-of-change **EM3:** 435
tungsten and tungsten alloys **A2:** 580–581
ultrahigh molecular weight polyethylenes (UHMWPE) **EM2:** 169
unsaturated polyesters **EM2:** 247–248, 250
urethane coatings **EL1:** 776
versus organic-solvent-base adhesives properties **EM3:** 86
wrought aluminum and aluminum alloys **A2:** 62–122
wrought copper and copper alloys **A2:** 265–345
wrought magnesium alloys **A2:** 480–516
Electrical PWB configurations
typical **EL1:** 597–598
Electrical resistance **A20:** 615
and corrosion rate **A11:** 198
as inspection or measurement technique for corrosion control **A19:** 469
in superconductivity **A2:** 1030
manganese cast steel **A15:** 32
of aluminum **A15:** 756
of cast alloy steels **A15:** 32
of chromate conversion coatings **A13:** 392
of gray iron **A15:** 645
platinum group metals **A2:** 846
probes **A13:** 199–200, 1250
relative rating of brazing process heating method **A6:** 120
soil corrosion relationship to **A13:** 762
testing, as on-stream monitoring **A13:** 323
Electrical resistance alloys *See also* Electrical resistance alloys, specific types; Heating alloys; Thermostat metals **M3:** 640–661
atmospheres **A2:** 833–835
ballast resistors **M3:** 642
composition **M3:** 641
Constantan alloy **A2:** 825
constantans **M3:** 641, 643, 644
copper-manganese-nickel resistance alloys (manganins) **A2:** 825
copper-nickel resistance alloys **A2:** 823–825
electrical properties **M3:** 641
heating alloys **A2:** 827–829
iron-chromium-aluminum alloys **A2:** 828–829
manganins **M3:** 641, 642, 643–644
mechanical and physical properties **M3:** 641
nickel alloy **A2:** 433
nickel-chromium alloys **A2:** 825–826, 828
nickel-chromium-iron alloys **A2:** 828
nonmetallic materials **A2:** 829
open resistance heaters, design of **A2:** 829–830
open resistance heaters, fabrication of **A2:** 830–831
operating temperatures, furnace **M3:** 647
properties **A2:** 823
properties of **A2:** 835–839
pure metals **A2:** 829
radio alloys, properties **A2:** 823
reference resistors **M3:** 642
requirements **M3:** 640
resistance alloys **A2:** 822–826
resistance thermometers **M3:** 642
resistors **A2:** 822–824
resistors, precision **M3:** 641–642
semiprecision **M3:** 641, 645
service life of heating elements **A2:** 831–833
sheathed heaters **A2:** 831
stability, resistors **M3:** 642–643
tensile strength **M3:** 649
thermostat metals **A2:** 826–827
types **A2:** 442
Electrical resistance alloys, specific types
22Cr-5.3Al-Fe balance, properties and applications **A2:** 839
35Ni-43Fe-20Cr, properties and applications **A2:** 838
35Ni-45Fe-20Cr
composition **M3:** 659
property data **M3:** 641, 646, 659–660
37Ni-21Cr-2Si-40Fe, properties and applications **A2:** 837–838
60Ni-22Fe-16Cr, properties and applications **A2:** 836–837
60Ni-24Fe-16Cr
composition **M3:** 658
property data **M3:** 641, 658–659
70Ni-30Cr, properties and applications **A2:** 836
80Ni-20Cr
composition **M3:** 657
life of heating elements **M3:** 652–654, 656
property data **M3:** 641, 657–658
variation of resistance with temperature **M3:** 648
80Ni-20Cr, properties and applications **A2:** 835–836
constantan
composition **M3:** 660
property data **M3:** 641, 660–661
Constantan (45Ni-55Cu), properties and applications **A2:** 838–839
molybdenum disilicide
composition **M3:** 661
property data **M3:** 646, 661
molybdenum disilicide ($MoSi_2$), properties and applications **A2:** 839
Electrical resistance gages
for elevated/low temperature tension testing **A8:** 35
Electrical resistance, in spot welding machine and split die assembly *See also* Electrical resistivity **M7:** 506
Electrical resistance metals
dislocation structure in **A10:** 358
Electrical resistance strain gage **A19:** 175
Electrical resistivity *See also* Electrical properties; Resistivity **A6:** 265
alloy cast iron **M1:** 88
aluminum **A2:** 3
carbon fibers **EM1:** 52
cast copper alloys **A2:** 357–391
changes due to recovery **A9:** 693
defined **A13:** 5, **EM1:** 359

SUBJECTS OF THE INDEXED VOLUMES: ASM Handbook (designated by the letter "A"): **A1:** Properties and Selection: Irons, Steels, and High-Performance Alloys (1990); **A2:** Properties and Selection: Nonferrous Alloys and Special-Purpose Materials (1990); **A3:** Alloy Phase Diagrams (1992); **A4:** Heat Treating (1991); **A5:** Surface Engineering (1994); **A6:** Welding, Brazing, and Soldering (1993); **A7:** Powder Metal Technologies and Applications (1998); **A8:** Mechanical Testing (1985); **A9:** Metallography and Microstructures (1985); **A10:** Materials Characterization (1986); **A11:** Failure Analysis and Prevention (1986); **A12:** Fractography (1987); **A13:** Corrosion (1987); **A14:** Forming and Forging (1988); **A15:** Casting (1988); **A16:** Machining (1989); **A17:** Nondestructive Evaluation and Quality Control (1989); **A18:** Friction, Lubrication, and Wear Technology (1992); **A19:** Fatigue and Fracture (1996); **A20:** Materials Selection and Design (1997). **Metals Handbook, 9th Edition** (designated by the letter "M"): **M1:** Properties and Selection: Irons and Steels (1978); **M2:** Properties and Selection: Nonferrous Alloys and Pure Metals (1979); **M3:** Properties and Selection: Stainless Steels, Tool Materials, and Special-Purpose Materials (1980); **M4:** Heat Treating (1981); **M5:** Surface Cleaning, Finishing, and Coating (1982); **M6:** Welding, Brazing, and Soldering (1983); **M7:** Powder Metallurgy (1984). **Engineered Materials Handbook** (designated by the letters "EM"): **EM1:** Composites (1987); **EM2:** Engineering Plastics (1988); **EM3:** Adhesives and Sealants (1990); **EM4:** Ceramics and Glasses (1991). **Electronic Materials Handbook** (designated by the letters "EL"): **EL1:** Packaging (1989)

definition . . . A20: 832
magnetically soft materials . . . A2: 761
malleable iron . . . M1: 67
measurement . . . A2: 1096
of aluminum oxide-containing cermets . . . M7: 804
of ceramics . . . EL1: 336
of chromium carbide-based cermets . . . M7: 806
of copper, changes during isothermal recovery . . . A9: 693
of ductile iron . . . A1: 51, 53
of high-purity nickel strip . . . M7: 403
of metal borides and boride-based cermets . . . M7: 811
of polyester resins . . . EM1: 93
of wire material . . . A20: 615
steels, selected grades . . . M1: 150–151
testing . . . EM2: 475
versus coefficient of friction for *n*-type silicon after abrasion and doping . . . A18: 689
wrought aluminum and aluminum alloys . . . A2: 62–122
zero, in superconductivity . . . A2: 1030

Electrical resistivity of cemented tungsten carbides, specifications . . . A7: 1100
Electrical resistivity testing . . . A7: 700, 702, 714–715, 716
of powder metallurgy parts . . . A17: 541–545
Electrical sensing
to analyze ceramic powder particle size . . . EM4: 67
Electrical sensing zone analysis . . . A7: 247–248
Electrical sheet steel . . . A9: 196
decarburized . . . A9: 196
internal oxidation . . . A9: 196
Electrical steel sheet
blanking and piercing of . . . A14: 476–482
burr height . . . A14: 481
camber and flatness . . . A14: 480–481
composition effects . . . A14: 480
core plating . . . A14: 482
lubrication . . . A14: 481–482
materials . . . A14: 476–477
presses and dies, for blanking/piercing . . . A14: 477–479
stock thickness . . . A14: 479–480
Electrical steel sheet and strip
properties and applications . . . A2: 769
Electrical steels *See also* Magnetic materials; Magnetic materials, specific types; Silicon steels . . . A5: 772–774
AISI designations . . . A5: 773
ASTM designations . . . A5: 773
blanking, die materials for . . . M3: 485, 487
ceramic films . . . A5: 774
chemical polishing solutions . . . A9: 533
classifications . . . A5: 772
commercial grades . . . A5: 772
core plate coatings . . . A5: 774
definition . . . A5: 772
inorganic-type insulation . . . A5: 774
laser magnetic domain refinement . . . A5: 774
laser scribing . . . A5: 774
M-36, sheet, continuously cold rolled fibering . . . A9: 687
magnetic contrast . . . A9: 536–537
magnetic properties . . . A5: 772–773
microstructures . . . A9: 537–538
nonoriented steels . . . A5: 772–773
organic-type insulation . . . A5: 774
oriented steels . . . A5: 772, 773
porcelain enamel effect on torsion resistance of metal angles . . . A5: 467
properties . . . A5: 773
silicon additions . . . A5: 772, 773
specimen preparation . . . A9: 531–532
surface treatments . . . A5: 773–774
Electrical steels, specific types
M-4, properties . . . A5: 773
M-5, properties . . . A5: 773
M-6, properties . . . A5: 773
M-15, properties . . . A5: 773
M-19, properties . . . A5: 773
M-22, properties . . . A5: 773
M-27, properties . . . A5: 773
M-36, properties . . . A5: 773
M-43, properties . . . A5: 773
M-45, properties . . . A5: 773
M-47, properties . . . A5: 773

Electrical surface wiring industry
amino molding compounds in . . . EM2: 230
Electrical system pipe-type cables . . . A13: 1292
Electrical tape
used for unmounted electropolishing specimens . . . A9: 49
Electrical tester configuration
typical . . . EL1: 566–567
Electrical testing *See also* Electrical evaluation; Electrical performance testing; Electrical properties
and automatic optical inspection . . . EL1: 565–571
electrical properties, of plastics . . . EM2: 588–590
electrical tests . . . EM2: 581–588
for defect verification . . . EL1: 873–874
high/low-temperature . . . EL1: 1060–1061
in failure verification/fault isolation . . . EL1: 1058–1060
industry trends . . . EL1: 565
methodology . . . EL1: 565–566
methods . . . EL1: 372–373, 377–378
of highly integrated systems . . . EL1: 372–373
of multilayer boards (MLBS) . . . EL1: 566–568
reliability testing, added . . . EL1: 567–568
system-level issues . . . EL1: 373–377
terminology . . . EM2: 590–593
Electrical vacuum coating . . . M5: 394–399, 402–403, 408–409
Electrical waveform *See also* Waveform
effect, radiography . . . A17: 304–305
effect, x-ray tubes . . . A17: 304–305
full-wave-rectification, radiography . . . A17: 304–305
half-wave rectification, radiography . . . A17: 304
Villard-circuit equipment . . . A17: 305
Electrical waveguides
of carbon fiber reinforced plastics . . . EM1: 36
Electrical-grade glass fibers *See also* E-glass
application/composition . . . EM1: 107
Electrical-grade plastics
compared . . . EM2: 228
Electrically conductive adhesives . . EM3: 33, 572–573
Electrically conductive inks
polymeric thick-film systems . . . EL1: 346
Electrically conductive mounts
for aluminum alloys . . . A9: 352
Electrically erasable programmable read-only memories (EEPROMS)
development . . . EL1: 160
wafer-scale integration . . . EL1: 8
Electrically heated (submerged electrodes) furnace
dip brazing . . . A6: 337
Electrically induced heating
for thermal inspection . . . A17: 398
Electrically nonconducting material
electrical potential methods for . . . A8: 391
Electrical-resistance heating tape
for optical holographic interferometry . . . A17: 409
Electrical-simulation software
types . . . EL1: 419
Electric-arc thermal spray coating M5: 365–366, 368
Electric-arc (wire-arc) (EAW) spray process . . . A5: 499–500
cast irons . . . A5: 691
thermal spray coating process, hardfacing applications . . . A5: 735
Electric-eye machines . . . A6: 1169
Electricity
conversion factors . . . A8: 722, A10: 686
quantity of, SI derived unit and symbol for . . . A10: 685
Electric-motor housings, climinating cracksin A3: 1•28
Electric-resistance welds
in pipe . . . A11: 698
Electrification time
defined . . . EM2: 592
Electroanalytical probes
for process control . . . A10: 199
Electrochemical
effects, on corrosion-fatigue . . . A11: 256
etching, and circle grid analysis . . . A8: 567
factors, influence in SCC . . . A8: 499
machining, effect on fatigue strength . . . A11: 122
magnesium separation apparatus . . . A15: 82
refining, of aluminum melts . . . A15: 80–81
theory, and stress-corrosion cracking . . . A11: 203

Electrochemical admittance *See also* Electrochemical impedance
defined . . . A13: 5
Electrochemical analysis . . . A10: 181–211
capabilities, compared with classical wet analytical chemistry . . . A10: 161
controlled-potential coulometry . . . A10: 202
of inorganic anions and cations determined by ion chromatography . . . A10: 663
voltammetry and polarography . . . A10: 202
Electrochemical and corrosion effects on adhesive joints . . . EM3: 628–636
effect of corrosion and adhesive joint failure . . . EM3: 633
effect of dissimilar metals in contact . . . EM3: 632
effect of high cathodic potentials . . . EM3: 629–631
effect of impressed current . . . EM3: 631–632
effect of mechanical strain . . . EM3: 632–633
exposure in electrochemically inert conditions . . . EM3: 628–629
increasing resistance to cathodic bond failure in adhesive joint applications . . . EM3: 635–636
seawater exposure . . . EM3: 629–630
theoretical models and failure mechanisms . . . EM3: 633–635
Electrochemical atomic layer epitaxy (ECALE) . . . A5: 276
Electrochemical cell . . . A13: 5, 20
definition . . . A5: 953
Electrochemical (chemical) etching
definition . . . A5: 953
Electrochemical cleaning *See also* specific processes by name
copper and copper alloys . . . A5: 810
Electrochemical corrosion
adhesive bonding offering prevention . . . A20: 763
defined . . . A13: 5
definition . . . A5: 953
testing . . . A13: 212–220
zinc . . . M2: 650, 652
Electrochemical corrosion testing
coating systems . . . A13: 430
current data, conversion to corrosion rates . . . A13: 213
for uniform corrosion . . . A13: 213–215, 229
fundamentals . . . A13: 212
limitations . . . A13: 220
of crevice corrosion . . . A13: 308–309
of environmental cracking . . . A13: 217–219
of galvanic corrosion . . . A13: 215–216
of localized corrosion . . . A13: 216–217
of protective coatings and films . . . A13: 219–220
of SCC . . . A13: 264–265
polarization, conducting . . . A13: 212–213
stainless steels . . . A13: 564
thermodynamics of aqueous corrosion . . A13: 18–28
Electrochemical deburring . . . A5: 112–113
Electrochemical deposition . . . A20: 476–480
Electrochemical differences, between different phases of a specimen
effects of . . . A9: 47
Electrochemical discharge grinding (ECDG) . . . A16: 509, 548–550
applications . . . A16: 550
electrolytes . . . A16: 548–549
equipment . . . A16: 548
form grinding . . . A16: 549
process characteristics . . . A16: 548–550
profile grinding . . . A16: 549
surface (plunge) grinding . . . A16: 549
tool life . . . A16: 549
Electrochemical discharge machining
definition . . . A5: 953
Electrochemical equivalent
defined . . . A13: 5
Electrochemical erosion . . . A19: 145
Electrochemical etching . . . A9: 57, 60–61
defined . . . A9: 6
Electrochemical grinding (ECG) . . . A16: 509, 543–544
advantages and disadvantages . . . A16: 546
applications . . . A16: 546–547
carbon and alloy steels . . . A16: 677
compared to EDG . . . A16: 548, 550
compared to other machining processes . . . A16: 542
current densities . . . A16: 543
cylindrical grinding method . . . A16: 546
electrolytes . . . A16: 542, 543, 544–545

Electrochemical grinding (ECG) (continued)
equipment . . . **A16:** 544–546
face (plunge) grinding method . . . **A16:** 546
feed rates . . . **A16:** 543, 544
form grinding method . . . **A16:** 545, 546
internal grinding method . . . **A16:** 546
machines . . . **A16:** 546
methods . . . **A16:** 546
oxygen and hydrogen generation . . . **A16:** 544
power supplies . . . **A16:** 545–546
process characteristics . . . **A16:** 542
surface finish . . . **A16:** 543, 545
surface grinding method . . . **A16:** 543, 546
surface integrity . . . **A16:** 28
tool life . . . **A16:** 546
wheels . . . **A16:** 545
Electrochemical impedance *See also* Electrochemical admittance . . . **A13:** 5, 215, 220
as inspection or measurement technique for corrosion control . . . **A19:** 469
Electrochemical interactions between minerals and grinding media . . . **A18:** 271
Electrochemical ion detector . . . **A10:** 661
Electrochemical machining . . . **A19:** 316, **EM4:** 313
compatibility with various materials . . . **A20:** 247
refractory metals and alloys . . . **A2:** 561
Electrochemical machining (ECM) . . . **A5:** 110–114, **A16:** 14, 19, 27, 34, 509, 533–541
accuracy . . . **A16:** 539
alternate polarity . . . **A5:** 114
applications . . . **A5:** 113, **A16:** 539–540
compared to ECG . . . **A16:** 542
compared to shaped tube electrolytic machining . . . **A16:** 554
computer numerical control (CNC) . . **A16:** 533–534
computer-aided design manufacture (CAD/CAM) . . . **A16:** 538
current density effect . . . **A5:** 112
definition . . . **A5:** 110, 953
effect on workpiece fatigue strength . . . **A16:** 31
electrochemical deburring (ECD) . . . **A5:** 112–113
electrolytes . . . **A16:** 533–536
electrolytes for various metals . . . **A5:** 111–113
electropolishing . . . **A5:** 110, 113, 114
equipment . . . **A5:** 111–112, **A16:** 533
fatigue life performance in finished parts . . **A5:** 149
frontal operation . . . **A16:** 26
insulation . . . **A16:** 538
limitations . . . **A5:** 113
micromachining . . . **A5:** 113–114
multiaxis ECM machines . . . **A16:** 540
nonsludging electrolytes . . . **A16:** 535
process capabilities . . . **A5:** 112
process control . . . **A16:** 534
pulse electrochemical machining (PECM) . . **A5:** 114
recent advances . . . **A5:** 113–114
refractory metals . . . **A16:** 868
removal rates . . . **A16:** 534
roughness average . . . **A5:** 147
schematics of operations . . . **A5:** 110
shot peening . . . **A16:** 35
single-axis machines . . . **A16:** 533
sludging electrolytes . . . **A16:** 535
stainless steels . . . **A16:** 706
strong acid electrolytes . . . **A16:** 535
surface alterations produced . . . **A16:** 24–35
surface finish . . . **A16:** 534, 535, 536, 537, 538, 539
surface roughness . . . **A5:** 112
Ti alloys . . . **A16:** 846, 852
tooling . . . **A5:** 113
tools (cathodes) . . . **A16:** 536–538
variables affecting current density . . . **A5:** 110
variables affecting material removal rate . . . **A5:** 110
vertical-ram ECM machines . . . **A16:** 541
Electrochemical machining electrodes
powders used . . . **M7:** 573
Electrochemical marking . . . **A20:** 306
Electrochemical metallizing *See also* Selective plating . . . **M5:** 298
Electrochemical micromachining . . . **A5:** 113–114
Electrochemical migration
thick-film . . . **EL1:** 342
Electrochemical milling
rhenium . . . **A2:** 562
Electrochemical noise . . . **A19:** 204
as inspection or measurement technique for corrosion control . . . **A19:** 469
Electrochemical, noncutting process
in metal removal processes classification scheme . . . **A20:** 695
Electrochemical polarization . . **A7:** 114, **A13:** 212–213, 271–274
for SCC testing for titanium alloys . . . **A8:** 531
high-strength steel cracking behavior from **A8:** 527, 529
Electrochemical polishes, for surface preparation
SCC testing . . . **A8:** 510
Electrochemical polishing
definition . . . **A5:** 954
of tungsten . . . **A9:** 45
Electrochemical potential
and dissolved oxygen . . . **A13:** 932
and stress-corrosion cracking . . . **A19:** 488
as environmental factor of stress-corrosion cracking . . . **A19:** 483
as environmental variable affecting corrosion fatigue . . . **A19:** 188, 193
in acidified chloride environments . . . **A8:** 419
in stress-corrosion cracking . . . **A8:** 499
used to measure anodic reactions during etching . . . **A9:** 60
Electrochemical potentiokinetic reactivation method (EPR) . . . **A7:** 985, 987
Electrochemical potentiostatic reactivation test . . . **A13:** 564
Electrochemical principles
of potentiostatic etching . . . **A9:** 144
Electrochemical process
advantages and limitations . . . **A5:** 707
Electrochemical properties
heat-treatable wrought aluminum alloy . . . **A2:** 41
wrought aluminum, alloying effects . . . **A2:** 44
Electrochemical protection
of zirconium/zirconium alloys . . . **A13:** 718
pulp bleach plants . . . **A13:** 1195–1196
Electrochemical reduction . . . **A7:** 183, 185
silver powders . . . **M7:** 148
Electrochemical series *See also* Electromotive force series
defined . . . **A13:** 5
Electrochemical techniques
to analyze the bulk chemical composition of starting powders . . . **EM4:** 72
Electrochemical testing . . . **A7:** 978, 984–988, **A13:** 87, 193
porous materials . . . **A7:** 1039
Electrochemical tests
for erosion . . . **A11:** 174
stress-corrosion cracking . . . **A8:** 532
thermodynamics and kinetics affecting SCC . . . **A8:** 499
Electrochemical titration, electrometric titration and
compared . . . **A10:** 202
Electrochemically accelerated mass finishing **M5:** 133
Electrochemistry
adapted for inorganic solids . . . **A10:** 4–6
for inorganic liquids and solutions . . . **A10:** 7
of intergranular corrosion . . . **A13:** 123
Electrochromic device (ECD) . . . **EM4:** 757
Electrocleaning *See also* Electrolytic cleaning . . . **A5:** 13, 14
aluminum and aluminum alloys . . . **A5:** 789
design limitations . . . **A20:** 821
process control used . . . **A5:** 283
stainless steels . . . **A5:** 753–754
zinc alloys . . . **A5:** 872
Electrocoating . . . **A5:** 430–431
advantages . . . **A5:** 430
alternate names . . . **A5:** 430
automotive . . . **A13:** 1015
cathodic systems . . . **A5:** 430, 431
coating thickness . . . **A5:** 430
definition . . . **A5:** 430
design limitations for organic finishing processes . . . **A20:** 822
disadvantages . . . **A5:** 430
equipment . . . **A5:** 430–431
limitations . . . **A5:** 430
resins used . . . **A5:** 430
Electrocoating paint . . . **M5:** 483–485, 506
Electroconductive sintering *See* Field-activated sintering
Electrocorrosive wear
defined . . . **A18:** 8
definition . . . **A5:** 954
Electrode
definition . . . **A5:** 954
double-junction . . . **A8:** 417
saturated calomel . . . **A8:** 416
silver/silver chloride . . . **A8:** 416
Electrode burns, as flaw
defined . . . **A17:** 562
Electrode coatings
constituents . . . **M7:** 817
functions of . . . **M7:** 816–817
metal powders for . . . **M7:** 816–822
Electrode deposition . . . **M7:** 71–72, 123
Electrode extension
definition . . . **A6:** 1208, **M6:** 6
effect on weld attributes . . . **A6:** 182
Electrode force
definition . . . **A6:** 1208, **M6:** 6
Electrode holder
definition . . . **A6:** 1208
Electrode holders
definitions . . . **M6:** 6
Electrode holders for
flux cored arc welding . . . **M6:** 98
resistance spot welding . . . **M6:** 481–482
shielded metal arc welding . . . **M6:** 79
Electrode indentation (resistance welding)
definition . . . **A6:** 1208
Electrode lead
definition . . . **A6:** 1208, **M6:** 6
Electrode melting rate (M_{rp}) . . . **A6:** 28–29
Electrode potential . . . **A10:** 197–198, 672
control . . . **A8:** 407, 416
definition . . . **A5:** 954
during corrosion fatigue tests . . . **A8:** 405–407, 416–417
Luggin capillary . . . **A8:** 416
measuring . . . **A8:** 416–417
Electrode potentials *See also* Second-phase constituents in aluminum alloys; Solution potentials . . . **M2:** 207
applied, effect on corrosion fatigue crack propagation . . . **A13:** 300
cell potentials . . . **A13:** 20–21
conventions . . . **A13:** 21–22
conversion diagram . . . **A13:** 22
defined . . . **A13:** 5
effect, corrosion fatigue . . . **A13:** 143, 298
electrode selection characteristics . . . **A13:** 22–23
electromotive force series . . . **A13:** 20–21
free energy . . . **A13:** 19
in aqueous solutions . . . **A13:** 17
measurement, with reference electrodes **A13:** 21–24
three-electrode system . . . **A13:** 22
Electrode reaction *See also* Anodic reaction; Cathodic reaction
defined . . . **A13:** 5
Electrode setback
definition . . . **M6:** 6
Electrode skid
definition . . . **M6:** 6
Electrodeburring . . . **M5:** 308–309

SUBJECTS OF THE INDEXED VOLUMES: ASM Handbook (designated by the letter "A"): **A1:** Properties and Selection: Irons, Steels, and High-Performance Alloys (1990); **A2:** Properties and Selection: Nonferrous Alloys and Special-Purpose Materials (1990); **A3:** Alloy Phase Diagrams (1992); **A4:** Heat Treating (1991); **A5:** Surface Engineering (1994); **A6:** Welding, Brazing, and Soldering (1993); **A7:** Powder Metal Technologies and Applications (1998); **A8:** Mechanical Testing (1985); **A9:** Metallography and Microstructures (1985); **A10:** Materials Characterization (1986); **A11:** Failure Analysis and Prevention (1986); **A12:** Fractography (1987); **A13:** Corrosion (1987); **A14:** Forming and Forging (1988); **A15:** Casting (1988); **A16:** Machining (1989); **A17:** Nondestructive Evaluation and Quality Control (1989); **A18:** Friction, Lubrication, and Wear Technology (1992); **A19:** Fatigue and Fracture (1996); **A20:** Materials Selection and Design (1997). **Metals Handbook, 9th Edition** (designated by the letter "M"): **M1:** Properties and Selection: Irons and Steels (1978); **M2:** Properties and Selection: Nonferrous Alloys and Pure Metals (1979); **M3:** Properties and Selection: Stainless Steels, Tool Materials, and Special-Purpose Materials (1980); **M4:** Heat Treating (1981); **M5:** Surface Cleaning, Finishing, and Coating (1982); **M6:** Welding, Brazing, and Soldering (1983); **M7:** Powder Metallurgy (1984). **Engineered Materials Handbook** (designated by the letters "EM"): **EM1:** Composites (1987); **EM2:** Engineering Plastics (1988); **EM3:** Adhesives and Sealants (1990); **EM4:** Ceramics and Glasses (1991). **Electronic Materials Handbook** (designated by the letters "EL"): **EL1:** Packaging (1989)

Electrodeless discharge lamps
for AAS spectrometers **A10:** 50
Electrodeless mercury vapor lamps **EL1:** 864
Electrodeposited coating
to prevent edge rounding in samples **A9:** 45
Electrodeposited copper
chromic acid as an etchant for **A9:** 401
Electrodeposited copper foil
for conductors **EL1:** 114
Electrodeposited layers
on sleeve bearing liners **A9:** 567
Electrodeposited tin coatings
etching **A9:** 451
Electrodeposition *See also* Deposition **A7:** 70–71
average application painting efficiency **A5:** 439
cermet ceramic coatings **M5:** 536
compliant organic coatings **A5:** 937–938
defined **A13:** 5
definition **A5:** 954
electroplating as **A13:** 419
for copper foil production **EM3:** 591
metallic coating process for molybdenum . . **A5:** 859
microstructure of coatings **A5:** 662
of amorphous materials/metallic glasses **A2:** 806–807
of interferences, UV/VIS absorption spectroscopy **A10:** 65–66
of porcelain enamels **A13:** 448
of precious metal overlays **A2:** 848
parameters, electroplated hard chromium **A13:** 871
porcelain enamel **M5:** 518
solid metal **A10:** 208
steel, porcelain enameling of **A5:** 462
tin powders **A7:** 146
tin/tin alloys **A13:** 775
to apply interlayers for solid-state welding **A6:** 165, 166, 168, 169
Electrodeposition films
crystallographic texture in **A9:** 700
Electrodeposition primer process (E-coat) . . . **EM3:** 554
Electrodes *See also* Ion-selective membrane electrodes; Potentiometric membrane electrodes **A7:** 548–549, 550
and cells, for electrogravimetry **A10:** 199–200
anodic protection **A13:** 464
arc welding of aluminum alloys **A6:** 722–723
artificial graphite, resistance brazing **A6:** 341
as infiltration products **M7:** 560
boron tetrafluoride **A10:** 184
bromide **A10:** 184
calcium **A10:** 184
calcium/magnesium (water hardness) **A10:** 184
carbon steel **A6:** 657
submerged arc welding **A6:** 204, 205
carbon steel flux-cored wires **A6:** 188–189
carbon-graphite, resistance brazing **A6:** 340–341
cast iron, for shielded metal arc welding . . . **A6:** 717
charged interface/cation locations **A13:** 19
chloride **A10:** 184
chromium-copper, resistance brazing **A6:** 340
classifications for
flux-cored arc welding **A6:** 717
gas-metal arc welding **A6:** 719
shielded metal arc welding **A6:** 716, 718
shielded metal arc welding of cast irons . . **A6:** 721
coating formulations of selected SMAW electrodes **A6:** 59
coatings **M7:** 816–822
composite flux-cored and metal cored **A6:** 659
composite metals for **M7:** 17
composition, titanium and titanium alloy castings **A2:** 642
consumable, in atomization process **M7:** 26
copper **A10:** 184
copper-base, as cast iron welding consumable **A15:** 524
copper-based
for gas-metal arc welding **A6:** 719
for shielded metal arc welding **A6:** 718
copper-tungsten, resistance brazing **A6:** 340
coverings on copper-base electrodes **A6:** 718
cyanide **A10:** 185
defective **EL1:** 995
defined **A10:** 672, **A13:** 5, **A15:** 5
definition **A6:** 1208
determining selectivity **A10:** 182–183
electric arc furnace **A15:** 357–359
electrographite, resistance brazing **A6:** 341
for dc arc sources **A10:** 25
for electrical testing **EM2:** 581–587
for flux-cored arc welding of cast irons **A6:** 719–720
composition **A6:** 717
for gas-metal arc welding of cast irons **A6:** 718–719, 720
for gas-tungsten arc welding of cast irons . . **A6:** 720
tungsten **A6:** 191
tungsten alloys **A6:** 191
zirconium alloys **A6:** 191
for shielded metal arc welding of cast irons composition **A6:** 717
for spark source mass spectrometry **A10:** 145
for submerged arc welding of cast irons . . . **A6:** 720, 721
glass membrane **A10:** 182
glass, pH determination by **A10:** 203
globular-to-spray transition currents **A6:** 182
graphite, resistance brazing **A6:** 339, 340
high-alloy austenitic steels, submerged arc welding **A6:** 204
hydrogen-induced cracking in steel weldments **A6:** 412, 413, 414–415
iodide **A10:** 185
ion-selective membrane **A10:** 181–183
iron-nickel, for flux-cored arc welding **A6:** 719
lead **A10:** 185
liquid membrane **A10:** 182
low-alloy steel flux-cored wires **A6:** 188–189
low-alloy steels **A6:** 656–657
submerged arc welding **A6:** 204–205, 206
mercury vs. carbon bases for **A10:** 191
mild steel, submerged arc welding **A6:** 204
molybdenum, resistance brazing **A6:** 339, 340
nickel-base alloys, submerged arc welding . . **A6:** 205
nickel-base, as cast iron welding consumable **A15:** 523–524
nickel-base flux-cored wires **A6:** 189
nickel-based
flux-cored wires **A6:** 189
for flux-cored arc welding **A6:** 719
for gas-metal arc welding **A6:** 719
for shielded metal arc welding **A6:** 717–718
for submerged arc welding **A6:** 720
nickel-molybdenum **A6:** 743, 745, 746–747
nitrate **A10:** 185
perchlorate **A10:** 185
piezoelectric, cadmium analysis with **A10:** 200
platinum gauze **A10:** 199–200
platinum, resistance brazing **A6:** 340
polarization, defined **A13:** 5
polymer membrane **A10:** 182
porous **M7:** 308
potentials **M7:** 140
potentiometric gas-sensing **A10:** 183–185
powder-coated, performance of **M7:** 820–821
processes **A13:** 18–19
processes, reversible and irreversible **A10:** 191
reaction **A13:** 5
reference **A10:** 185, 186, 199, 200, **A13:** 21–24
reference, schematic of **A10:** 186
refractory metal, resistance brazing **A6:** 340
resistance welding **M7:** 624–629
rhenium, resistance brazing **A6:** 340
sample pretreatment **A10:** 186
selection characteristics **A13:** 22–24
silver, oxidation in alkaline environments **A10:** 135
silver-tungsten, resistance brazing **A6:** 340
solid crystalline membrane **A10:** 182
stainless steel
for shielded metal arc welding **A6:** 717
submerged arc welding **A6:** 204, 205
stainless steel flux-cored wires **A6:** 189
steel
for flux-cored arc welding **A6:** 719
for gas-metal arc welding **A6:** 719
for shielded metal arc welding **A6:** 717
storage requirements **A10:** 186
submerged arc welding composition . . **A6:** 205, 206, 207
sulfide **A10:** 185
supporting, defined **A10:** 683
surfaces, XPS elemental spectrum **A10:** 578
thermal cutting **A14:** 733–734
thoria-tungsten, aluminum alloys **A6:** 736
titanium alloy casting **A15:** 831–832
tool steels, submerged arc welding **A6:** 204
tungsten, resistance brazing **A6:** 339, 340
vibrating, effect in electrogravimetry **A10:** 200
VIM, processing routes **A15:** 393
welding, classification **M7:** 819
welding, nickel-base **A2:** 443
welding, oxide dispersion-strengthened copper **A2:** 401
zirconia-tungsten, aluminum alloys **A6:** 736
Electrodes AWS classification
carbon steel flux cored wires **M6:** 100–101
classifications for
flux cored wires **M6:** 99–100
gas metal arc welding **M6:** 162–163
shielded metal arc welding **M6:** 81–82
compositions for arc welding of heat-resistant alloys **M6:** 359
copper-based **M6:** 311
coverings on low-carbon electrodes **M6:** 81
definition **M6:** 6
high-manganese steel, composition **M6:** 120
hydrogen in flux cored wires **M6:** 102
low-alloy flux cored wires **M6:** 101–102
low-alloy steel, composition **M6:** 121
low-manganese steel, composition **M6:** 120
medium manganese steel, composition **M6:** 120
nickel-based **M6:** 311
recommended moisture on low-carbon electrodes **M6:** 82
selection for quenched and tempered high-strength steels **M6:** 287, 290
stainless steel composition
for flux cored arc welding **M6:** 326, 347, 349
for gas metal arc welding **M6:** 347
for shielded metal arc welding **M6:** 324, 345, 348
stainless steel flux cored wires **M6:** 101–102
strip electrode welding **M6:** 133
tungsten, arc welding of stainless steel **M6:** 334
Electrodes for
air carbon arc cutting **M6:** 919
air-carbon arc cutting **A6:** 1172, 1173–1174, 1175, 1176, 1177
arc welding
of dissimilar copper alloys **A6:** 769, 770
of magnesium alloys **A6:** 774, 778, 779
of stainless steels **A6:** 1106
arc welding of stainless steels
electrogas welding **M6:** 344–346
electroslag welding **M6:** 344–346
gas metal arc welding **M6:** 324, 331–332
shielded metal arc welding **M6:** 324–325, 345–349
submerged arc welding **M6:** 327–328
dissimilar metal joining **A6:** 824, 827
nickel alloys **A6:** 750–751
duplex stainless steels **A6:** 478–479
electrogas welding **A6:** 270, **M6:** 241
of carbon steels **A6:** 659
electroslag welding **A6:** 270, 271, 272, 273, 274, 275, 276, 277, 278, **M6:** 228–229
flash welding **M6:** 562
flux cored arc welding **M6:** 99–103
chemical compositions **M6:** 241
functions of the compounds **M6:** 99
of alloy steel **M6:** 278
of carbon steel **M6:** 100–101
of low-alloy steels **M6:** 101–102
of stainless steel **M6:** 101–102
flux-cored arc welding **A6:** 186, 188–189, 719–720
cast irons **A6:** 717, 719–720
designators by alloy types **A6:** 188
functions of the compounds **A6:** 606
heat-treatable low alloy steels **A6:** 670
of carbon steels **A6:** 188–189
of low-alloy steels **A6:** 188–189
of nickel-base alloys **A6:** 189
of stainless steel **A6:** 189, 705–706
parameters for welding cast irons **A6:** 720
usability type designators **A6:** 189
gas metal arc welding **M6:** 161–163
of alloy steels **M6:** 274–278
of aluminum alloys **M6:** 381–382
of aluminum bronzes **M6:** 420
of beryllium copper **M6:** 418
of copper nickels **M6:** 421
of coppers **M6:** 417

Electrodes for (continued)
of nickel alloys **M6:** 439
of phosphor bronzes **M6:** 420
of silicon bronzes **M6:** 421
gas tungsten arc welding **M6:** 190–195
of aluminum alloys **M6:** 390
of aluminum bronzes **M6:** 412
of beryllium copper **M6:** 408
of copper and copper alloys **M6:** 404–405
of molybdenum **M6:** 464
of nickel alloys **M6:** 438–439
of titanium and titanium alloys **M6:** 454
of tungsten **M6:** 464
gas-metal arc welding **A6:** 182, 185, 1143, 1144
cast irons **A6:** 718–719, 720
characteristics and properties **A6:** 720
composition **A6:** 720
consumables **A6:** 719
ferritic stainless steels **A6:** 446
of carbon steels **A6:** 655, 657
of nickel alloys **A6:** 743
of stainless steels **A6:** 705, 706, 707
gas-tungsten arc welding
aluminum alloys **A6:** 736
ferritic stainless steels **A6:** 446
nickel alloys **A6:** 742–743
of copper alloys **A6:** 754
of stainless steels **A6:** 705
titanium alloys **A6:** 786
hardfacing **A6:** 801, 802, 803, 804, 805, 806
molten-salt-bath dip-brazing furnaces **A6:** 337
offshore structures, undermatching weld metal strength **A6:** 385
plasma arc welding **A6:** 196, **M6:** 217
plasma-MIG welding **A6:** 223, 224
precipitation-hardening stainless steels **A6:** 483, 484, 487, 488, 489, 492
projection welding **M6:** 509–513
railroad equipment welding **A6:** 396–397, 398
repair welding **A6:** 1105, 1106
resistance brazing **A6:** 339, 340–342, **M6:** 979–981
resistance seam welding **A6:** 238, 239, 241, 243, 244, 245, **M6:** 496–497, 530
class 1 copper **A6:** 245
class 2 copper **A6:** 245
class 3 copper **A6:** 245
class 20 copper **A6:** 245
of stainless steels **M6:** 530
resistance spot welding **A6:** 227–228, **M6:** 529–529
of stainless steels **M6:** 528
resistance welding **A6:** 833, 834, 835, 836, 837, 838, 839, 840, 843, 844, 846, 849, **M6:** 478–480
copper alloys **A6:** 849
face shapes **M6:** 480–481
of aluminum alloys **M6:** 537–538
shielded metal arc welding **A6:** 61, 176–179, 1010, 1011, 1012, **M6:** 78–79, 81–85, 310–311
alternating current **M6:** 79
classification **M6:** 81–82
direct current **M6:** 78
electrode coating formulations **A6:** 59
ferritic stainless steels **A6:** 446, 447
for duplex stainless steels **A6:** 477
heat-treatable low-alloy steels **A6:** 669, 670
high-strength low-alloy (HSLA) structural steels **A6:** 663–664
iron-powder **M6:** 82–84
low-alloy steels for pressure vessels and piping **A6:** 668
mild and low-alloy steels **A6:** 57
of alloy steels **M6:** 274–275
of aluminum bronzes **A6:** 765–766
of carbon steels **A6:** 654, 656–657
of cast irons **A6:** 716–718, **M6:** 310–311
of heat-resistant alloys **M6:** 367
of nickel alloys **A6:** 746, **M6:** 440–441
of nickel-based heat-resistant alloys **M6:** 363
of stainless steels **A6:** 698, 699, 700, 701, 702
of thin sections **M6:** 90
sheet metals **A6:** 398
submerged arc welding **A6:** 202, 203, 204, 205, 209, 720, 721, **M6:** 119–122
of alloy steels **M6:** 278
of carbon steels **M6:** 120
of carbon-molybdenum steels **M6:** 121
of chromium-molybdenum steels **M6:** 121
of low-alloy steels **M6:** 121
of nickel alloys . . **A6:** 743, 748, **M6:** 121, 439, 442
weld cladding **A6:** 813, 816, 819, 821
zirconium alloys **A6:** 788
Electrodes for arc welding
for stainless steels **A6:** 1106
high-conductivity beryllium coppers, gas-metal arc butt welding of commercial coppers and copper alloys **A6:** 760
high-strength beryllium coppers, gas-metal arc butt welding of commercial coppers and copper alloys **A6:** 760
of carbon steels **A6:** 641, 642, 643, 652
austenitic stainless steels **A6:** 641
low-alloy steels **A6:** 641
of dissimilar copper alloys **A6:** 769, 770
of magnesium alloys **A6:** 774, 778, 779
Electrodes for arc welding, specific types
308, for SAW of stainless steels **A6:** 703
308L
flux-cored arc welding of stainless steels . . **A6:** 705
solidification cracking not promoted **A6:** 463
E7XT-1, shielded metal arc welding **A6:** 663
E7XT-4, shielded metal arc welding **A6:** 663
E7XT-5, shielded metal arc welding **A6:** 663
E7XT-6, shielded metal arc welding **A6:** 663
E7XT-7, shielded metal arc welding **A6:** 663
E7XT-8, shielded metal arc welding **A6:** 663
E7XT-11, shielded metal arc welding **A6:** 663
E7XT-G, shielded metal arc welding **A6:** 663
E70T-5, flux-cored arc welding **A6:** 651
E71T-5, flux-cored arc welding **A6:** 651
E80T1-W, flux-cored arc welding of HSLA steels **A6:** 664
E308
SMAW of stainless steels **A6:** 699
weld cladding **A6:** 809
E308-16, for stainless steels **A6:** 696
E308L
solid-state transformations in weldments . . **A6:** 83
weld cladding **A6:** 809
E308L-15, for stainless steels **A6:** 694
E308L-16, for stainless steels **A6:** 694
E308L-17, for stainless steels **A6:** 694
E308LT-3, flux-cored arc welding of stainless steels **A6:** 705, 706
E309
shielded metal arc welding of ferritic stainless steels **A6:** 447
shielded metal arc welding of HTLA steels **A6:** 670
solid-state transformations in weldments . . **A6:** 80, 83
weld cladding **A6:** 809
E309-16, arc welding of stainless steels **A6:** 680, 685
E309Cb, weld cladding **A6:** 809
E309L, weld cladding **A6:** 809
E309L-16, dissimilar metal joining **A6:** 825
E309Mo, weld cladding **A6:** 809
E309MoL, weld cladding **A6:** 809
E310
shielded metal arc welding of ferritic stainless steels **A6:** 447
shielded metal arc welding of HTLA steels **A6:** 670
solid-state transformations in weldments . . **A6:** 80
weld cladding **A6:** 809
E310 ELC, shielded metal arc welding of ferritic stainless steels **A6:** 447
E312, shielded metal arc welding of HTLA steels **A6:** 670
E312-16
arc welding of stainless steels **A6:** 680
weld cladding **A6:** 811, 819
E316
solid-state transformations in weldments . . **A6:** 83
weld cladding **A6:** 809
E316L, weld cladding **A6:** 809
E317, weld cladding **A6:** 809
E317L
gas-tungsten arc welding **A6:** 705
weld cladding **A6:** 809
E320, weld cladding **A6:** 809
E347, weld cladding **A6:** 809
E502T-X, flux-cored arc welding of low-alloy steels **A6:** 668
E505T-X, flux-cored arc welding of low-alloy steels **A6:** 668
E6010
characteristics and properties **M6:** 82
characteristics and properties for shielded metal arc welding applications **A6:** 654
moisture content recommendations . . . **M6:** 82–83
shielded metal arc welding **A6:** 59
weld metal composition and silicon deposit **A6:** 100
E6011
characteristics and properties **M6:** 82, 84–86
moisture content recommendations . . . **M6:** 82–83
E6011, characteristics and properties for shielded metal arc welding applications **A6:** 654
E6012
characteristics and properties . . **M6:** 82, 84–85, 89
characteristics and properties for shielded metal arc welding applications **A6:** 654
moisture content recommendations **M6:** 82
shielded metal arc welding **A6:** 59
E6013
characteristics and properties **M6:** 82, 84–85
characteristics and properties for shielded metal arc welding applications **A6:** 654
moisture content recommendations **M6:** 82
repair welding of carbon steels **A6:** 1066
shielded metal arc welding **A6:** 59
underwater welding **A6:** 1010, 1011, 1012
E6019, characteristics and properties for shielded metal arc welding applications **A6:** 654
E6020
characteristics and properties **M6:** 82, 84
characteristics and properties for shielded metal arc welding applications **A6:** 654
moisture content recommendations **M6:** 82
shielded metal arc welding **A6:** 59
E6022
characteristics and properties **M6:** 82
moisture content recommendations **M6:** 82
E6027
characteristics and properties **M6:** 82, 85
moisture content recommendations **M6:** 82
E6027, characteristics and properties for shielded metal arc welding applications **A6:** 654
E7014
characteristics and properties **M6:** 82, 84–85
characteristics and properties for shielded metal arc welding applications **A6:** 654
moisture content recommendations **M6:** 82
underwater welding **A6:** 1013
E7015
characteristics and properties **M6:** 82
characteristics and properties for shielded metal arc welding applications **A6:** 654
moisture content recommendations . . . **M6:** 82–83
shielded metal arc welding **A6:** 59, 651, 656, 663, **M6:** 265
E7016
characteristics and properties **M6:** 82, 84
characteristics and properties for shielded metal arc welding applications **A6:** 654

SUBJECTS OF THE INDEXED VOLUMES: ASM Handbook (designated by the letter "A"): **A1:** Properties and Selection: Irons, Steels, and High-Performance Alloys (1990); **A2:** Properties and Selection: Nonferrous Alloys and Special-Purpose Materials (1990); **A3:** Alloy Phase Diagrams (1992); **A4:** Heat Treating (1991); **A5:** Surface Engineering (1994); **A6:** Welding, Brazing, and Soldering (1993); **A7:** Powder Metal Technologies and Applications (1998); **A8:** Mechanical Testing (1985); **A9:** Metallography and Microstructures (1985); **A10:** Materials Characterization (1986); **A11:** Failure Analysis and Prevention (1986); **A12:** Fractography (1987); **A13:** Corrosion (1987); **A14:** Forming and Forging (1988); **A15:** Casting (1988); **A16:** Machining (1989); **A17:** Nondestructive Evaluation and Quality Control (1989); **A18:** Friction, Lubrication, and Wear Technology (1992); **A19:** Fatigue and Fracture (1996); **A20:** Materials Selection and Design (1997). **Metals Handbook, 9th Edition** (designated by the letter "M"): **M1:** Properties and Selection: Irons and Steels (1978); **M2:** Properties and Selection: Nonferrous Alloys and Pure Metals (1979); **M3:** Properties and Selection: Stainless Steels, Tool Materials, and Special-Purpose Materials (1980); **M4:** Heat Treating (1981); **M5:** Surface Cleaning, Finishing, and Coating (1982); **M6:** Welding, Brazing, and Soldering (1983); **M7:** Powder Metallurgy (1984). **Engineered Materials Handbook** (designated by the letters "EM"): **EM1:** Composites (1987); **EM2:** Engineering Plastics (1988); **EM3:** Adhesives and Sealants (1990); **EM4:** Ceramics and Glasses (1991). **Electronic Materials Handbook** (designated by the letters "EL"): **EL1:** Packaging (1989)

Electrodes for arc welding, specific types / 347

moisture content recommendations . . . **M6:** 82–83
oxyfuel gas welding **A6:** 290
shielded metal arc welding **A6:** 651, 656, 663, 717, **M6:** 265
E7018
characteristics and properties **M6:** 82
characteristics and properties for shielded metal arc welding applications **A6:** 654
hydrogen-induced cracking **A6:** 414
moisture content recommendations . . . **M6:** 82–83
shielded metal arc welding **A6:** 651, 656, 663, 717, **M6:** 265
undermatching weld metal strength **A6:** 385
weld metal composition and silicon deposit **A6:** 100
E7018-Al, shielded metal arc welding of HTLA steels **A6:** 670
E7018M, shielded metal arc welding **A6:** 656
E7024
characteristics and properties **M6:** 82, 84–85
moisture content recommendations **M6:** 82
E7024, characteristics and properties for shielded metal arc welding applications **A6:** 654
E7027, characteristics and properties for shielded metal arc welding applications **A6:** 654
E7028
characteristics and properties **M6:** 82, 84
characteristics and properties for shielded metal arc welding applications **A6:** 654
moisture content recommendations . . . **M6:** 82–83
shielded metal arc welding **A6:** 656, 663
E7048
characteristics and properties **M6:** 82
characteristics and properties for shielded metal arc welding applications **A6:** 654
moisture content recommendations **M6:** 82
shielded metal arc welding **A6:** 656, 663
E7158-K6, weld bulk composition **A6:** 102
E8010-G
parameters used to obtain multipass weld in X-65 steel pipe **A6:** 101
weld bulk composition **A6:** 102
E8015-XX, shielded metal arc welding **A6:** 663
E8016-B2, shielded metal arc welding of HTLA steels **A6:** 670
E8016-C1, shielded metal arc welding of HTLA steels **A6:** 670
E8016-XX, shielded metal arc welding **A6:** 663
E8018, undermatching weld metal strength **A6:** 385
E8018-XX, shielded metal arc welding **A6:** 663
E9016-B3, shielded metal arc welding of HTLA steels **A6:** 670
E9018, undermatching weld metal strength **A6:** 385
E10016-D2, shielded metal arc welding of HTLA steels **A6:** 670
E11016, hydrogen-induced cracking **A6:** 414
E11018-M
hydrogen-induced cracking in HY-80 steel **A6:** 412
shielded metal arc welding of HTLA steels **A6:** 670
E12018-M, shielded metal arc welding of HTLA steels **A6:** 670
EB3, submerged arc welding **A6:** 204–205
ECu, shielded metal arc welding of copper and copper alloys **A6:** 755
ECuAl-A2
characteristics and properties **A6:** 718
composition **A6:** 718
for copper alloys **A6:** 756
shielded metal arc welding of aluminum bronzes **A6:** 765–766
shielded metal arc welding of copper alloys **A6:** 755
shielded metal arc welding of copper-zinc alloys **A6:** 763
weld cladding of steels **A6:** 820
ECuAl-B
shielded metal arc welding of aluminum bronzes **A6:** 765–766
shielded metal arc welding of copper and copper alloys **A6:** 755, 756
shielded metal arc welding of copper-zinc alloys **A6:** 763
ECuAl-C, shielded metal arc welding of aluminum bronzes **A6:** 765–766
ECuAl-D, shielded metal arc welding of aluminum bronzes **A6:** 765–766
ECuAl-E, shielded metal arc welding of aluminum bronzes **A6:** 765–766
ECuMnNiAl
characteristics and properties **A6:** 718
composition **A6:** 718
shielded metal arc welding of copper and copper alloys **A6:** 755, 756
ECuNi
arc welding of nickel alloys **A6:** 746, 749
for copper alloys **A6:** 756
shielded metal arc welding of copper and copper alloys **A6:** 755
shielded metal arc welding of copper-nickel alloys **A6:** 768
weld cladding of steels **A6:** 820
ECuNiAl
for copper alloys **A6:** 756
shielded metal arc welding of copper and copper alloys **A6:** 755
ECuSi
for copper alloys **A6:** 756
shielded metal arc welding of copper and copper alloys **A6:** 755
shielded metal arc welding of copper-zinc alloys **A6:** 763
weld cladding of steels **A6:** 820
ECuSn-A
characteristics and properties **A6:** 718
composition **A6:** 718
shielded metal arc welding of copper and copper alloys **A6:** 755, 756
shielded metal arc welding of copper-zinc alloys **A6:** 763
shielded metal arc welding of phosphor bronzes **A6:** 764
ECuSn-C
characteristics and properties **A6:** 718
composition **A6:** 718
shielded metal arc welding of copper and copper alloys **A6:** 755, 756
shielded metal arc welding of copper-zinc alloys **A6:** 763
shielded metal arc welding of phosphor bronzes **A6:** 764
EM12K, submerged arc welding **A6:** 204, 205
ENi-1
arc welding of cast irons **A6:** 717
arc welding of nickel alloys **A6:** 746, 749
not recommended for gas-tungsten arc welding **A6:** 720
weld cladding of steels **A6:** 820
ENi-1, arc welding of nickel alloys . . . **M6:** 440–441
ENi-CI
characteristics and properties . . **A6:** 717, 718, 721
composition **A6:** 717
ENi-CI-A
characteristics and properties **A6:** 717, 721
composition **A6:** 717
ENiCr, joining of dissimilar metals **A6:** 750
ENiCrCoMo-1
arc welding of nickel alloys **A6:** 746, 749
shielded metal arc welding of nickel alloys **A6:** 746–747
ENiCrFe, joining of dissimilar metals **A6:** 750
ENiCrFe-1
arc welding of nickel alloys **M6:** 441
composition **M6:** 359
ENiCrFe-1, arc welding of nickel alloys . . . **A6:** 746, 749
ENiCrFe-2
arc welding of nickel alloys **A6:** 746, **M6:** 440–441
composition **M6:** 359
shielded metal arc welding of ferritic stainless steels **A6:** 447
shielded metal arc welding of HTLA steels **A6:** 670
ENiCrFe-3
arc welding of nickel alloys **A6:** 746, 749, **M6:** 440–441
composition **M6:** 359
shielded metal arc welding of HTLA steels **A6:** 670
weld cladding of steels **A6:** 820
ENiCrFe-7, arc welding of nickel alloys . . . **A6:** 746, 749
ENiCrMo-3
arc welding of nickel alloys **A6:** 746, 749
for stainless steels **A6:** 683–685
weld cladding of steels **A6:** 820
ENiCrMo-3, arc welding of nickel alloys **M6:** 440–441
ENiCrMo-4
arc welding of nickel alloys **A6:** 746
for stainless steels **A6:** 683–685
weld cladding of steels **A6:** 820
ENiCrMo-4, arc welding of nickel alloys **M6:** 440–441
ENiCrMo-9, arc welding of nickel alloys . . **A6:** 746, 749, **M6:** 441
ENiCrMo-10, arc welding of nickel alloys . . **A6:** 746
ENiCrMo-11, arc welding of nickel alloys . . **A6:** 746
ENiCrMo-12, arc welding of nickel alloys . . **A6:** 746
ENiCu-1, nickel alloys to dissimilar metals **A6:** 751
ENiCu-4, nickel alloys to dissimilar metals **A6:** 751
ENiCu-7
arc welding of nickel alloys **A6:** 746, 749
weld cladding of steels **A6:** 820
ENiCu-A, composition **A6:** 717
ENiCu-B, composition **A6:** 717
ENiFe-CI
characteristics and properties . . **A6:** 717, 718, 721
composition **A6:** 717
ENiFe-CI-A
characteristics and properties **A6:** 717, 721
composition **A6:** 717
ENiFeMn-CI
characteristics and properties **A6:** 717, 718
composition **A6:** 717
ENiFeT3-CI, composition **A6:** 717
ENiMo-1
arc welding of nickel alloys **A6:** 746, **M6:** 440–441
composition **M6:** 359
ENiMo-3, composition **M6:** 359
ENiMo-7
arc welding of nickel alloys **A6:** 746
weld cladding of steels **A6:** 820
ER16-8-2, composition **A6:** 208
ER26-1, composition **A6:** 208
ER70S-2
composition **A6:** 655, **M6:** 162
gas-metal arc welding **A6:** 657
gas-tungsten arc welding **A6:** 655, 656, 658
mechanical properties **M6:** 162–163
mechanical-property requirements **A6:** 655
plasma arc welding **A6:** 658
ER70S-3
composition **A6:** 655, **M6:** 162–163
gas-metal arc welding **A6:** 657
mechanical properties **A6:** 719, **M6:** 162–163
mechanical-property requirements **A6:** 655
ER70S-4
composition **A6:** 655, **M6:** 162–163
gas-metal arc welding **A6:** 657
mechanical properties **M6:** 163
mechanical-property requirements **A6:** 655
ER70S-5
composition **A6:** 655, **M6:** 162–163
gas-metal arc welding **A6:** 657
mechanical properties **M6:** 163
mechanical-property requirements **A6:** 655
ER70S-6
composition **A6:** 655, **M6:** 162–163
gas-metal arc welding **A6:** 657
mechanical properties **A6:** 719, **M6:** 163
mechanical-property requirements **A6:** 655
ER70S-7
composition **A6:** 655, **M6:** 162–163
gas-metal arc welding **A6:** 657
mechanical properties **M6:** 163
mechanical-property requirements **A6:** 655
ER70S-G
composition **A6:** 655, **M6:** 162–163
mechanical properties **M6:** 163
mechanical-property requirements **A6:** 655
ER70S-X, shielded metal arc welding **A6:** 663
ER80S-D2
composition **A6:** 655
gas-metal arc welding **A6:** 657
mechanical-property requirements **A6:** 655

348 / Electrodes for arc welding, specific types

Electrodes for arc welding, specific types (continued)
ER80S-D2, classification M6: 276–277
ER80S-Ni1
composition A6: 655
mechanical-property requirements A6: 655
ER80S-Ni2
composition A6: 655
mechanical-property requirements A6: 655
ER80S-NI2, classification M6: 276
ER80S-Ni3
composition A6: 655
mechanical-property requirements A6: 655
ER80S-NI3, classification M6: 276
ER80S-Nil, classification M6: 276
ER80S-XX, shielded metal arc welding A6: 663
ER100S-1
composition A6: 655
mechanical-property requirements A6: 655
ER100S-2
composition A6: 655
mechanical-property requirements A6: 655
ER110S-1
composition A6: 655
mechanical-property requirements A6: 655
ER120S-1
composition A6: 655
mechanical-property requirements A6: 655
ER209, composition A6: 208
ER218, composition A6: 208
ER219, composition A6: 208
ER240, composition A6: 208
ER307, composition A6: 208
ER308
composition A6: 208
weld cladding......................... A6: 809
ER308H, composition A6: 208
ER308L
composition A6: 208
weld cladding......................... A6: 809
ER308Mo, composition A6: 208
ER308MoL, composition A6: 208
ER309
composition A6: 208
weld cladding......................... A6: 809
ER309Cb, weld cladding................. A6: 809
ER309L
composition A6: 208
weld cladding......................... A6: 809
ER309Mo, weld cladding A6: 809
ER309MoL, weld cladding................ A6: 809
ER310
composition A6: 208
weld cladding......................... A6: 809
ER312
composition A6: 208
solid-state transformations in weldments .. A6: 80
ER316
composition A6: 208
weld cladding......................... A6: 809
ER316H, composition A6: 208
ER316L
composition A6: 208
weld cladding......................... A6: 809
ER317
composition A6: 208
weld cladding......................... A6: 809
ER317L
composition A6: 208
weld cladding......................... A6: 809
ER318, composition A6: 208
ER320
composition A6: 208
weld cladding......................... A6: 809
ER320LR, composition................... A6: 208
ER321, composition A6: 208
ER330, composition A6: 208
ER347
composition A6: 208
weld cladding......................... A6: 809
ER349, composition A6: 208
ER410, composition A6: 208
ER410NiMo, composition A6: 208
ER420, composition A6: 208
ER430, composition A6: 208
ER502
composition A6: 208
GTAW and GMAW....................... A6: 668
ER505
composition A6: 208
GTAW and GMAW....................... A6: 668
ER630, composition A6: 208
ERCu
arc welding of copper and copper alloys A6: 755
for dissimilar copper alloy welds A6: 769
for gas-metal arc welding of coppers..... A6: 759
gas-metal arc butt welding of commercial coppers and copper alloys A6: 760
gas-metal arc welding of copper and copper alloys............................. A6: 770
gas-metal arc welding of coppers to high-carbon steel A6: 828
gas-metal arc welding of coppers to low-alloy steels A6: 828
gas-metal arc welding of coppers to low-carbon steel A6: 828
gas-metal arc welding of coppers to medium-carbon steel A6: 828
gas-metal arc welding of coppers to stainless steel A6: 828
gas-metal arc welding of dissimilar copper alloys............................. A6: 769
gas-tungsten arc welding of copper and copper alloys............................. A6: 769
ERCuAl-A
for copper alloys A6: 756
weld cladding of steels................. A6: 820
ERCuAl-A2
arc welding of cast irons A6: 719
arc welding of copper and copper alloys A6: 755
characteristics and properties....... A6: 719, 720
composition A6: 720
for copper alloys A6: 756
for dissimilar copper alloy welds A6: 769
gas metal arc welding of copper nickels to low-carbon steel A6: 828
gas-metal arc butt welding of commercial coppers and copper alloys A6: 760
gas-metal arc welding of aluminum bronze to high-carbon steel A6: 828
gas-metal arc welding of aluminum bronze to low-alloy steel A6: 828
gas-metal arc welding of aluminum bronze to low-carbon steel................... A6: 828
gas-metal arc welding of aluminum bronze to medium-carbon steel............... A6: 828
gas-metal arc welding of aluminum bronze to stainless steel A6: 828
gas-metal arc welding of copper and copper alloys............................. A6: 770
gas-metal arc welding of copper nickels to high-carbon steel A6: 828
gas-metal arc welding of copper nickels to low-alloy steel A6: 828
gas-metal arc welding of copper nickels to medium-carbon steels................ A6: 828
gas-metal arc welding of copper nickels to stainless steels A6: 828
gas-metal arc welding of coppers A6: 762
gas-metal arc welding of coppers to high-carbon steel A6: 828
gas-metal arc welding of coppers to low-alloy steel A6: 828
gas-metal arc welding of coppers to low-carbon steel A6: 828
gas-metal arc welding of coppers to medium-carbon steel A6: 828
gas-metal arc welding of coppers to stainless steel A6: 828
gas-metal arc welding of high-zinc brasses to high-carbon steel A6: 828
gas-metal arc welding of high-zinc brasses to low-alloy steels A6: 828
gas-metal arc welding of high-zinc brasses to low-carbon steels..................... A6: 828
gas-metal arc welding of high-zinc brasses to medium-carbon steels............... A6: 828
gas-metal arc welding of high-zinc brasses to stainless steel A6: 828
gas-metal arc welding of low-zinc brasses to high-carbon steel A6: 828
gas-metal arc welding of low-zinc brasses to low-alloy steel A6: 828
gas-metal arc welding of low-zinc brasses to medium-carbon steel................ A6: 828
gas-metal arc welding of low-zinc brasses to stainless steel A6: 828
gas-metal arc welding of silicon bronzes to high-carbon steel A6: 828
gas-metal arc welding of silicon bronzes to low-alloy steel A6: 828
gas-metal arc welding of silicon bronzes to low-carbon steel A6: 828
gas-metal arc welding of silicon bronzes to medium-carbon steels............... A6: 828
gas-metal arc welding of silicon bronzes to stainless steels A6: 828
gas-metal arc welding of special brasses to high-carbon steel A6: 828
gas-metal arc welding of special brasses to low-alloy steel A6: 828
gas-metal arc welding of special brasses to low-carbon steel A6: 828
gas-metal arc welding of special brasses to medium-carbon steel................ A6: 828
gas-metal arc welding of special brasses to stainless steel A6: 828
gas-metal arc welding of tin brasses to low-carbon steels........................ A6: 828
gas-metal arc welding of tin brasses to medium-carbon steel A6: 828
gas-metal arc welding of tin brasses to stainless steel A6: 828
gas-tungsten arc welding of copper and copper alloys............................. A6: 769
ERCuAl-A2, welding dissimilar copper alloys............................. M6: 422–423
ERCuAl-A3
arc welding of copper and copper alloys A6: 755
for copper alloys A6: 756
ERCuMnNiAl, arc welding of copper and copper alloys A6: 755
ERCuNi
arc welding of copper and copper alloys A6: 755
arc welding of nickel alloys A6: 745, 749
for copper alloys A6: 756
for dissimilar copper alloy welds A6: 769
gas-metal arc butt welding of commercial coppers and copper alloys A6: 760
gas-metal arc welding of copper and copper alloys............................. A6: 770
gas-tungsten arc welding of copper and copper alloys............................. A6: 769
submerged arc welding of nickel alloys... A6: 748
weld cladding of steels................. A6: 820
ERCuNi, arc welding of nickel alloys M6: 439
ERCuNi-3
gas-metal arc welding of copper and copper alloys............................. A6: 770
gas-tungsten arc welding of copper and copper alloys............................. A6: 769
ERCuNi-7
gas-metal arc welding of copper and copper alloys............................. A6: 770
gas-tungsten arc welding of copper and copper alloys............................. A6: 769
ERCuNiAl
arc welding of copper and copper alloys A6: 755

SUBJECTS OF THE INDEXED VOLUMES: ASM Handbook (designated by the letter "A"): **A1:** Properties and Selection: Irons, Steels, and High-Performance Alloys (1990); **A2:** Properties and Selection: Nonferrous Alloys and Special-Purpose Materials (1990); **A3:** Alloy Phase Diagrams (1992); **A4:** Heat Treating (1991); **A5:** Surface Engineering (1994); **A6:** Welding, Brazing, and Soldering (1993); **A7:** Powder Metal Technologies and Applications (1998); **A8:** Mechanical Testing (1985); **A9:** Metallography and Microstructures (1985); **A10:** Materials Characterization (1986); **A11:** Failure Analysis and Prevention (1986); **A12:** Fractography (1987); **A13:** Corrosion (1987); **A14:** Forming and Forging (1988); **A15:** Casting (1988); **A16:** Machining (1989); **A17:** Nondestructive Evaluation and Quality Control (1989); **A18:** Friction, Lubrication, and Wear Technology (1992); **A19:** Fatigue and Fracture (1996); **A20:** Materials Selection and Design (1997). **Metals Handbook, 9th Edition** (designated by the letter "M"): **M1:** Properties and Selection: Irons and Steels (1978); **M2:** Properties and Selection: Nonferrous Alloys and Pure Metals (1979); **M3:** Properties and Selection: Stainless Steels, Tool Materials, and Special-Purpose Materials (1980); **M4:** Heat Treating (1981); **M5:** Surface Cleaning, Finishing, and Coating (1982); **M6:** Welding, Brazing, and Soldering (1983); **M7:** Powder Metallurgy (1984). **Engineered Materials Handbook** (designated by the letters "EM"): **EM1:** Composites (1987); **EM2:** Engineering Plastics (1988); **EM3:** Adhesives and Sealants (1990); **EM4:** Ceramics and Glasses (1991). **Electronic Materials Handbook** (designated by the letters "EL"): **EL1:** Packaging (1989)

for copper alloys **A6:** 756
ERCuSi, weld cladding of steels **A6:** 820
ERCuSi-A
arc welding of copper and copper alloys **A6:** 755
for copper alloys **A6:** 756
gas-metal arc butt welding of commercial coppers and copper alloys **A6:** 760
gas-metal arc welding for silicon bronzes **A6:** 766
gas-metal arc welding of copper and copper alloys **A6:** 770
gas-metal arc welding of coppers **A6:** 762
gas-tungsten arc welding of copper and copper alloys **A6:** 769
ERCuSn-A
arc welding of cast irons **A6:** 719
arc welding of copper and copper alloys **A6:** 755, 756
characteristics and properties. **A6:** 719, 720
composition **A6:** 720
gas-metal arc butt welding of commercial coppers and copper alloys **A6:** 760
gas-metal arc welding of copper and copper alloys **A6:** 770
gas-metal arc welding of low-zinc brasses to low-carbon steels. **A6:** 828
gas-metal arc welding of phosphor bronze to high-carbon steel **A6:** 828
gas-metal arc welding of phosphor bronze to low-alloy steel **A6:** 828
gas-metal arc welding of phosphor bronze to low-carbon steel **A6:** 828
gas-metal arc welding of phosphor bronze to medium-carbon steel. **A6:** 828
gas-metal arc welding of phosphor bronze to stainless steel **A6:** 828
gas-tungsten arc welding of copper and copper alloys **A6:** 769
ERMnNiAl
arc welding of cast irons **A6:** 719
characteristics and properties. **A6:** 719, 720
composition **A6:** 720
ERNi-1
arc welding of nickel alloys . . . **A6:** 743, 745, 746, 749
characteristics and properties **A6:** 719
composition **A6:** 208
submerged arc welding of nickel alloys. . . **A6:** 748
weld cladding of steels. **A6:** 820
ERNi-1, arc welding of nickel alloys. **M6:** 439
ERNi-3
gas-metal arc welding of copper nickels to high-carbon steel **A6:** 828
gas-metal arc welding of copper nickels to low-alloy steel **A6:** 828
gas-metal arc welding of copper nickels to low-carbon steel **A6:** 828
gas-metal arc welding of copper nickels to medium-carbon steel. **A6:** 828
gas-metal arc welding of copper nickels to stainless steel **A6:** 828
gas-metal arc welding of coppers to high-carbon steel **A6:** 828
gas-metal arc welding of coppers to low-alloy steel **A6:** 828
gas-metal arc welding of coppers to low-carbon steel **A6:** 828
gas-metal arc welding of coppers to medium-carbon steel **A6:** 828
gas-metal arc welding of coppers to stainless steel **A6:** 828
ERNiCr, joining of dissimilar metals **A6:** 750
ERNICr-3
arc welding of heat-resistant alloys. **M6:** 359
arc welding of nickel alloys . . . **A6:** 743, 745, 746, 749, **M6:** 439
composition. **A6:** 208, **M6:** 359
submerged arc welding of nickel alloys. . . **A6:** 748
weld cladding of steels. **A6:** 820
ERNiCrCoMo-1
arc welding of nickel alloys **A6:** 743, 745
composition **A6:** 208
ERNiCrFe, joining of dissimilar metals. . . . **A6:** 750
ERNiCrFe-5
arc welding of heat-resistant alloys. **M6:** 359
arc welding of nickel alloys. **A6:** 743, 745, **M6:** 439
composition. **A6:** 208, **M6:** 359
submerged arc welding of nickel alloys. . . **A6:** 748
ERNiCrFe-6
arc welding of heat-resistant alloys. **M6:** 359
arc welding of nickel alloys. **A6:** 743, 745, **M6:** 439
composition. **A6:** 208, **M6:** 359
ERNiCrFe-7
arc welding of heat-resistant alloys. **M6:** 359
composition **M6:** 359
ERNiCrFe-7, arc welding of nickel alloys. . **A6:** 743, 749
ERNiCrMo-1
arc welding of nickel alloys **A6:** 743, 745
composition **A6:** 208
ERNiCrMo-2, composition. **A6:** 208
ERNiCrMo-3
arc welding of heat-resistant alloys. **M6:** 359
arc welding of nickel alloys **A6:** 749, **M6:** 439
composition. **A6:** 208, **M6:** 359
for stainless steels. **A6:** 683–685
submerged arc welding of nickel alloys. . . **A6:** 748
weld cladding of steels. **A6:** 820
ERNICrMo-4
arc welding of heat-resistant alloys. **M6:** 359
arc welding of nickel alloys **A6:** 749, **M6:** 439
composition. **A6:** 208, **M6:** 359
for stainless steels. **A6:** 683–685
weld cladding of steels. **A6:** 820
ERNiCrMo-5, arc welding of nickel alloys **A6:** 745, 749
ERNiCrMo-6, arc welding of nickel alloys **A6:** 745, 749
ERNiCrMo-7
arc welding of heat-resistant alloys. **M6:** 359
arc welding of nickel alloys **A6:** 745, 749
composition. **A6:** 208, **M6:** 359
ERNiCrMo-8
arc welding of nickel alloys **A6:** 745, 749
composition **A6:** 208
ERNiCrMo-9
arc welding of nickel alloys. . . . **A6:** 743, 745, 749
composition **A6:** 208
ERNiCrMo-9, arc welding of nickel alloys **M6:** 439
ERNiCrMo-10
arc welding of nickel alloys **A6:** 743, 745
composition **A6:** 208
for stainless steels. **A6:** 683–685
ERNiCrMo-11
arc welding of nickel alloys **A6:** 743, 745
composition **A6:** 208
ERNiCrMo-21, composition **M6:** 359
ERNiCu-7
arc welding of nickel alloys . . . **A6:** 743, 745, 746, 749
composition **A6:** 208
submerged arc welding of nickel alloys. . . **A6:** 748
ERNiCu-7, arc welding of nickel alloys. **M6:** 439–441
ERNiFeCr-1
arc welding of nickel alloys **A6:** 743, 745
composition **A6:** 208
ERNiFeCr-1, arc welding of nickel alloys. . **M6:** 439
ERNiFeCr-2
arc welding of nickel alloys **A6:** 743, 749
composition **A6:** 208
ERNiMo-1
arc welding of nickel alloys. **A6:** 743
composition **A6:** 208
ERNIMo-1, arc welding of nickel alloys. . . **M6:** 439
ERNiMo-2, composition. **A6:** 208
ErNiMo-3
arc welding of nickel alloys. **A6:** 743
composition **A6:** 208
ERNiMo-7
arc welding of nickel alloys. **A6:** 743
composition **A6:** 208
weld cladding of steels. **A6:** 820
ERTi-1, composition requirements. **A6:** 785
ERTi-2, composition requirements. **A6:** 785
ERTi-3, composition requirements. **A6:** 785
ERTi-4, composition requirements. **A6:** 785
ERTi-5, composition requirements. **A6:** 785
ERTi-5ELI, composition requirements. **A6:** 785
ERTi-6, composition requirements. **A6:** 785
ERTi-6ELI, composition requirements. **A6:** 785
ERTi-7, composition requirements. **A6:** 785
ERTi-9, composition requirements. **A6:** 785
ERTi-9ELI, composition requirements. **A6:** 785
ERTi-12, composition requirements. **A6:** 785
ERTi-15, composition requirements. **A6:** 785
ERXXS-G
composition **A6:** 655
mechanical-property requirements. **A6:** 655
ERZr2 (R60702), chemical composition . . . **A6:** 788
ERZr3 (R60704), chemical composition . . . **A6:** 788
ERZr4 (R60705), chemical composition . . . **A6:** 788
ESt, composition **A6:** 717
EWCe-2, gas-tungsten arc welding. **A6:** 191
EWG, gas-tungsten arc welding. **A6:** 191
EWLa-1, gas-tungsten arc welding. **A6:** 191
EWP
gas-tungsten arc welding **A6:** 191
gas-tungsten arc welding of aluminum bronzes **A6:** 764–765
gas-tungsten arc welding of coppers. **A6:** 761
gas-tungsten arc welding of silicon bronzes **A6:** 766
EWTh-1
gas-tungsten arc welding **A6:** 191
gas-tungsten arc welding of titanium. . . . **A6:** 1107
gas-tungsten arc welding of titanium alloys **A6:** 786
EWTh-2
for copper alloys **A6:** 756, 757
gas-tungsten arc welding **A6:** 191
gas-tungsten arc welding of coppers. **A6:** 761
gas-tungsten arc welding of ferritic stainless steels **A6:** 445
gas-tungsten arc welding of silicon bronzes **A6:** 767
gas-tungsten arc welding of titanium. . . . **A6:** 1107
gas-tungsten arc welding of titanium alloys **A6:** 786
gas-tungsten arc welding of zirconium alloys **A6:** 787
EWZr
gas-tungsten arc welding of aluminum bronzes **A6:** 764–765
gas-tungsten arc welding of coppers. **A6:** 761
gas-tungsten arc welding of silicon bronzes **A6:** 766
EWZr-1, gas-tungsten arc welding. **A6:** 191
EXIT-1, flux-cored arc welding applications **A6:** 656
EXIT-5, flux-cored arc welding applications **A6:** 656
EXIT-7, flux-cored arc welding applications **A6:** 656
EXIT-8, flux-cored arc welding applications **A6:** 656
EXIT-11, flux-cored arc welding applications **A6:** 656
EXOT-1, flux-cored arc welding applications **A6:** 656
EXOT-2, flux-cored arc welding applications **A6:** 656
EXOT-3, flux-cored arc welding applications **A6:** 656
EXOT-4, flux-cored arc welding applications **A6:** 656
EXOT-5, flux-cored arc welding applications **A6:** 656
EXOT-6, flux-cored arc welding applications **A6:** 656
EXOT-7, flux-cored arc welding applications **A6:** 656
EXOT-8, flux-cored arc welding applications **A6:** 656
EXOT-10, flux-cored arc welding applications **A6:** 656
EXOT-11, flux-cored arc welding applications **A6:** 656
EXXC-G, mechanical-property requirements **A6:** 655
F7XXX-EXXX, shielded metal arc welding. **A6:** 663
F8XTX-XX, shielded metal arc welding . . . **A6:** 663
F8XX-EXXX-XX, shielded metal arc welding. **A6:** 663
Fe-55Ni, repair welding of cast iron. **A6:** 1066
GMR-235, composition **M6:** 359
Hastelloy S, composition **M6:** 359
Haynes 556, composition **M6:** 359
Inconel 117, composition **M6:** 359

Electrodes for arc welding, specific types (continued)
Inconel 601, composition **M6:** 359
Inconel 617, composition **M6:** 359
Inconel 718, composition **M6:** 359
RBCuZn-A, arc welding of copper and copper alloys **A6:** 755
RBCuZn-B, arc welding of copper and copper alloys **A6:** 755
RBCuZn-C, arc welding of copper and copper alloys **A6:** 755
René 41, composition **M6:** 359
T-1, flux-cored arc welding **A6:** 651, 657
T-2, flux-cored arc welding **A6:** 657
T-3, flux-cored arc welding **A6:** 658
T-4, flux-cored arc welding **A6:** 651, 658
T-5, flux-cored arc welding **A6:** 657
T-6, flux-cored arc welding **A6:** 658
T-7, flux-cored arc welding **A6:** 651, 658
T-8, flux-cored arc welding **A6:** 651, 658
T-10, flux-cored arc welding **A6:** 658
T-11, flux-cored arc welding **A6:** 658
Waspaloy, composition **M6:** 359
Electrodes for electrogas welding, specific types
EGXXS-1, composition **A6:** 659
EGXXS-2, composition **A6:** 659
EGXXS-3, composition **A6:** 659
EGXXS-5, composition **A6:** 659
EGXXS-6, composition **A6:** 659
EGXXS-D2, composition **A6:** 659
EGXXS-G, composition **A6:** 659
EGXXT-1, composition **A6:** 659
EGXXT-2, composition **A6:** 659
EGXXT-G, composition **A6:** 659
EGXXT-Ni1 (formerly EGXXT-3), composition **A6:** 659
EGXXT-NM1 (formerly EGXXT-4), composition **A6:** 659
EGXXT-NM2 (formerly EGXXT-6), composition **A6:** 659
EGXXT-W (formerly EGXXT-5), composition **A6:** 659
Electrodes for electroslag welding . . **A6:** 270, 271, 272, 273, 274, 275, 276, 277, 278
Electrodes for projection welding, specific types
class 2 . . . . . . **M6:** 507–509
class 3 . . . . . . **M6:** 508–509
class 4 . . . . . . **M6:** 509
class 10 . . . . . . **M6:** 508–509
class 11 . . . . . . **M6:** 508–509
class 12 . . . . . . **M6:** 508–509
Electrodes for resistance brazing, specific types
class 2
applications **M6:** 979
production example **M6:** 988
class 13, applications **M6:** 979
class 14
applications **M6:** 979
production example **M6:** 988
Electrodes for resistance welding, specific types
class 1 . . . . . . **M6:** 479
properties **M6:** 537
resistance welding of coppers **M6:** 547–548
seam welding applications **M6:** 496
class 2 . . . . . . **M6:** 477–479
properties **M6:** 537
properties for seam welding **M6:** 496
resistance welding of coppers **M6:** 547–548
seam welding of coated steel **M6:** 502
class 3 . . . . . . **M6:** 479–480
properties **M6:** 537
properties for seam welding **M6:** 496
resistance welding of coppers **M6:** 547
class 10 . . . . . . **M6:** 480
class 11 . . . . . . **M6:** 480
resistance welding of coppers **M6:** 547
class 12 . . . . . . **M6:** 480
class 13 . . . . . . **M6:** 480
resistance welding of coppers **M6:** 547
class 14 . . . . . . **M6:** 480
resistance welding of coppers **M6:** 547
Electrodes for submerged arc welding . . . **A6:** 202, 203, 204, 205, 209, 720, 721
high-manganese, composition **A6:** 205
low-alloy solid steel, composition **A6:** 206
low-alloy steel weld metal (both solid flux-electrode and composite flux-electrode combinations), composition **A6:** 207
low-manganese, composition **A6:** 205
medium-manganese, composition **A6:** 205
Electrodes, selection of
for welding **M1:** 562–564
Electrodes, unmelted
as forging defect **A17:** 492
Electrodialysis recovery process
plating waste treatment **M5:** 318–319
Electrodischarge compaction **A7:** 84
Electrodischarge machining **A14:** 247
Electrodischarge machining (EDM) **A5:** 110, 114–116
antielectrolysis (AE) power source **A5:** 115
applications **A5:** 115
controls **A5:** 115
definition **A5:** 114
die sinking **A5:** 114–115
dielectric fluid **A5:** 115
electrical discharge grinding **A5:** 115
electrical discharge texturing system **A5:** 116
electrodischarge polishing (EDP) **A5:** 115
equipment **A5:** 115
limitations **A5:** 115
micro-EDM **A5:** 115
powder suspension **A5:** 115–116
process capabilities **A5:** 115
process characteristics **A5:** 115–116
radio-frequency (RF) controller **A5:** 116
recent advances **A5:** 115–116
tool material **A5:** 115
wire electrodischarge machining (WEDM) **A5:** 114, 115
Electrodischarge polishing (EDP) **A5:** 115
Electrodynamic amplitude detectors **A8:** 246
Electrodynamic degassing **M7:** 181
Electrodynamic resonance systems **A8:** 240
Electroetching, of identification numbers
fatigue fracture from **A11:** 473–474
Electroformed molds **EM1:** 10, 584–585
defined **EM2:** 16
Electroformed nickel tooling **EM1:** 582–585
cost effectiveness **EM1:** 582
electroforming mold **EM1:** 584–585
mandrel use **EM1:** 583–584
Electroforming **A5:** 285–289
additives **A5:** 286
advantages **A5:** 285–286
alloy electroforming **A5:** 289
applications, early **A5:** 285
applications, modern **A5:** 285
as manufacturing process **A20:** 247
cobalt **A5:** 286
copper **A5:** 287, 288
copper electroforming **A5:** 286
definition **A5:** 285, 954
determinants of electroforming **A5:** 285–286
disadvantages **A5:** 286
future applications **A5:** 289
"hot shortness" **A5:** 286
internal deposit stress **A5:** 288
iron **A5:** 286, 287, 288
iron plating **A5:** 213
mandrel design and preparation **A5:** 287
mandrel types and selection **A5:** 286–287
metal distribution **A5:** 288
nickel **A5:** 286, 287, 288
nickel electroforming solutions and properties of deposits **A5:** 286
operating variables **A5:** 287, 288
process **A5:** 286
process control used **A5:** 283
process controls **A5:** 287–289
roughness and "treeing" **A5:** 288–289
solutions **A5:** 287
substrates **A5:** 286
variables, acid copper sulfate electrolyte deposits **A5:** 288
variables, deposits from nickel sulfamate electrolytes **A5:** 288
Electroforming of nickel **M3:** 179–181
Electrogalvanized sheet **A5:** 350–351
Electrogalvanized sheet steel
1006 . . . . . . **A9:** 199
specimen preparation **A9:** 197
Electrogalvanized steels
automotive industry **A13:** 1012
forming of **A14:** 560–561, 634
Electrogalvanizing *See also* Galvanized coatings; Zinc coatings . . . **A1:** 212, 217, **A13:** 6, 766–767
adherence **M1:** 170–171
alloy steels **A5:** 721–722
applications **M1:** 171
as zinc coating **A2:** 528
carbon steels **A5:** 721–722
definition **A5:** 954
formability **M1:** 170
preparation for painting **M1:** 170–171
specification for **M1:** 171
Electrogas welding **M6:** 238–244
applicability **M6:** 239
arc length and voltage **M6:** 242–243
base metal thickness **M6:** 239
Charpy V-notch impact testing **M6:** 244
comparison to electroslag
impact properties **M6:** 244
porosity **M6:** 244
welding **M6:** 225, 244
dam, water-cooled **M6:** 239–240
fixed **M6:** 240
movable **M6:** 240
definition **M6:** 6
electrode wire guides **M6:** 239–240
electrode wire oscillators **M6:** 240
electrode wire-feed systems **M6:** 240
electrodes **M6:** 241
flux cored **M6:** 241
solid **M6:** 241
stickouts **M6:** 241
equipment **M6:** 239–241
gas boxes **M6:** 240–241
gas ports **M6:** 240–241
heat-affected zone **M6:** 244
inspection **M6:** 244
magnetic-particle **M6:** 244
ultrasonic **M6:** 244
length of joint **M6:** 239
metals welded **M6:** 239
operation setup **M6:** 242
current **M6:** 242
travel speed **M6:** 242
voltage **M6:** 242
oscillation **M6:** 243
postweld heat treatment **M6:** 244
power supplies **M6:** 239–240
constant-current **M6:** 240
constant-voltage **M6:** 240
preheat **M6:** 244
restarts and repairs **M6:** 243
shielding gas **M6:** 240–241
carbon dioxide **M6:** 241
weld properties **M6:** 244
welding of tanks **M6:** 243
cement slurry tanks **M6:** 243
storage tanks **M6:** 243
surge tanks **M6:** 243
water reservoirs **M6:** 243
welding parameters **M6:** 242
workpiece assembly **M6:** 241–242
back-up bars **M6:** 242
runoff tabs **M6:** 241–242

SUBJECTS OF THE INDEXED VOLUMES: ASM Handbook (designated by the letter "A"): **A1:** Properties and Selection: Irons, Steels, and High-Performance Alloys (1990); **A2:** Properties and Selection: Nonferrous Alloys and Special-Purpose Materials (1990); **A3:** Alloy Phase Diagrams (1992); **A4:** Heat Treating (1991); **A5:** Surface Engineering (1994); **A6:** Welding, Brazing, and Soldering (1993); **A7:** Powder Metal Technologies and Applications (1998); **A8:** Mechanical Testing (1985); **A9:** Metallography and Microstructures (1985); **A10:** Materials Characterization (1986); **A11:** Failure Analysis and Prevention (1986); **A12:** Fractography (1987); **A13:** Corrosion (1987); **A14:** Forming and Forging (1988); **A15:** Casting (1988); **A16:** Machining (1989); **A17:** Nondestructive Evaluation and Quality Control (1989); **A18:** Friction, Lubrication, and Wear Technology (1992); **A19:** Fatigue and Fracture (1996); **A20:** Materials Selection and Design (1997). **Metals Handbook, 9th Edition** (designated by the letter "M"): **M1:** Properties and Selection: Irons and Steels (1978); **M2:** Properties and Selection: Nonferrous Alloys and Pure Metals (1979); **M3:** Properties and Selection: Stainless Steels, Tool Materials, and Special-Purpose Materials (1980); **M4:** Heat Treating (1981); **M5:** Surface Cleaning, Finishing, and Coating (1982); **M6:** Welding, Brazing, and Soldering (1983); **M7:** Powder Metallurgy (1984). **Engineered Materials Handbook** (designated by the letters "EM"): **EM1:** Composites (1987); **EM2:** Engineering Plastics (1988); **EM3:** Adhesives and Sealants (1990); **EM4:** Ceramics and Glasses (1991). **Electronic Materials Handbook** (designated by the letters "EL"): **EL1:** Packaging (1989)

square-groove butt joints **M6:** 242
starting trough **M6:** 241
V-groove butt joints **M6:** 242
Electrogas welding (EGW) **A6:** 275–278
aluminum **A6:** 275, 278
aluminum alloys **A6:** 738
applications **A6:** 270, 276–278
shipbuilding **A6:** 384
carbon steels **A6:** 276–277, 652, 653, 658–659, 660
definition **A6:** 270, 1208
electrodes **A6:** 270, 659
of carbon steels **A6:** 659
heat-affected zone **A6:** 275, 276
high-strength low-alloy structural steels **A6:** 664
low-alloy metals for pressure vessels and piping **A6:** 668
low-alloy steels **A6:** 276–277, 662, 664, 668
for pressure vessels and piping **A6:** 667
multipass **A6:** 275–276
not for HSLA Q & T structural steels **A6:** 666
power source selected **A6:** 37
shielding gases **A6:** 270, 275, 662
steel grades commonly joined **A6:** 656
Electrogas welding of
alloy steels **M6:** 239
aluminum **M6:** 239
carbon-manganese-silicon steels **M6:** 239
low-carbon steels **M6:** 239, 241
medium-carbon steels **M6:** 239
stainless steels, austenitic **M6:** 239, 344
stainless steels, ferritic **M6:** 348
stainless steels, nitrogen-strengthened austenitic **M6:** 345
Electrogas welds
failure origins in **A11:** 440
Electrogeneration
and electrometric titration **A10:** 202
Electrographic analysis, electrometric titration and compared **A10:** 202
Electrographite
electrodes, resistance brazing **A6:** 340, 341
oxidation resistant, resistance brazing **A6:** 341
Electrogravimetry **A10:** 197–201
accuracy and precision **A10:** 197
and electrometric titration **A10:** 203
applications **A10:** 197, 201
capabilities, compared with voltammetry **A10:** 188
constant-current methods **A10:** 198
constant-voltage **A10:** 199
controlled-potential electrolysis **A10:** 199
estimated analysis time **A10:** 197, 200
general uses **A10:** 197
high precision and automation **A10:** 199
instrumentation **A10:** 199–200
internal electrolysis **A10:** 199, 200
limitations **A10:** 197
microelectrogravimetry **A10:** 200
Nernst equation **A10:** 197
power supplies and circuit requirements . . **A10:** 200
principles **A10:** 197–198
related techniques **A10:** 197
samples **A10:** 197, 200–201
selection of method **A10:** 198–199
types of analysis **A10:** 200–201
Electrohydraulic axial fatigue machine
load train **A8:** 368
Electrohydraulic forming
aluminum alloys **A14:** 802
Electrohydraulic gravity-drop hammers . . . **A14:** 25, 42
Electrohydraulic testing machine
for torsional and axial loading **A8:** 159–160
Electrohydrodynamic atomization technique
ultrafine and nanophase powders **A7:** 72
Electrojet thinning
as sample preparation technique for ATEM **A10:** 451
Electrokinetic potential
defined **A13:** 6
Electrokinetic properties, of ceramic powders **EM4:** 73, 74
electro-osmosis **EM4:** 74
electrophoresis **EM4:** 74
sedimentation potential **EM4:** 74
streaming potential **EM4:** 74
Electroless alloy deposition **A5:** 326–329
boron-reduced cobalt alloy coatings . . . **A5:** 327, 328
deposit analysis **A5:** 328–329
displacement (immersion) alloy coatings . . . **A5:** 326
displacement reaction **A5:** 326
electroless (autocatalytic) alloy coatings **A5:** 326
electroless dispersion alloy coatings **A5:** 326
electroless reaction **A5:** 326
environmental concerns **A5:** 329
equipment for nonelectrolytic alloy plating **A5:** 329
hypophosphite-reduced cobalt alloy coatings **A5:** 327
materials used for tanks and piping **A5:** 329
metallic nonelectrolytic alloy coatings, features and types of **A5:** 326
nickel-boron plating system **A5:** 327
corrosion in various environments **A5:** 298
physical and mechanical properties of deposits **A5:** 298
Taber abrasive resistance **A5:** 297
nickel-phosphorus plating system **A5:** 326–327
corrosion in various environments **A5:** 298
physical and mechanical properties of deposits **A5:** 298
Taber abrasive resistance **A5:** 297
nonelectrolytic displacement alloys **A5:** 328
nonelectrolytic hard-particle dispersion alloys **A5:** 327–328
nonelectrolytic solid-lubricant dispersion alloys **A5:** 327
process control **A5:** 328
processing of parts **A5:** 328–329
safety and health hazards **A5:** 329
ternary alloy coatings **A5:** 327, 328
types of dispersion alloy coating systems **A5:** 327–328
types of plating systems **A5:** 326–327
Electroless copper plating **A5:** 311–321, 813, **EL1:** 545, 870
advanced applications **A5:** 314–315
applications **A5:** 311, 313
bath chemistry **A5:** 311–312
complexing agents **A5:** 311
composite connectors **A5:** 315, 316
control equipment **A5:** 321
controls **A5:** 319
decorative plating-on-plastic (POP) . . . **A5:** 314, 317, 318–319, 321
deposit properties **A5:** 312–313
description **A5:** 311
electromagnetic interference shielding methods **A5:** 315
equipment **A5:** 320–321
formulations **A5:** 312
functional POP (electromagnetic interference shielding) **A5:** 314, 315, 317, 321
gross surface preparation **A5:** 316–317
history **A5:** 311
hybrid applications **A5:** 314–315
immediate preparation for plating **A5:** 317–318
molded interconnect devices (MID) . . **A5:** 314–315, 316
multichip modules (MCMs) **A5:** 315, 316
performance criteria **A5:** 319–320
post-treatment **A5:** 318–319
pretreatment **A5:** 315–318
printed wiring boards (PWBs) . . . **A5:** 313–314, 316, 318, 320–321
processes **A5:** 315, 317
processing equipment **A5:** 320–321
rate promoters, rate enhancers, exhaltants, accelerators **A5:** 312
reducing agents **A5:** 312
safety and health hazards **A5:** 321
silicon devices **A5:** 315
single-sided EMI process **A5:** 319
stabilizers **A5:** 312
waste water disposal **A5:** 321
Electroless discharge lamp **A10:** 690
Electroless gold plating **A5:** 323–325
advantages **A5:** 323
applications **A5:** 323
autocatalytic process **A5:** 324
bath compositions **A5:** 324
cyanide-base electroless gold plating bath (.005M potassium gold cyanide) **A5:** 324
cyanide-base electroless gold plating baths **A5:** 324
definition **A5:** 323
environmental considerations **A5:** 325
gold salts **A5:** 324
immersion plating **A5:** 323, 324
limitations **A5:** 323
process description **A5:** 324–325
process variables and parameters **A5:** 324
processing equipment **A5:** 325
properties of electroless gold films **A5:** 323–324
safety and health hazards **A5:** 325
sulfite-base electroless gold plating baths . . . **A5:** 324
Electroless nickel
aid for diffusion bonding **A6:** 159
characteristics of electrochemical finishes for engineering components **A20:** 477
Electroless nickel + chromium
characteristics of electrochemical finishes for engineering components **A20:** 477
Electroless nickel coatings
resistance to cavitation erosion **A18:** 217
Electroless nickel plating *See also* Nickel plating . . . **A7:** 748, **A20:** 479, **M1:** 102–103, 179, **M5:** 219–243
accelerators **A5:** 292
accelerators used in **M5:** 222, 224
acid baths **M5:** 220–222
adhesion **A5:** 295, **M5:** 225–226
advantages **A5:** 290
agitation **A5:** 303
agitation used in **M5:** 236
alkaline baths **M5:** 220–221
alloy plating **A5:** 290–309
alloy steels **A5:** 723, 724, 725
alternative to hard chromium plating **A5:** 926
aluminum and aluminum alloys **M5:** 219, 221, 228, 232
aminoborane baths **A5:** 291
amino-borane process *See* Amino-borane electroless nickel plating process
applications . . **A5:** 305, 306–308, **M5:** 219, 228, 237
barrel process **M5:** 237
bath composition and characteristics **A5:** 290
borates in **M5:** 223
boron content effect **A5:** 298
brass **M5:** 238–240
buffers used in **M5:** 223
bulk and barrel plating **A5:** 304
bulk process **M5:** 237
carbon steels **A5:** 723, 724, 725
cast iron **M5:** 238–240
cast irons **A5:** 688–689
complexing agents **A5:** 292
complexing agents used in **M5:** 221–222, 236
composite coatings **A5:** 305–308
composition, effects of **M5:** 228
copper and copper alloys . . . **M5:** 232–233, 621–622
corrosion resistance . . . **A5:** 297, 298, 299, 305–308, **M5:** 229–231, 237–240
effect on fatigue strength of steel **A5:** 299–300
energy **A5:** 291–292, **M5:** 221–222
equipment **M5:** 233–236
equipment for **A5:** 301–302
fatigue strength of steel affected by . . **M5:** 226, 229, 231
filtration **A5:** 303–304
filtration in **M5:** 235–236
for edge retention **A12:** 95, 100
frictional properties **A5:** 296–297, **M5:** 227–228
hardness **A5:** 296, 297, 299, **M5:** 227–228
heat treatment, effects of **M5:** 224–231
heat treatments . . **A5:** 295, 296, 297, 298, 299, 300, 305
heating, steam and electric **M5:** 234–235
heating the solution **A5:** 302–303
hydrazine baths **A5:** 291
hydrazine process **M5:** 221
hydrogen embrittlement relief **A5:** 304–305, **M5:** 237
immersion plating **M5:** 219
inhibitors **A5:** 293
inhibitors used in **M5:** 222–224
internal stress **A5:** 294, 298
lead additions, effects of **M5:** 223–224
limitations **A5:** 290
limitations and advantages of **M5:** 219
magnesium alloys **A5:** 830
mechanical properties **A5:** 295–296, 298–299
microstructure of coatings **A5:** 662
nickel-boron coatings properties of . . . **M5:** 229–231
nickel-phosphorus coatings properties **M5:** 223–229

Electroless nickel plating (continued)
of patterns . . . **A15:** 196
orthophosphite in . . . **M5:** 220, 222–223, 225
pH effects . . . **M5:** 223–224
phosphorus content effect . . . **A5:** 295, 296, 297
phosphorus content effects of . . . **M5:** 223–225, 228–231
physical and mechanical properties . . . **M5:** 230–231
physical properties . . . **A5:** 295, 298–299
piping and valves . . . **A5:** 303
plating on plastics . . . **A5:** 308–309
plating rate . . . **M5:** 221–224
inhibitors affecting . . . **M5:** 222–223
pH affecting . . . **M5:** 223–224
succinate affecting . . . **M5:** 222, 224
temperature affecting . . . **M5:** 221–222
pretreatment . . . **M5:** 231–233
aluminum alloys . . . **M5:** 232
copper alloys . . . **M5:** 232–233
ferrous alloys . . . **M5:** 231–232
pretreatment for . . . **A5:** 300–301
pretreatment for aluminum alloys . . . **A5:** 300–301
pretreatment for copper alloys . . . **A5:** 301
pretreatment for ferrous alloys . . . **A5:** 300
properties of electroless nickel-boron coatings . . . **A5:** 297–299
properties of electroless nickel-phosphorus coatings . . . **A5:** 294–297
pumps . . . **A5:** 303
pumps, piping, and valves . . . **M5:** 234–237
racking for . . . **A5:** 304
racks, baskets, trays, and fixtures . . . **M5:** 236–237
reaction by-products . . . **A5:** 293–294, **M5:** 223
reducing agents . . . **A5:** 290–291
reducing agents used in . . . **M5:** 220–222
sodium borohydride baths . . . **A5:** 291
sodium borohydride process *See* Sodium borohydride electroless nickel plating process
sodium hypophosphite baths . . . **A5:** 290–291
sodium hypophosphite process *See* Sodium hypophosphite electroless nickel plating process
solderability . . . **A5:** 297, **M5:** 228
solution compositions and operating conditions . . . **M5:** 219–224
solution control . . . **A5:** 304, **M5:** 237
specifications . . . **A5:** 305, **M5:** 237–240
stainless steel . . . **M5:** 232
steel . . . **M5:** 230–232, 238–240
stress parameters . . . **M5:** 222, 224–225, 231
structure . . . **A5:** 294, 298, **M5:** 224–225
succinate baths . . . **M5:** 222–224
surface activation for . . . **M5:** 232–233
Taber Abraser Index values . . . **M5:** 227–228
Taber abrasive resistance of hardened coating . . . **A5:** 308
tanks . . . **M5:** 233–234
temperature . . . **M5:** 221–222, 224–225, 227, 231, 234–235
elevated, effects of . . . **M5:** 227
heating . . . **M5:** 234–235
thickness . . . **M5:** 225–226, 231
uniformity of . . . **M5:** 225
uniformity . . . **A5:** 294–295
uses . . . **A5:** 290
wear resistance . . . **A5:** 296, 299, **M1:** 634, **M5:** 225–228, 237–240
worn surface buildup with . . . **M5:** 237
Electroless nickel-silicon carbide composite
Taber abraser resistance . . . **A5:** 308
Electroless plating . . . **A18:** 834, **A20:** 479–480, 826
aluminum and aluminum alloys . . . **A5:** 800, **M5:** 604–606
capabilities/limitations . . . **EL1:** 510
cast irons . . . **A5:** 687–690
ceramic metallization technique . . . **EM4:** 534, 544
copper and copper alloys . . . **A5:** 813, **M5:** 621–622
defined . . . **A13:** 6
definition . . . **A5:** 954
design limitations for inorganic finishing processes . . . **A20:** 824
flexible printed boards . . . **EL1:** 583
for plated-through hole (PTH) . . . **EL1:** 114
magnesium alloys . . . **M5:** 638–639, 644, 647
nickel *See* Electroless nickel plating
silver . . . **M5:** 606, 621–622
thin immersion . . . **EL1:** 679
Electroless plating of specimens
for edge retention . . . **A9:** 32
of tin and tin alloys for edge retention . . . **A9:** 449
Electroless ternary alloy plating systems **A5:** 327, 328
Electrolysis *See also* Electrolytic powders; specific electrolytic powders . . . **A7:** 67, **A13:** 6, 87, **A20:** 100, 101, 102
as second-phase test method . . . **A10:** 177
cell . . . **A10:** 199, 207–208
cell, internal . . . **A10:** 199
circuit for . . . **A10:** 199
constant-current, separation and analysis of metal ions by . . . **A10:** 200
controlled-potential . . . **A10:** 199, 207, 208–210
copper in copper-manganese alloy . . . **A10:** 201
copper powder . . . **A7:** 859, 860
copper powder produced by . . . **M7:** 110–116, 734
current, as function of time . . . **A10:** 210
defined . . . **A10:** 672
definition . . . **A5:** 954
factors affecting in electrogravimetry **A10:** 197–198
Faraday's laws of . . . **A10:** 203
in qualitative, classical wet methods . . . **A10:** 168
in voltammetry . . . **A10:** 189
internal . . . **A10:** 199, 200
internal, copper determined by . . . **A10:** 200
internal, separation of cadmium and lead by . . . **A10:** 201
iron powder production by . . . **M7:** 93–96
metal precipitation by . . . **M7:** 54
nickel in sample containing chloride ions **A10:** 201
of copper powders . . . **A2:** 393
preparation for coulometric titration . . . **A10:** 204
Electrolysis, contaminants removed by
nickel plating baths . . . **M5:** 209
Electrolyte
definition . . . **A5:** 954
Electrolyte displacement
tantalum capacitors . . . **EL1:** 998
Electrolyte dryout
passive devices . . . **EL1:** 998–999
Electrolytes *See also* Electrolytes for electropolishing
and electrochemical grinding . . . **A16:** 542, 543, 544–545, 546
and electrochemical machining . . **A16:** 533, 540–541
applicability for electropolishing specific metals and alloys . . . **A9:** 54
automatic jet polishing . . . **A9:** 107
classified by chemical type . . . **A9:** 51–55
composition . . . **A9:** 105
composition, as inclusion and phase isolation technique . . . **A10:** 176
composition for ECM . . . **A16:** 534
conditions for electropolishing various metals and alloys . . . **A9:** 52–53
conductivity for ECM . . . **A16:** 534, 535–536
current density vs. applied voltage for etching and polishing . . . **A9:** 61
defined . . . **A10:** 672, **A13:** 6, 18
effect in voltammetry . . . **A10:** 189
effect on electrochemical etching . . . **A9:** 60–61
electrochemical discharge grinding . . . **A16:** 548–549
electrochemical honing . . . **A16:** 488
electrostream and capillary drilling . . **A16:** 551, 552, 553
flow, galvanic corrosion . . . **A13:** 238
flow rate . . . **A16:** 536, 537–538
flow rate and ECM process control . . **A16:** 534, 537
for aluminum alloys . . . **A9:** 353
for austenitic manganese steel casting specimens . . . **A9:** 238
for beryllium-copper alloys . . . **A9:** 393
for cleaning of ferrous fractures . . . **A12:** 75
for electrolytic etching copper and copper alloys . . . **A9:** 401
for in situ electropolishing . . . **A9:** 55
for iron-chromium-nickel heat-resistant casting alloys . . . **A9:** 332
for refractory metals . . . **A9:** 440
for thinning transmission electron microscopy specimens . . . **A9:** 105–106
for Ti alloys . . . **A16:** 852
for wrought heat-resistant alloys . . . **A9:** 307–308
for wrought stainless steels . . . **A9:** 281
formulas . . . **A9:** 52–53
groups . . . **A9:** 51–55
laser-enhanced etching . . . **A16:** 576
layer, thickness and corrosion . . . **A13:** 82
liquid, galvanic corrosion testing in . . . **A13:** 237
Ni alloy electrochemical machining . . . **A16:** 843
nonsludging . . . **A16:** 535
resistance, corrosion rate effects . . . **A13:** 234
safety precautions . . . **A9:** 51–55
shaped tube electrolytic machining . . **A16:** 554, 555, 556
sludging . . . **A16:** 535
strong acid . . . **A16:** 535
supporting, current-voltage curve of . . **A10:** 189–190
supporting, in effluent samples . . . **A10:** 195
traces, and conductance of water . . . **A10:** 203
weak, dissociated . . . **A10:** 203
Electrolytes for electropolishing . . . **A9:** 51–53
chemicals for . . . **A9:** 67–68
copper and copper alloys . . . **A9:** 400
magnetic materials . . . **A9:** 533
nickel alloys . . . **A9:** 435
nickel-copper alloys . . . **A9:** 435
titanium and titanium alloys . . . **A9:** 459
uranium and uranium alloys . . . **A9:** 478
Electrolytic
cells, defined . . . **A13:** 6
cleaning, defined . . . **A13:** 6
corrosion test . . . **A13:** 219–220
spot test . . . **A13:** 421
Electrolytic action in wire sawing . . . **A9:** 26
Electrolytic alkaline cleaning . . . **A5:** 7, **M7:** 459
as removal method . . . **A5:** 10
copper and copper alloys . . . **A5:** 811
ferrous P/M parts . . . **A5:** 764
to remove chips and cutting fluids from steel parts . . . **A5:** 8
to remove unpigmented oil and grease . . . **A5:** 8
zirconium and hafnium alloys . . . **A5:** 852
Electrolytic alkaline descaling . . . **M5:** 13
Electrolytic Alstan strike . . . **A5:** 798
Electrolytic anodizing
magnesium alloys . . . **A19:** 880
Electrolytic bismuth powders
mechanical comminution . . . **M7:** 56
Electrolytic brightening
acid process . . . **M5:** 582
alkaline process . . . **M5:** 582
aluminum and aluminum alloys . . . **A5:** 791, 792, **M5:** 580–582, 596–597, 607–608
buffing compared to . . . **M5:** 581–582
chemical brightening vs. . . . **M5:** 581
fluoboric acid process . . . **M5:** 580
process selection . . . **M5:** 580–582
sealing processes . . . **M5:** 580–581
sodium carbonate process . . . **M5:** 580
solution compositions and operating conditions . . . **M5:** 580–582
sulfuric-phosphoric-chromic acid process . . . **M5:** 580–581
Electrolytic capacitors
refractory metals and alloys . . . **A2:** 557, 559
Electrolytic cell . . . **A9:** 49–50
definition . . . **A5:** 954
Electrolytic cleaning . . . **A5:** 4, 336
definition . . . **A5:** 954

postforging defects from **A11:** 333
refractory metals and alloys **A5:** 857, 860–861

Electrolytic cleaning, acid **M5:** 60–65
molybdenum and tungsten **M5:** 659
tantalum and niobium **M5:** 663

Electrolytic cleaning, alkaline **M5:** 26–32
aluminum and aluminum alloys.......... **M5:** 578
anodic *See* Anodic electrocleaning
brass die castings **M5:** 26, 28–29
cadmium plating processes **M5:** 263
cathodic *See* Cathodic electrocleaning
cleaning cycles........................ **M5:** 28–29
cleanliness of parts **M5:** 30
copper and copper alloys **M5:** 618–620
copper displacement test **M5:** 30
cutting fluids removed by **M5:** 10
dump schedules for cleaners........... **M5:** 29–30
electropolishing processes **M5:** 304
equipment **M5:** 25, 37–38, 44–45
hafnium alloys......................... **M5:** 667
heat-resistant alloys..................... **M5:** 567
magnesium alloys **M5:** 629–630, 639, 642
mechanism of action.............. **M5:** 4, 26, 33
molybdenum **M5:** 659
nickel alloys **M5:** 673
periodic reverse system **M5:** 27–28
pigmented drawing compounds removed by **M5:** 5, 7

plating process precleaning **M5:** 17–18
polishing and buffing compounds
removed by **M5:** 11–12
power supply **M5:** 31
process **M5:** 22
process cycles.......................... **M5:** 28
safety precautions **M5:** 31
solution compositions and operating
conditions....... **M5:** 24, 28, 578, 618–620, 629–630
solution control and testing **M5:** 29–30
stainless steel **M5:** 561
steel parts............................. **M5:** 27–30
tank, construction and equipment....... **M5:** 30–31
tungsten **M5:** 659
unpigmented oils and greases removed by ... **M5:** 9
water-break test........................ **M5:** 30
zinc alloy die castings **M5:** 26, 28–29
zinc alloys **M5:** 26, 28–29
zirconium alloys **M5:** 667

Electrolytic color anodizing process
aluminum and aluminum alloys.......... **M5:** 595

Electrolytic conductivity
electrometric titration and **A10:** 203

Electrolytic copper
capacitor discharge stud welding.......... **A6:** 222

Electrolytic copper, cold rolled
with recrystallization nuclei **A9:** 695

Electrolytic copper powders *See also* Copper; Copper alloy powders; Copper powders.... **A7:** 70, 132, 136, 860
addition agents..................... **M7:** 112, 113
alloying additions **A7:** 140, 141
applications **A7:** 139, **M7:** 116
compressibility..................... **A7:** 302, 304
compressibility curve **M7:** 287
current efficiency **M7:** 113
dendritic structure **M7:** 71, 72
density of compacts **A7:** 439, **M7:** 310
electrodeposition........................ **A7:** 70
flowchart for production of **A7:** 135
green strength and lubrication **M7:** 289
lubricant effect on green strength and green
density **A7:** 307
production........................ **M7:** 112, 113
properties........................ **M7:** 114–115
properties of........................ **A7:** 138, 139
properties of commercial grades...... **A7:** 137, 138

Electrolytic corrosion *See also* Corrosion; Electrical corrosion
as environmental failure mechanism **EL1:** 493
cells, caused by applied bias **A11:** 770
definition.............................. **A5:** 954
of gold **A11:** 771

Electrolytic deburring................. **M5:** 308–309

Electrolytic deposition *See also* Electrolytic iron powders
iron powders produced by............. **M7:** 93–96

Electrolytic etching *See also* Anodic etching; Electrolytic etching of specific metals and
alloys **A9:** 61
equipment set up **A9:** 50
for image analysis samples.............. **A10:** 313
in electropolishing **A9:** 56
used in quantitative metallography of cemented
carbides **A9:** 275

Electrolytic etching of specific metals and alloys
aluminum alloys, mounting for **A9:** 352
austenitic manganese steel casting
specimens........................ **A9:** 239
chromized sheet steel................... **A9:** 198
copper and copper alloys **A9:** 401
electrical contact materials.............. **A9:** 551
heat-resistant casting alloys **A9:** 331–333
lead and lead alloys.................... **A9:** 416
molybdenum **A9:** 440
platinum-base alloys **A9:** 551
stainless-clad sheet steel **A9:** 198
tungsten **A9:** 440
wrought stainless steels............. **A9:** 281–282
zinc and zinc alloys.................... **A9:** 489

Electrolytic extractions
defined................................ **A9:** 6
wrought heat-resistant alloys **A9:** 308–309

Electrolytic grinding *See also* Electrochemical grinding (ECG)
definition.............................. **A5:** 954
roughness average....................... **A5:** 147

Electrolytic iron powder **A7:** 59, 61, 110, 114–115
annealing of........................... **A7:** 322
apparent density factors **A7:** 292
applications........................... **A7:** 115
chemical properties **A7:** 114
green density and green strength **A7:** 302, 303
magnetic properties................... **A7:** 1008
mechanical comminution **A7:** 53
microstructure.......................... **A9:** 509
microstructures........................ **A7:** 726
particle size effect on green strength....... **A7:** 308
physical properties **A7:** 114
properties by grade **A7:** 115

Electrolytic iron powders *See also* Electrolysis; Iron powders **M7:** 71–72
annealing........................ **M7:** 183, 185
apparent density.................. **M7:** 273, 297
applications and microstructure........ **M7:** 95, 96
as new food iron source................. **M7:** 614
commercial processes................. **M7:** 93–94
compacts, effect of dwell time **M7:** 505
compacts, mechanical properties of hot
pressed **M7:** 511
compacts, properties..................... **M7:** 94
dendritic grain structure, sheet........... **M7:** 72
effect of particle size on green strength ... **M7:** 303
electrolytic deposition produced........ **M7:** 93–96
flow rate.............................. **M7:** 273
for copier powders **M7:** 587
for food enrichment **M7:** 615
green density and green strength **M7:** 289
mechanical comminution................. **M7:** 56
pickup of oxygen, carbon, and nitrogen **M7:** 64, 65
production process **M7:** 615
properties.......................... **M7:** 94–96

Electrolytic iron single crystal
cold rolled **A9:** 694

Electrolytic iron-carbon alloy
carbon content effect on torsional ductility **A8:** 166

Electrolytic machining
achievable machining accuracy **A5:** 81

Electrolytic magnesium, cold rolled 50%
shear bands in **A9:** 687

Electrolytic manganese powder **M7:** 72

Electrolytic nickel plating
cast irons **A5:** 688

Electrolytic pickling...................... **A5:** 336
definition.............................. **A5:** 954
nickel alloys........................... **M5:** 673
nickel and nickel alloys.................. **A5:** 867
pitting caused by....................... **M5:** 80
rust and scale removed by............... **M5:** 12
steel **M5:** 76
to remove rust and scale.................. **A5:** 10

Electrolytic pitch-grade copper
electronic applications.................. **A6:** 998

Electrolytic plating
as pattern coating...................... **A15:** 196
capabilities/limitations **EL1:** 510–511
ceramic metallization technique **EM4:** 534, 544
for PTH, vias, surface wiring **EL1:** 114
quality control **EL1:** 871–872
rigid printed wiring boards **EL1:** 545

Electrolytic polishing *See also* Electrolytic brightening; Electrolytic polishing of specific metals and alloys; Electropolishing;
Polishing **M5:** 303–309
abrasive blasting processes...... **M5:** 304, 306, 308
acid processes................ **M5:** 303–305, 308
agitation used in **M5:** 305
alkaline cleaning **M5:** 304
aluminum and aluminum alloys **M5:** 305–306, 308
anodizing, pretreatment for.............. **M5:** 305
apparatus............................. **A9:** 49–50
appearance, effect on............... **M5:** 303, 306
applications........... **A9:** 51, **M5:** 305–306, 624
attack around nonmetallic particles, voids and
inhomogeneities **A9:** 51
basic laboratory setup **A9:** 61
brass and brass alloys **M5:** 305–308
by automatic jet polisher **A9:** 107
cathodes **M5:** 304
chromic acid solutions **M5:** 303, 305, 308
coefficients of friction affected by **M5:** 307
copper and copper alloys ... **A5:** 815, **M5:** 305, 308, 623–624
copper plating process **M5:** 168
corrosion resistance affected by **M5:** 306–307
current density, effects of **M5:** 304
current density vs. applied voltage for common
electrolytes........................ **A9:** 61
current-voltage curves **A9:** 105
current-voltage relationships............ **A9:** 48–49
deburring process (electrodeburring) .. **M5:** 308–309
defined................................ **A9:** 6
definition.............................. **A5:** 954
determining polishing plateau **A9:** 50
effects of applied potential............... **A9:** 105
effects on fatigue strength.............. **A11:** 122
electrical circuits **A9:** 49–50
electroplating, pretreatment for **M5:** 305
equipment................... **M5:** 304–306, 308
special **M5:** 306
fatigue strength (limit) affected by ... **M5:** 307–308
film formation in.................. **M5:** 303, 307
fume ventilation................... **M5:** 305–306
limits of edge effects **A9:** 51
local **A9:** 55–56
magnetic etch specimens.................. **A9:** 64
mechanical polishing compared to ... **M5:** 306–308
mechanism of **A9:** 48
mechanism of action **M5:** 303
nickel and nickel alloys **M5:** 305–306, 308
of multiphase alloys..................... **A9:** 51
of replication microscopy specimens....... **A17:** 52
passivation by **M5:** 306
phosphoric acid solutions **M5:** 303, 305, 308
physical and mechanical properties
affected by **M5:** 306–308
precleaning....................... **M5:** 303–304
preparation of specimens **A9:** 49–50
preparation of specimens for local polishing **A9:** 55
procedures......... **A9:** 49–51, **M5:** 303–305, 624
process selection factors................. **M5:** 624
racks and fixtures **M5:** 304
safety precautions **A9:** 51–55
selection of mounting materials for
specimens **A9:** 28–29, 32
silver **M5:** 306
solution compositions and operating
conditions **M5:** 303–305, 309
specimens for optical metallography
analysis........................... **A10:** 301
stages in............................... **A9:** 105
stainless steel **M5:** 305–307, 559
steel............................. **M5:** 305–309
stress parameters.................. **M5:** 306–308
compressive stress................ **M5:** 307–308
stress-relieving effect............... **M5:** 307–308
sulfuric acid solutions......... **M5:** 303–305, 308
tanks **M5:** 304
temperature **M5:** 303–304
heating and cooling.................. **M5:** 304

Electrolytic polishing (continued)
test cell arrangement for **A9:** 50
time, effects of. **M5:** 304
transmission electron microscopy specimens to achieve thinning. **A9:** 105–107
wear, amount of, effects on. **M5:** 307
work bar. **M5:** 304
Electrolytic polishing fluids
effects of **A9:** 47
Electrolytic polishing of specific metals and alloys
aluminum alloys. **A9:** 353
aluminum alloys, mounting for **A9:** 352
beryllium **A9:** 389
beryllium-copper alloys **A9:** 393
copper and copper alloys **A9:** 400
heat-resistant casting alloys **A9:** 330
iron-cobalt and iron-nickel alloys **A9:** 533
lead and lead alloys. **A9:** 416
magnesium alloys. **A9:** 426
magnetic materials. **A9:** 533–534
of austenitic manganese steel casting specimens. **A9:** 238
of copper, cell voltage as a function of anode current density **A9:** 48
of nickel alloys **A9:** 435
of nickel-copper alloys. **A9:** 435
permanent magnet alloys **A9:** 533
refractory metals **A9:** 439–440
thin-foil stainless steel specimens **A9:** 282
titanium and titanium alloys **A9:** 459
uranium and uranium alloys **A9:** 478
wrought heat-resistant alloys **A9:** 307
wrought stainless steels. **A9:** 280–281
Electrolytic potentiostatic etching **A9:** 61–62
Electrolytic powder, defined. **M7:** 4
production **M7:** 71–72
reduction **M7:** 148
Electrolytic protection *See* Cathodic protection
Electrolytic reagents *See* Electrolytes
Electrolytic reversibility
bipotentiometric titration and **A10:** 204
Electrolytic salt bath descaling
automated system. **M5:** 98–99
nickel alloys. **M5:** 672
process **M5:** 97–100
Electrolytic silver powder
electrodeposition. **A7:** 70
Electrolytic silver powders *See also* Silver powders **M7:** 71, 72, 148, 149
Electrolytic solution potential *See also* Electrical properties; Solution potential
aluminum casting alloys. **A2:** 153–177
wrought aluminum. **A2:** 62–63
wrought aluminum and aluminum alloys **A2:** 80–122
Electrolytic specimen preparation
for NDE. **A17:** 52
Electrolytic stripping measurement
hard chromium plate thickness. **M5:** 181
Electrolytic theory **EM3:** 300
Electrolytic tin *See* Tin alloys, specific types, commercially pure tins
Electrolytic tin coatings **M1:** 173
Electrolytic titanium sponge powder *See also* Titanium powders **M7:** 167
Electrolytic tough pitch copper *See also* Copper; Copper alloys; Copper alloys, specific types, C11000; Tough pitch copper; Wrought coppers and copper alloys
applications and properties **A2:** 269–272
characteristics **A2:** 230
pole figures **A9:** 702
Electrolytic tough pitch copper, anneal resistant *See* Copper alloys, specific types, C11100
Electrolytic tough pitch (ETP) copper *See also* Copper
fatigue life as function of stress amplitude in **A8:** 253
filler metals. **A6:** 755
for loaded thermal conductor, decision matrix. **A20:** 293
gas-metal arc welding **A6:** 759–760
gas-tungsten arc welding. **A6:** 758–759
sheet **A6:** 146
stress-strain curve in tension **A8:** 213–214
tensile strength, reduction in thickness by rolling. **A20:** 392
torque/radius data **A8:** 183–184
weldability. **A6:** 753
Electrolytic zinc powder *See also* Zinc powders **M7:** 72
Electrolytically deposited (ED) copper **EL1:** 545, 581, 871–872
Electrolytically generated radical ions
ESR analysis **A10:** 265
Electromachining
process control used **A5:** 283
Electromagnet setup, for identification of ferrite in iron-chromium-nickel heat-resistant casting alloys. **A9:** 333
Electromagnetic
excitation, for axial fatigue testing **A8:** 369
gage, for shear wave profiles **A8:** 231
shakers, speed of **A8:** 43
testing machine. **A8:** 43
Electromagnetic casting
aluminum alloys. **A15:** 315
effect on dendritic structures in copper alloy ingots **A9:** 638
of aluminum alloy ingots used to decrease surface defects **A9:** 634
Electromagnetic circuit
magnetic field direction **A17:** 90
Electromagnetic disturbances **A20:** 140
Electromagnetic enhancement *See also* Enhancement
and SERS **A10:** 136
Electromagnetic field. **A19:** 182
Electromagnetic field, molecular activity
in Raman spectroscopy. **A10:** 127
Electromagnetic field shielding **A19:** 177
Electromagnetic focusing device *See* Focusing device
Electromagnetic force (EMF)
inductance effects. **EL1:** 27
Electromagnetic forming *See also* High-energy-rate forming **A14:** 644–653, **A20:** 694
advantages/limitations. **A14:** 646
aluminum alloys. **A14:** 802–803
applications. **A14:** 646–650
defined **A14:** 5, 644
electrical principles **A14:** 652
energy relations, typical **A14:** 652–653
equipment. **A14:** 650–652
in sheet metalworking processes classification scheme **A20:** 691
methods **A14:** 645
of copper and copper alloys. **A14:** 819
process description **A14:** 644–646
production methods. **A14:** 646
safety **A14:** 650
speed **A14:** 644–645
workpiece design **A14:** 645
Electromagnetic induction
and eddy current inspection. **A17:** 164
soft magnetic materials for. **A2:** 761
Electromagnetic inspection *See also* Electromagnetic techniques
as nondestructive testing tor fatigue. **A11:** 134
Electromagnetic interference **A13:** 1108–1109
Electromagnetic interference (EMI) **A6:** 36
immunity of optical systems. **EL1:** 9, 16
immunity to **EM4:** 409
Electromagnetic interference (EMI) protection
defined **EM1:** 359
Electromagnetic interference (EMI) shielding **EM2:** 476–478, **EM3:** 52
Electromagnetic interference shielding alternatives. **M7:** 612
by metal-filled polymers. **M7:** 609–610, 612
by specialty polymers. **M7:** 606
waves **M7:** 609
Electromagnetic interference/radio frequency interference (EMI/RFI). **EM2:** 268–269
Electromagnetic lens
defined **A9:** 6
Electromagnetic lenses **A10:** 432, 672
Electromagnetic noise
sources of **A17:** 285
Electromagnetic radiation
and radiology **A17:** 295
atomic processes **A17:** 309–310
attenuation **A17:** 309–311
defined. **A10:** 672
effective absorption, x-rays **A17:** 310–311
FMR resonant absorption of **A10:** 267
in x-ray spectrometry. **A10:** 83
intensity of **A10:** 83
properties of **A10:** 83
radiographic equivalence. **A17:** 311
spectrum, high-energy region **A10:** 83
Electromagnetic radiation emitted by electrons **A9:** 92
Electromagnetic sorting
and hardness testing. **M7:** 484–485
Electromagnetic spectrum
divisions **A17:** 202
Electromagnetic stirring
induction furnaces **A15:** 369
Electromagnetic techniques
Barkhausen noise. **A17:** 159–160
electric current perturbation as **A17:** 136
for forgings **A17:** 510–511
for residual stress measurement **A17:** 159–163
introduction. **A17:** 51
magnetically induced velocity changes (MICV), for ultrasonic waves. **A17:** 161–162
nonlinear harmonics **A17:** 160–161
of steel bar and wire. **A17:** 552–555
Electromagnetic testing
use in carbon control. **M4:** 436–437
Electromagnetic theory and radiation . . . **A10:** 126–127
Electromagnetic waves
as transverse **A17:** 203
Electromagnetic welding **A14:** 649, **EM2:** 724
Electromagnetic yokes *See also* Magnetic particle inspection; Yokes
defined **A17:** 93, 95
magnetic. **A17:** 95
Electromagnetic-acoustic transducers
ultrasonic inspection **A17:** 255–256
Electromagnets. **A20:** 620
in gas mass spectrometers. **A10:** 154
magnetic field generation by **A17:** 93
Electromechanical components
through-hole packages. **EL1:** 979–981
Electromechanical devices. **A20:** 142
Electromechanical fatigue systems
closed-loop servomechanical **A8:** 394–395
comparison **A8:** 392
dynamic cycler. **A8:** 395, 397
for axial testing. **A8:** 369
forced displacement. **A8:** 391–392
functions **A8:** 391
resonance. **A8:** 392–396
rotational bending **A8:** 392–393
servomechanical **A8:** 392
Electromechanical fatigue testing **A8:** 391–395
Electromechanical polishing. **A9:** 42–43
and etch attack. **A9:** 42–43
defined **A9:** 6
of molybdenum **A9:** 441
of tungsten. **A9:** 441
Electrometric titration. **A10:** 202–206
advantages. **A10:** 202
amperometric **A10:** 204
applications **A10:** 202, 205–206
as volumetric analysis **A10:** 202
biamperometric. **A10:** 204
bipotentiometric **A10:** 204

SUBJECTS OF THE INDEXED VOLUMES: ASM Handbook (designated by the letter "A"): **A1:** Properties and Selection: Irons, Steels, and High-Performance Alloys (1990); **A2:** Properties and Selection: Nonferrous Alloys and Special-Purpose Materials (1990); **A3:** Alloy Phase Diagrams (1992); **A4:** Heat Treating (1991); **A5:** Surface Engineering (1994); **A6:** Welding, Brazing, and Soldering (1993); **A7:** Powder Metal Technologies and Applications (1998); **A8:** Mechanical Testing (1985); **A9:** Metallography and Microstructures (1985); **A10:** Materials Characterization (1986); **A11:** Failure Analysis and Prevention (1986); **A12:** Fractography (1987); **A13:** Corrosion (1987); **A14:** Forming and Forging (1988); **A15:** Casting (1988); **A16:** Machining (1989); **A17:** Nondestructive Evaluation and Quality Control (1989); **A18:** Friction, Lubrication, and Wear Technology (1992); **A19:** Fatigue and Fracture (1996); **A20:** Materials Selection and Design (1997). **Metals Handbook, 9th Edition** (designated by the letter "M"): **M1:** Properties and Selection: Irons and Steels (1978); **M2:** Properties and Selection: Nonferrous Alloys and Pure Metals (1979); **M3:** Properties and Selection: Stainless Steels, Tool Materials, and Special-Purpose Materials (1980); **M4:** Heat Treating (1981); **M5:** Surface Cleaning, Finishing, and Coating (1982); **M6:** Welding, Brazing, and Soldering (1983); **M7:** Powder Metallurgy (1984). **Engineered Materials Handbook** (designated by the letters "EM"): **EM1:** Composites (1987); **EM2:** Engineering Plastics (1988); **EM3:** Adhesives and Sealants (1990); **EM4:** Ceramics and Glasses (1991). **Electronic Materials Handbook** (designated by the letters "EL"): **EL1:** Packaging (1989)

concentrations and reaction speeds in **A10:** 202
conductometric **A10:** 203
coulometric **A10:** 204–205
defined **A10:** 672
estimated analysis time **A10:** 202
Faraday's laws of electrolysis **A10:** 203
general uses **A10:** 202
introduction **A10:** 203
limitations **A10:** 202
oscillometric (high-frequency) **A10:** 203–204
potentiometric **A10:** 204
related techniques **A10:** 202
samples **A10:** 202, 205–206
Electromigration *See also* Tin whiskers; Whiskers **EM3:** 581
and failure kinetics, VLSI **EL1:** 889–890
as environmental failure mechanism **EL1:** 494
as failure mechanism **EL1:** 1014–1016
as semiconductor failure mechanism **EL1:** 963–964
effects at contact windows **A11:** 778
effects of pulsed direct current on gold film conductors **A11:** 771–772
failure rates, factors affecting **A11:** 771–772
in integrated circuits **A11:** 770–773
-induced failures, effect of grain size and stripe width on **A11:** 772–774
with Technora fabric **EL1:** 535
Electromotive force
defined **A13:** 6
SI defined unit and symbol for **A10:** 685
SI unit/symbol for **A8:** 721
Electromotive force (emf) *See also* Thermocouple materials
and temperature relationship **A2:** 878
defined **A2:** 869–871
stability **A2:** 881–882
Electromotive force series *See also* Electrohemical series
and cell potentials **A13:** 20–21
defined **A13:** 6
for common metals **A13:** 20
for selected metals **A13:** 467
metals/alloys **A13:** 419
Electromotive series
aircraft alloys **EM1:** 716
definition **A5:** 954
Electromotive series of elements **A9:** 59
Electron *See also* Electron beams; Electron diffraction; Electrons; Secondary electrons
defined **A9:** 6
energy distribution, symbol for **A11:** 797
mean free path, vs. kinetic energy **A11:** 35
penetration depth, as function of voltage and sample density **A11:** 41
symbol for **A11:** 796
volt, symbol for **A11:** 796
Electron beam
and specimen, schematic interaction between **A11:** 33
defined **A9:** 6
refining, effect on inclusions **A11:** 340
voltages, spectra obtained from different... **A11:** 41
Electron beam analysis *See also* Electron beam induced current; Electron probe x-ray microanalysis; Microbeam analysis
local surface study by **A10:** 517
Electron beam brazing
stainless steels **M6:** 1012–1013
Electron beam convergence, effect
radiography **A17:** 308
Electron beam curing **EL1:** 786, 857
Electron beam cutting
definition **M6:** 6
Electron beam (EB) welding
mechanically alloyed oxide alloys **A2:** 949
of nickel and nickel alloys **A2:** 429
refractory metals and alloys **A2:** 560–562, 563
Electron beam exposure for curing **EM3:** 35, 74
Electron beam gun
definition **M6:** 6
Electron beam gun column
definition **M6:** 6
Electron beam hardening treatment (EBHT) **A4:** 297–311
advantages **A4:** 297, 310
beam applications **A4:** 305–308, 309
beam location and duration control... **A4:** 299–301
computer numerical control (CNC)... **A4:** 307, 309, 310, 311
cutting edges of harvester mower blade example **A4:** 308
disadvantages **A4:** 310
electron beam hardening facilities **A4:** 309
electron guns **A4:** 308–310
Electroslag remelting (ESR) **A4:** 207
energy absorption **A4:** 297–298
energy transfer... **A4:** 298–299, 300, 301, 303, 307, 310
grain size **A4:** 305, 306
hardness gradient **A4:** 302–303
heat conduction **A4:** 297–298
integration into a flexible manufacturing system **A4:** 310
isothermal energy transfer.. **A4:** 298, 300, 301, 302, 303, 306, 307
malleable iron **A4:** 695
milling machine quill example **A4:** 307–308
narrow tempering zone anomaly **A4:** 308
properties of the hardened layer **A4:** 301–305
shaft partially surface hardened **A4:** 308
surface deformation **A4:** 303–304
surface roughness **A4:** 303, 304
temperature-time cycle **A4:** 298–299, 300–301
versus laser beam hardening **A4:** 309–310
workpiece distortion **A4:** 304–305
Electron beam heating **A7:** 78
surface hardening of steel parts **M1:** 532
Electron beam heating vacuum coating **M5:** 390, 404–405, 410
Electron beam induced current
abbreviation for **A10:** 690
arrangement using Schottky barrier technique **A10:** 507
as SEM special technique **A10:** 507
Electron beam induced current (EBIC) **EL1:** 372, 1094, 1100–1101
Electron beam investment casting **A15:** 417–418
Electron beam machining **EM4:** 313
Electron beam machining (EBM).. **A16:** 509, 568–571
advantages and disadvantages **A16:** 571
applications **A16:** 571
backing material **A16:** 570, 571
CNC systems **A16:** 569, 571
equipment description **A16:** 568
on-the-fly drilling **A16:** 568, 570
process characteristics **A16:** 569–571
stainless steels **A16:** 705, 706
tensioning drum **A16:** 568–569
vacuum chamber **A16:** 568
Wehnelt electrodes **A16:** 568
Electron beam melting **M7:** 160–162
Electron beam melting and casting
button melting **A15:** 412
characteristics **A15:** 410–411
competing processes, compared **A15:** 410
drip melting **A15:** 412–413
equipment, drip melting **A15:** 413
heat source specifications **A15:** 411–412
melted metals, characteristics **A15:** 413–414
processes **A15:** 411
quality control **A15:** 412
Electron beam, noncutting process
in metal removal processes classification scheme **A20:** 695
Electron beam rotating disc process
Leybold-Heraeus **M7:** 167
Electron beam vapor
quenching technique **A7:** 20
Electron beam vaporization
ion plating process **M5:** 418
Electron beam voltage contrast
as technique in integrated circuit failure analysis **A11:** 768
Electron beam welded joints
metallography and microstructures **A9:** 581
Electron beam welding **M6:** 609–646
advantages **M6:** 610
beam oscillations **M6:** 634
controlling heat effects **M6:** 625–626
heat-sensitive attachments and inserts... **M6:** 625
crack prevention **M6:** 630, 637
definition **M6:** 6
discontinuities from **A17:** 585–587
fixturing methods **M6:** 612
hardness traverses **M6:** 637
high vacuum, welding in **M6:** 618–619
applications **M6:** 618
effect of pressure **M6:** 618–619
limitations **M6:** 619
welding conditions **M6:** 619
width of weld and heat-affected zone ... **M6:** 619
in containerized hot isostatic pressing **M7:** 431
joining dissimilar metals **M6:** 644
indirect joining **M6:** 644
joint design **M6:** 615–618
butt joints **M6:** 615–618
butt versus corner and T-joints **M6:** 617–618
corner joints **M6:** 616–618
edge joints **M6:** 617
lap joints **M6:** 616–617
T-joints **M6:** 616–618
joint fit-up **M6:** 612
joint preparation **M6:** 612
joint tracking **M6:** 634
automatic **M6:** 634
electromechanical **M6:** 634
manual **M6:** 634
tape-controlled **M6:** 634
limitations **M6:** 611
machines **M6:** 644–646
medium vacuum, welding in **M6:** 619–620
applications **M6:** 620
comparison with high-vacuum welding .. **M6:** 620
comparison with nonvacuum welding ... **M6:** 620
penetration and weld shape **M6:** 620
multiple-tier welding **M6:** 631–632
applications **M6:** 631
difficulties **M6:** 631
nonvacuum welding **M6:** 620–624
applications **M6:** 624
operating conditions **M6:** 621–622
penetration **M6:** 622–623
procedure **M6:** 620–621
tooling **M6:** 623–624
weld shape and heat input **M6:** 623
weld shrinkage **M6:** 623
operating conditions **M6:** 613
operation principles **M6:** 609–610
operation sequence and preparation .. **M6:** 612–613
cleaning **M6:** 612
demagnetization **M6:** 612
preheat and postheat **M6:** 613
pumpdown **M6:** 612–613
vacuum or nonvacuum **M6:** 612
poorly accessible joints **M6:** 631
beam characteristics **M6:** 631
sidewall clearance **M6:** 631
workpiece requirements **M6:** 631
process control **M6:** 611–612
beam spot size **M6:** 611
repair welding **M6:** 635–637
application of wire-feed process **M6:** 635
future applications **M6:** 636–637
quality assurance testing **M6:** 636
wire feed and equipment **M6:** 635
safety precautions **M6:** 59, 646
scanning, use of **M6:** 632–634
accuracy of beam alignment **M6:** 632
electronic systems **M6:** 633–634
optical scanning **M6:** 633
problems **M6:** 633
procedure **M6:** 632–633
techniques **M6:** 633
without optics **M6:** 633
special joints and welds **M6:** 618
tack welding **M6:** 630
use of filler metal **M6:** 630
equipment for feeding **M6:** 630
feeding of filler wire **M6:** 630
preplacement **M6:** 630
preventing porosity **M6:** 630
prevention of cracking **M6:** 630
techniques for feeding **M6:** 630
use of pulsed beam **M6:** 634
weld geometry **M6:** 613–615
advantages of vacuum welding **M6:** 628
effects of pressure **M6:** 628
full-penetration welding **M6:** 628
melt-zone configuration **M6:** 615
part shape **M6:** 613–614

Electron beam welding (continued)
partial-penetration welding . . . **M6:** 629
problems and flaws . . . **M6:** 629–630
surface geometry . . . **M6:** 614
two-pass full-penetration welding . . . **M6:** 628
welding of thick metal . . . **M6:** 628–630
wide welds bridging a gap . . . **M6:** 614–615
welding of thin metal . . . **M6:** 626–628
joining thin to thick sections . . . **M6:** 627
partial-penetration welds . . . **M6:** 628
welding with extreme accuracy . . . **M6:** 632
Electron beam welding (EBW) . . . **A7:** 656, 658, 659, **A20:** 473, 767
advanced aluminum MMCs . . . **A7:** 852
characteristics . . . **A20:** 696
for HIP containers . . . **A7:** 613
in joining processes classification scheme **A20:** 697
porous materials . . . **A7:** 1035
refractory metals . . . **A7:** 905, 906
Electron beam welding of
aluminum alloys . . . **M6:** 641–642
heat treatable alloys . . . **M6:** 641–642
non-heat-treatable alloys . . . **M6:** 641
beryllium . . . **M6:** 643–644
autogenous welds . . . **M6:** 643–644
braze welds . . . **M6:** 644
copper and copper alloys . . . **M6:** 642
hardenable steel . . . **M6:** 637–638
hardened and work-strengthened metals . . . **M6:** 624–625
heat-resistant alloys . . . **M6:** 638
cobalt-based alloys . . . **M6:** 638
iron-nickel-chromium-based alloys . . . **M6:** 638
precipitation-hardenable nickel-based alloys . . . **M6:** 638
solid-solution nickel-based alloys . . . **M6:** 638
high-carbon steels . . . **M6:** 638
high-strength alloy steels . . . **M6:** 637–638
low-alloy steels . . . **M6:** 637
low-carbon steel . . . **M6:** 637
magnesium alloys . . . **M6:** 643
medium-carbon steels . . . **M6:** 637
refractory metals . . . **M6:** 638–641
molybdenum . . . **M6:** 639–640
niobium . . . **M6:** 640–641
tantalum . . . **M6:** 641
tungsten . . . **M6:** 639
stainless steels . . . **M6:** 638
titanium alloys . . . **M6:** 643
tool steels . . . **M6:** 638
Electron beam welds
butt . . . **A11:** 447
failure origins . . . **A11:** 444–447
Electron beam/physical vapor deposition (EB/PVD) . . . **A20:** 484
thermal barrier coatings . . . **A20:** 597–598
Electron beams
50-kV . . . **A10:** 326
artifacts, as AES limitation . . . **A10:** 556
as primary AES excitation . . . **A10:** 550
Auger . . . **A7:** 223, 224
backscattered . . . **A7:** 223, 224, 225
diffracted, intensities of . . . **A10:** 328–329
effect of differing energies . . . **A10:** 498
elastically scattered . . . **A7:** 224, 225
energy distribution of signals generated by . . . **A10:** 498
factors controlling shape of . . . **A10:** 331, 332
in x-ray spectrometry . . . **A10:** 82
inelastically scattered . . . **A7:** 224, 225
interaction with specimens . . . **A10:** 432–434
monochromatic, with single-crystal diffraction methods . . . **A10:** 329–330
monochromatizing . . . **A10:** 326
plasmon and interband transition scattered **A7:** 224
polychromatic, with single crystal diffraction methods . . . **A10:** 329
scanning instruments . . . **A10:** 497–500
secondary . . . **A7:** 223, 224
spreading, in thin foils and bulk targets compared . . . **A10:** 434
total, change in amplitude as function of scattering angle . . . **A10:** 329
volume of signals produced . . . **A10:** 498–500
Electron bond
increasing tendency for brittle fracture . . . **A19:** 7
Electron capture, and positron emission
as radioactive decay mode . . . **A10:** 245
Electron channeling *See also* Channeling . . . **A19:** 69
capabilities . . . **A10:** 365
contrast . . . **A10:** 505
pattern, of vanadium taken in ECP mode **A10:** 504
patterns and contrast . . . **A10:** 504–506
Electron column . . . **M7:** 235
Electron configurations
for elements . . . **A10:** 688
Electron cyclotron resonance (ECR) . . . **A5:** 511, 512, 534
Electron density
and adhesion . . . **A6:** 144
Electron density maps
by direct method . . . **A10:** 350, 351
by heavy-atom method . . . **A10:** 350
determined . . . **A10:** 349
three-dimensional, of potassium benzyl penicillin . . . **A10:** 350
Electron detection
as EXAFS technique . . . **A10:** 418
Electron diffraction
analytical transmission electron microscopy . . . **A10:** 436–440
and energy-dispersive spectrometry, unknown phase identification by . . . **A10:** 455–459
defined . . . **A9:** 6, **A10:** 672
EXAFS analysis as mode of . . . **A10:** 410
fine structure effects . . . **A10:** 438
for microstructural analysis of coatings . . . **A5:** 662
of wrought stainless steels . . . **A9:** 283
pattern, effect of tilt . . . **A10:** 454
patterns, indexing . . . **A10:** 456–457
used to examine plate steels for submicron particles . . . **A9:** 203
used to identify deformation twins . . . **A9:** 688
used to investigate crystallographic texture **A9:** 701
Electron diffraction spectroscopy
used to study x-ray emissions . . . **A9:** 104
Electron discharge machining (EDM)
borides . . . **EM4:** 794
Electron effect
final-state . . . **A10:** 408
Electron energy analyzers
for x-ray photoelectron spectroscopy **A10:** 570–571
Electron energy distribution
abbreviation for . . . **A10:** 690
Auger electron spectroscopy . . . **A10:** 550, 551
Electron energy level diagrams *See* Energy level diagrams
Electron energy loss
transmission electron microscopy . . . **A10:** 432, 435
Electron energy loss spectroscopy **A9:** 104, **EM1:** 285
capabilities, and FIM/AP . . . **A10:** 583
defined . . . **A10:** 449, 671
light-element analysis . . . **A10:** 459–461
limitations . . . **A10:** 450
magnetic spectrometer and detector for . . **A10:** 435, 449
qualitative analysis . . . **A10:** 450
spectrum with zero-loss, low-loss, and core-loss regions . . . **A10:** 449–450
with analytical electron microscope . . . **A10:** 432
Electron energy loss spectroscopy (EELS) . . . **A6:** 145, **A18:** 377, 378, 387, 390, 391, **EM3:** 237
Electron erosion
passive devices . . . **EL1:** 999
Electron flow
defined . . . **A13:** 6
Electron fractography
defined . . . **A12:** 1
history . . . **A12:** 4–8
Electron gas model . . . **EL1:** 96–98
Electron gun . . . **M7:** 235
defined . . . **A9:** 6
Electron guns
analytical transmission electron microscopy . . . **A10:** 432
conventional tungsten hairpin filament . . . **A10:** 492
field emission guns . . . **A10:** 432
for AES primary excitation . . . **A10:** 554
SEM microscope . . . **A10:** 491–492
vacuum coating process . . . **M5:** 390, 393
Electron holes
and conductivity . . . **EL1:** 89
Electron image
defined . . . **A9:** 6
Electron images *See also* Images; Imaging
and x-ray area scans, microanalysis of complex structures by . . . **A10:** 525
Electron lens
defined . . . **A9:** 6
Electron micrograph
defined . . . **A9:** 6
Electron microprobe
used to examine plate steels . . . **A9:** 203
Electron microprobe images
electronic analysis . . . **A9:** 152–153
Electron microprobes . . . **A7:** 224
capabilities . . . **A10:** 102, 161
compositional analysis of welds . . . **A6:** 100
Electron microscope *See also* Scanning electron microscope; Transmission electron microscope
defined . . . **A9:** 6
Electron microscope column
defined . . . **A9:** 6
Electron microscopy *See also* Scanning electron microscope; Scanning electron microscopy; Transmission electron microscope; Transmission electron microscopy . . . **A7:** 259, 266–267, **A18:** 376–391, **A19:** 219–220, 521
defined . . . **A9:** 6
electron-specimen interaction . . . **A18:** 377–378
elastic scattering . . . **A18:** 377
inelastic scattering . . . **A18:** 377, 387
facets in the investigation of wear . . . **A18:** 376
for adhesion quality . . . **A17:** 611
for microstructural analysis . . . **EM4:** 578
for surface replicas . . . **A17:** 52
microstructure of coatings . . . **A5:** 665–667
of tin and tin alloy coated materials . . . **A9:** 451
of wrought stainless steels . . . **A9:** 282–283
SEM and TEM instruments . . . **A18:** 378–380
electron sources . . . **A18:** 378
voltage selection . . . **A18:** 378
specimen preparation . . . **A18:** 380–382
debris specimens . . . **A18:** 382
scanning electron microscopy . . . **A18:** 380–381
transmission electron microscopy . . **A18:** 381–382
speckle method . . . **A17:** 435
to analyze ceramic powder particle sizes . . **EM4:** 66, 67, 69
two societies devoted to the advancement of this field . . . **A18:** 377
used to detect omega phase in titanium alloys . . . **A9:** 461
used to detect ordered phases in titanium and titanium alloys . . . **A9:** 460
used to examine case hardened steels . . . **A9:** 217
used to examine fiber composites . . . **A9:** 592
used to identify intragranular subgrain structures . . . **A9:** 690
Electron microscopy impression *See* Impression
Electron microscopy speckle method
speckle metrology . . . **A17:** 435
Electron multiplier analyzer
for x-ray photoelectron spectroscopy . . . **A10:** 571
Electron multiplier phototube *See* Photomultiplier tube

Electron multipliers
as ion detectors, gas mass spectroscopy . . . **A10:** 154
in Auger spectrometer . . . **A10:** 554
Electron nuclear double resonance
abbreviation for . . . **A10:** 690
as supplemental ESR technique . . . **A10:** 258
Electron optical axis
defined . . . **A9:** 6
Electron optical methods
analytical transmission electron microscopy . . . **A10:** 429–489
electron probe x-ray microanalysis . . . **A10:** 516–535
low-energy electron diffraction . . . **A10:** 536–545
scanning electron microscopy . . . **A10:** 490–515
Electron optical system
defined . . . **A9:** 6
Electron optical-lens aberrations
effect on secondary electron imaging . . . **A9:** 95
Electron optics . . . **A13:** 1117
analytical transmission electron microscopy . . . **A10:** 432
as advanced failure analysis techniques . . **EL1:** 1106
backscattered electron (BSE) imaging . . . **EL1:** 1096–1097
columns, SEM, TEM, and AEM analysis . . **A10:** 432
electron beam induced current (EBIC) . . . **EL1:** 1100–1101
energy-dispersive x-ray spectroscopy (EDS) . . . **EL1:** 1094–1095, 1097–1098
of electron probe microanalyzer . . . **A10:** 517
scanning electron microscope (SEM) . . . **EL1:** 1094–1095
secondary electron imaging (SEI) . . **EL1:** 1095–1096
SEM examination sample . . . **EL1:** 1099–1100
voltage contrast . . . **EL1:** 1100–1101
wavelength dispersive x-ray spectroscopy (WDS) . . . **EL1:** 1098–1099
Electron or x-ray spectroscopic methods
Auger electron spectroscopy . . . **A10:** 549–567
x-ray photoelectron spectroscopy . . . **A10:** 568–580
Electron paramagnetic resonance *See* Electron spin resonance
Electron probe
defined . . . **A9:** 6
Electron probe microanalysis (EPMA) . . . **A5:** 670, **A7:** 223, 224, **A18:** 450
abbreviation for . . . **A11:** 796
and AES failure analysis . . . **A11:** 38–41
development of . . . **A11:** 32–33
for microchemical analysis . . . **EM4:** 25
for microconstituents, failed extrusion press . . . **A11:** 37
for microstructural analysis . . . **EM4:** 578–579
for phase analysis . . . **EM4:** 25
light-element detection using . . . **A11:** 38
phosphorus content determined by . . . **A11:** 41–42
quantitative thin-film analysis by . . . **A11:** 41
spectra, with windowless detector . . . **A11:** 39, 40
spectrum, intergranulated fracture in Inconel 600 . . . **A11:** 40
to distinguish components of a ceramic mixture . . . **EM4:** 96
uses . . . **A11:** 37–38
Electron probe microanalyzer
electron optics of . . . **A10:** 517
history . . . **A10:** 517
schematic, with associated circuitry . . . **A10:** 517
Electron probe x-ray micro analysis . . . **A10:** 516–535
and secondary ion mass spectroscopy compared . . . **A10:** 516, 517
applications . . . **A10:** 516, 530–535
as spatially resolved analysis for micrometer-sized volumes . . . **A10:** 529
basic microanalytical concepts . . . **A10:** 517–518
capabilities . . . **A10:** 102, 309, 429, 549, 610
capabilities, compared with optical metallography . . . **A10:** 299
defined . . . **A10:** 672
elemental mapping . . . **A10:** 525–529
estimated analysis time . . . **A10:** 516
flat, polished specimens for . . . **A10:** 516
general uses . . . **A10:** 516
homogeneity requirement of . . . **A10:** 529
introduction . . . **A10:** 517
lateral and depth resolution . . . **A10:** 516
limitations . . . **A10:** 516
limits of detection . . . **A10:** 525
measuring x-ray spectra . . . **A10:** 518–522
nonapplicability of inhomogeneous samples for . . . **A10:** 529
of inorganic solids . . . **A10:** 4
of organic solids, information from . . . **A10:** 9
physical bases of . . . **A10:** 518
qualitative analysis . . . **A10:** 522–524
quantitative analysis . . . **A10:** 524–525
related techniques . . . **A10:** 516
samples . . . **A10:** 516, 529–530
sensitivity . . . **A10:** 516
specificity of spectra . . . **A10:** 518
standards, accuracy and precision of **A10:** 524–525, 530
strategy for applying microbeam analysis . . . **A10:** 529–530
Electron probe x-ray microanalysis . . . **A7:** 224–225
Electron radiation *See also* Radiation properties
effects, para-aramid fibers . . . **EM1:** 56
Electron scattering
defined . . . **A10:** 672
Electron spectrometers
for AES analyses . . . **A10:** 554
Electron spectroscopy . . . **A7:** 225
applications . . . **EL1:** 1080–1083
Auger electron spectroscopy . . . **EL1:** 1077–1080
for surface analysis . . . **EL1:** 1074–1080
imaging photoemission microscopy . . . **EL1:** 1077
photoemission, instrumentation . . . **EL1:** 1076–1077
Electron spectroscopy for chemical analysis **A10:** 568, 689, **A13:** 1117
testing parameters . . . **M7:** 251
Electron spectroscopy for chemical analysis (ESCA) *See also* X-ray photoelectron spectroscopy (XPS) . . . **A5:** 669, 670, **A11:** 35, **A18:** 445, 457, **EL1:** 1074, 1107, **EM1:** 285, **EM3:** 237
alloy identification . . . **A18:** 305
for phase analysis . . . **EM4:** 557
for surface analysis . . . **EL1:** 1074
seal wear . . . **A18:** 552
Electron spin
in ferromagnetic resonance (FMR) . . . **A17:** 220
Electron spin resonance *See also* ESR spectrometers; Resonance methods . . . **A10:** 253–266
acoustic . . . **A10:** 258
and relaxation . . . **A10:** 257–258
and saturation . . . **A10:** 257–258
anisotropies . . . **A10:** 261–262, 265
applications . . . **A10:** 253, 265–266
capabilities . . . **A10:** 267
double resonance . . . **A10:** 258
electron-electron double resonance . . . **A10:** 258
estimated analysis time . . . **A10:** 253
general uses . . . **A10:** 253
information gained using . . . **A10:** 4, 6, 9, 10, 262
instrumentation . . . **A10:** 254–257
introduction and principles . . . **A10:** 253–254
limitations . . . **A10:** 253
lineshapes . . . **A10:** 261
NMR, IR, UV/VIS analysis methods and compared . . . **A10:** 265
of inorganic solids . . . **A10:** 4, 6
of organics . . . **A10:** 9, 10
optical double magnetic resonance . . . **A10:** 258
Planck's constant . . . **A10:** 254
related techniques compared . . . **A10:** 253, 257–258, 264–265
samples . . . **A10:** 253, 256, 262–266
sensitivity . . . **A10:** 258–259
spectra . . . **A10:** 259–261
supplementary experimental techniques . . . **A10:** 257–258
typical data, summary on first transition series . . . **A10:** 263
Electron spin resonance (ESR) . . . **EM4:** 52
defined . . . **EM2:** 16
in magabsorption development . . . **A17:** 143
to analyze the surface composition of ceramic powders . . . **EM4:** 73–74
Electron spin resonance (ESR) spectroscopy **EM3:** 11
Electron trajectory
defined . . . **A9:** 6
Electron tubes
vs. semiconductors . . . **EL1:** 958
Electron tunneling
rate in field ionization . . . **A10:** 585
Electron vacancy number (N_v) . . . **A6:** 593
Electron velocity
defined . . . **A9:** 6
Electron volt
abbreviation for . . . **A10:** 691
Electron wavelength
defined . . . **A9:** 6
Electron/atom (*e/a*) **ratio** . . . **A6:** 104
Electron-beam brazing . . . **A6:** 123–124, 922–923
advantages . . . **A6:** 922
applications . . . **A6:** 922
stainless steels . . . **A6:** 923
Electron-beam coevaporation
as thin-film deposition technique . . . **A2:** 1081
Electron-beam curing
definition . . . **A5:** 954
Electron-beam cutting (EBC)
definition . . . **A6:** 1209
Electron-beam (EB) hardening . . . **A20:** 486–487
Electron-beam evaporation
to apply interlayers for solid-state welding **A6:** 165
Electron-beam gun
definition . . . **A6:** 1209
Electron-beam heat treating . . . **A20:** 486–487
advantages . . . **M4:** 518, 521
application criteria . . . **M4:** 518–519
beam control . . . **M4:** 519–520
case depth control . . . **M4:** 520–521
computer-control system . . . **M4:** 520
equipment . . . **M4:** 519, 520
quench media . . . **M4:** 521
raster pattern . . . **M4:** 520, 521
Electron-beam heating
vacuum deposition . . . **A5:** 561–562, 563
Electron-beam lithography
achievable machining accuracy . . . **A5:** 81
Electron-beam machining
roughness average . . . **A5:** 147
Electron-beam melting
of nickel-titanium shape memory effect (SME) alloys . . . **A2:** 899
Electron-beam radiation
definition . . . **A5:** 954
Electron-beam vacuum refining
ferritic stainless steels . . . **A6:** 443, 444
Electron-beam welding
failure mechanisms . . . **EL1:** 1044–1045
joint configurations . . . **EL1:** 240
processes, applications . . . **EL1:** 238
Electron-beam welding (EBW) . . . **A6:** 254–261
advanced titanium-base alloys . . . **A6:** 526
advantages . . . **A6:** 255–256
aerospace applications . . . **A6:** 386
aluminum . . . **A6:** 851, 857
aluminum alloys . . . **A6:** 739, 828
aluminum metal-matrix composites . . . **A6:** 555, 557
aluminum-lithium alloys . . . **A6:** 551, 552
applications . . . **A6:** 851, 852, 854
sheet metals . . . **A6:** 398, 400
austenitic stainless steels . . . **A6:** 459, 462, 464
bimetal band saw blades . . . **A6:** 1185
carbon steels . . . **A6:** 259, 828, 860
cast irons . . . **A6:** 720
characteristics . . . **A6:** 254, 256
cleaning of workpiece surfaces . . . **A6:** 257
copper . . . **A6:** 851
"cosmetic pass" . . . **A6:** 259–260
cryogenic service . . . **A6:** 1017
definition . . . **A6:** 254, 1209
demagnetization . . . **A6:** 258
depth-to-width ratio . . . **A6:** 255, 260
dispersion-strengthened aluminum alloys . . **A6:** 543, 544, 545, 546
energy conversion efficiency . . . **A6:** 255–256
equipment . . . **A6:** 255, 258, 259, 260–261, 266
ferritic stainless steels . . . **A6:** 448
fixturing . . . **A6:** 257–258
heat sources . . . **A6:** 1144
heat-treatable aluminum alloys . . . **A6:** 528
high or "hard" vacuum . . . **A6:** 255, 256, 257, 260, 261
high-energy-beam welding procedures . . . **A6:** 852
high-strength alloy steels . . . **A6:** 258–259
in space and low-gravity environments . . . **A6:** 1021–1022, 1023
iron-base alloys . . . **A6:** 865
joint design . . . **A6:** 260, 852–854
blind weld . . . **A6:** 853

Electron-beam welding (EBW) (continued)
butt joints vs. corner and T-joints....... **A6:** 854
butt joints, welds in............... **A6:** 852–853
corner joints, welds in................. **A6:** 853
corner-flange weld...................... **A6:** 853
double-square-groove weld......... **A6:** 853, 854
melt-through weld **A6:** 853, 854
shallow weld **A6:** 853–854
joint fit-up............................. **A6:** 257
joint preparation **A6:** 257
limitations............................. **A6:** 256
limitations on procedure qualifications ... **A6:** 1093
medium vacuum (EBW-MV).... **A6:** 255, 258, 259, 260, 261
modes......................... **A6:** 255, 260–261
molybdenum alloys **A6:** 581
nickel alloys....................... **A6:** 587, 588
nickel-base corrosion-resistant alloys containing molybdenum **A6:** 594
nickel-chromium alloys.............. **A6:** 587, 588
nickel-chromium-iron alloys **A6:** 587, 588
nickel-copper alloys................. **A6:** 587, 588
niobium alloys **A6:** 581
non-heat-treatable aluminum alloys ... **A6:** 538–539
nonvacuum (atmospheric)....... **A6:** 255, 260, 261
nonvacuum (EBW-NV)..... **A6:** 255, 256, 258, 260
process...................... **A6:** 852, 854–855
operating conditions **A6:** 259–260
operation principles................. **A6:** 254–255
operation sequence **A6:** 257–260
oxide-dispersion-strengthened materials .. **A6:** 1038, 1039
oxidizable metals **A6:** 851
power sources........................ **A6:** 42–44
precipitation-hardening stainless steels **A6:** 484, 487, 489, 490, 491, 492
preheat and postheat................ **A6:** 258–259
preparation **A6:** 257–260
pressure........................... **A6:** 255, 260
primary components of an electron-beam welding head **A6:** 255
process control **A6:** 256
pumpdown **A6:** 258, 261
refractory metals........................ **A6:** 851
rhenium alloys..................... **A6:** 581, 582
safety **A6:** 261
safety precautions........... **A6:** 1199, 1202–1203
shallow weld **A6:** 853–854
sheet metals............................ **A6:** 399
solidification cracking **A6:** 851
space welding technology **A6:** 1021
stainless steel casting alloys **A6:** 496
stainless steels... **A6:** 679, 688, 698, 699, 828, 851, 853
standard procedure qualification test weldments **A6:** 1090
steel.............................. **A6:** 851, 857
stress analysis of welds **A6:** 1138
superalloys............................ **A6:** 851
tantalum alloys......................... **A6:** 580
temperature measurements, validation strategies **A6:** 1149
titanium alloys ... **A6:** 85, 512, 514, 516, 517, 518, 519, 520, 521, 522, 523, 783, 784
to solve problems in joining thin sections by oxyfuel gas welding **A6:** 288
tool steels **A6:** 258–259
tungsten alloys..................... **A6:** 581, 582
typical floor layout...................... **A6:** 256
vs. gas-tungsten arc welding.............. **A6:** 254
vs. laser-beam welding (LBW) **A6:** 262
weld discontinuities............... **A6:** 1076–1078
weld geometry.......................... **A6:** 260
configurations for wide welds bridging a gap **A6:** 852
melt-zone configuration **A6:** 852
part configuration **A6:** 851
surface geometry.................. **A6:** 851–852
weld production by three effects.......... **A6:** 255
with low-temperature solid-state welding... **A6:** 301
wrought martensitic stainless steels........ **A6:** 441
Electron-beam welding (EBW), procedure development and practice considerations........ **A6:** 851–873
advantages......................... **A6:** 858–859
aluminum alloys........... **A6:** 855, 859, 871–872
applications...... **A6:** 862, 865, 866, 867, 870, 871
as repair method **A6:** 864–866
applications **A6:** 864–865
equipment **A6:** 864
wire-feed process **A6:** 864–866
beam oscillations **A6:** 863
beam-broadening effect.................. **A6:** 854
beryllium.......................... **A6:** 872–873
chill bars **A6:** 858
cobalt-base alloys **A6:** 869
controlling heat effects **A6:** 858
copper **A6:** 872
copper alloys **A6:** 855, 872
cracking **A6:** 866–867, 871–873
disadvantages **A6:** 859
dispersion-strengthening effect............ **A6:** 870
dissimilar metals, joining of.............. **A6:** 866
filler metal preplacement **A6:** 860
filler metal, use of.................. **A6:** 860–861
filler-wire feeding................... **A6:** 860–861
free-machining steels **A6:** 860
fusion zone **A6:** 870, 872, 873
hardenable steel **A6:** 866–867
hardened and work-strengthened metals......................... **A6:** 867–868
heat sinks.............................. **A6:** 858
heat-affected zone **A6:** 855, 857, 858, 864, 865, 866, 867, 868, 869, 870, 871, 872
heat-resistant alloys **A6:** 869
heat-treatable alloys **A6:** 871
high-carbon steels....................... **A6:** 867
high-nickel alloys **A6:** 865
high-strength alloy steels................. **A6:** 867
high-vacuum **A6:** 859
aluminum alloys.................. **A6:** 871, 872
energy input at the weld for single-pass EBW for various depths of penetration **A6:** 857
refractory metals **A6:** 870
vs. medium vacuum EBW............. **A6:** 855
in high vacuum (EBW-HV) **A6:** 854–855
iron alloys **A6:** 855
iron-nickel-chromium base alloys **A6:** 869
joint design........................ **A6:** 852–854
angular weld.......................... **A6:** 853
flush joint vs. stepped joint **A6:** 853
scarf weld **A6:** 853
shallow edge weld................. **A6:** 853–854
single square-groove weld **A6:** 854
slant-butt joint........................ **A6:** 853
slant-groove weld **A6:** 853
square-groove weld **A6:** 853
T-joint, welds in **A6:** 853
joint tracking........................... **A6:** 863
automatic **A6:** 863
electromechanical **A6:** 863
manual.......................... **A6:** 863, 864
tape-controlled........................ **A6:** 863
keyholing.......................... **A6:** 861–862
limitations **A6:** 855, 862
low-alloy steels.................... **A6:** 860, 867
low-carbon steel **A6:** 866
magnesium alloys **A6:** 855, 872
martensitic stainless steels **A6:** 869
medium vacuum......................... **A6:** 855
applications **A6:** 855
disadvantages......................... **A6:** 855
penetration........................... **A6:** 855
titanium alloys........................ **A6:** 872
vs. high-vacuum EBW **A6:** 855
vs. nonvacuum EBW **A6:** 855
weld shape **A6:** 855
medium-carbon steels **A6:** 867
molybdenum....................... **A6:** 870–871
multiple-tier welding................ **A6:** 861–862
nickel alloys **A6:** 855
niobium........................... **A6:** 870, 871
non-heat-treatable alloys **A6:** 871
nonvacuum EBV (workpiece out-of-vacuum)................ **A6:** 855–858
applications **A6:** 858
operating conditions................... **A6:** 857
penetration **A6:** 857, 858
pressure effect **A6:** 856
production rates **A6:** 856–857
standoff distance...................... **A6:** 857
tooling **A6:** 857–858
vs. GTAW **A6:** 857
weld shape and heat input......... **A6:** 857, 858
weld shrinkage........................ **A6:** 857
nonvacuum EBW
aluminum alloys.................. **A6:** 871, 872
applications **A6:** 861
gun/column apparatus components **A6:** 859
vs. medium-vacuum EBW............. **A6:** 855
partial-penetration welding............... **A6:** 862
penetration, specifications for obtaining maximum......................... **A6:** 863
poorly accessible joints **A6:** 861
beam characteristics **A6:** 861
sidewall clearance **A6:** 861
workpiece requirements **A6:** 861
precipitation-hardenable nickel-base alloys **A6:** 869
precipitation-hardenable stainless steels **A6:** 869
pressure effects **A6:** 854–855, 859
pulsed beam use.................... **A6:** 863–864
reactive metals.................... **A6:** 854, 855
refractory metals............... **A6:** 855, 869–871
scanning use................... **A6:** 862–863, 864
accuracy of beam alignment **A6:** 862
electronic scanning................ **A6:** 863, 864
optical scanning....................... **A6:** 863
problems............................. **A6:** 862
procedure **A6:** 862
techniques **A6:** 862–863
without optics **A6:** 863
shielding gases **A6:** 857
solid-solution nickel-base alloys........... **A6:** 869
special joints and welds **A6:** 854
multiple-pass welds.................... **A6:** 854
multiple-tier welds **A6:** 854
plug welds **A6:** 854
puddle welds **A6:** 854
tangent-tube welds **A6:** 854
three-piece welds...................... **A6:** 854
welds using integral filler metal **A6:** 854
stainless steels **A6:** 868–869, 870
steel **A6:** 860
superalloys............................. **A6:** 866
tack welding **A6:** 861
tantalum **A6:** 870, 871
tantalum alloys **A6:** 871
thick metal, welding of.............. **A6:** 858–860
disadvantages......................... **A6:** 859
full-penetration welds.................. **A6:** 859
partial-penetration welding **A6:** 860
pressure effects **A6:** 859
problems and flaws.................... **A6:** 860
two-pass full-penetration welding.... **A6:** 859–860
thin metal, welding of................... **A6:** 858
joining thin sections to thick sections.... **A6:** 858
partial-penetration welds **A6:** 858
titanium................................ **A6:** 854
alloys **A6:** 865, 872
as addition to molybdenum **A6:** 870–871
to minimize tempering in the heat-affected zone................. **A6:** 868
tool steels.............................. **A6:** 867
tungsten **A6:** 870
weld size variation and HAZ............. **A6:** 868
welding conditions of EBW-HV **A6:** 855
welding technique when feeding filler wire **A6:** 861
welding with extreme accuracy **A6:** 862

SUBJECTS OF THE INDEXED VOLUMES: ASM Handbook (designated by the letter "A"): **A1:** Properties and Selection: Irons, Steels, and High-Performance Alloys (1990); **A2:** Properties and Selection: Nonferrous Alloys and Special-Purpose Materials (1990); **A3:** Alloy Phase Diagrams (1992); **A4:** Heat Treating (1991); **A5:** Surface Engineering (1994); **A6:** Welding, Brazing, and Soldering (1993); **A7:** Powder Metal Technologies and Applications (1998); **A8:** Mechanical Testing (1985); **A9:** Metallography and Microstructures (1985); **A10:** Materials Characterization (1986); **A11:** Failure Analysis and Prevention (1986); **A12:** Fractography (1987); **A13:** Corrosion (1987); **A14:** Forming and Forging (1988); **A15:** Casting (1988); **A16:** Machining (1989); **A17:** Nondestructive Evaluation and Quality Control (1989); **A18:** Friction, Lubrication, and Wear Technology (1992); **A19:** Fatigue and Fracture (1996); **A20:** Materials Selection and Design (1997). **Metals Handbook, 9th Edition** (designated by the letter "M"): **M1:** Properties and Selection: Irons and Steels (1978); **M2:** Properties and Selection: Nonferrous Alloys and Pure Metals (1979); **M3:** Properties and Selection: Stainless Steels, Tool Materials, and Special-Purpose Materials (1980); **M4:** Heat Treating (1981); **M5:** Surface Cleaning, Finishing, and Coating (1982); **M6:** Welding, Brazing, and Soldering (1983); **M7:** Powder Metallurgy (1984). **Engineered Materials Handbook** (designated by the letters "EM"): **EM1:** Composites (1987); **EM2:** Engineering Plastics (1988); **EM3:** Adhesives and Sealants (1990); **EM4:** Ceramics and Glasses (1991). **Electronic Materials Handbook** (designated by the letters "EL"): **EL1:** Packaging (1989)

width of weld A6: 855
wire-feeding equipment A6: 861
zinc alloys A6: 872
zirconium A6: 854
alloys A6: 787
as addition to molybdenum A6: 870–871
Electron-beam-excited electrons
used in scanning electron microscopy A9: 90
Electron-beam-induced current
scanning electron microscopy A9: 95
Electron-channeling patterns A9: 94
Electron-diffraction patterns
Bragg reflections excited during A9: 111
color enhancement A9: 153
Electron-dispersive analysis by x-ray (EDAX)
for preliminary identification of heavier elements EM3: 644
Electronegativity
definition A20: 832
refined EL1: 93
Electron-electron double resonance A10: 258, 690
Electron-emitter-LaB$_6$
as rare earth application A2: 731
Electron-hole pairs
role in scanning electron microscopy A9: 95
Electronic
curve fitting, Charpy impact testing A8: 267
signal processing, dynamic testing machines A8: 40–41
Electronic alloy identification, for substrate
electroplated coatings A13: 421
Electronic alloys
metal injection molding A7: 14
Electronic applications, properties needed for A20: 615–621
background information A20: 615–617
capacitance and dielectric materials A20: 618
capacitors A20: 619, 620
classes of materials A20: 615
compact disc (CD) A20: 620
display panels A20: 620
electronic applications A20: 615–616, 619–620
inductance A20: 618
inductance-capacitance product of an interconnection A20: 616
insulating materials A20: 615
integrated circuit (IC) interconnections or packaging A20: 617
interface adhesion A20: 619
laser disc (LD) A20: 620
memory density trends A20: 617
mutual inductance A20: 618
optoelectronic storage A20: 620
optoelectronics A20: 620
overview of electric and magnetic materials properties A20: 617–618
overview of electric and magnetic parameters A20: 617–618
parameters other than electric and magnetic A20: 618–619
power and energy conversion, storage, and transmission A20: 617–618
power distribution A20: 620
properties of interest A20: 616–617
resistors A20: 620
semiconductors A20: 617, 619–620
signal transmission A20: 618, 620
stress-strain, creep, and fatigue A20: 619
temperature and temperature dependencies A20: 619
temperature vs. power density A20: 616–617
thin films used A20: 616
trends and considerations A20: 617
voltage-current characteristic of semiconductor junction A20: 616
Electronic capacitors
of tantalum powder M7: 160–163
Electronic ceramics A20: 433, EM4: 17–18
applications EM4: 17
development EM4: 17
dielectric constant EM4: 17
dielectrics/piezoelectrics EM4: 17
electronic packaging EM4: 18, 20
electrorestrictive ceramics EM4: 17
high-temperature superconductors EM4: 17
ionic conductors EM4: 18
optical devices EM4: 17
properties EM4: 17
pyroelectrics EM4: 17
semiconducting ceramics EM4: 17
varistors EM4: 18
Electronic circuit
silver diffusion and whisker formation A9: 101
Electronic communications A20: 52
Electronic components *See also* Components; Equipment; Microelectronic components
penetrameters for A17: 341
thermal inspection of A17: 403
thermal management EL1: 46–55
ultrasonic inspection A17: 252–254
Electronic configurations
of rare earth metals A2: 721–722
Electronic contacts
powders used M7: 573
Electronic control
and furnace chamber in closed-loop servomechanical system A8: 395–396
module, step-down tension testing A8: 324
Electronic cores
acceptance standards for, specifications A7: 1099
Electronic corrosion *See also* Corrosion; Electrical corrosion
of aircraft accelerometers EL1: 1111–1112
of antenna marker beacon EL1: 1108
of circuit breakers EL1: 1108
of disk recorder heads EL1: 1112
of electrical connectors EL1: 1112
of fuses EL1: 1110–1111
of hybrid microcircuits EL1: 1115
of integrated circuits EL1: 1114–1115
of klystron electron tubes EL1: 1115–1116
of microwave detectors EL1: 1112–1113
of nickel/boron-plated panels EL1: 1113–1114
of printed wiring boards EL1: 1109–1110
of steering potentiometers EL1: 1111
of stepper motors EL1: 1111
of tin whiskers EL1: 1116
of vacuum tubes EL1: 1110
Electronic design
idealizations and their accuracy A20: 204
Electronic device material studies
and crystal growth A10: 375–376
Electronic drafting boards A20: 155
Electronic embodiment processes
for epoxies EL1: 831–832
Electronic energy levels
excitation of A10: 86
in optical emission spectroscopy A10: 21–22
Electronic equipment
precoated steel sheet for M1: 173, 174
Electronic failure analysis *See* Failure analysis
Electronic filters, encapsulated
neutron radiography of A17: 394–395
Electronic glaze
composition based on mole ratio (Seger formula) A5: 879
composition based on weight percent A5: 879
Electronic heat control
definition M6: 6
Electronic hydrogen analysis
for corrosion rates A11: 199
Electronic image analysis
color metallography A9: 138–139, 152–153
Electronic Industries Association (EIA) EL1: 734
Electronic iron powder core mechanical test specifications A7: 1099
Electronic logic design A20: 206
Electronic materials *See also* Electrical interconnection; Materials; Microelectronic materials
aluminum transistor base lead, fatigue failure A12: 483
atomic structure EL1: 90–92
ball bond, defects A12: 484–485
brush/slip ring assembly, failure due to arcing A12: 488
chemical bonding EL1: 92–93
crystallography EL1: 93
defects, importance of EL1: 93
design EL1: 25–44
dielectric materials EL1: 99–100
electrical properties EL1: 89–90
fractographs A12: 481–488
fracture/failure causes illustrated A12: 217
insulators EL1: 99–100
integrated circuits, electrical discharge defect A12: 481
ionic and electrical conductivity EL1: 93–96
L-shaped flat pack leads, loading failure A12: 481–482
magnetic materials EL1: 103
microelectronic materials, physical characteristics EL1: 104–111
molecular electronics EL1: 103
ohmic contact window, defects in vacuum-deposited aluminum A12: 486–487
quantum mechanical band theory, solid state EL1: 96–103
resistive materials EL1: 100–101
semiconductors EL1: 101–103
silver solar cell interconnect, effect of atomic oxygen environment A12: 481
sources of materials data A20: 499
special test procedures for EL1: 953–955
surface phenomena EL1: 103–104
XRS analysis of A10: 82
Electronic materials, fatigue of *See* Solders, fatigue of
Electronic mean free path, for inelastic scattering
as function of energy A10: 540
Electronic nickel, analysis of aluminum in
photometric method A10: 65
Electronic packages *See also* Packages; Packaging
design EL1: 1, 21, 25–44
Electronic packaging *See also* Electronic packages; Packages; Packaging A6: 618, EM4: 18, 20
applications EM3: 579–603, EM4: 18
board level packaging EM3: 587
board overcoating EM3: 591–592
circuit board EM3: 589–591
surface mounting technology (SMT) EM3: 589
through-hole mounting EM3: 588–589
design trade-offs EL1: 18–24
development EM4: 18
device packaging EM3: 583–587
die attach EM3: 583–584
encapsulation EM3: 585–586
hermetic versus nonhermetic packaging EM3: 586–587
interconnection bonding EM3: 584–585
package sealing EM3: 585
failure analysis techniques EL1: 957
future trends EL1: 390–396
goals of EL1: 18
hierarchy EL1: 397
inorganic materials: passivations and deposition methods EM3: 593–594
encapsulants EM3: 592–594
passivation properties EM3: 593
organic materials: adhesives, passivations, sealants, and encapsulants EM3: 594–602
primary technologies of EL1: 12
thermal stress EL1: 56–59
trends EL1: 12, 390–396
wafer processing EM3: 580–583
diffusion EM3: 580
metallization EM3: 581–582
passivation EM3: 582–583
testing and separation EM3: 583
wafer preparation EM3: 580
Electronic pencil
for SEM micrographs A12: 194, 207
Electronic phenomena *See also* Materials and electronic phenomena
and materials EL1: 89–111
Electronic polarization
of insulators/dielectric materials EL1: 99–100
Electronic pressure transducer A7: 281
Electronic processing and electronic devices EM4: 1055–1059
glass applications in electronic devices EM4: 1055–1059
glass applications in electronic processing EM4: 1055, 1056
substrate glazes EM4: 1061
Electronic properties
amorphous materials and metallic glasses A2: 815
of germanium A2: 734
Electronic scrap recycling
as complex ore A2: 1228–1229
final processing options A2: 1230–1231

Electronic scrap recycling (continued)
future use trends **A2:** 1231
preliminary processing options **A2:** 1229–1230
scrap materials **A2:** 1228

Electronic signal generator
for ultrasonic inspection **A17:** 231

Electronic systems
thermal management. **EL1:** 46–55

Electronic team linkages **A20:** 52

Electronic thermal control *See also* Thermal control
purpose **EL1:** 46
technologies **EL1:** 47–50

Electronic touch-trigger probes
coordinate measuring machines. **A17:** 25

Electronic transducers
in leak detection. **A17:** 60

Electronic transparency
of glass fiber reinforced polymers **EM1:** 36

Electronic treating
defined **EM2:** 16

Electronic vacuum coatings **M5:** 395, 398–399

Electronics
refractory metal applications in. **M7:** 17, 765
ultrafine and nanophase powders
applications **A7:** 76

Electronics applications
acrylonitrile-butadiene-styrenes (ABS). . . . **EM2:** 111
allyls (DAP, DAIP) **EM2:** 226–227
critical properties. **EM2:** 458–459
high-impact polystyrenes (PS, HIPS) **EM2:** 195
home, of homopolymer/copolymer
acetals. **EM2:** 101
liquid crystal polymers (LCP) **EM2:** 180
polyamides (PA). **EM2:** 125
polyarylates (PAR). **EM2:** 138–139
polybutylene terephthalates (PBT). **EM2:** 153
polyether sulfones (PES, PESV). **EM2:** 159
polyether-imides (PEI). **EM2:** 156
polyphenylene sulfides (PPS) **EM2:** 186
polysulfones (PSU). **EM2:** 200
polyurethanes (PUR) **EM2:** 259
silicones (SI) **EM2:** 266
styrene-acrylonitriles (SAN, OSA, ASA). . **EM2:** 215
thermoplastic fluoropolymers. **EM2:** 117
thermoplastic polyimides (TPI) **EM2:** 177

Electronics, eliminating the "purple plague". . **A3:** 1•28

Electronics equipment **A13:** 1113–1126
analysis techniques **A13:** 1113–1118
chemical analysis **A13:** 1114–1117
electron optics **A13:** 1117
electronic/electric corrosion,
examples **A13:** 1118–1126

Electronics industry **A13:** 1107
black boxes, moisture intrusion . . . **A13:** 1107–1108
corrosion/prevention methods **A13:** 1107–1111
design considerations. **A13:** 1111
dissimilar-metal corrosion **A13:** 1108

Electronics industry applications *See also* Electrical industry applications
copper and copper alloys. **A2:** 216, 239–240
germanium and germanium
compounds **A2:** 736–737
high-temperature superconductors. **A2:** 1085
of gold **A2:** 692
of precious metals **A2:** 693
pure metals **A2:** 1093
refractory metals and alloys **A2:** 558

Electronics, molecular
as future technology **EL1:** 103

Electronics soldering *See* Solderability; Soldering

Electron-impact ionization
in gas mass spectrometer **A10:** 152–153

Electron(s) *See also* Secondary electrons
abbreviation for **A10:** 690
absorption during transmission electron
microscopy. **A9:** 111
and conductivity **EL1:** 89
and electrical properties **EL1:** 89
and neutron, in radiography. **A17:** 390
attributes which affect energy distribution of
backscattered electrons **A9:** 92
backscattered. **A10:** 669, 689, **A12:** 167–168, **EL1:** 1095
beam, in SEM imaging. **A12:** 167–168
beams, radiography **A17:** 308
behavior in gas mass spectrometer. . . **A10:** 152–153
binding energy of **A10:** 569
conduction **A10:** 261, 433–434
configurations, elements **A10:** 688
deceleration, in EPMA quantitative
analyses **A10:** 524
defined. **A10:** 672
detected by secondary electron detector. . . **A10:** 502
diffraction, defined **A10:** 672
diffraction, for crystallographic description **EL1:** 93
effect in Auger electron spectroscopy **M7:** 250
energy loss, signal detector for. **A10:** 435
energy losses studied by scanning transmission
electron microscopy **A9:** 104
energy spectrum **A9:** 92
escape depth, AES analysis. **A10:** 551
for Auger electron emission **M7:** 250
gun, in SEM imaging system **A12:** 167
high-energy, and x-ray generation **A10:** 83–84
in atomic structure **EL1:** 92–93
inelastic mean free path **A10:** 569–571
mobility limits **EL1:** 95
normal state, configurations. **EL1:** 91–92
orbitals of, x-ray emission and. **A10:** 83
photoejection of **A10:** 85
photoelectric rejection, in x-ray absorption **A10:** 84
pi, defined **A10:** 679
primary, as x-ray source **A17:** 305
range, for aluminum, copper, gold **EL1:** 1095
scattering, defined **A10:** 672
scattering volume of **A10:** 434
secondary **A10:** 86, 435, 681, 691
signals, SEM **A12:** 168
sources, radial distribution function
analysis **A10:** 395–396
temperature of, as indication of electron kinetic
energy **A10:** 24
trajectories, tungsten and aluminum. **A12:** 167
transitions, energy-level diagrams **A10:** 569
transmitted and scattered. **A10:** 434–435
traps **EL1:** 93
unpaired, ESR analysis for. **A10:** 253
velocity of, abbreviation for. **A10:** 691

Electron-stimulated desorption (ESD) . . **A18:** 456–458, **EM3:** 237
applications. **A18:** 457–458
detection limit **A18:** 456
equipment **A18:** 456–457
fundamentals. **A18:** 456
spectrum **A18:** 457

Electron-stimulated desorption-ion energy distribution (ESDIED) **A18:** 457, 458

Electro-optic ceramics and devices . . **EM4:** 1124–1130
applications. **EM4:** 1128–1129
ceramics versus single crystals **EM4:** 1124
electro-optic ceramics as
ferroelectrics **EM4:** 1124–1125
materials. **EM4:** 1125–1128, 1129
properties. **EM4:** 1124
thin films **EM4:** 1129–1130

Electro-optical interconnection conversions . . . **EL1:** 10

Electrooptics
ion implantation. **A5:** 608
ion implantation applications **A20:** 484

Electro-osmosis **EM4:** 74

Electropainting
of zinc alloy castings **A15:** 796

Electrophoresis **EM4:** 74
aluminum coatings applied to steel by **M5:** 347
and electrometric titration **A10:** 203
ceramic coatings applied by **M5:** 545–546
definition. **A5:** 954
oxidation-resistant coating applied by **M5:** 664–666

Electrophoretic paint (e-coat) **A20:** 471
definition. **A20:** 832

Electrophoretic paint (e-coat) cratering **A5:** 345

Electrophoretic painting *See* Electropainting

Electrophoretic paints **M5:** 472

Electrophoretic plating
design limitations for inorganic finishing
processes **A20:** 824

Electroplated bond systems
bonded-abrasive grains **A2:** 1015

Electroplated cadmium coatings
for marine corrosion **A13:** 911–912

Electroplated chromium
ion implantation. **A5:** 608
ion implantation applications **A20:** 484

Electroplated chromium coatings . . **A13:** 636, 871–875

Electroplated coatings . . . **A13:** 419–431, **A18:** 834–838
abrasive wear **A18:** 835
adhesive wear **A18:** 835
advantages/disadvantages **A13:** 422–424
applications. **A13:** 426–427
applications, magnetic materials **A18:** 838
categories. **A18:** 834
coefficients of friction **A18:** 835, 836, 837
corrosion prevention mechanisms. . . . **A13:** 424–426
corrosive wear. **A18:** 838
defined. **A13:** 419
deposition fundamentals. **A18:** 834–835
deposition parameters, effects **A13:** 424
electrochemical corrosion predictions. **A13:** 430
for carbon steels. **A13:** 523
for corrosion control **A11:** 195
immersion plating **A13:** 430
lubrication **A18:** 835, 836, 838
of mill products **A13:** 429–430
plating design **A13:** 422
precious metal deposits. **A18:** 837–838
selection. **A13:** 427–429
substrates. **A13:** 420–423
titanium alloys. **A18:** 778, 779
tool steels. **A18:** 739

Electroplated hard chromium **A13:** 871–875
applications **A13:** 875
basis metal preparation **A13:** 872
coating thickness **A13:** 871–872
corrosion resistance **A13:** 873–875
electrodeposition parameters **A13:** 871
environmental resistances **A13:** 874
postplating treatment **A13:** 872–875

Electroplated nickel
characteristics of electrochemical finishes for
engineering components **A20:** 477

Electroplated nickel + chromium
characteristics of electrochemical finishes for
engineering components **A20:** 477

"Electroplated samples" method **A19:** 102

Electroplated zinc
salt spray data for chromate coatings. **A5:** 712

Electroplated zinc coatings **A13:** 767, 911–912

Electroplating *See also* Plating **A6:** 119, **A13:** 6, 819–821, 911–912, **A19:** 324, **A20:** 476–480
acid cleaning of small carbon steel parts
before **A5:** 50
alloy steels. **A5:** 722–728
aluminum and aluminum
alloys **M5:** 600–610
applications, plated coatings **M5:** 601–602
aluminum and aluminum alloys. . **A5:** 797–800, 801
aluminum coatings on steel. **M5:** 347
and chemical treatment baths, UV/VIS
analyses of **A10:** 60
and drilling **A16:** 219
and notch toughness in wrought steels. **A1:** 746
anodic *See* Anodic electroplating
aqueous, oxidation-resistant coating . . **M5:** 664–666
as cast coating **A15:** 561–562
as coating operation **M7:** 460
atmospheric corrosion protection. **M1:** 722

SUBJECTS OF THE INDEXED VOLUMES: **ASM Handbook** (designated by the letter "A"): **A1:** Properties and Selection: Irons, Steels, and High-Performance Alloys (1990); **A2:** Properties and Selection: Nonferrous Alloys and Special-Purpose Materials (1990); **A3:** Alloy Phase Diagrams (1992); **A4:** Heat Treating (1991); **A5:** Surface Engineering (1994); **A6:** Welding, Brazing, and Soldering (1993); **A7:** Powder Metal Technologies and Applications (1998); **A8:** Mechanical Testing (1985); **A9:** Metallography and Microstructures (1985); **A10:** Materials Characterization (1986); **A11:** Failure Analysis and Prevention (1986); **A12:** Fractography (1987); **A13:** Corrosion (1987); **A14:** Forming and Forging (1988); **A15:** Casting (1988); **A16:** Machining (1989); **A17:** Nondestructive Evaluation and Quality Control (1989); **A18:** Friction, Lubrication, and Wear Technology (1992); **A19:** Fatigue and Fracture (1996); **A20:** Materials Selection and Design (1997). **Metals Handbook, 9th Edition** (designated by the letter "M"): **M1:** Properties and Selection: Irons and Steels (1978); **M2:** Properties and Selection: Nonferrous Alloys and Pure Metals (1979); **M3:** Properties and Selection: Stainless Steels, Tool Materials, and Special-Purpose Materials (1980); **M4:** Heat Treating (1981); **M5:** Surface Cleaning, Finishing, and Coating (1982); **M6:** Welding, Brazing, and Soldering (1983); **M7:** Powder Metallurgy (1984). **Engineered Materials Handbook** (designated by the letters "EM"): **EM1:** Composites (1987); **EM2:** Engineering Plastics (1988); **EM3:** Adhesives and Sealants (1990); **EM4:** Ceramics and Glasses (1991). **Electronic Materials Handbook** (designated by the letters "EL"): **EL1:** Packaging (1989)

baths, voltammetric monitoring of compounds in **A10:** 188
bearing materials **A18:** 756
plated overlays **A18:** 756
plated silver intermediate layers **A18:** 756
carbon steels **A5:** 722–728
cast irons **A5:** 687–690
cleaning processes used before **M5:** 6, 16–18
copper and copper alloys **A5:** 814–815, **M5:** 619–624
preparation for **M5:** 619–621
corrosion protection **M1:** 751–754
damage to shafts **A11:** 459
defined **EM2:** 16
definition **A5:** 954
design features of surface finishing **A20:** 823
design features that influence ... **A20:** 825, 826, 827
electrodeposition, design limitations for inorganic finishing processes **A20:** 824
electropolishing pretreatment for **M5:** 305
ferrous P/M alloys **A5:** 765–766
flexible printed boards **EL1:** 583
hafnium alloys **M5:** 668
heat-resistant alloys **A5:** 781–782, **M5:** 566
hydrogen damage by **A11:** 246
improper, failures from **A11:** 97
in electroformed nickel tooling **EM1:** 582–584
ion plating as precursor to **M5:** 421
lead alloys **A18:** 750
magnesium alloys **A19:** 880, **M5:** 638–639, 642, 645
metal coatings, properties of **A15:** 562
metal recovery systems **M5:** 316–319
molybdenum **M5:** 660–661
music-wire spring failure from **A11:** 557
nickel, use in **M3:** 126, 179–182
niobium **M5:** 663–664
notch toughness of steels, effect on **M1:** 705
of copper statues **A15:** 22
of specimens for edge retention **A9:** 32
of steel bolt, hydrogen embrittlement of **A11:** 539–540
of tin and tin alloy specimens for edge retention **A9:** 449
plating, design limitations for inorganic finishing processes **A20:** 824
postforging defects from **A11:** 333
procedures **M5:** 603–605
refractory metals **M5:** 658–661, 663–664, 668
rinsewater recovery and recycling **M5:** 317–318
selective *See* Selective plating
solutions and operating conditions for steel preparation **A5:** 14
solutions, controlled-potential coulometric assays of **A10:** 207
springs, steel **M1:** 291
stainless steel **M5:** 561–562
stainless steels **A5:** 755–756
steel
aluminum coating **M5:** 347
preparation for **M5:** 16–18
substrate considerations **M5:** 601
surface preparation for ... **A5:** 13–14, **M5:** 6, 16–18, 601–602
tank process, selective plating compared to **M5:** 292–293
tantalum **M5:** 663–664
tapped holes **A16:** 257–258, 259
tin alloys **A18:** 750
titanium and titanium alloys **M5:** 658–659
tool steels **A18:** 644
tungsten **M5:** 660–661
vacuum coating in conjunction with **M5:** 394
vs. selective plating **A5:** 278
waste disposal *See* Plating waste disposal and recovery
zinc alloys **A5:** 870
zinc alloys, preparation for **M5:** 677
zinc, of steel fasteners, hydrogen embrittlement in **A11:** 548
zirconium alloys **M5:** 668
zirconium and hafnium alloys **A5:** 854
Electroplating of steel
hydrogen embrittlement caused by **M1:** 687
Electroplating Pretreatment Standards **A5:** 408
Electroplating tests **M5:** 210–211
Electropolishing *See also* Electrolytic polishing; Polishing .. **A5:** 110, 113, 114, **A19:** 80, 96, 103, 316, **A20:** 825
advantages and limitations **A5:** 707
alloy steels **A5:** 710–711
as FIM sample preparation **A10:** 584, 586, 598, 599
carbon steel surface compression stress and fatigue strength **A5:** 711
carbon steels **A5:** 710–711
chromium plating surface preparation **A5:** 185
copper and copper alloys **A5:** 815
copper plating **A5:** 176
defined **A13:** 6
definition **A5:** 954
design limitations **A20:** 821
fatigue life performance in finished parts .. **A5:** 149
for diffraction samples **A10:** 382
for subsurface measurement **A10:** 388
nickel and nickel alloys **A5:** 867
of IN 939, for FIM/AP analysis **A10:** 598
of permanent magnet alloy sample **A10:** 599
process control used **A5:** 283
refractory metals and alloys **A5:** 858
roughness average **A5:** 147
stainless steels **A5:** 753–754
Electropolishing (ELP) **A16:** 27
and fatigue strength **A16:** 25, 31
and shot peening **A16:** 35
surface alterations produced **A16:** 24, 25
Electropolishing solution
selective plating special-purpose solution ... **A5:** 281
Electropolishing solutions *See* Electrolytes for electropolishing
Electropolymerization
design limitations for organic finishing processes **A20:** 822
Electropolymerization, of phenols
SERS study of **A10:** 136
Electrorefining **A7:** 70, 135
definition **A5:** 954
of copper **M7:** 120
Electroreflectance effect
microwave inspection **A17:** 217
Electroservohydraulic loadframes **A19:** 173
Electroslag alloy production
powders used **M7:** 572
Electroslag casting
as innovative **A15:** 37
Electroslag heating **A7:** 130–131
Electroslag melting
dissimilar metal joining **A6:** 277
effect on inclusions **A11:** 340
Electroslag melting or remelting (ESR) **A19:** 359
Cr-Mo steels, fracture resistance **A19:** 705, 706
Electroslag remelting *See also* Consumable-electrode remelting **A6:** 277, **M1:** 111, 114
defined **A15:** 5
furnace **A15:** 402, 404
ingot solidification **A15:** 403–404
nickel alloys **A15:** 820
of heavy ingots **A15:** 404
of stainless steels **A14:** 222
of steels **A15:** 401–403
plant design **A15:** 404
remelting under high pressure **A15:** 405
remelting under vacuum **A15:** 405
slag compositions **A15:** 402
steel plate **M1:** 181–182
ultrahigh-strength steels ... **M1:** 422, 426, 428, 437, 439–441
vs. STAMP processing **M7:** 549
Electroslag remelting (ESR) ... **A1:** 930, 968–969, 970
abbreviation for **A11:** 796
of bearing steels **A11:** 490, **A18:** 731
Electroslag welding **M6:** 225–237
applicability **M6:** 226
backing bars **M6:** 227–228
circumferential welding **M6:** 226, 233
comparison to electrogas welding **M6:** 225, 244
comparison to other processes **M6:** 236
controls **M6:** 228
conventional versus consumable guide welding **M6:** 236–237
equipment cost **M6:** 236–237
joint design **M6:** 236
joint length **M6:** 236
production requirements **M6:** 236
cracking **M6:** 233–234
dams **M6:** 227–228
definition **M6:** 6
discontinuities from **A17:** 587–588
electrode wires **M6:** 228–229
metal cored wire **M6:** 229
solid wire **M6:** 228–229
fluxes **M6:** 229–230
chemical properties **M6:** 229
consumable guides **M6:** 229–230
mechanical properties **M6:** 229
physical properties **M6:** 229
starting flux **M6:** 229
guide tube holders **M6:** 227
inspection **M6:** 234–235
magnetic-particle **M6:** 235
ultrasonic **M6:** 234
joint designs **M6:** 225–226
metal transfer **M6:** 226
metallurgical considerations **M6:** 233–234
preheating and postheating **M6:** 234
weld soundness **M6:** 233–234
metals welded **M6:** 226
molds **M6:** 227–228
mounting systems **M6:** 228
oscillators **M6:** 228
porosity **M6:** 233–234
power source **M6:** 227
procedures **M6:** 225–227, 230–233
consumable guide welding **M6:** 227
conventional welding **M6:** 226–227
process conditions **M6:** 231–233
consumable guide welding **M6:** 232
control of vertical travel **M6:** 232
conventional welding **M6:** 231
deposition rate **M6:** 231
electrode wires **M6:** 232
oscillation **M6:** 231
verticality tolerances **M6:** 232–233
weld pool **M6:** 231
production examples **M6:** 235–236
consumable guide welding **M6:** 236
conventional welding **M6:** 235
replacement of a casting **M6:** 235–236
shoes **M6:** 227
stainless steels, austenitic **M6:** 344
stainless steels, ferritic **M6:** 348
stainless steels, nitrogen-strengthened austenitic **M6:** 345
weld defects **M6:** 233
weld overlaying **M6:** 807–808
weld overlays of stainless steels **M6:** 815–816
wire guides **M6:** 227
consumable guide tube **M6:** 227
nonconsumable guide tube **M6:** 227
wire-feed drive systems **M6:** 228
workpiece preparation **M6:** 230
joint edges **M6:** 230
starting cavity **M6:** 230
strongbacks **M6:** 230
Electroslag welding electrode
definition **M6:** 7
Electroslag welding (ESW) **A6:** 270–279, **A20:** 473
aluminum **A6:** 278
aluminum alloys **A6:** 738
applications **A6:** 274, 275, 276–278
shipbuilding **A6:** 384
carbon steels **A6:** 273, 274, 276–277, 652, 653, 659
cast iron **A6:** 278
constitutive equations for welding current voltage and travel rate **A6:** 272, 276
consumables **A6:** 272–273
definition **A6:** 270, 1209
deposit thickness, deposition rate, dilution single layer (%) and uses **A20:** 473
desulfurization **A6:** 274
distortion **A6:** 278–279
electrochemistry role **A6:** 274
electrodes .. **A6:** 270, 271, 272, 273, 274, 275, 276, 277, 278
energy balance in the slag phase **A6:** 272
equipment **A6:** 277
filler metals **A6:** 272, 275
fluxes **A6:** 272–273, 274, 276, 278
fusion zone **A6:** 271, 278, 279
compositional effects **A6:** 273–274

Electroslag welding (ESW) (continued)
heat balance diagram **A6:** 270–271
heat input **A6:** 427
heat-affected zone **A6:** 270–271, 272, 275, 277, 279
high-productivity processes. **A6:** 275
high-strength low-alloy structural steels **A6:** 664
hydrogen cracking **A6:** 278
in joining processes classification scheme **A20:** 697
isometric temperature distribution. . . . **A6:** 271, 272
joint geometry effect **A6:** 273
low-alloy metals for pressure vessels and piping. **A6:** 668
low-alloy steels. . . **A6:** 273, 276–277, 279, 662, 664, 668
for pressure vessels and piping. **A6:** 667
low-carbon steels **A6:** 270, 273, 274
Maglay process **A6:** 275
metallurgical and chemical reactions . . **A6:** 273–275
multipass. **A6:** 275–276
nickel alloys **A6:** 740
not for HSLA Q & T structural steels **A6:** 666
out-of-position (nonvertical). **A6:** 271
postweld heat treatment **A6:** 277, 278, 279
power source selected **A6:** 37
pressure vessel manufacture. **A6:** 379
problems **A6:** 278–279
process development **A6:** 275
process fundamentals **A6:** 270–272
quality control **A6:** 278–279
solidification structure **A6:** 274–275, 276
solid-state transformations **A6:** 275
stainless steel casting alloys **A6:** 496
stainless steels. **A6:** 278
structural steels. **A6:** 277
surfacing **A6:** 275
temper embrittlement **A6:** 278
thermal cycle. **A6:** 270
thermochemistry role **A6:** 273–274
titanium. **A6:** 278
titanium alloys **A6:** 783
Watanabe number **A6:** 278
weld cladding **A6:** 816, 819, 822
weld discontinuities. **A6:** 1078
weld metal inclusions **A6:** 274
weld pool form factor **A6:** 271, 272, 273, 274–275, 278
weld pool penetration and magnetic field coupling **A6:** 272
weldability of various base metals compared. **A20:** 306
welding flux conductivity **A6:** 271
welding parameter effect on weld metal pool shape. **A6:** 273
X factor **A6:** 278
Electroslag welding of
high-strength alloy steels **M6:** 226
low carbon steels. **M6:** 226
low-alloy steels. **M6:** 226
medium-carbon steels. **M6:** 226
nickel-based alloys **M6:** 226
stainless steels **M6:** 226
steel-based alloys. **M6:** 226
structural steels **M6:** 226
Electroslag welds
failure origins in **A11:** 439–440
Electro-spark deposition (ESD) **A18:** 645
Electrostatic analyzers **A10:** 607, 690
Electrostatic charge phenomena. **A7:** 104
Electrostatic clinging
of sampling materials **A10:** 16
Electrostatic cohesion **A7:** 236
Electrostatic copier powders **M7:** 580–588
Electrostatic disc
powder coating **M5:** 485
Electrostatic discharge. **A11:** 786–788, 796
Electrostatic discharge (ESD)
as failure mechanism . . . **EL1:** 975–978, 1013–1014
in semiconductor chips **EL1:** 966–967
Electrostatic edge effect
xeroradiographic images **A17:** 315
Electrostatic fluidized bed powder coating. . . . **M5:** 486
Electrostatic focusing device *See* Focusing device
Electrostatic image development *See* Copier powders
Electrostatic immersion lens *See* Immersion objective
Electrostatic lens
defined **A9:** 7
Electrostatic nonmetallic separator (ENS). **M7:** 178–180
Electrostatic overstress failures
integrated circuits **A11:** 786–788
Electrostatic paint spraying . . **M5:** 478–480, 485–486, 494
equipment **M5:** 479–480
powder coating process **M5:** 484–486
Electrostatic porcelain enamel spraying **M5:** 517–518
Electrostatic powder coating. **A7:** 1086
Electrostatic powder spraying
of porcelain enamels. **A13:** 447–448
Electrostatic precipitators **M7:** 73
cupolas. **A15:** 387
Electrostatic repulsion **A7:** 182, 220
Electrostatic spray
definition. **A5:** 954
Electrostatic stabilization **A7:** 220
Electrostatics
equivalent physical quantities **EM1:** 191
Electrostream drilling (ES). **A16:** 509, 551–553
acid electrolytes **A16:** 551, 552, 553
advantages. **A16:** 551
applications. **A16:** 551
computer control machines **A16:** 552
double-electrolyte system **A16:** 552
equipment and tooling **A16:** 551–553
limitations. **A16:** 551
process capabilities. **A16:** 551
process parameters. **A16:** 553
stainless steels. **A16:** 706
Electrostriction. **EM4:** 1119
Electrothermal vaporization
for solid-sample analysis. **A10:** 36
Electrotinning *See also* Tinning; Tinplate
defined **A13:** 6
Electrotransport purification
of metals. **A2:** 1094–1095
Electrotype metal
composition. **A2:** 549
micrograph **A9:** 424
Electrotyping bath
nickel plating. **M5:** 202–204
Electrowinning
copper **A7:** 142
definition. **A5:** 954
for copper powder production **M7:** 119–120
Electrowinning lead alloys
compositions. **A2:** 544
Electrowinning recovery process
plating waste treatment **M5:** 319
Electrozone (electrical sensing zone) size analysis. **A7:** 247–248
Electrozone size analysis. **M7:** 220–221
instrumentation. **M7:** 221
vs. HIAC light obscuration analyzer **M7:** 223
Electrum
as gold-silver alloy **A15:** 18
Eleema P100 (microfine cellulose)
angle of repose **A7:** 300
Element numbering strategy. **A20:** 180
Element test and maintenance (ETM) **EL1:** 376
Element testing
structural. **EM1:** 313–329
Elemental analysis
14-MeV FNAA. **A10:** 239
-abundance measurement by NAA **A10:** 233
analytical transmission electron microscopy **A10:** 429–489
and geometry, of particles produced by explosive detonation. **A10:** 318–320
atomic absorption spectrometry **A10:** 43–59
Auger electron spectroscopy. **A10:** 549–567
by electronic image analysis. **A9:** 153
classical wet analytical chemistry **A10:** 161–180
controlled-potential coulometry. **A10:** 207–211
Dumas method. **A10:** 214
EFG types. **A10:** 213–215
electrochemical analysis **A10:** 181–211
electrogravimetry **A10:** 197–201
electrometric titration. **A10:** 202–206
electron probe x-ray microanalysis. . . **A10:** 516–535
electron spin resonance. **A10:** 253–266
elemental and functional group analysis **A10:** 212–220
empirical formulas from **A10:** 213
field ion microscopy **A10:** 583–602
gas analysis by mass spectrometry . . . **A10:** 151–157
inductively coupled plasma atomic emission spectroscopy **A10:** 31–42
ion chromatography **A10:** 658–667
liquid chromatography **A10:** 649–657
low-energy ion-scattering spectroscopy **A10:** 603–609
micro-, of inorganic solids, methods for . . **A10:** 4–6
molecular fluorescence spectrometry . . . **A10:** 72–81
neutron activation analysis **A10:** 233–242
nuclear magnetic resonance **A10:** 277–286
of inorganics **A10:** 4–8
of mixture composition. **A10:** 213
of organic compounds by EFG **A10:** 213
of organics **A10:** 9, 10
of particles produced by explosive detonation **A10:** 318
of surfaces, by x-ray photoelectron spectroscopy **A10:** 568
optical emission spectroscopy **A10:** 21–30
particle-induced x-ray emission. **A10:** 102–108
potentiometric membrane electrodes **A10:** 181–187
prompt gamma activation analysis. . . **A10:** 239–240
Rutherford backscattering spectrometry **A10:** 628–636
scanning electron microscopy **A10:** 490–515
Schöniger flask method. **A10:** 215
secondary ion mass spectroscopy **A10:** 610–627
spark emission spectroscopy **A10:** 25–26, 29
spark source mass spectrometry **A10:** 141–150
ultraviolet/visible absorption spectroscopy **A10:** 60–71
voltammetry **A10:** 188–196
x-ray photoelectron spectroscopy **A10:** 568–574
x-ray spectrometry. **A10:** 82–101
Elemental and functional group analysis. **A10:** 212–220
applications **A10:** 212, 214
Dumas method. **A10:** 214
elemental analysis **A10:** 213–215
estimated analysis time **A10:** 212, 215
functional group analysis **A10:** 215–219
general uses. **A10:** 212
introduction **A10:** 212–213
Karl Fischer method for water determination **A10:** 219
limitations. **A10:** 212, 214, 215, 217
of inorganic liquids and solutions, information from **A10:** 7
of organic liquids and solutions, information from **A10:** 10
of organic solids, information from **A10:** 9
related techniques **A10:** 212
samples **A10:** 212, 213
unsaturation (alkenes) **A10:** 219
Elemental clusters
and surface atoms. **M7:** 259
Elemental cobalt *See also* Cobalt; Cobalt-base alloys; Pure cobalt
linear expansion **A2:** 446
mining and processing. **A2:** 446

SUBJECTS OF THE INDEXED VOLUMES: ASM Handbook (designated by the letter "A"): **A1:** Properties and Selection: Irons, Steels, and High-Performance Alloys (1990); **A2:** Properties and Selection: Nonferrous Alloys and Special-Purpose Materials (1990); **A3:** Alloy Phase Diagrams (1992); **A4:** Heat Treating (1991); **A5:** Surface Engineering (1994); **A6:** Welding, Brazing, and Soldering (1993); **A7:** Powder Metal Technologies and Applications (1998); **A8:** Mechanical Testing (1985); **A9:** Metallography and Microstructures (1985); **A10:** Materials Characterization (1986); **A11:** Failure Analysis and Prevention (1986); **A12:** Fractography (1987); **A13:** Corrosion (1987); **A14:** Forming and Forging (1988); **A15:** Casting (1988); **A16:** Machining (1989); **A17:** Nondestructive Evaluation and Quality Control (1989); **A18:** Friction, Lubrication, and Wear Technology (1992); **A19:** Fatigue and Fracture (1996); **A20:** Materials Selection and Design (1997). **Metals Handbook, 9th Edition** (designated by the letter "M"): **M1:** Properties and Selection: Irons and Steels (1978); **M2:** Properties and Selection: Nonferrous Alloys and Pure Metals (1979); **M3:** Properties and Selection: Stainless Steels, Tool Materials, and Special-Purpose Materials (1980); **M4:** Heat Treating (1981); **M5:** Surface Cleaning, Finishing, and Coating (1982); **M6:** Welding, Brazing, and Soldering (1983); **M7:** Powder Metallurgy (1984). **Engineered Materials Handbook** (designated by the letters "EM"): **EM1:** Composites (1987); **EM2:** Engineering Plastics (1988); **EM3:** Adhesives and Sealants (1990); **EM4:** Ceramics and Glasses (1991). **Electronic Materials Handbook** (designated by the letters "EL"): **EL1:** Packaging (1989)

physical properties ... **A2:** 446
uses of ... **A2:** 446
Elemental contrast
for printed board failure analysis ... **EL1:** 1039
Elemental depth profiling
Auger electron spectroscopy (AES) **EL1:** 1079–1080
Elemental distribution maps *See* Elemental mapping
Elemental iron powders
for food enrichment ... **M7:** 614
Elemental mapping *See also* Dot mapping; Mapping; X-ray maps
and analog mapping ... **A10:** 525–528
Auger electron microscopy (AES) ... **EL1:** 1079
Auger, gold-nickel-copper metallization system ... **A10:** 559
digital compositional ... **A10:** 528–529
of high-temperature solder ... **A10:** 532
SEM image and ... **A10:** 532–533
spark source mass spectrometry ... **A10:** 142
spectrometer for ... **A10:** 527
Elemental mercury vapor
exposure effects ... **A2:** 1249
Elemental sensitivity
LEISS analysis ... **A10:** 605–606
PIXE analysis ... **A10:** 104–105
Elemental surface chemistry
measuring ... **M7:** 258
Elemental transfer
in liquid-metal corrosion ... **A13:** 58–59
Elementary bending stress formula ... **A19:** 251
Elements *See also* Alloying elements ... **A20:** 191
absorption ... **A10:** 84–85
absorption edges ... **A10:** 85
analysis by x-ray spectrometry ... **A10:** 82, 95–99
and x-rays, relationship in x-ray spectrometry ... **A10:** 84–85
at surfaces, AES lineshapes for chemistry of ... **A10:** 552–553
characteristic emission as basis for x-ray spectrometry ... **A10:** 84
detected by surface analytical techniques .. **M7:** 251
detection by TNAA, optimization of ... **A10:** 235
heavy, depth profiles of surface impurities of ... **A10:** 628, 632–633
in liquid aluminum, interaction coefficients for ... **A15:** 59
in liquid, standard Gibbs free energies for solution ... **A15:** 59
inert, implantation of ... **A10:** 485–486
interfering, separation in high-temperature combustion ... **A10:** 222
light, analysis of ... **A10:** 459–461, 516, 559–561
location in superlattice planes, alloy IN 939 ... **A10:** 599
low atomic number, x-ray spectrometry of ... **A10:** 86–87
lower limit of detection ... **A10:** 96
mass absorption coefficients ... **A10:** 85
metallic and semimetallic, partitioning oxidation states in ... **A10:** 178
nonmetallic, partitioning oxidation states in ... **A10:** 178
nuclear properties ... **A10:** 278–279
of transition series, identification by electron spin resonance ... **A10:** 253–266
on solid surfaces, LEISS analysis of ... **A10:** 603
periodic table of ... **A2:** 1098
periodic table of the ... **A10:** 688
polynuclidic, SSMS analysis ... **A10:** 145
removed from solution in neutral atomic form ... **A10:** 163
single, atomic spatial distribution by IAP analysis ... **A10:** 596
single, interference-free detection limits ... **A10:** 238
symbols for ... **A10:** 688
toxic, NAA analysis for ... **A10:** 233
toxic, SSMS analysis of natural waters for ... **A10:** 141
vs. depth, semiquantitative PIXE analysis for ... **A10:** 102
Elements, and bonding
within mer ... **EM2:** 57
Elephant skin
as casting defect ... **A11:** 384
Elevated temperature *See also* Elevated temperature testing; Elevated-temperature compression testing; Elevated-temperature creep testing; High temperature; High temperature life assessment; Temperature
acidified chloride at ... **A8:** 418–420
air, effect on overload fracture surfaces ... **A12:** 35, 49–50
and mean load, effect on corrosion fatigue **A8:** 254
apparatus for hardness testing at ... **A8:** 83
asymmetric rod impact test at ... **A8:** 205
austenitic weldments ... **A19:** 734–735, 737
cast aluminum alloys ... **A19:** 816
ceramics and other brittle materials .. **A19:** 939–942
definition ... **M1:** 639
design properties ... **A8:** 670–671
duplex stainless steels ... **A19:** 766–767
effect on dimple rupture ... **A12:** 34–35
effect on environments ... **A12:** 49
effect on fatigue crack threshold ... **A19:** 143
fatigue crack growth rates in alloy steels ... **A19:** 641–642, 643
forming ... **A8:** 553
fracture surface, ASTM/ASME alloy steels ... **A12:** 349
frequency-modified fatigue equation at ... **A8:** 356–357
inelastic design, creep strain for ... **A8:** 686
Rockwell testing at ... **A8:** 81–83
solutions, effect on critical strain rate ... **A8:** 519
split Hopkinson pressure bar testing at ... **A8:** 202
spring steels, effect on ... **M1:** 284–286
springs, effect on ... **M1:** 296–300
strain-controlled, low-cycle fatigue tests ... **A8:** 346
tension testing ... **A8:** 34–37
titanium alloys ... **A12:** 442
vacuum and oxidizing gases at ... **A8:** 412–415
water ... **A8:** 421–422
Elevated temperature(s) *See also* Elevated-temperature properties; Elevated-temperature alloys; Elevated-temperature failures; High temperatures; High-temperature; High-temperature resins systems; Hot water; Temperature; Temperature(s); Thermal
alloying effects at ... **A13:** 538–539
and ductility, of hot-work die steels ... **A14:** 46
and durability design ... **EL1:** 45
aqueous corrosion tests, laboratory ... **A13:** 226
as degradation factor ... **EM2:** 576
beryllium-nickel alloys ... **A2:** 426
bismaleimides (BMI) applications ... **EM2:** 252
boiler service corrosion, carbon steels ... **A13:** 513–514
carburization ... **A11:** 406
ceramic resistance ... **EL1:** 335
coatings for ... **A13:** 461
cobalt-base alloy corrosion at ... **A13:** 661
conductivity ... **A2:** 1027
creep failures ... **A11:** 406–407
cure systems, vinyl esters ... **EM2:** 275
curing ... **EM2:** 338
effect, forgeability ... **A14:** 222
effect on heat exchangers ... **A11:** 640–642
effect on tensile properties, magnesium alloys ... **A2:** 465
effects on mechanical properties, magnesium alloy ... **A2:** 473
effects revealed through color etching ... **A9:** 136
embrittlement, nickel aluminides ... **A2:** 915
epoxy resin matrices at ... **EM1:** 73–74
failure, thermal analysis techniques for ... **EM1:** 779–780
fastener performance at ... **A11:** 542–543
fatigue failure at ... **A11:** 130–133, 266
gases, corrosion testing in ... **A13:** 226
general oxidation under ... **A11:** 405
magnesium alloy sand castings, tensile properties ... **A2:** 495–515
metal oxide attack ... **A11:** 406
of magnesium alloys ... **A2:** 462
of organic matrix materials ... **EM1:** 33
organic movement at ... **EL1:** 680
oxidation at ... **A13:** 17
oxide contamination effect ... **EL1:** 959–960
oxide film by ... **EL1:** 678
p-aramid tensile strength at ... **EM1:** 55
permanent magnet materials ... **A2:** 801
petroleum refining and petrochemical operations at ... **A13:** 1263–1264
plastic deformation resistance at ... **A14:** 46
polyester resins at ... **EM1:** 93, 95
polyether sulfones (PES, PESV) at ... **EM2:** 161
prealloyed P/M aluminum alloy forgings .. **A14:** 251
precipitation embrittlement at ... **A11:** 407
preferential oxidation in ... **A11:** 405–406
resistance, mechanically alloyed oxide alloys ... **A2:** 943–947
resistance, of ceramics ... **EL1:** 335
resistance, of porcelain enamels ... **A13:** 450
resistance, thermoplastic polyimides (TPI) ... **EM2:** 177
service, silicones (SI) ... **EM2:** 267
service, themal spray coatings for ... **A13:** 461
service, thermal degradation and ... **EM2:** 568–570
service, thermoset resins ... **EM2:** 319
silicones for ... **EM2:** 265
steel casting failures from ... **A11:** 405–408
strength, mechanically alloyed oxide alloys ... **A2:** 943–947
suitability, high-performance electronic systems ... **EL1:** 15
sulfidation-in ... **A11:** 405–406
tensile properties, wrought magnesium alloys ... **A2:** 483
thermal fatigue at ... **A11:** 407–408
thermosetting resins at ... **EM2:** 225
water, light water reactor corrosion in ... **A13:** 946
zinc anode composition for ... **A13:** 765
Elevated-temperature air environments ... **A19:** 208
Elevated-temperature alloys *See also* Elevated temperature(s)
aluminum casting alloys ... **A2:** 127, 130–131
mechanical properties ... **A2:** 147
nickel-base ... **A2:** 441
titanium alloys, types and characteristics ... **A2:** 625–626
wrought aluminum alloy ... **A2:** 56–58
ZGS platinum ... **A2:** 714
Elevated-temperature aluminum P/M alloys **A13:** 842
Elevated-temperature compression testing
aluminum oxide platens with ... **A8:** 196
boron nitride powder as lubricant ... **A8:** 201
grips ... **A8:** 196
Hopkinson bar ... **A8:** 198
in situ induction heating ... **A8:** 196
vacuum chamber ... **A8:** 196
Elevated-temperature crack growth ... **A19:** 507–519
crack growth correlations ... **A19:** 516–518
crack length measurement (electric potential method) ... **A19:** 514
crack-tip parameters for creep-fatigue crack growth ... **A19:** 512–513
creep ... **A19:** 507
creep crack growth ... **A19:** 516
creep crack growth testing ... **A19:** 513
creep-brittle materials ... **A19:** 507, 511–512
creep-ductile materials ... **A19:** 507, 508
creep-fatigue ... **A19:** 507, 508
data acquisition ... **A19:** 515
equipment ... **A19:** 513–514
fatigue precracking ... **A19:** 514
fixturing ... **A19:** 514
incubation period ... **A19:** 512
load-line deflection measurements ... **A19:** 515
post test measurements ... **A19:** 516
required measurements ... **A19:** 514–515
specimen heating ... **A19:** 514
stationary-crack-tip parameters ... **A19:** 507–509
time dependence of the life-prediction model ... **A19:** 518
time-dependent crack growth rates ... **A19:** 517–518
typical test procedures ... **A19:** 515–516
Elevated-temperature creep testing
buttonhead specimen for ... **A8:** 314
Monkman-Grant relationship ... **A8:** 304–305
Elevated-temperature curing epoxies
in composites ... **A11:** 731
Elevated-temperature drawing
cold-finished bars ... **M1:** 245–251
Elevated-temperature failures *See also* Elevated temperatures ... **A11:** 263–297
analyzing techniques ... **A11:** 277–278
causes of premature ... **A11:** 281–282
creep ... **A11:** 263–264

Elevated-temperature failures (continued)
creep-fatigue interaction **A11:** 266
elevated-temperature fatigue..............**A11:** 266
environmentally induced **A11:** 268–277
equipment and tests for **A11:** 278–281
in cement-mill equipment...............**A11:** 294
in heat-treating furnaces............**A11:** 292–294
in incinerator equipment **A11:** 294
in ordnance hardware...............**A11:** 294–296
in petroleum-refinery components ...**A11:** 289–292
in platinum and platinum-rhodium
components..................**A11:** 296–297
metallurgical instabilities **A11:** 266–268
of gas-turbine components...........**A11:** 282–287
of steam-turbine components.........**A11:** 287–288
of valves, internal-combustion
engines.....................**A11:** 288–289
stress rupture **A11:** 264–266
thermal fatigue **A11:** 266

Elevated-temperature properties *See also* Creep behavior; Elevated temperature(s); Elevated-temperature service; High-temperature service; Stress-rupture properties
alloy cast iron **M1:** 93–94
aluminum P/M alloys **A2:** 206–208
CG iron **A15:** 673
constructional steels **M1:** 639–663
creep-fatigue interaction........**A1:** 625, 632, 633,
934–935
ductile iron.................**A15:** 662, **M1:** 46–52
effect of composition on..............**A1:** 639–641
effect of heat treatment on **A1:** 638–639
effect of microstructure on................**A1:** 638
low-alloy steels....................**A15:** 720–721
mechanical, wrought titanium alloys ..**A2:** 624–627
of austenitic stainless steels **A1:** 944–949
of carbon steels...............**A1:** 619, 629, 640
creep strength **A1:** 629
creep-rupture strength **A1:** 629
hardness **A1:** 640
maximum-use temperatures **A1:** 617–618
stress rupture **A1:** 619
of cast steels **A1:** 376–377
of chromium-molybdenum steels **A1:** 617–652
of compacted graphite iron **A1:** 63–66
of ferritic stainless steels **A1:** 936–937
of gray iron **A1:** 22, 26, **M1:** 26–28
of heat-resistant cast alloys......**A1:** 921, 923, 927
of low-alloy ferritic steels............**A1:** 620–636
creep behavior of $2\frac{1}{4}$Cr-1Mo steel **A1:** 635, 636,
647
creep rupture of $2\frac{1}{4}$Cr-1Mo and 9Cr-1Mo
steel **A1:** 622
creep strengths **A1:** 620, 623
effect of ductility on fatigue endurance ..**A1:** 633
elastic and shear modulus of $2\frac{1}{4}$Cr-1Mo
steel **A1:** 628
fatigue properties **A1:** 624–626, 633, 649
relaxation strengths....................**A1:** 631
stress rupture ..**A1:** 619, 623, 629, 630, 636, 641,
642, 644
tensile strengths........................**A1:** 624
of martensitic stainless steels.........**A1:** 939–942
of precipitation-hardening steels **A1:** 942–944
of steel plate **A1:** 238
tensile, heat-resistant high-alloy......**A15:** 728–729
ultrahigh-strength steels.........**M1:** 431, 432, 436,
437–438, 442
wrought aluminum alloy **A2:** 59

Elevated-temperature service
bolt steels **A1:** 296, 620
carbon and low-alloy steels for **A1:** 617–618
alloy designations and specifications **A1:** 618
maximum-use temperatures..............**A1:** 617
carbon steels..............**A1:** 618, 619, 629, 640
chromium-molybdenum steels ...**A1:** 619–620, 623
chromium-molybdenum-vanadium
steels **A1:** 620–621, 624

corrosion **A1:** 629–636
hydrogen damage............**A1:** 632–634, 639
oxidation **A1:** 617, 629–630, 636
resistance to liquid-metal **A1:** 634–636
sulfidation **A1:** 630–632, 636, 637
creep-resistant low-alloy steels.........**A1:** 619–621
data presentation and analysis...**A1:** 627–629, 634,
635
ductility and toughness..............**A1:** 626–627
fatigue **A1:** 624–626, 632, 633
creep-fatigue interaction.......**A1:** 625, 632, 633
fatigue-crack growth...............**A1:** 625, 633
load frequency, effect of **A1:** 624
thermal **A1:** 626
for $2\frac{1}{4}$Cr-1Mo steel **A1:** 618, 645–647
long-term exposure **A1:** 623, 627
long-term tests.................**A1:** 622–624, 629
creep strength **A1:** 620, 623
relaxation tests **A1:** 624, 631
stress rupture...**A1:** 620, 622, 623–624, 629, 630
mechanical properties **A1:** 621–622, 636–645
modified chromium-molybdenum steels ...**A1:** 621,
622, 625, 626
short-term tests **A1:** 622, 628
thermal expansion and conductivity..**A1:** 647, 651,
652

Elevated-temperature testing
cam plastometer **A8:** 196
feed-rod attachment **A8:** 384–385
on sintered steel, fracture-limit lines........**A8:** 583
ultrasonic fatigue **A8:** 247

Elevation
of nonplanar fracture surfaces **A12:** 211

Elevator cable
fatigue fracture of **A11:** 520–521

Elevator furnace **A7:** 456

Elgiloy
aging cycle **M4:** 656
annealing **M4:** 655
composition **A6:** 929, **M4:** 651–652
solution treating **M4:** 656
stress relieving..........................**M4:** 655

Elgiloy wires
dental..................................**A13:** 1356

Elinvar
as low-expansion alloy...................**A2:** 889

Elkem electric furnace process
for zinc recycling **A2:** 1225

Elkonite
resistance welding **A6:** 833–834

Ellingham diagram **A20:** 589

Ellipsometers
for chemical surface studies.............**A10:** 177

Ellipsometry **A5:** 629–632

Elliptical bearing *See* Lemon bearing (elliptical bearing)

Elliptical contact area **A18:** 512–513

Elliptical cracks
fracture mechanics approach to **A11:** 123–125

Elliptical surface crack **A19:** 159

Elmore suspension, modified
used in Bitter technique **A9:** 534

Elongated alpha
defined **A9:** 7

Elongated alpha grains
in titanium and titanium alloys...........**A9:** 460

Elongated cells
formation................................**A9:** 613

Elongated dimples, defined *See also*
Dimple(s) **A12:** 173–174

Elongated grain
defined **A9:** 7
definition................................**A5:** 954

Elongated porosity
in weldments...........................**A17:** 583

Elongated single-domain permanent magnets **M7:** 643–645

Elongation *See also* Ductility; Elongation at break; Elongation to failure; Engineering strain; Mechanical properties; Tensile properties; Total elongation; Ultimate elongation; Uniform elongation; Yield point elongation.......**A8:** 4,
EM3: 11
aluminum alloys **M7:** 474
and composite filler particle size.....**M7:** 612, 613
and degree of crystallinity..............**EM1:** 101
and reduction in area **A8:** 27
and rupture life **A11:** 265
as measure of ductility **A8:** 22
at break, and filler size **M7:** 613
break, defined.........................**EM2:** 16
copper and copper alloys **A2:** 217–219
copper casting alloys **A2:** 348–350
defined........**A11:** 4, **A14:** 5, **EM1:** 10, **EM2:** 16
definition..............................**A20:** 832
ductile iron **A15:** 654
effect of gage length in uniaxial tensile
testing..............................**A8:** 555
effect of sintering temperature **M7:** 369
effect of sintering time..................**M7:** 370
effect of temperature on **A8:** 36
heat-treated copper casting alloys **A2:** 355
in bend testing **A11:** 18
in deep drawing **A14:** 575
in forming refractory metal sheet **A14:** 786
in tension testing **A8:** 19
in tin and tin alloys, effect of number of
grains on **A9:** 125
inclusion effect **A15:** 88
-load curve, and engineering stress-strain
curve................................**A8:** 20
local, variation of........................**A8:** 26
maximum, three-roll forming............**A14:** 620
measurements.....................**A8:** 554, 655
of copper-based P/M materials...........**M7:** 470
of dimples **A11:** 25
of ferrous P/M materials...........**M7:** 465, 466
of glass fibers **EM1:** 262
of injection molded P/M materials **M7:** 471
of molybdenum and molybdenum alloys ..**M7:** 476
of natural fiber **EM1:** 117
of nickel-based, cobalt-based alloys **M7:** 472
of P/M and wrought titanium and alloys..**M7:** 475
of P/M forged low-alloy steel powders **M7:** 470
of P/M stainless steels **M7:** 468
of polyester resins **EM1:** 92
of rhenium and rhenium-containing alloys **M7:** 477
of steel wire strands, effect of heat
treatment **A11:** 444
of superalloys...........................**M7:** 473
of tantalum wire **M7:** 478
of titanium carbide-based cermets **M7:** 808
percent, defined.................**A11:** 4, **A14:** 5
percent, effect of uniform elongation on **A8:** 27
percent, low-temperature thermoset matrix
composites **EM1:** 395
planar shape **A7:** 271
plotted against complexity index..........**A9:** 130
prediction from gage length **A8:** 26
resin matrix, and damage tolerance **EM1:** 262
shape index used to express..............**A9:** 128
sintering temperature effect on **A13:** 825
symbols and unit **A8:** 662
tensile, effect of triaxiality factor **A8:** 344–345
tensile, thermoplastic matrix composites **EM1:** 365
testing machines for......................**A8:** 47
thermoplastic **EM1:** 100–101
titanium PA P/M alloy compacts **A2:** 654
-to-fracture, effect of stress-corrosion
cracking **A8:** 499
ultimate **EM1:** 24
uniform **A8:** 22
vs. tensile load, yield....................**A9:** 684
wrought aluminum alloy..................**A2:** 58

Elongation at break **EM3:** 11
defined **EM1:** 10

Elongation, percent
defined **A8:** 4–5
Elongation ratio
definition **A7:** 263
Elongation ratio (Hausner)
definition **A7:** 271
Elongation ratio (Heywood)
definition **A7:** 271
Elongation to failure **EM1:** 32, 158
Elongation to fracture **A20:** 342, 343
Eloxal anodizing process
aluminum and aluminum alloys **M5:** 587
Eloxal GX
anodizing process properties **A5:** 482
Eluent
as ionic aqueous solutions for ion chromatography **A10:** 658
suppressed anion chromatography, sodium bicarbonate and sodium carbonate as **A10:** 659
suppressed cation chromatography, nitric or hydrochloric acid solution as **A10:** 660
-suppressed conductivity detection, ion chromatography **A10:** 659–660
Elutriation **A7:** 212, **M7:** 4, 178, 179
Elutriators **A7:** 212
hydraulic cyclone **A7:** 211, 212
EMA data base **EM4:** 40
EMA transducers *See* Electromagnetic-acoustic transducers
Ematal
anodizing process properties **A5:** 482
Ematal anodizing process
aluminum and aluminum alloys **M5:** 587
Embeddability
defined **A18:** 8
definition **A5:** 954
Embedded abrasive
appearance in aluminum alloys **A9:** 353
defined **A9:** 7
definition **A5:** 954
in specimens **A9:** 39
in specimens of very soft material **A9:** 46–47
Embedded boundaries **A20:** 193
Embedded iron
in stainless steel surfaces **A13:** 1228
"Embedded penny" crack **A20:** 535
Embedded scale
in steel bar and wire **A17:** 549
Embedded technology
machine vision with **A17:** 41
Embedding media *See also* Mounting materials
475 °C embrittlement **A9:** 285
austenitic grades **A9:** 284
ferritic grades **A9:** 285
sigma phase **A9:** 284–285
Embodiment design **A20:** 8
definition **A20:** 832
information sources for data **A20:** 250
Embossed sheet
temper designations **A2:** 26
Embossing
aluminum alloy **A14:** 804
by contour roll forming **A14:** 634
by multiple-slide forming **A14:** 567
defined **A14:** 5, **EM2:** 16
definition **A5:** 954
die, defined **A14:** 5
in sheet metalworking processes classification scheme **A20:** 691
of copper and copper alloys **A14:** 819
of stainless steels **A14:** 759
Embrittlement *See also* Acid embrittlement; Blue brittleness; Caustic embrittlement; Corrosion; Corrosion embrittlement; Creep-rupture embrittlement; Environmental effects; Environmental embrittlement; Grain-boundary embrittlement; Hydrogen embrittlement; Liquid metal embrittlement; Neutron embrittlement; Quench-age embrittlement; Sigma-phase embrittlement; Solder embrittlement; Solid metal embrittlement; Stress-corrosion cracking; Temper embrittlement; Tempered martensite embrittlement; Thermal embrittlement **A14:** 785, 838, 842
400 to 500 °C **A11:** 99
885 °F (475 °C) **A12:** 136–137
adsorption-induced **A11:** 718
AISI 4340 steels **A12:** 214
alloy steels **A19:** 618–620
aluminum alloy, by mercury **A12:** 30, 38
amorphous materials and metallic glasses . . **A2:** 814
blue brittleness **A11:** 98
by aluminum **A11:** 234
by antimony **A11:** 234
by bismuth **A11:** 235
by cadmium **A11:** 235, 242
by copper **A11:** 235
by gallium **A11:** 235
by indium **A11:** 235
by intermetallic compounds **A11:** 100
by lead **A11:** 235–236
by lithium **A11:** 236
by low-melting metals **A12:** 29
by mercury **A11:** 236
by penetration of molten braze material **A11:** 454–455
by selenium **A11:** 236
by silver **A11:** 236
by solders and bearing metals **A11:** 236
by solid-metal environments **A11:** 239–244
by tellurium **A11:** 236
by thallium **A11:** 236
by tin **A11:** 236
causes **A12:** 123
caustic **A13:** 353
caustic, in pressure vessels **A11:** 658
chemical **M7:** 52, 55
couples, summary **A13:** 182
couples, types and summary of **A11:** 233–238
creep-rupture **A12:** 123–124
defined **A11:** 4, **A13:** 6
definition **A5:** 954
detecting by notch tensile test **A8:** 27
duplex stainless steels **A6:** 472, 626
effect of temperature **A12:** 29
effect of temperature, in steels **A11:** 239
environmental **A17:** 287
environmental, nickel aluminides **A2:** 915
environmental, nickel-base alloys **A13:** 647–652
environmentally assisted **A11:** 100–101
fiber, metal-matrix composites **A12:** 466
from exposure to brazing temperatures **A6:** 622
from intergranular fractures **A12:** 173
from soot on belts during sintering **A7:** 457
grain-boundary **A11:** 132
grain-boundary, in refractory metals, IAP studies **A10:** 599
graphitization **A11:** 99–100, **A12:** 124
heat-resistant (Cr-Mo) ferritic steels **A19:** 708
historical study **A12:** 2
hot dip galvanizing effect **A13:** 439
hydrogen . . . **A11:** 100–101, **A12:** 124–126, **A13:** 163, 283–290
hydrogen, tests for **A8:** 537–543
in arc welds **A11:** 413
in locomotive axles, required conditions **A11:** 718–719
in loose powder compaction **M7:** 298
in petroleum refining and petrochemical operations **A13:** 1265, 1274, 1277–1281
intergranular corrosion **A12:** 126
liquid-metal **A8:** 486, **A11:** 225–238, **A12:** 29, 126–127, **A13:** 171–184
LME, mechanisms of **A11:** 226–227
LME, of nonferrous metals and alloys **A11:** 233–234
low surface carbon as cause **A4:** 595
mechanisms, in nickel alloys **A10:** 561–563
neutron **A11:** 100
neutron irradiation **A12:** 127
of ferrous metals and alloys **A11:** 234–238
of ordered intermetallics **A2:** 913–914
of steels **A11:** 98–101
of titanium heater tube **A11:** 640–642
overheating **A12:** 127–129
oxygen, in iron **A12:** 222
oxygen, wrought titanium alloys **A2:** 615
phosphorus, of brazed joints **A11:** 452
precipitation **A11:** 407
quench aging **A12:** 129–130
quench cracking **A12:** 130–132
quench-age **A11:** 98
radiation **A11:** 69
scanning Auger microscopy for **M7:** 254
sigma-phase **A11:** 99, **A12:** 132–133
SIMS analysis for materials under **A10:** 610
solid copper, of steel **A11:** 232, 234
solid-metal **A13:** 184–187
solid-metal, defined **A12:** 29–30
stainless steels **A19:** 717–718
steel weldments **A6:** 420, 421, 423
strain aging **A12:** 129–130
strain-age **A11:** 98
stress-corrosion cracking . . . **A11:** 101, **A12:** 133–134
stress-relief **A11:** 98–99
surface, in polymers **A11:** 761
temper **A11:** 69, 99, 335, **A12:** 134–135
tempered martensite **A12:** 135–136
tempered-martensite **A11:** 99
thermal **A12:** 136
thermally induced **A11:** 98–100
titanium alloys **A12:** 448, **A19:** 13
titanium alloys, electron-beam welding **A6:** 872
tube ruptures by **A11:** 603, 612–614
Type I **A13:** 184
Type II **A13:** 184
types of, in alloy steels **A19:** 618
Embrittlement by solid-metal environments *See also* Solid metal induced embrittlement (SMIE) **A11:** 239–244
Embrittlement couples
types of **A11:** 233–238
Embrittlement of iron **A1:** 689–691
other impurities, effect of **A1:** 691
oxygen, effect of **A1:** 689–690
selenium and tellurium, effect of **A1:** 691
sulfur, effect of **A1:** 690–691
Embrittlement of steel *See also* specific forms by name **M1:** 683–688
350 °C embrittlement *See* 500 °F embrittlement
400 to 500 °C embrittlement **M1:** 685–686
500 °F embrittlement **M1:** 685
blue brittleness **M1:** 684
detection **M1:** 683–686
environmentally assisted embrittlement **M1:** 686–688
graphitization **M1:** 686
hydrogen embrittlement **M1:** 687
intermetallic compound embrittlement **M1:** 686
liquid-metal embrittlement **M1:** 688, 715
maraging steels **M1:** 446, 447, 448, 451
neutron embrittlement **M1:** 686–687
notch toughness, effect on **M1:** 699, 701–704
quench-age embrittlement **M1:** 684
sigma-phase embrittlement **M1:** 686
specific forms **M1:** 683
strain-age embrittlement **M1:** 683–684
stress-corrosion cracking **M1:** 687–688
temper embrittlement **M1:** 684–685
Embrittlement of steels *See also* Temper embrittlement in alloy steels **A1:** 689–736
475 °C embrittlement **A1:** 708
aqueous environments causing stress-corrosion cracking **A1:** 724
creep embrittlement **A1:** 626
formation of flakes in steels **A1:** 716–717
hydrogen damage processes **A1:** 711
hydrogen environmental embrittlement **A1:** 711–712
in alloy steels **A1:** 691–697
aluminum nitride embrittlement **A1:** 694–696
blue brittleness **A1:** 692
graphitization **A1:** 696–697
quench-age embrittlement **A1:** 692–693
strain-age embrittlement **A1:** 693–694
in austenitic stainless steels
hydrogen-stress cracking and loss of tensile ductility **A1:** 715
sensitization **A1:** 706–707
sigma phase embrittlement **A1:** 709–711
solution pH **A1:** 727
stress-corrosion cracking resistance to boiling magnesium chloride **A1:** 725–727
in carbon steels **A1:** 691–697
aluminum nitride embrittlement **A1:** 694–696
blue brittleness **A1:** 692
graphitization **A1:** 696–697
quench-age embrittlement **A1:** 692–693
strain-age embrittlement **A1:** 693–694

Embrittlement of steels (continued)
in duplex stainless steels
sensitization **A1:** 707–708
sigma phase embrittlement **A1:** 711
stress-corrosion cracking to boiling magnesium chloride **A1:** 727
in ferritic stainless steels
sensitization **A1:** 707
sigma phase embrittlement **A1:** 709–711
in heat-treated martensitic stainless steels solution pH **A1:** 727–728
in iron-base alloys, solid-metal embrittlement **A1:** 721
in iron-nitrogen and iron-carbon alloys quench-age embrittlement **A1:** 692–693
in leaded alloy steels, solid-metal embrittlement **A1:** 721–722
in line pipe steels, hydrogen-stress cracking and loss of tensile ductility **A1:** 716
in low-carbon steels
quench-age embrittlement **A1:** 692
strain-age embrittlement **A1:** 693–694
in maraging steels
hydrogen-stress cracking and loss of tensile ductility **A1:** 715–716
thermal embrittlement **A1:** 697–698
in precipitation-hardenable stainless steels solution pH **A1:** 727–728
in tool steels, hydrogen-stress cracking and loss of tensile ductility **A1:** 715
liquid-metal embrittlement **A1:** 717–721
neutron irradiation embrittlement **A1:** 722–723
overheating **A1:** 697
presence of facets **A1:** 697
upper shelf energy **A1:** 697
parameters affecting stress-corrosion cracking **A1:** 724
intergranular corrosion or slip dissolution **A1:** 724
pit geometry **A1:** 724
temperature **A1:** 724
properties and conditions producing
alloy susceptibility to stress-corrosion cracking **A1:** 723–724
static tensile stresses **A1:** 724
stress-corrosion cracking **A1:** 723–724
stress-corrosion-cracking-inducing chemical species **A1:** 724
quench cracking **A1:** 698
stress-corrosion cracking verification
chloride cracking tests **A1:** 725
fracture mechanics methods **A1:** 725
procedures **A1:** 724–725
slow strain rate tests **A1:** 725
U-bend testing **A1:** 725
Embrittlement, temper
low-alloy steels **A15:** 721
Embrittler vapor pressures
range of **A11:** 243
Embrittlers
SMIE occurrences by **A11:** 243
Embryos, as clusters
defined **A15:** 103
Emergency Planning and Community Right to Know Act, 1986 (EPCRA) **A20:** 132–133
purpose of legislation **A20:** 132
Emergency Planning and Community Right-to-Know Act (EPCRA) **A5:** 916
Emergency Response and Community Right-to-Know Act **A5:** 160
Emery **A5:** 92
as an abrasive in wire sawing **A9:** 26
as grinding abrasive before microstructural analysis **EM4:** 572
defined **A9:** 7
definition **A5:** 954
physical properties **A18:** 192
polishing with **M5:** 108
Emery paste **M5:** 117
Emery-Tate oil/pneumatic (load-measuring) system **A8:** 613–614
emf *See* Electromotive force; Thermocouple materials
EMF process *See* Electromagnetic forming
EMI *See* Electromagnetic interference
EMI shielding
by urethane hybrids **EM2:** 268–269
Emission
alpha-particle **A10:** 244–245
Auger **A10:** 550
beta-particle **A10:** 245
contrast, SEM **A10:** 502
de-excitation by **A10:** 433
defined **A10:** 85–86, 673
fluorescent yield **A10:** 86–87
for photoejection of electrons in copper . . . **A10:** 85, 87
from fluxes **EL1:** 644
gamma-ray, as radioactive decay mode . . . **A10:** 245
K lines **A10:** 86
L lines **A10:** 86
lines, defined **A10:** 21, 673
M lines **A10:** 86
maxima, molecular fluorescence spectroscopy **A10:** 75
maximum depth of **A10:** 525
photon **A10:** 61
positron, as radioactive decay mode **A10:** 245
profile, self-absorbed line **A10:** 22
secondary electron (low-energy) **A10:** 433–434
silver x-ray, spectrum **A10:** 90
spectra **A10:** 21, 22, 75–76, 673
studies, remote, IR for **A10:** 115
x-radiation, as basis of x-ray spectrometry **A10:** 82
x-ray, in x-ray spectrometry **A10:** 83–84
Emission control
cupolas **A15:** 386–387
Emission sources
excitation mechanisms for **A10:** 24
flame **A10:** 28–29
for optical emission spectroscopy **A10:** 24–29
glow discharges **A10:** 26–28
ideal **A10:** 24–25
spark **A10:** 25–26
Emission spectrometer *See also* Spectrometers
defined **A10:** 673
Emission spectroscopy *See also* Inductively coupled plasma atomic emission spectroscopy **A13:** 1115
as advanced failure analysis technique . . **EL1:** 1104
defined **A10:** 673
for trace element analysis **A2:** 1095
infrared **A10:** 115
optical **A10:** 21–30
spectral interferences in **A10:** 33
Emission spectrum
defined **A10:** 673
Emission-control equipment **A13:** 1367–1370
Emissions, acoustic *See* Acoustic emission inspection; Acoustic emissions
Emissive corrosion products
acoustic emission inspection **A17:** 287
Emissive electrode
definition **M6:** 7
Emissivity **A19:** 182
color image **A17:** 488
test surface, in thermal inspection . . . **A17:** 396–397
Emitter diffusion
bipolar junction transistor technology **EL1:** 195
Emitter-coupled logic (ECL)
and CMOS, TTL, compared **EL1:** 165–166
as ASIC technology **EL1:** 161
as circuit interface **EL1:** 160–161
bipolar, as future trend **EL1:** 390
development **EL1:** 160
for digital ICs **EL1:** 163–165
high-speed, routing **EL1:** 76
ICs, heat flux dissipated **EL1:** 402
ICs, off-chip rinse time **EL1:** 401
parts, in design layout **EL1:** 513
Emmanuel's version of Murakami's reagent
as an etchant for heat-resistant casting alloys **A9:** 331
composition of **A9:** 331
Empennage
advanced composites for **EM1:** 34
Emphysema
from cadmium toxicity **A2:** 1240
Empirical correction software
x-ray spectrometry **A10:** 100
Empirical criterion
modified **A14:** 400–401
of fracture **A14:** 389–393
Empirical distribution function (EDF) goodness-of-fit test *See also* Chi-square goodness-of-fit test; Goodness-of-fit test **A8:** 637
Empirical formulas
determination of **A10:** 213
Empirical growth law **A9:** 697
Empirical life reduction factors **A19:** 116
Empirical welding factor **A18:** 540
Empirical yield functions **A7:** 333
EMS 544
finish broaching **A5:** 86
EMS 73030
finish broaching **A5:** 86
Emulsifiable solvent cleaning
chemical cleaning methods compared **A5:** 707
Emulsifiable solvents
aluminum and aluminum alloys cleaned with **M5:** 576–577
cleaning process **M5:** 33
pigmented drawing compounds removed by **M5:** 4–5
Emulsification **A5:** 335, **M7:** 132
Emulsification process **A18:** 141
Emulsification time
liquid penetrant inspection **A17:** 83
Emulsifiers **A18:** 99, 106–107
application of **A17:** 82–83
applications **A18:** 107
as lubricant additive **A14:** 514
contamination of **A17:** 85
for liquid penetrant inspection **A17:** 75
for lubricant failure **A11:** 154
for metalworking lubricants **A18:** 141, 142, 143, 144
formation of **A18:** 107
in engine and nonengine lubricant formulations **A18:** 111
moieties **A18:** 106
structures **A18:** 107
Emulsifying agent
definition **A5:** 954
Emulsifying agents **M5:** 33
Emulsifying oil
effect on bearing strength **A8:** 60
Emulsion **EM3:** 11
as lubricant form **A14:** 513–514
concentration, testing **A14:** 516–517
defined **A18:** 8, **EM2:** 16
definition **A5:** 954
duration of rust-preventive protection afforded in months **A5:** 420
salt-coated magnesium particles from **M7:** 132
stability, of lubricants **A14:** 516
Emulsion calibration curve
defined **A10:** 673
Emulsion cleaning **A5:** 3, 14, 33–38, **M5:** 33–39
advantages and limitations **M5:** 38–39
agitation, use of **M5:** 35
aluminum and aluminum alloys . . **M5:** 4–5, 35, 577
analysis **A5:** 37
analysis of cleaners **M5:** 36
applications **A5:** 33–34, **M5:** 34–35, 37
as removal method **A5:** 9
attributes compared **A5:** 4

before painting . . . A5: 424
brass . . . M5: 35
cast iron . . . M5: 35
cast irons . . . A5: 687
cleaner composition and operating conditions . . . M5: 33–34, 36
cleaner pH, effect of . . . M5: 4–5
cleaning action . . . A5: 33
cleaning cycles . . . M5: 35–36
composition . . . A5: 37
concentration ranges . . . M5: 34–37
concerns . . . A5: 34–35
copper and copper alloys . . . A5: 810–811, M5: 618
cutting fluids removed by . . . M5: 9
cycles for removing polishing and buffing compounds . . . A5: 9
definition . . . A5: 33, 954
die castings, brass and zinc . . . M5: 35
dip process . . . M5: 34–35
diphase emulsion cleaners . . . A5: 36–37, M5: 33–35
emulsifiers . . . A5: 37
emulsion cleaners . . . A5: 36–37
emulsion concentrate compositions and operating temperatures . . . A5: 33
emulsion types and stability . . . A5: 37
equipment and process control . . . M5: 35–38
equipment for immersion systems . . . A5: 37
equipment for spray systems . . . A5: 37–38
exposure times . . . M5: 36
floating layer system . . . M5: 33–34
foaming during . . . M5: 10–11
immersion cleaning . . . A5: 35
immersion process . . . M5: 14, 35–36
limitations . . . A5: 34–35
magnesium alloys . . . A5: 820, M5: 4–5, 629–630
magnetic particle and fluorescent penetrant inspection residues removed by . . . M5: 14
maintenance schedules . . . M5: 37–38
materials for . . . EL1: 666
mechanism of action . . . M5: 4–5, 23
operating conditions for emulsion cleaners . . A5: 35
pigmented drawing compounds removed by . . . M5: 4–7
plating process precleaning . . . M5: 18
polishing and buffing compounds removed by . . . M5: 10–11
procedure for removing scale from heat-resistant alloys . . . A5: 780
process . . . A5: 34
process parameters . . . A5: 35
process selection . . . A5: 35
processing variables . . . A5: 35, 36
production applications . . . A5: 34
rinsing process . . . M5: 10–11, 36–37
rust prevention by *See also* Emulsion rust-preventive compounds . . . M5: 14, 38–39
safety and health hazards . . . A5: 17, 34, 38
safety precautions . . . M5: 21, 38–39
secondary cleaning . . . A5: 35–36
selecting an emulsion system . . . A5: 37
soak process . . . M5: 34, 36, 676, 677
spray cleaning . . . A5: 35, 36
spray process . . . M5: 33–38
stable emulsion cleaners . . . A5: 36, M5: 33–35
stainless steels . . . A5: 749
steel . . . M5: 35
system selection . . . M5: 34–37
temperature . . . M5: 33–36
to remove chips and cutting fluids from steel parts . . . A5: 8–9
to remove pigmented drawing compounds A5: 4–6
to remove unpigmented oil and grease . . . A5: 7
unpigmented oils and greases removed by M5: 5, 8
unstable emulsion cleaners . . . A5: 36, M5: 33–35
waste disposal . . . A5: 38
waste treatment . . . M5: 39
zinc alloys . . . A5: 871
zinc and zinc alloys . . . M5: 7, 35, 676–677
zirconium and hafnium alloys . . . A5: 852

Emulsion inversion
defined . . . A18: 8

Emulsion polymerization *See also* Polymerization . . . EM3: 11
defined . . . EM2: 16

Emulsion rust-preventive compounds . . . M5: 459, 461–464, 467, 469
applying, methods of . . . M5: 467
duration of protection . . . M5: 469

Emulsion stability . . . A18: 143

Emulsions
for optical holographic interferometry . . . A17: 406–407

EMYCIN . . . A20: 310

EN 8 steel
flash welding . . . M6: 557

EN 16 steel
flash welding . . . M6: 557

EN 355 steel, carburized
toughness of . . . M1: 536

Enamel *See also* Porcelain enameling M5: 495, 501, 503
defined . . . EL1: 109
definition . . . A5: 954

Enamel coatings *See also* Enamels
for cast irons . . . A13: 571

Enamel film insulation
wrought copper and copper alloy products A2: 260

Enamel, human teeth
properties . . . A18: 666

Enamel paint
roller selection guide . . . A5: 443

Enamel undercoat paint
roller selection guide . . . A5: 443

Enameled sheet steel *See* Porcelain enameled sheet steel

Enameled steel
dark-field color metallography image . . . A9: 159

Enameling
zinc alloys . . . A2: 530

Enameling furnaces . . . A5: 463–464
batch furnaces . . . A5: 463–464
continuous furnaces . . . A5: 463, 464
intermittent furnaces . . . A5: 463, 464

Enameling iron
mechanical properties . . . M1: 178
porcelain enamel effect on torsion resistance of metal angles . . . A5: 467
porcelain enameling . . . M1: 177–180
porcelain enameling of . . . M5: 512–513, 527
production . . . M1: 178–179
sag resistance . . . M1: 179–180

Enameling iron sheet . . . A9: 201

Enameling, porcelain *See also* Porcelain enameling
as cast coating . . . A15: 563–564

Enamels *See also* Lacquers . . . EM4: 1061–1068
ceramic decoration . . . EM4: 1066–1068
coal tar . . . A13: 406
compositions . . . EM4: 1063–1065
cost factors . . . EM4: 1068
covercoat . . . EM4: 1066
glass enamel . . . EM4: 1066
ground coat . . . EM4: 1065–1066
porcelain . . . A13: 446–452, EM4: 1065, 1066
product availability . . . EM4: 1068

Enantiotropy
defined . . . A9: 7

Encapsulants *See also* Encapsulation
composition, rigid epoxies . . . EL1: 812–813
epoxies . . . EL1: 283
flexible epoxy . . . EL1: 817–831
glass . . . EL1: 343
glob-top . . . EL1: 803
internal stress . . . EL1: 806–808
introduction . . . EL1: 759–760
moisture resistance . . . EL1: 805–806
molding compounds . . . EL1: 803–805
overview . . . EL1: 802–809
plastic, key properties . . . EL1: 805–809
properties of . . . EL1: 805–809
rigid epoxies . . . EL1: 810
silicones . . . EL1: 283, 773
soft error . . . EL1: 808–809
thermal conductivity . . . EL1: 808
thick-film . . . EL1: 341–343
types and uses . . . EL1: 802–805
wipe sweep . . . EL1: 809

Encapsulate
defined . . . EL1: 1143

Encapsulated adhesive . . . EM3: 11

Encapsulated electronic filters
neutron radiography of . . . A17: 394–395

Encapsulated hot isostatic pressing
applications . . . EM4: 199–200

Encapsulated microelectronic devices
failure mechanisms . . . EL1: 1049–1057

Encapsulated powder vacuum outgassing . . . M7: 434–435

Encapsulation *See also* Ceramic packages; Encapsulants; Encapsulation; Encapsulation failure mechanisms; Encapsulation materials; Environment; Environmental; Plastic packages; Potting . . . EM3: 11, 553
as environmental protection . . . EL1: 45–46, 65–67
by transfer molding . . . EL1: 473
characteristics of . . . EL1: 282
container design . . . M7: 429–430
defined . . . EM1: 10, EM2: 16
failures . . . EL1: 978–979
in hot isostatic pressing . . . M7: 428–435
lead frame materials . . . EL1: 487–488
materials . . . M7: 428–429
methods, of package sealing . . . EL1: 239–243
molded-epoxy, failure mechanisms . . . EL1: 961
of bubble memory devices . . . EL1: 819
of inner lead bonded chip . . . EL1: 282–283
of light emitting diodes (LEDS) . . . EL1: 819
of radioactive sources . . . A17: 308
outlook . . . EL1: 449
plastic, defect . . . EL1: 962
preliminary powder processing for . . . M7: 435–436
rheology . . . EL1: 838
sheet metal . . . M7: 425, 427, 428
tape automated bonding, plastic packages EL1: 479
undercoating, soft, properties . . . EL1: 241
vacuum coating process . . . M5: 397
vitreous dielectrics for . . . EL1: 109

Encapsulation failure mechanisms
corrosion . . . EL1: 1049–1052
interconnect . . . EL1: 1054–1056
nuclear radiation induced device failure EL1: 1056
stress-related . . . EL1: 1052–1054

Encapsulation materials
as environmental protection . . . EL1: 65–66
mechanical behavior . . . EL1: 66–67
molded plastic packages . . . EL1: 473–475
properties . . . EL1: 66

Encapsulation techniques . . . A7: 594

Encapsulation theory . . . A18: 449

Encircling coils *See also* Coils; Probes; Sensors
eddy current inspection . . . A17: 176
for reflection/transmission methods, eddy current inspection . . . A17: 183
impedance . . . A17: 169–170
remote-field eddy current inspection A17: 195–196
setup and components . . . A17: 180

Enclosure
effect on stress state in forging . . . A8: 588

Enclosure panel
conventional spray painting . . . A5: 427

Encoders
coordinate measuring machines . . . A17: 24–25

Encoding, run length
machine vision process . . . A17: 34

Encyclopedia of Polymer Science and Technology . . . EM3: 70

End
count, defined . . . EM1: 10
defined . . . EM1: 10, EM2: 16

End brushes . . . M5: 155

End caps
pipe welding . . . M6: 591

End cutting-edge angle (ECEA) . . . A16: 19, 20, 143
shaping of tool steel die sections . . . A16: 192

End distance . . . A20: 662, 663

End effect
and inspection method selection, tubular products . . . A17: 561
in flux leakage inspection . . . A17: 563, 564
ultrasonic inspection . . . A17: 565

End effect, correction in compressive loading
extrapolation method for . . . A8: 583

End flare
in contour roll forming . . . A14: 633

End groups, molecular
and polymers . . . EM2: 58

End hooks
straightening of . . . A14: 691, 692
stresses in . . . A1: 321

End milling *See also* Milling
Al alloys . . . **A16:** 766–767, 772, 773, 784, 786, 790, 792
and boring . . . **A16:** 174
carbon and alloy steels . . . **A16:** 675
cemented carbides used . . . **A16:** 85, 86
compared to ECM and EDM . . . **A16:** 539
Cu alloys . . . **A16:** 816–817
flank wear . . . **A16:** 37–38, 42
flank wear scars . . . **A16:** 44
grinding of end mills . . . **A16:** 461
heat-resistant alloys . . . **A16:** 754, 756
in conjunction with milling . . . **A16:** 304, 306, 308
Mg alloys . . . **A16:** 826, 827
MMCs . . . **A16:** 894
P/M materials . . . **A16:** 889
peripheral, cast irons . . . **A16:** 651, 655, 663–664
refractory metals . . . **A16:** 866, 867
stainless steels . . . **A16:** 703
surface roughness arithmetic average extremes . . . **A18:** 340
Ti alloys . . . **A16:** 846–847, 848, 849
TiN coatings . . . **A16:** 57, 58
tool steels . . . **A16:** 722, 726
Zn alloys . . . **A16:** 834
End mills *See also* Cutting tools . . . **M7:** 532
carbide metal cutting tools . . . **A2:** 964–965
End plates
metal molds . . . **A15:** 303
End point densification
effects of contained argon . . . **M7:** 434
End product nondestructive evaluation of adhesive-bonded composite joints . . . **EM3:** 777–784
acoustic emission . . . **EM3:** 781
holography . . . **EM3:** 782–783
radiographic techniques . . . **EM3:** 781–782
shearography . . . **EM3:** 782–783
state of the art technology . . . **EM3:** 783
thermography . . . **EM3:** 783
ultrasonic NDE . . . **EM3:** 777–781
acoustic impedance . . . **EM3:** 777–778
leaky Lamb waves . . . **EM3:** 779–781, 782, 783
pulse-echo . . . **EM3:** 778–779, 783
through-transmission . . . **EM3:** 778–779, 783
ultrasonic spectroscopy . . . **EM3:** 779, 781
End relief angle (ER) . . . **A16:** 142
front clearance . . . **A16:** 143
shaping of tool steel die sections . . . **A16:** 192
End return
definition . . . **A6:** 1209
End seal *See* Face seal
End uses *See also* Applications
and mold life . . . **A15:** 281
casting . . . **A15:** 42–43
End-centered
defined . . . **A9:** 7
End-centered space lattice . . . **A3:** 1•15
End-cutting reamers . . . **A16:** 241, 242
End-grain attack . . . **A20:** 562, 563
definition . . . **A20:** 832
designing for . . . **A13:** 342
End-grain exposure
in closed-die forgings . . . **A1:** 342
steel forgings . . . **M1:** 355–356
Endless-wire saw . . . **A9:** 26
Endo gas *See* Endothermic gas
Endodontic failures . . . **A13:** 1339
Endodontic instruments
simplified composition on microstructure **A18:** 666
End-of-life data
thermal analysis . . . **EM2:** 570
Endogas . . . **A4:** 312, 314, 318, 323
P/M induction hardening . . . **A4:** 234
ENDOR *See* Electron nuclear double resonance
Endoscopic surgical stapler parts
17-4PH stainless steel . . . **A7:** 1107–1108
Endothermic atmospheres *See also* Endothermic gas . . . **A7:** 458, 460–461, 465, **M7:** 4, 361
composition of furnace atmosphere constituents . . . **A7:** 460
sintering of ferrous materials . . . **A7:** 469
Endothermic gas
as sintering atmosphere . . . **M7:** 341–343
carbon potential as function of dewpoint and temperature . . . **M7:** 361
composition . . . **M7:** 342, 343
dewpoint . . . **M7:** 343
Endothermic reaction *See also* Exothermic reaction
defined . . . **A15:** 5
Endothermic-base atmospheres
applications . . . **M4:** 397
generation . . . **M4:** 397–398
safety precautions . . . **M4:** 398–399
Endpoints precipitation titrations . . . **A10:** 164
titration, Eriochrome Black T . . . **A10:** 173–174
End-quench hardenability test **A1:** 452, 454, 470, 471
defined . . . **A8:** 5
definition . . . **A5:** 954
End-quench test . . . **M1:** 457, 471–472, 474–476, 478
hardenability equivalence . . . **M1:** 482–488
hardenability limits . . . **M1:** 490–491
Endrin
maximum concentration for the toxicity characteristic, hazardous waste . . . **A5:** 159
Ends, fabric *See* Warp yarns
Ends, shaped
in multiple-slide forming . . . **A14:** 569–570
Endurance . . . **A8:** 5
limits, ultrasonic fatigue testing . . . **A8:** 241
Endurance life
as temperature-induced stress test . . . **EL1:** 498
Endurance limit *See also* Fatigue limit; Fatigue properties; Fatigue strength . . . **A8:** 5, **A19:** 18, 103, 228, 233, 295, 299, 607–608, **A20:** 286, 517–518, 519, **EM3:** 11
aluminum alloy weldments . . . **A19:** 823
defined . . . **A11:** 4, 103, **A13:** 6
definition . . . **A20:** 832
macrocrack growth . . . **A19:** 67
relation to residual stress and hardness in fatigue test . . . **A4:** 453
Endurance limit regime . . . **A19:** 315
Endurance load
symbol for . . . **A20:** 606
Endurance ratio *See also* Fatigue properties . . . **A20:** 517–518
Endurance ratios . . . **A19:** 659
Endurance, thermal *See* Thermal endurance
End-use requirements
defining . . . **EM2:** 707
Energetic neutrals . . . **A5:** 574
Energetics
of cluster formation . . . **A15:** 103
of heterogeneous nucleation . . . **A15:** 104
Energy *See also* Force requirements; Power; Power requirements; Quantity of heat; Specific energy; Work
absorption in monotonic fracture . . . **A19:** 28–29
as *J*, in toughness testing . . . **A11:** 62–63
at time of fracture . . . **A11:** 49–51
atomic surface . . . **A19:** 43
available, machine size selection by . . . **A14:** 85
characteristics, forming machines . . . **A14:** 16
characteristics, mechanical presses . . . **A14:** 38–39
characteristics, screw presses . . . **A14:** 40–41
conversion factors . . . **A8:** 722
converter, material system as . . . **A14:** 371
criterion, as fracture condition in EPFM . . . **A11:** 50
density, SI unit/symbol for . . . **A8:** 721
elastic, release of . . . **A11:** 50
flywheel . . . **A14:** 496
folding . . . **A11:** 55
forging, rapidity and intensity . . . **A14:** 57
hammer blow, load-stroke curve . . . **A14:** 42
law of conservation of . . . **A11:** 49
relations, electromagnetic forming . . . **A14:** 652–653
released . . . **A19:** 6
requirements, and press selection . . . **A14:** 491
SI unit/symbol for . . . **A8:** 721
specific, vs. strain rate, heat-resistant alloys . . . **A14:** 233
strain, determined . . . **A11:** 49–51
surface . . . **A19:** 6
symbol for . . . **A11:** 796
total, released from the body due to the crack . . . **A19:** 6
Energy abbreviation for . . . **A10:** 690
absorption-edge, defined . . . **A10:** 85
analyzer, LEISS analysis . . . **A10:** 607
basis for electromagnetic radiation . . . **A10:** 83
density, SI derived unit and, symbol for . . **A10:** 685
electronic, excitation levels of . . . **A10:** 86
impact, conversion factors . . . **A10:** 686
in UV/VIS absorption spectroscopy . . . **A10:** 61
kinetic, defined . . . **A10:** 675
loss, Rutherford backscattering spectrometry . . . **A10:** 630
nonimpact, conversion factors . . . **A10:** 686
principal Auger electron . . . **A10:** 551
radiant, defined . . . **A10:** 680
SI derived unit and symbol for . . . **A10:** 685
specific, SI derived unit and symbol for . . **A10:** 685
Energy absorption
ahead of the crack tip . . . **A19:** 31
in composites . . . **A20:** 657
of honeycomb structures . . . **EM1:** 728
Energy analyzers
LEISS analysis . . . **A10:** 607
Energy balance . . . **A7:** 518–519, 524
reactive sintering . . . **A7:** 518–519
Energy balance approach
evaluation of crack growth . . . **EM3:** 382
Energy balance method
fluid flow modeling . . . **A15:** 867–869
Energy barrier theory . . . **A6:** 145
Energy beam surface alloying
titanium and titanium alloys . . . **A5:** 841–842
Energy beam surface melting
titanium and titanium alloys . . . **A5:** 841
Energy conservation
and P/M processing . . . **M7:** 569
Energy consumption . . . **A20:** 256
Energy conversion systems
alloy steel corrosion in . . . **A13:** 538–542
Energy delivery rate . . . **A6:** 316
Energy dependence
of electron mean free path . . . **A10:** 571
Energy dispersion spectrometry (EDS) process . . . **EM4:** 375
for chemical analysis . . . **EM4:** 550–551
to analyze electrical discharge machining process . . . **EM4:** 375
Energy dispersive analysis of x-rays (EDAX)
for microstructural analysis . . . **EM4:** 570
Energy dispersive spectroscopy (EDS) . . . **A7:** 222
Energy dispersive spectroscopy testing . . **A13:** 960–962
Energy dispersive x-ray analysis
compositional analysis of welds . . . **A6:** 100, 104
Energy dispersive x-ray analysis (EDXA)
for particle image analysis . . . **A7:** 261
Energy dissipation
and damping . . . **EM1:** 206, 210
reduced, by composites . . . **EM1:** 36
Energy equation . . . **A20:** 711
Energy filtering
of backscattered electrons to improve resolution . . . **A9:** 95
Energy flows, common . . . **A20:** 21
Energy (frictional work) with respect to kinematics . . . **A18:** 478
Energy hazards . . . **A20:** 140
Energy heat input . . . **A6:** 13

Energy industry applications *See also* Power industry applications
titanium and titanium alloy castings **A2:** 634, 644–645
titanium and titanium alloys **A2:** 588–589

Energy level diagrams
electron transitions. **A10:** 569
electronic, copper **A10:** 85, 87
lithium **A10:** 22
of an atom. **A10:** 570
of molecular light-scattering processes **A10:** 126
of unpaired electron with two nuclear spins
electron spin resonance **A10:** 259
schematic, for an atom **A10:** 433
solvent-relaxation effects. **A10:** 77
transitions of atomic spectrometries **A10:** 44

Energy levels, electronic
in optical emission spectroscopy **A10:** 21–22

Energy loss **EM3:** 11
defined **EM2:** 16
electrons, signal detector for **A10:** 435
Rutherford backscattering spectrometry... **A10:** 630

Energy measurements **A19:** 216

Energy method
matrix cracking. **EM1:** 241

Energy referencing
in chemical testing **EM1:** 285

Energy release rate **A20:** 533
crack-closure method for **EM1:** 248–250
curve, crack tip strain **EM1:** 241–242
strain, coefficients **EM1:** 242–243
strain, retention t-actor **EM1:** 244

Energy release rate finite element analysis
for residual strength analysis validation... **A19:** 572

Energy shifts, measurement
for atom chemistry **A10:** 552

Energy sources
x-ray radiography. **A17:** 307–308

Energy sources, alternative
for microelectronics. **EL1:** 103

Energy storage applications
magnetic, with superconducting materials **A2:** 1057
titanium and titanium alloys **A2:** 588–589

Energy, switching
defined **EL1:** 2

Energy transition temperature of steels **M1:** 691

Energy-compensated atom probe
abbreviation for. **A10:** 690
high-energy **A10:** 597

Energy-dispersive diffractometry used to construct
pole figures **A9:** 703–706

Energy-dispersive spectrometer (EDS) .. **A7:** 223, 224, 225

Energy-dispersive spectrometers *See also* Spectrometers
basic components. **A10:** 519
complete, diagram of. **A10:** 519
dead time **A10:** 519–520
detector resolution (peak broadening). **A10:** 519
efficiency **A10:** 525
sum peaks and escape peaks **A10:** 520

Energy-dispersive spectrometry *See also* X-ray spectrometry
analysis of cartridge brass. **A10:** 530
and CBED, diffusion-induced grain-boundary
migration analysis by **A10:** 461–464
and electron diffraction, unknown phase
identification by. **A10:** 455–459
and wavelength-dispersive spectrometry,
compared. **A10:** 521–522
applications. **A10:** 100–101
continuous bremsstrahlung background,
effects of **A10:** 528
dead time **A10:** 516
defined **A10:** 673
detection limits. **A10:** 522
detector, cross section **A10:** 435
detector resolution **A10:** 519
dot mapping. **A10:** 525–529
instrument selection. **A10:** 522
light-element analysis. **A10:** 459–461, 522
of cement **A10:** 99–100
of high-temperature solder **A10:** 532
peak broadening. **A10:** 519
peak identification. **A10:** 522–523
peak overlap problem. **A10:** 523, 530
pulse processing, long time constant in ... **A10:** 527
qualitative **A10:** 522–523
simultaneous multielement capabilities,
effects of **A10:** 92
spectral resolution **A10:** 521–522
spectrometers for **A10:** 89–93
used to analyze x-ray line spectrum **A9:** 92
x-ray lines, 1-10 keV **A10:** 523

Energy-dispersive spectroscopy (EDS) **EM3:** 237
depth profiling **EM3:** 247

Energy-dispersive spectroscopy (EDX) analysis
abrasive wear and lubricant analysis **A18:** 308

Energy-dispersive x-ray analysis
of wrought stainless steels **A9:** 282–283

Energy-dispersive x-ray analysis (EDAX) instrumentation
for surface examination **A18:** 291

Energy-dispersive x-ray detector
use with image analysis. **A10:** 318

Energy-dispersive x-ray fluorescence *See* Energy-dispersive spectrometry; Spectrometers

Energy-dispersive x-ray spectrometers
analyzer systems. **A10:** 91–92
detectors **A10:** 90–91, 519
for x-ray spectrometry. **A10:** 89–93
operation of **A10:** 92–93

Energy-dispersive x-ray spectrometry (EDX)
abbreviation for **A11:** 796
analysis of reheater tube rupture. **A11:** 610
detectors **A11:** 32–33, 40

Energy-dispersive x-ray spectrometry (EDX) detectors
applications. **A11:** 37–40
development **A11:** 32–33
x-rays generated, percentage of **A11:** 38

Energy-dispersive x-ray spectroscopy **A12:** 2, 168

Energy-dispersive x-ray spectroscopy (EDS)
description/capabilities **EL1:** 1097–1098
for intermetallic-related failure **EL1:** 1043
scanning electron microscope with **EL1:** 1094–1095

Energy-efficient operations *See* Operations, energy-efficient

Energy-filtered quadrupole mass spectrometer A7: 227

Energy-loss near-edge structure (ELNES) ... **A18:** 390

Energy-release rate
in crack extension **A11:** 49
J as **A11:** 50

Energy-release-rate criterion **A19:** 6

Energy-release-rate method **EM3:** 3

Energy-restricted machines **A14:** 25, 37

Engagement beads
for torsional impact system **A8:** 216

Engine
camshaft sprocket gear **M7:** 617, 619
mount support, produced by Colt-Crucible ceramic
mold process **M7:** 754
oil pump driven gears **M7:** 617, 619, 672–673
rocker arm pivot **M7:** 617, 619

Engine block crusher **A20:** 137

Engine components, aircraft
eddy current inspection **A17:** 189–194

Engine control
as commercial hybrid application **EL1:** 382

Engine lathes **A16:** 142
and high-speed machining **A16:** 600
boring **A16:** 160, 170
trepanning **A16:** 176
turning. **A16:** 153, 154, 155, 157

Engine oil(s)
additives. **A18:** 111, 169–170
antiwear agents used **A18:** 102
ASTM sequence IID engine test to assess
corrosion-inhibiting ability **A18:** 106
defined **A18:** 8
dyes **A18:** 110
formulation. **A18:** 168–169
base fluids **A18:** 168–169
physical properties of hydrofinished HVI stocks
and synthetic base stocks. **A18:** 169
relationship between properties and hydrocarbon
structures **A18:** 168
friction modifiers used **A18:** 104
lubricant-related causes of engine
malfunction. **A18:** 167–168
lubrication classification based on end-use **A18:** 85, 165–167
aviation. **A18:** 166
gasoline. **A18:** 165
heavy-duty diesel **A18:** 165
marine diesel. **A18:** 165–166
natural gas **A18:** 166
railroad diesel **A18:** 165
SAE viscosity classification **A18:** 85
stationary diesel **A18:** 165
two-stroke cycle **A18:** 166–167
oxidation inhibitors **A18:** 105
performance package. **A18:** 169–170
performance testing **A18:** 170
pour-point depressants **A18:** 108
rust and corrosion inhibitors **A18:** 106
specifications **A18:** 162–165
automotive diesel engine service engine oil
classification. **A18:** 165
service classifications **A18:** 163
viscosity. **A18:** 163, 164
winter (W) viscosity **A18:** 163
viscosity improvers used. **A18:** 110

Engine parts for rebuilding
dry blasting **A5:** 59

Engine Structural Integrity Program (ENSIP) **A17:** 666, 668–669, **A19:** 585–586

Engine Structural Integrity Program (ENSIP) development plans
ENSIP Task I, design information **A19:** 585

Engine Structural Integrity Program (ENSIP) operational requirements
ENSIP Task I, design information **A19:** 585

Engine structural maintenance plan
ENSIP Task IV, engine life management. . **A19:** 585

Engine structural maintenance program
components. **A17:** 666

Engineered and electronic materials
ceramics, failure analysis of. **A11:** 744–757
continuous fiber reinforced composites, failure
analysis of **A11:** 731–743
integrated circuits, failure analysis of **A11:** 766–792
polymers, failure analysis of **A11:** 758–765

Engineered materials
brittle fracture. **A12:** 109
effect of oxidation **A12:** 35
fracture modes **A12:** 12–22
fracture/failure causes illustrated. **A12:** 217
types illustrated **A12:** 216

Engineered Materials Abstracts **EM3:** 72

Engineered Materials Handbook **EM3:** 71

Engineered powders **A7:** 413, 414

Engineered products
aluminum and aluminum alloy **A2:** 5–7

Engineering *See also* NDE engineering; Quality control
design, tension test for **A8:** 19
effects, NDE reliability. **A17:** 674–677
material, temperature and strain rate
effect on. **A8:** 19
simultaneous **A17:** 702
stress curve, rimmed steel. **A8:** 554
unified life cycle. **A17:** 702

Engineering adhesive **EM3:** 11

Engineering alloys
engineered material classes included in material
property charts **A20:** 267
expansion coefficient vs. Young's
modulus. **A20:** 267, 276–277, 278
fracture toughness vs.
density. **A20:** 267, 269, 270
strength. **A20:** 267, 272–273, 274
Young's modulus **A20:** 267, 271–272, 273
linear expansion coefficient vs. thermal
conductivity. **A20:** 267, 276, 277
loss coefficient vs. Young's modulus. **A20:** 267, 273–275
normalized tensile strength vs. coefficient of linear
thermal expansion. **A20:** 267, 277–279
semisolid casting/forging of **A15:** 327
specific modulus vs. specific strength **A20:** 267, 271, 272
strength vs. density **A20:** 267–269
thermal conductivity vs. thermal
diffusivity. **A20:** 267, 275–276
Young's modulus vs.
density **A20:** 266, 267, 268, 289
elastic limit **A20:** 287
strength **A20:** 267, 269–271

Engineering applications
low-expansion alloys **A2:** 896

Engineering aspects of failure and failure analysis
and fracture mechanics **A11:** 47–65
ductile-to-brittle fracture transition. **A11:** 66–71
general practice in **A11:** 15–46
Engineering brass plating **M5:** 285
Engineering ceramics. **A20:** 427–428, **EM4:** 16
applications **EM4:** 16
engineered material classes included in material property charts **A20:** 267
fracture toughness vs.
density. **A20:** 267, 269, 270
strength. **A20:** 267, 272–273, 274
Young's modulus **A20:** 267, 271–272, 273
linear expansion coefficient vs. thermal conductivity. **A20:** 267, 276, 277
linear expansion coefficient vs. Young's modulus. **A20:** 267, 276–277, 278
loss coefficient vs. Young's modulus. **A20:** 267, 273–275
materials included **EM4:** 16
normalized tensile strength vs. coefficient of linear thermal expansion. **A20:** 267, 277–279
properties. **EM4:** 16
shaping and finishing. **EM4:** 313
specific modulus vs. specific strength **A20:** 267, 271, 272
strength vs. density **A20:** 267–269
thermal conductivity vs. thermal diffusivity. **A20:** 267, 275–276
Young's modulus vs.
density **A20:** 266, 267, 268, 289
elastic limit **A20:** 287
strength **A20:** 267, 269–271
Engineering change (EC) level **EL1:** 130
Engineering change order (ECO) wire tacking adhesives. **EM3:** 569, 572
Engineering chromium plating *See* Hard chromium plating
Engineering composites
engineered material classes included in material property charts **A20:** 267
fracture toughness vs.
density. **A20:** 267, 269, 270
strength. **A20:** 267, 272–273, 274
Young's modulus **A20:** 267, 271–272, 273
linear expansion coefficient vs. thermal conductivity. **A20:** 267, 276, 277
linear expansion coefficient vs. Young's modulus. **A20:** 267, 276–277, 278
normalized tensile strength vs. coefficient of linear thermal expansion. **A20:** 267, 277–279
strength vs. density **A20:** 267–269
thermal conductivity vs. thermal diffusivity. **A20:** 267, 275–276
Young's modulus vs.
density **A20:** 266, 267, 268, 289
elastic limit **A20:** 287
strength **A20:** 267, 269–271
Engineering contacts
recommended materials for **A2:** 864
Engineering design
definition. **A20:** 509
Engineering design specification *See also* Product design specification **A20:** 8
definition. **A20:** 832
functional requirements. **A20:** 8
in-use purposes **A20:** 8
Engineering design system (EDS)
collection of indexable data (CID) **EL1:** 129
in computer-aided design. **EL1:** 127–132
Engineering economy
corrosion calculations **A13:** 369–374
Engineering index (EI)
as information source **EM1:** 40–41
Engineering materials
cermets as **A2:** 978
implantation in. **A10:** 485
stress tensors as function of depth, neutron diffraction **A10:** 420
Engineering plastics *See also* Design considerations; Engineering plastics families; Plastics; Polymer families; Polymers. **EM3:** 12, 41
basic elements and analysis methods **EM2:** 825
blends and alloys **EM2:** 632–637
characteristics **EM2:** 68–73
compressive strength **EM2:** 245
defined. **EM2:** 16, 97
definition. **A20:** 832
design approach **EM2:** 74–81
effect, chemical environments **EM2:** 188
electrical properties **EM2:** 73
engineered material classes included in material property charts **A20:** 267
environmental effects **EM2:** 429–430
environmental factors **EM2:** 69–71
fracture toughness vs. strength **A20:** 267, 272–273, 274
introduction. **EM2:** 1
material cost **EM2:** 73
materials characterization. **EM2:** 655
mechanical properties **EM2:** 71–73
photolytic degradation **EM2:** 776–782
principal constituent **EM2:** 1
Rockwell hardness **EM2:** 245
specific modulus vs. specific strength **A20:** 267, 271, 272
specifications and standards. **EM2:** 89–91
strength vs. density **A20:** 267–269
structures of **A20:** 449–450
testing of. **EM2:** 515–516
thermal properties **EM2:** 68–69
thermal stress and physical aging . . . **EM2:** 751–760
thermoset. **EM2:** 222–225
typical, listing of. **EM2:** 73
ultraviolet (UV) resistance **EM2:** 1
unfilled, coefficient of expansion. **EM2:** 1
unit volume prices **EM2:** 79
Young's modulus vs. density. . . **A20:** 266, 267, 268, 289
Engineering plastics, composition, processing, and structure effects on properties **A20:** 434–456
additives **A20:** 446
amorphous vs. semicrystalline. **A20:** 443–444
arc resistance **A20:** 451
blends. **A20:** 455
blow molding **A20:** 453
bond dissociation energies. **A20:** 440, 441
calendering **A20:** 453
carbon content **A20:** 434–439
chain branching **A20:** 441
chemical properties **A20:** 452
chlorine content **A20:** 439–440
composition
intermolecular considerations **A20:** 443–445, 446
molecular structure. **A20:** 440–443
submolecular structure. **A20:** 434–440
supermolecular considerations **A20:** 445–446
copolymerization **A20:** 445–446
cross-linking **A20:** 445
crystallization **A20:** 454
definition. **A20:** 434
die swell. **A20:** 454
dielectric constant and dissipation factor **A20:** 450–451
dielectric strength. **A20:** 451
electrical properties **A20:** 450–451
fluorine content **A20:** 439, 443
foams **A20:** 446
hydrogen content **A20:** 439
inherent flexibility **A20:** 441–443, 444
injection molding. **A20:** 453
intermolecular attractions. **A20:** 444–445
melt fracture **A20:** 454
melt viscosity. **A20:** 440, 442
melt viscosity and melt strength. **A20:** 453–454
molded-in stress **A20:** 455
molecular weight **A20:** 440–441
nitrogen content **A20:** 439
optical properties. **A20:** 451–452
orientation **A20:** 444, 454
overview of the major thermoplastics processing operations **A20:** 452–453
oxygen content **A20:** 439
plasticizers. **A20:** 446
polydispersity index. **A20:** 441
polymer blends. **A20:** 446
polymer degradation **A20:** 455
processing **A20:** 452–455
properties of, and commodity plastics. **A20:** 449–460
rotational molding **A20:** 453
shrinkage **A20:** 455
shrinkage values **A20:** 454
structure effects on thermal and mechanical properties **A20:** 447–448
structures and transition temperatures . . . **A20:** 434, 435–439
thermal and mechanical properties of molten engineering plastics **A20:** 448, 449
thermal and mechanical properties of solids **A20:** 446–448
thermoforming **A20:** 453
viscoelasticity **A20:** 448
volume resistivity. **A20:** 450
Engineering plastics families *See also* Engineering plastics; Plastics; Polymer families; Polymer(s)
acrylics. **EM2:** 103–108
acrylonitrile-butadiene-styrenes (ABS) **EM2:** 109–114
allyls (DAP, DAIP) **EM2:** 226–229
aminos **EM2:** 230–231
bismaleimides (BMI). **EM2:** 252–256
cyanates. **EM2:** 232–239
epoxies (EP) **EM2:** 240–241
guide to **EM2:** 97–275
high-density polyethylenes (HDPE). . **EM2:** 163–166
high-impact polystyrenes (PS, HIPS) **EM2:** 194–199
homopolymer and copolymer acetals (AC). **EM2:** 100–102
introduction. **EM2:** 97–99, 222–225
ionomers **EM2:** 120–123
liquid crystal polymers (LCP) **EM2:** 179–182
phenolics **EM2:** 242–245
polyamide-imides (PAI) **EM2:** 128–137
polyamides (PA). **EM2:** 124–127
polyaryl sulfones (PAS). **EM2:** 145–146
polyarylates (PAR). **EM2:** 138–141
polyaryletherketones (PAEK, PEK, PEEK, PEKK) **EM2:** 142–144
polybenzimidazoles (PBI) **EM2:** 147–150
polybutylene terephthalates (PBT) . . **EM2:** 153–155
polycarbonates (PC). **EM2:** 151–152
polyether sulfones (PES, PESV) **EM2:** 159–162
polyether-imides (PEI) **EM2:** 156–158
polyethylene terephthalates (PET). . . **EM2:** 172–176
polyphenylene ether blends (PPE, PPO) **EM2:** 183–185
polyphenylene sulfides (PPS) **EM2:** 186–191
polysulfones (PSU) **EM2:** 200–202
polyurethanes (PUR). **EM2:** 257–264
polyvinyl chlorides (PVC) **EM2:** 209–213
reinforced polypropylenes (PP) **EM2:** 192–193
silicones (SI) **EM2:** 265–267
styrene-acrylonitriles (SAN, OSA, ASA) **EM2:** 214–216
styrene-maleic anhydrides (S/MA) . . **EM2:** 217–221
thermoplastic fluoropolymer **EM2:** 115–119
thermoplastic polyimides (TPI). **EM2:** 177–178
thermoplastic polyurethanes (TPUR) **EM2:** 203–208
thermoplastic resins, introduction. **EM2:** 98–99
thermosetting resins, introduction. . . **EM2:** 222–225
ultrahigh molecular weight polyethylenes (UHMWPE) **EM2:** 167–171
unsaturated polyesters. **EM2:** 246–251
urethane hybrids **EM2:** 268–271

SUBJECTS OF THE INDEXED VOLUMES: ASM Handbook (designated by the letter "A"): **A1:** Properties and Selection: Irons, Steels, and High-Performance Alloys (1990); **A2:** Properties and Selection: Nonferrous Alloys and Special-Purpose Materials (1990); **A3:** Alloy Phase Diagrams (1992); **A4:** Heat Treating (1991); **A5:** Surface Engineering (1994); **A6:** Welding, Brazing, and Soldering (1993); **A7:** Powder Metal Technologies and Applications (1998); **A8:** Mechanical Testing (1985); **A9:** Metallography and Microstructures (1985); **A10:** Materials Characterization (1986); **A11:** Failure Analysis and Prevention (1986); **A12:** Fractography (1987); **A13:** Corrosion (1987); **A14:** Forming and Forging (1988); **A15:** Casting (1988); **A16:** Machining (1989); **A17:** Nondestructive Evaluation and Quality Control (1989); **A18:** Friction, Lubrication, and Wear Technology (1992); **A19:** Fatigue and Fracture (1996); **A20:** Materials Selection and Design (1997). **Metals Handbook, 9th Edition** (designated by the letter "M"): **M1:** Properties and Selection: Irons and Steels (1978); **M2:** Properties and Selection: Nonferrous Alloys and Pure Metals (1979); **M3:** Properties and Selection: Stainless Steels, Tool Materials, and Special-Purpose Materials (1980); **M4:** Heat Treating (1981); **M5:** Surface Cleaning, Finishing, and Coating (1982); **M6:** Welding, Brazing, and Soldering (1983); **M7:** Powder Metallurgy (1984). **Engineered Materials Handbook** (designated by the letters "EM"): **EM1:** Composites (1987); **EM2:** Engineering Plastics (1988); **EM3:** Adhesives and Sealants (1990); **EM4:** Ceramics and Glasses (1991). **Electronic Materials Handbook** (designated by the letters "EL"): **EL1:** Packaging (1989)

vinyl esters **EM2:** 272–275

Engineering polymers
fracture toughness vs. density . . **A20:** 267, 269, 270
fracture toughness vs. Young's modulus . . **A20:** 267, 271–272, 273

linear expansion coefficient vs. thermal conductivity **A20:** 267, 276, 277
linear expansion coefficient vs. Young's modulus **A20:** 267, 276–277, 278
loss coefficient vs. Young's modulus **A20:** 267, 273–275

normalized tensile strength vs. coefficient of linear thermal expansion **A20:** 267, 277–279
thermal conductivity vs. thermal diffusivity **A20:** 267, 275–276
Young's modulus vs.
density, Materials Property chart **A20:** 266
elastic limit **A20:** 287
strength **A20:** 267, 269–271

Engineering properties
of steel castings **A1:** 376–378

Engineering properties of borides **EM4:** 787–801
applications **EM4:** 798–801
binary phase diagrams **EM4:** 792
chemical properties **EM4:** 789, 797–798, 801
classification **EM4:** 787–788
crystal structure **EM4:** 178–791
electrical properties **EM4:** 789, 794–796, 798, 799–800
enthalpy of formation **EM4:** 793, 794
erosion resistance **EM4:** 792
fabrication **EM4:** 788–789
flexural strength **EM4:** 791–792, 798
fracture toughness **EM4:** 798–799
Gibbs free energy of formation **EM4:** 793
hardness **EM4:** 789, 791, 796–798, 799
heat capacity at constant pressure **EM4:** 793
known borides in periodic system **EM4:** 788
load **EM4:** 796–798
magnetic properties **EM4:** 796–797, 800
mechanical properties **EM4:** 791–794, 796–799
melting point **EM4:** 789–791
optical properties **EM4:** 789, 796, 800
preparation **EM4:** 789–789
strength **EM4:** 789, 791, 798
structure **EM4:** 787–788, 789–791
thermal properties **EM4:** 789–791, 794–796
wear rate **EM4:** 789, 792
Young's modulus **EM4:** 791, 798, 799

Engineering properties of carbides **EM4:** 804–810
boron carbide **EM4:** 804–806
classes of metal carbides **EM4:** 804
interstitial carbides **EM4:** 810
mechanical properties **EM4:** 804
silicon carbide **EM4:** 806–808
tungsten carbide **EM4:** 808–810

Engineering properties of carbon-carbon and ceramic-matrix composites **EM4:** 835–843
carbon-carbon composites **EM4:** 835–838, 842–843
ceramic-matrix composites **EM4:** 838–843

Engineering properties of diamond and graphite **EM4:** 821–831
buckyballs **EM4:** 829
diamond **EM4:** 821–827
graphite **EM4:** 827–831

Engineering properties of glass-ceramics **EM4:** 870–877
chemical systems **EM4:** 870–873
compositions **EM4:** 870
general properties **EM4:** 874–877
heat-treatment cycle **EM4:** 870–971, 874
special applications and techniques **EM4:** 874, 875

Engineering properties of glass-matrix composites **EM4:** 858–867
composite mechanical properties **EM4:** 861–862
composite thermal expansion . . **EM4:** 858–859, 860
composite Young's modulus **EM4:** 860–861
crack-second-phase interactions **EM4:** 863–865
dielectric properties **EM4:** 859–860
effect of interfacial reaction **EM4:** 866–867
effect of porosity **EM4:** 865–866
effect of volume fraction and size of dispersed phase **EM4:** 866
effects of adding a second phase **EM4:** 862–863
hardness **EM4:** 867

Engineering properties of multicomponent and multiphase oxides **EM4:** 758–773
$BaTiO_3$ ceramics, effect of solid solution substitution on ferroelectric phase transitions **EM4:** 770
mullite **EM4:** 761–765
multiphase oxides **EM4:** 770–773
perovskites **EM4:** 766–770
silicate structures **EM4:** 759
silicates **EM4:** 758–761
spinels **EM4:** 765–766

Engineering properties of nitrides **EM4:** 812–820
additives **EM4:** 812
applications **EM4:** 812
mechanical properties **EM4:** 812
other nitride ceramics **EM4:** 819–829
properties of silicon nitride **EM4:** 814–819
sialon system **EM4:** 812
silicon nitride-based ceramics **EM4:** 812–814
sintering difficulties **EM4:** 812

Engineering properties of oxide glasses and other inorganic glasses **EM4:** 845–857
chemical properties **EM4:** 855–857
electrical properties **EM4:** 851–853
intermediate oxides **EM4:** 845
magnetic properties **EM4:** 854–855
mechanical properties **EM4:** 849–851
modifiers **EM4:** 845
optical properties **EM4:** 853–854
overview of glass structures **EM4:** 845–846
physical and thermal properties **EM4:** 846–849
properties of glasses **EM4:** 845

Engineering properties of single oxides **EM4:** 748–757
A_2O_3-type oxides **EM4:** 751–753
A_2O_N-type oxides **EM4:** 748
AO_2-type oxides **EM4:** 753–756
AO_3-type oxides **EM4:** 756–757
AO-type oxides **EM4:** 748–751

Engineering properties of zirconia **EM4:** 775–786
applications of zirconia-ceramics . . . **EM4:** 784–785
fabrication of toughened ceramics . . **EM4:** 777–780, 783
properties of zirconia-toughened ceramics **EM4:** 780–784
transformation toughening **EM4:** 775, 776–777

Engineering Sciences Data Unit Ltd. (ESDU) **A19:** 568

Engineering specifications
and quality **A17:** 720

Engineering stages **A20:** 8
for parts, the configuration design **A20:** 8
the engineering (or physical) concept **A20:** 8
the parametric design **A20:** 8
the product marketing concept **A20:** 8

Engineering strain *See also* Linear strain; True strain **A8:** 5, **A19:** 228, 229
abbreviation **A8:** 724
and area reduction **A8:** 575
at fracture, elongation as **A8:** 22
curves, uniaxial tensile testing **A8:** 554
for engineering stress-strain curve **A8:** 20
formula **A19:** 229
in bending **A8:** 118–119
sheet metal forming **A8:** 549
symbols for **A8:** 724
vs. true strain, creep testing **A8:** 305

Engineering strain (ϵ_E) **A20:** 342

Engineering stress *See also* Mean stress; Nominal stress; Normal stress; Residual stress; True stress **A8:** 4, **A19:** 228, 229, **EM3:** 12
and true stress **A8:** 23
curves, uniaxial tensile testing **A8:** 554
defined **EM2:** 16
formula **A19:** 229
in tension testing **A8:** 20

Engineering stress (σ_E) **A20:** 342

Engineering stress-strain curve *See also* Stress-strain curve; True stress-true strain curve **A8:** 19
and tension testing **A8:** 20–23

Engineering tension test
mechanical behavior of materials under **A8:** 20–27

Engineering thermoplastics **A20:** 449

Engineering thermoplastics (ETPs) *See also* Engineering plastics; Engineering plastics families; Plastics; Polymer families; Polymer(s); Resins; Thermoplastic resins;
Thermoplastics **EM2:** 98–221
advantages **EM2:** 356–357
grades of **EM2:** 98–99
introduction **EM2:** 98–99
mechanical properties **EM2:** 98
selection **EM2:** 618
systems **EM2:** 445–451
thermal and related properties **EM2:** 445–459

Engineering Thermoplastics, Properties and Applications (Margolis) **EM2:** 94

Engineering thermosets
thermal and related properties **EM2:** 439–444

Engineering topics
special **A2:** 1203–1204

Engineering verification
bottom-brazed flatpacks **EL1:** 992–993

Engineers
polymer science for **EM2:** 48–62

England
early metalworking in **A15:** 16, 18

Engler viscosity
defined **A18:** 8

English (24K) jewelry plating
flash formulations for decorative gold plating **A5:** 248

Engraver's brass
applications and properties **A2:** 308–309

Engraving, noncutting process
in metal removal processes classification scheme **A20:** 695

Engraving tools, electric
mechanical damage by **A11:** 342

Engulfment
of insoluble particles **A15:** 142

Enhanced corrosive attack **A18:** 178

Enhanced delubing process **A7:** 454

Enhanced plastic flow theory
hydrogen damage **A13:** 165

Enhanced plasticity theory 488 . . . . **A19:** 489

Enhanced sintering **A7:** 445, 446

Enhancement
effects, interelement **A10:** 97
electromagnetic, and SERS **A10:** 136
fluorescence, using organized mediums **A10:** 79
resolution, as IR method **A10:** 116–117

Enhancement mode
MOSFET **EL1:** 158

ENIAC computer **A20:** 186

Enlargement
crack **A11:** 106
film radiography **A17:** 312
microradiography **A17:** 312
of shadow, radiography **A17:** 311–312
real-time radiography **A17:** 312
scattering reduction **A17:** 312

Enriched foodstuffs and cereals
powder used **M7:** 573

Enrichment
of impurities to grain boundaries **A13:** 156

ENS *See* Electrostatic nonmetallic separator

Ensemble averaging **A20:** 189

ENSIP *See* Engine structural integrity program

ENSTAFF, standardized service simulation load
history **A19:** 116

Enstatite **A7:** 677
chain structure **EM4:** 759
chemical system, primary phase **EM4:** 872
crystal structure **EM4:** 881
maximum use temperature **EM4:** 875

Entanglements, chain
chemistry of **EM2:** 64

Entertainment electronics
commercial hybrid applications **EL1:** 385

Enthalpy . . . . **A3:** 1•6, **A20:** 187, 188
and heat capacity, principles of **A15:** 50
of fusion, of semisolid materials **A15:** 328

Enthalpy changes **A6:** 45

Enthalpy equation **A20:** 187

Enthalpy of oxide formation **A7:** 473

Entraining velocity
defined **A18:** 8
symbol and units **A18:** 544

Entrainment **EM4:** 414

Entrance burr
definition **A5:** 954

Entrance guides
contour roll forming **A14:** 627–628

Entrapment
of liquids in secondary operations **M7:** 451

Entropy *See also* Specific entropy . . . . **A3:** 1•7
ideal, of mixing **A15:** 101
of ideal solution **A15:** 103
SI derived unit and symbol for **A10:** 685
SI unit/symbol for **A8:** 721

Entropy changes **A6:** 45

Entropy rate ratio
determining **A14:** 440

Envelope **A5:** 282

Envelopes
measured area under rectified signal (MARSE) **A17:** 282–283
x-ray tube **A17:** 302

Environment *See also* Environmental **EM3:** 12
acid, inhibitors **A13:** 524–525
aggressive effects, on alloy steels **A19:** 642–644, 645, 646, 647, 648, 649
-alloy systems, crack tip film formation . . . **A13:** 146
-alloy systems, stress-corrosion cracking **A13:** 145–146, 326
and creep-rupture behavior **A20:** 579
and fatigue crack closure **A19:** 56, 57
and loading intensities **A19:** 299
and telephone cables, interaction . . **A13:** 1127–1128
aqueous, titanium/titanium alloys **A13:** 689
as cause of stress-corrosion cracking . . **A8:** 495–496
as factor, coordinate measuring machines **A17:** 26–27
as factor for stress-corrosion cracking **A19:** 483–484
as factor, magnesium/magnesium alloys **A13:** 741–743
atmospheric **A13:** 460
atomic oxygen, in low earth orbit **A12:** 481
caustic, nickel-base alloy SCC **A13:** 650
chemical processing plant **A13:** 1134
conventional interconnection **EL1:** 2–5
corrosion fatigue **A8:** 403
corrosive **A8:** 426–430
corrosive, nickel-base alloy behavior **A13:** 643–647
defined **A12:** 22, **A13:** 6, **EM1:** 10
distribution **EL1:** 85
distribution, high-frequency digital systems **EL1:** 85
effect, aluminum SCC **A13:** 591
effect, and fatigue **A13:** 295
effect, chemical processing corrosion **A13:** 1134
effect, corrosion fatigue **A13:** 143, 300
effect in creep experiments **A8:** 302–303
effect in hydrogen embrittlement testing . . . **A8:** 538
effect on crack initiation **A8:** 375
effect on dimple rupture **A12:** 22–35
effect on fatigue **A12:** 35–63
effects of **A12:** 22–63
effects on
alloy steels **A19:** 650–651
aluminum alloys **A19:** 787–791
duplex stainless steels **A19:** 763
fatigue crack thresholds **A19:** 144–146
fracture mechanics **A19:** 378–379
solder fatigue **A19:** 887
stainless steels **A19:** 726–731
titanium alloys **A19:** 848–849
effects on fatigue strength **A8:** 374–375
elevated temperature effects **A12:** 49
end-use, corrosion in **A13:** 533–542
exposure of precracked specimens to **A8:** 517
exposure, SCC specimens **A13:** 259
fatigue analysis for design **A19:** 247–248
for intergranular corrosion, austenitic stainless steels **A13:** 325
for SCC in titanium alloys **A13:** 274
for SCC of aluminum/aluminum alloys **A12:** 28
for SCC of brass **A12:** 28
for SCC of steels **A12:** 27
for SCC of titanium alloys **A12:** 28
freshwater, general biological corrosion **A13:** 88
gaseous, disk-pressure test for hydrogen embrittlement in **A8:** 540–541
gaseous, effects on fatigue **A12:** 36–41
high-strength steels and stress-corrosion cracking **A19:** 488
hostile, coordinate measuring machine for **A17:** 24
hot salt, SCC testing **A13:** 273–275
immersion **A13:** 460
in fatigue properties data **A19:** 16
inert, creep effects in **A12:** 59
laboratory, SCC testing **A13:** 264
liquid, effects on fatigue **A12:** 36, 41–46
liquid-metal, fatigue in **A13:** 177–178
loading, effect on fatigue **A12:** 36, 53–54
marine, general biological corrosion **A13:** 88
nickel-base alloys and stress-corrosion cracking **A19:** 493–494
noise, high-frequency digital systems **EL1:** 76
of acidified chloride solution fatigue testing **A8:** 419
of aircraft, enhanced fatigue crack growth **A19:** 561
operating, of connectors **EL1:** 23
processing, quality control and inspection of **EM1:** 740–741
SCC testing **A13:** 263–265
specific, stainless steel corrosion **A13:** 554–559
stainless steels and stress-corrosion cracking **A19:** 491–492
stress-corrosion cracking and **A19:** 487
structural steel corrosion in various **A13:** 532
structured, for machine vision **A17:** 42
temperature, effects on fatigue **A12:** 36, 49–53
urban, tin-bronze preferential corrosion by **A12:** 403
vacuum, effects on fatigue **A12:** 36, 46–49
various, carbon steel corrosion prevention guide **A13:** 523
vibration, optical holographic interferometry **A17:** 413
work, and NDE reliability **A17:** 677

Environment containment **A19:** 205

Environment, design for *See* Design for the environment

Environment supply system
for liquid cooling or corrosion fatigue testing **A8:** 248

Environmental
considerations, of hazardous cleaning materials **EL1:** 667
protect on, of plastic packages **EL1:** 470
reliability, of ceramic hybrid circuits **EL1:** 381
stability, lead frame alloys **EL1:** 491

Environmental aspects of design **A20:** 131–138
chemicals and substances covered by NAAQS **A20:** 133
chlorofluorocarbons **A20:** 138
design for disassembly (DFD) **A20:** 135–136
design for "X" (DFX) **A20:** 134
difficult-to-recycle materials **A20:** 138
environmental guidelines, additional **A20:** 137
environmental impact assessment (EIA) . . **A20:** 133, 134
environmental impact assessment (EIA) study of emissions data **A20:** 133
environmental legislation, major, in United States **A20:** 132
EPA Environmental Design Strategies **A20:** 131
example: processes and equipment used by a scrap processor **A20:** 136–137
failure modes and effects analysis (FMEA) **A20:** 134–135
generic (structural) concerns **A20:** 131–133
international standards **A20:** 132
ISO standards **A20:** 132
life cycle assessment **A20:** 134
materials and products to be evaluated in terms of environmental risk **A20:** 137
pollution prevention as a business ethic . . **A20:** 133
quality function deployment **A20:** 134, 135
recycling of plastics **A20:** 136
regulatory framework **A20:** 132–133
shredder, schematic of **A20:** 136, 137
software for environmentally responsible design **A20:** 135
steps used to standardize an approach to design for the environment **A20:** 131–132
tools for environmentally responsible design **A20:** 133–138
toxic chemicals **A20:** 133
toxic chemicals included under NESHAPS **A20:** 133
Valdez principles **A20:** 131

Environmental attack
on porous parts **M7:** 697

Environmental auditing (1986)
purpose of legislation **A20:** 132

Environmental cell transmission electron microscopy **A19:** 186

Environmental chamber
for elevated/low temperature tension testing **A8:** 34–35
with drop tower compression test **A8:** 197

Environmental concerns
acid cleaning waste disposal **A5:** 52
alkaline cleaning **A5:** 20
blast cleaning operations **A5:** 66
cadmium use **A5:** 918–923
chemical vapor deposition of nonsemiconductor materials **A5:** 516
chromate conversion coatings **A5:** 408
chromium **A5:** 925
chromium plating **A5:** 184, 190
copper alloy plating, waste water treatment **A5:** 257
copper and copper alloys **A5:** 811
copper plating **A5:** 174–175
CVD and PVD coating processes for cutting tools **A5:** 907
diffusion coatings **A5:** 616
disposal of spent pickle liquor (SPL) **A5:** 77
elastomeric coatings for automotive plastics **A5:** 448
electroless alloy deposition **A5:** 329
electroless copper plating, waste water disposal **A5:** 321
electroless gold plating **A5:** 325
emulsion cleaning **A5:** 35, 38
finishing fluid selection, application, and disposal **A5:** 158–160
gold plating dragout **A5:** 249
iron plating **A5:** 214
lapping vehicle fluids as hazardous waste . . **A5:** 106
mass finishing compound and equipment selection **A5:** 122, 123
mass finishing methods waste disposal **A5:** 125
mechanical plating **A5:** 332
molten salt bath cleaning **A5:** 42
nickel alloy plating **A5:** 268–269
nickel plating **A5:** 211–212
painting **A5:** 439
painting of structural steel **A5:** 446
phosphate coating effluents, solid and waste disposal **A5:** 400–403
phosphate coatings **A5:** 382
surface engineering of aluminum and aluminum alloys **A5:** 789, 800
thermal barrier coatings **A5:** 656–657
thermal spray coatings **A5:** 506–507
tin-alloy plating **A5:** 262, 263
vapor degreasing compounds **A5:** 930–934
vapor degreasing, solvent waste disposal **A5:** 32

Environmental considerations unique to sealants **EM3:** 673–679

SUBJECTS OF THE INDEXED VOLUMES: **ASM Handbook** (designated by the letter "A"): **A1:** Properties and Selection: Irons, Steels, and High-Performance Alloys (1990); **A2:** Properties and Selection: Nonferrous Alloys and Special-Purpose Materials (1990); **A3:** Alloy Phase Diagrams (1992); **A4:** Heat Treating (1991); **A5:** Surface Engineering (1994); **A6:** Welding, Brazing, and Soldering (1993); **A7:** Powder Metal Technologies and Applications (1998); **A8:** Mechanical Testing (1985); **A9:** Metallography and Microstructures (1985); **A10:** Materials Characterization (1986); **A11:** Failure Analysis and Prevention (1986); **A12:** Fractography (1987); **A13:** Corrosion (1987); **A14:** Forming and Forging (1988); **A15:** Casting (1988); **A16:** Machining (1989); **A17:** Nondestructive Evaluation and Quality Control (1989); **A18:** Friction, Lubrication, and Wear Technology (1992); **A19:** Fatigue and Fracture (1996); **A20:** Materials Selection and Design (1997). **Metals Handbook, 9th Edition** (designated by the letter "M"): **M1:** Properties and Selection: Irons and Steels (1978); **M2:** Properties and Selection: Nonferrous Alloys and Pure Metals (1979); **M3:** Properties and Selection: Stainless Steels, Tool Materials, and Special-Purpose Materials (1980); **M4:** Heat Treating (1981); **M5:** Surface Cleaning, Finishing, and Coating (1982); **M6:** Welding, Brazing, and Soldering (1983); **M7:** Powder Metallurgy (1984). **Engineered Materials Handbook** (designated by the letters "EM"): **EM1:** Composites (1987); **EM2:** Engineering Plastics (1988); **EM3:** Adhesives and Sealants (1990); **EM4:** Ceramics and Glasses (1991). **Electronic Materials Handbook** (designated by the letters "EL"): **EL1:** Packaging (1989)

Environmental containment
methods and materials for **A8:** 411

Environmental control
corrosion protection by **A13:** 86, 379

Environmental corrosion *See also* Environment(s) and chemical susceptibility. **EM2:** 573

Environmental cracking *See also* Corrosion fatigue; Embrittlement; Environmentally induced cracking; High-temperature hydrogen attack; Hydrogen blistering; Hydrogen embrittlement; Liquid metal embrittlement; Solid metal embrittlement; Stress-corrosion cracking; Sulfide stress cracking. **A13:** 6, 145–189, 217–219
definition. **A5:** 954

Environmental cracking tests
for sour gas environments **A11:** 301–302

Environmental durability design methodologies
encapsulation materials **EL1:** 65–66
mechanical behavior, encapsulation materials **EL1:** 66–67
protection, purposes **EL1:** 65

Environmental effects *See also* Embrittlement; Environmental embrittlement; Environment(s). **EM3:** 483
and time-dependent corrosion fatigue cracking **A8:** 406
as stress sources **A11:** 206
average stress **EM3:** 614
bare Pt-Rh thermocouples **A2:** 882
carbon fibers **EM1:** 52
crazing and fracture. **EM2:** 736
designing for **EM1:** 182
effects, electrical contact materials **A2:** 840
electronic general component bonding against moisture **EM3:** 573
embrittlement, forms of. **A11:** 98, 100–101
failures characterized. **A11:** 78–79
full-scale damage tolerance testing **EM1:** 351
germanium and germanium compounds **A2:** 735–736
in stress-corrosion cracking **A8:** 499–500
long-term test results. **EM1:** 823–826
mechanical stress **EM3:** 654–655
moisture **EM3:** 654–655
moisture and molecular free volume **EM3:** 654
moisture effect in uncured adhesive film **EM3:** 559
moisture penetration, versus thickness . . . **EM3:** 587
of thermoplastics **EM1:** 293
on automotive adhesive joints **EM3:** 613
on base-metal thermocouples. **A2:** 881–882
on elasticity. **EM1:** 188
on fatigue crack propagation **A8:** 403–435
on highway adhesive joints. **EM3:** 613
on laminate properties. **EM1:** 310
on long-term reliability **EM2:** 788–789
on molecular/physical properties **EM2:** 437
on stress-corrosion cracking **A11:** 207–212, 214
on supplier data sheets **EM2:** 642–645
on wear failure. **A11:** 159–160
overview **EM3:** 613–615
para-aramid **EM1:** 56
sealants **EM3:** 678–679
seawater exposure. **EM3:** 629–632, 635–636
synergistic interactions **EM3:** 614, 615
temperature. **EM3:** 654–655
uranium and uranium alloys **A2:** 670–671

Environmental embrittlement *See also* Embrittlement; Environmental effects
acoustic emission inspection **A17:** 287
iron aluminides. **A2:** 922
nickel aluminides **A2:** 915
nickel-base alloys. **A13:** 647–652

Environmental exposure
during specimen preparation **EM1:** 295–296
tests and results, of mechanical properties **EM1:** 296–300, 823–826

Environmental factor
and flow rate **M7:** 280

Environmental factors *See also* Environment(s)
adjoining materials. **EM2:** 71
long-term, properties effects. **EM2:** 423–432
of engineering plastics **EM2:** 69–71
operating temperature **EM2:** 69–70
stress level **EM2:** 70
stress response, metals vs. plastics **EM2:** 76–78

Environmental factors, tests for **A20:** 93

Environmental fatigue component **A19:** 523

Environmental friendliness **A20:** 104

Environmental hazards **A20:** 140

Environmental health hazard
radiation as **A10:** 247

Environmental hydrogen embrittlement . . **A8:** 540–542

Environmental impact assessment (EIA) **A20:** 133, 134
definition. **A20:** 832
environmental aspects of design **A20:** 133, 134

Environmental load index (ELI) **A20:** 263

Environmental loads (ELUs) **A20:** 262–264

Environmental Management Systems (EMS), international standard (ISO 14000). . . . **A20:** 132

Environmental notch tensile testing **A13:** 962

Environmental performances **A20:** 261–262

Environmental pollution
by sizings. **EM1:** 123

Environmental Protection Agency **A14:** 517–518

Environmental Protection Agency (EPA) **A5:** 408, 912, 914, 916, 930, **EM1:** 36

Industrial Toxics (33/50) Program management standards. **A5:** 160
material and curtailment schedule for use of solvent materials **A5:** 940
regulation of vapor degreasing compounds **A5:** 930

Environmental Quality, Department of **A20:** 132

Environmental regulation of surface engineering **A5:** 911–917
acid rain **A5:** 912
best available control technology (BACT) . . **A5:** 914
Clean Air Act **A5:** 911, 912–914
Clean Water Act **A5:** 911, 916–917
Comprehensive Environmental Response, Compensation, and Liability Act (CERCLA) **A5:** 916
control techniques guidelines (CTGS) **A5:** 914
Emergency Planning and Community Right-to-Know Act (EPCRA). **A5:** 916
environmental law. **A5:** 911–912
Environmental Protection Agency (EPA) . . **A5:** 408, 912, 914, 916, 930
environmental protection system **A5:** 911–912
Federal Insecticide, Fungicide, and Rodentacide Act (FIFRA) **A5:** 917
hazardous air pollutants (HAPs) **A5:** 912–914
Hazardous and Solid Waste Amendments. . **A5:** 915
history of the environmental movement . . . **A5:** 911
lowest achievable emission rates (LAERs). . **A5:** 914
maximum available control technology (MACT) **A5:** 914
National Ambient Air Quality Standards (NAAQS). **A5:** 912, 914
National Emission Standards for Hazardous Air Pollutants (NESHAP) **A5:** 912, 914
National Environmental Policy Act (NEPA). **A5:** 917
operating permits **A5:** 914
ozone-depleting substances **A5:** 914
reasonably available control technology (RACT) standards **A5:** 914
Resources Conservation and Recovery Act (RCRA). **A5:** 911, 914–916
Safe Drinking Water Act (SDWA) **A5:** 917
stormwater discharge **A5:** 917
Superfund Amendment and Reauthorization Act (SARA). **A5:** 916
Toxic Substances Control Act (TSCA) **A5:** 917
treatment, storage, and disposal (TSD) site regulation. **A5:** 915–916
volatile organic compounds (VOCs). . . **A5:** 912, 914
water supply issues **A5:** 917

Environmental resistance
epoxies and **EM3:** 101
styrene-acrylonitriles (SAN, OSA ASA) . . **EM2:** 215
urethane hybrids. **EM2:** 270

Environmental "safeguard subjects" **A20:** 263

Environmental sensitivity **A19:** 66

Environmental stress cracking
of polymers **A11:** 761
oil/gas production **A13:** 1235–1236

Environmental stress cracking (ESC) . . . **EM1:** 10, 97, 100, **EM3:** 12
defined **EM2:** 16
of linear medium-density polyethylene . . . **EM2:** 361
step excitation **EM2:** 552–553

Environmental stress crazing
environmental criteria. **EM2:** 798–800
material optimization **EM2:** 01
molecular mechanism **EM2:** 797–798
testing **EM2:** 801–803

Environmental stress screening (ESS) . . **EL1:** 875–886
applications. **EL1:** 77
concepts **EL1:** 875–876
defined. **EL1:** 875
design of screen **EL1:** 877–884
development **EL1:** 875, 885–886
dynamic vs. static **EL1:** 884
for military hardware **EL1:** 944
future trends. **EL1:** 886
implementation of **EL1:** 884–885
questionable practices **EL1:** 885
risk/results overview **EL1:** 880
scenario flow diagram **EL1:** 879
state of the art **EL1:** 885–886
thermal **EL1:** 882–884
vs. sampling **EL1:** 885

Environmental (sustained-load)
failure **A8:** 486–488

Environmental test chamber
all-metal, for vacuum and gaseous fatigue tests. **A8:** 411
for aqueous solutions at ambient temperatures **A8:** 415

Environmental testing *See also* Environment(s); Failure analysis; Testing
as component- and board-level physical testing. **EL1:** 944
combined environments reliability testing (CERT) **EL1:** 1103
failure mechanisms **EL1:** 493–494
for butyl tapes. **EM3:** 202
for commercial/military applications **EL1:** 493–503
future trends. **EL1:** 503
humidity test **EL1:** 1102
natural **EM2:** 578
package-level **EL1:** 935–938
polybenzimidazoles **EM3:** 170
qualification programs **EL1:** 502–503
salt fog test. **EL1:** 127–128
test methods. **EL1:** 494–495
test procedures **EL1:** 495–502
test standards **EL1:** 494
thermal/humidity cycling test **EL1:** 1102

Environmental threshold **A19:** 7

Environmental variables
control, in water-recirculating systems. **A13:** 487–497
effects, on aqueous corrosion. **A13:** 37–44

Environmentally assisted crack growth **A18:** 403

Environmentally assisted cracking **A19:** 186, 193–196, 204, **A20:** 556–557, 566–570
definition. **A20:** 832

Environmentally assisted embrittlement *See also* Embrittlement **A11:** 100–101

Environmentally enhanced fatigue. **A8:** 487–488

Environmentally enhanced fatigue crack propagation
acidified chloride at ambient and elevated temperatures **A8:** 418–420
aqueous solutions at ambient temperature. **A8:** 415–417
corrosion fatigue **A8:** 403–410
high-temperature pure water, aerated conditions **A8:** 420–422
liquid metal environments **A8:** 425–426
steam or boiling water with contaminants. **A8:** 426–430
vacuum and gaseous, at ambient temperature. **A8:** 410–412
vacuum and oxidizing gases at elevated temperatures **A8:** 412–415

Environmentally important substances
ICP-AES use for. **A10:** 31
MFS analysis of carcinogenic polynuclear aromatic compounds in **A10:** 72
monitoring sampling for **A10:** 12
NAA application to **A10:** 233
pollutants, GC/MS analysis of volatile compounds in. **A10:** 639
radioanalysis of radioactive pollutants in **A10:** 243
sampling of **A10:** 12–18
UV/VIS trace analysis. **A10:** 60
x-ray spectrometry for. **A10:** 82–101

374 / Environmentally induced cracking

Environmentally induced cracking A13: 145–189
hydrogen damage A13: 163–171
liquid-metal embrittlement A13: 171–184
prediction A13: 145
solid metal induced embrittlement ... A13: 184–187
stress-corrosion cracking A13: 145–163
theory A13: 145
types A13: 79

Environmentally induced failure
elevated-temperature A11: 268–277

Environmentally-induced crack closure
prediction complexities A8: 409–410
relevant to corrosion fatigue A8: 408–409

Environmental-purity effect A19: 200

Environment(s) *See also* Aging; Environmental effects; Environmental factors; Environmental resistance; Environmental stress cracking; Environmental stress crazing; Weather aging; Weather resistance; Weatherability
aggressive and inert, effects on fatigue behavior A11: 253
aqueous, cracking from hydrogen charging in A11: 245
atmospheric, effect on stress-corrosion cracking A11: 208
biochemical, and body implants A11: 673–677
body A11: 673–677
carbon and low-alloy steel cracking in A11: 215
caustic, stress-corrosion cracking in A11: 217
chemical, effect on corrosion-fatigue A11: 255
chemical, effect on engineering plastics .. EM2: 188
chemical reactions of surfaces with A11: 160
containing hydrogen sulfide A11: 246
contributing to stress-corrosion cracking .. A11: 208
corrosive, and spring failures A11: 550
defined EM2: 16
effect of EM2: 426–428
effect on corrosion-fatigue A11: 255
effect on crack growth and toughness A11: 54
effect on maraging steels A11: 218
effect on SCC in magnesium alloys A11: 223
effect on yield stress and strain hardening rate A11: 225
effects on pipeline failure A11: 701–704
effects on SCC in titanium and titanium alloys A11: 223–224
embrittlement forms from A11: 98, 100–101
field, sour gas failures in A11: 302–303
hydrogen failures from A11: 409
installation, stress-corrosion cracking in .. A11: 212
liquid metal A8: 425–427
liquid, polymer stress cracking in A11: 761
liquid-metal, fatigue in A11: 231–232
marine-air, effect of alloy selection and part design on SCC in A11: 309–310
polymer stress cracking in A11: 761
preservice, effects on stress-corrosion cracking A11: 211
relation of crack initiation to A11: 106
shipping and storage A11: 211–212
solid metal, embrittlement by A11: 239–244
stress cracking, high-impact polystyrenes (PS, HIPS) EM2: 197–198
subject to selective leaching A11: 178
testing A11: 211
wear failure from A11: 156

Enzymes
activities, UV/VIS assay of A10: 70
ESR study of A10: 264
techniques using, for determination of glucose A10: 79–80

EP *See* Epoxies; Proton energy

EP lubricant *See* Extreme-pressure lubricant

EPDM
applications EM3: 56
for air conditioning heater components ... EM3: 57
for extruded gaskets EM3: 58

EPFM *See* Elastic-plastic fracture mechanics

Epichlorohydrin EM3: 12, 95, 96, 97
corrosion of stainless steels in M3: 82
defined EM2: 16
epoxidization by EL1: 812
for forming epoxies EM3: 94
in epoxy resin manufacture EM1: 10, 66–67

Epichlorohydrin (1-chloro-2, 3-epoxypropane)
hazardous air pollutant regulated by the Clean Air Amendments of 1990 .... A5: 913

Epicyclic gear
decision matrix for A20: 294, 295

Epicyclic straightening A14: 689

Epidemiology
PIXE analysis in A10: 102

Epidiascope
as input device for image analyzers A10: 310

Epikote A7: 76

Epitaxial films
rocking curve profiles A10: 375–376

Epitaxial GaAs on silicon substrate EL1: 200

Epitaxial growth A5: 542, A6: 45, 46, 50–51
active-component fabrication EL1: 192–193
bipolar junction transistor technology EL1: 195
evolution of crystal structure in A10: 536

Epitaxial growth, graphite
cast iron melts A15: 170

Epitaxial growth in the
heat-affected zone A9: 578–579

Epitaxial layers, deposition
gallium arsenide (GaAs) A2: 745

Epitaxial mesas
by aluminum-silicon interdiffusion A11: 778

Epitaxial oxide film *See* Oxide film

Epitaxial precipitation
of silicon in Schottky barrier contacts A11: 777

Epitaxial resolidification
effect on grain size A13: 503

Epitaxially deposited films
heat tinted A9: 136

Epitaxy A5: 552, EM3: 12
defined A9: 7, A10: 673, EM2: 16
defined as surface phenomenon EL1: 104
molecular-beam EL1: 200
oxide structure A13: 66

Epitaxy methods
for gallium arsenide (GaAs) A2: 745

Epithermal irradiation A10: 234

Epithermal neutron activation analysis A10: 239, 689

Epithermal neutrons
defined A10: 234
with indium-resonance method A17: 392

EPK 21
flash welding M6: 558

EPK 33
flash welding M6: 558

EPMA *See* Electron probe microanalysis; Electron probe x-ray microanalysis

Epon resin/curing agent system
selection guide EM1: 134

Epoxide EM3: 12
defined EM1: 10, EM2: 16
homopolymerization EM1: 67–71
resin matrix material effect on fatigue strength of glass-fabric/resin composites A20: 467

Epoxides
as solder resists A6: 133
cycloaliphatic EL1: 854–866

Epoxidization
of unsaturated vegetable oils EL1: 818

Epoxidized cresol novolac (ECN)
characteristics EL1: 811

Epoxidized cresol novolacs EM3: 94

Epoxidized phenol EM3: 94, 96

Epoxidized phenol novolac (EPN) EM3: 594–595
characteristics EL1: 811

Epoxidized phenol novolacs (EPN) EM2: 240

Epoxidized silicones
as ultraviolet-curable EL1: 824

Epoxies *See also* Adhesives and sealants, specific types; Epoxy; Epoxy resins; Flexible epoxies; Sealants, specific types A13: 407–408, 410, 914, A20: 445, 450, 451, EM3: 37, 48, 75, 94–102
absorbed water as plasticizer .. EM3: 623–624, 625
additives and modifiers EM3: 99–100
advantages and limitations EM3: 77
aerospace application EM3: 559
age-life history EM3: 736
aging effect EM3: 683, 684
aluminum-to-aluminum lap joint EM3: 327
analytic methods for A10: 9
anodized surfaces EM3: 417
applications EM3: 44, 56
armature coil sealing and bonding EM3: 612
aromatic base EM3: 95
as body assembly sealants EM3: 608
as coatings/encapsulants EL1: 241–242, 759
as conductive adhesives EM3: 76
as consumer product EM3: 47
as contact material, failure mechanisms .. EL1: 961
as die attach adhesives EM3: 76
as encapsulants, ILB chips EL1: 283
as engineering adhesives family EM3: 567
as fillers in casting resins EM3: 596
as glassy polymers EM3: 617
as optical metallography cold-mounting materials A10: 300
as top coats EM3: 640, 641
automotive body assembly bonding EM3: 609
automotive electronic tacking and sealing EM3: 610
bond line corrosion EM3: 671
bonding composites to composites EM3: 293
bonds with titanium EM3: 266, 267
carbon laminate composite surface contamination EM3: 846–847
casting resins EM3: 596
catalysis EM3: 95
chain propagation EM3: 95
chemical resistance properties EM3: 639
coating for carbon/graphite EM3: 288
cold-cured (two-part) toughened shear properties EM3: 321
commercial forms EM3: 97, 98
compared to acrylics EM3: 119, 120, 121, 124
competing adhesives EM3: 98, 116
conformal overcoat EM3: 592
copper adherends EM3: 269–270
cost factors EM3: 98
critical surface tension EM3: 180
cross-linking EM3: 361, 413
cure chemistry EM3: 95–96
cure mechanism .. EM3: 77, 98, 101–102, 267–268, 555, 595
design and processing parameters ... EM3: 100–102
DGEBA EM3: 623
moisture effect EM3: 623
domination of aerospace applications EM3: 558
durability EM3: 670
effect of fillers on moisture resistance ... EM3: 180
effect of formulations on properties EM3: 184
electrical contact assemblies EM3: 611
electrical insulator protection EM3: 612
electrical properties EL1: 822
engineered material classes included in material property charts A20: 267
exhibiting polarity and hydrogen bonding EM3: 181
F16H581 fiberglass EM3: 524
film tape
mechanical properties EM3: 101
physical properties EM3: 101
for aerospace applications EM3: 97
for aerospace honeycomb core construction EM3: 560
for aerospace honeycomb sandwich construction EM3: 560

SUBJECTS OF THE INDEXED VOLUMES: ASM Handbook (designated by the letter "A"): **A1:** Properties and Selection: Irons, Steels, and High-Performance Alloys (1990); **A2:** Properties and Selection: Nonferrous Alloys and Special-Purpose Materials (1990); **A3:** Alloy Phase Diagrams (1992); **A4:** Heat Treating (1991); **A5:** Surface Engineering (1994); **A6:** Welding, Brazing, and Soldering (1993); **A7:** Powder Metal Technologies and Applications (1998); **A8:** Mechanical Testing (1985); **A9:** Metallography and Microstructures (1985); **A10:** Materials Characterization (1986); **A11:** Failure Analysis and Prevention (1986); **A12:** Fractography (1987); **A13:** Corrosion (1987); **A14:** Forming and Forging (1988); **A15:** Casting (1988); **A16:** Machining (1989); **A17:** Nondestructive Evaluation and Quality Control (1989); **A18:** Friction, Lubrication, and Wear Technology (1992); **A19:** Fatigue and Fracture (1996); **A20:** Materials Selection and Design (1997). **Metals Handbook, 9th Edition** (designated by the letter "M"): **M1:** Properties and Selection: Irons and Steels (1978); **M2:** Properties and Selection: Nonferrous Alloys and Pure Metals (1979); **M3:** Properties and Selection: Stainless Steels, Tool Materials, and Special-Purpose Materials (1980); **M4:** Heat Treating (1981); **M5:** Surface Cleaning, Finishing, and Coating (1982); **M6:** Welding, Brazing, and Soldering (1983); **M7:** Powder Metallurgy (1984). **Engineered Materials Handbook** (designated by the letters "EM"): **EM1:** Composites (1987); **EM2:** Engineering Plastics (1988); **EM3:** Adhesives and Sealants (1990); **EM4:** Ceramics and Glasses (1991). **Electronic Materials Handbook** (designated by the letters "EL"): **EL1:** Packaging (1989)

for aerospace missile radome-bonded joint **EM3:** 564
for aerospace secondary honeycomb sandwich bonding **EM3:** 561
for aircraft engine bonding **EM3:** 97
for aircraft interiors bonding **EM3:** 97
for aluminum skin bonding to aircraft bodies **EM3:** 97
for automotive circuit devices **EM3:** 610
for automotive crash damage repair **EM3:** 556–557
for automotive structural bonding . . **EM3:** 554–555
for battery construction **EM3:** 45
for body assembly **EM3:** 553, 554
for bonding honeycomb to primary surfaces **EM3:** 563
for building construction **EM3:** 97
for circuit protection **EM3:** 592
for coating and encapsulation **EM3:** 580, 587
for composite panel assembly or repair . . . **EM3:** 46, 91, 98, 100
for concrete bonding **EM3:** 96, 101
for die attach in device packaging **EM3:** 584
for die attachment and interconnection . . **EM3:** 580
for electrically conductive bonding . . **EM3:** 572, 573
for electronic bonding and encapsulation **EM3:** 594–596
for electronic general component bonding **EM3:** 573
for encapsulation of electronic and electrical components **EM3:** 51
for flexible printed boards **EL1:** 582
for glass and glass fibers bonding **EM3:** 96, 101
for handle assemblies bonding **EM3:** 45
for hermetic packaging **EM3:** 587
for highway construction **EM3:** 97
for household applications **EM3:** 51, 97
for housing assemblies bonding **EM3:** 45
for lens bonding **EM3:** 575
for localized metal reinforcement **EM3:** 555
for marine applications **EM3:** 97
for metal bonding **EM3:** 101
for missile assembly **EM3:** 97
for plastics bonding **EM3:** 96
for plumbing repairs **EM3:** 608
for potting **EM3:** 585
for printed board manufacture **EM3:** 591, 592
for protecting electronic components **EM3:** 59
for repair of subsonic aircraft **EM3:** 808
for repair of supersonic aircraft **EM3:** 808
for rubber battery sealing **EM3:** 58
for sheet molding compound (SMC) bonding **EM3:** 46
for sporting goods manufacturing **EM3:** 576
for surface-mount technology bonding . . . **EM3:** 570
for thermally conductive bonding **EM3:** 571
for thermoplastic bonding **EM3:** 50, 96
for thermosets bonding **EM3:** 50, 96
for window assembly attachments **EM3:** 553
for wire-winding operation **EM3:** 574
for wood bonding **EM3:** 101
formulation **EM3:** 123
fracture toughness vs.
density **A20:** 267, 269, 270
strength **A20:** 267, 272–273, 274
Young's modulus **A20:** 267, 271–272, 273
glass composites **EM3:** 282, 283
glass transition temperature **EM3:** 76
gold film deposit and bulk impedance response **EM3:** 436
higher temperature and fracture process **EM3:** 509
homopolymerization **EM3:** 95
hot-cured (single-part) toughened shear properties **EM3:** 321
linear expansion coefficient vs. thermal conductivity **A20:** 267, 276, 277
linear expansion coefficient vs. Young's modulus **A20:** 267, 276–277, 278
markets **EM3:** 97–98
mechanical properties **A20:** 460, **EM3:** 99, 101
medical applications **EM3:** 576
microstructural analysis **EM3:** 412, 416
mode I fracture **EM3:** 341–342, 344
mode I fracture behavior under impact loads **EM3:** 443
modified and fracture process **EM3:** 509
moisture effect **EM3:** 622, 736
multifunctional species **EM3:** 94–95, 97
n-aminoethylpiperazine **EM3:** 184–185
no adverse effect by water-displacing corrosion inhibitors **EM3:** 641
normalized tensile strength vs. coefficient of linear thermal expansion **A20:** 267, 277–279
nylon-to-metal bonding **EM3:** 278
particulate composite modulus values compared **EM3:** 316
pastes, properties **EM3:** 98, 100, 101
phase structure **EM3:** 413
plastic energy density distribution with corner rounding **EM3:** 330
plasticized and fracture process **EM3:** 509
polysulfide use with **EM3:** 141–142
prebond treatment **EM3:** 35
predicted 1992 sales **EM3:** 77
properties **EM3:** 78, 92, 101, 106
reacting with acrylonitrile-butadiene rubber **EM3:** 148
reaction with anhydrides **EM3:** 99
representative polymer structure **A20:** 445
resin chemistry **EM3:** 94–95
resistant to many aggressive materials . . . **EM3:** 637
rubber-modified
aluminum alloys **EM3:** 329
bulk uniaxial tensile stress-strain curves **EM3:** 328
elastoplastic analysis **EM3:** 483
service temperatures **A20:** 460
shear strength of fiber fragments **EM3:** 398–399
shear strength of mild steel joints **EM3:** 670
shelf life patches **EM3:** 555
side reactions in preparation **EM3:** 94, 95
silane coupling agents **EM3:** 182
specific modulus vs. specific strength **A20:** 267, 271, 272
steel adherends **EM3:** 273
steel joints wedge tested **EM3:** 668
strength vs. density **A20:** 267–269
stress analysis **EM3:** 478
structural functional type **EM3:** 96–97
substrates for adhesive bonding **EM3:** 101
suppliers **EM3:** 78, 139
surface contamination of composites **EM3:** 846
syntactic adhesives, mechanical properties **EM3:** 101
tackifiers for **EM3:** 183
temperature effect on viscosity **EM3:** 701
thermal conductivity vs. thermal diffusivity **A20:** 267, 275–276
thermal resistance **EM3:** 98
thermally cured, for solder masking **EL1:** 599
thermoplastic additives for toughness **EM3:** 185
thermosetting hot melt
functional type **EM3:** 97
properties **EM3:** 101
time-temperature superposition to fracture energy **EM3:** 513
titanium adherends **EM3:** 268, 269
to fill surface dents in aluminum aircraft structures **EM3:** 809
tougheners **EM3:** 183, 185
undersea cable splicing **EM3:** 612
used with hot-melt adhesives **EM3:** 82
volume resistivity **EM3:** 45
Young's modulus vs.
density **A20:** 266, 267, 268, 289
elastic limit **A20:** 287
strength **A20:** 267, 269–271
Epoxies (EP) *See also* Thermosetting resins
abrasion resistance **EM2:** 167
and cyanates, co-reactivity **EM2:** 234
applications **EM2:** 240–241
as injection-moldable **EM2:** 321
as medium-temperature resin system **EM2:** 441
as structural plastic **EM2:** 65
characteristics **EM2:** 241
commercial variations **EM2:** 240
competitive materials **EM2:** 241
costs **EM2:** 240
environmental effects **EM2:** 428
for filament winding **EM2:** 371
for pultrusions **EM2:** 394
moisture effects **EM2:** 766
processing/product forms **EM2:** 241
suppliers **EM2:** 241
thermoset **EM2:** 629–630
Epoxy *See also* Epoxies; Epoxy materials; Epoxy molding compounds; Epoxy packages; Epoxy resins **M7:** 606
adhesives, for surface mounting **EL1:** 670–671
and urethane, acrylic, silicone, compared **EL1:** 750
applications demonstrating corrosion resistance **A5:** 423
as matrix material **EL1:** 1120
attach, zone 2, package interior **EL1:** 1010
-based silk screen processes **EL1:** 115
copper-filled, thermal conductivity . . . **M7:** 608, 610
curing method **A5:** 442
defined **A13:** 6
die material for sheet metal forming **A18:** 628
effectiveness of fusion-bonding resin coatings **A5:** 699
elevated-temperature curing **A11:** 731
encapsulation, characteristics **EL1:** 810–812
glass, dielectric constant **EL1:** 506
-graphite composite fasteners for **A11:** 530
impurities, effects **EL1:** 962
laminates, formulations and properties . . . **EL1:** 832
minimum surface preparation requirements **A5:** 444
molecule **EL1:** 670
package failure mechanisms **EL1:** 961
packages, injection molded **EL1:** 961
potting in **EL1:** 824
properties, organic coatings on iron castings **A5:** 699
resistance to mechanical or chemical action **A5:** 423
stripping methods **M5:** 19
transfer molding, for encapsulation **EL1:** 473
Epoxy acrylates
photochemistry of **EL1:** 821–866
Epoxy, aliphatic amine or polyamide blends
coating characteristics for structural steel . . **A5:** 440
Epoxy cement
for plate impact testing **A8:** 234
for tubular specimen flanges, torsional Kolsky bar test **A8:** 221
Epoxy coatings paint
roller selection guide **A5:** 443
Epoxy composites *See also* Epoxy resins
chemical reactions, curing **EM1:** 67–71
fabricating processes **EM1:** 71–73
fabrication **EM1:** 71–73
specific tensile strength vs. specific tensile modulus **EM1:** 8
Epoxy ester
organic coating classifications and characteristics **A20:** 550
Epoxy esters
adhesion to selected hot dip galvanized steel surfaces **A5:** 363
coating hardness rankings in performance categories **A5:** 729
for electrocoating **A5:** 430
Epoxy esters, and epoxy-modified alkyds
compared **A13:** 403
Epoxy, fatty acid esters
coating characteristics for structural steel . . **A5:** 440
Epoxy fiberglass printed board substrates
properties **A6:** 992
Epoxy fibers
stiffness **A20:** 515
Epoxy film adhesives **EM1:** 686
Epoxy laminates
vapor-phase soldering **A6:** 369
Epoxy materials *See also* Epoxies; Epoxy; Flexible epoxies; Rigid epoxies
amines, as curing agent **EL1:** 827–828
anhydrides, as curing agent **EL1:** 828–829
as conformal coatings **EL1:** 763
basic manufacturing processes **EL1:** 831–833
curing agent selection **EL1:** 827–831
dicyandiamide, as curing agent **EL1:** 830–831
epoxy resin chemistry **EL1:** 825–827
Lewis acids and bases **EL1:** 829–830
materials selection **EL1:** 825–827
quality assurance **EL1:** 831–836
rigid **EL1:** 810–816
Epoxy matrix selection
principles for **EM1:** 76–77
Epoxy molding compounds . . . **EL1:** 803–805, 810–812
characteristics **EL1:** 810–812

Epoxy mounting materials **A9:** 30–31
for carbon and alloy steels **A9:** 166–167
for epoxy-matrix composites **A9:** 588
for wrought stainless steels **A9:** 279
Epoxy nitriles **EM3:** 44
Epoxy novolacs **EM1:** 67–68, **EM3:** 44, 590, 594
for printed board material systems **EM3:** 592
Epoxy paints
seawater corrosion resistance enhanced by **M1:** 745
Epoxy per equivalent weight (EEW)
as resin property test **EM1:** 736
Epoxy plastic *See also* Epoxies (EP); Plastics; Silicone plastics; Tooling resin **EM3:** 12
defined **EM1:** 10, **EM2:** 16
Epoxy polyamide paint system
estimated life of paint systems in years **A5:** 444
Epoxy primer
stripping methods **M5:** 19
Epoxy primers **EM3:** 640
Epoxy resin *See also* Epoxies (EP); Resin(s)
as organic binder **A15:** 35
as pattern repair material **A15:** 194
as structural plastic, chemistry **EM2:** 65
cast, as plaster molding pattern **A15:** 243
defined **EM2:** 16
properties and applications **A5:** 422
Epoxy resin (2 compositions)
adhesion to selected hot dip galvanized steel surfaces **A5:** 363
Epoxy resins *See also* Epoxies; Epoxy; Epoxy composites; Epoxy materials; FR-4 epoxy resin; Resins; Rigid epoxies **A7:** 720–721, **EM1:** 66–77, **EM3:** 12
accelerators for **EM1:** 137
additives to carbon-graphite materials **A18:** 816
adhesives **EM1:** 684, 685–686
and CM-X, polysulfone, compared **EM1:** 103
and fiber-resin properties **EM1:** 399
and reinforcements/metals, compared **EM1:** 76
as aerospace matrix **EM1:** 3
bismaleimide triazine, properties **EL1:** 534–535
BPA **EM1:** 66–67
carbon fiber reinforced **EM1:** 52, 153, 400, 410–412
chemical and tradenames **EL1:** 826
chemistry **EL1:** 825–827
commercially available **EM1:** 136
curatives for **EM1:** 136
curing **EM1:** 67–73, 134–141, 654–656
curing, agents/reactions **EM1:** 67–73
curing condition effect on glass transition temperature **EM3:** 320
curing temperatures **EM1:** 654
effects of modifications **EM3:** 100
E-glass fiber reinforcement **EM1:** 399, 401–403
for aerospace prepregs **EM1:** 139–140
for automotive electronics bonding **EM3:** 553
for filament winding **EM1:** 135–137
for lightning strike applications **EM3:** 565
for pultrusion **EM1:** 539
for resin transfer molding **EM1:** 169, 566
for RRIM technology **EM1:** 121
for sealing of magnesium alloys **A19:** 880
for wet lay-up **EM1:** 134
formulation **EM1:** 134, 505
glass fabric reinforced **EM1:** 399–400, 404–405
graphite reinforced **EM1:** 400, 412–414
high-temperature **EM1:** 33, 141
hot/wet in-service temperatures **EM1:** 33
in carbon fiber reinforced plastic (CFRP) removal **EM1:** 153
in high-strength medium-temperature thermoset matrix composites **EM1:** 399–415
in space and missile applications **EM1:** 817
Kevlar fiber reinforced . . . **EM1:** 399–400, 407–409
laminate properties **EM1:** 73–76
laminating processes **EM1:** 71–73
manufacture and products **EM1:** 66–67
monoepoxides **EL1:** 810
novolacs **EM1:** 67–68
photoelastic stress pattern **EM1:** 196
primer **EM3:** 277
properties **EM1:** 289, 291, 399
properties analysis and methods **EM1:** 736–737
quartz fabric reinforced . . . **EM1:** 399–400, 414–415
ratios of compressive to tensile yield stresses **EM3:** 328–329
reactions/chemical structures **EL1:** 474
sample chemical reaction **EM1:** 751–753
selection, principles for **EM1:** 76–77
S-glass fiber reinforced . . . **EM1:** 399–400, 405–407
suppliers **EM1:** 134
surface preparation **EM3:** 277
surface tension **EM3:** 181
synthesis **EM1:** 67
systems overview **EL1:** 825–837
tests for **EM1:** 289, 291
thermal stability **EM1:** 810
used in aerospace prepregs, types **EM1:** 140
vs. phenolic novolacs, for molded plastic packages **EL1:** 474
Epoxy resins and coatings . . . **M5:** 495, 498, 501–503, 505
Epoxy resins as mounting materials **A9:** 44, 53–54
for cemented carbides **A9:** 273
for electropolishing **A9:** 49
for titanium and titanium alloys **A9:** 458
for tungsten **A9:** 441
porcelain enameled sheet steel **A9:** 198
powder metallurgy materials **A9:** 504–505
Epoxy systems
DEN 438-BPA-BDMA **EM3:** 286
Epon 828-DTA-BDMA **EM3:** 286
Epon 828-NMA-BDMA **EM3:** 286
Epoxy thermoset
used in composites **A20:** 457
Epoxy thermosetting resins as mounting materials
for white irons **A9:** 243
Epoxy, used as filler in metallographic examination of welded joints made with
backup plates **A9:** 578
Epoxy/tar (2 compositions)
adhesion to selected hot dip galvanized steel surfaces **A5:** 363
Epoxy-acrylates
compared with urethane-acrylates **EM3:** 92
for woodworking **EM3:** 46
Epoxy-anhydride systems
properties **EM3:** 95
Epoxy-aramid
for printed board material systems **EM3:** 592
Epoxy-aramid fiber printed board substrates
properties **A6:** 992
Epoxy-fiberglass
for printed board material systems **EM3:** 592
Epoxy-glass **EM3:** 601
for manufacture of printed boards . . **EM3:** 589, 590
shear stresses **EM3:** 402
Epoxy-Kevlar
for printed board material systems **EM3:** 592
Epoxy-matrix composites
applications **A9:** 592
mounting materials for **A9:** 588
Epoxy-modified alkyds **A13:** 403
Epoxy-novolac base phenolics **EM3:** 104
Epoxy-nylons **EM3:** 44, 75
Epoxy-phenolics **EM3:** 75, 76, 105
advantages and limitations **EM3:** 80
aircraft applications **EM3:** 80
bonding applications **EM3:** 80
properties **EM3:** 106
typical film adhesive properties **EM3:** 78
Epoxy-polyamides
moisture effect **EM3:** 622
Epoxy-quartz
for printed board material systems **EM3:** 592
Epoxy-urethanes
compared to carboxyl-terminated butadiene acrylonitrile (CTBN)-epoxy **EM3:** 185
electrical insulator protection **EM3:** 612
EPRI *See* Electric Power Research Institute
"EPRI Procedures" **A19:** 406
EPS *See* Expanded polystyrene patterns; Swedish Environmental Priority Strategies
Epsilon
defined **A9:** 7
Epsilon carbide
defined **A9:** 7
in lower bainite **A9:** 664
Epsilon martensite
in 300 series stainless steels **A9:** 66
in austenitic stainless steels **A9:** 283
Epsilon phase
in Alnico alloys **A9:** 539
in cobalt-base heat-resistant casting alloys . . **A9:** 334
in zinc-copper alloys **A9:** 489
Epsilon structure
defined **A9:** 7
∂-martensite **A19:** 86
∂-N curves **A19:** 20–23
synthetic or constructed **A19:** 21
∂-N response **A19:** 22
∂-N testing (log strain versus log number of cycles to failure **A19:** 15, 16
∂_p-N_f curves **A19:** 63
Equality
symbols for **A10:** 691–692
Equality of variance
test for **EM1:** 305
Equalized heat treatment **A13:** 934
Equalizer beams
fracture of cast steel **A11:** 388–390
Equalizers
plating **EL1:** 872–873
Equalizing stretch
stainless steels **A14:** 777
Equalizing wedge
radiographic inspection **A17:** 334
Equation
abbreviation for **A11:** 796
Equations *See* Formulas
Equations, constitutive
for material modeling **A14:** 417–420
Equations, generalized
for corrosion economics **A13:** 372–374
Equations of state **A6:** 162
of ideal gas **A17:** 58
Equator
defined **EM1:** 10, **EM2:** 16
Equiaxed alpha
in isothermal titanium alloy specimen **A8:** 172–173
Equiaxed α alloys
fracture toughness versus strength **A19:** 387
Equiaxed alpha grains
in titanium and titanium alloys **A9:** 460
Equiaxed alpha microstructure **A19:** 13
Equiaxed castings *See* Equiaxed solidification
Equiaxed crystal growth
single-phase alloys **A15:** 115
Equiaxed dendrite tip
growth of **A15:** 135
Equiaxed dimples *See also* Dimple(s)
AISI/SAE alloy steels **A12:** 302, 304, 319, 339
and hemispheroidal dimples **A12:** 173
conical **A12:** 14
defined **A12:** 173
formation **A12:** 12–14
in copper **A12:** 173
in low-carbon iron **A12:** 223
maraging steels **A12:** 383, 387
martensitic stainless steels **A12:** 367
on flat-face fracture surface **A11:** 76
precipitation-hardening stainless steels . . . **A12:** 370, 371
shape **A12:** 12–14

SUBJECTS OF THE INDEXED VOLUMES: ASM Handbook (designated by the letter "A"): **A1:** Properties and Selection: Irons, Steels, and High-Performance Alloys (1990); **A2:** Properties and Selection: Nonferrous Alloys and Special-Purpose Materials (1990); **A3:** Alloy Phase Diagrams (1992); **A4:** Heat Treating (1991); **A5:** Surface Engineering (1994); **A6:** Welding, Brazing, and Soldering (1993); **A7:** Powder Metal Technologies and Applications (1998); **A8:** Mechanical Testing (1985); **A9:** Metallography and Microstructures (1985); **A10:** Materials Characterization (1986); **A11:** Failure Analysis and Prevention (1986); **A12:** Fractography (1987); **A13:** Corrosion (1987); **A14:** Forming and Forging (1988); **A15:** Casting (1988); **A16:** Machining (1989); **A17:** Nondestructive Evaluation and Quality Control (1989); **A18:** Friction, Lubrication, and Wear Technology (1992); **A19:** Fatigue and Fracture (1996); **A20:** Materials Selection and Design (1997). **Metals Handbook, 9th Edition** (designated by the letter "M"): **M1:** Properties and Selection: Irons and Steels (1978); **M2:** Properties and Selection: Nonferrous Alloys and Pure Metals (1979); **M3:** Properties and Selection: Stainless Steels, Tool Materials, and Special-Purpose Materials (1980); **M4:** Heat Treating (1981); **M5:** Surface Cleaning, Finishing, and Coating (1982); **M6:** Welding, Brazing, and Soldering (1983); **M7:** Powder Metallurgy (1984). **Engineered Materials Handbook** (designated by the letters "EM"): **EM1:** Composites (1987); **EM2:** Engineering Plastics (1988); **EM3:** Adhesives and Sealants (1990); **EM4:** Ceramics and Glasses (1991). **Electronic Materials Handbook** (designated by the letters "EL"): **EL1:** Packaging (1989)

titanium alloys **A12:** 444–445
tool steels. **A12:** 380
triaxial stress effect **A12:** 31, 40
with spheroidal particles. **A12:** 223
wrought aluminum alloys **A12:** 428

Equiaxed grain structure *See also* Equiaxed grains; Grain structure
defined **A8:** 5, **A9:** 7, **A15:** 5
definition **A5:** 954
described **A15:** 133
formation of **A9:** 603
growth. **A15:** 132–135, 153
growth, by big bang mechanism **A15:** 131
growth, by constitutional
supercooling **A15:** 130–131
growth, vs. columnar grain growth **A15:** 135
in aluminum alloy 6063 . . . . **A9:** 630
low-gravity growth **A15:** 153
steady-state analysis. **A15:** 133–134

Equiaxed grains
as a result of dendritic growth. **A9:** 609
crystallographic texture in. **A9:** 700
growth, models of **A15:** 132–133
in steel macrostructure **A9:** 623
spherical. **A15:** 130

Equiaxed investment casting. **A19:** 17

Equiaxed nuclei
origin of **A15:** 130–132

Equiaxed particle shapes
defined **A9:** 619

Equiaxed solidification
and directional solidification/single-crystal
casting **A15:** 399
macro-microscopic modeling **A15:** 887–890
particle behavior in **A15:** 146

Equiaxed structure
in rhenium-bearing alloys **A9:** 448

Equiaxed structure modeling **A15:** 885–890

Equicohesive temperature **A8:** 188, **A20:** 732
defined **A12:** 121
symbol for **A11:** 796

Equi-inclination contours method
for phase transformations and precipitation
yields **A10:** 376–377

Equilibria, basic chemical
and analytical chemistry. **A10:** 161–165

Equilibria chemistry
basic. **A10:** 162–163
complexometric titrations **A10:** 164
gravimetric **A10:** 163
ion exchange separation **A10:** 164–165
oxidation-reduction reactions. **A10:** 163–164
solvent extraction. **A10:** 164

Equilibrium *See also* Equilibrium
temperatures . . . . **A3:** 1•1
chemical, defined **A10:** 163
condensed phase, and activity **A15:** 51
conditions for **A15:** 50
constant, defined **A15:** 51
defined **A9:** 7
deviation from, thermal analysis. **A15:** 183
diagram . . . . **A3:** 1•2
diagrams **A15:** 52–53, 57, 63–64, 136
interface, during solidification **A15:** 110–111
electrochemical, in aqueous solutions. **A13:** 17
in gaseous corrosion **A13:** 17
in phase diagrams **A15:** 52, 57
liquid-solid, Vant'Hoff relation for **A15:** 102
local interfacial, defined **A15:** 101
metastable, defined **A15:** 101
pH, described **A10:** 163
phase diagram, and equilibrium partition
coefficient **A15:** 136
reversible, metastable states as **A15:** 101
reversible potential, defined **A13:** 6
state, defined. **A10:** 163
verification, in phase diagram
determination **A10:** 475

Equilibrium centrifugation. **EM3:** 12
defined **EM2:** 1

Equilibrium conditions
laminates. **EM1:** 229–230

Equilibrium constant
defined **A15:** 51

Equilibrium crack shape **A19:** 160

Equilibrium decomposition into two phases . . . **A9:** 655

Equilibrium diagram **A6:** 127
defined **A9:** 7

Equilibrium distribution coefficient **A6:** 52, 89,
A9: 611
effect on dendritic structure in copper alloy
ingots **A9:** 638

Equilibrium electrode potential
definition **A5:** 954

Equilibrium equation **A19:** 544

Equilibrium, moisture *See* Moisture equilibrium

Equilibrium partition coefficient. **A9:** 611

Equilibrium partition ratio **A6:** 56

Equilibrium phase diagram. **A6:** 127
for cubic boron nitride (CBN)/hexagonal boron
nitride. **A2:** 1009
uranium-titanium **A2:** 673

Equilibrium potential. **A20:** 547

Equilibrium precipitates
in beryllium-copper alloys **A9:** 395

Equilibrium solidification
thermal analysis **A15:** 183

Equilibrium temperatures
cast iron, chromium, silicon, vanadium
effects **A15:** 65
in ternary iron-base alloys **A15:** 65–67
liquidus, nucleation effects **A15:** 101
silicon effects **A15:** 63

Equilibrium tie lines **A6:** 46

Equilibrium transformation temperatures, steel
symbol for **A11:** 796

Equipment *See also* Automated equipment;
Automation; Auxiliary equipment; Casting
equipment; Electronic components; Forging
equipment; Furnaces; Instruments Machines;
Molding equipment; Molding machines; Pattern
equipment; Portable equipment; Stationary
equipment; Textile equipment; Tooling; Tools;
Vacuum melting and remelting processes
acoustic emission inspection. **A17:** 280–284,
289–290
aluminum pattern **A15:** 195
and dies, fluid flow interaction **A15:** 292
and power sources, magnetic particle
inspection **A17:** 92–93
and tests, for elevated-temperature
failures **A11:** 278–281
anodizing **A13:** 1314–1316
argon oxygen decarburization **A15:** 427
automatic pouring **A15:** 497–500
auxiliary for sheet metal forming. **A14:** 489,
499–503
Barkhausen noise **A17:** 160
blow molding **EM2:** 352–353
capabilities. **A14:** 162
capital, blow molding, costs **EM2:** 29
chemical processing. **A13:** 1137–1143
cleaning, for surface conversion **A13:** 381–382
cold extruded copper/copper alloy parts . . **A14:** 310
cold heading **A14:** 291–292
communications. **A13:** 1113–1126
compression molding, costs **EM2:** 297
computed tomography (CT). **A17:** 364–372
continuous casting **A15:** 310–312, 314–315
continuous flow electron beam
melting. **A15:** 415–416
control, for rolling mills **A14:** 354–355
copper alloys, heat treating. **M4:** 726–727
costs, thermoforming **EM2:** 403
cupola, refinements in. **A15:** 384
digital image enhancement. **A17:** 454–455
electromagnetic forming **A14:** 650–652
electron-beam heat treating. **M4:** 518–521
electronics **A13:** 1113–1126
emission-control. **A13:** 1367–1370
energy-efficient **M4:** 340–342
evaluation factors for **A14:** 168
extrusion **A14:** 301–302
filament winding **EM2:** 374–37
for aluminum alloys **A14:** 244–245
for beryllium forming **A14:** 805–806
for closed-die forging. **A14:** 80–81
for computer-aided dimensional
inspection. **A15:** 559
for differential thermal analysis. **A15:** 184
for dimensional measurement, of castings **A17:** 521
for dry sand molding. **A15:** 228
for explosive forming **A14:** 636–638
for hot swaging **A14:** 142–143
for hot upset forging **A14:** 83–84
for liquid penetrant inspection **A17:** 78–80
for magnetic particle inspection **A17:** 111
for microwave holograms **A17:** 225
for nickel-base alloy forming **A14:** 832
for plaster molding **A15:** 242
for roll forging **A14:** 96–97
for stainless steel forging **A14:** 228–229
for steel bar and wire **A17:** 556–557
for superplastic forming **A14:** 860–861
for titanium alloy forging. **A14:** 273–274
for tube spinning **A14:** 676
for ultrasonic inspection, forgings **A17:** 505
for wax injection, investment casting **A15:** 255–256
forging, for stainless steels **A14:** 227
forging, selection of **A14:** 36–42
forming, types/characteristics **A14:** 16
furnaces, titanium. **M4:** 771–772
green sand molding **A15:** 341–344
handling, for open-die forging **A14:** 63
heat treating, for stainless steels **A14:** 228–229
heating, closed-die forging **A14:** 81
heating, for aluminum alloys **A14:** 247
heating, precision forging **A14:** 164–165
horizontal centrifugal casting. **A15:** 296–297
hot isostatic pressing **A15:** 539
hydrostatic extrusion **A14:** 329
impact extrusion. **A14:** 311
injection molding, costs **EM2:** 294–295
in-service monitoring. **A13:** 202
inspection, of tubes on solid cylinders **A17:** 185
inspection, qualification of **A17:** 679
manual spinning. **A14:** 599–600
martempering of steel **M4:** 98–100, 101, 102
melting, investment casting **A15:** 262
metal pattern **A15:** 194–195
metal-processing. **A13:** 1311–1316
metalworking, types **A14:** 16
mixing, for foamed plaster molding **A15:** 247
mobile units, magnetic particle
inspection **A17:** 92–93
optical holography **A17:** 417–420
oxyfuel gas cutting. **A14:** 725–728
permanent mold casting **A15:** 276
pickling **A13:** 1314–1316
plating **A13:** 1314–1316
pollution control. **A15:** 384
prepreg, automatic tape layers (ATL) **EM1:** 145
pulp mill **A13:** 1208–1210
pultrusion **EM2:** 390–391
pumping/dispensing, for resin transfer
molding **EM1:** 169
quality control and inspection. **EM1:** 740–741
radial forging **A14:** 145–149
radiographic inspection. **A17:** 304
recording, thermal inspection **A17:** 399–400
resin transfer molding, costs. **EM2:** 30
retirement-for-cause (RFC)
inspection **A17:** 687–688
rotational molding **EM2:** 365–36
salt baths **M4:** 293–298
scanning, ultrasonic inspection **A17:** 261
semisolid forming, hazards. **A15:** 338
service life, factors influencing **A13:** 321
slow strain rate testing **A13:** 261
sports and recreational, composite
applications **EM1:** 845–847
steam **A11:** 602–627
tantalum, applications for. **A13:** 726
thermal inspection **A17:** 398–400
thermoforming. **EM2:** 301, 401–403
tool steels, heat treating **M4:** 566–569, 573–574
ultrasonic inspection. **A17:** 231, 261
ultrasonic inspection, for pressure vessels **A17:** 652
UV curing **EL1:** 787
vacuum induction degassing **A15:** 438–440
vacuum induction remelting and shape
casting **A15:** 399
vacuum ladle degassing. **A15:** 432–433
vacuum oxygen decarburization. **A15:** 429–431,
434–435
vertical centrifugal casting **A15:** 307
Villard-circuit, radiography. **A17:** 305
wave soldering **EL1:** 702

Equipment applications
aluminum and aluminum alloys **A2:** 13–14

Equipment applications (continued)
copper and copper alloys **A2:** 239–240
refractory metals and alloys **A2:** 558
Equipment costs *See also* Costs; Operating costs
for inspection, tubular products **A17:** 561–562
of flux leakage inspection **A17:** 564
ultrasonic inspection **A17:** 565
Equipment maintenance
flame hardening **M4:** 496–497
Equipment maintenance programs
borescope applications **A17:** 9–10
Equipment testing
calibration of **A8:** 611–619
Equiprobable size **A7:** 211
Equivalence, radiographic *See* Radiographic equivalence
Equivalent circuit
for WSI, power distribution system **EL1:** 356
small signal JFETs **EL1:** 155–156
Equivalent constant-amplitude stress approach
damage analysis **A8:** 682
Equivalent cooling rate *See* Cooling rate
Equivalent ellipse method
object orientation **A17:** 34
Equivalent Initial Flaw Size Distribution (EIFSD) **A19:** 560
Equivalent initial flaw size (EIFS) **A19:** 158
Equivalent ionic conductance
conductivity as a function of **A10:** 659
Equivalent mode I stress **A20:** 633
Equivalent mode I stress intensity factor **A20:** 633
Equivalent radial load
defined **A18:** 8
Equivalent radius
of particle shape **M7:** 242
Equivalent radius (R_0) **A7:** 272
Equivalent series resistance (ESR)
failures **EL1:** 997
Equivalent spherical particle diameters **A7:** 234
Equivalent strain rate **A7:** 597
Equivalent stress **A7:** 597, 602
Equivalent stress distribution at time of failure **A20:** 634
Equivalent stress distribution in the component **A20:** 634
Equivalent stress parameters **A8:** 713
Equivalent weight **A7:** 987
defined **A10:** 162
Equivalents/gram (eg/g) of resin **EM3:** 94
Erbium *See also* Rare earth metals
addition to rapid solidification titanium alloys **A7:** 20
as rare earth **A2:** 720
as SSMS internal standard **A10:** 145
diffusion factors **A7:** 451
elemental sputtering yields for 500 eV ions **A5:** 574
physical properties **A7:** 451
properties **A2:** 1180
pure **M2:** 734
Erbium in garnets **A9:** 538
Er-Fe (Phase Diagram) . . . . . **A3:** 2•187
Erftwerk (EW) process
oxide coating of aluminum and aluminum alloys **A5:** 796
Er-Ga (Phase Diagram) . . . . . **A3:** 2•187
Er-Ge (Phase Diagram) . . . . . **A3:** 2•188
Ergonomics **A20:** 104, 126, 127, 140
ERICA algorithm **A20:** 629–630, 635
Erichsen cup test **A8:** 5, **A20:** 306
and hemispherical dome test, compared . . . **A8:** 562
for sheet metals **A8:** 561
Erichsen test
defined **A14:** 5
Er-In (Phase Diagram) . . . . . **A3:** 2•188
Eriochrome Black T
as metallochromic indicator **A10:** 174
endpoint, complexation titration **A10:** 173
Eritwerk (EW) oxide conversion coating process **M5:** 598–599
Er-Mn (Phase Diagram) . . . . . **A3:** 2•188
Er-Ni (Phase Diagram) . . . . . **A3:** 2•189
ERNi-1 filler metal
addition to Alloy 301 . . . . . **A6:** 576
ERNiCrMo-3 filler metal
fusion welding to nickel alloy 713C **A6:** 576
Erodent rate
symbol for **A20:** 606
Erofeev
rate law expression **EM4:** 55
Erosion *See also* Abrasive wear; Ceivitation; Corrosion; Erosion-corrosion **A7:** 965, 972, **A13:** 136–138, **A20:** 603, **M1:** 597, 599
and waste systems **A13:** 1369
and wear, cobalt-base wear-resistant alloys **A2:** 447–448
and wear, electrical contact material life test for **A2:** 860
as wear **A11:** 155–156
at graphite/matrix interface in gray iron **A9:** 40
base metal, in brazed joints **A17:** 602
boiler and steam equipment failures by **A11:** 623–624
carbon steel boilers **A17:** 200–201
cavitation **A11:** 624
cobalt-base alloys **A13:** 663–664
contact, electrical contact materials . . . **A2:** 840–841
core **A15:** 589
-corrosion, of steel castings **A11:** 402
cut, or wash, as casting defects **A11:** 381
damage **A11:** 164–166, 170–171
data, test-service correlations **A13:** 313
defined **A8:** 5, **A11:** 4, **A13:** 6, 136
definition . . **A5:** 954–955, **A7:** 772, **A20:** 832, **M6:** 7
die, in die casting **A15:** 289
effect, oil/gas wells **A13:** 479–480, 1235
effect, pollution control **A13:** 1367
effects of temperature and corrosion on . . **A11:** 156
electrical, in sliding bearings **A11:** 486
evaluation **A13:** 311–313
high-temperature, breech assembly for testing **A11:** 282
in forging **A11:** 341
liquid **A11:** 163–171
liquid-impingement **A11:** 623–624
mold **A15:** 589, 711, 821–822
mold, plain carbon steels **A15:** 711
of brittle materials, wear failure from **A11:** 156
of ductile materials, wear failures from **A11:** 155–156
of gray iron pump bowl **A11:** 373
pitting **A11:** 189
platinum group metals, as electrical contact materials **A2:** 846
rapid **A13:** 137
rates **A11:** 165–167
resistance ranking, for metals **A11:** 166
-resistant metals, use of **A11:** 170
steam equipment failure by **A11:** 602
test, for cannon tubes **A11:** 281
testing **A13:** 311–313
thermal spray coatings **A20:** 476
thermal spray coatings for hardfacing applications **A5:** 735
tube wall thinning, remote-field eddy current inspection **A17:** 195
volume loss over time **A11:** 155
Erosion, brazing
definition **A6:** 1209
Erosion corrosion
as type of corrosion **A19:** 561
Erosion damage
characteristics of **A11:** 164–166
prevention of **A11:** 170–171
rates **A11:** 165
Erosion (erosive wear) *See also* Cavitation erosion; Electrical pitting; Erosive wear
defined **A18:** 8
definition **A5:** 955
Erosion general model
wear models for design **A20:** 606
Erosion logic **A7:** 263
Erosion models
wear models for design **A20:** 606
Erosion of matrix **A7:** 769
Erosion rate
defined **A18:** 8
symbol for **A20:** 606
Erosion rate-time curve
defined **A18:** 8
Erosion resistance, electrical
defined **EM2:** 59
Erosion resistance number (NER) **A18:** 228, 229
Erosion testing **A5:** 679–680
Erosion-corrosion *See also* Corrosion; Erosion
aircraft **A13:** 1034–1035, 1044–1045
aluminum alloys **M2:** 219
aluminum/aluminum alloys **A13:** 595–596
and corrosion, elevated-temperature failures **A11:** 268–271
cast irons **A13:** 568
cavitation, material selection for **A13:** 333
closed feedwater heaters **A13:** 989–990
copper/copper alloys **A13:** 613
defined **A11:** 4, **A13:** 6, **A18:** 8
definition **A5:** 955
in brazed joints **A13:** 877–878
in CF-8M pump impeller **A11:** 402
in copper and copper alloys **A11:** 201–202
in forging **A11:** 341–342
in mining/mill application **A13:** 1296
in petroleum refining and petrochemical operations **A13:** 1281–1282
in water **A11:** 189
in wet steam flow **A13:** 964–971
liquid **A13:** 332–333
material selection for **A13:** 332–333, 332–333
of copper alloy heat-exchanger tubing **A11:** 634–635
of steel castings **A11:** 402
oil/gas production **A13:** 1235
stainless steels **A13:** 554
steam surface condensers **A13:** 987
steam turbines **A13:** 993–994
titanium/titanium alloys **A13:** 676, 692–693
versus liquid impingement erosion **A18:** 223
water-recirculating systems **A13:** 488
Erosive wear **A20:** 603, 606
cemented carbides **A18:** 798–799
ceramics **A18:** 814
cobalt-base wrought alloys **A18:** 767–768
failures of **A11:** 155–156
hardfacing alloys **A18:** 762
jet engine components **A18:** 588, 592
laser-hardened cast irons **A18:** 864, 865
metal-matrix composites **A18:** 805–806, 810
pumps **A18:** 593, 597–599
seals **A18:** 549
sliding bearings **A18:** 742, 743
thermal spray coating applications **A18:** 833
titanium alloys **A18:** 781
Erosivity
defined **A18:** 8
Er-Pd (Phase Diagram) . . . . . **A3:** 2•189
Er-Pt (Phase Diagram) . . . . . **A3:** 2•189
Error *See also* Percent error **A8:** 5
estimates **A8:** 642–643
statistical, types of **A8:** 626–627
Error analysis
thermocouple extension wires **A2:** 877–878
Error detection and correction
abbreviation for **A11:** 796
Error estimators **A20:** 183
Error function complement **A18:** 464

SUBJECTS OF THE INDEXED VOLUMES: **ASM Handbook** (designated by the letter "A"): **A1:** Properties and Selection: Irons, Steels, and High-Performance Alloys (1990); **A2:** Properties and Selection: Nonferrous Alloys and Special-Purpose Materials (1990); **A3:** Alloy Phase Diagrams (1992); **A4:** Heat Treating (1991); **A5:** Surface Engineering (1994); **A6:** Welding, Brazing, and Soldering (1993); **A7:** Powder Metal Technologies and Applications (1998); **A8:** Mechanical Testing (1985); **A9:** Metallography and Microstructures (1985); **A10:** Materials Characterization (1986); **A11:** Failure Analysis and Prevention (1986); **A12:** Fractography (1987); **A13:** Corrosion (1987); **A14:** Forming and Forging (1988); **A15:** Casting (1988); **A16:** Machining (1989); **A17:** Nondestructive Evaluation and Quality Control (1989); **A18:** Friction, Lubrication, and Wear Technology (1992); **A19:** Fatigue and Fracture (1996); **A20:** Materials Selection and Design (1997). **Metals Handbook, 9th Edition** (designated by the letter "M"): **M1:** Properties and Selection: Irons and Steels (1978); **M2:** Properties and Selection: Nonferrous Alloys and Pure Metals (1979); **M3:** Properties and Selection: Stainless Steels, Tool Materials, and Special-Purpose Materials (1980); **M4:** Heat Treating (1981); **M5:** Surface Cleaning, Finishing, and Coating (1982); **M6:** Welding, Brazing, and Soldering (1983); **M7:** Powder Metallurgy (1984). **Engineered Materials Handbook** (designated by the letters "EM"): **EM1:** Composites (1987); **EM2:** Engineering Plastics (1988); **EM3:** Adhesives and Sealants (1990); **EM4:** Ceramics and Glasses (1991). **Electronic Materials Handbook** (designated by the letters "EL"): **EL1:** Packaging (1989)

Error indicators **A20:** 183
Error lines.............................. **A20:** 86
Errors
defined.............................. **A10:** 673
in roughness parameters............... **A12:** 193
magnification, as distortion **A12:** 196
operator, controlling for **A10:** 12
perspective, as distortion **A12:** 196
random, in sampling................... **A10:** 12
sampling, sources and control of.......... **A10:** 12
Er-Ru (Phase Diagram).................. **A3:** 2•190
Er-Se (Phase Diagram) .... **A3:** 2•190
Er-Te (Phase Diagram) .... **A3:** 2•190
Er-Ti (Phase Diagram) .... **A3:** 2•191
Er-Tl (Phase Diagram) .... **A3:** 2•191
ESA *See* Electrostatic analyzer
ESC *See also* Environmental stress cracking; Environmental stress cracking (ESC) .. **EM3:** 12
ESCA *See* Electron spectroscopy for chemical analysis
Escape
probability of (electron) **A18:** 451
Escape depth
Auger electron........................ **A10:** 551
functional dependence on kinetic energy of electrons......................... **A10:** 551
Escape peaks...................... **A10:** 520, 673
Esco Alloy 75 *See* Superalloys, cobalt-base, specific types, UMCo-50
Eshelby procedure **EM4:** 275
Eshelby tensor **EM4:** 735
Eshelby's method....................... **A19:** 539
Espy diagram **A6:** 462
ESR *See also* Electron spin resonance; Electroslag remelting.......................... **EM3:** 12
ESR spectrometers *See also* Electron spin resonance
detection **A10:** 256–257
magnet **A10:** 255
microwave powered................ **A10:** 255–257
modulation **A10:** 255
noise elimination **A10:** 257
sample cavity **A10:** 256
scan **A10:** 255–256
typical **A10:** 254–257
variable temperatures **A10:** 257
ESS *See* Environmental stress screening
Essential hazardous situation (EHS) **A20:** 123
Essential metals *See also* Metal(s); specific essential metals
levels of biologic activity **A2:** 1250
with potential for toxicity **A2:** 1250–1256
Essentiality
of selenium **A2:** 1254
Essmann model..................... **A19:** 101, 105
Esso test **A8:** 259
compared with Robertson and Navy tear-test **A11:** 59–60
for notch toughness **A11:** 60
Ester **EM3:** 12
defined **EM2:** 1
Ester group
chemical groups and bond dissociation energies used in plastics.................. **A20:** 441
Ester solutions
copper/copper alloy corrosion in......... **A13:** 633
Ester-cured alkaline phenolic no-bake process........................... **A15:** 215
Esterification
microwave inspection **A17:** 202
Esters *See also* Vinyl esters
analytic methods for **A10:** 9
chemicals successfully stored in galvanized containers.......................... **A5:** 364
corrosion of stainless steels in **M3:** 82–83
determined **A10:** 218
functional group analysis of............. **A10:** 218
unsaturated, suppliers of............... **EM1:** 133
Esters, vinyl
in composites **A11:** 731
Estimate
defined **A8:** 5
Estimated regression analysis **A20:** 257
Estimation................................ **A8:** 5
of failure factors **EL1:** 900–903
parameter and percentile **A8:** 628
Estimation of population characteristics
in sampling **A10:** 13
Eta (η) phase **A7:** 933, 934
Eta phases
in austenitic stainless steels **A9:** 284
in nickel-base heat-resistant casting alloys.. **A9:** 334
in wrought heat-resistant alloys....... **A9:** 309–312
of cemented carbides **A9:** 274–275
Eta-alumina........................... **EM4:** 113
Etch
definition............................. **A5:** 955
Etch attack
and electromechanical polishing **A9:** 42–43
effect of load on......................... **A9:** 42
effect of suspending liquid on **A9:** 42
in vibratory polishing **A9:** 42
on tungsten **A9:** 45
Etch cleaning
definition.............................. **A5:** 955
Etch cracks
defined................................. **A9:** 7
definition............................. **A5:** 955
Etch figures
defined................................. **A9:** 7
Etch inspection
electron-beam welding.................. **A6:** 866
Etch pits *See also* Dislocation etch pits..... **A9:** 126
used to determine grain orientation **A9:** 101
Etch pitting
caused by chemically active polishing ... **A9:** 39–40
for special effects **A9:** 62
of rhenium and rhenium-bearing alloys **A9:** 447
to determine grain orientation in magnetic materials **A9:** 531
Etch pitting reagents
for magnetic materials.................. **A9:** 534
Etch removal
rigid printed wiring boards **EL1:** 542, 546
Etch rinsing
definition............................. **A5:** 955
Etch tanks for macroetching **A9:** 171
niobium **A9:** 440
tantalum............................... **A9:** 440
Etchant
definition............................. **A5:** 955
Etchants *See also* Etchants for specific metals and alloys
chemical grades......................... **A9:** 67
defined................................. **A9:** 7
disposal **A9:** 69
effect of oxidizing characteristics on electrochemical potential............ **A9:** 144
effects of time and temperature on life **A9:** 171–172
effects on etching practice **A9:** 63
expression of composition **A9:** 66–67
for potentiostatic etching **A9:** 146–147
for specimen surface preparation.......... **A17:** 52
for surface-mount interconnection **EL1:** 732
nomenclature............................ **A9:** 57
preparation and handling **A9:** 66–69
printed board coupons **EL1:** 574
safety precautions **A9:** 68–69
Etchants, for examination of P/M materials .. **A7:** 725
Etchants for specific metals and alloys *See also* Etchants
aluminum alloys, macroscopic examination **A9:** 352–354
aluminum alloys, microscopic examination **A9:** 354–357
austenitic manganese steel casting specimens **A9:** 238–239
beryllium **A9:** 390
beryllium-containing alloys............... **A9:** 394
carbon and alloy steels **A9:** 169–175
carbon steel casting specimens............ **A9:** 230
carbonitrided steels **A9:** 217
carburized steels........................ **A9:** 217
cast irons.......................... **A9:** 244–246
cemented carbides **A9:** 274
coated sheet steels **A9:** 197–198
copper and copper alloys **A9:** 400
electrical contact materials........... **A9:** 550–551
fiber composites **A9:** 591
for plate steels **A9:** 202–203
for use in examining welded joints........ **A9:** 580
hafnium **A9:** 498
heat-resistant casting alloys **A9:** 330–332
Inconel X-750, compared **A9:** 322
iron.................................... **A9:** 170
iron-cobalt and iron-nickel alloys **A9:** 533
lead and lead alloys..................... **A9:** 416
low-alloy steel casting samples............ **A9:** 230
magnesium alloys.................... **A9:** 426–427
magnetic materials.................. **A9:** 532–534
nickel alloys **A9:** 435–436
nickel copper alloys................. **A9:** 435–436
nitrided steels **A9:** 218
permanent magnet alloys **A9:** 533
powder metallurgy materials **A9:** 508–509
refractory metals........................ **A9:** 440
rhenium and rhenium-bearing alloys **A9:** 447
sleeve bearing materials **A9:** 565
stainless steel casting alloys **A9:** 297
stainless steels...................... **A9:** 281–283
stainless steels welded to carbon or low alloy steels............................ **A9:** 203
steel tubular products **A9:** 211
tin and tin alloy coatings **A9:** 451
tin and tin alloys **A9:** 450
titanium and titanium alloys......... **A9:** 459–460
tool steels.............................. **A9:** 257
tungsten **A9:** 441
uranium and uranium alloys **A9:** 480
wrought heat-resistant alloys **A9:** 307–308
zinc and zinc alloys..................... **A9:** 488
zirconium and zirconium alloys **A9:** 498
Etchback
as PTH failure....................... **EL1:** 1021
defined **EL1:** 575, 1143
rigid printed wiring boards **EL1:** 544–545
Etched foil
as surface wiring material **EL1:** 115
Etched sections
photolighting of.................. **A12:** 84, 87, 88
Etching *See also* Color etching; Etching of specific metals and alloys.... **A9:** 57–70, **A19:** 173, 366, **A20:** 696, **EM3:** 42
acid *See* Acid etching
alkaline *See* Alkaline etching
aluminum and aluminum alloys **M5:** 8–9, 582–586, 590, 608, 610
ammoniacal, critical parameters **EL1:** 872
amount of time needed................... **A9:** 63
and polyimides **EM3:** 161
anodic *See* Anodic acid etching; Anodic etching
argon ion **A10:** 575
as a consequence of low voltage in electrolytic polishing............................ **A9:** 48
as a result of low applied potential in electropolishing.................... **A9:** 105
by nital and picral, compared for martensite structure......................... **A10:** 302
capabilities/limitations **EL1:** 511
characteristics of suitable specimens........ **A9:** 57
chemical *See* Chemical etching
chemical attack........................ **A10:** 301
chemical, use in spark source mass spectrometry **A10:** 144
chromic sulfuric oxide acid (CSA) on aluminum 2024 .... **EM3:** 667, 668, 669
cleaning **A9:** 63
dark-field illumination.................... **A9:** 58
defect, and open circuits **EL1:** 1018
defects.......................... **EL1:** 978, 1019
defined **A9:** 7
design limitations...................... **A20:** 821
destructive.......................... **A9:** 60–62
dry, stainless steel...................... **M5:** 560
effect of electrochemical differences between phases of a specimen on............. **A9:** 47
effect of mechanical mount material on..... **A9:** 28
effect of polishing damage on **A9:** 39
effect on EPMA accuracy........... **A10:** 524–525
effects of etchants on etching practice **A9:** 63
electrochemical attack **A10:** 301
electrolytic, for image analysis samples ... **A10:** 313
for etch pits **A12:** 96, 101
for macroscopic examination *See also* Macroetching, magnetic **A9:** 63–66
for temper embrittlement **A12:** 134
FPL surface preparation peel test results................. **EM3:** 802, 803, 805
fractures.............................. **A12:** 96
gage marks............................. **A8:** 548
grain boundaries........................ **A12:** 96

Etching (continued)
hafnium alloys **M5:** 667
hard chromium plating pretreatment by .. **M5:** 180, 183
in electrolytic polishing **A9:** 56
ion sputter **A10:** 575
isotropic metals to render them optically active **A9:** 78
lead frame **EL1:** 484, 487
magnesium alloys **M5:** 638–639, 645
mixing **A9:** 69
nickel alloys **M5:** 564
nomenclature **A9:** 57
nonapplicability for microbeam analysis .. **A10:** 530
nondestructive **A9:** 57–60
of dissimilar-metal welded joints **A9:** 582
of extraction replicas **A9:** 108, **A12:** 183
of integrated circuits **A11:** 769
of tools and dies **A11:** 563
over-, alligatoring as **A12:** 351
polarized light **A9:** 58–59
porcelain enameling process **M5:** 514–515
powder metallurgy materials **A9:** 508–509
preferential attack on polishing scratches **A9:** 40
printed board coupons **EL1:** 573
process, quality control **EL1:** 872
rate of attack **A9:** 63
reproducibility **A9:** 63
revealing special features **A9:** 62–63
scanning electron microscopy specimens **A9:** 99
specimens for optical metallography analysis **A10:** 301
sputter, effect on AES analysis **A10:** 556
stainless steel **M5:** 560–561
steel **M5:** 16–18
suppliers of etchants **EM3:** 802, 803
surface **A10:** 575
surface, in XPS samples **A10:** 575
techniques, for image analysis samples ... **A10:** 313
temperatures **A9:** 63
thermal spray-coated materials **M5:** 372
time, effect on measurement of ferrite grain size **A10:** 318
to activate polytetrafluoroethylene surfaces **EM3:** 847
to detect weld defects **A9:** 581
vacuum cathodic **A10:** 301
wet, stainless steel **M5:** 560–561
with alloys susceptible to hydrogen embrittlement **A8:** 510
zirconium alloys **M5:** 667
Etching alkaline cleaners *See* Alkaline cleaning, etching cleaners
Etching of specific metals and alloys *See also* Etching
aluminum alloys **A9:** 354–357
beryllium **A9:** 390
beryllium-containing alloys **A9:** 394
brass **A9:** 41
carbon steel casting specimens **A9:** 230
carbonitrided steels **A9:** 217
carburized steels **A9:** 217
cast irons **A9:** 244–245
chromized sheet steel **A9:** 198
coated sheet steels **A9:** 197–198
copper and copper alloys **A9:** 399–401
electrical contact materials **A9:** 551
fiber composites **A9:** 591
heat-resistant casting alloys **A9:** 331–332
hot-dip aluminum coated sheet steel **A9:** 197
hot-dip galvanized sheet steel **A9:** 197
hot-dip zinc-aluminum coated sheet steel .. **A9:** 197
in tungsten and tungsten alloys as a result of electropolishing **A9:** 440
low-alloy steel casting samples **A9:** 230
nickel alloys **A9:** 435
nickel-base superalloy welded joints **A9:** 580
nickel-copper alloys **A9:** 435
nitrided steels **A9:** 218
of electrogalvanized sheet steel **A9:** 197
of lead and lead alloys **A9:** 415–417
plate steels **A9:** 202–203
porcelain enameled sheet steel **A9:** 198
rhenium and rhenium-bearing alloys **A9:** 447
silicon steel transformer sheets **A9:** 62–63
sleeve bearing materials **A9:** 567
stainless steel casting alloys **A9:** 297
stainless-clad sheet steel **A9:** 198
steel tubular products **A9:** 211
tin and tin alloy coatings **A9:** 451
tin and tin alloys **A9:** 450
titanium and titanium alloys **A9:** 459
tool steels **A9:** 256–258
uranium and uranium alloys **A9:** 479–480
welded joints in plate steels **A9:** 203
wrought heat-resistant alloys **A9:** 307
wrought stainless steels **A9:** 281–282
zinc and zinc alloys **A9:** 488–489
Etching (pitting)
chromium plating **A5:** 185
definition **A5:** 955
refractory metals and alloys **A5:** 857, 858
zirconium and hafnium alloys **A5:** 852
Etching reagents *See also* Etchants
beryllium-nickel alloys **A2:** 423
for beryllium-copper alloys **A2:** 405
Etching techniques
and electrochemical machining **A16:** 533
double-etch method **A16:** 36
for replication microscopy specimens **A17:** 52
nital etch method **A16:** 36
Etchings for grain size visibility **M7:** 486
Etch-polishing *See also* Polish-etching
carbon and alloy steels **A9:** 168–169
cast irons **A9:** 244
heat-resistant casting alloys **A9:** 331–332
lead and lead alloys **A9:** 416
metal-matrix composites **A9:** 591
powder metallurgy materials **A9:** 506
zinc and zinc alloys **A9:** 488
ETFE *See* Ethylene-tetrafluoroethylene
Ethane **A20:** 441, 442, 444
rotational energy barriers as a function of substitution **A20:** 444
Ethanol **A7:** 81
and phosphoric acid as an electrolyte for magnesium alloys **A9:** 426
how to denature **A9:** 68
substituted for methanol in etchants **A9:** 67
used in etchants **A9:** 67–68
Ethanol (anhydrous)
surface tension **EM3:** 181
Ethanol, SD
properties **A5:** 21
Ether
description **A9:** 68
Ether group
chemical groups and bond dissociation energies used in plastics **A20:** 440
Ether linkage
molding compounds **EL1:** 804
Ethers
copper/copper alloy corrosion in **A13:** 634
Ethyl
uses and properties **EM3:** 126
Ethyl acetate ($C_4H_8O_2$)
as solvent used in ceramics processing ... **EM4:** 117
Ethyl acrylate
hazardous air pollutant regulated by the Clean Air Amendments of 1990 .... **A5:** 913
Ethyl alcohol **A10:** 640
for SCC of titanium alloys **A8:** 531
Ethyl alcohol (anhydrous)
environments known to promote stress-corrosion cracking of commercial titanium alloys **A19:** 496
Ethyl alcohol (solvent)
batch weight of formulation when used in nonoxidizing sintering atmospheres **EM4:** 163
Ethyl alcohols
and SCC in titanium and titanium alloys **A11:** 224
Ethyl benzene
hazardous air pollutant regulated by the Clean Air Amendments of 1990 .... **A5:** 913
Ethyl carbamate (urethane)
hazardous air pollutant regulated by the Clean Air Amendments of 1990 .... **A5:** 913
Ethyl cellulose
as media for screening and stamping processes **EM4:** 475
Ethyl chloride (chloroethane)
hazardous air pollutant regulated by the Clean Air Amendments of 1990 .... **A5:** 913
Ethyl group
chemical groups and bond dissociation energies used in plastics **A20:** 440
Ethyl silicate
applications **EM4:** 47
as binder, investment casting **A15:** 258–259
as silica-base bond **A15:** 212
composition **EM4:** 47
defined **A15:** 5
supply sources **EM4:** 47
Ethyl trifluoracetate
XPS spectrum of carbon Is lines in **A10:** 572
Ethylene
deposition rates **A5:** 896
Ethylene bisstearamide (EBS) wax **A7:** 106
Ethylene chlorotrifluoroethylene (ECTFE)
as fluoropolymer **EM2:** 115–11
Ethylene dibromide (dibromoethane)
hazardous air pollutant regulated by the Clean Air Amendments of 1990 .... **A5:** 913
Ethylene dichloride (1,2-dichloroethane)
hazardous air pollutant regulated by the Clean Air Amendments of 1990 .... **A5:** 913
Ethylene ethyl acrylate
as binder for ceramic injection molding **EM4:** 173
Ethylene glycol **EM3:** 674
as additive **EM3:** 177
description **A9:** 68
alloys **A9:** 459
electroless nickel coating corrosion **A5:** 298, **A20:** 479
environments known to promote stress-corrosion cracking of commercial titanium alloys **A19:** 496
hazardous air pollutant regulated by the Clean Air Amendments of 1990 .... **A5:** 913
in water baths **A17:** 101–102
surface tension **EM3:** 181
Ethylene glycol ($C_2H_6O_2$)
as solvent used in ceramics processing ... **EM4:** 117
as surfactant to keep powders from forming compacted layers **EM4:** 99
Ethylene glycol ethers
wipe solvent cleaner **A5:** 940
Ethylene glycol monobutyl ether
description **A9:** 68
surface tension **EM3:** 181
Ethylene glycol monobutyl ether mixtures
for acid cleaning **A5:** 48
Ethylene glycol monoethyl ether *See* Cellosolve
Ethylene glycol monoethyl ether (2-ethoxy ethanol)
surface tension **EM3:** 181
Ethylene glycol monomethyl
surface tension **EM3:** 181
Ethylene glycol solutions **A13:** 635
Ethylene imine (aziridine)
hazardous air pollutant regulated by the Clean Air Amendments of 1990 .... **A5:** 913
Ethylene oxide
hazardous air pollutant regulated by the Clean Air Amendments of 1990 .... **A5:** 913

Ethylene plastics *See also* Plastics. **EM3:** 12
defined **EM2:** 16
Ethylene propylene rubber (EPR) **A20:** 445–446
Ethylene propylene rubber (EPR) insulation
for copper and copper alloy products. **A2:** 258
Ethylene steam cracking furnace tubes
corrosion and corrodents, temperature range. **A20:** 562
Ethylene thiourea
hazardous air pollutant regulated by the Clean Air Amendments of 1990 . . . . **A5:** 913
Ethylene-butylene copolymer
as irradiation container material **A10:** 236
Ethylene-chlorotrifluoroethylene (E-CTFE)
in pharmaceutical production facilities . . **A13:** 1228
surface preparation. **EM3:** 279
Ethylenediamine tetraacetic acid (EDTA)
for acid cleaning **A5:** 53, 54
Ethylenediaminetetraacetic acid (EDTA)
detected by ion chromatography **A10:** 661
disodium salt of **A10:** 201
for removal of interferences, UV/VIS analysis. **A10:** 65
titrations **A10:** 173
Ethylene-propylene rubber
cross-link density effect on tensile strength. **EM3:** 412
Ethylene-propylene-diene monomer (EPDM) rubber
for window sealing **EM3:** 56
Ethylene-tetrafluoroethylene (ETFE)
as fluoropolymer **EM2:** 115–11
Ethylene-vinyl acetate **EM3:** 75
anodized surfaces **EM3:** 417
characteristics **EM3:** 90
for body sealing an glazing materials **EM3:** 57
polyolefin homopolymers and copolymers, typical properties **EM3:** 83
residential applications **EM3:** 675
Ethylene-vinyl acetate copolymers **EM3:** 80
crystallinity and composition . . **EM3:** 408, 411, 412
microstructure. **EM3:** 407
predicted 1992 sales. **EM3:** 81
properties **EM3:** 82, 412
suppliers. **EM3:** 82
Ethylene-vinyl acetate (EVA)
AC-400
shear modulus. **EM4:** 175, 176
viscosity **EM4:** 175
as binder for ceramic injection molding **EM4:** 173
with alumina, viscosity in injection molding **EM4:** 174
Ethylidene dichloride (1,1-dichloroethane)
hazardous air pollutant regulated by the Clean Air Amendments of 1990 . . . . **A5:** 913
ETL
as synchrotron radiation source. **A10:** 413
ETP *See* Electrolytic tough pitch copper; Electrolytic tough pitch (ETP) copper
ETPs *See* Engineering thermoplastics
Ettringite. **EM4:** 12
Etzell patents **A5:** 449
EUCAST software program **A15:** 888
Euctectic temperature *See also* Thermal properties
wrought aluminum and aluminum alloys . . **A2:** 118, 121
Eu-Ga (Phase Diagram) . . . . **A3:** 2•191
Eu-Ge (Phase Diagram). . . . . **A3:** 2•192
Eu-In (Phase Diagram) . . . . **A3:** 2•192
Euler angles
defined **A10:** 673
fiber development in **A10:** 363
relating the specimen axes with the crystal axes **A9:** 703
use in polycrystalline grain orientation. **A10:** 359–361
used to describe crystallographic texture . . . **A9:** 706
Euler column formula **A20:** 512–513
Euler equation
axial compression testing **A8:** 55
Euler plots
and orientation distribution function **A10:** 360–361
defined **A10:** 361
ghost peaks in **A10:** 362–363
ODF for copper tubing using. **A10:** 361
Euler rotations
defining orientation **A10:** 359
Euler-Bernoulli assumptions. **A20:** 179
Euler-Bernoulli beam. **A20:** 179
Eulerian cradle
on diffractometer **A10:** 360
Eulerian equations **A20:** 188, 192
Eulerian form **A20:** 187
Eulerian frame **A6:** 1136
Eu-Mg (Phase Diagram) . . . . **A3:** 2•192
Eu-Pb (Phase Diagram). . . . . **A3:** 2•193
Eu-Pd (Phase Diagram). . . . . **A3:** 2•193
Eu-Pt (Phase Diagram) . . . . **A3:** 2•193
Europe
electrolytic zinc and zinc alloy (Zn-Ni, Zn-Fe) coated steel strip capacity, primarily for automotive body panels, 1991 . . . . **A5:** 349
Europe, Western
telecommunication industry structure **EL1:** 384
European Aluminum Association (EAA)
life-cycle inventory data bases **A20:** 102
European Commission Directorate
General XI **A20:** 99
European Committee for Standardization (CEN) **A2:** 16
European Joint Airworthiness Regulation (ACJ) 25.903 . . . . **A19:** 571
European Polymer Journal
as information source **EM2:** 9
European standards **EM4:** 925–929, 1070
European whiteheart malleable iron
and American blackheart malleable iron **A15:** 30–31
Europium *See also* Rare earth metals
as divalent **A2:** 720
as rare earth **A2:** 720
determined by controlled-potential coulometry **A10:** 209
diffusion factors **A7:** 451
Jones reductor for **A10:** 176
physical properties **A7:** 451
properties. **A2:** 1180
pure. **M2:** 734–735
TNAA detection limits **A10:** 238
Europium in garnets **A9:** 538
Europium orthoferrite **EM4:** 53
Europium oxide
in nuclear control rods and shielding **M7:** 666
Europium oxide-urania **EM4:** 191
Eu-Te (Phase Diagram). . . . . **A3:** 2•194
Eutectic **EM3:** 12
alloys . . . . **A3:** 1•3
defined **A13:** 6, **EM2:** 1
microstructures. . . . . **A3:** 1•19–1•20
reaction . . . . **A3:** 1•3, 1•5
soft solder. . . . . **A3:** 1•20
Eutectic alloys *See also* Eutectic structures
compositional range **A9:** 620–621
deviation from binary composition . . . **A9:** 620–621
microstructures of **A9:** 620
schematic phase diagram **A9:** 618
solidification structures. **A9:** 618–622
Eutectic arrest
defined **A9:** 7
Eutectic arrest test. **A15:** 390
Eutectic attach die **EL1:** 213–215
zone 2, package interior. **EL1:** 1010–1011
Eutectic bonding **EM3:** 12
Eutectic bonding as component attachment . . **EL1:** 349
as die attachment method **EL1:** 213
failure mechanisms **EL1:** 1045–1046
substrate metallization in **EL1:** 214
Eutectic brazing *See* Alloy brazing
Eutectic carbide *See also* Carbide particles; Cementite
appearance of, in iron-chromium-nickel heat-resistant casting alloys **A9:** 332
defined **A9:** 7
in gray iron **A15:** 632
Eutectic cells, in gray irons
macroetching for **A11:** 344
Eutectic die attach *See also* Die attachment methods
die back side preparation. **EL1:** 213–214
gold-silicon die bond, mechanism of **EL1:** 213
manufacturing of **EL1:** 215
preforms **EL1:** 214
substrate metallization, in bonding. **EL1:** 214
voids, effects **EL1:** 214–215
Eutectic die bond alloys
typical **EL1:** 1045
Eutectic fusible alloys *See also* Fusible alloys
compositions and melting temperatures. . . . **A2:** 755
Eutectic grain
defined **A9:** 620
Eutectic gray cast iron **M1:** 12–13
Eutectic growth
at very high solidification rates. **A15:** 125
diffusion fields **A15:** 121
in cast iron **A15:** 174–180
irregular and regular **A15:** 121–122
simplified theory of. **A15:** 124
Eutectic growth (cast iron)
coupled zone. **A15:** 174
in directional solidification **A15:** 174–175
in multicomponent solidification **A15:** 175–180
isothermal solidification **A15:** 174
microscopic particles in **A15:** 102
Eutectic heating
effect on fatigue strength **A11:** 122
Eutectic melting in aluminum alloys **A9:** 358
Eutectic nucleation
austenite-spheroidal graphite **A15:** 172–173
cast iron **A15:** 169–173
of austenite-flake graphite **A15:** 170–172
Eutectic point
defined **A9:** 7
Eutectic silicon
growth **A15:** 163
Eutectic spacings as a function of growth rate
table **A9:** 619
Eutectic structures **A9:** 618–620
aluminum-silicon. **A9:** 620, 622
cadmium-tin **A9:** 622
classification of. **A9:** 621
colony structures **A9:** 619–620
grain structure. **A9:** 620
iron-carbon **A9:** 620
phase particle structure **A9:** 619
sampling factors **A9:** 620
size ranges of, table **A9:** 619
Eutectic superalloys
effect of solidification factors on development of. **A9:** 621
Eutectic temperature **A6:** 127
Eutectic tin solder
application and composition **A2:** 521
Eutectic-cell etching
defined. **A9:** 7
Eutectics *See also* Directionally solidified eutectics; Unidirectionally solidified eutectics
amount, calculated. **A15:** 68–69
and dendrites, competitive growth of **A15:** 122–124
austenite-flake graphite **A15:** 170–172
austenite-graphite. **A15:** 169–170
austenite-graphite, graphite structure **A15:** 169–170
austenite-iron carbide. **A15:** 173, 179–180
austenite-spheroidal graphite **A15:** 172–173
compacted/vermicular graphite **A15:** 178–179
coupled zone of **A15:** 123–124
defined **A9:** 7, **A15:** 5
effect on dendritic structures **A9:** 613
equation to predict volume fraction **A9:** 614
fibrous **A15:** 119–120
flake (lamellar) graphite **A15:** 175–176
growth **A15:** 121–122, 124–125, 174–180
in aluminum alloy castings. **A9:** 358
in tin and tin alloys. **A9:** 452
in zinc alloys **A9:** 489–490
instabilities **A15:** 122–123
irregular "Chinese script" type **A15:** 120
lamellar **A15:** 119–120
ledeburite (austenite iron carbide). **A15:** 180
low-gravity, composite solidification **A15:** 150–153
microstructure of **A15:** 120–121
morphology of **A15:** 119–121
nucleation, in cast iron. **A15:** 169–173
on/off low-gravity models. **A15:** 150–151
operating range of **A15:** 124
regular/irregular **A15:** 120
scale of **A15:** 121–122
solidification of **A15:** 119–125
spacings **A15:** 122
spheroidal graphite **A15:** 176–178
structure, and cell size, aluminum-silicon alloys **A15:** 167–168
transition, gray-to-white **A15:** 180
types of **A1:** 3

Eutectoid
defined **A9:** 7, **A13:** 6
definition **A5:** 955
microstructures . . . . . **A3:** 1•20–1•21
of iron-copper-carbon alloy powder metallurgy materials **A9:** 510
reaction . . . . . **A3:** 1•5
Eutectoid carbon steel **A9:** 178–179
hardness **A9:** 179
Eutectoid composition, pearlite
microstructure **M7:** 315
Eutectoid point
defined **A9:** 7
Eutectoid products of titanium alloys as a result of beta decompositions **A9:** 461
Eutectoid reactions **A9:** 658–661
Eutectoid steel
damping capacity **M1:** 32
flow softening measured in torsion **A8:** 177
mean free path between spheroidite particles **A8:** 176
Eutectoid/hypoeutectoid plain carbon steels
superplasticity **A14:** 869
Eutectoid-forming group
wrought titanium alloys **A2:** 599
Eutectoids
spacing of **A15:** 122
Eutrophication **A20:** 102
Evacuating ports and seals
for explosive forming **A14:** 638
Evacuation *See also* Gases
of gases, in FM process **A15:** 38
Evacuation time
for packed powders **M7:** 434
Evaluating Wood Adhesives and Adhesive Bonds: Performance Requirements, Bonding Variables, Bond Evaluation, Procedural Recommendations **EM3:** 68–69
Evaluation *See also* Corrosion testing; Fiber properties analysis; Inspection; Laboratory corrosion testing; Laminate properties; Material properties analysis; NDE methods; Nondestructive evaluation; Nondestructive evaluation methods; Nondestructive evaluation techniques; Testing
and metrology **A17:** 50
cost drivers in **EM1:** 421
critical, laser surface processing **A13:** 503
flaw **A17:** 49–50
magnetic particle inspection **A17:** 103
of atmospheric corrosion **A13:** 207
of cavitation **A13:** 311–313
of composite materials **EM1:** 38–39
of corrosion fatigue **A13:** 291–302
of corrosion test results **A13:** 194–195
of crevice corrosion **A13:** 303–310
of erosion **A13:** 311–313
of exfoliation corrosion **A13:** 242–244
of galvanic corrosion **A13:** 234–238
of intergranular corrosion **A13:** 239–241
of joints/fasteners, types **EM1:** 710
of materials, for selection **A13:** 322
of microbiological corrosion **A13:** 314–315
of pitting corrosion **A13:** 231–233
of stress-corrosion cracking **A13:** 245–282
of surfaces, by magnetic rubber inspection **A17:** 125
of uniform corrosion **A13:** 229–230
procedure, adhesive-bonded joints . . . **A17:** 636–637
test coupon **A13:** 199
titanium alloy castings **A15:** 833
Evaluation and interpretation, MECSIP
Task IV, component development and system functional tests **A19:** 587
Evaluation matrix methods *See* Decision matrices
Evaluation of brazed joints **A6:** 1117–1123
design testing, evaluation, and feedback **A6:** 1120–1121
destructive testing methods **A6:** 1120
fatigue testing under cyclic loading **A6:** 1120
impact tests **A6:** 1120
metallographic examination **A6:** 1120
peel tests **A6:** 1120
tensile and shear tests **A6:** 1120
torsion tests **A6:** 1120
nondestructive evaluation techniques **A6:** 1118–1120, 1121–1122
Evaluation of mechanical properties of thin films **A5:** 642–645
beam-bending methods applied to adherent films **A5:** 645
beam-bending methods applied to freestanding films **A5:** 643–644
biaxial testing of films **A5:** 643
creep and stress-relaxation testing by indentation **A5:** 645
definition of "thin films" **A5:** 642
elastic properties, determination by indentation **A5:** 644
evaluation of films adherent to their substrates **A5:** 644–645
evaluation of freestanding films **A5:** 642–644
indentation hardness testing of films . . **A5:** 644–645
indentation testing **A5:** 644
strength measurements by indentation testing **A5:** 645
uniaxial creep testing of films **A5:** 643
uniaxial tensile testing of films **A5:** 642–643
Evaluation of property data
definition **A20:** 832
Evaluation of soldered joints **A6:** 1124–1128
automated inspection techniques **A6:** 1126
laser inspection **A6:** 1126
structured-light, three-dimensional vision system **A6:** 1126
x-ray laminography **A6:** 1126
destructive evaluation **A6:** 1126–1128
visual inspection **A6:** 1124–1126
bridging **A6:** 1125
dewetting **A6:** 1125
dull or rough solder surfaces **A6:** 1125
nonwetting **A6:** 1125
porosity **A6:** 1125–1126
Evans diagrams . . . **A20:** 546, 547, 549, 550, 551, 552, 553, 554
alloying effects **A13:** 47–48
aqueous corrosion **A13:** 31–34
corrosion rate control **A13:** 1333
corrosion reaction, amorphous metals **A13:** 865
sulfide effects **A13:** 48–49
Evapograph
for microwave patterns **A17:** 208
Evaporated coatings for contrast enhancement of high-speed steel scanning electron
microscopy specimens **A9:** 99
Evaporated interference layer materials **A9:** 60
Evaporated metal
electromagnetic interference shielding **A5:** 315
Evaporation **A7:** 442
as PVD process **A13:** 456–457
fading, as silicon modifier effect **A15:** 163
fields, for selected metals **A10:** 587
loss, in immersion tests **A13:** 221
microwave inspection **A17:** 215
of penetrants **A17:** 85
of solvents, as IR sample **A10:** 112
of trace elements **A15:** 394–395
oxide **A13:** 71
preferential, of solute, in vacuum melting ultrapurification **A2:** 1094
selection, of alloying elements **A15:** 396
thermal **A12:** 172–173
thermal, of amorphous materials and metallic glasses **A2:** 806
titanium alloys **A18:** 779, 780
treatment, aluminum refining by **A15:** 80
Evaporation adhesives **EM3:** 75
Evaporation, and condensation
as material transport systems in sintering of compacts **M7:** 313
Evaporation deposition **A18:** 840, 841, 842–843
definition **A18:** 842
directionality **A18:** 843
evaporation coefficient **A18:** 843
gas scattering evaporation **A18:** 843
heat sources **A18:** 842–843
mean free path **A18:** 843
parameters **A18:** 841
rate of evaporation **A18:** 843
Evaporation point
defined **A9:** 7
Evaporation recovery process, plating waste treatment **M5:** 316–317
atmospheric evaporator **M5:** 316
rising film evaporator **M5:** 316
vacuum evaporators **M5:** 316–317
Evaporation vacuum coating *See* Vacuum coating, evaporation process
Evaporation-condensation **A7:** 449
Evaporative cooling
of sand **A15:** 348–349
Evaporative deposition
definition **A5:** 955
Evaporative foam casting *See also* Lost foam casting
development **A15:** 36
rating of characteristics **A20:** 299
tolerances **A15:** 622
Evaporative pattern casting *See also* Lost foam casting
as special molding process **A15:** 37
Evaporative pattern casting (EPC) *See also* Lost foam casting
aluminum casting alloys **A2:** 140
Even tension
defined **EM1:** 10, **EM2:** 1
Event
EXAFS analysis **A10:** 410
Event counting **A19:** 216
Event tree analysis (ETA) **A20:** 122
definition **A20:** 832
Everdur *See also* Copper alloys, specific types, C87200
properties and applications **A2:** 371
Everhart-Thornley electron detector . . **A12:** 93–94, 168
Evolution
microstructural **A15:** 883–891
of gases, porosity by **A15:** 82–87
Evolution law **A7:** 333
Evolutionary law **A20:** 632
Evolutionary operation (EVOP) **A20:** 93
Evolutionary operations (experimental) designs **EM2:** 601
Evolved gas analysis (EGA) **EM4:** 52, 53
Ewald construction, and reciprocal lattice
and LEED **A10:** 539
Ewald sphere
and the reciprocal space **A9:** 110–111
defined **A9:** 7
used in figuring the diffraction intensity **A9:** 111–112
Ewald sphere construction, for transmission electron microscopy illumination
modes **A9:** 104
E_x *See* X-ray energy
Exact damage (fatigue) model **EM1:** 247
EXAFS *See* Extended x-ray absorption fine structure
Exaggerated grain growth *See also* Grain growth **A9:** 697–698
Examination *See also* Inspection; Nondestructive evaluation (NDE); Nondestructive testing; Testing of printed board coupons; Visual examination; Visual inspection **EL1:** 574
laboratory, of worn parts **A11:** 156–158
macroscopic **A12:** 91–93
macroscopic, for SCC **A11:** 212

macroscopic, of shafts **A11:** 460
metallographic, pitting corrosion **A13:** 231
microscopic **A11:** 173–174, 213, 629
nondestructive, of failed parts **A11:** 173
of boilers and related equipment **A11:** 602
of metallographic sections **A11:** 24
on-site, for corrosion **A11:** 173
pitting corrosion **A13:** 231–232
preliminary laboratory **A11:** 173
preliminary visual, fractures **A12:** 72–73
visual **A11:** 173, 628–629, **A12:** 91–165
visual, pitting corrosion **A13:** 231
Examples and applications *See* Applications and examples
Exceedance diagram **A19:** 298
Exceedance function **A19:** 581, 582
Excess-flux deposits
control of **EL1:** 649
Exchange current
defined **A13:** 6
density, defined **A13:** 6
Exchange current density **A20:** 546
Exchange narrowing
as ESR line-broadening mechanism **A10:** 255
Exchange stiffness
as ferromagnetic resonance application **A10:** 275
determined **A10:** 275
FMR investigated **A10:** 267, 268
Excising
outer lead bonding **EL1:** 284
Excitation
atomic energy level diagram showing **A10:** 433
emission maxima, fluorescence lifetimes and **A10:** 75
in dc arc **A10:** 25
in eddy current inspection **A17:** 165–166
in eddy-current vs. electric current perturbation **A17:** 136–137
index, defined **A10:** 673
mechanisms, of emission sources **A10:** 24
of conduction electrons leading to secondary electron (low-energy) emission **A10:** 433–434
of phonons, as inelastic scattering process **A10:** 434
plasmon, as inelastic scattering process **A10:** 434
potential, defined **A10:** 673
primary AES mode of **A10:** 550
spark source, for elemental analysis of metal or alloy **A10:** 29
spectra, qualitative MFS analysis **A10:** 74–75
thermal, in optical emission sources **A10:** 24
volume, defined **A10:** 673
x-ray tube and secondary-target, in x-ray spectrometers **A10:** 89
Excitation error of the primary transmission electron beam **A9:** 111
Excitation, magnetostrictive
for axial fatigue testing **A8:** 369
Excitation volume
effects in SEM imaging **A12:** 167
Excited nuclear level
population in Mössbauer spectroscopy **A10:** 288
Exciter coils
remote-field eddy current inspection **A17:** 195–196
Exciton **A18:** 325
EXCO tests
for exfoliation corrosion evaluation **A13:** 243
Excrescence
defined **A18:** 8
Excretion, of mercury
as toxin **A2:** 1247–1248
Exempt solvents
definition **A5:** 955
Exfoliation *See also* Corrosion; Exfoliation corrosion
and intemal oxide scale **A11:** 606, 610
closed feedwater heaters **A13:** 989–990
corrosion, in thick aluminum alloy plate **A11:** 201
defined **A11:** 4, **A13:** 6, **M7:** 4
in forging **A11:** 338–342
material selection for **A13:** 334
of aircraft **A19:** 564
ratings **A13:** 242–243
superheaters/reheaters **A13:** 992
temper effects, aluminum alloy **A13:** 595
tube, closed feedwater heater **A13:** 990
visual assessment **A13:** 244
Exfoliation corrosion *See also* Exfoliation
aluminum aircraft parts **A13:** 1022
aluminum alloys **M2:** 218–220
aluminum/aluminum alloys **A13:** 594–595
as type of corrosion **A19:** 561
defined **A13:** 2918
evaluation of **A13:** 242–244
Exfoliation corrosion evaluation
immersion tests **A13:** 243
ratings, illustrated **A13:** 242–243
spray tests **A13:** 242
visual assessment **A13:** 244
Exfoliation corrosion, galvanic
eddy current inspection **A17:** 191
Exfoliation resistance *See also* Corrosion resistance
aluminum-lithium alloys **A2:** 187, 190–191
Exhaust booth
definition **M6:** 7
Exhaust manifold flanges, automotive **A7:** 1106–1107, 1108
Exhaust products from internal combustion engines **A20:** 140
Eximer fluorescence
as test **EM2:** 426
Exit burr
definition **A5:** 955
Exo atmospheres *See* Exothermic atmospheres
Exo gas generator **M7:** 343
Exoelectron emission **A19:** 219
Exoelectrons **A19:** 219
Exoelectrons method
application for detecting fatigue cracks **A19:** 210
Exogenous inclusions
defined **A9:** 7, **A15:** 88
in ductile iron **A15:** 88
in steels **A15:** 93–94
Exogenous slag inclusion
powder forging **A14:** 191
Exo-Process
electric arc cutting **A14:** 734
Exotherm **EM3:** 12
defined **EM1:** 10, **EM2:** 17
Exothermic atmospheres **M7:** 4, 361
Exothermic base atmospheres
lean **M4:** 395, 396
operating economics **M4:** 396
rich exothermic atmospheres **M4:** 395, 396
safety considerations **M4:** 396–397
Exothermic brazing (EXB) **A6:** 123, 345–346
advantages **A6:** 345
aluminum alloys **A6:** 345
applications **A6:** 345
compound types **A6:** 345
definition **A6:** 345
disadvantages **A6:** 345
equipment **A6:** 345
heating vs. time characteristics **A6:** 346
maximum temperature vs. mass of exothermic compound **A6:** 346
parameters **A6:** 346
procedure **A6:** 346
refractory metals **A6:** 345
safety precautions **A6:** 345
stainless steels **A6:** 345
vs. thermite welding **A6:** 345
Exothermic chemical reduction
thermite as **M7:** 157, 194
Exothermic (exo) atmospheres **A7:** 460, 461–462, 465
composition of furnace atmosphere constituents **A7:** 460
sintering of ferrous materials **A7:** 469
Exothermic feeding aids **A15:** 586
Exothermic gas
as sintering atmosphere **M7:** 192, 341, 343–344
Exothermic molds
for cast Alnico alloys **A15:** 736
Exothermic reaction *See also* Endothermic reaction
defined **A15:** 5
Exothermic reactions
during mounting of carbon and alloy steels prevention of **A9:** 167
of epoxy resin mounting materials, effect on alloys **A9:** 458
Exothermic runaway
prepreg **EM1:** 138
Exothermic thermite reaction
tungsten carbide powder production **M7:** 157, 194
Exothermic-endothermic-base atmospheres
applications **M4:** 413
equipment **M4:** 412, 413
generation **M4:** 413
generator operation **M4:** 413–414
Exothermic-insulating feeding aids **A15:** 586
Exotic effects
as ferromagnetic resonance application **A10:** 276
Expandable plastic *See also* Foamed plastics; Plastics **EM3:** 12
defined **EM2:** 17
Expandable reamers **A16:** 241, 243–244
Expanded polystyrene molding *See* Lost foam casting
Expanded polystyrene patterns
as expendable **A15:** 196–197
as Replicast process **A15:** 37
for lost foam casting **A15:** 231–232
process for **A15:** 204–205
tooling, for Replicast process **A15:** 270–271
Expanded polytetrafluoroethylene (e-FTFE) **EL1:** 605
Expanding
aluminum alloy **A14:** 804
drawn workpieces **A14:** 586–587
nickel-base alloy tubing **A14:** 836
Expanding assembly
furnace brazing **M6:** 940
Expanding circle heat source **EM4:** 372
Expanding cylinder test **A8:** 210
Expanding ring
for high strain rate tension testing **A8:** 187
test **A8:** 210
Expansion *See also* Thermal expansion **M7:** 4
and distortion, failure of high-temperature rotary valve due to **A11:** 374–376
austenite-martensite transformation with **A11:** 122
characteristics, iron-nickel alloys **A2:** 893
coefficient, defined *See* Coefficient of expansion
coefficient, of Invar **A2:** 889–890
differences, in dissimilar-metal welds **A11:** 620
during sintering **M7:** 311
factors affecting during homogenization **M7:** 315
joint, stainless steel bellows **A11:** 131–133
joints, bellows-type, fatigue fracture **A11:** 118
mold, during baking, as casting defect **A11:** 386
of compacts on ejection **M7:** 309
of copper powder compacts **M7:** 310
scabs, as casting defects **A11:** 385
Expansion, coefficient of, defined *See* Coeffecient of expansion
Expansion defects
green sand molding **A15:** 346
Expansion inserts **EM2:** 723
Expansion manufacturing technique
for honeycomb **EM1:** 721–722
Expansion mismatch *See* Thermal expansion
Expected life **EM3:** 636
Expected loss index (ELI) **A20:** 122, 123
Expected value
statistical **A8:** 624–625
Expendable mold casting
in shape-casting process classification scheme **A20:** 690
Expendable molds
horizontal centrifugal casting **A15:** 296
processes, classified **A15:** 204
Expendable pattern casting
in shape-casting process classification scheme **A20:** 690
Expendable patterns
defined **A15:** 5
procedure **A15:** 204–205
types **A15:** 191–192
Experience *See* Applications
Experiment *See also* Comparative experiments; Designed experiments; Experimental design
bias in **A8:** 639–640
comparative, planning of **A8:** 623, 639–652
design, determining optimum conditions or levels for **A8:** 650–652
designed, analysis of **A8:** 623, 653–661
factorial **A8:** 641–643
one-at-a-time **A8:** 641
precision of **A8:** 640
proposal for **A8:** 639
Experimental
area **A8:** 640
compliance, for compact-type fatigue specimen **A8:** 385

Experimental (continued)
design **A8:** 623, 640
error estimates **A8:** 641–643
pattern, block design as. . . . **A8:** 640
techniques, pin bearing testing. . . . **A8:** 58
Experimental alloys
designation system **A2:** 16
Experimental design *See also* Design; Models; NDE reliability; Quality control; Statistical analysis; Statistical methods
confounding in. . . . **A17:** 747, 749
controlled/uncontrolled factors **A17:** 693–694
factorial designs **A17:** 693, 740–750
factorial experiments for hit/miss data. . . . **A17:** 693
for POD(A) function data **A17:** 693–694
iterative and sequential. . . . **A17:** 741
multi-variable studies **A14:** 937–938
of NDE reliability **A17:** 692–694
of variable interactions. . . . **A17:** 742–743
orthogonal arrays. . . . **A17:** 748–750
parameter design **A17:** 751–752
robust, implementing **A17:** 750–752
selection. . . . **EM2:** 599
sequential **A17:** 741, 748
single-variable studies **A14:** 937
strategies **A17:** 742
system noise/variation. . . . **A17:** 742
Taguchi experiments. . . . **A14:** 938–939
terminology. . . . **EM2:** 599–600
types. . . . **EM2:** 600–602
Experimental error
internal estimates of **A8:** 642–643
Experimental stress analysis
as failure analysis. . . . **A11:** 18
Experimental techniques
quantitative fractography **A12:** 194–199
Experimentation
nature of. . . . **A8:** 639–641
Expert system **A20:** 690, 728
definition. . . . **A20:** 832
hot isostatic pressing. . . . **A7:** 596
Expert system shells **A20:** 310
Expert witnesses **A20:** 148–149
Explicit integration techniques. . . . **A20:** 180
Explosibility *See* Explosion(s); Explosivity; Pyrophoricity
Explosion bonding
of clad metals. . . . **A13:** 887
tantalum alloys. . . . **A6:** 580
Explosion cladding **M6:** 804
Explosion welding **M6:** 705–718
advantages. . . . **M6:** 707–708
applicability. . . . **M6:** 707–709
applications **M6:** 712–716
buildup and repair. . . . **M6:** 716
chemical process vessels. . . . **M6:** 712
conversion-rolled billets **M6:** 712–713
electrical **M6:** 713
marine. . . . **M6:** 714
nonplanar specialty products. . . . **M6:** 715
pipeline welding. . . . **M6:** 715–717
transition joints. . . . **M6:** 713–714
tube welding and plugging. . . . **M6:** 715–716
tubular. . . . **M6:** 714–715
assembly. . . . **M6:** 710
definition **M6:** 7
explosives. . . . **M6:** 709
facilities **M6:** 710
flow sheet. . . . **M6:** 709
inspection. . . . **M6:** 710–711
nondestructive **M6:** 710
radiographic **M6:** 711
ultrasonic. . . . **M6:** 710
limitations **M6:** 708–709
metal preparation. . . . **M6:** 709–710
metals welded **M6:** 709–710
nature of bonding. . . . **M6:** 706–707
bond zone wave formation **M6:** 706
shear bands **M6:** 707–708
solidification defects. . . . **M6:** 707–708
process fundamentals. . . . **M6:** 705–706
cladding, parallel and angle **M6:** 705
jetting phenomenon **M6:** 705–706
product quality **M6:** 710–712
hardness and impact strengths **M6:** 712
metallography. . . . **M6:** 712
pressure-vessel standards **M6:** 711
safety **M6:** 59, 716–717
testing. . . . **M6:** 711–712
chisel testing. . . . **M6:** 711
ram tensile testing. . . . **M6:** 711
tension-shear testing **M6:** 711
thermal fatigue testing **M6:** 711
Explosion welding (EXW). . . . **A6:** 160–164, 303–305
alloy steels. . . . **A6:** 303
aluminum. . . . **A6:** 303, 304
aluminum alloys. . . . **A6:** 739
angle bonding **A6:** 304
applications **A6:** 160, 303–304
aerospace **A6:** 387
bond microstructure. . . . **A6:** 163
bond morphology and properties **A6:** 162–163
bond strength determination **A6:** 163
bond zone morphology **A6:** 303
bonding fundamentals. . . . **A6:** 161–162
bonding parameter selection. . . . **A6:** 162
bonding practice **A6:** 160–161
carbon steels **A6:** 303
clad metal production **A6:** 160
configuration limitations. . . . **A6:** 303
copper **A6:** 303, 304
copper-nickel. . . . **A6:** 303
corrosion-resistant alloys. . . . **A6:** 303
definition **A6:** 303, 1209
dissimilar metal joining. . . . **A6:** 822
duplex stainless steels **A6:** 480
dynamic bend angle and material properties. . . . **A6:** 161
explosive parameters and shock effects. . . . **A6:** 161–162
explosives used. . . . **A6:** 305
flyer plate acceleration **A6:** 160
future outlook. . . . **A6:** 163–164
heat treatment. . . . **A6:** 305
impact energy. . . . **A6:** 160–161
interlayers **A6:** 303
jet formation. . . . **A6:** 162
Kovar. . . . **A6:** 304
metallurgical attributes **A6:** 303
metals combinations **A6:** 303
niobium alloys **A6:** 581
noise and vibration abatement **A6:** 304
oxide-dispersion-strengthened materials . . **A6:** 1039, 1040
"parallel gap" technique **A6:** 160
parallel-plate bonding **A6:** 304
parallel-plate bonding process sequence **A6:** 305
parameters. . . . **A6:** 304
"preset angle" technique. . . . **A6:** 160
process geometry **A6:** 304
process variations. . . . **A6:** 305
regulations. . . . **A6:** 304
safety precautions **A6:** 304, 1203
sequence of events in wave formation **A6:** 162
size limitations. . . . **A6:** 303
sizing considerations **A6:** 304–305
specifications. . . . **A6:** 305
stainless steel **A6:** 303–304
tantalum. . . . **A6:** 303
titanium. . . . **A6:** 303–304
titanium alloys **A6:** 522
wave formation **A6:** 162–163
zirconium **A6:** 304
Explosion welding (EXW), procedure development and process considerations. . . . **A6:** 896–900
commercially used metals and alloys joined. . . . **A6:** 896
component acceleration **A6:** 897–898
component collision. . . . **A6:** 898
critical process parameters **A6:** 896
explosives and explosive detonation **A6:** 897
fundamentals **A6:** 896–897
jetting and weld formation. . . . **A6:** 898
weld characteristics **A6:** 898–900
parametric limits for welding **A6:** 899–900
wave amplitude. . . . **A6:** 899
weld interface **A6:** 898–899
Explosion welding of
alloy steels **M6:** 710
aluminum. . . . **M6:** 710
carbon steel **M6:** 706–707, 710–713
copper. . . . **M6:** 713
copper alloys **M6:** 710
gold **M6:** 710
Hastelloy. . . . **M6:** 710
Incoloy 800 . . . . **M6:** 706–707
Inconel 718 . . . . **M6:** 707
magnesium. . . . **M6:** 710
nickel alloys. . . . **M6:** 710
niobium **M6:** 710
pipe **M6:** 709, 715–717
plate **M6:** 709
platinum. . . . **M6:** 710
rods. . . . **M6:** 709
silver. . . . **M6:** 710
stainless steels. . . . **M6:** 710–711
Stellite 6B. . . . **M6:** 710
tantalum. . . . **M6:** 710–713
titanium **M6:** 707, 710, 713
tube **M6:** 709, 715
zirconium. . . . **M6:** 710
Explosion-bulge test **A11:** 58, 59
Explosions *See also* Fires; Flammability; Pyrophoricity
and volatility, sample dissolution treatments. . . . **A10:** 166
hazards, plant operation **M7:** 197–198
metal powder, preventing **M7:** 197–198
output, estimating. . . . **M7:** 196
suppression systems **M7:** 198
with aluminum-lithium alloys **A2:** 182–183
with sintering atmospheres **M7:** 348–350
with sodium peroxide sinters and fusions **A10:** 167
Explosive
bulge test. . . . **A8:** 259
detonation, dynamic fracture by **A8:** 259
detonation, high strain rates in **A8:** 190
in flat plate impact test. . . . **A8:** 210
leaders, for torsional Kolsky bar. . . . **A8:** 224, 227
loading **A8:** 259, 276–277
Explosive actuator
SIMS determined isotopes of oxygen in. . . . **A10:** 625–626
Explosive bolt assemblies
neutron radiography of. . . . **A17:** 394
Explosive bonding *See also* Explosion welding
refractory metals. . . . **A7:** 906
refractory metals and alloys. . . . **A2:** 559
Explosive charges
position by neutron radiography. . . . **A17:** 394
Explosive compacting **M7:** 4
isostatic. . . . **M7:** 305
Soviet **M7:** 692
Explosive compaction **A7:** 318
process characteristics **A7:** 313
Explosive density **A6:** 161
Explosive detonation
geometric and elemental analysis of particles produced by **A10:** 318
Explosive devices
neutron radiography of. . . . **A17:** 392
Explosive forming *See also* High-energy-rate forming **A14:** 636–643, **A20:** 694
aluminum alloys. . . . **A14:** 800–802
charges for. . . . **A14:** 636–637, 641–642
confined systems **A14:** 838
defined. . . . **A14:** 5

SUBJECTS OF THE INDEXED VOLUMES: ASM Handbook (designated by the letter "A"): **A1:** Properties and Selection: Irons, Steels, and High-Performance Alloys (1990); **A2:** Properties and Selection: Nonferrous Alloys and Special-Purpose Materials (1990); **A3:** Alloy Phase Diagrams (1992); **A4:** Heat Treating (1991); **A5:** Surface Engineering (1994); **A6:** Welding, Brazing, and Soldering (1993); **A7:** Powder Metal Technologies and Applications (1998); **A8:** Mechanical Testing (1985); **A9:** Metallography and Microstructures (1985); **A10:** Materials Characterization (1986); **A11:** Failure Analysis and Prevention (1986); **A12:** Fractography (1987); **A13:** Corrosion (1987); **A14:** Forming and Forging (1988); **A15:** Casting (1988); **A16:** Machining (1989); **A17:** Nondestructive Evaluation and Quality Control (1989); **A18:** Friction, Lubrication, and Wear Technology (1992); **A19:** Fatigue and Fracture (1996); **A20:** Materials Selection and Design (1997). **Metals Handbook, 9th Edition** (designated by the letter "M"): **M1:** Properties and Selection: Irons and Steels (1978); **M2:** Properties and Selection: Nonferrous Alloys and Pure Metals (1979); **M3:** Properties and Selection: Stainless Steels, Tool Materials, and Special-Purpose Materials (1980); **M4:** Heat Treating (1981); **M5:** Surface Cleaning, Finishing, and Coating (1982); **M6:** Welding, Brazing, and Soldering (1983); **M7:** Powder Metallurgy (1984). **Engineered Materials Handbook** (designated by the letters "EM"): **EM1:** Composites (1987); **EM2:** Engineering Plastics (1988); **EM3:** Adhesives and Sealants (1990); **EM4:** Ceramics and Glasses (1991). **Electronic Materials Handbook** (designated by the letters "EL"): **EL1:** Packaging (1989)

dies **A14:** 638–639
equipment **A14:** 636–638
formability **A14:** 643
in sheet metalworking processes classification scheme **A20:** 691
of heated blanks **A14:** 643
of heat-resistant alloys **A14:** 781–784
of plate **A14:** 641
of sheet metals **A14:** 640–641
of tubes **A14:** 641–642
of welded sheet metal preforms **A14:** 642–643
safety **A14:** 643
shock-wave transmission **A14:** 640
transmission media **A14:** 639–640
unconfined systems **A14:** 636
Explosive forming (shock methods) **A7:** 84
Explosive load factor **A6:** 161
Explosive mass **A6:** 161
Explosive pressure **A6:** 161
Explosive sheet forming **A14:** 640–641
Explosive shock synthesis
of cubic boron nitride (CBN) or diamond grit **A2:** 1008–1009
Explosively loaded torsional Kolsky bar . . **A8:** 224–227
Explosives **M7:** 131, 597, 600
for explosive forming **A14:** 638
in high-energy-rate compacting **M7:** 305
metallic flake pigments for **M7:** 595
of typical sintering atmospheres **M7:** 348
with and without aluminum **M7:** 601
Explosivity **M7:** 24, 194–198
atmospheric conditions of **M7:** 195
chemical and physical factors n **M7:** 194–195
factors influencing **M7:** 194–196
ignition sources **M7:** 196–197
of aluminum powders **M7:** 125, 127, 130
of magnesium powders **M7:** 133
ranking **M7:** 196–197
Exponential averaging **A18:** 296
Exponential distribution **A20:** 79–80, 92
cumulative distribution function **A8:** 629
estimated failure factors **EL1:** 901
failure density **EL1:** 896–897
mean **A8:** 629, 635
negative **A20:** 92
probability density function **A8:** 634–635
Exponential law of fatigue **A19:** 233
Exponential rate law expression **EM4:** 55
Exponentially weighted moving average (EWMA) charts **A17:** 732
Exposed underlayer
defined **EM2:** 17
Exposure
defined **A10:** 673
factors, film radiography **A17:** 328–330
of x-ray film **A17:** 324
radiographic, reciprocity law **A17:** 304
times, radiography **A17:** 317
Exposure charts *See also* Latitude charts
and reciprocity law **A17:** 304
gamma-ray **A17:** 330
x-ray radiography **A17:** 328–330
Exposure index
defined **A10:** 673
Exposure level effects
metal toxicities **A2:** 1234
Exposure limits
toxic metal powders **M7:** 202–208
Exposure meters, use of
in photomicroscopy **A9:** 84–85
Exposure of photomicroscopy films **A9:** 85
Exposure testing **A7:** 979–984
Exposure(s)
for macro Luminar lenses **A12:** 81
guide for Polaroid photos **A12:** 89
light meters and **A12:** 85–86
test **A12:** 86–87
Express (language) **A20:** 208
Exrusion constant **A7:** 622–623, 625
EXSYS Rule Book **A20:** 313
EXSYS Web runtime engine (EXSYS WREN) **A20:** 312–313
Extenal lead
embrittlement by **A13:** 181
Extend
defined **EM1:** 10, **EM2:** 17
Extendable borescopes *See also* Borescopes; Visual inspection
described **A17:** 5
Extended dies, blanking
in multiple-slide forming **A14:** 569
Extended interaction amplifier (EIA)
microwave inspection **A17:** 209
Extended solubility
of iron in aluminum **A10:** 294–295
Extended x-ray absorption fine structure **A10:** 407–419
and x-ray diffraction, compared **A10:** 417
apparatus **A10:** 411–412
applications **A10:** 407, 417–418
capabilities **A10:** 393
data analysis **A10:** 412–415
defined **A10:** 673
detection techniques **A10:** 418
estimated data analysis time **A10:** 407
estimated experimental scan time **A10:** 407
event **A10:** 410
fluorescence detection mode **A10:** 412
fluorescence enhancement technique for . . **A10:** 411
Fourier transform to **A10:** 412–413
general uses **A10:** 407
importance of multiple scattering **A10:** 410
introduction and fundamentals **A10:** 408–411
limitations **A10:** 407
multiple-scattering effects **A10:** 410–411
near-edge structure **A10:** 415–416
physical mechanism **A10:** 409
reflection, for subsurface study **A10:** 418
related techniques **A10:** 407
samples **A10:** 407, 417–418
scan, germanium in $GeCl_4$ molecule **A10:** 408
scan, nickel **A10:** 408
synchrotron radiation as x-ray source for **A10:** 411–412
transmission detection mode **A10:** 412
typical data analysis **A10:** 413–414
unique features of **A10:** 416–417
Extended x-ray absorption fine structure (EXAFS) **EM3:** 237
Extender *See* Lubricant
Extenders *See also* Filler; Fillers **EM3:** 12, 175–176
as additives **EM2:** 497–500
defined **EM1:** 10, **EM2:** 17
hot-melt adhesives **EM3:** 80
of reinforced polypropylenes (PP) **EM2:** 192
Extensibility **EM3:** 12
defined **EM1:** 10, **EM2:** 17
Extension **A8:** 26
acoustic horns **A8:** 245
localized and uniform **A8:** 26
Extension ladder
distortion failure in **A11:** 137
ductile overload fracture **A11:** 86–87, 91
Extension springs **A1:** 302, 320–321, **A19:** 363
Extension springs, steel
design **M1:** 303, 306, 307–308
residual stresses **M1:** 291
wire for **M1:** 288–289
Extension wires
color coding **A2:** 878
defined **A2:** 877
thermocouple **A2:** 876–878
Extensional rheometry **EM2:** 535
Extensional-bending coupling
defined **EM1:** 10, **EM2:** 17
Extensional-shear coupling **EM1:** 10, 219
defined **EM2:** 17
Extensometer **A8:** 5, 616–619, **A19:** 175, 515, 531
axial and diametral **A8:** 50
defined **EM1:** 10, **EM2:** 17
for creep and stress-rupture testing . . . **A8:** 303, 313
for measuring stress and strain rates **A8:** 35, 49–50, 191
for multiaxial testing **A8:** 344
for step-down tension testing **A8:** 47–51, 324
linear variable differential transformers (LVDT) **A8:** 49, 616–617
optical **A8:** 208, 210, 618
shear strain, in torsional fatigue testing **A8:** 151
to monitor crack extension in corrosive environments **A8:** 428
with strain gages **A8:** 549, 617
Extensometer and transducer design theory . . **A19:** 175
Extensometer capability **A19:** 20
Extensometers **A20:** 516, 522, 524, **EM3:** 12
for deformation measurement **A14:** 879
KGR 1 . . . . . **EM3:** 463, 464, 465, 474, 475
KGR 2 . . . . . **EM3:** 465, 469, 476
Extensometry
current technology **A8:** 19
in torsional fatigue testing **A8:** 151
systems, for creep testing **A8:** 303
External beam proton milliprobe
samples for **A10:** 102
External broaching
relative difficulty with respect to machinability of the workpiece **A20:** 305
External circuit
defined **A13:** 6
External corrosion gas/oil production **A13:** 1258
oxide scales, composite **A13:** 74–76
stress-corrosion prevention **A13:** 1147
tinplate **A13:** 780
treatments, stainless steels **A13:** 551–553
External gettering, as solid-state refining technique
for metals ultrapurification **A2:** 1094
External inductance
defined **EL1:** 29
External load frame
ultrasonic testing equipment **A8:** 248
External loads
modes **EM3:** 34
External noise factors **A20:** 113
External pressure impregnation
infiltration **M7:** 554
External rupture
in gears **A11:** 596–597
External shrinkage
as casting defect **A11:** 382
Externally applied load **A19:** 289
Externally pressurized seal *See also* Hydrostatic seal
defined **A18:** 8
External-to-internal
global communication **EL1:** 5
point-to-point communication **EL1:** 4
Extinction
defined **A9:** 7
Extinction coefficient **A5:** 629
defined **A9:** 7
Extinction distance **A10:** 367, **A18:** 388
Extinction length, diffraction parameter **A9:** 111
in structure-factor contrast **A9:** 113
Extinguishing powder composition **M7:** 198, 200
Extra Best Best quality telephone and telegraph wire **M1:** 264–265
Extra hardening **A20:** 526
Extra Improved Plow Steel quality rope wire **M1:** 265, 266
Extra smooth clean bright wire finish
for steel wire **A1:** 279, **M1:** 261–262
Extraction *See also* Ejection
defined **A9:** 7
efficiency measured **A10:** 243
of castings, vertical centrifugal casting **A15:** 306
replicas, for sample preparation, ATEM analysis **A10:** 452
solvent, classical wet chemical analyses . . . **A10:** 164
Extraction process *See also* Mining; Refining
beryllium **A2:** 684
Extraction replicas
formation **A12:** 182–183
of grain boundary particles, maraging steel **A12:** 183
single-stage, procedure for **A12:** 183
techniques for **A17:** 54
wrought heat-resistant alloys **A9:** 307–309
wrought stainless steels **A9:** 283–284
Extraction replication
defined **A17:** 52–53
Extraction replication techniques **A9:** 108–109
Extractive metallurgy industries *See* Mineral industry
Extractor-condenser **A7:** 720
Extractor-condenser used for removing fluids from powder metallurgy materials **A9:** 504
Extra-high-leaded brass
applications and properties **A2:** 310
Extralow-carbon austenitic stainless steels . . . **A14:** 225
Extra-low-carbon killed steel, for encapsulation *See also* Low carbon steels **M7:** 428

386 / Extraneous variables

Extraneous variables *See also* Nonrelevant indications
in tubular products A17: 561
Extrapolation A19: 126, A20: 354, 355
and interpolation, for creep-rupture behavior A8: 332–335
for end effects correction in compressive loading A8: 583
Extrapolation of past experience
life-assessment techniques and their limitations for creep-damage evaluation for crack initiation and crack propagation A19: 521
Extra-quality brass *See also* Brasses; Wrought coppers and copper alloys
applications and properties A2: 300–302
Extreme pressure (EP) additives .. A16: 180, A20: 607
grinding A16: 437, 438
stainless steel cutting fluids A16: 696
tapping A16: 263–264, 266, 267
thread rolling A16: 294
Extreme sunlight
organic coatings selected for corrosion resistance A5: 423
Extreme-pressure additives ... A14: 512, 514–515, 696
Extreme-pressure agents *See* Antiwear and extreme-pressure (EP) agents; Extreme pressure additives
Extreme-pressure (EP) additives
antiscuff, for gears A18: 537, 538
for internal combustion engine lubricants A18: 162
for metalworking lubricants A18: 141, 142, 143, 144, 145, 146, 149
for tool steel lubrication A18: 737, 738
gear box applications of ferrography A18: 305
gear lubricants A18: 541
gear oils A18: 86
grease additives A18: 125
high-vacuum liquid lubricants A18: 157
in gearbox oils to arrest excessive wear ... A18: 308
Extreme-pressure (EP) lubricants
defined A18: 8
gear oil for bearing steels .. A18: 730, 731, 732, 733
to prevent galling in shallow forming dies A18: 633
Extreme-pressure lubricant
definition A5: 955
Extreme-pressure lubrication
defined A18: 8
Extreme-pressure oils
lubricants for rolling-element bearings A18: 133–134
Extrinsic conduction
defined EL1: 99
Extrinsic stacking faults
and dislocation loops A9: 116
contrast in transmission electron microscopy A9: 119
Extrolling A7: 630
Extrudability
of shapes A2: 35
of steel A14: 300–301
Extrude
effect on fatigue performance of components A19: 317
Extruded alloys
complexity index curves used for evaluating A9: 130
Extruded molybdenum
elongated grain-boundary traces in A9: 124
Extruded shapes
characterized A14: 322
Extruder
defined EM2: 17
Extruders A7: 367, 368
capacity EM2: 378–379
design/operation EM2: 379–383
multiple-screw EM2: 383
thermoplastic, parameters EM2: 378–383
Extruding
as manufacturing process A20: 247

roughness average A5: 147
Extrusion *See also* Backward extrusion; Blown film extrusion; Chill roll extrusion; Cold extrusion; Forward extrusion; Hot extrusion; Hot forging; Hydrostatic extrusion; Impact extrusion; Sheet extrusion; Thermoplastic extrusion; Thermoplastic processes A13: 835, 887, A20: 692–693, EM3: 12, EM4: 33, 34, 123, 124, 151, 172, M7: 4
advanced ceramics EM4: 49
aluminum and aluminum alloys A2: 5–6, 34–36
aluminum, specimen locations for A8: 60
and drawing A8: 591–593, 595
and heading A14: 297
and torsion, microstructure of Udimet 700 in A8: 176–178
applications EM4: 166
as bulk forming process A14: 16
as cermet forming technique M7: 800
as coating material M7: 817
as superplastic forming process A14: 857
attributes A20: 248
basic methods A14: 316
beryllium-copper alloys A2: 415
billet, defined A14: 5
blow molding, defined EM2: 17
blown-film EM2: 383–384
CAP billet stock for M7: 533
carbon-graphite materials A18: 816
central burst during A14: 399–400
ceramics A20: 790
ceramics, definition A20: 832
characteristics A20: 697
coating EM2: 385–386
coextrusions EM2: 387
cold, nickel-base alloys A14: 836–837
cold, vs. hot upset forging A14: 95
compared to tape casting EM4: 164
constituents of powder formulation EM4: 126
conventional vs. hydrostatic A14: 327
costs EM2: 386
cylindrical flux by M7: 315
defect, in closed-die forging A8: 590, 594
defects A14: 385–386
defined A14: 5, EM2: 17
die M7: 442, 443
difficult A14: 311
disadvantages EM4: 166
equipment and tooling EM4: 166–168
equipment compatibility with electrode coatings M7: 816–817
evaluation factors for ceramic forming methods A20: 790
factors influencing ceramic forming process selection EM4: 34
filled billet process for M7: 518
fir tree defect A14: 403
flat-film/sheet EM2: 384–385
forging, defined A14: 5
forging, of a hub M7: 411, 412
formability, magnesium alloys A2: 471
forward/backward, load vs. displacement curves A14: 37
granulated powders as feedstock EM4: 100
high-energy-rate-forged, austenitic stainless steel A8: 573
horizontal EM4: 170, 171
hot A14: 95, 315–326, M7: 515–521
hot, and hot upset forging A14: 95
hot, of cermet billets A2: 987
hydrostatic A14: 327–329
impact A14: 8, 311–312, 830
in ceramics processing classification scheme A20: 698
in header A14: 311
in polymer processing classification scheme A20: 699
in powder metallurgy processes classification scheme A20: 694

in reaction sintering EM4: 292
limitations EM4: 166
magnesium alloy, formability A2: 571
magnesium alloy, product form selection A2: 463–464
mechanical consolidation EM4: 125, 126, 127, 128
metals, definition A20: 832
mix EM4: 169–170
solvent-based systems EM4: 169
typical plastic binder/ceramic EM4: 169–170
of aluminum alloys A14: 244
of beryllium A2: 683
of beryllium powder M7: 759
of discontinuous fibers EM1: 120–121
of heat-resistant alloys A14: 231
of high-impact polystyrenes (PS, HIPS) .. EM2: 198
of hot upset preforms A14: 306
of interconnecting shapes, wrought aluminum alloy A2: 35–36
of lead and lead alloys A2: 547
of metal powder products M7: 297
of metal-polymer mixtures M7: 606
of mill shapes M7: 522
of nickel-titanium shape memory effect (SME) alloys A2: 899
of niobium-titanium superconducting materials A2: 1049–1050
of titanium alloys A14: 273
of unalloyed uranium A2: 671
of whisker-reinforced MMCs EM1: 898–899
of wire A14: 694
of wrought magnesium alloy bars and shapes A2: 459
of zirconium tubing A2: 663
pipe EM2: 385
pipe, defined A14: 5
plastics A20: 793, 796–797
plastics, definition A20: 832
plus isothermal forging with superalloys ... M7: 649
polyether sulfones (PES, PES) EM2: 162
polymer melt characteristics A20: 304
polyvinyl chlorides (PVC) EM2: 211–212
postextrusion processing EM4: 170–172
plasticating extrusion EM4: 171–172
solvent extrusion EM4: 170–171
primary testing direction, various alloys ... A8: 667
process flow EM4: 168–169
processes, classified A14: 16
processing characteristics, closed-mold A20: 459
products, types EM2: 383–386
profile EM2: 386
profile, of short fiber composites EM1: 121
profiles, polymer melt characteristics A20: 304
quality A14: 301
rate vs. flow stress A14: 317
rating of characteristics A20: 299
refractory metals and alloys A2: 560
shear data standards for A8: 62
sheet, acrylonitrile-butadiene-styrenes (ABS) EM2: 113–114
sheet, polymer melt characteristics A20: 304
size and shape effects EM2: 290
speed and temperatures A14: 317–319
stock, defined A14: 5
styrene-maleic anhydrides (S/MA) EM2: 220
surface finish EM2: 304
surface roughness and tolerance values on dimensions A20: 248
surface shear strain rate in torsion A8: 158
textured surfaces EM2: 305
thermoplastics A20: 452–453
thermoplastics processing comparison A20: 794
torsion testing A14: 373
uranium dioxide fuel made by M7: 665
vertical EM4: 170, 171
viscoelastic properties required EM4: 116
von Mises effective strain rate A8: 158
warm, of cermet powder mixtures A2: 982–983
with cold heading, combined A14: 306

SUBJECTS OF THE INDEXED VOLUMES: ASM Handbook (designated by the letter "A"): A1: Properties and Selection: Irons, Steels, and High-Performance Alloys (1990); A2: Properties and Selection: Nonferrous Alloys and Special-Purpose Materials (1990); A3: Alloy Phase Diagrams (1992); A4: Heat Treating (1991); A5: Surface Engineering (1994); A6: Welding, Brazing, and Soldering (1993); A7: Powder Metal Technologies and Applications (1998); A8: Mechanical Testing (1985); A9: Metallography and Microstructures (1985); A10: Materials Characterization (1986); A11: Failure Analysis and Prevention (1986); A12: Fractography (1987); A13: Corrosion (1987); A14: Forming and Forging (1988); A15: Casting (1988); A16: Machining (1989); A17: Nondestructive Evaluation and Quality Control (1989); A18: Friction, Lubrication, and Wear Technology (1992); A19: Fatigue and Fracture (1996); A20: Materials Selection and Design (1997). **Metals Handbook, 9th Edition** (designated by the letter "M"): M1: Properties and Selection: Irons and Steels (1978); M2: Properties and Selection: Nonferrous Alloys and Pure Metals (1979); M3: Properties and Selection: Stainless Steels, Tool Materials, and Special-Purpose Materials (1980); M4: Heat Treating (1981); M5: Surface Cleaning, Finishing, and Coating (1982); M6: Welding, Brazing, and Soldering (1983); M7: Powder Metallurgy (1984). **Engineered Materials Handbook** (designated by the letters "EM"): EM1: Composites (1987); EM2: Engineering Plastics (1988); EM3: Adhesives and Sealants (1990); EM4: Ceramics and Glasses (1991). **Electronic Materials Handbook** (designated by the letters "EL"): EL1: Packaging (1989)

workability in **A8:** 591–593
wrought aluminum alloy **A2:** 34
wrought copper and copper alloy tube shells **A2:** 249
wrought magnesium alloy, creep properties **A2:** 485
wrought magnesium alloy, stress-strain curves **A2:** 491
wrought titanium alloys **A2:** 614
zinc and zinc alloys **A2:** 531

Extrusion coating
defined **EM2:** 17
definition **A5:** 955

Extrusion debonding
in squeeze casting **A15:** 326

Extrusion defect **A20:** 742

Extrusion molding
characteristics of polymer manufacturing process **A20:** 700

Extrusion of metal powders **A7:** 11, 606–607, 621–631
advanced aluminum MMCs **A7:** 850
applications **A7:** 626
applications, innovative **A7:** 629–630
binders used in powder shaping **A7:** 313
canning **A7:** 621, 622
characteristics **A7:** 313
cold extrusion **A7:** 623
comparison with cast and powder billets **A7:** 624–625
conclusions **A7:** 630–631
continuous extrusion processes **A7:** 630
direct **A7:** 621, 622
dispersion-strengthened materials **A7:** 626–627
hot extrusion **A7:** 623
hydrostatic extrusion **A7:** 629–630
indirect **A7:** 621, 622
materials processed by powder extrusion **A7:** 626–629
mechanics of **A7:** 622–625
mechanisms, types of **A7:** 621
metal/polymer powder mixtures **A7:** 1091
metallurgical bonding **A7:** 320
multitemperature extrusion **A7:** 629
oxide-dispersion strengthened alloys **A7:** 85
porous materials **A7:** 1034
powder extrusion practice **A7:** 625–626
stainless steel powders **A7:** 782
superalloy powders **A7:** 890
titanium alloy powders **A7:** 877
tungsten heavy alloys **A7:** 917
ultrafine and nanocrystalline powders **A7:** 506

Extrusion of wires and rods
preferred orientation during **A10:** 359

Extrusion pipe
definition **A5:** 955

Extrusion press
casing, schematic of **A11:** 37
failed, EPMA to identify microconstituents in **A11:** 37
inclusion stringers in **A11:** 38

Extrusion pressure **A7:** 370, 622, 623–624

Extrusion process **A16:** 19
abrasive flow machining . . . **A16:** 514, 515, 516, 519
and powder consolidation **A16:** 72

Extrusion ratio **A7:** 622, 624, **A14:** 300, 318

Extrusion reduction ratio **A7:** 629

Extrusion segregation
as squeeze casting defect **A15:** 325

Extrusion spinning
refractory metals and alloys **A2:** 562

Extrusion temperature
effect on notch toughness of steels **M1:** 695

Extrusion tools *See* Cold extrusion tools; Hot extrusion tools

Extrusion welding **M6:** 676–677
applications **M6:** 676–677
metals welded **M6:** 677
procedures **M6:** 677

Extrusions **A19:** 17, 64, 80, 337
aluminum **A17:** 271
aluminum alloy **M2:** 4, 5–6
aluminum alloy, ductile overload fracture **A11:** 86–87, 91
aluminum alloys **M2:** 51–58
by scanning laser gage **A17:** 12
extension-ladder side-rail, failed **A11:** 137
magnesium **M2:** 527–528, 534–535, 537
speed, cracking due to **A11:** 87, 91
ultrasonic inspection **A17:** 270–272
uranium **M3:** 776

Exudation **M7:** 4

Exudations
in aluminum alloy ingots **A9:** 633
in copper alloy ingots **A9:** 643

Eye **A19:** 351–352

Eye clearance of microscope eyepieces **A9:** 73

Eye connectors
static tensile loading fracture **A11:** 390

Eye size
definition **M6:** 7

Eye terminal, corroded stainless steel
for wire rope **A11:** 521

Eyeleting
defined **A14:** 5

Eyelets
flexible printed boards **EL1:** 590

Eyepiece
defined **A10:** 673

Eyepiece graticules **A7:** 262
for direct particle measurement **M7:** 228–229

Eyepiece of an optical microscope **A9:** 73–74
comparison of standard and high-point **A9:** 75
cross sections **A9:** 75
defined **A9:** 7

EZDA 12 *See* Zinc alloys, specific types, zinc foundry alloy ZA-12

F

475 °C embrittlement **A1:** 708
stainless steels **A19:** 717

4130 steel
heat treatments for **A1:** 431
properties of **A1:** 431–432

4140 steel **A1:** 432
heat treatments for **A1:** 432
properties of **A1:** 432

4340 steel **A1:** 432–433
heat treatments for **A1:** 433
properties of **A1:** 432, 433–434

F *See* Farad; Faraday constant; Fluorescence; Force

F, as-fabricated temper
defined **A2:** 21

***F* distribution**
0.975 fractiles of **A8:** 674

***f* factor** **A19:** 451, 454, 455

***F* ratio test**
for mean and variance differences **A8:** 711

***F* statistic distributions** **A8:** 710

***F* test** **A8:** 700, 703
example of computational procedure **A8:** 672

F.W. Bell Company **A20:** 233, 234

F1, F2, F3, etc *See* Tool steels, specific types

F4 aircraft **A19:** 123

F-5 aircraft, fatigue failures **A19:** 561, 566, 582

F-111 aircraft, fatigue failures **A19:** 372, 413, 561, 566, 577, 579, 580, 582, 614

FAA requirements, TSO-C26
aircraft brake testing standards **A18:** 586

Fabric *See also* Cloth; Nonwoven fabric; Woven fabric
of fiber reinforcements **EM2:** 506
warp face, defined **EM2:** 17

Fabric coatings
powder used **M7:** 572

Fabric construction *See also* Fabric(s); Weaves
forms, woven fabric prepregs **EM1:** 148
specification **EM1:** 148

Fabric fill face
defined **EM1:** 10, **EM2:** 17

Fabric filter dust collectors
use in dry blasting **M5:** 90

Fabric hybrid composites
impact resistance **EM1:** 149

Fabric, nonwoven *See* Nonwoven fabric

Fabric prepreg batch
defined **EM1:** 10

Fabric tape wrapping
processing characteristics, open-mold **A20:** 459

Fabric wear face
defined **EM1:** 10

Fabric, woven *See* Woven fabric

Fabricability
aluminum **A2:** 3

Fabricating *See also* Fabrication
defined **EM1:** 10

Fabrication *See also* Active component fabrication; Ceramic multilayer package fabrication; Ceramic package fabrication; Fabricability; Fabrication characteristics; In-process inspection; In-process nondestructive evaluation; Manufacture; Manufacture and assembly; Manufacturing; Manufacturing processes; Passive component fabrication; Plastic package fabrication; Primary fabrication; Processing; Rigid PWB fabrication techniques; Secondary fabrication
active-component **EL1:** 191–202
aluminum-lithium alloys **A2:** 182–184
and shaft failures **A11:** 472–477
as stress source **A11:** 205
boron fiber **EM1:** 58–59
caused spring failures **A11:** 555–559
chip, and packaging **EL1:** 397
cobalt-base alloys **A13:** 662–663
composite fiber placement **EM1:** 33–34
copper and copper alloys **A2:** 216, 219
copper wire rod **M2:** 266–271
defined **EM1:** 10, **EM2:** 17
drawing, in final design package **EL1:** 523–534
effect on fatigue performance of components **A19:** 317
effects on rolling-element bearing failure **A11:** 506–508
effects, stainless steel corrosion **A13:** 551
elastomeric mandrels **EM1:** 593–594
electronic, materials/failure mechanisms **EL1:** 1041–1048
environments, effects on stress-corrosion cracking **A11:** 211
errors, as failure cause **EM1:** 767
failure, dc motor armature **A11:** 421
flexible printed wiring **EL1:** 580
for structural corrosion **A13:** 1303
forging defects from **A11:** 317
fracture origins of shafts **A11:** 459
germanium and germanium compounds . . . **A2:** 735
improper, ductile and brittle failures from **A11:** 87–94
lay-up, of fiberglass hull **EM1:** 28
lead frame/lead frame strip **EL1:** 483–484
low-cost, and damage tolerance **EM1:** 259
material selection/evaluation for **EM1:** 38–39
mechanically alloyed oxide dispersion-strengthened (MA ODS) alloys **A2:** 947–949
method, and costs, magnesium alloys **A2:** 467
methods for composite contact materials **A2:** 856–858
methods, reliability effects, passive components **EL1:** 180, 182
methods, thermosetting resins **EM2:** 223
MOS integrated circuit **EL1:** 147–148
multilayer interconnect **EL1:** 303–304
nickel aluminides **A2:** 918
nondestructive inspection during **A17:** 645–646
npn transistor and MOS transistor **EL1:** 149
of beryllium, formability effects **A14:** 805
of cemented carbides **A2:** 950–951
of cermets **A2:** 979–990
of composites **EM1:** 33–34
of continuous fiber-reinforced composites **A11:** 733
of dies, for HERF machines **A14:** 102
of epoxy composites **EM1:** 71–73
of fiber-reinforced composites **EM1:** 179
of gallium arsenide (GaAs) **A2:** 744–745
of glass fiber **EM1:** 108–111
of hafnium **A2:** 662–665
of impression dies **A14:** 52–53
of level 1 packages **EL1:** 404–405
of nickel-base alloys **A13:** 652
of passive components **EL1:** 184–188
of pressure vessels, effect on failure . . **A11:** 646–654
of rigid printed wiring boards **EL1:** 538–552
of steel plate **A1:** 238–239
of superalloy metal-matrix composites **A2:** 909
of ternary molybdenum chalcogenides (chevrel phases) **A2:** 1077–1079
of thermoplastic resin composites . . . **EM1:** 547–552
of threaded steel fasteners **A1:** 300

388 / Fabrication

Fabrication (continued)
of titanium alloy turbine engine part **A14:** 275
of weldments, and corrosion **A13:** 344
of woven fabric prepregs............... **EM1:** 150
of wrought beryllium **A2:** 687
of wrought tool steels **A1:** 774–778
distortion and safety in hardening....... **A1:** 777
grindability.......................... **A1:** 775
hardenability **A1:** 775–777
machinability..................... **A1:** 774–775
resistance to decarburization........... **A1:** 778
weldability **A1:** 775
of zirconium **A2:** 662–665
refractory metals and alloys **A2:** 558, 560–561
seal.................................. **EL1:** 455
semiconductor chip, introduction........ **EL1:** 397
semiconductor IC....................... **EL1:** 2
stainless steels, wrought.............. **M3:** 41–55
steps, bipolar junction transistor
technology **EL1:** 197
structural ceramics..................... **A2:** 1020
substrate, ceramic packages......... **EL1:** 464–467
tantalum.............................. **A2:** 573
tape **EL1:** 278
tape automated bonding................ **EL1:** 478
titanium **M3:** 364–371
uranium **M3:** 775–776
wafer...................... **EL1:** 769–770, 978
with thermoplastic prepreg......... **EM1:** 103–104
wrought copper and copper alloy
products...................... **A2:** 241–264
wrought zinc **M2:** 636–637

Fabrication characteristics *See also* Fabrication;
Formability; Heat treatment; Hot working;
Machinability; Weldability; Welding;
Workability
actinide metals................... **A2:** 1189–1198
aluminum casting alloys............ **A2:** 153–177
beryllium-copper alloys............ **A2:** 411–416
cast copper alloys................. **A2:** 356–391
cast magnesium alloys............. **A2:** 482–516
electrical resistance alloys.......... **A2:** 836–839
gold and gold alloys.................. **A2:** 705
niobium alloys **A2:** 567–571
of make-break arcing contacts **A2:** 841
of zinc alloys **A2:** 533–542
ordered intermetallics **A2:** 913–914
palladium and palladium alloys **A2:** 716–718
pewter **A2:** 522
platinum and platinum alloys **A2:** 709–714
pure metals..................... **A2:** 1102–1178
rare earth metals **A2:** 1178–1189
silver and silver alloys **A2:** 700–704
wrought aluminum and aluminum
alloys......... **A2:** 63–64, 66–68, 71–72, 82
wrought beryllium-nickel alloys.......... **A2:** 424
wrought copper and copper alloys.... **A2:** 220–223,
265–345
wrought magnesium alloys.......... **A2:** 480–491

Fabrication characteristics of stainless
steels **A1:** 887–905
forgeability **A1:** 889–894
machinability **A1:** 894–897
sheet formability **A1:** 888–889
weldability........................ **A1:** 897–905

Fabrication characteristics of steels
bulk formability of carbon and low-alloy
steels.......................... **A1:** 581–590
machinability of carbon and low-alloy
steels.......................... **A1:** 591–602
sheet formability of carbon and low-alloy
steels.......................... **A1:** 573–580
weldability of carbon and low-alloy
steels.......................... **A1:** 603–613

Fabrication history
determined by optical metallography **A10:** 299

Fabrication processes........................ **A19:** 9

Fabrication properties
as material performance characteristics ... **A20:** 246

Fabrication stresses **A19:** 281

Fabrication traces
definition **EM4:** 632

Fabrication weldability tests **A1:** 611–613

Fabrications, steel *See* Steel, fabrications

Fabric-reinforced prepreg *See also* Fabrics; Prepregs;
Tape prepregs
anisotropies......................... **EM1:** 150

Fabric(s) *See also* Fabric construction; Fabric-
reinforced prepreg; Mats; Multidirectional
reinforced fabrics; Preforms; Rovings; Weaves;
Woven fabric
aramid fiber **EM1:** 114–115
areal weight, measured **EM1:** 286
braided.......................... **EM1:** 519–527
carbon reinforced phenolic resin matrix.. **EM1:** 382
construction, for woven prepregs....... **EM1:** 148
continuous SiC fiber MMC **EM1:** 860–861
count, fiberglass fabric................ **EM1:** 110
fastener holes, technique/tools for... **EM1:** 713–714
fiber finish of **EM1:** 125–126
fiber type, as parameter **EM1:** 125
fiberglass **EM1:** 110–111
for cylindrical tube................... **EM1:** 569
for resin transfer molding............. **EM1:** 169
graphite, forms **EM1:** 148
graphite-reinforced phenolic resin matrix ....
EM1: 382
handling characteristics............... **EM1:** 149
hybridization............ **EM1:** 126–127, 149–150
knitted *See* Knitted fabrics
multidirectionally reinforced **EM1:** 119–131
nonwoven unidirectional.............. **EM1:** 149
parameters, for textile designer **EM1:** 125
pattern, defined **EM1:** 125
preimpregnated, thermoplastic......... **EM1:** 547
prepreg **EM1:** 148–150, 161
pultruded........................... **EM1:** 538
quality of........................... **EM1:** 126
quartz **EM1:** 300, 414–415
selvage edge, locking leno
weave for................... **EM1:** 125–126
special, applications.............. **EM1:** 126–127
stitched, multidirectionally reinforced ... **EM1:** 130
strength tests.................... **EM1:** 732–733
styles/categories..................... **EM1:** 126
tests for **EM1:** 291
three-dimensional................ **EM1:** 129–131
tubular woven....................... **EM1:** 128
two-directional **EM1:** 125–128
unidirectional **EM1:** 125–128, 148, 169
vs. fiber-epoxy tape, tensile
strength **EM1:** 143–144
vs. tape, impact resistance **EM1:** 262
vs. tape prepreg, cost................. **EM1:** 105
with combined fibers............. **EM1:** 126–127
yarn type, as parameter............... **EM1:** 125

Face contact pressure **A18:** 550

Face (crystal)
defined **A9:** 7

Face feed
definition **M6:** 7

Face gears.............................. **A7:** 1060

Face milling *See also* Milling
Al alloys **A16:** 788–789, 791, 793
cast irons.................. **A16:** 648, 651, 662
Cu alloys **A16:** 816
effect on performance of cemented carbide tool
materials **A5:** 906
flankwear limits **A16:** 43
heat-resistant alloys... **A16:** 737–738, 753, 755, 756
ledge tools used **A16:** 602–603
Mg alloys **A16:** 826, 827
P/M materials......................... **A16:** 889
refractory metals........... **A16:** 859, 865, 867
surface alterations.............. **A16:** 25, 30, 34
theoretical surface roughness **A16:** 24
theoretical surfaces produced **A16:** 22, 23
Ti alloys **A16:** 845, 846–847, 848, 850
tool steel selection **A16:** 710
tool steels **A16:** 712, 714–715, 717

Face of weld
definition **M6:** 7

Face opening force...................... **A18:** 550

Face pressure
defined **A18:** 8

Face reinforcement
definition **A6:** 1209, **M6:** 7

Face seal
defined **A18:** 8

Face shield
definition **M6:** 7

Face tests **A6:** 102

Face-centered
defined **A9:** 7

Face-centered cubic array
density and coordination number **M7:** 296

Face-centered cubic crystals *See also* Face-centered
cubic materials
copper, EXAFS analysis **A10:** 410
diffraction in......................... **A10:** 360
dominant texture orientations of......... **A10:** 359
Euler angles for **A10:** 361
fibers in Euler angles in **A10:** 363
rolling textures in **A10:** 363–364
variance of Young's modulus with preferred
orientation....................... **A10:** 358

Face-centered cubic (fcc) materials
ductile-to-brittle transition **A11:** 84–85
flow strength......................... **A11:** 138
fractures in **A11:** 75

Face-centered cubic (fcc) metals
abbreviation **A8:** 724
adhesion measurements................. **A6:** 144
cyclic deformation in................... **A8:** 256
effect of decreasing temperature **A8:** 34
effect of strain rate or temperature on flow
stress **A8:** 223–224, 226
effective stress for **A8:** 256
epitaxial growth direction................ **A6:** 51
fatigue limits.......................... **A8:** 253
textures **A8:** 181–182

Face-centered cubic (fcc) microstructure **A20:** 340
stacking fault......................... **A20:** 341

Face-centered cubic (kc) crystal structures
abrasive wear **A18:** 186
cavitation erosion..................... **A18:** 216
cobalt-base wrought alloys **A18:** 768

Face-centered cubic lattice
slip planes **A9:** 684

Face-centered cubic materials *See also* Face-centered
cubic crystals
and bcc materials, Kurdjumov-Sachs orientation
relationship **A10:** 439
formation of dislocation loops........... **A9:** 116
matrix, bright-field image and diffraction
pattern **A10:** 440
rolling textures in **A10:** 363–364

Face-centered cubic metals
defined **A13:** 45
hydrogen embrittlement resistance **A13:** 330

Face-centered cubic unit (fcc) cell **A20:** 337–338, 339

Face-centered space lattice .... **A3:** 1•15

Face-centered-cubic metals
effect of low temperature on dimples in ... **A12:** 33
effects, state of stress................... **A12:** 31
embrittlement **A12:** 123
hydrogen embrittlement **A12:** 22
tensile fractures in..................... **A12:** 100

Faceted dendritic morphology
as a feature of irregular eutectics **A9:** 620–622

Facets
acicular needle effect on............... **A12:** 328
of alloy steel fractures........... **A12:** 308, 319
aluminum-copper alloy, SEM projection .. **A12:** 195
areas measured **A12:** 208
cleavage..... **A12:** 224, 319, 328, 380, 397, 424
cleavage, and tongues, compared........ **A12:** 424

dimpled, tool steels **A12:** 379
fatigue fracture. **A12:** 14, 19
fracture appearance **A12:** 128
grain, in oxygen-embrittled iron **A12:** 222
grain-separated, high-purity copper. . . **A12:** 399–400
intergranular, AISI/SAE alloy steels **A12:** 308
intergranular, transition to dimples. **A12:** 306
of Armco iron cleavage fracture **A12:** 224
of nickel alloy fracture **A12:** 397
of tool steel fractures **A12:** 379–380
overheating. **A12:** 146, 147
prototype, true profile length values. **A12:** 200
quasi-cleavage **A12:** 319, 338, 339
terraced, titanium alloys **A12:** 448
total, surface area of **A12:** 202
transgranular to intergranular, titanium
alloys **A12:** 441

Facial flaws
particle **M7:** 59

Facilities
quality control and inspection of . . . **EM1:** 740–741

Facing *See also* Mold wash
defined **A15:** 5
effect on performance of cemented carbide tool
materials **A5:** 906
in conjunction with boring **A16:** 160, 164, 165,
168, 169, 174
in conjunction with drilling **A16:** 235
in conjunction with milling. **A16:** 308, 322
in conjunction with turning. . . . **A16:** 135, 138, 140,
157
in metal removal processes classification
scheme **A20:** 695
monitoring system. **A16:** 414, 416
multifunction machining **A16:** 366, 369–370,
372–373, 376, 384
PCBN cutting tools. **A16:** 115, 116
stainless steel. **A16:** 154
turret lathe operations. **A16:** 386

Facsimile equipment (office)
powders used **M7:** 573

Factor analysis **A10:** 118

Factor (experimental)
defined **EM2:** 599

Factor incorporating stress concentration effect of weld (M_k) **A19:** 448

Factor of safety **A20:** 510–511
definition **A20:** 832
total or overall (n) **A20:** 511

Factor of safety (FS) **A6:** 389

Factorial designs
confounding in. **A17:** 747, 749
for hit/miss data. **A17:** 693
for statistical analyses **A17:** 740–750
mathematical model **A17:** 740–742
system noise/variation. **A17:** 742
two-level fractional **A17:** 746–750
unreplicated. **A17:** 746
variable interactions **A17:** 742–743

Factorial experimental designs **EM2:** 599–602

Factorial experiments **A8:** 641–643, **A20:** 93
analysis of **A8:** 633–654
estimation of main effects and
interactions **A8:** 653–654

Factors, experimental
defined **A8:** 639

Factory roof
AISI/SAE alloy steels. **A12:** 336

Fade **A18:** 574, 575

Fade recovery **A18:** 574

Fade-0-meter test method
anodic coating light fastness **M5:** 596

Fadeometer **EM3:** 12
defined **EM2:** 17

Fading
by evaporation, by silicon modifiers. **A15:** 163
grain refiners for **A15:** 478
in grain refinement **A15:** 106
with modifiers **A15:** 484

Fahrenheit, vs. Celsius degrees
in creep/creep-rupture analyses **A8:** 685

Fail-active designs **A20:** 141

Fail-operational designs **A20:** 141

Fail-passive designs **A20:** 141

Fail-safe **A19:** 412
definition **A19:** 581

Fail-safe design **A20:** 141, 142, 541
definition **A20:** 832

Failure *See also* Adhesive failure; Catastrophic failure; Catastrophic failure, caustic cracking, low-carbon steels; Failure analysis; Failure analysis procedures; Failures; Tensile failure/ fracture **A8:** 526, **EM3:** 12, 37–38
aircraft, corrosion-related **A13:** 1022–1035,
1045–1054
amorphous materials and metallic glasses . . **A2:** 814
analysis. **A13:** 1113–1126, 1246, **EM1:** 192–204
analysis, by acoustic emission inspection. . **A17:** 286
and gage length, workability. **A8:** 156
and microstructure. **A8:** 476
and static strength **EM1:** 432–435
and workability. **A8:** 154
approximate, theories for **EM1:** 235
as function of time **A8:** 635
axial shear mode **EM1:** 198
causes **A13:** 338, **EM1:** 767
cleavage **A8:** 476
cohesive; defined *See* Cohesive failure
common causes of **A8:** 496
compressive strength or strain to **A8:** 58
corrosion, prediction/consequences. . . **A13:** 316–317
criteria **EM1:** 198–201
cumulative group mode. **EM1:** 195
cumulative weakening. **EM1:** 194–195
defined. **A8:** 152, 695, **A13:** 6
delayed. **A13:** 185–187, 329–330, 535–536,
650–652
dimpled rupture **A8:** 476
ductile striations **A8:** 476
due to overload. **A8:** 476, 477–481
electronics/communications
equipment **A13:** 1113–1126
environmental (sustained load) **A8:** 476
fatigue **A8:** 476, **EM1:** 201–204, 436–438, 797, 938
fatigue, surface family of **EM1:** 203
fiber break propagation. **EM1:** 195
fiber mode. **EM1:** 230–235
high strain rate effect on **A8:** 208
hydrogen-induced, causes **A8:** 537
idealized limit cases for **EM1:** 235
in high strain rate testing **A8:** 187
in low-cycle torsional fatigue testing. **A8:** 152
initial, laminar **EM1:** 230–231
intergranular **A8:** 476
intraply matrix-mode. **EM1:** 234
loads/modes, for laminates **EM1:** 233
local fiber, mechanisms. **EM1:** 198
magnesium/magnesium alloys, causes. . . . **A13:** 741
matrix mode **EM1:** 198, 230–235
measurement of residual stress
associated with **A10:** 380
mechanisms. **A8:** 714
mechanisms, in damage tolerance design. . **A17:** 702
microvoid coalescence **A8:** 476
mode domains, potential-pH diagram **A13:** 153
modeling, and damage tolerance design. . . **A17:** 702
modes **EM1:** 195, 198–200, 230–235, 240–244,
781–785
modes, of make-break contacts, electrical contact
materials **A2:** 840–841
modes, single-shear test. **A8:** 63–64
of bolted joints. **EM1:** 488–489
of laminates **EM1:** 230–235
of materials, high strain rate testing. **A8:** 188
of thermocouples **A2:** 881–882
overload, of AISI 4340 steel
threaded rod **A10:** 511–513
pin **A8:** 59
plastic strain range vs. cycles to **A8:** 346–347
prediction, stress based **A8:** 343
probability, and reliability **A8:** 627
quasi-cleavage **A8:** 476
statistical tensile. composite
geometry for **EM1:** 194
stress, and static-strength distribution **A8:** 716
structural, probabilistic fracture mechanics for
predicting. **A8:** 682
surfaces, in stress space. **EM1:** 199
temperature effect on **A8:** 188
tensile fiber mode **EM1:** 200
tensile matrix mode. **EM1:** 200
time to, in multiaxial testing **A8:** 344
torsion test for **A8:** 154
types. **A8:** 476
weakest-link. **EM1:** 194

Failure analyses
for matching steel properties to
requirements **A1:** 338

Failure analysis *See also* Advanced failure analysis; Corrosion failure analysis; Corrosion failures; Electronic failure analysis methods; Failure; Failure analysis, general practice in; Failure mechanisms; Failure verification; Failure(s) **EM1:** 192–204, 765–797
accuracy of **A11:** 55
adhesive failure. **EM3:** 276
radiation and vacuum effects **EM3:** 645
advanced, for corrosion failures . . . **EL1:** 1102–1116
and accelerated life prediction. **EM2:** 788–795
and damage accumulation **EM1:** 246–247
and failure verification **EL1:** 1058
and fracture mechanics **A11:** 31, 47–65
and polymer aging **EM2:** 732
and problem solving, microanalytical
techniques **A11:** 32–46
and report writing **A11:** 31–32
bottom-brazed flatpacks **EL1:** 992
by analysis of structure. **EM2:** 824–837
by fractography **EM1:** 786–793, **EM2:** 805–81
by optical metallography. **A10:** 299
by surface analysis. **EM2:** 811–823
by ultrasonic nondestructive
analysis **EM2:** 838–846
chemical analysis **A11:** 29–31
cohesive changed to adhesive failure **EM3:** 668
cohesive failure **EM3:** 276, 283
lap joints **EM3:** 327
radiation and vacuum effects **EM3:** 645
corrosion-fatigue **A11:** 252–262
crack-closure scheme for. **EM1:** 248–250
crazing. **EM2:** 734–740
design considerations **EM2:** 1
destructive tests. **EM1:** 765–766, 774
device **EL1:** 917–918
engineering aspects **A11:** 15–71
failure causes. **EM1:** 767
failure modes. **EM1:** 195, 198–200, 230–235,
240–244, 781–785
fatigue **EM1:** 244–247
finite-element procedure **EM1:** 247–250
fractography in **A11:** 747
fracture surface for **A10:** 304
fracture types **A11:** 24–29
fracture-toughness testing and
evaluation **A11:** 60–64
historical study **A12:** 2
in field. **EM2:** 817–818
interfacial failure **EM3:** 271
ceramics joined to glasses **EM3:** 298
durability assessment **EM3:** 663
introduction . . **EL1:** 957, **EM1:** 765–766, **EM2:** 727,
EM4: 629
investigative operations. **EM1:** 765
macrofractography for **A12:** 91
mechanical testing **A11:** 18–19
metallographic sections **A11:** 23–24
microanalytical techniques **A11:** 32–46
mixed-mode. **EM3:** 287
nondestructive testing **A11:** 16–18
nondestructive tests **EM1:** 765, 770, 774–777
notch-toughness testing and evaluation **A11:** 57–60
objectives and stages of. **A11:** 15
of aluminum wire connections **A10:** 531–532
of boilers and related equipment **A11:** 602–627
of continuous fiber composites. **EM1:** 768–769,
781–793
of continuous fiber reinforced
composites. **A11:** 731–743
of creep **EM2:** 728–730
of crystallinity **EM2:** 731–732
of design vs. material deficiencies . . . **A11:** 744, 747
of discontinuous fiber composites. . . **EM1:** 794–797
of environmental stress crazing. **EM2:** 796–80
of fatigue failure. **EM2:** 741–75
of fracture **EM2:** 734–74
of fracture surfaces **A11:** 19–22
of hydrogen damage **A11:** 245–251
of laminates **EM1:** 236–251
of LME-induced fracture **A11:** 225–238
of microbial degradation **EM2:** 783–787

Failure analysis (continued)
of moisture-related failure **EM2:** 761–769
of organic chemical related failure **EM2:** 770–775
of photolytic degradation **EM2:** 776–782
of physical aging **EM2:** 751–760
of pressure vessels, procedures for **A11:** 643–644
of progressive ply failure, laminates **EM1:** 238–239
of sliding bearings **A11:** 483–489
of stress relaxation **EM2:** 730
of stress-corrosion cracking **A11:** 203–224
of surfaces **EM2:** 811, 817–822
of yield **EM2:** 730–731
plane stress and plane strain **A11:** 51–52
ply failure criteria, stress point **EM1:** 238
printed board **EL1:** 1038–1040
procedures **EM1:** 770–773
procedures, iron castings **A11:** 344
replication procedures for **A12:** 94–95
sampling and data collection **A11:** 15–16
sampling protocol for **A10:** 15–16
semiconductor, SEM for **A10:** 490
semiconductors **A10:** 490
service conditions review **A11:** 747
simulated-service testing **A11:** 31
software **A11:** 55
solder joint **EL1:** 1034–1040
stages **EM4:** 630–631
data collection **EM4:** 630
formal report **EM4:** 631
history of the part **EM4:** 630
part inspection **EM4:** 630–631
photographs **EM4:** 630
replicas **EM4:** 630
stress approaches **EM1:** 236–237, 239–240
submicron spatial resolution **EL1:** 1088
techniques **EL1:** 954, 957
techniques for integrated circuits **A11:** 767–769
tests and data **A11:** 53–55, 57–60
thermal **EM1:** 779–780
thermal stresses **EM2:** 751–760
three-dimensional **EM1:** 239–240
types illustrated **A12:** 217
Failure analysis, general practice in *See also* Failure analysis; Failure(s) **A11:** 15–46
analysis and report writing **A11:** 31–32
chemical analysis **A11:** 29–31
data collection **A11:** 15–16
failed part, preliminary examination **A11:** 16
fracture mechanics, application of **A11:** 31
fracture surfaces, macro/microscopic examination **A11:** 20–22
fracture surfaces, selection, preservation, and cleaning of **A11:** 19–20
fracture type, determination of **A11:** 24–29
mechanical testing **A11:** 18–19
metallographic sections, selection and preparation of **A11:** 23–24
microanalytical techniques **A11:** 32–46
nondestructive testing **A11:** 16–18
objectives of investigation **A11:** 15
simulated-service testing **A11:** 31
stages **A11:** 15
Failure analysis procedures *See also* Failure
fractography **EM1:** 770–771
materials characterization **EM1:** 770
nondestructive examination **EM1:** 765, 770, 774–777
stress analysis **EM1:** 771–773
Failure analysis reports **A20:** 244
Failure analysis specimens
mounting **A9:** 32
Failure analysis, use in materials selection **A20:** 322–328
conditions for occurrence **A20:** 322
examples **A20:** 324–327
chipper knives failure **A20:** 325, 326–327
improved materials selection for precipitator wires in a basic oxygen furnace **A20:** 324, 325–326
line pipe steels improvement **A20:** 323, 324–325
frequency of causes for failure **A20:** 322
frequency of failure mechanisms **A20:** 322
historical evolution of improved materials **A20:** 324
implementing changes **A20:** 324
methods for analyzing failures to improve materials selection **A20:** 323–324
process of **A20:** 323
relationship between failure analysis and materials selection **A20:** 322–323
Failure assessment diagram (FAD) **A19:** 432–433, 446–447, 457, **A20:** 542
versus operating stress maps **A19:** 460–461
Failure control in process operations **A19:** 468–482
ammonium chloride **A19:** 474
analysis of process streams **A19:** 472
asset loss risk as a function of equipment type **A19:** 468, 469
blistering, types of **A19:** 480
carbonic acid **A19:** 474
caustic injection **A19:** 475
cobalt alloying effect **A19:** 480
code acceptance criteria **A19:** 470
condition and life assessment **A19:** 476–481
controlling HIC of pipe steel **A19:** 479–480
copper alloying effect **A19:** 480
corrosion
control in a crude unit overhead **A19:** 475
coupons **A19:** 471
mechanisms in a crude unit overhead **A19:** 473–474
monitoring **A19:** 470–471
monitoring locations **A19:** 470
monitoring methods **A19:** 471–473
corrosometer probe **A19:** 476
creep crack growth **A19:** 478–479
creep life assessment **A19:** 477
creep rupture life **A19:** 477–478
crevice corrosion **A19:** 471
critical crack sizes **A19:** 476–477
crude oil desalting **A19:** 475
damage level versus life fraction consumed **A19:** 481
damage rules **A19:** 477–478
design documents **A19:** 470
electrical resistance probes **A19:** 472
erosion-corrosion of coupons **A19:** 471
failure criteria and definitions of high-temperature component creep life **A19:** 468
filming inhibitors **A19:** 475–476
flowchart of typical predictive corrosion control system **A19:** 473
heat transfer effects **A19:** 471
HIC control for existing plant **A19:** 480
high temperature failure mechanisms **A19:** 469
hydrochloric acid **A19:** 473–474
hydrogen cracking in wet H_2S **A19:** 479
hydrogen probes **A19:** 472
hydrogen stress cracking **A19:** 480–481
hydrogen-induced cracking **A19:** 479–480
inclusions species **A19:** 480
inspection and measurement techniques for corrosion control **A19:** 469
interpretation of corrosion monitoring **A19:** 471
life-fraction rule calculation **A19:** 478
limitations of coupon testing **A19:** 471
low temperature failure mechanisms **A19:** 469
maintenance impact on profitability **A19:** 468
measurement **A19:** 476
measurement of corrosion coupons **A19:** 476
measurement of corrosion potentials **A19:** 472
Neubauer classification of creep damage **A19:** 481
Neubauer damage rating versus consumed life fraction **A19:** 481
nondestructive evaluation **A19:** 480
nondestructive examination techniques **A19:** 470
nondestructive testing and inspection techniques **A19:** 469
oxygen and oxidizing agents **A19:** 473
polarization resistance measurement **A19:** 472
postweld heat treatment advantages **A19:** 481
practical life assessment in creep regime **A19:** 481
predictive corrosion control **A19:** 473
predictive maintenance **A19:** 468–476
preparing, installing, and interpreting coupons **A19:** 471–472
preventive maintenance **A19:** 468, 469
proactive maintenance **A19:** 468–469
redundancy in corrosion monitoring programs **A19:** 470
replication methods **A19:** 481
reporting of corrosion monitoring **A19:** 471
sample analysis **A19:** 476
sentry holes **A19:** 472–473
service-related defects **A19:** 469
stress-oriented hydrogen-induced cracking **A19:** 480
sulfur trioxide **A19:** 474
temperature used to classify failure mechanisms **A19:** 469
ultrasonic thickness measurements **A19:** 472
validity of damage rules **A19:** 478
Failure criterion **A19:** 20
in fatigue properties data **A19:** 17
Failure cycles
tension-tension **A8:** 715–716
Failure density function **A20:** 87
defined **EL1:** 896
Failure distribution function
defined **EL1:** 896
Failure effects and modes analysis (FEMA) **A19:** 587
Failure estimation
two-parameter Weibull distribution for **A8:** 714–716
Failure function per unit volume (ψ) **A20:** 625, 629
Failure hazard analysis (FHA) **A20:** 118
Failure mechanisms *See also* Failure analysis; Failure(s)
accelerated tests of **EL1:** 741
bottom-brazed flatpacks **EL1:** 992–993
ceramic packages **EL1:** 961–962
corrosion **EL1:** 1049–1052
cyclic differential of thermal expansion **EL1:** 740–742
electrolytic corrosion **EL1:** 493
electromigration **EL1:** 494, 963–964
electrostatic discharge (ESD) as **EL1:** 966–967
environmental **EL1:** 493–494
failure studies, early **EL1:** 958–959
flip-chip technology **EL1:** 1047
galvanic corrosion **EL1:** 493
in active devices **EL1:** 1006–1017
in adhesives **EL1:** 1046–1047
in coated and encapsulated microelectronic devices **EL1:** 1049–1057
in passive devices **EL1:** 994–1005
in printed wiring boards **EL1:** 1018–1030
in soldering **EL1:** 1031–1040
in structured reliability testing **EL1:** 959–961
in surface-mounted packages **EL1:** 982–993
in tape automated bonding **EL1:** 1047
in through-hole packages **EL1:** 969–981
in welding **EL1:** 1041–1046
interconnect **EL1:** 1054–1056
mechanical shock **EL1:** 740
multiple, as problem **EL1:** 893
of silicon semiconductor devices **EL1:** 959
overview of **EL1:** 958–968
oxide contamination effect **EL1:** 959–960
package differences **EL1:** 961–962
packaging **EL1:** 957
plastic packages **EL1:** 962
purple plague as **EL1:** 960
semiconductor chip **EL1:** 963–967
soft failure **EL1:** 493–494
solder joint **EL1:** 735–736
stress-related **EL1:** 1052–1054
temperature-sensitive **EL1:** 959–961

SUBJECTS OF THE INDEXED VOLUMES: ASM Handbook (designated by the letter "A"): **A1:** Properties and Selection: Irons, Steels, and High-Performance Alloys (1990); **A2:** Properties and Selection: Nonferrous Alloys and Special-Purpose Materials (1990); **A3:** Alloy Phase Diagrams (1992); **A4:** Heat Treating (1991); **A5:** Surface Engineering (1994); **A6:** Welding, Brazing, and Soldering (1993); **A7:** Powder Metal Technologies and Applications (1998); **A8:** Mechanical Testing (1985); **A9:** Metallography and Microstructures (1985); **A10:** Materials Characterization (1986); **A11:** Failure Analysis and Prevention (1986); **A12:** Fractography (1987); **A13:** Corrosion (1987); **A14:** Forming and Forging (1988); **A15:** Casting (1988); **A16:** Machining (1989); **A17:** Nondestructive Evaluation and Quality Control (1989); **A18:** Friction, Lubrication, and Wear Technology (1992); **A19:** Fatigue and Fracture (1996); **A20:** Materials Selection and Design (1997). **Metals Handbook, 9th Edition** (designated by the letter "M"): **M1:** Properties and Selection: Irons and Steels (1978); **M2:** Properties and Selection: Nonferrous Alloys and Pure Metals (1979); **M3:** Properties and Selection: Stainless Steels, Tool Materials, and Special-Purpose Materials (1980); **M4:** Heat Treating (1981); **M5:** Surface Cleaning, Finishing, and Coating (1982); **M6:** Welding, Brazing, and Soldering (1983); **M7:** Powder Metallurgy (1984). **Engineered Materials Handbook** (designated by the letters "EM"): **EM1:** Composites (1987); **EM2:** Engineering Plastics (1988); **EM3:** Adhesives and Sealants (1990); **EM4:** Ceramics and Glasses (1991). **Electronic Materials Handbook** (designated by the letters "EL"): **EL1:** Packaging (1989)

thermal shock . . . **EL1:** 740–742
vibration (transport) . . . **EL1:** 740–742
wire bond degradation . . . **EL1:** 494
Failure mechanisms and related environmental factors . . . **A11:** 75–303
brittle fractures . . . **A11:** 82–101
corrosion . . . **A11:** 172–202
corrosion-fatigue . . . **A11:** 252–262
distortion . . . **A11:** 136–144
ductile fracture(s) . . . **A11:** 82–101
elevated-temperature . . . **A11:** 263–297
embrittlement by solid-metal environments . . . **A11:** 239–244
fatigue . . . **A11:** 102–135
hydrogen-damage . . . **A11:** 245–251
identification of . . . **A11:** 75–81
in sour gas environments . . . **A11:** 298–303
liquid-erosion . . . **A11:** 163–171
liquid-metal embrittlement . . . **A11:** 225–238
stress-corrosion cracking . . . **A11:** 203–224
types of . . . **A11:** 75–81
wear . . . **A11:** 145–162
Failure mode . . . **A8:** 476
fatigue . . . **A8:** 481–485
in deformation . . . **A8:** 473–574
strain rate/temperature effects . . . **EM2:** 684–687
sustained-load (environmental) . . . **A8:** 486–488
transmission electron fractography for . . . **A8:** 476
types and microstructure effect . . . **A8:** 477–488
Failure mode and effects analysis (FMEA) . . . **A7:** 705, 706, 709, **A20:** 5, 64, 118–120, 140, 147, 149, 675
definition . . . **A20:** 832
Failure mode, effect, and criticality analysis (FMECA) . . . **A20:** 140, 149
definition . . . **A20:** 833
Failure model
accelerated life prediction . . . **EM2:** 791–792
Failure modes . . . **EM1:** 195, 198–200, 230–235, 240–244, 781–785
in-plane, types . . . **EM1:** 781–783
laminates . . . **EM1:** 240–244
out-of-plane, delamination as . . **EM1:** 781, 783–784
Failure modes, reliability and wear concepts . . . **A18:** 493–495
dependence of failure rate on operating duration . . . **A18:** 494–495
relationship between wear and reliability . . **A18:** 493
reliability characteristics . . . **A18:** 493
reliability probability concepts . . . **A18:** 493
statistical distributions of wear and reliability . . . **A18:** 493–494
exponential distribution . . . **A18:** 493
gamma distribution . . . **A18:** 494
log normal distribution . . . **A18:** 493
normal distribution . . . **A18:** 493, 494
Weibull distribution . . . **A18:** 493–494
wear and failure modes . . . **A18:** 494
Failure order number . . . **A20:** 74
Failure, probability of . . . **A20:** 511–512
estimation of . . . **A20:** 512
experimental methods . . . **A20:** 512
Failure rate . . . **A20:** 87
as "bathtub" reliability curve . . . **EL1:** 740
constant . . . **A20:** 88
defined . . . **EL1:** 896
dependence on temperature . . . **EL1:** 23
hybrids . . . **EL1:** 261
in accelerated testing . . . **EL1:** 889
Failure resistance . . . **A20:** 72
Failure strength tests . . . **EM3:** 325–334
Boeing wedge test . . . **EM3:** 332–333
butt joints . . . **EM3:** 330–331, 332
Charpy pendulum test . . . **EM3:** 333
climbing drum test . . . **EM3:** 332
creep tests . . . **EM3:** 333
double-lap joints . . . **EM3:** 326–328, 330
dynamic tests . . . **EM3:** 333
EDSU/Grant method . . . **EM3:** 328
finite-element method (FEM) . . . **EM3:** 327–328
floating roller test . . . **EM3:** 332
Goland and Reissner bending moment factor . . . **EM3:** 326, 328
Izod test . . . **EM3:** 333
joint strength predictions . . . **EM3:** 330
lap joint test . . . **EM3:** 330
law of complementary shears . . . **EM3:** 326
local stress concentrations and fracture mechanics . . . **EM3:** 329–330
napkin ring test . . . **EM3:** 331
PABST/Hart-Smith design philosophy . . . **EM3:** 328
peel tests . . . **EM3:** 331–333
photoelastic stress analysis . . . **EM3:** 327
plasticity and lap joints . . . **EM3:** 328–329
problems associated with testing composites . . . **EM3:** 333
recommendations to ensure accuracy . . . **EM3:** 333–334
shear lag (Volkersen's) equations . . . **EM3:** 325–326
single-lap joints . . . **EM3:** 325–328, 329
thick-adherend test . . . **EM3:** 330
T-peel test . . . **EM3:** 332
transverse (peel) stresses . . . **EM3:** 326
Failure strength (yield strength) . . . **A20:** 251, 283
Failure stress . . . **A20:** 284, 286
Failure studies
scanning -electron microscopy used for . . . **A9:** 99
Failure verification *See also* Failure analysis; Failure(s)
device history determination . . . **EL1:** 1058
electrical testing . . . **EL1:** 1058–1060
external visual examination, initial . . . **EL1:** 1058
high/low-temperature electrical testing . . . **EL1:** 1060–1061
Failure-free-life analysis methods . . . **EL1:** 957
Failure-mode-and-effects analysis (FMEA)
of microcircuits . . . **EL1:** 260–261
Failure(s) *See also* Advanced failure analysis; Failure analysis; Failure mechanisms; Failure rate; Failure verification; Fatigue failure; Reliability; Weld failure origins
bulk forming . . . **A14:** 19
catastrophic thermal, defined . . . **EL1:** 46
complex . . . **A11:** 29
defined . . . **A11:** 4, **EL1:** 751, 1143
delayed . . . **A11:** 242–244
density distributions . . . **EL1:** 896–897
detection, solder joint fractures . . . **EL1:** 751
die, causes of . . . **A14:** 55–56
direct, defined . . . **EL1:** 943
distortion . . . **A11:** 136–144
engineering aspects . . . **A11:** 15–71
factors, estimating from test data . . . **EL1:** 900–903
flexibilized epoxy systems . . . **EL1:** 819
in rubber-die flanging . . . **A14:** 615
in screen environments . . . **EL1:** 875
indirect, defined . . . **EL1:** 943
inspection records of . . . **A11:** 134
intermittent, testing for . . . **EL1:** 1060–1061
mechanical . . . **EL1:** 45–46, 55–65
mechanical, tape automated bonding (TAB) . . . **EL1:** 287
mechanisms of . . . **A11:** 75–303
mechanisms, overview of . . . **EL1:** 958–968
mode, shear lips as indicator of . . . **A11:** 396
modes, in deformation processing . . . **A14:** 365–366
modes, stress . . . **EL1:** 445
multiple-mode, boilers and steam equipment . . . **A11:** 626
of tools and dies . . . **A11:** 563–585
on semiconductor chips . . . **EL1:** 963–967
plated-through hole . . . **EL1:** 1018–1030
premature elevated-temperature . . . **A11:** 281–282
risk categories . . . **EL1:** 132
shock and vibration . . . **EL1:** 62–65
solder joint . . . **EL1:** 735
statistical considerations . . . **EL1:** 745–746
studies, early . . . **EL1:** 958–959
types of . . . **A11:** 75–81
Fairing
defined . . . **EM1:** 10, **EM2:** 17
Falex test . . . **A5:** 689, 723
Falex tests
chromium electroplated coating applications . . . **A18:** 835, 836
metalworking fluids . . . **A18:** 101
Falling rate period . . . **EM4:** 131–132
False Brinelling *See also* Brinelling; Fretting . . . **A18:** 242, 243, **A19:** 325
and true brinelling, compared in bearings . . . **A11:** 499–500
defined . . . **A8:** 5, **A11:** 4, **A18:** 8–9
definition . . . **A5:** 955
in rolling-element bearings . . . **A11:** 497–498
False indications
defined . . . **A17:** 103
False minimum rate
in creep . . . **A8:** 330–331
False positives . . . **A7:** 231–232
False silicon peaks
in EDS spectra . . . **A10:** 520
False switching
avoidance of . . . **EL1:** 34
FALSTAFF
standardized service simulation load history . . . **A19:** 116
Families of x-ray lines
EPMA analysis . . . **A10:** 522–524
Family mold
defined . . . **EM2:** 17
Fan cooling . . . **A7:** 484
Fan, large, fatigue failure of . . . **A19:** 454–455
Fan shafts
inspection criteria for . . . **A11:** 107–108
reversed-bending fatigue . . . **A11:** 476
Fan strain survey test
ENSIP Task IV, ground and flight engine tests . . . **A19:** 585
Fansteel 80 *See* Niobium alloys, specific types; Niobium alloys, specific types, Nb-1Zr
Far east
Bronze Age in . . . **A15:** 16–17
Far field stress responsible for opening mode loading (mode I) . . . **A19:** 23
Farad
abbreviation . . . **A8:** 724
Faradaic agreement in the film rupture/slip oxidation . . . **A19:** 196
Faradaic currents
in pulse polarography . . . **A10:** 193
Faraday cage
in SEM . . . **A12:** 168
Faraday cage effect . . . **A20:** 822, 823, 826
Faraday constant . . . **A20:** 546, **EM4:** 252
96 486 C/mol, abbreviation for . . . **A10:** 690
in electrometric titration . . . **A10:** 203
Faraday cup
in gas mass spectrometers . . . **A10:** 154
use in microbeam analysis . . . **A10:** 530
Faraday effect
observation of magnetic domains . . . **A9:** 535
Faraday's equation . . . **A19:** 485
Faraday's law . . . **A5:** 110, 275, 637, **A13:** 6, 29, 33, **A18:** 834, **A19:** 491, **A20:** 546, 568
controlled-potential coulometry . . . **A10:** 210
coulometric sensors . . . **EM4:** 1132–1133
of electrolysis . . . **A10:** 203
Faraday's law of induction . . . **A17:** 130
Faraday's Second Law . . . **A5:** 111
Far-field (applied) design stresses . . . **A19:** 339
Far-field effects
ultrasonic beams . . . **A17:** 239
Far-infrared radiation
defined . . . **A10:** 673
Farm equipment/machinery
feed rolls and shutoffs for . . . **M7:** 674–675
floating cams, for planters . . . **M7:** 673
P/M parts for . . . **M7:** 671–676
powders used . . . **M7:** 572
self-lubricating bearings in . . . **M7:** 705
Farris gas dilatometer . . . **EM2:** 657
FASOR computer program for structural analysis . . . **EM1:** 268, 271
Fassel torches
for analytic ICP systems . . . **A10:** 36–37
Fast axial flow (carbon dioxide) laser . . . **A14:** 736
Fast fission nuclear reactors . . . **A13:** 17
Fast Fourier transform . . . **A10:** 117, 690
Fast Fourier Transform (FFT)
digital image processing . . . **A17:** 460–461
Fast Fourier transform (FFT) algorithm . . . **A18:** 294, 295
Fast Fourier transform (FFT) analyzer
motor-current signature analysis . . . **A18:** 314
Fast fractures . . . **A20:** 355
AISI/SAE alloy steels . . . **A12:** 295, 311, 327
high-carbon steels . . . **A12:** 280
magnesium alloy . . . **A12:** 456
mechanical damage in . . . **A12:** 72
medium-carbon steels . . . **A12:** 260–262, 264, 267
precipitation-hardening stainless steels . . . **A12:** 371

Fast fractures (continued)
tool steels **A12:** 376
unstable, as fatigue stage III **A12:** 175
woody **A12:** 281
Fast ion bombardment (FAB) **EM3:** 237, 241
Fast neutron activation analysis **A10:** 239, 689
to analyze bulk chemical composition of starting powders **EM4:** 72
"Fast oils" **M7:** 453
"Fast quenching" oil **M7:** 453
Fast resinject
thermoset plastics processing comparison **A20:** 794
Fast-axial-flow (FAF) carbon dioxide (CO_2) lasers **A6:** 266, 267
Fastech electronic package system
for cost determination **EL1:** 14–15
Fastener core potting **EM3:** 561
Fastener holes *See also* Fastener(s); Holes
aircraft subassemblies, eddy current inspection **A17:** 190
exit breakout damage **EM1:** 712
second-layer, crack detection **A17:** 139
techniques and tools for **EM1:** 712–715
Fastener tests **A1:** 296
Fastener wear particles
in shear testing **A8:** 68
Fasteners *See also* Blind fastening; Fastener holes; Holes; Mechanical fasteners; Tubing
aerospace use **EM1:** 709
alloy steel for **M1:** 256
alloy steel, hydrogen embrittlement of **A11:** 541
aluminum **EM1:** 716–717
blind **EM1:** 709–711
blind, types of failures in **A11:** 531
blind, types used in assembled components **A11:** 545–546
cadmium plating of **M5:** 261–262
carbon steel for **M1:** 254
cold finished bars for **M1:** 221
copper and copper alloys **A2:** 239
corrosion resistant, ASTM specifications **M3:** 183–185
countersunk and single-shear **EM1:** 492
economy in manufacture **M3:** 851
fabrication of **M1:** 589, 590
failure origins **A11:** 529–530
faulty repairs of **A11:** 141–142
flush head **EM1:** 707
for advanced composites **A11:** 530
galvanic compatibility **EM1:** 709, 717
head styles **EM1:** 706
hot rolled bars for **M1:** 206, 208, 209
interchangeable **A11:** 529
interference fit **EM1:** 707
ion plating of **M5:** 420
load share **EM1:** 492–493
machine vision inspection **A17:** 45
materials for **EM1:** 706, 709
mechanical coating of **M5:** 302
mechanical, selection of **EM1:** 706–708
mechanical, shear load transfer through . . **EM1:** 488
performance, at elevated temperatures **A11:** 542–543
piercing with **A14:** 470
protruding, eddy current inspection . . **A17:** 191–192
pullout, failure by **A11:** 548–549
rating of characteristics **A20:** 299
special-purpose **A11:** 548–549
specifications **A11:** 529
standard galvanized **A13:** 443
steel *See* Steel, fasteners
strength **EM1:** 706
structural, schematic **A17:** 141
thread grinding applications **A16:** 278
threaded, corrosion in **A11:** 535–542
threaded, fatigue in **A11:** 531–534
Wedgelock (or Cleco-) type **EM1:** 711
wire for **A1:** 284, **M1:** 265–266
zinc-electroplated, failure of **A11:** 548–549
Fasteners, copper
mechanical joining **M2:** 440–443
Fasteners evaluation hydrogen embrittlement
evaluation hydrogen embrittlement in **A8:** 541–542
pin bearing testing of **A8:** 59
plated, hydrogen embrittlement testing of . . **A8:** 542
shear testing of **A8:** 65–68
shear testing standards for **A8:** 62
types of **A8:** 68
Fasteners, mechanical **A19:** 17
Fasteners, threaded
elimination of **EL1:** 123
Fastening
aluminum **M2:** 202–203
mechanical **EM2:** 711–713
Fast-firing technology **A20:** 782
Fast-passage effect *See* Electron nuclear double resonance
FASTRAN **A19:** 125
Fat
defined **A18:** 9
Fatemi-Socie-Kurath model **A19:** 269
Fatemi-Socie-Kurath parameter **A19:** 269
Fatigue *See also* Durability; Dynamic fatigue testing; Failure; Fatigue analysis; Fatigue crack growth; Fatigue crack growth rate; Fatigue crack growth rates; Fatigue crack initiation; Fatigue crack propagation; Fatigue crack propagation rate; Fatigue cracking; Fatigue cracks; Fatigue data analysis; Fatigue failure; Fatigue failures; Fatigue fracture; Fatigue fracture(s); Fatigue life; Fatigue limit; Fatigue loading; Fatigue properties; Fatigue resistance; Fatigue strength; Fatigue striation spacings; Fatigue striations; Fatigue test specimens; Fatigue testing; Fracture; Fracture surface(s); Fracture(s); High-cycle fatigue; Low-cycle fatigue; Tensile properties; Tensile strength **A8:** 5, 363–365, **A19:** 7, 42, 228, **A20:** 345, 603, 605, **EM3:** 12
aluminum alloy **A15:** 764–765
anaerobics augmentation of performance **EM3:** 115
and damage tolerances **EM1:** 261–262
and elevated-temperature service **A1:** 624–626, 632, 633
and environment effects **A13:** 295
and strength, plain carbon steels **A15:** 702–704
and stress-rupture data in tension-hold-only test **A8:** 349
and subcritical fracture mechanics **A11:** 52–53
and surface effects **A8:** 373–374, 603, **A13:** 294
apparatus, dynamic notched round bar testing **A8:** 278
as cause of cracks **A19:** 5–6
as crack growth mechanism **A19:** 5
as failure mode for welded fabrications . . . **A19:** 435
as fracture mode **A12:** 35–63
as operating failures, machine elements . . . **A11:** 134
as slip process **A12:** 35
as transgranular fracture, SEM defined **A12:** 175–176
ASTM test methods **EM2:** 334
axial, in forging deformation **M7:** 416
behavior, in titanium-based alloys **M7:** 41, 44, 438
behavior of materials, compared **A8:** 706–712
behavior, wrought aluminum alloy . . . **A2:** 42–44, 59
belted joint **EM1:** 440
bending machine **A8:** 369
brittle fracture from **A11:** 85
by liquid erosion **A11:** 164–166
carburizing surfaces **A8:** 373
carrier cloth effect **EM3:** 515–516, 518
-caused failures, measurement of associated residual stress **A10:** 380
causes of **A1:** 673, **M1:** 665, 673
chafing, defined **A11:** 2
composites **A20:** 657
constant lifetime diagrams . . **M1:** 666–667, 669–670
contact **A11:** 2, 133–134, 594
corrosion . . **A8:** 374–375, 403–410, **A11:** 2, 37, 623, 636–637
crack, defined **A8:** 391, 421–422, 678
crack extension, predicted **A13:** 298
crack growth **A11:** 708
crack growth rate **A11:** 4
crack, in clamp, fractographs of **A10:** 305
crack initiation **A8:** 363–364, 366–375, **A11:** 102–103, 106, 621, **A19:** 63
crack nucleation **A8:** 363
crack propagation . . **A8:** 363–365, 602–603, **A17:** 54
cracking **A8:** 363, 366, **A11:** 105–107
cracking, avoiding **A15:** 764–765
cracking, carbon steel aircraft part **A13:** 1024
cracks **A11:** 26, 85, 89, 708
cumulative damage **M1:** 678–679, 681
cumulative damage under varying frequencies **EM3:** 517
cure conditions effect **EM3:** 515
cycle **A8:** 346–347
damage, and fatigue life prediction **A12:** 207
damage, cyclic differential thermal expansion **EL1:** 740
damage, determination of **A11:** 135
-damage resistance, material selection based on **A8:** 712
data analysis **A8:** 695–720, **EM1:** 441–443
data, correction factors for **A11:** 115
data scatter **M1:** 675–678
data, types **A13:** 292–293
decarburization of surface **A8:** 373
defined **A8:** 363, 481
defined **A11:** 4, 102, **A12:** 14–18, 111, 175, **A13:** 6, **EM1:** 10, **EM2:** 17
definition **A5:** 955, **A20:** 516, 833
definition of **A1:** 673, **A19:** 3, 63
deformation, at differing frequencies **A8:** 253
design for prevention of **A19:** 3–4
determined, by speckle metrology **A17:** 435–436
ductile iron **A15:** 662
ductile versus brittle behavior **EM3:** 51
dynamic, polyether sulfones (PES, PESV) **EM2:** 161
effect of frequency and wave form **A12:** 58–63
effect of material behavior **EM3:** 513–516
effect of viscoelasticity **EM3:** 513
effects in hip prosthesis **A11:** 690–693
effects of electroplating surface on **A8:** 373
effects of nitriding **A8:** 373
electronic applications **A20:** 619
endurance **EM2:** 741
endurance, aramid/carbon fiber reinforced epoxies **EM1:** 35
endurance limit defined **M1:** 666
environmental effects **A12:** 35–63
environmental effects on . . . **A1:** 624–625, 643, 645, 677, 681
environmentally enhanced **A8:** 487–488
erosion, and wear **A8:** 601
experiment synopsis **EM3:** 517–518
experiments **A8:** 695–707
failure **A11:** 590, 621–623, **EM1:** 201–204, 436–438, 797, 938
failure surface family **EM1:** 203
fatigue data, use in design **M1:** 675–682
fatigue life, estimating of **M1:** 678, 681
fatigue limit defined **M1:** 666
fatigue parameters, estimating of **M1:** 676–678
fatigue parameters of selected steels **M1:** 680
fatigue resistance, factors affecting **M1:** 665
fatigue resistance, surface hardening to improve **M1:** 527, 528, 538, 540, 541
fatigue strength defined **M1:** 666–667
fiber-reinforced metal-matrix composites **A19:** 914–918
flaking, in bearings **A11:** 503
fluidized-bed thermal, test for **A11:** 278
fracture criteria, threshold levels **EM3:** 516–51
fracture mechanics and **A11:** 47

fractures . . . A8: 253, 363
frequency effect on . . . A8: 346
fretting. . . A11: 5, 148
general aspects of. . . EM2: 701–703
Goodman diagram for. . . EM1: 202
helicopter rotor blade . . . EM1: 441
high-cycle . . . A11: 5, 106
high-cycle, AISI/SAE alloy steels. . . A12: 296
high-impact polystyrenes (HIPS) . . . EM2: 197
high-stress, spring failure during. . . A11: 553–555
historical studies. . . A12: 3
in cycles to fracture vs. cycle period . . . A8: 351
in cyclic torsional testing . . . A8: 149
in gears . . . A11: 590–595
in iron-copper-carbon alloys. . . A14: 201
in liquid-metal environments . . . A11: 231–232, A13: 177–178
in P/M forging. . . M7: 415
in powder and drop forged parts. . . A14: 197
in pressure vessels . . . A11: 668–669
in situ electropolishing for tracking . . . A9: 55–56
in sliding bearings . . . A11: 486
in STAMP-processed stainless steels . . . M7: 549
in threaded fasteners. . . A11: 531–534
in titanium P/M parts. . . M7: 475, 752
incidence in brittle fractures in manufactured products . . . A19: 6
initiation process, in bone plate A11: 680, 684–686
interaction with creep . . . M3: 234–235
lamellar structure and . . . A12: 4
levels. . . EM3: 50
life . . . EM1: 10, 244–245, 441–443
life, defined . . . A13: 6
life of P/M roller bearing cup. . . M7: 620
life, of powder forged parts . . . A14: 206
life prediction . . . A12: 207
life, wrought aluminum alloy . . . A2: 60
limit . . . A8: 364, A11: 4, 103, A13: 6, 292–293, 928
limit, defined. . . EM1: 10
limit of P/M and wrought titanium and alloys . . . M7: 475
limits, pearlitic/martensitic malleable iron A15: 696
loading . . . A8: 374, 714, 716
low-alloy steels . . . A15: 717
low-cycle A8: 364, A11: 6, 102, 103, 622, A13: 292
low-cycle, and fracture control philosophy. . . A17: 666–667
low-cycle, eddy current crack inspection . . A17: 190
low-cycle, methods of predicting . . . M3: 235–237
marks, on shafts . . . A11: 461, 463
material microstructure considerations. . . EM3: 513
materials illustrated in . . . A12: 217
mechanical, as die failure cause. . . A14: 47
mechanical properties affecting . . . A12: 49
metal, as cause for shaft failure. . . A11: 459
metal powder addition effect . . . EM3: 515
metallurgical variables . . . M1: 670, 672–677
methods for fracture mode identification . . A19: 44
microscopic fracture model . . . A8: 477
microstructure, effect of . . . M1: 675–677
natural rubber's resistance . . . EM3: 145
notch blunting. . . EM3: 515
notch effects. . . M1: 667–668, 679–682
notch factor . . . A8: 364, 372, 725, A11: 4, 103, 797
of lead, and lead alloys. . . A2: 547
of powder forged materials. . . A14: 199
of titanium and titanium alloys, effect of alpha colony size on . . . A9: 460
offshore oil/gas production platforms. . . A13: 1254–1255
P/M superalloys . . . A13: 838
para-aramid fibers . . . EM1: 55
patches, martensitic stainless steels . . A12: 368–369
periodic excitation. . . EM2: 553–554
phases of . . . A19: 4
point-stress failure by . . . EM1: 244–246
precracking . . A8: 469, 517, A12: 75, 236–237, 397, 479
precracking, of specimens. . . A13: 257–258
prediction of. . . A8: 363
prevention of . . . A1: 673–674
prevention of failure . . . M1: 665–666
prior, effect on static creep rupture life . . . A8: 353, 355
properties, CG iron . . . A15: 673
properties, compared. . . A8: 706–712
properties, corrosion-resistant high-alloy . . A15: 728
properties, of implant materials . . . A11: 688–689
properties, P/M superalloys. . . M7: 439
properties, powder forgings . . . A14: 202–203
rolling-contact . . . A14: 203
quasi-brittle, polycarbonate sheet . . . A12: 479
ratio, defined. . . A11: 4, EM2: 17
residual stress. . . M1: 673–675, 682
resistance. . . . A8: 347–349, 706–713, A11: 31, 672
resistance, treatments for . . . A11: 121
reversed-bending . . . A11: 321, 462–463
rolling-contact, ball bearings. . . A11: 500–505, 593–594
rotating-bending . . . A11: 321, 463–464
shot peening and surface rolling effect of. . . M1: 674–675, 682
(*S-N*) curve, plastic. . . EM2: 76
S-N curves . . . M1: 667–668
solder joint. . . EL1: 640, 743–744, 1031–1032
sonic . . . EM3: 501, 502
spalling, in bearings. . . A11: 491
specimens . . . A8: 370–373, 696, 705–706
stages of. . . A12: 175
stages of process . . . A11: 102, 104
static. . . A11: 28
steel properties, surface conditions effect. . . A8: 373
strain, basis for predicting fatigue life . . . M1: 668, 670–672
strain range . . . A8: 364
strategies to reduce its effect on glass and glass fibers. . . EM4: 744
strength. . . . A8: 364, 371–374, 703–706, A13: 292, EM1: 10, 436–443
strength, aluminum alloy . . . A15: 764
strength, and fatigue limit . . . A11: 103
strength of ferrous P/M materials. . . M7: 465, 466
stress, basis for predicting fatigue life . . . M1: 668, 671
stress-concentration factor . . . A8: 364
stress-whitening phenomenon . . . EM3: 514–515
striation. . . A8: 482, 484
subcase. . . A11: 505
subcritical growth. . . A19: 7
subsurface-initiated . . . A11: 504
sudden fracture. . . A8: 363
superalloys. . . A12: 389
surface damage, development in stainless steel implant replica . . . A11: 684, 688–689
surface hardening, effect of. . . M1: 673–675
surface-contact, in gears . . . A11: 592–593
surface-initiated, in bearing components. . . A11: 501–502
surface-pitting . . . A11: 134
symbols and definitions. . . M1: 666–668
tension, urethane hybrids . . . EM2: 269
tension-tension, Kevlar aramid fibers. . . EM1: 55
test data components . . . A8: 367–368
test environment effect on . . . A8: 354
test specimens. . . A13: 293
test, stress ratio . . . A8: 363
testing . . . A13: 291–293, EM3: 501–518
design and analysis of adhesive bonding . . . EM3: 467–468, 469
FM 47 adhesive . . . EM3: 502
polybenzimidazoles. . . EM3: 170
testing, accelerated reliability . . . EL1: 741, 747–751
testing machines. . . A8: 368–370
testing, with magnetic rubber inspection . . A17: 125
tests . . . A11: 281
then-nomechanical, test for . . . A11: 278
thermal. . . . A11: 11, 133, 278–279, 371, 594–595, 623, EM3: 501
thermally induced. . . EL1: 632, 640
titanium and titanium alloy castings . . . A2: 640
titanium castings . . . A15: 829
tooth-bending . . . A11: 590–592
torsional, shafts . . . A11: 464
types of gear failures . . . A19: 345
under cyclic-stress loading, of machine parts . . . A11: 371
unidirectional bending, shafts . . . A11: 461–462
wear, defined. . . A11: 4
wear mechanism . . . A8: 602–603
wrought aluminum alloys . . . A12: 418
zinc. . . M2: 650–652
zone, terminating edge . . . A12: 267
Fatigue acceleration transform . . . EL1: 741, 744
Fatigue analysis *See also* Failure; Failure analysis; Fatigue; Fatigue failure; Fiber properties analysis; Material properties; Material properties analysis
and damage accumulation . . . EM1: 146–147
failure concepts . . . EM1: 244–246
full-scale tests . . . EM1: 346
models. . . EM1: 246–247
of laminates . . . EM1: 236–251
stress approaches . . . EM1: 236–237, 239–240
Fatigue and fracture control of powder metallurgy components. . . A7: 957–964
Fatigue characteristics
of HSLA steels . . . A1: 413
Fatigue corrosion *See* Fatigue strength
Fatigue crack
growth rate, titanium P/M parts . . . M7: 752
initiation sites, contaminants as. . . M7: 178
Fatigue crack closure. . . A19: 56–59, 177
mechanisms of . . . A19: 56–58
models of. . . A19: 58
new concepts for fatigue thresholds . . . A19: 58
Fatigue crack growth *See also* Crack growth; Crack propagation rate; Cracking; Fatigue; Fatigue crack growth rate. . . A19: 8–9
aluminum alloys. . . A19: 800–809
and damage analysis . . . A8: 681–682
and plastic limit load behavior . . . A8: 377
controlling random errors in analysis. . . A8: 679
data analysis. . . A8: 678–691
effect of vacuum. . . A12: 46
fracture topography, titanium alloys. . A12: 441–443
from surface flaw. . . A12: 420
in bcc materials . . . A8: 251
in martensitic steels. . . A8: 377
minimum, and threshold stress intensity . . A8: 254, 256
mode I and II. . . A19: 137
of ASTM A533, BI steel. . . A8: 377
rate. . . A8: 376–380, 403, 411–417, 678–682
resonant, rate of. . . A8: 251
specimen . . . A8: 251, 379–382, 384
testing . . . A8: 427–430
threshold testing, methods . . . A8: 379
titanium alloys . . . A19: 845–851
with ultrasonic fatigue testing . . . A8: 240
x-y recorder traces. . . A8: 383–384
Fatigue crack growth mechanisms. . . A19: 50–56
aluminum alloys. . . A19: 50
cyclic crack growth in polymers . . . A19: 54–56
fatigue crack growth rates . . . A19: 51–52, 55
in duplex microstructures. . . A19: 54, 56
stage I growth . . . A19: 50, 53, 54
stage II crack growth and fatigue striations . . . A19: 50–51, 54, 55
stage III . . . A19: 52
striation spacings. . . A19: 51–52, 55
titanium alloys . . . A19: 50
variables affecting . . . A19: 52
Fatigue crack growth rate . . . A8: 5, 376–380, 403, 411–417, 678–682
abbreviation . . . A8: 724
calculation . . . A8: 415, 679–680
for damage analysis. . . A8: 681–682
incremental polynomial method . . . A8: 378
modeling . . . A8: 680–681
test specimens. . . A8: 678
Fatigue crack growth rate (*da/dN*)
and fatigue striation spacing . . . A12: 41
cryogenic temperature effects. . . A12: 52–53
cyclic loading effects. . . A12: 53–54, 62
defined . . . A13: 6
dwell time effects. . . A12: 60
fracture mode changes with . . . A12: 441
gases, effects on . . . A12: 40, 52
high, microvoid coalescence formation. . . A12: 119–120
measurement . . . A12: 120–121
P/M superalloys . . . A13: 837
second-phase particles/inclusions, effect on A12: 16
stress intensity factor range, effect on . . A12: 56–58
Fatigue crack growth rate (FCGR)
titanium and titanium alloy castings . . . A2: 640
wrought aluminum alloy . . . A2: 43, 59
wrought titanium alloys . . . A2: 631
Fatigue crack growth rate (FCGR) data A19: 168–169

Fatigue crack growth rates **A19:** 168, 169
aluminum alloys **A19:** 727
and fatigue crack closure **A19:** 56
austenitic steels **A19:** 724–726
fiber-reinforced metal-matrix composites **A19:** 916–917
magnesium alloys **A19:** 876–877, 878
martensitic PH steel **A19:** 721–723
quenched and tempered steels **A19:** 727
Fatigue crack growth specimen **A8:** 379–382, 384
Fatigue crack growth testing **A19:** 168–184
alternative crack growth specimen geometries **A19:** 172
analysis of crack growth data **A19:** 179–181
arc-shaped A(T) specimen **A19:** 171
attachment of displacement measurement hardware **A19:** 175–176
bend-loaded specimen **A19:** 171, 172
brittle materials **A19:** 939
Chevron-notched specimens **A19:** 174
compact-type C(T) specimen . . . **A19:** 171, 172, 173, 176, 177, 178, 180
compliance method . . . **A19:** 174–175, 178, 182–183
compliance offset method **A19:** 180–181
computing normalized compliance **A19:** 176
correlation between *da/dN* and ΔK . . **A19:** 168–169
correlation coefficient method **A19:** 181
crack closure **A19:** 170
crack closure analysis **A19:** 180–181
crack growth rate calculating methods **A19:** 180
crack length and specimen size **A19:** 171–172
crack length measurement **A19:** 174–178
crack-tip plasticity during fatigue **A19:** 169
cyclic crack growth rate testing in the threshold regime **A19:** 170–171
data acquisition and processing **A19:** 176
disk-shaped compact DC(T) specimen **A19:** 171
electric potential difference method . . **A19:** 176–178
electric potential monitoring **A19:** 174
electromechanical fatigue testing systems . . **A19:** 179
equipment considerations **A19:** 173
FCGR under elastic-plastic conditions **A19:** 169–170
fracture mechanics in fatigue **A19:** 168–170
fracture surface characterizations **A19:** 181
general crack growth behavior **A19:** 169
gripping of the specimen **A19:** 174
high-temperature fatigue crack growth testing **A19:** 181–183
instrumentation **A19:** 175
laser interferometry **A19:** 183
loading considerations **A19:** 173
loading methods **A19:** 178–179
material form and microstructure considerations **A19:** 172–173
middle-crack tension M(T) specimen **A19:** 171, 172, 173, 180
notch and specimen preparation **A19:** 173
optical crack measurement **A19:** 174
optimization parameters **A19:** 178
pin-loaded specimen **A19:** 171, 172
precracking **A19:** 173
precracking of brittle materials **A19:** 173–174
real-time holographic interferometry **A19:** 183
servohydraulic testing machines **A19:** 179
single-edge bend SE(B) specimen **A19:** 171
specimen selection and preparation . . **A19:** 171–174
specimen thickness **A19:** 172
test methods and procedures **A19:** 170–171
validity of test data **A19:** 180
wedge-gripped specimen **A19:** 171, 172
Fatigue crack growth under variable amplitude loading **A19:** 110–133
crack closure at material surface **A19:** 121
crack closure observed in a single severe flight **A19:** 124
crack closure of surface cracks **A19:** 125
crack growth
and OL blocks, multiple OLs and delayed retardation **A19:** 118–119
and overload (OL) cycles **A19:** 117–118
in flight simulation fatigue tests . . . **A19:** 122–123
retardation by crack closure and/or residual stress in crack-tip plastic zone **A19:** 120–121
under program loading **A19:** 122
crack initiation life . . . **A19:** 114, 116–117, 121–122
cyclic plasticity, microcrack initiation, and microcrack growth **A19:** 111–114
designing against fatigue **A19:** 110
diagram of fatigue prediction problem in practical applications **A19:** 110
engineering applications **A19:** 131
fatigue phenomena in metallic materials **A19:** 110–114
fatigue prediction models for VA loading **A19:** 125–126
incompatible crack front during flight simulation tests **A19:** 125
incompatible crack front orientation under VA loading **A19:** 119–120
initial fast crack growth at a notch **A19:** 124
interaction effects **A19:** 121
interaction models for prediction of fatigue crack growth **A19:** 128
macrofatigue crack growth **A19:** 112–114
microstructurally short cracks **A19:** 112
prediction of crack growth under VA loading **A19:** 127–131
prediction of crack initiation under VA loading **A19:** 126–127
results of more complex VA fatigue tests **A19:** 121–125
results of simple VA fatigue tests **A19:** 116–121
simple approach to crack growth under VA loading (noninteraction) **A19:** 127–128
specific interaction phenomena during crack growth under variable-amplitude loading **A19:** 125
thickness effect on crack growth **A19:** 123–124
truncation effect on crack growth **A19:** 123
VA load sequences **A19:** 114–116
variable-amplitude tests and main variables **A19:** 114
Fatigue crack initiation *See also* Fatigue **A8:** 363–364, 366–375, **A19:** 48–50, 53
applied stresses **A8:** 363–364
corrosion fatigue **A8:** 374–375
effect of test specimen size **A8:** 372–373
fatigue testing regimes **A8:** 367–368
low- and high-cycle fatigue **A8:** 367
mean stress effect **A8:** 374
SEM analysis **A12:** 169
stress concentration effect **A8:** 371–372
stress ratio **A8:** 363
surface effects and fatigue **A8:** 373–374
test specimens **A8:** 370–373
testing machines for **A8:** 368–370
Fatigue crack initiation, causes and prevention of in threaded steel fasteners **A1:** 298, 300
Fatigue crack initiation life (N_f) **A19:** 264
Fatigue crack nucleation and microstructure **A19:** 96–109
coherency loss across a slip plane due to accumulation of defects **A19:** 105
condensation of vacancies **A19:** 105
corrosive environment influence **A19:** 107
crack initiation sites **A19:** 97, 98
crack nucleation based on critical conditions for local brittle fracture **A19:** 105
cycling amplitude and asymmetry influence **A19:** 107
damage in nucleation stage **A19:** 103–104
difficult-cross-slip metals **A19:** 102–103
easy-cross-slip materials (low-amplitude cycling) **A19:** 98–102
easy-cross-slip metals (high-amplitude cycling) **A19:** 102
end of nucleation **A19:** 106
end of the nucleation stage **A19:** 105–106
environment influence **A19:** 107
factors influencing **A19:** 106–107
Fujita's model of crack nucleation **A19:** 105
in grain boundaries **A19:** 105
Kitagawa-Takahashi diagram for natural surface cracks in low-carbon steel **A19:** 106
mechanisms of microcrack nucleation **A19:** 104–105
models not distinguishing between intrusions and microcracks **A19:** 104–105
Oding's model of crack nucleation **A19:** 105
phase and chemical composition influence **A19:** 107
prenucleation stage prior to microcrack nucleation **A19:** 101–102
relation of dislocation structures and surface relief **A19:** 97–103
residual stresses influence **A19:** 107
specimen shape influence **A19:** 107
surface conditions role in fatigue **A19:** 96–97
surface layer influence **A19:** 107
surface roughness influence **A19:** 107
temperature influence **A19:** 107
types of nucleation sites **A19:** 97
work hardening influence **A19:** 107
Fatigue crack propagation *See also* Corrosion fatigue crack propagation; Crack propagation; Fatigue **A8:** 376–402
analysis **A11:** 107–110
by hydrogen in feedwater **A8:** 422
cast aluminum alloys **A12:** 408
causes **A8:** 363
center-cracked and compact specimens **A8:** 377–378, 382
corrosion **A8:** 403–410
corrosion, P/M aluminum alloys **A12:** 440
corrosion, wrought aluminum alloys **A12:** 439
crack-length measurement techniques **A8:** 382–391
cyclic crack growth rate testing in threshold regime **A8:** 378–379
data analysis **A8:** 377–378
ductile iron **A12:** 228
effect of frequency of loading **A11:** 110
effect of inclusions, ASTM/ASME alloy steels **A12:** 346–348
electromechanical fatigue testing systems **A8:** 391–395
environmental effect on **A8:** 404
environmental effects **A8:** 377, 403–435
factors that control growth **A8:** 365
fracture mechanics of **A11:** 102, 124–125
high-carbon steels **A12:** 289, 290
hydrogen-assisted **A12:** 302
in acidified chloride at ambient and elevated temperatures **A8:** 418–420
in aluminum alloys **A8:** 364–365, 404
in aqueous solutions at ambient temperature **A8:** 415–417
in fatigue failures **A11:** 103
in liquid metal environment **A8:** 425–426
in low-carbon steel, effect of calcium **A12:** 247
in pressurized water reactor **A8:** 402
in superalloys, high-pressure hydrogen assisted **A8:** 409
in titanium alloy, hydrazine effect **A8:** 427, 429
in vacuum and gaseous environments at ambient temperature **A8:** 410–412
in vacuum and oxidizing gases at elevated temperatures **A8:** 412–415
localized failures in steel bridge components by **A11:** 707
mechanism of **A12:** 15, 21
medium-carbon steels **A12:** 275
monitoring materials in elevated-temperature water **A8:** 421–422

SUBJECTS OF THE INDEXED VOLUMES: ASM Handbook (designated by the letter "A"): **A1:** Properties and Selection: Irons, Steels, and High-Performance Alloys (1990); **A2:** Properties and Selection: Nonferrous Alloys and Special-Purpose Materials (1990); **A3:** Alloy Phase Diagrams (1992); **A4:** Heat Treating (1991); **A5:** Surface Engineering (1994); **A6:** Welding, Brazing, and Soldering (1993); **A7:** Powder Metal Technologies and Applications (1998); **A8:** Mechanical Testing (1985); **A9:** Metallography and Microstructures (1985); **A10:** Materials Characterization (1986); **A11:** Failure Analysis and Prevention (1986); **A12:** Fractography (1987); **A13:** Corrosion (1987); **A14:** Forming and Forging (1988); **A15:** Casting (1988); **A16:** Machining (1989); **A17:** Nondestructive Evaluation and Quality Control (1989); **A18:** Friction, Lubrication, and Wear Technology (1992); **A19:** Fatigue and Fracture (1996); **A20:** Materials Selection and Design (1997). **Metals Handbook, 9th Edition** (designated by the letter "M"): **M1:** Properties and Selection: Irons and Steels (1978); **M2:** Properties and Selection: Nonferrous Alloys and Pure Metals (1979); **M3:** Properties and Selection: Stainless Steels, Tool Materials, and Special-Purpose Materials (1980); **M4:** Heat Treating (1981); **M5:** Surface Cleaning, Finishing, and Coating (1982); **M6:** Welding, Brazing, and Soldering (1983); **M7:** Powder Metallurgy (1984). **Engineered Materials Handbook** (designated by the letters "EM"): **EM1:** Composites (1987); **EM2:** Engineering Plastics (1988); **EM3:** Adhesives and Sealants (1990); **EM4:** Ceramics and Glasses (1991). **Electronic Materials Handbook** (designated by the letters "EL"): **EL1:** Packaging (1989)

near-threshold, hydrazine effect **A8:** 427, 429
near-threshold, load application. **A8:** 428
of austenitic stainless steel in liquid sodium. **A8:** 426, 428
of structural alloys in liquid metal environments **A8:** 425–426
plastics. **A20:** 643
predicted **A8:** 405
radial, wrought aluminum alloys. **A12:** 415
rate, effect of embrittling or corrosive environments. **A12:** 35
rates from direct current potential measurements **A8:** 390
servohydraulic fatigue testing systems **A8:** 395–400
short crack behavior **A8:** 379–380
steam or boiling water with contaminants. **A8:** 426–430
test specimens. **A8:** 379–382, 414–415
testing **A8:** 376–378
testing, objectives. **A11:** 103
titanium P/M and I/M alloys, compared ... **A2:** 652
transgranular, wrought aluminum alloys **A12:** 438–439
using fracture mechanics techniques. **A8:** 376
vacuum test chamber for **A8:** 412–414
wrought titanium alloys **A2:** 624

Fatigue crack propagation (FC) A19: 3, 25, 27, 34–40
aluminum alloys. **A19:** 38–39
brittle materials **A19:** 936–940
constant-amplitude. **A19:** 39
constant-amplitude cycling **A19:** 39
environmental factors **A19:** 37
in conventionally processed alloys **A19:** 35–36
in single-crystal alloys **A19:** 36–37
mechanisms. **A19:** 34–35
microstructure effect **A19:** 35
models **A19:** 34–35
nickel-base alloys **A19:** 35–37
nickel-base superalloys. **A19:** 35, 856–860
nominal stress-intensity range **A19:** 35
of steels **A19:** 37
phenomenological models. **A19:** 35
planar slip **A19:** 35
reduced crack growth rate by crack tip interference (roughness-induced closure) **A19:** 34–35
slip mode effect **A19:** 35
tension-dominated spectrum loading **A19:** 39
titanium alloys **A19:** 39–40
vacuum and air/vacuum/air tests. **A19:** 37
variable-amplitude or peak overload environments. **A19:** 39
versus stress-intensity range **A19:** 67

Fatigue crack thresholds (ΔK_{th}) .. **A19:** 24–25, 56, 57, 58, 134–152, 169
air, dry hydrogen, and dry helium gaseous environments effect **A19:** 145
aluminum alloy crack growth thresholds **A19:** 138–141
aluminum alloys at cryogenic temperatures **A19:** 145–146
cathodic protection effect **A19:** 145
comprehensive review of threshold data. **A19:** 136–137
critical stress required to cause a crack to grow in various metals. **A19:** 135
cryogenic temperatures effect. **A19:** 145–146
deaerated water environment effect **A19:** 145
elevated temperatures effect. **A19:** 143
environment effect on. **A19:** 144–146
fatigue crack thresholds compared with constant C $= (\sigma^3{}_a) \cdot a$ **A19:** 134
formula **A19:** 166
high-strength steels. **A19:** 144
hydrogen embrittlement effect **A19:** 144, 145
hydrogen-assisted cracking **A19:** 145
in gamma titanium aluminide **A19:** 144
internal hydrogen through cathodic charging **A19:** 145
large cracks **A19:** 57
metal matrix composites/intermetallics ... **A19:** 144
modeling threshold behavior **A19:** 146–147
nickel-base alloys **A19:** 144
seawater temperature effect **A19:** 144
short-fatigue-crack behavior **A19:** 136
sodium chloride effect. **A19:** 145
steel crack growth thresholds. **A19:** 141–143
temperature effect **A19:** 145–146

test techniques **A19:** 137–138
threshold as a function of yield strength in steels. **A19:** 141
threshold stress intensity determined by ultrasonic resonance test methods **A19:** 139
thresholds in design. **A19:** 147–148
titanium alloy crack growth thresholds **A19:** 143–144
titanium alloys **A19:** 145
welds **A19:** 146
wet hydrogen effect **A19:** 145

Fatigue cracking *See also* Cracking; Fatigue
at defect tip. **A11:** 102
at weld termination, bridge components .. **A11:** 707
brittle fracture from **A11:** 85, 89
crack initiation. **A11:** 102–103, 106, 621
crack propagation **A11:** 106–107
effect of temper embrittlement on **A11:** 335
failures from. **A11:** 105–107
forged aircraft wheel half, material defects **A11:** 323
from cyclic stresses **A11:** 102
from vertical butt-weld detail **A11:** 709
front **A11:** 26
identified **A11:** 134
in aluminum alloy aircraft deck plate **A11:** 311–312
in beam flange, bridge components **A11:** 708
in cold-formed parts **A11:** 307–308
in forging. **A11:** 323
in Lafayette Street Bridge St. Paul, MN **A11:** 709–710
intergranular **A11:** 254
of main hoist shaft **A11:** 525
of steel main hoist shaft. **A11:** 525
peeling-type, in compressor shaft **A11:** 471
steel structural member failed by **A11:** 116
thermal, in cast iron brake drum **A11:** 371

Fatigue cracks
as planar flaws **A17:** 50
as qualification standards. **A17:** 677
by liquid penetrant inspection **A17:** 86
by magnetic rubber inspection. **A17:** 125
in aircraft splice joints, eddy current inspection. **A17:** 193
microwave inspection **A17:** 215
radiographic methods **A17:** 296

Fatigue cycles (*N*) **A19:** 168

Fatigue damage **A19:** 73, 103

Fatigue data analysis **A8:** 695–720
and failure mechanisms **A8:** 714
and proof testing **A8:** 717–718
at different sources or heats. **A8:** 712
consolidation of data. **A8:** 712–713
different mean stresses or strains **A8:** 712–713
fatigue resistance at single stress or strain level **A8:** 706–712
Goodman diagram for. **A8:** 713
laboratory, applications. **A8:** 713
material fatigue behaviors, compared. . **A8:** 706–712
of composite materials **A8:** 713–718
of stress-life or strain-life curve. **A8:** 696
planning fatigue experiments. **A8:** 695–697
Probit method. **A8:** 702
selecting stress levels. **A8:** 715–716
staircase method **A8:** 703–704
statistical characterization of fatigue strength or limit **A8:** 701–706
statistical characterization of stress-life or strain-life material response **A8:** 697–701
strength degradation model **A8:** 716–717
two-point strategy. **A8:** 700
Weibull parameters estimation **A8:** 714–716
with Weibull distribution **A8:** 717–718

Fatigue Design and Evaluation Committee of the Society of Automotive Engineers (SAE FD&E) **A19:** 227

Fatigue Design Handbook **A19:** 227, 246

Fatigue design parameter **A20:** 345

Fatigue design policy **A19:** 3

Fatigue diagram, type I **A19:** 304, 310

Fatigue diagram, type II **A19:** 304

Fatigue ductility **EM3:** 12
defined **EM2:** 17

Fatigue ductility coefficient. **A20:** 524

Fatigue ductility exponent **A19:** 21, 233, 234, 237, **EM3:** 12
defined **EM2:** 17

Fatigue endurance limit **A7:** 377, **A19:** 304, 342, **EM3:** 501, 502

Fatigue experiments **A8:** 695–697, 700–701, 707

Fatigue failure *See also* Failure; Failure analysis; Fatigue. **A8:** 5
alpha-beta interface fracture. **A8:** 487
analysis **EM1:** 201–204
and microstructure **A20:** 355–356
by mechanical failure **EM2:** 744–749
by thermal failure **EM2:** 743–744
cyclic cleavage **A8:** 484, 487
cyclic ductile decohesion **A8:** 482–484
cyclic intergranular processes. **A8:** 484
defined **EM2:** 741
delamination. **EM1:** 437–438
discontinuous fiber composites **EM1:** 797
discontinuous intergranular facets. **A8:** 487
ductile striations **A8:** 481–482, 487
fatigue endurance. **EM2:** 741–742
fiber break/interface debonding. **EM1:** 938
forked intergranular cracks. **A8:** 487
in composite materials **A8:** 714
in wire bonds **EL1:** 1043
layer cracking **EM1:** 436–437
mechanisms of **EM2:** 742–749
mixed fracture modes. **A8:** 484–485
moisture-induced **EM2:** 765
of plastics **EM2:** 702
of solder joints. **EL1:** 740
particle nucleated ductile intergranular voids. **A8:** 487
printed boards **EL1:** 1039
thermal. **EL1:** 56, 58–59
types of alternate microscopic fracture modes. **A8:** 487

Fatigue failure in metals. **A19:** 63–72
atomic force microscopy. **A19:** 71
cyclic deformation prior to fatigue crack initiation **A19:** 63–65
experimental aspects of scanning tunneling microscopy **A19:** 70–71
macrocracks, growth of. **A19:** 67–70
macrocracks, threshold and near-threshold growth of **A19:** 67–68
microcracks, initiation of **A19:** 65–66
microcracks, propagation and coalescence of. **A19:** 66–67
plastic work of fatigue crack propagation for various alloys **A19:** 69
regions of initiation **A19:** 168
scanning probe microscopy limitations. **A19:** 71
scanning probe microscopy of fatigue. **A19:** 70
scanning tunneling microscopy, principle of imaging. **A19:** 70
stages **A19:** 63

Fatigue failures **A11:** 102–135
at elevated temperatures. **A11:** 130–133
bending-, steel wire hoisting rope **A11:** 518
carbon steel counterbalance spring **A11:** 558
carbon steel wiper spring **A11:** 558–559
characteristics, by macroscopy. **A11:** 104–105
characteristics, by microscopy **A11:** 105
contact. **A11:** 133–134
corrosion **A11:** 134
defined. **A11:** 4
design, effect on strength **A11:** 115–118
effect of discontinuities **A11:** 119–121
effect of heat treatment **A11:** 121–122
effect of manufacturing practices **A11:** 122–130
effect of material conditions **A11:** 118–119
effect of stress concentrations **A11:** 113–115
effect of stress on **A11:** 110–115
fatigue cracking **A11:** 105–107
fatigue damage and life, determining **A11:** 135
fatigue fracture, stages of **A11:** 104
fatigue life, prediction of **A11:** 102
fatigue-crack initiation **A11:** 102–103
fatigue-crack propagation. **A11:** 103, 107–110
for threaded steel fasteners. . **A1:** 297–299, 300, 301
from improper design **A11:** 396–397
from subsurface inclusions **A11:** 323
from weld spatter. **A11:** 559
in fasteners, carbon-graphite composite joints. **A11:** 549

Fatigue failures (continued)
in forging **A11:** 321–322
in integrated circuits **A11:** 774–776
in shafts **A11:** 461
inspection schedules and techniques **A11:** 134
laboratory, and normalized fracture band width **A11:** 762
locomotive suspension spring **A11:** 551
music-wire spring **A11:** 557
of anchor link **A11:** 397
of carbon steel water-wall tube, at welded joint **A11:** 621–622
of carbon-molybdenum steel boiler tubes, by vibration **A11:** 621
of diesel-engine rocker levers **A11:** 350–352
of machined workpiece **A16:** 21
of steel elevator cable **A11:** 520–521
of steel retainer **A11:** 308–309
of steel semitrailer wheel studs. . **A11:** 531–532, 534
of structural bolt, from reversed-bending. . **A11:** 322
of tool steel shaft **A11:** 462
phosphor bronze spring **A11:** 555–557
stage II striations typical of **A11:** 23
steel castings **A11:** 396, 397–398
steel crane shaft **A11:** 524–525
steel wire rope **A11:** 518–519
thermal **A11:** 133
Fatigue fracture *See also* Fatigue; Fractures
bending, of steel pump shaft **A11:** 109
by embrittlement, penetration of molten braze materials **A11:** 454–455
carbon steel pawl spring **A11:** 551–553
characterized **A11:** 77–78
defined **A11:** 75
determined **A11:** 26–27
effect of environment **M6:** 883–884
effect of residual stress **M6:** 883
general features **A11:** 26–27
high-temperature **A11:** 130–133
identification chart for **A11:** 80
in boilers and steam equipment **A11:** 621
in brazed joint, by voids **A11:** 454
in knuckle pins **A11:** 128–129
intergranular **A11:** 131–133
mechanism, in steam equipment **A11:** 621
of aircraft fuel-tank floors **A11:** 126–127
of aircraft propeller blade **A11:** 125–126
of alloy steel lift pin, in crane **A11:** 77
of alloy steel valve springs **A11:** 551
of aluminum alloy landing-gear torque arm **A11:** 114
of angled blade plate **A11:** 683, 687
of cast chromium-molybdenum steel pinion **A11:** 395–396
of cast stainless steel lever **A11:** 113–114
of cast steel axle housing **A11:** 397
of chromium-molybdenum steel integral coupling and gear **A11:** 129–130
of crankshafts **A11:** 123–125, 480
of D-6ac steel structural member **A11:** 116
of drive shaft **A11:** 122–123
of forged drive axle **A11:** 116–117
of forged steel crane-bridge wheel **A11:** 528
of forged steel rocker arm **A11:** 119–120
of highway tractor-trailer steel drawbar **A11:** 127–128
of pilot-valve bushing **A11:** 121
of plunger shaft, from sharp fillet. . . . **A11:** 319–320
of rolling-tool mandrel **A11:** 474–475
of spindle for helicopter blade **A11:** 125
of steel articulated rod **A11:** 473–474
of steel cap screws **A11:** 533, 535
of steel connecting-rod cap **A11:** 119–120
of steel cross-travel shaft **A11:** 525
of steel wheels for coke-oven car **A11:** 130
of stuffing box **A11:** 346–347
of taper pin, clutch-drive assembly. . . **A11:** 545–546
of tool steel tube-bending-machine shaft . . **A11:** 462
of U-bolts **A11:** 533–535
of welded stainless steel liners, bellows-type expansion joint **A11:** 118
planes, single-shear and double-shear **A11:** 105
stages in aluminum alloy **A11:** 104
steam equipment failure by **A11:** 602
steel crankshaft **A11:** 324
steel hooks **A11:** 523–524
surface of **A11:** 21, 104, 321
surfaces, beach marks on **A11:** 104
surfaces, in drilled hole **A11:** 21
zones **A11:** 110
Fatigue fracture surface *See* Fatigue fracture(s); Fracture surface(s)
Fatigue fractures *See also* Fatigue; Fracture surfaces; High-cycle fatigue fracture; Low-cycle fatigue fracture(s)
and monotonic fracture surfaces, compared **A12:** 229
and stress intensity factor range **A12:** 54–58
as transgranular, with slip-plane fracture . . **A12:** 117
bending-plus-torsional, medium-carbon steels **A12:** 260
cast aluminum alloys **A12:** 407–408
cobalt alloys **A12:** 398
copper **A12:** 401
defined **A12:** 14–18
ductile iron **A12:** 228–229
environments, types affecting **A12:** 35–63
facetlike **A12:** 120
frequency and wave form effects **A12:** 58–63
from improper heat treatment, AISI/SAE alloy steels **A12:** 309
furrow-type **A12:** 44, 54
high-carbon steels **A12:** 277, 279–280, 283, 288
high-cycle, martensitic stainless steels **A12:** 367
hydrogen effect on surface appearance **A12:** 37, 51
illumination techniques for **A12:** 85
in coupling pins **A12:** 113, 120
in drive shaft **A12:** 112, 120
in gaseous environments **A12:** 36–41
in liquid environments **A12:** 36, 41–46
in magnesium alloys **A9:** 426
in vacuum **A12:** 36, 46–49
in wrought beryllium-copper alloys **A9:** 393
interpretation of **A12:** 111–121
loading effect on **A12:** 36, 53–54
low-carbon steel **A12:** 243, 251
low-cycle, high-carbon steels **A12:** 283
macroscopic characteristics **A12:** 111–121
markings, interpretation **A12:** 112, 118, 119
materials illustrated in **A12:** 217
mechanisms **A12:** 4–5
medium-carbon steels **A12:** 258, 259, 260, 263, 269, 273
of bolt **A12:** 112, 120
oxygen-free high-conductivity copper **A12:** 401
profile **A12:** 15, 22
SEM fractograph of aluminum alloy **A12:** 175
sequence to **A12:** 111
stages **A12:** 14–21
superalloys **A12:** 394
surface, high-carbon steels **A12:** 279
temperature, effect on **A12:** 36, 49–53
with striations **A12:** 16–18
wrought aluminum alloys **A12:** 415–421
Fatigue life *See also* Fatigue; Normal solution . . . **A6:** 390–391, **A19:** 3, 121, 557–558, **A20:** 74, 75, 77, **EM1:** 10, 244–245, 441–443, **EM3:** 12
aluminum alloys **A19:** 785–800
and static-strength, related **A8:** 717–718
as dependent variable **A8:** 698
as function of stress amplitude **A8:** 253
commercial alloys **A19:** 89
data, two-parameter Weibull distribution . . **A8:** 633
defined **A8:** 5, 363, **A11:** 4, 102, **EL1:** 1143, **EM2:** 17
determination of **A11:** 135
distribution **A8:** 699
distribution for graphite-epoxy **A8:** 718
effect of strain rate, stainless steels **A12:** 59
effect of wave form **A12:** 62, 63
estimating methods **A8:** 374
flexible printed boards **EL1:** 588
hold period in tension effect on **A8:** 352
hold-time results **A8:** 353
improper heat treatment effects **A12:** 309
influence of change in specimen surface on **A8:** 711
log normal distribution **A8:** 700–701
mean curve definition **A8:** 698–699
measured in cycles to fracture **A8:** 350
number of cycles to failure, symbol for **A8:** 725
of AISI 304 stainless steel **A8:** 348
of bearing materials **A11:** 487
of René **A8:** 95, 352
of steel parts, correction factors **A11:** 116
precipitation-hardening steels **A19:** 723
predicting, by creep **A12:** 123
prediction of **A11:** 102
prediction techniques **A8:** 354–358, 363
reduction factor **A8:** 353
rolling-element bearings **A18:** 134
scatter about the mean curve **A8:** 699–700
symbol for **A11:** 797
temperature, reversed-bending stress and. . **A11:** 130
test classifications **A8:** 363
truncated, by static proof test **A8:** 718
variability **A8:** 699–700
vs. hold-period time for AISI 304 stainless steel **A8:** 349
Weibull two- and three-parameter distributions **A8:** 700–701
Fatigue life estimates for constant amplitude loading **A19:** 258–259
Fatigue life estimates for variable amplitude loading **A19:** 259–260
Fatigue life, estimating **A19:** 250–262
analysis of notched members on strain-based approach **A19:** 257, 258
comparison of methods **A19:** 260–262
component *S-N* curves **A19:** 250, 251
cycle counting **A19:** 254–255, 258, 259–260
elasto-plastic stress-strain behavior on strain-based approach **A19:** 257–258
estimated *S-N* curves **A19:** 252–253
life estimates for constant amplitude loading **A19:** 258–259, 260
life estimates for variable amplitude loading **A19:** 259–260
local mean stress effects **A19:** 255–256
mean stress effects **A19:** 250–251
on strain-based approach **A19:** 256–257, 259
memory effect **A19:** 257, 258, 259
modified Goodman diagram equation **A19:** 251
nominal stress definition **A19:** 251–252
Palmgren-Miner Rule **A19:** 253–254, 255, 261–262
sequence effects **A19:** 255, 256
simplified approach **A19:** 259–260
S-N method summary **A19:** 253
strain-based approach **A19:** 256–260, 261, 262
stress-based (*S-N* curve) method **A19:** 250–253, 260–262
variable amplitude loading **A19:** 253–256
welded members **A19:** 262
Fatigue life for *p*% survival
defined **A8:** 5
Fatigue life, parameters for estimating . . **A19:** 963–979
aluminum alloys, monotonic and fatigue properties **A19:** 978
carbon steels, monotonic and fatigue properties **A19:** 968–974
cast irons, monotonic and fatigue properties **A19:** 979
cast metals, monotonic and fatigue properties **A19:** 979
comparison with data for steel, aluminum, and copper alloys **A19:** 965–966

SUBJECTS OF THE INDEXED VOLUMES: ASM Handbook (designated by the letter "A"): **A1:** Properties and Selection: Irons, Steels, and High-Performance Alloys (1990); **A2:** Properties and Selection: Nonferrous Alloys and Special-Purpose Materials (1990); **A3:** Alloy Phase Diagrams (1992); **A4:** Heat Treating (1991); **A5:** Surface Engineering (1994); **A6:** Welding, Brazing, and Soldering (1993); **A7:** Powder Metal Technologies and Applications (1998); **A8:** Mechanical Testing (1985); **A9:** Metallography and Microstructures (1985); **A10:** Materials Characterization (1986); **A11:** Failure Analysis and Prevention (1986); **A12:** Fractography (1987); **A13:** Corrosion (1987); **A14:** Forming and Forging (1988); **A15:** Casting (1988); **A16:** Machining (1989); **A17:** Nondestructive Evaluation and Quality Control (1989); **A18:** Friction, Lubrication, and Wear Technology (1992); **A19:** Fatigue and Fracture (1996); **A20:** Materials Selection and Design (1997). **Metals Handbook, 9th Edition** (designated by the letter "M"): **M1:** Properties and Selection: Irons and Steels (1978); **M2:** Properties and Selection: Nonferrous Alloys and Pure Metals (1979); **M3:** Properties and Selection: Stainless Steels, Tool Materials, and Special-Purpose Materials (1980); **M4:** Heat Treating (1981); **M5:** Surface Cleaning, Finishing, and Coating (1982); **M6:** Welding, Brazing, and Soldering (1983); **M7:** Powder Metallurgy (1984). **Engineered Materials Handbook** (designated by the letters "EM"): **EM1:** Composites (1987); **EM2:** Engineering Plastics (1988); **EM3:** Adhesives and Sealants (1990); **EM4:** Ceramics and Glasses (1991). **Electronic Materials Handbook** (designated by the letters "EL"): **EL1:** Packaging (1989)

curve fitting from fatigue test data... **A19:** 967–979
fatigue constant approximation...... **A19:** 967–968
fatigue ductility coefficient............. **A19:** 967
fatigue ductility exponent........... **A19:** 967–968
fatigue strength coefficient **A19:** 967
fatigue strength exponent **A19:** 967
four-point method **A19:** 963–966
fracture stress versus tensile ductility..... **A19:** 964
high-alloy steels, monotonic and fatigue properties **A19:** 975–977
high-strength low-alloy steels, monotonic and fatigue properties............. **A19:** 968–974
low-alloy steels, monotonic and fatigue properties **A19:** 968–974
Manson four-point criteria.............. **A19:** 964
mean stress effect on transition life **A19:** 966
R ratio effect on transition life **A19:** 966
strain range-life relationship as function of strain ratio **A19:** 966
strain-based four-point method...... **A19:** 963–964
strain-life constants **A19:** 967–968
stress-based four-point method **A19:** 964–965
titanium alloys, monotonic and fatigue properties........................ **A19:** 979
total strain versus cyclic life............. **A19:** 967
transition fatigue fife expressed in terms of load reversal in steel................... **A19:** 966
transition fatigue life................... **A19:** 966
weldments, monotonic and fatigue properties........................ **A19:** 979

Fatigue limit *See also* Endurance limit.. **A11:** 4, 103, **A13:** 6, 292–293, 928, **A20:** 345, 517–518, 519, **EM3:** 12
and fatigue resistance **A1:** 675
bcc vs. fcc **A8:** 253
data, from ultrasonic fatigue testing....... **A8:** 240
defined..................... **A8:** 5, 364, **EM2:** 17
definition............................. **A20:** 833
in *S-N* curve **A8:** 364
of ferritic malleable iron.................. **A1:** 75
of gray iron.......................... **A1:** 19–22
specimen size effect on, steel in reversed bending.......................... **A8:** 372
statistical characterization of......... **A8:** 701–706

Fatigue limit behavior **A19:** 17

Fatigue limit for *p*% **survival**
defined.................................. **A8:** 5

Fatigue limit (S_f) ... **A19:** 18, 19–20, 66, 67, 73, 104, 106, 111, 134, 156, 166, 557–558
lack in aluminum alloys **A19:** 22

Fatigue limit stress **A19:** 252
Fatigue load limit......................... **A18:** 508
Fatigue loading *See also* Dynamic fatigue testing; Fatigue; Impact loading **EM2:** 701–706
fatigue, general aspects **EM2:** 701–703
plastics vs. metals.................... **EM2:** 702
testing methods **EM2:** 703–706

Fatigue notch factor **A11:** 4, 103, 797, **A19:** 242, 244, 246–247, 252, 279, 281, 658
and fatigue resistance **A1:** 675
defined..................... **A8:** 5, 364, 372, 725
pessimum value of...................... **A19:** 282
symbol for key variable................. **A19:** 242

Fatigue notch sensitivity.. **A11:** 4, 103, 797, **A19:** 147, 612
and fatigue resistance **A1:** 675–676
defined.................................. **A8:** 5
in gray iron.......................... **A1:** 21–22
of steel plate **A1:** 369–370

Fatigue notch sensitivity factor (*q*) **A19:** 657
Fatigue notch sensitivity index............. **A20:** 520
Fatigue notch-peak topography **A19:** 105
***Fatigue of Engineering Plastics* (Hertzberg/Manson)**................. **EM2:** 94
Fatigue parameter estimates............... **A20:** 631
Fatigue parameters **A20:** 634, 635
Fatigue plastic zone size.................. **A19:** 169
Fatigue precracking
ductile irons...................... **A12:** 236, 237
nickel alloys **A12:** 397
ultrasonic cleaning of.................... **A12:** 75

Fatigue process.......................... **A19:** 3–4
multi-stage.............................. **A19:** 4

Fatigue properties *See also* Goodman diagrams, S-N curves..................... **A19:** 15–26, 230
cast steels **M1:** 383, 389, 397
closed-die forgings......... **M1:** 354–355, 359–361
cold finished bars.................. **M1:** 227–233
constructional steels for elevated temperature use **M1:** 643, 657–662
data, what to look for................ **A19:** 16–17
ductile iron.................. **M1:** 43–44, 45, 46
finite-life criterion (ε-N) curves........ **A19:** 20–23
fracture mechanics design approach **A19:** 15
gray cast iron........................ **M1:** 19–22
high-cycle **A2:** 624
HSLA steels, compared to hot rolled low-carbon steels **M1:** 418–419
infinite-life criterion (*S-N* curves)...... **A19:** 18–20
list of data recommended............. **A19:** 16–17
low-cycle **A2:** 624
malleable iron **M1:** 65, 66, 70
maraging steels.................... **M1:** 450, 451
material-property-structure interrelations... **A19:** 17
of corrosion-resistant steel castings ... **A1:** 918, 920
of steel castings **A1:** 369–370
P/M steels........... **M1:** 334–335, 337, 343, 346
plate **M1:** 194
springs.......... **M1:** 291–296, 297, 303, 304, 312
threaded fasteners......... **M1:** 275–276, 279, 282
ultrahigh-strength steels.... **M1:** 428, 432, 440–441
wrought titanium alloys **A2:** 623–624

Fatigue ratio **EM3:** 12
Fatigue reduction factor **A20:** 520
Fatigue Regulatory Review Program........ **A19:** 567
Fatigue resistance *See also* Fatigue.... **A8:** 347–349, 706–713
copper and copper alloys **A2:** 216
lead and lead-bearing alloys.............. **A2:** 554
of die materials......................... **A14:** 47
of powder forged and wrought materials.. **A14:** 196

Fatigue resistance, design for *See* Design for fatigue resistance
Fatigue resistance function **EM3:** 33
Fatigue resistance of aluminum alloy wrought products
effect of stringers on **A9:** 635

Fatigue resistance of steels **A1:** 673–688
application of fatigue data........... **A1:** 673–688
comparison of fatigue testing techniques **A1:** 687
cumulative fatigue damage......... **A1:** 677, 686
discontinuities **A1:** 687
estimating fatigue life..... **A1:** 677, 684, 685–686
estimating fatigue parameters....... **A1:** 683–684
load data gathering................ **A1:** 687–688
mean stresses...................... **A1:** 686–687
notches **A1:** 686
scatter of data **A1:** 682–683, 684
metallurgical variables of fatigue
aggressive environments **A1:** 677, 681
behavior **A1:** 678
cleanliness **A1:** 678–679, 681, 682
composition **A1:** 681
creep-fatigue interaction................ **A1:** 681
ductility **A1:** 678
grain size **A1:** 681
macrostructure differences............. **A1:** 681
microstructure.................... **A1:** 681, 683
orientation of cyclic stress **A1:** 682, 683
residual stresses.......... **A1:** 591, 680–681, 682
strength level........... **A1:** 676, 678, 679, 681
surface conditions **A1:** 677, 679
tensile residual stresses **A1:** 681
strain-based approach to fatigue.. **A1:** 677–678, 679
stress-based approach to fatigue.. **A1:** 675, 676, 677
correction factors for test data...... **A1:** 676–677
symbols and definitions **A1:** 674
applied stresses **A1:** 674
constant-lifetime diagram **A1:** 675
fatigue limit........................... **A1:** 675
fatigue notch factor **A1:** 675
fatigue notch sensitivity............ **A1:** 675–676
fatigue strength **A1:** 675
nominal axial stresses.................. **A1:** 674
S-N curves **A1:** 674–675
stress concentration factor............. **A1:** 675
stress ratio **A1:** 674

Fatigue resistance parameter
for glass **A19:** 958

Fatigue slip bands **A19:** 97
easy-cross-slip metals.................... **A19:** 99
electropolishing......................... **A19:** 99
microcracks in **A19:** 98
nucleation in........................... **A19:** 97

Fatigue ***S-N*** **curves** **A19:** 372–373
Fatigue spalling life
bearings **A18:** 258

Fatigue strength *See also* Fatigue; Mechanical properties **A8:** 5, 364, 366–374, 703–706, **A13:** 6, 295, 438–439, 595, 1264, **A19:** 19, **EM3:** 12, 502–503, 504
aluminum casting alloys **A2:** 149, 153–177
aluminum-lithium alloys.... **A2:** 187–188, 191–196
and fatigue failure **EM1:** 436–438
and fatigue resistance **A1:** 675
and resilience, beryllium-copper alloys **A2:** 417–418
and static strength, effect of temperature.................. **A11:** 130–133
and thermal conductivity, beryllium-copper alloys **A2:** 419–420
as function of relative humidity **A11:** 252
blended elemental titanium P/M compacts **A2:** 650–651
cast copper alloys................... **A2:** 356–391
commercially pure tin.................... **A2:** 518
data analysis/life prediction **EM1:** 441–443
defined **A11:** 4, **EM1:** 10, **EM2:** 17
discontinuities effect on **A11:** 119–121
effect of shot peening............... **A5:** 130, 131
environmental effects on................ **A11:** 252
high-impact polystyrenes (PS, HIPS) **EM2:** 197
in closed-die forgings **A1:** 341, 342
influence of design on.............. **A11:** 115–118
low, in bridge components.......... **A11:** 707–708
magnesium **M2:** 531, 532
manufacturing practices effects...... **A11:** 122–130
material conditions effect on........ **A11:** 118–119
of ductile iron................. **A1:** 39, 46–47, 48
of magnesium alloys **A2:** 461–462
of steel plate **A1:** 238
of steels, bushings and **A11:** 470
of threaded fasteners................ **A1:** 298, 300
polyamide-imides (PAI)................ **EM2:** 129
prealloyed titanium P/M compacts.... **A2:** 652–653
S-N relation...................... **EM1:** 438–441
steel shafts............................ **A11:** 476
stress effects **A11:** 110–115
surface finishes and roughness effects **A11:** 122
vs. fatigue limit **A11:** 103
wrought aluminum and aluminum alloys **A2:** 81–122

Fatigue strength at ***N*** **cycles** *See also* Median fatigue strength at N cycles..................... **A8:** 5
Fatigue strength coefficient **A19:** 21, 233, 234, 236–237, 238, 966–978, **A20:** 524
Fatigue strength exponent.... **A19:** 21, 233, 234, 237, 966–978
Fatigue strength for *p*% **survival at N cycles**
defined.................................. **A8:** 5

Fatigue strength, of machined workpiece **A16:** 25–27, 30
4340 steel after abusive grinding.......... **A16:** 35
and abusive grinding **A16:** 24
and effect of method of machining........ **A16:** 31
improved by shot peening **A16:** 26–27
shot peening effect **A16:** 36
surface alterations produced.............. **A16:** 25
thread rolling **A16:** 281
Ti-6Al-4V.............................. **A16:** 35

Fatigue strength reduction (SRF) **A19:** 326, 327
Fatigue strength without fretting........... **A19:** 326
Fatigue striation
definition............................. **A5:** 955

Fatigue striation spacings *See also* Fatigue striations
and fatigue crack propagation rate **A12:** 41
and projected images.................... **A12:** 205
as a function of applied stress........... **A12:** 120
as fatigue mechanism **A12:** 4–5
austenitic stainless steels................ **A12:** 353
brittle **A12:** 35
da/dN as **A12:** 16
defined.................................. **A12:** 15
determined, example case............... **A12:** 205
dwell time effect **A12:** 60, 61
loading conditions, effect on **A12:** 15, 22
local variations......................... **A12:** 19
martensitic stainless steels **A12:** 367
prediction of........................... **A12:** 48
temperature, effect on.............. **A12:** 49–50
variations, aluminum alloy............... **A12:** 22

Fatigue striation spacings (continued)
wrought aluminum alloys . . . **A12:** 431
Fatigue striations *See also* Beach marks; Crack arrest; Crack arrest marks; Fatigue striation spacings; Quasi-striations; Wallner lines . . **A8:** 5, 482, 484, **A19:** 51
AISI/SAE alloy steels . . . **A12:** 331
aluminum alloy . . . **A12:** 19, 20, 176
and dimples . . . **A12:** 177
and fissures, compared . . . **A12:** 294
and lamellar spacing, compared . . . **A12:** 290
angle, as grain boundary locator . . . **A12:** 430
as fracture mechanism . . . **A12:** 4–5
as microscopic feature in fatigue . . . **A12:** 118–121, 137–138
ASTM/ASME alloy steels . . . **A12:** 346, 348
austenitic stainless steels . . . **A12:** 39, 52, 352–353, 359
beach marks as . . . **A12:** 175
brittle . . . **A12:** 119, 430, 432, 456
cast aluminum alloys . . . **A12:** 406
copper alloys . . . **A12:** 403
ductile . . . **A12:** 119, 247, 346, 431–432
early Zapffe TEM . . . **A12:** 6
electronic materials . . . **A12:** 482
formation, interinclusion . . . **A12:** 247
formation, titanium alloys . . . **A12:** 442
fracture characteristics with . . . **A12:** 16–18
from sulfur-containing atmospheres . . . **A12:** 41, 53
high-carbon steels . . . **A12:** 290
in ductile iron . . . **A12:** 229
in low-carbon steel . . . **A12:** 177, 247
in medium-density polyethylene . . . **A12:** 480
in nickel, check on precision matching . . . **A12:** 205–206
light fractographs . . . **A12:** 94, 96–97
low-carbon iron . . . **A12:** 220, 222
maraging steels . . . **A12:** 385, 386
martensitic stainless steels . . . **A12:** 367
measurement . . . **A12:** 121
nickel alloys . . . **A12:** 205–206, 397
OFHC copper . . . **A12:** 401
on joining crack fronts . . . **A12:** 23
on plateaus, schematic . . . **A12:** 23
roots, austenitic stainless steels . . . **A12:** 351
shadowing technique for . . . **A12:** 172
superalloys . . . **A12:** 390, 391, 392
tantalum alloys . . . **A12:** 464
titanium alloys . . . **A12:** 441
with slip traces . . . **A12:** 15
wrought aluminum alloys . . **A12:** 417–418, 426–429, 431–432, 439
Fatigue test, resistance
spot welds . . . **M6:** 488–489
Fatigue test specimens . . . **A8:** 370–373, 705–706
Fatigue testing *See also* Crack propagation rate; Fatigue . . . **A8:** 5
aluminum alloys . . . **A15:** 764
axial, constant-amplitude . . . **A8:** 149
chamber . . . **A8:** 412–414
closed-loop servomechanical system . . . **A8:** 396
crack initiation . . . **A8:** 363
crack propagation . . . **A8:** 363
cycles-to-crack-initiation . . . **A8:** 696
cycles-to-failure . . . **A8:** 696
data . . . **A8:** 707, 709
electromechanical . . . **A8:** 391–395
equipment . . . **A8:** 696
heat-centering techniques . . . **A8:** 712
high- and low-cycle . . . **A8:** 696
in acidified chloride at ambient and elevated temperatures . . . **A8:** 418–420
in aqueous solutions at ambient temperatures . . . **A8:** 415–417
in vacuum and gaseous environments **A8:** 410–412
machines . . . **A8:** 368–370
material heat . . . **A8:** 712
mean curve definition . . . **A8:** 698–699
minimizing nuisance variables . . . **A8:** 697
negative-feedback closed-loop system **A8:** 395–396, 398
overstrain data treatment . . . **A8:** 701
regimes . . . **A8:** 367–368
runouts . . . **A8:** 701
sources . . . **A8:** 712
specimens . . . **A8:** 370–373, 705–706
staircase method . . . **A8:** 703–704
standards and practices for . . . **A8:** 375
ultrasonic . . . **A8:** 240–258
vacuum and oxidizing gases at elevated temperatures . . . **A8:** 412–415
Fatigue testing machines . . . **A8:** 368–370
Fatigue tests
corrosion fatigue crack growth testing . . . **A19:** 202–205
corrosion fatigue life testing . . . **A19:** 198
detection of fatigue cracks . . . **A19:** 210–221
fatigue crack growth testing . . . **A19:** 168–180
planning and evaluation . . . **A19:** 303–313
Fatigue wear *See also* Spalling
as fatigue mechanism . . . **A19:** 696
defined . . . **A8:** 5, **A18:** 9
definition . . . **A5:** 955
ion implantation . . . **A18:** 856, 857, 858
sliding wear coefficient . . . **A20:** 604
stainless steels . . . **A18:** 715
surface property effect . . . **A18:** 342
Fatigue-crack growth
and elevated-temperature service . . . **A1:** 625, 633
in structural steel . . . **A1:** 663–664, 665, 666
Fatigue-ductility coefficient . . . **A19:** 21, 233, 234, 237
Fatigue-life behavior . . . **A19:** 233–238, 239
Fatigue-like wear . . . **A20:** 603, 605
Fatigue-strength limit . . . **A19:** 235–236
Fatigue-strength reduction factor . . . **A20:** 520
definition . . . **A20:** 833
Fatigue-stress life, data
ultrasonic . . . **A8:** 241
Fatty acid
defined . . . **A18:** 9
Fatty acid amides, as wax
investment casting . . . **A15:** 254
Fatty acids
copper/copper alloy resistance . . . **A13:** 629
dimerized/trimerized . . . **EL1:** 818
for corrosion inhibitors . . . **A13:** 481
Fatty acids, corrosion resistance
stainless steels . . . **M3:** 83
Fatty compounds
in lubricants . . . **A14:** 516
Fatty oil
defined . . . **A18:** 9
Fatty-acid molecules
polar bonding and orientation . . . **A11:** 152
Fault hazard analysis (FHA) . . . **A20:** 140, 149
definition . . . **A20:** 833
Fault isolation *See also* Failure analysis; Failure verification
device history determination . . . **EL1:** 1058
electrical testing . . . **EL1:** 1058–1060
high/low-temperature electrical testing . . . **EL1:** 1060–1061
visual examination . . . **EL1:** 1058
Fault system . . . **A20:** 146
Fault tolerance *See also* Dimensional tolerence; Tolerance
for VLSI/VHSIC systems . . . **EL1:** 86
system level . . . **EL1:** 377
wafer-scale integration . . . **EL1:** 263, 269
Fault tree
defined . . . **EL1:** 1143
Fault tree analysis (FTA) . . . **A20:** 63, 120–122, 140, 147, 149
definition . . . **A20:** 833
Faulted martensite . . . **A9:** 672–673
Fayalite
as olivine molding material . . . **A15:** 94, 209
Faying surface *See also* Faying surface sealing . . . **EM3:** 12
defined . . . **EM1:** 10, **EM2:** 17
definition . . . **A6:** 1209, **M6:** 7
Faying surface corrosion
as tension source for stress-corrosion cracking . . . **A8:** 502
Faying surface resistance
plate . . . **A13:** 1122
Faying surface sealing . . . **EM1:** 719–720
inspection for full coverage . . . **EM1:** 720
of bolted joints . . . **EM1:** 716–717
of bonded joints . . . **EM1:** 717
sealants for graphite-composite assemblies . . . **EM1:** 719–720
fcc *See* Face-centered cubic (fcc) materials; Face-centered cubic lattice
FCC alloys . . . **A19:** 98
***F*-distribution** . . . **A20:** 85
Fe (Phase Diagram) . . . **A3:** 2•199
Feasibility study
in design layout . . . **EL1:** 513
Feather
definition . . . **EM4:** 632
Feather burr
definition . . . **A5:** 955
Feather crystals *See* Twinned columnar growth
Feather edge
definition . . . **A5:** 955
Feather markings
defined . . . **A12:** 13
on chromium steel . . . **A12:** 18
on cleavage fracture surface . . . **A12:** 13
titanium alloys . . . **A12:** 450
Feathering . . . **A7:** 371, 372, **EM3:** 12, 683
matrix . . . **EM1:** 789
Feathering, matrix
in composites . . . **A11:** 736
Feathery structures
massive transformation product . . . **A9:** 656
Feature extraction
as properties definition process . . . **A17:** 35
Feature modeling . . . **A20:** 155
Feature size
hybrid trends . . . **EL1:** 252–253
Feature specific measurements
made with image analyzers . . . **A9:** 83
Feature suppression . . . **A20:** 182
Feature weighing
in machine vision process . . . **A17:** 36
Features . . . **A20:** 104
definition . . . **A20:** 833
Fe-C phase diagram . . . **A4:** 3–4, 9
Fe-C system
phase diagram . . . **A13:** 47
Fecralloy A characteristics . . . **A4:** 512
composition . . . **A4:** 512
Feddersen procedure . . . **A19:** 458
Federal Airworthiness Requirements (FAR) . . **A19:** 25, 566–576, 571
Federal and military specifications and standards . . . **EM2:** 89–90
Federal Aviation Administration
research and development of weak bond detection techniques . . . **EM3:** 530
Federal Aviation Administration Certification Office . . . **A19:** 567
Federal Aviation Administration-Advisory Circulars **A19:** 20–128, 562, 566–576, 571, 574
Federal Insecticide, Fungicide, and Rodentacide Act (FIFRA) . . . **A5:** 917
Federal Motor Vehicle Safety Standards (FMVSS)
105-75, hydraulic brakes . . . **A18:** 577
121, air brakes . . . **A18:** 577
windshield installation . . . **EM3:** 554
Federal Occupational Safety and Health Act (OSHA) . . . **A20:** 141
Federal Resource Conservation and Recovery Act of 1976 . . . **A5:** 52

Federal Safety Standards
FMVSS 216, roof crush requirements ... **EM3:** 554
windshield installation ... **EM3:** 554
Federal specifications *See also* listings in data compilations for individual alloys
defined ... **EM1:** 700
Federal Specifications and Standards
Index of (FPMR 101-29.1) ... **EM3:** 62–63
Federal supply class (FSC) *See also* Military standards
product key words ... **EL1:** 914
Federal Supply Class (FSC) listing *See* DoD Index of Specifications and Standards (DoDISS)
Federal Supply Classification (FSC) system ... **EM3:** 62–64
adhesives, classification 8040 ... **EM3:** 63, 64
sealants, classification 8030 ... **EM3:** 63, 64
Federal Supply Classification Listing of DoD Standardization Documents ... **EM3:** 63–64
Feed attachments, for rotary swaging
long workpieces ... **A14:** 134
Feed hopper ... **M7:** 4
Feed lines
definition ... **A5:** 955
Feed mechanisms
blank ... **A14:** 500
blanking/piercing ... **A14:** 477–478
electromagnetic forming ... **A14:** 646
for coil stock ... **A14:** 499
for power spinning ... **A14:** 603
for rotary swaging ... **A14:** 134
for tube spinning ... **A14:** 677–679
hopper feeding ... **A14:** 573
mechanical ... **A14:** 499–500
multiple-slide machines ... **A14:** 567
press ... **A14:** 499
rate, rotary swaging ... **A14:** 139
roll ... **A14:** 499–500
Feed metal availability
design of ... **A15:** 582–585
Feed rate ... **A18:** 609
definition ... **A5:** 955, **M6:** 7
Feed rods ... **A19:** 175, 183
Feed shoe ... **M7:** 4
Feed systems for
capacitor-discharge stud welding ... **M6:** 737
stud arc welding ... **M6:** 732
Feedability
defined ... **A18:** 9
Feedback circuit
torsion testing ... **A8:** 158
Feedback circuits
resistance spot welding ... **M6:** 469
Feedback control, resistance welds
by acoustic emission inspection ... **A17:** 284
Feedback-controlled servohydraulic systems .. **A8:** 192, 426
Feeder, defined *See also* Feeding; Riser; Risering ... **A15:** 5
Feeder head *See* Feeder
Feeding *See also* Riser; Riser design; Risering
aids, in riser design ... **A15:** 586–588
copper alloys ... **A15:** 778–782
defined ... **A15:** 5
design of ... **A15:** 606
ductile iron ... **A15:** 651
for continuous flow melting ... **A15:** 415
in plasma arc melting/remelting ... **A15:** 421
metal volume ... **A15:** 577–578
of plain carbon steels ... **A15:** 711–712
of shrinkage, die casting ... **A15:** 291–292
system, gray iron ... **A15:** 640
Feeding aids
in riser design ... **A15:** 586–588
Feeding pellets
for injection molding compounds ... **EM1:** 164
Feeds
machining ... **M7:** 460–461
Feedstock ... **A7:** 355–356
definition ... **A7:** 356
Feedstock price ... **A20:** 260
Feedstock velocity ... **A7:** 370
Feedthrough
in environmental test chamber ... **A8:** 411
Feedwater
heaters, closed, corrosion forms ... **A13:** 989–990
nozzles, corrosion fatigue in ... **A13:** 937
Feedwater heaters
corrosion of ... **A11:** 615
deaerating, failures in ... **A11:** 657–658
Feedwater tank ... **A8:** 423–425
Feedwater-heater tubes
ASTM specifications for ... **M1:** 323
Feely test *See* Esso test
FEG *See* Field emission guns
Fe-Ga (Phase Diagram) ... **A3:** 2•194
Fe-Gd (Phase Diagram) ... **A3:** 2•194
Fe-Ge (Phase Diagram) ... **A3:** 2•195
Fe-H (Phase Diagram) ... **A3:** 2•195
Fe-Hf (Phase Diagram) ... **A3:** 2•195
Fe-Ho (Phase Diagram) ... **A3:** 2•196
Fe-Ir (Phase Diagram) ... **A3:** 2•196
Fe-La (Phase Diagram) ... **A3:** 2•196
Feldspar ... **EM3:** 175, 176, **EM4:** 32, 44, 379
aplite ... **EM4:** 379
batch size ... **EM4:** 382
chemical composition ... **A6:** 60
composition ... **EM4:** 379
flame emission sources for ... **A10:** 29
flux composition ... **EM4:** 932
function and composition for mild steel SMAW electrode coatings ... **A6:** 60
functions in FCAW electrodes ... **A6:** 188
in ceramic tile ... **EM4:** 926, 928
in composition of unmelted frit batches for high-temperature service silicate-based coatings ... **A5:** 470
in typical ceramic body compositions ... **EM4:** 5
in U.S. sandstone deposits ... **EM4:** 378
iron content ... **EM4:** 379
meltability ... **EM4:** 379
purpose for use in glass manufacture ... **EM4:** 381
sintering agent for ... **A10:** 166
sources in U.S. ... **EM4:** 379
typical oxide compositions of raw matefials ... **EM4:** 550
Feldspar china ... **EM4:** 4
Feldspathic minerals ... **EM4:** 6
Felicity effect
acoustic emission inspection ... **A17:** 284, 286
Fellgett's advantage ... **A10:** 112, 129
Felt
defined ... **EM2:** 17
Felts ... **EM1:** 10, 115, 130
Fe-Lu (Phase Diagram) ... **A3:** 2•197
FEM analysis ... **A19:** 326
Fe-Mn (Phase Diagram) ... **A3:** 2•197
Fe-Mn-Ni (Phase Diagram) ... **A3:** 3•53
Fe-Mo (Phase Diagram) ... **A3:** 2•197
Fe-Mo-Nb (Phase Diagram) ... **A3:** 3•53–3•54
Fe-Mo-Ni (Phase Diagram) ... **A3:** 3•54–3•55
Fe-N (Phase Diagram) ... **A3:** 2•198
Fe-Nb (Phase Diagram) ... **A3:** 2•198
Fence
steel wire ... **M1:** 271
Fe-Nd (Phase Diagram) ... **A3:** 2•198
Fe-Ni (Phase Diagram) ... **A3:** 2•199
Fe-Ni-W (Phase Diagram) ... **A3:** 3•55
FEP *See* Fluorinated ethylene propylene; Fluorinated perfluoroethylene-propylene
Fe-P (Phase Diagram) ... **A3:** 2•200
Fe-Pd (Phase Diagram) ... **A3:** 2•200
Fe-Pu (Phase Diagram) ... **A3:** 2•200
Ferberite ... **A7:** 189
Feret's diameter
for particle size measurement ... **M7:** 225
Feret's diameter (*F*) ... **A7:** 237, 259, 262, 268, 271
Fe-Rh (Phase Diagram) ... **A3:** 2•201
Fermentation
maintenance of constant conditions in ... **A10:** 202
Fermi energy
and superconduction ... **A2:** 1060
defined ... **EL1:** 97
Fermi level ... **A7:** 226, **A18:** 447
Fermi-Dirac statistical distribution ... **EL1:** 98
Fermium *See also* Transplutonium actinide metals
applications and properties ... **A2:** 1198–1201
Ferric chloride ... **A16:** 69–70, **A19:** 473
chemical milling etchant ... **A16:** 581
electroless nickel coating corrosion ... **A20:** 479
photochemical machining etchant ... **A16:** 589, 591, 593
Ferric chloride, 1%
electroless nickel coating corrosion ... **A5:** 298
Ferric chloride as an etchant for copper-base powder metallurgy materials ... **A9:** 509
nitrided steels ... **A9:** 218
Ferric chloride, in graphites
Raman analysis ... **A10:** 133
Ferric chloride test method for corrosion, specifications ... **A7:** 983–984
Ferric chloride tests
crevice corrosion ... **A13:** 304
Ferric ion corrosion ... **A13:** 1142
Ferric nitrate acid
acid pickling treatment conditions for magnesium alloys ... **A5:** 828
acid pickling treatments for magnesium alloys ... **A5:** 822
Ferric orthophosphate
as dietary iron additive ... **M7:** 614
Ferric salts
as impurity ... **A13:** 1161
Ferric sulfate ... **A16:** 69–70
Ferric sulfate etching
porcelain enameling process ... **M5:** 514–515
Ferric-nitrate pickling
magnesium alloys ... **M5:** 629–631, 640–641, 647
Ferrimagnetic garnets *See* Garnets
Ferrimagnetic materials
defined ... **A2:** 782
ESR identification of magnetic states in .. **A10:** 253
types ... **A2:** 782
Ferrimagnetic powders
magabsorption measurement ... **A17:** 152
Ferris-wheel disk test
and rig ... **A11:** 279
Ferrite *See also* Pearlite ... **A3:** 1•23, **A20:** 349, 357–361, 364, 365, 372–373
400 to 500 °C embrittlement role in .. **M1:** 685–686
500 °F embrittlement, role in ... **M1:** 685
abrasion resistance ... **M1:** 614
abrasive machining hardness of work materials ... **A5:** 92
acicular ... **M6:** 39
as ductile phase of martensite ... **A19:** 389
as iron allotrope ... **A13:** 46, 48
blocky, distortion from ... **A11:** 143
content in submerged arc welds ... **M6:** 116–118
defined ... **A13:** 6, **A15:** 5
definition ... **A5:** 955
determination in stainless steels **M6:** 322, 344–345
effect, intergranular corrosion, austenitic stainless steels ... **A13:** 124–125
effect on ductility of iron-chromium-nickel heat-resistant casting alloys ... **A9:** 333
effect on high-temperature strength of iron-chromium-nickel heat-resistant casting alloys ... **A9:** 333
embrittling effect of large grains in ... **M1:** 701
etching to reveal, in heat-resistant casting alloys ... **A9:** 331–332
excess, in iron castings ... **A11:** 361
grain diameter, effect in low-carbon steels .. **A11:** 68
grain shape, effect on formability of steel sheet ... **M1:** 557–559
grain-boundary ... **M6:** 39
gray cast iron, effects in ... **M1:** 12, 13, 14–15, 23–25, 30
hydrogen embrittlement, effect on susceptibility to ... **M1:** 687
identification of, by magnetic etching **A9:** 333–334
in carbon and alloy steels ... **A9:** 177–179
in cast austenitic stainless steels .. **A1:** 909, 910–911
in cast irons ... **A13:** 566
in cast stainless steel ... **A15:** 724
in duplex alloys ... **A13:** 127
in gray iron ... **A15:** 632
in intergranular corrosion, casting alloys .. **A13:** 582
in stainless steel casting alloys ... **A9:** 297–298
in stainless steel, potentiostatic etching ... **A9:** 146
in steel revealed by color etching ... **A9:** 142
induction hardening of steels, effect on ... **M1:** 531, 532
machinability ... **M1:** 571, 576
neutron embrittlement, effect on ... **M1:** 686
peritectic transformation to austenite .. **A9:** 679–680
physical and mechanical properties ... **A5:** 163
polygonal ... **M6:** 39
proeutectoid ... **A1:** 129–130, **A11:** 359
Schoefer diagram for estimating ... **A15:** 725

Ferrite (continued)
stabilizers **A3:** 1•25, **A13:** 47
strengthening mechanisms in high-strength low-alloy steels **A1:** 401, 402, 403, 404, 405, 406–408
precipitation strengthening **A1:** 403
solid solution strengthening **A1:** 400
structure in microalloyed steel **A8:** 180
symbol, for temperature at which transformation upon cooling occurs **A8:** 724
temper embrittlement, role in **M1:** 685
transformation of austenite grains to **A1:** 586
transformation temperature to austenite symbol for **A11:** 796
transformation to austenite, symbol for temperature at **A8:** 724
wire rod, presence in decarburized layer **M1:** 254–257
with aligned second phase classification of in weldments **A9:** 581
work material properties **A5:** 154
Ferrite analysis **A6:** 1059
Ferrite, as carrier core
copier powders **M7:** 584
Ferrite banding
defined **A8:** 5
Ferrite carbide aggregate, classification of in weldments **A9:** 581
Ferrite chemistry analysis
life-assessment techniques and their limitations for creep-damage evaluation for crack initiation and crack propagation **A19:** 521
Ferrite fingers
as forging flaw **A17:** 493
Ferrite grain boundaries
etching **A9:** 169–170
Ferrite grain section sizes
calculated distribution of **A9:** 133
measured distribution of **A9:** 133
Ferrite, grain size **A19:** 37
effect of etch time on measurement **A10:** 318
Ferrite in quenched steels
effect on fracture toughness of steels **A19:** 383
Ferrite in wrought stainless steels **A9:** 281, 283
Ferrite magnet **M7:** 4
Ferrite magnets
applications **A7:** 1018
Ferrite matrix **A20:** 367
Ferrite number
definition **M6:** 120, 322
use **M6:** 344–345
Ferrite Number (FN) **A6:** 461, 463, 464, 473, 500–501, 503, 504, 685, 686, 688, 693–696, 701, 818, 819
definition **A6:** 1209
duplex stainless steels **A6:** 475
stainless steels **A6:** 677, 678, 681
Ferrite phase, changes in
during intercritical annealing **A1:** 425–426, 427
Ferrite scope **A6:** 461
Ferrite stabilizer **A6:** 100, **A20:** 360, 361
definition **A20:** 833
Ferrite steels
abrasion artifacts in **A9:** 35, 38
Ferrite substrates
physical characteristics **EL1:** 106
Ferrite with nonaligned second phase [FS(NA)] **A6:** 76
Ferrite with second phase (FS) **A6:** 76
bainite [FS(B)] **A6:** 76
ferrite side plates [FS(SP)] **A6:** 76
lower bainite [FS(LB)] **A6:** 76, 77
upper bainite [FS(UB)] **A6:** 76, 77, 79
Ferrite/martensite dual-phase steel
fatigue crack threshold **A19:** 142
Ferrite/pearlite steels
upper-bound FCP rates **A19:** 37
Ferrite-carbide (FC) **A6:** 76
aggregate pearlite [FC(P)] **A6:** 76
Ferrite-cementite **A20:** 378, 379
spheroidization **A20:** 378, 379
Ferrite-martensite **A20:** 378, 379
Ferrite-pearlite **A20:** 366–368
carbon content effect **A20:** 368
mechanical properties **A20:** 367
Ferrite-pearlite microstructures
processing of **A1:** 127, 130–131
Ferrite-pearlite structural steels **A19:** 86
FERRITEPREDICTOR expert system **A6:** 1059
Ferrites *See also* Iron; Iron oxide; Magnetic materials; Magnetically soft materials; Permanent magnet materials, specific types **EM4:** 18, 1161–1165
abrasive machining **EM4:** 320, 321, 322
applications **EM4:** 47, 1161, 1163–1164
electrodes **EM4:** 1164
ferrofluids **EM4:** 1164
in magnetostrictive transducers **EM4:** 1164
magnetic ink **EM4:** 1164
memory and recording **EM4:** 1165
microwave **EM4:** 1164, 1165
permanent magnets **EM4:** 1163, 1164
power transformers and inductors **EM4:** 1163
proximity sensors **EM4:** 1164
temperature sensors **EM4:** 1164
xerography powders **EM4:** 1164
as permanent magnets **A7:** 1017–1018
combustion **EM4:** 61
commercially spray-dried granules **EM4:** 103
compositions **EM4:** 1162–1163
crystal structure influence on magnetic properties **EM4:** 1163
electrical/electronic applications **EM4:** 1106
for high-frequency applications **A2:** 776
freeze drying **EM4:** 62
functions **EM4:** 1163–1164
future technology **EM4:** 1164
injection molding **A7:** 314
magnetic domains revealed by the Faraday effect **A9:** 535
mechanical properties **EM4:** 316
microstructures **A9:** 538–539
physical properties **EM4:** 316
processing **EM4:** 1163
properties **EM4:** 1161–1162, 1164
soft **EM4:** 1163
specimen preparation **A9:** 533
spray roasting **EM4:** 61
synthetic **EM4:** 1161
types of **A2:** 776
ultrasonic machining **EM4:** 359
Ferrites, hard *See* Hard ferrites
Ferrites, sintering
time and temperature **M4:** 796
Ferrite-stabilizing elements in steel
effect on pearlite growth **A9:** 661
Ferritic alloys *See also* Casting alloys; Ferrous casting alloys
fretting fatigue **A19:** 328
high-alloy **A15:** 723, 731–732
Ferritic bright border
fracture resistance and **A11:** 350
Ferritic cast iron
growth at high temperature **M1:** 93
machining **A2:** 966
oxidation at high temperature **M1:** 93, 94
Ferritic cast iron, nodular
salt bath nitrided **A9:** 229
Ferritic cast steels
general corrosion **A13:** 577
intergranular corrosion **A13:** 580
Ferritic chromium alloys **A20:** 245
Ferritic chromium stainless steel
principal ASTM specifications for weldable steel sheet **A6:** 399
Ferritic chromium steel, detection of carbide and sigma phases by phase contrast
etching **A9:** 59
Ferritic ductile irons
fracture modes **A12:** 228–237
Ferritic grade white iron
surface engineering **A5:** 684
Ferritic grades
of corrosion-resistant steel castings **A1:** 913
Ferritic iron-aluminum alloys
brittleness **A12:** 365
Ferritic low-alloy steel castings
heat treatment **A9:** 231
Ferritic malleable iron *See also* Malleable cast iron; Malleable iron **A1:** 72, 75–76
alloying elements **A1:** 73, 74, 75
brazing **A1:** 76
composition **A15:** 691
corrosion resistance **A1:** 76, **A15:** 692–693
decarburized surface **A9:** 254
elevated-temperature properties of **A1:** 76
fatigue limit **A1:** 75
fine pearlite **A9:** 254
fracture toughness **A1:** 75–76, 80
graphite content **A1:** 75
heat treatment **A1:** 75
mechanical properties **A1:** 75–76, **A15:** 692
microstructure **A1:** 72
modulus of elasticity **A1:** 75
primary cementite **A9:** 254
stress rupture plot **A15:** 693
stress-rupture plot **A1:** 75
tensile properties **A1:** 73, 75
welding **A1:** 76
Ferritic microstructures
processing of **A1:** 127, 131–133
Ferritic nickel steels
fracture properties **A19:** 617
in $MgCl_2$ bare-surface current density versus crack velocity **A19:** 196
Ferritic nitrocarburizing **A4:** 264, 425–430, **A20:** 488
alloy steels **A5:** 739
applications **A4:** 425, 430, **M4:** 264
carbon steels **A5:** 739
diffusion zone characteristics **A4:** 425, 428, **M4:** 267, 268–269
fatigue properties **A4:** 428, 429, **M4:** 268–269
preliminary treatments **A4:** 425, **M4:** 264–265
Ferritic nitrocarburizing carbonitriding
characteristics compared **A20:** 486
characteristics of diffusion treatments **A5:** 738
Ferritic nitrocarburizing (FNC) **A7:** 650, 651
Ferritic nitrocarburizing, gaseous **A4:** 425–430
Alnat-N process **A4:** 429
applications **A4:** 430
atmospheres, control of **A4:** 429
black nitrocarburizing **A4:** 429–430
compound layer formation **A4:** 427–428
Deganit treatment **A4:** 429
furnace **A4:** 425–426, **M4:** 265–266
industrial **A4:** 428–430
limitations **M4:** 267, 268
Nitemper process **A4:** 429
Nitroc process **A4:** 429
Nitrotec process **A4:** 429–430, 431
physical metallurgy **A4:** 426–427
process **M4:** 266–267
processes **A4:** 426–430
quasiequilibrium composition of nitrocarburizing atmospheres **A4:** 426
safety precautions **A4:** 425–426, **M4:** 266
testing **M4:** 265, 266, 267–268
Ferritic rings
ductile iron **A12:** 230
Ferritic stainless steel
mill finishes **M5:** 552
porcelain enameling of **M5:** 513
Ferritic stainless steel powders
annealing of **A7:** 322
applications **A7:** 780, 781, 782, 783
magnetic **A7:** 1010, 1014
compactibility **A7:** 305

SUBJECTS OF THE INDEXED VOLUMES: ASM Handbook (designated by the letter "A"): **A1:** Properties and Selection: Irons, Steels, and High-Performance Alloys (1990); **A2:** Properties and Selection: Nonferrous Alloys and Special-Purpose Materials (1990); **A3:** Alloy Phase Diagrams (1992); **A4:** Heat Treating (1991); **A5:** Surface Engineering (1994); **A6:** Welding, Brazing, and Soldering (1993); **A7:** Powder Metal Technologies and Applications (1998); **A8:** Mechanical Testing (1985); **A9:** Metallography and Microstructures (1985); **A10:** Materials Characterization (1986); **A11:** Failure Analysis and Prevention (1986); **A12:** Fractography (1987); **A13:** Corrosion (1987); **A14:** Forming and Forging (1988); **A15:** Casting (1988); **A16:** Machining (1989); **A17:** Nondestructive Evaluation and Quality Control (1989); **A18:** Friction, Lubrication, and Wear Technology (1992); **A19:** Fatigue and Fracture (1996); **A20:** Materials Selection and Design (1997). **Metals Handbook, 9th Edition** (designated by the letter "M"): **M1:** Properties and Selection: Irons and Steels (1978); **M2:** Properties and Selection: Nonferrous Alloys and Pure Metals (1979); **M3:** Properties and Selection: Stainless Steels, Tool Materials, and Special-Purpose Materials (1980); **M4:** Heat Treating (1981); **M5:** Surface Cleaning, Finishing, and Coating (1982); **M6:** Welding, Brazing, and Soldering (1983); **M7:** Powder Metallurgy (1984). **Engineered Materials Handbook** (designated by the letters "EM"): **EM1:** Composites (1987); **EM2:** Engineering Plastics (1988); **EM3:** Adhesives and Sealants (1990); **EM4:** Ceramics and Glasses (1991). **Electronic Materials Handbook** (designated by the letters "EL"): **EL1:** Packaging (1989)

corrosion resistance . . . A7: 991
injection molding . . . A7: 315
magnetic properties . . . A7: 1010–1011
sensitization . . . A7: 477
Ferritic stainless steels *See also* Arc welding of stainless steels; Ferritic steels; Stainless steel(s); Stainless steels, ferritic; Steel(s); Wrought stainless steels; Wrought stainless steels, specific types . . . A1: 842, 936, A5: 741, 742, M7: 100, 185
abrasion artifacts examples . . . A5: 140
additions . . . A20: 361
annealed and cold drawn, mechanical properties . . . A20: 373
annealed bar, mechanical properties A20: 372, 373
annealed, mechanical properties . . . A20: 373
applications . . . A20: 361
applications, sheet metals . . . A6: 400
arc-welded . . . A11: 428
as magnetically soft materials . . . A2: 777
base metals . . . A6: 683
brazing . . . A6: 913
second-phase precipitation . . . A6: 622
brazing and soldering characteristics . . . A6: 626
categories of . . . A1: 845
characterized . . . A13: 547–549
cold cracking . . . A6: 677
cold drawn bar, mechanical properties . . . A20: 372
compositions . . . A5: 742, A13: 357, M6: 526
compositions of . . . A1: 843, 847–848
corrosion resistance . . . A20: 549
decarburized . . . A20: 361
diffusion coatings . . . A5: 619
dynamic hot hardness vs. temperature (forgeability) . . . A14: 226
effects, austenite and martensite . . . A13: 127
elevated-temperature properties . . . A1: 936–937
engineering for use in as-welded condition . . . A6: 683–686
engineering for use in postweld heat-treated condition . . . A6: 686
eutectic joining . . . EM4: 526
forgeability of . . . A1: 893
forging of . . . A14: 226
formability . . . A14: 759–760
formability of . . . A1: 889
forming operations, suitability . . . A14: 759
fracture appearance transition temperature (FATT) . . . A6: 444
friction welding . . . M6: 721
high frequency welding . . . M6: 760
high-purity, in pharmaceutical production facilities . . . A13: 1226–1227
in breweries . . . A13: 1222
intergranular corrosion . . . A13: 125–127, 239
iron-chromium . . . A20: 361
iron-silicon . . . A20: 361
leaking welds . . . A13: 358
machinability of . . . A1: 894
machining . . . A2: 967
mechanical properties . . . A20: 357, 372–373
metallurgy . . . A6: 682–683
microstructures . . . A9: 284–285
mill finishes available on stainless steel sheet and strip . . . A5: 745
not high-strength steels . . . A20: 375
notch toughness of . . . A1: 859
physical properties . . . M6: 527
pickling conditions for cold-rolled strip after annealing . . . A5: 76
pickling conditions for hot-rolled strip following shot blasting . . . A5: 76
production of . . . A1: 930
properties . . . A20: 361
repair welding . . . A6: 1106
resistance, localized corrosion . . . A13: 563
resistance welding . . . A6: 848, M6: 527
sensitization . . . A1: 707
sigma phase embrittlement in . . . A1: 709–711
standard, hydrochloric acid corrosion . . . A13: 1162
stress-corrosion cracking in . . . A11: 217–218
susceptibility to hydrogen damage . . . A11: 249
tensile properties of . . . A1: 856, 860
thermal expansion coefficient . . . A6: 907
thermal properties . . . A6: 17
ultrahigh purity/immediate purity . . . A13: 356
weldability of . . . A1: 900, 901–902, 903
welding to carbon steels . . . A6: 501
welding to low-alloy steels . . . A6: 501
weldments . . . A13: 355–358
Ferritic stainless steels, wrought . . . A6: 443–454
alpha phase . . . A6: 444
alpha-prime phase . . . A6: 444
embrittlement . . . A6: 444
applications . . . A6: 443, 444, 446
chemical composition . . . A6: 443
chi phase . . . A6: 444
classification scheme . . . A6: 443–444
corrosion resistance . . . A6: 450–453
distortion . . . A6: 445
ductile-to-brittle transition temperature . . . A6: 444, 445, 447, 452–454
electrodes . . . A6: 445–446
electron-beam welding . . . A6: 448
filler metals . . . A6: 447, 448, 453
flux-cored arc welding . . . A6: 446
friction welding . . . A6: 448
gas-metal arc welding . . . A6: 446
gas-tungsten arc welding . . . A6: 445–446, 448
heat-affected zone . . . A6: 444–450, 452, 454
hot cracking . . . A6: 454
hydrogen embrittlement . . . A6: 449–450, 454
interstitial element content and corrosion A6: 443, 450–452
laser-beam welding . . . A6: 448
metallurgical characteristics . . . A6: 444–445
plasma arc welding . . . A6: 448
postweld heat treatments . . . A6: 450, 451
preheating . . . A6: 450
properties . . . A6: 443
resistance welding . . . A6: 448
selection of welding consumables . . . A6: 448–449
shielded-metal arc welding . . A6: 446–447, 450, 451
shielding gases . . . A6: 445–446, 449, 452, 453
sigma phase . . . A6: 444
submerged arc welding . . . A6: 448
weld properties . . . A6: 449–454
weld toughness . . . A6: 453–454
weldability . . . A6: 445
welding procedures . . . A6: 449–454
welding processes . . . A6: 445–448
Ferritic steel
brittle fracture in . . . A8: 262
creep rate . . . A8: 331
critical strain rate for SCC in . . . A8: 519
environments for stress-corrosion cracking A8: 527
low-alloy, stress-strain curve . . . A8: 177
plane-strain fracture toughness . . . A8: 479
transgranular cleavage fracture in . . . A8: 465
upward inflection . . . A8: 332
Ferritic steels *See also* Ferritic stainless steels; Steel(s)
acoustic emission inspection . . . A17: 287
dissimilar-metal welds with . . . A11: 620
ductile-to-brittle fracture transition in . . . A11: 66
elevated-temperature properties of . . . A1: 617–652
embrittled by zinc . . . A11: 237–238
embrittlement by zinc . . . A13: 184
formability of . . . A1: 889
heat-resistant high-chromium . . . A1: 937
boiler tubing . . . A1: 937, 938–939
historical background . . . A1: 937–938
turbine rotors . . . A1: 937, 938
without vanadium . . . A1: 931, 936–938
return bend, rupture by SCC and inclusions . . . A11: 646
thermal expansion and conductivity of . . . A1: 647, 651, 652
thermal expansion coefficients . . . A11: 620
void swelling in . . . A1: 656–657
Ferritic weldments
microstructure constituent classifications for the fusion zone . . . A9: 581
Ferritic-austenitic (duplex) phase
stainless steels . . . A13: 47
Ferritic-pearlitic steels . . . A20: 350
and stress-corrosion cracking . . . A19: 486
Ferritic-pearlitic steels, specific types
A36, composition . . . A19: 615
A285, grade C, composition . . . A19: 615
A302, grade B, composition . . . A19: 615
A515, grade 70, composition . . . A19: 615
A572 HSLA, composition . . . A19: 615
A588, grade A, composition . . . A19: 615
A588, grade F, composition . . . A19: 615
APIX-65, composition . . . A19: 615
St 37-3, composition . . . A19: 615
Ferritizing anneal
defined . . . A9: 7
Ferroalloy
defined . . . A15: 5
Ferroalloy/deoxidizer additions
in steelmaking . . . A1: 111–112
Ferroalloys *See also* Iron alloys A7: 158, 1065–1069
chemical analysis and sampling . . . M7: 248
granulation . . . A7: 92
sodium peroxide fusion . . . A10: 167
Ferroaluminum . . . A7: 1065
Ferroboron . . . A7: 1065
Ferrochrome alloying
in nickel alloys . . . A2: 429
Ferrochromium . . . A7: 474
Ferrochromium slags
partitioning oxidation states in . . . A10: 178
Ferroelectric ceramics . . . EM4: 542
Ferroelectric materials
combustion synthesis . . . A7: 536, 537
Ferroelectric thin films
electrical/electronic applications . . . EM4: 1105
Ferroelectrics . . . A5: 625–626
Ferrofluid
used in Bitter technique . . . A9: 534
used in magnetic etching . . . A9: 64
Ferrograph
defined . . . A8: 5–6, A18: 9
definition . . . A5: 955
Ferrography *See also* Lubricant analysis . . . A18: 375
corrosive wear case history . . . A18: 310
lubricant analysis . . . A18: 301–302
to confirm the type of wear debris . . . A18: 310
Ferromagnetic alloys *See also* Ferrous casting alloys
magnetic particle inspection of . . . A15: 264
Ferromagnetic antiresonance
abbreviation for . . . A10: 690
spectrometers for . . . A10: 271, 272
Ferromagnetic constituents of wrought stainless steels
magnetic etching . . . A9: 282
Ferromagnetic cores . . . A7: 1019, A20: 620
Ferromagnetic crystals
effect on electron beams in scanning electron microscopy . . . A9: 94
Ferromagnetic cylinders
central conductors within . . . A17: 96
Ferromagnetic flux concentrators . . . A20: 618
Ferromagnetic materials *See also* Nonferromagnetic materials
applied stress measurement . . . A17: 154–155
Curie point . . . A17: 89
defined . . . A2: 782, A9: 63
eddy current inspection . . . A17: 164
electromagnetic techniques for . . . A17: 159–163
ESR identification of magnetic states in . . A10: 253
hysteresis curve . . . A17: 99
leakage field testing . . . A17: 129–135
magabsorption measured . . A17: 145, 152, 154–155
magnetic particle inspection . . . A17: 89
magnetic printing . . . A17: 125–126
order-disorder in . . . A10: 284–285
properties, magnetically soft materials A2: 761–763
relaxation parameters for . . . A10: 276
remote-field eddy current inspection . . . A17: 195
SEM-observed grain boundaries in . . . A10: 490
types . . . A2: 782
Ferromagnetic nuclear resonance . . . A10: 281
Ferromagnetic particles
in magnetic particle inspection . . . M7: 575
Ferromagnetic parts
flaw detection by magnetic particle inspection . . . M7: 575–579
Ferromagnetic phases
revealed by magnetic etching . . . A9: 63
Ferromagnetic powders
magabsorption measurement . . . A17: 152
Ferromagnetic resonance . . . A10: 267–276
applications . . . A10: 267, 271–276
defined . . . A10: 673
estimated analysis time . . . A10: 267
general uses . . . A10: 267
homogeneity and inhomogeneity . . . A10: 274
introduction and theory . . . A10: 267–270
limitations . . . A10: 267

402 / Ferromagnetic resonance

Ferromagnetic resonance (continued)
low-temperature, probe for **A10:** 270
microwave spectrometers **A10:** 270–271
related techniques **A10:** 267
resonance parameters of resonance field and
linewidth **A10:** 267–268
samples **A10:** 267, 268, 271–276
Ferromagnetic resonance eddy current probes
microwave inspection **A17:** 220–223
Ferromagnetism **A7:** 1008, **A9:** 533–534
defined **A2:** 761, **A10:** 673, **A17:** 90
onset of **A10:** 257
zone theory of **EL1:** 98
Ferromagnets **A10:** 253, 690
Ferromanganese *See also* Manganese. . **A7:** 474, 1065
function and composition for mild steel SMAW
electrode coatings **A6:** 60
in chilled iron **A15:** 30
Ferromanganese isolation
in manganese **A10:** 174
Ferromolybdenum. **A7:** 1065
Ferroniobium **A7:** 1065
grain refiner in steels. **A6:** 53
Ferrophosphorus. **A7:** 571
Ferrosilicon **A7:** 474, 1065
as cast iron inoculant **A15:** 105
function and composition for mild steel SMAW
electrode coatings **A6:** 60
granulation **A7:** 92
in alloy cast irons. **A1:** 90
inoculants, for gray cast iron **A15:** 637
use in cast iron. **M1:** 22, 80
Ferrosilicon master-alloys **A7:** 571
Ferrosilicon/ferroboron, analysis for aluminum
by aluminon method **A10:** 68
Ferrosilicon-based inoculant. **A1:** 39, 90
Ferro-silicon-zirconium **A7:** 1065
Ferrospinels *See also* Ferrites
solidification structures in welded joints . . . **A9:** 579
solid-state phase transformations in welded
joints **A9:** 580–581
Ferrostan. **A5:** 241
Ferrostan process **A5:** 356
Ferro-titanium **A7:** 1065
grain refiner in steels. **A6:** 53
Ferro-titanium-boron **A7:** 1065
Ferrotungsten **A7:** 188–189, 1065
Ferrous
defined **A15:** 5
Ferrous alloy powders
classes. **A7:** 958
extrusion **A7:** 628
fatigue **A7:** 961
infiltration. **A7:** 551–552
metal injection molding **A7:** 14
powder injection molding **A7:** 363, 364
Ferrous alloys **A19:** 7
brittle fracture. **A19:** 10
composition effect on corrosion **A13:** 537
dimple rupture. **A19:** 10, 11
dip brazing **A6:** 336
electroless nickel plating **A5:** 300
fatigue striations in **A12:** 176
fracture and structure of. **A19:** 10–13
fracture/failure causes illustrated **A12:** 217
grain-boundary segregation **A13:** 156
hydrogen damage. **A13:** 166–169
inorganic fluxes used **A6:** 130
laser-beam welding. **A6:** 263
matrix effect **A19:** 12–13
oxyfuel gas welding **A6:** 281
second-phase particles effect **A19:** 10–12
zinc embrittlement. **A13:** 184
Ferrous alloys, fatigue resistance and microstructure
of **A19:** 605–613
cycle-dependent stress relaxation. **A19:** 612
cyclic deformation behavior. **A19:** 605–606
directionality effects. **A19:** 609
fatigue life prediction **A19:** 612–613

fatigue-life behavior. **A19:** 606–608
ferritic-pearlitic alloys **A19:** 609–610
general microstructural effects **A19:** 609
general trends in cyclic behavior. **A19:** 605–609
inhomogeneity effects **A19:** 609
maraging **A19:** 611
martensitic alloys **A19:** 610
metastable austenitic alloys **A19:** 611
microstructural considerations. **A19:** 609–611
notch sensitivity and internal defects **A19:** 611–612
processing for fatigue performance **A19:** 613
residual stress **A19:** 612
selective surface processing **A19:** 612–613
strength-ductility considerations **A19:** 608–609
thermomechanical processing. **A19:** 610–611
Ferrous alloys, specific type
0.45C-Ni-Cr-Mo steels, fracture properties **A19:** 11,
12, 13
Ferrous and nonferrous alloys
molten-salt dip brazing **A6:** 338
Ferrous casting alloys *See also* Ferrous castings
cast Alnico alloys. **A15:** 736–739
classification of **A15:** 627–628
compacted graphite irons **A15:** 667–677
ductile iron **A15:** 647–666
gray iron **A15:** 629–646
high-alloy graphitic irons **A15:** 698–701
high-alloy steels **A15:** 722–735
high-alloy white irons **A15:** 678–685
in cupolas **A15:** 388
inclusions in **A15:** 91–95
low-alloy steels **A15:** 715–721
malleable iron. **A15:** 686–697
plain carbon steels. **A15:** 702–714
semisolid casting/forging of **A15:** 327
Western bentonite molding clays with **A15:** 210
Ferrous castings *See also* Ferrous casting alloys
inspection of. **A15:** 555–556
production volume. **A15:** 41–42
shipment tonnages **A15:** 41–42
Ferrous ion
for titration of oxidants **A10:** 205
Ferrous materials
acoustic properties **A17:** 235
casting, inspection of **A17:** 531–532
Ferrous metals
dry blasting **A5:** 59
flakes in **A11:** 121
high-alloy, Osprey process used **A7:** 75
liquid-metal embrittlement in **A11:** 234
lubricants for **A7:** 323–324
sintering of **A7:** 468–476
sources of materials data **A20:** 496–497
threading with circular chasers **A16:** 298
Ferrous metals and alloys
brazing to aluminum **M6:** 1030
Ferrous P/M materials *See also* Iron
powders **M7:** 682–687
alloys, annealing **M7:** 182–185
automotive applications. **M7:** 617–621
class, grade, type **M7:** 463
density designations and ranges **M7:** 464
effects of steam treating on apparent
hardness **M7:** 466
effects of steam treating on density **M7:** 466
infiltration systems. **M7:** 558–559
lubrication of. **M7:** 190–191
mechanical properties **M7:** 463–466
MPIF designations **M7:** 463
ordnance applications. **M7:** 682
P/M structural, compositions **M7:** 464
roll compaction **M7:** 408–409
sintering **M7:** 360–368
Ferrous phosphates
as conversion coating **A13:** 387
Ferrous powder metallurgy materials **A1:** 801–821,
A7: 751–768
admixed powders **A7:** 752, 754–757
alloying methods **A7:** 752–753

applications for structural parts. **A7:** 751, 752,
762–767
applications of powder forged parts . . . **A1:** 817–818
definition of ferrous powder metallurgy. . . . **A7:** 751
designation of P/M materials **A1:** 804, 805
designations of ferrous materials. **A7:** 753–754
ferrous powder materials **A7:** 753–760
forging mode. **A1:** 814
hardenability **A1:** 814
heat treatments **A1:** 814
tensile, impact, and fatigue
properties **A1:** 814–815, 816
heat treatment of **A1:** 809, 810–811
infiltration **A1:** 807–808, 810
material considerations **A1:** 812
hardenability **A1:** 812–813
inclusion assessment. **A1:** 813
mechanical and physical properties of **A1:** 806
composition. **A1:** 809–810
porosity **A1:** 802, 805, 806, 807–809
sintered ferrous P/M materials. **A1:** 805
mechanical properties . . **A1:** 814, **A7:** 760–762, 763,
764, 765
compressive yield strength **A1:** 815, 817
effect of porosity on mechanical
properties. **A1:** 815, 817
metal injection molding (MIM)
advantages of. **A1:** 819
applications **A1:** 820
factors impeding growth **A1:** 819–820
mechanical properties. **A1:** 820
technology **A1:** 818–819
metal powder characteristics and
apparent density **A1:** 802
chemical composition. **A1:** 803
compressibility. **A1:** 802
compression flow time. **A1:** 802
control **A1:** 801, 802
green strength **A1:** 802, 803
oxide content. **A1:** 802
particle size distribution **A1:** 802
sampling. **A1:** 801–802
sintering characteristics **A1:** 802–803
methods of achieving high-performance P/M
steels **A7:** 751, 752
powder compacting. **A1:** 802, 803
powder forging **A1:** 812
powder preparation **A1:** 803
process capabilities. **A1:** 801
process considerations **A1:** 813
metal flow in powder forging **A1:** 814
powder forging **A1:** 814
preforming **A1:** 813
secondary operations **A1:** 814
sintering and reheating. **A1:** 814
tool design **A1:** 814
quality assurance for P/M parts **A1:** 815–816
density **A1:** 817, 819
magnetic particle inspection **A1:** 816
metallographic analysis **A1:** 817
nondestructive testing. **A1:** 817
part dimensions and surface finish. . **A1:** 816, 818
re-pressing. **A1:** 811, 812
secondary operations **A1:** 805
shipments of iron powder. **A7:** 751
sintering. **A1:** 803–804
equipment **A1:** 804–805
techniques **A1:** 804
"systems" approach to P/M part
development **A7:** 751, 752
Ferrous powder metallurgy (P/M) alloys A5: 762–767
abrasive blasting. **A5:** 763
carbonitriding **A5:** 766
carburizing. **A5:** 766
case hardening **A5:** 766–767
centrifugal or high-energy methods. **A5:** 763
cleaning methods **A5:** 763
cleaning of parts **A5:** 763–764
coating of parts **A5:** 765–766

SUBJECTS OF THE INDEXED VOLUMES: ASM Handbook (designated by the letter "A"): **A1:** Properties and Selection: Irons, Steels, and High-Performance Alloys (1990); **A2:** Properties and Selection: Nonferrous Alloys and Special-Purpose Materials (1990); **A3:** Alloy Phase Diagrams (1992); **A4:** Heat Treating (1991); **A5:** Surface Engineering (1994); **A6:** Welding, Brazing, and Soldering (1993); **A7:** Powder Metal Technologies and Applications (1998); **A8:** Mechanical Testing (1985); **A9:** Metallography and Microstructures (1985); **A10:** Materials Characterization (1986); **A11:** Failure Analysis and Prevention (1986); **A12:** Fractography (1987); **A13:** Corrosion (1987); **A14:** Forming and Forging (1988); **A15:** Casting (1988); **A16:** Machining (1989); **A17:** Nondestructive Evaluation and Quality Control (1989); **A18:** Friction, Lubrication, and Wear Technology (1992); **A19:** Fatigue and Fracture (1996); **A20:** Materials Selection and Design (1997). **Metals Handbook, 9th Edition** (designated by the letter "M"): **M1:** Properties and Selection: Irons and Steels (1978); **M2:** Properties and Selection: Nonferrous Alloys and Pure Metals (1979); **M3:** Properties and Selection: Stainless Steels, Tool Materials, and Special-Purpose Materials (1980); **M4:** Heat Treating (1981); **M5:** Surface Cleaning, Finishing, and Coating (1982); **M6:** Welding, Brazing, and Soldering (1983); **M7:** Powder Metallurgy (1984). **Engineered Materials Handbook** (designated by the letters "EM"): **EM1:** Composites (1987); **EM2:** Engineering Plastics (1988); **EM3:** Adhesives and Sealants (1990); **EM4:** Ceramics and Glasses (1991). **Electronic Materials Handbook** (designated by the letters "EL"): **EL1:** Packaging (1989)

compositions A5: 763
deburring of parts A5: 762–763, 764
description A5: 762
designation of A5: 762
electrolytic alkaline cleaning A5: 764
electroplating A5: 765–766
induction hardening A5: 766
ion nitriding A5: 767
mechanical coating A5: 765
nitrocarburizing A5: 766–767
painting A5: 765
plasma nitrocarburizing A5: 767
rotary tumbling A5: 763
steam treating of parts A5: 764–765
tempering A5: 766
ultrasonic degreasing A5: 763–764
vibratory processing A5: 763
Ferrous powder metallurgy parts *See* Powder metallurgy parts, ferrous
Ferrous powder metallurgy structural parts materials for, specifications . . **A7:** 426–429, 433, 441, 648, 654, 672, 714, 728, 753, 756–762, 765, 778–779, 1052, 1099
Ferrous sulfate
pickling process
inhibitory effects of **M5:** 70, 73–74, 76–77
recovery of **M5:** 81–82
role in **M5:** 70, 73–74, 76–77, 81–82
reducing method, chromic acid wastes **M5:** 187
Ferrous sulfate for food enrichment **A7:** 1091
Ferrovanadium **A7:** 534, 1065
Ferroxplana **EM4:** 1162
Ferroxy 1 test
detection of embedded iron in nickel alloys **M5:** 672–673
Ferroxyl test **A7:** 129, 476–477
Ferrules **M6:** 729
expandable **M6:** 732
functions during weld cycle **M6:** 732
semipermanent **M6:** 732
use in stud arc welding **M6:** 729
Ferry alloy
machining **A16:** 836–842
Fertilizer industry
pollution control **A13:** 1370
Fertilizers, corrosion resistance
stainless steels **M3:** 83
Fertilizers, liquid
corrosion caused by **M1:** 714, 715
Fe-S (Phase Diagram) . . . . . **A3:** 2•201
Fe-Sb (Phase Diagram) . . . . . **A3:** 2•202
Fe-Sc (Phase Diagram) . . . . . **A3:** 2•202
Fe-Se (Phase Diagram) . . . . . **A3:** 2•202
Fe-Si (Phase Diagram) . . . . . **A3:** 2•203
Fe-Sm (Phase Diagram) . . . . . **A3:** 2•203
Fe-Sn (Phase Diagram) . . . . . **A3:** 2•203
Festooning, as take-up
SMC machines **EM1:** 160
FET *See* Field effect transistor
Fe-Tb (Phase Diagram) . . . . . **A3:** 2•204
Fe-Te (Phase Diagram) . . . . . **A3:** 2•204
Fe-Th (Phase Diagram) . . . . . **A3:** 2•204
Fe-Ti (Phase Diagram) . . . . . **A3:** 2•205
Fe-Tm (Phase Diagram) . . . . . **A3:** 2•205
Fe-U (Phase Diagram) . . . . . **A3:** 2•205
Fe-V (Phase Diagram) . . . . . **A3:** 2•206
Fe-W (Phase Diagram) . . . . . **A3:** 2•206
Fe-Zn (Phase Diagram) . . . . . **A3:** 2•206
Fe-Zr (Phase Diagram) . . . . . **A3:** 2•207
FFA *See* Fiberglass Fabrication Association
FFT *See* Fast Fourier transform
FIA *See* Flow injection analysis
Fiber **EM3:** 12
defined **A9:** 7
drilling **A16:** 229
in ceramics processing classification scheme **A20:** 698
in polymer processing classification scheme **A20:** 699
Fiber alignment *See also* Alignment techniques; Fiber alignment; Fiber orientation; Fiber(s); Orientation
damping effects **EM1:** 207–208
in short fiber reinforcement **EM1:** 119–120
Fiber aspect ratios **EM3:** 397, 398
Fiber break
and fatigue failure **EM1:** 438
in composites **A8:** 714
propagation failure, analysis **EM1:** 195
Fiber breakout
from fastener hole generation **EM1:** 712–715
Fiber bridging
defined **EM2:** 17
Fiber buckling load **A20:** 650
Fiber bundle *See also* Fiber(s)
defined **EM1:** 29
dimensions, unidirectional tape prepreg . . **EM1:** 143
properties analysis **EM1:** 731
strength **EM1:** 194
Fiber bundling
from excessive tack **EM1:** 144
Fiber composites **A9:** 587–597
cleaning **A9:** 588
etching **A9:** 591
fabrication methods **A9:** 591
grinding **A9:** 588–589
macroexamination **A9:** 591
microexamination **A9:** 592
microstructures **A9:** 592
mounting **A9:** 587–588
on foil as a fabrication process for metal-matrix composites **A9:** 591
polishing **A9:** 589–591
sectioning **A9:** 587
specimen preparation **A9:** 587–591
Fiber composites, laminated
ultrasonic machining **A16:** 532
Fiber content **EM3:** 12
Fiber count **EM3:** 12
defined **EM2:** 18
Fiber diameter **EM3:** 12
as testing problem **EM1:** 732
boron fibers **EM1:** 58
carbon fibers **EM1:** 51
defined **EM1:** 11, **EM2:** 18
glass, determining **EM1:** 108
glass, nomenclature **EM1:** 109
in failure analysis **EM1:** 197
measurement **EM1:** 286
of conventional plastics reinforcement . . . **EM1:** 108
Fiber direction *See also* Fiber alignment; Fiber orientation; Fiber(s); Orientation **EM3:** 12
and composite stiffness **EM1:** 179
defined **EM1:** 10, **EM2:** 18
Fiber finish *See also* Finish; Finishes; Finishing
for fabrics **EM1:** 125–126
Fiber grease
defined **A18:** 9
Fiber intermingling method
melt impregnation **EM1:** 102
Fiber length
critical **EM1:** 119
effect, bulk molding compounds **EM1:** 162
in compounding **EM1:** 164
short fiber reinforced composites **EM1:** 119
Fiber metallurgy **M7:** 4
Fiber optic light guide *See also* Light guide bundle
borescope **A17:** 4
Fiber optic light sources
bifurcated **A12:** 79
for lens flare and ghost images **A12:** 84–87
for visual examination **A12:** 78
Fiber optic tubes
bifurcated **A8:** 277
Fiber optics **A19:** 175
diffraction pattern inspection technique **A17:** 13
in visual leak testing **A17:** 66
state-of-the-art **EM4:** 22
ultrasonic machining **EM4:** 359
Fiber orientation *See also* Fiber(s); Orientation
and direction of applied load, composites **A11:** 742
effect, composite modulus **EM1:** 120
effect, interlaminar/intralaminar fracture **EM1:** 787–790
effect on flexural fracture in graphite-epoxy lay-ups **A11:** 733
effect, specific damping capacity **EM1:** 215
effect, tensile strength **EM1:** 120
in composites **A11:** 735–738
in woven fabric prepregs **EM1:** 149
quality control of **EM1:** 730, 742–743
thermoplastic injection molding **EM2:** 311
vs. mechanical properties, tape prepregs **EM1:** 144
Fiber pattern **EM3:** 12
defined **EM2:** 18
Fiber preform
in polymer-matrix composites processes classification scheme **A20:** 701
Fiber preforms *See also* Preforms
and resin injection **EM1:** 529–532
inspection **EM1:** 532
Fiber properties analysis *See also* Fiber(s); Material properties; Material properties analysis; Testing
mechanical test methods **EM1:** 731–733
modulus measurement **EM1:** 731–733
of impregnated strands **EM1:** 731, 732
of multifilament yarns **EM1:** 732–733
of single fibers/monofilaments **EM1:** 731–732
properties tested **EM1:** 731
statistical aspects **EM1:** 733–734
Fiber properties of fiber composite specimens
altering for purposes of examination **A9:** 587
Fiber pull-out and microdrop technique **EM3:** 391–394
debonding force of the microdrop . . **EM3:** 393–394
routes to failure **EM3:** 393
Fiber pull-out method **EM3:** 391
Fiber reinforced composite **M7:** 5
Fiber reinforcement *See also* Fiber(s); Multidirectional fiber reinforcement **EM1:** 175
and epoxy resin, compared **EM1:** 76
effect, epoxy resins **EM1:** 75–76
effect, polyester composites **EM1:** 91, 92
for resin transfer molding **EM1:** 169–171
glass, for epoxy resin matrices **EM1:** 73
multidirectionally continuous **EM1:** 933–934
pultrusion **EM1:** 537
reinforcement direction **EM1:** 146
Fiber reinforcements *See also* Fiber(s); Reinforcement(s) **EM4:** 19, 20
aramid **EM2:** 506
boron **EM2:** 505
control, process selection by **EM2:** 277
effect on properties **EM2:** 281
fiberglass **EM2:** 504–505
graphite **EM2:** 505–506
low-density high-strength fibers **EM2:** 505–506
Fiber sheet packings **EM3:** 49
Fiber show **EM3:** 12
defined **EM2:** 18
Fiber sizing *See also* Sizing **EM1:** 122–124
chemical composition **EM1:** 122–123
functions/types, sizing agents **EM1:** 122
theory **EM1:** 123–124
Fiber Society (FS)
as information source **EM1:** 41
Fiber strength *See* Fiber(s); Strength
Fiber stress **EM3:** 392–394
Fiber tearing in fiber composites
coating to prevent **A9:** 587
mounting to prevent **A9:** 588
Fiber texture
defined **A9:** 7
in crystalline lattices **A9:** 701
Fiber tow *See also* Tow
characteristics, for towpreg **EM1:** 151
Fiber volume *See also* Fiber volume fraction
for closed-loop cure **EM1:** 761
Fiber volume fraction **A7:** 374
defined **EM1:** 207
effect on thermal expansion, carbon-epoxy composite **EM1:** 190
filament winding vs. braiding **EM1:** 519
flexural damping variation with **EM1:** 208
three-dimensional braided composite **EM1:** 524–525
vs. Young's modulus **EM1:** 208
Fiber wash **EM3:** 13
defined **EM2:** 18
Fiber wet-out **EM1:** 132, 655
Fiberboard
milling with PCD tooling **A16:** 110
Fiber-epoxy composites, and metals
properties compared **EM1:** 178
Fiber-epoxy prepreg tape, vs. fabric
tensile strength **EM1:** 143–144
Fiberfrax
properties **A18:** 803
Fiberglass **EM3:** 12, 590, 592, **EM4:** 402–407
and electron beam machining **A16:** 571

Fiberglass (continued)
applications **EM1:** 27, 28, **EM4:** 379, 402–403
as reinforced polypropylenes (PP)....... **EM2:** 192
as reinforcement................. **EM2:** 504–505
borate materials used extensively **EM4:** 380
compound composition................ **EM4:** 566
defined **EM1:** 11, **EM2:** 18
definition............................ **EM4:** 402
fasteners for **A11:** 530
fiber forming **EM4:** 406–407
chopped fiber...................... **EM4:** 407
textile fiber....................... **EM4:** 407
wool process **EM4:** 406–407
fibers, in composites.............. **A11:** 731, 732
-filled styrene-maleic anhydrides (S/MA) **EM2:** 220
furnace types **EM4:** 403–405, 406
direct-fired.................... **EM4:** 405, 406
electric **EM4:** 404, 406
mixed melters.................. **EM4:** 405, 406
recuperative **EM4:** 404–405, 406
regenerative.............. **EM4:** 403–404, 406
furnaces **EM1:** 108
glass compositions **EM4:** 402–403
raw materials....................... **EM4:** 403
glass preparation process **EM4:** 405–407
grinding by superabrasives.............. **A16:** 434
historical review **EM4:** 402
honeycomb core material **EM1:** 723
iron content........................... **EM4:** 378
laminates, cyanates.................... **EM2:** 235
manufacturers in the U.S **EM4:** 406
mats, and woven roving **EM1:** 109
molds, rotational molding.............. **EM2:** 367
paper, production...................... **EM1:** 110
printed wiring board laminates
properties........................ **EM2:** 237
properties............................. **EM4:** 566
refractive index........................ **EM4:** 566
-reinforced pultruded products.......... **EM1:** 540
reinforcement, defined **EM1:** 11, **EM2:** 18
roving, production process **EM1:** 109
tapping................................ **A16:** 259
weave pattern effect................... **EM1:** 150
yarns **EM1:** 110–111

Fiberglass Fabrication Association (FFA)
as information source **EM1:** 41

Fiberglass fibers
as thermocouple wire insulation **A2:** 882

Fiberglass in polyester composites........... **A9:** 592

Fiberglass manufacturing recuperators
corrosion and corrodents, temperature
range.............................. **A20:** 562

Fiberglass paper **EM1:** 110

Fiberglass reinforced BPADCY
prepolymers.................... **EM2:** 232–233

Fiberglass reinforcement **EM3:** 12

Fiberglass storage tanks
acoustic emission inspection **A17:** 291

Fiberglass yarns
carded fibers **EM1:** 111
fabric **EM1:** 110–111
nomenclature......................... **EM1:** 110
texturized............................. **EM1:** 111

Fiberglass-epoxy
drilling......................... **A16:** 227, 230

Fiberglass-epoxy composites
fabric, microstructure of **EM1:** 768
laminated, by electroformed nickel
tooling **EM1:** 582–585
resin/curing agent systems **EM1:** 134

Fiberglass-epoxy printed circuit boards **EL1:** 822–824

Fiberglass-polyester resin composites
corrosion resistance **EM2:** 249
electrical properties **EM2:** 249
glass content effects................... **EM2:** 248
mechanical properties **EM2:** 247

Fiberglass-reinforced plastics
Epon resin/curing agent systems **EM1:** 134
history **EM1:** 27

Fiber-glass-reinforced polyester (40%)
for epicyclic gear of screwdriver, decision
matrix.............................. **A20:** 295

Fiberglass-reinforced thermoset unsaturated polyesters **EM2:** 246–247

Fiberglass-resin repair procedures **EM3:** 807

Fiberglass-Teflon printed board substrates
properties.............................. **A6:** 992

Fibering *See* Directionality; Mechanical fibering; Mechanical texture

Fibering, mechanical
in forging **A11:** 319–320

Fiber-matrix interface of fiber composites
examination by electron microscopy...... **A9:** 592

Fibermax **EM1:** 63

FiberMetal
abradable seal material **A18:** 589

Fiber-metal laminates, specific types
ARALL..................... **A19:** 144, 911–913
GLARE laminates **A19:** 910–913

Fiber-reinforced aluminum
as heat sink material **EL1:** 130–1131

Fiber-reinforced ceramic matrix composites
aerospace applications................ **EM4:** 1004

Fiber-reinforced composite tubing **EM1:** 569–574

Fiber-reinforced composites *See also* Composite materials; Composites; Continuous reinforced plastic; Fiber reinforcement; fiber resin composites; Reinforcements ... **A19:** 17, **EM4:** 1
aircraft applications.............. **EM1:** 801–809
aluminum metal matrix................... **A2:** 7
and cermets, compared **A2:** 978
defined **EM1:** 27
discontinuous or short fiber, defined **EM1:** 27
failure modes **EM1:** 788
fatigue properties.................. **A19:** 22, 23
heat transfer **A20:** 662
marine applications.............. **EM1:** 837–844
matrix material that influences the finishing
difficulty............................ **A5:** 164
packaging **EL1:** 1122–1125
quasi-isotropic, properties **EL1:** 1123
refractory metal **A2:** 582–584
specific tensile strength and specific tensile
modulus **EM1:** 28
tensile strength **A20:** 513

Fiber-reinforced materials
high-temperature solid-state welding....... **A6:** 299

Fiber-reinforced plastic (FRP) **EM3:** 12
chemical resistance of composites....... **EM3:** 639
damping features **EM1:** 35
defined **EM1:** 11
finite-element analysis **EM3:** 488, 497
market **EM1:** 43

Fiber-reinforced plastics (FRPs) *See also* Plastics
compression molded/stamped **EM2:** 326–333
defined **EM2:** 18
molding techniques **EM2:** 338–343
pultrusions, properties................. **EM2:** 396

Fiber-reinforced polymers *See also* Fiber-reinforced composites; Polymer(s)
strength and stiffness................... **EM1:** 36

Fiber-reinforced sheets **EM3:** 41

Fiber-reinforced superalloys (FRS) **EM1:** 878

Fiber-reinforced thermoset molding compounds.................... **EM1:** 161–163

Fiber-reinforced thermosetting composites
process molding of............... **EM1:** 500–501

Fiber-resin composites *See also* Composite materials; Composites; Fiber-reinforced composites; Fiber(s); Resins
applications **EM1:** 355, 356
electrical properties **EM1:** 359
forms and constituents **EM1:** 357
properties............................. **EM1:** 356
test axes, definitions............. **EM1:** 357, 359

Fibers *See also* Bundle; Carbon fiber; Continuous fibers; Discontinuous fibers; Fiber alignment; Fiber break; Fiber bundle; Fiber diameter; Fiber direction; Fiber length; Fiber orientation; Fiber preforms; Fiber properties analysis; Fiber reinforcement; Fiber reinforcements; Fiber volume fraction; Fiber-epoxy composites; Fiber-reinforced composites; Fiber-reinforced plastic (FRP); Fiber-reinforced plastics (FRPs); Fiber-resin composites; Fiber sizing; Fibrous fracture surface; Fibrous fractures; Filaments; Glass fibers; Glass(es); Graphite; Graphite fibers; Orientation; Reinforcements; specific fibers; Staple fibers; Strand; Textile fibers; Tow; Tungsten fibers
alignment techniques for recovered **EM1:** 153–155
α and β in rolled copper **A10:** 363
aluminum oxide **EM1:** 31
aramid **EM1:** 30
aramid, properties **EL1:** 615
as chain of links....................... **EM1:** 194
as reinforcement **EL1:** 1119–1121
board, as contaminants.................. **EL1:** 661
boron **EM1:** 5, 31, 58–59
break propagation failure **EM1:** 195
breakage **EM1:** 120, 193–195, 231–232
brittle-tensile fracture of................ **A11:** 738
buckling of **A11:** 739
carbon **EM1:** 6, 9–30, 49–53
ceramic **EM1:** 60–65
chemistry **EM2:** 64
coefficient of variation, fiber bundle strength
variation with **EM1:** 194
constituents, software for **EM1:** 275
content **EM2:** 17, 338
content, defined **EM1:** 11
content, metallic composites, eddy current
inspection **A17:** 190–191
continuous silicon carbide (SiC) **EM1:** 31
continuous/discontinuous, in cast metal-matrix
composites........................ **A15:** 840
cost guidelines........................ **EM1:** 105
count, defined **EM1:** 11
defined........ **A11:** 4, **EM1:** 10–11, 29, **EM2:** 17
discontinuous, in metal matrix
composites.................. **EM1:** 889–910
drawn, defined *See* Drawn fiber
effect, on properties.................... **EM2:** 281
efficiency, and critical length **EM1:** 119
EFG composition analysis **A10:** 212
elastic displacement fields.............. **EM1:** 187
environmental effects **EM2:** 430–431
fine, glass............................. **EM1:** 108
for compression molding............... **EM1:** 559
for filament winding **EM1:** 504, **EM2:** 369
forms and properties.............. **EM1:** 360–362
FP, defined *See* FP fiber
fracture, transverse..................... **A12:** 466
fractured, effect on fracture topography... **A11:** 736
glass......... **EL1:** 114, **EM1:** 12, 29, 45–48, 109
graphite.............. **A12:** 465, **EM1:** 12, 49–53
high-modulus graphite............ **EM2:** 758–759
high-silica............................. **EM1:** 29
in engineering thermoplastics.......... **EM2:** 98–99
in Euler angles of rolled fcc materials **A10:** 363
in flexible fiberscopes **A17:** 5
in rolled fcc materials.................. **A10:** 363
in SMC-R **EM2:** 324–325
in space and missile composite
structures **EM1:** 817
introduction **EM1:** 29–31
lamina properties **EM1:** 308
lines, ODF along, as function of rolling
reduction **A10:** 364
local, failure mechanisms **EM1:** 198
machining of.................... **EM1:** 667–668
mechanical properties **EM2:** 506
metallic, defined *See* Metallic fiber
milled, defined *See* Milled fiber

natural EM1: 117
organic EM1: 29–31, 54–57
orientation, by computed tomography (CT) A17: 363
orientation of. A11: 731, 733, 735–738, 742
orientation, thermoplastic injection molding EM2: 311
pattern, defined EM1: 11
placement process. EM1: 33
polyphenylene sulfides (PPS) EM2: 189–190
properties EM1: 175, 731–735
properties analysis, as quality control EM1: 731–735
pull-out A11: 761
quartz EM1: 29
reinforced composite, defined A11: 4
reinforcement of. A11: 736
reinforcement, types EM2: 504–506
reinforcing, comparative properties. EM1: 58
reinforcing, for base/insulators EL1: 113
reinforcing, properties EL1: 615
reprocessed EM1: 153
-resin pullout, by machining/drilling EM1: 667–668
resin-matrix composites A12: 474–478
resin-matrix composites, fracture sequence A12: 474
show, defined EM1: 11
silicon carbide EM1: 31, 58–59
silicon carbide, acoustic emission inspection. A17: 288
single, mechanical testing of EM1: 731–733
single. strain measurement EM1: 732
size. EM1: 170, 732
splitting, as fracture mode A12: 467
strength, defined. EM1: 193
stresses. A11: 4, 137
stress-strain relationships EM1: 175
synthetic EM1: 117–118
technology, critical properties. EM2: 458
Teflon-based EL1: 114
tensile failure mode EM1: 200
tensile strength, analysis EM1: 193–194
tests for EM1: 285–288
textures, in wire and rod A10: 359
thickness, for filament winding EM1: 508
tungsten A12: 466
types EM1: 43, 125, 161–162, 730
volume fraction of EM2: 506
wettability A15: 840–842
-wound composites, microwave inspection A17: 202
woven, forms EM1: 148

Fibers, aramid
laser cutting of A14: 742

Fiberscopes *See also* Borescopes
flexible A17: 5
measuring A17: 8

Fiber-tape lay-down
processing characteristics, open-mold A20: 459

Fibertrack EM3: 397
Fibril failure A19: 47
Fibril rupture EM3: 507

Fibrillar structure
Kevlar aramid fibers EM1: 55

Fibrillation EM3: 13
defined EM2: 18
in polymers A12: 479, 480

Fibrils A19: 55
as toughener EM3: 185

Fibrosis of lung tissue
titanium toxicity-caused. M7: 206

Fibrous
definition. A7: 263

Fibrous eutectic structures
as a feature of regular eutectics. A9: 620
branching in A9: 620
conditions for formation of A9: 618
molybdenum in nickel matrix A9: 619

Fibrous eutectics
solidification of A15: 119–120

Fibrous fracture
defined A8: 5, A9: 7, A11: 4

Fibrous fracture surfaces *See also* Fracture surface(s)
AISI/SAE alloy steels A12: 311, 313–316
ductile, metal-matrix composites. A12: 466
maraging steels A12: 383
precipitation-hardening stainless steels. A12: 370
titanium alloys A12: 451
tool steels A12: 376–377
wrought aluminum alloys A12: 425

Fibrous fractures A12: 2, 313–314

Fibrous particle shapes
defined A9: 619

Fibrous structure M7: 5
defined A8: 5, A9: 7, A11: 4

Fibrous tearing
ductile fracture A8: 572

Fibrous wools
discontinuous oxide fibers as EM1: 62

Fickian diffusion EM3: 655
model EM3: 622

Fick's first law A7: 449, A15: 53
Fick's law A7: 862
Fick's Laws A13: 33, 68
Field adsorption A10: 588
Field assisted sintering A7: 583

Field (bulk) testing methods
defined EM1: 774

Field compensator
in radiographic inspection A17: 308

Field corrosion
FIM electric field as A10: 587

Field crystallization failures
tantalum capacitors EL1: 998

Field diaphragm in optical microscope A9: 72

Field effect transistor
abbreviation for A10: 690
effect in x-ray detectors. A10: 91
in energy-dispersive spectrometry A10: 519
preamplifier, EPMA analysis A10: 519

Field effect transistor (FET)
analysis EL1: 154–159
failure mechanisms EL1: 975
junction, double-diffused EL1: 146–147
junction FET, device structure EL1: 154–156
types, active-component fabrication technology. EL1: 200–201

Field emission A6: 30, 31
Field emission guns A10: 432, 690

Field evaporation
importance A10: 586–587
in FIM/AP. A10: 584, 585–587
in FIM/PLAP analysis of semiconductor. . A10: 601
potential energy diagram. A10: 587
progressive, in the atom probe A10: 591
rate variation with temperature. A10: 594
sequences, atom layers counted in A10: 590

Field experience
and corrosion testing. A13: 194

Field flattening
digital image enhancement. A17: 460

Field fractures
debris from A12: 92

Field girth welds
in pipe A11: 699

Field ion micrograph
stereographic projection of. A10: 585

Field ion microscope
features A10: 584
improved vacuum of. A10: 587
magnification, resolution, and image contrast A10: 588
modified, atom probe as. A10: 591
working field A10: 587–588

Field ion microscopy A10: 583–602
and atom probe microanalysis. A10: 583–602
defined. A10: 673
disadvantage A10: 585
electric field and stress A10: 587
field evaporation A10: 585–587
field ionization A10: 585
image, absolute depth scale from A10: 593
image formation. A10: 584
images of alloys and semiconductors A10: 589–590
images of defects in pure metals. A10: 588–589
magnification, resolution, and image contrast A10: 588
of IN 939 nickel-base superalloy. A10: 598
of ternary 3:5 semiconductor. A10: 481
principles. A10: 584
quantitative analysis of images A10: 590
sample preparation A10: 584–585
sample tip, ball model of A10: 585
stable operating conditions for A10: 587
working range. A10: 587–588

Field ion microscopy and atom probe microanalysis A10: 583–602
applications A10: 583, 598–602
estimated analysis time. A10: 583
general uses. A10: 583
limitations. A10: 583
related techniques A10: 583
samples A10: 583, 584–585, 598–602

Field ion microscopy (FIM) EM3: 237
Field ion microscopy-atom probe (FIM-AP) . . A5: 670

Field ionization
critical distance. A10: 585
defined A10: 584, 673
in field ion microscopy. A10: 585
potential-energy diagram illustrating. A10: 586

Field measurement, and magnification
effect on inclusion volume fraction A10: 314

Field measurements made with image analyzers A9: 83
Field microscopy A9: 83

Field modulation
use in ESR analysis. A10: 255

Field of view of microscope eyepieces A9: 73

Field repairability
of cyanates. EM2: 232

Field sampling A10: 16

Field scanning methods
to analyze ceramic powder particle sizes. . EM4: 66, 67

Field shapers A14: 650–651

Field testing
SCC evaluation A13: 263–264

Field tests A20: 245
Field-activated sintering A7: 583–589

Field-dial Hall effect device
in ESR spectrometers A10: 255

Field-effect transistors (FET). A6: 39
microwave inspection A17: 209

Field-emission guns
as electron source. A12: 167

Field-emission microscopy
defined. A10: 673

Field-of-view (FOV)
defined A17: 9, 383

Figure-eight cooler
for sands A15: 350

Filament EM3: 13, M7: 5
Filament diameter *See* Fiber diameter
Filament light sources for microscopes. A9: 72

Filament winding *See also* Filament winding resins; Lap. A20: 805, 808, EM1: 503–518, EM2: 368–377, EM4: 224
and braiding, compared EM1: 519
application EM1: 135, 355, 356, 833–835
component winding EM1: 507
composite-to-metal joints EM1: 511–514
costs EM1: 503
defined EM1: 11, 33, 135, 503, EM2: 18
definition. A20: 833
design and analysis EM1: 508–510
design detail factors. EM2: 371–373
dome contours in EM1: 510, 514
dry EM1: 71
economic factors. EM2: 373
environmental effects EM1: 514–517
function/property factors EM2: 369–371
impregnation. EM1: 505–506
in polymer-matrix composites processes classification scheme A20: 701
low cost EM2: 368
mandrel preparation EM1: 505–507
manufacturing flow diagram. EM1: 506
manufacturing processes. EM1: 505–507
materials EM1: 504–505
molded-in color EM2: 306
nonstandardized test methods EM1: 512–514
of epoxy composites. EM1: 71
of glass rovings. EM1: 109
of thermoplastic resin composite. EM1: 549
plastics. A20: 799
polymer melt characteristics. A20: 304
process, advantages/disadvantages. . . EM2: 368–369
properties effects EM2: 285–287
resins EM1: 135–138
size and shape effects. EM2: 291, 292

406 / Filament winding

Filament winding (continued)
standard test methods............**EM1:** 510–511
surface considerations............**EM2:** 373–374
surface finish........................**EM2:** 304
textured surfaces.....................**EM2:** 305
thermoplastics processing comparison **A20:** 794
thermoset plastics processing comparison **A20:** 794
tooling/equipment................**EM2:** 374–377
unsaturated polyesters................**EM2:** 251
wet **EM1:** 71, 135, 505

Filament winding and fiber
processing characteristics, open-mold.....**A20:** 459

Filament winding of resin-matrix composites. .**A9:** 591

Filamentary nickel powder **M7:** 138

Filament(s) *See also* Bundle; Fiber(s); Glass filament; Monofilament; Strand; Tow; Virgin filament
defined..................**EM1:** 11, 29, **EM2:** 18
glass, diameter nomenclature...........**EM1:** 109
measurement........................**EM1:** 286
polyamides (PA).....................**EM2:** 125
radiographic **A17:** 302
tensile strength test method effect.......**EM1:** 286

Filaments, superconductor
properties **A2:** 1052–1054

Filament-winding resins **EM1:** 135–138
epoxy **EM1:** 135–137
future trends........................**EM1:** 138
processing **EM1:** 135
types............................**EM1:** 135–138
unsaturated polyesters.............**EM1:** 137–138
vinyl esters **EM1:** 137–138

Filament-wound composites
joining techniques................**EM1:** 511, 514

Filar eyepiece
defined.................................**A9:** 7
electronic digital.......................**A9:** 76

Filar factors **A18:** 414

Filar micrometer eyepiece **A7:** 262

Filar micrometer microscope eyepiece ...**M7:** 228, 229

Filar unit **A18:** 414

Filar units
for measuring indentations...............**A8:** 91

Filar-micrometer ocular **A9:** 74

File hardness
defined................................**A18:** 9

File hardness test **A8:** 5, 71, 107–198

File testing
of carbonitrided P/M parts **M7:** 455

Filiform corrosion
aluminum/aluminum alloys **A13:** 596–597
as type of corrosion....................**A19:** 561
cell, diagrams **A13:** 106
conditions for **A13:** 106
defined **A11:** 4, **A13:** 6
definition.............................**A5:** 955
general appearance **A13:** 105–106
growth rates, coated metals **A13:** 107
in aircraft...............**A13:** 107, 1028–1030
in manned spacecraft **A13:** 1076
in packaging **A13:** 107
in space shuttle orbiter **A13:** 1066, 1076
mechanism **A13:** 106, 107
of coated aluminum and magnesium **A13:** 107
of coated steels...................**A13:** 104–107
prevention.......................**A13:** 107–108

Filigreed eutectic microstructure ....**A3:** 1•20

Filing
in metal removal processes classification
scheme **A20:** 695

Fill *See also* Weft
defined **EM1:** 11, **EM2:** 18
density.................................**M7:** 5
powder **M7:** 324–325
uni-type **EM1:** 128

Fill and soak cleaning **A13:** 1139

Fill, depth **M7:** 5
and ejection stroke, rigid tool compaction **M7:** 324

Fill factor **A7:** 382, **M7:** 5
defined..............................**A17:** 172
in eddy current inspection..........**A17:** 168–169
remote-field eddy current inspection **A17:** 200–201

Fill height **M7:** 5
definition............................**A7:** 347

Fill position **M7:** 5

Fill ratio **M7:** 5

Fill shoe **M7:** 5

Fill volume **M7:** 5

Fill-and-wipe
defined.............................**EM2:** 18

Filled billet **A7:** 625

Filled billet extrusion technique **A7:** 622

Filled billet process
extrusion............................**M7:** 518

Filled billet technique **A7:** 627

Filled systems
defined.............................**EM1:** 27

Filler *See also* Additive; Adhesive modifiers; Extenders; Inert filler; Reinforcement **EM3:** 13, 49, 175–176
benefits **EM3:** 175–177
defined **A18:** 9, **EM1:** 11
effect on adhesive coefficient of thermal
expansion **EM3:** 176
effect on adhesive specific gravity.......**EM3:** 176
effect on structural properties of
adhesives **EM3:** 180
effect, polyester resins **EM1:** 92
for butyls...........................**EM3:** 202
for epoxies...........................**EM3:** 99
for lip seals **A18:** 550
for sealants **EM3:** 674
forms **EM3:** 176–177
importance in dispensing operation **EM3:** 695
influence on stress-strain behavior..**EM3:** 290, 321
inorganic, for sheet molding compounds **EM1:** 141
inorganic, with polyester resin..........**EM1:** 92
properties...........................**EM3:** 175
properties analysis of **EM1:** 736–737
resin, for pultrusion...................**EM1:** 539
sequence, textile loom operations...**EM1:** 127–128
sheet metal compound.................**EM1:** 158
to reduce seal wear **A18:** 551
towpreg, for I-beam...................**EM1:** 152

Filler alloys
aluminum-base **A13:** 884
copper-base **A13:** 883
nickel-base.....................**A13:** 883–884
silver-base **A13:** 880–883
systems **A13:** 884–885

Filler materials
mold.................................**A9:** 31–32

Filler metal
brittle fracture from improper.......**A11:** 645–646
selection for brazed joints **A11:** 450

Filler metal materials *See also* Brazing; Soldering
applications **M7:** 840–841
concentration, matrix tensile strength
ratio and.........................**M7:** 612
for submerged arc process..............**M7:** 822
in polymers......................**M7:** 608, 611
metal powders for.................**M7:** 816–822

Filler metal start delay time
definition **M6:** 7

Filler metal stop delay time
definition **M6:** 7

Filler metals **A7:** 1078
aerospace materials **A6:** 386–387
aluminum alloys, arc welding of **A6:** 722, 724–729, 730–737, 739
aluminum-lithium alloys.............**A6:** 550–551
American Welding Society
classifications..................**M6:** 275–276
beryllium alloys **A6:** 945–946

brazeability and solderability considerations for
engineering materials **A6:** 617, 618, 619, 620–621, 624–625, 626, 627, 628–629, 630, 631, 632, 633, 634, 635–636
brazing consumables **A6:** 904–905
brazing of stainless steels...**A6:** 911–913, 914, 915, 919, 920, 922
brazing with clad brazing materials...**A6:** 347, 348
cast iron, chemical compositions.........**A15:** 530
copper alloy for iron castings............**M6:** 599
copper alloys **A6:** 763, 764, 765, 766, 768
definition **A6:** 1209, **M6:** 7
dip brazing, 50-2, 50-3...............**A6:** 337, 338
dispersion-strengthened aluminum alloys...**A6:** 543
dissimilar metal joining....**A6:** 822, 823, 824–825, 827, 828
duplex stainless steels......**A6:** 471, 474, 476, 479
effect on strength of brazed joint **A6:** 904
electrodes **A6:** 750–751
electron-beam welding **A6:** 858–859, 860–861, 868
electroslag welding **A6:** 272, 275
ferritic stainless steels **A6:** 447, 448, 453
for aluminum alloy brazing **A6:** 937, 938, 939
for aluminum metal-matrix composites **A6:** 555
for brazing nickel-base alloys.............**A6:** 928
for brazing of ceramic materials **A6:** 949, 950, 951–952, 954, 956, 957–958
for carbon steel brazing **A6:** 906–908
for cast iron arc welding **A15:** 523–524
for cast iron brazing..............**A6:** 906–908, 909
for cobalt-base alloys....................**A6:** 928
for copper and copper alloy brazing..**A6:** 931, 932, 933, 934
for coppers **A6:** 756–757, 761, 762
for gas-metal arc welding of coppers **A6:** 759
for heat-resistant alloy brazing............**A6:** 924
for low-alloy steel brazing **A6:** 929–930
for machinery and equipment.........**A6:** 391–393
for magnesium alloys **A6:** 772, 774, 778, 781
for nickel alloys....................**A6:** 578, 750
for niobium brazing.....................**A6:** 943
for non-heat-treatable aluminum alloys **A6:** 539
for oxide-dispersion-strengthened alloys...**A6:** 928
for oxide-dispersion-strengthened materials
brazing **A6:** 1040
for precious metal brazing **A6:** 935–936
gold jewelry brazing applications.........**A6:** 936
for precipitation-hardening stainless steels **A6:** 483, 487, 488, 490, 491
for reactive metal brazing **A6:** 945, 946
for stainless steels **A6:** 686, 689, 692, 693, 694, 695–696, 697, 698, 699, 703–704, 705
for tantalum brazing.....................**A6:** 943
for titanium alloys **A6:** 510, 783, 784
for tool steel brazing................**A6:** 929–930
for tungsten brazing.....................**A6:** 943
form selection for induction brazing......**M6:** 971
galvanic couples..................**A6:** 1065–1066
gas-metal arc welding **A6:** 194
gas-metal arc welding of ferritic stainless
steels...............................**A6:** 446
gas-tungsten arc welding....**A6:** 193–194, 658, 805
heat-treatable aluminum alloys **A6:** 528, 531, 533–534
heat-treatable low-alloy steels **A6:** 669–671, 672
laser-beam welding **A6:** 739, 879–880
low-alloy metals for pressure vessels and
piping **A6:** 668
low-alloy steels, welding of **A6:** 662–663, 665, 666, 669–671, 672, 673, 674–675
modeling the addition of **A6:** 1136
nickel-base, compositions and uses.........**A2:** 444
oxyfuel gas welding **A6:** 286
plasma arc welding **A6:** 658
relationship to toughness in
heat-affected zone **M6:** 42
repair welding..............**A6:** 1105, 1106, 1107
resistance brazing **A6:** 340, 341–342
aluminum-silicon alloys **A6:** 342

SUBJECTS OF THE INDEXED VOLUMES: ASM Handbook (designated by the letter "A"): **A1:** Properties and Selection: Irons, Steels, and High-Performance Alloys (1990); **A2:** Properties and Selection: Nonferrous Alloys and Special-Purpose Materials (1990); **A3:** Alloy Phase Diagrams (1992); **A4:** Heat Treating (1991); **A5:** Surface Engineering (1994); **A6:** Welding, Brazing, and Soldering (1993); **A7:** Powder Metal Technologies and Applications (1998); **A8:** Mechanical Testing (1985); **A9:** Metallography and Microstructures (1985); **A10:** Materials Characterization (1986); **A11:** Failure Analysis and Prevention (1986); **A12:** Fractography (1987); **A13:** Corrosion (1987); **A14:** Forming and Forging (1988); **A15:** Casting (1988); **A16:** Machining (1989); **A17:** Nondestructive Evaluation and Quality Control (1989); **A18:** Friction, Lubrication, and Wear Technology (1992); **A19:** Fatigue and Fracture (1996); **A20:** Materials Selection and Design (1997). **Metals Handbook, 9th Edition** (designated by the letter "M"): **M1:** Properties and Selection: Irons and Steels (1978); **M2:** Properties and Selection: Nonferrous Alloys and Pure Metals (1979); **M3:** Properties and Selection: Stainless Steels, Tool Materials, and Special-Purpose Materials (1980); **M4:** Heat Treating (1981); **M5:** Surface Cleaning, Finishing, and Coating (1982); **M6:** Welding, Brazing, and Soldering (1983); **M7:** Powder Metallurgy (1984). **Engineered Materials Handbook** (designated by the letters "EM"): **EM1:** Composites (1987); **EM2:** Engineering Plastics (1988); **EM3:** Adhesives and Sealants (1990); **EM4:** Ceramics and Glasses (1991). **Electronic Materials Handbook** (designated by the letters "EL"): **EL1:** Packaging (1989)

copper-phosphorus alloys . . . **A6:** 342
silver alloys . . . **A6:** 341, 342
resistance seam welding . . . **A6:** 244
sandwiching, induction brazing . . . **M6:** 973–974
self-shielded flux cored wire . . . **M6:** 813–814
shielded metal arc welding of ferritic stainless steels . . . **A6:** 449
silver-base brazing . . . **A2:** 560
solder alloys . . . **A6:** 964–969
specifications . . . **M6:** 825–826
American Welding Society . . . **M6:** 825
federal . . . **M6:** 826
other organizations . . . **M6:** 826
stainless steel dissimilar welds . . . **A6:** 500, 501–502
stainless steels for weld cladding . . . **A6:** 809
steel weldments . . . **A6:** 417–418, 419, 425
submerged arc welding . . . **A6:** 748
tool and die steels . . . **A6:** 674–675
torch brazing . . . **A6:** 328, 329
torch brazing of stainless steels . . . **A6:** 914
ultrahigh-strength low-alloy steels . . . **A6:** 673
use in electron beam welding . . . **M6:** 630
weld cladding . . . **A6:** 809, 816, 817, 818, 819, 820, 821
zirconium alloys . . . **A6:** 788

Filler metals for
arc welding . . . **M6:** 447
of aluminum alloys . . . **M6:** 373–374
of austenitic stainless steels . . . **M6:** 323, 327, 334–335
of ferritic stainless steels . . . **M6:** 323, 346–347
of heat-resistant alloys . . . **M6:** 359
of magnesium alloys . . . **M6:** 427–428
of martensitic stainless steels . . . **M6:** 323
of molybdenum . . . **M6:** 464
of nickel alloys . . . **M6:** 444–445
of nitrogen-strengthened austenitic stainless steels . . . **M6:** 345
of titanium and titanium alloys . . . **M6:** 447
of tungsten . . . **M6:** 464
of zirconium and hafnium . . . **M6:** 457
brazing of aluminum alloys . . . **M6:** 1022–1023
brazing of beryllium . . . **M6:** 1052
brazing of copper and copper alloys . . . **M6:** 1034–1035
copper-phosphorus filler metals . . . **M6:** 1034
copper-phosphorus-silver filler metals . . . **M6:** 1034
copper-zinc filler metals . . . **M6:** 1034
gold alloy filler metals . . . **M6:** 1035
joint clearances . . . **M6:** 1034
physical properties . . . **M6:** 1034
silver alloy filler metals . . . **M6:** 1034–1035
brazing of dissimilar refractory metals . . . **M6:** 1060
brazing of heat-resistant alloys . . . **M6:** 1014
powders . . . **M6:** 1014
tapes and foils . . . **M6:** 1014
wires . . . **M6:** 1014–1015
brazing of molybdenum . . . **M6:** 1057–1058
brazing of niobum . . . **M6:** 1055–1056
brazing of refractory metals . . . **M6:** 1056
brazing of stainless steel . . . **M6:** 1001–1004
cobalt alloy filler metals . . . **M6:** 1003–1004
copper filler metals . . . **M6:** 1002–1004
gold alloy filler metals . . . **M6:** 1003–1004
nickel alloy filler metals . . . **M6:** 1003–1004
silver alloy filler metals . . . **M6:** 1002–1003
brazing of steel . . . **M6:** 935–938
brazing of tantalum . . . **M6:** 1058
brazing of titanium . . . **M6:** 1050
brazing of tungsten . . . **M6:** 1059
brazing of zirconium . . . **M6:** 1051–1052
dip brazing of steels . . . **M6:** 991–992
flux cored arc welding . . . **M6:** 311
cast irons . . . **M6:** 311
furnace brazing of steels . . . **M6:** 943–945
copper filler metals . . . **M6:** 935–938
silver alloy filler metals . . . **M6:** 943–945
gas metal arc welding . . . **M6:** 311
of aluminum alloys . . . **M6:** 374
of cast irons . . . **M6:** 311
of copper and copper alloys . . . **M6:** 417
of nickel alloys . . . **M6:** 440
gas tungsten arc welding . . . **M6:** 200–201, 311
of aluminum alloys . . . **M6:** 374, 391–392
of aluminum bronzes . . . **M6:** 412
of beryllium copper . . . **M6:** 408
of cast irons . . . **M6:** 311
of copper and copper alloys . . . **M6:** 405–406, 415
of copper nickels . . . **M6:** 414
of coppers with dissimilar Metals . . . **M6:** 414–415
of copper-zinc alloys . . . **M6:** 409
of nickel alloys . . . **M6:** 439
of nickel-based heat-resistant alloys **M6:** 358–360
of phosphor bronzes . . . **M6:** 410
of silicon bronzes . . . **M6:** 414
resistant alloys . . . **M6:** 365
laser brazing . . . **M6:** 1064
oxyacetylene braze welding . . . **M6:** 596–597
plasma arc welding . . . **M6:** 218
resistance brazing . . . **M6:** 981–982
aluminum-silicon alloy filler metals . . . **M6:** 981
copper-phosphorous alloy filler metals . . . **M6:** 981
salver alloy filler metals . . . **M6:** 981
shielded metal arc welding . . . **M6:** 310–311
of cast irons . . . **M6:** 310–311
of copper and copper alloys . . . **M6:** 425
submerged arc welding . . . **M6:** 311
of cast irons . . . **M6:** 311
torch brazing of copper . . . **M6:** 1038–1039
torch brazing of stainless steels . . . **M6:** 1010
torch brazing of steels . . . **M6:** 950, 961
copper-zinc filler metals . . . **M6:** 961
silver alloy filler metals . . . **M6:** 961
weld overlays . . . **M6:** 816–817
of stainless steels . . . **M6:** 813–814

Filler metals, specific types
19-9 W, composition . . . **M6:** 359
40Sn-58Pb-2Sb, soldering base metals, heating methods, and flux types . . . **A6:** 631
40Sn-60Pb, soldering base metals, heating methods, and flux types . . . **A6:** 631
50Au-25Pd-25Ni, refractory metal brazing **A6:** 942
50Au-50Cu, refractory metal brazing . . . **A6:** 942
50Sn-50Pb, soldering base metals, heating methods, and flux types . . . **A6:** 631
52.5Cu-38Mn-9.5Ni, brazing of carbides . . . **A6:** 635
52Nb-48Ni, refractory metal brazing . . . **A6:** 942
53Sn-29Pb-17In-0.5Zn, soldering base metals, heating methods, and flux types . . . **A6:** 631
54Ag-21.3Cu-24.7Pd, refractory metal brazing . . . **A6:** 942
54Ag-42Cu-2Ni, refractory metal brazing . . . **A6:** 942
60Ag-30Cu-10Sn, for beryllium alloys . . . **A6:** 946
60Sn-40Pb, soldering base metals, heating methods, and flux types . . . **A6:** 631
62Sn-36Pb-2Ag, soldering base metals, heating methods, and flux types . . . **A6:** 631
63Sn-37Pb, soldering base metals, heating methods, and flux types . . . **A6:** 631
67Ni-33Cu, refractory metal brazing . . . **A6:** 942
68Ag-27Cu-4.5Ti, brazing of graphite . . . **A6:** 635
68Ag-27Cu-10Sn, refractory metal brazing **A6:** 942
70Au-22Ni-8Pd, brazing of stainless steels **A6:** 916
$70SiO_2$-$27MgO$-$3Al_2O_3$, brazing of nitride ceramics . . . **A6:** 636
70Ti-15Cu-15Ni, brazing of graphite . . . **A6:** 635
71.5Ag-28.1Cu-0.75Ni, refractory metal brazing . . . **A6:** 942
72Ag-28Cu, refractory metal brazing . . . **A6:** 942
73.8Au-26.2Ni, refractory metal brazing . . . **A6:** 942
75Ag-20Pb-5Mn, refractory metal brazing . . . **A6:** 942
80Mo-20Ru, refractory metal brazing . . . **A6:** 942
80Ni-14Cr-6Fe, refractory metal brazing . . . **A6:** 942
82Ag-9Ga-9Pd, refractory metal brazing . . . **A6:** 942
82Au-18Ni, refractory metal brazing . . . **A6:** 942
84Ni-16Ti, refractory metal brazing . . . **A6:** 942
92Au-8Pd, refractory metal brazing . . . **A6:** 942
95In-5Bi, soldering base metals, heating methods, and flux types . . . **A6:** 631
95Sn-5Sb, soldering base metals, heating methods, and flux types . . . **A6:** 631
304L, for stainless steels . . . **A6:** 705
308
for gas-tungsten arc welding . . . **A6:** 705
for precipitation-hardening stainless steels . . . **A6:** 488
for stainless steels . . . **A6:** 686
308L
for precipitation-hardening stainless steels . . . **A6:** 483, 488
for stainless steels . . . **A6:** 686
309
carbide precipitation . . . **A6:** 695
for precipitation-hardening stainless steels . . . **A6:** 488
for stainless steels . . . **A6:** 695
310, for stainless steels . . . **A6:** 696
312, for stainless steels . . . **A6:** 696
316L, for stainless steels . . . **A6:** 705
347, for precipitation-hardening stainless steels . . . **A6:** 488
617, stress-rupture strength . . . **A6:** 578
A-286, composition . . . **M6:** 359
Ag, brazing of titanium alloys . . . **A6:** 633
Ag-4Ti, brazing of oxide ceramics . . . **A6:** 636
Ag-5Al
brazing of titanium alloys . . . **A6:** 633
reactive metal brazing . . . **A6:** 945
Ag-5Al-0.5Mn, brazing of titanium alloys . . . **A6:** 633
Ag-7.5Cu, brazing of titanium alloys . . . **A6:** 633
Ag-7Cu-0.2Li, for beryllium alloys . . . **A6:** 946
Ag-9Pd-9Ga
brazing of titanium alloys . . . **A6:** 633
reactive metal brazing . . . **A6:** 945
Ag-21.3Cu-24.7Pd, reactive metal brazing . . . **A6:** 945
Ag-25Cu-15In-1Ti
brazing of nitride ceramics . . . **A6:** 636
brazing of oxide ceramics . . . **A6:** 636
Ag-26.7Cu-4.5Ti, reactive metal brazing . . . **A6:** 945
Ag-27Cu-2Ti
brazing of nitride ceramics . . . **A6:** 636
brazing of oxide ceramics . . . **A6:** 636
Ag-28Cu-0.2Li, reactive metal brazing . . . **A6:** 945
Ag-30Cu-10Sn, reactive metal brazing . . . **A6:** 945
Ag-30Pd
brazing of refractory metals . . . **A6:** 942
refractory metal brazing . . . **A6:** 942
Ag-35Cu-4Ti, brazing of nitride ceramics . . . **A6:** 636
AgCuAlTi, brazing of ceramics . . . **A6:** 952
Ag-Cu-In-1.25Ti, brazing of nitride ceramics . . . **A6:** 636
AgCuInTi, brazing of ceramics . . . **A6:** 952
AgCuNiTi, brazing of ceramics . . . **A6:** 952
AgCuSnTi, brazing of ceramics . . . **A6:** 952
AgCuTi
brazing of ceramics . . . **A6:** 952
silicon carbide brazing . . . **A6:** 636
AgTi, brazing of ceramics . . . **A6:** 952
Al
brazing of nitride ceramics . . . **A6:** 636
brazing of oxide ceramics . . . **A6:** 636
brazing of titanium alloys . . . **A6:** 633
Al bronze
gas-metal arc welding of copper and copper alloys . . . **A6:** 755
gas-tungsten arc welding of copper and copper alloys . . . **A6:** 755
shielded metal arc welding of copper and copper alloys . . . **A6:** 755
Al-Mn (3003), brazing of titanium alloys . . . **A6:** 633
Al-Si (0.06-10.6), brazing of nitride ceramics . . . **A6:** 636
Al-Si (4040), brazing of titanium alloys . . . **A6:** 633
Au-25Ni-25Pd, for ceramic materials . . . **A6:** 951
AuNiTi, brazing of ceramics . . . **A6:** 952
B120VCA, brazing of niobium alloys . . . **A6:** 634
BAg
applications . . . **A6:** 904
base materials joined . . . **A6:** 904
brazing of carbides . . . **A6:** 635
brazing of cast irons and carbon steels . . . **A6:** 906, 909, 910
brazing of cobalt-base alloys . . . **A6:** 634
brazing of copper and copper alloys . . . **A6:** 630, 932–934
brazing of heat-resistant alloys . . . **A6:** 632
brazing of nickel-base alloys . . . **A6:** 632
brazing of stainless steels . . . **A6:** 626, 631
for brazing of precious metals . . . **A6:** 936
for cobalt-base alloys . . . **A6:** 929
for low-alloy steels . . . **A6:** 929–930
for molten-salt dip brazing . . . **A6:** 338
for tool steels . . . **A6:** 929–930
forms . . . **A6:** 904
BAg, 13A-8, joint clearance . . . **A6:** 620, 621
BAg-1
brazing applications, flux classifications, and heating methods . . . **A6:** 630
brazing of aluminum alloys . . . **A6:** 627
brazing of cast, irons . . . **M6:** 996

Filler metals, specific types (continued)
brazing of cast irons and carbon steels . . . **A6:** 907
brazing of copper and copper alloys **A6:** 932
brazing of stainless steels **A6:** 631, 912, 914, 919, 920, 921
composition **A6:** 912, 932
composition and properties **M6:** 971
production brazing examples **M6:** 983–984
torch brazing of copper **M6:** 1038
BAg-1a
brazing applications, flux classifications, and heating methods **A6:** 630
brazing of cast irons **A6:** 626
brazing of copper and copper alloys **A6:** 932
brazing of stainless steels **A6:** 631, 912, 914, 919, 920
composition **A6:** 912, 932
composition and properties **M6:** 971
production examples **M6:** 984
resistance brazing **M6:** 981
torch brazing of copper **M6:** 1038
BAg-2
brazing applications, flux classifications, and heating methods **A6:** 630
brazing of copper and copper alloys **A6:** 932
brazing of stainless steels **A6:** 631, 912
composition **A6:** 912, 932
composition and properties **M6:** 971
torch brazing of copper **M6:** 1038
BAg-2a
brazing applications, flux classifications, and heating methods **A6:** 630
brazing of stainless steels **A6:** 631, 912
composition **A6:** 912
BAg-3
brazing applications, flux classifications, and heating methods **A6:** 630
brazing of carbides **A6:** 635
brazing of cast irons and carbon steels . . **A6:** 907, 908
brazing of copper and copper alloys **A6:** 932, 935
brazing of stainless steels **A6:** 631, 912–914, 919, 920, 922
composition **A6:** 912
BAg-3, composition and properties **M6:** 971
BAg-4
brazing applications, flux classifications, and heating methods **A6:** 630
brazing of carbides **A6:** 635
brazing of cast irons **A6:** 908
brazing of stainless steels **A6:** 631, 912
composition **A6:** 912
BAg-5
brazing applications, flux classifications, and heating methods **A6:** 630
brazing of copper and copper alloys **A6:** 932
brazing of stainless steels **A6:** 631, 912
composition **A6:** 912, 932
BAg-5, composition and properties **M6:** 971
BAg-6
brazing applications, flux classifications, and heating methods **A6:** 630
brazing of stainless steels **A6:** 631, 912
composition **A6:** 912
BAg-7
brazing applications, flux classifications, and heating methods **A6:** 630
brazing of cast irons and carbon steels . . . **A6:** 907
brazing of stainless steels **A6:** 631, 912
composition **A6:** 912
BAg-7(a), composition and properties **M6:** 971
BAg-8
brazing applications, flux classifications, and heating methods **A6:** 630
brazing of copper and copper alloys **A6:** 932
brazing of stainless steels **A6:** 631, 912, 920
composition **A6:** 912, 932
BAg-8a
brazing applications, flux classifications, and heating methods **A6:** 630
brazing, composition **A6:** 117
brazing of copper and copper alloys **A6:** 932
brazing of stainless steels **A6:** 631, 912
composition **A6:** 912, 932
wettability indices on stainless steel base metals **A6:** 118
BAg-9
brazing applications, flux classifications, and heating methods **A6:** 630
brazing of stainless steels **A6:** 631, 912
composition **A6:** 912
BAg-10
brazing applications, flux classifications, and heating methods **A6:** 630
brazing of stainless steels **A6:** 912
composition **A6:** 912
BAg-13
brazing applications, flux classifications, and heating methods **A6:** 630
brazing of stainless steels **A6:** 631, 912, 915
composition **A6:** 912
BAg-13a
brazing applications, flux classifications, and heating methods **A6:** 630
brazing of stainless steels **A6:** 912, 920
composition **A6:** 912
BAg-18
brazing applications, flux classifications, and heating methods **A6:** 630
brazing of stainless steels **A6:** 912, 914
composition **A6:** 912
BAg-18, resistance brazing **M6:** 981
BAg-19
brazing applications, flux classifications, and heating methods **A6:** 630
brazing, composition **A6:** 117
brazing of copper and copper alloys **A6:** 932
brazing of stainless steels **A6:** 631, 912, 916, 918–919
composition **A6:** 912, 932
wettability indices on stainless steel base metals **A6:** 118
BAg-20
brazing applications, flux classifications, and heating methods **A6:** 630
brazing of stainless steels **A6:** 912
composition **A6:** 912
BAg-21
brazing applications, flux classifications, and heating methods **A6:** 630
brazing of stainless steels **A6:** 626, 631, 912, 913
composition **A6:** 912
BAg-22
brazing applications, flux classifications, and heating methods **A6:** 630
brazing of carbides **A6:** 635
brazing of stainless steels **A6:** 912
composition **A6:** 912
BAg-23
brazing applications, flux classifications, and heating methods **A6:** 630
brazing of carbides **A6:** 635
brazing of stainless steels **A6:** 912
composition **A6:** 912
BAg-24
brazing applications, flux classifications, and heating methods **A6:** 630
brazing of cast irons **A6:** 908
brazing of stainless steels **A6:** 631, 912
composition **A6:** 912
BAg-25
brazing applications, flux classifications, and heating methods **A6:** 630
brazing of stainless steels **A6:** 912
composition **A6:** 912
BAg-26
brazing applications, flux classifications, and heating methods **A6:** 630
brazing of stainless steels **A6:** 912
composition **A6:** 912
BAg-27
brazing applications, flux classifications, and heating methods **A6:** 630
brazing of stainless steels **A6:** 912
composition **A6:** 912
BAg-28
brazing applications, flux classifications, and heating methods **A6:** 630
brazing of stainless steels **A6:** 912
composition **A6:** 912
BAg-33, composition **A6:** 912
BAg-34, brazing of stainless steels **A6:** 912
BAlSi
applications **A6:** 904
base materials joined **A6:** 904
brazing **A6:** 627
forms **A6:** 904
joint clearance **A6:** 620, 621
BAlSi-2
brazing applications, flux classifications, and heating methods **A6:** 630
composition and solidus, liquidus, and brazing temperature ranges **A6:** 938
BAlSi-3
brazing applications, flux classifications, and heating methods **A6:** 630
brazing of aluminum alloys . . . **A6:** 939, **M6:** 1032
composition and solidus, liquidus, and brazing temperature ranges **A6:** 938
torch, brazing of aluminum alloys **M6:** 1029
BAlSi-4
brazing applications, flux classifications, and heating methods **A6:** 630
brazing of aluminum alloys **A6:** 627, 939
composition and solidus, liquidus, and brazing temperature ranges **A6:** 938
torch brazing of aluminum alloys **M6:** 1029
use in dip brazing **M6:** 1022
BAlSi-5
brazing applications, flux classifications, and heating methods **A6:** 630
composition and solidus, liquidus, and brazing temperature ranges **A6:** 938
BAlSi-6
brazing applications, flux classifications, and heating methods **A6:** 630
composition and solidus, liquidus, and brazing temperature ranges **A6:** 938
BAlSi-7
brazing applications, flux classifications, and heating methods **A6:** 630
composition and solidus, liquidus, and brazing temperature ranges **A6:** 938
BAlSi-8
brazing applications, flux classifications, and heating methods **A6:** 630
composition and solidus, liquidus, and brazing temperature ranges **A6:** 938
BAlSi-9
brazing applications, flux classifications, and heating methods **A6:** 630
composition and solidus, liquidus, and brazing temperature ranges **A6:** 938
BAlSi-10
brazing applications, flux classifications, and heating methods **A6:** 630
composition and solidus, liquidus, and brazing temperature ranges **A6:** 938
BAlSi-11
brazing applications, flux classifications, and heating methods **A6:** 630
composition and solidus, liquidus, and brazing temperature ranges **A6:** 938

SUBJECTS OF THE INDEXED VOLUMES: ASM Handbook (designated by the letter "A"): **A1:** Properties and Selection: Irons, Steels, and High-Performance Alloys (1990); **A2:** Properties and Selection: Nonferrous Alloys and Special-Purpose Materials (1990); **A3:** Alloy Phase Diagrams (1992); **A4:** Heat Treating (1991); **A5:** Surface Engineering (1994); **A6:** Welding, Brazing, and Soldering (1993); **A7:** Powder Metal Technologies and Applications (1998); **A8:** Mechanical Testing (1985); **A9:** Metallography and Microstructures (1985); **A10:** Materials Characterization (1986); **A11:** Failure Analysis and Prevention (1986); **A12:** Fractography (1987); **A13:** Corrosion (1987); **A14:** Forming and Forging (1988); **A15:** Casting (1988); **A16:** Machining (1989); **A17:** Nondestructive Evaluation and Quality Control (1989); **A18:** Friction, Lubrication, and Wear Technology (1992); **A19:** Fatigue and Fracture (1996); **A20:** Materials Selection and Design (1997). **Metals Handbook, 9th Edition** (designated by the letter "M"): **M1:** Properties and Selection: Irons and Steels (1978); **M2:** Properties and Selection: Nonferrous Alloys and Pure Metals (1979); **M3:** Properties and Selection: Stainless Steels, Tool Materials, and Special-Purpose Materials (1980); **M4:** Heat Treating (1981); **M5:** Surface Cleaning, Finishing, and Coating (1982); **M6:** Welding, Brazing, and Soldering (1983); **M7:** Powder Metallurgy (1984). **Engineered Materials Handbook** (designated by the letters "EM"): **EM1:** Composites (1987); **EM2:** Engineering Plastics (1988); **EM3:** Adhesives and Sealants (1990); **EM4:** Ceramics and Glasses (1991). **Electronic Materials Handbook** (designated by the letters "EL"): **EL1:** Packaging (1989)

BAu

applications **A6:** 904
base materials joined **A6:** 904
brazing of copper alloys **A6:** 932, 933
brazing of stainless steels **A6:** 626, 631
for brazing of precious metals **A6:** 936
forms. **A6:** 904
joint clearance **A6:** 620, 621

BAu-1

brazing applications, flux classifications, and heating methods **A6:** 630
brazing of heat-resistant alloys **A6:** 925
brazing of stainless steels. **A6:** 912
composition. **A6:** 912, 925

BAu-2

brazing applications, flux classifications, and heating methods **A6:** 630
brazing of heat-resistant alloys **A6:** 925
brazing of stainless steels. **A6:** 912
composition. **A6:** 912, 925

BAu-3

brazing applications, flux classifications, and heating methods **A6:** 630
brazing of heat-resistant alloys **A6:** 925
brazing of stainless steels. **A6:** 912
composition. **A6:** 912, 925

BAu-4

brazing applications, flux classifications, and heating methods **A6:** 630
brazing of copper and copper alloys **A6:** 932
brazing of heat-resistant alloys **A6:** 925
brazing of stainless steels. **A6:** 912, 913, 915
composition **A6:** 912, 925, 932

BAu-5

brazing applications, flux classifications, and heating methods **A6:** 630
brazing of heat-resistant alloys **A6:** 925
brazing of stainless steels. **A6:** 912
composition. **A6:** 912, 925

BAu-6

brazing applications, flux classifications, and heating methods **A6:** 630
brazing of stainless steels. **A6:** 912
composition **A6:** 912

BAu-7, brazing applications, flux classifications, and heating methods **A6:** 630

BAu-8, brazing applications, flux classifications, and heating methods **A6:** 630

BCo

applications **A6:** 904
base materials joined **A6:** 904
brazing of nickel-base alloys **A6:** 632
brazing of stainless steels **A6:** 626, 631
for nickel-base alloys **A6:** 928
forms. **A6:** 904

BCo-1

brazing applications, flux classifications, and heating methods **A6:** 630
brazing of heat-resistant alloys **A6:** 925
brazing of stainless steels. **A6:** 913
composition. **A6:** 913, 925
for cobalt-base alloys **A6:** 929
joint clearance **A6:** 621

BCu

applications **A6:** 904
base materials joined **A6:** 904
brazing of carbides **A6:** 635
brazing of cast irons and carbon steels . . **A6:** 906, 908, 909, 910
brazing of copper and copper alloys **A6:** 934
brazing of heat-resistant alloys **A6:** 632
brazing of stainless steels **A6:** 626, 631
for cobalt-base alloys **A6:** 929
for low-alloy steels **A6:** 929–930
for molten-salt dip brazing **A6:** 338
for tool steels **A6:** 929–930
forms. **A6:** 904

BCu, 13A-8

brazing of stainless steels. **A6:** 626
joint clearance **A6:** 620, 621

BCu-1

brazing applications, flux classifications, and heating methods **A6:** 630
brazing of stainless steels **A6:** 912, 917
composition **A6:** 912

BCu-1a

brazing applications, flux classifications, and heating methods **A6:** 630
brazing of stainless steels **A6:** 912, 922–923
composition **A6:** 912

BCu-2

brazing of stainless steels **A6:** 912, 917
composition **A6:** 912

BCuP

applications **A6:** 904
base materials joined **A6:** 904
brazing of copper and copper alloys. **A6:** 628, 629, 932–934
for brazing of precious metals **A6:** 936
for molten-salt dip brazing **A6:** 338
forms. **A6:** 904
joint clearance **A6:** 620, 621

BCuP-1

brazing applications, flux classifications, and heating methods **A6:** 630
brazing of copper and copper alloys **A6:** 932
composition **A6:** 932

BCuP-2

brazing applications, flux classifications, and heating methods **A6:** 630
brazing of copper and copper alloys **A6:** 932
composition **A6:** 932
production brazing examples. **M6:** 982–983
resistance brazing. **M6:** 981
torch brazing of copper **M6:** 1038

BCuP-3, brazing applications, flux classifications, and heating methods **A6:** 630

BCuP-3, resistance brazing of copper **M6:** 1045

BCuP-4

brazing applications, flux classifications, and heating methods **A6:** 630
brazing of copper and copper alloys **A6:** 932
composition **A6:** 932

BCuP-4, torch brazing of copper **M6:** 1038

BCuP-5

brazing applications, flux classifications, and heating methods **A6:** 630
brazing of copper and copper alloys **A6:** 932–934
composition **A6:** 932
for brazing of copper alloys **A6:** 935
production brazing examples . . **M6:** 977, 982–983
resistance brazing. **M6:** 981
torch brazing of copper **M6:** 1038–1039

BCuP-6, brazing applications, flux classifications, and heating methods **A6:** 630

BCuP-7, brazing applications, flux classifications, and heating methods **A6:** 630

BCuZn, joint clearance **A6:** 621

BMg, joint clearance. **A6:** 620, 621

BMg-1, brazing applications, flux classifications, and heating methods **A6:** 630

BNi

applications **A6:** 904
base materials joined **A6:** 904
brazing of cast irons and carbon steels. . . **A6:** 906
brazing of copper and copper alloys **A6:** 934
brazing of nickel-base alloys **A6:** 632
brazing of stainless steels **A6:** 626, 631
for low-alloy steels **A6:** 929–930
for molten-salt dip brazing **A6:** 338
for nickel-base alloys **A6:** 928
for tool steels **A6:** 929–930
forms. **A6:** 904

BNi-1

brazing applications, flux classifications, and heating methods **A6:** 630
brazing of heat-resistant alloys **A6:** 925
brazing of stainless steels **A6:** 912, 917
composition. **A6:** 912, 925
joint clearance **A6:** 621

BNi-1a

brazing applications, flux classifications, and heating methods **A6:** 630
brazing of heat-resistant alloys **A6:** 925
brazing of stainless steels. **A6:** 912
composition. **A6:** 912, 925

BNi-2

brazing applications, flux classifications, and heating methods **A6:** 630
brazing of heat-resistant alloys **A6:** 925
brazing of nickel-base alloys **A6:** 928
brazing of stainless steels. **A6:** 912, 920, 921
composition. **A6:** 912, 925
joint clearance **A6:** 621

BNi-3

brazing applications, flux classifications, and heating methods **A6:** 630
brazing of heat-resistant alloys **A6:** 925
brazing of stainless steels **A6:** 912, 917
composition. **A6:** 912, 925
for cobalt-base alloys **A6:** 928
joint clearance **A6:** 621

BNi-4

brazing applications, flux classifications, and heating methods **A6:** 630
brazing of heat-resistant alloys **A6:** 925
brazing of stainless steels. **A6:** 912
composition. **A6:** 912, 925
joint clearance **A6:** 621

BNi-5

brazing applications, flux classifications, and heating methods **A6:** 630
brazing of heat-resistant alloys **A6:** 925
brazing of stainless steels. **A6:** 912
composition. **A6:** 912, 925
joint clearance **A6:** 621

BNi-6

brazing applications, flux classifications, and heating methods **A6:** 630
brazing of heat-resistant alloys **A6:** 925
brazing of stainless steels. **A6:** 912
composition. **A6:** 912, 925
joint clearance **A6:** 621

BNi-7

brazing applications, flux classifications, and heating methods **A6:** 630
brazing of heat-resistant alloys **A6:** 925
brazing of stainless steels. **A6:** 912, 917, 921
composition. **A6:** 912, 925
joint clearance **A6:** 621

BNi-8

brazing applications, flux classifications, and heating methods **A6:** 630
brazing of heat-resistant alloys **A6:** 925
brazing of stainless steels. **A6:** 912
composition. **A6:** 912, 925
joint clearance **A6:** 621

BNi-9

brazing of stainless steels **A6:** 912, 920
composition **A6:** 912

BPd, brazing of stainless steels. **A6:** 626, 631

BPd-1, brazing applications, flux classifications, and heating methods **A6:** 630

BPt, brazing of stainless steels. **A6:** 626

BVAg, joint clearance **A6:** 621

BVAu, joint clearance **A6:** 621

BVCu, joint clearance **A6:** 621

Cd-Zn, soldering base metals, heating methods, and flux types **A6:** 631

Cd-Zn-Sn, soldering base metals, heating methods, and flux types **A6:** 631

Cu

gas-metal arc welding of copper and copper alloys **A6:** 755
gas-tungsten arc welding of copper and copper alloys **A6:** 755
shielded metal arc welding of copper and copper alloys **A6:** 755

Cu-40Ag-5Ti, brazing of oxide ceramics . . . **A6:** 636

Cu-42Ti, brazing of nitride ceramics **A6:** 636

Cu-44Ag-4Sn-4Ti, brazing of oxide ceramics **A6:** 636

Cu-71Ti, brazing of nitride ceramics **A6:** 636

CuAlSiTi, brazing of ceramics. **A6:** 952

Cu-Mn-Ni, brazing of stainless steels **A6:** 631

CuNi

gas-metal arc welding of copper and copper alloys **A6:** 755
gas-tungsten arc welding of copper and copper alloys **A6:** 755
shielded metal arc welding of copper and copper alloys **A6:** 755

E17LMN

filler metals for **A6:** 693
properties **A6:** 693

E308

dissimilar metal joining **A6:** 827
for arc welding of selected martensitic stainless steels **A6:** 439

410 / Filler metals, specific types

Filler metals, specific types (continued)
shielded metal arc welding of ferritic stainless steels **A6:** 450, 451
E308L-16, for stainless steels **A6:** 686
E309
dissimilar metal joining **A6:** 827
for arc welding of selected martensitic stainless steels **A6:** 439
E309L-16, weld cladding of stainless steels **A6:** 822
E310, for arc welding of selected martensitic stainless steels **A6:** 439
E312, for arc welding of selected martensitic stainless steels **A6:** 439
E312-16, weld cladding **A6:** 811
E316, dissimilar metal joining **A6:** 827
E347, dissimilar metal joining **A6:** 827
E410
composition **A6:** 439
for arc welding of selected martensitic stainless steels **A6:** 439
E410NiMo, composition **A6:** 439
E420, for arc welding of selected martensitic stainless steels **A6:** 439
EC409, gas-metal arc welding **A6:** 685
EC409Cb, gas-metal arc welding **A6:** 685
ENi-1, welding nickel alloys **A6:** 826
ENiCrFe-2
for ferritic stainless steels **A6:** 449
welding nickel alloys to carbon or low-alloy steels **A6:** 826
welding nickel alloys to stainless steels . . . **A6:** 826
ENiCrFe-3
dissimilar metal joining **A6:** 827
welding nickel alloys to carbon or low-alloy steels **A6:** 826
welding nickel alloys to stainless steels . . . **A6:** 826
ENiCrMo-3
for ferritic stainless steels **A6:** 449
for stainless steels **A6:** 694
welding nickel alloys to carbon or low-alloy steels **A6:** 826
welding nickel alloys to stainless steels . . . **A6:** 826
ENiCrMo-4
welding nickel alloys to carbon or low-alloy steels **A6:** 826
welding nickel alloys to stainless steels . . . **A6:** 826
ENiCrMo-9
welding nickel alloys to carbon or low-alloy steels **A6:** 826
welding nickel alloys to stainless steels . . . **A6:** 826
ENiCrMo-10, for stainless steels **A6:** 694
ENiCu-7, welding nickel alloys to carbon or low-alloy steels **A6:** 826
ENiMo-7, welding nickel alloys **A6:** 826
ER AZ101A, composition **M6:** 428
ER AZ61A
arc welding of magnesium alloys. . . . **A6:** 772, 779
gas-tungsten arc welding of magnesium alloys **A6:** 779
ER AZ61A, composition **M6:** 428
ER AZ92A
arc welding of magnesium alloys **A6:** 772
composition **A6:** 774
repair welding of magnesium alloys **A6:** 780, 781
ER AZ92A, composition **M6:** 428
ER AZ101A
arc welding of magnesium alloys. . . . **A6:** 772, 780
composition **A6:** 774
ER EZ33A
arc welding of magnesium alloys **A6:** 772
composition **A6:** 774
ER EZ33A, composition **M6:** 428
ER16-8-2, for stainless steels **A6:** 693
ER26-1, in ferritic base metal-filler metal combination. **A6:** 449
ER70S-2, gas metal arc welding **M6:** 275
ER70S-3, gas metal arc welding **M6:** 275
ER70S-4, gas metal arc welding. **M6:** 275–276
ER70S-5, gas metal arc welding **M6:** 276
ER70S-6, gas metal arc welding **M6:** 276
ER70S-7, gas metal arc welding **M6:** 276
ER209, for stainless steels **A6:** 692
ER218, for stainless steels **A6:** 692
ER219, for stainless steels **A6:** 692
ER240, for stainless steels **A6:** 692
ER308
austenitic stainless steels **A6:** 462
dissimilar metal joining **A6:** 827
ferritic analysis **A6:** 1059
for stainless steels **A6:** 692, 693
ER308H, for stainless steels **A6:** 692, 693
ER308L, for stainless steels **A6:** 692, 693, 694
ER308LSi, for stainless steels **A6:** 685
ER309
austenitic stainless steels **A6:** 462
dissimilar metal joining **A6:** 825, 827
for stainless steels **A6:** 692, 693
ER309LSi, for stainless steels **A6:** 685, 686
ER310, for stainless steels **A6:** 692, 693
ER316
dissimilar metal joining **A6:** 827
for stainless steels **A6:** 692, 693
ER316H, for stainless steels **A6:** 692
ER316L, for stainless steels **A6:** 692, 693
ER317, for stainless steels **A6:** 692
ER317L, for stainless steels **A6:** 692
ER318, for stainless steels **A6:** 692
ER320, for stainless steels **A6:** 693
ER321, for stainless steels **A6:** 693
ER330, for stainless steels **A6:** 693
ER347
dissimilar metal joining **A6:** 827
for stainless steels **A6:** 693
ER383, for stainless steels **A6:** 693
ER385, for stainless steels **A6:** 693
ER410
composition **A6:** 439
for arc welding of selected martensitic stainless steels **A6:** 439
ER410NiMo
composition **A6:** 439
for arc welding of selected martensitic stainless steels **A6:** 439
ER420
composition **A6:** 439
for arc welding of selected martensitic stainless steels **A6:** 439
ER4043
for arc welding of aluminum metal-matrix composites **A6:** 555
gas-tungsten arc welding of dispersion-strengthened aluminum alloys. **A6:** 543
ER4045
for arc welding of aluminum metal-matrix composites **A6:** 555
gas-tungsten arc welding of dispersion-strengthened aluminum alloys. **A6:** 543
ER5356
for arc welding of aluminum metal-matrix composites **A6:** 555
gas-tungsten arc welding of dispersion-strengthened aluminum alloys. **A6:** 543
ERCu
for copper alloys **A6:** 756, 757
gas-metal arc welding of coppers. . . . **A6:** 759, 760
gas-tungsten arc welding of coppers to high-carbon steel **A6:** 827
gas-tungsten arc welding of coppers to low-alloy steel **A6:** 827
gas-tungsten arc welding of coppers to low-carbon steel **A6:** 827
gas-tungsten arc welding of coppers to medium-carbon steel **A6:** 827
gas-tungsten arc welding of coppers to stainless steels **A6:** 827
ERCuAl-A2
gas-metal arc welding of coppers **A6:** 761
gas-metal arc welding of copper-zinc alloys **A6:** 763
gas-tungsten arc welding of aluminum bronzes **A6:** 765, 766, 827
gas-tungsten arc welding of copper nickels to high-carbon steel **A6:** 827
gas-tungsten arc welding of copper nickels to low-alloy steel **A6:** 827
gas-tungsten arc welding of copper nickels to low-carbon steel. **A6:** 827
gas-tungsten arc welding of copper nickels to medium-carbon steel. **A6:** 827
gas-tungsten arc welding of copper nickels to stainless steel **A6:** 827
gas-tungsten arc welding of coppers to high-carbon steel **A6:** 827
gas-tungsten arc welding of coppers to low-alloy steel **A6:** 827
gas-tungsten arc welding of coppers to low-carbon steel **A6:** 827
gas-tungsten arc welding of coppers to medium-carbon steel **A6:** 827
gas-tungsten arc welding of coppers to stainless steel **A6:** 827
gas-tungsten arc welding of copper-zinc alloys **A6:** 763
gas-tungsten arc welding of silicon bronzes to high-carbon steel **A6:** 827
gas-tungsten arc welding of silicon bronzes to low-alloy steel **A6:** 827
gas-tungsten arc welding of silicon bronzes to low-carbon steel. **A6:** 827
gas-tungsten arc welding of silicon bronzes to medium-carbon steel. **A6:** 827
gas-tungsten arc welding of silicon bronzes to stainless steel **A6:** 827
ERCuAl-A3
gas-metal arc welding of aluminum bronzes **A6:** 765
gas-tungsten arc welding of aluminum bronzes **A6:** 765
ERCuMnNiAl, for copper alloys **A6:** 756
ERCuNi
gas-metal arc welding of copper-nickel alloys **A6:** 768
gas-tungsten arc welding of copper-nickel alloys **A6:** 768
ERCuSi-A
for dissimilar copper alloy welds **A6:** 769
gas-metal arc welding of coppers **A6:** 761
gas-tungsten arc welding of copper-zinc alloys **A6:** 763
gas-tungsten arc welding of phosphor bronzes **A6:** 763
gas-tungsten arc welding of silicon bronzes **A6:** 767
ERCuSn-A
for dissimilar copper alloy welds **A6:** 769
gas-metal arc welding of copper-zinc alloys **A6:** 763
gas-metal arc welding of phosphor bronzes **A6:** 764
gas-tungsten arc welding of copper-zinc alloys **A6:** 763
gas-tungsten arc welding of phosphor bronzes **A6:** 763
gas-tungsten arc welding of phosphor bronzes to high-carbon steel **A6:** 827
gas-tungsten arc welding of phosphor bronzes to low-alloy steel **A6:** 827
gas-tungsten arc welding of phosphor bronzes to low-carbon steel. **A6:** 827
gas-tungsten arc welding of phosphor bronzes to medium-carbon steel. **A6:** 827
gas-tungsten arc welding of phosphor bronzes to stainless steel **A6:** 827
ERNi-1
welding nickel alloys to carbon or low-alloy steels **A6:** 826

SUBJECTS OF THE INDEXED VOLUMES: ASM Handbook (designated by the letter "A"): **A1:** Properties and Selection: Irons, Steels, and High-Performance Alloys (1990); **A2:** Properties and Selection: Nonferrous Alloys and Special-Purpose Materials (1990); **A3:** Alloy Phase Diagrams (1992); **A4:** Heat Treating (1991); **A5:** Surface Engineering (1994); **A6:** Welding, Brazing, and Soldering (1993); **A7:** Powder Metal Technologies and Applications (1998); **A8:** Mechanical Testing (1985); **A9:** Metallography and Microstructures (1985); **A10:** Materials Characterization (1986); **A11:** Failure Analysis and Prevention (1986); **A12:** Fractography (1987); **A13:** Corrosion (1987); **A14:** Forming and Forging (1988); **A15:** Casting (1988); **A16:** Machining (1989); **A17:** Nondestructive Evaluation and Quality Control (1989); **A18:** Friction, Lubrication, and Wear Technology (1992); **A19:** Fatigue and Fracture (1996); **A20:** Materials Selection and Design (1997). **Metals Handbook, 9th Edition** (designated by the letter "M"): **M1:** Properties and Selection: Irons and Steels (1978); **M2:** Properties and Selection: Nonferrous Alloys and Pure Metals (1979); **M3:** Properties and Selection: Stainless Steels, Tool Materials, and Special-Purpose Materials (1980); **M4:** Heat Treating (1981); **M5:** Surface Cleaning, Finishing, and Coating (1982); **M6:** Welding, Brazing, and Soldering (1983); **M7:** Powder Metallurgy (1984). **Engineered Materials Handbook** (designated by the letters "EM"): **EM1:** Composites (1987); **EM2:** Engineering Plastics (1988); **EM3:** Adhesives and Sealants (1990); **EM4:** Ceramics and Glasses (1991). **Electronic Materials Handbook** (designated by the letters "EL"): **EL1:** Packaging (1989)

welding nickel alloys to stainless steels . . . **A6:** 826
ERNi-3
gas-tungsten arc welding of copper nickels to high-carbon steel . . . **A6:** 827
gas-tungsten arc welding of copper nickels to low-alloy steels . . . **A6:** 827
gas-tungsten arc welding of copper nickels to low-carbon steels . . . **A6:** 827
gas-tungsten arc welding of copper nickels to medium-carbon steel . . . **A6:** 827
gas-tungsten arc welding of copper nickels to stainless steel . . . **A6:** 827
gas-tungsten arc welding of coppers to high-carbon steel . . . **A6:** 827
gas-tungsten arc welding of coppers to low-alloy steels . . . **A6:** 827
gas-tungsten arc welding of coppers to low-carbon steels . . . **A6:** 827
gas-tungsten arc welding of coppers to medium-carbon steel . . . **A6:** 827
gas-tungsten arc welding of coppers to stainless steels . . . **A6:** 827
ERNiCr-3
dissimilar metal joining . . . **A6:** 823, 827
resistance butt welding of nickel alloys . . . **A6:** 579
welding nickel alloys to carbon or low-alloy steels . . . **A6:** 826
welding nickel alloys to stainless steels . . . **A6:** 826
welding of clad materials . . . **A6:** 578
ERNiCrCoMo-1, carbide formation in nickel alloys . . . **A6:** 577, 578
ERNiCrFe-6
for precipitation-hardening stainless steels . . . **A6:** 492
welding nickel alloys to carbon or low-alloy steels . . . **A6:** 826
welding nickel alloys to stainless steels . . . **A6:** 826
ERNiCrMo-1
for ferritic stainless steels . . . **A6:** 449
welding nickel alloys to carbon or low-alloy steels . . . **A6:** 826
welding nickel alloys to stainless steels . . . **A6:** 826
ERNiCrMo-3
for austenitic stainless steels . . . **A6:** 467
for duplex stainless steels . . . **A6:** 476
for ferritic stainless steels . . . **A6:** 449
welding nickel alloys to carbon or low-alloy steels . . . **A6:** 826
welding nickel alloys to stainless steels . . . **A6:** 826
ERNiCrMo-4
for austenitic stainless steels . . . **A6:** 467
welding nickel alloys to carbon or low-alloy steels . . . **A6:** 826
welding nickel alloys to stainless steels . . . **A6:** 826
ERNiCrMo-7
welding nickel alloys to carbon or low-alloy steels . . . **A6:** 826
welding nickel alloys to stainless steels . . . **A6:** 826
ERNiCrMo-10, for austenitic stainless steels . . . **A6:** 467
ERNiMo-6, to join nickel alloys to dissimilar metals . . . **A6:** 751
ERNiMo-7
welding nickel alloys to carbon or low-alloy steels . . . **A6:** 826
welding nickel alloys to stainless steels . . . **A6:** 826
ERZr2, filler metal for zirconium alloys . . . **A6:** 788
ERZr3, filler metal for zirconium alloys . . . **A6:** 788
ERZr4, filler metal for zirconium alloys . . . **A6:** 788
Fe-34Si, brazing of silicon carbides . . . **A6:** 636
Hastelloy W . . . **A6:** 491
Haynes 188, composition . . . **M6:** 359
Hf-7Mo, brazing of tantalum alloys . . . **A6:** 634
Hf-19Ta-2.5Mo, brazing of tantalum alloys **A6:** 634
Hf-40Ta, brazing of tantalum alloys . . . **A6:** 634
HS-25, composition . . . **M6:** 359
Inconel 82, electroslag welding . . . **A6:** 278
L-605, composition . . . **M6:** 359
low-fuming brass, gas-metal arc welding of copper and copper alloys . . . **A6:** 755
Mo-50s, refractory metal brazing . . . **A6:** 942
Multimet, composition . . . **M6:** 359
naval brass, gas-metal arc welding of copper and copper alloys . . . **A6:** 755
NiCrFe, stainless steel dissimilar welds . . . **A6:** 501
Pb-Bi, soldering base metals, heating methods, and flux types . . . **A6:** 631
PbInTi, brazing of ceramics . . . **A6:** 952
Phosphor bronze
gas-metal arc welding of copper and copper alloys . . . **A6:** 755
gas-tungsten arc welding of copper and copper alloys . . . **A6:** 755
shielded metal arc welding of copper and copper alloys . . . **A6:** 755
RBCuZn
applications . . . **A6:** 904
base materials joined . . . **A6:** 904
brazing of carbon steels . . . **A6:** 906
brazing of cast irons . . . **A6:** 906, 908, 909, 910
brazing of copper and copper alloys **A6:** 932–934
forms . . . **A6:** 904
RBCuZn, 13A-8, joint clearance . . . **A6:** 621
RBCuZn-A
brazing applications, flux classifications, and heating methods . . . **A6:** 630
brazing of copper and copper alloys . . . **A6:** 932
composition . . . **A6:** 932
composition and properties . . . **M6:** 596
oxyacetylene braze welding . . . **M6:** 596
RBCuZn-B
composition and properties . . . **M6:** 596
oxyacetylene braze welding . . . **M6:** 596
RBCuZn-C
composition and properties . . . **M6:** 596–597
oxyacetylene braze welding . . . **M6:** 597
RBCuZn-C, brazing applications, flux classifications, and heating methods . . **A6:** 630
RBCuZn-D
brazing applications, flux classifications, and heating methods . . . **A6:** 630
brazing of carbides . . . **A6:** 635
brazing of copper and copper alloys . . . **A6:** 932
composition . . . **A6:** 932
composition and properties . . . **M6:** 596–597
oxyacetylene braze welding . . . **M6:** 597
RBCuZn-E, brazing applications, flux classifications, and heating methods . . **A6:** 630
RBCuZn-F, brazing applications, flux classifications, and heating methods . . **A6:** 630
RBCuZn-G, brazing applications, flux classifications, and heating methods . . **A6:** 630
RBCuZn-H, brazing applications, flux classifications, and heating methods . . **A6:** 630
RCI, composition . . . **M6:** 603
RCI-A, composition . . . **M6:** 603
RCI-B, composition . . . **M6:** 603
RCuSi-A, gas-tungsten arc welding of copper-zinc alloys . . . **A6:** 763
Silicon bronze
gas-metal arc welding of copper and copper alloys . . . **A6:** 755
gas-tungsten arc welding of copper and copper alloys . . . **A6:** 755
shielded metal arc welding of copper and copper alloys . . . **A6:** 755
SnAgTi, brazing of ceramics . . . **A6:** 952
Sn-Cd, soldering base metals, heating methods, and flux types . . . **A6:** 631
Sn-Pb, soldering base metals, heating methods, and flux types . . . **A6:** 631
Sn-Zn, soldering base metals, heating methods, and flux types . . . **A6:** 631
Ti-8.5Si
brazing of molybdenum alloys . . . **A6:** 634
brazing of niobium alloys . . . **A6:** 634
Ti-8.5Si, brazing of molybdenum alloys . . . **A6:** 634
Ti-28V-4Be, brazing of niobium alloys . . . **A6:** 634
Ti-30V, brazing of molybdenum alloys . . . **A6:** 634
Ti-43Zr-12Ni-2Be, brazing of titanium alloys . . . **A6:** 633
Ti-48Zr-4Be, brazing of titanium alloys . . . **A6:** 633
Ti-65V, brazing . . . **A6:** 943
TiCuAg, brazing of ceramics . . . **A6:** 952
TiCuNi, brazing of ceramics . . . **A6:** 952
V-35Nb, brazing of molybdenum alloys . . . **A6:** 634
Zn-Al, soldering base metals, heating methods, and flux types . . . **A6:** 631
Zr-5Be, brazing of zirconium . . . **M6:** 1052
Filler methods, specific types
nickel titanium, silicon carbide brazing . . . **A6:** 636
silver-copper-indium-titanium, silicon carbide brazing . . . **A6:** 636
Filler particles in mounting materials used for epoxy matrix composites . . . **A9:** 588
Filler sheet . . . **EM3:** 13
Filler wire
definition . . . **A6:** 1209
Fillers *See also* Additives; Extenders; Filling . . . **A7:** 1090–1091
alumina . . . **EM4:** 6
and reinforcements, compared . . . **EM2:** 72
as additives . . . **EM2:** 497–500
conductive . . . **EM2:** 469–473
defined . . . **EL1:** 1144
effect, apparent shrinkage . . . **EM2:** 280–281
effect, polyester resins . . . **EM2:** 248
for coating/encapsulation . . . **EL1:** 242–243
for flexible epoxies . . . **EL1:** 817
for molded plastic packages . . . **EL1:** 474–475
for reinforced polypropylenes (PP) . . . **EM2:** 192
materials, types . . . **EM2:** 499–500
mechanical properties . . . **EM2:** 71–73
properties . . . **EM4:** 7
rigid epoxy encapsulants . . . **EL1:** 812
silica . . . **EM4:** 6
specific gravity . . . **EM2:** 84
thermal conductivity . . . **EL1:** 813–814
wax, for investment casting . . . **A15:** 254
Fillet . . . **EM3:** 13
defined . . . **A14:** 5, **A15:** 5, **EM1:** 11, **EM2:** 15
radius, defined . . . **A15:** 5
Fillet gages . . . **A6:** 97
Fillet scab
as casting defect . . . **A11:** 381
Fillet sealant joints . . . **EM3:** 550
Fillet vein
as casting defect . . . **A11:** 381
Fillet weld
definition . . . **A6:** 1209
electron-beam welding-NV . . . **A6:** 260
welding of titanium and titanium alloys, joint dimensions . . . **A6:** 785
Fillet weld break test
definition . . . **A6:** 1209
Fillet weld leg
definition . . . **A6:** 1209
Fillet weld size
definition . . . **A6:** 1209
Fillet weld throat
definition . . . **A6:** 1209
Fillet welds
allowable unit forces . . . **M6:** 63, 67
arc welding of nickel alloys . . . **M6:** 437
combinations with groove welds . . . **M6:** 66–67
comparison to groove welds . . . **M6:** 64
definition, illustration . . . **M6:** 7, 60–61
distortion caused by angular
aluminum weldments . . . **M6:** 878–880
change . . . **M6:** 876–877
low-carbon steel weldments . . . **M6:** 878–879
electron beam welding . . . **M6:** 616–617
flux cored arc welding . . . **M6:** 106–107, 112–113
gas metal arc welding of commercial coppers . . . **M6:** 403
gas tungsten arc welding of silicon bronzes . . . **M6:** 413
measurement . . . **M6:** 62–63
oxyacetylene braze welding . . . **M6:** 597
oxyfuel gas welding . . . **M6:** 590
recommended grooves . . . **M6:** 70
shielded metal arc welding . . . **M6:** 76, 85, 88–89
submerged arc welding . . . **M6:** 129
throat size . . . **M6:** 63, 66–67
transverse shrinkage . . . **M6:** 875
weld placement . . . **M6:** 63
weld size factors . . . **M6:** 62–63
Fillets . . . **A20:** 156
and radii, ultrasonic fatigue testing specimens . . . **A8:** 250–251
as fracture origin, shafts . . . **A11:** 459
as stress concentrator . . . **A11:** 318, 462
baud streamline design . . . **A8:** 250
gouged/fractured, adhesive-bonded joints . . **A17:** 612
head-to-shank, fastener, as failure origin . . . **A11:** 529–530, 532
in cold-formed parts . . . **A11:** 307
in fatigue crack initiation . . . **A8:** 371
lack of, adhesive-bonded joints . . . **A17:** 612, 614
noncontinuous, in brazed joints . . . **A17:** 602

Fillets (continued)
porous/frothy, adhesive-bonded joints **A17:** 612
radii, effect of size on stress concentration **A11:** 468
radii, effect on bearings **A11:** 506–507
radiographic inspection **A17:** 334
radius, of torsion specimen **A8:** 155–156
rolling, of shafts **A11:** 459
sharp **A11:** 85, 122, 319–320
shrinkage **A11:** 382
steel forgings **M1:** 362–363
vein, as casting defect **A11:** 381
Filling *See also* Filler; Weft **A20:** 257
in lost foam casting **A15:** 231
rapid **A15:** 38
Filling circuit hydraulic pumping system **M7:** 330
Filling slot ball bearings
basic load rating **A18:** 505
Filling vias *See also* Vias
in prepunched tape **EL1:** 464
Filling yarn *See also* Fiber(s); Fillers; Weft yarns; Yarn
defined **EM1:** 11, **EM2:** 18
fabric direction **EM1:** 148
in fabric pattern **EM1:** 125
in flying shuttle **EM1:** 128
Film *See also* Protective film; Thin film ... **EM3:** 13
amylose, fungus attack **EM2:** 785–787
bacterial, in seawater **A13:** 900–901
biofouling organisms as **A13:** 88
cast **EM2:** 8
defined **A13:** 6, **EM2:** 18
formation and breakdown, carbon steels **A13:** 510–511
formation, and corrosion rate **A13:** 195
formation, crack tip, alloy-environments of **A13:** 146
formation, in stress-corrosion cracking **A13:** 146
formers, organic, for binders **A15:** 260
fractographic **A12:** 85, 169
growth, high-temperature corrosion **A13:** 97
high molecular weight **EM2:** 164–165
in aqueous corrosion **A13:** 30
in polymer processing classification scheme **A20:** 699
-induced cleavage model, crack propagation **A13:** 161
inhibitors **A13:** 485
iron sulfide, anaerobic **A13:** 43
microbial **A13:** 88
nylon, as polyamide application **EM2:** 125
organic **A13:** 819
paint **A13:** 528
photographic **A10:** 334, 527
plastic, for V-process **A15:** 236
polyester, thermal properties **EM2:** 449
polymeric insulation, degradation **A13:** 1100
polyphenylene sulfides (PPS) **EM2:** 189–190
protective, by alloying **A13:** 47–48
protective, coatings and linings as **A13:** 400
protective, electrochemical evaluation **A13:** 219–220
rupture, in crack propagation **A13:** 160
slime **A13:** 88, 907
starch-base polyethylene **EM2:** 785
surface, stability **A13:** 17
surface, titanium/titanium alloys **A13:** 695
thermoplastic polyurethanes (TPUR) **EM2:** 205
thin, mechanisms **A13:** 67
with modified starch additives **EM2:** 786
Film adhesive
defined **EM1:** 11, **EM2:** 18
Film adhesives **EM3:** 13, 75–76
application **EM3:** 36
suppliers **EM3:** 76
Film applications
high-density polyethylenes (HDPE) .. **EM2:** 163–165
properties of **EM2:** 457–458
Film badges
for radiation monitoring **A17:** 301
Film capacitors *See also* Capacitors
failure mechanisms **EL1:** 972
"Film control"
carbon-graphite materials **A18:** 818
Film deposition *See* Interference film deposition
Film gradient
defined **A17:** 299
x-ray film, radiography **A17:** 325–326
Film (photographic)
for optical holographic interferometry **A17:** 414
in neutron radiography **A17:** 387, 390–391
Film (radiographic)
base, defined **A17:** 314
development, in radiography **A17:** 327
gradient **A17:** 299, 325–326
speed, x-ray film, radiography **A17:** 325
types, and selection **A17:** 327–328
unsharpness, defined **A17:** 300
Film radiography *See also* Radiography **A17:** 323–330
and real-time radiography, compared **A17:** 295
defined **A17:** 295
dynamic range **A17:** 299
enlargement effect **A17:** 312
exposure factors **A17:** 328–330
film types and selection **A17:** 327–328
gamma-ray exposure charts **A17:** 330
x-ray film, characteristics **A17:** 323–327
Film readers, automated
XRPD analysis **A10:** 338
Film resistance *See also* Constriction resistance; Contact resistance
defined **A18:** 9
Film resistors *See also* Resistors
construction **EL1:** 178
Film rupture
in SCC testing **A8:** 498
Film rupture model
crack propagation **A13:** 160
Film speed
effect on photomicroscopy **A9:** 85
Film strength
defined **A18:** 9
definition **A5:** 955
Film theory **A6:** 145
Film thickness
defined **A18:** 9
Film thickness across bearing area
nomenclature for hydrostatic bearings with orifice or capillary restrictor **A18:** 92
Film thickness measurements *See also* Films; Thick films; Thin films; Ultrathin films
Auger electron spectroscopy **A10:** 549–567
electron probe x-ray microanalysis ... **A10:** 516–535
optical metallography **A10:** 299–308
Rutherford backscattering spectrometry **A10:** 628–636
scanning electron microscopy **A10:** 490–515
x-ray spectrometry **A10:** 82–101
Film thickness measurements using optical techniques **A5:** 629–634
basic theory **A5:** 629–631
complex index of refraction **A5:** 630
dispersion **A5:** 630
ellipsometry **A5:** 629, 630, 631, 632
general background **A5:** 629
"goodness-of-fit" parameter **A5:** 629
polarized light **A5:** 630
reflection **A5:** 629–630
reflectometry **A5:** 629, 630, 632–633
single-wavelength ellipsometry (SWE) **A5:** 629, 631–632
spectroscopic ellipsometry (SE) **A5:** 629, 630, 633–634
Film thickness parameter
nomenclature for lubrication regimes **A18:** 90
Film thickness-to-roughness ratio **A18:** 478
Film-forming etchants for iron-chromium-nickel heat-resistant casting alloys **A9:** 330–332
Film-forming organics
as sizing agents **EM1:** 122
Film-induced cleavage **A19:** 194
Film-induced cleavage model
crack propagation **A13:** 161
Filming effect **A7:** 150
Filming inhibitors **A19:** 475
mechanisms/application **A13:** 485–486
Films *See also* Film thickness measurement; Oxide films; Passive films; Thick film; Thick films; Thin filin; Thin films; Thin-film materials; Ultrathin films
antihalation **A12:** 84
antiwear, AES characterized **A10:** 566
ceramic, defined **EL1:** 1136
chemical vapor deposition, crystallographic texture in **A9:** 700
conductive, as indium application **A2:** 752
cracking, semiconductor chips **EL1:** 964
defects **EL1:** 1000
defined **EL1:** 1144
deposited, ATR spectroscopy of **A10:** 113
deposition, by shadowing **A12:** 172
deposition defects **EL1:** 978
drawn polymer, molecular orientation determined **A10:** 120
electrodeposition, crystallographic texture in **A9:** 700
epitaxial, rocking curve profiles **A10:** 375–376
growth, in thin-film materials **A2:** 1082
heterogeneous surface, AES analysis of ... **A10:** 566
in sliding contacts **A2:** 842
intergranular embrittlement by **A12:** 110
layer thickness, RBS analysis for **A10:** 631–632
organometallic silicate, depth profiles for **A10:** 617
organometallic silicate, on silicon substrate positive SIMS spectra for **A10:** 617
oxide, austenitic stainless steels **A12:** 352–353
passive, LEISS analysis of depth vs. substrate **A10:** 608–609
passive rupture, in SCC and corrosion fatigue **A12:** 42
photomicroscopy **A9:** 84–87
polyimide, as thermocouple wire insulation **A2:** 882
preparation, thin-film hybrids **EL1:** 313–316
protective, on adhesive **A17:** 614
resistance measurement **EL1:** 89
sputtering, crystallographic texture in **A9:** 700
surfaces, of electrical contacts in mercury switch, XPS analysis **A10:** 578–579
thick, analysis of **A10:** 561, 603
thick/thin, in microcircuitry **EL1:** 89
thickness, by microwave inspection **A17:** 212
thin, AES analysis of **A10:** 557–561
thin, characterization of ... **A10:** 452–453, 536, 559, 583, 603, 631–632
thin, FIM/AP study of local composition variations **A10:** 583
thin, FIM/AP study of nucleation and growth of **A10:** 583
thin oriented, LEED determined grain size in **A10:** 536
thin, RBS compositional analysis **A10:** 631–632
thin, sample preparation for ATEM analysis **A10:** 452–453
ultrathin, LEISS analysis **A10:** 603
vinyl, identification of polymer and plasticizer materials in **A10:** 123–124
vinyl, polymer and plasticizer materials identified in **A10:** 123
Film-strength additives
for metalworking lubricants **A18:** 140–141, 142, 143, 144, 145, 146, 147
Filter bed refining process
for alkali metals **A15:** 471
Filter efficiency tests **A7:** 1040

SUBJECTS OF THE INDEXED VOLUMES: ASM Handbook (designated by the letter "A"): **A1:** Properties and Selection: Irons, Steels, and High-Performance Alloys (1990); **A2:** Properties and Selection: Nonferrous Alloys and Special-Purpose Materials (1990); **A3:** Alloy Phase Diagrams (1992); **A4:** Heat Treating (1991); **A5:** Surface Engineering (1994); **A6:** Welding, Brazing, and Soldering (1993); **A7:** Powder Metal Technologies and Applications (1998); **A8:** Mechanical Testing (1985); **A9:** Metallography and Microstructures (1985); **A10:** Materials Characterization (1986); **A11:** Failure Analysis and Prevention (1986); **A12:** Fractography (1987); **A13:** Corrosion (1987); **A14:** Forming and Forging (1988); **A15:** Casting (1988); **A16:** Machining (1989); **A17:** Nondestructive Evaluation and Quality Control (1989); **A18:** Friction, Lubrication, and Wear Technology (1992); **A19:** Fatigue and Fracture (1996); **A20:** Materials Selection and Design (1997). **Metals Handbook, 9th Edition** (designated by the letter "M"): **M1:** Properties and Selection: Irons and Steels (1978); **M2:** Properties and Selection: Nonferrous Alloys and Pure Metals (1979); **M3:** Properties and Selection: Stainless Steels, Tool Materials, and Special-Purpose Materials (1980); **M4:** Heat Treating (1981); **M5:** Surface Cleaning, Finishing, and Coating (1982); **M6:** Welding, Brazing, and Soldering (1983); **M7:** Powder Metallurgy (1984). **Engineered Materials Handbook** (designated by the letters "EM"): **EM1:** Composites (1987); **EM2:** Engineering Plastics (1988); **EM3:** Adhesives and Sealants (1990); **EM4:** Ceramics and Glasses (1991). **Electronic Materials Handbook** (designated by the letters "EL"): **EL1:** Packaging (1989)

Filter lens definition . . . M6: 7
Filter, metal-fiber . . . A7: 1106, 1107
Filter photometers
UV/VIS analysis . . . A10: 67
Filter plate
definition . . . M6: 7
Filter sampling
applications . . . A10: 16, 94
Filter size . . . A20: 189
Filtered particle crack detection . . . A7: 715, M7: 484
Filtered particle inspection . . . A7: 714
Filtered-backprojection technique
computed tomography (CT) . . . A17: 380–382
Filtering
for digital image enhancement . . . A17: 459
front-end, acoustic emission inspection . . . A17: 286
in neutron production . . . A17: 391
in servohydraulic system . . . A8: 396, 399
wear mechanism . . . A8: 603
Filters *See also* Filtration
and convolutions, computed tomography (CT) . . . A17: 380
as sampling substrates, x-ray spectrometry A10: 94
colored, image analyzers . . . A10: 310
composition . . . A10: 94
defined . . . A9: 7, A10: 673
detection limits . . . A10: 95
edge detection, image processing . . . A17: 461
effects, color images . . . A17: 484
encapsulated electronic, neutron radiography of . . . A17: 394–395
film radiography . . . A17: 329–330
for anodes, x-ray tubes . . . A10: 90
for gating systems . . . A15: 596–597
for sampling . . . A10: 16, 94
foundry . . . A15: 491–492
high-pass, eddy current inspection . . . A17: 190
image enhancement . . . A17: 459
interference, optical holography . . . A17: 413
ion-exchanged resin-impregnated . . . A10: 94
low-pass, eddy current inspection . . . A17: 190
optical microscope light source . . . A9: 72
placement, gating system . . . A15: 596–597
porous bronze . . . A2: 401–402
selection . . . A15: 491
size . . . A15: 491–492
spatial, holographic . . . A17: 418
types of . . . A15: 489–491, 596–597
Vander Lugt . . . A17: 228
Filters, bronze . . . A7: 865–866
Filters(s) . . . M7: 5
as porous powder applications . . . M7: 17, 699
of bronze P/M parts . . . M7: 736–737
powders used . . . M7: 572
Filtration *See also* Filters
and flow modification . . . A15: 595
benefits of . . . A15: 492–493
defined, radiography . . . A17: 315
fundamentals . . . A15: 489
in gravimetric analysis . . . A10: 163
inclusion sources . . . A15: 488
inherent, x-ray tubes, radiography . . . A17: 306–307
melt cleanliness, determining . . . A15: 493
nonferrous molten metal . . . A15: 487–493
of aluminum alloys . . . A15: 488
of copper alloys . . . A15: 488
of magnesium alloys . . . A15: 488
of scattered radiation . . . A17: 345
of secondary radiation, lead screens . . . A17: 315
of zinc alloys . . . A15: 488–489
screens, radiography . . . A17: 298
ultrafine and nanophase powders . . . A7: 76
Filtration and washing . . . EM4: 90–93
powder recovery techniques . . . EM4: 90–92
centrifugation . . . EM4: 90
filtration of elastic systems . . . EM4: 91–92
flocculation role . . . EM4: 91–92
kinetic relationship for filtration rate . . . EM4: 90–91
microfiltration . . . EM4: 90–92
non-elastic filtration . . . EM4: 90–91
powder washing . . . EM4: 92–93
Filtration processes
copper plating . . . M5: 162–163, 165
FIM *See* Field ion microscopy
Fin
defined . . . A14: 5, A15: 5, EM2: 18
Fin configurations . . . A20: 35
Final analyses
MECSIP Task V, integrity management data package . . . A19: 587
Task IV, USAF ASIP force management data package . . . A19: 582
Final annealing
defined . . . A9: 7
Final breaking, of specimens *See also* Fast fractures . . . A12: 77
Final cooling zone
furnaces . . . M7: 352–354
Final crack length . . . A19: 459
Final crack propagation
characteristics of various low-temperature fracture modes . . . A19: 45
Final crack size . . . A19: 283
fracture mechanics for . . . A11: 56
Final current
definition . . . M6: 7
Final density . . . A7: 440, M7: 5, 463
Final design package
components . . . EL1: 523–526
Final design reviews . . . A20: 149
Final filter . . . A7: 890
Final fracture
from corrosion-fatigue . . . A11: 257–258
in fracture mechanics . . . A11: 47
propagation of . . . A11: 106–107
zone . . . A11: 104–105
Final inspection *See also* Nondestructive evaluation (NDE)
defined . . . A17: 49
magnetic particle inspection . . . A17: 89
Final instability . . . A19: 4
Final NDE
defined . . . A17: 49
Final polishing
definition . . . A5: 955
Final state
electronic . . . A10: 408, 569
Final taper current
definition . . . M6: 7
Final weighing . . . A20: 102
Final-polishing *See also* Polishing . . . A9: 40–43
defined . . . A9: 8
of commercially pure lead . . . A9: 47
of electrical contact materials . . . A9: 550
of hafnium . . . A9: 497–498
of molybdenum . . . A9: 550
of silver-cadmium oxide materials . . . A9: 550
of tool steels . . . A9: 257
of tungsten . . . A9: 550
of very soft materials . . . A9: 47
of zirconium and zirconium alloys . . . A9: 497–498
FINDAP computer program
to obtain tribological Arrhenius constants . . . A18: 280, 281, 283–284, 286
Fine
fibers, glass . . . EM1: 108
yams, filling, in unidirectional fabric . . . EM1: 148
Fine angular mineral abrasives
physical properties and comparative characteristics . . . A5: 62
Fine blanking . . . A20: 301
in sheet metalworking processes classification scheme . . . A20: 691
Fine blanking presses . . . A14: 502
Fine ceramics . . . EM4: 39
Fine chemicals
tantalum resistance to . . . A13: 728
Fine china . . . EM4: 4
imports . . . EM4: 935
Fine earthenware . . . EM4: 3, 4
Fine features
boards with . . . EL1: 561
Fine grain zone in ferrous alloy welded joints A9: 581
Fine grinding
definition . . . A5: 955
Fine hackle
definition . . . EM4: 632
Fine leak hermeticity test . . . EL1: 500–501
Fine leak tests . . . EL1: 500–501, 930
Fine lines
boards with . . . EL1: 561
Fine metal powders
by atomization . . . A7: 72, 73
Fine mineral fibers
hazardous air pollutant regulated by the Clean Air Amendments of 1990 . . . A5: 913
Fine palladium *See also* Palladium; Platinum; Precious metals
as electrical contact materials . . . A2: 847
Fine platinum *See also* Platinum; Precious metals
as electrical contact materials . . . A2: 846
Fine powders
and contamination removal, seeds . . . M7: 590
effect on flow rate . . . M7: 297
effect on packed density . . . M7: 296
modified Pechukas and Gage apparatus for flow measurement . . . M7: 264–265
specific surface area measured by BET method . . . M7: 262
Fine silver *See also* Pure silver; Silver alloys; Silver contact alloys; Sliver
applications . . . A2: 845
as electrical contact material . . . A2: 844–845
Fine steel wire . . . A1: 286
designations and applications . . . M1: 269
Fine stoneware . . . EM4: 3, 4
Fine structure effects
atomic order . . . A10: 438
electron diffraction . . . A10: 438
orientation relationships . . . A10: 438
satellite spots . . . A10: 438
strain-induced defects . . . A10: 438, 440
Fine whiteware
body compositions . . . A20: 420
composition . . . EM4: 5
Fine wire *See also* Wire
mechanically alloyed oxide alloys . . . A2: 949
Fine wire quality carbon steel wire rod . . . M1: 254
Fine wire quality rod . . . A1: 273
Fine-edge blanking *See also* Blanking . . . A14: 458
and conventional blanking, compared . . . A14: 472
applications . . . A14: 475
blank design . . . A14: 473
lubrication . . . A14: 475
materials for . . . A14: 474
presses . . . A14: 473–474
process . . . A14: 472–473
tooling setup . . . A14: 472
tools . . . A14: 474–475
work materials . . . A14: 472–473
Fine-edge piercing *See also* Piercing
and blanking . . . A14: 472–475
and conventional blanking, compared . . . A14: 472
applications . . . A14: 475
blank design . . . A14: 473
lubrication . . . A14: 475
presses . . . A14: 473–474
process capabilities . . . A14: 472
tools . . . A14: 474–475
work materials . . . A14: 472–473
Fine-grain structure
solder . . . EL1: 733
Fineness, grain
AFS numbers . . . A15: 209
Fineness of enamel
definition . . . A5: 955
Fineness of grind test . . . A5: 435
Fines . . . A20: 260–261, EM3: 13, M7: 5
defined . . . EM2: 18
definition . . . M6: 7
Fines, metal
cleaning of . . . A13: 380–381
Finger buffs . . . M5: 118, 126
Finger joint prosthesis
total . . . A11: 670
Finger oxides
surface . . . A14: 204
Finger printing . . . A7: 270
Fingerjoint assembly . . . EM3: 13
Fingernail lacquer
powders used . . . M7: 573
Fingerprint removers and neutralizers . . M5: 460–465, 467
applying, methods of . . . M5: 467
Fingerprinting
for oil spill identification . . . A10: 72
half-wave potentials as . . . A10: 190
multielement, and approximate quantification in effluent samples . . . A10: 195

Fingerprinting (continued)
multielement, of voltammetric study in effluents ... **A10:** 195
Finish *See also* Fiber finish; Finishes; Finishing; Glass finish; Surface finish; Surface(s) **EM3:** 13
allowance, defined ... **A14:** 6
control, in coining ... **A14:** 186
defined ... **A14:** 6, **EM1:** 11, **EM2:** 18
surface, types ... **EM2:** 303
Finish allowance
defined ... **A15:** 5
definition ... **A5:** 955
Finish broaching ... **A5:** 85–86
burnishing broach ... **A5:** 86
dimensional accuracy ... **A5:** 85, 86
surface finishes ... **A5:** 85, 86
Finish drilling ... **A5:** 88–89
machining centers ... **A5:** 88
tool materials ... **A5:** 88
Finish forging
of nickel-base alloys ... **A14:** 262
Finish grinding
definition ... **A5:** 955
surface roughness and tolerance values on dimensions ... **A20:** 248
Finish machining ... **M7:** 668
Finish milling ... **A5:** 86–88, **M7:** 462
computer numerical control machining centers ... **A5:** 86
high-speed milling ... **A5:** 87
surface roughness and tolerance values on dimensions ... **A20:** 248
tool materials ... **A5:** 87
ultraprecision milling ... **A5:** 87
Finish polishing ... **A19:** 315
Finish reaming ... **A5:** 88, 89
broach reamers ... **A5:** 89
carbide mill reamers ... **A5:** 89
machining center ... **A5:** 88, 89
Finish surface *See also* Surface finish
of Brinell test workpiece ... **A8:** 86, 88
Finish trim
defined ... **A14:** 6
Finish turning ... **A5:** 84–85
cutting speed ... **A5:** 84
cutting tool materials ... **A5:** 84, 85
depth of cut ... **A5:** 84
feed rate ... **A5:** 84
machines (ultraprecision lathes) ... **A5:** 84, 85
surface roughness and tolerance values on dimensions ... **A20:** 248
Finished leather
waterjet machining ... **A16:** 522
Finished machined parts and spare parts
rust-preventive compounds used on ... **M5:** 465
Finished parts *See also* Part(s)
magnetic particle inspection ... **A17:** 110
Finishers
as impression dies ... **A14:** 44–45
defined ... **A14:** 6
impressions, location of ... **A14:** 51
Finishes *See also* Finish; Sizing; Surface finish; Surface treatment; Surface(s) ... **A1:** 279–280
chemical, aluminum alloy ... **A15:** 762
chromate ... **A15:** 796
common gravimetric ... **A10:** 171
coupon ... **A13:** 198
electronics industry ... **A13:** 1111
for carbon fiber ... **EM1:** 113
for die castings ... **A15:** 795–797
for extracts ... **A10:** 179
green sand molds ... **A15:** 347
magnesium die casting ... **A15:** 809
solderability ... **EL1:** 561–564
Finishes for leaf springs ... **M1:** 313
Finishing *See also* Fabrication characteristics; Finish; Grinding; specific finishing methods; Surfaces
alloy steels ... **A5:** 706–711
aluminum casting alloys ... **A2:** 153
aluminum-lithium alloys ... **A2:** 189–197
and grinding, electrolytic copper powders **M7:** 114
as manufacturing process ... **A20:** 247
barrel for tumbling ... **A14:** 230
blow molding ... **EM2:** 358
carbon steels ... **A5:** 706–711
centrifugal ... **M7:** 459
chemical, zinc alloys ... **A2:** 530
copper and copper alloys ... **A5:** 805
costs ... **EM2:** 650
dies, defined ... **A14:** 6
effects on fatigue strength ... **A11:** 122
in roll compacting ... **M7:** 405–406
in tube rolling ... **EM1:** 574
nickel and nickel alloys ... **A5:** 868–869
nickel strip ... **M7:** 401–402
of strip ... **M7:** 405–406
of structural ceramics ... **A2:** 1021
of tungsten powders ... **M7:** 154
operations affecting surface porosity ... **M7:** 451
P/M parts ... **M7:** 295
polyether sulfones (PES, PESV) ... **EM2:** 162
powder metallurgy ... **A20:** 750
refractory metals and alloys ... **A5:** 856–857, 860
stainless steels ... **M3:** 33–38
surface, as stress source ... **A11:** 205
techniques ... **M7:** 152
temperature ... **A14:** 6, 81, 620
tool and die failures from ... **A11:** 564, 567
treatments, for shafts ... **A11:** 459
zinc alloys ... **A2:** 530
Finishing impression *See* Finisher
Finishing methods using defined cutting edges ... **A5:** 84–89
Finishing methods using defined cuttingedges
finish broaching ... **A5:** 85–86
finish drilling ... **A5:** 88–89
finish milling ... **A5:** 86–88
finish reaming ... **A5:** 88, 89
finish turning ... **A5:** 84–85
ultraprecision turning ... **A5:** 84, 85
Finishing methods using multipoint or random cutting edges ... **A5:** 90–108
abrasion grades for various operations ... **A5:** 101
abrasive belt grinding and polishing ... **A5:** 100–102
abrasive finishing ... **A5:** 90
abrasive flow machining ... **A5:** 107
abrasive jet machining ... **A5:** 92, 106–107
abrasive materials ... **A5:** 92–94
abrasive products ... **A5:** 91–92
abrasive slurries and compounds ... **A5:** 104–105
abrasive waterjet cutting ... **A5:** 107
bond type characteristics, abrasive products **A5:** 95
bonded abrasives ... **A5:** 91–92
coated abrasives ... **A5:** 92
coated/impregnated abrasives ... **A5:** 92
computer numerical control (CNC), multiaxis ... **A5:** 90–91
conventional abrasives ... **A5:** 92
designations of abrasive products ... **A5:** 92
grinding ... **A5:** 93, 94–99
high-precision, fixed-abrasive finishing ... **A5:** 98, 99–100
high-precision grinding ... **A5:** 90
impregnated abrasives ... **A5:** 92
lapping ... **A5:** 105–106
polishing and buffing ... **A5:** 102–104
powders, slurries, and compounds ... **A5:** 92
precision grinding ... **A5:** 90
recent developments ... **A5:** 90–91
rotary ultrasonic machining ... **A5:** 106
rough grinding ... **A5:** 90
superabrasives ... **A5:** 92, 94
system concepts, four categories of factors ... **A5:** 107–108
tribological components ... **A5:** 108
ultrasonic machining ... **A5:** 92, 106
Finishing, precision metal
laser inspection ... **A17:** 14–15
Finishing processes, classification and selection of ... **A5:** 81–83
characteristics of finished surfaces ... **A5:** 83
classification based on surface generation process and surface characteristics ... **A5:** 82
consistency ... **A5:** 82
new materials ... **A5:** 82
outline of finishing methods ... **A5:** 82–83
productivity ... **A5:** 82
special related topics ... **A5:** 83
surface quality ... **A5:** 82
systems approach for finishing methods ... **A5:** 82
technology drivers for finishing methods **A5:** 81–82
tolerances ... **A5:** 81–82
Finishing temperature *See also* Temperature(s)
closed-die forging ... **A14:** 81
defined ... **A14:** 6
for steel ... **A14:** 620
FINISHR (FORTRAN)
process rough analysis tool ... **A14:** 411
Finite difference ... **A20:** 186
codes, for spall stress ... **A8:** 212
method, for elastic bending ... **A8:** 118
Finite difference (FD) method ... **EM3:** 478–479
Finite difference methods (FDM) ... **A7:** 27, 28
Finite element analysis ... **A19:** 363
CARES computer program ... **EM4:** 700, 701, 702, 707
dynamic notched round bar testing ... **A8:** 282
elastic-plastic ... **A8:** 283
for design of the glass component shape **EM4:** 742, 744
for determining die stress and deflection ... **A7:** 351
to analyze joint types of silicon nitride to metals in turbocharger wheels ... **EM4:** 724, 725
with plastic zone, torsional Kolsky bar ... **A8:** 222–223
Finite element analysis code ... **A20:** 708, 709–710
Finite element analysis (FEA) ... **A20:** 176–185, 186, 784
applications ... **A20:** 184–185
basics of finite elements ... **A20:** 178
beam paradox ... **A20:** 176–178
brake assemblies (multidisciplinary problem) ... **A20:** 185
computer data bases as information sources ... **A20:** 250
continuum elements ... **A20:** 178–179, 180
definition ... **A20:** 176, 833
engineering problems addressed by ... **A20:** 176
finite element postprocessing ... **A20:** 183–184
finite element preprocessing ... **A20:** 182–183
joining incompatible elements ... **A20:** 180
joining structural elements to continuum elements ... **A20:** 180
linear vs. nonlinear problems ... **A20:** 180
mechanism dynamics and simulation **A20:** 172–174
multipoint constraints ... **A20:** 179–180, 182
of deformation processes ... **A20:** 707
problems ... **A20:** 183, 184–185
reduction of an infinite DOF system to a finite DOF system ... **A20:** 178
simulating a rigid body ... **A20:** 180
solution of the system of algebraic equations ... **A20:** 180–181
structural elements ... **A20:** 178, 179, 180
superelements (substructures) ... **A20:** 182
symmetry ... **A20:** 181–182
tire tread wear ... **A18:** 579
Finite element mesh ... **A20:** 176, 177, 182
Finite element method ... **A19:** 165, 367, 528
Finite element method codes ... **A7:** 23, 25
Finite element method (FEM) ... **A7:** 26, 27, 28, 326
Finite element methods (FEMs) ... **A20:** 13, 191–192, 206, 539
residual stresses, computer prediction of ... **A20:** 814
to characterize the stress field ... **A20:** 623

Finite element model **A7:** 338, **A19:** 58
and data associativity **A20:** 160
Finite element model validation **A20:** 183
Finite element modeling and analysis
(FEM/FEA) **A20:** 157
Finite element modeling (FEM) **A20:** 243
definition **A20:** 833
Finite element postprocessing **A20:** 183–184
Finite element preprocessing **A20:** 182–183
Finite element simulation software
residual stresses from forging. **A20:** 816
Finite element stress analysis **A19:** 423
to confirm influence of geometry/shape
parameters **A19:** 436
Finite element techniques **A19:** 175, **A20:** 509
Finite elements, basis of **A20:** 178
Finite endurance, range of . . . **A19:** 308–310, 312, 313
Finite life **A19:** 4
Finite source theory **A6:** 8
Finite volume **A20:** 186
Finite volume method **A7:** 27
Finite volume methods (FVM). **A20:** 191
Finite-difference analysis
computer **EL1:** 419
Finite-difference (FD) method
analysis examples. **EM1:** 470–476
commercial codes for **EM1:** 469–470
computer programs using **EM1:** 269
method selection **EM1:** 467–468
origins/theory development **EM1:** 463–466
solution approach **EM1:** 466–467
typical problems. **EM1:** 468–469
Finite-difference formulas **A20:** 191
Finite-difference method
computer-aided **A15:** 293, 610–611
Finite-difference method (FDM) analysis. **A4:** 109
Finite-difference methods (FDM). . **A20:** 189–190, 213
Finite-element
analysis (FEA). **EL1:** 419, 442–443
modeling (FEM) **EL1:** 442–443
package design, software. **EL1:** 954
Finite-element analysis (FEA) **EM2:** 336–337
Finite-element analysis (finite-element
method) **EM3:** 477–481
butt joints **EM3:** 331
computation of maximum shear stress on end of
overlap related to mean shear
stress **EM3:** 665
double-lap joints **EM3:** 480, 481, 482
elastoplastic analysis **EM3:** 483
for joint analysis with metallic fitting and graphite-
epoxy composite tube. . . . **EM3:** 496–497, 499
graphite-epoxy tube (small-diameter) with bonded
aluminum end fitting **EM3:** 496, 498
in situ testing **EM3:** 486
lap joints **EM3:** 327–328
lap-shear coupon **EM3:** 490
mode mix for given joint geometry **EM3:** 442
modeling and design considerations **EM3:** 484–491
molding process in encapsulation **EM3:** 586
results compared to component test
results. **EM3:** 11–540
single-lap joints **EM3:** 480, 481
single-lap-shear specimen with and without an
adhesive fillet **EM3:** 493, 494, 495, 496
stress analysis of cracked components. . . **EM3:** 337,
341, 342
stress analysis of specimen performance **EM3:** 444
stress-strain singularities **EM3:** 484
to compute debond parameters **EM3:** 445–446,
447, 449–451
Finite-element calculations **A19:** 121
Finite-element (FE) method *See also* Finite-element
analysis **EM1:** 247–250
analysis examples. **EM1:** 470–476
commercial codes for **EM1:** 469–470
computer programs using **EM1:** 269
crack-closure scheme **EM1:** 248–250
formulation **EM1:** 247–248
LAMPS-A computer program for. . . **EM1:** 268, 271
method selection **EM1:** 467–468
model, large-scale bolt specimen **EM1:** 337
origins/theory development **EM1:** 463–466
problems, typical **EM1:** 468–469
solution approach **EM1:** 466–467
Finite-element method
analytical modeling **A14:** 425
codes, for process design. **A14:** 409
computer-aided **A15:** 610–611
elastic-plastic. **A14:** 425
for die casting. **A15:** 293
mathematical modeling by **A14:** 159
modeling, for shape rolling. **A14:** 350
problem formulation in ALPID **A14:** 425–426
process modeling/simulation **A14:** 919–924
rigid-viscoplastic. **A14:** 425
software **A15:** 860
wireframe and **A15:** 858–859
Finite-element method (FEM) **A6:** 147
for flaw leakage fields **A17:** 131
Finite-element method (FEM) analysis. **A4:** 109
quantitative prediction of soft interlayers. . **A6:** 166,
167, 168, 169, 170
Finite-element model
of torsional hydraulic actuator **A8:** 216–217
Finite-element model (FEM) **EM3:** 400, 401, 402
Finite-element modeling **A17:** 750
Finite-element modeling (FEM) analysis **A19:** 323
Finite-life elastic-strain-life behavior. **A19:** 320
Finite-volume cell index **A20:** 191
Finland
inspection frequencies of regulations and standards
on life assessment. **A19:** 478
nondestructive evaluation requirements of
regulations and standards on fife
assessment **A19:** 477
regulations and standards on life
assessment **A19:** 477
rejection criteria of regulations and standards on
life assessment. **A19:** 478
Finnboard
life-cycle inventory data bases **A20:** 102
Finned tubing *See also* Tube(s); Tubular products
for heat exchangers **A11:** 628
inspection of. **A17:** 571–572
Finned-disk test
cast irons **A19:** 670
Finnie's equation
hard materials. **A18:** 598
Finnie's theory
erosion rates **A18:** 204
Finning
as casting defect **A11:** 381
as rolling defect **A14:** 359
Finnish standard SFS 3280:E **A19:** 476
Fins
as forging flaws. **A17:** 493
Fir
engineered material classes included in material
property charts **A20:** 267
fracture toughness vs. density . . **A20:** 267, 269, 270
fracture toughness vs. Young's modulus. . **A20:** 267,
271–272, 273
strength vs. density **A20:** 267–269
Young's modulus vs. density. . . **A20:** 266, 267, 268,
289
Fir tree cracking **A8:** 591, 594
Fir tree defect
in extrusion **A14:** 403
Fire *See also* Flame resistance; Flame retardant(s);
Flammability
of magnesium powders **M7:** 132–133
tests, polyester composite peformance **EM1:** 95
with sintering atmospheres **M7:** 348–350
Fire point **A18:** 84
defined **A18:** 9
Fire protection
with liquid metals **A13:** 96–97
Fire refined copper *See* Copper alloys, specific types,
C12500, C12700, C12800, C12000 and C13000
Fire refined tough pitch copper *See* Copper alloys,
specific types, C12500
Fire refined tough pitch copper with silver *See*
Copper alloys, specific types, C12700, C12800,
C12900 and C13000
Fire refining, effect
molten metal impurities **A15:** 450–451, 453
Fire retardancy **EM3:** 590
Fire retardants *See* Combustion; Flame resistance;
Flame retardants
Fire safety requirements
NFPA **M5:** 20–21
Fire scale
removal of **M5:** 76
Firebox steel plate **A9:** 204
Firebrick *See also* Fireclay
defined **A15:** 5
flame emission sources for. **A10:** 29–30
Fireclay *See also* Firebrick
aluminous, chamotte as. **A15:** 248
as binder **A15:** 29
defined **A15:** 5
pressure calcintering for study of compaction
kinetics. **EM4:** 300
Fireclay brick
applications **EM4:** 899, 901, 903, 906–907
defined. **EM4:** 255
determination of reactions during
fifing. **EM4:** 255–257
differential thermal analysis **EM4:** 255, 257, 258
dilatometry **EM4:** 255–256, 257
sintering **EM4:** 256–257
thermogravimetric analysis . . **EM4:** 255, 256, 258
determination of the firing curve . . . **EM4:** 257–259
black coring **EM4:** 258
blue coring **EM4:** 258
Missouri superduty, properties **EM4:** 897, 898, 899
Firing process. **EM4:** 242, 255–259
reactions occurring. **EM4:** 255
Fireclay (ceramic)
composition. **A20:** 424
physical properties of fired refractory
brick **A20:** 424
properties. **A20:** 424
Fireclay inclusions
in automobile stub axles. **A11:** 323
Firecracker welding **A6:** 178
definition **A6:** 1209, **M6:** 7
Firecracking
of gold-nickel-copper alloys **A2:** 706
Fired camber
ceramic multilayer packages. **EL1:** 468
Fired mold
defined **A15:** 5
Fire-extinguisher case
failure from overheating during spinning. . **A11:** 649
Fire-refined coppers
applications and properties **A2:** 275–277
Fire-refined tough pitch copper
characteristics **A2:** 223
Fires *See also* Explosions; Flammability;
Pyrophoricity
with aluminum-lithium alloys **A2:** 183
Fire-side corrosion
furnace water walls **A13:** 995–996
steam equipment **A11:** 616–620
Firing
and ceramic coating, Replicast process . . . **A15:** 271
ceramics **A20:** 791–792
conditions **EL1:** 465
definition. **A5:** 955, **A20:** 833
in thick-film process **EL1:** 332–333
of porcelain enamels **A13:** 448
of rammed graphite molds. **A15:** 273–274
of substrates, ceramic packages. **EL1:** 465–466
Replicast process **A15:** 271
temperature, rammed graphite molds. **A15:** 274
Firing range
in typical ceramic body compositions. **EM4:** 5
Firing time
definition. **A5:** 955
First aid
for liquid metals **A13:** 96–97
First block, second block
and finish, defined. **A14:** 6
First fire mixes and fuzes
powders used. **M7:** 573
First friction force **A6:** 888
First Law of Thermodynamics . . . . **A3:** 1•6
and crack propagation. **EM3:** 506
First rank value **A20:** 74
First reflection switch design. **EL1:** 42
First-degree blocking **EM3:** 13
First-level package
failure mechanisms **EL1:** 989–992
First-order Laue zone
abbreviation for **A10:** 690
in electron diffraction. **A10:** 439, 442
First-order phase transition . . . . **A3:** 1•10
First-order transition **EM3:** 13
defined **EM1:** 11, **EM2:** 18

First-ply failure
laniinate **EM1:** 230–232
First-wall coolant for fusion devices **A19:** 207
Fischer, Johann Conrad
as metallurgist **A15:** 31
Fischmeister universal shape parameter **A7:** 269
Fish eye *See also* Window
defined **EM2:** 18
Fish eyes **A13:** 6, 164
defined **A8:** 5
Fish paper
defined **EM2:** 18
Fisher number **A7:** 242, 243
Fisher subsieve analysis **A7:** 239, 242–243
Fisher subsieve sizer . . . **A7:** 195, 236, 239, 242–243
specifications **A7:** 243
standardization **A7:** 243
Fisher subsieve numbers **A7:** 242, 243
Fisher sub-sieve size **M7:** 123, 124
Fisher sub-sieve sizer . . . **EM4:** 70, **M7:** 138, 230–232, 264
Fisher subsieve sizer operation **A7:** 277, 278
Fisher subsieve sizes (FSSS) . . **A7:** 146, 147, 294, 295
tungsten powder particle size **A7:** 190
Fisher-Tropsch waxes
for investment casting **A15:** 253
Fisheye **A6:** 410, 1073
definition **A6:** 1209
Fisheye flaws
in weldments **A17:** 582
Fisheyes *See also* Cracking; Flakes
as cleaning defect **EL1:** 777
cause of **A11:** 92
defined **A11:** 4
definition **M6:** 7
from hydrogen embrittlement **A11:** 28, 248
Fishing
coniposite niaterial applications for **EM1:** 845–846
Fishing rod reels
powders used **M7:** 574
Fishmouthing *See* Alligatoring
Fishscale
definition **A5:** 955
on porcelain enameled sheet **M1:** 177–179
Fishtail **A14:** 6, 359
Fissile materials
nuclear applications **M7:** 664
Fission
process, neutron production **A10:** 421
spontaneous, as neutron source for NAA **A10:** 234
thermal-neutron, of uranium **A10:** 238
Fission, safety
in nuclear fuel pellet fabrication **M7:** 666
Fissure *See also* Cracking
definition **M6:** 7
in arc welds of nickel-based alloys **M6:** 363
Fissures **A6:** 1073
AISI/SAE alloy steels **A12:** 294
in weldments **A17:** 582
intergranular secondary, wrought aluminum alloys **A12:** 418
magnesium alloy **A12:** 456
OFHC copper **A12:** 401
titanium alloys **A12:** 452, 453
Fissuring
as hydrogen damage **A13:** 331
at grain boundaries, from hydrogen attack **A11:** 645
creep **A11:** 272
Fitness-for-service assessment of welded structures **A6:** 1108–1115
application of fracture-assessment procedures **A6:** 1110
benefits of a fitness-for-service approach **A6:** 1114–1115
design life **A6:** 1108
environmental cracking **A6:** 1111–1112
crack growth prevention **A6:** 1112
in-service monitoring **A6:** 1112
leak-before-break philosophy **A6:** 1112
remaining life prediction **A6:** 1112
failure modes **A6:** 1108
failure-assessment diagrams (FAD) . . **A6:** 1109–1110
fatigue design **A6:** 1110–1111, 1112
fracture **A6:** 1108–1110
fracture mechanics assessment procedures **A6:** 1109, 1111
crack-tip opening displacement (CTOD) **A6:** 1109
elastic-plastic fracture mechanics (EPFM) **A6:** 1109
J-integral **A6:** 1109
linear-elastic fracture mechanics (LEFM) **A6:** 1109
high-temperature creep **A6:** 1112–1114
creep-life fraction rule **A6:** 1113
expended-life-fraction **A6:** 1114
Larson-Miller parameter **A6:** 1113
Wedel-Neubauer method **A6:** 1114, 1115
life extension **A6:** 1108
S-N curve approach **A6:** 1110–1111
Fitted-regression equation **A20:** 85
Fitting rust **A18:** 242
Fittings *See also* Joints
cast iron pipe **M1:** 100, 103
Fitts' law **A20:** 721
Fit-up, and welding
inspection techniques **A17:** 645–646
Fit-up stresses
as tension source for stress-corrosion cracking **A8:** 502
Five-axis robot
for leaded and leadless surface-mount joints **EL1:** 731
Five-point average crack length **A8:** 415
Five-spindle chucking machine **M7:** 669
Fixed base cone
as angle of repose measurement **M7:** 282
Fixed base cone method **A7:** 299
Fixed blade, injection molded **A7:** 1103, 1104
Fixed costs **A20:** 256–257
definition **A20:** 833
Fixed crack tip opening angle
in Rice *J*-integral fracture testing **A8:** 449
Fixed critical strain
in Rice *J*-Integral fracture testing **A8:** 449
Fixed fill levels **M7:** 323–325
Fixed height cone
as angle of repose measurement **M7:** 282
Fixed height cone method **A7:** 299
Fixed oil
defined **A18:** 9
Fixed plug
drawing with **A14:** 330
Fixed probes *See also* Probes; Sensors
coordinate measuring machines **A17:** 25
Fixed vane
for hydraulic torsional system **A8:** 216
Fixed-abrasive lap
flatness compared to abrasive papers **A9:** 39
Fixed-bridge type
coordinate measuring machines **A17:** 21
Fixed-ceramic capacitors **EL1:** 179
Fixed-end torsion testing
axial stresses **A8:** 157, 180
high temperature **A8:** 157
vs. free-end testing **A8:** 181–182
Fixed-feed grinding
definition **A5:** 955
Fixed-frequency continuous-wave reflection
microwave inspection **A17:** 206
Fixed-frequency continuous-wave transmission
microwave inspection **A17:** 205–206
Fixed-land bearing *See* Fixed-pad bearing
Fixed-load or fixed-displacement, crack extension force curves
defined **A8:** 5
Fixed-pad bearing
defined **A18:** 9
Fixed-plane design
computer-aided manufacturing **EL1:** 130
Fixed-position tester
for gear fatigue **A8:** 370
Fixed-table type
horizontal coordinate measuring machine . . **A17:** 23
Fixed-volume method
therilial expansion niolding **EM1:** 590
Fixer
defined **A17:** 314
radiographic, removal **A17:** 355–356
Fixing
of radiographic film **A17:** 353–356
Fixture
definition **A20:** 833
Fixture, or set
time **EM3:** 13
Fixtures
aluminum and aluminum alloys **A2:** 14
definition **M6:** 7
for holding microhardness specimens . . . **A8:** 93, 96
for quenching **M4:** 65
function in torsional testing **A8:** 146
Fixtures for
arc welding **M6:** 353–355
of aluminum alloys **M6:** 379–380
of heat-resistant alloys **M6:** 353–355
of magnesium alloys **M6:** 428–429
of nickel alloys **M6:** 437–438
brazing of heat-resisting alloys **M6:** 1016
dip brazing of steels **M6:** 992
electron beam welding **M6:** 612
flash welding **M6:** 561–564
flux cored arc welding **M6:** 104
furnace brazing of steels **M6:** 930, 940–941
gas tungsten arc welding **M6:** 197
of titanium **M6:** 454
induction brazing of steel **M6:** 971
laser beam welding **M6:** 668
manual torch brazing **M6:** 954–955
projection welding **M6:** 509–510
resistance spot welding **M6:** 489
shielded metal arc welding **M6:** 79–81
submerged arc welding **M6:** 134
Fixtures, graphite
for electrical integrity of a seal **EM4:** 539
Fixtures, heat-resistant alloys for *See* Heat-resistant alloys, fixtures
Fixturing **A5:** 568–569, **A20:** 757–758, 765, 767, **EM3:** 36–37
and thermal energy method of deburring **A16:** 578
for electrical testing **EL1:** 567
for wave soldering **EL1:** 590
radio frequency **EL1:** 949
Fizeau interferometer **A5:** 137
application **A17:** 14, 16
Flade potential
aqueous corrosion **A13:** 35
Flake
defined **EM2:** 18
Flake aluminum powders **M7:** 125
explosivity **M7:** 195
microstructure **M7:** 593
Flake graphite *See also* Gray iron; Quasi-flake graphite **A1:** 13, **A18:** 698, **M1:** 5–7, 12, 13, 14, 15, 22, 31
defined **A15:** 5
eutectic growth **A15:** 175–176
mesh-form **A18:** 699
microstructure **A18:** 698–699, 700–701
microstructure, gray cast iron **A15:** 120
types **A18:** 698
Widmanstatten **A18:** 699
Flake magnesium powders
explosivity **M7:** 195
Flake pigments **A7:** 1085–1088
Flake powders **M7:** 5
apparent density **M7:** 272
high-energy milling **M7:** 69

SUBJECTS OF THE INDEXED VOLUMES: ASM Handbook (designated by the letter "A"): **A1:** Properties and Selection: Irons, Steels, and High-Performance Alloys (1990); **A2:** Properties and Selection: Nonferrous Alloys and Special-Purpose Materials (1990); **A3:** Alloy Phase Diagrams (1992); **A4:** Heat Treating (1991); **A5:** Surface Engineering (1994); **A6:** Welding, Brazing, and Soldering (1993); **A7:** Powder Metal Technologies and Applications (1998); **A8:** Mechanical Testing (1985); **A9:** Metallography and Microstructures (1985); **A10:** Materials Characterization (1986); **A11:** Failure Analysis and Prevention (1986); **A12:** Fractography (1987); **A13:** Corrosion (1987); **A14:** Forming and Forging (1988); **A15:** Casting (1988); **A16:** Machining (1989); **A17:** Nondestructive Evaluation and Quality Control (1989); **A18:** Friction, Lubrication, and Wear Technology (1992); **A19:** Fatigue and Fracture (1996); **A20:** Materials Selection and Design (1997). **Metals Handbook, 9th Edition** (designated by the letter "M"): **M1:** Properties and Selection: Irons and Steels (1978); **M2:** Properties and Selection: Nonferrous Alloys and Pure Metals (1979); **M3:** Properties and Selection: Stainless Steels, Tool Materials, and Special-Purpose Materials (1980); **M4:** Heat Treating (1981); **M5:** Surface Cleaning, Finishing, and Coating (1982); **M6:** Welding, Brazing, and Soldering (1983); **M7:** Powder Metallurgy (1984). **Engineered Materials Handbook** (designated by the letters "EM"): **EM1:** Composites (1987); **EM2:** Engineering Plastics (1988); **EM3:** Adhesives and Sealants (1990); **EM4:** Ceramics and Glasses (1991). **Electronic Materials Handbook** (designated by the letters "EL"): **EL1:** Packaging (1989)

ignition of ... **M7:** 194
metallic pigments ... **M7:** 593–596
particle shape ... **M7:** 60, 233, 234, 593
Flaked copper
applications ... **A2:** 402
Flakes *See also* Cooling cracks; Flaking; Hydrogen embrittlement; Hydrogen flaking; Thermal cracks ... **A13:** 6–7, 164, 242
AISI/SAE alloy steels ... **A12:** 310
as alloy segregation ... **A11:** 121
as notches ... **A11:** 85, 88
bright ... **A12:** 415
defined ... **A9:** 8, **A11:** 4
forging, as crack initiation site ... **A12:** 342
from hydrogen embrittlement ... **A11:** 28, 248
graphite ... **A11:** 360
graphite, gray iron fracture at ... **A12:** 225
high-carbon steels ... **A12:** 285
hydrogen, in forging ... **A11:** 88
hydrogen, in forgings ... **A17:** 492
in alloy steel billet ... **A9:** 175
internal, radiographic methods ... **A17:** 296
magnetic particle, for magnetic painting ... **A17:** 127
revealed by macroetching ... **A9:** 173
subsurface ... **A11:** 79
ultrasonic inspection of ... **A17:** 232
Flakes, formation of
in steels ... **A1:** 716–717
Flakiness ratio
definition ... **A7:** 263, 271
Flaking *See also* Flakes; Hydrogen flaking; Spalling ... **A7:** 653, **A18:** 259
as fatigue mechanism ... **A19:** 696
defined ... **A18:** 9
definition ... **A5:** 955
hydrogen, in tool steel ... **A11:** 574, 581
in bearing failures ... **A11:** 494
in closed-die forging ... **A14:** 82
in rolling-element bearings ... **A11:** 502–503
Flaky
definition ... **A7:** 263
Flame adjustment ... **M6:** 587
brazing of stainless steels ... **M6:** 1010
oxyacetylene braze welding ... **M6:** 596
Flame annealing ... **A4:** 285, **M4:** 506
defined ... **A9:** 8
Flame arrestors
P/M porous parts for ... **M7:** 700
Flame atomic absorption analysis
recommended practices ... **M7:** 249
Flame atomic absorption spectrometry
analytical sensitivities of ... **A10:** 47
and GFAAS, compared ... **A10:** 58
flame AES and flame AFS, compared ... **A10:** 45
parameters, for alloying elements in steels **A10:** 56
Flame atomic emission spectrometry, flame AES and flame AAS
compared ... **A10:** 45
Flame atomic fluorescence spectrometry, flame AES and flame AAS
compared ... **A10:** 45
Flame atomization ... **A10:** 48
Flame atomizers
atomic absorption spectrometry ... **A10:** 44–49
modification or salting ... **A10:** 54
technology of ... **A10:** 53
Flame classes
UL ... **EM2:** 77
Flame cleaning
definition ... **A5:** 955
equipment, materials, and remarks ... **A5:** 441
Flame cutting ... **A7:** 1080–1082, **M7:** 842–845
and mechanical cutting, compared for steam equipment ... **A11:** 602
and scarfing, powders used ... **M7:** 573, 842
applications ... **M7:** 844–845
definition ... **A6:** 1209
equipment ... **M7:** 842–844
of fracture surfaces ... **A11:** 19
of specimens ... **A12:** 76
roughness average ... **A5:** 147
Flame deposition
and drilling ... **A16:** 219
Flame emission spectroscopy ... **A10:** 28–29, 72
droplet sequence ... **A10:** 29
ionization interferences ... **A10:** 34
Flame gouges
in arc welds ... **A11:** 413
Flame hardening *See also* Gray iron, flame hardening ... **A20:** 484, 485–486, 487, **M1:** 528, 532, **M4:** 484–506
alloy steels ... **A5:** 737
annealing ... **A4:** 285, **M4:** 506
applications ... **A4:** 268, 275–276, **M4:** 484
benefits ... **A4:** 282, **A5:** 737
burners ... **A4:** 272–274
carbon steels ... **A5:** 737
cast irons ... **A4:** 284
combination progressive-spinning method **A4:** 270, 274, 280
control ... **A4:** 274–275
definition ... **A5:** 955
depth of hardness ... **A4:** 276–277
dimensional control ... **A4:** 281, 282, **M4:** 500–502
ductile iron ... **A15:** 659, **M1:** 37
equipment ... **A4:** 272–274
equipment maintenance ... **A4:** 277–278
fatigue resistance, effect on ... **M1:** 674
fuel gases ... **A4:** 270–272
gear materials ... **A18:** 261
gray cast iron ... **A5:** 695–696, **M1:** 29–30
gray iron ... **M4:** 539–541
hardenable steels ... **M1:** 457, 470
hardness ... **M4:** 487, 488, 494–496
malleable iron ... **A4:** 695–696, **M1:** 73
material selection ... **A4:** 283–285
medium-carbon steels ... **A12:** 265, 266
methods ... **A4:** 268–272, 274, 275, 276, 279, 280
operating procedures ... **A4:** 274–275
pattern of hardness ... **A4:** 276–277
preheating ... **A4:** 275–276, **M4:** 493–494
preventive maintenance ... **A4:** 278–279
problems ... **M4:** 499–500
problems and their causes ... **A4:** 280–281
process selection ... **A4:** 281–283, **M4:** 502–503
progressive method ... **A4:** 268–269, 271, 272, 274–276, 279
quenching ... **M4:** 498–499
quenching media ... **A4:** 280, **M4:** 499
quenching methods and equipment ... **A4:** 279–280
safety precautions ... **A4:** 279, **M4:** 497–498
scope ... **A4:** 268
spinning methods **A4:** 269–270, 271, 275, 276, 279
spot (stationary) method ... **A4:** 268, 269, 271, 275, 276, 279
stainless steels ... **A5:** 760–761
surface conditions ... **A4:** 281, **M4:** 500, 501
tempering ... **A4:** 281, **M4:** 500
Flame hardening, burners
air-fuel gas ... **A4:** 273, **M4:** 490
construction materials for ... **A4:** 273–274, **M4:** 491–492
gas consumption ... **A4:** 272, **M4:** 487–489
high-velocity convection ... **A4:** 273, **M4:** 491
mixer-burner system ... **A4:** 273, 274, **M4:** 491
oxy-fuel gas flame heads ... **A4:** 272–273, **M4:** 489–490
radiant type ... **A4:** 273
radiant-type ... **M4:** 490–491
Flame hardening, equipment maintenance
air-gas type burners ... **A4:** 278, **M4:** 497
carbon deposit ... **A4:** 277–278, **M4:** 496
corrosion ... **A4:** 278, **M4:** 496–497
electrical components ... **A4:** 278, **M4:** 497
flame heads ... **A4:** 277–278, **M4:** 496
mechanical components ... **A4:** 278, **M4:** 497
movable holding fixtures ... **A4:** 278, **M4:** 497
piping ... **A4:** 278, **M4:** 497
preventive maintenance ... **A4:** 278–279, **M4:** 497
Flame hardening, fuel gases
depth of heating ... **A4:** 270–271, **M4:** 487
time-temperature-depth relations ... **A4:** 271–272, **M4:** 488
Flame hardening, material selection
alloy steels ... **A4:** 283, 284, **M4:** 505, 506
applications ... **A4:** 283, 284, **M4:** 503–504
carbon steels ... **A4:** 283, 284, 285, **M4:** 504–505
cast iron ... **A4:** 283, 284, **M4:** 505, 506
Flame hardening, methods
progressive ... **A4:** 268–269, 271, 272, 274, 275, 276, 279, **M4:** 485
progressive-spinning, combination ... **A4:** 270, 274, 280, **M4:** 486
spinning ... **A4:** 269–270, 271, 275, 276, 279, **M4:** 485–486
spot (stationary) **A4:** 268, 269, 271, 275, 276, 279, **M4:** 485
Flame hardening, operating procedures
coupling distance ... **A4:** 275, **M4:** 492
examples ... **A4:** 274, 275, **M4:** 493, 494, 495
flame velocity ... **A4:** 274–275, **M4:** 492
gas pressures ... **A4:** 274, **M4:** 492
hardening temperatures ... **A4:** 275, **M4:** 492–493
operator skill tests ... **A4:** 274, **M4:** 492
oxygen-to-fuel ratio ... **A4:** 274, **M4:** 492
Flame heating
for thermal shock ... **A19:** 545
thermal fatigue test ... **A19:** 529
Flame impingement
effect of heat fluxes on ... **A11:** 606
in P/M die component ... **A11:** 573, 579
Flame plating ... **A18:** 644
Flame polishing
of glass ... **EL1:** 104
Flame propagation rate
definition ... **A6:** 1209
Flame reduction ... **A7:** 77
Flame resistance *See also* Combustion; Flame retardants; Flammability; Self-extinguishing resin ... **EM3:** 13
defined ... **EM1:** 11, **EM2:** 18
of prepregs ... **EM1:** 141
polyamide-imides (PAI) ... **EM2:** 129
unsaturated polyesters ... **EM2:** 248–249
Flame retardants ... **EM2:** 503–504, **EM3:** 13
as additive, effects ... **EM2:** 424
as polymer additives ... **EM2:** 67
defined ... **EM1:** 11, **EM2:** 18
effect, chemical susceptibility ... **EM2:** 573
in engineering thermoplastics ... **EM2:** 98
in rigid epoxies ... **EL1:** 813
in sheet molding compounds ... **EM1:** 158
in ultrahigh molecular weight polyethylenes (UHMWPE) ... **EM2:** 171
polyester resins ... **EM1:** 96
unsaturated polyesters ... **EM2:** 248–249
vinyl esters ... **EM2:** 272
Flame sources
applications ... **A10:** 29–30
as emission source for optical emission spectroscopy ... **A10:** 28–29
burner selection for ... **A10:** 28
Flame spray and fuse process
thermal spray coatings ... **A5:** 499
Flame spray or plasma metallizing
vs.selective plating ... **A5:** 278
Flame spray process ... **A20:** 475
design characteristics ... **A20:** 475
Flame spraying ... **A5:** 498–499, **A13:** 7, 459, **M7:** 5
alternative to hard chromium plating ... **A5:** 926
ceramic coatings ... **M5:** 534–536, 538–542, 546
ceramic coatings for adiabatic diesel engines ... **EM4:** 992
coating thickness, control of ... **M5:** 541–542
combustion system *See* Combustion flame spraying; Detonation gun systems
defined ... **EM2:** 18
definition ... **A5:** 956, **M6:** 7
equipment ... **M5:** 540–542
for metallizing by a liquid state ... **EM4:** 542, 543
fuse and flame spray method ... **M5:** 366
gravity-feed powder system ... **M5:** 540–542
in reaction sintering ... **EM4:** 292
metallic coating process for molybdenum ... **A5:** 859
oxygen-to-gas ratio ... **M5:** 367
plasma-arc *See* Plasma-arc thermal spray coating
pressure-feed powder system ... **M5:** 540
process steps ... **M5:** 539–540
rod spray system ... **M5:** 540–542
selective plating compared to ... **M5:** 300–301
surface preparation for ... **M5:** 539
thermal spray coating ... **M5:** 365–368
Flame spraying (FLSP)
cast irons ... **A6:** 715, 720
definition ... **A6:** 1209
Flame spread, and smoke emission
by polyester systems ... **EM1:** 95
Flame straightening *See also* Straightening
defined ... **A14:** 6

Flame temperature
torch soldering **A6:** 135
Flame tests
as qualitative wet analyses **A10:** 168
Flame treating **EM3:** 13
defined **EM2:** 18
Flame types **M6:** 587
Flame-retarding agents
as additives **EM2:** 503–504
Flaming of surface **EM3:** 35
Flammability *See also* Explosions; Fires; Pyrophoricity; Safety precautions **EM3:** 13
aluminum-lithium alloys **A2:** 182–183
as design consideration **EM2:** 1
defined **EM1:** 11, **EM2:** 18
high-impact polystyrenes (PS, HIPS) **EM2:** 199
hydrogen **M7:** 345
information sources on **EM2:** 93
liquid crystal polymers (LCP) **EM2:** 181
metals vs. plastic **EM2:** 77
of fluxes **EL1:** 644
of polyester resins **EM1:** 96
of polyether-imides (PEI) **EM2:** 158
of resins **EM1:** 135
plastic packages, additives for **EL1:** 475
polyether sulfones (PES, PESV) **EM2:** 160
polysulfones (PSU) **EM2:** 201
polyurethanes (PUR) **EM2:** 262
properties **EM2:** 78, 410, 642
rating, of laminates **EL1:** 536–537
sheet molding compounds **EM1:** 158
thermoplastic polyimides (TPI) **EM2:** 177
thermoplastic resins **EM2:** 618–619
thermosetting resins **EM2:** 223
unsaturated polyesters **EM2:** 248–250
water-base versus organic-solvent-base adhesives properties **EM3:** 86
Flammable ratings
criteria characteristics **EM1:** 358
Flammable solvent cleaners/removers
for liquid penetrant inspection **A17:** 75–76
Flammables
storage and handling **EM3:** 686
Flange
for stored-torque Kolsky bar **A8:** 220
hexagonal **A8:** 221–222
in torsional Kolsky bar test **A8:** 221–222
in upset test specimen **A8:** 580–581
Flange bearings **A18:** 741
Flange joint
laser-beam welding **A6:** 879
Flange joints
oxyfuel gas welding **M6:** 589–591
recommended grooves **M6:** 70, 72
Flange pulley, copper-steel **A7:** 1106, 1107
Flange weld
definition **A6:** 1209, **M6:** 7
Flange weld size
definition **A6:** 1209
Flanged edge joints
plasma arc welding **A6:** 198
Flanged holes
piercing of **A14:** 469
Flanges **A7:** 354, 776, 777–778, 781
accurate spacing of **A14:** 532
curved, by rubber-die forming **A14:** 615
defined **A14:** 6
stretch, stainless steel **A14:** 773
workpieces with, drawing **A14:** 585–586
Flanges, penetrameters/identification markers
radiographic inspection **A17:** 343
Flanging
curved, bending of **A14:** 530
definition **A20:** 833
hole **A14:** 531, 559
in sheet metalworking processes classification scheme **A20:** 691
limits **A14:** 530
rotary shearing **A14:** 706–707
rubber-die, failures in **A14:** 615
severe contour **A14:** 530
straight **A14:** 529
Flank wear **A18:** 610
defined **A18:** 9
Flank wear resistance
of cermets **A2:** 979
Flannel buffs **M5:** 118–119, 125
Flap polishing wheel **M5:** 109
Flap wheels **A5:** 104
for surface preparation **A17:** 52
Flare joints
radiographic inspection **A17:** 334
Flare stack tips
corrosion and corrodents, temperature range **A20:** 562
Flare test
defined **A8:** 5
Flare-bevel groove weld
definition **M6:** 7
Flare-bevel-groove weld
definition **A6:** 1209
Flareless fittings
as tension source for stress-corrosion cracking **A8:** 502
Flares
and signals, with metal fuels **M7:** 600, 602
powders used **M7:** 573
Flare-V-groove weld
definition **A6:** 1209, **M6:** 7
Flaring **A14:** 6, 633, 777
Flash *See also* Closed-die forging; Flash land **M7:** 5
as metallic projection casting defect **A11:** 381
decorative **A15:** 17
defined **A14:** 6, 50, **A15:** 5, **EM1:** 11, **EM2:** 18
definition **A6:** 1209, **M6:** 7
design, closed-die forging **A14:** 78–79
extension, defined **A14:** 6
FIM sample rupture as **A10:** 587
from pouring temperatures **A15:** 283
gutter **A14:** 50
historic applications **A15:** 16
in sintering atmospheres **M7:** 348–349
line, defined **A14:** 6
niobium forging **A14:** 237
pan, defined **A14:** 6
parting line **A15:** 192
recesses for **A14:** 89
reduction/elimination, in precision forging **A14:** 158
uniform **A14:** 280
Flash, adhesive
bonded joints **A17:** 612
Flash coat
definition **A5:** 956, **A6:** 1209, **M6:** 7
Flash dewaxing, as pattern removal
investment casting **A15:** 262
Flash evaporation vacuum coating **M5:** 391–392
Flash, forging
trimming of **M1:** 366
Flash gutter **A14:** 50
Flash land **A14:** 6, 50
corrugations in **A14:** 277
impression **A14:** 50
variations, closed-die forging **A14:** 79
Flash laser thermal diffusivity **A20:** 662
Flash lines
fatigue-crack origin at **A12:** 332
forging, medium-carbon steels **A12:** 258
Flash mold
defined **EM2:** 18
Flash (or flash plate)
definition **A5:** 956
Flash pickling
heat-resistant alloys **M5:** 564–565
nickel and nickel alloys **M5:** 670–671
Flash plating
thin-film hybrids **EL1:** 329–330
Flash point **A18:** 84
defined **A18:** 9
environmental protection standards for lubricant disposal **A18:** 87
of organic cleaner blends **EL1:** 663
Flash point test **A5:** 435
Flash radiography **A6:** 160
Flash temperature **A18:** 39–44
defined **A18:** 9
gears **A18:** 538
symbol and units **A18:** 544
Flash time
definition **A5:** 956
Flash weld
definition **M6:** 7
Flash welding **A6:** 247–248, **M6:** 557–580
applications **A6:** 247, **M6:** 557–558
argon gas purging **M6:** 558
auxiliary equipment **A6:** 247
backups **M6:** 564
clamping dies **M6:** 561–563
horizontally sliding **M6:** 562
materials **M6:** 562
pivot **M6:** 562
shape and size **M6:** 563
vertically sliding **M6:** 562
cleaning, preweld **M6:** 564
components of machine **A6:** 247
controls **A6:** 247
definition **A6:** 247, 1209, **M6:** 7
electrode cooling **M6:** 562–563
end preparation **M6:** 564
equipment **A6:** 247–248
fixtures **M6:** 562–564
flashing cam **A6:** 248
force **M6:** 559–560
hardness of welds **M6:** 577–578
heat sources **M6:** 558–559
direct current power supplies **M6:** 559
flashing **M6:** 558–559
frequency converters **M6:** 559
three-phase power supplies **M6:** 559
wave-shaping power supplies **M6:** 559
heat-affected zone **M6:** 569–571, 576–578
machine design **M6:** 560–561
adaptive controls **M6:** 560–561
automation **M6:** 560
flashing and upsetting mechanisms **M6:** 560–561
platens **M6:** 560
transformers **M6:** 560
metals welded **M6:** 557–558
miter joints **M6:** 565–566
of blanks **A14:** 451
oxygen depletion system **A6:** 248
postweld processing **M6:** 572–573
heat treating **M6:** 573
second upset **M6:** 572
sizing, straightening, forming **M6:** 573
testing **M6:** 573
weld flash removal **M6:** 572
power sources **A6:** 248
safety precautions **M6:** 59
silicon-controlled rectifier (SCR) contactors **A6:** 247, 248
specifications **M6:** 580
state-of-the-art welding unit components **A6:** 248
strength of welds **M6:** 578–579
subsequent processing **M6:** 574–576
weld defects **M6:** 579–580
cast metal entrapment **M6:** 579–580
circumferential crevices **M6:** 579
cracking in heat-affected zone **M6:** 559
decarburization **M6:** 580
inclusions **M6:** 580
intergranular oxidation **M6:** 580
voids **M6:** 580
weld properties **M6:** 558
weld quality variables **M6:** 573–574
alloy characteristics **M6:** 573–574

SUBJECTS OF THE INDEXED VOLUMES: ASM Handbook (designated by the letter "A"): **A1:** Properties and Selection: Irons, Steels, and High-Performance Alloys (1990); **A2:** Properties and Selection: Nonferrous Alloys and Special-Purpose Materials (1990); **A3:** Alloy Phase Diagrams (1992); **A4:** Heat Treating (1991); **A5:** Surface Engineering (1994); **A6:** Welding, Brazing, and Soldering (1993); **A7:** Powder Metal Technologies and Applications (1998); **A8:** Mechanical Testing (1985); **A9:** Metallography and Microstructures (1985); **A10:** Materials Characterization (1986); **A11:** Failure Analysis and Prevention (1986); **A12:** Fractography (1987); **A13:** Corrosion (1987); **A14:** Forming and Forging (1988); **A15:** Casting (1988); **A16:** Machining (1989); **A17:** Nondestructive Evaluation and Quality Control (1989); **A18:** Friction, Lubrication, and Wear Technology (1992); **A19:** Fatigue and Fracture (1996); **A20:** Materials Selection and Design (1997). **Metals Handbook, 9th Edition** (designated by the letter "M"): **M1:** Properties and Selection: Irons and Steels (1978); **M2:** Properties and Selection: Nonferrous Alloys and Pure Metals (1979); **M3:** Properties and Selection: Stainless Steels, Tool Materials, and Special-Purpose Materials (1980); **M4:** Heat Treating (1981); **M5:** Surface Cleaning, Finishing, and Coating (1982); **M6:** Welding, Brazing, and Soldering (1983); **M7:** Powder Metallurgy (1984). **Engineered Materials Handbook** (designated by the letters "EM"): **EM1:** Composites (1987); **EM2:** Engineering Plastics (1988); **EM3:** Adhesives and Sealants (1990); **EM4:** Ceramics and Glasses (1991). **Electronic Materials Handbook** (designated by the letters "EL"): **EL1:** Packaging (1989)

alloy depletion **M6:** 574
compositional effects. **M6:** 574
prior heat treatment **M6:** 574
section shape **M6:** 573
weldability ratio. **M6:** 573
welding cycle **M6:** 570
welding parameters. **M6:** 558
welding schedules **M6:** 576
bar **M6:** 577
plate **M6:** 577
tube **M6:** 577
welding sequence **M6:** 566–571
burnoff. **M6:** 567
flashing **M6:** 568–569
preheating. **M6:** 567–568
upset current. **M6:** 571
upsetting **M6:** 569–571
workpiece extension from dies **M6:** 571
workpiece alignment **M6:** 564–565
workpiece design. **M6:** 571–572
heat balance **M6:** 571–572
wrought martensitic stainless steels. **A6:** 441

Flash welds
failure origins **A11:** 442–443
in pipe **A11:** 698

Flash-back **M7:** 348–349
definition **M6:** 7
in premix burners **A10:** 28

Flashback arrester
definition **M6:** 7

Flashbacks **A6:** 1201

Flash-butt welding
aluminum metal-matrix composites **A6:** 558
definition. **A6:** 1209
in joining processes classification scheme **A20:** 697
precipitation-hardening stainless steels **A6:** 492
titanium alloys **A6:** 522

Flashing **A6:** 842–843, 844
control. **M6:** 559
definition **M6:** 558
machine design **M6:** 561–562
surfaces in flash welding **M6:** 558–559
voltages. **M6:** 559

Flashing time
definition **M6:** 7

Flashless forging
with knuckle-drive mechanical press **A14:** 172–173

Flask method, Schöniger
for common elements **A10:** 215

Flask pin guides
use **A15:** 190

Flaskless molding **A15:** 37, 341

Flask(s) *See also* Coke bed; Cope; Drag
defined **A15:** 5–6, 341
for match plate pattern plaster mold
casting **A15:** 245
in plaster molding **A15:** 243
molding, flaskless. **A15:** 341
molds, types, green sand molding. **A15:** 341
pattern, purpose **A15:** 190
snap *See* Snap flask
tight **A15:** 341
Unicast process. **A15:** 251

Flat cleavage fracture
irons **A12:** 219

Flat conductor
microstripline properties. **EL1:** 602

Flat deck vibratory shakeout device
green sand molding **A15:** 347

Flat die forging *See* Open-die forging

Flat dies
as CAD/CAM application **A14:** 323–324
for forging solid cylinder. **A14:** 67
for four-diameter spindle **A14:** 68
for gear blank and hub **A14:** 67–68
for hot extrusion **A14:** 320, 323
for hot forging **A14:** 43

Flat frequency sensors
acoustic emission inspection **A17:** 280

Flat glass
applications **EM4:** 379, 1015
composition ranges **EM4:** 382
strength a key factor **EM4:** 741

Flat grip
for axial fatigue testing **A8:** 369

Flat honing **A5:** 98, 99–100
definition. **A5:** 956

process features. **A5:** 99

Flat part polishing machines **M5:** 122–123

Flat plate impact test **A8:** 210–211

Flat plates *See also* Plate
ECP surface flaw detection **A17:** 137–138
radiographic inspection **A17:** 332
solidification of **A15:** 606

Flat position
definition **A6:** 1209, **M6:** 7

Flat rolling *See also* Plate(s)
defined **A14:** 343
in bulk deformation processes classification
scheme **A20:** 691

Flat sheet *See also* Sheet metals; Sheetforming
as encapsulation material **M7:** 429
rotary shearing **A14:** 705–707
shearing of **A14:** 701–707
straight-knife sheaning **A14:** 701–705

Flat sheet specimen
for fatigue testing. **A8:** 371–372

Flat sheet specimens
fatigue corrosion testing **A13:** 293

Flat springs **A1:** 302, 305, 306, 307
steel. **M1:** 287–288, 290, 299

Flat steel wire
definition **M1:** 259

Flat tape laying **EM1:** 624–630
machines, commercial. **EM1:** 626–627
machines, government sponsored . . . **EM1:** 625–626
manual lay-up **EM1:** 624
operating parameters. **EM1:** 627–628
tape placement machines **EM1:** 628
tape preparation machine **EM1:** 627
time requirements **EM1:** 629
waste strip **EM1:** 628, 630

Flat welding
arc welds of coppers. **M6:** 402
flux cored arc welds. **M6:** 105–107
gas metal arc welds of coppers. **M6:** 417
indication by electrode classification **M6:** 84
oxyfuel gas welds **M6:** 589
shielded metal arc welds **M6:** 76, 85, 88, 441
of nickel alloys. **M6:** 441
submerged arc welds. **M6:** 134

Flat wire **A1:** 277

Flat-back dies
roll forging. **A14:** 97

Flatbed *x-y* **recorder** **A8:** 617

Flat-belt drive gear **M7:** 667

Flat-body two-terminal products **EL1:** 431

Flat-face tensile fractures
defined **A11:** 82
equiaxed dimples on **A11:** 76
in aluminum alloy plate **A11:** 76
in ductile materials **A11:** 76, 82
in sheet or plate **A11:** 109, 110

Flat-film extrusion
products. **EM2:** 384–385

Flatness **A14:** 73, 480–481
of porcelain enameling **A13:** 448
steel sheet and strip **M1:** 157, 160–161

Flatness, control of
in carbon steel sheet and strip **A1:** 205–206

Flatness of abraded surfaces. **A9:** 39
effect of polishing materials on **A9:** 40

Flatpacks
as hybrid package form **EL1:** 451
bottom-brazed **EL1:** 992–993
ceramic **EL1:** 206
ceramic and metal, as package family **EL1:** 404
die attachments **EL1:** 213–217
glass-sealed **EL1:** 993
package outline. **EL1:** 206
sealing of. **EL1:** 237
welding processes. **EL1:** 240

Flat-rolled products
aluminum and aluminum alloys **A2:** 5
angle-beam ultrasonic inspection. **A17:** 270
mechanized inspection **A17:** 270
silicon steels, as magnetically soft
materials **A2:** 766–769
straight-beam edge ultrasonic
inspection **A17:** 269–270
straight-beam top ultrasonic
inspection **A17:** 268–269
wrought aluminum alloy **A2:** 33
zinc and zinc alloy. **A2:** 531

Flats
defined **EM2:** 18

Flat-seam underground mining
cemented carbide tools **A2:** 975

Flat-spring failure
edge defect **A11:** 559

Flatteners **A14:** 44, 713

Flattening
defined **A14:** 6
wrought titanium alloys **A2:** 619

Flattening dies **A14:** 6, 536

Flattening test
defined **A8:** 6

Flat-type Brinell indentation. **A8:** 85

Flatware
copper and copper alloys **A14:** 822

Flatwise tension test **EM3:** 535, 536
polybenzimidazoles **EM3:** 171

Flavor components
IR determination of. **A10:** 109

Flaw *See also* Defect; Discontinuities
definition **A6:** 1209, **M6:** 7

Flaw characterization *See also* Cracks; Defects;
Discontinuities; Flaw(s)
by electric current perturbation. **A17:** 140–141
magnetic **A17:** 131

Flaw depth
effect, microwave inspection **A17:** 211
ultrasonic inspection **A17:** 240

Flaw detection **EM3:** 521–532
adhesive defects **EM3:** 521–522
categories **EM3:** 522
and evaluation **A17:** 49–50
by electric current perturbation. **A17:** 136
computed tomography (CT) **A17:** 364
effects of defects **EM3:** 522–526
in fan-disk blade slots, by ECP **A17:** 138
NDE reliability models **A17:** 702
of steel bar and wire **A17:** 557
through spindle wall thickness. **A17:** 139
ultrasonic, cold-drawn wire **A17:** 552
weak bond inspection **EM3:** 529–531

Flaw growth
in damage tolerance. **A17:** 669
prediction, and NDE reliability. **A17:** 663

Flaw leakage field
detection **A17:** 129–135

Flaw location
pressure vessels. **A17:** 656
ultrasonic inspection **A17:** 240

Flaw size *See also* Size; Sizing. **A19:** 6
and sample size, in NDE reliability
experiments **A17:** 694
and test frequency, eddy current
inspection. **A17:** 194
as proportional to signal amplitude **A17:** 131
distribution **A17:** 663
in damage tolerance design **A17:** 702
in NDE reliability **A17:** 663–664
initial, in fracture control/damage
tolerance. **A17:** 668
models of. **A17:** 702
percentage of back reflection technique . . . **A17:** 263
ultrasonic inspection **A17:** 240

Flaws *See also* Crack detection; Crack growth;
Cracks; Defects; Discontinuities; Flaw
characterization; Flaw detection; Flaw growth;
Flaw size; Flaw thickness; Inclusions; Interior
flaws; Internal defects; Material flaws;
Nonmetallic inclusions; specific flaw types;
Subsurface flaws; Surface flaws
activated **A7:** 55
and strength prediction **EM1:** 432
as frequency shifts, microwave inspection **A17:** 222
casting, radiographic appearance. **A17:** 348–349
casting types, ultrasonic inspection. . . **A17:** 267–268
damage tolerances of **EM1:** 265
defined **A17:** 49, 232
effective, interlaminar **EM1:** 241–244
forging, types **A17:** 491–494
fracture-initiating **A11:** 748
in bonded joints **EM1:** 486
in double submerged arc welded
steel pipe **A17:** 565
in particles. **M7:** 59
in resistance-welded steel tubing **A17:** 562
in seamless steel tubular products. **A17:** 7–568

420 / Flaws

Flaws (continued)
in semiconductors, radiographic
appearance **A17:** 350–351
in steel bar and wire. **A17:** 549–550
in tubular products **A17:** 561
internal, fatigue fracture from **A12:** 279
interface, free-edge. **EM1:** 241
liquid penetrant inspection. **A17:** 86
location **A17:** 50
material, in ceramics. **A11:** 748–751
planar. **A17:** 50
radiographic appearance. **A17:** 348–351
reworking of. **A17:** 86–87
shape **A17:** 50, 131
shape parameter curves. **A11:** 108
size **A17:** 50
size, variation with crack length **EM1:** 255
small, electric current perturbation for. . . . **A17:** 137
small, impedance changes by **A17:** 173
surface, fatigue crack growth from **A12:** 420
surface, fatigue fracture from. **A12:** 279
thickness, ultrasonic inspection **A17:** 240
type, in NDE reliability **A17:** 663
volume, and signal amplitude, magnetic
characterization. **A17:** 131
volumetric **A17:** 50
vs. defect, defined **A17:** 49

Flax
as natural fiber **EM1:** 117

Flax-reinforced organic matrix composites. . **EM1:** 117

Fleck's model **A7:** 332

Fleet testing
dispersant effectiveness **A18:** 100

Flemings, M.C
semisolid metal casting/forging **A15:** 327

Flesch Reading Ease Formula **A20:** 144

Fletcher-Reeves' conjugate direction
algorithm **A20:** 211

Flex roll
defined **A14:** 6

Flex rolling
defined **A14:** 6
effect on Luders lines **A8:** 553

Flexed-beam impact tests **EM2:** 556–557

Flexed-plate impact tests **EM2:** 557

Flexibility **A8:** 6, **EM3:** 13
and process selection **EM2:** 277
as process factor. **A20:** 299
low-temperature **EM2:** 203
mer, and melt properties **EM2:** 57, 62
of epoxy composites. **EM1:** 73
of metal casting **A15:** 39–41
of organic-coated steels **A14:** 565
of tension testing machine **A8:** 50

Flexibilizer *See also* Plasticizer **EM3:** 13
as modifier. damping effects **EM1:** 215
defined **EM1:** 11, **EM2:** 18

Flexibilizers
types for flexible epoxies . . . . **ELI:** 818–819

Flexible borescopes
types. **A17:** 5–10

Flexible envelope **M7:** 296

Flexible epoxies *See also* Epoxies; Epoxy; Epoxy
materials; Rigid epoxies
applications, typical . . . . **ELI:** 818–820
available forms. . . . . **ELI:** 817
design trade-offs. **ELI:** 821
flexibilizers, types . . . . **ELI:** 818–823
materials . . . . **ELI:** 817–818
one- and two-component systems. . . . **ELI:** 817–818
premixed/frozen . . . . **ELI:** 818
testing . . . . **ELI:** 820–821

Flexible fabrication **A7:** 433

Flexible fiberscopes **A17:** 5

Flexible gages *See* Coordinate measuring machines
(CMMs)

Flexible hinge *See* Flexure pivot bearing

Flexible inspection systems *See* Coordinate
measuring machines (CMMs)

Flexible manufacturing systems
inspection of **A17:** 18

Flexible manufacturing systems (FMS) A16: 397–403
fixtures **A16:** 404, 407

Flexible molds
defined **EM2:** 18
defned. **EM1:** 11

Flexible polyurethane foams **EM2:** 603

Flexible printed boards *See also* Boards; Flexible
printed wiring (FPW); Printed wiring boards
(PWBs); Rigid printed wiring
boards. . . . . **ELI:** 578–596
advantages/limitations . . . . **ELI:** 578–581
analysis and layout . . . . **ELI:** 594–596
cost effective design . . . . **ELI:** 592–593
cost effectiveness parameters. . . . . **ELI:** 593–594
design considerations . . . . **ELI:** 584–586
electrical design considerations . . . . . . **ELI:** 586–588
manufacturing . . . . **ELI:** 581–584
mechanical design considerations. . . . **ELI:** 588–592
rework processes . . . . **ELI:** 712

Flexible printed wiring (FPW) *See also* Flexible
printed boards; Wiring
advantages/limitations . . . . **ELI:** 578–581
analysis and layout . . . . **ELI:** 594–596
design elements of cost-effective. . . . . **ELI:** 592–593
design trade-offs . . . . **ELI:** 584–586
fabrication . . . . **ELI:** 580–581
protective coatings, properties. . . . . **ELI:** 583
type comparison. **ELI:** 580

Flexible transfer lines
as coordinate measuring machine
application **A17:** 18

Flexible-die forming *See* Rubber-pad forming

Flexible-die forming presses **A14:** 503

Flexing
paints selected for resistance to. **A5:** 423

Flexural
failure, defined. . . . . **ELI:** 1144
fatigue, flexible printed boards . . . . **ELI:** 588
strength, flexible epoxies. . . . . **ELI:** 821

Flexural characteristics
acid effects, unsaturated polyesters **EM2:** 247
and impact strength. **EM2:** 280
cyanates **EM2:** 238
phenolics **EM2:** 244
polyaryl sulfones (PAS) **EM2:** 146
polyarylates (PAR). **EM2:** 140
polyaryletherketones (PAEK, PEK, PEEK,
PEKK) **EM2:** 143
polyether imides (PEI). **EM2:** 157
polyether sulfones (PES, PESV). **EM2:** 160
polyethylene terephthalates (PET). **EM2:** 173
unsaturated polyesters **EM2:** 248
urethane hybrids. **EM2:** 269
vinyl esters **EM2:** 274

Flexural creep *See also* Flexural characteristics
styrene-maleic anhydrides (S/MA). **EM2:** 219

Flexural damping *See also* Damping; Damping
properties analysis
fiber volumee fraction effects. **EM1:** 208

Flexural fatigue test. **A1:** 861

Flexural fatigue tests
reliability **M1:** 676

Flexural modulus *See also* Flexural characteristics;
Modulus. **EM3:** 13
defined **EM1:** 11, **EM2:** 18
definition **A20:** 833
long-term exposure testing **EM1:** 825
polyester resins. **EM1:** 90–92
sheet molding compounds **EM1:** 158

Flexural rigidity **A18:** 580

Flexural strength **EM3:** 13
defined **EM1:** 11, **EM2:** 18
definition **A20:** 833
fabric, construction effects **EM1:** 149
long-term exposure testing **EM1:** 825
of epoxy resin matrices **EM1:** 73
polyester resins. **EM1:** 91, 92
retention with aging. **EM1:** 93
sheet molding compounds **EM1:** 158
test **EM1:** 299
vs. temperature, glass-polyester
composites **EM1:** 93

Flexural test **EM1:** 299, **EM4:** 36

Flexure
defined **A8:** 6
effects in resin-matrix composites. . . . **A12:** 475–478

Flexure fatigue
zirconium alloys **A2:** 669

Flexure pivot bearing
defined **A18:** 9

Flexure stress
definition **EM4:** 632

Flexure system
for crack and lever testing machine . . . **A8:** 369–370

Flight and ground operations tests
Task III, USAF ASIP full-scale testing. . . . **A19:** 582

Flight data recorders **A19:** 568

Flight engine test
ENSIP Task IV, ground and flight engine
tests. **A19:** 585

Flight service evaluation
composite materials **EM1:** 823, 826–831

Flight simulation fatigue test **A19:** 115

Flight simulation load history **A19:** 115

Flight simulation loading **A19:** 124

Flight simulation tests. **A19:** 116, 122, 123

Flight tube
for atom probe microanalysis **A10:** 591

Flight vibration test
Task III, USAF ASIP full-scale testing. . . . **A19:** 582

Flint
in typical ceramic body compositions. **EM4:** 5
natural abrasive **A16:** 434

Flint clay
refractory material composition. **EM4:** 896

Flint glass
applications, glass containers **EM4:** 1082
iron content. **EM4:** 378

Flip-chip assembly
and silicon bump technology. . . . . **ELI:** 440
failure mechanisms . . . . **ELI:** 1047
modular. . . . . **ELI:** 442
on active silicon substrate . . . . **ELI:** 442

"Flip-chip" bonding **A6:** 133

Float
defined **EM1:** 150
mechanical properties effect of **EM1:** 150

Float architectural
defect inclusion levels **EM4:** 392

Float automotive
defect inclusion levels **EM4:** 392

Float glass. **EM4:** 453
defects and cost of losses **EM4:** 392
iron content. **EM4:** 378
process **EM4:** 21

Float process. **EM4:** 377
display glass properties. **EM4:** 1048–1049

Float structure, deep-submergence vessel
inspection of. **A17:** 114–115

Floating bearing
defined **A18:** 9

Floating cams
for farm planters **M7:** 673

Floating chase
defined **EM2:** 19

Floating die **M7:** 5
defined. **A14:** 6
tooling systems **M7:** 333

Floating die pressing **M7:** 5

Floating die table. **A7:** 316

Floating layer emulsion cleaning **M5:** 33–34

Floating plug **A14:** 6, 331

Floating, sheet
in ceramics processing classification
scheme **A20:** 698

SUBJECTS OF THE INDEXED VOLUMES: ASM Handbook (designated by the letter "A"): **A1:** Properties and Selection: Irons, Steels, and High-Performance Alloys (1990); **A2:** Properties and Selection: Nonferrous Alloys and Special-Purpose Materials (1990); **A3:** Alloy Phase Diagrams (1992); **A4:** Heat Treating (1991); **A5:** Surface Engineering (1994); **A6:** Welding, Brazing, and Soldering (1993); **A7:** Powder Metal Technologies and Applications (1998); **A8:** Mechanical Testing (1985); **A9:** Metallography and Microstructures (1985); **A10:** Materials Characterization (1986); **A11:** Failure Analysis and Prevention (1986); **A12:** Fractography (1987); **A13:** Corrosion (1987); **A14:** Forming and Forging (1988); **A15:** Casting (1988); **A16:** Machining (1989); **A17:** Nondestructive Evaluation and Quality Control (1989); **A18:** Friction, Lubrication, and Wear Technology (1992); **A19:** Fatigue and Fracture (1996); **A20:** Materials Selection and Design (1997). **Metals Handbook, 9th Edition** (designated by the letter "M"): **M1:** Properties and Selection: Irons and Steels (1978); **M2:** Properties and Selection: Nonferrous Alloys and Pure Metals (1979); **M3:** Properties and Selection: Stainless Steels, Tool Materials, and Special-Purpose Materials (1980); **M4:** Heat Treating (1981); **M5:** Surface Cleaning, Finishing, and Coating (1982); **M6:** Welding, Brazing, and Soldering (1983); **M7:** Powder Metallurgy (1984). **Engineered Materials Handbook** (designated by the letters "EM"): **EM1:** Composites (1987); **EM2:** Engineering Plastics (1988); **EM3:** Adhesives and Sealants (1990); **EM4:** Ceramics and Glasses (1991). **Electronic Materials Handbook** (designated by the letters "EL"): **ELI:** Packaging (1989)

Floating soap
powder used.......... M7: 573
Floating zone technique for purifying metals M2: 710
Floating-blade reamers A16: 241, 244, 246
Floating-ring bearing
defined.......... A18: 9
Floating-threshold techniques
acoustic emission inspection A17: 285
Floating-zone refining technique
for ultrapurification.......... A2: 1093–1094
Float-zone process.......... EL1: 191–192
Flocculants
as electrolytes for ceramic coatings.......... EM4: 955
Flocculate
definition.......... A5: 956
Flocculating
definition.......... A5: 956
Flocculating agents
plating wastes treated with.......... M5: 313–314
Flocculation A7: 220, 422
Flock
defined.......... EM2: 19
Flock point A18: 87
defined.......... A18: 9
Flocking.......... EM3: 13
defined.......... EM2: 19
definition.......... A5: 956
Floe process A20: 488
Flood application
of lubricants A14: 515
Flood lubrication (bath lubrication)
defined.......... A18: 9
Floor beam
-girder connection plates.......... A11: 712
tied-arch.......... A11: 714
Floor linoleum
powders used.......... M7: 572
Floor materials
breweries.......... A13: 1222
Floor molding
defined.......... A15: 6
for dry sand molding.......... A15: 228
Floor plastics
powders used.......... M7: 572
Flop forging
defined.......... A14: 6
Floppers
definition.......... A5: 956
Florad FC-721/FC-723 fluoropolymer coating.......... EL1: 782
Flory-Rehner equation.......... EM3: 413
Flotation
definition.......... A5: 956
Flotation, carbon
in iron castings.......... A11: 358
Flow *See also* Creep; Flow curves; Flow lines; Flow localization; Flow rate; Flow stress; Flowability; Fluid flow; Leakage; Liquid(s); Metalflow; Plastic definition; Plastic flow; Slip; Yield.......... A8: 6, EM3: 13
amorphous materials and metallic glasses .. A2: 813
defined A11: 4, EM1: 11, EM2: 19
depth, effect, crack propagation.......... A13: 277
design effects.......... A13: 340
detection methods A17: 60–61
direction, in magnetic field A17: 90
eddy current.......... A17: 165–166
enhanced plastic.......... A13: 165
fluid.......... A17: 60, 285
flux.......... A17: 91
grain *See* Grain flow
in leaks, types.......... A17: 58
-line, and gage penetration in specimen ends, micrograph.......... A8: 590
line, defined EM1: 11
lines, defined A11: 4, 316
liquid, Reynold's numbers and A15: 591
marks, as casting defects.......... A11: 384
marks, defined EM1: 11
micro-, resin, in composites A11: 742, 743
molecular weight effects, graphite fiber-PMR-15 composite.......... EM1: 811
of flexible epoxies EL1: 821
of unidirectional tape prepreg EM1: 144
patterns, in forging A11: 319–320
plastic, tear ridges from A12: 224
properties, Charpy V-notch screening test for A8: 263
properties degradation, by hydrogen damage.......... A13: 164
properties, effect of strain rate on A8: 38–45
resin, in cure cycle.......... EM1: 753–755
strength A11: 138
strength, of crack growth specimen.......... A8: 381
stress.......... A11: 50, 102, 113
types, in gating.......... A15: 591–592
velocity, effect on erosion damage ... A11: 165–166
wet steam, erosion-corrosion A13: 964–971
Flow brazing
definition M6: 8
Flow brightening
definition A5: 956, M6: 8
Flow brightening (soldering)
definition.......... A6: 1209
Flow cavitation
defined.......... A18: 9
Flow cell systems
absorbance-subtraction studies of A10: 116
Flow chart
cleaning, of castings A15: 712–713
computer-aided dimensional inspection ... A15: 557
for green sand casting A15: 205
for investment casting.......... A15: 206
for Replicast CS process.......... A15: 270
for rheocasting A15: 207
foundry, typical A15: 502
macro-micro modeling, of solidification... A15: 888
metal casting system A15: 344
of foundry operations.......... A15: 203–207
Flow coating A5: 428–429, A13: 447, 1015
ceramic coatings M5: 538
definition.......... A5: 956
equipment for A5: 428, 429
of conformal coatings.......... EL1: 764
of silicone conformal coatings.......... EL1: 773–774
of urethanes EL1: 779–780
paint *See* Paint and painting, flow coating
porcelain enamel.......... M5: 516–518
Flow continuity equation.......... A18: 90
Flow curve *See also* True stress/true strain curve
cyclic, grain coarsening.......... A8: 175
defined.......... A8: 23
for austenitic stainless steel torsion tests A8: 161–162
for carbon steel, torsion and tension testing A8: 163, 165
for length-to-diameter specimen ratios A8: 156–157
for low-carbon austenitic steel in torsion... A8: 175
for Waspaloy A8: 162–163
in torsion testing A8: 161–162
isothermal high strain rate, stress-temperature plots for.......... A8: 161
metal torsion test, dynamic recovery at hot working temperatures.......... A8: 173
room temperature, in tension and torsion for copper A8: 162–164
shape from maximum load to fracture.......... A8: 23
single-peak, grain refinement A8: 175
Flow curves
generation, by hot compression testing ... A14: 439
process modeling of.......... A14: 418–419
Flow diagram
environmental stress screening EL1: 884
Flow factor A7: 288
Flow injection analysis.......... A10: 55, 690
Flow law A20: 632
Flow laws
shear stress derivations for.......... A8: 182–184
Flow line *See* Weld line
Flow lines.......... A9: 686–687
as ALPID results A14: 427–428
contours, micrographs.......... A14: 382
defined A8: 6, A9: 8, A14: 6
definition.......... A5: 956
in billet, modeling A14: 428
in forged steel hook.......... A14: 367
in forging.......... A14: 427
revealed by macroetching.......... A9: 174
Flow lines, as defect
semisolid alloys A15: 337
Flow lines, in wrought products
as optical metallography structural parameter A10: 302–303
Flow localization A1: 584–585, A20: 304
analyses.......... A8: 169–173
as adiabatic shear bands.......... A8: 155
by shear band formation.......... A8: 589
-controlled failures, torsion sheet for A8: 154
controlled fracture tests A8: 588–589
distributed gage volume to detect.......... A8: 589–590
from flow softening A8: 573
hot compression test for.......... A8: 583
of deformation A8: 573
zones by sectioning and metallographic preparation A8: 588–589
Flow localization by shear band.......... A14: 385
and workability A14: 364–365
tests A14: 384–385
Flow losses.......... A20: 199
Flow marks
defined.......... EM2: 19
Flow meter.......... M7: 5
Hall, for apparent density.......... M7: 273–274
Hall, for powder flow M7: 278–279
Lea and Nurse permeability apparatus with.......... M7: 264
Flow method
average application painting efficiency.......... A5: 439
Flow molding
defined.......... EM2: 19
Flow plating process
selective plating M5: 295–297
Flow potential.......... A20: 632
Flow potential parameters.......... A20: 632
Flow, powder *See also* Flow meter; Flow rate; Flowability M7: 187–189
direction under pressure M7: 300
effect of lubrication in compacts M7: 302
factor.......... M7: 5
stress.......... M7: 300
test.......... M7: 5
Flow pressure.......... A18: 43
Flow process
alkaline cleaning M5: 23
Flow proportional detector
wavelength-dispersive spectrometer.......... A10: 520
Flow rate *See also* Flow; Pouring; Pouring time; Yield M7: 5, 278–281
and angle of repose M7: 284–285
and apparent density, electrolytic iron powders.......... M7: 273
by empirical methods.......... M7: 297
chemical process, variable A13: 1136
conversion factors A8: 722, A10: 686
effect of particle size M7: 297
effects of lubricants.......... M7: 190, 279, 280
fluid, aqueous corrosion A13: 40
Hall and Carney funnels for.......... M7: 279
impact on aqueous corrosion current.......... A13: 34
in aqueous environment synthesis.......... A8: 416
in chemical cleaning A13: 1142
low alloy steel powder M7: 102
nonfunnel testing M7: 279–280
of abrasives.......... A15: 516–517
of electrolytic copper powders M7: 114–115
pouring.......... A15: 500
testing.......... M7: 278–279
variables affecting.......... M7: 280–281
vs. time, gating system A15: 597
Flow rate of metal powders, specifications ... A7: 163, 296, 698, 1098
Flow rule A19: 550–551
unified model used for thermomechanical fatigue σ-ε prediction A19: 549
Flow softening.......... A8: 155, 172, 177, 573, A20: 304, 733, 734
Flow strength, and forgeability
effects.......... A14: 76
Flow stress... A7: 25, 366, 625, 626, A8: 6, A20: 344, 692, 732, 740, 776
aluminum alloy forgings A14: 241
and deformation heating.......... A8: 161
and forging pressure A1: 585
and workability as function of temperature.......... A14: 166–170
and workability of metals.......... A20: 304
as athermal component and effective stress.......... A8: 256
at cold working temperatures.......... A8: 575
at hot working temperatures.......... A8: 161–162, 575

Flow stress (continued)
behavior at hot and cold working temperatures **A8:** 161–162, 575
body-centered cubic metals. **A8:** 224
constrained **A8:** 577
curve, compressive, with strain softening . . **A8:** 583
definition. **A20:** 833
dependence on strain and strain rate **A8:** 44
dependence on strain rate for 1100-O aluminum **A8:** 236–237
during torsion testing. **A8:** 160–163, 172
effect of strain rate **A8:** 38, 39
effect of structure. **A14:** 171
effect of temperature-strain-time history on **A9:** 688–691
for closed-die forging. **A14:** 75
for cubic metals, effect of strain rate or temperature change **A8:** 223, 226
for Nb-V microalloyed steel. **A8:** 179
in 304L stainless steel **A8:** 602
in compression. **A14:** 375–376
in hot compression **A8:** 582–583
in Waspaloy **A8:** 162–163
of aluminum deformed in torsion **A8:** 178–179
of copper, effect of strain-rate history **A8:** 179
of copper in torsion, strain rate effect **A8:** 177–178
of forged titanium alloys **A14:** 268–270
of heat-resistant alloys. **A14:** 232
of hexagonal close-packed metals **A8:** 223–224
of high-purity aluminum during rolling **A8:** 179
plane-strain **A8:** 577
-strain rate relationships, process modeling **A14:** 419
temperature and strain rate effect during torsion **A8:** 178
temperature and strain rate effects **A14:** 151
-temperature relations, process modeling **A14:** 419–420
torsion test for **A8:** 154
-true strain, equations **A14:** 418
-true strain rate, equations **A14:** 419
typical flow curves for **A8:** 161–162
vacuum-melted iron, continuous heating/cooling effect. **A8:** 177
variations, precision forging. **A14:** 161
vs. extrusion rate, aluminum alloys **A14:** 317
vs. strain rate, aluminum alloy forging . . . **A14:** 242
Zener-Hollomon parameter in. **A8:** 162–163
Flow stress of binder in situ **A19:** 390
Flow stress (τ_f) **A19:** 44, 84, 85
Flow system **A20:** 126–127
Flow through
defects **A14:** 385
defined **A14:** 6
Flow turning *See also* Shear spinning
refractory metals and alloys **A2:** 562
Flow welding
definition **M6:** 8
Flowability
cellulose addition effects. **A15:** 211
control by high-energy milling **M7:** 69
defined **A15:** 6
definition **M6:** 8
effect on powder compact **M7:** 211
in milling of single particles **M7:** 59
of composite powders. **M7:** 173
of platinum powders **M7:** 150
Flow-assisted corrosion **A18:** 223
Flower design
contour roll forming **A14:** 629
Flow-function of the solid **A7:** 288
Flow-function test, idealized **A7:** 288
Flowing wells
oil/gas corrosion. **A13:** 1248–1250
Flowing-gas proportional detectors
for x-ray spectrometers **A10:** 88
Flowmeter capillary **A7:** 277–278
Flow-on methods
for liquid penetrant developers **A17:** 79

Flows. **A20:** 21, 22, 23, 30
across interfaces **A20:** 24
Flow-through defect
in closed-die forging **A8:** 590, 594
Flow-through water-cooled copper mold
in casting machine. **A15:** 311
Fluctuating stress
in shafts. **A11:** 461
Fluctuating stresses. **A19:** 3, 451
Flue gas. **A13:** 137, 1199–1200
corrosion **A11:** 619
thermal resistance to steam **A11:** 604
Flue gas desulfurization
alloy compositions for. **A13:** 1368
dew point corrosion **A13:** 1001–1004
emission-control equipment for . . . **A13:** 1367–1368
nickel-base alloys applications in. **A13:** 654
stainless steel corrosion. **A13:** 561
systems, corrosion of **A13:** 1004–1006
Flue gas desulfurization (FGD) applications . . **A6:** 746
Flue gas desulfurization (FGD) systems. **A6:** 593
Fluence **A5:** 605
Fluid bearing *See* Hydrostatic bearing
Fluid bed cooler
for sands **A15:** 350
Fluid catalytic cracking to produce gasoline
industrial processes and relevant catalysts. . **A5:** 883
Fluid die(s)
can/cast. **M7:** 543
carbon steel **M7:** 543
composite. **M7:** 543
in forging press **M7:** 542
low-carbon steel. **M7:** 543
rapid omnidirectional compaction . . . **M7:** 542, 543
recyclable **M7:** 543
systems **M7:** 543
Fluid dynamics
and dissolution kinetics. **A15:** 73
and hydrodynamic lubrication. **A11:** 150–157
principles of **A17:** 58–59
Fluid erosion *See* Liquid impingement erosion
Fluid flow *See also* Flow rate; Fluid flow modeling; Fluidity; Pouring
and dies/machines, interaction of **A15:** 292
and gating, die casting. **A15:** 289
and heat flow, interaction defects. . . . **A15:** 294–295
and heat/mass transfer, modeling of. . **A15:** 877–882
and macrostructural development. **A15:** 135
and permeametry **M7:** 263
as source, acoustic noise. **A17:** 285
compacted graphite irons **A15:** 671
interdendritic, macrosegregation **A15:** 155
modeling of. **A15:** 867–876
nucleation effects **A15:** 101
of semisolid materials **A15:** 328
plain carbon steels **A15:** 711
principles, in gating. **A15:** 590–592
system, die casting. **A15:** 288–292
temperature field sensitivity. **A15:** 147
turbulence by **A17:** 60
Fluid flow equations. **A7:** 27
Fluid flow modeling
and actual metal flow, correlations. **A15:** 876
energy balance methods **A15:** 867–869
examples **A15:** 874–876
fluid domain identification. **A15:** 872
MAC technique **A15:** 871–872
mold filling, physical modeling **A15:** 869–870
momentum balance techniques **A15:** 870–876
of filling metal castings. **A15:** 874–876
velocity field, calculating **A15:** 872–874
with heat/mass transfer. **A15:** 877–882
Fluid flow phenomena during welding **A6:** 19–24
deep-penetration electron beam and laser welds **A6:** 22–23
gas-metal arc welding **A6:** 23–24
gas-tungsten arc welding **A6:** 19–22
mass transport in the arc **A6:** 19
submerged arc welding **A6:** 24

Fluid forming *See also* Fluid-cell process; Rubber-pad forming **A14:** 611–614
as rubber-diaphragm forming. **A14:** 611
ASEA Quintus deep-drawing technique . . . **A14:** 615
ASEA Quintus fluid forming press. . . **A14:** 614–615
bulging punches **A14:** 614
presses, for deep drawing **A14:** 587
SAAB rubber-diaphragm method **A14:** 611, 614
Verson hydroform process **A14:** 612–614
Fluid friction
defined **A18:** 9
Fluid handling
components, cemented carbide **A2:** 972–973
industry applications, structural ceramics **A2:** 1019
Fluid handling applications
high-density polyethylenes (HDPE). . **EM2:** 163–164
phenolics **EM2:** 243
polyether sulfones (PES, PESV). **EM2:** 159
polyphenylene ether blends (PPE, PPO) **EM2:** 183
ultrahigh molecular weight polyethylenes (UHMWPE). **EM2:** 168
unsaturated polyesters **EM2:** 246
vinyl esters **EM2:** 272–273
Fluid flow rate
aqueous corrosion **A13:** 40
Fluid hydrostatic cell (FHC)
for curing laminates **EM1:** 755–757
Fluid hydrostatic pressure (FHP). **EM1:** 755–757, **EM3:** 741
Fluid iron ore reduction process **M7:** 98
Fluid jet machining. **EM4:** 313, 314
Fluid lines
ASTM specifications for **M1:** 323
Fluid lubrication **A20:** 606–607
Fluid movement
corrosivity. **A13:** 339–340
Fluid resistance **EM3:** 52
Fluid speed of sound **A20:** 191
Fluid-cell forming **A14:** 608–611
ASEA Quintus **A14:** 610–611
Demarest process **A14:** 610
Verson-Wheelon process. **A14:** 609–610
Fluid-cell process *See also* Fluid forming; Fluid-cell forming; Rubber-pad forming
defined **A14:** 6
Fluid-die process **A7:** 606
Fluid-film lubrication. **A18:** 89
in bearings. **A11:** 484
Fluid-flow calculations, validation strategies. **A6:** 1147–1150
convection **A6:** 1147
laser-beam welding. **A6:** 1148
measurement of free surface deformation **A6:** 1148–1149
"reflective topography" technique . . **A6:** 1148, 1149
velocity measurement **A6:** 1149
Fluid-flow equations
numerical solution of **A20:** 189–193
Fluidity *See also* Flow; Flowability; Fluid flow; Fluid flow modeling **A20:** 303
aluminum casting alloys **A2:** 123, 145–146
and pouring temperatures. **A15:** 283
and solidification, relationship. **A15:** 767
defined. **A2:** 346, **A15:** 6, 165, **A18:** 9
gray cast iron **M1:** 11–12, 13
molten metal **A15:** 766–768
of aluminum-silicon alloys **A15:** 165
of cobalt-base alloys. **A15:** 811
of compacted graphite iron. **A1:** 57
of gray iron. **A1:** 12–13
of metal-matrix composites **A15:** 849–850
testing **A15:** 767–768
vs. castability, copper casting alloys **A2:** 346
Fluidization
spray granulation **A7:** 91
Fluidization segregation test. **A7:** 299
Fluidized bed **M7:** 5
coater, for lacquer coatings. **M7:** 588
reactors **M7:** 52

thermal fatigue test **A19:** 529
Fluidized bed reduction **M7:** 5
applications **M7:** 97–98
commercial viability.................... **M7:** 98
iron powder production............... **M7:** 96–98
Fluidized bed spray granulator............... **A7:** 91
Fluidized bed units
for sand reclamation **A15:** 354
Fluidized-bed cementation process
ceramic coating **M5:** 542, 544–545
Fluidized-bed chemical vapor deposition coating **M5:** 385
Fluidized-bed coating *See also* Coatings
defined............................... **EM2:** 19
definition.............................. **A5:** 956
Fluidized-bed combustors
superheater/high-temperature air heater corrosion in.............................. **A13:** 999
Fluidized-bed equipment............... **A4:** 484–491
advantages of process **A4:** 490
atmospheres, control of................. **A4:** 486
cleaning operations **A4:** 491
defluidization.................. **A4:** 485, **M4:** 300
external-combustion-heated furnace **A4:** 488
external-resistance-heated furnace **A4:** 488
furnace applications..................... **A4:** 490
heat transfer **A4:** 485–486, **M4:** 301–302
heat treatment, selective **A4:** 485, **M4:** 300–301
internal-combustion gas-fired furnace...... **A4:** 488
internal-resistance-heated furnace **A4:** 490
principles **A4:** 484–485, **M4:** 299
safety of operations.................. **A4:** 490–491
submerged-combustion furnace .. **A4:** 487–488, 489, **M4:** 304
surface treatments **A4:** 486–487
temperature, effect on minimum velocity **A4:** 484–485, **M4:** 300
tool steels, heat treating **A4:** 732–733
two-stage, internal combustion, gas-fired furnace....................... **A4:** 489–490
velocity determination **A4:** 484, **M4:** 299–300
Fluidized-bed nitriding **A4:** 263
Fluidized-bed oxidation.................... **A7:** 115
Fluidized-bed oxidation-resistant coating **M5:** 664–666
Fluidized-bed powder coating
conventional and electrostatic............ **M5:** 486
Fluidized-bed reduction **A7:** 110, 115–117
advantages............................. **A7:** 116
commercial viability **A7:** 116
critical fluidization velocity **A7:** 116
disadvantages **A7:** 116
processes **A7:** 116
Fluidized-bed thermal fatigue tests
for gas-turbine components **A11:** 278
Fluids *See also* Leak testing; Liquids
as leaks **A17:** 57–58
body, tantalum resistance to **A13:** 728
characteristics......................... **A13:** 479
chemical process, lead/lead alloys in...... **A13:** 789
corrosive, bearing damage by **A11:** 494, 496
flow **A17:** 60, 285
oral........................... **A13:** 1340–1341
produced, corrosivity................... **A13:** 479
systems, space shuttle orbiter **A13:** 1066–1072
used, space shuttle orbiter **A13:** 1062
working **A11:** 209
Fluids, primary/secondary
in condensation soldering............... **EL1:** 703
Fluid-to-solid transition plastics
as binders **A15:** 211
Fluoborate bath
composition and deposit properties **A5:** 207
copper plating baths............ **A5:** 169, 174, 175
electrodeposited iron coating bath properties........................ **A5:** 214
iron electroforming solutions and operating conditions **A5:** 288
iron plating bath composition, pH, temperature and current density **A5:** 213
plating bath, anode and rack material for copper plating **A5:** 175
Fluoborate electroplating bath
composition............................ **A5:** 233
Fluoborate plating
cadmium.................... **M5:** 256–258, 264
copper.................. **M5:** 160–161, 166–167
lead **M5:** 273–275
nickel **M5:** 200–201
tin **M5:** 272
tin-lead.......................... **M5:** 276–278
zinc *See* Zinc fluoborate plating
Fluoborates
constituent in torch brazing flux **M6:** 962
Fluoboric acid
as dissolution medium **A10:** 165
copper plating, use in................... **M5:** 166
description............................... **A9:** 68
tin plating, use in................. **M5:** 271–272
tin-lead plating, use in............. **M5:** 276–278
Fluoboric acid electrobrightening
aluminum and aluminum alloys **A5:** 791, 792, **M5:** 580–581
Fluoboric acid solution
composition........................... **A5:** 260
to remove mill scale from steel **A5:** 67
Fluorapatite
simple model system (single crystals) for human enamel in laboratory studies ... **A18:** 667–668
Fluorescence **A19:** 5
abbreviation for **A10:** 690
analysis, selectivity...................... **A10:** 76
and x-ray absorption, effect in microanalysis.................... **A10:** 448
background, as problem in Raman analyses **A10:** 130
correction............................. **A10:** 524
crystallophosphor host matrices and metals determined by inducing............. **A10:** 74
defined................. **A10:** 673, **A17:** 102–103
delayed, in molecular fluorescence spectroscopy **A10:** 73
effect in AEM-EDS microanalysis........ **A10:** 448
effect in microbeam analysis **A10:** 530
enhancement, using organized mediums, as MFS special technique **A10:** 79
in absorption/enhancement effects **A10:** 97
in glow discharge emissions **A10:** 29
in the infrared **A10:** 115
intensity, as measure of absorption probability, EXAFS analysis **A10:** 411
lifetimes **A10:** 75, 79
mechanism, EPMA analysis **A10:** 524
molecular, of organic compounds and atoms and inorganic atoms **A10:** 73–74
oxygen quenching of, enzymatic determination of glucose using.................. **A10:** 79–80
quantum yields, structural effects **A10:** 74
spectrum, liquid-chromatographic fraction automobile exhaust extract.......... **A10:** 79
Fluorescence correction
in EPMA analysis **A10:** 524
Fluorescence EXAFS detection technique.... **A10:** 418
Fluorescence lifetimes (dynamic measurements)
as MFS special technique................ **A10:** 79
Fluorescence spectroscopy................ **EM4:** 52
Fluorescent dye, added to mounting materials to detect filled defects in fiber
composites............................. **A9:** 588
Fluorescent dye penetration
soldered joints **A6:** 982
Fluorescent intensifying screens
radiography...................... **A17:** 316–317
Fluorescent light
for optical testing illumination **EL1:** 570
Fluorescent magnetic particle testing
electron-beam welding.................. **A6:** 866
Fluorescent magnetic-particle inspection
of feedwater heater **A11:** 658
Fluorescent metals
minimum detectable quantities for........ **A10:** 74
Fluorescent method **A5:** 17
Fluorescent molecules
in molecular fluorescence spectroscopy **A10:** 73–74
Fluorescent particle inspection **M7:** 578–579
Fluorescent penetrant inspection
ceramic coatings **M5:** 546
definition............................. **A5:** 956
residue removal **A5:** 12
residues, removal of.................... **M5:** 14
to detect weld discontinuities in diffusion welding......................... **A6:** 1080
weld compositional analysis.............. **A6:** 100
Fluorescent penetrant inspection (FPI)
to evaluate gas turbine ceramic components **EM4:** 718
Fluorescent penetrants
selection and use................... **A17:** 75, 77
sensitivity levels.................... **A17:** 75, 77
visual inspection with **A17:** 3
Fluorescent pigments
as colorants **EM2:** 501
Fluorescent screens
in real-time radiography........... **A17:** 319–320
Fluorescent sunlamps
for weatherometers.................... **EM2:** 579
Fluorescent test
cleaning process efficiency................ **M5:** 20
Fluorescent yield **A10:** 86–87
Fluorescent-light tubes
circular............................... **A12:** 83
Fluorescent-penetrant inspection
applications **M6:** 827
Fluoride
as impurity **A13:** 1161
corrosion fatigue test specification **A8:** 423
in chromate conversion coatings..... **A13:** 393–394
in phosphate coating baths............. **A13:** 384
molten **A13:** 90
pressurized water reactor specification..... **A8:** 423
salts, molten **A13:** 52–54
Fluoride anodizing
magnesium alloys...................... **A19:** 880
Fluoride (F_2)
as fining agents...................... **EM4:** 380
in composition of textile products **EM4:** 403
in composition of wool products........ **EM4:** 403
Fluoride glasses
applications, optical glass products..... **EM4:** 1075
density **EM4:** 846
electrical properties **EM4:** 852–853
heat capacity......................... **EM4:** 848
thermal expansion **EM4:** 847
viscosity............................. **EM4:** 849
Fluorides
anions, separation by ion chromatography **A10:** 659
as impurities in uranium alloys........... **A9:** 477
flux constituent for torch brazing......... **M6:** 962
flux removal after torch brazing **M6:** 963–964
gravimetric weighing as................. **A10:** 171
in Group VI electrolytes.................. **A9:** 54
safety precautions **M6:** 995
titration, thorium solution **A10:** 173
Fluorimetry *See* Fluorometric analysis
Fluorinated compounds
to increase electronegativity............ **EM3:** 181
Fluorinated epoxy resin
surface tension **EM3:** 181
Fluorinated ethylene propylene (FEP).. **A20:** 445, 446, **EM3:** 13
defined.............................. **EM2:** 19
in pharmaceutical production facilities .. **A13:** 1228
surface preparation.................... **EM3:** 279
Fluorinated ethylene propylene (FEP) insulation
for copper and copper alloy products...... **A2:** 258
Fluorinated hydrocarbons
as cutting fluid for tool steels **A18:** 738
Fluorinated perfluoroethylene-propylene (FEP)....................... **EM2:** 115–118
Fluorinated polyethers
lubricants for rolling-element bearings **A18:** 136
Fluorinated polymer coating............... **A7:** 1086
for copier powders **M7:** 588
Fluorinated polymers
environmental effects.................. **EM2:** 428
Fluorinates
for interconnection soldering............ **EL1:** 180
Fluorine
as addition to carbon-graphite materials .. **A18:** 816
buildup in CAA oxides **EM3:** 265
determined in borosilicate glass.......... **A10:** 179
distillation **A10:** 169
from surface analysis.................. **EM3:** 294
in enamel cover coats **EM3:** 304
in enamel ground coats................ **EM3:** 304
in engineering plastics.................. **A20:** 439
properties **EL1:** 782–783
species weighed in gravimetry **A10:** 172
tantalum corrosion in **A13:** 731

Fluorine (continued)
TNAA assayed **A10:** 235–236
volumetric procedures for............... **A10:** 175
Fluorine, as reagent
aluminum melts **A15:** 80
Fluorine compounds
safety precautions...................... **A6:** 1196
Fluorine, corrosion
nickel alloys **M3:** 174
Fluorine (F)
component in photochromic ophthalmic and flat glass composition **EM4:** 442
in tableware compositions **EM4:** 1101
properties............................ **EM4:** 424
specific properties, imparted in CTV tubes.......................... **EM4:** 1039
volatilization losses in melting.......... **EM4:** 389
Fluorine gas/halogen mixture
excimer laser wavelengths................ **A5:** 623
Fluorine-contaminated carbon fiber-polyimide matrix composites **EM3:** 294
Fluorine-doped silica **EM4:** 211
Fluorite
chemical composition **A6:** 60
hardness.............................. **A18:** 433
slag removal poor when contained in fluxes **A6:** 61
Fluorite objective lenses **A9:** 73
Fluoroacrylate solution polymers
application methods **EL1:** 783–784
Fluoroalkylarylenesiloxanylene (FASIL)
advantages and disadvantages **EM3:** 675
for severe environments **EM3:** 673
performance **EM3:** 674
sealant formulation **EM3:** 677, 678
Fluoroaluminate glasses
optical properties **EM4:** 854
Fluoroborate glasses
optical properties **EM4:** 854
Fluorocarbon
properties, organic coatings on iron castings.......................... **A5:** 699
Fluorocarbon 113 cleaner **M5:** 44, 57
Fluorocarbon emissions................... **A20:** 102
Fluorocarbon plastics *See also* Plastics..... **EM3:** 13
defined **EM2:** 19
Fluorocarbon polymers **EM3:** 594
Fluorocarbon resin
properties and applications............... **A5:** 422
Fluorocarbon resins **M5:** 475
Fluorocarbon sealants **EM3:** 223–226
additives and modifiers................ **EM3:** 225
applications...................... **EM3:** 225–226
chemical compatibility **EM3:** 224
chemistry............................ **EM3:** 223
commercial forms..................... **EM3:** 223
compared to RTV type sealant **EM3:** 226
cost factors **EM3:** 224, 226
for compression packings...... **EM3:** 223, 225–226
for flanges....................... **EM3:** 223, 224
for industrial gaskets..... **EM3:** 223, 224, 225, 226
for industrial seals **EM3:** 223
for pumps **EM3:** 223
for reaction vessels.................... **EM3:** 223
for tapes (sealant)..................... **EM3:** 223
for tubing............................ **EM3:** 223
for valves............................ **EM3:** 223
markets **EM3:** 225–226
processing parameters **EM3:** 224
properties............................ **EM3:** 226
resin types and applications........ **EM3:** 223–224
Fluorocarbon telomer
thickener for grease high-vacuum application lubricants........................ **A18:** 157
Fluorocarbon vapor detection method **EL1:** 502
Fluorocarbons....................... **EM3:** 13, 601
by residual gas analysis................ **EL1:** 1066
defined **EM2:** 19
for flexible printed boards.......... **EL1:** 582, 583
gross leak test........................ **EL1:** 1063
lubricated friction testing **A18:** 48
molecular structure of.................. **EL1:** 663
physical properties..................... **EL1:** 664
properties............................. **A18:** 81
resin, as conformal coating **EL1:** 760
surface preparation.................... **EM3:** 291
Fluorocarbons, oil of
IR split mull **A10:** 113
Fluoroelastomer
coating for composite construction against liquid impingement erosion **A18:** 222
Fluoroelastomer sealants **EM3:** 223, 226–227
aircraft applications with improved heat, chemical, and solvent resistance........ **EM3:** 226, 227
chemistry........................ **EM3:** 226–227
cost factors **EM3:** 227
for aerospace and automotive gaskets.... **EM3:** 227
for aerospace and automotive packing materials........................ **EM3:** 227
for aerospace and automotive seals...... **EM3:** 227
for automobile valve stem seals......... **EM3:** 227
for high-temperature, dynamic-type sealing.......................... **EM3:** 226
for jet engine lip seals **EM3:** 227
for O-rings.......................... **EM3:** 227
for solid rocket space booster joints **EM3:** 227
for static gasketing.................... **EM3:** 226
processing equipment and techniques.... **EM3:** 227
properties **EM3:** 226, 227
suppliers............................ **EM3:** 227
Fluoroethylene
as thermocouple wire insulation **A2:** 882
Fluoroethylene propylene
critical surface tension................. **EM3:** 180
Fluorogermanate glasses
electrical properties **EM4:** 852
Fluorohydrocarbon plastics *See also* Plastics............................ **EM3:** 13
defined **EM2:** 19
Fluorometallic screens
radiography **A17:** 317
Fluorometers
single-beam **A10:** 76
Fluorometric analysis
defined **A10:** 673
Fluoroplastics *See also* Plastics **EM3:** 13
chemistry **EM2:** 66
defined **EM2:** 19
sulfuric acid corrosion................. **A13:** 1154
Fluoropolymer coatings *See also* Coatings
application methods **EL1:** 783–784
applications, specific **EL1:** 782
as encapsulants....................... **EL1:** 759
chemical/physical properties **EL1:** 782–783
conformal coatings **EL1:** 782–784
development **EL1:** 782
materials, available **EL1:** 782
Fluoropolymers *See also* Thermoplastic fluoropolymers
applications **EM3:** 56
as engineering thermoplastics **EM2:** 447–448
for electronic packaging applications **EM3:** 600
in pharmaceutical production facilities.................. **A13:** 1227–1228
products............................. **EM3:** 601
properties **EM3:** 600–601
sealing systems for turbochargers **A18:** 567
surface preparation........... **EM3:** 278, 279, 290
Fluorosilicate glasses
electrical properties **EM4:** 852
Fluorosilicone sealants **EM3:** 195
chemical resistance.................... **EM3:** 642
properties............................ **EM3:** 227
Fluorosilicones
aerospace industry applications ... **EM3:** 50, 58–59
component covers **EM3:** 611
for aircraft inspection plates............ **EM3:** 604
for faying surfaces **EM3:** 604
for fillets **EM3:** 604
for rivets **EM3:** 604
gas tank seam sealant **EM3:** 610
room-temperature vulcanizing (RTV)..... **EM3:** 59
suppliers............................. **EM3:** 59
Fluorspar
as flux addition **A15:** 389
chemical composition **A6:** 60
dissolution in hydrochloric acid **A10:** 165
function and composition for mild steel SMAW electrode coatings................... **A6:** 60
functions in FCAW electrodes........... **A6:** 188
in composition of unmelted frit batches for high-temperature service silicate-based coatings **A5:** 470
Fluorspar (CaF_2)
as melting accelerator **EM4:** 380
purpose for use in glass manufacture **EM4:** 381
Fluorspar-aluminum, flux composition
self-shielded FCAW electrodes............. **A6:** 61
Fluorspar-lime, flux composition
self-shielded FCAW electrodes............. **A6:** 61
Fluorspar-lime-titania, flux composition
self-shielded FCAW electrodes............. **A6:** 61
Fluorspar-titania, flux composition
self-shielded FCAW electrodes............. **A6:** 61
Fluosilicaborates
constituent in torch brazing flux **M6:** 962
Fluosilicate plating
lead.............................. **M5:** 273–275
Fluosilicic acid
distillation **A10:** 169
lead corrosion by **A13:** 788
safety hazards **A9:** 69
Flurozirconate glasses
electrical properties **EM4:** 853
viscosity **EM4:** 849
Flush water
effects on stainless steel heat-exchanger tubes............................ **A11:** 630
Flushing
inert gas.......................... **A15:** 84–85
Flushing procedures
steam generators...................... **A13:** 944
Flush-mounted surface probe **A19:** 471
Flute marks
in alloy steel billet **A9:** 175
revealed by macroetching................ **A9:** 174
Fluted bearing
defined **A18:** 9
Fluted core
defined **EM1:** 11, **EM2:** 19
Fluted mandrel
for gun barrel bore **A14:** 138–139
Flutes
defined, as fracture **A12:** 20–21
in titanium alloys **A12:** 27, 28
tool steels............................ **A12:** 375
Fluting *See also* Fretting; Pitting **A19:** 361
defined **A11:** 4, **A18:** 9
in bearing failures **A11:** 493
Flutter analysis
Task II, USAF ASIP design analysis and development tests................. **A19:** 582
Flutter boundary survey
ENSIP Task III, component and core engine tests............................ **A19:** 585
Flutter tests
Task III, USAF ASIP full-scale testing.... **A19:** 582
Flux *See also* Degassing; Flux density; Flux injection; Flux leakage inspection; Fluxes; Fluxing; Leak testing; Magnetic lines of flow; Mass transport **A7:** 1006, **EM3:** 13, **EM4:** 6
alkali oxides.......................... **EM4:** 6
alkaline earth oxides **EM4:** 6
aqueous corrosion **A13:** 33
carbon, defined......................... **A15:** 74
defined **A15:** 6, **A17:** 90, **EM2:** 19
definition **M6:** 8
direction, effect of **A17:** 91

SUBJECTS OF THE INDEXED VOLUMES: ASM Handbook (designated by the letter "A"): **A1:** Properties and Selection: Irons, Steels, and High-Performance Alloys (1990); **A2:** Properties and Selection: Nonferrous Alloys and Special-Purpose Materials (1990); **A3:** Alloy Phase Diagrams (1992); **A4:** Heat Treating (1991); **A5:** Surface Engineering (1994); **A6:** Welding, Brazing, and Soldering (1993); **A7:** Powder Metal Technologies and Applications (1998); **A8:** Mechanical Testing (1985); **A9:** Metallography and Microstructures (1985); **A10:** Materials Characterization (1986); **A11:** Failure Analysis and Prevention (1986); **A12:** Fractography (1987); **A13:** Corrosion (1987); **A14:** Forming and Forging (1988); **A15:** Casting (1988); **A16:** Machining (1989); **A17:** Nondestructive Evaluation and Quality Control (1989); **A18:** Friction, Lubrication, and Wear Technology (1992); **A19:** Fatigue and Fracture (1996); **A20:** Materials Selection and Design (1997). **Metals Handbook, 9th Edition** (designated by the letter "M"): **M1:** Properties and Selection: Irons and Steels (1978); **M2:** Properties and Selection: Nonferrous Alloys and Pure Metals (1979); **M3:** Properties and Selection: Stainless Steels, Tool Materials, and Special-Purpose Materials (1980); **M4:** Heat Treating (1981); **M5:** Surface Cleaning, Finishing, and Coating (1982); **M6:** Welding, Brazing, and Soldering (1983); **M7:** Powder Metallurgy (1984). **Engineered Materials Handbook** (designated by the letters "EM"): **EM1:** Composites (1987); **EM2:** Engineering Plastics (1988); **EM3:** Adhesives and Sealants (1990); **EM4:** Ceramics and Glasses (1991). **Electronic Materials Handbook** (designated by the letters "EL"): **EL1:** Packaging (1989)

entrapment, in brazed joints **A17:** 602
flow, effect on detection **A17:** 91
inclusions, effect, magnesium/magnesium
alloys **A13:** 741
lines, magnetic, in leakage field testing ... **A17:** 129
linkage, induced current **A17:** 98
per unit area........................... **A7:** 1006
residues **A13:** 1109

Flux activity
defined............................... **EL1:** 643

Flux cleanability
defined............................... **EL1:** 644

Flux (cold lines) **A5:** 338, 342
definition............................. **A5:** 956

Flux cored arc welding **M6:** 96–113
applicability **M6:** 96–97
auxiliary gas shielding.................. **M6:** 96
self-shielding......................... **M6:** 921–922
arc spot welding **M6:** 109–110
procedures and conditions......... **M6:** 110, 112
thickness and position **M6:** 110
weld characteristics **M6:** 110
automatic welding **M6:** 110–112
carbon dioxide shielding gas......... **M6:** 103–104
cast irons............................. **M6:** 311
characteristics........................ **M6:** 103
containers **M6:** 103–104
flow rate **M6:** 104
purity................................ **M6:** 104
comparison to shielded metal arc
welding **M6:** 107–108, 112–113
comparison to submerged arc welding **M6:** 113
corner joints.......................... **M6:** 113
definition **M6:** 8
deposition rate........................ **M6:** 104
electrode holders **M6:** 98
cooling systems....................... **M6:** 98
electrode wires, flux cored **M6:** 99–103
carbon steel **M6:** 100–101
classification of electrodes **M6:** 99–100
construction **M6:** 99–100
form and function elements............ **M6:** 103
functions of core compounds........... **M6:** 103
hydrogen content **M6:** 102
low-alloy **M6:** 101–102
manufacture **M6:** 99
metal transfer......................... **M6:** 99
stainless steel **M6:** 101–102
equipment installations **M6:** 104
fillet welds **M6:** 106–107, 112–113
fluxes................................ **M6:** 103
groove welding **M6:** 105–107
heat flow calculations.................. **M6:** 31
multiple-position welding **M6:** 106–107
downhill and vertical-down........ **M6:** 106–107
out-of-position **M6:** 107
of cast irons **A15:** 523–524
operating variables................. **M6:** 104–105
arc voltage.......................... **M6:** 104
current **M6:** 104
electrode extension **M6:** 105
travel speed **M6:** 104–105
pipe welding.......................... **M6:** 109
fixed-position **M6:** 109
rotation of workpieces **M6:** 109
power supply....................... **M6:** 97–99
process fundamentals................... **M6:** 97
recommended grooves **M6:** 69–71
shielding gases..................... **M6:** 102–104
slags................................. **M6:** 103
thick sections...................... **M6:** 107–109
T-joints........................... **M6:** 112–113
underwater welding.................... **M6:** 922
weld discontinuities **M6:** 830
weld overlaying **M6:** 807
wire-feed systems **M6:** 97–99
feed rolls **M6:** 99
maintenance **M6:** 99
push-type systems **M6:** 98–99
workpieces, holding and handling **M6:** 104

Flux cored arc welding (FCAW)
discontinuities from.................... **A17:** 582

Flux cored arc welding of
alloy steels........................ **M6:** 298–299
gray iron **M6:** 315, 317
hardenable carbon steels **M6:** 266
stainless steels, austenitic **M6:** 326–327
stainless steels, ferritic **M6:** 347
stainless steels, martensitic **M6:** 349

Flux cored electrode
definition **M6:** 8

Flux corrosivity
defined............................... **EL1:** 643

Flux cover
definition **M6:** 8

Flux cover (metal bath dip brazing and dip soldering)
definition............................. **A6:** 1209

Flux cutting
chemical **A14:** 728–729

Flux density *See also* Magnetic flux
density.............................. **A7:** 1006
and hardness......................... **A17:** 134
around hollow cylinder **A17:** 96
around solid conductors **A17:** 96
as magnetic hysteresis **A17:** 131
change, as flaw detection, electric current
perturbation...................... **A17:** 136
curves, during demagnetization **A17:** 121
magnetic rubber inspection applications .. **A17:** 122
saturation, as hardness measure **A17:** 134
with permanent-magnet yokes **A17:** 93

Flux (dross) inclusions
as casting defect...................... **A11:** 387

Flux enhancers........................ **A20:** 620

Flux, fluxes
as coating material **M7:** 817
brazing and soldering.................. **M7:** 840
-coated magnesium particles............ **M7:** 132
density **M7:** 664
-powder mixtures, for brazing and
soldering **M7:** 840
unidirectional and cylindrical in sintering **M7:** 315

Flux gate magnetometer
as magnetic field sensor **A17:** 131

Flux inclusion
overload fracture by **A12:** 65, 67

Flux injection
capabilities........................... **A15:** 453
nonferrous molten metals.......... **A15:** 452–453
process, schematic **A15:** 454

Flux leakage field
magnetic **A17:** 129–131

Flux leakage field testing *See* Flux leakage
inspection

Flux leakage inspection
applications....................... **A17:** 132–134
in-service, tubular products **A17:** 574
of resistance-welded steel tubing..... **A17:** 563–564
of seamless steel tubular products....... **A17:** 571
speed of inspection **A17:** 564
with coil............................. **A17:** 130

Flux line **A20:** 470

Flux oxygen cutting
definition............................. **A6:** 1209

Flux paste
brazing filler metals available in this form **A6:** 119

Flux pattern of iron filings **A9:** 65

Flux pinning *See also* Flux-jump stability
in niobium-titanium (copper) superconducting
materials **A2:** 1053–1054
in superconductivity theory........ **A2:** 1034–1035

Flux pit
definition............................. **A5:** 956

Flux stone
for foam fluxers....................... **EL1:** 682

Flux tube demagging
aluminum alloys.................. **A15:** 472–473

Flux-core solder wire
defined............................... **EL1:** 639

Flux-cored arc welding
failure origins **A11:** 414

Flux-cored arc welding (FCAW) **A6:** 186–189,
A20: 473, 767, 770
advantages............................ **A6:** 186
applications **A6:** 186, 187
automotive....................... **A6:** 393–394
base metals........................ **A6:** 187–188
carbon steels **A6:** 643, 647, 652–654, 657, 658
cast irons **A6:** 716, 719–720
iron-nickel electrodes **A6:** 719
nickel-base electrodes................ **A6:** 719
steel electrodes...................... **A6:** 719
characteristics **A20:** 696
definition............................. **A6:** 1209
deposit thickness, deposition rate, dilution single
layer (%) and uses **A20:** 473
description............................ **A6:** 186
disadvantages **A6:** 186
duplex stainless steels **A6:** 480
electrodes **A6:** 186, 188–189
CO_2 shielded flux compositions......... **A6:** 61
for carbon steels **A6:** 656
for stainless steels................. **A6:** 705–706
equipment........................ **A6:** 186–187
fume-removal....................... **A6:** 187
mechanized and automatic **A6:** 187
power supplies...................... **A6:** 187
semiautomatic **A6:** 187
ferritic stainless steels **A6:** 446
flux compositions of self-shielded electrodes **A6:** 61
fluxes for welding **A6:** 58, 62
for repair of high-carbon steels **A6:** 1105
gas-shielded........................... **A6:** 186
hardfacing alloys...... **A6:** 796, 799, 801, 802–803
heat sources........................... **A6:** 1144
heat-treatable low-alloy steels **A6:** 669, 670
high-strength low-alloy quench and tempered
structural steels..................... **A6:** 666
high-strength low-alloy steels **A6:** 187
high-strength low-alloy structural steels.... **A6:** 663,
664

high-strength quenched and tempered
steels.............................. **A6:** 188
high-temperature chromium-molybdenum
steels **A6:** 187
in joining processes classification scheme **A20:** 697
low-alloy metals for pressure vessels and
piping............................. **A6:** 668
low-alloy steels... **A6:** 186–188, 662, 663, 664, 666,
667, 668, 669, 670, 674, 676
matching filler metal specifications....... **A6:** 394
metallurgical discontinuities............ **A6:** 1073
mild steels............................ **A6:** 187
neural network system.................. **A6:** 1060
nickel-base alloys **A6:** 186, 187, 188
nickel-base steels **A6:** 187
parameters used to obtain multipass weld in X-65
steel pipe **A6:** 101
power source selected **A6:** 37
process features **A6:** 186
process selection guidelines for arc
welding........................... **A6:** 653
railroad equipment..................... **A6:** 396
rating as a function of weld parameters and
characteristics **A6:** 1104
safety precautions **A6:** 186, 187, 1192–1193
self-shielded flux-cored electrodes,
compositions of **A6:** 61, 62
sensor systems **A6:** 1063, 1064
sheet metals........................... **A6:** 398
shielding gases...... **A6:** 64, 67, 186–187, 189, 662
shipbuilding........................... **A6:** 384
stainless steels ... **A6:** 186, 188, 680, 681, 688, 693,
698, 699, 705–706
suggested viewing filter plates **A6:** 1191
titanium alloys **A6:** 783
to prevent hydrogen-induced cold cracking **A6:** 436
tool and die steels.................. **A6:** 674, 676
underwater welding.............. **A6:** 1010, 1012
vs. gas-metal arc welding........... **A6:** 186, 187
vs. shielded metal arc welding **A6:** 186, 187
vs. submerged arc welding **A6:** 186
weld cladding **A6:** 816
weldability of various base metals
compared......................... **A20:** 306

Flux-cored electrode
definition............................. **A6:** 1209

Flux-cored open arc welding
hardfacing alloy consumable form........ **A5:** 691

Flux-cored wires **A7:** 1065–1069

Fluxers
design purpose **EL1:** 681
for uniform flux coating................ **EL1:** 681
wave soldering **EL1:** 686

Fluxes *See also* Degassing; Flux; Flux injection;
Fluxing; Slag **A6:** 135, **EM4:** 32
acidic **A10:** 167
activity **EL1:** 654, 663
activity tests and wiring board cleanliness
guidelines......................... **A6:** 989
agglomerated **M6:** 123

Fluxes (continued)
agglomerated versus fused fluxes **M6:** 811–812
air knife wipe-off **EL1:** 683
alloy element, in melt additions **A15:** 72
and solder skip defects **EL1:** 647
application methods **A6:** 987, **EL1:** 648
applications, by type **A6:** 130
as inclusion-forming **A15:** 96
as inclusions **A11:** 451
beryllium alloys **A6:** 946
bonded **M6:** 122–123
brazeability and solderability considerations **A6:** 621–622, 625
brazing **M2:** 450–452
brazing of aluminum alloys **A6:** 937–938
brazing of cast irons **A6:** 626
brazing of copper alloys **A6:** 931, 932
brazing of low-carbon and low-alloy steels **A6:** 624
brazing of nickel-base alloys **A6:** 631
brazing of stainless steels **A6:** 913–914
brazing types per AWS specification B2.2 **A6:** 622, 627
brazing with clad brazing materials . . . **A6:** 347, 348
chemistry **EL1:** 643
cleaning agents, safety precautions **A6:** 983
compatibility issues **A6:** 987
components **EL1:** 644
connector technology **A6:** 999
contamination, printed wiring boards . . . **EL1:** 1109
controls for **EL1:** 49
defined **EL1:** 1144
definition **A6:** 1209
density controller **EL1:** 683
density, heat **A10:** 685
dip brazing **A6:** 337–338
divergence, effects **EL1:** 888
drossing **A15:** 446
effect in brazing **A11:** 451
effect on weld metallurgy **M6:** 41
electronic packaging **A6:** 618
electroslag welding **A6:** 272–273, 274, 276, 278
evaluation, soldering **A6:** 130
excess, control of **EL1:** 649
fluidizing slag, cupolas **A15:** 388
foam fluxers **EL1:** 681–682
for aluminum alloys **A15:** 445
for brazing of precious metals **A6:** 936
for carbon steels, submerged arc welding . . . **A6:** 658
for copper alloys **A6:** 755, **A15:** 448–449
for copper and copper alloy brazing **A6:** 932
for low-alloy steel brazing **A6:** 930
for magnesium alloys **A15:** 447
for "no-clean" applications **EL1:** 647–648
for oxyacetylene welding **A15:** 530
for soldering in electronic applications **A6:** 985, 986–988
for submerged arc welding of stainless steels **A6:** 700–701, 703
for surface-mount soldering **EL1:** 647
for tool steel brazing **A6:** 930
for weld cladding of stainless steels **A6:** 820
furnace brazing **A6:** 121
furnace soldering **A6:** 353–355
fusion of sample materials with . . . **A10:** 93–94, 167
galvanizing **A15:** 452
halide-free **A6:** 973, 987, 988
heat **A11:** 603–605, 609
injection **A15:** 452–453
inorganic **A6:** 129, 130
inorganic acid (IA) **A6:** 988, 990
low-alloy steels, welding of **A6:** 662
low-solids **A6:** 367, 987
luminous, SI defined unit and symbol for **A10:** 685
magnetic, SI defined unit and symbol for **A10:** 685
nickel alloys **A6:** 748
no-clean (or low-residue) **A6:** 354–355, 987
on board components, failure analysis . . . **EL1:** 1110
organic **A6:** 136
organic acid **A6:** 129, 130, 987–988, 990, 995
oxyfuel gas welding **A6:** 281, 738
physical function **EL1:** 643
prefused **M6:** 122
process control **EL1:** 683–684
process requirements **EL1:** 681
proper use **A15:** 446–449
properties **EL1:** 643–644, **EM4:** 7
properties, compared **A10:** 167
purpose/effect on solderability **EL1:** 676
reaction particles, as contaminants **EL1:** 661
removal of **M5:** 57
resin fluxes **EL1:** 646
resin-based **EL1:** 645–646
resistance, of flexible epoxies **EL1:** 821
rosin mildly activated (RMA) **A6:** 130
rosin-base . . . **A6:** 129–130, 136, 987, 989, 994, 995
rotary/stationary brush fluxers **EL1:** 682
safety precautions **A6:** 1202
safety precautions for soldering **M6:** 1097–1100
selection guidelines for soldering **A6:** 129
selection of **EL1:** 649–650
solder paste **EL1:** 653–654
soldered joints **A6:** 1124
soldering **M2:** 446–447
soldering, classification scheme **A6:** 622, 628
soldering of copper alloys **A6:** 630
solid degassing **A15:** 467
specifications for soldering **A6:** 972
spray fluxers **EL1:** 682
submerged arc welding **A6:** 202, 203
surface insulation resistance (SIR) test **A6:** 987, 988
synthetic **EM4:** 44
synthetic activated fluxes **EL1:** 647
synthetic-activated (SA) **A6:** 994
synthetically activated (resins) **A6:** 129
technology, development **EL1:** 631
thermal function **EL1:** 643
titanium alloys **A6:** 521
torch brazing **A6:** 328
types of **A6:** 129–130
use in process stages of brazing and soldering **A6:** 903
vehicle **EL1:** 644
vehicle, and paste print resolution **EL1:** 732
water-soluble, corrosion from **EL1:** 1110
water-soluble organic **EL1:** 646–647
wave fluxers **EL1:** 682
wave soldering **A6:** 366, 367, **EL1:** 701
wettability and solderability **A6:** 128–129

Fluxes for
brazing of aluminum alloys **M6:** 1023–1025
brazing of copper and copper alloys **M6:** 1035
brazing of molybdenum **M6:** 1058
brazing of niobium **M6:** 1057
brazing of reactive metals **M6:** 1053
brazing of stainless steels **M6:** 1004
brazing of tungsten **M6:** 1059
dip brazing of steels **M6:** 991
electroslag welding **M6:** 229–230
flux cored arc welding **M6:** 103
furnace brazing of steels **M6:** 944
induction brazing of copper **M6:** 1044–1045
induction brazing of steel **M6:** 971
oxyacetylene braze welding **M6:** 597
oxyacetylene welding of cast irons **M6:** 603
oxyfuel gas welding **M6:** 583
resistance brazing **M6:** 982–983
soldering **M6:** 1081–1085
submerged arc welding **M6:** 122–127
of nickel alloys **M6:** 442
torch brazing of copper **M6:** 1039
torch brazing of stainless steels **M6:** 1011
torch brazing of steels **M6:** 950–951, 961–963
wave soldering **M6:** 1088
weld overlays of stainless steel **M6:** 811–813

Fluxes for soldering **A6:** 971–974
in electronic applications **A6:** 985, 986–988
inorganic acid **A6:** 973–974, 980, 983
organic-acid **A6:** 973, 983
rosin-base **A6:** 972–973, 976, 977, 983

Fluxes for welding **A6:** 55–62
alloy modification **A6:** 60–61
binding agents **A6:** 60–61
ferro-additions **A6:** 60
pyrochemical kinetics during welding . . **A6:** 59–60
recovery of elements from electrode coatings **A6:** 60
slag detachability **A6:** 61
slag formation **A6:** 61
slag viscosity **A6:** 59–60
slipping agents **A6:** 60–61
basicity index **A6:** 59
effective slag-metal reaction temperature **A6:** 55
equilibrium parameters **A6:** 55–59
activity quotient **A6:** 56, 57
delta quantity **A6:** 57, 58
equilibrium partition ratio **A6:** 56
inclusion formation **A6:** 56–57
metal transferability during pyrochemical reactions **A6:** 55–59
nonequilibrium lever rule **A6:** 56
oxygen effect **A6:** 55–59
precipitation index **A6:** 57
shielding gas **A6:** 58–59
purposes for addition **A6:** 55
slag **A6:** 55
types of **A6:** 61–62
flux-cored arc welding **A6:** 62
for shielded metal arc welding **A6:** 62
for submerged arc welding **A6:** 62

Fluxes, specific types
1, resistance brazing **M6:** 982–983
3A
brazing of cast irons **M6:** 996
brazing of coppers **M6:** 1035
induction brazing of steel **M6:** 971
resistance brazing **M6:** 982–983
3B, brazing of coppers **M6:** 1035
4
brazing of coppers **M6:** 1035
resistance brazing **M6:** 982–983
5, brazing of coppers **M6:** 1035
alumina, submerged arc welding **M6:** 124
aluminate basic, submerged arc welding . . . **M6:** 124
basic fluoride, submerged arc welding **M6:** 124
calcium silicate-low silica submerged arc welding **M6:** 124
calcium silicate-neutral, submerged arc welding **M6:** 124
calcium-high silica, submerged arc welding **M6:** 124
FB3-A, brazing of copper and copper alloys **A6:** 932, 933
FB3-C, brazing of copper and copper alloys **A6:** 932, 933
FB3-D, brazing of copper and copper alloys **A6:** 932, 933
FB3-E, brazing of copper and copper alloys **A6:** 933
FB3-F, brazing of copper and copper alloys **A6:** 933
FB3-G, brazing of copper and copper alloys **A6:** 933
FB3-H, brazing of copper and copper alloys **A6:** 933
FB3-I, brazing of copper and copper alloys **A6:** 932, 933
FB3-J, brazing of copper and copper alloys **A6:** 932, 933
FB3-K, brazing of copper and copper alloys **A6:** 932, 933
FB4-A, brazing of copper and copper alloys **A6:** 932, 933
manganese silicate, submerged arc welding **M6:** 124
NOCOLOK, for aluminum alloys **A6:** 939

SUBJECTS OF THE INDEXED VOLUMES: ASM Handbook (designated by the letter "A"): **A1:** Properties and Selection: Irons, Steels, and High-Performance Alloys (1990); **A2:** Properties and Selection: Nonferrous Alloys and Special-Purpose Materials (1990); **A3:** Alloy Phase Diagrams (1992); **A4:** Heat Treating (1991); **A5:** Surface Engineering (1994); **A6:** Welding, Brazing, and Soldering (1993); **A7:** Powder Metal Technologies and Applications (1998); **A8:** Mechanical Testing (1985); **A9:** Metallography and Microstructures (1985); **A10:** Materials Characterization (1986); **A11:** Failure Analysis and Prevention (1986); **A12:** Fractography (1987); **A13:** Corrosion (1987); **A14:** Forming and Forging (1988); **A15:** Casting (1988); **A16:** Machining (1989); **A17:** Nondestructive Evaluation and Quality Control (1989); **A18:** Friction, Lubrication, and Wear Technology (1992); **A19:** Fatigue and Fracture (1996); **A20:** Materials Selection and Design (1997). **Metals Handbook, 9th Edition** (designated by the letter "M"): **M1:** Properties and Selection: Irons and Steels (1978); **M2:** Properties and Selection: Nonferrous Alloys and Pure Metals (1979); **M3:** Properties and Selection: Stainless Steels, Tool Materials, and Special-Purpose Materials (1980); **M4:** Heat Treating (1981); **M5:** Surface Cleaning, Finishing, and Coating (1982); **M6:** Welding, Brazing, and Soldering (1983); **M7:** Powder Metallurgy (1984). **Engineered Materials Handbook** (designated by the letters "EM"): **EM1:** Composites (1987); **EM2:** Engineering Plastics (1988); **EM3:** Adhesives and Sealants (1990); **EM4:** Ceramics and Glasses (1991). **Electronic Materials Handbook** (designated by the letters "EL"): **EL1:** Packaging (1989)

Fluxing
babbitting **A5:** 374–375
cast iron **M5:** 353
defined **A15:** 445
equipment and materials **M5:** 354
flux covers **M5:** 353
flux injection **A15:** 452–453
for demagging aluminum alloys **A15:** 472–474
fused-salt, aluminum coating process **M5:** 337–339
galvanized fluxes **A15:** 452
hot dip galvanized coating process . . . **M5:** 326–327
hot dip tin coating process **M5:** 353–354
inert gas, copper alloys **A15:** 466
of aluminum alloys **A15:** 445–447
of copper alloys **A15:** 448–451, 466, 776
of magnesium alloys **A15:** 447–448, 801
of zinc alloys **A15:** 451–452
procedure **M5:** 353
solutions, composition **M5:** 353
steel **M5:** 353
Fluxing agents
dip brazing **A6:** 337, 338
Fluxing process
air knife wipe-off **EL1:** 683
Fluxing reactions **A7:** 1001
Flux-jump stability
niobium-titanium superconductors **A2:** 1043–1045, 1051
Fluxless melting
as inclusion control **A15:** 96
magnesium alloys **A15:** 448
Fluxless vacuum brazing
aluminum alloys **A6:** 939
Flux-to-wire ratio **A6:** 206, 207
Fly ash
Miller numbers **A18:** 235
Fly ash systems
corrosion of **A13:** 1007
Flyer plate **A6:** 160, 161, **A8:** 187, 190, 210–212, 231–235
Flyer plate dynamic bend angle **A6:** 162
Flyer plate hardness **A6:** 161
Flyer plate mass **A6:** 161
Flyer plate standoff distance **A6:** 161
Flyer plate velocity (Vp) **A6:** 161
Flying die
cut-to-length lines **A14:** 711
Flying shear
defined **A14:** 6
Fly-shuttle looms **EM1:** 127–128
Flywheel
cam plastometer **A8:** 194
rotating, in torsional impact system **A8:** 216
Flywheel energies **A6:** 890
Flywheel energy
in presses **A14:** 496
FM *See* Ferromagnets
FM (free from Mannesmann Effect) dies **A14:** 61
FM method *See* Frequency modulation (FM) method
FM process
defined **A15:** 38
FMAR *See* Ferromagnetic antiresonance
FML (free from Mannesmann Effect with low load) dies **A14:** 61
FMR *See* Ferromagnetic resonance
FNAA *See* Fast neutron activation analysis
FNR *See* Ferromagnetic nuclear resonance
Foam *See also* Integral skin foam; Open-cell foam; Self skinning foam; Syntactic foams
in adhesive-bonded joints **A17:** 614
Foam blanket
definition **A5:** 956
Foam board
waterjet machinery **A16:** 522
Foam cleaning **A13:** 1139
Foam depressants
use of **M5:** 11
Foam filters, ceramic
as inclusion control **A15:** 90
Foam fluxers
through-hole soldering **EL1:** 681–682
Foam inhibitor **A18:** 99, 108
defined **A18:** 9
effectiveness **A18:** 108
in engine lubricant formulations **A18:** 111
in nonengine lubricant formulations **A18:** 111
Foam injection
thermoplastics processing comparison **A20:** 794
Foam injection molding
properties effects **EM2:** 284
size and shape effects **EM2:** 290
surface finish **EM2:** 304
textured surfaces **EM2:** 305
Foam molding
processing characteristics, closed-mold **A20:** 459
Foam patterns
for lost foam casting **A15:** 231–232
Foam polyurethane
thermoset plastics processing comparison **A20:** 794
Foam stop hot-melt adhesive
for refrigerator cabinet seams **EM3:** 45
Foam structure
$AuCu_3$ **A9:** 682
Foam urethane molding
size and shape effects **EM2:** 292
Foam vaporization
for art casting **A15:** 22
Foamed adhesive **EM3:** 13
Foamed hot-melt sealants **EM3:** 51
Foamed plaster molding
process of **A15:** 247
Foamed plastics *See also* Expandable plastic; Plastics **EM3:** 13
defined **EM1:** 11, **EM2:** 19
Foamed polystyrene, as pattern material
investment casting **A15:** 255
Foaming
defined **A18:** 9
flux **EL1:** 644, 648
Foaming agent **EM3:** 13
defined **EM1:** 11, **EM2:** 19
Foam-in-place
defined **EM1:** 11, **EM2:** 19
Foams *See also* Foam injection molding; Foam urethane molding; Structural foam; Thermoplastic structural foams **A20:** 446
analytic methods for **A10:** 9
filling, blow molding **EM2:** 358
flexable polyurethane **EM2:** 630
integral skin, polyurethane (PUR) **EM2:** 258
integral-skin rigid **EM2:** 630
mechanical properties **EM2:** 262
reinforced integral skin, PUR **EM2:** 261–262
rigid **EM2:** 630
rigid integral skin, polyurethane (PUR) . . **EM2:** 259
rigid, polyurethane (PUR) **EM2:** 259
semirigid molded, polyurethane (PUR) **EM2:** 258–259
thermoplastic structural, properties . . **EM2:** 508–513
Focal lengths
and color of light **A9:** 75
defined **A9:** 8
for macrophotography **A9:** 87
Focal spot
defined **A9:** 8, **A17:** 383
definition **M6:** 8
Focal-plane tomography techniques **A17:** 379
Focus
defined **A9:** 8
Focus groups **A20:** 17
Focused ultrasonic search units
acoustic lenses **A17:** 259–260
advantages and useful range **A17:** 260
noise **A17:** 260–261
Focused-beam Auger electron spectroscopy spectrum
sodium chloride in **M7:** 254
Focusing
automated **A10:** 310
camera **A12:** 79–80
diffractometer, for x-ray diffraction residual stress techniques **A10:** 387
effect, extended x-ray absorption fine structure **A10:** 411
in SEM illuminating/imaging system **A12:** 167
of borescopes and fiberscopes **A17:** 8
Focusing cup
x-ray tubes **A17:** 302
Focusing device (electrons)
defined **A9:** 8
Focusing, optical microscope
as thickness testing **EL1:** 943
Focusing (x-rays)
defined **A9:** 8
Foerster frequency selection method **A17:** 182
Foerster limit frequency methods
eddy current inspection **A17:** 182
Fog
on radiographic film **A17:** 327
Fog quenching **M4:** 31–32
of steel **M4:** 60
Fog testing *See* Salt spray (fog) testing
Fog tests
chromium plating **M5:** 198
Fogging **A10:** 143, 144
Foil **A8:** 618
aluminum and aluminum alloys **A2:** 5
aluminum, leak detection with **A17:** 66
as tantalum mill product **M7:** 770–771
beryllium **M7:** 759
brazing filler metals available in this form **A6:** 119
defined **A14:** 6
definition **A5:** 956
electrojet thinning for samples of **A10:** 451
finishes for **A1:** 848
for radiographic screens **A17:** 316
gilding as **A15:** 21
Knoop minimum thickness chart for . . . **A8:** 96, 101
lead and lead alloy **A2:** 555
mechanical properties **A1:** 848
platelet geometry in **A10:** 455
stainless steel **A1:** 848
thin, AEM-EDS quantitative analysis of . . **A10:** 447
thin, electron beam spreading in **A10:** 434
tin **A2:** 525–526
-type crack growth gages **A8:** 246
wrought aluminum alloy **A2:** 33
Foil bearing **A18:** 530
bending-dominated continuous **A18:** 530, 531
bending-dominated segmented **A18:** 530–531
commercial varieties **A18:** 530
defined **A18:** 9
modified bending-dominated continuous . . **A18:** 531
surface coatings **A18:** 532
tension-dominated **A18:** 530
Foil butt-seam welding
of blanks **A14:** 450
Foil decorating
defined **EM2:** 19
Foil laminates, bimetal
XPS analyses **A11:** 44
Foil microscopy, thin *See* Thin-foil microscopy
Foil strain gages **A19:** 68
Foils
for laminates **EL1:** 581–582
Fokker bond tester **EM3:** 522, 525, 528, 761
for adhesive-bonded joints **A17:** 619–620
in nondestructive testing **EM3:** 754–756, 766, 769–770, 772, 778
Fokker F-28 wing load spectrum
flight simulation tests **A19:** 116
Fokker (Netherlands)
detection of ideal oxide configuration for adhesion on aluminum alloys **EM3:** 744
Fold **A20:** 741, 742
defined **A14:** 6
Folded chain **EM3:** 13
defined **EM2:** 19
Folding assembly
for furnace brazing **M6:** 940
Folding energy
in tests **A11:** 55
Folding over, in nonlubricated
nonisothermal hot forging **A8:** 582
Folds
as casting defect **A15:** 548
as notches **A11:** 85
defined **A11:** 4
in forging **A11:** 327, 328, 330, 331
in semisolid metal casting and forgings **A15:** 336–337
liquid penetrant inspection **A17:** 86
surface, as casting defects **A11:** 383
Follow die
defined **A14:** 6
Follower plate
defined **A18:** 9
Follow-up monitoring
and material selection **A13:** 322–323
FOLZ *See* First-order Laue zone
Fomblin Z25 polymer **A18:** 156

Food
aluminum/aluminum alloy resistance **A13:** 602
industry, stainless steel corrosion **A13:** 559–560
products, zinc/zinc alloys and coatings contact with **A13:** 763
tantalum resistance to **A13:** 728
Food additives
elemental iron **M7:** 614–615
Food and Drug Administration
abbreviation **A8:** 724
Food Chemical Codex **A7:** 115
Food Chemicals Codex **M7:** 615
Food enrichment
iron powders for **M7:** 614–616
powders used **M7:** 572
Food equipment
metal coatings for **M1:** 102
Food handling and packaging equipment
precoated steel sheet for **M1:** 173
Food products *See also* Agricultural materials and natural products, liquid chrmoatography
sugars **A10:** 649
iron powders in **M7:** 614
potentiometric membrane electrode analysis of **A10:** 181
voltammetnc monitoring of pollutant metals and nonmetals in **A10:** 188
Food service applications
polycarbonates (PC) **EM2:** 151
polysulfones (PSU) **EM2:** 200
silicones (SI) **EM2:** 266
ultrahigh molecular weight polyethylenes (UHMWPE) **EM2:** 168
Foods
watedet machining **A16:** 525, 526
Footprint design pattern **EL1:** 734
"Footprints" in printed circuit board layout .. **A20:** 207
Forbidden (diagram) lines
x-radiation **A10:** 86
Force *See also* Energy; Force requirements
abbreviation **A8:** 724
actuators, shape memory alloys **A2:** 900
application systems, tension testing machines **A8:** 47–48
blankholder, in drawing **A14:** 582
capacities, hot extrusion **A14:** 319
causing crack development and extension **A8:** 439–464
concept, dislocation mechanics **A8:** 440
contact, in electrical contacts **A2:** 840
conversion factors **A8:** 722, **A10:** 686
defined **EM1:** 11
drawing **A14:** 577–578
fields, atomic, use in IR normal-coordinate analysis **A10:** 110–111
measurement, tension testing machines .. **A8:** 48–49
moment of, SI defined unit and symbol for **A10:** 685
per unit length, conversion factors **A10:** 686
roll-separating, and torque **A14:** 345
roll-separating, estimation method **A14:** 344
SI defined unit and symbol for **A10:** 685
SI unit/symbol for **A8:** 721
stripping, in blanking **A14:** 448
symbol for **A11:** 796
units, universal testing machine **A8:** 612
vs. load, as term **A8:** 74, 84
Force balance
as process inodeling submodel **EM1:** 500
Force equilibrium **A19:** 77
Force per unit length
conversion factors **A8:** 722
Force plug
defined **EM2:** 19
Force requirements *See also* Energy; Force; Power; Power requirements
and press selection **A14:** 491
drawing **A14:** 577–578
for fine-edge blanking and piercing **A14:** 474
for stretch forming **A14:** 598
in blanking **A14:** 448
piercing **A14:** 463
Force retainer plates *See* Cavity retainer plates
Force structural maintenance plan
Task IV, USAF ASIP force management data package **A19:** 582
Forced air cooling
ultrasonic fatigue testing **A8:** 247–248
Forced convection *See also* Convection
as aluminum melt circulation **A15:** 453–456
from flat plate, formulas **EL1:** 52
from parallel plates and ducts, formulas ... **EL1:** 52
in reflow soldering **EL1:** 694
infrared soldering systems **EL1:** 705
Forced convection cooling **A7:** 484
Forced cooling *See also* Cooling
selective, for stress and distortion **A15:** 616
Forced displacement
parameters compared to other electromechanical fatigue systems **A19:** 179
Forced random stimulation **A20:** 42–43
Forced vibration
parameters compared to other electromechanical fatigue systems **A19:** 179
Forced-air recirculating oven **EM3:** 37
Forced-displacement systems **A8:** 391–392
Forced-vibration systems **A8:** 391–393
Force-feed lubrication *See* Pressure lubrication
Forceps, stainless steel
forging seam fracture **A11:** 329, 331
Force-restricted machines **A14:** 25, 37
Forcing *See* Bulging
Ford anodized aluminum corrosion test **A13:** 219
Ford Motor Company **A20:** 15, 137, 173
DFA implementation **A20:** 682
fracture splitting process **A7:** 822–823
powder forged parts **A7:** 823
quality improvement program **A20:** 105
Forehand welding
definition **A6:** 1209, **M6:** 8
oxyfuel gas welding **M6:** 589
technique **A6:** 183
Foreign alloy designations *See also* International Organization for Standardization (ISO)
systems for **A2:** 16, 27
Foreign materials, effects
NDE reliability **A17:** 677
Foreign particles
bearing failure from **A11:** 489
Foreign specifications *See* listings in data compilations for individual alloys
Foreign structure
defined **A13:** 7
Foreline valve
for environmental test chamber **A8:** 411
Forensic studies
by x-ray spectrometry **A10:** 82
NAA analysis for **A10:** 233
PIXE analysis for **A10:** 102
Foreseeability **A20:** 149
Forestry tools
of cemented carbide **A2:** 974
Forge
effect on fatigue performance of components **A19:** 317
Forge rolling
in bulk deformation processes classification scheme **A20:** 691
Forge rolls **A14:** 96–97
Forge welding **A20:** 697, **M6:** 675–676
applications **M6:** 676
definition **M6:** 8, 675
in joining processes classification scheme **A20:** 697
metals welded **M6:** 676
procedures and sequence **M6:** 675–676
Forge welding (FOW) **A6:** 306
aluminum alloys **A6:** 306
aluminum metal-matrix composites **A6:** 558
applications **A6:** 306
automatic **A6:** 306
carbon steels **A6:** 306
cobalt-base alloys **A6:** 306
definition **A6:** 306, 1209
equipment **A6:** 306
fluxes **A6:** 306
high-alloy steels **A6:** 306
joint designs **A6:** 306
low-alloy steels **A6:** 306
manual **A6:** 306
nickel-base alloys **A6:** 306
process sequence **A6:** 306
steels **A6:** 306
titanium alloys **A6:** 306
tungsten **A6:** 306
Forgeability *See also* Forgeability tests; Forging; Formability **A20:** 739, **M1:** 350
aluminum and aluminum alloys **A2:** 8–9
and flow strength, effects **A14:** 76
and part geometry **A14:** 77
and strength at elevated temperatures **A14:** 222
as dynamic hot hardness vs. temperature **A14:** 226
carbon/alloy steels **A14:** 215–216
closed-die, of stainless steel **A14:** 223
defined **A14:** 6
effect, isothermal/hot-die **A14:** 150–151
hot upsetting, of stainless steel **A14:** 223
of aluminum alloys **A14:** 241–242
of copper alloys **A14:** 256
of heat-resistant alloys **A14:** 232
of magnesium alloys **A2:** 1405
of metals and alloys, relative **A14:** 65
of refractory metals **A14:** 237–238
of stainless steel **A14:** 223–224
of superalloys **M7:** 468
of titanium alloys **A14:** 267–270
of tungsten alloys **A14:** 238
of various alloys **A14:** 75
of work metals, by high-energy-rate forging **A14:** 104
solute content effect **A14:** 367
tests **A14:** 215, 382–384
upset reduction vs. forging pressure .. **A14:** 223–224
wrought aluminum alloy **A2:** 34
Forgeability of steels *See* Bulk formability of steels
Forgeability tests
notched-bar upset test **A14:** 383–384
sidepressing test **A14:** 383
truncated cone indentation test **A14:** 384
wedge-forging test **A14:** 382–384
Forged components
fatigue failures **A11:** 321
Forged parts **A1:** 455
design for manufacturing guidelines for **A20:** 36
dimensional tolerances **M7:** 482
disk, aspect ratio at fracture **M7:** 411
eddy current/nondestructive testing of **M7:** 491–492
tolerances of **M7:** 416, 482
Forged parts (P/M)
tolerances **A7:** 711, 712
Forged roll Scleroscope hardness number, (HFRSc or HFRSd)
defined **A8:** 6
Forged Rolls (U.K.) **A7:** 397–398
Forged steel
manganese phosphate coating **A5:** 381
Forged structure
defined **A9:** 8
definition **A5:** 956
Forge-delay time
definition **M6:** 8
Forged-in scale
as surface defect **A11:** 327
Forging *See also* Forgeability; Forgings, failures of; Hot forging; Solid-phase forming; Upsetting ... **A16:** 19, **A19:** 9, 17, 337, **A20:** 693
advanced titanium materials **A14:** 282–283

SUBJECTS OF THE INDEXED VOLUMES: ASM Handbook (designated by the letter "A"): **A1:** Properties and Selection: Irons, Steels, and High-Performance Alloys (1990); **A2:** Properties and Selection: Nonferrous Alloys and Special-Purpose Materials (1990); **A3:** Alloy Phase Diagrams (1992); **A4:** Heat Treating (1991); **A5:** Surface Engineering (1994); **A6:** Welding, Brazing, and Soldering (1993); **A7:** Powder Metal Technologies and Applications (1998); **A8:** Mechanical Testing (1985); **A9:** Metallography and Microstructures (1985); **A10:** Materials Characterization (1986); **A11:** Failure Analysis and Prevention (1986); **A12:** Fractography (1987); **A13:** Corrosion (1987); **A14:** Forming and Forging (1988); **A15:** Casting (1988); **A16:** Machining (1989); **A17:** Nondestructive Evaluation and Quality Control (1989); **A18:** Friction, Lubrication, and Wear Technology (1992); **A19:** Fatigue and Fracture (1996); **A20:** Materials Selection and Design (1997). **Metals Handbook, 9th Edition** (designated by the letter "M"): **M1:** Properties and Selection: Irons and Steels (1978); **M2:** Properties and Selection: Nonferrous Alloys and Pure Metals (1979); **M3:** Properties and Selection: Stainless Steels, Tool Materials, and Special-Purpose Materials (1980); **M4:** Heat Treating (1981); **M5:** Surface Cleaning, Finishing, and Coating (1982); **M6:** Welding, Brazing, and Soldering (1983); **M7:** Powder Metallurgy (1984). **Engineered Materials Handbook** (designated by the letters "EM"): **EM1:** Composites (1987); **EM2:** Engineering Plastics (1988); **EM3:** Adhesives and Sealants (1990); **EM4:** Ceramics and Glasses (1991). **Electronic Materials Handbook** (designated by the letters "EL"): **EL1:** Packaging (1989)

aluminum and aluminum alloys A2: 6
aluminum, minimum web thickness A20: 689
aluminum P/M alloys A2: 211–213
aluminum-lithium alloys, fatigue in A2: 196
and annealing, cracking after A11: 574, 580
and tooling for preform A14: 175
anisotropy caused by A11: 316
as bulk forming process A14: 16
as manufacturing process A20: 247
as superplastic forming process A14: 857
attributes A20: 248
automation, software tools A14: 410–412
bursts A11: 85, 317–318
causes of failure in A11: 317–342
characteristics, refractory metals A14: 237
chemical separation in A11: 314–315
closed-die A8: 587
cold, workability tests for A8: 589–591
compatibility with various materials A20: 247
controlled, of carbon/alloy steels A14: 220–221
defects A11: 317, 327–331, 329–333
defined A14: 6
definition A20: 833
described A11: 314
dies and presses, for SIMA process A15: 332
effects of billet shape and enclosure on stress state in A8: 588
finite element analysis to study ductile fracture A20: 708–709
flash, rough surface from A11: 472
fracture by segregation A11: 324–326
future trends A14: 20–21
hafnium A2: 663
hammers for A14: 25–29
high-definition A14: 243
history A14: 15
hot closed die, rating of characteristics A20: 299
hot, for identification marking A11: 130
hot isostatic casting as replacement A15: 543–544
in conjunction with broaching A16: 195
magnesium alloy, product form selection A2: 465–466
magnesium, minimum web thickness A20: 689
manufacture, tasks performed in A14: 409–410
mechanically alloyed oxide alloys A2: 948
metal forming lubricants A18: 147–148
microstructure A11: 325–327
new materials A14: 19
new processes A14: 16–19
notched-bar upset test A8: 588
of alloy steels A14: 215–221
of blended elemental TI-6AI-4V A2: 649
of carbon steels A14: 215–221
of copper and copper alloys A14: 255–258
of heat-resistant alloys A14: 231–236
of magnesium alloys A14: 259
of molybdenum and molybdenum alloys A14: 237–238
of nickel-titanium shape memory effect (SME) alloys A2: 899
of niobium and niobium alloys A14: 237
of niobium-titanium ingot A2: 1044
of nonferrous metals A14: 239–287
of refractory metals A14: 237–238
of rings A14: 69
of stainless steels A14: 222–230, M3: 42–43
of tantalum and tantalum alloys A14: 238
of tungsten and tungsten alloys A14: 238
of unalloyed uranium A2: 671
of wrought magnesium alloys A2: 459
open die, rating of characteristics A20: 299
open-die A8: 587
P/M high-speed tool steels A16: 62
post-, failures from A11: 331–332
preheating aluminum alloys for A14: 247
presses for A14: 25, 29–31
primary, and ingot breakdown A14: 222–223
primary testing direction A8: 667
process classifications A14: 15–16
process design A14: 409–416
process simulation A14: 19–20
process window for microstructure control in A14: 412–413
processes, classified A14: 16
processes, introduction to A14: 15–21
production goals A14: 407
property variations from point to point A20: 510
rate, for finish forged nickel-base alloys A14: 262
ratio, effect on reduction A14: 218
recrystallization in A14: 231
reduction A14: 231
reduction rate A14: 231
residual stresses A20: 814, 816
rib-web, simulation A14: 428–429
rolls, defined A14: 7
roughness average A5: 147
semisolid alloys, applications A15: 332–336, 338
sequence A14: 82, 413–416
severity, stainless steels A14: 223
shear test standards for A8: 62
sidepressing test A8: 588
spike, simulation of A14: 428–429
steel, minimum web thickness A20: 689
surface roughness and tolerance values on dimensions A20: 248
tasks performed A14: 409–410
temperatures A14: 36, 231
test for flow localization controlled fracture A8: 588–589
tolerances A20: 37
wedge test A8: 587
workability test for A8: 587–591
workpiece temperature A14: 231
wrought aluminum alloy A2: 34
wrought titanium alloys A2: 611–614
zinc and zinc alloys A2: 531
zirconium A2: 662–663
Forging and hot pressing A7: 632–637, 728, 743
advanced aluminum MMCs A7: 850
aluminum alloy powders A7: 836
applications A7: 632, 634–635, 636–637
comparison of processes A7: 632
computer modeling A7: 632, 635
definition of forging A7: 632
definition of hot pressing A7: 632
deformation modes A7: 632
forging process A7: 633–634
hot press equipment A7: 636
material preparation for hot pressing A7: 635–636
metallurgical bonding A7: 320
nanocrystalline powder A7: 506
powder preparation for powder forging A7: 632–633
process modeling of forging A7: 635
resistance heating of powder A7: 635
sintering as preparation steps A7: 633
stress conditions A7: 632
tooling metals for hot pressing A7: 636
tungsten heavy alloys A7: 917
Forging billet, defined *See also* Billets A14: 6
Forging brass A14: 255–256
applications and properties A2: 312
Forging cracks
by liquid penetrant inspection A17: 86
Forging defect
wrought aluminum alloys A12: 415
Forging defects *See also* Defects
cracking in cold forging A14: 385
in closed-die forging A14: 385–386
Forging dies *See also* Closed-die forging tools; Dies; Dies, specific types; Hot upset forging tools
defined A14: 6
Forging dies, upset *See* Hot upset forging tools
Forging envelope *See* Finish allowance
Forging equipment *See also* Equipment; Forging; Forging equipment and dies
and dies A14: 23–58
classification and characterization A14: 37–42
for closed-die forging A14: 80–81
for roll forging A14: 96–97
for titanium alloys A14: 273–274
hot upset forging A14: 83–84
precision forging A14: 165, 168–171
process requirements A14: 36
selection of A14: 36–42
types A14: 16
Forging equipment and dies A14: 23–58
dies and die materials for hot forging A14: 43–58
hammer and presses for forging A14: 25–35
selection of forging equipment A14: 36–42
Forging force A6: 316
Forging gap
as planar flaw A17: 50
Forging hammers *See* Hammers
Forging loads A20: 297
Forging machine dies A14: 45
Forging machines
classified A14: 25
defined A14: 6–7
horizontal, die set for A14: 45
Forging methods
billets for mechanical testing A14: 197
for aluminum alloys A14: 242–244
for titanium alloys A14: 270–273
selection, titanium alloy forging A14: 282
stainless steels A14: 222
Forging mode M7: 413–415
and stress conditions on pores M7: 414
effect on densification of hot forged P/M parts M7: 414
Forging plane *See also* Parting plane
defined A14: 7
Forging preforms
cold isostatic pressing A7: 385
Forging presses *See also* Forging equipment; Presses
for powder forging A14: 194
Forging pressure *See also* Pressure
and flow stress A1: 585
prediction, closed-die forging A14: 79–80
Forging process design *See also* Design; Forging process A14: 409–416
hot compression testing data for A14: 429
interface data for A14: 441–442
modeling techniques used A14: 417–438
workability data for A14: 439–441
Forging processes A14: 59–211
closed-die forging in hammers and presses A14: 75–82
coining A14: 180–187
conditions A14: 423–424
data base, required A14: 412–413
design, data acquisition for A14: 439–442
design method A14: 413–416
development, controllable factors A14: 409
for magnesium alloys A14: 260
for titanium alloys A14: 277–282
high-energy-rate forging A14: 100–107
hot upset forging A14: 83–95
isothermal and hot-die forging A14: 150–157
key results A14: 413–416
maps A14: 423
open-die forging A14: 61–74
parameters A14: 407
planning and specifications, method for A14: 415
powder forging A14: 188–211
precision forging A14: 158–175
radial forging A14: 145–149
ring rolling A14: 108–127
roll forging A14: 96–99
rotary forging A14: 175–179
rotary swaging of bars and tubes A14: 128–144
software tools A14: 410–412
Forging quality
defined A14: 7
Forging quality plates A1: 236, 237
Forging steels
materials for die-casting dies A18: 629
Forging stock *See also* Stock
defined A14: 7
preparation, hot upset forging A14: 86
Forging temperature
effect on alpha structures in titanium and titanium alloys A9: 460
effect on notch toughness of steels M1: 695
effects of A1: 588–589
Forging temperatures *See also* Temperature(s)
for alloy steels A14: 215
for aluminum alloys A14: 242
for carbon steels A14: 215
for magnesium alloys A14: 259
of various alloys A14: 75
Forging(s) *See also* Closed-die forgings; Closed-die steel forgings A17: 491–511, M7: 5, 23, 295, 410–418, 570
$2\frac{1}{4}$Cr-1Mo steel, mechanical properties M1: 654
advantages of P/M M7: 417
alloy steel wire for A1: 287, M1: 269–270
aluminum alloy M2: 5–14
aluminum and aluminum alloy cleaning and finishing of M5: 590–591

Forging(s) (continued)
and annealing **M7:** 456
and cold isostatic pressing.............. **M7:** 448
and hot isostatic pressing of superalloys... **M7:** 522
applications **M7:** 417
automotive parts........................ **M7:** 417
batch, frequency distribution for
components of.................... **M7:** 491
beryllium **M7:** 759
boiler/pressure vessel, inspection..... **A17:** 644–645
brass *See* Brass, forgings
central burst in..................... **A14:** 401–402
closed-die............................ **A14:** 76–77
closed-die/upset forgings, inspection
techniques **A17:** 495
commercial ferrous................. **M7:** 415–417
conventional, and hot isostatic pressing ... **M7:** 442
copper alloy *See* Copper alloys, forgings
definition of **A1:** 337
dimensional tolerances.................. **M7:** 482
direct-cooled forging................ **A1:** 137, 419
eddy current inspection **A17:** 510–511
effect of process parameters on mechanical
properties **M7:** 415
effect on densification of hot forged P/M
parts **M7:** 414
electromagnetic inspection.......... **A17:** 510–511
extrusion **M7:** 411, 412
finished, by hot upset forging **A14:** 83
flow lines in **A9:** 687
fluid die in............................ **M7:** 542
forging operation flaws............ **A17:** 493–494
fracture........................... **M7:** 410–412
heat-resistant alloy, inspection........... **A17:** 496
history.................................. **M7:** 18
hot, flow diagram **M7:** 416
ingot/billet processing flaws......... **A17:** 491–493
inspection method, selection of...... **A17:** 494–498
liquid penetrant inspection **A17:** 501–504
magnesium.. **M2:** 528–529, 537–538, 539, 540, 541
magnetic particle inspection........ **A17:** 112–114,
499–501
magnetizing............................ **A17:** 94
magnetizing cable...................... **A17:** 112
mass finishing of....................... **M5:** 136
microalloyed forgings .. **A1:** 137, 358–362, 419, 588
applications and compositions of........ **A1:** 420
carbon contents of **A1:** 585
control of properties.................. **A1:** 588
forging temperatures, effects of **A1:** 588
generations of **A1:** 359–360
properties of **A1:** 360–361, 588, 599
modes............................ **M7:** 413–415
nickel alloy **A17:** 496
of aluminum P/M parts............. **M7:** 743–744
of billets.......................... **M7:** 522–529
of low-alloy steels **M7:** 464
open-die, inspection of............. **A17:** 494–495
pickling of................. **M5:** 72–80, 611–613
plus hot extrusion, in superalloys **M7:** 523–524
precision, computed tomography (CT).... **A17:** 363
preform design **M7:** 411–413
preforms **M7:** 416–417, 448
pressure and ejection pressure, at full density of
part **M7:** 417
radiographic inspection................. **A17:** 511
shapes of **A14:** 61
shot peening of **M5:** 147
size and weight of **A14:** 61
steel *See* Steel, forgings
steel, annealing.................. **M4:** 24–25, 26
steel forgings, inspection........... **A17:** 495–496
steel, normalizing **M4:** 8–11
titanium and titanium alloy, grain flow in **A9:** 460
type, and inspection method **A17:** 494–495
ultrahigh-strength steels ... **M1:** 422–424, 427, 429,
431, 432, 434, 438, 441
ultrasonic inspection **A17:** 268, 504–510
uranium **M3:** 776
visual inspection **A17:** 498–499
Forgings, failures of **A11:** 314–343
anisotropy caused by forging........ **A11:** 316–317
causes of **A11:** 317–342
defects caused by forging **A11:** 317
imperfections from ingot **A11:** 314–316
types and frequencies **A11:** 342–343
Forgings, steel
normalizing **A4:** 36, 38–39
use for metalworking rolls **M3:** 503, 506–507
Forking
definition **EM4:** 632
Form blocks *See also* Mandrels
defined **A14:** 7
for bending **A14:** 665
Form cutting
in green machining **EM4:** 183
Form die
defined **A14:** 7
Form factor
defined............................... **A10:** 329
electroslag welding.... **A6:** 271, 272, 273, 274–275,
278
Form features.......................... **A20:** 159
FORM (first order reliability method) **A19:** 300
Form grinding
definition.............................. **A5:** 956
Form or deep draw
effect on fatigue performance of
components....................... **A19:** 317
Form rolling
defined................................. **A14:** 7
Form spinning
refractory metals and alloys **A2:** 562
Form tools....................... **A16:** 380, 381
coatings and increased tool life **A16:** 58
Form turning
in metal removal processes classification
scheme **A20:** 695
multifunction machining.. **A16:** 372, 373, 380, 381,
382, 383, 391
FORM/SORM **A19:** 300, 301
Formability *See also* Forgeability; Formability
testing; Formability testing, specific types;
Forming; Sheet formability of steel;
Workability **A20:** 305–306, 737, 738, 739
aluminum and aluminum alloys **A2:** 8
aluminum-lithium alloys.... **A2:** 188, 191, 196–197
beryllium-copper alloys............. **A2:** 411, 416
beryllium-copper strip **A2:** 413
beryllium-nickel alloys.................. **A2:** 427
bulk *See* Bulk formability of steels
coating effects........................ **A14:** 563
defined **A14:** 7, 19
definition............................. **A20:** 833
definition of **A1:** 573
effect of material properties on....... **A8:** 549–553
effect of temperature.................... **A8:** 553
hardness as measure of.................. **A8:** 560
hot forming.......................... **A14:** 620
HSLA steels **M1:** 409, 419
in explosive forming **A14:** 643
index, Fukui conical cup test for..... **A8:** 563, 565
indicators, heat-resistant alloys **A14:** 780
lead frame alloys **EL1:** 490
magnesium **M2:** 540–541, 542
nickel- and chromium-plated steels....... **A14:** 564
of aluminum coatings **A1:** 219
of beryllium.......................... **A14:** 805
of cold-rolled steels **A1:** 420
of dual-phase steels................ **A1:** 398, 420
of interstitial-free steel **A1:** 398
of magnesium alloys **A2:** 467–471
of preprimed sheet...................... **A1:** 222
of refractory metals **A14:** 785
of stainless steel................... **A1:** 888–889
of stainless steels **A14:** 759–761
of steel plate **A1:** 238
of titanium alloys **A14:** 838–839
optimum, material properties for **A8:** 549
plate **M1:** 194
problems **A8:** 548
rating, for cold heading................. **A14:** 291
rolling direction effect............. **A14:** 780–781
sheet *See also* Sheet formability of
steel.......................... **M1:** 545–560
aluminum coated...................... **M1:** 172
bending......................... **M1:** 552–555
composition, effects of........... **M1:** 553–556
forming capabilities............... **M1:** 546–547
forming limit diagrams........... **M1:** 549–553
forming requirements............ **M1:** 545–546
galvanized...................... **M1:** 170–171
mechanical properties,
relationship to **M1:** 547–549
microstructure, relationship to **M1:** 557–559
preferred orientation, effects of......... **M1:** 558
prepainted............................ **M1:** 176
selection for **M1:** 559
steelmaking practices, effects of **M1:** 556–557
temper rolling, effects of **M1:** 548
terne coated **M1:** 174
uniaxial tensile properties,
relationship to **M1:** 547–549
silver-base brazing filler metals **A2:** 702
substrate, coating process impact on **A14:** 560
vs. temperature, drop hammer forming ... **A14:** 657
wrought aluminum and aluminum alloys ... **A2:** 99,
101–102
Formability index
Fukui conical cup test for **A8:** 563, 565
Formability test
for fracture during stretching............. **A8:** 548
intrinsic............................ **A8:** 553–560
simulative.................... **A8:** 553, 560–566
Formability testing *See also* Formability;
Formability tests, specific types .. **A14:** 877–899
and lubricants..................... **A14:** 896–897
bending tests...................... **A14:** 889–890
buckling tests **A14:** 892–893
circle grid analysis................. **A14:** 895–896
deformation measurement **A14:** 878–879
drawbead forces **A14:** 896
drawing tests...................... **A14:** 891–892
formability problems................... **A14:** 878
forming limit diagram..... **A14:** 880–881, 894–895
forming types **A14:** 877–878
intrinsic.......................... **A14:** 883–889
material properties effects **A14:** 879–882
of sheet metals.................... **A14:** 877–899
shear fracture **A14:** 881
simulative tests **A14:** 883, 889–894
springback **A14:** 881–882, 893–894
strain distribution **A14:** 879–880
stretch-drawing tests **A14:** 892
stretching tests **A14:** 890–891
surface quality **A14:** 882
temperature effect on formability.... **A14:** 882–883
types of **A14:** 883
wrinkling **A14:** 881
Formability tests, specific types *See also*
Formability; Formability testing; Forming
ball punch tests **A14:** 890–891
biaxial stretch testing **A14:** 887–888
Fukui conical cup test.................. **A14:** 892
hardness testing **A14:** 889
hemispherical dome tests **A14:** 891
hemispherical punch method........ **A14:** 894–895
hole expansion test **A14:** 891
limiting dome height test **A14:** 891
plane-strain tensile testing **A14:** 887
shear testing **A14:** 888–889
Swift cup test..................... **A14:** 891–892
Swift round-bottomed cup test **A14:** 892
uniaxial tensile testing **A14:** 883–887
wrinkling tests......................... **A14:** 892
Yoshida buckling test **A14:** 893

SUBJECTS OF THE INDEXED VOLUMES: ASM Handbook (designated by the letter "A"): **A1:** Properties and Selection: Irons, Steels, and High-Performance Alloys (1990); **A2:** Properties and Selection: Nonferrous Alloys and Special-Purpose Materials (1990); **A3:** Alloy Phase Diagrams (1992); **A4:** Heat Treating (1991); **A5:** Surface Engineering (1994); **A6:** Welding, Brazing, and Soldering (1993); **A7:** Powder Metal Technologies and Applications (1998); **A8:** Mechanical Testing (1985); **A9:** Metallography and Microstructures (1985); **A10:** Materials Characterization (1986); **A11:** Failure Analysis and Prevention (1986); **A12:** Fractography (1987); **A13:** Corrosion (1987); **A14:** Forming and Forging (1988); **A15:** Casting (1988); **A16:** Machining (1989); **A17:** Nondestructive Evaluation and Quality Control (1989); **A18:** Friction, Lubrication, and Wear Technology (1992); **A19:** Fatigue and Fracture (1996); **A20:** Materials Selection and Design (1997). **Metals Handbook, 9th Edition** (designated by the letter "M"): **M1:** Properties and Selection: Irons and Steels (1978); **M2:** Properties and Selection: Nonferrous Alloys and Pure Metals (1979); **M3:** Properties and Selection: Stainless Steels, Tool Materials, and Special-Purpose Materials (1980); **M4:** Heat Treating (1981); **M5:** Surface Cleaning, Finishing, and Coating (1982); **M6:** Welding, Brazing, and Soldering (1983); **M7:** Powder Metallurgy (1984). **Engineered Materials Handbook** (designated by the letters "EM"): **EM1:** Composites (1987); **EM2:** Engineering Plastics (1988); **EM3:** Adhesives and Sealants (1990); **EM4:** Ceramics and Glasses (1991). **Electronic Materials Handbook** (designated by the letters "EL"): **EL1:** Packaging (1989)

Formaldehyde A7: 185
as reducing agent A7: 182
emission limit for particleboard set HUD
(1984).............................. EM3: 105
emission limit set by National Particleboard
Association EM3: 105
hazardous air pollutant regulated by the Clean Air
Amendments of 1990 .... A5: 913
mill additions for wet-process enamel frits for
sheet steel and cast iron A5: 456
physical properties.................... EM3: 104
Formaldehyde (HCHO).................... EM3: 46
chemistry.......................... EM3: 103–104
Formaldehydes, melamine and urea
as aminos............................. EM2: 230
Formalin EM3: 103
Formamide
as additive in sol-gel processing EM4: 446, 449
as additive used to obtain xerogels..... EM4: 211
surface tension EM3: 181
Forman equation A19: 35, 37, 39, 412, 420, 459,
560, 570, 639
for aluminum alloys..................... A19: 806
Forman model
crack propagation rate.................... A8: 681
Form-and-spray
defined EM2: 19
Formate solutions
copper/copper alloy SCC in A13: 634
Formation constants
as voltammetric information A10: 193
Formation energy A6: 163
Formatting
automated A10: 310
Form-block method
of stretch draw forming A14: 593
Formed rolls
for bending A14: 666
Formed-in-place gasket system
design EM3: 54
Formers *See also* Horizontal forging machines
die/workpiece temperature control A14: 171
Formetal 22 Alloy *See* Superplastic zinc; Zinc
alloys, specific types, superplastic zinc alloy
Formic acid A7: 185, A13: 558, 646, 1141,
1157–1158
electroless nickel coating corrosion....... A20: 479
Formic acid, 88%
electroless nickel coating corrosion A5: 298
for acid cleaning......................... A5: 53
to remove mill scale from steel A5: 67
Formic acid, corrosion
stainless steels....................... M3: 83, 84
Formica
waterjet cutting rates A16: 522
Forming *See also* Cold work; Deformation;
Formability; Sheet metal forming; Solid-phase
forming; Superplastic forming (SPF);
Thermoforming; Vacuum forming... A20: 471,
788–790, EM4: 394–491, M7: 5
aluminum and aluminum alloys A2: 10
aluminum sheet......................... M2: 180
and bending, of tubing........ A14: 665, 673–674
as tool steel application M7: 792
automatic container manufacturing EM4: 396–398
blow and blow.................. EM4: 396–397
paste-mold processing EM4: 397–398
press and blow operation............. EM4: 397
automatic hot glass delivery....... EM4: 395–396
continuous glass flow EM4: 396
gob feeders...................... EM4: 395–396
robot-like feeders................... EM14: 395
bars................................ A14: 622
beryllium-copper alloys.................. A2: 415
blanks, refractory metals................ A14: 788
capacity, three-roll forming A14: 619
casting EM4: 400–401
centrifugal casting EM4: 400, 401
gravity casting.................. EM4: 400–401
compatibility with various materials...... A20: 247
composites A20: 807–808
compression A14: 594–595
contour roll....................... A14: 624–635
costs.............................. EM2: 647–648
defined A14: 7, EM2: 19
definition............................. A20: 833
development EM4: 394

drop hammer............... A14: 608, 654–658
ductile and brittle fractures from A11: 87–92
electromagnetic..................... A14: 644–653
equipment
Hartford H-28 .... EM4: 397
individual section machine....... EM4: 396, 397
Olivotto EM4: 397, 398
ribbon machine................. EM4: 397–398
Turret chain paste-mold machine..... EM4: 398
equipment, types A14: 16
explosive A14: 636–643
extrusion EM4: 401
fluid A14: 611–614
fluid-cell A14: 608–611
fundamentals........................ EM4: 123
future trends...................... A14: 20–21
glass transition................... EM4: 394, 395
hand operations........................ EM4: 394
cane and tubing...................... EM4: 395
handmade containers EM4: 394
sheet EM4: 395
history A14: 15
hot or cold, fractures from A11: 8
HSLA steels M1: 419
in conjunction with turning A16: 140
inside punch M7: 337
level, multiple-slide............... A14: 571–572
load vs. displacement curves for A14: 37
localized severe......................... A14: 550
marbles and spheres.................. EM4: 401
multiple-part.......................... A14: 571
multiple-slide.............. A14: 519, 570–573
multistage, drop hammer A14: 655
new materials A14: 19
new processes A14: 16–19
of aluminum alloys...... A14: 248, 791–804
of beryllium A14: 805–808
of carbon steels, lubricants for........... A14: 518
of heat-resistant alloys A14: 779–784
of low-alloy steels, lubricants for A14: 518–519
of nickel-base alloys A14: 831–837
of P/M ferrous powders................. M7: 683
of platinum-group metals............... A14: 520
of refractory metals.............. A14: 785–788
of sheet metal A14: 489–503, 787
of stainless steels .. A14: 519, 759–778, M3: 41–42
of steel strip, in multiple-slide
machines A14: 567–574
of titanium alloys A14: 838–848, M3: 369
of tubing...... A14: 665, 673–674, EM4: 399–400
Danner process EM4: 399–400
downdraw process................... EM4: 400
updraw process EM4: 400
Vello process EM4: 400
of wire............................. A14: 694–697
of wrought aluminum alloy A2: 41–42
P/M materials *See* Hot forming; Re-pressing
porous materials....................... A7: 1035
pressed ware EM4: 398
applications....................... EM4: 398
free pressing....................... EM4: 398
ring pressing....................... EM4: 398
tooling............................. EM4: 398
process classification A14: 15–16
process simulation A14: 19–20
processes, introduction to............ A14: 15–21
radial draw A14: 595–596
radius, as press-brake forming.......... A14: 536
rating of characteristics................. A20: 299
refractory metals and alloys....... A2: 562–563
requirements, in piercing A14: 468–469
shapes................................ A14: 622
sheet glass EM4: 398–399
float glass......................... EM4: 399
fusion process EM4: 399
microsheet drawing................. EM4: 399
plate glass......................... EM4: 399
redrawn sheet...................... EM4: 399
sheet drawing...................... EM4: 399
using the fusion process............. EM4: 399
shot peening A5: 130
small cylinders A14: 621
speed A14: 623
statistical analysis A14: 928–939
stretch A14: 591–598
stretch draw A14: 593–594
structural ceramics...................... A2: 1020

temperature and times, magnesium alloys.. A2: 472
three-roll A14: 616–623
viscosity EM4: 394, 395
vs. machining A14: 778
wrought titanium alloys A2: 614–616
Forming limit analysis
copper and copper alloys A14: 820–823
Forming limit diagram
aluminum alloys....................... A14: 792
balanced biaxial prestrain effect of .. M1: 550–551,
554
copper and copper alloys A14: 822
critical wrinkling strains on A8: 564
defined...................... A8: 6, 551, A14: 7
dependence on strain path A8: 551
determination of......... A8: 566, A14: 894–895,
M1: 549–552
effect of thickness and *n* value on plane
strain in A8: 551
for aluminum-killed steel A8: 566
for surface fracture..................... A8: 581
for low-carbon steels A8: 551
for maximum strain levels .. A8: 551, A14: 880–881
including shear fracture A8: 551–556
limitations of use M1: 551–552
mechanical properties, correlation with .. M1: 550,
553
prediction A14: 911–912
thickness and strain-hardening exponent,
dependence on..................... M1: 553
typical A14: 19–20
Forming limit diagram (FLD)........ A20: 737, 739
definition............................ A20: 833
Forming machines
and die closing speeds.................. A14: 100
Forming operations, steel
phosphate coatings aiding......... M5: 436–437
Forming process
statistical analysis A14: 928–939
Forming product specifications.............. A20: 28
Forming properties of sheet steels .. A1: 398, 888–889
Forming rolls
contour roll forming A14: 628–630
Forming station
multiple-slide machines A14: 568–569
Forming temperature *See also* Temperature(s)
organic-coated steels A14: 565
Forming winder
for glass fiber EM1: 108
Forming-limit diagrams
aluminum alloy sheet.............. M2: 182–183
Forming-limit line, and fracture-limit lines
compared............................... A8: 581
Formol............................... EM3: 103
Formula weight
single-crystal x-ray diffraction determined A10: 344
Formulas
engineering, use of............... EM2: 652–654
handbook equation examples...... EM2: 653–654
handbook equations, limitations EM2: 654
stress EM2: 652–653
Formulation
of coating cure systems.... EL1: 856–859, 861–863
Formulation verification
as quality control EM1: 730
Formvar
as thermocouple wire insulation A2: 882
defined A9: 8
Formvar replica
defined A9: 8
definition............................... A5: 956
Forsterite
as olivine molding material........... A15: 94, 209
crystal structure EM4: 881
material to which crystallizing solder glass is
applied EM4: 1070
material to which vitreous solder glass is
applied EM4: 1070
mechanical properties A20: 420
melting point A5: 471
physical properties..................... A20: 421
properties............................. EM4: 759
Forsythe's stage I A19: 67
Fortafil 4R
properties.............................. A18: 803
FORTRAN
as process rough analysis tool A14: 411

FORTRAN computer program **A19:** 570
FORTRAN programs **A20:** 312
Forward bowls
near-net shape consolidation **M7:** 441, 443
Forward extrusion *See also* Extrusion
hot **A14:** 315–316
load vs. displacement curve **A14:** 37
of aluminum alloys **A14:** 244
of titanium alloys. **A14:** 273
Forward finite difference approximation **A20:** 213
Forward scan potentiodynamic corrosion curves
P/M stainless steels **A13:** 829
Forward scattering **A18:** 448
Forward sigmoidal curve
fractal analysis **A12:** 213
Forward tube spinning. **A14:** 676
Forward-coupled noises
defined. **EL1:** 35
Fossil fuel boilers
remote-field eddy current inspection **A17:** 200–201
Fossil fuel power plants **A13:** 985–1010
alloy steel corrosion in **A13:** 538–540
ash-handling systems. **A13:** 1007–1008
combined cycle plants **A13:** 986
combustion turbines **A13:** 999–1001
condenser corrosion. **A13:** 986–989
deaerators and feedwater heaters **A13:** 989–990
dew point corrosion **A13:** 1001–1004
flue gas desulfurization systems . . . **A13:** 1004–1006
gas turbines **A13:** 986
generator corrosion **A13:** 1006
hot corrosion, boilers burning municipal solid
waste **A13:** 997–998
hot corrosion in coal- and oil-fired
boilers **A13:** 995–996
steam power plants **A13:** 985–986
steam turbines **A13:** 993–995
steam/water-side boilers **A13:** 990–993
superheaters and high-temperature air
heaters **A13:** 998–999
Fossil fuels *See also* Fuels
assay for toxic elements, neutron activation
analysis for **A10:** 233
Fotalite **EM4:** 440
Fotoceram **EM4:** 1057, 1058
Fotoform products EM4: 440, 871, 1055, 1056, 1057, 1058
Foucault contrast **A9:** 536
Fouling *See also* Anti-fouling; Biological
corrosion **A19:** 475
biological, water-formed **A13:** 492–494
by marine organisms **A11:** 191
defined **A13:** 7
deposits, water-formed **A13:** 492
of equipment **A13:** 1137–1138
organism **A13:** 7, 114–115
Founders
early American **A15:** 24–36
Founding, art
history of. **A15:** 20–22
Foundries *See also* Automation; Early American
foundries; Equipment; Foundry automation;
Foundry equipment
automation of. **A15:** 35–36
direct-iron blast furnace, development. . **A15:** 24–25
domestic, numbers of **A15:** 44–45
early American **A15:** 24–27, 31
early US, listing **A15:** 31
market trends **A15:** 44–45
mechanization of **A15:** 32–33
organizations **A15:** 34
technology development **A15:** 24–36
titanium **A15:** 826
titanium and titanium alloy castings **A2:** 636
Foundry
alloys, copper casting, as
high/low-shrinkage **A2:** 346
products, aluminum **A2:** 123–151

properties, of copper alloys for sand
casting **A2:** 348
type metal, as lead application **A2:** 549–550
Foundry automation
automatic pouring systems. **A15:** 569–570
automatic sorting and inspection **A15:** 571–572
automatic storage and retrieval
systems. **A15:** 570–571
cell applications **A15:** 568–569
robotic applications. **A15:** 566–568
Foundry Educational Foundation **A15:** 34
Foundry equipment *See also* Equipment
and processing **A15:** 339–573
automatic pouring systems. **A15:** 497–501
degassing processes (converter
metallurgy) **A15:** 426–431
degassing processes (ladle
metallurgy) **A15:** 432–444
foundry automation. **A15:** 566–573
melting furnaces. **A15:** 356–392
nonferrous molten metal processes. . . **A15:** 445–496
processing of castings **A15:** 502–565
sand processing **A15:** 341–355
vacuum melting and remelting **A15:** 393–425
Foundry Equipment Manufacturer's Association *See*
Casting Industry Supplier's Association
Foundry market **EM3:** 47
Foundry operations
flow charts of **A15:** 203–207
grain refiners in **A15:** 477–478
Foundry organizations **A15:** 34
Foundry practice
effect on gray iron fractures. **A11:** 363–365
forging failure frequency from **A11:** 342
iron castings **A11:** 362
Foundry practices *See also* Foundry processing
aluminum alloy specialty castings. . . . **A15:** 755–757
for corrosion-resistant steel castings **A1:** 928
high-alloy steels **A15:** 730
low-alloy steels **A15:** 721
Foundry processing
and equipment **A15:** 339–573
and foundry equipment **A15:** 339–573
automatic pouring systems. **A15:** 497–501
degassing (converter metallurgy) **A15:** 426–431
degassing (ladle metallurgy). **A15:** 432–444
foundry automation. **A15:** 566–573
melting furnaces. **A15:** 356–392
nonferrous molten metal **A15:** 445–496
of gray iron. **A15:** 635–640
physical chemistry of. **A15:** 50–54
processing of castings **A15:** 502–565
sand processing **A15:** 341–355
vacuum melting and remelting **A15:** 393–425
Foundry products, aluminum *See* Castings; Die
casting; Sand Casting
Foundry returns
defined **A15:** 6
Foundry technology history **A15:** 24–36
casting alloys, advances in **A15:** 29–32
early American foundries **A15:** 24–27
equipment advances **A15:** 27–29
foundry mechanization **A15:** 32–33
twentieth century **A15:** 33–36
Fountain spraying **M7:** 73, 74
**Four signal layer multilayer boards (4SL
MLBs).** **EL1:** 15
Four-arm bridge
for torsional Kolsky bar dynamic testing. . . **A8:** 228
Four-arm electric resistance
strain gage bridge **A8:** 220
Four-ball tests
metalworking fluids **A18:** 101
Fourcault process. **EM4:** 21, 399
display glass properties. **EM4:** 1048–1049
Fourdrinier paper machine **A13:** 1186
Four-hammer radial forging machines
sizes/capacities. **A14:** 145, 147–148

Four-harness satin
defined **EM2:** 19
Four-high mill *See also* Cluster mill;
Two-high mill **A14:** 7, 351
Four-high rolling mills
for wrought copper and copper alloys **A2:** 244
Fourier analysis **A7:** 265, 267
C-scan **EM2:** 844–845
Fourier equation
for shape analysis. **EM4:** 69
Fourier modulus **A18:** 39, 43, 44
Fourier self-deconvolution
as method of resolution
enhancement **A10:** 116–117
Fourier series expansions **A20:** 192
Fourier transform **EM3:** 13
data, multiple scattering effects in **A10:** 410
defined **EM2:** 19
in analysis of iron and nickel **A10:** 416–417
in EXAFS data analysis **A10:** 412–413
of diffraction-peak profile. **A10:** 386
to r space **A10:** 412–413
Fourier transform infrared (FTIR)
spectroscopy **EM2:** 825–826
Fourier transform infrared spectroscopy. . . . **EM1:** 285,
730
advantages. **A10:** 112
and chromatographic techniques. **A10:** 115–116
and photoacoustic spectroscopy
compared **A10:** 115
and Raman spectroscopy **A10:** 126
as computerized IR **A10:** 109
capabilities. **A10:** 277
defined **A10:** 673
for polymer curing reactions **A10:** 120
infrared spectrum of glass. **A10:** 122
interferometers. **A10:** 111–112
of inorganic gases, information from **A10:** 8
of inorganic liquids and solutions, information
from **A10:** 7
of inorganic solids **A10:** 4–6
of organic gases, information from **A10:** 11
of organic liquids and solutions,
information from **A10:** 10
of organic solids, information from **A10:** 9
of silicon **A10:** 123
spectrometer, optical diagram **A10:** 112
Fourier transform infrared spectroscopy
(FTIR). **A18:** 300, **EM3:** 237, 732
depth profiling **EM3:** 247
for analyzing organics or chemical
bonding **EM4:** 24
for temperature-time control in polymer removal
techniques **EM4:** 137
to analyze the surface composition of ceramic
powders **EM4:** 73
to scan polyimides **EM3:** 156, 158
Fourier transform spectrometers **A10:** 39–40, 690
Fourier transform techniques **A20:** 166
Fourier transformation **A19:** 221
defined **A17:** 384
Fourier transforms **A18:** 352
image compression techniques. **A18:** 347
Fourier-domain processing
in machine vision process. **A17:** 34
Fourier's heat conduction law. **A20:** 188
Four-parameter element
as creep model **EM2:** 661–666
Four-point bend beam test, notched
for hydrogen embrittlement testing. **A8:** 542
Four-point bend specimens **A19:** 499
Four-point bend test. **A8:** 132–136, 539–540
Four-point loaded specimens
SCC testing **A8:** 505
Four-post hydraulic press
components **A14:** 32
Four-post loading frames
cam plastometer **A8:** 195
Four-row cotton picker. **M7:** 672

Four-slide forming
in sheet metalworking processes classification scheme **A20:** 691

Four-square texture **A9:** 537

Four-station mechanical (radial) ring
rolling mill **A14:** 110

Fourth reduction gear
P/M lawn equipment **M7:** 678

Foxall, Henry
as early founder **A15:** 27

FP fiber
defined **EM1:** 11

FPI (USA) **A19:** 300

FR-4 epoxy resin
difunctional. **EL1:** 534
glass boards, wave soldering **EL1:** 865
polyfunctional systems **EL1:** 534
properties **EL1:** 534–535

FR-4 (fire-resistant-4)
glass-epoxy laminate **A6:** 133

Fracjack test system
for fracture toughness testing **A8:** 470, 474

Fractal analysis *See also* Fractal dimensions; Fractal
plot. **A7:** 265–266, 268, 269, **EM4:** 69
experimental background **A12:** 211–212
experimental procedure **A12:** 212–213
fractal equation for irregular
surfaces **A12:** 213–215
linearizaton of RSC fractal curves **A12:** 213
mathematical concept **A12:** 211
modified fractal dimensions. **A12:** 213
of AISI 4340 steels **A12:** 213–214
of fracture surfaces **A12:** 211–215
profile parameters **A12:** 212
summary **A12:** 214–215
surface roughness parameters. **A12:** 212

Fractal dimensions
and roughness parameters, 4340 steel **A12:** 213
applicability **A12:** 211, 214–215
Mandelbrot **A12:** 213
modified **A12:** 213

Fractal number **A7:** 265

Fractal plot
RSC behavior **A12:** 212–213
theoretical linear, applicability. **A12:** 211
with linearized RSCs **A12:** 214

Fractal surfaces **A18:** 352–353

Fractals
as descriptors of P/M systems **M7:** 243–245

Fraction *See also* Fracture toughness. **M7:** 5
and surface chemical analysis **M7:** 250
as milling, process. **M7:** 62
brittle **M7:** 58–59
criterion of deformation **M7:** 411
forging **M7:** 410–411
height strain and cylinder height **M7:** 411
in loose powder compaction **M7:** 298
in upsetting **M7:** 411
internal, in forged part. **M7:** 412
loading to catastrophic failure **M7:** 58
particle effects in milling. **M7:** 61
resistance of ceramic grains, Ceracon
process **M7:** 539
single **M7:** 59
surface. **M7:** 251, 253, 254

Fraction defective, defined
in quality control. **A17:** 735–737

Fraction of liquid on the surface of the
deposit **A7:** 400, 401, 403, 404

Fractional crystallization
aluminum alloys **A2:** 4
as ultrapurification technique **A2:** 1093

Fractional crystallization for purifying
metals **M2:** 709–710

Fractional damage equation
in creep-fatigue interaction **A8:** 355–356

Fractional defective **A7:** 702
definition. **A7:** 701

Fractional distillation for purifying metals . . . **M2:** 710

Fractional factorial designs *See also* Factorial designs
families of **A17:** 748
fractionation, consequences of. **A17:** 747–748
orthogonal arrays **A17:** 748–750
sequential experimentation. **A17:** 748
two-level **A17:** 746–750

Fractional factorial experiments **A8:** 641–644, 654–656

Fractionation
in gas mass spectroscopy **A10:** 152

Fractionation by sieving **A7:** 213

Fractographic analysis **A19:** 130
duplex stainless steels **A19:** 766
fatigue load frequency effect **A19:** 188
grain size effect on fatigue crack growth . . **A19:** 189

Fractographs
bolt failure study by **A12:** 248
content and materials in. **A12:** 216
dark-field illumination, light-field illumination
SEM, compared **A12:** 92–100
fatigue cracks in clamp **A10:** 305
light, materials types. **A12:** 1, 216
replica, compared **A12:** 95, 100
SEM, calculations of features in **A12:** 206–207
SEM, material types **A12:** 216
single SEM, in quantitative fractography. . **A12:** 194
TEM and SEM, compared **A12:** 185–192
TEM, material types **A12:** 216

Fractography *See also* Descriptive fractography;
Photography. **A8:** 6, 476, **EM1:** 786–793
advantages as SEM application **A12:** 8
as reconstruction of fracture sequence and
cause **A11:** 744
brittle fractures. **EM2:** 806–807
defined **A9:** 8, **A11:** 5, **A12:** 1, **A13:** 7, **EM1:** 766
depth-of-field effects **A12:** 78, 80–81, 87–88
electron **A12:** 1, 4–8
electron, for fatigue fractures **A11:** 116
for examining fast fracture in
ceramics. **EM4:** 694–695
for printed board failure analysis. . **EL1:** 1039–1040
fracture origin location by **A12:** 91
fracture surface features **EM2:** 807–810
history of. **A12:** 1–11
in failure analysis. **A11:** 747
lighting for **A12:** 81–85
macrofractography, defined **A12:** 1
microfractography, defined. **A12:** 1
modes of fracture. **EM2:** 805–807
of composites **A11:** 740–741
of cup-and-cone fracture **A11:** 83
of ductile fractures. **A11:** 25, **EM2:** 805–806
of fiber composites **A9:** 592
of fracture surface, stage 11 striations **A11:** 23
of hydrogen-embrittled steels **A11:** 28–29
of interlaminar/intralaminar
fractures. **EM1:** 786–790
of transgranular brittle fractures **A11:** 25
of translaminar fractures **EM1:** 790–792
optical, defined **A12:** 1
purpose of **A12:** 1
quantitative **A11:** 56, **A12:** 8, 193–210
scanning electron microscopy used to study **A9:** 99
SEM. **A11:** 22, **A12:** 8, 173–176
sources for special terminology **EM4:** 632
special terminology used. **EM4:** 632–634
stereomicroscope for **A12:** 87–88
techniques **EM1:** 771
techniques, for ceramics **A11:** 747–749
TEM applied, history. **A12:** 6

Fractology *See* Fractography

Fractometer I and II tests **A8:** 466, 473–474

Fracture *See also* Brittle intergranular fracture; Crack; Cracking; Cracks; Ductile fracture; Failure; Fatigue; Fractography; Fracture analysis; Fracture control philosophy; Fracture mechanics; Fracture mechanism map; Fracture models; Fracture toughness; Fractures; Intergranular fracture; Interlaminar fracture toughness; Linear elastic fracture mechanics; Plane-strain fracture toughness; Stress-corrosion cracking (SCC); Tensile failure/fracture **A7:** 53, 58, **EM3:** 13
advanced statistical concepts in brittle
materials **EM4:** 709–715
aluminum, particle effects **A8:** 478
and creep life **A8:** 344
and effective flaw size. **EM1:** 242
and fracture surfaces, in failure analysis **EM1:** 765
and localized thinning, models for **A14:** 393
and microstructure **A8:** 476–491
and scraping, of XPS samples **A10:** 575
and workability. **A8:** 154
appearance. **A8:** 262
as adherend defect, adhesive-bonded
joints. **A17:** 612
as formability problem **A8:** 548
as source, acoustic emissions **A17:** 287
behavior. **A8:** 439–441, **A19:** 5–8
behavior, and deformation **A10:** 365, 376–378
brittle **A8:** 476, **EM2:** 806–807
brittle intergranular **A17:** 287
brittle, of FIM samples **A10:** 587
brittleness testing **EM2:** 738–739
by plastic flow **A19:** 42–43
carrier cloth effect. **EM3:** 515–516, 518
classification **A8:** 477
cleavage **A8:** 285
compression **A8:** 57–58
contact surface **A14:** 399
crack growth model material
parameters A **EM3:** 513
criteria for workability **A8:** 577
criteria, workability **A14:** 370
cure conditions effect **EM3:** 515
damage, micromechanics **A8:** 286–288
data, testing machine capacity for. **A8:** 58
defined **A8:** 6, **EM1:** 11, 233, **EM2:** 19, 412
definition **A20:** 833
deformation heating effect on **A8:** 164–165
development and extension, forces
causing **A8:** 439–464
die contact surface. **A14:** 402–403
ductile **A8:** 154, 476, **EM2:** 805–806
ductile, in bulk deformation
processing **A14:** 363–364
ductile, in overload region **A10:** 513
ductile versus brittle behavior **EM3:** 516
ductile-brittleness transition **EM2:** 734–735
ductility **A8:** 466
during analysis, pulsed-laser atom probe to
overcome **A10:** 597
during stretching, sheet metal forming. **A8:** 548
during swaging **A14:** 143
dynamic, testing of **A8:** 259–297
effect of material behavior **EM3:** 513
effect of viscoelasticity **EM3:** 513
empirical criterion of **A14:** 389–393
energy, measured **A8:** 262
environmental effects. **EM2:** 736
environmentally-assisted **A8:** 499–500
experiment synopsis **EM3:** 517–518
failure analysis of. **EM2:** 734–740
form and crack tortuosity **A8:** 480
fracture toughness testing **EM2:** 739–740
grain growth effect on. **A8:** 164–165
growth direction **A10:** 512
high strain rate, testing **A8:** 259
high-temperature. **A19:** 44
hydride-induced, microstructure of **A8:** 487
in cylindrical upset test specimens **A8:** 580–581
initiation criteria **EM2:** 736–737
initiation, dynamic notched round bar
test for **A8:** 275
intergranular **A13:** 156
intergranular, final gray area of flaw **A10:** 512
interlaminar **EM1:** 784, 786–790
internal. **A14:** 399
intralaminar **EM1:** 786–790
laminar **EM1:** 233–235
locus **A14:** 392
low-temperature **A19:** 44
material microstructure considerations. . . **EM3:** 513
mechanics **A8:** 439–464
mechanism **A8:** 154, 571–573
mechanism map **A14:** 363
metal powder addition effect **EM3:** 515
mode **A8:** 484–485, 574
models of **A14:** 393–396
modes **A19:** 7
notch blunting. **EM3:** 515
numerical dynamic analysis **A8:** 445–446
of carbon-carbon composites **EM1:** 913
of metals **A8:** 154
micro-, mechanics. **A8:** 465–468
origin **EM2:** 807–808
overload failure by catastrophic rapid **A8:** 476
parameters, calculating for dynamic notched round
bar testing **A8:** 281–282
percent fibrous **A8:** 262

Fracture (continued)
premature A8: 476, 500
premature, by SCC A13: 245
process zone, and crack front A8: 440
process zone, unloading influence in A8: 452
rapid *See also* Rapid fracture A8: 440–441
rapid overload A8: 476
regimes, deformation processing maps for. . A8: 154
resin shear EM1: 263
shear, of Kovar-glass seals, XPS analysis A10: 577–578
sheet metal A14: 878
-strain data, stainless steel torsion tests A8: 167–168
strain locus A14: 393
strength, average, vs. fifing atmosphere . . . A10: 577
strength, defined EM2: 19
stress criteria EM1: 253–255
stress, defined EM1: 11, EM2: 19
stress intensification rates of A8: 259
stress-corrosion A13: 148
stress-whitening phenomenon EM3: 514–515
sudden, in fatigue A8: 363
surface A8: 278–279, 449
surface, hackle region EM2: 808–810
surface, mirror zone EM2: 808
surface, mist region EM2: 808
tensile, modes A14: 363
tensile stress and plastic strain for A8: 577
theories, laminates EM1: 235
torsional, interpretation of data A8: 163–169
toughness, conversion factors A10: 686
translaminar EM1: 786, 790–792
transverse, of 1075 steel railroad rail A10: 304
types of A19: 42–45
under high loading rates, measurement and analysis A8: 259–297
unstable A8: 496
wrought aluminum alloy A2: 41
Fracture analysis *See also* Fracture
as reconstruction of fracture sequence and cause A11: 744
software for A11: 55
center cracks EM1: 57
experimental data EM1: 255–257
fracture mechanics criteria EM1: 253
major sequential steps in A11: 49, 746
of laminates EM1: 252–258
stress concentrations EM1: 252–253
stress fracture criteria EM1: 253–255
Fracture analysis or mechanism
Auger electron spectroscopy A10: 549–567
scanning electron microscopy A10: 549–567
x-ray topography A10: 365–379
Fracture appearance *See also* Fracture(s)
and impact energy vs. temperature A12: 109
facets A12: 128
frequency, effect on A12: 58, 60
hydrogen effects on A12: 124
surface, effect of heat treatment on hydrogen-embrittled aluminum alloy A12: 33
surface, effect of microvoid nucleation A12: 12
surface, titanium alloy, heat treatment, and microstructure effects A12: 32
temperature effects on A12: 49–53
Fracture appearance transition of steel . . M1: 691–692
Fracture appearance transition temperature (FATT) A1: 738, A6: 444
effect of composition on A1: 699–700, 701, 702
Fracture control *See also* Control; Failure A19: 410–419
cumulative probability of detection A19: 414
definition A19: 410
destructive inspection by proof testing A19: 412–413
durability (or safe-fife) fracture control . . . A19: 412
electronic noise A19: 413
fail safety A19: 412
four possible outcomes from an inspection process A19: 414
fracture mechanics and fatigue design A19: 417–418
inspection intervals A19: 414, 415, 417
inspection procedure, improvement of A19: 418
key parameters for A19: 411
measures A19: 411, 412–415
nondestructive evaluation A19: 413–414
options available for implementation of . . A19: 412
periodic inspection A19: 412
plans A19: 415
after crack detection A19: 415
conditions and fracture control methods A19: 416
cracks not detectable by inspection A19: 415
detectable cracks A19: 415
principles of A19: 410–411
probability of missing the crack A19: 413–415
probability-of-detection curves A19: 414
providing redundance and arresters A19: 418
redesign or lowering of stress A19: 418
residual strength A19: 411
safety factor A19: 410–411
ultrasonic inspection A19: 414
visual inspection A19: 414
with *J-R* measurements A8: 458
Fracture control philosophy A17: 666–673
conventional life management A17: 666–668
fracture control verification A17: 669–673
policy, and ENSIP A17: 668–669
USAF engine structural integrity program (ENSIP) A17: 666
Fracture control plan A8: 439, 450
Fracture critical tension members (FCMs) A6: 375
Fracture ductility EM3: 13
defined EM2: 19
Fracture energy . . A19: 428, EM3: 382–383, 384, 503, 509
and stress-corrosion cracking A8: 499
and toughness A11: 51
in *J* testing A11: 62–63
measured A11: 55
stress-whitening phenomenon and rubber content related EM3: 514
Fracture equation
modes of loading leading to catastrophic failure A7: 55
Fracture grain size
defined A9: 8
Fracture initiation A12: 64, 103
dynamic A8: 275, 276
Fracture interpretation *See also* Fracture(s) . . A12: 72
brittle fracture A12: 105–111
ductile fracture A12: 96–98
fatigue fracture A12: 111–121
high-temperature fractures A12: 121–123
tensile-test fractures A12: 98–105
Fracture lines *See* Radial marks
Fracture locus diagram A20: 304, 305
Fracture map A20: 646
Fracture maps
types of A12: 33, 44
Fracture Mechanic, The
software A11: 55
Fracture mechanics *See also* Linear elastic fracture mechanics A8: 439–464, A20: 345, 533
accuracy of A11: 55
analysis, fatigue failures in crankshafts A11: 123–125
and failure analysis A11: 47–65
and fatigue crack propagation A8: 376
and impact failure EM2: 90
application of A11: 31
approach to corrosion fatigue A8: 403–405, 417
asymptotic continuum mechanics A8: 465
composite analysis by EM1: 195–196
computations A8: 443–444
concepts and use in analyses . . . A11: 47–53, 55–57
correlation of Charpy V-notch to A1: 753
crack arrest testing A8: 453–455
crack front stresses and dynamic characterization A8: 444–445
crack initiation and growth A8: 465
crack tip stress characterization A8: 465
crack-extension force and compliance calibration A8: 441–443
criteria, laminates EM1: 253
defined A8: 465, A11: 47, A13: 7
deformation fields A8: 465
dynamic notched round bar testing and A8: 282
effect of elastic-plastic fracture mechanics on A8: 498
effects of scatter of the data A11: 55
elastic-plastic A11: 49–51
elastic-plastic analysis A8: 446–447, 457–458
elastic-plastic indentation A13: 137–138
estimates related to *K* A8: 443–444
for circular hole size effect EM1: 256
for corrosion fatigue A13: 295
for cyclic crack growth studies A8: 422–423
fracture behavior A8: 440–441
fracture toughness evaluation A8: 450
fracture-toughness testing and evaluation A11: 60–64
J-R measurements A8: 456–457
K, for three-dimensional crack problems . . . A8: 444
linear elastic A11: 47–49
linear elastic (LEFM) A17: 663–664
measurements, notched tension specimens for A8: 27
methods in crack propagation testing A8: 363
micromechanisms A8: 465
model, circular hole EM1: 253
models, of acoustic emissions and crack growth A17: 287
notch-toughness testing and evaluation A11: 57–60
numerical dynamic analysis A8: 445–446
of aluminum alloys, fracture toughness testing of A8: 458–462
of cracked bodies, and weldment testing A8: 520–521
of structural steels A8: 453
part rejection determined by A17: 49
plane stress and plane strain A11: 51–52
plane-strain fracture toughness A8: 450–451
probabilistic A8: 682
progressive fracturing A8: 442–443
R-curve measurements A8: 451–453
requirements, for welding inspections A17: 590
Rice *J*-integral A8: 447–450
simulation and A8: 261–262
software A11: 55
specimens, SCC testing A8: 497, A13: 253–260
static A8: 282
subcritical A11: 52–53
test piece, precracking Charpy testing as . . . A8: 267
testing A8: 476
tests and data A11: 53–55
use in SCC testing A8: 503
use of A11: 55–57
Fracture mechanics, elements of A19: 371–380
application of fracture mechanics to various classes of materials A19: 376
applied stress versus life of tensile type specimens in simulated seawater for stainless steels A19: 378–379
calculation of fatigue lives example problem A19: 377
calculation of maximum safe flaw size example A19: 376
calibration function for compact tension specimens A19: 377
crack growth rate curve for stress-corrosion cracking A19: 379
crack tip stresses: the field equations A19: 373–374
environmental effects A19: 378–379

SUBJECTS OF THE INDEXED VOLUMES: ASM Handbook (designated by the letter "A"): **A1:** Properties and Selection: Irons, Steels, and High-Performance Alloys (1990); **A2:** Properties and Selection: Nonferrous Alloys and Special-Purpose Materials (1990); **A3:** Alloy Phase Diagrams (1992); **A4:** Heat Treating (1991); **A5:** Surface Engineering (1994); **A6:** Welding, Brazing, and Soldering (1993); **A7:** Powder Metal Technologies and Applications (1998); **A8:** Mechanical Testing (1985); **A9:** Metallography and Microstructures (1985); **A10:** Materials Characterization (1986); **A11:** Failure Analysis and Prevention (1986); **A12:** Fractography (1987); **A13:** Corrosion (1987); **A14:** Forming and Forging (1988); **A15:** Casting (1988); **A16:** Machining (1989); **A17:** Nondestructive Evaluation and Quality Control (1989); **A18:** Friction, Lubrication, and Wear Technology (1992); **A19:** Fatigue and Fracture (1996); **A20:** Materials Selection and Design (1997). **Metals Handbook, 9th Edition** (designated by the letter "M"): **M1:** Properties and Selection: Irons and Steels (1978); **M2:** Properties and Selection: Nonferrous Alloys and Pure Metals (1979); **M3:** Properties and Selection: Stainless Steels, Tool Materials, and Special-Purpose Materials (1980); **M4:** Heat Treating (1981); **M5:** Surface Cleaning, Finishing, and Coating (1982); **M6:** Welding, Brazing, and Soldering (1983); **M7:** Powder Metallurgy (1984). **Engineered Materials Handbook** (designated by the letters "EM"): **EM1:** Composites (1987); **EM2:** Engineering Plastics (1988); **EM3:** Adhesives and Sealants (1990); **EM4:** Ceramics and Glasses (1991). **Electronic Materials Handbook** (designated by the letters "EL"): **EL1:** Packaging (1989)

estimation of life in corrosive environment example **A19:** 379
examples and sequence of events leading to brittle fracture **A19:** 371–372
experimental approaches to fracture control **A19:** 372–373
experimental determination of fracture toughness **A19:** 374, 376–377
fatigue crack propagation behavior schematic representation of three regimes **A19:** 378
fatigue crack propagation summary **A19:** 378
fatigue fracture.....................**A19:** 377–378
fracture mechanics and state-of-stress under plane strain **A19:** 375
fracture mechanics approach **A19:** 379
fracture mechanics based fracture criterion.....................**A19:** 374–375
fracture toughness values for some engineering alloys **A19:** 377
fractured Charpy specimens with ductile and brittle fractures...................**A19:** 373
general fracture control concepts **A19:** 371–373
Griffith crack **A19:** 373
Griffith theory: an analytic approach to brittle fracture..........................**A19:** 373
linear elastic fracture mechanics.....**A19:** 373–377
load/crack geometries and their corresponding stress-intensity parameters **A19:** 374
maximum stress to fracture example **A19:** 375–376
mode I crack showing coordinate system and stress components......................**A19:** 374
morphology of fracture surfaces **A19:** 375
other da/dN and ΔK relationships........**A19:** 378
plane stress (thin sections and low-strength materials).........................**A19:** 375
relation of fracture toughness to tensile properties **A19:** 376, 377
schematic crack surface morphologies for plane stress and plane strain..............**A19:** 376
stress distribution ahead of crack with small-scale plasticity.........................**A19:** 375
summary **A19:** 379
thick sections and high-strength materials **A19:** 375
thickness effect on state-of stress and fracture toughness at crack tip **A19:** 375
thin sections and low-strength materials ..**A19:** 375

Fracture mechanics in failure analysis ..**A19:** 450–456
analysis of final fracture conditions ..**A19:** 450–452
applied to the crack initiation period.....**A19:** 126
as error source in damage tolerance analysis...........................**A19:** 425
benefits **A19:** 450
case studies of failure analyses using fracture mechanics **A19:** 453–456
crack geometry evaluation **A19:** 451
crack size and shape evaluation **A19:** 451
cryogenic pressure vessel failure **A19:** 453–454
design method.........................**A19:** 15
ductile striations in subcritical fracture mechanics **A19:** 453
failure distribution according to cause....**A19:** 453
failure distribution according to mechanism......................**A19:** 453
fatigue in subcritical fracture mechanics ..**A19:** 452
fatigue-crack growth in subcritical fracture mechanics **A19:** 452–453
fracture toughness, evaluation of..........**A19:** 451
fracture toughness variability............**A19:** 451
gas transmission pipeline failure.....**A19:** 455–456
heat-resistant (Cr-Mo) ferritic steels **A19:** 708
large fan fatigue failure...............**A19:** 454–455
limitations............................**A19:** 450
liquid propane gas cylinder failure **A19:** 454
loading pattern evaluation **A19:** 451
models **A19:** 4
questions addressed by **A19:** 450
statistical evaluation of fracture toughness **A19:** 451
stress estimates from fatigue striation spacings **A19:** 451–452
stress, evaluation of....................**A19:** 451
stress intensity evaluation **A19:** 450–451
stress-corrosion cracking in subcritical fracture mechanics **A19:** 452
subcritical fracture mechanics (SCFM) **A19:** 452–453
toughness, estimation of................**A19:** 451

using fracture mechanics in failure analysis..........................**A19:** 450

Fracture mechanics methods................**EM3:** 3
Fracture mechanics testing..............**A6:** 101–102

Fracture mechanics tests
for steel castings....................**A1:** 368–369
for stress-corrosion cracking..............**A1:** 725
low-alloy steels **A15:** 717

Fracture mechanism map **A14:** 363
Fracture mechanism maps **A20:** 631
Fracture micromechanism maps...**A19:** 43–45, 46, 47
Fracture mirror **EM4:** 635–636

Fracture mirrors
polycrystalline ceramics.................**A11:** 745

Fracture mode identification chart **A11:** 80

Fracture models *See also* Cracking; Fracture
Cockcroft..............................**A14:** 394
localized thinning......................**A14:** 393
tensile stress criterion **A14:** 395–396
upper bound method..............**A14:** 394–395
void growth............................**A14:** 393

Fracture modes *See also* Fracture(s); specific fracture types **A12:** 12–22, **A19:** 7
cleavage............................**A12:** 13–14
creep damage and **A12:** 62
decohesive rupture....................**A12:** 18–20
dimple rupture **A12:** 12–13
effect of fatigue crack growth rate.........**A12:** 441
effect of low temperatures **A12:** 33
effect of stress state..................**A12:** 30–31
fatigue **A12:** 14–18
flutes **A12:** 20–21
miscellaneous, materials illustrated in **A12:** 217
mixed, materials illustrated in..........**A12:** 217
quasi-cleavage..........................**A12:** 20
slow, monotonic loading, ductile irons....**A12:** 231
tearing topography surface **A12:** 21–22
transition...........................**A12:** 33, 44
types illustrated **A12:** 217
unique **A12:** 20–22

Fracture nucleation
characteristics of various low-temperature fracture modes **A19:** 45

Fracture origin *See also* Crack origin; Fracture(s) **A11:** 80, 87, 257, 459, 744–747, **A12:** 91
and fracture cause **A12:** 72
chevrons emanating from **A12:** 170
location, fractography for **A12:** 91
visual examination......................**A12:** 72

Fracture path *See also* Crack path; Fracture(s)
and microstructure, correlated.......**A12:** 195–196
effect of electrochemical potential.........**A12:** 35
fractal analysis **A12:** 212
interdendritic, low-carbon steels **A12:** 249
medium-carbon steels **A12:** 263
preference index.......................**A12:** 201
sinusoidal **A12:** 109, 116
tortuosity, determined **A12:** 206
types, engineering alloys **A12:** 12

Fracture path preference index
linear **A12:** 201

Fracture preceded by macroscopic yielding
characteristics of various low-temperature fracture modes **A19:** 45

Fracture process zone **A19:** 121

Fracture profiles *See also* Profiles
by light microscope..................**A12:** 94, 99
examining..........................**A12:** 95, 100
sections **A12:** 95–96

Fracture resistance......................**A7:** 961
assessment of **A1:** 662–663

Fracture specimen(s) *See also* Specimen(s); Test specimen(s)
care and handling......................**A12:** 72
fracture-cleaning techniques...........**A12:** 73–76
nondestructive inspection **A12:** 77
opening secondary cracks **A12:** 77
preliminary visual examination........**A12:** 72–73
preparation **A12:** 72–77
preservation techniques..................**A12:** 73
sectioning **A12:** 76–77

Fracture splitting process **A7:** 18, 822–823

Fracture strain
dependence on temperature..........**A8:** 167–168
from tension and upset tests, compared....**A8:** 581
true....................................**A8:** 24

Fracture strain of cyclically deformed material ($\bar{\partial}_f$) **A19:** 34

Fracture strength **A11:** 138, 239, **EM3:** 13

Fracture stress *See also* Rupture stress **A19:** 6
and final crack size **A11:** 56
consideration for material toughness **A8:** 466
defined..................................**A8:** 6
measured in V-notch bend bars...........**A8:** 466
of metals subject to LME...............**A11:** 719
-strain tests, for drop tower compression test...................**A8:** 197
true....................................**A8:** 24

Fracture studies
nineteenth century **A12:** 2–3
sixteenth to eighteenth centuries.........**A12:** 1–2
twentieth century **A12:** 3–8

Fracture surface
air-fired, XPS survey of **A10:** 577
analysis in acidified chloride solutions.....**A8:** 420
for smooth copper tensile specimen in sodium nitrite **A8:** 490
Inconel 718, scanning electron micrograph **A8:** 482, 484
inert testing environment for..............**A8:** 37
line scan across........................**A10:** 497
low-carbon austenite, scanning electron micrograph **A8:** 481–483
nitrogen-fired, XPS survey..............**A10:** 577
of Fe-4Ni fatigue cracked...............**A8:** 486
of Fe-4Si under rapid loading........**A8:** 479–480
of specimens with manganese tested in hydrogen gas.................................**A8:** 489
oxygen-fired, XPS survey **A10:** 577
sawtooth phenomenon **EM3:** 511, 512
SEM analysis **A10:** 490, 497
showing failure origin **A10:** 304
steel with manganese tested in hydrogen gas **A8:** 487
stress corrosion crack **A10:** 562–564
test environment effects on **A8:** 37
transgranular surfaces **A8:** 487

Fracture surface analysis
of an Al_2O_3-$10ZrO_2$ ceramic by instrumented stereometry **A9:** 96

Fracture surface analysis of optical fibers **EM4:** 663–668
analysis **EM4:** 666–668
flaw identification..................**EM4:** 666–667
fractographic analysis of subcritical crack growth....................**EM4:** 667–668
research and production aids **EM4:** 666–667
scanning electron microscopy.....**EM4:** 663–667
stress analysis......................**EM4:** 666
conclusions **EM4:** 668
experimental procedure............**EM4:** 665–666
purpose **EM4:** 663
theoretical background.......**EM4:** 663–665, 667
crack branching **EM4:** 663–664, 667
hackle....................**EM4:** 663–664, 667
mirror **EM4:** 663–664, 667
mirror-to-flaw size ratio..............**EM4:** 665
mist...........................**EM4:** 663–664
regions...................**EM4:** 663–664, 667

Fracture surface detail, quantification of
using semi-automatic tracing devices **A9:** 83

Fracture surface map *See also* Carpet plot
titanium alloy, by stereophotogrammetry..**A12:** 198

Fracture surface markings
definition **EM4:** 632

Fracture surface(s) *See also* Cleaning techniques; Cleavage; Fatigue fracture(s); Fibrous fracture surfaces; Nondestructive inspection; Quantitative fractography; Sectioning; Surface(s)
analysis, steel castings **A11:** 396
and projected images, parametric relationships **A12:** 202
arbitrary test volume enclosing **A12:** 199
area, importance of **A12:** 193
beach marks on **A11:** 104
cause of failure from **A12:** 12
ceramic, features of....................**A11:** 745
characteristics, for SCC.................**A11:** 212
chemical etching, and ultrasonic cleaning ..**A12:** 75
chuck jaw tooth, white layer grain-boundary film **A11:** 576
cleaning, for TEM **A12:** 179–183

Fracture surface(s) (continued)
cleavage **A12:** 13, 17–18
cleavage-crack nucleation **A11:** 23
computer-simulated, true profile length **A12:** 200
corrosion of **A11:** 212
deposits from hydrogen damage **A11:** 250
dimpled-rupture **A11:** 22
discoloration **A11:** 80
effect of microvoid coalescence **A12:** 12, 13
effect of photo-illumination **A12:** 82–89
effect of section thickness **A12:** 105
elevated temperature, grain-boundary cavities **A12:** 349
elongated dimples on steel **A11:** 25
equations, basic **A12:** 194–196
fatigue **A11:** 111, 120, 321, 398
fatigue, ductile iron **A12:** 228
fatigue, interpreting markings **A12:** 112, 118, 119
fatigue, tire tracks **A12:** 23
flat and shiny, AISI/SAE alloy steels **A12:** 304
flat-face and shear-face **A11:** 75, 76
for fracture stress and origin **A11:** 744
forged steel rocker arm, fatigue fracture **A11:** 120
fractal analysis of **A12:** 211–215
fractograph, with stage 11 striations **A11:** 23
from failed steam accumulator **A11:** 648
high-carbon steels **A12:** 279, 280, 288
high-cycle fatigue striations **A11:** 78
history **A12:** 1–3
hydrogen flakes on **A11:** 337
information from **A11:** 744
knuckle flange, fatigue failure **A11:** 342
light reflection of **A11:** 75
LME fractured nuts **A11:** 543
macroscopic examination of **A11:** 20
mapping, photogrammetry for **A12:** 197
markings, types **A12:** 91
matching, determining plastic deformation **A11:** 80
mating, effect of dimples **A12:** 13
measurements, aluminum alloy example **A12:** 205–206
mechanical damage to **A12:** 92–93
medium-carbon steels **A12:** 260, 263, 273
microscopic examination of **A11:** 20–22
morphologies, ASTM/ASME alloy steels **A12:** 345
morphologies, ductile iron **A12:** 235
nondestructive inspection effects **A12:** 77
of aluminum alloy lug **A11:** 31
of aluminum alloys, preservation of **A9:** 351
of austenitic manganese steel casting **A9:** 238
of beryllium-containing alloys **A9:** 393
of chain link, hydrogen-assisted cracking in **A11:** 409
of commercially pure titanium implant, with mixed fracture morphology **A11:** 686, 689
of failed hip prosthesis **A11:** 692, 693
of failed malleable iron rocker lever **A11:** 350
of failed shafts **A11:** 463
of failed steam-generator sample **A11:** 657
of high-strength aluminum alloy **A11:** 28
of hot-pressed ceramic **A11:** 754
of hydrogen embrittlement, fasteners **A11:** 541
of piping cross, intergranular cracking **A11:** 650
of reheat steam pipe, corrosion products on **A11:** 653
of rotating-bending fatigue **A11:** 321
of sand-cast medium-carbon heavy-duty axle housing **A11:** 389
of shafts, fatigue marks on **A11:** 403
of stainless steel implant with secondary corrosion attack **A11:** 683, 688
of thermal shock failure, ceramics **A11:** 744, 752
of weld intersection, stainless steel liners **A11:** 118
P/M aluminum alloys **A12:** 440
periphery, shear lip on **A11:** 83
photography of **A12:** 78–90
plane of polish, projection plane and correlated **A12:** 196
plane-strain **A12:** 308
plastic replicas **A11:** 19
preparation/preservation **A12:** 72–77
profile, AISI/SAE alloy steels **A12:** 327
profile, medium-carbon steels **A12:** 255
prototype faceted, profile angular distribution **A12:** 203
rock-candy, by stress corrosion **A11:** 28
roughness **A12:** 199–205
selection, preservation and cleaning of **A11:** 19–20
service fracture, AISI/SAE alloy steels **A12:** 331
Silcrome-I martensitic stainless steel **A12:** 369
steel connecting rod, fatigue fracture **A11:** 120
steel roller, carburized-and-hardened **A11:** 121
steel spring wire, screw marks **A12:** 280
steel turbine disk, fatigue failure **A11:** 131
steel valve spring, torsional fatigue **A11:** 120
steel valve stem **A11:** 288
strength **A11:** 138, 239
stress **A11:** 56, 719
striations on **A11:** 75
tool steels **A12:** 376
true area, importance **A12:** 211
used to study bonding of particles in powder metallurgy materials **A9:** 508
with chevron marks **A11:** 21
with triangular elements **A12:** 202
zones of **A11:** 104

Fracture system
definition **EM4:** 632

Fracture test
defined **A8:** 6

Fracture testing **EM3:** 335–348
adhesive fracture property
blister specimens **EM3:** 337, 339, 340, 341
cracked-lap-shear (CLS) specimen **EM3:** 338, 339
double-cantilever beam (bending moment) **EM3:** 338–339
specimens **EM3:** 337–340
adhesive fracture property specimens
double-cantilever-beam (DCB) specimen **EM3:** 338–339, 340
end-notched-flexure (ENF) specimen **EM3:** 338–339
four-point-bend specimen **EM3:** 338–339, 340
laminated-beam specimens **EM3:** 337–339, 340, 341
mixed-mode-flexure (MMF) specimen **EM3:** 338–339
prismatic specimens **EM3:** 337, 339–340
specimen geometries **EM3:** 337
analysis of specimens **EM3:** 340–348
crack length measurements **EM3:** 342–343
direct compliance method **EM3:** 340–341
fractography **EM3:** 342, 343
hybrid compliance method **EM3:** 341–342
mode I fractographic features **EM3:** 341, 343–344
mode II fractographic features **EM3:** 343, 344–345, 348
mode III fractographic features **EM3:** 345, 346, 347, 348
ultrasonic methods **EM3:** 342
beam theory analysis **EM3:** 342
concepts
crack tip stress analysis **EM3:** 335–337
energy release rate **EM3:** 337, 339, 340, 342
stress-intensity factor **EM3:** 335–337, 338, 342
cracked-lap-shear (CLS) specimen **EM3:** 444, 445, 446, 447, 449, 450, 451
double-cantilever-beam (DCB) specimen **EM3:** 444–445, 446, 447, 462
end-notched-flexure (ENF) specimen **EM3:** 444, 445, 446, 447, 449, 450
for carbon steel rod **A1:** 274
mixed-mode-flexure (MMF) specimen **EM3:** 444, 445, 446, 447
wedge test **EM3:** 338, 340

Fracture testing of weldments **A19:** 399, 400

Fracture topography in titanium alloys
study of **A9:** 461

Fracture toughness *See also* Dynamic fracture toughness; Fracture; Fracture toughness test; Interlaminar fracture toughness; specific fractures; Stress-intensity factor; Stress-intensity factor (K); Toughness **A5:** 551, **A19:** 11, 27, 28, **A20:** 282, 336, 341, 345, 346, 351–352, **EM3:** 13, **EM4:** 599–605
abrasion resistant steels **M1:** 624
AISI/SAE alloy steels **A12:** 340
alloy classification **A2:** 58–59
alloy steels **A19:** 620–632
aluminum alloys **A19:** 773–774
aluminum-lithium alloys **A2:** 184
amorphous materials and metallic glasses **A2:** 814
and carbon content **A8:** 481
and crack length measurement **A8:** 471
and dynamic tear (DT) test **A11:** 61–62
and fraction of transformed microstructure in titanium alloy **A8:** 480, 482
and SCC **A13:** 276
and stress fracture criteria, compared **EM1:** 256
and stress-corrosion cracking **A8:** 496–497
anisotropy of **A19:** 46
as fracture mechanics criteria **EM1:** 253
as function of inclusion spacing **A8:** 479
ASTM Committee E 24 definition **EM4:** 599
austenitic weldments **A19:** 736–738
calculated for elastic plastic behavior **A8:** 473
calculating **A8:** 471
carburized alloy steels **M1:** 536, 538
cast aluminum alloys **A19:** 818, 819
cast irons **A19:** 671, 672, 673
cast steels **M1:** 380, 383
cemented carbides **A2:** 956–957, **A12:** 470
composition and microstructural effects related **A8:** 480
conversion factors **A8:** 722, **A10:** 686
copper alloys **A12:** 402
correlation with Charpy V-notch **A8:** 264
correlations of W/A with **A8:** 267
crack-opening displacement (COD) test for **A11:** 62
data base **A8:** 462
defined **A8:** 6, **A11:** 5, **A13:** 7, **EM1:** 11, **EM2:** 19
definition **A19:** 28–29, **A20:** 533, 833
duplex stainless steels **A19:** 763–764
effect of hydrogen flaking **A11:** 316
effect of neutron irradiation **A12:** 388
effect of particles, AISI 4340 steel **A8:** 479
elastic-plastic, crack initiation **A8:** 390
evaluation, in fracture mechanics **A8:** 450
examination of crack growth by electropolishing **A9:** 55–56
ferritic stainless steels **A19:** 717, 718
forged steels **M1:** 354–355
impact response curves for **A8:** 269–271
in forging **A11:** 315
indices, development of **A8:** 459
instrumented-impact test for **A11:** 64
interlaminar, and damage tolerance **EM1:** 262
J testing of **A11:** 62–64
linear elastic fracture mechanics **EM4:** 646
magnesium alloys **A19:** 877, 878
malleable irons **A15:** 696
maraging steels **M1:** 445, 448, 449–450
martensitic stainless steel **A8:** 479–480
material property charts **A20:** 267, 269, 270, 271–272, 273, 274
measurements **EM4:** 599
bridge indentation method **EM4:** 603
chevron notch bend specimen **EM4:** 600, 601–602
compression precracking **EM4:** 600, 603–604
double cantilever beam **EM4:** 600, 602, 604
double torsion **EM4:** 600, 604
fractography approach **EM4:** 600, 603, 604–605
Griffith's criterion **EM4:** 599
guidelines **EM4:** 604–605

indentation crack length/fracture **EM4:** 600, 601, 604
indentation strength **EM4:** 600, 601, 604
R-curve phenomena **EM4:** 604
single-edge notched beam.... **EM4:** 600, 602–603
single-edge precracked beam **EM4:** 600, 603, 604
stress-intensity factor **EM4:** 599, 600, 604
minimums **A8:** 459
notch toughness, relation to in steel **M1:** 690
obtained from Chevron-notched specimens...................... **A19:** 402
of aluminum alloys **A8:** 458–462, **M7:** 474, 747
of cemented carbides, effect of eta phases on **A9:** 275
of cermets, complexing cermet compositions for **A2:** 991
of closed-die forgings **A1:** 341–342
of ductile iron **A1:** 46, 47, **A15:** 662, **M1:** 42, 45–46
of ductile metals and alloys **A11:** 61
of ferritic malleable iron............... **A1:** 75–76
of high-strength aluminum P/M alloys **M7:** 747
of high-toughness aluminum alloy plate.... **A8:** 461
of metastable austenite, carbon content effect.............................. **A8:** 484
of P/M and ingot metallurgy tool steels... **M7:** 471, 472
of P/M and wrought titanium and alloys **M7:** 475, 752
of P/M low-alloy steel powders **M7:** 470
of pearlitic and martensitic malleable iron.. **A1:** 74, 80, 82
of steel castings **A1:** 377–378
of structural steel **A1:** 397–398, 663, 664, 666–667, 669
of titanium and titanium alloys, effect of alpha colony size on **A9:** 460
of welded structures ... **A1:** 667–669, 670, 671, 672
ordered intermetallics **A2:** 913–914
plane-strain **A8:** 450–451
plane-strain test of.................. **A11:** 60–61
plane-strain, wrought aluminum and aluminum alloys............................. **A2:** 74
prealloyed titanium P/M compacts.... **A2:** 651–652
precipitation-hardening steels........... **A19:** 722
ratio-analysis diagram (RAD) of **A11:** 62
R-curve analysis of.................... **A11:** 64
R-curve for **A8:** 450
scatter bands for three heats stainless steel **A8:** 479–481
semiaustenitic PH steels **A19:** 723
specimen, ultrasonic cleaning of **A12:** 74
static and dynamic, vs. temperature...... **A8:** 283
strain rate and temperature effects on **A8:** 453
sulfide **A13:** 534–535
test procedures..................... **A8:** 459–462
testing **EM2:** 739–740
testing and evaluation................ **A11:** 60–64
testing of **EM1:** 264
thermoplastic polyimides (TPI) **EM2:** 178
Ti-6Al-4V, compositional and microstructural effects........................ **A8:** 480–481
titanium and titanium alloy castings **A2:** 640
ultrahigh-strength steels ... **M1:** 426, 428, 429, 431, 437, 439, 441, 442
variability in distribution of.............. **A8:** 625
wrought aluminum alloy..... **A2:** 42–44, 58–60, 74
wrought titanium alloys **A2:** 623, 631

Fracture toughness, design for *See* Design for fracture toughness

Fracture toughness (K_{Ic}) **A6:** 101–102

Fracture toughness testing *See also* Fracture toughness.............. **A19:** 11–12, 393–409
as dynamic fracture testing **A8:** 259–261
ASTM, stress intensification rate of **A8:** 259
Battelle drop-weight tear test **A19:** 403
behavior types **A8:** 473–474
Charpy and dynamic toughness **A19:** 405–406
Charpy V-notch impact test **A19:** 403, 406
Charpy/K_{Ic} correlations for steels **A19:** 405
Chevron notched specimens **A19:** 400–403
chevron-notched specimens for....... **A8:** 469–475
combined *J* standard (ASTM E1737-96) test **A19:** 399–400
common fracture toughness test method (ASTM E1820-96) **A19:** 399, 400
compact tension specimen for **A8:** 460
crack arrest, K_{Ia} test (ASTM E1221) **A19:** 397
crack growth resistance curve **A19:** 393
crack tip opening displacement (CTOD) (ASTM E1290) **A19:** 399
data analysis in **A8:** 473–474
description of fracture toughness........ **A19:** 393
determining critical *J*-values and *J*-resistance curves in **A8:** 261
development and funding............... **A19:** 406
drop-weight tear test (DWTT) **A19:** 403
dynamic fracture toughness testing... **A19:** 403–407
dynamic tear test **A19:** 403–405
elastic-plastic............ **A8:** 455–456, 471–473
general fracture toughness behavior **A19:** 393
instrumented Charpy impact test **A19:** 406
instrumented impact test...... **A19:** 403, 406–407
J_{Ic} evaluation scheme **A19:** 399
J_{Ic} testing (ASTM E813) **A19:** 395, 398–399
J-R curve evaluation (ASTM E1152) **A19:** 399
K-R curve (ASTM E561) test **A19:** 396–397
linear elastic fracture mechanics test .. **A8:** 470–471
linear-elastic fracture toughness testing **A19:** 394–397
mixed-mode **A8:** 460–461
nonlinear fracture toughness testing.. **A19:** 397–399
plane-strain fracture toughness (K_{Ic}) test (ASTM E399) **A19:** 394–397
plane-strain screening in **A8:** 460
precracked Charpy test............ **A19:** 406–407
rapid load (K_{Ic} (*t*)) test **A19:** 396
rapid-load plane-strain **A8:** 260–261
ratio-analysis diagram **A19:** 403–405
specimens and test equipment....... **A8:** 469–470
standard for testing of weldments ... **A19:** 399, 400
test methods covered **A19:** 393–394
test methods in preparation........ **A19:** 399–400
time-to-fracture tests.............. **A19:** 406, 407
transition fracture toughness standard (1997-1998).................. **A19:** 399, 400

Fracture toughness tests **A6:** 103

Fracture transition in steel **M1:** 691–692

Fracture transition temperature (T_f) **A6:** 1101

Fracture work **A20:** 345

Fracture/crack
surface property effect.................. **A18:** 342

Fracture-controlled failure *See also* Failure
torsion test for **A8:** 154

Fracture-critical components
defined............................... **A17:** 668

Fractured parts *See also* Fracture(s); Part(s)
lighting of highly reflective **A12:** 84, 88
photographic setups for.................. **A12:** 78
photography of..................... **A12:** 78–90

Fracture-extension resistance
R-curve as **A11:** 64

Fracture-limit line **A8:** 580–583

Fracture(s) *See also* Brittle fractures; Ductile fractures; Fast fractures; Fractographs; Fractography; Fracture appearance; Fracture interpretation; Fracture modes; Fracture origin; Fracture path; Fracture profiles; Fracture specimens; Fracture studies; Fracture surfaces; Fracture toughness; Fractured parts
acceleration of **A11:** 744–745
and microstructure, correlating **A12:** 201
and plastic zone **A11:** 49
at crack tip **A11:** 47
beginning, condition for **A11:** 50–51
behavior, temperature dependence of..... **A11:** 138
brittle **A11:** 76–77, 82–101
by mixed mechanisms................ **A11:** 83–84
care and handling...................... **A12:** 72
characteristics by macroscopy.... **A11:** 75, 104–105
classification of....................... **A11:** 75
cleaning techniques **A12:** 73–76
cleavage, defined **A11:** 2
columnar **A12:** 2
compression **A11:** 739
contour, differences for bend loading vs. pure tensile loading.................... **A11:** 746
contributing factors, chart for **A11:** 80
control, fracture mechanics for **A11:** 47
crystalline............................. **A12:** 2
defined............................... **A11:** 5
delayed.............................. **A11:** 28
determination of type **A11:** 79–80
discontinuities leading to **A12:** 63–68
ductile........................ **A11:** 25, 82–101
effects of environment **A12:** 22–63
energy **A11:** 49, 55
environmentally affected............. **A11:** 78–79
etching **A12:** 96
extension resistance, *R*-curve as.......... **A11:** 64
fatigue **A11:** 26–27
fibrous **A12:** 2
final **A11:** 257–258
flexural, in composites **A11:** 733
granular **A12:** 2
hydrogen embrittlement **A11:** 28–29
impact, defined........................ **A11:** 75
in bearing materials **A11:** 494, 505–506
initiation........................ **A12:** 64, 103
intergranular brittle **A11:** 25–26
interlaminar, in composites **A11:** 733–738
liquid-metal embrittlement............. **A11:** 27–28
LME-induced, failure analysis of......... **A11:** 232
markings, types........................ **A12:** 91
materials illustrated in **A12:** 217
mechanisms, of polymers.......... **A11:** 758–761
mirror and hackle, ceramics **A11:** 744–747
mixed modes......................... **A12:** 176
modes **A11:** 80, 733–739
modes of..................... **A12:** 12–22, 176
of landing-gear flat spring.............. **A11:** 560
of steel crane-bridge wheel.......... **A11:** 527–528
of steel tram-rail assembly **A11:** 526
origins **A11:** 80, 87, 257, 459, 744–747
overload **A11:** 75, 367
path preference....................... **A12:** 201
path, transgranular..................... **A11:** 75
patterns, historical study................. **A12:** 2
photographing........................ **A11:** 16
photography of..................... **A12:** 78–90
planes............................... **A11:** 105
profile sections **A12:** 95–96
propagation **A12:** 91
rock-candy............................ **A11:** 75
sectioning **A12:** 76–77
sequence.............................. **A12:** 91
shear, defined **A11:** 9
silky **A12:** 2
sources illustrated..................... **A12:** 217
stages, from fatigue **A11:** 104
steam equipment failure by **A11:** 602
stress-corrosion cracking **A11:** 27
stress-rupture **A11:** 75, 264–265
studies, history of..................... **A12:** 1–8
tensile, in composites **A11:** 734
test, as quality control application ... **A12:** 140–143
test, defined........................... **A11:** 5
tests, historical **A12:** 3–4
texture, photographing **A12:** 82–85
thermal fatigue-caused................. **A11:** 266
topography, titanium alloys **A12:** 441–443
transgranular brittle **A11:** 25
transition, ductile-to-brittle............ **A11:** 66–71
transition, transgranular-intergranular **A11:** 266
translaminar, in composites......... **A11:** 738–739
transverse **A11:** 79, 554
Type I through Type VII (historical) **A12:** 1
types **A11:** 24–29, 744
types of causes illustrated.............. **A12:** 216
visual examination.................. **A12:** 91–93
vitreous **A12:** 2
woody, historical **A12:** 1–3
work, in EPFM........................ **A11:** 50

Fractures, brittle
in steel **M1:** 689

Fracturing
as a sectioning method **A9:** 23
of cemented carbides during sectioning **A9:** 273
of tool steels for examination **A9:** 256

Fracturing, rapid *See* Rapid fracturing

Fragment ions
defined.............................. **A10:** 153

Fragmentation **M7:** 5
defined **A8:** 6, **A9:** 8

Fragmentation devices
as ordnance application **M7:** 691

Fragmented powder **M7:** 5

Frame
capacity **A14:** 495–496
defined **A8:** 6, **A14:** 7
press, types of **A14:** 492–493

Frame (continued)
stiffness, effect in SCC testing........ **A8:** 502–503
torsion tests for **A8:** 139
Frame integration (summing)
real-time radiography **A17:** 320
Frames
equipment, packaging/interconnecting of electronics in **EL1:** 13
interconnection levels.................. **EL1:** 12
level, of interconnection................. **EL1:** 13
Frames of reference
in coordinate measuring machines **A17:** 20
Francon-Yamamoto interference contrast system **A9:** 150
Frangible bullets
powders used.......................... **M7:** 573
Frangible rounds **A7:** 920
Frank dislocation loops
transmission electron microscopy..... **A9:** 116–117
Frank-Condon principle
defined................................ **A10:** 673
Franke method
for free lime content **A10:** 179
Frank-Read mechanism.................... **A19:** 80
Frank-Read source
in transmission topography **A10:** 370
Fraunhofer diffraction **A7:** 237
Fraunhofer diffraction pattern
schematic **M7:** 217
Fraunhofer diffraction theory **EM4:** 67
Fraunhofer-Mie theories **EM4:** 66
Freckles
in wrought heat-resistant alloys........... **A9:** 305
Freckles, as defect
vacuum arc remelting **A15:** 407
Freckling
defined.................................. **A9:** 8
Free acid value tests
phosphate coating solutions **M5:** 442–443
Free alkalinity **A5:** 20
Free bend **EM3:** 13
defined **A8:** 6, **EM2:** 19
Free bending........................... **A14:** 532
Free carbon *See also* Combined carbon
defined **A9:** 8, **A13:** 7, **A15:** 6
in cemented carbides **A9:** 273–274
on a fracture surface **A9:** 276
Free corrosion potential
defined.................................. **A13:** 7
Free cyanide **M5:** 285
definition.............................. **A5:** 956
Free energy
change **A15:** 101, 104, 449
change in............................ **A6:** 45, 46
composition, and temperature composition **A15:** 53
composition plot, constructed **A15:** 52
defined, in electrode potentials **A13:** 19
Gibbs **A15:** 50–51
of formation, ideal solution **A15:** 52
of metal oxide formation................. **M7:** 53
of particles, and size/curvature **A15:** 102
of reaction, in gases.................. **A13:** 61–62
of solution, iron melts................... **A15:** 62
phase, thermodynamics of.......... **A15:** 101–102
vs. composition diagrams............... **A15:** 102
Free energy change
during heterogeneous nucleation **A15:** 104
oxidation reactions..................... **A15:** 449
quantified **A15:** 101
Free energy diagram
defined.................................. **A9:** 8
Free energy of an inhomogeneous solution
expressed as an integral over volume...... **A9:** 653
Free energy of the liquid phase **A6:** 45
Free energy-composition diagram, of metastable and stable equilibria in
precipitation reactions................... **A9:** 650
Free energy-temperature diagrams
for gaseous corrosion.................... **A13:** 17
high-temperature corrosion in gases **A13:** 62
oxides............................. **A13:** 62–63
Free fall nozzle designs **A7:** 151, 152
Free ferrite *See also* Proeutectoid ferrite
defined **A13:** 7, **A15:** 6
Free growth
spherical crystal **A15:** 112–113
Free lime
classical wet chemical analysis in Portland cement **A10:** 179
Free machining
defined................................. **A13:** 7
Free meshing **A20:** 182
Free moisture expansion coefficient
defined.............................. **EM1:** 226
Free quartz **EM4:** 6
Free radical cure resin binder process . . **A15:** 220, 238
Free radical cure systems *See also* Chemistry; Photochemistry
dual-mechanism cure................... **EL1:** 859
formulation ingredients **EL1:** 856–588
formulations **EL1:** 858
oxygen inhibition...................... **EL1:** 856
photoinitiators **EL1:** 854–856
Free radical polymerization................ **EM3:** 13
Free radical reactive adhesives
for magnet bonding for motors and speakers **EM3:** 45
Free radical type addition reactions
in solvent acrylics.................... **EM3:** 208
Free radicals............................ **EM3:** 91
content, of fossil fuel................... **A10:** 253
defined **A10:** 673
electron spin resonance............. **A10:** 253–266
in acrylic chemistry............... **EM3:** 120, 124
intermediates.......................... **A10:** 263
kinetic reactions of inorganic and organic **A10:** 253
oxidation inhibitors and metalworking lubricants **A18:** 141
reaction kinetics in formation and decay of......................... **A10:** 266
reactions, of catalyst surfaces............ **A10:** 253
stable hydrazyl **A10:** 265
standard, DPPH, ESR spectrum of....... **A10:** 259
Free recovery
of shape memory alloys **A2:** 900
Free rolling............................. **A18:** 37
defined.................................. **A18:** 9
Free rotation **EM3:** 14
defined **EM2:** 20
Free sliding............................. **A7:** 331
Free space permeability................... **A19:** 218
Free spread *See* Nip
Free surface fracture **A14:** 19–20
Free surface vaporization rate **A5:** 557
Free surface velocity
during spalling **A8:** 212
Free temper carbon graphitization
as annealing effect **A15:** 31
Free variables **A20:** 281, 282
Free vibration **EM3:** 14
defined **EM2:** 20
Free wall
defined............................... **EM1:** 12
Free-abrasive machining............. **EM4:** 313, 314
Freeboard requirements
secondary metallurgy.................... **A15:** 433
Free-body stress system
shafts **A11:** 460–461
Free-carbon **A20:** 381
Free-cutting brass *See also* Brasses; Wrought coppers and copper alloys
applications and properties. . **A2:** 306–307, 310–311
electrolytic etching **A9:** 401
recycling **A2:** 1214–1215
Free-cutting Muntz metal
applications and properties............... **A2:** 311
Free-cutting phosphor bronze
applications and properties............... **A2:** 325
Free-cutting yellow brass
applications and properties **A2:** 310–311
Freedom
degrees of **A8:** 625–626
Free-edge delamination
finite-element model **EM1:** 248–249
in composites **A8:** 714
interlaminar **EM1:** 241–242
schematic............................ **EM1:** 241
structural analysis..................... **EM1:** 462
Free-end torsion testing
vs. fixed-end testing **A8:** 181–182
Free-energy of mixing..................... **A5:** 520
Free-fall atomization **M7:** 26, 29
Free-flowing **A7:** 295
Free-flowing powder **M7:** 278
Free-form laser sintering................... **A7:** 428
Freely corroding potential *See* Corrosion potential
Free-machining additives **A20:** 756
Free-machining agents. . . **A7:** 671, 674, 675, 677, 678
Free-machining beryllium-copper
as rod.................................. **A2:** 403
Free-machining copper *See* Copper alloys, specific types, C14500, C14700 and C18700
Free-machining copper alloys
applications and properties. . **A2:** 277–280, 291–292
defined................................. **A2:** 216
Free-machining grades of austenitic stainless steels
selenium additions...................... **A9:** 284
Free-machining metals
for machined parts, impairing quality while reducing costs **A20:** 104
Free-machining steel
finishing turning......................... **A5:** 84
friction welding **M6:** 721
metalworking fluid selection guide for finishing operations **A5:** 158
projection welding............ **M6:** 506, 515–516
Free-machining steel alloy production
powders used.......................... **M7:** 572
Free-machining steel powders
microstructures **A7:** 727, 738
Free-machining steels
arc welding **A6:** 650–651
cemented carbide machining **A2:** 966
characteristics of................... **M1:** 573–578
cold extrusion of **A14:** 301
electron-beam welding................... **A6:** 860
fatigue crack thresholds................. **A19:** 142
powder metallurgy materials microstructures **A9:** 510
Freeman-Carroll equation **EM3:** 425
Free-radical polymerization *See also* Polymerization
defined **EM1:** 12, **EM2:** 19
in sheet molding compounds.......... **EM1:** 142
of polyester **EM1:** 133
Free-running crosshead speed................ **A8:** 39
Free-surface cracking **A20:** 734, 735, 736–737
Free-surface fracture **A8:** 573–574
forming-limit diagram for................ **A8:** 581
Free-surface strain **A8:** 580
Free-surface tracking equation **A20:** 711
Free-surface transverse velocity **A8:** 235–236
Free-turning brass
applications and properties............... **A2:** 310
Freeze casting............................ **A7:** 314
Freeze drying
of ferrites........................... **EM4:** 1163
Freeze (Scheil) equation **A9:** 614
Freeze-drying **A7:** 314
Freeze-firing *See also* Freeze casting **A7:** 314
Freeze-pump-thaw technique
for ESR studies **A10:** 263
Freezing *See also* Liquidus; Solidification; Solidus
and fluidity, relationship................ **A15:** 767
coating effect.......................... **A15:** 281
copper alloys **A15:** 771, 779
equiaxed grain origin in **A15:** 130
fronts, modeling movement of........... **A15:** 857

SUBJECTS OF THE INDEXED VOLUMES: ASM Handbook (designated by the letter "A"): **A1:** Properties and Selection: Irons, Steels, and High-Performance Alloys (1990); **A2:** Properties and Selection: Nonferrous Alloys and Special-Purpose Materials (1990); **A3:** Alloy Phase Diagrams (1992); **A4:** Heat Treating (1991); **A5:** Surface Engineering (1994); **A6:** Welding, Brazing, and Soldering (1993); **A7:** Powder Metal Technologies and Applications (1998); **A8:** Mechanical Testing (1985); **A9:** Metallography and Microstructures (1985); **A10:** Materials Characterization (1986); **A11:** Failure Analysis and Prevention (1986); **A12:** Fractography (1987); **A13:** Corrosion (1987); **A14:** Forming and Forging (1988); **A15:** Casting (1988); **A16:** Machining (1989); **A17:** Nondestructive Evaluation and Quality Control (1989); **A18:** Friction, Lubrication, and Wear Technology (1992); **A19:** Fatigue and Fracture (1996); **A20:** Materials Selection and Design (1997). **Metals Handbook, 9th Edition** (designated by the letter "M"): **M1:** Properties and Selection: Irons and Steels (1978); **M2:** Properties and Selection: Nonferrous Alloys and Pure Metals (1979); **M3:** Properties and Selection: Stainless Steels, Tool Materials, and Special-Purpose Materials (1980); **M4:** Heat Treating (1981); **M5:** Surface Cleaning, Finishing, and Coating (1982); **M6:** Welding, Brazing, and Soldering (1983); **M7:** Powder Metallurgy (1984). **Engineered Materials Handbook** (designated by the letters "EM"): **EM1:** Composites (1987); **EM2:** Engineering Plastics (1988); **EM3:** Adhesives and Sealants (1990); **EM4:** Ceramics and Glasses (1991). **Electronic Materials Handbook** (designated by the letters "EL"): **EL1:** Packaging (1989)

in magnesium powder production **M7:** 132
microstructure formation during **A15:** 119
prediction, casting
geometry/topography for **A15:** 858
range **A15:** 6, 114, 771
times, compared **A15:** 243
Freezing curves . . . . **A3:** 1•16
Freezing point *See* Melting point
Freezing range *See also* Cryogenic; Low temperature
as classification, copper-base alloys . . . **A2:** 346, 348
copper alloy castings **A2:** 348
distribution as function of **A2:** 348
effect on hydrogen porosity in aluminum alloy
ingots **A9:** 633
effect on macrosegregation in copper alloy
ingots **A9:** 639
Freezing temperature **A6:** 45
Freezing-point calibration
of thermocouples **A2:** 879–880
Freiberger decomposition
for specific sample dissolution **A10:** 167
French Atomic Energy Authority powder-under-vacuum process **M7:** 167
French's curve for a material of known *S-N* curve **A19:** 106
Frenkel defect
ionic oxides **A13:** 65
Frenkel defects
defined **EL1:** 93
Frenkel effect **A7:** 516
Frenkel-pair defects **A18:** 853
Freon **A5:** 46, **A20:** 140
Freon TF
as organic cleaning solvent **A12:** 74
Frequencies *See also* Multifrequency techniques; Test frequencies
acoustic microscopy methods **A17:** 468
and depth of penetration, eddy current
inspection **A17:** 169
bands, microwave **A17:** 202
bands, reflectometers **A17:** 214
changing, in eddy current inspection **A17:** 170–171
cutoff, defined, microwave inspection **A17:** 208
divisions, electromagnetic spectrum **A17:** 202
inspection, eddy current inspection **A17:** 173
levels, ECP vs. eddy current inspection . . . **A17:** 137
microwave equipment **A17:** 209
procession, FMR eddy current probes **A17:** 221
range, acoustic emission inspection **A17:** 285
remote-field eddy current inspection **A17:** 195
response, acoustic emission inspection **A17:** 280
selection, and skin effect **A17:** 165
skin depth vs. Foerster limit, eddy current
inspection **A17:** 182
test, eddy current inspection . . . **A17:** 174–175, 182, 194
test, for skin depth **A17:** 182
ultrasonic inspection **A17:** 232–234
Frequencies, clock *See* Clock frequencies
Frequency **A6:** 365
analysis for single autoclave operation **A8:** 425
and corrosion fatigue behavior of aluminum alloy
7079-T651 . . . . **A8:** 408
and electrical breakdown **EM2:** 466
defined **A10:** 110, 673
defined as electrical property **EL1:** 598–600
effect in ultrasonic fatigue testing **A8:** 255–256
effect on creep-fatigue interaction **A8:** 346
effect on fatigue and wave form **A12:** 58–63
effect on fatigue behavior of lead **A8:** 346–347
effect on minimum creep rate **A8:** 347
effect on resolution in thermal-wave
imaging **A9:** 91
electrical effects **EM2:** 584
fatigue formation at differing **A8:** 253
fatigue strength at conventional and
ultrasonic **A8:** 254
for ultrasonic ply cutting **EM1:** 615–616
group, molecular vibration as **A10:** 111
in fatigue properties data **A19:** 16
in fatigue tests **A11:** 112–113
in ultrasonic fatigue testing **A8:** 101, 240–241, 249
infrared **A10:** 111
-modified fatigue equation, for creep-fatigue
interaction at high temperatures **A8:** 356–357
natural, and damping **EM1:** 212–213
of loading, effect on corrosion-fatigue **A11:** 255
of loading, effect on fatigue-crack
propagation **A11:** 110
of specimens, measurement of longitudinal
resonance **A8:** 249
or Poisson's ratio, symbol for **A10:** 692
power reflected from microwave-resonance cavity
as function of **A10:** 256
range, forced-displacement system **A8:** 392–394
resonant **A7:** 25
separation **A8:** 356
SI defined unit and symbol for **A10:** 685
SI unit/symbol for **A8:** 721
Frequency analyses **A19:** 216
Frequency converter **A6:** 41–42
Frequency discriminator
in ultrasonic hardness tester **A8:** 101
Frequency distribution
defined **A8:** 6
Frequency effects *See also* Cyclic loading
in erosion/cavitation testing **A13:** 313
in fretting **A13:** 139–140
on corrosion fatigue **A13:** 143, 295, 298
Frequency modified life approach **A19:** 547
"Frequency modified" relationships **A19:** 248
Frequency modulation
effect, microwave inspection **A17:** 202
method, ultrasonic inspection **A17:** 240
microwave inspection **A17:** 206
Frequency modulation (FM) **A6:** 39
Frequency plots *See* Histograms
Frequency response-small signal model
for bipolar transistors **EL1:** 153–154
Frequency separation
defined **A8:** 356
Frequency (x-ray)
defined **A9:** 8
Frequency-modified strain range methods . . . **A20:** 530
Frequency-modulated reflectometers
microwave inspection **A17:** 213–214
Fresh water
steel corrosion protection in **M1:** 751
Fresh water corrosion
copper alloys **M2:** 470–471
dissolved gases, effect on **M1:** 733
dissolved salts, effect on **M1:** 734–735
natural waters **M1:** 736–738
pH, effect on **M1:** 733–738
potable water systems **M1:** 735–736
preventative measures **M1:** 738
seawater corrosion compared to **M1:** 740, 741
Freshwater
copper/copper alloys in **A13:** 621–622
galvanized coatings in **A13:** 440
general biological corrosion in **A13:** 88
stainless steel corrosion **A13:** 556
Freshwater immersion
zinc and galvanized steel corrosion **A5:** 363
Fresnel formula
dispersion of oxide glasses **EM4:** 1079
Fresnel fringes
defined **A9:** 8
Fresnel zones
microwave holography **A17:** 224
Fretting *See also* Abrasive wear; Chafing fatigue; False brinelling; Fretting corrosion; Oxidative wear **A7:** 1069, **A8:** 6, **A18:** 181, 182–183, **A19:** 4, 15, 140, 202, 353, 361, **M1:** 638
and fatigue resistance **A1:** 679
as wear **A11:** 148
bolted joints **A19:** 289
control/elimination **A13:** 613
corrosion **A13:** 138–140
corrosion, defined **A8:** 6
damage, rollers and bearing assembly **A11:** 341
debris generation as **A11:** 148
defined **A11:** 5, **A18:** 9
definition **A5:** 956
effect of cyclic displacement on total weight loss
from **A11:** 341
fatigue **A13:** 141
fatigue as mechanism of **A11:** 148
fatigue, defined **A8:** 6, **A11:** 5
fatigue related to **M1:** 673
gold electroplating **A18:** 837
hardfacing for **M7:** 823
in bearing failures **A11:** 493, 497–498
in copper/copper alloys **A13:** 613
in forging **A11:** 341
in implants **A11:** 672
in sliding bearings **A11:** 486, 487, 534–535
in stainless steel bone plate **A11:** 688, 691–692
initial adhesion as **A11:** 148
material selection for **A13:** 333
mechanical material transfer during . . **A11:** 688, 692
mechanism of **A11:** 148
medium-carbon steels **A12:** 262
multiple fatigue-crack initiation **A11:** 24
of cobalt-gold plated copper flats **A13:** 138
of shafts **A11:** 466
relationship to material properties **A20:** 246
resistance, cast irons **A13:** 568
resistance, of material combinations **A13:** 335
springs **A19:** 365
types in ball bearing failure **A11:** 497
wear, AISI/SAE alloy steels **A12:** 308
Fretting corrosion *See also* Corrosion; Fretting **A13:** 138–140
as type of corrosion **A19:** 561
defined **A11:** 5, **A13:** 7, 138, **A18:** 9
definition **A5:** 956
factors affecting **A13:** 139–140
in aircraft **A13:** 1030, 1041–1043
in cast irons **A13:** 568
in forging **A11:** 341
in manned spacecraft **A13:** 1082
in zirconium/zirconium alloys **A13:** 717
of implants **A11:** 672, 688, 691–692
resistance, of metal couples **A13:** 1035
Fretting fatigue **A18:** 242, **A19:** 321–330
aluminum alloys **A19:** 327, 328
austenitic stainless steels **A19:** 327, 328
avoidance of stress raisers **A19:** 328
carbon steels **A19:** 327, 328
coefficient of friction **A19:** 327
conditions for slip **A19:** 323
contact stress and alternating stress **A19:** 327
convex surfaces **A19:** 324–325
copper-base alloys **A19:** 327, 328
corrosion product **A19:** 321
defined **A18:** 9, **A19:** 321
design for introduction of residual compressive
stress **A19:** 328
diffusion treatments **A19:** 329
displacement (slip amplitude) and
direction **A19:** 323, 327
displacement-controlled **A19:** 323
environment and corrosive media **A19:** 327
example of fretting fatigue crack viewed in cross
section **A19:** 323
factors known to influence severity of **A19:** 322
fatigue crack nucleation from fretting **A19:** 323
fatigue crack propagation during fretting
fatigue **A19:** 323
ferritic alloys **A19:** 328
force-controlled fretting **A19:** 323
fretting and fretting fatigue
mechanisms **A19:** 321–323
fretting influence on *S-N* plot **A19:** 326
fretting modes and contact
conditions **A19:** 322–323
fretting wear scars **A19:** 322
hard coatings **A19:** 329
high temperature **A19:** 327
Inconel alloys **A19:** 327
incubation period **A19:** 322
iron-base alloys **A19:** 327
lubricants **A19:** 328, 329
material selection for fretting fatigue
resistance **A19:** 328–329
metallic fretting debris **A19:** 327
microstructure and material **A19:** 328
nitriding **A19:** 328
nonmetallic coatings **A19:** 329
parallel contact with external loading (fastened
joints) **A19:** 324
parallel surfaces without external loading **A19:** 324, 325
pitting **A19:** 322
plastic deformation **A19:** 328
prevention or improvement **A19:** 328
reduction of surface shear forces **A19:** 325
reduction or elimination of fretting fatigue
methods **A19:** 322
relative motion **A19:** 328

Fretting fatigue (continued)
relative resistance of various material combinations **A19:** 329
shims **A19:** 328
shot peening, surface rolling, or ballizing for plastic deformation **A19:** 328
sites for **A19:** 323
soft coatings **A19:** 329
spacers **A19:** 328
stress analysis, modeling, and prediction of fretting fatigue **A19:** 326
stress distribution for hemispherical contact pressed into flat plate **A19:** 323
stress relieving **A19:** 324
subsurface stress distributions **A19:** 322
surface roughness **A19:** 328
surface stress modification **A19:** 328
testing, modeling, and analysis **A19:** 325–326
titanium alloys **A19:** 327, 328
types of fretting fatigue tests **A19:** 325–326
typical systems and specific remedies **A19:** 323–325
variables investigated during fretting fatigue tests **A19:** 326–328
wear and cracking resistance **A19:** 328–329
Fretting fatigue parameter **A19:** 326, 327
Fretting fatigue strength **A19:** 326
Fretting in clamped joints
as factor influencing crack initiation life .. **A19:** 126
Fretting oxide debris **A19:** 143
Fretting, small amplitude oscillatory displacement applications
high temperature (>540 °C, or 1000 °F) thermal spray coatings for hardfacing applications **A5:** 735
low temperature (<540 °C, or 1000 °F) thermal spray coatings for hardfacing applications **A5:** 735
Fretting wear **A18:** 242–253, **A19:** 323
aluminum-silicon alloys **A18:** 791
debris effect on wear **A18:** 249, 252
defined **A18:** 9, 242
definition **A5:** 956
environmental effects **A18:** 249–251
aqueous electrolytes **A18:** 250–251
humidity **A18:** 250
low and high temperature **A18:** 251
vacuum **A18:** 249–250
jet engine components **A18:** 588
materials **A18:** 248–249
measurement of **A18:** 242–253
axial distance measurement **A18:** 251
holographic interferometry **A18:** 251
profilometry **A18:** 251
thin-layer activation (TLA) **A18:** 251
mechanical components **A18:** 242–244
examples **A18:** 242–244
mechanism of **A18:** 251–253
parameters affecting fretting **A18:** 244–248
contact, type of **A18:** 246–247
frequency **A18:** 245–246
impact fretting **A18:** 247
normal load **A18:** 245, 249
residual stresses **A18:** 247–248
slip amplitude **A18:** 244–245, 249
surface finish **A18:** 247
vibration, type of **A18:** 247
prevention of fretting damage **A18:** 253
coatings **A18:** 253
improved design **A18:** 253
inserts **A18:** 253
lubricants **A18:** 253
surface finish **A18:** 253
stainless steels **A18:** 714–715
thermal spray coating applications ... **A18:** 832, 833
Fretting/wear spraying
powders used **M7:** 572
Friction
adhesion theory and AES analysis of **A10:** 566
adhesion theory of **A11:** 149
and barreling **A8:** 56
and chip formation **A16:** 10
and lubrication, closed-die forging **A14:** 76
and tribology **A8:** 601
and wear testing **A8:** 604
as acoustic noise source **A17:** 285
as controlling workability **A14:** 368
coefficient, defined *See* Coefficient of friction
coefficient of **EM3:** 14
coefficient of, and Sommerfeld number ... **A11:** 485
coefficient of, defined *See* Coefficient of friction
coefficient of, symbol **A8:** 726
cold upset testing **A8:** 578–579
consequences in upset cylinder **A8:** 573
constraint considerations in Hopkinson bar test **A8:** 200
control through lubrication **A8:** 576
Coulomb's law **A8:** 576
defined **A18:** 9–10
definition **A5:** 956
during deformation **A8:** 575–576
effect, in drawing **A14:** 331
effect in drop tower compression test **A8:** 197
effect, make-break arcing contacts **A2:** 841
effect of unit pressure and rubbing speed on coefficient of **M7:** 702
effect on free-surface strain **A8:** 580
effect, sliding contacts **A2:** 842
effects in cam plastometer **A8:** 195–196
external **A7:** 290, 291
factor, determining **A14:** 441
in compression testing **A8:** 192
in cylindrical compression test specimen **A8:** 579–580
in locomotive axle failures **A11:** 715
in precision forging **A14:** 159
in ring rolling **A14:** 108
in split Hopkinson pressure bar test **A8:** 201
in upsetting of cylinder **A14:** 365
internal **A7:** 290, 291
interparticle **A7:** 297
introduction to **A18:** 25–26
areas of technological interest and research **A18:** 26
friction angle **A18:** 25
friction coefficient **A18:** 25–26
static friction coefficient **A18:** 25, 26
"stick-slip" **A18:** 26
terminology and its origin **A18:** 25
loss, notched bar impact testing **A8:** 262
of sliding bearing pairs, with lubricants ... **A11:** 486
plane-strain compression test for **A14:** 377–379
polyamide-imides (PAI) **EM2:** 137
polyamides (PA) **EM2:** 126
properties, of carbon fiber reinforced polymers **EM1:** 36
reduction during axial compression testing **A8:** 56–57
-velocity curve, for hydrodynamic lubrication surfaces **A8:** 605
wear failures and **A11:** 148–150
wear of polymers due to **A11:** 764
Friction and wear data, presentation **A18:** 489–492
transition diagrams **A18:** 491
determination methodology **A18:** 491
tribographs **A18:** 489–491
dependence of tribodata on interaction parameters **A18:** 491
dependence of tribodata on operational parameters **A18:** 490
dependence of tribodata on structural parameters **A18:** 490–491
friction-time master curves **A18:** 489
wear-time master curves **A18:** 489–490
tribomaps **A18:** 491–492
wear regimes **A18:** 492
Friction and wear of aircraft brakes *See* Aircraft brakes, friction and wear of
Friction and wear of aluminum-silicon alloys *See* Aluminum-silicon alloys, friction and wear of
Friction and wear of automotive and truck drive trains *See* Automotive and truck drive trains friction and wear of
Friction and wear of automotive brakes *See* Automotive brakes, friction and wear of
Friction and wear of bearing steels *See* Bearing steels, friction and wear of
Friction and wear of carbon-graphite materials *See* Carbon-graphite materials, friction and wear of
Friction and wear of cemented carbides *See* Cemented carbides, friction and wear of
Friction and wear of ceramics *See* Ceramics, friction and wear of
Friction and wear of cobalt-base alloys *See* Cobalt-base alloys, friction and wear of
Friction and wear of dies and die materials *See* Die and die materials, friction and wear of
Friction and wear of electrical contacts *See* Electrical contacts, friction and wear of
Friction and wear of hardfacing alloys *See* Hardfacing alloys, friction and wear of
Friction and wear of internal combustion engine parts *See* Internal combustion engine parts friction and wear of
Friction and wear of medical implants and prosthetic devices *See* Medical implants and prosthetic devices, friction and wear of
Friction and wear of semiconductors *See* Semiconductors, friction and wear of
Friction and wear of sliding bearing materials *See* Sliding bearing materials, friction and wear of
Friction and wear of thermoplastic composites *See* Thermoplastic composites, friction and wear of
Friction and wear of tool steels *See* Tool steels, friction and wear of
Friction angle **A18:** 27
Friction bearings, overheated
locomotive axles failure from **A11:** 715–727
Friction burn-off **A6:** 316
Friction clutches
mechanical presses **A14:** 497
Friction coefficient *See* Coefficient of friction
Friction, coefficient of **A7:** 338, 1048, 1049, 1050
Friction, coefficient of, and wear of sintered metal friction materials under dry clutch conditions, specifications **A7:** 1099
Friction damping **A18:** 531
Friction drive *See* Knurl drive
Friction drive press **A14:** 33
Friction during metal forming **A18:** 59–68
characteristics of friction **A18:** 67–68
measurement of friction **A18:** 65–66
flow through conical converging dies **A18:** 66
ring forging **A18:** 65–66
strip rolling **A18:** 66
modeling of friction **A18:** 59–65
hydrodynamic lubrication **A18:** 61–65, 68
modeling of flow through conical converging dies **A18:** 61–63
nomenclature for friction in metal-forming processes **A18:** 60
steady-state wave model **A18:** 59, 60, 66–68
Friction factor **A18:** 60, 61, 66, 67
Friction force **A18:** 27, 30
defined **A18:** 10
elastomers **A18:** 36
friction during metal forming **A18:** 67
relation to metal substrate hardness **A18:** 31
Friction force measurement **A18:** 435
Friction heating
thermal fatigue test **A19:** 529
Friction hill **A18:** 63, 65
Friction joints **A19:** 290–291
Friction materials **M7:** 5, 701–703, 740
applications **M7:** 119, 702–703
bell and elevator furnaces for sintering **M7:** 357
blending **M7:** 701

SUBJECTS OF THE INDEXED VOLUMES: ASM Handbook (designated by the letter "A"): **A1:** Properties and Selection: Irons, Steels, and High-Performance Alloys (1990); **A2:** Properties and Selection: Nonferrous Alloys and Special-Purpose Materials (1990); **A3:** Alloy Phase Diagrams (1992); **A4:** Heat Treating (1991); **A5:** Surface Engineering (1994); **A6:** Welding, Brazing, and Soldering (1993); **A7:** Powder Metal Technologies and Applications (1998); **A8:** Mechanical Testing (1985); **A9:** Metallography and Microstructures (1985); **A10:** Materials Characterization (1986); **A11:** Failure Analysis and Prevention (1986); **A12:** Fractography (1987); **A13:** Corrosion (1987); **A14:** Forming and Forging (1988); **A15:** Casting (1988); **A16:** Machining (1989); **A17:** Nondestructive Evaluation and Quality Control (1989); **A18:** Friction, Lubrication, and Wear Technology (1992); **A19:** Fatigue and Fracture (1996); **A20:** Materials Selection and Design (1997). **Metals Handbook, 9th Edition** (designated by the letter "M"): **M1:** Properties and Selection: Irons and Steels (1978); **M2:** Properties and Selection: Nonferrous Alloys and Pure Metals (1979); **M3:** Properties and Selection: Stainless Steels, Tool Materials, and Special-Purpose Materials (1980); **M4:** Heat Treating (1981); **M5:** Surface Cleaning, Finishing, and Coating (1982); **M6:** Welding, Brazing, and Soldering (1983); **M7:** Powder Metallurgy (1984). **Engineered Materials Handbook** (designated by the letters "EM"): **EM1:** Composites (1987); **EM2:** Engineering Plastics (1988); **EM3:** Adhesives and Sealants (1990); **EM4:** Ceramics and Glasses (1991). **Electronic Materials Handbook** (designated by the letters "EL"): **EL1:** Packaging (1989)

cement copper as . . . M7: 119, 739
compacting and sintering . . . M7: 701–702
copper metals as . . . M7: 119, 739
copper P/M products . . . A2: 398–400
facing material for . . . M7: 702
powders used . . . M7: 573
sintered . . . M7: 701–702, 739
Friction modifiers/antisquawk agents . . . A18: 103–104
applications . . . A18: 104
for metalworking lubricants . . . A18: 140–141, 142, 143
formation of . . . A18: 104
in engine lubricant formulations . . . A18: 111
in nonengine lubricant formulations . . . A18: 111
Friction oxidation *See* Fretting
Friction parts
as copper powders application . . . M7: 105
Friction polymer
defined . . . A18: 10
Friction powder metallurgy materials . . A7: 1048–1050
apparent densities . . . A7: 1048
applications . . . A7: 1048
compacting . . . A7: 1048–1049
composition range . . . A7: 1048
final operations . . . A7: 1049–1050
friction applications . . . A7: 1049, 1050
manufacturing . . . A7: 1048–1050
raw material blending . . . A7: 1048
Friction reduction
by lubrication . . . M7: 190
Friction stress . . . A18: 60, A19: 66
Friction surfacing . . . A6: 321–323
aluminum . . . A6: 321
aluminum alloys . . . A6: 321
applications . . . A6: 321, 322–323
austenitic stainless steel . . . A6: 321, 323
carbon steels . . . A6: 321, 323
development . . . A6: 321
equipment . . . A6: 321–322
feed rates . . . A6: 322
geometric arrangements . . . A6: 323
heat-affected zone . . . A6: 321
metal-matrix composites . . . A6: 323
microstructure . . . A6: 322
mild steel . . . A6: 321, 322
monolithic structures . . . A6: 323
nickel-base alloys . . . A6: 321
parameters . . . A6: 322
procedure . . . A6: 321
steels . . . A6: 323
Stellite alloys . . . A6: 321, 322, 323
Friction welding . . . A20: 697, M6: 719–728
applications . . . M6: 719
as secondary operation . . . M7: 456
continuous drive method . . . M6: 719, 722–723
applications . . . M6: 722–723
principles of operation . . . M6: 722
process variables . . . M6: 722
defined . . . EM2: 20
definition . . . M6: 8
discontinuities from . . . A17: 588
in joining processes classification scheme A20: 697
inertia drive method . . . M6: 719, 723–726
applications . . . M6: 725–726
axial pressure . . . M6: 724
effect of flywheel energy . . . M6: 724–725
equipment . . . M6: 723
peripheral velocity of workpiece . . . M6: 724
principles of operation . . . M6: 723
process variables . . . M6: 723–724
inspection . . . M6: 729
joint design . . . M6: 726–728
conical joints . . . M6: 726–727
flow of weld upset . . . M6: 727
for machine size . . . M6: 728
heat balance . . . M6: 727
joint surface conditions . . . M6: 726
tubular welds . . . M6: 726
metals welded . . . M6: 721–722, 724
process capabilities . . . M6: 719–721
comparison to flash welding . . . M6: 720
sections welded . . . M6: 720–721
weld strength . . . M6: 720
safety precautions . . . M6: 59
solid-state bonding in joining non-oxide ceramics . . . EM4: 525
Friction welding (FRW) A6: 150–154, 315–317, 321, A7: 656, 658, 659
advanced aluminum MMCs . . . A7: 852
advantages . . . A6: 317
alumina . . . A6: 317
aluminum . . . A6: 317
aluminum alloys . . . A6: 739
aluminum metal-matrix composites . . . A6: 555, 558
applications . . . A6: 317
aerospace . . . A6: 387
axial pressure vs. peripheral velocities . . . A6: 152
brittle phase formation . . . A6: 154
continuous drive . . . A6: 315
conventional friction welding . . . A6: 150–151
definition . . . A6: 150, 315, 1209
differential thermal expansion . . . A6: 154
direct-drive . . . A6: 315
direct-drive variables . . . A6: 315–316
direct-drive vs. inertia drive . . . A6: 316
direct-drive welding . . . A6: 150–151, 154
dispersion-strengthened aluminum alloys . . A6: 543, 546, 547
dissimilar metal joining . . . A6: 822
duplex stainless steels . . . A6: 480
equipment . . . A6: 315, 317
ferritic stainless steels . . . A6: 448
flywheel energy . . . A6: 152
flywheel friction welding . . . A6: 150, 151–152
forging . . . A6: 152
friction speed . . . A6: 151
frictional heating . . . A6: 315, 317
heat-affected zones . . . A6: 152, 316, 317
inertia and direct-drive
aluminum-base alloys . . . A6: 890
carbon steels . . . A6: 889–890
ceramics . . . A6: 891
cobalt-base materials . . . A6: 891–892
copper-base materials . . . A6: 891–892
definition . . . A6: 888
direct-drive friction welding parameter calculations . . . A6: 889
dissimilar metals . . . A6: 891
inertia welding parameter calculations . . . A6: 889
low-carbon steels, inertia welding . . . A6: 889, 890
nickel-base materials . . . A6: 891–892
reactive metals . . . A6: 890–891
refractory metals . . . A6: 890–891
stainless steels . . . A6: 890
inertia-drive . . . A6: 315, 316, 317
inertia-drive variables . . . A6: 316, 317
inertia-drive welding . . . A6: 150, 151–152, 153, 154
joint interfaces . . . A6: 153
kinetic energy . . . A6: 151, 152
limitations . . . A6: 317
linear reciprocating motions . . . A6: 150
low-melting phase formation . . . A6: 153–154
metallurgical parameters . . . A6: 152–154
nickel-base corrosion-resistant alloys containing molybdenum . . . A6: 594
orbital . . . A6: 150
oxide-dispersion-strengthened materials . . A6: 1038, 1039, 1040
parameters of process . . . A6: 317
peripheral velocities . . . A6: 152
problems . . . A6: 153–154
product evaluation . . . A6: 316–317
qualitative factors influencing the quality . . A6: 150
radial . . . A6: 150
safety precautions . . . A6: 1203
standard procedure qualification test weldments . . . A6: 1090
steps in process . . . A6: 150
tantalum alloys . . . A6: 580
technology . . . A6: 150
thermoplastics . . . A6: 317
titanium alloys . . . A6: 783, 784
weld discontinuities . . . A6: 1078–1079
weld energy . . . A6: 151
weld quality . . . A6: 316–317
weld upset zone . . . A6: 152
welding parameters . . . A6: 315–316
wrought martensitic stainless steels . . . A6: 441
Friction welding of
alloy steels . . . M6: 721
aluminum alloys . . . M6: 722
carbon steels . . . M6: 721
cast iron . . . M6: 722
cobalt-based alloys . . . M6: 722
copper alloys . . . M6: 722
free-machining steels . . . M6: 721
magnesium alloys . . . M6: 722
molybdenum . . . M6: 722
nickel-based alloys . . . M6: 722
niobium . . . M6: 722
stainless steels . . . M6: 721–722
tantalum . . . M6: 722
titanium and titanium alloys . . . M6: 722
tungsten . . . M6: 722
zirconium alloys . . . M6: 722
Friction welding of specific materials . . . A6: 152–154
alloy steels . . . A6: 153
aluminum . . . A6: 152
aluminum alloys . . . A6: 152, 153
austenitic stainless steels . . . A6: 152, 153, 154
brass . . . A6: 152
bronze . . . A6: 152
cast irons . . . A6: 152
cemented carbides . . . A6: 152
ceramics . . . A6: 152, 154
cobalt . . . A6: 154
copper . . . A6: 152, 154
copper-nickel . . . A6: 152
high-carbon steels . . . A6: 153
high-speed tool steels . . . A6: 153
iron . . . A6: 152, 153, 154
lead alloys . . . A6: 152
low-alloy steel . . . A6: 152, 153
low-carbon steels . . . A6: 153
magnesium alloys . . . A6: 153
maraging steel . . . A6: 152
medium-carbon steels . . . A6: 153
nickel . . . A6: 152, 154
stainless steel . . . A6: 152, 153, 154
superalloys . . . A6: 154
tantalum . . . A6: 152
titanium . . . A6: 152, 153
titanium alloys . . . A6: 152, 153
tool steel . . . A6: 152, 153
vanadium . . . A6: 154
zirconium alloys . . . A6: 787
Friction work . . . A18: 27
Frictional characteristics of sintered metal friction materials run in lubricants, specifications . . . A7: 1099
Frictional energy . . . A18: 438
Frictional forces . . . A18: 476, 478
Frictional heat in sawing . . . A9: 23
Frictional heating . . . A18: 27, 438, 439, 513, 518
ceramics . . . A18: 814
damage dominated by dissolution or diffusion . . . A18: 181
electrical contacts . . . A18: 683
mainshaft bearings in jet engines . . . A18: 590
seals . . . A18: 549
Frictional heating calculations . . . A18: 39–44
correlation of experimental data with calculated values . . . A18: 43
factors limiting the accuracy of calculations . . . A18: 43–44
limitations of calculations . . . A18: 44
surface layer effect . . . A18: 44
transient temperature effect . . . A18: 43–44
frictional heating nomenclature . . . A18: 39–40
coefficient of friction . . . A18: 39
heat partition factor . . . A18: 39, 40, 41, 44
heat source time . . . A18: 39
Peclet number . . . A18: 39–40, 43, 44
real area of contact . . . A18: 40, 41
temperature . . . A18: 39
idealized models of sliding contact . . . A18: 40–43
circular contact analysis with one body in motion . . . A18: 41–43
general contact analysis . . . A18: 40
line contact analysis with two bodies in motion . . . A18: 40–41
Frictionless closed-die compaction . . . A7: 327
Frictive track
definition . . . EM4: 632
Friedel-Crafts mechanism
of polyimides . . . EM3: 157
Friedel's law
and determination of ODF coefficient . . . A10: 362
Fringe control
optical holographic interferometry . . . A17: 412–413

Fringe pattern
produced in stacking-fault areas **A9:** 117

Fringes
effects of crystal thickness **A10:** 368
fault-causing **A10:** 369–370
moiré, observed by x-ray interferometry .. **A10:** 371
origin as interferences in x-ray diffraction **A10:** 368
Pendellösung **A10:** 368

Frit *See also* Glass frit **A5:** 470
defined **EL1:** 109
definition **A5:** 956

Frit china **EM4:** 4
absorption **EM4:** 4
absorption (%) and products **A20:** 420
products **EM4:** 4

Frits **A13:** 446–447, **EM4:** 447, 953, 1069, 1071
application during dry-powder cast iron
enamel **EM4:** 956
application during electrostatic dry-powder
coatings **EM4:** 956
application for high-temperature torsion
testing **A8:** 159
composition and applications for glazes of selected
frits **EM4:** 954
composition of melted silicate frits for high-
temperature service ceramic coatings **A5:** 470
composition of slips for high-temperature service
silicate-based coatings **A5:** 470
composition of unmelted frit batches for high-
temperature service silicate-based
coatings **A5:** 470
electronic applications **EM4:** 953
from curtain and roll coating decoration
method **EM4:** 971
glazes **EM4:** 1061
in glass enamels **EM4:** 474
to attach lightweight mirrors for space
applications **EM4:** 1016

Frits, porcelain enamel *See* Porcelain enameling, frits

Fritsch Pulverisette **A7:** 82
Fritsch Pulverisette 5 (Germany) mill **A7:** 65
Fritted disk nebulizers **A10:** 36, 55
Fritting **A18:** 682–683
Front axle gear wear rating **A18:** 566
Front face correction factor **A19:** 463
Front free surface (FFS) **A19:** 423

Front gages
straight-knife shearing **A14:** 703

Front screen
radiography **A17:** 315

Front-end loader
brittle fracture of support arm for **A11:** 69

Fronting **A7:** 430
Front-mounted mower neutral arm **M7:** 677

Frost and Ashby temperature-stress
deformation maps **A18:** 426

Frost line
defined **EM2:** 20

Frost model **A19:** 147

Frosted area
definition **EM4:** 632

Frosting **A19:** 331–332
as fatigue mechanism **A19:** 696
defined **A18:** 10

Froth flotation **A7:** 210
in nickel refining **A2:** 429

Froth notation
to remove RHM impurities **EM4:** 378

Frothing
defined **EM2:** 20

Frothing agents **A7:** 94
Frozen flexible epoxy systems **EL1:** 818

FRP *See* Fiber-reinforced plastic; Fiber-reinforced plastic (FRP)

FRPs *See* Fiber-reinforced plastics

Fry's reagent as an etchant
for nitrided steels **A9:** 218

FS *See* Fiber Society

FS-80
annealing **M4:** 655
composition **M4:** 651–652
stress relieving **M4:** 651–652

FS-82
annealing **M4:** 655
composition **M4:** 651–652
stress relieving **M4:** 655

FSS *See* Fatigue striation spacings

FSX 414
composition **M4:** 653

FSX-414
composition **A4:** 795, **A6:** 929
machining **A16:** 757–758

FSX-418
composition **A6:** 929

FSX-430
composition **A6:** 929

F-test **A20:** 81, 82, 85
graphical display for significance of a
regression **A8:** 669
graphical display for significant deviation from
linearity **A8:** 670

FT-IR *See* Fourier transform infrared spectroscopy
FTS *See* Fourier transform spectrometers

Fuel and oil resistance
thermoplastic polyurethanes (TPUR) **EM2:** 206

Fuel cells
molten carbonate **A13:** 1321
phosphoric acid **A13:** 1320
powders used **M7:** 573
power source corrosion **A13:** 1317–1323
types/corrosivity **A13:** 1320–1321

Fuel clad **M7:** 664

Fuel elements, nuclear engineering
powders used **M7:** 573

Fuel filters
powders used **M7:** 572

Fuel gases *See also* specific types
definition **M6:** 8
flame hardening **M4:** 486–489
for torch brazing **A6:** 328
oxyfuel gas welding **A6:** 281–283
oxyfuel wire spray process **A6:** 809
properties **M6:** 899–900
safety precautions **A6:** 1198–1199, 1200–1201

Fuel heating
as melting procedure **M7:** 25

Fuel injection
atomization mechanism **M7:** 27

Fuel injection pump tappet
material selection **M1:** 612–613

Fuel pellet fabrication
nuclear **M7:** 664–665
oxygen-to-uranium ratio **M7:** 665

Fuel propellants
metal powders for **M7:** 597–598

Fuel pump, operating levers
economy in manufacture **M3:** 848, 849

Fuel pump parts
powders used **M7:** 572

Fuel pumps
failure by vibration and abrasion **A11:** 465–466

Fuel rod
uranium dioxide **M7:** 664, 665

Fuel rods
Zircaloy-clad LWR **A13:** 945–948

Fuel salts
stainless steel corrosion in **A13:** 54

Fuel tank floors, aircraft
fatigue fracture of **A11:** 126–127

Fuel tanks *See* Gasoline tanks

Fuel-oil lines
ASTM specifications for **M1:** 323

Fuels **A7:** 1088–1090
as metals applications **M7:** 597–598
EFG composition analysis **A10:** 212
for nickel-base heating **A14:** 261
fossil, assay for toxic elements **A10:** 233
gases, properties **A14:** 723
nuclear **A10:** 207
pyrophoricity **M7:** 598
selection, for steam equipment **A11:** 619
water-containing, corrosion in **A11:** 190–191

Fuels, nuclear
neutron radiography of **A17:** 391–392

Fugitive binder **M7:** 5

Fugitive vehicle process
oxidation-resistant coating **M5:** 664–666

Fujita's model of crack nucleation **A19:** 105
Fukui conical cup test ... **A8:** 563–564, 568, **A20:** 306
Fulcher equation **EM4:** 849
FULDENS process **A1:** 781, **A16:** 60, 66
for tool steels **M7:** 788–789
schematic and applications **M7:** 790

Full alpha experimental alloy **A19:** 837–838

Full build (EDTA) electroless copper formulations
composition **A5:** 312

Full custom
as ASIC product class **EL1:** 168

Full density *See also* Encapsulation; Hot isostatic pressing
pressing **M7:** 436–437
bar-shaped steel compacts **M7:** 505
by forging **M7:** 523
CAP stock plus deformation
processing for **M7:** 533–536
containerless isostatic pressing for **M7:** 441
hot isostatic pressing for **M7:** 419
powder rolled materials **M7:** 401
sintering cycles for **M7:** 23, 375
vacuum sintering to **M7:** 373–374

Full die inserts **A14:** 47–48

Full fillet weld
definition **M6:** 8

Full mold
defined **A15:** 6

Full mold process *See* Lost foam casting
Full slip **A19:** 323, 326, 327
Full stream splitter **A7:** 207
Full wave rectified current **M7:** 576
Full width at half maximum **A10:** 519, 674, 690

Full width at half maximum (FWHM)
defined **A17:** 384

Full-contour length **EM3:** 14
defined **EM2:** 20

Full-dip infiltration **M7:** 553
Full-disk buffs **M5:** 118, 126

Fuller
defined **A14:** 7

Fullering
in forging sequence **A14:** 43

Fullering impression *See* Fuller

Fullers **A14:** 43–44, 63

Full-film lubrication *See also* Elastohydrodynamic lubrication
defined **A18:** 9

Full-journal bearing
defined **A18:** 10

Full-scale deflection (FSD) **A18:** 294
Full-scale fatigue test **A19:** 583

Full-scale testing
of aircraft **A19:** 557

Full-scale tests *See also* Large-scale tests
damage tolerance **EM1:** 351
durability **EM1:** 350–351
for vehicle structural design **EM1:** 346
static **EM1:** 347–350
static strength **EM1:** 432

Full-section age
effect on fatigue performance of aluminum
components **A19:** 318

Full-section quench
effect on fatigue performance of ferrous
components **A19:** 318

Full-slant fracture
by ductile fracture **A11:** 25

Full-tensor determination
plane-elastic model **A10:** 384

Full-volume inspection
C-scan **EM2:** 845
Full-wave rectified circuit
radiography **A17:** 304–305
Fully automatic systems **A20:** 127
Fully dense
prealloyed titanium P/M compacts **A2:** 647
Fully dense materials *See also* Encapsulation; Full density; Hot isostatic pressing **M7:** 436–437
constitutive equations **A14:** 417
Fully dense P/M stainless steels **A13:** 833–834
Fully plastic fracture mechanics **A19:** 4
Fully plastic tests **A19:** 170
Fully stabilized zirconia *See also* Zirconia; Zirconium oxide
fracture toughness **EM4:** 330
modulus of resilience **EM4:** 330
properties **EM4:** 330
Young's modulus **EM4:** 330
Fully stabilized zirconia (FSZ)
properties **A20:** 785
thermal properties **A20:** 428
x-ray diffraction **A18:** 467
Fully supported specimens
SCC testing **A8:** 505
Fully symmetric laminate
shape stability after cool-down from cure **A20:** 656
Fumarates *See also* Bisphenol A (BPA) fumarate resins; Polyester resins
application/preparation **EM1:** 90
Fume collection
electric arc furnace **A15:** 360
Fume hood
for safety in acid dissolution treatments . . **A10:** 166
Fumed silica **EM3:** 49
double processing and effect on shrinkage **EM4:** 447
nonaqueous solvents for dispersion casting **EM4:** 447
Fuming
in perchloric acid **A10:** 166
Fuming nitric acid
titanium/titanium alloy resistance **A13:** 677
Fuming process **A7:** 265–266
Fuming sulfuric acid *See* Oleum
Function
in process selection **EM2:** 279
requirements, filament winding **EM2:** 369–371
requirements, rotational molding **EM2:** 361
requirements, RTM/SRIM **EM2:** 346–349
Function analysis **A20:** 315, 316–317, 321
definition **A20:** 833
Function analysis system technique (FAST) diagram **A20:** 316–317, 319
Function control, semiconductor
SEM analysis for **A10:** 490
Function cost **A20:** 315, 317
Function generator
for torsion testing **A8:** 158
Function of attack angle
symbol for **A20:** 606
Function of stream intensity
symbol for **A20:** 606
Function structure **A20:** 21, 22
aggregated, refined **A20:** 24
Function structure organization and flow checks **A20:** 23, 25
Function worth **A20:** 315, 317
Functional decomposition **A20:** 20–24, 31
definition **A20:** 833
Functional fixedness **A20:** 316
Functional group
defined **A10:** 674
effect in ion exchange separation **A10:** 164–165
molecular, IR determination of **A10:** 109
UV/VIS identification in organic molecules **A10:** 60
Functional group analysis
acids **A10:** 215–216
alcohols **A10:** 216–217
aldehydes and ketones **A10:** 217
amines **A10:** 217–218
aromatic hydrocarbons **A10:** 218
characterization of unknowns **A10:** 215
composition of a mixture **A10:** 215
esters **A10:** 218
peroxides **A10:** 218
phenols **A10:** 219–220
purity determination **A10:** 215
types of **A10:** 215–219
Functional modeling **A20:** 21, 22–23
Functional organization **A20:** 51
Functional phase
thick-film formulations **EL1:** 249
Functional phase of electrical design **A20:** 204
Functional plating-on-plastic (POP) (electromagnetic interference shielding) . . . **A5:** 314, 315, 317, 321
Functional requirements
cost per unit property method **A20:** 251
definition **A20:** 833
Functional tests
MECSIP Task IV, component development and system functional tests **A19:** 587
of VLSI/ULSI/WSI devices **EL1:** 377–378
Functional tolerance **A20:** 112
Functional tree **A20:** 60, 61, 62
Functional types of adhesives **EM3:** 73
Functional variation *See* Variation (statistical)
Functionality **EM3:** 14
Functionally graded materials (FGM)
synthesized by SHS process **EM4:** 230
Functionally graded materials (FGMs) **A7:** 408, 417–418, 433
advanced aluminum MMCs **A7:** 844
combustion synthesis **A7:** 533–534
Functions of adhesives **EM3:** 33
Functive **A20:** 316
Fundamental error **A7:** 210
Fundamental interconnection issues *See also* Interconnection; Interconnect(s)
conventional interconnection environments **EL1:** 2–5
future developments **EL1:** 10
interconnection-based technologies, new **EL1:** 8–10
minimum device size **EL1:** 2
physical performance issues **EL1:** 5–8
Fundamental parameter software
x-ray spectrometer calibration **A10:** 98
Fundamental Principles of Powder Metallurgy (Jones) **M7:** 18
Fundamental reflections in body-centered cubic structures **A9:** 109
Fundamental simplicity **A19:** 125
Fundamental structure-property relationships in engineering materials **A20:** 336–356
atomic coordination **A20:** 337–339
comparison of true stress-strain and engineering stress-strain diagrams **A20:** 343
composite materials **A20:** 351–352
corrosion **A20:** 345
creep **A20:** 344–345
crystal structure **A20:** 337–339
crystalline defects **A20:** 340–342
crystallographic details **A20:** 338, 339
fatigue **A20:** 345
fracture properties **A20:** 345–346
fundamental characteristics of
ceramics **A20:** 336–337
metals **A20:** 336, 337
polymers **A20:** 336, 337
grain boundary strengthening **A20:** 348
hardness **A20:** 344
impact properties **A20:** 345, 346
key mechanical properties for design against failure **A20:** 346
low-temperature strengthening of crystalline solids **A20:** 346–351
low-temperature strengthening of polymers **A20:** 351
mechanical properties, evaluation of **A20:** 342–346
microstructure and
fatigue failure **A20:** 355–356
high-temperature fracture **A20:** 354–355
high-temperature strength **A20:** 352–353
low-temperature fracture **A20:** 353–354
low-temperature strength **A20:** 346–352
multiple strengthening mechanisms . . **A20:** 347, 349
particle strengthening **A20:** 348–349
processing characteristics **A20:** 337
solid solution strengthening **A20:** 347–348
steels, strengthening of **A20:** 349–351
strain-rate sensitivity **A20:** 344
tensile properties **A20:** 342–344
work hardening **A20:** 346–347
Fungicides **EM3:** 674
for metalworking lubricants **A18:** 142
powder used **M7:** 572
Fungus resistance
cellophane and amylose film **EM2:** 785–787
defined **EM1:** 12
tests **EM2:** 579–580
thermoplastic polyurethanes (TPUR) **EM2:** 206
Funnel flow **A7:** 287, 288
Funnels
Carney, for determining apparent density **M7:** 273–274
Scott volumeter with **M7:** 274
Furan
defined **A13:** 7
Furan acid catalyzed no-bake binder process **A15:** 214
Furan binder system **A15:** 30, 35, 38, 238, 241
Furan (furfuryl alcohol) warm box processes
as coremaking **A15:** 238
Furan hot box process
as coremaking system **A15:** 238
Furan resins *See also* Resins **EM3:** 14
defined **EM2:** 20
Furan/acid no-bake processes
as coremaking process **A15:** 238
Furan/sulfur dioxide resin binder process **A15:** 219–221, 238
Furane resins
applications **EM4:** 47
composition **EM4:** 47
supply sources **EM4:** 47
Furan(s)
as organic binder **A15:** 45
Furfural **EM3:** 103
brightener for cyanide baths **A5:** 216
physical properties **EM3:** 104
Furfural alcohol **EM3:** 103, 104
Furfural alcohol resins **A13:** 1154
Furfural resin *See also* Resins **EM3:** 14
defined **EM2:** 20
Furfuryl alcohol [2-(CH_4H_3O)CH_2OH]
as solvent used in ceramics processing . . . **EM4:** 117
Furnace
-atmosphere control, tool and die failure . . **A11:** 573
chamber, and electronic controls in system **A8:** 395–396
cold-wall vacuum **A6:** 331
continuous belt **A6:** 331–332
controller **A8:** 201
for creep and stress-rupture testing **A8:** 312–313
for elevated-temperature split Hopkinson pressure bar tests **A8:** 202
for high-temperature torsion testing . . . **A8:** 158–159
mesh-belt conveyor **A6:** 331
retort (bell-type) **A6:** 331
semicontinuous **A6:** 331
tubes, elevated-temperature failures in **A11:** 290–291
vacuum **A6:** 331
with constant-stress testing system **A8:** 321–322
Furnace (atmosphere)
relative rating of brazing process heating method **A6:** 120
Furnace atmosphere, gases **A4:** 542–546
air **A4:** 543, 546, 548, 549–550, 552, 561, 562
ammonia vapor . . **A4:** 543, 545–548, 552, 559, 560, 561
argon **A4:** 543, 544
carbon dioxide and monoxide . . . **A4:** 543–556, 558, 562, 563
carbon dioxide plus hydrogen **A4:** 545
density **A4:** 542, 543
diffusion **A4:** 542, 565
helium **A4:** 543, 544
hydrocarbons **A4:** 544, 546, 550, 552, 555, 559, 561, 565
hydrogen **A4:** 543–545, 547–550, 552–553, 555–558, 561–562, 564, 565
inert gases **A4:** 543, 544, 546, 548, 564, 566
lithium vapor **A4:** 545–546
methane **A4:** 543, 547–552, 555, 557–558, 561, 565
methanol . . . **A4:** 547, 548, 555, 556, 557–558, 559, 567
natural gas **A4:** 547, 549, 550, 557, 563, 567
nitrogen **A4:** 543–545, 550, 552–559, 561, 562, 564–567

Furnace atmosphere, gases (continued)
oxygen **A4:** 543–546, 548, 550, 552, 553, 561
pressure **A4:** 542, 557, 565, 566
propane **A4:** 543, 548, 549, 550, 555, 557–546, 559, 560, 562, 563
reactions **A4:** 545
specific gravity **A4:** 543
sulfur dioxide **A4:** 543
sulfurous **A4:** 546
temperature effect **A4:** 543, 558
viscosity **A4:** 542–543
water-vapor . . **A4:** 544–546, 548–556, 558, 561–563
Furnace atmospheres **A4:** 542–567, **M4:** 389–416
applications **A4:** 548, 550, 552, 555, 558, 559, 560, 561–562, 563
back-filling, use for **A4:** 564–566, **M4:** 414
charcoal-base **A4:** 546, 562–563, **M4:** 394, 411–412
classification **A4:** 546, 552, **M4:** 393–395
commercial nitrogen-base **A4:** 555–559, 560, **M4:** 402–408, 409
dissociated alcohols **A4:** 547
dissociated ammonia **A4:** 547, 548, 555, 556, 559–561, **M4:** 408–410
endothermic **A4:** 546, 547, 548, 550–552, 554, 555, 556, 559, 560, 567, **M4:** 397–399
exothermic . . **A4:** 546, 547, 548–550, 552, 555, 559, 560, **M4:** 395–397
exothermic-endothermic **A4:** 546, 560, 563–564, **M4:** 412, 413–414
flow formula **A4:** 542
furnace design, influence of **A4:** 566, **M4:** 415–416
gas-carburizing, vacuum furnace **A4:** 550, 565, **M4:** 414
generation . . . **A4:** 549–556, 558–560, 562, 563–564, 567, **M4:** 397–398, 400, 411, 413–414
generator maintenance **A4:** 551, 554, 564, **M4:** 398, 402, 414
heating-element materials **A2:** 833–835
hydrogen **A4:** 543–544, 545, 547–550, 561–562, **M4:** 410–411
ion carburizing and ion nitriding **A4:** 565–566
ion carburizing and iron nitriding **M4:** 414–415
prepared nitrogen-base **A4:** 546, 547, 552–555, **M4:** 394, 399–402
process requirements . . . **A4:** 562, 566–567, **M4:** 415
quantities, estimation of **A4:** 567, **M4:** 416
quenching, use for **A4:** 564–566, **M4:** 414, 415
safety precautions **A4:** 546–548, 549, 550–552, 554, 556, 560–562, **M4:** 394–395, 396–397, 398–399, 402, 409–410
steam **A4:** 546, 562, **M4:** 411
toxicity **A4:** 547
utilities, influence of . . . **A4:** 554, 566–567, **M4:** 416
Furnace atmospheres, gases
air **M4:** 390
ammonia vapor **M4:** 393
carbon dioxide and monoxide **M4:** 390–391
carbon dioxide plus hydrogen **M4:** 392
density **M4:** 390
diffusion **M4:** 389–390
hydrocarbons **M4:** 391
hydrogen **M4:** 391
inert gases **M4:** 391–392
nitrogen **M4:** 390
oxygen **M4:** 390
pressure **M4:** 389
reactions **M4:** 392–393
sulfurous **M4:** 393
temperature effect **M4:** 390
viscosity **M4:** 390
water vapor **M4:** 391, 392–393
Furnace atmospheres, specific types
101
applications **A4:** 547, 548, **M4:** 394
composition **A4:** 547, **M4:** 394
102
applications **A4:** 547, 548, **M4:** 394
composition **A4:** 547, **M4:** 394
201
applications **A4:** 547, **M4:** 394
composition **A4:** 547, 552, **M4:** 394
202
applications **A4:** 547, **M4:** 394
composition **A4:** 547, 552, **M4:** 394
223, composition **A4:** 552
224, composition **A4:** 552
301
applications **A4:** 547, **M4:** 394
composition **A4:** 547, **M4:** 394
302
applications **A4:** 547, **M4:** 394
composition **A4:** 547, **M4:** 394
402
applications **A4:** 547, 562, **M4:** 394
composition **A4:** 547, **M4:** 394
421, applications **A4:** 562
501
applications **A4:** 547, **M4:** 394
composition **A4:** 547, 563, **M4:** 394
502
applications **A4:** 547, **M4:** 394
composition **A4:** 547, 563, **M4:** 394
601
applications **A4:** 547, **M4:** 394
composition **A4:** 547, 559, **M4:** 394
621
applications **A4:** 547, **M4:** 394
composition **A4:** 547, 559, **M4:** 394
622
applications **A4:** 547, **M4:** 394
composition **A4:** 547, 559, **M4:** 394
Furnace atomizers
atomic absorption spectrometry **A10:** 49
Furnace brazing **A6:** 121, 330–332
advantages **A6:** 330
applications **A6:** 331–332
atmosphere **A6:** 330
brazing **A6:** 330–331
control instrumentation **A6:** 330–331
definition **A6:** 330, 1209, **M6:** 8
furnaces **A6:** 330–331
health and safety guidelines **A6:** 332
heat treatment **A6:** 330
limitations **A6:** 330
nickel-base alloys **A6:** 330
of aluminum alloys . . **A6:** 330, 939, **M6:** 1027–1029
of copper and copper alloys **A6:** 933, **M6:** 1035–1037
of reactive metals **M6:** 1052
of steels *See* Furnace brazing of steels
oxide-dispersion-strengthened materials . . **A6:** 1038, 1039, 1040
personnel **A6:** 330
precious metals **A6:** 936
stainless steels **A6:** 911, 913, 914–918
in a vacuum atmosphere **A6:** 920–921
in an air atmosphere **A6:** 919–920
in argon **A6:** 915, 919
in dissociated ammonia **A6:** 915, 918–919
stainless steels, in dry hydrogen **A6:** 915, 916, 917
Furnace brazing of steels **M6:** 929–949
advantages **M6:** 929–930
applicability **M6:** 929
assembly for brazing **M6:** 939–941
auxiliary fixtures **M6:** 940
crimping **M6:** 940
expanding **M6:** 940
fixture design **M6:** 941
folding or interlocking **M6:** 940
gravity locating **M6:** 939
interference or press fitting **M6:** 939
knurling **M6:** 939–940
peening **M6:** 940
riveting **M6:** 940
self-jigging **M6:** 939
spinning **M6:** 940
staking **M6:** 940
swaging **M6:** 940
tack welding **M6:** 940
thread Joining **M6:** 940
wetting of fixtures **M6:** 941
brazing furnaces **M6:** 930–933
batch-type **M6:** 931
continuous-type **M6:** 932
furnace atmospheres **M6:** 931
furnace ratings **M6:** 931
retort-type **M6:** 932
vacuum-type **M6:** 932–933
brazing with copper filler metals **M6:** 935–938
carburizing of assemblies **M6:** 936
components **M6:** 936–937
elimination of flux **M6:** 937
joint strength **M6:** 936
mesh belts **M6:** 937–938
selection of filler-metal form **M6:** 937
types used **M6:** 936
brazing with silver alloy filler metals **M6:** 943–945
fluxes **M6:** 944
furnaces **M6:** 944
joint clearance **M6:** 944
protective atmospheres **M6:** 944–945
types and forms **M6:** 944
joint fit and design **M6:** 941–943
change in section thickness **M6:** 943
effect on shear strength **M6:** 942
factors affecting fillet size **M6:** 943
gap principle **M6:** 941
surface condition **M6:** 943
limitations **M6:** 930
protective furnace atmospheres **M6:** 934–935
commercial nitrogen-based atmospheres **M6:** 935
endothermic-based atmosphere **M6:** 934–935
rich exothermic-based atmosphere **M6:** 934
rich prepared nitrogen-based atmosphere **M6:** 934
safety **M6:** 945–949
sequence of operations **M6:** 930
assembling and fixturing **M6:** 930
brazing **M6:** 930
cleaning **M6:** 930
cooling **M6:** 930
stopoffs **M6:** 938–939
application **M6:** 938–939
materials **M6:** 938
removal **M6:** 939
surface preparation **M6:** 938
chemical cleaning **M6:** 938
mechanical cleaning **M6:** 938
use with or replacing other processes **M6:** 945
machining and brazing **M6:** 945
substitution for forging or casting **M6:** 945
vacuum brazing **M6:** 935
venting for mesh-belt conveyor
drafts **M6:** 933
effective venting **M6:** 933–934
furnaces **M6:** 529–530
poor designs **M6:** 933
Furnace butt welding
steel tubular products **M1:** 316
Furnace emission spectroscopy capabilities
molecular fluorescence spectroscopy compared **A10:** 72
Furnace heating elements
powders used **M7:** 573
Furnace parts, heat-resistant alloys for *See* Heat resistant alloys, furnace parts
Furnace safety **A4:** 657–663, **M4:** 378–385
arc suppression **A4:** 661
atmosphere furnaces **A4:** 661–662, **M4:** 384
burner operation **A4:** 658–659
burner operations **M4:** 380
electric furnaces **A4:** 659–661, **M4:** 381
fixture design **A4:** 661
flame detection **A4:** 658, **M4:** 379–380
fuel-fired, control circuits . . . **A4:** 657–658, **M4:** 379

SUBJECTS OF THE INDEXED VOLUMES: ASM Handbook (designated by the letter "A"): **A1:** Properties and Selection: Irons, Steels, and High-Performance Alloys (1990); **A2:** Properties and Selection: Nonferrous Alloys and Special-Purpose Materials (1990); **A3:** Alloy Phase Diagrams (1992); **A4:** Heat Treating (1991); **A5:** Surface Engineering (1994); **A6:** Welding, Brazing, and Soldering (1993); **A7:** Powder Metal Technologies and Applications (1998); **A8:** Mechanical Testing (1985); **A9:** Metallography and Microstructures (1985); **A10:** Materials Characterization (1986); **A11:** Failure Analysis and Prevention (1986); **A12:** Fractography (1987); **A13:** Corrosion (1987); **A14:** Forming and Forging (1988); **A15:** Casting (1988); **A16:** Machining (1989); **A17:** Nondestructive Evaluation and Quality Control (1989); **A18:** Friction, Lubrication, and Wear Technology (1992); **A19:** Fatigue and Fracture (1996); **A20:** Materials Selection and Design (1997). **Metals Handbook, 9th Edition** (designated by the letter "M"): **M1:** Properties and Selection: Irons and Steels (1978); **M2:** Properties and Selection: Nonferrous Alloys and Pure Metals (1979); **M3:** Properties and Selection: Stainless Steels, Tool Materials, and Special-Purpose Materials (1980); **M4:** Heat Treating (1981); **M5:** Surface Cleaning, Finishing, and Coating (1982); **M6:** Welding, Brazing, and Soldering (1983); **M7:** Powder Metallurgy (1984). **Engineered Materials Handbook** (designated by the letters "EM"): **EM1:** Composites (1987); **EM2:** Engineering Plastics (1988); **EM3:** Adhesives and Sealants (1990); **EM4:** Ceramics and Glasses (1991). **Electronic Materials Handbook** (designated by the letters "EL"): **EL1:** Packaging (1989)

fuel-fired, electrical power. **A4:** 657–658, **M4:** 378–379
fuel-fired furnaces **A4:** 657, **M4:** 378
furnace protection **A4:** 661
ignition trials **A4:** 658, **M4:** 379
ion nitriding **A4:** 661, **M4:** 383, 384
mechanical equipment **A4:** 662–663, **M4:** 385
pilot control **A4:** 658, **M4:** 379
plasma carburizing **A4:** 661, **M4:** 383
process cooling **A4:** 662, **M4:** 384–385
purging. **A4:** 658, 661–662, **M4:** 379
supervisory gas cock system **M4:** 381
supervisory gas-cock system **A4:** 659
temperature control. **A4:** 659, **M4:** 380
thermocouples. **A4:** 661
waste-heat recovery **A4:** 659, **M4:** 380–381

Furnace shell
electric arc furnaces. **A15:** 359

Furnace shielding
powders used **M7:** 573

Furnace soldering
definition **M6:** 8

Furnace soldering (FS) **A6:** 353–355
area (linear) conduction **A6:** 353
atmospheres. **A6:** 355
bare copper assembly process **A6:** 355
condensation heating **A6:** 353
definition **A6:** 353, 1209
fluxes **A6:** 353–355
infrared heating **A6:** 353
ovens used. **A6:** 353
processing in inert atmosphere **A6:** 354–355
reflow profile **A6:** 353–354
reflow schedule **A6:** 354
surface-mount technology (SMT)
applications **A6:** 353
vapor-phase reflow **A6:** 353, 354

Furnace (vacuum)
relative rating of brazing process heating
method **A6:** 120

Furnaces *See also* Heat treating; Heat treatment; Heat treatments; Heating; Heating equipment; Sintering; Sintering equipment; Sintering furnaces; Thermal treatments. **A1:** 108–109, 110, **A14:** 249, 261
atmospheres *See also* Atmospheres; Sintering
atmospheres. **M6:** 931, **M7:** 453
atmospheres, analysis techniques and
analyzers **A4:** 577–586
atmospheres, protective **M6:** 934–935
basic oxygen furnace **A1:** 110
batch
atmosphere sampling technique **A4:** 578, 579
carbon gradients after carburizing. . . **A4:** 592, 593
surface carbon variability in carburized
specimens **A4:** 595, 596, 597, 598, 599, 600
batch-type **A7:** 456, **M6:** 931
blast furnace **A1:** 109
brazing **M7:** 457
burn-off zone **M7:** 351
carbonitriding **M4:** 181
ceramic fiber lining **A4:** 523–524, 525
cleaning of. **A13:** 1139
continuous. **A4:** 523, **A7:** 453–456
atmosphere sampling technique **A4:** 578, 579
carbon gradients **A4:** 592–594, 595, 596
shim stock analysis of carbon potential . . **A4:** 589
continuous production **M7:** 351–359
continuous, pusher-type
atmosphere sampling technique **A4:** 578, 579
efficiency **A4:** 523, 524
surface carbon variability of specimens. . **A4:** 596, 597, 598, 599, 600
continuous-type **M6:** 932
delubrication zone **M7:** 351
design, for brass and nickel silvers . . . **M7:** 380–381
direct heating refractory metal sintering . . . **M7:** 627
doors, dangers near. **M7:** 349
early blast **A15:** 24
electric heating. **A4:** 519, 525
electrically heated pouring **A15:** 499–500
electroslag remelting **A15:** 402, 404
energy-efficient **A4:** 519, 522–525, **M4:** 339–340
fiberglass **EM1:** 108
final cooling zone **M7:** 352–353
for aluminum and aluminum alloys . . **M7:** 381–383
for austenitizing **M7:** 453
for carbonitriding **M7:** 454
for copper alloys **A15:** 772–774
for directionally solidified casting. . . . **A15:** 319–321
for magnesium alloys **A15:** 800–801
for nickel alloys **A15:** 820
for powder forging. **A7:** 807–808
for single-crystal neutron diffraction. **A10:** 424
for sintering cermets **A2:** 986
for smelting recycled lead **A2:** 1222
for tempering. **M7:** 453
gas carburizing **M4:** 137–139, 172
gas fired **A4:** 519, 520, 525
gaseous nitrocarburizing **M4:** 265–266
graphite **A7:** 593
heat treating **A13:** 1311–1314
high-temperature, use in combustion **A10:** 221–225
historic advances **A15:** 27–29
hydrogen stoking **M7:** 386
in HIP processing **M7:** 422–423
ladle, and vacuum arc degassing. **A15:** 435–438
liquid carburizing **M4:** 232–239
loading, in tungsten and molybdenum
sintering **M7:** 391
loading, of titanium powder and
compacts. **M7:** 394
mesh belt electric **A7:** 137
modeling **A4:** 525
molybdenum resistance-type electric
sintering **M7:** 690
muffle or gas burners, for sinters and
fusions **A10:** 166
multi-zoned, controls in. **M7:** 423
normalizing **A4:** 38, 39–40
pack carburizing **M4:** 224–225
pit, carbon gradients after carburizing **A4:** 592, 593
plasma cold hearth melting **A15:** 422
plasma consolidation **A15:** 421
plasma melting/casting **A15:** 420–425
preheat zone **M7:** 351
production sintering. **M7:** 351–359
radiant element, electric resistance heated
pouring **A15:** 499–500
ratings **M6:** 931
refractory metal composite sintering and
infiltration **M7:** 628
retort-type. **M6:** 932
rotation, in tungsten powder production . . **M7:** 153
salt bath **A4:** 726–727, **M4:** 293–298
schematic for sintering steel **M7:** 339
selection, conditions affecting. **M7:** 453
simplified impulse, for IGF analysis. **A10:** 228
simplified inductive, for IGF analysis **A10:** 228
sintering **A7:** 453–467, **M4:** 793–794
slandering zone **M7:** 351–352
slow cooling zone **M7:** 352
steel, annealing **M4:** 20–21
to steam treat P/M steels **A7:** 13
tool steels, heat treating. **A4:** 726–733, **M4:** 575–580
types for heat treating **M4:** 285–292
vacuum . . **A4:** 729–732, **A7:** 456–457, **M4:** 307–324
vacuum arc skull melting casting **A15:** 409–410
vacuum hot pressing and sintering **M7:** 515
vacuum induction degassing and
pouring **A15:** 396–397
vacuum induction, metallurgy of **A15:** 393–396
vacuum induction remelting and shape
casting **A15:** 399
vacuum-type **M6:** 932–933
venting **M6:** 933–934
wall corrosion. **A13:** 995–996
zoned **M7:** 346–348

Furnaces and related equipment **EM4:** 244–254
batch furnaces. **EM4:** 252
chemical safety **EM4:** 253–254
arsine **EM4:** 253–254
carbon monoxide **EM4:** 253
chemical vapor deposition **EM4:** 253–254
cyanogen **EM4:** 253, 254
hydrogen atmospheres **EM4:** 254
hydrogen cyanide **EM4:** 253
phosphine. **EM4:** 253–254
silane. **EM4:** 253–254
titanium tetrachloride **EM4:** 253–254
combustion furnaces **EM4:** 244–244
direct heating method **EM4:** 245, 246
gaseous hydrocarbons. **EM4:** 244–245
history of use of combustion **EM4:** 244
indirect heating method **EM4:** 245, 246
liquid fuels **EM4:** 244
solid fuels **EM4:** 244
continuous furnaces **EM4:** 250
electrical safety **EM4:** 253
high current **EM4:** 253
high frequency **EM4:** 253
high voltage **EM4:** 253
electrically heated furnaces. **EM4:** 245–250
graphite heating elements. . . . **EM4:** 245–247, 249
non-oxide ceramic heating elements . . . **EM4:** 245, 248–249
oxide ceramic heating elements . . **EM4:** 245, 247, 249
refractory metal heating elements **EM4:** 245, 247–248
furnace measurement and control . . **EM4:** 250, 253
proportional integral differential
control **EM4:** 250, 253
furnace safety **EM4:** 253
measurement of atmosphere
composition **EM4:** 252
electrochemical sensors **EM4:** 252
external techniques **EM4:** 252
gas chromatography **EM4:** 252
in situ techniques **EM4:** 252
infrared analysis **EM4:** 252
mass spectroscopy **EM4:** 252
periodic furnaces **EM4:** 250
pressure measurement **EM4:** 252
units **EM4:** 252
temperature measurement **EM4:** 250–252
as defined property. **EM4:** 251
equation of state for mole of
perfect gas. **EM4:** 251
historical background. **EM4:** 250–251
isobaric coefficient of expansion **EM4:** 251
optical perimetry **EM4:** 251–252
practical temperature
measurement **EM4:** 251–252
thermocouples **EM4:** 251
types of ceramic firing and sintering
furnaces **EM4:** 244

Furnaces for
brazing of steel **M6:** 930–933
brazing with silver alloy filler metal **M6:** 944
dip brazing of steels. **M6:** 989–990

Furniture applications *See also* Consumer products applications
aluminum and aluminum alloys **A2:** 13
office, parts design **EM2:** 616

Furrowing
in electropolishing **A9:** 50–51

Furrow-type fatigue fracture
titanium alloy. **A12:** 44, 54

Fuse and flame spray process
thermal spray coating **M5:** 366–367

Fused borax
constituent in torch brazing flux **M6:** 962

Fused ceramics
for handling and processing equipment . . **EM4:** 959

Fused coating
definition **A5:** 956

Fused deposition modeling (FDM) **A20:** 232, 234, 235–236

Fused dry-resin coatings
cast irons. **A5:** 699–700
for cast irons. **A15:** 565

Fused quartz
physical and mechanical properties. **A5:** 163

Fused quartz glass
applications
electronic processing. **EM4:** 1055, 1056, 1059
information displays. **EM4:** 1045
properties. **EM4:** 1057

Fused salt bath
cleaning of cast iron. **M6:** 996–997
dip brazing of cast irons **M6:** 999–1000

Fused salt bath descaling *See* Salt bath descaling

Fused salt electroplating **A20:** 477, 478

Fused salt synthesis
of ferrites. **EM4:** 1163

Fused salts *See also* Molten salts
nickel-base alloy applications in **A13:** 655
titanium/titanium alloy resistance **A13:** 681

Fused silica EM4: 13
applications
information displays EM4: 1045
military EM4: 1019
optical glass products EM4: 1074–1075, 1077, 1078
solar cell covers EM4: 1019
fatigue characteristics EM4: 1017
hot pressing and pressure densification . . EM4: 296
intrinsic strength of glass fibers EM4: 742
properties EM4: 450, 1019
silica sols to bond aggregates EM4: 440
sol-gel process EM4: 445, 447, 450
Fused silica ceramic
aerospace applications EM4: 1017
properties EM4: 1018
Fused silica dilatometer
to measure thermal expansion of glass . . . EM4: 568
Fused silica fibers
importance EM1: 43
properties/types EM1: 61
thermal conductivity EM1: 47
Fused silica glass
applications
aerospace EM4: 1017, 1019, 1019
electronic processing EM4: 1058
compound compositions EM4: 566
fracture surface analysis of optical fibers EM4: 663–664
properties EM4: 566
Fused slurry process
oxidation-resistant coating M5: 664–666
silicide coatings M5: 535
Fused spray deposit
definition A5: 956, M6: 8
Fused spray deposit (thermal spraying)
definition A6: 1209
Fused-alumina grit blasting
ceramic coating preparation M5: 539
Fused-salt fluxing method
aluminum coating M5: 337–339
Fused-salt oxidation-resistant coating process M5: 654–666
Fuselage brace
from titanium-based M7: 754
Fuses A13: 1120–1121, 1132
corrosion failure analysis EL1: 1110–1111
Fusible alloys M3: 799–801
applications M3: 799–801
as white metal alloy A2: 525
casting M3: 800–801
eutectic
composition M3: 799
melting temperatures M3: 799
lead and lead alloy A2: 555
noneutectic
composition M3: 799–800
melting temperatures M3: 799
yield temperatures M3: 799
of bismuth A2: 755–756
properties M3: 800–801
properties of A2: 756
suitability for various applications A2: 755
Fusible finish
as surface preparation EL1: 679
Fusible mounting alloys
for electropolishing A9: 49
Fusing
definition A5: 956
Fusion *See also* Lack of fusion (LOF) EM3: 14
and winding EM1: 138
as sample preparation technique A10: 93–94
bonding, of thermoplastic composite EM1: 552
defined EM2: 20
definition A6: 1209, M6: 8
fluxes for A10: 167
glass-forming A10: 94
in lost foam casting A15: 231
lack, as casting defect A15: 548
lack, as planar flaw A17: 50
low-temperature A10: 94
sodium peroxide A10: 166–167
solid sample digestion by A10: 166–167
thermonuclear, as ternary molybdenum chalcogenides application A2: 1079
with A15 superconductors A2: 1071–1072
zone, arc welding, cast irons A15: 523
Fusion casting
and melting/fining EM4: 391
Fusion, during heat treatment
as casting defect A11: 386
Fusion face
definition A6: 1209, M6: 8
Fusion, incomplete
as discontinuity A12: 65
in arc welds A11: 413
in arc-welded aluminum alloys A11: 435
in electrogas welds A11: 440
in electron beam welds A11: 445
in flash welds A11: 442
in slag A11: 440
voids caused by A11: 93
Fusion (overflow) process
display glass properties EM4: 1048–1049
Fusion procedure
platinum M7: 16
Fusion reactors A13: 17
Fusion, sheet
in ceramics processing classification scheme A20: 698
Fusion spray
definition A5: 956
Fusion thermit welding M6: 694
Fusion treatment A18: 644
Fusion weld bead terminology A9: 577
Fusion weld cracking A7: 659–660
Fusion welding *See also* Arc welding A20: 763
cast stainless steel alloys A6: 495–496, 498
copper metals M2: 441, 442
defined A9: 577
definition A6: 1209, M6: 8
dispersion-strengthened aluminum alloys . . A6: 542, 543–546
duplex stainless steels A6: 479–480
energy sources used A6: 3–6
choice of joining method A6: 3
energy-source intensity A6: 3–6
weld pool-heat source interaction times as function of heat-source intensity A6: 5
mechanically alloyed oxide alloys A2: 949
of beryllium A2: 683
of blanks A14: 451
oxide-dispersion-strengthened materials . . . A6: 1039
rating of characteristics A20: 299
steel tubular products M1: 316
Fusion welding processes
modeling of A20: 713–714
Fusion zone A6: 99, 105
advanced titanium-base alloys A6: 526
aluminum alloys A6: 727
corrosion of weldments A6: 1065, 1066, 1068
definition A6: 1209, M6: 8
description A6: 1065
dispersion-strengthened aluminum alloys A6: 542–543, 544, 545, 546
electron-beam welding A6: 870, 872, 873
electroslag welding A6: 271, 278, 279
gas-metal arc welding A6: 183
heat-treatable aluminum alloys . . . A6: 533–534, 535
high-temperature alloys A6: 565
machinery and equipment weldments A6: 391–393
martensitic stainless steels A6: 433, 441
nickel alloys A6: 588
nickel-base corrosion-resistant alloys containing molybdenum A6: 595–596
nickel-chromium alloys A6: 588
nickel-chromium-iron alloys A6: 588
nickel-copper alloys A6: 588
nonferrous high-temperature materials A6: 567
precipitation-hardening stainless steels A6: 483, 488, 490
softening, wrought aluminum alloys A12: 422
stainless steel casting alloys A6: 497, 498
tantalum alloys A6: 580, 581
titanium alloys A6: 513–514, 515, 516, 521, A12: 443
Fusion zone of a weldment A9: 577
chemical composition A9: 578
ferritic microstructure constituent Institute for Welding A9: 581
solid-state phase transformations in . . . A9: 580–581
Fusion-containment machines
tokamaks as A2: 1056–1057
Fusion-zone (FZ) solidification cracking
cobalt-base corrosion-resistant alloys A6: 598
Future trends *See also* Applications; Trends
device trends EL1: 390–391
environmental stress screening EL1: 886
environmental testing EL1: 503
in semiconductor packaging EL1: 449
level 1 packages EL1: 405–407
superconductivity as EL1: 395
synopsis of EL1: 395
technology change EL1: 391–394
UV-curable coatings (acrylate) EL1: 788
Fuwa tube
for flame atomizers A10: 48
Fuze parts
powders used M7: 573
Fuzz *See also* Abrasion resistance EM3: 14
defined EM1: 12, EM2: 20
Fuzzy logic A20: 311
definition A20: 833
Fuzzy numbers A20: 311, 312, 313
FWHM *See* Full width at half maximum
FWHM *See* Full width at half maximum

G

g
See Diffraction vector; Shear modulus
G bronze *See also* Copper casting alloys
nominal composition A2: 347
properties and applications A2: 374
"g" loading
loose powder filling M7: 431
G metal
recycling A2: 1214
G phase
in austenitic stainless steels A9: 284
in wrought heat-resistant alloys A9: 312
G5 *See* Copper alloys, specific types, C95400
Gadolinium *See also* Rare earth metals
as prompt-emission converter for thermal neutron radiography EM3: 759
as rare earth A2: 702
diffusion factors A7: 451
elemental sputtering yields for 500 eV ions A5: 574
in garnets A9: 538
physical properties A7: 451
prompt gamma activation analysis of A10: 240
properties A2: 1181
pure M2: 735–736
Gadolinium oxysulfide, as scintillator
neutron radiography A17: 390
Gadolinium-iron garnet A9: 538
GAF (ISP) process A7: 113
Ga-Gd (Phase Diagram) . . . . A3: 2•207
Gage
block, calibrated standard A8: 619
bridge, four-arm electric resistance strain . . A8: 220
cantilever beam clip A8: 383
carbon A8: 211
cold cathode-type A8: 414
defined A14: 7

SUBJECTS OF THE INDEXED VOLUMES: ASM Handbook (designated by the letter "A"): **A1:** Properties and Selection: Irons, Steels, and High-Performance Alloys (1990); **A2:** Properties and Selection: Nonferrous Alloys and Special-Purpose Materials (1990); **A3:** Alloy Phase Diagrams (1992); **A4:** Heat Treating (1991); **A5:** Surface Engineering (1994); **A6:** Welding, Brazing, and Soldering (1993); **A7:** Powder Metal Technologies and Applications (1998); **A8:** Mechanical Testing (1985); **A9:** Metallography and Microstructures (1985); **A10:** Materials Characterization (1986); **A11:** Failure Analysis and Prevention (1986); **A12:** Fractography (1987); **A13:** Corrosion (1987); **A14:** Forming and Forging (1988); **A15:** Casting (1988); **A16:** Machining (1989); **A17:** Nondestructive Evaluation and Quality Control (1989); **A18:** Friction, Lubrication, and Wear Technology (1992); **A19:** Fatigue and Fracture (1996); **A20:** Materials Selection and Design (1997). **Metals Handbook, 9th Edition** (designated by the letter "M"): **M1:** Properties and Selection: Irons and Steels (1978); **M2:** Properties and Selection: Nonferrous Alloys and Pure Metals (1979); **M3:** Properties and Selection: Stainless Steels, Tool Materials, and Special-Purpose Materials (1980); **M4:** Heat Treating (1981); **M5:** Surface Cleaning, Finishing, and Coating (1982); **M6:** Welding, Brazing, and Soldering (1983); **M7:** Powder Metallurgy (1984). **Engineered Materials Handbook** (designated by the letters "EM"): **EM1:** Composites (1987); **EM2:** Engineering Plastics (1988); **EM3:** Adhesives and Sealants (1990); **EM4:** Ceramics and Glasses (1991). **Electronic Materials Handbook** (designated by the letters "EL"): **EL1:** Packaging (1989)

electrical resistance strain **A8:** 209
foil-type crack growth **A8:** 246
for displacement measurements. **A8:** 193
for Hugoniot elastic limit measurement **A8:** 2
for medium stress and strain rate
measurements **A8:** 191
for ultrasonic testing **A8:** 245–246
incident and reflected **A8:** 220
ionization. **A8:** 414
Krak **A8:** 391
manganin. **A8:** 211
marks **A8:** 548–549, 579
marks, for deformation
measurement. **A14:** 878–879
penetration, and flow-line contours in specimen
ends **A8:** 590
piezoresistive. **A8:** 211
section, in torsional testing **A8:** 145, 147, 155–157
stored-torque. **A8:** 220
thermocouple vacuum **A8:** 414
transmitted **A8:** 220
types. **A8:** 618
Gage length **A19:** 103, **A20:** 342, **EM3:** 14
defined **EM1:** 12, **EM2:** 20
Gage length defined **A8:** 6
and failure process, workability. **A8:** 156
for torsion specimen **A8:** 156
in stored-torque torsional Kolsky bar
specimen **A8:** 222, 224
in uniaxial tensile testing **A8:** 555
local elongation along **A8:** 26
to measure flow localization. **A8:** 169
-to-radius ratio **A8:** 165
Gage marks **A8:** 548–549, 579
Gage, scanning laser *See* Scanning laser gage
Gage section **A8:** 145, 147, 155–157, **A20:** 624
Gage section volume **A20:** 624
Gages. **A7:** 706, 707, 708
bonded resistance strain **A17:** 448
combination. **M3:** 556–557
corrosion of **M3:** 557
defined **A17:** 18
diffused strain. **EL1:** 45
hardness of. **M3:** 555
inspection fixtures. **M3:** 557
master **M3:** 557
materials for **M3:** 554–557
Pirani **A17:** 68
plastics, use for inspection fixtures **M3:** 557
precision **M3:** 556
production **M3:** 554–556
thermal-conductivity, for leak testing . . . **A17:** 62–63
thickness, ultrasonic inspection **A17:** 273
wear of **M3:** 554, 556, 557
Gages, high-pressure
as rare earth application **A2:** 731
Gaging
in torsional testing **A8:** 145, 147
recessed contours, by magnifying systems . . **A17:** 11
three-dimensional, by laser **A17:** 12, 16
visual reference **A17:** 10–11
Gaging method. **A7:** 706–707
Gaging, profile *See* Profile gaging
Gahnite
composition and properties **EM4:** 873
Ga-Ho (Phase Diagram) . . . . **A3:** 2•207
Ga-In (Phase Diagram) . . . . **A3:** 2•208
Ga-La (Phase Diagram) . . . . **A3:** 2•208
Galactose, in serum
indirect iodometry to determine **A10:** 205
Galai particle size analyzer **A7:** 256, 257
Galena
as source of lead **A2:** 543
Galena-grinding media combination **A18:** 276
Galerkin finite-element method (GFEM) **A20:** 192
Galfan **A1:** 218, **A20:** 472
Galfan coated steel
corrosion **A13:** 1014
Galfan-coated steels
forming of **A14:** 561
Ga-Li (Phase Diagram) . . . . **A3:** 2•208
Gall. **M7:** 5
Galling *See also* Abrasion; Adhesion; Adhesive
wear; Die line; Pickup; Scoring;
Spalling **A7:** 1069, **A19:** 345, 353, **A20:** 388,
398, 471
AISI/SAE alloy steels. **A12:** 295
as die casting defect. **A15:** 294
cumulative material transfer as **A11:** 496
deep drawing dies **M3:** 496, 497, 498, 499
defined **A8:** 6, **A11:** 5, **A18:** 10
definition. **A5:** 956
deformation workpiece **A8:** 576
electroplated soft metals **A18:** 838
hardfacing for **M7:** 823
high-carbon steels. **A12:** 285
in band printer wear **A8:** 607
in deep drawing. **A14:** 509–510
in fasteners **A11:** 542
in inner cone, roller bearing. **A11:** 158
in shear testing **A8:** 68
jet engine components. **A18:** 591
laser hardfacing providing resistance **A6:** 807
n sheet metal forming **A8:** 548
of cast iron pump parts **A11:** 366–367
of cemented carbides **M7:** 779
of cobalt-base wear-resistant alloys **A2:** 450
of nickel-base alloys. **A14:** 831
of shafts **A11:** 466
of stainless steel castings **A1:** 928–929
of titanium alloys. **A14:** 838
on root-attachment surface, titanium alloy
compressor blade **A11:** 285
prevention in shallow forming dies. **A18:** 633
pumps **A18:** 595
resistance, beryllium-copper alloys **A2:** 418–419
resistance, of zinc alloys **A15:** 786
res-stance, in press forming **A14:** 505–507
stainless steels **A18:** 715–718, 723
stress, high, beryllium-copper alloys **A2:** 418
thermal spray coating applications . . . **A18:** 831–832
tool steels **A18:** 737, 739
Galling resistance
press forming dies **M3:** 490–493
Galling threshold load. **A18:** 595
Gallionella
biological corrosion by **A13:** 117
Gallium *See also* Gallium aluminum arsenide
(GaAlAs); Gallium arsenide (GaAs); Gallium
arsenide phosphide; Gallium compounds;
Gallium gadolinium garnet (GGG); Gallium
oxide; Gallium scandium gadolinium garnet
(GSGG)
alloying, wrought aluminum alloy **A2:** 51
and gallium m compounds. **A2:** 739–749
applications. **A2:** 739–741
as an alpha stabilizer in titanium alloys . . . **A9:** 458
as low melting embrittler **A12:** 29
Auger electron spectroscopy map of a gallium
arsenide field-effect transistor. **EM3:** 241
embrittlement by **A11:** 234, 235, 719, **A13:** 180
energy factors for selective plating **A5:** 277
epithermal neutron activation analysis. . . . **A10:** 239
evaporation fields for **A10:** 587
fabrication, GaAs crystals. **A2:** 744–745
fractional crystallization ultrapurification
technique **A2:** 1093
gallium gadolinium garnet (GGG) **A2:** 740–741
in medical therapy, toxic effects **A2:** 1257
integrated circuits. **A2:** 740
molten, tantalum resistance to. **A13:** 733
optoelectronic devices. **A2:** 739–740
plain carbon steel resistance to **A13:** 515
production **A2:** 747
properties and grades **A2:** 741
pure. **M2:** 736–737
pure, properties **A2:** 1114
purification **A2:** 744
recovery technology **A2:** 741–744, 749
research and development **A2:** 747, 749
resources. **A2:** 741–742, 749
secondary recovery **A2:** 745–746
selective plating solution for precious
metals. **A5:** 281
species weighed in gravimetry **A10:** 172
strategic (military) factors. **A2:** 749
thermal diffusivity from 20 to 100 °C **A6:** 4
TNAA detection limits **A10:** 237
world supply and demand. **A2:** 746–747, 749
Gallium aluminum antimony
metal-organic chemical vapor deposition . . . **A5:** 528
Gallium aluminum arsenide antimonide
metal-organic chemical vapor deposition . . . **A5:** 528
Gallium aluminum arsenide (GaAlAs)
applications. **A2:** 739–740
Gallium aluminum phosphide
metal-organic chemical vapor deposition . . . **A5:** 528
Gallium antimonide
metal-organic chemical vapor deposition . . . **A5:** 528
Gallium arsenide
coefficient of friction as a function of temperature
and doping **A18:** 688–689
cracking geometries **A18:** 687
FIM sample preparation of **A10:** 586
in thin-film semiconductors, FIM/PLAP
analysis **A10:** 601–602
optimum growth conditions **A5:** 526
plastic deformation **A18:** 688
properties. **EM4:** 1
p-type, scratch morphology. **A18:** 688
Gallium arsenide field effect transistor (FET)
Auger electron spectroscopy scans . . **EM3:** 240, 241
Gallium arsenide (GaAs) *See also* Gallium; Gallium
compounds
applications. **A2:** 739–741
as active component fabrication
technology. **EL1:** 199–200
clock frequencies **EL1:** 76
crystal growth. **EL1:** 200
development. **EL1:** 160
digital active-component fabrication **EL1:** 201
electrical conversion efficiency. **A2:** 740
epitaxial, on silicon substrate **EL1:** 200–201
fabrication. **A2:** 744–745
high-speed electronic devices, in mixed
technologies. **EL1:** 8
in wafer processing **EM3:** 580, 581, 582, 583
ingot, wafer, device manufacturers. . . . **A2:** 747–748
integrated circuits. **A2:** 740
manufacturers **A2:** 748
monolithic microwave integrated circuits
(MMICs) **EL1:** 756
optoelectronic devices. **A2:** 739–740
properties. **A2:** 741
research and development **A2:** 747, 749
software for. **EL1:** 390
technologies, high speed **EL1:** 8
technology, active analog
components. **EL1:** 148–150
Gallium arsenide (GaAs)-silicon wafer
production of **A2:** 747
Gallium arsenide phosphide (GaAsP)
applications **A2:** 739
Gallium compounds *See also* Gallium
applications. **A2:** 739–741
crystal growth **A2:** 744
fabrication of GaAs crystals. **A2:** 744–745
gallium gadolinium garnet (GGG)
substrate **A2:** 740–741
gallium scandium gadolinium garnet
(GSGG) **A2:** 741
integrated circuits. **A2:** 740
optoelectronic devices. **A2:** 739–740
properties and grades **A2:** 741
research and development **A2:** 747, 749
secondary recovery **A2:** 745–746
wafer processing and doping **A2:** 744–745
Gallium fluoride (GaF_2)
direct evaporation **A18:** 844
Gallium gadolinium garnet (GGG) bubble memory
device. **A2:** 740–741
Gallium in fusible alloys **M3:** 799
Gallium indium arsenide
metal-organic chemical vapor deposition . . . **A5:** 528
Gallium indium arsenide phosphide
optimum growth conditions **A5:** 526
Gallium indium phosphide
optimum growth conditions **A5:** 526
Gallium oxide
in binary phosphate glasses **A10:** 131
single-crystal garnets **A2:** 740
Gallium phosphide
metal-organic chemical vapor deposition . . . **A5:** 528
Gallium, resistance of
to liquid-metal corrosion **A1:** 636
Gallium scandium gadolinium garnet (GSGG)
applications **A2:** 741
Gallium, vapor pressure
relation to temperature. **A4:** 495, **M4:** 310
Gallium-doped gold contact wires **EL1:** 958

Gallium-doped yttrium iron garnet (GaYIG)
FMR probe for **A17:** 221
Gallium-gadolinium-garnet (GGG) **EM4:** 18
Gall-Tough *See* Stainless steels, specific types
GALPAT test procedures
application **EL1:** 375
Ga-Lu (Phase Diagram) . . . . . **A3:** 2•209
Galvalume **A5:** 347–348, **A20:** 471, 472
Galvalume coated 1010 steel **A9:** 199
Galvanic action
thread design of mechanically fastened joints **A19:** 289
Galvanic anode
defined **A13:** 7
definition **A5:** 956
Galvanic anodizing **A5:** 492
Galvanic cathodes
anodic protection of **A13:** 465
Galvanic cell
defined **A13:** 7
definition **A5:** 956
Galvanic cell, short-circuited
for internal electrolysis **A10:** 199
Galvanic coatings for pipeline **A13:** 1291
Galvanic corrosion *See also* Corrosion; Galvanic corrosion evaluation; Galvanic effects **A13:** 83–87, **A20:** 551, 554–555, 558, 561, 562, 563, **M1:** 713, **M5:** 431–432
aircraft **A13:** 1022–1025
aluminum alloys . . **A6:** 729, **M2:** 209–211, 213–214
aluminum, coupled with dissimilar metals **M2:** 203
and design **A13:** 342
and stray-current corrosion, compared **A13:** 87
area/distance effects **A13:** 83
as beneficial **A13:** 324
as corrosion mechanism **A13:** 234
as environmental failure mechanism **EL1:** 493
as type of corrosion **A19:** 561
atmospheric **A13:** 237–238, **M1:** 718–719
cell, in aqueous solution **A13:** 1329
cells, caused by dissimilar metals **A11:** 778
compatible metals **A11:** 185
composite-to-metal joining **A6:** 1041–1042
control methods **A13:** 85–87
copper metals **M2:** 458–459
coupons **A13:** 198
defined **A11:** 5, **A13:** 7
definition **A5:** 956, **A20:** 834
dissimilar metal joining **A6:** 826
electrochemical testing methods **A13:** 215–216
evaluation of **A13:** 215–216, 234–238
failure of cast iron pump impeller by **A11:** 374
galvanic series **A13:** 83
galvanic series in seawater **A11:** 185
geometry effects **A13:** 83
in automotive industry **A13:** 1011
in brazing **A13:** 876–877
in carbon and low-alloy steels **A11:** 199
in carbon steel weldments **A13:** 363–365
in cemented carbides **A13:** 855–858
in fresh water **M1:** 735
in graphite composites . . . **EM1:** 706, 709, 716–718
in manned spacecraft **A13:** 1076–1079
in metallic coatings **A13:** 342–343
in metal-matrix composites during preparation **A9:** 587–588
in mining/mill application **A13:** 1295
in oil/gas production **A13:** 1234
in seawater **M1:** 740–741, 743, 745
in space shuttle orbiter **A13:** 1060–1061, 1067–1068
in threaded fasteners **A11:** 535
in water-recirculating systems **A13:** 488
limited by tin-zinc and zinc-aluminum solders **A6:** 968
magnesium alloys **M2:** 604–609, **M5:** 628, 631, 637, 646
material selection to avoid **A13:** 324
mechanism **A13:** 1012
metals embedded in concrete or plaster **A11:** 186–187
modes of attack **A13:** 84
of alloy groupings, performance **A13:** 84–86
of aluminum/aluminum alloys **A13:** 587–589
of anodic members **A13:** 84
of buried metals **A11:** 191
of copper alloy couples, in seawater **A13:** 624
of copper/copper alloys **A13:** 612, 623–624
of lead/lead alloys **A13:** 780
of magnesium/magnesium alloys **A13:** 747–748
of marine structures **A13:** 543
of metals **A11:** 185
of mounted aluminum alloy specimens **A9:** 352
of soldered joints **A17:** 609
of sprinkler system **A11:** 185–186
of stainless steels **A6:** 625, **A13:** 553–554, **M3:** 62–63
of steam surface condensers **A13:** 988
of titanium/titanium alloys **A13:** 675–676, 690–692
of uranium/uranium alloys **A13:** 816–817
of weathering steels **A13:** 518–519
of zirconium/zirconium alloys **A13:** 717
on aluminum alloy spacer **A11:** 187–188
passivity effects **A11:** 185
polarization **A13:** 83
predicting **A13:** 84
protection **A11:** 195–197
rates, direct measurement **A13:** 216
ratio of cathode area to anode area **A11:** 186
relationship to material properties **A20:** 246
sacrificial, of zinc **A13:** 755
sources, and design considerations **A13:** 340
time-dependent factors, effect of **A11:** 187
with solder joining aluminum **A6:** 990
Galvanic corrosion evaluation *See also* Galvanic corrosion **A13:** 234–238
atmosphere testing **A13:** 238
component testing **A13:** 234
electrochemical **A13:** 235–236
galvanic series **A13:** 235
immersion tests **A13:** 237–238
laboratory testing **A13:** 234–238
modeling **A13:** 234–238
polarization curves **A13:** 235–236
specimen exposures **A13:** 236–238
Galvanic corrosion protection
anodic and cathodic **A11:** 195–197
Galvanic couple
corrosion from **M5:** 431–432
Galvanic couple potential *See* Mixed potential
Galvanic couples *See also* Galvanic corrosion
defined **A13:** 7
elimination for corrosion protection . . **M1:** 751, 752
magnesium/magnesium alloys **A13:** 746
seawater corrosion **A13:** 773
stainless steel powders **A7:** 476
titanium/titanium alloys **A13:** 673
Galvanic coupling **A18:** 271
Galvanic currents **A13:** 7, 84
Galvanic effects *See also* Galvanic corrosion **A19:** 196
in lead/lead alloys **A13:** 785
in magnesium/magnesium alloys **A13:** 741
in pure tin **A13:** 772
on niobium **A13:** 722
on tantalum **A13:** 735–736
telephone cables **A13:** 1129
uranium/uranium alloys **A13:** 816–817
Galvanic effects, consideration of
in selection of mechanical clamps and spacers **A9:** 28
Galvanic erosion
definition **A20:** 833–834
Galvanic exfoliation corrosion
eddy current inspection **A17:** 191
Galvanic pain
oral **A13:** 1337
Galvanic plating *See* Immersion plating
Galvanic precipitation **A7:** 185
Galvanic reduction
of palladium powders **M7:** 150
of silver powders **M7:** 148
silver powder **A7:** 183, 185
Galvanic series *See also* Electromotive force series
aluminum alloys **A13:** 587
defined **A13:** 7, 83
definition **A5:** 956
for metals **A13:** 755–756
galvanic corrosion evaluation **A13:** 235
in flowing seawater **A13:** 675
in neutral soils and water **A13:** 1288
in seawater **A13:** 83, 235, 488, 613, 718, 876, 1329
metals and alloys **M5:** 431
Galvanic series for seawater **A20:** 551, 552–553
Galvanic series in seawater **A11:** 185, **M1:** 740
Galvanically insulated extensometer **A19:** 196
Galvanize
defined **A13:** 7
Galvanized bridge wire **A1:** 282
Galvanized coatings *See also* Electro-galvanizing; Hot dip galvanizing; Zinc and zinc alloys; Zinc coatings **A13:** 432, 439–441
atmospheric corrosion resistance enhanced by **M1:** 722
corrosion protection **M1:** 751–753
fresh water systems **M1:** 738
nails **M1:** 271
steel wire **M1:** 263–265
coating procedure **M1:** 263
coating weights **M1:** 263
tempers of wire **M1:** 263
tensile strength of wire **M1:** 263
wire rope, wire for **M1:** 272
zinc **M2:** 651–653
Galvanized iron
effect of pH in suspending liquid during polishing **A9:** 47
inorganic fluxes, for **A6:** 980
relative solderability **A6:** 134
relative weldability ratings, resistance spot welding **A6:** 834
Galvanized metal
plasma arc cutting **A6:** 1170
Galvanized rope wire **A1:** 284
Galvanized sheet duct or decking
capacitor discharge stud welding **A6:** 222
Galvanized sheet steel
specimen preparation **A9:** 197
Galvanized steel **A13:** 432–434
applications **A6:** 400
aqueous corrosion resistance **A13:** 433–434
as difficult-to-recycle material **A20:** 138
atmospheric corrosion of . . . **A13:** 432–433, 526–527
corrosion mechanism **A13:** 433
embrittlement of **M1:** 686
in automotive industry **A13:** 1011–1014
intergranular corrosion of **A13:** 527
phosphate coating of **M5:** 438, 441
phosphate coatings **A5:** 378, 380, 381–382
polishing **A9:** 488
predictive equations for **A13:** 527
resistance seam welding **A6:** 244, 245
stud arc welding **M6:** 733
synergistic protective effect in atmospheric exposure **A5:** 717
wear by corrosion and shear fracture **A18:** 181–182
Galvanized steel plus paint
synergistic protective effect in atmospheric exposure **A5:** 717
Galvanized steels
contour roll forming **A14:** 634
forming applications **A14:** 561
mill products **A14:** 560
polysulfides for bonding **EM3:** 141, 142
press forming of **A14:** 560–561
sealant use for spot welding **EM3:** 609
tool design **A14:** 560

SUBJECTS OF THE INDEXED VOLUMES: ASM Handbook (designated by the letter "A"): **A1:** Properties and Selection: Irons, Steels, and High-Performance Alloys (1990); **A2:** Properties and Selection: Nonferrous Alloys and Special-Purpose Materials (1990); **A3:** Alloy Phase Diagrams (1992); **A4:** Heat Treating (1991); **A5:** Surface Engineering (1994); **A6:** Welding, Brazing, and Soldering (1993); **A7:** Powder Metal Technologies and Applications (1998); **A8:** Mechanical Testing (1985); **A9:** Metallography and Microstructures (1985); **A10:** Materials Characterization (1986); **A11:** Failure Analysis and Prevention (1986); **A12:** Fractography (1987); **A13:** Corrosion (1987); **A14:** Forming and Forging (1988); **A15:** Casting (1988); **A16:** Machining (1989); **A17:** Nondestructive Evaluation and Quality Control (1989); **A18:** Friction, Lubrication, and Wear Technology (1992); **A19:** Fatigue and Fracture (1996); **A20:** Materials Selection and Design (1997). **Metals Handbook, 9th Edition** (designated by the letter "M"): **M1:** Properties and Selection: Irons and Steels (1978); **M2:** Properties and Selection: Nonferrous Alloys and Pure Metals (1979); **M3:** Properties and Selection: Stainless Steels, Tool Materials, and Special-Purpose Materials (1980); **M4:** Heat Treating (1981); **M5:** Surface Cleaning, Finishing, and Coating (1982); **M6:** Welding, Brazing, and Soldering (1983); **M7:** Powder Metallurgy (1984). **Engineered Materials Handbook** (designated by the letters "EM"): **EM1:** Composites (1987); **EM2:** Engineering Plastics (1988); **EM3:** Adhesives and Sealants (1990); **EM4:** Ceramics and Glasses (1991). **Electronic Materials Handbook** (designated by the letters "EL"): **EL1:** Packaging (1989)

types . . . A14: 561
Galvanized wire . . . A1: 281
Galvanizing . . . A20: 470, 471
definition . . . A5: 956
definition of . . . A1: 212
design limitations for inorganic finishing processes . . . A20: 824
electro- . . . A13: 766–767
Electrogalvanizing . . . A1: 212, 217, A2: 528
fabrication details . . . A13: 439
for marine corrosion . . . A13: 910–911
hot dip *See also* Hot dip galvanized coating . . . A1: 212, 216–217, A13: 436–444, 765–766
hot dip after-fabrication . . . A2: 527–528
hot dip conventional strip . . . A2: 527
hot-dip . . . A14: 560
mechanical . . . A2: 528, M5: 300–301
Galvanizing fluxes
nonferrous molten metals . . . A15: 452
Galvanizing vat, carbon steel
failure of . . . A11: 273–274
Galvanneal . . . A5: 352
defined . . . A13: 7
definition . . . A5: 956
Galvanneal coatings . . . A20: 472
Galvannealed steels
forming of . . . A14: 561
Galvannealing . . . A5: 345–346, A20: 470, 471
Galvanometer
defined . . . A13: 7
Galvanostatic
defined . . . A13: 7
polarization measurements . . . A13: 1333
testing methods, localized corrosion . . . A13: 217
Galvanostatic etching
electrochemical principles . . . A9: 144
Gambler's ruin problem . . . A19: 295
Ga-Mg (Phase Diagram) . . . A3: 2•209
Gamma alloys *See also* Ordered intermetallics; Titanium aluminides
crystal structure and deformation . . . A2: 927–928
future directions and applications . . . A2: 929
material processing . . . A2: 928
mechanical/metallurgical properties . . . A2: 928–929
Gamma double prime . . . A1: 951–952, 953–954
Gamma double prime phase
in wrought heat-resistant alloys . . . A9: 309–311
Gamma iron . . . A7: 443
defined . . . A9: 8, A13: 7
Gamma loss peak . . . EM3: 14
defined . . . EM2: 20
Gamma matrix . . . A1: 951, 952
Gamma modulation
in SEM display systems . . . A12: 169
γ (Ni_3Al)-type precipitates . . . A19: 64
γ″ phase . . . A19: 493
Gamma phase unalloyed uranium
fabrication techniques . . . A2: 671
Gamma phases
in Alnico alloys . . . A9: 539
in beryllium-copper alloys . . . A9: 395
in beryllium-nickel alloys . . . A9: 396
in ferrous alloys, peritectic transformation . . . A9: 679–680
in iron-cobalt-vanadium alloys . . . A9: 538
in nickel-base heat-resistant casting alloys . . A9: 334
in uranium and uranium alloys . . . A9: 476–487
in wrought heat-resistant alloys . . . A9: 308–311
in zinc-copper alloys . . . A9: 489
of cemented carbides . . . A9: 274
γ plane approach . . . A19: 265, 269
Gamma precipitates . . . A19: 35, 36
Gamma prime . . . A1: 951, 952–953
Gamma prime age hardening
MA ODS alloys . . . A7: 178
Gamma prime phase
and Ni alloys . . . A16: 835
electrolytic extraction and x-ray diffraction A9: 308
electropolishing . . . A9: 307
in nickel-base heat-resistant casting alloys . . A9: 334
in wrought heat-resistant alloys . . . A9: 309–311
transmission electron microscopy . . . A9: 307
uranium alloy . . . A9: 477–487
Gamma prime precipitate
in Monel K-500 . . . A9: 436
Gamma radiation *See also* Radiation
effect, polyether-imides (PEI) . . . EM2: 157
Gamma radiation, effect
E-glass fibers . . . EM1: 47
Gamma radiography . . . A19: 219
application for detecting fatigue cracks . . . A19: 210
crack detection sensitivity . . . A19: 210
Gamma ray spectroscopy
defined . . . A10: 674
Gamma ray spectrum
changes as function of time . . . A10: 236
high-purity nickel, neutron activation analysis . . . A10: 240
of iridium by radiochemical neutron activation analysis . . . A10: 241
of irradiated ore . . . A10: 235
Gamma rays
defined . . . A10: 674
detector for . . . A10: 235
emission, as radioactive decay mode . . . A10: 245
emission, in neutron activation analysis . . A10: 234
for compound polymerization . . . EL1: 854
polarization, Mössbauer spectroscopy . . . A10: 288, 295
pure cobalt as source . . . A2: 446
sources, industrial radiography . . . A2: 447
Gamma structure
defined . . . A9: 8
Gamma titanium aluminide
fatigue crack thresholds . . . A19: 144
Gamma titanium aluminide alloys . . . A7: 84–85, 163, 164
Gamma transition *See also* Glass transition . . . EM3: 14
Gamma wrought uranium alloy phase . . . A9: 477–487
Gamma-alumina . . . EM4: 111, 112
γ′-depleted zones . . . A19: 540
Gamma-Fe_2O_3 . . . EM4: 18
Gamma-loop . . . A20: 360, 361, 365, 375
Gamma-prime precipitates
in nickel-base superalloys . . . A19: 855, 861
Gamma-radiation dose rate of depleted uranium . . . A9: 477
Gamma-ray density, determination . . . A7: 700, 702, 714–715
Gamma-ray(s)
and x-rays, in neutron radiography . . A17: 387–388
as computed tomography (CT) radiation source . . . A17: 368
density, of powder metallurgy parts . . A17: 538–539
emissions, in neutron radiography . . . A17: 391
exposure charts . . . A17: 330
physical characteristics . . . A17: 308
production of . . . A17: 298
sources . . . A17: 309
units for . . . A17: 301
Ga-Mn (Phase Diagram) . . . A3: 2•209
Ga-Mo (Phase Diagram) . . . A3: 2•210
Ga-Na (Phase Diagram) . . . A3: 2•210
Ga-Nb (Phase Diagram) . . . A3: 2•210
Ga-Nd (Phase Diagram) . . . A3: 2•211
Gandolfi camera
for XRPD analysis . . . A10: 335
Gang bonding
inner lead bonding . . . EL1: 278
outer lead bonding . . . EL1: 286
special considerations . . . EL1: 286
Gang drill presses
reaming . . . A16: 247
Gangue
removal of . . . A7: 3
Ga-Ni (Phase Diagram) . . . A3: 2•211
Gantry fixture
for high-deposition submerged arc welding . . . M7: 821
Gantry shape cutting system . . . A14: 727
Gantry type
coordinate measuring machines . . . A17: 21
Gantt charts . . . A20: 319
Gap . . . M7: 5
defined . . . EM1: 12, EM2: 20
definition . . . A6: 1209
-filling adhesive, defined . . . EM1: 12
Gap glass
properties . . . EM4: 1057
Gap rolls . . . A14: 96–97
Gapasil 9
wettability indices on stainless steel base metals . . . A6: 118
Ga-Pb (Phase Diagram) . . . A3: 2•211
Ga-Pd (Phase Diagram) . . . A3: 2•212
Gap-filling adhesion . . . EM3: 14, 36
Gap-filling adhesive
defined . . . EM2: 20
Gap-frame lathes . . . A16: 153
Gap-frame presses . . . A14: 7, 492–493
Ga-Pr (Phase Diagram) . . . A3: 2•212
Gaps
measurement of . . . A17: 13, 199
Ga-Pt (Phase Diagram) . . . A3: 2•212
Ga-Pu (Phase Diagram) . . . A3: 2•213
Garden equipment
P/M parts for . . . M7: 671, 676–678
Garden tractors . . . M7: 677–678
Garden variety steels . . . A20: 350
Gardner impact strength
glass length effects . . . EM2: 281
Gardner impact test . . . EM2: 435
Gardner/Dynatup (disk) test . . . A20: 641
Garnet . . . EM4: 8, 18, 61
abrasive, for lapping . . . A16: 493
abrasive, for waterjet cutting of MMCs . . . A16: 894
abrasive machining hardness of work materials . . . A5: 92
abrasive, mixed with high-pressure waterjet . . . A16: 521
as abrasive . . . A14: 746–748
as an abrasive in wire sawing . . . A9: 26
blasting with . . . M5: 84, 94
crystal structure . . . EM4: 881
defined . . . A2: 740
definition . . . A5: 956
gallium gadolinium (GGG) . . . A2: 740–741
hardness . . . EM4: 351
natural abrasive . . . A16: 434
precipitation process . . . EM4: 59
Garnets *See also* Magnetic materials
bulk composition of . . . A10: 628
magnetic domains revealed by the Faraday effect . . . A9: 535
specimen preparation . . . A9: 533
Garrard, William
as early founder . . . A15: 31
Garrett axial flow turbine engine . . . EM4: 716
Garrett Ceramic Components (GCC)
fast fracture flexure strength . . . EM4: 1001
stress-rupture life . . . EM4: 1001
Gas *See also* Gaseous corrosion; Gases
content, symbol for . . . A8: 7–15
dissolved . . . A8: 423
effect of evolution during casting . . . A9: 643
environments . . . A8: 410–412, 540–541
gun, for plate impact test . . . A8: 233
in environmental test chamber . . . A8: 411
oxidizing, control . . . A8: 414
pressure, control . . . A8: 411
Gas absorption
to analyze ceramic powder particle sizes . . EM4: 67
Gas absorption (BET) method
and pyrophoricity . . . M7: 199
Gas adsorption
apparatus . . . M7: 262–263
method for determining surface area M7: 262–263
Gas adsorption method . . . A7: 274–277
Gas analysis
gas chromatography/mass spectrometry . . . A10: 639–648
mass spectrometry . . . A10: 151–157
Raman spectroscopy . . . A10: 126
Gas analysis by mass spectrometry . . . A10: 151–157
applications . . . A10: 151, 156–157
double-focusing mass spectrometer . . . A10: 154
estimated analysis time . . . A10: 151
gas mass spectrometry . . . A10: 151–157
ion quadrupole mass filter . . . A10: 153–154
limitations . . . A10: 151
of inorganics . . . A10: 7, 8
of mixtures . . . A10: 151
of organics . . . A10: 10, 11
related techniques . . . A10: 151
results of analysis . . . A10: 155–156
sampling . . . A10: 151–152
scanning modes . . . A10: 154

Gas analysis by mass spectrometry (continued)
spectrometer components **A10:** 151–155
Gas atomization *See also* Atomization; Gas-atomized powders; specific gas-atomized powders; Water atomization . . . **A7:** 36, 43, 162, 163–164
aluminum alloy powder **A7:** 148–153
aluminum powder **A7:** 148–153
and water atomization **M7:** 25–34
argon entrapment **M7:** 427, 428
beryllium powders **A7:** 204
close-coupled-nozzle designs **A7:** 44
confined nozzle configurations **A7:** 43, 44–45
contamination **M7:** 180
conventional confined design **A7:** 43
definition **A5:** 956, **A7:** 43
droplet diameter **A7:** 45
fine metal powders **A7:** 73–76, 77
for hardfacing powders **M7:** 142, 823
for nickel powder production **M7:** 134
for nickel-based hardfacing powders . . **M7:** 134, 142
free-fall nozzle configurations **A7:** 43, 44
gas efficiency **A7:** 44–45
gas flow **A7:** 44
gas-atomized powders **A7:** 46–47
gas-to-metal rations **A7:** 43, 44–45, 46
HIP/PM parts **A7:** 609
internal mixing **A7:** 43
internal mixing nozzles **A7:** 44, 45, 47
mass median particle diameter **A7:** 46
models of **A7:** 45–46
nickel-base powders **A7:** 174–176
nozzle configurations **A7:** 143
of copper **A7:** 139–140, 141
of titanium powder **M7:** 167
Osprey process **A7:** 319
oxidation **A7:** 42
particle shape **A7:** 47
particle size **A7:** 44, 45, 46
powder cleanliness **A7:** 47
prefilming operations **A7:** 43
process method **A7:** 35
process variables **A7:** 44–45
sonic velocity of the gas **A7:** 45
stainless steel powders **A7:** 129–130, 781–785
tool steel powders **A7:** 130–131
ultrasonic **A7:** 35, 43, 47
ultrasonic confined design **A7:** 43
unit designs **A7:** 43
vacuum atomization **A7:** 35, 47
vs. water atomization, powder comparison **A7:** 43–44, 75–76
water-bench test techniques **A7:** 43
Weber number **A7:** 46
Gas bearing
defined **A18:** 10
Gas blanket
defined **EL1:** 1145
Gas boxes
electrogas welding **M6:** 240–241
Gas brazing
definition **A6:** 1210
Gas bubble nucleation
diffusion control for **EM1:** 757–759
Gas burners
for sinters and fusions **A10:** 166
Gas carbon arc welding
definition **M6:** 8
Gas carbonitriding
characteristics compared **A20:** 486
characteristics of diffusion treatments **A5:** 738
Gas carburization
case hardening by **M7:** 453–454
Gas carburized steels **A9:** 219–224
Gas carburizing **A4:** 262, 263, 312–324, **M4:** 135–175
atmospheres **A4:** 312, 313, 315–319, 320, **M4:** 143, 161
atmospheres, safe handling . . **A4:** 313, 318, **M4:** 140
carbon concentration gradients . . **A4:** 314–315, 323, **M4:** 146–154, 172–174
carbon potential, control of **A4:** 314, 316–317, 318, 319, **M4:** 143, 172–174
carbon sources
gas **A4:** 312
liquid hydrocarbon **A4:** 312
carbon sources gas **M4:** 135–136
liquid hydrocarbon **M4:** 136
carrier gas plus hydrocarbon gas **A4:** 316, **M4:** 158, 159, 160, 161–170
carrier gases **A4:** 312, 314, 316–317, 318, **M4:** 136, 137
case depth, control of **A4:** 314, 315, 319, 320, 322–323, **M4:** 154–159
characteristics compared **A20:** 486
characteristics of diffusion treatments **A5:** 738
cleaning of parts, prior to carburizing **A4:** 313–314, **M4:** 141
compared to pack carburizing **A4:** 325, 328
dew point **A4:** 316, 317, **M4:** 145
diffusion of carbon and nitrogen **A4:** 314–315, 318–319, 323, **M4:** 145
dimensional control **A4:** 321–322, **M4:** 168–169
direct quenching versus reheating **A4:** 320, **M4:** 163, 167–168
equilibrium compositions, calculation **A4:** 316–317, **M4:** 143–145, 146
equipment **A4:** 312–313
fixturing **A4:** 322, **M4:** 169
flow rates **A4:** 318, **M4:** 158, 161–164
furnace conditioning **A4:** 318
grain growth **A4:** 320, **M4:** 158, 172
high-temperature carburizing **A4:** 321, **M4:** 170, 171–172
homogeneous carburizing **A4:** 319, **M4:** 171
hydrocarbon gases **A4:** 316, **M4:** 156, 157, 160–161
in fluidized beds **A4:** 486–487, 490
loading methods **A4:** 318, 323, **M4:** 141
martempering **A4:** 322, **M4:** 169
mixing **A4:** 323, **M4:** 164
operating cost comparison **A4:** 357
operating cycles . . **A4:** 319–320, **M4:** 159, 160, 161, 162, 164–165
practices **M4:** 156, 157, 160–161
practices, case depth measurement **A4:** 322
press quenching **A4:** 320, 322, **M4:** 169–170
process parameters predicted by computer simulation **A4:** 650–654
process planning **A4:** 319–321
rate control **A4:** 318
reset rate **A4:** 318
safety precautions **A4:** 318, 323, **M4:** 139–141
selective carburizing **A4:** 320–321, **M4:** 171
selective peening **A4:** 322
sooting **A4:** 316, 317–318, **M4:** 165–167
steel composition **A4:** 320
straightening **A4:** 322
surface carbon content **A4:** 315, **M4:** 148–152, 153, 172–174
tempering . . . **A4:** 319, 320, 321, 323, **M4:** 168, 169, 170–171
Gas carburizing, furnaces
batch, pit-type **A4:** 312–313, 314, 319, **M4:** 137–138
conditioning **A4:** 318
construction **A4:** 313, **M4:** 172
continuous . . . **A4:** 312, 313, 314, 319, **M4:** 138–139
controllers **A4:** 318
horizontal batch **A4:** 312, 313, **M4:** 138
mesh belt, continuous **A4:** 313
pusher-type continuous **A4:** 313, 319–320, **M4:** 137, 139
roller hearth **A4:** 313
rotary hearth **A4:** 313
rotary-hearth **M4:** 138
rotary-retort batch **M4:** 138
rotary-retort continuous **A4:** 313, **M4:** 139
safety precautions, starting and stopping . . **A4:** 313, 323, **M4:** 140–141
sealed-quench **A4:** 313
shaker-hearth **A4:** 313, **M4:** 139
Gas carburizing, processing
atmospheres, alternatives to conventional **A4:** 314–315, 316, **M4:** 145–146
temperature, effect of . . **A4:** 314, 316, **M4:** 141–142
time, effect of **A4:** 314, 315, 316, 318, **M4:** 142–143
Gas cavities *See also* Cavities; Gases
cast aluminum alloys **A12:** 405–406, 412
Gas cells
IR sampling **A10:** 113
Gas chromatograph/mass spectrometer (GC/MS)
gas analysis during drying and firing . . **EM4:** 24, 25
Gas chromatographs
for leak detection **A17:** 64, 68
Gas chromatography *See also* Gas chromatography/mass spectrometry **A7:** 475–476, **A13:** 1115, **EM1:** 736, **M4:** 430–431
and gas analysis by mass spectrometry compared **A10:** 151
as advanced failure analysis technique **EL1:** 1104–1105
defined **A10:** 674
for measurement of furnace atmosphere composition **EM4:** 252
of volatile metal-organic complexes, as separation tool **A10:** 170
Gas chromatography/mass spectrometry **A10:** 639–648
and FT-IR techniques **A10:** 115
and gas analysis by mass spectrometry compared **A10:** 151
applications **A10:** 639, 647–648
capabilities **A10:** 212, 277, 649
complementary techniques **A10:** 645–647
estimated analysis time **A10:** 639
for tallow-base lubricant coatings **A10:** 177
general uses **A10:** 639
interpreting mass spectrum **A10:** 641–642
introduction **A10:** 640
limitations **A10:** 639
methodology **A10:** 643–645
of inorganic gases **A10:** 8
of inorganic liquids and solutions **A10:** 7
of organic gases **A10:** 11
of organic liquids and solutions **A10:** 10
of organic solids **A10:** 9
principles, gas chromatography **A10:** 640–641
principles, mass spectrometry **A10:** 640
pyrolysis **A10:** 647–648
related techniques **A10:** 639, 645–647
samples **A10:** 639, 644–645
Gas chromatography-infrared spectroscopy . . **A10:** 115
Gas classification **M7:** 5
Gas classifier **M7:** 5
Gas composition analyses
for temperature-time control in polymer removal techniques **EM4:** 137
Gas constant
defined **A10:** 674
Gas contents of aluminum alloy ingots
effects of **A9:** 634
Gas covers
cobalt-base alloys **A15:** 813
Gas cutter
definition **A6:** 1210
Gas cutting
and blanking **A14:** 458
definition **A6:** 1210
for stock preparation, hot upset forging **A14:** 86
oxyfuel **A14:** 722–724
plasma arc **A14:** 730–731
vs. planing **A16:** 186
Gas cyaniding *See* Carbonitriding
Gas cylinder
definition **A6:** 1210

SUBJECTS OF THE INDEXED VOLUMES: ASM Handbook (designated by the letter "A"): **A1:** Properties and Selection: Irons, Steels, and High-Performance Alloys (1990); **A2:** Properties and Selection: Nonferrous Alloys and Special-Purpose Materials (1990); **A3:** Alloy Phase Diagrams (1992); **A4:** Heat Treating (1991); **A5:** Surface Engineering (1994); **A6:** Welding, Brazing, and Soldering (1993); **A7:** Powder Metal Technologies and Applications (1998); **A8:** Mechanical Testing (1985); **A9:** Metallography and Microstructures (1985); **A10:** Materials Characterization (1986); **A11:** Failure Analysis and Prevention (1986); **A12:** Fractography (1987); **A13:** Corrosion (1987); **A14:** Forming and Forging (1988); **A15:** Casting (1988); **A16:** Machining (1989); **A17:** Nondestructive Evaluation and Quality Control (1989); **A18:** Friction, Lubrication, and Wear Technology (1992); **A19:** Fatigue and Fracture (1996); **A20:** Materials Selection and Design (1997). **Metals Handbook, 9th Edition** (designated by the letter "M"): **M1:** Properties and Selection: Irons and Steels (1978); **M2:** Properties and Selection: Nonferrous Alloys and Pure Metals (1979); **M3:** Properties and Selection: Stainless Steels, Tool Materials, and Special-Purpose Materials (1980); **M4:** Heat Treating (1981); **M5:** Surface Cleaning, Finishing, and Coating (1982); **M6:** Welding, Brazing, and Soldering (1983); **M7:** Powder Metallurgy (1984). **Engineered Materials Handbook** (designated by the letters "EM"): **EM1:** Composites (1987); **EM2:** Engineering Plastics (1988); **EM3:** Adhesives and Sealants (1990); **EM4:** Ceramics and Glasses (1991). **Electronic Materials Handbook** (designated by the letters "EL"): **EL1:** Packaging (1989)

Gas defects *See also* Defects; Gases
from carbon additions **A15:** 211
Gas detection *See also* Detection; Gases; Leak testing
applications, specific-gas **A17:** 64–65
devices **A17:** 61–64
ionization detectors, computed tomography (CT) **A17:** 369
Gas diffusion
as gas-liquid reaction **A15:** 82–83
Gas displacement methods
die casting **A15:** 291
Gas drilling applications
cemented carbides **A2:** 974–977
Gas elutriator
powder cleaning **M7:** 178
Gas engine exhaust purification
powder used **M7:** 573
Gas engine oils
lubricant classification **A18:** 85
Gas entrapment **A7:** 39
collision-caused **M7:** 29–30
within particles, effect on densification and expansion during homogenization . . . **M7:** 315
Gas environments **A8:** 410–412, 540–541
Gas evaporation **A5:** 556–569
Buckminster fullerenes **A5:** 567
definition **A5:** 556
history **A5:** 556
ultrafine particles and **A5:** 567
vapor phase nucleation **A5:** 567
Gas explosivity **M7:** 195
Gas filters
powders used **M7:** 573
Gas fired furnace
dip brazing **A6:** 337
Gas flushing
inert **A15:** 84–85
Gas gouging
definition **A6:** 1210
Gas gun
for plate impact testing **A8:** 210, 233
for short-pulse-duration tests **A8:** 283
for split Hopkinson pressure bar facility . . . **A8:** 201
Gas hole *See also* Gas porosity; Holes
defined **A11:** 5
Gas holes
defined **A15:** 6
definition **A5:** 957
zirconium alloys **A15:** 838
Gas industry
stainless steel corrosion **A13:** 560
Gas injection
pump, for demagging aluminum alloys . . . **A15:** 474
refining, principles **A15:** 470–471
Gas ion etching **A9:** 148–150
Gas ion reaction chamber
for reactive sputtering **A9:** 148
Gas kinetic temperature **A10:** 24
Gas laser
definition **A6:** 1210
Gas lasers
suitability for welding **M6:** 651–652
Gas lines, ASTM specifications for **M1:** 323
Gasoline tanks, terne-coated steel sheet for **M1:** 173–174
Gas lubrication *See also* Pressurized gas lubrication
defined **A18:** 10
definition **A5:** 957
Gas mass spectrometer
analysis, summary of **A10:** 155
capability **A10:** 156
double-focusing **A10:** 154
instrument set-up and calibration **A10:** 155
introduction system **A10:** 151–152
ion detection **A10:** 154–155
ion source **A10:** 152–153
mass analyzer **A10:** 153–154
output, computerized **A10:** 155
resolution of **A10:** 155
schematic **A10:** 153
Y and Z lenses **A10:** 153
Gas mass spectrometry
defined **A10:** 674
gas chromatography and **A10:** 639–648
Gas metal arc cutting
definition **M6:** 8
Gas metal arc cutting (GMAC)
definition **A6:** 1210
Gas metal arc (MIG) welding
in joining processes classification scheme **A20:** 697
Gas metal arc welding **M6:** 153–181, **M7:** 456
advantages **M6:** 154
arc spot welding **M6:** 174–175
applicability **M6:** 174
joint design **M6:** 174
operating principles **M6:** 174
automatic welding **M6:** 175–177
backing strips **M6:** 169
butt welds **M6:** 167–168
causes of welding difficulty **M6:** 172–173
classification of electrodes **M6:** 162–163
comparison to gas tungsten arc welding **M6:** 397–398
comparison to other processes **M6:** 177–180
definition **M6:** 8
disadvantages **M6:** 154
electrode extension **M6:** 170
electrode position **M6:** 171
electrode size **M6:** 170–171
electrodes **M6:** 161–163
composition **M6:** 161–162
mechanical properties **M6:** 162–163
electroslag welding **M6:** 238–244
equipment **M6:** 156–161
motion devices **M6:** 161
water-cooling systems **M6:** 161
welding cables **M6:** 161
failure origins **A11:** 414–415
hardfacing **M6:** 785, 787
heat flow calculations **M6:** 31
improvements due to process substitution **M6:** 177–180
inadequate shielding **M6:** 172–173
intermediate and thick sections **M6:** 167
joint designs **M6:** 165–169
for dimensional control **M6:** 166
for economy **M6:** 165–166
metal transfer **M6:** 154–156
globular transfer **M6:** 154–155
pulsed current transfer **M6:** 155
rotating arc transfer **M6:** 155–156
short circuiting transfer **M6:** 155
spray transfer **M6:** 154
metals welded **M6:** 153
narrow gap welding **M6:** 173–174
advantages **M6:** 173
joint completion rates **M6:** 173–174
operating principles **M6:** 173
welding applications **M6:** 173
of cast irons **A15:** 523–524
operation principles **M6:** 154–155
polarity **M6:** 153–154
power source variables **M6:** 156–157
inductance **M6:** 157–158
slope **M6:** 157
welding voltage (arc length) **M6:** 156–157
power sources **M6:** 156
arc initiation **M6:** 216
constant-current power supply **M6:** 156
constant-voltage power supply **M6:** 156
recommended grooves **M6:** 69–70
safety **M6:** 180–181
sections of unequal thickness **M6:** 168
shielding gas equipment **M6:** 161
accessory equipment **M6:** 161
flowmeters **M6:** 161
gas pressure regulators **M6:** 161
noses **M6:** 161
shielding gases **M6:** 163–164
argon **M6:** 163–164
argon-carbide dioxide mixtures **M6:** 164
argon-helium mixtures **M6:** 164
argon-oxygen mixtures **M6:** 164
carbon dioxide **M6:** 164
helium **M6:** 164
helium-argon-carbon dioxide mixtures . . . **M6:** 164
nitrogen **M6:** 164
thin sections **M6:** 166–167
travel speed **M6:** 170
underwater welding **M6:** 922
weld design for improved accessibility **M6:** 168–169
weld discontinuities **M6:** 830
weld overlaying **M6:** 807
weld quality **M6:** 171–172
excessive melt-through **M6:** 172
inclusions **M6:** 172
incomplete fusion **M6:** 172
lack of penetration **M6:** 172
porosity **M6:** 172
undercutting **M6:** 172
weld metal cracks **M6:** 172
welding current **M6:** 169–170
welding guns **M6:** 158–159
machine welding **M6:** 159
semiautomatic **M6:** 158–159
welding guns, manipulation of **M6:** 159
bead type **M6:** 159
direction **M6:** 159
welding position **M6:** 153
welding torches **M6:** 216–217
welding variables **M6:** 169–171
wire-feed stoppages **M6:** 172
wire-feed systems **M6:** 159–161
controls **M6:** 160–161
maintenance **M6:** 161
pull-type **M6:** 160
push-type **M6:** 159–160
variable-speed **M6:** 160
workpiece holding and handling **M6:** 164–165
Gas metal arc welding (GMAW)
discontinuities from **A17:** 582
Gas metal arc welding (GMAW/MIG) **A7:** 656, 657–658, 659, 660, 661
Gas metal arc welding of
alloy steels **M6:** 299–301
control of deposition **M6:** 300
electrode selection **M6:** 300
shielding gas **M6:** 300
aluminum **M6:** 153
aluminum alloys **M6:** 153, 380–390
arc characteristics **M6:** 380–381
automatic welding **M6:** 383–385
multiple-pass welding **M6:** 383
power supply and equipment **M6:** 380
repair welding **M6:** 388
shielding gases **M6:** 380
soundness of welds **M6:** 385–388
spot welding **M6:** 388–390
thicknesses **M6:** 380
weld backing **M6:** 382–383
welding schedules **M6:** 380
welding speeds **M6:** 380
aluminum bronzes **M6:** 420–421
conditions **M6:** 416, 420
electrode wire **M6:** 420
joint design **M6:** 420
preheating **M6:** 420
beryllium **M6:** 462
beryllium copper, high-conductivity . . **M6:** 418–419
electrode wires **M6:** 418
preheating and postweld aging **M6:** 418
properties of weldments **M6:** 418
welding conditions **M6:** 416, 418
beryllium copper, high-strength **M6:** 419–420
welding conditions **M6:** 416, 420
brasses **M6:** 420
conditions for high-zinc copper alloys . . **M6:** 416, 420
conditions for low-zinc brasses **M6:** 416, 420
carbon steels **M6:** 153
cast irons **M6:** 153, 310
copper and copper alloys **M6:** 153, 415–418
braze welding method **M6:** 424
electrode wires **M6:** 417
fine-wire welding **M6:** 426
joint design **M6:** 418
overlay method **M6:** 424
preheating **M6:** 418
pulsed-current welding **M6:** 426
welding conditions **M6:** 416–417
welding to dissimilar metals **M6:** 424
welding to nickel alloys **M6:** 424
welding to nonferrous metals **M6:** 424
copper nickels **M6:** 421–422
conditions **M6:** 416, 421
electrode wire **M6:** 421
joining of tubing **M6:** 421–422
joint design **M6:** 421
preheating and postheating **M6:** 421

Gas metal arc welding of (continued)
dissimilar copper alloys. **M6:** 422–424
aluminum bronze to copper-nickel **M6:** 422, 424
copper to aluminum bronze. **M6:** 422
copper to copper nickels. **M6:** 422
preheating. **M6:** 423–424
ductile iron **M6:** 315, 317–318
gray iron **M6:** 315
hardenable carbon steels **M6:** 268–269
heat-resistant alloys **M6:** 153, 362
cobalt-based alloys. **M6:** 370
iron-nickel-chromium and iron-chromium-nickel
alloys **M6:** 366–367
high-strength steels **M6:** 153
low-alloy steels. **M6:** 153
magnesium alloys. **M6:** 153, 429–430
malleable iron **M6:** 317
nickel alloys. **M6:** 439–440
phosphor bronzes **M6:** 420
conditions. **M6:** 417, 420
electrode wires **M6:** 420
preheating **M6:** 420
refractory metals **M6:** 153
silicon bronzes. **M6:** 421
conditions. **M6:** 417, 421
electrode wire **M6:** 421
joint design **M6:** 421
preheating **M6:** 421
stainless steels **M6:** 153
stainless steels, austenitic **M6:** 329–333
current **M6:** 329
full-penetration weld **M6:** 333
pulsed arc transfer. **M6:** 330–331
shielding gas. **M6:** 331–332
short circuiting transfer **M6:** 329–330
spray transfer **M6:** 329–331
stainless steels, ferritic **M6:** 348
stainless steels, nitrogen-strengthened
austenitic **M6:** 345
titanium and titanium alloys. **M6:** 153, 446,
455–456
metal transfer. **M6:** 455–456
shielding **M6:** 456
Gas nitrided steels **A9:** 227–228
Gas nitriding **A4:** 263, 387–409, **A20:** 488,
M4: 191–221
advantages **A4:** 387, 403, **M4:** 191
aluminum-containing steels **A4:** 391–392
ammonia supply . . **A4:** 388, 398–400, **M4:** 204–205,
208
applications **A4:** 387–388, 394–395, 396, 397, 399,
402, 409, 410, **M4:** 192, 193, 194
bright nitriding **A4:** 403, **M4:** 212–213
case depth control. **A4:** 388, 390–391, 400,
M4: 197, 198–199, 201, 202
case depth, evaluation **A4:** 388, 390–391, 392, 394,
408–409, **M4:** 219–220
case hardening process **M7:** 455
characteristics compared **A20:** 486
characteristics of diffusion treatments **A5:** 738
chromium-containing low-alloy steels **A4:** 392–393,
394
chromium-containing tool steels. . **A4:** 392–393, 395
cleaning. **A4:** 388, 409
compared to plasma (ion) nitriding **A4:** 420
dimensional changes **A4:** 393–395, 400,
M4: 199–202, 203, 204, 205
dissociation rates **A4:** 389, 390, 395, 402, **M4:** 198
distortion. **A4:** 393–395, 396, 398
double-stage **A4:** 388, 389, 394, 395, 409,
M4: 192–194, 195, 196
equipment requirements. **A4:** 395–398, 399,
M4: 204, 205, 206
exhaust gas, analysis **A4:** 399–400, 407–408,
M4: 219
Floe process **A4:** 388
furnace cooling **A4:** 389–390, **M4:** 198
furnace purging **A4:** 388–389, 390, **M4:** 196

hardness testing. . **A4:** 388, 390, 391, 392–393, 395,
408, **M4:** 219
ion nitriding *See* Gas nitriding, ion process
nitridable steels. **A4:** 387, **M4:** 191, 192
pack nitriding. **A4:** 403, **M4:** 213
pressure nitriding **A4:** 402–403, **M4:** 211–212
prior heat treatment **A4:** 387–388, 394–395,
M4: 191–192
problems and causes **A4:** 400–401, **M4:** 206–208
procedures **A4:** 388, 401
reasons for. **A4:** 387
safety precautions. **A4:** 389, 390, 399, 400,
M4: 205–206
selective **A4:** 401, 403, **M4:** 208–209
single-stage. . **A4:** 388, 389, 391–392, 398, 402, 409,
M4: 192–194, 205
stainless steels. **A4:** 424, **A5:** 757–759
stress relieving. **A4:** 394, 396, 400
surface preparation of parts **A4:** 408, **M4:** 194–196
temperatures **A4:** 387–392, 398, **M4:** 191
to reduce erosive wear in die-casting dies **A18:** 632
tool steels **A4:** 724, 752, **A18:** 739
white layer, removal from surface **A4:** 409,
M4: 220–221
Gas nitriding furnaces **A4:** 389–390, 395–398
bell-type **A4:** 390, 396–397, **M4:** 203, 208
box **A4:** 397–398, **M4:** 203
fixtures **A4:** 398, **M4:** 203–204
temperature control. . . . **A4:** 390, 396, 398, **M4:** 203
tube retorts. **A4:** 398, **M4:** 203
vertical retort **A4:** 396, **M4:** 202–203, 207
Gas nitriding, ion process
advantages **A4:** 405, **M4:** 217
applications **A4:** 406, **M4:** 217–218
arc suppression **M4:** 214
case hardening **A4:** 405, **M4:** 213, 214, 217
compared to ammonia gas nitriding. . **A4:** 403, 405,
M4: 212, 216–217
control units. **A4:** 403, **M4:** 214
equipment. **M4:** 210, 213, 214
fixture design. **M4:** 214–216
glow discharge **A4:** 407, **M4:** 213
inspection **A4:** 408, **M4:** 216
process gas **A4:** 404, **M4:** 214
processing. **A4:** 403–406, **M4:** 214
quality control **A4:** 408
steel, structure and properties **A4:** 403–405,
M4: 211, 212, 216
Gas nitriding, stainless steels **A4:** 401–402
applications **A4:** 402, **M4:** 211
austenitic, ferritic **A4:** 401, **M4:** 209–210
hardenable alloys. **A4:** 401, **M4:** 210
hardness gradients **A4:** 402, **M4:** 209, 211
nitriding cycles. **A4:** 402, **M4:** 211
prior condition. **A4:** 401, **M4:** 210
surface preparation. **A4:** 401–402, **M4:** 210–211
Gas nitriding, vacuum nitrocarburizing **A4:** 405,
406–407
cold wall furnace. **A4:** 407, **M4:** 218
glow-discharge. **A4:** 407, **M4:** 215, 218
hardness levels. **A4:** 407, **M4:** 218
Gas nuclear filters
powders used **M7:** 573
Gas permeability
for temperature-time control in polymer removal
techniques **EM4:** 137
to analyze ceramic powder particle sizes. . **EM4:** 67
Gas permeability testing A7: 700, 702, 714–715, 716
Gas permeation
explosivity **M7:** 196
Gas phase corrosion
coal- and oil-fired boilers **A13:** 995
solid waste boilers **A13:** 997
Ga-S (Phase Diagram). . . . . **A3:** 2•213
Gas phase embrittlement (GPE) **A20:** 586
Gas phase evaporation process. **A7:** 78
Gas phase reaction bonding
ceramic-matrix composites **EM4:** 840

Gas phase transport
involved in corrosion fatigue crack growth in
alloys exposed to aggressive
environments. **A19:** 185
Gas pipelines
flux leakage method. **A17:** 132
HSLA steels for **A1:** 416–417
Gas pocket
defined **A15:** 6
definition. **A6:** 1210
in steel pipe **A17:** 565
Gas pockets
cast aluminum alloys. **A12:** 406
Gas porosimetry **A7:** 280
Gas porosity **A7:** 36
and subsurface discontinuities **A11:** 120
and weld leakage. **M7:** 431
as casting internal discontinuity **A11:** 354
as die casting defect. **A15:** 294
defined **A11:** 5, **A15:** 6
definition. **A5:** 957
detection, in copper/copper alloy
castings **A17:** 534–535
effects in iron castings **A11:** 356–357
from inclusions. **A15:** 88
in aluminum alloys **A9:** 358, **A15:** 79, 85–86
in arc-welded aluminum alloys **A11:** 434
in austenitic manganese steel castings
causes of **A9:** 238
in copper/copper alloys **A15:** 86
in electron beam welds **A11:** 445
in semisolid alloys **A15:** 337
inspection **A15:** 557–558
microdiscontinuity affecting cast steel fatigue
behavior **A19:** 612
overcoming of. **A15:** 87
radiographic appearance. **A17:** 348–349
reactions. **A15:** 82
Gas ports
electrogas welding. **M6:** 240–241
Gas precipitation **M7:** 52, 55
Gas pressure **A7:** 398, 400
Gas pressure bonding **A7:** 438
Gas pressure forging *See* Hot isostatic pressing
Gas Producers Association specification 2140 (grade HD5)
special-duty propane **A4:** 312
Gas production
alloy steel corrosion in **A13:** 533–538
corrosion inhibitors for. **A13:** 478–484
wells **A13:** 478–480
Gas purging, hydrogen
from aluminum alloys. **A15:** 459–460
Gas purity
in HIP processing **M7:** 422
Gas pycnometer. **M7:** 265
Gas quenching **A7:** 484
applications in steel **M4:** 45, 46, 58–59
equipment, gas quenching unit. **M4:** 58–59
hardening tool steel **M4:** 59
recirculation of gases **M4:** 58
Gas regulator
definition. **A6:** 1210
Gas runs
as casting defects **A11:** 383
Gas scattering evaporation **A18:** 843
Gas shielded arc welding
definition **A6:** 1210, **M6:** 8
sheet metals. **A6:** 399
stainless steels. **A6:** 1196
Gas shielded arc welding (TIG or MIG) **A18:** 644
Gas sorption
to determine open porosity **EM4:** 581–582
Gas spray pattern. **M7:** 25, 27
Gas stream
heating and circulation, autoclave
system **EM1:** 645–647
pressurizing systems, autoclave system. . . **EM1:** 647
Gas stripping **A13:** 1244

SUBJECTS OF THE INDEXED VOLUMES: ASM Handbook (designated by the letter "A"): **A1:** Properties and Selection: Irons, Steels, and High-Performance Alloys (1990); **A2:** Properties and Selection: Nonferrous Alloys and Special-Purpose Materials (1990); **A3:** Alloy Phase Diagrams (1992); **A4:** Heat Treating (1991); **A5:** Surface Engineering (1994); **A6:** Welding, Brazing, and Soldering (1993); **A7:** Powder Metal Technologies and Applications (1998); **A8:** Mechanical Testing (1985); **A9:** Metallography and Microstructures (1985); **A10:** Materials Characterization (1986); **A11:** Failure Analysis and Prevention (1986); **A12:** Fractography (1987); **A13:** Corrosion (1987); **A14:** Forming and Forging (1988); **A15:** Casting (1988); **A16:** Machining (1989); **A17:** Nondestructive Evaluation and Quality Control (1989); **A18:** Friction, Lubrication, and Wear Technology (1992); **A19:** Fatigue and Fracture (1996); **A20:** Materials Selection and Design (1997). **Metals Handbook, 9th Edition** (designated by the letter "M"): **M1:** Properties and Selection: Irons and Steels (1978); **M2:** Properties and Selection: Nonferrous Alloys and Pure Metals (1979); **M3:** Properties and Selection: Stainless Steels, Tool Materials, and Special-Purpose Materials (1980); **M4:** Heat Treating (1981); **M5:** Surface Cleaning, Finishing, and Coating (1982); **M6:** Welding, Brazing, and Soldering (1983); **M7:** Powder Metallurgy (1984). **Engineered Materials Handbook** (designated by the letters "EM"): **EM1:** Composites (1987); **EM2:** Engineering Plastics (1988); **EM3:** Adhesives and Sealants (1990); **EM4:** Ceramics and Glasses (1991). **Electronic Materials Handbook** (designated by the letters "EL"): **EL1:** Packaging (1989)

Gas system
hot isostatic pressing equipment **M7:** 420–422
Gas thermit joining process
in joining processes classification scheme **A20:** 697
Gas torch
definition **A6:** 1210
Gas torch welding **A18:** 644
Gas transmission pipeline failure **A19:** 455–456
Gas tungsten arc cutting
definition **M6:** 8
Gas tungsten arc (TIG) welding
in joining processes classification scheme **A20:** 697
Gas tungsten arc weld
failure origins **A11:** 415
incomplete fusion voids in **A11:** 93
pressure vessel **A11:** 438
Gas tungsten arc welding **M6:** 182–213, **M7:** 456
advantages **M6:** 183
aluminum alloys **A15:** 763
arc systems **M6:** 184
arc length **M6:** 184
welder skill **M6:** 184
base-metal thickness **M6:** 183
cobalt-base alloys **A13:** 664
comparison to other welding
processes **M6:** 204–205
consumable inserts **M6:** 202
joint design **M6:** 202
typical inserts **M6:** 201–202
welding procedure **M6:** 202
controls for welding **M6:** 188
cooling water **M6:** 196
cost **M6:** 212–213
current for welding **M6:** 184–187
alternating current **M6:** 186
direct current electrode negative **M6:** 185
direct current electrode positive **M6:** 185–186
high-frequency current **M6:** 187
oxide removal **M6:** 186
prevention for rectification **M6:** 186
pulsed-current welding **M6:** 186–187
suitability for various metals **M6:** 185
definition **M6:** 8
electrodes **M6:** 190–195
consumption of tungsten electrodes **M6:** 193
contamination of tungsten
electrodes **M6:** 193–194
current-carrying capacity **M6:** 192–193
effect of tip angle **M6:** 195
electrode extension **M6:** 194
end profile **M6:** 192
finish and surface condition **M6:** 191
heating of the electrode tip **M6:** 193
size **M6:** 191–192
thoriated tungsten electrodes **M6:** 194–195
tungsten contamination of weld pool **M6:** 193
zirconiated tungsten electrodes **M6:** 195
equipment **M6:** 187–197
power supplies **M6:** 187–188
filler metals **M6:** 200–201
forms, sizes, and use **M6:** 200–201
storage and preparation **M6:** 201
filler-wire feeders **M6:** 195
cold wire system **M6:** 195
hot wire system **M6:** 195
fixtures **M6:** 197
weld backing **M6:** 197
gas flow **M6:** 199–200
gas shielding **M6:** 196
hoses **M6:** 196
mixers **M6:** 196
hardfacing **M6:** 787
heat flow calculations **M6:** 31
in containerized hot isostatic pressing **M7:** 431
joint design **M6:** 201–202
butt joints **M6:** 201
corner joints **M6:** 201
edge joints **M6:** 201–202
lap joints **M6:** 201
T-joints **M6:** 202
limitations **M6:** 183
machine circumferential welding **M6:** 210
mechanized welding **M6:** 208–210
equipment **M6:** 208–209
increased productivity **M6:** 209
simultaneous high-speed welding ... **M6:** 209–210
metals welded **M6:** 182–183
motion devices **M6:** 196–197
oscillators **M6:** 197
rotating positioners **M6:** 197
welding heat manipulators **M6:** 196–197
of cast irons **A15:** 523–524
process adaptability **M6:** 212
process fundamentals **M6:** 183–184
arc extinction **M6:** 184
arc initiation **M6:** 183–184
electrode and filler metal positions **M6:** 184
production examples, low-carbon
steel **M6:** 204–205
recommended proportions **M6:** 69–71
safety **M6:** 58, 213
eye protection **M6:** 213
protective clothing **M6:** 213
ventilation **M6:** 213
shielding gases **M6:** 197–200
argon versus helium **M6:** 197–198
argon-helium mixtures **M6:** 198
argon-hydrogen mixtures **M6:** 198–199
nitrogen, effect of **M6:** 199
oxygen-bearing argon mixtures **M6:** 199
shielding gases, purity of **M6:** 199
cylinder gas contamination **M6:** 199
removal of air from argon **M6:** 199
spot welding **M6:** 210–212
equipment **M6:** 210
penetration **M6:** 211
rimmed versus killed steels **M6:** 211–212
use of filler-metal wire **M6:** 211
supply and control of shielding gases **M6:** 199–200
drafts and air currents **M6:** 200
maintenance of adequate shielding **M6:** 200
supply source **M6:** 200
torches for welding **M6:** 188–190
air-cooled torches **M6:** 188
centering of the electrode **M6:** 190
collets **M6:** 190
electrode sizes **M6:** 190
gas lenses **M6:** 190
gas orifice sizes in collets **M6:** 190
shape **M6:** 189–190
size **M6:** 189
types of nozzles **M6:** 189
water-cooled torches **M6:** 188–189
underwater welding **M6:** 922
water hoses **M6:** 196
weld discontinuities **M6:** 830
weld overlaying **M6:** 807
weld soundness analysis of **A10:** 478–481
welding cables **M6:** 195–196
welding dissimilar metals **M6:** 207–208
welding of carbon and alloy steels **M6:** 203–204
welding of heat-resistant alloys **M6:** 205
welding of nonferrous metals **M6:** 205–206
aluminum alloys **M6:** 205–206
beryllium **M6:** 206
copper alloys **M6:** 206
magnesium alloys **M6:** 206
nickel alloys **M6:** 206
titanium alloys **M6:** 206
zirconium alloys **M6:** 206
welding of stainless steel **M6:** 205
work-metal preparation **M6:** 202–203
aluminum alloys **M6:** 203
carbon steels **M6:** 203
low-alloy steels **M6:** 203
nickel alloys **M6:** 203
stainless steel **M6:** 203
titanium alloys **M6:** 203
workpiece shape **M6:** 183
Gas tungsten arc welding fusion-zone
profiles **A20:** 714
Gas tungsten arc welding (GTAW)
mechanically alloyed oxide
alloys **A2:** 949
of Invar **A2:** 893
of nickel alloys **A2:** 445
refractory metals and alloys **A2:** 563–564
Gas tungsten arc welding (GTAW/TIG) **A7:** 656,
657, 658, 659, 661
for HIP containers **A7:** 613
refractory metals **A7:** 905–906
Gas tungsten arc welding of
alloy steels **M6:** 182, 203, 303–304
buttering **M6:** 304–305
forgings **M6:** 303–304
weld composition **M6:** 303
aluminum alloys **M6:** 182, 203, 205–206, 390–398
alternating current welding **M6:** 392–394
automatic welding **M6:** 393–395
comparison to gas metal arc
welding **M6:** 397–398
direct current electrode negative
welding **M6:** 394–395
direct current electrode positive welding **M6:** 394
filler metals **M6:** 391–392
manual welding **M6:** 392–393, 395
power supply and equipment **M6:** 390
shielding gases **M6:** 390–391
thicknesses **M6:** 390
weld backing **M6:** 392
weld soundness **M6:** 395–397
aluminum bronzes **M6:** 412–413
electrodes **M6:** 412
filler metal **M6:** 412
preheating **M6:** 412
shielding gas **M6:** 412
type of current **M6:** 412
welding conditions **M6:** 412
beryllium **M6:** 206
beryllium alloys **M6:** 182
beryllium copper, high-conductivity **M6:** 408
electrodes **M6:** 408
filler metal **M6:** 408
joint design **M6:** 408
preheating **M6:** 408
type of current **M6:** 408
welding conditions **M6:** 408
beryllium copper, high-strength **M6:** 408–409
filler metal **M6:** 408
joint design **M6:** 408
preheat and postweld heat treatments ... **M6:** 409
welding conditions **M6:** 408
carbon steels **M6:** 182, 203
cast irons **M6:** 309
coated steels **M6:** 183
copper and copper alloys **M6:** 182, 206, 400,
404–415
cuprous oxide effects **M6:** 405
electrodes **M6:** 404–405
filler metal **M6:** 404–406
joint designs **M6:** 403, 406
minimizing distortion **M6:** 406–407
preheating **M6:** 406
pulsed-current welding **M6:** 426
shielding gases **M6:** 405
welding conditions **M6:** 403
welding technique **M6:** 406
copper nickels **M6:** 414
filler metals **M6:** 414
shielding gas **M6:** 414
welding conditions **M6:** 414
coppers with dissimilar metals **M6:** 414–415
preheating **M6:** 415
welding with filler metal **M6:** 414–415
copper-zinc alloys **M6:** 409–410
filler metals **M6:** 409
shielding gas **M6:** 409
welding without filler metals **M6:** 410
ductile iron **M6:** 315
gray iron **M6:** 315
hafnium **M6:** 458
hardenable carbon steels **M6:** 269–270
heat-resistant alloys **M6:** 182, 205
cobalt-based alloys **M6:** 368–370
iron-nickel-chromium and iron-chromium-nickel
alloys **M6:** 365–366
nickel-based alloys **M6:** 358–362
lead **M6:** 183
low-alloy steels **M6:** 203
magnesium alloys **M6:** 182, 206, 429–432
molybdenum **M6:** 464
nickel alloys **M6:** 182, 203, 206, 438–439
nickel silver **M6:** 409
niobium **M6:** 459–460
nonferrous metals **M6:** 205–206
phosphor bronzes **M6:** 410–412
filler metal **M6:** 410
preheating **M6:** 411
shielding gas **M6:** 410
welding conditions **M6:** 410
welding without filler metal **M6:** 410

Gas tungsten arc welding of (continued)
refractory metals **M6:** 182, 205
silicon bronzes **M6:** 413–414
filler metals........................... **M6:** 414
joint design........................... **M6:** 414
preheating **M6:** 414
welding conditions................... **M6:** 413
stainless steels **M6:** 182, 203, 205
stainless steels, austenitic **M6:** 333–342
automatic precision welding **M6:** 341–342
circumferential welding.............. **M6:** 340
consumable inserts **M6:** 335–336
current.............................. **M6:** 333–334
filler metals **M6:** 334–335
heat restriction...................... **M6:** 341
joint design **M6:** 334, 337–338
longitudinal welding **M6:** 340
melt-through welding................. **M6:** 342
root-pass welds **M6:** 336–337
shielding gas......................... **M6:** 334
spot welding.......................... **M6:** 339
welding positions..................... **M6:** 333
work metal characteristics............ **M6:** 333
stainless steels, ferritic............. **M6:** 347–348
stainless steels, martensitic **M6:** 349
stainless steels, nitrogen-strengthened
austenitic **M6:** 345
structural steels high-strength **M6:** 203–204
tantalum........................... **M6:** 460–461
titanium and titanium alloys ... **M6:** 182, 203, 206, 446, 453, 455
arc length **M6:** 455
electrodes **M6:** 454
equipment....................... **M6:** 453–454
fixtures.............................. **M6:** 454
hot wire process..................... **M6:** 455
preheating........................... **M6:** 454
shielding **M6:** 454
tack welding..................... **M6:** 454–455
welding conditions................... **M6:** 455
tungsten **M6:** 464
zinc **M6:** 183
zirconium alloys **M6:** 182, 206, 458

Gas turbine blades corrosion
corrosion and corrodents, temperature
range.............................. **A20:** 562

Gas turbine engines
as NDE reliability case study **A17:** 681–684
ceramic applications **EM4:** 960

Gas turbine engines, design practices for structural ceramics *See* Design practices for structural ceramics in gas turbine engines

Gas turbines *See also* Advanced gas turbines
alloy coatings for **A13:** 458
Gas velocity field **A7:** 398, 400, 406

Gas welding
definition............................. **A6:** 1210
of thermocouple thermometers **A2:** 871
weldability of various base metals
compared **A20:** 306

Gas/metal environments
SERS studies in.................. **A10:** 136, 137

Gas-aspirating atomization **M7:** 125, 127

Gas-assisted processing
in polymer processing classification
scheme **A20:** 699

Gas-atomized cobalt-based hardfacing powders **M7:** 146

Gas-atomized copper powders **M7:** 117
particle size measurement........... **M7:** 223, 224
properties **M7:** 119

Gas-atomized powders
hot isostatic pressing **A7:** 19
low green strength..................... **M7:** 303
microstructural characteristics **M7:** 38–39

Gas-atomized specialty powders
rigid tool compaction of **M7:** 322

Gas-atomized stainless steel powders **M7:** 101

Gas-atomized tool steels
mechanical properties.................. **M7:** 479
nominal compositions **M7:** 103

Ga-Sb (Phase Diagram) .... **A3:** 2•214

Ga-Sc (Phase Diagram) .... **A3:** 2•214

Gas-cooled nuclear reactors **M7:** 664

Ga-Se (Phase Diagram) .... **A3:** 2•214

Gaseous atmosphere
impact milling in....................... **M7:** 57

Gaseous contaminants
effects and removal........... **M7:** 178, 180–181
measurement **M7:** 181

Gaseous contamination
nickel plating baths.................... **M5:** 210

Gaseous corrosion *See also* Gases
and aqueous corrosion, compared......... **A13:** 61
and oxidation **A13:** 17
defined................................ **A13:** 7
definition.............................. **A5:** 957

Gaseous environments
and explosivity **M7:** 194
as environmental variable affecting corrosion
fatigue **A19:** 188, 193
effect on fatigue..................... **A12:** 36–41
partial pressure of damaging species, as
environmental variable affecting corrosion
fatigue **A19:** 188, 193
structural steels, fatigue in **A19:** 598

Gaseous feedstocks
physical properties **M7:** 341

Gaseous ferritic nitrocarburizing *See also* Ferritic nitrocarburizing, gaseous............. **M7:** 455

Gaseous hydrogen
cracking from **A11:** 247
titanium/titanium alloy corrosion by **A13:** 685

Gaseous nickel tetracarbonyl **M7:** 137

Gaseous nitrocarburizing
furnace **M7:** 455

Gaseous reduction **M7:** 5

Gaseous uranium hexafluoride
lubricant for pumping equipment
bearings **A18:** 522

Gases *See also* Degassing; Gas porosity; Gaseous corrosion; Gases, characterization of; Gases in metals; Porosity; specific gases
absorption, titanium alloys............. **A14:** 838
acid, as gas samples.................... **A10:** 152
alloy system and....................... **A13:** 64
analytic methods adapted for............ **A10:** 8
and mold permeability **A15:** 209
at elevated temperatures, corrosion
testing in **A13:** 226
carbon dioxide and sulfur dioxide, use in high-temperature combustion....... **A10:** 221–225
characterized.......................... **A10:** 1
chlorine, cast irons in **A13:** 570
content, magnesium alloys **A15:** 802
copper/copper alloy resistance.......... **A13:** 632
core venting of........................ **A15:** 241
corrosion in **A13:** 17, 61–76
desorption, as leakage **A17:** 58
detectors **A17:** 61–65, 369
diffusion of........................ **A15:** 82–83
displacement, die casting **A15:** 291
dissolved, in water..................... **A13:** 489
effect on fatigue..................... **A12:** 36–41
electroplated chromium resistances to **A13:** 875
entrapment, in gray iron castings **A17:** 531
entrapment, in semisolid materials....... **A15:** 328
evacuation, in FM process **A15:** 38
evolution, during solidification **A15:** 87
filters used with **A10:** 94
flow pattern, ladle **A15:** 432
for core curing **A15:** 240
fuel, properties of...................... **A14:** 723
gold corrosion in **A13:** 798
helium, under pressure **A12:** 414
high temperature, hydrogen fluoride/hydrofluoric
acid corrosion **A13:** 1170
high-temperature mixed **A13:** 1172
hydrogen, measurement of.......... **A15:** 457–459
hydrogen, titanium embrittlement by ... **A12:** 23, 32
ideal, equation of state of............... **A17:** 58
image, low ionization, for field ion
microscopy........................ **A10:** 587
in aluminum **A15:** 85–86
in cast iron **A15:** 82–85
in computed tomography (CT) **A17:** 370
in copper alloys................... **A15:** 86, 466
in metals **A15:** 82–87
inclusions in glasses, Raman analysis..... **A10:** 131
inert, for FIM operations **A10:** 587
inert, tantalum resistance **A13:** 731
infrared absorbances by, PAS analysis of **A10:** 115
infrared analysis of.............. **A10:** 113, 115
inorganic, analytic methods for **A10:** 8
ionization potentials and imaging fields for
selected............................. **A10:** 586
kinetics of corrosion in............... **A13:** 65–70
leak testing of....................... **A17:** 57–70
-liquid reactions, kinetics of........... **A15:** 82–83
magnesium/magnesium alloys in **A13:** 743
mean free path **A17:** 59
mean free path lengths **A17:** 59
methane, along grain boundary.......... **A12:** 349
molecules, three-dimensional structure of **A10:** 393
natural, analytic methods for............ **A10:** 11
niobium corrosion in................... **A13:** 722
organic, analytic methods for............ **A10:** 11
platinum corrosion in **A13:** 803
potentiometric gas-sensing
electrodes for **A10:** 183–185
processes of, analytic methods for **A10:** 8, 11
producer, effect on furnaces............. **A15:** 32
properties, oxide scales.............. **A13:** 70–76
purging **A15:** 459–460
purity, hot isostatic pressing effects **A15:** 542
RDF determination of interatomic distance
distributions and coordination
numbers of **A10:** 393
reactive, aluminum refining with **A15:** 80
reactive, as fatigue environment **A12:** 35
regulators for.......................... **A14:** 725
removal, and chemical equilibrium....... **A10:** 163
samples of **A10:** 16
saturation, effect on pollution control ... **A13:** 1367
silver corrosion in **A13:** 798
solubility, in copper alloys.......... **A15:** 464–465
solubility in ocean water............... **A13:** 1256
sour **A13:** 1257
stainless steel corrosion................. **A13:** 559
sweet **A13:** 1256–1257
systems, at pressure, leak testing methods.. **A17:** 59
testing, in copper alloys **A15:** 465–466
thermal conductivity of **A10:** 223, 230
thermodynamics of high-temperature
corrosion in...................... **A13:** 61–64
titanium/titanium alloy resistance........ **A13:** 681
top, analysis of........................ **A15:** 384
transmission, alloy steel corrosion **A13:** 536–538
types, for cutting **A14:** 722–724
types of flow.......................... **A17:** 59
use, cold box processes **A15:** 238
velocity measurement, laser........... **A17:** 16–17
x-ray detector for, early................. **A10:** 83
zinc/zinc alloys and coatings in.......... **A13:** 763
zirconium/zirconium alloy corrosion **A13:** 717

Gases, characterization of *See also* Gases
extended x-ray absorption fine
structure........................ **A10:** 407–419
gas analysis by mass spectrometry ... **A10:** 151–157
gas chromatography/mass
spectrometry **A10:** 639–648
infrared spectroscopy **A10:** 109–125
molecular fluorescence spectrometry ... **A10:** 72–81
Raman spectroscopy **A10:** 126–138
ultraviolet/visible absorption
spectroscopy **A10:** 60–71

SUBJECTS OF THE INDEXED VOLUMES: ASM Handbook (designated by the letter "A"): **A1:** Properties and Selection: Irons, Steels, and High-Performance Alloys (1990); **A2:** Properties and Selection: Nonferrous Alloys and Special-Purpose Materials (1990); **A3:** Alloy Phase Diagrams (1992); **A4:** Heat Treating (1991); **A5:** Surface Engineering (1994); **A6:** Welding, Brazing, and Soldering (1993); **A7:** Powder Metal Technologies and Applications (1998); **A8:** Mechanical Testing (1985); **A9:** Metallography and Microstructures (1985); **A10:** Materials Characterization (1986); **A11:** Failure Analysis and Prevention (1986); **A12:** Fractography (1987); **A13:** Corrosion (1987); **A14:** Forming and Forging (1988); **A15:** Casting (1988); **A16:** Machining (1989); **A17:** Nondestructive Evaluation and Quality Control (1989); **A18:** Friction, Lubrication, and Wear Technology (1992); **A19:** Fatigue and Fracture (1996); **A20:** Materials Selection and Design (1997). **Metals Handbook, 9th Edition** (designated by the letter "M"): **M1:** Properties and Selection: Irons and Steels (1978); **M2:** Properties and Selection: Nonferrous Alloys and Pure Metals (1979); **M3:** Properties and Selection: Stainless Steels, Tool Materials, and Special-Purpose Materials (1980); **M4:** Heat Treating (1981); **M5:** Surface Cleaning, Finishing, and Coating (1982); **M6:** Welding, Brazing, and Soldering (1983); **M7:** Powder Metallurgy (1984). **Engineered Materials Handbook** (designated by the letters "EM"): **EM1:** Composites (1987); **EM2:** Engineering Plastics (1988); **EM3:** Adhesives and Sealants (1990); **EM4:** Ceramics and Glasses (1991). **Electronic Materials Handbook** (designated by the letters "EL"): **EL1:** Packaging (1989)

Gases, combustion
heat transfer from **A11:** 628
Gases, copper alloys
corrosion rate **M2:** 480–483
Gases, dissolved *See* Dissolved gases
Gases in metals
aluminum **A15:** 85–86
cast iron. **A15:** 82–85
copper and copper alloys **A15:** 86
gas porosity **A15:** 87
Gases, liquefied
boiling points **M3:** 721–722
Gas-filled detectors
for x-ray spectroscopy **A10:** 88
Gasification, high-temperature
of coke **A15:** 53
Gasket
defined **A18:** 10
Gasket, copper
for fatigue test chamber **A8:** 412
Gasketing
design **EM3:** 53–54
Gaskets **EM1:** 168, 720
of indium. **A2:** 752
Gasless delay elements
compositions **M7:** 2, 604
Gas-lift wells **A13:** 1248
Gas-lubricated bearings, friction and
wear of **A18:** 522–532
advantages **A18:** 522
applications **A18:** 522, 531, 532
clearance modulus, definition **A18:** 523–524
compliant-surface bearings **A18:** 530–531
advantages **A18:** 530
applications **A18:** 531
bending-dominated continuous foil
bearings. **A18:** 531
bending-dominated segmented foil
bearings **A18:** 530–531
design analysis. **A18:** 531
hybrid bearings **A18:** 531–532
modified bending-dominated continuous foil
bearings. **A18:** 531
pressurized-membrane bearings **A18:** 531
surface coatings **A18:** 532
tension-dominated foil bearings **A18:** 530
compressibility numbers . . **A18:** 522–523, 525, 526, 527, 528, 529

development of gas lubrication
technology **A18:** 522
disadvantages **A18:** 522
eccentricity ratio, definition. . . . **A18:** 523–524, 527, 528, 532
friction in gas-lubricated journal bearings **A18:** 526
half-frequency whirl. **A18:** 526–527
helical-grooved journal bearings **A18:** 528
hydrostatic gas-lubricated bearings. . . **A18:** 528–529
hydrostatic journal bearings. **A18:** 531–532
journal bearings. **A18:** 523, 525–526
material for gas-lubricated bearings **A18:** 432
mean free path effect **A18:** 524–525
multiple-pressure sources **A18:** 529
pivoted-pad journal bearing. **A18:** 527, 528
pneumatic hammer **A18:** 529
porous bearings **A18:** 529–530
Rayleigh step bearings **A18:** 523, 525
surface coatings **A18:** 532
synchronous whirl **A18:** 11, 526
three-sector journal bearing **A18:** 527–528
tilting-pad bearings **A18:** 523, 524
applications **A18:** 607
tilting-pad journal bearings **A18:** 527, 528
pivot circle clearance **A18:** 527
pivot design **A18:** 527
yaw stability. **A18:** 527
Ga-Sm (Phase Diagram) . . . . **A3:** 2•215
Gas-metal arc (GMAW) welding
hardfacing alloy consumable form. **A5:** 691
hardfacing applications, characteristics. **A5:** 736
Gas-metal arc welding **A19:** 275, 284
Gas-metal arc welding (GMAW) **A6:** 124–125, 180–185, 647, 652, 653, 654, 655, 657, **A20:** 473
advantages **A6:** 180
all-weld-metal chemical compositions for
martensitic stainless steel filler
metals **A6:** 439
aluminum alloys **A6:** 180, 722–723, 724, 726, 729, 730, 731–735, 737–738, 739
aluminum bronzes. **A6:** 754, 765
aluminum metal-matrix composites . . **A6:** 555, 556, 557
aluminum-lithium alloys **A6:** 551, 552
applications **A6:** 180, 865
automotive **A6:** 393, 394, 395
railroad equipment **A6:** 396
sheet metals **A6:** 398
shipbuilding **A6:** 384
argon in the shielding gas **A6:** 65
carbon dioxide in the shielding gas. **A6:** 65
carbon steel **A6:** 180
cast irons **A6:** 716
copper-base electrodes **A6:** 719
nickel-base electrodes **A6:** 719
steel electrodes. **A6:** 719
characteristics **A20:** 696
cobalt-base corrosion-resistant alloys **A6:** 598
consumables **A6:** 185
copper **A6:** 759–760, 761, 762
copper alloys **A6:** 180, 752, 754–755, 762, 763, 765, 768
dissimilar metals. **A6:** 769–770
copper-nickel alloys. **A6:** 754, 768
cross sections of an air-cooled gun **A6:** 183
cryogenic service **A6:** 1017
definition **A6:** 180, 1210
deposit thickness, deposition rate, dilution single
layer (%) and uses **A20:** 473
deposition rates **A6:** 180
disadvantages **A6:** 394
dissimilar metal joining **A6:** 824, 828
duplex stainless steels **A6:** 480
electrodes **A6:** 182, 185, 1143, 1144
ferritic stainless steels. **A6:** 446
for carbon steels. **A6:** 655, 657
for cast irons **A6:** 718–719, 720
for coppers. **A6:** 759
for stainless steels **A6:** 705, 706, 707
for welding dissimilar copper alloys **A6:** 770
equipment. **A6:** 183–185
electrode feed unit **A6:** 184
electrode source. **A6:** 184
regulated shielding gas supply **A6:** 184–185
welding control mechanism. **A6:** 184
welding gun **A6:** 183–184
welding power source. **A6:** 184
ferritic stainless steels **A6:** 446
filler metals **A6:** 194, 446
filler metals for coppers **A6:** 759
fluid flow phenomena. **A6:** 19, 23–24
for repair of high-carbon steels **A6:** 1105
for repair welding. **A6:** 864
fume generation rate dependence on shielding gas
composition **A6:** 68
fusion zone **A6:** 183
hardfacing alloy consumable form. **A6:** 796
hardfacing alloys. **A6:** 797, 798, 800, 801, 803
heat sources **A6:** 1143–1144
heat-treatable aluminum alloys. . . **A6:** 528, 531–532
heat-treatable low-alloy steels. . . . **A6:** 669, 670, 671
for pressure vessels and piping. **A6:** 667
limitations **A6:** 180
low-alloy metals for pressure vessels and
piping **A6:** 668
low-alloy steels **A6:** 662, 663, 664, 666, 668, 669, 670, 671, 673, 674, 676
high-strength low-alloy steel **A6:** 180
quench and tempered structural steels . . . **A6:** 664, 666
structural steels. **A6:** 663, 664
low-carbon steels **A6:** 10, 17
magnesium alloys **A6:** 772, 776–777
matching filler metal specifications. **A6:** 394
metallurgical discontinuities. **A6:** 1073
nickel alloys **A6:** 180, 588, 740, 741, 742, 743–745, 746, 749, 750, 751
nickel alloys to dissimilar alloys **A6:** 751
nickel-base corrosion-resistant alloys containing
molybdenum **A6:** 594
nickel-chromium alloys. **A6:** 587, 588
nickel-chromium-iron alloys **A6:** 587, 588
nickel-copper alloys. **A6:** 587, 588
non-heat-treatable aluminum alloys **A6:** 539
oxide-dispersion-strengthened materials . . **A6:** 1038, 1039
oxygen in the shielding gas. **A6:** 65
parameters for type 403 martensitic stainless
steel. **A6:** 439
phosphor bronzes **A6:** 764
postweld heat treatment **A6:** 762
power source selected **A6:** 37, 38, 39, 40
precipitation-hardening stainless steels **A6:** 483, 487, 489
pressure vessel manufacture **A6:** 379
procedure development. **A6:** 27–29
process fundamentals **A6:** 180–183
globular transfer **A6:** 180, 181, 182
metal transfer mechanisms. **A6:** 180, 181–182
principles of operation. **A6:** 180
process variables. **A6:** 182–183
short-circuiting transfer **A6:** 180–181, 182
spray transfer **A6:** 180, 181–182
process selection guidelines for arc
welding. **A6:** 653
rating gas as a function of weld parameters and
characteristics **A6:** 1104
safety **A6:** 185
safety precautions **A6:** 1192–1193
schematic of process **A6:** 181
sensor systems **A6:** 1063, 1064
shielding gases. . . **A6:** 64, 65, 66–67, 181, 183, 185, 662, 705, 706, 707
for silicon bronzes **A6:** 766
hardfacing alloys **A6:** 803
selection recommendations **A6:** 66
silicon bronzes. **A6:** 754, 766
stainless steel casting alloys **A6:** 496
stainless steels . . . **A6:** 180, 677, 680, 688, 693, 694, 697, 698, 699, 705, 706, 707
steel weldment soundness **A6:** 408, 409, 413
suggested viewing filter plates **A6:** 1191
synergic pulsed **A6:** 41
"temper-bead" procedures **A6:** 81
titanium alloys **A6:** 783, 784, 786
to prevent hydrogen-induced cold cracking **A6:** 436
tool and die steels. **A6:** 674, 676
transfer of heat and mass to the base
metal **A6:** 25–29
droplet transfer modes. **A6:** 27–29
droplet velocity and temperature. **A6:** 27, 28
electrical and acoustic signals. **A6:** 27, 28
heat transfer. **A6:** 25–27
mass transfer. **A6:** 25–27, 28
weld reinforcement **A6:** 27
tungsten inclusions. **A6:** 1074
ultrahigh-strength low-alloy steels **A6:** 673
underwater welding **A6:** 1010
dry welding **A6:** 179
vs. EBW. **A6:** 858
vs. flux-cored arc welding **A6:** 186, 187
vs. gas-tungsten arc welding **A6:** 190
vs. plasma-MIG welding **A6:** 223, 224, 225
vs. shielded metal arc welding. **A6:** 180
vs. submerged arc welding **A6:** 180
weldability of various base metals
compared **A20:** 306
zirconium alloys **A6:** 787
Gas-metal arc welding process **A18:** 653
Gas-metal arc wire electrode process **A18:** 653
Gas-metal thermochemistry
technology of. **M7:** 295
Gas-metal-arc welding (GMAW)
of Invar **A2:** 893
of nickel alloys **A2:** 445
Ga-Sn (Phase Diagram) . . . . **A3:** 2•215
Gas-nitrided drive-gear assembly
deformation of **A11:** 142–143
Gasoline
copper/copper alloy resistance. **A13:** 631, 635
paints selected for resistance to. **A5:** 423
Gasoline engines, design practices for structural ceramics *See* Design practices for structural ceramics in gasoline engines
Gasoline synthesis catalysts
powders used **M7:** 572
Gas-phase corrosion
Raman analysis. **A10:** 135
Gas-plated products
nickel tetracarbonyl **M7:** 137

Gas-pressure combustion sintering
functionally graded materials **A7:** 533
Gas-pressure sintering
and HIP **EM4:** 199
pressure densification **EM4:** 299–300
conditions **EM4:** 298
parameters **EM4:** 298
pressure **EM4:** 301
temperature **EM4:** 301
to densify products of SHS process **EM4:** 320
Ga-Sr (Phase Diagram) . . . . . **A3:** 2•215
Gassing
defined **A15:** 6
definition **A5:** 957
Gas-solid reduction process
tungsten **M7:** 153, 155
Gas-sorption methods
aluminum powders **M7:** 129
Gas-to-metal ratio (GMR) **A7:** 43, 398, 400
Gastroenteritis
as copper toxic reactions **M7:** 205
Gas-tungsten arc cutting (GTAC)
definition **A6:** 1210
Gas-tungsten arc (GTAW) welding
hardfacing alloy consumable form **A5:** 691
hardfacing applications, characteristics **A5:** 736
residual stress effects **A5:** 145
Gas-tungsten arc welding **A19:** 203, 275, 284
Gas-tungsten arc welding (GTAW) **A6:** 124–125, 190–194, **A20:** 473, 768
12Cr-Mo-0.3V (HT9) **A6:** 435, 436
advanced titanium-base alloys **A6:** 526
advantages **A6:** 190–191
alloy steels **A6:** 190
all-weld-metal chemical compositions for martensitic stainless steel filler metals **A6:** 439
aluminum **A6:** 190, 191
aluminum alloys **A6:** 725, 729, 730, 731–735, 736, 737, 738, 739, 871, 872
castings **A6:** 192
aluminum bronzes **A6:** 754, 764–765
aluminum metal-matrix composites . . . **A6:** 555–556
aluminum-lithium alloys **A6:** 551, 552
and brazing of stainless steels **A6:** 919
applications **A6:** 19, 190, 194, 394, 865
sheet metals **A6:** 398, 399
arc oscillation **A6:** 191
arc physics of **A6:** 30–35
anode **A6:** 31
arc column **A6:** 21–32, 34
arc efficiency **A6:** 31
arc length effect **A6:** 32
cathode tip shape effect **A6:** 32, 33
definition of welding arc **A6:** 30
electrode regions and arc column **A6:** 30–35
electron and thermal contributions to heat transfer **A6:** 31
gas shielding **A6:** 30
relative heat transfer contributions to workpiece **A6:** 31
shielding gas composition effect **A6:** 32
austenitic stainless steels . . . **A6:** 462–463, 464, 465, 466, 468, 1018
automatic welding **A6:** 191, 193, 194
beryllium **A6:** 192
beryllium coppers **A6:** 754
brass **A6:** 192
carbon steels **A6:** 190, 652, 653, 654, 655–656, 658
cast irons **A6:** 192, 716, 720
characteristics **A20:** 696
cobalt alloys **A20:** 397
copper **A6:** 190, 756–759, 760–761, 762
copper alloys **A6:** 192, 752, 754, 755, 756, 762, 763, 764–765, 766, 767, 768
dissimilar metals **A6:** 769
copper-nickel alloys **A6:** 754, 766–768
cryogenic service **A6:** 1017, 1018
deoxidized copper **A6:** 192
deposit thickness, deposition rate, dilution single layer (%) and uses **A20:** 473
depth-to-width ratio (*d/w*) **A6:** 20–21
development **A6:** 190
dispersion-strengthened aluminum alloys **A6:** 543–544, 545
dissimilar metal joining **A6:** 824, 827, 828
dissimilar metals **A6:** 190
distortion **A6:** 191
dopants **A6:** 22
duplex stainless steels **A6:** 476, 479, 480
electrodes **A6:** 191, 786
for copper alloys **A6:** 754, 756
for stainless steels **A6:** 705
electrolytic tough pitch copper **A6:** 758–759
equipment **A6:** 191
evaluation
by weld penetration tests **A6:** 608–609
using the Sigmajig test **A6:** 608
experimental observations **A6:** 20–21
ferritic stainless steels **A6:** 445–446, 447, 448
filler metals **A6:** 193–194, 658
fixtures **A6:** 786
fluid flow phenomena **A6:** 19–22
for repair welding **A6:** 864
of high-carbon steels **A6:** 1105
gas shielding **A6:** 30
hardfacing alloy consumable form **A6:** 796
hardfacing alloys **A6:** 798, 799, 800, 803–805, 807
heat flow in fusion welding **A6:** 8
heat sources **A6:** 1142–1143
heat-affected zone **A6:** 868
heat-resistant alloys **A6:** 192
heat-treatable aluminum alloys . . **A6:** 528, 531, 532, 533, 534
heat-treatable low-alloy steels **A6:** 669, 670, 671
high current effects **A6:** 22
high-carbon steel **A6:** 192
high-strength low-alloy quench and tempered structural steels **A6:** 664, 666
structural steels **A6:** 664
in space and low-gravity environments . . . **A6:** 1021, 1022
inert gases used **A6:** 190
interactions **A6:** 21–22
Laves phase alloys **A6:** 795
limitations **A6:** 190–191
low-alloy metals for pressure vessels and piping **A6:** 668
low-alloy steels . . **A6:** 662, 664, 666, 668, 669, 670, 671, 673, 674, 676
for pressure vessels and piping **A6:** 667
low-carbon steel **A6:** 192
magnesium **A6:** 190, 191
magnesium alloys **A6:** 772, 777–779, 780–781
castings **A6:** 192
manual welding **A6:** 194
mechanized welding **A6:** 191, 194
melting temperature necessary **A6:** 190
metallurgical discontinuities **A6:** 1073
modeling **A20:** 714
molybdenum **A6:** 193
molybdenum alloys **A6:** 581
narrow groove welding **A6:** 194
neural network system **A6:** 1060
nickel alloys **A6:** 588, 704, 741, 742–743, 748, 749, 751
to dissimilar alloys **A6:** 751
nickel-base corrosion-resistant alloys containing molybdenum **A6:** 594
nickel-chromium alloys **A6:** 588
nickel-chromium-iron alloys **A6:** 588
nickel-copper alloys **A6:** 588
niobium **A6:** 871
niobium alloys **A6:** 581
numerical simulations **A6:** 21
oxide-dispersion-strengthened materials . . **A6:** 1038, 1039
oxygen-free copper **A6:** 758
personnel **A6:** 190
phosphor bronzes **A6:** 763–764
power sources **A6:** 36
selection **A6:** 36–37, 38, 39, 40
power supplies **A6:** 190–191
precipitation-hardening stainless steels **A6:** 483, 484, 487, 488, 489, 491–492
pressure vessel manufacture **A6:** 379
primary driving forces (four) **A6:** 19
process parameters **A6:** 191–194
process selection guidelines for arc welding **A6:** 653
process variations **A6:** 194
rating as a function of weld parameters and characteristics **A6:** 1104
reactive materials **A6:** 190
refractory metals **A6:** 192
rhenium alloys **A6:** 581
safety precautions **A6:** 1192–1193, 1200, 1202
sensor systems **A6:** 1063, 1064
shielding gases **A6:** 65, 193, 488–489, 662, 703, 704, 756, 783, 786
dispersion-strengthened aluminum alloys **A6:** 543
for coppers **A6:** 758
for hardfacing alloys **A6:** 803–804
for space and low-gravity environments **A6:** 1022
selection **A6:** 67–68
silicon bronzes **A6:** 192, 754, 766
silver **A6:** 192
spot Varestraint test **A6:** 607–608
stainless steel casting alloys **A6:** 496
stainless steels . . . **A6:** 190, 191, 192, 677, 679, 686, 688, 693, 697, 698, 699, 703–705, 870
strategies for controlling poor and variable penetration **A6:** 22
suggested viewing filter plates **A6:** 1191
surface-tension-drive fluid flow model . . . **A6:** 19–20
tantalum **A6:** 190, 193
tantalum alloys **A6:** 580, 581
temperature measurement, validation strategies **A6:** 1149–1150
temper-bead procedure for HAZ in multipass weldments **A6:** 81
titanium **A6:** 190, 193
titanium alloys . . **A6:** 192, 512, 513, 514, 515, 516, 518, 520, 521, 522, 783–784, 785–786
to prevent hydrogen-induced cold cracking **A6:** 436
to solve problems in joining thin sections by oxyfuel gas welding **A6:** 288
tool and die steels **A6:** 674, 676
torch construction **A6:** 191
trace element impurities effect on weld penetration **A6:** 20
tungsten alloys **A6:** 580, 581
tungsten inclusions **A6:** 1074
ultrahigh-strength low-alloy steels **A6:** 673, 674
underwater welding **A6:** 1010, 1014
dry welding **A6:** 179
Varestraint hot crack testing **A6:** 603, 606–607
vs. electron-beam welding (nonvacuum) **A6:** 857
vs. gas-metal arc welding **A6:** 190
weld microstructures **A6:** 51
weld shape variability **A6:** 19
weld size variation and HAZ **A6:** 868, 869
weldability of various base metals compared **A20:** 306
welding current **A6:** 191–193
wire feed systems **A6:** 191
with low-temperature solid-state welding . . . **A6:** 301
zirconium alloys **A6:** 787
Gas-turbine components
elevated-temperature failures in **A11:** 282–287
tests for **A11:** 278–281
Ga-Tb (Phase Diagram) . . . . . **A3:** 2•216
Gate **A20:** 723, 725
arrays, defined **EL1:** 167–168, 1145
broken casting at **A11:** 386
counts per chip, growth **EL1:** 416
defined **EM2:** 20

SUBJECTS OF THE INDEXED VOLUMES: ASM Handbook (designated by the letter "A"): **A1:** Properties and Selection: Irons, Steels, and High-Performance Alloys (1990); **A2:** Properties and Selection: Nonferrous Alloys and Special-Purpose Materials (1990); **A3:** Alloy Phase Diagrams (1992); **A4:** Heat Treating (1991); **A5:** Surface Engineering (1994); **A6:** Welding, Brazing, and Soldering (1993); **A7:** Powder Metal Technologies and Applications (1998); **A8:** Mechanical Testing (1985); **A9:** Metallography and Microstructures (1985); **A10:** Materials Characterization (1986); **A11:** Failure Analysis and Prevention (1986); **A12:** Fractography (1987); **A13:** Corrosion (1987); **A14:** Forming and Forging (1988); **A15:** Casting (1988); **A16:** Machining (1989); **A17:** Nondestructive Evaluation and Quality Control (1989); **A18:** Friction, Lubrication, and Wear Technology (1992); **A19:** Fatigue and Fracture (1996); **A20:** Materials Selection and Design (1997). **Metals Handbook, 9th Edition** (designated by the letter "M"): **M1:** Properties and Selection: Irons and Steels (1978); **M2:** Properties and Selection: Nonferrous Alloys and Pure Metals (1979); **M3:** Properties and Selection: Stainless Steels, Tool Materials, and Special-Purpose Materials (1980); **M4:** Heat Treating (1981); **M5:** Surface Cleaning, Finishing, and Coating (1982); **M6:** Welding, Brazing, and Soldering (1983); **M7:** Powder Metallurgy (1984). **Engineered Materials Handbook** (designated by the letters "EM"): **EM1:** Composites (1987); **EM2:** Engineering Plastics (1988); **EM3:** Adhesives and Sealants (1990); **EM4:** Ceramics and Glasses (1991). **Electronic Materials Handbook** (designated by the letters "EL"): **EL1:** Packaging (1989)

definition A20: 834
-equivalent circuit, defined EL1: 1145
formation, MOS IC fabrication EL1: 198
-level devices, development EL1: 2
-to-gate interconnections, defined EL1: 12
Gate mark
defined EM2: 20
Ga-Te (Phase Diagram) . . . . . A3: 2•216
Gated desorption images
IAP analysis for A10: 596, 600–601
Gated pattern *See also* Gates; Gating system; Pattern
defined A15: 6
of early molders A15: 28
Gate(s) *See also* Gated pattern; Gating systems; Mold cavity; Pattern; Rigging; Risers
and flash grinding, Alnico alloys A15: 737
as pattern feature A15: 192
copper alloy casting A15: 777–778
defined A15: 6, 204
Gathering (pipe)lines
high-pressure long-distance A11: 695
Gating *See also* Gate(s); Gating systems
and mold life A15: 281
automated A15: 36
C-scans, pulse-echo ultrasonic inspection . . A17: 243
defined A15: 192
design A15: 285, 589–597
effect on risers A11: 354
in directional solidified furnaces A15: 319, 321
magnesium alloys A15: 805–806
methods, for inclusion control A15: 91
of die castings A15: 755
principles A15: 754
removal, economic A15: 589
size, surface finish effects A15: 285
ultrasonic inspection circuits A17: 253
Gating design
ceramic filters in A15: 594–597
fluid flow principles A15: 590–592
pressurized vs. unpressurized systems A15: 593–594
runner and ingate A15: 592–593
variables A15: 589–590
vertical vs. horizontal gating systems A15: 594
Gating systems *See also* Gates; Gating
air venting, die casting process A15: 291
aluminum alloys A15: 754–755
bottom gating A15: 279
copper alloys A15: 776–778
defined A15: 6
die casting A15: 288–292
directional/monocrystal solidification A15: 321
ductile iron A15: 651
feeding of shrinkage, die casting A15: 291–292
gray iron A15: 640
knife and kiss A15: 778
metal flow, computer modeling of A15: 857
metal injection, die casting A15: 288–291
misruns A15: 279
nickel alloys A15: 821–822
permanent mold casting A15: 278–279
plain carbon steels A15: 711
screens and sieves for inclusion control A15: 90
side gating A15: 279
top gating A15: 279
vertical centrifugal casting A15: 300–301
Gating techniques
for ultrasonic C-scans EM2: 840–845
Ga-Tl (Phase Diagram) . . . . . A3: 2•216
Ga-Tm (Phase Diagram) . . . . . A3: 2•217
Gator gard
ceramic coatings for adiabatic diesel engines EM4: 992
Gatorizing *See also* Isothermal forging A1: 974, M3: 215–216
of jet engine disks A14: 18
of superalloys M7: 468
Ga-U (Phase Diagram) . . . . . A3: 2•217
Gauss
abbreviation A8: 724
GAUSSIAN
standardized service simulation load history A19: 116
Gaussian absorption curve
ESR spectrum A10: 259
Gaussian beam diameter (dg) A6: 265
Gaussian cumulative normal distribution A19: 306, 308
Gaussian cumulative probability A19: 305
Gaussian distribution . . A18: 296, 297, A19: 296, 300, EL1: 194–195
as room-temperature strength observations A8: 663
Gaussian elimination A20: 192–193
Gaussian function A19: 305
Gaussian method A5: 651
Gaussian normal distribution A19: 306, A20: 624, 625, 629
Gaussian profile A5: 665
Gaussian statistics A20: 724
Gauss-meter probe
in fatigue fracture analysis A11: 129
Ga-V (Phase Diagram) . . . . . A3: 2•217
Ga-Y (Phase Diagram) . . . . . A3: 2•218
Ga-Yb (Phase Diagram) . . . . . A3: 2•218
Ga-Zn (Phase Diagram) . . . . . A3: 2•218
Ga-Zr (Phase Diagram) . . . . . A3: 2•219
G-bronze
contributing to corrosion in seals A18: 549
seal materials A18: 550
GC/MS *See* Gas chromatographylmass spectrometry
Gd-Ge (Phase Diagram) . . . . . A3: 2•219
GdIG *See* Gadolinium-iron garnet
Gd-In (Phase Diagram) . . . . . A3: 2•219
Gd-Mg (Phase Diagram) . . . . . A3: 2•220
Gd-Mn (Phase Diagram) . . . . . A3: 2•220
GDMS *See* Glow discharge mass spectroscopy
Gd-Ni (Phase Diagram) . . . . . A3: 2•220
Gd-Pb (Phase Diagram) . . . . . A3: 2•221
Gd-Pd (Phase Diagram) . . . . . A3: 2•221
Gd-Rh (Phase Diagram) . . . . . A3: 2•221
Gd-Sb (Phase Diagram) . . . . . A3: 2•222
Gd-Se (Phase Diagram) . . . . . A3: 2•222
Gd-Sn (Phase Diagram) . . . . . A3: 2•222
Gd-Te (Phase Diagram) . . . . . A3: 2•223
Gd-Ti (Phase Diagram) . . . . . A3: 2•223
Gd-Tl (Phase Diagram) . . . . . A3: 2•223
GE 7031
as thermocouple wire insulation A2: 882
GE diamond
erosion test results A18: 200
GE dip-form process
for copper and copper alloy wire rod A2: 255
GE RTV60 silicon rubber compound
for surface replicas A17: 53
Gear applications
cast iron, coatings for M1: 104
closed-die steel forgings M1: 370, 371, 372
machining considerations . . M1: 565, 579, 581, 583
nitriding for wear resistance M1: 630
phosphate coating to reduce wear M1: 632
steels for, hardenability M1: 492–496
surface-hardened steels for M1: 527, 529, 534
wear resistance vs. surface finish M1: 636
Gear blanks
economy in manufacture M3: 854
Gear bulk temperature A18: 538
Gear cutting
cast irons A16: 655
Gear drive
resistance seam welding M6: 495
Gear (form) grinding
definition A5: 957
Gear insert M7: 669–670
Gear life A19: 345
adequate A19: 349
Gear manufacturing
as tool steel application M7: 791
P/M high-speed tool steel for A1: 786
***Gear Materials and Heat Treatment Manual* (ANSI/AGMA 2004-B89)** A19: 353
Gear oils A18: 99
additives in formulations A18: 111
antisquawk additives A18: 104
CRC L-37 and CRC L-42 axle tests A18: 101
demulsifiers A18: 107
dispersants used A18: 100
extreme-pressure agents used A18: 101
lubricant classification A18: 86
AGMA classifications A18: 86
rust and oxidation (R&O) type A18: 86
oxidation inhibitors A18: 105
pour-point depressants A18: 108
rust and corrosion inhibitors A18: 106
viscosity improvers used A18: 110
Gear pitch diameter A19: 347
Gear pumps EM3: 693–696, 698, 719
Gear rolling
in bulk deformation processes classification scheme A20: 691
Gear teeth
AISI/SAE alloy steels, fractured A12: 298
bending-fatigue fractures A12: 329–330
high-carbon steels, fractured A12: 277
subcase fatigue cracking A12: 322
Gear teeth, generation of
relative difficulty with respect to machinability of the workpiece A20: 305
Gear teeth to pinion teeth ratio (M_G) A19: 348
Gear tooth
-bending impact A11: 595
chipping A11: 595
contact A11: 587–589
shear A11: 595
wear A11: 595–596
Geared safety ladle A15: 28
Gear-generating hobs
thread grinding application A16: 278
Gearing systems
double-reduction A7: 344
single-reduction A7: 344
Gears *See also* Gear tooth; Gears, failure of M7: 667–670
and pinion, carburization failure of A11: 336
and tooth contact A11: 587–589
bevel A11: 587
bevel, production methods A14: 124–126
blank, forging of A14: 67–68
carburizing A18: 874, 875, 876
coining dies for M3: 510
crossed-axes helical A11: 586
drive, distortion in A11: 143
electron beam weld fracture surface in A11: 447
failure modes in A11: 590
forgings, typical A14: 106–107
helical A11: 586
HERF processing of A14: 106
herringbone A11: 586
integral coupling and, fatigue fracture A11: 129–130
internal A11: 586–587
magnetizing A17: 94
materials for A11: 590
nylon driving, failure of A11: 764, 765
oil-pump, brittle fracture of teeth A11: 344–345
on shafts, inspection of A17: 113
rack A11: 586–587
Rockwell hardness testing of A8: 81
spur A11: 586
stresses in A11: 589
tooth chipping failure pattern in A11: 595
tooth, residual porosity A14: 193
tooth section A11: 593
types of A11: 586–587
water-base magnetic particle testing A17: 103
wheel, polyoxymethylene, failure of . . A11: 764, 765
worm-gear sets A11: 586–587
Gears and their manufacture A16: 330–355
chain sprockets A16: 334
CNC milling and hobbing machines A16: 348–350, 353
cold forming A16: 346
comparison of steels for gear cutting A16: 346
correcting for distortion in heat treating . . A16: 351
crossed axes helical A16: 331, 332, 333
cutter material and construction A16: 343–344
cutting fluids A16: 343, 344–346
cyclex method process A16: 336, 340
double-enveloping worm A16: 333, 340
elliptical A16: 334
external A16: 334
face A16: 333, 334
face hob cutting A16: 335, 336, 340, 341, 343
face mill cutting A16: 335–336, 340, 341, 343, 344, 354
form grinding A16: 350, 351–352
formate cutting A16: 335–336, 340
gear inspection A16: 355
gear shaping cutters A16: 193
generation grinding A16: 350, 352–353
grinding A16: 350–355

Gears and their manufacture (continued)
grinding fluids **A16:** 350, 354–355
grinding of bevel gears **A16:** 353–354
G-Trac gear generator **A16:** 344
helical (external and internal) . . **A16:** 331, 333–334, 339–341, 343–344, 346, 348, 351–353
helix form cutting **A16:** 335–336, 340
herringbone (double helical) **A16:** 331
herringbone gears **A16:** 339, 341
herringbone teeth **A16:** 334
honing **A16:** 343, 350
hypoid **A16:** 332–333, 335–336, 338, 340, 350, 353–354
interlocking cutters **A16:** 337, 340, 344
internal **A16:** 332, 334, 339–340
lapping **A16:** 343
machines to cut gear teeth **A16:** 330
machining processes for other than bevel gears **A16:** 333
milling for roughing process **A16:** 335
P/M high-speed tool steels **A16:** 67, 68
planing generator process . . **A16:** 337–338, 340, 341
processes for bevel gears **A16:** 335–338
racks **A16:** 332, 334, 340
ratchets **A16:** 334
Revacycle process **A16:** 337, 340
rolling **A16:** 346–348
selection **A16:** 333
selection of machining process **A16:** 338–343
shaving **A16:** 341–343, 344, 350
single-enveloping worm **A16:** 333
speeds and feeds **A16:** 342, 343, 344
spiral bevel **A16:** 332–338, 340–341, 344, 349–353
spiroid **A16:** 333
spur (external and internal) **A16:** 331–334, 338–341, 344, 346, 348, 350–353
straight bevel . . . **A16:** 332–335, 337–338, 340–341, 344, 348–354
surface finish **A16:** 340, 341–343, 350, 354–355
tangear generator method **A16:** 343
template machining **A16:** 335, 340
two-tool generator process **A16:** 337, 338, 340, 341, 350
types **A16:** 331
Waguri method **A16:** 354
worm gear sets **A16:** 331–335, 340, 352–353
Zerol bevel **A16:** 332–334, 336–338, 340, 344, 351–352, 354

Gears, failures of *See also* Gear tooth; Gears **A11:** 586–601
associated parameters **A11:** 589–590
causes of **A11:** 597–598
classification of **A11:** 590–597
final analyses and examples of **A11:** 598–601
from fatigue **A11:** 590–595
from impact **A11:** 595
from stress rupture **A11:** 596–597
from wear **A11:** 595–596
gear materials **A11:** 590
gear-tooth contact **A11:** 587–589
types of gear **A11:** 586–587
working loads **A11:** 589

Gears, fatigue and life prediction of **A19:** 345–354
bending strength curve for gear life rating of normal industry quality material **A19:** 351
bores **A19:** 353
causes of **A19:** 345
contact fatigue **A19:** 331–332, 333
derating factors **A19:** 349
factors affecting gear strength and durability **A19:** 347
failure modes of gears **A19:** 345
flaws and gear life **A19:** 352–353
gear life determination **A19:** 348–349
gear tooth contact **A19:** 345–347
gear tooth failure by breakage after pitting **A19:** 351–352
gear tooth scuffing **A19:** 347

gear tooth surface durability and breakage **A19:** 347, 348
geometry factors for durability **A19:** 347
geometry factors for strength **A19:** 350
hardened steel contact fatigue **A19:** 692–693
helical gear with serious ledge wear due to micro- and macropitting **A19:** 352
helical gears **A19:** 346, 347–348
hypoid gears **A19:** 346
life determined by bending stress **A19:** 350–351
life determined by contact stress **A19:** 347–350
lubrication regimes for carburized gears of normal industry quality material **A19:** 350
operating loads **A19:** 346–347
overall derating factors **A19:** 348
pitted gear teeth **A19:** 347
pitting failure **A19:** 349–350
pitting failures in gears, situations and concepts of **A19:** 349
rating gear life with bending stress **A19:** 351
round bore **A19:** 353
shafts **A19:** 353
spiral bevel gears **A19:** 346
splined bores **A19:** 353
spur and bevel gears **A19:** 345–346, 347–348
stress patterns **A19:** 353
tapered bores **A19:** 353
through-hardened **A19:** 352, 353
worm gears **A19:** 346

Gears, induction hardened
economy in manufacture **M3:** 847

Gears, powder metallurgy **A7:** 1058–1064

Gears: friction, lubrication, and wear of A18: 535–545
application of gear lubricants **A18:** 542–545
gearbox example, 24-unit speed increaser **A18:** 543
pressure-fed systems **A18:** 542–543
splash lubrication systems **A18:** 542
design, factors affecting **A18:** 535
elastohydrodynamic lubrication **A18:** 538–541
Blok's contact temperature theory . . **A18:** 539–540
bulk temperature **A18:** 539, 540
load-sharing factor **A18:** 539, 540
mean coefficient of friction **A18:** 540
scuffing temperature **A18:** 540–541, 543
semiwidth of Hertzian contact band . . . **A18:** 539, 540
thermal contact coefficient **A18:** 540
gear tooth failure modes **A18:** 535–538
abrasive wear **A18:** 536, 537
adhesive wear **A18:** 536–537
carburized gears **A18:** 536, 537, 541
frosting **A18:** 536
gray staining **A18:** 536
Hertzian fatigue **A18:** 535, 536
lubrication-related **A18:** 535–538
micropitting **A18:** 536
nitrided gears **A18:** 536, 537
nonlubrication-related **A18:** 535
pitting **A18:** 536
polishing **A18:** 536, 537, 538
scuffing **A18:** 535, 536, 539, 543, 544
sulfur-phosphorus additives . . . **A18:** 536–537, 538
three-body abrasion **A18:** 537
two-body abrasion **A18:** 537
wear **A18:** 535, 536–537
lubricant selection **A18:** 541
grease **A18:** 541
oil **A18:** 541
open-gear lubricants **A18:** 541
solid lubricants **A18:** 541
synthetic lubricants **A18:** 541, 542
nomenclature used in friction and wear of gears **A18:** 544
oil lubricant applications **A18:** 541
oil pumps in internal combustion engines **A18:** 561
rolling contact wear **A18:** 257–258
viscosity selection, gear lubricants . . . **A18:** 541–542

Gecim and Winer's model **A18:** 93

Ge-Ho (Phase Diagram) . . . . **A3:** 2•224
Geiger plate test (SAE J-671) **EM3:** 556
Geiger tube goniometer
for crystallographic structure **EL1:** 93
Ge-In (Phase Diagram) . . . . **A3:** 2•224
Ge-K (Phase Diagram) . . . . **A3:** 2•224
Gel **EM3:** 14
coat **EM1:** 12, 134, 169
defined **EM1:** 12, **EM2:** 20
point **EM1:** 12, 135
Gel coat **EM1:** 12, 134, 169, **EM3:** 14
defined **EM2:** 20
Gel electrode imaging methods **A19:** 213
application for detecting fatigue cracks . . . **A19:** 210
crack detection sensitivity **A19:** 210
Gel permeation chromatography
of epoxies **EL1:** 833–834
Gel permeation chromatography (GPC) **EM1:** 12, 730, 736, **EM2:** 20, 518–519, **EM3:** 14
Gel point **EM1:** 12, 135, **EM3:** 14
defined **EM2:** 20
Gel time **EM2:** 20, 274, **EM3:** 14
Gel times
defined **EM1:** 132
delayed, Derakane 411-45 (vinyl ester) resin **EM1:** 133
in filament winding **EM1:** 135
of unidirectional tape prepregs **EM1:** 144
polyester resins **EM1:** 133
testing of **EM1:** 737
variation, Derakane 411-45 (vinyl ester) resin **EM1:** 137
Ge-La (Phase Diagram) . . . . **A3:** 2•225
Gelatin
as surfactant for silver powders **A7:** 183
brightener for cyanide baths **A5:** 216
Gelatin replica
defined **A9:** 8
definition **A5:** 957
Gelation *See also* Gel; Gel times;
Working life **EM3:** 14
defined **EM1:** 12, **EM2:** 20
rheological behavior **EL1:** 850–852
time, defined **EM1:** 12
Gelation time *See also* Working life **EM3:** 14
defined **EM2:** 20
Gelcasting **A7:** 429, 432
Ge-Li (Phase Diagram) . . . . **A3:** 2•225
Gelling
and burn-off, Shaw process **A15:** 252
slurry, Shaw process **A15:** 250
Gelling agent *See* Thickener
Gelling, and curing
chemical **EM1:** 132
Gel-permeation chromatography *See* Size-exclusion chromatography
Ge-Lu (Phase Diagram) . . . . **A3:** 2•225
Ge-Mg (Phase Diagram) . . . . **A3:** 2•226
Ge-Mn (Phase Diagram) . . . . **A3:** 2•226
Ge-Mo (Phase Diagram) . . . . **A3:** 2•227
Ge-Na (Phase Diagram) . . . . **A3:** 2•227
Ge-Nb (Phase Diagram) . . . . **A3:** 2•227
Ge-Nd (Phase Diagram) . . . . **A3:** 2•228
General biological corrosion *See also* Biological corrosion; Localized biological corrosion; Microbiological corrosion **A13:** 87–88
General chemical catalysts
powders used **M7:** 572
General corrosion *See also* Corrosion; specific types of corrosion; Uniform corrosion . . . **A13:** 80–103
adjacent to leaking gaskets, testing . . . **A13:** 962–964
aluminum casting alloys **A2:** 155, 176
and atmospheric corrosion **A13:** 80–83
and galvanic corrosion **A13:** 83–87
and general biological corrosion **A13:** 87–88
and molten salt corrosion **A13:** 88–91
and stray-current corrosion **A13:** 87
defined **A11:** 5, **A12:** 41, **A13:** 79, 80
definition **A5:** 957

SUBJECTS OF THE INDEXED VOLUMES: **ASM Handbook** (designated by the letter "A"): **A1:** Properties and Selection: Irons, Steels, and High-Performance Alloys (1990); **A2:** Properties and Selection: Nonferrous Alloys and Special-Purpose Materials (1990); **A3:** Alloy Phase Diagrams (1992); **A4:** Heat Treating (1991); **A5:** Surface Engineering (1994); **A6:** Welding, Brazing, and Soldering (1993); **A7:** Powder Metal Technologies and Applications (1998); **A8:** Mechanical Testing (1985); **A9:** Metallography and Microstructures (1985); **A10:** Materials Characterization (1986); **A11:** Failure Analysis and Prevention (1986); **A12:** Fractography (1987); **A13:** Corrosion (1987); **A14:** Forming and Forging (1988); **A15:** Casting (1988); **A16:** Machining (1989); **A17:** Nondestructive Evaluation and Quality Control (1989); **A18:** Friction, Lubrication, and Wear Technology (1992); **A19:** Fatigue and Fracture (1996); **A20:** Materials Selection and Design (1997). **Metals Handbook, 9th Edition** (designated by the letter "M"): **M1:** Properties and Selection: Irons and Steels (1978); **M2:** Properties and Selection: Nonferrous Alloys and Pure Metals (1979); **M3:** Properties and Selection: Stainless Steels, Tool Materials, and Special-Purpose Materials (1980); **M4:** Heat Treating (1981); **M5:** Surface Cleaning, Finishing, and Coating (1982); **M6:** Welding, Brazing, and Soldering (1983); **M7:** Powder Metallurgy (1984). **Engineered Materials Handbook** (designated by the letters "EM"): **EM1:** Composites (1987); **EM2:** Engineering Plastics (1988); **EM3:** Adhesives and Sealants (1990); **EM4:** Ceramics and Glasses (1991). **Electronic Materials Handbook** (designated by the letters "EL"): **EL1:** Packaging (1989)

high-temperature **A13:** 97–101
in aircraft powerplants **A13:** 1045
in brazing **A13:** 876
in carbon and low-alloy steels **A11:** 199
in ferritic cast alloys **A13:** 577
in liquid metals **A13:** 91–97
in stainless steels **A11:** 200, **A13:** 553
in water-recirculating systems **A13:** 488
material selection to avoid/minimize **A13:** 323
nickel alloys **A2:** 431–432
of aged titanium alloys **A13:** 682
of austenitic cast steels............. **A13:** 577–578
of closed feedwater heaters.............. **A13:** 990
of cobalt-base alloys **A13:** 658–661
of copper/copper alloys................. **A13:** 612
of duplex cast steels **A13:** 577–578
of heat exchangers **A11:** 630
of historic Lane plate, chromium steel ... **A11:** 674, 680
of martensitic cast steels........... **A13:** 576–577
of offshore gas/oil production platforms **A13:** 1254
of radioactive waste containers **A13:** 971
of titanium/titanium alloys, specific media **A13:** 676–693
resistance, titanium/titanium alloys .. **A13:** 693–694
resistance, wrought aluminum alloys **A13:** 586
resistance, wrought aluminum and aluminum alloys **A2:** 104
surface, low-carbon steel................ **A12:** 250
types.................................. **A13:** 79

General design considerations *See* Design considerations

General dissection techniques
capabilities of **A10:** 380

General Dynamics Corporation
development of an adhesive bond strength classifier algorithm **EM3:** 744

General Electric tape process **M7:** 636

General information sources *See* Information sources

General model (abrasion)
wear models for design **A20:** 606

General Motors Corporation
DFA implementation **A20:** 682–683
powder forged parts..................... **A7:** 823

General Motors quenchometer ratings **A7:** 649

General oxidation
in elevated-temperature failures **A11:** 271, 405

General practice
in failure analysis..................... **A11:** 15–46

General precipitate
defined **A9:** 8

General precipitation **A9:** 647

General purpose instrumentation bus (GPIB)
board **A19:** 530

General reliability function **A20:** 87–88

General rusting
in bearings **A11:** 494, 496

General Services Administration (GSA) procurement
specifications........................ **A20:** 68

General Services Administration (GSA) Specifications Unit (WFSIS)........................ **A20:** 69

General spring quality wire
characteristics of........... **A1:** 303–304, 305–307

General three-parameter form of Weibull distribution
density function **A20:** 78–79

General yielding
fracture toughness measure with **A8:** 268

Generalists **A20:** 50, 52

Generalized Newtonian fluid
as rheological model **EL1:** 847–848

General-purpose alloys
copper casting alloys................ **A2:** 351–352

General-purpose resins
orthophthalic polyester as **EM2:** 246

General-purpose steel
impact resistance and abrasion resistance properties........................ **A18:** 759

Generator
cam plastometer........................ **A8:** 194

Generator applications
aluminum and aluminum alloys **A2:** 13
as magnetically soft materials **A2:** 779
with niobium-titanium superconducting materials **A2:** 1057

Generator rotors
ultrasonic inspection **A17:** 232

Generator welding machines
gas tungsten arc welding **M6:** 187

Generators
blades, stainless steel................... **A13:** 560
corrosion of **A13:** 1006–1007
retaining rings, SCC of........... **A13:** 1006–1007

Generators, radio-frequency
for ICP systems **A10:** 37

Genetic algorithms...................... **A20:** 217

Geneva pinions **M7:** 668

Ge-Ni (Phase Diagram)................. **A3:** 2•228

Genotoxicity
of arsenic.............................. **A2:** 1238
of beryllium **A2:** 1239

Genzel interferometer
in FT-IR spectroscopy.................. **A10:** 112

Geochemical research **A10:** 82, 233

Geodesic
defined **EM1:** 12, **EM2:** 20
-isotensoid contour, defined **EM1:** 12
isotensoid, defined **EM1:** 12
ovaloid. defined **EM1:** 12

Geodesic isotensoid
defined **EM2:** 20

Geodesic ovaloid
defined **EM2:** 20

Geodesic-isotensoid contour
defined **EM2:** 20

Geographical segments
commercial thick-film hybrid market..... **EL1:** 381

Geologic samples, characterization of *See also* Geological materials
analytical transmission electron microscopy **A10:** 429–489
atomic absorption spectrometry **A10:** 43–59
Auger electron spectroscopy........ **A10:** 549–567
classical wet analytical chemistry **A10:** 161–180
controlled-potential coulometry...... **A10:** 207–211
electrochemical analysis **A10:** 181–211
electrogravimetry **A10:** 197–201
electrometric titration.............. **A10:** 202–206
electron probe x-ray microanalysis ... **A10:** 516–535
electron spin resonance............. **A10:** 253–256
extended x-ray absorption fine structure...................... **A10:** 407–419
inductively coupled plasma atomic emission spectroscopy **A10:** 31–42
infrared spectroscopy **A10:** 109–125
ion chromatography **A10:** 658–667
low-energy ion-scattering spectroscopy **A10:** 603–609
molecular fluorescence spectrometry ... **A10:** 72–81
Mössbauer spectroscopy **A10:** 287–295
neutron activation analysis **A10:** 233–242
neutron diffraction **A10:** 420–426
optical emission spectroscopy **A10:** 21–30
particle-induced x-ray emission...... **A10:** 102–108
potentiometric membrane electrodes **A10:** 181–187
radial distribution function analysis.. **A10:** 393–401
radioanalysis....................... **A10:** 243–250
Raman spectroscopy **A10:** 126–138
scanning electron microscopy **A10:** 490–515
secondary ion mass spectroscopy **A10:** 610–627
single-crystal x-ray diffraction **A10:** 344–356
spark source mass spectrometry **A10:** 141–150
ultraviolet/visible absorption spectroscopy **A10:** 60–71
voltammetry **A10:** 188–196
x-ray diffraction **A10:** 325–332
x-ray powder diffraction............ **A10:** 333–343
x-ray spectrometry.................. **A10:** 82–101

Geological analysis
of worn parts **A11:** 158

Geological materials *See also* Geologic samples, characterization of
brine, ion chromatography of **A10:** 665
crystallographic texture measurement and analysis **A10:** 357–364
ICP-AES use in......................... **A10:** 31
NAA application in **A10:** 234
OES analysis of **A10:** 21
powder, PIXE analysis **A10:** 102
SIMS phase distribution analysis in **A10:** 610

Geometric
measurement, by coordinate measuring machines **A17:** 19
unsharpness, shadow formation radiography **A17:** 313
weld discontinuities, defined **A17:** 584

Geometric analysis of small particles by scanning electron microscopy **A9:** 96

Geometric dimensioning and tolerancing **A15:** 623

Geometric dimensioning and tolerancing (GD&T) **A7:** 705, 706, 707
definition.............................. **A20:** 834
symbols and characteristics **A20:** 229

Geometric dimensioning scheme **A20:** 219

Geometric dispersion
in torsional Kolsky bar tests **A8:** 218

Geometric isomers
within mer............................. **EM2:** 58

Geometric mean dimension................. **A20:** 247

Geometric method
feed metal availability **A15:** 578, 582–584

Geometric modeling systems **A20:** 157

Geometric moving average (GMA) chart ... **EM3:** 795, 796

Geometric parameter
cost per unit property method........... **A20:** 251

Geometric scattering **A18:** 409–410

Geometric shape factor **A20:** 543

Geometric shape factors **A7:** 263

Geometric shapes data
computer-aided analyses............ **EL1:** 133–134

Geometric standard deviation
particle size of metal powders **A7:** 36

Geometric stress concentration (GSC)
failure................................ **A19:** 360
factors controlling occurrence **A19:** 699

Geometric uniformity
niobium-titanium superconducting materials **A2:** 1052–1053

Geometrical aspects of weld toe
as factor influencing crack initiation life .. **A19:** 126

Geometrical description of an interface .. **A9:** 118–119

Geometrical size effect **A19:** 308

Geometrical stress concentration effects
of welds................................ **A19:** 281

Geometrically close-packed phases **M3:** 209, 223–224, 228

Geometry *See also* Specimen geometry
and NDE response....................... **A17:** 675
and reference standards **A17:** 677
and shape, corrosion control **A13:** 339–340
broad-beam **A17:** 310
complex, inspection of.................. **EM2:** 845
cone plate, and parallel, in melt rheology **EM2:** 535–540
crevice **A13:** 111–112
CT, defined............................. **A17:** 384
CT scanning **A17:** 365–368
effect, galvanic corrosion **A13:** 83
effect, wireability **EL1:** 18
evaluation, by computer modeling **A13:** 234
experimental, and simple flows...... **EL1:** 841–842
fabric, braided composite **EM1:** 524
factors, in microbeam analysis........... **A10:** 529
flow path **A13:** 966
grid, resistance strain gages **A17:** 449
methods, in quantitative fractography **A12:** 198
narrow-beam **A17:** 310
notch, point stress/average stress criteria for **EM1:** 253–255
of 3-D orthogonal weave preform....... **EM1:** 130
of angle-interlock fabric **EM1:** 130
of applied field and magnetization, FMR analyses **A10:** 269
of Bragg-Brentano diffractometer **A10:** 337
of chemisorbed atoms or molecules, EXAFS determined.......................... **A10:** 407
of composite, for tensile failure model... **EM1:** 194
of deformation, plastic straining of hollow cylinder **A8:** 143
of image formation, SEM................ **A12:** 196
of lattices **A10:** 327–328
of leaded and leadless surface-mount joints **EL1:** 733–734
of microdiffractometer **A10:** 338
of necking **A8:** 26
of particles produced by explosive detonation **A10:** 318–320
of powder diffraction.................... **A10:** 331

Geometry (continued)
of single-angle x-ray diffraction residual stress measurement **A10:** 384
of specimen/instrument, SEM effects **A12:** 168
of unit cells and diffraction **A10:** 326–327
part **A14:** 77, 409–410, **EM2:** 707–709
platelet, in foil **A10:** 455
ply **EM1:** 458–459
representation tools **A14:** 410
roll groove **A14:** 396
sample, and properties divergencies **EM2:** 655
sample, effect on X-ray diffraction residual techniques **A10:** 387
Seeman-Bohlin diffraction arrangement . . . **A10:** 337
structural, of printed wiring boards **EL1:** 40
substrate **A13:** 422
two-dimensional, of part **A14:** 410
variable wavelength, RDF analysis **A10:** 396
weave, multidirectionally reinforced fabrics/ preforms **EM1:** 129–130
Geometry, and correction factors
fatigue fracture **A11:** 124
Geometry, coordination *See* Coordination geometry
Geometry correction factor **A19:** 113
Geometry factor for durability (C_k) **A19:** 347, 349
Geometry factor (k_t) **A19:** 350, 351
Geometry function **A19:** 173
Geothermal applications
polybenzimidazoles (PBI) **EM2:** 147
Ge-P (Phase Diagram) . . . . . **A3:** 2•228
Ge-Pb (Phase Diagram) . . . . . **A3:** 2•229
Ge-Pd (Phase Diagram) . . . . . **A3:** 2•229
Ge-Pr (Phase Diagram) . . . . . **A3:** 2•229
Ge-Pt (Phase Diagram) . . . . . **A3:** 2•230
Gerber cutting machine
for unidirectional tape prepreg **EM1:** 145
Gerber model **A19:** 19, 296
Gerber parabola **A19:** 558, **A20:** 519, 520
Gerber's parabola
mean stress effect on fatigue strength **A8:** 374
Gerber's parabola and law **A11:** 111, 112
Gerber's relation **A19:** 238
German Industrial Standard
abbreviation **A8:** 724
German silver
history of **A2:** 428
German standard **A7:** 82–69
Hall flowmeter for measuring flow rate **A7:** 296
Germanate glasses
composition **EM4:** 741
density **EM4:** 850
electrical properties **EM4:** 853
heat capacity **EM4:** 847
mechanical properties **EM4:** 850
military applications **EM4:** 1020
Germanates
chemical properties **A2:** 734
Germanes
chemical properties **A2:** 734
Germanides
chemical properties **A2:** 734
Germanium *See also* Germanium compounds
analytical and test methods **A2:** 736
and germanium compounds **A2:** 733–738
arc deposition **A5:** 603
as addition to aluminum alloys **A4:** 843
as an alpha stabilizer in titanium and titanium alloys **A9:** 458
as common analyzing crystal, in x-ray spectrometry **A10:** 88
as infrared optics material **A2:** 735
as internal reflection element **A10:** 113
as semiconductor material **A2:** 735
autocorrelation functions for surface texture **A18:** 336, 337
carbon-coated, rain erosion applications . . **A18:** 222
chemical properties **A2:** 733–734
cost per unit mass **A20:** 302
cost per unit volume **A20:** 302
diffusion factors **A7:** 451
dislocations in **A9:** 608
economic aspects **A2:** 735–736
elemental sputtering yields for 500 eV ions **A5:** 574
engineered material classes included in material property charts **A20:** 267
environmental considerations **A2:** 735
finish turning **A5:** 84, 85
intrinsic, gamma-ray detector **A10:** 235
ion-beam-assisted deposition (IBAD) **A5:** 595
laser-induced CVD for synthesis **A18:** 848
linear expansion coefficient vs. thermal conductivity **A20:** 267, 276, 277
liquid impingement erosion protection applications **A18:** 222
manufacturing and processing **A2:** 735
ore processing **A2:** 735
physical properties **A7:** 451
pure **M2:** 737
pure, properties **A2:** 1115
purification **A2:** 735
quartz tube atomizers with **A10:** 49
semiconductors, ESR studied **A10:** 263
sources **A2:** 733
specific modulus vs. specific strength **A20:** 267, 271, 272
specifications **A2:** 736
strength vs. density **A20:** 267–269
thermal conductivity vs. thermal diffusivity **A20:** 267, 275–276
tilt boundaries studied by high resolution electron microscopy **A9:** 121
toxicology **A2:** 736
ultrapure, by zone refining **A2:** 1093
ultrasonic machining **EM4:** 359
uses **A2:** 736–737
vapor pressure, relation to temperature **A4:** 495
Young's modulus vs.
density **A20:** 266, 267, 268, 289
elastic limit **A20:** 287
strength **A20:** 267, 269–271
Germanium carbon
protective coating against liquid impingement erosion **A18:** 222
Germanium compounds *See also* Germanium
analytical and test methods **A2:** 736
and germanium **A2:** 733–738
chemical properties **A2:** 733–734
economic aspects **A2:** 735–736
germanates **A2:** 734
germanes **A2:** 734
germanides **A2:** 734
germanium halides **A2:** 733–734
germanium oxides **A2:** 733–734
inorganic compounds **A2:** 734
manufacturing and processing **A2:** 735
ore processing **A2:** 735
organogermanium compounds **A2:** 734
sources **A2:** 733
specifications **A2:** 736
toxicology **A2:** 736
uses of **A2:** 736–737
Germanium, diffused
temperature effect **EL1:** 958
Germanium dioxide
application **A2:** 743
Germanium disulfide
chemical properties **A2:** 734
Germanium halides
chemical properties **A2:** 733
Germanium (liquid), contact angles on beryllium at various test temperatures in argon and vacuum atmospheres **A6:** 116
thermal diffusivity from 20 to 100 °C **A6:** 4
Germanium metal *See also* Germanium; Germanium compounds
chemical properties **A2:** 733
Germanium nitride
chemical properties **A2:** 734
Germanium oxide (GeO_2)
glass-forming ability **EM4:** 494
melting point **EM4:** 494
viscosity at melting point **EM4:** 494
Germanium oxides
chemical properties **A2:** 733–734
Germanium point-contact transistor **EL1:** 958
Germanium single crystals
application **A2:** 743
Germanium, vapor pressure
relation to temperature **M4:** 310
Germanium-gold alloys
applications **A2:** 743
Germany
inspection frequencies of regulations and standards on life assessment **A19:** 478
nondestructive evaluation requirements of regulations and standards on life assessment **A19:** 477
regulations and standards on life assessment **A19:** 477
rejection criteria of regulations and standards on life assessment **A19:** 478
Germany, Federal Republic of
phosphate coatings, solid and liquid waste disposal **A5:** 402, 403
phosphating of metals, industrial standards and process specifications **A5:** 399
Ge-S (Phase Diagram) . . . . . **A3:** 2•230
Ge-Sb (Phase Diagram) . . . . . **A3:** 2•230
Ge-Sc (Phase Diagram) . . . . . **A3:** 2•231
Ge-Se (Phase Diagram) . . . . . **A3:** 2•231
Ge-Si (Phase Diagram) . . . . . **A3:** 2•231
Ge-Sm (Phase Diagram) . . . . . **A3:** 2•232
Ge-Sn (Phase Diagram) . . . . . **A3:** 2•232
Ge-Sr (Phase Diagram) . . . . . **A3:** 2•232
Ge-Tb (Phase Diagram) . . . . . **A3:** 2•233
Ge-Te (Phase Diagram) . . . . . **A3:** 2•233
Ge-Ti (Phase Diagram) . . . . . **A3:** 2•233
Ge-Tl (Phase Diagram) . . . . . **A3:** 2•234
Ge-Tm (Phase Diagram) . . . . . **A3:** 2•234
Getter pumping **A5:** 569
Gettering box **M7:** 5
Gettering, external *See* External gettering
Gettering processes
monitored by x-ray topography **A10:** 376
Getters **M7:** 5
as rare earth applications **A2:** 731
TV tubes, powders used **M7:** 574
Ge-U (Phase Diagram) . . . . . **A3:** 2•234
Ge-Y (Phase Diagram) . . . . . **A3:** 2•235
Ge-Yb (Phase Diagram) . . . . . **A3:** 2•235
Ge-Zn (Phase Diagram) . . . . . **A3:** 2•235
gf *See* Gram-force
GFAAS *See* Graphite furnace atomic absorption spectrometry
g-factor
as independent of temperature **A10:** 257
in ESR analysis **A10:** 254
variation in **A10:** 262–263
Ghost images
photographic **A12:** 84
Ghost lines
definition **A5:** 957
Ghost peaks
in Euler plots **A10:** 362
Gibbs absorption isotherms **A20:** 714
Gibb's adsorption theory **EM4:** 70
Gibbs energy . . . . . **A3:** 1•7, 1•8
curves . . . . . **A3:** 1•6, 1•7, 1•10
Gibbs energy change **A20:** 589
Gibb's equation
mechanochemical effects in comminution **EM4:** 77
Gibbs free energy **A5:** 519, **A13:** 7, 52, 61, 63, **EM3:** 408
activity and condensed equilibrium **A15:** 51
activity coefficients **A15:** 51–52

defined A9: 8
equilibrium, conditions for A15: 50
equilibrium constant A15: 51
of mixing A15: 56
standard, for solution, liquid aluminum ... A15: 59
standard, liquid copper A15: 60
thermodynamic data, tabulation of..... A15: 50–51
Gibbs free energy change EM4: 109
Gibbs, J. Willard .... A3: 1•2, 1•10
Gibbs phase rule .... A3: 1•2
Gibbs phenomenon
computed tomography (CT) A17: 376
Gibbs triangle
defined A9: 8
Gibbs-Duhem equation A15: 56
Gibbsian adsorption A18: 854–855
Gibbsite EM4: 49, 111
decomposition EM4: 54
Gibbs-Konovalov Rule .... A3: 1•8, 1•10
Gibbs-Thomson coefficient A15: 134
Gibbs-Thomson undercooling
at solid/liquid interface A15: 110–111
Gibs A14: 7, 495
GIFTS 5 computer program for structural analysis EM1: 268, 271
Gigajoule
abbreviation A8: 724
Gigapascal
abbreviation A8: 724
Gilding
by depletion A15: 19–21
composition A20: 391
properties A20: 391
tensile strength, reduction in thickness by rolling A20: 392
weldability A6: 753
Gilding metal A7: 6
applications and properties A2: 295–296
Gilding metal, 95% *See* Copper alloys, specific types, C21000
Gilding metal substitute M7: 17
Gill-Goldhoff correlation A20: 582
Gill-Goldhoff method A8: 337
Gilson Compu-Sieve Analysis System A7: 218
Gilson GA-6 Autosiever A7: 218
Gilsonite
as carbon mold addition A15: 211
Miller numbers A18: 235
Gilsonites EM3: 51
for auto body sealing and glazing materials EM3: 57
Ginzburg and Landau theory
of superconductivity A2: 1031–1034
Gircast process
as rheocasting alternative A15: 330
zinc alloys A15: 795, 797
Girder
cracked, at end of bridge cover plate A11: 707
cracked, at Lafayette Street Bridge St. Paul, Mn A11: 710
webs A11: 709–712
Girder sections
bend tests for A8: 117
Girder weldment
magnetic particle inspection of A17: 115
Girders, welded crane runway A19: 291
Girth pattern *See* Hoop pattern
Girth weld
center, embrittlement failure of.......... A11: 438
failed, in pipeline A11: 422
field A11: 699
in steam accumulator, lack of penetration in A11: 648
underbead cracks in A11: 699
GJ *See* Gigajoule
GKN, Krebsöge of Radevermwald, Germany
powder forged connecting rods A7: 823
Glacial acetic acid
and hydrogen peroxide as an etchant for lead and lead alloys A9: 415–416
and nitric acid as etchant for nickel alloys A9: 436
and perchloric acid (Group 11 electrolytes) A9: 52–54
austenitic manganese steel casting specimens A9: 238
Glancing angle
defined A9: 8
Glancing-angle camera
XRPD analysis A10: 336
Glancing-angle x-ray diffraction
capabilities compared with LEED........ A10: 536
Glass *See also* Ceramics; Glass fiber reinforcement; Glass fibers; Glassy
abrasive jet machining......... A16: 511, 512, 513
abrasive machining hardness of work materials A5: 92
abrasive machining usage A5: 91
as brittle material, possible ductile phases A19: 389
as carrier core, copier powders M7: 584
as lubricant during hot extrusion of tool steels A18: 738
as lubricant for hot forging of tool steels.. A18: 738
atomic arrangements of A20: 338
bare, defined *See* Bare glass
broad EM4: 395
carbides for machining A16: 75
clean, friction coefficient data A18: 75
coatings, for tantalum forgings A14: 238
contact angle with mercury M7: 269
content, effect on polyester resin composites EM2: 248
coupling agents EM3: 281–283
defined EM1: 12, 107
defined by ASTM EM4: 564
definition A5: 957, A20: 834
diamond as abrasive for honing A16: 476
drilling A16: 230
effect of impact angle on A11: 155
electrode, defined A13: 7
engineered material classes included in material property charts A20: 267
epoxy bonding EM3: 96
erosion of steels studied A18: 204
finish, defined EM1: 12
flake, defined EM1: 12
flaked filler EM3: 177
for brake linings A18: 576
for efficient compact springs A20: 288
for environmental test chamber A8: 415
for metalworking lubricants A18: 144
for springs A20: 287
former, defined EM1: 12
forms used in glass-to-metal seals EM3: 302
fracture toughness testing A8: 469
fracture toughness trend, embedded ductile aluminum particles A19: 388, 389
fracture toughness vs.
density A20: 267, 269, 270
strength A20: 267, 272–273, 274
Young's modulus A20: 267, 271–272, 273
frit coatings A14: 237
frits, for compression testing A8: 195
ground by diamond wheels..... A16: 455, 456, 460
ground by superabrasives A16: 432, 433, 434
high-strength materials of limited ductility A19: 375
honing grit size selection A16: 478
honing stone selection A16: 476
hydrogen fluoride/hydrofluoric acid corrosion A13: 1169
in ceramics processing classification scheme A20: 698
in rapid solidification M7: 570
incorporation in thermoplastic composites A18: 820
ion implantation A5: 608
ion implantation applications A20: 484
lapping A16: 492, 494, 499, 502
laser cutting of A14: 742
linear expansion coefficient vs. thermal conductivity A20: 267, 276, 277
linings, use in breweries A13: 1222
liquid penetrant inspection A17: 71
liquidus EM4: 389
loss coefficient vs. Young's modulus..... A20: 267, 273, 275
matrix material for ceramic-matrix composites EM4: 840
melting EM4: 386
melting and morning.............. EM1: 107–108
nitric acid corrosion A13: 1156
normalized tensile strength vs. coefficient of linear thermal expansion........ A20: 267, 277–279
PCD tooling A16: 110
percent by volume EM3: 14
percent by volume, defined..... EM1: 12, EM2: 21
prebond treatment EM3: 35
primers EM3: 281–282, 283
properties A18: 801
recommended waterjet cutting speeds.... EM4: 366
removal, molten salt bath cleaning A5: 41
rods, fracture strength of A19: 6
rovings, pultrusions EM2: 393
scales, calibrated by interferometers A17: 15
single-filament tensile strength EM1: 192
sources of materials data A20: 498
specific modulus vs. specific strength A20: 267, 271, 272
strength vs. density A20: 267–269
stress, defined EM1: 12
substrate cure rate and bond strength for cyanoacrylates EM3: 129
surface preparation EM3: 281–283
temperature at which fiber strength degrades significantly A20: 467
tempered, friction coefficient data.. A18: 72, 73, 75
thermal conductivity vs. thermal diffusivity A20: 267, 275–276
thermal expansion rate M7: 611
thin fiber, friction coefficient data A18: 75
transition, defined EM1: 12
type/amount, effect on unsaturated polyesters EM2: 248
ultrasonic cleaning A5: 47
ultrasonic fatigue testing of A8: 240
ultrasonic machining.......... A16: 529, 530, 531, EM4: 359, 360
used in composites A20: 457
vacuum coating of M5: 394, 396–397, 401–402
viewport A8: 411
viscous flow of A20: 352
volume resistivity and conductivity EM3: 45
waterjet machining A16: 520, 527
x-ray tube envelopes A17: 302
Young's modulus vs.
density A20: 266, 267, 268, 289
elastic limit A20: 287
strength A20: 267, 269–271
Glass + Al
correlation between measured and calculated fracture toughness levels A19: 389
Glass (200-250 HB)
finishing turning A5: 84
Glass and carbon fiber composites
diamond for machining A16: 105
Glass and glass fibers, design practices *See* Design practices for glass and glass fibers
Glass balloons EM3: 175
Glass bead blast cleaning
aluminum and aluminum alloys M5: 571–572
physical properties and composition characteristics, beads M5: 84–85
process M5: 12, 19–20, 84–87, 93–94
dry M5: 84–87
wet M5: 93–94
size and roundness specifications beads M5: 84–85
Glass bead cleaning A5: 16
Glass bead peening A16: 34, A19: 368
abrasive jet machining A16: 512, 513
electrochemical machining A16: 539
to improve surface integrity A16: 35
Glass bead shot peening M5: 144–145
dry method M5: 144
in printer hammer guide assembly M7: 669
wet method M5: 144–145
Glass beads
as wet blasting abrasive A5: 63
physical properties and comparative characteristics A5: 62
Glass capacitors
failure mechanisms EL1: 998
Glass capillary tubing
used in mounting wire specimens A9: 31
Glass ceramics A18: 532, A20: 416, 419
definition A20: 834
in ceramics processing classification scheme A20: 698
linear expansion coefficient vs. thermal conductivity A20: 267, 276, 277
mechanical properties A20: 427
properties A20: 785

Glass ceramics (continued)
thermal properties . . . **A20:** 428
Glass cloth *See also* Scrim . . . **EM3:** 14
defined . . . **EM1:** 12, **EM2:** 20
Glass coatings
crystallized . . . **M5:** 533
Glass containers . . . **EM4:** 1082–1086
applications . . . **EM4:** 1084–1085
compositions and colors used . . . **EM4:** 1082
design/shape of containers . . . **EM4:** 1082
glass types . . . **EM4:** 1085
manufacturers identification . . . **EM4:** 1086
quality considerations . . . **EM4:** 1085–1086
regulatory requirements . . . **EM4:** 1085
strength and surface treatments . . **EM4:** 1082–1084
test limits . . . **EM4:** 1085
Glass die attach
in hermetic packages . . . **EL1:** 215
Glass diodes
failure mechanism . . . **EL1:** 973
Glass electrode
definition . . . **A5:** 957
Glass enamels . . . **EM4:** 953
ceramic corrosion in the presence of combustion products . . . **EM4:** 982
Glass encapsulants
thick-film pastes . . . **EL1:** 343
Glass encapsulation . . . **EM4:** 124
Glass fabric
reinforced epoxy resin composites . . **EM1:** 399–400, 404–405
reinforced phenolic resin composites . . . **EM1:** 381–382
Glass fiber filters
for sample preparation . . . **A10:** 94
Glass fiber reinforced plastic
nondestructive testing . . . **A6:** 1086
Glass fiber reinforced plastics
testing problems . . . **EM3:** 333
Glass fiber reinforced polymers *See also* Polymer(s)
electronic transparency of . . . **EM1:** 36
Glass fiber reinforced thermoset materials . . . **A13:** 1243–1244
Glass fiber reinforcement *See also* Glass; Glass fiber(s)
effect, polyester resins . . . **EM2:** 248
styrene-maleic anhydrides (S/MA) . . **EM2:** 220–221
vinyl ester, mechanical properties . . . **EM2:** 274
Glass fiber(s) *See also* Fiber properties analysis; Fiber(s); Filaments; Glass; Glass fiber reinforcement; Glass filament; Glass-phenolic matrix composites; Glass-polyester resin composites; specific glass fibers . . . **EM1:** 45–48, 107–111, **EM4:** 1027–1030
addition effects . . . **EM2:** 70–72
applications . . . **EM4:** 1015
as epoxy composite reinforcement . . . **EM1:** 73, 75
as pultrusion reinforcement . . . **EM1:** 537
as reinforcement materials, base/insulators . . . **EL1:** 113–114
as reinforcement, styrene-maleic anhydrides (S/MA) . . . **EM2:** 220–221
carded . . . **EM1:** 111
C-glass, composition/use . . . **EM1:** 45
chemical components . . . **EM1:** 45
chopped-strand products . . . **EM1:** 109–110
composition . . . **EM1:** 45, 107
continuous filaments . . . **EM4:** 1027–1029
continuous, types . . . **EM1:** 107
critical lengths . . . **EM1:** 120
defined . . . **EM1:** 12, **EM2:** 20
design practices *See* Design practices for glass and glass fibers
effect, polyester resin properties . . . **EM1:** 92
E-glass, composition/use . . . **EM1:** 45
elastic properties . . . **EM1:** 188
electrical properties . . . **EM1:** 46–47
electronic transparency . . . **EM1:** 36
fabrication process . . . **EM1:** 108–111
fiberglass forming process . . . **EM1:** 108
fiberglass mat/woven roving combinations . . . **EM1:** 109
fiberglass paper . . . **EM1:** 110
fiberglass roving . . . **EM1:** 109
filament diameter nomenclature . . . **EM1:** 109
finished forms . . . **EM1:** 108–111
forming . . . **EM1:** 107–108
forms . . . **EM1:** 107–111, 360
glass wool . . . **EM4:** 1029–1030
groups depending on fiber geometry . . . **EM4:** 1027
health aspects . . . **EM4:** 1030
in die material for sheet metal forming . . . **A18:** 628
in polypropylene . . . **EM2:** 193
in sheet molding compounds . . . **EM1:** 157–158
inherent properties . . . **EM1:** 107
introduction . . . **EM1:** 29
longitudinal Young's modulus vs. fiber volume fraction in . . . **EM1:** 208
melting . . . **EM1:** 107–108
metallized, as reinforcements . . . **EM2:** 473
milled fibers . . . **EM1:** 110
multi-end roving process . . . **EM1:** 109
optical properties . . . **EM1:** 47
physical properties . . . **EM1:** 46
properties . . . **EM1:** 46–47, 360
radiation properties . . . **EM1:** 47
random dispersion . . . **EM1:** 176
reinforced epoxy resin composites . . **EM1:** 399–400, 405–407
rovings, pultruded . . . **EM1:** 537
S-glass, composition/use . . . **EM1:** 45
single-filament tensile strength . . . **EM1:** 192
sizing for . . . **EM1:** 123
tensile strength vs. temperature . . . **EM1:** 362
tension damage tolerance . . . **EM1:** 262
textile yams . . . **EM1:** 110–111
thermal properties . . . **EM1:** 47
tow sizes available . . . **EM1:** 105
types . . . **EM1:** 29, 45
vs. aramid fibers, cost . . . **EM1:** 105
vs. carbon fibers, cost . . . **EM1:** 105
woven roving . . . **EM1:** 109
Glass filament
bushing, defined . . . **EM1:** 12
defined . . . **EM1:** 12
Glass filament bushing
defined . . . **EM2:** 20
Glass filters
recommended waterjet cutting speeds . . . **EM4:** 366
Glass flake
defined . . . **EM2:** 20
Glass former
defined . . . **EM2:** 20
Glass formers . . . **A20:** 417
Glass frit *See also* Frit
attachment, with Alloy . . . **EL1:** 734
devitrifying, effects . . . **EL1:** 961–962
with precious metal powders . . . **M7:** 149
Glass frits . . . **EM4:** 44
Glass houseware *See* Consumer houseware
Glass industry applications *See also* Amorphous materials
of precious metals . . . **A2:** 693
Glass insulation
waterjet machining . . . **A16:** 522
Glass intermediates . . . **A20:** 417
Glass ionomers
cements (dental)
material loss on abrasion . . . **A18:** 673
properties . . . **A18:** 666
silver-reinforced . . . **A18:** 673
simplified composition or microstructure . . . **A18:** 666
Glass lamination *See* Laminated glass
Glass layers
interference films used to improve contrast **A9:** 59
Glass matrix composites . . . **A9:** 592
with silicon-carbide fibers . . . **A9:** 596–597
Glass melting
and forming . . . **EM1:** 107–108
Glass membrane electrodes . . . **A10:** 182
Glass microballoon
used in composites . . . **A20:** 457
Glass microballoons
ion chromatography of . . . **A10:** 665–667
Glass microspheres
as extender . . . **EM3:** 176
Glass modified polyphenylene-oxide (M-PPO)
ratio of cross-flow/flow tensile modulus vs. thickness . . . **A20:** 640
ratio of cross-flow/flow ultimate stress vs. thickness . . . **A20:** 640
Glass modifiers . . . **A20:** 417
Glass molding
as manufacturing process . . . **A20:** 247
Glass nylon
ratio of cross-flow/flow tensile modulus vs. thickness . . . **A20:** 640
ratio of cross-flow/flow ultimate stress vs. thickness . . . **A20:** 640
Glass penetrometers . . . **M7:** 268–269
Glass phenolic matrix composites *See also* Bulk molding compounds (BMC)
electrical applications . . . **EM1:** 162
fabric . . . **EM1:** 381–382
ordnance applications . . . **EM1:** 162
prepregs, as flame-resistant . . . **EM1:** 141
Glass polybutylene terephthalate (PBT)
ratio of cross-flow/flow tensile modulus vs. thickness . . . **A20:** 640
ratio of cross-flow/flow ultimate stress vs. thickness . . . **A20:** 640
Glass powder
as incendiary . . . **M7:** 603
Glass processing . . . **A20:** 698, 699
introduction . . . **EM4:** 377
secondary processing . . . **EM4:** 377
Glass reinforced acrylamate composites
physical properties . . . **EM2:** 269
Glass sealing alloy
iron-nickel-chromium . . . **A2:** 894
mechanical properties . . . **A2:** 892
Glass sealing nickel-cobalt-iron alloys
cadmium plating . . . **A5:** 224
Glass sealing sheet and strip
powders used . . . **M7:** 574
Glass seals
heat exchangers . . . **EM4:** 981
Glass spheres . . . **EM3:** 175, **EM4:** 418–422
angle of repose . . . **M7:** 282
applications . . . **EM4:** 418, 419, 420
as filler material . . . **EM2:** 499
composition classifications . . . **EM4:** 418
future outlook . . . **EM4:** 421–422
hollow glass spheres . . . **EM4:** 419–421
controlled composition process yielding shells having uniform walls . . . **EM4:** 419
inertial confinement fusion research programs . . . **EM4:** 420
process for forming in combustible gas using a burner head . . . **EM4:** 419
rotating disk process . . . **EM4:** 420–421
porous glass beads . . . **EM4:** 421
droplet generation method and sol-gel processing . . . **EM4:** 421
hydrolysis of silicon and zirconium alkoxides . . . **EM4:** 421
rotating wheel process . . . **EM4:** 421
thixotropy . . . **EM4:** 421
production of large spheres . . . **EM4:** 421
solid glass spheres . . . **EM4:** 418–419
glass beads for state-of-the-art medical treatment . . . **EM4:** 419
marble production . . . **EM4:** 418–419
types . . . **EM4:** 418
Glass stabilizers . . . **A20:** 417

SUBJECTS OF THE INDEXED VOLUMES: ASM Handbook (designated by the letter "A"): **A1:** Properties and Selection: Irons, Steels, and High-Performance Alloys (1990); **A2:** Properties and Selection: Nonferrous Alloys and Special-Purpose Materials (1990); **A3:** Alloy Phase Diagrams (1992); **A4:** Heat Treating (1991); **A5:** Surface Engineering (1994); **A6:** Welding, Brazing, and Soldering (1993); **A7:** Powder Metal Technologies and Applications (1998); **A8:** Mechanical Testing (1985); **A9:** Metallography and Microstructures (1985); **A10:** Materials Characterization (1986); **A11:** Failure Analysis and Prevention (1986); **A12:** Fractography (1987); **A13:** Corrosion (1987); **A14:** Forming and Forging (1988); **A15:** Casting (1988); **A16:** Machining (1989); **A17:** Nondestructive Evaluation and Quality Control (1989); **A18:** Friction, Lubrication, and Wear Technology (1992); **A19:** Fatigue and Fracture (1996); **A20:** Materials Selection and Design (1997). **Metals Handbook, 9th Edition** (designated by the letter "M"): **M1:** Properties and Selection: Irons and Steels (1978); **M2:** Properties and Selection: Nonferrous Alloys and Pure Metals (1979); **M3:** Properties and Selection: Stainless Steels, Tool Materials, and Special-Purpose Materials (1980); **M4:** Heat Treating (1981); **M5:** Surface Cleaning, Finishing, and Coating (1982); **M6:** Welding, Brazing, and Soldering (1983); **M7:** Powder Metallurgy (1984). **Engineered Materials Handbook** (designated by the letters "EM"): **EM1:** Composites (1987); **EM2:** Engineering Plastics (1988); **EM3:** Adhesives and Sealants (1990); **EM4:** Ceramics and Glasses (1991). **Electronic Materials Handbook** (designated by the letters "EL"): **EL1:** Packaging (1989)

Glass stress
defined EM2: 21
Glass substrates
applications EL1: 338
physical characteristics EL1: 106
Glass (television tube)
recommended waterjet cutting speeds EM4: 366
Glass temperature (*Tg*) A19: 47
cyclic crack growth in polymers A19: 54
Glass tissue
application EM1: 109
Glass transition EM3: 14
defined EM2: 21
Glass transition temperature *See also* Temperature(s) A19: 47, EM3: 14
and aging EM2: 788
and calculation of fracture energy . . EM3: 383, 384
and silicone incorporation of diphenyl groups EM3: 134
as quality assessment method EM2: 564–565
cycle frequency effect on crack propagation rate EM3: 513
defined EM2: 21
dependence, as intrinsic EM2: 452
effect, moisture-related failures EM2: 761–764
epoxies EM2: 241
for temperature resistance measurement EM2: 559–564
heterochain thermoplastic polymers EM2: 53
hydrocarbon thermoplastic polymers EM2: 50
measurement of EM3: 320–321
nonhydrocarbon carbon-chain thermoplastic polymers EM2: 51–52
polybenzimidazoles (PBI) EM2: 148
polyphenylquinoxalines EM3: 163, 164, 166
relaxation time related EM3: 422
styrene-acrylonitriles (SAN, OSA ASA) . . EM2: 215
thermoplastic polymers EM2: 54
thermoplastic polyurethanes (TPUR) EM2: 204
Glass transition temperature (T_g) . . A5: 448–450, 451, 452, A20: 274, 344, 418
appropriate, thermal analysis for determining EM1: 779–780
as matrix selection parameter EM1: 76
change, laminate strength effects EM1: 226
defined EM1: 12
definition A20: 834
epoxy resin matrices EM1: 73–74
functions of EM1: 135
moisture absorption effects, epoxy resins . . EM1: 32
of high-temperature polymers EM1: 810
variations, causes of EM1: 779
wet, defined EM1: 32
Glass transition temperatures
as laminate thermal property EL1: 536
defined EL1: 1145
dielectric EL1: 742
effect, epoxy resins EL1: 825
resin systems EL1: 534–535
Glass viscosity A20: 352
Glass yield
batch size EM4: 382
Glass/epoxy laminate
waterjet machining A16: 522
Glass/metal and glass-ceramic metals seals EM4: 493–500
applications EM4: 493, 500
chemical factors in making glass/metal seals EM4: 496–497
reactions at glass/metal interfaces EM4: 496–497
wetting and spreading EM4: 496
classification of glass/metal seals EM4: 493–495
compression seal EM4: 494
ductile metal seal EM4: 494
Housekeeper seal EM4: 494, 495
composition and structure of glass and glass-ceramic materials EM4: 493
glass-ceramic/metal seals EM4: 499–500
glass-ceramic to metal processing . . EM4: 499–500
making of glass/metal seals EM4: 497–498
coefficient of thermal expansion . . EM4: 497–500
high-pressure sodium vapor lamps EM4: 498
metals commonly used EM4: 497
recommended combinations EM4: 497
physical factors in making glass/metal seals EM4: 495–496
Glass/metal seals
seal design finite-element stress-analytic techniques EM4: 536–538
Glass/SiO_2
methods used for synthesis A18: 802
Glass-base systems
for circuit protection EM3: 592
Glass-blowing EM4: 21
Glass-borosilicate
diffusion factors A7: 451
physical properties A7: 451
Glass-ceramic cookware failure analysis EM4: 669–673
accident reconstruction EM4: 672–673
accident report EM4: 669
breaking stress versus mirror size EM4: 672
fractography EM4: 669–671
analyses EM4: 669–670
discussion of analyses EM4: 670–671
measurement of origin mirrors EM4: 671
investigation of accident EM4: 671–672
Glass-ceramic inlays
properties A18: 666
Glass-ceramic ovenware
defect inclusion levels EM4: 392
Glass-ceramic process EM4: 23
Glass-ceramics EM4: 22–23, 439–443, 1101–1102
advantages EM4: 434–435
applications EM4: 23, 434, 1102
biomedical EM4: 19
dental EM4: 1094
as ceramic substrates EM4: 1110–1111
commercial systems EM4: 435–438
composition EM4: 433, 434
crystal structure EM4: 30
crystallinity EM4: 1102
design EM4: 433
engineering properties *See* Engineering properties of glass ceramics
formation EM4: 1101–1102
high crystallinity EM4: 433
limitations EM4: 435
machinable, as bioactive material EM4: 1008
matrix matefial for ceramic-matrix composites EM4: 840
microstructure EM4: 433, 434
photomachinable EM4: 23
processing EM4: 433–435
properties EM4: 23, 30, 330, 849, 1102
Pyroceram tableware EM4: 1102
seals with metals EM4: 499–500
secondary heat treatment EM4: 1102
thermal properties EM4: 30
Glass-cleaning solutions EM3: 35
Glasscutter wheels
wear of M1: 604, 605
Glassed steel (porcelain enamel) . . . M5: 527, 529–530
Glass-epoxy composites
applications A9: 592
etching A9: 591
polishing A9: 590
Glass-epoxy matrix composites *See also* Bulk molding compounds (BMC)
application EM1: 141, 163
compressive strength EM1: 197
fabric EM1: 399–400, 404–405
Glasses *See also* Amorphous materials; Ceramics; Glasses, characterization of; Metallic glasses
analytic methods applicable A10: 5
and Kovar seals, XPS analysis A10: 577–578
applications EM4: 1015
AS_2Te_3, K-edge EXAFS spectra of arsenic in A10: 411
binary phosphate, influence of cations on bonding in A10: 131
bond distance, coordination, and neighbors EXAFS determined A10: 407
borosilicate, B and F determined in A10: 179
bulk metallic A2: 819–820
C glass, effect on mechanically alloyed oxide dispersion-strengthened (MA ODS) alloys A2: 947
calcium-boroaluminosilicate, SIMS depth profiles A10: 624
characterized A10: 1
defined A2: 804, EL1: 93, 109
die attach, in hermetic packages EL1: 215
flame polishing EL1: 104
for seals EL1: 455–459
ground, AAS analysis for silver, lead, and cadmium in A10: 55
high-temperature solid-state welding A6: 298
hydrofluoric acid as dissolution medium for A10: 165
hydroxyl and boron content, quantitative analysis A10: 121–122
inclusions that contain gases, Raman analysis A10: 131
insulating, SIMS analysis EL1: 1087–1088
K-edge EXAFS spectra of arsenic in A10: 411
Knight shift measurements on metallic . . . A10: 284
lime glass, effect, mechanically alloyed oxide alloys A2: 947
metal oxide, Raman spectroscopy A10: 130–131
metallic M7: 794
metallic, NMR Knight shift measurement on A10: 284
metallic, SAS applications A10: 405
MOLE technique for A10: 131
multicomponent, EDS and WDS x-ray spectra of A10: 521
phase separation analysis by SAXS/SANS/SAS A10: 402
phosphosilicate, and aluminum EL1: 965
properties EM4: 1015
Raman spectroscopy for A10: 126, 130, 131
sales categories EM4: 1015
SAXS/SANS analysis of A10: 405
silica, RDF analysis A10: 397–399
silicate, bonding topologies in A10: 393
silver die attach, for hermetic packages EL1: 215–216
small-angle scattering analysis A10: 405
SO_2 Raman analysis A10: 131
spin, abbreviation for A10: 691
surface layer analysis in A10: 610, 624
typical FT-IR spectrum A10: 122
variation of long-range order, as function of preparation A10: 393
wetting, on metal EL1: 456
Glasses, characterization of *See also* Glasses
analytical transmission electron microscopy A10: 429–489
atomic absorption spectrometry A10: 43–59
Auger electron spectroscopy A10: 549–567
classical wet analytical chemistry A10: 161–180
controlled-potential coulometry A10: 207–211
electrochemical analysis A10: 181–211
electrogravimetry A10: 197–201
electrometric titration A10: 202–206
electron probe x-ray microanalysis . . . A10: 516–535
extended x-ray absorption fine structure A10: 407–419
inductively coupled plasma atomic emission spectroscopy A10: 31–42
infrared spectroscopy A10: 109–125
ion chromatography A10: 658–667
low-energy ion-scattering spectroscopy A10: 603–609
neutron activation analysis A10: 233–242
neutron diffraction A10: 420–426
optical emission spectroscopy A10: 21–30
particle-induced x-ray emission A10: 102–108
potentiometric membrane electrodes A10: 181–187
radial distribution function analysis . . A10: 393–401
Raman spectroscopy A10: 126–138
Rutherford backscattering spectrometry A10: 628–636
scanning electron microscopy A10: 490–515
secondary ion mass spectroscopy A10: 610–627
small-angle x-ray and neutron scattering A10: 402–406
spark source mass spectrometry A10: 141–150
ultraviolet/visible absorption spectroscopy A10: 60–71
voltammetry A10: 188–196
x-ray photoelectron spectroscopy A10: 568–580
x-ray spectrometry A10: 82–101
Glasses, composition, processing, and structure effects on properties A20: 416–433
aluminosilicate glasses A20: 418
attributes of ingredients A20: 417
bonding structures A20: 416
borosilicate glasses A20: 418

Glasses, composition, processing, and structure effects on properties (continued)
chalcogenide glasses **A20:** 418
chemical tempering **A20:** 418
classes of **A20:** 416
commercial **A20:** 418
description of glasses **A20:** 416
glass ceramics **A20:** 419
glass formers **A20:** 417
glass intermediates **A20:** 417
glass modifiers **A20:** 417
glass stabilizers **A20:** 417
heavy metal fluoride glasses (HMFG) **A20:** 418
high-silica glasses **A20:** 418
lead glasses **A20:** 417
nonoxide glasses **A20:** 417
photomachinable glass ceramics **A20:** 419
properties **A20:** 416–419
soda-lime-silica glass **A20:** 417, 418
solder (sealing) glasses **A20:** 418
sol-gel **A20:** 417, 418–419
specialty glasses **A20:** 418–419
thermal tempering **A20:** 418
trace additions **A20:** 417
traditional **A20:** 417–418
vapor-derived **A20:** 417
viscosity characteristics with temperature **A20:** 417, 418

Glasses, fatigue and fracture behavior of **A19:** 955–960
breaking stress versus stressing rate **A19:** 957
comparison of results **A19:** 957, 958
crack velocity measurements **A19:** 957–958
dynamic fatigue **A19:** 957
fatigue resistance parameter values for glass compositions **A19:** 958
fracture behavior **A19:** 955
lifetime prediction **A19:** 958–959
normalized stress divided by fracture stress **A19:** 956
pH effect on crack growth **A19:** 958
reaction between vitreous silica and water **A19:** 957
static fatigue **A19:** 955–957
surface damage **A19:** 959
time to failure for soda-lime-silica glass in flexure **A19:** 956
time to failure versus applied stress static fatigue plot **A19:** 956
V-K curve for glass **A19:** 957, 958
Glasses for laboratory and process applications **EM4:** 1087–1090
glass electrodes **EM4:** 1089
glass sensors **EM4:** 1089
laboratory glassware **EM4:** 1087–1088
process systems **EM4:** 1089–1090
silica-based supports for chromatography applications **EM4:** 1088–1809
Glasses joined to ceramics
surface considerations **EM3:** 298–310
Glasses, structure and properties *See* Structure and properties of glasses
Glass-fiber/epoxy-resin composite
properties **A20:** 652, 653
Glass-fiber-reinforced polymer (GFRP)
engineered material classes included in material property charts **A20:** 267
for efficient compact springs **A20:** 288
for springs **A20:** 287
for windsurfer masts **A20:** 290
fracture toughness vs.
density **A20:** 267, 269, 270
strength **A20:** 267, 272–273, 274
Young's modulus **A20:** 267, 271–272, 273
linear expansion coefficient vs. thermal conductivity **A20:** 267, 276, 277
linear expansion coefficient vs. Young's modulus **A20:** 267, 276–277, 278
loss coefficient vs. Young's modulus **A20:** 267, 273–275
normalized tensile strength vs. coefficient of linear thermal expansion **A20:** 267, 277–279
strength vs. density **A20:** 267–269
Young's modulus vs. density **A20:** 289
Young's modulus vs. elastic limit **A20:** 287
Glass-fiber-reinforced polymer (GFRP)/Kevlar-fiber-reinforced polymer (KFRP)
Young's modulus vs. density . . . **A20:** 266, 267, 268
Glass-filled high-impact polystyrenes (PS, HIPS) **EM2:** 199
Glassiness
defined **EM2:** 20–21
Glassivation
defined **EL1:** 1145
Glassivation layers
phosphorus analyzed in **A11:** 41
Glass-lined steels
in pharmaceutical production facilities **A13:** 1228–1229
Glass-matrix composites *See also* Engineering properties of glass-matrix composites **EM4:** 19–20
Glass-polyester resin composites
corrosion resistance **EM1:** 93, 94
dielectric strength retention **EM1:** 95
electrical properties **EM1:** 94, 95
flexural strength vs. temperature **EM1:** 93
sheet molding compound for **EM1:** 157–160
thermal stability **EM1:** 93
Glass-reinforced nylon 6 (30–35%)
for epicyclic gear of screwdriver, decision matrix **A20:** 295
Glass-reinforced thermoplastic polyurethanes **EM2:** 205
Glass-sealed ceramic packages
substrates **EL1:** 203–204
Glass-sealed oxide
oxidation-resistant coating systems for niobium **A5:** 862
Glass-sealed silicide
oxidation-resistant coating systems for niobium **A5:** 862
Glass-to-metal seals
described **EL1:** 455–456
hybrid packages using **EL1:** 458
reliability and testing **EL1:** 458–459
sealing glass selection factors **EL1:** 456–458
with low-melting temperature indium-base solders **A2:** 752
Glassware
cleanliness for UV/VIS analysis **A10:** 69
Glassy carbon matrix composites
polishing **A9:** 591
with graphite fibers **A9:** 596
Glassy metals *See* Amorphous metals
Glassy plastics
ESC testing of **EM2:** 802–803
Glassy polymers *See also* Amorphous polymers; Glass
as blends **EM2:** 633
deformation **EM2:** 657
Glassy thermoplastics
stress crazing **EM2:** 797–799
Glauber salt process
sealing process for anodic coatings **A5:** 490
Glauber salt sealing process
anodic coatings **M5:** 595
Glaze **A20:** 419
defined **A18:** 10, **EL1:** 109
definition **A5:** 957, **A20:** 834
Glazed ceramics
processing defects **EM4:** 643, 644
Glazes **EM4:** 9–10, 1061–1068
application process **EM4:** 9
applications **EM4:** 10
Bristol **EM4:** 10
ceramic decoration **EM4:** 1066–1068
classification **EM4:** 1061
composition **EM4:** 45, 1063–1065
cost factors **EM4:** 1068
crystalline **EM4:** 10
FDA guidelines **EM4:** 1063–1064, 1065
firing temperatures **EM4:** 1061
fritted **EM4:** 10, 1061
heavy metal release rate **EM4:** 1062–1063, 1064–1066
lead-containing **EM4:** 1062
leadless **EM4:** 10, 1062
luster **EM4:** 10
porcelain **EM4:** 10
product availability **EM4:** 1068
properties of fired ware **EM4:** 45
raw **EM4:** 10
raw lead **EM4:** 10
refractive index of glasses **EM4:** 1064
role of specific oxides **EM4:** 1062
salt **EM4:** 10
slip **EM4:** 10
special **EM4:** 10
zinc-containing **EM4:** 10
Glazes and enamels for coating ceramics and glasses **A5:** 877–882
applications **A5:** 877
ceramic decoration **A5:** 880
coloring vitreous coatings, techniques for . . **A5:** 880
corrosion resistance **A5:** 877
glass enamels **A5:** 880
glaze, defined **A5:** 877
glazes **A5:** 877–880
heavy-metal release **A5:** 879–880
heavy-metal release performance rating **A5:** 880
inorganic pigments to impart colors to ceramic coatings **A5:** 881
lead-containing glazes **A5:** 878–879
leadless glazes **A5:** 878
markets for glazed ceramics **A5:** 877–878
matte glazes **A5:** 880
opaque glazes **A5:** 880
pigment application in coatings **A5:** 881–882
pigment cost factors availability **A5:** 882
pigments **A5:** 880–881
porcelain enamel, defined **A5:** 877
properties **A5:** 877
reasons for coating applications **A5:** 877
role of specific oxides in glazes **A5:** 878
safety and health hazards **A5:** 879–880
satin glazes **A5:** 880
vitreous coatings, defined **A5:** 877
Glazing
as fatigue mechanism **A19:** 696
brake pad material **A18:** 45
definition **A5:** 957
Gleeble high strain rate hot-tensile test machine **A11:** 721, 726
Gleeble system **A6:** 517
Gleeble test
low-carbon steels **A12:** 240
Gleeble test unit **A8:** 586, **A14:** 378
Gleeble unit **A1:** 581
Glide *See also* Slip
of dislocations, slip as **A8:** 34
Glide, superlattice
in ordered intermetallics **A2:** 913
Glide-plane decohesion
superalloys **A12:** 391
Gliding dislocations **A19:** 84
Glinka strain energy density method **A19:** 258
Glissile interfaces
shape memory alloys **A2:** 898
Global clocks
in WSI technology **EL1:** 9
Global communication **EL1:** 5
Global Engineering Documents **A20:** 69
Global friction factor **A18:** 67
Global heat treatment
for steam generators **A13:** 942

Global illumination
MOLE/Raman analysis. **A10:** 129–130
Global (laminate) reference system **EM1:** 236
Global ply discount method
for composites **A11:** 741–742
Global-warming problem **A20:** 101, 102
Glob-top encapsulants. **EL1:** 803
Globular eutectic
in lead-tin alloys. **A9:** 417
Globular eutectic microstructure . . . . . . **A3:** 1•19, 1•20
Globular oxide
carburizing affected by content in steels . . **A18:** 875
Globular particles
FeO, in iron **A12:** 223
oxide inclusions, in iron **A12:** 220
Globular sigma phase
in rhenium-bearing alloys **A9:** 448
Globular sulfides in steel **A9:** 628
Globular transfer
definition **M6:** 9
Globular transfer (arc welding)
definition. **A6:** 1210
Globule test **A6:** 136, 137
for solderability. **EL1:** 677, 944
standards used to evaluate stability **A6:** 136
Gloss
and toughness, high-impact polystyrenes (PS,
HIPS) **EM2:** 195
definition. **A5:** 957
of porcelain enamels **A13:** 451
paint *See* Paint and painting, gloss
porcelain enamel *See* Porcelain enameling, gloss
surface, and color, testing. **EM2:** 598
Glossary *See also* Categorization; Classification; Terminology
of terms. . . **A15:** 1–12, **EL1:** 1133–1162, **EM2:** 2–47
Glossary for metal powder compacting presses and tooling, specifications. **A7:** 1100
Glossary of terms **A4:** 948–959, **A11:** 1–11
Glossmeter, photoelectric
paint gloss testing **M5:** 491
Glow discharge cleaning
vacuum coating process **M5:** 406
Glow discharge mass spectroscopy (GDMS) **A5:** 669, 673, 674
Glow discharge mass spectroscopy (GDMS), for trace element measurement
ultra-high purity metals. **A2:** 1095
Glow discharge optical emission spectroscopy (GDOES). **A5:** 669, 670, 671, 673, 674
Glow discharge sputtering **A5:** 573–575
Glow discharges **A10:** 26–29, 142
Glow-discharge nitriding *See* Ionitriding
Gluconic acid
for acid cleaning **A5:** 48, 53
Glucose
enzymatic determination using oxygen of fluorescence **A10:** 79
Glucose (liquid)
chemical successfully stored in galvanized containers. **A5:** 364
Glue **EM3:** 14
Glue line **EM3:** 14
Glue line thickness **EM3:** 14
Glue-laminated wood **EM3:** 14
Gluing
porous materials. **A7:** 1035
Glyceregia as an etchant for
heat-resistant casting alloys **A9:** 330–331
stainless steel powder metallurgy materials **A9:** 509
wrought heat-resistant alloys **A9:** 307
Glycerin. **A6:** 60
as binder **A7:** 107
as injection molding binder **M7:** 498
for optical sensing zone analysis **A7:** 249
Glycerol
and nitric acid as an etchant for magnesium alloys **A9:** 426
description. **A9:** 68
nitric acid and acetic acid as an etchant for tin-lead alloys **A9:** 450
surface tension **EM3:** 181
Glycerol-water jets
stability of **M7:** 28, 31
Glycidyl amines **EM1:** 67, 69, 753
Glycidyl ether **EM1:** 753
Glycidyl novolac resins
as epoxy resin **EM1:** 67
Glycol **A4:** 210
as binder. **A7:** 107, 108
incomplete removal leading to adhesion defects **EM3:** 751
Glycol ethers
composition. **A5:** 33
hazardous air pollutant regulated by the Clean Air Amendments of 1990 . . . . **A5:** 913
operation temperature **A5:** 33
Glycol phthalate
for bonding **A8:** 234
Glycolic-nitrate
acid pickling treatment conditions for magnesium alloys **A5:** 828
acid pickling treatments for magnesium alloys **A5:** 822
Glycolic-nitrate pickling
magnesium alloys. **M5:** 630, 640–641
Glycols
as couplers. **A18:** 110
composition. **A5:** 33
operation temperature **A5:** 33
Glyoxal
physical properties **EM3:** 104
GMR 235
composition **M4:** 653
GMR-235
composition **A6:** 564, **M6:** 354
electron-beam welding. **A6:** 869
multiple-impulse resistance spot welding . . **M6:** 532
GMS *See* Gas analysis by mass spectrometry
Go/no-go decision
definition. **A20:** 834
Godbert-Greenwald furnace
explosivity testing **M7:** 197
Goiters
from cobalt toxicity **A2:** 1251
Gold *See also* Fine gold; Gold alloys; Gold alloys, specific types; Gold contact alloys; Precious metals; Pure gold; Pure metals **A18:** 158
alloying effect **A13:** 47
anode-cathode motion and current density **A5:** 279
applications **A2:** 704
artificial twist boundaries. **A9:** 120–121
as a reactive sputtering cathode material. . . . **A9:** 60
as alloyable coating **EL1:** 679
as braze filler metal. **A11:** 450
as conductive thick-film material **EL1:** 249
as electrically conductive filler **EM3:** 45, 178, 572, 584, 596
as metallic coating for molybdenum. **A5:** 859
as precious metal **A2:** 688
as SERS metal **A10:** 136
atomic interaction descriptions **A6:** 144
Auger electron microscopy map of a gallium arsenide field-effect transistor. **EM3:** 241
-based filler alloy, thermal stress SCC **A13:** 879
beam leads **A11:** 775
brazing, composition **A6:** 117
bulk impedance response **EM3:** 436
bumps **EL1:** 277
calculated electron range **EL1:** 1095
coating for dental feldspathic porcelain and ceramics **A18:** 674
coating for SEM specimens **A18:** 380
electroplate, friction coefficient data **A18:** 74
coinability of. **A14:** 183
color or coloring compounds for. **A5:** 105
commercial fine **M2:** 679–680
conductor ink **EL1:** 208
contact wires. **EL1:** 958
-copper alloys, EPMA analysis. **A10:** 530
corrosion applications **A13:** 797
corrosion in acids. **A13:** 798
corrosion resistance. **A13:** 796, **M2:** 669
dental solders **A2:** 698
deposit hardness attainable with selective plating versus bath plating **A5:** 277
determined by controlled-potential coulometry **A10:** 209–211
diffusion welding **A6:** 885
dislocations in. **A9:** 609
electrical contacts, use in **M3:** 668–669
electrical resistance applications. **M3:** 641
electrochemical potential. **A5:** 635
electrolytic corrosion of. **A11:** 771
electrolytic potential **A5:** 797
electroplated layers. **A6:** 971
electroplating. **A18:** 837
and corrosive wear **A18:** 837
properties. **A18:** 837–838
electroplating on zincated aluminum surfaces. **A5:** 801
elemental sputtering yields for 500
eV ions. **A5:** 574
enamels **EM3:** 302
energy factors for selective plating **A5:** 277
explosion welding **A6:** 896, **M6:** 710
fabrication **A13:** 796
field evaporation in **A10:** 586, 587
film conductors. **A11:** 772
for brazing in ceramic/metal seals. **EM4:** 504
for metallizing **EM4:** 542, 544
for metallizing microwave circuitry. **EM4:** 545
for plating, materials and processes selection. **EL1:** 116
for thermal conductivity **EM3:** 584
for wire bonding **EM3:** 584–585
friction coefficient data **A18:** 71
gaseous corrosion **A13:** 798
glass-to-metal seals **EM3:** 302
gravimetric finishes **A10:** 171
hardness **M5:** 281
heat-affected zone fissuring in nickel-base alloys **A6:** 588
high-purity, SSMS analysis. **A10:** 144
high-vacuum lubricant application **A18:** 153
honing stone selection **A16:** 476
ICP-determined in silver scrap metal. **A10:** 41
in clad and electroplated contacts. **A2:** 848
in electronic scrap recycling. **A2:** 1228
in filler metals used for active metal brazing **EM4:** 524
in halogens **A13:** 798
in intermetallic compounds **A6:** 127
in liquid-phase metallizing **EM3:** 306
in medical therapy, toxic effects **A2:** 1257
in metal powder glass frit method **EM3:** 305
in precious-metal solders **A6:** 968, 977
in solid solution alloys **A6:** 127
in stainless steel brazing filler metals **A6:** 911, 913, 915–916, 920
in vapor-phase metallizing **EM3:** 306
ion-beam-assisted deposition (IBAD) **A5:** 597
jewelry **M2:** 666–667
lap welding. **M6:** 673
L-family x-ray lines **A10:** 522
linear expansion coefficient vs. thermal conductivity. **A20:** 267, 276, 277
(liquid), contact angles on beryllium at various test temperatures in argon and vacuum atmospheres. **A6:** 116
liquid-metal embrittlement in **A11:** 234
materials for conductors. **EM4:** 1141
metal filler for polyimide-base adhesives **EM3:** 159
metallization corrosion **A11:** 770
metals, for electrical contacts, properties . . . **A2:** 845
-nickel-copper metallization systems, Auger elemental mapping. **A10:** 559
nitric/hydrochloric acids as dissolution medium **A10:** 166
oxidation resistance. **A13:** 796–797
particles, line scan across **A10:** 496
percussion welding **M6:** 740
photochemical machining **A16:** 588
photochemical machining etchant **A16:** 590
pretinning effects **EL1:** 731
production **M2:** 660
properties **A2:** 704–705, **A13:** 796
protective finish in electronic applications **A6:** 990, 991, 994–995
pure. **M2:** 737–738
pure, properties **A2:** 1116
purity **M5:** 281
purity-hardness relationship **M5:** 281
recommended impurity limits of solders . . . **A6:** 986
relative solderability **A6:** 134
as a function of flux type **A6:** 129
resources and consumption **A2:** 689
rosin flux use **A6:** 129
screens, radiography. **A17:** 316
semifinished products **A2:** 694

Gold (continued)
single-pass sliding with amalgam material **A18:** 669
solderability **A6:** 978
solution for plating niobium or tantalum **A5:** 861
special properties **A2:** 691–692, **M2:** 662–663
sponge, dealloyed **A13:** 130–131
stacking fault energy **A18:** 715
stacking-fault tetrahedra **A9:** 117
suitability for cladding combinations **M6:** 691
thermal diffusivity from 20 to 100 °C **A6:** 4
thermal expansion coefficient **A6:** 907
thermocompression welding **M6:** 674
thin-film resistivity, vs. film thickness **EL1:** 314
tin, for solder sealing **EM3:** 585
tin-gold eutectic **EM3:** 584
TNAA detection limits **A10:** 237
torch soldering **A6:** 351
trade practices **A2:** 690–691
TWA limits for particulates **A6:** 984
ultrapure, by fractional crystallization **A2:** 1093
ultrapure, by zone refining **A2:** 1094
ultrasonic cleaning **A5:** 47
ultrasonic welding **M6:** 746
usage, PWB manufacturing **EL1:** 510
use in thermal evaporation **A12:** 172
vacuum-deposited electrodes **EM3:** 429
Vickers and Knoop microindentation hardness numbers **A18:** 416
wettability indices on stainless steel base metals **A6:** 118
wetting of beryllium **A6:** 115
wire, and vacuum-deposited aluminum, ball bond **A12:** 484
x-ray tubes **A17:** 302
zinc and galvanized steel corrosion as result of contact with **A5:** 363

Gold alloy powders
apparent density **A7:** 40
injection molding **A7:** 314
mass median particle size of water-atomized powders **A7:** 40
operating conditions and properties of water-atomized powders **A7:** 36
oxygen content **A7:** 40
standard deviation **A7:** 40

Gold alloys *See also* Fine gold; Gold; Gold contact alloys
applications **A2:** 705–707
brazing
available product forms of filler metals **A6:** 119
environments that cause stress-corrosion cracking **A6:** 1101
joining temperatures **A6:** 118
corrosion of **A13:** 1360
dental **A2:** 692
for electrical contacts, properties **A2:** 845
PFM **A13:** 1355
recommended gap for braze filler metals **A6:** 120
tarnish **A13:** 1359
versus dental amalgam abrasion rates **A18:** 669

Gold alloys, for brazing
composition and properties **M7:** 839

Gold alloys, specific types *See also* Gold; Gold alloys
69Au-25Ag-6Pt **A9:** 562
80Au-20Cu foil **A6:** 146
91.7Au-8.3Ag **A9:** 563
Au-10Cu, as electrical contact materials **A2:** 846
Au-14.5Cu-8.5Pt-4.5Ag-1Zn, as electrical contact materials **A2:** 846
Au-25Ag-6Pt, as electrical contact materials **A2:** 846
Au-25Ag-9Pt-15Cu, as electrical contact materials **A2:** 846
Au-30Ni, cellular colonies **A9:** 649
Au-34Cd, martensitic structures **A9:** 673
fine gold (99.9 Au), as electrical contact materials **A2:** 845

Gold and gold alloys
aging **A4:** 943–944
annealing **A4:** 941, 942–944
colors **A4:** 942
compositions **A4:** 941, 942, 944
dental applications **A4:** 942, 944
electrical resistivity **A4:** 943, 944
hardness **A4:** 941, 943
mechanical properties **A4:** 942, 944
vapor pressure, relation to temperature **A4:** 495

Gold atoms in the $AuCu_3$ structure **A9:** 681

Gold brazing alloy powders **A7:** 74

Gold brazing filler metals
properties **A2:** 707

Gold bronze
decorative applications **M7:** 595
pigments **M7:** 595–596

Gold bronze pigments **A7:** 1087–1088

Gold bump
to gold-plate copper lead **EL1:** 280
to tin-plate copper lead **EL1:** 279–280
wafer bumping technology **EL1:** 277

Gold cementation
powder used **M7:** 573

Gold coating
on semiconductor layer **A9:** 97
on silver electronic circuit termination pad **A9:** 101

Gold coatings and films
soldering **A6:** 631

Gold contact alloys *See also* Fine gold; Gold alloys; Gold contact alloys; Pure gold; Pure metals
as electrical contact materials **A2:** 845–846
fine gold **A2:** 845–846
properties, applications **A2:** 845

Gold filled
definition **A5:** 957

Gold film conductors
electromigration effects on **A11:** 771–772

Gold flashing **M5:** 284

Gold, green *See* Gold-silver-copper alloys

Gold in dentistry **M2:** 684–687
cast alloys **M2:** 684–686, 687
applications **M2:** 685
composition **M2:** 684–685, 687
hardness ranges **M2:** 685, 687
mechanical properties **M2:** 686, 687
physical properties **M2:** 687
cavity filling, materials for **M2:** 684
gold foil, physical properties **M2:** 684
mat gold, physical properties **M2:** 684
powdered gold, physical properties **M2:** 684
copper addition **M2:** 685
lost wax process **M2:** 684–685
metal-ceramic technique **M2:** 685, 687
silver addition **M2:** 685
solders
applications **M2:** 686
composition **M2:** 686
wire alloys
color **M2:** 684, 685
composition **M2:** 684, 685
mechanical properties **M2:** 684, 686
physical properties **M2:** 684, 686
zinc addition **M2:** 685

Gold in silicon
heats of reaction **A5:** 543

Gold leaf
by metallic flake pigment production **M7:** 593

Gold oxide (Au_2O_3)
heats of reaction **A5:** 543

Gold plated electrical contact material **A9:** 562–563

Gold plating **A5:** 247–250, **EL1:** 638, 679, **M5:** 281–284
acid gold color plating baths for heavy deposits **A5:** 248
acid gold industrial plating baths **A5:** 249
acid gold plating **A5:** 248
acid gold selective plating solution **A5:** 281
additives **A5:** 247
alkaline gold plating solutions **A5:** 249
alkaline gold selective plating solutions **A5:** 281
alloying metals in **M5:** 282–283
aluminum and aluminum alloys **M5:** 605
applications **M5:** 284
barrel **M5:** 282
cathode current efficiency **A5:** 249
conducting salts **A5:** 247
copper and copper alloys **A5:** 814, **M5:** 621–623
current densities **M5:** 282–284, 622–623
decorative **M5:** 284
decorative plating **A5:** 247–248
dragout **A5:** 249–250
electroless process **M5:** 621–622
electroplating calculations **A5:** 249
flash formulations for decorative plating **A5:** 248
flash plating **A5:** 248
general description **A5:** 247
hardness classification scheme **A5:** 249
history **A5:** 247
hot cyanide process **M5:** 281–283
immersion process **M5:** 622
industrial gold plating **A5:** 248–249
magnesium alloys, stripping of **M5:** 647
metal distribution **M5:** 283
metallic impurities, effects of **M5:** 283
microthrowing power **A5:** 248
molybdenum **M5:** 660
neutral gold selective plating solution **A5:** 281
nickel dermatitis avoided **A5:** 248
niobium **M5:** 663–664
noncyanide solutions **A5:** 249
of metal-matrix composites **EL1:** 1127–1128
preparation for **M5:** 283
price level and price variability **A5:** 247
processing considerations **M5:** 283–284
properties **A5:** 247
pure gold deposits **M5:** 281
purity, types of **A5:** 249
recovery **A5:** 250
refractory metals and alloys **A5:** 858
rigid printed wiring boards **EL1:** 549–550
selective **M5:** 283–284
solution compositions and operating
acid baths **M5:** 282
alloying metals in **M5:** 282–283
conditions **M5:** 281–283, 622–623, 663–664
hot cyanide **M5:** 281–283
immersion baths **M5:** 622
neutral baths **M5:** 282
pH **M5:** 282
solution formulations **A5:** 247–248, 861
"starved" solutions **A5:** 247
strike plating **A5:** 248, 249
stripping of **M5:** 283, 647
sulfite gold decorative plating baths **A5:** 248
sulfite gold industrial baths **A5:** 249
tantalum **M5:** 663–664
temperature **M5:** 281–282, 284
thickness **M5:** 283
thickness classification scheme **A5:** 249
titanium **M5:** 659
waste recovery **M5:** 284

Gold powder
apparent density **A7:** 40
content in ancient platinum **A7:** 3
diffusion factors **A7:** 451
for illustrating manuscripts **A7:** 3
halo derivative of **A7:** 168
injection molding **A7:** 314
mass median particle size of water-atomized powders **A7:** 40
microstructure **A7:** 727
oxygen content **A7:** 40
physical properties **A7:** 451
standard deviation **A7:** 40

Gold powders *See also* Gold alloys; Precious metal powders
applications **M7:** 205
exposure limits **M7:** 205
history **M7:** 14
production of **M7:** 148–150
reducing agents **M7:** 150
screen print **M7:** 150
thick-film **M7:** 149–151
toxicity **M7:** 204, 205
Gold powders, production of ... **A7:** 182, 184–185, 186
advantages **A7:** 184
applications **A7:** 184
ball milling **A7:** 185
coatings for particles **A7:** 184
mechanical processes **A7:** 184–185
properties **A7:** 184
reducing agents **A7:** 184
shape characteristics **A7:** 184, 185, 186
Gold, proof *See* Gold, commercial fine
Gold, red *See* Gold-silver-copper alloys
Gold salts
medical uses and toxicity **A2:** 1257
Gold vacuum coating **M5:** 388, 395, 400
Gold, vapor pressure
relation to temperature **M4:** 309, 310
Gold wafer bumping
metallization process **EL1:** 277
Gold, white *See* Gold-nickel-copper alloys
Gold wire
ball bonding **EL1:** 350
bonding **EL1:** 110–111
in wire bonding **EL1:** 225–226
Gold wires
scanning electron microscopy image **A9:** 101
Gold, yellow *See* Gold-silver-copper alloys
Gold, zone refined
impurity concentration **M2:** 713
Gold/nickel-chromium system
film preparation **EL1:** 314
Gold/tantalum-nitride system
film preparation **EL1:** 314–315
Gold-aluminum wire bond system
effects of continuous voiding in **A11:** 776–777
Gold-base alloys
torch brazing filler metals **A6:** 328
Gold-base brazing filler metals
properties **A2:** 707
Gold-base soldering alloy systems
millimeter/microwave applications **EL1:** 755
Gold-bismuth alloys, peritectic transformations **A9:** 678
Bi-40Au, peritectic envelope **A9:** 679
Gold-cadmium alloys, martensitic structures .. **A9:** 673
as a conductive coating for scanning electron microscopy specimens **A9:** 97
Gold-cobalt
wear resistance **A5:** 326
Gold-colored brass plating **M5:** 285–286
Goldhoff-Sherby parameter **A8:** 335
Gold-nickel
wear resistance **A5:** 326
Gold-nickel alloy
ion-scattering spectrometry with molybdenum contamination **A18:** 449
Gold-nickel powder
oxygen content of water atomized powder .. **A7:** 42
Gold-nickel-copper alloys **M2:** 682–683
properties **A2:** 706
Gold-palladium
alloy basis for dental crowns **A18:** 673
as filler for conductive adhesives **EM3:** 45
coating for SEM specimens **A18:** 380
Gold-palladium alloys
hydrogen embrittlement in **A11:** 45–46
Gold-palladium conductive coating **A9:** 98
Gold-plated stainless steel lead frame
Auger microprobe of **A10:** 560
Gold-platinum alloy **M2:** 683
leaching **A6:** 132
Gold-platinum alloy (70Au-30Pt)
properties **A2:** 706–707
Gold-platinum powders **A7:** 182
Gold-silicon
die bond **EL1:** 213
eutectic die attach **EL1:** 217
phase diagram **EL1:** 213
Gold-silicon eutectic **EM3:** 584
phase diagram **EM3:** 585
Gold-silver-copper
alloy basis for dental crowns **A18:** 673
Gold-silver-copper alloys **M2:** 680–682
properties **A2:** 705–706
Goldstriking
copper and copper alloys **M5:** 622
Gold-tin alloys
strength of **EL1:** 636
Gold-tin eutectic **EM3:** 584
Golf clubs
powders used **M7:** 574
Golf shoe spikes
cemented carbide **A2:** 974
Golfing
composite material applications for **EM1:** 846
Gomak-3 *See* Zinc alloys, specific types, AG40A
Gomak-5 *See* Zinc alloys, specific types, AC41A
Goniometer
Geiger tube **EL1:** 93
Goniometers
and analyzing crystals **A10:** 88
automatic pole-figure **A9:** 703
defined **A10:** 674
in wavelength-dispersive x-ray spectrometers **A10:** 89
in x-ray spectrometers **A10:** 87
use for Raman analysis **A10:** 129
Goodman constant-life diagram **A11:** 111, 112
Goodman diagram
constant-life **A8:** 712–713
for equivalent stress parameters **A8:** 713
for fatigue data **EM1:** 202
Goodman diagrams **A19:** 364, 366, 367, 368
bending fatigue of 8630 cast steel ... **A19:** 658, 659
modified **A19:** 251, 319, 364
springs **M1:** 291–295, 304
Goodman line **A19:** 19, 20, 21, 558
Goodman model **A19:** 296
Goodman's relation **A19:** 238
Goodness-of-fit statistics **A20:** 628–629
Goodness-of-fit test *See also* Chi-square tests; Empirical distribution function (EDF) goodness-of-fit tests
for normal distributions **A8:** 663–664
for statistical distributions **A8:** 637–638
statistics **A8:** 629
Goodness-of-fit tests **A20:** 81–83, **EM1:** 302–305
Gooseneck *See also* Hot chamber machine
defined **A15:** 6
Gooseneck punches
for press-brake forming **A14:** 536
Gorham process **EM3:** 599
parylenes formation by **EL1:** 789
Goss texture **A9:** 537
Gossler process **EM4:** 402
Gouge marks
alloy steels **A12:** 295
Gouges
adhesive-bonded joints **A17:** 613
in tubular products **A17:** 567
Gough model
tire wear rate **A18:** 580
Gouging *See also* Air carbon arc cutting
as thermal cutting **A14:** 732–734
definition **A6:** 1210, **M6:** 9
Exo-Process for **A14:** 734
use in oxyfuel gas repair welding **M6:** 592–593
Gouging abrasion *See also* Abrasion; Abrasive wear; High-stress abrasion; Low-stress abrasion **A20:** 603, **M1:** 599
defined **A18:** 10
definition **A5:** 957
simulation of **M1:** 600
Gouging amperage **A6:** 1175
Gouging wear ratio
of abrasion-resistant cast iron **A1:** 119
Gouging wear test
of abrasion-resistant cast iron **A1:** 120
Gouging-type corrosion
biological **A13:** 119
Gourdine tunnel
powder coating **M5:** 485–486
Gouy-Chapman model **A7:** 421
Gouy-Chapmann theory **EM4:** 119
Government Printing Office **A20:** 69
Government Reports Announcements & Index (NTIS) **EM1:** 41
Government specification standards **A20:** 68
Government specifications *See* U.S. military and government specifications
Government-funded programs
thermoplastic **EM1:** 103
G-P zones *See* Guinier-Preston (GP) zone solvus line
GPa *See* Gigapascal
GPC *See* Gel permeation chromatography
Grade **M7:** 5
of related alloys, defined **M7:** 463
Grade efficiency curve **A7:** 211
Grade powders
cemented carbides **A2:** 951
Grade selection *See also* Material defects; Material selection
and tool and die failure **A11:** 564, 566
Graded abrasive
defined **A9:** 8
definition **A5:** 957
Graded coating
definition **A5:** 957
Grades
of lead **A2:** 543–545
Gradex Particle Size Analyzer **A7:** 218
Gradient elution
defined **A10:** 674
Gradient freeze technique
of GaAs crystal growth **A2:** 744
Gradient length **A20:** 188
Gradient refractive index (GRIN) lens **EM4:** 460, 462–463
Gradual concentration
of corrosive substances **A11:** 211
Graduated coating
definition **M6:** 9
Graff-Sargent etchant used for aluminum-lithium alloys **A9:** 357
Grafoil **A5:** 569
Graft copolymers **A20:** 445, 446, **EM2:** 21, 58, **EM3:** 14
Grain *See also* Grain boundary; Grain flow; Grain refinement; Grain refinement models; Grain size; Grain size distribution; Grain structure; Grain-boundary embrittlement; Grain-boundary separation **M7:** 5
average dislocation density **A10:** 358
defined **A9:** 8, **A11:** 5, **A13:** 7, **A15:** 6
definition **A5:** 957
deformation, in cold-formed parts **A11:** 307
direction **A8:** 61, 667–668
dropping **A12:** 126
equiaxed, in SCC fracture **A12:** 320
facets, dimples on **A12:** 399–400
facets, oxygen-embrittled iron **A12:** 222
ferrite, cleavage facets in **A12:** 319
flow **A11:** 5, 85, 329, **A12:** 84, 88, 434
growth, in electroslag welds **A11:** 440
growth, in weldments **A13:** 344
in cast ingot, sketch **A10:** 304
individual, SEM analyzed **A10:** 490
interaction stresses **A10:** 420, 424
interiors, creep through **A8:** 310
internal structure **A10:** 357
large columnar, superalloys **A12:** 391
misoriented, as defect **A15:** 321–322
morphology **A15:** 101, 105
morphology, topographic methods for **A10:** 368
multiplication, and grain structure **A15:** 156
orientation specifying **A10:** 359
refining, brittle fracture from **A11:** 85
separation, in steam-generator tubes **A11:** 607
shape, determination by image analysis ... **A10:** 309
shape, silica sand, molding effects **A15:** 208
structure **A8:** 501, 573–574
structure, and corrosion resistance ... **A13:** 193–194
structure, effect in forging failure **A11:** 339
structure, effects, aluminum SCC **A13:** 590–591
structures and dimensions, optical metallography for **A10:** 299
surfaces, AISI/SAE alloy steels **A12:** 340
Grain aspect ratio
mechanically alloyed oxide dispersion-strengthened (MA ODS) alloys **A2:** 944
Grain aspect ratio (GAR) **A6:** 1038, 1039

Grain boundaries *See also* Subboundaries . . . **A19:** 49
and interfaces by fracture, AES analysis of . . . **A10:** 549
anodic metal dissolution at . . . **A13:** 46
appearance at Lüders front . . . **A9:** 685
as Barkhausen noise source . . . **A17:** 132
as intergranular corrosion sites . . . **A13:** 239
as nucleation sites . . . **A9:** 694
by channeling contrast . . . **A10:** 505
calculated energy of, as a function of the crystal lattices of the grains . . . **A9:** 609
carbide precipitation, stainless steels . . . **A13:** 551
chemistry, AES analysis . . . **A10:** 549, 561–562
compositions, nickel alloys . . . **A10:** 562
contrasts, FIM image of . . . **A10:** 589
corrosion, defined . . . **A13:** 7
crystal defects at . . . **A13:** 46
defined . . . **A13:** 7, 46
diffusion-induced, migration analysis by EDS/CBED . . . **A10:** 461–464
digital compositional map of . . . **A10:** 528
direct imaging by high resolution electron microscopy . . . **A9:** 121
ditching, in intergranular corrosion . . . **A13:** 582
dot map for zinc at . . . **A10:** 527
effect on magnetic domain structures . . . **A9:** 535
embrittlement in refractory metals, IAP studies . . . **A10:** 599–600
fatigue crack initiation . . . **A19:** 65
field evaporation and . . . **A10:** 587
FIM image showing gated desorption in molybdenum . . . **A10:** 600
FIM/AP study of point defects in . . . **A10:** 583
heat tinting to reveal . . . **A9:** 136
in Al-4.7Cu alloy . . . **A10:** 462
in beryllium, etching to reveal . . . **A9:** 389–390
in molybdenum, atom probe analysis . . . **A10:** 600, 601
in polycrystalline iron . . . **A9:** 609
in polycrystalline powders, changes in sintering . . . **M7:** 311
in powder metallurgy materials, etching to reveal . . . **A9:** 508
in pure metals . . . **A9:** 610
in sensitized stainless steel . . . **A13:** 930
in sintering two spheres . . . **M7:** 313
in U-700 nickel-base alloy . . . **A10:** 308
in wrought stainless steels, etching to reveal . . . **A9:** 281
migration, diffusion-induced . . . **A10:** 461–464
migration of, as grain growth mechanism . . **A9:** 697
of massive transformation structures . . **A9:** 655–657
penetration, by liquid lithium . . . **A13:** 95
pinning agent, oxides as . . . **M7:** 171
precipitate along . . . **A10:** 307–308
precipitation and solute segregation, AES analyzed . . . **A10:** 549
quantitative determination by image analysis . . . **A10:** 309
role in cellular precipitation . . . **A9:** 647–649
segregation, analysis of . . . **A10:** 481–484, 544, 549
SEM-observed . . . **A10:** 490
transmission electron microscopy . . . **A9:** 118–122
transmission electron microscopy diffraction studies . . . **A9:** 119–120
widening, in air-atomized copper powder **M7:** 117, 118
wrought heat-resistant alloys, carbide precipitation . . . **A9:** 309
yttrium segregation at . . . **A10:** 483
Grain boundaries, alignment of
effect on fatigue resistance of alloys . . . **A19:** 89
effect on fatigue resistance of alloys containing shearable precipitates and PFZs . . . **A19:** 796
Grain boundaries, steps in
effect on fatigue resistance of alloys . . . **A19:** 89
effect on fatigue resistance of alloys containing shearable precipitates and PFZs . . . **A19:** 796
Grain boundary *See also* Grain; Grain size; Grain-boundary cavitation; Grain-boundary separation . . . **A1:** 952
alligatoring . . . **A12:** 351
as anodic in SCC process . . . **A12:** 25–26
attack, preferential, in ceramic . . . **A12:** 471
black voids at . . . **A12:** 346
brittle fracture along . . . **A11:** 100
carbide films . . . **A11:** 267, 405
carbide precipitation at . . . **A11:** 451
cavitation . . . **A8:** 574
cementite films, embrittling effect . . . **A12:** 123
cleavage fracture, iron . . . **A12:** 224
copper alloy, inclusions at . . . **A15:** 96
copper film . . . **A12:** 157
corrosion, defined . . . **A11:** 5
crack propagation along . . . **A11:** 76, 77
cracking . . . **A8:** 306, 501
cracking, tool steels . . . **A12:** 382
creep along . . . **A8:** 310
decohesion . . . **A12:** 18, 23
defined . . . **A9:** 8
definition . . . **A5:** 957
delaminations, wrought aluminum alloys . . **A12:** 418
effect in hydrogen embrittlement . . . **A12:** 23
effect of microvoid nucleation at . . . **A12:** 12
effect on cleavage fracture formation . . . **A12:** 13, 17
effect on fracture . . . **A8:** 35
effects, ordered intermetallics . . . **A2:** 913–914
embrittlement . . . **A11:** 132
embrittlement, low-carbon steel . . . **A12:** 246
etching . . . **A12:** 96
facets, dimples in . . . **A12:** 240
fatigue cracking at . . . **A11:** 102
fatigue fracture, AISI/SAE alloy steels . . . **A12:** 296
ferrite, high-carbon steels . . . **A12:** 278
fissuring, from hydrogen attack in low-carbon steel . . . **A11:** 645
fractures, microanalysis of contaminants on . . . **A11:** 41–42
in dynamic recovery . . . **A8:** 173
in single-phase materials . . . **A8:** 173
mechanically alloyed oxide dispersion-strengthened (MA ODS) alloys . . . **A2:** 944–945
melting, AISI/SAE alloy steels . . . **A12:** 300
melting point constituents . . . **A12:** 18
methane gas along . . . **A12:** 349
microvoid coalescence at . . . **A12:** 12
migration, metal-matrix composites . . . **A12:** 467
networks, in as-cast iron castings . . . **A11:** 359
nitrides (or carbonitrides) in . . . **A12:** 282
nucleation site . . . **A8:** 366
paths, copper penetration following . . . **A11:** 717
penetration of copper, axle failures from . . **A11:** 717
pinning agent, oxides in beryllium . . . **A2:** 686
precipitation . . . **A8:** 35
profile angular distributions for . . . **A12:** 202
SCC fracture along . . . **A12:** 320
secondary cracking . . . **A12:** 222, 340, 397
separation, as casting defect . . . **A15:** 548
separation, fracture mechanics of . . . **A8:** 439
separation, in cobalt-chromium implant . . **A11:** 675, 681
separation, in steam tubes . . . **A11:** 605
sliding . . . **A8:** 188, 306, **A12:** 19, 25, 121–123, 140–141, 364
slip lines, irons . . . **A12:** 219
split . . . **A11:** 667
strengthening, by embrittlement . . . **A12:** 111
sulfide precipitation . . . **A12:** 349
surface, iron impact fracture . . . **A12:** 222
titanium alloys . . . **A12:** 443, **A15:** 827
titanium and titanium alloy castings . . . **A2:** 638
void formation . . . **A8:** 572
zirconium . . . **A2:** 663
Grain boundary α phase
effect on fracture toughness of titanium alloys . . . **A19:** 387
Grain boundary attack . . . **A19:** 195
Grain boundary carbide . . . **A19:** 10
Grain boundary cracking . . . **A19:** 29
Grain boundary diffusion . . . **M7:** 5, 313
Grain boundary dislocations
reactions with lattice dislocations . . . **A9:** 120
transmission electron microscopy . . . **A9:** 120
Grain boundary embrittlement . . . **A19:** 7
Grain boundary energy . . . **A18:** 400
Grain boundary etching
defined . . . **A9:** 8
Grain boundary ferrite . . . **A19:** 10, 12
Grain boundary ferrite, classification of
in weldments . . . **A9:** 581
Grain boundary nucleation
as a result of strain-induced boundary migration . . . **A9:** 696
growth of the nucleus at the expense of polygonized subgrains . . . **A9:** 696
structural detail . . . **A9:** 696
Grain boundary precipitates
effect on fracture toughness of aluminum alloys . . . **A19:** 385
Grain boundary precipitation of carbides
in austenitic stainless steels . . . **A9:** 283–284
Grain boundary segregates
effect on fracture toughness of aluminum alloys . . . **A19:** 385
Grain boundary sliding . . . **A7:** 505, **A8:** 188, 306
Grain boundary structure
as metallurgical variable affecting corrosion fatigue . . . **A19:** 187, 193
Grain boundary structures
thermal-wave imaging used to study . . . **A9:** 91
Grain coalescence . . . **A7:** 567
Grain coarsening . . . **A20:** 304
cyclic flow curves . . . **A8:** 175
defined . . . **A9:** 8
definition . . . **A5:** 957
Grain contrast etching
defined . . . **A9:** 8
Grain density, vs. compacting pressure
beryllium powder . . . **M7:** 171
Grain diameter (*d*) . . . **A20:** 348, 352, 360
Grain diameter effect on creep rate . . . **A20:** 352
Grain direction . . . **A8:** 61, 667–668
Grain drills . . . **M7:** 674–675
Grain dropping
defined . . . **A12:** 126
Grain edges
as linear element in quantitative metallography . . . **A9:** 126
Grain fineness number
defined . . . **A9:** 8, **A15:** 6, 209
Grain flow
change, wrought aluminum alloys . . . **A12:** 434
closed-die steel forgings . . . **M1:** 354, 356–357
defined . . . **A9:** 8
definition . . . **A5:** 957
fatigue fracture through . . . **A12:** 67–68
in closed-die forgings . . . **A1:** 341, 342–343
in titanium and titanium alloy forgings . . . **A9:** 460
lighting of deeply etched specimens for **A12:** 84, 88
unfavorable, as discontinuity . . . **A12:** 67–68
Grain flow pattern . . . **A20:** 740, 741
Grain growth *See also* Grain size . . . **A20:** 734, 735, **EM4:** 304–310
abnormal . . . **EM4:** 306–307, 310
extrinsic condition . . . **EM4:** 306–307
intrinsic condition . . . **EM4:** 306
and densification . . . **EM4:** 307, 308, 309, 310
attainment of high density . . . **EM4:** 309–310
beryllium columnar . . . **M7:** 169
by migration of high-angle boundaries . . . **A9:** 696
classification of . . . **A9:** 697
defined . . . **A8:** 6–7, **A9:** 8
definition . . . **A5:** 957
effect of elevated temperatures and high strain on . . . **A9:** 690
effect of grain-boundary free-energy on . . . **A9:** 697

effect of sintering tungsten
carbide/cobalt on. **M7:** 389
effect on crystallographic texture **A9:** 700–701
effect on ductility **A8:** 164–165
effects, beryllium powder **A2:** 685–696
in cold-worked metals during annealing . . . **A9:** 692, 694, 697–698
in shape memory effect (SME) alloys. **A2:** 900
in zinc alloys. **A9:** 489
kinetic considerations **EM4:** 308–309
mechanisms and kinetics **EM4:** 304–306
driving force **EM4:** 304
general kinetic formulation **EM4:** 304
intrinsic mechanism **EM4:** 304
isolated second phases. **EM4:** 305–306
kinetic laws for various controlling
mechanisms **EM4:** 306
liquid films. **EM4:** 305
Ostwald ripening **EM4:** 305, 310
parameters, particle mobility
expression **EM4:** 306
second-phase pinning **EM4:** 310
solute segregation **EM4:** 304–305
refractory metals and alloys **A2:** 563
scanning electron microscopy used to
study. **A9:** 101
thermodynamic considerations **EM4:** 307–308

Grain growth zone

in ferrous alloy welded joints **A9:** 581–581
in titanium alloy welded joints **A9:** 581

Grain morphology

inoculation practice for. **A15:** 105
nucleation effects **A15:** 101

Grain orientation

and magnetic characterization **A17:** 131
etch pits used to determine **A9:** 101
in electrical steels, preparation of
specimens. **A9:** 531
relationship to dendritic structure. **A9:** 638
revealed by Bitter patterns **A9:** 535
sensitive tint used to examine **A9:** 138

Grain refinement *See also* Grain; Grain refinement models; Grain structure

additions, inclusions from **A15:** 488
aluminum casting alloys **A2:** 133–134
applications. **A15:** 477–478
as strengthening mechanism for fatigue
resistance **A19:** 605
assessment, on-line. **A15:** 166
benefits **A15:** 476
by alloying, wrought aluminum alloy. . . . **A2:** 44, 46
by flux injection **A15:** 453
by hexachloroethane **A15:** 481
by rare earth alloying **A15:** 481
by $TiAl_3$ constituent **A15:** 160
compound Al_3Ti effects **A15:** 105–108
defined **A15:** 6
definition. **A5:** 957
effective, and hot cracking. **A15:** 768–769
growth-hindering additions **A15:** 477
in ferrite **A1:** 404, 406
in hypoeutectic alloys **A15:** 167
magnesium alloy. **A15:** 480–481, 801–802
mechanical agitation **A15:** 476–477
mechanism, aluminum-silicon alloys. **A15:** 160
metastable phase effect **A15:** 108
models, kinetics of. **A15:** 105–107
nitride inclusion-forming. **A15:** 93
nucleating additions. **A15:** 477
of aluminum alloys . . . **A9:** 629–630, **A15:** 105, 160, 476–480, 750–751
of copper alloys **A15:** 481
of foundry alloys **A15:** 478–479
of wrought alloys **A15:** 479–480
rapid cooling. **A15:** 476
with dispersed precipitates, wrought aluminum
alloy **A2:** 38

Grain refinement models

carbide-boride **A15:** 106
kinetics of **A15:** 105–107
peritectic reaction theory **A15:** 106–107

Grain refiner

defined **A15:** 6

Grain refiners **A6:** 53

Grain refining inoculants

effect on aluminum alloy 1100 . . . . **A9:** 630–631
effect on aluminum alloy 6063 . . . . **A9:** 630
effect on twinned columnar growth in aluminum
alloy ingots **A9:** 631
for use with aluminum alloys **A9:** 630

Grain rolls

of chilled iron. **A14:** 353

Grain section sizes

calculated distribution of ferrite **A9:** 133
measured distribution of ferrite. **A9:** 133

Grain shape *See also* Powder shape; Shape(s)

aluminum casting alloys **A2:** 133
as metallurgical variable affecting corrosion
fatigue **A19:** 187, 193
beryllium **A2:** 683–686

Grain shape distribution in normal grain

growth **A9:** 697
in zone-refined iron **A9:** 690

Grain shape, ferrite

effect on formability **M1:** 557–558

Grain shape in aluminum alloys

etchants for examination of **A9:** 355

Grain size *See also* Grain fineness number; Grain growth; Grain refinement; Powders. . . **A20:** 341, 352, **M7:** 5

aluminum casting alloys **A2:** 133
aluminum P/M alloys **A2:** 202
and fracture toughness **A20:** 354
and particle size, tungsten carbide. **M7:** 153
and workability **A8:** 573–574
as metallurgical variable affecting corrosion
fatigue **A19:** 187, 193
austenite. **A11:** 96, 509, 563
beta, titanium and titanium alloy castings. . **A2:** 638
by eddy current inspection **A17:** 165
Charpy V-notch impact screening test for . . **A8:** 263
coarse, brittle fracture due to **A11:** 70, 96
coarse, effect in surface stress
measurement **A10:** 387
coarsening, by laser melting **A13:** 503
comparison of measured and calculated, in
aluminum-copper alloys **A9:** 131
control, magnesium alloy forgings. **A14:** 260
copper and copper alloys, and stretch
forming **A14:** 817–818
corrosion-etched **A12:** 364
defined **A8:** 7, **A9:** 8, **A15:** 6
definition **A5:** 957
determination by image analysis **A10:** 309, 313, 318
determination in cemented carbides. **A9:** 274
distribution effects, superplastic alloys **A14:** 855
dynamically recrystallized, for copper and
nickel **A8:** 175
effect, hot tearing. **A15:** 160
effect in liquid-metal embrittlement. . **A11:** 229–230
effect in notched-specimen testing **A8:** 316–318
effect, liquid metal embrittlement. **A13:** 175
effect, magnesium/magnesium alloys **A13:** 741
effect, magnetic properties **A2:** 763–764
effect of ductile-to-brittle transition
temperature **A11:** 68
effect of lower yield stress **A11:** 68
effect of, on hardenability of steel **A1:** 393, 470
effect of, on notch toughness **A1:** 115, 744, 748–749
effect of, on precipitation strengthening . . . **A1:** 402, 403
effect of, on strength of ferrite. **A1:** 115
effect of, on strength of martensite. **A1:** 393
effect of, on stress-corrosion cracking. **A1:** 728
effect of, on temper embrittlement in alloy
steels. **A1:** 700–702
effect of overheating on **A11:** 121–122
effect of prior cold work on recrystallized **A10:** 308
effect of tungsten carbide on hardness **M7:** 775
effect on
crack growth rate **A19:** 35
crack shape **A19:** 162
fracture toughness of alloy steels. . . **A19:** 628, 629
fracture toughness of aluminum alloys . . **A19:** 385
fracture toughness of steels **A19:** 383
fracture toughness of titanium alloys. . . . **A19:** 387
effect on blowout failure of aluminum alloy
connector tube **A11:** 312–313
effect on brittle fracture **A12:** 106–107
effect on cold-formed part failures **A11:** 307
effect on embrittlement. **A12:** 29
effect on fatigue strength **A11:** 118–119
effect on liquid-metal embrittlement **A11:** 229–230, 232
effect on recrystallization kinetics in low carbon
steel. **A9:** 697
effect on stress-corrosion cracking . . . **A11:** 206–208
effects, aluminum alloys **A15:** 751–752
effects in metal stripes **A11:** 773
electron probe x-ray
microanalysis for **A10:** 516–535
epitaxial resolidification effects **A13:** 503
etching for visibility **M7:** 486
evaluation, by Shepherd fracture grain size
technique **A11:** 563
ferrite, influence of etch time on
measurement of **A10:** 318
fine, AISI/SAE alloy steels **A12:** 305
for cold-forming operations **A11:** 307
for torsion tested material **A8:** 155
formation, and austenite cooling. **A13:** 47
fracture toughness related to inverse square
root of **A19:** 30
hardenability, effect on **M1:** 477
Hilliard's circular grid for measurement of **A9:** 130
historical study. **A12:** 1, 3
in aluminum alloy ingots **A9:** 629–631
in aluminum alloys, etchants for. **A9:** 355
in aluminum alloys, measurement of **A9:** 357
in carbon and alloy steels, effect on
martensite **A9:** 178
in carbon and alloy steels, macroetching to
reveal **A9:** 174
in carbon steel **A8:** 175
in closed-die forgings. **A1:** 341
in continuous cast copper alloy wirebars . . . **A9:** 642
in nickel-base wrought heat-resistant alloys **A9:** 309
in recrystallized abraded zinc **A9:** 37–38
in silicon irons, optimum **A9:** 537
in silicon irons, specimen preparation **A9:** 532
in twisted stainless steel **A8:** 174–175
in zinc alloys, examination. **A9:** 490
increased for study of Lüders front . . . **A9:** 684–685
influence on normalized fatigue
thresholds. **A19:** 317
inoculation practice **A15:** 105–106
large, as nonrelevant indications source. . . **A17:** 106
large, rock-candy fracture as. **A11:** 75
LEED analysis in thin oriented films. **A10:** 536
liquid-metal embrittlement effect on **M1:** 688
magnesium alloys **A15:** 802
magnetic measurement **A17:** 129, 131
magnetically soft materials **A2:** 763
mean intercept length **A12:** 207
mean linear intercept measure of **A10:** 358
measurement. **A15:** 476
measurements, sample preparation **A10:** 313
metallographic sectioning for **A11:** 24
neutron embrittlement, effect on
resistance to **M1:** 686
niobium-titanium superconducting
materials **A2:** 1044
notch toughness of steels effect on. . . **M1:** 695, 699, 701, 702
nucleation effects **A15:** 101
of austenitic manganese steel castings **A9:** 238
of beryllium **A2:** 683–686
of beryllium powders **M7:** 169, 756–757
of shafts **A11:** 478
of silver film grown on mica. **A10:** 543–544
on-line computation, aluminum-silicon
alloys **A15:** 166
quantitative metallography of **A9:** 129
reduction, in hypoeutectic alloys **A15:** 167
reduction of, effect on fatigue resistance of
alloys. **A19:** 89
reduction of, effect on fatigue resistance of alloys
containing shearable precipitates
and PFZs **A19:** 796
refinement, effect on hydrogen resistance **A13:** 170
scanning electron microscopy **A10:** 490–515
silica sand, molding effects. **A15:** 208
steel sheet, effect on formability **M1:** 557–558
steel wire rod **M1:** 254, 255, 257
stress-life results with **A8:** 252
superplastic titanium alloys **A14:** 842–843
testing **A15:** 264, 751
tin, test for tinplate **A13:** 782
titanium alloys **A15:** 827

Grain size (continued)
to measure small cracks **A19:** 154
wrought aluminum alloys **A12:** 437
Grain size apparent, and distribution of cemented tungsten carbides, specifications **A7:** 1100
Grain size control in beryllium **A9:** 390
Grain size determination in tool steels **A9:** 258
Grain size distribution
and AFS grain fineness number **A15:** 209
calculation of **A9:** 131–134
for ceramic molding **A15:** 248
in normal grain growth **A9:** 697
in zone-refined iron **A9:** 690
molding effects **A15:** 208
Grain size effect **A19:** 82, 172
Grain size number
ASTM **A9:** 129–130
of austenitic manganese steel castings method to obtain **A9:** 238
Grain sizes
spray forming **A7:** 404–405, 406
Grain structure *See also* Equiaxed grain structure; Grain refinement; Grain size **A8:** 501, 573–574
aluminum alloys **A15:** 750
aluminum-silicon alloys **A15:** 159–161
cast, at hot working temperatures **A8:** 574
dendritic, in electrodeposition **M7:** 71, 72
equiaxed, growth of **A15:** 130–132
ferritic, annealed **M7:** 184
grain multiplication and **A15:** 156
nucleant effects **A15:** 105
sag-resistant, from potassium in tungsten powder production **M7:** 153
solder **EL1:** 733
zones of **A15:** 130
Grain structures
dark-field illumination used to examine **A9:** 76
dihedral angles **A9:** 604
elongated **A9:** 609
equiaxed **A9:** 609
factors controlling **A9:** 603
in aluminum alloy ingots **A9:** 629–631
in copper alloy ingots **A9:** 640–642
in eutectics **A9:** 620
in pure metals **A9:** 607–610
in Waspaloy, different illumination modes compared **A9:** 150
of aluminum alloys, etching to reveal **A9:** 354–355
of ferrites **A9:** 538
revealed by etching with polarized light **A9:** 59
three-dimensional related to two-dimensional **A9:** 603
types **A9:** 602–603
under polarized light **A9:** 77–78
Grain-boundary **A20:** 341
definition **A20:** 834
hardening **A20:** 349
sensitization **A20:** 394
sliding **A20:** 575, 735
strengthening **A20:** 348
Grain-boundary area per unit volume
image analysis determined **A10:** 309
Grain-boundary cavitation
ASTM/ASME alloy steels **A12:** 349
effect on crack propagation rate **A12:** 38
intergranular creep rupture by **A12:** 19, 26
irons **A12:** 219
nucleation, growth, coalescence **A12:** 349
Grain-boundary chemistry **A1:** 954
Grain-boundary deformation **A19:** 7
Grain-boundary diffusion **A7:** 442, 449
Grain-boundary etching
definition **A5:** 957
Grain-boundary ferrite (GBF) **A6:** 1011
Grain-boundary free-energy
effect on grain growth **A9:** 697
Grain-boundary grooving
observation with a hot-stage microscope **A9:** 82
Grain-boundary liquation
defined **A9:** 8
nickel-base alloys **A6:** 588
Grain-boundary migration
at elevated temperatures and low strain rates **A9:** 690
Grain-boundary precipitation **A13:** 154–156
Grain-boundary relief
in tin and tin alloys as a result of excess polishing **A9:** 449
Grain-boundary segregation **A13:** 156–157
Grain-boundary segregation analysis
applications **A10:** 483
broad segregant distributions **A10:** 482
by analytical electron microscopy **A10:** 481–484
narrow interfaces **A10:** 482–483
Grain-boundary separation *See also* Decohesive rupture(s); Intergranular brittle fracture
copper alloys **A12:** 402
final, along titanium alloys **A12:** 441
high-strength aluminum alloy **A12:** 174
phosphorus, embrittlement by **A12:** 29
phosphorus, tool steels **A12:** 375
wrought aluminum alloys **A12:** 418, 423
Grain-boundary sliding **A19:** 532
Grain-boundary sliding, at elevated temperatures and low strain rates **A9:** 690
in Al-1.91Mg, deformed 0.62% **A9:** 691
Grain-boundary sulfide precipitation
defined **A9:** 8
Grain-boundary traces
application of test grids to measure **A9:** 124
in extruded molybdenum **A9:** 124
of a single-phase palladium solid solution . . **A9:** 126
Grain-boundary voids
formation **A14:** 364
Grain-coarsened zone of HAZ (GC HAZ) . . **A6:** 80–81
Grain-contrast etching
definition **A5:** 957
Grain-corner cracks *See* Triple-point cracking; Wedge cracks
Grainex process
hot isostatic pressing **A15:** 541, 543
Graininess
x-ray film **A17:** 326
Graininess in micrographs **A9:** 85
Graining **M7:** 5
definition **A5:** 957
Grain-refined beryllium-copper casting alloy
properties and applications **A2:** 390–391
Grain-refining agents *See also* Grain refinement; Grain refiners; Master alloys
aluminum-silicon alloys **A15:** 160–161
Grains *See also* Grain boundary; Grain growth; Grain refinement; Grain shape; Grain size; Subgrains
abrasive superhard **A2:** 1008–1015
coarsening, amorphous materials and metallic glasses **A2:** 811
effect of thermal gradient on growth **A9:** 579
formation in copper alloy ingots **A9:** 638
mechanically alloyed oxide alloys **A2:** 944
superabrasive **A2:** 1012–1015
Gram
abbreviation **A8:** 724
Gram-atom
equivalence **A10:** 162
Gram-equivalent weight
defined **A10:** 674
Gram-force
abbreviation **A8:** 724
Gram-force (gf)
gage calibration for microindentation hardness testers **A18:** 415
Gram-molecular weight
defined **A10:** 674
Grand average **EM3:** 793
Granite
as lap plate material **EM4:** 353
high-level waste disposal in **A13:** 975
PCD tooling **A16:** 110
ultrasonic machining **A16:** 532
Granular
definition **A7:** 263
Granular bainite **A9:** 665
Granular fracture *See also* Crystalline fracture; Fibrous fracture; Fracture test; Silky fracture **A8:** 7
defined **A9:** 8, **A11:** 5
Granular fractures *See also* Graphite; Intergranular fracture(s); Transgranular fracture(s)
effect in malleable iron **A12:** 238
morphology, effect in gray irons **A12:** 226
nodules, ductile irons **A12:** 229–237
Granular materials
thieves as sampling tool for **A10:** 16
Granular powder **M7:** 5
Granular structure **EM3:** 14
defined **EM2:** 21
Granulated metal
definition **A20:** 834
Granulated wire, as hybrid consolidation process
composite contact materials **A2:** 857
Granulating **M7:** 6
Granulation **A7:** 35, **M7:** 6
definition **A7:** 91, **A20:** 834
history of **A15:** 18–19
in ceramics processing classification scheme **A20:** 698
of uranium dioxide pellets **M7:** 665
purpose **EM4:** 42
techniques **A7:** 91
Granulation and spray drying **EM4:** 100–107
as feedstock for other techniques **EM4:** 100
bonding mechanisms **EM4:** 100
capillary state **EM4:** 100, 101
funicular state **EM4:** 100, 101
pendular state **EM4:** 100, 101
definition **EM4:** 100
granulation techniques **EM4:** 100
agitation **EM4:** 100–101, 102
agitation and granule size limitations . . **EM4:** 101
agitation by mixing method **EM4:** 100–101
agitation by tumbling method **EM4:** 100
pressure **EM4:** 100, 101–102
pressure by extrusion **EM4:** 101–102
pressure by pelletizing **EM4:** 101, 102
pressure by roll briquetting **EM4:** 101
spray **EM4:** 100, 102
spray drying **EM4:** 102–107
atomization **EM4:** 104
binder selection **EM4:** 103, 106
characterization **EM4:** 107
droplet drying **EM4:** 105–106
droplet-air mixing **EM4:** 104–105
dryer operation **EM4:** 106–107
powder collection **EM4:** 106
powder contamination **EM4:** 107
slurry preparation **EM4:** 102–104
slurry transfer pumps **EM4:** 104
wall deposits **EM4:** 105, 106
Granules
aluminum powder grade **M7:** 125
Graph theory **A20:** 204
Graphene *See also* Carbon fibers; Graphite; Graphite fibers
defined **EM1:** 49
microstructure **EM1:** 50
Graphical analysis
of data **EM2:** 603–604
Graphical method
for *da/dN* calculation **A8:** 680
Graphical optimization procedure (GOP) . . . **A20:** 581, 582

SUBJECTS OF THE INDEXED VOLUMES: ASM Handbook (designated by the letter "A"): **A1:** Properties and Selection: Irons, Steels, and High-Performance Alloys (1990); **A2:** Properties and Selection: Nonferrous Alloys and Special-Purpose Materials (1990); **A3:** Alloy Phase Diagrams (1992); **A4:** Heat Treating (1991); **A5:** Surface Engineering (1994); **A6:** Welding, Brazing, and Soldering (1993); **A7:** Powder Metal Technologies and Applications (1998); **A8:** Mechanical Testing (1985); **A9:** Metallography and Microstructures (1985); **A10:** Materials Characterization (1986); **A11:** Failure Analysis and Prevention (1986); **A12:** Fractography (1987); **A13:** Corrosion (1987); **A14:** Forming and Forging (1988); **A15:** Casting (1988); **A16:** Machining (1989); **A17:** Nondestructive Evaluation and Quality Control (1989); **A18:** Friction, Lubrication, and Wear Technology (1992); **A19:** Fatigue and Fracture (1996); **A20:** Materials Selection and Design (1997). **Metals Handbook, 9th Edition** (designated by the letter "M"): **M1:** Properties and Selection: Irons and Steels (1978); **M2:** Properties and Selection: Nonferrous Alloys and Pure Metals (1979); **M3:** Properties and Selection: Stainless Steels, Tool Materials, and Special-Purpose Materials (1980); **M4:** Heat Treating (1981); **M5:** Surface Cleaning, Finishing, and Coating (1982); **M6:** Welding, Brazing, and Soldering (1983); **M7:** Powder Metallurgy (1984). **Engineered Materials Handbook** (designated by the letters "EM"): **EM1:** Composites (1987); **EM2:** Engineering Plastics (1988); **EM3:** Adhesives and Sealants (1990); **EM4:** Ceramics and Glasses (1991). **Electronic Materials Handbook** (designated by the letters "EL"): **EL1:** Packaging (1989)

Graphics *See* Computer aided analysis; Computer-aided design; Computer-aided manufacturing; Interactive graphics system (IGS); Software; specific graphics software; Unified shapes checking (USC)

Graphics language 1 (GL/1) **EL1:** 132–133

Graphics libraries
callable **A14:** 410

Graphite *See also* Allotropy; Carbon; Carbon fibers; Graphite fibers; Graphite flake(s); Graphite molds; Graphitic corrosion; Graphitization; Iron-graphite powders **A16:** 105, 106, **A18:** 113, 141, 698–700, **A20:** 378–379, 380, 607, 660, **EM3:** 14, **EM4:** 45

abnormal forms, in gray iron **A15:** 642
additions, effect on green strength **M7:** 302
amount, ductile iron **A15:** 655
and diamond, theoretical properties **EM1:** 49
and eutectic freezing **A16:** 650
and molybdenum disulfide mixture **A14:** 238
applications **EM4:** 46, 828–829, 983
as an addition to copper-base powder metallurgy electrical contacts **A9:** 551
as an addition to silver-base electrical contact materials **A9:** 551–552
as an embedding agent **EM4:** 572
as antiseize additive **A18:** 102
as compound **A15:** 29
as filler for polysulfides **EM3:** 139
as filler material **EM2:** 499
as friction modifier **A18:** 104
as gray iron inoculant **A15:** 637
as heating element in HIP processing **M7:** 423
as heating material **A2:** 829
as layer lattice solid lubricant ... **A18:** 114–115, 117
as lubricant **EM4:** 121
as lubricant for bearings **A7:** 13
as lubricant for hot forging of tool steels .. **A18:** 738
as lubricant in hot extrusion of tool steels **A18:** 738
as permanent mold material **A15:** 285
as solid lubricant **A11:** 150
ash content **EM4:** 828, 829
brazing *See* Brazing of carbon and graphite
brazing and soldering characteristics **A6:** 635
brazing of cast irons, effect on **M6:** 996
brush-grade characteristics **M7:** 635
bulk **A7:** 593
bulk densities **EM4:** 828, 829
cast iron, effects on welding **M1:** 563–564
ceramic/metal seals **EM4:** 508
chemical vapor deposition **A5:** 513
chemical vapor deposition of **M5:** 381
clean, friction coefficient data **A18:** 75
coating for **A13:** 458
codes **EM4:** 827–831
coefficient of friction (powder form) **A18:** 825
composition **EM4:** 46
content in cast irons **A16:** 648, 649, 654
conversion to diamond **A2:** 1009–1010
crab-form *See* Crab-form graphite
crystal structure **A16:** 453, 454
crystalline structure **A15:** 169
defect growth theory **A15:** 177
defined **A9:** 8, **A15:** 6, **EM1:** 12, 49, **EM2:** 21
distributions, specifications **A15:** 631
drilling/countersinking **A16:** 899
effect, mechanical properties of cast iron **A15:** 68–69
effect on ductile iron pistons for gun recoil mechanism **A11:** 360–361
effect on hardness **M7:** 452
electrical properties **EM4:** 827, 828
electrode corrosion factor **EM4:** 388
electrode polarity in EDM **A16:** 558, 559, 560
engineering properties **EM4:** 827–831
-epoxy test structure, compression fracture **A11:** 742–743
eutectic structure **M1:** 5–6, 7
ferrosilicon as inoculant for **A15:** 105
fiber reinforced **A7:** 593
fiber reinforced copper matrix composites for space power radiator panels **A2:** 922
fiber, reinforcement, aluminum metal-matrix composites **A2:** 7
fibers, in continuous fiber reinforced composites **A11:** 731
filler for seals **A18:** 551
flake *See also* Flake graphite; Quasi-flake graphite **A15:** 120, 631–632
flakes **A11:** 360
flotation **A15:** 698
for brake linings **A18:** 570
for EDG wheels **A16:** 565, 566
for electrical conductivity **EM3:** 596
for heating elements and hot furnace structures **A4:** 497, 500
for heating elements for electrically heated furnaces **EM4:** 245–247, 248
for heating elements for HIP furnaces **A7:** 593
for heating elements used in hot isostatic pressing **EM4:** 195
for workpiece fixtures supporting hot isostatic pressing **EM4:** 195
formation **A11:** 99–100
formations causing cracking **M6:** 834
forms of *See also* specific forms
by name **M1:** 5–6
galvanic series for seawater **A20:** 551
glass-to-metal seals aid **EM3:** 302
grades **EM4:** 827–831
grease additive **A18:** 125
grease, effect on bearing strength **A8:** 60
growth, in cast iron **A15:** 175–179
growth, theories of **A15:** 177–178
GY-70, fiber type effect on flexure strength and impact strength of fiber/epoxy composites **A20:** 462
hardness of gray iron, effect on **M1:** 19–20, 30
heating element, use in vacuum furnace ... **A4:** 500
high-speed tool steels used **A16:** 59
high-vacuum lubricant application disadvantages **A18:** 153
impervious **A13:** 1227
impressed-current anodes **A13:** 469
in bronze powder metallurgy materials etching **A9:** 509
in cast iron **M1:** 3–9
in cast iron solidification **A15:** 82
in cemented carbides **A9:** 274
in compacted graphite iron **A1:** 56, 57, 61
in composite powders **M7:** 174
in die material for sheet metal forming ... **A18:** 628
in ductile iron **A1:** 38–39, 44–45
in ductile iron, alloying elements **A15:** 648
in graphite/Al MMCs **A16:** 898–899
in graphite/steel MMCs **A16:** 898–899
in graphite/Ti MMCs **A16:** 898–899
in gray cast iron, scanning electron microscopy used to study **A9:** 101
in gray iron **A1:** 24–26, **A9:** 36, 38–40, 43
in gray iron, effects of **A11:** 359
in iron castings **A11:** 359
in metal-matrix composites **A18:** 803, 804, 807, 808, 810
in sintered iron bearings **A9:** 509
in spheroidal cast iron **A15:** 120
in tool steels **A9:** 258–259
intercalated, lubricant for thermoplastic composites **A18:** 823, 826
intercalated, thermogravimetric analysis .. **A18:** 823
kish *See* Kish graphite
lattice structure **A2:** 1009–1010
life in furnace atmospheres **M3:** 655
lubricated friction testing **A18:** 48
machinability of gray iron effect on **M1:** 22
manufacturers **EM4:** 827
mechanical properties **A20:** 427
mechanical properties of gray iron effect on **M1:** 16, 19–20, 29
metal forming lubricant **A18:** 148
methods used for synthesis **A18:** 802
mold mixture, appearance **A15:** 273
molded, friction coefficient data **A18:** 75
morphology, gray irons **A15:** 631–632
nodules *See* Spherulitic graphite; Temper carbon
nominal compositions and properties **EM4:** 828
nonspheroidal, ductile iron **A15:** 648
operating temperatures, furnace **M3:** 647
outgassed, friction coefficient data **A18:** 75
particle size, rammed graphite molds **A15:** 273–274
particles, in ductile iron **A15:** 647
peck drilling **A16:** 899
physical properties of gray iron effect on ... **M1:** 31
polymer additive **A18:** 154
powdered, for room-temperature compression testing **A8:** 195
presence in cast irons **M6:** 308
primary, in cast iron **A15:** 174
properties **A6:** 629, **A18:** 801, 803, 808, 817, **EM4:** 827, **M3:** 646
pyrolytic, used to redensify a carbon-carbon composite **A9:** 595–596
quasi-flake *See* Quasi-flake graphite
rolling-element bearing lubricant **A18:** 138
scrapers used in EDG **A16:** 548, 549, 550
sensitive tint used to examine **A9:** 138
size/quantity, in castings **A17:** 531–532
solid, as mold material **A15:** 285
solid lubricant for gears **A18:** 541
spheroidal, solid particle effect **A15:** 142
spherulites *See* Spherulitic graphite
spray coating to aid oxide lubrication during hot extrusion **A18:** 738
stability of **A15:** 61
structure **A18:** 114, **EM4:** 827
structure, gray iron **M1:** 12–13
structure, in ductile iron castings **A17:** 532
structure, shrinkage condition **A11:** 359
structure, testing **A15:** 663–664
structure, variations classified **A15:** 175–176
structures, ductile iron **A15:** 654–655, 663–664
supply sources **EM4:** 46
surface effects **A15:** 314
temperature at which fiber strength degrades significantly **A20:** 467
tensile strengths **A20:** 351
thermal expansion coefficient **A6:** 907
thermal properties **A18:** 42, **EM4:** 828, 829
tongs for manual resistance brazing **A6:** 340
type A **A11:** 364
type D **A11:** 360, 365
types **A15:** 169–170
ultrasonic machining **EM4:** 359
uniaxial hot pressing dies **EM4:** 187, 189
use in U.S. by percent **EM4:** 829
used in composites **A20:** 457
vermicularity, fatigue fracture from .. **A11:** 360–361
wear particles **A18:** 305
wear resistance of gray iron effect on .. **M1:** 24–26, 30

workpiece coatings for sheet metal forming **A18:** 738

Graphite cast steel
circumferential V-notch effect on bending fatigue strength **A19:** 669

Graphite coatings
nickel powders **M7:** 137

Graphite composite
for horizontal stabilizer stub box test **EM3:** 539
waterjet cutting **A16:** 522

Graphite composites *See also* Graphite fabric composites
drilling of **EM1:** 668–669
faying surface sealing in **EM1:** 719–720
galvanic corrosion in **EM1:** 706, 709, 716–718
hole generation in **EM1:** 712
splintering, by cutting **EM1:** 667

Graphite containers **M7:** 157

Graphite crucible, induction-heated
tungsten carbide powder **M7:** 157

Graphite crucibles
IGF analysis **A10:** 227

Graphite die
assembly, resistance heated **M7:** 507
in hydraulic press **M7:** 506

Graphite diffusion
in sintering **M7:** 340

Graphite fabric composites
construction effect on flexural strength .. **EM1:** 149
forms **EM1:** 148
hybridization **EM1:** 149–150
properties **EM1:** 149
reinforced phenolic resin, as medium temperature matrix composite **EM1:** 382

Graphite fiber **EM3:** 14
for brake linings **A18:** 570

Graphite fiber reinforced plastics (GFRP)
damping in **EM1:** 214

Graphite fiber-PMR-15 polyimide components **EM1:** 812–814
Graphite fiber-reinforced polyimide (GFRPI) **A18:** 117–118
Graphite fibers *See also* Carbon fiber; Carbon fibers; Continuous graphite fiber MMCs; Fibers; Graphite; Graphite composites; Graphite-epoxy composites **EM1:** 49–53
and carbon fibers, compared **EM1:** 867
as low-density high-strength **EM2:** 505–506
defined **EM1:** 12, **EM2:** 21
elastic properties **EM1:** 188
forms **EM1:** 360–361
high-modulus, in amorphous polymers **EM2:** 758–759
honeycomb core material **EM1:** 723
importance **EM1:** 43
in carbon/carbon composites **EM1:** 916
in space and missile applications **EM1:** 817
in tennis rackets **EM1:** 31
in *Voyager* aircraft **EM1:** 29, 30
manufacture,for continuous graphite fiber MMCs **EM1:** 867–868
metal-matrix composites, misaligned **A12:** 465
nickel-coated, as reinforcements **EM2:** 472
properties **EM1:** 361
reinforced epoxy resin composites **EM1:** 400, 412–414
tensile modulus vs. bulk resistivity **EM1:** 113
types **EM1:** 43
Graphite flakes
gray iron fracture at **A12:** 225
in gray iron **A15:** 631–632
microdiscontinuity affecting gray cast iron fatigue behavior **A19:** 612
microstructure of **A15:** 120
sizes **A15:** 632
Graphite fluoride
as layer lattice solid lubricant **A18:** 116
Graphite furnace atomic absorption spectrometry
analytical sensitivities **A10:** 47
and flame AAS, compared **A10:** 49, 58
applications **A10:** 55
atomizers as air filters **A10:** 58
of trace metals in hydrogen peroxide . . . **A10:** 57–58
sample preparation **A10:** 55
spectrometers **A10:** 50–51
Graphite furnace atomizers **A10:** 48, 49, 53
Graphite, heating element
use in vacuum furnace **M4:** 316
Graphite in ductile iron . . . **M1:** 33, 37, 38, 40, 49, 53
Graphite in gray cast iron
effect on wear characteristics **M1:** 598
Graphite inclusions in
nickel alloys **A9:** 436–437
nickel-copper alloys **A9:** 436–438
Graphite iron
composition limits **M6:** 309
welding -metallurgy **M6:** 308
Graphite laminate
properties **EM1:** 184
Graphite molds
horizontal centrifugal casting **A15:** 296–297
rammed **A15:** 273–274
vertical centrifugal casting **A15:** 304
Graphite nodule count
in malleable iron **M1:** 59–60
Graphite nodules in cast iron
revealed under different illuminations **A9:** 81
Graphite nodules in ductile iron
application of point-count grids to **A9:** 124
Graphite paper
for heating elements used in hot isostatic pressing **EM4:** 195
Graphite powder and iron
microstructure **M7:** 315
Graphite prepreg tape **EM1:** 139, 714
Graphite retention, in cast irons
during specimen preparation **A9:** 243–244
effect of polishing cloth selection and wetness on **A9:** 244
effect of wet versus dry fine grinding on . . . **A9:** 243
Graphite spherulites
microdiscontinuity affecting nodular cast iron fatigue behavior **A19:** 612
Graphite yarn
dry bundle tensile strength **EM1:** 361–362
Graphite/aluminum metal-matrix composites . . **A2:** 905
Graphite/epoxy laminate
waterjet cutting **A16:** 522
Graphite/epoxy motor case
in space boosters/satellites **A13:** 1102–1103
Graphite/graphite composites
for heating elements used in hot isostatic pressing **EM4:** 195
Graphite/sulfur **A7:** 677–678
Graphite-aluminum bronze composite **A9:** 594
Graphite-aluminum composites **A13:** 859–860
crenelated fiber pull-out **A9:** 597
elastic properties **EM1:** 188
fibers precoated with titanium and boron . . **A9:** 594
liquid infiltration of fiber bundles **A9:** 594
liquid metal infiltration (LMI) precursor production **EM1:** 868–869
polishing **A9:** 590–591
shapes **EM1:** 870
unidirectional **A9:** 594
wire **EM1:** 869
Graphite-carbon (70%-30%)
properties **A18:** 817
Graphite-containing cermets **M7:** 813–814
applications and properties **A2:** 1005
Graphite-copper composites **A9:** 592
Graphite-epoxy **EM3:** 821
AS/3501-5, 16-ply parent laminate allowables **EM3:** 822
AS/3501-5 tape **EM3:** 821
AS/3501-6, as patch material **EM3:** 822, 824
bonding defects from surface treatment . . **EM3:** 524
cure effect on bonding weakness **EM3:** 530
emphasized for commercial transport applications **EM3:** 835–837
laminate matrix, cracking under uniaxial tension **A8:** 714
residual strength data for **A8:** 717
specimens, weak bond inspection **EM3:** 530
statistical distribution of fatigue life for **A8:** 718
ultimate static strength data **A8:** 715
ultrasonic NDE **EM3:** 778, 779, 781
Graphite-epoxy composites *See also* Bulk molding compounds (BMC); Graphite epoxy, laminates; Graphite-epoxy tape; Graphite-epoxy tooling
96-ply, quasi-isotropic **A9:** 593
applications **A9:** 592
cloth, fastener hole techniques/tools for **EM1:** 713, 714
crack growth in **A11:** 737
edge replica of **EM1:** 775
effect of fiber orientation **A11:** 733
failed tensile surface **A9:** 596
failure analysis **EM1:** 772–773
failure surfaces in stress space **EM1:** 199
grinding **A9:** 588
interlayered **A9:** 594
polishing **A9:** 590
resin toughness **EM1:** 262
sporting goods application **EM1:** 163
tapered-box structure, fractured component **A11:** 742
translaminar fracture in **A11:** 738
unidirectional **A9:** 593–594
with delamination crack **A9:** 594
with glass tracer-fiber bundles **A9:** 593
Graphite-epoxy composites (Gr-Ep) . . . **EM3:** 288, 289
Graphite-epoxy laminates *See also* Graphite-epoxy composites
delamination growth **EM1:** 784
elastic constants for **EM1:** 223
high-modulus, properties **EM1:** 223
tensile strength **EM1:** 233
thermal expansion coefficients **EM1:** 225–226
ultrasonic C-scan of **EM1:** 776
x-ray radiograph of **EM1:** 776
Graphite-epoxy tape
microstructure of **EM1:** 768
properties **EM1:** 313–320
spools of **EM1:** 143
unidirectional, fastener holes for **EM1:** 713–714
Graphite-epoxy tooling *See also* Graphite epoxy composites **EM1:** 586–589
manufacture, from prepregs **EM1:** 587–588
materials in production **EM1:** 589
Graphite-epoxy-aluminum/titanium substructures, fastener holes
techniques tools for **EM1:** 713–714
Graphite-glassy carbon ceramic composite **A9:** 596
Graphite-magnesium composites **A9:** 592
castings **EM1:** 871–873
liquid metal infiltration (LMI) precursor production **EM1:** 868–869
Graphite-polyimide composites **A9:** 592
Graphite-polyimide (Gr-PI) composites
emphasized for higher-temperature applications **EM3:** 829, 832–833, 836–837
polyphenylquinoxaline bonding to graphite-polyimide composite **EM3:** 167
polyphenylquinoxaline bonding to titanium **EM3:** 167
Graphite-PPS (polyphenylene-sulfide) composite **A9:** 597
Graphites
activated charcoal **A10:** 132
and diamond, crystal structures of . . . **A10:** 345, 355
determined in steel or iron **A10:** 178
diffraction patterns from oriented pyrolytic **A10:** 543
highly oriented pyrolytic **A10:** 132
intercalated **A10:** 132
powdered, effect in dc arc sources **A10:** 25
quantitative effect of carbon KVV lineshapes **A10:** 553
Raman analyses of **A10:** 126, 132–133
single-crystalline **A10:** 132
SSMS analysis **A10:** 144
stress-annealed pyrolytic **A10:** 132
structural integrity of **A10:** 133
vitreous carbon **A10:** 132
wettability of **A10:** 543
Graphite-silver copper composite **A9:** 595, 597
Graphite-to-aluminum joints
corrosion of **EM1:** 716–718
Graphite-tube furnace atomizer **A7:** 230
Graphitic carbon
defined **A15:** 6
Graphitic carbons
determined by selective combustion . . **A10:** 223–224
determined in steel or iron **A10:** 178
oxidized in resistance furnace **A10:** 224
surface, XPS analysis of **A10:** 568
Graphitic cast irons
classifications **A9:** 245
postweld heat treatment **A15:** 527
Graphitic corrosion *See also* Corrosion; Dealloying; Graphite; Graphitization; Selective leaching **A20:** 555
and graphitization, compared **A13:** 134
as dealloying of gray iron **A13:** 133–134
as selective leaching **A11:** 179
cast irons **A13:** 334, 568
defined **A11:** 5, **A13:** 7
definition **A5:** 957
in iron castings **A11:** 372
of cast iron pump impeller **A11:** 374–375
of gray iron pump bowl **A11:** 372–373
of gray iron water-main pipe **A11:** 372–374
Graphitic materials, brazing **A6:** 950
chemical-vapor infiltration (CVI) **A6:** 950

SUBJECTS OF THE INDEXED VOLUMES: ASM Handbook (designated by the letter "A"): **A1:** Properties and Selection: Irons, Steels, and High-Performance Alloys (1990); **A2:** Properties and Selection: Nonferrous Alloys and Special-Purpose Materials (1990); **A3:** Alloy Phase Diagrams (1992); **A4:** Heat Treating (1991); **A5:** Surface Engineering (1994); **A6:** Welding, Brazing, and Soldering (1993); **A7:** Powder Metal Technologies and Applications (1998); **A8:** Mechanical Testing (1985); **A9:** Metallography and Microstructures (1985); **A10:** Materials Characterization (1986); **A11:** Failure Analysis and Prevention (1986); **A12:** Fractography (1987); **A13:** Corrosion (1987); **A14:** Forming and Forging (1988); **A15:** Casting (1988); **A16:** Machining (1989); **A17:** Nondestructive Evaluation and Quality Control (1989); **A18:** Friction, Lubrication, and Wear Technology (1992); **A19:** Fatigue and Fracture (1996); **A20:** Materials Selection and Design (1997). **Metals Handbook, 9th Edition** (designated by the letter "M"): **M1:** Properties and Selection: Irons and Steels (1978); **M2:** Properties and Selection: Nonferrous Alloys and Pure Metals (1979); **M3:** Properties and Selection: Stainless Steels, Tool Materials, and Special-Purpose Materials (1980); **M4:** Heat Treating (1981); **M5:** Surface Cleaning, Finishing, and Coating (1982); **M6:** Welding, Brazing, and Soldering (1983); **M7:** Powder Metallurgy (1984). **Engineered Materials Handbook** (designated by the letters "EM"): **EM1:** Composites (1987); **EM2:** Engineering Plastics (1988); **EM3:** Adhesives and Sealants (1990); **EM4:** Ceramics and Glasses (1991). **Electronic Materials Handbook** (designated by the letters "EL"): **EL1:** Packaging (1989)

liquid impregnation **A6:** 950
Graphitization *See also* Graphite; Graphitic corrosion . . **A1:** 696–697, **A13:** 7, 134, **A16:** 105, **A18:** 584, **EM3:** 14, **EM4:** 827
as embrittlement, interpreting **A12:** 124
at elevated-temperature service **A1:** 642
at heat-affected zone **A11:** 614
carbon and carbon-molybdenum steels **M1:** 686
carbon-carbon composites **EM4:** 837, 838
defined **A9:** 8, **A15:** 6, **EM2:** 21
definition **A5:** 957
degree of **EM4:** 20
effect in carbon and low-alloy steels **A11:** 613
free temper carbon **A15:** 31
in ASTM A201 plate steels **A9:** 205
in steam equipment **A11:** 613–614
in tool steels, effect of processing procedures on **A9:** 258
in tool steels, test disks **A12:** 141, 162
morphology, effect on gray iron fracture . . **A12:** 226
of steels **A11:** 99–100
ternary iron-base alloys **A15:** 68
Graphitization, in conversion
carbon fiber **EM1:** 112
Graphitizers, effect
ternary iron-base systems **A15:** 65
Graphitizing inoculants
alloy cast irons **M1:** 80
Grass staggers
as magnesium deficiency disorder **A2:** 1259
Graticules
microscope eyepiece **A9:** 73–74
Grating replicas
for SEM intemal calibration **A12:** 167
Gratings
diffraction **A10:** 23
holographic **A10:** 128
in Raman spectrometer **A10:** 128
line, diffraction of light by **A10:** 345
monochromators, as wavelength sorting devices **A10:** 23
polychromators **A10:** 23, 37
use to determine atom location in unit cells **A10:** 345
G-ratio
CBN grinding wheels **A16:** 462, 463, 464, 465, 466
diamond grinding wheels **A16:** 460–461, 462
Gravel
angle of repose **M7:** 283
angles of repose **A7:** 301
Gravelometer
paint impact resistance tests **M5:** 492
Graville diagram **A6:** 407
Gravimetric analysis *See* Gravimetry
Gravimetric finishes
common **A10:** 171
Gravimetric procedure
for coating weight **A13:** 391–392
Gravimetry
as characterization method **EM1:** 294
common finishes **A10:** 171
described **A10:** 162
goal of **A10:** 163
of compounds **A10:** 171
of moisture and water **A10:** 171
species weighed in **A10:** 171–172
to analyze the bulk chemical composition of starting powders **EM4:** 72
vs. volumetric analysis **A10:** 171–172
weighing as the chloride **A10:** 171
weighing as the chromate **A10:** 171
weighing as the dimethylglyoxime complex **A10:** 171
weighing as the metal **A10:** 170–171
weighing as the oxide **A10:** 170
weighing as the phosphate or pyrophosphate **A10:** 171
weighing as the sulfate **A10:** 171
weighing as the sulfide **A10:** 171
Gravitational acceleration *See also* Low-gravity effects
solidification effects **A15:** 147–158
Gravitational force method
shot propulsion **M5:** 143
Gravitational potential energy **A20:** 178
Gravitel **A5:** 356, 357
Gravity *See also* Counter-gravity low-pressure casting
and component removal **EL1:** 715–716
and dendritic spacing **A15:** 154–155
Gravity casting
as manufacturing process **A20:** 247
Gravity die casting *See also* Permanent mold casting
aluminum alloy **A15:** 753
aluminum casting alloys **A2:** 139
as permanent mold process **A15:** 34
zinc alloy **A2:** 529–530
Gravity drop hammers **A14:** 25, 41–42, 654
Gravity filling
porous materials **A7:** 1034
Gravity hammer
defined **A14:** 7
Gravity line method **A5:** 651
Gravity sedimentation
to analyze ceramic powder particle sizes . . **EM4:** 67
Gravity segregation
macrosegregation as **A15:** 139
Gravity separation
automobile scrap recycling **A2:** 1212
Gravity sintering **M7:** 661, 698
porous materials **A7:** 1035
stainless steel powders **A7:** 1032
Gravity slush
in shape-casting process classification scheme **A20:** 690
Gravity unloading
of presses **A14:** 500
Gravity welding **A6:** 178
Gravity-circulated oven **EM3:** 37
Gravity-feed infiltration **M7:** 553
Gravity-feed powder flame spraying system **M5:** 540–542
Gravity-feed welding, applications
shipbuilding **A6:** 384
Gray
abbreviation for **A10:** 691
as SI derived unit, symbol for **A10:** 685
-level thresholding **A10:** 309
-levels **A10:** 310
scale **A10:** 526, 528
Gray area
definition **EM4:** 632
Gray cast iron *See also* Gray iron..... **A13:** 87, 567, 571, **M1:** 3, 5–7, 11–32
advantages of silicon-nitride-based ceramic inserts versus oxide-based ceramic inserts when machining **EM4:** 971
alloy effects **M1:** 21–22, 26–27, 28–30
applications **A20:** 303, 379, **M1:** 11, 16–19, 22–24, 26, 30
ASTM specifications **M1:** 16–17
automatic cylinder blocks **M1:** 604
carbides **M1:** 12, 13, 14, 26
carbon content **M1:** 11, 18–20, 25–27, 29–30
castability **M1:** 11–12
castability rating **A20:** 303
casting size effects **M1:** 14–16
chill, correction of **M1:** 22
classes **M1:** 11
composition **M1:** 33
compositions, typical **M1:** 18, 19, 25–27, 30
creep **M1:** 26, 27
damping capacity **M1:** 32, 41, 45
density **M1:** 31
dimensional growth **M1:** 46–47
dimensional stability **M1:** 26–28
electrical conductivity **M1:** 53
electrical properties **M1:** 28, 31
face milling application of silicon-nitride-based ceramic inserts **EM4:** 969
fatigue **M1:** 19–22
ferritic grades, weldability **M1:** 564
flake graphite **M1:** 12, 13, 14, 22, 31
fluidity **M1:** 11–12, 13
graphite structure **M1:** 5–7
growth at high temperature chromium effect on **M1:** 92
hardenability **M1:** 29, 30
heat treatment . . **M1:** 13, 23, 27, 28, 29–30, 31, 32
high chromium gray iron
composition **M1:** 76
mechanical properties **M1:** 92
physical properties **M1:** 88
high nickel gray iron
composition **M1:** 76
elevated-temperature properties **M1:** 91–96
mechanical properties **M1:** 89, 92
oxidation resistance **M1:** 91–93
physical properties **M1:** 88
impact resistance **M1:** 22
inoculants **M1:** 13, 21–22, 28
machinability **M1:** 54, 55
machinability rating **A20:** 303
machined with silicon nitride cutting tools **EM4:** 966
machining **A2:** 966, **M1:** 22–23, 27–28
magnetic properties **M1:** 31
mechanical properties ... **M1:** 16–23, 26–27, 28–32
medium silicon gray iron
composition **M1:** 76
mechanical properties **M1:** 92
physical properties **M1:** 88
resistance to scaling and growth **M1:** 94
microstructural alterations **A20:** 381
microstructure . . **A20:** 358, **M1:** 6, 7, 12–14, 24–26, 29
Ni-Cr-Si gray iron
composition **M1:** 76
mechanical properties **M1:** 92
physical properties **M1:** 88
resistance to scaling and growth **M1:** 94
notch sensitivity **M1:** 20, 21
oxidation resistance **M1:** 46
patternmakers' rules for **M1:** 30–31, 33
pearlitic grades, weldability **M1:** 564
phosphorus, effects of **M1:** 21–22
physical properties **M1:** 30–32
pouring temperature **M1:** 11–12
pressure tightness **M1:** 21–22
prevailing sections **M1:** 15–16
properties **A20:** 379, 380
residual stresses **M1:** 26–28
roughing and finishing with whisker-reinforced alumina ceramic insert cutting tools **EM4:** 972
SAE specifications **M1:** 16, 18, 19
section sensitivity **M1:** 11, 13–15
shakeout practice **M1:** 28
shrinkage allowance **M1:** 30–31
silicon, effects of **M1:** 11–13, 21–22, 28–29, 31
solidification **M1:** 12–13
specifications **M1:** 16–19
sprocket, wear of **M1:** 628
strength in compression **A20:** 513
stress relief **M1:** 27, 28
stress-strain curves **M1:** 18, 20
test bars **M1:** 15–19
thermal conductivity **M1:** 31, 53
thermal expansion **M1:** 31
thermal properties **M4:** 511
volume/area ratios **M1:** 15–16
wear affected by graphite form and size ... **M1:** 598
wear resistance **M1:** 24–26, 30
weldability **M1:** 563–564
weldability rating **A20:** 303
Gray cast iron, class 30, microstructure of ... **A3:** 1•26
Gray cast iron paper-roll driers
failures of **A11:** 653–654
Gray cast irons **A18:** 693, 748, 754
applications
in valve train assembly **A18:** 559
internal combustion engine parts . . **A18:** 553, 556, 557
piston ring material **A18:** 557
as bearing alloys **A18:** 748, 754
applications **A18:** 754
mechanical properties **A18:** 754
for brake drums and disk brake rotors **A18:** 572
for cylinder blocks of automobile internal combustion engines **A18:** 553
laser cladding **A18:** 867–868
microstructure **A18:** 754
Gray goods *See also* Greige goods
defined **EM1:** 12, **EM2:** 21
Gray iron *See also* Cast iron; Cast irons; Flake graphite **A1:** 3, 4–7, 12–32, 85, 100–104, **A5:** 683, 688, 694, 695–696, 697–698, **A9:** 245, **A13:** 131–134, **A15:** 629–646, **A18:** 695
abrasion damage in **A9:** 36, 38–39
acicular bainite structure **A9:** 248

Gray iron (continued)
air-carbon arc cutting **A6:** 1172
alloying elements **A15:** 639
alloying elements for **A1:** 6, 100–104
alloying to modify as-cast properties **A1:** 28–29
alternating bend fatigue strength/tensile strength ratio **A19:** 665
alumina and TiC coatings for cutting tools **A5:** 905
annealing........................ **A15:** 642–643
applications **A15:** 29, 645, **A18:** 695, 701
internal combustion engine parts....... **A18:** 553
applications of **A1:** 12
arc welding of.................... **A15:** 526–527
as cupola product....................... **A15:** 29
as-polished............................. **A9:** 245
automotive applications of **A1:** 19, 104
bearing cap, failed................. **A11:** 347–348
bearing cap, hypereutectic **A11:** 349
bearings, use for *See also* Bearings, sliding **M3:** 820
cam lobe, ferritic lubricated wear **A11:** 361
carbon-silicon-oxygen equilibrium......... **A15:** 94
castability of......................... **A1:** 12–13
castings, inspection of.............. **A15:** 555–556
chemical composition **A6:** 906
circumferential V-notch effect on bending fatigue strength **A19:** 669
classes of **A1:** 12
classification by commercial designation, microstructure, and fracture......... **A5:** 683
composition, major/minor elements.. **A15:** 629–630
composition of...................... **A1:** 4–6, 19
cooling rate for......................... **A1:** 6–7
corrosion fatigue strength in 3% salt water............................. **A19:** 671
corrosion fatigue strength in water **A19:** 671
corrosion of........................... **A11:** 199
crack initiation **A19:** 247
crankcase, failed................... **A11:** 362–365
creep in **A1:** 102
cutting tool materials and cutting speed relationship **A18:** 616
cylinder blocks, cracking in **A11:** 345–346
cylinder head, microporosity cracking **A11:** 355–357
cylinder inserts, corrosion-fatigue cracking of **A11:** 371–372
defects **A15:** 640–642
defined **A15:** 6, 629
dimensional stability **A1:** 26–28
creep............................. **A1:** 27, 102
growth **A1:** 26–27, 101
machining practice **A1:** 27–28
residual stresses **A1:** 27, 28
scaling **A1:** 27, 101–102
temperature, effect of................ **A1:** 26–27
dip brazing **A6:** 338
door-closer cylinder castings, fracture of.................. **A11:** 363–366
drier head **A11:** 252–254
effect of different etchants on steadite..... **A9:** 246
effects of graphite in **A11:** 359
electrochemical machining **A5:** 112
elevated-temperature properties............ **A1:** 26
eutectic in **A9:** 620
fatigue and fracture properties of.... **A19:** 671–673
fatigue limit in reversed bending **A1:** 19–22
fatigue notch sensitivity **A1:** 21–22
finish broaching **A5:** 86
flake graphite in................... **A15:** 174–176
fluidity............................. **A1:** 12–13
for valve seats and guards for reciprocating compressors...................... **A18:** 604
foundry practice................... **A15:** 635–640
gage materials, wear effect on **M3:** 554, 556
gages, combination, use for............. **M3:** 556
gear, brittle fracture................ **A11:** 344–345
graphite morphology **A15:** 631–632
graphite shape effect on dynamic fracture toughness, ferritic grades........... **A19:** 672
graphite shape effect on fracture toughness, pearlitic grades **A19:** 672
graphite size **A19:** 17
hardenable, application in valve train assembly......................... **A18:** 559
heat treatment..... **A1:** 7, 21, 29–31, **A15:** 642–643
hardenability **A1:** 29, 30
localized hardening..................... **A1:** 31
mechanical properties **A1:** 29–31
horizontal centrifugal casting............ **A15:** 296
hypereutectic, permanent mold casting ... **A15:** 275
impact resistance **A1:** 23
inclusions in **A15:** 94
inoculation **A15:** 636–639
laser melting **A18:** 863, 864, 865
laser transformation hardening **A18:** 862, 863, 864
liquid treatment of........................ **A1:** 7
liquid-erosion resistance **A11:** 167
M2 workpiece material, tool life increased by PVD coating **A5:** 771
machinability of...................... **A1:** 23–24
adhering sand **A1:** 23
annealing **A1:** 23–24
chill **A1:** 23
machinability rating **A1:** 23
shifted castings **A1:** 23
shrinks **A1:** 23
swells.................................. **A1:** 23
magnesium powders for nodulation in **M7:** 131
markets and volume tonnage.......... **A15:** 41–42
matrix structure **A15:** 632–633
mechanical properties **A15:** 643–644
mechanical properties of **A1:** 19, 20
melting.......................... **A15:** 635–636
metallurgy **A15:** 629–635
microdiscontinuities affecting fatigue behavior......................... **A19:** 612
microstructure... **A18:** 695, 697–698, 699, 700–701
microstructure, flake graphite **A15:** 120
microstructure of.................... **A1:** 13–14
molding **A15:** 639–640
molybdenum-clad coating and laser cladding **A18:** 867
nut, brittle fracture of.............. **A11:** 369–370
oxyacetylene welding.............. **A15:** 530–531
paper-drier head, surface discontinuities................ **A11:** 352–354
pearlitic, thermal fatigue test results...... **A19:** 670
physical properties....... **A1:** 31–32, **A15:** 644–645
coefficient of thermal expansion **A1:** 31
damping capacity **A1:** 31–32
density **A1:** 31
electrical and magnetic properties **A1:** 31
thermal conductivity.................... **A1:** 31
pipe, failure of centrifugal casting mold for **A11:** 275–276
piston ring material, surface engineering ... **A5:** 688
pouring................................ **A15:** 639
pouring temperatures.................. **A15:** 283
pressure tightness.................... **A1:** 22–23
prevailing sections **A1:** 16
properties **A15:** 643–645, **A18:** 695
pump bowl, graphitic corrosion **A11:** 372–373
retention of graphite during polishing ... **A9:** 40, 43
room-temperature structure **A1:** 14
rotating-bending fatigue strength versus tensile strength **A19:** 667
scanning electron microscopy used to study graphite **A9:** 101
scuffing resistance **A1:** 24–25
chemical composition, effect of **A1:** 25
graphite structure, effect of.......... **A1:** 24–25
matrix structure, effect of **A1:** 25
surface finish effects.................... **A1:** 25
section sensitivity **A1:** 14–16, **A15:** 633–635
section size, effects of **A1:** 14, 15
volume/area ratios **A1:** 15–16
section thickness....................... **A18:** 698
shakeout practice, effect of................ **A1:** 28
shrinkage allowance.................... **A15:** 303
size effect of graphite **A19:** 247
solidification............ **A1:** 13–14, **A15:** 630–631
specific types........................... **A19:** 666
strain-life fatigue curve **A19:** 666
stress-life fatigue curve **A19:** 666
tensile strength **A18:** 696
influence of CE on **A1:** 5
influence of composition and cooling rate on............................ **A1:** 6
test bar properties **A1:** 16–19
compressive strength **A1:** 17–18, 19
elongation............................. **A1:** 18
hardness........................ **A1:** 18–19, 21
modulus of elasticity............. **A1:** 18, 20, 21
tensile strength......................... **A1:** 18
testing precautions **A1:** 17
torsional shear strength............. **A1:** 18, 20
transverse strength and deflection **A1:** 18
typical specifications............. **A1:** 17, 18, 19
usual tests **A1:** 16–17, 18
thermal expansion coefficient............. **A6:** 907
ultimate shear stress for **A8:** 148
unalloyed, for deep-drawing dies......... **A18:** 634
water-main pipe, graphitic corrosion **A11:** 372–374
wear **A1:** 24
abrasive wear........................... **A1:** 24
adhesive wear **A1:** 24
corrosive wear **A1:** 24
cutting wear **A1:** 24
wear resistance **A1:** 25–26
graphite structure, effect of.......... **A1:** 25–26
matrix microstructure, effect of **A1:** 26
welded, tensile strength................. **A15:** 527
welding metallurgy................. **A15:** 520–521
Gray iron, annealing **A4:** 670–671
alloy content, effect on time and temperature...... **A4:** 670, 671, **M4:** 530–531
ferritizing............ **A4:** 670–671, **M4:** 529–530
full **A4:** 671, **M4:** 530
graphitizing.................... **A4:** 671, **M4:** 530
tensile strength, effect on........ **A4:** 670, **M4:** 529
Gray iron bearing caps
dry blasting **A5:** 59
Gray iron castings
inspection of...................... **A17:** 51, 531
markets and volume tonnage for....... **A15:** 41–42
Gray iron exhaust manifold
dry blasting **A5:** 59
Gray iron, flame hardening........ **A4:** 668, 677–678
alloying elements, effects of...... **A4:** 678, **M4:** 540
composition **A4:** 678, 679, **M4:** 539–540
fatigue strength **A4:** 678, **M4:** 540–541
hardness.................. **A4:** 678, 679, **M4:** 540
quenching **A4:** 678, **M4:** 541
stress relieving......................... **M4:** 540
stress-relieving.......................... **A4:** 678
Gray iron, heat treating **A4:** 670–681
air cooling, effect on properties **A4:** 671, 672, 677, **M4:** 531
annealing *See* Gray iron, annealing
applications............... **A4:** 673–675, 677, 679
austempering.............. **A4:** 676, 677, **M4:** 537
austenitizing **A4:** 673, 675, 677, **M4:** 532–533, 535
composition (No. 1-32) **A4:** 674, 675
differentiated from ductile iron........... **A4:** 667
equipment requirements, martempering ... **A4:** 676, **M4:** 538
flame hardening *See* Gray iron, flame hardening
hardening **A4:** 672–673, 680, **M4:** 532–537
hardness measurement **A4:** 669
impact resistance, effect of tempering **A4:** 672–673, **M4:** 536–537
induction hardening **A4:** 678–679, **M4:** 541
martempering **A4:** 676–677, **M4:** 537–539
normalizing....... **A4:** 671–672, **M4:** 531–532, 533
properties **A4:** 675–676

SUBJECTS OF THE INDEXED VOLUMES: ASM Handbook (designated by the letter "A"): **A1:** Properties and Selection: Irons, Steels, and High-Performance Alloys (1990); **A2:** Properties and Selection: Nonferrous Alloys and Special-Purpose Materials (1990); **A3:** Alloy Phase Diagrams (1992); **A4:** Heat Treating (1991); **A5:** Surface Engineering (1994); **A6:** Welding, Brazing, and Soldering (1993); **A7:** Powder Metal Technologies and Applications (1998); **A8:** Mechanical Testing (1985); **A9:** Metallography and Microstructures (1985); **A10:** Materials Characterization (1986); **A11:** Failure Analysis and Prevention (1986); **A12:** Fractography (1987); **A13:** Corrosion (1987); **A14:** Forming and Forging (1988); **A15:** Casting (1988); **A16:** Machining (1989); **A17:** Nondestructive Evaluation and Quality Control (1989); **A18:** Friction, Lubrication, and Wear Technology (1992); **A19:** Fatigue and Fracture (1996); **A20:** Materials Selection and Design (1997). **Metals Handbook, 9th Edition** (designated by the letter "M"): **M1:** Properties and Selection: Irons and Steels (1978); **M2:** Properties and Selection: Nonferrous Alloys and Pure Metals (1979); **M3:** Properties and Selection: Stainless Steels, Tool Materials, and Special-Purpose Materials (1980); **M4:** Heat Treating (1981); **M5:** Surface Cleaning, Finishing, and Coating (1982); **M6:** Welding, Brazing, and Soldering (1983); **M7:** Powder Metallurgy (1984). **Engineered Materials Handbook** (designated by the letters "EM"): **EM1:** Composites (1987); **EM2:** Engineering Plastics (1988); **EM3:** Adhesives and Sealants (1990); **EM4:** Ceramics and Glasses (1991). **Electronic Materials Handbook** (designated by the letters "EL"): **EL1:** Packaging (1989)

proven applications for borided ferrous materials . . . A4: 445
quenching . . . A4: 673, 677, M4: 533–535
stress relieving . . . M4: 540, 541–543
stress-relieving . . . A4: 679–681
tempering . . . A4: 672–673, 675, 677, M4: 535–536
tensile strength, effect of tempering . . . A4: 679, M4: 536

Gray Iron Institute . . . A15: 34

Gray iron motor blocks and heads
dry blasting . . . A5: 59

Gray iron pipe *See also* Ductile iron pipe . . . M1: 97–98, 100
applications . . . M1: 97–98
coatings and linings . . . M1: 97–98, 100
design . . . M1: 97
joints . . . M1: 97, 100
manufacture . . . M1: 98
sizes, standard . . . M1: 98
specifications for . . . M1: 97–98, 100

Gray iron, specific types
Class 20, type D graphite, stress-relieved . . . A9: 247
Class 20, with porosity . . . A9: 250
Class 30, type A graphite, as-cast . . . A9: 247
Class 30, type D graphite, permanent mold cast . . . A9: 247
Class 30, with slag inclusion . . . A9: 249
Class 30B, type A graphite, austenitized and quenched . . . A9: 248
Class 30B, type A graphite, steadite and pearlite . . . A9: 250
Class 30B, with ferrosilicon particle . . . A9: 249
Class 35, as-cast against a chill . . . A9: 249
Class 40, type D graphite, as-cast . . . A9: 247
Class 40, type D graphite, as-cast annealed A9: 247
Class 50, as-cast . . . A9: 248
type A graphite distribution . . . A9: 246, 249
type A, heat-resistant, as-cast . . . A9: 255
type A, high-silicon corrosion-resistant, as-cast . . . A9: 255
type B, abnormal structure . . . A9: 250
type B graphite distribution . . . A9: 246
type C graphite distribution . . . A9: 246
type D graphite distribution . . . A9: 246
type E graphite distribution . . . A9: 246

Gray irons *See also* Cast irons . . A16: 648–652, 654, 656, 658, 664
arc welding . . . M6: 314–315
boring . . . A16: 169, 655
brazeability . . . M6: 996
brittleness of . . . A12: 123
broaching . . . A16: 198, 203, 209, 656, 780
cemented carbide machining . . . A16: 86, 88
centerless grinding . . . A16: 665
cermet tools for milling . . . A16: 97
coatings and tool life . . . A16: 58
composition limits . . . M6: 309
contour band sawing . . . A16: 364
counterboring . . . A16: 660
cylindrical grinding . . . A16: 664
drilling . . . A16: 223, 231, 658
electrochemical machining . . . A16: 535
end milling . . . A16: 325, 663
face milling . . . A16: 662
fixtures . . . A16: 404
fractographs . . . A12: 225–226
fracture/failure causes illustrated . . . A12: 216
high-speed machining . . . A16: 604
honing . . . A16: 477, 484, 802
hypereutectic, graphite effects . . . A12: 226
internal grinding . . . A16: 665
machinability . . . A16: 640, 642
matrix microstructure effect on tool life . . A16: 650
metal removal rates . . . A16: 652
microstructures . . . A16: 113
milling . . . A16: 97, 312, 313, 314, 327
oxyacetylene welding . . . M6: 603–604
oxyfuel gas cutting . . . M6: 112
PCBN cutting tools . . . A16: 112, 114
pipe threading tools . . . A16: 302
planing . . . A16: 185–186, 658, 660
postweld heat treatment practice . . . M6: 314
reaming . . . A16: 243–244, 247, 248, 659
repair welding . . . M6: 316–317
sand cast, fracture at flake . . . A12: 225
shaping . . . A16: 191
slab milling . . . A16: 324
spotfacing . . . A16: 660
surface grinding . . . A16: 664
tapping . . . A16: 263, 264–265, 661
thread grinding . . . A16: 275
threading . . . A16: 299
threading, circular chasers . . . A16: 298
threading, tangential chasers . . . A16: 297
tool life . . . A16: 299
turning . . . A16: 94, 112, 144, 146, 147, 653–654
welding metallurgy . . . M6: 308

Gray irons, specific types
class 20, and annealing treatment . . . A16: 651
class 20, machining . . . A16: 275, 653–663
class 25, and chill . . . A16: 650
class 25, stress-relieving . . . A4: 679
class 30, annealing . . . A4: 670
class 30, machining . . A16: 144–147, 275, 301, 362, 653–663
class 35, and annealing treatment . . . A16: 651
class 35, machining . . . A16: 144–147, 275, 362, 653–663
class 35, stress-relieving . . . A4: 679
class 40, annealing . . . A4: 670
class 40, machining . . A16: 144–147, 245, 275, 362, 644, 653–663
class 45, machining . . . A16: 275, 323, 325
class 50, machining . . . A16: 275, 323, 325
class 50, stress-relieving . . . A4: 679
class 55, thread grinding . . . A16: 275
class 60, thread grinding . . . A16: 275
SAE J431C: grades G1800-G4000, machining . . . A16: 144–147, 275, 323, 325

Gray levels
in SEM imaging display . . . A12: 169

Gray solidification
ternary iron-base systems . . . A15: 67

Gray staining
as fatigue mechanism . . . A19: 696

Gray units
radiography . . . A17: 301

Gray value contrast, from different wavelengths of monochromatic incident
light . . . A9: 149

Gray-level image storages
in scanning electron microscopy . . . A9: 95–96

Gray-scale image analysis
machine vision . . . A17: 36

Gray-scale system
image interpretation vs. algorithms . . . A17: 36–37
in machine vision process . . . A17: 33

Gray-to-white eutectic transition
cast iron . . . A15: 180

Grazing angle electron incidence
effect on sample charging . . . A10: 556

Grease . . . A18: 99, 123–131
additives . . . A18: 111, 124–125
applications . . . A18: 123, 125–129
adverse conditions . . . A18: 128
American Association of Railroads Specification 942-88 for grade 1½ nonextreme-pressure grease . . . A18: 125
bearing temperature . . . A18: 126–127
centralized systems . . . A18: 129
conditions, environment, and contamination . . . A18: 127
DN value . . . A18: 127
incompatibility . . . A18: 129
low temperature . . . A18: 127
paints . . . A18: 129
pressure . . . A18: 127
pumpability . . . A18: 127–129
seals . . . A18: 129
selection . . . A18: 125, 128
speed . . . A18: 127
viscosity as function of bearing diameter and speed . . . A18: 127, 128
viscosity, speed, and pressure . . . A18: 127, 128
base stocks . . . A18: 123–124
composition . . . A18: 123
petroleum . . . A18: 123–124, 125
petroleum, properties . . . A18: 124
synthetics . . . A18: 124, 125
synthetics, temperature ranges and applications . . . A18: 125
white mineral oil . . . A18: 124
classifications . . . A18: 125
common . . . A18: 125
heavier . . . A18: 125
thin . . . A18: 125
classifications (NLGI) and consistency grades . . . A18: 127
coloring, nickel alloys . . . M5: 674
consistency classification . . . A18: 136
defined . . . A18: 10
definition of lubricating grease . . . A18: 123
dispensing methods . . . A18: 129–130
centralized grease systems . . . A18: 130
hand application . . . A18: 129
hand- or air-operated methods . . . A18: 129–130
ferrographic applications for lubricant analysis . . . A18: 307
for bearings . . . A11: 511
frequency of relubrication . . . A18: 130–131
handling . . . A18: 131
lithium-base, SEM micrograph . . . A11: 153
lubricating . . . A11: 152
lubrication, for rolling-element bearings . . . A11: 512
overgreasing . . . A18: 131
removal of *See also* Vapor degreasing
aluminum and aluminum alloys . . . M5: 576–578
babbitting process . . . M5: 356
copper and copper alloys . . . M5: 614, 617–620
hot dip galvanized coating process M5: 325–326, 328
hot dip tin coating process . . . M5: 352
process types and selection . . . M5: 5–6, 8–11
reactive and refractory alloys . . . M5: 656–657
thermal spray coating process . . . M5: 367
zinc alloy cleaning . . . M5: 676–677
rust and corrosion inhibitors . . . A18: 106
storage . . . A18: 131
testing . . . A18: 125
thickened, for corrosion control . . . A11: 195
types of grease-thickener systems . . . A18: 125–126
effect of thickener type on melting point and typical grease use . . . A18: 126
reasons for use . . . A18: 126
undergreasing . . . A18: 131
use as a substitute for oils . . . A18: 123
viscosity improvers used . . . A18: 110

Grease life . . . A18: 504

Grease lubrication
rolling-element bearings . . . A18: 136–137

Greaseless buffing compounds . . . M5: 117, 126

Greaseless compounds
definition . . . A5: 957

Greases
cleaning . . . A13: 413–414
powders used . . . M7: 573

Greasing
nickel alloys . . . M5: 674

Great Bell
the (Kremlin) . . . A15: 19

Great Lakes Initiative . . . A5: 160

Greek alphabet . . . A10: 692
symbols for . . . A11: 798

Greek Ascoloy
broaching . . . A16: 203, 204, 209
electrochemical grinding . . . A16: 547
grinding . . . A16: 547
milling . . . A16: 547
wrought heat-resistant . . . A16: 738

Greek symbols
for liquid metal processing terms . . . A15: 49

Green *See also* Green compact; Green density; Green strength; Green strip
defined . . . A14: 7

Green brass coloring solutions . . . M5: 626

Green, bromcresol
acid-base indicator . . . A10: 172

Green ceramics
diamond for machining . . . A16: 105

Green coatings
applying . . . M5: 377–378, 380

Green compact *See also* Compacting; Compaction; Compacts
and sintered compacts, pore shapes compared . . . M7: 311
as-pressed condition . . . M7: 309
carbonyl nickel powder density as function of compacting pressure . . . M7: 310
composition-depth profiles . . . M7: 252
compression ratio for . . . M7: 297
defined . . . A14: 7

Green compact (continued)
microstructure **M7:** 311, 314
pore size **M7:** 299
processing with composite fluid dies **M7:** 544
strength of **M7:** 288–289, 311
transverse-rupture strength **M7:** 311
Green compacts *See also* Powder metallurgy parts **A7:** 621
aluminum and aluminum alloys **A2:** 6
pore pressure rupture testing **A17:** 547
ultrasonic testing **A7:** 716, 717
ultrasound transmission in **A17:** 539
Green density *See also* Density **A7:** 25
and compacting pressure, aluminum P/M parts **M7:** 743
and green strength **M7:** 85, 289, 302
and pressure **M7:** 172, 298
beryllium powders **M7:** 172
calculation of **A7:** 699
cold pressing in rigid dies **A7:** 316
copper oxide reduction **M7:** 110
copper powder **A7:** 138
definition **A7:** 699
densification as function of **M7:** 310
determined **M7:** 310
effect of lubricated particles **M7:** 288
effect on sintered aluminum P/M parts . . . **M7:** 385
electrolytic copper powder **M7:** 115
in iron powders **M7:** 85, 289
in water-atomized iron powders **M7:** 85
in water-atomized tool steel powders **M7:** 103
iron powders **A7:** 302, 303
lubricant effect on **A7:** 303, 305
particle porosity effect **A7:** 306, 307
shrinkage as function of **M7:** 310
Green design
definition **A20:** 834
Green effectiveness **A18:** 575
Green expansion **A7:** 700
Green forming **A16:** 72
Green glass **EM4:** 1082
Green golds *See* Gold-silver-copper alloys
Green jewelry plating
flash formulations for decorative gold plating **A5:** 248
Green light filters
for black-and-white photography **A9:** 72
Green liquor
defined **A13:** 7
Green machining . . . **A7:** 674, **EM4:** 34, 123, 124, 147, 181–185
advantages **EM4:** 181
applications **EM4:** 182
bisque firing **EM4:** 181
capabilities **EM4:** 184
surface finish **EM4:** 185
equipment **EM4:** 181–184
in ceramics processing classification scheme **A20:** 698
limitations **EM4:** 184–185
quality control inspection techniques . . **EM4:** 185
size requirements **EM4:** 184
tolerance requirements **EM4:** 184–185
material requirements **EM4:** 184
objectives **EM4:** 181
tooling **EM4:** 181–184
cutting edge specifications **EM4:** 183
environmental effects **EM4:** 183–184
feed rates **EM4:** 183–184
feeds **EM4:** 183
fixturing **EM4:** 183
machining processes **EM4:** 183
machining specifications **EM4:** 181–183
modulus of elasticity **EM4:** 183
speeds **EM4:** 183
surface finish **EM4:** 184
Green, Nathaniel
as early founder **A15:** 26
Green part **A7:** 23
Green procurement guidelines **A20:** 102
Green rot
definition **A5:** 957
Green sand *See also* Sands; Temper
defined **A15:** 6
investment, aluminum and aluminum alloys . . **A2:** 5
molds, copper alloy casting **A2:** 350
Green sand casting
characteristics **A20:** 687
Green sand molding *See also* Green sand molds; Mold(s)
advantages/disadvantages **A15:** 804–805
and dry sand molding, compared **A15:** 228
as conventional process **A15:** 37
computer-aided manufacture **A15:** 350–351
equipment and processing **A15:** 341–351
green, defined **A15:** 208
impact molding as **A15:** 37
materials **A15:** 341
mold finishing **A15:** 347
molding media preparation **A15:** 344–345
molding methods **A15:** 341–344
molding problems **A15:** 345–347
operations, flow chart for **A15:** 205
sand uniformity **A15:** 35
sand/casting recovery **A15:** 348–350
shakeout **A15:** 347–348
Green sand mold(s) *See also* Dry sand mold
blowing of **A15:** 29
clays for **A15:** 224–225
defined **A15:** 6
for horizontal centrifugal casting **A15:** 296
process control requirements **A15:** 222
raw material additions **A15:** 225–226
sand reclamation **A15:** 226–228
sand types and properties **A15:** 222–224
system formulation **A15:** 225
Green strength *See also* Compressibility **A7:** 10, 302, 306–309, **A14:** 7, 189, **EM3:** 14, 143, 149
additive effects **M7:** 289
and apparent density, iron powders **M7:** 288
and carbon effect on water-atomized iron powders **M7:** 85
and copper oxide reduction **M7:** 108, 110
and green density curves **M7:** 302
and green density in water-atomized iron powders **M7:** 85
and oxide reduction **A7:** 308
compacting pressure curves for **M7:** 302
defined **A15:** 6, **EM1:** 12, **EM2:** 21
definition **A7:** 306, **A20:** 834
dependence on apparent density **A7:** 306, 307
determing **M7:** 211
effect of copper powder tarnishing . . . **M7:** 109, 111
electrolytic copper powder **M7:** 115
ferrous P/M materials **M1:** 330, 331, 345
for cemented carbides **A18:** 795
geometric powder properties **A7:** 308–309
increase in **A7:** 302
intrinsic powder properties **A7:** 308
iron powders **A7:** 302, 303
lubricant effect on **A7:** 303, 305, 306–307
measurement, standard test **M7:** 302
nonferrous materials and lubricants **A7:** 324
of bronze powders, lubricant effects **M7:** 192
of compacted metal powders **M7:** 288–289
of electrolytic iron powder **M7:** 94, 95
of powder compacts **M7:** 302–304
of tantalum capacitor anodes **M7:** 162, 163
particle porosity effect **A7:** 306, 307
particle size effect **A7:** 308
powder characterization **A7:** 34
powder forged steel **A7:** 804
stainless steel powders **M7:** 101, 729
standard test, transverse bend **M7:** 288
surface-related factors and powder mixtures **A7:** 308
testing for **A7:** 306, **M7:** 288
theories **A7:** 307–309, **M7:** 303–304
variables affecting **A7:** 306–307, **M7:** 288–289
warm compaction **A7:** 378
warm compaction effect on ferrous P/M parts **A7:** 304–305
water-atomization and powder properties . . **A7:** 308
Green strength, adhesive
defined **EL1:** 673–674
Green strength for compacted metal powder specimens, specifications **A7:** 306, 387, 441, 1098
Green strip
finishing **M7:** 405–406
nickel powder **M7:** 401
thickness, and work roll diameter **M7:** 406
Green tensile strength
testing **A15:** 345
Green transverse-rupture strength
water-atomized tool steel **M7:** 103
Greenfield sites
ferrous continuous casting **A15:** 309–310
Greenhouse warning potential (GWP) **A20:** 102
Green's functions **A19:** 423
Greenwood-Williamson (GW) model
surface roughness **A18:** 28
Greige goods *See also* Gray goods
defined **EM1:** 12, **EM2:** 21
Greinacher circuit
radiography **A17:** 305
Grid
circle analyzer **A8:** 567
for strain measurement on upset cylinders **A8:** 579
jig, for round bar specimens **A8:** 279
markings, deformation measured by **A8:** 549
overlapping, dynamic notched round bar testing **A8:** 279
Grid array, pin and pad
as package family **EL1:** 404
Grid geometries
resistance strain gages **A17:** 449
Grid mesh, development
for physical modeling **A14:** 434–437
Grid organization development **A20:** 315
Grid point **A20:** 189, 190, 191
Grid system-dividing techniques **A6:** 1095
Grid testers
as quality control **EL1:** 873
Grid-free Lagrangian-particle method **A20:** 201
Gridless routing
as automatic trace routing **EL1:** 533
Grids **A20:** 176, 189, 190
Grids, test
used in quantitative metallography . . . **A9:** 124, 125, 130
Griffin wheel casting process
with solid graphite molds **A15:** 285
Griffith criteria
for crack propagation theory **A19:** 6, 186
Griffith criteria of failure **EM4:** 1052
Griffith criterion **A6:** 143
Griffith criterion for fracture **A18:** 403
Griffith equation **A19:** 373, 558, **EM4:** 780, 850, 861–862, 866
for critical crack growth in aircraft **A19:** 578
Griffith flaws **EM4:** 461
Griffith model **A7:** 55
Griffith relationship
stress required for fracture **EM4:** 75
Griffith theory **A7:** 55, **EM3:** 503, 506
Griffith theory of brittle fracture **M7:** 58
Griffith/Orowan criteria **EM4:** 709
Griffith-Irwin fracture concepts **A20:** 535
Griffith-Irwin fracture mechanics approach . . **A20:** 534
Griffith's energy-balance criterion **A19:** 6
Griffith's maximum tensile stress analysis for volume flaws **EM4:** 700–701
Griffith's theory **A19:** 5, 558
and specific work of fracture **A19:** 6–7
Griffith-type cracks **A19:** 47

SUBJECTS OF THE INDEXED VOLUMES: ASM Handbook (designated by the letter "A"): **A1:** Properties and Selection: Irons, Steels, and High-Performance Alloys (1990); **A2:** Properties and Selection: Nonferrous Alloys and Special-Purpose Materials (1990); **A3:** Alloy Phase Diagrams (1992); **A4:** Heat Treating (1991); **A5:** Surface Engineering (1994); **A6:** Welding, Brazing, and Soldering (1993); **A7:** Powder Metal Technologies and Applications (1998); **A8:** Mechanical Testing (1985); **A9:** Metallography and Microstructures (1985); **A10:** Materials Characterization (1986); **A11:** Failure Analysis and Prevention (1986); **A12:** Fractography (1987); **A13:** Corrosion (1987); **A14:** Forming and Forging (1988); **A15:** Casting (1988); **A16:** Machining (1989); **A17:** Nondestructive Evaluation and Quality Control (1989); **A18:** Friction, Lubrication, and Wear Technology (1992); **A19:** Fatigue and Fracture (1996); **A20:** Materials Selection and Design (1997). **Metals Handbook, 9th Edition** (designated by the letter "M"): **M1:** Properties and Selection: Irons and Steels (1978); **M2:** Properties and Selection: Nonferrous Alloys and Pure Metals (1979); **M3:** Properties and Selection: Stainless Steels, Tool Materials, and Special-Purpose Materials (1980); **M4:** Heat Treating (1981); **M5:** Surface Cleaning, Finishing, and Coating (1982); **M6:** Welding, Brazing, and Soldering (1983); **M7:** Powder Metallurgy (1984). **Engineered Materials Handbook** (designated by the letters "EM"): **EM1:** Composites (1987); **EM2:** Engineering Plastics (1988); **EM3:** Adhesives and Sealants (1990); **EM4:** Ceramics and Glasses (1991). **Electronic Materials Handbook** (designated by the letters "EL"): **EL1:** Packaging (1989)

Grignard reagents
magnesium powders application.......... **M7:** 131
particle size............................ **M7:** 131
Grim glow discharge emission sources **A10:** 27
Grimley-Trapnell (thin-film) theory.......... **A13:** 67
GRIN *See* Gradient refractive index lens
Grind limit
milling................................. **M7:** 59
Grind/polish **EM4:** 464–470
cleaning and inspection of polished
components................. **EM4:** 469–470
advanced grinding technologies **EM4:** 470
contact measurement systems......... **EM4:** 470
noncontact measurement systems...... **EM4:** 470
shape and irregularity of the
finished part................... **EM4:** 470
surface finish **EM4:** 470
commercial polish and precision polish processing
applications **EM4:** 465
effect on silicon nitride joint bend
strength......................... **EM4:** 527
glass preparation...................... **EM4:** 464
grinding operations **EM4:** 464
lapping (fine grinding, smoothing, or
fining)...................... **EM4:** 467–468
parameters **EM4:** 464, 465
compounds.................... **EM4:** 468–469
pad materials...................... **EM4:** 469
polishing....................... **EM4:** 468–469
polishing process parameters.......... **EM4:** 469
polishing and tooling.............. **EM4:** 464–468
additional factors **EM4:** 467
bond type and hardness **EM4:** 466–467
concentration **EM4:** 466
diamond superabrasive grinding wheels standard
marking system **EM4:** 466
setups for grinding **EM4:** 465
wheel design....................... **EM4:** 466
processing equipment **EM4:** 464
Grindability
definition.............................. **A5:** 957
of ASP steels **M7:** 785
of CAP material **M7:** 535
of wrought tool steels **A1:** 775
Grindability, calculation of **A5:** 162
Grinding *See also* Finishing; Grinding equipment
and processes; Surfaces **A5:** 93, 94–99, **A7:** 686,
687, **A16:** 4, 19, 421–429, **A19:** 173, 315, 316,
439, 440, 441, **EM4:** 313
abusive, and fatigue strength........... **A16:** 31, 35
abusive final, AISI/SAE alloy steel failure **A12:** 335
abusive or finish, effect on tool steel
parts........................ **A11:** 567, 569
abusive, residual stress **A16:** 24
adaptive control implemented **A16:** 619, 620,
621–622
advantages.............................. **A5:** 94
after cold heading **A14:** 294
aircraft engine components, surface finish
requirements **A16:** 22
Al alloys ... **A16:** 774, 783, 792, 798–799, 801–802
aluminum alloys.................... **A9:** 351–352
and cemented carbide cutting tools........ **A16:** 83
and fatigue strength **A16:** 25–26, 31, 35
and finishing, electrolytic copper powders **M7:** 114
and milling **A16:** 329
and ultrasonic cleaning **M7:** 462
applications, sizes of diamond/CBN
grains for **A2:** 1011
as manufacturing process **A20:** 247
as sample preparation, x-ray spectrometry.. **A10:** 94
as surface preparation for optical
microscopy **A9:** 34–47
attributes............................... **A20:** 248
austenitic manganese steel castings......... **A9:** 237
automatic, and polishing **A7:** 722, 724
automatic chamfer grinder............... **A16:** 264
before painting **A5:** 424
belt *See* Belt grinding
beryllium **A9:** 389
beryllium-copper alloys............. **A9:** 392–393
beryllium-nickel alloys **A9:** 392–393
bond types for grinding wheels...... **A5:** 95, 96–97
bums, brittle fracture from **A11:** 90–91, 92
carbon and alloy steels **A9:** 168, **A16:** 676
carbon steel casting specimens............ **A9:** 230
carbon steel surface compression stress and fatigue
strength **A5:** 711
carbonitrided steels **A9:** 217
carburized steels......................... **A9:** 217
cast irons................ **A9:** 243, **A16:** 661–664
cemented carbides **A9:** 273, **A18:** 796
centerless.............................. **A16:** 829
centerless, cast irons.......... **A16:** 662–663, 665
centerless, compared to honing **A16:** 486
centerless, cutting fluids used **A16:** 125, 127
centerless, in conjunction with lapping ... **A16:** 495
centerless, of Ti alloys.................. **A16:** 854
ceramics **A16:** 101, 102
characteristics **A20:** 695
chrome plating removed by.............. **M5:** 185
chromized sheet steel.................... **A9:** 198
compared to cutting **A16:** 426–429
compared to ECG................ **A16:** 546, 547
compared to honing.................... **A16:** 473
compared to lapping **A16:** 492
compound removal procedures **A5:** 12
compounds, removal of.............. **M5:** 14–15
computer numerical control machines **A5:** 94
conformity or equivalent diameter **A16:** 422
coolant effects........... **A16:** 423–424, 426, 429
copper alloys..................... **A16:** 818–819
corrosive effects and abrasive wear....... **A18:** 189
cracks, from failure to temper....... **A11:** 567–568
cracks, in castings **A11:** 362
cutting fluids used **A16:** 125
cylindrical **A16:** 421, 422, 424, 429, 829
cylindrical, cast irons **A16:** 661, 662
cylindrical, compared to microhoning **A16:** 489
cylindrical, cutting fluids used........... **A16:** 125
damage, AISI/SAE alloy steels........... **A12:** 321
damage, to shafts **A11:** 459
damage, tool steel cutter die **A11:** 567, 569
defined................................ **A9:** 9, 35
definition.............................. **A5:** 957
design limitations....................... **A20:** 821
dimensional tolerance achievable as function of
feature size **A20:** 755
dressing **A5:** 94, 95
ductile or brittle fractures from........ **A11:** 89–90
edge **A14:** 530
effect on fatigue strength **A11:** 125
effect on surfaces, Mössbauer analysis of.. **A10:** 287
electrical contact materials............... **A9:** 550
electrogalvanized sheet steel.............. **A9:** 197
electrolytic in-process dressing............ **A5:** 95
E-process wheels......................... **A5:** 96
ferrites and garnets **A9:** 533
fiber composites................... **A9:** 588–589
fine, for samples....................... **A10:** 16
finish, tool and die failures from **A11:** 567
fluid selection, application, and
disposal **A5:** 158–160
fluids, removal of.................. **M5:** 5, 9–10
for statistical analysis.................. **M7:** 187
G ratio **A16:** 107, 422–427
gate and flash, Alnico alloys **A15:** 737–738
gears **A19:** 353
gentle, and fatigue strength............... **A16:** 31
gentle, low stress....................... **A16:** 31
gray cast iron **A16:** 115
grinding cycle **A5:** 94
grinding cycle design................. **A5:** 94, 95
grinding fluids for thread grinding **A16:** 273
grinding system performance index (GSPI).. **A5:** 98
grinding wheels and workpiece
parameters **A16:** 421
G-Trac generator cutters................ **A16:** 344
hand wheel **A16:** 32
heat-resistant alloys............... **A16:** 757–760
heat-resistant casting alloys **A9:** 330
high-speed **A16:** 32
hobs **A16:** 344
hot-dip galvanized sheet steel **A9:** 197
hot-dip zinc-aluminum coated sheet steel .. **A9:** 197
impact, beryllium **M7:** 170
in conjunction with boring.............. **A16:** 162
in conjunction with broaching **A16:** 194, 195, 205,
209, 211
in conjunction with drilling **A16:** 219, 229, 238
in conjunction with EDM............... **A16:** 560
in conjunction with gear manufacture.... **A16:** 333,
339, 344, 350–355
in conjunction with lapping **A16:** 498, 502, 505
in conjunction with sawing **A16:** 358
in conjunction with thread rolling **A16:** 290
in conjunction with turning.... **A16:** 135, 140, 142,
153
in conjunction with ultrasonic machining **A16:** 529
in conjunct-on with tapping............. **A16:** 264
in Domfer iron powder process **M7:** 90
in green machining **EM4:** 183
in metal removal processes classification
scheme **A20:** 695
internal **A16:** 663, 829
internal, cast irons..................... **A16:** 665
internal, compared to microhoning....... **A16:** 489
iron-cobalt and iron-nickel alloys **A9:** 532
lead and lead alloys...................... **A9:** 415
local variations in residual stress produced by
surface **A10:** 390–391
low-alloy steel casting samples............ **A9:** 230
low-stress procedures......... **A16:** 24, 26, 28, 30
machine features......................... **A5:** 94
machining process...................... **M7:** 462
magnesium alloys **A5:** 820, **A9:** 425, **M5:** 628,
648–649
magnesium powders.............. **M7:** 131, 132
manual, and polishing.......... **A7:** 721, 722–723
martensitic cast irons **A16:** 112
material removal rate effect on force and
power..................... **A5:** 97, 98–99
material removal rate (MRR).............. **A5:** 97
mechanical *See* Mechanical grinding and finishing
metal bonds **A5:** 95, 97
Mg alloys **A16:** 827–828, 829
microhardness specimen **A8:** 93
mills **M7:** 68
MMCs.......................... **A16:** 894, 896
modifying weld toe geometry............ **A19:** 826
NC implemented................. **A16:** 613, 616
Ni alloys **A16:** 835, 837
nickel alloys........... **A9:** 435, **M5:** 673–674
nickel and nickel alloys................... **A5:** 868
nickel-copper alloys **A9:** 435
nitrided steels **A9:** 218
noncutting process, in metal removal processes
classification scheme **A20:** 695
notch root radius **A8:** 382
of copper oxide **M7:** 107, 108
of hafnium.................. **A2:** 664, **A9:** 497
of nickel-titanium shape memory effect (SME)
alloys **A2:** 899
of sands **A15:** 32
of soft materials, for samples............. **A10:** 16
of zirconium **A2:** 664, **A16:** 852, 854–855, 856
of zirconium and zirconium alloys **A9:** 497
P/M materials... **A16:** 880, 881, 882, 889, 890, 891
permanent magnet alloys **A9:** 533
physical and mechanical properties
affected by................... **M5:** 306, 308
plated wheels............................ **A5:** 96
plunge.................................. **A16:** 21
point, and drilling **A16:** 221
point-splitting machine and dulling .. **A16:** 227–228
polycrystalline diamond **A16:** 107
porcelain enamel coat repair.............. **M5:** 524
porcelain enameled sheet steel............. **A9:** 198
powder metallurgy materials **A9:** 505–506
power expended **A16:** 421–429
preparation procedure for thermal spray
coating **A5:** 505
printed board coupons **EL1:** 573
processes **A5:** 93, 94
progressive, stainless steel........... **M5:** 555–556
quantitative aspects of processes....... **A5:** 97–98
Raman analysis of...................... **A10:** 133
rating of characteristics................. **A20:** 299
refractory metals **A9:** 439, **A16:** 862, 868–869
refractory metals and alloys.. **A2:** 560–562, **A5:** 856
relative difficulty with respect to machinability of
the workpiece **A20:** 305
relief groove, superalloys................ **A12:** 390
residual stresses **A5:** 148
residual surface stresses from **A11:** 473–474
resin bonds........................... **A5:** 95, 97
rhenium **A2:** 562
rhenium and rhenium-bearing alloys **A9:** 447
rough grinding **A5:** 90, 94
roughness average....................... **A5:** 147

Grinding (continued)
shaper tools . . . A16: 190
sizes of micron diamond powders for . . . A2: 1013
sleeve bearing materials . . . A9: 565
snag . . . A11: 472
sparkout . . . A5: 94
specific power . . . A5: 98
specimens for optical metallography A10: 300–301
springs . . . A19: 364
stainless steel . . . M5: 555–559
stainless steel casting alloys . . . A9: 297
stainless steel powders . . . A7: 997
stainless steels . . . A5: 750–752, A16: 705
stainless-clad sheet steel . . . A9: 198
steel gears . . . A16: 354, 355
steel-bonded titanium carbide cermets A2: 997–998
step, in conjunction with drilling . . . A16: 221, 222
superabrasives . . . A16: 421–422
surface . . . A16: 11, 11, 28, 421, 422, 424, A19: 342
surface, cast irons . . . A16: 651, 661, 664
surface, cutting fluids used . . . A16: 125, 126
surface finish and integrity . . . A16: 21, 28, 424–426
surface, of Mg alloys . . . A16: 829
surface, of Ti alloys . . . A16: 847–848, 853, 854
surface roughness arithmetic average extremes . . . A18: 340
system forces . . . A16: 426–427, 428, 429
tap tooth with hardness variations . . . A8: 98, 101
thermal aspects . . . A5: 152–156
thermal spray-coated materials . . . M5: 371
threshold force . . . A5: 98
threshold power . . . A5: 98
Ti alloys . . . A16: 844, 846, 853, 854
time, effect of . . . A16: 424, 427
tin and tin alloy coatings . . . A9: 450
tin and tin alloys . . . A9: 449
titanium and titanium alloys . . . A5: 836, 837, A9: 458–459
to powder, of XPS samples . . . A10: 575
tool and die failure and . . . A11: 564
tool life of grinding wheels . . . A16: 421, 424, 427, 428, 441, 449, 468
tool steels . . . A9: 257, A16: 722, 723, 732
traverse cylindrical . . . A16: 28
truing . . . A5: 94, 95, 96
tungsten . . . A9: 441
tungsten heavy alloys . . . A7: 920
ultrafine . . . A7: 56
ultrafine, of brittle and hard materials . . . M7: 59
uranium alloys . . . A16: 874
uranium and uranium alloys . . . A9: 478
valve spring failure from . . . A11: 554
versus planing . . . A16: 186
vitrified bonds . . . A5: 95, 96–97
welded joints for examination . . . A9: 578
wheel *See* Wheel grinding
wheel, bonded-abrasive grains for . . . A2: 1013
wheel dressing . . . A16: 422, 424, 425
wheel shapes . . . A5: 95–96
with superabrasives/ultrahard tool materials . . . A2: 1013
work removal parameter (WRP) . . . A5: 98–99
wrought heat-resistant alloys . . . A9: 305–306
wrought stainless steel . . . A9: 279
zinc and zinc alloys . . . A9: 488
Zn alloys . . . A16: 833, 834
Grinding abrasion *See also* Abrasive wear . . M1: 599
high stress grindings, simulation of . . . M1: 600
Grinding artifacts
in uranium . . . A9: 483
Grinding balls
chilled cast iron . . . M1: 81
martensitic Ni-Cr white cast iron . . . M1: 81
powder-coated . . . M7: 58
wear of . . . M1: 601, 604, 613
Grinding, centerless
by scanning laser gage . . . A17: 12
Grinding cracks
as planar flaws . . . A17: 50
Barkhausen noise measurement . . . A17: 160
by liquid penetrant inspection . . . A17: 86
macroetching to reveal . . . A9: 176
radiographic methods . . . A17: 296
Grinding equipment and processes *See also* Grinding; Superabrasives . . . A16: 430–452
abrasive wheel bonds . . . A16: 432
abrasive wheel configurations . . . A16: 434
abrasive wheel porosity . . . A16: 434
abrasives . . . A16: 431, 432
angular-approach cylindrical grinding . . . A16: 445–446, 447
bond designation and grain spacing . . . A16: 430
camshaft grinding . . . A16: 445
centerless grinding . . . A16: 434, 438, 439, 440–441, 446–448, 449
coated abrasive applications . . . A16: 436–437, 438
coated abrasive composition . . . A16: 434–435, 439, 440
coolants . . . A16: 434, 437, 438–439, 444
crankshaft grinding . . . A16: 444–445
creep-feed surface grinding . . . A16: 434, 441, 442, 443–444, 445
cutoff grinding . . . A16: 434, 436, 440
cylindrical grinding . . A16: 434, 440, 444–446, 447, 449
cylindrical grinding machines . . . A16: 448
filtering . . . A16: 438, 439
floorstand/swing frame grinding . . . A16: 440
flute grinding . . . A16: 437
form grinding . . . A16: 436, 437, 444
G ratios . . . A16: 431, 432
gear grinding . . . A16: 437
grinding fluid disadvantages . . . A16: 439
grinding fluids . . . A16: 435, 437–439
grinding wheels and disks . . . A16: 430
internal grinding . . . A16: 448–449, 450
internal grinding machines . . . A16: 451
machines and processes . . . A16: 439–452
mean particle sizes for grits used in grinding wheels . . . A16: 431
monoset tool grinding . . . A16: 450–452
NC camshaft grinding . . . A16: 445
NC in continuous-dress creep-feed grinding . . . A16: 443
organic wheel bonds . . . A16: 433
pendulum surface grinding . . . A16: 441
portable grinding . . . A16: 440
precision grinding . . . A16: 433, 437, 438, 439, 440–443
profile (contour) tool grinding . . . A16: 450
resin bonds . . . A16: 435, 436
roll grinding . . . A16: 440, 444
rough grinding . . . A16: 434, 436, 439, 440, 441
shaping in conjunction with grinding . . . A16: 440
snagging . . . A16: 440
standard marking systems for grinding wheels . . . A16: 430, 431
superabrasive electroplated wheel bonds . . A16: 434, 448
superabrasive metal wheel bonds . . . A16: 433–434, 448
superabrasives, types of . . . A16: 432
surface grinding A16: 434, 440, 441, 442, 443–444, 446
tool grinding . . . A16: 449–452
vitrified wheel bonds . . . A16: 433, 442, 448, 450
weld grinding . . . A16: 439, 440
wheel face grinding . . . A16: 444
Grinding machines
achievable machining accuracy . . . A5: 81
Grinding mill components *See also* Grinding balls; Liners . . . M1: 623
Grinding ratio . . . A7: 686
Grinding stress
definition . . . A5: 957
Grinding wear rate
abrasive type dependence . . . A18: 273
force, dependence on . . . A18: 273
galvanic interaction between minerals and metal alloys, dependence on . . . A18: 273–274
localized corrosion role . . . A18: 274
Grinding wheels . . . A5: 91, 95–96
powders used . . . M7: 573
Grip
center-cracked tension specimen . . . A8: 382
collet . . . A8: 368
compact specimen . . . A8: 382
compression testing . . . A8: 191
design . . . A8: 155, 192–193
ends . . . A8: 156–157, 370–371
for constant-load testing . . . A8: 314
for fatigue testing . . . A8: 152, 368–369
loading capacities . . . A8: 50
single-edge notched specimen . . . A8: 382
types . . . A8: 51
ultrasonic fatigue testing . . . A8: 252
water-cooled . . . A8: 158–159
Grip design . . . A8: 155, 192–193
Grip ends . . . A8: 156–157, 370–371
geometric cross sectional . . . A8: 156–157
Gripper dies
alloy steels for . . . A14: 86
defined . . . A14: 7
inserts . . . A14: 48
life of . . . A14: 228
stroke, for machine size selection . . . A14: 83–84
Gripping
fatigue crack growth specimens . . . A8: 382
in hot upset forging . . . A14: 83
systems . . . A8: 152
techniques, tension testing . . . A8: 50
Gripping cam, fractured
carburization effects . . . A11: 576
Grit *See also* Blasting . . . M7: 6
chilled iron . . . A15: 510
defined . . . A15: 6
high-carbon cast steel . . . A15: 510
size, specifications . . . A15: 514
Grit blasting *See also* Abrasive blast cleaning . . . EM3: 259, 264, 265, 267
benefits for lubricated wear . . . M1: 637
ceramic coating processes . . . M5: 537, 539
defined . . . EM2: 21
definition . . . A5: 957
enameling . . . EM3: 303
in metal removal processes classification scheme . . . A20: 695
maraging steels . . . A5: 771
of maraging steels . . . A1: 797–798, M1: 448
properties, characteristics and effects of grit . . . M5: 85–87
size specifications, cast grit . . . M5: 83–84
steel adherends . . . EM3: 270, 271
surfaces of ceramics and glasses to be joined . . . EM3: 300
thermal spray coating process using . . M5: 367–368
Grit size . . . M7: 6
defined . . . A9: 9
definition . . . A5: 957
Grit-blast descaling . . . A7: 615, M7: 435
Gritblasting . . . A13: 460, 912
of titanium alloy forgings . . . A14: 280
Grizzly bars
screening . . . M7: 176
Groove
definition . . . A5: 957
Groove and rotary roughening
definition . . . M6: 9
Groove angle
definition . . . A6: 1210, M6: 9
Groove face
definition . . . A6: 1210, M6: 9
Groove joints
aluminum alloys, gas-shielded arc welded tensile strength . . . A6: 729
hydrogen-induced cold cracking . . . A6: 436

Groove radius
definition A6: 1210, M6: 9

Groove type
definition M6: 9

Groove weld
definition.............................. A6: 1210

Groove weld size
definition.............................. A6: 1210

Groove weld throat
definition.............................. A6: 1210

Groove welds
combinations with fillet welds M6: 66–67
comparison to fillet welds................ M6: 64
definitions................................. M6: 9
design considerations................ M6: 64–67
oxyfuel gas welding M6: 590–591
shielded metal arc welding M6: 76, 85, 89–90

Groove width A18: 433

Grooved hubs
economy in manufacture................. M3: 848

Grooves
arc welding of heat-resistant alloys... M6: 356–357, 360, 367–368
circumferential, as corrosion attack of tube walls............................... A11: 618
clearance in sheaves, wire rope A11: 516
definition M6: 9
for oxyfuel gas welding M6: 589–591
in bearings.............................. A11: 485
longitudinal, in shafts.............. A11: 470–471
on drums, steel wire rope.......... A11: 517–518
recommended proportions for arc welding.......................... M6: 69–72
sharp-edged, in bearing caps A11: 350
shear, in shafts A11: 464
weld, cracked in bridge cover plate A11: 710

Grooves, surface
as casting defects A15: 549

Grooving
carbide metal cutting tools................ A2: 965
cemented carbides............ A16: 85–86, 87
cermet tools applied A16: 92, 94, 95, 97
defined EM2: 21
in conjunction with boring.............. A16: 169
in conjunction with turning..... A16: 135, 138, 140, 143
multifunction machining.. A16: 370, 372, 373, 376, 380
PCBN cutting tools................ A16: 115, 116

Grooving corrosion A13: 130–131, 995

Gross impact overloading
of bearings A11: 505–506

Gross leak tests *See also* Fine leak tests; Leak tests
for lid seal integrity..................... EL1: 954
hermeticity EL1: 500–501
nuclear ionization detector as EL1: 954
package-level............................. EL1: 930

Gross porosity *See also* Porosity
defined A15: 6

Gross sample......................... A7: 206, 209
defined.................................. A10: 674
weight required........................... A7: 210

Gross yielding
as distortion A11: 138
relationship to material properties A20: 246

Grotthuss chain reaction................. EM4: 1148

Ground bed *See also* Deep groundbed
defined.................................. A13: 7

Ground coat
definition................................ A5: 957

Ground connection
definition............................... A6: 1210

Ground copper
reduction M7: 107–110

Ground distribution................... EL1: 5, 27

Ground glass
blasting with M5: 84

Ground lead
definition............................... A6: 1210

Ground noise, effects
VHSIC technology....................... EL1: 76

Ground planes
design effects EL1: 521

Ground shot
in Domfer process M7: 89–91

Ground vibration strain and flutter boundary test
ENSIP Task IV, ground and flight engine tests.................................. A19: 585

Ground water
SSMS toxicity analysis of........... A10: 148–149

Ground-air-ground cycle in aeronautics....... A1: 687

Ground-coat porcelain enamels *See* Porcelain enameling, ground-coat enamels

Ground-fault protection A7: 593

Groundwater *See also* Water
saline A13: 621

Group
defined A8: 7
medians, nonparametric evaluation of A8: 706–707

Group frequencies
molecular vibrations as................. A10: 111

Group IV divalent oxides
direct evaporation A18: 844

Group IV metal carbides
combustion synthesis..................... A7: 530

Group technology (GT) A20: 299, 675
definition............................... A20: 834

Group theory
prediction for graphite surface analysis .. A10: 132
used to describe the symmetry of an interface.............................. A9: 118

Group Va carbides.......................... A7: 530

Groupthink A20: 50

Grown-junction transistors................. EL1: 958

Growth *See also* Crystal growth; Eutectic growth; Growth fundamentals
by coalescence and collision, particle A15: 79
cast iron, defined A15: 6
characteristics, silicon modification .. A15: 161–162
compacted graphite irons A15: 673
competitive, between dendrites and eutectics...................... A15: 122–124
defect growth of graphite theory A15: 177
dendritic, and segregation A15: 153–156
divorced, graphite formation from A15: 120
during delubrication, presintering, and sintering.............................. M7: 480
epitaxial, evolution of crystal structure in A10: 536
epitaxial, graphite...................... A15: 170
equiaxed, models of A15: 132–133
eutectic, at very high solidification rates.. A15: 125
eutectic silicon A15: 163
eutectic, simplified theory of A15: 124
fluctuational, and nucleation during solidification A15: 103
free vs. constrained A15: 113
fundamentals of.................. A15: 109–158
graphite, theories of A15: 177–178
kinetics, in equiaxed structure modeling.. A15: 885, 886–887
kinetics, LEED analysis.................. A10: 536
kinetics, of silicon...................... A15: 79
morphology, inoculation effect........... A15: 105
of a needle............................. A15: 113
of a sphere, as free growth.............. A15: 113
of beta crystals, peritectics......... A15: 125–126
of ductile iron.......................... A15: 663
of eutectic, in cast iron................ A15: 174
particle M7: 6
planar interface, single-phase alloys.. A15: 114–116
rate curves, austenite/graphite in
cast iron A15: 170
rate, gray-to-white transition A15: 180
regular eutectic..................... A15: 121–122
thermally activated, effect on isothermal phase transformations....................... A10: 317
velocity, dendritic tip A15: 159

Growth and growth-related properties of films formed by physical vapor deposition
processes........................ A5: 538–554
abrupt interface A5: 542–543
adhesion A5: 550–551
amorphous materials.................... A5: 553
atomistic film growth A5: 539–540
characterization of interfaces........... A5: 544
composite materials, deposition of A5: 548
compound interface..................... A5: 543
condensation....................... A5: 540–542
crystallographic orientation A5: 552
diamond and diamond-like carbon (DLC)
films.............................. A5: 553–554
diffusion interface A5: 543

film density and surface area............. A5: 552
film growth......................... A5: 544–546
graded properties....................... A5: 553
growth-related film properties A5: 549–552
heats of reaction........................ A5: 543
interface formation A5: 542–544
interfacial boundary A5: 543–544
intermetallic materials, deposition of...... A5: 548
lattice defects and voids................. A5: 552
metal-polymer interfaces................. A5: 544
metastable or labile phases.............. A5: 553
microstructure changes A5: 546–547
modification of interfacial regions A5: 544
morphology changes during
deposition A5: 546–547
nucleation.......................... A5: 540–542
nuclei, growth of A5: 542
postdeposition changes (stability) in film
properties............................ A5: 553
postdeposition processing........... A5: 548–549
properties of film of material formed by PVD
process, factors for.................... A5: 538
pseudodiffusion interfaces............... A5: 544
reactive deposition.................. A5: 547–548
residual film stress........ A5: 549–550, 551, 553
structure-zone model................. A5: 544–546
surface coverage....................... A5: 552–553
technological (real) surfaces......... A5: 538–539
transport A5: 540
unique materials formed by atomic deposition
process........................... A5: 553–554
vaporization A5: 540

Growth and scaling
for compacted graphite iron A1: 63, 66

Growth fundamentals *See also* Crystal growth; Growth; Solidification
and solidification, basic concepts A15: 109–113
columnar to equiaxed transition A15: 130–135
insoluble particles, solid liquid
interface.......................... A15: 142–147
low-gravity effects during
solidification.................... A15: 147–158
macrosegregation A15: 136–141
microsegregation A15: 136–141
solidification of eutectics.......... A15: 119–125
solidification of peritectics......... A15: 125–129
solidification of single-phase alloys.. A15: 114–119

Growth in polycrystalline pure metals ... A9: 608–610

Growth law
empirical A9: 697

Growth law for mixed-mode proportional
loading............................... A19: 268

Growth rate
effect on control and size of eutectic
structures A9: 618

Growth stresses
mechanisms and equations.............. A19: 546
oxide scales............................ A13: 71

Gruneisen law........................... EM4: 825

Gruneisen's constant................. A20: 276–277

GTA weld shielding gas composition
corrosion effects A13: 351

Guard electrode
defined EM2: 592

Guard-frame procedure
image analysis.......................... A10: 315

Guarding............................ A20: 142–143

Guards
in torsional testing....................... A8: 146

Guerin process *See also* Fluid-cell process
accessory equipment A14: 606
as rubber-pad forming.................. A14: 605
blanking................................ A14: 607
defined.................................. A14: 7
presses A14: 605
procedure............................... A14: 606
shallow drawing by A14: 606
tools................................ A14: 605–606

Guidance, of parts
by machine vision A17: 40–41

Guidance system support base assembly A7: 1105, 1106

Guide bearing
defined................................ A18: 10

Guide bundle, light *See* Light guide bundle

Guide pins
defined A14: 7, EM2: 21

Guide pins (continued)
mold . . . EM1: 168
Guide to information sources . . . EM1: 40–42
Guide to nondestructive evaluation techniques . . . A17: 49–51
Guided bend
defined . . . A8: 7
Guided bend test
defined . . . A8: 7
Guided iteration . . . A20: 8–9
definition . . . A20: 834
Guided projectile fins . . . M7: 686
Guided strippers
for piercing . . . A14: 465
Guidelines
materials selection . . . M3: 835–837
Guides
contour roll forming . . . A14: 627–628
defined . . . A14: 7
gas cutting . . . A14: 726–727
Guillotine shears
for bar . . . A14: 715
Guillotining
of thermoplastic composite . . . EM1: 552
Guinier camera . . . A10: 335–336
Guinier diffractometer
for XRPD analysis . . . A10: 337
Guinier-Preston (G-P) zone . . . A20: 387
beryllium-copper alloys . . . A2: 404
definition . . . A20: 834
solvus line, wrought aluminum alloy . . . A2: 39
Guinier-Preston zones . . . A3: 1•21, A6: 529, 532, A10: 405, 589–590, A19: 8, 64, 70
defined . . . A9: 9
in beryllium-copper alloys . . . A9: 395
in precipitation reactions . . . A9: 650–651
Gulfstream Aerospace . . . A20: 169–171
Gull wing
as lead formation . . . EL1: 733–734
in ceramics . . . A11: 747
Gum . . . EM3: 14
defined . . . A18: 10
Gum tragacanth
as binder for ceramic coatings . . . EM4: 955
mill additions for wet-process enamel frits for sheet steel and cast iron . . . A5: 456
Gun
definition . . . A6: 1210
Gun angle
effect on weld attributes . . . A6: 182
Gun arcing . . . A6: 255
Gun drilling . . . A7: 672, A16: 171, 173, 216, 218
Al alloys . . . A16: 769, 778, 782, 784, 791
by swaging . . . A14: 139
compared to gun reaming . . . A16: 244–245
compared to shaped tube electrolytic machining . . . A16: 554
compared to trepanning . . . A16: 176, 180
Cu alloys . . . A16: 814
cutting fluid flow recommendations . . . A16: 127
Mg alloys . . . A16: 823
multifunction machining . . . A16: 397
stainless steels . . . A16: 693
Gun extension
definition . . . M6: 9
Gun metal *See also* Copper alloys, specific types, C90500
properties and applications . . . A2: 374
shrinkage allowances . . . A15: 303
Gun metallizing process
oxidation-resistant coating . . . M5: 665–666
Gun metals
zinc and galvanized steel corrosion as result of contact with . . . A5: 363
Gun parts, complex metal injection molding A7: 1107, 1108
Gun parts, of hardened nickel
injection molding produced . . . M7: 495
Gun reamers . . . A16: 239, 244–245
Gun recoil mechanism
fracture of ductile iron pistons for . . . A11: 360–361
Gun spray-up
processing characteristics, open-mold . . . A20: 459
Gun technique
for metallic glasses . . . A2: 805
Gunn diode oscillators
microwave inspection . . . A17: 209
Gunnert drilling technique . . . A6: 1095
Gunning's Fog Index . . . A20: 144
Guns *See also* Ordnance applications . . . A8: 210
bored, slid cast, historic . . . A15: 26
cast steel, German . . . A15: 31
casting history of . . . A15: 19–20
manufacture, early American . . . A15: 26
Guns for
capacitor-discharge stud welding . . . M6: 736–737
electron beam welding . . . M6: 609–610
gas metal arc welding . . . M6: 158–159
gun/column assembly . . . M6: 620–621
stud arc welding . . . M6: 732
Gurney energy . . . A6: 161
Gurson model . . . A7: 333
Gussage All Saints (England)
historical site . . . A15: 16
Gusset
defined . . . EM2: 21
Gust spectrum severity . . . A19: 129
Gutta percha
properties . . . A20: 435
structure . . . A20: 435
Gutters . . . A14: 7, 50
Gutterway
defined . . . A18: 10
Guys
steel wire . . . M1: 272
Gypsum . . . A7: 424
as mold material for slip casting . . . A7: 423
determining calcium content in . . . A10: 173
in plaster cores and molds . . . A15: 242
on Mohs scale . . . A8: 108
Gypsum (calcium sulfate dihydrate)
die material for denture teeth . . . A18: 675
hardness . . . A18: 433
Miller numbers . . . A18: 235
properties . . . A18: 666
Gypsum ($CaSO_4$-$2H_2O$)
advantages . . . EM4: 380
empirical formula . . . EM4: 380
impurities . . . EM4: 380
particle size distribution . . . EM4: 380
purpose for use in glass manufacture . . . EM4: 381
sources . . . EM4: 380
Gypsum dies
properties . . . A18: 666
simplified composition on microstructure A18: 666
Gyro air bearings . . . A18: 532
Gyro bearings . . . A18: 532
Gyro gimbal rings from titanium-based alloys . . . M7: 754
Gyromagnetic ratio
symbol for . . . A10: 692
Gyroscopy
beryllium . . . M7: 761
Gyrotron
for microwave inspection . . . A17: 209–210

H

2-Hydroxyethyl methacrylate
to increase hydrogen bonding capability in fillers . . . EM3: 181
10% (HCl) Hydrochloric acid
environments known to promote stress-corrosion cracking of commercial titanium alloys . . . A19: 496
14AD *See* High aluminum defects
h *See* Planck's constant
H and D curve, defined
radiography . . . A17: 324
"H" pattern . . . A20: 207
H temper
designations for aluminum and aluminum alloys, patterned or embossed sheet . . . A2: 27
strain-hardened (wrought products only) defined . . . A2: 21
H1 temper, strain-hardened only
defined . . . A2: 21
H2 temper
strain-hardened and partially annealed defined . . . A2: 21, 25
strain-hardened and stabilized temper defined . . . A2: 25
H8, H10, H11, etc *See* Tool steels, specific types
H11 die steels
at elevated temperatures . . . A1: 621
H11 modified steel . . . A1: 439
heat treatment for . . . A1: 440–441
processing of . . . A1: 439–440
properties of . . . A1: 440, 441
H13 steel . . . A1: 441–442
heat treatments for . . . A1: 442–443
processing of . . . A1: 442
properties of . . . A1: 431, 442, 443–444
H112 temper
defined . . . A2: 26
H_a *See* Applied magnetic field
HA alloy . . . A1: 922
HA-188
composition . . . M4: 651–652
HA-6510 *See* Titanium alloys, specific types, Ti-6Al-4V
HA-7146 *See* titanium alloys, specific types, Ti-7-41-4Mo
HA-8116 *See* Titanium alloys, specific types, Ti-8Al-1Mo-1V
Haber-Luggin capillary electrode . . . A5: 637
Habit . . . EM3: 14
defined . . . EM2: 21
Habit plane
and orientation relationships . . . A10: 453–455
defined . . . A9: 9
HN, stereographic projection . . . A10: 455
HAC *See* Hydrogen-assisted cracking
Hackle *See also* River patterns
and mist, defined in ceramics . . . A11: 744–745
definition . . . EM4: 632–633
fracture, in ceramics . . . A11: 745–747
-separation mechanisms, in composites . . . A11: 737
twist . . . A11: 745
velocity . . . A11: 745
Hackle marks
definition . . . EM4: 633
Hackle region
of fracture surface . . . EM2: 808–810
Hack-saw blades, development of welding technique . . . A3: 1•26–1•27
Hacksaws used in sectioning . . . A9: 26
Hadamard transforms . . . A18: 347
Hadfield alloys . . . A18: 650, 651
14Mn-1C . . . A18: 651
abrasive wear of steels . . . A18: 190
Hadfield austenitic manganese steel . . . A20: 377–378
applications . . . A20: 378
microstructure . . . A20: 376
solution annealing . . . A20: 378
work-hardened . . . A20: 378
Hadfield manganese steel . . . A18: 714, 716
abrasive/corrosive wear . . . A18: 719
adhesive wear resistance . . . A18: 721
applications . . . A18: 702
properties . . . A18: 702
Hadfield, Robert
as manganese cast steel developer . . . A15: 32
Hadfield steel *See* Austenitic manganese steel
Hadfield's steel *See* Austenitic manganese steel

SUBJECTS OF THE INDEXED VOLUMES: ASM Handbook (designated by the letter "A"): **A1:** Properties and Selection: Irons, Steels, and High-Performance Alloys (1990); **A2:** Properties and Selection: Nonferrous Alloys and Special-Purpose Materials (1990); **A3:** Alloy Phase Diagrams (1992); **A4:** Heat Treating (1991); **A5:** Surface Engineering (1994); **A6:** Welding, Brazing, and Soldering (1993); **A7:** Powder Metal Technologies and Applications (1998); **A8:** Mechanical Testing (1985); **A9:** Metallography and Microstructures (1985); **A10:** Materials Characterization (1986); **A11:** Failure Analysis and Prevention (1986); **A12:** Fractography (1987); **A13:** Corrosion (1987); **A14:** Forming and Forging (1988); **A15:** Casting (1988); **A16:** Machining (1989); **A17:** Nondestructive Evaluation and Quality Control (1989); **A18:** Friction, Lubrication, and Wear Technology (1992); **A19:** Fatigue and Fracture (1996); **A20:** Materials Selection and Design (1997). **Metals Handbook, 9th Edition** (designated by the letter "M"): **M1:** Properties and Selection: Irons and Steels (1978); **M2:** Properties and Selection: Nonferrous Alloys and Pure Metals (1979); **M3:** Properties and Selection: Stainless Steels, Tool Materials, and Special-Purpose Materials (1980); **M4:** Heat Treating (1981); **M5:** Surface Cleaning, Finishing, and Coating (1982); **M6:** Welding, Brazing, and Soldering (1983); **M7:** Powder Metallurgy (1984). **Engineered Materials Handbook** (designated by the letters "EM"): **EM1:** Composites (1987); **EM2:** Engineering Plastics (1988); **EM3:** Adhesives and Sealants (1990); **EM4:** Ceramics and Glasses (1991). **Electronic Materials Handbook** (designated by the letters "EL"): **EL1:** Packaging (1989)

Hadron-electron ring anordnung (HERA)
as niobium-titanium superconducting material application **A2:** 1055
HAE process **A5:** 492, 823, 825–826, 827
anodic treatment of magnesium alloys **A5:** 828
HAE, treatment
magnesium alloys **M5:** 633–634, 636–637, 639–641, 643
Hafnia insulation
for thermocouples **A2:** 883
Hafnium *See also* Hafnium alloys; Reactive metals; Zirconium; Zirconium alloys **A9:** 497–499, 501–502, **A16:** 844–857
added to form stable sulfides **A20:** 591–592
air-carbon arc cutting **A6:** 1176
allotropic transformation **A20:** 338
alloying effect in titanium alloys **A6:** 508
and zirconium **A2:** 661–669
annealing **A2:** 663
anodizing procedure for **A9:** 498–499
applications **A2:** 668
arc welding *See* Arc welding of zirconium and hafnium
as addition to niobium alloys **A9:** 441
as addition to tantalum alloys **A9:** 442
as addition to zirconium **A9:** 497
as pyrophoric **M7:** 199
atomic interaction descriptions **A6:** 144
cemented carbide coatings **A16:** 80, 81
chemical-mechanical polishing of **A9:** 497–498
cold rolling **A2:** 663
compositional range in nickel-base single-crystal alloys **A20:** 596
corrosion/corrosion resistance of **A13:** 707, 720
crystal bar, twins caused by cold working . . **A9:** 155
cyclic oxidation **A20:** 594
diffusion factors **A7:** 451
distillation separation process **A2:** 661–662
effect on cyclic oxidation attack parameter **A20:** 594
electron beam drip melted **A15:** 413
elemental sputtering yields for 500 eV ions **A5:** 574
etchants for **A9:** 498
evaporation fields for **A10:** 587
forging **A2:** 663
grinding **A2:** 664
grinding of **A9:** 497
HfC, properties **A16:** 72
history **A2:** 661
hot rolling **A2:** 663
hot swaged **A2:** 663
in active metal process **EM3:** 305
in nickel-base superalloys **A1:** 984
interlayer material **M6:** 681
liquid-liquid separation process **A2:** 661
machining **A2:** 664
macroexamination of **A9:** 498
melting **A2:** 661
metal processing **A2:** 661–662
microexamination of **A9:** 498–499
mounting of **A9:** 497
organic precipitant for **A10:** 169
overdoping **A20:** 594
oxidized in steam **A9:** 137
phosphate-bonded ceramic coating characteristics **A5:** 472
physical properties **A2:** 665, **A7:** 451
primary fabrication **A2:** 662–664
refining **A2:** 662
secondary fabrication **A2:** 664–665
sectioning of **A9:** 497
species weighed in gravimetry **A10:** 172
thermal diffusivity from 20 to 100 °C **A6:** 4
thermal expansion coefficient **A6:** 907
twins in **A9:** 502
ultrapure, by chemical vapor deposition . . **A2:** 1094
weld, mechanical twins **A9:** 155
welding **A2:** 665
weldment in **A9:** 502
Hafnium alloys *See also* Hafnium
applications **A2:** 668
cleaning processes **M5:** 667
electroplating **M5:** 668
finishing processes **M5:** 667–668
Hafnium alloys, specific types
T-111, electron-beam welding **A6:** 871
T-222, electron-beam welding **A6:** 871
Hafnium boride (HfB_2)
binary phase diagram **EM4:** 729
properties **EM4:** 793, 796, 797–798, 799, 800
Hafnium carbide
coating for high-speed tool steels **A16:** 57
melting point **A5:** 471
properties **A18:** 795
tap density **M7:** 277
Vickers and Knoop microindentation hardness numbers **A18:** 416
Hafnium carbide cermets **M7:** 810–811
applications and properties **A2:** 1001–1002
Hafnium carbide powder
tap density **A7:** 295
Hafnium carbides
in niobium alloys **A9:** 441
in wrought heat-resistant alloys **A9:** 311
Hafnium nitride
chemical vapor deposited coating for cutting tools **A5:** 902–903
coating for high-speed tool steels **A16:** 57
ion-beam-assisted deposition (IBAD) **A5:** 597
properties of chemical vapor deposited coating materials **A5:** 905
synthesized by SHS process **EM4:** 229
Hafnium oxide (HfO_2)
ion-beam-assisted deposition (IBAD) **A5:** 596
melting point **A5:** 471
properties of refractory materials deposited on carbon-carbon deposits **A5:** 889
Hafnium sponge metal *See also* Hafnium processing **A2:** 662–663
Hafnium-base alloys
brazing **A6:** 943
Hager process **EM4:** 402
Haigh diagram **A19:** 18–19, 20, 596
Hainsworth, William
as early founder **A15:** 31
Hair
follicles, deer, high-temperature combustion analysis of sulfur content in **A10:** 224
single, IR spectroscopy **A10:** 113
Hair grease
defined **A18:** 10
Hairline crack *See also* Flakes; Flaking
from hydrogen embrittlement **A11:** 28
in forging **A11:** 88
in transgranular-cleavage fracture **A11:** 79
Hairline cracks *See* Flakes
Hairline craze *See also* Crazing **EM3:** 15
defined **EM2:** 21
definition **A5:** 957
Half 6-4 *See* Titanium alloys, specific types, Ti-3Al-2.5V
Half cell
defined **A13:** 7
definition **A5:** 957
Half cells **A10:** 164–165
Half cooling time **A6:** 72
Half journal bearing
defined **A18:** 10
Half patterns
early practice with **A15:** 28
Half ranges **A19:** 74
Half wave direct current **M7:** 576
Half-and-half solder **A9:** 422
Half-life
defined **A10:** 244, 674
in UV/VIS analysis **A10:** 62
of radioisotopes **A10:** 235
Half-penny crack **EM4:** 641–642
Half-wave current
defined **A17:** 91
Half-wave potential **A10:** 190
Half-wave rectification
radiography **A17:** 304
Half-width contact for line contact, for bearings **A19:** 356–357
Half-width contact for point contact, for bearings **A19:** 356
Halide
addition to sintering atmosphere **A7:** 446
Halide glasses
chemical properties **EM4:** 855–856
elastic modulus **EM4:** 850
electrical properties **EM4:** 851
optical properties **EM4:** 854
structural role of components **EM4:** 845
viscosity **EM4:** 849
Halide ions
aluminum alloys and stress-corrosion cracking **A19:** 494
Halide salts/residues
environments known to promote stress-corrosion cracking of commercial titanium alloys **A19:** 496
Halide separation
from aluminum **A15:** 80
Halide solutions
effect on titanium alloys **A19:** 835
Halide test **A6:** 130
Halide torch
as gas/leak detector **A17:** 61–62
Halide-flux inclusion
overload fracture by **A12:** 65, 67
Halides **A10:** 181, 658
as molten salt **A13:** 50
chemicals successfully stored in galvanized containers **A5:** 364
organic, stainless steel corrosion **A13:** 558
Hall effect
defined **A10:** 674
in iron **A2:** 1121
Hall effect sensors
electric current perturbation **A17:** 136
for leakage field testing **A17:** 130–131
for magnetic field measurement **A17:** 132
Hall flowability **A7:** 55, 56
Hall flowmeter **A7:** 287, 292–293, 296, 297, **M7:** 273–274, 278–279
Hall nozzle design **A7:** 150
Hall-Heroult process **EM4:** 50
Hall-Heroult reduction cells **EM4:** 788
Hall-Heroult refining process
for aluminum casting **A15:** 22
Halloysite **EM4:** 5, 6
Hall-Petch coefficient (k_y) **A20:** 348
Hall-Petch equation **A12:** 106, **A20:** 732
Hall-Petch plot **A19:** 609
Hall-Petch relation **A19:** 65
Hall-Petch relations **A1:** 115
Hall-Petch relationship **A20:** 348, 360, 364, 389
and beryllium grain size **A2:** 683
bainite **A20:** 370, 371
beryllium **A20:** 409
beryllium powder **M7:** 171
beryllium powders **A7:** 203, 204
definition **A20:** 834
martensite **A20:** 374, 377
Hall-Petch strengthening
with laser-based direct fabrication **A7:** 435
Hall's nozzle design **M7:** 127
Hall-Williamson plot **A5:** 665
Halo derivatives **A7:** 168
Halocarbon plastics *See also* Plastics **EM3:** 15
defined **EM2:** 21
Halogen
for flame retardance **EM1:** 96
Halogen detectors
for vacuum systems **A17:** 67
Halogen electrolytes **A5:** 241
Halogen gases
effect on bare Pt-Rh thermocouples **A2:** 882
Halogen process **A5:** 356
Halogenated hydrocarbon cleaners **M5:** 40, 42, 44–46
Halogenated hydrocarbons
reaction to aluminum powder **A7:** 157
Halogenated hydrocarbons, titanium/titanium alloy SCC **A13:** 688
resistance to **A13:** 648–649
Halogenated solvents
properties of **EL1:** 662
Halogen-containing glasses **EM4:** 22
development **EM4:** 23
fluoride glasses **EM4:** 22
halide glasses **EM4:** 22
Halogen-diode testing
as gas/leak testing device **A17:** 62
Halogen(s) **A10:** 162, 224, 664
causing stress-corrosion cracking **A11:** 207
defined **A13:** 7
gases, copper/copper alloy resistance **A13:** 632
gold corrosion in **A13:** 798

Halogen(s) (continued)
intermediate (organic) soldering fluxes **A6:** 628
ions, high-temperature **A13:** 648
osmium corrosion in **A13:** 807
platinum corrosion in **A13:** 803
rhodium corrosion in **A13:** 805
salts, stainless steel corrosion **A13:** 559
tantalum corrosion by **A13:** 731
Hamilton jewelry plating
flash formulations for decorative gold plating **A5:** 248
Hamiltonian parameters
anisotropies of **A10:** 262
in ESR analysis **A10:** 256–257
Hammer and press forgings, fundamentals of **A1:** 346
draft **A1:** 346, 347, 348
fillets and radii **A1:** 347–348, 349
holes and cavities **A1:** 348
lightening holes in webs **A1:** 348–349
minimum web thickness **A1:** 348, 349
parting line **A1:** 346, 347, 348
ribs and bosses **A1:** 346–347
scale control **A1:** 349
Hammer and rod mills **A7:** 65, 66, **M7:** 56, 69
Hammer forging *See also* Open-die forging
and radial forging, compared **A14:** 148
defined **A14:** 7
Hammer guide assembly
for a high speed printer **M7:** 669
Hammer milling **M7:** 70, 72
brittle cathode process **M7:** 72
Hammer peening **A19:** 439–440
imposing a compressive residual stress field **A19:** 826
Hammer scale
removal of **M5:** 76
Hammer welding
definition **A6:** 1210
Hammer-burst fracture
tool steels **A12:** 378
Hammering
defined **A14:** 7
Hammers **A14:** 25–29
air, for heat-resistant alloys **A14:** 234
air-lift gravity-drop **A14:** 25
as ancillary process, ring rolling **A14:** 123
blow, load-stroke curve **A14:** 42
board-drop **A14:** 25
capacities of **A14:** 25
characterization of **A14:** 41–42
closed-die forging in **A14:** 75–82
counterblow hammers **A14:** 28
data base **A14:** 413
defined **A14:** 7
die and die materials for **A14:** 43–58
die forger hammers **A14:** 28
electrohydraulic gravity-drop **A14:** 25
electromagnetic **A14:** 648–649
for aluminum alloys **A14:** 244–245
for closed-die forging **A14:** 80
for coining **A14:** 180
for drop hammer forming **A14:** 654
for forging **A14:** 25–29
for precision forging **A14:** 168
for stainless steels **A14:** 227
for titanium alloys **A14:** 273
gravity-drop **A14:** 25
hardened steel for **A1:** 456
high-energy-rate forging machines **A14:** 29
open-die forging **A14:** 28–29, 61, 64
power-drop **A14:** 26–28
steam **A14:** 234
Hand
defined **EM1:** 12, **EM2:** 21
Hand bending
vs. power bending **A14:** 665
Hand cutting tools
hardened steel for **A1:** 456
Hand deburring process
advantages and limitations **A5:** 707
Hand dipping method
porcelain enameling **M5:** 516–517
Hand forge *See also* Open-die forging
defined **A14:** 7
Hand forging *See* Open-die forging
Hand forging, primary testing direction
various alloys **A8:** 667
Hand hacksawing
Mg alloys **A16:** 827, 828
Hand lay-up *See also* Lay-up; Spray-up **EM2:** 338–343
and resin transfer molding, costs compared **EM1:** 170
defined **EM1:** 12, **EM2:** 21
epoxy composite **EM1:** 71
in polymer-matrix composites processes classification scheme **A20:** 701
molded-in color **EM2:** 306
of unidirectional tape prepreg **EM1:** 144–145
polymer melt characteristics **A20:** 304
processes **EM2:** 338–341
processing characteristics, open-mold **A20:** 459
properties effects **EM2:** 287
size and shape effects **EM2:** 291
surface finish **EM2:** 303
technique **EM1:** 132, 134
textured surfaces **EM2:** 305
thermoset plastics processing comparison **A20:** 794
tooling **EM2:** 341–343
unsaturated polyesters **EM2:** 249
wet. resins for **EM1:** 132–134
Hand polishing **A9:** 35
Hand polishing jig **A9:** 105
Hand shield
definition **M6:** 9
Hand sieving **A7:** 241
Hand sinking
aluminum alloy forging dies **A14:** 247
Hand straightening
defined **A14:** 7
Hand tool applications
hardenable steels **M1:** 458, 459
Hand tool cleaning **A13:** 414
Hand tool cleaning (SP2)
equipment, materials, and remarks **A5:** 441
Hand wiping
attributes compared **A5:** 4
Handbook of Adhesives **EM3:** 68
Handbook of Epoxy Resins **EM3:** 71
Handbook of Plastics and Elastomers **EM3:** 71
Handbook of Plastics Flammability and Combustion Technology **(Landrock)** **EM2:** 93
Handbook of Plastics Test Methods (2nd) **(Brown)** **EM2:** 93
Handbook of Plastics Testing Technology **(Shah)** **EM2:** 94
Handbooks
military for adhesives **EM3:** 63
on plastic technology **EM2:** 93–95
Handedness **A20:** 181
Hand-faired master models
quality control of **EM1:** 738
Hand-held air knockout tool **A15:** 504
Hand-held iron soldering
as surface-mount soldering **EL1:** 707
Handling *See also* Ejection; Equipment; Transfer equipment
and board assembly, lead frame materials **EL1:** 488
and materials selection **A20:** 250
equipment **A14:** 63, 163
of aluminum/aluminum alloys **A13:** 602–603
of beryllium **A13:** 810
of fractures **A12:** 72
of organic-coated steels **A14:** 564
of patterns **A15:** 196
of permanent magnet materials **A2:** 802
particles from, as contaminants **EL1:** 661
systems, precision forging **A14:** 163
Handling damage
as formability problem **A8:** 548
Handling life *See also* Pot life **EM3:** 15
defined **EM1:** 12, **EM2:** 21
Handling strength **EM3:** 15
Hand-shanked ladles
development of **A15:** 33
Hanging burr
definition **A5:** 957–958
Hanging mercury drop electrode **A10:** 191, 690
Hang-ons **A20:** 258
Hankel function
EXAFS analysis **A10:** 410
Hanning window
in EXAFS data analysis **A10:** 413, 414
Hanning window function **A18:** 295
Hard (18K) gold jewelry plating
flash formulations for decorative gold plating **A5:** 248
Hard anodizing **A5:** 485–486, 488
aluminum and aluminum alloys **M5:** 586–589, 591–593
power requirements **A5:** 488
Hard blinding
screen **M7:** 177
Hard brass
recycling **A2:** 1214
Hard buffing **M5:** 115, 557
Hard butyl rubber
engineered material classes included in material property charts **A20:** 267
specific modulus vs. specific strength **A20:** 267, 271, 272
Young's modulus vs.
density **A20:** 266, 267, 268, 289
elastic limit **A20:** 287
strength **A20:** 267, 269–271
Hard chrome plate
properties, adiabatic engine use **EM4:** 990
scuffing temperatures and coefficient of friction between ring and cylinder liner **EM4:** 991
Hard chrome plating **A19:** 316
Hard chromium
defined **A13:** 7
definition **A5:** 958
Taber abrasive resistance **A5:** 297, 308
Hard chromium plating **A18:** 644, 645, 646, **M5:** 170–187
adhesion, poor, correcting **M5:** 177
agitation **M5:** 178
aluminum and aluminum alloys **M5:** 172, 180, 184–185
anodes **M5:** 175–176, 178, 181–182, 184
distance of, thickness related to **M5:** 181–182
special (bipolar) **M5:** 182
appearance **M5:** 175, 184
applications **M5:** 170–171, 179–180, 182–183
difficult-to-plate parts **M5:** 182
baking after **M5:** 186
barrel plating **M5:** 179–180
base metal, effects of **M5:** 172
burnt deposits, correcting **M5:** 176
cast iron **M5:** 171–172
chromic acid process . . **M5:** 172–175, 182, 186–187
comparison of coatings for cold upsetting **A18:** 645
conductivity **M5:** 175
contamination **M5:** 173–174
copper and copper alloys **M5:** 171, 622
cost **M5:** 184
coverage, poor, correcting **M5:** 176
cracks and crack patterns **M5:** 177, 182–183
current density **M5:** 172, 174–177
current efficiency **M5:** 175
decorative chromium plating differing from **M5:** 170, 188
deposition rates **M5:** 175–176

SUBJECTS OF THE INDEXED VOLUMES: ASM Handbook (designated by the letter "A"): **A1:** Properties and Selection: Irons, Steels, and High-Performance Alloys (1990); **A2:** Properties and Selection: Nonferrous Alloys and Special-Purpose Materials (1990); **A3:** Alloy Phase Diagrams (1992); **A4:** Heat Treating (1991); **A5:** Surface Engineering (1994); **A6:** Welding, Brazing, and Soldering (1993); **A7:** Powder Metal Technologies and Applications (1998); **A8:** Mechanical Testing (1985); **A9:** Metallography and Microstructures (1985); **A10:** Materials Characterization (1986); **A11:** Failure Analysis and Prevention (1986); **A12:** Fractography (1987); **A13:** Corrosion (1987); **A14:** Forming and Forging (1988); **A15:** Casting (1988); **A16:** Machining (1989); **A17:** Nondestructive Evaluation and Quality Control (1989); **A18:** Friction, Lubrication, and Wear Technology (1992); **A19:** Fatigue and Fracture (1996); **A20:** Materials Selection and Design (1997). **Metals Handbook, 9th Edition** (designated by the letter "M"): **M1:** Properties and Selection: Irons and Steels (1978); **M2:** Properties and Selection: Nonferrous Alloys and Pure Metals (1979); **M3:** Properties and Selection: Stainless Steels, Tool Materials, and Special-Purpose Materials (1980); **M4:** Heat Treating (1981); **M5:** Surface Cleaning, Finishing, and Coating (1982); **M6:** Welding, Brazing, and Soldering (1983); **M7:** Powder Metallurgy (1984). **Engineered Materials Handbook** (designated by the letters "EM"): **EM1:** Composites (1987); **EM2:** Engineering Plastics (1988); **EM3:** Adhesives and Sealants (1990); **EM4:** Ceramics and Glasses (1991). **Electronic Materials Handbook** (designated by the letters "EL"): **EL1:** Packaging (1989)

equipment.................... **M5:** 173, 177–180
maintenance......................... **M5:** 179
racks and fixtures................ **M5:** 179–180
tanks and linings................. **M5:** 177–179
etching process.................... **M5:** 180, 183
fume exhaust......................... **M5:** 178
hardness............ **M5:** 171–172, 175, 182–184
Knoop.......................... **M5:** 183–184
Vickers diamond pyramid..... **M5:** 172, 182–183
heating and cooling................ **M5:** 177–178
hydrogen embrittlement caused by... **M5:** 185–186
maintenance schedule.................. **M5:** 179
mixed catalyst bath.................... **M5:** 172
nickel and nickel-base alloys........ **M5:** 171–172, 184–185
nodular deposits, correcting......... **M5:** 176–177
part size, effects of..................... **M5:** 172
pitted deposits, correcting............... **M5:** 177
plating speed................. **M5:** 175–176, 182
slow, correcting....................... **M5:** 176
porosity.............................. **M5:** 183
power source.......................... **M5:** 178
problems and corrective procedures.. **M5:** 176–177, 185–186
process control.................... **M5:** 175–176
process selection factors............ **M5:** 171–172
quality control testing.................. **M5:** 183
racks and fixtures.................. **M5:** 179–180
rinsing........................... **M5:** 178–179
safety precautions............. **M5:** 178, 184, 186
selective.............................. **M5:** 187
solution compositions and operating
chromic acid content......... **M5:** 172–176, 182
conditions.............. **M5:** 172–177, 181–183
conversion equivalents, chromic acid and sulfate concentration adjustment......... **M5:** 174
sulfate content............... **M5:** 172–176, 181
testing methods.............. **M5:** 173–175, 183
solution control.................... **M5:** 172–175
steel................ **M5:** 171–172, 180, 184–186
stop-off media......................... **M5:** 187
stripping methods.................. **M5:** 184–185
sulfate plating baths........... **M5:** 172–176, 181
high-concentration........... **M5:** 172, 175–176
low-concentration............ **M5:** 172, 175–176
surface preparation for..... **M5:** 180–181, 185–186
tanks and linings.................. **M5:** 177–179
temperature............. **M5:** 175–178, 182, 184
heating and cooling............... **M5:** 177–178
testing methods............... **M5:** 173–175, 183
thickness................. **M5:** 170–171, 181–182
anode distance related to.......... **M5:** 181–182
measuring methods.................. **M5:** 181
variations in..................... **M5:** 181–182
variations in, normal.................. **M5:** 181
throwing power.................... **M5:** 181–182
titanium and titanium alloys........ **M5:** 180–181
waste disposal and recovery..... **M5:** 184, 186–187
wear resistance.................... **M5:** 170, 184
measuring method.................... **M5:** 184
zinc and zinc alloys, removal of.......... **M5:** 185
Hard coating
definition.............................. **A5:** 958
Hard coatings........................ **A6:** 998–999
Hard coatings on high-speed steel, contrast enhancement in scanning electron
microscopy.......................... **A9:** 98–99
Hard constraint.......................... **A20:** 19
definition............................. **A20:** 834
Hard drawn spring wire *See also* Steels, ASTM specific types
characteristics................ **M1:** 284, 288–289
cost................................. **M1:** 305
seams in............................. **M1:** 290
stress relieving........................ **M1:** 291
tensile strength ranges................. **M1:** 267
Hard elastic systems.................... **A18:** 193
Hard face
defined............................... **A18:** 10
Hard facing
cast iron............................. **M1:** 103
for wear resistance............. **M1:** 622–623, 635
welding processes used in............... **M3:** 567
Hard facing alloys, specific types
4A, trimming tools, use for............. **M3:** 532
Hard facing materials................ **M3:** 563–567
classification...................... **M3:** 563–564
composition...................... **M3:** 563–564
deposition method, selection of...... **M3:** 566–567
product forms......................... **M3:** 563
selection......................... **M3:** 564–566
Hard ferrites *See also* Permanent magnet materials
as ceramic permanent magnet materials..................... **A2:** 788–790
Hard irons
CBN for machining.................... **A16:** 105
Hard lead (94-6) *See* Leads and lead alloys, specific types, 6% antimonial lead
Hard lead (96-4) *See* Leads and lead alloys, specific types, 4% antimonial lead
Hard magnetic materials
defined............................... **A2:** 761
Hard materials *See also* Superabrasives; Superhard materials.......................... **M7:** 306
for arcing contacts...................... **A2:** 841
milling of............................. **M7:** 56
properties of.......................... **A2:** 1010
ultrafine grinding of..................... **M7:** 59
"Hard metal disease"
tungsten poisoning as.................. **M7:** 206
Hard metals *See also* Cemented carbides; Hard materials................ **A7:** 188, 195, **M7:** 6
mechanical comminution for............. **M7:** 56
milling................................ **A7:** 63
production........................... **M7:** 156
recycling.......................... **A7:** 196–197
Hard nickel bath
composition and deposit properties....... **A5:** 207
Hard nickel plating.................. **M5:** 202–204
Hard particles
dispersion in milling..................... **M7:** 63
Hard particles, and wear
in ball bearings........................ **A11:** 494
Hard porcelain
physical properties........... **A20:** 787, **EM4:** 934
Hard porcelain glaze
composition based on mole ratio (Seger formula).......................... **A5:** 879
composition based on weight percent...... **A5:** 879
Hard powders *See also* Hard metals
vibratory and simultaneous compaction of.................... **M7:** 306
Hard probes *See also* Fixed probes
coordinate measuring machines........... **A17:** 25
Hard rubber
dry blasting............................ **A5:** 59
Hard solder *See also* Gold-base brazing filler metals; Silver-base brazing filler metals
definition...................... **A6:** 1210, **M6:** 9
Hard spots
arc strike fracture at.................... **A11:** 97
as casting defect....................... **A11:** 388
as welding imperfection................. **A11:** 92
Hard steels
cutting tool materials and cutting speed relationship...................... **A18:** 616
Hard tin
as tin-base alloy....................... **A2:** 525
Hard tool steel
on stainless steel, fretting corrosion...... **A19:** 329
on tool steel, fretting corrosion.......... **A19:** 329
Hard vacuum
defined................................ **A12:** 46
Hard water
defined................................. **A13:** 7
Hard waxes
for patterns........................... **A15:** 197
Hard x-ray lithography
achievable machining accuracy............ **A5:** 81
Hard x-rays
defined................................ **A10:** 83
Hardas
hard anodizing......................... **A5:** 486
Hardas anodizing process
aluminum and aluminum alloys.......... **M5:** 592
Hard-chromium coatings.................. **A20:** 479
Hardcoat anodize...................... **A13:** 397
Hard-drawn spring wire
characteristics of........... **A1:** 303–304, 305–306
Hardenability.......... **A20:** 351, 372, **M7:** 451, 452
alloy steel wire rod..................... **M1:** 257
alloying elements, effects on......... **M1:** 476–477
calculation of......................... **M1:** 474
carbon, effect of.................... **M1:** 474–476
carburized and carbonitrided steels... **M1:** 534–538
case hardening................ **M1:** 473, 491–496
cast steels......................... **M1:** 377, 380
cooling rates equivalent... **M1:** 471, 482–488, 491, 492
critical diameter.................... **M1:** 474, 476
curves........................ **M1:** 471, 474–475
defined........................... **A9:** 9, **A13:** 7
definition............................. **A5:** 958
depth of hardening.................. **M1:** 478–480
ductile iron, alloying............... **A15:** 649, 659
effect of, on weldability......... **A1:** 603–604, 606
equivalence table................... **M1:** 484–488
grain size, effect of..................... **M1:** 477
hardenable steels.................... **M1:** 456–457
H-band limits............ **M1:** 489–491, 494, 495
heats, variations within............. **M1:** 477–479
H-steels...................... **M1:** 489, 494–495
in powder forging................. **A14:** 189, 202
J_{ec} equivalent cooling rates **M1:** 482–484, 489, 491
low-alloy steels........................ **A15:** 715
malleable iron........................ **M1:** 71–73
of die materials......................... **A14:** 45
of ductile iron............ **A1:** 48–50, **M1:** 47, 49
of end-quench......................... **M7:** 452
of gray iron............... **A1:** 29, 30, **M1:** 29, 30
of martensite in steel, factors affecting..... **A9:** 178
of martensitic stainless steels............ **A14:** 226
of powder metallurgy steels.............. **A9:** 503
of wrought tool steels............... **A1:** 775–777
P/M steels........................ **M1:** 338, 343
quenching mediums.................. **M1:** 480–496
requirements, determination of...... **M1:** 478–482
selection for....................... **M1:** 481–491
spring steel.......... **M1:** 297, 301, 303, 311–312
steel castings.......................... **M1:** 496
surface hardened steels factor in selection **M1:** 530
testing............................ **M1:** 471–478
tubular parts........................... **M1:** 488
variation, affected by heat composition.................. **M1:** 477–478
white cast iron.......................... **M1:** 80
Hardenability curves.................. **A1:** 485–570
Hardenability of carbon and low-alloy steels........................ **A1:** 464–484
alloying elements.......... **A1:** 394, 395, 468–469
boron.............................. **A1:** 469–470
calculation of hardenability............... **A1:** 467
carbon content, effect of.... **A1:** 465, 467–468, 469
determining hardenability requirements
as-quenched hardness............... **A1:** 471, 476
depth of hardening...................... **A1:** 471
hardenability versus size and shape..... **A1:** 465, 467–468, 469, 473, 477
quenching media.................. **A1:** 471–473
general hardenability selection
charts......... **A1:** 473, 474–476, 478, 479, 480
estimating hardenability.................. **A1:** 479
rectangular or hexagonal bars and plate............. **A1:** 478–479, 480, 481
scaled rounds.................... **A1:** 478, 480
tubular parts.......................... **A1:** 479
grain size, effect of................. **A1:** 393, 470
H-steels.................. **A1:** 47, 76, 480–481
low-hardenability steels.................. **A1:** 466
hot-brine test..................... **A1:** 466, 467
SAC test..................... **A1:** 466–467, 468
steel castings.......................... **A1:** 483
steels for case hardening................ **A1:** 481
applications........................... **A1:** 482
core hardness..................... **A1:** 481–482
testing of.............................. **A1:** 464
air hardenability test.......... **A1:** 465–466, 467
carburized hardenability test... **A1:** 464–465, 466
continuous-cooling-transformation diagrams......................... **A1:** 466
Jominy end-quench test........... **A1:** 464, 466
use of charts............ **A1:** 479–480, 482, 483
use of hardenability limits................ **A1:** 481
variations within heats..... **A1:** 459, 470, 471, 472
hot working................. **A1:** 470–471, 473
Hardenable carbon steels
arc welding....................... **M6:** 247–306
classification.......................... **M6:** 261
high-carbon steels...................... **M6:** 262
joint preparation.................. **M6:** 264–265
low-carbon steels....................... **M6:** 261

Hardenable carbon steels (continued)
medium-carbon steels **M6:** 261
postweld stress relieving **M6:** 264
preheat temperatures **M6:** 263–264
processes **M6:** 265–270
weldability **M6:** 262–263
Hardenable low-expansion alloys *See also* Low-expansion alloys
properties and heat treatment **A2:** 895
Hardenable steel
electron-beam welding **A6:** 866–867
Hardenable steels *See also* Hardenability of carbon and low-alloy steels; Ultrahigh-strength steels **A1:** 451–463, **M1:** 455–470
alloying elements **M1:** 455–456, 459–460, 466–469
applications **M1:** 457–459, 470
carbon content, effect of **M1:** 455–459, 463
characteristics, general **M1:** 455–456
compositions of **A1:** 452, 453
alloy steels **A1:** 453
carbon and carbon-boron steels **A1:** 452
cracking, control of **M1:** 457, 460, 470
distortion during heat treating **A1:** 462
distortion during heat treatment **M1:** 460, 469–470
effect of alloying on quenching **A1:** 456–457
effect of carbon content on
hardenability **A1:** 454–456
high-carbon content **A1:** 455–456
low-carbon content **A1:** 454
medium-carbon content **A1:** 454–455
fabrication of parts and assemblies **M1:** 470
flame and induction hardening **A1:** 463
hardenability **M1:** 456–457
hardness vs. tempering temperature **M1:** 461, 463, 466–469
hardness-strength correlations ... **M1:** 455, 460–461
heat treatment **M1:** 457–461, 463, 466–470
high-carbon steels **M1:** 458–459
impact energy **M1:** 469
low-carbon steels **M1:** 457
machinability **M1:** 457, 458, 470
manganese content **M1:** 456
martensite, relation to hardness and carbon content **M1:** 457, 458
mechanical properties **M1:** 460–469
medium-carbon steels **M1:** 457–458
notch toughness **M1:** 469
quenching, alloy effects **M1:** 460
section size, effect on **M1:** 460–466
selection of alloy H-steels **A1:** 460–461
temper brittleness **M1:** 468–469
tempering **M1:** 463, 466–469
tempering of **A1:** 458–459
Hardenable steels (H-steels)
mechanical properties **A4:** 20
Hardened and high-alloy steels
machinability **A20:** 756
Hardened and work-strengthened metals
electron-beam welding **A6:** 867–868
Hardened forged steel rolls **A14:** 353–354
Hardened irons (400-525 HB)
finishing turning **A5:** 84
Hardened knife-edge pivot contacts **A19:** 176
Hardened steel
abrasive machining hardness of work materials **A5:** 92
as vial materials for SPEX mills **A7:** 82
ball indenter, for Rockwell hardness testing **A8:** 74
ground with superabrasives **A2:** 1013
machined with ultrahard tool materials ... **A2:** 1013
sheet, thickness for Scleroscope hardness testing **A8:** 105
Hardened steel screws
dry blasting **A5:** 59
Hardened steels
recommended machining specifications for rough and finish turning with HIP metal-oxide ceramic insert cutting tools **EM4:** 969
Hardened steels, contact fatigue of **A19:** 691–703
ball bearings **A19:** 692
butterfly formation inclusion type and occurrence **A19:** 694, 695
carbides effect on fatigue life **A19:** 700
contact fatigue modes and their controlling factors **A19:** 699
cyclic contact stresses **A19:** 691–693
dark etching areas (DEA) **A19:** 694–695
EHD film thickness **A19:** 700–701
factors influencing contact fatigue life **A19:** 699–701
fracture appearance **A19:** 695–696
gear and beating materials **A19:** 693
gear materials **A19:** 693
gears **A19:** 692–693
hardness effect on fatigue life **A19:** 699
Hertzian shear stresses at and below the contact surfaces **A19:** 691–692
hydraulic pressure propagation **A19:** 701
inclusions effect on fatigue life **A19:** 699–700
lubrication effect on fatigue life **A19:** 699, 700–701
macropitting **A19:** 696–697, 699, 701
micropitting **A19:** 697–698, 699
microstructural changes from contact fatigue **A19:** 693–695
residual stresses effect on fatigue life **A19:** 700
retained austenite effect on fatigue life ... **A19:** 700
rolling-element bearing materials **A19:** 693
rolling-element bearings **A19:** 692
sliding bearings materials **A19:** 693
subcase fatigue **A19:** 698–699
subsurface-origin macropitting **A19:** 696
surface-origin macropitting **A19:** 696–697
tribology effect on fatigue life .. **A19:** 699, 700–701
white bands **A19:** 694–695
Hardened zones in carbon and alloy steels
macroetching to reveal **A9:** 175
Hardener *See also* Catalyst; Curing agent .. **EM3:** 15
defined **A15:** 6, **EM1:** 12, **EM2:** 21
Hardeners **EL1:** 474, 818
Hardening *See also* Heat treatment; Surface hardening; Through-hardening ... **A20:** 523, 525, 526, 632
bath, Unicast process **A15:** 252
by quenching, plain carbon steels **A15:** 713
copper alloys **M4:** 724–726, 736
copper and copper alloys **A2:** 236
defined **A9:** 9, **A13:** 47
definition **A5:** 958
depth of **M7:** 451
ductile iron **A15:** 658–659
gray cast iron **M1:** 26, 29–30
induction **A11:** 395, 478–479
maraging steels **M1:** 445–446, 448–449
neutral, growth or shrinkage during **M7:** 480
notch toughness of steels effect on ... **M1:** 703, 706, 709
of polyester resins **EM1:** 133
of steel-bonded cermets **A2:** 997
of tool steels **A9:** 258–259
salt bath **M7:** 375
springs, steel **M1:** 287–288
stainless steels **M3:** 47
surface, abrasive waterjet cutting effects .. **A14:** 748
surface, postforging defects from **A11:** 333
ultrahigh-strength steels ... **M1:** 423, 424, 427, 430, 431, 434–436, 439, 441
Hardening by quenching
for hot-rolled steel bars **A1:** 241
Hardening Grossman factor **A7:** 473
Hardening in laser processing **M6:** 793–803
laser alloying **M6:** 793–796
laser cladding **M6:** 796–798
laser melt/particle inspection **M6:** 798–802
Hardening law
defining **A8:** 343
Hardening, secondary
austenitizing effects **A12:** 341
Hardening, steel
effects of **M5:** 325
Hardening wrenches
hardened steel for **A1:** 456
Hard-face coatings
stainless steels **A18:** 716, 723
Hardfacing **A6:** 789–807, 808, **A7:** 972–975, **A20:** 472–474, 475, **M6:** 771–793, **M7:** 823–836
advantages **A6:** 797
alloy selection **M6:** 777–778
alloy steels **A5:** 733–734, 735, 736
alloys **M7:** 144–146, 826
and brazing rods of nickel-based alloys ... **M7:** 398
applications **A6:** 789, 790, 791, 793, 795–796, 797, 800, 802, 803, **M6:** 771–772
arc welding **A6:** 801–806, **M6:** 783–787
gas metal arc welding **M6:** 785
gas tungsten arc welding **M6:** 785
open arc welding **M6:** 784–785
plasma arc welding **M6:** 785–787
shielded metal arc welding **M6:** 783–784
submerged arc welding **M6:** 784
as cast coating **A15:** 562–563
austenitic steels **A6:** 790, 791, 798
boride-containing nickel-base alloys .. **A6:** 790, 794, 795, 796
build up **A6:** 789, 791, 803
by thermal spray, cobalt -base alloys **A13:** 664–665
carbide-containing alloys ... **A6:** 790, 792, 793, 794, 796
carbides **A6:** 792–793
carbon steels **A5:** 733–734, 735, 736
cast irons **A5:** 690–691
categories of alloys **A6:** 790
build up alloys **A6:** 790
metal-to-earth abrasion alloys **A6:** 790, 792
metal-to-metal wear alloys **A6:** 790
nonferrous hardfacing alloys **A6:** 790
tungsten carbides **A6:** 790, 791, 792, 793
chromium carbides **A6:** 792
coatings, powders used **M7:** 572
cobalt-base alloys **A6:** 789, 790, 792, 793–794, 796, 797, 799, 803, **A13:** 663–664
comparison of welding
gas metal arc welding **M6:** 787
gas tungsten arc welding **M6:** 787
oxyacetylene welding **M6:** 787
plasma arc welding **M6:** 787
processes **M6:** 781, 787
copper-base alloys **A6:** 789, 795–796
corrosion-resistant plasma spray **M7:** 797
cost advantage, calculation of **A6:** 800
defined **A13:** 7
definition **A5:** 958, **A6:** 789, **A7:** 1069, **M6:** 9
distortion **A6:** 807
electrodes **A6:** 805, 806
electrodes for **A6:** 801, 802, 803, 804
flux-cored arc welding **A6:** 799, 801, 802–803
gas-metal arc welding **A6:** 800, 801, 803
gas-tungsten arc welding **A6:** 798, 799, 800, 803–805, 807
high-alloy irons **A6:** 790
high-chromium irons **A6:** 791–792, 796–797
high-silicon stainless steels **A6:** 795
iron-base alloys ... **A6:** 789, 790–792, 796, 799, 806
laser **A6:** 803, 806–807
Laves phase alloys **A6:** 790, 792, 793–794, 795, 796
manual powder torch welding **A6:** 800, 801
martensitic steels **A6:** 790, 791, 798
materials **A6:** 789–790, **M6:** 773–777
carbides **M6:** 776–777
cobalt-based alloys **M6:** 774
copper-based alloys **M6:** 777
iron-based alloys **M6:** 775–776
nickel-based alloys **M6:** 775
molybdenum carbides **A6:** 792
nickel-base alloys **A6:** 789, 790, 794–795, 796, 799

SUBJECTS OF THE INDEXED VOLUMES: ASM Handbook (designated by the letter "A"): **A1:** Properties and Selection: Irons, Steels, and High-Performance Alloys (1990); **A2:** Properties and Selection: Nonferrous Alloys and Special-Purpose Materials (1990); **A3:** Alloy Phase Diagrams (1992); **A4:** Heat Treating (1991); **A5:** Surface Engineering (1994); **A6:** Welding, Brazing, and Soldering (1993); **A7:** Powder Metal Technologies and Applications (1998); **A8:** Mechanical Testing (1985); **A9:** Metallography and Microstructures (1985); **A10:** Materials Characterization (1986); **A11:** Failure Analysis and Prevention (1986); **A12:** Fractography (1987); **A13:** Corrosion (1987); **A14:** Forming and Forging (1988); **A15:** Casting (1988); **A16:** Machining (1989); **A17:** Nondestructive Evaluation and Quality Control (1989); **A18:** Friction, Lubrication, and Wear Technology (1992); **A19:** Fatigue and Fracture (1996); **A20:** Materials Selection and Design (1997). **Metals Handbook, 9th Edition** (designated by the letter "M"): **M1:** Properties and Selection: Irons and Steels (1978); **M2:** Properties and Selection: Nonferrous Alloys and Pure Metals (1979); **M3:** Properties and Selection: Stainless Steels, Tool Materials, and Special-Purpose Materials (1980); **M4:** Heat Treating (1981); **M5:** Surface Cleaning, Finishing, and Coating (1982); **M6:** Welding, Brazing, and Soldering (1983); **M7:** Powder Metallurgy (1984). **Engineered Materials Handbook** (designated by the letters "EM"): **EM1:** Composites (1987); **EM2:** Engineering Plastics (1988); **EM3:** Adhesives and Sealants (1990); **EM4:** Ceramics and Glasses (1991). **Electronic Materials Handbook** (designated by the letters "EL"): **EL1:** Packaging (1989)

niobium carbides **A6:** 793
oxyacetylene welding **A6:** 804, 805, **M6:** 602
oxyfuel gas welding **A6:** 800–801, **M6:** 782–783
common defects **M6:** 783
common flaws **A6:** 801
limitations **A6:** 800
operating procedures **A6:** 800–801, **M6:** 783
pearlitic steels **A6:** 790–791
plasma arc welding . . **A6:** 796, 798, 800, 805–806
porosity **A6:** 801
postweld heat treatments **A6:** 798
powder welding **A6:** 800, 801, **M6:** 783
principles of operation **M6:** 782
powder characteristics **M7:** 823–824
powder composition **M7:** 824–825
process selection **A6:** 796–800, **M6:** 778–782
cost **A6:** 798–800, **M6:** 781
hardfacing product forms . . **A6:** 798, **M6:** 780–781
metallurgical characteristics of the base
metal **A6:** 798, **M6:** 779–780
physical characteristics of the
workpiece **A6:** 797–798
physical characteristics of workpiece **M6:** 779
property and quality requirements . . **M6:** 778–779
property requirements **A6:** 796–797
quality requirements **A6:** 796–797
welder skill **A6:** 798, **M6:** 781
processes **A7:** 1074–1077
processes, equipment applications **M7:** 830–836
processes, powder size ranges for **M7:** 824
purpose **A6:** 789
selection of alloys **A6:** 796, 797
shielded metal arc welding **A6:** 797, 799, 800, 801–802, 803
spraying **M6:** 787–793
detonation gun 1344 spraying **M6:** 792–793
plasma spraying **M6:** 790–792
spray-and-fuse process **M6:** 788–789
submerged arc welding **A6:** 800, 801, 802
tantalum carbides **A6:** 792
techniques, specialized **M7:** 835–836
techniques, specific **M7:** 830–835
titanium carbides **A6:** 792, 793
tungsten carbide powder **A7:** 196
tungsten-base carbides **A6:** 790, 791, 792, 793, 799
vanadium carbides **A6:** 792, 793
wear **M6:** 772–773
abrasive **M6:** 772–773
adhesive **M6:** 772–773
erosion **M6:** 772–773
fretting **M6:** 773
welding processes **A13:** 664
worn casting repair by **A15:** 529–530
Hardfacing, alloy improvement . . . . **A3:** 1•27
Hardfacing alloy powders **A7:** 974, 975
Hardfacing alloys **M7:** 144–146, 826
abrasive wear, thermal spray coatings used **A6:** 808
adhesive wear, thermal spray
coatings used **A6:** 808
cavitation, thermal spray coatings used **A6:** 808
CBN for machining **A16:** 105
cobalt-based, compositions and hardness . . **M7:** 145, 146
definition **A5:** 958, **A20:** 834
erosion, thermal spray coatings used **A6:** 808
gas-metal arc welding **A6:** 800
gas-tungsten arc welding **A6:** 800
laser **A6:** 789, 800
nickel-based **M7:** 142
open arc **A6:** 800
oxyacetylene welding **A6:** 800
PCBN cutting tools **A16:** 112
plasma arc welding **A6:** 800
shielded-metal arc welding **A6:** 800
submerged arc welding **A6:** 800
surface fatigue wear, thermal spray
coatings used **A6:** 808
systems, selection guidelines **M7:** 826
wear-resistant, cobalt powders in **M7:** 144
Hardfacing alloys, friction and wear **A18:** 693, 758–765
abrasive wear . . . **A18:** 758, 759, 760–761, 763, 764, 765
applications **A18:** 758, 759, 760, 761
consumable forms **A18:** 758–765
corrosive wear **A18:** 759, 765
definition of hardfacing **A18:** 758
families (or categories) **A18:** 758
build-up alloys **A18:** 758, 759
metal-to-earth abrasion alloys **A18:** 758, 759–760, 761
metal-to-metal wear alloys **A18:** 758–759
nonferrous alloys **A18:** 758, 761–765
tungsten carbides **A18:** 758, 760–761
laser cladding components and
techniques **A18:** 869
tool steels **A18:** 644–645
weld overlay material categories **A18:** 758
weld overlay processes for applying the hardfacing
materials **A18:** 759
Hardfacing coatings, fusible
spray material for oxyfuel powder spray
method **A18:** 830
Hardfacing materials
ground/machined with superabrasives/ultrahard
tool materials **A2:** 1013
Hardfacing powders **A7:** 1069–1077
Hard-film rust-preventive compounds **M5:** 460, 465–466, 468
Hardinge air-swept mill **A7:** 118
Hardness *See also* Apparent hardness; Barcol hardness; Brinell hardness number; Brinell hardness test; Hot hardness; Indentation hardness; Knoop hardness; Knoop hardness test; Knoop (microindentation) hardness number; Mechanical properties; Microhardness; Microindentation hardness number; Mohs hardness; Rockwell hardness; Rockwell hardness number; Rockwell hardness test; Scleroscope hardness test; Shore hardness; Vickers hardness test; Vickers (microindentation) hardness number. . **A20:** 344, **EM3:** 15, 51, **EM4:** 605
abrasive minerals **M1:** 189
aluminum casting alloys **A2:** 152–177
aluminum oxide-containing cermets **M7:** 804
amorphous materials and metallic
glasses **A2:** 813–814
and cold extrusion **A14:** 301
and compressibility **M7:** 286
and corrosion resistance **A13:** 48
and demagnetizing **A17:** 122
and die life **A14:** 99
and electrical conductivity, eddy current
inspection **A17:** 168
and flux density **A17:** 134
and grain size, tungsten carbide **M7:** 775
and strength, carbon steels **A15:** 702
and strength, low-alloy steels **A15:** 716
and subsurface residual stress
distributions **A10:** 389
apparent, and microhardness **M7:** 489
as formability measure **A8:** 560
as measure of cold working **M7:** 61
as measure of temper **A2:** 219
beryllium-copper alloys **A2:** 409
Brinell **M7:** 312
by eddy current inspection **A17:** 164
carbon content, function of **M1:** 472, 478, 480
cast copper alloys **A2:** 356–391
cemented carbides **A2:** 955
CG irons **A15:** 672–673
Charpy V-notch test for **A8:** 263
chilled cast iron, effect of annealing on **M1:** 82
chromium coatings **A13:** 871
cold-finished bars **M1:** 222–224, 227–234, 240
common, scales for **M7:** 489
compact, and sintering temperature **M7:** 312
copper casting alloys **A2:** 348–350
corrosion-resistant cast irons **M1:** 89
corrosion-resistant high-alloy **A15:** 726–728
defined **A8:** 7, 71, **A11:** 5, **A18:** 10, **EM1:** 12
definition **A5:** 958, **A20:** 834
degree of (for water), symbol for **A11:** 798
determined by Knoop and Vickers testing . . . **A8:** 90
determined by residual stress techniques . . **A10:** 380
determined in thin layered steels **A10:** 380, 389–390
die, for stainless steels **A14:** 228
distribution, copper casting alloys **A2:** 350
distributions and subsurface residual stress steel
shaft **A10:** 389–390
ductile iron **A15:** 654
effect of abrasion damage on **A9:** 39
effect of lattice **A12:** 32
effect of recovery on **A9:** 693
effect on cratering **EL1:** 1043
effect on machinability **A20:** 306
equivalent hardness numbers for steel **A4:** 458, 459
evaluation **M7:** 452–453
evaluation of **M1:** 635–636
excessive, brittle fracture of chain
links by **A11:** 522
fatigue properties, relation to . . . **M1:** 665, 672, 673, 675, 676
for petroleum refining and petrochemical
operations **A13:** 1264
for RWMA group B refractory metal
electrodes **M7:** 628
for tool steel perforator punches **A14:** 485
for tungsten carbide/copper refractory metal
composite materials **M7:** 628
galvanized coating **A13:** 438
gradient, from microhardness testing . . . **A8:** 96, 101
heat-resistant cast iron **M1:** 92
heat-treated copper casting alloys **A2:** 355
high, forging die fracture from **A11:** 324–325
hot **A14:** 46, 226
hot rolled bars **M1:** 201–204
indentation testing **M7:** 61, 312, 452
investigation by oscilloscope screen **M7:** 485
low, wear failure of steel bolt by **A11:** 160–161
machinability, relation to . . **M1:** 566, 567, 569, 571, 574, 576, 578
magnetic measurement **A17:** 129
malleable iron **M1:** 61, 63, 64, 67–70, 72, 73
maraging steels **M1:** 448, 450
matrix **A11:** 160
matrix, malleable irons **A15:** 697
maximum, by carbon content at austenitizing
temperature **M7:** 451, 452
maximum, by oil quenching **M7:** 453
measurements **EM4:** 605
guidelines **EM4:** 605
Knoop (HK) **EM4:** 605
Rockwell superficial (HR) **EM4:** 605
Vickers (HV) **EM4:** 605
mechanical, and magnetic hysteresis **A17:** 134
metals vs. ceramics and polymers **A20:** 245
minimum, for Rockwell hardness testing **A8:** 77
as resistance to deformation **A8:** 71
of adiabatic shear bands **A12:** 32
of bearing materials **A11:** 508–509
of carbides and materials for hardfacing . . **M7:** 828
of carbon steel
as a function of carbon content **A1:** 127
as a function of temperature **A1:** 640
of carbon steel, and swageability **A14:** 128
of ceramic granules, Ceracon process **M7:** 539
of chromate conversion coatings **A13:** 392–393
of chromium carbide-based cermets **M7:** 806
of coated carbide tools **A2:** 960
of contact metal, for electrical contact
materials **A2:** 840
of diamond **A2:** 1010
of extrusion tools **A14:** 320
of failed pressure vessel **A11:** 663
of gray iron **A1:** 18–19, 21
of iron powder compacts **M7:** 511
of magnesium alloys **A2:** 461
of metal borides and boride-based
cermets **M7:** 812
of molybdenum and molybdenum alloys . . **M7:** 476
of nickel-based, cobalt-based alloys **M7:** 472
of organic coatings **A14:** 565
of P/M and ingot metallurgy tool steels . . . **M7:** 471, 472
of P/M forged low-alloy steel powders **M7:** 470
of phases, revealed by differential interference
contrast **A9:** 59
of rhenium and rhenium-containing alloys **M7:** 477
of roll dies **A14:** 99
of rotary workpiece materials **A14:** 177
of straight knife shears **A14:** 704
of titanium carbide cermets **A2:** 996
of titanium carbide-based cermets **M7:** 808
of titanium carbide-steel cermets **M7:** 810
of tools and dies **A11:** 563
of tungsten carbide/cobalt grades **M7:** 775
of uranium alloys **A2:** 676
of work metal, in piercing **A14:** 462

Hardness (continued)
palladium **A2:** 715
phase transformation **A12:** 32–33
phenolics **EM2:** 244
plotted against complexity index **A9:** 130
polyamide (PAI) **EM2:** 133
polyaryl sulfones (PAS) **EM2:** 146
ranges **M7:** 485
relationship to depth of artifact-containing layer **A9:** 37
Rockwell C **M7:** 452
saturation flux density as measure **A17:** 134
springs, steel
testing **M1:** 283, 286
thickness of strip, relation to **M1:** 283, 287
yield strength, relation to **M1:** 301
steel plate, relation to tensile properties . . **M1:** 194, 198
steel tin mill products with temper designations **A4:** 53
structural ceramics **A2:** 1019
superhard tool materials **M3:** 453, 455, 456, 457–458, 459, 460, 461, 463–464
surface, of bearing steels **A11:** 490
temperature effects **A14:** 55
tempering temperature and carbon content effect on **A14:** 198
testing **A11:** 18, **A14:** 889
testing, and electromagnetic sorting **M7:** 453, 484–485
testing, introduction **A8:** 71–73
testing, of castings **A17:** 521
testpiece, electric current effects **A17:** 110
tests, for coating cure **A13:** 418
thermoplastic polyurethanes (TPUR) **EM2:** 203
threaded fasteners **M1:** 274, 276, 278–281
used to identify sample constituents **A9:** 71
values, sintered materials **M7:** 489
variation with carbon content and percent martensite . . **M1:** 457–458, 529–530, 561, 607–608
variations, in swaging **A14:** 143
variations in tap tooth during grinding **A8:** 98, 101
vs. temperature, lead frame materials **EL1:** 492
wear resistance determined by **M1:** 603–606, 608–609
weld, preheat effects **A15:** 525
white cast iron **M1:** 77, 86–87, 89
working, for coining **A14:** 182
wrought aluminum and aluminum alloys **A2:** 63–122
zinc alloys **A15:** 786
Hardness, apparent **A7:** 645, 700
Hardness conversion numbers
nonaustenitic steels **A8:** 106
Hardness conversion table
white cast iron **M1:** 87
Hardness conversion tables **A8:** 109–113
Hardness indentation **M7:** 61, 312, 452
Hardness monitoring
life-assessment techniques and their limitations for creep-damage evaluation for crack initiation and crack propagation **A19:** 521
Hardness number *See also* Brinell hardness numbers **A20:** 344
conversion, for nonaustenitic steels **A8:** 106
determining **A8:** 91
standard reporting procedures **A8:** 109–110
vs. load, microhardness testing **A8:** 94–96
Hardness of sintered metal friction materials, specifications **A7:** 1099
Hardness profile
definition **A5:** 958
Hardness profiles
induction hardened parts **M1:** 530–532
nitrided cases **M1:** 340
Hardness ratio
dies and die materials **A18:** 621
Hardness scales **A7:** 713, **EM3:** 189
Hardness techniques **A6:** 1095, 1096
Hardness test
for gray iron **A1:** 16–17, 18–19, 21
for hot-rolled steel bars **A1:** 242, 243
Hardness test, indentation **A5:** 435
Hardness test, pencil **A5:** 435
Hardness test, Sward Roeker **A5:** 435
Hardness testing *See also* Indentation test . . . **A8:** 73, **A14:** 889
as intrinsic formability test for sheet metals **A8:** 560
Brinell **A8:** 84–89
file **A8:** 108
introduction **A8:** 71–73
measuring method **A8:** 72
miscellaneous **A8:** 104–108
Mohs **A8:** 108
of casting defects **A15:** 545, 553
of gray iron **A15:** 643
of investment castings **A15:** 264
plowing **A8:** 107
thermal spray coatings **M5:** 371
types **A8:** 71
use in carbon control **M4:** 432–433
with durometer **A8:** 106–107
Hardness testing of cemented carbides, specifications **A7:** 1100
Hardness testing with optical microscope attachments **A9:** 91
reactive sputtered **A9:** 158
reactive sputtering of interference film **A9:** 148–149
Hardness tests **A20:** 323
cast steel microstructure, effectiveness of correlation **M1:** 389, 398
gray iron **M1:** 16, 19, 20, 30
Hardness value of carbon (HV_C) **A20:** 374, 378
Hard-packed powders
sampling **M7:** 213
Hardware
applications for stainless steels **M7:** 731
applications of copper-based powder metals **M7:** 733
design methodology **EL1:** 78
for environmental stress screening **EL1:** 885
galvanized steel for **M1:** 167, 169
powders used **M7:** 572
reliability **EL1:** 79
system structure constraints by **EL1:** 127
Hardware, computer *See* Computer hardware; Computers
Hardware design methodology
high-frequency digital systems **EL1:** 78
Hardware green brass coloring solution **M5:** 626
Hard-wired vision systems
machine vision **A17:** 44
Hardwood
carbides for machining **A16:** 75
Haring cell
definition **A5:** 958
Haring-Blum cell measurements **A5:** 217
Harkins-Jura method **EM4:** 70
Harlan process **M7:** 120
Harmonic bond tester
for adhesive-bonded joints **A17:** 621
Harmonic function **A20:** 181
Harmonic-oscillator approximation
IR normal-coordinate analysis **A10:** 110–111
Harmonics *See also* Spherical harmonics
nonlinear, for residual stress measurement **A17:** 160–161
of frequency content, magabsorption **A17:** 148
Harness satin *See also* Eight-harness satin; Four-harness satin; Satin (crowfoot) weave
defined **EM1:** 12, **EM2:** 21
Harrison number *See also* Compressibility number
defined **A18:** 10
Hartley transform **A18:** 294
Hartman tube principle **A7:** 43
Hartmann dust chamber **M7:** 196, 197
Hartmann lines *See* Lüders lines
Hartmann (resonating) cavities **A7:** 151
Hart's criterion **A20:** 574
Hartshorn and Ward capacitance variation method **EM3:** 431
Hart-Smith A4EG/F computer analysis **EM1:** 338–339
Harvard business case method **A20:** 16, 17
Hasbro, Inc.
DFMA implementation **A20:** 683
Hashin's composite moduli formula
composite Young's modulus **EM4:** 860, 861
Hastelloy
compounds/properties in composition . . . **EM4:** 499
explosion welding **M6:** 710
nonmetallic fusion process **EM3:** 306
Hastelloy alloy A
contour band sawing **A16:** 363
cutoff band sawing **A16:** 361
Hastelloy alloy B
chemical milling **A16:** 584
composition **A16:** 736, 737
contour band sawing **A16:** 363
cutoff band sawing **A16:** 361
machining . . **A16:** 738, 741–743, 746–747, 749–758
photochemical machining **A16:** 588
Hastelloy alloy B-2
composition **A16:** 736
machining . . **A16:** 738, 741–743, 746–747, 749–757
Hastelloy alloy C
chemical milling **A16:** 584
composition **A16:** 736, 737
contour band sawing **A16:** 363
cutoff band sawing **A16:** 361
machining . . **A16:** 738, 741–743, 746–747, 749–758
photochemical machining **A16:** 588
Hastelloy alloy C-276
composition **A16:** 736
machining . . **A16:** 738, 741–743, 746–747, 749–758
Hastelloy alloy G
machining of **A16:** 738, 741–743, 746–747, 749–758
Hastelloy alloy X
chemical milling **A16:** 584
composition **A16:** 736
electrochemical grinding **A16:** 547
grinding **A16:** 547
machining . . **A16:** 738, 741–743, 746–747, 749–757
manufacturing ratings **A16:** 739
milling **A16:** 547
production time **A16:** 739
shaping **A16:** 192
Hastelloy alloys *See also* Nickel alloys, cast, specific types; Nickel alloys, specific types; Nickel alloys, specific types, Hastelloy **A1:** 971
alloy C-276, cavitation erosion **A18:** 763
alloy X
material for jet engine components **A18:** 588, 591
open-faced honeycomb, abradable seal material **A18:** 589
as cathode material for anodic protection, and environment used in **A20:** 553
corrosion resistance **A6:** 585, **A20:** 549
discovery and characteristics **A2:** 429
friction surfacing **A6:** 323
galling resistance with various material combinations **A18:** 596
volume steady-state erosion rates of weld-overlay coatings **A20:** 475
Hastelloy alloys, specific types
A, cutoff band sawing with bimetal blades **A6:** 1184
B
cutoff band sawing with bimetal blades **A6:** 1184
electron-beam welding **A6:** 869
weld overlay for hardfacing alloys **A6:** 820

SUBJECTS OF THE INDEXED VOLUMES: ASM Handbook (designated by the letter "A"): **A1:** Properties and Selection: Irons, Steels, and High-Performance Alloys (1990); **A2:** Properties and Selection: Nonferrous Alloys and Special-Purpose Materials (1990); **A3:** Alloy Phase Diagrams (1992); **A4:** Heat Treating (1991); **A5:** Surface Engineering (1994); **A6:** Welding, Brazing, and Soldering (1993); **A7:** Powder Metal Technologies and Applications (1998); **A8:** Mechanical Testing (1985); **A9:** Metallography and Microstructures (1985); **A10:** Materials Characterization (1986); **A11:** Failure Analysis and Prevention (1986); **A12:** Fractography (1987); **A13:** Corrosion (1987); **A14:** Forming and Forging (1988); **A15:** Casting (1988); **A16:** Machining (1989); **A17:** Nondestructive Evaluation and Quality Control (1989); **A18:** Friction, Lubrication, and Wear Technology (1992); **A19:** Fatigue and Fracture (1996); **A20:** Materials Selection and Design (1997). **Metals Handbook, 9th Edition** (designated by the letter "M"): **M1:** Properties and Selection: Irons and Steels (1978); **M2:** Properties and Selection: Nonferrous Alloys and Pure Metals (1979); **M3:** Properties and Selection: Stainless Steels, Tool Materials, and Special-Purpose Materials (1980); **M4:** Heat Treating (1981); **M5:** Surface Cleaning, Finishing, and Coating (1982); **M6:** Welding, Brazing, and Soldering (1983); **M7:** Powder Metallurgy (1984). **Engineered Materials Handbook** (designated by the letters "EM"): **EM1:** Composites (1987); **EM2:** Engineering Plastics (1988); **EM3:** Adhesives and Sealants (1990); **EM4:** Ceramics and Glasses (1991). **Electronic Materials Handbook** (designated by the letters "EL"): **EL1:** Packaging (1989)

C . . . A6: 593
cutoff band sawing with bimetal blades A6: 1184
weld overlay for hardfacing alloys . . . A6: 820
C, in acidic environments . . . A19: 207
C-22, in ferritic base metal-filler metal combination . . . A6: 449
C-276
in ferritic base metal-filler metal combination . . . A6: 449
laser weld joining, YAG . . . A6: 88
N
composition . . . A6: 564
electron-beam welding . . . A6: 869
S
composition . . . A6: 564, 573
mill annealing temperature range . . . A6: 573
solution annealing temperature range . . . A6: 573
W
composition . . . A6: 573
filler metal for precipitation-hardening stainless steels . . . A6: 491
filler metal wire, electron-beam welding . . A6: 868
X
composition . . . A6: 564, 573
constitutional liquation in multicomponent systems . . . A6: 568
crack growth testing, high-temperature A19: 205, 206
damage mechanisms for thermomechanical fatigue in-phase and thermomechanical fatigue out-of-phase loadings . . . A19: 541
electron-beam welding . . . A6: 869
mill annealing temperature range . . . A6: 573
monotonic and fatigue properties at 871 °C . . . A19: 975
solution annealing temperature range . . . A6: 573
thermomechanical fatigue . . . A19: 537, 538, 539, 541

Hastelloy B
aging cycle . . . M4: 656, 657
annealing . . . M4: 655
composition . . . A4: 794, M4: 651–652, 653
solution treating . . . M4: 656, 657
stress relieving . . . M4: 655

Hastelloy B-2
annealing . . . A4: 908
composition . . . A4: 908
stress-equalizing . . . A4: 908
stress-relieving . . . A4: 908

Hastelloy C
aging cycle . . . M4: 656, 657
aging cycles . . . A4: 813
annealing . . . M4: 655
composition . . . M4: 651–652, 653
for pumps and filters for lead plating . . . A5: 244
solution treating . . . M4: 656, 657
stress relieving . . . M4: 655

Hastelloy C-276
annealing . . . A4: 908
composition . . . A4: 794, 908
pitting potentials on unstrained specimens A8: 418
stress-equalizing . . . A4: 908
stress-relieving . . . A4: 908

Hastelloy N
composition . . . A4: 794

Hastelloy R-235
aging cycle . . . M4: 656
annealing . . . M4: 655
composition . . . M4: 651–652
solution treating . . . M4: 656
stress relieving . . . M4: 655

Hastelloy S
composition . . . A4: 794
mill annealing . . . A4: 810
solution annealing . . . A4: 810

Hastelloy, specific types
C, flash welding . . . M6: 557
C-4, composition . . . M6: 354
C-276, composition . . . M6: 354
N
composition . . . M6: 354
flash welding . . . M6: 557
S
composition . . . M6: 354
flash welding . . . M6: 557
W, flash welding . . . M6: 557
X
composition . . . M6: 354
flash welding . . . M6: 557
multiple-impulse resistance spot welding M6: 532

Hastelloy W
aging cycle . . . M4: 656
annealing . . . M4: 655
composition . . . A4: 794, M4: 651–652
solution treating . . . M4: 656
stress relieving . . . M4: 655

Hastelloy X
age-hardening . . . A4: 911
aging cycle . . . M4: 656
annealing . . . A4: 811, 908, M4: 655
composition . . A4: 794, 795, 908, M4: 651–652, 653
corrosion resistance . . . A7: 1001
grain growth . . . A4: 811, 812
mill annealing . . . A4: 810
scale removal . . . A5: 782
solution annealing . . . A4: 810
solution treating . . . M4: 656
solution-treating . . . A4: 911
stress relieving . . . M4: 655
stress-equalizing . . . A4: 908
stress-relieving . . . A4: 811, 908

Hastelloys
filtration applications . . . A7: 76
injection molding . . . A7: 314

Hastelloy-X
effect of mean load on stress intensity . . . A8: 255
fatigue crack growth . . . A8: 255
in air and vacuum, comparison of fatigue crack growth rates . . . A8: 413

Hat cracks
in weldments . . . A17: 585

Hauffe-Ilschner (thin-film) theory . . . A13: 67

Haulage rope
steel wire . . . M1: 272

Hausmannite
electrical properties . . . EM4: 765

Hausner ratio . . . A7: 287
and angle of repose . . . M7: 285

Hausner shape factors . . . A7: 267, 272, M7: 239
definition . . . A7: 271

Hausner shape parameters . . . A7: 270

Hawker Siddley 748 aircraft . . . A19: 567

Hawsers
steel wire . . . M1: 272

Haynes 21
composition . . . A4: 795

Haynes 25 . . . A1: 967
aging, effect on properties . . . A4: 800
composition . . . A4: 794, 795

Haynes 88
notch sensitive in stress-rupture test . . A8: 315–316

Haynes 188 . . . A1: 967
composition . . . A4: 794
mill annealing . . . A4: 810
solution annealing . . . A4: 810
stress-relieving . . . A4: 811

Haynes 214
aging . . . A4: 810
composition . . . A4: 794

Haynes 230
composition . . . A4: 794
mill annealing . . . A4: 810
solution annealing . . . A4: 810
solution-treating . . . A4: 810

Haynes 242
composition . . . A4: 794

Haynes 556
annealing . . . A4: 811
composition . . . A4: 794
effect of temperature . . . A12: 34, 47
grain growth . . . A4: 811
mill annealing . . . A4: 810
solution annealing . . . A4: 810

Haynes alloy . . . A18: 188
erosion test results . . . A18: 200
for hot-forging dies . . . A18: 626–627
material for jet engine components . . A18: 588, 591

Haynes alloy 6B
composition . . . A18: 806

Haynes alloy 21
composition . . . A16: 737
grinding . . . A16: 759
machining . . . A16: 738, 741–743, 746–757

Haynes alloy 25
drilling . . . A16: 750
machining . . . A16: 757, 758
production times . . . A16: 739

Haynes alloy 25 (L605)
band sawing . . . A16: 738
composition . . . A16: 736
drilling . . . A16: 738, 739, 750
end milling . . . A16: 738, 739
machining . . A16: 738, 741–743, 746–747, 749–757
machining characteristics compared in table . . . A16: 738, 739
reaming . . . A16: 738, 739
straddle milling . . . A16: 738
tapping . . . A16: 738
threading . . . A16: 738, 739

Haynes alloy 93
erosion test results . . . A18: 200

Haynes alloy 188
composition . . . A16: 736
machining . . A16: 738, 741–743, 746–747, 749–757

Haynes alloy 263
thread grinding . . . A16: 275

Haynes Alloy No. 150 *See* Superalloys, cobalt-base, specific types, UMCo-50

Haynes alloys, specific types
25
brazing effect on mechanical properties . . A6: 929
composition . . . A6: 564, 573, 929
filler metals . . . A6: 928, 929
mill annealing temperature range . . . A6: 573
solution annealing temperature range . . . A6: 573
150, composition . . . A6: 573, 929
188
composition . . . A6: 564, 573, 929
mill annealing temperature range . . . A6: 573
solution annealing temperature range . . . A6: 573
230
composition . . . A6: 564, 573
mill annealing temperature range . . . A6: 573
solution annealing temperature range . . . A6: 573
556, composition . . . A6: 564
HR-160, composition . . . A6: 573

Haynes, specific types
25
composition . . . M6: 354
effect of brazing on mechanical properties . . . M6: 1020
joint design for arc welding . . . M6: 368
microcrack elimination . . . M6: 369
188, composition . . . M6: 354
556, composition . . . M6: 354
Stellite alloys, laser cladding . . . M6: 797

Haynes Stellite alloy No. 1
laser cladding . . . A18: 867

Haynes Stellite alloys *See* Cobalt alloys, specific types, Haynes Stellite

HAZ *See* Heat-affected zone

HAZ CALCULATOR (software package)
Creusot-Loire systematization of CCT curves . . . A4: 22

Hazard . . . A20: 147
definition . . . A20: 147, 834

Hazard analysis . . . A20: 140–141, 147, 149

Hazard zone . . . A20: 143

Hazardous air pollutants (HAPs) . . . A5: 912–914

Hazardous and Solid Waste Act Amendments (HSWA) of 1984
chromate conversion coatings . . . A5: 408

Hazardous and Solid Waste Amendments . . . A5: 915

Hazardous and Solid Waste Amendments, 1984 (HSWA)
purpose of legislation . . . A20: 132

Hazardous features
and materials selection . . . A20: 250

Hazardous materials . . . EM3: 685–686

Hazardous metal powder operations . . . M7: 197–198

Hazards *See also* Safety
material safety data sheet (MSDC) to satisfy hazard communication standard of OSHA . . . A18: 87

Haze . . . EM2: 21, 594, EM3: 15

Hazelett cast machine
as twin band . . . A15: 314

Hazelett process
for copper and copper alloy wire rod . . . A2: 255

HB *See* Brinell hardness; Brinell hardness number

488 / HB gallium arsenide crystal growth method

HB gallium arsenide crystal growth method . . **A2:** 744
H-band limits **M1:** 489–490, 494, 495
HC alloy **A1:** 922
HCL *See* Hollow cathode lamp
h-convergence **A20:** 177–178
hcp *See* Hexagonal close-packed; Hexagonal close-packed (hcp) materials; Hexagonal close-packed lattice
H_d *See* Demagnetizing field
HD 430
erosion test results **A18:** 200
HD 435
erosion test results **A18:** 200
HD alloy **A1:** 922
HDPE *See* High-density polyethylene
Head
and shell cracking, gray cast iron paper machine dryer rolls **A11:** 653–654
and shell cracking, paper machine dryer rolls **A11:** 653–654
pressure vessels, failures of. **A11:** 644
Head and tailstock magnetizing equipment . . . **M7:** 576
Head failures **A19:** 288
Head hardening **A20:** 366
Head shot *See also* Direct contact method
method of magnetization **A17:** 99, 130
Headability *See also* Cold heading; Warm heading
defined **A14:** 291
Headboxes
corrosion of **A13:** 1186–1187
Headers *See also* Forging machines; Horizontal forging machines; Upsetters
for cold extrusion **A14:** 303
for cold heading **A14:** 292
Header-slide (stock) gather
machine size selection by **A14:** 84–85
Heading *See also* Cold heading; Upsetting; Warm heading
alloy steel wire for **A1:** 287, **M1:** 269–270
and extrusion, combined **A14:** 296–297
beryllium-copper alloys **A2:** 415
defined **A14:** 7
in header **A14:** 311
in hot upset forging **A14:** 83
of wire **A14:** 694
severity, decreasing **A14:** 297
tools **A14:** 48, 90–91, 293–296
Heading quality steel wire rod **M1:** 254, 257
Heading tools
design **A14:** 293
inserts for **A14:** 48
recessed, for upsetting with sliding dies **A14:** 90–91
Headlights
economy in manufacture **M3:** 848
Heads
polishing and buffing **M5:** 119–120, 126
Head-to-head **EM3:** 15
defined **EM2:** 21
Head-to-tail **EM3:** 15
defined **EM2:** 21
Healed-over scratch
definition **A5:** 958
Healing
of bone fractures **A11:** 673–674
Health *See also* Flammability; Safety precautions; Toxicity
and parylene coatings **EL1:** 800
and safety, with beryllium **A2:** 687
Health, environmental and occupational, and lubricants *See also* Safety **A14:** 517–518
Health hazards
radiation as **A10:** 247
Health precautions *See* Safety precautions
Health studies
NAA application in **A10:** 234
Health-care applications *See also* Medical applications
critical properties **EM2:** 457–458

Hearing safety
ultrasonic fatigue testing effect on **A8:** 240
Heart pacemaker
as hybrid medical application **EL1:** 387
Hearth
defined **A15:** 6
Hearth furnaces
reverberatory **A15:** 374–376
HEARTS **A20:** 779
Heat
-affected zone, abbreviation **A8:** 724
build-up **EM1:** 13
capacity, SI unit/symbol for **A8:** 721
-centering techniques, in fatigue testing **A8:** 712
cleaned **EM1:** 13
content, conversion factors **A8:** 722, **A10:** 686
control, autoclave **EM1:** 704
conversion during curing reaction **EM3:** 323
defined **A15:** 6
degradation of polymers by **A11:** 761
effect on aluminum alloy phase structure . . **A9:** 359
evolution in preparing etchants **A9:** 69
extraction, of alloy additions **A15:** 71
flow, effect in medium strain rate regime . . **A8:** 191
flux density, SI unit/symbol for **A8:** 721
from mounting materials, effect on carbon and alloy steels **A9:** 166–167
generated during curing of castable resins **A9:** 30–31
input, conversion factors **A10:** 686
of formation, liquid/solid copper-tin alloys **A15:** 59
of fusion, during solidification **A15:** 109
quantity of, SI derived unit and symbol for **A10:** 685
release, during solidification **A15:** 109
removal, die casting **A15:** 292–294
resistance **EM1:** 13, **EM3:** 52
scanning electron microscopy study of specimens subjected to **A9:** 97
sealing **EM1:** 13
Heat aging *See also* Aging; Thermal aging
long-term, metals vs. plastics **EM2:** 78
polyethylene terephthalates (PET) **EM2:** 174
Heat analysis
for classifying steels **A1:** 141
Heat and pull methods
component removal **EL1:** 717–718
Heat and shake component removal method EL1: 716
Heat balance
as process modeling submodel **EM1:** 500
Heat balance, overall
as cooling analysis **A15:** 293
Heat buildup *See also* Hysteresis **EM3:** 15
defined **EM2:** 21
Heat capacity . . . . **A3:** 1•6, **A10:** 685
amorphous materials and metallic glasses **A2:** 812–813
beryllium **A2:** 683
Heat capacity, and enthalpy
principles of **A15:** 50
Heat check *See also* Checks
defined **A13:** 7
Heat check fins
as casting die defect **A15:** 295
Heat checking *See also* Checking **A18:** 621–622, 623, 625
defined **A18:** 10
definition **A5:** 958
die wear in hot forging dies **A18:** 635, 639–640
seals **A18:** 549
wear and failure in die-casting dies **A18:** 629
Heat cleaned
defined **EM2:** 21
Heat composition, variations
effect on hardenability **M1:** 477–479
Heat conduction
in heat exchangers **A11:** 628
Heat conductivity **A20:** 188
symbol and units **A18:** 544

Heat content *See also* Enthalpy . . . . **A3:** 1•6
Heat cure *See also* Cure; Curing
of adhesives **EL1:** 672
of conformal coatings **EL1:** 764–765
of silicone-base coatings **EL1:** 773
Heat damage
in tool steels from sectioning **A9:** 256
Heat deflection temperature **EM1:** 8, 91, 92
Heat dissipation model
TAB **EL1:** 286
Heat distortion
point **EM1:** 13
sheet molding compounds **EM1:** 158
Heat distortion temperature *See* Deflection temperature under load
Heat distortion temperature (HDT) **A20:** 639, 642
definition **A20:** 834
Heat exchanger, aluminum-beryllium substrate **A7:** 1104–1105
Heat exchanger materials selection system (HEMS) **A20:** 312
Heat exchangers *See also* Heat exchangers, failures of **EL1:** 47, **EM4:** 978–985
anodic protection of **A13:** 465
application areas **EM4:** 979–980
asset loss risk as a function of equipment type **A19:** 468
brazeability and solderability **A6:** 618
brazing with clad brazing materials . . . **A6:** 347, 348
causes of failures in **A11:** 629–630
ceramic materials **A6:** 948, **EM4:** 980–981
ceramic prototype systems **EM4:** 982–984
clad brazing materials, applications of **A6:** 962–963
cleaning **A13:** 1138–1139
copper and copper alloys **A14:** 822–823
corrosion of **A11:** 630–635
corrosion protection before service **A11:** 628
design of **A11:** 637–639
dip brazing **A6:** 338
economics of ceramic heat exchangers **EM4:** 984–985
eddy current inspection of **A17:** 180–181
fabricated by roll welding **A6:** 312, 314
failed, examination of **A11:** 628–629
function of tubes in **A11:** 628
furnace brazing **A6:** 915, 916–917
heat transfer considerations **EM4:** 978–979
market share **EM4:** 985
materials and applications **A11:** 628
resistance seam welding **A6:** 238–239
saltwater, hydrogen sulfide pitting in **A11:** 631
stainless steel **A13:** 560–561
stiffening in **A11:** 640
test methods **EM4:** 981–982
titanium **A2:** 588–589
torch brazing **A6:** 328
types and functions of **A11:** 628
welding practices for **A11:** 639–640
Heat exchangers, failures of *See also* Heat exchangers **A11:** 628–642
causes **A11:** 629–630
corrosion **A11:** 630–635
corrosion fatigue **A11:** 636–637
design, effects of **A11:** 637–639
elevated temperatures, effects of **A11:** 640–642
failed parts, examination of **A11:** 628–629
stress-corrosion cracking **A11:** 635–636
tubing, characteristics of **A11:** 628
welding practices, effects of **A11:** 639–640
Heat flow
and fluid flow, interaction defects . . . **A15:** 294–295
conditions, single-phase alloys **A15:** 114–119
control, die casting **A15:** 292–293
control, directional solidification **A15:** 320
multidirectional, solidification rates **A15:** 145
paths, die casting **A15:** 293
total rate of **A18:** 43
Heat flow in fusion welding **A6:** 7–18
condition at infinity **A6:** 9

SUBJECTS OF THE INDEXED VOLUMES: ASM Handbook (designated by the letter "A"): **A1:** Properties and Selection: Irons, Steels, and High-Performance Alloys (1990); **A2:** Properties and Selection: Nonferrous Alloys and Special-Purpose Materials (1990); **A3:** Alloy Phase Diagrams (1992); **A4:** Heat Treating (1991); **A5:** Surface Engineering (1994); **A6:** Welding, Brazing, and Soldering (1993); **A7:** Powder Metal Technologies and Applications (1998); **A8:** Mechanical Testing (1985); **A9:** Metallography and Microstructures (1985); **A10:** Materials Characterization (1986); **A11:** Failure Analysis and Prevention (1986); **A12:** Fractography (1987); **A13:** Corrosion (1987); **A14:** Forming and Forging (1988); **A15:** Casting (1988); **A16:** Machining (1989); **A17:** Nondestructive Evaluation and Quality Control (1989); **A18:** Friction, Lubrication, and Wear Technology (1992); **A19:** Fatigue and Fracture (1996); **A20:** Materials Selection and Design (1997). **Metals Handbook, 9th Edition** (designated by the letter "M"): **M1:** Properties and Selection: Irons and Steels (1978); **M2:** Properties and Selection: Nonferrous Alloys and Pure Metals (1979); **M3:** Properties and Selection: Stainless Steels, Tool Materials, and Special-Purpose Materials (1980); **M4:** Heat Treating (1981); **M5:** Surface Cleaning, Finishing, and Coating (1982); **M6:** Welding, Brazing, and Soldering (1983); **M7:** Powder Metallurgy (1984). **Engineered Materials Handbook** (designated by the letters "EM"): **EM1:** Composites (1987); **EM2:** Engineering Plastics (1988); **EM3:** Adhesives and Sealants (1990); **EM4:** Ceramics and Glasses (1991). **Electronic Materials Handbook** (designated by the letters "EL"): **EL1:** Packaging (1989)

conduction equation **A6:** 8
engineering solutions and empirical correlation **A6:** 9–17
cooling rate **A6:** 10–11
general solutions **A6:** 9–10
modified temperature solution **A6:** 12
peak temperature **A6:** 11
practical application of heat flow equations **A6:** 12
solidification rate **A6:** 11–12
finite source theory **A6:** 8
gas-tungsten arc welding **A6:** 8
general approach **A6:** 8
heat-affected zone **A6:** 7, 8, 10, 11, 12, 13, 16
heat-source formulation **A6:** 8–9
isotemperature contours **A6:** 14, 15, 16, 17
literature review **A6:** 8
low-carbon steels **A6:** 10, 13, 16, 17
mathematical formulations **A6:** 8–9
parametric effects **A6:** 17
quench and tempered steels **A6:** 13
relation to welding engineering problems **A6:** 7
surface heat loss **A6:** 9
thermophysical properties of selected engineering materials **A6:** 18
thick-plate equation **A6:** 14
thin-plate equation **A6:** 13–14, 15
underwater welding **A6:** 9
welding control **A6:** 7–8
welding distortion **A6:** 8
welding heat efficiency **A6:** 9
welding thermal process **A6:** 7
metallurgical zones formed **A6:** 7
thermal states **A6:** 7
Heat flow paths
dual-in-line packages **EL1:** 489
Heat flux **A20:** 187–188
at device level **EL1:** 413
effect light water reactor corrosion . . . **A13:** 947–948
Heat flux density **A10:** 685
Heat flux distribution **A18:** 40
Heat fluxes
effects on tube-wall temperature, boilers . . **A11:** 605
scale thickness vs. temperature **A11:** 609
uniform **A11:** 603–604
Heat forming *See* Forming; Thermoforming
Heat input
conversion factors **A8:** 722
equation **A6:** 427
Heat input per length of weld **A6:** 29
Heat insertion **EM2:** 724
Heat lots **A20:** 249
Heat mark *See also* Sink-mark
defined **EM2:** 21
definition **A5:** 958
Heat of adsorption **A7:** 275
Heat of condensation **A7:** 275
Heat of fusion
ductile iron **M1:** 52
Heat partition factors **A18:** 39, 40, 41, 44
Heat process scale
salt bath descaling removal of **M5:** 100–102
Heat reflecting paint
powder used **M7:** 572
Heat removal
radiography **A17:** 305–306
Heat removal technology *See also* Cooling
air cooling with fans **EL1:** 309–310
bonding to frame/cooling surface **EL1:** 310
methods, summary **EL1:** 406
water cooling **EL1:** 310–311
Heat resistance
cast steels **M1:** 400
nickel and nickel alloys **A5:** 864
polyphenylene ether blends (PPE PPO) . . **EM2:** 184
styrene-maleic anhydrides (S/MA) **EM2:** 219
thermoplastic polyimides (TPI) **EM2:** 177
thermoplastic polyurethanes (TPUR) **EM2:** 204
thermosetting resins **EM2:** 223
Heat sealing *See also* Impulse sealing
defined **EM2:** 21
Heat sealing adhesive
defined **EM1:** 13
Heat shield coatings
powder used **M7:** 572
Heat shields **A7:** 591, 592
powders used **M7:** 572
Heat shrink assembly technique **A7:** 383
Heat sink *See also* Graphite
defined **EM1:** 13, **EM2:** 21
properties, of carbon-carbon composites . . **EM1:** 36
Heat sink assembly methods
cost impact **EM3:** 572
Heat sink, copper alloy
sliding electrical contacts **A2:** 842
Heat sink welding
in boiling water reactors **A13:** 931
Heat sinks **EL1:** 1129–1131
aluminum alloys **A6:** 726
composites for **EL1:** 1122
electron-beam welding **A6:** 869
PWB, polymer matrix composites **EL1:** 1117–1118
used in package cooling **EL1:** 414
Heat source, characterization and modeling of **A6:** 1141–1146
arc efficiency **A6:** 1142
arc welding **A6:** 1142–1144
electron-beam welding **A6:** 1144
flux-cored arc welding **A6:** 1144
gas-metal arc welding **A6:** 1143–1144
gas-tungsten arc welding **A6:** 1142–1143
high-energy-density welding **A6:** 1144–1145
laser-beam welding **A6:** 1142, 1144
"quasi-stationary" temperature response . . **A6:** 1141
resistance spot welding **A6:** 1145–1146
shielded-metal arc welding **A6:** 1144
simplified modeling of the heat source **A6:** 1141–1142
submerged arc welding **A6:** 1144
Heat spreaders
molded inside plastic packages **EL1:** 412
Heat stabilizers
as additive, effects **EM2:** 424–425
as additives **EM2:** 95
as polymer additives **EM2:** 67
in engineering thermoplastics **EM2:** 98
Heat time
definition **M6:** 9
Heat tinting **A19:** 162, 163, 164, 165
austenitic stainless steels **A9:** 282
crack arrest fracture toughness testing **A19:** 397
defined **A9:** 9
for interference colors **A9:** 61
for replicas **A12:** 181
J_{Ic} testing **A19:** 398
to produce interference films **A9:** 136
used in quantitative metallography of cemented carbides **A9:** 275
wrought heat-resistant alloys **A9:** 307
Heat transfer
analysis, computer-aided **A15:** 610
and flow localization **A8:** 170–173
and mass transfer, fluid flow modeling of **A15:** 877–882
and temperature, aqueous corrosion **A13:** 39–40
by heat exchangers **A11:** 628
casting vs. welding solidification **A6:** 46
coefficient, determining **A14:** 441–442
coefficient, steam-side, functions of **A11:** 603
design problem, die casting **A15:** 293–294
effects, alloy additions **A15:** 71–72
factors, internal scale deposits **A11:** 604
fluidized-bed **M4:** 301–302
forced convectional, aluminum melt **A15:** 453–456
in design **EM2:** 1
in squeeze casting **A15:** 323
material, characteristics **A17:** 396
mechanisms, thermal inspection **A17:** 396
modes of **M7:** 341
properties, of molten metals **A13:** 56
to tooling **A14:** 161
tubes, erosion **A13:** 136
Heat transfer coefficient **A20:** 712, 779
Heat transfer coefficients **EL1:** 24, 414
Heat transfer onto slip ring, electrical contacts
friction and wear of **A18:** 683
Heat transfer theory
cure cycle **EM1:** 746–748
Heat transport
during solidification **A15:** 111–113
treatment, in equiaxed grain growth **A15:** 133
Heat treatable steels
weldability **M1:** 562–563
Heat treated HSLA steels *See also* As-rolled structural steels; Microalloyed HSLA steels **M1:** 403, 409–410
compositions, typical **M1:** 404
mechanical properties **M1:** 409–410, 414, 417
Heat treating *See also* Annealing; Hardening; Heat treatment; Sintering; Tempering **EM3:** 15
aluminum alloys **M2:** 28–43
and sintering, differences **M7:** 339
as secondary operation **M7:** 451–456
atmospheres, potential hazards **M7:** 348–350
cadmium plating **A5:** 225–226
chromium-nickel-iron alloy plating **A5:** 271
copper metals **M2:** 252–260
defined **EM1:** 13, **EM2:** 21
dimensional change during **M7:** 481
furnace brazing **A6:** 330
heating medium used **M7:** 453
in hot pressing **M7:** 503
of tungsten and molybdenum sintering **M7:** 390–391
P/M parts **M7:** 295
Heat treating furnaces, equipment for
atmospheres **M4:** 289
direct-fired **M4:** 289
electrically heated **M4:** 289–291
gas-fired **M4:** 289
heating elements **M4:** 289–290
maintenance **M4:** 292
oil-fired **M4:** 289
radiant-tube-heated **M4:** 291–292
Heat treating furnaces, types
batch **M4:** 285, 286
bogie hearth **M4:** 287, 288
car **M4:** 287, 288
continuous **M4:** 285–286
pusher **M4:** 286–287
walking-beam **M4:** 287–288
Heat treating, of tool steels
effects on microstructure **A9:** 258–259
Heat treatment *See also* Annealing; Fabrication characteristics; Heat treating; Heat-treatable alloys; Overheating; Post heat treating; Postweld heat treatment; Precipitation hardening; Preheating; Sintering; specific metal or process; Thermal processing **A19:** 9, 18
50% aluminum-zinc alloy coatings . . . **M5:** 349–350
after conventional die compaction **A7:** 13
after overheating **A12:** 127
alloy steel sheet and strip **M1:** 164–165
Alnico alloys **A15:** 738
aluminum alloy sand and permanent mold castings **A2:** 137–138
aluminum alloys, anodizing affected by . . . **M5:** 591
aluminum bronze alloys **A15:** 782
aluminum casting alloys **A2:** 136, 148, 154–177
aluminum coating process **M5:** 334, 339
aluminum-lithium alloys **A2:** 183
and acoustic emission inspection **A17:** 287
and hot isostatic pressing **M7:** 440
and magnetic hysteresis **A17:** 134
and mold life **A15:** 281
and shaft failures **A11:** 475–476
annealing, in ceramics processing classification scheme **A20:** 698
applications, nickel-base alloys **A13:** 655
as manufacturing process **A20:** 247
as metallurgical variable affecting corrosion fatigue **A19:** 187, 193
as metallurgically influenced corrosion **A13:** 123
as seawater pollutant **A13:** 899–900
austenitic ductile irons **A15:** 700–701
baths, molten nitrate **A13:** 90–91
beryllium **A2:** 683–686
beryllium copper alloys **A15:** 782
beryllium-copper alloys **A2:** 405–408
carburized and carbonitrided parts process heat treating of **M1:** 533, 538, 539
carburized parts, selective heat treating of **M1:** 532
carburizing, in steel castings **A11:** 396
cast steels . . . **M1:** 379, 381, 382, 388–389, 392, 398
change to prevent corrosion **A11:** 193–194
cobalt base alloys **A13:** 662
cold heading properties improved by **M1:** 590–591
cold rolled sheet and strip mill heat treatment of **M1:** 156–157
cold-finished bars **M1:** 219, 232–235

Heat treatment (continued)
complexity index for assessing effects of... **A9:** 130
condition, by eddy current inspection **A17:** 164
contamination, magnesium/magnesium alloys........................ **A13:** 740, 741
copper alloys.......................... **A15:** 782
copper and copper alloys **A2:** 223
copper and copper alloys, formability effects....................... **A14:** 809–810
crack closure removal **A19:** 121
cracks **A17:** 50, 296
cracks, martensitic stainless steels........ **A12:** 366
decarburization........................ **A11:** 122
dimensional change **A7:** 711
distortion in **A1:** 462
dual-phase steel **A19:** 142
ductile and brittle fracture from **A11:** 94–97
effect, AISI/SAE alloy steels............. **A12:** 298
effect, CG iron tensile properties **A15:** 673
effect, cold-heading properties....... **A14:** 293–294
effect, galvanized steel.................. **A13:** 433
effect, hydrogen-embrittled aluminum alloy **A12:** 33
effect of alloy steels................ **A19:** 636–639
effect of, at elevated-temperature service................... **A1:** 638–639, 642
effect of enthalpy and heat capacity....... **A15:** 50
effect of, on bearing steels **A1:** 383, 384, 385
effect on alloy steels **A19:** 648–650
effect on carbon steel casting microstructures.................... **A9:** 231
effect on copper-infiltrated iron and hypoeutectoid steel compacts **M7:** 558
effect on corrosion-fatigue **A11:** 256
effect on distortion **A11:** 140
effect on fatigue strength....... **A11:** 119, 121–122
effect on fracture appearance, low-copper aluminum alloy................... **A12:** 33
effect on fracture appearance, titanium alloy **A12:** 32
effect on microstructure of austenitic manganese steel castings **A9:** 239
effects, magnesium/magnesium alloys..... **A13:** 741
effects on ductile-to-brittle transition temperature, structured steels **A11:** 68
effects on Waspaloy rupture time **A8:** 316
effects, stainless steel corrosion **A13:** 551
electroless nickel plate.............. **M5:** 224–231
equalized and aged **A13:** 934
erosion rate effect **A18:** 204
eutectic melting **A11:** 122
factors influencing dimensional change.... **M7:** 291
failures, from surface hardening **A11:** 395
fatigue behavior related to **M1:** 672, 673–675, 679
fatigue failure at spot welds from.... **A11:** 310–311
faulty, and distortion................... **A11:** 140
flame hardening........................ **M1:** 532
flame impingement during.......... **A11:** 573, 579
for aluminum alloy sand/permanent mold castings **A15:** 758–759
for austenitic manganese steel........ **A1:** 829–831
for cobalt-base alloys............... **A15:** 813–814
for phosphate conversion coatings ... **A13:** 387–388
forging failures from........... **A11:** 332–336, 340
forging, of stainless steels.......... **A14:** 228–229
fracture effect, medium-carbon steels..... **A12:** 272
fusion or melting during, as casting defect **A11:** 386
gears................................ **A19:** 353
global **A13:** 942
grain size of steel, effect on **M1:** 701
hardenable alloy steel, interrelation with machinability................. **M1:** 580–581
hardenable steels **M1:** 457–461, 463, 466–470
high-alloy steels **A15:** 730–731
high-chromium white irons **A15:** 684
high-silicon irons.................. **A15:** 699, 701
high-temperature, white irons **A15:** 680
history **A12:** 1–3
hot rolled bars and shapes **M1:** 200–201
hot upset forging **A14:** 87
HSLA steels....................... **M1:** 409–410
improper, AISI/SAE alloy steels **A12:** 309
in drawing......................... **A14:** 331–333
in investment casting................... **A15:** 263
in open-die forging...................... **A14:** 64
in SIMA process **A15:** 332–333
induction hardening **M1:** 532
ladles, processes compared **A15:** 437
lasers used for..................... **M1:** 628–629
magnetically soft materials........... **A2:** 762–763
materials processing data sources **A20:** 502
matrix effect on ferrous alloys............ **A19:** 12
media recommended after conventional die compaction **A7:** 13
metallographic sectioning for............ **A11:** 24
molybdenum **A14:** 238
multiple-step **A14:** 281
nickel alloy applications in............... **A2:** 430
nickel alloys **A15:** 822–823
nickel-chromium white iron **M1:** 81–82
nickel-chromium white irons **A15:** 680
nickel-iron alloys **A2:** 774
niobium-titanium (copper) superconducting materials **A2:** 1053–1054
nitrided parts...................... **M1:** 540–542
nitrided/nitrogenized layer from **A12:** 282
notch toughness of steels, effect on .. **M1:** 699, 701, 703, 706, 708, 709
of abrasion-resistant cast iron.......... **A1:** 91–92, **M1:** 81–83
of all-ceramic mold castings............. **A15:** 249
of aluminum alloy forgings..... **A11:** 340, **A14:** 249
of aluminum alloy ingots, effect on hydrogen porosity **A9:** 633
of aluminum alloy rivets **A11:** 544–545
of aluminum alloys **A15:** 757–762
of ASP steels...................... **M7:** 785–787
of austenitic steels **A11:** 393
of bearing materials................ **A11:** 508–510
of carbon steel parts **A11:** 392
of castings **A11:** 366
of compacted graphite irons................ **A1:** 9
of ductile iron........... **A1:** 8, 9, 38, 40, 41–42, **A15:** 657–660, **M1:** 35, 37, 42, 45
of ferritic e iron **A1:** 75
of ferrous powder metallurgy materials.... **A1:** 809, 810–811
of gray iron **A1:** 7, 21, 29–31, **A15:** 642–643, **M1:** 13, 23, 27, 28, 29–30, 31, 32
of hardenable alloys, distortion from **A11:** 140
of heat-resistant alloys.................. **A14:** 235
of hot work tool steels **A14:** 53–55
of hot-rolled steel bars................... **A1:** 241
of Invar.......................... **A2:** 890–891
of low-alloy steel castings... **A9:** 231, **A11:** 392–393
of magnesium alloy forgings............. **A14:** 260
of malleable iron........... **A1:** 10–11, 75, 76–80, **M1:** 57–63, 68–71, 73
of maraging steels......... **A1:** 795–797, **A11:** 218, **M1:** 445–448
of martensitic stainless steels, effects **A9:** 285
of mortar tubes........................ **A11:** 294
of pearlitic and martensitic malleable iron................... **A1:** 76–80
of pipe and tubing for upsetting **A14:** 92
of piping system cross failure **A11:** 649–650
of plain carbon steels **A15:** 713–714
of precipitation-hardenable stainless steels effects........................... **A9:** 285
of pressure vessels, effects of........ **A11:** 648–649
of sintered high-speed steels......... **M7:** 374–375
of sintered tungsten heavy alloys **M7:** 393
of stainless steel casting alloys, effect on microstructure..................... **A9:** 298
of stainless steel castings **A1:** 911–912
of steel castings................ **A1:** 367, 370–371
of steel plate **A1:** 230–232, **M1:** 182
of stone, prehistoric..................... **A15:** 15
of suction shells **A13:** 1207
of tin and tin alloys, effect on microstructure..................... **A9:** 452
of titanium alloy forgings........... **A14:** 281–282
of titanium alloys, effect on microstructures................ **A9:** 460–461
of type 304 stainless steel, effect on delta ferrite **A9:** 65–66
of uranium alloys.................... **A2:** 672–674
of wrought heat-resistant alloys.......... **A14:** 236
overheating, effect on fatigue strength **A11:** 121–122
P/M process planning secondary operation **A7:** 697
P/M steels................ **M1:** 338–339, 343–346
postcast, titanium and titanium alloy castings........................... **A2:** 639
postforging defects from **A11:** 333
postforming, of copper and copper alloys **A14:** 810
post-HIP **A15:** 543
postweld **A15:** 526–527, 530, 534–535
postweld, microstructural effects **A12:** 375
powder forging **A14:** 201
powder metallurgy **A20:** 750
powder metallurgy high-speed tool
annealing **A1:** 783
hardening **A1:** 783
steels........................... **A1:** 782–783
stress-relieving (before tempering) **A1:** 783
tempering............................ **A1:** 783
prealloyed titanium P/M compacts.... **A2:** 653–654
precipitation, effect on SCC in aluminum alloys **A11:** 220
precipitation, wrought aluminum alloy .. **A2:** 40–41
precision forging **A14:** 164–165
principles............................. **A13:** 48
principles of **A15:** 759–762
prior, effect on depth of induction hardening.................... **M1:** 531–532
process control **A7:** 700
quality control and inspection........ **A7:** 705–706
quench cracks................ **A11:** 122, 568, 570
rapid, effects in AISI/SAE alloy steels **A12:** 328
reaction, in A15 superconductor assembly **A2:** 1068–1069
refractory metals, and formability ... **A14:** 785–786
roughing tool cracked after............. **A11:** 571
schedules, factors governing........... **A11:** 93–94
silver-magnesium-nickel alloys............ **A2:** 702
solid-state sintering, in ceramics processing classification scheme **A20:** 698
solution, boiling water reactors **A13:** 931
solution, for age-hardenable alloys **A11:** 122
springs, steel **M1:** 287–288, 296, 313
stainless steels **M3:** 46–48
corrosion resistance, effect on........ **M3:** 57–59
steel casting failure from **A11:** 392–396
steel wire **M1:** 262
steel wire rod................. **M1:** 253, 255, 257
sterling silver.......................... **A2:** 701
stress relief, brittle fracture and.......... **A11:** 664
subcritical **A15:** 684
surface hardening of steel........... **M1:** 527–542
tempering, in ceramics processing classification scheme **A20:** 698
threaded fasteners................. **M1:** 275–277
titanium alloys **A15:** 833
titanium and titanium alloy castings .. **A2:** 643–644
tool and die failure from....... **A11:** 564, 567–574
tool steel surface after **A11:** 573, 578
tool steels **M3:** 434
transmission shaft fatigue from straightening after **A19:** 600–601
ultrahigh-strength steels........ **M1:** 423–425, 427, 429–430, 431–432, 433, 434–436, 438–439, 441
unanticipated **A11:** 395
uranium **M3:** 776–777
vacuum coating process................. **M5:** 409

SUBJECTS OF THE INDEXED VOLUMES: ASM Handbook (designated by the letter "A"): **A1:** Properties and Selection: Irons, Steels, and High-Performance Alloys (1990); **A2:** Properties and Selection: Nonferrous Alloys and Special-Purpose Materials (1990); **A3:** Alloy Phase Diagrams (1992); **A4:** Heat Treating (1991); **A5:** Surface Engineering (1994); **A6:** Welding, Brazing, and Soldering (1993); **A7:** Powder Metal Technologies and Applications (1998); **A8:** Mechanical Testing (1985); **A9:** Metallography and Microstructures (1985); **A10:** Materials Characterization (1986); **A11:** Failure Analysis and Prevention (1986); **A12:** Fractography (1987); **A13:** Corrosion (1987); **A14:** Forming and Forging (1988); **A15:** Casting (1988); **A16:** Machining (1989); **A17:** Nondestructive Evaluation and Quality Control (1989); **A18:** Friction, Lubrication, and Wear Technology (1992); **A19:** Fatigue and Fracture (1996); **A20:** Materials Selection and Design (1997). **Metals Handbook, 9th Edition** (designated by the letter "M"): **M1:** Properties and Selection: Irons and Steels (1978); **M2:** Properties and Selection: Nonferrous Alloys and Pure Metals (1979); **M3:** Properties and Selection: Stainless Steels, Tool Materials, and Special-Purpose Materials (1980); **M4:** Heat Treating (1981); **M5:** Surface Cleaning, Finishing, and Coating (1982); **M6:** Welding, Brazing, and Soldering (1983); **M7:** Powder Metallurgy (1984). **Engineered Materials Handbook** (designated by the letters "EM"): **EM1:** Composites (1987); **EM2:** Engineering Plastics (1988); **EM3:** Adhesives and Sealants (1990); **EM4:** Ceramics and Glasses (1991). **Electronic Materials Handbook** (designated by the letters "EL"): **EL1:** Packaging (1989)

verification **A14:** 249, 282
verification, aluminum alloy forging **A17:** 497
verification, wrought titanium alloys . . **A2:** 620–622
vitrification, in ceramics processing classification scheme **A20:** 698
warping during **A11:** 141
wear resistance versus hardness of materials **A18:** 708
weld preheat/postweld, magnesium castings **A2:** 476
weldments **A19:** 439
wrought aluminum alloys **A12:** 417
wrought titanium alloys **A2:** 618–622

Heat treatment cracks
as planar flaws **A17:** 50
radiographic inspection methods **A17:** 296

Heat treatment, design for *See* Design for heat treatment

Heat treatment of ferrous powder metallurgy parts **A7:** 645–655
alloy content influence on P/M hardenability **A7:** 646–647
carbon content effect **A7:** 647
carbonitriding **A7:** 645, 649–650
carburizing **A7:** 645, 646, 649–650
copper content effect **A7:** 647, 648
guidelines for heat treating P/M parts **A7:** 653–654
induction hardening **A7:** 650
mechanical properties **A7:** 654–655
nickel content effect **A7:** 647, 648
nitrocarburizing **A7:** 645, 650–651
porosity effect on material properties **A7:** 645
porosity influence on case depth **A7:** 645–646
porous P/M parts **A7:** 653–654
prealloy/diffusion alloyed irons **A7:** 647
processes applied to P/M parts **A7:** 648–649
sinter hardening **A7:** 651–652
steam treating **A7:** 652–653, 654
tempering **A7:** 650

Heat treatments
explosion welding **A6:** 305
history by optical metallography **A10:** 299
of alloy steels, atom probe composition profiles for **A10:** 594

Heat welding
and sealing **EM2:** 724–725

Heat-activated adhesive **EM3:** 15, 35
defined **EM1:** 12, **EM2:** 21

Heat-activated plastics
as binders **A15:** 211

Heat-affected zone
885 °F embrittlement **M6:** 527
arc welds of coppers **M6:** 404
carbide precipitation, as weld decay . . **A13:** 349–350
caustic SCC **A13:** 354
characteristics in friction welds **M6:** 720
characteristics in laser beam welds **M6:** 656
characteristics in percussion welds **M6:** 740
chromium carbide precipitation in **M6:** 527
cold cracks in **A12:** 137, 155–156
control of toughness **M6:** 41–42
corrosion of **A13:** 652–653
crack susceptibility in precipitation-hardenable alloys **M6:** 438
cracking in
arc welds of nickel alloys **M6:** 443
electroslag welds **M6:** 233–234
flash welds **M6:** 579
nickel-based heat-resistant alloys **M6:** 355
shielded metal arc welds **M6:** 93
cracking in stainless steels
austenitic stainless steels **M6:** 321, 323
ferritic stainless steels **M6:** 346
martensitic stainless steels **M6:** 348
cracking, medium-carbon steels **A12:** 254
decohesive rupture **A12:** 18
defined **A13:** 7
definition **A5:** 958, **M6:** 9, 27–28
depth in gas cut carbon steels **M6:** 903
effect of cooling rate and alloying **M6:** 40
effect of electrode travel speed **M6:** 86
electrogas welds **M6:** 244
electron beam welds **M6:** 618–619
comparison of size **M6:** 625
effect of pressure **M6:** 618
width **M6:** 619
elimination of microcracks **M6:** 369
flash welding **M6:** 569, 571, 576–578
weld defects **M6:** 579
gas cutting effects **A14:** 724, 731
grain size in beryllium **M6:** 572–573
grain structure in thermit welds **M6:** 697
graphite formation in **A12:** 124
heat flow calculations **M6:** 31–32
in cast iron arc welds **M6:** 309–310
influence of preheat in cast irons **M6:** 312–313
intergranular SCC, location **A13:** 929
microstructure **M6:** 35–371408
minimization by pulsed-current welding . . . **M6:** 187
plasma arc cutting, effect on **M6:** 917
prediction of microstructure **M6:** 40
preferential corrosion, carbon steel weldments **A13:** 363
preheating to reduce residual stress **M6:** 890
recrystallization/grain growth **A13:** 344
resistance spot welding **M6:** 486–487
shallowness in percussion welds **M6:** 740
sigma precipitation in **A13:** 350
stress-relief cracking **A12:** 139
striations **A12:** 21
structure in stud arc welding **M6:** 733
submerged arc welding
grain coarseness **M6:** 118–119
relationship of heat input **M6:** 118–119
toughness improvement **M6:** 116
variation, corrosivity **A13:** 344
weakness in aluminum alloys **M6:** 373

Heat-affected zone cracking **A6:** 90–93
advanced titanium-base alloys **A6:** 526
machinery and equipment weldments **A6:** 391
nickel alloys **A6:** 742

Heat-affected zone (HAZ) **A6:** 5–6, **A7:** 656, 659, **A20:** 474
acetylene fuel gas **A6:** 1157
advanced titanium-base alloys **A6:** 526, 527
aerospace materials **A6:** 386
air-carbon arc cutting **A6:** 1176
aluminum alloy weldments **A19:** 826
aluminum alloys **A6:** 725, 726, 727, 729
aluminum-lithium alloys **A6:** 551, 552
arc welding of carbon steels **A6:** 641, 642, 647, 648, 649, 652, 658, 659, 660
austenitic stainless steels . . . **A6:** 456, 464–465, 466, 467, 468
austenitic weldments **A19:** 738
brazing **A6:** 110
and soldering characteristics of engineering materials **A6:** 623–624
capacitor discharge stud welding **A6:** 221
carbon and low-alloy steels **A6:** 405, 406, 407
cast irons . . . **A6:** 709, 710, 712, 713–714, 717, 718, 720
cobalt-base corrosion-resistant alloys **A6:** 598
copper alloys **A6:** 754
coppers **A6:** 759
corrosion of weldments **A6:** 1065, 1066, 1067, 1068
cracking **A6:** 90–93
advanced titanium-base alloys **A6:** 526
machinery and equipment weldments **A6:** 391
nickel alloys **A6:** 742
cracks, by liquid penetrant inspection **A17:** 86
defined **A11:** 5
definition **A6:** 1210, **A20:** 834
description **A6:** 1065
dispersion-strengthened aluminum alloys . . **A6:** 542, 544, 545, 546
dissimilar metal joining **A6:** 824, 826
duplex stainless steels **A6:** 482, 483, 484, 485, 486, 488, 489
electrogas welding **A6:** 275, 276
electron-beam welding **A6:** 255, 258, 855, 857, 858, 864, 865, 866, 867, 868, 869, 870, 871, 872
electroslag welding **A6:** 270–271, 272, 275, 277, 279
ferritic stainless steels **A6:** 445, 446, 447, 448, 449, 450, 452, 454
friction surfacing **A6:** 321
friction welding **A6:** 316, 317
gas-tungsten arc welding **A6:** 868
graphitization at **A11:** 614
heat flow in fusion welding . . . **A6:** 7, 8, 10, 11, 12, 13, 16
heat-resistant (Cr-Mo) ferritic steels, weldments **A19:** 710–711
heat-treatable aluminum alloys **A6:** 530, 531, 532–534
heat-treatable low-alloy steels **A6:** 671, 672
high-strength low-alloy quench and tempered structural steels **A6:** 666
high-strength low-alloy, structural steels . . . **A6:** 663, 664
high-temperature alloys **A6:** 563, 564–565
hot-cracking in **A11:** 401
hydrogen stress cracking prevention **A19:** 481
hydrogen-assisted cracking in **A15:** 532–535
in weldments, fatigue and fracture of **A19:** 438
inertia welding **A6:** 889
intergranular carbide precipitation **A11:** 132
intergranular cracking **A11:** 132
lamellar tearing **A6:** 1073
lamellar tearing in **A11:** 92
lamellar tearing, in weldments **A17:** 582, 585
laser welding of plastics **A6:** 1051
laser-beam welding **A6:** 262, 263
machinery and equipment weldments **A6:** 391
magnesium alloys **A6:** 780, 782
magnetic particle indications **A17:** 107–108
magnetic printing detection **A17:** 126
metallographic sections for **A11:** 24
microstructure evolution **A6:** 1136, 1137, 1138
nickel alloys **A6:** 587–590
nickel-base alloys **A6:** 577
nickel-base corrosion-resistant alloys containing molybdenum **A6:** 594, 595, 596, 597
nickel-chromium alloys **A6:** 587–590
nickel-chromium-iron alloys **A6:** 587–590
nickel-copper alloys **A6:** 587–590
niobium alloys **A6:** 581
nonferrous high-temperature materials **A6:** 566, 567, 569
non-heat-treatable aluminum alloys . . . **A6:** 537, 539
oxyfuel gas cutting of base metal . . . **A6:** 1159, 1160
oxyfuel gas welding **A6:** 290
plasma arc cutting **A6:** 1169
precipitation-hardening stainless steels **A6:** 483–484, 487, 488, 489, 490
preheating effects, cast iron **A15:** 525
repair welding **A6:** 1105, 1106, 1107
residual stresses **A6:** 1102
sensitization during welding of cobalt-base wrought alloys **A18:** 766
solid-state transformations in weldments . . . **A6:** 70, 71, 72, 73, 74, 75, 79, 80–81, 82, 83, 84
stainless steel casting alloys **A6:** 497, 498
stainless steels . . . **A6:** 679, 681, 683, 686, 689, 695, 697, 698–699
steel weldment soundness . . **A6:** 408, 409, 410, 411, 412
steel weldments . . **A6:** 416–417, 418, 419, 420, 421, 423–424, 425, 426–427
submerged arc welding **A6:** 202–203
tantalum alloys **A6:** 581
titanium alloys . . . **A6:** 85, 509, 510, 513, 514, 516, 519, 521, 783, 784, 786
titanium-base corrosion-resistant alloys **A6:** 599
tool and die steels **A6:** 675
tungsten alloys **A6:** 582
ultrahigh-strength low-alloy steels **A6:** 673–674
ultrasonic welding **A6:** 327
ultrasonic welding, nickel-base alloys **A6:** 895
underwater welding **A6:** 1010, 1011–1012
weld characterization . . . **A6:** 97, 99, 100, 101, 102, 103, 104
weld discontinuities **A6:** 1075, 1076, 1078
weld, pressure vessel failure from cracks in **A11:** 650–652
weld procedure qualification **A6:** 1090, 1091, 1092
weldments and brittle fracture **A19:** 442, 443, 444, 445
wrought martensitic stainless steels . . . **A6:** 433, 435, 436, 438, 440, 441
zirconium alloys **A6:** 787

Heat-affected zone hot cracking
evaluation by spot Varestraint test **A6:** 608
stainless steel casting alloys **A6:** 497, 498

Heat-affected zone hydrogen cracking
oxide-dispersion strengthened materials . . **A6:** 1039, 1040

Heat-affected zone liquation cracking
austenitic stainless steels **A6:** 464–465
duplex stainless steels **A6:** 478
nonferrous high-temperature materials **A6:** 567–570
Heat-affected zone microstructure, effect of
on weldability **A1:** 605–606, 608
Heat-affected zone of weldments
defined **A9:** 9
epitaxial growth in **A9:** 578–579
transformation behavior in ferrous
alloys **A9:** 580–581
Heat-affected zone, validation
strategies **A6:** 1147–1150
model validation and boundary condition **A6:** 1150
temperature measurement **A6:** 1149–1150
electron-beam welding **A6:** 1149
gas-tungsten arc welding **A6:** 1149–1150
narrow-band IR pyrometry **A6:** 1149–1150
optical spectral radiometric/laser reflectance
(OSRLR) **A6:** 1150
thermocouples **A6:** 1149
thermography **A6:** 1149–1150
validation of residual calculation **A6:** 1150
interferometry **A6:** 1150
neutron diffraction method **A6:** 1150
strain gages **A6:** 1150
x-ray diffraction method **A6:** 1150
Heat-affected zones (HAZ)
fracture toughness improved by stress-relief heat
treating **A4:** 33
Heat-checked die
as casting defect **A11:** 381
Heat-conduction coefficient **A20:** 188
Heat-curable rubber (HCR)
as silicone form **EM2:** 267
Heat-cure (elevated temperature-cure) resins
as impregnation resins **A7:** 690
Heat-cured processes *See also* Hot box processes
as coremaking systems **A15:** 238
Heat-deflection temperature *See also* Deflection
temperature under load (DTUL);
Temperature(s) **EM3:** 15
cyanates **EM2:** 238
defined **EM2:** 21
of engineering plastics **EM2:** 68
polyaryletherketones (PAEK, PEK PEEK,
PEKK) **EM2:** 143
polybenzimidazoles (PBI) **EM2:** 148
polyphenylene ether blends (PPE, PPO) **EM2:** 184
polysulfones (PSU) **EM2:** 200
Heat-disposable pattern
defined **A15:** 6
Heat-down package
MCNC **EL1:** 310–311
Heated blanks
explosive forming of **A14:** 643
Heated volatile materials
brazing atmosphere source **A6:** 628
Heated-roll rolling
of shapes **A14:** 357–358
of sheet and strip **A14:** 356–357
Heater block
for component removal **EL1:** 718
Heater-boilers
asset loss risk as a function of
equipment type **A19:** 468
Heaters *See also* Heating elements
as metal-processing equipment **A13:** 1316
open resistance **A2:** 829–831
sheathed **A2:** 831
Heaters, deaerating feedwater
failures in **A11:** 657–658
Heat-exchanger tubes
ASTM specifications for **M1:** 323
copper alloy, failure of **A11:** 634–635
U-bend, corrosion fatigue failure of **A11:** 637
Heat-fail temperature **EM3:** 15
Heat-flow path
through boiler tubes **A11:** 603
Heath, J.M
and open-hearth furnace **A15:** 32
Heathcote slip **A18:** 510
Heating *See also* Die heating; Heat treatment;
Heating equipment; Heating time; Overheating;
Reheating
continuous, effect on flow stress vacuum-melted
iron **A8:** 177
effect, in direct current electric potential
method **A8:** 389
for forging magnesium alloys **A14:** 259
for forging, nickel-base alloys **A14:** 261–263
in forging of ingots **A14:** 222
induction **A14:** 152, 165
infrared **A14:** 152
ingot **A14:** 222
nickel-base alloy applications in **A13:** 655
of blocks, in ring rolling **A14:** 123
of copper alloy billets/slugs **A14:** 257
of heat-resistant alloys **A14:** 235
of magnesium alloys **A14:** 826–827
straightening by **A14:** 681–682
system, for torsion testing **A8:** 158–159
Heating alloys *See also* Electrical resistance
alloys **M3:** 646–651
applications **A2:** 827–828
heaters, fabrication **M3:** 651
heating elements, service life . . . **M3:** 646, 650–653,
654, 656
iron-chromium-aluminum **A2:** 828–829
nickel-chromium **A2:** 828
nickel-chromium-iron **A2:** 828
nonmetallic materials **A2:** 829
operating temperatures **M3:** 647
pure metals **A2:** 829
resistance heaters, design **M3:** 648–651
service environments **M3:** 653–657
Heating blankets and assembled
vacuum bags **EM3:** 815–816, 817
Heating curve
vibratory milling in stainless steel
chamber **M7:** 61, 62
Heating elements *See also* Heaters; Open resistance
heaters
service life **A2:** 831–833
Heating elements, improving
performance of . . . . **A3:** 1•27–1•28
Heating equipment *See also* Furnaces; Heat
treatment; Heating
closed-die forging **A14:** 81
for aluminum alloys **A14:** 247
for titanium alloy forgings **A14:** 278
precoated steel sheet for . . . **M1:** 167, 172–173, 176
Heating equipment, cast iron
coatings for **M1:** 104
Heating equipment for macroetching **A9:** 171
Heating force **A6:** 316
Heating gate
definition **M6:** 9
Heating methods
for thermal inspection **A17:** 398
Heating rate *See also* Cooling rate
effect on massive transformation **A9:** 655
Heating tape
electrical resistance **A17:** 409
Heating time *See also* Heat treatment; Heating;
Overheating; Reheating
closed-die forging **A14:** 81
copper alloy billets/slugs **A14:** 257
for aluminum alloy forgings **A14:** 247–248
for stainless steel, section thickness
effects **A14:** 228
for titanium alloys **A14:** 278
Heat-loss coefficient **A6:** 8, 9
Heat-resistant alloy
primary testing direction **A8:** 667
Heat-resistant alloys *See also* Wrought heat-resistant
alloys . . **A14:** 231–236, 779–784, **A16:** 206, 208,
736–760
abrasive belt grinding **A16:** 760
advantages **A4:** 512–513
alloy group designations **A16:** 757
applications **M3:** 196–197, 199–200, 204, 205–206
applications, low-alloy **A4:** 39
austenitic stainless steels **M3:** 190, 204–206
boring **A16:** 742
brazing and soldering characteristics . . **A6:** 632–633
broach design **A16:** 744, 745
broach tool modification **A16:** 744
broaching **A16:** 743–746
carburizing container material **A4:** 327
cast, arc welding of **A15:** 529
categories **A16:** 736–737
centerless grinding **A16:** 758, 760
circular sawing **A16:** 756–757
climb milling **A16:** 752, 754
coated drills used **A16:** 58
cobalt-base alloys, forming practice . . **A14:** 783–784
cold reduction swaging effects **A14:** 129
combined creep and fatigue **M3:** 194
compositions **A16:** 736–737
contour band sawing **A16:** 363
cooling practice **A14:** 235
corrosion in **A11:** 200–201
counterboring **A16:** 751, 752
creep and stress-rupture **M3:** 192–194
creep damage and stress rupture **A11:** 290–292
cutting fluids **A16:** 740–741, 743–747, 750–751,
753–757
cylindrical grinding **A16:** 758
descaling before ceramic coating **A5:** 473
design properties **M3:** 191, 192, 198, 201
die forgings, materials for forging tools . . . **M3:** 529,
530, 532, 534
dies **A14:** 234–235
drilling **A16:** 218, 746–750
electrochemical machining **A5:** 112
electrodischarge machining **A16:** 752
electron-beam welding **A6:** 869
end milling **A16:** 754, 755
face milling **A16:** 753, 755
face milling comparisons **A16:** 737–738
ferritic stainless steels **M3:** 190–191, 194, 195–196
fixturing **A16:** 749–750
for casings in air-fuel gas burners **A4:** 274
for retort in bell-type hot-wall furnace **A4:** 496
for shallow forming dies **A18:** 623
forging alloys **A14:** 232–234
forging machines **A14:** 234
forging methods **A14:** 231–232
forging of **A14:** 231–236
formability, alloy conditions and **A14:** 779–780
forming of **A14:** 519, 779–784
gas-tungsten arc welding **A6:** 192
G-ratio (grinding ratio) **A16:** 758–760
grinding **A16:** 757–760
grinding fluid identification and
classification **A16:** 759
grinding fluids **A16:** 757, 758–759, 760
grinding mechanically alloyed products . . . **A16:** 760
grinding wheel selection **A16:** 758
group designations **A16:** 738
gun drills **A16:** 747, 749
heat treatment **A14:** 235–236, **M3:** 194, 195,
197–198, 201–206
heating of dies **A14:** 235
hot forging **A18:** 625
IN-625, HAZ hot cracking **A11:** 401
ingot production **M3:** 189–190
internal grinding **A16:** 758, 760
ion implantation **A5:** 608
Iron-base alloys, forming practice **A14:** 782
iron-base, wrought **M3:** 189–206
lubrication **A14:** 235, 519, 781
machining comparisons **A16:** 737–739

SUBJECTS OF THE INDEXED VOLUMES: ASM Handbook (designated by the letter "A"): **A1:** Properties and Selection: Irons, Steels, and High-Performance Alloys (1990); **A2:** Properties and Selection: Nonferrous Alloys and Special-Purpose Materials (1990); **A3:** Alloy Phase Diagrams (1992); **A4:** Heat Treating (1991); **A5:** Surface Engineering (1994); **A6:** Welding, Brazing, and Soldering (1993); **A7:** Powder Metal Technologies and Applications (1998); **A8:** Mechanical Testing (1985); **A9:** Metallography and Microstructures (1985); **A10:** Materials Characterization (1986); **A11:** Failure Analysis and Prevention (1986); **A12:** Fractography (1987); **A13:** Corrosion (1987); **A14:** Forming and Forging (1988); **A15:** Casting (1988); **A16:** Machining (1989); **A17:** Nondestructive Evaluation and Quality Control (1989); **A18:** Friction, Lubrication, and Wear Technology (1992); **A19:** Fatigue and Fracture (1996); **A20:** Materials Selection and Design (1997). **Metals Handbook, 9th Edition** (designated by the letter "M"): **M1:** Properties and Selection: Irons and Steels (1978); **M2:** Properties and Selection: Nonferrous Alloys and Pure Metals (1979); **M3:** Properties and Selection: Stainless Steels, Tool Materials, and Special-Purpose Materials (1980); **M4:** Heat Treating (1981); **M5:** Surface Cleaning, Finishing, and Coating (1982); **M6:** Welding, Brazing, and Soldering (1983); **M7:** Powder Metallurgy (1984). **Engineered Materials Handbook** (designated by the letters "EM"): **EM1:** Composites (1987); **EM2:** Engineering Plastics (1988); **EM3:** Adhesives and Sealants (1990); **EM4:** Ceramics and Glasses (1991). **Electronic Materials Handbook** (designated by the letters "EL"): **EL1:** Packaging (1989)

manufacturing ratings A16: 739
manufacturing time for parts production.. A16: 739
martensitic stainless steels .. M3: 190–191, 196–199
mechanical properties M3: 192–195, 197, 199–205
methods and tools A14: 781
milling A16: 327, 329, 754, 755
nickel-base. A15: 816–819
nickel-base, forming practice A14: 782–783
oil-hole drills A16: 747, 749
oxidation resistance M3: 195–196, 197–198,
205–206
planing. A16: 742–743
plasma melting/casting A15: 420
power band sawing A16: 755, 756
power hacksawing A16: 757
precipitation-hardening stainless
steels M3: 190–191, 199–204
press-formed parts, materials for forming
tools M3: 492, 493
product forms M3: 190–191
reaming A16: 750–751
rolling direction, effect on
formability A14: 780–781
sawing A16: 358, 755, 756–757
shaping............... A16: 191, 192, 742–743
slab milling..................... A16: 755, 756
speed, effect on formability A14: 781
spotfacing A16: 751, 752
stock preparation A14: 235
stress-corrosion failure in A11: 309
structure control phase and working
temperatures A14: 266
structure/property correlations....... A15: 818–819
surface finish.......................... A14: 236
surface grinding A16: 759–760
susceptibility to hydrogen damage A11: 249
tapping................ A16: 259, 263, 751–754
tapping machines A16: 752
temperature vs. ductility............... A44: 234
tempering in service............... M3: 197–198
thread grinding A16: 273
thread milling..................... A16: 751–754
torch brazing........................... A6: 328
trepanning A16: 742
turning A16: 739–742
twist drills......................... A16: 747–749
welding M3: 201, 203, 206
Heat-resistant alloys, ACI, specific types *See also*
Superalloys, specific types
HA alloy............................... M3: 273
composition M3: 269, 285
machining data....................... M3: 279
property data M3: 285–286
HB alloy, corrosion rates in air and
flue gas M3: 270
HC alloy M3: 273
composition M3: 269, 286
corrosion rates in air and flue gas M3: 270
machining data....................... M3: 279
mechanical properties M3: 270
property data M3: 286–287
use in equipment for making glass
fibers M3: 280
HD alloy.............................. M3: 273
composition M3: 269, 288
corrosion rates in air and flue gas M3: 270
machining data....................... M3: 279
mechanical properties M3: 270
property data................ M3: 288, 289
HE alloy M3: 273
composition M3: 269, 289
corrosion rates in air and flue gas M3: 270
machining data....................... M3: 279
mechanical properties M3: 270
property data................ M3: 289, 290
HF
composition. A4: 511, M4: 326
properties, elevated temperature M4: 326
properties, elevated-temperature......... A4: 511
recommended for furnace parts and
fixtures A4: 513
HF alloy M3: 273
composition M3: 269, 291
corrosion rates in air and flue gas M3: 270
machining data....................... M3: 279
mechanical properties M3: 270
property data M3: 291–293

use in equipment for making glass
fibers M3: 280
HH
composition M4: 326
composition alloys A4: 511
properties, elevated temperature M4: 326
properties, elevated-temperature......... A4: 511
recommended for furnace parts and
fixtures A4: 513
HH alloy................... M3: 273–274, 275
balancing of composition M3: 273–274
composition............... M3: 269, 293–294
corrosion rates in air and flue gas M3: 270
machining data....................... M3: 279
mechanical properties M3: 270
property data M3: 293–295
short-time tensile properties M3: 274, 275
HI alloy M3: 274
composition M3: 269, 296
corrosion rates in air and flue gas M3: 270
machining data....................... M3: 279
mechanical properties M3: 270
property data M3: 296–297
HL, composition A4: 510
HK
composition. A4: 511, M4: 326
for radiant-tube-heated furnace
equipment........................ A4: 473
properties, elevated temperature M4: 326
properties, elevated-temperature......... A4: 511
recommended for carburizing and carbonitirding
furnace parts A4: 513
recommended for furnace parts and
fixtures A4: 513
HK alloy M3: 274–275, 276
composition............... M3: 269, 297–298
corrosion rates in air and flue gas M3: 270
machining data....................... M3: 279
mechanical properties M3: 270, 274–275, 276
property data M3: 298–300
use in equipment for making glass
fibers M3: 280
HL
composition A4: 510
recommended for furnace parts and
fixtures A4: 513
HL alloy....................... M3: 275–276
composition M3: 269, 300
corrosion rates in air and flue gas M3: 270
machining data....................... M3: 279
mechanical properties M3: 270
property data M3: 300–301
HN
composition. A4: 511, M4: 326
properties, elevated temperature M4: 326
properties, elevated-temperature......... A4: 511
HN alloy............................. M3: 276
composition M3: 269, 301
corrosion rates in air and flue gas M3: 270
machining data....................... M3: 279
mechanical properties M3: 270
property data.............. M3: 301–303, 304
HP alloy M3: 276
composition M3: 269, 303
corrosion rates in air and flue gas M3: 270
machining data....................... M3: 279
mechanical properties M3: 270
property data M3: 303–305, 306, 307
HP-50WZ alloy
composition M3: 269, 305
property data.................. M3: 305, 307
HT
composition. A4: 511, M4: 326
cost A4: 517
for carburizing furnace trays............ A4: 514
for radiant-tube-heated furnace
equipment........................ A4: 473
liquid nitriding equipment A4: 414
muffle application A4: 517
properties, elevated temperature M4: 326
properties, elevated-temperature......... A4: 511
recommended for carburizing and carbonitirding
furnace parts A4: 513
recommended for furnace parts and
fixtures A4: 513
recommended for parts and fixtures for salt
baths A4: 514

HT alloy............................... M3: 276
composition M3: 269, 305
corrosion rates in air and flue gas M3: 270
machining data....................... M3: 279
mechanical properties M3: 270
property data M3: 305–307, 308, 309
HU
composition A4: 511
cost A4: 517
properties, elevated-temperature......... A4: 511
recommended for carburizing and carbonitirding
furnace parts A4: 513
recommended for furnace parts and
fixtures A4: 513
recommended for parts and fixtures for salt
baths A4: 514
HU alloy.............................. M3: 276
composition M3: 269, 310
corrosion rates in air and flue gas M3: 270
machining data....................... M3: 279
mechanical properties M3: 270
property data M3: 308, 309, 310
HV
composition M4: 326
properties, elevated temperature M4: 326
HW
cost A4: 517
recommended for furnace parts and
fixtures A4: 513
HW alloy M3: 276–277
composition M3: 269, 310
corrosion rates in air and flue gas M3: 270
machining data....................... M3: 279
mechanical properties M3: 270
property data.................. M3: 310–312
HX
composition. A4: 511, M4: 326
properties, elevated temperature M4: 326
properties, elevated-temperature......... A4: 511
recommended for carburizing and carbonitirding
furnace parts A4: 513
recommended for furnace parts and
fixtures A4: 513
HX alloy M3: 276, 277
composition M3: 269, 312
corrosion rates in air and flue gas M3: 270
machining data....................... M3: 279
mechanical properties M3: 270
property data.................. M3: 312, 313
Heat-resistant alloys (cast)
thermal expansion coefficient............. A6: 907
Heat-resistant alloys, fixtures
applications A4: 513, 514, 515, 516, M4: 330,
331–333
cast, compared to wrought alloys.... A4: 511–513,
M4: 327–330
cost A4: 517
life expectancy A4: 511
materials recommended..... A4: 511, 513, M4: 329
materials recommended for use in salt
baths A4: 514, M4: 331
Heat-resistant alloys, forged
inspection of A17: 496, 503
Heat-resistant alloys, furnace parts
air-line attack A4: 517
applications .. A4: 513, 514, 515–517, M4: 333–336
baskets........................... A4: 514–515
belting.......... A4: 513, 516, M4: 328, 334–335
carbonitirding furnaces, material for.. A4: 515, 516,
M4: 329
carburizing furnaces, materials for A4: 511, 514,
515, M4: 329
cast, compared to wrought alloys..... A4: 511–513,
M4: 327–330
chain link A4: 513
conveyance system..... A4: 515, 516, M4: 333–335
cost A4: 511, 513, 517, M4: 336
electrodes........... A4: 514, 517, M4: 335–336
guides A4: 513
high temperature properties M4: 325, 326, 327
high-temperature properties A4: 516
materials recommended..... A4: 513, M4: 328, 329
materials recommended for use in salt
baths A4: 514, M4: 331
muffles A4: 513, 517, M4: 328, 334, 336
nonmetallic material radiant tubes A4: 517–518
pots.................... A4: 514, 517, M4: 335

Heat-resistant alloys, furnace parts (continued)
radiant tubes **A4:** 513, 516–518, **M4:** 328, 333, 335
retorts **A4:** 513, 517
rolls **A4:** 513, 516
service life **A4:** 511
sprockets **A4:** 513
thermocouple protection tubes. **A4:** 514
welding techniques. **A4:** 513

Heat-resistant alloys, grids *See* Heat-resistant alloys, trays

Heat-resistant alloys, heat treating *See also* Chromium-containing alloys, specific types; Refractory metals, heat treating; Superalloys, heat treating
liquid nitriding **A4:** 419
stress-relieving **A4:** 510, 511

Heat-resistant alloys, specific types
17-22A, finish broaching. **A5:** 86
17-22A (S), finish broaching. **A5:** 86
D-979
descaling. **A5:** 782
finish broaching. **A5:** 86
DS MAR-M200+Hf, aging cycle **A4:** 812
DS MAR-M247, aging cycle. **A4:** 812
DS Rend 80H, aging cycle **A4:** 812
M-252
electrochemical machining. **A5:** 111
oxide and scale removal **A5:** 780
M-308, finish broaching **A5:** 86
N-155, descaling before ceramic coating . . . **A5:** 473
PWA-682 (Ti), finish broaching. **A5:** 86
René 41
electrochemical machining. **A5:** 111
finish broaching. **A5:** 86
oxide and scale removal **A5:** 780
S-816
descaling. **A5:** 782
descaling before ceramic coating **A5:** 473
finish broaching. **A5:** 86

Heat-resistant alloys, trays
applications **A4:** 513–514, **M4:** 329, 330–331
life expectancy . . . **A4:** 511, 513–514, **M4:** 327–328, 330–331
materials recommended. **A4:** 511, 513, **M4:** 328

Heat-resistant alloys, use for furnace parts
trays and fixtures **M4:** 325–336

Heat-resistant alloys, used for furnace parts
trays, and fixtures **A4:** 510–518

Heat-resistant alloys, wrought, specific types
214
characteristics **A4:** 512
composition **A4:** 512
mesh belt applications **A4:** 516
radiant tube applications. **A4:** 517
recommended for carburizing and carbonitriding furnace parts **A4:** 513
recommended for furnace parts and fixtures **A4:** 513
230
characteristics **A4:** 512
composition **A4:** 512
radiant tube applications. **A4:** 517
recommended for carburizing and carbonitriding furnace parts **A4:** 513
recommended for furnace parts and fixtures **A4:** 513
253 MA
characteristics **A4:** 512
composition **A4:** 512
recommended for furnace parts and fixtures **A4:** 513
304, recommended for furnace parts and fixtures **A4:** 513
309
composition **M4:** 327
properties, elevated temperature **M4:** 327
radiant tube applications. **A4:** 517
recommended for furnace parts and fixtures **A4:** 513
recommended for parts and fixtures for salt baths **A4:** 514
310
composition **M4:** 327
properties, elevated temperature **M4:** 327
radiant tube applications. **A4:** 517
recommended for furnace parts and fixtures **A4:** 513
314, recommended for furnace parts and fixtures **A4:** 513
316, recommended for furnace parts and fixtures **A4:** 513
330
composition **M4:** 327
properties, elevated temperature **M4:** 327
330, for radiant-tube-heated furnace equipment **A4:** 473
330HC
composition **M4:** 327
properties, elevated temperature **M4:** 327
333
composition **M4:** 327
properties, elevated temperature **M4:** 327
347, recommended for furnace parts and fixtures **A4:** 513
430, recommended for furnace parts and fixtures **A4:** 513
556
characteristics **A4:** 512
composition **A4:** 512
recommended for carburizing and carbonitriding furnace parts **A4:** 513
recommended for furnace parts and fixtures **A4:** 513
recommended for parts and fixtures for salt baths **A4:** 514
600
composition **M4:** 327
mesh belt applications **A4:** 516
properties, elevated temperature **M4:** 327
recommended for carburizing and carbonitriding furnace parts **A4:** 513
recommended for furnace parts and fixtures **A4:** 513
recommended for parts and fixtures for salt baths **A4:** 514
601
composition **M4:** 327
for radiant-tube-heated furnace equipment. **A4:** 473
mesh belt applications **A4:** 516
properties, elevated temperature **M4:** 327
radiant tube applications. **A4:** 517
recommended for carburizing and carbonitriding furnace parts **A4:** 513
recommended for furnace parts and fixtures **A4:** 513
recommended for parts and fixtures for salt baths **A4:** 514
617
recommended for carburizing and carbonitriding furnace parts **A4:** 513
recommended for furnace parts and fixtures **A4:** 513
800
composition **M4:** 327
properties, elevated temperature **M4:** 327
800H, radiant tube application **A4:** 517
800H/800HT
recommended for carburizing and carbonitriding furnace parts **A4:** 513
recommended for furnace parts and fixtures **A4:** 513
802
composition **M4:** 327
properties, elevated temperature **M4:** 327
802, recommended for furnace parts and fixtures **A4:** 513
HR-120
characteristics **A4:** 512
composition **A4:** 512
recommended for carburizing and carbonitriding furnace parts **A4:** 513
recommended for furnace parts and fixtures **A4:** 513

Heat-resistant applications
nickel-base alloys **A2:** 430–431

Heat-resistant cast iron
creep strength **M1:** 92–93
growth. **M1:** 91–93
high aluminum iron **M1:** 96
high chromium cast iron **M1:** 93–94
high nickel iron. **M1:** 94–96
high silicon iron **M1:** 94
high-temperature strength **M1:** 93, 94
mechanical properties. **M1:** 92
physical properties **M1:** 88
rupture strength. **M1:** 93–95
scaling. **M1:** 91–92
tensile strength **M1:** 92–94

Heat-resistant cast irons *See also* Alloy cast irons
irons **A9:** 245–246
as-cast. **A9:** 255

Heat-resistant cast steel
corrosion of. **A13:** 573

Heat-resistant cast steels
galling **A1:** 928–929
general properties. **A1:** 909, 919, 920–921
iron-chromium-nickel **A1:** 922–925
iron-nickel-chromium **A1:** 921, 923, 925–927
magnetic properties **A1:** 929
manufacturing characteristics. . . . **A1:** 919, 928, 929
metallurgical structures. **A1:** 921–922
properties of heat-resistant alloys **A1:** 920, 921, 923, 924, 925, 926, 927–928
straight chromium heat-resistant castings. . . **A1:** 922

Heat-resistant casting alloys *See also* Casting
alloys **A9:** 330–350
as H-type alloys **A13:** 575–576
cobalt-base, compositions of. **A9:** 331
cobalt-base, microstructures of. **A9:** 334
compositions. **A13:** 576
corrosion behavior. **A13:** 575–576
delineating etchants for. **A9:** 330
iron-chromium-nickel, compositions of **A9:** 330
iron-chromium-nickel, microstructures of **A9:** 333–334
nickel-base, compositions of. **A9:** 331
nickel-base, microstructures of. **A9:** 334
specimen preparation **A9:** 330–332
staining etchants for **A9:** 330–331

Heat-resistant casting alloys, cobalt-base, specific types
98M2 Stellite, as investment cast, different magnifications compared. **A9:** 349
Haynes 21, as-cast and aged **A9:** 348
Haynes 31, as-cast and aged, thin and thick sections compared **A9:** 348
Haynes 151, as-cast and aged **A9:** 348
MAR-M 302, as-cast **A9:** 349
MAR-M 509, as-cast and aged **A9:** 350
WI-52, as-cast **A9:** 349

Heat-resistant casting alloys, iron-chromium-nickel, specific types
9Cr-1Mo, air cooled and tempered. **A9:** 335
9Cr-1Mo **A9:** 333
9Cr-1Mo, as sand cast. **A9:** 335
HE-14, creep tested **A9:** 335
HF, microstructure. **A9:** 333
HF-25, as cast and creep tested. **A9:** 337
HF-33, different sections of a casting compared, as cast and creep tested. **A9:** 336–337
HF-33, fractured **A9:** 336–337
HF-34, lamellar structure in creep test specimen **A9:** 337
HH, different sections of a casting tested **A9:** 337–338
HH, fractured. **A9:** 337–338
HH, microstructure **A9:** 333
HK, microstructure **A9:** 333

SUBJECTS OF THE INDEXED VOLUMES: ASM Handbook (designated by the letter "A"): **A1:** Properties and Selection: Irons, Steels, and High-Performance Alloys (1990); **A2:** Properties and Selection: Nonferrous Alloys and Special-Purpose Materials (1990); **A3:** Alloy Phase Diagrams (1992); **A4:** Heat Treating (1991); **A5:** Surface Engineering (1994); **A6:** Welding, Brazing, and Soldering (1993); **A7:** Powder Metal Technologies and Applications (1998); **A8:** Mechanical Testing (1985); **A9:** Metallography and Microstructures (1985); **A10:** Materials Characterization (1986); **A11:** Failure Analysis and Prevention (1986); **A12:** Fractography (1987); **A13:** Corrosion (1987); **A14:** Forming and Forging (1988); **A15:** Casting (1988); **A16:** Machining (1989); **A17:** Nondestructive Evaluation and Quality Control (1989); **A18:** Friction, Lubrication, and Wear Technology (1992); **A19:** Fatigue and Fracture (1996); **A20:** Materials Selection and Design (1997). *Metals Handbook, 9th Edition* (designated by the letter "M"): **M1:** Properties and Selection: Irons and Steels (1978); **M2:** Properties and Selection: Nonferrous Alloys and Pure Metals (1979); **M3:** Properties and Selection: Stainless Steels, Tool Materials, and Special-Purpose Materials (1980); **M4:** Heat Treating (1981); **M5:** Surface Cleaning, Finishing, and Coating (1982); **M6:** Welding, Brazing, and Soldering (1983); **M7:** Powder Metallurgy (1984). *Engineered Materials Handbook* (designated by the letters "EM"): **EM1:** Composites (1987); **EM2:** Engineering Plastics (1988); **EM3:** Adhesives and Sealants (1990); **EM4:** Ceramics and Glasses (1991). *Electronic Materials Handbook* (designated by the letters "EL"): **EL1:** Packaging (1989)

HK-28, lamellar structures regenerated by slow cooling . . . **A9:** 340
HK-35, as-cast and fractured . . . **A9:** 339–340
HK-44, creep tested and fractured . . . **A9:** 339
HN, as-cast and fractured . . . **A9:** 340
HN, etching . . . **A9:** 331–332
HN, microstructure . . . **A9:** 333
HP, etching . . . **A9:** 331–332
HT, etching . . . **A9:** 331–332
HT, microstructure . . . **A9:** 333
HT-44, as-cast and after creep testing . . . **A9:** 341
HT-56, after creep testing . . . **A9:** 341
HT-57, as-cast . . . **A9:** 341
HU, etching . . . **A9:** 331–332
HW, as-cast and after aging . . . **A9:** 340
HW, etching . . . **A9:** 332
HW, microstructure . . . **A9:** 333
HX, etching . . . **A9:** 332

Heat-resistant casting alloys, nickel-base, specific types
Alloy 713C, as-cast, different carbide structures . . . **A9:** 344
Alloy 713C, different holding temperatures and times compared . . . **A9:** 345
Alloy 713C, exposed to sulfidation . . . **A9:** 345
annealed . . . **A9:** 345
B-1900, as-cast, different magnifications compared . . . **A9:** 341
B-1900, shell mold casting, as-cast . . . **A9:** 342
B-1900, shell mold casting, solution annealed and aged . . . **A9:** 342
Hastelloy B, as-cast and annealed . . . **A9:** 342
Hastelloy C, as-cast and annealed . . . **A9:** 342
IN-100, as-cast, different magnifications compared . . . **A9:** 342–343
IN-100, creep-rupture tested . . . **A9:** 344
IN-100, different holding temperatures and times compared . . . **A9:** 343–344
IN-738, after holding . . . **A9:** 345
In-738, as-cast . . . **A9:** 346
IN-738, solution annealed . . . **A9:** 346
MAR-M 246, after high temperature exposure . . . **A9:** 346–347
MAR-M 246, as-cast . . . **A9:** 346
MAR-M 246, different cooling times compared . . . **A9:** 346
TRW-NASA VIA, as-cast . . . **A9:** 347
U-700, as-cast, and solution annealed . . . **A9:** 347
U-700, cast blade after cyclic sulfidation-erosion testing . . . **A9:** 347

Heat-resistant castings *See also* Heat-resistant alloys, ACI specific types; Superalloys . . . **M3:** 269–284
alloy compositions . . . **M3:** 269, 271
applications . . . **M3:** 269, 272, 279–280, 281
ASTM specifications . . . **M3:** 269
casting design . . . **M3:** 280–284
corrosion rates in flue gas . . . **M3:** 270
general properties . . . **M3:** 269–272
machining data . . . **M3:** 279
manufacture . . . **M3:** 272, 277
mechanical properties . . . **M3:** 270
metallurgical structure . . . **M3:** 272–279
oxidation rates . . . **M3:** 270
tolerances . . . **M3:** 280, 283

Heat-resistant coatings
cast iron . . . **M1:** 102, 105, 106

Heat-resistant (Cr-Mo) ferritic steels, fatigue and fracture mechanics of . . . **A19:** 704–711
Charpy V-notch toughness . . . **A19:** 705–708
compositions . . . **A19:** 704–705
embrittlement . . . **A19:** 708
fatigue crack growth . . . **A19:** 710
fracture mechanics . . . **A19:** 708
low-cycle fatigue . . . **A19:** 709–710
metallurgy . . . **A19:** 704–705
weldments . . . **A19:** 710–711

Heat-resistant ductile iron
compositions . . . **M1:** 76
elevated-temperature properties . . . **M1:** 94–96
mechanical properties . . . **M1:** 92
physical properties . . . **M1:** 88

Heat-resistant epoxide
resin matrix material effect on fatigue strength of glass-fabric/resin composites . . . **A20:** 467

Heat-resistant gray iron
compositions . . . **M1:** 76
elevated-temperature properties . . . **M1:** 91–96
mechanical properties . . . **M1:** 92
physical properties . . . **M1:** 88

Heat-resistant high-alloy steels
compositions . . . **A15:** 724
iron-chromium . . . **A15:** 724, 733
properties . . . **A15:** 728–729
resistance to hot gas corrosion . . . **A15:** 730
weldability . . . **A15:** 730

Heat-resistant low-alloy steels
arc welding . . . **M6:** 247, 292–294
ASTM classification . . . **M6:** 292
filler metals . . . **M6:** 294
weldability . . . **M6:** 292–293
welding processes . . . **M6:** 293–294
electroslag welding . . . **M6:** 294
flux cored arc welding . . . **M6:** 294
gas metal arc welding . . . **M6:** 294
gas tungsten arc welding . . . **M6:** 293–294
plasma arc welding . . . **M6:** 293–294
shielded metal arc welding . . . **M6:** 293
submerged arc welding . . . **M6:** 294

Heat-resistant materials
metallurgy . . . **A4:** 510–511
product forms . . . **A4:** 510–511

Heat-resistant metals and alloys
arc welding *See* Arc welding of heat-resistant alloys
arc welding of
cobalt-based alloys . . . **M6:** 367–370
iron-chromium-nickel alloys . . . **M6:** 364–367
iron-nickel-chromium alloys . . . **M6:** 364–367
nickel-based alloys . . . **M6:** 355–364
brazing *See* Brazing of heat-resistant alloys
electron beam welding . . . **M6:** 638
gas metal arc welding . . . **M6:** 153
gas tungsten arc welding . . . **M6:** 182, 205
shielded metal arc welding . . . **M6:** 75

Heat-resistant polyester
resin matrix material effect on fatigue strength of glass fabric/resin composites . . . **A20:** 467

Heat-resistant stainless steel casting alloys, specific types *See* Stainless steel heat-resistant casting alloys, specific types

Heat-resistant steels
broaching . . . **A16:** 203

Heat-resisting alloys
abrasive blasting of . . . **M5:** 563–565
acid etching of . . . **M5:** 564
cadmium plating of . . . **M5:** 264
ceramic coating of . . . **M5:** 537–538, 566
cleaning processes . . . **M5:** 563–568
metallic contaminant removal . . . **M5:** 563–564
problems and solutions . . . **M5:** 567–568
reduced oxide and scale removal . . . **M5:** 564–568
tarnish removal . . . **M5:** 564
diffusion coating of . . . **M5:** 566
electrolytic cleaning of . . . **M5:** 567
electroplating of . . . **M5:** 566
finishing processes . . . **M5:** 566–568
applicable types . . . **M5:** 566–567
problems and solutions . . . **M5:** 567–568
hydrogen embrittlement during descaling . . **M5:** 565
oxide coatings, function of . . . **M5:** 564, 566
pickling of . . . **M5:** 564–568
polishing of . . . **M5:** 566
salt bath, descaling of . . . **M5:** 564–568
shot peening of . . . **M5:** 566–567
wet tumbling of . . . **M5:** 563, 565–566
wire brushing of . . . **M5:** 566

Heat-resisting alloys, heat treating
aging . . . **M4:** 654–655
aging, effect of cold working . . . **M4:** 659–660
annealing . . . **M4:** 650–654, 655
carbon pickup . . . **M4:** 657
cold working . . . **M4:** 659
fixturing . . . **M4:** 659
furnace equipment . . . **M4:** 658
grain size, effect of . . . **M4:** 659
hardening rates . . . **M4:** 660
intergranular oxidation . . . **M4:** 657, 658
protective atmospheres . . . **M4:** 657–658
quenching . . . **M4:** 654, 656, 657
solution treating . . . **M4:** 654, 656, 657
stress relieving . . . **M4:** 650, 655
surface contamination . . . **M4:** 656–657
welding . . . **M4:** 660

Heat-resisting alloys, specific types *See* commercial designations

Heat-resisting aluminum coatings . . . **M1:** 172

Heat-resisting steels
compositions . . . **A20:** 362, 363

Heats
in fatigue testing . . . **A8:** 712

Heats of formation
of inorganic oxides . . . **M7:** 598

Heat-sealing adhesive . . . **EM3:** 15
defined . . . **EM2:** 21

Heat-shrinkable labeling . . . **EM4:** 475

Heat-sink effect . . . **A7:** 434

Heat-sink welding . . . **A20:** 817

Heat-source diameter . . . **A6:** 5

Heat-source formulation . . . **A6:** 8–9

Heat-tint oxides, effect on corrosion resistance
austenitic stainless steels . . . **A13:** 351

Heat-transfer efficiency . . . **A6:** 25

Heat-transport systems in solar collectors . . . **A19:** 207

Heat-treat cracks
martensitic stainless steels . . . **A12:** 366
secondary, as intergranular . . . **A12:** 366
types . . . **A12:** 65

Heat-treatable age hardening alloys
aluminum-silicon . . . **A15:** 159

Heat-treatable alloys *See also* Heat treatable wrought aluminum alloys; Heat treatment
aluminum bronzes, quenching/tempering temperatures . . . **A2:** 356
aluminum, in niobium-titanium superconducting materials . . . **A2:** 1045
electron-beam welding . . . **A6:** 871
single-shear and blanking shear tests for . . . **A8:** 65
steel-bonded carbides and cobalt-bonded tungsten carbide, compared . . . **A2:** 966–997
temper designations . . . **A2:** 15–27

Heat-treatable aluminum alloys . . . **A6:** 528–535
aging . . . **A6:** 529, 532–533, 534
applications . . . **A6:** 528, 529–530, 535
buttering of edges . . . **A6:** 535
characteristics . . . **A6:** 529–530
coefficient of thermal expansion . . . **A6:** 530
composition . . . **A6:** 528, 529, 533
constitutional liquation . . . **A6:** 75
corrosion resistance . . . **A6:** 534–535
crack sensitivity vs. weld composition **A6:** 530, 533
cracking . . . **A6:** 528
cryogenics . . . **A6:** 535
description of . . . **A6:** 528–530
designation systems . . . **A6:** 528–529
distortion . . . **A6:** 528
electron-beam welding . . . **A6:** 528
filler metals . . . **A6:** 528, 531, 533–534
fusion zone . . . **A6:** 533–534, 535
gas-metal arc welding . . . **A6:** 528, 531–532
gas-tungsten arc welding . . . **A6:** 528, 531, 532, 533, 534
Guinier-Preston zones . . . **A6:** 529, 532
heat-affected zone . . . **A6:** 530, 531, 532–533
degradation . . . **A6:** 532
joint characteristics . . . **A6:** 535
laser-beam welding . . . **A6:** 528
liquation cracking . . . **A6:** 531
metallurgy . . . **A6:** 529
partial phase diagram for aluminum-copper system . . . **A6:** 532
porosity during welding . . . **A6:** 531–532
postweld heat treatment . . . **A6:** 532–533, 534
precipitation . . . **A6:** 529, 532
properties . . . **A6:** 528, 529–530, 533–534, 535
resistance welding . . . **A6:** 528
solidification cracking . . . **A6:** 530–531, 533
stress-corrosion cracking . . . **A6:** 534–535
temper designations . . . **A6:** 528–529
weldability . . . **A6:** 533–535
welding of . . . **A6:** 530–533

Heat-treatable commercial wrought aluminum alloys
solution potentials . . . **A13:** 584

Heat-treatable low-alloy (HTLA) steels . . **A6:** 668–673
applications . . . **A6:** 670
classification and group description . . . **A6:** 405, 406
composition . . . **A6:** 668, 669, 670
cracking . . . **A6:** 669, 670, 671, 672
filler metals . . . **A6:** 669–671, 672
flux-cored arc welding . . . **A6:** 669, 669, 670, 670
gas-metal arc welding . . . **A6:** 669, 670, 671

Heat-treatable low-alloy (HTLA) steels (continued)
gas-tungsten arc welding **A6:** 669, 670, 671
heat input **A6:** 672
heat-affected zones **A6:** 671, 672
microstructure **A6:** 671–672
postweld heat treatment **A6:** 672–673
preheating. **A6:** 669, 671–672
shielded metal arc welding. **A6:** 669–670
submerged arc welding. **A6:** 669, 670–671
welding processes and practices. **A6:** 669
Heat-treatable low-alloy steels
weldability of **A1:** 609
Heat-treatable wrought aluminum alloys *See also* Precipitation hardening
artificial aging. **A2:** 40
commercial alloys **A2:** 40–41
effects on physical and electrochemical properties. **A2:** 41
for precipitation strengthening. **A2:** 39
natural aging. **A2:** 39–40
strengthening mechanisms. **A2:** 36, 39–41
Heat-treated aluminum alloys *See also* Aluminum alloys
identification of temper **A9:** 358
soluble phases. **A9:** 358
Heat-treated carbon steel, normalized
composition. **A19:** 615
Heat-treated carbon steel, quenched and tempered
composition. **A19:** 615
Heat-treated steel
machined by high-speed steel cutting tools **A18:** 615
Heat-treated steels
submerged arc welding **A6:** 202
Heat-treating fixtures
carburization in **A11:** 272–273
components, elevated-temperature failures in **A11:** 292–294
Heat-treating furnace accessories
corrosion of **A13:** 1311–1314
Heat-treating furnaces, equipment for
atmospheres **A4:** 467, 469, 471–472, 473, 474
direct-fired **A4:** 466, 471
electrically heated. **A4:** 466, 471–473
gas-fired **A4:** 471, 473
heating elements. **A4:** 472
maintenance **A4:** 473–474
metallic resistance heating elements **A4:** 472
nonmetallic resistance heating elements. . . . **A4:** 473
oil-fired **A4:** 471, 473
radiant-tube-heated **A4:** 472, 473
Heat-treating furnaces, types **A4:** 465–474
batch **A4:** 465–466
bell-type. **A4:** 466
bogie hearth **A4:** 465
box-type. **A4:** 465
car **A4:** 465–466
car-bottom **A4:** 465, 466
continuous **A4:** 465, 466–471
continuous-belt **A4:** 469
conveyor-type **A4:** 467, 469, 498
elevator-type **A4:** 466
overhead monorail systems **A4:** 467, 471
pit-type (pot) **A4:** 465, 466
pusher **A4:** 465, 467–468, 469, 470, 498
pusher-type and rotary-hearth heat-treat systems. **A4:** 470–471
roller-hearth **A4:** 469, 498
rotary-hearth **A4:** 467, 470
rotary-retort **A4:** 467, 470
shaker-hearth **A4:** 467, 469–470
straight-chamber. **A4:** 467
strand-type. **A4:** 471
walking beam **A4:** 467, 468–469, 498
Heat-treating industry. **A13:** 1311–1314
Heavy alloys **M7:** 6
sintering **M7:** 309
Heavy clay products
mixing operations. **EM4:** 98
Heavy drafts
cold finished bars **M1:** 244
Heavy Duty Transport Program **A20:** 635
Heavy elements
depth profiles of impurities **A10:** 628, 632–633
Heavy industrial atmospheres
service life vs. thickness of zinc **A5:** 362
Heavy leaded brass
applications and properties **A2:** 308–309
Heavy machinery parts
hardened steel for **A1:** 455–456
Heavy metal alloys. **A7:** 188, 192–193
liquid-phase sintering **A7:** 438, 567
Heavy metal fluoride glasses (HMFG). **A20:** 418
Heavy metal poisoning. **M7:** 666
Heavy metal shadowing in replicas. **A9:** 108
Heavy metals. **M7:** 6
ion promoting oxidation. **A18:** 105
radiographic methods **A17:** 296
Heavy phosphate
coating characteristics **A5:** 712
Heavy phosphate coating. **A13:** 383, 387
Heavy sections
in permanent molds. **A15:** 277
Heavy water nuclear filters
powders used **M7:** 573
Heavy-atom method
to produce electron density maps. . . . **A10:** 350–351
Heavy-duty gas turbine engine (HDGTE) study. **EM4:** 716
design/manufacturing trade-offs. **EM4:** 720
Heavy-duty oil
defined **A18:** 10
Heavy-metal tungsten alloys
properties. **A2:** 578–579, 581–582
Heavyweight product manager form of organization. **A20:** 58
Heavyweight team leader form. **A20:** 51–52
Hecla process
of gallium recovery **A2:** 743–744
Heddles
in textile looms **EM1:** 127–128
Hedvall Effect. **EM4:** 55
Heel. **A7:** 208
Heel block
defined **A14:** 7
Heel breaks
inner/outer tape automated bonding **EL1:** 287
Heel effect, x-ray tubes
radiography **A17:** 305
HEHR processing **A7:** 584
Height
of dimples, measurement in fractured steel. **A12:** 207
of fracture surface roughness **A12:** 200
three-dimensional measurement. **A12:** 207
Height differences
measured with polarization interferometer. **A9:** 150–151
of specimens, interference techniques for measuring. **A9:** 80
Height profiles
obtained from stereomicroscopy **A9:** 97
Height reduction
as near defect **EL1:** 568
Heise-Bourdon manometer **A7:** 281
Hele-Shaw model for thin cavities. **A7:** 27
HeliArc welding *See* Gas-tungsten arc welding
Helical, and modified helical
winding patterns **EM1:** 509, 514
Helical (axial) cutting process
in metal removal processes classification scheme **A20:** 695
Helical compression spring
stress-relaxation test. **A8:** 328
Helical gear compaction
using anvil die closure **M7:** 324, 327
Helical gears **A7:** 1060
described **A11:** 586
gear-tooth contact in **A11:** 588
tooth. **A11:** 592
Helical gears, 15° helix angle, 20° normal pressure angle
geometry factors (C_k for durability **A19:** 347
geometry factors (K_t) for strength **A19:** 350
Helical gears, 15° helix angle, 25° normal pressure angle
geometry factors (C_k) for durability **A19:** 347
geometry factors (K_t) for strength **A19:** 350
Helical probes
for holes. **A17:** 223
Helical shapes **A7:** 349
Helical springs, steel
design **M1:** 303–304, 306–308
fabrication of. **M1:** 588
fatigue properties. **M1:** 291–296, 297
hardenability requirements. **M1:** 297, 301
relaxation. **M1:** 296–300
wire for **M1:** 288–290, 301
Helical spur gears **A7:** 349
Helical winding. **EM2:** 21–22, 373
Helical-grooved journal bearings **A18:** 528
Helical-tooth cutters
for milling procedures **M7:** 462
Helicopter blade
fatigue fracture of spindle for **A11:** 126
Helicopter turbine airfoils **A20:** 600–601
Helium
as cutting fluid for tool steels **A18:** 738
as image gas, field ion microscopy. . . **A10:** 585, 600
as tracer gas, vacuum systems. **A17:** 66–67
by residual gas analysis. **EL1:** 1066
characteristics in a blend **A6:** 65
electrogas welding shielding gas. **A6:** 275
electron-beam welding atmosphere **A6:** 857
fine line leak test. **EL1:** 1063
for gas, atomization of aluminum powder. . **A7:** 154
for plasma arc spraying. **A6:** 811
gas atomization with **M7:** 27
gas mass analysis of. **A10:** 155
gas-metal arc welding shielding gas. . . **A6:** 181, 185, 489
ferritic stainless steels. **A6:** 446
for nickel alloys. **A6:** 743, 745, 746
gas-tungsten arc welding shielding gas. **A6:** 193, 488–489, 756, 1022
ferritic stainless steels. **A6:** 445
for dispersion-strengthened aluminum alloys **A6:** 543, 736
in inert shielding gas mixture for GTAW. . **A6:** 32
ionization potential. **A6:** 64
laser-beam welding shielding gas **A6:** 878
magnesium alloy shielding gas. **A6:** 772, 779
hermeticity testing. **EL1:** 930
implantation **A10:** 485
in gas pycnometry. **M7:** 266
in plasma arc powder spraying process . . . **A18:** 830
in weld relay, gas mass spectroscopy of. . . **A10:** 156
-ionization leak detector **A17:** 64
ionization potentials and imaging fields for **A10:** 586
leakage flow rates **M7:** 433
mass spectrometers **A17:** 65, 67
mean free path **A17:** 59
mean free path value at atmospheric conditions **A18:** 525
shielding gas
electron-beam welding, high-strength alloy steels **A6:** 867
electron-beam welding, stainless steels. . . **A6:** 868, 869
for GMAW **A6:** 66, 67
for GMAW of cast irons **A6:** 718
for GTAW **A6:** 67
for plasma arc welding. **A6:** 197
for zirconium alloys. **A6:** 787–788
properties **A6:** 64
purity and moisture content **A6:** 65

SUBJECTS OF THE INDEXED VOLUMES: ASM Handbook (designated by the letter "A"): **A1:** Properties and Selection: Irons, Steels, and High-Performance Alloys (1990); **A2:** Properties and Selection: Nonferrous Alloys and Special-Purpose Materials (1990); **A3:** Alloy Phase Diagrams (1992); **A4:** Heat Treating (1991); **A5:** Surface Engineering (1994); **A6:** Welding, Brazing, and Soldering (1993); **A7:** Powder Metal Technologies and Applications (1998); **A8:** Mechanical Testing (1985); **A9:** Metallography and Microstructures (1985); **A10:** Materials Characterization (1986); **A11:** Failure Analysis and Prevention (1986); **A12:** Fractography (1987); **A13:** Corrosion (1987); **A14:** Forming and Forging (1988); **A15:** Casting (1988); **A16:** Machining (1989); **A17:** Nondestructive Evaluation and Quality Control (1989); **A18:** Friction, Lubrication, and Wear Technology (1992); **A19:** Fatigue and Fracture (1996); **A20:** Materials Selection and Design (1997). **Metals Handbook, 9th Edition** (designated by the letter "M"): **M1:** Properties and Selection: Irons and Steels (1978); **M2:** Properties and Selection: Nonferrous Alloys and Pure Metals (1979); **M3:** Properties and Selection: Stainless Steels, Tool Materials, and Special-Purpose Materials (1980); **M4:** Heat Treating (1981); **M5:** Surface Cleaning, Finishing, and Coating (1982); **M6:** Welding, Brazing, and Soldering (1983); **M7:** Powder Metallurgy (1984). **Engineered Materials Handbook** (designated by the letters "EM"): **EM1:** Composites (1987); **EM2:** Engineering Plastics (1988); **EM3:** Adhesives and Sealants (1990); **EM4:** Ceramics and Glasses (1991). **Electronic Materials Handbook** (designated by the letters "EL"): **EL1:** Packaging (1989)

steel weldment soundness in gas-shielded processes A6: 408
stud arc welding purging gas A6: 211
thermal conductivity A6: 64
valve thread connections for compressed gas cylinders A6: 1197
sigma values for ionization A17: 68
to propel particles in laser melt/particle injection A18: 868
Helium gas
exploded under pressure A12: 414
Helium gas, dry
effect on fatigue crack threshold A19: 145
Helium, liquid
as coolant for superconductors A2: 1030, 1085
Helium mass spectrometer A7: 613
Helium pressure
disk-pressure testing A8: 540–541
Helium pycnometer
to measure powder volume of ceramic powders EM4: 71
Helium pycnometry A7: 237
Helium shielding gas
comparison to argon M6: 197–198
effect on weld metallurgy M6: 41
Helium shielding gases for
arc welding of
austenitic stainless steels M6: 331–332, 334
coppers M6: 402
magnesium alloys M6: 428
molybdenum and tungsten M6: 464
titanium and titanium alloys M6: 447–448
electron beam welding M6: 622
gas metal arc welding M6: 164
of aluminum alloys M6: 380
of nickel alloys M6: 439–440
of nickel-based heat-resistant alloys M6: 362
gas tungsten arc welding M6: 197–198
of aluminum alloys M6: 390
of nickel alloys M6: 438
of nickel-based heat-resistant alloys M6: 358
plasma arc welding M6: 217
Helium, used for ion-beam thinning of transmission electron microscopy
specimens A9: 107
Helium/argon
shielding gas for laser cladding A18: 867
Helium-argon
gas-metal arc welding shielding gas for aluminum alloys A6: 738
gas-tungsten arc welding shielding gas for aluminum alloys A6: 736
Helium-cadmium lasers
for optical holographic interferometry A17: 417
Helium-ionization leak detector A17: 64
Helium-neon laser A7: 252
Helium-neon laser beam
for analysis of integrated circuits A11: 768
Helium-neon lasers
continuous-wave A10: 128
for optical holography A17: 417
in FT-IR spectroscopy A10: 112
Helium-neon pointing lasers M6: 665
Helix angle A19: 348
Helix traveling wave tube
microwave inspection A17: 209
HELIX/FELIX
standardized service simulation load history A19: 116
Heller's plot of strength vs. interlamellar spacing for eutectoid steels A20: 364, 365
Helmet
definition M6: 9
Helmholtz free energy EM3: 420
Helmholtz, Hermann von . . . . A3: 1•6
"Hem flange" adhesives EM3: 48
Hematite
chemical composition A6: 60
defined A13: 7
diffusion factors A7: 451
physical properties A7: 451
Heme synthesis, schema
and lead toxicity A2: 1244
HEMill A7: 83
Hemispheres
drawing of A14: 586
explosive forming of A14: 636
hot spinning of A14: 604
power spinning of A14: 603–604
stainless steel A14: 770
Hemispherical analyzers A7: 226
for AES analysis A10: 554
Hemispherical dome test A20: 306
Hemispherical dome tests
and Olsen/Erichsen cup tests compared A8: 562
as simulative stretching test for sheet metals A8: 561–562
for lubricant evaluation A8: 568
tooling for A8: 561
Hemispherical punch method
for determining forming limit diagrams A8: 566
Hemispheroidal dimples
defined A12: 173
Hemming
as bending A8: 547
defined A14: 7, 529
finite-element analysis A14: 921–922
Hemming dies
for press bending A14: 527
one-stroke A14: 537
Hemoglobin
ESR study of A10: 264
Hemolysis
from stibine (gaseous antimony) A2: 1259
Hemotologic effects
of lead A2: 1244
Henrian activity
defined A15: 51
Henry's law constant
defined A15: 51, 56
HEP *See* High-energy physics
Heptachlor
hazardous air pollutant regulated by the Clean Air Amendments of 1990 . . . . A5: 913
maximum concentration for the toxicity characteristic, hazardous waste A5: 159
Heptane A7: 81
for milling cemented carbides A16: 72
Heptatone [$CH_3(CH_2)_4COCH_3$]
as solvent used in ceramic processing . . . EM4: 117
Herbage
voltammetric monitoring of metals and nonmetals in A10: 188
Herbert-Gottwein technique A18: 440
Herbicide residues detected in plant and animal tissue A10: 188
Herbicides
as arsenic toxicity A2: 1237
Hercules A
properties A18: 803
Herculor
properties and applications A2: 371–372
Herculoy *See* Copper alloys, specific types, C87200
Hercynite inclusions in steel A9: 185
HERF *See* High-energy-rate forging; High-energy-rate forming
HERF machines *See* High-energy-rate forging machines
HERF processing *See* High-energy-rate forging
Hermann-Mauguin letter symbols for lattice arrangements A9: 706–707
Hermann-Mauguin space group
in EXAFS application A10: 417
Hermetic
defined EL1: 1145–1146
Hermetic package failures
integrated circuits A11: 767
Hermetic packages *See also* Hermetic; Hermeticity
costs EL1: 468
defined EL1: 453
eutectic die attach EL1: 213–215
glass die attach EL1: 215
medical and military applications . . . EL1: 386–387
microelectronic EL1: 455
polymer die attach EL1: 216
silver-glass die attach EL1: 215–216
solder die attach EL1: 216–217
standards EL1: 213
test methods EL1: 494
vs. nonhermetic EL1: 260
Hermetic sealing
for samples A10: 16
Hermetic seals
ceramic packages EL1: 961–962
chemical cleaning of EL1: 678
glass-to-metal EL1: 455–459
leaded and leadless surface-mount joints . . EL1: 734
Hermetically sealed extensometers A19: 197
Hermeticity *See also* Hermetic; Hermetic packages; Hermetic seals; Hermeticity testing; Reliability EM3: 586–587, 588
ceramic multilayer packages EL1: 468
considerations EL1: 243–244
loss, passive devices EL1: 997
of plastic encapsulants EL1: 805
package, and gas analysis EL1: 1062–1066
plastic packages, capacitative ratio test . . . EL1: 953
rigid epoxy devices EL1: 815
test EL1: 500–502
Hermeticity, in weld relays
gas mass spectroscopy tested A10: 156
Hermeticity testing *See also* Hermeticity
failure characterization EL1: 1063
fine and gross, package-level EL1: 929–930
fine leak tests EL1: 1062–1063
gross leak tests EL1: 1063
helium EL1: 930
Hermite polynomial A6: 877
Herringbone bearing
defined A18: 10
Herringbone gears
described A11: 586
Herringbone pattern *See* Chevron marks; Chevron pattern
Herringbone patterns A19: 42
Herringbone structure
shape memory alloys A2: 898
Herring's scaling law EM4: 270
Hershey number *See also* Ocvirk number; Sommerfeld number; Stribeck curve
defined A18: 10
Hertz contact stress state per impact . . . A18: 266, 268
Hertz elastic theory A8: 72
Hertz equations A7: 1062
Hertz stress analysis A19: 332
Hertzian cone EM4: 642–643
crack EM4: 630, 633
Hertzian cone crack
ceramics A11: 753
Hertzian conjunction A18: 79
Hertzian contact area
defined A18: 10
Hertzian contact pressure
defined A18: 10
Hertzian contact theory A18: 41, 263
average pressure A18: 40
Hertzian shear stresses
hardened steels A19: 691–692
Hertzian stress
definition EM4: 633
Hertzian stress state A19: 331
Hertzian stresses of convex contacts A19: 323
Hertz-Knudsen evaporation A18: 843
Hessian matrix A20: 211, 214
Heterocarbonyls M7: 135
Heterochain polymers
chemical structure EM2: 49–52
thermoplastic, chemical structures EM2: 53
Heterodyning method
microwave inspection A17: 211
optical holography A17: 417
Heteroepitaxial structures
thermal failures EL1: 59–60
Heteroepitaxy A5: 552
Heteroepitaxy layers
RBS interfacial studies on A10: 628
Heterogeneities, anodic passivation at
in electrolytic polishing A9: 48
Heterogeneity
compositional, micrometer scale in single-phase materials A10: 516
defined A10: 674
detected in solids/liquids A10: 402
SAS techniques for A10: 402, 405
Heterogeneity constant for the material being sampled A7: 210
Heterogeneity in powder metallurgy materials A9: 503
Heterogeneity scatter A8: 329–330
Heterogeneous EM3: 15
defined EM1: 13, EM2: 22

Heterogeneous catalysis
FIM/AP study of ... **A10:** 583
Heterogeneous equilibrium
defined ... **A9:** 9
Heterogeneous nucleation **A5:** 542, **A6:** 45, 46, 50, 51, 53, **A9:** 647, **EM3:** 15
activation energy for ... **A6:** 46
and homogeneous nucleation, compared .. **A15:** 105
constitutional supercooling driven ... **A15:** 130–131
defined ... **EM2:** 22
kinetics of ... **A15:** 103–105
of equiaxed grains ... **A15:** 130–131
of peritectic structures ... **A9:** 676
Heterogeneous surface films
AES analyzed ... **A10:** 566
Heterojunction bipolar transistor (HBT)
research ... **A2:** 747
Heterojunctions ... **A5:** 542
topographic imaging techniques for ... **A10:** 376
Heterophase boundaries *See also* Interfaces.. **A9:** 118
transmission electron microscopy contrast ... **A9:** 121–122
Heteropolytungstates
heavy-atom method to determine crystal structure of ... **A10:** 351
Heuristic test generation methods
system-level ... **EL1:** 375
Heusler alloy ... **A9:** 539
Heusler alloys
as trialuminide ordered intermetallic.. **A2:** 932–933
Heveaplus ... **EM3:** 145
Hewlett-Packard ... **A20:** 156
Hex collet
for hydraulic torsional system ... **A8:** 216
Hexa ... **EM3:** 15
defined ... **EM1:** 13, **EM2:** 22
Hexacelsian
maximum use temperature ... **EM4:** 875
Hexachlorobenzene
hazardous air pollutant regulated by the Clean Air Amendments of 1990 ... **A5:** 913
maximum concentration for the toxicity characteristic, hazardous waste ... **A5:** 159
Hexachlorobutadiene
hazardous air pollutant regulated by the Clean Air Amendments of 1990 ... **A5:** 913
maximum concentration for the toxicity characteristic, hazardous waste ... **A5:** 159
Hexachlorocyclopentadiene
hazardous air pollutant regulated by the Clean Air Amendments of 1990 ... **A5:** 913
Hexachloroethane
degassing, for hydrogen removal ... **A15:** 460
for grain refinement, magnesium alloys... **A15:** 481
hazardous air pollutant regulated by the Clean Air Amendments of 1990 ... **A5:** 913
maximum concentration for the toxicity characteristic, hazardous waste ... **A5:** 159
Hexachloroplatinic acid
as allergen ... **A2:** 1258
Hexaferrite ... **A7:** 1018
Hexafluoro-antimonic acid
silicone coating effect ... **EL1:** 824
Hexagonal
close-packed metals ... **A8:** 223–224, 725
flanges, in torsional Kolsky bar test... **A8:** 221–222
grip ends, for torsion specimen ... **A8:** 157
Hexagonal boron nitride (HBN) *See also* Cubic boron nitride (CBN) ... **A16:** 105, 106, 107
crystal structure ... **A16:** 453, 454
properties of ... **A2:** 1010
Hexagonal cells
formation ... **A9:** 613
Hexagonal closed packed array
density and coordination number ... **M7:** 296
Hexagonal close-packed
defined ... **A9:** 9
Hexagonal close-packed (hcp) materials
ductile-to-brittle transition ... **A11:** 84–85
fractures in ... **A11:** 75
HIC *See* Hydrogen-induced cracking
Hexagonal close-packed (hcp) metals
cavitation erosion ... **A18:** 216
epitaxial growth direction ... **A6:** 51
lower adhesive wear ... **A18:** 179
Hexagonal close-packed (hcp) microstructure
stacking faults ... **A20:** 341
Hexagonal close-packed (hcp) unit cell **A20:** 337–338, 339
Hexagonal close-packed lattice
slip planes ... **A9:** 684
Hexagonal close-packed materials
formation of dislocation loops ... **A9:** 116
transmission electron microscopy contrast.. **A9:** 121
Hexagonal close-packed metals
defined ... **A13:** 45
Hexagonal crystal system .... **A3:** 1•10, 1•15, **A9:** 706
Hexagonal crystals under polarized light ... **A9:** 77
Hexagonal lattices for crystals
defined ... **A9:** 9
Hexagonal ring stretching
Raman microprobe analysis ... **A10:** 133
Hexagonal structures
in hafnium ... **A9:** 497–498
in zirconium and zirconium alloys.... **A9:** 497–498
Hexagonal-close-packed metals
effect of low temperature on dimples in ... **A12:** 33
effects, state of stress ... **A12:** 31
hydrogen embrittlement ... **A12:** 22
Hexamethyidisiloxane, plasma-polymerized
NMR analysis of structure and degradation of ... **A10:** 285–286
Hexamethyldisiloxane
deposition rates ... **A5:** 896
Hexamethylene tetramine (HMTA, "hexa")
curing agent for novolacs ... **EM3:** 103
Hexamethylene-1,6-diisocyanate
hazardous air pollutant regulated by the Clean Air Amendments of 1990 ... **A5:** 913
Hexamethylenetetramine *See also* Hexa
as chemical etchant ... **A12:** 75–76
Hexamethylphosphoramide
hazardous air pollutant regulated by the Clean Air Amendments of 1990 ... **A5:** 913
Hexammine leach solution ... **A7:** 179
Hexane ... **A7:** 81, **EM3:** 41–42
as solvent for volatile material removal... **A10:** 575
hazardous air pollutant regulated by the Clean Air Amendments of 1990 ... **A5:** 913
surface tension ... **EM3:** 181
Hexavalent chromium
cathodic electrocleaning solutions contaminated by ... **M5:** 34, 618–619
formation of ... **M5:** 191, 196
hard chromium baths contaminated by... **M5:** 174, 186–187
phosphate coating solutions contaminated by ... **M5:** 455–456
reduction to trivalent chromium..... **M5:** 186–187, 302, 311–312
Hexavalent chromium plating ... **M5:** 188–189
Hexoloy KT SiC
properties ... **A18:** 548
Hexoloy SA
applications, advanced gas turbines ... **EM4:** 998
fast fracture flexure strength ... **EM4:** 1000
Hexoloy SA (alpha SiC)
properties ... **A18:** 548
Heyn-Bauer successive machining technique **A6:** 1095
Heywood ratios
definition ... **A7:** 271
of particle shapes ... **M7:** 239
Heywood shape factor
definition ... **A7:** 271
of particles ... **M7:** 239
HF alloy ... **A1:** 922
Hf (Phase Diagram) ... **A3:** 2•242
Hf-Ir (Phase Diagram) ... **A3:** 2•240
Hf-Mn (Phase Diagram) ... **A3:** 2•240
Hf-Mo (Phase Diagram) ... **A3:** 2•240
Hf-N (Phase Diagram) ... **A3:** 2•241
Hf-Nb (Phase Diagram) ... **A3:** 2•241
Hf-Ni (Phase Diagram) ... **A3:** 2•241
Hf-Os (Phase Diagram) ... **A3:** 2•242
Hf-Rh (Phase Diagram) ... **A3:** 2•242
HFRSc Scleroscope calibration ... **A8:** 104
HFRSd Scleroscope calibration ... **A8:** 104
hfs *See* Hyperfine structure
Hf-Si (Phase Diagram) ... **A3:** 2•243
Hf-Ta (Phase Diagram) ... **A3:** 2•243
Hf-U (Phase Diagram) ... **A3:** 2•243
Hf-V (Phase Diagram) ... **A3:** 2•244
Hf-W (Phase Diagram) ... **A3:** 2•244
Hf-Zr (Phase Diagram) ... **A3:** 2•244
Hg-In (Phase Diagram) ... **A3:** 2•245
Hg-K (Phase Diagram) ... **A3:** 2•245
Hg-La (Phase Diagram) ... **A3:** 2•245
Hg-Li (Phase Diagram) ... **A3:** 2•246
Hg-Mg (Phase Diagram) ... **A3:** 2•246
Hg-Na (Phase Diagram) ... **A3:** 2•246
Hg-Pb (Phase Diagram) ... **A3:** 2•247
Hg-Rb (Phase Diagram) ... **A3:** 2•247
Hg-S (Phase Diagram) ... **A3:** 2•247
Hg-Se (Phase Diagram) ... **A3:** 2•248
Hg-Sn (Phase Diagram) ... **A3:** 2•248
Hg-Sr (Phase Diagram) ... **A3:** 2•248
Hg-Te (Phase Diagram) ... **A3:** 2•249
Hg-Tl (Phase Diagram) ... **A3:** 2•249
Hg-Zn (Phase Diagram) ... **A3:** 2•249
HH
composition ... **M4:** 653
HH alloy ... **A1:** 922–924
***H*-handbook** ... **A19:** 433
HI alloy ... **A1:** 924
HIAC (light obscuration) analyzer
for particle size measurement ... **M7:** 223–224
HI-B process for improving Goss texture ... **A9:** 537
Hickory wood, waxed
friction coefficient data ... **A18:** 75
HID *See* High interstitial defects
Hide glue
wheel polishing process using ... **M5:** 208
Hiding power
definition ... **A5:** 958
Hiding power test ... **A5:** 435
Hierarchy *See also* Levels; Packaging
interconnection ... **EL1:** 2–4, 12–13
of electronic packaging ... **EL1:** 397–398
of plastics ... **EM2:** 68
High alkali glass fibers *See also* A-glass .. **EM1:** 107
High aluminum cast iron
fatigue endurance ... **A19:** 666
impact strength ... **A19:** 672
High aluminum defects
defined ... **A9:** 9
in Ti-6Al-4V alpha-beta billet appearance .. **A9:** 470
in titanium and titanium alloys ... **A9:** 459
High aspect ratio holes
rigid printed wiring boards ... **EL1:** 550–551
High brass
applications and properties ... **A2:** 306
High build (EDTA) electroless copper formulations
composition ... **A5:** 312
High build (quadrol) electroless copper formulations
composition ... **A5:** 312
High chrome
alloy composition and abrasion resistance **A18:** 189
High coiling temperatures (HCT) ... **A5:** 73
High convection cooling system
furnace ... **M7:** 352, 354
High critical temperature ceramics
thermal spray forming ... **A7:** 416
High density contacts ... **EL1:** 440–441
High electron mobility transistor (HEMT) .. **EL1:** 188
High energy rate forming ... **A8:** 170
High explosives
for explosive forming ... **A14:** 638

SUBJECTS OF THE INDEXED VOLUMES: ASM Handbook (designated by the letter "A"): **A1:** Properties and Selection: Irons, Steels, and High-Performance Alloys (1990); **A2:** Properties and Selection: Nonferrous Alloys and Special-Purpose Materials (1990); **A3:** Alloy Phase Diagrams (1992); **A4:** Heat Treating (1991); **A5:** Surface Engineering (1994); **A6:** Welding, Brazing, and Soldering (1993); **A7:** Powder Metal Technologies and Applications (1998); **A8:** Mechanical Testing (1985); **A9:** Metallography and Microstructures (1985); **A10:** Materials Characterization (1986); **A11:** Failure Analysis and Prevention (1986); **A12:** Fractography (1987); **A13:** Corrosion (1987); **A14:** Forming and Forging (1988); **A15:** Casting (1988); **A16:** Machining (1989); **A17:** Nondestructive Evaluation and Quality Control (1989); **A18:** Friction, Lubrication, and Wear Technology (1992); **A19:** Fatigue and Fracture (1996); **A20:** Materials Selection and Design (1997). **Metals Handbook, 9th Edition** (designated by the letter "M"): **M1:** Properties and Selection: Irons and Steels (1978); **M2:** Properties and Selection: Nonferrous Alloys and Pure Metals (1979); **M3:** Properties and Selection: Stainless Steels, Tool Materials, and Special-Purpose Materials (1980); **M4:** Heat Treating (1981); **M5:** Surface Cleaning, Finishing, and Coating (1982); **M6:** Welding, Brazing, and Soldering (1983); **M7:** Powder Metallurgy (1984). **Engineered Materials Handbook** (designated by the letters "EM"): **EM1:** Composites (1987); **EM2:** Engineering Plastics (1988); **EM3:** Adhesives and Sealants (1990); **EM4:** Ceramics and Glasses (1991). **Electronic Materials Handbook** (designated by the letters "EL"): **EL1:** Packaging (1989)

High field niobium-based superconductive compounds . . . M7: 636
High frequency, effects
WSI . . . EL1: 362
High frequency resistance welding of
alloy steels . . . M6: 760
aluminum and aluminum alloys . . . M6: 760
copper and copper alloys . . . M6: 760
low-carbon steels . . . M6: 760
medium-carbon steels . . . M6: 760
nickel . . . M6: 760
titanium . . . M6: 760
zirconium . . . M6: 760
High frequency welding . . . M6: 757–768
advantages and limitations . . . M6: 760
applications . . . M6: 760–762
finned tube . . . M6: 762–763
pipe and tube welding . . . M6: 760–761
spiral seam pipe and tube . . . M6: 761–762
structural sections . . . M6: 761
currents . . . M6: 757
design applications . . . M6: 758
equipment . . . M6: 764–765
contacts . . . M6: 764–765
impeders . . . M6: 765
induction coils . . . M6: 765
high frequency induction welding . . . M6: 757, 759–760
continuous seam tube welding . . . M6: 759–760
tube butt end joining . . . M6: 760
high frequency resistance welding . . . M6: 757–759
continuous seam welding . . . M6: 759
finite length butt welding . . . M6: 759
metallographic examination . . . M6: 767
microstructures of welds . . . M6: 767
operation principles . . . M6: 757–758
procedures for welding . . . M6: 763
joint fit-up and alignment . . . M6: 763
postweld procedures . . . M6: 763
safety . . . M6: 58–59, 767–768
testing, destructive . . . M6: 766–767
flaring test . . . M6: 766–767
flattening test . . . M6: 766
reverse flattening test . . . M6: 766
testing, nondestructive . . . M6: 765–766
eddy current testing . . . M6: 765
flux leakage examination . . . M6: 765–766
hydrostatic testing . . . M6: 766
ultrasonic testing . . . M6: 765
weld quality . . . M6: 763–764
High frequency welding of
carbon steels . . . M6: 760
ferritic stainless steels . . . M6: 760
High friction stress . . . A19: 77
High gas-jet cool (H-GJC) techniques . . . A4: 58
High hardness steels
microdiscontinuities affecting fatigue behavior . . . A19: 612
High humidity
organic coatings selected for corrosion resistance . . . A5: 423
High interstitial defects
defined . . . A9: 9
in Ti-6Al-4V alpha-beta billet appearance . . A9: 470
in titanium and titanium alloys . . . A9: 459
High iron briquettes process . . . M7: 98
High lead brass
composition . . . A20: 391
properties . . . A20: 391
High Modulus Fibers and Their Composites (ASTM Committee D-30) . . . EM1: 40
High molecular weight *See also* Molecular weight
blow molding . . . EM2: 164
film . . . EM2: 165
pipe . . . EM2: 163–164
sheet . . . EM2: 165
High nickel alloys *See also* Nickel-base alloys
metallurgical corrosion effects . . . A13: 128–130
weldments . . . A13: 361–362
High pH precipitation
contaminants . . . M5: 209
High polymer . . . EM3: 15
defined . . . EM2: 22
High pressure consolidation *See* Cold sintering
High production presses . . . A14: 502–503
High pulse current
definition . . . M6: 9
High pulse time
definition . . . M6: 9
High resolution
for analysis of Jominy bar . . . A10: 508
High resolution electron microscopy . . . A9: 121
High room-temperature strength SCC/corrosion-resistant aluminum P/M alloys . . . A13: 839–842
High shear mixing
of silver powders . . . A7: 183
High silicon steel matrix
microdiscontinuity affecting gray cast iron fatigue behavior . . . A19: 612
microdiscontinuity affecting nodular cast iron fatigue behavior . . . A19: 612
High speed steels *See* Tool steels, high speed
High speed tool steel springs . . . M1: 296, 300
High speed tool steels *See* Tool steels, high speed
High static tensile stresses
in threaded fasteners . . . A11: 537
High strain rate
computer data acquisition systems for . . . A8: 192
effect on yield and failure . . . A8: 208
flow curve, isothermal, stress-temperature plots for . . . A8: 161
fracture testing . . . A8: 259
Hopkinson bar techniques for compression tests . . . A8: 190
in shock fronts . . . A8: 190
inertial constraint effect on test validity . . . A8: 190
Kolsky bar for testing single crystals in shear at . . . A8: 219
projectile impacts for generating . . . A8: 190
regime, adiabatic conditions in . . . A8: 191
rod impact (Taylor) test for . . . A8: 190
wave propagation for generating . . . A8: 190
High strain rate compression testing *See also* High strain rate tension testing
cam plastometer . . . A8: 193–196
control . . . A8: 392
conventional load frames at medium strain rates . . . A8: 192–193
drop tower compression test . . . A8: 196–198
Hopkinson bar test techniques . . . A8: 198–203
measurement of stress and strain . . . A8: 191–192
rod impact (Taylor) test . . . A8: 203–206
stress wave propagation . . . A8: 191
High strain rate shear testing . . . A8: 215–239
double shear . . . A8: 215
double-notch . . . A8: 228–229
for macroscopic constitutive models . . . A8: 215
high-speed hydraulic torsional machines . . . A8: 215–216
plate impact testing . . . A8: 230–238
punch loading . . . A8: 215, 228–230
torsional Kolsky bar . . . A8: 218–228
High strain rate tension testing . . . A8: 208–214
conventional load frames . . . A8: 208–210
equipment . . . A8: 208
expanding tests . . . A8: 210
flyer plate and short duration pulse loading . . . A8: 210–212
inertia effects . . . A8: 208–209
load cell ringing . . . A8: 209
plastic wave velocity . . . A8: 209
split-Hopkinson bar in tension . . . A8: 212–214
strain measurement . . . A8: 208–210
tensile test configuration . . . A8: 208
wave propagation effects . . . A8: 208–209
High strain rate testing . . . A8: 187–189, 190–206, 208–214, 215–219
High strength-high temperature applications
ordered phases used for . . . A9: 683
High sulfate bath
composition and deposit properties . . . A5: 207, 208
High temperature *See also* Elevated temperatures; Temperatures
organic coatings selected for corrosion resistance . . . A5: 423
High Temperature Materials Information Analysis (HTMIAC) . . . EM4: 40
High temperatures *See also* Elevated temperatures
effect on austenitic stainless steels . . . A9: 284
effect on ferritic stainless steels . . . A9: 284–285
effect on gamma prime in wrought heat resistant alloys . . . A9: 311
High velocity ovens
paint curing process . . . M5: 488
High viscosity index (HVI) . . . A18: 168, 169
High-acceleration fatigue tests
for solder attachments . . . EL1: 741
High-alloy cast irons, heat treating . . . A4: 697–708
advantages . . . A4: 697
austenitic nickel-alloyed graphitic
applications . . . A4: 698
austenitic ductile irons . . . A4: 698–699
austenitic gray irons . . . A4: 697–698
dimensional stabilization . . . A4: 699
high-temperature stabilization . . . A4: 699
irons . . . A4: 697–699
properties . . . A4: 697, 698
reaustenitization . . . A4: 699
refrigeration . . . A4: 699
solution treating . . . A4: 699
spheroidize annealing . . . A4: 699
stress-relieving . . . A4: 698–699
high-alloy white cast irons . . . A4: 700–708
applications . . . A4: 702–703
hardness . . . A4: 703–704
hardness of minerals and microconstituents . . . A4: 703
heat treatments A4: 698–699, 700, 702, 706–708
high-chromium white irons . . . A4: 702–708
microstructure . . . A4: 704–706
nickel-chromium white irons . . . A4: 700–702
Ni-Hard . . . A4: 700, 701, 702
high-silicon irons . . . A4: 699–700
advantages . . . A4: 699
applications . . . A4: 699, 700
corrosion-resistant . . . A4: 700
heat treatments . . . A4: 699–700
Nicrosilal . . . A4: 699
nodular . . . A4: 699
Silal . . . A4: 699
stress-relieving . . . A4: 700
Ni-Resist irons . . . A4: 697, 699
High-alloy cast irons, UNS, specific types
F41000 (type 1)
composition . . . A4: 698
ductile family not available . . . A4: 698
mechanical properties . . . A4: 697, 698
no stabilization heat treatments . . . A4: 699
F41001 (type 1b)
composition . . . A4: 698
mechanical properties . . . A4: 697, 698
F41002 (type 2)
composition . . . A4: 698
mechanical properties . . . A4: 698
F41003 (type 2b)
composition . . . A4: 698
mechanical properties . . . A4: 697, 698
F41004 (type 3)
composition . . . A4: 698
mechanical properties . . . A4: 697, 698
F41005 (type 4)
composition . . . A4: 698
mechanical properties . . . A4: 697–698
F41006 (type 5)
composition . . . A4: 698
mechanical properties . . . A4: 697, 698
F41007 (type 6)
composition . . . A4: 698
mechanical properties . . . A4: 698
F43000 (type D-2)
composition . . . A4: 698
mechanical properties . . . A4: 698
refrigeration and reaustenitization . . . A4: 699
F43001 (type D-2b)
composition . . . A4: 698
mechanical properties . . . A4: 698
F43002 (type D-2c) composition . . . A4: 698
F43003 (type D-3)
composition . . . A4: 698
mechanical properties . . . A4: 698
F43004 (type D-3a) composition . . . A4: 698
F43005 (type D-4)
composition . . . A4: 698
mechanical properties . . . A4: 698
F43006 (type D-5)
composition . . . A4: 698
mechanical properties . . . A4: 698
F43007 (type D-5b) composition . . . A4: 698
F45000 (type A)
composition . . . A4: 701
designation . . . A4: 701

High-alloy cast irons, UNS, specific types (continued)
mechanical requirements **A4:** 701
F45001 (type B)
composition **A4:** 701
designation **A4:** 701
mechanical requirements **A4:** 701
F45002 (type C)
composition **A4:** 701
designation **A4:** 701
mechanical requirements **A4:** 701
F45003 (type D)
composition **A4:** 701
designation **A4:** 701
hardening **A4:** 702
mechanical requirements **A4:** 701
microstructure after refrigeration **A4:** 702
F45004 (type A)
composition **A4:** 701
designation **A4:** 701
mechanical requirements **A4:** 701
F45005 (type B)
composition **A4:** 701
designation **A4:** 701
mechanical requirements **A4:** 701
F45006 (type C)
composition **A4:** 701
designation **A4:** 701
mechanical requirements **A4:** 701
F45007 (type D)
composition **A4:** 701
designation **A4:** 701
mechanical requirements **A4:** 701
F45008 (type E)
composition **A4:** 701
designation **A4:** 701
mechanical requirements **A4:** 701
F45009 (type A)
composition **A4:** 701
designation **A4:** 701
mechanical requirements **A4:** 701
Type D-5s, composition **A4:** 698
High-alloy ferritic steels
fatigue diagram **A19:** 304
High-alloy ferrous metals
as hardfacing alloys **M7:** 828, 829
Osprey process for **M7:** 530
High-alloy graphitic irons *See also* Compacted graphite irons
aluminum-alloyed, effects **A15:** 698, 701
applications **A15:** 698–699, 701
austenitic ductile irons **A15:** 700–701
austenitic gray irons **A15:** 699–700
austenitic nickel-alloy irons **A15:** 699–701
corrosion resistance **A15:** 698, 701
flake graphite and nodular graphite **A15:** 698
high-silicon ductile irons **A15:** 698–699
high-silicon gray irons **A15:** 698
high-silicon irons **A15:** 698–699, 701
high-temperature service **A15:** 698–699
oxidation resistance **A15:** 698
High-alloy iron **A5:** 684–685
High-alloy irons **A7:** 1073
hardfacing **A6:** 790
High-alloy powders **A7:** 128
High-alloy stainless steels
hydrogen fluoride/hydrofluoric acid corrosion **A13:** 1168
High-alloy steel
applications **A20:** 303
castability rating **A20:** 303
machinability rating **A20:** 303
weldability rating **A20:** 303
High-alloy steel forging
localized coarse grains **A9:** 176
High-alloy steel forgings or bar stock
manganese phosphate coating **A5:** 381
High-alloy steels
austenitic manganese steels **A15:** 733–735
chromium/nickel contents **A15:** 722
corrosion-resistant **A15:** 722–723
C-type, applications **A15:** 731–732
ferrite in **A15:** 724–726
ferrographic application to identify wear particles **A18:** 305
forge welding **A6:** 306, **M6:** 676
foundry practice **A15:** 730
heat resistant, properties **A15:** 728–730
heat treatment **A15:** 730–731
heat-resistant **A15:** 723–724
H-type alloys, applications **A15:** 733
mechanical properties, corrosion-resistant **A15:** 726–728
monotonic and fatigue properties **A19:** 975–977
nondestructive testing **A6:** 1086
Osprey process **A7:** 319
oxyfuel gas cutting **A6:** 1155, **M6:** 897
roll welding **A6:** 312, **M6:** 676
shielded metal arc welding **A6:** 176
transient liquid phase sintering **A7:** 317
weldability **A15:** 535–537, 730
High-alloy tool steels
for P/M tooling dies **A7:** 350
High-alloy white irons
alloy grades **A15:** 678
applications **A15:** 681
casting design **A15:** 680
composition control **A15:** 679–680
heat treatment **A15:** 680
high-chromium white irons **A15:** 681–685
machining **A15:** 680–681
melting practice **A15:** 678–679
molds **A15:** 680
nickel-chromium alloys, special **A15:** 681
nickel-chromium white irons **A15:** 678–681
patterns **A15:** 680
pouring **A15:** 680
shakeout **A15:** 680
High-alumina
applications **EM4:** 902, 903, 906, 915
High-alumina ceramics
mixing operations **EM4:** 98
properties **A18:** 548
High-alumina fiber
as synthetic reinforcement **EM1:** 117–118
High-aluminum cast iron
composition **M1:** 76
corrosion resistance **M1:** 96
mechanical properties **M1:** 92, 94
physical properties **M1:** 88
High-aluminum iron
surface engineering **A5:** 684
High-aluminum irons **A1:** 103
High-amplitude cycle **A19:** 120
High-angle boundaries
formation during incubation **A9:** 694
migration, during secondary recrystallization **A9:** 698
migration, effect on grain growth **A9:** 696
High-bandwidth
designs **EL1:** 85–86
systems **EL1:** 77
High-borate sealing glasses
chemical properties **EM4:** 857
High-carbon bearing steels **A1:** 381, 382
High-carbon cast steels **A1:** 372
High-carbon ferrochromium **A7:** 1065
High-carbon, high chromium
cold-work wrought tool steels **A1:** 765
High-carbon, high-chromium cold-work steels
composition limits **A5:** 768, **A18:** 735
High-carbon high-chromium cold-work tool steels
forging temperatures **A14:** 81
High-carbon, high-chromium steels
composition of tool and die steel groups . . . **A6:** 674
High-carbon iron (etched)
decarburized **M7:** 182, 183
High-carbon low-alloy (HCLA) steels
corrosive wear rates in grinding media . . . **A18:** 274, 275, 276
High-carbon, low-silicon white iron
surface engineering **A5:** 684
High-carbon, medium-alloy steels
composition of tool and die steel groups . . . **A6:** 674
High-carbon spring steel
resilience of **A8:** 22, 23
High-carbon steel
as thermal spray coating for hardfacing applications **A5:** 735
base for 50% aluminum-zinc alloy coated steel wire **M5:** 350
chromium plating **A5:** 185
etching of **M5:** 180
Fe-0.75C, air cooled **A9:** 190
finishing turning **A5:** 84
other than spring temper, preparation for electroplating **A5:** 14
pickling of **M5:** 68–69
plating process precleaning **M5:** 16–18
porcelain enameling of **M5:** 512–513
quenched in a hot stage **A9:** 83
rust and scale removal **M5:** 13–14
spring temper, preparation for electroplating **A5:** 14
surface preparation for electroplating **A5:** 14
thermal spray coatings **A5:** 503
High-carbon steel parts
sintering **M7:** 343
High-carbon steel wire
carbon content **M1:** 259
mechanical tensioning, for prestressing concrete **M1:** 264, 265
High-carbon steels *See also* Carbon steel; High-carbon steels, specific types **A18:** 651, 653
air-carbon arc cutting **A6:** 1176
applications **A15:** 714
band saw blade material **A6:** 1185
carbon content **A15:** 702
carbon content isolated **A10:** 177
castings **M1:** 384, 386, 393
characteristics and applications **M1:** 458–459
Cr-Mo **A18:** 651
pearlite **A18:** 651
definition of **A1:** 148
drawn wire, distortion in **A11:** 139
electron beam welding **M6:** 638
electron-beam welding **A6:** 867
flash welding decarburization **M6:** 580
for bearings **A1:** 24–25, 380–381
forging temperatures **A14:** 81
fractographs **A12:** 277–290
fracture/failure causes illustrated **A12:** 216
friction welding **A6:** 153, **M6:** 721
gas-metal arc welding
of aluminum bronzes **A6:** 828
of copper nickels **A6:** 828
of coppers **A6:** 828
of high-zinc brasses **A6:** 828
of low-zinc brasses **A6:** 828
of phosphor bronzes **A6:** 828
of silicon bronzes **A6:** 828
of special brasses **A6:** 828
of tin brasses **A6:** 828
gas-tungsten arc welding **A6:** 192
of aluminum bronzes **A6:** 827
of copper nickels **A6:** 827
of coppers **A6:** 827
of phosphor bronzes **A6:** 827
of silicon bronzes **A6:** 827
hardfacing alloys **A6:** 798
hydrogen flaking **A12:** 125
loss coefficient vs. Young's modulus **A20:** 267, 273–275
overheating damage in **A11:** 122
oxyacetylene welding **A6:** 281
oxyfuel cutting **M6:** 904

SUBJECTS OF THE INDEXED VOLUMES: ASM Handbook (designated by the letter "A"): **A1:** Properties and Selection: Irons, Steels, and High-Performance Alloys (1990); **A2:** Properties and Selection: Nonferrous Alloys and Special-Purpose Materials (1990); **A3:** Alloy Phase Diagrams (1992); **A4:** Heat Treating (1991); **A5:** Surface Engineering (1994); **A6:** Welding, Brazing, and Soldering (1993); **A7:** Powder Metal Technologies and Applications (1998); **A8:** Mechanical Testing (1985); **A9:** Metallography and Microstructures (1985); **A10:** Materials Characterization (1986); **A11:** Failure Analysis and Prevention (1986); **A12:** Fractography (1987); **A13:** Corrosion (1987); **A14:** Forming and Forging (1988); **A15:** Casting (1988); **A16:** Machining (1989); **A17:** Nondestructive Evaluation and Quality Control (1989); **A18:** Friction, Lubrication, and Wear Technology (1992); **A19:** Fatigue and Fracture (1996); **A20:** Materials Selection and Design (1997). **Metals Handbook, 9th Edition** (designated by the letter "M"): **M1:** Properties and Selection: Irons and Steels (1978); **M2:** Properties and Selection: Nonferrous Alloys and Pure Metals (1979); **M3:** Properties and Selection: Stainless Steels, Tool Materials, and Special-Purpose Materials (1980); **M4:** Heat Treating (1981); **M5:** Surface Cleaning, Finishing, and Coating (1982); **M6:** Welding, Brazing, and Soldering (1983); **M7:** Powder Metallurgy (1984). **Engineered Materials Handbook** (designated by the letters "EM"): **EM1:** Composites (1987); **EM2:** Engineering Plastics (1988); **EM3:** Adhesives and Sealants (1990); **EM4:** Ceramics and Glasses (1991). **Electronic Materials Handbook** (designated by the letters "EL"): **EL1:** Packaging (1989)

oxyfuel gas cutting . . . A6: 1159
oxyfuel gas cutting of . . . A14: 724
postweld heat treatment . . . A6: 649
press forming of . . . A14: 556–559
repair welding . . . A6: 1105
resistance seam welding . . . M6: 494
resistance welding . . . A6: 833, 837, 847
shell crack and detail fracture . . . A12: 288
spring grades . . . M1: 284, 285
stud arc welding . . . M6: 733
thermal spray coating material . . . A18: 832
weldability . . . M1: 561, 562–563
weldability of . . . A1: 609
weldability rating by various processes . . . A20: 306
wire rod . . . M1: 253–257

High-carbon steels, specific types
AISI 10 B62, oxidation effects . . . A12: 280
AISI 10 B62, steel wire, fatigue fracture surface . . . A12: 280
AISI 1053, fatigue fracture surface, fracture origin . . . A12: 277
AISI 1055, fatigue fracture surface . . . A12: 279
AISI 1060, fatigue fracture from seam . . . A12: 281
AISI 1060, fatigue fracture from surface flaw . . . A12: 279, 281
AISI 1060, torsional overload fracture . . . A12: 278
AISI 1070, complex fatigue fracture . . . A12: 281
AISI 1070, heat-treating failure . . . A12: 282
AISI 1070, inadequate removal of blanking fracture . . . A12: 285
AISI 1070, torsional fatigue fracture . . . A12: 282
AISI 1074, galling failure . . . A12: 285
AISI 1074, hydrogen embrittlement . . . A12: 284
AISI 1074, low-cycle fatigue fracture . . . A12: 283
AISI 1074, mechanical or lubrication failure . . . A12: 283
AISI 1074, scab failure . . . A12: 284
AISI 1075, embrittlement failure by hydrogen-assisted flakes . . . A12: 285
AISI 1095, fatigue fracture surface . . . A12: 288
ASTM A228, hydrogen embrittlement failures . . . A12: 286
ASTM A230, atypical fracture surface . . . A12: 287
ASTM A230, fatigue failure from seam . . . A12: 287

High-carbon twinned martensite . . . A19: 384
High-carbon wire for mechanical tensioning . . A1: 283
High-cellulose, gas shielded
chemical composition, SMAW electrode coverings . . . A6: 61
High-chloride nickel plating . . . M5: 200
High-chromium alloy steels
erosion resistance for pump components . . A18: 598
High-chromium alloys
resistance welding . . . A6: 833
High-chromium cast iron
corrosion resistance . . . M1: 90–91
heat resistance . . . M1: 93–94
heat treatment, structure developed by . . . M1: 86
mechanical properties . . . M1: 89, 92
physical properties . . . M1: 88
High-chromium cast irons
corrosion resistance . . . A13: 567–568, 569
fatigue endurance . . . A19: 666
impact strength . . . A19: 672
High-chromium iron
surface engineering . . . A5: 684
volume steady-state erosion rates of weld-overlay coatings . . . A20: 475
High-chromium irons . . . A1: 103
advantages . . . A6: 797
applications . . . A6: 797
austenitic, advantages and applications of materials for surfacing, build-up, and hardfacing . . . A18: 650
hardfacing . . . A6: 791–792, 796–797
martensitic, advantages and applications of materials for surfacing, build-up, and hardfacing . . . A18: 650
tungsten-molybdenum, advantages and applications of materials for surfacing build-up, and hardfacing . . . A18: 650
High-chromium low-carbon white irons
annealing . . . M4: 558
austenitizing . . . M4: 558
High-chromium stainless steel
workability . . . A8: 165, 575
High-chromium white iron
wear surface . . . A11: 377
High-chromium white irons
applications . . . A15: 684–685
austenitic . . . A15: 682
classes . . . A15: 681
composition and structures . . . A15: 682
heat treatment . . . A15: 684
machining . . . A15: 684
martensitic . . . A15: 682
melting practice . . . A15: 682–683
microstructures . . . A15: 681–682
molds, patterns, casting design . . . A15: 683
pouring practice . . . A15: 683
shakeout practice . . . A15: 683–684
special, corrosion resistant . . . A15: 685
special, high-temperature service . . . A15: 685
High-chromium/high-carbon stainless steels A18: 649
High-conductivity beryllium coppers
gas-metal arc butt welding . . . A6: 760
High-conductivity bronze
applications and properties . . . A2: 313
High-conductivity copper
degassing . . . A15: 469
electronic applications . . . A6: 998
High-conductivity coppers
for conductors . . . A2: 251
High-copper alloys . . . A6: 752
composition . . . A20: 391
properties . . . A20: 391
properties and applications . . . A2: 224
High-copper brass solution
composition, analysis, and operating conditions . . . A5: 256
High-cycle corrosion fatigue tests . . . A19: 196
High-cycle fatigue . . . A19: 18, 48, 127, 158, 265, 545, A20: 355, 516, 517–522, 523, 524
as overstress effect . . . A11: 109–110
data scatter . . . A20: 518, 519
defined . . . A11: 5
definition . . . A20: 834
fatigue strength . . . A20: 517–518
high-temperature behavior . . . A20: 527, 528
mean stress effects . . . A20: 518–519
multiaxial fatigue . . . A20: 520, 521–522
relationship to material properties . . . A20: 246
service fracture from . . . A11: 106
stress concentration . . . A20: 519–521
striations . . . A11: 78
structural steels . . . A19: 593–594
tensile strength . . . A20: 517–518
wrought titanium alloys . . . A2: 624
High-cycle fatigue fracture(s) *See also* Fatigue; Fracture(s)
AISI/SAE alloy steels . . . A12: 337
martensitic stainless steels . . . A12: 367
precipitation-hardening stainless steels . . . A12: 371, 373
titanium alloys . . . A12: 452
tool steels . . . A12: 381
wrought aluminum alloys . . . A12: 426
High-cycle fatigue life
porosity as factor . . . A19: 339
High-cycle fatigue testing . . . A8: 367, A19: 197, 215
as stress vs. cycles-to-failure . . . A8: 367
load-control tests for . . . A8: 696
of D-6 AC steel . . . A8: 485
torsional . . . A8: 149–150
High-cycle torsional fatigue . . . A8: 149–150
High-definition forgings
aluminum alloy . . . A14: 243–244
High-density concrete
powder used . . . M7: 573
High-density electronic packaging *See also* Packaging; Surface mount technology (SMT)
military/commercial, demand for . . . EL1: 730
High-density molding
defined . . . A15: 346
High-density polyethylene (HDPE) . . . A20: 443–444, 448, 449, 451, 453, 455, EM3: 15
applications . . . A20: 514
cost per unit mass . . . A20: 302
cost per unit volume . . . A20: 302
engineered material classes included in material property charts . . . A20: 267
fracture toughness vs. density . . . A20: 267, 269, 270
strength . . . A20: 267, 272–273, 274
Young's modulus . . . A20: 267, 271–272, 273
interfacial zone shear and solid friction . . . A18: 36
linear expansion coefficient vs. thermal conductivity . . . A20: 267, 276, 277
linear expansion coefficient vs. Young's modulus . . . A20: 267, 276–277, 278
loss coefficient vs. Young's modulus . . . A20: 267, 273–275
maximum shear conditions . . . A20: 455
molecular architecture . . . A20: 446
normalized tensile strength vs. coefficient of linear thermal expansion . . . A20: 267, 277–279
processing temperatures . . . A20: 455
properties . . . A20: 435
sample power-law indices . . . A20: 448
shrinkage values . . . A20: 454
specific modulus vs. specific strength . . . A20: 267, 271, 272
strength vs. density . . . A20: 267–269
structure . . . A20: 435
thermal conductivity vs. thermal diffusivity . . . A20: 267, 275–276
water absorption . . . A20: 455
wear properties . . . A18: 241
Young's modulus vs.
density . . . A20: 266, 267, 268, 289
elastic limit . . . A20: 287
strength . . . A20: 267, 269–271
High-density polyethylenes (HDPE) *See also* Polyethylenes (PE); Thermoplastics resins
additives . . . EM2: 166
applications . . . EM2: 163–165
characteristics . . . EM2: 165–166
costs . . . EM2: 163
defined . . . EM2: 22
grades . . . EM2: 163
high molecular weight . . . EM2: 163
processing . . . EM2: 165–166
rotational molding . . . EM2: 361
suppliers . . . EM2: 166
High-density rubber
powders used . . . M7: 573
High-density static random-access memory (RAM) module . . . EL1: 88
High-deposition submerged arc welding M7: 821–822
High-efficiency cyanide
copper plating baths . . . A5: 167–168, 169, 172–173, 175, 176
plating bath, anode and rack material for copper plating . . . A5: 175
High-efficiency sodium and potassium cyanide copper plating . . . M5: 159–165, 167–169
High-electron-mobility transistor (HEMT)
research . . . A2: 747
High-energy ball mill
schematic . . . M7: 723
High-energy deburring . . . M7: 459
High-energy high-rate processing (HEHR) . . . A7: 583, 584
High-energy ion scattering (HEIS) . . . A5: 673
High-energy milling *See also* Milling . . . A7: 64–66
applications . . . A7: 65, M7: 69
capabilities of size reduction equipment A7: 64, 65
global modeling . . . A7: 65
homogenization of aluminum alloy . . . M7: 67
local modeling . . . A7: 65
models of . . . A7: 65–66
particle size importance . . . A7: 53
High-energy physics
as niobium-titanium superconducting material application . . . A2: 1043, 1055–1056
refractory metal and alloy applications . . . A2: 558
ternary molybdenum chalcogenides application . . . A2: 1079
with A15 superconductors . . . A2: 1071
High-energy -rate compacting . . . A7: 381
High-energy scattering . . . M7: 259
High-energy wet scrubber
cupolas . . . A15: 387
High-energy x-ray sources *See also* Radiographic inspection; Radiography
machine designs for . . . A17: 307
machines . . . A17: 388–389
R-output, high-energy sources . . . A17: 307–308
High-energy-beam brazing
stainless steels . . . A6: 922–923

502 / High-energy-beam machining

High-energy-beam machining
ceramics. **A20:** 699

High-energy-beam noncutting process
in metal removal processes classification scheme **A20:** 695

High-energy-beam processes. **A20:** 696

High-energy-beam surface hardening methods
alloy steels. **A5:** 737–738
carbon steels. **A5:** 737–738

High-energy-beam welding **A20:** 698
in joining processes classification scheme **A20:** 697

High-energy-rate compacting **M7:** 6, 304–306

High-energy-rate forging *See also* Forging; High-energy-rate forming
application **A14:** 100, 105–107
blanks, preparation of **A14:** 104
defined **A14:** 7, 100
development work **A14:** 107
dies. **A14:** 101–104
economics of. **A14:** 100–101
lubrication **A14:** 104
machines for. **A14:** 29, 101
metal flow in. **A14:** 105
of austenitic stainless steel extrusion **A14:** 365
processing **A14:** 104–105
production examples **A14:** 102–104

High-energy-rate forging machines. **A14:** 29, 101

High-energy-rate forming *See also* Electromagnetic forming; Explosive forming
defined **A14:** 7

High-energy-rate forming (HERF) machine A18: 636, 637, 638, 639

High-energy-rate forming technique **A7:** 318

High-energy-rate-forged extrusion **A8:** 573

Higher austenitic stainless steels
sulfuric acid corrosion **A13:** 1151–1152

Higher-alloy metals
nitric acid corrosion **A13:** 1156

Higher-density consolidation, principles and process
modeling of. **A7:** 590–604
general process parameters **A7:** 594–595, 597
modeling of HIP **A7:** 595–603
nomenclature used in equations **A7:** 595, 596
process equipment **A7:** 590–594, 595, 596
temperature range **A7:** 590

Higher-level integration *See also* Hybrids and higher-level integration
and hybrids. **EL1:** 249

Higher-order elements. **A20:** 179

Higher-order Laue zone
for aluminum-copper alloy **A10:** 463
in electron diffraction **A10:** 439–440

Higher-order phase transition . . . . **A3:** 1•10

Highest contact temperatures **A18:** 438, 440

Highest numerical gear ratio **A18:** 566

Highest point of single-tooth contact (HPSTC) **A18:** 543

Highest service load **A19:** 411

High-flash naphtha cleaners **M5:** 40, 42–43

High-frequency acoustic imaging (HAIM) . . **A18:** 406, 409–410, 411
applications. **A18:** 410
principles. **A18:** 409–410

High-frequency butt welding
of blanks **A14:** 451

High-frequency digital systems *See also* Digital systems; Very-high-speed integrated circuits (VHSICS)
analysis of PWB structures **EL1:** 81–82
controlled-impedance connector system. . . . **EL1:** 86
design guidelines and methodology **EL1:** 82–85
error-free design capability. **EL1:** 85–86
factors limiting. **EL1:** 79–80
hybrid wafer scale integration
advantages. **EL1:** 86–88
interconnection level description. **EL1:** 76
modeling/simulation requirements **EL1:** 77–81
package options **EL1:** 76–77

High-frequency drive core knockout
machine **A15:** 506

High-frequency furnace **M7:** 157

High-frequency furnaces **A10:** 221–222

High-frequency healing **EM3:** 15

High-frequency heating
defined **EM1:** 13, **EM2:** 22

High-frequency induction welds
failure origins **A11:** 449

High-frequency inductors
construction **EL1:** 179

High-frequency resistance welding *See also* High frequency, welding
definition **A6:** 1210, **M6:** 9

High-frequency shakeout table. **A15:** 503

High-frequency testing **A19:** 138, 211
ultrasonic as **A8:** 240

High-frequency vibrations
fatigue-fracture surface of. **A11:** 112

High-frequency welding (HFW) **A6:** 252–253
advantages **A6:** 252
aluminum **A6:** 252
applications. **A6:** 252–253
brass **A6:** 252
carbon steels **A6:** 252
chromium/molybdenum alloys. **A6:** 252
copper **A6:** 252
definition **A6:** 252
disadvantages **A6:** 252
edge "V" generation **A6:** 252
equipment **A6:** 253
high-frequency induction welding (HFIW). . **A6:** 252
high-frequency resistance welding (HFRW) **A6:** 252
inspection and quality control **A6:** 253
personnel **A6:** 253
proximity effect **A6:** 252
reactive metals **A6:** 252
safety **A6:** 253
skin effects **A6:** 252
stainless steels **A6:** 252, 253
titanium **A6:** 252, 253

High-gloss coatings
radiation-cure formulation **EL1:** 858

High-gloss impact polystyrenes *See also* High-impact polystyrenes (PS, HIPS)
applications and properties. **EM2:** 199

High-hydrogen-fugacity environment **A19:** 186

High-impact polystyrene (HIPS) **A20:** 451, 454, **EM3:** 15

High-impact polystyrenes (PS, HIPS) *See also* Polystyrenes (PS); Thermoplastic resins
alloys and blends **EM2:** 194
applications. **EM2:** 194–196
characteristics **EM2:** 165–166
commercial forms. **EM2:** 194
composite structures **EM2:** 195
costs and production volume **EM2:** 194
defined **EM2:** 22
design properties **EM2:** 196–198
processing **EM2:** 198
resin compound types **EM2:** 198–199
specialty, properties **EM2:** 199
suppliers. **EM2:** 199
temperature effects. **EM2:** 197
thermoforming **EM2:** 198–199

High-lead tin bronzes
applications. **A18:** 751
composition **A18:** 750, 751
designations. **A18:** 751
mechanical properties **A18:** 752
product form **A18:** 751, 752

High-leaded brass
applications and properties **A2:** 306–307

High-leaded bronze
nominal compositions **A2:** 347

High-leaded naval brass
applications and properties. **A2:** 321

High-leaded tin bronze *See also* Copper casting alloys
applications and properties. **A2:** 227, 278–382
corrosion ratings **A2:** 353–354
foundry properties for sand casting **A2:** 348
nominal composition. **A2:** 347

High-leaded tin bronzes
applications **A15:** 784
composition/melt treatment. **A15:** 772, 776

High-level design
defined. **EL1:** 129

High-level simulation
defined. **EL1:** 129

High-level waste
disposal **A13:** 971–980

Highlighting
definition. **A5:** 958

High-low hydraulic pumping system **M7:** 330

Highly accelerated stress testing (HAST) **EL1:** 495–497

Highly accelerated stress tests (HAST) **EM3:** 434

Highly alloyed steels
precoated before soldering **A6:** 131

Highly deformed layer *See also* Beilby layer; White layer
defined. **A18:** 10
definition. **A5:** 958

Highly integrated systems
test procedures. **EL1:** 372–373

Highly oriented pyrolytic graphite **A10:** 132, 690

Highly oriented pyrolytic graphite (HOPG)
for atomic image used in testing scanning tunneling microscopy performance. . **A18:** 395, 396

High-manganese steels **A18:** 650

High-modulus aluminum P/M alloys
types. **A2:** 209–210

High-modulus composites *See also* Composite(s)
thermoplastic suitability for **EM1:** 98–100

High-modulus graphite fibers
in amorphous polymers **EM2:** 758–759

High-nickel alloy
hardness conversion tables **A8:** 109

High-nickel alloy steel
pack cementation aluminizing **A5:** 618

High-nickel alloys **A5:** 866
abrasive wear **A18:** 767
alloy/environment systems exhibiting stress-corrosion cracking **A19:** 483
as magnetically soft materials **A2:** 770–771
electron-beam welding. **A6:** 865
inorganic fluxes used **A6:** 130

High-nickel austenitic cast irons
corrosion resistance **A13:** 567

High-nickel cast iron
corrosion resistance. **M1:** 91
growth in superheated steam. **M1:** 93
heat resistance. **M1:** 94–96
mechanical properties **M1:** 89, 92
physical properties **M1:** 88
stress rupture **M1:** 95

High-nickel cast irons
corrosion in. **A11:** 200
hydrochloric acid resistance **A13:** 569

High-nickel irons. **A1:** 103

High-nickel steels for low-temperature service **A1:** 392, 396–397, 398

High-oxygen iron
ductility from hot torsion tests **A8:** 165–166

High-palladium ceramic alloys
dental. **A13:** 1361

High-palladium PFM alloys **A13:** 1355–1356

High-pass filters
eddy current inspection. **A17:** 190

High-performance active devices
with bipolar technology **EL1:** 146–147

High-Performance Adhesive Bonding. **EM3:** 67

High-performance alumina fiber **EM1:** 61

SUBJECTS OF THE INDEXED VOLUMES: ASM Handbook (designated by the letter "A"): **A1:** Properties and Selection: Irons, Steels, and High-Performance Alloys (1990); **A2:** Properties and Selection: Nonferrous Alloys and Special-Purpose Materials (1990); **A3:** Alloy Phase Diagrams (1992); **A4:** Heat Treating (1991); **A5:** Surface Engineering (1994); **A6:** Welding, Brazing, and Soldering (1993); **A7:** Powder Metal Technologies and Applications (1998); **A8:** Mechanical Testing (1985); **A9:** Metallography and Microstructures (1985); **A10:** Materials Characterization (1986); **A11:** Failure Analysis and Prevention (1986); **A12:** Fractography (1987); **A13:** Corrosion (1987); **A14:** Forming and Forging (1988); **A15:** Casting (1988); **A16:** Machining (1989); **A17:** Nondestructive Evaluation and Quality Control (1989); **A18:** Friction, Lubrication, and Wear Technology (1992); **A19:** Fatigue and Fracture (1996); **A20:** Materials Selection and Design (1997). **Metals Handbook, 9th Edition** (designated by the letter "M"): **M1:** Properties and Selection: Irons and Steels (1978); **M2:** Properties and Selection: Nonferrous Alloys and Pure Metals (1979); **M3:** Properties and Selection: Stainless Steels, Tool Materials, and Special-Purpose Materials (1980); **M4:** Heat Treating (1981); **M5:** Surface Cleaning, Finishing, and Coating (1982); **M6:** Welding, Brazing, and Soldering (1983); **M7:** Powder Metallurgy (1984). **Engineered Materials Handbook** (designated by the letters "EM"): **EM1:** Composites (1987); **EM2:** Engineering Plastics (1988); **EM3:** Adhesives and Sealants (1990); **EM4:** Ceramics and Glasses (1991). **Electronic Materials Handbook** (designated by the letters "EL"): **EL1:** Packaging (1989)

High-performance aluminum powders
degassing **M7:** 526
High-performance bearings
materials for **A11:** 483
High-performance caulks **EM3:** 50
High-performance composite materials *See also* Advanced composites
applications **EM1:** 206
defined **EM1:** 27
High-performance electronic systems
analytic modeling **EL1:** 16
High-performance engineering thermoplastics
types **EM2:** 98
High-performance liquid chromatography
and IR spectroscopy **A10:** 116
and mass spectrometry, with gas spectroscopy **A10:** 645–646
MFS detection for **A10:** 72
of organic gases **A10:** 11
of organic liquids and solutions **A10:** 10
of organic solids **A10:** 9
High-performance liquid chromatography (HPLC) **EL1:** 833–834, **EM1:** 736, 737, **EM2:** 517–518
High-performance liquid chromatography (HPLC) techniques **EM3:** 732
chemical content analysis and quality control **EM3:** 735
High-performance MOS (HMOS)
development **EL1:** 160
High-performance steels
rolling-element bearing material **A18:** 508
High-performance systems
design considerations **EL1:** 28–42
isolated signal line **EL1:** 28–34
packaging effects **EL1:** 397
parallel signal lines **EL1:** 34–41
signal attenuation/rise time degradation **EL1:** 41–42
skin effect resistance **EL1:** 41
High-performance thermoplastic resins/resin systems **EM1:** 43, 100–101, 544
High-precision
high-strength gears **M7:** 667–668
High-precision abrasive finishing
characteristics of process **A5:** 90
High-precision, fixed-abrasive finishing **A5:** 98, 99–100
High-precision mark aligners
achievable machining accuracy **A5:** 81
High-pressure combustion sintering
borides **A7:** 531
High-pressure compaction and hot working (STAMP process) **A1:** 780
High-pressure compound buffing systems **M5:** 116
High-pressure die casting
as permanent mold process **A15:** 34
High-pressure die casting magnesium alloys
types **A2:** 456
High-pressure dies
cemented carbide **A2:** 972
High-pressure drain
nuclear power reactors **A13:** 958
High-pressure gage
as rare earth application **A2:** 731
High-pressure gas compressor **A7:** 592, 595
HIP processing **M7:** 422
High-pressure high-temperature (HPHT) processing
of diamond/cubic boron nitrides **A2:** 1008
High-pressure laminates *See also* Laminate(s) **A20:** 805, **EM3:** 15
defined **EM1:** 13, **EM2:** 22
High-pressure liquid chromatography (HPLC)
silica-based supports **EM4:** 1088–1089
High-pressure liquid chromatography, reverse phase
for formulation verification **EM1:** 730
High-pressure lubricant
in axial compression testing **A8:** 56
High-pressure molding **EM3:** 15
defined **A15:** 346, **EM2:** 22
devices, development of **A15:** 29
High-pressure molding defect
casting **A11:** 384
High-pressure pump **A8:** 419
High-pressure punches
cemented carbide **A2:** 972
High-pressure self-combustion sintering (HPCS) **EM4:** 199
High-pressure spot *See* Resin-starved area
High-pressure spray wash
in procedure for heat-resistant alloys **A5:** 781
High-pressure steam **A8:** 427, 429
High-pressure tanks
holographic measurement of **A17:** 16
High-pressure water blast core knockout device **A15:** 506
High-pressure water jets
for descaling **A14:** 87
High-production peening
as straightening **A14:** 681
High-purity alumina, applications
protection tubes and wells **A4:** 533
High-purity aluminum, alloying
superconducting materials **A2:** 1045
High-purity aluminum powders **M7:** 125
High-purity arsenic production
and recovery **A2:** 747
High-purity atomized aluminum powder **M7:** 125, 130
High-purity austenitic stainless steels
atom probe analysis **A10:** 595
High-purity copper
effects of stress and temperature **A12:** 399
fracture modes **A12:** 399–400
fracture surfaces and mechanisms **A12:** 399–400
intergranular separation **A12:** 399
High-purity deaerated water
wrought aluminum alloys **A12:** 438
High-purity (HP) aluminum
fretting wear **A18:** 243, 244
High-purity iron
as magnetically soft material **A2:** 764–765
flat cleavage fracture **A12:** 219
High-purity metals
voltammetric analysis **A10:** 188
High-purity nickel
trace impurities in **A10:** 240
High-purity nickel strip *See also* Nickel powder strip
heart pacemaker battery parts **M7:** 403
High-purity niobium
preparation for superconductors **A2:** 1043–1044
High-purity oxygenated water **A8:** 420
High-purity sodium carboxymethylcellulose
application or function optimizing powder treatment and green forming **EM4:** 49
High-purity two phase solid-liquid systems
coarsening **A7:** 405, 406
High-purity water
aluminum/aluminum alloys in **A13:** 597
High-quality optical microscopy **A19:** 5
High-rate regime
in compression testing **A8:** 190
High-removal rate (HRR) machining . . . **A16:** 607–609
cutting tools and parameters **A16:** 608–609
machine requirements **A16:** 607–608
superlathe CNC machines **A16:** 607
tool life **A16:** 608
tooling of machines **A16:** 608
High-resolution electron energy loss spectroscopy **A10:** 109, 126
High-resolution electron microscopy (HREM) **A6:** 145, **A18:** 389
High-resolution energy-compensated atom probe
microanalysis **A10:** 597
spectrum of tungsten by **A10:** 597
with pulsed-laser capabilities **A10:** 598
High-resolution infrared imaging systems
for thermal inspection **A17:** 398
High-resolution thermography **EL1:** 954–955
High-resolution transmission electron microscopy **A19:** 77
High-shrinkage alloys
copper casting **A2:** 346
High-silica fibers
defined **EM1:** 29
High-silica glasses **A20:** 418
applications
electronic processing **EM4:** 1058
laboratory and process **EM4:** 1087–1088
lighting **EM4:** 1032
optical fibers as transmission media for telecommunications **EM4:** 1050–1054
laboratory glassware, composition and properties **EM4:** 1088
High-silicon alloys
cleaning solutions for substrate materials . . **A6:** 978
High-silicon alloys, wear-resistant **A7:** 19
High-silicon aluminum
cutting tool material selection based on machining operation **A18:** 617
High-silicon aluminum alloys
matrix material that influences the finishing difficulty **A5:** 164
High-silicon bronze
composition **A20:** 391
properties **A20:** 391
tensile strength, reduction in thickness by rolling **A20:** 392
High-silicon cast iron
characteristics **M1:** 78
corrosion in **A11:** 200
corrosion resistance **M1:** 89–90
fluoborate bath effect **A5:** 207
heat resistance **M1:** 93
mechanical properties **M1:** 89
physical properties **M1:** 88
High-silicon cast irons
alkali resistance **A13:** 570
corrosion rates **A13:** 567
fatigue endurance **A19:** 666
hydrochloric acid resistance **A13:** 569
impact strength **A19:** 672
impressed-current anodes **A13:** 469, 921
nitric acid resistance **A13:** 569
High-silicon iron
surface engineering **A5:** 684
High-silicon irons *See also* Ductile irons; Gray iron; High-alloy graphitic irons **A1:** 102–103
compositions **A15:** 701
ductile irons **A15:** 698–699
for corrosion resistance **A15:** 701
for high-temperature service **A15:** 698–699
gray irons **A15:** 698
High-silicon stainless steels
hardfacing **A6:** 795
High-solids paint
definition **A5:** 958
High-solids paints **M5:** 472
High-speed brass plating **M5:** 286–287
High-speed compaction
effect on green strength **M7:** 302
High-speed electrical performance
and dielectric properties **EL1:** 597–610
electrical properties **EL1:** 597–604
materials properties **EL1:** 604–608
printed board manufacturability **EL1:** 608–609
recommendations **EL1:** 608
High-speed forging *See* High-energy-rate forging
High-speed hydraulic torsional machines **A8:** 215–216
High-speed light-feed screw machine operations
relative difficulty with respect to machinability of the workpiece **A20:** 305
High-speed machining **A16:** 597–606
aircraft engine propulsion applications **A16:** 604
airframe and defense applications **A16:** 603
alternate cutting tool geometries **A16:** 602
applications **A16:** 603
automotive applications **A16:** 604
chip formation **A16:** 597, 598–600, 603
cutting fluids **A16:** 602
cutting tool materials **A16:** 601
future needs **A16:** 605
historical background **A16:** 597–598
implementation **A16:** 605
ledge tools **A16:** 602–603
machining centers **A16:** 604
nickel alloys **A16:** 837
parameters **A16:** 600–601
rotary tool machining **A16:** 603
stability principle **A16:** 599
tool life **A16:** 604
variables **A16:** 597–598
High-speed photography **A7:** 406
High-speed printer
metal band/metal platen wear test for **A8:** 607
High-speed printers hammer guide assembly for **M7:** 669
P/M parts for **M7:** 667

High-speed pulse welding (HSPW/CD) A7: 656, 657, 661
High-speed resin injection
properties effects EM2: 287
High-speed resin transfer molding
size and shape effects EM2: 292
thermoset plastics processing comparison A20: 794
High-speed steel
brazing temperature effect on hardness A6: 908
High-speed steel cutting tools, types used
thermal spray-coated materials. M5: 369–370
High-speed steel (HSS) *See also* Tool steels, high-speed
classification and composition of hardfacing alloys A18: 652
compositions and properties A16: 51–59
cutting speed and work material relationship A18: 616
cutting tools A16: 41
end mills A16: 41
flank wear limits A16: 43
for cutting tool material. A18: 614, 615
for finish drilling tools A5: 88
ion implantation in metalforming and cutting applications A5: 771
material yield strength. A16: 39
P/M high-speed steels A16: 60–68
part material for ion implantation A18: 858
physical vapor deposition, critical normal force versus substrate surface roughness. . . A18: 436
surface damage involving gain of material A18: 182
versus 60-40 brass adhesive wear A18: 237–238
High-speed steel (HSS) powders A7: 126, 127
cold sintering. A7: 577, 578, 579
extrusion. A7: 628, 630
for core rods A7: 351
gas atomization. A7: 37
liquid-phase sintering. A7: 570
Osprey forming process A7: 74–75, 319
sintering. A7: 482–487
water-atomized A7: 130
High-speed steel, rehardened
brittle fracture of A11: 574
High-speed steels *See also* High-speed steels, specific types; High-speed tool steels; Steels
as-sintered and wrought. M7: 377
extrusion. M7: 525
hot extrusion. M7: 524–525
hot isostatic pressing plus hot rolling to mill shape. M7: 524
mechanical properties. M7: 376
sintering temperatures and compositions for M7: 375
tempering curves. M7: 376
typical parts. M7: 371
High-speed steels, coatings for contrast enhancement in scanning electron
microscopy A9: 99
High-speed steels, specific types
M2, mechanical properties M7: 376
M15, controlled spray deposited M7: 531
M35, mechanical properties M7: 376
T15, as-sintered microstructure M7: 378
T15, mechanical properties. M7: 376
T15, microstructures. M7: 545
High-speed strip plating, high-alkalinity brass plating solution
composition, analysis, and operating conditions A5: 256
High-speed tool steel powders
annealing. A7: 305
as core rod materials. A7: 353
as die materials A7: 353
binder-assisted extrusion. A7: 374
high-temperature sintering A7: 832
hot isostatic pressing. A7: 616
High-speed tool steels *See also* High-speed steels; Steels; Tool steels; Tool steels, high-speed; Tool steels, specific types
annealing M7: 274
cold isostatic pressing applications M7: 450
cold isostatic pressing dwell pressures M7: 449, 450
extrusion processes for. M7: 525
friction welding. A6: 153
heat tinting A9: 136
hot extrusion. M7: 524–525
hot isostatic pressing plus hot rolling to mill shape M7: 524
microstructure. M7: 38, 39
P/M and forging/rolling techniques M7: 522
powder metallurgy. A1: 781–786
alloy development A1: 784–785
applications A1: 785–786
cutting tool properties A1: 784
heat treatment. A1: 782–783
manufacturing properties A1: 783–784
sintered tooling A1: 786
reductions by cold swaging. A14: 128
sintering. M7: 370–376
wrought A1: 759–762
molybdenum A1: 759
tungsten A1: 759–762
High-stacking fault energy material A8: 173
High-strain-rate superplasticity (HSRS) A7: 850, 851, 852
High-strength alloy steels
electron beam welding. M6: 637–638
preheating M6: 613
electron-beam welding A6: 258–259, 867
electroslag welding M6: 226
shielded metal arc welding M6: 75
High-strength alloys
engineering applications A19: 131
for ships and submarines A13: 546
High-strength alloys, conventional
fracture toughness of. A8: 458–459
High-strength aluminum alloys *See also* Aluminum alloy powders; Aluminum powders M7: 745–748
applications M7: 748
available product forms. M7: 746
chemical composition. M7: 745
plane-strain fracture toughness. A8: 451
SCC failure in. A11: 27
High-strength aluminum P/M alloys
alloy design research A2: 204–210
aluminum P/M processing A2: 201–204
aluminum-lithium alloys. A2: 209
aluminum-lithium-beryllium alloys A2: 209
ambient-temperature strength A2: 204–206
can vacuum degassing. A2: 202–203
conventionally pressed and sintered alloys A2: 210–213
corrosion resistance. A2: 204–206
dipurative degassing. A2: 203
direct powder forming. A2: 203
dynamic compaction A2: 204
elevated-temperature properties. A2: 206–208
high-modulus and/or low-density alloys A2: 209–210
hot isostatic pressing (HIP) A2: 203
intermetallics. A2: 210
introduction A2: 200
mechanical attrition process. A2: 202
metal-matrix composites. A2: 209–210
P/M technology, advantages. A2: 200–201
part processing. A2: 210–213
powder degassing and consolidation. . . A2: 202–204
powder production A2: 201–202
rapid omnidirectional consolidation. . . A2: 203–204
rapid solidification (RS) alloys A2: 204–207
strengthening features. A2: 200, 202
stress-corrosion cracking (SCC). A2: 204–206
superplastic forming (SPF) A2: 210
vacuum degassing in reusable chamber A2: 203
High-strength beryllium coppers
gas-metal arc butt welding A6: 760
High-strength beryllium-copper casting alloys
composition A2: 403–404
High-strength carbon and low-alloy steels A1: 389
quenched and tempered low-alloy steel A1: 391–392
effects of alloying elements on A1: 392–394, 395, 396
high-nickel steels for low-temperature service. A1: 392, 396–397, 398
mechanical properties A1: 389, 392, 396, 397
microalloyed quenched and tempered grades A1: 394–396
structural carbon steels A1: 389
high-strength structural carbon steels. A1: 390–391
hot-rolled carbon-manganese structural steels. A1: 390, 391
mild steels A1: 390
High-strength cast steels A1: 374
as low-alloy A15: 716
High-strength controlled-expansion alloys *See also* Low-expansion alloys
properties. A2: 895
High-strength corrosion-resistant alloys A7: 19
High-strength low-alloy
abbreviation for A11: 797
High-strength low-alloy (HSLA) steels *See also* Microalloyed steel A1: 148, 151, 154, 358–362, 397–398, 399, A19: 382
annealing A4: 52
applications of. A1: 399, 415–423
automotive. A1: 416–417
castings A1: 419, 420
cold-forming strip A1: 418
forgings. A1: 420
offshore structures A1: 417–418
oil and gas pipelines. A1: 416
railway tank cars. A1: 419
shipbuilding A1: 418
structural. A1: 399, 401, 418, 420, 421
categories. A5: 702–704
categories and specifications A1: 398–405
ASTM specifications. A1: 399, 406, 411
SAE categories. A1: 401
Charpy V-notch toughness A19: 616
classification of. A1: 148
acicular-ferrite A1: 148, 399, 404–405
as-rolled pearlitic. A1: 404
dual-phase steels. A1: 148, 398, 405, 424–429
hydrogen-induced cracking resistant steels. A1: 400, 416
inclusion-shape controlled steels. . . . A1: 400, 405, 412–413
microalloyed ferrite-pearlite steels . . A1: 400–404, 585–588
weathering steels A1: 400
cold-rolled A1: 419–420
composition. A19: 615
compositional limits A5: 703
compositions A1: 401, 406, 410
in ASTM specifications A1: 406
in SAE specifications A1: 401
of normalized European HSLA steels A1: 410
continuous annealing. A4: 63
control of properties. A1: 405–411, 588
by controlled rolling A1: 408–409, 586–588
cooling, effect of A1: 402
with alloying elements. A1: 406–408
cyclic yield strength A19: 232
definition of A1: 148
fatigue characteristics of A1: 413
fatigue crack threshold A19: 145
forgings A1: 137, 358–362, 419, 420, 588
forming of. A1: 402, 408, 413–414
forming properties of A1: 398, 418
bending radii. A1: 413, 414

SUBJECTS OF THE INDEXED VOLUMES: ASM Handbook (designated by the letter "A"): **A1:** Properties and Selection: Irons, Steels, and High-Performance Alloys (1990); **A2:** Properties and Selection: Nonferrous Alloys and Special-Purpose Materials (1990); **A3:** Alloy Phase Diagrams (1992); **A4:** Heat Treating (1991); **A5:** Surface Engineering (1994); **A6:** Welding, Brazing, and Soldering (1993); **A7:** Powder Metal Technologies and Applications (1998); **A8:** Mechanical Testing (1985); **A9:** Metallography and Microstructures (1985); **A10:** Materials Characterization (1986); **A11:** Failure Analysis and Prevention (1986); **A12:** Fractography (1987); **A13:** Corrosion (1987); **A14:** Forming and Forging (1988); **A15:** Casting (1988); **A16:** Machining (1989); **A17:** Nondestructive Evaluation and Quality Control (1989); **A18:** Friction, Lubrication, and Wear Technology (1992); **A19:** Fatigue and Fracture (1996); **A20:** Materials Selection and Design (1997). **Metals Handbook, 9th Edition** (designated by the letter "M"): **M1:** Properties and Selection: Irons and Steels (1978); **M2:** Properties and Selection: Nonferrous Alloys and Pure Metals (1979); **M3:** Properties and Selection: Stainless Steels, Tool Materials, and Special-Purpose Materials (1980); **M4:** Heat Treating (1981); **M5:** Surface Cleaning, Finishing, and Coating (1982); **M6:** Welding, Brazing, and Soldering (1983); **M7:** Powder Metallurgy (1984). **Engineered Materials Handbook** (designated by the letters "EM"): **EM1:** Composites (1987); **EM2:** Engineering Plastics (1988); **EM3:** Adhesives and Sealants (1990); **EM4:** Ceramics and Glasses (1991). **Electronic Materials Handbook** (designated by the letters "EL"): **EL1:** Packaging (1989)

fracture properties **A19:** 617–618, 627–629
K02003, compositional limits per ASTM specifications **A5:** 703
K10802, compositional limits per ASTM specifications **A5:** 703
K11430, compositional limits per ASTM specifications **A5:** 703
K11510, compositional limits per ASTM specifications **A5:** 703
K11538, compositional limits per ASTM specifications **A5:** 703
K11552, compositional limits per ASTM specifications **A5:** 703
K12000, compositional limits per ASTM specifications **A5:** 703
K12043, compositional limits per ASTM specifications **A5:** 703
K12202, compositional limits per ASTM specifications **A5:** 703
K12249, compositional limits per ASTM specifications **A5:** 703
K12609, compositional limits per ASTM specifications **A5:** 703
K12700, compositional limits per ASTM specifications **A5:** 703
mechanical properties **A1:** 410–413
compared with carbon steel **A1:** 389
directionality of properties **A1:** 412–413
effect of manganese on **A1:** 402
of acicular ferrite steels **A1:** 404–405
of cold-forming strip **A1:** 417
of cold-rolled sheet **A1:** 420
of control-rolled steels **A1:** 409
of dual-phase steels **A1:** 398
of HSLA forgings **A1:** 360–361, 588, 599
of microalloyed ferrite-pearlite steels **A1:** 411–412
of normalized HSLA steels **A1:** 409–410
of weathering steels **A1:** 400
mechanically small cracks **A19:** 155
metallurgical effects **A1:** 359–361
first-generation microalloy steels **A1:** 359
second-generation microalloy steels .. **A1:** 359–360
third-generation microalloy steels ... **A1:** 360–361
microalloying elements **A1:** 358–359, 400–404, 419
molybdenum **A1:** 358, 403, 407
niobium **A1:** 358, 402–403, 407, 419
titanium **A1:** 231–232, 359, 403–404, 408
vanadium **A1:** 358, 401–402, 403, 408, 419
monotonic and fatigue properties **A19:** 968–974
processing methods ... **A1:** 130–131, 398, 408–410, 586, 587, 588, **A19:** 617
SAE-AISI system of designations for carbon and alloy steels **A5:** 704
selection guidelines **A1:** 415–416
solution-strengthened and microalloyed .. **A4:** 61–62
steelmaking **A1:** 405–406
welding of **A1:** 414–415, 609
yield strength **A4:** 62

High-strength low-alloy (HSLA) structural steels **A6:** 662–664
chemical compositions **A6:** 663
electrogas welding **A6:** 664
electroslag welding **A6:** 664
filler metal selection **A6:** 662–663, 664
flux-cored arc welding **A6:** 663, 664
gas-metal arc welding **A6:** 663, 664
heat-affected zones **A6:** 663, 664
postweld heat treatment **A6:** 664
properties **A6:** 662, 663
shielded metal arc welding **A6:** 663–664
specifications **A6:** 662, 664
submerged arc welding **A6:** 663, 664
welding procedures and practices **A6:** 664

High-strength low-alloy quenched and tempered (HSLA Q&T) structural steels **A6:** 662, 664–666
filler metals **A6:** 665
flux-cored arc welding **A6:** 660
gas-metal arc welding **A6:** 664, 666
gas-tungsten arc welding **A6:** 664, 666
heat input **A6:** 666
heat-affected zones **A6:** 666
postweld heat treatment **A6:** 666
preheat and interpass temperature control **A6:** 665–666
properties **A6:** 664

shielded metal arc welding **A6:** 663–664, 666
specifications **A6:** 664
weld design **A6:** 665
weld metal hydrogen **A6:** 665
welding processes **A6:** 664

High-strength low-alloy quenched and tempered structural steels, specific types
A 514
maximum welding heat input for butt joints **A6:** 666
postweld heat treatments **A6:** 666
A 517, postweld heat treatments **A6:** 666

High-strength low-alloy steel
effect on economy in manufacture **M3:** 851
hot-rolled **A9:** 185
scratch testing **A18:** 431

High-strength low-alloy steel bars **A1:** 246, 588

High-strength low-alloy steel forgings **A1:** 137, 358–362, 419, 420, 588

High-strength low-alloy steel plate A1: 235–236, 587

High-strength low-alloy steels *See also* As-rolled structural steels; HSLA steels; Low-alloy steels; Steels; Steels, specific types
AMS classification **M6:** 291–292
base-metal treatment **M6:** 292
filler metals **M6:** 292
prewelding heat treatment **M6:** 292
susceptibility to cracking **M6:** 291–292
welding procedures **M6:** 292
welding processes **M6:** 291
AOD-refined, composition control **A15:** 429
applications
automotive **A6:** 395
machinery and equipment **A6:** 390
arc welding **M6:** 270–282
as weathering steels **A13:** 516
atmospheric corrosion **A13:** 518, 531
classification and group description .. **A6:** 405–406, 407
cold cracking **A6:** 73
corrosion losses, chemical plant atmospheres **A13:** 533
flux cored electrodes **M6:** 101–102
flux-cored arc welding **A6:** 187
for rolling **A14:** 355
gas-metal arc welding **A6:** 180
hydrogen-induced cracking **A6:** 73, 94
laser beam welding **M6:** 647
mechanical cutting **A6:** 1179
minimum bend radius **A14:** 524
nickel alloys welding to **A6:** 578
precipitate stability and grain boundary pinning **A6:** 73
resistance seam welding **M6:** 494
resistance spot welding **A6:** 228, **M6:** 478, 484–488
resistance welding **A6:** 837, 838, 840
SCC testing **A13:** 270–272
shielded metal arc welding **A6:** 746, **M6:** 95
steel weldment soundness **A6:** 411
stud arc welding **M6:** 733
submerged arc welding **M6:** 115–116
microstructure characteristics **M6:** 116–117
types
as-rolled pearlitic structural **M6:** 271
microalloyed **M6:** 271
type A **M6:** 271
type Q **M6:** 271
type R **M6:** 271
type W, T **M6:** 271
weldability **A6:** 418–419, **M6:** 270–271

High-strength low-alloy steels, specific types
300 M, laser-beam welding **A6:** 264
A 242
composition and carbon content **A6:** 406
composition and strength properties **A6:** 663
low-hydrogen welding processes **A6:** 664
shielded metal arc welding **A6:** 663
A 441
composition and strength properties **A6:** 663
low-hydrogen welding processes **A6:** 664
shielded metal arc welding **A6:** 663
A 514, quenching and tempering **A6:** 665, 666
A 517, quenching and tempering **A6:** 660, 665
A 543, quenching and tempering **A6:** 665, 666
A 572
composition and carbon content **A6:** 406
composition and strength properties **A6:** 663

low-hydrogen welding processes **A6:** 664
shielded metal arc welding **A6:** 663
A 588
composition and carbon content **A6:** 406
composition and strength properties **A6:** 663
low-hydrogen welding processes **A6:** 664
shielded metal arc welding **A6:** 663
A 633
composition and strength properties **A6:** 663
low-hydrogen welding processes **A6:** 664
shielded metal arc welding **A6:** 663
A 710, composition and strength properties **A6:** 663
A 710, microvoid coalescence and ductile crack growth **A19:** 46, 51
Fe-0.03Nb-0.06C, slip band **A19:** 65, 66
grade 42
composition and strength properties **A6:** 663
low-hydrogen welding processes **A6:** 664
grade 50
composition and strength properties **A6:** 663
low-hydrogen welding processes **A6:** 664
grade 60
composition and strength properties **A6:** 663
low-hydrogen welding processes **A6:** 664
grade 65
composition and strength properties **A6:** 663
low-hydrogen welding processes **A6:** 664
grade A
composition and strength properties **A6:** 663
low-hydrogen welding processes **A6:** 664
grade B
composition and strength properties **A6:** 663
low-hydrogen welding processes **A6:** 664
grade C
composition and strength properties **A6:** 663
low-hydrogen welding processes **A6:** 664
grade D, composition and strength properties **A6:** 663
grade E
composition and strength properties **A6:** 663
low-hydrogen welding processes **A6:** 664
grade F, composition and strength properties **A6:** 663
grade G, composition and strength properties **A6:** 663
grade H, composition and strength properties **A6:** 66
grade J, composition and strength properties **A6:** 663
HP9-4-20
composition **A4:** 207
heat treatments **A4:** 215, 216
HP9-4-30
composition **A4:** 207
heat treatments **A4:** 215, 216–217
mechanical properties **A4:** 216
HSLA-80
chemical composition **A6:** 425
heat analysis compositions **A6:** 406
heat input **A6:** 426, 427, 428
properties **A6:** 428
resistance to brittle fracture **A4:** 252
steel composition effect on susceptibility to cold cracking **A6:** 74
submerged arc welding **A6:** 426
weldability **A4:** 239
HSLA-100
heat analysis compositions **A6:** 406
heat-affected zone toughness **A6:** 79
resistance to brittle fracture **A4:** 252
steel composition effect on susceptibility to cold cracking **A6:** 74
weldability **A4:** 239
HY-80
chemical composition **A6:** 425
heat input **A6:** 426, 427–428
hydrogen-induced cracking **A6:** 412
military specifications **A6:** 664
properties **A6:** 427–428
quenching and tempering **A6:** 665, 666
submerged arc welding **A6:** 426
transformation plasticity **A6:** 1138
weldability **A6:** 424
HY-80, weldability **A4:** 239
HY-100 steel
electrogas welding **A6:** 277

High-strength low-alloy steels, specific types (continued)
electroslag welding **A6:** 277
military specifications **A6:** 664
quenching and tempering **A6:** 665, 666
HY-130
military specifications **A6:** 664
quenching and tempering **A6:** 665, 666
MF-80, load ratio effect on corrosion fatigue crack
growth rate **A19:** 190

High-strength low-alloy structural steels
microstructure **A20:** 357, 358
properties and applications. **A20:** 358

High-strength magnesium-base alloy
constitutional liquation in multicomponent
systems **A6:** 568

High-strength manganese bronze *See also* Copper casting alloys; Manganese bronze
nominal composition **A2:** 347

High-strength modified copper *See also* Copper alloys, specific types, C19400
applications and properties **A2:** 293–294

High-strength prealloyed P/M aluminum alloy forgings **A14:** 250–251

High-strength quenched and tempered steels
arc welding **M6:** 247, 282–292

High-strength sheet molding compound
thermoset plastics processing comparison **A20:** 794

High-strength sheet molding compounds (HMC)
properties effects **EM2:** 286–287
size and shape effects **EM2:** 291

High-strength steel
hard chromium plating, selected
applications **A5:** 177

High-strength steel powders
chromium-containing, cold sintering. **A7:** 577

High-strength steels. **A18:** 649, **A20:** 381
alloy/environment systems exhibiting stress-
corrosion cracking **A19:** 483
alloying elements and stress-corrosion
cracking **A19:** 488
coated, press forming of. **A14:** 565–566
cobalt-enhanced toughness. **M7:** 144
cracking **A19:** 480
decohesion theory **A19:** 488
designed using LEFM concepts **A20:** 534
electrochemical polarization **A8:** 527
electrochemical potential and pH value and stress-
corrosion cracking **A19:** 488
embrittlement mechanisms in **A8:** 529
enhanced plasticity theory **A19:** 488, 489
fatigue crack thresholds **A19:** 144–145
fatigue-crack propagation behavior **A19:** 940
fatigue-strength limit **A19:** 236
for springs **A20:** 287
forming limit diagram **A20:** 305, 306
fracture resistance of **A19:** 382–384, 385
fracture toughness **A19:** 624
gas metal arc welding. **M6:** 153
low-alloy **A14:** 355, 524
low-alloy, transfer gears **M7:** 668
notch tensile test for **A8:** 27
pin bearing testing of. **A8:** 59
precleaning embrittlement. **A17:** 81
pressure theory **A19:** 488
principal fracture mechanisms **A19:** 488
SCC testing of **A8:** 526–527
sodium chloride stress cracking **A8:** 527
springback in. **A8:** 553
stress-corrosion cracking. **A19:** 487–489
sulfide stress cracking **A8:** 527
surface condition effect on fatigue
performance. **A19:** 317
surface energy theory. **A19:** 488
tensile properties **A8:** 555
thermal-mechanical processing for **A14:** 19

High-strength steels, applications
aerospace. **A6:** 385–388
automotive **A6:** 395
diffusion welding **A6:** 884
plasma arc cutting **A6:** 1170
shielded metal arc welding. **A6:** 176
ultrasonic welding **A6:** 893

High-strength steels, specific type
4340M, corrosion fatigue. **A19:** 643, 646

High-strength steels, specific types
100S-1, chemical composition **A6:** 425

High-strength structural carbon steels . . . **A1:** 390–391
fracture properties **A19:** 617

High-strength structural steels *See* As-rolled structural steels

High-strength wrought aluminum alloys *See also* Wrought aluminum alloys
fracture toughness **A2:** 54, 59–60

High-strength yellow brasses *See also* Cast copper alloys
corrosion ratings **A2:** 353–354
properties and applications **A2:** 367–370

High-stress abrasion *See also* Low-stress abrasion
defined **A18:** 10
definition **A5:** 958

High-sulfate nickel plating **M5:** 202–203

High-temperature *See also* Elevated-temperature; Low-temperature; Temperature(s)
high-shear (HTHS) viscosity. **A18:** 85

High-temperature adhesives. **EM3:** 171, 172
advantages and limitations **EM3:** 80
aircraft and aerospace applications **EM3:** 80
chemistry **EM3:** 80
curing method **EM3:** 80
suppliers. **EM3:** 80

High-temperature aerated water testing . . **A8:** 420–422

High-temperature air heaters
corrosion of **A13:** 998–999

High-temperature alloy steels **M1:** 284, 286

High-temperature alloys *See also* Heat-resistant alloys; Stainless steels . . . **A6:** 563–565, **A13:** 91, 1312
applications **A6:** 563
argon oxygen decarburization **A15:** 426
avoidance of copper chills **A6:** 565
boron additions **A6:** 563
compositions and forging temperature
ranges **A14:** 224
contaminant effect on weld soundness **A6:** 564–565
cutting fluids used **A16:** 125
cutting tool materials and cutting speed
relationship **A18:** 616
definition **A6:** 563
depth-of-cut notching. **A16:** 77
drilling **A16:** 227
effects of eutectic melting. **A11:** 122
electropolishing of **M5:** 306–307
enamels **EM3:** 303
energy per unit volume requirements for
machining **A20:** 306
for nickel-base alloy cold-formed parts. . . . **A14:** 837
fusion zone fissuring **A6:** 565
heat-affected zone **A6:** 563, 564–565
honing **A16:** 477
isolation of nickel and cobalt in **A10:** 174
lead causing weld metal fissuring **A6:** 565
machinability test matrix **A16:** 639–640
macrofissuring **A6:** 563, 564
microfissuring **A6:** 563, 565
milling **A16:** 312, 313, 314
nickel-base, compositions **A14:** 262
nitric/hydrochloric acid as dissolution
medium **A10:** 166
nonmetallic inclusions in **A11:** 316
notch sensitivity testing of **A8:** 27
oxide stability **A11:** 452
postweld heat treatment **A6:** 563–564
preweld heat treatment **A6:** 563–564
recommended machining specifications for rough
ceramic insert cutting tools **EM4:** 969
refractory materials, wear applications **A20:** 607
refractory oxide on surface. **A6:** 565
semisolid metal casting and forging of. . . . **A15:** 327
spray forming **A7:** 403
strain age cracking **A6:** 563, 564
superalloys, wear applications **A20:** 607
thermal spray forming. **A7:** 408
turning and milling recommended ceramic grade
inserts for cutting tools **EM4:** 972
welding characteristics **A6:** 563–565
welding effect on performance and
properties. **A6:** 563
zirconium additions **A6:** 563

High-temperature applications *See also* Elevated temperature; Temperature(s) **EM1:** 810–815
condensation-type polyimides. **EM1:** 810
of epoxy resins. **EM1:** 141, 810
PMR polyimides **EM1:** 812–814

High-temperature applications, design for *See* Design for high-temperature applications

High-temperature bake
glass-to-metal seals. **EL1:** 459

High-temperature chromium-molybdenum steels
flux-cored arc welding. **A6:** 187

High-temperature cobalt alloys
contrasting by interference layers **A9:** 60

High-temperature cofired ceramic packages
burnout/firing. **EL1:** 465–466
lead/pin attach **EL1:** 466
physical properties. **EL1:** 468
testing **EL1:** 467

High-temperature combustion *See also* Combustion; Combustion method **A7:** 222, 228, **A10:** 221–225
applications **A10:** 224
combustion principles **A10:** 221–222
defined **A10:** 674
detection of combustion products. . . . **A10:** 222–223
determinator systems, automatic, manual, or
semiautomatic. **A10:** 222
estimated analysis time **A10:** 221
general use. **A10:** 221
limitations **A10:** 221
of inorganic solids, types of
information from **A10:** 4, 6
of organic solids **A10:** 9
related techniques **A10:** 221
sample preparation **A10:** 223–224
samples **A10:** 221, 223
selective and total combustion **A10:** 223–224
separation of interfering elements **A10:** 222

High-temperature composites *See also* Composites; Elevated-temperature
refractory metal fiber-reinforced **A2:** 582–584

High-temperature conductivity
in rare earth cuprates **A2:** 1027

High-temperature corrosion **A13:** 97–101
as type of corrosion **A19:** 561
by alloying **A13:** 56, 59
by compound reduction, in liquid metals. . **A13:** 56, 59
by impurities, in liquid metals **A13:** 56–59
by interstitial reactions, in liquid
metals. **A13:** 56–59
carburization. **A13:** 99–100
free energy of reaction **A13:** 61–62
free-energy-temperature diagrams **A13:** 62–63
hot corrosion **A13:** 100–101
hydrogen effects **A13:** 100
in aircraft powerplants **A13:** 1038–1041
in brazed joints **A13:** 878
in gases, thermodynamics. **A13:** 61–64
in liquid metals **A13:** 56–60
in molten salts. **A13:** 50–55, 89
in petroleum refining and petrochemical
operations **A13:** 1270–1274
isothermal stability diagrams **A13:** 63–64
materials selection, molten metals. **A13:** 59
oxidation **A13:** 98–99
sulfidation **A13:** 99
types, liquid-metal **A13:** 56–59

SUBJECTS OF THE INDEXED VOLUMES: ASM Handbook (designated by the letter "A"): **A1:** Properties and Selection: Irons, Steels, and High-Performance Alloys (1990); **A2:** Properties and Selection: Nonferrous Alloys and Special-Purpose Materials (1990); **A3:** Alloy Phase Diagrams (1992); **A4:** Heat Treating (1991); **A5:** Surface Engineering (1994); **A6:** Welding, Brazing, and Soldering (1993); **A7:** Powder Metal Technologies and Applications (1998); **A8:** Mechanical Testing (1985); **A9:** Metallography and Microstructures (1985); **A10:** Materials Characterization (1986); **A11:** Failure Analysis and Prevention (1986); **A12:** Fractography (1987); **A13:** Corrosion (1987); **A14:** Forming and Forging (1988); **A15:** Casting (1988); **A16:** Machining (1989); **A17:** Nondestructive Evaluation and Quality Control (1989); **A18:** Friction, Lubrication, and Wear Technology (1992); **A19:** Fatigue and Fracture (1996); **A20:** Materials Selection and Design (1997). **Metals Handbook, 9th Edition** (designated by the letter "M"): **M1:** Properties and Selection: Irons and Steels (1978); **M2:** Properties and Selection: Nonferrous Alloys and Pure Metals (1979); **M3:** Properties and Selection: Stainless Steels, Tool Materials, and Special-Purpose Materials (1980); **M4:** Heat Treating (1981); **M5:** Surface Cleaning, Finishing, and Coating (1982); **M6:** Welding, Brazing, and Soldering (1983); **M7:** Powder Metallurgy (1984). **Engineered Materials Handbook** (designated by the letters "EM"): **EM1:** Composites (1987); **EM2:** Engineering Plastics (1988); **EM3:** Adhesives and Sealants (1990); **EM4:** Ceramics and Glasses (1991). **Electronic Materials Handbook** (designated by the letters "EL"): **EL1:** Packaging (1989)

High-temperature creep resistance
metals vs. ceramics and polymers........ **A20:** 245
High-temperature curing adhesives **EM3:** 36
High-temperature deaerated water
testing.......................... **A8:** 422–425
High-temperature electrical testing... **EL1:** 1060–1061
High-temperature epoxy resins
temperature range **EM1:** 141
High-temperature fatigue crack growth
testing........................ **A19:** 181–183
crack length measurements **A19:** 182–183
heating methods...................... **A19:** 182
specimen gripping.................... **A19:** 182
temperature measurement............... **A19:** 182
validity of K solutions.................. **A19:** 183
High-temperature fiberglass fibers
as thermocouple wire insulation **A2:** 882
High-temperature fracture
and microstructure **A20:** 354–355
High-temperature fractures
effect of temperature.................... **A12:** 52
interpretation of................. **A12:** 121–123
High-temperature gas
hydrogen fluoride/hydrofluoric acid
corrosion **A13:** 1170
High-temperature gaseous reactions
space shuttle orbiter **A13:** 1092–1094
High-temperature halogen ion solutions
nickel-base alloy resistance.......... **A13:** 648–649
High-temperature high-pressure fatigue test
for cannon tubes **A11:** 281
High-temperature hot dip galvanized coating.. **M5:** 66, 329–330
High-temperature hydrodynamic tension test
for cannon tubes **A11:** 281
High-temperature hydrogen attack
defined................................ **A13:** 7
definition.............................. **A5:** 958
High-temperature intermetallics *See also* Ordered intermetallics
specific gravity vs. melting point
diagrams for **A2:** 935
High-temperature life assessment. *See also* Elevated temperature **A19:** 520–525
bulk creep damage assessment....... **A19:** 520–521
comparison of fracture mechanics elements for
room-temperature and high-temperature crack
growth **A19:** 525
controlling parameters for creep crack growth
analysis......................... **A19:** 522
crack growth life...................... **A19:** 523
creep crack growth **A19:** 521–523
creep crack growth constants b and m for various
ferritic steels **A19:** 522
cycle-dependent versus time-dependent crack
growth **A19:** 524
estimating C_t......................... **A19:** 521
high-temperature fatigue crack
growth **A19:** 523–525
incubation time **A19:** 523
life assessment under creep crack growth with
C_t **A19:** 522–523
SINH model **A19:** 525
techniques and their limitations **A19:** 521
total crack growth rate **A19:** 525
High-temperature lubricants
powders used.......................... **M7:** 573
High-temperature materials
high-temperature solid-state welding....... **A6:** 299
machined by high-speed steel cutting
tools **A18:** 615
source of materials data............. **A20:** 498–499
High-temperature materials, specific types
Incoloy 800, effect of stress intensity factor range
on fatigue crack growth rate......... **A12:** 58
Incoloy 800, effects of temperature........ **A12:** 52
Incoloy 800, ridges and striations in sulfidizing
atmosphere **A12:** 41, 53
Incoloy 800, wedge cracking.............. **A12:** 26
Inconel 600, effect of frequency and wave form on
fatigue properties **A12:** 60
Inconel 625, wedge cracking.............. **A12:** 26
Inconel 718, effects of stress intensity factor range
on fatigue crack growth rate......... **A12:** 58
Inconel X-750, effect of frequency and wave form
on fatigue properties **A12:** 59–60

Inconel X-750, effect of stress intensity factor
range on fatigue crack growth rate ... **A12:** 57
Inconel X-750, effect of temperature **A12:** 52
Inconel X-750, effect of temperature on double-
aged **A12:** 47
Inconel X-750, effect of vacuum.......... **A12:** 48
High-temperature microscopy *See* Hot-stage microscopy
High-temperature mixed gases
chlorine corrosion **A13:** 1172
High-temperature nickel alloys
contrasting by interference layers **A9:** 60
High-temperature nickel-base alloys
selective plating **A5:** 277
High-temperature nickel-base superalloys *See also* Nickel-base superalloys; Superalloys
ordered intermetallic effects.............. **A2:** 914
High-temperature oxidation **A13:** 98–99
acoustic emission inspection **A17:** 287
surface effects..................... **A12:** 35, 72
High-temperature oxidation-resistant coating *See* Oxidation-resistant coating, high-temperature type
High-temperature oxide superconductors *See* High-temperature superconductors for wires and tapes
High-temperature powders
as hardfacing powders.................. **A7:** 1074
for hardfacing **M7:** 830
High-temperature properties *See* Creep behavior; Elevated-temperature properties; Stress-rupture properties
High-temperature resin systems *See also* Elevated temperatures; High-temperature service; Temperature(s)
bismaleimides (BMI) **EM2:** 444
polyimides (PI).................. **EM2:** 443–444
High-temperature resistance
of nickel alloys................... **A2:** 429–431
High-temperature reverse bias (HTRB)
as screening method **EL1:** 1060
High-temperature sands
recovery of **A15:** 348–349
High-temperature service *See also* Elevated-temperature properties
high-chromium white irons **A15:** 685
thermoplastic polymers for.............. **EM2:** 54
High-temperature sintering **A7:** 317, **A19:** 340, **M7:** 366–368
cost................................... **A7:** 13
ferrous materials.............. **A7:** 473, 474–476
magnetic materials............... **A7:** 1013–1014
tolerances............................ **M7:** 482
High-temperature sintering of ferrous powder metallurgy components **A7:** 828–833
High-temperature solder
elemental mapping of **A10:** 532
High-temperature solid-state welding **A6:** 297–299
advantages **A6:** 277, 298–299
aluminum....................... **A6:** 298, 299
anisotropic materials **A6:** 299
applications **A6:** 297, 298–299
atmosphere.................... **A6:** 297, 298
austenitic stainless steels................ **A6:** 298
bond-surface extension **A6:** 297
ceramics **A6:** 298, 299
disadvantages................. **A6:** 297, 298–299
elimination of the original joining surface.. **A6:** 297
equipment....................... **A6:** 297, 298
fiber-reinforced materials **A6:** 299
glasses.............................. **A6:** 298
high-temperature materials............... **A6:** 299
lead................................. **A6:** 298
molybdenum **A6:** 298
parameters..................... **A6:** 297–298
primary bonding....................... **A6:** 297
procedures...................... **A6:** 297–298
stainless steels **A6:** 298, 299
tungsten............................. **A6:** 298
High-temperature stage, used for sintering studies by scanning electron
microscopy **A9:** 100
High-temperature steam
alloy steel corrosion.................. **A13:** 574
High-temperature steel
impact resistance and abrasion resistance
properties........................ **A18:** 759

High-temperature steel powders
sintered, dimensional tolerances...... **A7:** 711, 712
High-temperature steels
thermal expansion coefficient............. **A6:** 907
High-temperature storage life
as temperature-induced stress test........ **EL1:** 498
High-temperature strain-controlled fatigue test
hold periods **A8:** 346
High-temperature strength
and microstructure **A20:** 352–353
High-temperature strength, of iron-chromium-nickel
heat-resistant casting alloys
influence of microstructure.............. **A9:** 333
High-temperature structural adhesives
suppliers............................. **EM3:** 508
High-temperature structural materials
ordered intermetallic............... **A2:** 913–914
High-temperature superalloys............... **A8:** 159
High-temperature superconducting wires **A7:** 373–374
High-temperature superconductivity
thin-film materials..................... **A2:** 1083
High-temperature superconductors **A5:** 625, **EM4:** 17, 1156–1158
applications **EM4:** 1156, 1158
combustion synthesis **A7:** 535–536, 537
composite structures............ **EM4:** 1158, 1159
critical parameters of
superconductivity **EM4:** 1156, 1157–1158
melt-solidification processing..... **EM4:** 1157–1158
plastic extrusion............... **EM4:** 1156–1157
powder synthesis............... **EM4:** 1156, 1157
High-temperature superconductors for wires and tape
See also Superconducting materials; Superconductivity; Superconductors
aerosol pyrolysis technique.............. **A2:** 1086
anisotropy influences **A2:** 1087–1088
applications.......................... **A2:** 1085
Bi-Sr-Ca-Cu-O (BSCCO bismuth) systems
processing **A2:** 1085
introduction **A2:** 1085
microstructural influences **A2:** 1087–1088
powder precursor preparation **A2:** 1086
powder-in-tube processing **A2:** 1086
primary oxide compounds,
processing of................ **A2:** 1085–1086
primary technical challenge **A2:** 1085
shake-and-bake method................. **A2:** 1086
Ti-Ba-Ca-Cu-O (TBCCO thailium) system
processing **A2:** 1085–1086
vapor deposition processing............. **A2:** 1087
weak-link influences **A2:** 1087–1088
Y-Ba-Cu-O (YBCO/123 compound) systems
processing **A2:** 1085
High-temperature test
ceramic coatings **M5:** 546
High-temperature testing
with Kolsky bar.............. **A8:** 222–223, 225
High-temperature thermoplastic resin matrices *See also* Thermoplastic resins
defined............................... **EM1:** 32
for prepreg........................... **EM1:** 142
types................................ **EM1:** 138
High-temperature thermoset matrix composites
bismaleimide resin and fiber-resin .. **EM1:** 373–380
polyimide resin and fiber-resin **EM1:** 373
High-temperature torsion testing....... **A8:** 158–159
for dynamic recovery and recrystallization **A8:** 173
stress-strain curves for nickel............. **A8:** 174
torque-twist behavior of titanium alloy **A8:** 169
High-temperature vacuum sintering
commercialization of..................... **A7:** 7
stainless steel......................... **A7:** 478
High-temperature water corrosion
of light water reactors................. **A13:** 946
High-temperature wear **A8:** 603
High-tensile hard drawn wire
characteristics **M1:** 289
springs, wire for...................... **M1:** 284
High-tensile hard-drawn wire
characteristics of...................... **A1:** 307
High-tensile-strength brass (manganese bronze)
zinc and galvanized steel corrosion as result of
contact with....................... **A5:** 363
High-tin babbitt
recycling............................. **A2:** 1219
High-titanium gas-slag shield, chemical composition
SMAW electrode coverings............... **A6:** 61

Hightower algorithm
as automatic trace routing **EL1:** 531
High-vacuum applications of lubricants *See* Lubricants, high-vacuum applications
High-vacuum diffusion pump
SEM **A12:** 171
High-velocity compacting
rigid die **M7:** 305
High-velocity forging *See* High-energy-rate forging
High-velocity gas jet
liquid sheet disintegration by. **M7:** 28, 30
High-velocity oxyfuel combustion spray technique **A20:** 475, 476
High-velocity oxyfuel (HVOF) powder spray process **A18:** 829, 830, 831, 832
High-velocity oxyfuel (HVOF) spray
alternative to hard chromium plating **A5:** 926, 927
cast irons **A5:** 691
materials, feed material, surface preparation, substrate temperature, particle velocity. **A5:** 502
plate characteristics **A5:** 925
thermal spray coating process, hardfacing applications **A5:** 735
thermal spray coatings **A5:** 501–502, 508
titanium and titanium alloys **A5:** 847–848
High-velocity oxyfuel process
design characteristics **A20:** 475
High-velocity oxygen flame spraying
ceramic coatings for adiabatic diesel engines **EM4:** 992
High-velocity oxygen fuel (HVOF) thermal spraying. **A7:** 409, 410, 411, 412, 413, 415
equipment, ultrafine and nanophase powders **A7:** 76
High-voltage breakdown
from solder hairs **EL1:** 561
High-voltage protection ceramic
mechanical properties **A20:** 420
physical properties **A20:** 421
High-volume production
millimeter/microwave applications . . . **EL1:** 757–758
Highway tractor-trailer steel drawbar
fatigue fracture of **A11:** 127–128
Highway truck equalizer beam
mechanical cracking of **A11:** 390
High-zinc alloys *See also* Zinc; Zinc alloys
inclusion-forming in. **A15:** 96
High-zinc brasses
corrosion in various media **M2:** 468–469
High-zinc brasses, gas-metal arc butt welding **A6:** 760
resistance spot welding **A6:** 850
resistance welding **A6:** 849–850
to high-carbon steel **A6:** 828
to low-alloy steel **A6:** 828
to low-carbon steel. **A6:** 828
to medium-carbon steel. **A6:** 828
to stainless steels **A6:** 828
weldability. **A6:** 753
High-zinc copper alloys
gas-metal arc welding **A6:** 763
Hildebrand theory stress dependence of solubility **EM3:** 362
Hilger-Watts stereoscope **A12:** 171
Hill maximum reduced stress criterion. **A8:** 344
Hilliard shape parameter **A7:** 270
Hilliard's circular test figures
for measurement of grain size **A9:** 130
Hillocks
and electromigration **EL1:** 964
Hi-Lo sequence **A19:** 114, 116, 127, 128
Hi-Lo tests **A19:** 116, 117, 128
Hindered contraction
as casting defect **A11:** 386
Hinge area
definition. **A5:** 958
Hinge stress
definition. **EM4:** 633
Hinge-like knee joint prosthesis **A11:** 670
HIP *See* Hot isostatic pressing
Hip and knee joints
metal powder **M7:** 657, 754
Hip plate for osteotomies
as internal fixation device **A11:** 671
Hip prostheses
effect of fatigue and stem loosening in. **A11:** 690–693
fractures of **A11:** 692–693
types of **A11:** 670
Hip screws
austenitic stainless steels. **A12:** 359–364
HIPNAS (finite element program) **A7:** 600
HIPS *See* High-impact polystyrene
H-iron process **A7:** 67, 116, **M7:** 52, 98
Histogram **A7:** 262, 263
for IA particle analysis **A10:** 320
Histogram equalization
color image **A17:** 484
defined. **A17:** 384
digital image enhancement **A17:** 456
Histogram/frequency distribution. **A7:** 707
Histograms. **A20:** 518, 519, **EM3:** 786, 789, 790
count rate, acoustic emission inspection **A17:** 281–284
defined. **A17:** 384
for accessing capability **A17:** 523
of facet areas. **A12:** 208
of profile angular distributions **A12:** 203
Historic Lane plate, chromium steel
general corrosion of **A11:** 674, 680
Historical studies
hkl tables, in single-crystal analysis. **A10:** 346
milliprobe PIXE analysis **A10:** 107
of books and artifacts, PIXE analysis for **A10:** 102
Historical tracking **A14:** 928–937
control charting **A14:** 928–931
statistical deformation control. **A14:** 932–937
History
of casting. **A15:** 15–23
of computer simulation, foundry industry **A15:** 858
of foundry development **A15:** 24–36
of metalworking **A14:** 15
powder metallurgy **M7:** 14–20
History dependence **A19:** 90
History independence **A19:** 90
History, of fractography **A12:** 1–11
before twentieth century **A12:** 1–3
electron fractography **A12:** 4–8
microfractography, development of. **A12:** 3–4
quantitative fractography **A12:** 8
History of powder metallurgy. **A7:** 3–7
History plots
acoustic emission inspection **A17:** 283
History-based criteria
failure criteria and definitions of high-temperature component creep life **A19:** 468
Hit/miss data *See also* NDE reliability data analysis
analysis examples. **A17:** 696
confidence bound calculation. **A17:** 696
factorial experiments for. **A17:** 693
parameter estimation. **A17:** 695
POD(a) function from **A17:** 689–691
sample size requirements **A17:** 694
Hitachi FACOM M-780 mainframe computer **EL1:** 49
Hitachi silicon-carbide RAM module **EL1:** 49
Hit-driven systems
acoustic emission inspection **A17:** 282
HK *See also* Knoop hardness
composition **M4:** 653
HK alloy **A1:** 925
HK-40
arc welding of tubing **M6:** 366
erosion test results **A18:** 200
HL alloy **A1:** 925
H-La (Phase Diagram) . . . . **A3:** 2•236
Hm 3000
properties. **A18:** 803
HMDE *See* Hanging mercury drop electrode
HMU (untreated high modulus)-borosilicate
shear stress **EM3:** 402
HMX (explosive)
friction coefficient data. **A18:** 75
HN alloy **A1:** 923, 925–926
H-Nb (Phase Diagram) . . . . **A3:** 2•236
H-Nd (Phase Diagram) . . . . **A3:** 2•237
H-Ni (Phase Diagram) . . . . **A3:** 2•237
H-number
cold form tapping **A16:** 266–267
Hobbing
and gear manufacture **A16:** 330, 333–335, 343–344, 348, 351
and machining of helical gears **A16:** 339, 341
and machining of herringbone gears. **A16:** 339
and machining of spur gears. . . . **A16:** 338–339, 341
and machining of worm gears **A16:** 340
carbon and low-alloy steel gears with high-speed steel tools. **A16:** 345
Hobbing steels *See also* Tool steels
effect of composition on microstructure of **A9:** 258
Hobs *See also* Cutting tools
high-speed tool steels **A16:** 57, 58, 59
Hockman cycle **EM3:** 189
Hoganas (Hoeganaes) process **M7:** 79–82
annealing **M7:** 182
flowchart. **M7:** 80
process conditions. **M7:** 79–82
Hogänäs process **A7:** 110–111
Hohman A-6 wear machine **A18:** 11
defined. **A18:** 10
definition. **A5:** 958
Ho-In (Phase Diagram). . . . . **A3:** 2•250
Hoisting rope
failure of steel wire. **A11:** 518, 519
steel wire **M1:** 272
Holcomb Steel Company *See* Crucible Steel Company
Hold period
and strain waveform effect **A8:** 347–348
effect at peak strain on Rene 95 fatigue life **A8:** 352
effect in tension-hold-only testing on fatigue resistance of stainless steel **A8:** 349
effect on low-cycle fatigue resistance **A8:** 348
in compression. **A8:** 349–353
in fatigue cycle. **A8:** 346–347
in tension **A8:** 349–353
length, vs. time-to-fracture **A8:** 350
vs. fatigue life for AISI 304 stainless steel. . **A8:** 349
Hold steps
in cure cycles **EM1:** 141
Hold time *See also* Hold period
definition **M6:** 9
Hold times *See also* Dwell time **A20:** 528, 529, 530
effect on stainless steels. **A19:** 725, 727–728
Hold-down clamps
distortion in **A11:** 140
Hold-down plate
defined. **A14:** 8
Hold-downs
straight-knife shearing **A14:** 703
Holding and clamping fixtures **A8:** 93, 96
Holding blanks
multiple-slide forming **A14:** 571
Holding furnace
defined **A15:** 6
Holding time
definition **M6:** 9
of samples **A10:** 16
Holding times *See also* Time
as inclusion-forming. **A15:** 90
for inoculation **A15:** 105
Hold-time test
creep-fatigue interaction diagram **A8:** 356
Hold-time tests. **A20:** 530
Hole drilling. **A20:** 815
capabilities of **A10:** 380

SUBJECTS OF THE INDEXED VOLUMES: ASM Handbook (designated by the letter "A"): **A1:** Properties and Selection: Irons, Steels, and High-Performance Alloys (1990); **A2:** Properties and Selection: Nonferrous Alloys and Special-Purpose Materials (1990); **A3:** Alloy Phase Diagrams (1992); **A4:** Heat Treating (1991); **A5:** Surface Engineering (1994); **A6:** Welding, Brazing, and Soldering (1993); **A7:** Powder Metal Technologies and Applications (1998); **A8:** Mechanical Testing (1985); **A9:** Metallography and Microstructures (1985); **A10:** Materials Characterization (1986); **A11:** Failure Analysis and Prevention (1986); **A12:** Fractography (1987); **A13:** Corrosion (1987); **A14:** Forming and Forging (1988); **A15:** Casting (1988); **A16:** Machining (1989); **A17:** Nondestructive Evaluation and Quality Control (1989); **A18:** Friction, Lubrication, and Wear Technology (1992); **A19:** Fatigue and Fracture (1996); **A20:** Materials Selection and Design (1997). **Metals Handbook, 9th Edition** (designated by the letter "M"): **M1:** Properties and Selection: Irons and Steels (1978); **M2:** Properties and Selection: Nonferrous Alloys and Pure Metals (1979); **M3:** Properties and Selection: Stainless Steels, Tool Materials, and Special-Purpose Materials (1980); **M4:** Heat Treating (1981); **M5:** Surface Cleaning, Finishing, and Coating (1982); **M6:** Welding, Brazing, and Soldering (1983); **M7:** Powder Metallurgy (1984). **Engineered Materials Handbook** (designated by the letters "EM"): **EM1:** Composites (1987); **EM2:** Engineering Plastics (1988); **EM3:** Adhesives and Sealants (1990); **EM4:** Ceramics and Glasses (1991). **Electronic Materials Handbook** (designated by the letters "EL"): **EL1:** Packaging (1989)

Hole expansion test **A8:** 7, 562
Hole feature **A20:** 160
Hole flanging **A14:** 8, 531, 559, 804
Hole geometry
secondary-tension test **A8:** 584–585
Hole machining
applications of P/M high-speed tool
steel for **A1:** 785
of P/M tool steels **M7:** 789–791
Hole punching
of P/M tool steels **M7:** 792–793
Hole size effect **EM1:** 252–254, 256
Holes *See also* Circular holes; Fastener holes; Fasteners; Gas porosity; Pierced holes; Plated-through hole (PTH); Tubing **A7:** 354
accurate location/form, in press
bending **A14:** 531–532
and small radii areas, eddy currents/microwave
inspection **A17:** 223–224
as adherend defect, adhesive-bonded
joints **A17:** 612–613
as notches **A11:** 85
as stress concentrators **A11:** 318
as volumetric flaw **A17:** 50
bolt, deburring drum failure from . . . **A11:** 346–348
circular, fracture analysis **EM1:** 252–257
clearance around **EL1:** 19
clearance fit, fasteners for **EM1:** 706–707
diameters, laser triangulation measurement **A17:** 13
drilled **A11:** 123–125, 489
elliptical, far-field force **EM1:** 252
evolution of **EL1:** 541
flanged, piercing of **A14:** 469
for interference fit **EM1:** 715
fracture surface, beach marks **A11:** 87
gas **A11:** 120
high aspect ratio **EL1:** 550–551
in fatigue crack initiation **A8:** 371
in polyamide-imides (PAI) **EM2:** 132
in short parts, magnetizing **A17:** 94
laminate theory calculations **EM1:** 234
lubrication, fatigue fracture at **A11:** 114, 346
made with pointed punch **A14:** 470
magnetic rubber inspection of **A17:** 123
making, materials and processes **EL1:** 115
measured by CMMs **A17:** 18
pierced **A14:** 459–471
punched, brittle fracture from **A11:** 85, 90
quality, fastener sensitivity to **EM1:** 711
radius, effect on stress distribution **EM1:** 254
size effect **EM1:** 252–254, 256
size, pierced **A14:** 467
size, vs. drill cost **EL1:** 20
sizes **EM1:** 714
spacing of **A14:** 468
stress concentrations around **EM1:** 234
testing/evaluation **EL1:** 574–575
vias, formation **EL1:** 326–328
Holes in forgings **M1:** 363–364
Holidays
defined **A13:** 7
definition **A5:** 958
testing, of coating systems **A13:** 417
Holistic decision making **A20:** 57, 65
Hollandite, in ceramic waste form simulant
EPMA analysis for **A10:** 532–535
Holloman equation
applied to rapid-*n* test **A8:** 556
"Hollow bead" (defect) **A6:** 99
Hollow bolts, as ordnance application **M7:** 680
Hollow castings
by slush casting **A15:** 35
Hollow cathode lamp **A10:** 50, 690
Hollow copper electrode plasma torch **A15:** 420
Hollow cylindrical parts
magnetic particle inspection of **A17:** 111–112
Hollow injection
thermoplastics processing comparison **A20:** 794
Hollow injection molding **EM1:** 557
properties effects **EM2:** 284
size and shape effects **EM2:** 290
surface finish **EM2:** 304
Hollow milling
refractory metals **A16:** 862, 867
Hollow sections **A20:** 36
Hollow shapes
wrought aluminum alloy **A2:** 33

Hollow spheres
as extender **EM3:** 176
Hollow ware
copper and copper alloys **A14:** 822
Hollow waves
in wave soldering **EL1:** 688
Holloware
forming methods **EM4:** 741–742
Hollow-spindle lathes **A16:** 153
Holmium *See also* Rare earth metals
as rare earth **A2:** 720
epithermal neutron activation analysis of **A10:** 239
properties **A2:** 1181
pure **M2:** 738–739
Holmium in garnets **A9:** 538
Holocamera
defined **A17:** 406
Holograms
complex **A17:** 226
defined **A17:** 224, 405
three dimensional laser gaging **A17:** 12, 16
Holographic contouring *See also* Contouring
methods of **A17:** 408
multiple-index **A17:** 428
multiple-source **A17:** 425–427
multiple-wavelength **A17:** 427–428
Holographic gratings **A10:** 37, 128
Holographic inspection system **EL1:** 954
Holographic interferometric techniques **A6:** 1150
Holographic interferometry **A6:** 34, 35
for adhesive-bonded joints **A17:** 627–628
in wide sample plane-strain tensile testing **A8:** 557
Holographic plates
optical sensors with **A17:** 10
Holography *See also* Acoustical holography; Liquid-surface holography; Optical holographic interferometry; Optical holography; Scanning
acoustical holography **A18:** 411–412
acoustical **A17:** 240, 438–447, 630–631
as laser dimensional measurement **A17:** 16
contract (purchased) **A17:** 430
defined **A17:** 405
in-house **A17:** 430
intensity **A17:** 225–226
microwave **A17:** 207, 224–228
millimeter wave **A17:** 226
optical **A17:** 224
Holtzmann constant
in ESR analysis **A10:** 254
HOLZ *See* Higher-order Laue zones
Home appliances *See also* Appliances
bronze P/M parts for **M7:** 736
Home Construction Projects With Adhesives and
Glue **EM3:** 69
Home scrap
recycling of **A1:** 1023
Homgenizing
copper metals **M2:** 252–253
Ho-Mn (Phase Diagram) . . . . **A3:** 2•250
Homodyne detection system
microwave **A17:** 219
Homoepitaxy **A5:** 552
Homogeneity
as material assumption **EM1:** 308–309
defined **A10:** 674
definition **A7:** 206
degree of **A7:** 444–445
of niobium-titanium superconductor
alloys **A2:** 1044, 1052–1054
of single-phase materials, EPMA micrometer
analysis **A10:** 516
techniques to determine **M7:** 315–316
Homogeneous
defined **EM1:** 13
Homogeneous carburizing
definition **A5:** 958
Homogeneous flow
amorphous materials and metallic glasses . . **A2:** 813
Homogeneous materials
Rockwell testing of **A8:** 80, 82
Homogeneous metal powders
sintering compacts of **M7:** 309–312
Homogeneous nucleation **A5:** 542, **A6:** 45, 46,
A9: 646, **EM3:** 15
and heterogeneous nucleation, compared . . **A15:** 105
defined **EM2:** 22
kinetics of **A15:** 103

of Guinier-Preston zones in precipitation
reactions **A9:** 650
Homogeneous population
defined **A8:** 662
Homogeneous resistance-inductance-capacitance (RLC)
line **EL1:** 357–359
Homogeneous strain
in tubular specimen **A8:** 224
Homogenization **A7:** 438, 443, 444–445
and microstructure of nickel-tungsten powder
compacts **M7:** 316, 317
as solid-state diffusional process **M7:** 308
by high-energy milling Al-Fe-Ce alloy **M7:** 67
complete, austenite formation as **M7:** 314
complete, during sintering **M7:** 308
during sintering **M7:** 308, 314–315
high-alloy steels **A15:** 731
in copper alloys **A9:** 639–640
in steel **A9:** 625
inclusion formation **A12:** 347
kinetics **M7:** 315
later stages, single peak formation **M7:** 316
of aluminum alloy ingots **A9:** 632
of stainless steel castings **A1:** 911
procedures and sampling **A10:** 16
variation of sintered density during **M7:** 314
Homogenization method **A20:** 215, 216
Homogenizing
defined **A9:** 9
die-casting dies **A18:** 632
Homolite 100
crack speed and crack tip K **A8:** 445, 446
Homologous **EM3:** 15
defined **EM2:** 22
Homologous pairs
defined **A10:** 674
Homologous temperature **A6:** 145
defined **A8:** 34
Homologous temperature (T/T_m) **A19:** 78
Homologous temperature θ **A20:** 353, 527
Homolytic fragmentation-type
photoinitiators **EL1:** 855
Homophase boundaries **A9:** 118
Homopolar generator
upset welding energy supply **A6:** 250
Homopolymer **EM3:** 15
surface preparation **EM3:** 291
Homopolymer and copolymer acetals (AC) *See also*
Acetals; Copolymer acetals; Homopolymer acetals; Thermoplastic resins
alloyed and blended forms **EM2:** 100
applications **EM2:** 100–101
characteristics **EM2:** 101–102
commercial forms **EM2:** 100
competitive materials **EM2:** 101
costs and production volume **EM2:** 100
design considerations **EM2:** 101
markets **EM2:** 100–101
processing **EM2:** 101–102
product properties **EM2:** 101
suppliers **EM2:** 102
Homopolymerization **EM1:** 67–71, 78–80
of bismaleimides (BMI) **EM2:** 254
Homopolymer(s)
chemistry of **EM2:** 63
cyanate, matrix properties **EM2:** 235
defined **EM2:** 22
polystyrenes (PS) **EM2:** 194
Honeycomb *See also* Honeycomb structures;
Sandwich constructions **EM3:** 15
as fastener application **A11:** 530
core characteristics **EM1:** 722–724
defined **EM1:** 13, 721, **EM2:** 22
materials **EM1:** 722
properties **EM1:** 724
terminology **EM1:** 721
test methods **EM1:** 724
Honeycomb core repair materials **EM3:** 807
Honeycomb pattern
in fiberscope images **A17:** 6–7
Honeycomb sandwich edge strength test . . . **EM3:** 732
Honeycomb structure **EM1:** 721–728
air flow directionality **EM1:** 728
core characteristics/types **EM1:** 722–724
corrugated manufacturing method **EM1:** 722
energy absorption **EM1:** 728
expansion manufacturing method . . . **EM1:** 721–722

Honeycomb structure (continued)
radio frequency shielding **EM1:** 728
sandwich structures **EM1:** 726–728
special processing **EM1:** 726
test methods for **EM1:** 724–726
tooling **EM1:** 728
Honeycomb structures **A16:** 893, 899–901
adhesive-bonded joints, defects **A17:** 613–615
aluminum, neutron radiography **A17:** 393
brazed panels, magnetic printing
inspection **A17:** 126
microwave inspection **A17:** 202
optical holography of **A17:** 405
ultrasonic inspection **A17:** 232
Honeycombs
cuts with wire saws **A9:** 24
Honing .. **A5:** 98, 99, 100, **A7:** 686, **A16:** 19, 472–491, **EM4:** 313, 351–358
abrasive service life **A16:** 477
air gages **A16:** 480, 481
alloy steels **A5:** 709
and superabrasives **A16:** 454, 456
as machining process **M7:** 462
bar gages **A16:** 481, 482
carbon steels **A5:** 709
cast irons **A16:** 664–665
centerless microhoning **A16:** 473
characteristics **A20:** 695
characteristics of process **A5:** 90
compared to lapping **A16:** 497
compared to reaming **A16:** 239
compound removal procedures **A5:** 12
crosshatch angle control **A16:** 482–483
Cu alloys **A16:** 819
cubic boron nitride **A16:** 112
cutting edges for cast iron workpieces **A16:** 658
cutting fluid flow recommendations **A16:** 127
cylindrical microhoning **A16:** 473
definition **A5:** 958
dimensional accuracy **A16:** 484
dimensional tolerance achievable as function of
feature size **A20:** 755
electrochemical honing **A16:** 488
expanding gages **A16:** 481, 482
external honing **A16:** 486
flat honing **A16:** 487–488, **EM4:** 356–358
applications **EM4:** 357–358
coolant **EM4:** 357
double-side flat process **EM4:** 357
wheels used **EM4:** 357
for surface integrity **A16:** 33
gages **A16:** 480–482, 488
gears **A16:** 343, 351
gear-tooth honing **A16:** 486
grit and particle sizes used **A16:** 475, 476, 478, 490
hone forming **A16:** 488
honing fluids **A16:** 477, 482, 483–484, 485, 486
honing stones (sticks) **A16:** 475–478
horizontal hydraulic honing machine **A16:** 474, 475, 479
in conjunction with boring **A16:** 172
in conjunction with grinding **A16:** 432
in conjunction with lapping **A16:** 494
in metal removal processes classification
scheme **A20:** 695
machine selection **A16:** 475
manual stroke honing machine **A16:** 474, 475
manual stroking **A16:** 475, 478–480, 482–486, 489
microhoning **A16:** 472, 488–491
MMCs **A16:** 896
Ni alloys **A16:** 835
plateau honing **A16:** 487
plug gages **A16:** 481, 482
power stroking .. **A16:** 475, 478–480, 482–486, 489
practice for internal diameters **A16:** 484–486
pressure **A16:** 483
process capabilities **A16:** 472
process features **A5:** 99
reciprocation speed **A16:** 482
ring gages **A16:** 480–481, 482
rotation speed **A16:** 481–482
roughness average **A5:** 147
selection of abrasive **A16:** 476–477, 478
special applications **A16:** 486
step honing **A16:** 486
surface finish achievable **A20:** 755
surface roughness and tolerance values on
dimensions **A20:** 248
tool life of honing stones **A16:** 484
vertical spindle honing machine **A16:** 474, 475
Honing compounds
removal of **M5:** 14
Honing machines
achievable machining accuracy **A5:** 81
Hooded anodes
for stem radiation **A17:** 305
Hoods, automotive
economy in manufacture **M3:** 852–853
Hook cracks
in electric-resistance weld **A11:** 698
in high-frequency induction welds **A11:** 449
Hook cracks, as flaw
defined **A17:** 562
Hooke's Law *See also* Elastic limit; Modulus of elasticity; Proportional limit .. **A1:** 318, **A7:** 352, **A8:** 7, 149, 198, **A19:** 74, 374, **A20:** 333, 446, **EM2:** 412, **EM4:** 375, **M7:** 336
defined **A10:** 674, **A11:** 5, **A14:** 8
definition **A20:** 834
in fracture mechanics **A11:** 50, 51
molecular vibrations and **A10:** 111
Hooks
C **A11:** 523
carbon steel, brittle fracture **A11:** 332–333
control and testing **A11:** 523
crane **A11:** 523
ductile iron T-, overload failure of ... **A11:** 367–369
failures of **A11:** 522–524
steel coil, fatigue fracture **A11:** 523–524
steel crane, fatigue fracture **A11:** 523
types and materials for **A11:** 522–524
Hooks, crane *See* Crane hooks
Hoop patterns
filament winding ... **EM1:** 509–510, 514, **EM2:** 373
Hoop stress **A6:** 374, **A19:** 454, **EM3:** 15
defined **EM1:** 13, **EM2:** 22
direction, in main steam line **A11:** 669
residual **A11:** 98
Hoop tension
as failure in fastened sheet **A11:** 531
Hoopes cell operation
aluminum alloys **A2:** 4
Ho-Pd (Phase Diagram) .... **A3:** 2•250
HOPG *See* Highly oriented pyrolytic graphite
Hopkinson bar
experimental procedures based on **A8:** 198
for elevated-temperature tests **A8:** 198
for torsional loading **A8:** 198
in torsion high strain rate shear testing **A8:** 187
pressure **A8:** 187
principles **A8:** 198–200
single pressure bar **A8:** 198–199
split, technique **A8:** 198
strain gage measurements and stress-strain
behavior related **A8:** 198–199
surface displacement measurement **A8:** 198
techniques **A8:** 190, 198–203
with precracked Charpy specimen **A8:** 268
Hopkinson tube
for explosively loaded torsional Kolsky bar **A8:** 227
Hopper dryer
defined **EM2:** 22
Hopper feeding
multiple-slide forming **A14:** 573
Hopper flow factor (ff) **A7:** 288
Horger data
for steel shafts in reversed bending **A8:** 372
Horizontal bending machines
for bar **A14:** 662
Horizontal boring mills **A16:** 160, 165, 167, 173, 174
Horizontal centrifugal casting
applications **A15:** 300
as permanent mold process **A15:** 34
equipment **A15:** 296–297
materials **A15:** 299–300
molds **A15:** 296–297
process advantages **A15:** 299
solidification **A15:** 298–299
techniques **A15:** 297–298
Horizontal centrifugal casting machine **A15:** 296
Horizontal continuous casting
of steels **A15:** 313
wrought copper and copper alloys **A2:** 243
Horizontal coordinate measuring machines
advantages/limitations **A17:** 21–22
fixed-table type **A17:** 23
horizontal-arm types **A17:** 22–23
moving-ram type **A17:** 23
moving-table type **A17:** 23
Horizontal drilling
cemented carbide tools **A2:** 974
Horizontal drilling machines
trepanning **A16:** 176
Horizontal fixed position
definition **M6:** 9
Horizontal fixed position (pipe welding)
definition **A6:** 1210
Horizontal flaskless molding machines
green sand molding **A15:** 343
Horizontal forging machines *See also* Headers; Upsetters
die set for **A14:** 45
for precision forging **A14:** 171
heading tool and gripper inserts in **A14:** 48
Horizontal lamination
and green strength **M7:** 302
Horizontal load train
on lathe bed **A8:** 159
Horizontal parting
devices, permanent mold casting **A15:** 275–276
permanent mold casting **A15:** 275–276
Horizontal position
definition **M6:** 9
Horizontal position (fillet weld)
definition **A6:** 1210
Horizontal position (groove weld)
definition **A6:** 1210
Horizontal return straight-line polishing and buffing machines **M5:** 121–123
Horizontal rolled position
definition **M6:** 9
Horizontal rolled position (pipe welding)
definition **A6:** 1210
Horizontal sections of a ternary diagram ..... **A3:** 1•5
Horizontal spindle machines *See also* Machining centers **A16:** 1
Horizontal welding
arc welds of coppers **M6:** 402
flux cored arc welding **M6:** 106–107
gas tungsten arc welds of aluminum
alloys **M6:** 391–392
indication by electrode classification **M6:** 84
oxyfuel gas welding **M6:** 589
fixed position for pipe **M6:** 591–592
rolled position for pipe **M6:** 591
recommended grooves **M6:** 71
shielded metal arc welding **M6:** 76, 85, 88–89
submerged arc welds **M6:** 134
Horn
definition **M6:** 9
Horn presses
for piercing **A14:** 463
Horn spacing
definition **M6:** 9
Hornet fighter aircraft (F/A-18A) **A7:** 164, 165

SUBJECTS OF THE INDEXED VOLUMES: ASM Handbook (designated by the letter "A"): **A1:** Properties and Selection: Irons, Steels, and High-Performance Alloys (1990); **A2:** Properties and Selection: Nonferrous Alloys and Special-Purpose Materials (1990); **A3:** Alloy Phase Diagrams (1992); **A4:** Heat Treating (1991); **A5:** Surface Engineering (1994); **A6:** Welding, Brazing, and Soldering (1993); **A7:** Powder Metal Technologies and Applications (1998); **A8:** Mechanical Testing (1985); **A9:** Metallography and Microstructures (1985); **A10:** Materials Characterization (1986); **A11:** Failure Analysis and Prevention (1986); **A12:** Fractography (1987); **A13:** Corrosion (1987); **A14:** Forming and Forging (1988); **A15:** Casting (1988); **A16:** Machining (1989); **A17:** Nondestructive Evaluation and Quality Control (1989); **A18:** Friction, Lubrication, and Wear Technology (1992); **A19:** Fatigue and Fracture (1996); **A20:** Materials Selection and Design (1997). **Metals Handbook, 9th Edition** (designated by the letter "M"): **M1:** Properties and Selection: Irons and Steels (1978); **M2:** Properties and Selection: Nonferrous Alloys and Pure Metals (1979); **M3:** Properties and Selection: Stainless Steels, Tool Materials, and Special-Purpose Materials (1980); **M4:** Heat Treating (1981); **M5:** Surface Cleaning, Finishing, and Coating (1982); **M6:** Welding, Brazing, and Soldering (1983); **M7:** Powder Metallurgy (1984). **Engineered Materials Handbook** (designated by the letters "EM"): **EM1:** Composites (1987); **EM2:** Engineering Plastics (1988); **EM3:** Adhesives and Sealants (1990); **EM4:** Ceramics and Glasses (1991). **Electronic Materials Handbook** (designated by the letters "EL"): **EL1:** Packaging (1989)

Horns, metal
microwave inspection **A17:** 208–209
Horsepower. **A19:** 348
Horseshoe thrust bearing
defined. **A18:** 10
Ho-Sb (Phase Diagram) . . . . **A3:** 2•251
Hose-reinforcing wire **A1:** 286
Hoskins **A7:** 592, 875
Hoskins 875
as HIP furnace element. **M7:** 422–423
Hosokawa Mikropul Micron Washsieve. **A7:** 217
Hot air knives *See* Air knives; Hot air solder leveling (HASL)
Hot air nozzles
for reworking processes. **EL1:** 117
Hot air solder leveling (HASL) *See also* Air knives
as solderability preservation. **EL1:** 563
rigid printed wiring boards **EL1:** 550
solder masking **EL1:** 554
Hot alkaline cleaners **A5:** 14–15
Hot ash-handling systems **A13:** 1007–1008
Hot bending *See also* Bending; Tube bending
dry sand filler **A14:** 670
of tube **A14:** 669–671
temperatures and procedures, steel tubes. . **A14:** 670
thinning of outer wall **A14:** 670
vs. cold bending. **A14:** 671
Hot blast
furnace, fuels for **A15:** 30
introduction of **A15:** 30
Hot box failures
of locomotive axles **A11:** 715
Hot box process
defined **A15:** 6
Hot box resin binder processes **A15:** 218
Hot brine
pipe fracture from **A11:** 432
Hot carriers
semiconductor chip **EL1:** 965
Hot cathode gun *See* Thermionic cathode gun
Hot caustic washing
as cleaning method. **M7:** 459
Hot cell SCC
irradiated stainless steels. **A13:** 936
Hot chamber machine *See also* Cold chamber machine; Die casting; Gooseneck; Hot chamber process
defined **A15:** 6
die casting **A15:** 35
Hot chamber process
as die casting method **A15:** 286
gating system **A15:** 290
schematic. **A15:** 287
Hot clamp
for component removal **EL1:** 718
Hot compaction **A7:** 84
Hot components
gas-turbine **A11:** 283–284
Hot compression testing *See also* Compression tests **A8:** 581–584
for forging process design. **A14:** 439
Hot consolidation. **M7:** 501–521
contamination during. **M7:** 180
hot pressing as. **M7:** 501
processes. **M7:** 309
Hot corrosion *See also* Gaseous corrosion; Sulfidation
aircraft powerplants **A13:** 1038–1040
defined **A13:** 7, 100
definition. **A5:** 958
degradation due to. **A20:** 600
forms **A13:** 100–101
high-temperature **A20:** 600
low-temperature **A20:** 600
of coal- and oil-fired boilers **A13:** 995–996
of heat-resisting alloys. **A11:** 200
of nickel-base alloys. **A11:** 269
of tungsten-reinforced composites. . . **EM1:** 882–883
of turbine blades and vanes. **A13:** 1000–1001
P/M superalloys **A13:** 836
propagation modes. **A20:** 600
protection against. **A20:** 600
sulfur-induced. **A20:** 600
superalloy powders **A7:** 1001–1003
superalloys. **A12:** 391
test for resistance, by sulfidation-oxidation **A11:** 280
testing, equipment for. **A11:** 280
turbine blade failure by. **A11:** 269, 285–287
Hot corrosion resistance **A7:** 85
ODS mechanically alloyed materials. **A7:** 85
Hot corrosion, superalloys
oxidation protective coating against . . **M5:** 376–377
Hot crack *See also* Hot cracking; Hot tear; Hot tearing
defined **A9:** 9, **A15:** 6–7
Hot cracking *See also* Cold cracking; Lamellar tearing; Stress-relief cracking. . . **A1:** 608, **A6:** 53, 54
aluminum alloy **A15:** 768–769
as casting defect **A11:** 383, **A15:** 548
constitutional supercooling and. **A6:** 48, 49
copper alloys. **A6:** 754
defined **A12:** 18, **A13:** 7–8
definition. **A6:** 1210
dissimilar metal joining **A6:** 822, 827
electron beam weld **A12:** 157
examination/interpretation **A12:** 138
ferritic stainless steels **A6:** 454
HAZ, failures related to **A11:** 401
in aluminum alloys, effect of grain refinement on. **A9:** 629–631
in arc welds. **A11:** 413
in arc-welded low-carbon steel. **A11:** 416
in die casting **A15:** 294
in electron beam welds **A11:** 446
in electroslag welds **A11:** 440
in flash welds **A11:** 443
in iron castings. **A11:** 353
in stainless steels **A6:** 677, 693, 695, 696, 699, **A12:** 123
in weld beads **A9:** 578
in weld metal **A11:** 440
nickel alloys **A6:** 749
nickel-base alloys **A6:** 588, 589–590
nickel-chromium alloys. **A6:** 588, 589
nickel-chromium-iron alloys **A6:** 588, 589
phosphor bronzes. **A6:** 764
resistance to **A20:** 303–304
stainless steel dissimilar welds. **A6:** 504
susceptiability of leaded brasses to **A11:** 450
Hot cyanide bath gold plating **M5:** 281–283
alloying metals in. **M5:** 282–283
barrel plating. **M5:** 282
pH, plating solution **M5:** 281–282
solution composition and operating conditions. **M5:** 281–283
Hot deformation
wrought titanium alloys **A2:** 612
Hot deformation, effect of
on notch toughness. **A1:** 741, 742–744
Hot densification. **M7:** 6
Hot die forging
superalloys **M7:** 523
Hot dip
definition. **A5:** 958
Hot dip aluminum coating of steel. **M5:** 333–339
batch process **M5:** 334, 337–339
continuous process **M5:** 335–337
limitations **M5:** 338–339
Hot dip aluminum coatings
alloy steels. **A5:** 717–719
carbon steels. **A5:** 717–719
Hot dip aluminum-zinc coatings
alloy steels. **A5:** 719–720
carbon steels. **A5:** 719–720
Hot dip coating
alloy steels. **A5:** 712–721
carbon steels. **A5:** 712–721
cast irons **A5:** 690
definition. **A5:** 958
Hot dip coating of cast iron and steel. . . **M5:** 351–355
abrasive blasting process **M5:** 353
applications **M5:** 351
cast irons for. **M5:** 351–352
cleaning processes. **M5:** 352–353
degreasing. **M5:** 352
equipment and materials. **M5:** 354
fluxing **M5:** 353–354
ingot tin quality **M5:** 354
pickling process. **M5:** 352–353
safety precautions **M5:** 355
selective **M5:** 354–355
single-pot **M5:** 353
steels for. **M5:** 351
two-pot. **M5:** 353–354
wipe process. **M5:** 354
Hot dip coatings **A13:** 432–445, **A20:** 470–472
aluminum-coated (aluminized) steel. . **A13:** 434–435
aluminum-zinc alloy coated steel **A13:** 435–436
cast iron **M1:** 103
continuous. **A13:** 432–436
corrosion protection **M1:** 752
defined **A13:** 8
for carbon steel **A13:** 522–523
for castings **A15:** 562
for marine corrosion. **A13:** 910–911
galvanizing specifications **A13:** 444
hot dip galvanizing, batch process . . . **A13:** 436–444
of steel. **A13:** 432–445
zinc-coated (galvanized) steel. **A13:** 432–434
Hot dip galvanized coating **M5:** 323–332
abrasive blasting process **M5:** 326, 329, 332
alkaline cleaning process **M5:** 325
alloying elements **M5:** 324, 330
aluminum, use as alloying element in. **M5:** 324
appearance, high-temperature coatings **M5:** 329
applications **M5:** 323–324
batch process. **M5:** 326–331
equipment (kettle). **M5:** 330–331
high-temperature operation **M5:** 329–330
procedures, general **M5:** 326–328
cooling **M5:** 328–329
corrosion products produced by. **M5:** 331–332
corrosion protection by **M5:** 323–324, 331–332
dipping process. **M5:** 327–328
dry process. **M5:** 328
equipment **M5:** 330–331
fluxing **M5:** 326–327
high-temperature process. **M5:** 329–330
hydrogen embrittlement caused by **M5:** 325
immersion time **M5:** 327, 329
coating thickness controlled by **M5:** 327
iron. **M5:** 323–332
iron content, effect of **M5:** 324, 330
iron-zinc layer formed characteristics of. **M5:** 323–329
kettle. **M5:** 330–331
lead, use as alloying element in **M5:** 324
mechanical galvanizing compared to. . **M5:** 300–301
metallographic structure high-temperature coatings. **M5:** 329
metallurgical characteristics of coatings . . . **M5:** 324
painting over galvanizing **M5:** 331–332
cleaning and surface preparation **M5:** 332
paint choice **M5:** 332
pickling process **M5:** 325–326, 328
post treatments **M5:** 331–332
precleaning processes **M5:** 325–326, 328
solution composition and operating conditions **M5:** 324, 328–330
steel. **M5:** 323–332
silicon steels **M5:** 324, 327–330
substrate metal **M5:** 324–325
controls **M5:** 331
effects on. **M5:** 325
high-temperature process **M5:** 329–330
temperature. **M5:** 326–327, 329–331
thickness, coating **M5:** 324, 327, 330
immersion time controlling **M5:** 327
iron content affecting **M5:** 330
measurement of **M5:** 324
wet process **M5:** 326–328
wet storage stain inhibitors **M5:** 331
withdrawal rate **M5:** 324, 327–328
thickness determined by. **M5:** 327–328
zinc quality **M5:** 324
Hot dip galvanized coatings. **A5:** 360–371
abrasive cleaning **A5:** 366
acid pickling. **A5:** 365–366
adhesion of paints to galvanized surfaces. . **A5:** 361, 363
alkaline cleaning. **A5:** 365
aluminum additions to bath. **A5:** 369
applications. **A5:** 360–361
batch galvanizing equipment **A5:** 369
bath alloying elements. **A5:** 362
chemicals successfully stored in galvanized containers **A5:** 361, 364
cleaning before galvanizing **A5:** 365–366
coating thickness **A5:** 362–363

Hot dip galvanized coatings (continued)
cooling . . . A5: 367
corrosion resistance . . . A5: 361, 363
definition . . . A5: 360
duplex coatings . . . A5: 361
fatigue strength . . . A5: 364, 365
galvanizing bath . . . A5: 365, 366–367
galvanizing of silicon-killed steels . . . A5: 367–369
galvanizing process effect on substrate materials . . . A5: 363–365
general batch galvanizing procedures . . . A5: 366–369
high-temperature galvanizing . . . A5: 367–368
hydrogen embrittlement . . . A5: 364–365
iron . . . A5: 360, 361
killed and unkilled steels . . . A5: 362, 365, 367–368
life expectancy . . . A5: 361, 362
low-carbon steels . . . A5: 365
metallurgical characteristics . . . A5: 361–363
methods . . . A5: 360
nickel addition to bath . . . A5: 368–369
paint over galvanizing . . . A5: 370–371
paints and paint films used on hot dip galvanized steel . . . A5: 371
Polygalva process . . . A5: 367
post treatments . . . A5: 369–371
properties of alloy layers . . . A5: 361
rare earth metal additions to bath . . . A5: 369
silicon-killed steels . . . A5: 367–368
standards relating to materials . . . A5: 360
steel . . . A5: 360, 361
surface conditioning requirements . . . A5: 365, 366
usefulness . . . A5: 360–361
vanadium additions to bath . . . A5: 369
visual inspection guide of galvanized surfaces . . . A5: 370
wet and dry galvanizing . . . A5: 366
wet storage film inhibitors . . . A5: 369–370
zinc type . . . A5: 361–362
Hot dip galvanized steel
acrylic properties . . . EM3: 122
Hot dip galvanized steels
automotive industry . . . A13: 1012
Hot dip galvanizing . . . A1: 212, 216–217, 218, A13: 436–444
after-fabrication . . . A2: 527–528
alloy steels . . . A5: 713–717, 718
applications . . . A13: 443–444
carbon steels . . . A5: 713–717, 718
coating weight/thickness . . . A13: 437
conventional . . . A2: 572
galvanizing . . . A13: 437
mechanical properties . . . A13: 438
painting galvanized steel . . . A13: 442–443
steel substrate . . . A13: 438–439
structure . . . A13: 437–438
surface preparation . . . A13: 436
welding for . . . A13: 439
zinc/zinc alloys and coatings . . . A13: 765–766
Hot dip galvanizing, steel sheet . . . M1: 169–171
ASTM specifications . . . M1: 170
band-test requirements . . . M1: 170, 171
designations . . . M1: 168
layers, identification of . . . M1: 169
mechanical properties . . . M1: 170–171
silicon, effect of . . . M1: 170
spangle . . . M1: 170
structure of coating . . . M1: 169–170
Hot dip lead alloy coating of steel *See also* Terne coatings . . . M5: 358–360
Hot dip lead alloy (terne) coatings
alloy steels . . . A5: 720–721
carbon steels . . . A5: 720–721
cast irons . . . A5: 690
zinc alloys . . . A5: 873
Hot dip oxidation-resistant coating . . . M5: 665–666
Hot dip tin coating (hot tinning)
cast irons . . . A5: 690
Hot dip tin coatings
steel sheet . . . M1: 173
Hot dip zinc coating (galvanizing)
cast irons . . . A5: 690
salt spray data for chromate coatings . . . A5: 712
Hot dipped products
spangles formation . . . A8: 548
Hot dipping . . . A20: 826
design limitations for inorganic finishing processes . . . A20: 824
Hot drawing *See also* Drawing
of aluminum alloys . . . A14: 797
of titanium alloys . . . A14: 844–845
Hot ductility testing . . . A6: 91
Hot ductility tests
on carbon-manganese steels . . . A1: 696
Hot dynamic degassing . . . M7: 180, 181
Hot equipment
as thermal inspection application . . . A17: 402
Hot etching
defined . . . A9: 9
definition . . . A5: 958
of tools and dies . . . A11: 563
Hot extraction
capabilities . . . A10: 226
Hot extrusion . . . A7: 47, 84, A14: 315–326, M7: 515–521
and hot upset forging . . . A14: 95
backward . . . A14: 316
CAD/CAM applications . . . A14: 323–326
cermet billets . . . A7: 930
characteristics . . . A20: 692
compatibility with various materials . . . A20: 247
conventional . . . A14: 315–326
for steel tubular products . . . A1: 328, M1: 316
forward . . . A14: 315–316
hydrostatic . . . A14: 328
in bulk deformation processes classification scheme . . . A20: 691
in powder metallurgy processes classification scheme . . . A20: 694
lubricated . . . A14: 316
materials for . . . A14: 321–322
metal flow in . . . A14: 316–317
methods . . . M7: 517
nickel and nickel alloys . . . A7: 502
nonlubricated . . . A14: 315–316
of cermet billets . . . A2: 987–988
of high-speed steels . . . M7: 524–525
operating parameters . . . A14: 322–323
presses for . . . A14: 319–320
schematic . . . A14: 315
shapes, characterized . . . A14: 322
speeds and temperatures . . . A14: 317–319
tool steels . . . A18: 738
tooling . . . A14: 320–321
ultrafine and nanocrystalline powders . . . A7: 508
Hot extrusion forgings . . . M1: 373–375
Hot extrusion forgings, design of . . . A1: 355, 356
machining allowance . . . A1: 357
mechanical properties . . . A1: 356, 357
mismatch tolerances . . . A1: 356–357
Hot extrusion tools
breakage . . . M3: 539–540
containers . . . M3: 537–538, 539
die assemblies . . . M3: 538, 539
die life . . . M3: 539–540
dummy blocks . . . M3: 538, 539
hardness . . . M3: 538, 540
liners . . . M3: 538
mandrels . . . M3: 538–539
materials for . . . M3: 537–541
rams . . . M3: 537–538, 539
Hot finishing temperature
and impact strength . . . A14: 220
Hot forge rolling *See also* Hot forging; Roll forging
by HERF processing . . . A14: 104
dies and die materials for . . . A14: 43–58
in presses, process/machine variables . . . A14: 36
nonisothermal, deformation patterns . . . A14: 375
tool and die materials for . . . A14: 43
Hot forging *See also* Extrusion; Forging . . . A20: 734, M7: 6
aluminum alloy powders . . . A7: 836
CAP billet stock for . . . M7: 533
costs per pound for production of steel P/M parts . . . A7: 9
impression, characteristics . . . A20: 692
in bulk deformation processes classification scheme . . . A20: 691
in powder metallurgy processes classification scheme . . . A20: 694
open die, characteristics . . . A20: 692
pressure densification . . . EM4: 300–301
refractory metals and alloys . . . A2: 560
thermal contraction and dimensional change during . . . M7: 480
tool steels . . . A18: 738
Hot forging tools, closed-die *See* Closed-die forging tools, materials for
Hot forming *See also* Hot working . . . A19: 481, M1: 339–346, 419
and cold forming, combined . . . A14: 620
and press forming . . . A14: 554
ductile and brittle fractures from . . . A11: 88
formability problems . . . A14: 620
of automobile parts . . . M7: 618, 620
of magnesium alloys . . . A14: 825–826
of P/M forged low-alloy steels . . . M7: 464
of titanium alloys . . . A14: 841–842
out-of-roundness . . . A14: 622
pressures, nickel-base alloys . . . A14: 262
temperatures, for steel . . . A14: 620
vs. cold forming, three-roll forming . . . A14: 619–620
wrought titanium alloys . . . A2: 615–616
Hot gas corrosion
resistance . . . A15: 730
Hot gas soldering . . . A6: 361–362
applications . . . A6: 361
atmospheres . . . A6: 361
characteristics . . . A6: 361
definition . . . A6: 361
parameters . . . A6: 361–362
preheating methods for assemblies . . . A6: 362
processing concerns . . . A6: 362
reliability concerns . . . A6: 362
Hot hardness *See also* Hardness A18: 614, 615, 616
dynamic, vs. temperature, as forgeability . . . A14: 226
of CPM alloys . . . A16: 65, M7: 789
of hot-work tool steels . . . A14: 46
of iron-based microcrystalline alloys . . . M7: 796
tungsten carbide / cobalt . . . M7: 775
Hot heading *See also* Hot upset forging
bolts . . . M1: 274, 275, 280
Hot heated manifold mold
defined . . . EM2: 22
Hot hydrostatic extrusion . . . A14: 328
Hot impression die forging . . . A20: 693
Hot isostatic pressing *See also* Higher-density consolidation, principles and process modeling of . . . A7: 6, 11, 47, 84, 316–317, 326, 438, 728, 743, A19: 337, 338, 342
advantages . . . A7: 28
after investment casting . . . A15: 263
after laser sintering . . . A7: 428
alloying additions . . . A7: 605–606
alumina . . . A7: 508
aluminum alloy powders . . . A7: 839
and casting mechanical properties . . . A15: 539–541
applications . . . A7: 590, 605, 615–608, 619
ranges of . . . A7: 12
as casting repair . . . A15: 264
beryllium powders . . . A7: 204, 942, 943–944
cable creep (grain boundary diffusion creep) . . . A7: 607
calibration and experimental verification . . . A7: 29
calibration of power-law creep equation . . . A7: 30
cast aluminum alloys . . . A19: 814
casting distortion . . . A15: 542
casting salvage . . . A15: 543

SUBJECTS OF THE INDEXED VOLUMES: ASM Handbook (designated by the letter "A"): **A1:** Properties and Selection: Irons, Steels, and High-Performance Alloys (1990); **A2:** Properties and Selection: Nonferrous Alloys and Special-Purpose Materials (1990); **A3:** Alloy Phase Diagrams (1992); **A4:** Heat Treating (1991); **A5:** Surface Engineering (1994); **A6:** Welding, Brazing, and Soldering (1993); **A7:** Powder Metal Technologies and Applications (1998); **A8:** Mechanical Testing (1985); **A9:** Metallography and Microstructures (1985); **A10:** Materials Characterization (1986); **A11:** Failure Analysis and Prevention (1986); **A12:** Fractography (1987); **A13:** Corrosion (1987); **A14:** Forming and Forging (1988); **A15:** Casting (1988); **A16:** Machining (1989); **A17:** Nondestructive Evaluation and Quality Control (1989); **A18:** Friction, Lubrication, and Wear Technology (1992); **A19:** Fatigue and Fracture (1996); **A20:** Materials Selection and Design (1997). **Metals Handbook, 9th Edition** (designated by the letter "M"): **M1:** Properties and Selection: Irons and Steels (1978); **M2:** Properties and Selection: Nonferrous Alloys and Pure Metals (1979); **M3:** Properties and Selection: Stainless Steels, Tool Materials, and Special-Purpose Materials (1980); **M4:** Heat Treating (1981); **M5:** Surface Cleaning, Finishing, and Coating (1982); **M6:** Welding, Brazing, and Soldering (1983); **M7:** Powder Metallurgy (1984). **Engineered Materials Handbook** (designated by the letters "EM"): **EM1:** Composites (1987); **EM2:** Engineering Plastics (1988); **EM3:** Adhesives and Sealants (1990); **EM4:** Ceramics and Glasses (1991). **Electronic Materials Handbook** (designated by the letters "EL"): **EL1:** Packaging (1989)

cemented carbides **A7:** 492, 494, **M3:** 452
ceramics. **A7:** 510
cermets **A7:** 929–930
characteristics **A7:** 12
cladding. **A7:** 800–801
cladding of powder materials **A7:** 19
cold isostatic pressing as preliminary step. . **A7:** 382
commercialization of **A7:** 7
compact manufacture **A7:** 613–615
compared to other powder processing
methods **A7:** 12
computer models **A7:** 28–29
computer programs. **A7:** 597, 598–599
consolidation of encapsulated
compacts **A7:** 609–615
consolidation of encapsulated powder **A7:** 607
container and empirical models. **A7:** 612
container fabrication **A7:** 612–613
container manufacture **A7:** 609–612
containers and engineering models **A7:** 612
controls and instrumentation **A7:** 593
cost **A7:** 12, 607
defined **A14:** 8
definition **A7:** 605
density **A7:** 12
description. **A7:** 11
development of **A7:** 3, 605
dimensional control **A7:** 320
dimensional tolerance **A7:** 12
empirical models **A7:** 596, 598
encapsulation methods **A7:** 618
equipment **A15:** 539
for casting refurbishment **A15:** 544
for casting replacement. **A15:** 543–544
full-density iron and steel. **A7:** 317–318
furnaces **A7:** 592–593, 596
future developments **A7:** 619
gas atomization. **A7:** 43
gas purity. **A15:** 542
gas system **A7:** 591–592, 594, 595
gas-atomized powders **A7:** 19
gas-atomized stainless steel powders **A7:** 129
history and development. **A7:** 590
interface/diffusion bonding . . **A7:** 607–608, 618–619
interlayers, use of **A7:** 618–619
invention of process. **A7:** 605
leak testing of containers **A7:** 613, 614
macroscopic models of **A7:** 699–603
manufacturers of presses. **A7:** 594
maps **A7:** 597–598, 599
material system **A7:** 9
materials range **A7:** 12
mechanical properties **A7:** 12
microscopic models and mechanisms. . **A7:** 597–599
modeling and closing porosity in spray formed
billets **A7:** 619
modeling and microstructure prediction **A7:** 28–30, 619
modeling, current developments in. . . . **A7:** 600–603
modeling of. **A7:** 595–603
Nabarro-Herring creep (volume diffusional
creep) **A7:** 607
new applications. **A15:** 543
nickel and nickel alloys **A7:** 501, 502
nomenclature used in equations **A7:** 595, 596
of aluminum alloys **A15:** 541
of castings **A15:** 538–544
of nickel-base superalloys **A15:** 539
of prealloyed P/M aluminum alloys . . **A14:** 250–251
of stainless steels **A15:** 541
of titanium **A15:** 539–540
oxide-dispersion strengthened alloys **A7:** 85
parameter selection **A15:** 541–542
parameters. **A7:** 618
part size. **A7:** 593–594
partial testing **A7:** 29
particle metallurgy tool steels. **A7:** 786
plastic deformation by dislocation **A7:** 607
porous materials. **A7:** 1034
post consolidation processing. **A7:** 615
post, heat treatment. **A15:** 543
powder blending **A7:** 609
powder manufacture **A7:** 609
powder particle size classification **A7:** 609
power-law creep (dislocation creep) **A7:** 607
pressure mediums used **A7:** 605
pressure vessels. **A7:** 590–591, 592, 593

price per pound **A7:** 12
process cycles **A7:** 594
process description **A7:** 608–609
process selection. **A7:** 605–607
processing sequence **A7:** 593, 596
production quantity **A7:** 12
production volume. **A7:** 12
properties of products **A7:** 12
quenching **A7:** 619
refinements of batch processing. **A7:** 619
rotating electrode process **A7:** 99
selection of process parameters **A7:** 594–595
selection of specific cycle parameters **A7:** 609
size of products **A7:** 12
stainless steel powders. **A7:** 782
superalloys **A7:** 887, 888, 890, 999, 1000
surface defects **A15:** 542
technology **A7:** 607–608
temperature ranges **A7:** 605, 609
thermophysical tests. **A7:** 30
titanium alloy powders **A7:** 874–875, 877, 878
titanium alloys **A15:** 832
titanium powders **A7:** 500
to achieve 100% density in powder
materials **A7:** 590
ultrafine and nanocrystalline powders **A7:** 506
versus cold isostatic pressing **A7:** 606
versus other powder metallurgy
methods **A7:** 606–607
vessel efficiency **A7:** 607
with powder injection molding **A7:** 362
with thermal spray forming **A7:** 412
worldwide capacity **A7:** 594
zirconium alloys **A15:** 838

Hot isostatic pressing cladding process **A7:** 609

Hot isostatic pressing (HIP) *See also* Cold isostatic pressing; Pressure-impregnation-carbonization (PIC) **A1:** 973, 993–994, **A6:** 883, **A16:** 60, **A20:** 432, 695, 726–728, 745, 747, 748, 749, **EM4:** 124, 147, 194–200, 296, **M7:** 6, 18, 295, 419–443

advanced ceramics **EM4:** 49
aluminum and aluminum alloys **A2:** 7
aluminum casting alloys **A2:** 141
aluminum P/M alloys **A2:** 203
aluminum-oxide based ceramic cutting
tools **EM4:** 966
and gas-pressure sintering. **EM4:** 199
and liquid-phase sintering. **EM4:** 288
and rapid omnidirectional compaction low-carbon
Astroloy **M7:** 545
and rigid tool compaction **M7:** 323
applications **EM4:** 196, 199–200, **M7:** 419, 437–443
cladless HIP **EM4:** 199
encapsulated hot isostatic
pressing. **EM4:** 199–200
as cermet forming technique. **M7:** 800
as manufacturing process **A20:** 247
beryllium **A16:** 870
beryllium powder **A2:** 685–686, **M7:** 172
boron carbide **EM4:** 805
brazing for joining non-oxide ceramics . . **EM4:** 528
cemented carbides **A16:** 72, **A18:** 796
ceramics **A16:** 98, 101, **A20:** 699
cladless. **EM4:** 194, 196–197, 199
applications **EM4:** 199
containerless. **M7:** 436
controls and instrumentation **M7:** 423
cycles **M7:** 436–438
defined **EM1:** 13
definition **A20:** 834
direct-HIP **EM4:** 197
duplex **M7:** 441
elevated temperatures. **M7:** 419
encapsulation **EM4:** 194, 197–198, 199
encapsulation techniques. **M7:** 428–435
equipment **EM4:** 194–195, **M7:** 419–424
convection heat losses **EM4:** 194–195
heating elements **EM4:** 195
pressure-vessel furnace
construction **EM4:** 194–195
pressure-vessel safety guidelines **EM4:** 195
temperature measurement devices **EM4:** 195
workpiece fixtures **EM4:** 195
flowchart for manufacturing **M7:** 424–425

for attainment of high density in grain
growth. **EM4:** 309
for near-net shapes **M7:** 437
formation of Si_3N_4 balls and high-vacuum
applications of lubricants **A18:** 158
fractional volume shrinkage **M7:** 426
gas purity **M7:** 422
heat treatments and **M7:** 440
high-speed tool steels by **M7:** 144
in ceramics processing classification
scheme **A20:** 698
in powder metallurgy processes classification
scheme **A20:** 694
linear dimensional shrinkage in **M7:** 426–427
metal-oxide composites **EM4:** 966
micrograin high-speed steels. **A18:** 616
of blended elemental Ti-6Al-4V **A2:** 649
of cermets **A2:** 986–987
of composite materials. **M7:** 442–443
of containerized powder **M7:** 522
of forged products **M7:** 647–648
of MERL **M7:** 76, 440
minicomputer, control of **M7:** 424
of sample bars fractured and analyed by CARES
program and IEA Annex II agreement
members **EM4:** 704–705
of titanium powders **M7:** 164
of titanium-based alloys **M7:** 438–439
particle-type encapsulation methods **EM4:** 197, 198, 199
plus conventional forging. **M7:** 442
plus forging, superalloys **M7:** 522–523
plus hot rolling to mill shape, high-speed
steels **M7:** 524–525
plus isothermal and hot die forging
superalloys **M7:** 523
powder properties. **M7:** 425–428
pressure densification **EM4:** 299, 300
advantages **EM4:** 242
conditions. **EM4:** 298
parameters **EM4:** 298
pressure. **EM4:** 301
temperature **EM4:** 301
pressure medium **M7:** 420–422
process parameter selection. **M7:** 437
processing sequence **M7:** 424
quality control **EM4:** 199
self-lubricating powder metallurgy
composites. **A18:** 120
silicon carbide-tetanin composite **EM1:** 862
silicon nitride. **EM4:** 812, 815
silicon-nitride ceramic cutting tools **EM4:** 966
sinter-HIP. **EM4:** 194, 196–197, 198, 199
structural ceramics. **A2:** 1020
technology applied to ceramics **EM4:** 195–199
cladless hot isostatic pressing. **EM4:** 194, 196–197, 199
encapsulation conforming to body
configuration. **EM4:** 197–198, 199
filling into a shaped capsule **EM4:** 195–196
high-precision processing. **EM4:** 198–199
removal of adsorbed substances. **EM4:** 198
special processing options **EM4:** 199
temperature selection **EM4:** 198
temperature guidelines. **M7:** 437
titanium alloys. **A20:** 403, 404
titanium and titanium alloy castings **A2:** 643
to densify ceramic coatings in molten particle
deposition **EM4:** 207, 208
tooling used **M7:** 423
TTZ **EM4:** 512
unit. **M7:** 419, 421
whisker-reinforced alumina cutting
tools **EM4:** 966–967
workpiece thermocouple installation **M7:** 438

Hot isostatic pressing unit **M7:** 423

Hot isostatic pressure system **M7:** 420

Hot isostatic pressure vessels **M7:** 419–421
closure. **M7:** 420
loading of. **M7:** 423

Hot isostatic pressure welding
definition **M6:** 9

Hot isostatically pressed silicon nitride (HIPSN) **A20:** 429, 430, **EM4:** 813–814
additives **EM4:** 814
formation **EM4:** 813–814
hot isostatic pressing **EM4:** 814

Hot isostatically pressed silicon nitride (HIPSN) (continued)
properties . . . EM4: 815
sintering . . . EM4: 814
strength . . . EM4: 817
Hot isostatically pressed superalloys . . . A7: 6
Hot melt adhesives . . . EM1: 13, 684, 687
Hot melt process
for woven fabric prepregs . . . EM1: 149
Hot metal desulfurization . . . A1: 108, 109
Hot mill finishing temperature
effects of . . . A1: 588, 590
Hot modulus of rupture (HMOR) . . . A20: 423
Hot molding
SiC aluminum composite stiffeners . . . EM1: 861
Hot oil fountains
for reworking processes . . . EL1: 117
Hot platen soldering
as surface-mount soldering . . . EL1: 706
Hot powder forging . . . A19: 337
Hot powder forging (PF) . . . A7: 18–19
applications . . . A7: 18
cost effectiveness . . . A7: 18
dimensional control . . . A7: 18
fracture splitting . . . A7: 18
machining requirements . . . A7: 18, 19
Hot press bonding *See* Diffusion welding
Hot press setups . . . M7: 504–509
Hot press/diffusion bond
metal-matrix composite processing materials, densification method, and final shape operations . . . A20: 462
Hot pressed silicon carbide (HPSC) . . EM4: 191, 192
key features . . . EM4: 676
properties . . . EM4: 330, 677
Hot pressing *See also* Hot isostatic pressing; Uniaxial hot pressing . . . A7: 11, 316, A19: 337, A20: 342, 695, 747, 748, EM4: 124, 126, 127, 186–192, M7: 6, 501–521
advanced ceramics . . . EM4: 49
advantages . . . EM4: 186
alumina . . . A7: 508
and liquid-phase sintering . . . EM4: 288
and pressure sintering . . . M7: 501
applications . . . EM4: 190–192
ceramic armor . . . EM4: 191
ceramic bearings . . . EM4: 191
cutting tools . . . EM4: 191
electro-optic materials . . . EM4: 191
ferrites . . . EM4: 1192
heat engine components . . . EM4: 191
microelectric ceramic packages . . . EM4: 192
microwave absorbers . . . EM4: 191
nuclear industry components . . . EM4: 191
optical windows . . . EM4: 189–190
properties . . . EM4: 191
resistors . . . EM4: 192
sputtering targets . . . EM4: 191
titanates . . . EM4: 192
tooling . . . EM4: 191
traditionally hot-pressed ceramics . . . EM4: 190
varistors . . . EM4: 191
as manufacturing process . . . A20: 247
boron carbide . . . EM4: 805
ceramic composites . . . A7: 510, 511
ceramic materials . . . EM4: 36
ceramics . . . A7: 509, A16: 98, 99, 100
cermets . . . M7: 800
characteristics . . . A20: 697
disadvantages . . . EM4: 186
effect on mechanical properties . . . A7: 951
equipment . . . M7: 502
for attainment of high density in grain growth . . . EM4: 309
for gas turbine component fabrication . . . EM4: 718
history . . . M7: 15
in ceramics processing classification scheme . . . A20: 698
in joining non-oxide ceramics . . . EM4: 528
in powder metallurgy processes classification scheme . . . A20: 694
of ceramic matrix composites . . . EM4: 224
of clad metals . . . A13: 887
of structural ceramics . . . A2: 1020
platinum powder . . . A7: 4
pressure densification . . . EM4: 297–299
products . . . M7: 509–515
properties of electric spark-activated . . . M7: 513
requirements . . . M7: 502
silicon nitride . . . EM4: 812
silicon-nitride cutting tools . . . EM4: 966
titania . . . A7: 509
to high density . . . M7: 522
to solid-state join a silicon-base ceramic to itself . . . EM4: 527
TTZ . . . EM4: 512
tungsten alloys . . . A2: 579
ultrafine and nanocrystalline powders A7: 506, 507
uniaxial . . . M7: 309
vacuum . . . M7: 507, 509, 517
whisker-reinforced alumina cutting tools . . . EM4: 966–967
Hot pressure welding
definition . . . M6: 9
Hot pressure welding (HPW)
definition . . . A6: 1210
niobium alloys . . . A6: 581
Hot processing
ternary molybdenum chalcogenides (chevrel phases) . . . A2: 1077–1079
Hot quenching
defined . . . A9: 9
Hot re-pressing *See also* Re-pressing . . . A7: 803, 810
as powder forging . . . A14: 188
effect on mechanical properties . . . A7: 951
thermal contraction and dimensional change during . . . M7: 480
Hot roll bonding
of clad metals . . . A13: 887
Hot roll bonding, clad brazing materials
brazing with . . . A6: 347, 348
Hot rolled bars . . . M1: 199–212
aircraft quality . . . M1: 209
AMS specifications . . . M1: 209
applications . . . M1: 206–209, 211–212
ASTM specifications . . . M1: 204, 205, 207–212
bend test requirements . . . M1: 205, 206, 212
coatings for . . . M1: 200
concrete-reinforcing bars . . . M1: 211–212
decarburization . . . M1: 200
dimensions . . . M1: 199, 211
grades . . . M1: 203, 205, 212
heat treatment . . . M1: 200–201
HSLA steel bars . . . M1: 210, 211
magnetic-particle testing . . . M1: 200, 201, 209
mechanical properties . . . M1: 201–209, 211, 212
merchant quality bars . . . M1: 203–205
product categories . . . M1: 202–212
quality descriptions . . . M1: 202–212
sizes . . . M1: 203–206, 212
special quality bars . . . M1: 205–206
special shapes . . . M1: 213
straightening . . . M1: 203
structural quality . . . M1: 204, 209–212
surface imperfections . . . M1: 199–200
surface treatment . . . M1: 200
tolerances . . . M1: 199
Hot rolled low-carbon steel
fatigue properties compared with HSLA steels . . . M1: 418–419
Hot rolled sheet and strip
ASTM specifications for . . . M1: 154, 155
characteristics . . . M1: 154
flatness . . . M1: 157, 160–161
leveling . . . M1: 157, 160–161
mechanical properties . . . M1: 155–156, 158–159
modified low-carbon steels . . . M1: 161–162
Olsen ductility . . . M1: 156, 162
production of . . . M1: 153–154
quality descriptors . . . M1: 154–155
standard sizes . . . M1: 154
strain aging . . . M1: 154, 157, 162
stretcher strains . . . M1: 157
surface characteristics . . . M1: 157
thickness . . . M1: 153, 154, 159
width range . . . M1: 153, 154
Hot rolled steel
dry blasting . . . A5: 59
porcelain enameling of . . . M1: 178, M5: 513–514
Hot rolled steel sheet
characteristics affecting formability . . . M1: 556
mechanical properties related to formability . . . M1: 547–549
minimum bend radii, selected grades . . . M1: 554
Hot rolling . . . A1: 115–120, A20: 734
CAP billet stock for . . . M7: 533
controlled rolling . . . A1: 115, 117–118, 130–131, 408–409
critical temperatures . . . A1: 115–116, 126–127, 130
effect on notch toughness of steels . . . M1: 695, 696, 699
effect on solidification structures in steel . . . A9: 626–628
hafnium . . . A2: 663
of controlled spray deposition processed shapes . . . M7: 532
of direct-chill semicontinuous-cast copper and copper alloy slabs . . . A2: 243
oxide-dispersion strengthened alloys . . . A7: 85
P/M high-speed tool steels . . . A16: 62
products . . . A14: 343
roughness average . . . A5: 147
surface roughness and tolerance values on dimensions . . . A20: 248
zirconium . . . A2: 663
Hot salt
environments known to promote stress-corrosion cracking of commercial titanium alloys . . . A19: 496
Hot salt environment
SCC testing of nickel alloys in . . . A8: 530–531
Hot salts
stress-corrosion cracking, aircraft . . A13: 1039–1040
titanium/titanium alloy SCC . . . A13: 273–274, 688–689
Hot shearing *See also* Shearing
blade materials for . . . A14: 716
for stock preparation, hot upset forging . . . A14: 86
forgings . . . M1: 367–368
tooling set-up for . . . A14: 86
Hot short . . . A3: 1•19
Hot shortness . . . A5: 286, A12: 2, 126–127, A20: 740–741
copper casting alloys . . . A2: 350
cracks, in friction welds . . . A11: 444
cracks, in gas metal arc weld of aluminum alloy . . . A11: 435
defined . . . A13: 8, A15: 7
definition . . . A5: 958
effect on strength and ductility . . . A8: 35
failure, of heat-exchanger shell . . . A11: 640
fracture mode . . . A8: 574
from sulfur . . . A14: 779
in thermocouples . . . A2: 882
sulfur effects . . . A15: 29
Hot sizing
titanium alloys . . . A14: 842
Hot solder dipping *See also* Tinning
as solderability surface preparation . . . EL1: 79
Hot spinning
of hemispheres . . . A14: 604
Hot spots
in integrated circuits . . . A11: 767–768
Hot spraying
paint . . . M5: 477–478
Hot stamping
defined . . . EM2: 22

SUBJECTS OF THE INDEXED VOLUMES: ASM Handbook (designated by the letter "A"): **A1:** Properties and Selection: Irons, Steels, and High-Performance Alloys (1990); **A2:** Properties and Selection: Nonferrous Alloys and Special-Purpose Materials (1990); **A3:** Alloy Phase Diagrams (1992); **A4:** Heat Treating (1991); **A5:** Surface Engineering (1994); **A6:** Welding, Brazing, and Soldering (1993); **A7:** Powder Metal Technologies and Applications (1998); **A8:** Mechanical Testing (1985); **A9:** Metallography and Microstructures (1985); **A10:** Materials Characterization (1986); **A11:** Failure Analysis and Prevention (1986); **A12:** Fractography (1987); **A13:** Corrosion (1987); **A14:** Forming and Forging (1988); **A15:** Casting (1988); **A16:** Machining (1989); **A17:** Nondestructive Evaluation and Quality Control (1989); **A18:** Friction, Lubrication, and Wear Technology (1992); **A19:** Fatigue and Fracture (1996); **A20:** Materials Selection and Design (1997). **Metals Handbook, 9th Edition** (designated by the letter "M"): **M1:** Properties and Selection: Irons and Steels (1978); **M2:** Properties and Selection: Nonferrous Alloys and Pure Metals (1979); **M3:** Properties and Selection: Stainless Steels, Tool Materials, and Special-Purpose Materials (1980); **M4:** Heat Treating (1981); **M5:** Surface Cleaning, Finishing, and Coating (1982); **M6:** Welding, Brazing, and Soldering (1983); **M7:** Powder Metallurgy (1984). **Engineered Materials Handbook** (designated by the letters "EM"): **EM1:** Composites (1987); **EM2:** Engineering Plastics (1988); **EM3:** Adhesives and Sealants (1990); **EM4:** Ceramics and Glasses (1991). **Electronic Materials Handbook** (designated by the letters "EL"): **EL1:** Packaging (1989)

Hot start current
definition **M6:** 9
Hot static degassing **M7:** 180, 181
Hot swaging, use
materials and equipment for **A14:** 142–143
Hot tear *See also* Hot crack; Hot cracking; Hot tearing
as forging defect **A11:** 317
defined **A11:** 5, **A15:** 7
fatigue fracture from **A11:** 388
fracture at........................ **A11:** 388, 397
in iron castings......................... **A11:** 353
in semisolid alloys **A15:** 337
Hot tearing *See also* Hot tear; Tearing
aluminum alloy......................... **A15:** 617
copper alloy castings, inspection of **A15:** 558
grain size effect **A15:** 160
in squeeze casting **A15:** 326
resistance, aluminum-silicon alloys **A15:** 159
Hot tears **A20:** 726, 727
by liquid penetrant inspection............ **A17:** 86
in aluminum alloy castings.............. **A17:** 535
in austenitic manganese steel castings
causes of **A9:** 238–239
in copper alloy ingots **A9:** 642
normalized and tempered, endurance ratios in
bending and torsion.............. **A19:** 659
Hot tears specimen
quenched and tempered, endurance ratios in
bending and torsion.............. **A19:** 659
Hot tensile testing
for forgeability **A14:** 215
Hot tension testing **A8:** 586–587, **A14:** 378
Hot tinning *See* Tin coatings
Hot top
defined **A15:** 7
Hot topping
copper alloys..................... **A15:** 780–781
Hot torsion
machine, servo-controlled................ **A8:** 159
specimen, macrographs of twist........... **A8:** 174
Hot torsion tests
for ductility **A14:** 375
Hot trepanning *See also* Trepanning
in open-die forging...................... **A14:** 63
Hot triaxial compaction tests **A7:** 619
Hot trimming *See also* Trimming
copper and copper alloy forgings......... **A14:** 257
crankshaft fatigue fracture from **A11:** 472
defined **A14:** 8
in closed-die forging **A14:** 82
of stainless steel forgings................ **A14:** 230
Hot twist testing **A1:** 583, 584
Hot uniaxial pressing
ceramics............................... **A16:** 101
Hot upset forging *See also* Forging; Upsetting **A14:** 83–95
and hot extrusion....................... **A14:** 95
applicability............................ **A14:** 83
defined **A14:** 8, 83
descaling **A14:** 87
die cooling............................. **A14:** 87
die lubrication.......................... **A14:** 87
double-end upsetting **A14:** 90
heating **A14:** 87
hot upsetting vs. alternative processes **A14:** 95
inserts for **A14:** 48
machines **A14:** 83–85
metal saving techniques **A14:** 86–87
offset upsetting **A14:** 90
safety in **A14:** 95
simple upsetting................... **A14:** 87–88
stock, preparation of **A14:** 86
tolerances, assignment of **A14:** 93–94
tolerances, effect on cost **A14:** 94–95
tools **A14:** 85–86
upsetting and piercing............... **A14:** 88–89
upsetting pipe and tubing............. **A14:** 91–93
upsetting with sliding dies **A14:** 90–91
vs. alternative processes **A14:** 95
vs. cold extrusion....................... **A14:** 95
vs. cold heading **A14:** 95
Hot upset forging tools
auxiliary tools **M3:** 535–536
gripper dies.................. **M3:** 533, 534–535
header dies **M3:** 534–535
lubrication, effect of..................... **M3:** 535
materials for **M3:** 533–536
trimming **M3:** 535–536
wear resistance **M3:** 535, 536
Hot upset forgings **M1:** 369–373
Hot upset preforms
by extrusion **A14:** 306
Hot upset testing
of nonlubricated cylinder **A8:** 582
Hot upsetting *See also* Hot upset forging ... **A7:** 803
as powder forging....................... **A14:** 188
beryllium powder........................ **A7:** 942
forgeability, of stainless steel **A14:** 223
Hot water *See also* Elevated temperatures; Temperature(s)
resistance, porcelain enamels........ **A13:** 451–452
zinc corrosion in **A13:** 761
Hot water rinsing
of cold extruded part................... **A14:** 304
Hot wire test
quenching media..................... **M4:** 37–38
Hot wire welding
definition **M6:** 9
titanium welding **A6:** 786
Hot work.............................. **A9:** 684
Hot work die steels
stress-corrosion cracking environments **A8:** 526
Hot work particle metallurgy tool steels A7: 799–800
Hot work tool steels *See* Tool Steels, hot work
Hot workability ratings
for specialty steels and superalloys **A8:** 586
Hot worked structure
defined **A9:** 9
Hot working *See also* Cold working; Hot-working temperature; Warm working **A19:** 28, **A20:** 731, 733–735, **EM3:** 15
and consolidation of aluminum
powders **M7:** 526–527
beryllium-copper alloys............. **A2:** 421–423
copper and copper alloys **A2:** 223
copper metals.......................... **M2:** 241
damage from sectioning **A9:** 23
defined ... **A9:** 9, **A13:** 8, **A14:** 8, **EM1:** 13, **EM2:** 22
discontinuous ceramic fiber MMCs **EM1:** 908–909
effect of copper **A11:** 722
effect on tool steels **A9:** 258
effects, alloy segregation **A11:** 121
forgings produced by............... **A11:** 314–343
hardenability affected by **M1:** 478, 480
of CAP material **M7:** 535
of controlled spray deposition material.... **M7:** 532
of heat-resistant alloys.................. **A14:** 232
of high-temperature alloys **A14:** 224
of Invar **A2:** 890
of iridium **A14:** 851
of maraging steels **A1:** 795, **M1:** 447
of palladium **A14:** 850
of platinum **A14:** 849
of rhodium **A14:** 850
of tool steels **M7:** 467
platinum alloys......................... **A14:** 851
plus sintering to high density **M7:** 525
processes, beryllium-copper alloys......... **A2:** 415
reduction, effect on impact strength...... **A14:** 218
temperature, palladium **A2:** 716
titanium alloys **A19:** 33
tool and die failures in **A11:** 574
Hot working temperature **A8:** 573–574
Hot wound springs **M1:** 297, 301–303
hot rolled bars, use of **M1:** 290
steel grades for **M1:** 301
Hot-air heating
for optical holographic interferometry **A17:** 410
Hot-applied butyl sealants **EM3:** 190
for insulated glass industry............. **EM3:** 190
Hot-applied organisols **A13:** 400
Hot-brine test **A1:** 466, 467
Hot-cell metallograph **A9:** 83
Hot-cell microscopy **A9:** 83
Hot-chamber die casting **A20:** 691
Hot-corrosion properties
mechanically alloyed oxide dispersion-strengthened (MA ODS) alloys **A2:** 497
Hot-die forging........... **A14:** 150–157, **A20:** 693
advantages........................ **A14:** 150–151
as new metalworking process........... **A14:** 17–18
cost **A14:** 150, 155–157
defined **A14:** 150
die systems **A14:** 154–155
forging alloys.......................... **A14:** 152
forging design guidelines................ **A14:** 155
gas-fired infrared heating setup for....... **A14:** 152
induction heating system **A14:** 152
lubrication....................... **A14:** 153–154
of heat-resistant alloys.................. **A14:** 232
process description **A14:** 151–152
process design..................... **A14:** 153–154
process selection................... **A14:** 152–153
production forging **A14:** 157
vs. conventional forging **A14:** 156
wrought titanium alloys **A2:** 613–614
Hot-dip aluminum-coated sheet steel
specimen preparation..................... **A9:** 197
Hot-dip aluminum-coated sheet steel, specific types
1008, with type 1 coating................ **A9:** 200
1008, with type 2 coating................ **A9:** 200
Hot-dip galvanized sheet steel
specimen preparation..................... **A9:** 197
Hot-dip galvanized sheet steel, specific types
1006 .... **A9:** 199
1008 .... **A9:** 199
Hot-dip galvanizing
effect on press forming **A14:** 560
tin additions **A9:** 490
Hot-dip tin coatings
etching **A9:** 451
Hot-dip tinplate
steel-tin interface **A9:** 455
Hot-dip zinc-aluminum coated sheet steel
specimen preparation..................... **A9:** 197
Ho-Te (Phase Diagram) .... **A3:** 2•251
Hotel china **EM4:** 4
absorption **EM4:** 4
absorption (%) and products **A20:** 420
body compositions...................... **A20:** 420
composition............................ **EM4:** 5
estimated worldwide sales............... **A20:** 781
physical properties **A20:** 787, **EM4:** 934
products **EM4:** 4
Hotelware
composition........................... **EM4:** 45
properties of fired ware................. **EM4:** 45
Hot-filament ionization gage
for gas/leak detection.................... **A17:** 64
Hot-gas corrosion, resistance to
in heat-resistant alloys **A1:** 925, 928
Hot-gas reflow equipment
for rework processes.............. **EL1:** 727–728
Hot-gas welding **EM3:** 15
defined **EM2:** 22
Hot-hollow cathode (HHC) evaporation
to apply interlayers for solid-state welding **A6:** 165, 168–169, 170, 171
Ho-Tl (Phase Diagram) .... **A3:** 2•251
Hot-machining tools
cermets as **A2:** 978
Hot-melt adhesive
defined **EM2:** 22
Hot-melt adhesives **EM3:** 15, 35, 74, 75
advantages and limitations.............. **EM3:** 75
application methods **EM3:** 47, 80
as consumer product **EM3:** 47
automotive applications **EM3:** 46
bonding applications............ **EM3:** 45, 81–82
bonding composites to composites **EM3:** 293
characteristics **EM3:** 45, 74, 80
chemical families **EM3:** 82
chemistry.............................. **EM3:** 80
diluents................................ **EM3:** 80
EVA copolymer crystallinity............. **EM3:** 411
foamable **EM3:** 82
for assembly bonding.................... **EM3:** 82
for assistance bonding **EM3:** 82
for automotive bonding and sealing **EM3:** 609
for automotive carpet bonding........... **EM3:** 46
for book binding........................ **EM3:** 82
for containers **EM3:** 82
for diaper construction **EM3:** 47
for fiberglass insulation bonding **EM3:** 45
for freezer coils bonding................ **EM3:** 45
for industrial bonding **EM3:** 82
for packaging **EM3:** 45, 82
for packaging large appliances in
containers......................... **EM3:** 45
for release-coated papers................ **EM3:** 82

Hot-melt adhesives (continued)
for sheet molding compound bonding **EM3:** 46
for sound-deadening material bonding **EM3:** 45
for woodworking **EM3:** 46
foundry industry applications **EM3:** 47
induction periods in oxygen uptake **EM3:** 620
limitations **EM3:** 81
markets **EM3:** 81–82
nonpressure sensitive **EM3:** 81
"piggy-backing" of urethanes **EM3:** 568
polymers **EM3:** 80
predicted 1992 sales **EM3:** 81
pressure sensitive **EM3:** 81
properties **EM3:** 80–81
silane coupling agents **EM3:** 182
suppliers **EM3:** 82
tackifiers used **EM3:** 183
Hot-melt thermoplastics
for lighting subcomponent bonding **EM3:** 552
Hot-oil heaters
for warm compaction **A7:** 316
Hot-press molding
size and shape effects **EM2:** 291
thermoset plastics processing comparison **A20:** 794
Hot-pressed carbide ceramics **A20:** 429
Hot-pressed silicon nitride (HPSN) ... **A20:** 429, 430, **EM4:** 191, 192
abrasive machining .. **EM4:** 318, 321, 322, 325, 326
applications **EM4:** 813
insulation for engines **EM4:** 990
creep-feed grinding **EM4:** 344
erosion resistance **A18:** 205
formation **EM4:** 813
grinding **EM4:** 334
key features **EM4:** 676
modulus of resilience **EM4:** 316, 330
proof testing **EM4:** 596
properties **EM4:** 326, 330, 677, 815, 816–817
reciprocating surface grinding **EM4:** 344
rolling contact fatigue life **A18:** 815
scanning acoustic microscopy **A18:** 408, 409
thermal cycling behavior **EM4:** 818
thermal diffusivity **EM4:** 816
thermal shock resistance **EM4:** 818
Hot-rolled carbon-manganese structural steels **A1:** 390, 391
Hot-rolled mild steel plate
die material for sheet metal forming **A18:** 628
Hot-rolled steel
effects of steelmaking practices on formability of **A1:** 577
Hot-rolled steel bars and shapes **A1:** 240–247
allowance for surface imperfections in machining applications **A1:** 241
alloy steel bars **A1:** 245–246
aircraft quality and magnaflux quality ... **A1:** 246
axle shaft quality **A1:** 246
ball and roller bearing quality and bearing quality **A1:** 246
cold-shearing quality **A1:** 246
cold-working quality **A1:** 246
regular quality **A1:** 246
structural quality **A1:** 246
carbon steel bars for specific applications .. **A1:** 245
axle shaft quality **A1:** 245
cold-shearing quality **A1:** 245
cold-working quality **A1:** 245
structural quality **A1:** 245
decarburization **A1:** 241
dimensions and tolerances **A1:** 240
heat treatment **A1:** 241
annealing for specified microstructures ... **A1:** 241
hardening by quenching **A1:** 241
normalizing **A1:** 241
ordinary annealing **A1:** 241
stress relieving **A1:** 241
tempering **A1:** 241
merchant quality bars **A1:** 243
grades **A1:** 243
sizes **A1:** 243
product categories **A1:** 242–243
product requirements **A1:** 241–242
special quality bars **A1:** 244–245
special shapes **A1:** 247
structural shapes **A1:** 247
surface imperfections **A1:** 240
laps **A1:** 240
seams **A1:** 240
slivers **A1:** 240–241
surface treatment **A1:** 241
Hot-runner mold *See also* Insulated-runner
defined **EM2:** 22
Hot-salt corrosion
in stainless steels **A11:** 200
Hot-salt stress-corrosion tests **A5:** 145
Hot-setting adhesive **EM3:** 15
defined **EM1:** 13, **EM2:** 22
Hot-stage microscopy **A9:** 82
for temperature-time control in polymer removal techniques **EM4:** 137
high-carbon steel quenched in **A9:** 83
phase contrast etching **A9:** 59
thermal etching **A9:** 62
Hot-tensile properties
of ductile iron **A1:** 48, 52
Hot-twist testing
for forgeability **A14:** 215–216
Hot-wall plasma-assisted chemical vapor deposition **EM3:** 593, 594
Hot-wire analyzers
atmospheres **M4:** 429–430
Hot-work die steels **A18:** 636–637
for hot-forging dies **A18:** 626
materials for dies and molds **A18:** 622
metalworking fluid selection guide for finishing operations **A5:** 158
Hot-work tool steels
heat checking **A18:** 630
materials for die-casting dies **A18:** 629
powder metallurgy **A1:** 789–790
wrought **A1:** 762–763
chromium **A1:** 762
molybdenum **A1:** 763
tungsten **A1:** 762–763
Hot-workability ratings
qualitative **A14:** 381
Hot-working temperature *See also* Fabrication characteristics
wrought aluminum and aluminum alloys ... **A2:** 88, 91–93, 96, 98, 99–100
Hot-working temperatures
effect on plastic deformation **A9:** 688–691
Hot-wound springs **A1:** 315
House of quality *See also* Quality function deployment **A20:** 13, 26–31, 60, 134
definition **A20:** 834
Household appliance applications *See also* Electric applications; Electronic applications
aluminum and aluminum alloys **A2:** 13
Household applications
glass fibers **EM4:** 1029
"Housekeeper seal" **EM3:** 300–301
Housing and Urban Development, U.S. Department of
particleboard formaldehyde emission standard (1984) **EM3:** 105
Housings, eliminating cracks in .... **A3:** 1•28
Hovercraft
composite structures for **EM1:** 839
Howmet
spray forming **A7:** 398
Hoya LE-30 aluminoborosilicate glass **EM4:** 1056
HP 9-4-20
composition **M1:** 422
properties and characteristics **M1:** 440–441
HP 9-4-30
composition **M1:** 422, **M4:** 120
heat treatment **M1:** 441
heat treatments **M4:** 129
mechanical properties **M1:** 441–442, **M4:** 128, 129
processing **M1:** 441
HP alloy **A1:** 926
HP-9-4-20
composition **M4:** 120
HP-9-4-30 steel **A1:** 431, 444–445
heat treatments for **A1:** 445–446
properties of **A1:** 444, 446
H-Pd (Phase Diagram) .... **A3:** 2•237
H-pile system
cathodic protection system **A13:** 476
HPLC *See* High-performance liquid chromatography
HPZ fiber **EM4:** 223
composition **EM4:** 225
mechanical properties, room temperature **EM4:** 225
SEM photomicrograph **EM4:** 225
H_r *See* Magnetic resonance; Rockwell hardness
HRC hardness test **A18:** 436
HRD flame reactor process
for zinc recycling **A2:** 1225
HREM *See* High resolution electron microscopy
H-R-R singularity field
and Rice *J*-integral **A8:** 447–448
for crack tip characterization **A8:** 446
in *R*-curve method **A8:** 452
size of **A8:** 447
HS 21
composition **M4:** 653
HS 31
aging cycle **M4:** 657
composition **M4:** 653
solution treating **M4:** 657
HS 36
composition **M4:** 651–652
HS-21
electrochemical grinding **A16:** 547
grinding **A16:** 547
machining **A16:** 757, 758
milling **A16:** 547
HS-25
manufacturing ratings **A16:** 739
milling **A16:** 314
production time **A16:** 739
shaping **A16:** 192
HS-25, aging
effect on properties **M4:** 659
HS-31
grinding **A16:** 759, 760
surface alterations from material removal processes **A16:** 27
HS-188
flash welding **M6:** 557
HSc *See* Scleroscope hardness number
HSd *See* Scleroscope hardness number
H-series ACI designations for heat-resistant casting alloys **A9:** 330
HSLA *See* High-strength low-alloy
HSLA plate steels
fatigue behavior **M1:** 670, 672
HSLA steel plate **M1:** 183, 188
ASTM specifications **M1:** 183, 184, 188, 189
mechanical properties **M1:** 191, 193
HSLA steels
500 °F embrittlement of **M1:** 685
alloying elements **M1:** 410–411, 417
applications **M1:** 405–406
ASTM specifications **M1:** 403, 405–407
atmospheric corrosion of **M1:** 720–723
bars, hot rolled **M1:** 210, 211
bending requirements **M1:** 406, 408, 419
brittle fracture transition **M1:** 415, 417–418
carbon steel coupled to, galvanic effect in seawater **M1:** 740, 741
characteristics **M1:** 403–406, 408–410
classifications and designations **M1:** 124, 132, 135–138

composition ranges and limits . . **M1:** 132, 135–138, 403–404, 407–408

corrosion in fresh water **M1:** 737–738

corrosion rate in seawater. . **M1:** 739, 742, 744, 745

corrosion resistance. **M1:** 405–406, 409–411

directionality of properties. **M1:** 411, 417–418

fatigue properties **M1:** 418–419

forming. **M1:** 419

forms available commercially . . . **M1:** 403, 405–406, 408

heat treatment. **M1:** 409–410

hot forming **M1:** 419

hydrogen embrittlement of **M1:** 687

inclusion shape control **M1:** 411

manufacture **M1:** 563

mechanical properties **M1:** 403, 406, 408–410, 411–419

microalloyed, characteristics of **M1:** 409, 411

minimum bend radii **M1:** 554, 555

notch toughness. **M1:** 403, 409–410, 414–415, 417–418, 695

SAE specifications **M1:** 403, 408–409

selected grades, tensile and fatigue properties **M1:** 680

selection for corrosion resistance **M1:** 751

thermomechanical treatment. **M1:** 563

weldability **M1:** 563

welding **M1:** 409, 415, 419–420

yield-strength basis for classifying. **M1:** 403, 409–410

HSLA steels, ASTM specific types *See* Steels, ASTM specific types

HSLA steels, SAE specific types

942X

bend radii **M1:** 408, 419, 555

composition **M1:** 132, 210, 408

mechanical properties **M1:** 408

tensile properties, bars and shapes **M1:** 211

945A

bend radii **M1:** 408, 419, 555

composition **M1:** 132, 210, 408

mechanical properties **M1:** 408

tensile properties, bars and shapes **M1:** 211

945C

bend radii **M1:** 408, 419, 555

composition **M1:** 132, 210, 408

mechanical properties **M1:** 408

tensile properties, bars and shapes **M1:** 211

945X

bend radii **M1:** 408, 419, 555

composition **M1:** 132, 210, 408

mechanical properties **M1:** 408

tensile properties, bars and shapes **M1:** 211

950A

bend radii. **M1:** 408, 419

composition **M1:** 132, 210, 408

mechanical properties **M1:** 408

tensile properties, bars and shapes **M1:** 211

950B

bend radii **M1:** 408, 419, 555

composition **M1:** 132, 210, 408

mechanical properties **M1:** 408

tensile properties, bars and shapes **M1:** 211

950C

bend radii **M1:** 408, 419, 555

composition **M1:** 132, 210, 408

mechanical properties **M1:** 408

tensile properties, bars and shapes **M1:** 211

950D

bend radii **M1:** 408, 419, 555

composition **M1:** 132, 210, 408

mechanical properties **M1:** 408

tensile properties, bars and shapes **M1:** 211

950X

bend radii **M1:** 408, 419, 555

composition **M1:** 132, 210, 408

mechanical properties **M1:** 408

tensile properties, bars and shapes **M1:** 211

955X

bend radii **M1:** 408, 419, 555

composition **M1:** 132, 210, 408

mechanical properties **M1:** 408

tensile properties, bars and shapes **M1:** 211

960X

bend radii **M1:** 408, 419, 555

composition **M1:** 132, 210, 408

mechanical properties **M1:** 408

tensile properties, bars and shapes **M1:** 211

965X

bend radii **M1:** 409, 419, 555

composition **M1:** 132, 210, 408

mechanical properties **M1:** 408

tensile properties, bars and shapes **M1:** 211

970X

bend radii **M1:** 408, 419, 555

composition **M1:** 132, 210, 408

mechanical properties **M1:** 408

tensile properties, bars and shapes **M1:** 211

980X

bend radii **M1:** 408, 419, 555

composition **M1:** 132, 408

mechanical properties **M1:** 408

HSM copper *See also* Copper alloys, specific types, C19400

applications and properties **A2:** 293–294

HSPICE **A20:** 204

simulator **A20:** 206

H-Sr (Phase Diagram) . . . . **A3:** 2•238

H-steels *See also* Hardenable steels. **A1:** 474, 480–481

composition ranges and limits. . . **M1:** 127, 130–131

hardenability. **M1:** 489, 494–495

hardenability curves **M1:** 497–525

HT

composition **M4:** 653

HT alloy **A1:** 926–927

HT9 (12Cr-1Mo-0.3V)

applications **A6:** 433

chemical composition **A6:** 432

gas-tungsten arc welding. **A6:** 435, 436

laser welding **A6:** 441

microstructure. **A6:** 435

orientation and PWHT effect **A6:** 437

specific welding recommendations, filler metals **A6:** 440

tempering behavior **A6:** 440

H-Ta (Phase Diagram) . . . . **A3:** 2•238

H-Ti (Phase Diagram) . . . . **A3:** 2•238

HTO *See* Hydrogen deterioration

HTS materials

pulsed-laser deposition **A5:** 625

HTX composites

wear factors. **A18:** 824

HTX-PDX-88599

composition. **A18:** 821

mechanical properties **A18:** 823

wear and friction properties. **A18:** 822

H-type cast stainless steels

corrosion behavior. **A13:** 575–576

HU alloy **A1:** 926, 927

H-U (Phase Diagram) . . . . **A3:** 2•239

Hub *See also* Boss

defined **A14:** 8

forging of. **A14:** 67–68

forgings, shapes of **A14:** 61

front wheel, by precision forging. **A14:** 63

HERF processed. **A14:** 105

rotary hot forged **A14:** 179

Hub extrusion **M7:** 412

Hub forging

central fracture **M7:** 412

deformation limits at fracture. **M7:** 413

Hubbing

defined **A14:** 8

Huber Guinier camera

for XRPD analysis. **A10:** 336

Hubnerite **A7:** 189

Hubs **A7:** 354

Huckbolt **A19:** 290

Huey test corrosion data

P/M extruded stainless steels **A13:** 835

Hugoniot elastic limit (HEL) *See also* Elastic limit

abbreviation **A8:** 725

in flyer plate impact test. **A8:** 211

measuring **A8:** 211

Hui-Riedel (HR) field **A19:** 511, 512

Hulk shredding scheme **A20:** 259–260

Hulk transfer price **A20:** 260

Hull cell

definition **A5:** 958

in electropolishing **A9:** 51

Hull cell evaluation

as bath control **EL1:** 680

Hull cell plating test evaluation **A5:** 233

Hull diagram **A6:** 458, 462

Hull-smoothing ship cements

powder used. **M7:** 574

Hultgren ball

as Brinell indenter **A8:** 84

Human body *See* Body environment; Implants; Metallic orthopedic implants, failures of

Human body burden

of chromium **A2:** 1242

Human body model (HBM)

defined. **EL1:** 966

Human engineering **A20:** 126, 127

Human Engineering Procedures Guide **A20:** 130

Human error **A20:** 130

Human factors *See also* Management; Operators; Personnel; Safety

ergonomic hazards. **A20:** 140

in NDE reliability **A17:** 679

products liability **A20:** 150

Human factors in design **A20:** 126–130

anticipating errors **A20:** 129–130

broad design considerations. **A20:** 127–128

further design guidelines. **A20:** 128–130

hazards. **A20:** 128

human-machine function comparison. **A20:** 128

human-machine systems **A20:** 126–127

other information sources. **A20:** 130

schematic representation of human-machine system. **A20:** 127

the activity **A20:** 126

the context **A20:** 126

the human **A20:** 126

Human oil, effect on bearing strength

aluminum alloy sheet. **A8:** 60

Human reliability **A20:** 93

Human vision, vs. machine vision

capabilities. **A17:** 30

Human-machine function allocation **A20:** 128

Human-machine function comparison **A20:** 128

Humans

hair, NAA forensic studies of **A10:** 233

NAA analysis of toxic element retention in **A10:** 233

Hume-Rothery rules **M6:** 21

Humid air

fracture effects **A12:** 72

Humidity *See also* Absolute humidity; Moisture; Moisture absorption; Relative humidity; Specific humidity; Water absorption

absolute **EM3:** 15

and corrosion rate **A13:** 511

and thermal cycling test **EL1:** 1102

critical level **A13:** 511–512

dependence, aluminum corrosion **EL1:** 1050

-dependent corrosion, in accelerated testing. **EL1:** 891

effect, atmospheric corrosion, carbon steels. **A13:** 511–512

effect, electrical testing **EM2:** 584

effect, uranium/uranium alloys **A13:** 815

effects, electrical resistance alloys **A2:** 824

effects, UV conformal coating. **EL1:** 788

in CERDIP package **EL1:** 962

-induced stress tests **EL1:** 495–497

ratio **EM3:** 15

relative **EM3:** 15

relative, and filiform corrosion **A13:** 107–108

relative, effects on low-expansion alloys. . . . **A2:** 892

resistance, silicone conformal coatings. . . . **EL1:** 822

specific **EM3:** 15

-temperature chambers, simulated atmosphere testing. **A13:** 226

test, as failure analysis **EL1:** 1102

testing, ceramic packages **EL1:** 468

tests **A13:** 8, 1113

Humidity control

cupolas **A15:** 384

Humidity cycling test **A13:** 1113

Humidity ratio

defined **EM2:** 22

Humidity, relative

and explosivity **M7:** 195, 196

Humidity resistance test **A5:** 435

Humidity test *See also* Salt-fog test

defined **A13:** 8

electronic/communications equipment . . . **A13:** 1113

Humidity tests
rust-preventive compounds......... **M5:** 469–470

Hump tables
cut-to-length lines...................... **A14:** 711

Humpback furnaces...... **A7:** 456, **M7:** 351, 353–356

Hunter reduction process.............. **A7:** 160, 874

Hunter water leaching
as titanium powder process.............. **M7:** 164

Hunter-Kroll unpurified sponge titanium fines................................ **A7:** 428

Hunting knives
powders used........................... **M7:** 574

Hurd Shaker Process
titanium powder........................ **M7:** 167

Hutchinson relationship.................. **A19:** 169

Hutchinson-Rice-Rosengren (HRR) fields... **A19:** 508, 510, 512

Hutchinson-Rice-Rosengren singularity field *See* H-R-R singularity field

Hutchinson-Rosengren-Rice (HRR)
singularity............................ **A19:** 509

Huygenian microscope eyepieces............ **A9:** 73

Huygens (point) source
ultrasonic-transducer crystal............. **A17:** 239

HV *See* Vickers hardness

H-V (Phase Diagram)................... **A3:** 2•239

HVOF thermal spraying
coatings for jet engine components....... **A18:** 592

HW
composition........................... **M4:** 653

HW alloy............................ **A1:** 926, 927

HX
composition........................... **M4:** 653

HX alloy.................... **A1:** 921, 926, 927

Hx11 temper
defined................................ **A2:** 26

Hy Tuf
yield strength.......................... **A4:** 208

HY-80............... **A6:** 406, 425, 426, 427, 428
laser-beam welding...................... **A6:** 264
microstructure.......................... **A6:** 75
steel composition effect on susceptibility to cold cracking.............................. **A6:** 74

HY-130 steel................... **A6:** 664, 665, 666
laser-beam welding...................... **A6:** 264

HY-180 steel (HP9-4-20)
laser-beam welding...................... **A6:** 264

Hybrid *See also* Hybrid composites; Interply hybrid; Intraply hybrid; Urethane hybrids
binders, ceramic shell molds............ **A15:** 259
defined.................... **EM1:** 13, **EM2:** 22
processes, permanent mold, types......... **A15:** 34

Hybrid alloy powders.... **A7:** 752, 753, 759–760, 761
chemical compositions.......... **A7:** 759, 761, 762
compressibility....................... **A7:** 759–760
mechanical properties.. **A7:** 759–760, 761, 762, 763

Hybrid ball bearings..................... **A18:** 503

Hybrid bearings..................... **A18:** 531–532

Hybrid circuits
advanced ceramic and silicon substrate..... **EL1:** 8
conformal coatings.............. **EL1:** 761–762
parylene coatings...................... **EL1:** 799
planar, advantages...................... **EL1:** 8
size reduction of multichip system......... **EL1:** 8

Hybrid components
integral and add-on................ **EL1:** 250–259

Hybrid composites
fabric, properties...................... **EM1:** 149
fastener holes, technique/tools for....... **EM1:** 715
fiber-reinforced plastic, and aluminum, weights compared........................... **EM1:** 35
impact resistance..................... **EM1:** 262
laminate, damping in................... **EM1:** 214

Hybrid consolidation
of shiver-base composite contact materials **A2:** 857

Hybrid digital-to-analog (D/A) converter
corrosion failure analysis.............. **EL1:** 1115

Hybrid integrated circuitry (HIC) *See also* Hybrid; Integrated circuits (IC)
introduction.......................... **EL1:** 249
unique features.................. **EL1:** 333–334

Hybrid laminates *See* Hybrid composites; Sandwich laminates

Hybrid microcircuits.............. **A13:** 1124–1125
advantages/limitations............ **EL1:** 257–259
amplifier, corrosion failure analysis..... **EL1:** 1115
automatic optical inspection of.......... **EL1:** 941
digital-to-analog (D/A) converter....... **EL1:** 1115
electronic/electrical corrosion failure analysis of...................... **EL1:** 1115
package functions...................... **EL1:** 451
packages, types.................... **EL1:** 451–454
packaging of...................... **EL1:** 259–260
technology....................... **EL1:** 250–262
thick-film....................... **EL1:** 255–256
thin-film............................. **EL1:** 257
thin-film generic....................... **EL1:** 313

Hybrid microelectronics............. **EL1:** 89, 250

Hybrid packages
advanced, disadvantages.................. **EL1:** 7
and single-chip packages, compared...... **EL1:** 451
classification...................... **EL1:** 451–454
forms of.......................... **EL1:** 451–452
functional classification............ **EL1:** 452–453
level 1............................... **EL1:** 405
materials classification............. **EL1:** 453–454
solder alloys for....................... **EL1:** 454
thermal properties..................... **EL1:** 454
thick-film technology................... **EL1:** 208
with glass-to-metal seals, manufacture.... **EL1:** 458
with metal-matrix composites.......... **EL1:** 1128

Hybrid permanent mold processes
aluminum casting alloys............ **A2:** 141–145

Hybrid technology
advanced ceramic and silicon substrates.... **EL1:** 8
advantages/limitations............ **EL1:** 257–259
design for performance............. **EL1:** 260–261
electrical requirements............. **EL1:** 261–262
interconnects, selection criteria...... **EL1:** 250–255
packaging hybrid circuits........... **EL1:** 259–260
reworkability/repairability.............. **EL1:** 261
silicon, for higher bandwidth communications...................... **EL1:** 8
status of............................. **EL1:** 262
thick-film....................... **EL1:** 206–208
thick-film, medical and military applications...................... **EL1:** 389
thick-film vs. thin-film............ **EL1:** 255–257

Hybrid tee
as microwave device................... **A17:** 211

Hybrid wafer-scale integration (H-WSI) *See also* Hybrid(s)
advantages....................... **EL1:** 86–88
as new interconnection technology......... **EL1:** 8
cooling path...................... **EL1:** 363–364
defined.......................... **EL1:** 8, 354
high-density static RAM module with..... **EL1:** 88
level of............................... **EL1:** 76
optical clocks...................... **EL1:** 9–10
optical interconnections................. **EL1:** 10

Hybridization
and cost.............................. **EM1:** 35
of woven fabrics.................. **EM1:** 126–127

Hybrid(s) *See also* Hybrid microcircuits; Hybrid packages; Hybrid technology; Hybrid wafer-scale integration (H-WSI); Microcircuits; Thick-film hybrids; Thin-film hybrid....... **EM3:** 15
advantages............................ **EL1:** 250
and higher-level integration............. **EL1:** 249
ceramic, medical and military applications...................... **EL1:** 386
circuit construction............... **EL1:** 386–387
commercial applications........... **EL1:** 381–385
component attachment............. **EL1:** 386–387
consumption by application, U.S........ **EL1:** 254
conventional, test procedures....... **EL1:** 372–373
defined............................... **EL1:** 250
electrical requirements............ **EL1:** 261–262
failure rates.......................... **EL1:** 261
industrial thick-film, defined............ **EL1:** 381
large-scale, instrumentation/testing....... **EL1:** 365
marketplace........................... **EL1:** 253
materials technology................... **EL1:** 386
medical and military applications... **EL1:** 387–389
microcircuit, typical................... **EL1:** 258
multilevel structures, thin-film...... **EL1:** 322–324
packaging evolution............... **EL1:** 259–260
sealant formulation................... **EM3:** 677
silicon-on-silicon test procedures.... **EL1:** 372–373
technological trends.................... **EL1:** 249
thick-film......... **EL1:** 258, 332–353, 386
thin-film....................... **EL1:** 313–331

Hycar additives
as tougheners......................... **EM3:** 185

Hydrafilm process
hydrostatic extrusion.............. **A14:** 328–329

Hydrated alumina
as filler.............................. **EM3:** 179
dentifrice abrasive..................... **A18:** 665

Hydrated alumina coating
alternative conversion coat technology, status of............................ **A5:** 928

Hydrated alumina filler
for sheet molding compounds.......... **EM1:** 158

Hydrated borax
in composition of slips for high-temperature service silicate-based ceramic coatings............................. **A5:** 470
in composition of unmelted frit batches for high-temperature service silicate-based coatings............................. **A5:** 470

Hydrated forms of solid salts and acids....... **A9:** 68

Hydration envelopes
in clay-water bonding.................. **A15:** 212

Hydration number (z)................... **A20:** 545

Hydraulic actuator, torsional
finite-element model.................... **A8:** 217

Hydraulic Brinell hardness tester............ **A8:** 87

Hydraulic bronze
properties and applications.............. **A2:** 365

Hydraulic bulge test................. **A8:** 558–559

Hydraulic dynamometer stator vanes
liquid erosion..................... **A11:** 169–170

Hydraulic energy
in die casting......................... **A15:** 286

Hydraulic equalizing system.............. **M6:** 476

Hydraulic fluid................ **A18:** 99, **A20:** 448
biocides.............................. **A18:** 110
defined............................ **A18:** 10–11
demulsifiers.......................... **A18:** 107
industrial hydraulic fluids............... **A18:** 99
antiwear........................... **A18:** 99
fire-resistant........................ **A18:** 99
rust and oxidation-inhibited (R&O) oils.. **A18:** 99
pour-point depressants................. **A18:** 108
rust-preventive function........... **M5:** 460–464
seal-swell agents...................... **A18:** 110
tractor hydraulic fluids................. **A18:** 99
viscosity improvers used................ **A18:** 110

Hydraulic fluid filters
powders used.......................... **M7:** 572

Hydraulic forming
aluminum alloy........................ **A14:** 803
in sheet metalworking processes classification scheme........................... **A20:** 691
of copper and copper alloys............. **A14:** 819

Hydraulic hammer *See also* Hammers
defined................................ **A14:** 8

Hydraulic hot press lamination
techniques........................... **EL1:** 510

Hydraulic hot pressing
aluminides............................ **A7:** 532

Hydraulic molding machines.............. **A7:** 358

Hydraulic motors.................. **A8:** 157–158

Hydraulic oil cooler
crevice corrosion of tubing in **A11:** 632–633
Hydraulic oils
lubricant classification.................. **A18:** 86
Hydraulic penetration
liquid impact erosion **A18:** 224
Hydraulic press **EM3:** 15
defined **EM1:** 13, **EM2:** 22
Hydraulic press brakes................ **A14:** 8, 534
Hydraulic press forging.................... **A8:** 158
Hydraulic presses *See also* Mechanical presses;
Presses; specific presses **A7:** 344–345, 449,
A14: 31–33, **M7:** 6, 330–332
and electric resistance wire furnace-heated alloy
steel dies........................ **M7:** 505
as force-restricted machines........... **A14:** 25, 37
characterization **A14:** 37
compared with mechanical presses ... **M7:** 331–332
defined.................................... **A14:** 8
for aluminum alloys.................... **A14:** 245
for bar bending......................... **A14:** 662
for coining **A14:** 180–181
for heat-resistant alloys................. **A14:** 234
for magnesium alloys................... **A14:** 259
for open-die forging..................... **A14:** 61
for precision forging **A14:** 169
for titanium alloys **A14:** 274, 276
forgings, torsion testing................. **A14:** 373
induction-heated alloy steel/graphite
built into.......................... **M7:** 506
load vs. displacement curves **A14:** 38
load vs. time and displacement curves..... **A14:** 38
mandrel forging with................. **A14:** 70–71
resistance-heated graphite die assembly
built into.......................... **M7:** 507
triple-action, for fine-edge blanking and
piercing **A14:** 473
vs. mechanical presses.................. **A14:** 492
Hydraulic pressing
to make compacts of silicon........... **EM4:** 237
to make silicon oxynitride shapes by reaction-
bonding **EM4:** 239
Hydraulic pressure
as tension source for stress-corrosion
cracking **A8:** 502
Hydraulic pressure propagation (HPP)...... **A19:** 701
Hydraulic pseudo-isostatic pressing
borides.............................. **A7:** 530–531
Hydraulic pumping systems **A7:** 345
Hydraulic rams
for servohydraulic system........... **A8:** 399–400
force rating **A8:** 399
in subpress assembly for medium strain rate
testing............................. **A8:** 193
Hydraulic rotary actuator **A8:** 157–158
Hydraulic servoactuator
flash welding............................ **A6:** 247
Hydraulic shears................. **A14:** 8, 701–702
Hydraulic testing machine
components **A8:** 193, 612
fracture surface of Fe-4Si under rapid
loading........................ **A8:** 479–480
packless type........................... **A8:** 613
torsional **A8:** 215–217
Hydraulic torsion
test facility............................. **A8:** 216
Hydraulic valves
seizing in **A11:** 141
Hydraulic wheel motor manifolds **M7:** 675, 676
Hydraulic-mechanical press brake
defined.................................. **A14:** 8
Hydraulics
law of............................. **A15:** 590–591
Hydrazine **A7:** 185, **A20:** 550
as reducing agent **A7:** 182, 183, 184
effect on fatigue crack growth rates **A19:** 208
hazardous air pollutant regulated by the Clean Air
Amendments 1990 .... **A5:** 913
Hydrazine baths
electroless nickel plating **A5:** 291
Hydrazine electroless nickel plating process.. **M5:** 221
Hydrazyl
stable free radical....................... **A10:** 265
stable free radical, ESR analysis of...... **A10:** 265
Hydride decomposition **A7:** 70, **M7:** 52, 55
Hydride formation
embrittlement by **A12:** 124

Hydride formation, as hydrogen damage.... **A13:** 164,
166
Hydride generator
for ICP spectrometers................... **A10:** 36
Hydride mechanism....................... **A19:** 186
Hydride phase
defined................................... **A9:** 9
of titanium and titanium alloys,
mounting of......................... **A9:** 458
Hydride powder **M7:** 6
Hydride precipitates **A19:** 145
Hydride process........................... **M7:** 6
Hydride reduction process
oxidation-resistant coating **M5:** 665–666
Hydride-crush-degas process
niobium powders **M7:** 163
Hydride-crush-dehydride process
tantalum powder............... **A7:** 199, **M7:** 161
Hydride-crush-hydride process
for refractory metals and alloys.......... **A2:** 560
Hydrided TiFe
phase analysis of **A10:** 293–294
Hydride-dehydride process....... **M7:** 55, 162, 165
Hydride-dehydride process (HDH) **A7:** 70, 160,
162–163, 609, 616, 617
niobium powder........................ **A7:** 199
titanium powder, extra-low chloride....... **A7:** 21
Hydride-generation systems
atomic absorption spectrometry........... **A10:** 50
in analytic ICP systems.................. **A10:** 36
Hydride-induced fracture
in titanium alloy microstructure **A8:** 487
Hydrides
combustion synthesis **A7:** 530, 535
metastable **A19:** 186
unstable **A19:** 186
Hydrides deposition
neutron radiography of................. **A17:** 391
Hydrides formation
cracking from..................... **A11:** 248–249
Hydrides, in zirconium alloys
preparation for examination of **A9:** 498
Hydriding of zirconium **M3:** 788–790
Hydridopolysilazane polymer
for making HPZ fiber **EM4:** 223
Hydroblasting *See* Water blast cleaning
Hydrobromic acid
-phosphoric acid method of analysis for copper in
magnesium alloys.................. **A10:** 65
with bromine, as sample dissolution
medium **A10:** 166
Hydrocarbon bonding **A19:** 19
Hydrocarbon cleaners
chlorinated *See* Chlorinated hydrocarbon cleaners
halogenated *See* Halogenated hydrocarbon
cleaners
Hydrocarbon contamination **A19:** 200
of microanalytical samples **A11:** 36
Hydrocarbon oils
as dielectric for diesinking machines **EM4:** 373
Hydrocarbon plastics *See also* Hydrocarbon
thermoplastic polymers; Plastics **EM3:** 15
defined................................ **EM2:** 22
Hydrocarbon polymers
high-vacuum lubricant applications .. **A18:** 156–157
Hydrocarbon processing
alloy steel corrosion in **A13:** 535
Hydrocarbon resins
as tackifiers **EM3:** 182
Hydrocarbon soils
removal of **M5:** 34
Hydrocarbon thermoplastic polymers **EM2:** 49–50
melting temperatures **EM2:** 50
Hydrocarbons
analytic methods for **A10:** 10
aromatic, determined................... **A10:** 218
as fluorescing surface impurities in Raman
analyses **A10:** 130
chemicals successfully stored in galvanized
containers.......................... **A5:** 364
covered by NAAQS requirements........ **A20:** 133
long-chain, analytic methods for **A10:** 9
oil of, IR split mull of **A10:** 113
oxidation, Raman analysis **A10:** 133
oxidized in high-temperature combustion resistance
furnaces **A10:** 224
polynuclear aromatic.................... **A10:** 74

sigma values for ionization............... **A17:** 68
surface, determination by selective
combustion **A10:** 223–224
Hydrochloric acid **A19:** 473–474, 475, 476
and cellosolve as an electrolyte for magnesium
alloys **A9:** 426
and grinding.................... **A16:** 424, 427
and SCC in titanium and titanium alloys **A11:** 223
and sulfuric acid as an etchant for carbon and
alloy steels **A9:** 171
and water as a macroetchant for plate
steels.............................. **A9:** 203
and water as a macroetchant for tool
steels.............................. **A9:** 256
and water as an electrolyte for platinum-base
alloys **A9:** 551
and water as an electrolyte for carbon and alloy
steels **A9:** 171, 174–176
as an etchant for heat-resistant casting
alloys **A9:** 330–331
as an etchant for wrought stainless steels .. **A9:** 281
as an etchant for zinc and zinc alloys **A9:** 488
as chemical cleaning solution........... **A13:** 1140
cast iron resistance..................... **A13:** 569
cemented carbides resistance to.......... **A13:** 852
chemical pickling as surface preparation... **A5:** 336
copper/copper alloys in............. **A13:** 628–629
corrosion...................... **A13:** 1160–1166
corrosion by **M1:** 733, 734
corrosion inhibitors used in **M1:** 755–756
electroless nickel coating corrosion **A5:** 298,
A20: 479
for acid cleaning **A5:** 48, 49
for pickling.... **A5:** 67, 68, 69, 70, 72–73, 74, 75–76
for sample dissolution.................. **A10:** 165
for SCC of titanium alloys............... **A8:** 531
for stripping electrodeposited cadmium..... **A5:** 224
hazardous air pollutant regulated by the Clean Air
Amendments of 1990 .... **A5:** 913
in alcohol as an etchant for tin.......... **A9:** 450
in chemical etching cleaning **A12:** 73–76
in color etchants......................... **A9:** 142
lead corrosion in **A13:** 787
nickel alloys, corrosion.................. **M3:** 173
nickel-base alloy resistance.......... **A13:** 644–645
residue isolation using.................. **A10:** 176
sample component losses in............. **A10:** 165
silver corrosion in **A13:** 794
solution, as eluent for suppressed cation
chromatography **A10:** 660
stainless steel corrosion................ **A13:** 558
stainless steels, corrosion.............. **M3:** 83–84
sulfuric acid, and nitric acid as an etchant for
wrought heat-resistant alloys........ **A9:** 307
tantalum corrosion in **A13:** 725–726
tantalum-tungsten corrosion in **A13:** 737
used in photochemical machining....... **A16:** 593
water and hydrogen peroxide as an etchant
specimens.......................... **A9:** 238
zinc/iron corrosion in **A13:** 467
zirconium/zirconium alloy corrosion **A13:** 710
Hydrochloric acid, and ammonia reaction
as gas/leak detection **A17:** 61
Hydrochloric acid pickling **A5:** 67, 68, 69, 70, 72–73,
74, 75–76
copper and copper alloys **M5:** 611–613
hot dip galvanized coating process... **M5:** 325–326,
328
iron **M5:** 68–69, 74–76, 78–80, 82
nickel and nickel alloys......... **M5:** 669–670
process variables affecting scale
removal................. **M5:** 74–75, 78–80
solution compositions and operating
conditions **M5:** 68–69, 74–76, 611–613
steel **M5:** 68–69, 74–76, 78–80, 82
waste recovery **M5:** 82
Hydroclave **EM3:** 713
Hydrocracking
powders used.......................... **M7:** 574
Hydrocracking heaters
corrosion and corrodents, temperature
range.............................. **A20:** 562
Hydrocracking reactors
corrosion and corrodents, temperature
range.............................. **A20:** 562
Hydrocyanic acid
copper/copper alloy resistance **A13:** 629

Hydrocyanic acid, corrosion
stainless steels **M3:** 84
Hydrodynamic chromatography
to analyze ceramic powder particle size **EM4:** 68–69
Hydrodynamic intensity
reduction of **A11:** 170
Hydrodynamic journal bearings **A18:** 559–561
Hydrodynamic lubrication *See also* Elastohydrodynamic lubrication; Gas lubrication **A18:** 101, 516
and boundary lubrication **A11:** 484
and wear **A11:** 150–151
definition **A18:** 11, 89
dynamic loads **A18:** 91
film, development in journal bearing **A11:** 150
for sheet metal forming **A14:** 512
friction-velocity curve **A8:** 605
high-speed effects **A18:** 91
in bearings **A11:** 484
lubricant film thickness **A18:** 90
reciprocating motion **A18:** 91
squeeze film action **A18:** 89–90, 91
thermal effects **A18:** 90–91
wedging film action **A18:** 89, 90, 91
Hydrodynamic lubrication theory **A18:** 516, 517
Hydrodynamic machining *See* Waterjet machining
Hydrodynamic pressure
in liquid-erosion failures **A11:** 163–171
Hydrodynamic seal
defined **A18:** 11
Hydrodynamic tension test
high-temperature **A11:** 281
Hydrofluoric acid **A13:** 1166–1170
acid pickling treatment conditions for magnesium alloys **A5:** 828
acid pickling treatments for magnesium alloys **A5:** 822
analysis of solutions in **A10:** 35
and nitric acid, used for polishing hafnium **A9:** 497
and nitric acid, used for polishing zirconium and zirconium alloys **A9:** 497
as an etchant for aluminum alloys **A9:** 354
as an etchant for glass-epoxy composites . . . **A9:** 591
as an etchant for wrought stainless steels . . **A9:** 281
as chemical cleaning solution **A13:** 1140
as nonoxidizing dissolution medium **A10:** 165
copper/copper alloy corrosion **A13:** 629
for acid cleaning **A5:** 51, 54
for pickling **A5:** 67, 74, 75
in Group VI electrolytes **A9:** 54
in water, as an etchant for aluminum-coated sheet steel **A9:** 197
nickel-base alloy corrosion **A13:** 648
nickel-base alloy resistance **A13:** 645–646
nitric acid and water, as an etchant for carbon and alloy steels **A9:** 171
nitric acid and water, as an etchant for titanium powder metallurgy materials **A9:** 509
polyester resistance to **EM1:** 93–94
safety precautions **A9:** 69
sulfuric acid and nitric acid, as an etchant for beryllium **A9:** 390
tantalum corrosion in **A13:** 726–727
to remove mill scale from steel **A5:** 67
Hydrofluoric acid (HF)
chemical milling etchant **A16:** 584, 852
Hydrofluoric acid pickling
iron and steel **M5:** 68, 73, 79–80
magnesium alloys **M5:** 630, 640–642
Hydrofluorocarbons (HFC)
vapor degreasing solvent **A5:** 29, 32
Hydrofoils
composite structures for **EM1:** 839
Hydroforming **A20:** 694
beryllium-copper alloys **A2:** 411
in sheet metalworking processes classification scheme **A20:** 691
refractory metals and alloys **A2:** 562
thermoplastic resin composites **EM1:** 548
Hydrogel **A20:** 418
sol-gel transition role **EM4:** 210
Hydrogen *See also* Degassing; Embrittlement; Gases; Hydrogen damage; Hydrogen embrittlement; Hydrogen flaking; Hydrogen porosity; Hydrogen removal; Hydrogen-damage failures; Hydrogen-induced cracking **M7:** 54
absorption, aluminum alloys **A15:** 79, 456–457
absorption, at elevated temperatures, titanium embrittlement by **A11:** 641
addition to argon shielding gas **M6:** 217
alloying, wrought aluminum alloy **A2:** 51
analysis by SIMS **A10:** 610
analysis, zirconium-steel couple . . . . **'3:** 715
analyzed in microcircuit fabrication process **A10:** 156–157
as impurity in uranium alloys **A9:** 477
as tracer gas **A17:** 68
-assisted cracking **A11:** 399, 408–410
-assisted fracture, microscopic models for . . **A8:** 466
atmosphere, AISI/SAE alloy steels in **A12:** 292
atmosphere for furnace brazing **M6:** 1004–1007
atmospheric effect helping control dusting **A18:** 684
atoms, by focusing effect in EXAFS **A10:** 411
atoms, located in organometallic or intermetallic compounds **A10:** 420
attack . . . **A11:** 248, 290, **A13:** 164, 166, 1279–1280
attack, in ASTM/ASME alloy steels . . **A12:** 349–350
austenitic stainless steels **A12:** 39, 356
avoided in graphite electrically heated furnaces **EM4:** 246, 248
blistering **A11:** 5, 247–248
brazing atmosphere source **A6:** 628
cause of porosity **M6:** 839
in nickel alloy welds **M6:** 442–443
characteristics in a blend **A6:** 65
-charged specimen, cycled near K threshold **A8:** 487–488, 491
-charged titanium alloy, cleaved alpha grains **A8:** 490
charging **A13:** 329, 535, 536, 662
charging, cracking from **A11:** 245–247
codeposited with chromium in electroplating **A18:** 835
combustion method for elemental analysis of **A10:** 214
concentration profiles **A10:** 610
contamination in aluminum alloys . . . **M6:** 385–386
contamination, in aluminum melts **A15:** 79
contamination, wrought titanium alloys **A2:** 620
content effect on titanium alloys **A19:** 33
content, forgings **A17:** 491–492
content, high-purity oxygenated water **A8:** 420
content, in forging **A11:** 315–316
content in weld metals **A6:** 1011–1012
contents in weld metal, and flux choice **A6:** 58, 59
copper/copper alloy resistance **A13:** 632
corrosion, bolts **A12:** 248
cracking **A8:** 539–540, **A11:** 248, 410, 413, 440
cracking induced by **M6:** 830–831
cracks, in welds **A11:** 413, 440
damage **A13:** 163–171
damage, defined **A8:** 7, **A11:** 5
degassing, in vacuum melting ultrapurification **A2:** 1094
determined by combustion **A10:** 214
determined in copper **A10:** 231–232
diffusion in iron alloys **M6:** 23
diffusivity, and precipitate particles **A13:** 166
dissociation and recombination **A6:** 64
dissolved **A8:** 423
dissolved, effect on steel tensile ductility **A11:** 336–338
dissolved in TiFe crystal structure **A10:** 294
effect, delayed failure **A13:** 329–330
effect, modification **A15:** 485–486
effect on aluminum alloy ingots **A9:** 632–633
effect on antimony-doped Ni-Cr alloy steels **A12:** 350
effect on dimple rupture **A12:** 22–24
effect on fatigue fracture appearance . . **A12:** 30, 37, 51
effect on nickel-base alloys **A19:** 37
effect, space boosters/satellite corrosion . . **A13:** 1105
effects as image gas in FIM **A10:** 587, 588
effects, at elevated temperatures **A13:** 100
effects on underwater welding **M6:** 922
electrochemical potential **A5:** 635
electrode potentials **M7:** 140
electronic analysis **A11:** 199
embrittlement caused by **A20:** 580
entrapment and steel weldment soundness **A6:** 408
entry, damage forms **A13:** 329
environment embrittlement **A13:** 283
environmental failures **A11:** 409, 410
evolution during porcelain enameling **M1:** 179
explosive range **M7:** 348
failures, in steel castings **A11:** 409
fissuring, low-carbon steels **A11:** 645
flakes **A11:** 88
flaking **A12:** 125
flux cored electrode content **M6:** 102
for plasma arc spraying **A6:** 811
gas mass analysis of **A10:** 155
gaseous, cracking from **A11:** 247
gaseous, titanium embrittlement by **A12:** 23, 32
gaseous, titanium/titanium alloy corrosion **A13:** 685
gas-metal arc welding shielding gas for nickel alloys **A6:** 746
grain boundary segregates, effect on fracture toughness of aluminum alloys **A19:** 385
high-pressure, fatigue crack propagation in purified gaseous, crack growth **A8:** 403
superalloys **A8:** 409
hydrogen-induced cracking **A6:** 93–95
IGF determination **A10:** 226, 231
in engineering plastics **A20:** 439
in inorganic solids, applicable analytical methods **A10:** 4, 6
in oxide reduction **M7:** 52, 53, 345–346
in plasma arc powder spraying process . . . **A18:** 830
in solid solution **A15:** 748
in weld relay, gas mass spectrometry of . . . **A10:** 156
-induced blistering **A11:** 5, 247–248
induction of cold cracking **M6:** 44–46
interaction coefficient, ternary iron-base alloys **A15:** 62
ion, monitoring by acid-base titration **A10:** 172
ionization potentials and imaging fields for **A10:** 586
iron sintered in, effect of hydrogen chloride **M7:** 319
loss, in aluminum-silicon melts **A15:** 164–165
mean free path **A17:** 59
mean free path value at atmospheric conditions **A18:** 525
measurement **A15:** 457–459
monitoring **A13:** 201
nickel alloy cracking in **A12:** 396
overvoltage, defined **A13:** 8
oxyfuel gas welding fuel gas **A6:** 281, 282, 283–284, 285
-oxygen equilibrium, molten copper **A15:** 467
pickup, in aluminum-silicon melts . . . **A15:** 164–165
porosity, in aluminum casting alloys . . **A2:** 134–135
protective atmosphere **M6:** 1016
reductant of metal oxides **M6:** 693
relative, susceptibilities **A13:** 288
removal, bake-out cycle **A13:** 330
removal, by solid-state refining **A2:** 1094
residual gas analysis of **EL1:** 1065–1066
segregation, during solidification **A15:** 82
service, Nelson curve, for steels **A13:** 537
shielding gas from fluxes **A6:** 58

SUBJECTS OF THE INDEXED VOLUMES: ASM Handbook (designated by the letter "A"): **A1:** Properties and Selection: Irons, Steels, and High-Performance Alloys (1990); **A2:** Properties and Selection: Nonferrous Alloys and Special-Purpose Materials (1990); **A3:** Alloy Phase Diagrams (1992); **A4:** Heat Treating (1991); **A5:** Surface Engineering (1994); **A6:** Welding, Brazing, and Soldering (1993); **A7:** Powder Metal Technologies and Applications (1998); **A8:** Mechanical Testing (1985); **A9:** Metallography and Microstructures (1985); **A10:** Materials Characterization (1986); **A11:** Failure Analysis and Prevention (1986); **A12:** Fractography (1987); **A13:** Corrosion (1987); **A14:** Forming and Forging (1988); **A15:** Casting (1988); **A16:** Machining (1989); **A17:** Nondestructive Evaluation and Quality Control (1989); **A18:** Friction, Lubrication, and Wear Technology (1992); **A19:** Fatigue and Fracture (1996); **A20:** Materials Selection and Design (1997). **Metals Handbook, 9th Edition** (designated by the letter "M"): **M1:** Properties and Selection: Irons and Steels (1978); **M2:** Properties and Selection: Nonferrous Alloys and Pure Metals (1979); **M3:** Properties and Selection: Stainless Steels, Tool Materials, and Special-Purpose Materials (1980); **M4:** Heat Treating (1981); **M5:** Surface Cleaning, Finishing, and Coating (1982); **M6:** Welding, Brazing, and Soldering (1983); **M7:** Powder Metallurgy (1984). **Engineered Materials Handbook** (designated by the letters "EM"): **EM1:** Composites (1987); **EM2:** Engineering Plastics (1988); **EM3:** Adhesives and Sealants (1990); **EM4:** Ceramics and Glasses (1991). **Electronic Materials Handbook** (designated by the letters "EL"): **EL1:** Packaging (1989)

shielding gas properties **A6:** 64
shielding gas purity and moisture content . . . **A6:** 65
sigma values for ionization. **A17:** 68
solubility in aluminum alloys. **A6:** 722
solubility in steel. **M1:** 687
solubility, Sievert's law **A13:** 329
sources, for hydrogen embrittlement. **A13:** 284
specifications **M7:** 344
-stress cracks, in line pipe **A11:** 701
tantalum dissolution in **A13:** 731
testing for **A15:** 457–459
thermodynamic pressure **A15:** 84
-to-water ratio. **M7:** 342, 344
use in gas tungsten arc welding **M6:** 358
use in resistance spot welding. **M6:** 486
use of oxyfuel gas welding. **M6:** 584
valve thread connections for compressed gas
cylinders. **A6:** 1197

Hydrogen abstraction-type photoinitiators . . . **EL1:** 855

Hydrogen and hydrogen compounds
and electrochemical machining hazards . . . **A16:** 536
atmosphere for WC powder preparation . . . **A16:** 71
H_2SO_4, addition to emulsions **A16:** 127
in CVD process **A16:** 80

Hydrogen annealing. **A20:** 596

Hydrogen atmosphere
atmospheric pressure sintering. **A7:** 487
explosive range **A7:** 465
for cemented carbides **A7:** 494
for nickel and nickel alloys **A7:** 501, 502
for tungsten heavy alloys **A7:** 499
hazards and function of heat treating
atmospheres. **A7:** 466
sintering of brass and nickel silvers **A7:** 490
sintering of ferrous materials **A7:** 470
sintering of molybdenum and tungsten **A7:** 497

Hydrogen atmospheres . . **M7:** 341, 344–345, 361, 369
applications **M4:** 410, 411
composition **M7:** 342
generators, in-plant **M4:** 411
impurities **M4:** 410
in ordnance applications **M7:** 690
metal-to-metal oxide equilibria. **M7:** 498
of cemented carbides **M7:** 385–386
safety precautions **M4:** 411
supply **M4:** 411

Hydrogen attack
and elevated-temperature service **A1:** 633–634, 639

Hydrogen blistering . . . **A11:** 5, 247–248, **A13:** 8, 331,
1277–1278, **A19:** 479
and elevated-temperature service. **A1:** 634

Hydrogen bonding **A20:** 444–445
destruction of **EM2:** 773

Hydrogen brazing
definition **A6:** 1210, **M6:** 10

Hydrogen chloride
addition for activated sintering **A7:** 446
and SCC in titanium and titanium alloys **A11:** 223
as crude oil contaminant **A13:** 1266–1267
corrosion. **A13:** 1160–1166
dry, cast irons in **A13:** 570
effect on iron sintered in hydrogen **M7:** 319
for SCC of titanium alloys **A8:** 531

Hydrogen chloride, corrosion
nickel alloys **M3:** 174

Hydrogen chloride gas **A13:** 1165–1166

Hydrogen coolers
finned tubing for **A11:** 628

Hydrogen cracking
duplex stainless steels **A6:** 474
electroslag welding **A6:** 278
postweld heat treatment as preventive
practice. **A6:** 1069
quenched and tempered steels **A6:** 384
steel weldments **A6:** 416, 424
submerged arc welding **A6:** 209
underwater welding. . . . **A6:** 1010, 1011–1012, 1014

Hydrogen cyanide gas in alkaline electrolytes . . **A9:** 54

Hydrogen cyanide (HCN)
produced in graphite furnaces as toxic
reaction **EM4:** 246

Hydrogen damage *See also* Hydrogen **A13:** 163–171
AISI/SAE ahoy steels. **A12:** 302
and elevated-temperature service **A1:** 632–634, 639
and rupture of boiler tubes **A11:** 612–613
as environmentally assisted failure **A13:** 163
bright flakes as **A12:** 415
by embrittlement, in steam equipment. . . . **A11:** 612
defined **A11:** 5, **A13:** 8
definition **A5:** 958
effect of M_3C carbide in. **A1:** 632–633
failure, pharmaceutical production **A13:** 1230
hydrogen environmental
embrittlement **A1:** 711–712, 713
hydrogen-stress cracking and loss of tensile
ductility **A1:** 712–717
in aluminum alloys **A13:** 169–170
in carbon and low-alloy steels **A11:** 126
in copper alloys **A13:** 170
in iron-base alloys **A13:** 166–169
in nickel alloys **A13:** 169
in niobium/niobium alloys **A13:** 171
in petroleum refining and petrochemical
operations **A13:** 1277
in shafts. **A11:** 459
in tantalum/tantalum alloys **A13:** 171
in threaded fasteners **A11:** 539
in vanadium/vanadium alloys **A13:** 171
in zirconium alloys **A13:** 171
material selection to avoid/minimize **A13:** 329–333
spring fatigue fracture from **A11:** 558
steam equipment failure by **A11:** 602
steam/water-side boilers **A13:** 991–992
theories **A13:** 164–166
titanium/titanium alloys. . . **A13:** 170–171, 673–674,
685–686
types. **A13:** 163–164
types of **A11:** 245

Hydrogen degradation
classification **A13:** 165

Hydrogen deterioration in aluminum alloys . . . **A9:** 358

Hydrogen diffusion
NMR study in metals **A10:** 277

Hydrogen dioxide (H_2O_2)
phosphate coating accelerators. **A5:** 379

Hydrogen embrittlement
AISI/SAE alloy steels. **A12:** 293, 301, 305–307
as SCC mechanism, steels **A12:** 23–25
austenitic stainless steels. **A12:** 355
causes. **A12:** 22–23
effects on dimple rupture **A12:** 22–24
examination and interpretation. **A12:** 124–126
high-carbon steels **A12:** 284, 285
in decohesive rupture **A12:** 18, 24
low-carbon steels **A12:** 248
maraging steels **A12:** 387
of aluminum **A12:** 23–24
of stainless steels **A12:** 30, 355, 372
of titanium **A12:** 23, 448
precipitation-hardening stainless steels. . . . **A12:** 372
premature spring failures from **A12:** 286
superalloys. **A12:** 389
tool steels **A12:** 381–382

Hydrogen embrittlement *See also* Hydrogen . . **A19:** 7,
194, 201, 202, 483–506, **A20:** 477, **M1:** 356
abbreviation **A8:** 725
accumulator ring fracture from. **A11:** 337, 338
alloying element additions **A8:** 487
aluminum alloys **A19:** 495, 501
and corrosion fatigue **A13:** 143–144
and elevated-temperature service. **A1:** 634
and formation of flakes in steels. **A1:** 716–717
and hydrogen stress cracking **A19:** 479
and SCC/corrosion fatigue cracking,
compared **A13:** 291
and stress ratio increase **A8:** 406
and stress-corrosion cracking compared . . . **A8:** 495,
529, 537
as cause of cracks. **A19:** 5–6
as cause of premature cracking **A8:** 496
as hydrogen damage **A11:** 245–247
as stress-corrosion cracking mechanism . . . **A19:** 484
as type of corrosion. **A19:** 561
at high stress-intensity range, in steel. . **A8:** 409–410
brazeability of base metals **A6:** 622, 623
brazing and **A6:** 117
brittle fracture of **A11:** 85
cadmium plating **A5:** 225–226
cadmium plating causing. **M5:** 199, 206–207,
268–269
cadmium-plated steel nut failed by . . **A11:** 246–247
cantilever beam test for **A8:** 537–538
cathodic and periodic reverse electrocleaning
causing **M5:** 34–35
causes **A8:** 537, **M1:** 687
chromium plating. **A5:** 189
chromium plating causing. **M5:** 185–186
cleaning processes causing. **M5:** 12–13, 18–19,
27–28, 34–35
cobalt-base alloys **A13:** 661–662
contoured double-cantilever beam
test for **A8:** 538–539
control **A13:** 289
copper. **M2:** 239–240
copper alloys, electron-beam welding **A6:** 872
copper and copper alloys **A2:** 216
copper annealing. **M2:** 255
countermeasures **M1:** 687
cracking, in large alloy steel vessel . . . **A11:** 661–663
defined **A8:** 7, 537, **A11:** 5, **A13:** 8, 283–284
definition. **A5:** 958–959
delayed cracking **M1:** 687
delayed failure of bolt from. **A11:** 539–540
detection of **M1:** 687
determined **A11:** 28–29
disk-pressure testing for **A8:** 540–541
dissimilar metal joining. **A6:** 826
effect of strain rate on **M1:** 687
effect on fatigue crack threshold. **A19:** 144, 145
electrochemical testing. **A13:** 218
electroless nickel plating. **A5:** 304–305
environment. **A13:** 163, 283
etching and pickling effects **A8:** 510
evaluation of. **A13:** 283–290
failure, manned spacecraft **A13:** 1083–1084
ferritic stainless steels **A6:** 449–450, **A19:** 490
four-point bend test for **A8:** 539–540
from machining, refractory metals and
alloys **A2:** 561
from precleaning. **A17:** 81
heat-resistant alloys, scale removal
causing **M5:** 565
higher critical strain rate present. **A19:** 484
hot dip galvanized coating causing **M5:** 325
hot dip galvanized coatings **A5:** 364–365
hydrogen sources **A13:** 284
hydrogen sulfide cracking **A19:** 487
in acids **M1:** 687
in amorphous metals **A13:** 869
in austenitic stainless steels **A1:** 715
in carbon steel pipe **A11:** 645
in line pipe steels. **A1:** 716
in maraging steels **A1:** 715–716, **M1:** 447, 448, 451
in petroleum refining and petrochemical
operations **A13:** 1277
in soils **A13:** 210
in steels **A11:** 28–29, 100–101
in tool steels **A1:** 715
inhibited by surface preparation for
electroplating. **A5:** 14
inhibitors **A13:** 524
inhibitors to prevent **M1:** 755–756
internal reversible **A13:** 283
iron aluminide and decohesion model **A19:** 488
localized, flakes and fisheyes as. **A11:** 248
martensitic stainless steels. **A6:** 626, **A19:** 491
mechanical coating and **M5:** 302
mechanical plating **A5:** 330, 331–332
mechanisms **A19:** 185
model, crack propagation **A13:** 161–162
nickel plating causing. **M5:** 217–218
nickel plating, electroless relief of **M5:** 237
nickel-base alloys **A13:** 650–652
niobium/niobium alloys **A13:** 722
notch tensile test for **A8:** 27
of alloy steel fasteners **A11:** 541
of casting alloys **A13:** 581
of copper **A7:** 140
of gold-palladium metallization layer . . . **A11:** 45–46
of tantalum/tantalum alloys **A13:** 735–736
of zinc-electroplated steel fastener . . . **A11:** 548–549
parameters. **A13:** 283
parts affected **A8:** 537
phosphate coating causing. **M5:** 435
pickling process causing **M5:** 70, 81
potentiostatic slow strain rate tensile
test for **A8:** 541
precipitation-hardening stainless steels. . . . **A19:** 491
prevention **A13:** 289
process causes/prevention **A13:** 329
reduction of, by baking **M1:** 687

Hydrogen embrittlement (continued)
relationship to material properties **A20:** 246
relative resistance, various alloys **A13:** 1104
residual stresses **A5:** 150
rising step-load test for. **A8:** 539–540
slow strain rate tensile tests for. **A8:** 499
solid-state-welded interlayers **A6:** 171
springs **A19:** 365
springs, steel. **M1:** 291
stainless steels. **A19:** 490
steam surface condensers **A13:** 988–989
steel **M5:** 185–186, 237, 268–269, 325
steel, welding as cause of. **M1:** 562
steel weldment soundness. **A6:** 410
stress sources. **A13:** 284
sulfide stress cracking. **M1:** 687
susceptibility, alloy effect **A13:** 330
testing **A13:** 284–288
tests for **A8:** 537–543
three-point bend test for. **A8:** 539–540
threshold stress intensity
parameter for **A8:** 537–542
titanium alloys. **A6:** 516–517, **A19:** 831, 832
types. **A13:** 283
versus stress-corrosion cracking. **A19:** 486
wedge-opening test for. **A8:** 538
weldments **A19:** 443–444, 445
wrought martensitic stainless steel **A6:** 438–439
zinc plating causing. **M5:** 251, 253
zinc plating of steels **A5:** 234–235
zinc-bearing dispersoids and **A19:** 139
Hydrogen embrittlement evaluation. **A13:** 283–290
cantilever beam test. **A13:** 284
contoured double-cantilever
beam test. **A13:** 285–286
disk-pressure testing method **A13:** 287–288
interpretation of test results. **A13:** 288–289
potentiostatic slow strain rate tensile
testing. **A13:** 288
rising step-load test **A13:** 286–287
slow strain rate tests **A13:** 288
three-point/four-point bend tests **A13:** 286
wedge-opening load test **A13:** 284–285
Hydrogen entry
involved in corrosion fatigue crack growth in
alloys exposed to aggressive
environments. **A19:** 185
Hydrogen environment embrittlement. . . **A13:** 163, 283
Hydrogen flake. **A19:** 168
Hydrogen flakes *See also* Hydrogen embrittlement
in rail steels. **A20:** 380
Hydrogen flakes, defined
in forgings **A17:** 492
Hydrogen flaking *See also* Hydrogen
defined. **A12:** 125
fractograph of. **A11:** 337
in alloy steel bar **A11:** 316, 337
in carbon tool steels **A11:** 574
in forging **A11:** 315–316
in steel. **A11:** 79
in tool steels. **A11:** 574, 581
Hydrogen fluoride **A13:** 1166–1170, 1268–1269
Hydrogen fluoride (hydrofluoric acid)
hazardous air pollutant regulated by the Clean Air
Amendments of 1990 . . . . **A5:** 913
Hydrogen fuel gas
in high-velocity oxyfuel powder spray
process **A18:** 830
Hydrogen gas
and tramp elements. **A8:** 487
effect on fracture surfaces tested in . . . **A8:** 487, 489
stress-corrosion cracking and **A19:** 487
Hydrogen gas, dry
effect on fatigue crack threshold **A19:** 145
Hydrogen in steel. **M1:** 116
notch toughness, effect on. **M1:** 694
Hydrogen injection. **A7:** 173
Hydrogen, internal through cathodic charging
fatigue crack threshold affected by **A19:** 145
Hydrogen interstitials
effect on fracture toughness of titanium
alloys **A19:** 387
Hydrogen ion concentration
in lubricants **A14:** 516
Hydrogen lamp
for UV/VIS analysis. **A10:** 66
Hydrogen loss **M7:** 6
Hydrogen loss of copper, tungsten, and iron powders, specifications **A7:** 138, 1098
Hydrogen loss testing **M7:** 246–247
Hydrogen, max
chemical compositions per ASTM specification
B550-92 . . . . **A6:** 787
Hydrogen peroxide. **A7:** 184, **A16:** 29
and ammonium hydroxide as an etchant. . . **A9:** 551
and glacial acetic acid as an etchant for lead and
lead alloys **A9:** 415–416
as an etchant for cemented carbides. **A9:** 274
GFAAS analysis of trace tin and
chromium in. **A10:** 57–58
identification labelling. **A9:** 67
safety hazards **A9:** 69
with hydrochloric acid, as sample dissolution
medium **A10:** 166
Hydrogen pick-up *See* Hydriding of Zirconium
Hydrogen pinholes *See* Pinholes
Hydrogen porosity
aluminum alloys. **A15:** 747
sources, copper alloys **A15:** 464
Hydrogen porosity, in aluminum alloy ingots **A9:** 633
alloy 5052 . . . . **A9:** 632
alloy 6063 . . . . **A9:** 633
Hydrogen probe analysis. **A19:** 472
Hydrogen probes **A13:** 201
as inspection or measurement technique for
corrosion control **A19:** 469
Hydrogen pusher furnace
for carburization of tungsten carbide
powders. **M7:** 157
Hydrogen reaction embrittlement **A13:** 283–284
Hydrogen reduction **A6:** 926
in carbonyl vapormetallurgy processing **M7:** 92
in Pyron process **M7:** 83
of atomized copper powders **M7:** 117, 118
of composite powder **M7:** 173
of copper oxide **M7:** 107, 109
of copper powders **M7:** 120
of iron powders for food enrichment **M7:** 615
of nickel-coated composite powders . . **M7:** 173–174
Hydrogen reduction process **A7:** 172–173
Hydrogen relief treatment
of steel springs **A1:** 312
Hydrogen removal
aluminum alloys. **A15:** 457–462, 747–749
by gas purging. **A15:** 460
by VID processing **A15:** 439
plain carbon steels. **A15:** 714
porous plug degassing. **A15:** 461–462
theory of **A15:** 457
vacuum induction furnace **A15:** 395
Hydrogen selenide
toxic effects. **A2:** 1254
Hydrogen sintering
cemented carbides. **A7:** 492, 493, 494, 495
molybdenum. **A7:** 498
tungsten **A7:** 498
Hydrogen solubility
and removal, in aluminum alloys. **A15:** 85, 747–749
carbon effects **A15:** 82
in cast iron **A15:** 82
in copper. **A15:** 466
in copper alloys. **A15:** 86, 464–465
in magnesium alloys. **A15:** 462, 465
Hydrogen stoking furnace **M7:** 386
Hydrogen storage alloys
as rare earth application. **A2:** 731
Hydrogen stress cracking. **A19:** 480–481
as hydrogen damage **A13:** 163–164
curves. **A13:** 168
defined (under Hydrogen embrittlement). . . . **A13:** 8
in petroleum refining and petrochemical
operations **A13:** 1278–1279
in telephone stainless steel clamp **A13:** 1133
of linepipe steel **A13:** 538
of telephone cables **A13:** 1130
stainless steel splice case bolts **A13:** 1132–1133
strain rate effects, schematic **A13:** 261
Hydrogen sulfate
as carcinogenic precipitant **A10:** 169
Hydrogen sulfide **A19:** 471, 473, 474, 476, 491
and stress-corrosion cracking. **A19:** 486, 487
as crude oil contaminant **A13:** 1266
coiled tubing failure due to exposure **A19:** 603–604
concentration, and cracking **A11:** 298
contamination, condenser tube pitting by **A11:** 631
copper/copper alloy resistance **A13:** 632
corrosion **A11:** 631
corrosion caused by **M1:** 726
corrosion in fresh water, effect on. **M1:** 733
Hydrostatic testing, steel castings **M1:** 402
corrosion, in oil/gas production . . . **A13:** 1232–1233, 1247
effect, copper corrosion in seawater **A13:** 906
effect on alloy steels **A19:** 646, 649
environments containing. **A11:** 246
formation in cutting fluids **A16:** 132
high-strength steel contamination with. **A8:** 527
hydrogen stress cracking **A19:** 481
SCC, of pressure vessel welds **A11:** 426
titanium/titanium alloy SCC in. **A13:** 690
wet, cracking resistance. **A13:** 330
Hydrogen sulfide cracking **A19:** 487
Hydrogen sulfides
effect on alloy steels **A12:** 299
Hydrogen trapping. **A13:** 166–167
Hydrogen water chemistry
for boiling water reactor corrosion . . . **A13:** 932–933
Hydrogen, wet
effect on fatigue crack threshold **A19:** 145
Hydrogen/argon
shielding gas for laser cladding **A18:** 867
Hydrogen-assisted cold cracking
relative susceptibility of steels **A6:** 407
Hydrogen-assisted cracking. **A19:** 145, 185–186
and cleavage fracture. **A19:** 47
welded cast steels. **A15:** 532–534
Hydrogen-assisted stress-corrosion cracking
defined (under Hydrogen embrittlement). . . . **A13:** 8
of radioactive waste containers **A13:** 971
Hydrogenated amorphous silicon **EM4:** 22
applications **EM4:** 22
Hydrogenated styrene-diene (STD)
as viscosity improvers. **A18:** 109
Hydrogenation
industrial processes and relevant catalysts. . **A5:** 883
powders used **M7:** 165, 574
Hydrogenation catalysts
powders used. **M7:** 572
Hydrogenation of olefines
powder used. **M7:** 574
Hydrogen-bonded pyridine
Raman analyses **A10:** 134
Hydrogen-damage failures *See also*
Hydrogen **A11:** 245–251
analysis of. **A11:** 250
cracking from hydride formation **A11:** 248–249
cracking, from precipitation of intemal
hydrogen **A11:** 248
hydrogen attack **A11:** 248
hydrogen embrittlement **A11:** 245–247
hydrogen-induced blistering. **A11:** 247–248
in forging **A11:** 336–338
in nonferrous alloys. **A11:** 338
in pipelines **A11:** 701
in steel forging **A11:** 336–337

SUBJECTS OF THE INDEXED VOLUMES: ASM Handbook (designated by the letter "A"): **A1:** Properties and Selection: Irons, Steels, and High-Performance Alloys (1990); **A2:** Properties and Selection: Nonferrous Alloys and Special-Purpose Materials (1990); **A3:** Alloy Phase Diagrams (1992); **A4:** Heat Treating (1991); **A5:** Surface Engineering (1994); **A6:** Welding, Brazing, and Soldering (1993); **A7:** Powder Metal Technologies and Applications (1998); **A8:** Mechanical Testing (1985); **A9:** Metallography and Microstructures (1985); **A10:** Materials Characterization (1986); **A11:** Failure Analysis and Prevention (1986); **A12:** Fractography (1987); **A13:** Corrosion (1987); **A14:** Forming and Forging (1988); **A15:** Casting (1988); **A16:** Machining (1989); **A17:** Nondestructive Evaluation and Quality Control (1989); **A18:** Friction, Lubrication, and Wear Technology (1992); **A19:** Fatigue and Fracture (1996); **A20:** Materials Selection and Design (1997). **Metals Handbook, 9th Edition** (designated by the letter "M"): **M1:** Properties and Selection: Irons and Steels (1978); **M2:** Properties and Selection: Nonferrous Alloys and Pure Metals (1979); **M3:** Properties and Selection: Stainless Steels, Tool Materials, and Special-Purpose Materials (1980); **M4:** Heat Treating (1981); **M5:** Surface Cleaning, Finishing, and Coating (1982); **M6:** Welding, Brazing, and Soldering (1983); **M7:** Powder Metallurgy (1984). **Engineered Materials Handbook** (designated by the letters "EM"): **EM1:** Composites (1987); **EM2:** Engineering Plastics (1988); **EM3:** Adhesives and Sealants (1990); **EM4:** Ceramics and Glasses (1991). **Electronic Materials Handbook** (designated by the letters "EL"): **EL1:** Packaging (1989)

metal susceptibility . . . A11: 249–250
of cadmium-plated alloy steel bolts . . A11: 540–541
prevention of . . . A11: 250–251
types of . . . A11: 245
Hydrogen-enhanced plasticity mechanism (HELP) . . . A19: 186, 489
Hydrogen-gas atmosphere
composition of furnace atmosphere constituents . . . A7: 460
physical properties . . . A7: 459, 460
sintering atmosphere . . . A7: 460, 462, 463–464
Hydrogen-induced cold cracking . . . A6: 436–437, 438–439
Hydrogen-induced cracking *See also* Hydrogen stress cracking; Underbead cracking . . . A1: 606–607, A6: 379, 1111, A19: 5, 185, 479–480
aluminum alloys . . . A19: 495
and stress-corrosion cracking . . . A19: 486
as failure mode for welded fabrications . . . A19: 435
carbon steels . . . A6: 641, 642–649
defined . . . A13: 8
duplex stainless steels . . . A6: 697
evaluation by implant testing . . . A6: 606
high-strength low-alloy steels . . . A6: 73
low-alloy steels for pressure vessels and piping . . . A6: 668
mild steels . . . A6: 649
partially melted zone . . . A6: 75
residual stresses . . . A6: 1102
resistant steels, alloying additions and properties as category of HSLA steel . . . A19: 618
solid-state transformations in weldments . . . A6: 79, 80
steel weldment soundness . . . A6: 408, 410–415
arc energy input . . . A6: 412
carbon equivalence . . . A6: 412, 413
control . . . A6: 411–413
cooling rates . . . A6: 412, 413, 414
critical stress . . . A6: 410–411, 414
distortion . . . A6: 411
fatigue life . . . A6: 411
filler metals . . . A6: 413
measurement of hydrogen . . . A6: 413
mechanism . . . A6: 410–411
microcracks . . . A6: 410
postweld heat treatment . . . A6: 411
preheat temperature effect . . . A6: 412
rebaking of electrodes . . . A6: 415
residual lubricants . . . A6: 413
residual moisture . . . A6: 414–415
residual stresses . . . A6: 410–411
stress relief annealing (SRA) . . . A6: 411
temperature effect on hydrogen solubility in iron . . . A6: 410, 411
variations of . . . A6: 410
welding process importance . . . A6: 413–415
steel weldments . . . A6: 424
Hydrogen-induced cracking (HIC) *See also* Hydrogen
flakes . . . A11: 79
in pipeline . . . A11: 701
in sour gas environments . . . A11: 299
in weld toe, low-carbon steel . . . A11: 251
root, in steel weldment . . . A11: 92, 93
tests . . . A11: 302
Hydrogen-induced cracking resistant steels . . . A1: 400, 416
Hydrogen-induced cracking technique . . . A6: 1095
Hydrogen-induced delayed cracking *See also* Hydrogen embrittlement
defined . . . A8: 7, A11: 5
Hydrogen-induced failures
aircraft . . . A13: 1032–1034
Hydrogen-ion activity, negative logarithm
symbol for . . . A8: 725
Hydrogen-ion recombination poisons . . . A19: 490
Hydrogen-oxygen
maximum temperature of heat source . . . A5: 498
Hydrogen-stress cracking . . . A1: 342
and loss of tensile ductility . . . A1: 712–717
characteristics of . . . A1: 711
of pipeline . . . A11: 701
Hydrogen-to-water ratio . . A7: 458, 461–462, 463, 464
Hydrogen-to-water ratios . . . M7: 343, 346
Hydrohalides . . . A6: 130
Hydrohoning
in metal removal processes classification scheme . . . A20: 695
Hydrolloy
cavitation resistance . . . A18: 600
Hydrolysis . . . EM3: 15, EM4: 448
defined . . . A13: 8, EM2: 22
of organofunctional silanes . . . EM1: 123
sample, nitric acid to prevent . . . A10: 166
thermoplastic resins . . . EM2: 619
to oxides, precipitation by . . . A10: 169
Hydrolytic resistance
polyaryl sulfones (PAS) . . . EM2: 145–146
polybenzimidazoles (PBI) . . . EM2: 147
polyether sulfones (PES, PESV) . . . EM2: 161
Hydrolytic stability
polyphenylene ether blends (PPE PPO) . . . EM2: 183–184
polysulfones (PSU) . . . EM2: 200
thermoplastic polyurethanes (TPUR) . . . EM2: 203–204
Hydrolytic stability test
for solder masks . . . EL1: 554
Hydrolyzed ethyl silicate
manufacture of . . . A15: 212
Hydromechanical press . . . EM3: 15
defined . . . EM1: 13, EM2: 22
Hydrometallugical nickel powders M7: 173, 299, 401, 587
Hydrometallurgical cobalt powders M7: 144–145, 402
Hydrometallurgical copper powders . . . M7: 118–120, 734
Hydrometallurgical processing . . A7: 171–174, M7: 54, 118–120, 134, 138–142, 144–145
for cobalt-base powders . . . A7: 179–180
Hydrometallurgy
copper powders . . . A2: 393–394
of nickel and nickel alloys . . . A2: 429
Hydrometer
for flux specific gravity measurement . . . EL1: 649
Hydronium ions . . . A7: 420–421
Hydroperoxide + thiourea and metal salt
generating free radicals for acrylic adhesives . . . EM3: 120
Hydroperoxides . . . EM3: 113
Hydrophile-lipophile balance (HLB) . . . A18: 141
required HLB . . . A18: 141
Hydrophilic . . . EM3: 15
defined . . . A13: 8, EM1: 715, EM2: 22
definition . . . A5: 959
Hydrophilic/lipophilic (Methods B and D) post emulsifiable penetrants . . . A17: 75, 77
Hydrophobic . . . EM3: 15
defined . . . A13: 8, EM1: 13
definition . . . A5: 959
Hydroplaning
defined . . . A8: 604
Hydropneumatic die cushions . . . A14: 498
Hydroquinone . . . A7: 169, 184, 185
hazardous air pollutant regulated by the Clean Air Amendments of 1990 . . . A5: 913
Hydrosol/coupling agent
polyaramid fibers . . . EM3: 286
Hydrostatic bearing
defined . . . A18: 11
Hydrostatic compacting . . . M7: 6
Hydrostatic compaction . . . A7: 327, 328
Hydrostatic compaction test . . . A7: 331
Hydrostatic component of stress . . . A7: 335, A20: 305
Hydrostatic compression . . . A19: 45, 49, A20: 342
Hydrostatic extrusion *See also* Extrusion A7: 629–630, A14: 327–329, A18: 59, 61
applications . . . A14: 329
defined . . . A14: 8
densification by . . . M7: 300
equipment . . . A14: 329
hot . . . A14: 328
hydrafilm process . . . A14: 328–329
simple . . . A14: 327
simple, of brittle materials . . . A14: 328
tooling . . . A14: 329
Hydrostatic gas-lubricated bearings . . . A18: 528–529
Hydrostatic journal bearings . . . A18: 531–532
Hydrostatic leak testing
of pressure systems . . . A17: 66
Hydrostatic loading . . . A20: 521
Hydrostatic lubrication *See also* Pressurized gas lubrication . . . A18: 89, 91–92
applications . . . A18: 91
defined . . . A18: 11
in bearings . . . A11: 484
wear and . . . A11: 151
Hydrostatic measuring devices . . . A4: 507
Hydrostatic modulus *See* Bulk modulus of elasticity; Bulk modulus of elasticity (***K***)
Hydrostatic mold . . . M7: 6
Hydrostatic pressing . . . M7: 6
and uniform stress . . . M7: 300
rolling, and extrusion . . . M7: 517
Hydrostatic pressing method
borides . . . A7: 531
Hydrostatic pressure . . . A20: 737, 738
in pressure-shear plate impact testing . . . A8: 237
noninfluence in material behavior . . . A8: 343
Hydrostatic seal
defined . . . A18: 11
Hydrostatic stress . . . A7: 327, 332, 599, A19: 52, 263, 269, 270, A20: 631–632, 709
Hydrostatic stress component . . . A7: 23–24, 25
Hydrostatic stress state . . . A7: 632
Hydrostatic tensile stress . . . A19: 45, 48, 49
Hydrostatic tensile stress required to initiate plastic flow . . . A7: 332
Hydrostatic test unloading . . . A7: 330
Hydrostatic testing
and microbiological corrosion . . . A13: 314
gas-tungsten arc welding . . . A6: 451
of heat exchangers . . . A11: 629
Hydrotesting
failure of utility boiler drum during . . . A11: 647
Hydrotests . . . A19: 413
Hydrous alumina . . . EM3: 175
Hydroxide alkaline cleaners . . . M5: 24
Hydroxide precipitation process
plating waste treatment . . . M5: 313–314
Hydroxides
as alkalies . . . A13: 1179
as molten salt . . . A13: 50, 91
as precipitants . . . A10: 168–169
as salt precursors . . . EM4: 113
in torch brazing flux . . . M6: 962
molten, corrosion . . . A13: 1200
solutions, copper/copper alloy SCC . . . A13: 634
Hydroxyacetic acid
for acid cleaning . . . A5: 53
Hydroxyacetic-forming acid . . . A13: 1141
Hydroxyapatite
coating for metal porous surfaces on prostheses . . . A18: 658
in composition of human enamel (dental) . . . A18: 667, 668, 669
injection molding . . . A7: 314
Hydroxyapatite ceramic
approximated properties of human enamel (dental) in wear studies . . . A18: 668
Hydroxyapatite (HAP) . . . A5: 848
Hydroxyethyl methylcellulose
angle of repose . . . A7: 300
Hydroxyethylcellulose
removal . . . EM4: 137
Hydroxyl
content in glass, quantitative analysis . . . A10: 121–122
groups, content in glass . . . A10: 121–122
ion, monitoring by acid-base titration . . . A10: 172
Hydroxyl group . . . EM3: 15
chemical groups and bond dissociation energies used in plastics . . . A20: 440
defined . . . EM2: 22
Hydroxyl ions . . . A7: 420–421
Hydroxyl sulfide . . . EM3: 100
Hydroxylamine . . . A7: 184
Hydroxylapatite . . . EM4: 208, 1009
applications, medical . . . EM4: 1011, 1012
bioactive ceramic coating . . . EM4: 1007, 1008
bonding mechanisms . . . EM4: 1012
Hydroxypropyl cellulose
as binder for injection molding . . . EM4: 173
Hydroxypropyl methylcellulose
angle of repose . . . A7: 300
as binder . . . A7: 374
Hydroxypropylmethyl cellulose
as binder . . . EM4: 474

Hygroelastic resin matrix composites
defined **EM1:** 226
Hygroscopic **EM3:** 16
analysis, of laminates **EM1:** 226–227
defined **A13:** 8, **EM1:** 13, **EM2:** 22
Hygrothermal
behavior **EM1:** 13, 190, 460
elasticity **EM1:** 310
Hygrothermal effect **EM3:** 16
defined **EM2:** 22
definition **A20:** 834
Hygrothermal stresses **A20:** 656
HyMu 80, 800
photochemical machining etchant **A16:** 590
Hyper lap **A5:** 99
Hyperbaric welding
pressure effect **A6:** 58
underwater welding **A6:** 1010, 1011, 1014
Hyperbolic sine formula **A19:** 35
Hyperbolic-weight constant-stress
test apparatus **A8:** 318–319
Hypereutectic alloy
defined **A9:** 9
definition **A20:** 834
Hypereutectic alloys . . . . **A3:** 1•3
aluminum-silicon, refinement of **A15:** 753
modification of **A15:** 482
modifier additions **A15:** 484
Hypereutectic gray iron
structure of bearing cap cast from **A11:** 349
Hypereutectic silicon refinement
by flux injection **A15:** 453
Hypereutectoid alloy
defined **A9:** 9
Hypereutectoid alloys . . . . **A3:** 1•21
Hypereutectoid carbon steels *See also* Carbon steels **A9:** 178
Hypereutectoid compositions
Bagaryatski orientation relationship **A9:** 658
decomposition **A9:** 659
Hypereutectoid plain carbon steels
super-plasticity **A14:** 869
Hypereutectoid steels **A19:** 10, **A20:** 365
Hyperfine interaction constants
effect of low temperature on **A10:** 257
Hyperfine splitting
and sensitivity reduction **A10:** 258
in analysis of transition group metals **A10:** 260
Hypergeometric distribution **A20:** 80–81
Hypergeometrical distribution **A19:** 306
Hyperglycemia
from cobalt toxicity **A2:** 1251
Hyperrine structure
abbreviation for **A10:** 690
determination of intensity ratios **A10:** 261
ESR spectrum **A10:** 259
patterns **A10:** 260
unresolved, as ESR line-broadening
mechanism **A10:** 255
Hypersonic combustion flame spray
(HCFS) guns **EM4:** 204–205, 206, 207
Jet-Kote method **EM4:** 204
Hypersonic flame spraying **EM4:** 203, 204–205, 206, 207
Jet-Kote method **EM4:** 204
Hypertension
from cadmium exposure **A2:** 1241
Hypertext markup language (HTML)
Web page **A20:** 312
Hypervelocity oxyfuel powder spray process *See* High-velocity oxyfuel powder spray process
Hypochlorites **A13:** 727, 1179–1180, 1194
Hypodermic needles
burrs detected on **A17:** 13
Hypoeutectic alloys . . . . **A3:** 1•3
aluminum-silicon, structural effects . . **A15:** 167–168
flux injection **A15:** 453
modification of **A15:** 453, 482
modifier additions **A15:** 484

Hypoeutectic aluminum-silicon alloys
modification of **A2:** 134
Hypoeutectic cast iron
bearing structure **A11:** 349
Hypoeutectic iron
solidification in **A1:** 13–14
Hypoeutectoid alloys . . . . **A3:** 1•21
Hypoeutectoid steel compacts
heat treating **M7:** 558
Hypoeutectoid steels **A19:** 10
Hypoeutectoid/eutectoid plain carbon steels
as superplastic **A14:** 869
Hypoid
bevel gears, described **A11:** 587
gears, gear-tooth contact in **A11:** 588
pinion, extreme wear in **A11:** 597
Hypoid gear lubricant (hypoid oil)
defined **A18:** 11
Hypophosphite reduced electroless nickel plating *See* Sodium hypophosphite electroless nickel plating process
Hypophosphite-reduced cobalt-phosphorus
electroless cobalt alloy plating systems **A5:** 328
Hypophosphorous acid **A7:** 184, 185
as reducing agent **A10:** 169
Hypotheses testing **A8:** 626–627
Hypothesis, testing
and systematic samples **A10:** 12–13
Hypothetical standard state
thermal properties for **A15:** 56–57
Hysteresis *See also* Damping; Demagnetization; Heat buildup; Hysteresis loops; Magnetic hysteresis **A19:** 19, 69, 204, **EM3:** 16
applications, permanent magnet
materials **A2:** 793–794
as effect, orientation stability of domain . . **A17:** 145
defined . . . **A8:** 7, **A17:** 100, 384, **EM1:** 13, **EM2:** 22
effect, defined **A2:** 782
energy loss, magnetically soft materials **A2:** 761
in fracture toughness testing **A8:** 474
in torsional testing **A8:** 147
loop, permanent magnet materials **A2:** 782, 784
losses, in superconductors **A2:** 782, 784
magnetic **A2:** 782, 784, **A17:** 99–100
magnetic induction distortion by **A17:** 161
measurement **A2:** 782
of magnetoresistance of nickel **A17:** 144
properties, and magnetic measurement . . . **A17:** 129
Hysteresis effect **A5:** 576
BET method **A7:** 277
Hysteresis energy parameter **A19:** 265
Hysteresis index **A18:** 423
Hysteresis loop . . **A7:** 1006, 1007, **A19:** 20–21, 74–76, 92, 127, 228, 239–241, 244–245, 528, **A20:** 521, 522, 523, 524, 529, **EM3:** 16, **M7:** 6
compression-going part **A8:** 356
defined **EM2:** 22–23
definition **A20:** 834
partitioned strain-range components . . **A8:** 357–358
strain bursts and shape changes of **A19:** 83–85
tension-going part **A8:** 356
torsional **A8:** 150–151
Hysteresis loops
for magnetic materials, Barkhausen noise **A17:** 159
in magabsorption theory **A17:** 145
measurement **A17:** 132–133
shape effects **A17:** 100
stress effects on **A17:** 161
superimposed **A17:** 146
under magnetomotive forces **A17:** 147
Hysteresis mechanisms **A20:** 274
Hysteretic heating **A19:** 54
Hysteretic viscoelastic effects
in polymers **A11:** 758
Hytrel **EM4:** 665, 666
H-Zr (Phase Diagram) . . . . **A3:** 2•239
n-Hexane (C_6H_{14})
as solvent used in ceramic processing . . . **EM4:** 117
The Handbook of Adhesive Raw Materials . . . **EM3:** 68

The Handbook of Pressure-Sensitive Adhesive Technology **EM3:** 70
The Handbook of Surface Preparation **EM3:** 70

I

I
See Intensity
I beams
wrought aluminum alloy **A2:** 34
$I/I_{corundum}$ **method**
XRPD analysis **A10:** 340
I/M *See* Ingot metallurgy
I/O *See* Input/output
I^2R **heating**
thermostat metals **A2:** 826
IA *See* Image analysis
IAA *See* International Aerospace Abstracts
IACS *See* International Annealed Copper Standard
IAP *See* Imaging atom probe
I-beam
towpreg filler in **EM1:** 152
I-beam configuration **A20:** 35
IBM thermal conduction modules **EL1:** 48
IBM-developed fine-pitch technology **A19:** 888
I_c *See* Coherent atomic scattering intensity; Ion chromatography
"i-C" films **A5:** 554
Ice
fracture toughness vs.
density **A20:** 267, 269, 270
strength **A20:** 267, 272–273, 274
Young's modulus **A20:** 267, 271–272, 273
friction coefficient data **A18:** 75
linear expansion coefficient vs. Young's
modulus **A20:** 267, 276–277, 278
normalized tensile strength vs. coefficient of linear
thermal expansion **A20:** 267, 277–279
specific modulus vs. specific strength **A20:** 267, 271, 272
thermal conductivity vs. thermal
diffusivity **A20:** 267, 275–276
Icicles **EL1:** 642, 684, 688
ICMS test **A20:** 288
ICP *See* Inductively coupled plasma; Inductively coupled plasma atomic emission spectroscopy
ICP sample introduction
to analytical system **A10:** 34–36
ICP torch
and gas supplies **A10:** 34, 36–37
ICP-AES *See* Inductively coupled plasma atomic emission spectroscopy
ICP-MS *See* Inductively coupled plasma mass spectroscopy
Idea box **A20:** 42
Idea factory **A20:** 42
Ideal crack
defined **A8:** 7
model, progressive fracturing **A8:** 440
Ideal diameter *See* Critical diameter
"Ideal" (discontinuity-free weldment) . . **A19:** 274–275, 280, 282, 283, 284, 285
Ideal entropy of mixing
solidification thermodynamics **A15:** 101
Ideal fracture energy **A6:** 143
Ideal gas
equation of state **A17:** 58–59
Ideal linear elastic behavior
in fracture toughness testing **A8:** 474
Ideal solution
described **A15:** 101–102
entropy of **A15:** 103
free energy of formation **A15:** 52
Ideal water content
silica-base bonds **A15:** 212
Ideal-crack-tip stress field *See* Modes
Ideality
and activity coefficients **A15:** 51–52
IDEAS finite element program **A20:** 173

SUBJECTS OF THE INDEXED VOLUMES: ASM Handbook (designated by the letter "A"): **A1:** Properties and Selection: Irons, Steels, and High-Performance Alloys (1990); **A2:** Properties and Selection: Nonferrous Alloys and Special-Purpose Materials (1990); **A3:** Alloy Phase Diagrams (1992); **A4:** Heat Treating (1991); **A5:** Surface Engineering (1994); **A6:** Welding, Brazing, and Soldering (1993); **A7:** Powder Metal Technologies and Applications (1998); **A8:** Mechanical Testing (1985); **A9:** Metallography and Microstructures (1985); **A10:** Materials Characterization (1986); **A11:** Failure Analysis and Prevention (1986); **A12:** Fractography (1987); **A13:** Corrosion (1987); **A14:** Forming and Forging (1988); **A15:** Casting (1988); **A16:** Machining (1989); **A17:** Nondestructive Evaluation and Quality Control (1989); **A18:** Friction, Lubrication, and Wear Technology (1992); **A19:** Fatigue and Fracture (1996); **A20:** Materials Selection and Design (1997). **Metals Handbook, 9th Edition** (designated by the letter "M"): **M1:** Properties and Selection: Irons and Steels (1978); **M2:** Properties and Selection: Nonferrous Alloys and Pure Metals (1979); **M3:** Properties and Selection: Stainless Steels, Tool Materials, and Special-Purpose Materials (1980); **M4:** Heat Treating (1981); **M5:** Surface Cleaning, Finishing, and Coating (1982); **M6:** Welding, Brazing, and Soldering (1983); **M7:** Powder Metallurgy (1984). **Engineered Materials Handbook** (designated by the letters "EM"): **EM1:** Composites (1987); **EM2:** Engineering Plastics (1988); **EM3:** Adhesives and Sealants (1990); **EM4:** Ceramics and Glasses (1991). **Electronic Materials Handbook** (designated by the letters "EL"): **EL1:** Packaging (1989)

Identification *See also* Identification marks
chart, of fracture modes **A11:** 80
in corrosion analysis **A11:** 174
of carbonitrides. **A11:** 39
of fatigue fracture, in boilers and steam
equipment **A11:** 621
of iron oxide inclusions **A11:** 38–39
of microconstituents, in failed extrusion
press **A11:** 37
of presses **A14:** 489
of test specimens **A13:** 205
of types of failures. **A11:** 75–81
systems, stainless steels **A13:** 547

Identification etching
defined **A9:** 9
definition. **A5:** 959

Identification markers
placement of **A17:** 341–343
radiographic inspection. **A17:** 338–341

Identification marks *See also* Identification stamps
as fatigue fracture source **A11:** 130
as postforging failure process. **A11:** 331
cracks in shaft from **A11:** 472–473
effect on fatigue strength **A11:** 130
on threaded fasteners **A11:** 529, 531

Identification stamps, steel
cracking from **A11:** 472–473

Identification systems
forgings. **M1:** 351

Identification tags
for material traceability. **EM1:** 741

Identity operation
defined in crystal symmetry. **A10:** 346

Idiomorphic crystal
defined **A9:** 9

Idiomorphic particles **A3:** 1*20

Idiopathic hemochromotosis
due to iron toxicity **A2:** 1252

Idler arms **A7:** 1102
farm machinery **M7:** 674

Idler pivots
garden equipment **M7:** 677

IGBT devices **A6:** 43

IGES **A20:** 172, 175

IGF *See* Inert gas fusion

Igniters
compositions **M7:** 604
with metal fuels **M7:** 600, 604

Ignition
autogenous and pyrophoric **M7:** 194, 198–200
factors affecting. **M7:** 196
pellet **M7:** 604
secondary sources **M7:** 197
sources for explosions **M7:** 195–197
temperatures, for magnesium powders **M7:** 133

Ignition loss *See also* Loss on ignition. **EM3:** 16
defined **EM1:** 13, **EM2:** 23

Ignition-resistant high-impact polystyrenes (PS HIPS) **EM2:** 199

Ignitron tubes
resistance spot welding **M6:** 470–471

Ignitrons **A6:** 42

I_i *See* Incoherent atomic scattering intensity

Iionization gage
in vacuum pumping system **A8:** 414

IIW standard reference blocks
ultrasonic inspection **A17:** 264

I-lead
defined. **EL1:** 1146

Illite **EM4:** 6
as green sand molding clay **A15:** 224

Illium alloys *See* Nickel alloys, cast, specific types; Stainless steels, cast, specific types

Illium G
as cathode material for anodic protection, and
environment used in **A20:** 553

Illium H *See* Superalloys, cobalt-base, specific types, UMCo-50

Illuminance
SI derived unit and symbol for **A10:** 685
SI unit/symbol for **A8:** 721

Illumination *See also* Bright-field images; Dark-field images
ambient, optical holographic
interferometry **A17:** 413
bright-field **A10:** 310, 689
dark-field **A10:** 690
effect in fracture surface, medium-carbon
steels **A12:** 257
for optical testing. **EL1:** 570
global and punctual, in MOLE/Raman
analyses **A10:** 129–130
in borescopes and fiberscopes **A17:** 8–9
in SEM imaging. **A12:** 167–168
machine vision, schematic **A17:** 32
phase-contrast **A12:** 438
photographic, effects on fracture
surfaces **A12:** 82–89
shift, photo effects **A12:** 86
stroboscopic, of rotating parts **A17:** 13
ultraviolet **A12:** 84–85
vision machine **A17:** 31

Illumination modes
for René 95, compared **A9:** 323
for Waspaloy, compared **A9:** 150
for wrought stainless steels compared **A9:** 290–291, 294
optical etching **A9:** 57–59

Illumination system
of a transmission electron microscope **A9:** 103–104
of an optical microscope. **A9:** 72

Illumination techniques
compared. **A9:** 78–82
for porcelain enameled sheet steel. **A9:** 199

Illuminators
Nicholas. **A12:** 81
stereomicroscope **A12:** 78

Ilmenite
as silica sand impurity **A15:** 208
chemical composition **A6:** 60

ILZRO 16 zinc alloy die castings **A2:** 529
properties. **A2:** 538

Image. **A18:** 346
defined **A9:** 9

Image analysis *See also* Image(s); Imaging; Imaging analysis; Metallographic identification; Surface topography and image analysis
(area). **A10:** 309–322
applications **A10:** 309, 316–320
by material contrast. **A9:** 94
computed tomography (CT) **A17:** 378
data analysis **A10:** 313
defined **A10:** 674
electronic **A9:** 138–139, 152–153
estimated analysis time. **A10:** 309
for microstructural analysis **EM4:** 26, 578
for particle sizing **M7:** 225–230
general uses. **A10:** 309
image analyzers **A10:** 310–313
in machine vision process **A17:** 34–35
in radiographic interpretation **A17:** 348
introduction **A10:** 309–310
limitations **A10:** 309
NMR, ESR, and UV/VIS analysis
compared. **A10:** 265
of inorganic solids **A10:** 4–6
of organic solids **A10:** 9
possible errors **A10:** 313–316
procedure, block diagram **EL1:** 366
related techniques **A10:** 309
samples **A10:** 309, 313, 316–320
thermal **EL1:** 368–369
types of image analyzers **A10:** 309
visual **EL1:** 366

Image analysis system
connected to scanning electron microscope **A9:** 138

Image analyzer **A7:** 805
in quantitative metallography **A9:** 83, 85
used for scanning electron microscopy **A9:** 96

Image analyzers
components of **A10:** 310–313
data analysis **A10:** 313
detection and measurement **A10:** 311–313
input devices. **A10:** 310
scanners. **A10:** 310–311

Image artifacts
aliasing and Gibbs phenomenon **A17:** 375–376
defined **A17:** 375

Image contrast *See also* Etching **A17:** 373–375
defined **A10:** 674
different films compared **A9:** 86–87
different illuminations compared **A9:** 78–82
different paper grades compared **A9:** 86–87
field ion microscope **A10:** 588
in micrograph print making **A9:** 85
in scanning electron microscopy **A10:** 500–504
linear attenuation coefficient values **A17:** 374
objective contrast **A17:** 374
techniques in optical microscopy **A9:** 76–82

Image conversion *See also* Image conversion media; Images
incoherent-to-coherent, microwave
holography **A17:** 227–228
intensifying and filtration screens **A17:** 298
radiography **A17:** 298
real-time imaging media **A17:** 298
recording media **A17:** 298

Image conversion media *See also* Image(s)
fluorescent intensifying screens **A17:** 316–317
fluorometallic screens **A17:** 317
lead oxide screens **A17:** 316
lead screens. **A17:** 315–316
metal screens. **A17:** 316
radiographic **A17:** 314–317
recording media **A17:** 314–315

Image display *See also* Image(s)
concept. **A17:** 455
CRT displays **A17:** 461–462
printers **A17:** 462–463
pseudo three-dimensional images **A17:** 463
videotape/videodisk **A17:** 463

Image distortions **A9:** 77

Image enhancement *See also* Digital image
enhancement **A17:** 456–458
and image processing. **A17:** 454
as failure analysis technique **EL1:** 1073
charge-coupled device (CCD) **A17:** 10
digital. **A17:** 454–464
filtering **A17:** 459
geometric processes **A17:** 458
histogram equalization, color. **A17:** 484
image combination **A17:** 458–459

Image gas atom
potential energy of outer electron **A10:** 586

Image gases, low ionization
for field ion microscopy **A10:** 587

Image information **A20:** 25

Image isocons
in optical sensors **A17:** 10

Image modification
in scanning electron microscopy **A9:** 95

Image orthicons
in optical sensors **A17:** 10

Image preprocessing
image analysis. **A10:** 310

Image processing *See also* Digital image
enhancement. **A17:** 456
capabilities, computers **A17:** 455
computed tomography (CT) **A17:** 378
C-scan **EM2:** 843–845
frame integration (summing) **A17:** 320
in digital image enhancement **A17:** 454
information extracted **A17:** 460–461
NDE functions **A17:** 454
of color images. **A17:** 483–488
real-time radiography **A17:** 320–323

Image processing arrays **EL1:** 8

Image quality *See also* Image(s)
and radiographic sensitivity. **A17:** 298–300
computed tomography (CT). **A17:** 372–377
deficient, causes/corrections. **A17:** 346, 355
defined, radiographic inspection **A17:** 338
detail perceptibility, of images. **A17:** 300
DIN standards **A17:** 341
in scanning electron microscopy **A9:** 95
radiographic contrast. **A17:** 298–299
radiographic definition **A17:** 299–300

Image reconstruction algorithm
computed tomography (CT) **A17:** 359–360, 380

Image resolution **M7:** 580

Image restoration
in machine vision process. **A17:** 33

Image rotation
defined **A9:** 9

Image shearing eyepieces. **A7:** 262, **M7:** 229

Image unsharpness *See* Unsharpness

Image-processing equipment
ultrasonic inspection **A17:** 253–254

Image-quality indicators *See* Penetrameters

Image(s) *See also* Digital image enhancement; Image analysis; Image contrast; Image conversion; Image conversion media; Image display; Image enhancement; Image processing; Image quality; Imaging Imaging system
acoustic microscopy **A17:** 469
artifacts **A17:** 375–376
as NDE response, and NDE reliability ... **A17:** 674
capture and acquisition, digital image enhancement **A17:** 455–456
color, by various NDE methods **A17:** 483–488
composite, with digital image enhancement **A17:** 457
computed tomography (CT) **A17:** 360
contrast **A10:** 500–504, 588, 674, **A17:** 373–375
detail perceptibility, radiography **A17:** 300
digitization devices **A17:** 456
display **A17:** 455, 461–463
filtering **A17:** 379, 459–461
FIM, formation of **A10:** 584
FIM, quantitative analysis **A10:** 590–591
formation, geometry of **A12:** 196
formation, machine vision **A17:** 31–33
from scanning electron microscopy **A9:** 90
intensifiers **A17:** 318–319
machine vision, interpretation **A17:** 35–37
organization, human vs. machine vision ... **A17:** 30
preprocessing, machine vision **A17:** 33–34
projected, quantitative fractography .. **A12:** 194–196
restoration, machine vision **A17:** 33
shapes, human vs. machine vision **A17:** 30
statistics and measurement, digital imaging processing **A17:** 460
stereo, fractographic **A12:** 87–88
subtraction, in real-time radiography **A17:** 320
thermal inspection, interpretation **A17:** 400
three-dimensional, holograms as **A17:** 405
typical field ion micrograph (tungsten) **A10:** 585
whole, parallel processing of **A17:** 44
width, photomacrographic **A12:** 80
Image-verification procedure **A10:** 438, 440
Imaging *See also* Stereo imaging
backscattered electron (BSE) imaging ... **EL1:** 1094, 1096–1098
capabilities/limitations **EL1:** 508–510
defects, x-ray topography **A10:** 367–368
detectors **A10:** 144, 493–494
digital micro **A10:** 447, 448
dual energy **A17:** 378–379
flicker-free **A10:** 525
image-verification procedure **A10:** 438, 440
in neutron radiography **A17:** 387–388
in the analytical electron microscope **A10:** 440–446
in the STEM mode **A10:** 442
in the TEM mode **A10:** 440–442
infrared **A8:** 247, 248
ion, as SIMS application **EL1:** 1085
of crystalline structure of integrated circuit Auger electron spectroscopy **A10:** 555
of topographic or microstructural features **A10:** 299
partial angle **A17:** 379
photodiode array **A17:** 12–13
photoimaging **EL1:** 509–510
positive, for automatic optical inspection **EL1:** 942
primary **EL1:** 548
process, rigid printed wiring boards **EL1:** 545
real time, as neutron detection method ... **A17:** 391
rigid printed wiring boards **EL1:** 542
screen printing **EL1:** 508–509
second phase, by scanning electron microscopy **A10:** 490
secondary electron, AES detector for **A10:** 554
SEM, clarity **A12:** 168
stereo, SEM display systems **A12:** 171
stereoscopic, in quantitative fractography **A12:** 196–197
surface features, by scanning electron microscopy **A10:** 490
system, molecular optical laser examiner **A10:** 129–130
system, SEM **A12:** 167–168
TEM and STEM modes, relationship between **A10:** 442
thermal wave, powder metallurgy parts ... **A17:** 541
thermal-wave **A12:** 169
ultrasonic, of powder metallurgy parts **A17:** 540
Imaging analysis *See also* Image analysis; Imaging
acoustic microscopes **EL1:** 1069–1071
infrared microscopes **EL1:** 1068–1069
infrared thermography **EL1:** 1071
liquid crystals **EL1:** 1071–1072
optical microscopy **EL1:** 1067–1068
photography **EL1:** 1072–1073
special techniques **EL1:** 1067–1073
Imaging atom probe
advantage for single elements **A10:** 596
and atom probe analysis, as complementary **A10:** 596–597
of interfacial segregation in molybdenum **A10:** 599–601
schematic **A10:** 595
Imaging methods
for use with cemented carbides **A9:** 275
Imaging modes
in transmission electron microscopy .. **A9:** 103–104
Imaging systems
high-resolution infrared **A17:** 398
pressure vessel **A17:** 654
real-time radiography **A17:** 322
Imaging technique
secondary ion mass spectroscopy as **M7:** 257
IMC *See* Intermetallic-matrix composites
IMI 834
solution treating **A4:** 917, 918–919
Imidazoles **EM3:** 95
Imide group
chemical groups and bond dissociation energies used in plastics **A20:** 441
Imide monomers
formation **EM1:** 78
Imidization *See also* Curling
and cure, compared **EL1:** 772
kinetics **EL1:** 772
Immersed arcing
refractory wear **A15:** 437
Immersed electrodes furnace
dip brazing **A6:** 337
Immersion *See also* Immersion coatings; Immersion plating; Immersion tests; Total immersion tests
cleaning, for urethane coatings **EL1:** 777
cooling **EL1:** 2, 49, 55
corrosion, cemented carbides **A13:** 857
depths, wave soldering **EL1:** 688
environments, thermal spray coatings for **A13:** 460
for chromate conversion coatings **A13:** 390
plates, as surface preparation **EL1:** 679
plating **A13:** 8, 430
soft solder corrosion by **A13:** 774
solder plating **EL1:** 564
Immersion cleaning
acid *See* Acid cleaning, immersion process
alkaline *See* Alkaline cleaning, immersion process
alkaline cleaning **A5:** 19, 20
attributes compared **A5:** 4
definition **A5:** 959
emulsion *See* Emulsion cleaning, immersion process
emulsion cleaning **A5:** 35
heat-resistant alloys **A5:** 779
paint stripping method **A5:** 14
Immersion coating
definition **A5:** 959
Immersion coatings
for marine corrosion **A13:** 916–918
organic **A13:** 916–918
tin **A13:** 776
Immersion cooling **EL1:** 2, 49, 55
Immersion etching
defined **A9:** 9
definition **A5:** 959
using nitric acid solution **A16:** 36
Immersion in hot and cold oil bath
thermal fatigue test **A19:** 529
Immersion lens *See* Immersion objective
Immersion objective
defined **A9:** 9
Immersion oil
used in magnetic etching **A9:** 64
Immersion paint-stripping method **M5:** 18–19
Immersion phosphate coating systems .. **M5:** 434–437, 440–443, 445–448, 450–453
equipment **M5:** 445–448, 450–451
immersion time **M5:** 441, 448, 456
safety precautions **M5:** 453–454
Immersion plate
definition **A5:** 959
Immersion plating **A13:** 8, 430
aluminum and aluminum alloys **A5:** 800, **M5:** 601–607
copper and copper alloys **A5:** 813–814, **M5:** 601–606
definition **A5:** 959
double immersion process **M5:** 603–604, 606
magnesium alloys **M5:** 638–639, 644–646
nickel **M5:** 219
Immersion pulse-echo ultrasonic testing, to detect cracks
electron-beam welding **A6:** 1077
Immersion techniques *See also* Immersion ultrasonic inspection
basic, ultrasonic inspection **A17:** 258
for pressure systems **A17:** 60
transmission ultrasonic inspection **A17:** 248
ultrasonic, with solvents **A17:** 81, 82
Immersion tests *See also* Total immersion tests **A7:** 979–983, **A13:** 114, 207, 220–224, 236–238, 265–266
laboratory corrosion test **A5:** 639
Immersion time
alloying and bouyancy effects **A15:** 72
Immersion tin coating **A13:** 776
Immersion ultrasonic inspection *See also* Immersion techniques; Immersion-type ultrasonic search units; Ultrasonic inspection
of adhesive-bonded joints **A17:** 617–619
of forged aluminum alloy **A17:** 510
of nonferrous tubing **A17:** 574
Immersion-type ultrasonic search units *See also* Search units
basic immersion **A17:** 258
water-column designs **A17:** 258–259
wheel-type **A17:** 259
Immiscible **EM3:** 16
defined **EM2:** 23
Immiscible blend
defined **EM2:** 632
Immiscible elements
alloyed by high-energy milling **M7:** 70
Immiscible latex systems **A20:** 446
Immiscible liquid **A5:** 33
Immiscible liquids
rare earth metals **A2:** 726–727
Immunity
defined **A13:** 8
Immunity, of iron
in water and dilute aqueous solutions **A11:** 198
Immunoassays
MFS use of fluorescent labels for **A10:** 72
Impact
as failure mode in gears **A11:** 590, 595
bar test, strain rate ranges for **A8:** 40
behavior, effect of hydrogen flaking **A11:** 316
distortion from **A11:** 138
dynamic fracture by **A8:** 259
effect in ceramics **A11:** 753–755
effect of **M7:** 60

SUBJECTS OF THE INDEXED VOLUMES: ASM Handbook (designated by the letter "A"): **A1:** Properties and Selection: Irons, Steels, and High-Performance Alloys (1990); **A2:** Properties and Selection: Nonferrous Alloys and Special-Purpose Materials (1990); **A3:** Alloy Phase Diagrams (1992); **A4:** Heat Treating (1991); **A5:** Surface Engineering (1994); **A6:** Welding, Brazing, and Soldering (1993); **A7:** Powder Metal Technologies and Applications (1998); **A8:** Mechanical Testing (1985); **A9:** Metallography and Microstructures (1985); **A10:** Materials Characterization (1986); **A11:** Failure Analysis and Prevention (1986); **A12:** Fractography (1987); **A13:** Corrosion (1987); **A14:** Forming and Forging (1988); **A15:** Casting (1988); **A16:** Machining (1989); **A17:** Nondestructive Evaluation and Quality Control (1989); **A18:** Friction, Lubrication, and Wear Technology (1992); **A19:** Fatigue and Fracture (1996); **A20:** Materials Selection and Design (1997). **Metals Handbook, 9th Edition** (designated by the letter "M"): **M1:** Properties and Selection: Irons and Steels (1978); **M2:** Properties and Selection: Nonferrous Alloys and Pure Metals (1979); **M3:** Properties and Selection: Stainless Steels, Tool Materials, and Special-Purpose Materials (1980); **M4:** Heat Treating (1981); **M5:** Surface Cleaning, Finishing, and Coating (1982); **M6:** Welding, Brazing, and Soldering (1983); **M7:** Powder Metallurgy (1984). **Engineered Materials Handbook** (designated by the letters "EM"): **EM1:** Composites (1987); **EM2:** Engineering Plastics (1988); **EM3:** Adhesives and Sealants (1990); **EM4:** Ceramics and Glasses (1991). **Electronic Materials Handbook** (designated by the letters "EL"): **EL1:** Packaging (1989)

energy, defined **A8:** 7, **A11:** 5
faces, optical alignment for plate testing . . . **A8:** 235
force as proportional to mass of milling medium **M7:** 60
fracture **A11:** 75, 76, 753
fracture toughness **A11:** 54
Hertzian cone crack from **A11:** 753
improvers, effect, chemical susceptibility **EM2:** 572
load, defined **A8:** 7, 259, **A11:** 6
modifiers, as additives **EM2:** 497
properties, correlated with toughness . . . **A11:** 54–55
properties, defined **EM2:** 434
resistance, low, brittle fracture from. . . . **A11:** 90–91
response curves **A8:** 269–272
rod, in symmetric rod testing **A8:** 203–204
wear **A8:** 603

Impact analysis **A20:** 262

Impact attrition mill **M7:** 757

Impact attritioning
beryllium powder **A7:** 942, 943

Impact avalanche transit time (IMPATT) diode
microwave inspection **A17:** 209

Impact breaker bar
rapid wear from retained austenite. . . **A11:** 367–368

Impact bruise
definition **EM4:** 633

Impact compaction **M7:** 56–59

Impact compression stress **A7:** 53

Impact cutoff machines **A14:** 714, 718–719

Impact cutting process
in metal removal processes classification scheme **A20:** 695

Impact damage *See also* Damage; Damage tolerance
adhesive-bonded joints **A17:** 615
and design configuration **EM1:** 263–264
cross section **EM1:** 260
delamination as **EM1:** 259–260
material effects **EM1:** 262–264
of specimens **EM1:** 296
residual strength, resin effects **EM1:** 262
tolerance requirements **EM1:** 265

Impact energy *See also* Charpy, test; Impact response curves; Impact testing; Izod
testing **A8:** 7
of ferrous P/M materials. **M7:** 465, 466
warm compaction **A7:** 377

Impact extrusion *See also* Extrusion. . . **A20:** 692–693
compatibility with various materials. **A20:** 247
defined **A14:** 8
equipment and tooling **A14:** 311
of magnesium alloys. **A14:** 311–312, 830
pressures **A14:** 312
procedure **A14:** 311–312
thermal expansion **A14:** 312
tolerances. **A14:** 312

Impact extrusions, magnesium alloy, product form
forming, aluminum and aluminum alloys **A2:** 6
grinding, beryllium. **A2:** 684
selection. **A2:** 464–465

Impact fatigue **A18:** 242

Impact fracture
Charpy, shear dimples in shear-lip zone of **A11:** 76
defined **A11:** 75

Impact fracture toughness
types compared. **A11:** 54

Impact fractures
AISI/SAE alloy steels **A12:** 314, 319, 324, 328
iron **A12:** 222
tool steels **A12:** 377, 378

Impact grinding
beryllium powders. **A7:** 202, 203

Impact grinding system
beryllium powders **M7:** 170, 171

Impact line
defined **A14:** 8

Impact loading **A19:** 27, **EM2:** 679–700
design and analysis techniques **EM2:** 691–700
effects, polymer deformation **EM2:** 680–681
metal vs. plastic **EM2:** 75–76
response, material considerations . . . **EM2:** 680–691
thin plastic components **EM2:** 691–700

Impact loading rate **A20:** 537

Impact loading techniques **A8:** 259

Impact models
wear models for design **A20:** 606

Impact molding
development of **A15:** 37

Impact parts, aluminum alloy
cold extrusion of **A14:** 309–310

Impact polystyrene *See* High-impact polystyrenes (PS, HIPS)

Impact process
model of **A7:** 53

Impact processes
as acoustic noise source **A17:** 285

Impact properties *See also* Notch
toughness. **A1:** 61–62, 63, 64
carburized steels **M1:** 534–536
cast steels . . **M1:** 378–381, 382, 389, 390, 392–393, 398, 399
CG iron **A15:** 673
cold finished bars **M1:** 224, 227–229, 231, 235, 246–249
corrosion-resistant cast irons **M1:** 89
density effects **A14:** 202–203
gray cast iron **M1:** 22
heat-resistant cast irons **M1:** 92
hot finishing temperature effects **A14:** 220
hot-working reduction effects **A14:** 218
malleable cast irons **M1:** 65, 70–71
of ductile iron. **A1:** 40, 43, 44, 45, 46, **A15:** 661–662, **M1:** 39–42, 45
P/M steels **M1:** 334–335, 337–339, 342–343
powder forgings **A14:** 202–203
steel plate **M1:** 194
ultrahigh-strength steels . . . **M1:** 422, 423, 426–431, 433–436, 438, 442

Impact resistance *See also* Fiber properties analysis; Impact damage; Impact strength; Material properties analysis
and composite design **EM1:** 33
effects of iron oxide **M7:** 464
fabric vs. tape **EM1:** 262
hot dip galvanizing **A13:** 438
hybrid fabric composites. **EM1:** 149
of aluminum oxide-containing cermets **M7:** 804
of aramid fibers **EM1:** 36
of chromium carbide-based cermets **M7:** 806
of gray iron **A1:** 23
of steel castings **A1:** 365, 367–369
of titanium carbide-based cermets **M7:** 808
of titanium carbide-steel cermets **M7:** 810

Impact response curves
concept of **A8:** 259, 269–271

Impact sintering **M7:** 6

Impact strength *See also* Impact loading; Impact tests; Impact toughness; Izod impact strength;
Mechanical properties **EM3:** 16
aluminum casting alloys **A2:** 152
and flexural modulus **EM2:** 280
as damage tolerance property **EM1:** 99
as fracture toughness, testing **EM2:** 739
ASTM test methods **EM2:** 334
cast copper alloys **A2:** 357–391
commercially pure tin **A2:** 518
compared **EM2:** 168
defined **EM1:** 13, **EM2:** 23
definition **A20:** 834
flexible epoxies **EL1:** 821
Gardner **EM2:** 281
glass addition effect **EM2:** 72
high-impact polystyrenes (PS, HIPS) **EM2:** 197
in P/M forging **M7:** 415
Izod, sheet molding compounds **EM1:** 158
of cemented carbides for wear applications **M7:** 778
of tungsten-reinforced composites . . . **EM1:** 883–884
polyester resins **EM1:** 91, 92
polyether sulfones (PES, PESV) **EM2:** 161
polyvinyl chlorides (PVC) **EM2:** 210
structural foams **EM2:** 509
styrene-maleic anhydrides (S/MA) **EM2:** 219
thermoplastics **EM1:** 292–293

Impact strength of sintered metal powder specimens,
determination of, specifications **A7:** 1099

Impact test *See also* Charpy impact test; Izod impact test; Reverse impact test **A20:** 345, 346, 447, 641, **EM3:** 16, 447–448
defined **EM1:** 13

Impact testing *See also* Charpy V-notch impact test;
Izod testing **M1:** 689–691
defined **A8:** 7
pressure-shear plate **A8:** 230–238
stress-intensity **A8:** 453

torsional **A8:** 216–218
used for fracturing **A9:** 23

Impact tests *See also* Charpy impact test; Izod impact test; Reverse impact test; Tup impact
test **A7:** 714
and tough-brittle transition **EM2:** 554–556
defined **EM2:** 23
types **EM2:** 687–688

Impact toughness *See also* Impact strength; Mechanical properties
pure titanium **A2:** 596
wrought aluminum and aluminum alloys **A2:** 109–110

Impact toughness test **A7:** 788

Impact toughness testing **A6:** 101

Impact, types of gear failures **A19:** 345

Impact value **EM3:** 16

Impact velocity
defined **A18:** 11

Impact wear **A18:** 263–270
defined **A18:** 11, 263
definition **A5:** 959
experimental background **A18:** 263
jet engine components **A18:** 588, 591
linear impact wear **A18:** 264–265
machine contacts **A18:** 265–266
measurable wear **A18:** 266
zero-wear limit **A18:** 265–266, 268
model for compound impact **A18:** 264
plotting a wear curve **A18:** 268–270
solution methods for
measurable wear **A18:** 266–268
computational procedures **A18:** 267–268
examples **A18:** 266–267

Impact wear model for elastomers
application wear model **A20:** 607

Impacting balls **M7:** 59, 60

Impaction ratio *See* Collection efficiency

Impact-modified acrylics **EM2:** 103, 105, 107

Impact-modified polystyrene (HIPS) **A20:** 446

Impacts
aluminum alloy **M2:** 8–10

Impedance *See also* Controlled impedance;
Impedance models **EM3:** 428, 431, 435
acoustic **A17:** 234–235, 238, 476
acoustic, for various materials **A17:** 476
alternating current, measurement **A13:** 200–201
and admittance matrices **EL1:** 35–36
apparent **EL1:** 37
bridge, eddy current inspection **A17:** 176–178
calculated values **EL1:** 419
changes, by small flaws **A17:** 173
characteristic **EL1:** 29–30, 35–36, 588
coil, in eddy current inspection **A17:** 166–167
components **A17:** 166–167
concepts, eddy current inspection **A17:** 169–173
conductor **EL1:** 83
controlled, connector system **EL1:** 86
controlled, for high-bandwidth digital systems **EL1:** 76
defined **EL1:** 1146
diagrams, eddy current inspection . . . **A17:** 170–172
driver circuit output **EL1:** 26
electrochemical, spectroscopy **A13:** 220
electrochemical test methods **A13:** 215, 220
formulas for **EL1:** 29
line, VHSIC interconnects **EL1:** 388
matched-load **EL1:** 1–40, 11, 111
-measuring mode, remote-field eddy current inspection **A17:** 196
normalization **A17:** 170
of signal line **EL1:** 29–30
of solid cylindrical bar **A17:** 171–172
of tube **A17:** 169–170
output, driver circuit effect **EL1:** 39
-plane diagram, eddy current inspection . . **A17:** 166
selection **EL1:** 83
surface, modulation **A17:** 217
test, for anodized aluminum **A13:** 220
ultrasonic beams **A17:** 238
ultrasonic inspection **A17:** 234–235

Impedance, and high-temperature testing
Kolsky bar **A8:** 222–223

Impedance models **EL1:** 601–603
asymmetric stripline properties **EL1:** 602–603
coated microstrip **EL1:** 602
microstripline properties **EL1:** 602

Impedance models (continued)
stripline properties. **EL1:** 602

Impedance test
ENSIP Task IV, ground and flight engine
tests. **A19:** 585

Impeller
austenitic cast iron, shrinkage
porosity in. **A11:** 355–356
cast iron pump, graphitic
corrosion of. **A11:** 374–375
centrifugal compressors **A18:** 606, 607, 608
water pump, cavitation damage **A11:** 167–168

Impeller, steel
radiographic inspection. **A17:** 333–334

Imperfection
defined **A9:** 9

Imperfections **A20:** 340–342

Imperfections, weld *See also* Weld
defects **A11:** 92–93

Impervious graphite **A13:** 1154, 1227

Impingement *See also* Impingement corrosion
attack. **A11:** 6, 634
copper/copper alloys **A13:** 613
corrosion, defined. **A13:** 8
defined **A18:** 11
definition **A5:** 959
drop **A11:** 164–165
flame, in D2 P/M die component . . . **A11:** 573, 579
microjet **A11:** 165
water drop **A13:** 142, 339, 519

Impingement attack
definition **A5:** 959
versus impingement erosion **A18:** 223

Impingement corrosion *See also* Corrosion;
Impingement; Liquid impingement erosion;
Liquid-erosion, failures
in malleable iron elbow, leakage and failure at
bend **A11:** 189
in water **A11:** 189
of copper alloy heat-exchanger
tubing. **A11:** 634–635

Impingement erosion **A7:** 1069
defined **A18:** 11
hardfacing for **M7:** 823

Impingement grain structure
defined. **A9:** 602–603

Impingement umbrella
defined **A18:** 11

Implant alloys
dental. **A13:** 1357–1359

Implant alloys (dental)
of precious metals **A2:** 696

Implant fixation
porous coatings for. **M7:** 659–661

Implant test
comparison of fields of use, controllable variables,
data type, equipment, and cost **A20:** 307

Implantation *See also* Ion implantation
as effect of primary ion bombardment. . . . **A10:** 611
helium, in bcc iron alloy. **A10:** 485
of inert elements **A10:** 475
of inert gas elements **A10:** 485
surface modification by **A13:** 498–500

Implantation defects **EL1:** 978

Implants *See also* Metallic orthopedic implants,
failures of
and ionic composition of chlorine . . . **A11:** 672, 673
bending of **A11:** 672
breakage or disintegration. **A11:** 672
combined dynamic and biochemical
attack on **A11:** 676–677
complications related to **A11:** 672
deficiencies, failures related to **A11:** 680–681
estimated cyclic loading on **A11:** 673
failed historic Lane plate **A11:** 674
failures of **A11:** 670–694
for internal fixation **A11:** 671
interaction with body environment. **A11:** 673
loaded in appropriate cyclic fatigue
range **A11:** 684, 689
loosening of. **A11:** 672
materials for **A11:** 672–673, 684–689
metallic orthopedic **A11:** 670–694
orthopedic **M7:** 657–659
orthopedic, degradation of **A11:** 689–692

Implants, orthopedic
austenitic stainless steels. **A12:** 359–364

Implosion protection band **A20:** 635

Importance factors **A19:** 301

Impregnate
defined **EM1:** 13, **EM2:** 23

Impregnated abrasives
application categories. **A5:** 91

Impregnated fabric *See also* Prepreg
defined **EM1:** 13, **EM2:** 23

Impregnation *See also* Wetting **M7:** 6
after conventional die compaction **A7:** 13
centrifugal pressure. **M7:** 554
defined **A15:** 7
definition **A5:** 959
external pressure **M7:** 554
in filament winding processes **EM1:** 505–506
in polymer-matrix composites processes
classification scheme **A20:** 701
in powder metallurgy processes classification
scheme **A20:** 694
in pultrusion **EM1:** 534
of resin-coated glass cloth **EL1:** 114
of thermoplastic resins **EM1:** 101–103
procedure, die casting **A15:** 295
shear-thinning method. **EM1:** 102
sintered bronze bearings **A2:** 395

Impregnation and infiltration **A20:** 750

Impregnation methods *See* Resin impregnation of
powder metallurgy parts

Impregnation, resin
in pultrusion **EM2:** 390

Impressed current
cathodic protection system **A13:** 467–469, 476
defined **A13:** 8
test, SCC in aluminum alloys **A13:** 265

Impressed current density **A20:** 552, 553

Impressed electrical current
SCC tests with **A8:** 532

Impressed-current anodes **A13:** 469, 921–922

Impression
defined **A9:** 9, **A14:** 8

Impression die forging
in bulk deformation processes classification
scheme **A20:** 691

Impression dies
benders. **A14:** 44
blockers **A14:** 44
edgers. **A14:** 43–44
fabrication of **A14:** 52–53
finishers. **A14:** 44–45
flash-and-gutter, for HERF
processing **A14:** 101–104
flatteners **A14:** 44
fullers **A14:** 43
rollers **A14:** 44
splitters **A14:** 44

Impression replica
define **A9:** 9
definition. **A5:** 959

Impression size
Brinell test. **A8:** 84

Impression-die forging *See* Closed-die forging;
Impression dies

"Improved Gas Shielding," patent (No
5,081,334) **A6:** 446

Improved plow steel quality rope wire. . . **M1:** 265, 266

Improvement analysis **A20:** 262

Improvement factor **A20:** 90–91

Improvement, process
defined **A17:** 740

Impulse
definition **M6:** 10

Impulse resistance sintering **A7:** 584

Impulse (resistance welding)
definition. **A6:** 1210

"Impulse response" **A18:** 600

Impulse sealing *See also* Heat sealing
defined **EM2:** 23

Impurities *See also* Inclusions **A6:** 146
as crack initiation sites **A17:** 216
as function of position **EL1:** 146
cast metal sensitivity to **A15:** 74
defined **A9:** 9
depth profiles of heavy element **A10:** 632–633
determined in nickel **A10:** 240
diffusion, active-component
fabrication. **EL1:** 194–195
effect, chemical processing **A13:** 1136
effect, intergranular embrittlement, nickel **A13:** 164
effect, kinetics of gaseous corrosion **A13:** 68–69
effect on boundary migration **A9:** 696–697
effect on fracture toughness of a luminum
alloys **A19:** 385
effect on fracture toughness of steels **A19:** 383
effect on metal and metal-to-ceramic
adhesion. **A6:** 144
effect, zirconium alloys **A13:** 709
enrichment of **A13:** 156
grain-boundary segregation, and intergranular
corrosion **A13:** 239
heavy-metal, effect in magnesium/magnesium
alloys **A13:** 740
in compound form **M7:** 246
in heterogeneous nucleation **A15:** 103
in HIP processing. **M7:** 425–428
in hydrogen
chloride/hydrochloric acid . . . **A13:** 1161–1162
in molten salts **A13:** 50
in silica sand. **A15:** 208
in UO_2, determined. **A10:** 149–150
leaded red brass, fire refining effects **A15:** 451
liquid chromatography compound
analysis for **A10:** 649
liquid-metal corrosion by. **A13:** 56–59, 92
LPCVD thin film analysis for **A10:** 624
metal, in synthetic diamond. **A10:** 417
metallic and nonmetallic, chemical
analysis. **M7:** 246–249
molten copper, fire refining effect. **A15:** 450
oxygen effect in flux **A15:** 451
powder behavior and physical properties . . **M7:** 246
RBS analysis of surface. **A10:** 628
removal, by continuous flow melting **A15:** 414–415
solder, composition effects. **EL1:** 637–639
volatile, aluminum melts **A15:** 80

Impurities aluminum and aluminum alloys . . **A2:** 3, 16,
44
concentrations, of purified metals. **A2:** 1096
concentrations, titanium and chromium . . **A2:** 1097
effect in magnetically soft materials. . . **A2:** 762–763
effects, commercially pure titanium **A2:** 594
effects, wrought aluminum alloy **A2:** 44
in tin solders **A2:** 520–521
interstitial, reduction of **A2:** 1094–1095
limit, niobium-titanium superconducting
materials **A2:** 1044
limits, exceeding, cast copper alloys **A2:** 365
removal **A2:** 1093–1095
specific elements, wrought aluminum
alloy **A2:** 46–57
tolerance, casting vs. wrought copper alloy **A2:** 346
unalloyed uranium. **A2:** 672

Impurities, molecular
and polymers. **EM2:** 58

Impurity atoms **A20:** 340
and point defects **A13:** 46

Impurity effect
on fatigue crack growth rate. **A8:** 411

SUBJECTS OF THE INDEXED VOLUMES: **ASM Handbook** (designated by the letter "A"): **A1:** Properties and Selection: Irons, Steels, and High-Performance Alloys (1990); **A2:** Properties and Selection: Nonferrous Alloys and Special-Purpose Materials (1990); **A3:** Alloy Phase Diagrams (1992); **A4:** Heat Treating (1991); **A5:** Surface Engineering (1994); **A6:** Welding, Brazing, and Soldering (1993); **A7:** Powder Metal Technologies and Applications (1998); **A8:** Mechanical Testing (1985); **A9:** Metallography and Microstructures (1985); **A10:** Materials Characterization (1986); **A11:** Failure Analysis and Prevention (1986); **A12:** Fractography (1987); **A13:** Corrosion (1987); **A14:** Forming and Forging (1988); **A15:** Casting (1988); **A16:** Machining (1989); **A17:** Nondestructive Evaluation and Quality Control (1989); **A18:** Friction, Lubrication, and Wear Technology (1992); **A19:** Fatigue and Fracture (1996); **A20:** Materials Selection and Design (1997). **Metals Handbook, 9th Edition** (designated by the letter "M"): **M1:** Properties and Selection: Irons and Steels (1978); **M2:** Properties and Selection: Nonferrous Alloys and Pure Metals (1979); **M3:** Properties and Selection: Stainless Steels, Tool Materials, and Special-Purpose Materials (1980); **M4:** Heat Treating (1981); **M5:** Surface Cleaning, Finishing, and Coating (1982); **M6:** Welding, Brazing, and Soldering (1983); **M7:** Powder Metallurgy (1984). **Engineered Materials Handbook** (designated by the letters "EM"): **EM1:** Composites (1987); **EM2:** Engineering Plastics (1988); **EM3:** Adhesives and Sealants (1990); **EM4:** Ceramics and Glasses (1991). **Electronic Materials Handbook** (designated by the letters "EL"): **EL1:** Packaging (1989)

Impurity elements *See also* Residual elements
temper embrittlement, role in **M1:** 684–685
Impurity removal *See* Composition control; Impurities
In cake filtration
inclusion removal....................... **A15:** 489
In roller leveling
to control flatness in carbon steel sheet.... **A1:** 206
In situ
discontinuous copper-matrix composites ... **A2:** 909
In situ film growth
thin-film materials...................... **A2:** 1082
***in situ* induction heating**
for elevated-temperature compression testing............................ **A8:** 196
***In situ* measurement technique**
for fiber-matrix interphase characterization.................. **EM3:** 391
In situ microstructural analysis
by surface replication **A17:** 52–56
***In situ* studies**
SEM imaging **A12:** 169
In situ technique **A19:** 220
In temper rolling
to control flatness in carbon steel sheet......................... **A1:** 205–206
***In vivo* measurement**
by neutron activation analysis........... **A10:** 233
IN-100
composition........................... **A16:** 737
for hot-forging dies................ **A18:** 625, 626
machining........... **A16:** 738, 741–743, 746–758
surface alterations from material removal processes **A16:** 27
IN-102
composition........................... **A16:** 736
machining .. **A16:** 738, 741–743, 746–747, 749–758
thread grinding........................ **A16:** 275
IN-713 C
composition **M6:** 354
IN-713C
composition............................ **A6:** 564
electron-beam welding................... **A6:** 869
repair welding.......................... **A6:** 564
strain age cracking...................... **A6:** 564
IN-738 *See also* Nickel-base superalloys, specific types
grinding **A16:** 760
machining........... **A16:** 738, 741–743, 746–758
IN-738X
composition........................... **A16:** 737
IN-792
composition........................... **A16:** 737
machining........... **A16:** 738, 741–743, 746–757
IN909
coefficient of expansion and jet engine applications...................... **A18:** 589
Inadequate joint penetration
definition **M6:** 10
In-bed superheaters/air heaters **A13:** 999
Incendiary bombs
powders used.......................... **M7:** 573
Incendiary materials
comparison............................ **M7:** 681
with metal fuels **M7:** 600, 603
Inceram **EM4:** 1096
Incident bar
in split Hopkinson pressure bar .. **A8:** 198–199, 201
in torsional Kolsky bar dynamic test **A8:** 228
Incident electrons
Monte Carlo projections................ **A12:** 167
Incident energy
in microwave inspection................ **A17:** 203
Incident gage
for bar testing **A8:** 220–221, 277
Incident illumination
in a transmission electron microscope **A9:** 103
Incident light
for discontinuities **A12:** 63
meter, effects.......................... **A12:** 85
Incident light microscopy
Köhler illumination principle **A9:** 58–59
Incident light, monochromatic
gray value contrast at different wavelengths....................... **A9:** 149
Incident wave
in split Hopkinson pressure bar **A8:** 200–201
Incident-light microscopes
light paths.......................... **A9:** 71, 81
optical path............................ **A9:** 80
relationship between resolution and of light **A9:** 78
Incinerator equipment
elevated-temperature failure in **A11:** 294
Incinerator wall tube corrosion **A13:** 997–998
Incipient melting *See also* Burning
casting failure from **A11:** 407
in austenitic manganese steel castings **A9:** 239
revealed by differential interference contrast **A9:** 152
Incipient melting temperature *See also* Thermal properties
cast copper alloys **A2:** 360, 361, 377, 379
wrought aluminum and aluminum alloys ... **A2:** 74, 81
Inclination
milling........................... **A16:** 318, 329
Inclined position
definition **A6:** 1210, **M6:** 10
Inclined position (with restriction ring)
definition............................. **A6:** 1210
Inclined vibrating screens **M7:** 177
Inclined-surface mounting plug
used to mount tin and tin alloy coated materials **A9:** 450–451
Included angle
definition............................. **A6:** 1210
Included angle of groove welds........... **M6:** 65–67
Inclusion *See also* Voids................. **EM3:** 16
before and after twisting................. **A8:** 156
defined **EM1:** 13, **EM2:** 23
definition............................ **EM4:** 633
level effect on torsional fracture strain..... **A8:** 155
parallel to torsion axis, round bar......... **A8:** 155
spacing, fracture toughness as function of.. **A8:** 479
Inclusion count
defined.................................. **A9:** 9
Inclusion origin failure mode
factors controlling occurrence **A19:** 699
Inclusion particles
as nucleation sites **A9:** 694
Inclusion shape control................ **A15:** 91, 709
Inclusion shape controlled steels **A1:** 400, 405, 412–413
Inclusion spacing **A19:** 12
Inclusion-forming reactions *See also* Defects; Inclusions **A15:** 88–97
control of.......................... **A15:** 90–91
in aluminum alloys **A15:** 95
in cast irons **A15:** 94–95
in copper alloys **A15:** 96
in ferrous alloys.................... **A15:** 91–95
in magnesium alloys **A15:** 96
in nonferrous alloys.................. **A15:** 95–96
in steels **A15:** 91–94
inclusion types **A15:** 88–89
physical chemistry **A15:** 89–90
Inclusions *See also* Defects; Flaws; Gas defects; Impurities; Inclusion-forming reactions; Nonmetallic inclusions; Oxide inclusions; Oxides; Slag; Slag inclusions **A9:** 59, **A19:** 8, 49, 63, 64, 65, **A20:** 726
AISI/SAE alloy steels................... **A12:** 333
Al_2O_3 in medium-carbon molybdenum alloy steel............................. **A19:** 66
Al_7Cu_2Fe **A19:** 67
Al_7Cu_2Fe in aluminum alloy.......... **A19:** 65, 66
aluminum casting alloys **A2:** 146
analytical transmission electron microscopy **A10:** 429–489
and drawability........................ **A14:** 575
and insoluble particles, in liquid/solid interface........................ **A15:** 142
and spring failures **A11:** 554
as casting defect.................. **A17:** 519–520
as casting defects **A11:** 384, 387–388
as casting intemal discontinuity.......... **A11:** 354
as discontinuities, defined **A12:** 65
as fracture origin, AISI/SAE alloy steels .. **A12:** 303
as internal defects, in FIM samples **A10:** 587
as rolling defects....................... **A14:** 358
as source, acoustic emissions **A17:** 287
as volumetric flaw **A17:** 50
Auger electron spectroscopy......... **A10:** 549–567
brittle fracture by **A11:** 85, 89
by liquid penetrant inspection............ **A17:** 86
casting, types **A15:** 552–553
characterized by image analyzers........... **A9:** 83
cluster, spring failure from.............. **A11:** 554
complex, EPMA detected **A11:** 39
complex, in steels.................... **A15:** 92–93
computed tomography (CT)............. **A17:** 361
control of.......................... **A15:** 90–91
copper, effect in low-carbon steel **A12:** 249
defined **A9:** 9, **A10:** 176, **A11:** 6, **A13:** 8, **A15:** 7, 88
definition..................... **A5:** 959, **A20:** 835
diborides in aluminum alloys............. **A15:** 95
dross.................................. **A12:** 422
dross or flux, as casting defect........... **A11:** 387
eddy current inspection of **A17:** 164
effect in bearing element failure **A11:** 504
effect in SCC **A12:** 26
effect on alloy steels **A19:** 625–626
effect on aluminum alloy fluidity **A15:** 767
effect on cold-formed part failures **A11:** 307
effect on crack shape.................. **A19:** 162
effect on fatigue crack propagation .. **A12:** 346, 347
effect on fatigue life **A19:** 699–700
effect on striation........................ **A12:** 16
electron probe x-ray microanalysis ... **A10:** 516–535
exogenous **A15:** 88
exogenous slag **A14:** 191
fireclay............................... **A11:** 323
flotation times, calculated................ **A15:** 79
fracture of **A19:** 195
from pipe............................. **A12:** 427
globular oxide, in iron.................. **A12:** 220
high-carbon steels...................... **A12:** 277
identification with polarized light.......... **A9:** 76
illuminated and photographed............ **A12:** 86
image analysis of **A10:** 314–316
in aluminum alloy **A12:** 19
in aluminum alloys **A15:** 95–96, 488, 749
in arc-welded aluminum alloys **A11:** 435–436
in arc-welded low-carbon steel........... **A11:** 416
in carbon steel castings, examination for... **A9:** 230
in cast irons **A15:** 94–96
in copper alloys **A15:** 96
in copper and copper alloys, examination.. **A9:** 401
in dimples **A12:** 65, 67, 174
in duct-le cast iron **A15:** 94–95
in electrogas welds..................... **A11:** 440
in electron beam welds **A11:** 445
in ferrous alloys..................... **A15:** 91–95
in flash welds **A11:** 442
in gray cast iron........................ **A15:** 94
in gray iron castings **A17:** 531
in iron castings................... **A11:** 357–358
in iron, dimples from **A12:** 219
in low-alloy steel castings, examination for **A9:** 230
in low-carbon steels, effect of calcium **A12:** 247
in magnesium alloys **A15:** 96
in nonferrous alloys.................. **A15:** 95–96
in plain carbon steels **A15:** 709
in plate steels, examination for **A9:** 203
in powder forging **A14:** 190–191, 204
in resistance welds..................... **A11:** 440
in return bend, rupture by **A11:** 646
in steel bar and wire **A17:** 549
in steel, isolating **A10:** 176
in uranium alloys **A9:** 477, 479, 481, 484
in wrought stainless steels, etching to examine **A9:** 281
indigenous.......................... **A15:** 88–89
influence on fatigue resistance... **M1:** 672–674, 682
intentional.............................. **A15:** 88
intermetallic **A15:** 95–96
intermetallic, wrought aluminum alloys... **A12:** 423
isolation of residues.................... **A10:** 176
lead, effect on steel embrittlement... **A11:** 239, 242
macroetching to reveal **A9:** 173
magnetic field testing detection.......... **A17:** 129
manganese oxide/sulfide, in iron......... **A12:** 221
manganese sulfide **A11:** 322
melting, remelting, and refining processes affecting......................... **A11:** 340
metallographic sectioning of............. **A11:** 24
microvoid coalescence at **A12:** 12
microwave inspection............... **A17:** 202, 212
multiphase spinels **A11:** 322

Inclusions (continued)
nonmetallic **A11:** 316, 322–323, 477–478, 504, **A17:** 89, 492, 535, **A19:** 169
nonmetallic, in ceramic castings **A15:** 248
nonmetallic, in cold extrusions **A14:** 301
nonmetallic, in permanent mold castings . . **A15:** 285
nonmetallic, powder forged parts **A14:** 204
optical metallography **A10:** 299–308
oxide, analysis in steel alloys **A10:** 162
oxide, as squeeze casting defect **A15:** 325
oxide or flux, in brazing **A11:** 451
oxide-sulfide, in shafts **A11:** 462
oxygen **M6:** 838–839
plastic **A14:** 358
radiographic appearance **A17:** 349
radiographic methods **A17:** 296
ratings, by image analysis **A10:** 309
refinement of residues **A10:** 176–177
refractory **A14:** 358
removal, in gating **A15:** 589
ribbonlike, AISI/SAE alloy steels **A12:** 326
sand, as casting defect **A11:** 387
scanning electron microscopy **A10:** 490–515
second-phase, wrought aluminum alloys . . **A12:** 423
selective attack on **A11:** 182–183
separation techniques **A15:** 90–91
service fracture, steel forging **A12:** 65, 66
shape control, HSLA steels **M1:** 411
shape, control of **A15:** 91, 709
shapes, common **A15:** 93
size and distribution **A12:** 333
size, effect in ferrous melts **A15:** 79
slag **A11:** 440, **M6:** 837–838, 843–844
slag, in steel pipe **A17:** 565
slag, radiographic appearance **A17:** 350
sorting by dot maps **A12:** 168
sources of **A15:** 488
spacing constant (λ) **A19:** 30
spall from **A11:** 89
spheroidal oxide, in iron **A12:** 220
steel plate, effect on machinability **M1:** 197
stringers **A12:** 140–141, 161
stringers, EPMA identified **A11:** 38
subsurface **A11:** 120–121, 323
sulfide **A11:** 83, 477–478, 723
sulfide, in white iron **A12:** 239
surface, SEM analysis **A10:** 490
testing **A10:** 176–177
testing methods **A15:** 493
titanium, in maraging steels **A12:** 383
tungsten **M6:** 839
tungsten, in weldments **A17:** 582, 584
types **A15:** 88–89
types, powder forging **A14:** 191
ultrasonic cleaning effects **A12:** 75
ultrasonic inspection of **A17:** 232
volume fraction of **A19:** 11, 13
wrought aluminum alloys **A12:** 418
Inclusions in
arc welds of magnesium alloys **M6:** 435
arc welds of nickel-based alloys **M6:** 363
brazements of stainless steel **M6:** 1001
flash welds **M6:** 580
gas metal arc welds **M6:** 172
Inclusion-shape-controlled steels
alloying additions and properties as category of HSLA steel **A19:** 618
Inco 625
friction surfacing **A6:** 323
Inco 706
transition fatigue life and tensile data **A19:** 967
Inco alloy 020
composition **A16:** 836
machining **A16:** 836–840, 842, 843
Inco alloy 330
composition **A16:** 836
machining **A16:** 836–840, 842, 843
INCO alloy 600, applications
heat exchangers **EM4:** 984
Inco alloy 718
EDM **A16:** 868
Inco alloy C-276
composition **A16:** 836
machining **A16:** 836–840, 842, 843
Inco alloy G-3
composition **A16:** 836
machining **A16:** 836–840, 842, 843
Inco alloy HX
composition **A16:** 836
machining **A16:** 42, 843
Inco alloy MS 250
composition **A16:** 836
machining **A16:** 40, 842, 843
Inco Ltd
nickel powders **M7:** 137–138
Inco pressure carbonyl process **A7:** 169, 170
Incoherent atomic scattering intensity
abbreviation for **A10:** 690
Incoherent interface
between matrix and precipitate **A9:** 648
defined **A9:** 604, 647
Incoherent scattering
defined **A9:** 9
Incoherent-to-coherent image converters
microwave holography **A17:** 227–228
Incology, specific types
800
composition **M6:** 354
explosion welding **M6:** 706–707
800H, composition **M6:** 354
801
composition **M6:** 354
flash welding **M6:** 557
802, composition **M6:** 354
901, composition **M6:** 354
903, composition **M6:** 354
DS, flash welding **M6:** 557
MA 956, brazing **M6:** 1020
Incoloy
recommended for parts and salt bath fixtures **A4:** 514
Incoloy 800
composition **A4:** 512, **A6:** 564
erosion test results **A18:** 200
for radiant-tube-heated furnace equipment **A4:** 473
welding to carbon, low-alloy or stainless steels **A6:** 826
Incoloy 800 H
composition **A6:** 564
Incoloy 800 HT
composition **A6:** 564
Incoloy 800H
erosion test results **A18:** 200
Incoloy 801
composition **A6:** 564
Incoloy 802
composition **A4:** 512, **A6:** 564
pack cementation aluminizing **A5:** 618
Incoloy 804
oxide removal **A5:** 866
Incoloy 901
aging **A4:** 804
aging cycle **M4:** 656
aging precipitates **A4:** 796
aging treatments, effect on properties **M4:** 662, 663
annealing **M4:** 655
composition **A4:** 794, **A6:** 564, **M4:** 651–652
creep-rupture properties **A4:** 805
double-aging **A4:** 804
electron-beam welding **A6:** 865
fatigue strength **A4:** 801
for hot-forging dies **A18:** 626
grain size effect on fatigue properties **A4:** 802
mechanical properties after third aging treatment **A4:** 804
nickel content and alloy classification **A4:** 800
solution heat treatment **A4:** 801
solution treating **M4:** 656
stabilization effect on mechanical properties **A4:** 804
stress relieving **M4:** 655
tensile properties **A4:** 801, 802, 803
Incoloy 903
aging **A4:** 796
composition **A4:** 794, **A6:** 564
nickel content and alloy classification **A4:** 800
oxidation **A4:** 798
oxide removal **A5:** 866
sleeve material for brazed joint in turbocharger application **EM4:** 724
solution-treating **A4:** 796
Incoloy 909
brazing **A6:** 949, 956–957
composition **A6:** 564
Incoloy 925
composition **A6:** 564
Incoloy alloy 800
composition **A16:** 736, 836
machining . . **A16:** 738, 741–743, 746–747, 749–758, 837–840, 842, 843
Incoloy alloy 800 H
machining **A16:** 757, 758
Incoloy alloy 800 HT
composition **A16:** 836
machining **A16:** 836–840, 842, 843
Incoloy alloy 801
composition **A16:** 736
machining . . **A16:** 738, 741–743, 746–747, 749–758
Incoloy alloy 802
composition **A16:** 736, 836
machining . . **A16:** 738, 741–743, 746–747, 749–758, 837–840, 842, 843
Incoloy alloy 804
machining **A16:** 757, 758
Incoloy alloy 825
composition **A16:** 836
machining **A16:** 757, 758, 837–840, 842, 843
Incoloy alloy 901
composition **A16:** 736
machining **A16:** 203, 204, 275, 738, 741–743, 746–747, 749–757
Incoloy alloy 903
chemical milling **A16:** 583
composition **A16:** 836
electrochemical machining **A16:** 843
machining . . **A16:** 738, 741–743, 746–747, 749–757, 837–840, 842, 843
Incoloy alloy 907
composition **A16:** 836
electrochemical machining **A16:** 843
machining **A16:** 837–840, 842, 843
Incoloy alloy 909
composition **A16:** 836
electrochemical machining **A16:** 843
machining **A16:** 837–840, 842, 843
Incoloy alloy 925
composition **A16:** 836
machining **A16:** 837–840, 842, 843
Incoloy alloy DS
composition **A16:** 836
machining **A16:** 842, 843
Incoloy alloy MA 956
composition **A16:** 836
machining **A16:** 837–840, 842, 843
Incoloy alloys *See* High-temperature materials, specific types; Nickel alloys, specific types, Incoloy; Nickel-base superalloys, specific types
Incoloy MA 956 . . . . . **A6:** 928
brazing **A6:** 632
characteristics **A4:** 512
composition **A4:** 512
Incompatible crack front orientation
interaction phenomena during crack growth under variable-amplitude loading **A19:** 125
Incomplete block experimental plans **A8:** 644–649
Incomplete block experiments **A8:** 646–649, 657–661
Incomplete blocks **A8:** 640

SUBJECTS OF THE INDEXED VOLUMES: ASM Handbook (designated by the letter "A"): **A1:** Properties and Selection: Irons, Steels, and High-Performance Alloys (1990); **A2:** Properties and Selection: Nonferrous Alloys and Special-Purpose Materials (1990); **A3:** Alloy Phase Diagrams (1992); **A4:** Heat Treating (1991); **A5:** Surface Engineering (1994); **A6:** Welding, Brazing, and Soldering (1993); **A7:** Powder Metal Technologies and Applications (1998); **A8:** Mechanical Testing (1985); **A9:** Metallography and Microstructures (1985); **A10:** Materials Characterization (1986); **A11:** Failure Analysis and Prevention (1986); **A12:** Fractography (1987); **A13:** Corrosion (1987); **A14:** Forming and Forging (1988); **A15:** Casting (1988); **A16:** Machining (1989); **A17:** Nondestructive Evaluation and Quality Control (1989); **A18:** Friction, Lubrication, and Wear Technology (1992); **A19:** Fatigue and Fracture (1996); **A20:** Materials Selection and Design (1997). **Metals Handbook, 9th Edition** (designated by the letter "M"): **M1:** Properties and Selection: Irons and Steels (1978); **M2:** Properties and Selection: Nonferrous Alloys and Pure Metals (1979); **M3:** Properties and Selection: Stainless Steels, Tool Materials, and Special-Purpose Materials (1980); **M4:** Heat Treating (1981); **M5:** Surface Cleaning, Finishing, and Coating (1982); **M6:** Welding, Brazing, and Soldering (1983); **M7:** Powder Metallurgy (1984). **Engineered Materials Handbook** (designated by the letters "EM"): **EM1:** Composites (1987); **EM2:** Engineering Plastics (1988); **EM3:** Adhesives and Sealants (1990); **EM4:** Ceramics and Glasses (1991). **Electronic Materials Handbook** (designated by the letters "EL"): **EL1:** Packaging (1989)

Incomplete casting
as casting defect **A11:** 385–386, **A17:** 512, 517

Incomplete casting, as defect
types. **A15:** 550–551

Incomplete fusion *See also* Fusion; Fusion, incomplete; Lack of fusion (LOF)
as discontinuity **A12:** 65
definition **M6:** 10
in steel pipe **A17:** 565
radiographic appearance **A17:** 350

Incomplete joint penetration (IJP) **A19:** 279

Incomplete penetration *See also* Lack of penetration (LOP); Penetration
in steel pipe **A17:** 565
radiographic methods **A17:** 296
root, radiographic appearance **A17:** 350

Incompressible flow momentum equation **A20:** 189

Inconel
back reflection intensity **A17:** 238
cast
ceramic-bonded fluoride coatings for lubricants **A18:** 118
graphite as solid lubricant.............. **A18:** 115
cutoff band sawing with bimetal blades... **A6:** 1184
descaling before ceramic coating.......... **A5:** 473
environments that cause stress-corrosion cracking **A6:** 1101
extension of tool life via ion implantation, examples **A18:** 643
finish broaching **A5:** 86
for valve springs for reciprocating compressors....................... **A18:** 604
grindability **A5:** 162
injection molding....................... **A7:** 314
nonmetallic fusion process **EM3:** 306
oxyacetylene welding.................... **A6:** 281
relative solderability as a function of flux type........................... **A6:** 129
seal materials **A18:** 550
seawater exposure effect on adhesives ... **EM3:** 632
tooling for pressed ware **EM4:** 398
ultrasonic welding **A6:** 326
weld overlay for hardfacing alloys........ **A6:** 820

Inconel 52
filler metal for oxide-dispersion-strengthened materials **A6:** 1039

Inconel 601
annealing.............................. **A4:** 908
composition **A4:** 512, 908
stress-equalizing **A4:** 908

Inconel 82
filler metal for stainless steel casting alloys **A6:** 496

Inconel 92
filler metal for stainless steel casting alloys **A6:** 496

Inconel 100
aging cycle............................. **A4:** 812
composition....... **A4:** 794, 795, **A6:** 573, **M4:** 653

Inconel 100 gatorized
composition............................ **A6:** 573

Inconel 102
composition................... **A4:** 794, **A6:** 573

Inconel 112
in ferritic base metal-filler metal combination **A6:** 1149

Inconel 182
filler metal for stainless steel casting alloys **A6:** 496

Inconel 600
annealing..................... **A4:** 908, **M4:** 655
applications, protection tubes and wells.... **A4:** 533
as fixtures in carburizing furnaces **A4:** 907
bright annealing **A4:** 910
composition **A4:** 512, 908, **A6:** 564, 573, **M4:** 651–652
constitutional liquation in multicomponent systems............................ **A6:** 568
descaling **A5:** 782
electron-beam welding................... **A6:** 869
erosion test results..................... **A18:** 200
fixture for solution treating uranium bars.. **A4:** 937
joined to silicon carbide................. **A6:** 636
laser welding........................... **A6:** 441
thermal diffusivity from 20 to 100 °C...... **A6:** 4
materials for parts and fixtures in nitriding furnaces **A4:** 398
noncyanide liquid nitriding furnace liners.. **A4:** 414
probe material for quenching cooling curve analysis **A4:** 68, 69, 88, 91
probe material used to find quenching temperatures.................... **A4:** 12, 13
radiant tube applications **A4:** 518
springs, strip for **M1:** 286
springs, wire for **M1:** 285
stress relieving......................... **M4:** 655
stress-equalizing **A4:** 908
stress-relieving......................... **A4:** 908
trace element impurity effect on GTA weld penetration.......................... **A6:** 20
welding to carbon, low-alloy or stainless steels.............................. **A6:** 826

Inconel 601
composition **A6:** 564, 573
oxide removal.......................... **A5:** 866

Inconel 617
annealing.............................. **A4:** 908
characteristics **A4:** 512
composition...... **A4:** 512, 794, 908, **A6:** 564, 573, **M4:** 651–652
filler metal for oxide-dispersion-strengthened materials **A6:** 1038
filler metal for stainless steel casting alloys **A6:** 496
mill annealing.......................... **A4:** 810
mill annealing temperature range **A6:** 573
solution annealing **A4:** 810
solution annealing temperature range...... **A6:** 573
stress-equalizing................... **A4:** 811, 908

Inconel 625
aging **A4:** 796, 810
annealing.............................. **A4:** 908
composition **A4:** 794, 908, **A6:** 564, 573, **M4:** 651–652
electron-beam welding................... **A6:** 869
laser melt/particle injection **A18:** 869, 870, 871
mill annealing.......................... **A4:** 810
solution annealing **A4:** 810
solution-treating **A4:** 796
stress-relieving......................... **A4:** 908
weld overlay for hardfacing alloys........ **A6:** 820

Inconel 626, applications
aerospace.............................. **A6:** 387

Inconel 671
erosion test results..................... **A18:** 200
oxide removal.......................... **A5:** 866

Inconel 700
aging cycle **M4:** 656
annealing **M4:** 655
ceramic cutting tool cost-effectiveness ... **EM4:** 967
composition........................ **M4:** 651–652
electron-beam welding................... **A6:** 867
solution treating **M4:** 656
stress relieving......................... **M4:** 655

Inconel 702
composition... **A4:** 794, **A6:** 564, 573, **M4:** 651–652

Inconel 706
aging.................................. **A4:** 796
composition... **A4:** 794, **A6:** 564, 573, **M4:** 651–652
for hot-forging dies **A18:** 626
niobium content and alloy classification ... **A4:** 800
solution-treating................... **A4:** 796, 803

Inconel 713
aging cycle **A4:** 812, **M4:** 657
composition **M4:** 653
solution treating **M4:** 657

Inconel 713C
composition............................ **A4:** 795

Inconel 713C, for press forging heat-resistant alloys
nickel-base alloys **A18:** 625

Inconel 713LC
composition............................ **A4:** 795
for hot-forging dies **A18:** 625, 626

Inconel 718
age hardening **A6:** 564
aging **A4:** 796, 804, 805, 911
aging cycle **A4:** 812, **M4:** 656
aging cycles **A6:** 574
aging temperature effect on mechanical properties.......................... **A4:** 806
annealing.................... **A4:** 908, **M4:** 655
applications **A4:** 804, **A6:** 928
composition...... **A4:** 794, 795, 908, **A6:** 564, 573, **M4:** 651–652
compounds/properties in composition ... **EM4:** 499
direct aging **A4:** 804
electron-beam welding................... **A6:** 869
for hot-forging dies **A18:** 626
friction welding......................... **A6:** 153
glass-ceramic/metal seals **EM4:** 499, 500
glass-metal seals **EM4:** 875
heat treatments......................... **A6:** 928
hermetic glass-ceramic/metal seating..... **EM4:** 479
laser-beam welding...................... **A6:** 263
material for jet engine components.. **A18:** 588, 591
mechanical properties **A4:** 803, 804, 805, 807, **EM4:** 316
mechanical properties, function of processing **A4:** 806
nickel flashing treatment................. **A6:** 926
niobium content and alloy classification ... **A4:** 800
physical and mechanical properties....... **A5:** 163
physical properties **EM4:** 316
precipitation strengthening and grain size.. **A4:** 799
solution heat treatment **A4:** 796, 803, 804, 911
solution treating **M4:** 656
solution treatment **A6:** 574
springs, strip for **M1:** 286
springs, wire for **M1:** 285
strain age cracking resistance............. **A6:** 84
stress relieving......................... **M4:** 655
stress-equalizing **A4:** 908
stress-relieving......................... **A4:** 908
temperature measurement, validation strategies **A6:** 1149
tensile properties.................. **A4:** 806, 807
thermomechanical properties.............. **A4:** 798
titanium nitride coating, stress measurement **A5:** 650
trace element impurity effect on GTA weld penetration.......................... **A6:** 20
transformation diagram.................. **A4:** 803
with HIP, aging cycle **A4:** 812
with niobium carbides, different illuminations compared **A9:** 82

Inconel 721
composition............................ **A4:** 794

Inconel 722
composition **A4:** 794, **A6:** 564, 573

Inconel 725
aging.................................. **A4:** 796
composition............................ **A4:** 794
solution-treating **A4:** 796

Inconel 738
aging cycle............................. **A4:** 812
composition............................ **A4:** 795

Inconel 751
composition................. **A4:** 794, **A6:** 573

Inconel 792
aging cycle............................. **A4:** 812
composition............................ **A4:** 795

Inconel 800
composition..................... **M4:** 651–652

Inconel 901
aging.................................. **A4:** 796
finish broaching **A5:** 86
precipitation strengthening and grain growth **A4:** 799
thermomechanical processing.............. **A4:** 798

Inconel 907
aging.................................. **A4:** 796
cold working effect on aging **A4:** 800
composition............................ **A4:** 794
oxidation **A4:** 798
solution-treating **A4:** 796

Inconel 909
aging.................................. **A4:** 796
cold working effect on aging **A4:** 800
composition............................ **A4:** 794
nickel content and alloy classification **A4:** 800
oxidation **A4:** 798
precipitation strengthening and grain size.. **A4:** 800
solution-treating **A4:** 796

Inconel 925
aging.................................. **A4:** 796
composition............................ **A4:** 794
solution-treating **A4:** 796

Inconel 939
aging cycle............................. **A4:** 812

Inconel alloy
abrasive waterjet machining............. **A16:** 527
broaching............................. **A16:** 209
electrochemical grinding **A16:** 542
grinding **A16:** 437
honing stone selection.................. **A16:** 476

Inconel alloy (continued)
photochemical machining **A16:** 588
photochemical machining etchant **A16:** 590
sawing **A16:** 361, 363
Inconel alloy 100
drilling **A16:** 237
electron beam drilling **A16:** 570
Inconel alloy 600
chemical milling **A16:** 584
composition **A16:** 736, 836
machining . . **A16:** 738, 741–743, 746–747, 749–758, 837–840, 842, 843
Inconel alloy 601
composition **A16:** 736, 836
machining . . **A16:** 738, 741–743, 746–747, 749–757, 837–840, 842, 843
Inconel alloy 617
composition **A16:** 736, 836
electrochemical machining **A16:** 843
machining . . **A16:** 738, 741–743, 746–747, 749–757, 837–840, 842, 843
Inconel alloy 625
chemical milling **A16:** 584
composition **A16:** 736, 836
electrochemical machining **A16:** 843
machining . . **A16:** 738, 741–743, 746–747, 749–757, 837–840, 842, 843
Inconel alloy 690
composition **A16:** 836
machining **A16:** 837–840, 842, 843
Inconel alloy 700
composition **A16:** 736
machining . . **A16:** 738, 741–743, 746–747, 749–758
thread grinding **A16:** 275
Inconel alloy 702
thread grinding **A16:** 275
Inconel alloy 706
composition **A16:** 736, 836
electrochemical machining **A16:** 843
machining . . **A16:** 738, 741–743, 746–747, 749–757, 837–840, 842, 843
Inconel alloy 713C
composition **A16:** 737
machining **A16:** 741–743, 746–757
Inconel alloy 718
chemical milling **A16:** 584
composition **A16:** 37, 836
effect of EDM and grinding on fatigue strength **A16:** 35
electrochemical grinding **A16:** 547
electrochemical machining **A16:** 540, 541, 843
electrochemical machining and EDM **A16:** 25
fatigue strength and method of machining **A16:** 31
fatigue strength and shot peening **A16:** 36
feed rates for electrochemical machining . . **A16:** 534
grinding **A16:** 462, 464, 547, 760, 843
high removal rate machining **A16:** 608
high-speed machining and chip formation **A16:** 598, 599
honing with CBN **A16:** 479
laser beam drilling **A16:** 32
LBM-produced heat-affected zone **A16:** 24
machinability **A16:** 640, 737
machinability and notching **A16:** 642, 646
machining . . **A16:** 738, 741–743, 746–747, 749–758
milling **A16:** 547, 842
planing **A16:** 839
sawing **A16:** 360
spade and gun drilling **A16:** 839
surface alterations from material removal processes **A16:** 26, 27, 34
surface characteristics **A16:** 31
tapping **A16:** 840
thread grinding **A16:** 275
threading **A16:** 840
turning **A16:** 837, 838
Inconel alloy 721
thread grinding **A16:** 275
Inconel alloy 722
thread grinding **A16:** 275
Inconel alloy 751
composition **A16:** 736, 836
electrochemical machining **A16:** 843
machining . . **A16:** 738, 741–743, 746–747, 749–757, 837–840, 842, 843
Inconel alloy 901
broaching **A16:** 209
Inconel alloy MA 754
composition **A16:** 738, 836
electrochemical machining **A16:** 843
machinability **A16:** 737
machining . . **A16:** 738, 741–743, 746–747, 749–758, 837–840, 842, 843
Inconel alloy MA 956
composition **A16:** 738
drilling **A16:** 746, 747, 749
machinability **A16:** 737
turning **A16:** 741
Inconel alloy MA 6000
composition **A16:** 738
grinding **A16:** 760
machinability **A16:** 737
machining **A16:** 737, 738, 741–743, 746–757
Inconel alloy X
broaching **A16:** 209
electrochemical grinding **A16:** 547
grinding **A16:** 547
milling **A16:** 547
Inconel alloy X-750
composition **A16:** 736, 836
electrochemical machining **A16:** 843
machining . . **A16:** 738, 741–743, 746–747, 749–758, 837–840, 842, 843
Inconel alloys *See also* High-temperature materials, specific types; Nickel alloys, specific types; Nickel-base superalloys, specific types
2 h at 800 °C in vacuum, critical stress required to cause a crack to grow **A19:** 135
arc welding **M6:** 354
development and characteristics **A2:** 429
fatigue crack threshold compared with the constant *C* **A19:** 134
for basket used in liquid carburizing **A4:** 338
for casings of high-velocity convection burners **A4:** 274
for pots for liquid pressure nitriding **A4:** 415
IN-100 .... **A7:** 887, 889, 892, 899
applications **A7:** 999
composition **A7:** 1000
corrosion resistance **A7:** 1000, 1001, 1002
IN-625
corrosion resistance **A7:** 1002–1003
spray formed **A7:** 398, 399, 400, 403, 404
IN-690 .... **A7:** 894, 897
IN-706 .... **A7:** 887, 892, 893–894, 899
IN-718 (Inconel 718) . . **A7:** 887, 894, 897, 898, 899
IN-738C, corrosion resistance **A7:** 1001, 1002
IN-750, corrosion resistance **A7:** 1002
IN-800, corrosion resistance **A7:** 1001
IN-939, corrosion resistance **A7:** 1002
pot material to hold noncyanide carburizing process **A4:** 331
reaction with graphite hearths in vacuum heat treating **A4:** 503
resistance spot welding **M6:** 480
volume steady-state erosion rates of weld-overlay coatings **A20:** 475
weldability rating by various processes ... **A20:** 306
work load support material in vacuum heat treating **A4:** 502–503
Inconel alloys, specific types
100
fatigue life of powder metallurgy form . . **A19:** 859
stress-rupture life versus Larson-Miller parameter **A19:** 863
thermomechanical fatigue **A19:** 538
600
fatigue crack threshold **A19:** 143–144
for springs **A19:** 368
threshold stress intensity determined by ultrasonic resonance test methods **A19:** 139
617, thermomechanical fatigue **A19:** 537, 539
706, fatigue crack threshold **A19:** 145–146
713 C, monotonic and fatigue properties, cast cylinders at 23 °C **A19:** 977
718
crack length measurement **A19:** 182
cyclic crack growth **A19:** 53
fatigue crack propagation **A19:** 857
for fixtures in creep crack growth testing **A19:** 514
fracture toughness properties at room and subzero temperatures **A19:** 35
fracture toughness value for engineering alloy **A19:** 377
fretting fatigue **A19:** 327
multiaxial fatigue **A19:** 265, 266, 267, 268
oxidation-fatigue laws summarized with equations **A19:** 547
precipitate size effect **A19:** 35
precipitates and fracture toughness **A19:** 35
tensile properties at room and subzero temperatures **A19:** 35
thermomechanical fatigue **A19:** 537–538, 543
738 LC
monotonic and fatigue properties, sticks at 900 °C **A19:** 979
thermomechanical fatigue **A19:** 537, 538
738, thermomechanical fatigue **A19:** 537, 538, 539, 543
750, oxidation-fatigue laws summarized with equations **A19:** 547
939, thermomechanical fatigue **A19:** 537
X
monotonic and fatigue properties, blank at 23 °C **A19:** 977
nickel alloy, tensile properties **A19:** 967
nickel alloy, total strain versus cyclic life **A19:** 967
used in low-cycle fatigue study to position elastic and plastic strain-range lines **A19:** 964
X-750, for fixtures in creep crack growth testing **A19:** 514
Y_2O_3 oxide dispersion, thermomechanical fatigue **A19:** 539
Inconel MA 754
brazing **A6:** 632, 928
composition **A6:** 577
gas-tungsten arc weld **A6:** 928
properties **A6:** 578
Inconel MA 6000
brazing **A6:** 632, 928
composition **A6:** 557
properties **A6:** 578
Inconel nickel-base alloys *See* Nickel-base alloys, specific types
Inconel, specific types
600
composition **M6:** 354
flash welding **M6:** 557
gas metal arc welding **M6:** 362
601, composition **M6:** 354
617, composition **M6:** 354
625
composition **M6:** 354
flash welding **M6:** 557
700, flash welding **M6:** 557
702, composition **M6:** 354
706
composition **M6:** 354
flash welding **M6:** 557
718
brazing **M6:** 1020
composition **M6:** 354–355
explosion welding **M6:** 707

SUBJECTS OF THE INDEXED VOLUMES: ASM Handbook (designated by the letter "A"): **A1:** Properties and Selection: Irons, Steels, and High-Performance Alloys (1990); **A2:** Properties and Selection: Nonferrous Alloys and Special-Purpose Materials (1990); **A3:** Alloy Phase Diagrams (1992); **A4:** Heat Treating (1991); **A5:** Surface Engineering (1994); **A6:** Welding, Brazing, and Soldering (1993); **A7:** Powder Metal Technologies and Applications (1998); **A8:** Mechanical Testing (1985); **A9:** Metallography and Microstructures (1985); **A10:** Materials Characterization (1986); **A11:** Failure Analysis and Prevention (1986); **A12:** Fractography (1987); **A13:** Corrosion (1987); **A14:** Forming and Forging (1988); **A15:** Casting (1988); **A16:** Machining (1989); **A17:** Nondestructive Evaluation and Quality Control (1989); **A18:** Friction, Lubrication, and Wear Technology (1992); **A19:** Fatigue and Fracture (1996); **A20:** Materials Selection and Design (1997). **Metals Handbook, 9th Edition** (designated by the letter "M"): **M1:** Properties and Selection: Irons and Steels (1978); **M2:** Properties and Selection: Nonferrous Alloys and Pure Metals (1979); **M3:** Properties and Selection: Stainless Steels, Tool Materials, and Special-Purpose Materials (1980); **M4:** Heat Treating (1981); **M5:** Surface Cleaning, Finishing, and Coating (1982); **M6:** Welding, Brazing, and Soldering (1983); **M7:** Powder Metallurgy (1984). **Engineered Materials Handbook** (designated by the letters "EM"): **EM1:** Composites (1987); **EM2:** Engineering Plastics (1988); **EM3:** Adhesives and Sealants (1990); **EM4:** Ceramics and Glasses (1991). **Electronic Materials Handbook** (designated by the letters "EL"): **EL1:** Packaging (1989)

flash welding . . . M6: 557
722, composition . . . M6: 354
MA 754, brazing . . . M6: 1020
MA 956, brazing . . . M6: 1020
W, flash welding . . . M6: 558
X-750
composition . . . M6: 354
flash welding . . . M6: 557
flash welding schedule . . . M6: 577
Inconel X
finish broaching . . . A5: 86
ultrasonic welding . . . A6: 326, 895
Inconel X-750 . . . A5: 867
age hardening . . . A4: 796, 803, 911
aging cycle . . . M4: 656
aging cycles . . . A6: 574
aging, effect on properties . . . M4: 659
annealing . . . A4: 908, M4: 655
applications . . . A4: 911
ceramic-bonded fluoride coatings for lubricants . . . A18: 118
cleaning . . . A5: 868
composition . . . A4: 794, 908, A6: 564, 573, M4: 651–652
cutoff band sawing with bimetal blades . . . A6: 1184
electron-beam welding . . . A6: 869
graphite as solid lubricant . . . A18: 115
material for jet engine components . . . A18: 588
metal contaminants . . . A5: 779, 782
nickel content and alloy classification . . . A4: 800
solution treating . . . M4: 656
solution treatment . . . A6: 574
solution-treating . . . A4: 796, 803, 911
springs, strip for . . . M1: 286
springs, wire for . . . M1: 285
stabilization treating . . . A4: 803
stress relieving . . . M4: 655
stress-relieving . . . A4: 908
thermal treatments for precipitation hardening . . . A4: 805
Inconels *See* Nickel alloys, cast, specific types; Nickel alloys, specific types
Incongruent phase change . . . A3: 1•4
Inconol alloys *See* Nickel alloys, specific types, Inconel
Increasing ΔK tests . . . A19: 179
Increment
defined . . . A10: 674
Incremental life-reduction laws . . . A20: 530
Incremental optical encoder
in electrohydraulic testing machine . . . A8: 160
Incremental permeability *See also* Permeability
defined and magnetically measured . . . A17: 134
Incremental plasticity theory . . . A19: 265
Incremental polynomial method
for calculating crack growth rates . . . A19: 180
Incremental step method . . . A19: 659
Incremental step test (IST) . . . A19: 91, 92
Incremental strain rate testing . . . A8: 219, 223–226
Incremental strain technique . . . A19: 65
Incremental testing
on explosively loaded torsional Kolsky bar A8: 225
polynomial, crack propagation rate . . . A8: 378, 415, 518, 678–679
strain rate, Kolsky bar for . . . A8: 219, 223–224
Incremental-step strain-type test . . . A19: 245
Incubation
formation of recrystallization nuclei during . . . A9: 694, 698
of stress-corrosion cracking . . . A13: 245
period, defined . . . A13: 8
prediction, from test data . . . A13: 316
Incubation and nucleation
stress-corrosion cracking . . . A8: 496
Incubation period *See also* Cavitation erosion; Impingement erosion
defined . . . A18: 11
in alloy addition . . . A15: 71–74
Incubation plastic strain . . . A19: 86
Incubation resistance number (NOR) . . . A18: 228
Incubation time . . . A19: 523
crack initiation . . . A11: 242, 244
Incuro 60
wettability indices on stainless steel base metals . . . A6: 118
Incuro 60, brazing
composition . . . A6: 117
Incusil 10
brazing, composition . . . A6: 117
wettability indices on stainless steel base metals . . . A6: 118
Incusil 15
brazing, composition . . . A6: 117
wettability indices on stainless steel base metals . . . A6: 118
Indentation *See also* Impression; Indentation testing; Indenter
barrel-shaped, with diamond pyramid indenter . . . A8: 100, 102
Brinell . . . A8: 85–86
definition . . . M6: 10
in bearing failures . . . A11: 499
Knoop and Vickers, compared . . . A8: 90
measurement . . . A8: 85, 91
perfect . . . A8: 100, 102
pincushion . . . A8: 100, 102
spacing . . . A8: 80, 85, 88, 94, 105
testing . . . A8: 71–73, 99, 102
true brinelling, spalling by . . . A11: 500
types, in rolling-element bearings . . . A11: 499
with equal diameters, different areas . . . A8: 102
Indentation area . . . A20: 344
Indentation creep . . . A18: 421
Indentation depth . . . A18: 421, 422
on-load elasto-plastic . . . A18: 422
Indentation, effects
in ring rolling . . . A14: 119
Indentation fracture technique . . . A18: 421
Indentation hardness *See also* Brinell hardness test; Hardness; Knoop (microindentation) hardness number; Microindentation hardness number; Nanohardness test; Rockwell hardness number; Vickers (microindentation) hardness test . . . A18: 33, 434, EM3: 16, M7: 61
defined . . . A8: 7, A18: 11, EM2: 23
Indentation hardness testing . . . M7: 312
as quality control tool . . . M7: 452–453
measurement errors . . . M7: 452
Indentation size
affecting microhardness readings . . . A8: 96
vs. load, hardness testing . . . A8: 94
Indentation size effect (ISE) exponent . . . A18: 424
Indentation testing . . . A8: 71–73, 99, 102
Indentation welding *See* Lap welding
Indenter
ball . . . A8: 72
defined . . . A18: 11
diamond . . . A8: 74–75
elastic theory of blunt . . . A8: 72
for Rockwell hardness testing . . . A8: 74, 75
geometry . . . A8: 84
Knoop . . . A8: 90
methodology . . . A8: 79–80
selection . . . A8: 84, 90–91
shape, in microhardness testing . . . A8: 96
types of blunt . . . A8: 71
verification . . . A8: 88
Vickers . . . A8: 90–91
Independent compounders *See* Suppliers
Independent moving press platens . . . M7: 323
Independent product development team (PDT) . . . A20: 58–59
Independent variables . . . A20: 77
in fatigue testing . . . A8: 698
Independently loaded mixed-mode specimen (ILMMS) . . . EM3: 509–510, 511, 512
opening load versus in-plane shear load . . EM3: 517
Index of Aerospace Materials Specifications EM3: 72
Index of Federal Specifications, Standards and Commercial Item Descriptions . . . A20: 69
Index of plasticity . . . A18: 424, 425, 426
Index of refraction *See also* Refractive index . . . A5: 629, 630
Index of surface roughness
defined . . . A12: 201
Index-and-chart selection procedure . . . A20: 281
Indexes
for hand lay-up . . . EM1: 144
Indexing
mechanism, multiple-slide forming . . . A14: 570
of cold extrusion process . . . A14: 303
of electron diffraction patterns . . . A10: 456–457
Indexing rotary automatic polishing and buffing machines . . . M5: 120–123, 125, 127
Indialite . . . EM4: 759
Indication(s) *See also* Nonrelevant indications; Relevant indications
defined . . . A17: 103
false, defined . . . A17: 103
magnification of . . . A17: 125
Indicator tapes
as gas detection devices . . . A17: 61
Indicator tissues *See also* Biologic indicators
for metal toxicity . . . A2: 1234
Indicators
acid-base . . . A10: 172
Indices *See* Miller indices
Indigenous inclusions *See also* Deoxidation products
defined . . . A15: 88–89
sulfide . . . A15: 89
Indirect (backward) extrusion *See* Backward extrusion; Extrusion
Indirect compliance
for crack growth in aqueous solutions . . . A8: 417
Indirect costs
definition . . . A20: 835
Indirect determination
of bromine . . . A10: 70
Indirect failures
soldering . . . EL1: 943
Indirect furnace heating
as hot pressing setup . . . M7: 504–505
Indirect inspection
principles, applications and notes for cracks . . . A20: 539
Indirect ion chromatography . . . A10: 661
Indirect labor
as piece cost component . . . EM2: 82
Indirect precipitation . . . M7: 54
Indirect resistance heating
as hot pressing setup . . . M7: 505–507
Indirect sintering . . . M7: 6
Indirect-fired batch ovens
paint airing process . . . M5: 488
Indirect-fired convection continuous oven
paint airing process . . . M5: 487–488
Indium . . . A13: 179–181, 186, 515
and indium alloys . . . EL1: 636–637
as a reactive sputtering cathode material . . . A9: 60
as addition to aluminum alloys . . . A4: 843
as addition to aluminum-silicon alloys . . . A18: 790
as addition to tin-lead solders . . . A6: 968
as delayed-emission converter for thermal neutron radiography . . . EM3: 759
as low-melting embrittler . . . A12: 29
as solid lubricant . . . A18: 31
as tramp element . . . A8: 476
compatibility in bearing materials . . . A18: 743
determined by controlled-potential coulometry . . . A10: 209
diffusion factors . . . A7: 451
effect on crack propagation in steel . . . A11: 244
electroplating of bearing materials . . . A18: 756
embrittled by mercury . . . A11: 234
embrittlement by . . . A11: 235
energy factors for selective plating . . . A5: 277
epithermal neutron activation analysis . . . A10: 239
evaporation fields for . . . A10: 587
friction coefficient data . . . A18: 71
high-vacuum lubricant application . . . A18: 153
in Cu-Ni-In, thermal spray coating material . . . A18: 832
in electroplated coatings . . . A18: 838
in fusible alloys . . . M3: 799
in lead-base alloys . . . A18: 750
lap welding . . . M6: 673
lead-indium . . . EM3: 584
-mercury solutions, LME of iron-aluminum alloys by . . . A11: 225
physical properties . . . A7: 451
price per pound . . . A6: 964
pure . . . M2: 739–740
safety standards for soldering . . . M6: 109
segregation and solid friction . . . A18: 28
selective plating solution for precious metals . . . A5: 281
species weighed in gravimetry . . . A10: 172
thermal diffusivity from 20 to 100 °C . . . A6: 4
TNAA detection limits . . . A10: 237
TWA limits for particulates . . . A6: 984

Indium (continued)
used to measure degree of surface cleanliness **EM3:** 322
vapor pressure, relation to temperature **A4:** 495
Indium alloying, wrought aluminum alloy . . **A2:** 51–52
and bismuth **A2:** 750–757
applications **A2:** 750–753, 1259
conductive films **A2:** 752
corrosion resistance **A2:** 752
glass-to-metal seals **A2:** 752
large temperature differentials **A2:** 752
low-melting temperature indium-base solders **A2:** 751–752
occurrence **A2:** 750
pricing history **A2:** 751
production of **A2:** 750–751
properties **A2:** 751
pure, properties **A2:** 1117
recovery methods **A2:** 750
semiconductors **A2:** 752–753
silver-palladium compatibility **A2:** 752
thermal fatigue resistance **A2:** 752
Indium arsenide
metal-organic chemical vapor deposition . . . **A5:** 528
Indium arsenide antimonide
metal-organic chemical vapor deposition . . . **A5:** 528
Indium arsenide antimonide phosphide
metal-organic chemical vapor deposition . . . **A5:** 528
Indium chloride
biologic effects **A2:** 1259
Indium conversion screens
for neutron radiography **A17:** 387, 391
Indium cyanide plating bath
parameters and property comparison . . **A5:** 236, 237
Indium fluoborate plating bath
parameter and property comparison . . **A5:** 236, 237
Indium gallium arsenide phosphide (InGaAsP)
laser diodes **A2:** 739–740
photodiodes **A2:** 740
Indium oxide
conductive films **A2:** 752
hydrated, biologic effects **A2:** 1259
Indium plating **A5:** 236–238
advantages **A5:** 236
applications **A5:** 236
characteristics **A5:** 236
diffusion treatment **A5:** 236–237
electrodeposits **A5:** 236–237
equipment **A5:** 236
indium alloy electrodeposits **A5:** 237
indium-lead plating baths **A5:** 237
nonaqueous indium plating baths **A5:** 237
plating baths **A5:** 236–237
safety and health hazards **A5:** 238
specifications and standards **A5:** 237–238
stripping of **A5:** 237
Indium, resistance of
to liquid-metal corrosion **A1:** 636
Indium stannous oxide (InSnO)
ion-beam-assisted deposition (IBAD) **A5:** 597
Indium sulfamate plating bath
parameter and property comparison . . **A5:** 236, 237
Indium sulfate plating bath
parameter and property comparison . . **A5:** 236, 237
Indium, vapor pressure
relation to temperature **M4:** 310
Indium-lead fluoborate plating bath **A5:** 237
Indium-lead plating baths **A5:** 237
Indium-lead sulfamate plating baths **A5:** 237
Indium-resonance technique *See also* Neutron radiography
applied **A17:** 391–392
for elements, nuclear fuels **A17:** 391–392
Indium-tellurium alloys
martensitic structures **A9:** 673
Indium-tin alloy (50-50) . . . . **A3:** 1•19
Indium-tin-oxide
conductive film of **A2:** 752
Individual airplane maintenance times
Task V, USAF ASIP force management . . **A19:** 582
Individual airplane tracking data
Task V, USAF ASIP force management . . **A19:** 582
Individual airplane tracking program
Task IV, USAF ASIP force management data package **A19:** 582
Individual chuck-spindle-drive rotary automatic polishing and buffing machines **M5:** 121
Individual engine tracking
ENSIP Task IV, engine life management . . **A19:** 585
Individual intersect areas **A7:** 268
Individual subsystem maintenance times
MECSIP Task IV, integrity management . . **A19:** 587
Individual systems tracking
MECSIP Task V, integrity management data package **A19:** 587
Individual yield function **A20:** 631
Individuals
defined **A10:** 674
Indoor atmospheres **A13:** 746–747, 763
Induced current method
applications **A17:** 94, 98–99
direct versus alternating current **A17:** 98
for bearing rings **A17:** 117
magnetizing, advantages/limitations **A17:** 94
of generating magnetic fields **A17:** 97–99
Induced eddy currents
remote-field eddy current inspection **A17:** 195
Induced pressure (ΔP) **A7:** 404
Induced pressure system **M7:** 125
Inductance **A20:** 618
defined **EL1:** 1147
external/internal, defined **EL1:** 29
formulas for **EL1:** 29
power supply/ground distribution network **EL1:** 27–28
SI derived unit and symbol for **A10:** 685
SI unit/symbol for **A8:** 721
Inductance, changes
in magabsorption **A17:** 149
Induction
relative rating of brazing process heating method **A6:** 120
thermal fatigue test **A19:** 529
thermomechanical fatigue testing **A19:** 529
Induction and tungsten mesh heating **M7:** 389
Induction bonding
defined **EM2:** 23
Induction brazing
definition **M6:** 1
Induction brazing (IB) . . . **A6:** 121–122, 333–335, 947
advantages **A6:** 333
applications **A6:** 333, 334–335
brass **A6:** 333, 335
coil and joint configurations **A6:** 333, 334
copper **A6:** 333
copper and copper alloys **A6:** 934–935
definition **A6:** 333, 1210
equipment **A6:** 333–334
fixturing **A6:** 333–334
heat content (mass basis) vs. temperature **A6:** 333, 334
human factors, engineering ergonomics **A6:** 335
joint design **A6:** 334–335
limitations **A6:** 333
precious metals **A6:** 936
stainless steel **A6:** 335, 911, 921, 922
steel **A6:** 333, 334
Induction brazing of
carbon steels **M6:** 966
copper and copper alloys **M6:** 966–967, 1042–1045
low-alloy steels **M6:** 966
reactive metals **M6:** 1052
stainless steels **M6:** 966, 1011–1012
Induction brazing of steels **M6:** 965–975
assembly **M6:** 971
brazing of dissimilar metals **M6:** 973–97
comparison to oxyacetylene welding **M6:** 97
comparison to shielded metal arc welding **M6:** 974–975
filler metals **M6:** 970–971
alloy selection **M6:** 970–971
form selection **M6:** 971
preforms **M6:** 971
filler-metal sandwich **M6:** 973–97
fixturing **M6:** 971
material selection **M6:** 971
fluxes **M6:** 971
frequency range **M6:** 965
hardening simultaneously **M6:** 972–973
heat treating combination **M6:** 96
inductors **M6:** 967–968
coil turn spacing **M6:** 97
cooling **M6:** 97
coupling **M6:** 97
design **M6:** 968–97
heating patterns **M6:** 967–968
magnetic fields **M6:** 967–968
tubing **M6:** 97
work coils **M6:** 96
matching impedance **M6:** 96
metals brazed **M6:** 965
operation principles **M6:** 966–967
brazing of steel **M6:** 966
brazing of steel to copper **M6:** 966
power supply **M6:** 967
frequency selection **M6:** 967
motor-generator units **M6:** 967
solid-state power supplies **M6:** 967
vacuum-tube units **M6:** 967
process capabilities **M6:** 965–966
quantity limitations **M6:** 966
shape limitations **M6:** 965–966
size limitations **M6:** 965
tight joint brazing **M6:** 972
interference fit **M6:** 972
two-process brazing **M6:** 975
Induction bridge system
eddy current inspection **A17:** 178
Induction coil
in electrohydraulic testing machine **A8:** 160
Induction coil method
in electric current perturbation **A17:** 136
Induction curing **EM3:** 553–554
Induction furnaces *See also* Furnaces; Induction heating **A15:** 368–374
defined **A15:** 7
electric, development **A15:** 32
electromagnetic stirring **A15:** 369
high-frequency **A10:** 221–222
lining material **A15:** 372–373
melting operations **A15:** 373–374
power supplies **A15:** 369–371
types **A15:** 368–369
water cooling systems **A15:** 371–372
Induction hardening **M1:** 528–532
applications, relation to cost **M4:** 475–476
benefits **A5:** 737
case depth **M4:** 470–471, 472
cast iron *See also* Cast iron, induction heating **M4:** 476–480
cracking **M4:** 473
defined **A9:** 9
definition **A5:** 959
distortion **M4:** 473
ductile iron **A15:** 659, **M1:** 37
effect of seams during **A11:** 478–479
equipment selection **M4:** 480
fatigue resistance **M1:** 674–675
fatigue strength, improved by **M4:** 452
ferrous alloys **A7:** 650
ferrous P/M alloys **A5:** 766
frequency selection **M4:** 454–455, 456
grain coarsening **M4:** 469, 470
gray cast iron **M1:** 29–30
gray cast irons **A5:** 696
hardenable steels **M1:** 457, 470

SUBJECTS OF THE INDEXED VOLUMES: ASM Handbook (designated by the letter "A"): **A1:** Properties and Selection: Irons, Steels, and High-Performance Alloys (1990); **A2:** Properties and Selection: Nonferrous Alloys and Special-Purpose Materials (1990); **A3:** Alloy Phase Diagrams (1992); **A4:** Heat Treating (1991); **A5:** Surface Engineering (1994); **A6:** Welding, Brazing, and Soldering (1993); **A7:** Powder Metal Technologies and Applications (1998); **A8:** Mechanical Testing (1985); **A9:** Metallography and Microstructures (1985); **A10:** Materials Characterization (1986); **A11:** Failure Analysis and Prevention (1986); **A12:** Fractography (1987); **A13:** Corrosion (1987); **A14:** Forming and Forging (1988); **A15:** Casting (1988); **A16:** Machining (1989); **A17:** Nondestructive Evaluation and Quality Control (1989); **A18:** Friction, Lubrication, and Wear Technology (1992); **A19:** Fatigue and Fracture (1996); **A20:** Materials Selection and Design (1997). **Metals Handbook, 9th Edition** (designated by the letter "M"): **M1:** Properties and Selection: Irons and Steels (1978); **M2:** Properties and Selection: Nonferrous Alloys and Pure Metals (1979); **M3:** Properties and Selection: Stainless Steels, Tool Materials, and Special-Purpose Materials (1980); **M4:** Heat Treating (1981); **M5:** Surface Cleaning, Finishing, and Coating (1982); **M6:** Welding, Brazing, and Soldering (1983); **M7:** Powder Metallurgy (1984). **Engineered Materials Handbook** (designated by the letters "EM"): **EM1:** Composites (1987); **EM2:** Engineering Plastics (1988); **EM3:** Adhesives and Sealants (1990); **EM4:** Ceramics and Glasses (1991). **Electronic Materials Handbook** (designated by the letters "EL"): **EL1:** Packaging (1989)

hardening temperatures **M4:** 469–470
heating duration............... **M4:** 457–459, 559
high-frequency resistance................ **M4:** 476
machining **M4:** 463–464
magnetic fields.......................... **M4:** 451
malleable cast iron **M1:** 73
operating practices........... **M4:** 458, 471–473
power selection **M4:** 456–457
quenching **M4:** 463, 464–465
quenching oils.................... **M4:** 464, 465
residual stress **M4:** 473
safety precautions **M4:** 467
steel selection for............. **M4:** 467–468, 469
surface hardness, control............. **M4:** 469–470
through hardening....................... **M4:** 452
transverse cracking during **A11:** 395
wear resistance **M4:** 451–452

Induction hardening and tempering **M4:** 451–483

Induction hardening equipment
capacitors **M4:** 462
coil coolants............................ **M4:** 461
coil design **M4:** 459
inductor coils, design.............. **M4:** 457–459
line-frequency units **M4:** 452
maintenance............................. **M4:** 467
motor-generator units **M4:** 452–454, 461
quenching systems **M4:** 464–465
scanning devices **M4:** 463
solid state units........... **M4:** 453–454, 455, 461
static frequency converters **M4:** 452
transformers...................... **M4:** 461–462
transmission cables................. **M4:** 460–461
vacuum tube units **M4:** 454, 455, 462
work-handling **M4:** 463

Induction hardening, improper
effect in alloy steel..................... **A12:** 300

Induction hardening, process control
cooling of equipment.............. **M4:** 466–467
delay time **M4:** 466
hardening cycle................... **M4:** 465–466
heating time............................ **M4:** 466
power density **M4:** 466
quenching cycle......................... **M4:** 466

Induction hardening, steels **A4:** 184–191
austenitizing temperatures **A4:** 184–186
case depth.......................... **A4:** 188, 189
Curie point........................ **A4:** 187, 188
electrical properties **A4:** 186–187
energy requirements **A4:** 188, 189
frequency selection **A4:** 188–189
heating parameters.................. **A4:** 187–188
induction heating temperatures for metalworking
processes **A4:** 188
induction tempering........... **A4:** 186, 191, 194
magnetic properties................. **A4:** 186–187
operating conditions for through
hardening **A4:** 190, 192
power density and heating time **A4:** 189–191
power ratings for surface hardening **A4:** 190
residual stresses **A4:** 185–186
temperatures required **A4:** 188
time-temperature relations **A4:** 184–186

Induction hardening, through hardening
density **M4:** 456, 457, 473–474
heating rate....................... **M4:** 474, 475
methods **M4:** 473

Induction heat treating of steel *See* Steel, induction
heat treating

Induction heat treatment.................. **A20:** 817

Induction heaters
for steam generator corrosion **A13:** 942

Induction heating *See also* Induction
furnace **A19:** 205–206, 529, 532
alloy steels.............................. **A5:** 737
carbon steels **A5:** 737
defined **A9:** 9, **A15:** 7
for copper alloy powders................ **M7:** 121
for high-temperature torsion testing... **A8:** 158–159
for precision forging **A14:** 165
in situ, for elevated-temperature compression
testing............................. **A8:** 196
in vacuum and oxidizing environments.... **A8:** 414
infrared controller for **A8:** 414
of alloy steels.......................... **M7:** 506
of alloys................................ **A8:** 159
of polymers **M7:** 607
radio frequency generators **A8:** 414
system, hot-die/isothermal forging........ **A14:** 152
temperature control.................. **A8:** 36, 414

Induction heating stress improvement
for boiling water reactors **A13:** 931

Induction heating technique, and eddy current inspection
compared **A17:** 165–166

Induction melting *See also* Induction heating
of gray iron............................. **A15:** 636
plain carbon steels...................... **A15:** 708
vacuum, in irons **A12:** 219

Induction precurable adhesives
automotive applications **EM3:** 553–554

Induction radiant heating
molybdenum **A7:** 498
tungsten **A7:** 498
tungsten and molybdenum sintering **M7:** 392

Induction sintering **M7:** 6

Induction soldering **A6:** 363–365
advantages.............................. **A6:** 363
applications............................. **A6:** 365
coil configurations **A6:** 364
coupling efficiency **A6:** 363
Curie temperature effects **A6:** 363
definition **A6:** 1210, **M6:** 10
iron.................................... **A6:** 363
limitations.............................. **A6:** 363
mechanical property relationships......... **A6:** 364
nickel **A6:** 363
penetration depth of heating **A6:** 365
personnel **A6:** 365
preplaced solder, 5DD-2-5DD-3 ...... **A6:** 364–365
resistivity effects......................... **A6:** 363
safety concerns **A6:** 365
safety precautions..................... **A6:** 1191
setup parameters **A6:** 365
skin depth **A6:** 365
skin effect **A6:** 363
workpiece geometry................. **A6:** 363–364

Induction tempering
advantages...................... **M4:** 477, 480
application **M4:** 480
cycles **A4:** 186
electric-furnace tempering,
compared to................. **M4:** 482–483
power density.............. **M4:** 477, 480–481
radiation pyrometer **M4:** 481
results **M4:** 482
schematic diagrams **M4:** 479, 481
tempering cycles................. **M4:** 481, 482
tempering parameter (T.P.) **A4:** 186, 194
versus induction hardening............... **A4:** 186
voltage regulator.................. **M4:** 481–482

Induction welding *See also* Electromagnetic welding
definition **M6:** 10
high frequency welds........... **M6:** 757, 759–760
in joining processes classification scheme **A20:** 697

Induction welding (IW)
definition.............................. **A6:** 1210

Induction welds, high-frequency............. **A11:** 449

Induction-hardened steel shaft
subsurface residual stress and hardness
distributions in................ **A10:** 389–390

Induction-hardening
gear materials **A18:** 261

Induction-hardening process **A20:** 485, 486

Induction-heated graphite crucible
tungsten carbide powders **M7:** 157

Induction-plasma deposition **A7:** 164

Inductive coil sensors *See also* Coils; Probes;
Sensor(s)
for leakage field testing................. **A17:** 130

Inductive heating
vacuum deposition....................... **A5:** 562

Inductively coupled plasma *See also* Inductively
coupled plasma atomic emission spectroscopy
electric and magnetic fields **A10:** 32
inhomogeneous, nomenclature of zones **A10:** 32
polychromator or direct-reader
spectrometer for **A10:** 37

Inductively coupled plasma atomic emission spectroscopy **A10:** 31–42
analytical characteristics **A10:** 33–34
and atomic absorption spectrometry
compared...................... **A10:** 31, 43
and direct-current arc emission
spectrography **A10:** 31
and emission spectroscopy **A10:** 21
applications **A10:** 31, 41
atomic theory **A10:** 33
calibration curves **A10:** 33, 34
capabilities................. **A10:** 141, 233, 333
capabilities, compared with molecular fluorescence
spectroscopy **A10:** 72
capabilities, compared with X-ray
spectrometry **A10:** 82
defined................................ **A10:** 674
detection electronics and interface **A10:** 39
detection limits.......................... **A10:** 33
direct-current plasma.................... **A10:** 40
direct-reading spectrometer **A10:** 37–38
estimated analysis time................... **A10:** 31
interference effects................... **A10:** 33–34
introduction **A10:** 31–32
limitations **A10:** 31
nebulizer **A10:** 34–36
neutron activation analysis and compared **A10:** 233
new developments **A10:** 39–40
of inorganic liquids and solutions.......... **A10:** 7
of inorganic solids **A10:** 4–6
plasma **A10:** 32
polychromator **A10:** 34, 37–38
precision and accuracy **A10:** 33
principles of operation **A10:** 32
procedure............................... **A10:** 34
related techniques........................ **A10:** 31
samples **A10:** 31, 34–36
scanning monochromator **A10:** 38
system components **A10:** 34–39
system computer for **A10:** 39
zones of plasma **A10:** 32

Inductively coupled plasma atomic emission spectroscopy (ICP-AES) A7: 228, 229–230, 232

Inductively coupled plasma emission (ICPE)
spectrometric metals analysis............ **A18:** 300

Inductively coupled plasma (ICP)
as trace element analysis................. **A2:** 1095

Inductively coupled plasma (ICP) emission spectroscopy
for trace element analysis **EM4:** 24
radio frequency, for chemical analysis... **EM4:** 553,
554, 555
to analyze the bulk chemical composition of
starting powders **EM4:** 72

Inductively coupled plasma mass spectroscopy
as new development **A10:** 39–40
capabilities............................. **A10:** 233
instrumentation for **A10:** 40
neutron activation analysis and,
compared **A10:** 233

Inductively coupled plasma mass spectroscopy (ICPMS), for trace element measurement
ultra-high purity metals.................. **A2:** 1095

Inductively coupled plasma optical emission spectroscopy (ICP-OES) **A7:** 222

Inductor(s).............................. **A20:** 620
basic designs for brazing............. **M6:** 968–969
chip, types............................. **EL1:** 179
cooling **M6:** 970
coupling and coil turn spacing **M6:** 970
fabrication **EL1:** 187–188
failure mechanisms **EL1:** 1003–1005
for brazing of steel **M6:** 967
implementation at microwave frequency.. **EL1:** 178
in passive components **EL1:** 179
materials selection.................. **EL1:** 182–183
removal methods **EL1:** 724
thin-film **EL1:** 320–321
through-hole packages, failure
mechanisms **EL1:** 979–980
tubing **M6:** 970
types and construction **EL1:** 179
wire-wound chip, structure............... **EL1:** 179
work coils.............................. **M6:** 969

Industrial acoustic microscopy techniques
compared **A17:** 470

Industrial and material handling applications
homopolymer/copolymer acetals **EM2:** 100
liquid crystal polymers (LCP) **EM2:** 180
of part design **EM2:** 616
phenolics **EM2:** 242
polyamides (PA)....................... **EM2:** 125
polybutylene terephthalates (PBT)....... **EM2:** 153
polyether-imides (PEI).................. **EM2:** 156

536 / Industrial and material handling applications

Industrial and material handling applications (continued)
polyethylene terephthalates (PET) **EM2:** 172
polyphenylene ether blends (PPE PPO) .. **EM2:** 183
silicones (SI) **EM2:** 266–267
styrene-maleic anhydrides (S/MA) **EM2:** 218
thermoplastic polyurethanes (TPUR) **EM2:** 205
ultrahigh molecular weight polyethylenes (UHMWPE) **EM2:** 167–168
unsaturated polyesters **EM2:** 246
urethane hybrids **EM2:** 268

Industrial applications *See also* Applications
bulk molding compounds **EM1:** 163
commercial hybrids **EL1:** 381–385
copper machinery and equipment **A2:** 239
for stainless steels **M7:** 731
of bronze P/M parts **M7:** 736
of copper-based powder metals **M7:** 733
of hybrid **EL1:** 254–255
of precious metals **A2:** 693–694
thermocouple selection for **A2:** 885
thick-film hybrids **EL1:** 381
zirconium alloys **A2:** 668–669

Industrial applications for adhesives ... **EM3:** 567–578
adhesives technologies **EM3:** 567–568
categories **EM3:** 567
construction **EM3:** 577–578
cost considerations **EM3:** 568
electrical **EM3:** 573–575
electronics **EM3:** 568–573
general component bonding **EM3:** 573
major properties **EM3:** 568
medical **EM3:** 575–576
performance considerations **EM3:** 568
sporting goods manufacturing **EM3:** 576
systematic approach to adhesive/application selection **EM3:** 568

Industrial Applications of Adhesive Bonding **EM3:** 70

Industrial argyria
as silver toxicity **A2:** 1260

Industrial atmosphere
effect on stress-corrosion cracking **A8:** 499

Industrial atmospheres
alloy steel corrosion in **A13:** 531
aluminum weathering data **A13:** 607
austenitic stainless steel atmospheric corrosion in **A13:** 554
contaminants in **A13:** 81
corrosion in **A11:** 193
defined **A13:** 8
galvanized coatings in **A13:** 440
magnesium/magnesium alloys in **A13:** 743
SCC of aluminum alloy in **A13:** 266
simulated service testing **A13:** 204
steel corrosion in **A13:** 1304
telephone cables in **A13:** 1127
zinc/zinc alloys and coatings in **A13:** 757

Industrial computed tomography *See also* Computed tomography (CT) **A17:** 358–386
and backscatter/Compton imaging **A17:** 362
and nuclear magnetic resonance (NMR) .. **A17:** 362
and nuclear tracer imaging **A17:** 362
and radiography, compared **A17:** 295, 361–362
applications **A17:** 362–363
capabilities/disadvantages **A17:** 360–361
equipment **A17:** 364–372
glossary **A17:** 383–385
historical background **A17:** 358–359
image quality **A17:** 372–377
microstructure effect **A17:** 51
of castings **A17:** 528–529
of powder metallurgy parts **A17:** 538
principles of **A17:** 359–360
radiation sources **A17:** 368–369
reconstruction techniques **A17:** 379–382
special features **A17:** 377–379
system design **A17:** 364–372

Industrial design
definition **A20:** 835

Industrial design process **A20:** 8

Industrial diamond *See* Diamond; Polycrystalline diamond; Synthetic diamond

Industrial Fasteners Institute (IFI) **A1:** 289

Industrial (hard) chromium plating **A5:** 177–191
alternatives to **A5:** 925–927
applications **A5:** 177–178
baking after plating **A5:** 190
burnt deposits **A5:** 182
chromic acid content, in solutions **A5:** 179–180
coil materials **A5:** 183–184
contamination **A5:** 180–181
cost **A5:** 188–189
crack patterns and other characteristics of hard chromium plate **A5:** 187–188
deposition rates **A5:** 181–182
description **A5:** 177
equipment **A5:** 183–185
grinding to remove deposits **A5:** 189
hydrogen embrittlement **A5:** 189–190
macrocracks **A5:** 183
mandrel test **A5:** 181, 188
modular deposits **A5:** 182–183
pitted deposits **A5:** 183
plating solutions **A5:** 178–179
poor adhesion **A5:** 183
poor coverage **A5:** 182
porous chromium **A5:** 187
principal uses **A5:** 177–178
problems and corrective procedures ... **A5:** 182–183
process control **A5:** 181–182
quality control tests **A5:** 187–188
racks and fixtures **A5:** 185
recovery **A5:** 190
removal of chromium plate **A5:** 189
safety and health hazards **A5:** 184
selection factors **A5:** 178
slow plating speed **A5:** 182
solution control **A5:** 179–181
stopoff media for selective plating **A5:** 190–191
stress relieving before plating **A5:** 189–190
sulfate baths for **A5:** 179
sulfate concentration in solutions **A5:** 180
surface preparation **A5:** 185–186
temperature effect **A5:** 188
tooling applications **A5:** 177–178
variations in plate thickness **A5:** 186–187
waste disposal **A5:** 190
waste disposal (fume exhaust) **A5:** 184
wear resistance **A5:** 177

Industrial lasers **A14:** 735–742

Industrial lubricants
antiwear agents used **A18:** 102

Industrial machinery
codes governing **M6:** 825

Industrial market
sealants **EM3:** 58

Industrial materials
quantitative elemental analysis by classical wet chemistry **A10:** 162–179
raw, sampling of **A10:** 12–18
waste products, sampling of **A10:** 12–18

Industrial metal-graphite brushes **M7:** 634

Industrial oils
antisquawk additives **A18:** 104
gear, demulsifiers **A18:** 107

Industrial or standard-quality wire **A1:** 282

Industrial pollution **M7:** 208

Industrial quality carbon steel wire rod **M1:** 254

Industrial quality low-carbon steel wire **M1:** 264

Industrial quality rod **A1:** 273

Industrial robots
as transfer equipment **A14:** 501
for press loading, blanks **A14:** 50
for press unloading **A14:** 500–501

Industrial solder alloys
lead and lead alloy **A2:** 553

Industrial toxicity *See* Occupational metal toxicity

Industrial Toxics Project (33/50 Program)
1991, purpose of legislation **A20:** 132

Industrial waste waters
cast iron resistance **A13:** 570

Industrial/urban atmosphere
zinc and galvanized steel corrosion **A5:** 363

Industries
affected by microbiological corrosion **A13:** 118

Industry consensus standards **A20:** 68

Industry standards **EM3:** 61–64
issued by professional and trade organizations **EM3:** 61

Industry structure
automotive electronics **EL1:** 382
consumer electronics **EL1:** 385
telecommunications **EL1:** 383–385

Industry trends **A20:** 27

Inelastic buckling
in axial compression testing **A8:** 55–56

Inelastic collisons
as electron signals **A12:** 168

Inelastic cyclic buckling
as distortion **A11:** 144

Inelastic electron scatter *See* Incoherent scatter

Inelastic mean free path **A18:** 453
electron **A10:** 569–571

Inelastic scattering
analytical transmission electron microscopy **A10:** 433–434
bremsstrahlung **A10:** 433
defined **A10:** 674
excitation of conduction electrons and emission **A10:** 433–434
inner-shell ionization **A10:** 433

Inelastic strain **A19:** 530
range **A8:** 347
rate **A8:** 357

Inelastically scattered electrons
Kikuchi lines **A9:** 109–110

Inert anode
defined **A13:** 8

Inert atmosphere **EM3:** 16

Inert atmosphere chamber thermal spray
coating **M5:** 364–365

Inert atmosphere melting **A7:** 616, 617

Inert carriers
and liquid metal embrittlement **A13:** 177
and liquid-metal embrittlement **A11:** 230–231

Inert elements
implantation of **A10:** 475

Inert filler *See also* Filler; Filler(s) **EM3:** 16
defined **EM1:** 13, **EM2:** 23

Inert gas
defined **A15:** 7
definition **A6:** 1210, **M6:** 10
effect, Cosworth process **A15:** 38

Inert gas adsorption
to measure surface area of metal powders .. **A7:** 147

Inert gas atomization
for HIP/PM parts **A7:** 609
hot isostatic pressing **A7:** 616
superalloy powders **A7:** 175, 176, 177

Inert gas atomized powders **A13:** 833

Inert gas blanketing
for liquid metal fires **A13:** 96

Inert gas condensation (IGC) **A7:** 77, 78–79
agglomeration **A7:** 78–79
pickup of gaseous impurities **A7:** 78–79
process variations **A7:** 78
quality affecting factors **A7:** 78–79

Inert gas elements
implanted **A10:** 485

Inert gas flushing
for hydrogen removal from aluminum and copper **A15:** 87
nitrogen and hydrogen removal by **A15:** 84–85
of aluminum melts **A15:** 80

Inert gas fluxing
copper alloys **A15:** 466–467

SUBJECTS OF THE INDEXED VOLUMES: **ASM Handbook** (designated by the letter "A"): **A1:** Properties and Selection: Irons, Steels, and High-Performance Alloys (1990); **A2:** Properties and Selection: Nonferrous Alloys and Special-Purpose Materials (1990); **A3:** Alloy Phase Diagrams (1992); **A4:** Heat Treating (1991); **A5:** Surface Engineering (1994); **A6:** Welding, Brazing, and Soldering (1993); **A7:** Powder Metal Technologies and Applications (1998); **A8:** Mechanical Testing (1985); **A9:** Metallography and Microstructures (1985); **A10:** Materials Characterization (1986); **A11:** Failure Analysis and Prevention (1986); **A12:** Fractography (1987); **A13:** Corrosion (1987); **A14:** Forming and Forging (1988); **A15:** Casting (1988); **A16:** Machining (1989); **A17:** Nondestructive Evaluation and Quality Control (1989); **A18:** Friction, Lubrication, and Wear Technology (1992); **A19:** Fatigue and Fracture (1996); **A20:** Materials Selection and Design (1997). **Metals Handbook, 9th Edition** (designated by the letter "M"): **M1:** Properties and Selection: Irons and Steels (1978); **M2:** Properties and Selection: Nonferrous Alloys and Pure Metals (1979); **M3:** Properties and Selection: Stainless Steels, Tool Materials, and Special-Purpose Materials (1980); **M4:** Heat Treating (1981); **M5:** Surface Cleaning, Finishing, and Coating (1982); **M6:** Welding, Brazing, and Soldering (1983); **M7:** Powder Metallurgy (1984). **Engineered Materials Handbook** (designated by the letters "EM"): **EM1:** Composites (1987); **EM2:** Engineering Plastics (1988); **EM3:** Adhesives and Sealants (1990); **EM4:** Ceramics and Glasses (1991). **Electronic Materials Handbook** (designated by the letters "EL"): **EL1:** Packaging (1989)

for hydrogen pickup/loss, aluminum-silicon melts . . . A15: 165
Inert gas fusion . . . A7: 222, 228, 229, A10: 226–232
defined . . . A10: 674
detection of fusion gases . . . A10: 229–230
determination of gases . . . A10: 229–231
estimated analysis time . . . A10: 226
general use . . . A10: 226
introduction . . . A10: 226–227
limitations . . . A10: 226
of inorganic solids . . . A10: 4, 6
operation, principles of . . . A10: 227–228
related techniques . . . A10: 226
samples . . . A10: 226, 231–232
selective fusion . . . A10: 231
separation of fusion gases . . . A10: 228–229
Inert gas ion sputtering
LEISS analysis . . . A10: 603
Inert gas metal arc welding
definition . . . A6: 1210
Inert gas shrouded plasma spray . . . A7: 411
Inert gas tungsten arc welding
definition . . . A6: 1210
Inert gases
as explosion extinguisher . . . M7: 200
content, explosion characteristics . . . M7: 196
in explosion prevention . . . M7: 197
laser-beam welding of aluminum alloys . . . A6: 739
melting . . . M7: 25
shielding gas for laser cladding . . . A18: 867
Inert gas-purged polychromator . . . A10: 37
Inert lubricants
as corrosion control . . . A11: 194
Inert plasma spraying (IPS)
molten particle deposition . . . EM4: 205, 206, 207
Inert (vacuum) gas infusion
as trace element analysis . . . A2: 1095
Inert-gas atomization process
beryllium powders . . . A2: 685
Inertia
effects in strain rate testing . . . A8: 40–41, 208–209
Inertia friction welding
titanium alloys . . . A6: 522
Inertia spike . . . A18: 47
Inertia welding *See also* Friction welding
bending fatigue fracture after . . . A11: 469
heat-affected zone . . . A6: 889
Inertial
constraint, effects on high strain rate test validity . . . A8: 190
loading, and Charpy V-notch impact test . . A8: 259, 267
Infant mortality *See also* Bathtub reliability curve; Reliability
reliability life cycle . . . EL1: 244, 897
Infant mortality period . . . A20: 88
Infection of open wounds
prevention . . . M7: 573
Infiltrant . . . A7: 769–773, M7: 6, 552
Infiltrated electrical contacts . . . A7: 1025–1026, 1027
Infiltrated P/M steels
composition . . . M1: 333
infiltration process . . . M1: 337–339
mechanical properties . . . M1: 334–335, 344
Infiltrated powder metallurgy materials
artifacts . . . A9: 504
Infiltrated steel
composition of common ferrous P/M alloy classes . . . A19: 338
Infiltrated steel powders . . . M7: 564
composition . . . M7: 464
microstructural analysis . . . M7: 487–488
Infiltration . . . A7: 541–564, M7: 6, 551–566
after conventional die compaction . . . A7: 13
as cermet forming technique . . . M7: 800–801
binary metal systems . . . A7: 543, 544
capillary methods . . . M7: 552
capillary-dip . . . A7: 542
carbide infiltration test matrix and evaluation . . . A7: 545, 546, 547
carbide-based systems . . . A7: 545
carbon, carbide infiltration test . . . M7: 556
centrifugal pressure impregnation . . . A7: 543
cermets . . . A7: 931–932
chemical vapor . . . A7: 553
composition ranges of infiltrated steels . . . A7: 770
conditions attainable by . . . A7: 541
contact . . . A7: 542
definition . . . A7: 541
effect on transverse-rupture . . . M7: 564
efficiency . . . A7: 772
external pressure impregnation . . . A7: 543
features of . . . A7: 770
ferrous-base systems . . . A7: 545–547, 548
full-dip . . . A7: 542
gravity feed . . . A7: 542–543
in bearing areas . . . A7: 14
in powder metallurgy processes classification scheme . . . A20: 694
localized . . . A7: 552, M7: 564
mechanical parts . . . M7: 564–565
mechanism . . . M7: 551–553
mechanism of . . . A7: 541–542, 553
metal matrix composites, references . . . A7: 558–563
modeling . . . A7: 553
nonferrous-based systems . . . A7: 547–548
of cermets . . . A2: 989–990
of porous P/M parts . . . M7: 105
one-step . . . A7: 769
powders used . . . M7: 573
process for multifilamentary super-conducting wire . . . M7: 638
process for multifilamentary tape . . . M7: 637
products . . . A7: 548–553, M7: 560–565
products, references . . . A7: 563–564
refractory metal-based composite structures . . . A7: 544–545
squeeze casting . . . A7: 553
systems . . . A7: 543–548, M7: 554–560
systems, references . . . A7: 557–558
techniques . . . A7: 6, 542–543, M7: 17–18, 553–554
techniques, references . . . A7: 555–557
update on advances . . . A7: 553
vacuum . . . A7: 543, 547, M7: 554
versus impregnation . . . A7: 552
Infiltration, liquid metal *See* Liquid metal infiltration
Infinite dilution, liquid metals
activity coefficients at . . . A15: 60
Infinite DOF system . . . A20: 178
Infinite life . . . A19: 4
Infinite-life criterion . . . A19: 18–20
Infinite-life design . . . A20: 541
Infinitely thick/thin samples
x-ray spectrometry . . . A10: 93
Inflection point
defined . . . A9: 10
Influence of work material properties on finishing methods . . . A5: 161–164
composites, finishing of . . . A5: 164
ductility . . . A5: 161
electrical properties . . . A5: 162
grindability of ceramics vs. grindability of metals . . . A5: 162–164
hardness . . . A5: 161
magnetic properties . . . A5: 162
material properties and their relationship to grindability . . . A5: 162–164
matrix material that influences the finishing difficulty of typical composites . . . A5: 164
microstructure effects . . . A5: 162
relative grindability of metals . . . A5: 162
stiffness . . . A5: 161
thermal properties . . . A5: 161–162
toughness . . . A5: 161
work material properties and their role in finishing . . . A5: 161–162
Influent water
monitoring in acidified chloride solutions . . A8: 419
Information *See also* Data sheets; Information sources
design . . . EM2: 410
engineering, types needed . . . EM2: 411
materials, data base on . . . EM2: 95
property . . . EM2: 405
qualitative and quantitative, evaluating . . EM2: 405
triangular flow of . . . EM2: 1
Information display . . . EM4: 1045–1049
applications of glass . . . EM4: 1045
display glass properties . . . EM4: 1047–1049
dot-matrix printers and ink-jet printers EM4: 1047
flat panel display substrate requirements . . . EM4: 1046–1047
flat panel display technologies . . . EM4: 1045–1046
Information Handling Services
VSMF Data Control Services . . . EM3: 64
Information search . . . A20: 25
Information sources *See also* Data sheets
books, handbooks, monographs . . . EM2: 93–95
data base, materials information . . . EM2: 95
government information center . . . EM2: 95
guide to . . . EM1: 40–42
journals, trade magazines, periodicals EM2: 92–93
manufacturer literature . . . EM2: 92
recommended reading . . . EM2: 95
short courses, seminars, conferences . . . EM2: 95
Information system (SEM imaging)
electron signals . . . A12: 168
in situ studies . . . A12: 169
specimen/instrument geometry effects . . . A12: 168
thermal-wave imaging . . . A12: 169
x-ray signals . . . A12: 168
Infrared
controller, for induction heating . . . A8: 414
imaging, ultrasonic testing . . . A8: 247–248
defined . . . EM1: 13
relative rating of brazing process heating method . . . A6: 120
Infrared absorption
as detector for C and S in high-temperature combustion . . . A10: 221–222
sulfur determination in high-temperature combustion by . . . A10: 221–225
Infrared absorption (IR) spectroscopy
applications . . . EM4: 561–562
for phase analysis . . . EM4: 561
Infrared absorption spectrophotometry
residue analysis by . . . A10: 177
Infrared analysis
for measurement of furnace atmosphere composition . . . EM4: 252
Infrared analyzers
atmospheres . . . M4: 424–426
Infrared Astronomy Satellite
beryllium P/M parts . . . M7: 760
Infrared beams . . . A20: 143
Infrared brazing
definition . . . M6: 10
Infrared brazing (IRB)
definition . . . A6: 1210
Infrared detection
inert gas fusion . . . A10: 230
of carbon and sulfur, high-temperature combustion . . . A10: 223
Infrared detectors
used in thermal-wave imaging . . . A9: 90
Infrared diode lasers
applications . . . A10: 112
Infrared domes . . . EM4: 18
compositions . . . EM4: 18
fabrication processes . . . EM4: 18
properties . . . EM4: 18
Infrared emission spectroscopy . . . A10: 115
Infrared heating system
for hot-die forging . . . A14: 152
Infrared (IR) . . . EM3: 16
curing, of polymers . . . EL1: 786
defined . . . EM2: 23
emission, defined . . . EL1: 1147
energy, for surface-mount reflow . . . EL1: 694
heating, for solder reflow . . . EL1: 117
reflow soldering . . . EL1: 286
soldering . . . EL1: 180, 704–705
spectra, parylene coatings . . . EL1: 795
Infrared (IR) inspection
of solder joints . . . EL1: 737, 942
Infrared (IR) microscopes
for optical imaging . . . EL1: 1068–1069
Infrared (IR) preheaters
quartz . . . EL1: 685–686
Infrared (IR) solder joint inspection . . . EL1: 737, 942
Infrared (IR) soldering . . . EL1: 180, 704–705
Infrared (IR) spectroscopy . . A18: 460–461, EM1: 736, 737, EM2: 23, 521–522, 826
as advanced failure analysis . . . EL1: 1103–1104
lubricant analysis . . . A18: 300–301, 311
of epoxies . . . EL1: 834–835
Infrared linear dichroism spectroscopy
for molecular orientation in drawn polymer films . . . A10: 120
Infrared micosampling . . . A10: 116

538 / Infrared microscopes

Infrared microscopes **A10:** 116
Infrared optics
as beryllium application **A2:** 684
germanium and germanium compounds . . . **A2:** 735, 737

Infrared photosensors
for automatic pouring **A15:** 500
Infrared (quartz) brazing **A6:** 123, 124
Infrared radiation
defined **A10:** 674
definition **M6:** 10
gold applications **A2:** 692
use in integrated circlet failure analysis . . . **A11:** 767
Infrared radiation inspection *See also* Infrared thermography
gas analyzers, as gas/leak detection devices **A17:** 63
imaging equipment, for thermal
inspection **A17:** 398–399
infrared radiation, evapograph-recorded . . **A17:** 208
of adhesive-bonded joints. **A17:** 628–630
radiometer testing, of adhesive-bonded
joints **A17:** 628–629
Infrared radiometer **A19:** 219
Infrared reflection-absorption spectroscopy . . **A10:** 114, 119

Infrared reflectivity
of beryllium. **A2:** 684
Infrared signature **A6:** 360
Infrared soldering
definition **M6:** 10
Infrared soldering (IRS) *See also* Furnace soldering
soldering **A6:** 353–355
definition. **A6:** 1210
Infrared spectra **A10:** 110, 116, 674
Infrared spectrometers
defined **A10:** 674
Infrared spectroscopy. **A5:** 669, **A10:** 109–125
absorbance **A10:** 110, 117
and gas analysis by mass spectroscopy
compared **A10:** 151
and Raman, compared for polymer
analyses **A10:** 131
and Raman spectroscopy **A10:** 126–127
applications **A10:** 109, 118–124
as vibrational surface probe **A10:** 136
attenuated total reflectance
spectroscopy **A10:** 113–114
basic principles. **A10:** 110–111
Beer's law **A10:** 117
capabilities. **A10:** 212, 333, 649
chromatographic techniques. **A10:** 115–116
computerized, Fourier transform infrared
spectroscopy as **A10:** 109
curve filling. **A10:** 117–118
defined **A10:** 674
degrees of freedom. **A10:** 110
depth profiling. **A10:** 113, 115
diffuse reflectance spectroscopy. **A10:** 114
dipole moment **A10:** 111
dispersive. **A10:** 111
emission. **A10:** 115
estimated analysis time. **A10:** 109
for glasses, compared with Raman . . . **A10:** 130–131
for orientation of DTDMAC on nonmetallic
surfaces. **A10:** 119
Fourier-transform infrared
spectroscopy **A10:** 109–110, 111–112
general uses. **A10:** 109
infrared reflection-absorption
spectroscopy **A10:** 114
instrumentation **A10:** 110–112
introduction **A10:** 109–110
limitations **A10:** 109
microsampling for **A10:** 116
molecular vibrations **A10:** 111
of inorganic gases. **A10:** 8
of inorganic liquids and solutions **A10:** 7
of organic gases **A10:** 11
of organic liquids and solutions. **A10:** 10
of organic solids **A10:** 9
photoacoustic spectroscopy. **A10:** 115
polarization modulation **A10:** 114–115
qualitative analysis **A10:** 116–117
quantitative analysis **A10:** 117–118
reflectance methods. **A10:** 113–115
reflection-absorption spectroscopy. **A10:** 114
related techniques **A10:** 109
samples. **A10:** 109, 112–116
sampling and sample preparation **A10:** 112–116
Snell's law **A10:** 113
specular reflectance **A10:** 115
use of Fourier transform spectrometers in. . **A10:** 39
Infrared spectroscopy (IR) **EM4:** 53
for analyzing organics and chemical
bonding **EM4:** 24
for chemical analysis of polymer fibers . . **EM4:** 223
to analyze the surface composition of ceramic
powders **EM4:** 73
Infrared spectroscopy or spectrometry **EM3:** 16
Infrared spectrum
defined **A10:** 110, 674
Infrared techniques **A19:** 219
application for detecting fatigue cracks . . . **A19:** 210
Infrared temperature controllers. **A19:** 206
Infrared (thermal transfer) imaging
soldered joints **A6:** 981
Infrared thermography
for optical imaging **EL1:** 1071
of castings **A17:** 512
Infrared welding
safety precautions. **A6:** 1191
Infrared-transparent pressing powder
sample pellets of. **A10:** 113
Ingate *See also* Gate
design, in gating systems. . . **A15:** 589–590, 592–593
Ingestion test
ENSIP Task IV, ground and flight engine
tests. **A19:** 585
Inglis equation **EM4:** 850
Inglis's methods **A19:** 578
Ingot **A20:** 337, **M7:** 6
alloying element and impurity specifications **A2:** 16
aluminum-lithium alloys **A2:** 182
designation system, aluminum and aluminum
alloy **A2:** 15–16
niobium-titanium, forging and inspection **A2:** 1044
titanium, production **A2:** 594–595
unalloyed and alloyed aluminum
compositions **A2:** 22–25
uranium, as derbies **A2:** 670
Ingot casting **M1:** 114
Ingot defects
copper alloy ingots **A9:** 642–645
Ingot iron
rotating-bending fatigue strength versus tensile
strength **A19:** 667
shot peening. **A5:** 130, 131
Ingot metallurgy alloy rod **M7:** 468
Ingot metallurgy alloys, specific types
2014, rotating beam fatigue strength **M7:** 469
7075, rotating beam fatigue strength **M7:** 469
Ingot metallurgy (I/M)
vs. powder metallurgy (P/M) **M7:** 745, 747
Ingot metallurgy (I/M) processing **A7:** 19, 605
Ingot metallurgy tool steel alloys, specific types *See also* Tool steels; Tool steels, specific types
D2, mechanical properties and
compositions **M7:** 471
M2, mechanical properties and
compositions **M7:** 471
M4, mechanical properties and
compositions **M7:** 471
M42, mechanical properties and
compositions **M7:** 471
T15, mechanical properties and
compositions **M7:** 471
Ingot pattern, revealed by macroetching **A9:** 173
in low-carbon steel billet. **A9:** 174
Ingot processing
wafer preparation. **EL1:** 192
Ingot size
effect on center cracking of aluminum
alloys **A9:** 635
effect on macrosegregation of aluminum alloy
ingots **A9:** 633
Ingot steels
early fractographs **A12:** 5
Ingots *See also* Billets
breakdown, and primary forging. **A14:** 222–223
breakdown, for stainless steel forging **A14:** 222–223
breakdown, of tantalum **A14:** 238
chemical segregation in **A17:** 491
defects **A15:** 404, 407
defined **A14:** 8, **A15:** 7
electron beam **A15:** 412
electroslag-remelted (ESR), forging
burst in **A11:** 317–318
for open-die forging. **A14:** 64–65
forging defects and failures from **A11:** 314–316
freezing, nucleation effects **A15:** 101
heating, for forging **A14:** 222
heavy, electroslag remelting of. **A15:** 404
macrosegregation **A14:** 64
molds **A15:** 43–44
pipe defect. **A17:** 491
pipes, shrinkage from **A11:** 315
piping in, schematic. **A11:** 315
processing flaws **A17:** 492–493
shapes forged from. **A14:** 61
solidification, by electroslag
remelting **A15:** 403–404
titanium **M3:** 362–364
transverse distribution of solute in . . . **A11:** 324–325
VAR, structure **A15:** 406
VIM, processing routes **A15:** 393
Ingots and steel for castings
net shipments (U.S.) for all grades, 1991
and 1992 . . . . **A5:** 701
Inherent filtration, x-ray tubes
radiography. **A17:** 306–307
Inherent flaw size **EM1:** 253, 255
Inhibited acid cleaners **M5:** 60
Inhibited admiralty metal **A13:** 614, 626
Inhibited alkaline cleaners **M5:** 7, 9–10
Inhibited alloys
corrosion resistance **A13:** 611
Inhibited aluminum brass
for heat exchangers/condensers **A13:** 626
Inhibited nitric acid, red fuming
SCC resistance in testing **A8:** 522–523
Inhibited pickling solutions **M5:** 70, 74–77
Inhibited recrystallization structure
formation of **A9:** 603
Inhibited sulfuric acid
in cathodic cleaning. **A12:** 75
Inhibitive primers. **A13:** 913
Inhibitor *See also* Catalyst **EM3:** 16
acid pickling **A5:** 69
defined **EM1:** 13, **EM2:** 23
definition. **A5:** 959
electroless nickel plating **A5:** 293
Inhibitor materials
for solid propellants **M7:** 598
Inhibitors *See also* Anodic inhibitor
acid environments, use in **M1:** 756
anionic molecular structures. **A13:** 480
anodic **A11:** 197, **A13:** 494–495
application **A13:** 485–486
application methods **A13:** 480–482
automotive applications **A13:** 525, **M1:** 757
cathodic **A11:** 197, **A13:** 495–497
cationic molecular structures **A13:** 479
composition. **A13:** 485
copper **A13:** 497
corrosion **A20:** 550–551
corrosion, as barrier protection **A13:** 378
corrosion protection of steel **M1:** 751, 754–757

SUBJECTS OF THE INDEXED VOLUMES: ASM Handbook (designated by the letter "A"): **A1:** Properties and Selection: Irons, Steels, and High-Performance Alloys (1990); **A2:** Properties and Selection: Nonferrous Alloys and Special-Purpose Materials (1990); **A3:** Alloy Phase Diagrams (1992); **A4:** Heat Treating (1991); **A5:** Surface Engineering (1994); **A6:** Welding, Brazing, and Soldering (1993); **A7:** Powder Metal Technologies and Applications (1998); **A8:** Mechanical Testing (1985); **A9:** Metallography and Microstructures (1985); **A10:** Materials Characterization (1986); **A11:** Failure Analysis and Prevention (1986); **A12:** Fractography (1987); **A13:** Corrosion (1987); **A14:** Forming and Forging (1988); **A15:** Casting (1988); **A16:** Machining (1989); **A17:** Nondestructive Evaluation and Quality Control (1989); **A18:** Friction, Lubrication, and Wear Technology (1992); **A19:** Fatigue and Fracture (1996); **A20:** Materials Selection and Design (1997). **Metals Handbook, 9th Edition** (designated by the letter "M"): **M1:** Properties and Selection: Irons and Steels (1978); **M2:** Properties and Selection: Nonferrous Alloys and Pure Metals (1979); **M3:** Properties and Selection: Stainless Steels, Tool Materials, and Special-Purpose Materials (1980); **M4:** Heat Treating (1981); **M5:** Surface Cleaning, Finishing, and Coating (1982); **M6:** Welding, Brazing, and Soldering (1983); **M7:** Powder Metallurgy (1984). **Engineered Materials Handbook** (designated by the letters "EM"): **EM1:** Composites (1987); **EM2:** Engineering Plastics (1988); **EM3:** Adhesives and Sealants (1990); **EM4:** Ceramics and Glasses (1991). **Electronic Materials Handbook** (designated by the letters "EL"): **EL1:** Packaging (1989)

defined . . . A13: 8, 1140
effect, corrosion kinetics . . . A13: 379
effect of velocity . . . A11: 198
effectiveness . . . A13: 1143
fatty acids sources for . . . A13: 481
for bacteria-induced corrosion . . . A13: 482–483
for breweries . . . A13: 1222–1223
for carbon steels . . . A13: 524–525
for corrosion control . . . A11: 197–198
for crude oil refineries . . . A13: 485–486
for gas wells . . . A13: 1249
for general corrosion resistance . . . A13: 693
for oil and gas production . . . A13: 478–484, 1240–1243
for zinc/zinc alloys and coatings . . . A13: 761
formulations . . . A13: 478
fresh-water systems . . . M1: 733–736, 738
hydrogen embrittlement . . . A13: 524
hydrogen embrittlement prevention of . . . M1: 755–756
in acid environments . . . A13: 524–525
in acid pickling . . . A13: 524
in waterfloods . . . A13: 482
laboratory testing . . . A13: 483
mechanisms . . . A13: 485
monitoring results of . . . A13: 197, 483
neutralizing . . . A13: 485
oxidation, for lubricant failures . . . A11: 154
packaging applications . . . A13: 525, M1: 757
process water, use in . . . M1: 749–750
quality control . . . A13: 483
seawater corrosion, effect on . . . M1: 745
selection of . . . A11: 198
steam systems, use in . . . M1: 748
steel pickling process, use in . . . M1: 755–756
treating programs, computerization . . . A13: 483
types . . . A13: 478–480, 1141
volatile . . . A13: 525, M1: 756–757
Inhomogeneities
which affect electrochemical potential . . . A9: 60–61
Inhomogeneity
as ferromagnetic resonance application . . . A10: 274–275
experimental plans for . . . A8: 643
in rolling . . . A8: 593–595
in surfaces, AES analysis for . . . A10: 549
magnetic, determined . . . A10: 274–275
of particle surfaces . . . M7: 250
verifying surface . . . M7: 260
Inhomogeneous flow
amorphous materials and metallic glasses . . A2: 813
Inhomogeneous solutions
free energy expressed as an integral over volume . . . A9: 653
Initial adhesion
as fretting . . . A11: 148
Initial aspect ratio . . . A19: 161
Initial crack length . . . A19: 126, 177
Initial crack propagation
characteristics of various low-temperature fracture modes . . . A19: 45
Initial cross-sectional area (A_0) . . . A20: 342
Initial current
definition . . . M6: 10
Initial dense random packing density . . . A7: 331
Initial failure
laminar . . . EM1: 230–231
Initial Graphics Exchange Standard (IGES) A20: 195
definition . . . A20: 835
Initial (instantaneous) stress
defined . . . EM1: 13
Initial intensity
abbreviation for . . . A10: 690
Initial modulus *See also* Modulus; Young's modulus . . . EM3: 16
defined . . . EM1: 13, EM2: 23
Initial permeability
in magnetic particle inspection . . . A17: 99
Initial pitting
as fatigue mechanism . . . A19: 696
defined . . . A18: 11
Initial propagation
crack and fatigue . . . A11: 106
Initial recovery
defined . . . A8: 7
Initial sieving period, determining of, specifications . . . A7: 217
Initial solidification point . . . A18: 695
Initial staircase testing . . . A8: 706
Initial strain . . . EM3: 16
defined . . . A8: 7, EM1: 13, EM2: 23
Initial stress . . . EM3: 16
defined . . . A8: 7, EM2: 23
Initial tangent modulus *See also* Modulus of elasticity . . . A8: 7
Initial wall shear stress . . . A7: 369–370
Initialization commands . . . EL1: 5
Initiation *See also* Crack initiation; Fatigue fracture initiation
crack . . . EM1: 201
fatigue cracks . . . A12: 112
in stress-corrosion cracking A8: 496, A13: 245–246
of fracture . . . A12: 103
of stable crack growth, defined . . . A8: 7
phase, crevice corrosion . . . A13: 303
Initiation-propagation model . . . A19: 282
Initiator . . . EM3: 16
defined . . . EM1: 13, EM2: 23
Injecting contacts
development . . . EL1: 958
Injection *See also* Die casting
carbon dioxide . . . A13: 1253
defined . . . A15: 7
direct, as die casting method . . . A15: 286
high-velocity, in die casting . . . A15: 288–292
metal, gating system, die casting . . . A15: 288–291
of fine coke, cupolas . . . A15: 384
of plastic patterns, investment casting . . . A15: 256
of wax patterns, investment casting . . A15: 254–256
oxygen enrichment and, cupolas . . . A15: 384
thermoplastics processing comparison . . . A20: 794
thermoset plastics processing comparison A20: 794
Injection blow molding
defined . . . EM2: 23
properties effects . . . EM2: 285
Injection compression
thermoplastics processing comparison . . . A20: 794
Injection compression molding
properties effects . . . EM2: 283–284
size and shape effects . . . EM2: 289–290
Injection laser diodes
as gallium compound application . . . A2: 739
Injection mold
processing characteristics, closed-mold . . . A20: 459
Injection molded P/M materials
as-sintered mechanical properties . . . M7: 471
mechanical properties . . . M7: 466–467, 471
Injection molded P/M materials, specific types
17-4PH, as-sintered mechanical properties M7: 471
316L, as-sintered mechanical properties . . . M7: 471
IN-100, as-sintered mechanical properties M7: 471
Iron-nickel, as-sintered mechanical properties . . . M7: 471
Injection molding *See also* Metal injection molding; Pressure casting; Reaction injection molding (RIM); Reciprocating-screw injection molding; Reinforced reaction injection molding (RRIM); Screw plasticating injection molding; Structural reaction injection molding (SRIM); Thermoplastic injection molding; Thermoplastic structural foams; Thermoset injection molding; Vacuum injection molding . . . A7: 314–315, A19: 337, 340, EM1: 555–558, EM4: 33, 34, 123, 124, 173–179, 188–189, M7: 6, 495–500
acrylics . . . EM2: 106–107
acrylonitrile-butadiene-styrenes (ABS) . . . EM2: 112–113
advanced ceramics . . . EM4: 49
advantages . . . A7: 373
and rigid tool compaction . . . M7: 323
and sintering . . . A7: 317
applications . . . EM4: 173
attributes . . . A20: 248
binder formulation . . . EM4: 173–174
water-soluble binder . . . EM4: 173
binder removal . . . EM4: 178–179
constituents of powder formulation . . . EM4: 126
pyrolysis . . . EM4: 179
solvent extraction of binder . . . EM4: 178–179
supercritical extraction . . . EM4: 179
thermal degradation . . . EM4: 178
binders used in powder shaping . . . A7: 313
ceramics . . . A20: 790
definition . . . A20: 835
cermets . . . A7: 927–928
characteristics . . . A7: 313
characteristics of polymer manufacturing process . . . A20: 700
compared as process for producing automotive bumpers . . . A20: 299
compatibility with various materials . . . A20: 247
compression . . . EM2: 83–284
cost per part at different production levels . . . A20: 300
costs, compared . . . EM1: 170
defects in dewaxed parts . . . EM4: 179
blistering . . . EM4: 179
cracks . . . EM4: 179
crazing . . . EM4: 179
delamination . . . EM4: 179
knit lines . . . EM4: 179
pinholes . . . EM4: 179
skin formation . . . EM4: 179
slumping . . . EM4: 179
speckles . . . EM4: 179
defined . . . A15: 7, EM1: 13, EM2: 23
definition . . . EM4: 173
densification and . . . A7: 315
dimensional control . . . A7: 320
disadvantages . . . A7: 373
economic factors . . . EM2: 294–296
effects on mechanical properties . . . A7: 955–956
epoxy packages . . . EL1: 961
equipment . . . EM1: 121
evaluation factors for ceramic forming methods . . . A20: 790
factors influencing ceramic forming process selection . . . EM4: 34
foam . . . EM2: 284, 290
for coating/encapsulation . . . EL1: 240–241
for gas turbine component fabrication . . EM4: 718, 720
granulated powders as feedstock . . . EM4: 100
helicopter pilot helmet . . . EM1: 121
high-performance ceramics, binders . . . EM4: 121
hollow . . . EM2: 284, 290
in ceramics processing classification scheme . . . A20: 698
in polymer processing classification scheme . . . A20: 699
in powder metallurgy processes classification scheme . . . A20: 694
in reaction sintering . . . EM4: 292
ionomers . . . EM2: 121–123
labor input/unit . . . A20: 300
liquid crystal polymers (LCP) . . . EM2: 181–182
materials and properties . . . M7: 498–499
mechanical consideration . . . EM4: 125, 126, 127
metals, definition . . . A20: 835
mix preparation . . . EM4: 176
equipment . . . EM4: 176
milling . . . EM4: 176
mixing operations . . . EM4: 176
mold cost . . . A20: 300
molded-in color . . . EM2: 305–306
molding equipment . . . EM4: 176–177
plunger-type machine . . . EM4: 176, 177
screw-type machine . . . EM4: 176, 177
molding machines for ceramics . . . EM4: 177–178
of bulk molding compounds . . . EM1: 161
of discontinuous fibers . . . EM1: 120–121
of metal-polymer mixtures . . . M7: 606
organics removal . . . EM4: 135, 136
P/M injection molding (MIM) process A2: 984–985
plastics . . . A20: 643, 793–796
plastics, definition . . . A20: 835
polyaryletherketones (PAEK, PEK PEEK, PEKK) . . . EM2: 144
polyether sulfones (PES, PESV) . . . EM2: 161–162
polymer melt characteristics . . . A20: 304
polymer-matrix composites . . . A20: 701–702
polymers . . . A20: 701
polysulfones (PSU) . . . EM2: 201–202
polyvinyl chlorides (PVC) . . . EM2: 210–211
porosity of parts . . . M7: 499
potential difficulties . . . A7: 373
powder characteristics . . . EM4: 173
dispersion of particles . . . EM4: 173
particle packing . . . EM4: 173

Injection molding (continued)
powder loading **EM4:** 173
powder selection and production **M7:** 495–496
process **EM4:** 173
processing **M7:** 495–498
properties effects **EM2:** 282–284, 287, 288–289, 291–292
qualitative DFM guidelines for **A20:** 35–36
rating of characteristics **A20:** 299
reciprocating screw injection molding machine **EM1:** 555–557
rheological behavior **EM4:** 174
Bingham plastic **EM4:** 174
dilatant **EM4:** 174, 176
measurements **EM4:** 174
pseudoplastic **EM4:** 174, 176
St. Venant **EM4:** 174
rheology of mix formulations **EM4:** 174–176
dynamic shear modulus **EM4:** 175–176
temperature **EM4:** 176
viscosity **EM4:** 174–175, 176
shape of product **A7:** 373
styrene-maleic anhydrides (S/MA) **EM2:** 220
supporting bed as necessity **A7:** 320
surface finish **EM2:** 303
technology **A7:** 7, **M7:** 18, 23
textured surfaces **EM2:** 305
thermoplastic **EM1:** 555–557, **EM2:** 302
thermoplastic polyimides (TPI) **EM2:** 178
thermoplastics **A20:** 453
thermoset **EM1:** 558, **EM2:** 302
to make compacts of silicon **EM4:** 237
tolerances **A20:** 37
tooling application, beryllium-copper alloys **A2:** 419
tooling used to control critical dimensions **A20:** 108
uniform powder loading **A7:** 320
variations **M7:** 498
viscoelastic properties required **EM4:** 116
wall thickness **A20:** 105
with HIP **EM4:** 198
Injection molding compounds
chopped glass for **EM1:** 110
discontinuous fiber reinforced fibers for . . **EM1:** 33
feeding **EM1:** 164–165
flowing **EM1:** 166–167
injecting **EM1:** 166
path of **EM1:** 165
screws **EM1:** 165–166
transporting **EM1:** 165–166
Injection molding foam
polymer melt characteristics **A20:** 304
Injection molding machine
polyamide-imides (PAI) **EM2:** 133–135
Injection ports
of molds **EM1:** 168
Injection pressures
and process selection **EM2:** 277–278
Injection-molded polymer blend of polyphenylene oxide and nylon (PPO/PA) **A20:** 100–102
Injury
acceptable probability of **A20:** 150
Ink
for gage marks **A8:** 548
Ink jet printing **EM4:** 475
Ink marking
for component identification **A11:** 130
In-K (Phase Diagram) . . . . . **A3:** 2•252
Inkjet droplet deposition **A20:** 236
Inkjet printout of digitized image **A9:** 139
Ink-jet technology **A7:** 427
Inks *See also* Thick films
conductive **EL1:** 207
dielectric **EL1:** 208, 346
electrically conductive **EL1:** 346
noble-metal conductor **EL1:** 207–208
nonnoble metal thick-film conductor **EL1:** 208
resistive **EL1:** 208
thick-film **EL1:** 207
Inks for magnetic paper and tape
powder used **M7:** 573
In-La (Phase Diagram) . . . . . **A3:** 2•252
In-ladle alloying
mechanized ladles **A15:** 498
Inlays, dental
as investment cast **A15:** 35
Inlet film thickness **A18:** 94
nomenclature for lubrication regimes **A18:** 90
In-Li (Phase Diagram) . . . . . **A3:** 2•252
In-line drawing and straightening machine
for bars **A14:** 333
In-line horizontal process equipment
condensation (vapor phase) soldering **EL1:** 703–704
In-line process monitors
for materials analysis **EL1:** 917
In-Lu (Phase Diagram) . . . . . **A3:** 2•253
In-Mg (Phase Diagram) . . . . . **A3:** 2•253
in-Mn (Phase Diagram) . . . . . **A3:** 2•253
In-mold coating
SMC parts **EM2:** 306
Inmold process
for ductile iron **A15:** 650
In-motion radiography *See also* Radiography
motion unsharpness **A17:** 338
view selection **A17:** 337–338
In-Na (Phase Diagram) . . . . . **A3:** 2•254
In-Nb (Phase Diagram) . . . . . **A3:** 2•254
In-Nd (Phase Diagram) . . . . . **A3:** 2•254
Inner array **A20:** 114
Inner diameter (ID) sawing
semiconductor friction and wear **A18:** 685–686
Inner lead bonding (ILB)
in tape automated bonding **EL1:** 228, 278–279, 478–479
plastic packages **EL1:** 478–479
process **EL1:** 230–231
Inner noise *See also* Noise
defined **A17:** 723
Inner raceway **A18:** 499, 500, 501
Inner-shell ionization
as inelastic scattering process **A10:** 433
In-Ni (Phase Diagram) . . . . . **A3:** 2•255
Inoculant *See also* Inoculation
defined **A15:** 7
definition **A20:** 835
gray iron **A15:** 637–638
Inoculants **A6:** 53
cast iron **M1:** 80
gray cast iron **M1:** 13, 21–22, 28
Inoculants, effect of
on alloy cast irons **A1:** 90
Inoculation *See also* Grain refinement; Inoculant **A20:** 379, 381
addition methods **A15:** 638–639
defined **A15:** 7
late, vs. ladle inoculation **A15:** 639
mold, of gray iron **A15:** 638–639
of cast iron **A15:** 170
of ductile iron **A15:** 650–651
of gray iron **A15:** 35, 636–639
of high-alloy graphitic irons **A15:** 698
practice, kinetics of **A15:** 105
Inorganic
defined **A13:** 8
definition **A5:** 959
Inorganic acids, as corrosive
copper casting alloys **A2:** 352
Inorganic acids, corrosion
zirconium **M3:** 784, 785–786, 787
Inorganic arsenic
toxic chemicals included under NESHAPS **A20:** 133
Inorganic atoms
MFS analysis of **A10:** 74
Inorganic binders
in spray drying **M7:** 74
Inorganic chemical-setting ceramic linings **A13:** 453–455
Inorganic coatings
as corrosion control **A11:** 194
for structural corrosion **A13:** 1304–1305
magnesium/magnesium alloys **A13:** 749–752
zinc-rich **A13:** 411–412, 769
Inorganic colloidal magnesium aluminum silicate
application or function optimizing powder treatment and green forming **EM4:** 49
Inorganic compounds
gas analysis of **A10:** 151
with germanium **A2:** 734
Inorganic Crystal Structure Data Base **A10:** 355
Inorganic elements
SSMS analysis of **A10:** 141
Inorganic fillers
as wire forming lubricants **A14:** 696
Inorganic gases
analytic methods for **A10:** 8
Inorganic glasses
compared to naturally occurring glasses **EM4:** 1
Inorganic insulating materials **A20:** 615
Inorganic insulation
of electrical steel sheet **A14:** 482
Inorganic interlaminar insulation
magnetic cores **A2:** 780
Inorganic liquids
analytic methods for **A10:** 7
Inorganic materials *See also* Inorganic materials, characterization of; Inorganic solid materials
for identification and structure determination in **A10:** 109
properties **EL1:** 470
single-crystal, Raman analysis of **A10:** 129
Inorganic materials, characterization of *See also* Inorganic materials; inorganic solid materials
analytical transmission electron microscopy **A10:** 429–489
atomic absorption spectrometry **A10:** 43–59
Auger electron spectroscopy **A10:** 549–567
classical wet analytical chemistry **A10:** 161–180
controlled-potential coulometry **A10:** 207–211
crystallographic texture measurement and analysis **A10:** 357–364
electrochemical analysis **A10:** 181–211
electrogravimetry **A10:** 197–201
electrometric titration **A10:** 202–206
electron probe x-ray microanalysis . . . **A10:** 516–535
electron spin resonance **A10:** 253–266
extended x-ray absorption fine structure **A10:** 407–419
ferromagnetic resonance **A10:** 267–276
field ion microscopy **A10:** 583–602
inductively coupled plasma atomic emission spectroscopy **A10:** 31–42
infrared spectroscopy **A10:** 109–125
ion chromatography **A10:** 658–667
low-energy electron diffraction **A10:** 536–545
low-energy ion-scattering spectroscopy **A10:** 603–609
molecular fluorescence spectrometry . . . **A10:** 72–81
Mössbauer spectroscopy **A10:** 287–295
neutron activation analysis **A10:** 233–242
neutron diffraction **A10:** 420–426
nuclear magnetic resonance **A10:** 277–286
optical emission spectroscopy **A10:** 21–30
optical metallography **A10:** 299–308
particle-induced x-ray emission **A10:** 102–108
potentiometric membrane electrodes **A10:** 181–187
radial distribution function analysis . . **A10:** 393–401
Raman spectroscopy **A10:** 126–138
Rutherford backscattering spectrometry **A10:** 628–636
scanning electron microscopy **A10:** 490–515
secondary ion mass spectroscopy **A10:** 610–627
single-crystal x-ray diffraction **A10:** 344–356
small-angle x-ray and neutron scattering **A10:** 402–406

SUBJECTS OF THE INDEXED VOLUMES: ASM Handbook (designated by the letter "A"): **A1:** Properties and Selection: Irons, Steels, and High-Performance Alloys (1990); **A2:** Properties and Selection: Nonferrous Alloys and Special-Purpose Materials (1990); **A3:** Alloy Phase Diagrams (1992); **A4:** Heat Treating (1991); **A5:** Surface Engineering (1994); **A6:** Welding, Brazing, and Soldering (1993); **A7:** Powder Metal Technologies and Applications (1998); **A8:** Mechanical Testing (1985); **A9:** Metallography and Microstructures (1985); **A10:** Materials Characterization (1986); **A11:** Failure Analysis and Prevention (1986); **A12:** Fractography (1987); **A13:** Corrosion (1987); **A14:** Forming and Forging (1988); **A15:** Casting (1988); **A16:** Machining (1989); **A17:** Nondestructive Evaluation and Quality Control (1989); **A18:** Friction, Lubrication, and Wear Technology (1992); **A19:** Fatigue and Fracture (1996); **A20:** Materials Selection and Design (1997). **Metals Handbook, 9th Edition** (designated by the letter "M"): **M1:** Properties and Selection: Irons and Steels (1978); **M2:** Properties and Selection: Nonferrous Alloys and Pure Metals (1979); **M3:** Properties and Selection: Stainless Steels, Tool Materials, and Special-Purpose Materials (1980); **M4:** Heat Treating (1981); **M5:** Surface Cleaning, Finishing, and Coating (1982); **M6:** Welding, Brazing, and Soldering (1983); **M7:** Powder Metallurgy (1984). **Engineered Materials Handbook** (designated by the letters "EM"): **EM1:** Composites (1987); **EM2:** Engineering Plastics (1988); **EM3:** Adhesives and Sealants (1990); **EM4:** Ceramics and Glasses (1991). **Electronic Materials Handbook** (designated by the letters "EL"): **EL1:** Packaging (1989)

spark source mass spectrometry **A10:** 141–150
ultraviolet/visible absorption
spectroscopy **A10:** 60–71
voltammetry **A10:** 188–196
x-ray diffraction **A10:** 325–332
x-ray diffraction residual stress
techniques **A10:** 380–392
x-ray photoelectron spectroscopy **A10:** 568–580
x-ray powder diffraction **A10:** 333–343
x-ray spectrometry **A10:** 82–101
x-ray topography **A10:** 365–379

Inorganic mixtures
liquid chromatography for **A10:** 649

Inorganic molecules
MFS analysis of **A10:** 74

Inorganic oxides
heat of formation **M7:** 598

Inorganic painting
design limitations for inorganic finishing
processes **A20:** 824

Inorganic pigments **EM3:** 16
defined **EM1:** 13–14, **EM2:** 23

Inorganic polymers
as thermoplastic **EM2:** 66

Inorganic solid materials *See also* Inorganic materials; Inorganic materials, characterization of
analytic methods for **A10:** 4–6
chemical reagents, composites, and catalysts
analytic methods for **A10:** 6
glasses and ceramics, analytic methods for .. **A10:** 5
metals, alloys, and semiconductors, analytic
methods for **A10:** 4
minerals, ores, and slags, analytic
methods for **A10:** 6
pigments, compounds, and effluents, analytic
methods for **A10:** 6

Inorganic solutions
analytic methods for **A10:** 7

Inorganic zinc
minimum surface preparation
requirements **A5:** 444
paint compatibility **A5:** 441

Inorganic zinc coatings **M5:** 475, 501–505

Inorganic zinc paint system
estimated life of paint systems in years **A5:** 444

Inorganic zinc-rich coatings
applications demonstrating corrosion
resistance **A5:** 423

Inorganic zinc-rich paint
defined **A13:** 8

Inorganic-inorganic composites
laser cutting of **EM1:** 679–680

Inorganic-organic composites
laser cutting of **EM1:** 679

Inorganics
as grease thickeners **A18:** 126
formulation **EM3:** 123

In-P (Phase Diagram) .... **A3:** 2•255

In-Pb (Phase Diagram) .... **A3:** 2•255

In-Pd (Phase Diagram) .... **A3:** 2•256

In-phase component
microwave inspection **A17:** 205

In-phase (IP) **A19:** 529

In-phase loading **A19:** 22

In-phase signal
nuclear magnetic resonance **A17:** 144

In-place foaming **A20:** 809

In-plane deformation
measured by speckle metrology **A17:** 432–434

In-plane determination
forming limit diagrams **A8:** 566

In-plane displacements
by optical holography **A17:** 415–416

In-plane failure mode
types **EM1:** 781–783

In-plane shear
fractures **EM1:** 789–790
ply **EM1:** 238

In-plane shear fractures
in composites **A11:** 736–738

In-plane yielding **A19:** 202

In-Plant Powder Metallurgy Association **M7:** 19

In-Pr (Phase Diagram) .... **A3:** 2•256

In-process corrosion
of beryllium **A13:** 810

In-process inspection *See also* In-process nondestructive evaluation; In-service inspection; In-service nondestructive evaluation
defined **A17:** 49
machine vision as gaging tool **A17:** 29
magnetic particle inspection **A17:** 89
parts, by coordinate measuring machines .. **A17:** 18
surface flaws, by laser **A17:** 17

In-process nondestructive evaluation *See also* In-process inspection; In-service inspection; In-service nondestructive evaluation
defined **A17:** 49

In-process testing *See also* Testing
function **EL1:** 131
life cycle **EL1:** 139–140

In-Pt (Phase Diagram) .... **A3:** 2•256

In-Pu (Phase Diagram) .... **A3:** 2•257

Input bar
double-notch shear testing **A8:** 228–229

Input connections
low thermal electromotive force cadmium .. **A8:** 389

Input devices
image analyzers **A10:** 310

Input parameter **A20:** 75

Input-output modeling **A20:** 21, 142

Input-output signal pin count *See* Pin count

Inputs/outputs (I/Os)
and mounting technologies **EL1:** 143
basic structures **EL1:** 161–166
count, reduced **EL1:** 311
functions **EL1:** 128
interfaces, types **EL1:** 160
of surface-mount components **EL1:** 730
pad connection **EL1:** 7

In-Rb (Phase Diagram) .... **A3:** 2•257

In-S (Phase Diagram) .... **A3:** 2•257

In-Sb (Phase Diagram) .... **A3:** 2•258

In-Sc (Phase Diagram) .... **A3:** 2•258

In-Se (Phase Diagram) .... **A3:** 2•259

Insecticidal spraying
atomization mechanism **M7:** 27

Insert **EM3:** 16
defined **EM1:** 14

Insert collar
cracked gray iron **A11:** 372

Insert rack
coupon testing **A13:** 199

Inserts *See also* Die inserts
blow molding **EM2:** 358
cast-in, magnesium alloy parts **A2:** 466
defined **A15:** 7, **EM2:** 23
for die casting **A15:** 287
for friction reduction **A8:** 197
indexable carbide **A2:** 963
magnesium alloy parts **A2:** 466–467
mold, permanent mold casting **A15:** 280
molded-in, polyamide-imides (PAI) **EM2:** 131
negative-rake **A2:** 966
press-fit and shrink-fit, magnesium alloy
parts **A2:** 466–467
screwed-in, magnesium alloy parts **A2:** 467
types **EM2:** 722–724

Inserts, load bearing
in magnesium parts **M2:** 538–540, 541, 542

In-service defects
adhesive-bonded joints **A17:** 16

In-service failures
system degradation during **EL1:** 9

In-service inspection *See also* In-process inspection
acoustic emission inspection, of pressure
vessels **A17:** 656
defined **A17:** 49
of boilers **A17:** 641
of pressure vessels, quantitative
evaluation **A17:** 653–654
of tubular products **A17:** 574–581
of weldments **A17:** 600–601
radiographic, of pressure vessels **A17:** 649

In-service monitoring **A13:** 197–203
analysis of process streams **A13:** 201
equipment **A13:** 202
interpretation and reporting **A13:** 203
of corrosion, strategies **A13:** 202–203
selecting method of **A13:** 197–201
sentry holes **A13:** 201
side-stream (bypass) loops **A13:** 201

In-service nondestructive evaluation *See also* In-process inspection
defined **A17:** 49

In-Si (Phase Diagram) .... **A3:** 2•259

Inside diameter
abbreviation **A8:** 725

Inside knowledge **A20:** 26

Inside mold line (IML) surfaces
resin transfer molding for **EM1:** 168

Inside-outside contrast
in dislocation loops **A9:** 116
in dislocation pairs **A9:** 114

In-Sm (Phase Diagram) .... **A3:** 2•260

In-Sn (Phase Diagram) .... **A3:** 2•260

Insoluble particles *See also* Particles
interfacial, during solidification **A15:** 142–147

Insoluble phases in aluminum alloys **A9:** 358

Inspection *See also* Chemical analysis; Die inspection; Evaluation; Examination; Formability testing; Investigation procedures; Nondestructive evaluation; Nondestructive evaluation (NDE); Nondestructive inspection (NDI); Nondestructive testing; Testing; Ultrasonic nondestructive analysis; Visual examination; Visual inspection
acoustic-emission **A11:** 18
Alnico alloys **A15:** 737–739
analysis, thermoplastic injection
molding **EM2:** 313
and failure analysis techniques **EL1:** 954
and sorting, automatic **A15:** 571
cost drivers in **EM1:** 421
design requirements for **EM1:** 183
destructive **A13:** 417
devices, computer-aided manufacturing ... **EL1:** 131
dimensional, computer-aided **A15:** 558–561
dissimilar metal joining **A6:** 825
eddy current **A13:** 417, **A15:** 554–555
eddy-current **A11:** 17
fluorescent-penetrant inspection **M6:** 827
for erosion-corrosion, wet
steam flow **A13:** 968–969
hot techniques, for continuous casting **A15:** 315
lay-up, types **EM1:** 739
liquid fluorescent penetrant **A15:** 264
liquid penetrant **A15:** 264, 553
liquid-penetrant **A11:** 17
liquid-penetrant inspection **M6:** 826–827
magnetic particle **A14:** 204, **A15:** 264, 553–554
magnetic-particle **A11:** 16–17
magnetic-particle inspection **M6:** 827
monocrystal casting **A15:** 322–323
nondestructive testing as **A11:** 134
of aluminum alloy castings **A15:** 556–557
of aluminum alloy forgings **A14:** 249
of casting defects **A15:** 544–561
of composite tool fabrication **EM1:** 739
of copper alloy castings **A15:** 557–558
of ductile iron castings **A15:** 556
of equipment **A13:** 322
of ferrous castings **A15:** 555–556
of fiber preforms/resin injection **EM1:** 532
of gray irons **A15:** 555–556
of investment castings **A15:** 264
of layers, ceramic packages **EL1:** 464
of magnetic particles **M7:** 575–579
of malleable irons **A15:** 556
of niobium-titanium ingot **A2:** 1044
of P/M materials **M7:** 480–492
of P/M products **M7:** 295
of second-generation patterns **EM1:** 738–739
of thermal spray coatings **A13:** 462
of titanium alloy forgings **A14:** 282
of tooling master models **EM1:** 738
offshore gas/oil production platforms **A13:** 1254
organic coatings and linings **A13:** 416–418
practices, of pressure vessels **A11:** 654
preliminary, cast Alnico alloys **A15:** 737
procedures, effect on heat-exchanger
failure **A11:** 629–630
qualification tests for overlays **M6:** 817–818
radiographic **A15:** 554–555, 557
radiographic inspection **M6:** 827
rigid printed wiring boards **EL1:** 542–543, 547
sand, in media preparation **A15:** 345
schedules and techniques, for fatigue
failures **A11:** 134

542 / Inspection

Inspection (continued)
techniques **EM1:** 743–744
ultrasonic **A11:** 17, **A15:** 555, 557
ultrasonic inspection. **M6:** 877
visual, schedules and techniques **A11:** 134
x-ray radiography **A15:** 264
x-ray, real time system, schematic **A15:** 554
Inspection coils *See also* Coils; Encircling coils; Probes; Sensors
eddy current inspection **A17:** 175–177
Inspection equipment *See* Equipment
Inspection equipment and techniques *See also* Equipment; Nondestructive evaluation methods; Nondestructive evaluation techniques **A17:** 1–17
coordinate measuring machines. **A17:** 18–28
laser inspection **A17:** 12–17
machine vision **A17:** 29–45
qualification of **A17:** 679
robotic inspection systems **A17:** 29–45
visual inspection. **A17:** 3–11
Inspection fixtures *See* Gages
Inspection for
capacitor-discharge stud welds **M6:** 738
electrogas welds **M6:** 244
electroslag welds **M6:** 234–235
explosion welding **M6:** 710–711
laser beam welds. **M6:** 668–669
repair welds of electron beam welding **M6:** 636
resistance welds of aluminum alloys **M6:** 543
soldering **M6:** 1089–1091
stud arc welds **M6:** 734
torch brazing of steels **M6:** 951–952
underwater welds **M6:** 924
weld overlays. **M6:** 817–818
Inspection frequencies *See* Frequencies
Inspection intervals **A19:** 479
ways to increase **A19:** 417
Inspection log
adhesive-bonded joints **A17:** 633
Inspection materials
control of. **A17:** 678
Inspection, nondestructive
of cast steels **M1:** 401–402
Inspection of welded joints. **A6:** 1081–1088
acoustic emission (AE) testing **A6:** 1080, 1084
advanced methods **A6:** 1088
image processing software **A6:** 1088
neural network software. **A6:** 1088
probe scanners for creating ultrasonic images **A6:** 1088
applications **A6:** 1081, 1084
eddy-current testing . . . **A6:** 1081, 1082–1083, 1085, 1087, 1088
evaluation of test results **A6:** 1086–1087
leak testing. **A6:** 1081, 1084
magnetic-particle testing (MPT) . . . **A6:** 1081, 1082, 1083, 1085, 1086, 1087, 1088
nondestructive evaluation performance. **A6:** 1085–1086
nondestructive evaluation method selection **A6:** 1086, 1087–1088
nondestructive evaluation techniques **A6:** 1081–1084
penetrant testing. **A6:** 1081, 1082, 1084, 1085, 1086, 1087, 1088
principal test methods. **A6:** 1081
radiographic testing . . . **A6:** 1081, 1083, 1085, 1086, 1087, 1088
double-wall, double-image technique **A6:** 1083
image quality indicator (IQI) **A6:** 1086
test procedures **A6:** 1084–1085
test-operator training **A6:** 1085
ultrasonic testing **A6:** 1081, 1083–1084, 1085–1086, 1087, 1088
visual inspection **A6:** 1081–1082, 1085
Inspection records
for macroetched specimens **A9:** 172–173

Inspection scheduling
damage analyses for. **A8:** 682
Inspection standards *See* Specifications; Standards
Inspection stride
definition. **A7:** 265
Inspection techniques *See* Inspection Equipment and Techniques
Inspection testing for acceptance **EM3:** 684
Inspection-based criteria
failure criteria and deflections of high-temperature component creep life **A19:** 468
Inspectors *See also* Human factory; Management; Personnel; Safety
and NDE reliability **A17:** 677
In-Sr (Phase Diagram) . . . . **A3:** 2·260
Instability
anisotropic plate **EM1:** 446
from shear deformation. **EM1:** 447
in composite structures **EM1:** 445–449
in dendritic/eutectic growth **A15:** 122–123
in tension. **A8:** 25
orthotropic plate **EM1:** 445–446
plate, from postbuckling behavior. . . **EM1:** 447–449
point of **A20:** 574, 575
shell panel **EM1:** 448–449
single-phase, dendritic and eutectic. **A15:** 122
two-phase **A15:** 122–123
types, planar solid/liquid eutectic interface **A15:** 123
unsymmetric laminate. **EM1:** 446–447
Instability, point of **A19:** 24
Instability-criterion. **A19:** 6
Installation
of acoustic emission sensors. **A17:** 281
of fasteners **EM1:** 710, 711
Installation environments
stress-corrosion cracking in **A11:** 212
Installation, wet *See* Wet installation
Installed engine inspectability
ENSIP Task II, design analysis material characterization and development tests. **A19:** 585
Installed vibration test
ENSIP Task IV, ground and flight engine tests. **A19:** 585
Instant photographic processes used in
photomicroscopy **A9:** 84–86
Instant process feedback **A7:** 708
Instantaneous erosion rate
defined **A18:** 11
Instantaneous failure rate **A20:** 87–88
Instantaneous gage length **A20:** 344
Instantaneous recovery *See also* Initial recovery **EM3:** 16
Instantaneous strain *See also* Initial strain **EM3:** 16
Instantaneous stress *See* Initial (instantaneous) stress; Initial stress
Institute for Interconnecting and Packaging Electronic Circuits (IPC). **EL1:** 734
Institute of Electrical and Electronics Engineers (IEEE) Holm Conference on Electrical Contacts. **A18:** 682
Institute of Scrap and Recycling Industries (ISRI)
address and purpose **A20:** 133
pamphlet on safety issues to scrap-processing workers. **A20:** 137
Institute of Scrap Iron and Steel, Inc. (ISIS)
list of materials and products posing environmental risk **A20:** 137, 138
Institute of Scrap Recycling Industries (ISRI)
scrap specifications of **A1:** 1026
Instron 1331 servohydraulic testing machine
for fracture testing **EM3:** 510
Instrument applications
aluminum and aluminum alloys **A2:** 14
of precious metals **A2:** 693
Instrument calculator chart. **A7:** 243
Instrument grades
beryllium **A2:** 686–687, **A9:** 390

Instrument response time
defined **A10:** 674
Instrumentation *See also* Testing. **A19:** 175
and testing **EL1:** 365–380
applications, for hybrids **EL1:** 254
as XRPD source of error **A10:** 341
data, use in failure analysis **A11:** 747
electrical test methods **EL1:** 372–378
for Charpy V-notch impact test. **A8:** 259
for deformation recording. **A8:** 146
for macroscopic fracture analysis **A11:** 256–257
for split Hopkinson pressure bar testing . . . **A8:** 202
for torsional testing **A8:** 146–147
geometry effects, in SEM **A12:** 168
of rolling mills **A14:** 354
of x-ray spectrometry **A10:** 87–93
physical test methods **EL1:** 365–372
SEM. **A12:** 166–171
Instrumented Charpy impact test. **A19:** 406
Instrumented Charpy testing
fracture toughness tests **A20:** 540
Instrumented impact test **A19:** 403, 406–407
Instrumented impact testing
Charpy, for dynamic fracture testing **A8:** 264–267, 276
defined **A8:** 7
recording equipment **A8:** 197
Instrumented pulse electrodischarge consolidation **A7:** 584
Instrumented-impact test
for fracture toughness **A11:** 64
Instruments *See also* Equipment; Machines
eddy current inspection **A17:** 177–179
types, eddy current **A17:** 176–178
Insulated-gate bipolar transistors (IG BTs) **A6:** 39
Insulated-gate field effect transistor (IGFET)
defined. **EL1:** 1147
Insulating ceramics **EM4:** 17
Insulating function **EM3:** 33, 36
Insulating glass compositions
SIMS analysis of **EL1:** 1087–1088
Insulating materials
categories **A20:** 615
Insulating pads *See also* Chill
defined **A15:** 7
Insulating plastics *See also* Conductive plastic materials; Electrical properties; Plastics
electrical breakdown **EM2:** 464–467
electrical values, significance **EM2:** 467
polymer structure and electrical properties. **EM2:** 462–464
terminology **EM2:** 460–461
test methods **EM2:** 461–462
Insulating sleeves *See also* Chill
defined **A15:** 7
Insulation *See also* Core plating; Electrical properties; Insulation resistance
and protection, of thermocouples **A2:** 882–884
applications, polyurethanes (PUR) **EM2:** 259
as plastic characteristic **EM2:** 460
ceramic, thermocouple wire **A2:** 883
copper wire and cable **M2:** 274
corrosion in **A13:** 340–343
corrosivity of improper use **A13:** 341
discontinuous oxide fibers for **EM1:** 62–63
for titanium alloy forging **A14:** 279
for wrought copper and copper alloy products. **A2:** 258–260
improved, of composites **EM1:** 36
in tungsten-rhenium thermocouples **A2:** 876
inorganic **A14:** 482
materials, pharmaceutical production. . . . **A13:** 1231
of electrical steel sheet **A14:** 482
organic. **A14:** 482
resistance **EM1:** 14
thermal, corrosion beneath **A13:** 1144–1147, 1230–1231
Insulation board
waterjet machinery. **A16:** 522

SUBJECTS OF THE INDEXED VOLUMES: ASM Handbook (designated by the letter "A"): **A1:** Properties and Selection: Irons, Steels, and High-Performance Alloys (1990); **A2:** Properties and Selection: Nonferrous Alloys and Special-Purpose Materials (1990); **A3:** Alloy Phase Diagrams (1992); **A4:** Heat Treating (1991); **A5:** Surface Engineering (1994); **A6:** Welding, Brazing, and Soldering (1993); **A7:** Powder Metal Technologies and Applications (1998); **A8:** Mechanical Testing (1985); **A9:** Metallography and Microstructures (1985); **A10:** Materials Characterization (1986); **A11:** Failure Analysis and Prevention (1986); **A12:** Fractography (1987); **A13:** Corrosion (1987); **A14:** Forming and Forging (1988); **A15:** Casting (1988); **A16:** Machining (1989); **A17:** Nondestructive Evaluation and Quality Control (1989); **A18:** Friction, Lubrication, and Wear Technology (1992); **A19:** Fatigue and Fracture (1996); **A20:** Materials Selection and Design (1997). **Metals Handbook, 9th Edition** (designated by the letter "M"): **M1:** Properties and Selection: Irons and Steels (1978); **M2:** Properties and Selection: Nonferrous Alloys and Pure Metals (1979); **M3:** Properties and Selection: Stainless Steels, Tool Materials, and Special-Purpose Materials (1980); **M4:** Heat Treating (1981); **M5:** Surface Cleaning, Finishing, and Coating (1982); **M6:** Welding, Brazing, and Soldering (1983); **M7:** Powder Metallurgy (1984). **Engineered Materials Handbook** (designated by the letters "EM"): **EM1:** Composites (1987); **EM2:** Engineering Plastics (1988); **EM3:** Adhesives and Sealants (1990); **EM4:** Ceramics and Glasses (1991). **Electronic Materials Handbook** (designated by the letters "EL"): **EL1:** Packaging (1989)

Insulation resistance **EM3:** 16
allyls (DAP, DAIP) **EM2:** 227
ceramic multilayer packages. **EL1:** 468
defined **EM2:** 23
of urethane coatings **EL1:** 776
package-level testing **EL1:** 938
testing **EM2:** 585–586

Insulation, thermal
corrosion under **A11:** 184

Insulative adhesives
applications **EM3:** 45

Insulator **EM3:** 16
defined **EM1:** 14, **EM2:** 23

Insulator(s)
as dielectrics, defined **EL1:** 90
materials **EL1:** 113–114, 1041
polarization. **EL1:** 99–100
processes selection. **EL1:** 113–114
quantum mechanical band theory (solid state) **EL1:** 99–100

Insulin production
powder used. **M7:** 573

In-Tb (Phase Diagram) . . . . **A3:** 2•261

In-Te (Phase Diagram) . . . . **A3:** 2•261

Integer programming **A20:** 210

Integral actuator shaft
in hydraulic torsional system. **A8:** 215–216

Integral architectures. **A20:** 23

Integral color anodizing
aluminum and aluminum alloys **M5:** 595–596, 609–610

Integral composite structure
defined **EM1:** 14

Integral coupling and gear
fatigue fracture in **A11:** 129–130

Integral heat exchangers
as thermal control **EL1:** 47

Integral hybrid components
advantages/limitations **EL1:** 258–259

Integral molar free energy
vs. partial molar free energy **A15:** 55

Integral of
symbol for **A10:** 692

Integral rotor, phosphorus magnetic iron . . . **A7:** 1104, 1105

Integral skin foam **EM2:** 23, 258, **EM3:** 16
defined **EM1:** 14

Integral structure **EM3:** 16
defined **EM2:** 23

Integral thermal properties
liquid aluminum-magnesium alloys. **A15:** 57
liquid aluminum-silicon alloys. **A15:** 57
liquid copper-aluminum alloys. **A15:** 58
liquid copper-nickel alloys **A15:** 58
liquid copper-tin alloys **A15:** 59
liquid copper-zinc alloys **A15:** 59

Integral-finned tube
in heat exchangers. **A11:** 628, 635

Integrally bladed rotor (IBR)
abrasive flow machining **A16:** 519

Integrally heated
defined **EM1:** 14

Integrated beam stops
as optic structure **EL1:** 10

Integrated blade inspection system
as NDE reliability case study **A17:** 686–687

Integrated circuit chip(s) *See also* Chip(s); Integrated circuits (ICs)
defined. **EL1:** 1147
engineering design system for **EL1:** 127
mounting technologies **EL1:** 143
top, cooling. **EL1:** 307–308

Integrated circuit defects
electronic materials **A12:** 481

Integrated circuit (IC) chips **A20:** 617

Integrated circuits *See also* Integrated circuits,
failure analysis of **A13:** 1124
beam leads **A11:** 775–776
chip, silicon rubber encapsulated **A11:** 775
cross section, LPCVD tungsten layers **A10:** 513
dead-on-arrival (DOA) failures **A11:** 766
device failures, types of **A11:** 766
device-operating failures (DOF). **A11:** 766
failure rates **A11:** 766
infant mortality and steady-state life failures **A11:** 766
memory, SEM analysis of. **A11:** 768
oxygen in wafers for **A10:** 122–123
plating peeling, XPS analysis of **A11:** 43–45
secondary electron micrograph **A10:** 555
SEM analysis of **A10:** 513–514

Integrated circuits, failure analysis of. . . **A11:** 766–792
electrostatic/electrical overstress failures **A11:** 786–788
metallic interface failures **A11:** 776–778
metallization failures. **A11:** 769–776
plastic-package failures **A11:** 788–789
silicon oxide failures **A11:** 778–781
silicon oxide interface failures. **A11:** 781–782
silicon p-n junction failures **A11:** 782–786
techniques of **A11:** 767–769

Integrated circuits (ICs) *See also* Advanced CMOS logic; Complementary MOS; Digital integrated circuits; Electrically erasable programmable read-only memories; Emitter-coupled logic; FR-4 glass-epoxy boards; Gallium arsenide (GaAs); High-performance MOS; High-speed MOS; Hybrid integrated circuitry; Integrated circuit chips(s); Integrated semiconductor packages; Large-scale integration; Medium-scale integration; Metal-oxide semiconductor (MOS); Microprocessing units; Microprocessor peripherals; Monolithic microwave integrated circuits; N-channel MOS; P-channel MOS; Programmable read-only memories; Random access memory; Read-only memories; Small-scale integration; Transistor-transistor logic **EM3:** 579, 583, 587
acoustic microscopy **A17:** 474–480
analog, application **A2:** 740
and discrete semiconductor, compared . . . **EL1:** 422
by SEM with EDS attachment **EL1:** 1095
chip top, cooling **EL1:** 307–308
chips, mounting technologies. **EL1:** 143
complexity **EL1:** 399
defined. **EL1:** 1147
design rule for **EL1:** 161
digital **A2:** 740
drivers integrated on **EL1:** 7
electrical damage **EL1:** 975–978
electronic/electrical corrosion failure analysis of. **EL1:** 1115–1116
encapsulation failures **EL1:** 978–979
fabrication, metal-oxide semiconductor **EL1:** 196–198
failure locations and mechanisms. . . . **EL1:** 975–979
hierarchy **EL1:** 398
interconnection with **EL1:** 386
interfacing with **EL1:** 386
lines-and-spaces reduction **EL1:** 253
logic forms, evolution of **EL1:** 160–161
material properties. **EL1:** 207
microwave **A2:** 740
monolithic microwave (MMIC) **A2:** 740, 747
monolithic wafer-scale. **EL1:** 8–9
MOS, fabrication. **EL1:** 147–148
npn bipolar junction transistor technology **EL1:** 144–145
packaged, physical hierarchy **EL1:** 2
packages, chip-level, characteristics **EL1:** 404
packages, performance ranking **EL1:** 404
packaging, automatic optical inspection of **EL1:** 941
power as parameter of **EL1:** 401
semiconductor chip fracture **EL1:** 978–979
semiconductor, decreasing size **EL1:** 297
single, monolithic. **EL1:** 2
substitution, thick-film hybrids as **EL1:** 386
system level, trends **EL1:** 177
technologies, market share trends **EL1:** 399
temperature-sensitive failure mechanisms **EL1:** 959–961
testing/instrumentation **EL1:** 365
thermal acceleration factor. **EL1:** 46
thin-film chromium resistors, corrosion failure analysis **EL1:** 1114–1115
thin-film resistor in photodetector, corrosion failure analysis **EL1:** 1115
through-hole packages. **EL1:** 975–979
trends **EL1:** 399–401
vs. dual-in-line packages (DIPS) **EL1:** 12
wafer fabrication defects. **EL1:** 978
wire bonding and tape automated bonding (TAB). **EL1:** 977–978

Integrated intensity ratios **A18:** 467

Integrated laminating center (ILC)
broadgoods prepreg dispenser **EM1:** 63
ply handier **EM1:** 63
translaminar stitcher **EM1:** 636–638

Integrated planar lenses
defined. **EL1:** 10

Integrated Product Development (IPD) A20: 161–162
support organizations **A20:** 155

Integrated product development team (IPDT). . **A20:** 3, 4
definition **A20:** 835

Integrated product teams (IPTs) **A20:** 716

Integrated rig concept **A20:** 290

Integrated semiconductor packages *See also* Integrated circuits (ICs)
assembly/packaging **EL1:** 438–449
cost reduction **EL1:** 448–449
differentiation of **EL1:** 438–441
outlook for **EL1:** 449
quality **EL1:** 441–448
semiconductor packaging road map . . **EL1:** 436–437
through-hole and surface-mount assembly **EL1:** 437–438

Integrated test plan
MECSIP Task IV, component development and system functional tests. **A19:** 587

Integrating spheres
as radiation collector in mid-infrared region **A10:** 114

Integration *See also* Hybrid(s); Integrated circuitry; Integrated circuits (ICs); Macrointegration; Multilayer boards (MLBs); Printed wiring boards (PWBs); Thick-film circuits; Thin-film circuits; Ultralarge-scale integration; Very-large-scale integration (VLSI)
higher-level, and hybrids **EL1:** 249
knowledge-based. **A14:** 413–416
types. **EL1:** 160

Integration of fatigue growth rates **A19:** 423–425

Integration variable **A20:** 525

Intellectual property
definition **A20:** 835

Intelligent automation for joining technology **A6:** 1057–1064
artificial intelligence (AI) techniques **A6:** 1057
components included. **A6:** 1057
development of systems **A6:** 1057
interface between off-line planners and real-time control systems **A6:** 1061
computer files **A6:** 1061
trajectory **A6:** 1061
weld job **A6:** 1061
weld set **A6:** 1061
off-line planning system **A6:** 1057–1061
computer-aided design (CAD) system. **A6:** 1057–1058
sequential operation of **A6:** 1057
real-time control intelligent system. . **A6:** 1061–1064
hardware controller. **A6:** 1062
job editor **A6:** 1061–1062
job interpreter **A6:** 1061
standards **A6:** 1061
welding cell hardware **A6:** 1062–1064
welding cell sensors **A6:** 1062–1064
WELDEXCELL system **A6:** 1057–1064
backward chaining **A6:** 1059
blackboard **A6:** 1060
data base systems **A6:** 1058–1059
expert systems **A6:** 1059
FERRITEPREDICTOR expert system . . **A6:** 1059
forward chaining **A6:** 1059
frames **A6:** 1059
HEATFLOW neural network system. . . . **A6:** 1060
knowledge sources. **A6:** 1058
neural network system (NNS). . . . **A6:** 1059–1060, 1063
parts designer **A6:** 1057–1058
path planner **A6:** 1057, 1058
production rules **A6:** 1059
system integrator **A6:** 1057, 1060–1061
WELDBEAD neural network system. . . . **A6:** 1060
WELDHEAT expert system **A6:** 1059, 1060
welding schedule developer **A6:** 1057, 1058–1060
WELDPROSPEC expert system. **A6:** 1059
WELDSELECTOR expert system **A6:** 1059

Intelligent Knowledge System for Selection of Materials for Critical Aerospace Applications (IKSMAT) **A20:** 311

Intelligent vision *See* Machine vision

Intense Pulsed Neutron Source
Argonne National Laboratory **A10:** 424

Intensification *See also* Image intensifiers
lead screens. **A17:** 315–316

Intensifying screens
radiography **A17:** 298

Intensiostatic *See* Galvanostatic

Intensity **A5:** 629
abbreviation for **A10:** 690
absorption/enhancement effects on **A10:** 97
calculating crystal structure from **A10:** 349
coherent atomic scattering,
abbreviation for **A10:** 690
defined **A17:** 384
diffracted, resolving of **A10:** 424
diffraction, in single-crystal x-ray
diffraction **A10:** 348–349
diffractional, kinematic, and dynamic
effects in **A10:** 366–367
hydrodynamic, reduction of **A11:** 170
in IR spectra **A10:** 110
incoherent atomic scattering,
abbreviation for **A10:** 690
infrared **A10:** 111, 117
initial, abbreviation for **A10:** 690
luminous, SI base unit and symbol for **A10:** 685
measured by diffractometers **A10:** 351
measurement, as XRPD source of error .. **A10:** 341
observed, in single-crystal analysis **A10:** 346
of diffracted beams **A10:** 328–329
of electromagnetic radiation **A10:** 83
profiles, rocking curves as **A10:** 372
radiant, defined **A10:** 62, 680, 685
ratio, defined **A10:** 674
ratio methods, for thin-film sample
preparation **A10:** 95
relative Auger, quantitative AES analysis
based on **A10:** 553
relative, x-ray spectral lines **A10:** 98
scattered **A10:** 604
theoretical vs. thickness, single-element x-ray
spectrometry **A10:** 100
threshold stress. **A11:** 204–205
total diffracted, abbreviation for **A10:** 690
ultrasound **A17:** 248
vs. concentration nickel, nickel ores **A10:** 99

Intensity holography
microwave **A17:** 225–226

Intensity image **A18:** 346, 347–348

Intensity of magnetization **A7:** 1006

Intensity of scattering
defined **A9:** 10

Intensity (x-rays)
defined **A9:** 10

Intensive mixer
green sand preparation **A15:** 344, 346

Inter failure
in composites **A12:** 466, 478

Interaction
damage rule **A8:** 358
experiments **A8:** 642, 653–654
third-order or higher, as estimate of experimental
error **A8:** 642

Interaction coefficients
aluminum and copper alloys **A15:** 55–56, 59–60
for elements in liquid aluminum **A15:** 59
for elements in liquid copper alloys **A15:** 60

Interaction effects **A19:** 121
as variables **A17:** 742–750

Interaction/additive (experimental)
defined **EM2:** 600

Interactions
parallel signal lines **EL1:** 34–35

Interactive effects of alloying elements
on notch toughness **A1:** 742, 743

Interactive graphics system (IGS) **EL1:** 127–129
Interactive method of successive foldings **A19:** 221

Interatomic bond distances
determined **A10:** 344, 409

Interatomic bond lengths
and physical properties **A10:** 355

Interatomic bond rupture rate
in stress-corrosion cracking **A13:** 147

Interatomic bonding forces **M7:** 304

Interaxial angle of a crystal .... **A3:** 1•10

Interaxial angles and edge lengths
relationships for crystal systems **A9:** 706

Intercalation
defined **A10:** 345
in graphites **A10:** 132

Intercept length **A7:** 268

Intercept method
defined **A9:** 10
used for measuring aluminum alloy
grain size **A9:** 357–358

Intercommunicating porosity **M7:** 6

Interconnected pore volume **M7:** 6

Interconnected porosity **M7:** 6

Interconnecting extrusions
applications **A2:** 36

Interconnecting shapes
wrought aluminum alloy **A2:** 35–36

Interconnection *See also* Conventional interconnections; Electrical interconnection; Fundamental interconnection uses; Interconnect(s)
and multichip packaging **EL1:** 2
as level 4 definition **EL1:** 76
-based technologies, new **EL1:** 8–10
chip, schemes **EL1:** 231–233
chip-to-chip, future trends **EL1:** 177
choice, cost/performance effects **EL1:** 14
compared **EL1:** 299
conductive polymer **EL1:** 15
conventional, environments of **EL1:** 2–5
defined **EL1:** 12, 1147
density, effects **EL1:** 7
electrical **EL1:** 224–236
electrical performance **EL1:** 18
environments, conventional **EL1:** 2–5
flexible printed boards **EL1:** 588
flexible printed wiring **EL1:** 579
from IC packages to frames **EL1:** 12–17
hierarchy **EL1:** 398
hybrid, technology selection criteria .. **EL1:** 250–255
in leaded and leadless surface-mount
joints **EL1:** 732
in semiconductor packaging, defined **EL1:** 397
issues, fundamental **EL1:** 2–11
levels, high-frequency digital systems **EL1:** 76
levels, illustrated **EL1:** 13
lines, dynamic switching energy **EL1:** 2
lines, length **EL1:** 25
materials and processes selection **EL1:** 116–117
methods, passive components **EL1:** 179–180
modeling **EL1:** 12–17
of ICs, thick-film ceramic hybrids for **EL1:** 386
of packaged WSI-based planar/three-dimensional
circuit modules **EL1:** 10
optical **EL1:** 9–10
physical, hierarchy **EL1:** 2–4
physical performance issues **EL1:** 5–8
point-to-point **EL1:** 2–4
propagation time **EL1:** 20–21
reliability **EL1:** 261
reliability, CTE effect **EL1:** 730
reliability effects, passive
components **EL1:** 180–182
scheme, determinants **EL1:** 18–20
separation **EL1:** 1020–1021
switching energy **EL1:** 2
system options **EL1:** 984–986
system requirements **EL1:** 12–17
technology, future developments **EL1:** 10

thermal expansion mismatch **EL1:** 611
thick-film multilayer **EL1:** 347
through-hole, evolution **EL1:** 507
wireability **EL1:** 18–20
wire-bonded **EL1:** 226–228, 472

Interconnection hierarchy **EL1:** 12–13
defined **EL1:** 12
in high frequency digital systems **EL1:** 76
levels of **EL1:** 12–13
packaging **EL1:** 15–16
trends and technology drivers **EL1:** 12

Interconnection network simulator **EL1:** 14

Interconnection parasitic effects *See* Analog parasitic effects

Interconnection system modeling
for packaging requirements **EL1:** 15–16
future of **EL1:** 15–17
interconnection hierarchy **EL1:** 12–13
of performance **EL1:** 13–15
trends **EL1:** 12

Interconnection system requirements
future challenges **EL1:** 15–17

Interconnection-based technologies
new **EL1:** 8–10

Interconnect(s)
defects **EL1:** 1002
defects, passive devices **EL1:** 1004–1005
defects, wire-wound resistors **EL1:** 1002
failure mechanism **EL1:** 1054–1056
length, threshold **EL1:** 403
-related failure mechanisms **EL1:** 974
resistance, self-inductance, load
capacitance **EL1:** 417
spacing **EL1:** 47

Intercritically reheated grain-coarsened (ICGC) zone **A6:** 81

Intercrystalline
defined **A9:** 10

Intercrystalline corrosion *See also* Intergranular corrosion
on cerclage wire of sensitized steel .. **A11:** 676, 681

Intercrystalline cracking *See also* Intergranular cracking
defined **A13:** 8

Intercrystalline cracks
defined **A9:** 10

Intercrystalline oxidation
of Invar **A2:** 890

Interdendritic
defined **A9:** 10

Interdendritic cavities, in aluminum alloy ingots, result of high hydrogen
content **A9:** 632–633

Interdendritic corrosion *See also* Corrosion .. **A13:** 8, 590
defined **A11:** 6
definition **A5:** 959

Interdendritic fluid flow
macrosegregation **A15:** 155

Interdendritic networks, of second phase constituents, in aluminum alloy
ingots **A9:** 631–632

Interdendritic porosity
defined **A9:** 10

Interdendritic preferential oxidation
from chemistry gradients **A11:** 406

Interdendritic shrinkage
tin bronzes **A2:** 348

Interdiffusion **A7:** 443, 444
alloying, in HIP encapsulation **M7:** 429
at aluminum-silicon contacts, integrated
circuits **A11:** 777–778
distance **M7:** 315
metal-metal **A11:** 776–777

Interdiffusion coefficients **A7:** 443, 444

Interelement effects *See also* Inductively coupled plasma atomic emission spectroscopy
absorption of x-rays as cause **A10:** 97
in emission spectroscopy **A10:** 33–34

SUBJECTS OF THE INDEXED VOLUMES: **ASM Handbook** (designated by the letter "A"): **A1:** Properties and Selection: Irons, Steels, and High-Performance Alloys (1990); **A2:** Properties and Selection: Nonferrous Alloys and Special-Purpose Materials (1990); **A3:** Alloy Phase Diagrams (1992); **A4:** Heat Treating (1991); **A5:** Surface Engineering (1994); **A6:** Welding, Brazing, and Soldering (1993); **A7:** Powder Metal Technologies and Applications (1998); **A8:** Mechanical Testing (1985); **A9:** Metallography and Microstructures (1985); **A10:** Materials Characterization (1986); **A11:** Failure Analysis and Prevention (1986); **A12:** Fractography (1987); **A13:** Corrosion (1987); **A14:** Forming and Forging (1988); **A15:** Casting (1988); **A16:** Machining (1989); **A17:** Nondestructive Evaluation and Quality Control (1989); **A18:** Friction, Lubrication, and Wear Technology (1992); **A19:** Fatigue and Fracture (1996); **A20:** Materials Selection and Design (1997). **Metals Handbook, 9th Edition** (designated by the letter "M"): **M1:** Properties and Selection: Irons and Steels (1978); **M2:** Properties and Selection: Nonferrous Alloys and Pure Metals (1979); **M3:** Properties and Selection: Stainless Steels, Tool Materials, and Special-Purpose Materials (1980); **M4:** Heat Treating (1981); **M5:** Surface Cleaning, Finishing, and Coating (1982); **M6:** Welding, Brazing, and Soldering (1983); **M7:** Powder Metallurgy (1984). **Engineered Materials Handbook** (designated by the letters "EM"): **EM1:** Composites (1987); **EM2:** Engineering Plastics (1988); **EM3:** Adhesives and Sealants (1990); **EM4:** Ceramics and Glasses (1991). **Electronic Materials Handbook** (designated by the letters "EL"): **EL1:** Packaging (1989)

in x-ray spectrometry **A10:** 87
Interface *See also* Liquid/solid interface ... **EM3:** 16, **M7:** 6
cellular/dendritic, particle behavior at **A15:** 144–145
corrosion, in brazed joints **A11:** 451
defined **A11:** 6, **EM2:** 23
definition **A5:** 959
dendritic solid/liquid, shape of **A15:** 155–156
growth rate at **A15:** 115
melting, electronic materials **A12:** 488
perturbed shape **A15:** 116
planar, directional solidification **A15:** 142–144
shape, effect on particle pushing/entrapment **A15:** 144
solid/liquid, eutectic **A15:** 122
traps, silicon oxide interface failures **A11:** 782
twin-matrix, iron **A12:** 224
velocity, single-phase alloys **A15:** 114–119
Interface activity **M7:** 6
Interface debonding
in composites **A8:** 714
Interface diffusion
in massive transformations **A9:** 655
Interface friction index **A19:** 952
Interface shear strength **A18:** 34
Interface stability model **A6:** 52
Interface thermal resistances
in package thermal design **EL1:** 412–413
Interfaces *See also* Heterophase boundaries
and superlattice studies **A10:** 634–635
between design/tooling/manufacturing personnel **EM1:** 428–431
cementite/ferrite, atom probe composition profile across, in pearlitic steel **A10:** 593
defects, in adhesive-bonded joints **A17:** 610
defined **EM1:** 14
delamination at **EM1:** 24
FIM/AP study of segregation of alloy elements and impurities to **A10:** 583
flaws at **EM1:** 241
future of **EL1:** 177
idealized constructions **A9:** 119
in discontinuous ceramic MMCs **EM1:** 90
manufacturing **EM1:** 429, 430
mixed **EL1:** 160
narrow, AEM analysis **A10:** 482–483
reflection, of ultrasonic waves **A17:** 231
resin, damage tolerance testing **EM1:** 26
segregation, atom probe composition profile for **A10:** 593
SERS analysis of **A10:** 136
thermoplastic matrix processing **EM1:** 545
thick-film hybrids **EL1:** 386
transmission electron microscopy **A9:** 118–122
types **EL1:** 160
with coordinate measuring machines **A17:** 20
with machine vision system **A17:** 37
Interfacial bonding
carbon fibers **EM1:** 5
Interfacial connection methods **EL1:** 590
Interfacial corrosion
in brazed joints **A13:** 877
susceptibility, brazing alloy/stainless steels **A13:** 878
Interfacial debonding
and fatigue failure **EM1:** 438
by cumulative group mode failure **EM1:** 195
detection of **EM3:** 392
Interfacial energy **A7:** 404, **A18:** 399–400
in precipitation hardening reactions **A9:** 646
Interfacial energy density **A7:** 219
Interfacial polarization
of insulators/dielectric materials **EL1:** 99–100
Interfacial shear failure
mechanisms and equations **A19:** 546
Interfacial specific free energy **A18:** 435
Interfacial studies
on heteroepitaxy layers **A10:** 628
segregation in molybdenum **A10:** 599–601
superlattices **A10:** 634
Interfacial tension **A20:** 714
Interference
defined **A9:** 10
Interference bolts **A19:** 290
Interference bushings **A8:** 502
Interference colors
enhancement using polarized light **A9:** 78
etching techniques **A9:** 61
Interference, destructive
x-ray spectrometers **A10:** 88
Interference effects in color metallography **A9:** 136
Interference fasteners **A8:** 502
Interference film deposition *See also* Anodizing; Color etching; Heat tinting; Potentiostatic etching; Reactive sputtering; Vacuum deposition **A9:** 135–138
Interference films
optical constants of cathode materials **A9:** 149
use in potentiostatic etching **A9:** 143–144
Interference filter
defined **A9:** 10
Interference fit fasteners **EM1:** 707–708, 715
Interference fits **EM3:** 16
defined **EM1:** 14, **EM2:** 23
Interference fringes **A7:** 720
produced in differential interference contrast microscopy **A9:** 151
Interference grounding
beryllium-copper alloys **A2:** 417
Interference layers, coated on anisotropic materials to improve grain contrast **A9:** 59–60
refractive indices **A9:** 60
Interference microscope **A9:** 80
Interference microscopes **A17:** 3, 17
Interference microscopy
for microstructural analysis **EM4:** 578
Interference of waves
defined **A10:** 675
Interference techniques of optical microscopy .. **A9:** 80
Interference vapor-deposited films
used for cemented carbides **A9:** 275
Interference-body bolt **A19:** 291
Interference-contrast illumination **A9:** 79
Interference-current effects **A13:** 1128–1129, 1288–1289
Interferences *See also* Spectral interferences
effect of complexation reactions **A10:** 164
effects in ICP **A10:** 33–34, 40
electrodeposition of **A10:** 65–66
filters for **A10:** 67
fringes as **A10:** 368
in collection of x-ray lines in 2.30-keV spectral vicinity **A10:** 522
in EXAFS analysis **A10:** 408
intentional addition of **A10:** 66
ionization **A10:** 29, 33, 34
of waves, defined **A10:** 675
separation by complexation for **A10:** 65
simultaneous UV/VIS analysis for **A10:** 65
spectral, wavelength-dispersive spectrometry **A10:** 521–522
Interferogram **A19:** 64
Interferograms
as resolution enhancement **A10:** 117
F-F-IR **A10:** 112
time-average **A17:** 416
Interferograms, laser
of low gravity effects **A15:** 148
Interferometer
for extensometer calibration **A8:** 619
for Hugoniot elastic limit measurement **A8:** 211
normal velocity **A8:** 233
records, melted 4340 steel **A8:** 234–235
transverse displacement **A8:** 210, 233
Interferometers *See also* Optical microscopes
applications **A17:** 15
changing optical path length **A10:** 112
defined **A10:** 675
FT-IR **A10:** 111–112
Genzel **A10:** 112
laser inspection by **A17:** 14–15
Michelson **A10:** 39, 112
schematic **A17:** 14
types **A9:** 80
Interferometry *See also* Interferometer(s); Multiple-exposure interferometry; Optical holographic interferometry; Real-time interferometry; Time-average interferometry **A6:** 1150, **A19:** 84
Interfragmentary corrosion
aluminum alloy **A13:** 590
Intergranular *See also* Intercrystalline; Transgranular **M7:** 6
attack, on STAMP-produced products **M7:** 549
defined **A13:** 8
Intergranular attack *See also* Exfoliation
austenitic stainless steels **A6:** 465–466
in forging **A11:** 338
Intergranular beta
defined **A9:** 10
Intergranular brittle fracture
determined **A11:** 25–26
Intergranular carbides
cracking through **A11:** 407
precipitation, from overheating **A11:** 132
Intergranular cavities
iron **A12:** 219
Intergranular corrosion *See also* Corrosion; Interdendritic corrosion; Intergranular corrosion evaluation **A7:** 978, 980–983, 987, 988
aluminum alloys **M2:** 212
and stress-corrosion cracking ... **A13:** 123, 148, 942
and uniform corrosion resistance **A13:** 48
as casting defect **A11:** 383
as embrittlement, interpretation and examination **A12:** 126
as type of corrosion **A19:** 561
by microbiological deposit **A13:** 315
cast stainless steel neck fitting failure by .. **A11:** 404
corrosion-resistant casting alloys **A13:** 578–580
crack initiation by **A13:** 149
crack propagation **A17:** 54
critical crevice temperature, cast/wrought alloys **A13:** 581
defined **A11:** 6, 180, **A13:** 8
definition **A5:** 959
eddy current inspection **A17:** 191
effect on stress-corrosion cracking **A1:** 724, 725
electrochemistry **A13:** 123
evaluation of **A13:** 239–241
ferrite/austenite grain-boundary ditching .. **A13:** 582
from liquid lithium **A13:** 93, 95
from welding **A13:** 49
in aircraft **A13:** 1028, 1045
in austenitic stainless steels, result of welding **A9:** 283
in CN-7M casting **A11:** 405
in duplex stainless steel weldments **A13:** 359
in forging **A11:** 338
in manned spacecraft **A13:** 1079–1080
in mining/mill applications **A13:** 1295
in recrystallized wrought aluminum alloy **A13:** 590
in space shuttle orbiter **A13:** 1068
in steam generators **A13:** 942
in zinc alloys **A9:** 489–490
intergranular attack as **A13:** 942
intergranular penetration as **A13:** 942–944
material selection to avoid **A13:** 324–325
mechanisms **A13:** 123
metallographic sections of **A11:** 24
nickel alloys **A2:** 432, **A11:** 181–182
of aluminum/aluminum alloys .. **A13:** 130, 589–590
of austenitic cast alloys **A13:** 578–580
of austenitic stainless steels **A1:** 912, 945, **A11:** 180, **A12:** 364, **A13:** 124, 325
of brazed joints **A13:** 879
of cast irons **A13:** 568
of copper alloy C26000 .... **A11:** 182
of copper/copper alloys **A13:** 613–614
of duplex cast alloys **A13:** 578–580
of ferritic alloys **A1:** 916–917
of galvanized steel **A13:** 527
of light metals and alloys **A11:** 182
of stainless steels **A13:** 123, 239–240, 554, 562
of steel castings **A11:** 403–404
of titanium **A11:** 182
n wrought heat-resisting alloys **A11:** 277
porous materials **A7:** 1039
stainless steel powders **A7:** 978–983, 989, 991, 993
susceptibility **A13:** 123, 239–240
testing for **A13:** 124, 239–240, 562
weight loss, stainless steel **A13:** 123
zinc/zinc alloys and coatings **A13:** 765
Intergranular corrosion evaluation *See also* Intergranular corrosion
of aluminum alloys **A13:** 240–241
of copper alloys **A13:** 241

Intergranular corrosion evaluation (continued)
of magnesium alloys **A13:** 241
of nickel-base alloys **A13:** 239–240
of stainless steels **A13:** 239–240
of zinc die casting alloys. **A13:** 241
purpose **A13:** 239
simulated-service and accelerated tests. . . . **A13:** 239
testing media. **A13:** 240
Intergranular corrosion resistance in stainless steel casting alloys **A9:** 297
Intergranular corrosion testing, specifications **A7:** 980, 981
Intergranular crack propagation
due to grain boundary precipitates **A19:** 43
due to hard phase grain boundary film **A19:** 43
Intergranular cracking *See also* Transgranular cracking **A19:** 85, 186, 194
and deformation creep **A11:** 29
brittle fracture by. **A11:** 82
defined **A11:** 6
definition. **A5:** 959
from electroplated coating **A11:** 337
in steam tubes **A11:** 605
matrix. **A8:** 487
micro-fracture mechanics morphology **A8:** 465
microscopic models for. **A8:** 466
stress-corrosion. **A13:** 148
velocities **A13:** 160
Intergranular cracks
in copper-bearing lead. **A9:** 418
in wrought beryllium-copper alloys. **A9:** 393
Intergranular creep fractures
austenitic stainless steels. **A12:** 364
by grain-boundary cavitation. **A12:** 19, 26
by triple-point cracking **A12:** 19, 25
by wedge cracking **A12:** 26
Intergranular decohesion fractures **A12:** 24, 31
aluminum alloys. **A12:** 35
and hydrogen embrittlement, steel **A12:** 31
austenitic stainless steel **A12:** 27, 34
bands, fatigue fracture in hydrogen **A12:** 37, 51
by SCC. **A12:** 24, 27–28, 36
effect of corrosive or embrittling environment **A12:** 35
embrittling effect, low-melting metals. **A12:** 29
of brass **A12:** 28, 36
of steels **A12:** 27
Intergranular dimple rupture
effect of microvoid nucleation. **A12:** 12
in steel **A12:** 14
Intergranular embrittlement
by films or segregation **A12:** 110
Intergranular facets
discontinuous **A8:** 487
Intergranular failure **A8:** 476
Intergranular fracture *See also* Cleavage; Transgranular fracture **A19:** 5, 7
acoustic emission inspection **A17:** 287
and embrittlement **A11:** 82
and Ni_3X alloys **A2:** 931–932
brittle, of ordered intermetallics **A2:** 913–914
brittle, surfaces of **A11:** 77
by fatigue cracking **A11:** 131–133
by overheating **A11:** 436
by SCC, in stainless steel bolts **A11:** 536–537
carburized steels **A19:** 680–681, 684
causes of. **A11:** 42, **A19:** 47
defined **A11:** 6, **A13:** 8
definition **A5:** 959, **EM4:** 633
EPMA spectrum, failed Inconel 600 bellows **A11:** 39–41
in cadmium-plated steel **A11:** 29
in piping system cross, from improper heat treatment **A11:** 649–650
in temper-embrittled steel. **A11:** 22
microscopic examination. **A11:** 75
nickel. **A13:** 157–158
nickel aluminides. **A2:** 914–915
process. **A8:** 486–487
stress-corrosion cracking **A13:** 156
stress-intensity factor range effect. **A8:** 485–486
Intergranular fracture, in austenitic manganese steel castings
causes of **A9:** 238
Intergranular fracture process **A8:** 486–487
Intergranular fracture(s) *See also* Cleavage fracture(s); Creep fractures; Intergranular corrosion; Intergranular decohesion fractures; Intergranular dimple rupture
AISI/SAE alloy steels **A12:** 293, 299–300, 305, 307–308, 335
and transcrystalline cleavage, iron. **A12:** 222
ASTM/ASME alloy steels. **A12:** 349–350
austenitic stainless steels **A12:** 352–353, 355
austenitizing effect. **A12:** 339
brittle. **A12:** 30, 38, 109, 174–175
by grain-boundary cavitation **A12:** 349
by grain-boundary sliding . . **A12:** 121–123, 140–141
by liquid cadmium embrittlement **A12:** 30, 39
cleavage, high-carbon steels **A12:** 290
copper alloys. **A12:** 402
decohesive **A12:** 24
fight fractographs. **A12:** 94, 98
from creep rupture **A12:** 18–19, 25
high-carbon steels. **A12:** 284
high-purity copper **A12:** 400
hydrogen-assisted, low-carbon steel. **A12:** 248
in bcc metals. **A12:** 123
in engineering alloys **A12:** 12
iridium and iridium ahoy **A12:** 462–463
irons. **A12:** 219
low-carbon steels **A12:** 240
medium-carbon steels **A12:** 271
nickel alloys **A12:** 397
of bolts. **A12:** 299
oxygen-embrittled Armco iron. **A12:** 222
from quench cracking. **A12:** 131, 148–149
rock-candy appearance **A12:** 110–111
salt corrosion assisted, superalloys **A12:** 389
SCC, in precipitation-hardening stainless steels. **A12:** 373
separation, iron alloy. **A12:** 459
sintered tungsten **A12:** 462
superalloys **A12:** 391, 393
titanium alloys **A12:** 441
tool steels. **A12:** 375
types **A12:** 110, 121–123
wrought aluminum alloys **A12:** 431, 434, 439
Intergranular fractures, effect of
on stress-corrosion cracking **A1:** 724
Intergranular microvoid coalescence
defined. **A12:** 128
Intergranular networks
in iron castings. **A11:** 359
Intergranular oxidation
in flash welds. **M6:** 580
Intergranular penetration
definition **A6:** 1210, **M6:** 10
Intergranular secondary cracking
OFHC copper. **A12:** 401
Intergranular segregation
and tramp elements. **A8:** 476
Intergranular separation **A19:** 42
alloy steels. **A12:** 341
high-purity copper **A12:** 399
iron alloy. **A12:** 459
Intergranular stress-corrosion cracking
aircraft part. **A13:** 1031
crack propagation **A13:** 155–157
critical potentials. **A13:** 151–152
defined **A11:** 6, **A13:** 8
in austenitic stainless steels **A13:** 124
in boiling water reactors. **A13:** 928–933
in collet retainer tube **A13:** 933
in HAZ **A13:** 929–930
in jet pump beams **A13:** 933–935
keyway. **A13:** 952–953
quantitative model, boiling water reactors **A13:** 930
stainless steel. **A13:** 152
steam generators. **A13:** 942
stress dependence of **A13:** 930
vs. temperature. **A13:** 154
Intergranular stress-corrosion cracking (IGSCC) **A6:** 379
austenitic stainless steels. **A6:** 466
definition. **A5:** 959
Intergranular stress-corrosion cracking (SCC) **A19:** 483, 484, 485, 486, 487, 488, 490, 491, 493, 495
Intergranular-transgranular fracture transition
in elevated-temperature failures. **A11:** 266
Interim design reviews **A20:** 149
Interior flaw(s) *See also* Defect(s); Discontinuities; Flaws
NDE detection methods **A17:** 50
Interior nodes **A20:** 179
Interior probes
remote-field eddy current inspection **A17:** 195–201
Interiors, unconsolidated
tool and die failures from **A11:** 574–575
Interlaboratory studies
recommended practices for chemical analysis **M7:** 249
Interlamella spacing
high-carbon steels. **A12:** 290
Interlamellar spacing *See also* True spacing. **A20:** 380
in pearlite **A9:** 660
pearlite. **A20:** 364, 365, 366
Interlaminar **EM3:** 16
defined **EM1:** 14, **EM2:** 23
Interlaminar cracking
free-edge delamination **EM1:** 241–242
shear lag effect **EM1:** 243–244
transverse cracks **EM1:** 242–244
Interlaminar fracture
crack directions/fiber orientation . . . **EM1:** 787–790
fractography of. **EM1:** 786–790
Interlaminar fracture toughness *See* Fracture toughness; Toughness
Interlaminar fracture toughness (G_{Ic}) *See also* Fracture toughness; Toughness
and damage tolerance **EM1:** 262
of carbon fiber composites **EM1:** 98
of thermoplastic composites. **EM1:** 100
specimens **EM1:** 343–345
vs. resin modulus, thermoplastics **EM1:** 99
vs. strain, thermoplastics. **EM1:** 100
Interlaminar fractures *See also* Delaminations
crack directions and fiber orientation. **A11:** 735–738
effect of fiber reinforcement. **A11:** 736
in composites **A11:** 733–738
in-plane shear. **A11:** 736–738
tensile, schematic without stress concentration. **A11:** 737
tension. **A11:** 735–736
Interlaminar insulation
magnetic cores **A2:** 780
Interlaminar normal stress
around hole. **EM1:** 234
Interlaminar shear **EM3:** 16
defined **EM1:** 14, **EM2:** 23
fracture, fractography of. **EM1:** 789–790
Interlaminar shear strength
by matrix resin **EM1:** 31
glass fabric reinforced epoxy resin **EM1:** 404
graphite fiber reinforced epoxy resin **EM1:** 413
short fiber based CFRP **EM1:** 156
test **EM1:** 299
Interlaminar shear stress
around hole. **EM1:** 234
defined. **EM1:** 229
thickness distribution. **EM1:** 240
Interlaminar stresses
analysis **EM1:** 229–230
and moment equilibrium **EM1:** 229

SUBJECTS OF THE INDEXED VOLUMES: ASM Handbook (designated by the letter "A"): **A1:** Properties and Selection: Irons, Steels, and High-Performance Alloys (1990); **A2:** Properties and Selection: Nonferrous Alloys and Special-Purpose Materials (1990); **A3:** Alloy Phase Diagrams (1992); **A4:** Heat Treating (1991); **A5:** Surface Engineering (1994); **A6:** Welding, Brazing, and Soldering (1993); **A7:** Powder Metal Technologies and Applications (1998); **A8:** Mechanical Testing (1985); **A9:** Metallography and Microstructures (1985); **A10:** Materials Characterization (1986); **A11:** Failure Analysis and Prevention (1986); **A12:** Fractography (1987); **A13:** Corrosion (1987); **A14:** Forming and Forging (1988); **A15:** Casting (1988); **A16:** Machining (1989); **A17:** Nondestructive Evaluation and Quality Control (1989); **A18:** Friction, Lubrication, and Wear Technology (1992); **A19:** Fatigue and Fracture (1996); **A20:** Materials Selection and Design (1997). **Metals Handbook, 9th Edition** (designated by the letter "M"): **M1:** Properties and Selection: Irons and Steels (1978); **M2:** Properties and Selection: Nonferrous Alloys and Pure Metals (1979); **M3:** Properties and Selection: Stainless Steels, Tool Materials, and Special-Purpose Materials (1980); **M4:** Heat Treating (1981); **M5:** Surface Cleaning, Finishing, and Coating (1982); **M6:** Welding, Brazing, and Soldering (1983); **M7:** Powder Metallurgy (1984). **Engineered Materials Handbook** (designated by the letters "EM"): **EM1:** Composites (1987); **EM2:** Engineering Plastics (1988); **EM3:** Adhesives and Sealants (1990); **EM4:** Ceramics and Glasses (1991). **Electronic Materials Handbook** (designated by the letters "EL"): **EL1:** Packaging (1989)

as out-of-plane failure cause **EM1:** 783–784
normal, distribution. **EM1:** 239–240

Interlaminar tensile stress
and delamination under fatigue loading. ... **A8:** 714

Interlath carbides
effect on fracture toughness of steels **A19:** 383

Interlayer sizing **EM1:** 122–124

Interlayers
material selection **M6:** 680–681
materials commonly used **M6:** 681
reasons for use. **M6:** 680

Interleaf layers **EM3:** 489

Interligament cracking
in failed secondary superheater outlet header from
boiler **A11:** 667

Interlock **A20:** 141, 142
definition **A20:** 835

Interlocking
from translaminar fracture **EM1:** 792
in composite compression fracture **A11:** 739
of blanks **A14:** 450

Interlocking joints
wrought aluminum alloy **A2:** 36

Interlocking theory of green strength **A7:** 307–308

Interlocks **A18:** 589–590

Intermediate annealing **A14:** 620–621, 779
defined **A9:** 10

Intermediate dielectrics
effect of phosphorus on **A11:** 771

Intermediate electrode
defined **A13:** 8

Intermediate flux
definition **M6:** 10

Intermediate lead-tin babbit alloys
compositions **A2:** 524

Intermediate phase
defined **A9:** 10

Intermediate phases .... **A3:** 1•4

Intermediate temperature setting adhesive
defined **EM1:** 14, **EM2:** 23

Intermediate-scale yielding (ISY) **A19:** 155

Intermediate-temper wire **A1:** 850

Intermediate-temperature-setting adhesive ... **EM3:** 16

Intermetallic
aluminum P/M alloys **A2:** 210
phases, wrought aluminum alloy **A2:** 37

Intermetallic compound
defined **A9:** 10

Intermetallic compound, cleaved
crack growth change **A8:** 482

Intermetallic compound embrittlement **M1:** 686

Intermetallic compound layers
in soldered joints **A17:** 608

Intermetallic compounds .. **A3:** 1•4, **A6:** 127, 128, 129, 134, 163
and alloys, compared **A2:** 910
between tin and tin alloy coatings and the
substrate, examination of **A9:** 451
braze filler metals and base materials
forming. **A11:** 452
diffusion welding **A6:** 886
embrittlement by **A11:** 100
explosion welding **A6:** 163, 896
for A15 superconductors **A2:** 1060–1062
in soldering operations. **EL1:** 634–636
inclusions in uranium alloys **A9:** 477, 479
low-solubility zirconium **A2:** 666
neutron diffraction analysis **A10:** 420
permanent magnets **A9:** 539
TiFe, hydrided, phase analysis by Mössbauer
spectroscopy **A10:** 293
titanium-base **A2:** 590

Intermetallic hardening alloys **A20:** 474

Intermetallic inclusions *See also* Inclusions
commercial alloys. **A19:** 89
copper alloys **A15:** 96
from compound precipitation **A15:** 488
in aluminum alloys. **A15:** 11, 195–96
particles as **A15:** 95
property effects, aluminum-silicon alloys. . **A15:** 167
stress-corrosion cracking and **A19:** 487
wrought aluminum alloys **A12:** 423

Intermetallic layer
formed beneath tin-lead coating **A9:** 456
of electrolytic tinplate **A9:** 456

Intermetallic phases **A13:** 551, 642–643
aluminum-silicon alloys. **A15:** 166

defined **A9:** 10
in aluminum alloys **A9:** 358–360
in tin-indium alloys **A9:** 452
in wrought stainless steels **A9:** 284–285

Intermetallic powders *See also* Metallic elements;
Metallic glass powders **M7:** 514

Intermetallic-matrix composites
development of **A2:** 909–911

Intermetallic-matrix composites (IMCs)
fiber-reinforced, thermal spray forming **A7:** 408
hot isostatic pressing **A7:** 617

Intermetallic-phase precipitation
in elevated-temperature failures. **A11:** 267

Intermetallic-related failures
thermocompression bonding **EL1:** 1042–1043

Intermetallics
application in future jet engine
components **A18:** 592
as brittle material, possible ductile phases **A19:** 389
combustion synthesis **A7:** 524, 527, 530
compatibility with steel. **A18:** 743
consolidation of ultrafine and nanocrystalline
powders **A7:** 508–510
development of **A7:** 3
effect on crack growth and toughness. **A11:** 54
field-activated sintering **A7:** 587
fracture toughness, and thermal spray
forming. **A7:** 414
heat-affected-zone cracks. **A6:** 92
mechanical alloying **A7:** 84
phase contrast imaging **A18:** 389
reactive hot isostatic pressing **A7:** 520
reactive hot pressing **A7:** 520
reactive sintering **A7:** 520
thermal spray forming **A7:** 408, 412

Intermittent axial/torsion test **A20:** 525

Intermittent furnace
porcelain enameling **M5:** 520

Intermittent immersion tests **A13:** 222–223

Intermittent life tests **EL1:** 494, 499

Intermittent sampling **A7:** 208

Intermittent service motors and generators
as magnetically soft material application ... **A2:** 779

Intermittent weld
definition **M6:** 10

Intermolecular forces
in polymers **EM2:** 64

Internal broaching
relative difficulty with respect to machinability of
the workpiece **A20:** 305

Internal bursts *See also* Bursts
effect on cold-formed part failure **A11:** 307
effect on fatigue strength **A11:** 121
radiographic methods **A17:** 296

Internal can lacquer
types **A13:** 780

Internal cavities *See also* Cavities
for copper castings, cost/design
considerations **A2:** 355

Internal chill *See* Inverse chill

Internal coils
eddy current inspection. **A17:** 183

Internal combustion engine
computational fluid dynamics
example. **A20:** 198–199

Internal combustion engine applications
of structural ceramics **A2:** 1019

Internal combustion engine lubricants .. **A18:** 162–170
additives. **A18:** 162, 169–170
applications **A18:** 162
formulation. **A18:** 168–169
base fluids **A18:** 168–169
physical properties of hydrofinished HVI stocks
and synthetic base stocks. **A18:** 169
relationship between wear properties and
hydrocarbon structures. **A18:** 168
lubricant classification based on
end-use. **A18:** 165–167
aviation engine oils. **A18:** 166
gasoline engine oils. **A18:** 165
heavy-duty diesel engine oils **A18:** 165
marine diesel engine oils. **A18:** 165–166
natural gas engine oils **A18:** 166
railroad diesel engine oils **A18:** 165
stationary diesel engine oils **A18:** 165
two-stroke cycle engine oils ... **A18:** 165, 166–167

lubricant-related causes of engine
malfunction. **A18:** 167–168
corrosion. **A18:** 168
deposit formation **A18:** 167
mechanism of deposit formation **A18:** 167
oil consumption **A18:** 167–168
oil thickening. **A18:** 167
ring sticking **A18:** 167, 168
wear **A18:** 167, 168
performance package. **A18:** 169–170
performance testing **A18:** 170
specifications **A18:** 162–165
service classifications **A18:** 163
viscosity. **A18:** 163, 164
winter (W) viscosity **A18:** 163
types. **A18:** 162
boundary lubrication **A18:** 162
elastohydrodynamic lubrication **A18:** 162
fluid-film lubrication **A18:** 162
hydrodynamic lubrication **A18:** 162
mixed-film lubrication **A18:** 162
types of internal combustion engines **A18:** 162
viscosity, speed, and equipment load **A18:** 162, 163
world lubricant market and consumption
percentages **A18:** 162

Internal combustion engine parts, friction and
wear of **A18:** 553–561
abrasive wear **A18:** 555, 558, 559
adhesive wear. **A18:** 555, 559
applications. **A18:** 553
corrosive wear. **A18:** 555, 556, 558
crankshaft bearings **A18:** 559–561
engine types and design
considerations. **A18:** 553–554
engine types. **A18:** 553
general features. **A18:** 553–554
principles of operation. **A18:** 553
valve train designs **A18:** 560
friction and wear of engine components .. **A18:** 554
contribution of major components to engine
friction **A18:** 554
emission and fuel economy
improvements **A18:** 554
engine wear **A18:** 555
lubrication regimes for friction
components **A18:** 554–555
future outlook. **A18:** 561
in-line automotive engine, six-cylinder, cross
sectional view **A18:** 554
lubrication **A18:** 555, 556, 557, 558–559, 561
lubrication regimes. **A18:** 555
oil pumps **A18:** 561
oxidational wear. **A18:** 556
pistons and piston ring assembly **A18:** 555–558
cylinder liner materials **A18:** 556–557
factors affecting piston ring wear .. **A18:** 557–558
piston ring-cylinder liner scuffing **A18:** 557
piston rings **A18:** 555–556
pistons **A18:** 55, 556
typical cylinder bore materials **A18:** 557
pitting **A18:** 555, 559
schematic of a four-stroke engine cycle ... **A18:** 553
scuffing **A18:** 555, 556, 557, 559
valve train assembly **A18:** 558–559
valve train designs **A18:** 560
valve train friction **A18:** 558–559
valve train wear **A18:** 559

Internal combustion engines
abrasive wear in **M1:** 602, 604
elevated-temperature valve failure **A11:** 288–289
in pipe **A11:** 704

Internal combustion (IC) valve springs **A20:** 288

Internal conversion
as radioactive decay mode **A10:** 245

Internal cracks *See also* Cracks; Discontinuities;
Flaws
flaw shape parameter curve for **A11:** 108
forging **A11:** 317, **A17:** 494
radiographic methods **A17:** 296
sizes at various stress levels. **A11:** 108

Internal defects *See also* Defects; Discontinuities;
Flaws
in ceramics **A11:** 748–751
resin-matrix composite failure from **A12:** 474
ultrasonic inspection **A17:** 530

Internal delamination *See also* Delamination
by machining and drilling **EM1:** 667–668
Internal discontinuities
casting **A15:** 544–545
in castings **A17:** 512
in iron castings................... **A11:** 354–359
in shafts **A11:** 459, 467, 477
magnetic particle inspection............ **A17:** 105
Internal electrolysis.................. **A10:** 199–201
cell for **A10:** 199
for copper determination **A10:** 200
separation of cadmium and lead by...... **A10:** 201
Internal energy .... **A3:** 1•5
Internal energy *e* **equations** **A20:** 187
Internal fixation devices
analysis of failed **A11:** 680
defined **A11:** 670
degrees of stability in **A11:** 673
design of **A11:** 677–680
implants as **A11:** 671
typical orthopedic examples............ **A11:** 671
unstable, adapting or bridging functions .. **A11:** 673
Internal fluorescence peak
in EDS spectra **A10:** 520
Internal force spike.................... **A18:** 47, 48
Internal fracture
prediction **A14:** 399
Internal gears
described **A11:** 586–587
Internal global communication
conventional interconnection............. **EL1:** 5
Internal grinding *See also* Grinding
definition.............................. **A5:** 959
Internal inductance
defined................................ **EL1:** 29
Internal lead
embrittlement by.................. **A13:** 181–182
Internal lockseams
forming of **A14:** 573
Internal necking **A19:** 7
Internal noise factors..................... **A20:** 113
Internal open circuits
passive devices **EL1:** 997
Internal oxidation *See also* Manufacturing
methods **M7:** 6
conventional........................... **M7:** 717
defined **A9:** 10, **A11:** 6, **A13:** 8
definition.............................. **A5:** 959
for silver-base composites with dispersed
oxides **A2:** 857
Internal particle porosity (I-pores)
and compaction........................ **M7:** 299
and low compressibility................. **M7:** 298
in water atomized iron powders........... **M7:** 85
Internal point-to-point communication **EL1:** 4
Internal rate of return economic analysis.... **A13:** 370
Internal reflection elements
and sample interface, angle of incidence .. **A10:** 114
in ATR spectroscopy.............. **A10:** 113–114
micro KRS-5 (thallium bromide/thallium
iodide) **A10:** 113
top view, micro KRS-5................. **A10:** 113
Internal reversible hydrogen embrittlement .. **A13:** 283
Internal ring gear
powder forged **A7:** 820–822
Internal rupture
in gears **A11:** 596
Internal scatter, shadow formation
radiography........................... **A17:** 313
Internal shapes, tube
by swaging **A14:** 138–139
Internal shrinkage
as casting defect....................... **A11:** 382
by radiographic methods................ **A17:** 296
defined **A15:** 7
definition.............................. **A5:** 959
Internal shrinkage cracks
defined **EM2:** 23
Internal standard
defined **A10:** 675
Internal standard line
defined............................... **A10:** 675
Internal standard method
XRPD analysis......................... **A10:** 340
Internal state variable **A20:** 632
Internal stress *See also* Residual stress
by plastic encapsulants............. **EL1:** 806–808
rate of change......................... **A20:** 632
Internal stresses *See also* Stress(es)
classified **EM2:** 751–752
in aluminum alloy ingots, effect of homogenization
on **A9:** 632
Internal surfaces
cleaning of............................ **A15:** 520
Internal sweating
as casting defect....................... **A11:** 387
Internal tension stresses
in aluminum alloy ingots, effect on center
cracking **A9:** 634–635
Internal upsets
hot upset forging **A14:** 92
Internal-hydrogen failures
of steel castings **A11:** 408–409
International Aerospace Abstracts (IAA)
as information source **EM1:** 41
International Annealed Copper Standard **A8:** 725
International Annealed Copper Standard (IACS)
scale............................... **A20:** 389
International classification
of casting defects..... **A11:** 381–388, **A15:** 545–553
International Code Council, Inc............. **A20:** 69
International Committee of Foundry Technical
Associations (Zurich, Switzerland)...... **A15:** 34
International Conference of Building Officials
(ICBO).............................. **A20:** 69
International Conferences on Jet Cutting
Technology **A18:** 222
International designations and
specifications .. **A1:** 156–159, 166–174, 174–194
British (BS) standards **A1:** 158
compositions of BS alloy steels **A1:** 185–186
compositions of BS carbon steels ... **A1:** 182–184
cross-referenced to SAE-AISI steels.. **A1:** 166–174
French (AFNOR) standards.......... **A1:** 158–159
composition of AFNOR alloy steels **A1:** 189–190
composition of AFNOR carbon
steels **A1:** 186–188
cross-referenced to SAE-AISI steels.. **A1:** 166–174
German (DIN) standards **A1:** 157
compositions of DIN alloy steels.... **A1:** 178–179
compositions of DIN carbon steels.. **A1:** 175–178
cross-referenced to SAE-AISI steels.. **A1:** 166–174
Italian (UNI) standards.................. **A1:** 159
compositions of UNI alloy steels.... **A1:** 192–193
compositions of UNI carbon steels.. **A1:** 190–191
cross-referenced to SAE-AISI steels.. **A1:** 166–174
Japanese (JIS) standards............ **A1:** 157–158
compositions of JIS alloy steels **A1:** 181
compositions of JIS carbon steels **A1:** 180
cross-referenced to SAE-AISI steels.. **A1:** 166–174
Swedish (SS_{14}) standards................. **A1:** 159
compositions of SS_{14} alloy steels **A1:** 194
compositions of SS_{14} carbon steels **A1:** 193
cross-referenced to SAE-AISI steels.. **A1:** 166–174
International Electrotechnical Commission
(IEC) **EM2:** 461
International Institute for Welding
microstructure constituent classifications for
ferritic weldments................. **A9:** 481
International Institute of Welding
instrumented Charpy impact test,
standardizing by **A8:** 266
International Iron and Steel Institute
life-cycle inventory databases............ **A20:** 102
International Journal of Powder Metallurgy and
Powder Technology **M7:** 19
International Mast Check System (IMCS)
number **A20:** 288, 289
International Mechanical Code **A20:** 69
International Nickel Company
ductile iron of.......................... **A15:** 35
International Organisation for Standardisation
(ISO) **A19:** 393
International Organization for
Standardization...................... **A8:** 625
International Organization for Standardization
(ISO)..... **A20:** 67, 68, 132, **EM2:** 91, 461–462
basic load rating equations for radial ball
bearings **A18:** 505
cross referencing system............ **A2:** 16, 17–25
friction test standards **A18:** 53
instrument calibration specimens for measuring
surface texture (5436) **A18:** 341
ISO 9000 .... **A20:** 229
lubricant viscosity grade (3448-1975 E)... **A18:** 134
specifications for threaded fasteners....... **A1:** 289
standards **A20:** 132
viscosity grades for specifying miscellaneous
industrial oils **A18:** 99
viscosity grades of lubricants............. **A18:** 85
International Organization of Standardization (ISO)
R513 classification of carbides **A16:** 75
International Plastics Handbook
(Saechtling)........................ **EM2:** 93
International Plumbing Code **A20:** 69
International Practical Temperature Scale (IPTS 68,
amended 1975) **A2:** 879
International Research Group on Wear of Engineering
Materials (IRG-OECD)
transition diagram determination
methodology **A18:** 491
International Society for Hybrid
Microelectronics (IC) **EL1:** 734
International standards **A20:** 68
International Standards (IS)............... **EM3:** 62
International Standards Organization **EM3:** 62
flow rate test **M7:** 279–280
global sealant standards as goal......... **EM3:** 188
sampling procedures.................... **M7:** 212
International System of grade designation
specifications for ductile iron **A1:** 35, 36
International Temperature Scale (ITS 27) **A2:** 878
International Temperature Scale of 1990
(ITS-90)............................ **A2:** 879
Interparticle bonding **A19:** 337
Interparticle friction
and flow rate **M7:** 280
Interparticle oxides
powder forged parts.................... **A14:** 204
Interparticle porosity
and compaction........................ **M7:** 299
Interpass temperature
cast iron arc welding............... **A15:** 525–526
definition **A6:** 1210, **M6:** 10
Interpenetrating polymer networks (IPNs) **EM3:** 161, 602
Interphase **EM3:** 16, 395, 397
composite materials................... **EM3:** 391
defined **EM1:** 14, **EM2:** 23
fiber-matrix characterization
methods.................... **EM3:** 391–392
Interphase boundary cracking
due to creep deformation **A8:** 306
Interphase interfaces
FIM/AP study of point defects in........ **A10:** 583
Interphase interfaces between matrix and
precipitate **A9:** 648
Interphase mass transport
defined............................ **A15:** 52–54
Interplanar distance
defined **A9:** 10
Interplanar spacing d_{hkl} *See* d-spacings
Interply hybrid *See also* Hybrid
defined **EM1:** 14, **EM2:** 23

SUBJECTS OF THE INDEXED VOLUMES: ASM Handbook (designated by the letter "A"): **A1:** Properties and Selection: Irons, Steels, and High-Performance Alloys (1990); **A2:** Properties and Selection: Nonferrous Alloys and Special-Purpose Materials (1990); **A3:** Alloy Phase Diagrams (1992); **A4:** Heat Treating (1991); **A5:** Surface Engineering (1994); **A6:** Welding, Brazing, and Soldering (1993); **A7:** Powder Metal Technologies and Applications (1998); **A8:** Mechanical Testing (1985); **A9:** Metallography and Microstructures (1985); **A10:** Materials Characterization (1986); **A11:** Failure Analysis and Prevention (1986); **A12:** Fractography (1987); **A13:** Corrosion (1987); **A14:** Forming and Forging (1988); **A15:** Casting (1988); **A16:** Machining (1989); **A17:** Nondestructive Evaluation and Quality Control (1989); **A18:** Friction, Lubrication, and Wear Technology (1992); **A19:** Fatigue and Fracture (1996); **A20:** Materials Selection and Design (1997). **Metals Handbook, 9th Edition** (designated by the letter "M"): **M1:** Properties and Selection: Irons and Steels (1978); **M2:** Properties and Selection: Nonferrous Alloys and Pure Metals (1979); **M3:** Properties and Selection: Stainless Steels, Tool Materials, and Special-Purpose Materials (1980); **M4:** Heat Treating (1981); **M5:** Surface Cleaning, Finishing, and Coating (1982); **M6:** Welding, Brazing, and Soldering (1983); **M7:** Powder Metallurgy (1984). **Engineered Materials Handbook** (designated by the letters "EM"): **EM1:** Composites (1987); **EM2:** Engineering Plastics (1988); **EM3:** Adhesives and Sealants (1990); **EM4:** Ceramics and Glasses (1991). **Electronic Materials Handbook** (designated by the letters "EL"): **EL1:** Packaging (1989)

Interpolation
to determine creep-rupture behavior . . **A8:** 332–335
Interpolation functions **A20:** 176, 178–179
Interposer contact/contact module
detail of. **EL1:** 394
Interpretation
and review, magnetic rubber inspection. . . **A17:** 123
magnetic particle inspection. **A17:** 103
of cooling curves (thermal analysis) . . **A15:** 182–185
of fractures **A12:** 96–123
of monitoring and test results. . . **A13:** 203, 316–317
Interpretation and evaluation of test results
Task III, USAF ASIP full-scale testing. . . . **A19:** 582
Interpreted customer need importance rank . . . **A20:** 19
Interpulse time
definition **M6:** 10
Interrogation zone **A7:** 256, 258
Interrupted aging
defined **A9:** 10
Interrupted oxidation test **A20:** 590, 594–595
Interrupted pour
as casting defect **A11:** 383
Interrupted quenching
defined **A9:** 10
Interrupted-current plating
definition **A5:** 959
Interrupted-rib bolt **A19:** 291
Intersection of phase-field boundaries . . . **A3:** 1•8, 1•10
Intersection scarp
definition **EM4:** 633
Intersections **A20:** 10
Interstitial atoms
and point defects **A13:** 46
Interstitial compounds **A20:** 340
Interstitial diffusion
solid-state. **A13:** 68
Interstitial elements, effects of
on notch toughness **A1:** 742
Interstitial elements, notch toughness of steel
effect on. **M1:** 694, 697
Interstitial fluid
and dental alloys **A13:** 1340
ionic composition of **A11:** 672
Interstitial impurity
reduction of **A2:** 1094–1095
Interstitial ion
illustrated. **A13:** 65
Interstitial nitrogen
determined in steels. **A10:** 178
Interstitial pneumonitis **M7:** 203
Interstitial reactions
liquid-metal corrosion by **A13:** 56–59
Interstitial solid solution . . . . **A3:** 1•15, 1•16
Interstitial solid solutions
defined **A9:** 10
Interstitial solid-solution strengthening
ion implantation strengthening
mechanisms **A18:** 855, 856, 858
postimplantation low-temperature aging
treatment **A18:** 856
Interstitial spaces **A20:** 340
Interstitial-free (IF) steels **A4:** 61, **A20:** 361, 470
definition **A20:** 835
Interstitial-free steel **A1:** 112–113, 131–132, 405, 578
cold-rolled strip **A1:** 417
composition of **A1:** 417
deep-drawing properties of. **A1:** 398
effects of steelmaking on formability of. . . . **A1:** 578
mechanical properties. **M1:** 178
porcelain enameling of **M1:** 178, **M5:** 512–513
production **M1:** 179
production of **A1:** 112–113, 131–132
tensile and yield strengths of **A1:** 417
Interstitial-free steels
composition, for porcelain enameling. **A5:** 732
flat-rolled carbon steel product available for
porcelain enameling **A5:** 456
Interstitials *See also* Point defects;
Vacancies. **A19:** 85, **A20:** 340
absorption during weld process, and
toughness **A19:** 28
Interstitials (O, H, C, N)
effect on fracture toughness of titanium
alloys **A19:** 387
Intersystem crossing
defined. **A10:** 675
Interval
and probability. **A8:** 624
estimate, defined **A8:** 7
statistical **A8:** 626
tests, and stress amplitude **A8:** 374
Interval erosion rate
defined. **A18:** 11
Interviews **A20:** 17–18
In-Th (Phase Diagram) . . . . **A3:** 2•261
In-the-mold treatment
ductile iron **A15:** 650
In-Ti (Phase Diagram). . . . . **A3:** 2•262
In-Tl (Phase Diagram). . . . . **A3:** 2•262
In-Tm (Phase Diagram). . . . . **A3:** 2•262
In-tolerance parts
coordinate measuring machines for. **A17:** 20
Intracellular fluid
ionic composition of **A11:** 672
Intrachain bonding. **A20:** 351
Intracrystalline
defined. **A9:** 10
Intracrystalline cracking *See* Transcrystalline
cracking; Transgranular cracking
Intragranular precipitation
of carbides, in austenitic stainless steels . . . **A9:** 284
of Laves phase, in austenitic stainless
steels. **A9:** 284
Intragranular subgrain structure
as a result of dynamic recovery. **A9:** 690
Intralaminar **EM3:** 16
defined. **EM2:** 23
Intralaminar fracture
crack directions/fiber orientations. . . **EM1:** 787–790
fractography of. **EM1:** 786–790
Intralaminar fractures
crack directions and fiber
orientation. **A11:** 735–738
in composites **A11:** 733–738
in-plane shear fractures. **A11:** 736–738
tension. **A11:** 735–736
Intralath carbides
effect on fracture toughness of steels **A19:** 383
Intramedullary rods
as implant nails **A11:** 671
Intramedullary tibia nail
as intemal fixation device **A11:** 671, 680
Intraply hybrid *See also* Hybrid
defined **EM1:** 14, **EM2:** 24
Intrinsic conduction
defined. **EL1:** 99
Intrinsic device speed
and intrinsic device delay. **EL1:** 2
Intrinsic dielectric breakdown
integrated circuits. **A11:** 779
Intrinsic dielectric strength
defined. **EM2:** 460
Intrinsic (electrical) breakdown
defined. **EM2:** 464
Intrinsic formability tests *See also*
Workability **A8:** 553–560, **A14:** 883–889
dynamic material modeling **A14:** 423
Intrinsic induction
in permanent magnet materials **A2:** 782, 784
Intrinsic properties
thermal. **EM2:** 451
Intrinsic stacking faults
and dislocation loops. **A9:** 116
contrast in transmission electron
microscopy. **A9:** 119
Intrinsic viscosity *See also* Viscosity. **EM3:** 16
defined. **EM2:** 24
Introduction
and historical development **A15:** 13–45
casting advantages **A15:** 37–45
casting applications **A15:** 37–45
foundry technology, development **A15:** 24–36
history of casting **A15:** 15–23
market size **A15:** 37–45
Introduction system
gas mass spectrometer. **A10:** 151–152
Introduction system complex **A10:** 152
Introduction to composites
general information sources **EM1:** 40–42
general use considerations **EM1:** 35–37
glossary of terms **EM1:** 3–26
introduction **EM1:** 27–34
selection and evaluation **EM1:** 38–39
Introfaction **EM3:** 16
defined **EM2:** 24
Introfier **EM3:** 16
Intrusion alarms
as germanium application. **A2:** 743
Intrusion-extrusion pair. **A19:** 64
Intumescence
defined **A13:** 8
definition. **A5:** 959
Intumescents
applications **EM3:** 56
In-V (Phase Diagram) . . . . **A3:** 2•263
Invar *See also* Low-expansion alloys **A20:** 412
applications **M3:** 798
as low-expansion alloy **A2:** 889–893
composition effects on expansion
coefficient **A2:** 889–890
copper-clad, as heat sink **EL1:** 1129–1131
corrosion resistance **A2:** 891
defined. **EL1:** 1147
diffusion factors **A7:** 451
effects of processing **A2:** 890–891
electrical properties **A2:** 891
expansion coefficients **M3:** 793, 794
heat treatment **M3:** 794, 795
injection molding. **A7:** 314
linear expansion coefficient vs. thermal
conductivity. **A20:** 267, 276, 277
linear expansion coefficient vs. Young's
modulus. **A20:** 267, 276–277, 278
machinability **A2:** 891–892
magnetic properties **A2:** 891
normalized tensile strength vs. coefficient of linear
thermal expansion. **A20:** 267, 277–279
physical properties **A7:** 451
physical/mechanical properties **A2:** 891–892
processing. **M3:** 794–795
properties. **A2:** 889
thermoelastic coefficient **A2:** 891
welding **A2:** 892–893
Invar: 36% Ni
thermal properties **A18:** 42
Invariant
equilibrium. . . . . **A3:** 1•2
point . . . . **A3:** 1•2
reactions . . . . **A3:** 1•5
Invariant melting temperature of the solvent element
(T_m) **A6:** 89
Invariant phase field determination
by Auger electron spectroscopy **A10:** 474
Inventory analysis **A20:** 262
Inventory control systems **EM3:** 685
Inverse bainite **A9:** 665
Inverse chill *See also* Chill; Chilled iron
defined **A15:** 7
ductile iron fracture-e from **A12:** 227
in iron castings. **A11:** 362
Inverse cumulative density function. **A19:** 296
Inverse dynamic analysis **A20:** 167
Inverse gas chromatographic studies. **EM3:** 289
Inverse logarithmic reaction rates
high-temperature corrosion, gases **A13:** 66–67
Inverse pole figures
generation of. **A9:** 703
Inverse segregation
defined **A9:** 10, **A15:** 7
in Bronze Age. **A15:** 16
in copper alloy ingots **A9:** 643–644
tin sweat from **A15:** 16
Inverse skin-doubler coupon **EM3:** 471–472, 475, 476
**Inverse standard normal cumulative distribution
function** **A20:** 82
Inverse-square law, and shadow intensity
radiography **A17:** 313
Inversion center
in single-cells. **A10:** 347
Inverted bench microscope **A9:** 72
Inverted chill *See* Inverse chill
Inverted dies
for blanking. **A14:** 453
Inverted incident-light microscope **A9:** 72
light path **A9:** 71
with television monitor attached. **A9:** 84
Inverted metallograph **A9:** 74
Inverted metallographic microscope
used in identification of ferrite in heat-resistant
casting alloys. **A9:** 333

Inverted microscope
defined **A9:** 10
magnetic etching setup **A9:** 64–65
Inverted optics
for liquid x-ray spectrometry **A10:** 95
in wavelength-dispersive x-ray spectrometers **A10:** 88
Inverted precipitators **A7:** 141
Inverted research-quality optical microscopes . . . **A9:** 73
Inverted "T" fillet weld test **A6:** 725
Inverted-chip reflow (flip-chip) technology **EM3:** 584, 585
Inverters **A6:** 39, 40, 44
Inverters, series/parallel
for induction furnaces **A15:** 370–371
Investigation procedures
of pipeline failures **A11:** 695–697
Investing *See also* Investment casting
defined **A15:** 7
lost foam pattern **A15:** 233
Investment
defined **A15:** 7
Investment cast cobalt-chromium-molybdenum alloy
for orthopedic implants **M7:** 658
Investment cast superalloys *See* Polycrystalline cast superalloys
Investment cast turbine blades
neutron radiography of **A17:** 388, 393–394
Investment casting *See also* Aluminum alloys; Castings; Dip coat; Expendable pattern; Foundry products; Investing; Investment (lost wax) casting . . **A15:** 253–261, **A19:** 17, **A20:** 301, **M2:** 147
aluminum casting alloys **A2:** 140–141
attributes **A20:** 248
characteristics **A20:** 687
compatibility with various materials **A20:** 247
cost of tooling for making **A20:** 248
defined **A15:** 7
magnesium alloy, cost-quantity relationships **A2:** 463
minimum web thickness **A20:** 689
modeling of **A20:** 712–713
rating of characteristics **A20:** 299
surface roughness and tolerance values on dimensions **A20:** 248
tungsten-reinforced composites **EM1:** 885
Investment Casting Institute **A15:** 34
Investment casting techniques **M7:** 428
Investment castings
molten salt bath cleaning **A5:** 40
roughness average **A5:** 147
Investment (lost wax) casting *See also* Investment casting; Precision casting
and ceramic molding, compared **A15:** 248
and Replicast CS process, compared **A15:** 270
applications **A15:** 266
as precision molding **A15:** 37
basic process steps **A15:** 204–206
by electron beam melting **A15:** 417–418
ceramic cores, manufacture **A15:** 261
ceramic shell molds, manufacture **A15:** 257–261
colloidal silica bonds in **A15:** 212
design considerations **A15:** 264–266
development of **A15:** 35
inspection and testing **A15:** 264
magnesium alloy **A15:** 799, 806–807
market trends **A15:** 44
melting and casting **A15:** 262–263
mold firing and burnout **A15:** 262
of Alnico alloys **A15:** 737
of metal-matrix composites **A15:** 847–848
of nickel-base superalloys **A15:** 207
pattern and cluster assembly **A15:** 257
pattern materials **A15:** 253–255
pattern removal **A15:** 261–262
patternmaking **A15:** 195, 255–257
postcasting operations **A15:** 263–264
process, steps in **A15:** 253
Replicast CS process, as special process . . . **A15:** 267
Shellvest system, as special process . . **A15:** 266–267
titanium alloys **A15:** 825–826
titanium, with vacuum arc skull melting **A15:** 409–410
tolerances **A15:** 621–622
Investment precoat *See also* Dip coat
defined **A15:** 7
Investment shell
defined **A15:** 7
molds, ceramic, manufacture of **A15:** 257–261
Inviscid equations **A20:** 188
Inward diffusion coatings
superalloys **M5:** 378
In-Y (Phase Diagram) . . . . **A3:** 2•263
In-Yb (Phase Diagram) . . . . **A3:** 2•263
In-Zn (Phase Diagram) . . . . **A3:** 2•264
I_0 *See* Initial intensity
Iodide process for purifying metals **M2:** 711
Iodide process, of chemical vapor deposition
for metal ultrapurification **A2:** 1094
Iodides
as electrode **A10:** 185
as fining agents **EM4:** 380
combustion synthesis **A7:** 534
determined by precipitation titration **A10:** 164
solvent extractant for **A10:** 170
Iodimetric titration
indirect **A10:** 174
Iodimetry
as class of redox titration **A10:** 174
Iodine
aluminum halide formation **A7:** 156–157
and absolute methanol, to isolate inclusions in steels **A10:** 176
and methanol, second-phase test method . . **A10:** 177
determined in water by coulometric titration **A10:** 205
etchant for laser-enhanced etching **A16:** 576
species weighed in gravimetry **A10:** 172
tantalum resistance to **A13:** 731
TNAA detection limits **A10:** 237
Iodine bromide, in graphites
Raman analysis **A10:** 133
Iodine chloride, in graphites
Raman analysis **A10:** 133
Iodoantimonite method
analysis for antimony n copper alloys by . . . **A10:** 68
Iodometry
indirect **A10:** 205
Ion
definition **A5:** 959
Ion adsorption **A7:** 420
Ion beam
assisted deposition **A13:** 498
in spark source mass spectrometer **A10:** 142
LEISS analysis **A10:** 606–607
milling, transmission electron microscopy **A10:** 451–452
mixing **A13:** 498
mixing, as sputtering artifact **A10:** 556
sputtering **A13:** 498
sputtering, Auger electron emission by **A10:** 550
Ion beam deposition **A18:** 842
Ion beam etching **A9:** 62
Ion beam machining
achievable machining accuracy **A5:** 81
Ion beam mixing
definition **A5:** 959
Ion beam sputtering **A5:** 566
definition **A5:** 959
Ion bombardment coating *See* Sputtering
Ion bombardment etching
of fiber composites **A9:** 591
Ion bombardment, of transmission electron microscopy specimens to achieve
dimpling **A9:** 105
Ion carburizing *See also* Plasma (ion) carburizing
definition **A5:** 959
Ion chamber detectors
computed tomography (CT) **A17:** 370
Ion channeling
for damage depth profiles **A10:** 632
Ion chromatogram
typical total **A10:** 644
Ion chromatographs
and AAS instruments **A10:** 55
major components **A10:** 658–659
Ion chromatography **A10:** 658–667
applications **A10:** 658, 665–667
calibration curves **A10:** 666
capabilities **A10:** 181, 649, 663
defined **A10:** 675
estimated analysis time **A10:** 658
exclusion **A10:** 662
general uses **A10:** 658
indirect **A10:** 661
introduction **A10:** 658–659
limitations **A10:** 658
modes of detection **A10:** 659–662
modes of separation **A10:** 662–663
of inorganic liquids and solutions, information from **A10:** 7
of inorganic solids, types of information from **A10:** 4–6
instrumentation **A10:** 665
of organic solids, information from **A10:** 9
related techniques **A10:** 658
reversed-phase **A10:** 663
sample preparation and standardization **A10:** 663–665
samples **A10:** 658, 663–667
standard, separation mode **A10:** 662
to analyze the bulk chemical composition of starting powders **EM4:** 72
with spectrophotometric detection **A10:** 661
Ion chromatography exclusion
separation in **A10:** 662
Ion cluster beam technique
for gallium arsenide (GaAs) **A2:** 745
Ion conduction
and ternary molybdenum chalcogenides . . . **A2:** 1077
Ion detection
in gas mass spectrometers **A10:** 153, 154–155
methods **A10:** 143–144
methods, electrical and photometric . . **A10:** 143–144
Ion dissolution **A7:** 420
Ion energy
effect on sputtering yield **A9:** 107
Ion etching **A9:** 61–62
defined **A9:** 10
definition **A5:** 959
used in quantitative metallography of cemented carbides **A9:** 75
Ion exchange
defined **A10:** 675
principles of **A10:** 658–659
separation **A10:** 66, 164–165, 170, 249
Ion exchange recovery process, plating waste treatment **M5:** 317–318
reciprocal flow process **M5:** 317
resins, characteristics **M5:** 317
Ion exchange resins *See also* Resins **EM3:** 16
defined **EM2:** 24
Ion gun
for sputtering and compositional depth profiling **M7:** 255
Ion guns
aligned, by AES analysis **A10:** 550
for sputter removal of atoms, AES analysis **A10:** 554
used in thinning transmission electron microscopy specimens **A9:** 107
Ion imaging
as SIMS application **EL1:** 1085

SUBJECTS OF THE INDEXED VOLUMES: ASM Handbook (designated by the letter "A"): **A1:** Properties and Selection: Irons, Steels, and High-Performance Alloys (1990); **A2:** Properties and Selection: Nonferrous Alloys and Special-Purpose Materials (1990); **A3:** Alloy Phase Diagrams (1992); **A4:** Heat Treating (1991); **A5:** Surface Engineering (1994); **A6:** Welding, Brazing, and Soldering (1993); **A7:** Powder Metal Technologies and Applications (1998); **A8:** Mechanical Testing (1985); **A9:** Metallography and Microstructures (1985); **A10:** Materials Characterization (1986); **A11:** Failure Analysis and Prevention (1986); **A12:** Fractography (1987); **A13:** Corrosion (1987); **A14:** Forming and Forging (1988); **A15:** Casting (1988); **A16:** Machining (1989); **A17:** Nondestructive Evaluation and Quality Control (1989); **A18:** Friction, Lubrication, and Wear Technology (1992); **A19:** Fatigue and Fracture (1996); **A20:** Materials Selection and Design (1997). **Metals Handbook, 9th Edition** (designated by the letter "M"): **M1:** Properties and Selection: Irons and Steels (1978); **M2:** Properties and Selection: Nonferrous Alloys and Pure Metals (1979); **M3:** Properties and Selection: Stainless Steels, Tool Materials, and Special-Purpose Materials (1980); **M4:** Heat Treating (1981); **M5:** Surface Cleaning, Finishing, and Coating (1982); **M6:** Welding, Brazing, and Soldering (1983); **M7:** Powder Metallurgy (1984). **Engineered Materials Handbook** (designated by the letters "EM"): **EM1:** Composites (1987); **EM2:** Engineering Plastics (1988); **EM3:** Adhesives and Sealants (1990); **EM4:** Ceramics and Glasses (1991). **Electronic Materials Handbook** (designated by the letters "EL"): **EL1:** Packaging (1989)

Ion implantation *See also* Implantation...... **A5:** 605–609, **A13:** 498–500, **A18:** 850–858, **A20:** 484, 485, 823, 826, **EL1:** 197–198, 201, **M5:** 422–426
achievable machining accuracy **A5:** 81
advantages **A5:** 605, 607–608, **A18:** 850
AEM determination of microstructures in **A10:** 484–487
alloy steels............................. **A5:** 735
aluminum-silicon alloys................. **A18:** 791
applications **A5:** 605, 607, 609, **A18:** 857–858, **M5:** 424–426
cutting............................. **A18:** 858
end-use **A18:** 858
metalforming **A18:** 858
capabilities........................ **M5:** 422–423
carbon steels **A5:** 735
characteristics of PVD processes compared........................ **A20:** 483
comparison of coatings for cold upsetting **A18:** 645
corrosion resistance **A5:** 608, **M5:** 425–426
damage, defect depth distribution for..... **A10:** 628
definition..................... **A5:** 959, **A18:** 850
description............................. **A5:** 605
design limitations for inorganic finishing processes **A20:** 824
dose regimes for effective hardening **A18:** 858
equipment **A5:** 608–609, **A18:** 856–857, **M5:** 422–423
acceleration tube..................... **A18:** 857
analyzing magnet **A18:** 857
components in schematics............ **A18:** 857
ion extractor **A18:** 856–857
system differences.................... **A18:** 857
target chamber....................... **A18:** 857
for surface modification of cutting tools **A5:** 904–905
future trends **A5:** 609
heavy, depth distribution by Rutherford backscattering spectrometry **A10:** 628
history **A5:** 605
limitations................ **A5:** 607–608, **A18:** 850
limitations of.......................... **M5:** 424
metal vapor vacuum arc (MEVVA) charge approach **A5:** 609
microstructural properties of implanted regions **A18:** 852–855
crystalline-to-amorphous transformation............. **A18:** 853–854
displacement mixing **A18:** 854, 855
Gibbsian adsorption............. **A18:** 854–855
modeling of microstructural changes................... **A18:** 854–855
near-surface region defects **A18:** 852–853
preferential sputtering **A18:** 854, 855, 857
radiation-enhanced diffusion........... **A18:** 854
radiation-induced segregation...... **A18:** 854, 855
secondary phase formation **A18:** 855
microstructure effect on tribological properties....................... **A18:** 855
abrasive wear........... **A18:** 855–856, 857, 858
adhesive wear **A18:** 855–856, 857, 858
corrosive wear.............. **A18:** 856, 857, 858
fatigue wear **A18:** 856, 857, 858
of gallium arsenide (GaAs).............. **A2:** 745
penetration process................ **M5:** 422–424
channeling...................... **M5:** 423–424
depth of distribution............. **M5:** 423–424
diffusion **M5:** 424
lattice damage **M5:** 423
range **M5:** 423
plasma immersion ion implantation (PIII) **A5:** 608–609
plasma source ion implantation (PSII) **A5:** 608–609
plasma-source ion implantation.......... **A18:** 850
process fundamentals **A5:** 605–607
processes **A18:** 850–852
basic principles................. **A18:** 850–851
defects affecting tribological performance................... **A18:** 850
energy deposition profiles **A18:** 851
energy transfer **A18:** 850–851
range **A18:** 851, 852
sputtering **A18:** 851–852, 857
processing times.................. **A5:** 608–609
profile, phosphorus, in silicon....... **A10:** 623–624
Raman analysis........................ **A10:** 133
resistance to cavitation erosion **A18:** 217
safety and health hazards **A5:** 609
SIMS phosphorus depth profiles **A10:** 624
stainless steels................. **A5:** 757, **A18:** 716
titanium alloys **A5:** 609, **A18:** 778–780
titanium and titanium alloys......... **A5:** 840–841
tool steels **A5:** 771, **A18:** 642–643, 645
use of transmission electron microscopy for surface studies **A18:** 381
wear resistance **A5:** 609
wear resistance, tests of................. **M5:** 425
Ion implantation nitriding................ **A19:** 328
Ion implantations....................... **EM4:** 23
ceramic coatings for adiabatic diesel engines **EM4:** 992
Ion implanters **A13:** 499
Ion incidence angle
variation of sputtering yield with **A9:** 107
Ion lasers
for optical holographic interferometry **A17:** 417
Ion mass
effect on sputtering yield **A9:** 107
Ion mass spectroscopy and ion-scattering spectroscopy........................ **M7:** 260
Ion microprobes............. **A7:** 227, **A10:** 161, 614
Ion microscope........................... **A7:** 227
Ion microscopes..................... **A10:** 614, 615
Ion milling
as FIM sample preparation **A10:** 584–585
Ion neutralization
defined.............................. **A10:** 675
Ion neutralization spectroscopy (INS)...... **EM3:** 237
Ion nitrided steels **A9:** 229
Ion nitriding *See also* Plasma (ion) nitriding.................. **A19:** 320, **A20:** 827
characteristics compared................ **A20:** 486
characteristics of diffusion treatments **A5:** 738
definition.............................. **A5:** 959
ferrous P/M alloys **A5:** 767
maraging steels..................... **A5:** 772, 773
tool steels.............................. **A5:** 769
Ion or plasma nitriding
jet engine components.................. **A18:** 591
tool steels **A18:** 641, 739
Ion plating.... **A5:** 582–592, **A20:** 483–484, 485, 823, 826, **M5:** 417–421
advantages............................. **A5:** 590
alternating **A5:** 582
aluminum coatings applied by **M5:** 420–421
applications **A5:** 590, **M5:** 420–421
arc.................................... **A5:** 582
arc vaporization **A5:** 587
as vapor deposition coating **A13:** 457
beneficial effects.................. **M5:** 419–420
bombardment effects on film formation..................... **A5:** 582–585
bombardment parameters............ **A5:** 588–590
bombardment reproducibility **A5:** 588, 589
characteristics of PVD processes compared........................ **A20:** 483
chemical............................... **A5:** 582
chemical vapor precursor gas **A5:** 587–588
corrosion protection................ **M5:** 420–421
definition **A5:** 582, 959–960
design limitations for inorganic finishing processes **A20:** 824
electroplating, precursor to **M5:** 421
equipment **M5:** 417–418
evaporation sources and
electron beam vaporization **M5:** 418
impact ionization, sputtering targets **M5:** 418
radiofrequency induction ionization..... **M5:** 418
reactive ionization.................... **M5:** 418
resistance heating ionization **M5:** 418
techniques........................... **M5:** 418
fasteners **M5:** 420
film growth **A5:** 584
film properties and factors........... **A5:** 582–583
film properties, control of............... **M5:** 417
fixturing **A5:** 588, 590
flux ratio.......................... **A5:** 588, 589
gas composition and mass flow **A5:** 588, 589
gas incorporation **A5:** 588, 589–590
interface formation **A5:** 584
ion species............................. **A5:** 588
ion-beam assisted deposition **A5:** 582
ion-gun system......................... **M5:** 419
laser vaporization....................... **A5:** 588
limitations **A5:** 590
nucleation **A5:** 584
of uranium/uranium alloys.............. **A13:** 821
particle energy **A5:** 588, 589
physical sputtering...................... **A5:** 587
plasma density, enhanced **M5:** 419–420
plasma-based **A5:** 582, 583
process **M5:** 417–419
variables, control of **M5:** 418–419
process monitoring and control........... **A5:** 590
properties of films deposited......... **A5:** 584–585
reactive **A5:** 582
reactive deposition...................... **A5:** 584
residual film stress...................... **A5:** 585
sources of bombarding species............ **A5:** 586
sources of depositing species......... **A5:** 586–588
sources of substrate potential **A5:** 585–586
sputter **A5:** 582
stainless steel...................... **M5:** 420–421
steel............................... **M5:** 420–421
substrate temperature............... **A5:** 588, 589
surface coverage **A5:** 584
surface preparation **A5:** 583–584
temperature, substrate, control of **M5:** 419
thermal vaporization................ **A5:** 586–587
throwing power.................... **M5:** 417, 420
titanium **M5:** 420–421
titanium nitride and titanium carbide coatings.......................... **M5:** 421
vacuum coating process................. **M5:** 387
vacuum-based...................... **A5:** 582, 583
Ion plating process.............. **A18:** 840, 844–845
Ion quadrupole mass filter
in gas mass spectrometers **A10:** 153–154
Ion scattering
spectra **A10:** 604–606, 675
surface structure study by channeling/blocking **A10:** 633
Ion scattering spectrometry (ISS) ... **EL1:** 1090–1092, 1107
Ion scattering spectroscopy *See also* Low-energy, ion-scattering spectroscopy **A13:** 1118, **M7:** 259–260
capabilities............................ **A10:** 549
defined............................... **A10:** 675
low-energy........................ **A10:** 603–609
P/M applications........................ **M7:** 260
with secondary ion mass spectroscopy **M7:** 260
Ion scattering spectroscopy (ISS) .. **A5:** 669, 670, 671, 673, 674
for surface analysis..................... **EM4:** 25
Ion scrubbing...................... **A5:** 583–584
refractory metals and alloys.............. **A5:** 857
Ion sputtering **A10:** 565, 575, **A18:** 449, 453–454, 455
Ion vapor deposited aluminum coating with lubricious topcoat
cadmium replacement identification matrix............................ **A5:** 920
Ion-beam machining **EM4:** 313
Ion-beam thinning
of transmission electron microscopy specimens **A9:** 107–108
Ion-beam-assisted deposition **A5:** 593–599
adhesion **A5:** 597–598
advantages **A5:** 598, 599
applications **A5:** 593, 595, 597, 598–599
aqueous corrosion **A5:** 599
coating properties **A5:** 597–598
corrosion resistance................. **A5:** 598, 599
definition **A5:** 593, 959
density **A5:** 598
deposition and synthesis of inorganiccompounds **A5:** 596–597
diamond-like carbon **A5:** 599
dual-ion-beam sputtering (DIBS).......... **A5:** 595
friction and wear **A5:** 599
future trends **A5:** 599
high-temperature oxidation............... **A5:** 599
ion-beam deposition **A5:** 599
ion-induced chemical vapor deposition **A5:** 599
limitations **A5:** 598, 599
methods of application **A5:** 595
microstructure.......................... **A5:** 598
modes.................................. **A5:** 595
morphology **A5:** 598

Ion-beam-assisted deposition (continued)
optical films ... **A5:** 599
physical and chemical aspects ... **A5:** 593–594
physical vapor deposition (PVD) source ... **A5:** 593
process utilization ... **A5:** 593
processing equipment ... **A5:** 595
processing techniques ... **A5:** 593
processing variables and parameters .. **A5:** 595–597, 598
safety and health hazards ... **A5:** 599
stress ... **A5:** 598
vs. plasma techniques ... **A5:** 593
wear resistance ... **A5:** 598, 599
Ion-carburized steels ... **A9:** 225–226
Ion-exchange ... **EM4:** 460–463
applications ... **EM4:** 461–463
chemical strengthening ... **EM4:** 461–462
dicing ... **EM4:** 462
eyeglass ... **EM4:** 460, 462
ophthalmics ... **EM4:** 462–463
optics ... **EM4:** 462–463
stuffing ... **EM4:** 461–462
channel waveguides ... **EM4:** 462–463
interdiffusion ... **EM4:** 460, 462
kinetics ... **EM4:** 460
potassium-for-sodium exchange accomplishing strengthening ... **EM4:** 463
practical aspects ... **EM4:** 461
ochre as carrier ... **EM4:** 461
vapor phase methods ... **EM4:** 461
process to strengthen glass containers... **EM4:** 1084
refractive index increased by ions ... **EM4:** 463
self-diffusion ... **EM4:** 460, 462
self-diffusion coefficients ... **EM4:** 460, 461
thermodynamics ... **EM4:** 460–461
equilibrium constant ... **EM4:** 460–461
selectivity coefficient ... **EM4:** 460–461
Ion-exchange chromatography
as separation technique ... **A10:** 168, 170, 653, 658–659
defined ... **A10:** 675
Ion-exchange column
simulated pressurized water reactor water system ... **A8:** 423–424
Ion-exchange resins
as sampling substrates, x-ray spectrometry **A10:** 94
core, materials for ... **A10:** 662
defined ... **A10:** 675
function in ion-exchange chromatography ... **A10:** 658–659
Ionic bond ... **A20:** 336, 337, 444–445
defined ... **A10:** 675
definition ... **A20:** 835, **M6:** 10
Ionic bonding
chemical ... **EL1:** 92
Ionic charge
defined ... **A10:** 675
Ionic composition, of blood plasma
interstitial fluid, and intracellular fluid ... **A11:** 672
Ionic conductivity
and electronic phenomena ... **EL1:** 93–96
in aqueous corrosion ... **A13:** 17
Ionic conductors ... **EM4:** 18
applications ... **EM4:** 18
Ionic contamination
as PTH failure mechanism ... **EL1:** 1026–1027
silicon oxide interface failures by ... **A11:** 781
Ionic crystals
ESR studied ... **A10:** 263
Ionic diffusion ... **A19:** 157
Ionic displacement
as second-phase test method ... **A10:** 177
in qualitative classical wet analysis ... **A10:** 168
vs. dilute acid, as digestion method ... **A10:** 176
Ionic film
formed by electrolytes ... **A9:** 50
Ionic liquid mobility ... **A20:** 336
Ionic materials
in electronic manufacturing ... **EL1:** 660
Ionic oxides
defect structure ... **A13:** 65
Ionic polarization
of insulators/dielectric materials ... **EL1:** 99–100
Ionic residues
cleaning of ... **EL1:** 660–661
Ionic salts ... **A20:** 354
Ionic solid mobility ... **A20:** 336
Ionic solids ... **A20:** 337
Ionic strength ... **A7:** 220
Ion-induced Auger electron spectroscopy (IAES) ... **EM3:** 237
Ion-induced chemical vapor deposition (CVD) **A5:** 599
Ion-induced threshold drift
silicon oxide interface failures ... **A11:** 782
Ionitriding ... **M1:** 542, 627
Ionization
defined ... **A17:** 384, **EM2:** 592
electron-impact, in gas mass spectrometer ... **A10:** 152–153
gage testing, as gas/leak detection device... **A17:** 64
gages ... **A17:** 64, 67–68
inner-shell, as inelastic scattering process **A10:** 433
interferences ... **A10:** 29, 33, 34
limit, optical emission spectroscopy ... **A10:** 22
post-, EEL imaging ... **A10:** 450
potential, defined ... **A10:** 153
pre-, EEL imaging ... **A10:** 450
self-, of water ... **A10:** 203
suppressants, atomic absorption spectrometry ... **A10:** 48
suppressed in flame emission sources ... **A10:** 30
Ionization potential
shielding gases ... **A6:** 64
shielding gases for GTAW ... **A6:** 67
Ionized cluster beam deposition ... **A5:** 566
Ionizing effects
radiation units ... **A17:** 300
Ionizing radiation
defined ... **EL1:** 854
Ionograph
for residue measurement ... **EL1:** 667
Ionomer
polyaramid composites ... **EM3:** 284
surface preparation ... **EM3:** 279
Surlyn resins ... **EM3:** 279
Zn^{2+} ... **EM3:** 283
Ionomer resins ... **EM3:** 16
Ionomers *See also* Thermoplastic resins
applications ... **EM2:** 120
characteristics ... **EM2:** 120–123
competitive materials ... **EM2:** 120
costs ... **EM2:** 120
defined ... **EM2:** 24
design considerations ... **EM2:** 121–122
mechanical properties ... **EM2:** 120–121
melt viscosity vs. shear rate ... **EM2:** 123
processing ... **EM2:** 122–123
production volume ... **EM2:** 120
suppliers ... **EM2:** 123
thermal properties ... **EM2:** 123
Ion-pair chromatography ... **A10:** 653–654, 675
Ion-plating using sputtering
to apply interlayers for solid-state welding **A6:** 165
Ions *See also* Anion; Cation
activity, defined ... **A13:** 1
adsorption, at electrode ... **A13:** 18
and conductivity ... **EL1:** 89
as catalysts in decomposition of electrolytes **A9:** 51
as sources, mass spectrometer ... **A10:** 142–143, 152–153
beam, LEISS analysis ... **A10:** 606–607
bombardment, effects ... **A10:** 611
bombardment, surface oxide enhancement **M7:** 259
chloride, as cause, corrosion in concrete .. **A13:** 513
chloride, determining nickel in samples containing ... **A10:** 201
common effect, in gravimetric analysis ... **A10:** 163
commonly used in secondary ion mass spectroscopy ... **M7:** 258
concentration, and corrosion rate ... **A13:** 229
daughter, GC/MS scans of ... **A10:** 646
defined ... **A10:** 675, **A13:** 8
detection methods, spark source mass spectrometry ... **A10:** 143–144
detectors, electron multiplier as ... **A10:** 153–155
dichromate, UV/VIS analysis of chromium in ... **A10:** 70
diffusion, through scale ... **A13:** 70
effect of Chelons on ... **A10:** 164
exchange, defined ... **A13:** 8
exchange principles ... **A10:** 658–659
exchange separation, classical wet chemical analysis ... **A10:** 164–165
formation ... **A10:** 142, 640
fragment, in gas mass spectrometer ... **A10:** 153
hydrogen or hydroxyl, monitoring by acid-base titration ... **A10:** 172
inorganic, determined by ion chromatography ... **A10:** 663
interactions, determined by single-crystal x-ray diffraction ... **A10:** 344
interstitial ... **A13:** 65
major/minor, in seawater ... **A13:** 893–898
metal, separation and determination of .. **A10:** 197, 200–201
mobile, contamination by ... **EL1:** 45
monitoring ... **A10:** 153–154, 644
negatively charged, or anions ... **A10:** 659
nobility, and molten salt corrosion ... **A13:** 50
numbers for atom probe microanalysis ... **A10:** 594
optical aberrations, in atom probe analysis ... **A10:** 595
parent, GC/MS scans ... **A10:** 646
positively charged, or cations ... **A10:** 659
probe, defined ... **A10:** 679
quantitative determination by electrogravimetry ... **A10:** 197
radical ... **A10:** 263, 265
rate of flow to electrode, effects in electrogravimetry ... **A10:** 198
reduction potentials ... **A13:** 589
release, surgical implants ... **A13:** 1329
removal, by electrogravimetry ... **A10:** 197, 200
sample, ion chromatography.... **A10:** 658, 663–665
secondary, defined ... **A10:** 681
separation, in constant current electrogravinietry ... **A10:** 198
solvated molecular, UV/VIS analyzed ... **A10:** 61
species of, defined ... **A10:** 675
transition-element, identification of valence states of ... **A10:** 253–266
transition-metal, ESR analysis of.... **A10:** 253, 254
zinc, as cathodic inhibitors ... **A13:** 495
Ions, specific
in stress-corrosion cracking ... **A11:** 207–208
Ion-scattering spectrometry
definition ... **A5:** 960
Ion-scattering spectrometry (ISS) ... **A18:** 448–450
applications ... **A18:** 449–450, 451
equipment ... **A18:** 449
fundamentals ... **A18:** 448–449
neutralization of ions ... **A18:** 449
resolution ... **A18:** 449
sensitivity ... **A18:** 449
spectrum ... **A18:** 449, 450, 451
Ion-scattering spectroscopy ... **A7:** 225
Ion-scattering spectroscopy (ISS) ... **EM3:** 237
Ion-selective electrode *See also* Ion-selective membrane electrodes
analysis of inorganic solids ... **A10:** 6
and direct and titrimetric potentiometry .. **A10:** 204
Ion-selective membrane electrodes *See also* Ion selective electrodes
determining selectivity ... **A10:** 182–183
membrane potential ... **A10:** 182
types of ... **A10:** 182

Iosipescu shear test........ **EM3:** 392, 401, 402, 403
method and specimen............ **EM1:** 299–300
I-P model.......................... **A19:** 282–283
IPOCRE computer program............... **A19:** 574
I-pores *See* Internal particle porosity
IPTS 68 *See* International Practical Temperature Scale
IR *See* Infrared; Infrared spectroscopy
IR drop
defined................................ **A13:** 24
IR ferrography
lubricant indicators and range of sensitivities........................ **A18:** 301
IRE *See* Internal reflection elements
IRECA stainless steel alloys
cavitation erosion.................. **A18:** 217, 218
IRG transition diagram................... **A18:** 491
defined................................ **A18:** 11
Iridescence
defined................................ **EM2:** 24
Iridium *See also* Precious metals
annealing............ **A4:** 945, 946–947, **M4:** 760
anomaly, at Cretaceous-Tertiary boundary.................... **A10:** 240–241
as gamma-ray source.................... **A17:** 308
as metallic coating for molybdenum....... **A5:** 859
as precious metal....................... **A2:** 688
as pyrophoric........................... **M7:** 199
atomic interaction descriptions........... **A6:** 144
brittle fracture modes.................. **A19:** 44
concentration found as function of depth in strata............................ **A10:** 241
corrosion applications.............. **A13:** 804–805
corrosion resistance............ **A13:** 804, **M2:** 669
destructive TNAA for............. **A10:** 239, 241
determined by controlled-potential coulometry....................... **A10:** 209
electrical circuits for electropolishing....... **A9:** 49
elemental sputtering yields for 500 eV ions........................... **A5:** 574
energy factors for selective plating........ **A5:** 277
environmental corrosion................ **A13:** 806
fabrication........................ **A13:** 802–804
field evaporation in **A10:** 586, 587
fractured sheet, secondary cracks........ **A12:** 462
gravimetric finishes.................... **A10:** 171
hardness............................... **A4:** 947
in acids.............................. **A13:** 805
in halogens........................... **A13:** 806
in medical therapy, toxic effects......... **A2:** 1258
in metal powder-glass frit method....... **EM3:** 305
intergranular fracture.................. **A12:** 463
mechanical properties................... **A4:** 944
oxidation resistance................... **A13:** 804
plastic deformation limited............. **A20:** 339
point defects observed by field ion microscopy....................... **A10:** 588
polycrystalline, brittle intergranular fracture.......................... **A12:** 462
production of.......................... **A7:** 4
properties............................ **A13:** 804
properties of refractory materials deposited on carbon-carbon deposits............. **A5:** 889
pure.................................. **M2:** 740
pure, properties...................... **A2:** 1117
resources and consumption.............. **A2:** 689
special properties...................... **A2:** 694
thermal diffusivity from 20 to 100 °C....... **A6:** 4
thermal expansion coefficient............. **A6:** 907
toxicity.............................. **M7:** 207
vapor pressure, relation to temperature ... **A4:** 495, **M4:** 310
working of........................... **A14:** 851
Iridium alloys
laser beam welding..................... **M6:** 663
Iridium coating
molybdenum and tungsten.......... **M5:** 660–661
Iridium plating.......................... **A5:** 253
refractory metals and alloys.......... **A5:** 859–860
Iridium-rhodium thermocouples
insulation............................. **A2:** 883
properties and applications.............. **A2:** 874
Ir-La (Phase Diagram).................. **A3:** 2•264
Ir-Mo (Phase Diagram).................. **A3:** 2•264
Ir-Nb (Phase Diagram).................. **A3:** 2•265
Ir-Ni (Phase Diagram).................. **A3:** 2•265
Iron *See also* ATOMET iron powders; ATOMET iron powders, specific types; Atomized iron powders; Cast iron; Cast irons; Ductile iron; Electrolytic iron powders; Ferrous casting alloys; Galvanized iron; Gray irons; Iron alloy powders; Iron alloy powders, specific types; Iron alloys; Iron alloys, specific types; Iron powder metallurgy materials, specific types; Iron powders; Iron powders, specific types; Iron-base alloys; Iron-carbon alloys; Iron-carbon melts; Iron-carbon-silicon alloys; Magnetic materials; Pure iron; Reduced iron powders; Sponge iron; Sponge iron powders; Ternary iron-base alloys; White irons; Wrought iron
abrasive blasting of...................... **M5:** 91
abrasive wear......................... **A18:** 189
absorptivity........................... **A6:** 265
acid cleaning of..................... **M5:** 59–67
acid pickling........................... **A5:** 74
addition effects on aluminum alloy fracture toughness.................. **A19:** 385, 386
addition to solid-solution nickel alloys..... **A6:** 575
addition to titanium rapid solidification alloys............................. **A7:** 20
additives............................. **M7:** 614
age-hardened, FIM/AP study of precipitates in.................... **A10:** 583
alloyed with Ni........................ **A16:** 835
alloying, aluminum casting alloys......... **A2:** 132
alloying effect in titanium alloys...... **A6:** 508–509
alloying effect on nickel-base alloys....... **A6:** 589
alloying effects on copper alloys.......... **M6:** 402
alloying, in microalloyed uranium......... **A2:** 677
alloying, in wrought titanium alloys....... **A2:** 599
alloying, nickel-base alloys.............. **A13:** 641
alloying, ordered intermetallics........... **A2:** 913
alloying, wrought aluminum alloy.......... **A2:** 52
alloying, wrought copper and copper alloys **A2:** 242
alloys, radial rim cracking.............. **A11:** 285
α-Fe
flow stress of......................... **A19:** 85
microcrack density in dependence on relative number of cycles................ **A19:** 103
amorphous, cut with a wire saw........... **A9:** 25
analysis in copper-beryllium alloys, by thiocyanate method........................... **A10:** 68
analysis, in lead alloys, by phenanthroline method........................... **A10:** 66
and nickel, activities of.................. **A15:** 51
and steel, anaerobic corrosion............ **A13:** 43
and WC............................. **A16:** 71
annealed, crack growth rate and striation spacing.......................... **A19:** 220
apparent density........................ **A7:** 40
aqueous corrosion................ **A13:** 512, 515
art casting of.......................... **A15:** 24
as a beta stabilizer in titanium alloys...... **A9:** 458
as a reactive sputtering cathode material.... **A9:** 60
as addition to aluminum alloys........... **A4:** 843
as alloying addition to zirconium......... **A9:** 497
as aluminum alloying element............. **A2:** 16
as ductile phase of ceramics............. **A19:** 389
as essential metal................ **A2:** 1250, 1252
as inclusion-forming, copper alloys........ **A15:** 96
as inoculant.......................... **A15:** 105
as solder impurity.................... **EL1:** 638
as tin solder impurity................... **A2:** 520
atmospheric corrosion................... **A13:** 82
atomic interaction descriptions........... **A6:** 144
atomic interactions and adhesion......... **A6:** 144
Auger chemical map for................ **A10:** 557
-based alloys, relative hydrogen susceptibility...................... **A8:** 542
bearing material systems................ **A18:** 746
applications........................ **A18:** 746
bearing performance characteristics..... **A18:** 746
load capacity rating.................. **A18:** 746
binary, relative potency factors............ **A6:** 89
binder for WC......................... **A16:** 72
biologic effects and toxicity............ **A2:** 1252
biological corrosion................ **A13:** 116–117
boriding.............................. **A4:** 441
carburization........................... **A7:** 70
cathodic protection by zinc.............. **A13:** 467
cavitation erosion................ **A18:** 216, 217
chilled, honing stone selection........... **A16:** 476
chilled, recommended machining specifications for rough and finish turning with HIP metal oxide ceramic insert cutting tools.. **EM4:** 969
chromium plating baths contaminated by **M5:** 175
cleaning solutions for substrate materials.. **A6:** 978
composition range for cadmium anodes... **A5:** 217
compressed powdered................... **A2:** 765
concentration, pickling solutions effects of...................... **M5:** 69–70
constant-current electrolysis............. **A10:** 200
contaminant of optical fibers....... **EM4:** 413–414
contamination......................... **M6:** 321
contamination, in P/M stainless steels........................ **A13:** 826–827
content in nickel-base and cobalt-base high-temperature alloys................. **A6:** 573
controlled amount present in glasses used for lighting........................ **EM4:** 1034
corrosion, factors.................. **A13:** 37–38
corrosion in acid solution.............. **A13:** 29
corrosion fatigue test specification........ **A8:** 423
corrosion, in dissolved oxygen............ **A13:** 29
corrosion of.......................... **M5:** 430
corrosion rate, and relative humidity..... **A13:** 908
corrosion rates, in seawater............. **A13:** 893
oil/gas production monitoring......... **A13:** 1250
critical relative humidity................ **A13:** 82
crystals, liquid-lithium corrosion.......... **A13:** 95
cutting tool materials and cutting speed relationship...................... **A18:** 616
cyclic stress-strain curve for............. **A8:** 256
deformed 5%, twin band in.............. **A9:** 690
deformed 14%, dislocation structure....... **A9:** 690
desulfurization........................ **A15:** 75
determined by controlled-potential coulometry....................... **A10:** 209
dietary, and lead toxicity............... **A2:** 1246
diffusion bonding....................... **A6:** 156
diffusion factors........................ **A7:** 451
diffusion welding....................... **M6:** 677
dislocation tangles at 9% and 20% strain... **A9:** 693
dispersoid-strengthened elevated-temperature alloys............................. **A7:** 19
effect, corrosion resistance, sintered austenitic stainless steels.................... **A13:** 831
effect of acid concentration on corrosion rate of........................... **A11:** 175
effect on Cu alloy machinability......... **A16:** 808
effect on maraging steels................. **A4:** 222
effects, electrolytic tough pitch copper..... **A2:** 269
effects, in cartridge brass................ **A2:** 301
electrical resistance applications.......... **M3:** 641
electrochemical grinding................ **A16:** 543
electrochemical machining............... **A5:** 111
electrochemical machining removal rates.. **A16:** 534
electrochemical potential................. **A5:** 635
electrodeposition........................ **A7:** 70
electroforming................. **A5:** 286, 287, 288
electrolytic potential.................... **A5:** 797
electroslag welding, reactions............. **A6:** 274
elemental sputtering yields for 500 eV ions........................... **A5:** 574
embedded........................... **A13:** 1228
embedded, nickel alloys removal of.. **M5:** 672–673
emission spectrum, spectral complexity of.. **A10:** 22
enamels............................ **EM3:** 302
energy factors for selective plating........ **A5:** 277
energy-dispersive x-ray diffraction pattern.. **A9:** 703
E-pH diagram......................... **A13:** 22
erosion resistance..................... **A18:** 201
estimated volume of signals produced by 20-keV electron beam..................... **A10:** 500
etchants for........................... **A9:** 170
evaporation fields for.................. **A10:** 587
ferromagnetism......................... **A9:** 533
for laser alloying...................... **A18:** 866
friction coefficient data.............. **A18:** 71, 72
friction welding............... **A6:** 152, 153, 154
galvanic corrosion..................... **A13:** 84
glass/metal seals..................... **EM4:** 1037
gold plating baths contaminated by....... **M5:** 283
grain boundaries in..................... **A9:** 609
gray, graphitic corrosion............ **A13:** 133–134
heating element, use in vacuum furnace... **A4:** 500, **M4:** 316
high-ductility, sintering atmospheres....... **A7:** 460

554 / Iron

Iron (continued)
high-purity, magnetic materials **A7:** 1008–1009, 1013
hot dip galvanized coating content in, effects of **M5:** 324, 330
hot dip galvanized coatings **A5:** 360, 361, 366
hot dip galvanizing of **M5:** 323–332
hot isostatic pressing **A7:** 318
hydrochloric acid corrosion **A13:** 467
ICP-determined in plant tissues........... **A10:** 41
impurity found in gypsum **EM4:** 380
impurity in solders **M6:** 1072
in aluminum alloys **A15:** 745
in aluminum, extended solubility of.. **A10:** 294–295
in aluminum matrix, x-ray maps of **A10:** 448
in austenitic stainless steels, formation of intermetallic phases **A9:** 284
in composition of aluminum-silicon alloys **A18:** 785–786, 787, 788
in copper alloys **A6:** 753
in copper, analysis of phases of.......... **A10:** 294
in Fe-Mo-C, thermal spray coating material **A18:** 832
in gas-metal eutectic method **EM3:** 305
in hardfacing alloys **A18:** 759–760, 763, 765
in heat-resistant alloys **A4:** 510, 512
in magnesium alloys with manganese...... **A9:** 427
in moist chlorine **A13:** 1172
in sintered metal powder process **EM3:** 304
in thermite, AAS analysis for............. **A10:** 56
in water, potential-pH diagram **A13:** 153
in zinc alloys.................. **A9:** 489, **A15:** 788
induction soldering **A6:** 363
injection molding....................... **A7:** 314
ink-jet technology tooling **A7:** 427
ion-beam-assisted deposition (IBAD) **A5:** 597
iosotope composition and intensity....... **A10:** 146
K-absorption edge of.................. **A10:** 416
lath martensite **A9:** 671
liftoff effect **A17:** 223
lubricant indicators and range of sensitivities **A18:** 301
martensitic structures **A9:** 668–672
mass median particle size of water-atomized powders **A7:** 40
maximum limits for impurity in nickel plating baths............................... **A5:** 209
medium, phosphate coating **A5:** 384
melt, carbon activity **A15:** 62
melt, free energies of solution **A15:** 62
microstructure of annealed material **M6:** 22, 24
mineral acid cleaning **A5:** 48–53
molten **A11:** 275
molten, and silica, slag from **A15:** 208
Monte Carlo electron trajectory simulation for EPMA effects in **A10:** 518
nanocrystalline particulate powder **A7:** 504
neutron and x-ray scattering, and absorption' compared **A10:** 421
nickel diffusion into, measurement of **A10:** 243
nickel plating bath contamination by **M5:** 208–210
nonmetallic elements determined in **A10:** 178
North American metal powder shipments (1992– 1996)............................... **A7:** 16
organic acid cleaning.................. **A5:** 53–54
oriented dislocation arrays in thin foil..... **A9:** 128
oxide scale on, effect of abrading and polishing............................. **A9:** 47
oxygen content **A7:** 40
oxygen content of water-atomized metal powder **A7:** 42
oxygen effect on coefficient of friction..... **A18:** 32
peritectic structures **A9:** 679–680
phases................................. **A13:** 48
phosphate coating solutions concentration and removal...................... **M5:** 442–443
phosphate coatings **A5:** 378, 382
photometric analysis methods **A10:** 64
physical properties **A7:** 451

physical properties related to thermal stresses **A4:** 605
pickling of **M5:** 68–82
polishing pure powder materials **A9:** 507
powder metallurgy materials, etching.. **A9:** 508–509
powder metallurgy materials microstructure................. **A9:** 509–511
precoating **A6:** 131
pressurized water reactor specification **A8:** 423
properties.............................. **A6:** 629
pure............................. **M2:** 741–760
composition **A18:** 806
thermal properties.................... **A18:** 42
pure, dimensional change on sintering **M7:** 480
pure, magnetization curve **A17:** 168
pure, properties **A2:** 1118–1127
pure, x-ray tubes **A17:** 302
qualitative tests to identify............. **A10:** 168
quantitative determination of carbon and sulfur **A10:** 223–224
recommended impurity limits of solders ... **A6:** 986
redox titration......................... **A10:** 175
removal effect on toughness of commercial alloys............................... **A19:** 10
Rockwell hardness scale for **A8:** 76
rolled, shear bands...................... **A9:** 686
room temperature bend strength of silicon nitride metal joints **EM4:** 526
rot, defined **A13:** 8
rusting, humidity and atmospheric pollution effects **A13:** 511
saltwater corrosion **A13:** 623, 893
secondary phase formation.............. **A18:** 854
segregation and solid friction............. **A18:** 28
selective plating solution for ferrous and nonferrous metals................... **A5:** 281
single crystal, cold rolled **A9:** 694
sintered, for brake linings............... **A18:** 570
sodium hydroxide corrosion........... **A13:** 1174
softening, early **A15:** 26
solderable and protective finishes for substrate materials **A6:** 979
soldering............................. **M6:** 1075
solution for plating niobium or tantalum ... **A5:** 861
species weighed in gravimetry **A10:** 172
spectrometric metals analysis............ **A18:** 300
sponge **M7:** 14, 287
standard deviation **A7:** 40
structure, principles **A13:** 46–47
substitute for cobalt composition in hardfacing alloys **A18:** 762
temperature effect, corrosion rate **A13:** 910
thermal diffusivity from 20 to 100 °C **A6:** 4
TNAA of....................... **A10:** 236, 238
toxicity **A2:** 1252, **M7:** 203–204
transgranular cleavage **A11:** 25
triggering anaerobic curing mechanism .. **EM3:** 113, 118
TWA limits for particulates **A6:** 984
ultrasonic cleaning **A5:** 47
ultrasonic welding...................... **M6:** 746
use in flux cored electrodes.............. **M6:** 103
used to microalloy beryllium **A9:** 390
vacuum heat-treating support fixture material **A4:** 503
vacuum nitrocarburizing................. **A4:** 407
vapor degreasing of **M5:** 45, 54
vapor pressure, relation to temperature ... **A4:** 495, **M4:** 309, 310
Vickers and Knoop microindentation hardness numbers **A18:** 416
volumetric procedures for............... **A10:** 175
weld overlay material.............. **M6:** 806–807
wire, 98% reduction, cell structure **A9:** 688
wire, curly grain structure in **A9:** 688
workability **A8:** 165, 575
wrought 0.5% C, thermal properties **A18:** 42
wrought, ocean corrosion rate **A13:** 898
x-radiation, sulfur determination from..... **A10:** 94

zinc plating **A5:** 227
zinc plating baths contaminated by....... **M5:** 253
zone-melted, changes in residual strain hardening during isothermal recovery **A9:** 693
zone-refined, cold rolled and annealed..... **A9:** 698
zone-refined, grain shape distribution during isothermal grain growth.............. **A9:** 698
zone-refined, grain size distribution during isothermal grain growth.............. **A9:** 698
zone-refined, normal grain growth during isothermal anneals **A9:** 697

Iron + chromium
chemical compositions per ASTM specification B550-92 .... **A6:** 787

Iron Age.......................... **A20:** 332, 333

Iron alloy powders
apparent density........................ **A7:** 40
mass median particle size of water-atomized powders **A7:** 40
operating conditions and properties of water-atomized powders.................... **A7:** 36
oxygen content **A7:** 40
oxygen content of water-atomized powder... **A7:** 42
standard deviation **A7:** 40
water-atomization....................... **A7:** 37

Iron alloys *See also* Iron; Iron alloys, specific types
analysis for copper in, neocuproine method **A10:** 65
bcc, EXAFS spectra above K-edges **A10:** 416
bcc, helium implantation analysis........ **A10:** 485
diffraction techniques, elastic constants, and bulk values for........................ **A10:** 382
diffusion of hydrogen................... **M6:** 45
diffusion welding **M6:** 682–683
electron beam welding **M6:** 638
eutectic joining **EM4:** 526
false silicon peak in EDS spectra of...... **A10:** 520
general welding characteristics........... **A6:** 563
glow discharges for..................... **A10:** 28
hardfacing **A6:** 789, 790–792, 796, 799, 806
hardfacing material **M6:** 773, 775–776
austenitic steels **M6:** 776
high-alloy irons...................... **M6:** 776
martensitic steels **M6:** 776
pearlitic steels **M6:** 775–776
hydrogen peroxide dissolution medium for **A10:** 166
laser beam welding **M6:** 647
laser melt/particle inspection **M6:** 801–802
not readily diffusion bondable........... **A6:** 156
oxide-dispersion-strengthened materials ... **A6:** 1039
oxyfuel gas cutting **M6:** 897
phase diagram **M6:** 22–24
resistance brazing....................... **A6:** 341
seal design techniques **EM4:** 534
sodium peroxide fusion................. **A10:** 167
solderable and protective finishes for substrate materials **A6:** 979
spraying for hardfacing **M6:** 789
steel, AAS analysis for trace metals **A10:** 55
sulfuric acid as sample dissolution medium **A10:** 165
trace element impurity effect on GTA weld penetration.......................... **A6:** 20

Iron alloys, specific types *See also* Iron; Iron alloys
17-4PH, diffraction techniques, elastic constants, and bulk values for **A10:** 382
17-14 CuMo, composition **A6:** 564
316, diffraction techniques, elastic constants and bulk values for **A10:** 382
410, diffraction techniques, elastic constants and bulk values for **A10:** 382
4340, diffraction techniques, elastic constants and bulk values for **A10:** 382
4340, local variations in residual stress from surface grinding **A10:** 390–391
6260, diffraction techniques, elastic constants and bulk values for **A10:** 382

SUBJECTS OF THE INDEXED VOLUMES: **ASM Handbook** (designated by the letter "A"): **A1:** Properties and Selection: Irons, Steels, and High-Performance Alloys (1990); **A2:** Properties and Selection: Nonferrous Alloys and Special-Purpose Materials (1990); **A3:** Alloy Phase Diagrams (1992); **A4:** Heat Treating (1991); **A5:** Surface Engineering (1994); **A6:** Welding, Brazing, and Soldering (1993); **A7:** Powder Metal Technologies and Applications (1998); **A8:** Mechanical Testing (1985); **A9:** Metallography and Microstructures (1985); **A10:** Materials Characterization (1986); **A11:** Failure Analysis and Prevention (1986); **A12:** Fractography (1987); **A13:** Corrosion (1987); **A14:** Forming and Forging (1988); **A15:** Casting (1988); **A16:** Machining (1989); **A17:** Nondestructive Evaluation and Quality Control (1989); **A18:** Friction, Lubrication, and Wear Technology (1992); **A19:** Fatigue and Fracture (1996); **A20:** Materials Selection and Design (1997). **Metals Handbook, 9th Edition** (designated by the letter "M"): **M1:** Properties and Selection: Irons and Steels (1978); **M2:** Properties and Selection: Nonferrous Alloys and Pure Metals (1979); **M3:** Properties and Selection: Stainless Steels, Tool Materials, and Special-Purpose Materials (1980); **M4:** Heat Treating (1981); **M5:** Surface Cleaning, Finishing, and Coating (1982); **M6:** Welding, Brazing, and Soldering (1983); **M7:** Powder Metallurgy (1984). **Engineered Materials Handbook** (designated by the letters "EM"): **EM1:** Composites (1987); **EM2:** Engineering Plastics (1988); **EM3:** Adhesives and Sealants (1990); **EM4:** Ceramics and Glasses (1991). **Electronic Materials Handbook** (designated by the letters "EL"): **EL1:** Packaging (1989)

9310, diffraction techniques, elastic constants and bulk values for **A10:** 382
52100, diffraction techniques, elastic constants, and bulk values for **A10:** 382
A286, solidification structures in welded joints. **A9:** 580
Armco iron friction welded to carbon steel **A9:** 156
Fe-0.8C, TEM micrograph **A10:** 509
Fe-0.2C-12Cr-1Mo
Charpy V-notch data for weld joints of EB welded alloy **A6:** 440
microhardness traverse test results. **A6:** 441
Fe-3Si, kinetics of secondary recrystallization during isothermal annealing **A9:** 698
Fe-3Si, single crystal, cold rolled. **A9:** 692
Fe-3Si, single crystal, cold rolled and annealed **A9:** 694–695
Fe-3Si, single crystal, dislocation substructure changes. **A9:** 693
Fe-9Ni
Charpy V-notch absorbed energy vs. strength. **A6:** 1018
cryogenic service. **A6:** 1018
yield strength vs. temperature **A6:** 1016
Fe-10Ni-8Co, embrittlement testing in **A8:** 538–539
Fe-15Mo-4C-1B, refractory metal brazing, filler metal. **A6:** 942
Fe-20Cr-25Ni-4.5Mo (GMAW), gas-metal arc welding. **A6:** 1018
Fe-20Ni and Fe-25Ni, diffusion measurements in. **A10:** 477
Fe-21Cr-6Ni-9Mn
Charpy V-notch absorbed energy vs. strength. **A6:** 1018
composition **A6:** 1017
cryogenic service. **A6:** 1017–1018
Fe-21Cr-6Ni-9Mn-0.3N
composition **A6:** 1017
yield strength vs. fracture toughness **A6:** 1017
yield strength vs. temperature **A6:** 1016
Fe-22Mn
composition **A6:** 1017
cryogenic service. **A6:** 1017
yield strength vs. fracture toughness **A6:** 1017
Fe-24.8Zn, cellular precipitation **A9:** 649
Fe-25Be (at%), spinodally decomposed. **A9:** 654
Fe-30Ni-6Ti, lamellar precipitate **A9:** 129
Fe-35Ni-16Cr, precipitated particles in **A9:** 126
Fe-50Si, addition to weld pool **A6:** 60
Fe-60Mn-30Si, addition to weld pool. **A6:** 60
Fe-80Mn, addition to weld pool **A6:** 60
Fe-B alloy, hardfacing **A6:** 807
Fe-Cr-Co permanent-magnet, FIM/AP images **A10:** 600
Fe-Cr-Ni-B alloys, laser hardfacing. **A6:** 806
Haynes 556, AEM-EDS two-phase microanalysis of **A10:** 447
Incoloy 800, diffraction techniques, elastic constants, and bulk values for **A10:** 382
Inconel 600 U-bend, residual stress **A10:** 390
Inconel 718, minimum and maximum principal residual stress profiles **A10:** 392
Inconel 718, x-ray elastic constant determination for. **A10:** 388
Invar, diffraction techniques, elastic constants and bulk values for **A10:** 382
JBK75, solidification structures in welded joints. **A9:** 580
Kovar, elemental mapping **A10:** 532
M50, diffraction techniques, elastic constants and bulk values for **A10:** 382
M50 high-speed tool, diffraction-peak breadth at half height **A10:** 387
René 95, diffraction-peak breadth at half work **A10:** 387
Iron aluminides *See also* Ordered intermetallics. **A20:** 474, 598
alloying effects **A2:** 923–924
combustion synthesis. **A7:** 532
corrosion resistance. **A2:** 924–925
ductility **A2:** 922
environmental embrittlement. **A2:** 922
mechanical behavior **A2:** 920–922
phase stability. **A2:** 920–925
potential applications **A2:** 925
reactive hot isostatic pressing **A7:** 520
reactive hot pressing **A7:** 520
reactive sintering **A7:** 520
slip behavior **A2:** 922
structural use, potential. **A2:** 920
volume steady-state erosion rates of weld-overlay coatings **A20:** 475
weight change vs. time for weld overlays **A20:** 475
weldability. **A2:** 924–925
Iron and carbon steel powders
admixed **A7:** 754, 755–756
chemical compositions **A7:** 754, 755
mechanical properties **A7:** 754, 755, 756
microstructure **A7:** 754, 755–756
Iron blast furnace
early **A15:** 24
Iron brake drum
brittle fracture of **A11:** 370
Iron Bridge (England) **A15:** 18
Iron brown hematite
inorganic pigment to impart color to ceramic coatings **A5:** 881
Iron carbide *See* Cementite
Iron carbide lamella (Fe_3C)
brittle fracture. **A19:** 10
Iron carbide powders
field-activated sintering. **A7:** 587
Iron carbides **A19:** 10, **A20:** 378, 482
in as-cast iron castings **A11:** 359
particles, and fatigue cracks **A19:** 66
Iron carbonyl **A7:** 167
Iron carbonyl powders
apparent density **M7:** 297
effect of particle size on apparent density **M7:** 273
magabsorption measurement **A17:** 144
Iron carrier pinion gear
pneumatic isostatic forging **A7:** 639, 640
Iron, cast *See* Cast iron
Iron castings *See also* Ductile cast iron; Gray cast iron
cleaning of **M1:** 101
coatings for **M1:** 101–106
conversion coatings for **M1:** 104
diffusion coatings for. **M1:** 104
dry-resin coatings for **M1:** 106
electroplating of **M1:** 101–103
flame spraying of **M1:** 103–104
hard facing of **M1:** 103
hot dip coatings for **M1:** 103
organic coatings for **M1:** 105–106
porcelain enameling of **M1:** 104–105
Iron castings, failures of. **A11:** 344–379
analysis procedures **A11:** 344
design, faulty **A11:** 344–352
foundry practice and processing, effects of **A11:** 362–367
internal discontinuities **A11:** 354–358
material selection, faulty **A11:** 344–352
microstructure, effect of. **A11:** 359–362
service conditions related to **A11:** 367–378
surface discontinuities. **A11:** 352–353
Iron chip combustion accelerators **A10:** 222
Iron chloride
pickling solutions affected by. **M5:** 74–76
Iron contamination, alloyed or unalloyed, determining the percentage present in powder forged (P/F) steel parts, specifications. . . . **A7:** 806, 817, 1099
Iron content of iron powder, specifications. . . **A7:** 1098
Iron copper powders
as diffusion-bonded **M7:** 173
composition **M7:** 464
effect of particle size and shape. **M7:** 188
effect of stabilizer on iron-iron contact formation **M7:** 187
liquid-phase sintering **M7:** 319
sintering **M7:** 365–366
Iron, cupola *See* Cupola iron
Iron, embrittlement of. **A1:** 689–691
by oxygen **A1:** 689–690
by selenium **A1:** 691
by sulfur **A1:** 690–691
by tellurium **A1:** 691
Iron, enameling *See* Enameling iron
Iron ferrites. **A9:** 538
Iron flake powders
width change with vibratory ball milling time **M7:** 60
Iron, high-purity
magnetic applications **M3:** 591, 598, 599, 603, 607
Iron hydrated salt coating
alternative conversion coat technology, status of. **A5:** 928
Iron (II) sulfate
decomposition temperatures. **EM4:** 55
Iron (III) nitrate
decomposition temperatures. **EM4:** 55
Iron (III) oxalate
decomposition temperatures. **EM4:** 55
Iron (III) sulfate
decomposition temperatures. **EM4:** 55
Iron impurities
effect on fracture toughness of aluminum alloys **A19:** 385
Iron intermetallic compounds
in uranium alloys. **A9:** 477
Iron, iron alloys
sintering, time and temperature **M4:** 796
Iron municipal castings
market trends **A15:** 44
Iron ore
US history of **A15:** 24–27
Iron ore (or concentrate)
Miller numbers. **A18:** 235
Iron ores
acid dissolution mediums. **A10:** 165
Iron oxide *See also* Oxides
and impact resistance. **M7:** 464
angle of repose **M7:** 183
angles of repose **A7:** 301
as colorants **EM4:** 380
as heat-exchanger tube desposit. **A11:** 633
as pigment **EM3:** 179
as refractory, core coatings. **A15:** 240
content, acid/basic slags **A15:** 357
diffusion factors **A7:** 451
effect on color of ceramics **EM4:** 5
Fe_2O_3 . . . . **EM4:** 3
for temperature sensors **EM4:** 17
in composition of textile products **EM4:** 403
in composition of wool products **EM4:** 403
purpose for use in glass manufacture . . **EM4:** 381
FeO
in composition of textile products **EM4:** 403
in composition of wool products **EM4:** 403
fluorescent magnetic particle inspection . . . **M7:** 579
freeze drying **EM4:** 62
from steel-steam interaction. **A11:** 603
function and composition for mild steel SMAW electrode coatings **A6:** 60
in ceramic tiles **EM4:** 926
in vacuum-degassed steels. **A11:** 328
inclusions, identification of **A11:** 38–39
magnetic, thermal conductivity **A11:** 604
metal-to-metal equilibria **M7:** 340
physical properties **A7:** 451
reduction *See* Iron oxide reduction
reduction of, ancient methods **A7:** 3
removal of **M5:** 76
rouge (FeO, Fe_2O_3, Fe_3O_4), purpose for use in glass manufacture **EM4:** 381
solubility, for cleaning. **A13:** 381
specific properties imparted in CTV tubes **EM4:** 1040, 1042
to improve thermal conductivity. **EM3:** 178
toxicity **M7:** 203
Iron oxide, effects
magabsorption **A17:** 143
Iron oxide (Fe_3O_4)
and oxidational wear **A18:** 287, 288
presence with O-ring corrosion **A18:** 549
Iron oxide films
composition determined **A10:** 135
Iron oxide reduction. **M7:** 52–53
ancient **M7:** 14
powder production by **M7:** 79–82
Iron oxide scale
on porcelain enameled steel sheet **M1:** 179
Iron oxide with manganese oxide **A9:** 184
Iron pentacarbonyl **A7:** 69, 167, 168, **M7:** 92, 135
for carbonyl vapor metallurgy **A7:** 113
physical properties **A7:** 113
properties **M7:** 92
Iron phase diagrams, discussion of
iron-chromium. . . . . **A3:** 1•26

Iron phase diagrams, discussion of (continued)
iron-chromium-nickel . . . . . A3: 1•27
iron-manganese . . . . . A3: 1•27
iron-manganese-carbon . . . . . A3: 1•27
iron-nickel . . . . . A3: 1•26
Iron phosphate coating
characteristics of M5: 434–435
crystal structure M5: 450, 455
equipment M5: 445, 448–449
immersion systems M5: 435, 440
room-temperature precleaning processes M5: 15
solution composition and operating conditions M5: 435, 442–444, 448–449
spray system M5: 434–435, 441, 448–449
weight, coating M5: 435–436, 448, 456
Iron phosphate coatings . . A1: 222, A5: 378, 379, 384, 385, 388, 391–394
applications A5: 380
coating characteristics A5: 712
corrosion resistance of selected metal finishes A5: 398
paint bonding applications A5: 396, 397
rustproofing applications A5: 396, 397
steel corrosion protection by M1: 754
steel sheet M1: 174
Iron phosphate prepaint treatment M5: 476–477, 490
Iron phosphate/lubricant
tube drawing applications A5: 397
tube drawing lubricant applications A5: 396
Iron phosphating A13: 383, 385–386
Iron plantations
as early foundries A15: 26
Iron plating A5: 213–214
additives, inorganic A5: 214
additives, organic A5: 214
advantages A5: 213
anodes A5: 214
applications A5: 213
corrosion A5: 213
electroforming A5: 213
electrolytes used A5: 213
environmental considerations A5: 214
history A5: 213
limitations A5: 213
nickel-iron alloy plating M5: 206–207
process description A5: 214
processing equipment A5: 214
properties of electrodeposited iron coatings A5: 214
properties of the deposited materials and/or modified surfaces A5: 214
publicly owned treatment works (POTWs) A5: 214
safety and health hazards A5: 214
solution compositions and operating conditions M5: 663–664
solutions A5: 213
tantalum and niobium M5: 663–664
uses A5: 213
wetting agents A5: 214
Iron plating of specimens
for edge retention A9: 32
Iron powder *See also* P/M steels; Production of iron powder
activated sintering A7: 446
alloys readily A7: 110
apparent and tap densities A7: 104
apparent density A7: 292
applications A7: 1092
automotive A7: 6
as base for admixed powders A7: 752
as fuel source A7: 1089
as supplement for phytoplankton growth A7: 1091–1092
atomized
annealing of A7: 322
microstructures A7: 726, 734
availability A7: 110
binder concentration effect on carbon dust resistance A7: 108
binder concentration effect on flow rate . . . A7: 108
binder treatment effect on green strength . . A7: 108, 109
brittle cathode process A7: 70–71
calibration of material parameters for a blend A7: 336–337
carbon content effect on compressibility and green strength A7: 302
carbon-free, infiltration A7: 552
chunkiness-size domain summary A7: 264, 265, 269
cold sintering A7: 581
commercial P/M applications A7: 110
compacting pressure and die temperature effect A7: 302, 303
compacting properties A7: 114
compacting-grade, chemical properties A7: 114
compacting-grade, physical properties A7: 114
compaction pressure effect on density A7: 506
compressibility A7: 302, 303, 304, A14: 190
consolidation A7: 507
contamination A14: 190–191, 204
cost of production A7: 110
density effect A7: 440–441
die inserts for compaction A7: 352
empirical yield function A7: 333
explosive compacting A7: 318
flow rate A7: 297
flow rate through Hall and Carney funnels A7: 296
for food enrichment A7: 1091
for metal powder cutting A14: 727
for toxin removal A7: 1092
for welding A7: 1066–1067
function and composition for mild steel SMAW electrode coatings A6: 60
grain growth A7: 505
green density and green strength A7: 302, 303
green strength dependence on apparent density A7: 306, 307
green strength vs. compaction pressure A7: 306, 308
grinding and polishing A7: 721–723, 724
heat treatment A7: 728, 744
high-temperature sintering A7: 830, 831
in powder forging A7: 805–806
isostatic compression A7: 318
liquid-phase sintering A7: 438
lubricant effect on green strength and green density A7: 307
lubricant type effect on apparent density . . . A7: 106
lubricant type effect on compacting pressure A7: 107
lubricant type effect on flow rate A7: 106
lubricant type effect on green strength A7: 107
lubrication A7: 322–324
machining and use of resin impregnation . . A7: 691, 692
macroexamination A7: 722, 724
mechanical properties A7: 1095
microexamination A7: 725
milling of A7: 59
oxide reduction A7: 67
oxygen effect on compressibility A7: 303, 305
pneumatic isostatic forging A7: 640–641
powder temperature effect on apparent density A7: 108, 109
processing effect on green properties of compacts A7: 304
production, ancient methods A7: 3
production of A7: 110–122
properties A7: 110
repressing (sizing) A7: 668
roll compacting A7: 391, 394
scanning electron microscopy . . . A7: 724–725, 730, 731, 732, 733
shape characterization A7: 263, 264
sintering A7: 438, 439, 458, 470–472, 710, 711
sponge, annealing of A7: 322
strength-to-weight-to-cost ratio A7: 110
tap density A7: 295
tolerances A7: 711
tons marketed per year A7: 6
uniaxial compression A7: 318
warm compaction A7: 377
warm compaction of P/M parts A7: 304–305
water-atomized A7: 110, 1066, 1067
yield surfaces from tension/torsion tests . . . A7: 327, 328
Iron powder alloys *See also* Iron; Iron powder alloys, specific types; Iron powders; Iron powders, specific types
chemical analysis and sampling M7: 248
compound of friction materials M7: 701
dimensional changes on sintering M7: 480–481
P/M replacement M7: 670
sponge, green density and green strength . . M7: 289
Iron powder alloys, specific types *See also* ATOMET iron powders; Atomized iron powders; Cast iron; Electrolytic iron powders; Iron; Iron powder alloys; Iron powders; Iron powders, specific types; reduced iron powders; Sponge iron powders
A-Met 1000, flow rate through Hall and Carney funnels M7: 279
Ancor MH-100, increasing three lubricants M7: 191
Ancor MH-100, lubricant effect M7: 190
Ancor MH-100, lubricant mixing time and compacting pressure, effect on stripping pressure M7: 191
F-0000, effects of steam treating M7: 466
F-0000, mechanical properties M7: 465
F-0005, mechanical properties M7: 465
F-0008, effects of steam treating M7: 466
F-0008, mechanical properties M7: 465
FC-0200, mechanical properties M7: 464
FC-0205, mechanical properties M7: 465
FC-0208, mechanical properties M7: 465
FC-0505, mechanical properties M7: 465
FC-0508, mechanical properties M7: 465
FC-0700, effects of steam treating M7: 466
FC-0708, effects of steam treating M7: 466
FC-0808, mechanical properties M7: 465
FC-1000, mechanical properties M7: 465
FN-0200, mechanical properties M7: 465
FN-0205, mechanical properties M7: 465
FN-0208, mechanical properties M7: 465
FN-0400, mechanical properties M7: 465
FN-0405, mechanical properties M7: 465
FN-0408, mechanical properties M7: 466
FN-0700, mechanical properties M7: 466
FN-0705, mechanical properties M7: 466
FN-0708, mechanical properties M7: 466
FX-1005, mechanical properties M7: 466
FX-1008, mechanical properties M7: 466
FX-2000, mechanical properties M7: 466
FX-2005, mechanical properties M7: 466
FX-2008, mechanical properties M7: 466
Hoeganaes MH-100, pressure and green density for M7: 298
MH-100, flow rate (Hall and Carney funnels) M7: 279
MP-35HD, flow rate (Hall and Carney funnels) M7: 279
RZ strip, rolling M7: 401
Iron Powder Core Council M7: 19
Iron powder core dimensional specifications A7: 1099
Iron powder cores for ratio tuning devices
development of A7: 6
Iron powder (for pyrotechnics), specifications A7: 1098
Iron powder metallurgy materials, specific types
Ancormet 100, pressed and sintered A9: 517
Ancormet 101, carbon-reduced iron ore A9: 513
Ancorsteel 1000, fracture surface A9: 515
Ancorsteel 1000, pressed and sintered A9: 517
Ancorsteel 1000, pressed, unsintered A9: 514

SUBJECTS OF THE INDEXED VOLUMES: ASM Handbook (designated by the letter "A"): **A1:** Properties and Selection: Irons, Steels, and High-Performance Alloys (1990); **A2:** Properties and Selection: Nonferrous Alloys and Special-Purpose Materials (1990); **A3:** Alloy Phase Diagrams (1992); **A4:** Heat Treating (1991); **A5:** Surface Engineering (1994); **A6:** Welding, Brazing, and Soldering (1993); **A7:** Powder Metal Technologies and Applications (1998); **A8:** Mechanical Testing (1985); **A9:** Metallography and Microstructures (1985); **A10:** Materials Characterization (1986); **A11:** Failure Analysis and Prevention (1986); **A12:** Fractography (1987); **A13:** Corrosion (1987); **A14:** Forming and Forging (1988); **A15:** Casting (1988); **A16:** Machining (1989); **A17:** Nondestructive Evaluation and Quality Control (1989); **A18:** Friction, Lubrication, and Wear Technology (1992); **A19:** Fatigue and Fracture (1996); **A20:** Materials Selection and Design (1997). **Metals Handbook, 9th Edition** (designated by the letter "M"): **M1:** Properties and Selection: Irons and Steels (1978); **M2:** Properties and Selection: Nonferrous Alloys and Pure Metals (1979); **M3:** Properties and Selection: Stainless Steels, Tool Materials, and Special-Purpose Materials (1980); **M4:** Heat Treating (1981); **M5:** Surface Cleaning, Finishing, and Coating (1982); **M6:** Welding, Brazing, and Soldering (1983); **M7:** Powder Metallurgy (1984). **Engineered Materials Handbook** (designated by the letters "EM"): **EM1:** Composites (1987); **EM2:** Engineering Plastics (1988); **EM3:** Adhesives and Sealants (1990); **EM4:** Ceramics and Glasses (1991). **Electronic Materials Handbook** (designated by the letters "EL"): **EL1:** Packaging (1989)

Ancorsteel 1000, water-atomized and annealed **A9:** 513, 528
Ancorsteel 1000B, water-atomized and double-annealed **A9:** 513
Atomet 28, porosity **A9:** 513
Atomet 28, powder **A9:** 528
Atomet 28, pressed and sintered **A9:** 515–517
Atomet 28, with different amounts of copper and carbon added **A9:** 518–519
copper infiltrated **A9:** 519
Fe-1.5 graphite **A9:** 527
MH-100, carbon-reduced iron ore **A9:** 513
MH-100, carbon-reduced sponge iron powder **A9:** 528
MH-100, pressed and sintered **A9:** 516
MP35, pressed and sintered **A9:** 516
MP35HD, porosity **A9:** 513
Pyron 100, hydrogen reduced **A9:** 513
Pyron 100, pressed and sintered **A9:** 516
Pyron 100, with different amounts of copper added **A9:** 518
Pyron D63, hydrogen reduced **A9:** 513
Pyron D63, hydrogen reduced mill scale . . . **A9:** 528
Pyron D63, pressed and sintered **A9:** 516
SCM A283, electrolytic powder **A9:** 514
sulfur added **A9:** 521
water-atomized powder **A9:** 513
water-atomized, with MnS added, pressed and sintered **A9:** 521

Iron powder strip
roll compacted **M7:** 408

Iron powder toroidal core inductance, determination of, specifications **A7:** 1099

Iron powder(s) *See also* ATOMET iron powders; ATOMET iron powders, specific types; Atomized iron powders; Cast iron; Electrolytic iron powders; Iron powder alloys; Iron powder alloys, specific types; Iron powders, specific types; Reduced iron powders; Sponge iron powders
acid insoluble chemical analysis **M7:** 242
annealing **M7:** 182–184
apparent and tap densities **M7:** 189, 297
applications **M7:** 17, 76–77, 79, 203, 617–621, 667–670
as carrier core, copier powders **M7:** 584
as incendiary **M7:** 603
atomized, compressibility curve **M7:** 287
brittle cathode process **M7:** 72
business machine applications **M7:** 667–670
by carbonyl vapormetallurgy processing **M7:** 92–93
by Domfer process **M7:** 89–92
by electrolysis **M7:** 93–96
by fluidized bed reduction **M7:** 96–98
by Hoganas process **M7:** 79–82
by Pyron process **M7:** 82–83
by QMP process **M7:** 86–89
by water atomization of low carbon iron **M7:** 83–86
coercive force of cores from **M7:** 640
cold isostatic pressing dwell pressures **M7:** 449
compacted by supersonic vibrations **M7:** 306
compacting grade, properties **M7:** 94
compacts, effects of lubricant on density and strength of **M7:** 289
composition **M7:** 464
composition-depth profile **M7:** 256
contact angle with mercury **M7:** 269
decomposition of carbonyls **M7:** 54
density and hardness **M7:** 511
dependence of green strength on apparent density in **M7:** 288
dimensional change **M7:** 292
dust explosion **M7:** 197
effect of hot pressing temperature and pressure on density of **M7:** 504
effect of lubrication on flow **M7:** 191
electrical and thermal conductivity **M7:** 742
electrolytic **M7:** 71, 72, 273
explosive isostatic compaction of **M7:** 305
fluorescent magnetic particle inspection of **M7:** 579
for flame cutting **M7:** 842
for food enrichment **M7:** 614–616
for submerged arc process **M7:** 822
for welding **M7:** 817–818
functional parts, appliances **M7:** 623
green strength and green density in **M7:** 289
high-ductility, sintering **M7:** 340–341
in automotive applications **M7:** 17, 617–621
in magnetic separation of seeds **M7:** 589
in starter motor case **M7:** 620
internal particle porosity **M7:** 85
joint fill **M7:** 821–822
low-carbon **M7:** 83–86
magnetization of **M7:** 640
markets **M7:** 571
maximum permeability of cores from **M7:** 640
metal-to-metal oxide equilibria **M7:** 340
milling in water **M7:** 63–64
moderate explosivity class **M7:** 196–197
particles, by hydrogen reduction **M7:** 247
Poisson's ratio vs. theoretical density **M7:** 414
position in P/M industry **M7:** 23
pressure and green density **M7:** 298
pressure requirements for hot pressing **M7:** 505
pressure-density relationships **M7:** 298, 299
production **M7:** 23, 79–99
production capacities **M7:** 23
properties for metal powder cutting **M7:** 843
pyrophoricity **M7:** 199
reduced **M7:** 273, 289
regulation of **M7:** 615
relative biological values **M7:** 615
relative density **M7:** 305
shipments **M7:** 23, 24, 570
sintered in hydrogen, effect of hydrogen chloride **M7:** 319
sintering **M7:** 361–362
soft magnetic components from **M7:** 640
sponge, compressibility curve **M7:** 287
spray drying applications **M7:** 76–77
structural, compositions **M7:** 464
sulfides or manganese sulfide additives for machinability **M7:** 486, 487
tap density **M7:** 189, 277, 297
technology **M7:** 17–18
testing iron content **M7:** 247–248
toxicity, exposure limits **M7:** 203–204
toxicity, reactions and disease symptoms **M7:** 203–204
undersintered, atomized and diffusion alloyed **M7:** 486

Iron powder(s), specific types *See also* Iron powder alloys; Iron powder alloys, specific types
45P, dimensional change on sintering **M7:** 480
Ancorsteel 1000, Charpy impact response **M7:** 415
Ancorsteel 1000 powder, mercury porosimetry determinations **M7:** 268
ATOMET 28, dimensional change on sintering **M7:** 481
F-0000, dimensional change on sintering . . **M7:** 480
F-0008, dimensional change on sintering . . **M7:** 480
FC-0208, dimensional change on sintering **M7:** 481
FN-0208, as-sintered characteristics **M7:** 485
FN-0208, dimensional change on sintering **M7:** 481
M P 61 LA welding rod grade **M7:** 91
MH100, dimensional change on sintering **M7:** 481
MP 32, particles **M7:** 92
MP 32, properties **M7:** 91
MP 35HD, properties **M7:** 91
MP 36S, properties **M7:** 91
MP 39, properties **M7:** 91
MP 52, properties **M7:** 91
MP 55, properties **M7:** 91
MP 62 welding rod grade **M7:** 91
MP 64 welding rod grade **M7:** 91
MP 65 welding rod grade **M7:** 91
SCM A-210, electrolytic, compacting properties **M7:** 94

Iron rotating bands **M7:** 683–684
mandrel expansion testing **M7:** 684

Iron scrap, recycling of **A1:** 1023
factors influencing scrap demand **A1:** 1024
purchased scrap supply **A1:** 1024–1026
scrap use by industry **A1:** 1023–1024

Iron sheet
inverse pole figure **A9:** 704
with enameled coating **A9:** 201

Iron sheet, electrodeposited
dendritic structure **M7:** 72

Iron silicoborides **A4:** 440

Iron soldering
definition **M6:** 10

Iron soldering (INS) **A6:** 349–350
applications **A6:** 349
constant-voltage soldering irons **A6:** 349
damage **A6:** 349–350
definition **A6:** 1210
equipment **A6:** 349
materials for soldering iron tips **A6:** 349
soldering iron selection **A6:** 349–350
soldering iron tip and joint thermal profile **A6:** 350
temperature-controlled soldering irons **A6:** 349
variable-temperature soldering irons **A6:** 349

Iron solution test
for tinplate **A13:** 781

Iron sponge powders
admixed powders **A7:** 752

Iron sulfate
use in color etching **A9:** 142

Iron sulfate, pickling inhibited by *See* Ferrous sulfate, pickling inhibited by

Iron sulfide **A19:** 474
particles **A12:** 219

Iron sulfides
mixed with manganese sulfides **A9:** 184
on a steel corrosion test coupon **A9:** 162

Iron titanides
cold sintering **A7:** 579

Iron toxicity
disposition **A2:** 1252

Iron (unpurified)
permeability **EM4:** 1162
resistivity **EM4:** 1162
saturation flux density **EM4:** 1162

Iron-adhesion measurements **A6:** 144

Iron-alloy microstructures
iron-0.8% carbon . . . . . **A3:** 1•21
iron-24.8% zinc . . . . . **A3:** 1•22

Iron-aluminum
welding (bonding) **A6:** 145

Iron-aluminum alloys
as magnetically soft materials **A2:** 769–770
environmental effect on yield stress and strain hardening rate in **A11:** 225
experimental **A12:** 365
for flame cutting and lancing **M7:** 843
magnetic applications **M3:** 598, 599, 601–602
stabilizer effect on degree of blending **M7:** 188
surfactant effect **M7:** 188

Iron-aluminum interfacial layer, aluminum coating
characteristics and effects of **M5:** 333–336, 338, 345–347

Iron-base alloy powders
applications **A7:** 6
cold sintering **A7:** 576, 579
composition **A7:** 1073
diffusion-bonded grades **A7:** 104
fatigue **A7:** 958, 960, 961
hardness **A7:** 1073
mechanical alloying **A7:** 87–88, 89
microstructures . . **A7:** 726, 730, 731, 732, 733, 734, 735, 736, 737, 738, 743, 744, 745, 747
sintering of **A7:** 468–476

Iron-base alloys *See also* Binary iron-base alloys; Cast irons; Ferrous casting alloys; Iron; Iron-carbon alloys; Iron-carbon melts; Iron-carbon-silicon alloys; Iron-copper-carbon alloys; Superalloys, iron-base; Ternary iron-base alloys
aluminum coating of **M5:** 341
binary, thermodynamics of **A15:** 61–62
bismuth effect, gas solubility **A15:** 83
cavitation erosion **A18:** 768, 769
composition **M4:** 797
corrosion fatigue **A19:** 598
corrosion of **A11:** 632
corrosion rate in water **A13:** 207
corrosion rates, molten salts **A13:** 51
corrosion resistance **A2:** 778
crystal structure effect, on corrosion **A13:** 126
effect, oxyfuel gas cutting **A14:** 722
electrochemical machining **A5:** 112
electron-beam welding **A6:** 855, 865
electronic applications **A6:** 990–991, 998
embrittlement by copper during welding . . **A11:** 721
explosive forming **A14:** 782
forging temperatures and forgeability **A14:** 232
forming practice **A14:** 782
fretting fatigue **A19:** 327
fretting wear **A18:** 248, 250

Iron-base alloys (continued)
heat-resistant, forging of **A14:** 104, 232–233
HERF forgeability **A14:** 104
hydrogen damage prevention **A13:** 329
in acidic environments **A19:** 207
interrupted oxidation test ranking. **A20:** 594
interrupted oxidation test results. **A20:** 594
lubrication of tool steels **A18:** 738
machining, ultrahard materials for **A2:** 1010
melting heat for **A15:** 376
P/M applications **A19:** 338
peritectic transformations **A15:** 129
pouring temperatures. **A15:** 283
reductions by cold swaging. **A14:** 128
sintering temperatures **M4:** 797
solid-metal embrittlement of **A1:** 721
stripping of. **M5:** 218
sulfur effect, nitrogen solubility **A15:** 83
superplasticity in **A14:** 868–872
susceptibility to embrittlement. **A1:** 689
tellurium effect, nitrogen solubility **A15:** 83
temperature influence on fatigue crack propagation exponent **A19:** 645
temperature-time curve **A15:** 185
thermal spray coating recommended **A18:** 832
thermodynamic properties **A15:** 61–70
Unicast process for **A15:** 251
Iron-base alloys, heat treating *See also* Heat-resisting alloys, heat treating
aging **M4:** 661–662
annealing **M4:** 655, 660
castings. **M4:** 660–661
procedure modification **M4:** 661–664
solution treating **M4:** 661–662
stress relieving **M4:** 655, 660
temperatures **M4:** 655, 656, 657, 660–665
Iron-base alloys, specific types
Fe-B, laser cladding **A18:** 867
Fe-Cr-Mn-C
laser cladding. **A18:** 867
laser melting **A18:** 865
Iron-base hardfacing alloy powders **A7:** 974, 975
Iron-base hardfacing alloys
laser cladding materials **A18:** 866–867
Iron-base heat-resistant alloys
machining . . **A16:** 738, 741–743, 746–747, 749–758
Iron-base magnet alloys
FIM/AP analysis of. **A10:** 597–599
spinodal decomposition of **A10:** 598
Iron-base shape memory alloys
future prospects **A2:** 901
Iron-base sintered bearings **A7:** 1052, 1053, 1054, 1057
Iron-base sintered bearings, specifications **A7:** 426–429, 433, 441, 648, 654, 672, 714, 728, 728, 753, 756–762, 765, 778–779, 1052, 1053, 1099
Iron-base superalloys
AEM analysis of γ-austenite matrix . . **A10:** 453, 455
alloying elements, effect of. **A1:** 951
ATEM image, spot diffraction pattern, and indexed schematic diffraction pattern for **A10:** 438, 440
compositions of **A1:** 965
diffraction pattern and bright-field and centered dark-field images of. **A10:** 442
diffusion coatings. **A5:** 619
dispersion-strengthened alloys
compositions **A1:** 973
properties **A1:** 976
fracture/failure causes illustrated **A12:** 217
microstructure **A1:** 959, 961–962
physical properties. **A1:** 963–964
stress-rupture properties **A1:** 962
tensile properties **A1:** 958–959, 960–961
thermal spray forming. **A7:** 411
two-phase microanalysis in. **A10:** 447
with high nickel content **A1:** 959
Iron-base tool steel powders
hot isostatic pressing **A7:** 594
Iron-based
dispersion-strengthened materials **M7:** 722–727
friction materials, nominal compositions. . **M7:** 702, 703
hardfacing alloys. **M7:** 828–829
microcrystalline alloys **M7:** 795–797
P/M parts, secondary operations performed on. **M7:** 451–462
powder alloys, for automotive applications **M7:** 617–621
self-lubricating sintered bearings chemical composition **M7:** 706
tool steels, HIP temperatures and process times **M7:** 437
Iron-based heat-resistant alloys *See* Heat-resistant metals and alloys, specific types
Iron-bronze, bearing material systems **A18:** 746
applications. **A18:** 746
bearing performance characteristics **A18:** 746
load capacity rating **A18:** 746
Iron-bronze sintered bearings. **M7:** 706, 708
Iron-bronze sintered bearings (diluted bronze) **A7:** 1052, 1053, 1054, 1055
Iron-bronze sintered bearings (oil-impregnated), specifications **A7:** 426–429, 433, 441, 648, 654, 672, 714, 728, 753, 756–762, 765, 778, 779, 1052, 1053, 1099
Iron-bronze-graphite
bearing material systems **A18:** 746–747
Iron-carbon
bearing material systems **A18:** 746–747
phase diagram . . . . **A3:** 1•25
system . . . . **A3:** 1•23–1•25
transformation temperatures . . . . **A3:** 1•24, 1•25
Iron-carbon alloy
1.4% C, different heat treatments compared **A9:** 194
Iron-carbon alloy powders
infiltration **A7:** 551, 552
oxygen content of water-atomized metal powder **A7:** 42
Iron-carbon alloys **A20:** 350
cooling curve, interpretation **A15:** 182
diagram, with letter notations **A15:** 67–68
effects of combined carbon **M7:** 363
heat treatability **M7:** 79
liquid, structure of. **A15:** 168–169
-lubricant systems **M7:** 186
miter gears for postage meters **M7:** 668
P/M drive gear **M7:** 667
phase diagram. **A15:** 629
quench-aging in **A1:** 692–693
solubility of hydrogen and nitrogen **A15:** 82
thermodynamics of **A15:** 61–62
Iron-carbon alloys, image analysis plots
effects of detected area fraction. **A10:** 309
Iron-carbon eutectic **A9:** 620
Iron-carbon (Fe-C) alloys
microstructure affected by carbon content **A18:** 874
Iron-carbon melts
carbon addition to. **A15:** 72–73
carbon concentration profiles. **A15:** 73
steel dissolution in. **A15:** 73–74
Iron-carbon phase diagram . . . **A1:** 126–127, **A20:** 349, 350, 360, 361, 379
Iron-carbon-lubricant. **A7:** 102
Iron-carbon-manganese alloys
thermodynamics of **A15:** 65
Iron-carbon-phosphorus alloys
thermodynamics of **A15:** 65
Iron-carbon-silicon alloys
composition effects **A15:** 172
coupled growth lines, constructed **A15:** 171
gray irons as **A15:** 629
phase diagram, simplified. **A15:** 630
thermodynamics of **A15:** 64–65
Iron-carbon-sulfur alloys
nitrogen solubility of. **A15:** 84
Iron-cast
oxyacetylene welding **A6:** 281
Iron-cementite
phase diagram . . . . **A3:** 1•25
system . . . . **A3:** 1•23–1•25
transformation temperatures . . . . **A3:** 1•24, 1•25
Iron-chromite brown spinel
inorganic pigment to impart color to ceramic coatings **A5:** 881
Iron-chromium alloys *See also* Ferritic stainless steels **M3:** 269, 272–273
as heat-resistant high alloy **A15:** 724, 733
chromium effect on corrosion **A13:** 124
corrosion resistance **A13:** 47–48
crystal structure effects on corrosion **A13:** 126
electropolishing of. **M5:** 307
glass-to-metal seals. **EM3:** 302
oxide scale formation **A13:** 98
polarization curve **A9:** 146
properties of **A1:** 920
sigma-phase embrittlement. **A12:** 132
Iron-chromium ferritic stainless steels **A20:** 361
Iron-chromium ferritic steels **A20:** 361
Iron-chromium phase diagram **A6:** 447, **A20:** 360–361, 365
Iron-chromium powders
by STAMP process. **M7:** 548
in automotive industry **M7:** 620–621
Iron-chromium-aluminum alloy
solidification in **A12:** 140, 160
Iron-chromium-aluminum alloys
as heating alloys. **A2:** 828–829
creep rupture testing of. **A8:** 302
electrical resistance, properties. **A2:** 823
in sheathed heaters **A2:** 831
Iron-chromium-aluminum-yttrium coating
superalloys **M5:** 376
Iron-chromium-carbon alloys
boriding **A4:** 441
carburizing **A4:** 368–369
Iron-chromium-carbon equilibrium diagram . . **A6:** 433, 436
Iron-chromium-cobalt alloys
as permanent magnet materials. **A2:** 790
composition profiles for **A10:** 600
Iron-chromium-nickel alloys *See also* Nickel-iron-chromium alloys **M3:** 269, 273–276
arc welding **M6:** 364–367
as heat-resistant high alloy **A15:** 724, 733
composition of **A1:** 912
effect of nickel additions on SCC resistance **A8:** 530
properties of **A1:** 920
sigma phase. **A9:** 136
Iron-chromium-nickel heat-resistant casting alloys
compositions of **A9:** 330
etchants for. **A9:** 330–332
identification of ferrite **A9:** 333–334
identification of secondary phases **A9:** 332–333
microstructures. **A9:** 333–334
Iron-chromium-nickel heat-resistant casting alloys, specific types
9Cr-1Mo **A9:** 333
9Cr-1Mo, air cooled and tempered. **A9:** 335
9Cr-1Mo, as sand cast. **A9:** 335
HE-14, creep tested **A9:** 335
HF, microstructure. **A9:** 333
HF-25, as cast and creep tested. **A9:** 337
HF-33, different sections of a casting compared, as cast and creep tested **A9:** 336–337
HF-33, fractured **A9:** 336–337
HF-34, lamellar structure in creep test specimen **A9:** 337
HH, different sections of a casting compared, as sand cast and creep tested **A9:** 337–338
HH, fractured. **A9:** 337–338
HH, microstructure **A9:** 333

SUBJECTS OF THE INDEXED VOLUMES: ASM Handbook (designated by the letter "A"): **A1:** Properties and Selection: Irons, Steels, and High-Performance Alloys (1990); **A2:** Properties and Selection: Nonferrous Alloys and Special-Purpose Materials (1990); **A3:** Alloy Phase Diagrams (1992); **A4:** Heat Treating (1991); **A5:** Surface Engineering (1994); **A6:** Welding, Brazing, and Soldering (1993); **A7:** Powder Metal Technologies and Applications (1998); **A8:** Mechanical Testing (1985); **A9:** Metallography and Microstructures (1985); **A10:** Materials Characterization (1986); **A11:** Failure Analysis and Prevention (1986); **A12:** Fractography (1987); **A13:** Corrosion (1987); **A14:** Forming and Forging (1988); **A15:** Casting (1988); **A16:** Machining (1989); **A17:** Nondestructive Evaluation and Quality Control (1989); **A18:** Friction, Lubrication, and Wear Technology (1992); **A19:** Fatigue and Fracture (1996); **A20:** Materials Selection and Design (1997). **Metals Handbook, 9th Edition** (designated by the letter "M"): **M1:** Properties and Selection: Irons and Steels (1978); **M2:** Properties and Selection: Nonferrous Alloys and Pure Metals (1979); **M3:** Properties and Selection: Stainless Steels, Tool Materials, and Special-Purpose Materials (1980); **M4:** Heat Treating (1981); **M5:** Surface Cleaning, Finishing, and Coating (1982); **M6:** Welding, Brazing, and Soldering (1983); **M7:** Powder Metallurgy (1984). **Engineered Materials Handbook** (designated by the letters "EM"): **EM1:** Composites (1987); **EM2:** Engineering Plastics (1988); **EM3:** Adhesives and Sealants (1990); **EM4:** Ceramics and Glasses (1991). **Electronic Materials Handbook** (designated by the letters "EL"): **EL1:** Packaging (1989)

HK, microstructure **A9:** 333
HK-28, lamellar structures regenerated by slow
cooling **A9:** 340
HK-35, as-cast and fractured......... **A9:** 339–340
HK-44, creep tested and fractured **A9:** 339
HN, as-cast and fractured............... **A9:** 340
HN, etching **A9:** 331–332
HN, microstructure **A9:** 333
HP, etching........................ **A9:** 331–332
HT, etching........................ **A9:** 331–332
HT, microstructure **A9:** 333
HT-44, as-cast and after creep testing **A9:** 341
HT-56, after creep testing................. **A9:** 341
HT-57, as-cast.......................... **A9:** 341
HU, etching **A9:** 331–332
HW, as-cast and after aging.............. **A9:** 340
HW, etching **A9:** 332
HW, microstructure..................... **A9:** 333
HX, etching............................ **A9:** 332

Iron-chromium-nickel heat-resistant
castings **A1:** 922–925

Iron-chromium-nickel system .... **A3:** 1•25

Iron-cobalt alloys *See also* Magnetic materials
as magnetically soft materials **A2:** 774–776
magnetic applications.......... **M3:** 603, 605, 608
magnetic properties **A2:** 775
strip, properties **A2:** 777

Iron-cobalt alloys, specific types
Alloy 2V-49Co-49Fe, as magnetically soft
materials **A2:** 774–775
Alloy 27Co-0.6Cr-Fe, as magnetically soft
materials **A2:** 775

Iron-cobalt black spinel
inorganic pigment to impart color to ceramic
coatings **A5:** 881

Iron-cobalt-chromite black spinel
inorganic pigment to impart color to ceramic
coatings **A5:** 881

Iron-cobalt-chromium
alloys, as special, low-expansion alloys..... **A2:** 895

Iron-copper
bearing material systems **A18:** 746–747

Iron-copper alloys, powder metallurgy materials
microstructures......................... **A9:** 510

Iron-copper steel powders
admixed **A7:** 755, 756–757
chemical compositions **A7:** 755, 756
for self-lubricating bearings **A7:** 13
infiltration **A7:** 546, 547, 548
liquid-phase sintering........... **A7:** 447, 448, 568
mechanical properties.... **A7:** 755, 756, 1095–1096
microstructures **A7:** 726, 735
sintering.......................... **A7:** 472–473

Iron-copper-carbon alloy powders
fatigue....................... **A7:** 958, 960, 962
microstructures **A7:** 726, 735, 736
powder forging............ **A7:** 813, 816, 953, 954
properties **A7:** 958, 960

Iron-copper-carbon alloys *See also* Iron-base alloys
cooling rates **A14:** 200
mechanical property/fatigue data **A14:** 200–201
sulfur/carbon effects.................... **A14:** 200

Iron-copper-carbon alloys, powder metallurgy materials
microstructures......................... **A9:** 510

Iron-copper-carbon-lubricant............... **A7:** 102

Iron-copper-carbon-lubricant systems........ **M7:** 186

Iron-copper-graphite
sintering........................... **A7:** 472–473

Iron-copper-graphite powders
sintering **M7:** 366

Iron-deficiency anemia **M7:** 614

Iron-graphite mixture powder
microstructures **A7:** 726, 734, 735

Iron-graphite mixtures
microstructures.................... **A9:** 509–510

Iron-graphite powders
dimensional change on sintering **M7:** 480
for self-lubricating bearings **A7:** 13
microstructure **M7:** 315
sintering of **A7:** 470–472, **M7:** 362–365

Iron-graphite sintered bearings A7: 1053, 1055, 1056

Iron-graphite sintered bearings,
specifications **A7:** 426–429, 433, 441, 648, 654,
672, 714, 728, 753, 756–762, 765, 778–779,
1052, 1053

Ironing *See also* Tube drawing
aluminum alloys...................... **A14:** 797
defined **A14:** 8
for reducing shells **A14:** 586
in deep drawing **A14:** 508
in sheet metalworking processes classification
scheme **A20:** 691
multipass, tube drawing **A14:** 335–336
multiple-die, for beverage cans **A14:** 335

Iron-iron carbide-silicon system **M1:** 3–4

Iron-iron carbide-silicon ternary phase
diagram **A13:** 566

Iron-iron contact formation
effect of stabilizer **M7:** 187

Iron-lithium mixtures
decomposition temperatures............. **EM4:** 55

Iron-magnesium-silicon alloy, cerium bearing
digitized image.................... **A9:** 139, 162

Ironmaking.......................... **A1:** 107, 109

Iron-nickel
composition of common ferrous P/M alloy
classes **A19:** 338

Iron-nickel alloy powders
consolidation of nanocrystalline powder ... **A7:** 507
injection molding...................... **A7:** 314

Iron-nickel alloy vacuum-coated films **M5:** 395

Iron-nickel alloy wires, transmission pinhole
photographs.......................... **A9:** 702
microstructures........................ **A9:** 309

Iron-nickel alloys *See also* Magnetic materials
expansion characteristics................. **A2:** 893
magnetic applications..... **M3:** 602–603, 604, 608
thermal expansion **A2:** 890

Iron-nickel alloys, Fe-14-Ni
boriding **A4:** 441

Iron-nickel alloys, specific types
Fe-3.5Ni
Poisson's ratio **M3:** 748
Young's modulus.................... **M3:** 743
Fe-5Ni
Poisson's ratio **M3:** 748
Young's modulus.................... **M3:** 743
Poisson's ratio...................... **M3:** 748
Young's modulus..................... **M3:** 743

Iron-nickel Dumet alloys
glass-to-metal seals................... **EM3:** 302

Iron-nickel powder
admixed **A7:** 756, 757
chemical compositions **A7:** 756
mechanical properties **A7:** 757, 758, 1096
sintering.............................. **A7:** 474

Iron-nickel powders
composition **M7:** 464
prealloyed, powder pole piece from....... **M7:** 641

Iron-nickel-carbon alloys
atomized, particle boundaries............ **M7:** 486
microstructure **M7:** 488

Iron-nickel-chromium
physical characteristics of high-velocity oxyfuel
spray deposited coatings **A5:** 927

Iron-nickel-chromium alloys...... **M3:** 269, 276–277
applications and properties **A2:** 439–441
arc welding **M6:** 364–367
as heat-resistant high alloy **A15:** 724, 733
as low-expansion alloys.................. **A2:** 894
composition of **A1:** 912–913
Fe-35Ni-15Cr
heat-resistant alloy applications **A4:** 515
salt pot composition **A4:** 335, 337
Fe-35Ni-18Cr-44Fe, ribbon material in heat-
treating furnaces **A4:** 472
Fe-35Ni-20Cr, heat-resistant alloy
applications **A4:** 515
properties of..................... **A1:** 920–921

Iron-nickel-chromium base alloys
electron-beam welding.................. **A6:** 869

Iron-nickel-chromium glass seal alloys
types, compositions, and thermal
expansions for...................... **A2:** 894

Iron-nickel-chromium ternary diagram .. **A6:** 458–459,
460, 461

Iron-nickel-chromium-titanium alloys
as hardenable low-expansion alloys........ **A2:** 895
thermoelastic coefficients **A2:** 895

Iron-nickel-cobalt alloys
as low-expansion alloys............. **A2:** 894–895
embrittling effects of oxygen on **A20:** 579

Iron-nickel-cobalt ASTM F 15 alloy
composite speedbrake **EM3:** 563
glass-to-metal seals.................... **EM3:** 301

Iron-nickel-copper-molybdenum powders
diffusion-bonded **M7:** 173

Iron-nickel-molybdenum alloy powders
high-temperature sintering **A7:** 832

Iron-nitrogen alloys
quench-aging in **A1:** 692–693

Iron-oxygen phase diagram................ **A15:** 89

Iron-phosphorus alloy powder
high-temperature sintering........... **A7:** 830, 831
microstructures **A7:** 726–727, 737
production........................... **A7:** 1006

Iron-phosphorus alloys
microstructural analysis................. **M7:** 488
powder metallurgy materials
microstructures **A9:** 510
powder metallurgy materials, pressed and
sintered........................... **A9:** 520

Iron-phosphorus phase diagram............ **A7:** 1009

Iron-phosphorus steel powders.............. **A7:** 125
warm compaction....................... **A7:** 378

Irons
allotropic transformations............... **A20:** 338
as alloying element in aluminum alloys... **A20:** 384
bending fracture, oxide inclusions........ **A12:** 220
blowholes............................. **A12:** 221
bright-field, dark-field, and SEM images
compared **A12:** 92
cast, granular brittle fracture **A12:** 103
cleavage fractures, twist boundary......... **A12:** 17
coinability of.......................... **A14:** 183
crystal structure **A20:** 409
ductile, figure numbers for.............. **A12:** 216
elastic modulus....................... **A20:** 409
embrittlement sources **A12:** 123
enamels **EM3:** 303
fractographs **A12:** 219–224
fracture types, historical **A12:** 1
fracture/failure causes illustrated......... **A12:** 216
grain-boundary cavitation............... **A12:** 219
gray, figure numbers for................ **A12:** 216
high-purity, flat cleavage fracture **A12:** 219
intergranular fracture and transcrystalline
cleavage **A12:** 222
light fractography images, compared ... **A12:** 93–94
low-carbon, dimpled ductile rupture...... **A12:** 220
low-carbon, high oxygen, tensile-test
fracture........................... **A12:** 223
low-carbon, oxide inclusion **A12:** 222
malleable, figure numbers for **A12:** 216
melting point **A20:** 409
slip lines **A12:** 219
specific gravity **A20:** 409
thermal expansion coefficient at room
temperature **A20:** 409
transgranular cleavage fracture.......... **A12:** 460
weldability rating by various processes ... **A20:** 306
white, figure numbers for............... **A12:** 216
woody fractures **A12:** 1–3
wrought, impact fracture................ **A12:** 224

Irons, composition, processing, and structure effects on properties.................. **A20:** 357–382
applications.......................... **A20:** 358
austenite **A20:** 376–378
bainite.................... **A20:** 368, 369–372
basis of material selection **A20:** 357–359
cast iron, evolution of.................. **A20:** 381
cementite **A20:** 360, 364, 379–380, 381
evolution of microstructural change in steel
products........................ **A20:** 380–381
ferrite................. **A20:** 359–361, 364, 365
ferrite-cementite..................... **A20:** 378, 379
ferrite-martensite.................... **A20:** 378, 379
graphite.................... **A20:** 378–379, 380
martensite **A20:** 372–376, 377, 378
microstructure **A20:** 358–359
microstructure, role of.................. **A20:** 359
pearlite **A20:** 360, 361–369
rail steels......................... **A20:** 380–381
structure-sensitive properties **A20:** 357
yield strength increased by carbon
additions **A20:** 360, 361

Irons, specific types
Armco, cleavage fracture............... **A12:** 224
Armco, oxygen-embrittled............... **A12:** 222

Irons, specific types (continued)
Armco, shear step **A12:** 224
Armco, slip steps **A12:** 224
Armco, slip-band cracks **A12:** 224
Armco, tear-ridges **A12:** 224
Armco, tilt boundary, cleavage steps, river patterns **A12:** 18
Fe-0.3C-0.6Mn-5.0Mo, quasi-cleavage fracture. **A12:** 26
Fe-0.6Mn-5.0Mo, quasi-cleavage fracture. . . **A12:** 26
Fe-0.3Ni, fracture surface **A12:** 457
Fe-3.9Ni, cleavage fracture. **A12:** 457
Fe-4Al, fracture mode transition **A12:** 462
Fe-8Ni-2Mn-0.1Ti, facet areas measured. . **A12:** 208
Fe-Cr-Ta, cleavage and quasi-cleavage **A12:** 460
Fe-Cr-Ta, tension overload fracture **A12:** 460

Iron-silicon alloy powder
high-temperature sintering **A7:** 831
injection molding **A7:** 314

Iron-silicon alloys
thermodynamics of **A15:** 62

Iron-silicon phase diagram **A7:** 1011

Iron-silicon soft magnetic alloys
microstructural analysis **M7:** 488

Iron-silicon transformer sheet
effect of texture on anisotropic properties. . **A9:** 700

Iron-silver **A7:** 37

Iron-tantalum alloy powders **A7:** 128

Iron-titanium brown spinel
inorganic pigment to impart color to ceramic coatings **A5:** 881

Iron-to-iron oxide equilibria
sintering **M7:** 340

Iron-vanadium carbide alloys
insoluble particle effects **A15:** 142

Iron-wrought
oxyacetylene welding **A6:** 281

Iron-zinc equilibrium phase diagram **A5:** 343, 345–346

Iron-zinc intermetallic compound
brittle fracture from. **A11:** 100

Ir-Pd (Phase Diagram) . . . . **A3:** 2•265

Ir-Pt (Phase Diagram) . . . . **A3:** 2•266

Irradiance **A10:** 675, 685
comparative distribution. **EM2:** 579
factors affecting **EM2:** 578
SI unit/symbol for **A8:** 721

Irradiated channel fracture
austenitic stainless steels. **A12:** 365

Irradiated materials
ESR analysis **A10:** 254, 263
x-ray diffraction residual stress techniques **A10:** 385

Irradiation *See also* Radiation properties. . . **EM3:** 17
container, as contamination source. **A10:** 235
defined **EM1:** 14, **EM2:** 24
epithermal vs. thermal neutron **A10:** 234
gamma-ray spectrum of ores after. **A10:** 235
of atoms, decay rate **A10:** 235
of sample, NAA analysis as **A10:** 234
TNAA detection limits for rock and soil after **A10:** 236–238

Irradiation-assisted SCC, in nuclear power industry **A13:** 935–936

Irradiation-assisted stress-corrosion cracking A20: 566

IRRAS *See* Infrared reflection-absorption spectroscopy

Irregular
definition **A7:** 263

Irregular eutectics **A9:** 621–622
and regular eutectics **A15:** 120

Irregular holes *See also* Holes
adhesive-bonded joints **A17:** 612–613

Irregular loading **A19:** 254, 255

Irregular powder **M7:** 6

Irregularity *See also* Defects; Discontinuities; Flaw(s)
defined **A17:** 49

Irregular-shaped particles **M7:** 233, 234

Irreversible
defined **EM1:** 14

Irreversible process . . . . **A3:** 1•7

Irreversible slip **A19:** 104

Ir-Rh (Phase Diagram) . . . . **A3:** 2•266

Irrigation applications
homopolymer/copolymer acetals **EM2:** 101

Irrigation pipe and tools
aluminum and aluminum alloys **A2:** 14

Irrigation pipe, polymer
failure of **A11:** 762–763

Ir-Ru (Phase Diagram) . . . . **A3:** 2•266

Ir-Ta (Phase Diagram) . . . . **A3:** 2•267

Ir-Th (Phase Diagram) . . . . **A3:** 2•267

Ir-Ti (Phase Diagram) . . . . **A3:** 2•267

Ir-U (Phase Diagram) . . . . **A3:** 2•268

ir-v (Phase Diagram) . . . . **A3:** 2•268

Ir-W (Phase Diagram) . . . . **A3:** 2•268

Irwin concept **A19:** 511

Irwin plastic zone size estimates **A19:** 121

Irwin's crack tip plastic deformation zone
concept **EM3:** 363

Irwin's mode I loading equations **A19:** 578

Ir-Zr (Phase Diagram) . . . . **A3:** 2•269

Isaichev orientation relationship
in upper bainite **A9:** 664

ISE *See* Ion-selective electrode

Isentropic secant bulk modulus **A18:** 82

Island-channel-continuous film growth stages A5: 542

ISO *See also* International Organization for Standardization **EM2:** 91

ISO 1043
standard for marking and identification of plastics **A20:** 136

ISO 2738
powder metallurgy materials **A9:** 504

ISO 9000, standard for quality
management **A20:** 132, 229
definition **A20:** 835

ISO 14000, environmental management
standards **A20:** 68
definition **A20:** 835

ISO 14000 Series (TC207) **A20:** 96
international standard of life-cycle analysis **A20:** 96

ISO classification, cemented carbides . . . **A7:** 935, 936

ISO Classification R513
of carbides. **A16:** 75

Iso cycles-to-failure curves **A20:** 520, 521

ISO equivalents of Aluminum Association international alloy designations **A2:** 26

ISO property classes
threaded fasteners **M1:** 274, 275, 277

Iso resins *See also* Polyester resins
clear casting mechanical properties. **EM1:** 91
electrical properties **EM1:** 94, 95
glass content effects **EM1:** 91
in fiberglass-polyester resin composites . . . **EM1:** 91
mechanical properties **EM1:** 90
preparation/properties **EM1:** 90

ISO specifications *See* Specifications

ISO standards, specific types
565, wire cloth sieve standards **A7:** 239
2738, measurement of hydrostatic forces. . . **A7:** 712
3081, minimum incremental mass based on maximum particle size **A7:** 210
3252, particle shapes **A7:** 266, 270
3310/1, wire cloth sieve standards **A7:** 239
3927, compressibility testing **A7:** 305–306
3953, mechanical tapping of powders. **A7:** 294
4490, Hall flowmeter for measuring flow rate. **A7:** 296
4491/2, oxygen content of copper powder. . **A7:** 138
4497, sieve testing standards **A7:** 239
5755, alloy designations for prototype materials **A7:** 426
9002, test sieve certification and manufacture. **A7:** 214
14887, dispersing procedures for powders in liquids. **A7:** 220

ISO (STEP) data models **A20:** 175

ISO Technical Committee 61 (ISO TC 61) . . **EM3:** 62

ISO Technical Committee 207 (TC 207) **A20:** 132

Isobar
defined **A10:** 675

Isobutylphosphine
physical properties **A5:** 525

Isobutyraldehyde
physical properties **EM3:** 104

Isochronous graphs **EM3:** 317

Isocons
image **A17:** 10

Isocorrosion diagram
austenitic/duplex cast steels **A13:** 579
defined **A13:** 8
definition **A5:** 960
ferritic cast steels. **A13:** 577–578
for Nickel 200/Nickel 201 in alkalies. **A13:** 651
for titanium alloys in hydrochloric acid. . . **A13:** 680
for zirconium in hydrochloric acid **A13:** 709
for zirconium in phosphoric acid **A13:** 717
for zirconium in sulfuric acid **A13:** 708
fully austenitic cast steels **A13:** 580
high-silicon cast irons **A13:** 569
nickel-base alloys in hydrochloric acid. . . . **A13:** 646
nickel-base alloys in nitric acid **A13:** 646

Isocratic elution
defined **A10:** 675

Isocyanate plastics *See also* Plastics; Polyurethane; Urethane plastics **EM3:** 17
defined **EM1:** 14, **EM2:** 24
in polyurethanes (PUR) **EM2:** 257

Isocyanates **EM3:** 46
applications **EM3:** 45
as health hazard **EM3:** 203
characteristics **EM3:** 45
for packaging. **EM3:** 45
use in urethane sealant manufacture. **EM3:** 203

Isocyanates, as urethane coating **A13:** 409

Iso-cycles curve **A20:** 527, 528

Isodensity lines. **A7:** 26

Isodensity plots **A7:** 328

Isodensity yield surfaces **A7:** 25

Isoelectric pH **A7:** 220

Isoelectric point **EM4:** 74
of oxide ceramics **EM4:** 154

Iso-*G*-specimens **EM3:** 342

Isoimides **EM3:** 157

Isokinetic sampling
devices for **A10:** 16

Isolated porosity
in arc welds. **A11:** 413

Isolated signal line
design considerations **EL1:** 28–34

Isolation
dielectric **EL1:** 199
diffusion **EL1:** 195
junction **EL1:** 199

Isomer **EM3:** 17

Isomer shift
in Mössbauer spectroscopy **A10:** 288–290, 292

Isomerism, mer
and melt properties **EM2:** 62

Isomerization
during PMR-15 polymerization **EM1:** 83

Isomers *See also* Stereoisomer
cis/trans, chemistry of **EM2:** 64
defined **EM2:** 24
determined by GC-IR **A10:** 115
geometric, polyisoprene. **EM2:** 58
geometric, within mer **EM2:** 58
identification and quantification by NMR. **A10:** 277
shift, in Mössbauer spectroscopy **A10:** 288–290

Isometric
defined **A9:** 10

Isometric graphs **EM3:** 317

Isomorphic blends
defined **EM2:** 632

SUBJECTS OF THE INDEXED VOLUMES: ASM Handbook (designated by the letter "A"): **A1:** Properties and Selection: Irons, Steels, and High-Performance Alloys (1990); **A2:** Properties and Selection: Nonferrous Alloys and Special-Purpose Materials (1990); **A3:** Alloy Phase Diagrams (1992); **A4:** Heat Treating (1991); **A5:** Surface Engineering (1994); **A6:** Welding, Brazing, and Soldering (1993); **A7:** Powder Metal Technologies and Applications (1998); **A8:** Mechanical Testing (1985); **A9:** Metallography and Microstructures (1985); **A10:** Materials Characterization (1986); **A11:** Failure Analysis and Prevention (1986); **A12:** Fractography (1987); **A13:** Corrosion (1987); **A14:** Forming and Forging (1988); **A15:** Casting (1988); **A16:** Machining (1989); **A17:** Nondestructive Evaluation and Quality Control (1989); **A18:** Friction, Lubrication, and Wear Technology (1992); **A19:** Fatigue and Fracture (1996); **A20:** Materials Selection and Design (1997). **Metals Handbook, 9th Edition** (designated by the letter "M"): **M1:** Properties and Selection: Irons and Steels (1978); **M2:** Properties and Selection: Nonferrous Alloys and Pure Metals (1979); **M3:** Properties and Selection: Stainless Steels, Tool Materials, and Special-Purpose Materials (1980); **M4:** Heat Treating (1981); **M5:** Surface Cleaning, Finishing, and Coating (1982); **M6:** Welding, Brazing, and Soldering (1983); **M7:** Powder Metallurgy (1984). **Engineered Materials Handbook** (designated by the letters "EM"): **EM1:** Composites (1987); **EM2:** Engineering Plastics (1988); **EM3:** Adhesives and Sealants (1990); **EM4:** Ceramics and Glasses (1991). **Electronic Materials Handbook** (designated by the letters "EL"): **EL1:** Packaging (1989)

Isomorphous
defined A9: 10
Isomorphous group
titanium alloys A2: 599
Isomorphous series in aluminum alloys A9: 359
Isomorphous system
defined A9: 10
Isoparametric elements A20: 179
Isopentyl ether
as solvent used in ceramics processing... EM4: 117
Isophorone
hazardous air pollutant regulated by the Clean Air
Amendments of 1990 .... A5: 913
Isophorone diisocyanate EM3: 203
Isophthalic polyester resin *See also* Unsaturated
polyesters
properties.............................. EM2: 246
Isophthalic resins *See* Iso resins
Isopleths of a ternary phase diagram......... A3: 1•5
Isopropanol
properties................................ A5: 21
Isopropanol (anhydrous)
surface tension EM3: 181
Isopropyl acetate
surface tension EM3: 181
Isopropyl alcohol A7: 59
as solvent used in ceramics processing... EM4: 117
Isopropyl alcohol (IPA)
as PWB cleaning agent.................. EL1: 777
Isostatic bonding *See* Diffusion welding
Isostatic compacting *See also* Cold isostatic pressing;
Hot isostatic pressing; Isostatic pressing
and lubrication M7: 190
and rigid tool compaction M7: 323
of porous parts M7: 698
Isostatic compaction
lubricants not required A7: 322
of NbTi superconducting materials....... A2: 895
porous materials......................... A7: 1034
Isostatic compaction test A7: 335, 336–337
Isostatic mold M7: 6
Isostatic multiaxial compaction
of cermets A2: 979
Isostatic pressing *See also* Hot isostatic pressing;
Isostatic compacting; isostatic
pressing.... A7: 316–317, A20: 694, EM4: 9, 34
advanced ceramics EM4: 49
and Ceracon process..................... M7: 537
and compaction in rigid dies, densities
compared M7: 298–299
carbon-graphite materials A18: 816
characteristics A20: 697
defined A14: 8, EM1: 14, EM2: 24, M7: 6
explosive................................ M7: 317
in ceramics processing classification
scheme A20: 698
in flexible envelopes..................... M7: 297
in powder metallurgy processes classification
scheme A20: 694
in reaction sintering..................... EM4: 292
in triaxial compression.................. M7: 304
of beryllium powders M7: 758
pressure and green density M7: 298
pressure-density relationships with....... M7: 298
rating of characteristics.................. A20: 299
reduced friction in M7: 300
to make compacts of silicon............ EM4: 237
to make silicon oxynitride shapes by reaction-
bonding EM4: 239
versus injection molding.................. A7: 314
viscoelastic properties required EM4: 116
wet mixing, in ceramics processing classification
scheme A20: 698
with tapping and vibration M7: 297
Isostress A7: 25
Isostress lines
for rupture data extrapolation A8: 333
Isostress tests............................... A19: 521
Isotactic polypropylene (PP or iPP)
structure................................. A20: 435
tacticity in polymers A20: 442
Isotactic stereoisomerism EM3: 17
defined.................................. EM2: 24
Isotensoid *See* Geodesic isotensoid; Geodesic-
isotensoid contour
Isotensoid, geodesic *See* Geodesic isotensoid

Isotherm
creep-rupture test data A8: 332
of porous material EM4: 582
Isothermal
creep damage in tension versus compression,
creep-fatigue laws summarized..... A19: 548
creep-fatigue laws summarized........... A19: 548
decrease in crack closure load, creep-fatigue laws
summarized......................... A19: 548
nonlinear damage, creep-fatigue laws
summarized......................... A19: 548
time-cycle fraction rule, creep-fatigue laws
summarized......................... A19: 548
void growth at crack tip, creep-fatigue laws
summarized......................... A19: 548
void growth in tension, creep-fatigue laws
summarized......................... A19: 548
void heating in compression, creep-fatigue laws
summarized......................... A19: 548
Isothermal aging
of polybenzimidazoles EM3: 170, 171
Isothermal annealing
defined.................................. A9: 10
Isothermal annealing time
thickness of the peritectic layer as a
function of.......................... A9: 677
Isothermal behavior
metals................................... A8: 45
Isothermal compressibility
mercury.......................... M7: 268, 269
Isothermal compression tests......... A7: 29–30
uniaxial A7: 30
Isothermal contour lines.................... A3: 1•5
Isothermal conversion
in steel dissolution..................... A15: 74
Isothermal fatigue (IF) A19: 527, 532, 539
of solders A19: 882–887
Isothermal fatigue (IF) crack growth A19: 528
Isothermal fatigue tests.................... A19: 540
Isothermal flow curve
stress-temperature plots for A8: 161
Isothermal forging *See also* Forging.
Gatorizing......... A1: 971, A8: 158, 170,
A14: 150–157, A20: 693
advantages............................. A14: 150–151
as new metalworking process......... A14: 17–18
cost A14: 150, 155–157
defined A14: 8, 150
die systems A14: 154–155
forging alloys........................... A14: 152
forging design guidelines................ A14: 155
gatorizing............................... A14: 18
induction heating system A14: 152
lubrication........................ A14: 153–154
of heat-resistant alloys................... A14: 232
of near-net shapes....................... M7: 522
of nickel-base alloys A14: 265–266
process............................ A14: 151–152
process design.................... A14: 153–154
process selection.................. A14: 152–153
production forgings A14: 157
superalloy powders....................... A7: 999
torsion testing........................... A14: 373
wrought titanium alloys A2: 613–614
Isothermal formation of bainite in steel A9: 662
Isothermal grain growth
grain shape distribution in
zone-refined iron A9: 698
grain size distribution in zone-refined iron A9: 698
in pure metals........................... A9: 697
in single-phase alloys.................... A9: 697
Isothermal holding, and rheocasting.
compared............................... A15: 330
Isothermal low-cycle fatigue tests A20: 527
Isothermal oxidative stability
prediction EM2: 566
Isothermal plane-strain sidepressing..... A8: 172–173
Isothermal processing
CAP billet stock for M7: 533
Isothermal ratcheting
defined............................ A11: 143–144
Isothermal recovery of mechanical and physical
properties............................. A9: 693
Isothermal recrystallization curves.......... A9: 694
Isothermal rolling
of near-net shapes....................... M7: 522
Isothermal secant bulk modulus............. A18: 82

Isothermal sections of a ternary diagram ..... A3: 1•5
Isothermal sintering time A7: 449
Isothermal solidification
eutectic growth (cast iron) A15: 174
Isothermal stability diagrams
alloy system and one gas A13: 64
for gaseous corrosion.................... A13: 17
high-temperature corrosion, in gases ... A13: 63–64
one metal and two gases............. A13: 63–64
predominance area diagrams A13: 64
Isothermal technique (IT)
hot press densification.................. EM4: 189
Isothermal test
conditions, heated subassembly for....... A8: 582
departure, in high strain rate compression
testing................................ A8: 191
Isothermal tests A19: 541
Isothermal thermogravimetric tests A20: 601
Isothermal transformation
defined.................................. A9: 10
Isothermal transformation (IT) diagram..... A20: 366
defined.................................. A9: 10
definition................................ A20: 835
Isothermal uniaxial compression
rate of flow localization A8: 172
Isotherms
adsorption, Raman analysis as probe for.. A10: 134
phase transformation.................... A10: 317
Isotone
defined.................................. A10: 675
Isotope abundances
in mass spectra A10: 641–642
Isotope dilution analysis
by ICP-MS A10: 40
capabilities.............................. A10: 243
neutron activation analysis and compared A10: 233
Isotope exchange technique
as nitrogen dissociation measure......... A15: 83
Isotope factor
detained A10: 236
Isotopes
as tracers or "spikes" A10: 145
defined.................................. A10: 675
dilution A10: 40, 145, 233, 243
dry spike dilution, for spark source mass
spectrometry A10: 146
masses of most stable per element A10: 688
multielement, for SSMS analysis..... A10: 145–146
natural composition, iron, chromium, nickel and
manganese A10: 146
naturally occurring, percent abundance and atomic
mass A10: 643
oxygen, determined in explosive
actuator A10: 625–626
radioactive A10: 243, 244
ratio measurement................. A10: 40, 233
Isotopes, radioactive
as gamma-ray source A17: 308
Isotopic analysis *See also* Mass analysis
of inorganic gases, analytic methods for ... A10: 8
of inorganic liquids and solutions, analytic
methods for.......................... A10: 7
of inorganic solids, analytical
methods for......................... A10: 4–6
of organic solids, analytic methods for..... A10: 9
of organic solids and liquids, analytic
methods for.......................... A10: 10
Isotropic................................... EM3: 17
defined A9: 10, EM1: 14, EM2: 24
Isotropic alloys
Alnico.................................. A15: 738
Isotropic elasticity theory A18: 469
Isotropic exchange energy.................. A7: 1008
Isotropic fluid.............................. A20: 188
Isotropic hardening A7: 330
Isotropic hardening law for the powder
particle.................................. A7: 335
Isotropic hardening models.................. A7: 330
Isotropic linear hardening................... A7: 335
Isotropic material.......................... A20: 538
Isotropic metals *See also* Optically isotropic metals
anodic oxidation to improve contrast under
polarized light A9: 59
examination with crossed-polarized light A9: 78
Isotropic pitch-based precursor fibers
properties................................ EM1: 52

Isotropic thermal motions
and crystal structure determination . . **A10:** 352, 353

Isotropically decomposed microstructure
computer simulation **A9:** 653

Isotropy
as material behavior **A8:** 343
defined **A8:** 7, **A9:** 10
definition. **A20:** 835

I_t *See* Total diffracted intensity

Italian Welding Institute. **A19:** 476

Italy
inspection frequencies of regulations and standards on life assessment. **A19:** 478
nondestructive evaluation requirements of regulations and standards on life assessment **A19:** 477
phosphating of metals, industrial standards and process specifications. **A5:** 399
regulations and standards on life assessment **A19:** 477
rejection criteria of regulations and standards on life assessment. **A19:** 478

Item
defined **A8:** 7

Iteration loops. **A20:** 57, 59, 62

Iteration method. **A7:** 252

Iteration number **A20:** 211

Iterative experimentation
defined. **A17:** 741

Iterative methods **A20:** 193

Iterative reconstruction
computed tomography (CT) **A17:** 359, 382, 384

Iterative solvers **A20:** 180

Iterative technique **A8:** 715

ITS-90 *See* International Temperature Scale of 1990

IT-WOL modified compact specimens
SCC testing **A8:** 512

Izod impact strength *See also* Impact strength
high-performance engineering thermoplastics **EM2:** 98
polyarylates (PAR). **EM2:** 139
polycarbonates (PC). **EM2:** 151
polyvinyl chlorides (PVC). **EM2:** 211

Izod impact test *See also* Impact strength; Impact test; Impact tests **A19:** 48, **EM2:** 24, 434, **EM3:** 17
defined **EM1:** 14
of polyester resins **EM1:** 91

Izod impact testing
hot forged disks. **M7:** 410

Izod test *See also* Charpy test; Charpy V-notch impact test; Impact properties. . . **A20:** 536, 641, **M1:** 689
defined **A11:** 6
definition **A5:** 960, **A20:** 835
for notch toughness **A11:** 57–60

Izod testing *See also* Charpy V-notch impact test; Impact testing
defined **A8:** 7
specimen, for impact cantilever bend. **A8:** 262

The International Adhesion Conference 1984 Proceedings **EM3:** 69

The International Journal of Adhesion and Adhesives **EM3:** 65

The Internet. **A20:** 500–502

J

J **analysis**
for plastic-elastic analysis. **A8:** 446–447

J **testing**
for fracture toughness **A11:** 62–64

J_2 **plasticity model** **A20:** 631, 632

J_2 **viscoplasticity model** **A20:** 632

J1570
composition. **A16:** 736
grinding. **A16:** 759, 760
machining . . **A16:** 738, 741–743, 746–747, 749–758

J-1650
composition. **A4:** 795

Jablonsky diagram, molecular absorption and de-excitation processes
molecular fluorescence spectroscopy **A10:** 73

Jaccarino-Peter effect
ternary molybdenum chalcogenides **A2:** 1077

Jacket
defined. **EL1:** 1148

Jacketing. **A18:** 738
for wrought copper and copper alloy products. **A2:** 258–260

Jacketing, wire/cable
polyamide **EM2:** 125

Jacking oil **A18:** 518, 519

Jackscrew
defined. **EL1:** 1148

Jackscrew drive pins
SCC of. **A11:** 546–548

Jacobian matrix **A20:** 193

Jacquet's electropolishing solution
preparation of silicon irons **A9:** 532

Jacquinot's advantage
in FT-IR spectroscopy. **A10:** 112

Jade
lapping process applied. **A16:** 492

Jahn-Teller distortion
insertion electrodes for lithium batteries of spinels. **EM4:** 766

Jammers, solid-state phase-array
with gallium arsenide MMICs **A2:** 740

Jamming
gear tooth fracture by **A12:** 277

Jander
rate law expression. **EM4:** 55

Jannetty method
platinum production **A7:** 4

Japan
casting in **A15:** 21, 312
electrolytic tin- and chromium-coated steel for canstock capacity in 1991. . . . . **A5:** 349
electrolytic zinc and zinc alloy (Zn-Ni, Zn-Fe) coated steel strip capacity, primarily for automotive body panels, 1991 . . . . . . **A5:** 349
high-quality products and robust design. **A20:** 110–116
major programs in ceramic gas turbine development **EM4:** 716–717
phosphating of metals, industrial standards and process specifications. **A5:** 399
telecommunication industry structure **EL1:** 384
value engineering in **EL1:** 121

Japanese Automotive Standards Organization
performance testing of engine oils. **A18:** 170

Japanese Industrial Standard **A8:** 725

Japanese standard JIS 7–2502–1966
Hall flowmeter for measuring flow rate **A7:** 296

Japanese-type explosives
aluminum powder containing. **M7:** 601

Jar opener design concepts. **A20:** 41–42

Jarring molding machine
development of. **A15:** 28

Jasper stoneware **EM4:** 3, 4

Java (computer language) **A20:** 310, 312, 313

Jaw crusher
defined **M7:** 6

Jaw crusher test
of abrasion-resistant cast iron **A1:** 97

Jaws, low-alloy steel
brittle fracture **A11:** 389–391

J-bend configuration
ceramic packages **EL1:** 205

JCL-4036
composition. **A18:** 821
wear and friction properties. **A18:** 822

JCL-4063
composition. **A18:** 821
wear and friction properties. **A18:** 822

JCPDS card, x-ray powder diffraction data
mineral quartz **A10:** 341

JCPDS Powder Diffraction File
use in electron diffraction/EDS analysis **A10:** 455–459

J_{ec} **equivalent cooling rates** . . . **M1:** 482–484, 489, 491

Jeffries' method
defined **A9:** 10

J_{eh} **equivalent hardness** **M1:** 481, 490

$J_{elastic}$ **A19:** 430

Jelly roll method
of superconductor assembly **A2:** 1067

Jelly-roll superconductor manufacture method
modified **A14:** 341–342

Jemez mountains
gamma-ray spectrum of ores from **A10:** 235

Jenike shear cell. **A7:** 288–289, 290

Jenike shear tester **A7:** 289

Jenks, Joseph
as early founder. **A15:** 24, 33

Jenks, Jr. Joseph
as early founder **A15:** 25

Jernkontoret fracture tests (Arpi) **A12:** 3

Jernkontoret system **A18:** 875

JESD-22
as environmental testing standard **EL1:** 494

JESD-26
as environmental testing standard **EL1:** 494

Jet engine
bearing failure by misalignment **A11:** 507–508
military, LME failure of steel nuts in. **A11:** 543
turbine blade, creep deformation and cracking in. **A11:** 29
turbine blade, high-temperature fatigue fracture. **A11:** 131
turbine disk, fracture surface **A11:** 131

Jet engine components **A7:** 550–551, **M7:** 18, 646–652
infiltration processed **M7:** 562–563
powders used **M7:** 572
titanium and titanium alloy. **A2:** 587–588

Jet engine components, wear of. **A18:** 588–592
abrasive wear. **A18:** 588, 590
adhesive wear. **A18:** 588, 590
blade midspan stiffeners and tip shrouds **A18:** 589–590
combustor and nozzle assemblies **A18:** 591
compressor airfoil erosion **A18:** 591–592
discussion and summary. **A18:** 592
dovetails. **A18:** 591
erosive wear. **A18:** 588, 592
fretting wear **A18:** 588
gas path seals. **A18:** 588, 589
abradable seal materials. **A18:** 589
abrasive coatings for clearance control . . **A18:** 589
impact wear **A18:** 588, 591
lubrication **A18:** 588
mainshaft bearings. **A18:** 590–591
major engine subsystems. **A18:** 588
oxidational wear **A18:** 588, 591
particle erosion **A18:** 588
rolling contact fatigue. **A18:** 588, 590
sliding wear **A18:** 588, 591

Jet engine parts
ultrasonic inspection **A17:** 232

Jet engines
components, by hot-die/isothermal forging **A14:** 150
disks, gatorized **A14:** 18

Jet Kote process
design characteristics **A20:** 475

Jet Kote surfacing system. **A7:** 1076
for hardfacing **M7:** 835

Jet milling
of silver powders **A7:** 183

Jet molding
defined **EM2:** 24

Jet plating. **A18:** 835

SUBJECTS OF THE INDEXED VOLUMES: ASM Handbook (designated by the letter "A"): **A1:** Properties and Selection: Irons, Steels, and High-Performance Alloys (1990); **A2:** Properties and Selection: Nonferrous Alloys and Special-Purpose Materials (1990); **A3:** Alloy Phase Diagrams (1992); **A4:** Heat Treating (1991); **A5:** Surface Engineering (1994); **A6:** Welding, Brazing, and Soldering (1993); **A7:** Powder Metal Technologies and Applications (1998); **A8:** Mechanical Testing (1985); **A9:** Metallography and Microstructures (1985); **A10:** Materials Characterization (1986); **A11:** Failure Analysis and Prevention (1986); **A12:** Fractography (1987); **A13:** Corrosion (1987); **A14:** Forming and Forging (1988); **A15:** Casting (1988); **A16:** Machining (1989); **A17:** Nondestructive Evaluation and Quality Control (1989); **A18:** Friction, Lubrication, and Wear Technology (1992); **A19:** Fatigue and Fracture (1996); **A20:** Materials Selection and Design (1997). **Metals Handbook, 9th Edition** (designated by the letter "M"): **M1:** Properties and Selection: Irons and Steels (1978); **M2:** Properties and Selection: Nonferrous Alloys and Pure Metals (1979); **M3:** Properties and Selection: Stainless Steels, Tool Materials, and Special-Purpose Materials (1980); **M4:** Heat Treating (1981); **M5:** Surface Cleaning, Finishing, and Coating (1982); **M6:** Welding, Brazing, and Soldering (1983); **M7:** Powder Metallurgy (1984). **Engineered Materials Handbook** (designated by the letters "EM"): **EM1:** Composites (1987); **EM2:** Engineering Plastics (1988); **EM3:** Adhesives and Sealants (1990); **EM4:** Ceramics and Glasses (1991). **Electronic Materials Handbook** (designated by the letters "EL"): **EL1:** Packaging (1989)

Jet polisher
used to prepare transmission electron microscopy specimens **A9:** 107
Jet pulverizer
defined **M7:** 6
Jet pump beams
SCC of alloy X-750 . . . . . **A13:** 933–935
Jet size
effect on erosion damage **A11:** 166
Jet vapor deposition **A5:** 566
definition **A5:** 960
Jet, water *See* Waterjet
Jethete M152
self-shielding blade alloy to protect against liquid impingement erosion **A18:** 222
Jethete steel
flash welding **M6:** 557
Jet-induced cavitation model
wear models for design **A20:** 606
Jet-Kote (JK) method
ceramic coatings for adiabatic diesel engines **EM4:** 992
molten particle deposition **EM4:** 204
Jet-producing apparatus, Hall's
for atomized aluminum powders **M7:** 127
Jets
application categories **A5:** 91
Jetting **A6:** 898, 899, **EM2:** 24, 181
critical angle for **A6:** 162
definition **M6:** 705–706
in explosion welding **M6:** 705–706
in injection molding **EM1:** 166
Jetting phenomena **A7:** 28, 359
Jewel bearing
defined **A18:** 11
Jewelry
gold cast **A15:** 18
golds **A2:** 690
precious metal **A2:** 695
white metal **A2:** 525
with platinum settings **A2:** 695
Jewelry applications
of stainless steels **M7:** 731
Jewelry bronze *See also* Bronzes; Wrought coppers and copper alloys
applications and properties **A2:** 297–298
Jewelry striking die
effect of excessive carburization **A11:** 571–572
Jewett nail
austenitic stainless steels **A12:** 361, 363–364
cobalt alloy **A12:** 398
Jewett nail plate with three-flanged nail
as intemal fixation device **A11:** 671
JFL-4036
composition **A18:** 821
wear and friction properties **A18:** 822
J-groove joints
radiographic inspection **A17:** 334
J-groove weld
definition **A6:** 1210
J-groove welds
arc welding of nickel alloys **M6:** 706
definition, illustration **M6:** 60–61
double, applications of **M6:** 61
gas tungsten arc welding of heat-resistant alloys **M6:** 356–358, 360
oxyfuel gas welding **M6:** 590–591
preparation **M6:** 67–68
single, applications of **M6:** 61
Jib crane
historic **A15:** 33
J_{Ic} test (ASTM E813) **A19:** 395, 398–399
clip gage **A19:** 398
data evaluation **A19:** 398–399
elastic unloading compliance method **A19:** 398–399
electrical potential crack monitoring system **A19:** 398
instrumentation **A19:** 398
J_{Ic} test procedures **A19:** 398
multiple-specimen test method **A19:** 398
single specimen test **A19:** 398
test specimens **A19:** 398
Jig **A20:** 66, **EM3:** 17, 36–37
defined **EM2:** 24
definition **A20:** 835
grid, for round bar specimens **A8:** 279
sheet compression **A8:** 56
Jig boring machines
achievable machining accuracy **A5:** 81
Jig for hand polishing **A9:** 105
Jig grinding machines
achievable machining accuracy **A5:** 81
Jiggering **A20:** 789, **EM4:** 8, 34
evaluation factors for ceramic forming methods **A20:** 790
in ceramics processing classification scheme **A20:** 698
viscoelastic properties required **EM4:** 116
Jigging **A20:** 765
Jigging system
automobile scrap recycling **A2:** 1213
Jigs
aluminum and aluminum alloys **A2:** 14
Jigs for
furnace brazing of steels **M6:** 939
gas tungsten arc welding **M6:** 197
shielded metal arc welding **M6:** 79–81
***J*-integral** **A20:** 533, 534, 535
defined **A8:** 7–8, **A11:** 6, **A12:** 15
definition **A20:** 835
elastic portion (J_{el}) **A20:** 535
for crack growth **A8:** 377
for toughness evaluation **A8:** 457
fracture mechanics of **A11:** 51
plastic portion (J_{el}) **A20:** 535
relation to *K* **A8:** 440
***J*-integral correlations of small fatigue cracks** **A19:** 268
***J*-integral (ΔJ)** **A19:** 7, 73, 429
and stress-corrosion cracking **A19:** 484
***J*-integral method** **A20:** 535
for aluminum alloys **A19:** 773–774
***J*-integral test** **A20:** 537
fracture toughness tests **A20:** 540
***J*-integral tests** **A19:** 371
JIS *See* Japanese Industrial Standard
JIS (Japanese) standards for steels **A1:** 157–158
compositions of **A1:** 180–181
cross-referenced to SAE-AISI steels . . . **A1:** 166–174
JIS S45C
friction welding **A6:** 441
JIS specifications *See* Specifications
JIS SS41 steel
fatigue crack growth **A19:** 25
JK flip-flop
defined **EL1:** 1148
JKR theory of pull-off **A18:** 403
J-lead
as lead formation **EL1:** 734
component removal **EL1:** 726
defined **EL1:** 1148
packages, small-outline **EL1:** 117
Job plan **A20:** 315, 316
Jobber's reamer **A16:** 242
Jobbing casting plants
sandslingers in **A15:** 28
Joggling
in rotary shearing **A14:** 706–707
of titanium alloys **A14:** 847
Johns Hopkins University Applied Physics Laboratory **EM1:** 40
Johnson noise *See* Thermal noise
Joining *See also* Fabrication characteristics; Joints; Weldability; Welding
aluminum **M2:** 191–203
aluminum and aluminum alloys **A2:** 9
aluminum casting alloys **A2:** 157–177
and dimensional change **M7:** 292
applications **EM4:** 477
as manufacturing process **A20:** 247
as secondary operation **M7:** 451, 456–458
beryllium-nickel alloys **A2:** 424–425
by electromagnetic forming **A14:** 646
copper metals **M2:** 440–457
copper/copper alloys, ease of **A13:** 610
effect of composition on **A11:** 315
electrical resistance alloys **A2:** 822, 824
failure mechanisms **EL1:** 1041–1048
in granulation **A15:** 18–19
LME by copper during **A11:** 721
materials **EL1:** 1041
materials processing data sources **A20:** 502
mechanical means **M7:** 456
of beryllium **A2:** 683
of copper-based powder metals **M7:** 733
of ductile iron castings **A15:** 664–665
of electrical contact materials **A2:** 841
of galvanized structural members **A13:** 441–442
of magnesium alloys **A2:** 471–475
of mechanically alloyed oxide alloys **A2:** 949
of open resistance heaters **A2:** 831
of P/M parts **M7:** 295
of whisker-reinforced MMCs **EM1:** 889–900
of wood laminate patterns **A15:** 194
palladium **A2:** 716
rating of characteristics **A20:** 299
refractory metals and alloys **A2:** 563–564
stainless steel **M3:** 48–50
titanium alloys **M3:** 368, 369–370
with tin solders **A2:** 520–521
wrought titanium alloys **A2:** 616–618
Joining, design for *See* Design for joining
Joining metallurgy
control of toughness in the heat-affected zone **M6:** 41–42
filler metal **M6:** 42
improving toughness **M6:** 42
microstructure **M6:** 42
welding process **M6:** 42
general metallurgy **M6:** 21–26
age hardening **M6:** 23, 25
cold working **M6:** 23
eutectic binary alloy systems **M6:** 21–22
eutectoid reaction **M6:** 22
grain growth **M6:** 23
heat-affected zone **M6:** 27–28
Hume-Rothery rules **M6:** 21
partially melted zone **M6:** 27
peritectic reaction **M6:** 22
phases in metals **M6:** 21–22
recrystallization **M6:** 23
single-phase alloy systems **M6:** 21
single-phase metals **M6:** 21
tempering precipitation **M6:** 23, 25
unaffected base metal **M6:** 27–28
unmixed zone **M6:** 26–28
weld interface **M6:** 27–28
heat flow calculations **M6:** 31–34
cooling rates in fusion zone **M6:** 32–34
heat input **M6:** 31–32
thermal cycle of heat-affected zone **M6:** 34
microstructure of weld and heat-affected zone **M6:** 35–37
grain size **M6:** 35–36
influence of solidification structure . . . **M6:** 36–37
multiple-pass welds **M6:** 36
prediction of microstructures **M6:** 39–40
weld metal composition **M6:** 39–40
postweld heat treatment **M6:** 43–44
aging **M6:** 44
normalizing **M6:** 43–44
quenching and tempering **M6:** 44
solution treating **M6:** 44
preheating **M6:** 42–43
calculation of temperatures **M6:** 43
reduction of distortion and residual stress **M6:** 43
stress relieving **M6:** 43
procedures for welding **M6:** 40–41
fluxes **M6:** 41
shielding gases **M6:** 40–41
solidification of welds **M6:** 28–31
cells, dendrites, and microsegregation **M6:** 29–31
epitaxial growth **M6:** 28
rate of solidification **M6:** 31
solute banding **M6:** 31–32
weld pool shape **M6:** 28–29
weld, definition of **M6:** 26–28
composite zone **M6:** 26–27
continuous cooling transformation diagrams **M6:** 25–26, 39–40
time-temperature-transformation diagrams **M6:** 25
welding defects **M6:** 44–48
chevron cracking **M6:** 48
ductility-dip cracking **M6:** 48
ferrite vein cracking **M6:** 46
hot cracking in weld metal and heat-affected zone **M6:** 47
hydrogen-induced cold cracking **M6:** 44–46

Joining metallurgy (continued)
intergranular corrosion **M6:** 48
lamellar tearing **M6:** 46
porosity **M6:** 44
reheat cracking....................... **M6:** 46–47
welding effects on
cooling rates **M6:** 38–39
distance from weld interface **M6:** 40
ferrite formation **M6:** 39
microstructure **M6:** 37–40
stainless steel welds................... **M6:** 40
weld-metal composition **M6:** 39–40
Joining non-oxide ceramics **EM4:** 523–530
applications **EM4:** 523, 529–530
factors to consider for applications...... **EM4:** 523
interfacial reactions **EM4:** 523
joining methods..................... **EM4:** 523–526
active metal brazing **EM4:** 523–524, 529
eutectic joining **EM4:** 526
solid-state bonding.............. **EM4:** 525, 528
SQ brazing......................... **EM4:** 525
joining specific materials **EM4:** 527–529
microwave heating **EM4:** 528
non-oxide ceramics............... **EM4:** 528–529
silicon-base ceramic to itself...... **EM4:** 527–528
joint properties.................... **EM4:** 526–527
interfacial strength **EM4:** 526, 527
roughness **EM4:** 527
thermal stress relaxation **EM4:** 526–527
Joining of
aluminum metal-matrix composites ... **A6:** 554–558
ceramics **A6:** 617, 618, 619
composites to metals............. **A6:** 1041–1047
dissimilar metals............... **A6:** 821, 822–828
nickel alloys to dissimilar metals **A6:** 749–751
nitride ceramics **A6:** 636
organic-matrix composites **A6:** 1026–1036
oxide-dispersion-strengthened
materials **A6:** 1037–1040
plastics.......................... **A6:** 1048–1055
Joining of Advanced Composites **EM3:** 67
Joining of Composite Materials **EM3:** 67
Joining oxide ceramics **EM4:** 511–520
applications......................... **EM4:** 511
brazing with filler metals **EM4:** 516–519
direct brazing **EM4:** 517–519
indirect brazing.................... **EM4:** 517
brazing with glasses............... **EM4:** 519–520
applications **EM4:** 520
fracture toughness measurements...... **EM4:** 520
ceramic materials **EM4:** 511
high-alumina ceramics **EM4:** 512
SiC_w-reinforced ceramic-matrix
composites **EM4:** 512
transformation-toughened zirconias **EM4:** 512
diffusion welding **EM4:** 514–516
applied pressure..................... **EM4:** 515
bonding temperature **EM4:** 515–516
ceramic/ceramic joints........... **EM4:** 514, 516
ceramic/metal joints.............. **EM4:** 514–515
surface roughness **EM4:** 516
mechanical properties of joints and their
measurement................ **EM4:** 512–514
critical stress intensity factor **EM4:** 512–514
fracture mechanics testing............ **EM4:** 514
oxide ceramics' properties **EM4:** 512
Joining process **EM3:** 36–37
Joining processes.................... **A7:** 656–662
adhesive joining of P/M components **A7:** 659
applications, automotive................. **A6:** 393
as principle of material selection.......... **A6:** 373
bracing techniques................. **A7:** 659, 660
brazing **A7:** 658, 659, 661
conventional die compacted parts.......... **A7:** 13
definition............................. **A7:** 656
diffusion/sinter bonding........ **A7:** 658–659, 660
for dissimilar metals **A7:** 661–662
methods.......................... **A7:** 656–659
on lower-density parts **A7:** 656

P/M materials for joining........... **A7:** 660–662
porosity effects on properties............. **A7:** 656
sheet metals **A6:** 398–400
properties....................... **A6:** 399–400
specifications.................... **A6:** 399, 400
surface finishing **A6:** 400
tungsten heavy alloys **A7:** 920–921
Joining processes, nonpermanent
in joining processes classifications
scheme **A20:** 697
Joining processes, permanent
in joining processes classification scheme **A20:** 697
Joining processes, selection of **M6:** 50–59
base-metal properties **M6:** 52–55
chemical composition **M6:** 52
effect of fabrication **M6:** 52, 55
mechanical properties **M6:** 52
physical properties.................... **M6:** 52
end use applications.................. **M6:** 56–57
aircraft and aerospace construction **M6:** 56–57
automotive and railroad............... **M6:** 57
piping, pressure vessel, boiler, and storage tank
construction...................... **M6:** 56
shipbuilding construction **M6:** 56
structural welding **M6:** 56
equipment costs........................ **M6:** 56
fusion and nonfusion processes **M6:** 50–51
industrial usage **M6:** 56
joint design and preparation........... **M6:** 51–52
location of work place **M6:** 55
quality requirements.................... **M6:** 57
review of processes **M6:** 50–51, 55
safety............................... **M6:** 57–59
clothing **M6:** 57–58
electrical installations **M6:** 58
eyes and face **M6:** 57
fire protection....................... **M6:** 58
for specific processes................ **M6:** 58–59
gas cylinders **M6:** 024858
personnel protection **M6:** 57–58
respiratory.......................... **M6:** 58
toxic materials **M6:** 58
training **M6:** 58
weld joint properties.................... **M6:** 57
welder skill......................... **M6:** 55–56
Joining Technologies for the 1990s-Welding, Brazing, and Soldering, Mechanical, Explosive, Solid-State, Adhesive **EM3:** 69
Joint................................... **EM3:** 17
butt.................................. **EM3:** 17
definition **A6:** 1210, **M6:** 10
edge **EM3:** 17
lap................................... **EM3:** 17
scarf **EM3:** 17
starved **EM3:** 17
Joint Army-Navy-NASA-Air Force (JAN-NAF)
Interagency Propulsion Committee..... **EM1:** 40
Joint brazing procedure
definition **M6:** 10
Joint buildup sequence
definition **M6:** 10
joint clearance
definition **A6:** 1210, **M6:** 10
Joint Committee on Powder Diffraction
Standards........................... **EM4:** 25
Joint deformities
from molybdenum toxicity **M7:** 204
Joint design **A20:** 762, **EM3:** 42–43, 54
aerospace applications **A6:** 385, 386–387
aluminum bronzes, gas-metal arc welding .. **A6:** 765
applications, railroad equipment.......... **A6:** 395
brazeability and solderability
considerations................. **A6:** 621, 622
brazing of aluminum alloys **A6:** 938
brazing of cast irons and carbon steels **A6:** 907
brazing of copper and copper alloys....... **A6:** 932
carbide tool brazing..................... **A6:** 635
combination of groove and fillet welds.. **M6:** 66–67

composite-to-metal joining... **A6:** 1041, 1042–1044, 1045–1046
copper-nickel alloys, gas-metal arc welding **A6:** 768
definition **M6:** 10
design considerations for weld joints ... **M6:** 61–62
accessibility.......................... **M6:** 62
weld metal **M6:** 61–62
dissimilar metal joining.................. **A6:** 825
edge preparation **M6:** 67–68
back gouging......................... **M6:** 68
backing bars **M6:** 68
methods of cutting **M6:** 67–68
root faces **M6:** 64, 67–68
spacer bars **M6:** 68
fillet welds **M6:** 61
gas-metal arc welding of coppers.......... **A6:** 759
gas-tungsten arc welding **A6:** 762
of coppers **A6:** 757, 761
groove-weld preparations **M6:** 64, 66
bevel angles.......................... **M6:** 65
double versus single **M6:** 65–66
included angle **M6:** 64–65
joint preparation after assembly **M6:** 66
root opening....................... **M6:** 64–65
joining processes...................... **M6:** 51–55
laser-beam welding **A6:** 879–880
magnesium alloys..................... **A6:** 772–774
nickel alloys **A6:** 740–741, 743, 744, 745, 748
nomenclature........................... **M6:** 60
reactive metals, brazing of **A6:** 946
reducing distortion.................. **M6:** 887–889
reducing residual stress **M6:** 887–889
refractory metals........................ **A6:** 946
brazing **A6:** 634
resistance spot welding.............. **A6:** 834–835
self-jigging soldering joint configurations... **A6:** 982
silicon bronzes, gas-tungsten arc welding .. **A6:** 766, 767
soldering **A6:** 974–977
in electronic applications **A6:** 991–999
structural solder joints................... **A6:** 980
submerged arc welding of nickel alloys **A6:** 748
types of joints **M6:** 60–61
butt **M6:** 60–61
corner **M6:** 60–61
edge **M6:** 60–61
lap **M6:** 60–61
T.................................. **M6:** 60–61
types of welds **M6:** 60–61
bevel groove........................ **M6:** 60–61
fillet **M6:** 60–61
J-groove............................ **M6:** 60–61
square-groove welds **M6:** 60–61
U-groove........................... **M6:** 60–61
V-groove **M6:** 60–61
Joint design for
arc welding of
aluminum alloys............ **M6:** 374–375, 379
beryllium............................ **M6:** 462
coppers **M6:** 402
magnesium alloys **M6:** 428–429
nickel alloys **M6:** 437
stainless steels, austenitic **M6:** 328, 334, 337–339
dip brazing of steels **M6:** 992
electron beam welding............... **M6:** 615–618
friction welding...................... **M6:** 726–728
furnace brazing of steels **M6:** 941–943
gas metal arc welding **M6:** 165–169
of aluminum bronzes **M6:** 420
of copper nickels **M6:** 421
of coppers **M6:** 418
of heat-resistant alloys **M6:** 356–357
of nickel alloys.................... **M6:** 437–440
of nickel-based heat-resistant alloys **M6:** 362
of silicon bronzes..................... **M6:** 421
gas tungsten arc welding **M6:** 201–202
of beryllium copper................... **M6:** 408
of coppers **M6:** 403, 406
of heat-resistant alloys **M6:** 356–357

SUBJECTS OF THE INDEXED VOLUMES: ASM Handbook (designated by the letter "A"): **A1:** Properties and Selection: Irons, Steels, and High-Performance Alloys (1990); **A2:** Properties and Selection: Nonferrous Alloys and Special-Purpose Materials (1990); **A3:** Alloy Phase Diagrams (1992); **A4:** Heat Treating (1991); **A5:** Surface Engineering (1994); **A6:** Welding, Brazing, and Soldering (1993); **A7:** Powder Metal Technologies and Applications (1998); **A8:** Mechanical Testing (1985); **A9:** Metallography and Microstructures (1985); **A10:** Materials Characterization (1986); **A11:** Failure Analysis and Prevention (1986); **A12:** Fractography (1987); **A13:** Corrosion (1987); **A14:** Forming and Forging (1988); **A15:** Casting (1988); **A16:** Machining (1989); **A17:** Nondestructive Evaluation and Quality Control (1989); **A18:** Friction, Lubrication, and Wear Technology (1992); **A19:** Fatigue and Fracture (1996); **A20:** Materials Selection and Design (1997). **Metals Handbook, 9th Edition** (designated by the letter "M"): **M1:** Properties and Selection: Irons and Steels (1978); **M2:** Properties and Selection: Nonferrous Alloys and Pure Metals (1979); **M3:** Properties and Selection: Stainless Steels, Tool Materials, and Special-Purpose Materials (1980); **M4:** Heat Treating (1981); **M5:** Surface Cleaning, Finishing, and Coating (1982); **M6:** Welding, Brazing, and Soldering (1983); **M7:** Powder Metallurgy (1984). **Engineered Materials Handbook** (designated by the letters "EM"): **EM1:** Composites (1987); **EM2:** Engineering Plastics (1988); **EM3:** Adhesives and Sealants (1990); **EM4:** Ceramics and Glasses (1991). **Electronic Materials Handbook** (designated by the letters "EL"): **EL1:** Packaging (1989)

of nickel alloys **M6:** 437–439
of nickel-based heat-resistant alloys **M6:** 360
of silicon bronzes **M6:** 414
oxyacetylene pressure welding **M6:** 595
oxyfuel gas welding **M6:** 589–591
plasma arc welding **M6:** 218
shielded metal arc welding **M6:** 356–357
of heat-resistant alloys **M6:** 356–357
of nickel alloys **M6:** 437, 441–442
submerged arc welding **M6:** 133–134
of nickel alloys **M6:** 437
torch brazing of copper **M6:** 1041
torch brazing of steels **M6:** 950
Joint distortion
from adhesives **EM1:** 687
Joint efficiency
definition **A6:** 1210, **M6:** 10
Joint failure criterion **EM3:** 483–484
Joint fill, iron powder
arc welding with **M7:** 821–822
Joint flash
as casting defect **A11:** 381
Joint geometry
definition **M6:** 10
Joint Industry Conference press classification system **A14:** 489
Joint penetration
definition **A6:** 1210, **M6:** 10
in arc welds **A11:** 413
in electrogas welds **A11:** 440
in electron beam welds **A11:** 445
in laser beam welds **A11:** 447
in resistance welds **A11:** 441
in slag **A11:** 440
Joint preparation **M6:** 60–72, 257–259, 264–265
Joint prostheses
elbow **A11:** 670
sliding knee **A11:** 670
total finger **A11:** 670
total hip, fractures of **A11:** 692–693
total shoulder **A11:** 670
types of **A11:** 670–671
Joint root
definition **A6:** 1210
Joint Strike Fighter **A7:** 164
Joint test action group (JTAG) boundary scan network **EL1:** 376
Joint type
definition **A6:** 1210
Joint welding **A7:** 1076–1077
Joint-aging time **EM3:** 17
Joint-conditioning time **EM3:** 17
joint(s) *See also* Adhesive joint; Adhesive-bonded joints; Butt joint; Edge joint; Fittings; Joining; Lap joint; Scarf joints; Solder joints; Soldered joints; Soldering; specific joints; Starved joints **A20:** 762
adhesive, defined *See* Adhesive joint
adhesive, design of **EM1:** 683
adhesive, glue-line thickness inspection **A17:** 188–189
adhesively bonded **EM1:** 480–481, 486–487
adhesively-bonded, thermal stress **EL1:** 57–58
aluminum brazed **A13:** 1081
annular snap **EM2:** 719–720
arc-welded, radiographic inspection . . **A17:** 334–335
axially loaded, EMF made **A14:** 647–648
bell-and-spigot **A11:** 424
bellows expansion, fatigue cracking . . **A11:** 131–133
blind fastening **EM1:** 709–711
bolted **A19:** 289
bolted, crevice corrosion in **A11:** 184
bolted, material separation **EM1:** 716–717
bolted, springlike effect of loading . . **A11:** 530–531, 533
bonded **A20:** 663
bonded, dissimilar material separation . . . **EM1:** 717
bonded, surface preparation **EM1:** 681
bonded, ultrasonic inspection **A17:** 272–273
brazed, corrosion of **A13:** 876–886
brazed, failures of **A11:** 450–455
brazed, flaws in **A17:** 602–603
bulbous, fatigue life of **EL1:** 642
butt, defined *See* Butt joint
by electromagnetic forming **A14:** 646
cantilever snap **EM2:** 714–718
cast iron pipe **M1:** 97, 98, 99, 100
clastic-plastic adhesive model **EM1:** 484
clearance, soldered joints **A17:** 608
comer, lamellar tearing in **A11:** 92
composite-to-metal, filament-wound **EM1:** 511–514
data, composite materials and **EM1:** 313–319
defects, and solder impurities **EL1:** 642
design, niobium and tantalum alloys . . **A2:** 563–564
design of . . . **A11:** 116–117, 442, 450, 530–531, 639
design, to minimize corrosion **A13:** 879
distortion **EM1:** 687
double-lap **A19:** 289–290
edge, defined *See* Edge joint
elements, testing of **EM1:** 325–326
elimination by composites **EM1:** 35
expansion, bellows-type, fatigue fracture in **A11:** 118
fastener hole considerations **EM1:** 712–715
flash-welded, failed **A11:** 442
flawed/damaged **EM1:** 486–487
for composite structures **EM1:** 479–480
friction **A19:** 290–291
full-scale model ore bridge joints **A19:** 291
graphite-to-aluminum, corrosion of **EM1:** 716–718
graphite-to-graphite **EM1:** 717
ideal **A20:** 762
in magnesium alloys, shear strength **A2:** 478
in space shuttle orbiter **A13:** 1063–1065
in wrought copper and copper alloy tube and pipe **A2:** 249
inspection, solder **EL1:** 735–739, 942
integrity, of brazed joints **A17:** 603
lap *See* Lap joint
lap, stresses in **EL1:** 57
large thermal mass, desoldering **EL1:** 721
lid-base, for electron beam/laser welding . . **EL1:** 240
magnetic particle inspection **A17:** 106–110
mechanical fastener selection for . . . **EM1:** 706–708
mechanical, in heat exchangers **A11:** 639
mechanically fastened, fatigue of **A19:** 287–294
multi-bolt **A19:** 290
multi-fastener **A19:** 292
multirow bolted composite **EM1:** 491–492
nonuniformity of load transfer through **EM1:** 481–484
of interconnecting shapes, wrought aluminum alloy **A2:** 35–36
overlapping, in woven fabric prepregs . . . **EM1:** 150
pin **A19:** 291
practical considerations **EM1:** 492–494
properties, of solder **EL1:** 640–642
quality **EL1:** 632, 735
ring-and-plug, properties **EL1:** 640–641
riveted **A11:** 184, 544–545, **A19:** 287
scarf *See* Scarf joint
shear load transfer **EM1:** 480–481, 488
single-hole bolted composite **EM1:** 488–490
single-lap **A19:** 289, 290
single-lap adhesively bonded **EM1:** 485
solder, inspection of **EL1:** 942
solder, thermal failures **EL1:** 60
solder-alloy, microstructure **A13:** 1357
soldered **A17:** 605–609
spacing, weathering steels **A13:** 521
splice, eddy current inspection **A17:** 193
spot-welded, Lamb wave inspection . . **A17:** 250–251
stepped-lap adhesively bonded **EM1:** 485–486
surface condition of **A11:** 450–451, 639
surface-mount, leaded and leadless . . **EL1:** 730–734
surface-mount, properties **EL1:** 641–642
surface-mount solder **EL1:** 117
systems, total, dissimilar materials in **A11:** 670
thermally induced fatigue/creep failures . . **EL1:** 632
torque, EMF made **A14:** 648
torsion snap **EM2:** 718–719
transverse properties, ductile iron weldments **A15:** 528
tubesheet rolled, eddy current inspection **A17:** 180–181
types, radiographic inspection **A17:** 334
visual inspection **A17:** 3
welded **A11:** 117, 621
welded, gray iron **A15:** 527
welded, neutron radiography of **A17:** 393
welded, ultrasonic inspection **A17:** 272
Y *See* Knuckle area
Joints, biological
artificial **A11:** 670–671
knee **A11:** 670
replacement of **A11:** 671
Joints, brazed and soldered
mechanical properties **M7:** 841
Joints, integrity of
determined by optical metallography **A10:** 299
Jolleying **EM4:** 8
Jolt
power, source of **A15:** 28
rollovers, squeeze with **A15:** 29
-type molding machines **A15:** 341–342
Jolt ramming
defined **A15:** 7
Jolt squeeze
for small molds **A15:** 28
molding machines, green sand molding . . . **A15:** 342
Jolt-squeezer machine
defined **A15:** 7
Jominy bar
high-resolution analysis for **A10:** 508
Jominy end-quench test **A1:** 452, 464, 466
Jominy equivalent hardenability
use in selection of steel for carburized parts **M1:** 537
Jominy hardenability *See also* Hardenability
powder forgings **A14:** 197, 202
Jominy hardenability bands
carburizing steels **A18:** 875
Jominy hardenability specimen
heat flux data after quenching **A4:** 73, 74
Jominy hardness programs **A20:** 774
Jominy test *See also* End-quench hardenability, test; End-quench test
definition **A5:** 960
Jominy testing **A7:** 645
Jominy testing, specifications **A7:** 645, 813
Jones reductor
for redox volumetric methods **A10:** 175–176
Josephson effects
in superconductors **A2:** 1040–1041, 1088
Josephson junction **A5:** 625
Joule **A10:** 685, 691
abbreviation **A8:** 725
Joule effect **A7:** 583, 584
Joule heating **A7:** 78
Joule heating and pressure applications **A7:** 583
Joule, James . . . . . . **A3:** 1•6
Joule-Thomson effect
defined **A10:** 675
Joule-Thomson expansion
defined **A10:** 675
Journal
defined **A18:** 11
Journal bearing **A18:** 523, 525–526, 741
defined **A18:** 11
wedging film action of hydrodynamic lubrication **A18:** 89
Journal bearings
barrel-shape and hourglass-shape, failure in **A11:** 489
brass, locomotive axle failures with **A11:** 715
bronze backed **A11:** 715
hydrodynamic lubrication film development in **A11:** 150
Laudig iron-backed **A11:** 716
ultrasonic inspection of **A11:** 717
Journal boxes
early P/M technology for **M7:** 16
Journal of Applied Polymer Science **EM3:** 68
Journal of Applied Polymer Science (JAPS)
as information source **EM2:** 93
Journals
as information source **EM2:** 92–93
axle shaft, reversed-bending fatigue fracture **A11:** 321
crankpin, fatigue fracture from metal spraying **A11:** 481
main-bearing, failures in . . . **A11:** 358–359, 477–478
P/M professional **M7:** 19
shafts, grinding bums **A11:** 89
-to-head failure, cast iron paper-roll dryer **A11:** 655
Joystick controller
coordinate measuring machine **A17:** 22
$J_{plastic}$ **A19:** 430
***J-R* curve** **A8:** 456–457
***J-R* curve evaluation (ASTM E 1152)** **A19:** 399
***J-R* measurements** **A8:** 456–457

***J*-resistance curve, and *J*-values**
for dynamic toughness testing . . . **A8:** 261
Judder *See also* Spragging
defined . . . **A18:** 11
Jumbo tube trailers
acoustic emission inspection . . . **A17:** 291
Jump frequency
in homogeneous nucleation . . . **A15:** 103
Jumper wire
defined . . . **EL1:** 1148
"Jumping the gap" . . . **A6:** 37
Jumps, Barkhausen *See also* Barkhausen noise
defined . . . **A17:** 159
Jumps, crack *See* Crack jumps
Junction field effect transistors (JFETs) *See also* Field effect transistor
defined . . . **EL1:** 1148
device structure . . . **EL1:** 154–156
devices . . . **EL1:** 147
fabrication . . . **EL1:** 196
isolation, techniques . . . **EL1:** 199
I-V characteristics . . . **EL1:** 155
small-signal parameters and equivalent circuit . . . **EL1:** 156–159
Junction growth theory . . . **A18:** 33
Junction measuring
in thermocouple thermometer . . . **A2:** 870–871
Junctions
capacitor structures, active analog components . . . **EL1:** 144
coatings, flexible epoxy . . . **EL1:** 819–820
defined . . . **EL1:** 1148
leakage, integrated circuits . . . **A11:** 784
silicon *p-n*, failures of . . . **A11:** 782–786
temperature, thermal conductivity impact **EL1:** 814
transistor, thermal stress effects . . . **EL1:** 56–57
Junction-to-ambient thermal resistance **EL1:** 410–411
Just In Time (JIT) manufacturing
furnace systems used . . . **A4:** 470
Just-freezing solid phase
in ultrapurification by zone refining . . . **A2:** 1093
Just-in-time (JIT) production
fixturing . . . **A16:** 404, 410
Just-in-time production systems . . . **EM3:** 797
Jute
as natural fiber . . . **EM1:** 117
defined . . . **EM2:** 24
The Journal of Adhesion . . . **EM3:** 66
The Journal of Adhesion Science and Technology . . . **EM3:** 66

K

K
See Bulk modulus of elasticity; Stress-intensity factor
***K* calibration** *See* Stress-intensity calibration
***K* factor**
defined . . . **EM1:** 14
***K* factor model** . . . **A20:** 611
***K* factor model for journal bearings**
application wear model . . . **A20:** 607
***K* factor model, sliding**
wear models for design . . . **A20:** 606
K lines
fluorescent yield vs. atomic number for . . . **A10:** 87
intensity in titanium . . . **A10:** 97
relative emission intensities of . . . **A10:** 86, 87
K lines, Laplanche
for structural diagrams . . . **A15:** 69–70
K radiation
defined . . . **A9:** 10
***k* ratio** . . . **A20:** 542
K series
defined . . . **A9:** 10
K shell
defined . . . **A12:** 168
K1A magnesium-aluminum casting alloy
for high damping capacity . . . **A2:** 456
K-42-B
notch effects in stress rupture . . . **M3:** 230
K-absorption
edge, pure nickel . . . **A10:** 408
of nickel and iron . . . **A10:** 416
Kahn tear-test *See* Navy tear-test
Kaiser effect
acoustic emission inspection . . . **A17:** 284, 286
Kalcolor
hard anodizing . . . **A5:** 486
Kalcolor anodizing process
aluminum and aluminum alloys . . . **M5:** 592
Kalling's reagent
as an etchant for wrought heat-resistant alloys . . . **A9:** 307
Kα aluminum or magnesium x-ray lines
characteristic . . . **A10:** 570
Kα doublet . . . **A10:** 385–386, 570
Kα radiation
pure . . . **A10:** 326
Kanofsky-Srinivasan 90% confidence band values . . . **EM4:** 701, 702, 704, 705, 706, 707
Kanthal A-1 . . . **A7:** 592
as HIP furnace element . . . **M7:** 422–423
Kaolin . . . **A6:** 60, **EM3:** 175, 176, **EM4:** 5–6, 32
ceramic fiber from . . . **EM1:** 60
composition . . . **EM4:** 5–6
dickite . . . **EM4:** 5, 6
filler for urethane sealants . . . **EM3:** 205
formula . . . **EM4:** 5
halloysite . . . **EM4:** 5, 6
illite . . . **EM4:** 6
in ceramic tiles . . . **EM4:** 926, 928
kaolinite . . . **EM4:** 5–7
crystal structure . . . **EM4:** 882
sheet structure . . . **EM4:** 759
margarite . . . **EM4:** 6
microstructure . . . **EM4:** 5–6
Miller numbers . . . **A18:** 235
muscovite mica . . . **EM4:** 6
nacrite . . . **EM4:** 5, 6
paragonite mica . . . **EM4:** 6
Kaolin (china clay)
as filler material . . . **EM2:** 499–500
Kaolinite . . . **EM4:** 5, 6, 7
as molding clay . . . **A15:** 210–211, 224
formula . . . **EM4:** 6
Kaolinite, recrystallized
abrasive in commercial prophylactic paste . . . **A18:** 666
Kaowool discontinuous fibers . . . **EM1:** 63
Kapton Skybond 701 condensation polyimide resin . . . **EM1:** 79
Kara-Kumi braiding . . . **EM1:** 519
Karat
definition . . . **A5:** 960
Karat levels
gold alloys . . . **A2:** 705–706
Karl Fischer
method for water determination . . . **A10:** 219
reagent for surface oxides . . . **A10:** 177, 204
titration . . . **A10:** 177
Karsten, Karl
as metallurgist . . . **A15:** 29
Kawasaki basic oxygen process (K-BOP) operation . . . **A1:** 111
Kawasaki (KIP) prealloy and diffusion-alloyed powders
compositions . . . **A7:** 126
Kawasaki process . . . **A7:** 117, 121–122
Kayem 12 *See* Zinc alloys, specific types, zinc foundry alloy ZA-12
K-band equipment
microwave inspection . . . **A17:** 214
KC-135 aircraft
fatigue failures . . . **A19:** 566, 582
***K*-calibration functions** . . . **A19:** 173, 174
***K*-controlled experiments** . . . **A19:** 178
***K*-controlled tests** . . . **A19:** 179
***K*-decreasing method**
for near-threshold fatigue crack growth rates . . . **A8:** 379–380
vs. *K*-increasing, SCC tests . . . **A8:** 517–518
***K*-decreasing tests** . . . **A19:** 179, 502
***K*-dominance** . . . **A19:** 155
K-edge
absorption spectrum, krypton gas . . . **A10:** 410
aluminum, in light-element analysis by AEM methods . . . **A10:** 461
EXAFS of nickel metal . . . **A10:** 408
EXAFS spectra . . . **A10:** 411
fine structure . . . **A10:** 409
iron and nickel, EXAFS spectra above the . . . **A10:** 416
normalized nickel . . . **A10:** 417
of magnesium-, iron-, chromium-containing compounds, EXAFS studies . . . **A10:** 408
XANES, vanadium . . . **A10:** 415
Keel block
defined . . . **A8:** 8, **A15:** 7
Keel splice
former . . . **M7:** 439
titanium . . . **M7:** 682
Kel-F
material for surface force apparatus . . . **A18:** 402
Keller's equation
for wear rate . . . **A13:** 968–969
Keller's etchant
used for aluminum-lithium alloys . . . **A9:** 357
Keller's reagent
as an etchant for aluminum powder metallurgy materials . . . **A9:** 509
Kellogg diagrams
defined . . . **A13:** 63
Kelly, William
as inventor . . . **A15:** 31–32
Keltex . . . **A7:** 423
Kelvin
abbreviation . . . **A8:** 725
Kelvin dynamic-condenser method
adhesive-bonded joints . . . **A17:** 611
Kelvin equation . . . **A7:** 277
pore size distribution given by desorption . . . **EM4:** 213
relation of capillary radius to vapor pressure . . . **EM4:** 71
to calculate pore size and pore size distributions in open porosity . . . **EM4:** 581–582
Kelvin, Lord . . . **A3:** 1•7
***K*-ϵ turbulence model** . . . **A20:** 189
Keramid 601/353
constituent material properties . . . **EM1:** 86
Kerf . . . **A18:** 686
defined . . . **EM1:** 14, **EM2:** 24
definition . . . **A6:** 1211, **M6:** 10
in cutting . . . **A14:** 731, 751–752
Kerimids *See also* Bismaleimides (BMI)
types . . . **EM2:** 252–253
Kernel
defined . . . **A17:** 384
Kernel function . . . **A7:** 253
Kernel multiplication
C-scan . . . **EM2:** 844
Kerner relation
glass-particulate zirconia composites thermal expansion . . . **EM4:** 858
Kerosene
as a coolant/lubricant for diamond wheels . . **A9:** 25
as binder . . . **A7:** 107, 108
as dielectric for diesinking machines . . . **EM4:** 373
in liquid penetrant inspection . . . **A17:** 73
properties . . . **A5:** 21
Kerosene-and-whiting test
as penetrant inspection . . . **A17:** 73
Kerosine oil
addition to titanium alloys as lubricant . . **A18:** 778, 780

Kerr effect
observation of magnetic domains **A9:** 535–536

Keto/enol functionality **EM3:** 289

Ketones *See also* Polyaryletherketones (PAEK, PEK, PEEK, PEKK)
as organic cleaning solvent **A12:** 74
brightener for cyanide baths **A5:** 216
copper/copper alloy corrosion in **A13:** 634

Ketones, and aldehydes
determined **A10:** 217

Kevlar **EM3:** 17
as PWB reinforcement **EL1:** 605
as reinforcement **EL1:** 535
defined **EM1:** 14, **EM2:** 24
fasteners for **A11:** 530
fiber properties **EL1:** 615
fibers, in composites **A11:** 731, 732
laminates **EL1:** 618
microwave inspection **A17:** 214
PCD tooling **A16:** 110
temperature at which fiber strength degrades significantly **A20:** 467
tensile strengths **A20:** 351
used in composites **A20:** 457

Kevlar 49/epoxy
fatigue strength **A20:** 467

Kevlar aramid fibers *See also* Aramid fibers; Aramid fibers, specific, types; Para-aramid fibers
as honeycomb core material **EM1:** 724
composition **EM1:** 54
defined **EM1:** 14
properties **EM1:** 54–56
reinforced epoxy resin composites .. **EM1:** 399–400, 407–409

Kevlar cut
with wire saws **A9:** 25

Kevlar-fiber (KFRP) laminates
strength vs. density **A20:** 267–269

Kevlar-fiber-reinforced polymer (KFRP)
engineered material classes included in material property charts **A20:** 267
fracture toughness vs. density .. **A20:** 267, 269, 270
linear expansion coefficient vs. thermal conductivity **A20:** 267, 276, 277
loss coefficient vs. Young's modulus **A20:** 267, 273–275
strength vs. density **A20:** 267–269
Young's modulus vs. density **A20:** 289

Kevlar-fiber-reinforced polymer (KFRP)/glass-fiber-reinforced-polymer (GFRP)
Young's modulus vs. density ... **A20:** 266, 267, 268

Key
defined **EL1:** 1148
-parameter trends, in thermal design of packages **EL1:** 409

Key curve
as load-displacement curve **A8:** 261

Key function(s) of a design **A20:** 244

Key results
of process design and analysis **A14:** 413–416

Keyhole
definition **M6:** 10

Keyhole Charpy tests **A11:** 57–58

Keyhole formation by an electron or laser beam
theory of **A6:** 22–23

Keyhole specimen *See also* Charpy, V-notch impact test **A8:** 8

Keyhole welding, plasma arc
welds **M6:** 218–220

Keying **M7:** 7
defined **EL1:** 1148
improved, and green strength **M7:** 304
slot, defined **EL1:** 1148

Keystone sampler for flow rate checking, specifications **A7:** 698, 699

Keyway **A19:** 353
defined **EL1:** 1148
fatigue fracture origin at **A12:** 260
fretting wear, AISI/SAE alloy steels **A12:** 308
in tapered shaft, peeling fracture at **A12:** 253

Keyway intergranular stress-corrosion cracking **A13:** 952–953

Keyways
as fracture origin, shafts **A11:** 459
as notches **A11:** 85
as stress raisers **A11:** 115
effect in gears and gear trains **A11:** 589

in fatigue crack initiation **A8:** 371
of steel pinion shaft **A11:** 524
shaft cracking from **A11:** 471–472
sharp, fatigue failure from **A11:** 321
torsional stresses in shaft **A11:** 115

$K_{\text{f,max}}$ **hypothesis** **A19:** 282

k-**factor** **A19:** 347, 348
defined **A10:** 675

K-family x-ray lines
EPMA analysis **A10:** 522

K-**gradient** **A19:** 171, 173–174

KI SHELL
knowledge-based integration shell **A14:** 412

Kickers
for unloading presses **A14:** 500

Kick-out relays
as eddy current inspection readout **A17:** 178

Kidney
cadmium toxicity **A2:** 1240

Kidney filter
waterjet machining **A16:** 522

Kikuchi diffraction pattern **A18:** 386

Kikuchi diffraction patterns
analytical transmission electron microscopy **A10:** 437–438
defined **A10:** 675
deformed OFHC copper, dislocation cell structure analysis **A10:** 471

Kikuchi lines *See also* Kikuchi diffraction patterns **A9:** 109–110
defined **A9:** 10

Killed low-carbon steel
roll welding **A6:** 312

Killed steel **A1:** 142, 226, 227, **M1:** 112, 124
carbon steel wire rod **M1:** 254, 255, 257
cold heading **M1:** 590
corrosion in seawater **M1:** 741
hot dip galvanized coatings **A5:** 362, 365, 367–368
notch toughness of ... **M1:** 694, 695, 698, 706, 708
plate **M1:** 181, 194
porcelain enameling of **M5:** 512–514

Killing
to control nitrogen and produce sound weld metal **A6:** 69

Kiln
coremaking with **A15:** 32
defined **A15:** 7, **EL1:** 1148

Kiln operations
pollution control **A13:** 1370

Kilobar
abbreviation **A8:** 725

Kilocalorie
abbreviation **A8:** 725

Kiloelectron volt
defined **A17:** 384

Kilogram-force
abbreviated **A8:** 725

Kilohertz
abbreviated **A8:** 725

Kilonewton
abbreviated **A8:** 725

Kilopascal
abbreviated **A8:** 725

Kimax glass molds **M7:** 533

Kimble glass, TM-9
glass/metal seals **EM4:** 536

K-**increasing tests** **A19:** 502

K-**increasing, vs.** *K*-**decreasing**
SCC tests **A8:** 517–518

Kinematic analysis
definition **A20:** 835

Kinematic hardening model **A7:** 330

Kinematic SEM analysis
of deformation **A12:** 166

Kinematic theory **A18:** 388

Kinematic viscosity *See also* Viscosity
SI derived unit and symbol for **A10:** 685
SI unit/symbol for **A8:** 721

Kinematic wear marks
defined **A18:** 11

Kinematic/mechanical hazards **A20:** 140

Kinematical contrast integral **A9:** 112
evaluated for different dislocations **A9:** 114

Kinematical diffraction
in defect imaging **A10:** 367–370

Kinematical diffraction amplitude **A9:** 111–112

Kinematical diffraction theory **A9:** 111–112

Kinematics **A20:** 167, 169, 171
collision, in Rutherford backscattering spectrometry **A10:** 629
of diffraction **A10:** 366

Kinematics, slider-crank mechanism
mechanical presses **A14:** 37–38

Kinetic blurring
radiography **A17:** 320

Kinetic compensation effect **EM4:** 56

Kinetic energy
AES and XPS measurement as function of **A10:** 550
amorphous materials and metallic glasses **A2:** 811–812
and electron escape depth **EL1:** 1077
as pass energy **A10:** 571
converted to radiation **A10:** 83
decomposition, effect in shape memory alloys **A2:** 900
defined **A10:** 675
in forging machines **A14:** 25
in scattering **A17:** 390
measurement, as basis of x-ray photoelectron spectroscopy **A10:** 85
neutrons **A17:** 387
of Auger and photoemitted electrons **A10:** 569–570
of bombarding electrons, effect in x-ray emission **A10:** 84
of electrons, electron temperature for **A10:** 24
of heavy particles, gas kinetic temperature for **A10:** 24
of styrene polymerization reaction **A10:** 132
penetrators, uranium alloys as **A2:** 673
Raman spectroscopy analysis **A10:** 129
range, Auger electron **A10:** 551
stem radiation **A17:** 305

Kinetic energy (ejected electron) .. **A18:** 445, 446, 447, 452, 454

Kinetic energy penetrators **M7:** 688–691

Kinetic energy vs. electron mean free path
in metals **A11:** 34

Kinetic friction
defined **A18:** 11

Kinetic friction coefficients for selected materials **A18:** 27, 46, 47, 48, 70–75
and lubrication **A18:** 58
defined (as kinetic coefficient of friction) .. **A18:** 11
factors affecting relative contributions **A18:** 70

Kinetic function **A7:** 525, 526

Kinetic hysteresis effect **A7:** 284–285

Kinetic stability **A18:** 143

Kinetic temperature, gas
and kinetic energy of heavy particles **A10:** 24

Kinetic theory **A20:** 187

Kinetics **A8:** 497, 499
absorbance-subtraction studies of **A10:** 116
chemical, and rheology **EL1:** 838
chemical, principles of **A15:** 52–54
chemical reaction, potentiometric membrane electrodes as detectors for **A10:** 181
corrosion **A12:** 41, **A13:** 18–19
corrosion protection by **A13:** 377
crack-growth, steels **A13:** 279
crystal, by x-ray topography **A10:** 376
dispersive EXAFS analyses **A10:** 418
dissolution, boundary layer thickness effect **A15:** 73
failure, for VLSI mechanisms **EL1:** 889–893
first-order, ESP study of free radicals **A10:** 266
GC-IR study of **A10:** 115
growth **A15:** 79, 885–887
inhibitor effects, aqueous solutions **A13:** 379
laws of corrosion **A13:** 17
linear oxidation **A13:** 66
logarithmic and inverse logarithmic oxidation **A13:** 67
mass transfer limited **A15:** 53
NMR analysis **A10:** 277
nucleation **A15:** 101–108
of alloy additions **A15:** 71–74
of aqueous corrosion **A13:** 17, 29–36
of atmospheric corrosion **A13:** 512
of cellular decomposition of martensite in uranium alloy **A10:** 316–318
of charge transfer reactions **A13:** 32
of corrosion in gases **A13:** 65
of corrosion process **A11:** 769

568 / Kinetics

Kinetics (continued)
of crystals, and material transformations.. **A10:** 376
of gas-liquid reactions................. **A15:** 82–83
of growth, LEED analysis **A10:** 536, 544
of heterogeneous nucleation......... **A15:** 103–105
of homogeneous nucleation **A15:** 103
of imidization.......................... **EL1:** 772
of inclusion-forming reactions **A15:** 89–90
of inert gas flushing..................... **A15:** 87
of overlayer growth at submonolayer level and above, LEED analysis **A10:** 544
of oxidation **A13:** 17, 67
of particle behavior, interfacial...... **A15:** 142–143
of particle separation.................... **A15:** 79
of peritectic systems **A15:** 125–129
of radical production and decay..... **A10:** 265–266
of solidification **A15:** 52–53
of stress-corrosion cracking..... **A13:** 153–155, 246
of texture development................. **A10:** 424
parabolic **A13:** 67
parabolic oxidation **A13:** 67
rate laws, types.......................... **A13:** 17
reaction, analyses **A10:** 109, 628
reaction, of desulfurization.............. **A15:** 75
repassivation **A12:** 42
resistance, of liquids to crystallization **A15:** 103
stress intensity effects **A13:** 246
swelling **EM2:** 771
voltammetric analysis **A10:** 188

Kinetics, chemical
in composite curing............... **EM1:** 748–751

King roll *See* Radial roll

Kingery equation
thermal expansion coefficient of a two-phase composite....................... **EM4:** 858

Kingsbury bearing *See* Tilting-pad bearing

Kink bands **A9:** 688
defined **A9:** 10, 685
in zinc single crystal **A9:** 689

Kink sites
dissolution **A13:** 46

Kink-band formation
as failure mode....................... **EM1:** 197
in p-aramid fibers **EM1:** 55, 56

Kinking (interfacial crack propagation)....... **A6:** 146

K_{Ir} **curve** **A19:** 406

Kirchhofrs equation **EM4:** 868

Kirchoff assumption...................... **A20:** 179

Kirkendall effect........................... **A7:** 516

Kirkendall porosity **A7:** 443, 519, 566, **M7:** 302
copper powder **A7:** 863
dispersion-strengthened aluminum alloys... **A6:** 547
formation and coarsening in nickel blend compacts.......................... **M7:** 314
superalloy powders **A7:** 1001, 1003

Kirkendall void formation
refractory metals........................ **A6:** 943

Kirkendall voids......................... **A20:** 482
effect on intermetallic formation......... **A11:** 776

Kirkendall voids/void clusters .. **EL1:** 680, 1012–1013, 1148

Kirkoff's laws **A20:** 204, 206

Kirksite zinc alloy
gravity casting.......................... **A2:** 530

Kirksite-type alloys wire arc sprayed **A7:** 418

Kish **A18:** 698

Kish graphite *See also* Carbon flotation **M1:** 4, 5, 12–13

Kish tracks
as casting defect....................... **A11:** 388

Kiss and knife gates
copper alloy casting.................... **A15:** 778

Kiss roll coating *See also* Coatings; Film(s)
defined **EM2:** 24

Kissing weld
laser-beam welding...................... **A6:** 879

Kistler dynamometer **A7:** 673

Kit method
of multifilamentary conductor assembly .. **A2:** 1047

Kitagawa diagram **A19:** 136, 138

Kitagawa diagram, modified **A19:** 147

Kitagawa-Takahashi diagram for natural surface cracks in low-carbon steel **A19:** 106

Kits *See* Preweighed, packaged kits; Proportioned kits

Kjeldahl determination
applications........................... **A10:** 214
estimated analysis time................. **A10:** 215
for nitrogen **A10:** 172–173, 214–215
in ion-selective electrode methods....... **A10:** 186
limitations............................. **A10:** 215
use with bromine and methyl acetate dissolution **A10:** 177

Kjeldahl method
to analyze the bulk chemical composition of starting powders **EM4:** 72

Kjeldakl method **A5:** 69

$KL_{2,3}$ **transition**
Auger electron emission by **A10:** 550

Klar's rating scheme................ **A7:** 979, 984

K_{Ic} *See* Fracture toughness

Klein method **A7:** 628

Klein's method **A19:** 213

Klemm's reagent
as an etchant for silicon-iron alloys **A9:** 531

Klemm's reagents for color etching **A9:** 142

K-level **A19:** 512

KLM markers
for qualitative x-ray spectrometric analysis **A10:** 95–96

Klockholm-Berry model.................... **A5:** 549

Kloeckner metallurgy scrap (KMS) process ... **A1:** 111

K_{Iscc}
maraging steels **M1:** 451
ultrahigh-strength steels ... **M1:** 426, 428, 431, 436, 441

Klystron **A10:** 255, 675

Klystron electron tubes **A13:** 1125–1126
corrosion failure analysis......... **EL1:** 1115–1116

Klystrons
for microwave generation........... **A17:** 208–209

K-matrix method
as IR multicomponent analysis..... **A10:** 117, 118

K_{max} **constant** **A19:** 138

KM-CAL (cooling system of Kawasaki Steel Corporation) **A4:** 58

K-Monel alloy *See also* Nickel alloys, specific types
discovery and characteristics **A2:** 429

K-Na (Phase Diagram) .... **A3:** 2•269

Knapp nickel-phosphorus alloy plating bath .. **M5:** 204

Kneading **A7:** 59
in milling **M7:** 63

Knee
definition **M6:** 10

Knee joint prosthesis
hinge-like............................. **A11:** 670
sliding................................. **A11:** 670

Knife and kiss gating systems
copper alloys.......................... **A15:** 778

Knife coating *See also* Coatings
defined **EM2:** 24
definition............................... **A5:** 960

Knife-edge
attachment, crack-opening displacement transducer **A8:** 384
for constant-stress compression testing **A8:** 320–322
support **A8:** 320–331

Knife-edge contacts, machined
as attachment.................... **A8:** 384–385

Knife-line attack **A6:** 466, 1066, **A13:** 8, 124, **A19:** 490
definition............................... **A5:** 960

Knight Shift measurements **A10:** 284
in A15 superconductors **A2:** 1060

Knit line *See* Weld line

Knitlines
in injection molding **EM1:** 167

Knitted fabrics
defined **EM1:** 14

Knives *See also* Shear blades
for cutting fabrics **M1:** 625
slitting **A14:** 708–709
straight shear **A14:** 703–705

Knives, shear
service condition failures....... **A11:** 575, 582–583

Knob
Robertson **A11:** 60

Knobbly structure
aluminum alloy fracture surface **A12:** 33
cast aluminum alloys................... **A12:** 409
formation............................... **A12:** 33
in alloy steel fracture surface......... **A12:** 33, 43

Knock
defined **A18:** 11

Knockdown factors...................... **A19:** 295

Knockout *See also* Core knockout; Shakeout .. **M7:** 7
as postcasting operation, investment casting **A15:** 263
defined **A14:** 8, **A15:** 7
mark, defined **A14:** 8
pin, defined............................. **A14:** 8
punch **M7:** 7

Knockout devices
for molds.............................. **EM2:** 615

Knockout machine, defined *See* Core knockout machine

Knoop diamond indenter **A7:** 713, 719, 723

Knoop hardness *See also* Hardness.... **A7:** 435, 713, **EM3:** 17
abbreviation **A8:** 725
abbreviation for **A11:** 797
defined **EM2:** 24
number (HK), defined................... **A11:** 6
test, defined............................. **A11:** 6

Knoop hardness (HK)
P/M materials......................... **A16:** 882
polycrystalline diamond **A16:** 108

Knoop hardness indentation **M7:** 61

Knoop hardness number (HK) **A5:** 142–143
and case depth..................... **A8:** 96, 101
Brinell conversions...................... **A8:** 111
defined............................. **A8:** 8, 90
equivalent Rockwell B numbers **A8:** 109–110
for indentations with same test load **A8:** 91–95
Vickers conversions................. **A8:** 112–113
vs. load **A8:** 94–96

Knoop hardness scale
abrasives........................ **A16:** 431, 432

Knoop hardness testing *See also* Brinell hardness testing; Knoop microhardness testing; Rockwell hardness testing; Scleroscope hardness testing; Vickers hardness testing **A8:** 8
as static indentation test.................. **A8:** 71

Knoop indentation
compared with Vickers **A8:** 90
elastic recovery.......................... **A8:** 95
filar units for measuring.................. **A8:** 91
in microconstituents of tool steel **A8:** 97, 101
surface preparation....................... **A8:** 93

Knoop indentation hardness **A18:** 433

Knoop indenter *See also* Vickers indenter
defined **A8:** 90
for glass testing.......................... **A8:** 90
hardness number and load, related...... **A8:** 95–96
indentations............................. **A8:** 91

Knoop indenter mark, used to measure rate of material removal while polishing powder metallurgy materials..................... **A9:** 507

Knoop microhardness testing *See also* Vickers microhardness testing **A8:** 90–98
applications......................... **A8:** 94–98
determining hardness number **A8:** 90–91
indentations **A8:** 90–91, 94
indenter selection....................... **A8:** 90–91
machines for........................... **A8:** 91–93
number vs. load **A8:** 94–96

surface preparation ... **A8:** 93
Knoop microindentation equation ... **A18:** 416
Knoop (microindentation) hardness number
defined ... **A18:** 11
Knoop microindentation tests ... **A18:** 415, 416, 417, 418
proportionality constants as a function of hardness, force, and diagonal length ... **A18:** 416
Knoop minimum thickness chart
for sheet or foil ... **A8:** 96, 101
Knotek-Feibelman (KF) model
electron-stimulated desorption (ESD) ... **A18:** 456, 457
Knot-type twisted wire radial brushes ... **M5:** 151
Knowledge base
definition ... **A20:** 835
Knowledge-based engineering ... **A20:** 60–61, 64
Knowledge-based expert systems
for complex components ... **A15:** 860
Knowledge-based expert systems, for rough analysis
process design ... **A14:** 409–412
Knowledge-based integration
objectives of ... **A14:** 413
Knuckle area
defined ... **EM1:** 14, **EM2:** 24
Knuckle flange, steel steering
fracture surface ... **A11:** 342
Knuckle lever drives
mechanical presses ... **A14:** 494
Knuckle pins
fatigue fracture in ... **A11:** 128–129
rod failure in bore wall between ... **A11:** 477
Knuckle press ... **A7:** 5
Knuckle-drive presses
flashless forging with ... **A14:** 172–173
for coining ... **A14:** 180
tension forging, schematic ... **A14:** 174
Knuckle-joint mechanical press ... **A14:** 40
Knudsen cell ... **A5:** 556, 569
Knudsen effusion model ... **A5:** 557
Knudsen flow ... **A7:** 278, **M7:** 264
Knudsen number ... **A18:** 524
for gas flow types ... **A17:** 59
Knudsen's cosine law ... **A18:** 843
Knurl drive
resistance seam welding ... **M6:** 495
Knurled disk
in spring-material test apparatus ... **A8:** 134–135
Knurling
Cu alloys ... **A16:** 816
definition ... **A5:** 960
furnace brazing of steels ... **M6:** 939–940
in conjunction with turning ... **A16:** 135
MMCs ... **A16:** 896
multifunction machining ... **A16:** 372, 373, 375, 376, 386, 387
Kobe atomization process ... **A7:** 126, 127
Kobe/Kobelco process ... **A7:** 117, 120–121
Kobelco steel powders ... **A7:** 126
grades, properties of ... **A7:** 126
Koch Triadic Island ... **A7:** 265, 268
Kohler illumination principle ... **A9:** 58
Kohler's rule
for copper magnetoresistance in niobium-titanium superconducting materials ... **A2:** 1045
Koirtyohann/Pickett continuum-source background correction system ... **A10:** 51, 52
Kolbe's process
alkylsalicylic acid formation ... **A18:** 100
Kolene process ... **A4:** 668
Kolmogorov-Smirnov critical values
for normal distribution ... **EL1:** 902
Kolmogorov-Smirnov (K-S) goodness-of-fit tests ... **EM4:** 701, 702, 704, 705, 707
Kolmogorov-Smirnov statistic ... **A20:** 628
Kolsky bar *See also* Split Hopkinson pressure bar; Torsional Kolsky bar
explosively loaded torsional ... **A8:** 224–225
Konovalov, Dmitry ... **A3:** 1•10
Korea
electrolytic zinc and zinc alloy (Zn-Ni, Zn-Fe) coated steel strip capacity, primarily for automotive body panels, 1991 ... **A5:** 349
Korloy 2570 *See* Zinc alloys, specific types, zinc foundry alloy ZA-12
Korloy 2684 *See* Superplastic zinc; Zinc alloys, specific types, superplastic zinc alloy
Kossel pattern
as CBEDP ... **A10:** 439, 442
Kossel-Mollenstaedt (K-M) diffraction patterns ... **A10:** 439, 441, 690
k-out-of-n reliability block diagram ... **EL1:** 899–900
Kovar *See also* Iron-base alloys; Low-expansion alloys
and nickel alloy 42, applications ... **A2:** 443–444
as lead frame material ... **EL1:** 731
as low-expansion alloy ... **A2:** 889
as metal-matrix material ... **EL1:** 1126–1127
ceramic/metal seals ... **EM4:** 502, 506, 507
chemical integrity of seals ... **EM4:** 540, 541
defined ... **EL1:** 1148
diffusion factors ... **A7:** 451
electronic applications ... **A6:** 998
explosion welding ... **A6:** 304
glass/metal seals ... **EM4:** 494, 495, 497, 498
glass-to-metal seals ... **EL1:** 455, 958
lead, EDS spectra ... **EL1:** 1098
leaded microelectronic devices, failure analysis ... **EL1:** 1036–1037
metal injection molding ... **A7:** 14, 314
nominal composition and applications ... **A2:** 895
oxidation ... **EL1:** 457, **EM4:** 497
physical properties ... **A7:** 451
properties ... **A6:** 992
properties of ... **EM4:** 503
recommended glass/metal seal combinations ... **EM4:** 497
seal design techniques ... **EM4:** 534, 535, 538
solderability ... **A6:** 978
ultrasonic welding ... **A6:** 895
Kovar alloy
glass-to-metal seals ... **EM3:** 302
in ceramic packages ... **EM3:** 585
surface atomic values ... **A10:** 579
Kovar lead material
chloride ion pitting of ... **A11:** 770
Kovar, photochemical
machining etchant ... **A16:** 588, 590
Kovar-glass seals
shear fraction studies of ... **A10:** 577–578
Kozeny-Carman equation ... **A7:** 242, 277
for permeametry ... **M7:** 264
KP-7 cast iron
finish broaching ... **A5:** 86
K-Pb (Phase Diagram) ... **A3:** 2•269
K-photoelectron, germanium
backscattering of ... **A10:** 408
***K-R* Curve (ASTM E 561) test** ... **A19:** 396–397
instrumentation ... **A19:** 396
test specimens ... **A19:** 396–397
K-radiation
defined ... **A10:** 675
Kraft digesters ... **A13:** 1208–1210
Kraft paper
as honeycomb core material ... **EM1:** 723
Kraft process
defined ... **A13:** 8
Kraft pulping liquors
corrosion by ... **A13:** 1208–1214
Kraft's model ... **A19:** 384
Krak Gage ... **A19:** 178
crack detection method used for fatigue research ... **A19:** 211
crack detection sensitivity ... **A19:** 210
Krak Gage technique ... **A19:** 211, 212
Krak-Gages
for corrosion fatigue testing ... **A8:** 428
for crack length ... **A8:** 391
***K*-range** ... **A19:** 512
K-Rb (Phase Diagram) ... **A3:** 2•270
Krebsöge
powder forged parts ... **A7:** 822, 823
Kroll fines ... **A7:** 428
Kroll magnesium-reduced titanium powder ... **M7:** 164
Kroll process ... **M7:** 7, 55
for commercially pure titanium ... **A2:** 1044
Kroll reduction process ... **A7:** 70, 160, 874
Kroll's reagent
as an etchant for titanium and titanium alloys ... **A9:** 459
Kronecker Delta
use in ODF analysis ... **A10:** 362
Kronecker delta function **A7:** 329, **A20:** 188, 192, 521
KRS-5
as internal reflection element ... **A10:** 113
Krumbein shape factors ... **M7:** 239
definition ... **A7:** 271
Krupp Works (Germany) ... **A15:** 31, 32, 34
Krypton
continuous-wave gas lasers ... **A10:** 128
gas, EXAFS analysis ... **A10:** 409, 410
gas, K-edge absorption spectrum ... **A10:** 410
ionization potentials and imaging fields for ... **A10:** 586
phase diagram ... **A7:** 276
Krypton adsorption
BET-*C* parameter for ... **A7:** 275
Krypton chloride ($Kr\text{-}Cl_2$) gas/halogen mixture
excimer laser wavelengths ... **A5:** 623
Krypton fluoride ($Kr\text{-}F_2$) gas/halogen mixture
excimer laser wavelengths ... **A5:** 623
Krypton ion lasers
for optical holographic interferometry ... **A17:** 417
Krypton, used for ion-beam thinning of transmission electron microscopy
specimens ... **A9:** 107
K-S (Phase Diagram) ... **A3:** 2•270
***k*-sample Anderson-Darling procedure** ... **A20:** 82
K-Sb (Phase Diagram) ... **A3:** 2•270
K-Se (Phase Diagram) ... **A3:** 2•271
K-series
defined ... **A10:** 675
***K*-shedding** ... **A19:** 199
K-shell
defined ... **A10:** 675
K-Sn (Phase Diagram) ... **A3:** 2•271
K-Te (Phase Diagram) ... **A3:** 2•271
K-Tl (Phase Diagram) ... **A3:** 2•272
K_u *See* Uniaxial anisotropy
Kuhn-Tucker necessary conditions for optimality ... **A20:** 211
Kulenkampff expression
x-ray emission ... **A10:** 84
Kunzl's law
energy/chemical shifts in EXAFS analysis following ... **A10:** 416
Kurchatov
as synchrotron radiation source ... **A10:** 413
Kurdjumov-Sachs orientation relationship ... **A4:** 221, **A10:** 438–439
in ferrous martensite ... **A9:** 670
Kurtosis ... **A18:** 348
Kurtosis coefficient ... **A18:** 296, 297
Kyanite
as aluminum silicate molding sand ... **A15:** 209
island structure ... **EM4:** 758
refractory material composition ... **EM4:** 896

L

cast steels ... **M1:** 54, 55, 56, 400
cold finished bars ... **M1:** 216, 235
ductile iron ... **M1:** 35, 54–56
gray iron ... **M1:** 22–23, 54, 55
hardenable steels ... **M1:** 457, 458, 470
malleable iron ... **M1:** 55, 63, 66, 67, 71
measures of ... **M1:** 565–567
ratings alloy steel bars, cold finished ... **M1:** 239
carbon steel bars, cold finished ... **M1:** 236–238
selected steels ... **M1:** 568–570, 576, 582
scatter in ratings ... **M1:** 567–568
steel plate ... **M1:** 194, 197
l *See* Length
L lines ... **A10:** 86, 87
L & N Fyrestan, applications
protection tubes and wells ... **A4:** 533
L shell
defined ... **A10:** 676, **A12:** 168
L/d *See* Length-to-diameter ratio
L/D ratio
defined ... **A18:** 12
L1, L2, L3, etc *See* Tool steels, specific types
$L_{2,3}$ transition
Auger electron emission by ... **A10:** 550
L_{10} life *See also* Rating life ... **A19:** 357, 358
$L1_2$-ordered trialuminide alloys
properties ... **A2:** 929–930
$L2_1$ Heusler alloys
as ordered intermetallics ... **A2:** 932–933

L-50 (median life) A19: 357
L-605
aging cycle M4: 656
annealing M4: 655
chemical milling A16: 584
composition A4: 794, 795, A6: 573, 929, M4: 651–652
electrochemical machining A5: 111
electrochemical machining removal rates . . A16: 534
flash welding M6: 557
mill annealing A4: 810
mill annealing temperature range A6: 573
solution annealing A4: 810
solution annealing temperature range A6: 573
solution treating M4: 656
stress relieving M4: 655
L-1011 aircraft A19: 568
LA-290 pumping systems A7: 253
Labcon Automatic Sieve System A7: 218
Labelers
automated EM1: 620, 622
Labeling
and ply cutting EM1: 619–623
of powder metallurgy material specimens A9: 504–505
Labor
blow molding, costs EM2: 299
costs EM2: 82, 278
fringes, as burden (overhead) EM2: 86
requirements, compression molding EM2: 298
requirements, injection molding EM2: 296
Labor cost per unit time A20: 248
Labor rates, national A20: 25
Laboratory and process applications
glassware EM4: 1087–1090
Laboratory animals
NAA analysis for retention of toxic elements in A10: 233
Laboratory characterization techniques
introduction A18: 333
Laboratory corrosion testing *See also* Corrosion testing; Evaluation A13: 212–228
acceptability criteria development with . . . A13: 316
aqueous, at elevated temperatures/pressures A13: 226–227
electrochemical methods A13: 212–220
immersion tests A13: 220–224, 303
in gases at elevated temperatures A13: 226
liquid metals A13: 227
of corrosion inhibitors A13: 483
of galvanic corrosion A13: 234–238
of SCC A13: 264
of steam turbine SCC A13: 955
salt spray A13: 224–226
simulated atmosphere A13: 226
uniform corrosion A13: 229–230
weldments A13: 346
Laboratory inspection
of tubular products A17: 561
Laboratory of New Technology (LNT, Moscow), HIP model A7: 601
Laboratory radiography
of boilers/pressure vessels A17: 648–649
Laboratory sample A7: 206
defined A10: 676
Laboratory testing equipment
for weight A15: 363
Laboratory testing methods for solid friction A18: 45–58
friction databases A18: 57–58
friction measurements A18: 56–57
friction models A18: 46
friction nomenclature A18: 47–48
kinetic coefficient of friction A18: 47, 48
lubricated friction A18: 47, 48
static friction A18: 47–48, 57
stick-slip behavior A18: 47, 48, 56, 57
friction testing techniques A18: 46–47
capstan test A18: 46
inclined plane test A18: 46
historical development of techniques . . . A18: 45–46
performing a valid test A18: 53–55
material documentation A18: 54–55
surface condition A18: 55
system modeling A18: 53–54
reporting system losses A18: 57
standard friction tests A18: 48–53
ASTM standards and specifications . . A18: 48–53
non-ASTM standards A18: 53
test parameters A18: 55–56
Laboratory tests
cracking, for hydrogen damage A11: 250
fatigue A11: 102
for wear A11: 161–162
preliminary, of failed parts A11: 173
Labyrinth seal wear
bearing failure from A11: 511–512
Lachance-Trail equation
calibration curves for x-ray spectrometry . . . A10: 98
Lacing
machine for EM1: 130–131
operation EM1: 131
Lack of bonding
as planar flaw A17: 50
Lack of fill
in brazed joints A17: 602
Lack of fit A20: 84, 85, 86
Lack of fusion (LOF) A6: 1073, 1075, 1078, 1079
as planar flaw A17: 50
in weldments A17: 582, 584
Lack of penetration (LOP) A6: 1073, 1075, 1076, 1077
in weldments A17: 582, 584
Lack of resin fill-out
defined EM2: 24
Lacquer
defined A18: 12
definition A5: 960
Lacquer and lacquering
air-drying types M5: 626–627
aluminum M5: 572, 583
compatability, multilayer coatings M5: 500
copper and copper alloys M5: 626–627
corrosion protection M5: 474–475
selective cadmium plating using M5: 268
stop-off medium, chrome plating M5: 187
thermosetting types M5: 626–627
types M5: 495–496, 500–502
vacuum coatings M5: 400
zinc plating M5: 255
Lacquer coating
copier powders M7: 588
Lacquer coatings A7: 1086
Lacquer seal process
sealing process for anodic coatings A5: 490
Lacquer sealing process
anodic coatings M5: 595
Lacquering
zinc alloys A2: 530
Lacquers *See also* Enamels
as mounting materials for electropolishing . . A9: 49
-coated steel, filiform corrosion A13: 104
coatings, oil/gas pipes A13: 1259
corrosion protection with M1: 752–755
defined EM2: 24
on tinplate A13: 779–780
Lagging, corrosivity of A13: 341
powders used M7: 572
Lacquers, clear
for zinc alloy castings A15: 796
Lacquers, clear acrylic
as fracture preservatives A12: 73
Lactic acid
electroless nickel coating corrosion A20: 479
Lactic acid, 85%
electroless nickel coating corrosion A5: 298
Lactic acid, corrosion
stainless steels M3: 84
Ladder
extension, ductile overload fracture A11: 86–87, 91
extension, overloading to distortion failure A11: 137
Ladder diagrams
in atom probe microscopy A10: 594
of nickel-base superalloy IN 939 . . . . A10: 598, 599
Ladder polymer EM3: 17
defined EM2: 24
Ladle brick
defined A15: 7
Ladle coating
defined A15: 7
Ladle furnace and vacuum arc degassing
equipment/processing A15: 436–438
furnace design A15: 436–438
movable vacuum vessel A15: 436
stationary vessel A15: 436
Ladle hooks
materials for A11: 522
Ladle metallurgy
direct current arc furnace A15: 368
Ladle preheating
defined A15: 7
Ladle refining A1: 480
Ladle steelmaking A1: 112–113
Ladle treatments A1: 930
Ladle(s) *See also* Pouring
automated dip and pour A15: 498
desulfurization systems A15: 75–77
development of A15: 27–28
direct bottom pour A15: 498
electric arc furnace A15: 362–363
for nickel alloy pouring A15: 820–821
gas flow patterns in A15: 432
in steelmaking M1: 111
inoculation A15: 638–639
insulating, types A15: 363
metallurgy, degassing procedures A15: 432–444
one-man, development A15: 27
pouring, magnesium alloy A15: 800–801
pouring, types of A15: 497
robotic A15: 498
safety foundry A15: 28
shanked, development A15: 27
sizes, plasma heating and degassing A15: 444
skimming, as inclusion control A15: 90
slag, skimming, for inclusion control A15: 90
tilting of A15: 498
transfer, and pouring temperatures A15: 283
treatments, compared A15: 437
vacuum oxygen decarburization A15: 429–431
wheeled, 19th century A15: 28
Lafayette Street Bridge, over Mississippi River at St. Paul
fatigue cracks in A11: 709
Lagrange elements A20: 179
Lagrange method A7: 252
Lagrange multipliers A20: 210
Lagrangian diagram
for flat plate impact test A8: 211
for tensile loading apparatus A8: 212–213
of stress waves in flyer plate impact test . . . A8: 211
Lagrangian equations A20: 192
Lagrangian fluid elements A20: 192
Lagrangian form A20: 187
Lagrangian reference frame A6: 1135
LaGuerre polynomial A6: 877
LAM programmable calculator program
for composite materials analysis EM1: 277–279
Lamb waves
inspection, of spot-welded joint A17: 250–251
leaky, ultrasonic inspection A17: 251–252
testing, ultrasonic inspection A17: 234, 250–251
Lambda ratio A18: 30, 260, 517, 518
Lamb-Mössbauer factor *See* Recoil-free fraction
Lamb's wool paint rollers M5: 503
Lamé constant A7: 331

SUBJECTS OF THE INDEXED VOLUMES: ASM Handbook (designated by the letter "A"): **A1:** Properties and Selection: Irons, Steels, and High-Performance Alloys (1990); **A2:** Properties and Selection: Nonferrous Alloys and Special-Purpose Materials (1990); **A3:** Alloy Phase Diagrams (1992); **A4:** Heat Treating (1991); **A5:** Surface Engineering (1994); **A6:** Welding, Brazing, and Soldering (1993); **A7:** Powder Metal Technologies and Applications (1998); **A8:** Mechanical Testing (1985); **A9:** Metallography and Microstructures (1985); **A10:** Materials Characterization (1986); **A11:** Failure Analysis and Prevention (1986); **A12:** Fractography (1987); **A13:** Corrosion (1987); **A14:** Forming and Forging (1988); **A15:** Casting (1988); **A16:** Machining (1989); **A17:** Nondestructive Evaluation and Quality Control (1989); **A18:** Friction, Lubrication, and Wear Technology (1992); **A19:** Fatigue and Fracture (1996); **A20:** Materials Selection and Design (1997). **Metals Handbook, 9th Edition** (designated by the letter "M"): **M1:** Properties and Selection: Irons and Steels (1978); **M2:** Properties and Selection: Nonferrous Alloys and Pure Metals (1979); **M3:** Properties and Selection: Stainless Steels, Tool Materials, and Special-Purpose Materials (1980); **M4:** Heat Treating (1981); **M5:** Surface Cleaning, Finishing, and Coating (1982); **M6:** Welding, Brazing, and Soldering (1983); **M7:** Powder Metallurgy (1984). **Engineered Materials Handbook** (designated by the letters "EM"): **EM1:** Composites (1987); **EM2:** Engineering Plastics (1988); **EM3:** Adhesives and Sealants (1990); **EM4:** Ceramics and Glasses (1991). **Electronic Materials Handbook** (designated by the letters "EL"): **EL1:** Packaging (1989)

Lamella **EM3:** 17
defined **EM2:** 24
Lamellae **A20:** 361, 364, 365, **EM3:** 17
defined **EM2:** 24
Lamellae, in unidirectionally solidified eutectics as oriented surface in
quantitative metallography **A9:** 128
Lamellar
definition **A7:** 263
Lamellar α alloys
fracture toughness versus strength **A19:** 387
Lamellar alpha structures
in titanium and titanium alloys **A9:** 460
Lamellar colony size
effect on fracture toughness of titanium alloys **A19:** 387
Lamellar constituents
in iron-chromium-nickel heat-resistant casting alloys **A9:** 332–334
Lamellar corrosion *See* Exfoliation corrosion
Lamellar cracking **A1:** 607–608, 609
Lamellar distances **A9:** 129
Lamellar eutectic *See also* Eutectic(s)
graphite growth, in multidirectional solidification **A15:** 175–176
solidification of **A15:** 119–120
spacing of **A15:** 120
Lamellar eutectic microstructure . . . . . **A3:** 1•19, 1•20
Lamellar eutectic structures
aluminum and Mg_2Al_3 . . . . . **A9:** 619
as a feature of regular eutectics **A9:** 621
branching in **A9:** 620
conditions for formation of **A9:** 618
$CuAl_2$-Al **A9:** 620
in Ni_3Al-Ni_3Nb **A9:** 619
niobium-carbide in nickel matrix **A9:** 619
Lamellar faults
in eutectic microstructures **A9:** 620
Lamellar particle shapes
defined **A9:** 621
Lamellar phases
in lead alloys **A9:** 417
Lamellar sigma phase
in rhenium-bearing alloys **A9:** 448
Lamellar spacings **A9:** 129
lamellar structure **A13:** 28, 47, 830
as fatigue mechanism **A12:** 4
ductile iron **A12:** 229
fine, irons **A12:** 221
fractured pearlite, and striations, compared **A12:** 119
pearlite, high-carbon steels **A12:** 290
Lamellar tear
defined **A9:** 10
definition **A6:** 1211
Lamellar tearing *See also* Cold cracking; Hot cracking; Stress-relief cracking **A6:** 95–96, 1073, 1076, **A13:** 8–9, 521, **M6:** 248–249, 252–254, 832
as weld imperfection **A11:** 92
at weld root **A11:** 665
carbon steels **A6:** 651, 652
conditions for **A6:** 95
deoxidation practice **M6:** 252–253
effect of joint restraint **M6:** 254
reduction of component restraint . . . **M6:** 254–255
reduction of joint restraint **M6:** 254–255
through-thickness strains **M6:** 253–254
effect of preheating **M6:** 253
effect of welding procedure **M6:** 253
examination/interpretation **A12:** 138–139
formation **A12:** 158
in weldments **A17:** 582, 585
low-carbon steel plates **A11:** 416
matrix properties **M6:** 253
hydrogen embrittlement **M6:** 253
notch toughness **M6:** 253
strength **M6:** 253
offshore structural steels **A6:** 384–385
orientation of members **M6:** 252
relationship to through-thickness reduction in area **M6:** 252
section thickness **M6:** 252
surface condition **M6:** 252–253
thermal contraction strain **M6:** 252
Lamellar thickness **EM3:** 17
defined **EM2:** 24
Lame's formula **A7:** 351
La-Mg (Phase Diagram) . . . . . **A3:** 2•272
Lamina
allowables, material assumptions **EM1:** 308–310
defined **EM1:** 14, **EM2:** 24
definition **A20:** 650, 835
discontinuous fiber **A20:** 654
properties **A20:** 652, 653–654
strength **EM1:** 432–433
Laminae
defined **EM1:** 14, 218, **EM2:** 24
Laminar composite materials
microwave inspection **A17:** 202
Laminar composites *See also* Composite(s); Laminate(s)
defined **EM1:** 27
Laminar defects
radiography of **A11:** 17
Laminar flow
defined **EM2:** 25
in leaks **A17:** 58
nu values **EL1:** 52
Laminar fluid flow **A6:** 162
Laminate **A8:** 714
Laminate coordinates
defined **EM2:** 25
Laminate Material Properties (LAM) programmable calculator program
for composite materials analysis **EM1:** 277–279
Laminate model
accelerated life prediction **EM2:** 792–793
Laminate orientation
defined **EM2:** 25
Laminate ply **EM3:** 17
defined **EM2:** 25
Laminate property analysis *See also* Laminate(s)
hygroscopic analysis **EM1:** 226–227
lamination theory **EM1:** 220–222
of failure **EM1:** 230–235
of strength **EM1:** 230–235
properties **EM1:** 222–226
stress analysis **EM1:** 227–230
stress-strain relations **EM1:** 218–220
thermal analysis **EM1:** 226–227
Laminate ranking
computer program **EM1:** 274
notation **EM1:** 450–451
parameter sensitivity **EM1:** 455–457
vs. optimization **EM1:** 451–455
Laminate sizing
by laminate ranking method **EM1:** 450–457
Laminated coatings
aluminum and aluminum alloys **M5:** 609–610
coated carbide tools **A2:** 959
Laminated composite analysis
computer software for **EM1:** 269, 275–281
Laminated construction
of continuous fiber reinforced composites **A11:** 732
Laminated glass **EM4:** 423–426
applications **EM4:** 423
cladding and body glasses **EM4:** 424–425
compositions of glasses **EM4:** 424
properties of glasses **EM4:** 424
thermal expansion curves **EM4:** 425
viscosity curves **EM4:** 425
composite stresses **EM4:** 425–426
delayed breakage **EM4:** 426
dicing **EM4:** 425
surface compression magnitude **EM4:** 425
glass requirements **EM4:** 423–424
chemical durability **EM4:** 424
composition compatibility **EM4:** 424
thermal expansion **EM4:** 424
viscosity **EM4:** 424
weathering characteristics **EM4:** 424
process of lamination **EM4:** 423, 424
hot-lamination **EM4:** 423
recommended waterjet cutting speeds **EM4:** 366
stress profiles **EM4:** 423
Laminated metal sandwiches
as heat sinks **EL1:** 1129–1131
Laminated object manufacturing (LOM) **A20:** 236, 237
Laminated plastic
on cast iron, fretting corrosion **A19:** 329
on gold plating, fretting resistance **A19:** 329
Laminated plate theory **A20:** 653, 655–656
Laminated plates
processing characteristics, open-mold **A20:** 459
Laminated tubes
processing characteristics, open-mold **A20:** 459
Laminated-ceramic packages
thermal performance **EL1:** 409–410
Laminate(s) *See also* Angle-ply laminate; Anisotropic laminate; Anisotropy of laminate; Balanced laminate; Bidirectional laminate; Cross laminate; Cross-ply laminate; Dry laminate; Laminate property analysis; Laminate ranking; Layer; Low-pressure laminate; Parallel laminate; Quasi-isotropic laminate; Reinforced plastics; Symmetrical laminate; Unidirectional laminate; Unsymmetric laminate **A20:** 649, 650, 651, **EM3:** 17, 504–505, **EM4:** 1101
additive, rigid printed wiring boards **EL1:** 548
advantages **EM4:** 1101
analysis, applications **EM1:** 460–462
analysis, software for **EM1:** 276–277
angle-ply, defined *See* Angle-ply laminate
anisotropic, defined *See* Anisotropic laminate
aramid fiber **EL1:** 615–618
as heat sinks **EL1:** 1129–1131
available, for PWBs **EL1:** 607–608
behavior, prediction **EM1:** 310–311
carbon fiber, wet/dry properties **EM1:** 76
carbon-epoxy, ultimate tensile strength . . **EM1:** 147
composition, flexible printed boards **EL1:** 581
computer analysis programs **EM1:** 269, 274, 275–281
conditions, printed board coupons **EL1:** 576
construction **EM1:** 221, 229
coordinate systems **EM1:** 14, 219
copper-clad E-glass **EL1:** 534–537
Corelle **EM4:** 1101
damage tolerance, testing **EM1:** 264
defects **EL1:** 1022
defined **EL1:** 1147, **EM1:** 14, **EM2:** 25
definition **A20:** 835
design tests **EM1:** 310–311
dethylaminopropylamine-cured (DEAPA-cured) strength **EM1:** 74
dry, defined *See* Dry laminate
elastic constants **EM1:** 223
engineered material classes included in material property charts **A20:** 267
epoxy, formulations/properties **EL1:** 832
epoxy, properties **EM1:** 71–76
failure analysis **EM1:** 236–251
failure load/modes **EM1:** 233
failure modes **EM1:** 240–244
failure surfaces **EM1:** 232
fatigue analysis **EM1:** 236–251
fatigue failure in **EM1:** 246
fiberglass, and cyanates **EM2:** 235
fiberglass printed wiring board, properties **EM2:** 237
formation **EM4:** 1101
fracture analysis **EM1:** 252–258
fracture toughness vs. density . . **A20:** 267, 269, 270
geometric variables **EM1:** 236
graphite-epoxy **EM3:** 821
high-pressure, defined *See* High-pressure laminates
hybrid, damping in **EM1:** 214
linear expansion coefficient vs. Young's modulus **A20:** 267, 276–277, 278
load-strain response **EM1:** 231
low-pressure, defined *See* Low-pressure laminates
material properties, for design **EM1:** 183
notation **EM1:** 222
orientation, defined **EM1:** 14
of recycled carbon fiber **EM1:** 154–155
optical holographic interferometry of **A17:** 423
parallel, defined *See* Parallel laminate
ply, defined **EM1:** 14
process behavior, model **EM1:** 745
progressive ply failures **EM1:** 238–239
properties **EL1:** 608, **EM1:** 222–226, 287, 308–314, **EM4:** 1101
properties analysis of **EM1:** 218–235
quartz, advantages/disadvantages **EL1:** 619
quasi-isotropic, defined *See* Quasi-isotropic laminate
reference system **EM1:** 236
residual stresses **A20:** 652–653
resin effects **EM1:** 287

Laminate(s) (continued)
resin-matrix composites **A12:** 478
sandwich, damping analysis **EM1:** 214
simple loading of **EM1:** 208–209
size **EM1:** 236, 450–457
SMT, properties **EL1:** 616
special, in structural analysis **EM1:** 460
stacking arrangements **EM1:** 209
strength **EM4:** 1101
strength analysis. **EM1:** 236–251
stress/moment resultants **EM1:** 221
symmetric, properties of. **EM1:** 222–224
tensile strength measurement. **EM1:** 286–287
unsymmetric **EM1:** 224, 446–447
woven **EM1:** 125–128
Young's modulus vs. density. . . **A20:** 266, 267, 268, 289

Young's modulus vs. elastic limit **A20:** 287

Laminates carbon-fiber-reinforced polymer
fracture toughness vs. strength **A20:** 267, 272–273, 274

Laminates glass-fiber-reinforced polymer
fracture toughness vs. Young's modulus . . **A20:** 267, 271–272, 273

Laminates, specific types
$[45/0/-45/90]_{6s}$ IM7/8551-7
damage diameter. **A19:** 922
impact force versus impacter kinetic
energy **A19:** 923
postimpact compressive strength **A19:** 923
AS4/3501-6
damage diameter. **A19:** 922
impact force versus impacter kinetic
energy **A19:** 923
postimpact compressive strength **A19:** 923

Laminating cells
generations of **EM1:** 639–640

Laminating process
epoxy composites **EM1:** 71–73

Laminating resins
amino **EM2:** 628

Lamination **EM3:** 17, **EM4:** 377, **M7:** 7
cells, generation development **EM1:** 639–640
defect by insufficient green strength **M7:** 302
defined **A9:** 10, **A11:** 6
definition. **A5:** 960
effect on *x-y* shrinkage **EL1:** 465
electrical processes, wet/dry lay-up
methods **EL1:** 832
flash (bead) removal **EL1:** 544
hydraulic vs. autoclave systems. **EL1:** 510
in sheet and plate, brittle fracture by **A11:** 85
in substrate fabrication. **EL1:** 464–465
mass, rigid printed wiring boards **EL1:** 551
multilayer **EL1:** 543–544
multilayer ceramic capacitors. **EM4:** 1116
pipeline failure from **A11:** 697
ply, automated **EM1:** 639–641
sequential process of. **EL1:** 133–134
specification **EL1:** 523
technology, capabilities/limitations **EL1:** 510
thermoplastic polyimides (TPI) **EM2:** 178
two-step process **EL1:** 464

Lamination defects. **A7:** 371

Lamination flash (bead) removal
rigid printed wiring boards **EL1:** 544

Lamination iron
heat treatment. **A2:** 762

Lamination steels. **A20:** 361

Lamination theory **EM1:** 218, 220–222, 234, 458–460

Laminations *See also* Blanking; Electrical steel sheet; Piercing
as planar flaw **A17:** 50
blanked and pierced **A14:** 477
by liquid penetrant inspection **A17:** 71, 86
fabrication **A2:** 780
heat treatments. **A2:** 762–763
interlaminar insulation. **A2:** 780

in steel bar and wire **A17:** 549
matched, by Guerin process **A14:** 606–607
radiographic methods **A17:** 296
stacking **A14:** 478
strips, iron-cobalt alloy, properties **A2:** 777
tubular products **A17:** 567
ultrasonic inspection of. **A17:** 232

Laminographic radiography
as x-ray solder joint inspection **EL1:** 738

Laminography techniques
development of. **A17:** 379

LAMMA *See* Laser microprobe mass analysis

La-Mn (Phase Diagram) . . . . **A3:** 2•272

Lamp bases
as slush cast **A15:** 35

Lamp filaments **M7:** 16, 153, 631

Lamp IR systems
infrared soldering **EL1:** 704–705

Lampblack **M7:** 7

Lamps
sodium **A2:** 752

Lamps, pulsed xenon/ultraviolet
for curing **EL1:** 864

LAMPS-A computer program for structural analysis **EM1:** 268, 271

LamRank computer program **EM1:** 451–454

Lancing
for blanks **A14:** 446
in press brake **A14:** 538
in sheet metalworking processes classification
scheme **A20:** 691
in stretch drawing **A14:** 593
iron-aluminum blends for **M7:** 843
powders used **M7:** 572

Land
defined **EM2:** 25
definition. **A6:** 1211

Land impression
flash **A14:** 50

Land patterns
dimensions, control of **EL1:** 672–673
outer lead bonding **EL1:** 283–285

Landfill capacity. **A20:** 131

Landfill cost **A20:** 260

Landfill demand **A20:** 102

Landfill tipping fee effect on profit per hulk A20: 260

Landing gear
deflection yoke, SCC failure of **A11:** 23
flat spring, fracture of. **A11:** 560–561
torque arm, fatigue fracture of **A11:** 114

Lane plate (implant)
failed historic. **A11:** 674, 680

Lang topography
for polygonization of elastic strain
relaxation **A10:** 370, 377
near-surface analysis **A10:** 377
Pendellösung fringes obtained by **A10:** 368

Langelier index **A20:** 312

Langelier saturation index
defined **A13:** 9

Langer equation
strain-life **A8:** 698

Langmuir Torch atomizer
atomic absorption spectrometry. **A10:** 54

Langmuir-Blodgett deposition. **A18:** 401

Langmuir-Blodgett deposition technique A10: 119–120

Langmuir's kinetic monolayer adsorption theory **A7:** 274–275

Langmuir-type isotherms. **EM4:** 71

La-Ni (Phase Diagram) . . . . **A3:** 2•273

Lanquir absorption isotherms. **A20:** 714

Lanthana **A7:** 85

Lanthanide carbonyls **M7:** 135

Lanthanides
on periodic table **A10:** 688
species weighed in gravimetry **A10:** 172
use in flame atomizers **A10:** 48
weighed as the fluoride **A10:** 171

Lanthanum *See also* Rare earth metals
added to form stable sulfides **A20:** 591–592
additions to flame AAS samples **A10:** 48
adhesion and solid friction. **A18:** 33
as rare earth **A2:** 720
classification in tungsten alloy electrodes for
GTAW **A6:** 191
diffusion factors **A7:** 451
fluoride separation **A10:** 169
in compacted graphite iron. **A1:** 56
in composition of cobalt-base wrought
alloys **A18:** 766
in ferrite **A1:** 408
in heat-resistant alloys. **A4:** 512
internal flaw analysis **EM4:** 666
melting point **A2:** 720
physical properties **A7:** 451
properties. **A2:** 1182
pure. **M2:** 760–761
TNAA detection limits **A10:** 237
vapor pressure, relation to temperature **A4:** 495

Lanthanum chromite ($LaCr_2O_4$)
for oxide ceramic heating elements of electrically
heated furnaces **EM4:** 249

Lanthanum fluoride (LaF_3)
ion-beam-assisted deposition (IBAD) **A5:** 596

Lanthanum hexaboride
as electron source. **A12:** 167

Lanthanum sesquioxide-yttrium oxide (La_2O_3-Y_2O_3)
solid-state sintering **EM4:** 277, 278

Lanthanum, vapor pressure
relation to temperature **M4:** 310

Lanxide process **EM4:** 35
ceramic-matrix composites. **EM4:** 840, 842

Lap *See also* Filament winding **A20:** 741, 742
defined **A9:** 10, **EM1:** 14, **EM2:** 25
definition. **A5:** 960

Lap defect
in closed-die forging **A8:** 590, 592

Lap joint
analysis **EM1:** 338–341
brazing **A6:** 120
defined **EM1:** 14, **EM2:** 25
definition. **A6:** 1211
electron-beam welding. **A6:** 260
laser-beam welding **A6:** 879, 880
oxyfuel gas welding. **A6:** 286, 287
soldering **A6:** 130

Lap joint test **A18:** 404

Lap joints **EM3:** 17, 34
arc welding of
aluminum alloys **M6:** 374–375, 379
nickel alloys **M6:** 437
stainless steels, austenitic **M6:** 334
brazing of
aluminum alloys **M6:** 1026
beryllium. **M6:** 1053
niobium. **M6:** 1056
definition, illustration **M6:** 10, 60–61
dip brazing of steels **M6:** 992
electron beam welds. **M6:** 616–617
furnace brazing of steels **M6:** 943
gas metal arc welding of commercial
coppers **M6:** 403
gas tungsten arc welding. **M6:** 201, 361
of aluminum alloys **M6:** 396
of heat-resistant alloys. **M6:** 356–357, 360
of silicon bronzes. **M6:** 413
oxyfuel gas welding **M6:** 589–590
radiographic inspection **A17:** 334
resistance brazing **M6:** 983
seam welding. **M6:** 501
strain **EM3:** 546
stresses in **EL1:** 57
tolerances for laser beam welds **M6:** 663–664
ultrasonic welding. **M6:** 747–751

Lap seam
in joining processes classification scheme **A20:** 697

Lap shear failure tests
for strength **EM1:** 710
Lap welding **M6:** 673
indentors.......... **M6:** 673
metals welded **M6:** 673
Lap welds
in pipe **A11:** 698
La-Pb (Phase Diagram) .... **A3:** 2•273
Lap-joint shear test
for sheet metal **A8:** 67
LaPlace compressive stresses **A7:** 576
LaPlace equation **A7:** 441, **M7:** 312
in computer modeling **A13:** 234
mercury porosimetry **A7:** 284
Laplace pressure
negative **A18:** 400
Laplace transform techniques **A20:** 166
Laplace transforms
of viscoelastic matrix properties **EM1:** 191
Laplace's equation
electrical potential **A8:** 386
Laplanche diagram
structural **A15:** 68–70
Lapping **A7:** 686, **A16:** 492–505, **A19:** 315, **EM4:** 313, 351–358
abrasive cutting mechanism **EM4:** 351–356
charged plate abrasives **EM4:** 352, 354
cylindrical lapping between flat laps ... **EM4:** 356
double-sided flat lapping **EM4:** 355–356
lap plate materials **EM4:** 352
lapping processes and equipment.. **EM4:** 353–356
lapping vehicle fluids **EM4:** 353
processing equipment **EM4:** 354, 355, 356
rolling abrasives **EM4:** 351–352
single-side flat lapping **EM4:** 353–355
sliding abrasives **EM4:** 352
slurry **EM4:** 351, 352, 355
alloy steels **A5:** 710
and superabrasives **A16:** 456
anvil and flyer plates before **A8:** 235
as machining process **M7:** 462
balls for ball bearings **A16:** 504–505
barrel finishing **A16:** 503
bearing races **A16:** 501, 502
carbon steels **A5:** 709–710
cast irons **A16:** 664–665
cemented carbides **A18:** 796
centerless lapping with bonded abrasives **A16:** 496–497
centerless roll lapping **A16:** 496–497
characteristics **A20:** 695
characteristics of process **A5:** 90
charged plate abrasives **A5:** 105
compared to honing **A16:** 486, 491
compound removal procedures **A5:** 12
coolants **A16:** 495, 496, 497, 502, 505
crankshafts **A16:** 497
defined **A18:** 12
definition **A5:** 960
dimensional tolerance achievable as function of feature size **A20:** 755
double-sided lapping **A5:** 106
fixture, modified diamond-stop **A8:** 234–235
flat lapping using manual methods .. **A16:** 498, 503
flat lapping using mechanical methods **A16:** 498–500, 503, 504
flat surfaces **A16:** 498–502
gages **A16:** 495–496
gears **A16:** 343, 351, 505
glazing **A16:** 503
in metal removal processes classification scheme **A20:** 695
individual-piece lapping **A16:** 492
inner cylindrical surfaces **A16:** 497–498
lap plate materials **A5:** 105–106
lapping plate **A5:** 105
load capacities **A16:** 501
machine lapping between plates **A16:** 494, 497
matched-piece lapping **A16:** 492
MMCs **A16:** 896
Ni alloys **A16:** 835
of diamond tools for machining Zn alloys **A16:** 832
outer cylindrical surfaces **A16:** 494–497
outer surfaces of piston rings **A16:** 497
P/M materials **A16:** 889, 891
problems in flat and end lapping **A16:** 502–503
process **A5:** 106
process capabilities **A16:** 492
residual effects of finishing methods **A5:** 150
ring lapping **A16:** 494
rolling abrasives **A5:** 105
select on of vehicle **A16:** 493–494
selection of abrasive **A16:** 492–493
single-sided lapping **A5:** 106
size tolerance and parallelism **A16:** 500
sliding abrasives **A5:** 105
slurry **A5:** 105
spherical surfaces **A16:** 503–504
springlike parts **A16:** 505
springs **A19:** 364
surface finish achievable **A20:** 755
surface roughness and tolerance values on dimensions **A20:** 248
synthetic superabrasives **A2:** 1012
thermal aspects **A5:** 156–157
to accelerate wear-in **A16:** 505
vehicle fluids **A5:** 106
workpiece size and shape **A16:** 500
Lapping compounds
removal of **M5:** 14
Lapping machines
achievable machining accuracy **A5:** 81
Lapping/buffing
design limitations **A20:** 821
Laps
as crack origin, steel **A12:** 64, 65
as discontinuities, defined **A12:** 64–65
as forging defect **A11:** 317, 327, 328
as forging process flaws **A17:** 493
brittle fractures from **A11:** 85
defined **A11:** 6
eddy current inspection of **A17:** 164
effect on cold-formed part failure **A11:** 307
forging/rolling, as planar flaw **A17:** 50
in billets, magnetic particle inspection **A17:** 115
in closed-die forging **A14:** 385
in connecting engine rod **A11:** 328–329
in hot-rolled steel bars **A1:** 240
in integrated circuits **A11:** 769
in semisolid metal castings and forgings **A15:** 336–337
in sledge-hammer head **A11:** 574, 580
in steel bar and wire **A17:** 550
liquid penetrant inspection **A17:** 71, 86
low-carbon steel fracture from **A12:** 252
magnetic particle inspection **A17:** 107
micrograph of **A11:** 317
preventing, in hot upset forging **A14:** 88
radiographic methods **A17:** 296
rolling, fracture from **A12:** 64
tool and die failure from **A11:** 574
tool steels **A12:** 378
tubular products **A17:** 567
Laps in rolled steel
revealed by macroetching **A9:** 176
Lap-seam welding
of blanks **A14:** 450
Lap-shear coupon test **EM3:** 471, 472–473, 476
contaminated coupon **EM3:** 524, 526
Lap-shear strength
steel-propylene joints **EM3:** 62
Lap-shear testing **EM3:** 773–775, 804, 809
LaQue Center for Corrosion Technology
history **A2:** 429
LARC TPI
temperature capabilities **EM1:** 78
LARC-160 polyimide resin **EM1:** 662
Large area back contacts
development **EL1:** 958
Large aspect ratio elements **EM3:** 491
Large components *See* Large parts; Parts
Large parts *See also* Part(s)
acoustic emission inspection **A17:** 278
demagnetizing **A17:** 121
magnetic particle inspection of **A17:** 89
Large scale bridging (LSB) **A19:** 947
Large scale integration (LSI) *See also* Integration
packaging, development **EL1:** 961
types and trade-offs **EL1:** 166–168
Large scale yielding (LSY) **A19:** 947
Large-crack Paris equation **A19:** 154, 155, 156
Large-eddy simulations (LES) **A20:** 200
Large-end bearing *See* Big-end bearing
Large-scale integrated (LSI) circuits **A18:** 685–689
Large-scale integration (LSI) devices
abbreviation for **A11:** 797
chip failures in **A11:** 766
failure analysis in **A11:** 767
latch-up detection in **A11:** 768
Large-scale tests *See also* Full Scale tests **EM1:** 336–338
Large-scale yielding (LSY) regime **A19:** 156
Larmor frequency
defined **A10:** 676
Larmor period
defined **A10:** 676
Larson-Miller analysis of stress-rupture data **A20:** 504
Larson-Miller Parameter *See also* Time temperature parameters.. **A19:** 481, **A20:** 354, 355, 580, 581, 582
and elevated-temperature service **A1:** 627–628
rupture stress as a function of **A6:** 440
scale thickness and oxide penetration as functions of **A11:** 605, 797
Larson-Miller parameter (LMP) ... **A8:** 303–304, 340
extrapolation abilities **A8:** 335
method of creating master for Inconel 718 .... **A8:** 333, 335
time-temperature **A8:** 333–334
Larson-Miller parametric relation **A19:** 481
Larson-Miller plot
$2^1/_4$ Cr-1Mo steel **M1:** 646, 656
La-S (Phase Diagram) .... **A3:** 2•273
La-Sb (Phase Diagram) .... **A3:** 2•274
La-Sc (Phase Diagram) .... **A3:** 2•274
La-Se (Phase Diagram) .... **A3:** 2•274
Lasentec focused beam reflectance measurement system **A7:** 256, 257
Laser
definition **A6:** 1211
interferograms, of low gravity effects **A15:** 148
pouring control **A15:** 500–501
surface treatment, of eutectic alloys **A15:** 125
to groove ceramic coatings to better resist thermal shock **EM4:** 207
Laser ablation
as thin-film deposition technique **A2:** 1082
of high-temperature superconductors **A2:** 1087
Laser ablation deposition **A18:** 844
Laser acoustic microscopes
scanning **EL1:** 370
Laser alloying **M6:** 793–796
alloying procedures **M6:** 794–795
cast irons **A5:** 694–695
experimental application **M6:** 793–794
liquid flow **M6:** 795–796
microstructures **M6:** 795
stainless steels **A5:** 757
Laser beam
helium-neon **A11:** 768
scanner, optical schematic **A11:** 768–769
welds, failure origins **A11:** 447–449
Laser beam cutting
definition **M6:** 10
safety precautions **M6:** 59
Laser beam cutting, defined *See also* Laser cutting; Lasers **A14:** 8
Laser beam heat treating **A20:** 486, 487
Laser beam machining (LBM) .. **A5:** 110, **A16:** 19, 34, 509, 572–576, **EM4:** 313, 314, 367–370
carbon dioxide lasers **A16:** 572–573, 574, 575, 576
cutting **A16:** 574–575
debris removal **EM4:** 369–370
drilling compared to electron beam machining **A16:** 571
drilling of carbon and alloy steels **A16:** 677
drilling of Inconel **A16:** 32
effect on ceramic adhesion properties ... **EM4:** 370
electrolytes **A16:** 576
equipment **A16:** 572, **EM4:** 367–368
cost **EM4:** 367
focusing lens specifications **EM4:** 368
Gaussian mode waves **EM4:** 367–368
power requirements **EM4:** 367
wavelength specifications **EM4:** 367
etchant solutions for laser-enhanced etching **A16:** 576
excimer lasers **A16:** 572
fiber optic cables **A16:** 576

Laser beam machining (LBM) (continued)
future developments ... **A16:** 576
gas jets ... **A16:** 573–574, 575–576
gas-assisted LBM ... **A16:** 573
in green machining ... **EM4:** 183
laser lens protection ... **EM4:** 369–370
laser welding ... **A16:** 572, 575
laser-enhanced etching ... **A16:** 576
lens selection ... **A16:** 573, 574, 575
MMCs ... **A16:** 893, 894, 895, 896
neodymium-doped YAG lasers **A16:** 572, 573, 574, 575, 576
neodymium-glass lasers ... **A16:** 572
PCBN ... **A16:** 111
percussion drilling ... **A16:** 573–574
process capabilities of lasers ... **A16:** 572
processes ... **EM4:** 368–369
contour machining ... **EM4:** 369
drilling ... **EM4:** 369, 370
precision machining ... **EM4:** 369
scribing ... **EM4:** 368–369, 370
through-hole metallization ... **EM4:** 369
robotic devices ... **A16:** 576
roughness average ... **A5:** 147
shrinkage tolerance problem ... **EM4:** 367
stainless steels ... **A16:** 706
surface alterations produced ... **A16:** 24
surface integrity effects ... **A16:** 28
surface treatment ... **A16:** 575–576
Ti alloys ... **A16:** 846, 852, 855
trepanning ... **A16:** 573, 574
versus ultrasonic machining ... **EM4:** 361
Laser beam sorting system
dimensional ... **A17:** 15–16
Laser beam weld
solidification cracking ... **A12:** 345
wrought aluminum alloys ... **A12:** 422
Laser beam welding ... **M6:** 647–671
advantages ... **M6:** 648
applications ... **M6:** 647–649
continuous wave welding ... **M6:** 657–658
definition ... **M6:** 10
design for welding ... **M6:** 663–664
butt joints ... **M6:** 663–664
kissing welds ... **M6:** 664
lap joints ... **M6:** 663–664
sheet ... **M6:** 663–664
wires ... **M6:** 664–665
differences of processes ... **M6:** 656
comparison of test results ... **M6:** 658
gas shielding ... **M6:** 659
general welding considerations ... **M6:** 655–656
hardfacing alloy consumable form ... **A5:** 691
in-process inspection ... **M6:** 668–669
acoustic emission ... **M6:** 668
video ... **M6:** 668
ionization potentials ... **M6:** 659
keyhole welding ... **M6:** 658
laser material interactions ... **M6:** 654–655
laser safety ... **M6:** 669–670
chemical hazards ... **M6:** 670
electrical hazards ... **M6:** 669
eye hazards ... **M6:** 669–670
skin exposures ... **M6:** 670
training, medical examinations, and documentation ... **M6:** 670
lasers suitable for welding ... **M6:** 651–653
carbon dioxide lasers ... **M6:** 651–652
gas lasers ... **M6:** 651–652
neodymium: yttrium aluminum garnet lasers ... **M6:** 651
solid-state lasers ... **M6:** 651
metals welded ... **M6:** 647
operating costs ... **M6:** 669
optics design and beam transport ... **M6:** 665–667
atmospheric effects ... **M6:** 666
beam transport ... **M6:** 665
focal point travel ... **M6:** 667
focusing optic selection ... **M6:** 666–667
helium-neon pointing lasers ... **M6:** 665
optics material ... **M6:** 665–666
optics mounting ... **M6:** 666–667
power measurement ... **M6:** 665
plasma effects ... **M6:** 659–661
fundamental concepts ... **M6:** 659
suppression techniques ... **M6:** 660–661
welding performance ... **M6:** 659–660
process fundamentals ... **M6:** 649–651
explanation of lasers ... **M6:** 649–650
laser cavities ... **M6:** 650
laser characteristics ... **M6:** 650–651
product improvement ... **M6:** 656–657
pulsed welding ... **M6:** 656–657
reduced cost ... **M6:** 657
safety precautions ... **M6:** 59, 669–670
seam welding ... **M6:** 657
selection of lasers ... **M6:** 652–654
cost ... **M6:** 654
expandability ... **M6:** 653–654
penetration ... **M6:** 652–653
productivity ... **M6:** 653
weld quality ... **M6:** 653
spot welding ... **M6:** 657
threshold effects ... **M6:** 655–656
relationship of thickness and welding speed ... **M6:** 655–656
weld properties ... **M6:** 661–663
aluminum and its alloys ... **M6:** 661
iridium alloys ... **M6:** 663
steels ... **M6:** 662
titanium and its alloys ... **M6:** 662–663
work and beam handling devices ... **M6:** 667–668
positioning ... **M6:** 668
speed requirements ... **M6:** 668
vibration or oscillation ... **M6:** 668
Laser beam welding (LBW) ... **A7:** 656, 658, 659
Laser beam welding of
aluminum and aluminum alloys **M6:** 647, 661–662
carbon steels ... **M6:** 647
copper ... **M6:** 647
copper alloys ... **M6:** 647
high-strength low-alloy steels ... **M6:** 647
iridium alloys ... **M6:** 663
iron-based alloys ... **M6:** 647
lead ... **M6:** 647
low-alloy steels ... **M6:** 647
nickel alloys ... **M6:** 647
precious metals and alloys ... **M6:** 647
refractory metals ... **M6:** 647
stainless steels ... **M6:** 647, 662
penetration in welds ... **M6:** 654, 656
welding rates ... **M6:** 658
titanium and titanium alloys ... **M6:** 647, 662–663
Laser beam xerographic printers ... **M7:** 580
Laser boriding
titanium alloys ... **A18:** 781
Laser brazing ... **A6:** 123–124, **M6:** 1064–1066
comparison to conventional brazing ... **M6:** 1065
limitations ... **M6:** 1065–1066
procedure
filler metal ... **M6:** 1064
protective atmosphere ... **M6:** 1065
Laser chemical vapor deposition ... **A5:** 511, 512
Laser cladding *See also* Laser hardfacing ... **M6:** 796–798
alumina ... **M6:** 798
aluminum-silicon alloys ... **A18:** 791
dense matrix ... **M6:** 798, 800
experimental results ... **M6:** 796
Haynes Stellite alloys ... **M6:** 797
silicon ... **M6:** 797
titanium and titanium alloys ... **A5:** 842
Tribaloy alloys ... **M6:** 796–797
Laser confocal scanning microscope (LCSM) ... **A18:** 357
diagram ... **A18:** 359
hardware configurations ... **A18:** 358
Laser cutting *See also* Lasers ... **A14:** 735–742, **A20:** 807, 808–809, **EM1:** 676–680
advanced aluminum MMCs ... **A7:** 851–852, 853
applications ... **A14:** 741–742
as new metalworking process ... **A14:** 18
competing cutting methods ... **A14:** 737
cutting principles ... **A14:** 737–740
defined ... **A14:** 8, 735
focusing laser beams ... **EM1:** 676
gas-assisted cutting ... **EM1:** 676–677
laser types ... **A14:** 735–737
of composites ... **EM1:** 678–680
porous materials ... **A7:** 1035
process variables ... **A14:** 738–740
system equipment ... **A14:** 740–741
systems ... **EM1:** 677–678
with CO_2 laser ... **EM1:** 676
with neodymium-YAG laser ... **EM1:** 676
Laser diffraction ... **A7:** 236, 237
Laser diodes
with gallium compounds ... **A2:** 739
Laser Doppler velocimetry ... **A7:** 237
to analyze ceramic powder particle sizes ... **EM4:** 67
Laser Doppler velocity gage ... **A17:** 16–17
Laser engineered net shaping (LENS)
superalloy powders ... **A7:** 896–897
Laser excitation
optical testing ... **EL1:** 570
Laser flash technique ... **A7:** 30, 600
Laser free-form fabrication ... **A7:** 427–429
Laser glazing ... **A20:** 826
design limitations for inorganic finishing processes ... **A20:** 824
Laser hardening
aluminum-silicon alloys ... **A18:** 791
resistance to cavitation erosion ... **A18:** 217
Laser hardfacing ... **A6:** 789, 799–800, 802, 806–807
applications ... **A6:** 803, 806–807
cracking ... **A6:** 807
materials ... **A6:** 806
processing ... **A6:** 806–807
shielding gases ... **A6:** 807
substrates ... **A6:** 806
Laser heating ... **A7:** 78
Laser inspection *See also* Laser(s) ... **A6:** 1126, **A17:** 12–17
beam sorting system ... **A17:** 15–16
dimensional measurements ... **A17:** 12–16
of solder joints ... **EL1:** 942
of soldered joints ... **A17:** 606
of surfaces ... **A17:** 17
velocity measurements ... **A17:** 16–17
Laser interferometers ... **A17:** 14–15
for strain measurement ... **A8:** 193
Laser interferometric displacement measurement system ... **A19:** 163, 164
Laser interferometry ... **A19:** 183
to measure size of small fatigue cracks ... **A19:** 157
Laser ionization mass spectroscopy (LIMS), for trace element measurement
ultra-high purity metals ... **A2:** 1095
Laser machining
dependence on thermal energy ... **A5:** 161
Laser melt/particle injection
stainless steels ... **A5:** 757
Laser melt/particle inspection ... **M6:** 798–802
alloying materials ... **M6:** 800
aluminum ... **M6:** 802
iron-based alloys ... **M6:** 801–802
mechanical characterization ... **M6:** 802–803
microstructures ... **M6:** 800–801
process description ... **M6:** 799–800
Laser melting
cast irons ... **A5:** 693–694, 695
Laser metrology systems
seal wear ... **A18:** 552
Laser microprobe mass analysis ... **A10:** 142, 516, 583
Laser microprobe mass analysis (LAMMA)
abbreviation for ... **A11:** 797

SUBJECTS OF THE INDEXED VOLUMES: ASM Handbook (designated by the letter "A"): **A1:** Properties and Selection: Irons, Steels, and High-Performance Alloys (1990); **A2:** Properties and Selection: Nonferrous Alloys and Special-Purpose Materials (1990); **A3:** Alloy Phase Diagrams (1992); **A4:** Heat Treating (1991); **A5:** Surface Engineering (1994); **A6:** Welding, Brazing, and Soldering (1993); **A7:** Powder Metal Technologies and Applications (1998); **A8:** Mechanical Testing (1985); **A9:** Metallography and Microstructures (1985); **A10:** Materials Characterization (1986); **A11:** Failure Analysis and Prevention (1986); **A12:** Fractography (1987); **A13:** Corrosion (1987); **A14:** Forming and Forging (1988); **A15:** Casting (1988); **A16:** Machining (1989); **A17:** Nondestructive Evaluation and Quality Control (1989); **A18:** Friction, Lubrication, and Wear Technology (1992); **A19:** Fatigue and Fracture (1996); **A20:** Materials Selection and Design (1997). **Metals Handbook, 9th Edition** (designated by the letter "M"): **M1:** Properties and Selection: Irons and Steels (1978); **M2:** Properties and Selection: Nonferrous Alloys and Pure Metals (1979); **M3:** Properties and Selection: Stainless Steels, Tool Materials, and Special-Purpose Materials (1980); **M4:** Heat Treating (1981); **M5:** Surface Cleaning, Finishing, and Coating (1982); **M6:** Welding, Brazing, and Soldering (1983); **M7:** Powder Metallurgy (1984). **Engineered Materials Handbook** (designated by the letters "EM"): **EM1:** Composites (1987); **EM2:** Engineering Plastics (1988); **EM3:** Adhesives and Sealants (1990); **EM4:** Ceramics and Glasses (1991). **Electronic Materials Handbook** (designated by the letters "EL"): **EL1:** Packaging (1989)

components A11: 36
development of. A11: 35–36
uses of A11: 37
Laser microprobe mass spectrometry (LMMS). EL1: 1088–1090
Laser nitriding
titanium alloys A18: 781
Laser, noncutting process
in metal removal processes classification scheme A20: 695
Laser pantography
as chip interconnect EL1: 232–233
Laser photoacoustic shockwave test A18: 434
Laser processing
advanced aluminum MMCs. A7: 851–853
Laser scattering
tungsten powder A7: 190
Laser scribing
electrical steels A5: 774
Laser soldering A6: 359–360
advantages. A6: 359
applications. A6: 359
blind laser soldering. A6: 359
key attributes. A6: 359
carbon dioxide laser. A6: 359
disadvantages A6: 359
fine pitch technology (FPT) A6: 359
heat-sinking efficiency. A6: 359
helium-neon (He-Ne) laser A6: 359
infrared (IR) detector A6: 359, 360
infrared signature. A6: 360
intelligent laser soldering A6: 359–360
key attributes. A6: 360
lasers utilized A6: 359
Nd:YAG laser. A6: 359
surface-mount EL1: 706–707
tape automated bonding (TAB) A6: 359
Laser speckle patterns
speckle metrology. A17: 432
Laser surface hardening A19: 142
Laser surface processing A13: 501–503, A18: 861–871
alloy steels. A5: 735–737
carbon steels. A5: 735–737
cast irons. A5: 691–695
definition. A5: 960
laser alloying. A18: 865–866
applications A18: 866
examples of laser-alloyed surface microstructures A18: 866
laser gas alloying. A18: 866
processing A18: 865–866
wear behavior of laser-alloyed surfaces. . A18: 866
laser characteristics A18: 861
laser cladding. A18: 861, 866–868
applications A18: 868
examples of layer microstructures A18: 867
processing A18: 866–867
wear behavior of layers. A18: 867–868
laser melt/particle injection A18: 868–871
applications A18: 871
microstructures of layers A18: 869
processing A18: 868–869
wear behavior of layers. A18: 869–871
laser melting. A18: 863–865
applications A18: 865
examples of laser-melted surface microstructures A18: 864
processing A18: 863–864
wear behavior of laser-melted surfaces. A18: 864–865
laser surface modification techniques. A18: 861
process variables and methods of measuring. A18: 861
laser transformation hardening A18: 861–863
applications A18: 863
examples of laser-hardened surface microstructures A18: 862
processing A18: 861–862
wear behavior of laser-hardened surfaces. A18: 862–863
stainless steels. A5: 757
tool steels A5: 771, 772
Laser surface transformation hardening. A4: 265, 286–295
advantages. A4: 287
fundamentals. A4: 286–287, M4: 507–508
heat flow A4: 287, 288–289, M4: 509, 510–511
laser hardening, metallurgy of A4: 287–288, M4: 508–509
metalworking lasers A4: 290–291, M4: 512–513
optical systems. . . A4: 288, 290, 291–293, 294, 295, M4: 512, 513–514
process conditions M4: 511–512
processing parameters A4: 290
surface hardening, specific parts A4: 293–295, M4: 514–517
cast iron camshaft lobes M4: 515, 516–517
cylinder with conical top (4140 steel) M4: 515–516
large gear (1045 steel) M4: 516, 517
steel plates (1045 steel) M4: 514–515
Laser system. A7: 426
Laser technology A19: 175
Laser Technology, Inc.
exclusive licensing of electronic shearography EM3: 762
Laser transformation hardening
cast irons A5: 692–693, 694
Laser triangulation sensors A17: 13–14
Laser welded joints
metallography and microstructures A9: 581
Laser welding
hardfacing applications, characteristics. A5: 736
joint configurations EL1: 240
porous materials. A7: 1035
processes, applications EL1: 238
systems, failure mechanisms EL1: 1044–1045
tube/pipe rolling. A14: 631
Laser/vision inspection systems
robotic EM2: 845
Laser-aided direct deposition of metals. A7: 897
Laser-aided direct metal deposition (LADMD)
superalloy powders A7: 896–897
Laser-assisted rapid prototyping and manufacturing
superalloy powders A7: 896–897
Laser-based direct fabrication A7: 433–435
lasers used. A7: 434
microstructures. A7: 434–435
Laser-based light scattering techniques. EM4: 77
Laser-beam brazing
stainless steels. A6: 922
Laser-beam cutting (LBC)
definition. A6: 1211
safety precautions. A6: 1203
Laser-beam hardening A20: 486, 487
Laser-beam welding. A20: 473
failure mechanisms. EL1: 1044–1045
in joining processes classification scheme A20: 697
Laser-beam welding (LBW) . . . A6: 262–268, 874–880
absorptivity. A6: 878
advanced titanium-based alloys. A6: 526
advantages. A6: 262, 395, 874
aluminum alloys. A6: 739
aluminum and aluminum alloys A6: 263
aluminum metal-matrix composites. A6: 555, 556–557
aluminum-lithium alloys. A6: 551
applications A6: 262, 874
automotive A6: 393, 395
sheet metals A6: 398, 400
austenitic stainless steels. A6: 459, 463, 464
cast irons. A6: 720
conduction-mode welding. A6: 264
consumables, use of. A6: 879–880
deep-penetration-mode welding . . A6: 264–265, 266
definition. A6: 262, 874, 1211
dispersion-strengthened aluminum alloys . . A6: 543, 544, 545, 546
efficiency. A6: 262
energy consumption. A6: 262
ferritic stainless steels A6: 448
filler metals A6: 739, 879–880
fluid-flow calculation, model of. A6: 1148
fundamentals A6: 264–266
hardfacing alloy consumable form. A6: 796
health and safety A6: 267–268
heat sources A6: 1142, 1144
heat-affected zone A6: 262, 263
heat-treatable aluminum alloys A6: 528
in space and low-gravity environments. . . A6: 1021, 1022
interaction time A6: 875
joint fit-up. A6: 879
joint preparation A6: 879
joint weld design A6: 879–880
laser safety officer designation. A6: 267
laser welding parameters A6: 265–266
laser-beam diameter A6: 875–876
laser-beam power A6: 875
laser-beam spatial distribution. A6: 876–878
limitations. A6: 262
limitations on procedure qualification A6: 1093
microwelding with pulsed lasers A6: 263, 266, 267
modes, indexing of A6: 876–877
nickel-base corrosion-resistant alloys containing molybdenum A6: 594
niobium alloys A6: 581
non-heat-treatable aluminum alloys A6: 538
oxide-dispersion-strengthened materials. . . A6: 1039
parameters for selected pulsed and continuous wave lasers. A6: 263
peak penetration. A6: 262
penetration welding A6: 263
polarized beam application developed by Fraunhofer Institute. A6: 263
power density A6: 875
precipitation-hardening stainless steels. A6: 489
procedure development. A6: 874–879
process applications. A6: 262–264
process selection. A6: 874
processing equipment A6: 266–267
safety precautions. A6: 1203
shielding gases A6: 878
special welding practices. A6: 879–880
stainless steel casting alloys A6: 496
stainless steels . . . A6: 262–263, 679, 688, 697, 698, 699
standard procedure qualification test weldments A6: 1090
steels. A6: 263
stress analysis of welds A6: 1138
titanium and titanium alloys. A6: 85, 263–264, 512, 513, 514, 516, 517, 518, 520, 521, 783, 784
training, medical examinations, and documentation A6: 268
traverse speed A6: 878
ventilation of metal fumes, limit values. . . . A6: 268
vs. arc welding A6: 262
vs. electron-beam welding (EBW) A6: 262
vs. oxyacetylene welding (OAW). A6: 262
vs. plasma arc welding (PAW). A6: 262
wrought martensitic stainless steels . . . A6: 440–441
zirconium alloys A6: 787
Laser-enhanced plating. A18: 835
Laser-flash method, diffusivity technique A5: 658
Laser-induced chemical vapor deposition (LCVD). A18: 846, 848
photolytic. A18: 848
pyrolytic. A18: 848
Laser-induced fluorescence spectroscopy. . . A10: 80–81
Laser-induced resonance ionization mass spectroscopy. A10: 141, 142
Laser-jet plating. A18: 835
Laser-processed plastic prototypes. A7: 426
Lasers *See also* Laser beam cutting; Laser cutting; Laser inspection; Laser welding
ablation for solid-sample analysis A10: 36
as holographic components A17: 417–420
as light source in vibrational spectroscopy A10: 128
as UV source, for radiation curing. EL1: 864
bench micrometer, self-contained A17: 13
broadband tunable dye A10: 128
cavity operation M6: 650
characteristics M6: 650–651
coherence length limitations A17: 411–412
continuous-wave gas A10: 128
cost M6: 654
defined. A14: 735
definition M6: 647
description of operation M6: 649–650
dimensional measurement applications A17: 12
effect, on speckle metrology. A17: 432
expandability. M6: 653–654
exposure to preactivate Raman analysis samples. A10: 130
for measuring droplet sizes. A7: 406
helium-neon, in FT-IR spectroscopy. A10: 112
in corrosion analysis A10: 135

576 / Lasers

Lasers (continued)
in molecular fluorescence spectroscopy **A10:** 76, 80–81
in Raman analyses of polymers......... **A10:** 131
inspection **A17:** 12–17
interactions of materials **M6:** 654–655
interferometric micrometer, for length measurement **A17:** 15
irradiation, of 202 steel................ **A10:** 623
light, in optical holography............. **A17:** 224
low-powered, for Raman analysis of graphites........................... **A10:** 132
neodymium-doped yttrium aluminum garnet (Nd:YAG)..................... **A17:** 410, 418
neodymium-doped, yttrium-aluminum-garnet spectrometry **A10:** 142, 597
nitrogen gas, for atom probe analysis..... **A10:** 597
operating costs of welding.............. **M6:** 669
optics design and beam transport **M6:** 665–667
parts required **M6:** 649
penetration......................... **M6:** 653–654
probes, in coordinate measuring machines **A17:** 25
productivity **M6:** 653
properties affecting interaction....... **M6:** 654–655
radiation, use in Raman spectroscopy **A10:** 128
Raman molecular microprobe **A10:** 129
safety in welding..................... **M6:** 669–670
semiconductor, effect on optical interconnections **EL1:** 10
sources, optical holographic interferometry................ **A17:** 417–418
speckle patterns **A17:** 432
spot pulsing........................... **EL1:** 368
stability of............................ **A10:** 112
to provide heat for soldering **A6:** 112
treatment of stainless steel, SIMS surface analysis of **A10:** 622–623
triangulation sensors **A17:** 13–14
tunable infrared **A10:** 112
tunable radiation from **A10:** 142
types................................ **A14:** 735–737
types, optical holographic interferometry.. **A17:** 407
types suitable for welding **M6:** 651–652
weld quality........................... **M6:** 653
welding by............................ **A10:** 156

Lasers, quantum-well
research **A2:** 747

Laser-spin atomization **A7:** 51

Laser-trimmable resistors
lamination process for **EL1:** 464

Lashing **A7:** 592

Lashing wire............................ **A1:** 852

Lasing crystals **EM4:** 18

La-Sn (Phase Diagram).................. **A3:** 2•275

Lass *See* Seams

Lasser anodizing process
aluminum and aluminum alloys......... **M5:** 592

Lasser process
hard anodizing **A5:** 486

Last pass heat sink welding
boiling water reactors **A13:** 932

Latchbolt, brass **A7:** 1106, 1108

Latching post, magnetic............. **A7:** 1104, 1105

Latch-up
as failure mechanism **EL1:** 977, 1017
charge transfer during................. **A11:** 786
in CMOS, silicon *p-n* junction failures..................... **A11:** 785–786
in large-scale integrated CMOS devices ... **A11:** 768

Latent curing agent *See also* Curing agent.. **EM3:** 17
defined............................... **EM2:** 25

Latent defects
defined............................... **EL1:** 867

Latent heat method **A20:** 711
solidification modeling............. **A15:** 887–888

Latent heat of fusion *See also* Thermal properties **A6:** 45
aluminum casting alloys.... **A2:** 153, 165, 168, 173

Latent solvent
definition............................. **A5:** 960

Lateral chromatic aberration **A9:** 75
effect of focal length on magnification...... **A9:** 77

Lateral connection plate, of bridges
cracking of............................ **A11:** 707

Lateral crack
definition............................. **EM4:** 633

Lateral extrusion
defined **A14:** 8

Lateral outflow jetting
liquid impact erosion **A18:** 224

Lateral resolution
atom probe analysis **A10:** 595–596

Lateral thinking........................ **A20:** 39–40
definition............................. **A20:** 835

Latex **EM3:** 17
acrylic sealants.................. **EM3:** 188–191
additives **EM3:** 210–211
and backup material use............... **EM3:** 212
and primer use **EM3:** 212
applications **EM3:** 145, 211–212
artificial **EM3:** 86
chemistry........................ **EM3:** 210–211
cost factors **EM3:** 211–212
cure mechanism **EM3:** 212
design **EM3:** 53
fillers **EM3:** 211
for bonding decorative wall panels **EM3:** 577
for metal building construction **EM3:** 57
forms **EM3:** 211–212
formulation...................... **EM3:** 210–211
methods of application **EM3:** 211, 212, 213
performance **EM3:** 674
pigment-to-binder ratio................ **EM3:** 211
properties **EM3:** 210–214
sealant applications **EM3:** 177
sealant characteristics (wet seals)........ **EM3:** 57
shelf life.............................. **EM3:** 213
suppliers.............................. **EM3:** 211
surface preparation.................... **EM3:** 212
testing methods **EM3:** 212–213
total joint movement **EM3:** 211
vinyl acrylic, advantages and disadvantages **EM3:** 675

Latex (acrylic) paint system
estimated life of paint systems in years **A5:** 444

Latex caulks
applications.......................... **EM3:** 211
for exterior seals in construction......... **EM3:** 56

Latex (water-thinned) paint
roller selection guide **A5:** 443

Lath martensite ... **A9:** 671, **A20:** 373, 374, 375, 376, 377
basic arrangements.................... **A9:** 706
defined **A9:** 10–11, 706
definition............................. **A5:** 960
Hermann-Mauguin symbols **A9:** 707
in steel............................... **A9:** 178
ordered and disordered................. **A9:** 708
parameters for simple metallic crystals...................... **A9:** 716–718
Pearson symbols....................... **A9:** 707

Lath martensite [M(L)]................... **A6:** 76

Lathe
bed **A8:** 159
grip, for fatigue testing **A8:** 368
tool test, CPM alloys **M7:** 789
turning, for comminution of solid magnesium **M7:** 131

Lathe tools *See also* Lathes **A16:** 19–20
and shaping........................... **A16:** 190
flank wear **A16:** 37–38
high-speed tool steels.................. **A16:** 58
TiN coating **A16:** 57

Lathe turning
carbon steel surface compression stress and fatigue strength **A5:** 711
characteristics **A20:** 695
physical and mechanical properties affected by.................. **M5:** 306, 308

Lathes *See also* Lathe tools **A16:** 1
automatic....... **A16:** 136, 137, 140–141, 367–393
design of **A16:** 135
die threading **A16:** 296, 297
for drilling.............. **A16:** 212, 229, 235
for manual spinning................... **A14:** 599
for milling............................ **A16:** 329
for turning **A16:** 135, 428
high-precision, rigid high-power........... **A16:** 98
honing.......................... **A16:** 473, 486
manual **A16:** 136, 137
NC, drilling........................... **A16:** 235
roller burnishing....................... **A16:** 252
semiautomatic **A16:** 136–137
surface finish requirements for machine tool components **A16:** 21
thread rolling................ **A16:** 284, 285, 286

Latin America
electrolytic tin- and chromium-coated steel for canstock capacity in 1991........... **A5:** 349
electrolytic zinc and zinc alloy (Zn-Ni, Zn-Fe) coated steel strip capacity, primarily for automotive body panels, 1991 .... **A5:** 349

Latin square experimental plan **A8:** 640, 643, 647–650
for two sources of inhomogeneity **A8:** 643

Latitude
charts, x-ray film **A17:** 329
of radiographic contrast **A17:** 299

La-Tl (Phase Diagram) .... **A3:** 2•275

Lattice
dislocations, defined **A13:** 45
plane................................. **A13:** 45

Lattice constants........................ **A3:** 1•10
defined............................... **A9:** 10

Lattice decohesion mechanism............ **A19:** 186

Lattice defects
bright-dark image oscillations **A9:** 112
diffraction in imperfect crystals........... **A9:** 111
imaging............................... **A9:** 110

Lattice diffusion.................... **A7:** 443, **M7:** 7
sintering-caused....................... **M7:** 314

Lattice dislocations
reactions with grain boundary dislocations **A9:** 120

Lattice disregistry
inoculation effects **A15:** 105

Lattice distortion
effect on nucleation sites **A9:** 694

Lattice fringes, production of
by transmission electron microscopy .. **A9:** 103–104

Lattice hardening........................ **A12:** 32

Lattice parameter........................ **A20:** 337
defined................................ **A9:** 10
life-assessment techniques and their limitations for creep-damage evaluation for crack initiation and crack propagation............ **A19:** 521

Lattice parameters .... **A3:** 1•10

Lattice pattern
defined **EM1:** 14, **EM2:** 25

Lattice points........................... **A3:** 1•15

Lattice resistance **A20:** 267, 268, 269

Lattice strain **A19:** 8
permanent **M7:** 61

Lattice structure
of graphite **A2:** 1009–1010
ordered, intermetallics **A2:** 913–914

Lattice-image contrast transmission electron microscopy........................... **A9:** 103
beam diagram **A9:** 104

Lattice-parameter method
XRPD analysis........................ **A10:** 339

Lattices *See also* Crystal lattices; Superlattices **EM3:** 17
as block design **A8:** 640
cubic, singular and vicinal surfaces of **A10:** 537
defects imaged by x-ray topography **A10:** 365
determining geometries of **A10:** 327–328

diffraction in **A10:** 327
distortion in **A10:** 365, 368
image of zinc oxide by combined beams **A10:** 446
imaged by phase contrast **A10:** 445
imaging, transmission electron microscopy **A10:** 445–446
location in **A10:** 628, 633–634
MFS study of constituents **A10:** 72
modulations, in photoacoustic spectroscopy **A10:** 115
-parameter and lattice-type determinations, by XRPD analysis **A10:** 333
reciprocal, and Ewald construction **A10:** 539
space, in crystal systems **A10:** 347
spacing **A10:** 384, 690
strain measurement by dechanneling in **A10:** 634–635
strain measurement in **A10:** 633–635
vibrations **A10:** 126, 130
Laudig iron-backed journal bearings **A11:** 716
Laue camera
for XRPD analysis **A10:** 334–335
Laue case
reflection topography **A10:** 366
synchrotron radiation with **A10:** 374
transmission patterns of aluminum **A10:** 376
Laue equations **A19:** 221
defined **A9:** 11
Laue method
defined **A9:** 11
Laue x-ray technique used to investigate crystallographic texture **A9:** 701–702
Laue zones
first-order (FOLZ) **A10:** 439, 442
higher-order (HOLZ) **A10:** 439, 442
zero-order (ZOLZ) **A10:** 439
Launder
defined **A15:** 7
Lauter tubs
in breweries **A13:** 1223–1224
Laves phase **A19:** 493
in austenitic stainless steels **A9:** 284
in cobalt-base wrought alloys **A18:** 766
in Tribaloy alloy (T-800) **A2:** 449
in wrought heat-resistant alloys **A9:** 309, 312
influence on wear resistance **M1:** 613
Laves phase alloys **A7:** 1073–1074
corrosion resistance **A7:** 1070
for hardfacing **A6:** 790, 792, 793–794, 795, 796, **M7:** 825
microstructure **M7:** 833
Laves phase formation
in superalloys **A8:** 479
Laves-type alloy compositions **A18:** 762–763
compositions **A18:** 762
microstructure **A18:** 762–763, 764
properties **A18:** 762, 763
Law of Conservation of Energy **A3:** 1•6
and stress analyses **A11:** 49
Law of mass action **A6:** 58
Law of normal tension **EM4:** 635, 636
Lawn equipment, P/M parts **M7:** 671, 676–678
powders use **M7:** 572
self-lubricating bearings in **M7:** 705
tractors **M7:** 677–678
Laws
Newton's first **A15:** 591
of continuity **A15:** 591
of hydraulics **A15:** 590–591
of thermodynamics **A15:** 50
Lay *See also* Twist
defined **EM2:** 25
definition **A5:** 960
Layer *See also* Laminate(s)
analysis, software for **EM1:** 275–276
cracking **EM1:** 436
cracking, computer program for **EM1:** 277
definition **M6:** 10
properties, computing **EM1:** 276
Layer bearing *See also* Bimetal bearing; Trimetal bearing
defined **A18:** 12
Layer formation
during oxidation **A8:** 603
Layer growth
in A15 compounds **A2:** 1063
Layer injection molding **EM1:** 557
Layer pantography techniques **EM3:** 594
Layer personalization
ceramic multilayer packages **EL1:** 463–464
Layered manufacturing **A20:** 232
Layered mechanical coatings **M5:** 301
Layered products
characteristics of bond types used in abrasive products **A5:** 95
Layered structures
RBS analysis for **A10:** 628
Layer-lattice material
defined **A18:** 12
Layer-removal technique **A20:** 815
Layers
in physical interconnection hierarchies **EL1:** 2–5
Layer-type dezincification
as selective leaching **A11:** 633
Layout
design process **EL1:** 513–515
flexible printed boards **EL1:** 594–596
master, requirements **EL1:** 516
multilayer printed board, requirements **EL1:** 516
panel, rigid printed wiring boards **EL1:** 540–541
steps, for digital, ECL, through-hole board **EL1:** 515–516
Lay-up *See also* D lay-up; Dry lay-up; Hand lay-up; Manual lay-up; Wet lay-up
automated, for thermoplastics **EM1:** 103–104
automatic, of unidirectional tape prepregs **EM1:** 145
complex **EM1:** 642–643
defined **EM1:** 14–15, **EM2:** 25
dry, defined *See* Dry lay-up
equipment, for unidirectional tape prepregs **EM1:** 145
fiberglass fabrication by **EM1:** 28
hand/machine, defined **EM1:** 33
hand/manual **EM1:** 33, 144, 602–604
inspection, types **EM1:** 739
mechanically assisted **EM1:** 605–607
preparation for cure **EM1:** 642–644
procedures, quality control in **EM1:** 740–744
reinforcing material, quality control in **EM1:** 740–744
simple **EM1:** 642
unidirectional vs. quasi-isotropic **EM1:** 146
vacuum bag **EM1:** 703
wet, resins for **EM1:** 132–134
wet/dry, for epoxy composites **EM1:** 71–73
Lay-up fabrication technique
for resin-matrix composites **A9:** 591
Lay-up method, wet and dry
of lamination **EL1:** 832
Lay-ups
graphite-epoxy **A11:** 733–734
La-Zn (Phase Diagram) **A3:** 2•275
L-band frequencies
microwave reflectometer **A17:** 214
LC *See* Liquid chromatography
LC Astroloy **A7:** 887, 890, 892, 898, 899
LCC1-load-carrying cruciform weldment
estimated sources of uncertainty in fatigue strength data **A19:** 284
LCC2-load-carrying cruciform weldment
estimated sources of uncertainty in fatigue strength data **A19:** 284
LCP *See* Liquid crystal polymer
LDH *See* Limiting dome height
L-direction
defined **EM1:** 15
LDPE *See* Low-density polyethylene
LDR *See* Limiting draw ratio
Le Châtelier, Henri **A3:** 1•7
Le Chatelier's principle **A6:** 80
Lea and Nurse permeability apparatus **A7:** 277–278
manometer and flowmeter **M7:** 264
Leach liquor **A7:** 171, 172
Leach precipitation-flotation method **A7:** 141
Leachates **A10:** 7, 658
Leached substances
as corrosive **A11:** 210
Leached-glass fibers **EM1:** 61
Leaching *See also* Selective leaching **A6:** 132, **A7:** 171–172
batch curves, Sherritt process **M7:** 140
cobalt-base powders **A7:** 179–180
copper powders **A7:** 140, 141, 142
in hydrometallurgical nickel powder production **M7:** 134, 138–139
in hydrometallurgical processing of cobalt and cobalt alloy powders **M7:** 145
of composite powders **M7:** 173
of copper oxide for copper powders **M7:** 119
of copper powders **M7:** 119
Lead *See also* Lead alloys; Lead powders; Lead recycling; Lead toxicity; Lead-base alloys; specific leaded alloys **A13:** 784–792
abrasion of **A9:** 41
-acid batteries **A10:** 135
addition to aluminum-base bearing alloys **A18:** 752
addition to aluminum-silicon alloys **A18:** 790
additive for copper alloys **M6:** 400
additive improving machinability of steels **A16:** 125
air-acetylene flame atomizer for **A10:** 48
alloy impressed-current anodes **A13:** 469
alloying, aluminum casting alloys **A2:** 132
alloying, copper and copper alloys **A2:** 236
alloying, copper casting alloys **A2:** 346
alloying effect on nickel-base alloys **A6:** 590
alloying for machinability in nickel silver powders **M7:** 122
alloying, wrought aluminum alloy **A2:** 52
alloying, wrought copper and copper alloys **A2:** 242
alloys, corrosion-fatigue limits **A11:** 253
alloys, for soft metal bearings **A11:** 483
aluminum-silicon-lead alloys, mixed bearing microstructure **A18:** 744
ammunition **A2:** 554
and cadmium separation, by internal electrolysis **A10:** 201
and free-cutting grades of carbon or low-alloy steels **A16:** 149
anode composition complying with Federal Specification QQ-A-671 **A5:** 217
anode-cathode motion and current density **A5:** 279
anodes **A2:** 555
applications **A2:** 548–555
as a reactive sputtering cathode material **A9:** 60
as ductile phase of ceramics **A19:** 389
as electrode **A10:** 185
as low-melting embrittler **A12:** 29
as major toxic metal with multiple effects **A2:** 1242–1247
as minor element, ductile iron **A15:** 648
as oxide-forming, copper alloys **A15:** 96
as solid lubricant inclusion for stainless steels **A18:** 716
as toxic chemical targeted by 33/50 Program **A20:** 133
as trace element, cupolas **A15:** 388
atmospheric corrosion **A13:** 82, 787
attachment to acidified chloride solution specimen **A8:** 419
attachments of resistor networks, hydrogen embrittlement **A11:** 45–46
battery grids **A2:** 548–549
blood levels, national estimates **A2:** 1243
cable sheathing **A2:** 550–551
casting temperatures **A2:** 547–548
chemical, in industrial/domestic waters **A13:** 785
codeposited with silver for electroplated bearings **A18:** 838
commercially pure, corrosive wear **A18:** 744
compatibility in bearing materials **A18:** 743
composition range for cadmium anodes **A5:** 217
compositions and grades **A2:** 543–545
compounds, solubility of **A13:** 786
compounds, toxicity **A15:** 96
conformability and embeddability **A18:** 743
contamination **M6:** 321
content additions to P/M materials **A16:** 885
content in solders **M6:** 1069–1071
content in stainless steels **A16:** 682–683, 684
content, manganese bronzes **A2:** 348
corrosion, forms **A13:** 784
corrosion rate, chemical environments **A13:** 781
corrosion resistance **A2:** 547
corrosion resistance of **A1:** 221
cost per unit mass **A20:** 302
cost per unit volume **A20:** 302
covered by NAAQS requirements **A20:** 133
creep-fatigue experiments **A8:** 346
density **A2:** 545

Lead (continued)
deposit hardness attainable with selective plating versus bath plating.................**A5:** 277
deposition of...........................**A10:** 201
determined by 14-MeV FNAA **A10:** 239
determined by controlled-potential coulometry...........................**A10:** 209
determined in coal fly ash **A10:** 147
determined in plant tissues...............**A10:** 41
diffusion factors **A7:** 451
EDTA titration.....................**A10:** 173–174
effect, electrolytic tough pitch copper......**A2:** 270
effect of, on machinability of carbon steels..............................**A1:** 599–600
effect of, on steel **A1:** 145
effect on brasses **M6:** 1033
effect on Cu alloy machinability.........**A16:** 805
effect on fracture morphology, steel....**A12:** 30, 38
effect on macrosegregation in copper alloys **A9:** 639
effects, cartridge brass...................**A2:** 300
effluent limits for phosphate coating processes per U.S. Code of Federal Regulations....**A5:** 401
electrodeposited coatings................**A13:** 427
electroless nickel plating use in **M5:** 223–224
electrolytic alkaline cleaning...............**A5:** 7
electroplated coatings for bearings **A18:** 838
electroplated metal coatings **A5:** 687
electroplating of bearing materials **A18:** 756
electropolishing with alkali hydroxides......**A9:** 54
elemental sputtering yields for 500 eV ions.............................**A5:** 574
embrittlement **A13:** 179
embrittlement by.....**A11:** 235–236, **A13:** 181–182
embrittlement in nickel alloys **M6:** 437
energy factors for selective plating **A5:** 277
environments that cause stress-corrosion cracking **A6:** 1101
extrusion of **A14:** 318, 321
extrus'on characteristics **A2:** 547
fatigue properties **A2:** 547
ferrographic analysis **A18:** 306
final-polishing **A9:** 47
fluoborate bath effect **A5:** 207
foil **A2:** 555
fractured ingots, history **A12:** 1
free-machining steel additive...**A16:** 672, 673, 674, 675, 676, 677, 679
frequency effect on fatigue behavior of **A8:** 346–347
friction coefficient data..................**A18:** 71
fusible alloys..........................**A2:** 555
galvanic corrosion of....................**A13:** 85
galvanic corrosion with magnesium.......**M2:** 607
galvanic series for seawater **A20:** 551
gas tungsten arc welding **M6:** 183
gaseous hydride, for ICP sample introduction........................**A10:** 36
gold plating baths contaminated by........**M5:** 283
gravimetric finishes **A10:** 171
heat-affected zone fissuring in nickel-base alloys **A6:** 588
high-temperature solid-state welding........**A6:** 298
high-vacuum lubricant application...**A18:** 153, 154
history **A2:** 543
hot dip galvanized coating, use as alloying element in **M5:** 324
in alloys, oxyfuel gas cutting **A6:** 1165
in aluminum alloys **A15:** 746
in blood, GFAAS analysis **A10:** 55
in building...........................**A15:** 20–21
in carbon-graphite materials..............**A18:** 816
in cast iron **A1:** 5, 8
in copper alloys **A6:** 753
in copper-base alloys **A18:** 750
in flake graphite composition............**A18:** 699
in free-machining metals................**A16:** 389
in iron-based alloys, AAS analysis for..**A10:** 55, 56
in sleeve bearing liners **A9:** 567
in steel chips, GFAAS analysis **A10:** 55
in underground ducts **A13:** 787–789
in water...........................**A13:** 784–787
in zinc alloys.................**A9:** 489, **A15:** 788
in zinc/zinc alloys and coatings..........**A13:** 759
inclusion in steels, embrittlement effect ..**A11:** 239, 242
influence on fracture morphology of steel **A11:** 226
lap welding............................**M6:** 673
laser beam welding **M6:** 647
LEISS segregated to surface of tin-lead solder **A10:** 607–608
liquid, application **A13:** 92
liquid, brittle fracture induced by.........**A11:** 225
liquid, embrittling effects **A11:** 28
liquid, tantalum resistance to............**A13:** 733
lubricant indicators and range of sensitivities **A18:** 301
machinability additive **A16:** 685, 689
macroscopic examination............**A9:** 416–417
malleability, softness, lubricity............**A2:** 545
maximum concentration for the toxicity characteristic, hazardous waste **A5:** 159
maximum limits for impurity in nickel plating baths..............................**A5:** 209
melt drop (vibrating orifice) atomization **A7:** 50–51
melting point **M5:** 275
microscopic examination **A9:** 416–417
microstructural wear **A11:** 161
microstructures.....................**A9:** 417–418
molten **A11:** 274
molten, applications....................**A13:** 56
mounting materials for **A9:** 415
nickel alloy surface, removal from........**M5:** 672
nickel plating bath contamination by **M5:** 208–210
oxyacetylene welding....................**A6:** 281
oxyfuel gas welding **A6:** 281, 282, 285
photometric analysis methods **A10:** 64
physical properties......................**A7:** 451
pipe **A2:** 552–553
plain carbon steel resistance to **A13:** 515
pouring temperature/rate of cooling **A2:** 545
preparation for metallographic examination **A9:** 415–416
price per pound **A6:** 964
processing **A2:** 543
produced by laser alloying **A18:** 866
products...........................**A2:** 548–555
properties of **A2:** 545–548
protective film **A13:** 82
pure..............................**M2:** 761–762
pure, properties **A2:** 1129
pyrophoricity **M7:** 196–197, 199
qualitative tests to identify..............**A10:** 168
quartz tube atomizers with...............**A10:** 49
recovery from brass....................**A10:** 200
recycling **A2:** 1221–1223
refining of........................**A15:** 474–476
relative solderability **A6:** 134
relative solderability as a function of flux type...........................**A6:** 129
relative weldability ratings, resistance spot welding............................**A6:** 834
release into glass housewares limited ...**EM4:** 1100
removal, by slags **A15:** 452
resistance of, to liquid-metal corrosion **A1:** 636
resistance to chemicals **A13:** 780
safety regulations affecting soldering **A6:** 984
safety standards for soldering...........**M6:** 1098
sheet..............................**A2:** 551–552
sheet, foil, and wire, stop-off media chrome plating............................**M5:** 187
shielded metal arc welding **A6:** 179, **M6:** 75
shrinkage allowance....................**A15:** 303
soil corrosion of.......................**A13:** 789
solder characteristics **M6:** 1070–1072
soldering **A6:** 631
solders **A2:** 553
solution potential **M2:** 207
sound control materials..................**A2:** 556
species weighed in gravimetry **A10:** 172
spectrometric metals analysis............**A18:** 300
strength **A2:** 545
structures.........................**A2:** 555–556
sulfate ion separation **A10:** 169
sulfuric acid as dissolution medium **A10:** 165
sulfuric acid corrosion of **A13:** 1153
surface corrosion, Raman analysis **A10:** 135
terne coatings **A2:** 554–555
tests for assessing soldering exposure...................**M6:** 1099–1100
thermal diffusivity from 20 to 100 °C **A6:** 4
thermal expansion..................**A2:** 545, 547
thermal expansion coefficient.............**A6:** 907
thermal properties **A18:** 42
thermal spray coatings...................**A5:** 503
to collimate or shield sources for storage and shipment **A18:** 325
toxicity **A6:** 1195, 1196
toxicity and exposure limits.........**M7:** 207–208
TWA limits for particulates..............**A6:** 984
type metals **A2:** 549–550
ultrapure, by zone-refining technique.....**A2:** 1094
ultrasonic cleaning **A5:** 47
vapor pressure **A6:** 621
Vickers and Knoop microindentation hardness numbers.........................**A18:** 416
volatilization losses in melting..........**EM4:** 389
volumetric procedures for...............**A10:** 175
water-atomized powders **A7:** 42
weldability rating by various processes ...**A20:** 306
Young's modulus vs. elastic limit **A20:** 287
Young's modulus vs. strength...**A20:** 267, 269–271
zinc and galvanized steel corrosion as result of contact with.........................**A5:** 363

Lead acetate
electroless nickel coating corrosion.......**A20:** 479

Lead acetate, 36%
electroless nickel coating corrosion........**A5:** 298

Lead alloy
sheathing for immersion heaters, chromium plating **A5:** 183

Lead alloy powder
air atomization.........................**A7:** 44

Lead alloys *See also* Lead
ammunition............................**A2:** 554
analysis for iron by phenanthroline method............................**A10:** 66
anodes **A2:** 555
anodes, chrome plating...........**M5:** 175, 182
applications.......................**A2:** 548–555
battery grids **A2:** 548–549
bearings, use for *See also* Bearings, sliding.....................**M3:** 814–815
cable sheathing.....................**A2:** 550–551
chromium plating anodes, use as.........**M5:** 191
coatings *See* Hot dip lead alloy coating
compositions and grades **A2:** 543–545
creep characteristics.....................**A2:** 551
engineered material classes included in material property charts **A20:** 267
foil **A2:** 555
Freiberger decomposition in.............**A10:** 167
friction welding.........................**A6:** 152
fusible alloys..........................**A2:** 555
hot extrusion, billet temperatures for **M3:** 537
inoculants for **A15:** 105
lead-base bearing alloys (babbitt metals)...........................**A2:** 553–554
linear expansion coefficient vs. Young's modulus...........**A20:** 267, 276–277, 278
loss coefficient vs. Young's modulus.....**A20:** 267, 273–275
macroscopic examination **A9:** 416
melting heat for **A15:** 376
melting of **A15:** 474–476
microscopic examination **A9:** 416–417

SUBJECTS OF THE INDEXED VOLUMES: **ASM Handbook** (designated by the letter "A"): **A1:** Properties and Selection: Irons, Steels, and High-Performance Alloys (1990); **A2:** Properties and Selection: Nonferrous Alloys and Special-Purpose Materials (1990); **A3:** Alloy Phase Diagrams (1992); **A4:** Heat Treating (1991); **A5:** Surface Engineering (1994); **A6:** Welding, Brazing, and Soldering (1993); **A7:** Powder Metal Technologies and Applications (1998); **A8:** Mechanical Testing (1985); **A9:** Metallography and Microstructures (1985); **A10:** Materials Characterization (1986); **A11:** Failure Analysis and Prevention (1986); **A12:** Fractography (1987); **A13:** Corrosion (1987); **A14:** Forming and Forging (1988); **A15:** Casting (1988); **A16:** Machining (1989); **A17:** Nondestructive Evaluation and Quality Control (1989); **A18:** Friction, Lubrication, and Wear Technology (1992); **A19:** Fatigue and Fracture (1996); **A20:** Materials Selection and Design (1997). **Metals Handbook, 9th Edition** (designated by the letter "M"): **M1:** Properties and Selection: Irons and Steels (1978); **M2:** Properties and Selection: Nonferrous Alloys and Pure Metals (1979); **M3:** Properties and Selection: Stainless Steels, Tool Materials, and Special-Purpose Materials (1980); **M4:** Heat Treating (1981); **M5:** Surface Cleaning, Finishing, and Coating (1982); **M6:** Welding, Brazing, and Soldering (1983); **M7:** Powder Metallurgy (1984). **Engineered Materials Handbook** (designated by the letters "EM"): **EM1:** Composites (1987); **EM2:** Engineering Plastics (1988); **EM3:** Adhesives and Sealants (1990); **EM4:** Ceramics and Glasses (1991). **Electronic Materials Handbook** (designated by the letters "EL"): **EL1:** Packaging (1989)

microstructures A9: 417–424
mounting materials A9: 415
pipe A2: 552–553
plumbum series A2: 555–556
preparation for metallographic examination A9: 415–416
processing A2: 543
products A2: 548–555
properties A2: 545–548
room-temperature tensile properties A2: 550
sample dissolution medium A10: 166
sheet A2: 551–552
soldering A6: 631
solders A2: 553
sound control materials A2: 556
specific modulus vs. specific strength A20: 267, 271, 272
strength vs. density A20: 267–269
structures A2: 555–556
terne coatings A2: 554–555
thermal expansion coefficient A6: 907
type metals A2: 549–550

Lead alloys, specific types *See also* Sleeve bearing materials, specific types
40Sn-60Pb A6: 351
63Sn-37Pb solder A6: 113, 351
phase diagram A6: 128
Pb-0.26Sb, cellular solidification structure . . A9: 613
SAE alloy 13 . . . . A9: 419
SAE alloy 14 . . . . A9: 419

Lead and lead alloys
age-hardening M4: 740–741, 742
applications M2: 495–499
battery grids M4: 742
cold storage M4: 743
corrosion resistance M2: 495, 511–522
acids M2: 515–522
atmospheric M2: 512–513
chemicals M2: 515–522
differential aeration M2: 514
galvanic corrosion M2: 513–514, 515–516
soil M2: 514–515
underground ducts M2: 513–514
water M2: 511–512
dispersion hardening M4: 742
fabrication M4: 742–743
grades of lead M2: 494
hardness stability M4: 741, 742
hardness testing M4: 741–742
heat treating M4: 740–743
lead-base alloys *See also* Leads and lead alloys, specific types M2: 494
lead-base solders M2: 497, 505–506
pig leads M2: 494
plumtum series M2: 498–499
products M2: 495–499
properties of lead *See also* Lead, pure and Leads and lead alloys, specific types . . . M2: 494–495
quenching M4: 741
refining of lead M2: 493–494
service temperatures M4: 743
solid-solution hardening M4: 740
solution treating M4: 740–741
sound-control materials M2: 498, 499
sources of lead M2: 493

Lead and lead alloys, heat treating A4: 925–927
age-hardening A4: 925, 926, 927
alloys susceptible to f-ire cracking A4: 884
battery grids A4: 925, 926–927
cold storage A4: 925, 926, 927
dispersion hardening A4: 927
fabrication A4: 927
for molten metal baths used in tempering of steel A4: 128–129, 133
for pots and workpieces for austenitizing tool steels A4: 721
hardness stability A4: 926
hardness testing A4: 925–926
quenching A4: 925, 926
service temperatures A4: 927
solid-solution hardening A4: 925, 927
solution-treating A4: 925, 926
vapor pressure of lead A4: 493
vapor pressure of lead, relation to temperature A4: 495

Lead azide ($Pb(N_3)_2$) (explosive)
friction coefficient data A18: 75

Lead babbitt A18: 748, 749–750
bearing material microstructure A18: 743, 744
casting processes A18: 754–755
in bimetal bearing material systems A18: 747
in trimetal bearing material systems A18: 748

Lead bend fatigue
lead frame alloys EL1: 491

Lead blocks as mounting materials for tungsten A9: 441

Lead borate glasses
electrical hardness EM4: 852
hardness EM4: 851

Lead borate, properties
non-CRT applications EM4: 1048–1049

Lead borosilicate glasses
metallizing by thick-film adhesion EM4: 544
properties EM4: 1057
non-CRT applications EM4: 1048–1049

Lead burning
definition A6: 1211, M6: 10

Lead cable sheathing
as lead and lead alloy application A2: 550–551

Lead carbonate A6: 965

Lead coatings *See also* Terne coatings
cast irons M1: 102, 103
corrosion protection M1: 752–754

Lead compounds
applications A2: 548
as toxic chemical targeted by 33/50 Program A20: 133
hazardous air pollutant regulated by the Clean Air Amendments of 1990 . . . . A5: 913

Lead coplanarity
in leaded and leadless surface-mount joints EL1: 731

Lead counts EL1: 203, 211

Lead crystal
composition and properties EM4: 742, 1102
defect inclusion levels EM4: 392
properties EM4: 742

Lead dioxide
deposited by potentiostatic etching A9: 146

Lead ferrites A9: 539

Lead fluoborate baths A5: 242–243, 244

Lead fluoborate plating M5: 273–275
equipment M5: 275
maintenance and control M5: 275
solution composition and operating conditions M5: 273–275

Lead fluoborate solution
composition A5: 260

Lead fluorosilicate glasses
electrical properties EM4: 853

Lead fluosilicate baths A5: 243, 244

Lead fluosilicate plating M5: 274–275
equipment M5: 275
maintenance and control M5: 274
solution composition and operating conditions M5: 274–275

Lead foam
expansion behavior A7: 1044

Lead foil
characteristics and applications A2: 555

Lead (for alloying)
selective plating solution for ferrous and nonferrous metals A5: 281

Lead formations and forming EL1: 487, 731
lead frame materials EL1: 488
molded plastic packages EL1: 475
out lead bonding EL1: 284–285
types EL1: 733–734

Lead frame materials
alloys EL1: 203–204, 490–491
lead frame fabrication EL1: 484
package assembly EL1: 484–485
package function EL1: 485–486
requirements EL1: 486–489
trends and economics EL1: 491–492

Lead frame strip
manufacture of EL1: 483–484

Lead frame(s) *See also* Lead; Lead frame materials
alloys EL1: 203–204, 490–491
fabrication EL1: 484
material EL1: 210–211, 483–492
molded plastic packages EL1: 471
nuclear radiation induced failure EL1: 1056
positioning EL1: 483
strip, manufacture of EL1: 483–484

Lead frits and glazes
typical oxide compositions EM4: 550

Lead germanate
for barium titanate capacitors A2: 743

Lead germanate glasses
optical properties EM4: 854

Lead glasses A20: 417
applications, lighting EM4: 1032, 1034, 1037
composition EM4: 1102
when used in lamps EM4: 1033
for drinkware EM4: 1102
properties EM4: 1033

Lead in copper M2: 242–243

Lead in fusible alloys M3: 799

Lead in steel M1: 115, 576–578, 580–581, 583

Lead integrity EL1: 459, 938

Lead lanthanum zirconate titanate (PLZT) EM4: 191
applications EM4: 48
key product properties EM4: 48
pressure densification
pressure EM4: 301
technique EM4: 301
temperature EM4: 301
raw materials EM4: 48

Lead magnesium niobate (PMN) . . A20: 433, EM4: 16
applications EM4: 48
electrical/electronic applications of formulations EM4: 1105
electromechanical parameters in ceramics EM4: 1120
electrostriction EM4: 1119
electrostrictor for piezoelectric actuator EM4: 1121
for actuators and transducers EM4: 17
key product properties EM4: 48
properties EM4: 1, 1119
raw materials EM4: 48

Lead magnesium titanium niobate (PMTN) A20: 433, EM4: 16
for actuators and transducers EM4: 17

Lead metaniobate
as transducer element A17: 255

Lead methane sulfonic acid (MSA) baths A5: 243–244

Lead monoxide
in lead-containing glazes EM4: 1062
role in glazes A5: 878, EM4: 1062
rolling-element bearing lubricant A18: 138
specific properties imparted in CTV tubes EM4: 1039

Lead mount packages
two-terminal EL1: 429–430

Lead oxide
in binary phosphate glasses A10: 131

Lead oxide (PbO)
composition by application A20: 417

Lead oxide screens, as image conversion medium
radiography A17: 316

Lead oxides
applications EM4: 380
purpose for use in glass manufacture EM4: 381
versus lead silicates EM4: 380

Lead (Pb)
in enamel cover coats EM3: 304
penetrated by neutrons in thermal neutron radiography EM3: 759
tin-lead alloys, solder sealing EM3: 585
tin-lead solders EM3: 584

Lead pipe and traps
applications A2: 552–553

Lead pitch, fine
as trend EL1: 438

Lead plating A5: 242–244, M5: 273–275
alkaline solution for selective plating A5: 281
anodes A5: 244
anodes, purity of M5: 275
applications A5: 242, M5: 275
barrel process M5: 275
copper A5: 242
corrosion plating M5: 275
equipment M5: 275
equipment requirements A5: 244
fluoborate baths A5: 242–243, 244
fluoborate, fluosilicate, and sulfamate processes M5: 273–275
fluosilicate baths A5: 243, 244
low-carbon steel A5: 242

Lead plating (continued)
maintenance **M5:** 274–275
methane sulfonic acid (MSA) baths . . . **A5:** 243–244
process control **M5:** 274–275
process sequence **A5:** 242
solution compositions and operating conditions **M5:** 273–275
sources **A5:** 242
steel **A5:** 242, 244
steel, stripping of **M5:** 275
stripping from steel **M5:** 275
stripping of lead **A5:** 244
sulfamate baths **A5:** 243
Lead poisoning **M7:** 207–208
Lead pollution
industrial sources **M7:** 208
Lead powder
electrodeposition **A7:** 70
Lead powders *See also* Lead; Leaded brass powders; Lead-platinum alloys
as pyrophoric **M7:** 199
chemical analysis and sampling **M7:** 248
explosivity **M7:** 196–197
toxicity and exposure limits **M7:** 207–208
Lead preparation
leaded and leadless surface-mount joints . . **EL1:** 731
Lead, pure
for radiographic screens **A17:** 316
Lead recycling battery-recycling chain **A2:** 1221–1222
government regulations **A2:** 1223
lead scrap, sources **A2:** 1221
lead-smelting process **A2:** 1222
new processes **A2:** 1223
recycled lead, production **A2:** 1221
refining **A2:** 1222
specifications **A2:** 1222–1223
Lead screens
filtration of secondary radiation **A17:** 315
for scattered radiation **A17:** 344
intensification **A17:** 315–316
precautions **A17:** 316
Lead separation
glass capacitors **EL1:** 998
Lead sheet
as lead and lead alloy application **A2:** 551–552
Lead shot **M7:** 282, 296
Lead silicate glasses
electrical properties **EM4:** 851
glass-to-metal seals **EM3:** 302
Lead silicates ($2PbO{\bullet}SiO_2$, $PbO{\bullet}SiO_7$, $4PbO{\bullet}SiO_2$)
applications **EM4:** 380
purpose for use in glass manufacture **EM4:** 381
versus lead oxides **EM4:** 380
Lead sulfamate baths **A5:** 243
Lead sulfamate plating **M5:** 274–275
maintenance and control **M5:** 274
solution composition and operating conditions **M5:** 274–275
Lead sulfide interference film
formation **A9:** 141–142
Lead tarnish
removal of **A9:** 416
used to differentiate phases **A9:** 416
Lead telluride (PbTe)
hot pressing applications **EM4:** 192
Lead termination
common methods **EL1:** 713
Lead titanate
as refractory filler **EM4:** 1072
Lead titanate zirconate
dielectric constants **EM4:** 773
elastic constants **EM4:** 773
piezoelectric constants **EM4:** 773
Lead toxicity biologic indicators **A2:** 1246
carcinogenesis **A2:** 1245–1246
chelatable lead **A2:** 1246
disposition **A2:** 1243
hematologic effects **A2:** 1244
heme metabolism **A2:** 1246
in teeth **A2:** 1246
interaction with other minerals **A2:** 1246
neurologic effects **A2:** 1243–1244
organolead compounds **A2:** 1246
renal effects **A2:** 1244–1245
sources **A2:** 1243
toxicity **A2:** 1243–1247
treatment **A2:** 1246–1247
Lead, vapor pressure
relation to temperature **M4:** 309, 310
Lead wire
attached to strain gages **A8:** 202
hyperbolic-weight constant-stress tests **A8:** 319
Lead wires **M7:** 715
defined **EL1:** 1148
oxide dispersion-strengthened copper **A2:** 401
thermocouple **A2:** 876–878
Lead zinc borate
elastic modulus **EM4:** 850
properties, non-CRT applications **EM4:** 1048–1049
Lead zirconate titanate
as transducer element **A17:** 255
Lead zirconate titanate (PZT)
applications **EM4:** 48, 1119
characteristics **EM4:** 1121
compounds **EM4:** 1105
electrical/electronic applications **EM4:** 1105
electromechanical parameters **EM4:** 1119, 1120
for actuators and transducers **EM4:** 17
for surface acoustic wave devices **EM4:** 1119, 1121
gas pressure sintering for pressure densification **EM4:** 299
hot pressing applications **EM4:** 192
key product properties **EM4:** 48
materials for electro-optic ceramics and devices **EM4:** 1125
metallization by electroless deposition of nickel **EM4:** 544
modified formulations **EM4:** 1119
permittivity **EM4:** 1120
piezoelectrics **EM4:** 47, 770
planar coupling factor **EM4:** 1120
properties **EM4:** 1
raw materials **EM4:** 48
strain curves **EM4:** 1119, 1120
thin-film capacitors **EM4:** 1117
Lead zirconium titanate (PZT) **A19:** 71, **A20:** 433
breakdown field dependency on dielectric constant **A20:** 619
for piezoelectric positioners for scanning tunneling microscopy **A18:** 394
Lead-acid storage batteries
as lead application **A2:** 548–549
Lead-alkali silicate
properties **A20:** 418
Lead-antimonate yellow pyrochlore
inorganic pigment to impart color to ceramic coatings **A5:** 881
Lead-antimony alloys
compositions **A2:** 545–546
Lead-antimony microstructures **A9:** 417, 421
Lead-antimony-tin microstructures **A9:** 417, 424
Lead-arsenic alloys
compositions **A2:** 544
Lead-barium alloys
compositions **A2:** 544
Lead-base alloys *See also* Lead **A13:** 784–792
as bearing alloys **A18:** 748, 749–750
applications **A18:** 750
composition **A18:** 749, 750
corrosion resistance from additions **A18:** 750
designations **A18:** 749, 750
electroplated overlays **A18:** 750
mechanical properties **A18:** 749
microstructure **A18:** 749
atmospheric corrosion of **A13:** 787
bearing **A13:** 774
corrosive wear **A18:** 744
heat and temperature effects on strength retention **A18:** 745
in bimetal bearing material systems **A18:** 747
in underground ducts **A13:** 787–789
in water **A13:** 784–787
resistance to chemicals **A13:** 780
soil corrosion of **A13:** 786, 789
tin-lead solder **A13:** 780–781
Lead-base babbitt **A9:** 419
Lead-base babbitts as bearing alloys **A2:** 523–524
characteristics and compositions **A2:** 553–554
Lead-base babbitts, specific types
ASTM B23 alloy No. 7, compositions and physical properties **A5:** 373
ASTM B23 alloy No. 8, compositions and physical properties **A5:** 373
ASTM B23 alloy No. 15, compositions and physical properties **A5:** 373
Lead-base bearing alloys characteristics and compositions **A2:** 553–554
tin additives **A2:** 523–524
Lead-base enamel
melted oxide compositions of frits for aluminum **A5:** 455
melted-oxide compositions of frits for porcelain enameling of aluminum **A5:** 802
Lead-base porcelain enamels
composition of **M5:** 510–511
Lead-bearing enamels
melted oxide compositions of frits for cast iron **A5:** 455
Lead-bismuth alloys, liquid
application **A13:** 92
Lead-cadmium alloys
composition **A2:** 544
Lead-calcium alloys
for battery corrosion **A13:** 1317–1318
Lead-calcium alloys for batteries and casting **A2:** 545
compositions **A2:** 544
Lead-calcium microstructures **A9:** 417–418, 420
Lead-calcium-tin phase precipitate
in lead-calcium alloys **A9:** 417
Lead-containing silicate glass
applications **EM4:** 1070
eight-point analysis of profile **EM4:** 1070–1071
joined using a vitreous solder glass **EM4:** 1070
Lead-copper alloys
electroless nickel plating of **M5:** 233
Lead-copper microstructures **A9:** 417–418
Leaded alloy steels
solid-metal embrittlement of **A1:** 719, 721–722
Leaded brass powders
dimensional change **M7:** 292
horn ring-adjusting nut for industrial paint sprayer **M7:** 738
rack, stereo three-dimensional microscope **M7:** 738
reticle **M7:** 738–739
Leaded bronzes *See* Bearing bronzes
Leaded chip carriers
as package family **EL1:** 404
ceramic, package configuration **EL1:** 485
future trends **EL1:** 407
thermal expansion mismatch problem **EL1:** 611
Leaded commercial bronze *See also* Bronzes; Wrought coppers and copper alloys
applications and properties **A2:** 305–309
Leaded commercial nickel-bearing bronze
applications and properties **A2:** 305–306
Leaded copper *See* Copper alloys, specific types, C18700
Leaded copper alloys *See also* Wrought coppers and copper alloys
applications and properties **A2:** 228, 291–292
Leaded copper-zinc alloys
forgeability **A14:** 256
Leaded high-strength yellow brasses *See also* Cast copper alloys
corrosion rating **A2:** 353–354
properties and applications **A2:** 368–369

SUBJECTS OF THE INDEXED VOLUMES: ASM Handbook (designated by the letter "A"): **A1:** Properties and Selection: Irons, Steels, and High-Performance Alloys (1990); **A2:** Properties and Selection: Nonferrous Alloys and Special-Purpose Materials (1990); **A3:** Alloy Phase Diagrams (1992); **A4:** Heat Treating (1991); **A5:** Surface Engineering (1994); **A6:** Welding, Brazing, and Soldering (1993); **A7:** Powder Metal Technologies and Applications (1998); **A8:** Mechanical Testing (1985); **A9:** Metallography and Microstructures (1985); **A10:** Materials Characterization (1986); **A11:** Failure Analysis and Prevention (1986); **A12:** Fractography (1987); **A13:** Corrosion (1987); **A14:** Forming and Forging (1988); **A15:** Casting (1988); **A16:** Machining (1989); **A17:** Nondestructive Evaluation and Quality Control (1989); **A18:** Friction, Lubrication, and Wear Technology (1992); **A19:** Fatigue and Fracture (1996); **A20:** Materials Selection and Design (1997). **Metals Handbook, 9th Edition** (designated by the letter "M"): **M1:** Properties and Selection: Irons and Steels (1978); **M2:** Properties and Selection: Nonferrous Alloys and Pure Metals (1979); **M3:** Properties and Selection: Stainless Steels, Tool Materials, and Special-Purpose Materials (1980); **M4:** Heat Treating (1981); **M5:** Surface Cleaning, Finishing, and Coating (1982); **M6:** Welding, Brazing, and Soldering (1983); **M7:** Powder Metallurgy (1984). **Engineered Materials Handbook** (designated by the letters "EM"): **EM1:** Composites (1987); **EM2:** Engineering Plastics (1988); **EM3:** Adhesives and Sealants (1990); **EM4:** Ceramics and Glasses (1991). **Electronic Materials Handbook** (designated by the letters "EL"): **EL1:** Packaging (1989)

Leaded manganese bronze *See also* Copper casting alloys; Manganese bronze
nominal composition **A2:** 347
properties and applications **A2:** 225
Leaded Muntz metal
applications and properties **A2:** 311
Leaded naval brass *See also* Copper casting alloys; Naval brass
applications and properties **A2:** 320–321
brazing **A6:** 629–630
nominal composition **A2:** 347
Leaded nickel brass *See also* Cast copper alloys
corrosion ratings **A2:** 353–354
properties and applications **A2:** 388
Leaded nickel bronze
corrosion ratings **A2:** 353–354
properties and applications **A2:** 388–389
Leaded nickel-silver *See also* Copper casting alloys
nominal compositions **A2:** 347
Leaded nickel-tin bronze *See also* Cast copper alloys
nominal composition **A2:** 347
properties and applications **A2:** 378
Leaded package technology
surface mount packaging **EL1:** 982–983
Leaded phosphor bronze *See also* Copper casting alloys
nominal composition **A2:** 347
Leaded quad flatpack **EL1:** 404
Leaded red brasses *See also* Copper casting alloys; Leaded semired brasses; Red brasses
composition/melt treatment **A15:** 772, 776
corrosion ratings **A2:** 353–354
fire refining effects **A15:** 451
foundry properties, for sand casting **A2:** 348
nominal composition **A2:** 347
properties and applications **A2:** 225, 364
Leaded red bronzes
as general-purpose copper casting alloys **A2:** 351
Leaded resistor networks
defined **EL1:** 178
Leaded semired brasses *See also* Copper casting alloys
as general-purpose copper casting alloy **A2:** 351
composition/melt treatment **A15:** 772, 776
corrosion ratings **A2:** 353–354
foundry properties for sand casting **A2:** 348
nominal composition **A2:** 347
properties and applications **A2:** 225, 365–366
Leaded silicon brass *See also* Copper casting alloys; Silicon brass
nominal composition **A2:** 347
Leaded steels
SAE-AISI system of designations for carbon and alloy steels **A5:** 704
Leaded surface-mount joints
assembly equipment **EL1:** 732–733
board solderability **EL1:** 731
component preparation **EL1:** 731
curing and reflow **EL1:** 733
interconnection **EL1:** 732
material and process control **EL1:** 731–733
SMT design guidelines **EL1:** 733–734
technology trends **EL1:** 730
tinning **EL1:** 731
Leaded tin bronze *See also* Copper casting alloys; Tin bronzes
as general-purpose copper casting alloy **A2:** 352
corrosion ratings **A2:** 353–354
foundry properties for sand casting **A2:** 348
nominal composition **A2:** 347
properties and applications **A2:** 226, 376–382
Leaded tin bronze, as part of bimetal bearing *See also* Sleeve bearing materials, specific types **A9:** 567
Leaded tin bronzes
composition/melt treatment **A15:** 772, 776
Leaded yellow brasses *See also* Cast copper alloys
as general-purpose copper casting alloy **A2:** 352
corrosion ratings **A2:** 353–354
foundry properties, for sand casting **A2:** 348
nominal composition **A2:** 347
properties and applications **A2:** 225, 366–370
Leaded-type fixed resistors *See* Resistors
Leader
explosive **A8:** 224, 227
Leadership **A20:** 50
Lead-filter screens *See* Lead screens
Lead-fluoroborate glasses
electrical properties **EM4:** 852
Leadframe
failure of integrated circuit **A11:** 43–45
Lead-free brass
capacitor discharge stud welding **A6:** 222
Lead-free rolled copper
capacitor discharge stud welding **A6:** 222
Lead-halosilicate glasses
electrical properties **EM4:** 852, 853
Lead-indium **EM3:** 584
Lead-induced inclusion bodies
renal tubular lining cell **A2:** 1245
Leading **A18:** 574
Leadless chip carriers (LCC)
as package family **EL1:** 404
as package without leads **EL1:** 452
ceramic, heat sinks for **EL1:** 1129–1131
ceramic, introduction **EL1:** 506
defined **EL1:** 1148
die attachments **EL1:** 213–217
in multilayer ceramic packages **EL1:** 205
interconnection system options **EL1:** 984–986
joints for **EL1:** 730–734
leaded **EL1:** 985
package outline **EL1:** 206
solderjoints **EL1:** 987
technology trends **EL1:** 730
testing **EL1:** 988–989
thermal expansion control **EL1:** 983–984
Leadless glazes **A5:** 878, 879
bristol glaze **A5:** 878, 879
fast-fire wall tile glazes **A5:** 878, 879
hard porcelain glaze **A5:** 878, 879
hotel china glaze **A5:** 878, 879
low expansion glaze **A5:** 878, 879
sanitaryware glaze **A5:** 878, 879
semivitreous dinnerware glaze **A5:** 878, 879
soft porcelain glaze **A5:** 878, 879
Leadless packaging technology
failure mechanism **EL1:** 983–989
Leadless resistor networks
defined **EL1:** 178
Leadless surface-mount joints
assembly equipment **EL1:** 732–733
board solderability **EL1:** 731
curing and reflow **EL1:** 733
interconnection **EL1:** 732
material and process control **EL1:** 731–733
SMT design guidelines **EL1:** 733–734
technology trends **EL1:** 730
tinning **EL1:** 731
Lead-lithium alloys, liquid
application **A13:** 92
Lead-platinum alloy powder
oxidation of **A7:** 4
Lead-platinum alloys **M7:** 15
Lead(s)
attach, ceramic packages **EL1:** 466
bonding, plastic packages **EL1:** 478–479
broken **EL1:** 1007
clip on **EL1:** 453
defined **EL1:** 1148
effects, solders **EL1:** 638
finish, in lead frame assembly **EL1:** 488
form factors **EL1:** 991
hybrid packages without **EL1:** 452
solderability testing **EL1:** 954
strength, first-level package **EL1:** 991–992
unclinching, by desoldering **EL1:** 722
Leads and lead alloys, specific types
1% antimonial lead **M2:** 506
4% antimonial lead **M2:** 506–507
5-95 solder **M2:** 505
6% antimonial lead **M2:** 507
8% antimonial lead **M2:** 508
9% antimonial lead **M2:** 508
20-80 solder **M2:** 505
50-50 solder **M2:** 506
acid-copper lead **M2:** 494
arsenical lead **M2:** 494, 502–503
calcium lead, Pb-0.07Ca **M2:** 503
calcium lead, Pb-0.065Ca-0.7Sn **M2:** 503, 504
calcium lead, Pb-0.065Ca-1.3Sn **M2:** 504–505
chemical lead **M2:** 494, 501–502
common lead **M2:** 494
copper-bearing lead *See* Leads and lead alloys, specific types, acid-copper lead
corroding lead **M2:** 494, 500, 501
lead-base babbitt (alloy 7) **M2:** 508–509
lead-base babbitt (alloy 8) **M2:** 509
lead-base babbitt (alloy 15) **M2:** 510
silver-lead solder **M2:** 505
Lead-sheathed telephone cables **A13:** 1127
Lead-silver alloys
compositions **A2:** 544
Lead-smelting processes
for recycled lead scrap **A2:** 1222
Lead-tin
continuous hot dip coatings, on steel sheet **A5:** 339
continuous hot-dip-coated steel sheet, wire, and tubing applications **A5:** 340
for stainless steels **A5:** 757
lining materials for low-carbon steel tanks for hard chromium plating **A5:** 184
Lead-tin alloy *See* Terne coating; Tin-lead plating
Lead-tin alloy coatings **A5:** 348
Lead-tin alloy-coated steels
automotive industry **A13:** 1014
Lead-tin alloys
as overlays for aluminum-silicon alloys **A18:** 791
Lead-tin alloys, eutectic
electropolished SEM section **A10:** 510
Lead-tin coatings *See* Terne coatings
Lead-tin microstructures **A9:** 417, 421–424
Lead-tin plating *See* Tin-lead plating
Lead-tin solder
particle size distributions of atomized powders **A7:** 35
Lead-zirconium-titanate (PZT) sonic converters **A8:** 244
Leaf nodes
in interconnection hierarchy **EL1:** 5
Leaf spring
fretting wear **A18:** 243
Leaf springs **A1:** 321–322, **A19:** 363
types of **A1:** 323–324
Leaf springs, steel
coatings and finishes for **M1:** 313
energy storage **M1:** 308–311
mechanical prestressing **M1:** 312–313
mechanical properties **M1:** 312
steel grades for **M1:** 311–312
types **M1:** 309–311
working stress **M1:** 288
Leafing **A7:** 1087
Leafing powders **M7:** 594
Leak rate
defined **A17:** 57
tested in weld relays **A10:** 156
Leak size
back pressuring effects **A17:** 65
effect, leak detection method **A17:** 68
effect, system response **A17:** 69
Leak testing *See also* Environmental testing **A6:** 1081, 1084, **A17:** 57–70
acoustic **A17:** 59–60
adhesive-bonded joints **A17:** 630
as hermeticity testing **EL1:** 1062–1063
brazed joints **A6:** 1119, 1122
by acoustic emission inspection **A17:** 284
by quantity loss **A17:** 65–66
choosing optimum system of **A17:** 68
common errors in **A17:** 70
containerized hot isostatic pressing **M7:** 431–434
conversion factors **A17:** 57
decision tree guide for **A17:** 69
defined **A17:** 57
dynamic, defined **A17:** 61
fine and gross **EL1:** 500–502
flow in leaks, types **A17:** 58
fluid dynamics, principles of **A17:** 58–59
for casting defects **A15:** 555
for packages **EL1:** 501
for seal integrity **EL1:** 953–954
gases, at pressure **A17:** 59
in titanium sintering **M7:** 394
liquids, at pressure **A17:** 59
objectives **A17:** 57–58
of castings **A17:** 531
of containerless hot isostatic pressing **M7:** 436
of pressure systems **A17:** 59–66
of vacuum systems **A17:** 66–68

Leak testing (continued)
of weldments **A17:** 602
package-level **EL1:** 929–930
sensitivity ranges **A17:** 59
static, defined **A17:** 61
system response **A17:** 68–70
terminology of **A17:** 57
typical setup for **M7:** 433, 434
weld-assembled hot isostatic pressing container in **M7:** 433, 434
with calibrated leaks **A17:** 70
with gas detectors **A17:** 61–65
Leak valve
in environmental test chamber **A8:** 411
Leakage *See also* Flow; Leak testing; Leakage fields; Leaks **A18:** 295
defined **A17:** 57
flow rate in containerized hot isostatic pressing **M7:** 431–434
magnetic particle detection of **M7:** 577
measurement of **A17:** 57
monitoring of **A17:** 57
rate of **A17:** 57
source detection, semiconductor devices **EL1:** 1089–1090
surface electrical, from ionic residues **EL1:** 660
Leakage current densities **A20:** 618, 619
Leakage fields *See also* Leak testing; Leakage
data analysis **A17:** 131
defined **A17:** 90
illustrated **A17:** 90
in magnetic particle inspection **A17:** 89
magnetic contrast in materials with **A9:** 536
magnetic flux, in magnetic field testing **A17:** 129–131
testing, principles **A17:** 129–131
theoretical models **A17:** 131
"Leak-before-break" philosophy **A19:** 453, 454
Leak(s) *See also* Flaws; Leak size; Leak testing; Leakage; Leakage fields
calibrated, leak rate measurement by **A17:** 70
defined **A17:** 57
detection and evaluation **A17:** 50
distributed, defined **A17:** 57–58
environment, importance **A17:** 70
location, effect on leak testing method **A17:** 68
minimum detectable, defined **A17:** 57
procedures for testing **A17:** 57–70
rate **A17:** 57
real and virtual, compared **A17:** 57–58
tightness requirements **A17:** 70
types of **A17:** 57–58
Leaky Lamb wave (LLW) testing
transmission ultrasonic inspection **A17:** 251–252
Lean exothermic gas atmospheres
composition **M7:** 342
for brazing furnaces **M7:** 457
Leap frogging **A20:** 354
Learning curve
definition **A20:** 835
Learning curve (LC)
for cost projection **EM1:** 424–425, 427
Least commitment policy of design **A20:** 8, 9
definition **A20:** 835
Least count **EM3:** 17
defined **A8:** 8, **EM2:** 25
Least reading *See* Least count
Least squares
parameter, confidence limits on **A8:** 700
regression analysis **A8:** 698–699
response curve, for Probit fatigue data **A8:** 703
technique **A8:** 676, 688
Least squares data analysis method **EM2:** 602
Least squares estimators **A20:** 626
Least squares fit
curve fitting **A10:** 118
for x-ray spectrometry **A10:** 97–98
in EXAFS data analysis **A10:** 414
in surface stress measurement **A10:** 386
use in determining crystal structure **A10:** 351, 353
Least squares linear regression **A20:** 83–84
Least squares regression technique **A20:** 635
Leather
friction coefficient data **A18:** 75
Leather (artificial)
electron beam machining **A16:** 570
Leatherhard liquid content **EM4:** 132
Leaves
aluminum alloys **A12:** 433
Ledeburite **A3:** 1•24, **A6:** 75, **A18:** 697, **A20:** 379, 381
defined **A9:** 11, **A13:** 9
definition **A5:** 960
from laser melting **A18:** 864
Ledeburite, growth
as eutectic **A15:** 180
Lederer method **A7:** 5
Ledge method **A7:** 299–300
Ledge tool
and Ti alloys **A16:** 844
Ledge wear **A19:** 352
Ledges, diverging
and fracture origin **A11:** 80
L-edges, of cesium to neodymium
EXAFS determined **A10:** 408
LEDs *See* Light emitting diodes
Lee algorithm
in computer-aided design **EL1:** 529–531
LEED *See* Low-energy electron diffraction
Lee-Kuhn workability test **M7:** 410, 411
LEFM *See* Linear-elastic fracture mechanics
Leforte aqua regia
as dissolution medium for sulfide minerals **A10:** 166
Leg of a fillet weld
definition **M6:** 11
Legends
as applied to solder mask **EL1:** 559
Legging **EM3:** 17
Lehigh bend test
for notch toughness **A11:** 59
Lehigh cantilever test
comparison of fields of use, controllable variables, data type, equipment, and cost **A20:** 307
Lehigh restraint test **A1:** 612
comparison of fields of use, controllable variables, data type, equipment, and cost **A20:** 307
Leinfelder technique **A18:** 671
Leis equivalent stress parameter
Goodman diagram plot for **A8:** 713
LEISS *See* Low-energy ion-scattering spectroscopy
Leisure applications *See* Recreation applications
Leisure equipment *See* Sports and recreational equipment
Leisure products
of bronze P/M parts **M7:** 736
LEL *See* Lower explosive limit
Lemon bearing (elliptical bearing)
defined **A18:** 12
Lemon (statistical) method
modified **EM1:** 302, 305
Lengendre addition theorem **A10:** 362
Length *See also* Crack length **A10:** 685, 686, 690
conversion factors **A8:** 722
intercept **A12:** 194
mean intercept **A12:** 195
mean, of discrete linear features **A12:** 195
mean perimeter, of closed figures **A12:** 195
of linear feature **A12:** 195
perimeter **A12:** 194, 195
projected, fractal analysis **A12:** 212
ratios, for partially oriented surfaces **A12:** 201
SI unit/symbol for **A8:** 721
stereological relationships **A12:** 196
true, and true area, parametric relationships **A12:** 204
true, defined **A12:** 199–200
true, fractal analysis **A12:** 212
true profile, defined **A12:** 199–200
true, values for dimpled and prototyped faceted 4340 steel **A12:** 203
true, values for various materials **A12:** 200
Length, critical *See* Critical length
Length, fiber *See* Fiber length
Length measurement
by interferometer **A17:** 14–15
by laser interferometric micrometer **A17:** 15
in unidirectional flow process, by lasers **A17:** 16–17
scales, calibration **A17:** 15
Length of contact area
symbol for **A20:** 606
Length of recess
nomenclature for hydrostatic bearings with orifice or capillary restrictor **A18:** 92
Length regions
on-chip interconnection lines **EL1:** 6
Length-to-diameter (*L/d*) ratio
effect on specimen temperature **A8:** 156
for cam plastometer specimen **A8:** 195
Leno weave
defined **EM2:** 25
locking **EM1:** 125–127
Lens aperture
selection **A12:** 80–81
Lens arrays
spherical microintegrated **EM4:** 440
Lens housing
Maverick missile **M7:** 682
Lenses
and deflector system, ECAP **A10:** 597
coated **A12:** 84
convergent magnetic, in SEM imaging **A12:** 167
defined **A10:** 676
Einzel, in gas mass spectrometer **A10:** 153
electromagnetic, analytical transmission electron microscopy **A10:** 432
flare problem **A12:** 84–87
holographic **A17:** 419
interchangeable, in optical holography **A17:** 414
macro luminar **A12:** 81
Macro-Nikkor **A12:** 81
photographic **A12:** 79
Ray diagram **A10:** 492
selection of apertures **A12:** 80–81
SEM microscopes **A10:** 492
stigmators **A12:** 167
Lensing action
scanning electron microscopy **A10:** 492
Lepidolite ($LiF{\cdot}KF{\cdot}Al_2O_3{\cdot}3SiO_2$) **EM4:** 1039
as melting accelerator **EM4:** 380
purpose for use in glass manufacture **EM4:** 381
Lerch and Bogue method
of free lime content **A10:** 179
Let-go **EM3:** 17
defined **EM2:** 25
Lettering
by multiple-slide forming **A14:** 567
Letterpress inks **M7:** 595
Leucite **EM4:** 7
Level
defined in comparative experiments **A8:** 641
determining experimental optimum **A8:** 650–652
Level 1 package(s) *See also* Hierarchy; Level(s); Packages; Packaging
current **EL1:** 403–405
design **EL1:** 401–403
discrete semiconductor/hybrid **EL1:** 405
fabrication technologies **EL1:** 404–405
package families **EL1:** 403–404
trends **EL1:** 405–407
Level control
of fluxes **EL1:** 648
Level winding *See* Circumferential winding
Level wound
definition **M6:** 11
Leveler lines
defined **A14:** 8

SUBJECTS OF THE INDEXED VOLUMES: ASM Handbook (designated by the letter "A"): **A1:** Properties and Selection: Irons, Steels, and High-Performance Alloys (1990); **A2:** Properties and Selection: Nonferrous Alloys and Special-Purpose Materials (1990); **A3:** Alloy Phase Diagrams (1992); **A4:** Heat Treating (1991); **A5:** Surface Engineering (1994); **A6:** Welding, Brazing, and Soldering (1993); **A7:** Powder Metal Technologies and Applications (1998); **A8:** Mechanical Testing (1985); **A9:** Metallography and Microstructures (1985); **A10:** Materials Characterization (1986); **A11:** Failure Analysis and Prevention (1986); **A12:** Fractography (1987); **A13:** Corrosion (1987); **A14:** Forming and Forging (1988); **A15:** Casting (1988); **A16:** Machining (1989); **A17:** Nondestructive Evaluation and Quality Control (1989); **A18:** Friction, Lubrication, and Wear Technology (1992); **A19:** Fatigue and Fracture (1996); **A20:** Materials Selection and Design (1997). **Metals Handbook, 9th Edition** (designated by the letter "M"): **M1:** Properties and Selection: Irons and Steels (1978); **M2:** Properties and Selection: Nonferrous Alloys and Pure Metals (1979); **M3:** Properties and Selection: Stainless Steels, Tool Materials, and Special-Purpose Materials (1980); **M4:** Heat Treating (1981); **M5:** Surface Cleaning, Finishing, and Coating (1982); **M6:** Welding, Brazing, and Soldering (1983); **M7:** Powder Metallurgy (1984). **Engineered Materials Handbook** (designated by the letters "EM"): **EM1:** Composites (1987); **EM2:** Engineering Plastics (1988); **EM3:** Adhesives and Sealants (1990); **EM4:** Ceramics and Glasses (1991). **Electronic Materials Handbook** (designated by the letters "EL"): **EL1:** Packaging (1989)

definition . . . A5: 960
Levelers
for strip . . . A14: 713
Leveling . . . A18: 347
defined . . . A14: 8
wrought copper and copper alloys . . . A2: 247–248
Leveling action
definition . . . A5: 960
Leveling factors
quality design . . . A17: 722
Level(s)
of assembly, for environmental stress screening . . . EL1: 884
of electronic packaging, defined . . . EL1: 397
Lever arm
creep testing machine . . . A8: 313
in step-down tension testing . . . A8: 324
Lever, cast stainless steel
fatigue failure in . . . A11: 114
Lever rule . . . A3: 1•17, 1•18–1•19, A6: 47, 81, 819, A7: 726
defined . . . A9: 11
for eutectic, iron-carbon alloys . . . A15: 68–69
volume fraction, peritectics . . . A15: 125
Levigation
defined . . . A9: 11
Levitation
by superconducting magnets . . . A2: 1027
Lewis acid sites, pyridine adsorption at
Raman studies . . . A10: 134
Lewis acid-catalyzed epoxide homopolymerization . . . EM1: 66–71
Lewis acids . . . EM3: 95
Lewis acids and bases . . . EL1: 829–830, 860
Lewis number . . . A7: 525
Lexan . . . A20: 354
tools for shaped tube electrolytic machining . . . A16: 555
Lexis/Nexis . . . A20: 25
Leybold-Heraeus electron-beam rotating disc process
titanium powder production . . . M7: 167
LF/VD-VAD *See* Ladle furnace and vacuum arc degassing
L-family x-ray lines
EPMA analysis . . . A10: 522
Libby soda-lime
coefficient of thermal expansion . . . EM4: 1102
composition . . . EM4: 1102
softening point . . . EM4: 1102
Liberty Bell
history of . . . A15: 27
Library system
of printed circuit board . . . A20: 207
LICAFF . . . A19: 569
Licensing
for radiation protection . . . A17: 301
Lid seals . . . EL1: 953–954, 1058
Liechti-COD techniques . . . EM3: 452–453
Life *See also* Bathtub curve; Life, cycle; Reliability
acceleration, silicon transistors . . . EL1: 960
assessment, from extrapolation of temperature at service stress . . . A8: 338
-cycle optimization, design for . . . EL1: 127–141
estimates, calculating . . . A8: 682
fraction rule, for determining remaining service life . . . A8: 337–338
in creep/creep-rupture analyses . . . A8: 685
median/calculated median . . . EL1: 963
normal, in bathtub reliability curve . . . EL1: 244
-prediction methods . . . A8: 346
PTH size effects . . . EL1: 988
time, exponential distribution applied to . . . A8: 634
vs. current density . . . EL1: 963–964
vs. shear strain of hot rolled and normalized steel . . . A8: 151
vs. torsional stress in high-cycle regime wrought aluminum alloy . . . A8: 150
Life assessment procedures . . . A19: 559–560
Life cycle *See also* Life cycle testing; Life-cycle optimization
curve . . . EL1: 897–899
optimization . . . EL1: 127–141
phases . . . EL1: 897
reliability . . . EL1: 897–899
testing for . . . EL1: 135–140
Life cycle testing
accelerated thermal cycle testing . . . EL1: 136–139
in-process testing . . . EL1: 139–140
zero-risk analysis . . . EL1: 135–136
zero-risk stress testing . . . EL1: 136
Life dispersion factors . . . A19: 357
Life dispersion, of bearings . . . A19: 357
Life dispersion parameter . . . A19: 359
Life estimation . . . A19: 15, 245
Life fraction . . . A19: 255
Life improvement factor . . . A19: 117
Life management
fracture control philosophy and . . . A17: 666, 672
Life prediction
accelerated . . . EM2: 788–795
Life (remaining)
carbide composition as indicator . . . A17: 55
determination by replication . . . A17: 52
Life Safety Code . . . A20: 67
Life tests *See also* Service life
ASTM, for product control . . . A2: 831
examples, electrical contact materials . . A2: 858–861
in circuit breakers . . . A2: 859
on peened spindles . . . A11: 126
using a movable-coil relay . . . A2: 858–859
using ASTM microcontact tester . . . A2: 858
Life-cycle assessment (LCA) . . . A20: 96, 134, 258, 262–264
definition . . . A20: 835
environmental aspects of design . . . A20: 134
objective . . . A20: 262
steps . . . A20: 262
uses of . . . A20: 264
Life-cycle cost . . . A20: 104
definition . . . A20: 835
Life-cycle engineering and design . . . A20: 96–103
airborne emissions . . . A20: 101–102
application of life-cycle analysis results . . . A20: 98–100
case history: LCA of an automobile fender . . . A20: 100–102
characterization of LCI burdens . . . A20: 97–98
classification of LCI burdens . . . A20: 97
conclusions . . . A20: 102
definition . . . A20: 96
design for the environment . . . A20: 98
different approaches to LCA . . . A20: 99–100
Eco-Labeling Scheme . . . A20: 99
energy demands . . . A20: 101
environmental responsibility, sense of . . . A20: 99
factors considered . . . A20: 96
final weighing . . . A20: 102
functional unit . . . A20: 97
goal definition and scoping . . . A20: 97
goals of life-cycle analysis . . . A20: 96
impact assessment . . . A20: 102
impact assessment and interpretation . . . A20: 97
improvement analysis . . . A20: 98
improvement options . . . A20: 102
integrated substance chain management approach . . . A20: 99
inventory analysis . . . A20: 97, 98
inventory interpretation . . . A20: 98
life-cycle analysis or assessment (LCA) . . . A20: 96
life-cycle analysis process steps . . . A20: 96–98
life-cycle economic costs (LCA_{econ}) . . . A20: 96
life-cycle environmental cost (LCA_{env}) . . . A20: 96
life-cycle inventory (LCI) example for an unspecified product . . . A20: 97
life-cycle social costs (LCA_{soc}) . . . A20: 96
normalization process . . . A20: 102
simplified life-cycle analysis process for a pencil . . . A20: 98, 99
supplier challenges . . . A20: 99
total quality management . . . A20: 98
valuation . . . A20: 102
valuation of LCI burdens . . . A20: 98
Life-cycle inventory (LCI) . . . A20: 97, 98
Life-cycle optimization *See also* Design
computer-aided analysis . . . EL1: 132–135
computer-aided design (CAD) . . . EL1: 127–129
computer-aided manufacturing (CAM) . . . EL1: 127, 129–132
design for . . . EL1: 127–141
testing for life cycle . . . EL1: 135–140
Life-cycle review (LCR) . . . A20: 99
Life-fraction rule . . . A20: 583, 584
Life-fraction rule (LFR) . . . A19: 478, 520
formula . . . A19: 520
Life-limit criterion . . . A18: 177
Lifeline
determined . . . EM2: 570
Life-prediction methods . . . A20: 530
oxidation resistance . . . A20: 601
using reliability analyses . . . A20: 630–631
Life-prediction reliability models . . . A20: 633–635
Lifetime
composite, evaluation . . . EM1: 203
defined . . . EM1: 201
prediction, under fatigue . . . EM1: 244
Life-time curve . . . A20: 524
Lifetimes, electronic excited-state
MFS determined . . . A10: 72
Lifing techniques . . . A19: 15
Lift beam furnace . . . M7: 7
Lift pin
reversed bending in . . . A11: 77
Lift rod . . . M7: 7
Lifters
for unloading presses . . . A14: 500–501
Lifting booms
materials for . . . A11: 515
Lifting equipment, failures of . . . A11: 514–528
chains . . . A11: 515, 521–522
cranes and related members . . . A11: 515, 525–528
failure mechanisms and origins . . . A11: 514
hooks . . . A11: 515, 522–524
investigation of . . . A11: 514–515
materials for equipment . . . A11: 515
shafts . . . A11: 515, 524–525
steel wire rope . . . A11: 515–521
Lifting fork arm
microstructural fracture . . . A11: 325–326
Lifting rod . . . M7: 7
Lifting-sling
brittle fracture . . . A11: 527
Liftoff
as error, gap measurement . . . A17: 200
circle, defined . . . A17: 219
curves, impedance-plane diagram . . . A17: 168
defined . . . A17: 137
effect, aluminum and iron . . . A17: 223
factor, in eddy current inspection . . . A17: 168
probe, ECP sensitivity to . . . A17: 137
variation, as test variable . . . A17: 175
Lift-off circle
defined . . . A17: 219
Liftout
defined . . . A14: 8
Ligament (*C*) . . . A19: 431
Ligament diameter . . . A7: 45
Ligament-shaped particles . . . M7: 32
Ligand
defined . . . A13: 9
Ligands . . . A10: 70, 676
defined . . . A2: 1235
preferred for removal of toxic metals . . . A2: 1236
Light *See also* Illumination; Lighting
defined . . . A10: 676
degradation of polymers by . . . A11: 761
diffuse/reflected, for automatic optical inspection . . . EL1: 942
-element sensitivity, Auger emission and . . A10: 550
fractography . . . A12: 93–96
in UV/VIS analysis . . . A10: 61
incident, for discontinuities . . . A12: 63
meters, fractographic . . . A12: 85–86
path, through Czerny-Turner monochromator . . . A10: 23
sources, fractographic . . . A12: 81–82
transmitted, defined . . . EL1: 1067
Light and x-ray turbidimetry . . . A7: 244–245
Light beam scattering . . . A7: 248
Light blockage *See* Light obscuration
Light blockage principle . . . A7: 248
Light brown coloring solutions
copper and brass . . . M5: 626
Light copper
as recycling scrap . . . A2: 1215
Light elements
EPMA detected . . . A11: 38
identification of . . . A10: 459–461
metallographic identification . . . A10: 558–561
Light emitting diodes (LEDS)
encapsulation . . . EL1: 819
failure mechanisms . . . EL1: 973–974

584 / Light emitting diodes (LEDS)

Light emitting diodes (LEDS) (continued)
junction coating, specification **EL1:** 820

Light filters *See also* Color filter
for use with optical microscopes **A9:** 72

Light fraction
defined **A18:** 12

Light fractography
deep-field microscopy **A12:** 96
defined **A12:** 93
etching fractures **A12:** 96
fracture profile sections **A12:** 95–96
replicas for light microscopy **A12:** 94–95
taper sections **A12:** 96

Light guide bundle
borescope **A17:** 3–4

Light intensity
distribution, for object orientation **A17:** 34
variations, for object position **A17:** 35

Light intensity distribution method
of object orientation **A17:** 34

Light interferometry, spectral
laser, and monochromatic to determine temperatures in seal wear **A18:** 552

Light metals
galvanic corrosion **A13:** 84
radiographic methods **A17:** 296

Light microscope photograph
nichrome thin-film resistor **EL1:** 1099

Light microscopy **A18:** 370–375
analytical procedures. **A18:** 370–371
and visual examination. **A12:** 91–165
dark-field fractograph, and SEM image compared **A12:** 92
embrittlement phenomena **A12:** 123–137
equipment **A18:** 370
historical study **A12:** 4
interpretation of fractures **A12:** 96–123
light fractography **A12:** 93–96
metallographic sections **A18:** 374–375
quality control applications **A12:** 140–143
replicas for **A12:** 94–95
specimen preparation **A18:** 371–373
surface replication **A18:** 373–374
acetate cement films. **A18:** 374
examples. **A18:** 374
film replicas. **A18:** 373–374
taper sectioning **A18:** 373
wear debris **A18:** 375
weld cracking **A12:** 137–140

Light microscopy, and scanning electron
failure mode with. **A8:** 476

Light obscuration
particle size analysis by **M7:** 221–225

Light paths
in a Nomarski differential interference microscope **A9:** 151
in incident-light microscopes. **A9:** 71, 81

Light pens
used to make stereological measurements . . . **A9:** 83

Light photomacrography
scanning **A12:** 81

Light power contacts
recommended materials for **A2:** 864

Light reflection
of fracture surface **A11:** 75

Light scattering **A7:** 236, 237, 250–255
algorithm calculations **A7:** 251, 252–253
applications **A7:** 253–255
dispersion liquids for laser diffraction method **A7:** 254
energy-level diagram of **A10:** 127
features of particle-size analysis **A7:** 147, 250
for assessing particle size and particle size distribution **M7:** 124, 216–218
fundamentals **A10:** 126–130
general theory **A7:** 250–251
instrument design **A7:** 251–252
liquid feeding **A7:** 254
on-line analysis. **A7:** 254–255

polystyrene latex (PSL) samples **A7:** 253
powder jet systems. **A7:** 254
principle. **A7:** 250
refractive indices **A7:** 250–251
sample feeding **A7:** 254
theory and instrumentation **M7:** 217–218
to measure particle size. **EM4:** 66

Light sources
for color photography **A9:** 139–140

Light spot analyzers
adjustable **M7:** 229

Light stabilizers
as additives **EM2:** 495

Light, structured *See* Structured light

Light turbidimetry **M7:** 219

Light water reactors
fuel rods, corrosion of **A13:** 945–948
Zircaloy-clad. **A13:** 945–948

Light-element analysis
by EDS/UTW-EDS/EELS. **A10:** 459–461
combined EDS/EELS analysis **A10:** 460–461
for precipitate identification in stainless steel **A10:** 459–461
results. **A10:** 461
sensitivity, Auger emission and **A10:** 550
with EDS and WDS systems, compared . . **A10:** 522

Light-emitting diodes (LDS)
and liquid crystal displays (LCDs) **A2:** 740
application, characteristics **A2:** 739
defined **A2:** 739

Lightening holes
in forgings **M1:** 364

Lighter flints
as rare earth metal application **A2:** 729

Light-field illumination *See* Bright-field illumination

Light-field Illumination fractographs
dark-field and SEM, compared **A12:** 92–100
material types in **A12:** 216
texture in **A12:** 83

Lighting **EM4:** 1032–1037
application of glass in lamps **EM4:** 1034–1037
for macrophotography **A9:** 86–87
glass manufacture **EM4:** 1032–1033, 1034
glass/metal seals **EM4:** 1037
glasses used **EM4:** 1032
properties of glasses **EM4:** 1033–1034

Lighting applications
aluminum and aluminum alloys **A2:** 13
of polyarylates (PAR) **EM2:** 139

Lighting fixtures
precoated steel sheet for **M1:** 172, 173, 176

Lighting, photographic
basic, illustrated **A12:** 82
direct and oblique **A12:** 78
for etched sections **A12:** 84
for highly reflective parts **A12:** 84
parallel **A12:** 83
ring **A12:** 83
techniques **A12:** 82–85
tent **A12:** 88
with ultraviolet illumination **A12:** 84–85

Lightly coated electrode
definition **M6:** 11

Lightning strike protection
for mechanical fasteners **EM1:** 708

Light-section microscope **A9:** 82

Light-section microscopy **A9:** 80–82

Light-water nuclear reactors (LWRs)
corrosion of **A20:** 565–570

Lightweight metals
P/M. **M7:** 741–764

Lightweight team leader form **A20:** 51

Lightweight teams **A20:** 51–52

Lightweighting vehicle **A20:** 258, 259

Lignite **EM4:** 7
Miller numbers. **A18:** 235

Lignosulfonates **EM4:** 44, 45
applications **EM4:** 47
composition **EM4:** 47

supply sources **EM4:** 47

Likelihood ratio tests **A20:** 628

LIM *See* Liquid injection molding

Lime
sulfate pickle liquor treated with **M5:** 81

Lime bright annealing **A1:** 280
steel wire **M1:** 262

Lime buffing compound **M5:** 117

Lime ($CaCO_3$)
(basic), flux composition, CO_2 shielded FCAW electrodes **A6:** 61
chemical composition **A6:** 60
functions in FCAW electrodes **A6:** 188

Lime coatings
hot rolled bars **M1:** 200
steel wire **M1:** 262, 266
steel wire rod **M1:** 253

Lime feldspar ($CaAl_2Si_2O_8$) **EM4:** 6

Lime, free
analysis in Portland cement **A10:** 179

Lime glass, effect
mechanically alloyed oxide dispersion-strengthened (MA ODS) alloys **A2:** 947

Lime kiln/kiln operations
pollution control. **A13:** 1370

Lime matte glaze
composition based on mole ratio (Seger formula) **A5:** 879
composition based on weight percent **A5:** 879

Lime neutralization
plating wastes **M5:** 313

Limestone
acid insoluble fraction testing **EM4:** 379
angle of repose **M7:** 283
angles of repose **A7:** 301
aragonite **EM4:** 379
batch size. **EM4:** 382
burned lime. **EM4:** 379
calcite **EM4:** 379
chemical analysis **EM4:** 379
chemical composition **A6:** 60
composition **EM4:** 379
decrepitation **EM4:** 379
deposits in Caribbean and U.S **EM4:** 379
dissolution in hydrochloric acid **A10:** 165
dolomite quicklime **EM4:** 379
drained angles of repose **A7:** 300
flame emission sources for **A10:** 30
in Hoeganaes process **M7:** 79–82
in Höganäs process **A7:** 110
iron content. **EM4:** 379
lime. **EM4:** 379
Miller numbers. **A18:** 235
mining techniques **EM4:** 379
particle size **EM4:** 379
quantitative spectrographic analysis **EM4:** 379
quicklime **EM4:** 379
refractory heavy metal (RH) deposits. . . . **EM4:** 379

Limestone additions
fluxes **A15:** 388

Limestone/calcite ($CaCO_3$) purpose for use in glass manufacture **EM4:** 381

Lime-titania (basic or metal), flux composition
CO_2 shielded FCAW electrodes **A6:** 61

Li-Mg (Phase Diagram) . . . . **A3:** 2•276

Limit
endurance, defined **A11:** 4
fatigue, defined **A11:** 4
load, and limit stress **A11:** 50
stress, and limit load **A11:** 50

Limit analysis, of distortion
low-carbon steels **A11:** 136

Limit analysis of plasticity
theorems **EM1:** 198

Limit, endurance *See* Fatigue limit

Limit load **A19:** 415, 428

Limitations **EM3:** 33

Limited dispense output volume **EM3:** 718–719

Limited frequency response
in Charpy impact testing **A8:** 267
Limited range mass spectrometry techniques..**A7:** 614
Limited solid solution
defined.................................**A9:** 11
Limited-coordination specification
defined.................................**EM2:** 25
Limited-coordination specification (or standard).................................**EM3:** 17
Limited-range mass spectrometry techniques **M7:** 434
Limiting blank diameter (LBD)
in drawing tests........................**A8:** 563
Limiting current density
defined.................................**A13:** 9
Limiting dome height (LDH)
defined.................................**A8:** 8
test, as stretching test for sheet metals.....**A8:** 562
Limiting dome height (LDH) test...........**A1:** 576
Limiting draw ratio (LDR)......**A20:** 694, 738, 739
correlation with material properties.......**A8:** 565
drawability expressed as.................**A8:** 562
equation................................**A8:** 563
Limiting drawing ratio
defined.................................**A14:** 8
in deep drawing.........................**A14:** 575
Limiting shear modulus....................**A18:** 93
nomenclature for lubrication regimes......**A18:** 90
Limiting shear stress.....................**A18:** 93
nomenclature for lubrication regimes......**A18:** 90
Limiting stability rate.....................**A6:** 52
Limiting static friction.............**A18:** 47–48, 57
defined.................................**A18:** 12
Limiting weight...........................**A7:** 210
Limonite
Miller numbers..........................**A18:** 235
LIMS *See* Laser ionization mass spectroscopy
LI-Na (Phase Diagram)...................**A3:** 2•276
Lincoln Laboratories at Massachusetts Institute of Technology.........................**A20:** 155
Lincoln ventmeter test....................**A18:** 128
Lindane (all isomers)
hazardous air pollutant regulated by the Clean Air Amendments of 1990..............**A5:** 913
maximum concentration for the toxicity characteristic, hazardous waste......**A5:** 159
Line......................................**A5:** 335
intensity...............................**A10:** 328
pair, defined...........................**A10:** 676
position................................**A10:** 328
profile.................................**A10:** 331–332
scan, double-deflection system.........**A10:** 493–495
Line blackening *See also* Blackening; Intensity
in spark source mass spectrometry......**A10:** 142
Line broadening *See also* Broadening
analysis, and microbeam method.........**A10:** 374
analysis, factors controlling..........**A10:** 331, 332
collisional, emission spectroscopy.........**A10:** 22
Doppler, in emission spectroscopy.........**A10:** 22
in x-ray diffraction residual stress techniques...................**A10:** 386–387
mechanisms, electron spin resonance.....**A10:** 255
stark, emission spectroscopy.............**A10:** 22
Line compounds......................**A3:** 1•4, 1•18
Line contact brushing................**M5:** 151, 153
Line defects..................**A20:** 332, 334, 340
in crystals..............................**A9:** 719
Line delay, intrinsic
defined.................................**EL1:** 2
Line etching.............................**A9:** 62–63
electrical steels........................**A9:** 531
Line gratings *See* Gratings
Line heating
for thermal inspection..................**A17:** 398
Line (in x-ray diffraction patterns)
defined.................................**A9:** 11
Line indices
defined.................................**A9:** 11
Line of contact, between mating parts
interference at.........................**A11:** 116
Line pair
defined.................................**A10:** 676
Line, parting *See* Parting line
Line pipe *See also* Pipe; Pipelines, failures of; Steel tubular products................**M1:** 315, 319
Charpy V-notch impact tests........**A11:** 705–706
corrosion...............................**A11:** 703
defect lengths in.......................**A11:** 704
electric-resistance welded..............**A11:** 699
hydrogen-stress cracks in...............**A11:** 701
SCC fracture surface...................**A11:** 702
Line pipe plate
API X60.................................**A9:** 209
Line pipe steels........................**A19:** 479
failure analysis of fractures.....**A20:** 323, 324–325
hydrogen embrittlement in...............**A1:** 716
Line pipe steels, specific types
API X60 steel, mechanical properties......**A4:** 239
API X70 steel, mechanical properties......**A4:** 239
Line projection method
as visual inspection....................**A17:** 8
Line search minimization technique....**A20:** 210–211
Line spall
in steels...............**A12:** 113–115, 129–134
Line stretch..............................**A18:** 47
Lineage structure.........................**A9:** 604
defined.................................**A9:** 11
metallography..........................**A9:** 124
Lineal fraction...........................**A7:** 269
Lineal roughness parameter
R_L.................................**A12:** 199–200
Linear
defined.................................**EM1:** 15
Linear absorption coefficient
symbol for..............................**A10:** 692
Linear absorption coefficients.........**A18:** 463, 466
Linear actuator
in electrohydraulic testing machine........**A8:** 160
Linear additive preferences...............**A20:** 264
Linear advection equation........**A20:** 189, 191, 192
Linear attenuation coefficient
defined.................................**A17:** 384
Linear ball bearings
with drop tower compression system......**A8:** 196
Linear basis functions....................**A20:** 192
Linear coefficient of thermal expansion *See also* Coefficient of thermal expansion; Thermal expansion; Thermal properties
aluminum casting alloys.................**A2:** 153
wrought aluminum and aluminum alloys...........................**A2:** 62–122
Linear creep-fatigue interaction
diagram................................**A8:** 355–356
Linear cumulative damage rule....**A8:** 337–338, 355, 374
Linear cutting process
in metal removal processes classification scheme...........................**A20:** 695
Linear damage rule.......................**A19:** 271
Linear dispersion
defined.................................**A10:** 676
Linear elastic deformation...............**A20:** 342
Linear elastic fracture...................**A19:** 23
Linear elastic fracture behavior
and bend tests..........................**A8:** 117
Linear elastic fracture mechanics *See also* Fracture mechanics; Stress-intensity factor
defined..................**A8:** 8, 376, **A13:** 9
equation for crack propagation and stress intensity...........................**A8:** 678
for mechanical driving force of cracks.....**A8:** 497
test, for fracture toughness...........**A8:** 470–471
Linear elastic fracture mechanics (LEFM)....**A11:** 47–49, **A19:** 4, 136, 146–148, 154, 171, 267, 427, 528, **A20:** 269, 270, 534–535, 536, 539, 540, 542, 543, **EM3:** 503
and fracture mechanics..................**A11:** 47
crack-tip stresses by...................**A11:** 47
defined.....................**A11:** 6, **A19:** 168
definition..............................**A20:** 835
delamination analysis.................**EM1:** 784
design philosophy......................**A17:** 664
estimate................................**A19:** 282
failure assessment diagram..............**A19:** 460
in failure analyses....................**A11:** 47–49
inspection requirements................**A17:** 663
materials for which approach works well..**A19:** 376
of cracked jacketed pressure vessel......**A20:** 539, 542–543
of laminates...................**EM1:** 252–253
parameters of examples.................**A19:** 430
precracked specimen testing.........**A19:** 501–502
stress-corrosion cracking studied........**A19:** 484
summary of concepts.............**A19:** 461–464
Linear elastic fracture mechanics tests......**A19:** 442
Linear elastic fracture mechanics theory
used by CARES design methodology....**EM4:** 700, 703
Linear elastic fracture toughness
by precracked Charpy test...............**A8:** 268
Linear elastic tests......................**A19:** 170
Linear expansion *See also* Coefficient of thermal expansion.........................**EM3:** 17
defined...................**EM1:** 15, **EM2:** 25
Linear expansion coefficient..........**A20:** 276, 277
Linear ferrites
as magnetically soft materials...........**A2:** 776
Linear fracture mechanics (LFM)
invalidity in cases....................**EM3:** 382
Linear kinetic rate law...................**A13:** 17
Linear low-density polyethylene (LLDPE) *See also* Polyethylene (PE).............**A20:** 441, 453
in rotational molding...................**EM2:** 361
molecular architecture..................**A20:** 446
properties..............................**A20:** 435
sample power-law indices...............**A20:** 448
structure...............................**A20:** 435
Linear medium-density polyethylene (LMDPE) *See also* Polyethylene (PE)
in rotational molding...................**EM2:** 361
Linear model dummy variable approach......**A8:** 712
Linear oxidation
kinetics and reaction rates..............**A13:** 66
Linear plastic model
SCC behavior..........................**A13:** 278
Linear polarization.............**A13:** 33, 1250–1251
Linear polarization resistance
and corrosion rates....................**A11:** 199
as inspection or measurement technique for corrosion control..................**A19:** 469
Linear polyesters
surface preparation....................**EM3:** 278
Linear polyethylene
crack-growth mechanisms...............**A12:** 479
Linear polymers
formation..............................**EM1:** 751
Linear porosity
in arc welds...........................**A11:** 413
in weldments..........................**A17:** 583
Linear problems........................**A20:** 180
Linear programming
definition..............................**A20:** 835
Linear ratio
equality of volume fraction to...........**A9:** 125
Linear regression *See also* Least squares fit; Regression analysis..................**A8:** 669
Linear regression analysis................**A6:** 90
Linear regression computations..........**A20:** 84–86
Linear regression estimators..............**A20:** 627
Linear shrinkage.........................**M7:** 7
of thermoplastic resins..................**A9:** 30
of thermosetting resins..................**A9:** 29
Linear strain *See also* Engineering strain; True strain.................................**A8:** 8
tensile or compressive.................**EM3:** 17
Linear strain, compressive/tensile
defined.................................**EM2:** 25
Linear stress
beam distribution...................**A8:** 119–120
Linear sweep voltammetry
vs. DME polarography..................**A10:** 191
Linear theory of thermoelasticity...........**EL1:** 55
Linear thermal expansion............**A20:** 276, 277
Linear thermal expansion, coefficients
oxides and metals......................**A13:** 71
Linear thermal expansion for cemented carbides, specifications......................**A7:** 1100
Linear tolerances *See also* Allowances; Tolerances
die casting components............**A15:** 619–620
investment castings....................**A15:** 622
Linear traces
in the plane of polish..................**A9:** 126
Linear variable differential transformer (LVDT)....**A18:** 336–337, **EM3:** 463, 464, 465
extensometers..................**A8:** 35, 616–617
for creep testing.......................**A8:** 303
for displacement measurement...........**A8:** 383
for medium strain rate testing...........**A8:** 193
for medium stress and strain rates....**A8:** 191–192
frequency response limitations..........**A8:** 193
strain transducer.......................**A8:** 313

586 / Linear variable differential transformer (LVDT)

Linear variable differential transformer (LVDT) (continued)
to monitor crack extension in corrosive environments. **A8:** 428
with drop tower compression test **A8:** 197

Linear variable differential transformer, miniature **A19:** 164

Linear variable displacement transducer (LVDT) **A19:** 197, 515

Linear viscoelastic region **A20:** 446

Linear wear **A18:** 239
abrasive sliding process **A18:** 264

Linear weld
effect on fatigue performance of components **A19:** 317

Linear-damage law **A11:** 112

Linearity
as material assumption **EM1:** 309
calibration, ultrasonic inspection **A17:** 266
detector, defined **A17:** 384
of thermoplastics **EM1:** 100

Linearization **A20:** 167
of reversed sigmoidal curves **A12:** 212–215

Linearly polarized light **A5:** 630

Lined pipe
sulfuric acid corrosion **A13:** 1153

Line-of-sight deposition process **A20:** 823, 825

Linepipe steels
arc welding **M6:** 278–280
longitudinal seam, submerged arc welding **M6:** 280–282

Liners
defined **A14:** 8

Liners, bellows
fatigue fracture in **A11:** 118

Liners, for griding mills
material selection for wear resistance **M1:** 621, 623–624

Lines
-and-spaces reductions, ICs/PWBs **EL1:** 253
energy reduced **EL1:** 2
interconnection **EL1:** 2
lengths shortened **EL1:** 2
number per channel, interconnection **EL1:** 19

Lines per channel (LPC) **EL1:** 20

Line-shafting **A18:** 595

Lineshapes
absorption and dispersion, in nuclear magnetic resonance **A10:** 280
Auger spectra, and bonding changes **A10:** 552
changes, measurement **A10:** 552
Lorentzian and dispersion **A10:** 281

Linewidth
as FMR resonant phenomenon **A10:** 267, 268

Linex process **A7:** 630

Lining cure effect **A18:** 571

Linings *See also* Coatings
cast iron pipe **M1:** 97–98, 100
chemical-setting ceramic **A13:** 453–455
defined **A15:** 7
dual **A13:** 453–454
for hydrogen damage **A11:** 251
ladle, for plain carbon steels **A15:** 710
materials, induction furnaces **A15:** 372–373
monolithic and membrane dual **A13:** 453–454
organic **A13:** 399–418
phenolic **A13:** 408
refractory, cupolas **A15:** 386
refractory, VIM crucibles **A15:** 394
sulfuric acid corrosion **A13:** 1153–1154
welded metal, corrosion of **A13:** 652

Linishing
defined **A18:** 12
definition **A5:** 960

Link segments
interconnection **EL1:** 3

Links, chain *See* Chain links

Linnik-type interferometer **A9:** 80

Linoleum
versus tile whiteware **EM4:** 929

Linotype machine
development of **A15:** 35

Linotype metal
as lead and lead alloy application **A2:** 523
micrograph **A9:** 424

Linseed oil
use in painting **M5:** 498

Linseed oil, copper/copper alloy resistance . . . **A13:** 631

Linseed oil, raw and boiled
coating characteristics for structural steel . . **A5:** 440

Linters
defined **EM2:** 25

Linze-Donovitz (LD) method **A1:** 111

Li-Pb (Phase Diagram) . . . . **A3:** 2•276

Li-Pd (Phase Diagram) . . . . **A3:** 2•277

Lipophilic *See also* Hydrophilic; Hydrophobic
defined **A13:** 9

Lipophilic/hydrophilic (methods B and D)
postemulsifiable penetrants **A17:** 75, 77

Lipowitz alloy
LME failures in **A11:** 719

Lip-pour ladle *See also* Ladle(s)
defined **A15:** 7

Liquation . . . . **A3:** 1•19
defined **A9:** 11, **A15:** 7
definition **A6:** 1211, **M6:** 11

Liquation cracking **A6:** 1065
aluminum alloys **A6:** 83
austenitic stainless steels **A6:** 456, 464–465
evaluation by spot Varestraint test **A6:** 608
heat-treatable aluminum alloys **A6:** 531
nonferrous high-temperature materials **A6:** 567–569

Liquefaction systems
nickel alloy applications **A2:** 430

Liquefied petroleum gas (LPG)
fuel gas for oxyfuel gas cutting **A6:** 1161, 1162

Liquid *See also* Liquid erosion; Liquid erosion, failures; Liquid impingement erosion; Liquid-metal embrittlement
heat transfer to **A11:** 628
level, effect on crevice corrosion **A11:** 184
metals, and solid-metal interactions **A11:** 718
metals, effect of temperature on embrittlement **A11:** 239
metals, role in crack propagation **A11:** 227, 232

Liquid alloys
NMR analysis of electronic structure of . . **A10:** 284

Liquid aluminum *See also* Aluminum; Aluminum alloys
standard Gibbs free energies for solution in **A15:** 59
tantalum reaction with **A13:** 733
thermodynamic properties **A15:** 55–60

Liquid aluminum-magnesium alloys
thermal properties **A15:** 57

Liquid aluminum-silicon alloys
integral thermal properties **A15:** 57
thermodynamic properties **A15:** 57

Liquid ammonia
for ammonia dissociator **M7:** 344

Liquid argon
for hot isostatic pressing **M7:** 421, 422

Liquid argon quenching **A7:** 101

Liquid bismuth
tantalum reaction with **A13:** 733

Liquid buffing compounds **M5:** 116–118
characteristics and advantages of **M5:** 117–118
low-pressure systems **M5:** 116

Liquid butadiene-acrylonitrile copolymers . . . **EM3:** 100

Liquid cadmium
low-alloy steel embrittlement by **A12:** 30, 39

Liquid calcium
ultrapurification by external gettering **A2:** 1094

Liquid carbonitriding **A4:** 330–331, **M4:** 227, 229, 230, 231, 232, 245
characteristics compared **A20:** 486

Liquid carbonyl compounds
safety hazards **M7:** 138

Liquid carburizing **A4:** 329–347
applications **A4:** 340–341, 344, 345, **M4:** 245–246, 247
bath composition **A4:** 329–331, 339, **M4:** 239
carbon bath **A4:** 330, 331, **M4:** 227
carbon gradients **A4:** 331, 334, **M4:** 230
case depth, control . . . **A4:** 331, 332, 334, 335, 340, 341, **M4:** 232, 239, 240, 241–242
characteristics compared **A20:** 486
characteristics of diffusion treatments **A5:** 738
combined with brazing **A4:** 345–346, **M4:** 248
compared to pack carburizing **A4:** 325
cyanide wastes, disposal **A4:** 347, **M4:** 248–249
cyanide-containing baths . . . **A4:** 329–330, 343, 345, **M4:** 227
cyaniding . . . **A4:** 330–331, **M4:** 227, 229, 230, 231, 232, 245
cyaniding time and temperature **A4:** 334–335, **M4:** 232
daily maintenance routines **A4:** 339–340
definition **A5:** 960
dimensional changes . . . **A4:** 340–341, 343, **M4:** 234, 240–244
Durofer process **A4:** 333, 334
equipment maintenance **A4:** 335–338, **M4:** 239–240
examples **A4:** 340–341
graphite cover **A4:** 333, 339, **M4:** 239
hardness gradients **A4:** 334, **M4:** 230–232
high-temperature baths, cyanide type **M4:** 228
high-temperature, low-temperature combination baths **A4:** 330, **M4:** 228–229
low-temperature baths, cyanide type . . **A4:** 329–330
low-temperature baths, cyanide-type . . **M4:** 227–228
low-toxicity regenerable salt bath process **A4:** 332–334
noncyanide **A4:** 331–334, 344, 345, 346, 347, **M4:** 229–230
noncyanide salts, disposal . . . **A4:** 344, 347, **M4:** 249
partial immersion **A4:** 345, 346
process control **A4:** 338–340
quenching cyanided parts **A4:** 334, **M4:** 245
quenching media **A4:** 341–344, **M4:** 244
safety precautions, cyanide salts . . **A4:** 344, 346–347
safety precautions, cyanide slats **M4:** 248
salt baths, externally heated **A4:** 335–336, 338, **M4:** 239
salt baths, internally heated **A4:** 336–337, 338, **M4:** 239
salt removal (washing) **A4:** 344
selective carburizing **A4:** 344, **M4:** 247–248
stop-offs **A4:** 344–345

Liquid carburizing, furnaces
design **A4:** 335–336
electrical-resistance **A4:** 335, **M4:** 233
gas or oil **M4:** 232–233
immersed-electrode **A4:** 336–337, 346, **M4:** 235
lines, automatic **A4:** 338, **M4:** 236–239
operating factors **A4:** 335, **M4:** 234–235
salt pots **A4:** 335, 336, 337, 340, **M4:** 233–234
shutdown and restarting **A4:** 340
submerged-electrode **A4:** 337, **M4:** 235
temperature **A4:** 335, **M4:** 234

Liquid carriers
wet abrasive blasting **M5:** 94–95

Liquid chromatographs
and AAS instruments **A10:** 55
components **A10:** 650
UV/VIS detection of species in **A10:** 60

Liquid chromatography **A10:** 649–657, **A13:** 1115
applications **A10:** 649, 655–657
as advanced failure analysis technique **EL1:** 1104–1105
as separation tool **A10:** 170
chromatographs, liquid **A10:** 55, 650–651
defined **A10:** 676
estimated analysis time **A10:** 649

fundamental concepts A10: 651
general uses........................... A10: 649
introduction A10: 649–650
limitations............................ A10: 649
mobile phase programming A10: 654
modes of......................... A10: 651–654
preparative A10: 654
qualitative and quantitative analysis by... A10: 654
related techniques A10: 649
samples A10: 649
Liquid cleaners
for surfaces A13: 382
Liquid compositions
removal of................................ A5: 9
Liquid cooling *See also* Cooling; Heat removal
environment supply system for A8: 248
multichip structures.................... EL1: 310
ultrasonic fatigue testing............. A8: 247–248
vs. air cooling.......................... EL1: 50
Liquid copper alloys
interaction coefficients for elements in A15: 60
thermodynamic properties A15: 55–60
Liquid copper penetration
in HAZ of weld in stainless steels........ A11: 431
Liquid copper-aluminum alloys
thermodynamic properties A15: 58
Liquid copper-nickel alloys
integral thermal properties............... A15: 58
thermodynamic properties A15: 58
Liquid copper-tin alloys
heats of formation A15: 59
thermodynamic properties A15: 58
Liquid copper-zinc alloys
integral thermal properties............... A15: 59
thermodynamic properties A15: 59
Liquid corrosion
of copper casting alloys.................. A2: 352
Liquid corrosion service
C-type cast alloys for A13: 576–582
Liquid crystal
for optical imaging EL1: 1071–1072
polymers, as reinforcement EL1: 605
resins, for printed wiring boards......... EL1: 607
Liquid crystal, cholesteric
use in integrated circuit failure
analysis A11: 767–768
Liquid crystal displays (LCDs), and light-emitting diodes (LEDs)
compared............................... A2: 740
Liquid crystal polymer EM1: 15, 54
Liquid crystal polymer (LCP).............. EM3: 17
Liquid crystal polymers (LCP) *See also* Thermoplastic resins
applications...................... EM2: 180–181
blends and alloys EM2: 180
chemistry......................... EM2: 66, 179
commercial forms EM2: 179–180
competitive materials EM2: 180–181
compound types.................. EM2: 181–182
costs and production volume........... EM2: 180
defined EM2: 25
design considerations.................. EM2: 181
liquid crystalline state EM2: 179
processing EM2: 181
properties............................. EM2: 181
supplies EM2: 182
Liquid crystalline polymers................ A20: 443
Liquid crystals *See also* Microwave liquid crystal display (MLCD)
cholesteric, as temperature sensors A17: 399
display, microwave A17: 208
for adhesive-bonded joints.......... A17: 629–630
Liquid cutting fluids
machining............................. M7: 461
Liquid (cyaniding) carbonitriding
characteristics of diffusion treatments A5: 738
Liquid dewaxing, as pattern removal
investment casting A15: 262
Liquid diffusion coefficient of the solute....... A6: 52
Liquid disintegration........................ M7: 7
Liquid drops model (erosion)
wear models for design................. A20: 606
Liquid dye penetrant inspection *See also* Liquid penetrant inspection............. A7: 702, 714
of powder metallurgy parts A17: 546–547
Liquid dynamic compaction
aluminum P/M alloys A2: 204
Liquid dynamics
effect in liquid erosion A11: 163
Liquid entrapment
in secondary operations................. M7: 451
Liquid environments
concentration of damaging species, as environmental variable affecting corrosion fatigue A19: 188, 193
Liquid epoxies
for flexible epoxy systems EL1: 817
Liquid erosion
defined............................... A11: 163
failures........................... A11: 163–171
rate, variation with exposure time A11: 165
shield, effects A11: 170–171
Liquid erosion-corrosion
material selection for A13: 332–333
Liquid feedstocks
physical properties M7: 342
Liquid film-forming systems
curing of EL1: 854
Liquid filters
powders used.......................... M7: 573
Liquid fire method
of wet washing organic substances A10: 166
Liquid flow induced segregation
mushy region A15: 39–140
Liquid flow technique
and permeametry M7: 263
Liquid fluorescent penetrant inspection
of investment castings.................. A15: 264
Liquid gaskets EM3: 53
Liquid helium coolant
for superconductors A2: 1030, 1085
Liquid honing
definition.............................. A5: 960
Liquid hydrogen M7: 344
Liquid impact erosion *See* Erosion (erosive wear)
Liquid impingement erosion *See also* Erosion (erosive wear).................. A18: 221–230
conjoint chemical action................ A18: 221
definition............................. A18: 221
factors affecting erosion seventy..... A18: 227–229
dependence on droplet size........ A18: 227–228
dependence on impact angle........... A18: 227
dependence on liquid properties A18: 228
dimensionless parameters for describing erosion A18: 227
erosion resistance A18: 228
velocity dependence/threshold considerations A18: 227
liquid impact erosion mechanisms... A18: 223–225
corrosion interactions................ A18: 225
liquid/solid interaction-impact pressures................... A18: 223–224
material response-development of damage................... A18: 224–225
means for combatting erosion A18: 230
material selection A18: 230
materials used for protection A18: 230
modification of impingement conditions...................... A18: 230
protective shielding.................. A18: 230
occurrences in practice............. A18: 221–222
aircraft rain erosion A18: 222
coating applications A18: 222
moisture erosion................. A18: 221–222
rain erosion..................... A18: 221, 222
steam turbine blade erosion A18: 221–222
relationship to other erosion processes A18: 222–223
cavitation erosion A18: 222, 225–226
continuous jet impingement A18: 222
erosion-corrosion..................... A18: 223
impingement attack A18: 223
solid particle erosion A18: 222–223
test methods for erosion studies..... A18: 229–230
time dependence of erosion rate..... A18: 225–227
implications for testing and prediction................. A18: 226–227
qualitative description........... A18: 225–226
reasons for time dependence........... A18: 226
Liquid impregnation *See also* Impregnation
of carbon/carbon composites EM1: 918
Liquid inclusion sampler
as melt analysis technique A15: 493
Liquid Infiltrant
system compatibility.................... M7: 552
Liquid injection molding (LIM)
defined............................... EM2: 25
Liquid ion exchange (LIX) process
tungsten powder........................ A7: 189
Liquid iron-carbon alloys
structure of....................... A15: 168–169
Liquid junction potential................ A13: 23–24
Liquid lead, embrittling effect
alloy steel A12: 30, 38
Liquid lubricants A18: 81–88
functions A18: 81
health, safety, and environment........... A18: 87
toxicity A18: 87
lubricant classification................ A18: 85–87
API engine service classifications........ A18: 86
circulation oils........................ A18: 87
compressor lubricants A18: 86–87
designations A18: 86
energy conserving classification A18: 85
engine oils A18: 85
engine tests for API classification A18: 86
gear oils A18: 86
hydraulic oils......................... A18: 86
misting oils........................... A18: 87
transmission and torque-converter fluids A18: 85
turbine oils........................... A18: 86
viscosity grades A18: 85
methods of lubricant application....... A18: 87–88
drop oilers A18: 87
manual application A18: 87
mist lubrication....................... A18: 88
oil carrier A18: 88
pressurized feed....................... A18: 88
splash lubrication A18: 88
properties A18: 81–85
acidity............................... A18: 84
alkalinity............................ A18: 84
ash.................................. A18: 84
color A18: 82
corrosivity A18: 84
density A18: 82
detergency A18: 84–85
gravity............................... A18: 82
of specific lubricants................... A18: 82
oxidative stability A18: 84
stability.............................. A18: 84
thermal stability A18: 84
viscosity A18: 82–84
volatility............................. A18: 84
Liquid magnesium
comminution of........................ M7: 132
Liquid membrane electrodes............... A10: 182
Liquid mercury
decohesive fracture from A12: 18, 25
Liquid metal *See also* Metallic glasses
by-pass sample station for purity A8: 426
controlling purity.................. A8: 425–426
embrittlement, sustained-load failure A8: 486
environmental chamber on circulating loop system........................... A8: 427
environments, fatigue crack propagation behavior...................... A8: 425–426
history A2: 804
plugging indicator for A8: 426
synthesis and processing methods..... A2: 805–809
Liquid metal assisted cracking *See* Liquid metal embrittlement
Liquid metal baths
kinetic paths for melting................. A15: 71
Liquid metal embrittlement *See also* Embrittlement; Liquid metal corrosion; Liquid metals A13: 171–184
as environmentally induced cracking..... A13: 145, 171–184
by aluminum A13: 179–180
by antimony A13: 180
by bismuth A13: 180
by cadmium A13: 180
by copper............................. A13: 180
by gallium A13: 180
by indium A13: 180–181
by lead, internal/external A13: 181–182
by lithium A13: 182
by mercury A13: 182
by silver.............................. A13: 182

Liquid metal embrittlement (continued)
by solders and bearing metals . . . **A13:** 183
by tellurium . . . **A13:** 183
by tin . . . **A13:** 183–184
defined . . . **A13:** 9
effect, selenium . . . **A13:** 182
effect, sodium . . . **A13:** 182–183
effect, thallium . . . **A13:** 183
environments, fatigue in . . . **A13:** 177–178
grain size . . . **A13:** 175
in brazed joints . . . **A13:** 878–879
inert carriers and . . . **A13:** 177
liquid role, crack propagation . . . **A13:** 174–175
material selection for . . . **A13:** 334–335
mechanisms . . . **A13:** 172–174
metallurgical, mechanical, physical factors . . . **A13:** 175–177
occurrence . . . **A13:** 175
of aluminum . . . **A13:** 178
of austenitic stainless steels, by zinc . . . **A13:** 184
of copper . . . **A13:** 178–179
of ferritic steels, by zinc . . . **A13:** 184
of ferrous metals and alloys . . . **A13:** 179–184
of nonferrous metals and alloys . . . **A13:** 178–179
of tantalum . . . **A13:** 179
of titanium . . . **A13:** 179
of zinc . . . **A13:** 178
strain rate, effects . . . **A13:** 175–177
stress effects . . . **A13:** 177
susceptibility . . . **A13:** 178
temperature effects . . . **A13:** 175–177
titanium/titanium alloy SCC . . . **A13:** 689
Liquid metal environments . . . **A8:** 425–427, **A19:** 203, 207–208
Liquid metal forging *See* Squeeze casting
Liquid metal infiltration, and diffusion bonding as a fabrication process for metal-matrix composites . . . **A9:** 591
Liquid metal infiltration (LMI)
defined . . . **EM1:** 15
of graphite fiber MMCs . . . **EM1:** 868–869
tungsten-reinforced composites . . . **EM1:** 885
Liquid metal processing
aluminum-base alloys, thermodynamic properties . . . **A15:** 55–60
composition control . . . **A15:** 71–81
copper-base alloys, thermodynamic properties . . . **A15:** 55–60
gases in metals . . . **A15:** 82–87
inclusion-forming reactions . . . **A15:** 88–97
introduction . . . **A15:** 49
iron-base alloys, thermodynamic properties . . . **A15:** 61–70
physical chemistry, principles of . . . **A15:** 50–54
principles of . . . **A15:** 49
Liquid metal tests
sealed environmental chamber for . . . **A8:** 425
Liquid metals *See also* Liquid metal embrittlement; Liquid metal processing; Liquid-metal corrosion; Liquid(s)
activity coefficients at infinite dilution in . . **A15:** 60
atomization . . . **M7:** 34
containment, materials selection . . . **A13:** 56, 59
corrosion by . . . **M1:** 714–715
corrosion in . . . **A13:** 17, 91–97
embrittlement, titanium . . . **M3:** 416
fretting wear . . . **A18:** 248
heat transfer properties . . . **A13:** 56
high-temperature corrosion in . . . **A13:** 56–60
laboratory corrosion tests in . . . **A13:** 227
niobium resistance in . . . **A13:** 722
NMR analysis of electronic structure of . . **A10:** 284
production, by vacuum induction melting . . . **A15:** 393–399
reaction with oxygen . . . **A13:** 94–95
role, crack propagation . . . **A13:** 174–175
selective dissolution . . . **A13:** 134
spills and accidents, recovery . . . **A13:** 96
stainless steel corrosion . . . **A13:** 559
tantalum/tantalum alloy resistance to . . . **A13:** 731–735
titanium/titanium alloy resistance . . . **A13:** 681
zirconium, corrosion in . . . **M3:** 790
Liquid nitrided 1010 steel . . . **A9:** 229
Liquid nitriding *See also* Liquid nitrocarburizing . . . **A4:** 410–419, **A20:** 488
advantages . . . **A4:** 410
aerated bath . . . **M4:** 252–254
aerated cyanide-cyanate bath . . . **A4:** 411–413, 414, 415, 419
applications . . . **A4:** 410
case depth . . . **A4:** 413, 419, **M4:** 254
case hardening . . . **A4:** 413, **M4:** 254, 256
cyanide waste neutralization . . . **A4:** 414
definition . . . **A5:** 960
equipment . . . **A4:** 414–415, **M4:** 257
equipment maintenance . . . **M4:** 258
equipment maintenance schedules . . . **A4:** 415
examples . . . **A4:** 410
liquid pressure nitriding . . . **A4:** 411, 414, 415, **M4:** 251–252, 253
noncyanide . . **A4:** 412, 414, **M4:** 252, 253, 254, 255
operating procedures . . . **A4:** 413–414, **M4:** 251, 254–257
safety precautions . . . **A4:** 414, 415, **M4:** 257
salt baths . . . **A4:** 413, 415, 419, **M4:** 255–257
stainless steels . . . **A5:** 759–760
steel composition, effect of **A4:** 412–413, **M4:** 253, 254, 255
systems . . . **A4:** 410–411, **M4:** 250–251
tool steels . . . **A4:** 410–411, 724, 752
uses . . . **M4:** 250, 251
Liquid nitrocarburizing . . . **A4:** 415–418
compound layer . . . **A4:** 415–416, 417, 418–419, **M4:** 259, 260, 263
definition . . . **A5:** 960
Falex tests . . . **A4:** 418
high cyanide baths . . . **M4:** 258–259
high cyanide with sulfur . . . **A4:** 415–416, 417, **M4:** 258–259
high-cyanide baths . . . **A4:** 415, 416
low-cyanide baths . . . **A4:** 416–418
noncyanide bath . . . **M4:** 263
noncyanide baths . . . **A4:** 418–419
nontoxic salt bath treatment . . . **A4:** 416–418, **M4:** 254, 259–260
salt baths, liquid . . . **A4:** 416–419, **M4:** 261–262
wear testing . . **A4:** 416, 417, 418, **M4:** 260–261, 262
Liquid nitrogen *See* Nitrogen
Liquid nitrogen coolant
for superconductors . . . **A2:** 1030
Liquid nitrogen gas
cryogenic storage tank materials selection . . . **A20:** 252–253
Liquid organic compounds
ESR study of . . . **A10:** 263
Liquid particle behavior
at interface . . . **A15:** 142–147
Liquid penetrant inspection *See also* Magnetic particle inspection; NDE reliability; Penetrants; Penetrant inspection . . . **A17:** 71–88
codes, boilers/pressure vessels . . . **A17:** 642
costs/sensitivity . . . **A17:** 77
defined . . . **A17:** 71
definition . . . **A5:** 960
developers . . . **A17:** 76–77
electron-beam welding . . . **A6:** 866
emulsifiers . . . **A17:** 75
equipment requirements . . . **A17:** 78–80
for weld characterization . . **A6:** 97, 98, 99, 100, 102
leak detection with . . . **A17:** 66
materials maintenance . . . **A17:** 85
materials used . . . **A17:** 74–77
niobium-titanium superconducting materials . . . **A2:** 1044
of aluminum alloy castings . . . **A17:** 534
of arc-welded nonmagnetic ferrous tubular products . . . **A17:** 567
of boilers and pressure vessels . . . **A17:** 642
of brazed assemblies . . . **A17:** 604
of casting defects . . . **A15:** 553, 556–557
of castings . . . **A17:** 512, 524–525
of finned tubing . . . **A17:** 571
of forgings . . . **A17:** 501–504
of heat-resistant forged alloys . . . **A17:** 503–504
of nonferrous tubing . . . **A17:** 574
of open-die forgings . . . **A17:** 494–495
of powder metallurgy parts . . . **A17:** 546–547
of resistance-welded steel tubing . . . **A17:** 565
of seamless steel tubular products . . . **A17:** 571
of steel bar and wire . . . **A17:** 550–551
of steel forgings . . . **A17:** 495–496
of weldments . . . **A17:** 592
oxyfuel gas welding . . . **A6:** 289
penetrant method selection . . . **A17:** 77–78
penetrant methods . . . **A17:** 73–74
penetrants used . . . **A17:** 77–78
personnel, training and certification . . . **A17:** 85–86
physical principles . . . **A17:** 71–73
postcleaning . . . **A17:** 84
precleaning . . . **A17:** 80–82
process description . . . **A17:** 74
process evolution . . . **A17:** 73
process qualification . . . **A17:** 678
processing parameters . . . **A17:** 82–84
quality assurance, of inspection materials . . . **A17:** 84–85
solvent cleaner/removers . . . **A17:** 75–76
specifications and standards . . . **A17:** 87–88
to detect weld and HAZ discontinuities in nickel alloys . . . **A6:** 577
to detect weld cracks . . . **A6:** 1076
to detect weld metal and base metal cracks . . . **A6:** 1075
workpiece, inspection and evaluation . . . **A17:** 86–87
Liquid penetrant method . . . **A19:** 213–214
application for detecting fatigue cracks . . . **A19:** 210
crack detection sensitivity . . . **A19:** 210
Liquid penetrant testing, to detect weld discontinuities
electroslag welding . . . **A6:** 1078
Liquid permeametry . . . **M7:** 263
Liquid phase methods
composite processing . . . **A2:** 583
Liquid phase sintering . . . **M7:** 7, 309, 316, 319–321
and solid phase sintering . . . **M7:** 308
anisotropic . . . **M7:** 320
common systems involving . . . **M7:** 319
dimensional change . . . **M7:** 320
in powder metallurgy processes classification scheme . . . **A20:** 694
isotropic . . . **M7:** 320
of copper powders . . . **M7:** 735
of tungsten heavy alloys . . . **M7:** 392–393
phase accommodation . . . **M7:** 320
phase diagram . . . **M7:** 319
sintering time versus density with . . . **M7:** 320
solution and reprecipitation method . . . **M7:** 320
swelling in . . . **M7:** 320
transient . . . **M7:** 319
Liquid phase sintering (LPS) . . . **A7:** 317, 437–438, 445–448, 565–573, 728
activated (ALPS) . . . **A7:** 565, 571–572
advantages . . . **A7:** 565
applications . . . **A7:** 568
cemented carbides . . . **A7:** 492
cermets . . . **A7:** 928, 931
characteristics affecting initial-stage behavior . . . **A7:** 566, 567
connectivity . . . **A7:** 565
contiguity . . . **A7:** 565
copper powder . . . **A7:** 862–863
densification . . . **A7:** 567, 568–569
description . . . **A7:** 565
diffusivity . . . **A7:** 566
fabrication concerns . . . **A7:** 567–568
forms of . . . **A7:** 565
kinetic factors . . . **A7:** 565–566

SUBJECTS OF THE INDEXED VOLUMES: ASM Handbook (designated by the letter "A"): **A1:** Properties and Selection: Irons, Steels, and High-Performance Alloys (1990); **A2:** Properties and Selection: Nonferrous Alloys and Special-Purpose Materials (1990); **A3:** Alloy Phase Diagrams (1992); **A4:** Heat Treating (1991); **A5:** Surface Engineering (1994); **A6:** Welding, Brazing, and Soldering (1993); **A7:** Powder Metal Technologies and Applications (1998); **A8:** Mechanical Testing (1985); **A9:** Metallography and Microstructures (1985); **A10:** Materials Characterization (1986); **A11:** Failure Analysis and Prevention (1986); **A12:** Fractography (1987); **A13:** Corrosion (1987); **A14:** Forming and Forging (1988); **A15:** Casting (1988); **A16:** Machining (1989); **A17:** Nondestructive Evaluation and Quality Control (1989); **A18:** Friction, Lubrication, and Wear Technology (1992); **A19:** Fatigue and Fracture (1996); **A20:** Materials Selection and Design (1997). **Metals Handbook, 9th Edition** (designated by the letter "M"): **M1:** Properties and Selection: Irons and Steels (1978); **M2:** Properties and Selection: Nonferrous Alloys and Pure Metals (1979); **M3:** Properties and Selection: Stainless Steels, Tool Materials, and Special-Purpose Materials (1980); **M4:** Heat Treating (1981); **M5:** Surface Cleaning, Finishing, and Coating (1982); **M6:** Welding, Brazing, and Soldering (1983); **M7:** Powder Metallurgy (1984). **Engineered Materials Handbook** (designated by the letters "EM"): **EM1:** Composites (1987); **EM2:** Engineering Plastics (1988); **EM3:** Adhesives and Sealants (1990); **EM4:** Ceramics and Glasses (1991). **Electronic Materials Handbook** (designated by the letters "EL"): **EL1:** Packaging (1989)

manganese steels **A7:** 474, 475
persistent **A7:** 565
sequence of stages **A7:** 566–567
solubility. **A7:** 565–566, 567
solution and reprecipitation process **A7:** 438
stainless steel powders **A7:** 997, 998
supersolidus (SLPS) **A7:** 565, 568–571
surface energy **A7:** 565
systems for **A7:** 565
thermodynamic factors **A7:** 565–566
transient. **A7:** 438
transient (TLPS) **A7:** 565, 571
tungsten heavy alloys **A7:** 499, 916, 917, 918
with high-temperature sintering. **A7:** 828

Liquid phase-solid matrix
oxidation-resistant coating systems for
niobium **A5:** 862

Liquid photoimageable process
for solder masks **EL1:** 556–557

Liquid polishing and buffing compounds
removal of. **M5:** 5, 10–11

Liquid polymeric binders
for sand **A15:** 211

Liquid polymers
metal powders dispersed in. **M7:** 607

Liquid polysulfides **EM3:** 100
applications **EM3:** 676
as sealants **EM3:** 676
formulations **EM3:** 676
hardener effect on impact resistance **EM3:** 184, 185

Liquid potassium
tantalum resistance to **A13:** 735

Liquid processing of steel **A1:** 107, 108
blast furnace stove use **A1:** 107–108
cokemaking **A1:** 107
future technology for **A1:** 114

Liquid propane gas cylinder, failure of **A19:** 454

Liquid pycnometer **M7:** 265

Liquid resin *See also* Resins. **EM3:** 17
defined **EM2:** 25

Liquid resin-to-bisphenol-A ratios **EM3:** 94

Liquid sheet
disintegration by high-velocity gas jet. . . **M7:** 28, 30

Liquid shim
defined **EM1:** 15

Liquid shrinkage
defined **A11:** 6

Liquid shrinkage, defined *See* Casting shrinkage

Liquid sodium **A13:** 90, 735

Liquid sodium-cooled fast breeder reactors . . . **M7:** 666

Liquid sodium-potassium nuclear filters
powders used **M7:** 573

Liquid treatment
of compacted graphite irons **A1:** 9
of ductile iron **A1:** 8, 9
of gray iron **A1:** 7
of malleable iron **A1:** 10

Liquid/solid interface *See* Interface

Liquid/solid joining process
in joining processes classification scheme **A20:** 697

Liquid-cooled integral heat exchanger
as thermal control **EL1:** 47

Liquid-encapsulated Czochralski (LEC) **EM3:** 580

Liquid-encapsulated Czochralski (LEC) method
of GaAs crystal growth **A2:** 744

Liquid-encapsulated Czochralski (LEC)
puller **EM3:** 581

Liquid-erosion failures **A11:** 163–171
analysis of. **A11:** 167–170
cavitation **A11:** 163–164
corrosion, effect of. **A11:** 167
damage resistance, metals **A11:** 166–167
erosion damage. **A11:** 164–166, 170–171
liquid-impingement erosion **A11:** 164

Liquid-gas reactions
kinetics of **A15:** 82–83

Liquid-immersion corrosion
of threaded fasteners **A11:** 535

Liquid-impingement erosion
as liquid erosion. **A11:** 164
components and structures affected **A11:** 163
damage processes **A11:** 164
in boilers and steam equipment **A11:** 623–624
Stellite 6B shield against **A11:** 170–171

Liquidized-bed equipment
atmosphere control **M4:** 302
carburizing **M4:** 303
cleaning operations **M4:** 306
surface treatments. **M4:** 302

Liquidized-bed equipment, furnaces
applications **M4:** 305–306
direct-resistance-heated **M4:** 304
external-combustion-heated **M4:** 303, 304
external-resistance-heated **M4:** 303, 304
internal-combustion gas-fired,
two-stage **M4:** 304–305, 306
internal-resistance-heated. **M4:** 303
safety, operational. **M4:** 306

Liquid-liquid chromatography **A10:** 652, 676

Liquid-liquid contraction
in solidification **A15:** 598

Liquid-liquid opal glass
composition. **EM4:** 1101
properties. **EM4:** 1101

Liquid-liquid separation process
zirconium and hafnium. **A2:** 661

Liquid-liquid-solvent extraction process
tantalum/niobium separation **A7:** 197

Liquid-lithium corrosion resistance . . **A13:** 92–93, 733

Liquid-metal corrosion *See also* Liquid metal embrittlement; Liquid metals; Specific liquid metals **A13:** 91–97
and aqueous/molten-salt corrosion,
compared **A13:** 17
by alloying **A13:** 56, 59
by compound reaction **A13:** 56, 59
by dissolution **A13:** 56–57
by impurities **A13:** 56–59
by interstitial reactions **A13:** 56–59
forms **A13:** 92–94
in material susceptibility. **A13:** 59
manned spacecraft. **A13:** 1094–1097
of carbon steels **A13:** 514–515
resistance to **A1:** 634–636
safety considerations **A13:** 94–97

Liquid-metal embrittlement
defined. **A12:** 29–30
examination and interpretation **A12:** 126–127
four forms **A12:** 126, 143

Liquid-metal embrittlement **A1:** 635, 717–721, **M1:** 688, 715
as cause of cracks. **A19:** 5–6
springs **A19:** 365
versus stress-corrosion cracking **A19:** 486

Liquid-metal embrittlement (LME). **A11:** 225–238
and solid metal induced embrittlement . . . **A11:** 240
and stress-corrosion cracking, compared . . **A11:** 718
brittle fracture by **A11:** 85
classic and diffusional, compared. . . . **A11:** 232, 234
cobalt-base corrosion-resistant alloys **A6:** 598
crack growth and propagation rates. . **A11:** 719, 726
defined **A11:** 6
delayed failure in **A11:** 243
determined **A11:** 27–28
effects of grain size on. **A11:** 229–230, 232
environment, fatigue in **A11:** 231–232
forms of. **A11:** 717–718
in aluminum alloy plates, by mercury **A11:** 79
in ferrous metals and alloys. **A11:** 234–238
in locomotive axles **A11:** 717–723
in mechanical fasteners. **A11:** 543–544
in nonferrous metals and alloys **A11:** 233–234
-induced fracture, failure analysis of. **A11:** 232
inert carriers and **A11:** 230–231
initiation time vs. temperature **A11:** 244
intergranular **A11:** 234
liquid effect in crack propagation **A11:** 227
mechanical factors **A11:** 229–231
mechanisms **A11:** 226–227, 724–725
metallurgical factors **A11:** 229–231
occurrence of **A11:** 227–229
physical factors. **A11:** 229–231
specificity of **A11:** 718
steel failures caused by **A11:** 101, 719–723
susceptibility to **A11:** 27–28, 233

Liquid-metal-cooled nuclear reactors **A19:** 207

Liquid-nitrogen cooling
for optical holographic interferometry **A17:** 410

Liquid-partition chromatography *See* Liquid-liquid chromatography

Liquid-penetrant crack detection **A7:** 715, **M7:** 484

Liquid-penetrant inspection **M6:** 847–848
applications **M6:** 826–827
as failure analysis **A11:** 17
as nondestructive test for fatigue **A11:** 134
codes, standards, and specifications. **M6:** 827

Liquid-phase epitaxy (LPE)
for gallium arsenide (GaAs) **A2:** 745
to make ferrite films **EM4:** 1163
to make garnet films **EM4:** 1163

Liquid-phase formation **A7:** 10

Liquid-phase mass transfer
gas porosity by **A15:** 82
kinetics. **A15:** 83

Liquid-phase sintering **A19:** 338
of cermets **A2:** 986

Liquid-phase sintering (LPS) *See also* Sintering
fundamentals **EM4:** 285–289
applications **EM4:** 285
disadvantages **EM4:** 285
driving force for sintering and densification
mechanisms. **EM4:** 285–288
densification rate. **EM4:** 286
pore removal **EM4:** 286, 287–288
rearrangement. **EM4:** 285–286, 288
solution-precipitation **EM4:** 286–286
future outlook **EM4:** 289
general requirements **EM4:** 285
grain growth **EM4:** 288
liquid film migration **EM4:** 288
particle shape **EM4:** 272–273
phase diagram use **EM4:** 288
reactive **EM4:** 288–289
real powder compacts **EM4:** 288
sintering aids. **EM4:** 288
stages **EM4:** 285, 287
transient **EM4:** 288–289

Liquid-phase techniques **A7:** 77, 78

Liquid-resin conformal coatings **EL1:** 762–764

Liquids *See also* Flow; Fluid flow; Liquid metals; Liquids, characterization of; Solutions
alloy addition as. **A15:** 71–72
as penetrants, effects **A12:** 77
as samples. **A10:** 95, 664
corrosive **A12:** 35, 77
environments, effect on fatigue **A12:** 36, 41–46
-gas reactions, kinetics of **A15:** 82–83
immiscible, permeability. **A10:** 164
inorganic, and solutions, analytic
methods for **A10:** 7
intrusion, thermal inspection of **A17:** 402
kinetic resistance to crystallization **A15:** 103
leak testing of **A17:** 57–70
-liquid contraction, in solidification **A15:** 598
nonvolatile, as IR samples **A10:** 112
oil suspending. **A17:** 101
organic, analytic methods for. **A10:** 10
organic volatile, analytic methods for. **A10:** 10
phase, movement of. **A15:** 138
RDF coordination numbers for. **A10:** 393
SAS analysis of. **A10:** 402
-solid contraction, in solidification **A15:** 599
-solid equilibrium, Vant'Hoff relation **A15:** 102
-solid interface, insoluble particles at **A15:** 142–147
state, solidification of **A15:** 109–110
surface tensions **EM3:** 181
suspending, for magnetic particle
inspection **A17:** 100–102
systems, at pressure, leak testing methods. . **A17:** 59
thermal properties of. **A15:** 55–60
velocity measurement, laser **A17:** 16–17
volatile, analytical methods for **A10:** 7
water-suspending **A17:** 101–102
with suspended solids, sample preparation **A10:** 95

Liquids, characterization of *See also* Liquids
atomic absorption spectrometry **A10:** 43–59
classical wet analytical chemistry **A10:** 161–180
controlled-potential coulometry. **A10:** 207–211
electrochemical analysis **A10:** 181–211
electrogravimetry **A10:** 197–201
electrometric titration **A10:** 202–206
electron spin resonance. **A10:** 253–266
elemental and functional group
analysis **A10:** 212–220
extended x-ray absorption fine
structure. **A10:** 407–419
gas analysis by mass spectrometry . . . **A10:** 151–157
gas chromatography/mass
spectrometry **A10:** 639–648

Liquids, characterization of (continued)
inductively coupled plasma atomic emission spectroscopy **A10:** 31–42
infrared spectroscopy **A10:** 109–125
ion chromatography **A10:** 658–667
liquid chromatography **A10:** 649–657
molecular fluorescence spectrometry **A10:** 72–81
neutron activation analysis **A10:** 233–242
neutron diffraction **A10:** 420–426
nuclear magnetic resonance **A10:** 277–286
optical emission spectroscopy **A10:** 21–30
potentiometric membrane electrodes **A10:** 181–187
radial distribution function analysis .. **A10:** 393–401
Raman spectroscopy **A10:** 126–138
ultraviolet/visible absorption spectroscopy **A10:** 60–71
voltammetry **A10:** 188–196
x-ray spectrometry **A10:** 82–101
Liquid-solid chromatography **A10:** 651–652, 676
of epoxies **EL1:** 834
Liquid-solid chromatography (LSC) ... **EM2:** 519–520
Liquid-solid contraction
in solidification **A15:** 599
Liquid-solid interface
conditions for a flat **A9:** 612
Liquid-solid-state bonding **A20:** 698
Liquid-state (fusion) joining processes
in joining processes classification scheme **A20:** 697
Liquid-state (fusion) welding **A20:** 697–698
Liquid-state rheology
for epoxies **EL1:** 835
Liquid-surface acoustical holography *See also* Acoustical holography
acoustical system **A17:** 438–439
and scanning acoustical holography compared **A17:** 443–444
commercial equipment **A17:** 441
for adhesive-bonded joints **A17:** 631
object size and shape **A17:** 439
optical system **A17:** 439
sensitivity and resolution **A17:** 439–440
Liquidus *See also* Freezing range; Melting range; Solidus .... **A3:** 1•2, **A6:** 127
defined **A9:** 11, **A15:** 7–8
definition **M6:** 11
gray cast iron **M1:** 11–12
lines, single-phase alloy **A15:** 114
slope, in phase diagrams **A15:** 102
surfaces, calculated **A15:** 64–65
Liquidus composition (TL) **A6:** 89
Liquidus dwell **A6:** 354
Liquidus line **A6:** 46–47, 48
Liquidus temperature *See also* Thermal properties **EM4:** 424
aluminum casting alloys **A2:** 153–177
aluminum-copper alloy, determined **A15:** 185
cast copper alloys **A2:** 356–391
defined **A9:** 611
determined by cooling curves/thermal analysis **A15:** 184–185
effects of constitutional supercooling on **A9:** 611–612
glass fibers **EM1:** 107
wrought aluminum and aluminum alloys **A2:** 62–122
Liquidus temperatures
cast irons **A18:** 695, 698, 701
Liquidus troughs *See* Monovariant liquidus troughs
Liquid-vapor metal coolants
corrosion effects **A13:** 93
Liquified petroleum gas (LPG) **A18:** 85
Liquor finish
steel wire **M1:** 262
Li-S (Phase Diagram) .... **A3:** 2•277
Li-Se (Phase Diagram) .... **A3:** 2•277
Li-Si (Phase Diagram) .... **A3:** 2•278
Li-Sn (Phase Diagram) .... **A3:** 2•278
LI-Sr (Phase Diagram) .... **A3:** 2•278
Lissajous figures
eddy current inspection **A17:** 174–175
in stress corrosion measurement, microwave inspection **A17:** 218
magabsorption signals in **A17:** 144
List of Suspect Carcinogens **A5:** 408
List price, part
defined **EM2:** 83
Lister, Thomas
as Liberty Bell caster **A15:** 27
Li-Te (Phase Diagram) .... **A3:** 2•279
Literature
powder metallurgy **M7:** 18–19
Litharge **A18:** 572
Litharge (PbO)
component in photochromic ophthalmic and flat glass composition **EM4:** 442
in drinkware compositions **EM4:** 1102
in glaze composition for tableware **EM4:** 1102
purpose for use in glass manufacture **EM4:** 381
Lithia
as melting accelerator **EM4:** 380
Lithia minerals
for use in glass manufacture **EM4:** 381
Lithia porcelain
mechanical properties **A20:** 420
physical properties **A20:** 421
Lithia-alumina-calcia-silica (LACS) glass ceramics, applications
dental **EM4:** 1094
Lithium *See also* Aluminum-lithium alloys
alloying, wrought aluminum alloy **A2:** 52
aluminum-lithium alloys, corrosion resistance **EM3:** 671
aluminum-lithium alloys, weldability **A6:** 726
and uranium mononitride fuel **A13:** 733
as addition to aluminum alloys .. **A4:** 843, 844, 845
as alloying element in aluminum alloys **A20:** 385–386
as inclusion-forming **A15:** 96
as low-melting embrittler **A12:** 29
-base grease, SEM micrograph **A11:** 153
cations, in glasses, Raman analysis **A10:** 131
corrosion fatigue test specification **A8:** 423
deoxidation, of copper alloys **A15:** 469–470
deoxidizing, copper and copper alloys **A2:** 236
diffusion factors **A7:** 451
-doped germanium gamma-ray detector ... **A10:** 235
-drifted silicon detector **A10:** 89, 90
embrittlement by **A11:** 236, **A13:** 182
energy-level diagram, emission lines **A10:** 22
flame emission sources for **A10:** 30
glass-to-metal seals **EM3:** 302
hazards **A13:** 96
in aluminum-base alloys being diffusion welded **A6:** 885
in medical therapy, toxic effects **A2:** 1257–1258
in vacuum, as SERS metal **A10:** 136
liquid **A13:** 92
molten, applications **A13:** 56
molten, Gibbs free energies of formation .. **A13:** 52
molten, tantalum resistance to **A13:** 733
physical properties **A7:** 451
plain carbon steel resistance to **A13:** 515
pure **M2:** 762–763
pure, properties **A2:** 1131
species weighed in gravimetry **A10:** 172
ultrapure, by distillation **A2:** 1094
used with copper-alloy powders **A7:** 143–144
vapor pressure, relation to temperature **A4:** 495
vapor pressures **A6:** 621
wrought alloys containing **A13:** 585
Lithium 12-hydroxystearate **A18:** 129
Lithium 12-hydroxystearate soap **A18:** 136, 137
Lithium aluminosilicate
aerospace applications **EM4:** 1016
electrical properties **EM4:** 852
in formation of glass-ceramic ovenware **EM4:** 1103
Lithium aluminosilicates (LAS glass) **A20:** 432
Lithium aluminum silicate, porous
fracture features **A11:** 745
Lithium ambient-temperature batteries **A13:** 1318–1319
Lithium borate
glass-forming fusions **A10:** 94
Lithium carbonate
as binding agent for samples, x-ray spectrometry **A10:** 94
as fluxes **A10:** 167
as melting accelerator **EM4:** 380
decomposition temperatures **EM4:** 55
for acidic samples in flux **A10:** 94
to control dusting **A18:** 684
Lithium carbonate, as treatment for depression
toxic effects **A2:** 1257
Lithium chloride (LiCl) solution
environments known to promote stress-corrosion cracking of commercial titanium alloys **A19:** 496
Lithium complex soap **A18:** 126, 129
Lithium disilicate ($Li_2O{\bullet}2SiO_2$)
primary phase glass-ceramics based on .. **EM4:** 870, 871
thermal expansion coefficient **EM4:** 499
Lithium ferrites **A9:** 538
Lithium fluoride
as common analyzing crystal, in x-ray spectrometry **A10:** 88
diffusion factors **A7:** 451
for base samples in flux **A10:** 94
impregnation effects on typical carbon-graphite base material **A18:** 817
physical properties **A7:** 451
rolling-element bearing lubricant **A18:** 138
Lithium metaborate
as flux **A10:** 167
Lithium metasilicate
information-display applications **EM4:** 1049
photo-nucleated phase **EM4:** 440, 441
Lithium nephrotoxicity
chronic **A2:** 1257
Lithium niobate ($LiNbO_3$) **EM4:** 18, 52, 56
characteristics **EM4:** 1121
freeze drying **EM4:** 62
synthesized by SHS process **EM4:** 227
to modify optical signals **EM4:** 17
used for surface acoustic wave devices .. **EM4:** 1119
Lithium nitrate, apparent threshold stress values
low-carbon steel **A8:** 526
Lithium nitride **A16:** 105
Lithium oxide (Li_2O)
component in photochromic ophthalmic and flat glass composition **EM4:** 442
in composition of glass-ceramics **EM4:** 499
in glaze compositions for tableware **EM4:** 1102
in ovenware compositions **EM4:** 1103
in tableware compositions **EM4:** 1101
Lithium powder
explosibility **A7:** 157
Lithium powders
as pyrophoric **M7:** 199
-containing copper powders **M7:** 118
flammability in dust clouds **M7:** 195
Lithium, resistance of
to liquid-metal corrosion **A1:** 635
Lithium silicate glasses
density **EM4:** 846
electronic processing **EM4:** 1058
optical properties **EM4:** 854
Lithium soap **A18:** 126, 129
grease lubrication for rolling-element bearings **A18:** 503–504
Lithium stearate **A7:** 129, 323–324, 325, 453–454
burn-off **M7:** 351, 352
effect on copper P/M parts **A7:** 325
for brass and nickel-silver P/M parts **M7:** 191
for brasses and nickel silvers **A7:** 489, 490
lubricant **M7:** 190–193

SUBJECTS OF THE INDEXED VOLUMES: ASM Handbook (designated by the letter "A"): **A1:** Properties and Selection: Irons, Steels, and High-Performance Alloys (1990); **A2:** Properties and Selection: Nonferrous Alloys and Special-Purpose Materials (1990); **A3:** Alloy Phase Diagrams (1992); **A4:** Heat Treating (1991); **A5:** Surface Engineering (1994); **A6:** Welding, Brazing, and Soldering (1993); **A7:** Powder Metal Technologies and Applications (1998); **A8:** Mechanical Testing (1985); **A9:** Metallography and Microstructures (1985); **A10:** Materials Characterization (1986); **A11:** Failure Analysis and Prevention (1986); **A12:** Fractography (1987); **A13:** Corrosion (1987); **A14:** Forming and Forging (1988); **A15:** Casting (1988); **A16:** Machining (1989); **A17:** Nondestructive Evaluation and Quality Control (1989); **A18:** Friction, Lubrication, and Wear Technology (1992); **A19:** Fatigue and Fracture (1996); **A20:** Materials Selection and Design (1997). **Metals Handbook, 9th Edition** (designated by the letter "M"): **M1:** Properties and Selection: Irons and Steels (1978); **M2:** Properties and Selection: Nonferrous Alloys and Pure Metals (1979); **M3:** Properties and Selection: Stainless Steels, Tool Materials, and Special-Purpose Materials (1980); **M4:** Heat Treating (1981); **M5:** Surface Cleaning, Finishing, and Coating (1982); **M6:** Welding, Brazing, and Soldering (1983); **M7:** Powder Metallurgy (1984). **Engineered Materials Handbook** (designated by the letters "EM"): **EM1:** Composites (1987); **EM2:** Engineering Plastics (1988); **EM3:** Adhesives and Sealants (1990); **EM4:** Ceramics and Glasses (1991). **Electronic Materials Handbook** (designated by the letters "EL"): **EL1:** Packaging (1989)

Lithium sulfate
as transducer element **A17:** 255
Lithium tantalate ($LiTaO_3$)
applications **EM4:** 17
characteristics **EM4:** 1121
to modify optical signals. **EM4:** 17
used for surface acoustic wave devices. . **EM4:** 1119
Lithium tetraborate
as flux **A10:** 93, 167
glass-forming fusions with. **A10:** 94
Lithium, vapor pressure
relation to temperature **M4:** 310
Lithium/iodine batteries **A13:** 1319
Lithium/oxyhalide cells. **A13:** 1319
lithium/sulfur dioxide batteries **A13:** 1319
Lithium/vanadium pentoxide cells **A13:** 1319
Lithium-alumina-silicate glasses
nonlinear refractive index. **EM4:** 1080
Lithium-aluminum alloys
heat treating **A4:** 843
Lithium-aluminum-silicate. **EM4:** 676
applications
aerospace **EM4:** 1004
flow separator housing in advanced gas
turbines. **EM4:** 998
key features **EM4:** 676
properties. **EM4:** 677
thermal expansion **EM4:** 686
Lithium-doped germanium Ge(Li) detectors A10: 235, 241
Lithium-doped silicon detectors A10: 83, 89–91, 389, 519
Lithium-fluoride-beryllium fluoride salts
corrosion **A13:** 52–54
Lithium-gailiosilicate glasses
electrical properties **EM4:** 852
Lithium-inhibited hydrotalcite coatings
alternative conversion coat technology,
status of **A5:** 928
Lithium-oxide-based glass
x-ray transparency of. **EM1:** 107
Lithium-silicate based glass-ceramics
glass-ceramic/metal sealing applications . . **EM4:** 479
Lithium-zinc stearate **A7:** 324–325
Lithographing (transfer coating) **M7:** 460
Lithography **EL1:** 193, 978
Litigation. **A20:** 128
Li-Tl (Phase Diagram). . . . . **A3:** 2•279
Little-end bearing *See also* Big-end bearing
defined **A18:** 12
Live time
in x-ray spectrometry. **A10:** 92
Li-Zn (Phase Diagram) . . . . **A3:** 2•279
LLDPE *See* Linear low-densitiy polyethylene
LLW testing *See* Leaky Lamb wave testing
LME *See* Liquid metal embrittlement; Liquid-metal embrittlement
LMMS *See* Laser microprobe mass spectrometry
LMP *See* Larson-Miller parameter
L_{na}, *L-10* **life rating adjusted by several life adjustment factors** **A19:** 358
LNT model
hot isostatic pressing **A7:** 601
Load *See also* Applied load; Loading;
Unloading **EM3:** 17
accuracy. **A8:** 612
and electrical potential vs. load point
displacement **A8:** 390
application, ambient temperatures **A8:** 417
application and measurement, vacuum and gaseous
fatigue tests **A8:** 411
application, cam plastometer **A8:** 194
application, Rockwell hardness testing **A8:** 80
application, stress-relaxation spring test **A8:** 328
application, universal testing machine **A8:** 134, 612
applied, and distortion **A11:** 136
applied, effect in composites **A11:** 733
applied, in near-threshold fatigue crack propagation
testing. **A8:** 428
as function of crack mouth opening
displacement **A8:** 451
axial, rolling-contact fatigue from **A11:** 503–504
buckling **A11:** 137
-carrying capacity, bearings **A11:** 485
changes during creep-rupture testing . . **A8:** 337–339
characteristics, mechanical presses **A14:** 38–39
characteristics, metalworking machines **A14:** 16
characteristics, screw presses **A14:** 40–41
choice in microhardness testing. **A8:** 96
Considére's construction for point of
maximum. **A8:** 25
cycles, for one leg, during walking **A11:** 672
defined **A8:** 8, **A18:** 12
-deflection, for spring-tempered phosphor bronze
strip **A8:** 136
deflection temperature under *See* Deflection temperature under load
deformation under, defined *See* Deformation under load
displacement curve, strain energy
under **A11:** 49–50
effect in vibratory polishing. **A9:** 42, 44
-elongation curve, and engineering stress-strain
curve. **A8:** 20
-elongation diagram, for low-carbon steel . . . **A8:** 22
-elongation measurements, engineering stress-strain
curve from **A8:** 20
end, in torsional testing machine **A8:** 146
fiber-to-fiber **A11:** 731
force, low, constant-stress testing
system for **A8:** 321–322
frame, rising step-load test **A8:** 541
frequency, and stress-intensity range, effect on
corrosion fatigue. **A8:** 404–406
in cold extrusion **A14:** 302
in fiber composites, study of **A9:** 592
in high-pressure steam environments **A8:** 428
in three- and four-point bend tests **A8:** 134
in vacuum and gaseous fatigue tests. **A8:** 410
interactions, in damage analyses **A8:** 682
limit, and distortion **A11:** 136–138
magnesium alloy forgings **A14:** 260
maximum to failure, in fracture toughness
testing. **A8:** 470
measurement **A8:** 193, 554
measuring systems **A8:** 193, 612–614
minor or major, in Rockwell hardness
testing. **A8:** 74–75
nomenclature for hydrostatic bearings with orifice
or capillary restrictor **A18:** 92
of bench-mounted tester **A8:** 91
operating, of gears and gear drives **A11:** 589
point displacement vs. load and electrical
potential. **A8:** 390
range, forced-vibration system. **A8:** 8, 392
ranges of **A8:** 47
rapidly applied, dynamic fracture by **A8:** 259
ratio and overloading, effect on
corrosion-fatigue **A11:** 255
requirements, drop tower compression test **A8:** 197
ringing effect. **A8:** 40, 44, 193, 209
rolling, for titanium **A14:** 357
secondary, and pipeline failure **A11:** 704
selection, Brinell test **A8:** 84
selection, Rockwell hardness testing **A8:** 74
states, in composites **A11:** 735
step size, during precracking **A8:** 382
stress corrosion at **A11:** 53
symbol for **A20:** 606
-time and displacement-time curves **A8:** 281
-time response, medium-strength steel **A8:** 266
-torsional moment, in cyclic torsional
testing. **A8:** 149
transducer, in hydraulic torsional
system **A8:** 215–216
transfer, fastener system for **A11:** 529
uniaxial *See* Uniaxial load
upset reduction effects. **A14:** 232
verification **A8:** 88, 611
very light, microhardness testing **A8:** 96
vs. deflection data, three- and four-point
bending **A8:** 135–136
vs. displacement curve, screw press **A14:** 41
vs. displacement curves, various **A14:** 38–39
vs. elongation tests, forces for **A8:** 47
vs. elongation, yield. **A9:** 684
vs. force, as terms **A8:** 74, 84
vs. hardness number, microhardness
testing. **A8:** 94–96
vs. indentation size, hardness testing **A8:** 94
vs. mouth opening displacement, for ideal plastic
behavior **A8:** 471
vs. ram displacement, nonlubricated
extrusion **A14:** 316
Load analysis
MECSIP Task III, design analyses and
development tests. **A19:** 587
Task II, USAF ASIP design analysis and
development tests. **A19:** 582
Load applicator **A8:** 134–135
Load cell
amplifier **A8:** 48
and digital load indicator **A8:** 615
as fatigue testing machine sensor **A8:** 368
as load-measuring system **A8:** 613
cam plastometer. **A8:** 195–196
capacity **A8:** 400
compression test fixture **A8:** 198
cross-sectional view **A8:** 49
features for servohydraulic systems. **A8:** 400
follow-the-load method of calibration. **A8:** 616
for measuring medium rate stress and
strain **A8:** 191
for vacuum fatigue test chamber. **A8:** 414–415
for verification-, Brinell test **A8:** 88
force vs. time, for ringing phenomenon **A8:** 44
high vibrational frequency type **A8:** 193
load determination method **A8:** 193
natural frequency **A8:** 193
quartz load washer. **A8:** 193
ringing **A8:** 40–41, 44, 191, 193, 209
selection for servohydraulic systems **A8:** 400
strain-gage type **A8:** 48
system, for universal testing machine
calibration **A8:** 614
torsional, and rotary actuator **A8:** 151
with drop tower compression system **A8:** 196
Load control
data, linear model dummy variable
approach for **A8:** 712
in resonant system **A8:** 393
test, for high-cycle fatigue testing **A8:** 696
Load cycles, for one leg
during walking **A11:** 672
Load data **EM3:** 36
Load displacement
computerized data-acquisition system **A8:** 385
curve, dynamic notched round bar testing **A8:** 281
curve, for commercial-purity aluminum . . . **A8:** 229, 231
nonlinear record, rapid-load fracture test. . . **A8:** 260
record, crack arrest fracture toughness **A8:** 292–293
Load drop **A19:** 21
Load factor. **A18:** 101, 104
Load factor of safety (n_l) **A20:** 511
Load frame
alignment in fatigue evaluations **A8:** 400
conventional **A8:** 192–193, 208–210
four-post with cam plastometer. **A8:** 195
in fatigue testing machine. **A8:** 368
in load train **A8:** 368
in servohydraulic systems **A8:** 400
Load frames, conventional *See* Conventional load frames
Load frequency. **A8:** 404–406
Load history **A19:** 91, 92, 127
Load interactions in variable amplitude loading
as mechanical variable affecting corrosion
fatigue **A19:** 187, 193
Load line. **A20:** 535
Load maintainer piston
for crank and lever testing machine . . . **A8:** 369–370
Load maximum. **A19:** 17
Load measuring systems **A8:** 193, 612–614
Load minimum **A19:** 17
Load paths, redundant
in NDE reliability **A17:** 702
Load per unit projected bearing area
nomenclature for Raimondi-Boyd design
chart **A18:** 91
Load random variable. **A20:** 622, 623
Load range, forced displacement system . . . **A8:** 8, 392
Load ratio **A18:** 94
Load ratio (P_{min}/P_{max}) **A19:** 35
Load ratio quantities **A19:** 17
Load ratio (*R*) *See also* Stress ratio **A19:** 35, 37, 56, 57, 58, 168
as loading consideration **A19:** 173
defined **A8:** 8
in cyclic ductile cohesion **A8:** 484
Load rise time **A19:** 191

Load sequence Al **A19:** 116, 117
Load sequence effects **A19:** 20, 22, 173, 178
Load sharing factor **A18:** 539, 540
symbol and units **A18:** 544
Load shedding **A19:** 138, 171
Load train
design **A8:** 159–160
for creep test stand **A8:** 312
horizontal, on lathe bed **A8:** 500
in fatigue testing machine **A8:** 368
test specimen **A8:** 368
vertical, in modified test machines **A8:** 159
Load transfer
nonuniform **EM1:** 491–484
shear **EM1:** 280–481, 488
Load turning points **A19:** 115
Load weighing system **A8:** 48–49
Load/crack geometry **A19:** 27
Load/environment spectra survey
Task IV, USAF ASIP force management data package **A19:** 582
Task V, USAF ASIP force management . . **A19:** 582
Load-bearing additives
for metalworking lubricants **A18:** 140–141, 142, 143
Load-bearing area **A18:** 432, 433
Load-bearing structures
engineering formulas **EM2:** 652–654
Load-carrying capacities
self-lubricating bearing materials **M7:** 709
Load-carrying capacity **A20:** 510
Load-carrying capacity (of a lubricant) **A18:** 12
Load-carrying cruciform weldments **A19:** 284, 285–286
Load-controlled testing **A19:** 513
Load-deflection curve
defined **EM1:** 15
Load-deflection diagram **A19:** 170, 171
Load-deflection response **A19:** 16
Loaded thermal conductor in late concept design **A20:** 292
Load-extension curves for steel sheet **M1:** 548
"Load-flow" lines **A19:** 428
Loading *See also* Cyclic loading; Frequency effects; Reversed torsional loading; Shock loading; Torsional loading
as fatigue mechanism **A12:** 4–5
axial **A11:** 102, 109
conditions **A12:** 4–5, 12–15, 72
conditions, fractures from **A11:** 75
control, acoustic emission inspection **A17:** 286
cyclic, environment and temperature effects **A8:** 377
cyclic tension-tension fatigue **A8:** 717–718
cyclic-stress, machine part fatigue under . . **A11:** 371
defined **A18:** 12, **M7:** 7
direction **A8:** 63–64, 302
displacement control, in elastic-plastic fracture toughness tests **A8:** 455
dynamic, slow strain rate testing **A13:** 260–263
dynamic, slow strain rate testing of SCC . . **A8:** 496, 498–499
dynamic, vs. quasi-static loading **A8:** 259
effect of mixed-mode, corrosion-fatigue **A11:** 255
effect on crack propagation and striation . . **A12:** 15
effect on fatigue **A12:** 15, 36, 53–54
end **A12:** 332
end, of explosively loaded torsional Kolsky bar **A8:** 224, 227
examining **A12:** 72, 92
failure, electronic materials **A12:** 481–482
fatigue parameters based on **A12:** 54
fixtures, for fatigue testing machines **A8:** 368
fracture, modes **A12:** 14
frequency, effect on fatigue-crack propagation **A11:** 110
high-impact, brittle fracture from **A11:** 344–345
imbalance, effect in medium-carbon steels **A12:** 273
impact, notch toughness under **A11:** 57–60
inertial, Charpy impact testing **A8:** 267
mean stress, effect on fatigue cracking **A12:** 15
mechanical, of soldered joints **A17:** 608
method, effects **A13:** 247
methods, precracked SCC specimens **A8:** 714
modes of **A11:** 47
modified wedge-opening **A11:** 64
monotonic tensile, of polymers **A11:** 759
of acoustic emission inspection specimens **A17:** 286
of flat components **A11:** 109
of precracked SCC specimens **A13:** 259–263
parameters, effect on corrosion-fatigue **A11:** 254–255
parameters, fatigue corrosion testing **A13:** 292
pressure, mean **A8:** 71
proof test followed by fatigue **A8:** 717–718
proportional **A8:** 344, 447
punch **A8:** 229–230
pure tensile vs. bend, fracture contour and **A11:** 746
rapid, fracture surface of Fe-4Si under rapid **A8:** 479–480
rate, effect on toughness and crack growth **A11:** 54
rates, dynamic notched round bar testing . . **A8:** 276
rates, high, and stress intensity **A8:** 259–260
repeated, acoustic emission inspection **A17:** 286
scanning electron microscopy study of specimens **A9:** 97
service, as cause for stress-corrosion cracking **A8:** 496
service, estimates from crack extension behavior **A8:** 439
sinusoidal, *S-N* curve **A8:** 364
sinusoidal, *S-N* curves for **A11:** 103
slow, in four-point bending **A12:** 350
slow, notch toughness under **A11:** 57–60
springlike, of bolted joints **A11:** 530–531, 533
static, of precracked (fracture mechanics) SCC specimens **A13:** 253–260
static, of smooth SCC specimens **A13:** 246–253
static, SCC testing **A13:** 246–253
static tensile **A11:** 390
static tension **A8:** 717–718
stress intensity factor range, effect on **A12:** 54
subcritical, effect on drop tower compression test specimen **A8:** 197
synchronous device for stressing specimens **A8:** 507
system, for liquid metals **A8:** 426
torsional **A11:** 109
torsional, AISI/SAE alloy steels **A12:** 330
train, crack arrest fracture toughness testing **A8:** 289
type, correction factors **A11:** 116
type, effect on fatigue-crack propagation **A11:** 108–109
uniform and nonuniform, crack effects **A12:** 175–176
visual examination, effect on **A12:** 72
Loading amplitude (ΔP) **A19:** 78, 168
Loading bar
for quick-release clamp **A8:** 221
Loading conditions
as fatigue mechanism **A12:** 4–5
mechanical damage from **A12:** 72
types of **A12:** 12–15
Loading cycles **EM3:** 637
Loading cycles necessary to complete the nucleation stage **A19:** 106, 107
Loading, cyclic *See* Cyclic loading
Loading factor **A5:** 547
Loading frame, two-post
cam plastometer **A8:** 194
Loading rate **A18:** 436
Loading sequence effect **A20:** 582, 583–584
Loading sheet
defined **M7:** 7
Loading weight
defined **M7:** 7
Loadings
basic, with effective elastic properties . . . **EM1:** 186
differing, for carbon-epoxy composites . . . **EM1:** 201
for full-scale static test **EM1:** 349
for structural-element testing **EM1:** 320–329
for subcomponent testing **EM1:** 329–340
mechanical, laminate stresses from . . **EM1:** 227–228
off-axis, defined **EM1:** 209
thermally induced, laminates **EM1:** 224–225
Load-line deflection change **A19:** 512
Load(s) *See also* Fatigue loading; Impact loading **A19:** 23
cyclic, metals vs. plastics **EM2:** 76
impact, metals vs. plastics **EM2:** 75–76
long-term, metals vs. plastics **EM2:** 75
short-term, metals vs. plastics **EM2:** 75
Loads analysis **A20:** 167
Load-strain recorder system **A8:** 617
Load-stress factor model (rolling)
wear models for design **A20:** 606
Load-time histories **A19:** 245, 246
Loam
as mixed molding material **A15:** 32
defined **A15:** 8
molding, described **A15:** 228–229
molds **A15:** 31, 34
Lobe curve
resistance spot welding **M6:** 478, 484, 486
Lobed bearing
defined **A18:** 12
Local action
defined **A13:** 9
Local adaptive-thresholding technique
magnetic particles **A17:** 118–119
Local annealing
for gas cutting **A14:** 724–725
Local arrest
in cleavage fracturing **A8:** 453
Local asperity contact pressure
nomenclature for lubrication regimes **A18:** 90
Local asperity contact shear stress
nomenclature for lubrication regimes **A18:** 90
Local asperity contact temperature rise
nomenclature for lubrication regimes **A18:** 90
Local brittle zones (LBZ) **A6:** 81
Local cells
defined **A13:** 9
Local compression
imposing a compressive residual stress field **A19:** 826
Local curvature **A7:** 449
Local elongation
variation with position along gage length . . . **A8:** 26
Local friction factor
friction during metal forming **A18:** 67
Local interfacial equilibrium
defined **A15:** 101
Local maximum stress **A19:** 257
Local mean stresses **A19:** 255–256
Local mixity **A19:** 267
Local necking strain
true **A8:** 24–25
Local notch stresses **A19:** 260
Local physical performance
of interconnections **EL1:** 5–6
Local plastic shear strain amplitude **A19:** 81
Local plastic shear strain amplitude acting in a PSB ($\Gamma_{ap,PSB}$) **A19:** 79
Local plastic strain **A19:** 66
Local preheating
definition **M6:** 11
for gas cutting **A14:** 724
Local prestress
effect on fatigue performance of components **A19:** 318
Local principal tension **EM4:** 636

SUBJECTS OF THE INDEXED VOLUMES: ASM Handbook (designated by the letter "A"): **A1:** Properties and Selection: Irons, Steels, and High-Performance Alloys (1990); **A2:** Properties and Selection: Nonferrous Alloys and Special-Purpose Materials (1990); **A3:** Alloy Phase Diagrams (1992); **A4:** Heat Treating (1991); **A5:** Surface Engineering (1994); **A6:** Welding, Brazing, and Soldering (1993); **A7:** Powder Metal Technologies and Applications (1998); **A8:** Mechanical Testing (1985); **A9:** Metallography and Microstructures (1985); **A10:** Materials Characterization (1986); **A11:** Failure Analysis and Prevention (1986); **A12:** Fractography (1987); **A13:** Corrosion (1987); **A14:** Forming and Forging (1988); **A15:** Casting (1988); **A16:** Machining (1989); **A17:** Nondestructive Evaluation and Quality Control (1989); **A18:** Friction, Lubrication, and Wear Technology (1992); **A19:** Fatigue and Fracture (1996); **A20:** Materials Selection and Design (1997). **Metals Handbook, 9th Edition** (designated by the letter "M"): **M1:** Properties and Selection: Irons and Steels (1978); **M2:** Properties and Selection: Nonferrous Alloys and Pure Metals (1979); **M3:** Properties and Selection: Stainless Steels, Tool Materials, and Special-Purpose Materials (1980); **M4:** Heat Treating (1981); **M5:** Surface Cleaning, Finishing, and Coating (1982); **M6:** Welding, Brazing, and Soldering (1983); **M7:** Powder Metallurgy (1984). **Engineered Materials Handbook** (designated by the letters "EM"): **EM1:** Composites (1987); **EM2:** Engineering Plastics (1988); **EM3:** Adhesives and Sealants (1990); **EM4:** Ceramics and Glasses (1991). **Electronic Materials Handbook** (designated by the letters "EL"): **EL1:** Packaging (1989)

Local seizure
and wear measurement **A18:** 367
Local solidification *See also* Solidification
and insoluble particles. **A15:** 142
times, low-gravity. **A15:** 154
Local strain. **A7:** 326
symbol for key variable. **A19:** 242
Local stress. **A7:** 326
symbol for key variable. **A19:** 242
Local stress concentrations
design details for **A13:** 343
Local stress relief heat treatment
definition **M6:** 11
Local stress-strain approach. **A19:** 228
Local structure
determination by EXAFS analysis **A10:** 407
Local thermal equilibrium model (ion calculation). **M7:** 258
Local thermodynamic equilibrium
abbreviation for **A10:** 690
emission source in **A10:** 24
Local thermodynamic equilibrium (LTE) **A6:** 32
welding arcs. **A6:** 32
Localized alloying/melting
as failure mechanism **EL1:** 1013–1014
Localized biological corrosion *See also* Biological corrosion; General biological corrosion; Microbiological corrosion **A13:** 114–120
industries. **A13:** 115–116
of aluminum. **A13:** 118–119
of austenitic stainless steel **A13:** 117
of copper alloys **A13:** 119
of iron and steel **A13:** 116–117
of stainless steel. **A13:** 117–118
organisms involved **A13:** 115–116
tuberculation. **A13:** 119–120
Localized corrosion **A13:** 104–122, **A19:** 195
and crevice corrosion **A13:** 108–113
and design. **A13:** 339
and filiform corrosion. **A13:** 104–108
and pitting corrosion. **A13:** 113–114
and premature cracking. **A8:** 496
and uniform corrosion. **A13:** 48
biological. **A13:** 114–120
defined **A13:** 9, 79, 104
definition. **A5:** 960
electrochemical testing methods **A13:** 216–217
in chemical cleaning **A13:** 1142
material selection to avoid/minimize **A13:** 323–324
of austenitic stainless steels **A13:** 563
of cobalt-base alloys. **A13:** 661
of corrosion-resistant casting alloys . . **A13:** 580–581
of ferritic/duplex stainless steels **A13:** 563
of niobium/niobium alloys. **A13:** 722–723
of radioactive waste containers **A13:** 971
of stainless steels **A13:** 562
potentiostatic and galvanostatic testing methods **A13:** 217
scratch-repassivation testing method. **A13:** 217
testing. **A13:** 195
types. **A13:** 79
water-recirculating system. **A13:** 488
Localized corrosion (pitting)
of cobalt-base corrosion-resistant alloys **A2:** 453
Localized deformation *See also* Deformation; Flow localization; Necking
and instability in tension **A8:** 25
Localized distortion
temperature dependence of. **A11:** 138
Localized extension
in ductility measurement **A8:** 26
Localized heating *See also* Heat treatment; Heating
for straightening. **A14:** 681–682
Localized pitting
copper/copper alloys **A13:** 612
Localized severe forming **A14:** 550–551
Localized strains
in workability theory. **A14:** 389–390
Localized thinning model
of fracture **A14:** 393
Locating boss
defined. **A15:** 8
Locating points
as pattern feature. **A15:** 192
Locating ring
defined. **EM2:** 25
Locating schemes. **A20:** 219
Location
codes/standards/requirements for. **A17:** 49
crack, by microwave inspection. **A17:** 203
determination and evaluation **A17:** 50
discontinuity, magnetic effects. **A17:** 100
leak. **A17:** 68
of flaws **A17:** 50, 86
Location parameter **A20:** 79
Location plots
acoustic emission inspection **A17:** 283–284
Locational accuracy
technological capabilities **EL1:** 508
Lock
defined. **A14:** 8
Lock components
powders used. **M7:** 573
Lock forming quality galvanized steel sheet
formability ranking. **M1:** 547
Lock seam joint
soldering **A6:** 130
Lockalloy. **A6:** 945
Lockalloy sheet and plate manufacturing **M7:** 761
Lockbolts
pull-type, materials and composite applications **A11:** 530
stump-type, materials and composite applications **A11:** 530
Locked dies **M1:** 361
defined **A14:** 8
Locked-up stress
definition. **A6:** 1211
Lockin **A20:** 141
definition. **A20:** 835
Lock-in amplifier
Auger apparatus **M7:** 251
Locking collar, steel
failure from fibering or banding **A11:** 320
Locking door unit, MIM parts **A7:** 1108
Locking leno weave
unidirectional/two-directional fabrics **EM1:** 125–127
"Locking the metal out". **A8:** 548
Lockout. **A20:** 141
definition. **A20:** 835
Locks
and counterlocks **A14:** 48–49
for mismatch. **A14:** 49
Lock-seam dies
for press-brake forming. **A14:** 537
Lockseaming *See also* Can seaming
internal, forming of. **A14:** 573
of metal strip **A14:** 572–573
Locomotive *See also* Locomotive axles, failures of
axles, failed, structure and microstructure. **A11:** 721–722
diesel engine, corrosion fatigue cracking **A11:** 371–372
spring, fatigue fracture **A11:** 551–552
suspension spring, failure of. **A11:** 551
Locomotive axles, failures of **A11:** 715–727
axle studies, results of. **A11:** 723–724
background **A11:** 715–723
conclusions **A11:** 725–726
results of analyses **A11:** 725–726
simulation of LME mechanism. **A11:** 724–725
Lodex alloys *See* Permanent magnet materials, specific types
log *See* Common logarithm (base 10)
Log decrement **A20:** 273–274
Log normal distribution . . **A8:** 628, 630–631, 700–701
Log ratio scanning
analysis by. **A10:** 144
Log rupture time **A8:** 188, 332
Log secondary creep rate
vs. log stress isotherm **A8:** 332
Log stress
vs. log rupture time **A8:** 188, 332
vs. log secondary creep rate isotherm. **A8:** 332
vs. rupture life for aluminum alloy. **A8:** 332
Logan Manufacturing Company, Phoenixville
PA, sand blast. **A15:** 33
Logarithm base, natural
symbol for. **A8:** 724
Logarithmic
kinetic rate law. **A13:** 17
oxidation, of scales **A13:** 72
reaction rates, gaseous corrosion. **A13:** 66–67
Logarithmic creep. **A8:** 308, 309
Logarithmic decrement factor. **A6:** 1053
Logarithmic normal probability paper. **A20:** 82
Logic *See also* Digital logic
advanced Schottky/FAST **EL1:** 82
chip selection **EL1:** 128
circuits, future trends **EL1:** 177
complementary metal-oxide semiconductor (CMOS) **EL1:** 76
conventional, minimum device size for. **EL1:** 2
design. **EL1:** 129
families **EL1:** 601
forms of **EL1:** 160–161
gates. **EL1:** 6
n-channel MOS (NMOS) **EL1:** 76
network circuitry **EL1:** 2
nondeterministic, smaller devices for. **EL1:** 2
optical **EL1:** 10
structure, design of **EL1:** 129
transistor-transistor (TTL) **EL1:** 76
Logic diagrams. **A20:** 89–90
Logic-wiring design
computer-aided manufacturing **EL1:** 130
LOG-LISP prototype expert system. . . . **A20:** 310, 311
Log-log rupture
upward inflection at long times **A8:** 332–333
Log-log scale **A8:** 697–698
Log-normal distribution **A19:** 296–297, 300, 557, **A20:** 75, 78, 80–81
estimated failure factors **EL1:** 902
failure density. **EL1:** 897
scaling, failure plot **EL1:** 889
Lo-Hi sequence. **A19:** 114, 127, 128
Lo-Hi tests **A19:** 128
Lo-Hi-Lo program loading. **A19:** 122, 123
Lo-Hi-Lo sequence of S_a. **A19:** 115
Lomakin effect. **A18:** 594, 595
London dispersion forces. **A20:** 444, **EM3:** 17
defined. **EM2:** 25
Long bar machine. **M7:** 39–41
Long bar plasma rotating electrode process machine **M7:** 39–41
Long cells **A19:** 80
Long parts
straightening of **A14:** 680–689
Long period. **EM3:** 17
defined. **EM2:** 25
Long tapers *See* Tapers
Long terne coated steels
automotive industry. **A13:** 1014
Long terne coatings **M5:** 358–359
Long terne sheet *See also* Lead; Lead alloys
characteristics and applications. **A2:** 554–555
Long terne steel sheet *See* Terne coatings, steel sheet
Long transverse *See* Transverse
Long transverse testing direction. **A8:** 672
Long wave radiation
cathodoluminescence **A9:** 90
Long-chain branching **EM3:** 17
defined. **EM2:** 215
Long-chain hydrocarbons
analytic methods for **A10:** 9
Long-chain polymer
schematic representation of **A20:** 339
Long-chain polymers
chemical structure **EM2:** 52
Longest dimension. **A7:** 259
Longitudinal bead-on-plate test
comparison of fields of use, controllable variables, data type, equipment, and cost **A20:** 307
Longitudinal chromatic aberration. **A9:** 75
in an uncorrected lens. **A9:** 77
Longitudinal composite Poisson's ratio (ν_{CL}) **A20:** 652
Longitudinal crack
definition. **A6:** 1211
Longitudinal cracking **A19:** 479
Longitudinal cracks
in weldments. **A17:** 585
Longitudinal direction
defined **A8:** 8, **A9:** 11, **A11:** 6
Longitudinal drilling
in conjunction with turning **A16:** 135
Longitudinal flaws
in steel bar and wire **A17:** 550
Longitudinal grooves
shafts **A11:** 470–471

Longitudinal Kerr effect A9: 535–536
Longitudinal magnetization
for leakage field testing A17: 130
in magnetic fields A17: 91
Longitudinal profiles
distorted steel shotgun barrel A11: 139
Longitudinal properties
carbon steels A14: 219
Longitudinal resistance seam welding
definition M6: 11
Longitudinal sequence
definition M6: 11
Longitudinal shear
and damping EM1: 207
Longitudinal shrinkage
bending distortion M6: 877–879
aluminum welds M6: 878–879
low-carbon steel plate M6: 878
butt welds M6: 875–876
fillet welds M6: 876
Longitudinal stress A20: 520
Longitudinal stretch forming machines A14: 596
Longitudinal tensile test
of titanium embrittlement A11: 642
Longitudinal wave, at impact
x-t diagram A8: 232
Longitudinal wave speed A20: 266
Longitudinal waves
ultrasonic A17: 233, 505
Longitudinal welds *See also* Welding; Weld(s)
eddy current inspection A17: 186
Longitudinal welds, pipe
failure of A11: 698–699, 704
Longitundial bend fracture strength test A7: 788
Long-life regime A19: 15
Long-life turbine gearing A19: 349
Long-line current
defined A13: 9
Longos
defined EM1: 15, EM2: 25
Long-period ordering . . . . . A3: 1•11
Long-period superlattices A9: 710, 719
Long-range order
analyses for A10: 277, 393
Long-taper dies A14: 132
Long-term environmental factors
properties effects EM2: 423–432
Long-term etching
defined A9: 11
definition A5: 960
Long-term exposure
and elevated-temperature service A1: 623, 627
Long-term heat aging
metals vs. plastics EM2: 78
Long-term loads
metals vs. plastics EM2: 75
Long-term temperature resistance
of engineering plastics EM2: 68
Looms
fly-shuttle EM1: 127, 128
rapier EM1: 127, 128
Loop classifier M7: 7
Loop tenacity
defined EM1: 15, EM2: 25
Looping pit
cut-to-length lines A14: 711
Loops, hysteresis
defined A17: 100
Loose abrasive grains
for polishing A2: 1012–1013
synthetic lapping abrasives A2: 1012
Loose cutting process
in metal removal processes classification scheme A20: 695
Loose factor A7: 1046, 1047
Loose fillers
for bending A14: 666
Loose metal
as formability problem A8: 548
sheet A14: 878
Loose patterns
described A15: 189–190
Loose pieces
in die casting A15: 287
Loose powder *See also* Loose powder filling; Loose powder sintering
compaction, stages M7: 297–298
containerization, powder processing . . M7: 435–436
effect of tapping on density M7: 297
feeding into cold die M7: 502–503
porosity M7: 555
sampling M7: 213
Loose powder filling
in encapsulation containers for hot isostatic pressing M7: 431, 433
practices M7: 431, 433
with predensified compacts M7: 431, 433
Loose powder sintering A7: 437, M7: 7, 296, 308
in powder metallurgy processes classification scheme A20: 694
Loose tolerance
defined A14: 307
Loosely packed powders *See* Loose powder
Loose-powder method
hot extrusion of powder mixtures A2: 988
Lorentz force
effect on magnetic contrast A9: 95
gas-tungsten arc welding A6: 22
submerged arc welding A6: 24
Lorentz microscopy
for imaging magnetic domain boundaries A10: 446
study of magnetic domains A9: 536
Lorentz polarization A5: 649
Lorentz polarization, and absorption
surface stress measurement correction for A10: 385–386
Lorentz reciprocity theorem A17: 218
Lorentzian absorption curve
ESR spectrum A10: 259
Lorentzian absorption lineshape
and dispersion lineshape A10: 281
Lorenz force model A7: 553
Los Alamos National Laboratory
split Hopkinson pressure bar test facility A8: 200–201
Loss angle *See* Phase tingle
Loss coefficient A20: 273–275
Loss factor *See also* Tan delta EM3: 428, 429
defined EM1: 15, EM2: 26
microwave inspection A17: 204
of glass fibers EM1: 46
Loss function concept
of quality A17: 720–721
Loss index *See also* Loss factor
of glass fibers EM1: 46
Loss modulus *See also* Complex modulus; Modulus EM1: 15, 761, EM3: 17, 318–319, 320
defined EM2: 26
Loss, of back reflection
ultrasonic inspection A17: 246
Loss on ignition *See also* Sizing content
defined EM1: 15, EM2: 26
Loss on reduction (LOR)
oxygen plus water M7: 155
Loss tangent *See also* Dissipation factor; Electrical dissipation factor; Tan delta EM3: 32, 319
microwave inspection A17: 204
Loss-angle tangent A20: 618
Loss-of-coherency models A19: 105
Lossy signal transmission line
analytical solution EL1: 41–42
Lost foam casting *See also* Evaporative foam casting; Expendable pattern A15: 230–234
advantages A15: 234
coating types A15: 232
defined A15: 8
foam pattern A15: 231
investing pattern A15: 233
pattern molding A15: 231–232
pouring A15: 233–234
process technique A15: 230–231
processing parameters A15: 231–234
sand system A15: 233–234
Lost pattern process *See* Lost foam casting
Lost wax process *See also* Investment (lost wax) casting; Precision casting
and neutron radiography A17: 393
defined A15: 8
historical use A15: 16, 19–20, 22
Lost-core molding
processing characteristics, closed-mold A20: 459
Lost-foam casting
characteristics A20: 687
tooling used to control critical dimensions A20: 108
Lost-foam pattern casting *See also* Evaporative pattern casting (EPC)
aluminum casting alloys A2: 5, 140
Lost-foam process A20: 712
Lost-wax investment molding
titanium and titanium alloy castings . . A2: 635–636
Lot *See also* Batch EM3: 17
averages, use in normal distribution computation A8: 664–666
-centered regression analysis for creep-rupture data A8: 691–693
defined A8: 8, A10: 676, EM1: 15, EM2: 26, M7: 7
size, economics of EM1: 420–421
-to-log variation, in creep/creep-rupture analyses A8: 684
Lot number A7: 698
Lot qualification radio frequency testing EL1: 946–949
Lot sample
defined as gross sample A10: 674
Lot size A20: 689
Lot traceability A7: 698
Low brass *See also* Brasses; Wrought coppers and copper alloys
applications and properties A2: 299–300
resistance spot welding A6: 850
tensile strength, reduction in thickness by rolling A20: 392
weldability A6: 753
Low brass, 80%, microstructure of . . . . . A3: 1•22
Low build (tartrate) electroless copper formulations
composition A5: 312
Low carbon sheet steel
effects of insufficient grinding A9: 169
electroless nickel plated, different mounts compared A9: 167
Low carbon steel billet
ingot pattern A9: 174
Low carbon steels *See also* Magnetic materials; Plate steels
calcium aluminate inclusions in A9: 628
calcium sulfide inclusions in A9: 628
cold rolled, annealed, with recrystallized grains A9: 695
deep drawn aerosol can, Lüders lines in . . . A9: 688
effect of penultimate grain size on recrystallization kinetics A9: 697
line etching A9: 62
Lüders front A9: 685
powder metallurgy materials, etching . . A9: 508–509
precipitation of cementite A9: 179
tuming and milling recommended ceramic grade inserts for cutting tools EM4: 972
Low carbon steels, specific types
0.10% C, cold rolled 90%, annealed A9: 181
0.06% C, cold rolled and annealed, carbide particles A9: 180
0.05% C, Fe_3C carbide at ferrite grain boundaries A9: 179
1% Si, titanium bearing, delineating ferrite grain boundaries A9: 170

SUBJECTS OF THE INDEXED VOLUMES: ASM Handbook (designated by the letter "A"): **A1:** Properties and Selection: Irons, Steels, and High-Performance Alloys (1990); **A2:** Properties and Selection: Nonferrous Alloys and Special-Purpose Materials (1990); **A3:** Alloy Phase Diagrams (1992); **A4:** Heat Treating (1991); **A5:** Surface Engineering (1994); **A6:** Welding, Brazing, and Soldering (1993); **A7:** Powder Metal Technologies and Applications (1998); **A8:** Mechanical Testing (1985); **A9:** Metallography and Microstructures (1985); **A10:** Materials Characterization (1986); **A11:** Failure Analysis and Prevention (1986); **A12:** Fractography (1987); **A13:** Corrosion (1987); **A14:** Forming and Forging (1988); **A15:** Casting (1988); **A16:** Machining (1989); **A17:** Nondestructive Evaluation and Quality Control (1989); **A18:** Friction, Lubrication, and Wear Technology (1992); **A19:** Fatigue and Fracture (1996); **A20:** Materials Selection and Design (1997). **Metals Handbook, 9th Edition** (designated by the letter "M"): **M1:** Properties and Selection: Irons and Steels (1978); **M2:** Properties and Selection: Nonferrous Alloys and Pure Metals (1979); **M3:** Properties and Selection: Stainless Steels, Tool Materials, and Special-Purpose Materials (1980); **M4:** Heat Treating (1981); **M5:** Surface Cleaning, Finishing, and Coating (1982); **M6:** Welding, Brazing, and Soldering (1983); **M7:** Powder Metallurgy (1984). **Engineered Materials Handbook** (designated by the letters "EM"): **EM1:** Composites (1987); **EM2:** Engineering Plastics (1988); **EM3:** Adhesives and Sealants (1990); **EM4:** Ceramics and Glasses (1991). **Electronic Materials Handbook** (designated by the letters "EL"): **EL1:** Packaging (1989)

1020, laser welded to 70600 copper-nickel **A9:** 408
chromium-molybdenum-vanadium thermally etched grain boundaries **A9:** 83
Low coiling temperature (LCT) **A5:** 73
Low compressibility powders **A7:** 316
Low Cycle Fatigue **A19:** 227
Low earth orbit
atoniic oxygen environment of **A12:** 481
Low energy electron diffraction (LEED) **EM3:** 23
Low expansion alloys
applications **M3:** 792, 798
composition, effect on expansivity ... **M3:** 792, 793
expansion coefficients **M3:** 792, 793, 794, 795, 798
magnetic properties **M3:** 794
mechanical properties **M3:** 794, 795, 797
Low expansion glaze
composition based on mole ratio (Seger formula) **A5:** 879
composition based on weight percent **A5:** 879
Low frequency cycle
definition **M6:** 11
Low gravity effects *See also* Gravitational acceleration
convection, and solute redistribution **A15:** 148–149
convection, in liquid **A15:** 147–148
dendrite spacing **A15:** 150
during solidification **A15:** 147–158
eutectic alloys **A15:** 150–153
experimental systems **A15:** 147
for on-eutectic interphase spacing **A15:** 149
morphological stability **A15:** 153–156
temperature gradient **A15:** 147–148
thermal convention **A15:** 147–148
Low molecular weight fragments **EM3:** 41
Low pass filter
to reduce load cell ringing **A8:** 193
Low pressure
in shape-casting process classification scheme **A20:** 690
Low pulse current
definition **M6:** 11
Low pulse time
definition **M6:** 11
Low temperature
design properties **A8:** 670–671
tension testing **A8:** 34–37
Low temperature properties
magnesium **M2:** 531–532, 533, 534
Low temperature tension testing **A8:** 34–37
Low temperatures
alloys for structural applications **M3:** 721–772
Low yttria-doped high-purity silicon nitride
processed by glass-encapsulated HIP processing **EM4:** 199
Low-acceleration fatigue tests
for solder attachments **EL1:** 741
Low-alloy cast steels **A1:** 372–374, 375
Low-alloy chromium-molybdenum powders
tensile properties of steel railroad wheel rings **M7:** 548
Low-alloy metals for pressure vessels and piping
flux-cored arc welding **A6:** 668
gas-metal arc welding **A6:** 668
gas-tungsten arc welding **A6:** 668
Low-alloy nickel
applications and characteristics .. **A2:** 435, 437, 441
Low-alloy special-purpose tool steel *See* Tool steels, low alloy
Low-alloy special-purpose tool steels **A1:** 767
composition limits **A5:** 769, **A18:** 736
forging temperatures **A14:** 81
Low-alloy steel *See also* Alloy steel.... **A1:** 201, 207, 208–211
air-hardening of **A1:** 644–645, 646
alloying elements in **A1:** 144–147
applications **A20:** 303
castability rating **A20:** 303
castings and **A1:** 363–364
classification of **A1:** 149
composition of **A1:** 152–153
compositions **A20:** 362
creep-resistance **A1:** 619–621
definition of **A1:** 149
diffusion coatings **A5:** 619
direct castings methods **A1:** 211
electroless nickel plating **A5:** 300
electropolishing of **M5:** 305, 308
ferritic, stress-strain curve **A8:** 177
for elevated-temperature service **A1:** 618
forgings *See* High-strength, low-alloy steel forgings
galvanic series for seawater **A20:** 551
hardenable low-alloy steels **A1:** 453
high-strength, rolling during torsion test ... **A8:** 179
International designations and specifications
British (BS) steel compositions **A1:** 158, 166–174, 185
for **A1:** 156–159, 166–194
French (AFNOR) steel compositions **A1:** 158, 166–174, 188
German (DIN) steel compositions **A1:** 157, 166–174, 178–179
Italian (UNI) steel compositions **A1:** 159, 166–174, 192
Japanese (JIS) steel compositions **A1:** 157, 166–174, 181
Swedish (SS) steel compositions **A1:** 159, 166–174, 194
machinability **A20:** 756
machinability rating **A20:** 303
measured times-to-fracture for **A8:** 272
mechanical properties **A1:** 209–211, 396, **A20:** 357, 372
mill heat treatment **A1:** 209
other than spring temper, preparation for electroplating **A5:** 14
phosphate coating of **M5:** 437
physical properties of **A1:** 195–200
plate *See* Steel plate
plating, preparation for **M5:** 16–18
porcelain enameling of **M5:** 513
production of **A1:** 930
production of sheet and strip **A1:** 208
quality descriptors **A1:** 208–209
quenched and tempered **A1:** 391–397
SAE-AISI designations **A1:** 152–153
sheet and strip **A1:** 207–209
shot peening **A5:** 130, 131
shot peening of **M5:** 141–142, 145
spring temper, preparation for electroplating **A5:** 14
stiffness **A20:** 515
stress-corrosion cracking environments **A8:** 526
surface preparation for electroplating **A5:** 14
tensile properties **A8:** 555
thermal spray coatings **A5:** 503
weldability rating **A20:** 303
weldability rating by various processes ... **A20:** 306
workability **A8:** 165, 575
zinc and galvanized steel corrosion as result of contact with **A5:** 363
Low-alloy steel castings *See also* Austenitic manganese steel castings; Carbon steel castings **A9:** 230–231, 235–236
abrasives for **A9:** 230
aluminum deoxidized, normalized, cooled and tempered **A9:** 235
aluminum deoxidized, quenched and tempered **A9:** 235
compositions of **A9:** 230
etchants **A9:** 230
etching **A9:** 230
grinding **A9:** 230
heat treatment **A9:** 231
microstructures **A9:** 231
mounting **A9:** 230
polishing **A9:** 230
sectioning **A9:** 230
specimen, annealed **A9:** 236
specimen, normalized, quenched and tempered **A9:** 235
Low-alloy steel forgings or bar stock
manganese phosphate coating **A5:** 381
Low-alloy steel powders **A7:** 125–126
for P/M tooling dies **A7:** 350
mechanical properties **A7:** 1096–1097
metal injection molding **A7:** 14
microstructures **A7:** 726, 736, 737
warm compaction **A7:** 377
Low-alloy steels *See also* Alloy steels; ASP steels; Carbon steels; High-strength low-alloy steels; Low-alloy steels, specific types; Plate steels; Steels; Steels, specific types; Tool steels; Tool steels, specific types
650 °C in vacuum, critical stress required to cause a crack to grow **A19:** 135
air-carbon arc cutting **A6:** 1175
alloying elements **A15:** 702, 715–716
applications, sheet metals **A6:** 399
atmospheric corrosion resistance **A13:** 82
austenitic stainless-clad, welding of ... **A6:** 501–502
bainitic microstructure **A11:** 393
boriding **A4:** 438
brazing and soldering characteristics **A6:** 624
brazing properties **M6:** 966
brazing temperature effect on hardness **A6:** 908
C, P, and S determined in **A10:** 29
case hardening of **M1:** 491–496
cast, weldability **A15:** 532–534
casting **A13:** 573–575
castings **M1:** 377, 379, 386, 388–389, 390, 392–393, 394–399
castings, failures **A11:** 392–393
cladding of austenitic stainless steel to **A6:** 502–504
composition **M7:** 102
composition of common ferrous P/M alloy classes **A19:** 338
compositions **A14:** 54
compressibility and properties **M7:** 102
corrosion fatigue crack growth behavior .. **A19:** 146
corrosion fatigue crack growth rates **A19:** 194, 197
corrosion of **A11:** 199
corrosion properties **A15:** 720
covering for welding electrodes .. **A6:** 176, 177, 178
defined **A15:** 715
degassing procedures **A15:** 428
dendritic structure **A9:** 623
deoxidation **A15:** 721
diffusion welding **A6:** 884
diffusion-bonded grades **M7:** 102
dip brazing **A6:** 336–338
discontinuity effects **A15:** 718
dissimilar metal joining **A6:** 821, 824, 825
drop hammer forming of **A14:** 655–656
electrodes
for flux-cored arc welding **A6:** 188
submerged arc welding **A6:** 204–205, 206
electrogas welding **A6:** 276–277
electron beam welding **M6:** 662
electron-beam welding **A6:** 860, 867
electroslag welding **A6:** 273, 276–277, 279, **M6:** 226
elevated temperature properties **M1:** 639–663
elevated-temperature ductility **A11:** 265
elevated-temperature properties **A15:** 720–721
environmental effects of medium sulfur content **A19:** 198
eutectic joining **EM4:** 526
fatigue crack threshold compared with the constant *C* **A19:** 134
fatigue diagram **A19:** 304
ferritic, alloying effects on SCC behavior **A13:** 270
ferrographic application to identify wear particles **A18:** 305, 306
ferrous, composition effect on corrosion **A13:** 537–538
filler metals for torch brazing **M6:** 953
flash welding **M6:** 558
flux cored electrodes **M6:** 101–102
flux-cored arc welding **A6:** 186, 187, 188
designator **A6:** 189
for hot forging **A14:** 43
for springs **A19:** 365
forge welding **A6:** 306, **M6:** 676
forged, mechanical properties **M7:** 464, 470
foundry practices **A15:** 721
fracture properties **A19:** 617
friction welding **A6:** 152, 153
furnace brazing *See* Furnace brazing of steels
fusion welding to stainless steels **A6:** 826, 827
gas metal arc welding **M6:** 153
gas tungsten arc welding **M6:** 203
gas-metal arc welding
of aluminum bronzes **A6:** 828
of copper nickels **A6:** 828

Low-alloy steels (continued)
of coppers . . . **A6:** 828
of high-zinc brasses . . . **A6:** 828
of low-zinc brasses . . . **A6:** 828
of phosphor bronzes . . . **A6:** 828
of silicon bronzes . . . **A6:** 828
of special brasses . . . **A6:** 828
of tin brasses . . . **A6:** 828
gas-tungsten arc welding
of aluminum bronzes . . . **A6:** 827
of copper nickels . . . **A6:** 827
of coppers and copper-base alloys . . . **A6:** 827
of phosphor bronzes . . . **A6:** 827
of silicon bronzes . . . **A6:** 827
hardenability . . . **A15:** 715
hardfacing alloys for . . . **A6:** 791, 798
heat treating of . . . **A14:** 53–55
HERF forgeability . . . **A14:** 104
high-strength, horizontal centrifugal casting of . . . **A15:** 299
high-temperature erosion testing for . . . **A11:** 282
highway-truck equalizer beam of . . . **A11:** 390
hydrogen fluoride/hydrofluoric acid corrosion . . . **A13:** 1166–1167
hydrogen-induced cracking . . . **A6:** 94
in marine atmosphere . . . **A13:** 541
in petroleum refining and petrochemical operations . . . **A13:** 1262–1263
in sour gas environments . . . **A11:** 300
ingot tub, thermal fatigue in . . . **A11:** 408
,jaws, brittle fracture of . . . **A11:** 389–391
laser beam welding . . . **M6:** 647
liquid nitriding . . . **A4:** 419
machinery and equipment weldments **A6:** 391, 393
macrostructure of . . . **A9:** 623
martensitic, alloying effect on stress-corrosion cracking resistance to chloride . . . **A19:** 486
material for die forging tools . . . **M3:** 529, 530, 534
materials for die-casting dies . . . **A18:** 629
materials for dies and molds . . . **A18:** 622, 625
measured impact fracture toughness data, time-to-fracture tests . . . **A19:** 407
melting . . . **A15:** 721
microstructure of . . . **A9:** 623–624
molten nitrate corrosion resistance . . . **A13:** 90–91
molybdenum-vanadium, creep curves . . . **A11:** 263
monotonic and fatigue properties . . . **A19:** 968–974
nil ductility transition temperature and yield strengths after normalizing and tempering . . . **A19:** 656
notch toughness . . . **M1:** 689–709
nut, LME service failure of . . . **A11:** 228
oxide stability . . . **A11:** 452
oxyacetylene welding . . . **A6:** 281, 284
oxyfuel gas cutting . . . **M6:** 897
oxyfuel gas welding . . . **A6:** 286
plasma and shielding gas compositions . . . **A6:** 197
plasma arc welding . . . **M6:** 214
plasma (ion) nitriding . . . **A4:** 423
plate, chevron patterns in . . . **A11:** 76, 77
powder, contamination of . . . **A14:** 191
powder metallurgy materials . . . **A9:** 503
prealloyed grades . . . **M7:** 102
principal ASTM specifications for weldable sheet steels . . . **A6:** 399
processed by STAMP process . . . **M7:** 548
production . . . **M7:** 100–103
projection welding . . . **A6:** 233, **M6:** 506
quenched and tempered, composition . . . **A19:** 615
recommended guidelines for selecting PAW shielding gases . . . **A6:** 67
Replicast process for . . . **A15:** 272
resistance seam welding . . . **A6:** 241, 245
resistance soldering . . . **A6:** 357
resistance spot welding . . . **M6:** 477, 486
resistance welding . . . **A6:** 837, 840, 841
roll welding . . . **A6:** 312, **M6:** 676
SCC testing . . . **A13:** 270
seawater, corrosion in . . . **M1:** 739–746
section size and mass effects . . . **A15:** 717–718
segregation during dendritic growth . . . **A9:** 625–626
service temperature of die materials in forging . . . **A18:** 625
shielded metal arc welding **A6:** 57, 61, 176, **M6:** 75
soil corrosion . . . **M1:** 725–731
soldering . . . **A6:** 624
solution flow rate effect on corrosion fatigue crack growth rate . . . **A19:** 199
stress ratio effect on fatigue threshold stress-intensity factor range . . . **A19:** 640
stress-corrosion cracking . . . **A19:** 486–487
stress-corrosion cracking in . . . **A11:** 214–215
stress-rupture crack in welds of . . . **A11:** 427
structure and property correlations . . . **A15:** 716–717
submerged arc welding . . . **A6:** 204–205
sulfide stress-corrosion cracking . . . **A13:** 532
superplasticity . . . **A14:** 871
susceptibility to hydrogen damage . . . **A11:** 126, 249
temperature measurement, validation strategies . . . **A6:** 1149
tensile fracture from shrinkage porosity in . . . **A11:** 389–390
test coupon vs. casting properties . . . **A15:** 719
tests on notched specimens and joints . . . **A19:** 117
thermal fatigue and thermomechanical fatigue . . . **A19:** 532–536
thermal stress relief for SCC in . . . **A13:** 328
thermomechanical fatigue . . . **A19:** 533
thermoreactive deposition/diffusion process . . . **A4:** 448, 452
tool steels . . . **A14:** 81
torch brazing *See* Torch brazing of steels
transfer gear . . . **M7:** 668
ultrasonic welding . . . **A6:** 893
water-atomized . . . **M7:** 101, 102, 302
water-quenched . . . **A11:** 393
weldability . . . **A6:** 420, 424, **A15:** 719–720, **M1:** 563
welding to austenitic stainless steels . . . **A6:** 500–501
welding to ferritic stainless steels . . . **A6:** 501
welding to martensitic stainless steels . . . **A6:** 501
weldment properties . . . **A6:** 417, 424
weld-metal toughness . . . **M6:** 42
yield strength vs. tempering temperature . . **A13:** 954
zinc stearate effect on green strength . . . **M7:** 302
Low-alloy steels for pressure vessels and piping . . . **A6:** 666–668
electrogas welding . . . **A6:** 667, 668
electroslag welding . . . **A6:** 667, 668
filler metal selection . . . **A6:** 668
flux-cored arc welding . . . **A6:** 667
gas-metal arc welding . . . **A6:** 667
gas-tungsten arc welding . . . **A6:** 667
heat resistance . . . **A6:** 667
hydrogen-induced cracking . . . **A6:** 668
postweld heat treatments . . . **A6:** 668, 669
preheating . . . **A6:** 669
properties . . . **A6:** 667
shielded metal arc welding . . . **A6:** 667, 668
specifications . . . **A6:** 668
submerged arc welding . . . **A6:** 667, 668
welding procedures and practices . . . **A6:** 667–668
Low-alloy steels, specific types *See also* ASP steels; Carbon steels; Low-alloy steels; Low-carbon steel powders; Steels; Steels, specific types; Structural steels, specific types; Tool steels; Tool steels, specific types
0.16 C, controlling parameters for creep crack growth analysis . . . **A19:** 522
0.15%C, artifact structures from overheating . . . **A9:** 166
2 MnCr 7 8
monotonic and fatigue properties, plate at 21 °C . . . **A19:** 972
monotonic and fatigue properties, plate at −60 °C . . . **A19:** 972
4 MnMo 7
monotonic and fatigue properties, plate at 21 °C . . . **A19:** 972
monotonic and fatigue properties, plate at −60 °C . . . **A19:** 972
8 Mn 6, monotonic and fatigue properties, plate at 23 °C . . . **A19:** 972
10CrMo 910, monotonic and fatigue properties, steel bar at 525 °C . . . **A19:** 974
13CrMo44
monotonic and fatigue properties, round bar at 20 °C . . . **A19:** 974
monotonic and fatigue properties, round bar at 350 °C . . . **A19:** 974
14 MoV 63
monotonic and fatigue properties, tube at 23 °C . . . **A19:** 974
monotonic and fatigue properties, tube at 530 °C . . . **A19:** 974
15 Mo 3
monotonic and fatigue properties, tube at 20 °C . . . **A19:** 974
monotonic and fatigue properties, tube at 350 °C . . . **A19:** 974
19 Mn 5, monotonic and fatigue properties, drum at 350 °C . . . **A19:** 973
28 NiCrMo 74, monotonic and fatigue properties, block at 23 °C . . . **A19:** 974
28CrMoNiV 49
monotonic and fatigue properties, shaft at 23 °C . . . **A19:** 974
monotonic and fatigue properties, shaft at 525 °C . . . **A19:** 974
30CrNiMo8
monotonic and fatigue properties, block at 23 °C . . . **A19:** 974
monotonic and fatigue properties, shaft at 23 °C . . . **A19:** 974
monotonic and fatigue properties, tube at 23 °C . . . **A19:** 974
34CrNiMo 6, monotonic and fatigue properties, round bar at 20 °C . . . **A19:** 974
40CrMo4, monotonic and fatigue properties, forged squares at 23 °C . . . **A19:** 974
41CrM4B, monotonic and fatigue properties, forged squares at 23 °C . . . **A19:** 974
42CrMo4
monotonic and fatigue properties, shaft at 23 °C . . . **A19:** 974
monotonic and fatigue properties, tested at 23 °C . . . **A19:** 971
49 MnVS 3, monotonic and fatigue properties, shaft at 23 °C . . . **A19:** 974
55Cr 3, monotonic and fatigue properties, steel bar at 20 °C . . . **A19:** 974
1520, mechanical properties . . . **M7:** 470
4120, mechanical properties . . . **M7:** 470
4130, mechanical properties . . . **M7:** 470
4150, STAMP process . . . **M7:** 548
4600, effect of admixed lubricant on green strength . . . **M7:** 303
4600 series, powder metallurgy materials microstructures . . . **A9:** 510
4620, workability test . . . **M7:** 411
4630 modified, mechanical properties . . . **M7:** 470
4640, mechanical properties . . . **M7:** 470
A 203, applications, welding of pressure vessels and piping . . . **A6:** 667, 669
A 204, applications, welding of pressure vessels and piping . . . **A6:** 667, 669
A 302, applications, welding of pressure vessels and piping . . . **A6:** 669
A 333
applications, welding of pressure vessels and piping . . . **A6:** 669
SMAW . . . **A6:** 668
A 335, applications, welding of pressure vessels and piping . . . **A6:** 669
A 353
applications, welding of pressure vessels and piping . . . **A6:** 669
SMAW . . . **A6:** 668

SUBJECTS OF THE INDEXED VOLUMES: ASM Handbook (designated by the letter "A"): **A1:** Properties and Selection: Irons, Steels, and High-Performance Alloys (1990); **A2:** Properties and Selection: Nonferrous Alloys and Special-Purpose Materials (1990); **A3:** Alloy Phase Diagrams (1992); **A4:** Heat Treating (1991); **A5:** Surface Engineering (1994); **A6:** Welding, Brazing, and Soldering (1993); **A7:** Powder Metal Technologies and Applications (1998); **A8:** Mechanical Testing (1985); **A9:** Metallography and Microstructures (1985); **A10:** Materials Characterization (1986); **A11:** Failure Analysis and Prevention (1986); **A12:** Fractography (1987); **A13:** Corrosion (1987); **A14:** Forming and Forging (1988); **A15:** Casting (1988); **A16:** Machining (1989); **A17:** Nondestructive Evaluation and Quality Control (1989); **A18:** Friction, Lubrication, and Wear Technology (1992); **A19:** Fatigue and Fracture (1996); **A20:** Materials Selection and Design (1997). **Metals Handbook, 9th Edition** (designated by the letter "M"): **M1:** Properties and Selection: Irons and Steels (1978); **M2:** Properties and Selection: Nonferrous Alloys and Pure Metals (1979); **M3:** Properties and Selection: Stainless Steels, Tool Materials, and Special-Purpose Materials (1980); **M4:** Heat Treating (1981); **M5:** Surface Cleaning, Finishing, and Coating (1982); **M6:** Welding, Brazing, and Soldering (1983); **M7:** Powder Metallurgy (1984). **Engineered Materials Handbook** (designated by the letters "EM"): **EM1:** Composites (1987); **EM2:** Engineering Plastics (1988); **EM3:** Adhesives and Sealants (1990); **EM4:** Ceramics and Glasses (1991). **Electronic Materials Handbook** (designated by the letters "EL"): **EL1:** Packaging (1989)

A 369, applications, welding of pressure vessels and piping **A6:** 667
A 387, applications, welding of pressure vessels and piping **A6:** 667, 669
A 420, applications, welding of pressure vessels and piping **A6:** 667
A 508, applications, welding of pressure vessels and piping **A6:** 667
A 522, applications, welding of pressure vessels and piping **A6:** 667
A 533, applications, welding of pressure vessels and piping **A6:** 667
A 541, applications, welding of pressure vessels and piping **A6:** 667
A 672, applications, welding of pressure vessels and piping **A6:** 669
Ancorsteel 2000, composition **M7:** 102
Ancorsteel 2000, properties **M7:** 102
Ancorsteel 4600V, composition **M7:** 102
Ancorsteel 4600V, prealloyed powder water-atomized and annealed **A9:** 514
Ancorsteel 4600V, properties **M7:** 102
AOC 1122A, monotonic and fatigue properties, truck frame with few service loads at 23 °C **A19:** 974
AOS 1122B, monotonic and fatigue properties, plate at 23 °C **A19:** 972
API M N80, composition **A19:** 615
API N110, composition **A19:** 615
ASTM A1, monotonic and fatigue properties, rail head at 23 °C **A19:** 974
ASTM A352, grade LC3, water quenched and tempered **A9:** 235
ASTM A487, class 2, normalized by austenitizing **A9:** 235
ASTM A487, normalized by austenitizing . . **A9:** 235
BHW 25, monotonic and fatigue properties, plate at 23 °C **A19:** 972
C30MB, monotonic and fatigue properties, forged squares at 23 °C **A19:** 974
CA6NM, heat treatment of **A9:** 231
class 2, applications, welding of pressure vessels and piping **A6:** 667
class 3, applications, welding of pressure vessels and piping **A6:** 667
class 4, applications, welding of pressure vessels and piping **A6:** 667
class 5, applications, welding of pressure vessels and piping **A6:** 667
class 6, applications, welding of pressure vessels and piping **A6:** 667
class 7, applications, welding of pressure vessels and piping **A6:** 667
class 8, applications, welding of pressure vessels and piping **A6:** 667
C-Mn NQT, Charpy V-notch impact toughness **A19:** 656
Distaloy 4600 A, pressed and sintered **A9:** 514–515
EN 25, monotonic and fatigue properties, tested at 23 °C **A19:** 972
Fe-0.37Mn-1.80Ni-0.63Mo, pressed and sintered **A9:** 527
Fe-0.42Ni-0.62Mo-0.2C, prealloyed, pressed varied **A9:** 519–520
Fe-1.85Ni-0.6Mo-0.5C, prealloyed powder **A9:** 520
Fe-1.85Ni-0.60Mo-0.2C, prealloyed, pressed and sintered, carbon content varied **A9:** 520
Fe-1.8Ni-0.5Mo-0.4C, pressed and sintered **A9:** 527
Fe-1.75Ni-0.5Mo-1.5Cu 0.5C, diffusion alloyed, pressed and sintered **A9:** 522–523
Fe-2.0Cu-0.8C, blisters formed from sintering **A9:** 526, 530
Fe-2.0Cu-0.8C, pressed and sintered **A9:** 527
Fe-2.0Cu-0.8C, pressed and sintered, steam blackened **A9:** 528
Fe-2MCM, mechanical properties **M7:** 470
Fe-2Ni-0.3C, injection molded and sintered **A9:** 526
Fe-2NI-0.8C, pressed and sintered **A9:** 527
Fe-2Ni-0.8C, pressed and sintered tensile bar **A9:** 527
Fe-2.0Ni-0.5Mo-0.2C, powder-forged gear . . **A9:** 526
Fe-2Ni-0.5Mo-0.5C, pressed, sintered forged **A9:** 526
grade 2, applications, welding of pressure vessels and piping **A6:** 667
grade 3, applications, welding of pressure vessels and piping **A6:** 669
grade 5, applications, welding of pressure vessels and piping **A6:** 667, 669
grade 7, applications, welding of pressure vessels and piping **A6:** 669
grade 8, applications, welding of pressure vessels and piping **A6:** 669
grade 9, applications, welding of pressure vessels and piping **A6:** 667
grade 11, applications, welding of pressure vessels and piping **A6:** 667, 669
grade 12, applications, welding of pressure vessels and piping **A6:** 667, 669
grade 21, applications, welding of pressure vessels and piping **A6:** 667
grade 22, applications, welding of pressure vessels and piping **A6:** 667, 669
grade FP 1, applications, welding of pressure vessels and piping **A6:** 667
grade FP 2, applications, welding of pressure vessels and piping **A6:** 667
grade FP 5, applications, welding of pressure vessels and piping **A6:** 667
grade FP 7, applications, welding of pressure vessels and piping **A6:** 667
grade FP 9, applications, welding of pressure vessels and piping **A6:** 667
grade FP 11, applications, welding of pressure vessels and piping **A6:** 667
grade FP 12, applications, welding of pressure vessels and piping **A6:** 667
grade FP 21, applications, welding of pressure vessels and piping **A6:** 667
grade FP 22, applications, welding of pressure vessels and piping **A6:** 667
grade WPL 3, applications, welding of pressure vessels and piping **A6:** 667
grade WPL 8, applications, welding of pressure vessels and piping **A6:** 667
grade WPL 9, applications, welding of pressure vessels and piping **A6:** 667
HSB 55C, monotonic and fatigue properties, sheet at 23 °C **A19:** 972
HSB 77V, monotonic and fatigue properties, sheet at 23 °C **A19:** 972
HT 60, monotonic and fatigue properties, plate at 23 °C **A19:** 972
HT 80
  fatigue crack propagation **A19:** 135
  fatigue crack thresholds in welds **A19:** 146
HT 80 steel weldment, testing parameters used for fatigue research of **A19:** 211
HY 100, composition **A19:** 615
HY 130
  composition **A19:** 615
  composition effect on corrosion fatigue crack growth rates **A19:** 647
  contour maps of plastic zones at ΔK **A19:** 68, 69
  measured values of plastic work of fatigue crack propagation, and A values **A19:** 69
  monotonic and fatigue properties, tested at 23 °C **A19:** 971
HY-80
  composition **A19:** 615
  contour maps of plastic zones at ΔK **A19:** 68, 69
  environment effect on crack shape development **A19:** 161
  fatigue crack growth **A19:** 145
  measured values of plastic work of fatigue crack propagation, and A values **A19:** 69
  monotonic and fatigue properties, plate at 23 °C **A19:** 972
  monotonic and fatigue properties, tested at 23 °C **A19:** 971
HY-80 (cast), plane-strain fracture toughness **A19:** 656
IN 787, monotonic and fatigue properties, tested at 23 °C **A19:** 972
Iron-copper, mechanical properties **M7:** 470
Iron-copper-manganese-nickel-molybdenum powders, mechanical properties **M7:** 470
Iron-manganese-molybdenum-nickel mechanical properties **M7:** 470
Iron-nickel, mechanical properties **M7:** 470
Iron-nickel-molybdenum-manganese-chromium, mechanical properties **M7:** 470
Lukens 80, fatigue test results and fatigue curves **A19:** 966
Man-Ten, monotonic and fatigue properties, plate at 23 °C **A19:** 972
Mn-Mo NQT, Charpy V-notch impact toughness **A19:** 656
N-A-Xtra 70, monotonic and fatigue properties, sheet at 23 °C **A19:** 972
Ni-Cr-Mo-V rotor steel, composition **A19:** 615
P&O, monotonic and fatigue properties . . . **A19:** 969
QT 35, composition **A19:** 615
RQC 100, monotonic and fatigue properties, plate at 23 °C **A19:** 972
SB42, fatigue crack propagation **A19:** 135
SB46, fatigue crack growth testing **A19:** 183
SCMV 2, monotonic and fatigue properties, plate at 23 °C **A19:** 972
SCMV 3, monotonic and fatigue properties, plate at 23 °C **A19:** 973
SCMV 4, monotonic and fatigue properties, plate at 23 °C **A19:** 972
SM50B, fatigue crack propagation **A19:** 135
SPV50
  fatigue crack propagation **A19:** 135
  monotonic and fatigue properties, plate at 23 °C **A19:** 972, 979
STE 460, monotonic and fatigue properties, rolled beam at 23 °C **A19:** 972
STE 690
  monotonic and fatigue properties, plate at 23 °C **A19:** 972
  monotonic and fatigue properties, rolled beam at 23 °C **A19:** 972
  monotonic and fatigue properties, sheet at 23 °C **A19:** 972
TT StE 32, monotonic and fatigue properties, plate at 23 °C **A19:** 973
type A, applications, welding of pressure vessels and piping **A6:** 667, 669
type B, applications, welding of pressure vessels and piping **A6:** 667, 669
type C, applications, welding of pressure vessels and piping **A6:** 667
type D, applications, welding of pressure vessels and piping **A6:** 667, 669
type E, applications, welding of pressure vessels and piping **A6:** 667, 669
type F, applications, welding of pressure vessels and piping **A6:** 667, 669
type H 75, applications, welding of pressure vessels and piping **A6:** 669
type H 80, applications, welding of pressure vessels and piping **A6:** 669
type I, applications, welding of pressure vessels and piping **A6:** 667
type II, applications, welding of pressure vessels and piping **A6:** 667
type P1, applications, welding of pressure vessels and piping **A6:** 669
type P5, applications, welding of pressure vessels and piping **A6:** 669
type P11, applications, welding of pressure vessels and piping **A6:** 669
type P12, applications, welding of pressure vessels and piping **A6:** 669
type P22, applications, welding of pressure vessels and piping **A6:** 669
USST-1, monotonic and fatigue properties, plate at 23 °C **A19:** 973
Van-80, monotonic and fatigue properties, plate at 23 °C **A19:** 972
Low-alloy steels, welding of **A6:** 662–676
  electrogas welding **A6:** 662, 664, 668
  electroslag welding **A6:** 662, 664, 668
  factors determining procedures and practices **A6:** 662
  filler metals **A6:** 662–663, 665, 668, 669–671, 672, 673, 674–675
  flux-cored arc welding **A6:** 662, 663, 664, 666, 668, 669, 670, 674, 676
  fluxes **A6:** 662
  for pressure vessels and piping . . . **A6:** 662, 666–668
    filler metal selection **A6:** 668
    heat resistance **A6:** 667
    postweld heat treatment **A6:** 668, 669
    preheating **A6:** 669
    properties **A6:** 667

Low-alloy steels, welding of (continued)
welding procedures and practices........ **A6:** 668
welding processes and practices......... **A6:** 668
gas-metal arc welding **A6:** 662, 663, 664, 666, 668, 669, 670, 671, 673, 674, 676, 828
gas-tungsten arc welding... **A6:** 662, 664, 666, 668, 669, 670, 671, 673, 674, 676, 828
heat-treatable low alloy steels.... **A6:** 662, 668–673
applications.......................... **A6:** 670
composition................. **A6:** 668, 669, 670
cracking................ **A6:** 669, 670, 671, 672
filler metals...................... **A6:** 669–671
heat input............................ **A6:** 672
microstructure.................... **A6:** 671–672
postweld heat treatment........... **A6:** 672–673
preheating.................. **A6:** 669, 671–672
welding processes and practices........ **A6:** 669
high-strength low-alloy (HSLA) structural steels......................... **A6:** 662–664
chemical compositions................. **A6:** 663
electrogas welding..................... **A6:** 664
electroslag welding.................... **A6:** 664
filler metal selection.......... **A6:** 662–663, 664
flux-cored arc welding............. **A6:** 663, 664
gas-metal arc welding............. **A6:** 663, 664
heat-affected zone..................... **A6:** 663
properties......................... **A6:** 662, 663
shielded metal arc welding......... **A6:** 663–664
specifications..................... **A6:** 662, 664
submerged arc welding............ **A6:** 663, 664
welding procedures and practices........ **A6:** 664
high-strength low-alloy quenched and tempered (HSLA Q&T) structural steels....... **A6:** 662, 664–666
filler metals.......................... **A6:** 665
gas-metal arc welding.................. **A6:** 664
gas-tungsten arc welding............... **A6:** 664
heat input............................ **A6:** 666
postweld heat treatment................ **A6:** 666
preheat and interpass temperature control..................... **A6:** 665–666
properties............................ **A6:** 664
specifications......................... **A6:** 664
weld design.......................... **A6:** 665
weld metal hydrogen.................. **A6:** 665
welding processes..................... **A6:** 664
shielded metal arc welding **A6:** 662, 663–664, 666, 668, 669–670, 674, 676
steels............................ **A6:** 668–673
submerged arc welding.... **A6:** 662, 663, 664, 668, 669, 670–671, 674, 676
tool and die steels.............. **A6:** 662, 674–676
composition....................... **A6:** 674, 675
cracking............................ **A6:** 675
description of steels.................. **A6:** 674
filler metals...................... **A6:** 674–675
postweld heat treatment........... **A6:** 675–676
preheating....................... **A6:** 675, 676
repair practices.................. **A6:** 675, 676
welding applications.................. **A6:** 674
welding procedures and practices... **A6:** 675–676
welding processes..................... **A6:** 674
ultrahigh-strength low-alloy steels......... **A6:** 662, 673–674
filler metals.......................... **A6:** 673
gas-tungsten arc welding............... **A6:** 673
microstructure.................... **A6:** 673–674
plasma arc welding.................... **A6:** 673
postweld heat treatment................ **A6:** 674
preheating....................... **A6:** 673–674
properties............................ **A6:** 673
specifications......................... **A6:** 673
welding consumables.................. **A6:** 662
welding procedures and practices........ **A6:** 664
welding processes..................... **A6:** 673
welding processes.......................... **A6:** 662
Low-alloy structural steel
metalworking fluid selection guide for finishing operations....................... **A5:** 158
Low-alloy tool steel
brazing temperature effect on hardness.... **A6:** 908
Low-alloy tool steels
for hot-forging dies............ **A18:** 622–623, 624
Low-beryllium copper *See also* Copper alloys, specific types, C17500
applications and properties.......... **A2:** 288–289
Low-carbon alloy steel
finishing turning......................... **A5:** 84
Low-carbon austenite
scanning electron micrograph of fracture surface...................... **A8:** 481–483
transmission electron fractograph of surface...................... **A8:** 481–483
Low-carbon bainite.................. **A1:** 404–405
Low-carbon cast steels............ **A1:** 364, 371–372
Low-carbon copper-bearing age-hardening steels, specific types
A710/A710M, heat analysis compositions.. **A6:** 406
A736/A736M, heat analysis compositions.. **A6:** 400
Low-carbon copper-flashed steel
capacitor discharge stud welding.......... **A6:** 222
Low-carbon ductile martensite............ **A19:** 384
Low-carbon enameling steels (enameling iron replacements)
flat-rolled carbon steel product available for porcelain enameling................ **A5:** 456
Low-carbon ferrochromium................ **A7:** 1065
Low-carbon hardenable steels
characteristics and applications.......... **M1:** 457
Low-carbon iron
ductile rupture........................ **A12:** 220
oxide inclusion........................ **A12:** 222
Low-carbon iron powders
annealing............................ **M7:** 182
properties.......................... **M7:** 85–86
water atomization............ **A7:** 110, **M7:** 83–86
Low-carbon lamination steel
as magnetically soft materials........ **A2:** 765–766
Low-carbon mold steels
composition limits............. **A5:** 769, **A18:** 736
forging temperatures.................... **A14:** 81
Low-carbon nickel steel
porosity of injection molded............ **M7:** 499
Low-carbon quenched and tempered steels... **A1:** 149, **A5:** 704, 705
Low-carbon quenched and tempered steels, specific types
A514/A517 grade A, composition......... **A5:** 705
A514/A517 grade F, composition......... **A5:** 705
A514/A517 grade R, composition......... **A5:** 705
A533 type A, composition............... **A5:** 705
A533 type C, composition............... **A5:** 705
HY-80, composition.................... **A5:** 705
HY-100, composition................... **A5:** 705
Low-carbon sheet iron powder strip roll-compacted...................... **M7:** 408
thin-gage roll-compacted properties... **M7:** 408–409
Low-carbon steel
acid cleaning......................... **A5:** 6, 12
acid pickling.......................... **A5:** 6, 12
aluminum coating of............... **M5:** 333–334
austenitic, flow curve.................... **A8:** 175
base for 50% aluminum-zinc coated steel sheet and wire......................... **M5:** 349–350
boiler water embrittlement detector testing **A8:** 526
bulk-processed and racked parts plating of, preparation for................ **M5:** 16–17
cavitation resistance.................... **A18:** 600
cleavage fracture in..................... **A8:** 466
colombium-alloyed, corrosion resistance... **M5:** 334
combined effects of strain rate and temperature in.................. **A8:** 38, 40
continuous hot dip coatings.............. **A5:** 340
creep-fatigue interaction diagram..... **A8:** 356–357
effect of temperature on strength and ductility.......................... **A8:** 36
electrolytic potential.................... **A5:** 797
electropolishing of................ **M5:** 305, 308
filters for copper plating................. **A5:** 175
finish turning........................... **A5:** 84
for acid cleaning tanks and pipes.......... **A5:** 51
for drums in drying equipment for immersion phosphating systems................ **A5:** 388
for equipment for phosphate coating spray system........................... **A5:** 389
for phosphating tanks................... **A5:** 388
forming limit diagram..... **A8:** 551, **A20:** 305, 306
galling in shallow forming dies.......... **A18:** 633
galvanic corrosion with magnesium....... **M2:** 607
galvanic series for seawater............ **A20:** 551
Hall-Petch coefficient value............. **A20:** 348
heating coils for copper plating........... **A5:** 175
hot dip galvanized coatings.............. **A5:** 365
hot dip tin coating of................... **M5:** 351
hot rolled, *r* value...................... **A8:** 550
industrial (hard) chromium plating, tanks for..................... **A5:** 183, 184
iron phosphating....................... **A5:** 388
lead plating............................ **A5:** 242
loss coefficient vs. Young's modulus..... **A20:** 267, 273–275
M2 and M7 workpiece materials, tool life increased by PVD coating........... **A5:** 771
manganese phosphating.................. **A5:** 388
microhardness traverses............. **A8:** 229–230
Modul-*r* measure of modulus of elasticity in....................... **A8:** 557
pack cementation aluminizing............ **A5:** 618
phosphate coating of................... **M5:** 437
pickling of....................... **M5:** 69, 72–80
plating process, preparation for........ **M5:** 16–18
porcelain enameling of............. **M5:** 512–514
potentiodynamic polarization curves...... **A8:** 532
rust and scale removal................... **M5:** 14
SCC testing of.......................... **A8:** 526
shear zone......................... **A8:** 229–230
spall stress data.................... **A8:** 211–212
springback in........................... **A8:** 552
stress-strain curve for................. **A8:** 21–22
surface preparation for electroplating....... **A5:** 14
testing mediums........................ **A8:** 526
thermal spray coatings................... **A5:** 503
threshold stress intensity................. **A8:** 256
titanium-alloyed, corrosion resistance..... **M5:** 334
true yield stress at various strains...... **A8:** 29, 38
weldability rating by various processes... **A20:** 306
zinc phosphating....................... **A5:** 388
Low-carbon steel bulk-processed parts
preparation for electroplating.............. **A5:** 14
Low-carbon steel containers
corrosion resistance of............. **M1:** 714–715
Low-carbon steel powder
applications............................ **A7:** 100
microexamination....................... **A7:** 725
Low-carbon steel powders
arc welding electrodes, function and composition...................... **M7:** 817
fluid dies............................. **M7:** 543
parts, as encapsulation material.......... **M7:** 429
Low-carbon steel powders, specific types
1010, for encapsulation................. **M7:** 428
1018, for encapsulation................. **M7:** 428
1020, for encapsulation................. **M7:** 428
Low-carbon steel racked parts
preparation for electroplating.............. **A5:** 14
Low-carbon steel wire *See also* Baling wire; Manufacturers' wire
carbon content......................... **M1:** 259
flat wire............................. **M1:** 259
for general use......................... **A1:** 282
tensile strength.................... **M1:** 262–263
w-cycle fatigue................ **M1:** 668, 670, 682
Low-carbon steels *See also* Carbon steel; Carbon steels; Low-carbon steels, specific types; Mild steels; Steels; Steels, specific types
acoustic emission inspection, of welds...................... **A17:** 599–600

SUBJECTS OF THE INDEXED VOLUMES: ASM Handbook (designated by the letter "A"): **A1:** Properties and Selection: Irons, Steels, and High-Performance Alloys (1990); **A2:** Properties and Selection: Nonferrous Alloys and Special-Purpose Materials (1990); **A3:** Alloy Phase Diagrams (1992); **A4:** Heat Treating (1991); **A5:** Surface Engineering (1994); **A6:** Welding, Brazing, and Soldering (1993); **A7:** Powder Metal Technologies and Applications (1998); **A8:** Mechanical Testing (1985); **A9:** Metallography and Microstructures (1985); **A10:** Materials Characterization (1986); **A11:** Failure Analysis and Prevention (1986); **A12:** Fractography (1987); **A13:** Corrosion (1987); **A14:** Forming and Forging (1988); **A15:** Casting (1988); **A16:** Machining (1989); **A17:** Nondestructive Evaluation and Quality Control (1989); **A18:** Friction, Lubrication, and Wear Technology (1992); **A19:** Fatigue and Fracture (1996); **A20:** Materials Selection and Design (1997). **Metals Handbook, 9th Edition** (designated by the letter "M"): **M1:** Properties and Selection: Irons and Steels (1978); **M2:** Properties and Selection: Nonferrous Alloys and Pure Metals (1979); **M3:** Properties and Selection: Stainless Steels, Tool Materials, and Special-Purpose Materials (1980); **M4:** Heat Treating (1981); **M5:** Surface Cleaning, Finishing, and Coating (1982); **M6:** Welding, Brazing, and Soldering (1983); **M7:** Powder Metallurgy (1984). **Engineered Materials Handbook** (designated by the letters "EM"): **EM1:** Composites (1987); **EM2:** Engineering Plastics (1988); **EM3:** Adhesives and Sealants (1990); **EM4:** Ceramics and Glasses (1991). **Electronic Materials Handbook** (designated by the letters "EL"): **EL1:** Packaging (1989)

anion/temperature effects, hydrogen absorption . . . A13: 330
applications . . . A15: 714
applications, railroad equipment . . . A6: 396
arc welding with nickel alloys . . . M6: 443
arc-welded, failure in . . . A11: 415–422
as forged . . . A14: 218
as magnetically soft materials . . . A2: 765–766
base metal, clad brazing materials . . . A6: 961
bfittle fracture . . . A12: 249
blanking of . . . A14: 445–458
boiler tubes, rupture from overheating . . . A11: 607–608
brazeability of . . . A11: 450
brazing and soldering characteristics . . . A6: 624
brazing temperature effect on hardness . . . A6: 908
capacitor discharge stud welding . . . M6: 738
carbon content . . . A15: 702
case-hardening of . . . M1: 491–496
castings . . . M1: 382–384, 386–388
Charpy V-notch impact energy, effect of specimen orientation on . . . A11: 68
clad-metal corrosion . . . A13: 889
classification and group description . . A6: 405, 406, 407
cleaning . . . A12: 76
cleavage crack path . . . A12: 117
cleavage, fractograph . . . A12: 174
coextrusion welding . . . A6: 311
cold heading of . . . A14: 291
cold-finished bars . . . M1: 215–251
composition, effect on blanking and piercing . . . A14: 480
compressed powdered iron . . . A2: 765
copper contamination . . . A12: 249
corrosion fatigue fracture surface . . . A12: 250
corrosion in river water . . . M1: 737–738
cross wire projection welding . . . M6: 518
deep drawing lubricants . . . A14: 583
deep drawing of . . . A14: 584
definition of . . . A1: 147
distortion . . . A6: 1098
ductile-to-brittle transition . . . A11: 84, 85
effect of clearance on piercing and stripping force . . . A14: 462
effect of ferrite grain diameter in . . . A11: 68
electrogas welding . . . M6: 239, 241
electron beam welding . . . M6: 637
electron-beam welding . . . A6: 866
electroslag welding . . . A6: 270, 273, 274, M6: 226
embrittlement by intermetallic compounds . . . A11: 100
extrusion welding . . . M6: 677
fatigue crack growth . . . A19: 128
fatigue fracture of cold-formed part . . A11: 308–309
filler metals for torch brazing . . . M6: 953
for bearings . . . A1: 24–25, 480–481
for electrical steel sheet . . . A14: 476
for rolling . . . A14: 355
for structures . . . A13: 1299
forge welding . . . M6: 676
forging pressures . . . A14: 217
fractographs . . . A12: 240–252
fracture properties . . . A19: 627–629
fracture/failure causes illustrated . . . A12: 216
French's curve for . . . A19: 106
friction welding . . . A6: 153, 890, M6: 721
furnace brazing *See* Furnace brazing of steels
gas porosity in electron beam welds of . . . A11: 445
gas-dryer piping, corrosion product on . . . A11: 631
gas-metal arc welding . . . A6: 10, 17
  of aluminum bronzes . . . A6: 828
  of copper nickel . . . A6: 828
  of coppers . . . A6: 828
  of high-zinc brasses . . . A6: 828
  of low-zinc brasses . . . A6: 828
  of phosphor bronzes . . . A6: 828
  of silicon bronzes . . . A6: 828
  of special brasses . . . A6: 828
  of tin brasses . . . A6: 828
gas-tungsten arc welding . . . A6: 192
  gas-tungsten arc welding of coppers and copper-base alloys . . . A6: 827
  of aluminum bronzes . . . A6: 827
  of copper nickels . . . A6: 827
  of phosphor bronzes . . . A6: 827
  of silicon bronzes . . . A6: 827
globular-to-spray transition currents for electrodes . . . A6: 182
heat flow in fusion welding . . . A6: 10, 13, 16, 17
high frequency resistance welding . . . M6: 760
hydrogen absorption . . . A13: 329
influence of detection setting on detection area fraction . . . A10: 312
intergranular fracture . . . A12: 240
Kitagawa-Takahashi diagram for natural surface cracks . . . A19: 106
limit analysis for . . . A11: 136–137
machinability . . . M1: 573
magnetic applications . . . M3: 598–599, 609, 611
marine pitting . . . A13: 906
mechanical cutting . . . A6: 1178, 1179, 1180
microstructure, under hydrogen attack . . . A11: 290
multiple-slide forming . . . A14: 571
nipple, fissuring at grain boundaries from hydrogen attack . . . A11: 645
nondestructive testing . . . A6: 1086
notch toughness M1: 691, 695, 696, 700, 703, 704
oxyacetylene braze welding . . . M6: 598
oxyacetylene welding . . . A6: 281, 419
oxyfuel cutting . . . M6: 903–904
oxyfuel gas cutting . . . A6: 1159
oxyfuel gas cutting of . . . A14: 724
oxyfuel gas welding . . . A6: 285, 286, 287, 288, 289, 800
percussion welding . . . M6: 740
persistent slip band . . . A19: 99, 100
piercing of . . . A14: 459–471
pipe, bending of . . . A14: 667
plasma arc cutting . . . M6: 916
press bending . . . A14: 523–532, 667
press forming of . . . A14: 545–555
press-formed parts, materials for forming tools . . . M3: 492, 493
pressure vessel, failure by caustic embrittlement by potassium hydroxide . . . A11: 658–660
principal ASTM specifications for weldable sheet steels . . . A6: 399
production examples of gas tungsten arc welding . . . M6: 204–205
projection welding . . . M6: 506–507, 509, 513–514, 518, 520
properties . . . A6: 992
quench-age embrittlement . . . A1: 692
quench-age embrittlement of . . . M1: 684
repair welding . . . A6: 1105
resistance brazing . . . M6: 976
resistance seam welding . . . A6: 239, 240, 241, 243, 244, 245, M6: 494, 497–498, 502
resistance spot welding . . . M6: 477, 479–480, 486
resistance welding . . . A6: 834, 835, 836, 837, 838, 840, 841, 842, 843, 847
roll welding . . . A6: 312, 313, M6: 676
seawater corrosion of . . . M1: 739–745
shear deformation and shear lips . . . A12: 244
sheet and strip . . . M1: 153–162
  ASTM specifications . . . M1: 154, 155
  characteristics . . . M1: 154
  flatness . . . M1: 157, 160–161
  formability . . . M1: 545–560
  leveling . . . M1: 157, 160–161
  mechanical properties . . . M1: 155–156, 158–161
  microstructure, effect on formability . . . M1: 557–558
  mill heat treatment . . . M1: 156–157
  minimum bend radii . . . M1: 554
  nonstandard grades . . . M1: 161–162
  Olsen ductility . . . M1: 156, 161, 162
  production of . . . M1: 153–154
  quality descriptors . . . M1: 154–155
  selection for formed parts . . . M1: 559
  standard sizes . . . M1: 154
  steelmaking practice, effect on formability . . . M1: 556–557
  strain aging . . . M1: 154, 157, 162
  stretcher strains . . . M1: 157
  surface characteristics . . . M1: 157
  thickness . . . M1: 153, 154, 159, 161
  width range . . . M1: 153, 154
sheet, edge effects and etching influence image analysis . . . A10: 316, 318
sheet metals . . . A6: 399
shielded metal arc welding . . . A6: 10, 176, M6: 75
solderable and protective finishes for substrate materials . . . A6: 979
soldering . . . A6: 624
spheroidized cementite particles pinning a recrystallization front . . . A10: 471
strain-age embrittlement of . . . M1: 683–684
stress ratio effect on fatigue threshold stress-intensity factor range . . . A19: 640
stress-relieving treatments . . . A6: 1101
stress-strain behavior, and limit analysis . . A11: 136
structural, SCC failure in . . . A11: 27
stud arc welding . . . A6: 215, 216, M6: 733
stud material . . . M6: 731, 735
submerged arc welding . . . A6: 10, M6: 115
temperamm effect on fracture modes . . A12: 33, 45
tension fractures . . . A12: 240
threaded fasteners . . . M1: 273–277
threshold stress intensity determined by ultrasonic resonance test methods . . . A19: 139
to avoid intergranular corrosion . . . A13: 325
transgranular brittle fracture . . . A11: 25
ultra-, effect of temperature on fracture mode . . . A12: 34, 46
weld model . . . A6: 1132
weld overlay materials . . . M6: 816–817
weldability . . . A6: 419
weldability of . . . A1: 608, M1: 562, 563
wire rod . . . M1: 254–257
  tensile strength . . . M1: 256, 257
Low-carbon steels enamel application . . . EM3: 301
enamels . . . EM3: 303
surface preparation . . . EM3: 271
Low-carbon steels, specific types
  AISI 15 B22, delayed fracture . . . A12: 248
  AISI 1019 shaft, fatigue fracture . . . A12: 243
  AISI 1020, centerline cracks . . . A12: 244
  AISI 1020 shaft, brittle fracture . . . A12: 243
  AISI 1025, bfittle intergranular fracture . . . A12: 245
  AISI C-1080, stress-corrosion fracture . . A12: 27, 35
  ASME SA178, intemal corrosion fatigue cracking . . . A12: 245
  ASTM A178, grain-boundary embfittlement failure . . . A12: 246
  ASTM A516-70, calcium effects on inclusions and fatigue crack propagation . . . A12: 247
  ASTM A517-70, fatigue crack propagation . . . A12: 247
  C/C-Mn, grain-size effects on yield strength . . . A19: 610
  C-Mn-Nb, grain size effects on yield strengths . . . A19: 610
  SAE 1010 tie rod, bending impact fracture . . . A12: 242
  SAE 1010 tie rod, in-service fatigue fracture . . . A12: 241
Low-carbon white iron
surface engineering . . . A5: 684
Low-coefficient-of-expansion alloys
precipitation hardenable nickel alloys . . . A6: 576
Low-cost processes
types . . . EL1: 448–449
Low-CTE metal planes
constraining . . . EL1: 625–628
Low-cyanide bath
composition and operating conditions A5: 227, 228
Low-cycle corrosion fatigue tests . . . A19: 196, 197
Low-cycle fatigue *See also* Fatigue; Fatigue cracks . . A20: 355, 516, 517, 520, 521, 522–526
  and pressure vessels . . . A8: 347
  crack initiation testing . . . A8: 367
  cracking in . . . A11: 102, 284
  data . . . A13: 292
  data results in tension-hold-only test . . . A8: 351
  defined . . . A11: 6
  definition . . . A20: 835
  deformation behavior . . . A20: 522–524, 5212
  eddy current crack inspection . . . A17: 190
  fatigue life . . . A20: 522, 523, 524
  fatigue-crack initiation . . . A11: 103
  ferris-wheel testing rig for . . . A11: 279
  high-temperature behavior . . . A20: 527–530
  in boilers and steam equipment . . . A11: 622
  in fracture control . . . A17: 666–667, 672–673
  lead, effect of frequency of cycling . . . A8: 347
  multiaxial . . . A20: 525–526
  notched members . . . A20: 524–525, 526
  relationship to material properties . . . A20: 246

Low-cycle fatigue (continued)
strain range **A8:** 364
strain range vs. cycles-to-failure for **A11:** 103
terms defined **A20:** 520, 522
tests **A8:** 364
thermal failure, stainless steel tee fitting . . **A11:** 622
transition fatigue life **A8:** 712
Low-Cycle Fatigue and Life Predictions **A19:** 227
Low-cycle fatigue curve
for 347 stainless steel **A8:** 367
Low-cycle fatigue equation **A19:** 532
Low-cycle fatigue fracture(s) *See also* Fatigue fracture(s)
AISI/SAE alloy steels **A12:** 308
bending, austenitic stainless steels **A12:** 362
high-carbon steels **A12:** 283
maraging steels **A12:** 386
metal-matrix composites **A12:** 469
precipitation-hardening stainless steels **A12:** 371
titanium alloys **A12:** 452
tool steels **A12:** 377, 380
wrought aluminum alloys **A12:** 426
Low-cycle fatigue (LCF) **A19:** 22–23, 34, 48, 127, 228, 263–265
failure distribution according to mechanism **A19:** 453
heat-resistant (Cr-Mo) ferritic steels . . **A19:** 709–710
wrought titanium alloys **A2:** 624
Low-cycle fatigue (LCF) methods
ENSIP durability requirements **A19:** 586
Low-cycle fatigue (LCF) regime **A19:** 158
Low-cycle fatigue life **A7:** 383
Low-cycle fatigue resistance
and inelastic strain range **A8:** 347
Low-cycle fatigue testing **A8:** 367, 696
Bauschinger effect **A8:** 367
Coffin-Manson relationship **A8:** 367
elevated-temperature, strain-controlled **A8:** 346
hold periods **A8:** 347–348
stress-amplitude vs. time-to-fracture **A8:** 350
time-to-fracture in tension-hold-only . . **A8:** 351–352
Low-cycle fatigue tests **A1:** 626
Low-cycle thermal fatigue **A19:** 527
Low-cycle thermomechanical fatigue **A19:** 527
Low-cycle torsional fatigue *See also* High-cycle torsional fatigue **A8:** 150–152
Low-density aluminum P/M alloys
types **A2:** 209–210
Low-density flexible RIM systems **EM2:** 260
Low-density high-stiffness P/M aluminum alloys **A13:** 841–842
Low-density polyethylene (LDPE) *See also* Polyethylene (PE) **A20:** 444
cost per unit mass **A20:** 302
cost per unit volume **A20:** 302
electrical properties **A20:** 450
engineered material classes included in material property charts **A20:** 267
fracture toughness vs.
density **A20:** 267, 269, 270
strength **A20:** 267, 272–273, 274
Young's modulus **A20:** 267, 271–272, 273
in rotational molding **EM2:** 361
linear expansion coefficient vs. thermal conductivity **A20:** 267, 276, 277
linear expansion coefficient vs. Young's modulus **A20:** 267, 276–277, 278
loss coefficient vs. Young's modulus **A20:** 267, 273–275
molecular architecture **A20:** 446
normalized tensile strength vs. coefficient of linear thermal expansion **A20:** 267, 277–279
properties **A20:** 435
sample power-law indices **A20:** 448
specific modulus vs. specific strength **A20:** 267, 271, 272
strength vs. density **A20:** 267–269
structure **A20:** 435
Young's modulus vs.
density **A20:** 266, 267, 268, 289
elastic limit **A20:** 287
strength **A20:** 267, 269–271
Low-end systems
design considerations **EL1:** 26–28
Low-energy electron diffraction **A10:** 536–545, **EM1:** 285
acronym **A10:** 689
and multiple-scattering effects in EXAFS analysis **A10:** 410
applications **A10:** 536, 543–544
capabilities, FIM/AP and **A10:** 583
defined **A10:** 676
diffraction measurements **A10:** 539–541
estimated analysis time **A10:** 536
general uses **A10:** 536
introduction **A10:** 537
limitations **A10:** 536, 542–543
principles, diffractions from surfaces **A10:** 538–539
related techniques **A10:** 536
sample preparation **A10:** 541–542
samples **A10:** 536, 541–542
surface crystallography vocabulary . . . **A10:** 537–538
surface-sensitive electron diffraction limitations of **A10:** 542–543
use with Auger electron spectroscopy **A10:** 554
Low-energy electron diffraction (LEED) **A6:** 145, **A18:** 450
to determine nucleation density **A5:** 541
Low-energy electron diffraction spot profile analysis (SPA-LEED) **A6:** 145
Low-energy ion scattering (LEIS) **A5:** 673
Low-energy ion-scattering spectrometry (LEISS) **A18:** 449
Low-energy ion-scattering spectroscopy **A10:** 603–609
applications **A10:** 603, 607–609
Auger electron spectroscopy and **A10:** 554
basic elements of system **A10:** 607
capabilities **A10:** 568
capabilities, compared with Rutherford backscattering spectrometry **A10:** 628
effect of improved mass resolution **A10:** 605
electrostatic analyzers for **A10:** 607
estimated analysis time **A10:** 603
general uses **A10:** 603
instrumentation **A10:** 606–607
introduction **A10:** 603–604
limitations **A10:** 603
of inorganic solids, information from **A10:** 4–6
of organic solids, information from **A10:** 9
quantitative analysis **A10:** 605–606
related techniques **A10:** 603
samples **A10:** 603, 607–609
scattering principles **A10:** 604
spectra **A10:** 604–606
standards and correction factors **A10:** 606
Lower bainite **A9:** 664–665, **A20:** 368, 369–372
defined **A9:** 179
Lower bound method
analytical modeling **A14:** 425
Lower bound of variable **A20:** 92
Lower control limit (LCL) **A7:** 694, 695
in control chart method **A17:** 726
Lower critical temperature
definition **A5:** 960
Lower explosive limit (LEL) **A7:** 148–149
aluminum powder **M7:** 130
Lower inner punch (LIP) **A7:** 338
Lower limit of detection
of an element **A10:** 96
Lower limit properties **A20:** 253
Lower Newtonian plateau **A20:** 448
Lower outer punch (LOP) **A7:** 338
Lower punch
defined **A14:** 8, **M7:** 7
Lower ram
defined **M7:** 7
Lower yield point
defined **A8:** 21–22
Lower-bound answer **A20:** 177
Lower-bound parameter estimates **A20:** 72
Lower-die materials
for press forming **A14:** 506–507
Lower-order elements **A20:** 179
Lowest point of single-tooth contact (LPSTC) **A18:** 543
Low-expansion alloys
42% Ni-irons **A2:** 893–894
43% to 47% Ni-iron alloys **A2:** 894
applications, engineering **A2:** 896
Dumet wire **A2:** 894
engineering applications **A2:** 896
hardenable low-expansion alloys **A2:** 895
high-strength, controlled-expansion alloys . . **A2:** 895
Invar **A2:** 889–893
iron-cobalt-chromium **A2:** 895
iron-nickel alloys **A2:** 889–894
iron-nickel-chromium alloys **A2:** 894
iron-nickel-cobalt alloys **A2:** 894–895
Kovar **A2:** 895
nickel alloy **A2:** 433
nickel-iron **A2:** 443–444
special alloys **A2:** 895
Super-Invar **A2:** 894–895
tradenames for **A2:** 896
types **A2:** 889
with high-expansion alloys, applications . . . **A2:** 889
Low-expansion nickel alloys
thermal expansion coefficient **A6:** 907
Low-expansion substrates
characteristics **EL1:** 611–613
Low-friction bearing materials
composite powders **M7:** 175
Low-gangue ore **A7:** 116
Low-hardenability steels **A1:** 466
Low-head direct-chill casting, of aluminum alloy ingots used to decrease surface
defects **A9:** 634
Low-hydrogen
high-strength electrodes **M7:** 819
Low-hydrogen iron powder, chemical composition
SMAW electrode coverings **A6:** 61
Low-hydrogen welding rods
for hydrogen embrittlement **A11:** 251
Low-lead tin bronzes
applications **A18:** 750, 751
casting processes **A18:** 754, 755
composition **A18:** 751
designations **A18:** 751
mechanical properties **A18:** 750, 752
product form **A18:** 751, 752
Low-leaded brass *See also* Brasses; Wrought coppers and copper alloys
applications and properties **A2:** 306, 307
Low-level design
defined **EL1:** 129
Low-medium carbon steel
metalworking fluid selection guide for finishing operations **A5:** 158
Low-melting alloys
for thin-wall tube swaging **A14:** 137
Low-melting metals
effect on dimple rupture **A12:** 29–30
Low-melting oxides
types **A13:** 73
Low-melting temperature solders
indium-base **A2:** 751–752
Low-modulus rayon/isotropic pitch precursor fibers **EM1:** 52
Low-nickel alloys
as magnetically soft materials **A2:** 771–772
Low-particle plate
microporosity effect on fatigue **A19:** 791
Low-pass filters
eddy current inspection **A17:** 190
Low-performance thermoplastic resins **EM1:** 169

SUBJECTS OF THE INDEXED VOLUMES: ASM Handbook (designated by the letter "A"): **A1:** Properties and Selection: Irons, Steels, and High-Performance Alloys (1990); **A2:** Properties and Selection: Nonferrous Alloys and Special-Purpose Materials (1990); **A3:** Alloy Phase Diagrams (1992); **A4:** Heat Treating (1991); **A5:** Surface Engineering (1994); **A6:** Welding, Brazing, and Soldering (1993); **A7:** Powder Metal Technologies and Applications (1998); **A8:** Mechanical Testing (1985); **A9:** Metallography and Microstructures (1985); **A10:** Materials Characterization (1986); **A11:** Failure Analysis and Prevention (1986); **A12:** Fractography (1987); **A13:** Corrosion (1987); **A14:** Forming and Forging (1988); **A15:** Casting (1988); **A16:** Machining (1989); **A17:** Nondestructive Evaluation and Quality Control (1989); **A18:** Friction, Lubrication, and Wear Technology (1992); **A19:** Fatigue and Fracture (1996); **A20:** Materials Selection and Design (1997). **Metals Handbook, 9th Edition** (designated by the letter "M"): **M1:** Properties and Selection: Irons and Steels (1978); **M2:** Properties and Selection: Nonferrous Alloys and Pure Metals (1979); **M3:** Properties and Selection: Stainless Steels, Tool Materials, and Special-Purpose Materials (1980); **M4:** Heat Treating (1981); **M5:** Surface Cleaning, Finishing, and Coating (1982); **M6:** Welding, Brazing, and Soldering (1983); **M7:** Powder Metallurgy (1984). **Engineered Materials Handbook** (designated by the letters "EM"): **EM1:** Composites (1987); **EM2:** Engineering Plastics (1988); **EM3:** Adhesives and Sealants (1990); **EM4:** Ceramics and Glasses (1991). **Electronic Materials Handbook** (designated by the letters "EL"): **EL1:** Packaging (1989)

Low-phosphorus electroless nickel (generic) plating
plate characteristics **A5:** 925

Low-porosity plate
microporosity effect on fatigue **A19:** 791

Low-pressure chamber thermal spray coating **M5:** 364–365

Low-pressure chemical vapor deposition (LPCVD) **A5:** 532
hot wall vacuum furnaces used **A4:** 495

Low-pressure dewaxing
for cermets **A2:** 989

Low-pressure die casting
as permanent mold process **A15:** 34, 276
magnesium alloy. **A15:** 807

Low-pressure laminates *See also* Laminate(s) **EM3:** 17
defined **EM1:** 15, **EM2:** 26

Low-pressure liquid compound buffing systems **M5:** 116

Low-pressure liquid-phase sintering **A7:** 387

Low-pressure molding **EM3:** 17
advantages **A7:** 432
applications **A7:** 432
defined **EM2:** 26
methods. **A7:** 431–432
steps. **A7:** 430, 431

Low-pressure molding (LMP) **A7:** 429, 430–432

Low-pressure plasma spray forming (LPPS) . . **A7:** 410, 411, 415
nickel and nickel alloys. **A7:** 502

Low-pressure plasma spraying (LPPS) **A20:** 475
NiCoCrAlY coatings **A20:** 597

Low-pressure sputter chambers
atomic absorption spectrometry. **A10:** 54

Low-pressure synthesis
of superhard coatings **A2:** 1009

Low-pressure turbine rotors
corrosion design **A13:** 953

Low-pressure water atomization
for electrical contact composites **A2:** 857

Low-pressure/high-pressure compound buffing systems **M5:** 116

Low-profile resins *See also* Resins
defined **EM2:** 26

Low-shear agitated-type blenders . . . **A7:** 105, **M7:** 189

Low-shrink resins *See* Low-profile resins

Low-silicon bronze
applications and properties. **A2:** 334

Low-solubility intermetallic compound
of zirconium **A2:** 666

Low-stacking fault energy material
dynamic recrystallization for **A8:** 173

Low-strain amplitudes **A19:** 266, 267

Low-strength iron alloy **A8:** 487–488, 491

Low-strength steels
cyclic stress-strain response compared with monotonic behavior **A19:** 235

Low-stress abrasion *See also* High-stress abrasion
defined **A18:** 12
definition **A5:** 960

Low-stress abrasion test **A7:** 970–971

Low-stress sliding
cracks in copper crystal from. **A8:** 603

Low-temperature
fatigue crack growth in alloy steels . . **A19:** 642, 643, 644

Low-temperature alpha alloy *See* Titanium alloys, specific types, Ti-5Al-2.5Sn

Low-temperature aluminum-tin alloy *See* Titanium alloys, specific types, Ti-5A-2.5Sn

Low-temperature cofired ceramic packages
burnout/firing **EL1:** 466
lead/pin attach **EL1:** 466
physical properties. **EL1:** 468
testing **EL1:** 467

Low-temperature corrosion **A13:** 1266–1270
steam equipment **A11:** 618–619

Low-temperature electrical testing . . . **EL1:** 1060–1061

Low-temperature fracture
and microstructure **A20:** 353–354

Low-temperature fusion
sample preparation. **A10:** 94

Low-temperature impact energy
of steel plate **A1:** 238

Low-temperature intergranular fracture
alloy steels. **A19:** 618

Low-temperature niobium-base superconductors
history **A2:** 1027–1028

Low-temperature properties *See also* Cryogenic properties; Temperature(s)
in superconductivity **A2:** 1030
of magnesium alloys **A2:** 462
of thin-film materials **A2:** 1082–1083
ultrahigh-strength steels **M1:** 426–428, 431, 435
wrought aluminum alloy. **A2:** 59–60
wrought titanium alloys **A2:** 628–631

Low-temperature properties of structural steel **A1:** 662–672
advances in steel technology **A1:** 665–666, 668, 669
assessment of fracture resistance. **A1:** 662–663
design and failure criteria. **A1:** 662
fatigue crack growth in structural steel **A1:** 663–664, 665, 666
fracture toughness characteristics **A1:** 664, 666–667, 669
fracture toughness of welded structures **A1:** 667–669, 670, 671, 672
fracture toughness requirements for . . . **A1:** 663, 664
structural steel specifications **A1:** 664–665, 667, 668

Low-temperature resins systems
allyls **EM2:** 440
aminos **EM2:** 439
polyurethanes (PUR) **EM2:** 439
thermoplastic polyurethanes (TPUR) **EM2:** 203
thermoset polyesters. **EM2:** 440

Low-temperature sensitization (LTS) **A6:** 466

Low-temperature separation method
auto scrap recycling **A2:** 1212

Low-temperature service
high-nickel steels for **A1:** 392, 396–397, 398

Low-temperature soldering **EL1:** 686, 694–695

Low-temperature solid-state welding **A6:** 300–302
advantages **A6:** 300
aluminum **A6:** 300, 301
aluminum-silicon alloys. **A6:** 300
applications **A6:** 300
beryllium. **A6:** 300, 301
copper **A6:** 300
definition **A6:** 300
disadvantages **A6:** 300
dissimilar materials **A6:** 300, 301, 302
final machining of welded parts **A6:** 302
interlayer fabrication method. **A6:** 301
interlayer materials **A6:** 300
joint geometry. **A6:** 300
maraging steels. **A6:** 300, 301
silver. **A6:** 300
stainless steels **A6:** 300, 301
surface preparation **A6:** 300–301
welding methods **A6:** 301–302
isostatic pressure. **A6:** 301–302
uniaxial compression **A6:** 301
with electron-beam welding **A6:** 301
with gas-tungsten arc welding **A6:** 301

Low-temperature storage
of samples **A10:** 16

Low-temperature superconducting materials
thin-film **A2:** 1082–1083

Low-temperature techniques
in molecular fluorescence spectroscopy **A10:** 78–79

Low-temperature tensile properties *See also* Tensile properties
casting, magnesium alloys. **A2:** 464
ductile iron **A15:** 662
sheet/plate magnesium alloys **A2:** 463

Low-temperature thermoset matrix
composites. **EM1:** 392–398
fabric type effects/weaves **EM1:** 393
properties. **EM1:** 392
thermoset polyester resins for **EM1:** 392–398

Low-temperature toughness
aluminum alloys **A19:** 777, 779–780
of steel castings **A1:** 376, 377–378

Low-tin aluminum-base alloys
composition. **A2:** 524

Low-viscosity sealers **M5:** 369

Low-voltage accelerators
as neutron sources **A17:** 388

Low-voltage connectors
corrosion failure analysis **EL1:** 1112

Low-voltage failures. **EL1:** 999

Low-zinc alloys
applications **A13:** 614

Low-zinc brasses
corrosion in various media. **M2:** 468–469
gas-metal arc butt welding. **A6:** 760, 763
to high-carbon steel **A6:** 828
to low-alloy steel **A6:** 828
to low-carbon steel **A6:** 828
to medium-carbon steel **A6:** 828
to stainless steel **A6:** 828
resistance welding **A6:** 849–850
weldability **A6:** 753

Low-zinc silicon brass *See also* Cast copper alloys
properties and applications. **A2:** 372

Low-zinc zinc phosphate **A13:** 386

LPCVD thin films *See also* Films; Thin films
quantitative impurity analysis in. **A10:** 624

L-radiation
defined. **A10:** 675

LSC *See* Liquid-solid chromatography

L-sections
as basic casting shape **A15:** 599, 604–610
solidification sequence **A15:** 604–606

L-series
defined. **A10:** 676

L-shape hooks
materials for **A11:** 522–523

LTE *See* Local thermodynamic equilibrium

Lubaloy *See also* Copper alloys, specific types, C41100
applications and properties **A2:** 314–315

Lubanska correlation (1968) **A7:** 46

Lubber's process. **EM4:** 398

Lubricant *See also* Lubricant failures; Lubricants; Lubrication
commercial metalworking glass, for specimen protection. **A8:** 159
defined **A8:** 8, **EM1:** 15
definition. **A5:** 960
effects on bearing strength of aluminum alloys. **A8:** 60
evaluation, sheet metal forming. **A8:** 568
for compression testing **A8:** 195
for gripping specimens **A8:** 382
high-pressure, in axial compression testing . . **A8:** 56
in forming operations **A8:** 567–568
in sheet metal forming. **A8:** 547, 567–568
vapor degreasing alternatives **A5:** 932
with cam plastometer **A8:** 195

Lubricant analysis **A18:** 299–311
case histories **A18:** 307–310
abrasive wear. **A18:** 308
cast iron wear in a diesel engine . . . **A18:** 308–309
corrosive wear. **A18:** 309–310
gearbox wear **A18:** 307–308
nonferrous metal wear in a marine engine **A18:** 310
water in the oil in a reduction gearbox **A18:** 308
failure analysis programs **A18:** 310–311
causes of machine failure **A18:** 310
ferrography, applications of **A18:** 305–307
aircraft gas turbine engines. **A18:** 306–307
compressors **A18:** 307
diesel engines. **A18:** 306
gasoline engines. **A18:** 307
gear boxes **A18:** 305–306
grease **A18:** 307
hydraulic systems **A18:** 307
oil/wear particle analysis methods . . . **A18:** 299–302
applications and purposes **A18:** 299
ferrography **A18:** 301–302, 310
infrared (IR) spectroscopy **A18:** 300–301, 311
magnetic plug/chip detection (MCD). . . . **A18:** 301
particle counting **A18:** 301
physical inspection **A18:** 299–300
physical testing **A18:** 300
sampling of service lubricants. **A18:** 299
spectrometric metals analysis **A18:** 300
preventive maintenance programs. **A18:** 310
guidelines for establishing a condition monitoring program **A18:** 310
types of wear particles **A18:** 302–305
alloy identification: heat treatment of slides **A18:** 305
black oxide particles **A18:** 303, 304
corrosive wear particles **A18:** 304
cutting wear particles **A18:** 302, 303, 308

Lubricant analysis (continued)
dark metallo-oxide particles....... **A18:** 303, 304
fatigue spalls and chunks......... **A18:** 302, 303
fibers................................ **A18:** 305
friction polymer..................... **A18:** 304
glass fibers...................... **A18:** 304, 305
inorganic crystalline minerals.......... **A18:** 304
laminar particles................. **A18:** 302–303
organic crystalline materials........... **A18:** 304
other particles................... **A18:** 304, 305
red iron oxide (Fe_2O_3) Particles........ **A18:** 304
red oxide sliding wear particles.... **A18:** 303–304
rubbing wear particles............ **A18:** 302, 303
sliding wear particles............. **A18:** 302, 303
spheres............................. **A18:** 303
Lubricant coatings
measured............................. **A10:** 177
Lubricant compatibility *See* Compatibility (lubricant)
Lubricant failures
from contamination.................... **A11:** 153
from transition temperature............. **A11:** 154
from viscosity..................... **A11:** 153–154
in pressurized lubricating systems........ **A11:** 153
mechanical design and................. **A11:** 154
prevention of......................... **A11:** 154
Lubricant film coefficient................. **A19:** 335
Lubricant film thickness (*h*)............... **A18:** 146
Lubricant flow
nomenclature for hydrostatic bearings with orifice or capillary restrictor............... **A18:** 92
Lubricant forms *See also* Lubricant(s); Lubrication
emulsions........................ **A14:** 513–514
pastes, suspensions, coatings............ **A14:** 514
solutions............................ **A14:** 513
Lubricant parameter....................... **A18:** 83
Lubricant roll
for wrought copper and copper alloys..... **A2:** 245
Lubricant(s) *See also* Liquid lubricants; Lubricant forms; Lubricated bearings; Lubricating; Lubrication; Solid lubricants; specific lubricants................ **A19:** 174, 328, 329
additives......................... **A14:** 514–515
and fretting fatigue.................... **A19:** 328
and wear failure................... **A11:** 151–152
application of........... **A14:** 161, 248, 502, 515
applicators of......................... **A14:** 502
as additives...................... **EM2:** 496–497
bearing.............................. **A11:** 485
bearing steels.... **A18:** 727–728, 730, 731, 732, 733
bearings..................... **A19:** 355, 359, 361
breakdown temperature, effect on bearing steels............................ **A11:** 490
burnoff.............................. **M7:** 191
carbon-graphite materials............... **A18:** 818
carriers (bases)....................... **A14:** 514
cemented carbides..................... **A18:** 796
characteristics, control of........... **A14:** 515–517
chemical analysis...................... **A13:** 960
chemistry of.......................... **A14:** 514
coatings, effect on explosivity............ **M7:** 194
compacting........................... **M7:** 352
control, procedures................ **A14:** 516–517
copper bearing........................ **A13:** 964
copper-infiltrated steels.................. **A7:** 771
defined.................. **A14:** 8, **A18:** 12, **M7:** 7
definition............................ **A20:** 606
delube and preheat atmospheres...... **A7:** 457–458
delubing of stainless steel............... **A7:** 477
diagnostic guidelines for detecting and rectifying service lubricant deterioration...... **A18:** 300
die, for titanium alloy forging........... **A14:** 279
dry helical lobe rotary compressors and wear.............. **A18:** 605, 606, 608
dry mixing of metal powders............ **A7:** 106
effect, chemical susceptibility........... **EM2:** 572
effect in stainless steel powders.......... **M7:** 729
effect of P/M parts after sintering........ **M7:** 191
effect of particles in.............. **A11:** 503–504
effect on compressibility, green strength... **A7:** 303, 305
effect on friction.................... **A18:** 45–46
effect on green density.......... **A7:** 303–304, 305
effect on iron premixes................ **M7:** 190
effect on sintered nickel silvers and brasses............................ **M7:** 379
effect on surface condition in tests for solid friction........................... **A18:** 55
effectiveness of........................ **A14:** 515
effects on green strength............ **A7:** 306–307
failures of....................... **A11:** 152–154
for admixed powders.................... **A7:** 755
for aluminum alloy forgings............ **A14:** 248
for aluminum alloy forming............ **A14:** 793
for bearings.......................... **M7:** 709
for bending.......................... **A14:** 664
for brasses and nickel silvers............ **A7:** 489
for cemented carbides.................. **A7:** 494
for centrifugal compressors......... **A18:** 607, 608
for coining........................... **A14:** 181
for contour roll forming................ **A14:** 625
for copper alloy powders................ **A7:** 866
for copper and copper alloy forging...... **A14:** 257
for deep drawing................. **A14:** 509, 583
for drop hammer forming.......... **A14:** 655–657
for fasteners.......................... **A11:** 542
for heat-resistant alloy forging........... **A14:** 235
for isostatic pressing.................... **A7:** 320
for magnesium alloys.................. **A14:** 827
for manual spinning.................... **A14:** 600
for nickel-base alloy forming........ **A14:** 831–832
for optical sensing analysis.............. **A7:** 249
for power spinning..................... **A14:** 604
for precision forging................... **A14:** 161
for press forming organic-coated steels.... **A14:** 564
for refractory metal forming............ **A14:** 788
for shallow forming dies................ **A18:** 633
for stainless steel forming........... **A14:** 760–761
for stainless steel powders....... **A7:** 307, 308, 782
for steel, cold extruded................. **A14:** 304
for three-roll forming machines.......... **A14:** 619
for titanium alloy forming.............. **A14:** 840
for tribofilms......................... **A20:** 605
for tube spinning...................... **A14:** 678
for uniaxial die compaction.............. **A7:** 315
for wire forming.................. **A14:** 696–697
forms of......................... **A14:** 513–514
gears................................ **A18:** 537
gray cast irons for bearing materials...... **A18:** 754
high-temperature, to modify steel brakes.. **A18:** 583
hot forging........................... **A14:** 220
hot-forging dies and wear resistance...... **A18:** 637
hydrocarbon, removing in sintering.. **M7:** 339–340
hydrodynamic......................... **A18:** 516
in compacting.................... **A7:** 453–454
in milling environment.................. **M7:** 63
included in microscopic analysis......... **A18:** 376
increasing types with iron powders....... **M7:** 191
inert, as corrosion control.......... **A11:** 194–195
internal combustion engine parts... **A18:** 555, 556, 557, 558–559, 561
introduction to.................... **A18:** 79–80
application methods.................. **A18:** 79
basic geometries for surfaces............ **A18:** 79
jet engine components.................. **A18:** 588
loss, bearing failure from........... **A11:** 511–512
loss in sintering....................... **M7:** 309
Lubricant additives and their functions..................... **A18:** 98–111
additives......................... **A18:** 99–111
antiwear and extreme-pressure (EP) agents............ **A18:** 99, 101–103, 111
base fluid........................... **A18:** 98
biocides...................... **A18:** 110, 111
couplers...................... **A18:** 110, 111
demulsifiers................ **A18:** 99, 106–107
detergents......... **A18:** 99, 100–101, 102, 111
dispersants................. **A18:** 99–100, 111
dyes.......................... **A18:** 110, 111
emulsifiers............. **A18:** 99, 106–107, 111
foam inhibitors............. **A18:** 99, 108, 111
formulations.......................... **A18:** 111
friction modifiers/antisquawk agents................ **A18:** 103–104, 111
functions of lubricants.................. **A18:** 98
gear oils............................ **A18:** 99
greases.............................. **A18:** 99
hydraulic fluids....................... **A18:** 99
introduction of a new additive......... **A18:** 111
lubricant formulation.................. **A18:** 111
metalworking fluids................... **A18:** 99
miscellaneous industrial oils............ **A18:** 99
multifunctional nature................ **A18:** 111
nonengine lubricants............... **A18:** 98, 111
oxidation inhibitors **A18:** 99, 101, 104–105, 106, 111
performance package.................. **A18:** 98
performance specifications............. **A18:** 98
pour-point depressants.... **A18:** 99, 107–108, 111
power steering fluid.................. **A18:** 98
rust and corrosion inhibitors.. **A18:** 99, 105–106, 111
seal-swell agents................ **A18:** 110, 111
shock absorber fluids............... **A18:** 98–99
subcategories......................... **A18:** 98
transmission fluid..................... **A18:** 98
viscosity improvers....... **A18:** 99, 108–110, 111
lubricating grease...................... **A11:** 152
lubricating oils........................ **A11:** 152
mandrel.............................. **A14:** 140
melting point.......................... **M7:** 190
microbiology of....................... **A14:** 517
molybdenum disulfide.............. **A13:** 959–964
molybdenum disulfide and colloidal graphite.......................... **A14:** 238
nitrided surfaces and wear resistance **A18:** 879–880
nonmetallic bearing materials....... **A18:** 754, 755
nonuse in encapsulation hot isostatic pressing.......................... **M7:** 425
nuclear, effect on corrosion......... **A13:** 959–964
of copper-based powder metals.......... **M7:** 733
of deep-drawing dies................... **A18:** 635
oxidants for enhancing burning........... **A7:** 464
petroleum-base, for corrosion control..... **A11:** 194
powder metallurgy bearings....... **A7:** 1051, 1053, 1054–1056, 1057
premixed with metal powders............ **M7:** 190
properties of...................... **A11:** 151–152
pumps........................... **A18:** 595, 597
quantity, copper P/M parts............. **M7:** 193
recommended inspection intervals for selected engines, drive systems, and power generating units........................... **A18:** 299
-related failures, nuclear reactors.... **A13:** 959–960
removal.................. **M7:** 91, 339–340, 386
removal, in cemented carbide sintering... **M7:** 386
residue, defined......................... **A14:** 8
rolling contact wear....... **A18:** 257, 259, 260, 261
selection.......................... **M7:** 190, 709
selection and use, sheet metal forming.................... **A14:** 512–520
semiconductors............... **A18:** 685, 686, 687
silicone fluids........................ **EM2:** 266
silver reinforcement of glass ionomers.... **A18:** 673
sliding bearing materials....... **A18:** 744, 747, 750
solid........................ **A11:** 152, **A20:** 607
solid, added to powder blend to reduce friction............................. **A7:** 10
solid, analyses.................... **A13:** 961–962
solid, effect on compressibility........... **M7:** 286
solid, types and uses................... **A14:** 515
stearate-base.......................... **A7:** 106
surface texture............... **A18:** 336, 342–343
and wear measurement...... **A18:** 365, 367, 369
cutting......................... **A18:** 738–739
hot extrusion......................... **A18:** 738
hot forging.......................... **A18:** 738

SUBJECTS OF THE INDEXED VOLUMES: ASM Handbook (designated by the letter "A"): **A1:** Properties and Selection: Irons, Steels, and High-Performance Alloys (1990); **A2:** Properties and Selection: Nonferrous Alloys and Special-Purpose Materials (1990); **A3:** Alloy Phase Diagrams (1992); **A4:** Heat Treating (1991); **A5:** Surface Engineering (1994); **A6:** Welding, Brazing, and Soldering (1993); **A7:** Powder Metal Technologies and Applications (1998); **A8:** Mechanical Testing (1985); **A9:** Metallography and Microstructures (1985); **A10:** Materials Characterization (1986); **A11:** Failure Analysis and Prevention (1986); **A12:** Fractography (1987); **A13:** Corrosion (1987); **A14:** Forming and Forging (1988); **A15:** Casting (1988); **A16:** Machining (1989); **A17:** Nondestructive Evaluation and Quality Control (1989); **A18:** Friction, Lubrication, and Wear Technology (1992); **A19:** Fatigue and Fracture (1996); **A20:** Materials Selection and Design (1997). **Metals Handbook, 9th Edition** (designated by the letter "M"): **M1:** Properties and Selection: Irons and Steels (1978); **M2:** Properties and Selection: Nonferrous Alloys and Pure Metals (1979); **M3:** Properties and Selection: Stainless Steels, Tool Materials, and Special-Purpose Materials (1980); **M4:** Heat Treating (1981); **M5:** Surface Cleaning, Finishing, and Coating (1982); **M6:** Welding, Brazing, and Soldering (1983); **M7:** Powder Metallurgy (1984). **Engineered Materials Handbook** (designated by the letters "EM"): **EM1:** Composites (1987); **EM2:** Engineering Plastics (1988); **EM3:** Adhesives and Sealants (1990); **EM4:** Ceramics and Glasses (1991). **Electronic Materials Handbook** (designated by the letters "EL"): **EL1:** Packaging (1989)

sheet metal forming A18: 737–738
thermoplastic composites A18: 820, 822–826
thin-film, compatibility A18: 743
titanium alloys A18: 778, 780, 781–783
to improve PV capability and reduce wear rate of metallic bearings A18: 515, 516
to lessen fretting wear of aluminum wire wound on steel support rope A18: 243
to prevent fretting damage A18: 253
to reduce wear of die-casting dies A18: 629
tool steels A18: 736, 737–739
valve train friction analysis characteristics A18: 559
testing of A14: 896–897
thin-film, roller bearing microspalling from A11: 502
titanium powder A7: 500
to reduce wear rates A20: 603
toxicity A14: 517
tungsten oxide as A14: 238
types of A20: 602
Verson hydroform process A14: 612
viscosities for ball and roller bearings A11: 511
warm compaction A7: 376
wear applications A20: 607
Lubricants for rolling-element bearings A18: 132–138
functions A18: 132
grease lubrication A18: 136–137
advantages A18: 136
base fluid viscosity A18: 136
compatibility A18: 137
composition A18: 136
consistency A18: 136
corrosion prevention behavior A18: 137
load-carrying ability A18: 137
penetration grades A18: 136
regreasing procedures A18: 137
relubrication intervals A18: 136–137
speed limits A18: 136
temperature range A18: 136, 137
liquid lubricants A18: 132–134
extreme-pressure oils A18: 133–134
fluid lubrication for rolling bearings A18: 132–133
methods (containment systems) A18: 132–133
mineral oils A18: 133–134, 135, 136, 137
rust and oxidation (R&O) inhibited oils A18: 133–134
synthetic hydrocarbon fluids A18: 132, 134
viscosity A18: 134, 135
polymeric lubricants A18: 137
markets A18: 137
solid lubricants A18: 137–138
types and properties of nonpetroleum oils A18: 134–136
dibasic acid esters A18: 135–136
fluorinated polyethers A18: 135, 136
phosphate esters A18: 134
polyglycols A18: 134, 135
silicone fluids A18: 135–136
Lubricants, high-vacuum applications . . . A18: 150–159
grease A18: 157
channeling A18: 157
slumping A18: 157
ideal tribological situations and considerations A18: 151–152
acceptable creep or migration A18: 151
long life A18: 151
low friction and wear A18: 151–152
low vapor pressures A18: 151
no wear/no significant deformation A18: 151–152
suitable electrical conductivity A18: 151, 152
temperature insensitivity A18: 151, 152
liquid lubricants A18: 152, 154–157
additives A18: 157
advantages A18: 154
application methods A18: 155
disadvantages A18: 154–155
hydrocarbon polymers A18: 155–156
mineral oils A18: 155
perfluoropolyalkylether (PFPE) A18: 156, 157, 158, 159
poly-α-olefin A18: 155, 156–157
polyimide polymers A18: 159
polyolester A18: 155, 156
properties A18: 154–155
silahydrocarbons A18: 156, 157
silicone oils A18: 155, 157
scope of the problem A18: 150–151
boundary contact A18: 150
electrical conductivity A18: 151
performance range A18: 150
volatility problem A18: 150
solid lubricants A18: 152–154
advantages A18: 152
application methods A18: 152–153
disadvantages A18: 152, 153
fluorides A18: 152
lamellar solids A18: 152, 153–154
nonpolymer-based composites A18: 154
oxides A18: 152, 154
polymers A18: 152, 154
soft metals A18: 152, 153
sulfides A18: 152
versus liquid A18: 152
space environment applications A18: 158, 159
surface modification with and without lubrication A18: 157–158
ceramic and hard coat contact A18: 158
ion implantation A18: 158
terrestrial ultrahigh vacuum (UHV) environments (chambers) A18: 159
types of vacuum lubricants A18: 152–158
Lubricant-speed parameters A18: 83
Lubricated bearings *See also* Bearings; Lubricant(s); Lubrication; Self-lubricating bearings M7: 704–709
Lubricated extrusion
CAD/CAM application for A14: 325–326
Lubricated friction A18: 47, 48
Lubricated rollers
wedging film action of hydrodynamic lubrication A18: 89
Lubricated wear *See also* Wear M1: 604–606
roller chain components, variation with lubricant type M1: 629–631
shafting for journal bearings M1: 606
types of lubrication M1: 604–605
Lubricating
defined M7: 7
Lubrication *See also* Lubricant forms; Lubricant(s); Lubricating; specific lubricants A20: 605, 606–607
AES analysis of A10: 565
and adhesive wear A8: 602
and friction, closed-die forging A14: 76
and tribology A8: 601
and wear A8: 604
and wear failure A11: 150–154
as additive, ultrahigh molecular weight polyethylenes (UHMWPE) EM2: 171
bearings, methods of A11: 484
bi-lubricant systems M7: 192
boundary A11: 151, 484, A14: 512
coatings, permanent mold castings A15: 282
contact fatigue and A19: 335
control, precision forging A14: 161
defined A18: 12
die, zinc alloy casting A15: 790
during strain rate compression testing A8: 192
effect in pin bearing testing of aluminum/magnesium alloys A8: 60
effect on density and stress distribution, in rigid dies M7: 302
effect on green strength M7: 288, 289, 302–303
effect on Hall flow rate M7: 279, 280
effect on surfaces A11: 154, 484
elastohydrodynamic A11: 150, 151
electroplated coatings A18: 835, 836, 838
environmental and occupational health concerns A14: 517–518
extreme-pressure A14: 512
film thickness, and surface roughness A11: 152
fluid-film, for bearings A11: 484
for bar bending A14: 664
for cam plastometer specimen A8: 195
for forging titanium alloys A14: 279
for friction control A8: 576
for heat-resistant alloy forming A14: 781–782
for hot swaging A14: 143
for magnesium alloys A14: 260
for nickel-base alloys A14: 261
for powder stability M7: 182
for stainless steel dies A14: 229
for tube bending A14: 672–673
gear teeth A19: 345
hardened steel contact fatigue . . A19: 699, 700–701
hole, fatigue fracture at A11: 114, 346
hot-die/isothermal forging A14: 153–154
hydrodynamic A11: 150–151, 484
hydrodynamic, friction-velocity curve for surfaces capable of A8: 605
hydrostatic A11: 151, 484
in beryllium forming A14: 806
in blanking A14: 456
in cold heading A14: 294
in deep drawing A14: 508, 583
in fine-edge blanking and piercing A14: 475
in hot upset forging A14: 87
in open-die forging A14: 64
in powder compacts, effects on compressibility and powder flow M7: 302
in precious metal powders M7: 149
in press forming A14: 504–505, 545
in sheet formability testing A8: 547, 567–568
in split Hopkinson pressure bar test A8: 201
in tube mandrel swaging A14: 139
inadequate, bearing adhesive wear by A11: 496, 498
loss, in locomotive axle failures A11: 715
mechanisms A14: 512–513
modes of A11: 150–151
of aluminum alloy forgings A14: 248
of cold extruded copper/copper alloy parts A14: 311
of dies A14: 87, 229, 508
of electrical steel sheet processing A14: 481–482
of press bending A14: 528–529
of rolling-element bearings A11: 509–512
of secondary pressing operations M7: 338
oil and grease, for rolling-element bearings A11: 512
overheating and spalling from improper . . A11: 130
-property improvers A11: 154
regimes for carburized gears of normal industry quality material A19: 350
regimes, source for A8: 568
rotary swaging A14: 139–140
self-, of engineering plastics EM2: 1
solid, bearing designs for A11: 153
solid-film A14: 512–513
squeeze casting A15: 324
squeeze-film, for bearings A11: 485
surface chemical analysis and M7: 250
thermal spray coating applications A18: 832
thick-film (hydrodynamic) A14: 512
thin-film A11: 510, A19: 335
thin-film (quasi-hydrodynamic) A14: 512
to reduce fretting fatigue conditions A19: 322, 324
Lubrication breakdown
high-carbon steels A12: 283
Lubrication engineer
hardness defined by A8: 71
Lubrication oils
rust-preventive uses M5: 460–464
Lubrication regimes *See also* Boundary lubrication; Elastohydrodynamic lubrication; Full-film lubrication; Hydrodynamic lubrication; Quasi-hydrodynamic lubrication A18: 89–96
boundary lubrication A18: 89, 94, 96
defined A18: 12
for internal combustion engine parts A18: 555
modes of asperity lubrication A18: 94–96
thick-film lubrication A18: 89–94
elastohydrodynamic lubrication . . . A18: 89, 92–93
hydrodynamic lubrication A18: 89–91
hydrostatic lubrication A18: 89, 91–92
plastohydrodynamic lubrication . . A18: 89, 93–94
thin-film lubrication A18: 89, 94–96
Lubrication viscosity
nomenclature for lubrication regimes A18: 90
Lubricious (lubricous)
defined A18: 12
definition A5: 960
Lubricity
defined A18: 12
lead and lead alloys A2: 545
Lubricomp O-BG
composition A18: 821
material of choice for wear and friction applications A18: 826

Lubricomp O-BG (continued)
mechanical properties **A18:** 823
wear and friction properties............ **A18:** 822
wear factor **A18:** 824
Lubriquip Houdaille grease test........... **A18:** 128
Lubronze *See also* Copper alloys, specific types, C42200
applications and properties **A2:** 315–316
Lucalox (translucent Al_2O_3) fabrication using grain growth suppression **EM4:** 305, 309
Lucas Method **A20:** 678–679
Lucas-Tooth and Pyne model
calibration of x-ray spectrometry.......... **A10:** 98
Lucite.................................. **A7:** 721
honing stone selection.................. **A16:** 476
tensile fracture strains.............. **A20:** 343–344
Lucite as a mounting material for
powder metallurgy materials **A9:** 504
titanium and titanium alloys **A9:** 458
Lüders band propagation **A19:** 85–86
Lüders bands *See also* Deformation bands; Lüders lines **A20:** 378, 379, 742
appearance............................. **A9:** 687
as nonhomogeneous deformation **A8:** 44
defined..................... **A8:** 8, 21–22, **A9:** 11
from strain aging.................. **A12:** 129, 148
in annealed steel sheet **A9:** 685
in rimmed 1008 steel **A8:** 22
in sheet metal forming.............. **A8:** 548, 553
Lüders front
in low-carbon steel, ultrafine-grained **A9:** 685
optical microscopy used to monitor **A9:** 684
thin-foil transmission electron microscopy **A9:** 685
Lüders lines *See also* Deformation bands; Plastic deformation; Stretcher strains **A1:** 574, **A9:** 686–687
appearance of **A9:** 687
as formability problem **A8:** 548
defined **A9:** 11, **A11:** 6, **A14:** 8
definition.............................. **A5:** 961
detected by magnetic printing **A17:** 126
in deep drawn low-carbon steel
aerosol can........................ **A9:** 688
in ductile fracture...................... **A11:** 25
Lüders strain....... **A19:** 85, **A20:** 742, **M1:** 683–684
Machinability *See* Machining
Ludox
as one-component sol **EM4:** 209
Ludwik equation.......................... **A8:** 24
Luerkens equations **EM4:** 69
Lug head shape
influencing stress concentration factor of pin joints............................ **A19:** 291
Lug "waisting"
influencing stress concentration factor of pin joints............................ **A19:** 291
Luggin capillary......................... **A19:** 202
for measuring electrode potential **A8:** 416
reference electrodes **A13:** 24
Luggin probe
defined **A13:** 9
Lugs
materials and fracture of **A11:** 31, 515
Luminar lenses
and optimum aperture concept **A12:** 81
Luminous flux
SI unit/symbol for **A8:** 721
Luminous intensity
SI unit/symbol for **A8:** 721
Luminous point patterns
and hardness ranges **M7:** 485
"Lumped circuit" approximation **A20:** 206
Lumped mass-linear spring model......... **EM3:** 448
Lumped parameter finite element analysis
for residual strength analysis validation... **A19:** 572
Lumped resistance capacitance (RC) analysis
as performance analysis **EL1:** 25
of circuit approximation.............. **EL1:** 30–31
Lumped view of package parasitics..... **EL1:** 418–419
Lumped-parameter model **A20:** 705
definition............................. **A20:** 836
Lumps
definition.............................. **A5:** 961
Lunar surface
composition analysis by neutron activation analysis......................... **A10:** 234
destructive TNAA analysis.............. **A10:** 239
Lundberg-Palmgren model **A19:** 358
Lundberg-Palmgren power equation **A19:** 357
Lundberg-Palmgren relationship **A19:** 334
Lundin aluminum dip coating process... **M5:** 335–336
Lungs
beryllium toxicity to **A2:** 1238
Lu-Pb (Phase Diagram).................. **A3:** 2•280
Luster finish
definition.............................. **A5:** 961
Lusterloy *See* Copper alloys, specific types, C61500
Lustrous carbon defects
Replicast process for **A15:** 270
Lustrous carbon films
as casting defect....................... **A11:** 388
Lutetium *See also* Rare earth metals
as rare earth **A2:** 720
melting point **A2:** 720
properties............................. **A2:** 1182
pure................................... **M2:** 763
TNAA detection limits............. **A10:** 237, 238
Lu-TI (Phase Diagram).................. **A3:** 2•280
LVDT *See* Linear variable-differential transformer
L'vov platform **A10:** 49, 55
Lynch model............................ **A19:** 104
Lyotropic liquid crystal **EM3:** 18
defined **EM2:** 26

M

2-Methoxy-1 -methylethyl
uses and properties **EM3:** 126
2-Methoxyethyl
uses and properties **EM3:** 126
4,4-Methylene bis (2-chloroaniline)
hazardous air pollutant regulated by the Clean Air Amendments of 1990 .... **A5:** 913
4,4′-Methylenedianiline
hazardous air pollutant regulated by the Clean Air Amendments of 1990 .... **A5:** 913
M *See* Bending moment; Magnetization; Magnification; Molal solution; Molar solution
M lines
emission.............................. **A10:** 86
M metal
recycling.............................. **A2:** 1214
M shell
defined **A10:** 676, **A12:** 168
***m* value** *See also* Strain rate sensitivity,
methods of determining, sheet metals **A8:** 557
of sheet metals..................... **A8:** 555–556
role in strain distribution, sheet metal forming.......................... **A8:** 550
M-1 Abrams tank
P/M equipment **M7:** 688
M1, M2, M3, etc *See* Tool steels, specific types
M2 concept............................. **A6:** 875
M-252
composition **A4:** 794, 795, **A6:** 564, 573, **A16:** 736, 737, **M6:** 354
electrochemical machining.......... **A16:** 534, 539
machining.. **A16:** 203, 275, 738, 741–743, 746–759
M-308
broaching............................. **A16:** 204
MA 754
applications.......................... **A6:** 1039
arc welding **A6:** 1038
composition **A6:** 577, 1037
filler metals for....................... **A6:** 1039
furnace brazing....................... **A6:** 1038
furnace-brazed weld properties **A6:** 1039
gas-tungsten arc weld................... **A6:** 928
postweld annealing..................... **A6:** 1039
properties............................. **A6:** 928
welding consumables **A6:** 1038
MA 758
applications.......................... **A6:** 1039
composition........................... **A6:** 1037
weld transverse properties **A6:** 1038
welding consumables................... **A6:** 1038
MA 956
composition **A6:** 577, 1037
compositions........................... **A7:** 1000
corrosion resistance **A7:** 1001, 1002
electron-beam welding.................. **A6:** 1039
explosion welding...................... **A6:** 1040
filler metals for........................ **A6:** 1039
furnace-brazed weld properties **A6:** 1039
gas-tungsten arc welding **A6:** 1038, 1039
grain structure **A6:** 1039
laser-beam welding..................... **A6:** 1039
properties.............................. **A6:** 578
weld transverse properties **A6:** 1038
welding consumables.................... **A6:** 1038
MA 6000
brazing **A6:** 632, 928
composition **A6:** 577, 1037
postweld annealing..................... **A6:** 1039
properties.............................. **A6:** 578
welding processes...................... **A6:** 1039
MA 6000E
applications............................ **A7:** 999
corrosion resistance **A7:** 1001, 1002
MA ODS alloys *See* Dispersion-strengthened iron-base alloys; Dispersion-strengthened nickel-base alloys; Dispersion-strengthened nickel-base alloys, specific types; Mechanical alloying (MA)
MAC software program.......... **A15:** 867, 871–872
MacCoull-Walther equation **A18:** 83
Macerate
defined **EM1:** 15, **EM2:** 26
Mach number *M*.................... **A20:** 188, 192
Machinability *See also* Machining .. **A1:** 68–69, 240, 591–602, **A18:** 617, **A20:** 305–306, 755–756
aluminum alloys **A15:** 766, **M2:** 187–190
aluminum and aluminum alloys **A2:** 7–8
aluminum casting alloys **A2:** 150, 153–177
aluminum-silicon alloys **A15:** 159, 167
austenitic manganese steels **A15:** 734–735
cast copper and copper alloys........ **A2:** 224–228, 348–351, 356–391
copper casting alloys **M2:** 388–389
definition..................... **A7:** 672, **A20:** 836
heat-resistant casting alloys.............. **M3:** 279
high-silicon irons **A15:** 701
magnesium alloys.................. **M2:** 549, 551
measures of........................ **A1:** 591–592
cutting speed..................... **A1:** 591–592
machinability testing for screw machines **A1:** 593
power consumption **A1:** 591, 592
quality of surface finish............ **A1:** 592–593
tool !life.......................... **A1:** 591–592
metals vs. ceramics and polymers........ **A20:** 245
microstructure and **A1:** 595, 596
of aluminum P/M parts................. **M7:** 742
of austenitic manganese steel......... **A1:** 838–839
of carbon steels **A1:** 595–597
of carbon steels with other additives **A1:** 599
calcium **A1:** 599
nitrogen **A1:** 599
phosphorus.......................... **A1:** 599
selenium and tellurium **A1:** 599
of carbon/alloy steels............... **A14:** 218–219
of carburizing steels..................... **A1:** 600
of cold-drawn steel...................... **A1:** 601
of compact infiltrated copper alloy **M7:** 565
of compacted graphite iron **A1:** 68–69
of copper **A12:** 401
of ductile iron **A1:** 52–53, 54, **A15:** 665
of gray iron **A1:** 23–24, **A15:** 644
of Invar **A2:** 891–892

SUBJECTS OF THE INDEXED VOLUMES: ASM Handbook (designated by the letter "A"): **A1:** Properties and Selection: Irons, Steels, and High-Performance Alloys (1990); **A2:** Properties and Selection: Nonferrous Alloys and Special-Purpose Materials (1990); **A3:** Alloy Phase Diagrams (1992); **A4:** Heat Treating (1991); **A5:** Surface Engineering (1994); **A6:** Welding, Brazing, and Soldering (1993); **A7:** Powder Metal Technologies and Applications (1998); **A8:** Mechanical Testing (1985); **A9:** Metallography and Microstructures (1985); **A10:** Materials Characterization (1986); **A11:** Failure Analysis and Prevention (1986); **A12:** Fractography (1987); **A13:** Corrosion (1987); **A14:** Forming and Forging (1988); **A15:** Casting (1988); **A16:** Machining (1989); **A17:** Nondestructive Evaluation and Quality Control (1989); **A18:** Friction, Lubrication, and Wear Technology (1992); **A19:** Fatigue and Fracture (1996); **A20:** Materials Selection and Design (1997). **Metals Handbook, 9th Edition** (designated by the letter "M"): **M1:** Properties and Selection: Irons and Steels (1978); **M2:** Properties and Selection: Nonferrous Alloys and Pure Metals (1979); **M3:** Properties and Selection: Stainless Steels, Tool Materials, and Special-Purpose Materials (1980); **M4:** Heat Treating (1981); **M5:** Surface Cleaning, Finishing, and Coating (1982); **M6:** Welding, Brazing, and Soldering (1983); **M7:** Powder Metallurgy (1984). **Engineered Materials Handbook** (designated by the letters "EM"): **EM1:** Composites (1987); **EM2:** Engineering Plastics (1988); **EM3:** Adhesives and Sealants (1990); **EM4:** Ceramics and Glasses (1991). **Electronic Materials Handbook** (designated by the letters "EL"): **EL1:** Packaging (1989)

of leaded carbon and resulfurized steels . . . A1: 599–600
of magnesium and magnesium alloys . . A2: 475–476
of maraging steels . . . A1: 795
of stainless steels . . . A1: 894–897
of steel castings . . . A1: 378
of steel plate . . . A1: 238
of through-hardening alloy steels . . . A1: 600–601
of wrought tool steels . . . A1: 774–775
resulfurized carbon steels . . . A1: 597–599
control and effect of sulfide morphology A1: 598
economic . . . A1: 598–599
manganese content . . . A1: 597
scatter in machinability ratings . . . A1: 593
sulfides and manganese sulfides for . . . M7: 486
tungsten . . . M3: 330–332
wrought aluminum alloys . . . A2: 30–32, 104, 111
ZGS platinum . . . A2: 714
Machinability index . . . A20: 306–307
Machinability of powder metallurgy materials . . . A7: 671–680
Machinability rating . . . A20: 306, 307
Machinability ratings
of gray iron . . . A1: 23
of steels . . . A1: 593–595
Machinability test methods . . . A16: 639–647
application/grade selection . . . A16: 645–647
cutting conditions . . . A16: 642–643
cutting tool material test methods . . . A16: 639–642
facing test method . . . A16: 643
grade selection and insert and chip groove selection . . . A16: 646
grade selection and machining economics A16: 647
grade selection and operation determination . . . A16: 645–646
machinability ratings . . . A16: 643–645
machine test matrix . . . A16: 643
nodular iron impact test method . . . A16: 643
operation matrix test method . . . A16: 642
property matrix impact test . . . A16: 641
property matrix test method . . . A16: 640–642
property matrix turning test . . . A16: 641–642
Taylor's tool life tests . . . A16: 644
workpiece matrix test method . . . A16: 639–640
Machinability testing . . . A18: 617
for screw machines . . . A1: 593
Machinable ceramic
recommended waterjet cutting speeds . . . EM4: 366
Machine
capacity, testing of . . . A8: 58
fatigue testing, classified . . . A8: 368–370
high-speed hydraulic torsional . . . A8: 215–216
tension testing, characteristics . . . A8: 208
Machine brazing
definition . . . M6: 11
Machine cutting
effect on fatigue performance of components . . . A19: 317
Machine deflection
in tube spinning . . . A14: 678
Machine Design . . . A20: 612
as information source . . . EM2: 92
Machine drive gears . . . M7: 667
Machine finish allowance
pattern . . . A15: 193
Machine forging *See* Hot upset forging
Machine grinding
effect on fatigue performance of components . . . A19: 317
Machine guarding . . . A20: 142
Machine guns
accelerators for . . . M7: 685–686
Machine inspection
of tubes on solid cylinders . . . A17: 185
Machine knives *See* Shearing and slitting tools
Machine oxygen cutting
definition . . . M6: 11
Machine parts
net shape . . . M7: 295
Machine pins
failure in . . . A11: 545
Machine punching
effect on fatigue performance of components . . . A19: 317
Machine rates
parts per hour . . . EM2: 85
Machine rent . . . A20: 255–256
Machine screws
economy in manufacture . . . M3: 851–852
Machine shot capacity
defined . . . EM2: 26
Machine sieving
specifications . . . A7: 217
Machine tool components
surface finish requirements . . . A16: 21
Machine tool industry applications
of structural ceramics . . . A2: 1019
Machine tools
interferometer error characterization . . . A17: 15
Machine turn/mill
effect on fatigue performance of components . . . A19: 317
Machine vision *See also* Machine vision process . . . A17: 29–45
applications . . . A17: 29, 37–41
future outlook . . . A17: 41–45
limitations . . . A17: 42
process . . . A17: 30–37
schematic . . . A17: 31
system, inspection of . . . A17: 118–119
systems market, by industry . . . A17: 29
vs. human vision, capabilities . . . A17: 30
Machine vision process
image analysis . . . A17: 34–35
image formation . . . A17: 31–33
image interpretation . . . A17: 35–37
image preprocessing . . . A17: 33–34
interfacing . . . A17: 37
Machine welding
definition . . . A6: 1211, M6: 11
Machine-countersinking . . . A19: 290
Machined aluminum molds
rotational molding . . . EM2: 367
Machined bars . . . A1: 249–250
Machined parts
as XRS samples . . . A10: 95
Machined patterns
described . . . A15: 195
Machined surfaces
examination by light section microscopy . . . A9: 80
Machined tooling, pattern
investment casting . . . A15: 256
Machinery *See also* Equipment
rust-preventive compounds used on . . M5: 460–465
Machinery Adhesives for Locking, Retaining and Sealing . . . EM3: 71
Machinery and equipment . . . A6: 389–393
Machinery applications
aluminum and aluminum alloys . . . A2: 13–14
copper and copper alloys . . . A2: 239
Machinery materials
ultrasonic inspection . . . A17: 232
Machinery steel
electrochemical grinding . . . A16: 547
grinding . . . A16: 547
milling . . . A16: 547
Machines *See* Equipment; specific equipment types
Machining *See also* Assembly and assembly forms; Electric discharge machining (EDM); Machinability; Machining applications; specific machining techniques . . . A19: 17, 27, 160, 439, EM1: 665–682, M1: 565–585
abrasive water-jet cutting . . . EM1: 673–675
abrasives for shaping ceramics . . . EM4: 313
allowance . . . A14: 125–126, 158
allowances, centrifugal casting molds . . . A15: 302
alloy steels . . . A2: 967, M1: 568, 579–583
Alnico alloys . . . A2: 785
aluminum and aluminum alloys . . . A2: 7–8, 966
aluminum, chemical milling vs. mechanical milling . . . M2: 14, 16
aluminum part, relative cost . . . M2: 13, 15
and cold heading, compared . . . A14: 291
and drilling, solid-tool . . . EM1: 667–672
and turning, of P/M drive gear . . . M7: 667
applications of cemented carbides . . . M7: 777
as cause of cracks . . . A19: 5–6
as secondary operation . . . M7: 451, 461–462
austenitic manganese steel . . . M3: 586–588
austenitic stainless steel . . . A2: 966
bearing surfaces . . . A7: 14
beryllium-copper alloys . . . A2: 415–416
brittle fracture from . . . A11: 85, 89–92
carbon steels . . . M1: 572–580
cemented carbides . . . A7: 933–934
centers, as coordinate measuring machine application . . . A17: 18
ceramics . . . A20: 790
cold drawn steel . . . M1: 581–582, 584
compatibility with various materials . . . A20: 247
composites . . . A20: 702, 808–809
conventional die compacted parts . . . A7: 13
copper alloys *See* Copper alloys, machined parts
damage, in ceramics . . . A11: 750–752
defects, by computed tomography (CT) . . . A17: 361
definition . . . A5: 961
determination of maximum residual stress produced by . . . A10: 392
discontinuous ceramic fiber MMCs . . . EM1: 909
ductile fractures from . . . A11: 89–92
ductile nodular iron . . . A2: 966
effect on fatigue strength . . . A11: 122
electrochemical . . . A11: 122
fabrication effects on toughness . . . A19: 28
ferritic stainless steels . . . A2: 967
finished machined parts, rust- preventive compounds for . . . M5: 465
for adhesive bonding surface preparation . . . EM1: 681–682
forgings, allowances for . . . M1: 368–369, 370, 375
free-abrasive . . . EM4: 313, 314
free-machining steels . . . A2: 966, M1: 573–581
gray cast iron . . . A2: 966
gray iron . . . M1: 27–28
hardness, effect on . . . M1: 566, 567, 569, 571, 574, 576, 578
heading/extrusion as . . . A14: 296–297
high-chromium white irons . . . A15: 684
hole . . . M7: 789–791
improper, of shafts . . . A11: 459, 472
in quasi-static torsional testing . . . A8: 145
influence, tool and die failure . . A11: 564, 566–567
introduction . . . EM1: 665
laser cutting . . . EM1: 676–680
machining allowances, case hardened parts . . . M1: 627
machining costs . . . M1: 565, 582–585
maraging steels . . . M1: 447
marks, in shafts . . . A11: 459
martensitic stainless steels . . . A2: 967
materials processing data sources . . . A20: 502
metals, abrasive waterjet cutting for . . A14: 752–754
microstructure, effect of . . . M1: 570–574, 580–581
modifying weld toe geometry . . . A19: 826
nickel-base alloys . . . A2: 966
nickel-chromium white irons . . . A15: 680–681
non-abrasive methods . . . EM4: 313
nonmetallics, abrasive waterjet cutting for . . . A14: 754–755
numerical control . . . A15: 198–199
of castings . . . A11: 362
of copper-based powder metals . . . M7: 733
of densified ceramics . . . EM4: 124
of hafnium . . . A2: 664
of hole, as fatigue fracture origin . . . A11: 474
of patterns, investment casting . . . A15: 256
of permanent mold cavity . . . A15: 280
of precracked SCC specimens . . . A13: 257
of- silica-silica composites . . . EM1: 936
of stainless steels, vs. forming . . . A14: 778
of thermoplastic composite . . . EM1: 552
of whisker-reinforced MMCs . . . EM1: 899
of zirconium . . . A2: 664
P/M parts . . . M7: 295
P/M process planning secondary operation A7: 698
parameters, cemented carbides . . . A2: 968
plain carbon steels . . . A2: 967
plastics . . . A20: 701
porous materials . . . A7: 1035
postcasting, investment casting . . . A15: 263–264
postforging defects from . . . A11: 333
precracked SCC testing specimens . . . A8: 516
preplate, hard chromium plating . . . M5: 180
pre-sintering, of structural ceramics . . . A2: 1020
process characteristics . . . M1: 565–571
rating of characteristics . . . A20: 299
refractory metals and alloys . . . A2: 560–562
residual stresses . . . A20: 816–817
solid-tool . . . EM1: 667–672
stainless steels . . . M3: 44–46
steel-bonded titanium carbide cermets A2: 997–998

Machining (continued)
thermal spray-coated
feed and speed ranges............ **M5:** 369–370
materials......................... **M5:** 369–370
titanium alloys **A2:** 966
tolerances, and dimensional change....... **M7:** 480
ultrahigh-strength steels ... **M1:** 422, 424, 427, 429, 431, 432, 434, 438, 441
uranium **M3:** 777–778
vs. coining........................ **A14:** 185–186
water-jet cutting.................. **EM1:** 673–675
with CAM......................... **A14:** 908–909
with isothermal and hot-die forging **A14:** 150
with superabrasives/ultrahard tool materials **A2:** 1013
zirconium alloys....................... **A15:** 838
Machining allowance *See also* Allowances
in hot forgings **A14:** 158
in ring rolling..................... **A14:** 125–126
Machining allowances for wrought tool steels **A1:** 778–779
Machining applications
cemented carbides.................. **A2:** 965–968
cemented carbides for............... **A2:** 951–968
parameters, cemented carbides **A2:** 968
workpiece materials................. **A2:** 965–967
Machining centers **A16:** 2, 393–394
fixturing **A16:** 404, 410
Machining damage
definition............................ **EM4:** 633
Machining Data Handbook **A20:** 679
Machining, design for *See* Design for machining
Machining from stock
compatibility with various materials...... **A20:** 247
Machining mark **A20:** 355
Machining marks
AISI/SAE alloy steels................... **A12:** 296
coarse, low-carbon steel................. **A12:** 251
leading to fatigue fracture............... **A12:** 251
Machining of powder metallurgy materials **A7:** 681–687
Machining processes................. **A20:** 695–696
Machining technology
capabilities/ limitations................. **EL1:** 508
Machinist
hardness defined by...................... **A8:** 71
Mack EO-K/2 specification
engine oil requirement by an OEM **A18:** 165
Mack T-6
multicylinder engine tests............... **A18:** 101
Mack Truck GO-H
gear oil specifications **A18:** 86
Mackintosh-Hemphill Company
as early foundry **A15:** 28
Macor
composition.......................... **EM4:** 873
properties **EM4:** 873, 876
thermal properties **EM4:** 876
Macor type
dielectric properties................... **EM4:** 877
elastic constant....................... **EM4:** 875
maximum use temperature............. **EM4:** 875
Macro
defined **EM1:** 15, **EM2:** 26
Macro process....................... **A7:** 194, 195
Macroalloying
of ordered intermetallics................. **A2:** 913
Macroanalysis *See also* Bulk analysis
macrograph, as-cast aluminum ingot **A10:** 302
of inorganic gases, analytic methods for **A10:** 8
of inorganic liquids and solutions, analytic methods for........................ **A10:** 7
of inorganic solids, analytic methods for.. **A10:** 4–6
of organic solids and liquids, analytic methods for.................... **A10:** 9, 10
optical metallography **A10:** 301–303
Macrocrack *See also* Cracking; Microcrack... **A8:** 57
Macrocrack propagation
in fatigue........................ **A12:** 117–118
Macrocracking
nickel plating **A5:** 209–210
Macrocracks **A19:** 67
growth of.......................... **A19:** 67–70
Macro-defect-free (MDF) cements.......... **A20:** 427
Macrodefects
titanium alloy forgings **A17:** 498
Macrodiscontinuities **A20:** 543
Macroelectronics
development **EL1:** 89
Macroetch test
definition............................ **A6:** 1211
Macroetch testing **A1:** 275
for carbon steel rod **A1:** 274
Macroetchants *See also* Etchants
aluminum alloys........................ **A9:** 352
copper and copper alloys **A9:** 399
for stainless steels **A9:** 279–281
for titanium and titanium alloys.......... **A9:** 460
for tool steels **A9:** 256
wrought heat-resistant alloys **A9:** 306
Macroetched disks
macrophotography of................. **A9:** 86–87
Macroetching *See also* Chemical etching..... **A9:** 62
aluminum alloys........................ **A9:** 354
austenitic manganese steel casting specimens........................ **A9:** 238
beryllium-copper alloys............. **A9:** 393–394
beryllium-nickel alloys **A9:** 393–394
carbon and alloy steels **A9:** 170–177
defined **A9:** 11
definition.............................. **A5:** 961
equipment **A9:** 171
forgings.............................. **M1:** 354
inspection records **A9:** 172–173
iron-nickel alloys **A9:** 532
magnifications.......................... **A9:** 62
nickel alloys **A9:** 435–436
nickel-copper alloys................ **A9:** 435–436
of cast iron **A11:** 344
of tool steels **A9:** 256
reveal as-cast solidification structures in steel............................. **A9:** 624
steel wire rod **M1:** 255, 257
uranium and uranium alloys **A9:** 479
wrought heat-resistant alloys **A9:** 305
wrought stainless steels **A9:** 279
Macroexamination **A7:** 722, 724
aluminum alloys................... **A9:** 353–354
cemented carbides **A9:** 273
rhenium and rhenium-bearing alloys **A9:** 447
stereomicroscope for **A9:** 88
tool steels.............................. **A9:** 256
uranium and uranium alloys **A9:** 479
visual **A12:** 72–73
Macrofabrication
performance/cost effects **EL1:** 10
Macrofatigue crack propagation rates........ **A19:** 63
Macrofouling films
in seawater **A13:** 901–902
Macrofractography **A12:** 1, 3, 91
defined *See* Fractography
of fractured shaft **A11:** 123
Macrograph
defined................................ **A9:** 11
Macrohardness test *See also* Microindentation hardness number **A8:** 73
defined............................... **A18:** 12
Macrohardness testing
thermal spray coatings................. **M5:** 371
Macroinclusions *See also* Defects; Inclusion-forming reactions; Inclusions
defined.............................. **A15:** 88
Macrointegration *See also* integration
defined................................ **EL1:** 2
with optical interconnections.............. **EL1:** 9
Macro-Nikkor lenses
aperture selection.................. **A12:** 80–81
Macroorganisms
general biological corrosion by............ **A13:** 88
Macrophotography of specimens **A9:** 86–87
Macropitting............................ **A19:** 349
as fatigue mechanism **A19:** 696
hardened steels........... **A19:** 696–697, 699, 701
Macropore
defined **M7:** 7
Macroporosity **A20:** 725–726
microwave inspection **A17:** 202
Macroprobe analysis **M7:** 258
Macroscopes
illustrated............................. **A12:** 79
mounted.............................. **A12:** 79
techniques **A12:** 91–93
Macroscopic
defined **A9:** 11, **A11:** 6, **A13:** 9
Macroscopic average strain................. **A7:** 326
Macroscopic average stress................. **A7:** 326
Macroscopic constitutive models **A8:** 215
Macroscopic continuum theory............. **A20:** 631
Macroscopic crescents *See* Beach marks
Macroscopic effective stress **A7:** 334
Macroscopic element **A7:** 326
Macroscopic examination
for stress-corrosion cracking......... **A11:** 212–213
of failure types **A11:** 75
of fracture surfaces...................... **A11:** 20
of fractures **A11:** 104–105, 256–257
of shafts.............................. **A11:** 460
Macroscopic failure
types.................................. **A8:** 476
Macroscopic fractography................. **A19:** 111
Macroscopic metallurgical features of deformed structures...................... **A9:** 686–687
Macroscopic plastic multiplier **A7:** 331
Macroscopic solids
solidification of **A15:** 101–102
Macroscopic stress
defined.............................. **A10:** 676
Macroscopic stress state................... **A7:** 330
Macroscopy............................ **EM3:** 18
defined............................... **EM2:** 26
of metallographic sections **A10:** 303–304
Macrosegregation................ **A7:** 405, **A20:** 710
and microsegregation, during solidification................ **A15:** 136–141
defined **A9:** 614, 625
during solidification **A15:** 136–141
evaluation **A15:** 138
gravity segregation **A15:** 139
in copper alloy ingots........... **A9:** 639, 643–644
ingot **A14:** 64
inhomogeneous solid distribution/channel segregation.................. **A15:** 140–141
interdendritic fluid flow **A15:** 155
liquid flow induced segregation, mushy region....................... **A15:** 139–140
low gravity effect **A15:** 157
plane front solidification **A15:** 138–139
solid phase movement/segregation **A15:** 141
Macroshear stress
in medium-carbon steels................ **A12:** 253
Macroshrinkage *See also* Shrinkage
defined **A11:** 6, **A15:** 8
Macroshrinkage, in austenitic manganese steel castings
causes of **A9:** 238
Macro-SIMS instrument
for qualitative analysis **A10:** 613
Macroslip *See also* Microslip
defined............................... **A18:** 12
Macrospalling........................... **A20:** 597
Macrostrain............................ **EM3:** 18
defined **A8:** 8, **EM2:** 26
Macrostress **A5:** 647
Macrostresses
in x-ray diffraction residual stress techniques **A10:** 381

SUBJECTS OF THE INDEXED VOLUMES: ASM Handbook (designated by the letter "A"): **A1:** Properties and Selection: Irons, Steels, and High-Performance Alloys (1990); **A2:** Properties and Selection: Nonferrous Alloys and Special-Purpose Materials (1990); **A3:** Alloy Phase Diagrams (1992); **A4:** Heat Treating (1991); **A5:** Surface Engineering (1994); **A6:** Welding, Brazing, and Soldering (1993); **A7:** Powder Metal Technologies and Applications (1998); **A8:** Mechanical Testing (1985); **A9:** Metallography and Microstructures (1985); **A10:** Materials Characterization (1986); **A11:** Failure Analysis and Prevention (1986); **A12:** Fractography (1987); **A13:** Corrosion (1987); **A14:** Forming and Forging (1988); **A15:** Casting (1988); **A16:** Machining (1989); **A17:** Nondestructive Evaluation and Quality Control (1989); **A18:** Friction, Lubrication, and Wear Technology (1992); **A19:** Fatigue and Fracture (1996); **A20:** Materials Selection and Design (1997). **Metals Handbook, 9th Edition** (designated by the letter "M"): **M1:** Properties and Selection: Irons and Steels (1978); **M2:** Properties and Selection: Nonferrous Alloys and Pure Metals (1979); **M3:** Properties and Selection: Stainless Steels, Tool Materials, and Special-Purpose Materials (1980); **M4:** Heat Treating (1981); **M5:** Surface Cleaning, Finishing, and Coating (1982); **M6:** Welding, Brazing, and Soldering (1983); **M7:** Powder Metallurgy (1984). **Engineered Materials Handbook** (designated by the letters "EM"): **EM1:** Composites (1987); **EM2:** Engineering Plastics (1988); **EM3:** Adhesives and Sealants (1990); **EM4:** Ceramics and Glasses (1991). **Electronic Materials Handbook** (designated by the letters "EL"): **EL1:** Packaging (1989)

measurement by x-ray diffraction residual stress techniques **A10:** 380
states analyzed by neutron diffraction **A10:** 424
Macrostructural characterization of a sectioned weld **A6:** 97, 102–103, 104
Macrostructural examination *See* Macroexamination
Macrostructure **A20:** 332
defined **A9:** 11, **A11:** 6, **A13:** 9
examples **A9:** 604–605
fracture **A11:** 75
of steel **A9:** 623
Macrostructure, casting
parameters affecting **A15:** 130
Macrostructure differences
and fatigue resistance **A1:** 681
Macroviewer
as input device on image analyzers **A10:** 310
Macroyielding **A19:** 73, 79
Magabsorption NDE **A17:** 143–158
applications **A17:** 152–158
bridge detector **A17:** 149–150
circuit, illustrated **A17:** 148
concept illustrated **A17:** 145
defined **A17:** 145
detection **A17:** 148–152
detection methods **A17:** 148–149
marginal oscillator detector **A17:** 150–152
measurements **A17:** 146–148, 152–158
of bar **A17:** 155
of wire **A17:** 154–155
probe specimen geometry **A17:** 155
signals **A17:** 148, 152
theory **A17:** 145–148
Magamp control **A6:** 38, 41
Magee mechanism **A20:** 813
Magic squares
in fractional factorial designs **A17:** 748
Magic-angle spinning nuclear magnetic resonance
capabilities **A10:** 407
Maglay process **A6:** 275
Magnaflux quality **A1:** 254
Magnaflux-quality alloy steel bars **M1:** 209
Magnatite and ethylenedia minetetra-acetic acid
decomposition temperatures **EM4:** 55
Magne gage **A6:** 461
Magnescope **A19:** 214
Magnesia **A16:** 98, **EM4:** 6, 45
abrasive machining hardness of work materials **A5:** 92
applications **EM4:** 46
refractory **EM4:** 901, 903, 906
as ceramic substrate **EL1:** 337
composition **EM4:** 46
diffusion factors **A7:** 451
gas phase reactions **EM4:** 62
physical properties **A7:** 451
properties **A18:** 814
refractory material composition **EM4:** 896
refractory physical properties .. **EM4:** 897, 898, 899
sintering aid for nearly inert crystalline ceramics **EM4:** 1008
supply sources **EM4:** 46
Magnesia, as lining material
induction furnaces **A15:** 372
Magnesia brick **EM4:** 895–896
Magnesia ceramics
chemical etching **EM4:** 575
Magnesia (MgO)
engineered material classes included in material property charts **A20:** 267
fracture toughness vs.
density **A20:** 267, 269, 270
strength **A20:** 267, 271–273, 274
Young's modulus **A20:** 267, 271–272, 273
mechanical properties **A20:** 427
physical properties of fired refractory brick **A20:** 424
specific modulus vs. specific strength **A20:** 267, 271, 272
strength vs. density **A20:** 267–269
Young's modulus vs. strength... **A20:** 267, 269–271
Magnesia-doped silicon nitride **EM4:** 197
Magnesia-PSZ **A6:** 956, 957
Magnesia-silicon carbide
hot pressing **EM4:** 191
Magnesia-stabilized zirconia **EM4:** 1138
Magnesite **A20:** 423, **EM4:** 13
composition **A20:** 424
properties **A20:** 424
Magnesite, as refractory
core coatings **A15:** 240
Magnesium *See also* Cast magnesium alloys; Cast magnesium alloys, specific types; Demagging; Magnesium alloys; Magnesium alloys, specific types; Magnesium powder(s); Magnesium recycling; Wrought magnesium alloys; Wrought magnesium alloys, specific types **A13:** 740–754, **A20:** 406–407, **M2:** 525–552
addition to aluminum-base alloys **A18:** 752
alloying addition to heat-treatable aluminum alloys **A6:** 528, 529, 530, 531, 534
alloying, aluminum casting alloys **A2:** 132
alloying and contaminant effects **A13:** 741
alloying effect on nickel-base alloys **A6:** 590
alloying in aluminum alloys **M6:** 373
alloying, wrought aluminum alloy **A2:** 52–53
alloys, analysis for copper in, hydrobromic acid/phosphoric acid method **A10:** 65
and magnesium alloys **A15:** 798–810
and magnesium alloys, selection application **A2:** 455–479
anodizing **A5:** 492
applications **A2:** 455, 1259, **A20:** 303, **M2:** 525
arc deposition **A5:** 603
as addition to aluminum alloys **A4:** 843, 844, 845, 846, 847
as alloying element in aluminum alloys... **A20:** 385
as aluminum alloying element **A2:** 16
as an addition to zinc alloys **A9:** 490
as casting material **A15:** 35
as desulfurization reagent **A15:** 75
as inclusion-forming, aluminum alloys **A15:** 95
as minor toxic metal, biologic effects **A2:** 1259
brazing of aluminum alloys effect on **M6:** 1022
buffing **A5:** 105
cadmium plating **A5:** 224
castability rating **A20:** 303
chemical resistance **M5:** 4
chromate conversion coatings **A5:** 405
chrome plating, hard, removal of **M5:** 185
chromium plating **A5:** 186, 189
coated, types **A13:** 107
compatibility with various manufacturing processes **A20:** 247
copper plating **A5:** 171, 176
copper plating of **M5:** 160–161, 163, 168–169
corrosion rate, and relative humidity **A13:** 908
cost per unit mass **A20:** 302
cost per unit volume **A20:** 302
degassing of **A15:** 462–464
deoxidizing, copper and copper alloys **A2:** 236
design and weight reduction **A2:** 476–479
determined in plant tissues **A10:** 41
dietary sources **A2:** 1259
EDTA titration **A10:** 173
effect on aluminum alloy soldering **A6:** 628
effect on ductile iron welds **M6:** 604
effects, in wrought/cast aluminum alloys .. **A13:** 586
electrochemical activity of **A13:** 740
electrochemical machining **A5:** 111
electrodes, nylon liners **A6:** 184
electrolytic, cold rolled 50%, shear bands in **A9:** 687
electrolytic potential **A5:** 797
etching by polarized light **A9:** 59
explosion welding **A6:** 896, **M6:** 710
filiform corrosion of **A13:** 107
forgings, corner/fillet radii **A2:** 468–469
friction coefficient data **A18:** 71
galvanic corrosion of **A13:** 84
galvanic series for seawater **A20:** 551
gas-tungsten arc welding **A6:** 190, 191
Hall-Petch coefficient value **A20:** 348
hydrogen fluoride/hydrofluoric acid corrosion **A13:** 1169
hydrogen solubility **A15:** 465
in aluminum alloys **A15:** 746
in aluminum, effect on torsional ductility.. **A8:** 167
in aluminum powder metallurgy alloys **A9:** 511
in cast iron **A1:** 5
in compacted graphite iron **A1:** 56
in composition of aluminum-silicon alloys **A18:** 786, 787, 789
in ductile iron **A15:** 648, 650
in iron-base alloys, flame AAS analysis **A10:** 56
in malleable iron **A1:** 10
in nodular cast iron, inclusions from **A15:** 90
in nodular graphite composition **A18:** 699
in production of spheroidal graphite **A1:** 7
in zinc alloys **A15:** 788
in zinc/zinc alloys and coatings **A13:** 759
inserts **A2:** 466–467
ion removal from **A10:** 200
ions, exchanged in water softeners ... **A10:** 658–659
joined to aluminum alloys **A6:** 739
lubricant indicators and range of sensitivities **A18:** 301
machinability **A2:** 475–476
machinability rating **A20:** 303
mechanical properties **A2:** 460–462
metallurgy of **A19:** 7
metal-matrix composites **A2:** 460
metalworking fluid selection guide for finishing operations **A5:** 158
molten, to produce titanium **A13:** 56
no molten salt bath cleaning **A5:** 39
on cast iron, fretting corrosion **A19:** 329
on copper plating, fretting corrosion **A19:** 329
oxyfuel gas welding **A6:** 281, 282
photoejection of electrons in **A10:** 85
photometric analysis methods **A10:** 64
pin bearing testing **A8:** 59
plasma arc cutting **M6:** 916
polycrystals of **A19:** 7
precipitated as ternary phosphate **A10:** 173
production **M2:** 525, 526
properties **A20:** 406
pure **M2:** 763–768
pure, properties **A2:** 1132
pure, thermal properties **A18:** 42
radiographic absorption equivalence **A17:** 311
radiographic film selection **A17:** 328
rare earth alloy additives **A2:** 728
recycling **A2:** 1216–1218
selection of product form **A2:** 462–466
reductant of metal oxides **M6:** 692, 694
relative solderability as a function of flux type **A6:** 129
sacrificial anodes **A13:** 468–469
separation, in aluminum melts **A15:** 80
shielding gas purity **A6:** 65
shipments, structural and nonstructural applications **A2:** 455
shot peening **A5:** 128
shrinkage allowance **A15:** 303
slip planes **A9:** 62
solderability **A6:** 971, 978
soldering **A6:** 631
solution potential **M2:** 207
species weighed in gravimetry **A10:** 172
specific strength (strength/density) for structural applications **A20:** 649
spectrometric metals analysis **A18:** 300
standard designations **M2:** 525–526, 527, 528
strain bursts in **A19:** 81
stress corrosion, microwave inspection.... **A17:** 215
substrate considerations in cleaning process selection **A5:** 4
suitability for testing, various substances.. **A13:** 744
sum peaks in EDS spectrum of **A10:** 520
superplasticity of **A8:** 553
systems, beryllium in **A2:** 426
tantalum resistance to **A13:** 733
thermal diffusivity from 20 to 100 °C **A6:** 4
TNAA detection limits **A10:** 237
treatment, of ductile iron **A15:** 649–650
treatment, of high-alloy graphitic irons ... **A15:** 698
ultrapure, by distillation and zone refinement **A2:** 1094
ultrasonic cleaning **A5:** 47
used to make detergents **A18:** 100
vapor degreasing applications by vapor-spray-vapor systems **A5:** 30
vapor degreasing of **M5:** 45–46, 55
vapor pressure **A4:** 493, **A6:** 621
vapor pressure, relation to temperature **A4:** 495
Vickers and Knoop microindentation hardness numbers **A18:** 416
volumetric procedures for **A10:** 175
weakened or distorted by welding **EM3:** 33

Magnesium (continued)
weighed as the phosphate **A10:** 171
weldability rating **A20:** 303
weldability rating by various processes ... **A20:** 306
zinc and galvanized steel corrosion as result of
contact with. **A5:** 363

Magnesium alloy powders
cast, rapid solidification of. **A7:** 19–20
high-strength corrosion-resistant **A7:** 19–20
metal-matrix composites **A7:** 21
spinning-cup atomization **A7:** 48

Magnesium alloys *See also* Cast magnesium alloys; Demagging; Magnesium; Magnesium alloys, specific types; Magnesium casting
alloys **A6:** 772–782, **A9:** 425–434,
A13: 740–754, **A14:** 259–260, 825–830,
A16: 30, **A20:** 406–408, **M2:** 525–552
9980A pure magnesium, fatigue in air and in
vacuum. **A19:** 879
abrasion resistance, coatings **M5:** 638
abrasive blasting of **M5:** 628–629
additions, in ductile iron **A15:** 649–650
adhesive bonding. **M2:** 547–549, 550
adhesive bonding of. **A2:** 474
aerospace applications **A13:** 753
air-carbon arc cutting **A6:** 1176
alkaline cleaning of **M5:** 630–631, 633, 635,
637–639, 645, 647
alloy designations. **A15:** 798–799
alloy/environment systems exhibiting stress-
corrosion cracking **A19:** 483
anodic coating of **M5:** 628–629, 632–638,
640–641, 643–644, 647
problems and corrections **M5:** 636–638, 642–643
process control of. **M5:** 635–636, 640–641
repair of **M5:** 635
surface preparation **M5:** 632
applications. **A2:** 455–462, **A15:** 799
arc welding *See* Arc welding of magnesium alloys
as case in plaster molds **A15:** 243
atmospheric corrosion **M5:** 628, 637, 646
atmospheric effects **A13:** 742, 747
automotive applications **A13:** 753
auxiliary pouring equipment **A15:** 800–801
back reflection intensity **A17:** 238
band sawing **A16:** 827, 828
bar and tube, die materials for drawing ... **M3:** 525
bars and shapes **A2:** 459
bearing strength **A2:** 460–461, **M2:** 528, 530
bending. **M2:** 552
blanking, die materials for **M3:** 485, 486
brazing to aluminum **M6:** 1031
broaching. **A16:** 203, 206, 823
buffing **A5:** 105
cadmium plating. **A5:** 224
cadmium plating, stripping of. **M5:** 647
cast, cleaning and finishing **M5:** 630, 632, 637,
646, 648
cast magnesium alloys, properties of .. **A2:** 491–516
casting alloys. **A2:** 456–459, **M2:** 526–527
castings **A2:** 462–463, **M2:** 533–534, 536
gas-tungsten arc welding **A6:** 192
centerless grinding **A16:** 829
chemical analysis and sampling **M7:** 248
chemical composition **A13:** 740–741
chemical conversion coatings **A13:** 751,
M5: 628–629, 632–638, 640–641, 643–644,
647
chemical milling **A16:** 579, 582–583
chemical polishing procedures **A9:** 426
chemical treatment. **M5:** 628–629, 632–638,
640–641, 643–644
problems and corrections **M5:** 636–638, 642–643
process control of. **M5:** 635–636, 640–641
Chemical Treatment No. 9 ..... **M5:** 632, 636–637,
640–641, 643
Chemical Treatment No. 17 .... **M5:** 632–633,
636–638, 640–641, 643
chip formation .. **A16:** 820, 821–822, 824, 825, 828

chrome plating, copper-nickel-chromium
and decorative chromium systems .. **M5:** 646–647
stripping of **M5:** 646
chrome plating, hard, removal **M5:** 185
chromium plating. **A5:** 189
circular sawing. **A16:** 827, 828
classes of **A9:** 427
cleaning of. **A13:** 750
cleaning processes **M5:** 628–631, 648–649
chemical **M5:** 629–631
mechanical **M5:** 628–630, 648–649
cold forming of. **A14:** 825
compatibility with various manufacturing
processes **A20:** 247
compositions of **A9:** 427
compressive strength .. **A2:** 460, **M2:** 528, 529–530,
531
content in MMCs and machinability **A16:** 897
contour band sawing **A16:** 363
copper striking of **M5:** 639, 645–647
stripping of **M5:** 646
corrosion fatigue fracture **A12:** 456
corrosion fatigue in **A13:** 745
corrosion resistance
and protection **M5:** 628–629, 631–634, 636–638,
646
in-process corrosion. **M5:** 636
corrosion tests. **A13:** 745
counterboring. **A16:** 823, 825
Cr-22 treatment **M5:** 634–635, 640–641, 644
cracking **A6:** 780, 781, 782
critical strain rate for SCC in **A8:** 519
cutting fluids **A16:** 820–829
cutting fluids (machining coolants). **A2:** 475
cylindrical grinding **A16:** 829
damping capacity **A2:** 462
deep drawing. **M2:** 543, 545
deep drawing, formability **A2:** 468–469
deep drawing of. **A14:** 827–828
defects, permanent mold castings **A15:** 285
design and weight reduction **A2:** 476–479
designations **A2:** 455–456
die casting **A15:** 286, 807–810
die castings, cleaning
and finishing **M5:** 628, 632, 646, 648
zinc undercoating for **M5:** 646
die cutting speeds. **A16:** 301
die forgings, materials for forging tools ... **M3:** 529,
530
die heating. **A14:** 259
die threading **A16:** 825–826
distortion **A6:** 774, 781
distortion (machining). **A2:** 476
drilling. **A16:** 220, 222, 225, 229, 230, 823–824
drop hammer forming **A14:** 656–657, 830
dust collection system, polishing and
grinding dust **M5:** 648–649
effect of lubrication during pin bearing
testing. **A8:** 60
electrochemical grinding **A16:** 543
electrochemical machining removal rates. . **A16:** 534
electrodes. **A6:** 774, 778, 779
electrolytes for **A9:** 426
electrolytic polishing procedures **A9:** 426
electron beam welding **M6:** 643
electron-beam welding **A6:** 855, 872
electronic/computer applications **A13:** 753
elevated temperature properties **M2:** 532–533, 534,
535
elevated temperatures **A2:** 462
embrittled by zinc **A11:** 234
emulsion cleaning of **M5:** 4–5, 629–630
end milling. **A16:** 826, 827
engineered material classes included in material
property charts **A20:** 267
environmental factors **A13:** 741–743
environments that cause stress-corrosion
cracking **A6:** 1101
etchants for. **A9:** 426–427

etching of **M5:** 638–639, 645
eutectics. **A9:** 427–428
extrusions. **A2:** 459, 463–464, **M2:** 527–528,
534–535, 537, 546
face milling. **A16:** 826, 827
fatigue ratios. **A19:** 791
fatigue strength. **A2:** 461–462, **M2:** 531, 532
fatigue strength as function of relative
humidity **A11:** 252
ferrous chloride treatment method ... **A16:** 829–830
filler metals. **A6:** 772, 774, 778, 781
finishing processes. **M5:** 628–629, 631–649
chemical and anodic. **M5:** 628–629, 632–638,
640–641, 643–644
mechanical **M5:** 629, 631–632, 648–649
organic coating **M5:** 629, 647–648
plating **M5:** 629, 638–639, 642, 644–647
fire extinguishing powders **A16:** 830
fire hazard. **A16:** 820, 822, 828–830
flash welding **M6:** 558
fluxing of. **A15:** 447–448
for wire-drawing dies. **A14:** 336
forging of **A14:** 259–260
forgings **A2:** 459, 465–466, **M2:** 528–529, 537–538,
539, 540, 541
forgings, flaws and inspection methods ... **A17:** 497
formability. .. **A2:** 467–471, **M2:** 540–541, 542, 546
forming, lubricants for **A14:** 519–520
forming of. **A14:** 825–830
fracture surface characteristics. **A9:** 426
fracture toughness vs.
density. **A20:** 267, 269, 270
strength. **A20:** 267, 272–273, 274
Young's modulus **A20:** 267, 271–272, 273
friction welding **A6:** 153, **M6:** 722
galvanic corrosion **M5:** 628, 631, 637, 646
galvanic corrosion of. **A13:** 747–748
galvanic couples, in salt/marine
atmospheres. **A13:** 746
gas metal arc welding. **M6:** 153
gas tungsten arc welding. **M6:** 182, 206
gas-metal arc welding. **A6:** 772, 776, 777
shielding gases. **A6:** 66
gas-tungsten arc welding. **A6:** 772, 777–779,
780–781
general biological corrosion of. **A13:** 87
gold plating, stripping of **M5:** 647
grain refinement of **A15:** 480–482
grinding **A16:** 827–828, 829
grinding of **A9:** 425, **M5:** 628, 648–649
gun drilling. **A16:** 823, 824
HAE treatment .. **M5:** 633–637, 636–637, 639–641,
643
hand hacksawing **A16:** 827, 828
handling of chips and fines **A16:** 829–830
hard-anodizing treatments for **A13:** 752
hardness **M2:** 528, 530–531
hardness and wear resistance. **A2:** 461
heat treatment **A14:** 260
heat treatment following growth of FPL
oxide. **EM3:** 260
heat-affected zone **A6:** 780, 782
heating for forging **A14:** 259
HERF forgeability **A14:** 104
high-pressure die casting alloys **A2:** 456
honing stone selection **A16:** 476
hot extrusion, billet temperatures for **M3:** 537
hot extrusion of **A14:** 321–322
hot extrusion, tool materials for dies **M3:** 538
hot forming of. **A14:** 825–826
hydrogen formation **A16:** 822, 829, 830
impact extrusion of **A14:** 311–312, 830
impact extrusions. **A2:** 464–465, **M2:** 535, 537
in acids/alkalies **A13:** 742
in fresh water **A13:** 742
in gases **A13:** 743
in marine atmospheres **A13:** 745–746
in organic compounds. **A13:** 742–743
in real/simulated environments. **A13:** 743–747

SUBJECTS OF THE INDEXED VOLUMES: **ASM Handbook** (designated by the letter "A"): **A1:** Properties and Selection: Irons, Steels, and High-Performance Alloys (1990); **A2:** Properties and Selection: Nonferrous Alloys and Special-Purpose Materials (1990); **A3:** Alloy Phase Diagrams (1992); **A4:** Heat Treating (1991); **A5:** Surface Engineering (1994); **A6:** Welding, Brazing, and Soldering (1993); **A7:** Powder Metal Technologies and Applications (1998); **A8:** Mechanical Testing (1985); **A9:** Metallography and Microstructures (1985); **A10:** Materials Characterization (1986); **A11:** Failure Analysis and Prevention (1986); **A12:** Fractography (1987); **A13:** Corrosion (1987); **A14:** Forming and Forging (1988); **A15:** Casting (1988); **A16:** Machining (1989); **A17:** Nondestructive Evaluation and Quality Control (1989); **A18:** Friction, Lubrication, and Wear Technology (1992); **A19:** Fatigue and Fracture (1996); **A20:** Materials Selection and Design (1997). **Metals Handbook, 9th Edition** (designated by the letter "M"): **M1:** Properties and Selection: Irons and Steels (1978); **M2:** Properties and Selection: Nonferrous Alloys and Pure Metals (1979); **M3:** Properties and Selection: Stainless Steels, Tool Materials, and Special-Purpose Materials (1980); **M4:** Heat Treating (1981); **M5:** Surface Cleaning, Finishing, and Coating (1982); **M6:** Welding, Brazing, and Soldering (1983); **M7:** Powder Metallurgy (1984). **Engineered Materials Handbook** (designated by the letters "EM"): **EM1:** Composites (1987); **EM2:** Engineering Plastics (1988); **EM3:** Adhesives and Sealants (1990); **EM4:** Ceramics and Glasses (1991). **Electronic Materials Handbook** (designated by the letters "EL"): **EL1:** Packaging (1989)

in salt solutions **A13:** 742
in soils **A13:** 743
inclusions in **A15:** 96, 488
inoculants for **A15:** 105
inserts **A2:** 466–467, **M2:** 538–540, 541, 542
intergranular corrosion evaluation. **A13:** 241
internal grinding. **A16:** 829
investment casting. **A15:** 806–807
joining **M2:** 546–549
joining of. **A2:** 471–475
joint design. **A6:** 772–774
lapping **A16:** 499
linear expansion coefficient vs. thermal conductivity. **A20:** 267, 276, 277
linear expansion coefficient vs. Young's modulus. **A20:** 267, 276–277, 278
loss coefficient vs. Young's modulus **A20:** 267, 273–275
low-temperature properties. . **A2:** 462, **M2:** 531–532, 533, 534
lubrication **A14:** 260, 827
lubrication of tool steels **A18:** 738
machinability **A2:** 475–476, **A20:** 756, **M2:** 549, 551
machines and dies **A14:** 259
macroetching of **A9:** 426
manual spinning of **A14:** 828–829
markets for **A15:** 42
mass (barrel) finishing of. **M5:** 631
material effects on flow stress and workability in forging chart **A20:** 740
materials for die-casting dies **A18:** 629
mechanical polishing procedures **A9:** 425
mechanical properties **A2:** 457, 460–462, **M2:** 529–533
mechanical properties, specific alloys **A19:** 874–877
melting. **A15:** 801–803
melting furnaces. **A15:** 800–801
metallurgical factors **A13:** 740–741
metallurgy of. **A19:** 7
metal-matrix composites. **A2:** 460
metalworking fluid selection guide for finishing operations **A5:** 158
Mg-Al-Mn alloys, corrosion fatigue behavior above 10^7 cycles. **A19:** 598
Mg-matrix composites **A16:** 821
microscopic examination of. **A9:** 426–427
military specifications finishes. **M5:** 646, 648
milling **A16:** 312, 313, 326, 327, 826–827, 828
mold coatings for **A15:** 282
mounting materials for **A9:** 425
multiple-operation machining **A16:** 826
nickel undercoating of **M5:** 638–639, 645–647
stripping of. **M5:** 646–647
no molten salt bath cleaning **A5:** 39
nominal compositions **A2:** 457, **A15:** 799
normalized tensile strength vs. coefficient of linear thermal expansion. **A20:** 267, 277–279
organic finishing of **M5:** 629, 647–648
surface preparation **M5:** 647–648
oxide films **A9:** 427
painting of **M5:** 629, 647–648
paint selection **M5:** 647–648
primers for **M5:** 629, 647–648
stripping of paint. **M5:** 648
performance, saltwater exposures **A13:** 745
peripheral milling **A16:** 826–827
permanent mold casting. **A15:** 799, 807
photochemical machining etchant **A16:** 588, 590
pickling of . . **M5:** 629–633, 635–642, 645, 647–648
pickle rate. **M5:** 635–636
solution, magnesium content. **M5:** 635–636
planing **A16:** 823
plate buckling **M2:** 550–552
plating of **M5:** 629, 638–639, 642, 644–647
electroless **M5:** 638–639, 642, 644–647
electrolytic **M5:** 638–639, 645
preparation for **M5:** 638
stripping of plate. **M5:** 646–647
thickness, total **M5:** 646
uses of plated alloys **M5:** 646
plot for estimating fatigue-endurance limits **A19:** 965
polishing and buffing **M5:** 628, 631–632
postweld heat treatments. **A6:** 777, 781, 782
pouring temperatures. **A15:** 283
power band sawing **A16:** 827, 828
power hacksawing **A16:** 827, 828
power spinning **A14:** 829
preheating **A6:** 776, 777, 780
press-brake forming of. **A14:** 827
press-formed parts, materials for forming tools **M3:** 492, 493
primary testing direction. **A8:** 667
process parameters **A15:** 801–803
properties. **A20:** 406
properties of **A2:** 480–516
protection of assemblies **A13:** 748–749
protection systems, proven. **A13:** 753–754
protective coating systems **A13:** 749–753
quality control inspection coatings . . . **M5:** 637–638, 646
radiographic inspection. **A6:** 781–782
reaming **A16:** 822, 823, 824–825
recommended gap for braze filler metals. . . **A6:** 120
recommended hot extrusion tool steels and hardnesses **A18:** 627
relative power for machining **A16:** 820
removal, from permanent molds **A15:** 284
repair welding of castings. **A6:** 779–782
resistance seam welding **A6:** 245, **M6:** 494
resistance spot welding **M6:** 479, 480
resistance welding **A6:** 833, 834, 840, 841
riveting **M2:** 549
riveting of **A2:** 474–475
Rockwell scale for **A8:** 76
rubber-pad forming of **A14:** 829–830
safe practice (machining) **A2:** 475–476
safety **A14:** 826, **A16:** 828
safety precautions, cleaning and finishing processes. **M5:** 648–649
sand and permanent mold casting alloys **A2:** 456–459
sand casting. **A15:** 798–799, 803–806
satin finishing of **M5:** 632
sawing **A16:** 364–365, 827, 828
SCC testing **A13:** 273, 745
SCC testing of **A8:** 529–530
seam welds **A2:** 473
sectioning procedures **A9:** 425
selection and application **A2:** 455–479
selection of product form. **A2:** 462–466
semisolid forging/casting of **A15:** 327
shaping. **A16:** 823
shear strength **A2:** 461, **M2:** 528–530
shear stresses and HP **A16:** 15
sheet and plate . . . **A2:** 459–460, 467–468, **M2:** 529, 541–543, 544
shielding gases **A6:** 772, 778
shot peening **A5:** 134
shot peening of **M5:** 145–146
shrinkage allowances **A15:** 303
silverplating, stripping of. **M5:** 647
slotting **A16:** 827, 828
soldering **A6:** 631
solvent cleaning of **M5:** 629
spot welds **A2:** 473, **M2:** 547, 548
squeeze casting of **A15:** 323
stiffness **A20:** 515
strength vs. density **A20:** 267–269
stress relieving. **A2:** 472–473, **M2:** 547
stress-corrosion cracking in **A11:** 223
stretch forming. . . . **A2:** 469–471, **M2:** 543, 545–546
stretch forming of **A14:** 830
striation spacing **A19:** 51
stripping, plated deposits, paints and coatings. **M5:** 646–647
surface activation processes. **M5:** 642, 644, 646
surface finish **A16:** 820–827
surface grinding **A16:** 829
surface preparation **A6:** 774–776
systems, and nominal compositions **A13:** 741
tantalum resistance to **A13:** 733
tapping. **A16:** 825–826
thermal conductivity vs. thermal diffusivity **A20:** 267, 275–276
thermal expansion coefficient. . . . **A6:** 907, **A16:** 820
thermal properties of Mg-Al (electrolytic) . . **A18:** 42
tool life. **A16:** 820, 821, 822, 823, 826
tools **A16:** 821, 822, 823, 825, 826
turning **A16:** 94, 135, 823
Unicast process for **A15:** 251
vapor degreasing of. **M5:** 629
vibratory finishing of **M5:** 631
warpage as result of cold working. **A16:** 820
weight reduction **M2:** 551–552
weldability. **A6:** 772
welded joints **A9:** 433–434
welding **A2:** 471–472, **M2:** 546–547, 548
weldments, cost of. **A2:** 473–474
wire brushing of **M5:** 629, 649
wire, die materials for drawing. **M3:** 522
with high zinc levels, casting. **A2:** 456–457
workability **A8:** 165, 575
workpieces, heating of. **A14:** 826–827
wrought alloys. **A2:** 459–460, 480–491
wrought, cleaning and finishing. **M5:** 630, 646
Young's modulus vs.
density **A20:** 266, 267, 268, 289
elastic limit **A20:** 287
strength **A20:** 267, 269–271
zinc and galvanized steel corrosion as result of contact with. **A5:** 363
zinc plating of. **M5:** 638–639, 642, 644–647
solution composition and operating conditions **M5:** 644–645, 647
stripping of **M5:** 646
ZW3, tension and torsion effective fracture strains. **A8:** 168

Magnesium alloys, corrosion resistance **M2:** 596–609
acids **M2:** 600
alkalis **M2:** 600
at elevated temperature. **M2:** 601–602
atmospheric **M2:** 597–598, 599, 600
cold working, effects of **M2:** 597
composition, effects of. **M2:** 596–597
corrosion protection. **M2:** 602, 603, 607, 609
corrosion testing **M2:** 598, 603–604, 607
fresh water **M2:** 598
galvanic corrosion. **M2:** 604–609
gases **M2:** 601
heat treatment, effects of **M2:** 597, 598
organic compounds **M2:** 600–601
salt solutions. **M2:** 599–600, 601
soils. **M2:** 601
temperature, effects of **M2:** 602

Magnesium alloys, fatigue and fracture resistance of **A19:** 874–881
alloy composition effects **A19:** 879–880
characteristics of casting alloys **A19:** 874
characteristics of wrought alloys **A19:** 875
chemical treatments. **A19:** 880
compositions of casting alloys **A19:** 874
compositions of wrought alloys **A19:** 875
corrosion fatigue. **A19:** 880
crack growth rate curves on basis of driving force normalized by modulus. **A19:** 878
electrolytic anodizing. **A19:** 880
electroplating. **A19:** 880
fatigue. **A19:** 874–876, 878
fatigue crack growth. **A19:** 876–877, 878
fatigue mechanism. **A19:** 875–876
fatigue properties **A19:** 875
fluoride anodizing **A19:** 880
fracture toughness **A19:** 877, 878
oxide conversion coating **A19:** 880
paint, standard finishes. **A19:** 880
pickling **A19:** 880
rotating bending fatigue strength versus ultimate tensile strength **A19:** 875
sealing with epoxy resins **A19:** 880
stress versus time-to-failure **A19:** 878
stress-corrosion cracking. **A19:** 877–880
surface condition effect. **A19:** 876
surface protection. **A19:** 880
tensile properties of casting alloys. **A19:** 874
tensile properties of wrought alloys **A19:** 875
test effects. **A19:** 876, 878
vitreous enameling. **A19:** 880

Magnesium alloys, heat treating **A4:** 899–906
aging **A4:** 899, 900, 901, 904, **M4:** 746, 747
annealing **A4:** 899, 900, **M4:** 745
dimensional stability . . **A4:** 900, 904, **M4:** 749, 751, 752
distortion control **A4:** 900, 904, **M4:** 749
fires, prevention and control **A4:** 903, 906, **M4:** 751–753
furnace loading **A4:** 903, **M4:** 748
furnaces **A4:** 902–903, 906, **M4:** 748
hardness testing. **A4:** 905, **M4:** 750

610 / Magnesium alloys, heat treating

Magnesium alloys, heat treating (continued)
mechanical properties **A4:** 899, 900, 901, 905, **M4:** 744–745
microscopic examination **A4:** 905, **M4:** 750
problems, prevention of **A4:** 903, 904–905, **M4:** 749, 750
protective atmospheres. **A4:** 901–902, 905, 906, **M4:** 746–747
quenching media........... **A4:** 903, **M4:** 748–749
reheat treating **A4:** 900, **M4:** 746
section size **A4:** 900
solution treating **M4:** 744, 746, 747
solution-treating.. **A4:** 899, 900, 901, 903, 904, 905, stress-relieving, castings **A4:** 899, 900, 905, **M4:** 745
stress-relieving, wrought **A4:** 899, 900, **M4:** 745, 746
temper designations ... **A4:** 899, 900, **M4:** 744, 745
temper determination...... **A4:** 899, 904–905, 906, **M4:** 750–751
temperature control.............. **A4:** 903, **M4:** 748
tensile tests..................... **A4:** 905, **M4:** 750
time and temperature **A4:** 900, 901, **M4:** 746, 747, 748, 749, 751
weld-repaired castings **A4:** 905

Magnesium alloys, specific types *See also* Magnesium, Magnesium alloys
$2MgO2{\cdot}2Al_2O_3{\cdot}5SiO_2$, properties.......... **A6:** 949
9980 A, composition **A6:** 773
9980 B, composition **A6:** 773
9990 A, composition **A6:** 773
9990 B, composition **A6:** 773
9995 A, composition **A6:** 773
9998 A, composition **A6:** 773
A3A, composition **A6:** 773
alloy PE, for special-quality sheet **A2:** 459
AM50A, chemical finishing **A5:** 823
AM60A **A9:** 430, **M2:** 569
composition **M2:** 526, 528
mechanical properties............. **M2:** 526, 528
AM60A, as die casting, composition **A15:** 286
AM60A, composition **A6:** 773
AM60B, chemical finishing **A5:** 823
AM60B, high-purity die cast alloy for ductility **A2:** 456
AM80A, composition **A6:** 773
AM90A, composition **A6:** 773
AM100A **A9:** 431, **M2:** 570, 571
aging........................ **A4:** 901, **M4:** 747
atmospheric corrosion.................. **M2:** 599
composition **A4:** 899, **A6:** 773, **M2:** 526, 528
heat treatment **A4:** 899, **M4:** 745
mechanical properties............. **M2:** 526, 528
postweld treatments to obtain 80-95% stress relief **A6:** 782
preheat temperatures and postweld heat treatments........................ **A6:** 777
relative arc weldability.................. **A6:** 772
selection guide of filler alloys for welding **A6:** 775
solution treating....................... **M4:** 747
solution-treating **A4:** 901
AM100A, sand and permanent mold casting alloy **A2:** 456
AM100B, composition................... **A6:** 773
AS21, for creep strength **A2:** 456
AS41A..................... **A9:** 430, **M2:** 571
composition **M2:** 526, 528
mechanical properties............. **M2:** 526, 528
AS41A, as die casting, composition **A15:** 286
AS41A, composition **A6:** 773
AS41A, for creep strength................ **A2:** 456
AS41B, chemical finishing **A5:** 823
AZ 31
selection guide of filler alloys for welding **A6:** 775
thermal diffusivity from 20 to 100 °C...... **A6:** 4
AZ10 A
composition **A6:** 773
relative arc weldability.................. **A6:** 772
selection guide of filler alloys for welding **A6:** 775
AZ10A **M2:** 553
composition **M2:** 528
mechanical properties.................. **M2:** 528
AZ10A, for wrought extruded bars/shapes.. **A2:** 459
AZ10A-F, postweld treatments to obtain 80-95% stress relief............................ **A6:** 782
AZ21A, composition **A6:** 773
AZ21X1 .... **M2:** 554
applications.......................... **M2:** 528
composition **M2:** 528
mechanical properties.................. **M2:** 528
AZ21X1, for battery applications **A2:** 459
AZ31 B **A9:** 427–429, 433–434
AZ31, corrosion rates vs. exposure and iron content **A13:** 747
AZ31, galvanic attack **A13:** 747
AZ31A, composition **A6:** 773
AZ31A, dichromate coatings **A5:** 829
AZ31B **A16:** 820, **M2:** 554–555
annealing............................. **M4:** 745
annealing temperatures **A4:** 900
atmospheric corrosion... **M2:** 599, 600, 604, 606, 607
composition........ **A6:** 773, 774, **M2:** 528, 529
corrosion rate in 3% NaCl............. **M2:** 598
electrode potential in 3% NaCl......... **M2:** 598
galvanic corrosion **M2:** 605–607
gas-tungsten arc welding......... **A6:** 779, 780
marine corrosion.... **M2:** 600, 603–604, 606, 607
mechanical properties............. **M2:** 528, 529
relative arc weldability................. **A6:** 772
selection guide of filler alloys for welding **A6:** 775
stress-relieving treatments...... **A4:** 900, **M4:** 746
AZ31B, cracking..................... **A13:** 1050
AZ31B, for forgings..................... **A2:** 459
AZ31B, for hammer forgings............. **A2:** 459
AZ31B, for sheet and plate **A2:** 459
AZ31B, for wrought bars/shapes.......... **A2:** 459
AZ31B, galvanic corrosion **A13:** 748
AZ31B-F, fatigue strength as function of relative humidity **A11:** 252
AZ31B-F, -O, stress relief.............. **A16:** 821
AZ31B-F, postweld treatments to obtain 80-95% stress relief............................ **A6:** 782
AZ31B-F, stress-relieving treatments...... **A4:** 900, **M4:** 746
AZ31B-H, shot peening.................. **A5:** 131
AZ31B-H24
gas-tungsten arc welding **A6:** 778, 779
postweld treatments to obtain 80-95% stress relief **A6:** 782
AZ31B-H24, stress relief............... **A16:** 821
AZ31B-O, postweld treatments to obtain 80-95% stress relief............................ **A6:** 782
AZ31C **M2:** 554–555
composition **A6:** 773, 774, **M2:** 528
mechanical properties.................. **M2:** 528
selection guide of filler alloys for welding **A6:** 775
AZ31C, annealing temperatures ... **A4:** 900, **M4:** 745
AZ31C, for wrought bars/shapes.......... **A2:** 459
AZ31C, relative arc weldability........... **A6:** 772
AZ61A **A9:** 429, **M2:** 555–556
annealing............................. **M4:** 745
annealing temperatures **A4:** 900
atmospheric corrosion.................. **M2:** 599
composition **A6:** 773, 774, **M2:** 528
corrosion in salt solutions **M2:** 601
corrosion potential in 3% NaCl......... **M2:** 598
electrode potential in 3% NaCl......... **M2:** 598
galvanic corrosion **M2:** 607
mechanical properties.................. **M2:** 528
relative arc weldability.................. **A6:** 772
selection guide of filler alloys for welding **A6:** 775
stress-relieving treatments...... **A4:** 900, **M4:** 746
AZ61A, for forgings..................... **A2:** 459
AZ61A, for wrought extruded bars/shapes.. **A2:** 459
AZ61A, galvanic corrosion **A13:** 748
AZ61A-F, postweld treatments to obtain 80-95% stress relief............................ **A6:** 782
AZ61A-F, stress relief **A16:** 821
AZ61A-F, stress-relieving treatments...... **A4:** 900, **M4:** 746
AZ61A-H, shot peening **A5:** 131
AZ63A **A9:** 431–432, **M2:** 571–572
aging.............. **A4:** 901, 904, **M4:** 747, 751
applications **A4:** 904–905
composition **A4:** 899, **A6:** 773, 774, **M2:** 528
corrosion potential in 3% NaCl......... **M2:** 598
dimensional stability **M4:** 752
electrode potential in 3% NaCl......... **M2:** 598
heat treatment **A4:** 899, **M4:** 745
marine corrosion **M2:** 603–604
mechanical properties.................. **M2:** 528
postweld heat treatment **M4:** 753
postweld heat treatments................ **A4:** 905
postweld treatments to obtain 80-95% stress relief **A6:** 782
preheat temperatures and postweld heat treatments........................ **A6:** 777
relative arc weldability.................. **A6:** 772
selection guide of filler alloys for welding **A6:** 775
solution treating....................... **M4:** 747
solution-treating **A4:** 900, 901
yield strength......................... **A4:** 902
AZ63A, sand and permanent mold casting alloy **A2:** 456
AZ80A **A9:** 429–430, **A16:** 820, **M2:** 556, 557
annealing temperatures **A4:** 900
atmospheric corrosion.................. **M2:** 599
composition **A4:** 899, **A6:** 773, 774, **M2:** 528, 529
forgeability **M2:** 528, 529
heat treatment **A4:** 899
mechanical properties............. **M2:** 528, 529
relative arc weldability.................. **A6:** 772
selection guide of filler alloys for welding **A6:** 775
AZ80A, annealing...................... **M4:** 745
AZ80A, for forgings..................... **A2:** 459
AZ80A, for wrought extruded bars/shapes.. **A2:** 459
AZ80A, forgeability **A2:** 459
AZ80A-F, postweld treatments to obtain 80-95% stress relief............................ **A6:** 782
AZ80A-F, stress-relieving temperatures.... **M4:** 746
AZ80A-F, stress-relieving treatments **A4:** 900
AZ80A-T5, postweld treatments to obtain 80-95% stress relief............................ **A6:** 782
AZ80A-T5, stress relief................ **A16:** 821
AZ80A-T5, stress-relieving treatments..... **A4:** 900, **M4:** 746
AZ81 .... **A9:** 427
AZ81A **M2:** 573, 574
aging..................... **A4:** 901, **M4:** 747
composition **A4:** 899, **A6:** 773, 774, **M2:** 526, 528
heat treatment **A4:** 899, **M4:** 745
postweld heat treatment **M4:** 753
postweld heat treatments................ **A4:** 905
postweld treatments to obtain 80-95% stress relief **A6:** 782
preheat temperatures and postweld heat treatments........................ **A6:** 777
relative arc weldability.................. **A6:** 772
selection guide of filler alloys for welding **A6:** 775
solution treating....................... **M4:** 747
solution-treating **A4:** 901, 905
AZ81A, sand and permanent mold casting alloy **A2:** 456
AZ90A, composition.............. **A6:** 773, 774
AZ91, corrosion rates vs. exposure and iron content **A13:** 474
AZ91, die cast automotive application.... **A15:** 807

Magnesium alloys, specific types / 611

AZ91, die casting applications **A15:** 808
AZ91 die casting, nickel, iron, and copper content effects **A13:** 741, 745
AZ91, high purity, application of **A15:** 798
AZ91 sand cast, heavy-metal contamination **A13:** 741, 743
AZ91, thermal diffusivity from 20 to 100 °C **A6:** 4
AZ91A **A9:** 431–433, **M2:** 574, 575
composition **M2:** 526, 528
mechanical properties **M2:** 526, 528
AZ91A, composition **A6:** 773, 774
AZ91A, corrosion after chemical treatment **A5:** 827
AZ91A, die casting **A15:** 799
AZ91A-T6, tensile strength **A2:** 460
AZ91B **M2:** 574, 575
AZ91B, as die casting, composition . . **A15:** 286, 799
AZ91B, as produced from scrap/secondary metal **A2:** 456
AZ91B (AZ91D) **A16:** 820
AZ91B, composition **A6:** 773, 774
AZ91B, corrosion resistance **A5:** 819
AZ91C **A9:** 434, **A16:** 820, **M2:** 574, 575, 576
aging **A4:** 901, 904, **M4:** 747
composition **A4:** 899, **A6:** 773, 774, **M2:** 526, 528
dimensional stability **M4:** 752
gas-tungsten arc welding **A6:** 780
heat treatment **A4:** 899, **M4:** 745
marine corrosion **M2:** 603, 604
mechanical properties **M2:** 526, 528
postweld heat treatment **M4:** 753
postweld heat treatments **A4:** 905
postweld treatments to obtain 80-95% stress relief **A6:** 782
preheat temperatures and postweld heat treatments **A6:** 777
relative arc weldability **A6:** 772
selection guide of filler alloys for welding **A6:** 775
solution treating **M4:** 747
solution-treating **A4:** 901, 905
temper determination **A4:** 906
AZ91C, permanent mold casting of **A15:** 275
AZ91C, sand and permanent mold casting alloy **A2:** 456
AZ91C-T4, gas-tungsten arc welding . . **A6:** 780–781
AZ91C-T6 aircraft-generator gearbox, corrosion fatigue fracture **A11:** 260
AZ91C-T6, gun drilling **A16:** 824
AZ91D
chemical finishing **A5:** 823
corrosion resistance **A5:** 819, 820
AZ91D, galvanic corrosion **A13:** 746
AZ91D, most commonly used magnesium die casting alloy **A2:** 456
AZ91E **A16:** 820
AZ91E, corrosion resistance **A5:** 819
AZ91E, sand and permanent mold casting alloy **A2:** 456
AZ92A . . **A9:** 431, 433–434, **A16:** 820, **M2:** 577–578
aging **A4:** 901, 904, **M4:** 747, 751
atmospheric corrosion **M2:** 599
composition **A4:** 899, **A6:** 773, 774, **M2:** 526, 528
corrosion potential in 3% NaCl **M2:** 598
dimensional stability **M4:** 752
electrode potential in 3% NaCl **M2:** 598
heat treatment **A4:** 899, **M4:** 745
mechanical properties **M2:** 526, 528
postweld heat treatment **M4:** 753
postweld heat treatments **A4:** 905
postweld treatments to obtain 80-95% stress relief **A6:** 782
preheat temperatures and postweld heat treatments **A6:** 777
relative arc weldability **A6:** 772
selection guide of filler alloys for welding **A6:** 775
solution treating **M4:** 747
solution-treating **A4:** 900–901, 905
temper determination **A4:** 906
yield strength **A4:** 902
AZ92A, roller burnishing **A16:** 253
AZ92A, sand and permanent mold casting alloy **A2:** 456
AZ92A-T6, repair welding **A6:** 781, 782
AZ101A, composition **A6:** 773, 774
AZ125A, composition **A6:** 773, 774
AZCOML
postweld treatments to obtain 80-95% stress relief **A6:** 782
relative arc weldability **A6:** 772
EK30A
anodizing treatments **A5:** 829
composition **A6:** 773, 774
dichromate coatings **A5:** 829
preheat temperatures and postweld heat treatments **A6:** 777
relative arc weldability **A6:** 772
EK41A
anodizing treatments **A5:** 829
composition **A6:** 773, 774
dichromate coatings **A5:** 829
preheat temperatures and postweld heat treatments **A6:** 777
relative arc weldability **A6:** 772
selection guide of filler alloys for welding **A6:** 775
EQ21
postweld treatments to obtain 80-95% stress relief **A6:** 782
preheat temperatures and postweld heat treatments **A6:** 777
relative arc weldability **A6:** 772
EQ21A
aging **A4:** 901
heat treatment **A4:** 899
postweld heat treatments **A4:** 905
solution-treating **A4:** 901
EQ21A, magnesium-silver casting alloy **A2:** 458–459
EZ33, postweld treatments to obtain 80-95% stress relief **A6:** 782
EZ33A **A9:** 432, **M2:** 578, 579, 580, 581
aging **A4:** 901, **M4:** 747
composition **A4:** 899, **A6:** 773, 774, **M2:** 527, 528
contraction at elevated temperatures **A4:** 905
gas-tungsten arc welding **A6:** 782
heat treatment **A4:** 899, **M4:** 745
mechanical properties **M2:** 527, 528
postweld heat treatment **M4:** 753
postweld heat treatments **A4:** 905
preheat temperatures and postweld heat treatments **A6:** 777
relative arc weldability **A6:** 772
repair welding **A6:** 782
selection guide of filler alloys for welding **A6:** 775
solution treating **M4:** 747
solution-treating **A4:** 901
EZ33A, magnesium-rare-earth-zirconium . . . **A2:** 458
EZ33A, moderate-temperature use **A15:** 799
EZ33A, sand casting pressure tightness . . . **A15:** 799
EZ33A-T5, contraction at elevated temperatures **M4:** 751
HK31A **A9:** 429, 432
aging **A4:** 901, **M4:** 747
annealing temperatures **A4:** 900, **M4:** 745
anodizing treatments **A5:** 829
composition **A4:** 899, **A6:** 773, 774
contraction at elevated temperatures **A4:** 905
dichromate coatings **A5:** 829
heat treatment **A4:** 899, **M4:** 745
postweld heat treatments **A4:** 905
preheat temperatures and postweld heat treatments **A6:** 777
reheat treating **A4:** 900
relative arc weldability **A6:** 772
selection guide of filler alloys for welding **A6:** 775
solution treating **M4:** 747
solution-treating **A4:** 900, 901
stress-relieving treatments **A4:** 900
wire brushing **A5:** 834
HK31A, cast **M2:** 557, 558, 559, 560, 561
HK31A, for sheet and plate **A2:** 459
HK31A, forgeability **A2:** 459
HK31A, magnesium-thorium-zirconium casting **A2:** 458
HK31A, wrought **M2:** 557, 558, 559, 560, 561
composition **M2:** 528, 529
corrosion potential in 3% NaCl **M2:** 598
electrode potential in 3% NaCl **M2:** 598
mechanical properties **M2:** 528, 529
HK31A-H24, postweld treatments to obtain 80-95% stress relief **A6:** 782
HK31A-T6, contraction at elevated temperatures **M4:** 751
HM21A **A9:** 428, 430, **M2:** 561–562, 563, 564, 565
annealing temperatures **A4:** 900
anodizing treatments **A5:** 829
composition **A4:** 899, **A6:** 773, 774, **M2:** 528, 529
corrosion potential in 3% NaCl **M2:** 598
dichromate coatings **A5:** 829
electrode potential in 3% NaCl **M2:** 598
forgeability **M2:** 528, 529
heat treatment **A4:** 899
mechanical properties **A4:** 899, **M2:** 528, 529
relative arc weldability **A6:** 772
selection guide of filler alloys for welding **A6:** 775
stress-relieving treatments **A4:** 900
wire brushing **A5:** 834
HM21A, annealing **M4:** 745
HM21A, for forging **A2:** 459
HM21A, for sheet and plate **A2:** 459
HM21A, forgeability **A2:** 459
HM21A-T5, stress-relieving treatments **M4:** 746
HM21A-T8, postweld treatments to obtain 80-95% stress relief **A6:** 782
HM21A-T8, stress-relieving treatments **M4:** 746
HM21A-T81, postweld treatments to obtain 80 to 95% stress relief **A6:** 782
HM21A-T81, stress relieving treatments . . . **M4:** 746
HM31A **A9:** 430, **M2:** 565, 566
annealing **M4:** 745
annealing temperatures **A4:** 900
anodizing treatments **A5:** 829
composition **A4:** 899, **A6:** 773, 774, **M2:** 528
dichromate coatings **A5:** 829
heat treatment **A4:** 899
mechanical properties **M2:** 528
postweld heat treatment **M4:** 747
relative arc weldability **A6:** 772
selection guide for filler alloys for welding **A6:** 775
stress-relieving treatments **A4:** 900, **M4:** 746
HM31A-T5, postweld treatments to obtain 80-95% stress relief **A6:** 782
HM31A-T5, stress-relieving treatments **M4:** 746
HZ32, capabilities **A15:** 799
HZ32A **A9:** 432, **M2:** 584, 585–586
aging **A4:** 901, **M4:** 747
composition **A4:** 899, **A6:** 773, 774, **M2:** 527, 528
contraction at elevated temperatures **A4:** 905
heat treatment **A4:** 899, **M4:** 745
mechanical properties **M2:** 527, 528
postweld heat treatment **M4:** 753
postweld heat treatments **A4:** 905
preheat temperatures and postweld heat treatments **A6:** 777
relative arc weldability **A6:** 772
selection guide of filler alloys for welding **A6:** 775
solution treating **M4:** 747
solution-treating **A4:** 901
HZ32A, anodizing treatments **A5:** 829
HZ32A, magnesium-thorium-zirconium casting **A2:** 458
HZ32A-T5, contraction at elevated temperatures **M4:** 751
K1A **A9:** 430, **M2:** 587
composition **A6:** 773, 774, **M2:** 526, 528
mechanical properties **M2:** 526, 528
preheat temperatures and postweld heat treatments **A6:** 777
relative arc weldability **A6:** 772
selection guide of filler alloys for welding **A6:** 775
K1A, casting alloy, for high damping capacity **A2:** 456
LA141A **A9:** 428
composition **A6:** 773, 774
selection guide of filler alloys for welding **A6:** 775
LS141A, composition **A6:** 773, 774
LZ145A, composition **A6:** 773, 774
M1A **M2:** 567, 568
atmospheric corrosion **M2:** 599
composition **A6:** 773, 774, **M2:** 528
corrosion potential in 3% NaCl **M2:** 598

Magnesium alloys, specific types (continued)
electrode potential in 3% NaCl **M2:** 598
mechanical properties **M2:** 528
selection guide of filler alloys for welding **A6:** 775
M1A, contour band sawing **A16:** 363
M1A, dichromate coatings **A5:** 829
M1A, for hammer forgings............... **A2:** 459
M1A, for wrought extruded bars/shapes ... **A2:** 459
M1B, composition.................. **A6:** 773, 774
M1C, composition.................. **A6:** 773, 774
Mg-0.5Zr creep by atom diffusion **A9:** 691
MG1, selection guide of filler alloys for welding........................... **A6:** 775
Mg-32A1 eutectic alloy, transverse section through parallel rods....................... **A9:** 128
PE **M2:** 555
composition **M2:** 528, 529
mechanical properties............ **M2:** 528, 529
QE22, postweld treatments to obtain 80-95% stress relief............................ **A6:** 782
QE22A **A9:** 432–433, **M2:** 587–588, 589
aging........................ **A4:** 901, **M4:** 747
composition **A4:** 899, **A6:** 773, 774, **M2:** 527, 528
heat treatment **A4:** 899, **M4:** 745
mechanical properties **A4:** 902, 903, **M2:** 527, 528
postweld heat treatment **M4:** 753
postweld heat treatments **A4:** 905, **A6:** 782
preheat temperatures and postweld heat treatments....................... **A6:** 777
quenching media...................... **A4:** 903
relative arc weldability................. **A6:** 772
selection guide of filler alloys for welding **A6:** 775
solution treating...................... **M4:** 747
solution-treating **A4:** 901
QE-22A, corrosion fatigue **A13:** 1037
QE22A, engine gearbox................. **A15:** 805
QE22A, magnesium-silver casting alloy **A2:** 458–459
QE22A, mechanical properties........... **A15:** 799
QE22A-T6
quenching medium, effect on tensile properties....................... **M4:** 748
tensile properties................ **M4:** 748, 749
QH21A **M2:** 589, 590, 591
aging........................ **A4:** 901, **M4:** 747
composition **A4:** 899, **A6:** 773, 774, **M2:** 527, 528
heat treatment **A4:** 899, **M4:** 745
mechanical properties............ **M2:** 527, 528
postweld heat treatment **M4:** 753
postweld heat treatments............... **A4:** 905
quenching media...................... **A4:** 903
relative arc weldability................. **A6:** 772
solution treating...................... **M4:** 747
solution-treating **A4:** 901
RZ 5
thermal diffusivity from 20 to 100 °C...... **A6:** 4
TA54A, composition................ **A6:** 773, 774
WE43
postweld treatments to obtain 80-95% stress relief **A6:** 782
preheat temperatures and postweld heat treatments....................... **A6:** 777
relative arc weldability................. **A6:** 772
WE43A
aging **A4:** 901
heat treatment **A4:** 899
postweld heat treatments............... **A4:** 905
solution-treating **A4:** 901
WE43A, corrosion resistance **A5:** 819
WE54
postweld treatments to obtain 80-95% stress relief **A6:** 782
preheat temperatures and postweld heat treatments....................... **A6:** 777
relative arc weldability................. **A6:** 772
WE54A
aging........................... **A4:** 901, 903
heat treatment **A4:** 899
postweld heat treatments............... **A4:** 905
solution-treating **A4:** 901
WE54A, capabilities.................... **A15:** 799
WE54A, corrosion resistance **A5:** 819
ZC63
postweld treatments to obtain 80-95% stress relief **A6:** 782
preheat temperatures and postweld heat treatments....................... **A6:** 777
relative arc weldability................. **A6:** 772
ZC63, magnesium-aluminum alloy **A2:** 457
ZC63A
aging **A4:** 901
heat treatment **A4:** 899
postweld heat treatments............... **A4:** 905
solution-treating **A4:** 901
ZC71, capabilities **A2:** 459
ZC71A
aging **A4:** 901
composition **A4:** 899
heat treatment **A4:** 899
solution-treating **A4:** 901
stress-relieving **A4:** 900
ZE10A **A9:** 428
composition...................... **A6:** 773, 774
relative arc weldability................. **A6:** 772
selection guide of filler alloys for welding **A6:** 775
ZE10A-0, postweld treatments to obtain 80-95% stress relief....................... **A6:** 782
ZE10A-H24, postweld treatments to obtain 80-95% stress relief....................... **A6:** 782
ZE41, postweld treatments to obtain 80-95% stress relief **A6:** 782
ZE41A **M2:** 591–592
aging........................ **A4:** 901, **M4:** 747
composition..... **A4:** 899, **A6:** 773, 774, **M2:** 526, 527, 528
heat treatment **A4:** 899
mechanical properties **M2:** 526, 527, 528
postweld heat treatment **M4:** 753
postweld heat treatments............... **A4:** 905
preheat temperatures and postweld heat treatments....................... **A6:** 777
relative arc weldability................. **A6:** 772
selection guide of filler alloys for welding **A6:** 775
solution treating...................... **M4:** 747
solution-treating **A4:** 901
temper determination.................. **A4:** 906
ZE41A, applications **A15:** 799
ZE41A, gearbox housing................ **A15:** 805
ZE41A, magnesium-aluminum casting alloy **A2:** 457
ZE41A-T5, main transmission housing ... **A15:** 805
ZE63A **M2:** 592–593
aging........................ **A4:** 901, **M4:** 747
composition **M2:** 526, 528
heat treatment **A4:** 899
mechanical properties............ **M2:** 526, 528
solution treating...................... **M4:** 747
solution-treating **A4:** 901
ZE63A, composition................ **A6:** 773, 774
ZE63A, high-strength grade casting alloy... **A2:** 457
ZH62A **A9:** 432, **M2:** 593
aging........................ **A4:** 901, **M4:** 747
composition **A4:** 899, **A6:** 773, 774, **M2:** 526, 528
heat treatment **A4:** 899
mechanical properties............ **M2:** 526, 528
postweld heat treatment **M4:** 753
postweld heat treatments............... **A4:** 905
preheat temperatures and postweld heat treatments....................... **A6:** 777
relative arc weldability................. **A6:** 772
selection guide of filler alloys for welding **A6:** 775
solution treating...................... **M4:** 747
solution-treating **A4:** 901
ZH62A, capabilities.................... **A15:** 799
ZH62A, high zinc level casting alloy .. **A2:** 456–457
ZK21A **A9:** 429, **M2:** 568
composition **A6:** 773, 774, **M2:** 528
mechanical properties **M2:** 528
relative arc weldability................. **A6:** 772
ZK21A-F, stress relief.................. **A16:** 821
ZK40A **M2:** 568
composition **M2:** 528
mechanical properties **M2:** 528
ZK40A, composition **A6:** 773, 774
ZK51A **A9:** 432, **M2:** 594
aging........................ **A4:** 901, **M4:** 747
composition **A4:** 899, **A6:** 773, 774, **M2:** 526, 528
heat treatment **A4:** 899
mechanical properties............ **M2:** 526, 528
postweld heat treatment **M4:** 753
postweld heat treatments............... **A4:** 905
preheat temperatures and postweld heat treatments....................... **A6:** 777
relative arc weldability................. **A6:** 772
selection guide of filler alloys for welding **A6:** 775
solution treating...................... **M4:** 747
solution-treating **A4:** 901
ZK51A, high zinc level casting alloy .. **A2:** 456–457
ZK51A, mechanical properties........... **A15:** 799
ZK60A **A9:** 430, **M2:** 568–569
annealing temperatures **A4:** 900
composition **A4:** 899, **A6:** 773, 774, **M2:** 528, 529
corrosion potential in 3% NaCl......... **M2:** 598
electrode potential in 3% NaCl......... **M2:** 598
forgeability..................... **M2:** 528, 529
heat treatment **A4:** 899
mechanical properties............ **M2:** 528, 529
relative arc weldability................. **A6:** 772
selection guide of filler alloys for welding **A6:** 775
stress-relieving **A4:** 900
ZK60A, alkaline cleaning **A5:** 821
ZK60A, annealing...................... **M4:** 745
ZK60A, applications **A2:** 459
ZK60A, for forgings..................... **A2:** 459
ZK60A, forgeability..................... **A2:** 459
ZK60A-F, stress relief.................. **A16:** 821
ZK60A-F, stress-relieving treatments...... **A4:** 900, **M4:** 746
ZK60A-T5, stress relief................. **A16:** 821
ZK60A-T5, stress-relieving treatments **M4:** 746
ZK60A-T6, stress relief................. **A16:** 821
ZK60B
composition...................... **A6:** 773, 774
ZK60-T5, peripheral milling **A16:** 826
ZK61A **A9:** 433, **M2:** 595
aging........................ **A4:** 901, **M4:** 747
composition **A4:** 899, **A6:** 773, 774, **M2:** 526, 528
heat treatment **A4:** 899
mechanical properties............ **M2:** 526, 528
preheat temperatures and postweld heat treatments....................... **A6:** 777
relative arc weldability................. **A6:** 772
selection guide of filler alloys for welding **A6:** 775
solution treating...................... **M4:** 747
solution-treating **A4:** 901
ZK61A, high zinc level casting alloy .. **A2:** 456–457
ZK61A, mechanical properties........... **A15:** 799
ZK63A, high zinc level casting alloy .. **A2:** 456–457
ZM21A
composition **M2:** 528
mechanical properties **M2:** 528
ZM21A, for wrought extruded bars/shapes **A2:** 459
ZW 1, thermal diffusivity from 20 to 100 °C **A6:** 4
ZX21A, selection guide of filler alloys for welding.......................... **A6:** 775
Magnesium alumina spinel............... **EM4:** 61

SUBJECTS OF THE INDEXED VOLUMES: ASM Handbook (designated by the letter "A"): **A1:** Properties and Selection: Irons, Steels, and High-Performance Alloys (1990); **A2:** Properties and Selection: Nonferrous Alloys and Special-Purpose Materials (1990); **A3:** Alloy Phase Diagrams (1992); **A4:** Heat Treating (1991); **A5:** Surface Engineering (1994); **A6:** Welding, Brazing, and Soldering (1993); **A7:** Powder Metal Technologies and Applications (1998); **A8:** Mechanical Testing (1985); **A9:** Metallography and Microstructures (1985); **A10:** Materials Characterization (1986); **A11:** Failure Analysis and Prevention (1986); **A12:** Fractography (1987); **A13:** Corrosion (1987); **A14:** Forming and Forging (1988); **A15:** Casting (1988); **A16:** Machining (1989); **A17:** Nondestructive Evaluation and Quality Control (1989); **A18:** Friction, Lubrication, and Wear Technology (1992); **A19:** Fatigue and Fracture (1996); **A20:** Materials Selection and Design (1997). **Metals Handbook, 9th Edition** (designated by the letter "M"): **M1:** Properties and Selection: Irons and Steels (1978); **M2:** Properties and Selection: Nonferrous Alloys and Pure Metals (1979); **M3:** Properties and Selection: Stainless Steels, Tool Materials, and Special-Purpose Materials (1980); **M4:** Heat Treating (1981); **M5:** Surface Cleaning, Finishing, and Coating (1982); **M6:** Welding, Brazing, and Soldering (1983); **M7:** Powder Metallurgy (1984). **Engineered Materials Handbook** (designated by the letters "EM"): **EM1:** Composites (1987); **EM2:** Engineering Plastics (1988); **EM3:** Adhesives and Sealants (1990); **EM4:** Ceramics and Glasses (1991). **Electronic Materials Handbook** (designated by the letters "EL"): **EL1:** Packaging (1989)

Magnesium aluminate ($MgAl_2O_4$)
complex arc-rib mirror and fracture surface **EM4:** 640
coprecipitation process **EM4:** 59

Magnesium aluminosilicate
as S-glass composition **EM1:** 45

Magnesium aluminum oxide
reactive hot pressing for pressure densification **EM4:** 300

Magnesium aluminum silicate (MAS)
applications, regenerator cores for advanced gas turbines **EM4:** 1001
ceramic regenerator disks lacking strength. **EM4:** 721
chemical durability. **EM4:** 877
dielectric properties **EM4:** 877
hardness. **EM4:** 876
maximum use temperatures **EM4:** 875

Magnesium aluminum silicates, hydrated
as fillers **EM3:** 178

Magnesium anodes
for cathodic protection. **M1:** 745

Magnesium carbonate
for abrasive jet machining **A16:** 512
mill additions for wet-process enamel frits for sheet steel and cast iron **A5:** 456

Magnesium carbonate ($MgCO_3$)
decomposition **EM4:** 109, 112
kinetics **EM4:** 109–110
stress effects present in uniaxial pressing of a powder compact **EM4:** 145

Magnesium casting alloys
high-pressure die casting. **A2:** 456
sand and permanent mold casting **A2:** 456–459

Magnesium chloride **A19:** 492
salt, and its hydrolysis mechanism **A19:** 475
stress-corrosion cracking resistance to boiling **A1:** 725–727
stress-corrosion cracking verification procedures **A1:** 725

Magnesium chloride solution
SCC testing in **A13:** 272–273

Magnesium deficiency
biologic effects **A2:** 1259

Magnesium deoxidation
of copper alloys **A15:** 470

Magnesium ferrite **EM4:** 59

Magnesium ferrites **A9:** 538

Magnesium fluoride
direct evaporation **A18:** 844

Magnesium fluoride (MgF_2) **EM4:** 191
application **EM4:** 1
crack patterns and fracture origins **EM4:** 641
ion-beam-assisted deposition (IBAD) **A5:** 596

Magnesium germanate
as phosphor. **A2:** 743

Magnesium granules
mechanically comminuted. **M7:** 131

Magnesium hydrate
Miller numbers. **A18:** 235

Magnesium hydrated salt coating
alternative conversion coat technology, status of **A5:** 928

Magnesium hydroxide ($Mg(OH)_2$)
pressure densification **EM4:** 300

Magnesium hydroxides
as sheet molding compound thickeners . . **EM1:** 158

Magnesium in cast iron **M1:** 6, 8, 37

Magnesium nitrate, as sample modifier
GFAAS analysis **A10:** 55

Magnesium nitride
combustion synthesis. **A7:** 534

Magnesium oxide
as a constituent of silver-base electrical contact materials **A9:** 551–552
cermets, applications and properties. **A2:** 993
insulation, for thermocouples **A2:** 883
in 98.58Ag-0.22MgO-0.2Ni. **A9:** 559
in binary phosphate glasses **A10:** 131
melting point **A5:** 471
tool materials for cast iron machining **A16:** 656
toxicity of **A2:** 1259
vacuum heat-treating support fixture material **A4:** 503

Magnesium oxide abrasives
for hand polishing **A9:** 35
reclamation of. **A9:** 353

Magnesium oxide, as refractory
core coatings **A15:** 240

Magnesium oxide (MgO) *See also* Engineering properties of single oxides **EM4:** 57
added to extend glass working range **EM4:** 379
additive to aid pressure densification. . . . **EM4:** 298
as dopant in ceramic/ceramic joints **EM4:** 516
calcination. **EM4:** 110–112
composition **EM4:** 14
composition by application **A20:** 417
composition of high-duty refractory oxides **A20:** 424
corrosion resistance of refractories **EM4:** 391
electrical integrity of seals **EM4:** 539
erosion of ceramics **A18:** 205
erosion of steels **A18:** 204
grain-growth inhibitor **EM4:** 188
hot pressed for pressure densification. . . . **EM4:** 296
impurity found in gypsum **EM4:** 380
in composition of glass-ceramics **EM4:** 499
in composition of textile products **EM4:** 403
in composition of wool products. **EM4:** 403
in drinkware compositions **EM4:** 1102
in glaze composition for tableware **EM4:** 1102
in ovenware compositions **EM4:** 1103
in tableware compositions **EM4:** 1101
ion sputtering effect. **EM3:** 245
pressure densification
pressure. **EM4:** 301
technique **EM4:** 301
temperature **EM4:** 301
properties **A18:** 801, **EM4:** 14, 24
sintering aid **EM4:** 188
to improve thermal conductivity. **EM3:** 178
Vickers and Knoop microindentation hardness numbers **A18:** 416
Young's modulus vs. elastic limit **A20:** 287

Magnesium oxide-containing cermets **M7:** 803

Magnesium oxide-enriched surface films. **M7:** 254

Magnesium oxides
as sheet molding compound thickeners . . **EM1:** 158

Magnesium particles
atomized. **M7:** 132

Magnesium plating
chromate conversion coatings **A5:** 405

Magnesium powder(s)
and moisture, pyrophoricity. **M7:** 194–195, 199
applications **M7:** 131
as fuel source. **A7:** 1089, 1090
as incendiary **M7:** 603
as pyrophoric **M7:** 199
as reactive material, properties. **M7:** 597
chemical analysis and sampling **M7:** 248
chemical requirements **M7:** 602
-coated grinding balls **M7:** 58
diffusion factors **A7:** 451
explosibility. **A7:** 157
explosive reaction with moisture **M7:** 194–195, 199
flammability in dust clouds. **M7:** 195
high explosivity class **M7:** 196
intoxication **M7:** 204
lathe turnings. **M7:** 131
microstructure. **A7:** 727
physical properties **A7:** 451
production **M7:** 131–133
pyrotechnic requirements. **M7:** 601
safety hazards **M7:** 132–133
solid, comminution of **M7:** 131
toxicity, diseases, exposure limits. **M7:** 204
types and forms. **M7:** 602

Magnesium powders (for use in ammunition), specification **A7:** 1098

Magnesium recycling
melting practices **A2:** 1218
scrap sources **A2:** 1216–1217
secondary magnesium, properties **A2:** 1218
technology. **A2:** 1217–1218

Magnesium silicate
mechanical properties **A20:** 420
physical properties. **A20:** 421

Magnesium spinel **EM4:** 61

Magnesium stearate
angle of repose **A7:** 300

Magnesium sulfamate
use in rhodium plating **M5:** 290–291

Magnesium sulfamate process
rhodium plating **A5:** 252

Magnesium, vapor pressure
relation to temperature **M4:** 309, 310

Magnesium zirconate
ceramic coatings for dies **A18:** 643, 644
mechanical properties of plasma sprayed coatings **A20:** 476

Magnesium/calcium oxide, as refractory
core coatings **A15:** 240

Magnesium-37% tin alloy, microstructure of. . **A3:** 1•19

Magnesium-aluminosilicate glass-ceramic
aerospace applications. **EM4:** 1018

Magnesium-aluminum alloy powdered, specifications. **A7:** 1098

Magnesium-aluminum alloys
effect of zinc on **A9:** 428
voids in **A9:** 427
zincating process. **M5:** 603–604

Magnesium-aluminum casting alloys
specific types. **A2:** 456

Magnesium-aluminum-manganese alloys **A9:** 427

Magnesium-aluminum-silicate type
elastic constant **EM4:** 875

Magnesium-aluminum-zinc alloys **A20:** 407–408

Magnesium-aluminum-zinc alloys, brazing
available product forms of filler metals **A6:** 119
brazing, joining temperatures. **A6:** 118

Magnesium-aluminum-zinc alloys, casting
fatigue properties **A2:** 461

Magnesium-base alloys
mechanical alloying **A7:** 88

Magnesium-base metal matrix composites . . . **A13:** 861

Magnesium-bodied atmospheric deep-sea
diving suit **A13:** 753

Magnesium-ceramic particle composites **A2:** 460

Magnesium-containing alloys **A1:** 39

Magnesium-didymium alloys **A9:** 428

Magnesium-lithium-aluminum alloys. **A9:** 427

Magnesium-manganese alloying
wrought aluminum alloy **A2:** 52

Magnesium-matrix composites
development and production **A2:** 907–908

Magnesium-matrix composites with carbon fibers
polishing **A9:** 590

Magnesium-mischmetal alloys **A9:** 428

Magnesium-partially stabilized zirconia (Mg-PSZ)
brazing with glasses **EM4:** 520
cyclic fatigue crack-growth rates **EM4:** 696
direct brazing for joining oxide ceramics. **EM4:** 517–519

Magnesium-rare earth alloys
etchants for **A9:** 427

Magnesium-rare earth metal-zirconium alloys **A9:** 427–428

Magnesium-rare-earth zirconium alloys
casting **A2:** 458

Magnesium-rich phases in aluminum alloys
appearance of **A9:** 353

Magnesium-sialon type
dielectric properties **EM4:** 877

Magnesium-silicide alloying
wrought aluminum alloy. **A2:** 52–53

Magnesium-silver casting alloys **A2:** 458–459

Magnesium-thorium alloy
etchants for **A9:** 427

Magnesium-thorium-zirconium alloys **A9:** 427–428
casting **A2:** 458

Magnesium-zinc alloys
workability. **A8:** 575

Magnesium-zinc-zirconium alloys **A9:** 427–428

Magnesium-zirconium alloys **A9:** 427–428
sand mold pouring. **A15:** 802

Magnet alloys
as commercial permanent magnet materials **A2:** 785

Magnet coils
for amplitude detection in ultrasonic testing **A8:** 245–246

Magnet steels *See also* Permanent magnet materials, specific types
as commercial permanent magnet materials **A2:** 785

Magnet yoke assembly
test part magnetization **M7:** 575

Magnetic
anisotropy, determined **A10:** 272–273

Magnetic (continued)
defined A13: 9
disordered materials, exotic effects in A10: 276
inhomogeneities, determined A10: 274
samples, ESR analysis A10: 264
separation A10: 177
states, identification A10: 253, 267
-structure analysis, Mössbauer spectroscopy A10: 287
Magnetic accelerators
in flat plate impact test A8: 210
Magnetic alignment
defined A9: 11
Magnetic alloys
sintering atmospheres M7: 341, 345
Magnetic analyzer A7: 227
Magnetic anisotropy
determined A10: 272–273
Magnetic anisotropy forces
effect on preferred alignment of magnetic moments A9: 533
Magnetic applications M7: 624–645
Magnetic applications, properties needed for A20: 615–621
activators A20: 620
background information A20: 615–617
classes of materials A20: 615
electromagnets A20: 620
inductors A20: 620
interface adhesion A20: 619
magnetic applications A20: 620
magnetic materials A20: 615
magnetic storage A20: 620
motors A20: 620
overview of electric and magnetic materials properties A20: 617–618
parameters other than electric and magnetic A20: 618–619
piezoelectric crystals A20: 620
properties of interest A20: 616–617
relays A20: 620
role in permanent storage and retrieval of information A20: 616
stress-strain, creep, and fatigue A20: 619
temperature and temperature dependencies A20: 619
transformers A20: 620
Magnetic Barkhausen effect A19: 214
Magnetic bearing
defined A18: 12
for centrifugal compressors A18: 607
Magnetic bridge compactor A7: 818–819, 820
Magnetic bridge comparator A14: 205
Magnetic bridge comparator testing
of powder metallurgy parts A17: 545
Magnetic bridge sorting M7: 490, 491
Magnetic brush
development, copper powders M7: 582–583
equipment, copper powders M7: 582–583
systems M7: 586
Magnetic bubble material
backscattering spectrum A10: 631
Magnetic bubble technology EM4: 1164
applications EM4: 18
composition control EM4: 18
crystal structure and orientation EM4: 18
fabrication processes EM4: 18
mixing operations EM4: 98
properties EM4: 18
Magnetic ceramics *See also* Ferrites A20: 433
applications EM4: 18
composition control EM4: 18
crystal structure and orientation EM4: 18
fabrication processes EM4: 18
mixing operations EM4: 98
properties EM4: 98
Magnetic classifications of materials A9: 63
Magnetic clutch fluids
powders used M7: 573
Magnetic coil application
beryllium-copper alloys A2: 420
Magnetic confinement
for thermonuclear fusion A2: 1056–1057
Magnetic contrast A10: 506, 676
scanning electron microscopy A9: 94, 536–537
Magnetic copier powders M7: 585
Magnetic core
defined M7: 7
Magnetic core materials
for high frequencies M7: 643–645
Magnetic cores
core selection and ease of fabrication A2: 780
design and fabrication A2: 780
Interlaminar insulation A2: 780
Magnetic domain A7: 1008
defined A2: 761
Magnetic domain motion
studied by x-ray topography with synchrotron radiation A10: 365
Magnetic domain patterns
revealed by magnetic etching A9: 63–66
Magnetic domain structures
in ferrites A9: 539
in ferrites, specimen preparation A9: 532
methods of study A9: 534–537
Magnetic domains
defined A17: 159
in magabsorption theory A17: 145
interpretation, field and tension effects on resistance A17: 145
orientation stability, and hysteresis A17: 145
physical theory A17: 131
revealed by magnetic contrast A9: 94
Magnetic drum system
seed separation M7: 589
Magnetic electron microscopes A12: 6
Magnetic energy
defined A2: 784
Magnetic energy storage
superconducting A2: 1057
Magnetic etching A9: 63–66
of iron-chromium-nickel heat-resistant casting alloys to identify ferrite A9: 333–334
wrought stainless steels A9: 282
Magnetic field
applications, ternary molybdenum chalcogenides (chevrel phases) A2: 1079–1080
definition A7: 1006
effect in ESR A10: 254
effects, niobium-titanium superconductors A2: 1043, 1045–1046, 1054–1057
in superconducting materials A2: 1030, 1033–1034
mass analyzers, in gas mass spectrometers A10: 153–154
oscillating, wave theory of A10: 83
strength, in ESR analysis A10: 253, 685
structural changes as function of A10: 420
Magnetic field disturbance (MFD) inspection
of steel reinforcements A17: 133
Magnetic field, pulsed
in high-energy-rate compacting M7: 306
Magnetic field strength
SI unit/symbol for A8: 721
Magnetic field testing *See also* Magnetic fields; Magnetic measurement A17: 129–135
applications A17: 132–134
magnetic characterization of materials A17: 131–132
magnetic leakage field testing principles A17: 129–131
Magnetic fields *See also* Magnetic field testing; Magnetic leakage field testing
circular magnetization A17: 90–91
direction of A17: 90
effect on magnetoresistance A17: 144
effect on resistivity, ferromagnetic materials A17: 144
electromagnetic yokes A17: 95
generation, magnetic field testing A17: 129–131
in electromagnetic forming A14: 644
intensity, defined A17: 145
interaction, microwave inspection A17: 202
lines, remote-field eddy current inspection A17: 195–196
magnetized bar A17: 90
magnetized ring A17: 90
methods of generating A17: 93–99
scanning electron microscopy examination of specimens A9: 97
strength, and magnetic characterization . . . A17: 131
with Barkhausen noise jumps A17: 160
Magnetic flux
SI unit/symbol for A8: 721
Magnetic flux density *See also* Flux density
in magabsorption measurement A17: 145
SI unit/symbol for A8: 721
Magnetic flux leakage principle A19: 214, 481
Magnetic fuel injections A7: 1012
Magnetic hyperfine interactions
transitions and relative line intensities A10: 293
Magnetic hysteresis *See also* Demagnetization; Hysteresis; Hysteresis loops
curve, ferromagnetic material A17: 99
in magnetic particle inspection A17: 99–100
measurable characteristics of A17: 131
Magnetic hysteresis curve
for soft magnetic materials M7: 639
Magnetic induction A7: 1006, M7: 640
at permeability of A7: 1007
definition A7: 1006
in permanent magnet materials A2: 782, 784
Magnetic inhomogeneities A10: 274–275
Magnetic interaction
in Mössbauer effect A10: 293
Magnetic iron oxide
thermal conductivity of A11: 604
Magnetic iron oxide (Fe_2O_3, Fe_3O_4)
categorized as ferrites EM4: 1161
Magnetic leakage field testing *See also* Magnetic field testing
analysis of data A17: 131
defect leakage fields, origin A17: 129
experimental techniques A17: 129–131
Magnetic lens
defined A9: 11
Magnetic lines of flow *See also* Flux
defined A17: 90
Magnetic lines of force
schematics A17: 90
Magnetic mass spectrometers
SIMS A11: 35
Magnetic materials *See also* Magnetically soft materials; Permanent magnet materials A9: 531–549
electrolytes for electropolishing A9: 533
etchants A9: 532–534
elemental cobalt alloying A2: 446
FIM/AP study of A10: 583
in electroplated coatings A18: 838
influence of spinodal decomposition A9: 654
microexamination A9: 533–537
microstructures of magnetically soft materials A9: 537–538
microstructures of permanent magnets A9: 538–539
permeability of A17: 99
quantum mechanical band theory EL1: 103
rare earth alloy additives A2: 729–731
sources of materials data A20: 499
specimen preparation A9: 531–533
Magnetic materials and properties for part applications A7: 1006–1020
Magnetic materials, specific types
1% Si iron electrical sheet steel, cold reduced 70% A9: 542
2.5% Si flat-rolled electrical sheet A9: 542

SUBJECTS OF THE INDEXED VOLUMES: ASM Handbook (designated by the letter "A"): **A1:** Properties and Selection: Irons, Steels, and High-Performance Alloys (1990); **A2:** Properties and Selection: Nonferrous Alloys and Special-Purpose Materials (1990); **A3:** Alloy Phase Diagrams (1992); **A4:** Heat Treating (1991); **A5:** Surface Engineering (1994); **A6:** Welding, Brazing, and Soldering (1993); **A7:** Powder Metal Technologies and Applications (1998); **A8:** Mechanical Testing (1985); **A9:** Metallography and Microstructures (1985); **A10:** Materials Characterization (1986); **A11:** Failure Analysis and Prevention (1986); **A12:** Fractography (1987); **A13:** Corrosion (1987); **A14:** Forming and Forging (1988); **A15:** Casting (1988); **A16:** Machining (1989); **A17:** Nondestructive Evaluation and Quality Control (1989); **A18:** Friction, Lubrication, and Wear Technology (1992); **A19:** Fatigue and Fracture (1996); **A20:** Materials Selection and Design (1997). **Metals Handbook, 9th Edition** (designated by the letter "M"): **M1:** Properties and Selection: Irons and Steels (1978); **M2:** Properties and Selection: Nonferrous Alloys and Pure Metals (1979); **M3:** Properties and Selection: Stainless Steels, Tool Materials, and Special-Purpose Materials (1980); **M4:** Heat Treating (1981); **M5:** Surface Cleaning, Finishing, and Coating (1982); **M6:** Welding, Brazing, and Soldering (1983); **M7:** Powder Metallurgy (1984). **Engineered Materials Handbook** (designated by the letters "EM"): **EM1:** Composites (1987); **EM2:** Engineering Plastics (1988); **EM3:** Adhesives and Sealants (1990); **EM4:** Ceramics and Glasses (1991). **Electronic Materials Handbook** (designated by the letters "EL"): **EL1:** Packaging (1989)

2.5% Si flat-rolled electrical sheet, different heat treatments compared **A9:** 543
2V-Permendur, iron-nickel substitutes for . . **A9:** 538
3.25% Si cold-rolled electrical strip. **A9:** 544
3% Si flat-rolled electrical strip, 70% reduction **A9:** 543–544
3% Si flat-rolled, oriented electrical hot band, as hot rolled **A9:** 544
3.25% Si flat-rolled, oriented electrical strip **A9:** 544
3% Si flat-rolled, oriented electrical strip, different reductions and heat treatments **A9:** 544
3% Si steel, cubic etch pits identifying different orientations **A9:** 544
3% Si steel, different heat treatments compared **A9:** 544
3% Si steel, thermal faceting and pitting . . . **A9:** 545
3-79 Moly Permalloy cold-rolled strip **A9:** 545
3-79 Moly Permalloy, magnetic test-ring specimen **A9:** 545
4-79 Moly Permalloy, textured structure in **A9:** 700
330FR, ferritic stainless steel, solenoid-quality **A9:** 545
Alnico 5, cast with directional grain. **A9:** 547
Alnico 5, cast with random grains **A9:** 547
Alnico 5, casting, solution annealed, cooled in a magnetic field **A9:** 547
Alnico 5, microstructure **A9:** 539
Alnico 5, pressed from powder **A9:** 547
Alnico 5E, microstructure. **A9:** 539
Alnico 6B, microstructure. **A9:** 539
Alnico 8, microstructure **A9:** 539
Alnico 9, cast with directional grain. **A9:** 547
barium ferrite, anisotropic, pressed and sintered. **A9:** 549
Chromindur 11, deep drawn, solution annealed. **A9:** 547
Chromindur 11, telephone receiver magnet **A9:** 546
$Co_{3.45}Fe_{0.25}Cu_{1.35}$SM, diffractometer traces **A9:** 702
Cunife, cold rolled 80% reduction, aged . . . **A9:** 549
electrical iron, decarburization annealed . . . **A9:** 542
Fe-1.9V, annealed **A9:** 546
Fe-27Co, cold-rolled strip, annealed **A9:** 546
Fe-28.5Cr-10.6Co, isotropic spinodal structure. **A9:** 653
Fe-50Ni, cold-rolled strip **A9:** 545
$Fe_{80}B_{18.3}P_{1.7}$ amorphous metal ribbon, as-cast. **A9:** 546
garnet, magnetic domains. **A9:** 546
nickel ferrite, pressed and sintered **A9:** 546
Platinax 11, microstructure **A9:** 539
Remalloy **A9:** 538
Remendur 27, wire **A9:** 546
samarium-cobalt, different illumination modes compared. **A9:** 548–549
silicon core iron, bar. **A9:** 543
silicon iron, nonoriented. **A9:** 542
Vicalloy II, effects of cold working. **A9:** 539

Magnetic measurement *See also* Magnetic field testing
experimental techniques **A17:** 132
nondestructive characterization **A17:** 134
of metallurgical/magnetic properties. . **A17:** 131–132

Magnetic measuring method
cadmium plate thickness **M5:** 267

Magnetic methods
capabilities of **A10:** 380

Magnetic molding **A15:** 234–235

Magnetic moments
and ferromagnetism **A9:** 533

Magnetic ore
Hoganäs process **A7:** 110

Magnetic orientations
permanent magnet materials **A2:** 791

Magnetic painting *See also* Magnetic particle inspection
advantages. **A17:** 127
applications. **A17:** 128
defined. **A17:** 126
performance **A17:** 127–128

Magnetic particle and eddy current testing of steel springs **A1:** 309

Magnetic particle crack detection **A7:** 715–716, **M7:** 484

Magnetic particle inspection *See also* Liquid penetrant inspection; Magnetic painting; Magnetic printing; Magnetic rubber inspection;
NDE reliability **A6:** 98, 100, **A7:** 700, 702, 714–715, **A17:** 89–128, **M7:** 575–579
advantages/limitations. **A17:** 89–90
applications, specific **A17:** 116–120
automated equipment **A17:** 116–120
codes, boilers/pressure vessels **A17:** 642
demagnetization after **A17:** 120–122
detectable discontinuities **A17:** 103–105
dry powder technique, for forgings **A17:** 500
equipment **M7:** 575–576
fitness for service evaluation **A6:** 376
hot rolled bars and shapes **M1:** 200, 201
magnetic fields, description of. **A17:** 90–91
magnetic fields, generating **A17:** 93–99
magnetic hysteresis **A17:** 99–100
magnetic painting **A17:** 126–128
magnetic particles/suspending liquids **A17:** 100–102
magnetic printing. **A17:** 125–126
magnetic rubber inspection **A17:** 122–125
magnetizing current. **A17:** 91–92
nomenclature of **A17:** 103
nonrelevant indications. **A17:** 105–108
of billets. **A17:** 115–116, 558–559
of boilers and pressure vessels. **A17:** 642
of casting defects **A15:** 553–554
of casting surfaces **A17:** 512
of castings **A17:** 112–114, 512
of finned tubing **A17:** 571
of forgings **A17:** 112–114, 499–501
of hollow cylindrical parts **A17:** 111–112
of investment castings. **A15:** 264
of open-die forgings. **A17:** 494–495
of powder forged parts **A14:** 204
of resistance-welded steel tubing **A17:** 565
of seamless pipe **A17:** 579
of seamless steel tubular products. **A17:** 571
of steel bar and wire **A17:** 550
of steel forgings **A17:** 495
of welded chain links **A17:** 116
of weldments. **A17:** 114–115, 591–592
oxyfuel gas welding **A6:** 289
permeability of magnetic materials **A17:** 99
powder forged steel. **A7:** 816, 822
powder used. **M7:** 573
power sources. **A17:** 92–93
principles, applications and notes for cracks **A20:** 539
procedures for **A17:** 108–111
process qualification **A17:** 678
proprietary methods **A17:** 122–128
residue removal **A5:** 12
steel wire rod. **M1:** 257
suspending liquids for **M7:** 578
to detect subsurface slag inclusions. **A6:** 1074
to detect weld cracks. **A6:** 1076
to detect weld discontinuities, electroslag welding. **A6:** 1078
to detect weld metal and base metal cracks **A6:** 1075
ultraviolet light. **A17:** 102–103
vs. ultrasonic inspection, for primary mill products. **A17:** 267
wet technique, for forgings. **A17:** 500

Magnetic particle inspection residues
removal of **M5:** 53–54

Magnetic particle method **A19:** 214
application for detecting fatigue cracks . . . **A19:** 210
as inspection or measurement technique for corrosion control **A19:** 469
crack detection sensitivity. **A19:** 210
for determining aircraft in-service flaw size **A19:** 581

Magnetic particle(s) *See also* Particle(s); Powder(s). **M7:** 577–578
application. **A17:** 89
applications **M7:** 577–578
buildup as defect detection **M7:** 577
digital image processing **A17:** 119
dry **A17:** 100–101
for visual inspection **A17:** 3
in a colloidal suspension for magnetic etching **A9:** 63–64
in oil suspending liquid **A17:** 101
in water suspending liquid. **A17:** 101–102

magnetic properties **A17:** 100
separation in encapsulation hot isostatic pressing. **M7:** 431
shape, effects of **A17:** 100
size, effects of. **A17:** 100
types. **A17:** 100–101
visibility and contrast **A17:** 100
wet **A17:** 101
wet bath, strength of **A17:** 102

Magnetic permeability **A20:** 617, 618
cast copper alloys. **A2:** 356–391
effect of carburization on **A11:** 272
in eddy current inspection **A17:** 164, 167–168
in microwave inspection **A17:** 203

Magnetic perturbation methods *See* Magnetic field testing

Magnetic phase diagrams
ferromagnetic resonance **A10:** 268

Magnetic polarization *See* intrinsic induction; Permanent magnet materials

Magnetic pole piece **A7:** 1105, 1106

Magnetic powder cores
ultrafine and nanophase powder applications **A7:** 76–77

Magnetic powder cores and ceramic magnets, specifications **A7:** 1099

Magnetic powder cores, coding methods for color identification of, specifications **A7:** 1099

Magnetic powders
electrozone analysis **A7:** 248

Magnetic printing *See also* Magnetic particle inspection
applications. **A17:** 125–126
brazed honeycomb panels. **A17:** 126
for elastic/plastic deformation detection . . **A17:** 126
procedure. **A17:** 125

Magnetic properties
actinide metals. **A2:** 1189–1198
alloying additions, effect. **A2:** 762
amorphous materials and metallic glasses **A2:** 815–816
and stress, in electromagnetic techniques. . **A17:** 159
and superconductivity. **A2:** 1035–1036
anisotropic Alnico alloys. **A15:** 739
annealed carbon steel **M1:** 150
cartridge brass. **A2:** 302
cast copper alloys. **A2:** 356–391
cast steels **M1:** 399
cemented carbides **A2:** 957–958
change, as source, nonrelevant indications **A17:** 105
cobalt and rare-earth permanent magnet materials **A2:** 788
effect of crystallographic texture on . . . **A9:** 700–701
effect of impurities. **A2:** 762
gilding metal **A2:** 295
HSM copper **A2:** 294
magnetic characterization. **A17:** 131–132
malleable iron **M1:** 31
maraging steels **M1:** 451
nickel plating **M3:** 182
nominal, permanent magnet materials **A2:** 792
of austenitic manganese steel **A1:** 837
of ductile iron **A1:** 51–52, **A15:** 663, **M1:** 53–54
of gray iron **A1:** 31, **M1:** 31
of high-alloy castings **A1:** 929
of Invar **A2:** 891
of iron-cobalt alloys. **A2:** 775–776
of steel castings. **A1:** 374
pure cobalt **A2:** 447
pure metals. **A2:** 1100–1178
rare earth metals **A2:** 1178–1189
red brass **A2:** 299
transplutonium actinide metals **A2:** 1200
white cast irons **M1:** 31
wrought aluminum and aluminum alloys . . . **A2:** 84, 87

Magnetic properties of P/M iron, specifications **A7:** 1007, 1008

Magnetic property
crack detection sensitivity. **A19:** 210
P/M materials. **A19:** 338

Magnetic pulse forming *See* Electromagnetic forming

Magnetic refrigerants
as rare earth application. **A2:** 730–731

Magnetic resonance *See also* Electron spin resonance; Resonance methods
defined **A10:** 676
field **A10:** 690
linewidth, symbol for **A10:** 692
principles of **A10:** 254
Magnetic resonance imaging (MRI)
application **A2:** 1027
with niobium-titanium superconducting materials **A2:** 1054–1055
Magnetic resonance sensors
for leakage field testing **A17:** 131
Magnetic rubber inspection *See also* Magnetic particle inspection **A17:** 122–125
advantages/limitations **A17:** 122
for areas of limited visual accessibility . . . **A17:** 123
for fatigue test monitoring **A17:** 125
indications, magnification of **A17:** 125
of castings **A17:** 525
of difficult-to-inspect shapes or sizes **A17:** 124–125
on coated surfaces **A17:** 123–124
procedure **A17:** 122–123
surface evaluation by **A17:** 125
Magnetic saturation
nickel-iron alloys **A2:** 770
Magnetic seal
defined **A18:** 12
Magnetic sector mass spectrometers **M7:** 258
Magnetic sensor housing applications
beryllium-copper alloys **A2:** 418–419
Magnetic separation **A1:** 1026
of seeds **M7:** 589–592
with niobium-titanium superconducting materials **A2:** 1057
Magnetic separation techniques **A20:** 260
Magnetic separator
for sand **A15:** 32
schematic **M7:** 589
Magnetic shielding
defined **A9:** 11
of magnetically soft materials **A2:** 761
Magnetic shields
powders used **M7:** 572
Magnetic spectrometer, and detector
EELS analysis **A10:** 435
Magnetic steel
cadmium plating **A5:** 224
Magnetic steels
sintering **M7:** 340
sintering atmospheres **A7:** 460
Magnetic storage **A20:** 620
Magnetic structure
determined by neutron diffraction **A10:** 420
refined by Rietveld method **A10:** 423
Magnetic susceptibility
cast copper alloys **A2:** 359
low, beryllium-copper alloys **A2:** 418–419
Magnetic switching
use in spark source mass spectrometry . . . **A10:** 144
Magnetic tape recorders
as eddy current inspection readout **A17:** 179
Magnetic temperature compensation
alloys for **A2:** 773–774
Magnetic test
quenching media **M4:** 61–62
Magnetic testing **A1:** 1029–1030
Magnetic testing methods
magnetically soft materials **A2:** 763–778
Magnetic thickness gages
paint dry film thickness tests **M5:** 491
Magnetic writing
as nonrelevant indication source **A17:** 106
Magnetically hard alloy
definition **A20:** 836
Magnetically induced velocity changes (MIVC)
for residual stress measurement **A17:** 161–162
for ultrasonic waves **A17:** 161–162
Magnetically soft alloy
definition **A20:** 836
Magnetically soft materials *See also* Soft magnetic alloys **A14:** 476–477
alloy classifications **A2:** 763–778
alloy selection, for power generation applications **A2:** 778–780
alloying additions **A2:** 762
and permanent magnet materials, compared **A2:** 784
corrosion resistance **A2:** 778
defined **A2:** 761
demagnetization resistance **A2:** 784
ferromagnetic properties **A2:** 761–763
grain size, maximizing **A2:** 763
heat treatment effects **A2:** 762–763
high-purity iron **A2:** 764–765
impurity effects **A2:** 762–763
iron-aluminum alloys **A2:** 769–770
iron-cobalt alloys **A2:** 774–776
low-carbon steels **A2:** 765–766
magnetic cores, design and fabrication **A2:** 780
magnetic testing methods **A2:** 763–778
motors and generators **A2:** 779
nickel alloy **A2:** 433
nickel-iron alloys **A2:** 770–774
residual stress, minimizing **A2:** 763
silicon iron bar and heavy strip **A2:** 769
silicon steels (flat-rolled products) **A2:** 766–769
stainless steels **A2:** 776–778, **M3:** 605, 607, 609, 610
stress effects **M3:** 609
temperature stability **M3:** 607, 608
transformers **A2:** 779–780
Magnetic-fixed probes
for film measurement **A13:** 417
Magnetic-force percussion welding **M6:** 740, 745
applications **M6:** 745
arc starters **M6:** 745
arc time **M6:** 745
weld areas **M6:** 745
welding force **M6:** 745
Magnetic-particle inspection . . . **A1:** 274–275, **M6:** 848
advantages and limitations **A11:** 16–17
applications **M6:** 827
as nondestructive fatigue test **A11:** 134
codes, standards, and specifications **M6:** 827
effect on fatigue fracture **A11:** 129
effect on fatigue strength **A11:** 128
fluorescent **A11:** 658
of electrogas welds **M6:** 244
of electroslag welds **M6:** 235
of rocket-motor case **A11:** 96
of slag inclusions **A11:** 322
surface effects **A12:** 77
Magnetic-particle testing (MPT) **A6:** 1081, 1082, 1083, 1085, 1086, 1087, 1088
resistance seam welds **A6:** 245
Magnetism
and permeability **A17:** 96
conversion factors **A8:** 722, **A10:** 686
effect in fatigue fracture **A11:** 129–130
fundamental concepts **M3:** 615–618
fundamentals of **A2:** 782, 784
in electrozone size analysis **M7:** 221
magabsorption measurement **A17:** 156–157
residual, defined **A17:** 100
Magnetite
as silica sand impurity **A15:** 208
chemical composition **A6:** 60
defined **A9:** 11
electrical properties **EM4:** 765
flame emission sources for **A10:** 29–30
for base metal conductors **EM4:** 1142
green hydrated or black anhydrous **A11:** 632
Miller numbers **A18:** 235
poor properties limiting its applications **EM4:** 1161
produced by spinel ferrite compositions **EM4:** 1162
specific properties imparted in CTV tubes **EM4:** 1040
Magnetite film
and stress-corrosion cracking **A19:** 487
Magnetite powder **A9:** 534
Hoeganaes process **M7:** 81
Magnetization *See also* Demagnetization; Magnetic properties; Magnetism; Magnets; Permanent magnet materials **M7:** 575–577
abbreviation for **A10:** 690
alternating and direct current **M7:** 576
as ferromagnetic resonance application **A10:** 271–272
circular **A17:** 90–91
curve, hysteresis **A17:** 99
curves **A2:** 787–788
curves, pure iron and nickel **A17:** 168
determined **A10:** 271–272
direct, in leakage field testing **A17:** 130
direction of **A17:** 110–111, 129
domain theory **A17:** 131–132
effective **A10:** 275, 690
equipment **M7:** 575–577
FMR measurement of **A10:** 267
for magnetic rubber inspection **A17:** 123
head-shot **A17:** 99
in magnetic painting **A17:** 127
indirect, in leakage field testing **A17:** 130
irreversible changes, permanent magnet materials **A2:** 795–797
longitudinal **A17:** 91, 130, **M7:** 576
methods **A17:** 91, 94, 110, 130
multidirectional **A17:** 93
net nuclear **A10:** 280
optimum **M7:** 575
optimum, leakage field testing **A17:** 130
prior to use, permanent magnet materials . . **A2:** 802
reversible changes, permanent magnet materials **A2:** 797–800
saturation **A17:** 131–132
saturation, as function of concentration . . . **A10:** 272
temperature dependence **A10:** 273
temperature effects **A2:** 798–801
total, defined **A2:** 761
yoke **A17:** 130
Magnetization, intensity of **A7:** 1006
Magnetized bar
defined **A17:** 90
Magnetized ring
defined **A17:** 90
Magnetizing current
alternating current **A17:** 92
direct current **A17:** 91–92
in magnetic particle inspection **A17:** 91–92
Magnetizing force
excessive **A17:** 105
Magnetoabsorption
as term **A17:** 144
Magnetoacoustic emission (MAE) **A19:** 214
Magnetocrystalline aniosotropy
FMR study of **A10:** 267
Magnetocrystalline anisotropy **A19:** 214
Magnetoelastic effect
defined **A17:** 159
Magnetographic sensors
for leakage field testing **A17:** 131
Magnetohydrodynamic casting
and SIMA process, compared **A15:** 332
as semisolid metalworking **A15:** 331
Magnetohydrodynamic lubrication
defined **A18:** 12
Magnetohydrodynamic (MHD) power generation
with niobium-titanium superconduction materials **A2:** 1057
Magnetometer
flux gate **A17:** 131
Magnetometers
defined **A10:** 676
vibrating sample, abbreviation for **A10:** 691

SUBJECTS OF THE INDEXED VOLUMES: ASM Handbook (designated by the letter "A"): **A1:** Properties and Selection: Irons, Steels, and High-Performance Alloys (1990); **A2:** Properties and Selection: Nonferrous Alloys and Special-Purpose Materials (1990); **A3:** Alloy Phase Diagrams (1992); **A4:** Heat Treating (1991); **A5:** Surface Engineering (1994); **A6:** Welding, Brazing, and Soldering (1993); **A7:** Powder Metal Technologies and Applications (1998); **A8:** Mechanical Testing (1985); **A9:** Metallography and Microstructures (1985); **A10:** Materials Characterization (1986); **A11:** Failure Analysis and Prevention (1986); **A12:** Fractography (1987); **A13:** Corrosion (1987); **A14:** Forming and Forging (1988); **A15:** Casting (1988); **A16:** Machining (1989); **A17:** Nondestructive Evaluation and Quality Control (1989); **A18:** Friction, Lubrication, and Wear Technology (1992); **A19:** Fatigue and Fracture (1996); **A20:** Materials Selection and Design (1997). **Metals Handbook, 9th Edition** (designated by the letter "M"): **M1:** Properties and Selection: Irons and Steels (1978); **M2:** Properties and Selection: Nonferrous Alloys and Pure Metals (1979); **M3:** Properties and Selection: Stainless Steels, Tool Materials, and Special-Purpose Materials (1980); **M4:** Heat Treating (1981); **M5:** Surface Cleaning, Finishing, and Coating (1982); **M6:** Welding, Brazing, and Soldering (1983); **M7:** Powder Metallurgy (1984). **Engineered Materials Handbook** (designated by the letters "EM"): **EM1:** Composites (1987); **EM2:** Engineering Plastics (1988); **EM3:** Adhesives and Sealants (1990); **EM4:** Ceramics and Glasses (1991). **Electronic Materials Handbook** (designated by the letters "EL"): **EL1:** Packaging (1989)

Magnetomotive force
electron-beam welding.................. A6: 42
Magnetomotive forces
hysteresis loops under................. A17: 147
Magneton
defined.............................. A10: 676
Magneto-optical Faraday effect
observation of magnetic domains......... A9: 535
Magneto-optical Kerr effect
observation of magnetic domains.... A9: 535–536
Magnetooptical materials
as rare earth application................. A2: 731
Magnetoplumbites..................... EM4: 18
Magnetoresistance
defined.............................. A17: 144
of copper in niobium-titanium superconducting
materials........................... A2: 1045
Magnetoresistive sensors
for leakage field testing................. A17: 131
Magnetorheological fluids................. A7: 1092
Magnetorheological solids................ A7: 1092
Magnetostatic modes
FMR eddy current probes............. A17: 220
Magnetostatics
equivalent physical quantities.......... EM1: 191
Magnetostriction
constants, effects in magabsorption
measurement....................... A17: 154
defined.............. A2: 761, A10: 676
transducers, ultrasonic inspection........ A17: 256
Magnetostrictive alloy
SAM analyzed........................ A10: 510
Magnetostrictive cavitation test device
defined.............................. A18: 12
Magnetostrictive methods
capabilities of........................ A10: 380
Magnetostrictive transducers.............. A5: 45
Magnetron deposition.............. A18: 841, 842
Magnetron sputter deposition..... A5: 577–579
ion plating............................ A5: 585
Magnetron sputtering.................... A7: 78
Magnetron sputtering systems........ M5: 413–415
Magnets *See also* Permanent magnet
materials........................ M7: 624–644
Chromidur ductile permanent, FIM/AP
analysis of.................... A10: 598–599
commercial designations and suppliers..... A2: 783
commercial, with A15 superconductors... A2: 1070
directional solidification used to develop
properties........................... A9: 701
in gas mass spectrometers......... A10: 153–154
in Zeeman-corrected spectrometer......... A10: 52
mass analyzer.................. A10: 153–154
permanent........................... M7: 17
rare earth applications............. A2: 729–731
saturation........................... A10: 255
superconducting..... A2: 1027–1029, 1054–1057
technology.......................... A2: 1028
Magnification
abbreviation for...................... A10: 690
and focusing, photomacrographic.... A12: 79–80
at the film plane for photomicroscopy...... A9: 84
borescopes........................... A17: 9
camera, detennining................... A12: 80
defined.............. A9: 11, A10: 676, A11: 6
defined, stereoscopic methods.......... A12: 196
effect, image analysis............ A10: 313–314
effect on inclusion volume fraction, image
analysis........................... A10: 314
error............................... A12: 196
field ion microscope.................. A10: 588
in macrophotography................... A9: 87
in SEM illuminating/imaging system.... A12: 167
miniborescopes....................... A17: 4
of an optical microscope.............. A9: 74–76
of indications, by magnetic rubber
inspection......................... A17: 125
of scanning electron microscopes......... A9: 89
projective, with microfocus x-ray sources
radiography........................ A17: 300
rigid borescopes...................... A17: 4
symbol for.......................... A10: 692
Magnification system of a transmission electron
microscope.......................... A9: 103
Magnified loading........................ A20: 93
Magnifiers
in visual leak testing.................. A17: 66

Magnitude of strain
as x-ray diffraction analysis........... A10: 325
Mahogany
as pattern material.................... A15: 194
Mail handling equipment
P/M parts for....................... M7: 667
Main bearing
defined.............................. A18: 12
Main bearing caps, P/M............ A7: 764, 766
Main effects
as variables..................... A17: 745–750
Main hoist shaft
fatigue cracking of.................... A11: 525
Main landing-gear deflection yoke
SCC failure of....................... A11: 23
Main metal zinc alloy
gravity castings....................... A2: 530
Main roll *See* Radial roll
Main steam line
cracks oriented to hoop stress
direction in...................... A11: 669
failure by thermal fatigue......... A11: 668–669
of power plant, cross section through weld
failure........................... A11: 668
of power-generating station,
failure of.................... A11: 667–668
Main-bearing journals, crankshaft
micrographs................... A11: 358–359
Mainframe computers *See also* Computers
multichip assemblies in............... EL1: 298
thermal conductivity.................. EL1: 308
Maintainability *See also* Maintenance;
Repair.............................. A20: 93
as material selection parameter......... EM1: 39
definition........................... A20: 836
Maintainability/repairability demonstration
MECSIP Task IV, component development and
system functional tests.............. A19: 587
Maintenance *See also* Maintainability; Repair
chemicals, hydrogen embrittlement
testing for.......................... A8: 541
costs, of composites.................. EM1: 259
costs, structural, probabilistic fracture mechanics
for predicting...................... A8: 682
of Brinell hardness testers.............. A8: 88
Maintenance costs..................... A20: 257
Maintenance, improper
and steam equipment failure........... A11: 603
Maintenance planning and task development
MECSIP Task V, integrity management data
package........................... A19: 587
Maintenance records service reporting
MECSIP Task VI, integrity management..A19: 587
Maintenance safety problems............. A20: 141
Major component analysis
analytical transmission electron
microscopy.................. A10: 429–489
atomic absorption spectrometry..... A10: 43–59
Auger electron spectroscopy...... A10: 549–567
classical wet analytical chemistry.... A10: 161–180
controlled-potential coulometry A10: 202, 207–211
electrochemical analysis........... A10: 181–211
electrogravimetry................ A10: 197–201
electrometric titration............. A10: 202–206
electron probe x-ray microanalysis...A10: 516–535
electron spin resonance........... A10: 253–266
elemental and functional group
analysis..................... A10: 212–220
field ion microscopy............... A10: 583–602
gas analysis by mass spectroscopy.... A10: 151–157
gas chromatography/mass
spectrometry................. A10: 639–648
inductively coupled plasma atomic emission
spectroscopy................... A10: 31–42
infrared spectroscopy............ A10: 109–125
ion chromatography.............. A10: 658–667
liquid chromatography............ A10: 649–657
low-energy ion-scattering
spectroscopy................. A10: 603–609
molecular fluorescence spectrometry..A10: 72–81
Mössbauer spectroscopy......... A10: 287–295
neutron diffraction............... A10: 420–426
of inorganics.................. A10: 4–6, 7, 8
of organics...................... A10: 9, 10
optical emission spectroscopy......... A10: 21–30
particle-induced x-ray emission...... A10: 102–108
potentiometric membrane electrodes A10: 181–187

Raman spectroscopy.............. A10: 126–138
Rutherford backscattering
spectrometry................. A10: 628–636
scanning electron microscopy...... A10: 490–515
secondary ion mass spectroscopy.... A10: 610–627
spark source mass spectrometry..... A10: 141–150
ultraviolet/visible absorption
spectroscopy................... A10: 60–71
voltammetry..................... A10: 188–196
x-ray diffraction................ A10: 325–332
x-ray photoelectron spectroscopy.... A10: 568–580
x-ray powder diffraction........... A10: 333–343
x-ray spectrometry................ A10: 82–101
Major mismatches, as term *See also* Coefficient of
thermal expansion; CTE-matched
materials.......................... EL1: 958
Make-break contacts *See also* Electrical contact
materials
arcing, property requirements for......... A2: 841
failure modes of.................. A2: 840–841
power circuits, recommended materials.... A2: 863
properties of composites for......... A2: 851–853
Maleic anhydride
hazardous air pollutant regulated by the Clean Air
Amendments of 1990................. A5: 913
Maleimide group
chemical groups and bond dissociation energies
used in plastics.................... A20: 441
Maleimide-terminated thermosetting
polymers.......................... EM2: 631
Malein-glycine
boron content and complexing agent effect on
internal stress in DMAB-reduced
deposits........................... A5: 298
Maleinized drying oils
for electrocoating..................... A5: 430
Malignant neoplastic lesions
as metal powder toxic reaction.......... M7: 201
Malleability *See also* Ductility..... A8: 8, A20: 337
defined.............................. A11: 6
definition........................... A20: 836
lead and lead alloys.................... A2: 545
of copper....................... A15: 26–27
of electrical contact materials........... A2: 841
Malleable cast iron.................... M1: 3, 9
annealing....................... M1: 57–63
applications............ M1: 57, 63, 70, 71, 73
brazing.................... M1: 66–67, 71
bull's-eye structure.............. M1: 60, 61
composition......................... M1: 58
corrosion resistance................... M1: 66
damping capacity.................... M1: 32
density............................. M1: 67
dimensional tolerances................. M1: 67
ductile iron, compared to.............. M1: 57
elevated-temperature properties M1: 65–66, 70–72
fatigue resistance............. M1: 65, 66, 70
general characteristics...... M1: 57–58, 64, 67–68
hardenability....................... M1: 71–73
heat treatment......... M1: 57–63, 68–71, 73
impact properties.............. M1: 65, 70–71
machinability......... M1: 55, 63, 66, 67, 71
magnetic properties................... M1: 31
manganese content, effects of..... M1: 58, 64, 73
mechanical properties.............. M1: 64–73
microstructure.............. M1: 9, 58–63, 66
mottle, control of..................... M1: 58
nodule count, control of............. M1: 59–60
oxidation resistance................... M1: 46
patternmakers' rules for............... M1: 33
physical properties.................... M1: 67
production method.................... M1: 9
shrinkage allowance.................. M1: 67
specifications.................. M1: 63–64, 68
sprocket, pearlitic, wear of............ M1: 628
surface hardening.................... M1: 73
uses............................... M1: 9
wear resistance....................... M1: 71
welding.................... M1: 66–67, 71
white iron, conversion from......... M1: 57–59
Malleable cast irons
unalloyed.......................... A13: 567
Malleable iron *See also* Cast iron; Cast irons;
Ferritic malleable iron; Pearlitic malleable iron;
White iron A1: 9–11, 71–84, A5: 683, 697–698,
A9: 245, A20: 379, 380
advantage of process.................. A20: 381

Malleable iron (continued)
air-carbon arc cutting **A6:** 1172, 1176
alloying elements **A1:** 10, 71–72
American blackheart, development **A15:** 30–31
annealing of **A1:** 71, 72–73
application, internal combustion engine parts **A18:** 553, 556, 557
application, piston ring materials **A18:** 557
applications **A1:** 73, 74, 83, 84, **A15:** 690–691, **A20:** 303, 379
arc welding **M6:** 315–316
arc welding of **A15:** 528
blackheart malleable iron **A1:** 74
brazeability **M6:** 996
cadmium plating **A5:** 215
castability rating **A20:** 303
castings, dry blasting **A5:** 59
castings, inspection of **A15:** 556
castings, markets for **A15:** 42, 44
castings, properties **A15:** 693
chemical composition **A6:** 906
classification by commercial designation, microstructure, and fracture **A5:** 683
compared to ductile iron **A1:** 71
composition limits **M6:** 309
composition of **A1:** 5, 9–10, 71–72
control of mottle **A1:** 71
control of nodule count **A1:** 73–74
cooling rate of **A1:** 10
damping capacity **A1:** 82, 84
defined **A15:** 8
development of **A15:** 30–31
dip brazing **A6:** 338
fatigue and fracture properties of . . . **A19:** 675–677, 678
ferritic **A15:** 691–693
ferritic, dynamic tear energy **A19:** 677
ferritic malleable iron **A1:** 75–76
alloying elements **A1:** 75
corrosion resistance **A1:** 76
fatigue limit **A1:** 75
fracture toughness **A1:** 75–76, 80
graphite content **A1:** 75
heat treatment **A1:** 75
microstructure **A1:** 72
modulus of elasticity **A1:** 75
stress-rupture plot **A1:** 75
tensile properties **A1:** 73, 75
welding and brazing of **A1:** 76
gear materials, surface treatment and minimum surface hardness **A18:** 261
grades of **A1:** 73, 74
graphite shape effect on dynamic fracture toughness, ferritic grades **A19:** 672
graphite shape effect on fracture toughness, pearlitic grades **A19:** 672
heat treatment of **A1:** 10–11, 75, 76–80
hot dip galvanized coatings **A5:** 366
liquid treatment of **A1:** 10
machinability rating **A20:** 303
martensitic **A15:** 693–697
melting practices **A1:** 72, **A15:** 686–687
metallurgical factors **A1:** 71
microstructure **A1:** 72, 76, 77, **A15:** 687–690, **A18:** 695, 700–701, **A20:** 379
oxyacetylene braze welding **M6:** 596–598
oxyacetylene welding **M6:** 604–605
oxyacetylene welding of **A15:** 531
pearlitic **A15:** 693–697
pearlitic-martensitic malleable irons **A1:** 76–84
Charpy V-notch impact energy **A1:** 81
compressive strength **A1:** 82
fatigue properties **A1:** 81
fracture toughness **A1:** 74, 80, 82
hardness **A1:** 80–82
heat treatment **A1:** 76–80
mechanical properties at elevated temperatures **A1:** 80, 82
microstructure **A1:** 76, 77
modulus of elasticity **A1:** 82
shear strength **A1:** 82
stress-rupture plot **A1:** 81
tempering times **A1:** 80
tensile properties **A1:** 73, 78, 79, 82
torsional strength **A1:** 11–80, 82
unnotched fatigue limits **A1:** 81, 83
wear resistance **A1:** 83, 84
welding and brazing of **A1:** 83–84
properties **A18:** 695
properties of **A1:** 73, 74–83
rotating-bending fatigue strength **A19:** 676
rotating-bending fatigue strength versus tensile strength **A19:** 667
solidification of **A1:** 72
thermal expansion coefficient **A6:** 907
types of **A1:** 74–75
weldability rating **A20:** 303
welding metallurgy **A15:** 520–521, **M6:** 308
whiteheart malleable iron **A1:** 74
Malleable iron castings
inspection of **A17:** 531–532
Malleable iron, heat treating
annealing **M4:** 552
bainitic **M4:** 554
hardening **M4:** 552–553, 554
hardness, ferritic **M4:** 555
hardness, pearlitic **M4:** 555
martempering **M4:** 553
tempering **M4:** 553, 554, 555
Malleable Iron Research Institute **A15:** 34
Malleable iron rocker lever
failed **A11:** 350–352
Malleable irons *See also* Cast irons
boring **A16:** 167, 655
broaching **A16:** 206, 656
centerless grinding **A16:** 665
corrosion of **A11:** 200, 350–352
counterboring **A16:** 660
cutting fluid effect on tool life **A16:** 652
cylindrical grinding **A16:** 664
drilling **A16:** 229, 230, 658
dry machining **A16:** 392
end milling **A16:** 663
face milling **A16:** 662
fractographs **A12:** 238–239
fracture/failure causes illustrated **A12:** 216
honing **A16:** 477
internal grinding **A16:** 665
milling **A16:** 97, 327
planing **A16:** 657, 660
reaming **A16:** 248, 659
spotfacing **A16:** 660
surface grinding **A16:** 664
tapping **A16:** 263, 265, 661
turning **A16:** 94, 653, 654
turret and engine lathes for machining . . . **A16:** 383
Malleable irons, heat treating **A4:** 693–696
annealing **A4:** 693, 694, 695
bainitic **A4:** 695
examples **A4:** 695–696
first-stage graphitization (FSG) **A4:** 693
hardening **A4:** 693, 694–696
hardness, ferritic **A4:** 694–695, 696
hardness, pearlitic **A4:** 694–696
manufacture with charcoal-based atmospheres **A4:** 562, 563
martempering **A4:** 695
second-stage graphitization (SSG) **A4:** 693
tempering **A4:** 693, 694–695, 696
Malleable irons, specific grades
32510, machining. . . . **A16:** 362, 649, 650, 653–656, 658–663
35018, machining **A16:** 362, 653–663
40010, machining **A16:** 653–659, 661, 662, 664
45006, machining **A16:** 653–659, 661, 662, 664
45008, machining **A16:** 653–659, 661, 662, 664
48004, matrix microstructure effect on tool life **A16:** 650
50005, machining **A16:** 2, 664
53004, contour band sawing **A16:** 362
60003, contour band sawing **A16:** 362
60003, matrix microstructure effect on tool life **A16:** 650
ASTM 80002, matrix microstructure effect on tool life **A16:** 650
M3210, machining **A16:** 362, 653–663
M4504, machining . . . **A16:** 653–659, 661, 662, 664
M5003, machining . . . **A16:** 653–659, 661, 662, 664
Malleable irons, specific types
32510 grade
composition **A4:** 696
hardness **A4:** 696
45007 grade
composition **A4:** 696
hardness **A4:** 696
45010 grade
composition **A4:** 696
hardness **A4:** 695–696
60003 grade
composition **A4:** 696
hardness **A4:** 696
80002 grade
composition **A4:** 696
hardness **A4:** 695, 696
Malleable irons, speciric types
ASTM A47 grade 32510, fracture sequence **A12:** 238
ASTM A220 grade 50005, microcracking **A12:** 239
Malleable nodular iron
weldability rating by various processes . . . **A20:** 306
Malleable/nodular iron
piston ring material, surface engineering . . . **A5:** 688
Malleable/nodular iron, application
piston ring materials **A18:** 557
Malleableizing
defined **A9:** 11
Malleablizing *See also* White iron
defined **A15:** 8
Malonate
boron content and complexing agent effect on internal stress in DMAB-reduced deposits **A5:** 298
Management *See also* Human factors; Personnel; Safety
functions, in quality control **A17:** 719–720
NDE reliability system **A17:** 674–675
role, NDE reliability **A17:** 680
Mandate (manufacturing data exchange) **A20:** 504
Mandelbrot fractal dimension **A12:** 213
Mandelic acid
as narrow-range precipitant **A10:** 169
Mandrel **M7:** 7
and elastomeric bag, for titanium alloys . . . **M7:** 750
defined **EM1:** 15
definition **A5:** 961
elastomeric, design/fabrication **EM1:** 593–594
for tube rolling **EM1:** 573
in filament winding **EM1:** 135
preparation, filament winding **EM1:** 505–507
removal, filament winding **EM1:** 507
stress-relaxation bend test **A8:** 326
-type wipe bending device **A8:** 125
use, in electroformed nickel tooling **EM1:** 582–584
Mandrel forging *See also* Forging **A14:** 70–71
defined **A14:** 8
of aluminum alloy **A14:** 244
shapes of **A14:** 61
wrought aluminum alloy **A2:** 34
Mandrel swaging
and drilling, combined **A14:** 141
of tubes **A14:** 137–138
Mandrel test **A5:** 181, 188
hard chromium plating bath **M5:** 174–175, 183
Mandrels *See also* Tube drawing dies. **EM2:** 26, 374–375
ball **A14:** 667
carburization cracking **A11:** 576, 583

defined . . . A14: 8
effect on machine capacity . . . A14: 137–138
fluted, for gun barrel bore . . . A14: 138–139
for bending . . . A14: 666
for manual spinning . . . A14: 599–600
for power spinning of cones . . . A14: 602
for tube spinning . . . A14: 676–677
for tube swaging . . . A14: 137, 138
full-length, for tube swaging . . . A14: 137
lubricants for . . . A14: 140
materials for . . . A14: 668
moving, drawing with . . . A14: 331, 335–336
plug and formed . . . A14: 667
radial forging over . . . A14: 146
tolerances, swaging bar/tube . . . A14: 140
tube bending with . . . A14: 666–668
tube bending without . . . A14: 668
tube swaging with . . . A14: 137–139
tube swaging without . . . A14: 134–137
types using blind fasteners . . . A11: 546

Maneuver-dominated load spectrum . . . A19: 123

Manganese *See also* Ferromanganese; Manganese cast steels; Manganese steels
added to reduce solubility product in austenite . . . A4: 245
addition affecting stainless steel machinability . . . A16: 689, 690
addition effects on aluminum alloy fracture toughness . . . A19: 385, 386
addition to ductile cast iron . . . A6: 709
addition to low-alloy steels for pressure vessels and piping . . . A6: 667
additions . . . A8: 487, 489
alloying addition to heat-treatable aluminum alloys . . . A6: 528
alloying, aluminum casting alloys . . . A2: 132
alloying effect in titanium alloys . . . A6: 508
alloying effect on nickel-base alloys . . . A6: 589, 590
alloying effects on copper alloys . . . M6: 402
alloying effects, stainless steels . . . A13: 550
alloying in aluminum alloys . . . M6: 373
alloying, wrought aluminum alloy . . . A2: 53–54
as a beta stabilizer in titanium alloys . . . A9: 458
as a carbide former in steel . . . A9: 178
as addition to aluminum alloys . . . A4: 843
as addition to austenitic manganese steel castings . . . A9: 239
as addition to austenitic stainless steels . . . A20: 377
as addition to nickel-iron alloys for electrodes . . . A6: 717–718, 719
as alloying element affecting temper embrittlement of steels . . . A19: 620
as alloying element, effect on susceptibility to stress-corrosion cracking of two low-alloy steels . . . A19: 486
as alloying element in aluminum alloys . . . A20: 384–385
as an addition to low-carbon electrical steels . . . A9: 537
as an addition to nickel-iron alloys . . . A9: 538
as an addition to permanent magnet alloys . . . A9: 538–539
as an austenite-stabilizing element in steel . . . A9: 177–178
as an austenite-stabilizing element in wrought stainless steels . . . A9: 283
as austenite stabilizer . . . A13: 47
as essential metal . . . A2: 1250, 1252–1253
at elevated-temperature service . . . A1: 640
availability of . . . A1: 1021
biologic effects and toxicity . . . A2: 1252–1253
cause of temper embrittlement . . . A4: 135
complexation titration for . . . A10: 174
content effect on carbon steels . . . A19: 617, 620
content effect on solidification cracking . . . A6: 90
content effect on stress-corrosion cracking . . . A19: 486
content in carbon steels and alloy steels . . A16: 670, 672
content in heat-treatable low-alloy (HTLA) steels . . . A6: 670
content in HSLA Q&T steels . . . A6: 665
content in stainless steels . . . M6: 320, 322
content in tool and die steels . . . A6: 674
content in ultrahigh-strength low-alloy steels . . . A6: 673
content loss in electrodes after rebaking . . . A6: 415
content of weld deposits . . . A6: 675
-copper alloys, isolation of manganese in A10: 174
cost per unit mass . . . A20: 302
cost per unit volume . . . A20: 302
deoxidizing, copper and copper alloys . . . A2: 236
determined by controlled-potential coulometry . . . A10: 209
determined in stainless steel . . . A10: 146
distribution in pearlite . . . A9: 661
effect of, on hardenability . . . A1: 393, 394, 395
effect of, on machinability of carbon steels A1: 598
effect of, on notch toughness . . . A1: 740
effect on base metal color matching in aluminum alloys . . . A6: 730
effect on borided steels . . . A4: 441
effect on Curie point . . . A4: 187
effect on hardness of tempered martensite A4: 124, 128–129
effect on maraging steels . . . A4: 222, 224
effect on oxidation resistance in cobalt-base heat-resistant casting alloys . . . A9: 334
effect on sigma formation in ferritic stainless steels . . . A9: 285
effect, shape memory effect (SME) alloys . . A2: 900
effect, ternary iron-base alloys . . . A15: 65
electroslag welding, reactions . . . A6: 273, 274, 278
elemental sputtering yields for 500 eV ions . . . A5: 574
enameling ground coat . . . EM3: 304
erosion resistance . . . A18: 228
evaporation fields for . . . A10: 587
flux composition effect . . . A6: 57, 58
formation of intermetallic phases in austenitic stainless steels . . . A9: 284
functions in FCAW electrodes . . . A6: 188
gamma spectrum radionuclide . . . A18: 326
grain size effect and alloying effect on cyclic stress-strain responses . . . A19: 610
high-Mn steels, drilling . . . A16: 220, 221, 229
ICP-determined in plant tissues . . . A10: 41
in active fluxes for submerged arc welding A6: 204
in alloy cast irons . . . A1: 87
in aluminum alloys . . . A15: 746
in aluminum-silicon alloys . . . A18: 786, 788
in austenitic manganese steel . . . A1: 822–824, 825
in austenitic stainless steels . . . A6: 457, 458, 461, 462, 463
in cast iron . . . A1: 5, 28
in chilled iron . . . A15: 30
in compacted graphite iron . . . A1: 59
in composition, effect on ductile iron A4: 686, 689
in composition, effect on flame hardening A4: 277
in composition, effect on gray irons . . A4: 670, 671, 672, 673, 678
in copper alloys . . . A6: 753
in cupolas . . . A15: 388, 390
in ductile iron . . . A1: 43, A15: 648, 649
in enamel cover coats . . . EM3: 304
in ferrite . . . A1: 402, 406
in hardfacing alloys . . . A18: 759, 760
in heat-resistant alloys . . . A4: 510
in high-alloy white irons . . . A15: 680
in iron-base alloys, flame AAS analysis for A10: 56
in laser cladding material . . . A18: 867
in limestone . . . EM4: 379
in low-carbon steel forgings double normalized . . . A4: 39
in magnesium alloys . . . A9: 427
in malleable iron . . . A1: 10
in moly-manganese paste process . . . EM3: 304
in nickel-chromium white irons . . . A15: 680
in P/M alloys . . . A1: 810
in powder metallurgy steels . . . A9: 503
in stainless steels . . . A18: 712, 714
in steel . . . A1: 144, 576–577
in steel weldments . . . A6: 416–417, 418, 419
in structural steels . . . A1: 407
in tool steels . . . A18: 734, 735–736, A16: 52, 53
in wrought stainless steels . . . A1: 872
in zinc alloys . . . A15: 788
in zirconium alloys, by periodate method . . A10: 69
induction hardening cracking tendency . . . A4: 202
inorganic fluxes for . . . A6: 980
interference with copper . . . A10: 201
isolation of ferromanganese in . . . A10: 174
isotope composition and intensity . . . A10: 146
loss effect on welding parameters . . . A6: 68
malleable iron content composition limits . . A4: 694
microalloying of . . . A14: 220
oxygen cutting, effect on . . . M6: 898
photometric analysis methods . . . A10: 64
pickup in submerged arc welding . . . M6: 116
pure . . . M2: 768
pure, properties . . . A2: 1135
recovery from selected electrode covering . . . A6: 60
redox titration . . . A10: 175
relationship to hot cracking . . . M6: 833
relationship to toughness . . . M6: 42
roll welding . . . A6: 314
segregation, in dual-phase steels . . . A10: 483
species weighed in gravimetry . . . A10: 172
spraying for hardfacing . . . M6: 789
strain-life behavior as influenced by grain size and alloying . . . A19: 610
submerged arc welding . . . A6: 206, M6: 115
effect on cracking . . . M6: 128
promotion of acicular ferrite . . . M6: 117
transfer due to flux content . . . M6: 124–125
suitability for cladding combinations . . . M6: 691
sulfur scavenging by . . . A15: 18
TNAA detection limits . . . A10: 237
to form simple and complex carbides . . . A16: 667
to improve hardenability in carburized steels . . . A4: 366
toxicity . . . A6: 1195, 1196
use in flux cored electrodes . . . M6: 103
vapor pressure . . . A4: 493, 494
vapor pressure, relation to temperature . . . A4: 495
volumetric procedures for . . . A10: 175
wear resistance of austenitic steels related to content . . . A18: 708
weighed as the phosphate . . . A10: 171
weld-metal content, underwater welding . . . A6: 1010–1011
with silicon, and stress-corrosion cracking A19: 488

Manganese acetate
effect on removal rate of PMMA from tape-cast films . . . EM4: 137

Manganese alloys
weld overlay material . . . M6: 807

Manganese alloys powders
oxidation . . . A7: 43

Manganese brass
resistance spot welding . . . A6: 850

Manganese bronze *See also* Copper casting alloys; High-strength manganese bronze; Leaded manganese bronze; Manganese toxicity
applications and properties . . . A2: 225
as high-shrinkage foundry alloy . . . A2: 346
foundry properties for sand casting . . . A2: 348
freezing range . . . A2: 348
galvanic series for seawater . . . A20: 551
high-strength, applications . . . A2: 355
melt treatment . . . A15: 774
nominal composition . . . A2: 347
properties and applications . . . A2: 367–370
recycling . . . A2: 1214
shrinkage allowances . . . A15: 303

Manganese bronze A
weldability . . . A6: 753

Manganese bronzes
shielded metal arc welding . . . A6: 755

Manganese cast steels . . . A15: 32, 303, 535, 716

Manganese compounds
hazardous air pollutant regulated by the Clean Air Amendments of 1990 . . . A5: 913

Manganese conversion coating
for shafts . . . A11: 482

Manganese diffusion coating
for wear resistance . . . M1: 635

Manganese dioxide
as colorant . . . EM4: 380
deposited by potentiostatic etching . . . A9: 146
sulfur dioxide removal in high-temperature combustion by . . . A10: 222

Manganese dioxide (MnO_2)
in composition of melted silicate frits for high-temperature service ceramic coatings A5: 470
in composition of unmelted frit batches for high-temperature service silicate-based coatings . . . A5: 470
XPS spectrum . . . A18: 447

Manganese dioxide/pyrolusite (MnO_2)
purpose for use in glass manufacture . . . EM4: 381

Manganese dispersoids **A19:** 140
Manganese ferrite **EM4:** 59
Manganese hydrated salt coating
alternative conversion coat technology,
status of **A5:** 928
Manganese impurities
effect on fracture toughness of aluminum
alloys **A19:** 385
Manganese in cast iron **M1:** 78
depth of chill **M1:** 77
ductile iron **M1:** 38, 41, 54
gray iron **M1:** 28
malleable iron **M1:** 58, 64, 73
Manganese in stainless steels **M3:** 57
Manganese in steel
castings **M1:** 384, 386–391, 394, 399
constructional steels for elevated
temperature use **M1:** 647
distribution in steel plate **M1:** 189, 195–196
hardenability affected by **M1:** 477
hardenable steels **M1:** 456
hydrogen solubility, effect on **M1:** 687
machinability of resulfurized steels **M1:** 573
modified low-carbon steels **M1:** 161–162
notch toughness, improvement of **M1:** 194,
692–694, 697
sheet, effect on formability **M1:** 553–554
temper embrittlement, role in **M1:** 684
Manganese iron phosphate
antifriction applications **A5:** 396, 397
rustproofing applications **A5:** 396, 397
Manganese oxide
chemical analysis. **M7:** 256
function and composition for mild steel SMAW
electrode coatings **A6:** 60
inclusions in iron **A12:** 221
metal-to-metal oxide equilibria. **M7:** 340
with iron oxide causing internal reflection **A9:** 184
with manganese sulfide tails. **A9:** 184
Manganese oxysulfide
effect in low-carbon steel **A12:** 249
Manganese phosphate coating **M5:** 435–439,
441–444, 448, 450–451, 455–456
characteristics of **M5:** 435
crystal structure **M5:** 450–451, 455
equipment **M5:** 445, 448, 451, 453
immersion systems **M5:** 435, 438, 440
iron concentration and removal **M5:** 443
solution composition and operating
conditions. . **M5:** 435, 443–445, 448, 451, 453
wear-resistance applications **M5:** 436–437
weight, coating **M5:** 435–437, 448, 451
Manganese phosphate coatings **A5:** 378–379, 381,
382, 383, 384, 385, 387, 388, 390–391, 392–
393, 394
corrosion protection by **M1:** 754
corrosion resistance of selected metal
finishes **A5:** 398
steel sheet **M1:** 174
Manganese phosphates
as conversion coating **A13:** 387
Manganese pneumonitis
from manganese toxicity. **A2:** 1253
Manganese powder
as fuel source **A7:** 1089, 1090
brittle cathode process. **A7:** 71
content effect on oxidation during water
atomization **A7:** 43
effect on aluminum-alloy powders **A7:** 156
effect on powder compressibility **A7:** 303
electrodeposition. **A7:** 70
for prealloyed powders **A7:** 322
in steel powders **A7:** 123
liquid phase sintering **A7:** 474, 475
milling **A7:** 58
tap density. **A7:** 295
Manganese, powdered (for use in ammunition),
specifications **A7:** 1098

Manganese powders
brittle cathode process **M7:** 72
composition-depth profiles **M7:** 256
containing low alloy steel powder **M7:** 101
metal-to-metal oxide equilibria. **M7:** 340
pyrotechnic requirements. **M7:** 601
requirements **M7:** 602
tap density **M7:** 277
Manganese selenides
in austenitic stainless steels **A9:** 284
in electrical steels **A9:** 537
in type 303 stainless steel **A9:** 291
Manganese silicate
flux viscosity, and weld surface pocking **A6:** 60
fluxes used for SAW applications **A6:** 62
Manganese silicon steels powder
sintering **A7:** 474
Manganese stainless steels
inclusion content **A6:** 1018
Manganese steel powder
sintering **A7:** 474, 475
Manganese steels *See also* Manganese; Manganese
cast steels
abrasive wear **A18:** 190, 705
applications **A18:** 759
austenitic, properties **A18:** 759
fretting wear (1.5%) **A18:** 250
hardfacing alloys for **A6:** 790, 791
hardfacing material for mining and mineral
industry applications (14 wt%). **A18:** 653
impact resistance and abrasion resistance
properties **A18:** 759
SAE-AISI system of designations for carbon and
alloy steels **A5:** 704
shrinkage allowance **A15:** 303
wear resistance relation to toughness **A18:** 707
wear-resistant, weldability. **A15:** 535
Manganese steels, specific types
16MnCr5 steel
carburized. **A18:** 864
case-hardened **A18:** 864
nitrided. **A18:** 864
20MnCr5, nominal compositions **A18:** 725
Manganese sulfide **A7:** 673, 675, 676, 677
admixed to improve machinability **A7:** 106
as addition to powder forged steel . . . **A7:** 813–814,
815, 816
as addition to stainless steel powders **A7:** 781
as inclusion **A11:** 322
content in P/M materials **A16:** 884, 885, 886, 888,
889
field-activated sintering **A7:** 587
free-machining steel additive. . . **A16:** 672, 673, 674,
675, 676, 677
in austenitic manganese steel castings **A9:** 239
inclusions **A12:** 221, 263
in electrical steels **A9:** 537
in free-machining powder metallurgy steels **A9:** 510
in free-machining stainless steels **A16:** 685, 686
in free-machining steels **A7:** 727, 738
in steel **A9:** 625–626, 628
in type 303 stainless, steel **A9:** 291
in wrought stainless steels, sulfur printing to
reveal **A9:** 279
inclusions . . . **A19:** 66, 198, 200, 201, 203, 204, 695
and corrosion fatigue **A19:** 194–195
and fracture in steels **A19:** 30
and hydrogen-induced cracking **A19:** 479, 480
cracking/decohesion **A19:** 30
Manganese sulfide + alumina (MnS + Al_2O_3)
as inclusion, appearance and frequency of
butterflies. **A19:** 695
Manganese sulfide, content
and ductility in hot torsion tests **A8:** 166
Manganese sulfide inclusions, in tool steels
effects of **A9:** 258
Manganese sulfide stringers
in 1213 steel **A9:** 627

Manganese sulfide tails
in manganese oxide **A9:** 184
Manganese sulfides
as inclusions. **A15:** 92, 633
Manganese toxicity
chronic manganese poisoning. **A2:** 1253
manganese pneumonitis **A2:** 1253
Manganese, vapor pressure
relation to temperature **M4:** 310
Manganese zinc
residual stresses **A5:** 150
Manganese-alumina-pink corundum
inorganic pigment to impart color to ceramic
coatings **A5:** 881
Manganese-aluminum bronze *See also* Cast copper
alloys
properties and applications. **A2:** 386
Manganese-aluminum compound in magnesium
alloys **A9:** 427
Manganese-antimony-titanium buff rutile
inorganic pigment to impart color to ceramic
coatings **A5:** 881
Manganese-bearing dispersoids **A19:** 139
Manganese-bismuth films
study by Kerr effect. **A9:** 535
Manganese-bronze (high tensile)
filler metals **A6:** 756
relative solderability as a function of
flux type. **A6:** 129
Manganese-chromium steel powders **A7:** 125
Manganese-chromium-molybdenum-boron alloys
SCC resistance **A13:** 535
Manganese-copper
loss coefficient vs. Young's modulus **A20:** 267,
273–275
Manganese-copper alloys
martensitic structures **A9:** 673
Manganese-ferrite black spinel
inorganic pigment to impart color to ceramic
coatings **A5:** 881
Manganese-gold alloys
martensitic structures **A9:** 673
Manganese-modified zinc phosphate **A13:** 386
Manganese-molybdenum cast steels **A1:** 373
as low-alloy **A15:** 716
Manganese-molybdenum powder **A7:** 753
Manganese-molybdenum steel
fatigue and fracture properties **A19:** 655, 660, 661,
663, 664
Manganese-molybdenum steel, flux-cored arc welding
designator **A6:** 189
Manganese-nickel-aluminum bronzes
shielded metal arc welding **A6:** 755
Manganese-nickel-chromium-molybdenum cast
steels **A1:** 373
as low-alloy **A15:** 716
Manganese-nickel-chromium-molybdenum- niobium alloys
SCC resistance **A13:** 535
Manganese-zinc ferrites **A9:** 538
Manganese-zinc (MnZn) ferrite **EM4:** 18
applications **EM4:** 199
frequency ranges. **EM4:** 1162
permeability **EM4:** 1162
precipitation process **EM4:** 59, 60
processing **EM4:** 1163
resistivity **EM4:** 1162
saturation flux density. **EM4:** 1162
solid-state sintering **EM4:** 277–278
variation with temperature **EM4:** 1163, 1164
Manganin gages
for Hugoniot elastic limit measurement. . . . **A8:** 211
Manganins *See also* Electrical resistance alloys
properties and applications **A2:** 823, 825
Manganism
as chronic manganese poisoning **A2:** 1253
Manhattan-type routing patterns **EL1:** 76
Manifold
definition **M6:** 11

SUBJECTS OF THE INDEXED VOLUMES: ASM Handbook (designated by the letter "A"): **A1:** Properties and Selection: Irons, Steels, and High-Performance Alloys (1990); **A2:** Properties and Selection: Nonferrous Alloys and Special-Purpose Materials (1990); **A3:** Alloy Phase Diagrams (1992); **A4:** Heat Treating (1991); **A5:** Surface Engineering (1994); **A6:** Welding, Brazing, and Soldering (1993); **A7:** Powder Metal Technologies and Applications (1998); **A8:** Mechanical Testing (1985); **A9:** Metallography and Microstructures (1985); **A10:** Materials Characterization (1986); **A11:** Failure Analysis and Prevention (1986); **A12:** Fractography (1987); **A13:** Corrosion (1987); **A14:** Forming and Forging (1988); **A15:** Casting (1988); **A16:** Machining (1989); **A17:** Nondestructive Evaluation and Quality Control (1989); **A18:** Friction, Lubrication, and Wear Technology (1992); **A19:** Fatigue and Fracture (1996); **A20:** Materials Selection and Design (1997). **Metals Handbook, 9th Edition** (designated by the letter "M"): **M1:** Properties and Selection: Irons and Steels (1978); **M2:** Properties and Selection: Nonferrous Alloys and Pure Metals (1979); **M3:** Properties and Selection: Stainless Steels, Tool Materials, and Special-Purpose Materials (1980); **M4:** Heat Treating (1981); **M5:** Surface Cleaning, Finishing, and Coating (1982); **M6:** Welding, Brazing, and Soldering (1983); **M7:** Powder Metallurgy (1984). **Engineered Materials Handbook** (designated by the letters "EM"): **EM1:** Composites (1987); **EM2:** Engineering Plastics (1988); **EM3:** Adhesives and Sealants (1990); **EM4:** Ceramics and Glasses (1991). **Electronic Materials Handbook** (designated by the letters "EL"): **EL1:** Packaging (1989)

Manifolds for hydraulic cam lobe motors. . . . **A7:** 1103
Manipulators **A14:** 8, 63
Man-made (synthetic) diamond
definition. **A5:** 961
Manned spacecraft
and space shuttle orbiter **A13:** 1058–1075
atomic oxygen in low earth orbit
effects. **A13:** 1099–1100
case histories **A13:** 1075–1100
crevice corrosion **A13:** 1080–1082
filiform corrosion. **A13:** 1076
fretting corrosion **A13:** 1082
galvanic corrosion **A13:** 1076–1079
high-temperature gaseous
corrosion **A13:** 1092–1094
hydrogen embrittlement **A13:** 1087–1092
intergranular corrosion **A13:** 1079–1080
liquid-metal cracking **A13:** 1094–1097
mechanical systems of **A13:** 1072–1074
oxygen ignition in **A13:** 1092
pitting attack **A13:** 1075–1076
precipitation, corrosion products . . **A13:** 1097–1099
stress-corrosion cracking. **A13:** 1082–1087
Mannesmann Demag powders **A7:** 125–126
Mannesmann Effect
in open-die forging. **A14:** 61
Mannesmann process
defined **A14:** 8
Mannich bases **EM3:** 95
Mannich products
dispersants **A18:** 99, 100
Manometer **A7:** 277–278
Lea and Nurse permeability
apparatus with **M7:** 264
Manometers
as leak detectors **A17:** 67
Manson-Haferd parameter *See also* Time
temperature parameters
extrapolation abilities **A8:** 335
time-temperature **A8:** 333–334
Manson-Succop parameter *See also* Time
temperature parameters **A20:** 581
extrapolation abilities **A8:** 335
for time-temperature **A8:** 333–334
Man-Ten steel **A19:** 246
transmission history. **A19:** 261
Manual arc welding. **A18:** 644
Manual associativity **A20:** 160
Manual bending
machines, for bar. **A14:** 661–662
of wire **A14:** 695–696
Manual brazing
definition **M6:** 11
Manual inspection
of printed circuits **EL1:** 127
Manual lay-up *See also* Hand lay-up **EM1:** 602–604
compacting **EM1:** 604
flat tape **EM1:** 624
mold release **EM1:** 602–603
orientation accuracy **EM1:** 603–604
ply count **EM1:** 603
ply flipping **EM1:** 602–603
resin removal **EM1:** 604
tape/fabric prepregs, compared **EM1:** 602
Manual metal arc (MMA) welding **A6:** 82
Manual oxygen cutting
definition **M6:** 11
Manual peening
as straightening. **A14:** 681
Manual polishing *See* Hand polishing
Manual powder torch welding **A6:** 800, 801, **A7:** 1076
for hardfacing **M7:** 834–835
Manual radiographic Rim processing
steps. **A17:** 351–353
Manual soldering
flexible printed boards **EL1:** 590
Manual spinning *See also* Spinning . . . **A14:** 559–600
applicability. **A14:** 599
equipment **A14:** 599–600
of magnesium alloys **A14:** 828–829
practice **A14:** 600
stainless steels. **A14:** 771–772
tools **A14:** 600
Manual straightening **A14:** 680–681
Manual systems **A20:** 127
Manual torch brazing **A6:** 121
Manual transmission synchronizer gear
and keys **M7:** 617, 619
Manual turret lathes **A16:** 370–371
Manual ultrasonic inspection
of boilers/pressure vessels **A17:** 649
Manual weighing and mixing **EM3:** 687–688
disadvantages **EM3:** 687–688
Manual welding
definition **A6:** 1211, **M6:** 11
Manufacturability *See also* Design for
manufacturability (DFM); Manufacture and
assembly; Manufacturing **A20:** 104
design materials, and. **EL1:** 1
of level 1 packages **EL1:** 403
of printed boards. **EL1:** 608–609
Manufacture *See also* Assembly and manufacture;
Die making; Fabrication
and assembly, design for **EL1:** 119–126
commercial, of glass-to-metal seal hybrid
packages. **EL1:** 458
die, for hot-die/isothermal forging. **A14:** 154
forging, tasks of **A14:** 409–410
of blanks **A14:** 120
of superplastic metals **A14:** 867–868
Manufacture and assembly *See also*
Manufacturability; Manufacturing
design for **EL1:** 119–126
design for manufacturability **EL1:** 120–125
early manufacturing involvement (EMI) . . **EL1:** 125
future directions **EL1:** 125–126
historical background **EL1:** 119–120
value engineering. **EL1:** 120–121
Manufacture, design for *See* Design for manufacture
and assembly
Manufactured components and assemblies
boilers and related equipment,
failures of **A11:** 602–627
bridge components, failures of **A11:** 707–714
gears, failures of. **A11:** 586–601
heat exchangers, failures of **A11:** 628–642
lifting equipment, failures of **A11:** 514–528
locomotive axles, failures of **A11:** 715–727
mechanical fasteners, failures of **A11:** 529–549
metallic orthopedic implants,
failures of **A11:** 670–694
pipelines, failures of **A11:** 695–706
pressure vessels, failures of **A11:** 643–669
rolling-element bearings, failures of . . **A11:** 490–513
shafts, failures of **A11:** 459–482
sliding bearings, failures of **A11:** 483–489
springs, failures of **A11:** 550–562
tools and dies, failures of. **A11:** 563–585
Manufactured unit **EM3:** 18
Manufacturers, gallium arsenide ingot
wafer, devices **A2:** 748
Manufacturers, literature
as information source **EM2:** 92
Manufacturers' wire
annealed low-carbon steel **M1:** 264
Manufacturing *See also* Fabrication; In-process
inspection; Manufacturability; Manufacture and
assembly; Production
additive, rigid printed wiring boards **EL1:** 549
bottom-brazed flatpacks **EL1:** 993
capabilities, and material selection **EM1:** 38–39
competition, by quality design and
control **A17:** 719
costs, of surface-mount components. **EL1:** 730
defect and device failure analysis. . . . **EL1:** 917–918
definition **A20:** 669, 836
design requirements for. **EM1:** 182
early involvement (EMI) **EL1:** 125
effect, wiring design **EL1:** 581
effects, microvoids as **EL1:** 83
effects, of PWB structures **EL1:** 81–82
epoxy materials **EL1:** 831–836
factors, high-frequency digital systems. **EL1:** 82
first-level package **EL1:** 991
flexible printed boards **EL1:** 581–584
goals. **EL1:** 632
limitations, high-frequency digital systems **EL1:** 80
management, functions, quality
control **A17:** 719–720
of eutectic die attach. **EL1:** 215
of lead frame strip **EL1:** 483–484
of polymer die attach **EL1:** 220
perspective, of quality control. **A17:** 719–720
phase, environmental stress
screening **EL1:** 876–877
printed board. **EL1:** 505, 539–540, 869–874
printed circuit **EL1:** 540–548
process control, acoustic emission
inspection **A17:** 289–290
processes used, types of **A20:** 669
quality control in. **EL1:** 869–874
-related failures, silicon nodules . . . **EL1:** 1016–1017
test, system-level **EL1:** 373–374
time-frame, for new products **EL1:** 390
variables, conformal coatings. **EL1:** 762
Manufacturing and design,
introduction to **A20:** 669–675
assembly processes. **A20:** 672–673
design for assembly (DFA). **A20:** 674
design for life-cycle manufacturing. **A20:** 674
design for manufacture practices **A20:** 674–675
design for quality. **A20:** 674
design for "X" (DFX) methods. **A20:** 674
design process reengineering. **A20:** 670
failure mode and effects analysis (FMEA) **A20:** 675
group technology (GT) **A20:** 675
integrated design systems **A20:** 670
interaction between design and
manufacturing. **A20:** 674
machining **A20:** 672
manufacturing enterprise **A20:** 669–670
manufacturing processes. **A20:** 671–672
mass-conserving processes. **A20:** 672
mass-reducing processes **A20:** 672
material-process model **A20:** 671
near-net-shape processes **A20:** 672
new product introduction cycle. **A20:** 670–671
objectives. **A20:** 669
order-to-delivery cycle **A20:** 670, 671
process-driven design **A20:** 674–675
processes used in manufacture, types of . . **A20:** 669
product architecture **A20:** 670–671
product complexity vs. level of
automation **A20:** 674
product complexity vs. production
volume **A20:** 673
production systems **A20:** 673–674
schematic of one material process type . . . **A20:** 671
science base. **A20:** 670
shape-replication processes **A20:** 672
shearing processes **A20:** 672
standardization **A20:** 675
standardization and rationalization. **A20:** 675
strategies to reduce lead time and order-to-delivery
cycle **A20:** 671
value engineering. **A20:** 675
Manufacturing cells, as application
coordinate measuring machine. **A17:** 18
Manufacturing cost estimating. **A20:** 716–722
complexity theory **A20:** 717, 719–721, 722
concepts. **A20:** 716–717
cost allocation. **A20:** 716
cost estimation recommendations **A20:** 722
database commonality. **A20:** 716
domain limitation **A20:** 716
elements of cost **A20:** 717
empirical methods of **A20:** 717, 718–719
example: assembly estimate for riveted
parts **A20:** 719
example: manual assembly of a pneumatic
piston **A20:** 719, 720, 721–722
example: sheet metal parts, cost
estimates for **A20:** 718–719
methods of cost estimations. **A20:** 717
parametric methods. **A20:** 717–718
Manufacturing costs **A20:** 257
Manufacturing economy *See* Economy in
manufacture
Manufacturing extrapolation model. **A20:** 258
Manufacturing flexibility
definition. **A20:** 836
Manufacturing Handbook and Buyers'
Guide **EM3:** 66
as information source **EM2:** 92
Manufacturing lead time (MLT) **A20:** 671
definition. **A20:** 836
Manufacturing perturbation **A20:** 106
Manufacturing practices
cleaning **A11:** 126–127, 616, 630
drilling **A11:** 123

Manufacturing practices (continued)
grinding **A11:** 89–92, 125, 472–474, 567–569
identification marking **A11:** 130, 331, 472–473, 529, 531
machining **A11:** 85, 89–92, 122, 362, 459, 472, 750–752
magnetic-particle inspection **A11:** 16–17, 96, 128–129, 134, 322, 658
plating **A11:** 24, 43–45, 126, 308, 450, 459
secondary, and failure of heat exchangers **A11:** 629
straightening **A11:** 88, 125–126
surface compression **A11:** 125–126
welding **A11:** 127, 411–449
Manufacturing practices, effects of, on notch toughness **A1:** 742
cast steels **A1:** 746–747
wrought steels **A1:** 741, 742–746
Manufacturing, Process, and Quality controls
ENSIP Task II, design analysis material characterization and development tests **A19:** 585
Manufacturing process selection *See also* Manufacturing processes; Processing; Secondary manufacturing processes **EM2:** 277–404
design detail factors **EM2:** 288–292
economic factors **EM2:** 293–301
function/properties factors **EM2:** 279–287
introduction **EM2:** 277–278
shape factors **EM2:** 288–292
size factors **EM2:** 288–292
surface requirement factors **EM2:** 302–307
Manufacturing processes *See also* Fabrication; Manufacturing process selection; Processing; Production; Secondary manufacturing processes **EM1:** 497–663
aerospace **EM1:** 575–663
autoclave cure systems **EM1:** 645–648
autoclave molding tooling for **EM1:** 578–581
automated integrated system for **EM1:** 636–638
automated ply lamination **EM1:** 639–641
blow molding **EM2:** 352–359
boron fiber **EM1:** 58–59
braiding **EM1:** 519–518
carbon fiber **EM1:** 49–50
class of **A20:** 246, 247
compression molding **EM1:** 559–563, **EM2:** 302–303
compression molding and stamping **EM2:** 324–337
computer-controlled ply cutting/labeling **EM1:** 619–623
computerized autoclave cure control **EM1:** 649–653
consumer product **EM1:** 554–574
contoured tape laying **EM1:** 631–635
curing BMI resins **EM1:** 657–661
curing polyimide resins **EM1:** 662–663
discontinuous fibers **EM1:** 120–121
effect on design process **EM1:** 428–431
elastomeric tooling **EM1:** 590–601
electroformed nickel tooling **EM1:** 582–585
errors, as failure cause **EM1:** 767
fiber preforms/resin injection **EM1:** 529–532
filament winding . . . **EM1:** 503–518, **EM2:** 368–377
flat tape laying **EM1:** 624–630
for composite structures, cost drivers in **EM1:** 419–427
for epoxy resins **EM1:** 66–67, 654–656
hand lay-up **EM2:** 338–343
injection molding **EM1:** 555–558
introduction **EM1:** 497
manual lay-up **EM1:** 602–604
material control in **EM1:** 741–742
mechanically assisted lay-up **EM1:** 605–607
of glass fibers **EM1:** 45
personnel, interfaces with design/tooling personnel **EM1:** 428–431
preparation for cure **EM1:** 642–644
prepreg molding **EM2:** 338–343
prepreg tow **EM1:** 151
process modeling and optimization **EM1:** 499–502
pultrusion **EM1:** 533–543, **EM2:** 289–398
rating of characteristics **A20:** 299
resin transfer molding **EM1:** 564–568, **EM2:** 349–351
rotational molding **EM2:** 360–367
scale for rating **A20:** 298
sheet molding compound **EM1:** 141–142
spray-up **EM2:** 338–343
structural reaction injection molding **EM2:** 344–351
thermoforming **EM2:** 303, 399–403
thermoplastic extrusion **EM2:** 303, 378–388
thermoplastic injection molding **EM2:** 302, 308–318
thermoplastic matrix processing **EM1:** 544–553
thermoset injection molding . . . **EM2:** 302, 319–323
thermosetting pultrusion **EM2:** 303
tooling effects **EM1:** 430
tooling, for autoclave molding **EM1:** 578–581
tube rolling **EM1:** 569–574
ultrasonic ply cutting **EM1:** 615–618
unidirectional tape prepregs **EM1:** 143
wound tube **EM1:** 135
Manufacturing processes and their selection **A20:** 687–704
abrasive machining **A20:** 696
additives, effects of **A20:** 700
adhesive bonding **A20:** 698
bending **A20:** 693
bulk deformation processes **A20:** 691–693
carbon-matrix composites **A20:** 702
casting **A20:** 701
casting processes **A20:** 687, 689–690
casting processes, characteristics of **A20:** 687
ceramic-matrix composites **A20:** 702
ceramics processing **A20:** 697, 698–699
cold welding **A20:** 697
composites, machining of **A20:** 702
composites, manufacture of **A20:** 701–702
compression molding **A20:** 701
deformation processes **A20:** 691–693
diffusion bonding **A20:** 697
drawing **A20:** 692, 694
elastomers **A20:** 700
electrical discharge machining **A20:** 696
electric-arc welding **A20:** 698
electromagnetic forming **A20:** 694
etching **A20:** 696
expendable-mold processes **A20:** 690
expendable-pattern casting **A20:** 690
explosive forming **A20:** 694
extrusion **A20:** 692–693
forge welding **A20:** 697
forging **A20:** 693
friction welding **A20:** 697
fusion welding processes, characteristics of **A20:** 696
glass processing **A20:** 698, 699
high-energy-beam processes **A20:** 696
high-energy-beam welding **A20:** 698
hydroforming **A20:** 694
injection molding **A20:** 701
injection molding of polymer-matrix composites **A20:** 701–702
joining processes **A20:** 696–697
liquid-solid-state bonding **A20:** 698
liquid-state (fusion) welding **A20:** 697–698
machining of plastics **A20:** 701
machining processes **A20:** 695–696
manufacturing process selection: example, spool shape **A20:** 702–703
mechanical joining **A20:** 697
melt processing **A20:** 700
metal cutting **A20:** 695–696
metal-matrix composites **A20:** 702
multi-point machining **A20:** 696
noncutting processes **A20:** 696
open-face molding, of polymer-matrix composites **A20:** 701
permanent-mold processes **A20:** 689, 690–691
plaster casting **A20:** 687, 690
polymer manufacturing processes, characteristics of **A20:** 700
polymer processing **A20:** 699–701
polymer-matrix composites **A20:** 701–702
polymers, types of **A20:** 699–700
powder processing **A20:** 694–695, 700
prepreg resins of polymer-matrix composites **A20:** 701
process attributes **A20:** 688
processes for both thermoplastics and thermosets **A20:** 701
processes restricted to thermoplastic polymers **A20:** 700–701
product considerations **A20:** 688–689
production volume of product **A20:** 689
pultrusion, of polymer matrix composites **A20:** 702
reaction injection molding (RIM) **A20:** 701
reinforcements, effects of **A20:** 700
resin-bonded sand casting **A20:** 690
resistance welding **A20:** 698
rolling **A20:** 689, 692
rotational molding **A20:** 701
rubber forming **A20:** 694
rubbery-state processing **A20:** 700–701
sand casting **A20:** 687, 690
shape complexity of product **A20:** 688–689
shearing **A20:** 693
sheet metalworking processes . . . **A20:** 691, 693–694
single-point machining **A20:** 696
size of product **A20:** 688
solid-state welding **A20:** 697
special forming processes **A20:** 694
spinning **A20:** 694
stretch drawing **A20:** 694
stretch forming **A20:** 693–694
surface finish of product **A20:** 689, 690
surface topography, effects of **A20:** 700
thermal welding **A20:** 698
thermoplastic polymers **A20:** 700
thermosetting polymers **A20:** 700
tolerances of products **A20:** 689
transfer molding **A20:** 701
Manufacturing processes, modeling of *See* Modeling of manufacturing processes
Manufacturing records
shafts **A11:** 460
Manufacturing systems, flexible *See* Flexible manufacturing systems
Manufacturing time
standard deviation of **A20:** 720
Manufacturing use of adhesives
introduction to facility and equipment requirements **EM3:** 681–682
Manufacturing-to-cost (MTC) process **EM1:** 419, 423
Many-beam theory **A18:** 388
Map meshing **A20:** 184
Mapp gas
for oxyfuel gas cutting **A14:** 724
Mapped meshing **A20:** 182
Mapping *See also* Dot mapping; Elemental mapping; X-ray maps
analog **A10:** 525–528
chemical state, Auger electron spectroscopy **A10:** 555–556
compositional, electron probe x-ray microanalysis **A10:** 516, 525–529
elemental, Auger electron spectroscopy (AES) **EL1:** 1079
physically large systems **EL1:** 2
two-dimensional topographic **A10:** 372
Mapping applied to fracture studies **A9:** 99
Maps
phosphorus **A12:** 349
photogrammetry for **A12:** 197
sulfur **A12:** 349

SUBJECTS OF THE INDEXED VOLUMES: ASM Handbook (designated by the letter "A"): **A1:** Properties and Selection: Irons, Steels, and High-Performance Alloys (1990); **A2:** Properties and Selection: Nonferrous Alloys and Special-Purpose Materials (1990); **A3:** Alloy Phase Diagrams (1992); **A4:** Heat Treating (1991); **A5:** Surface Engineering (1994); **A6:** Welding, Brazing, and Soldering (1993); **A7:** Powder Metal Technologies and Applications (1998); **A8:** Mechanical Testing (1985); **A9:** Metallography and Microstructures (1985); **A10:** Materials Characterization (1986); **A11:** Failure Analysis and Prevention (1986); **A12:** Fractography (1987); **A13:** Corrosion (1987); **A14:** Forming and Forging (1988); **A15:** Casting (1988); **A16:** Machining (1989); **A17:** Nondestructive Evaluation and Quality Control (1989); **A18:** Friction, Lubrication, and Wear Technology (1992); **A19:** Fatigue and Fracture (1996); **A20:** Materials Selection and Design (1997). **Metals Handbook, 9th Edition** (designated by the letter "M"): **M1:** Properties and Selection: Irons and Steels (1978); **M2:** Properties and Selection: Nonferrous Alloys and Pure Metals (1979); **M3:** Properties and Selection: Stainless Steels, Tool Materials, and Special-Purpose Materials (1980); **M4:** Heat Treating (1981); **M5:** Surface Cleaning, Finishing, and Coating (1982); **M6:** Welding, Brazing, and Soldering (1983); **M7:** Powder Metallurgy (1984). **Engineered Materials Handbook** (designated by the letters "EM"): **EM1:** Composites (1987); **EM2:** Engineering Plastics (1988); **EM3:** Adhesives and Sealants (1990); **EM4:** Ceramics and Glasses (1991). **Electronic Materials Handbook** (designated by the letters "EL"): **EL1:** Packaging (1989)

x-ray **A12:** 167, 473
Maraging steel
18% Ni (300 CVM), gas nitrided, different I etchants compared **A9:** 228
constitutional liquation **A6:** 75
etchants for **A9:** 218
for case hardening, composition of **A9:** 219
for pressure bar construction **A8:** 200
friction welding **A6:** 152, 153
low-temperature solid-state welding ... **A6:** 300, 301
SCC environments **A8:** 526
void sheet formation **A8:** 479
Maraging steels *See also* Maraging steels, specific types; Steel(s) **A1:** 793–800, **M1:** 445–452
age hardening **A1:** 793–794, **A4:** 220, 221, 222, 223, 224, 225, 226–227, **M1:** 445–446, 448, 449, **M4:** 130–131, 132
aging **A20:** 376
alloy content **A20:** 376
alloy steels **A19:** 618
applications **A1:** 800, **A20:** 376, **M1:** 451
bainitic formation **A4:** 219
cleaning **A5:** 771–772
cleaning after heat treatment **A4:** 228, **M4:** 132
cobalt-free, grain-boundary precipitates ... **A12:** 183
cobalt-free high-titanium, thermal embrittled **A12:** 136, 154
commercial alloys **A1:** 795
commercial alloys, composition **M1:** 447
composites, fracture toughness **A19:** 32
composition **A4:** 219, 220
compositions **A5:** 771, 772, **A20:** 364
corrosion resistance **M1:** 450–451
critical stress required to cause a crack to grow **A19:** 135
cyclic versus monotonic yield strengths ... **A19:** 606
description **A5:** 771
dimensional stability **M1:** 448, 451
effects of section thickness on fracture toughness **A11:** 54
electrical resistivity **A4:** 223–224
embrittlement **M1:** 446, 447, 448, 451
for hot-forging dies **A18:** 625
fractographs **A12:** 383–387
fracture resistance of **A19:** 382–383
fracture strength-ductility combinations attainable in commercial steels **A19:** 608
fracture toughness **M1:** 445, 448, 449, 450
fracture/failure causes illustrated **A12:** 217
grit blasting **A5:** 771
heat treating **A4:** 219–228, **M4:** 130–132
heat treatment **M1:** 445–448
hydrogen-stress cracking and loss of tensile ductility **A1:** 715–716
ion nitriding **A5:** 772, 773
K_{Iscc} values **M1:** 451
liquid-erosion resistance **A11:** 167
machining **M1:** 447
martensite aging **A4:** 222–224
martensite formation **A4:** 219, 220–222
mechanical properties **A1:** 799, **A4:** 220, 226, **M1:** 448, 449–451
metalworking fluid selection guide for finishing operations **A5:** 158
molten salt corrosion **A13:** 53
nickel plating **A5:** 772
nitriding **A5:** 772, 773
nitriding of **M1:** 448, 541
notch toughness **M1:** 450, 451, 697, 701
overaging **A4:** 220, 222, 223–224, 227, 228, **M4:** 131
overaging, effects of **M1:** 446, 448
phase transformations **A4:** 220, **M4:** 130, 131
physical metallurgy **A1:** 793–795, **M1:** 445
physical properties **A1:** 800, **M1:** 451
pickling **A5:** 771
powder metallurgy products **M1:** 449
processing **M1:** 447–449
cold working **A1:** 795
heat treating **A1:** 795–797
hot working **A1:** 795
machining **A1:** 795
melting **A1:** 795
powder metallurgy products **A1:** 798–799
surface treatment **A1:** 797–798
welding **A1:** 798
properties **A20:** 374, 375–376
relationship between ΔK_{th} and the square root of the area **A19:** 166
resistance to corrosion and stress corrosion **A1:** 799
service temperature of die materials in forging **A18:** 625
shallow dimples **A12:** 14
solution treatment **A4:** 224–225, 226, **M4:** 131–132
stress-corrosion cracking ... **A19:** 487, **M1:** 450–451
stress-corrosion cracking in **A11:** 218
surface treatment **M1:** 448, 450–451
surface treatments **A5:** 771–772, 773
then-nal embrittlement **A12:** 136, 154
thermal cycling **A4:** 225–226
thermal embrittlement **A4:** 225
thermal embrittlement of **A1:** 697–698
threshold stress intensity **A19:** 645, 649
tool applications **M3:** 446–447, 513
tooling use **A4:** 765–766
transition fatigue life as a function of hardness **A19:** 607
welding **M1:** 445, 446, 449, 563
yield strength **A19:** 12
yield strengths **A4:** 219, 221, 224, 227
Maraging steels, 18Ni
cryogenic service **A6:** 1017
yield strength vs. fracture toughness **A6:** 1017
Maraging steels, specific types
12-5-3 (180), composition **A5:** 772
12Ni (1240 MPa), corrosion fatigue crack growth data **A19:** 643
12Ni-5Cr-3Mo, composition effect on corrosion fatigue crack growth rates **A19:** 647
18% Ni grade 300, fibrous fracture **A12:** 383
18% Ni grade 300, fracture toughness **A12:** 385
18% Ni grade 300, low-cycle fatigue fracture **A12:** 386
18% Ni grade 300, slow-bend fracture **A12:** 387
18% Ni grade 300, tensile-test fracture ... **A12:** 384
18Ni
alloying effects on fracture toughness ... **A19:** 647, 648
maraging, fracture toughness correlated to yield strength **A19:** 616
room temperature fracture toughness ... **A19:** 623
room-temperature fracture toughness ... **A19:** 623
strain-life behavior **A19:** 609
strain-life curves **A19:** 607
stress-strain behavior **A19:** 605, 606
18Ni (200) **A5:** 771
composition **A5:** 772, **M4:** 130
heat treatment **M4:** 132
mechanical properties **M4:** 132
18Ni (250) **A5:** 771
composition **A5:** 772, **M4:** 130
heat treatment **M4:** 132
mechanical properties **M4:** 132
18Ni (300) **A5:** 771
composition **A5:** 772, **M4:** 130
heat treatment **M4:** 132
mechanical properties **M4:** 132
18Ni (350) **A5:** 771
composition **A5:** 772, **M4:** 130
heat treatment **M4:** 132
mechanical properties **M4:** 132
18Ni (1720 MPa), corrosion fatigue crack growth data **A19:** 643
18Ni (cast) **A5:** 771
composition **A5:** 772, **M4:** 130
heat treatment **M4:** 132
mechanical properties **M4:** 132
18Ni, heat treatment **A4:** 219
18Ni(200)
composition **A4:** 220
hardness **A4:** 766
heat treatment **A4:** 220, 221, 224, 226, 766
mechanical properties **A4:** 220, 226
molybdenum-bearing precipitate **A4:** 223
yield strengths **A4:** 219
18Ni(250)
cold work effect on fasteners **A4:** 228
composition **A4:** 220, **M1:** 447
density **M1:** 145
electrical resistivity **M1:** 150–151
hardness **A4:** 766
heat treatment .. **A4:** 220, 221, 224, 226, 227, 766
mechanical properties **A4:** 220, 226, 227
microstructure **A4:** 221, 222
molybdenum-bearing precipitate **A4:** 223
seizure resistance **M1:** 611
solution annealing **A4:** 225, 226
tensile properties **A4:** 225
thermal conductivity **M1:** 148
thermal expansion **M1:** 146–147
yield strengths **A4:** 219
18Ni(300)
composition **A4:** 219, 220
hardness **A4:** 766
heat treatment **A4:** 220, 221, 224, 226, 766
mechanical properties **A4:** 220, 226
molybdenum-bearing precipitate **A4:** 223
solution annealing **A4:** 225, 226
yield strength **A4:** 219, 223
18Ni(300) composition **M1:** 447
18Ni-300 grade
stress-corrosion cracking **A19:** 488
void sheet nucleation **A19:** 30, 31
18Ni(350)
composition **A4:** 219, 220
hardness **A4:** 766
heat treatment **A4:** 220, 221, 226, 766
mechanical properties **A4:** 226
molybdenum-bearing precipitate **A4:** 223
short-range ordering **A4:** 222
18Ni(cast)
composition **A4:** 220
mechanical properties **A4:** 226
18Ni-Marage 200, room-temperature fracture toughness **A19:** 623
18Ni-Marage 250, room-temperature fracture toughness **A19:** 624
18Ni-Marage 300, room-temperature fracture toughness **A19:** 624
18Ni-Marage 350, room-temperature fracture toughness **A19:** 624
cobalt-free 18Ni (200) **A5:** 771
composition **A5:** 772
cobalt-free 18Ni (250) **A5:** 771
composition **A5:** 772
cobalt-free 18Ni (300) **A5:** 771
composition **A5:** 772
grade 250
fracture toughness value for engineering alloy **A19:** 377
void sheet nucleation **A19:** 30, 31
grade 300, plane stress **A19:** 375
grade 350, maximum safe flaw size **A19:** 376
low-cobalt 18Ni (250) **A5:** 771
composition **A5:** 772
Ni-Co-Mo, room-temperature fracture toughness **A19:** 623
Marandet-Sanz
three-step Charpy/fracture toughness correlation **A8:** 265
Marandet-Sanz correlation
Charpy/K_{Ic} correlations for steels, and transition temperature regime **A19:** 405
Marangoni convection (surface-tension-driven thermocapillary flow) **A6:** 19, 264
Marangoni force **A20:** 713
Marangoni stress **A20:** 713
Marble
chemical composition **A6:** 60
drilling **A16:** 230
Marble grinding balls **M7:** 58
Marble melt process
for glass fibers **EM1:** 45
Marble's reagent as an etchant for
beryllium-containing alloys **A9:** 394
heat-resistant casting alloys **A9:** 330
nitrided steels **A9:** 218
permanent magnet alloys **A9:** 533
wrought heat-resistant alloys **A9:** 307
MARC computer program for structural analysis **EM1:** 268, 271
MARC software program
for heat analysis problems **A15:** 861
Marcel Dekker, Inc.
as information source **EM2:** 93
Marciniak biaxial stretching test **A8:** 558
Marciniak in-plane sheet torsion test
as shear test **A8:** 559–560
Marform process **A14:** 9, 607–608
defined **A14:** 9

Marform process (continued)
presses **A14:** 607
procedure **A14:** 608
tools **A14:** 607–608
Margarite **EM4:** 6
Marginal fracture **A18:** 669
Marginal oscillator magabsorption detector **A17:** 150–152
Marine
applications for stainless steels **M7:** 731
atmospheres, corrosion in **A11:** 193, 209
environment, titanium test panels for **M7:** 681
equipment, with self-lubricating bearings . . **M7:** 705
organisms, corrosion and fouling by **A11:** 191
Marine applications *See also* Boating; Saltwater corrosion resistance **EM1:** 837–844
aluminum and aluminum alloys **A2:** 11
cobalt-base wear-resistant alloys **A2:** 451
composite masts **EM1:** 841
hovercraft **EM1:** 839
HSLA steels **M1:** 406
hydrofoils **EM1:** 839
laminated sailcloths **EM1:** 841–842
mine warfare vessels **EM1:** 837
navigational aids **EM1:** 839
offshore engineering **EM1:** 839
passenger ferries **EM1:** 839
pleasure boats/luxury yachts **EM1:** 841
powerboats **EM1:** 839–840
racing yachts **EM1:** 840–841
ship hulls **EM1:** 837–838
sonar domes **EM1:** 838
submarine structures **EM1:** 838
submersibles **EM1:** 838–839
titanium and titanium alloys **A2:** 588
unsaturated polyesters **EM2:** 246
Marine atmosphere
organic coatings selected for corrosion resistance **A5:** 423
zinc and galvanized steel corrosion **A5:** 363
Marine atmospheres *See also* Atmospheres; Atmospheric corrosion; Marine corrosion; Seawater **A13:** 902–906
alloy content and **A13:** 906
alloy steel corrosion in **A13:** 542–544
carbon dioxide in **A13:** 904
chloride airborne contamination **A13:** 903
corrosion data, various metals/alloys **A13:** 915–916
corrosion rates, copper/copper alloys **A13:** 616
crevice corrosion by **A13:** 112
galvanic couples, magnesium/magnesium alloys **A13:** 746
galvanized coatings **A13:** 440
location, corrosion effects **A13:** 904–905
low-alloy steel corrosion in **A13:** 541
moisture of **A13:** 902–903
nickel-chromium/copper-nickel-chromium coatings **A13:** 430
orientation (to earth's surface), effects **A13:** 905
rusting of various coatings in **A13:** 778
SCC of aluminum alloys in **A13:** 265
stainless steel corrosion in **A13:** 303, 555
sulfur dioxide as airborne contaminant **A13:** 903–904
sunlight effects **A13:** 905
telephone cables in **A13:** 1127
temperature effects **A13:** 905
time effects **A13:** 906
wind effects **A13:** 905–906
zinc/zinc alloys and coatings in **A13:** 757
Marine corrosion *See also* Atmospheres; Marine atmospheres; Seawater **A13:** 893–926
by seawater **A13:** 893–902
cathodic protection **A13:** 919–924
in marine atmospheres **A13:** 902–906
metallic coatings for **A13:** 906–912
organic coatings for **A13:** 912–918
Marine environment
alternate immersion test for Al SCC-susceptibility in **A8:** 523
stress-corrosion cracking in **A8:** 499
Marine environments *See also* Environment
classification **A13:** 1255
corrosivity **A13:** 510–511
crevice corrosion in stainless steels **A13:** 303
general biological corrosion in **A13:** 88
types **A13:** 893
Marine equipment, cast iron
coatings for **M1:** 104, 105
Marine structures
tidal zones/immersion depth **A13:** 542
Marine vessel
asset loss risk as a function of equipment type **A19:** 468
Marion-Cohen technique
plane-stress elastic model **A10:** 384
Marker-and-Cell software programs **A15:** 867, 871–872
Market categorization **A20:** 27
Market research **A20:** 25
Market segments **A20:** 25
Market Share Reporter **A20:** 25
Market(s) *See also* Applications **EM3:** 44–47, 76–77
aircraft/aerospace industry **EM3:** 44
and technology trends, thick-film hybrids **EL1:** 386–389
appliance **EM3:** 46
auto sealant **EM3:** 57
automotive **EM3:** 45–46
casting, development **A15:** 34
construction **EM3:** 46–47, 56–58
consumer products **EM3:** 47, 56–58
for copper and copper-based powders **M7:** 572
for hybrids **EL1:** 381, 384
for iron powders **M7:** 571
for medical and military applications **EL1:** 389
for resin binder processes **A15:** 215
pressure-sensitive adhesives (PSA) **EM3:** 47
sealants **EM3:** 56
woodworking **EM3:** 46
worldwide, telecommunications **EL1:** 384–385
Marking
and electrochemical machining **A16:** 533
as vitreous dielectric application **EL1:** 109
MAR-M 200
composition **M4:** 653
MAR-M 247
composition **M4:** 653
MAR-M 509
composition **M4:** 653
MAR-M200
composition **A4:** 795, **A16:** 737
machining **A16:** 738, 741–743, 746–758
MAR-M246
composition **A4:** 795, **A16:** 737
machining **A16:** 738, 741–743, 746–757
MAR-M246+Hf
aging cycle **A4:** 812
MAR-M247
aging cycle **A4:** 812
composition **A4:** 795
MAR-M302
composition **A4:** 795, **A6:** 929, **A16:** 737
machining **A16:** 738, 741–743, 746–758
MAR-M322
composition **A4:** 795, **A6:** 929, **A16:** 737
machining **A16:** 738, 741–743, 746–757
MAR-M432
machining **A16:** 757, 758
MAR-M-509
composition **A4:** 795, **A6:** 929, **A16:** 737
machining **A16:** 738, 741–743, 746–758
material for jet engine components **A18:** 588
MAR-M905
machining **A16:** 757, 758
MAR-M918
composition **A4:** 795, **A6:** 573, 929
Marongoni effect **A6:** 468
Marongoni surface tension gradient induced convection forces **A6:** 46
MARSE, as parameter
acoustic emission inspection **A17:** 282–283
Marsh, A.L
as metallurgist **A15:** 32
Marshall's reagent as an etchant for
carbon and alloy steels **A9:** 169–170
electrical steels **A9:** 531
Martempering **A1:** 455, 457, **M1:** 431, 460
defined **A9:** 11
effect on distortion **A11:** 141
gray iron **M4:** 537–539
Martempering of steel *See* Steel, martempering
Martensite *See also* Strain-induced martensite **A1:** 127, 133–134, **A20:** 348, 372–376, 377, 378
acicular needles of **A12:** 328
aging **A20:** 376
arc welds of cast irons **M6:** 313
as brittle material, possible ductile phases **A19:** 389
as-quenched hardness affected by **M1:** 472, 478–480
at tip of failed shear blade **A11:** 575, 583
carbon content, influence on as-quenched hardness . . . **M1:** 457, 458, 529, 530, 561, 607–608
case structure of carburized or carbonitrided parts **M1:** 533, 534, 538
defined **A9:** 11, **A13:** 9
definition **A20:** 836
effect, ferritic stainless steels **A13:** 127
effect, intergranular corrosion, austenitic stainless steels **A13:** 124–125
effect of carbon content **M6:** 247–248
effect with hardness on abrasion resistance **A20:** 474
fatigue resistance, effect on **M1:** 675, 676
ferrous **A9:** 668–672
formation **A13:** 47, **M6:** 247–248
formation during TRIP process **A19:** 29–30
formation during welding **M1:** 561–563
formation, symbols for **A11:** 797
fretting wear **A18:** 248
grain size effect on strength of **A1:** 393
Hall-Petch relationship **A20:** 374, 377
hardness of **A1:** 394
hydrogen embrittlement of **M1:** 687
in austenitic manganese steel castings **A9:** 239
in austenitic stainless steels **A9:** 283
in carbon and alloy steels, etching to reveal **A9:** 170
in carbon and alloy steels, microstructure . . **A9:** 178
in cast iron **M1:** 6, 7, 9, 563–564
in cast irons **A13:** 566
in precipitation-hardenable stainless steels **A9:** 285
in stainless steels, resulting from plastic deformation **A9:** 66
in titanium and titanium alloys **A9:** 460–461
in uranium alloys **A9:** 476–477, 485–486
lath **A20:** 373, 374, 375, 376, 377
maraging steels **A20:** 375–376
microstructure **A20:** 372–373, 374–375, 376
mixed lath and plate **A20:** 373, 375
neutron embrittlement susceptibility to . . . **M1:** 686
nonferrous **A9:** 672–674
notch toughness, effect on **M1:** 693, 701–702
percentage as function of hardness **M7:** 452
plate **A20:** 373, 375, 376
polarized light used to examine **A9:** 79
present with massive transformation structures **A9:** 655–656
relation to hardenability **M1:** 493
structure, forcing, as hardening **A13:** 47
tempered, in ductile iron, crack growth . . . **A12:** 228
tempering **M1:** 564

SUBJECTS OF THE INDEXED VOLUMES: ASM Handbook (designated by the letter "A"): **A1:** Properties and Selection: Irons, Steels, and High-Performance Alloys (1990); **A2:** Properties and Selection: Nonferrous Alloys and Special-Purpose Materials (1990); **A3:** Alloy Phase Diagrams (1992); **A4:** Heat Treating (1991); **A5:** Surface Engineering (1994); **A6:** Welding, Brazing, and Soldering (1993); **A7:** Powder Metal Technologies and Applications (1998); **A8:** Mechanical Testing (1985); **A9:** Metallography and Microstructures (1985); **A10:** Materials Characterization (1986); **A11:** Failure Analysis and Prevention (1986); **A12:** Fractography (1987); **A13:** Corrosion (1987); **A14:** Forming and Forging (1988); **A15:** Casting (1988); **A16:** Machining (1989); **A17:** Nondestructive Evaluation and Quality Control (1989); **A18:** Friction, Lubrication, and Wear Technology (1992); **A19:** Fatigue and Fracture (1996); **A20:** Materials Selection and Design (1997). **Metals Handbook, 9th Edition** (designated by the letter "M"): **M1:** Properties and Selection: Irons and Steels (1978); **M2:** Properties and Selection: Nonferrous Alloys and Pure Metals (1979); **M3:** Properties and Selection: Stainless Steels, Tool Materials, and Special-Purpose Materials (1980); **M4:** Heat Treating (1981); **M5:** Surface Cleaning, Finishing, and Coating (1982); **M6:** Welding, Brazing, and Soldering (1983); **M7:** Powder Metallurgy (1984). **Engineered Materials Handbook** (designated by the letters "EM"): **EM1:** Composites (1987); **EM2:** Engineering Plastics (1988); **EM3:** Adhesives and Sealants (1990); **EM4:** Ceramics and Glasses (1991). **Electronic Materials Handbook** (designated by the letters "EL"): **EL1:** Packaging (1989)

tempering of **A1:** 134–136, 137
tempering process **A20:** 373–374
transformation in steel **M4:** 33, 34
transformed **A12:** 26, 32, 42
untempered white, metallographic sectioning **A11:** 24
wear resistance affected by service temperature **M1:** 608
wear resistance affected by tempering temperature **M1:** 613–614
wear resistance compared with pearlite **M1:** 611–612
zones, weld failures from **A11:** 426

Martensite completion point (M_f) **A6:** 437, 438

Martensite content in quenched steels
effect on fracture toughness of steels **A19:** 383

Martensite decomposition in uranium alloys A10: 316

Martensite lath boundaries **A19:** 13

Martensite (M) **A6:** 76

Martensite malleable irons *See* Malleable cast irons

Martensite range
defined **A9:** 11

Martensite start and finish temperatures in steel **A9:** 178

Martensite start (M_s) temperature **A20:** 372, 375
carbon content effect on **A20:** 372–373, 375

Martensite start temperature
deformation-induced transformations **A19:** 86

Martensite, twinned
effect on fracture toughness of steels **A19:** 383

Martensite-aging steels **A19:** 382–383
fracture resistance of **A19:** 382–383

Martensitic
defined **A9:** 11

Martensitic alloy irons
advantages **A6:** 797
applications **A6:** 797

Martensitic alloy irons, specific types
Cr-Mo, advantages and applications of materials for surfacing, build-up, and hardfacing **A18:** 650
Cr-W, advantages and applications of materials for surfacing, build-up, and hardfacing. . **A18:** 650

Martensitic alloy steel
classification and composition of hardfacing alloys **A18:** 652

Martensitic alloys
high-alloy **A15:** 722, 731–732
malleable iron, mechanical properties **A15:** 693–696

Martensitic cast steels
corrosion fatigue **A13:** 581
general corrosion **A13:** 576–577
intergranular corrosion **A13:** 580

Martensitic chromium-molybdenum iron
surface engineering **A5:** 684

Martensitic die steels
metalworking fluid selection guide for finishing operations **A5:** 158

Martensitic ductile iron, grinding media material
mining industry **A18:** 654

Martensitic finish temperature **A9:** 669

Martensitic grades
of corrosion-resistant steel castings **A1:** 913

Martensitic iron
classification and composition of hardfacing alloys **A18:** 652

Martensitic malleable irons *See* Pearlitic-martensitic malleable iron

Martensitic nickel, high-chromium iron
surface engineering **A5:** 684

Martensitic nickel-chromium iron
surface engineering **A5:** 684

Martensitic precipitation-hardenable stainless steels
See also Wrought stainless steels; Wrought stainless steels, specific types **A9:** 285

Martensitic stainless steel *See also* Cast stainless steels; Wrought stainless steels **A1:** 841–842
compositions of **A1:** 843, 847–848
elevated-temperature properties **A1:** 939–942
forgeability **A1:** 892, 893
machinability of **A1:** 894
notch toughness of **A1:** 859
tensile properties of **A1:** 858, 862–863
weldability of **A1:** 902

Martensitic stainless steel powders
applications **A7:** 782, 784
compositions **A7:** 1073
corrosion resistance **A7:** 991

Martensitic stainless steels *See also* Stainless steel(s); Stainless steels, martensitic; Stainless steels, wear of; Steel(s); Wrought stainless steels; Wrought stainless steels, specific types **A5:** 742, 743, **A6:** 678–682, **A14:** 226, 759
annealed and cold drawn mechanical properties **A20:** 373
annealed bar mechanical properties **A20:** 373
annealing **M7:** 185
applications **A20:** 375
arc welding *See* Arc welding of stainless steels
arc-welded **A11:** 427
as magnetically soft materials **A2:** 777–778
base metals **A6:** 679
brazing **A6:** 913
brazing and soldering characteristics **A6:** 626
carbon additions **A20:** 375
characterized **A13:** 550
cold drawn bar mechanical properties **A20:** 373
composition **M6:** 52
compositions **A5:** 742
diffusion coatings **A5:** 619
electron beam welding **M6:** 638
electron-beam welding **A6:** 869
engineering for use after postweld heat treatment **A6:** 680–682
engineering for use in the as-welded condition **A6:** 679–680
fractographs **A12:** 366–369
fracture/failure causes illustrated **A12:** 217
hardened and tempered mechanical properties **A20:** 373
in sour gas environments **A11:** 300
low-alloy **A20:** 373
machining **A2:** 967
mechanical properties **A20:** 373
metallurgy **A6:** 678–679
metalworking fluid selection guide for finishing operations **A5:** 158
microstructures **A9:** 285
mill finishes **M5:** 552
mill finishes available on stainless steel sheet and strip **A5:** 745
oil quenched and tempered mechanical properties **A20:** 373
physical properties **M6:** 527
plain-carbon **A20:** 373
properties **M7:** 100
repair welding **A6:** 1106
resistance welding **A6:** 848, **M6:** 527
shot peening **A5:** 131
stress-corrosion cracking in **A11:** 217
stud arc welding **M6:** 733
susceptibility to hydrogen damage **A11:** 249
temper embrittlement **A20:** 374
tempered bar mechanical properties **A20:** 373
tempering **A20:** 373, 376
thermal expansion coefficient **A6:** 907
thermal properties **A6:** 17
wear applications **A20:** 607
welding to carbon steels **A6:** 501
welding to low-alloy steels **A6:** 501

Martensitic stainless steels, specific types
AISI 410, fracture surfaces **A12:** 366
AISI 431, high-cycle fatigue fracture **A12:** 367
AISI 501, mating segments, fatigue fracture **A12:** 368–369
AISI 4340, light fractographs **A12:** 83
Silcrome-1, fatigue fracture surfaces **A12:** 369

Martensitic stainless steels, wrought *See* Wrought martensitic stainless steel selection

Martensitic start temperature **A9:** 668–669
as a function of carbon content in steel **A9:** 670

Martensitic start temperature (Ms) **A6:** 437, 438

Martensitic steel
cooling in ultrasonic testing **A8:** 247
fatigue crack growth data **A8:** 376–377
SCC environments **A8:** 526

Martensitic steels
advantages **A6:** 797
applications **A6:** 797
as hardfacing alloys **M7:** 828, 829
hardfacing **A6:** 790, 791, 798

Martensitic steels, advantages and applications of materials for surfacing
build-up, and hardfacing **A18:** 650

Martensitic steels, specific types
medium-carbon Cr-Mo **A18:** 651

Martensitic structural steel
metalworking fluid selection guide for finishing operations **A5:** 158

Martensitic structures
in titanium alloy welded joints **A9:** 581

Martensitic surface layer in abraded steel **A9:** 38

Martensitic transformation A12: 26, 32, 42, **A20:** 350
copper alloys **M2:** 259
in shape memory alloys **A2:** 897

Martensitic transformations
as a result of plastic deformation **A9:** 686
scanning electron microscopy used to study **A9:** 97

Martensitic white cast iron *See* White cast iron, martensitic

Martin hard coat anodizing process
aluminum and aluminum alloys **M5:** 592

Martin Hard Coat (MHC)
hard anodizing **A5:** 486

Martin's diameter **A7:** 259
particle size measurement **M7:** 225

Maryland
early American foundries **A15:** 25

Mash resistance seam welding
definition **M6:** 11

Mash-seam welding
of blanks **A14:** 450–451

Masing behavior **A19:** 73

Masing's simple multicomponent model **A19:** 76

Mask
definition **A5:** 961, **M6:** 11

Mask set
defined **EL1:** 1149

Mask (thermal spraying)
definition **A6:** 1211

Masking *See also* Solder mask; Stopping-off
cadmium plating **M5:** 267–268
components, for conformal coating **EL1:** 764
for UV-curable coatings **EL1:** 787
mass finishing processes **M5:** 136
vacuum coating process **M5:** 407–408

Masks
for scattered radiation **A17:** 344

Masonry walls
metallic anchors and ties in **A13:** 1302, 1306–1310

Mass
conversion factors **A8:** 722, **A10:** 686
effect on hardness **A4:** 36, 39
measurements, GC/MS analysis **A10:** 642–643
minimum detectable, abbreviation for **A10:** 690
numbers, isotopes **A10:** 688
of bulk **A7:** 210
of *n* increments **A7:** 210
per unit area, conversion factors **A8:** 722
per unit length, conversion factors **A8:** 722
per unit time, conversion factors **A8:** 722
per unit volume, conversion factors **A8:** 722
resolution, LEISS analysis **A10:** 605
SI base unit and symbol for **A10:** 685
SI unit/symbol for **A8:** 721
vs. x-ray production, PIXE analysis **A10:** 104

Mass absorption
coefficients **A10:** 85, 99, 676
in x-ray spectrometry **A10:** 84
vs. wavelength, absorption edges as discontinuities in **A10:** 85
vs. x-ray energy, copper **A10:** 85, 87

Mass absorption coefficient
of beryllium **A2:** 683–684

Mass accumulation
to analyze ceramic powder particle sizes . . **EM4:** 67

Mass analysis
analytic methods **A10:** 4–5, 7, 8, 9, 10
gas analysis by **A10:** 151–157

Mass analyzer
in gas mass spectrometer **A10:** 153–154

Mass attenuation coefficient
defined **A17:** 387

Mass bonding
as inner lead process **EL1:** 278–281
outer lead bonding **EL1:** 286

Mass characteristics *See also* Density
actinide metals **A2:** 1189–1198

Mass characteristics (continued)
aluminum casting alloys **A2:** 153–177
cast copper alloys **A2:** 356–391
cast magnesium alloys **A2:** 492–516
electrical resistance alloys **A2:** 836–839
gold and gold alloys **A2:** 704–707
niobium alloys **A2:** 567–571
of zinc alloys **A2:** 532–542
palladium-silver alloys **A2:** 716
platinum and platinum alloys **A2:** 708
pure metals **A2:** 1099–1178
rare earth metals **A2:** 1178–1189
silver and silver alloys **A2:** 699–704
wrought aluminum and aluminum alloys **A2:** 62–122
wrought copper and copper alloys **A2:** 265–345
wrought magnesium alloys **A2:** 480–491
Mass concentration (in a slurry)
defined **A18:** 12
Mass density
SI derived unit and symbol for **A10:** 685
Mass diffusivity **A7:** 525
Mass discrimination
corrected by Einzel lens system **A10:** 155
in gas mass spectrometer **A10:** 153
Mass, effect of
cast steels **M1:** 384–386, 392–393, 398
iron castings *See* Section sensitivity
Mass filter, quadrupole
in gas mass spectrometer **A10:** 153
Mass finishing **M5:** 128–137
abrasives, used in **M5:** 614
alloy steels **A5:** 708
aluminum and aluminum alloys **M5:** 129–130, 134
applications **M5:** 131, 133–135
automated **M5:** 129, 136
barrels **M5:** 128–129
action **M5:** 128–129
types used, size and shape **M5:** 129
burnishing process **M5:** 134
carbon steels **A5:** 708
castings **M5:** 135
centrifugal disk finishing *See* Centrifugal disk finishing
cleaning process **M5:** 136
cleanliness standards **M5:** 136
compounds used in **M5:** 134–135
addition to equipment, methods of **M5:** 134–135
copper and copper alloys **A5:** 808–809, **M5:** 614–616
deburring process **M5:** 128, 134, 614–616
definition **A5:** 961
dry barrel operations *See* Dry barrel finishing
electrochemically accelerated **M5:** 133
equipment **M5:** 128–134, 136
auxiliary **M5:** 136
maintenance of **M5:** 136
selection of **M5:** 133–134
fixtures used in **M5:** 136
forgings **M5:** 135
limitations and advantages of **M5:** 128, 134
magnesium alloys **A5:** 821, **M5:** 631
masking processes **M5:** 136
media for **M5:** 128, 134–135
types used **M5:** 135
problems in **M5:** 131, 136
processes **M5:** 128–133, 136
automated **M5:** 129, 136
control **M5:** 136
principles of operation **M5:** 128–129
types *See also* specific types by name . . **M5:** 128, 133
safety precautions **M5:** 136
shine rolling process **M5:** 134
spindle finishing *See* Spindle finishing
stainless steel **M5:** 554–555
stainless steels **A5:** 749
surface finishes **M5:** 615
titanium and titanium alloys **A5:** 839, **M5:** 656, 659
vibratory finishing *See* Vibratory finishing
waste disposal **M5:** 136–137
wet barrel operations *See* Wet barrel finishing
Mass finishing methods **A5:** 118–125
advantages **A5:** 118, 123
automation **A5:** 124
barrel finishing **A5:** 118, 119
centrifugal barrel finishing **A5:** 118, 122
centrifugal disc finishing **A5:** 118, 121
chemically accelerated centrifugal barrel finishing **A5:** 122
description **A5:** 118
disadvantages **A5:** 123
drag finishing **A5:** 118
electrochemically accelerated mass finishing equipment **A5:** 122
mass finishing consumable materials . . **A5:** 123–124
media-to-part ratios **A5:** 124
orboresonant cleaning and finishing **A5:** 122
other types of mass finishing equipment . . . **A5:** 122
process considerations **A5:** 124
processes **A5:** 118
reciprocal finishing **A5:** 122
safety and health hazards **A5:** 124–125
selecting mass finishing equipment **A5:** 122
spindle finishing **A5:** 118, 121
spindle finishing machines **A5:** 121
uses **A5:** 118
vibratory finishing **A5:** 118–121
vibratory rotary barrel machines **A5:** 122
waste disposal **A5:** 125
Mass flow **A7:** 287, 288
Mass flow hoppers **A7:** 287, 291, 295
Mass flux **A20:** 191
Mass lamination *See also* Laminates; Lamination
defined **EL1:** 1149
rigid printed wiring boards **EL1:** 551
Mass loss **A13:** 229, 323
brake linings **A18:** 571
Mass measurements
gas analysis by mass spectrometry . . . **A10:** 151–157
gas chromatography/mass spectrometry **A10:** 639–648
low-energy ion-scattering spectroscopy **A10:** 603–609
Rutherford backscattering spectrometry **A10:** 628–636
secondary ion mass spectroscopy **A10:** 610–627
spark source mass spectrometry **A10:** 141–150
Mass media finishing, aircraft engine components
surface finish requirements **A16:** 22
Mass median diameter **A7:** 153, 154
Mass median particle size **A7:** 39, 40
Mass memory
use in x-ray spectrometry **A10:** 92
Mass, or continuity, equation **A20:** 187
Mass peak
defined for gas mass spectrometer **A10:** 155
Mass production machinery
for magnetic particle inspection **A17:** 111
Mass resolution *See also* Resolution
LEISS analysis **A10:** 605
Mass resolution detector **M7:** 258
Mass scale
atom probe, calibration of **A10:** 592
RBS energy scale as translated into **A10:** 629
Mass spectra
atom probe microanalysis interpretation **A10:** 591–593
atom probe, of IN 939 . . . . . **A10:** 599
Mass spectrometers
as attachments **A17:** 67
as vacuum leak testing method **A17:** 67
defined **A10:** 151
helium **A17:** 65
SIMS **A11:** 34–36
spark source **A10:** 142
testing, for gas/leak detection **A17:** 63
time-of-flight **A10:** 142
Mass spectrometry **EM1:** 736
and high-performance liquid chromatography use with GC/MS **A10:** 645–646
and mass spectrometry, and gas chromatography **A10:** 646–647
capabilities **A10:** 212, 226, 649
capabilities, compared with IR spectroscopy **A10:** 109
defined **A10:** 676
for molecular structure **A10:** 116
for temperature-time control in polymer removal techniques **EM4:** 137
gas analysis by **A10:** 151–157
-isotope dilution, capabilities **A10:** 243
laser-induced resonance ionization **A10:** 142
spark source **A10:** 141–150
to analyze the bulk chemical composition of starting powders **EM4:** 72
to measure hydrogen sources in welds **A6:** 413
Mass spectrometry (MS) **EM3:** 18
defined **EM2:** 26
Mass spectrometry/mass spectrometry
block diagram of spectrometer system for **A10:** 646
nonvolatile compound analysis **A10:** 639
Mass spectroscopy *See also* Mass spectrometry **A13:** 1115–1116
as advanced failure analysis technique **EL1:** 1105–1107
for measurement of furnace atmosphere composition **EM4:** 252
for trace element analysis **A2:** 1095
of ultra-high purity metals, measurement techniques **A2:** 1095–1096
Mass spectrum
atom probe **A10:** 591, 592
collision-activated dissociation **A10:** 647
complex, atom probe microanalysis . . **A10:** 591–592
defined **A10:** 676
ethyl alcohol **A10:** 640
in gas analysis **A10:** 151, 155
naphthalene **A10:** 643
pentachlorobiphenyl **A10:** 642
scanning modes, gas mass spectrometers . . **A10:** 154
tabulated output, for GC/MS analysis of extracted shale oil **A10:** 643
Mass transfer
and dissolution in liquid metals **A13:** 56–57
and heat transfer, fluid flow modeling of **A15:** 877–882
controlled dissolution **A15:** 73–74
deposits, from liquid lithium corrosion **A13:** 93
effect, alloy additions **A15:** 72
in liquid-metal corrosion **A13:** 17
liquid-phase **A15:** 83
profile **A13:** 57
temperature-gradient **A13:** 51
Mass transfer limited dissolution process
alloy additions **A15:** 72–74
Mass transfer limited kinetics
boundary layer model for **A15:** 53
Mass transport *See also* Flux
as parameter, stress-corrosion cracking . . . **A13:** 147
control, aqueous corrosion **A13:** 33–35
during solidification **A15:** 111–113
interphase, defined **A15:** 52–54
Mass transport mechanisms
injection molded materials **M7:** 466
Mass-absorption coefficient
neutron radiography **A17:** 309, 390
Massachusetts Toxics Use Reduction Act **A5:** 408
Mass-conserving process **A20:** 672
definition **A20:** 836
Massive forming *See* Bulk forming
Massive projections
as casting defects **A11:** 381
Massive transformation structures **A9:** 655–657
allotropy **A9:** 655

SUBJECTS OF THE INDEXED VOLUMES: ASM Handbook (designated by the letter "A"): **A1:** Properties and Selection: Irons, Steels, and High-Performance Alloys (1990); **A2:** Properties and Selection: Nonferrous Alloys and Special-Purpose Materials (1990); **A3:** Alloy Phase Diagrams (1992); **A4:** Heat Treating (1991); **A5:** Surface Engineering (1994); **A6:** Welding, Brazing, and Soldering (1993); **A7:** Powder Metal Technologies and Applications (1998); **A8:** Mechanical Testing (1985); **A9:** Metallography and Microstructures (1985); **A10:** Materials Characterization (1986); **A11:** Failure Analysis and Prevention (1986); **A12:** Fractography (1987); **A13:** Corrosion (1987); **A14:** Forming and Forging (1988); **A15:** Casting (1988); **A16:** Machining (1989); **A17:** Nondestructive Evaluation and Quality Control (1989); **A18:** Friction, Lubrication, and Wear Technology (1992); **A19:** Fatigue and Fracture (1996); **A20:** Materials Selection and Design (1997). **Metals Handbook, 9th Edition** (designated by the letter "M"): **M1:** Properties and Selection: Irons and Steels (1978); **M2:** Properties and Selection: Nonferrous Alloys and Pure Metals (1979); **M3:** Properties and Selection: Stainless Steels, Tool Materials, and Special-Purpose Materials (1980); **M4:** Heat Treating (1981); **M5:** Surface Cleaning, Finishing, and Coating (1982); **M6:** Welding, Brazing, and Soldering (1983); **M7:** Powder Metallurgy (1984). **Engineered Materials Handbook** (designated by the letters "EM"): **EM1:** Composites (1987); **EM2:** Engineering Plastics (1988); **EM3:** Adhesives and Sealants (1990); **EM4:** Ceramics and Glasses (1991). **Electronic Materials Handbook** (designated by the letters "EL"): **EL1:** Packaging (1989)

congruent points **A9:** 655
feathery grains **A9:** 656
two-phase fields **A9:** 655–656
Massmann graphite furnace atomizers **A10:** 49
Mass-reducing processes **A20:** 672
definition **A20:** 836
Mass-transport limited growth **A5:** 519
Master alloy powder **M7:** 7
Master alloy processing
kinetics of **A15:** 107–108
thermal analysis techniques **A15:** 108
Master alloy(s) *See also* Hardeners; Master alloy processing
as silicon modifiers, forms of **A15:** 164
defined **A15:** 8
for grain refinement **A15:** 160–161, 477
processing **A15:** 107–108
strontium-base, in aluminum-silicon alloys **A15:** 164
Master block
defined **A14:** 9
Master curve
compact parameter **A8:** 333, 335
Larson-Miller method of creating **A8:** 333, 335
Master drawing *See also* Artwork; Design
defined **EL1:** 1149
flexible printed boards **EL1:** 593
in final design package **EL1:** 524–525
printed wiring boards **EL1:** 516
Master pattern
defined **A15:** 8
match plate pattern plaster mold castings **A15:** 245
Master product model **A20:** 155
definition **A20:** 836
Mat *See also* Mats
defined **EM2:** 26
Mat frits and glazes
typical oxide compositions **EM4:** 550
Match
defined **A14:** 9
Match plate
defined **A15:** 8
development **A15:** 28
pattern machines, green sand molding **A15:** 343
patterns, characteristics **A15:** 190, 240
Match plate pattern plaster mold casting **A15:** 242, 245–246
Match/search methods
for unknown phases or particles **A10:** 455–459
Matched approach technique, as interconnection option **EL1:** 985
Matched CTE materials *See* Coefficient of thermal expansion (CTE); CTE-matched materials
Matched draft *See* Blend draft
Matched edges
defined **A14:** 9
Matched lines *See* Matched edges
Matched metal die molding
defined **EM2:** 26
Matched metal molding
defined **EM1:** 15
Matched weld lip
container **M7:** 431
Matched-die molding
with discontinuous fiber **EM1:** 121
Matched-metal molding *See also* Compression molding
plastics **A20:** 799, 800
Matched-mold thermoforming **EM2:** 400
Matching
fracture-surface **A11:** 80
Matching draft
defined **A14:** 9
Material anisotropy *See* Anisotropy
Material balance, as process modeling submodel **EM1:** 500
Material bulk density **A7:** 30
Material characterization
ENSIP Task II, design analysis material characterization and development tests **A19:** 585
Material chemistry
of crack propagation **A13:** 155–158
Material component tests
of aircraft **A19:** 557
Material conditions
alloying **A11:** 119
effect on fatigue strength **A11:** 118
grain size **A11:** 118–119
second phases **A11:** 119
solid-solution strengthening **A11:** 119
Material constant with dimensions of length **A19:** 242
Material contrast
scanning electron microscopy **A9:** 93–94
Material control
epoxy materials **EL1:** 833–836
in leaded and leadless surface-mount joints **EL1:** 731–733
in-process **EM1:** 741–742
maintaining, traceability **EM1:** 741–742
storage conditions **EM1:** 741
Material converter
information for **EM2:** 1
Material cost *See also* also Cost(s); Cost(s) **A20:** 256, 315
of composites **EM1:** 35
Material cost of a part **A20:** 248
Material costs *See also* Cost; Cost(s); Economic process selection factors; Economics
and process selection **EM2:** 278
components **EM2:** 83–84
defined **EM2:** 82
of engineering thermoplastics **EM2:** 99
parts, costing breakdown **EM2:** 83–85
thermoforming **EM2:** 403
thermoplastic injection molding **EM2:** 309
Material data sheets *See* Data sheets
Material defects
failures, cold-formed parts **A11:** 307
fatigue cracking at **A11:** 323
forging failures from **A11:** 317
in steam equipment **A11:** 603
spring failures caused by **A11:** 551–553
Material deficiency
in failure analysis **A11:** 744, 747
Material design **A19:** 17
Material displacement straightening high-production peening **A14:** 681
manual peening **A14:** 681
manual straightening **A14:** 680–681
stretch straightening **A14:** 681
Material factor of safety **A20:** 510
Material flaws *See also* Defects; Internal defects; Material defects
fracture-initiating **A11:** 748
in ceramics **A11:** 748–751
thermal shock failure from **A11:** 753
Material flow *See* Metalflow
Material flow stress **A20:** 352
Material forms *See also* Product forms
of composites **EM1:** 33
of composites and metals **EM1:** 35
Material handling conveyor
wave soldering **EL1:** 702
Material inclusion **A20:** 355
Material index **A20:** 283
Material inspection test
bending ductility test for **A8:** 117
Material modeling *See also* Dynamic material modeling; Modeling; Process modeling
basic concepts (yield criteria) **A14:** 417–418
constitutive equations for **A14:** 417–420
flow curves **A14:** 418–419
flow stress-strain rate relationships **A14:** 419
flow stress-temperature relations **A14:** 419–420
temperature/strain rate, combined effects **A14:** 420
Material modeling environment
as knowledge-based expert system **A14:** 411
Material performance characteristics **A20:** 245, 246
Material performance index
cost per unit property method **A20:** 251
Material (ply) reference system **EM1:** 236
Material price *See* Material Costs
Material processing *See also* Processing
titanium aluminides **A2:** 926–928
Material properties *See also* Fiber properties analysis; Material properties analysis; Material(s)
analysis **EM1:** 185
and shear fracture **A8:** 551
and springback or shape distortion **A8:** 552–553
and wrinkling **A8:** 551, 564
as design category **A11:** 115
as material selection parameter **EM1:** 38–39
computational procedures **EM1:** 302
correlation with simulative tests **A8:** 565
damage tolerances of **EM1:** 262–264
description **EM1:** 355–359
determining strain distribution **A8:** 550
effect in uniaxial tensile testing **A8:** 555–556
effect on formability **A8:** 549–553
effect on wear **A11:** 158–159
IC packages **EL1:** 207
information sources on **EM1:** 40–42
long-term environmental effects **EM1:** 823–826
numerical computation models **EM1:** 187
of die attachments **EL1:** 213
of welds **A19:** 281
probabilistic nature **EM1:** 309–310
selection matrix guidelines for **EM1:** 38
software for **EM1:** 275
static metallic, design allowables for **A8:** 662–677
tape automated bonding assembly **EL1:** 289
Material properties analysis *See also* Fiber properties analysis; Laminate properties
failure **EM1:** 192–204
long-term testing **EM1:** 823–826
physical, of fiber composites **EM1:** 185–192
strength **EM1:** 192–204
Material property charts **A20:** 266–280, 284–285
displaying material properties **A20:** 266, 267
engineered material classes included in material property charts **A20:** 266, 267
fracture toughness density chart **A20:** 267, 269, 270
fracture toughness modulus chart **A20:** 267, 271–272, 273
fracture toughness strength chart **A20:** 267, 272–273, 274
loss coefficient-modulus chart **A20:** 267, 273–275
modulus-density chart **A20:** 266, 267, 268
modulus-strength chart **A20:** 267, 269–271
normalized strength-thermal expansion chart **A20:** 267, 277–279
specific stiffness-specific strength chart **A20:** 267, 271, 272
strength-density chart **A20:** 267–269
thermal conductivity-thermal diffusivity chart **A20:** 267, 275–276
thermal expansion-modulus chart **A20:** 267, 276–277, 278
thermal expansion-thermal conductivity chart **A20:** 267, 276, 277
types of **A20:** 266–279
use of **A20:** 279–280
Material property tests **A20:** 244
Material removal
as manufacturing process **A20:** 247
Material removal rate
definition **A5:** 961
Material removal rate (MRR) **A16:** 17
and polishing wear **A18:** 191, 194, 195, 197
electrical discharge machining **EM4:** 373, 374, 376
electrostream drilling **A16:** 552
erosion process of electrical discharge machining **EM4:** 372
high removal rate machining **A16:** 607
laser-beam machining **A16:** 572, 574, 575
superabrasive grinding **A16:** 460, 463
Material requirements for service conditions **A6:** 373–400
aerospace **A6:** 385–388
advanced materials **A6:** 388
damage tolerance **A6:** 387–388
filler metals **A6:** 386–387
heat-affected zone **A6:** 386
joinability **A6:** 386–387
material properties of importance **A6:** 386, 387
material selection criteria **A6:** 385–386, 387
postweld heat treatments **A6:** 386
specifications **A6:** 385–386, 387–388
automobiles **A6:** 393–395
matching filler specifications **A6:** 394
safety standards **A6:** 393
bridges and buildings **A6:** 375–377
codes for steel structures **A6:** 375
environment **A6:** 375–376
fitness for service **A6:** 376–377
material selection **A6:** 375
crack-opening displacement (COP) test **A6:** 376–377

Material requirements for service conditions (continued)

machinery and equipment **A6:** 389–393
- applications **A6:** 389
- design considerations **A6:** 389–391
- material properties of weldments.... **A6:** 391–393
- stress category classification **A6:** 392
- stress ranges allowable **A6:** 391
- stresses allowable in weld metal......... **A6:** 390
- weldability classes of steels used **A6:** 390

postweld heat treatments **A6:** 375

pressure vessels and piping **A6:** 377–381
- codes and specifications................. **A6:** 377
- cracking behavior **A6:** 379
- environment **A6:** 377–379
- fabricability **A6:** 379–381
- material properties **A6:** 378
- mechanical properties of weldments **A6:** 381
- oxidation in steam service............... **A6:** 379
- postweld heat treatment................. **A6:** 381
- steels for high-temperature service .. **A6:** 378–379
- steels for low-temperature service ... **A6:** 377–378
- steels for ordinary-temperature service... **A6:** 377, 378

principle attributes of a material.......... **A6:** 374

principles of material selection **A6:** 373

properties relating to selection for service of ASTM steels approved in AWS D1.1-92 .... **A6:** 376

railroad equipment **A6:** 395–398
- freight cars........................ **A6:** 395–396
- locomotives **A6:** 397
- material selection **A6:** 395
- specifications **A6:** 395
- track **A6:** 397
- T-rail................................ **A6:** 397

service conditions **A6:** 374–375

sheet metals **A6:** 398–400
- coated metals.......................... **A6:** 400
- distortion **A6:** 398–400
- fabrication codes....................... **A6:** 400
- joining processes.................. **A6:** 398–399
- materials **A6:** 399–400

shipbuilding and offshore structures... **A6:** 381–385
- ABS requirements for higher-strength hull structural steel **A6:** 383
- ABS requirements for ordinary-strength hull structural steel **A6:** 382
- container ships **A6:** 381–382
- liquefied natural gas/liquefied petroleum gas ships **A6:** 382–383
- materials for cryogenic applications...... **A6:** 383
- offshore structures **A6:** 383–384
- ships **A6:** 381–383
- tankers..................... **A6:** 381–382, 383
- weld considerations **A6:** 384–385
- welding process selection............... **A6:** 384

weld thermal cycle effect **A6:** 375

Material safety data sheet (MSDS)

for lubricants to satisfy hazard communication standard **A18:** 87

Material Safety Data Sheets **A6:** 68

Material selection *See also* Dissimilar materials; Material(s)

alloy, and steel casting failure **A11:** 391

alloy, effect on SCC in aluminum alloys.. **A11:** 219

alloy, failure from **A11:** 391

and composite material requirements..... **EM1:** 38

and laminate ranking **EM1:** 456–457

and steel casting failure................. **A11:** 391

cost guidelines........................ **EM1:** 105

design guidelines, for RTM **EM1:** 168

Epon resin/curing agent guide, fiberglass-reinforced plastics **EM1:** 134

fiber-matrix, for continuous-fiber MMCs **EM1:** 879–880

flame hardening **M4:** 503–505

for fan shafts, improper **A11:** 476–477

for gears.............................. **A11:** 590

for implants................. **A11:** 672–673, 680

for iron castings **A11:** 344, 344–352

for resin transfer molding......... **EM1:** 168–171

for sour gas environments **A11:** 300

improper, effect on microstructure **A11:** 359

in forging **A11:** 320–321

in shafts.............................. **A11:** 459

matrix guidelines **EM1:** 38

mechanical fasteners **EM1:** 706–708

of adhesives **EM1:** 683–688

of alloy, for buried metals **A11:** 192

of compatible metals, for galvanic corrosion **A11:** 185

of epoxy matrices................. **EM1:** 76–77

of inhibitors **A11:** 198

parameters........................ **EM1:** 38–39

poor, and steel casting failure **A11:** 391

poppet-valve stem failure from improper **A11:** 320–321
to prevent hydrogen damage **A11:** 250–251

Material selection matrix

plastics **A20:** 803

Material shear modulus **A20:** 346

Material structure at the surface

as factor influencing crack initiation life.. **A19:** 126

Material substitution

as design philosophy **EM1:** 313

definition............................ **A20:** 836

Material surface free energy.............. **A7:** 504

Material tensile strength **A20:** 343

Material theoretical density **A7:** 504

Material throughput **A20:** 261

Material transformations **A10:** 376, 566

Material transport systems

during sintering................... **M7:** 312–314

Material utilization

and STAMP process.................... **M7:** 550

definition............................ **A20:** 836

improved by HIP................. **M7:** 442, 443

Material waste

of composites **EM1:** 37

Material yield strength **A19:** 11, 12, 428

Material yield stress **A19:** 381

Material/environmental fatigue parameter **A20:** 634

Material-dependent constant (A) **A19:** 30

Materials *See also* Die materials; Dielectric materials; Electronic materials; Engineering plastics; Engineering plastics families; Lead frame materials; Material control; Material costs; Material properties; Material selection; Materials analysis; Materials and electronic phenomena; Materials selection; Matrix materials; Metals; Microelectronic materials; Nonmetallic materials; Polymer families; Polymers; Selection; specific materials; Tool materials; Work metal

alternative, for PWBs............. **EL1:** 604–608

and design...................... **EM2:** 612–617

and design, introduction................. **EL1:** 1

and electronic data **EL1:** 89–111

and solderability **EL1:** 676–677

as hybrid package classification **EL1:** 453–454

behavior, in large-strain range...... **EM2:** 681–684

characteristics................... **EM2:** 612–614

characteristics, of NDE methods......... **A17:** 51

characterization, by magnetic field testing **A17:** 131–132

characterization, of composites...... **A11:** 739–740

composition control, epoxies............ **EL1:** 833

condensation soldering **EL1:** 703

conditions....................... **A11:** 118–119

costs........................... **EM2:** 648–649

defects **A11:** 307, 317, 323, 551–553, 603, 744, 747

development, corrosion testing for **A13:** 193

dielectric, properties **EL1:** 604–608

economics of..................... **EM2:** 646–650

effects, in PWB structures **EL1:** 81–82

flaws **A11:** 748–751, 753

for coating/encapsulation **EL1:** 241–243

for flexible epoxy systems **EL1:** 817–818

for silicone conformal coatings **EL1:** 773

for thick-film hybrid technology **EL1:** 386

fully dense, constitutive equations **A14:** 417

functional requirements of.............. **A13:** 338

in plastic packages **EL1:** 210–212

information, data base.................. **EM2:** 95

packaging, thermal properties **EL1:** 454

permeability, in magnetic particle inspection......................... **A17:** 99

properties................. **A11:** 115, 158–159

specification, improper, of heat exchangers.................. **A11:** 635–636

strength, and corrosion-fatigue.......... **A11:** 259

studies, acoustic emission inspection in... **A17:** 289

toughness property, defined **A11:** 60

transfer, cumulative, in rolling-element bearings **A11:** 496

wave soldering **EL1:** 701

Materials analysis

analytical methods **EL1:** 918–926

in microelectronic manufacturing.... **EL1:** 917–918

Materials and electronic phenomena **EL1:** 89–111

atomic structure..................... **EL1:** 90–92

chemical bonding.................... **EL1:** 92–93

crystallography **EL1:** 96

electrical properties of materials...... **EL1:** 89–90

insulators and dielectric materials **EL1:** 99–100

ionic and electrical conductivity....... **EL1:** 93–96

magnetic materials..................... **EL1:** 103

microelectronic materials, physical characteristics................ **EL1:** 104–111

molecular electronics.................. **EL1:** 103

quantum mechanical band theory, solid state **EL1:** 96–103

resistive materials **EL1:** 100–101

semiconductors **EL1:** 101–103

surface phenomena **EL1:** 103–104

Materials and joint allowables

Task II, USAF ASIP design analyses and development tests.................. **A19:** 582

Materials and Processes Technical Information System (MAPTIS) **EM4:** 692

Materials Business File **EM3:** 72

Materials characterization

defined **A10:** 1

Handbook articles, organization of........ **A10:** 1

introduction............................ **A10:** 1

qualitative chemical tests **A10:** 168

sampling for **A10:** 12–18

tandem methods of **A10:** 1

Materials dust explosion hazard testing **M7:** 198

Materials engineer, role in design......... **A20:** 3–6

"design for manufacturability" concepts **A20:** 4

failure mode and effects analysis (FMEA)... **A20:** 5

integrated product development (IPD) teams **A20:** 3, 4

manufacturing-related factors............. **A20:** 4

materials first approach.................. **A20:** 4

materials selection specialist.............. **A20:** 3

performance factors **A20:** 4

process first approach **A20:** 4

production methods..................... **A20:** 4

selection process........................ **A20:** 3

typical specialties involved during an "ideal" materials selection process **A20:** 5

value engineering function **A20:** 4

Materials Engineering **EM3:** 66

concepts **M3:** 825–834

total life cycle............... **M3:** 826, 829–830

Materials first approach **A20:** 4

Materials for friction and wear applications

introduction **A18:** 693–694
- adaptation of tools **A18:** 693
- material state.................... **A18:** 693–694
- selection guidelines................... **A18:** 693

Materials performance index

definition............................. **A20:** 836

Materials properties data and information, sources of **A20:** 491–506
adhesives, sources of data. **A20:** 499
ASTM E-49 materials database standards **A20:** 504
ASTM E-49 standards maintained by other committees or organizations. **A20:** 504
casting, materials processing data **A20:** 502
cement, sources of data. **A20:** 499
ceramics, sources of data **A20:** 498
composites, sources of data **A20:** 498
concrete, sources of data. **A20:** 499
contrasting features of databases for materials selection and design **A20:** 493
corrosion behavior, performance data sources **A20:** 501
deformation processing, materials processing data **A20:** 502
design for manufacture **A20:** 494
detailed design **A20:** 493–494
directories and cross references to materials standards and specifications **A20:** 493
elastomers, sources of data **A20:** 498
electrical materials, sources of data **A20:** 499
electronic materials, sources of data **A20:** 499
embodiment design **A20:** 493
evaluation of data. **A20:** 495, 503–504
ferrous metals, sources of data **A20:** 496–497
glasses, sources of data **A20:** 498
guides and directories to sources. **A20:** 494
guides to on-line or machine-readable sources **A20:** 494
heat treating, materials processing data . . . **A20:** 502
high-temperature materials, sources of data **A20:** 498–499
information needs **A20:** 492–495
information needs and sources in design-manufacture-use cycle **A20:** 492
Internet **A20:** 500–502
interpretation of data. **A20:** 495, 503–504
joining, materials processing data **A20:** 502
layout design. **A20:** 493
locating sources of data **A20:** 495–502
machining, materials processing data **A20:** 502
magnetic materials, sources of data **A20:** 499
materials information needs by industrial groupings **A20:** 493
materials procurement **A20:** 494–495
materials, purchasing information sources **A20:** 500
materials safety and health information sources **A20:** 503
mechanical properties, performance data sources **A20:** 501
metadata types associated with data. **A20:** 503
miscellaneous materials, sources of data . . **A20:** 500
nonferrous metals, sources of data **A20:** 497
nuclear applications, sources of data **A20:** 499–500
obtaining test data. **A20:** 504–505
optical materials, sources of data **A20:** 499
oxidation behavior performance data sources **A20:** 501
paper, sources of data **A20:** 499
plastics, sources of data **A20:** 497–498
recycling materials processing data **A20:** 502
reporting test data **A20:** 504–505
requirements definition. **A20:** 492–493
sources of materials data, general **A20:** 496
specific sources of data. **A20:** 502–503
suppliers of databases (hosts) **A20:** 494, 500
taxonomy of materials information . . **A20:** 491, 492
thermal properties, performance data sources **A20:** 501
thermophysical properties, performance data sources **A20:** 501
wood, sources of data **A20:** 499

Materials Research Society (MRS)
as information source **EM1:** 41

Materials safety and health information sources of data **A20:** 503

Materials science
microbeam analysis strategy for **A10:** 529–530
NAA application in **A10:** 234
PIXE studies in semiconductor industry . . **A10:** 107
specialties involved during materials selection process **A20:** 5

Materials Science newsletter (NTIS) **EM1:** 41

Materials selection *See also* Alloy selection; Materials; Raw materials;
Selection **A13:** 321–337
adjoining material effects **EM2:** 71
aluminum casting alloys **A2:** 126–131
and costs **EM2:** 1
and design. **A13:** 321, 338–339, 343
and process selection **EM2:** 611
base material/insulator **EL1:** 113–114
basic concepts **M3:** 825–834, 835–837
blanking and piercing dies **M3:** 484–488
blends and alloys, engineering plastics **EM2:** 632–637
closed-die forging tools **M3:** 526–532
coating system **A13:** 412
coining dies **M3:** 508–511
cold extrusion tools **M3:** 514–520
cold heading tools **M3:** 512–513
computer data banks for **EM2:** 1
conductors. **EL1:** 114
core system **A15:** 237–241
core/mold, permanent mold casting **A15:** 280
corrosion testing for. **A13:** 193
cost-effective **A13:** 335
cutting tools. **M3:** 470–477
deep drawing dies. **M3:** 494–499
die casting dies **M3:** 542–543
dies for drawing wire, bar, and tubing **M3:** 521–525
economics **A13:** 335
economics, of materials **EM2:** 646–650
economy in manufacture. **M3:** 838–856
electrical conductivity **EM2:** 475
electrical contacts **M3:** 662–695
epoxy materials **EL1:** 825–827
filament winding **EM2:** 371–372
for brazed joints. **A13:** 879
for dew point corrosion **A13:** 1003
for flue gas desulfurization **A13:** 1367–1368
for galvanic corrosion. **A13:** 86, 324
for gas wells **A13:** 1249
for hydrogen damage. **A13:** 329–333
for liquid-metal containment **A13:** 59
for mining and mill application **A13:** 1294
for molten salt corrosion. **A13:** 91
for oil/gas production **A13:** 1235–1236
for operating conditions **A13:** 321
for passive components **EL1:** 182–184
for pipeline corrosion **A13:** 1289–1292
for radiation control **A13:** 951
for shipped second-level package **EL1:** 113–117
for simulated service testing **A13:** 204–205
for stress-corrosion cracking. **A13:** 325–329
for suction rolls **A13:** 1208
for thermocouples. **A2:** 885, **M3:** 696–720
for thermosets **EM2:** 55
for UV coatings. **EL1:** 785–786
gages **M3:** 554–557
hole making and circuitization **EL1:** 115
hot extrusion tools **M3:** 537–541
hot upset forging tools. **M3:** 533–536
initial material/processing choice. **EM2:** 79–80
introduction. **EM2:** 611
literature **A13:** 321
material and design **EM2:** 612–617
metalworking rolls **M3:** 502–507
molds for plastics and rubber. **M3:** 546–550
of cast irons **A13:** 571
of corrosive media, corrosion testing **A13:** 194
of plastics **EM2:** 68, 475
organic coatings **A13:** 529
permanent magnet materials **A2:** 792–802
petroleum refining and petrochemical operations **A13:** 1262
plating for PTH, vias, surface wiring **EL1:** 113–115
powder-compacting tools. **M3:** 544–545
precious metal plating. **EL1:** 117
press forming dies **M3:** 489–493
process. **A13:** 321–323
process flow, as model for **EL1:** 112–113
refractory metals and alloys. **A2:** 557–560
resins, for injection molding **EM2:** 322–323
shear spinning tools **M3:** 500–501
shearing and slitting tools **M3:** 478–483
sliding bearings **M3:** 802–822
solder mask or protective coat **EL1:** 115–116
soldering/interconnection **EL1:** 116–117

structural applications at subzero temperatures **M3:** 721–772
structural ceramics **A2:** 1019–1020
structural components, use of tool materials for **M3:** 558–559
supplier data sheets, interpreting . . . **EM2:** 638–645
thermoplastic injection molding **EM2:** 308
thermoplastic resins. **EM2:** 618–625
thermoset resins **EM2:** 55, 626–631
thread-rolling dies. **M3:** 551–553
to avoid erosion-corrosion **A13:** 332–333
to avoid intergranular corrosion **A13:** 324–325
to avoid/minimize corrosion **A13:** 323–335
wax, for investment casting **A15:** 254–255
wear applications **M3:** 563–594

Materials selection process, overview of A20: 243–254
calculated weighted property index. **A20:** 253
competent job recommendations. **A20:** 253
computer databases **A20:** 250
conceptual design. **A20:** 250
conclusions **A20:** 253
cost per unit property method. **A20:** 251
costs and related aspects of materials selection. **A20:** 248–250
descriptions **A20:** 250
design for manufacturing **A20:** 248
detail design **A20:** 250
dimensions, extra charges for. **A20:** 249
embodiment design (configuration design) . . . .
. . . . **A20:** 250
expert systems **A20:** 250–251
factors affecting cost **A20:** 250
for automotive exhaust system **A20:** 245
for new design **A20:** 244
four-level approach to **A20:** 244
generic material standards **A20:** 244
information about mechanical properties **A20:** 250–251
limits on properties method. **A20:** 253
loading. **A20:** 249–250
manufacturing processes and their attributes **A20:** 248
manufacturing processes, classes of . . **A20:** 246, 247
marking **A20:** 249–250
material first approach **A20:** 244
material performance characteristics **A20:** 245, 246
materials information required during detail design, examples of **A20:** 251
materials substitution for an existing design **A20:** 244
metallurgical requirements effect on cost. . **A20:** 249
methods of **A20:** 251–253
packing **A20:** 249–250
pairwise comparison use in cryogenic tank example **A20:** 252
performance characteristics of materials **A20:** 245–246
performance indices **A20:** 245, 252
process first approach **A20:** 244
process of **A20:** 244–246
processing, extra charges for **A20:** 249
properties of metals, ceramic and polymers compared **A20:** 245
quantity, extra costs for smaller **A20:** 249
relation of materials selection to design. **A20:** 243–244
relation to manufacturing. **A20:** 246–248
relationships between failure modes and mechanical properties **A20:** 245, 246
role played by material properties in selection of materials **A20:** 245
scaled values of properties **A20:** 253
schematic design process. **A20:** 243
screening properties **A20:** 244
standards and specifications **A20:** 245–246
subjective value use to get a scaled property **A20:** 252
total cost of a part **A20:** 248
unit cost of part equation. **A20:** 248
value engineering **A20:** 244
weighted property index method. **A20:** 251–253

Materials selection, relationship with processing **A20:** 297–308
aluminum alloys, characteristics for use in sand, permanent mold, and die casting . . . **A20:** 303
Ashby process chart for processing **A20:** 298

630 / Materials selection, relationship with processing

Materials selection, relationship with processing (continued)
buildup of cost elements to establish selling price **A20:** 300
casting of metals **A20:** 302–303
castings, applications for, and rating of castability, machinability, and weldability **A20:** 303
categories of factors to be considered. **A20:** 308
characteristics of manufacturing processes **A20:** 297–300
concurrent engineering **A20:** 297
cost buildup of steel products **A20:** 302
costs of some materials based on mass and volume **A20:** 302
deformation processing of metals **A20:** 304–306
design for manufacturability **A20:** 300–301
designing each part to be easy to make . . . **A20:** 301
ease of manufacture **A20:** 302
eliminating machining and finishing operations **A20:** 301
factors in selecting a material for production **A20:** 301–302
fitting the design to the manufacturing process **A20:** 301
fluidity **A20:** 303
formability **A20:** 305
forming limit diagrams for different sheet metals **A20:** 305–306
fracture locus diagram **A20:** 304, 305
group technology **A20:** 299
machinability **A20:** 306–307
material factors **A20:** 297, 300, 304
materials influence on manufacturing cost **A20:** 300
melting point **A20:** 297
microstructure effect on machinability **A20:** 307
minimize total number of parts **A20:** 300
plastics selection for an automobile bumper example **A20:** 299–300
polymer melt characteristics, importance in various processes **A20:** 304
polymer processing **A20:** 304
process factors **A20:** 299–300
processes compared for producing automotive bumpers **A20:** 299
rating of characteristics for common manufacturing processes **A20:** 299
resistance to hot cracking **A20:** 303–304
scale for rating manufacturing processes . . **A20:** 298
shape factors **A20:** 297–298
shrinkage **A20:** 304
standardize **A20:** 300–301
strain to fracture plotted against the workability parameter **A20:** 304, 305
surface finishes, range of **A20:** 301, 302
tool life vs. cutting speed based on Taylor equation **A20:** 306, 307
use of readily processed materials **A20:** 301
weldability **A20:** 306, 307
weldability of specific metals and alloys . . **A20:** 306, 307

weldability tests compared for fabrication variables **A20:** 307
workability **A20:** 304–305
Materials selection specialist **A20:** 3
Materials selection, techno-economic issues *See* Techno-economic issues in materials selection
Materials standards **A20:** 246
Materials synthesizing
achievable machining accuracy **A5:** 81
Materials Technology Institute tests
crevice corrosion **A13:** 304
Materials utilization
as process factor **A20:** 299
Materials Week **EM3:** 71
Material-specific constant **A20:** 346
Material-specific factor (m_o) **A19:** 252
Mathar-Soete drilling technique **A6:** 1095

Mathematical modeling *See also* Computer applications; Modeling; Process modeling; Simulation
of open-die forging **A14:** 65
precision forging **A14:** 159
with machine vision **A17:** 37
Mathematical models *See also* Models; NDE reliability models
derivation **A17:** 751
fitting **A17:** 751
for predicting NDE reliability **A17:** 702–715
for quality control **A17:** 740–742
model building **A17:** 741
parameter design **A17:** 750–752
variable effects **A17:** 741–742
Mathematics
of reliability **EL1:** 895–896
Matheson standard gas sample **A10:** 155
Mating fracture surface(s)
AISI/SAE alloy steels **A12:** 294, 318, 323
automotive bolt **A12:** 274
cast aluminum alloys **A12:** 408, 411–412
crack origins **A12:** 13, 323
drive shaft **A12:** 258
effect of dimples **A12:** 13
elongated manganese sulfide inclusions **A12:** 26
fatigue, low-carbon steel **A12:** 251
fracture origin **A12:** 13, 323
martensitic stainless steels **A12:** 368
matching dimples on **A12:** 12
medium-carbon steels **A12:** 255, 258, 268, 274
overload **A12:** 411–412
sectioned **A12:** 268
sudden overload failure **A12:** 294
torsional overload fracture, high-carbon steels **A12:** 278
wrought aluminum alloys **A12:** 416
Mating-die method
stretch draw forming **A14:** 593
MATLAB/SIMULINK
control system analysis program **A20:** 171
Matrices *See also* Composite(s), Composite materials; Constituent materials; Matrix; Resin systems; Resins; specific matrices
as weak link **EM1:** 31
bismaleimide resins **EM1:** 32
constituents, software for **EM1:** 275
cracking, energy method **EM1:** 241
defined **EM1:** 89
elastic displacement fields **EM1:** 187
elasticity, measured **EM1:** 188
epoxy resins **EM1:** 32, 74–77
feathering in **EM1:** 789
for aerospace **EM1:** 32–33
for commercial applications **EM1:** 31–32
for pultrusion product **EM1:** 538–540
forms **EM1:** 175–176
formulations **EM1:** 290–291
interlaminar, fracture toughness testing . . **EM1:** 264
introduction **EM1:** 31–33
lamina properties **EM1:** 308
mode strength of **EM1:** 198
of prepreg forms **EM1:** 291–292
polyester resins **EM1:** 31–32
polyimide resins **EM1:** 32
resin properties tests **EM1:** 289–294
tensile failure mode **EM1:** 100
thermal analysis techniques for **EM1:** 779–780
thermoplastic resins **EM1:** 32–33, 292–294
thermoset, properties and tests for **EM1:** 32, 289–290
type, effect, bulk molding compounds . . . **EM1:** 162
vinyl ester resins **EM1:** 31–32
Matrimid 5282 bismaleimide **EM1:** 81–82, 86
Matrix *See also* Matrices; Matrix effects . . . **A7:** 769, **EM3:** 18
absorption, as XRPD source of error **A10:** 341
complex, nontrace components in **A10:** 109
crazing, in polymers **A11:** 759, 761

creep, alloy steels **A12:** 349
defined **A9:** 11, **A10:** 676, **A11:** 6, **A13:** 46, **A17:** 384, **EM1:** 15, **EM2:** 26
definition **M6:** 11
feathering, in composites **A11:** 736
guidelines, for material selection **EM1:** 38
methods, for quantitative IR analysis **A10:** 117
reduced lamina stiffness **EM1:** 219
resin tests **EM1:** 289–294
sample **A10:** 83, 162, 168–170
separation, effect of crack tip plastic zone . . **A12:** 16
Matrix alloys *See also* Composites; Metal-matrix composites
aluminum-base discontinuous **A14:** 251
Matrix analysis **A20:** 45–46
Matrix composites *See* Composites; Matrix materials; Metal-matrix composites
Matrix coupon encapsulation method **EM3:** 391
Matrix crack spacing **A20:** 660
Matrix cracking
as failure mechanism **A8:** 696
Matrix densification **M7:** 314
Matrix digestion test method **EM1:** 765–767, 774
Matrix effects *See also* Interferences
in AFS **A10:** 46
in emission spectroscopy **A10:** 33
in titanium **A10:** 97
in x-ray spectrometry **A10:** 97
Matrix isolation
defined **A10:** 676
Matrix materials *See also* Composites; Metal-matrix composites; Subcomposites
and reinforcement **EL1:** 1119–1121
composition, in cermets **A2:** 991
for niobium-titanium superconducting materials **A2:** 1044–1046
for packaging applications **EL1:** 1120
Matrix metal **M7:** 7
Matrix method **A7:** 251, 252, **A20:** 106, 107
Matrix method of calculating diffraction contrast for translation interfaces **A9:** 118–119
Matrix phase, identification of
in eutectic microstructures **A9:** 620
Matrix properties
cyanate homopolymer **EM2:** 235
thermosetting resins **EM2:** 235
Matrix properties of fiber composite specimens, altering for purposes of
examination **A9:** 587
Matrix reinforcements *See* Reinforcements
Matrix resin tests **EM1:** 289–294
Matrix resins *See also* Resins
for pultrusion **EM2:** 394
Matrix structure
austenitic, ductile iron **A15:** 649
ductile iron **A15:** 655–656
in gray iron **A1:** 25, **A15:** 632–633
Matrix structure, ductile iron . . **M1:** 35, 45, 46, 53, 55
Matrix-plus-dispersed-phase structure **A9:** 604
Mats
chopped-strand, for resin transfer molding **EM1:** 169
continuous-strand, for resin transfer molding **EM1:** 169
defined **EM1:** 15
E-glass, pultruded **EM1:** 537
fiberglass, and woven roving **EM1:** 109
needled, defined *See* Needled mat
random-fiber, pultruded **EM1:** 537
short-fiber **EM1:** 121
tests for **EM1:** 291–292
Matte, and specular surface finish
aluminum alloy **A15:** 762–763
Matte finish
definition **A5:** 961
Matte surfaces, exposed
painting over **M5:** 332
Matte-finish tinplate **A5:** 352

SUBJECTS OF THE INDEXED VOLUMES: **ASM Handbook** (designated by the letter "A"): **A1:** Properties and Selection: Irons, Steels, and High-Performance Alloys (1990); **A2:** Properties and Selection: Nonferrous Alloys and Special-Purpose Materials (1990); **A3:** Alloy Phase Diagrams (1992); **A4:** Heat Treating (1991); **A5:** Surface Engineering (1994); **A6:** Welding, Brazing, and Soldering (1993); **A7:** Powder Metal Technologies and Applications (1998); **A8:** Mechanical Testing (1985); **A9:** Metallography and Microstructures (1985); **A10:** Materials Characterization (1986); **A11:** Failure Analysis and Prevention (1986); **A12:** Fractography (1987); **A13:** Corrosion (1987); **A14:** Forming and Forging (1988); **A15:** Casting (1988); **A16:** Machining (1989); **A17:** Nondestructive Evaluation and Quality Control (1989); **A18:** Friction, Lubrication, and Wear Technology (1992); **A19:** Fatigue and Fracture (1996); **A20:** Materials Selection and Design (1997). **Metals Handbook, 9th Edition** (designated by the letter "M"): **M1:** Properties and Selection: Irons and Steels (1978); **M2:** Properties and Selection: Nonferrous Alloys and Pure Metals (1979); **M3:** Properties and Selection: Stainless Steels, Tool Materials, and Special-Purpose Materials (1980); **M4:** Heat Treating (1981); **M5:** Surface Cleaning, Finishing, and Coating (1982); **M6:** Welding, Brazing, and Soldering (1983); **M7:** Powder Metallurgy (1984). **Engineered Materials Handbook** (designated by the letters "EM"): **EM1:** Composites (1987); **EM2:** Engineering Plastics (1988); **EM3:** Adhesives and Sealants (1990); **EM4:** Ceramics and Glasses (1991). **Electronic Materials Handbook** (designated by the letters "EL"): **EL1:** Packaging (1989)

Mattsson's pH 7.2 solution
for SCC testing of copper alloys **A8:** 525
Maturation room
sheet molding compounds **EM1:** 160
Mature grain structure
defined. **A9:** 603
Maturing temperature **EM3:** 18
Maurer, E
as metallurgist. **A15:** 32
Maurer structural diagrams
for cast iron production **A15:** 69–70
Maverick joint **A19:** 279, 280, 282
MAX
as synchrotron radiation source. **A10:** 413
MAX-D index
use for unknown phase/ particle
identification. **A10:** 456
Maximizing performance **A20:** 282
Maximum
abbreviation for **A10:** 690
Maximum available control technology
(MACT) **A5:** 914, 930
Maximum available engine torque. **A18:** 566
Maximum available skid torque. **A18:** 566
Maximum compressive stress
for bearings **A19:** 356
in fatigue testing. **A11:** 02
Maximum contact temperature. **A18:** 40
Maximum crack length (MCL) parameter **A6:** 89, 90
Maximum cyclic shear plane **A19:** 269
Maximum deflection
in differing systems **A8:** 392
Maximum deflection (y) **A20:** 512
Maximum elongation **EM3:** 18
defined **EM2:** 26
Maximum energy content
permanent magnetic materials **A2:** 763, 782
Maximum erosion rate
defined. **A18:** 12
Maximum flash temperature **A18:** 40, 41
Maximum flash temperature of test gears
symbol and units **A18:** 544
Maximum Hertzian contact pressure **A18:** 41
design chart. **A18:** 91
Maximum horizontal intercept **A7:** 259
Maximum likelihood estimation method
with Weibull distribution **A8:** 715
Maximum likelihood estimators (MLE). **A20:** 626
two-parameter. **A20:** 627–628
Maximum likelihood least squares procedure
for runouts **A8:** 701
Maximum load
Considére's construction for point of **A8:** 25
defined **A8:** 8
nomenclature for Raimondi- Boyd design
chart **A18:** 91
Maximum load (P) **A20:** 511
Maximum load-carrying capability **A19:** 428
Maximum normal strain
as creep rupture criterion **A8:** 344
Maximum normal stress in the component . . **A20:** 624
Maximum normed residual (MNR)
statistic **EM1:** 303
Maximum octahedral shearing stress
hardened steels **A19:** 692
Maximum permeability
in magnetic particle inspection **A17:** 99
Maximum permissible crack size **A19:** 457
Maximum permissible dose
radiation **A17:** 301
Maximum permissible exposure (MPE) level
potential eye exposure during laser-beam
welding. **A6:** 267
Maximum plastic zone size **A19:** 144, 202
Maximum pore size **M7:** 7
Maximum principal stress. . **EM3:** 491–492, 493, 494,
495, 496, 497
Maximum rate period
defined. **A18:** 12
Maximum reduced stress
as creep rupture criterion **A8:** 344
Maximum relative shear **EM3:** 827, 828
Maximum shear factor **A19:** 390
Maximum shear strain amplitude **A19:** 265
Maximum shear stress
as creep rupture criterion. **A8:** 343–344
hardened steels **A19:** 692
symbol for **A20:** 606
Maximum size **A20:** 246
Maximum stability criterion. **A7:** 47
Maximum strain levels
as creep rupture criterion **A8:** 344
forming limit diagrams for. **A8:** 551
Maximum strength *See* Ultimate strength
Maximum stress. **A19:** 18
direction effect on dimple shape **A12:** 13
symbol for **A11:** 797
versus *N*. **A19:** 18
Maximum stress criterion
ply failure **EM1:** 238
Maximum stress intensity. **A19:** 67
Maximum stress level
and composite material age **A8:** 716
defined **A8:** 8
Maximum stress method. **EM3:** 481
Maximum stress (S max) **A20:** 509, 517
Maximum stress-intensity factor
as mechanical variable affecting corrosion
fatigue **A19:** 187, 193
Maximum stress-intensity factor, K_{min}
defined **A8:** 8
Maximum surface stress. **A20:** 284
Maximum tensile stress
in fatigue testing. **A11:** 102
Maximum upper use temperature
composite. **EM1:** 43
Maximum usable intrinsic device speed
defined. **EL1:** 2
Maxwell element
as creep/viscoelasticity model. . **EM2:** 414, 659–660
Maxwell equation. **EM3:** 429
Maxwell mechanical model **A20:** 449
Maxwell's equations **EL1:** 601
Mayer, Jacob
as discoverer **A15:** 31
Mayer, Julius von. . . . . **A3:** 1•6
Mazak 3, zinc alloy
properties **A2:** 532–533
Mazak-3 *See* Zinc alloys, specific types, AG40A
Mazak-5 *See* Zinc alloys, specific types, AC41A
MBD simulation **A20:** 174
MCA *See* Multichannel analyzers
McClintock model
of void coalescence **A14:** 393
McConomy curves
and elevated-temperature service **A1:** 630, 631
McCormick reaper
of crucible steel **A15:** 31
McDonnell Douglas
DFMA implementation. **A20:** 683
McDonnell Douglas mast-mounted helicopter site
beryllium P/M parts **M7:** 760
McDonnell Douglas/Air Force Primary Adhesively
Bonded Structures Technology (PABST)
program **EM3:** 804
McDowell-Berard model **A19:** 269
McDowell-Poindexter model **A19:** 269
McElroy's Fog Count **A20:** 144
McEvily-Forman empirical equation **A19:** 67
McGraw-Hill Seminary Center (New York) **EM2:** 95
MCIC-HDBK-01 . . . . **A19:** 583
McKee total elbow joint prosthesis **A11:** 670
McKinsey & Company, Inc. (Denmark) **A20:** 99
McQuaid-Ehn grain size
defined **A9:** 11
McQuaid-Ehn test
to determine austenitic grain size **A1:** 241
MCR *See* Minimum creep rate
MCrAlY coatings **A19:** 540–541
MCrAlY metallic coatings . . . **A20:** 480, 484, 485, 598
m-cresol
physical properties **EM3:** 104
MDA BMI *See* Bis(4-maleimidodiphenyl) methane
MDI *See* Diphenyl-methane-diisocyanate
ME *See* Mössbauer effect
Mealing
defined. **EL1:** 1149
Mean. **A19:** 17, 296, **EM3:** 786
as first moment of population **A8:** 628
binomial distribution. **A8:** 647
curve **A8:** 665–667
exponential distribution **A8:** 635
in statistics **A20:** 75, 76, 77, 78
normal distribution **A8:** 630–631
of statistical distributions **A8:** 629
Poisson distribution. **A8:** 637
statistical **A8:** 624–625
Weibull distribution. **A8:** 633
Mean cell diameter **A19:** 82, 83
Mean cell size **A19:** 88
Mean coefficient of friction
symbol and units **A18:** 544
Mean component of stress **A20:** 305
Mean contact temperature **A18:** 438, 440
Mean current of a train of rectangular pulses. . **A6:** 40
Mean curvature
convex figures. **A12:** 195
Mean depth of penetration **A11:** 165, 797
Mean deviation
computed for normal distribution. **A8:** 664
Mean effective pressure (MEP). **A18:** 554
Mean fatigue curve
confidence limits on **A8:** 700
scatter **A8:** 699–700
Mean fatigue life
vs. percent failure for different stresses **A8:** 699
Mean fatigue lives **A20:** 78
Mean fatigue strength **A19:** 278
staircase method for **A8:** 704
Mean, flow pore size distribution technique. . **A7:** 1037
Mean free distance
stereological relationships **A12:** 195
Mean free distance between particles **A9:** 129
Mean free path
for gases and pressures **A17:** 59
Mean free path (MFP) . . **A7:** 966, 967–968, 969, 971
Mean intercept length **A7:** 237
Mean intercept length of grains **A9:** 129–130
Mean life **A7:** 979
Mean linear intercept **A20:** 371
Mean linear intercept measure
grain size **A10:** 358
Mean load
and high temperatures, effect on corrosion
fatigue. **A8:** 254
capability, portable corrosion-fatigue
machine with. **A8:** 243
pressure **A8:** 71
ultrasonic test facility with external load
frame for **A8:** 248
zero, tensile strength accumulation in
at. **A8:** 353, 355
Mean matrix intercept distance **A9:** 130
Mean (or hydrostatic) stress **A7:** 327
Mean particle diameter of as-atomized
distribution **A7:** 73
Mean particle size
in HIP. **M7:** 425
Mean particle spacing. **A9:** 129–130
Mean peak spacing. **A18:** 334, 335
Mean radius. **A7:** 272, 273
Mean roughness depth **A7:** 683
Mean rubbing interfacial temperature. **A18:** 572
Mean, sample **A7:** 695
Mean square roughness **A18:** 335
Mean square strain **A18:** 468
Mean, statistical
in quality control **A17:** 727
Mean strain
effect on fatigue resistance of
materials **A8:** 712–713
Mean strain effects **A19:** 21, 22
Mean strain (∂_m). **A19:** 17, 74
Mean strength
measure of. **A8:** 626
Mean stress *See also* Engineering stress; Nominal
stress; Normal stress; Residual stress; True
stress . . . **A7:** 329, 330, 333, **A19:** 18–21, 25, 52,
74, 86, 127, 177, 238, 243, 245, **A20:** 517,
519, 520
and ramp rates **A12:** 63
as loading condition, effect on fatigue
cracking **A12:** 15
composite laminates **A19:** 907–908
defined. **A8:** 8
effect of dwell time **A12:** 63
effect on corrosion-fatigue **A11:** 255
effect on fatigue resistance of
materials **A8:** 712–713
effect on fatigue strength **A8:** 374
effect on stress amplitude **A8:** 374, **A11:** 112

Mean stress (continued)
fatigue fracture from **A11:** 131
fatigue tests at **A11:** 110–111
Gerber's parabola and. **A8:** 374
modified Goodman law **A8:** 374
of welds. **A19:** 280
Soderberg's law. **A8:** 374
symbol for. **A11:** 797
titanium alloys **A19:** 842–843
vs. strain range, René 95 . . . . **A8:** 353–354
Mean stress correction **A19:** 296
Mean stress effect
at high temperatures. **A20:** 527, 528
Mean stress effects **A19:** 199, 238–239, 240, 265, 270–271
on alloy steels **A19:** 639–640, 641
on strain-based approach **A19:** 256–257
Mean stress in flight **A19:** 123, 129
Mean surface extrusion distance **A18:** 465
Mean tangent diameter
convex figures. **A12:** 195
Mean tangential stress **A20:** 91
Mean time before failure (MTBF) predictions
microcircuitry. **EL1:** 260
Mean time between failures (MTBF) **A20:** 88, 89, 93–94
Mean time to failure (MTTF) **A18:** 493–494, **A20:** 88, 89
Mean time to first failure. **A20:** 88
Mean time-to-failure
abbreviation for **A11:** 797
Mean value first-order second-moment method. **A19:** 300
Mean wear-out life. **A20:** 88
Mean yield stress. **A20:** 91
Mean-amplitude response **A19:** 19
Mean-free-path damping
EXAFS analysis **A10:** 410
Mean-stress rules **A19:** 126–127
Mean-time-to-failure (MTTF)
defined. **EL1:** 896
Measling
as PTH failure mechanism **EL1:** 1025, 1149
Measurability **A19:** 178, **A20:** 28
Measurability parameter
defined. **A8:** 387
Measurable wear model for impact **A20:** 606, 608
wear models for design. **A20:** 606
Measurable wear model for sliding. . . . **A20:** 606, 608, 611, 613
wear models for design. **A20:** 606
Measure
angular, symbol for **A10:** 691
of central tendency **A8:** 624–625
of variability. **A8:** 625
SI standardized. **A10:** 685
units of **A10:** 691
Measured area under the rectified signal envelope (MARSE) **A17:** 282–283
Measured cell potential
abbreviation for **A10:** 690
Measured density. **A7:** 719
Measured quantities
relationship to calculated quantities **A9:** 124
Measurement *See also* Corrosion testing; Evaluation
alternating current impedance. **A13:** 200–201
and load application in vacuum and gaseous fatigue tests **A8:** 411
and temperature control in creep furnaces **A8:** 312–313
case depth **M4:** 275–281
depth **A8:** 85
experimental, or longitudinal resonance frequency of specimens **A8:** 249
for dimensional inspection. **A15:** 559–560
in wear test **A8:** 604, 606
laser level, in pouring systems. **A15:** 570
of corrosion potentials. **A13:** 200
of corrosion test results **A13:** 194–195
of hydrogen, in aluminum alloys. **A15:** 748
of indentation, Brinell test **A8:** 85
of load at medium strain rates **A8:** 193
of soil corrosion. **A13:** 209–210
of strain at medium rates. **A8:** 193
polarization resistance **A13:** 200, 214–215
quantitative, of dimples **A12:** 206–207
statistical vs. individual **A12:** 207–208
unit, in fractal analysis. **A12:** 211–215
Measurement between wires (MBW) **A7:** 1063
Measurement circuit electronics
electrical testing **EL1:** 567
Measurement, dimensional *See* Dimensional measurements
Measurement errors. **A20:** 84
Measurement of surface forces and adhesion **A18:** 399–405
atomic force microscopy **A18:** 401, 402
basic concepts. **A18:** 399–400
interfacial energy **A18:** 399–400
surface energy **A18:** 399–400
surface energy and surface forces. **A18:** 399
surface forces. **A18:** 399
work of adhesion **A18:** 400, 403, 404, 405
measuring adhesion. **A18:** 402–404
adhesion between curved surfaces **A18:** 403
fracture experiments. **A18:** 403
fundamental adhesion measurements . . . **A18:** 403
history dependence and sample preparation. **A18:** 403
modes of separation **A18:** 404
practical adhesion measurements. . . **A18:** 403–404
rate-dependent effects. **A18:** 403
measuring surface forces. **A18:** 400–402
Derjaguin approximation **A18:** 400, 401
environments. **A18:** 402
instrumental requirements. **A18:** 400
other measurements (adsorption, friction, refractive index, viscosity). **A18:** 402
preparation of surfaces and fluids **A18:** 402
pull-off force. **A18:** 401, 403
substrate materials **A18:** 401
techniques **A18:** 400–401
state of the art **A18:** 404–405
Measurement over wires (MOW) **A7:** 1063
Measurement plan to validate product requirements **A20:** 219
Measurement uncertainty (σ). **A18:** 296
Measurements
for quantitative metallography **A9:** 123–125
on a planar section used for particle-size distribution calculations **A9:** 131
Measurements of film thickness *See* Film thickness measurements
Measurements of thickness *See* Thickness measurements
Measures
metric and conversion data **A8:** 721–723
Measuring dimensional change of metal powder specimens due to sintering, specifications **A7:** 711, 1098
Measuring junction
thermocouple thermometer **A2:** 870–871
Mechancially fastened joints, fatigue of **A19:** 287–294
axially loaded round bars **A19:** 292
bending in round bars. **A19:** 292
bibliography of stress-intensity factors **A19:** 291–292
bolt steels with unified threads **A19:** 288
bolted joints **A19:** 289
bolts and rivets in bearing and shear **A19:** 289–291
cold-driven rivet joints in sheet **A19:** 289–290
crack growth from holes **A19:** 292
fasteners. **A19:** 292
field repair and rehabilitation of riveted structures **A19:** 291
friction joints **A19:** 290–291
hole sizing and interference fits. **A19:** 290
hot-driven riveted joints of structural plate. **A19:** 287, 291
life extension. **A19:** 292
mean stress effect. **A19:** 289
minimum bolt breaking strengths **A19:** 291
pin joints. **A19:** 291
preload effect **A19:** 289
rivet hole fabrication. **A19:** 290
snug-tight condition. **A19:** 291
stress concentrations in pin joints. **A19:** 291
studs. **A19:** 289
thread design effect. **A19:** 288–289
thread form effect on fatigue strength of bolt steel. **A19:** 288
threaded fasteners in tension . . . **A19:** 287, 288–289
tightening of bolts. **A19:** 289, 290
Mechanial alloyed titanium-base alloys **A7:** 20
Mechanical abrasion **EM3:** 42
sanding. **EM3:** 42
shotblasting **EM3:** 42
Mechanical abuse
iron castings failure from **A11:** 375
Mechanical activation
defined. **A18:** 12
definition. **A5:** 961
Mechanical adhesion. **EM3:** 18
defined. **EM1:** 15
Mechanical agitation
for grain refinement **A15:** 476–477
Mechanical alignment
defined. **A9:** 11
Mechanical alloyed aluminum alloys
room-temperature mechanical properties. . . . **A7:** 20
Mechanical alloyed aluminum-base alloys **A7:** 20
Mechanical alloyed magnesium-base alloys **A7:** 20
Mechanical alloyed ODS alloys
commercial alloys and their applications. **A7:** 177–178
compositions. **A7:** 177
physical properties **A7:** 178
Mechanical alloyed titanium aluminide intermetallics. **A7:** 20
Mechanical alloying *See also* Oxide dispersion-strengthened alloys. . . **A20:** 341, **M3:** 215, **M7:** 7
alloy applications **A2:** 943
aluminum P/M alloys **A2:** 202
and fabrication. **A2:** 947–949
commercial alloys **A2:** 944–947
equipment **M7:** 723
in high-energy milling. **M7:** 69
mechanically alloyed oxide alloys **A2:** 943–949
oxidation and hot-corrosion properties. . . **A2:** 947
oxide-dispersion-strengthened superalloy products by **M7:** 527, 528
process **A2:** 943–944, **M7:** 723–725
Mechanical alloying (MA) **A7:** 20, 33, 60, 80–90, 128
advantages. **A7:** 80
aluminum and aluminum-alloy powders . . . **A7:** 148
aluminum-base alloys **A7:** 88
aluminum-titanium alloys. **A7:** 88
applications. **A7:** 85–88
attributes **A7:** 80
consolidation. **A7:** 84–85
definition. **A7:** 80
dispersion-strengthened materials **A7:** 80–81
displacement reactions **A7:** 88–89
iron-base alloys. **A7:** 87–88
magnesium-base alloys. **A7:** 88
mechanism of alloying **A7:** 83–84, 85
mill types. **A7:** 81–83
modeling **A7:** 90
nickel-base alloys **A7:** 86–87, 176–178
oxide-dispersion strengthened materials. **A7:** 81
oxide-dispersion strengthened superalloy powders **A7:** 176–177
powder contamination. **A7:** 89–90
powder handling. **A7:** 83

SUBJECTS OF THE INDEXED VOLUMES: ASM Handbook (designated by the letter "A"): **A1:** Properties and Selection: Irons, Steels, and High-Performance Alloys (1990); **A2:** Properties and Selection: Nonferrous Alloys and Special-Purpose Materials (1990); **A3:** Alloy Phase Diagrams (1992); **A4:** Heat Treating (1991); **A5:** Surface Engineering (1994); **A6:** Welding, Brazing, and Soldering (1993); **A7:** Powder Metal Technologies and Applications (1998); **A8:** Mechanical Testing (1985); **A9:** Metallography and Microstructures (1985); **A10:** Materials Characterization (1986); **A11:** Failure Analysis and Prevention (1986); **A12:** Fractography (1987); **A13:** Corrosion (1987); **A14:** Forming and Forging (1988); **A15:** Casting (1988); **A16:** Machining (1989); **A17:** Nondestructive Evaluation and Quality Control (1989); **A18:** Friction, Lubrication, and Wear Technology (1992); **A19:** Fatigue and Fracture (1996); **A20:** Materials Selection and Design (1997). **Metals Handbook, 9th Edition** (designated by the letter "M"): **M1:** Properties and Selection: Irons and Steels (1978); **M2:** Properties and Selection: Nonferrous Alloys and Pure Metals (1979); **M3:** Properties and Selection: Stainless Steels, Tool Materials, and Special-Purpose Materials (1980); **M4:** Heat Treating (1981); **M5:** Surface Cleaning, Finishing, and Coating (1982); **M6:** Welding, Brazing, and Soldering (1983); **M7:** Powder Metallurgy (1984). **Engineered Materials Handbook** (designated by the letters "EM"): **EM1:** Composites (1987); **EM2:** Engineering Plastics (1988); **EM3:** Adhesives and Sealants (1990); **EM4:** Ceramics and Glasses (1991). **Electronic Materials Handbook** (designated by the letters "EL"): **EL1:** Packaging (1989)

process control agents **A7:** 81
processing path **A7:** 80, 81
raw materials used **A7:** 80
superalloy powders **A7:** 176–178, 896, 898, 899
titanium alloy powders **A7:** 880, 881–882
titanium powder **A7:** 164–165
ultrafine and nanophase powders **A7:** 72
Mechanical amorphization **EM4:** 23
Mechanical applications
polyphenylene sulfides (PPS) **EM2:** 186
Mechanical attrition
for beryllium powders **M7:** 170
for copier powders **M7:** 587
Mechanical attrition process
mechanical alloying **A2:** 202
reaction milling **A2:** 202
sinter-aluminum-pulver (SAP) technology . . **A2:** 202
Mechanical attritioning
aluminum alloys **A7:** 834–835
beryllium powders **A7:** 203
Mechanical behavior
in torsion testing **A8:** 155
of materials under tension **A8:** 20–27
Mechanical behavior of metal powders and powder compaction modeling **A7:** 326–342
calibration of material parameters for an iron powder blend **A7:** 336–337
compaction of a long bushing **A7:** 340–341
constitutive model for metallic powders with ductile particles **A7:** 334–335
constitutive models **A7:** 326–334
deformation of powder compacts **A7:** 326–329
elastoplastic constitutive behavior **A7:** 329–330
experimental determination of powder material constitutive properties and functions **A7:** 335–337
issues related to applications **A7:** 326
numerical modeling of powder compaction in dies **A7:** 337–341
structure of constitutive laws for powder material **A7:** 330–334
Mechanical belt grinding
stainless steel **M5:** 556
Mechanical blending **A7:** 413, 414
Mechanical bond
definition **A5:** 961, **M6:** 11
Mechanical bond (thermal spraying)
definition **A6:** 1211
Mechanical bonding
babbitting **A5:** 375
Mechanical bonding process
babbitting **M5:** 356
Mechanical capping **M1:** 112
Mechanical cleaning *See also* Cleaning; specific processes by name
cast irons **A5:** 685–686
definition **A5:** 961
magnesium alloys **A5:** 820
methods, liquid penetrant inspection **A17:** 81
types **A13:** 1143
Mechanical cleaning systems **A5:** 55–66
abrasive characteristics and applications for wet blasting **A5:** 63
abrasive effect on life of components of a centrifugal blast wheel unit **A5:** 55–56
airwash separator **A5:** 57
automatic air blast machine maintenance . . . **A5:** 59
blasting-tumbling machines **A5:** 58
cabinet machines **A5:** 57
cast grit size specifications **A5:** 61
cast shot size specifications for shot peening or blast cleaning **A5:** 62
centrifugal wheel machine maintenance **A5:** 59
contaminant control **A5:** 62–63
continuous-flow machines **A5:** 57–58
cut steel wire shot specifications **A5:** 62
dry blast cleaning abrasives **A5:** 61–63
dry blast cleaning applications and limitations **A5:** 59–61
dry blast cleaning cycle times **A5:** 59
equipment **A5:** 65
equipment for dry blast cleaning **A5:** 57–59
equipment maintenance **A5:** 58–59
glass bead standard size and roundness specifications **A5:** 63
hand air blast machine maintenance **A5:** 59
metallic abrasive media **A5:** 61
nonmetallic abrasive media **A5:** 61–62
portable equipment **A5:** 58
pressure blast nozzle systems as abrasive media **A5:** 56
propelling abrasive media **A5:** 55–57
refractory metals and alloys **A5:** 856, 860
replacement of abrasive **A5:** 62, 63
safety and health hazards **A5:** 65–66
selection of abrasive **A5:** 62, 63
suction blast cabinets as abrasive media **A5:** 56–57
types of workpieces **A5:** 55
uses **A5:** 55
ventilation **A5:** 58
wet blasting **A5:** 63, 64–65
wet blasting abrasives **A5:** 64
wet blasting applications **A5:** 64–65
wet blasting liquid carriers **A5:** 64–65
wheels as abrasive media **A5:** 55–56
Mechanical coating **M5:** 300–302, **M7:** 459
alloy coatings **M5:** 300–301
applications **M5:** 301–302
cadmium and cadmium combination coatings **M5:** 300–302
chromate coatings used with **M5:** 301–302
combination coatings **M5:** 300–302
copper flash **M5:** 302
corrosion resistance **M5:** 300–302
equipment **M5:** 302
fasteners **M5:** 302
ferrous P/M alloys **A5:** 765
galvanizing process **M5:** 300–301
hydrogen embrittlement and **M5:** 302
layered coatings **M5:** 301
peen plating **M5:** 300
powder metallurgy parts **M5:** 301–302
procedures **M5:** 300–302
sandwich coatings **M5:** 301
steel **M5:** 300, 302
tin and tin combination coatings **M5:** 300–302
waste treatment **M5:** 302
zinc and zinc combination coatings . . **M5:** 300–302
Mechanical comminution **A7:** 53
of hard metals and oxide powders **M7:** 56
of silver powders **M7:** 148
Mechanical compliance method **A19:** 204
Mechanical conditions *See also* Material conditions
of shafts **A11:** 459–460
of stress-corrosion cracking **A11:** 214
Mechanical consolidation **EM4:** 125–129
consolidation methods and use of additives **EM4:** 126
dry consolidation methods **EM4:** 126–127
particle compact **EM4:** 126
powder formulation constituents **EM4:** 126
powder packing **EM4:** 125
starting powder characteristics **EM4:** 125–126
test methods **EM4:** 128–129
compaction rate diagram **EM4:** 128–129
compaction response diagram **EM4:** 128
wet consolidation methods **EM4:** 127–128
Mechanical cracks
defined **A11:** 7
in iron castings **A11:** 353
Mechanical crimp terminations
flexible printed boards **EL1:** 590–591
Mechanical cutting for welding preparation **A6:** 1178–1186
accessory equipment for straight-knife shearing **A6:** 1179–1180
back gages **A6:** 1179–1180
front gages **A6:** 1180
hold-downs **A6:** 1179, 1180–1181
squaring arms **A6:** 1180
accuracy in straight-knife shearing **A6:** 1180
band saw blade selection **A6:** 1185–1186
bimetal blades **A6:** 1185
carbon steel blades **A6:** 1185, 1186
pitch **A6:** 1185–1186
saw width **A6:** 1185
tooth form **A6:** 1186
band saws **A6:** 1184–1186
blade composition **A6:** 1184
blade physical properties **A6:** 1184
blade selection **A6:** 1185–1186
parameter adjustment after visual examination of chips **A6:** 1185
types of machines **A6:** 1184–1185
blade design and production practice **A6:** 1182–1183
combination machines **A6:** 1181, 1182, 1183
cutting rate selection **A6:** 1186
distortion **A6:** 1182–1183
fixturing **A6:** 1182
guillotine machines **A6:** 1181–1182, 1183
iron workers (heavy-duty shears) . . . **A6:** 1181–1183
knife clearance **A6:** 1180
knife rake **A6:** 1180
nibblers **A6:** 1183–1184
punching and shearing machines **A6:** 1182
ram speed in straight-knife shearing **A6:** 1180
safety **A6:** 1180–1181
shears **A6:** 1178–1179
applicability **A6:** 1178
capacity **A6:** 1179
guillotine **A6:** 1178, 1179
hydraulic **A6:** 1179
machines for straight-knife shearing **A6:** 1178
mechanical **A6:** 1178–1179
resquaring **A6:** 1178, 1179
squaring **A6:** 1178, 1179, 1180–1181
speed selection **A6:** 1186
in space and low-gravity environments . . **A6:** 1023
Mechanical damage
AISI/SAE alloy steets **A12:** 305, 337
cast aluminum alloys **A12:** 406, 407, 413
common types **A12:** 72
defined **A12:** 72
during shear deformation, tool steels **A12:** 380
high-carbon steels **A12:** 283
scab, high-carbon steels **A12:** 284
wrought aluminum alloys **A12:** 426
Mechanical defects
variable resistors **EL1:** 1002
Mechanical deflection system (MDS) testing **A19:** 888–889
Mechanical deformation *See also* Deformation
effect on texturing **A10:** 358
Mechanical degradation
polymer chains **EM2:** 424
Mechanical design *See also* Design **A19:** 17
and lubricant failure **A11:** 154
and tool and die failure **A11:** 564–566
categories of **A11:** 115
costs of **EM2:** 83
Mechanical design considerations
flexible printed boards **EL1:** 588–592
Mechanical disintegration **M7:** 7
Mechanical durability **EL1:** 45, 55–65
Mechanical equipment and subsystems program master plan
MECSIP Task II, design information **A19:** 587
Mechanical failure
and package reliability **EL1:** 45
as fatigue failure mechanism **EM2:** 744–749
defined **EL1:** 56
Mechanical fasteners *See also* Blind fastening; Fastener holes; Fasteners; Joint(s)
clamp-up **EM1:** 706–707
corrosion compatibility of **EM1:** 706
for polymer-matrix composites **A20:** 662–663
head configuration **EM1:** 706
interference fit **EM1:** 707–708
lightning strike protection **EM1:** 708
selection of **EM1:** 706–708
shear load transfer through **EM1:** 488
strength of **EM1:** 706
tipping or cocking of **EM1:** 706
with carbon-fiber/resin composites **A20:** 661
Mechanical fasteners, failures of **A11:** 529–549
blind fasteners **A11:** 545
by liquid-metal embrittlement **A11:** 543–544
causes of **A11:** 530–531
corrosion in threaded fasteners **A11:** 535–541
corrosion protection **A11:** 541–542
fastener performance at elevated temperatures **A11:** 542–543
fastener types **A11:** 529
fatigue in threaded fasteners **A11:** 531–534
from fretting **A11:** 534–535
origins of **A11:** 529–530
pin fasteners **A11:** 545
rivets **A11:** 544–545
semipermanent pins **A11:** 545–548
special-purpose fasteners **A11:** 548–549

Mechanical fastening
types . . . **EM2:** 711–713
Mechanical fastening function . . . **EM3:** 33
conventional method . . . **EM3:** 33
spot welding . . . **EM3:** 33
Mechanical feeds . . . **M7:** 460–461
Mechanical fibering . . . **A9:** 686, **A20:** 302
in forging . . . **A11:** 319
in M-36 electrical steel sheet . . . **A9:** 687
Mechanical filter
for explosively loaded torsional Kolsky bar **A8:** 224
Mechanical finishing *See also* specific processes by name
alloy steels . . . **A5:** 706–710
carbon steels . . . **A5:** 706–710
magnesium alloys . . . **A5:** 821–823
zinc alloys . . . **A5:** 870
Mechanical forging presses *See also* Mechanical presses; Presses . . . **A14:** 29–31
accuracy of . . . **A14:** 39–40
as stroke-restricted machines . . . **A14:** 25, 37
characterization . . . **A14:** 37–40
crank presses with modified drives . . . **A14:** 40
kinematics, slider-crank mechanism . . . **A14:** 37–38
knuckle-joint . . . **A14:** 40
load and energy characteristics . . . **A14:** 38–39
time-dependent characteristics . . . **A14:** 39
total deflection in . . . **A14:** 39
Mechanical galvanizing *See also* Mechanical coating . . . **M5:** 300–301
as zinc coating . . . **A2:** 528
Mechanical grinding . . . **A7:** 80
refractory metals and alloys . . . **A5:** 856–857, 860
Mechanical grinding and finishing
molybdenum . . . **M5:** 659–660
niobium . . . **M5:** 662–663
tantalum . . . **M5:** 662–663
tungsten . . . **M5:** 659–660
Mechanical guards . . . **A20:** 142
Mechanical hands
for unloading presses . . . **A14:** 500
Mechanical hysteresis . . . **EM3:** 18
defined . . . **A8:** 8, **EM2:** 26
Mechanical impedence, and high-temperature testing
Kolsky bar . . . **A8:** 222–223
Mechanical implant failures . . . **A11:** 681–687
Mechanical integrity
of system package . . . **EL1:** 21
Mechanical interlocking . . . **M7:** 303
as mechanism of green strength . . . **M7:** 303
as milling process . . . **M7:** 62
definition . . . **A7:** 307
porous materials . . . **A7:** 1035
Mechanical interlocking of particles
green strength . . . **A7:** 307
Mechanical joining process . . . **A20:** 697
in joining processes classification scheme **A20:** 697
Mechanical joints
of heat exchangers . . . **A11:** 639
Mechanical keying . . . **EM3:** 416
Mechanical metallurgy
defined . . . **A8:** 8
Mechanical milling
definition . . . **A7:** 80
Mechanical mounting devices . . . **A9:** 28–29
Mechanical mounting of thin-sheet specimens . . **A9:** 31
Mechanical multilevel press . . . **M7:** 670
Mechanical P/M compacting presses . . . **A7:** 345
cam-driven . . . **A7:** 344
eccentric-driven . . . **A7:** 344
Mechanical packaging *See also* Packaging
for midrange computer . . . **EL1:** 22
trade-off factors . . . **EL1:** 21
Mechanical parts
critical properties . . . **EM2:** 458
infiltration . . . **A7:** 551–552
Mechanical (peen) plating . . . **M7:** 459
design limitations for inorganic finishing processes . . . **A20:** 824
powders used . . . **M7:** 572
Mechanical plating *See also* Mechanical coating **A5:** 330–332, **A13:** 9, 767, **M5:** 300–301
additions . . . **A5:** 331
advantages . . . **A5:** 330, 331–332
characteristics . . . **A5:** 331–332
cold-impact galvanizing coatings . . . **A5:** 331
corrosion resistance . . . **A5:** 331
cost advantage over electroplating . . . **A5:** 330
definition . . . **A5:** 961
description . . . **A5:** 330
equipment . . . **A5:** 330–331
hydrogen embrittlement . . . **A5:** 330, 331–332
hydrogen-producing reaction . . . **A5:** 330
limitations . . . **A5:** 331–332
mechanical galvanizing coatings . . . **A5:** 331
of steel springs . . . **A1:** 312, **M1:** 291
post treatments . . . **A5:** 332
powder metallurgy parts . . . **A5:** 331–332
process capabilities . . . **A5:** 331
process steps . . . **A5:** 331
quality control . . . **A5:** 332
specifications, applicable . . . **A5:** 332
waste treatment . . . **A5:** 332
Mechanical polishing *See also* Polishing . . **A9:** 33–47, **A16:** 34
carbon steel surface compression stress and fatigue strength . . . **A5:** 711
damage from . . . **A9:** 39–40
defined . . . **A9:** 11
definition . . . **A5:** 961
electropolishing compared to . . . **M5:** 306–308
lead and lead alloys . . . **A9:** 416
of aluminum alloys . . . **A9:** 352–353
of magnesium alloys . . . **A9:** 425
of replication microscopy specimens . . . **A17:** 52
Raman analysis of . . . **A10:** 133
uranium and uranium alloys . . . **A9:** 478
Mechanical press brakes . . . **A14:** 9, 533–534
Mechanical press forging . . . **A8:** 158
Mechanical presses *See also* Hydrautic presses; Mechanical forging presses; Presses; specific presses . . . **M7:** 7, 329–332
clutches and brakes . . . **A14:** 496–497
defined . . . **A14:** 9
drives for . . . **A14:** 489–495
for aluminum alloys . . . **A14:** 245
for bar bending . . . **A14:** 662
for blanking . . . **A14:** 451, 456
for coining . . . **A14:** 180
for copper and copper alloys . . . **A14:** 256
for heat-resistant alloys . . . **A14:** 234
for magnesium alloys . . . **A14:** 259
for precision forging . . . **A14:** 170
for titanium alloys . . . **A14:** 273–274
forging . . . **A14:** 29–31
forging, torsion testing . . . **A14:** 373
gear drives . . . **A14:** 489–490
nongeared drive . . . **A14:** 489–490
shut height adjustment . . . **A14:** 497
slide actuation in . . . **A14:** 493–495
vs. hydraulic presses . . . **A14:** 492
Mechanical prestressing
of leaf springs . . . **A1:** 325–326, **M1:** 312–313
Mechanical processing
effect on fatigue performance of components . . . **A19:** 318
Mechanical proof testing . . . **A7:** 714, 715
crack detection by . . . **M7:** 484
Mechanical properties *See also* A-basis; B-basis; Electrical properties; Hardness; listings of specific properties in data compilations for individual metals and alloys; Material properties; Materials; Mechanical variables; Physical properties; Properties; S-basis; specific property by name; Tensile properties; Thermal properties; Thermomechanical analysis (TMA); Thermomechanical properties; Typical basis . . . **A6:** 100–102, **EM2:** 433–438, **EM3:** 18
abrasion resistant cast irons . . . **M1:** 619–620
abrasion resistant steels . . . **M1:** 617–618
acrylonitrile-butadiene-styrenes (ABS) . . . **EM2:** 111–113
actinide metals . . . **A2:** 1189–1198
after tube spinning . . . **A14:** 678
aging effects . . . **EM2:** 756
alloy steel sheet and strip . . . **M1:** 165
aluminum . . . **A2:** 3
aluminum alloy . . . **A2:** 49–51
aluminum alloys **A15:** 765–767, **M2:** 55, 58, 59–62
aluminum casting alloys . . . **A2:** 49, 152–177, **M2:** 148–151
aluminum coated steel sheet . . . **M1:** 171, 172
aluminum-lithium alloys . . . **A14:** 250
amorphous materials and metallic glasses . . . **A2:** 813–815
and casting design . . . **A15:** 765
and environmental exposure tests . . . **EM1:** 295–301
and flow localization . . . **A8:** 169
and formability . . . **A1:** 573–575
and gating, die casting . . . **A15:** 289
and magnetization, physical theory . . **A17:** 131–132
as design parameters . . . **EL1:** 517–523
as material performance characteristics . . . **A20:** 246
as metallurgical variable affecting corrosion fatigue . . . **A19:** 187, 193
as selection criterion, electrical contact materials . . . **A2:** 840
ASTM test methods . . . **EM2:** 334
at elevated temperatures, ductile iron . . . **A15:** 662
austenitic manganese steels . . . **A15:** 734
beryllium, instrument grades . . . **A2:** 687
beryllium-copper alloys . . . **A2:** 409–411
bismaleimides (BMI) . . . **EM2:** 256
cast copper and copper alloys . . . **A2:** 224–228, 348, 350, 356–391
cast magnesium alloys . . . **A2:** 491–516
cast steels . . . **M1:** 378–399
cast structural effects . . . **A15:** 167–168
ceramics . . . **EL1:** 335–336
characterizing, technical meetings for . . . **A17:** 51
closed-die steel forgings . . . **M1:** 354–359, 374, 375
cobalt-base corrosion-resistant alloys . . . **A2:** 454
cobalt-base high-temperature alloys . . . **A2:** 452
cobalt-base wear-resistant alloys . . . **A2:** 451
coefficients of variation . . . **M1:** 676
cold finished bars . . . **M1:** 221–234, 239–251
commercially pure tin . . . **A2:** 518–519
commercially pure titanium . . . **A2:** 594
compressive strength
gray cast irons . . . **M1:** 17, 19
malleable cast irons . . . **M1:** 70
constructional steels for elevated temperature use . . . **M1:** 639–663
copper alloy castings . . . **M2:** 385–389, 387
copper and copper alloys . . . **A2:** 217–219
copper-clad E-glass laminates . . . **EL1:** 535–536
correlation to microstructure in beryllium-aluminum alloys . . . **A9:** 130
corrosion-resistant alloys . . . **A15:** 726–728
data sheet, typical . . . **EM2:** 408
defined . . . **A8:** 8, **A11:** 7, **EM1:** 15, **EM2:** 26
density effects . . . **A14:** 189
dynamic . . . **EM2:** 435–436, 538
effect, compression molding/stamping . . . **EM2:** 333
effect of crystallographic texture on . . . **A9:** 700–701
effect of recovery changes . . . **A9:** 693
effects, electrical contact materials . . . **A2:** 840

SUBJECTS OF THE INDEXED VOLUMES: ASM Handbook (designated by the letter "A"): **A1:** Properties and Selection: Irons, Steels, and High-Performance Alloys (1990); **A2:** Properties and Selection: Nonferrous Alloys and Special-Purpose Materials (1990); **A3:** Alloy Phase Diagrams (1992); **A4:** Heat Treating (1991); **A5:** Surface Engineering (1994); **A6:** Welding, Brazing, and Soldering (1993); **A7:** Powder Metal Technologies and Applications (1998); **A8:** Mechanical Testing (1985); **A9:** Metallography and Microstructures (1985); **A10:** Materials Characterization (1986); **A11:** Failure Analysis and Prevention (1986); **A12:** Fractography (1987); **A13:** Corrosion (1987); **A14:** Forming and Forging (1988); **A15:** Casting (1988); **A16:** Machining (1989); **A17:** Nondestructive Evaluation and Quality Control (1989); **A18:** Friction, Lubrication, and Wear Technology (1992); **A19:** Fatigue and Fracture (1996); **A20:** Materials Selection and Design (1997). **Metals Handbook, 9th Edition** (designated by the letter "M"): **M1:** Properties and Selection: Irons and Steels (1978); **M2:** Properties and Selection: Nonferrous Alloys and Pure Metals (1979); **M3:** Properties and Selection: Stainless Steels, Tool Materials, and Special-Purpose Materials (1980); **M4:** Heat Treating (1981); **M5:** Surface Cleaning, Finishing, and Coating (1982); **M6:** Welding, Brazing, and Soldering (1983); **M7:** Powder Metallurgy (1984). **Engineered Materials Handbook** (designated by the letters "EM"): **EM1:** Composites (1987); **EM2:** Engineering Plastics (1988); **EM3:** Adhesives and Sealants (1990); **EM4:** Ceramics and Glasses (1991). **Electronic Materials Handbook** (designated by the letters "EL"): **EL1:** Packaging (1989)

effects, thermoplastic injection molding. . **EM2:** 311
electrical resistance alloys. **A2:** 836–839
epoxy resins **EL1:** 831
estimation of. **A17:** 51
factors affecting, in high-temperature service **A1:** 636–644
ferrous P/M materials. **M1:** 329, 332–346
fiberglass-polyester composites. **EM2:** 247
flux effects. **A15:** 448
forged titanium alloy part. **A14:** 272
gold and gold alloys **A2:** 704–707
hafnium products. **A2:** 666
hardenable steels **M1:** 460–463, 466–469
high-impact polystyrenes (PS, HIPS) **EM2:** 196
hot dip galvanized steel sheet **M1:** 171, 172
hot isostatic pressing, effects **A15:** 539–541
hot rolled steel bars and shapes **M1:** 201–209, 210, 211
hot-rolled bar **A14:** 172
HSLA steels. **M1:** 406, 408, 411–419
inclusion effects **A15:** 88
Invar and glass sealing alloy. **A2:** 892
ionomers **EM2:** 120–121
lead frame materials. **EL1:** 489, 731
liquid crystal polymers (I-CP) **EM2:** 181
long terne steel sheet. **M1:** 171, 174
long-term **EM2:** 612–613
long-term elevated-temperature tests **A1:** 620, 622–624, 629, 630
low-carbon steel sheet and strip **M1:** 155–156, 158–161
low-expansion alloys **M3:** 794, 795
magnesium. **M2:** 529–533
magnesium alloys **A2:** 457, 460–462
malleable irons **M1:** 64–73
maraging steels. **M1:** 448, 449–451
martensitic malleable iron **A15:** 693–697
mean free distance between particles used to study. **A9:** 129
measurement. **EM2:** 433–435
measurement of used to investigate crystallographic texture **A9:** 701
mechanically alloyed oxide alloys **A2:** 946–947
metal phase **A17:** 289
moisture effects **EM2:** 766–769
molecular/physical properties of **EM2:** 436–437
molybdenum and molybdenum alloys **A2:** 575–577
nickel aluminides. **A2:** 917–918
nickel-titanium shape memory effect (SME) alloys **A2:** 899
niobium alloys **A2:** 567–571
of abrasion-resistant cast irons. **A1:** 94
of alloy steels **A14:** 165
of aluminum alloys, effect of melting on. . . **A9:** 358
of AOD-refined steels **A15:** 428
of carbon steel casting specimens **A9:** 230–231
of carbon steels. **A1:** 202, 205, 206, **A14:** 164
of compacted graphite iron **A1:** 57–66
of corrosion-resistant cast irons. **A1:** 99
of corrosion-resistant steel castings . . . **A1:** 909, 914, 917–920
of deep drawn sheet product **A14:** 575
of ductile iron **A1:** 40, 42–43, 48, 49, **A15:** 660, **M1:** 35, 36, 38–52
of engineering plastics. **EM2:** 71–73
of engineering thermoplastics. **EM2:** 98
of ferritic malleable iron **A1:** 75–76, **A15:** 692
of fillers **EM2:** 71–73
of gray iron. . **A1:** 29–31, **A15:** 643–644, **M1:** 16–23, 26–27, 28–32
of heat-resistant cast irons **A1:** 99
of iron-copper-carbon alloys **A14:** 200, 201
of leaf springs. **A1:** 325
of low-alloy cast steels. **A1:** 374
of low-alloy steel sheet/strip. **A1:** 209–210
of make-break arcing contacts **A2:** 841
of nonferrous alloys, compared **A15:** 787
of pearlitic and martensitic malleable iron. . . **A1:** 74, 81
of plate steels **A9:** 203
of polymer blends **EM2:** 634–636
of polymers. **EM2:** 60–61
of powder forgings. **A14:** 198–203
of powder metallurgy (P/M) superalloys . . . **A1:** 974, 975–976
of precision forgings **A14:** 158
of pultrusions **EM2:** 395
of quenched and tempered alloy steels **A1:** 389, 392, 396, 397
of rare earth metals **A2:** 725, 1178–1189
of reinforced RIM (PUR) materials **EM2:** 263
of reinforcement fibers **EM2:** 506
of reinforcements . . . **EL1:** 1119, 1120, **EM2:** 71–73
of solder **EL1:** 639–640
of squeeze cast products **A15:** 323
of steel castings. **A1:** 367, 375, 376
of steel plate. **A1:** 237, 238
of structural RIM **EM2:** 263
of titanium P/M products **A2:** 647–654
of tubular products **A17:** 561
of wrought stainless steels . . **A1:** 930, 931, 932–935
of wrought steels **A14:** 196
of zinc alloys **A2:** 532–542
on supplier data sheets **EM2:** 639–641
palladium and palladium alloys. **A2:** 715
parylene coatings **EL1:** 793
pearlitic malleable iron **A15:** 693–696
performance data sources **A20:** 501
permanent magnet materials **A2:** 793
pewter sheet **A2:** 523
phenolics **EM2:** 245
plate, steel **M1:** 188–198
platinum and platinum alloys **A2:** 707–714
polyamide-imides (PAI) **EM2:** 129, 133
polyamides (PA) **EM2:** 126
polyaryl sulfones (PAS) **EM2:** 145
polyarylates (PAR). **EM2:** 138–139
polyetheretherketone (PEEK) **EM2:** 144
polyethylene terephthalates (PET) **EM2:** 173
polyimides, thin-film hybrids **EL1:** 325–326
polymeric substrates **EL1:** 338
polysulfones (PSU). **EM2:** 201
porosity effects, powder forgings **A14:** 203
pure cobalt **A2:** 447
range, engineering materials **EM2:** 433
refractory metal fiber-reinforced composites **A2:** 583
refractory metals, forming effects **A14:** 785–786
rhenium **A2:** 582
semisolid forged aluminum alloys **A15:** 333
shape memory alloys **A2:** 898
short-term **EM2:** 612
short-term elevated-temperature tests **A1:** 622, 627, 628
silver and silver alloys **A2:** 699–704
specialty HIPS **EM2:** 199
springs, steel **M1:** 283–288, 291–296, 297, 300, 301, 302, 303, 304, 312
stainless steels **M3:** 6, 17, 18–28
statistical analyses of. **EM1:** 302–307
structural beryllium grades **A2:** 686
structural ceramics **A2:** 1019, 1021–1024
styrene-acrylonitriles (SAN, OSA ASA) . . **EM2:** 215
tantalum. **A2:** 573
terms and symbols. **A8:** 662
test methods. . . . **EM1:** 286–287, 296–300, 731–733
thermoplastic polyimides (TPI) **EM2:** 177
thermoplastic resins **EM2:** 618
tin solders **A2:** 521–522
titanium alloy castings. **A2:** 639
titanium aluminides **A2:** 926–929
titanium casting alloy **A2:** 639–640
titanium castings. **M3:** 408–410
transplutonium actinide metals **A2:** 1199
ultrahigh molecular weight polyethylenes (UHMWPE). **EM2:** 169
ultrahigh-strength steels **M1:** 421–442
unsaturated polyesters **EM2:** 247
uranium **M3:** 774–775
uranium alloys, quenched. **A2:** 674
uranium, unalloyed **A2:** 671–672
vinyl esters **EM2:** 273–274
vs. carbon content, iron-carbon alloys **A14:** 200
vs. temperature **EM2:** 752
welded joints, ductile iron **A15:** 665
white metal **A2:** 525
wrought aluminum and aluminum alloys . . . **A2:** 57, 62–122
wrought copper an copper alloys **A2:** 265–345
wrought magnesium alloys **A2:** 480–491
wrought titanium alloys **A2:** 621–622

Mechanical properties, loss
from pitting corrosion **A13:** 232

Mechanical properties of high-performance powder metallurgy components **A7:** 947–956
bearings **A7:** 947
density **A7:** 947–948, 949, 950
fully dense ferrous parts **A7:** 950–956
fully dense stainless steels. **A7:** 956
high density processing. **A7:** 948–950
injection molding. **A7:** 955–956
powder forging. **A7:** 950–955
surface densification **A7:** 950
warm compaction **A7:** 949–950

Mechanical properties, powder
and ultrasonic velocity. **M7:** 484

Mechanical pulping equipment
corrosion of **A13:** 1214–1218

Mechanical randomization
for estimating differences between key variables. **A8:** 696

Mechanical satin finishing
aluminum and aluminum alloys **M5:** 574–575, 577

Mechanical scrubbing
copper and copper alloys. **M5:** 617
sand reclamation by **A15:** 227, 352

Mechanical seal *See* Face seal

Mechanical shears
for plate and flat sheet **A14:** 701

Mechanical shock testing
as failure verification **EL1:** 1061
as physical testing **EL1:** 944
package-level **EL1:** 937–938

Mechanical sieve shaker **M7:** 215

Mechanical skimmers
induction furnaces **A15:** 374

Mechanical spring and electrical switch applications
beryllium-copper alloys. **A2:** 417–418

Mechanical spring wire. **M1:** 266, 267
for general use **A1:** 284–285
for special applications **A1:** 285

Mechanical stability (of a grease)
defined **A18:** 12

Mechanical stage
defined **A9:** 11

Mechanical steel tubing **A1:** 334–336

Mechanical stirring
used to achieve random orientation in castings. **A9:** 701

Mechanical strain **A19:** 530

Mechanical strain range **A19:** 531

Mechanical strength
of ceramics **EL1:** 336
of substrates **EL1:** 104

Mechanical strength, particle size distribution and mixture fluctuations
effects on **M7:** 186

Mechanical stress
and chip failure, plastic packages **EL1:** 480
-related failures, and accelerated testing **EL1:** 891–892

Mechanical stress relieving **A6:** 1100

Mechanical stress response
metals vs. plastics **EM2:** 74–76

Mechanical stresses
effect on SCC of T-bolt **A11:** 538
in heat exchangers **A11:** 636–637

Mechanical stressing
for optical holographic interferometry **A17:** 410

Mechanical Subsystems Structural Integrity Program (MECSIP) **A19:** 586, 587

Mechanical tensioning
high-carbon steel wire for. **M1:** 264, 265

Mechanical testing **EM1:** 286–287, 296–300, 731–733, **EM2:** 544–558
and tensile testing. **M7:** 489–491
as failure analysis. **A11:** 18–19
background **EM2:** 544–546
defined **A8:** 8
metric and conversion data for. **A8:** 721–723
modulus, assessment of. **EM2:** 548–551
of heat-exchanger failed parts **A11:** 629
of shafts. **A11:** 460
of tool steels **A11:** 564
standard, for strain rate regime compression testing. **A8:** 190
strength, assessment of **EM2:** 551–554
tensile tests, information from. **EM2:** 546–548
tensile tests, limitations of **A11:** 18–19
toughness, assessment of. **EM2:** 554–557

Mechanical testing (continued)
using test bars **M7:** 489–491
Mechanical texture **A8:** 155
Mechanical toughness
of polyimides **EL1:** 768
Mechanical transducers
as mercury displacement measure **M7:** 268
Mechanical treatment, reduction of residual stresses **M6:** 889–89
proofstressing **M6:** 89, 884
vibratory stress relief **M6:** 89
Mechanical tubing *See also* Steel tubular products **M1:** 323–326
Mechanical twin
defined **A9:** 11, **A11:** 7
Mechanical twin bands in Fe-3Si with indentations **A9:** 690
Mechanical twinning *See also* Microtwins; Twinning
effect in liquid erosion **A11:** 165
effect of high strain rate on **A9:** 688
effect of low temperature on **A9:** 688
in body-centered cubic materials **A8:** 34–35
in rhenium and rhenium-bearing alloys **A9:** 447
in titanium and titanium alloys as a result of sectioning **A9:** 458
Mechanical twins
as a result of shearing **A9:** 23
as nucleation sites **A9:** 694
in 18Cr-8Ni stainless steel **A9:** 686
in magnesium alloys **A9:** 425, 428
in metals with noncubic crystal structure **A9:** 37–38
in zinc **A9:** 37–38
Mechanical upsetter
defined **A14:** 9
Mechanical variables *See also* Materials; Mechanical properties
in eddy current inspection **A17:** 563
ultrasonic inspection **A17:** 565
Mechanical wear
defined **A18:** 12
definition **A5:** 961
Mechanical winders
for glass fibers **EM1:** 45
Mechanical working
copper and copper alloys **A2:** 219, 223
defined **A14:** 9
effect on effective interdiffusional distance **M7:** 315
effect on homogenization kinetics **M7:** 315
segregation from **A11:** 315
Mechanical/environmental combined testing **EM3:** 389–390
Mechanical-chemical polishing process **A9:** 39–40
Mechanically assisted degradation **A13:** 136–144
cavitation erosion **A13:** 142
corrosion fatigue **A13:** 142–144
defined **A13:** 136
erosion **A13:** 136–138
fretting corrosion **A13:** 138–140
fretting fatigue **A13:** 141
types **A13:** 79
water drop impingement **A13:** 142
Mechanically assisted lay-up **EM1:** 605–607
complex-shape seating devices **EM1:** 606–607
locating partial plies **EM1:** 606
ply cutting **EM1:** 606
ply sorting/stacking **EM1:** 606
tape-laying machines **EM1:** 605–606
Mechanically capped steel **A1:** 143
Mechanically filed powders
brazing and soldering **M7:** 837
Mechanically foamed plastic *See also* Plastics **EM3:** 18
defined **EM2:** 26
Mechanically induced heating
for thermal inspection **A17:** 398
Mechanics
micro-fracture **A8:** 465–468
Mechanism dynamics
definition **A20:** 836
Mechanism dynamics and simulation . . . **A20:** 166–175
basic concepts **A20:** 166–167
categories of analyses used for mechanical systems **A20:** 167
computer aided design and computer aided engineering (CAD/CAE) fields **A20:** 166
definitions **A20:** 166–167
design guidance **A20:** 174
design improvement **A20:** 174
direct, concurrent interfacing of multiple-simulation programs **A20:** 171
direct interfacing of CAD data and simulation programs **A20:** 172
example: integrated mechanism dynamics and FEA approach to interior noise in automobiles **A20:** 173
example: integration of two analysis programs for simulation of backhoe operations . . . **A20:** 171, 172
example: mechanism dynamics and simulation in design of bowling balls **A20:** 168–169
example: modeling of an automobile door latch **A20:** 172, 173
example: simulation to predict loads in aircraft landing gear **A20:** 169–171
finite element analysis, interaction and applications **A20:** 172–174
load prediction **A20:** 169–171
load prediction, suspension systems **A20:** 169
mechanism dynamics/simulation and concurrent engineering **A20:** 174–175
modeling “errors” **A20:** 168
optimization **A20:** 174
performance and function **A20:** 167–169
synthesis **A20:** 174
theoretical background **A20:** 167
Mechanisms analysis **A20:** 163
Mechanite type WS
fatigue endurance **A19:** 666
impact strength **A19:** 672
MECSIP Master Plan **A19:** 587
Medallions
production of **A14:** 184
Medals and medallions
of copper-based powder metals **M7:** 733
Media *See* Image conversion media; Real-time imaging media; Recording media
Median
statistical **A8:** 625
Median crack
definition **EM4:** 633
Median deviation regression method **A20:** 635
Median fatigue life
defined **A8:** 8
Median fatigue strength
at *N* cycles, defined **A8:** 8
identifying values **A8:** 701
value, trends, with increasing sample size . . **A8:** 706
Median fatigue-limit estimate
small-sample procedures for **A8:** 706
Median life, rolling-element bearing
symbol for **A11:** 797
Median mass diameter **A7:** 36
particle size of metal powders **A7:** 36
Median particle size **A7:** 263
rotating electrode process **A7:** 49
Median ranks **A20:** 74
Median regression line **A19:** 296
Median value technique **A20:** 635
Medical analysis
and materials characterization **A10:** 1
elemental content in toxicology epidemiology, PIXE analysis **A10:** 102
voltammetric monitoring of metals and nonmetals in **A10:** 188
Medical applications
blow molding **EM2:** 359
circuit applications **EL1:** 386
circuit construction **EL1:** 386–387
component attachment **EL1:** 387–388
liquid crystal polymers (LCP) **EM2:** 180
market size/outlook **EL1:** 389
materials technology **EL1:** 388–389
of radiography **A17:** 314
polycarbonates (PC) **EM2:** 151
polyether sulfones (PES, PESV) **EM2:** 159
polyether-imides (PEI) **EM2:** 156
polysulfones (PSU) **EM2:** 200
reliability and performance criteria **EL1:** 386
styrene-acrylonitriles (SAN, OSA ASA) . . **EM2:** 215
thermoplastic fluoropolymers **EM2:** 117
trends **EL1:** 386–389
ultrahigh molecular weight polyethylenes (UHMWPE) **EM2:** 168
Medical implants and prosthetic devices, friction and wear of **A18:** 656–662
alternative materials **A18:** 662
future prospects **A18:** 662
historical background **A18:** 656–658
alternative metals **A18:** 657
Austin Moore femoral implant **A18:** 657
ceramics **A18:** 657–658
compositions of implant materials **A18:** 658
current status **A18:** 658
early excision arthroplasty **A18:** 656
femoral head replacements **A18:** 656–657
interposition arthroplasty **A18:** 656
Judet prosthesis **A18:** 657
metal-on-metal implants **A18:** 657
metal-on-polymer implants **A18:** 657
physical and mechanical properties of materials **A18:** 659
replacement arthroplasty **A18:** 657–658
total hip replacements **A18:** 657
implant material properties **A18:** 658–662
ceramics **A18:** 658, 662
metals **A18:** 658, 661, 662
ultrahigh molecular weight polyethylene **A18:** 658, 662
ion-implanted Ti-6Al-4V in contact with UHMWPE **A18:** 779
wear lives of implants **A18:** 662
Medical industry applications *See also* Medical therapy
nickel alloys **A2:** 430
of titanium P/M products **A2:** 647
shape memory alloys **A2:** 901
structural ceramics **A2:** 1019
titanium and titanium alloy surgical implants **A2:** 589
titanium and titanium alloys **A2:** 589
Medical P/M applications **M7:** 657–663
for stainless steels **M7:** 731
Medical products **EM4:** 1007–1013
bioactive glasses **EM4:** 1009–1011
bioceramics present uses **EM4:** 1011
calcium phosphate ceramics **EM4:** 1011–1012
carbon-base implant materials **EM4:** 1012–1013
glass fibers **EM4:** 1029
glass-ceramics **EM4:** 1009–1011
nearly inert crystalline ceramics . . **EM4:** 1008–1009
porous ceramics **EM4:** 1009
resorbable calcium phosphates **EM4:** 1012
tissue attachment mechanisms . . . **EM4:** 1007–1008
Medical therapy *See also* Medical industry applications
metals with toxicity related to **A2:** 1256–1258
with aluminum, toxic effects **A2:** 1256
with bismuth, toxic effects **A2:** 1256–1257
with gallium, toxic effects **A2:** 1257
with gold, toxic effects **A2:** 1257
with lithium, toxic effects **A2:** 1257–1258
with platinum, toxic effects **A2:** 1258
with vanadium, toxic effects **A2:** 1262
Medicine
ceramic applications **EM4:** 960

SUBJECTS OF THE INDEXED VOLUMES: ASM Handbook (designated by the letter “A”): **A1:** Properties and Selection: Irons, Steels, and High-Performance Alloys (1990); **A2:** Properties and Selection: Nonferrous Alloys and Special-Purpose Materials (1990); **A3:** Alloy Phase Diagrams (1992); **A4:** Heat Treating (1991); **A5:** Surface Engineering (1994); **A6:** Welding, Brazing, and Soldering (1993); **A7:** Powder Metal Technologies and Applications (1998); **A8:** Mechanical Testing (1985); **A9:** Metallography and Microstructures (1985); **A10:** Materials Characterization (1986); **A11:** Failure Analysis and Prevention (1986); **A12:** Fractography (1987); **A13:** Corrosion (1987); **A14:** Forming and Forging (1988); **A15:** Casting (1988); **A16:** Machining (1989); **A17:** Nondestructive Evaluation and Quality Control (1989); **A18:** Friction, Lubrication, and Wear Technology (1992); **A19:** Fatigue and Fracture (1996); **A20:** Materials Selection and Design (1997). **Metals Handbook, 9th Edition** (designated by the letter “M”): **M1:** Properties and Selection: Irons and Steels (1978); **M2:** Properties and Selection: Nonferrous Alloys and Pure Metals (1979); **M3:** Properties and Selection: Stainless Steels, Tool Materials, and Special-Purpose Materials (1980); **M4:** Heat Treating (1981); **M5:** Surface Cleaning, Finishing, and Coating (1982); **M6:** Welding, Brazing, and Soldering (1983); **M7:** Powder Metallurgy (1984). **Engineered Materials Handbook** (designated by the letters “EM”): **EM1:** Composites (1987); **EM2:** Engineering Plastics (1988); **EM3:** Adhesives and Sealants (1990); **EM4:** Ceramics and Glasses (1991). **Electronic Materials Handbook** (designated by the letters “EL”): **EL1:** Packaging (1989)

Medium bronze
properties and applications **A2:** 382
Medium dielectric constant **A7:** 421
Medium silicon cast iron
fatigue endurance **A19:** 666
impact strength **A19:** 672
Medium strain rate compression testing **A8:** 192–196
Medium strain rate regime
drop test **A8:** 190
heat flow effect **A8:** 191
Medium tolerance
defined **A14:** 307
Medium-alloy air-hardening steels **M1:** 422, 434–439
Medium-alloy air-hardening tool steels *See* Tool steels, medium-alloy air-hardening
Medium-alloy steels **A14:** 81, 871
ferrographic application to identify wear particles **A18:** 305
Medium-carbon cast steels **A1:** 364, 372, 373
Medium-carbon low-alloy steels **A1:** 430–431, **M1:** 421–434
composition of tool and die steel groups . . . **A6:** 674
electron-beam welding **A6:** 867
Medium-carbon steel
finishing turning **A5:** 84
friction welding **A6:** 153
gas-metal arc welding
of aluminum bronzes **A6:** 828
of copper nickels **A6:** 828
of coppers **A6:** 828
of high-zinc brasses **A6:** 828
of low-zinc brasses **A6:** 828
of phosphor bronzes **A6:** 828
of silicon bronzes **A6:** 828
of special brasses **A6:** 828
of tin brasses **A6:** 828
gas-tungsten arc welding
of aluminum bronzes **A6:** 827
of copper nickels **A6:** 827
of coppers and copper-base alloys **A6:** 827
of phosphor bronzes **A6:** 827
of silicon bronzes **A6:** 827
hardfacing alloys **A6:** 798
HAZ microstructure formed by assembly-weld deposit **A11:** 423
hot dip tin coating of **M5:** 351
oxyacetylene welding **A6:** 281
oxyfuel gas cutting **A6:** 1159
postweld heat treatment **A6:** 648–649
repair welding **A6:** 1105
thermal spray coatings **A5:** 503
weldability rating by various processes . . . **A20:** 306
welded bellows liners, fatigue fracture in . . **A11:** 118
Medium-carbon steel, forged
ultrasonic inspection **A17:** 506–507
Medium-carbon steels *See also* Medium-carbon steels, specific types
applications **A15:** 714
automotive bolt, fatigue failure **A12:** 274
carbon content **A15:** 702
castings **M1:** 377, 384–386, 392, 393, 401
characteristics and applications **M1:** 457–458
cold finished bars **M1:** 215–251
definition of **A1:** 148
electrogas welding **M6:** 23
electron beam welding **M6:** 63
electroslag welding **M6:** 22
fatigue fracture **A12:** 258
for structures **A13:** 1299
forge welding **M6:** 67
fractographs **A12:** 253–276
fracture/faiture causes illustrated **A12:** 216
friction welding **M6:** 721
high frequency resistance welding **M6:** 76
I-beam, fatigue fracture surface **A12:** 263–264
inclusion effects **A15:** 92–93
machinability **M1:** 573
notch toughness **M1:** 695, 705
oxyfuel cutting **M6:** 90
oxyfuel gas cutting **A14:** 724
percussion welding **M6:** 74
plate, shear bands **A12:** 42
resistance spot welding **M6:** 48, 477
single-overload torsional fracture **A12:** 275
spring grades **M1:** 285
steel axle housing, fatigue fracture **A12:** 276
submerged arc welding **M6:** 115–11
threaded fasteners **M1:** 273–277
weld, HAZ cracking **A12:** 254
weldability **M1:** 561, 562, 563
weldability of **A1:** 608–609
Medium-carbon steels, specific types
AISI 1030 tapered shaft, torsional fatigue or "peeling" fracture **A12:** 253
AISI 1033, effect of temperature on fracture **A12:** 254
AISI 1035, brittle fracture **A12:** 258
AISI 1035, cup-and-cone tensile fracture . . **A12:** 253
AISI 1038 modified, fatigue fracture **A12:** 259
AISI 1039 shaft, fatigue fracture surface . . **A12:** 262
AISI 1040, fatigue fracture surface **A12:** 260
AISI 1041, fatigue fracture surface . . **A12:** 260, 261
AISI 1041, fracture by reverse stressing . . . **A12:** 262
AISI 1041, fretting in keyed spindle **A12:** 262
AISI 1041, torsional fatigue fracture surface **A12:** 261
AISI 1045 crane gear, effects of flame hardening **A12:** 265
AISI 1045, fracture surfaces **A12:** 266–268
AISI 1046, fatigue fracture surface **A12:** 274
AISI 1046, reversed bending fatigue **A12:** 269
AISI 1050, bending overload fracture **A12:** 272
AISI 1050, fatigue fracture surface **A12:** 273
AISI 1050, fatigue fractures **A12:** 269, 273
AISI 1050, rotating bending failure **A12:** 273
AISI 1144, fatigue fracture surface **A12:** 263
ASTM A515 grade 70, crack mating surfaces **A12:** 255
ASTM A515 grade 70, fractured shell **A12:** 256–257
SAE 1050 modified, brittle fracture . . **A12:** 270–271
Medium-carbon structural steel
stress-strain curve for **A8:** 23
Medium-carbon ultrahigh-strength steels *See also* Ultrahigh-strength steels **A5:** 704, 705
classification of **A1:** 149
compositions of **A1:** 157
Medium-density P/M stainless steels
mechanical properties **A13:** 825
Medium-high-carbon steel wire
carbon content **M1:** 259
Medium-lead tin bronzes
applications **A18:** 750, 751
casting processes **A18:** 754, 755
composition **A18:** 751
designations **A18:** 751
mechanical properties **A18:** 752
product form **A18:** 751, 752
Medium-leaded brass *See also* Brasses; Wrought coppers and copper alloys
applications and properties **A2:** 307–308, 309
Medium-leaded naval brass
applications and properties **A2:** 320–321
Medium-low-carbon steel wire
carbon content **M1:** 259
Medium-modulus RTV silicones
for gasketing **EM3:** 54
Medium-pressure mercury vapor lamps
for radiation curing **EL1:** 864
Medium-rate compression testing **A8:** 190
Mediums
for sample dissolution **A10:** 165, 166, 168
Medium-scale integration (MSI) *See also* Integration
development **EL1:** 160
Medium-silicon cast irons
compositions **M1:** 76
mechanical properties **M1:** 92
oxidation resistance **M1:** 94
physical properties **M1:** 88
Medium-silicon ductile iron
surface engineering **A5:** 684
Medium-silicon iron
surface engineering **A5:** 684
Medium-temperature resin systems
epoxy **EM2:** 441
phenolics **EM2:** 441–442
silicones (SI) **EM2:** 442–443
Medium-temperature thermoset matrix composites **EM1:** 381–391
carbon fabric reinforced phenolic resin . . **EM1:** 382
glass fabric reinforced phenolic resin **EM1:** 381–382
graphite fiber reinforced phenolic resin . . **EM1:** 382
phenolic resin **EM1:** 381–382
Medium-viscosity sodium carboxymethylcellulose added to Veegum
application or function optimizing powder treatment and green forming **EM4:** 49
Mediun-carbon alloy steel
as die material **A7:** 353
as tooling support adapter material **A7:** 353
Meehanite metal
lapping **A16:** 492
milling with PCBN tools **A16:** 112
M$_{eff}$ *See* Effective magnetization
Mega electron volt ions **M7:** 259
Megaelectron volt (MeV)
defined **A17:** 384
Megapact vibratory ball mill **M7:** 66
Meinhard nebulizer
for analytic ICP systems **A10:** 35
Meissner/Meissner-Ochsenfeld effect **A2:** 1030
MEKP *See* Methyl ethyl ketone peroxide
Melamine **EM4:** 933, 935
as difficult-to-recycle material **A20:** 138
engineered material classes included in mechanical property charts **A20:** 267
fracture toughness vs.
density **A20:** 267, 269, 270
strength **A20:** 267, 272–273, 274
Young's modulus **A20:** 267, 271–272, 273
linear expansion coefficient vs. Young's modulus **A20:** 267, 276–277, 278
properties, organic coatings on iron castings **A5:** 699
representative polymer structure **A20:** 445
specific modulus vs. specific strength **A20:** 267, 271, 272
strength vs. density **A20:** 267–269
Young's modulus vs.
density **A20:** 266, 267, 268, 289
elastic limit **A20:** 287
strength **A20:** 267, 269–271
Melamine as a mounting material **A9:** 29
Melamine formaldehyde **A20:** 445, 450, **EM3:** 104
representative polymer structure **A20:** 445
Melamine formaldehyde resins **A5:** 450, 451
Melamine plastics *See also* Plastics **EM3:** 18
defined **EM2:** 26
Melamine production (urea) reactors
corrosion and corrodents, temperature range **A20:** 562
Melamine resin solutions
chemicals successfully stored in galvanized containers **A5:** 364
Melamine-formaldehyde resins **EM2:** 230, 321
Melilite
crystal structure **EM4:** 881
Melon
regenerator in liquid nitrocarburizing baths **A4:** 418
Melt **EM3:** 18
acid/base behavior **A13:** 89
characteristics, thermoplastic polyurethanes (TPUR) **EM2:** 207
defined **EM1:** 15, **EM2:** 26
fluoride **A13:** 90
processes, direct and marble, for glass fibers **EM1:** 45
properties ,of polymers **EM2:** 62
thermal gradients **A13:** 89
values, thermoplastic resins **EM1:** 294
Melt blending
of polymer-polymer mixtures **EM2:** 489
Melt densification
thermal spray forming **A7:** 414
Melt drop (vibrating orifice) technique **A7:** 50–51
Melt extraction **M7:** 48, 49
techniques in titanium powder production **M7:** 167
Melt flow index **A20:** 304
Melt flow rate
for molecular weight **EM2:** 534
Melt forging **A20:** 691
Melt impregnation
of thermoplastics **EM1:** 101
Melt index **EM3:** 18
defined **EM2:** 26
definition **A20:** 836
Melt infiltration
ceramic-matrix composites **EM4:** 840, 842

Melt infiltration process
for whisker-reinforced MMCs **EM1:** 898
Melt lubrication (phase-change lubrication)
defined **A18:** 12
Melt penetration
liquid-phase sintering **M7:** 319
Melt processing
of high-temperature superconductors **A2:** 1088
polyaryl sulfones (PAS) **EM2:** 146
thermoplastics **A20:** 700
Melt purification **A15:** 74–81, **A20:** 596
aluminum melts **A15:** 79–81
ferrous metals **A15:** 75–79
Melt refining
of aluminum alloys **A15:** 470–471
of copper alloys **A15:** 449–450
Melt rheology
cone/plate/parallel geometries in **EM2:** 535–540
Melt shop
steel castings **A15:** 310
Melt spinning
aluminum alloys **A7:** 834–835
aluminum P/M alloys **A2:** 202
of metallic glasses **A2:** 806
Melt spinning technology **M7:** 48
Melt spinning with attrition
aluminum and aluminum-alloy powders . . . **A7:** 148
Melt strength **EM3:** 18
defined **EM2:** 26
Melt treatments
copper alloys **A15:** 774–782
magnesium alloys **A15:** 802
Melt viscosity **A20:** 440, 442
cyanate resins **EM2:** 238
definition **A20:** 836
ionomers **EM2:** 122–123
polyvinyl chlorides (PVC) **EM2:** 210
Melt/particle injection, laser *See* Laser processing techniques, laser melt/particle injection
Meltable solids
as IR samples **A10:** 112–113
Meltback time
definition **M6:** 11
Meltdown period
acid steelmaking **A15:** 364
Melting *See also* Heat treatment; Melting furnaces; Remelting
acid, practice for **A15:** 363–365
aluminum alloys **A15:** 746–747
aluminum and aluminum alloys **A2:** 9
and casting, investment casting **A15:** 262–263
and refining, Domfer iron powder process **M7:** 89–90
as a result of electric discharge machining . . **A9:** 27
austenitic ductile irons **A15:** 700
beryllium-copper alloys **A2:** 409, 421–423
beryllium-nickel casting alloys **A2:** 425
compacted graphite irons **A15:** 668
continuous flow vs. drip method **A15:** 415
copper alloys **A15:** 772–774
corrosion-resistant high-silicon irons **A15:** 701
crucible furnace **A15:** 383
during heat treatment, as casting defect . . . **A11:** 386
energy requirements, reverberatory furnace **A15:** 376
eutectic **A11:** 122
fluxless, as inclusion control **A15:** 96
for titanium ingot production **A2:** 595–596
granulated powders as feedstock **EM4:** 100
hafnium **A2:** 662
heats, various alloys **A15:** 376
high-chromium white irons **A15:** 682–683
high-silicon irons **A15:** 698–699, 701
in aluminum alloys, effect on mechanical properties and quench cracking **A9:** 358
in ceramics processing classification scheme **A20:** 698
in liquid metal baths, kinetic paths **A15:** 71
in steel plate production **A1:** 228
incipient, casting failure from **A11:** 407
localized surface, tool steel **A11:** 573, 579
low-alloy steels **A15:** 721
magnesium alloys **A15:** 800–801
mode, VIM process **A15:** 398
nickel alloys **A2:** 429
nickel-chromium white irons **A15:** 678–679
of alloys, and typical gas/metal spray pattern **M7:** 25, 27
of consumable electrode under vacuum . . . **A15:** 406
of copper **M7:** 116
of gray iron **A15:** 635–636
of malleable iron **A1:** 72, **A15:** 686–687
of maraging steels **A1:** 795
of metals, history **A15:** 15–23
of niobium-titanium composite **A2:** 1044
of superalloys **A1:** 968, 970–971, 986–988
of tin powders **M7:** 123
of zirconium alloys **A15:** 837
operations, induction furnaces **A15:** 373–374
plasma cold hearth **A15:** 424
rate, and particle size distribution **M7:** 41, 43
times, estimated, for alloy additions **A15:** 71–74
titanium and titanium alloy castings **A2:** 642
titanium and titanium alloys **A2:** 590
wrought copper and copper alloys **A2:** 242
zirconium **A2:** 662
Melting bath agitation
vacuum induction furnace **A15:** 397
Melting curves . . . . **A3:** 1•2, 1•16
Melting curves, rods
iron-carbon baths **A15:** 73
Melting furnaces
crucible furnaces **A15:** 374, 381–383
cupolas **A15:** 383–392
electric arc furnaces **A15:** 356–368
induction furnaces **A15:** 368–374
investment casting **A15:** 262
reverberatory furnaces **A15:** 374–381
Melting heats
and raw materials, acid steelmaking **A15:** 364
basic steelmaking **A15:** 366–367
Melting, localized
as failure mechanism **EL1:** 1013–1014
Melting point **A20:** 277, **EM3:** 18
adhesion **A6:** 144
aluminum casting alloys **A2:** 123
and solidification temperature, nucleation effects **A15:** 101
as material factor **A20:** 297
beryllium **A2:** 683–684
defined **A9:** 11, **A15:** 8, **EM2:** 26
high-temperature intermetallics **A2:** 935
in reduction reactions **M7:** 53
melt vs. ceramics and polymers **A20:** 245
of electrical contact materials **A2:** 840
of epoxy resin **EM1:** 736
of metal borides and boride-based cermets **M7:** 812
of rare earths **A2:** 720
Melting point isotherm
in pure metals **A9:** 610
Melting points, crystallographic transformation and thermodynamic values **EM4:** 883–890
data listings **EM4:** 888–890
data sources **EM4:** 887–888
free energy of formation . . **EM4:** 886–887, 889–890
thermodynamic properties **EM4:** 883–887, 889–890
types of invariant point **EM4:** 883, 884
Melting pot
polished-and-etched section of failed **A11:** 38
steel, failure of **A11:** 38–39
x-ray maps of failed **A11:** 39
Melting practice
effect on notch toughness **M1:** 706, 708
Melting pressure
defined **A9:** 11
Melting range *See also* Liqidus; Solidus
defined **A15:** 8
definition **M6:** 11
Melting rate
definition **M6:** 11
Melting stock
electrolytic iron powder as **M7:** 93
Melting temperature *See also* Fabrication characteristics; Melting point **A20:** 353
aluminum casting alloys **A2:** 155–177
ductile iron **M1:** 52
incipient, cast copper alloys **A2:** 360
low, of indium- and bismuth-base alloys . . . **A2:** 750
maraging steels **M1:** 447, 450, 451
of rare earth metals **A2:** 723
symbol for **A11:** 798
symbols for **A8:** 726
Melting temperatures
heterochain thermoplastic polymers **EM2:** 53
hydrocarbon thermoplastic polymers **EM2:** 50
nickel-base alloys **A14:** 265
nonhydrocarbon carbon-chain thermoplastic polymers **EM2:** 51–52
thermoplastic polymers **EM2:** 54
Melting times
calculated **A15:** 72
effect, induction-stirred melts **A15:** 74
Melting/fining **EM4:** 386–393
competing processes **EM4:** 388–389
devitrification **EM4:** 388, 389
electrode corrosion **EM4:** 388
reboil **EM4:** 388
refractory corrosion **EM4:** 388
volatilization **EM4:** 388–389, 393
emerging processes **EM4:** 393
fumaces for specific applications **EM4:** 391–392
container glass melters **EM4:** 391–392
fiberglass melters **EM4:** 392
float glass melters **EM4:** 392
melting rates **EM4:** 391
specialty glass melters **EM4:** 392
fundamentals **EM4:** 386–387
batch consolidation methods **EM4:** 386
batch melting **EM4:** 386, 387, 390
convection in melters **EM4:** 387–388
fining **EM4:** 386–387
heat transfer to batch materials **EM4:** 386
homogenizing **EM4:** 387
melting accelerators **EM4:** 386
furnace parameters **EM4:** 392
environmental impact **EM4:** 392–393
inclusion level **EM4:** 392
melting (glass preparation) cost **EM4:** 392
melting rate **EM4:** 392
melting defects **EM4:** 389, 392
bubbles **EM4:** 389, 392
chemical inhomogeneities **EM4:** 389
solid inclusions **EM4:** 389, 392
melting fumaces **EM4:** 389–391
all-electric cold-top melters **EM4:** 390–391
conditioning and delivery systems **EM4:** 391
control systems **EM4:** 391
electronically boosted **EM4:** 390
energy saving methods **EM4:** 390
fuel-fired tank fumaces **EM4:** 389
pot fumaces **EM4:** 389
purposes **EM4:** 386
refractories **EM4:** 391
Melt-quench growth (MQG) technique
high-temperature superconductors **A2:** 1088
Melt(s)
aluminum, purification of **A15:** 79–81
cleanliness, determining **A15:** 493
ferrous, purification of **A15:** 75–79
purification of **A15:** 71, 74–81
quality, reverberatory furnaces **A15:** 379
temperature, alloy addition **A15:** 72
vacuum arc remelting **A15:** 407
VIM, cleanliness of **A15:** 396

SUBJECTS OF THE INDEXED VOLUMES: ASM Handbook (designated by the letter "A"): **A1:** Properties and Selection: Irons, Steels, and High-Performance Alloys (1990); **A2:** Properties and Selection: Nonferrous Alloys and Special-Purpose Materials (1990); **A3:** Alloy Phase Diagrams (1992); **A4:** Heat Treating (1991); **A5:** Surface Engineering (1994); **A6:** Welding, Brazing, and Soldering (1993); **A7:** Powder Metal Technologies and Applications (1998); **A8:** Mechanical Testing (1985); **A9:** Metallography and Microstructures (1985); **A10:** Materials Characterization (1986); **A11:** Failure Analysis and Prevention (1986); **A12:** Fractography (1987); **A13:** Corrosion (1987); **A14:** Forming and Forging (1988); **A15:** Casting (1988); **A16:** Machining (1989); **A17:** Nondestructive Evaluation and Quality Control (1989); **A18:** Friction, Lubrication, and Wear Technology (1992); **A19:** Fatigue and Fracture (1996); **A20:** Materials Selection and Design (1997). **Metals Handbook, 9th Edition** (designated by the letter "M"): **M1:** Properties and Selection: Irons and Steels (1978); **M2:** Properties and Selection: Nonferrous Alloys and Pure Metals (1979); **M3:** Properties and Selection: Stainless Steels, Tool Materials, and Special-Purpose Materials (1980); **M4:** Heat Treating (1981); **M5:** Surface Cleaning, Finishing, and Coating (1982); **M6:** Welding, Brazing, and Soldering (1983); **M7:** Powder Metallurgy (1984). **Engineered Materials Handbook** (designated by the letters "EM"): **EM1:** Composites (1987); **EM2:** Engineering Plastics (1988); **EM3:** Adhesives and Sealants (1990); **EM4:** Ceramics and Glasses (1991). **Electronic Materials Handbook** (designated by the letters "EL"): **EL1:** Packaging (1989)

volume, in squeeze casting **A15:** 324
Melt-spray deposition of powders **A7:** 319
Melt-through **A6:** 1073
definition **A6:** 1211, **M6:** 11, 83
elimination by low peak temperatures. **M6:** 59
in gas metal arc welds **M6:** 17
in weldments. **A17:** 582
Melt-through welding
gas tungsten arc welding **M6:** 34
Membrane
defined **A9:** 11
Membrane filters
for sample preparation **A10:** 94
Membrane potential
ion-selective electrode **A10:** 182
Membrane tests **EM3:** 373–378
blister test **EM3:** 373–374
adhered layers under nonzero in-plane
stress **EM3:** 374–375
adhered layers under zero in-plane
stress **EM3:** 373–374
fabrication of samples **EM3:** 373
Griffith energy balance. **EM3:** 373, 376, 379
constrained blister test (CBT) **EM3:** 375, 376
cutout tests **EM3:** 377–378
indentation techniques **EM3:** 377, 378
inverted blister test **EM3:** 377
island blister test **EM3:** 375, 377
Peninsula blister test **EM3:** 377
Membrane-type ion chromatography
suppressor **A10:** 660
Memory
cells, failure mechanisms **EL1:** 966
circuits, future trends **EL1:** 176–177
density, DRAM, SIP **EL1:** 439
mass **A10:** 92
standard types **EL1:** 160
Memory circuits
SEM analysis of **A11:** 768
Memory effect **A19:** 257, 258, 259
Memory effects
furnace atomizers. **A10:** 49
ultrasonic and fritted disk nebulizers **A10:** 36
Memory of prior deformation. **A19:** 75–76
Memory, plastic *See* Plastic memory
Mendelev number. **A6:** 143
Menhaden fish oil (dispersant)
batch weight of formulation when used in
nonoxidizing sintering atmospheres **EM4:** 163
Meniscograph solderability testing
for package leads **EL1:** 954
Meniscus
reading level of. **A10:** 172
Meniscus rise test
for solderability **EL1:** 677
test standards used to evaluate
solderability **A6:** 136
Menkes' disease (Menkes' "kinky-hair syndrome")
from copper toxicity **A2:** 1251–1252
Menstruum method. **M7:** 7
of tungsten carbide powder production. . . . **M7:** 157
of tungsten/titanium carbide powder
production **M7:** 158
Menstruum process **A7:** 194, 195, 932
Mensuration
as characterization method. **EM1:** 294
Menzel-Gomer-Redhead (MGR) model
electron-stimulated desorption **A18:** 456
Mer *See also* Polymer(s) **EM2:** 26, 57–58, **EM3:** 18
defined **EM1:** 15
Merchant hybrid marketplace **EL1:** 253
Merchant quality
bars **M1:** 203–205
steel grades, compositions **M1:** 126
Merchant quality hot-rolled carbon steel bars **A1:** 243
grades of **A1:** 243
sizes of. **A1:** 1–243
Merchant quality steels
compositions of **A1:** 150
Merchant wire. **A1:** 282, **M1:** 264
Mercuric iodide detectors
capabilities. **A10:** 95
Mercuric mercury
toxicity of **A2:** 1248
Mercuric oxide, on mercury film electrode
Raman spectroscopy **A10:** 136
Mercurous bromide and chloride, on mercury film electrode
Raman analysis. **A10:** 136
Mercurous compounds
toxicity of **A2:** 1248
Mercury *See also* Mercury toxicity
alloying, aluminum casting alloys **A2:** 132
alloying, wrought aluminum alloy **A2:** 54
amalgamation with aluminum **A13:** 589
anodic attack of **A10:** 204
as cause of failure by cracking. **A8:** 522
as electrode in voltammetry **A10:** 189, 191
as embrittlement source **A11:** 234, 236
as embrittler, and material selection. **A13:** 335
as embrittler of tantalum and titanium
alloys **A11:** 234
as low-melting embrittler **A12:** 29
as major toxic metal with multiple
effects. **A2:** 1247–1250
as platinum alloy. **M7:** 15
as toxic chemical targeted by 33/50
Program **A20:** 133
cathodes, in electrogravimetry. **A10:** 199–200
cavitating **A11:** 165
compressibility of **M7:** 268–269
contact angle with P/M materials. **M7:** 269
contact angle with select P/M materials. . . . **A7:** 282
-damage, LME in aluminum alloy plate. . . . **A11:** 79
determined by controlled-potential
coulometry. **A10:** 209
effect in dropping mercury electrode **A10:** 189
embrittlement by **A13:** 182
energy factors for selective plating **A5:** 277
environments known to promote stress-corrosion
cracking of commercial titanium
alloys **A19:** 496
in alloys, oxyfuel gas cutting **A6:** 1165
in aluminum alloys **A15:** 746
in dental amalgam **A18:** 669
in furnace atomizers **A10:** 49
-indium, cadmium embrittlement by **A11:** 230, 232
-indium solutions, LME of iron-aluminum alloys
by **A11:** 225
lamp sources, spectral output of **A10:** 76
liquid, applications. **A13:** 92
liquid, as LME embrittler. **A11:** 226
liquid, decohesive fracture from **A12:** 18, 25
maximum concentration for the toxicity
characteristic, hazardous waste **A5:** 159
nitrate solution immersion of copper alloys for
SCC testing **A8:** 525
plain carbon steel resistance to **A13:** 515
poisoning, in gilding **A15:** 21
porosity measures. **M7:** 266–270
pure. **M2:** 769–770
pure, properties **A2:** 1138
quartz-tube atomizers for **A10:** 49
solutions, copper/copper alloy SCC in **A13:** 634
species weighed in gravimetry **A10:** 172
sulfuric acid as dissolution medium **A10:** 165
surface tension in vacuum **A7:** 282
tantalum resistance to. **A13:** 733–735
TNAA detection limits **A10:** 238
toxic chemicals included under
NESHAPS **A20:** 133
toxicity **A6:** 1195, **M7:** 204–205
vapor, as embrittler **A12:** 30, 38, 424
vapor detection, atomic absorption spectrometry
for **A10:** 43
volume displacements, measurement **M7:** 267–268
volumetric procedures for. **A10:** 175
weighed as the chloride. **A10:** 171
weighed as the sulfide **A10:** 171
Mercury cadmium telluride. **EM3:** 594
Mercury cathodes **A10:** 170, 199–200
Mercury chloride
photochemical machining etchant **A16:** 591
Mercury compounds
as toxic chemical targeted by 33/50
Program **A20:** 133
hazardous air pollutant regulated by the Clean Air
Amendments of 1990 . . . . **A5:** 913
Mercury intrusion
to analyze ceramic powder particle sizes . . **EM4:** 67
Mercury intrusion porosimetry
for microstructural analysis of coatings **A5:** 662
Mercury porosimetry **A7:** 274, 280–285, 1037, **M7:** 267–270
applications **M7:** 269–270
as measure of pore size and distribution. . **M7:** 262, 266–271
for temperature-time control in polymer removal
techniques **EM4:** 137
limitations **EM4:** 581
reliability **M7:** 268–269
to determine bulk density. **EM4:** 582
to determine open porosity in porous
materials **EM4:** 580–581, 582
Mercury pump
Toepler pump as **A10:** 152
Mercury, resistance of
to liquid-metal corrosion **A1:** 635
Mercury salt solutions
copper/copper alloy SCC in **A13:** 634
Mercury switch
analysis of surface films on electrical
contacts in. **A10:** 578–579
Mercury toxicity
alkyl mercury **A2:** 1249
biologic indicators **A2:** 1249
cellular metabolism **A2:** 1248
disposition. **A2:** 1247
mercuric mercury. **A2:** 1248
mercurous compounds **A2:** 1248
mercury vapor **A2:** 1248
metabolic transformation an
excretion **A2:** 1247–1248
metallic mercury. **A2:** 1249
organic mercury. **A2:** 1248–1249
toxicology **A2:** 1248–1249
treatment. **A2:** 1249–1250
Mercury vapor
toxicity of **A2:** 1248–1249
Mercury vapor lamps
for radiation curing **EL1:** 864
Mercury/mercurous sulfate reference
electrode **A19:** 202
Mercury-mercury sulfate ($Hg-Hg-SO_4$)
, reference electrodes for use in anodic protection,
and solution used **A20:** 553
Mercury-sensitized radiation stimulation . . . **EM3:** 594
Mercury-vapor light sources for microscopes . . . **A9:** 72
Mergenthaler, Ottmar
as inventor **A15:** 35
Meridional stress. **A5:** 643
MeriSinter AG. **A7:** 376
Merit index *See also* Performance index. . . **A20:** 282
Merit parameter. **A20:** 253
MERL 76 . . . . **A7:** 887, 894–895, 897, 898
Mers **A20:** 440
Mesh. **A20:** 189, **M7:** 7
screening. **M7:** 176
Mesh belt furnace
high temperature sintering **A7:** 475
sintering of stainless steel **A7:** 478, 479–480
Mesh generation, automated
die casting **A15:** 293
Mesh number **M7:** 7
Mesh redesign **A20:** 182
Mesh resolution **A20:** 197
Mesh size. **A7:** 213, **M7:** 7
Mesh-belt conveyor furnace **M7:** 7, 351–355
Mesh-belt conveyor furnaces . . **A7:** 453, 455, 456, 469
Mesh-connected array
future of **EL1:** 8–9
Mesnager-Sachs boring-out technique. **A6:** 1095
Mesophase **EM3:** 395
defined **EM1:** 15, **EM2:** 26
Mesophase pitch-based precursor fibers
and polyacrylonitrile (PAN), compared . . . **EM1:** 50
carbon fiber properties **EM1:** 51
processing sequence **EM1:** 50
Mesoscopic scale **A19:** 92
Metabolic transformation, of mercury
as toxin **A2:** 1247
Metabolites
GC/MS analysis of. **A10:** 639
Metadata
definition **A20:** 836
types associated with mechanical
properties data **A20:** 503
Metadynamic recrystallization **A9:** 691
Metakaolin **EM4:** 7

640 / Metal

Metal *See also* specific types by name
chemical vapor deposition of **M5:** 381
cleaning processes, general description **M5:** 5
contamination by *See* Metallic impurities
corrosion protection *See* Corrosion protection
definition **A20:** 836
galvanic series **M5:** 431
recovery from plating wastes
systems for **M5:** 315–319

Metal alloys
composition determined by ICP-AES
analysis **A10:** 31
microstructural changes studied by x-ray
topography **A10:** 366

Metal and metal-to-ceramic adhesion **A6:** 143–147
adhesion energy **A6:** 143
adhesion measurement **A6:** 444
adhesion, theory of **A6:** 143–144
grain boundary energy **A6:** 143
interface formation **A6:** 145–146
interfacial analysis **A6:** 144–145
interfacial energy **A6:** 143
properties affecting adhesion **A6:** 144
strength of interfaces **A6:** 146–147
welding (bonding) **A6:** 145

Metal arc cutting
definition **M6:** 11

Metal arc cutting (MAC)
definition **A6:** 1211

Metal band/metal platen
wear test for high-speed printer **A8:** 607

Metal bond systems
bonded-abrasive grains **A2:** 1015

Metal bonds
characteristics of bond types used in abrasive
products **A5:** 95

Metal borides and boride-base cermets
properties **A2:** 1003

Metal borides, and boride-based cermets
properties **M7:** 812

Metal cans *See also* Metal packages; Metal-body devices
as package **EL1:** 958
die attachments **EL1:** 213–217

Metal carbide powder
as coating for wear resistance **A7:** 974–975
group IV combustion synthesis **A7:** 530
microstructure **A7:** 728, 735, 736, 737, 744

Metal carbide powders production **M7:** 156–158
tap densities **M7:** 277

Metal carbonyl carbides **A7:** 168

Metal carbonyl powders **M7:** 135
formation and decomposition **M7:** 135–136
stability **M7:** 137

Metal casting *See also* Casting; Molding and casting processes
advantages **A15:** 37–45
applications **A15:** 37–45
computer applications in **A15:** 855–891
functional advantages **A15:** 39–41
market size **A15:** 37–45
market trends/end uses **A15:** 41–45
process developments **A15:** 38
versatility **A15:** 37–39
worldwide production **A15:** 42

Metal casting industry
automation of **A15:** 33–36

Metal charge
cupolas **A15:** 388

Metal chlorides **A7:** 88

Metal cladding *See also* Roll welding
alloy steels **A5:** 728
carbon steels **A5:** 728

Metal coatings *See also* Coatings;
Electroplating **A20:** 551–553
cobalt **M7:** 174
copper **M7:** 174
corrosion protection **M1:** 751–754
electroplated **A15:** 562

nickel **M7:** 174

Metal composites
mechanical properties of plasma sprayed
coatings **A20:** 476

Metal composition factor (MCF) **A6:** 421

Metal compound vacuum coating **M5:** 399, 401

Metal conductivity **A19:** 218

Metal conductivity, in electrozone size analysis *See also* Electrical conductivity **M7:** 221

Metal containers
corrosion **A13:** 88

Metal core **A20:** 779

Metal cored electrode
definition **A6:** 1211, **M6:** 11

Metal cores
constraining, thermal expansion
properties **EL1:** 619–625
substrates **EL1:** 337–338

Metal crystallization **A19:** 5

Metal cutting **A20:** 695–696

Metal cutting and grinding fluids
antifoaming additives **A16:** 124
antimicrobial agents **A16:** 124
antimisting additives **A16:** 124
application methods of flooding and
misting **A16:** 126
biocides **A16:** 124
biological effects **A16:** 131–132
chemistry of **A16:** 87–88
control and test methods **A16:** 126–128
corrosion inhibitors **A16:** 124
cutting fluids flow recommendations **A16:** 127
detergents of long-chain alcohols **A16:** 124
disposal of **A16:** 131
dyes **A16:** 124
emulsions **A16:** 122, 123
emulsions of soaps **A16:** 123
extreme-pressure (EP) additives **A16:** 123–124, 125
fluid cleaning **A16:** 129–131
health practices **A16:** 131–132
microbes present **A16:** 132
odor masks **A16:** 124
recycling **A16:** 129–131
selection of **A16:** 124–125
solutions of cutting oils **A16:** 122–123
solutions of synthetic fluid lubricants **A16:** 123
solutions, water-base **A16:** 123
storage and distribution **A16:** 128–129
system cleaning **A16:** 129

Metal cutting, by refractory metals *See also* Flame cutting **M7:** 765

Metal dissolution **A13:** 29, 89, 343

Metal dusting **A13:** 9, 380, 1312–1313

Metal dusting, stainless steel
in elevated temperatures **A11:** 272

Metal dust(s)
and sintered densities **M7:** 496
cloud explosion **M7:** 194
in injection molding **M7:** 495–496
production **M7:** 496

Metal electrode
definition **A6:** 1211, **M6:** 11

Metal electrode face bonding (MELF) ceramic
capacitors **EL1:** 178, 187

Metal electrode face bonding (MELF) chip
resistors **EL1:** 178, 184

Metal electrode potentials **M7:** 140

Metal electrodeposition **M7:** 71–72

Metal embrittlement
environments known to promote stress-corrosion
cracking of commercial titanium
alloys **A19:** 496

Metal encapsulation **M7:** 428–435

Metal fines
surface cleaning for **A13:** 380–381

Metal finishing, precision *See* Precision metal finishing

Metal Finishing Regulations **A5:** 408

Metal flow *See also* Flow; Flowability; Fluid flow; Gating systems
ALPID simulations of **A14:** 427
and workability **A14:** 369–370
die casting **A15:** 288–292
during spike forging **A14:** 428
during swaging **A14:** 128–129
finite-element modeling **A14:** 352
for simple parts **A14:** 50
in closed-die forging **A14:** 78
in drawing **A14:** 576
in forgings **M1:** 353, 354, 361
in HERF processing **A14:** 105
in high-energy-rate forging **A14:** 102
in hot extrusion **A14:** 316–317
in powder forging **A14:** 194–197
in precision forging **A14:** 159
localization, workability effects **A14:** 364–365
parting line effects **A14:** 48
rates **A15:** 311
restraint, in deep drawing **A14:** 581–582
steel wire fabrication **M1:** 589, 590, 591
two-dimensional, strain
computation for **A14:** 433–434

Metal flow patterns
used to identify plastic deformation modes **A9:** 686

Metal flow rate **A7:** 398, 400

Metal fume fever **A6:** 1196
as zinc toxicity **A2:** 1255

Metal halides
as additive to metalworking lubricants **A18:** 141

Metal horns
microwave inspection **A17:** 208–209

Metal hub flap polishing wheel **M5:** 109

Metal hydrides **A7:** 88
mechanical comminution **A7:** 53

Metal injection *See also* Gating; Injection
and gating design **A15:** 289–291
chamber **A15:** 288–289
overflow **A15:** 289
sprues and runners **A15:** 289

Metal injection molding (MIM)
definition **A20:** 836
powder metallurgy . . . **A20:** 745, 747–748, 749, 751, 752–753

Metal injection molding (MIM)
technology **A1:** 818–819
advantages of **A1:** 819
applications **A1:** 820
factors impeding growth of **A1:** 819–820
mechanical properties of **A1:** 820

Metal in-line treatment degassing system . . . **A15:** 461, 463–464, 470

Metal ion deposition
galvanic corrosion **A13:** 84

Metal ions
determination of **A10:** 197, 200–201

Metal joints
nondestructive evaluation of adhesive
bonds **EM3:** 743–776

Metal magnetism
in electrozone size analysis **M7:** 221

Metal matrix composites *See also* Composite materials
acoustic emission inspection **A17:** 287–288
aluminum-base **A13:** 859–861
coatings **A13:** 861–862
copper-base **A13:** 861
design, for corrosion prevention **A13:** 862–863
fiber-reinforced, cross section **A13:** 859
magnesium-base **A13:** 861
structural characteristics **A13:** 859
titanium, ultrasonic inspection **A17:** 250

Metal Matrix Composites Information Analysis Center (MMCIAC) **EM1:** 41

Metal matrix composites (MMCs) **EM1:** 849–910
alumina fiber reinforced **EM1:** 31, 118
boron fibers in **EM1:** 31, 117, 851–857
continuous aluminum oxide fiber . . . **EM1:** 874–877

SUBJECTS OF THE INDEXED VOLUMES: ASM Handbook (designated by the letter "A"): **A1:** Properties and Selection: Irons, Steels, and High-Performance Alloys (1990); **A2:** Properties and Selection: Nonferrous Alloys and Special-Purpose Materials (1990); **A3:** Alloy Phase Diagrams (1992); **A4:** Heat Treating (1991); **A5:** Surface Engineering (1994); **A6:** Welding, Brazing, and Soldering (1993); **A7:** Powder Metal Technologies and Applications (1998); **A8:** Mechanical Testing (1985); **A9:** Metallography and Microstructures (1985); **A10:** Materials Characterization (1986); **A11:** Failure Analysis and Prevention (1986); **A12:** Fractography (1987); **A13:** Corrosion (1987); **A14:** Forming and Forging (1988); **A15:** Casting (1988); **A16:** Machining (1989); **A17:** Nondestructive Evaluation and Quality Control (1989); **A18:** Friction, Lubrication, and Wear Technology (1992); **A19:** Fatigue and Fracture (1996); **A20:** Materials Selection and Design (1997). **Metals Handbook, 9th Edition** (designated by the letter "M"): **M1:** Properties and Selection: Irons and Steels (1978); **M2:** Properties and Selection: Nonferrous Alloys and Pure Metals (1979); **M3:** Properties and Selection: Stainless Steels, Tool Materials, and Special-Purpose Materials (1980); **M4:** Heat Treating (1981); **M5:** Surface Cleaning, Finishing, and Coating (1982); **M6:** Welding, Brazing, and Soldering (1983); **M7:** Powder Metallurgy (1984). **Engineered Materials Handbook** (designated by the letters "EM"): **EM1:** Composites (1987); **EM2:** Engineering Plastics (1988); **EM3:** Adhesives and Sealants (1990); **EM4:** Ceramics and Glasses (1991). **Electronic Materials Handbook** (designated by the letters "EL"): **EL1:** Packaging (1989)

continuous boron fiber **EM1:** 851–857
continuous graphite fiber **EM1:** 867–873
continuous silicon carbide fiber **EM1:** 858–866
continuous tungsten fiber **EM1:** 878–888
discontinuous ceramic fiber **EM1:** 903–910
discontinuous silicon fiber **EM1:** 889–895
elastic properties. **EM1:** 187
introduction. **EM1:** 849
whisker-reinforced **EM1:** 896–902

Metal matrix composites/intermetallics
fatigue crack thresholds. **A19:** 144

Metal mold reaction
as casting defect **A11:** 384

Metal molds
end plate dimensions. **A15:** 303
in permanent mold casting. **A15:** 275
pretreatment **A15:** 303–304
vertical centrifugal casting **A15:** 301–302

Metal movement *See* Shrinkage

Metal oxides *See also* Oxides **A18:** 144
as additive to metalworking lubricants. ... **A18:** 141
for accelerating adhesive cure **EM3:** 179
particles, separation in high-temperature combustion **A10:** 222
polymer additives. **A18:** 154
Raman analysis of **A10:** 130–135
surface films, XPS determined oxidation states in **A10:** 568

Metal oxides (MO)
hydrogen-reduced **M7:** 340

Metal packages *See also* Metal cans; Metal-body devices **EM3:** 585, 588
defined **EL1:** 453–454
isolation, in testing/reliability **EL1:** 459
sealing methods **EL1:** 237–238

Metal particle segregation
polymers. **M7:** 606

Metal particles
as dispersing agent. **A7:** 220

Metal patterns
equipment and processes for **A15:** 194–195
materials for **A15:** 197

Metal penetration *See also* Burned-on sand; Burn-in; Burn-on **A20:** 726
as casting defect **A11:** 385
defined **A11:** 7, **A15:** 8
definition. **A5:** 961
in cores **A15:** 240
vs. inclusion effects **A15:** 90

Metal pipe
sampling trainload for percentage of alloying element. **A10:** 15

Metal Powder Association **A7:** 7

Metal powder compactions **A7:** 23

Metal powder cutting. **M7:** 842–845
apparatus **M7:** 843–844
applications **M7:** 844–845
definition. **M6:** 11, 913–91

Metal powder cutting (POC) definition **A6:** 1211

Metal Powder Industries Federation, (MPIF) **M7:** 19
parts classification **M7:** 332–333
sampling procedures **M7:** 212
standardized ferrous materials **M7:** 463

Metal Powder Industries Federation (MPIF) trade association **A20:** 749

Metal Powder Industries Federation Test Method 37
for case depth **A9:** 508

Metal powder industries parts recognition, design competition entries **A7:** 1103–1108

Metal Powder Producers Association. **M7:** 19

Metal powder production **A7:** 33–34, **M7:** 23–24
basic processes. **M7:** 24
individual powders **M7:** 24

Metal powder shipments
North American (1981) **M7:** 25

Metal powder slip casting
schematic. **A2:** 984

Metal powder specifications **A7:** 1098

Metal powders *See also* Powder forging; Powder metallurgy materials; Powders. **M7:** 7, 571
annealing **M7:** 182–185
apparent density **M7:** 272–275
applications, major. **M7:** 572–574
as additive to metalworking lubricants. ... **A18:** 141
auxiliary, in tungsten carbide powder production **M7:** 157
behavior under pressure **M7:** 297–304
blending **M7:** 186–189
bulk chemical analysis. **M7:** 246–249
bulk properties **M7:** 211
characterization and testing. **M7:** 211
chemical analysis and sampling **M7:** 248
cleaning **M7:** 178–181
compacted, green strength. **M7:** 288–289
compressibility **M7:** 286–287
consolidation **M7:** 295–307
cutting **A14:** 728
electrodeposition of **M7:** 71–72
explosions, preventing **M7:** 197–198
explosivity **M7:** 194–200
flow rate. **M7:** 278–281
for accelerating adhesive cure **EM3:** 179
for filler materials. **M7:** 816–822
for hardfacing **M7:** 823–826
high-energy compacting **M7:** 305
history. **M7:** 14–20
homogeneous, sintering compacts **M7:** 309–312
hot extrusion of **A14:** 322
hot pressing fully dense compacts **M7:** 501–521
mechanical fundamentals
consolidation **M7:** 296–307
mixing **M7:** 186–189
mounting **A9:** 31
optical sensing zone methods for. **M7:** 223–225
packing. **M7:** 296–297
physical and chemical properties **M7:** 211
premixing. **M7:** 186–189
pyrophoricity. **M7:** 194–200
refractory metals and alloys. **A2:** 560–565
roll compacting **M7:** 401–409
sampling. **M7:** 212–213
sintering **M4:** 793–797
spray drying of **M7:** 73–78
surface chemical analysis. **M7:** 250–261
tap density. **M7:** 276–277
toxicity **M7:** 201–208
unconsolidated, rigid tool
compaction **M7:** 322–328

Metal powders, specialty applications **A7:** 1083–1092

Metal preforms
in Ceracon process **M7:** 537–541

Metal primers
roller selection guide **A5:** 443

Metal processing *See also* Processing
mills, nickel alloy applications. **A2:** 430
nickel alloy applications **A2:** 430
zirconium and hafnium **A2:** 661–662

Metal, purity characteristics
resistance-ratio test **M2:** 711–712, 713
trace-element analysis. **M2:** 711

Metal recovery
in hydrometallurgical processing of cobalt and cobalt alloy powders **M7:** 145
in hydrometallurgical processing of nickel powder production. **M7:** 134, 140–141
in Sherritt nickel powder production **M7:** 140–141

Metal removal rates
Al alloys **A16:** 764, 791
and adaptive control **A16:** 618, 619, 621, 622, 624
chemical milling **A16:** 581, 583, 585, 586
electrical discharge grinding. **A16:** 566
electrical discharge machining. . **A16:** 557, 558, 560, 561
electrochemical discharge grinding . . **A16:** 548, 549, 550
electrochemical grinding ... **A16:** 542–543, 545, 546
grinding ... **A16:** 421, 422, 423, 424, 425, 426, 427, 428, 429
high removal rate machining. **A16:** 607, 608
high-speed machining **A16:** 603, 604
photochemical machining **A16:** 589, 590, 592

Metal resistors
failure mechanisms **EL1:** 971, 999–1001

Metal scrap prices **A20:** 260

Metal screen filters **A15:** 490

Metal separation
from sands. **A15:** 350

Metal shadowing *See also* Shadowing. **A12:** 7
defined **A9:** 12
definition. **A5:** 961

Metal smearing
in shafts. **A11:** 463

Metal spinning
compatibility with various metals **A20:** 247

Metal spray
for marine corrosion **A13:** 907–909

Metal spraying
as controlled spray deposition **M7:** 531
crankshaft, fatigue fracture from **A11:** 480
definition. **A5:** 961
of porous powders **M7:** 698
of shafts **A11:** 459
pattern, during gas atomization. **M7:** 25, 27
porous materials. **A7:** 1034

Metal spraying (metallizing)
of patterns. **A15:** 196

Metal stamping technical cost model **A20:** 258

Metal structure
and shrinkage. **M7:** 310

Metal superheat **A7:** 398

Metal systems **M7:** 570

Metal transfer *See also* Automatic pouring systems; Pouring
in electrical contact materials **A2:** 840

Metal vacuum coatings **M5:** 399–400

Metal vapor vacuum arc (MEVVA) discharge approach, ion implantation **A5:** 609

Metal vessel testing
acoustic emission inspection **A17:** 291–292

Metal whiskers *See also* Tin whiskers
in electronics industry. **A13:** 1110

Metal working
definition. **A20:** 836

Metal/ceramic brazing assembly interface
molybdenum particles on **A10:** 457

Metal/gas flow rate ratio **A7:** 154

Metal/metal
sliding. **A8:** 602
wear **A8:** 604

Metal/solution potentials **A20:** 547

Metal-bearing ores
photometric methods for analysis **A10:** 64

Metal-body devices *See also* Metal cans; Metal packages
power packages **EL1:** 425–427
small-signal. **EL1:** 422–423

Metal-bonded abrasive wheels **M7:** 797

Metal-ceramic composites *See also* Cermets
future and problems **A2:** 1024

Metal-coated steel wire **M1:** 263

Metal-excess semiconductors
types. **A13:** 65

Metal-feed location
effect on aluminum alloy 1100 .... **A9:** 631
effect on grain size in aluminum alloy ingots **A9:** 631

Metal-filled polymer composites. **M7:** 606–613
as electromagnetic interference shields **M7:** 609

Metal-film deposition
development of crystallographic texture during. **A9:** 700–701

Metalforming applications
cemented carbides **A2:** 968–971

Metal-gas interfaces **A10:** 136

Metal-graphite brushes **M7:** 634–636

Metal-graphite electrical contact materials
properties. **A2:** 842

Metal-head pressure system
atomized aluminum powders **M7:** 125

Metal-induced embrittlement
solid-state-welded interlayers **A6:** 171

Metal-induced embrittlement of steels ... **A1:** 717–722
of liquid metal **A1:** 717–721
of solid metal **A1:** 719, 721–722

Metal-inert gas (MIG) welding *See* Gas-metal arc welding

Metal-injection molded parts
soft tooling, rapid prototyping **A7:** 427, 428

Metal-injection molding (MIM) *See also* Powder injection molding **A7:** 11, 17–18, 629, 728, 743
after selection laser sintering **A7:** 433
applications. **A7:** 18
applications, range of. **A7:** 12
capital equipment costs. **A7:** 18
cermets **A7:** 927–928
characteristics **A7:** 12
commercialization of **A7:** 7
compared to other powder processing methods **A7:** 12
cost **A7:** 12
cost effectiveness of short runs **A7:** 17–18

642 / Metal-injection molding (MIM)

Metal-injection molding (MIM) (continued)
cost per pound for production of steel P/M
parts **A7:** 9
densification **A7:** 17
density **A7:** 12
description **A7:** 11, 14
design guidelines. **A7:** 14
dimensional tolerances **A7:** 11, 12
effects on mechanical properties . . **A7:** 12, 955–956
gate location **A7:** 14
magnetic materials **A7:** 1006, 1010, 1012–1013
material selection **A7:** 14
material system. **A7:** 9
materials range **A7:** 12
metal/polymer powder mixtures **A7:** 1091
near-net-shape capabilities **A7:** 17
parting line **A7:** 14
porous materials. **A7:** 1034
price per pound **A7:** 12
production quantity **A7:** 12
production volume. **A7:** 12
properties of products **A7:** 12
schematic of process **A7:** 11
shape and features produced **A7:** 14
size, lb **A7:** 12
size of products **A7:** 12
stainless steel powders. **A7:** 782, 783–984, 997
tool life **A7:** 18
ultrafine and nanophase powders
applications **A7:** 76

Metallic abrasives, types
dry blasting **M5:** 83–84

Metallic binder phase
cermets. **A2:** 979
superhard boron/silicon metalloids **A2:** 1008

Metallic bond
definition **A5:** 961, **A6:** 1211, **M6:** 11

Metallic bonding **A20:** 336
chemical **EL1:** 92–93

Metallic bonding forces **M7:** 303–304
apparent density, shearing, and heating in
farming. **M7:** 303–304

Metallic coated steels **A13:** 526–527

Metallic coatings *See also* Chemical conversion coatings; Coatings; Conversion coatings; Elastomeric coating; Electroplating coating; Protective coatings; specific coatings; specific types by name; Surface coatings
cladding **A11:** 195
electroplated **A11:** 195
electroplating **A13:** 911–912
for cast irons **A13:** 570, **M1:** 101–104
for galvanic corrosion **A13:** 84
for marine corrosion **A13:** 906–912
for pipeline **A13:** 1291
hot-dip. **A13:** 910–911
metal spray **A13:** 907–909
of nickel-base alloys. **A14:** 832
sprayed metal **A11:** 195
steel sheet **M1:** 167–174

Metallic coatings, effect of
on formability **A1:** 579–580

Metallic composite materials *See* Composite materials; Metal matrix composites

Metallic elements
in sintering tungsten and molybdenum. . . . **M7:** 390

Metallic engineering alloys
fracture toughness testing **A8:** 469

Metallic fiber *See also* Fiber(s) **EM3:** 18
defined **EM1:** 15, **EM2:** 26

Metallic filters
development of **A7:** 3, 6

Metallic flake pigments. **M7:** 593–596
production **M7:** 593–594

Metallic foams. **A7:** 1043–1047

Metallic glass
cut with a wire saw **A9:** 25

Metallic glass powders. **M7:** 795
as amorphous powder metal **M7:** 794

microcrystalline alloys from **M7:** 794–795

Metallic glasses *See also* Amorphous metals. **EM4:** 22
amorphous superconductors. **A2:** 816–817
applications **A2:** 818–820, **EM4:** 22
brazing materials **A2:** 819
bulk metallic glasses **A2:** 819–820
chemical properties **A2:** 817–818
coatings **A2:** 819
controlled crystalline microstructures **A2:** 820
crystallization **A2:** 809–811
defined **A10:** 676, **A13:** 9
deformation mechanisms **A2:** 813
diffraction experiments. **A2:** 809–811
electrical conductivity **EM4:** 566
electrical transport properties. **A2:** 815
electrodeposition **A2:** 806–807
failure, fracture toughness, embrittlement . . **A2:** 814
future developments **A2:** 820
glass transition and crystallization **A2:** 812
heat capacity-two level systems. **A2:** 812–813
historical introduction/background **A2:** 804–805
Knight shift measurements on **A10:** 284
magnetic properties **A2:** 815–816
mechanical properties **A2:** 813–815, **EM4:** 22
preparation by nonconventional
techniques **EM4:** 22
rapid quenching from the melt **A2:** 805–806
reinforcing fibers **A2:** 817
SAS applications. **A10:** 405
short-range ordering. **A2:** 810
soft magnetic materials. **A2:** 818–819
solid-state amorphitization. **A2:** 807–809
structural models **A2:** 809–811
structure dependence on synthesis/thermal
history **A2:** 811–812
synthesis and processing methods. **A2:** 805–809
technology **A2:** 818–820
thermal transport **A2:** 813
thermodynamic properties **A2:** 812–814
vapor quenching **A2:** 806–807
yield strength, hardness, elastic
constants. **A2:** 813–814

Metallic implant materials
as corrosion resistant and
biocompatible **A11:** 672–673

Metallic implants **A13:** 1324–1335
background **A13:** 1324–1329
biocompatibility of **A13:** 1328–1329
corrosion forms **A13:** 1330–1332
corrosion significance **A13:** 1328–1329
corrosion testing **A13:** 1332–1333
electrochemistry **A13:** 1329–1330
metals/alloys. **A13:** 1325–1328

Metallic impurities
chromium plating baths. **M5:** 189
nickel plating baths **M5:** 207–210
plating waste disposal removal
procedures **M5:** 313–314
tin-lead plating baths, removal of **M5:** 278

Metallic inclusions *See also* Inclusions
as casting defect **A11:** 387

Metallic interface failures
in integrated circuits **A11:** 776–778
interdiffusion at aluminum-silicon
contacts **A11:** 777–778
metal-metal interdiffusion **A11:** 776–777

Metallic letterpress inks
powders used **M7:** 574

Metallic magnesium treatment
of ductile iron. **A15:** 649

Metallic material, static
design allowables for **A8:** 662–677

Metallic materials
ordered metallic compounds as **A2:** 913

Metallic mercury, as biologic indicator
mercury toxicity **A2:** 1249

Metallic microcontacts
green strength and electrical conductivity. . **M7:** 304

Metallic nanopowders. **A7:** 72, 77–79

Metallic nickel
partitioning oxidation states in **A10:** 178

Metallic offset inks
powders used **M7:** 574

Metallic orthopedic implants, failures of **A11:** 670–694
analysis of **A11:** 680
and interaction with body
environment **A11:** 673–677
complications related to **A11:** 672
degradation of implants **A11:** 689–692
fatigue properties, implant materials **A11:** 688–689
internal fixation. **A11:** 671, 677–680
materials of. **A11:** 672–673
prosthetic devices **A11:** 670–671
related to implant deficiencies **A11:** 680–681
related to mechanical or biomechanical
conditions **A11:** 681–687
total hip joint prostheses **A11:** 692–693

Metallic paint
shielding alternatives **M7:** 612

Metallic particles
fuel pump shaft wear from. **A11:** 465

Metallic platings
uranium/uranium alloys **A13:** 819–821

Metallic projections
as casting defects. **A11:** 381, **A15:** 546,
A17: 512–513

Metallic radius
of rare earth elements **A2:** 722

Metallic resistors
types and construction **EL1:** 178

Metallic rotogravure inks
powders used **M7:** 574

Metallic salts
from decomposed electrolytes **A9:** 51

Metallic wear *See also* Adhesive wear; Severe wear
defined. **A18:** 12–13
definition. **A5:** 961

Metallic whisker *See also* Whiskers
defined **EM2:** 26

Metallic wires
properties/toxicity. **EM1:** 118

Metalliding **A20:** 477, 478, 487
for wear resistance **M1:** 635

MetalLife treatment
tool steels. **A18:** 643

Metallizability
of polyamide-imides (PAI) **EM2:** 129
of substrates **EL1:** 105

Metallization *See also* Plating
aluminum **EL1:** 195, 303, 965
and transfer pattern, thin-film
hybrids. **EL1:** 329–330
chip, stresses in **EL1:** 445
chromium, thin-film hybrids **EL1:** 326
computer modeling **EL1:** 442–444
in hybrid wafer scale integration. **EL1:** 88
integrity, testing **EL1:** 953
notching and voiding in **EL1:** 892
of aluminum nitride and silicon
carbide. **EL1:** 306–307
thick-film, ceramic packages **EL1:** 1–463
thin-film **EL1:** 299
time-temperature dependence **EL1:** 1043

Metallization failures
by corrosion **A11:** 769–770
integrated circuits **A11:** 769–776

Metallized ceramic
electron diffraction/EDS analysis for unknown
phases in **A10:** 457–458

Metallized glass fibers
as reinforcements **EM2:** 473

Metallized surfaces on ceramic, specification for **A7:** 1100

Metallized-paper capacitors **EL1:** 179

SUBJECTS OF THE INDEXED VOLUMES: ASM Handbook (designated by the letter "A"): **A1:** Properties and Selection: Irons, Steels, and High-Performance Alloys (1990); **A2:** Properties and Selection: Nonferrous Alloys and Special-Purpose Materials (1990); **A3:** Alloy Phase Diagrams (1992); **A4:** Heat Treating (1991); **A5:** Surface Engineering (1994); **A6:** Welding, Brazing, and Soldering (1993); **A7:** Powder Metal Technologies and Applications (1998); **A8:** Mechanical Testing (1985); **A9:** Metallography and Microstructures (1985); **A10:** Materials Characterization (1986); **A11:** Failure Analysis and Prevention (1986); **A12:** Fractography (1987); **A13:** Corrosion (1987); **A14:** Forming and Forging (1988); **A15:** Casting (1988); **A16:** Machining (1989); **A17:** Nondestructive Evaluation and Quality Control (1989); **A18:** Friction, Lubrication, and Wear Technology (1992); **A19:** Fatigue and Fracture (1996); **A20:** Materials Selection and Design (1997). **Metals Handbook, 9th Edition** (designated by the letter "M"): **M1:** Properties and Selection: Irons and Steels (1978); **M2:** Properties and Selection: Nonferrous Alloys and Pure Metals (1979); **M3:** Properties and Selection: Stainless Steels, Tool Materials, and Special-Purpose Materials (1980); **M4:** Heat Treatment (1981); **M5:** Surface Cleaning, Finishing, and Coating (1982); **M6:** Welding, Brazing, and Soldering (1983); **M7:** Powder Metallurgy (1984). **Engineered Materials Handbook** (designated by the letters "EM"): **EM1:** Composites (1987); **EM2:** Engineering Plastics (1988); **EM3:** Adhesives and Sealants (1990); **EM4:** Ceramics and Glasses (1991). **Electronic Materials Handbook** (designated by the letters "EL"): **EL1:** Packaging (1989)

Metallizing **EM4:** 542–545
adhesion **EM4:** 543–545
chemical **EM4:** 545
compound **EM4:** 544–545
definition of good adhesion **EM4:** 543
mechanical. **EM4:** 544, 545
properties **EM4:** 543–544
defined **A13:** 9, **EM2:** 26
definition **A5:** 961, **A6:** 1211
electrical conductivity property **EM4:** 542
electrical connection **EM4:** 742
mechanical connection **EM4:** 542
methods. **EM4:** 542–543
atomistic deposition process **EM4:** 542–543
bulk metallization **EM4:** 542, 543
coating formation steps **EM4:** 542
electron beam evaporation **EM4:** 543
flash evaporation. **EM4:** 543
particulate depositions. **EM4:** 542, 543
vacuum evaporation **EM4:** 543

Metallizing (metal spraying)
of patterns **A15:** 196

Metallochromic indicators
common. **A10:** 174

Metallograph *See also* Optical microscope . . . **A9:** 72
defined. **A9:** 11–12
hot cell **A9:** 83
inverted **A9:** 74
research-quality, with projection screen **A9:** 74
used in macrophotography **A9:** 86

Metallographic analysis
of powder forged parts **A14:** 204

Metallographic analysis and sectioning
examination and analysis of. **A11:** 24
for stress-corrosion cracking. **A11:** 213–214
fracture mode identification chart for **A11:** 80
of weldments. **A11:** 412
of worn parts **A11:** 159
selection and preparation of **A11:** 23–24

Metallographic determination of microstructure in cemented carbides, specifications **A7:** 1100

Metallographic evaluation
printed board coupon **EL1:** 572–577

Metallographic finish
for microhardness specimen **A8:** 93

Metallographic identification
of cellular decomposition of martensite in uranium alloy **A10:** 316
of light elements **A10:** 549, 559–561
optical metallography **A10:** 299–308

Metallographic inspection
method used for fracture mode identification **A19:** 44

Metallographic reagents *See* Etchants

Metallographic sample preparation of cemented carbides, specifications **A7:** 1100

Metallographic section (plus image analysis)
for microstructural analysis of coatings **A5:** 662

Metallographic sectioning methods
for profiles **A12:** 198–199

Metallographic sections
for microstructural analysis of coatings **A5:** 662
macroscopy of **A10:** 303–304

Metallographic test methods **M5:** 371–372, 596

Metallography **A10:** 517, 676, **A18:** 371, 372
and fracture mechanics testing. **A8:** 476
and microstructure **A8:** 476, **M7:** 485–489
crack detection by **M7:** 484
development of **A15:** 27, **A20:** 334
for melt cleanliness **A15:** 493
microstructure of coatings **A5:** 663–664
of rare earth metals **A2:** 725
to determine shear band formation in titanium alloy **A8:** 589

Metallography of powder metallurgy materials **A7:** 475, 476, 719–748
automatic grinding and polishing. . . . **A7:** 722, 724
crack origin determination **A7:** 729, 732, 748
edge retention **A7:** 721
epoxy-resin impregnation **A7:** 721
etchants for examination of P/M
materials **A7:** 725, 731
fluid removal and washing **A7:** 720
for crack detection **A7:** 714, 715
macroexamination. **A7:** 722, 724
manual grinding and polishing . . . **A7:** 722–723, 724
measurement of volume porosity **A7:** 713
metal powder particles **A7:** 723–724
microexamination **A7:** 725–726, 731
microstructures . . . **A7:** 726–728, 730, 731, 733–743
mounting of compacted specimens. . . . **A7:** 720–721
mounting of uncompacted metal powders . . **A7:** 721
powder metallurgy versus wrought
materials **A7:** 719
representative micrographs **A7:** 728–729, 731, 732, 740, 741, 743–747
sample preparation **A7:** 719–722
sample record **A7:** 719
scanning electron microscopy . . . **A7:** 724–725, 730, 731, 732, 733
sealed surface **A7:** 729, 747
sinter hardened steels **A7:** 729, 744
specimen identification **A7:** 721
specimen selection and sectioning **A7:** 719–720
wax impregnation **A7:** 721–722

Metallography, use in phase-diagram determination . . . . **A3:** 1•18

Metalloids
implantation of. **A10:** 485

Metallo-organic chemical vapor deposition . . **A10:** 601, 602, 690

Metallo-organic chemical vapor deposition (MOCVD)
gallium arsenide (GaAs) **A2:** 745
of high-temperature superconductors **A2:** 1087

Metalloproteins
EXAFS structural analysis of **A10:** 407

Metallo-thermo-mechanical coupling **A20:** 779

Metallothionein
role in cadmium toxicity **A2:** 1240–1241

Metallurgical attach, zone 2
package integrity **EL1:** 1010–1011

Metallurgical bond
definition **A5:** 961, **A6:** 1211

Metallurgical burn
defined **A18:** 13
definition **A5:** 961

Metallurgical chemistry
development of **A15:** 27

Metallurgical compatibility *See* Compatibility (metallurgical)

Metallurgical condition
testing **A13:** 193–194

Metallurgical control
in production of ductile iron **A1:** 38

Metallurgical design
corrosion protection by **A13:** 379

Metallurgical details
magnetic printing detection **A17:** 126

Metallurgical discontinuities
welding. **A17:** 582

Metallurgical factors affecting weldability of steels **A1:** 603–606, 607
chemical composition effect **A1:** 606
hardenability and weldability **A1:** 603–604
heat-affected zone microstructure **A1:** 605–606
preweld and postweld heat treatments **A1:** 606
weld metal microstructure **A1:** 604–605

Metallurgical hydrogen
refining **M7:** 344

Metallurgical instabilities
from elevated- temperature failures . . **A11:** 266–268

Metallurgical microscopy
defined. **EL1:** 1067

Metallurgical parameters
effect on corrosion fatigue **A11:** 256
in shaft failures **A11:** 477–480

Metallurgical properties
magnetic characterization of **A17:** 131–132

Metallurgical stability
electrical resistance alloys **A2:** 824

Metallurgical structures
of heat-resistant cast steels **A1:** 921–922

Metallurgical susceptibility
to stress-corrosion cracking. **A8:** 495

Metallurgical variables of fatigue behavior **A1:** 678

Metallurgically influenced corrosion **A13:** 123–135
aqueous corrosion **A13:** 45–49
dealloying corrosion **A13:** 131–134
grooving, in carbon steel **A13:** 130–131
intergranular corrosion, mechanisms **A13:** 123
of aluminum alloys **A13:** 130
of high-nickel alloys **A13:** 128–130
of stainless steels **A13:** 124–127

Metallurgically small cracks **A19:** 195

Metallurgy *See also* Secondary metallurgy
connector **EL1:** 22
of cast iron **A1:** 3–4
of cermet system conductors **EL1:** 340
of gray iron. **A15:** 629–635
of monocrystal casting. **A15:** 322
of vacuum induction furnace. **A15:** 393–396
of zirconium and zirconium alloys. . . . **A2:** 665–667
unconventional **M7:** 570

Metallurgy, joining *See* Joining metallurgy

Metal-matrix composites *See also* Cast metal-matrix composites; Composites; Matrix
alloys **A20:** 650, 657–659
abrasive waterjet cutting of **A14:** 752–754
aluminum alloys **A7:** 21
applications **A7:** 22
mechanical properties. **A7:** 21
particulate-reinforced **A7:** 22
aluminum-base **A14:** 251
applications, aerospace **A6:** 388
cast, development. **A15:** 36
casting techniques **A15:** 842–848
ceramic, low-gravity effects **A15:** 152–153
cleavage fracture. **A19:** 54
cold sintering **A7:** 580–581
defined **A15:** 840
development of **A7:** 3
discontinuously reinforced
aluminum **A19:** 895–904
etching **A9:** 591
fabrication methods **A9:** 591
fatigue **A7:** 958–959
fatigue crack growth. **A19:** 54
fiber, references **A7:** 560–563
fiber-metal laminates. **A19:** 905–919
fractographs **A12:** 465–469
fracture resistance of. **A19:** 390–391
fracture toughness **A19:** 390
fracture/failure causes illustrated **A12:** 217
friction surfacing **A6:** 323
friction welding **A6:** 153, 154
galvanic corrosion during preparation **A9:** 588
grinding **A9:** 588–589
heat transfer **A20:** 662
hot isostatic pressing **A7:** 617
hot pressing **A7:** 636–637
insoluble particle effects **A15:** 142
magnesium alloys **A7:** 21
manufacturing of **A20:** 702
market effects **A15:** 44
microstructure. **A9:** 592
mounting materials for **A9:** 588
particulate, references **A7:** 559–560
polishing **A9:** 589–591
preparation, semisolid alloys **A15:** 328
production techniques **A15:** 840
properties of **A20:** 658–659
reactive plasma spray forming. **A7:** 416
references **A7:** 558–563
semisolid metal casting and forging. . **A15:** 327, 336
SiC whisker-reinforced aluminum **A14:** 20
specific strength/modulus **A15:** 840
stress rupture **A12:** 468
thermal fatigue **A20:** 653
titanium **A14:** 283
titanium alloys **A7:** 21
wear resistance. **A7:** 972, 973
with zinc alloy matrices **A15:** 797

Metal-matrix composites, fiber-reinforced
fatigue of. **A19:** 914–918

Metal-matrix composites, friction and wear of **A18:** 693, 801–810
applications **A18:** 801
in future jet engine components. **A18:** 592
composition. **A18:** 801
friction coefficient . . . **A18:** 803, 804, 805, 806, 807, 808–809, 810
from aluminum-silicon alloys **A18:** 789–791
in steel brakes. **A18:** 583
mechanical properties **A18:** 801–803
synthesis techniques. **A18:** 801
tribological behavior of fiber-reinforced
abrasive wear conditions **A18:** 808
adhesive wear conditions **A18:** 807–808
fiber type effect. **A18:** 808–809
metal-matrix composites **A18:** 807–809
orientation effect **A18:** 808–809

Metal-matrix composites, friction and wear of (continued)
tribological behavior of metal-matrix particulate composites **A18:** 803–807
contacting conditions effect **A18:** 807
friction and abrasive wear ... **A18:** 804–805, 806, 807
friction and erosive wear **A18:** 805–806
friction and sliding wear **A18:** 803–804, 806, 807
particle size effect **A18:** 806
testing parameters effect **A18:** 806–807
wear mechanisms **A18:** 809–810
abrasive wear with hard particles **A18:** 809
sliding wear with hard particles **A18:** 809
sliding wear with soft particles **A18:** 809–810
Metal-matrix composites (MMCs) *See also* Composites; Laminates; Subcomposites **A16:** 893–901, **EM4:** 47
abrasive waterjet cutting ... **A16:** 893–894, 896, 897
Al-B composites **A16:** 895–896
Al-matrix composites **A16:** 896–898
Al-SiC composites **A16:** 895–896, 897
aluminum P/M alloys **A2:** 209–210
aluminum-matrix composites .. **A2:** 7, 126, 904–907
and cermets, compared **A2:** 978
application, in packages **EL1:** 1126–1128
boring **A16:** 896
chemical milling **A16:** 896, 897
circular sawing **A16:** 894
climb milling **A16:** 900
composite trimming parameters **A16:** 894
continuous fiber aluminum MMC **A2:** 904–906
continuous graphite/copper MMCs **A2:** 909
continuous tungsten fiber reinforced copper MMC **A2:** 908–909
contour band sawing **A16:** 895
coolants **A16:** 894, 895, 896, 897, 898, 899
copper-matrix composites **A2:** 908–909
defined **A2:** 903
die threading **A16:** 896
discontinuous aluminum MMC **A2:** 906–907
dissimilar-material laminates **A16:** 898–899
drilling **A16:** 894, 895, 896, 897, 898–899
electrical discharge machining **A16:** 896
end milling **A16:** 894
Fiber FP Al MMC **A16:** 897, 898
for A15 superconductors **A2:** 1064–1065
grinding **A16:** 894, 896
honing **A16:** 896
in situ discontinuous copper MMC **A2:** 909
intermetallic-matrix composites **A2:** 909–911
knurling **A16:** 896
lapping **A16:** 896
laser cutting **A16:** 893, 894, 895, 896
machining guidelines **A16:** 893–898
magnesium-matrix composites **A2:** 907–908
matrix materials **A16:** 895
Mg-matrix composites **A16:** 896–898
microstructure **A16:** 893–894
milling **A16:** 894, 895, 896, 900, 901
of wrought magnesium alloys **A2:** 460
oxide-reinforced composites **A16:** 896–898
peck drilling **A16:** 894, 898, 899
power band sawing **A16:** 894, 895, 897, 900
power hacksawing **A16:** 895
processing methods **A2:** 903–904
properties **EL1:** 1126
property prediction **A2:** 903
reaming **A16:** 896, 899
recast material **A16:** 895
reinforcements for **A2:** 903
sawing **A16:** 897
superalloy-matrix composites **A2:** 909
surface finish **A16:** 896, 897, 899, 900
surface grinding **A16:** 896
tapping **A16:** 896, 897
thread rolling **A16:** 896
threading **A16:** 896
Ti-SiC MMCs **A16:** 896
titanium-matrix composites **A2:** 590
tool life **A16:** 893, 894, 895, 896, 897, 898
turning **A16:** 894, 896, 897–898
waterjet machining **A16:** 894
wire EDM **A16:** 895–896, 897
Metal-matrix composites, specific types
carbon (graphite)-magnesium, tensile fracture **A12:** 465
Fe-24Cr-4Al-1Y with W-1ThO fibers, low-cycle fatigue fracture **A12:** 469
Ni-15Cr-25W-2Al-2Ti with tungsten fibers ductile fracture **A12:** 468
NS-55 tungsten fibers-AISI 1010 carbon steel tensile fracture **A12:** 466
NS-55 tungsten-Al 6061 matrix, tensile fracture **A12:** 466
tungsten fibers with silver matrix, ductile and transverse cleavage fractures **A12:** 469
Metal-matrix diamond blades used in abrasive cutting **A9:** 24–25
Metal-matrix high-temperature superconductor cermets
applications and properties **A2:** 967
Metal-metal interdiffusion
as integrated circuit failure mechanism **A11:** 776–777
Metal-metal systems *See also* Metallic glasses
processing techniques **A2:** 806
Metal-metalloid systems *See also* Metallic glasses
processing methods **A2:** 806
Metal-nitride composites **A7:** 510–511
Metal-organic chemical vapor deposition (MOCVD) **A5:** 512–513, 517–518, 519, 520
for GaAs crystal growth **EL1:** 200
growth technique **A5:** 522–529
reactor systems and hardware
burn boxes **A5:** 523
effluent scrubbing systems **A5:** 523
electronic mass-flow controllers **A5:** 523
exhaust system **A5:** 523
fitting selection **A5:** 522
gas-mixing manifold **A5:** 523
hydrogen purifier **A5:** 522
particular filters **A5:** 523
susceptor heat system **A5:** 523
thermal bath **A5:** 523
toxic-gas detectors **A5:** 523
tubing selection **A5:** 522
valve selection **A5:** 522
starting materials **A5:** 524–526
Metal-organic chemical-beam deposition (MOCBD) **A5:** 518
Metal-organic molecular beam epitaxy (MOMBE)
research **A2:** 747
Metal-oxide semiconductor field-effect transistor (MOSFET) **A6:** 43
defined **EL1:** 1150
depletion mode **EL1:** 8–159
enhancement mode **EL1:** 158
gate breakdown **EL1:** 159
in saturation mode **EL1:** 966
limit, network logic circuitry effect **EL1:** 2
n-channel, for GaAs digital circuits **EL1:** 201
small-signal equivalent circuit **EL1:** 159
twin-on voltage instability **EL1:** 159
Metal-oxide semiconductor field-effect transistors (MOSFETs) **EM3:** 583
Metal-oxide semiconductor (MOS)
capacitor structures **EL1:** 156
defined **EL1:** 1150
development **EL1:** 160
-device-focused technologies, integrated **EL1:** 2
integrated circuit fabrication **EL1:** 198
transistors **EL1:** 147, 157–158
Metal-oxide semiconductor (MOS) devices *See also* Integrated circuits; Integrated circuits, failure analysis of; Semiconductors; Silicon semiconductor devices
chip failures in **A11:** 766
distribution of malfunctions for **A11:** 767
oxide failures in **A11:** 766
surface inversion in **A11:** 766
transistor, in saturation **A11:** 782
Metal-oxygen systems
combustion temperature **M7:** 597
Metal-processing equipment **A13:** 1311–1316
and industry, niobium applications **A13:** 723
carburization in **A13:** 1311–1313
molten-metal corrosion of **A13:** 1314
molten-salt corrosion of **A13:** 1313–1314
oxidation **A13:** 1311
plating, anodizing, and pickling equipment **A13:** 1314–1316
sulfidation **A13:** 1313
Metal-reinforced ceramic composites .. **EM1:** 927–929
Metals *See also* Base metals; Core(s); Metal body devices; Metal cans; Metal matrix composites (MMCs); Metal packages; Metallization; Metallurgy; Metal-matrix composites; Metals and alloys, characterization of; Molten metals; Plating; Pure metals; specific metals and alloys; Toxic metals; toxicity; Ultrapure metals
abrasive machining usage **A5:** 91
acoustic microscopy **A17:** 472–473
aircraft alloys, thermal coefficient of expansion for **EM1:** 716
alkali, oxygen reactions **A13:** 94
alternative, and costs **EM2:** 85
amorphous **A13:** 864–870
amphoteric, stray-current corrosion **A13:** 87
analytic methods for **A10:** 4
and alloys, compatible dissimilar-metal couples **A13:** 340–343, 1040, 1061
and composites, compared **EM1:** 35, 216, 259–260
and composites, damage tolerances compared **EM1:** 259–260
and composites, damping properties compared **EM1:** 216
and epoxy resin, compared **EM1:** 76
and fiber-epoxy composites, properties compared **EM1:** 178
and metal surfaces **A13:** 45–46
and oxygen, principal reactions **A13:** 61
and thermosetting resins, compared **EM2:** 222
as surgical implants **A13:** 1325
base, cold cracks in **A11:** 440
base-, cracking in laser beam welds **A11:** 449
buried, corrosion of **A11:** 191–192
carbon in, determined by high-temperature combustion **A10:** 221–225
chemical resistance **A20:** 245
claddings, flexible printed boards **EL1:** 581
coinability of **A14:** 183
cold-extruded **A14:** 300
compatible, for galvanic corrosion **A11:** 185
composition, testing **A13:** 193–194
compressive strength **A20:** 245
controlled-potential coulometry for **A10:** 202
corrosion analysis of **A10:** 134–135
corrosion, electrical measurement of **EL1:** 953
crystallographic texture measurement and analysis **A10:** 357–364
damage resistance of **A11:** 166–167
deformation, by oxidation **A13:** 72
density **A20:** 245, 337
deposition of small amounts **A10:** 198
deposition, thin-film hybrids **EL1:** 329
detecting adsorbed monolayers on **A10:** 114
determined fluorimetrically by complexation **A10:** 74
dissimilar **A13:** 84, 340–343, 1040, 1061
dissimilar, eddy current inspection of **A17:** 164
dissolution **A13:** 29, 89, 343
dust **A13:** 9, 380, 1312–1313
early melting of **A15:** 15
effect of oxygen on positive secondary ion yields in **A10:** 612
effect of temperature on toughness 'in **A11:** 66

SUBJECTS OF THE INDEXED VOLUMES: ASM Handbook (designated by the letter "A"): **A1:** Properties and Selection: Irons, Steels, and High-Performance Alloys (1990); **A2:** Properties and Selection: Nonferrous Alloys and Special-Purpose Materials (1990); **A3:** Alloy Phase Diagrams (1992); **A4:** Heat Treating (1991); **A5:** Surface Engineering (1994); **A6:** Welding, Brazing, and Soldering (1993); **A7:** Powder Metal Technologies and Applications (1998); **A8:** Mechanical Testing (1985); **A9:** Metallography and Microstructures (1985); **A10:** Materials Characterization (1986); **A11:** Failure Analysis and Prevention (1986); **A12:** Fractography (1987); **A13:** Corrosion (1987); **A14:** Forming and Forging (1988); **A15:** Casting (1988); **A16:** Machining (1989); **A17:** Nondestructive Evaluation and Quality Control (1989); **A18:** Friction, Lubrication, and Wear Technology (1992); **A19:** Fatigue and Fracture (1996); **A20:** Materials Selection and Design (1997). **Metals Handbook, 9th Edition** (designated by the letter "M"): **M1:** Properties and Selection: Irons and Steels (1978); **M2:** Properties and Selection: Nonferrous Alloys and Pure Metals (1979); **M3:** Properties and Selection: Stainless Steels, Tool Materials, and Special-Purpose Materials (1980); **M4:** Heat Treating (1981); **M5:** Surface Cleaning, Finishing, and Coating (1982); **M6:** Welding, Brazing, and Soldering (1983); **M7:** Powder Metallurgy (1984). **Engineered Materials Handbook** (designated by the letters "EM"): **EM1:** Composites (1987); **EM2:** Engineering Plastics (1988); **EM3:** Adhesives and Sealants (1990); **EM4:** Ceramics and Glasses (1991). **Electronic Materials Handbook** (designated by the letters "EL"): **EL1:** Packaging (1989)

elasticity of **EM2:** 656
electrical characteristics **A20:** 245, 337
electromotive force series **A13:** 20
electron mean free path vs. kinetic
energy in **A11:** 34
electronegative, polishing wear without
abrasives **A18:** 197
embedded in concrete or plaster, galvanic
corrosion of..................**A11:** 186–187
engineering, stress-strain curve...........**EM2:** 74
erosion of **A18:** 201–204
embedding of erodent fragments **A18:** 203
mechanisms...................**A18:** 201–203
micromachining **A18:** 202, 203
particle flux **A18:** 204
particle hardness................**A18:** 203–204
particle shape..........................**A18:** 203
particle size **A18:** 203
platelet mechanism...............**A18:** 199–203
rate **A18:** 199–203
resistance.....................**A18:** 201, 202
sequential observation technique **A18:** 202
temperature **A18:** 204
erosion-resistant **A11:** 170
essential, with potential for toxicity **A2:** 1250–1256
fatigue loading **EM2:** 702
ferrous, LME in **A11:** 234–238
fiber reinforcement of **EM1:** 59
FIM/AP study of point defects in........**A10:** 583
finished, AAS analysis of **A10:** 43
fluorescent, MFS analysis **A10:** 72
for glass-to-metal seals **EL1:** 455
for RTM tooling **EM1:** 168–169
form, testing.....................**A13:** 193–194
fracture modes of..........................**A11:** 80
friction coefficient data..................**A18:** 75
functional requirements **A13:** 338
fundamental characteristics **A20:** 336, 337
galvanic series of................**A13:** 755–756
-gas environments, SERS for............**A10:** 137
gases in **A15:** 82–87
ground/machined with superabrasives and
ultrahard tool materials.............**A2:** 1013
hardness...............................**A20:** 245
high-purity, voltammetric analysis **A10:** 188
high-temperature creep resistance **A20:** 245
hydrogen susceptibility **A13:** 288
implantation of..........................**A10:** 485
in alloys, electrogravimetric
determination **A10:** 197
in solutions, concentration range of **A10:** 188
instability, in aqueous solutions **A13:** 377
laser processing of................**A13:** 501–504
light **A13:** 84
light, intergranular corrosion of..........**A11:** 182
light/heavy, radiographic methods........**A17:** 296
linear thermal expansion, coefficients.....**A13:** 71
liquid **A2:** 804–809
liquid, corrosion in **A13:** 17
liquid, electronic structure of.............**A10:** 284
low-melting, embrittling by **A12:** 29–30
machinability **A20:** 245
malleability **A20:** 337
material parameters that should be documented to
ensure repeatability when testing
tribosystems..........................**A18:** 55
matrix, for
whisker-reinforced MMCs.....**EM1:** 896–897
melting points..........................**A20:** 245
metal wear generated by plastics..........**A18:** 240
microgram amounts, electrogravimetric
measurement..........................**A10:** 197
minor toxic.....................**A2:** 1258–1262
-mold interface, inclusion control at.......**A15:** 90
molten, in elevated-temperature
failures..........................**A11:** 273–276
monolithic, properties..................**EL1:** 1120
multiphase, image analysis of **A10:** 309
no adverse effect by water-displacing corrosion
inhibitors **EM3:** 641
non-, Raman analysis of surface
species of **A10:** 134
nonferrous, coatings on................**A13:** 776
nonferrous, liquid-metal embrittlement of **A11:** 233
on periodic table **A10:** 688
oxidation resistance....................**A20:** 245
particle size effect of erosion rate........**A18:** 200
partly converted, fractures **A12:** 1–3
parts, holographic inspection **A17:** 423–424
penetration, from pitting................**A13:** 232
percent, effect on solder paste print
resolution..........................**EL1:** 732
perchloric acid as dissolution medium....**A10:** 166
photometric methods for analysis **A10:** 64
planes, low-CTE, constraining.......**EL1:** 625–628
porcelain fused to **A13:** 1353
porcelain-enameled, as substrate material **EL1:** 106
powder, additives....................**EM2:** 170
precious, SSMS analysis in
geological ores....................**A10:** 141
prompt gamma activation analysis of.....**A10:** 240
pure, structures and thermal properties **A13:** 62–63
relative erosion factors **A18:** 201
removal, from PWBs....................**EL1:** 511
residual, removal from corrosion
specimens..........................**A13:** 96
samples, treatment in mineral acids......**A10:** 165
sampling of **A10:** 12–18
SAS applications..........................**A10:** 405
-saving techniques, hot upset forging...**A14:** 86–87
SIMS analysis of surface layers **A10:** 610
SIMS phase distribution analysis in **A10:** 610
single-phase, image analysis of............**A10:** 309
sliding and adhesive wear......**A18:** 237–239, 241
small-angle scattering analysis **A10:** 405
solid, embrittlement by..............**A11:** 239–244
solid solubility **A20:** 336
spark source excitation for elemental
analysis of **A10:** 29
specific damping capacities..............**EM1:** 216
stacking faults..........................**A13:** 45
standard conditions for sliding **A18:** 236
standard emf series **A13:** 1329
stiffness **A20:** 337
strength **A20:** 337
structure, effect on stress-corrosion
cracking **A11:** 206–207
substrates, and filiform corrosion **A13:** 108
sulfur in, determined by high-temperature
combustion **A10:** 221–225
surface preparation **EM3:** 259–275
surfaces, FIM/AP study of................**A10:** 583
surfaces, IR study of monolayers
adsorbed on **A10:** 118–120
susceptibility to hydrogen damage **A11:** 249
susceptibility to stress-corrosion
cracking **A11:** 206–207
tensile strength....................**A20:** 245, 351
thermal conductivity....**A20:** 245, 337, **EM1:** 924
thermal expansion **A20:** 245
thermal shock resistance................**A20:** 245
thermal-sprayed, as coating **A15:** 563
toxicity of **A2:** 1233–1269
types illustrated **A12:** 216
usage in PWB manufacturing **EL1:** 510
use, history of..........................**A15:** 15–23
use of ICP-AES for trace impurities in **A10:** 31
used in electronic systems **A13:** 1108
vapor-deposited, corrosion-resistant **A13:** 458
vs. composites, compared..........**EM2:** 371–373
vs. plastic, by competitive pairs..........**EM2:** 87
vs. plastic, in design **EM2:** 74–78
vs. plastics, costs **EM2:** 83
vs. polyamide-imides (PAI) **EM2:** 128
wear generated by plastics **A18:** 239–240
weighing as the, gravimetric analysis **A10:** 170–171
white, for bearings **A11:** 483
wires, as reinforcement **EL1:** 1119–1121
with toxicity related to medical
therapy..........................**A2:** 1256–1258
work hardening of................**A14:** 299–300
x-ray diffraction residual stress techniques for
crystalline..........................**A10:** 381
Young's modulus **A20:** 245
Young's modulus vs. density **A20:** 285

Metals and alloys, characterization of *See also*
Alloys; Alloys, specific types; Metals
analytical transmission electron
microscopy **A10:** 429–489
atomic absorption spectrometry **A10:** 43–59
Auger electron spectroscopy........**A10:** 549–567
classical wet analytical chemistry **A10:** 161–180
controlled-potential coulometry......**A10:** 207–211
crystallographic texture measurement and
analysis **A10:** 357–364
electrochemical analysis **A10:** 181–211
electrogravimetry **A10:** 197–201
electrometric titration **A10:** 202–206
electron probe x-ray microanalysis...**A10:** 516–535
electron spin resonance..............**A10:** 253–266
extended x-ray absorption fine
structure....................**A10:** 407–419
ferromagnetic resonance............**A10:** 267–276
field ion microscopy **A10:** 583–602
inductively coupled plasma atomic emission
spectroscopy **A10:** 31–42
inert gas fusion **A10:** 226–232
low-energy electron diffraction **A10:** 536–545
low-energy ion-scattering
spectroscopy **A10:** 603–609
Mössbauer spectroscopy............**A10:** 287–295
neutron activation analysis **A10:** 233–242
neutron diffraction **A10:** 420–426
nuclear magnetic resonance **A10:** 277–286
optical emission spectroscopy **A10:** 21–30
particle-induced x-ray emission......**A10:** 102–108
potentiometric membrane electrodes **A10:** 181–187
radial distribution function analysis..**A10:** 393–401
radioanalysis....................**A10:** 243–250
Rutherford backscattering
spectrometry **A10:** 628–636
scanning electron microscopy **A10:** 490–515
secondary ion mass spectroscopy **A10:** 610–627
single-crystal x-ray diffraction **A10:** 344–356
small-angle x-ray and neutron
scattering....................**A10:** 402–406
spark source mass spectrometry **A10:** 141–150
ultraviolet/visible absorption
spectroscopy **A10:** 60–71
voltammetry **A10:** 188–196
x-ray diffraction **A10:** 325–332
x-ray diffraction residual stress
techniques....................**A10:** 380–392
x-ray photoelectron spectroscopy **A10:** 568–580
x-ray powder diffraction............**A10:** 333–343
x-ray spectrometry................**A10:** 82–101
x-ray topography **A10:** 365–379

Metals Data File **A10:** 355–356

Metals Properties Council **A8:** 725

Metals, purification methods
chemical vapor deposition..............**M2:** 711
degassing...............................**M2:** 710
distillation **M2:** 710
floating zone technique **M2:** 710
fractional crystallization **M2:** 709–710
iodide process **M2:** 711
sublimation **M2:** 710
vacuum melting..........................**M2:** 710
zone refining **M2:** 710

Metals recovered from solution
powder used..........................**M7:** 573

Metal-semiconductor contact
example of...............................**A11:** 778

Metal-sheathed thermocouples
assemblies for....................**A2:** 884–885

Metal-spray babbitting **M5:** 357

Metal-spray ceramic coating **M5:** 539

Metal-to-earth abrasion alloys **A18:** 758, 759–760
applications...............................**A18:** 760
compositions................**A18:** 759, 760, 761
microstructure..........................**A18:** 760
primary function **A18:** 758
properties...............................**A18:** 760

Metal-to-metal
adhesive joint, eddy current
inspection **A17:** 188–189
defects, adhesive-bonded joints **A17:** 612
voids, in adhesive-bonded joints.........**A17:** 610

***Metal-to-Metal Adhesive Bonding* EM3:** 68

Metal-to-metal wear alloys **A18:** 758, 759
abrasive wear **A18:** 759
applications...............................**A18:** 759
compositions..........................**A18:** 759
properties...............................**A18:** 759

metalworking *See also* Forging; Forming
defined...............................**A14:** 15
equipment, types **A14:** 16
future trends..........................**A14:** 20–21
glass lubricant, for specimen protection....**A8:** 159
history of...............................**A14:** 15

646 / metalworking

metalworking (continued)
new materials **A14:** 19
new processes **A14:** 16–19
process simulation **A14:** 19–20
processes **A8:** 575–576
processes, classification of **A14:** 15–16
torsional rotation rates in.............**A8:** 157–158

Metalworking fluids **A18:** 99
additives in formulation **A18:** 111
biocides **A18:** 110
emulsifiers **A18:** 107
extreme-pressure agents used **A18:** 101
Falex tests **A18:** 101
four-ball tests **A18:** 101
friction modifiers **A18:** 104
rust and corrosion inhibitors **A18:** 106
Timken tests **A18:** 101

Metalworking lubricants **A18:** 139–149
additives **A18:** 140–142
antifoams **A18:** 141–142, 144, 147
antimicrobial agents **A18:** 142, 143–144
antioxidants **A18:** 141, 143
antiwear additives....................**A18:** 141
biocides...................**A18:** 142, 143, 144
boundary additives......**A18:** 140–141, 142, 143
corrosion inhibitors **A18:** 141, 143, 144, 147
defoamers.............**A18:** 141–142, 144, 147
emulsifiers **A18:** 141, 142, 143, 144
extreme-pressure (EP) additives ...**A18:** 141, 142, 143, 144, 145, 146, 149
film-strength additives ..**A18:** 140–141, 142, 143, 144, 145, 146, 147
friction modifiers ..**A18:** 140–141, 143, 144, 145, 146, 147
fungicides **A18:** 142
load-bearing additives **A18:** 140–141, 142, 143
oiliness additives.......**A18:** 140–141, 142, 143
oxidation inhibitors **A18:** 141, 143, 147
passive extreme-pressure (PEP) additives **A18:** 141
surfactants **A18:** 141, 142, 143, 144
suspended solids **A18:** 141
common functions **A18:** 139
formulations **A18:** 139–140
mineral oils **A18:** 139
petroleum oils **A18:** 139, 140, 142
synthetic fluids **A18:** 139–140
metal forming lubricants **A18:** 146–148
control **A18:** 148
friction **A18:** 146–147
handling **A18:** 148
lubricant films **A18:** 146
lubrication regimes **A18:** 146
reversing mill lubricants **A18:** 147
selection **A18:** 147–148
metal removal lubricants **A18:** 144–146
built-up edge **A18:** 145
disposal **A18:** 145–146
lubricant application....................**A18:** 145
lubricant maintenance **A18:** 145
reclamation **A18:** 145–146
selection **A18:** 145
metal removal operations **A18:** 139
metals subjected to either removal or forming processes **A18:** 139
quality **A18:** 148–149
control charts..........................**A18:** 148
histogram **A18:** 148–149
Pareto diagram...................**A18:** 148, 149
scatter diagram....................**A18:** 148, 149
statistical methods **A18:** 148, 149
total quality management **A18:** 149
requirements, special **A18:** 139
types..........................**A18:** 142–144
emulsions **A18:** 142, 143–144, 145, 146, 147
micellar solutions ..**A18:** 142, 144, 145, 146, 147
microemulsions **A18:** 142, 144, 145, 146, 147
solid-lubricant suspensions **A18:** 144
staining oils **A18:** 142–143

straight oils **A18:** 142–143, 144, 145, 147
true solutions **A18:** 144
viscosity **A18:** 140, 147
factors in estimating the optimum viscosity **A18:** 140
kinematic viscosity measurement **A18:** 140

Metalworking rolls **M3:** 502–507
arrangement in mill housings........**M3:** 503, 504
cast iron rolls **M3:** 504–506
cast steel rolls **M3:** 506
cemented tungsten carbide rolls **M3:** 507
design **M3:** 504
forged rolls, miscellaneous..............**M3:** 507
forged steel rolls...................**M3:** 503, 506
misuse..........................**M3:** 504
parts **M3:** 502, 503, 507
sleeve rolls **M3:** 507
strength..........................**M3:** 503–504
types of rolls **M3:** 502–503
wear resistance **M3:** 503

Metaphors **A20:** 42

Metastability, thermodynamic
defined **A15:** 52

Metastable
defined **A9:** 12
equilibrium ....**A3:** 1•1, 1•4
phases ....**A3:** 1•1

Metastable alloys
effects of plastic deformation on **A9:** 686

Metastable and stable solvus curves
phase diagram **A9:** 650

Metastable austenite
carbon content effect on fracture toughness **A8:** 484

Metastable austenite-based steels **A19:** 383, 384
fracture resistance of **A19:** 383, 384

Metastable beta
defined **A9:** 12

Metastable β alloys
fracture toughness versus strength **A19:** 387

Metastable equilibrium
defined **A15:** 101

Metastable oxides, formation
by gases **A13:** 62

Metastable phase diagrams
used with rapidly solidified alloys **A9:** 615

Metastable phases
as a result of partial massive transformation **A9:** 656–657
in beryllium-copper alloys **A9:** 395
in beryllium-nickel alloys **A9:** 396
in uranium alloys....................**A9:** 476–477

Metastable precipitates in beryllium-copper alloys **A9:** 395

Metastable precipitation
of beta **A15:** 128–129

Metastable solid phase
eutectoid reactions....................**A9:** 658–661

Metastable solutions
spinodal decomposition **A9:** 652–653

Metastable solvus curves
influence on age hardening..............**A9:** 651

Metatectic reaction ....**A3:** 1•5

Metatorbernite, and turquoise
ESR analysis **A10:** 265

Meter **A10:** 685, 691

Metering **A7:** 358

Metering and mixing equipment **EM3:** 687–692
material transfer pumps **EM3:** 691
meter/mix machines **EM3:** 690–692
mixing systems **EM3:** 692

Metering devices
from P/M porous parts **M7:** 700

Meter-movement relays
recommended microcontact materials **A2:** 866

Meters
analog, eddy current inspection **A17:** 178
digital, eddy current inspection **A17:** 178–179

Meters, light
for photography **A12:** 85–86

Metglas cut
with a wire saw **A9:** 25

Methacryl phosphate
formulation **EM3:** 123

Methacrylate
as vial material for SPEX mills............**A7:** 82

Methacrylatebutadiene
surface preparation....................**EM3:** 291

Methacrylated urethanes
used as modifiers **EM3:** 121

Methacrylates **EM3:** 91
as monomers for anaerobics.............**EM3:** 113
cure mechanism **EM3:** 567
for bonding together galvanized steel sheets **EM3:** 577
for electronic general component bonding **EM3:** 573
for lens bonding **EM3:** 575
for loud speaker assembly..............**EM3:** 575
for motor magnet bonding **EM3:** 574, 575
for photovoltaic cell construction **EM3:** 578
for sporting goods manufacturing **EM3:** 577
for thermally conductive bonding...**EM3:** 571, 572
heat-accelerated competing with anaerobics **EM3:** 116
properties compared **EM3:** 92
UV-curing **EM3:** 568

Methacrylates/silicones
for solar panel construction **EM3:** 578

Methacrylic acid
formulation **EM3:** 122
to increase electronegativity or hydrogen bonding **EM3:** 181
typical formulation....................**EM3:** 121

Methacryloxyethyl phosphate
formulation **EM3:** 122

Methane **A7:** 465
analyzed in microcircuit fabrication process **A10:** 157
endothermic-type gas produced from **A7:** 469
explosive range **A7:** 465, **M7:** 348
formation avoided in graphite electrically heated furnaces **EM4:** 246, 248
in CVD coating process **A16:** 80
sintering of ferrous materials **A7:** 471

Methane (CH_4)
fuel gas for torch brazing **A6:** 328

Methane chemical group
and polymer naming **EM2:** 56

Methane gas bubbles
cavitation **A12:** 37, 51
rapid coalescence of..........................**A12:** 349

Methane sulfonic acid (MSA) plating solutions for tin-bismuth **A5:** 262

Methane sulfonic acid (MSA) plating solutions for tin-lead **A5:** 258–259

Methanol
absolute, to isolate inclusions from steel ..**A10:** 176
and iodine, second-phase test methods **A10:** 177
and nitric acid (Group VIII electrolytes) **A9:** 52–55
as oxide-reducing agent in sintering atmosphere **A7:** 464
ethylene glycol and perchloric acid as an alloys..........................**A9:** 459
explosive range **A7:** 465, **M7:** 348
hazardous air pollutant regulated by the Clean Air Amendments of 1990 ....**A5:** 913
hazards and function of heat treating atmosphere **A7:** 466
properties..........................**A5:** 21
safety precautions when sintering **A7:** 466
substitutes for, in etchants **A9:** 67
titanium/titanium alloy SCC **A13:** 687
used in etchants..........................**A9:** 67–68
vapor, physical properties as atmosphere..**M7:** 341

Methanol synthesis
industrial processes and relevant catalysts..**A5:** 883

SUBJECTS OF THE INDEXED VOLUMES: ASM Handbook (designated by the letter "A"): **A1:** Properties and Selection: Irons, Steels, and High-Performance Alloys (1990); **A2:** Properties and Selection: Nonferrous Alloys and Special-Purpose Materials (1990); **A3:** Alloy Phase Diagrams (1992); **A4:** Heat Treating (1991); **A5:** Surface Engineering (1994); **A6:** Welding, Brazing, and Soldering (1993); **A7:** Powder Metal Technologies and Applications (1998); **A8:** Mechanical Testing (1985); **A9:** Metallography and Microstructures (1985); **A10:** Materials Characterization (1986); **A11:** Failure Analysis and Prevention (1986); **A12:** Fractography (1987); **A13:** Corrosion (1987); **A14:** Forming and Forging (1988); **A15:** Casting (1988); **A16:** Machining (1989); **A17:** Nondestructive Evaluation and Quality Control (1989); **A18:** Friction, Lubrication, and Wear Technology (1992); **A19:** Fatigue and Fracture (1996); **A20:** Materials Selection and Design (1997). **Metals Handbook, 9th Edition** (designated by the letter "M"): **M1:** Properties and Selection: Irons and Steels (1978); **M2:** Properties and Selection: Nonferrous Alloys and Pure Metals (1979); **M3:** Properties and Selection: Stainless Steels, Tool Materials, and Special-Purpose Materials (1980); **M4:** Heat Treating (1981); **M5:** Surface Cleaning, Finishing, and Coating (1982); **M6:** Welding, Brazing, and Soldering (1983); **M7:** Powder Metallurgy (1984). **Engineered Materials Handbook** (designated by the letters "EM"): **EM1:** Composites (1987); **EM2:** Engineering Plastics (1988); **EM3:** Adhesives and Sealants (1990); **EM4:** Ceramics and Glasses (1991). **Electronic Materials Handbook** (designated by the letters "EL"): **EL1:** Packaging (1989)

Methanol to gasoline process
industrial processes and relevant catalysts.. **A5:** 883

Methanol vapor
physical properties **A7:** 459, 460

Methocel
as binder in ceramics extrusion process.. **EM4:** 169

Method A
water-washable penetrants **A17:** 75, 77–78

Method B and D
lipophilic/hydrophilic postemulsifiable penetrants **A17:** 75, 77–78

Method C
solvent-removable penetrants **A17:** 75, 78

Method D
hydrophilic emulsifiers **A17:** 75

Method of least squares **A20:** 83–84

Methodology
of design **EL1:** 82–87

Methods based on sputtering or scattering phenomena
atom probe microanalysis **A10:** 583, 591–602
field ion microscopy **A10:** 583–591, 598–602
low-energy ion-scattering spectroscopy **A10:** 603–609
Rutherford backscattering spectrometry **A10:** 628–636
secondary ion mass spectroscopy **A10:** 610–627

Methoxychlor
hazardous air pollutant regulated by the Clean Air Amendments of 1990 ....**A5:** 913
maximum concentration for the toxicity characteristic, hazardous waste **A5:** 159

Methyl
uses and properties **EM3:** 126

Methyl alcohol (anhydrous)
environments known to promote stress-corrosion cracking of commercial titanium alloys **A19:** 496

Methyl alcohol (CH_3OH)
as solvent used in ceramics processing...**EM4:** 117

Methyl alcohols
and SCC in titanium and titanium alloys **A11:** 224
for SCC of titanium alloys...............**A8:** 531

Methyl bromide (bromomethane)
hazardous air pollutant regulated by the Clean Air Amendments of 1990 ....**A5:** 913

Methyl cellulose
as injection molding binder **M7:** 498

Methyl chemical group
and polymer names **EM2:** 57

Methyl chloride (chloromethane)
hazardous air pollutant regulated by the Clean Air Amendments of 1990 ....**A5:** 913

Methyl chloroform
environments known to promote stress-corrosion cracking of commercial titanium alloys **A19:** 496

Methyl chloroform (1,1,1-trichloroethane) **A5:** 936
applicability of key regulations **A5:** 25
hazardous air pollutant regulated by the Clean Air Amendments of 1990 ....**A5:** 913

Methyl ester
chemical groups and bond dissociation energies used in plastics **A20:** 441

Methyl ethyl ketone
as toxic chemical targeted by 33/50 Program **A20:** 133
epoxy resin removal by.................**EM1:** 153
maximum concentration for the toxicity characteristic, hazardous waste **A5:** 159
surface tension **EM3:** 181
wipe solvent cleaner **A5:** 940

Methyl ethyl ketone (2-butanone)
hazardous air pollutant regulated by the Clean Air Amendments of 1990 ....**A5:** 913

Methyl ethyl ketone (C_4H_8O) solvent
batch weight of formulation when used in nonoxidizing sintering atmospheres **EM4:** 163
used in ceramics processing **EM4:** 117

Methyl ethyl ketone peroxide (MEKP) **EM1:** 133
as vinyl ester cure **EM2:** 274

Methyl formate
for core curing **A15:** 240

Methyl group
chemical groups and bond dissociation energies used in plastics **A20:** 440

Methyl hydrazine
hazardous air pollutant regulated by the Clean Air Amendments of 1990 ....**A5:** 913

Methyl iodide (iodomethane)
hazardous air pollutant regulated by the Clean Air Amendmentsof 1990 ....**A5:** 913

Methyl isobutyl ketone
as toxic chemical targeted by 33/50 Program **A20:** 133

Methyl isobutyl ketone (hexone)
hazardous air pollutant regulated by the Clean Air Amendments of 1990 ....**A5:** 913
wipe solvent cleaner **A5:** 940

Methyl isobutyl ketone (MIBK)
liquid-liquid solvent extraction.......**A7:** 197, 198

Methyl isocyanate
hazardous air pollutant regulated by the Clean Air Amendments of 1990 ....**A5:** 913

Methyl mercury
dose-response relationship for **A2:** 1249

Methyl metbacrylate as a mounting material **A9:** 29–30
for copper and copper alloys **A9:** 399

Methyl methacrylate **EM3:** 18
as acrylic plastic......................**EM2:** 103
defined **EM2:** 26
formulation....................**EM3:** 122, 123
hazardous air pollutant regulated by the Clean Air Amendments of 1990 ....**A5:** 913

Methyl methacrylate (MMA)..............**EM1:** 94

Methyl orange
as acid-base indicator **A10:** 172

Methyl red
as acid-base indicator **A10:** 172

Methyl tert butyl ether
hazardous air pollutant regulated by the Clean Air Amendments of 1990 ....**A5:** 913

Methyl thymol blue
as metallochromic indicator.............**A10:** 174

Methylacetylene
chemical bonding **M6:** 90
rotational energy barriers as a function of substitution **A20:** 444

Methylacetylene/propadiene-oxygen
maximum temperature of heat source **A5:** 498

Methylacetylene-propadiene (MPS)
valve thread connections for compressed gas cylinders...........................**A6:** 1197

Methylacetylene-propadiene-stabilized gas
chemical bonding **M6:** 90
properties as fuel gas **M6:** 89
use in cutting........................**M6:** 901–90
use in underwater cutting **M6:** 922–92

Methylacetylene-propadiene-stabilized (MPS or MAPP) gas
cost..................................**A6:** 1158
deep water cutting..............**A6:** 1158–1159
fuel gas for oxyfuel gas cutting..........**A6:** 1157, 1158–1159, 1160, 1162
heat content **A6:** 1158
properties **A6:** 1158, 1160

Methylcellulose
angle of repose **A7:** 300
as binder **EM4:** 474
as binder for injection molding.........**EM4:** 173
as binder in ceramics extrusion process **EM4:** 169, 171
removal **EM4:** 137

Methylene
stretching vibrations **A10:** 111

Methylene blue index **EM4:** 117
to measure surface area in traditional ceramics **EM4:** 5

Methylene chloride
as toxic chemical targeted by 33/50 Program **A20:** 133
photochemical machining stripper........**A16:** 590
reaction to aluminum powder **A7:** 157

Methylene chloride (dichloromethane) **A5:** 24, 25, 26, 28, 936
applicability of key regulations **A5:** 25
degradation of plastics and elastomers......**A5:** 25
hazardous air pollutant regulated by the Clean Air Amendments of 1990 ....**A5:** 913
physical properties......................**A5:** 27
properties..............................**A5:** 21
vapor degreasing evaluation **A5:** 24

vapor degreasing properties **A5:** 24

Methylene chloride solvent cleaners **M5:** 40–41, 44–49, 57
cold solvent cleaning process use in **M5:** 40–41
flash point **M5:** 40
vapor degreasing, use in **M5:** 44–49, 57

Methylene chloride test
for chemical resistance **EL1:** 536–537

Methylene dianiline (DNA)
bismaleimide system **EM3:** 154–155

Methylene diphenyl diisocyanate (MDI)
hazardous air pollutant regulated by the Clean Air Amendments of 1990 ....**A5:** 913

Methylisobutyl ketone
solvent extraction with **A10:** 169

Methylsilicone fluids
applications/properties.................**EM2:** 266

Methylsuccinic acid
rotational energy barriers as a function of substitution **A20:** 444

Methyltrichlorosilane (MTS)
chemical vapor deposition **EM4:** 217

Metric **A20:** 28

Metric and conversion data **A8:** 721–723

Metric conversion guide **A1:** 1035–1037, **A2:** 1270–1272, **A10:** 685–687, **A11:** 793–795, **A13:** 1371–1374, **A14:** 941–943, **A15:** 893–895, **A17:** 755–757, **EL1:** 1163–1165, **EM1:** 945–947, **EM2:** 847–849, **EM3:** 849–851

Metric conversions
guide and references **A12:** 489–491

Metric dimensions
extra charges for.......................**A20:** 249

Metric fasteners
property class designations of....**A1:** 289–290, 291

Metric-conversion guide **A18:** 884

Metrics for subfunctions..............**A20:** 26, 28

Metrology *See also* Dimensional measurement and evaluation **A17:** 50
image analysis use **A10:** 316
speckle.............................**A17:** 432–437

Meyer index **A18:** 424

Meyer index of austenitic manganese and stainless steel **A1:** 832

MFD *See* Magnetic field disturbance (MFD) inspection

MFS *See* Molecular fluorescence spectroscopy

Mg_2Si **A19:** 10
constituent particles in aluminum alloys **A19:** 31–32
intermetallic compound in aluminum alloys **A19:** 385
precipitate in aluminum alloys **A19:** 385

M-glass
defined **EM1:** 15, **EM2:** 26

Mg-Mn (Phase Diagram) ....**A3:** 2•280

Mg-Ni (Phase Diagram) ....**A3:** 2•281

MgO partially stabilized zirconia (PSZ)
heat-treatable ceramic **A18:** 814

Mg-Pb (Phase Diagram) ....**A3:** 2•281

Mg-Sb (Phase Diagram) ....**A3:** 2•281

Mg-Sc (Phase Diagram) ....**A3:** 2•282

Mg-Si (Phase Diagram) ....**A3:** 2•282

Mg-Sm (Phase Diagram) ....**A3:** 2•282

Mg-Sn (Phase Diagram) ....**A3:** 2•283

Mg-Sr (Phase Diagram) ....**A3:** 2•283

Mg-Th (Phase Diagram) ....**A3:** 2•283

Mg-Ti (Phase Diagram) ....**A3:** 2•284

Mg-Y (Phase Diagram) ....**A3:** 2•284

Mg-Yb (Phase Diagram) ....**A3:** 2•284

Mg-Zn (Phase Diagram) ....**A3:** 2•285

$MgZn_2$
precipitate in aluminum alloys **A19:** 385

Mg-Zr (Phase Diagram) ....**A3:** 2•285

MHOST computer program for structural analysis **EM1:** 268, 271

Mica **A6:** 60, **A18:** 144, **EM4:** 6
as additive to metalworking lubricants....**A18:** 141
as filler.....................**EM3:** 175, 177, 179
as filler material **EM2:** 192, 500
chemical composition **A6:** 60
cleaved, friction coefficient data **A18:** 75
contaminated, friction coefficient data.....**A18:** 75
crystal structure **EM4:** 882
effect on rheological behavior of casting slips.................................**EM4:** 5

648 / Mica

Mica (continued)
function and composition for mild steel SMAW electrode coatings **A6:** 60
grain size of silver film grown on **A10:** 543–544
properties **A18:** 801
surface force measurement material **A18:** 401
Mica, as refractory
core coatings **A15:** 240
Mica capacitors
defined **EL1:** 179
Mica/talc
methods used for synthesis **A18:** 802
Micelle
defined **A10:** 676
Michael addition bismaleimides (BMIs) **EM1:** 79, 80, 82
Michells pockets **A18:** 551
Michelson interferometer **A10:** 39, 112
Michigan Solidification Simulator **A15:** 861
Micro **EM3:** 18
defined **EM1:** 15, **EM2:** 26–27
Micro sieves **A7:** 147
for particle size analysis **A7:** 147
Micro smearing **A7:** 682, 684
Microabrasive blasting **A5:** 58
Microabrasive dry blasting system **M5:** 89–90
Microabsorptions
as XRPD source of error **A10:** 341
Microalloyed carbon-manganese steels
weldability **A6:** 420
Microalloyed ferrite-pearlite steels
alloying additions and properties as category of HSLA steels **A19:** 618
Microalloyed forging steels **A14:** 219–221
Microalloyed HSLA steels *See also* As-rolled structural steels, Heat treated HSLA steels **M1:** 403, 409
compositions, typical **M1:** 404
inclusion shape control **M1:** 411
mechanical properties **M1:** 408, 412
Microalloyed steel *See also* High strength low-alloy (HSLA) steels
ASTM specifications of **A1:** 399, 406, 411
compositions **A1:** 406
mechanical properties **A1:** 411
brittle fracture of **A1:** 412
comparison of plate and bar products **A1:** 588
control of properties **A1:** 405–410
controlled rolling of **A1:** 115, 117–118, 131, 408–409, 586–588
deformation-temperature-time sequence during torsion testing **A8:** 179
directionality of properties **A1:** 412–413
elements **A1:** 358–359
ferrite structure in **A8:** 180
metallurgical effects **A1:** 359–362
microalloyed bars **A1:** 246, 419–420
alterative strengthening mechanisms in **A1:** 587–588
applications and compositions **A1:** 420
high-strength low-alloy bar products **A1:** 588
processing of **A1:** 587–588
microalloyed castings, applications and compositions **A1:** 420
microalloyed forgings .. **A1:** 137, 358–362, 419, 588
applications **A1:** 420
carbon contents of **A1:** 585
control of properties **A1:** 588
forging temperature, effects of **A1:** 588
generations of **A1:** 359–360
properties of **A1:** 360–361, 588, 599
microalloyed plates
compositions **A1:** 406, 410
mechanical properties **A1:** 409, 410, 411
processing of **A1:** 586–587
microalloyed quenched and tempered grades **A1:** 394–396
microalloying elements **A1:** 358–359, 400–404, 419
effects on properties **A1:** 358
molybdenum **A1:** 358, 403, 407
niobium **A1:** 358, 402–403, 407, 419
titanium **A1:** 231–232, 359, 403–404, 408
vanadium **A1:** 358, 401–402, 403, 408, 419
notch toughness
compared with carbon steel **A1:** 389
effect of reheating on **A1:** 414
of acicular ferrite **A1:** 404–405
of microalloyed ferrite-pearlite **A1:** 412
of microalloyed forgings **A1:** 360, 361
processing of **A1:** 130–131, 408–410, 586, 587, 588
coiling temperature and nitrogen content, effect of **A1:** 412
control of properties **A1:** 408, 588
forging temperature, effect of **A1:** 588–589
hot mill finishing temperature, effect of **A1:** 412, 588, 590
roll forces and roll torques, compared **A8:** 180
strengthening mechanisms of **A1:** 405, 586–587
grain refinement **A1:** 405
precipitation strengthening **A1:** 403, 586–587
Microalloyed steel bars **A1:** 246, 419–420
applications **A1:** 420
processing of **A1:** 587–588
alternative strengthening mechanisms in **A1:** 587–588
high-strength low-alloy bar products **A1:** 588
Microalloyed steels **A20:** 350, 368–369
precipitate stability and grain boundary pinning **A6:** 73
yield strengths **A20:** 350
Microalloying **A20:** 358, 368–369
cold heading steels **A14:** 221
definition **A20:** 836
elements, effects **A14:** 219–220
of ordered intermetallics **A2:** 913–914
tantalum powder **A7:** 910
uranium **A2:** 677
Microanalysis *See also* Microanalysis, methods for
atomic probe **A10:** 583, 591–602
basic concepts, EPMA analysis **A10:** 517–518
by x-ray photoelectron spectroscopy **M7:** 257
chemical analysis and microscopy in **A10:** 517
chemical, at atomic level, FIM/AP for **A10:** 583
defined **A10:** 676
definition **A7:** 223
elemental, of inorganic solids, analytical methods for **A10:** 4–6
for inhomogeneous compositional structures **A10:** 529
of crystal structure, inorganic solids analytical methods for **A10:** 4–6
of defects, inorganic solids, analytical methods for **A10:** 4–6
of inorganic solids, analytical methods for **A10:** 4–6
of morphology, inorganic solids, analytical methods for **A10:** 4–6
of phase distribution, inorganic solids analytical methods for **A10:** 4–6
of phase identification, inorganic solids analytical methods for **A10:** 4–6
spatial resolution in **A10:** 525
x-ray, in analytical electron microscopy **A10:** 446–449
x-ray, of diffraction-induced grain-boundary migration **A10:** 462
Microanalysis, methods for *See also* Microanalysis
analytical transmission electron microscopy **A10:** 429–489
Auger electron spectroscopy **A10:** 549–567
crystallographic texture measurement and analysis **A10:** 357–364
electron probe x-ray microanalysis **A10:** 516–535
field ion microscopy **A10:** 583–602
image analysis **A10:** 309–322
low-energy electron diffraction **A10:** 536–545
optical emission spectroscopy **A10:** 21–30
optical metallography **A10:** 299–308
particle-induced x-ray emission **A10:** 102–108
radial distribution function analysis .. **A10:** 393–401
Raman spectroscopy **A10:** 126–138
scanning electron microscopy **A10:** 490–515
x-ray powder diffraction **A10:** 333–343
x-ray topography **A10:** 365–379
Microanalytical techniques
compared **A11:** 35, 36–37
examples **A11:** 37–46
for failure analysis and problem solving **A11:** 32–46
history **A11:** 32–35
samples and limitations **A11:** 36
types **A11:** 32–35
Microballoon
used in composites **A20:** 457
Microballoons, glass
ion chromatography analysis of **A10:** 665–667
Microband segments
nucleation in **A9:** 694
Microbands
defined **A9:** 12, 685
development of **A9:** 685
Microbeam analysis *See also* Electron probe x-ray microanalysis
and line broadening analysis **A10:** 374
applicability **A10:** 529
applying, electron probe x-ray microanalysis **A10:** 529–530
compositional gradients **A10:** 530
multiphase samples **A10:** 529–530
sample preparation **A10:** 529–530
sampling strategy **A10:** 529–530
Microbeam method **A5:** 643–644
Microbearings **A7:** 145
Microbes
corrosion by **A13:** 43, 314
Microbial corrosion *See also* Biological corrosion; Local biological corrosion; Microbiological corrosion **A13:** 88, 115, 118, 120
Microbial degradation
biodegradable mechanisms **EM2:** 783–784
biodegradation, defined **EM2:** 784
biodegradation, measured **EM2:** 784
biodeterioration, defined **EM2:** 784
biodeterioration, measured **EM2:** 784–785
experimental example **EM2:** 785–787
of polymers **EM2:** 424
Microbial films **A13:** 88
Microbiocides
in cooling water systems **A13:** 493
Microbiological attack
as degradation factor **EM2:** 576
Microbiological corrosion *See also* Biological corrosion; Localized biological corrosion; Microbes; Microbial corrosion
aircraft **A13:** 1031–1032
as type of corrosion **A19:** 561
austenitic stainless steel weldments .. **A13:** 353–355
chemical analysis **A13:** 314
corrosion testing **A13:** 314–315
defined **A13:** 314
paper machine **A13:** 1190
risk analysis **A13:** 315
Microbiologically induced corrosion
of austenitic stainless steel weldments **A13:** 353–355
Microbiologically influenced corrosion (MIC) **A6:** 1068
austenitic stainless steels **A6:** 467
Microbiology
of lubricants **A14:** 517
Microbuckling **EM1:** 196, 792
Microcasting/microthermo-mechanical forming techniques **A7:** 409
Microcast-X process **A1:** 992
hot isostatic pressing **A15:** 541, 543
Microcharpy, unnotched
of aluminum oxide-containing cermets **M7:** 804

SUBJECTS OF THE INDEXED VOLUMES: ASM Handbook (designated by the letter "A"): **A1:** Properties and Selection: Irons, Steels, and High-Performance Alloys (1990); **A2:** Properties and Selection: Nonferrous Alloys and Special-Purpose Materials (1990); **A3:** Alloy Phase Diagrams (1992); **A4:** Heat Treating (1991); **A5:** Surface Engineering (1994); **A6:** Welding, Brazing, and Soldering (1993); **A7:** Powder Metal Technologies and Applications (1998); **A8:** Mechanical Testing (1985); **A9:** Metallography and Microstructures (1985); **A10:** Materials Characterization (1986); **A11:** Failure Analysis and Prevention (1986); **A12:** Fractography (1987); **A13:** Corrosion (1987); **A14:** Forming and Forging (1988); **A15:** Casting (1988); **A16:** Machining (1989); **A17:** Nondestructive Evaluation and Quality Control (1989); **A18:** Friction, Lubrication, and Wear Technology (1992); **A19:** Fatigue and Fracture (1996); **A20:** Materials Selection and Design (1997). **Metals Handbook, 9th Edition** (designated by the letter "M"): **M1:** Properties and Selection: Irons and Steels (1978); **M2:** Properties and Selection: Nonferrous Alloys and Pure Metals (1979); **M3:** Properties and Selection: Stainless Steels, Tool Materials, and Special-Purpose Materials (1980); **M4:** Heat Treating (1981); **M5:** Surface Cleaning, Finishing, and Coating (1982); **M6:** Welding, Brazing, and Soldering (1983); **M7:** Powder Metallurgy (1984). **Engineered Materials Handbook** (designated by the letters "EM"): **EM1:** Composites (1987); **EM2:** Engineering Plastics (1988); **EM3:** Adhesives and Sealants (1990); **EM4:** Ceramics and Glasses (1991). **Electronic Materials Handbook** (designated by the letters "EL"): **EL1:** Packaging (1989)

Microchemical analysis **A7:** 222

Microcircuit process gas
analyzed **A10:** 156–157

Microcircuitry
as miniaturization **EL1:** 89
defined **EL1:** 89, 250
package evaluation requirements **EL1:** 458–459

Microcircuits
hybrid **EL1:** 250–262, 451–454
hybrid packaging **EL1:** 259–260, 451–454

Microcline ($K_2O{\cdot}Al_2O_3{\cdot}6SiO_2$) purpose for use in glass manufacture **EM4:** 381

Microcompact
compaction. **M7:** 58
particle size , surface area, and surface forces. **M7:** 58

Microcomposition **A7:** 414

Microcomputers *See also* Automation; Computer applications; Computer-aided design/Computer-aided manufacture
-based data systems, for Raman spectrometers **A10:** 128
effect on x-ray spectrometry. **A10:** 83
materials analysis software for **EM1:** 269, 274–281
use, molding machines **A15:** 350–351

Microcomputers, for corrosion data analysis *See also* Computers; Personal computers **A13:** 317

Microconstituent **A20:** 350

Microconstituents
EPMA identified **A11:** 37
in low-carbon steel. **A1:** 579
measuring hardness **A8:** 97
of D2 tool steel, Knoop indentation . . . **A8:** 97, 101

Microcontacts *See also* Electrical contact materials
recommended contact materials **A2:** 864, 866

Microcontamination
in plated-through holes **EL1:** 1028–1029

Microcrack
to macrocrack coalescence **A8:** 57

Microcrack mean spacing **A19:** 103–104

Microcrack propagation in thermomechanical fatigue
creep-fatigue laws summarized. **A19:** 548

Microcracked chromium plating . . . **M5:** 189–191, 193, 197
advantages of. **M5:** 189
crack pattern **M5:** 189
solution compositions and operating conditions. **M5:** 189–191

Microcracking *See also* Microfracture. **A18:** 184, 185–186, **EM3:** 18
at slip bands **A12:** 360
austenitic stainless steels. **A12:** 356
brittle, polycarbonate sheet. **A12:** 479
defined **EM1:** 15, **EM2:** 27
deformation zone friction and polymers . . . **A18:** 36
ductile irons **A12:** 235
from brittle matrix fracture. **EM1:** 787, 789
in plate martensite **A20:** 373, 376
initiation, ductile iron **A12:** 233, 234
laminate. **EM1:** 230
malleable iron. **A12:** 239
of matrices. **EM1:** 31
rolling contact wear. **A18:** 259–260
semiconductors. **A18:** 685–689
through sulfide inclusions, malleable iron **A12:** 239
tool steels. **A18:** 737

Microcracks *See also* Crack(s) . . **A19:** 28, 48, 49, 63, 216, 265, 266, 315, **A20:** 341
as failure criterion **A19:** 20
coalescence **A19:** 103
crack shielding **A19:** 58
cross section of. **A19:** 111
defined **A9:** 12, **A11:** 7
easy-cross-slip metals (high-amplitude cycling). **A19:** 102
formation, as source, acoustic emissions . . **A17:** 287
hydrogen-induced cracking **A6:** 410
in composites, acoustic emission inspection. **A17:** 288
in continuous fiber reinforced composites **A11:** 736
in electroplated hard chromium deposits. . **A13:** 871
in metallic materials **A19:** 111
in nylon driving gear. **A11:** 764
in polymers **A11:** 759
in polyoxymethylene **A11:** 761
initiation of **A19:** 20, 65–66
magnetic particle detection. **A17:** 102
nucleated. **A19:** 103, 104
propagation and coalescence of. **A19:** 66–67
upon quenching **A11:** 324

Microcrazing
in all-ceramic mold casting. **A15:** 249
in linear polyethylene **A12:** 479

Microcrystalline alloys
corrosion resistance **M7:** 797
for tool applications **M7:** 796
from metallic glasses **M7:** 794–795
heat-treatable bulk **M7:** 794
iron-based **M7:** 795–797
microstructures **M7:** 795
nickel-molybdenum-iron-boron hot hardness **M7:** 796

Microcrystalline cellulose and sodium carboxymethylcellulose
application or function optimizing powder treatment and green forming **EM4:** 49

Microcrystalline model
of amorphous materials and metallic glasses **A2:** 809, 810

Microcrystalline wax emulsions
as binders for spray drying before dry pressing **EM4:** 146

Microcrystalline waxes
for patterns **A15:** 197, 253–255

Microcrystalline waxes (with modifiers)
as binder for ceramic injection molding **EM4:** 173

Microcyanide bath
composition and operation conditions **A5:** 228

Microdebonding **EM3:** 401

Microdebonding/microindentation technique **EM3:** 399–401, 403

Microdensitometer
for topographic intensity profiles **A10:** 372
spark source mass spectrometry **A10:** 143

Microdiffraction **A6:** 145
defined. **A10:** 438–439

Microdiffraction modes **A18:** 386, 387

Microdiffractometer **A10:** 338

Microdiscontinuities **A19:** 242, **A20:** 543

Microduplex alloys
formation of **A9:** 604

Microduplex stainless steels
superplasticity **A14:** 871

Microdynamometer **EM3:** 18
defined **EM2:** 27

Microelectric packages
leak testing **EL1:** 953–954

Micro-electrodischarge machining **A5:** 115

Microelectrogravimetry
conduction of **A10:** 200

Microelectronic Center/North Carolina (MCNC) heat-down package **EL1:** 310–311

Microelectronic components *See also* Electronic components
acoustic microscopy of **A17:** 473–481
custom, machine vision process. **A17:** 45
integrated circuits (ICs) **A17:** 474–480

Microelectronic devices
failure mechanisms. **EL1:** 1049–1057
hermetic, with glass-to-metal seals **EL1:** 455
in plastic encapsulants **EL1:** 805
thermal-wave imaging of. **A12:** 169

Microelectronic materials *See also* Electrical materials; Electronic materials; Material(s); specific microelectronic materials
adhesives for. **EL1:** 110
bonding wires (chip/wire assembly) **EL1:** 110
conductive materials **EL1:** 106–107
gold and aluminum wire selection . . . **EL1:** 110–111
physical characteristics **EL1:** 104–111
polymeric-film dielectrics **EL1:** 108–109
resistive materials **EL1:** 107–108
substrates **EL1:** 104–106
thick-film dielectrics **EL1:** 108–109
thin-film dielectrics **EL1:** 108–109

Microelectronics *See also* Materials and electronic phenomena; Microelectronic materials
advanced, quality control/assurance. . **EL1:** 867–868
AES in-depth surface analyses for. **A10:** 549
defined. **EL1:** 89, 250, 1150
IC thick- and thin-film hybrid. **EL1:** 89
industry **EL1:** 458, 509
periodic chart. **EL1:** 91, 94
thermal stress failures **EL1:** 55–62

Microelectronics industry **EL1:** 458, 509

Microelectronics tests **EM3:** 378–380
direct pull-off test. **EM3:** 380
electromagnetic tensile test. **EM3:** 380
island blister test **EM3:** 379–380
peel tests **EM3:** 378–379

Microelemental analysis **A13:** 1116–1117
as advanced failure analysis technique . . **EL1:** 1106

Microenthalpy method
solidification modeling **A15:** 887–888

Microetchants *See* Etchants

Microetching
carbon and alloy steels **A9:** 169–170
defined **A9:** 12
magnifications. **A9:** 62
of cast irons to improve as-polished surfaces. **A9:** 244
of tool steels **A9:** 257–258

Microetching solutions
chemicals for. **A9:** 67–68

Microfilming
of radiographs. **A17:** 356

Microfinish **A7:** 700, 701

Microfinishing grinding
definition. **A5:** 961

Microfissure *See* Microcrack; Microcracks

Microfissure crevice corrosion, and pitting
compared. **A13:** 349

Microfissures
in shielded metal arc welds. **M6:** 9
in weld overlays **M6:** 81
type of weld discontinuity. **M6:** 83

Microfocus electron beam techniques **A7:** 222

Microfocus radiography
to evaluate gas turbine ceramic components **EM4:** 718

Microfocus x-ray(s)
projective magnification with radiography **A17:** 300
tubes, radiography **A17:** 302–303

Microforging **A7:** 55, 57, 58, **M7:** 62
particle effects in milling. **M7:** 61

Microfractography **A12:** 1, 3–4
defined *See* Fractography
interpretation **A11:** 22

Microfracture *See also* Microcracking. **A18:** 184, 185–186
defined. **A18:** 13

Micro-fracture mechanics **A8:** 465–468

Microfracture topography *See* Surface roughness

Microgalvanic cells
stainless steel powders. **A7:** 989

Microgap welding processes
failure mechanisms **EL1:** 1044

Micrograin high-speed steels
for cutting tool materials **A18:** 615–616

Micrograph **A10:** 302, 676

Micrographs *See also* Photomicroscopy
defined. **A9:** 12

Microgrinding **A5:** 99, 100
definition. **A5:** 961
process features. **A5:** 99

Microhardness *See also* Hardness; Microhardness test
and apparent hardness **M7:** 489
defined. **A8:** 8–9
fixtures **A8:** 93, 96
measurement **M7:** 61
of nickel powders, effect of milling time . . . **M7:** 61
testing. **M7:** 453–455
traverses, in low-speed test. **A8:** 230

Microhardness and case depth of power metallurgy parts, specifications **A7:** 700, 1099

Microhardness measurements, specifications . . **A7:** 817

Microhardness number
defined. **A18:** 13

Microhardness test
applications **A8:** 90, 96–98, 102
bench-mounted testers. **A8:** 91–92
defined. **A8:** 9, 90
depth **A8:** 102
diagonal or diameter **A8:** 102
fixtures **A8:** 93, 96
for analyzing metal failure **A8:** 97–98
for carburized and nitrided cases **A8:** 96
for microconstituent hardness **A8:** 97
for nonferrous metals **A8:** 89
force applied **A8:** 73

Microhardness test (continued)
hardness gradient **A8:** 96, 101
indenters **A8:** 73, 102
Knoop and Vickers **A8:** 90–98
load **A8:** 94, 96, 102
method of measurement **A8:** 102
of cast iron **A8:** 97
optical equipment **A8:** 92–93
surface hardening operations **A8:** 96
surface preparation **A8:** 93, 102
techniques compared **A8:** 102
testers **A8:** 91–93
ultrasonic **A8:** 98–103
with decarburized workpieces **A8:** 83
Microhardness testing **A7:** 728, 744, **A8:** 90–103
as mechanical test **A11:** 18
by indenter attachments on optical microscopes **A9:** 82
of rocket-motor case fracture **A11:** 96
thermal spray coatings **M5:** 371
Microhardness tests **A6:** 104, 105
Microhardness traverse test **A6:** 103, 105
wrought martensitic stainless steels **A6:** 441
Microhardness traverses
in copper **A8:** 230
in high-speed test **A8:** 230
in low-carbon steel specimen **A8:** 229–230
Microinclusions *See also* Defects; Inclusion-forming reactions; Inclusions
deep shell crack from **A12:** 288
defined **A15:** 88
Microindentation hardness number *See also* Knoop (microindentation) hardness number; Nanohardness test; Vickers (microindentation) hardness number
defined **A18:** 13
Microindentation hardness testing **A18:** 414–418
common uses **A18:** 414
correlation of microindentation hardness numbers with wear **A18:** 418
microindentation hardness numbers of materials **A18:** 416
microindentation testing of coatings **A18:** 416–417
multilayer coating systems **A18:** 417
single-layer coated surfaces **A18:** 416–417
principles of microindentation testing **A18:** 414–415
factors affecting accuracy and reliability **A18:** 414
procedure, steps in **A18:** 414
relation of force and pressure to microindentation hardness units . . . **A18:** 415
standard reference materials for microindentation hardness **A18:** 415
Vickers microindentation hardness test **A18:** 415–416, 417
proportionality constants as function of hardness, force, and diagonal length **A18:** 416
Vickers indenter versus Knoop indenter **A18:** 415–416
wear measurement using microindentations **A18:** 417–418
Microindentation test **EM3:** 399–401
Microinhomogeneity
from internal particle boundaries **M7:** 29
Microjet impingement
effect in ductile materials **A11:** 165
Microlaminations **A7:** 701, 728, 743, 744
Microlaminations and cracks **M7:** 486
Micro-lap joints
plasma arc welding **A6:** 198
Microlithography
as interferometer application **A17:** 14
Micromachining
erosion mechanism **A18:** 202, 203
metal-matrix composites **A18:** 809, 810
Micro-macro contact model **A19:** 358
Micromechanical models **A7:** 326, 327
yield functions from **A7:** 331–333
Micromechanics
of dynamic fracture **A8:** 286–288
Micromechanisms
of fracture **A12:** 179
Micromechanisms of monotonic and cyclic crack growth **A19:** 42–60
cleavage fracture **A19:** 42, 46–47, 51
crack propagation mechanisms **A19:** 43
crazing of polymers **A19:** 47–48, 52
cyclic crack growth **A19:** 48, 53
cyclic crack growth in polymers **A19:** 54–56
decohesive rupture **A19:** 42
dimple rupture **A19:** 42
fatigue crack closure **A19:** 56–59
fatigue crack growth in duplex microstructures **A19:** 54, 56
fatigue crack growth mechanisms **A19:** 50–56
fatigue crack initiation **A19:** 48–50, 53
fracture micromechanism maps **A19:** 43–45, 46, 47
fracture micromechanisms **A19:** 42–43
fracture mode identification chart **A19:** 44
intergranular fracture **A19:** 47
low-temperature fracture modes, characteristics of **A19:** 45
mechanisms of fatigue striation formation **A19:** 52–54
metal-matrix composites **A19:** 54
micromechanisms of monotonic fracture **A19:** 45–48
microvoid coalescence . . **A19:** 45–46, 47, 48, 49, 50, 51, 55
plane-strain fracture **A19:** 42, 45
plane-stress fracture **A19:** 42, 45
stage I growth **A19:** 50, 53, 54
stage II crack growth and fatigue striations **A19:** 50–51, 54, 55
stage III **A19:** 52
types of fracture **A19:** 42–45
Micromerographs **A7:** 244
Micromerography analysis **M7:** 129, 218–219
Micromesh **M7:** 7
sieves **M7:** 124, 216
sizing **M7:** 7
vacuum siever **M7:** 216
Micromesh sieving, specifications **A7:** 240
Micrometer **M7:** 7
laser bench **A17:** 13
laser interferometric **A17:** 15
Micrometer screw **A8:** 619
Micrometer screws
thread grinding application **A16:** 278
Micrometer spindles **A16:** 110–111
Micrometer test method **M5:** 596
Micrometers **A7:** 669
digital **A7:** 707
Micromodification
photographic **EL1:** 732
Micron **M7:** 7
Micron bar
on micrographs **A12:** 167
Micronotches **A19:** 154, 246
Microorganisms, biological corrosion by **A13:** 88, 118, 314
Micropen **EM4:** 1141
Microperforation
as hydrogen damage **A13:** 164
Microphase separation
SAS techniques for **A10:** 405
Microphases **A6:** 77
Microphone pickup, for amplitude detection
ultrasonic testing **A8:** 246
Micropitting **A19:** 331–332, 333, 349
as fatigue mechanism **A19:** 696
factors controlling occurrence **A19:** 699
hardened steels **A19:** 697–698, 699
Microplasma welding **A6:** 755
Microplastic deformation
ductile irons **A12:** 236
Microplasticity **A19:** 115
Microplasticity model **A7:** 331
Micropolishing *See also* Polishing
as FIM sample preparation **A10:** 584
Micropore **M7:** 7
Micropores **A20:** 726
Microporosity *See also* Porosity; Voids **A7:** 275, **A20:** 341, 725, 726
cemented carbides **A12:** 470
defined **A9:** 12, **A11:** 7
definition **A7:** 688
dendritic **A15:** 119
effects on cracking in gray iron **A11:** 355–357
from solidification shrinkage **A15:** 109
gas-atomized metal powders **A7:** 47
in brittle cleavage fracture, ductile iron . . . **A12:** 227
in directional solidification **A15:** 321
Micropotentiometers
recommended microcontact materials **A2:** 866
Microprobe
analysis, NBS standards for **A10:** 530
Auger, of gold-plated stainless steel lead frame **A10:** 560
electron, capabilities **A10:** 161
ion, capabilities **A10:** 161
laser Raman molecular **A10:** 129
proton, and PIXE analysis **A10:** 107
Microprobe analysis **A7:** 222, **M7:** 258
Microprobe examinations
copper and copper alloy specimens for **A9:** 400
Microprobe microanalyzer
used in structural analysis of lead alloys . . . **A9:** 417
Microprocess analysis code (MIPAC) **EM1:** 268, 271
Microprocessing units (MPUS) **EL1:** 160, 177
Microprocessor control
iron powder production **M7:** 23
Microprocessor peripherals
as standard circuits **EL1:** 160
Microprocessor-controlled vacuum coating system **M5:** 410
Micropulverizer **M7:** 7
Microradiography *See also* Radiography
enlargement effect **A17:** 312
to reveal as-cast solidification structures in steel **A9:** 624
Microsampling
infrared **A10:** 116
Microscope
affecting microhardness readings **A8:** 96
for measuring indentation size **A8:** 91
traveling low-power, optical crack measuring **A8:** 382
verification, Brinell test **A8:** 88
Microscope image analysis **A7:** 257
Microscopes *See also* Macroscopes; Microscopy; Optical microscope; Scanning electron microscopes; specific microscopy methods; Stereomicroscopes; Transmission electron microscopes
analytical electron **A10:** 430–432
defined **A9:** 12, **A10:** 676
detectors and image formation in **A10:** 492
direct-imaging ion **A10:** 613
field ion **A10:** 584
for acoustic microscopy **A17:** 465
for plastic replicas **A17:** 53
in visual leak detection **A17:** 66
infrared **A10:** 116
interference, for surface **A17:** 17
ion **A10:** 614
laser interference, with interferometers **A17:** 16
optical **A11:** 20
scanning electron **A11:** 22
SEM **A10:** 491–494
toolmakers' **A17:** 10–11
transmission electron **A11:** 20–22
upright, with image analyzers **A10:** 310
Microscopic
defined **A9:** 12, **A11:** 7, **A13:** 9

SUBJECTS OF THE INDEXED VOLUMES: ASM Handbook (designated by the letter "A"): **A1:** Properties and Selection: Irons, Steels, and High-Performance Alloys (1990); **A2:** Properties and Selection: Nonferrous Alloys and Special-Purpose Materials (1990); **A3:** Alloy Phase Diagrams (1992); **A4:** Heat Treating (1991); **A5:** Surface Engineering (1994); **A6:** Welding, Brazing, and Soldering (1993); **A7:** Powder Metal Technologies and Applications (1998); **A8:** Mechanical Testing (1985); **A9:** Metallography and Microstructures (1985); **A10:** Materials Characterization (1986); **A11:** Failure Analysis and Prevention (1986); **A12:** Fractography (1987); **A13:** Corrosion (1987); **A14:** Forming and Forging (1988); **A15:** Casting (1988); **A16:** Machining (1989); **A17:** Nondestructive Evaluation and Quality Control (1989); **A18:** Friction, Lubrication, and Wear Technology (1992); **A19:** Fatigue and Fracture (1996); **A20:** Materials Selection and Design (1997). **Metals Handbook, 9th Edition** (designated by the letter "M"): **M1:** Properties and Selection: Irons and Steels (1978); **M2:** Properties and Selection: Nonferrous Alloys and Pure Metals (1979); **M3:** Properties and Selection: Stainless Steels, Tool Materials, and Special-Purpose Materials (1980); **M4:** Heat Treating (1981); **M5:** Surface Cleaning, Finishing, and Coating (1982); **M6:** Welding, Brazing, and Soldering (1983); **M7:** Powder Metallurgy (1984). **Engineered Materials Handbook** (designated by the letters "EM"): **EM1:** Composites (1987); **EM2:** Engineering Plastics (1988); **EM3:** Adhesives and Sealants (1990); **EM4:** Ceramics and Glasses (1991). **Electronic Materials Handbook** (designated by the letters "EL"): **EL1:** Packaging (1989)

Microscopic analysis
of metals **A15:** 27
Microscopic element **A7:** 326
Microscopic examination
magnesium alloys **M4:** 751
of failed parts **A11:** 173–174, 629
of failure types **A11:** 75
of fracture surfaces **A11:** 20–22
of fractures. **A11:** 105, 258–259
of wom parts **A11:** 158–159
ofshafts. **A11:** 460
use in carbon control **M4:** 433
Microscopic fracture modes **A8:** 476–477
Microscopic metallurgical features
of deformed structures **A9:** 686–688
Microscopic method
paint dry film thickness tests **M5:** 492
Microscopic model
for predicting cleavage fracture **A8:** 466
Microscopic solids
solidification of **A15:** 102–103
Microscopic stress *See also* Microstresses
defined. **A10:** 676
Microscopic-immersion method **A7:** 250
Microscopy *See also* Scanning electron microscopy (SEM); Transmission electron microscopy (TEM)
acoustic. **EL1:** 369–371
acoustical, and ultrasonic inspection. **A17:** 240
and acoustic emission inspection **A17:** 286
deep-field. **A12:** 96
defined. **A10:** 676
development of. **A15:** 27
for degree of homogenization **M7:** 316
for particle size analysis **M7:** 225–230
light **A12:** 91–165
optical. **M7:** 227
particle image analysis **A7:** 259
residue analysis by. **A10:** 177
scanning electron. **M7:** 228
transmission electron **M7:** 227–228
Microscopy methods *See also* Atomic force microscopy; Electron microscopy; Scanning acoustic microscopy; Scanning electron microscopy; Scanning tunneling microscopy; Transmission electron microscopy. **A19:** 219–221
Microscopy/image analysis
versus weighting factor **EM4:** 85
Microsecond
symbol for. **A10:** 692
Microsectioning
printed board coupons **EL1:** 572–577
Microsegregation *See also* Segregation **A7:** 405, **A15:** 136–138
and high-temperature sintering **A7:** 832
and macrosegregation, during solidification. **A15:** 136–141
defined. **A9:** 12, 625, **A15:** 8
dendrite coarsening **A15:** 138
dendrite morphology/diffusion path **A15:** 137
during solidification **A15:** 136–141
equilibrium phase diagram/partition coefficient **A15:** 136
in aluminum alloy ingots **A9:** 631–632
in cast structures **A9:** 611–617
in rapid solidification processing. **A15:** 138
liquid phase, movement **A15:** 138
nickel-base alloys **A6:** 588
phase transformation. **A15:** 137–138
solidification mode/structure **A15:** 137
solute redistribution, nonequilibrium solidification. **A15:** 136–137
temperature/concentration dependency of diffusion coefficient **A15:** 138
third solute element, effect. **A15:** 138
undercooling **A15:** 138
Microshrinkage *See also* Shrinkage
computed tomography (CT). **A17:** 361
defined **A11:** 7, **A15:** 8
of tin bronzes **A2:** 348
radiographic appearance **A17:** 348
Microshrinkage cavity **M7:** 7
Microshrinkage pores
by liquid penetrant inspection. **A17:** 86
Microsiemen
as common ion chromatography unit. **A10:** 659
Microslip *See also* Macroslip; Slip
defined. **A18:** 13
Microspalling *See also* Peeling; Spalling
as fatigue mechanism **A19:** 696
bearings **A19:** 360
in roller bearing **A11:** 502
Microspectroscopy **A6:** 145
Microsphorite
Miller numbers. **A18:** 235
Microstrain **EM3:** 18
defined **A8:** 9, **EM2:** 31
Microstrain as a result of electric discharge machining **A9:** 27
Microstresses
associated with cold working. **A10:** 386
determined. **A10:** 380, 386–387
in x-ray diffraction residual stress techniques. **A10:** 380, 381
states analyzed **A10:** 424
Microstrip, coated
in impedance models **EL1:** 602
Microstrip lines
properties, impedance models. **EL1:** 602
terminations **EL1:** 520
Microstructural AEM analysis of ion- implanted alloys
implantation of two species: ternary alloys **A10:** 486
inert elements, implantation of. **A10:** 485–486
metalloids, implantation of **A10:** 485
metals, implantation of. **A10:** 485
precipitation **A10:** 485–486
radiation-induced changes. **A10:** 484
sample preparation **A10:** 484
thermal treatments **A10:** 486–487
Microstructural analysis. **A6:** 97, 103, 104, **EM3:** 406–418, **EM4:** 570–579
cross-link density **EM3:** 418
cross-linked adhesives. **EM3:** 412–413
crystalline morphology **EM3:** 409–412
crystallinity **EM3:** 407–409
EPMA compositional analysis of phases at **A10:** 516
field ion microscopy and atom probe. **A10:** 583
fracture energy **EM3:** 406
fracture surface specimens **EM4:** 577
replication **EM4:** 577
in atomic detail **A10:** 583
microstructure **EM3:** 406–407
of ion-implanted alloys **A10:** 484
phase structure. **EM3:** 413–414
phase structure influence. **EM3:** 418
preparation of thin sections for transmitted illumination. **EM4:** 576–577
revealing of microstructure **EM4:** 574–576
cathodic vacuum etching. **EM4:** 575
chemical etching. **EM4:** 575, 577
differential interference contrast microscopy **EM4:** 576
electrolytic etching **EM4:** 575
thermal etching **EM4:** 575
vapor deposited interference films **EM4:** 575–576
sample preparation **EM4:** 570–574
coarse and fine polishing. **EM4:** 573–574
impregnation and mounting **EM4:** 570–572
mechanical grinding **EM4:** 572–573, 574
sampling **EM4:** 570
sectioning **EM4:** 570
standard methods for incident light examination **EM4:** 574
substrate **EM3:** 415–417
substrate influence. **EM3:** 417–418
techniques. **EM4:** 577–579
electron microscopy **EM4:** 578
electron probe microanalysis **EM4:** 578–579
image analysis **EM4:** 578
interference microscopy **EM4:** 578
polarizing microscopy. **EM4:** 578
reflected light microscopy **EM4:** 578
scanning electron microscopy **EM4:** 578
undercooling **EM3:** 408–409
use of stereological relationships. **A10:** 309
voids **EM3:** 414–415
x-ray topography **A10:** 366
Microstructural analysis of finished surfaces. **A5:** 139–143
abrasion artifacts **A5:** 141–142
abrasion damage **A5:** 141–142
etching **A5:** 140
microhardness testing **A5:** 142–143
optical microscopy. **A5:** 140–141
quantitative image analysis. **A5:** 139
sample preparation. **A5:** 139
Microstructural characterization of coatings and thin films. **A5:** 660–667
chemical vapor deposition **A5:** 661
diamond-like carbon **A5:** 661
electrodeposition. **A5:** 662
electron microscopies **A5:** 665–667
experimental techniques for microstructural characterization **A5:** 662–667
metallography. **A5:** 663–664
microstructure of coatings **A5:** 660–662
microstructure/property relationships. **A5:** 662
nucleation. **A5:** 661, 662
physical vapor deposition . . **A5:** 660, 661, 662, 663
porosimetry. **A5:** 667
property/technique synopsis. **A5:** 667
scanning electron microscope **A5:** 665–666
silicon carbide. **A5:** 661
techniques for analysis **A5:** 662
thermal spraying process **A5:** 660–661
titanium nitride **A5:** 661–662
transmission electron microscope **A5:** 666–667
vapor deposition processes. **A5:** 661–662
x-ray diffraction. **A5:** 664–665
Microstructural evaluation
life-assessment techniques and their limitations for creep-damage evaluation for crack initiation and crack propagation. **A19:** 521
Microstructural evolution
modeling of. **A15:** 883–891
Microstructural evolution modeling
macroscopic. **A15:** 883
of columnar structures **A15:** 884–885
of equiaxed structures. **A15:** 885–890
Microstructural inhomogeneity
effect on annealing stages. **A9:** 692
Microstructural morphology
scanning electron microscopy used to study. **A9:** 101
Microstructural overload failure
cleavage. **A8:** 479–481
ductile fracture. **A8:** 477–479
Microstructurally short cracks. **A19:** 112
Microstructure. **A20:** 332, **EM3:** 18, 320–321
acoustic emission inspection of. **A17:** 286–289
AISI/SAE alloy steels, austenitization effects. **A12:** 292
alloy steels **M1:** 455–456, 459–460
Alnico alloy. **A12:** 461
alterations, in bearing materials **A11:** 505
aluminum alloy weldments, variation effects. **A13:** 344
aluminum coatings. **A13:** 434
aluminum P/M parts **M7:** 385
analysis, by replication **A17:** 54–55
analysis, for problem solving **M7:** 485
and compositional effects on toughness TI-6Al-4V **A8:** 480–481
and corrosion properties, uranium/uranium alloys **A13:** 816
and formability, correlation between . . **A1:** 578–579
and fracture. **A8:** 476–491, **A11:** 75
and fracture path, correlated . . . **A12:** 195–196, 201
and gating, die casting. **A15:** 289
and infiltration **M7:** 552
and leakage field fluctuation **A17:** 129
and machinability of steels **A1:** 595, 596
and magnetic characterization **A17:** 131
and magnetic hysteresis. **A17:** 134
and magnetic properties, FIM/AP analysis of relationship **A10:** 599
and mechanical/physical properties. **A17:** 51
and metallography **M7:** 485–489
and surface topography. **A12:** 393
annealed ductile iron. **A15:** 658
as-cast and cast + HIP, Ti alloy castings **A2:** 638–639
as-sintered P/M tool steels **M7:** 377
austempered ductile iron, strength **A12:** 232
austempered iron **A15:** 660
austenitic stainless steel high-energy-rate- forged extrusion **A14:** 365

Microstructure (continued)
-based classification, corrosion-resistant high-alloy steels . . . **A15:** 722–723
beryllium-copper alloys . . . **A2:** 286–290, 404–405
boron fibers . . . **EM1:** 59
break-up in two-phase alloys . . . **A8:** 177
brittle cleavage fracture, ductile iron . . . **A12:** 227
brittle fracture of roll-assembly sleeve by **A11:** 327
brittleness from . . . **A11:** 325–326
bronze shell . . . **A12:** 403
carbon fiber . . . **EM1:** 50–52
cartridge brass . . . **A2:** 302
cast copper alloys . . . **A2:** 384
cast iron breaker bar, premature wear . . . **A11:** 368
cast irons, and weldability . . . **A15:** 522
cemented carbides for machining applications . . . **A2:** 951–953
cermet . . . **M7:** 801–802
changes, sintering time and temperature . . . **M7:** 311
characteristics of weld and heat-affected zone . . . **M6:** 35–3
characterization . . . **A17:** 50–51
Charpy V-notch as screening test for . . . **A8:** 263
coated carbide tools . . . **A2:** 962
coating . . . **A13:** 526
cobalt-base alloys . . . **A15:** 813
cold finished bars . . . **M1:** 233
commercial bronze . . . **A2:** 297
commercially pure titanium . . . **A2:** 594
compacted graphite irons . . . **A15:** 667
continuous emissions from . . . **A17:** 287
control, process window for . . . **A14:** 412–413
controlled crystalline, amorphous materials and metallic glasses . . . **A2:** 820
conventionally cast vs. semisolid cast zinc alloys . . . **A15:** 796–797
crystallographic texture measurement and analysis for . . . **A10:** 358
defined . . **A9:** 12, **A11:** 7, **A13:** 9, **EM1:** 15, **EM2:** 27
definition . . . **A5:** 961, **A20:** 336, 836
development, during deformation processing . . . **A8:** 173–178
development in multiphase alloys . . . **A8:** 177–178
direct-cooled forging . . . **A1:** 137, 138
discontinuous graphite-aluminum MMC **EM1:** 868
ductile iron . . . **A15:** 655
during creep . . . **A8:** 305–306
effect, carbon fiber modulus . . . **EM1:** 50
effect in fatigue . . . **A12:** 14
effect, mechanical properties, titanium and titanium alloy castings . . . **A2:** 639
effect of, at elevated-temperature service . . **A1:** 638, 641
effect of high temperatures . . . **A12:** 121
effect of, on notch toughness . . . **A1:** 744, 747–749, 750
effect of, on weldability . . . **A1:** 604–606, 607, 608
effect on corrosion-fatigue . . . **A11:** 256
effect on damage resistance . . . **A11:** 166
effect on metal properties . . . **A11:** 325
effect on stress-corrosion cracking . . . **A8:** 501
effect on tensile ductility . . . **A12:** 101
effects, aluminum/aluminum alloys . . **A13:** 585–587
effects, laser surface processing . . . **A13:** 503
effects of sintering tungsten and molybdenum . . . **M7:** 391
effects of welding . . . **M6:** 37–4
effects on ductile-to-brittle transition temperature, structured steels . . . **A11:** 68–69
effects on wear failure . . . **A11:** 160–161
eutectic, interpretation of . . . **A15:** 120–121
fatigue behavior, effect on . . . **M1:** 675–677
ferritic . . . **A1:** 127, 131–133
ferritic malleable iron . . . **A15:** 687
fibrous eutectic . . . **A15:** 119
forging failures from . . . **A11:** 325–327
forgings, by eddy current/electromagnetic inspection . . . **A17:** 511
formation, during freezing . . . **A15:** 119
fractal analysis . . . **A12:** 212–215
fracture appearance, hydrogen-embrittled titanium alloy . . . **A12:** 32
gage length to measure flow localization . . . **A8:** 169
galvanized coatings . . . **A13:** 432
gas-atomized cobalt-based hardfacing powder . . . **M7:** 146
graphitized, of plain carbon steel . . . **A11:** 613
gray cast iron, flake graphite . . . **A15:** 120
hardenable carbon steels . . . **M1:** 455–459
high-alloy graphitic iron . . . **A15:** 698–700
high-carbon steel, torsional overload fracture . . . **A12:** 278
high-chromium white irons . . . **A15:** 681–682
high-purity copper . . . **A12:** 399–400
high-temperature superconductors . . . **A2:** 1088
hydrogen-assisted cracking, welded cast steel . . . **A15:** 534–536
hypereutectic gray iron . . . **A12:** 226
impact on macroscopic fracture behavior . . **A8:** 439
importance for superalloys in high-pressure hydrogen gas . . . **A8:** 408
in corrosion analysis . . . **A11:** 173–174
in planar sections . . . **A12:** 198
inadequate heat treatment effects, cast aluminum alloys . . . **A12:** 410
influence of, on temper embrittlement in alloy steels . . . **A1:** 702
influencing corrosion fatigue crack propagation . . . **A8:** 405, 408
intergranular, AISI/SAE alloy steels . . . **A12:** 300
lamellar eutectic . . . **A15:** 119
laser alloyed casings . . . **M6:** 79
laser clad Haynes stellite . . . **M6:** 79
lead-base bearing alloys . . . **A2:** 553
low-carbon steel after rolling . . . **A14:** 355
low-strength, effect on gray iron bearing cap . . . **A11:** 347–348
malleable irons . . . **M1:** 58–63, 66
martensitic malleable iron . . . **A15:** 689
mechanically alloyed oxide alloys . . . **A2:** 944–945, 947
medium-carbon steels, shell fracture **A12:** 256–257
metallographic investigation . . . **A8:** 476
modification, Ti and Ti alloy castings . . . **A2:** 639
molten salt corrosion . . . **A13:** 89
nickel-chromium white cast iron . . . **A15:** 681
nondendritic, in rheocasting . . . **A15:** 327
normalized iron . . . **A15:** 658
of abrasion-resistant cast iron . . . **A1:** 92–94, 95
of aluminum P/M alloys . . . **A2:** 200
of bainite . . . **A1:** 128, 129
of brittle fractured high-speed tool . . . **A11:** 574, 579
of carbon steel, and swageability . . . **A14:** 128
of carburizing bearing steels . . . **A1:** 381–382, 383
of cast metal-matrix composites . . . **A15:** 850–851
of cast stainless steels . . **A1:** 909, 910, **A13:** 574–575
of cemented carbides . . . **A13:** 847, **M7:** 780–783
of cermets . . . **A2:** 990–992
of cobalt-base wear-resistant alloys . . . **A2:** 449
of compacted blend copper particles . . . **M7:** 314
of composite materials . . . **EM1:** 768
of copper powder compact . . . **M7:** 311
of corrosion-resistant steel castings . . . **A1:** 909, 913–915
of crack propagation . . . **A13:** 155–158
of creep void . . . **A17:** 55
of failed outlet header, linked voids and split grain boundaries in . . . **A11:** 667
of failed reheater tube . . . **A11:** 611
of failed water pipe . . . **A11:** 374
of ferrite-pearlite . . . **A1:** 127, 130–131
of forged titanium . . . **A14:** 271
of fracture materials . . . **A8:** 466–467
of gray iron . . . **A1:** 13–14, **M1:** 12–14, 24–26, 29
of gray iron product . . . **A11:** 354, 363–365
of green compacts . . . **M7:** 311
of high-carbon bearing steels . . . **A1:** 381, 382, 383
of initial condition . . . **A14:** 418
of ion-implanted alloys, AEM determined . . . **A10:** 484–487
of iron castings . . . **A11:** 359
of malleable iron . . . **A1:** 72, 76, 77, **A15:** 687–690
of martensite . . . **A1:** 127, 133–134
tempering of . . . **A1:** 134–136, 137
of metallic second phase, sintered polycrystalline diamond . . . **A2:** 1011
of overheated carbon steel boiler tubes . . . **A11:** 608
of overheated tool steel . . . **A11:** 574, 581
of overheating ruptures, steam equipment . . . **A11:** 606–607
of pearlite . . . **A1:** 127, 128–129
of powder forged parts . . . **A14:** 204
of precipitates, with chemical analysis . . . **A17:** 55
of pump-impeller . . . **A11:** 375
of quenched uranium alloys . . . **A2:** 674
of SCC-failed stainless steel bolts . . . **A11:** 537
of shafts . . . **A11:** 478
of sintered PCBN . . . **A2:** 1012
of sintered polycrystalline diamond . . . **A2:** 1012
of spalled hole from improper EDM . . . **A11:** 566
of squeeze castings . . . **A15:** 326
of surface crack . . . **A17:** 54
of Ti-6Al-4V . . . **A2:** 637–639
of titanium carbide cermets . . . **A2:** 991
of tool steel ring forging . . . **A11:** 570
of wom cast iron pump parts . . . **A11:** 365–367
of wrought cobalt-base superalloys . . . **A1:** 965–967
of wrought iron-base superalloys . . . **A1:** 951, 959, 961–962
of wrought nickel-base superalloys . . . **A1:** 951–956
P/M stainless steels . . . **A13:** 827
palladium-silver alloys . . . **A2:** 716
pearlitic malleable iron . . . **A15:** 688
platinum . . . **A2:** 709
platinum alloys . . . **A2:** 709–714
platinum-iridium alloys . . . **A2:** 710
platinum-palladium alloys . . . **A2:** 709
proeutectoid ferrite and cementite . . . **A1:** 127, 129–130
properties associated with . . . **A1:** 126
pultruded MMC tubing . . . **EM1:** 871
quenched and tempered . . . **A1:** 136–137, 138
relation to machinability of steel . . . **M1:** 570–574, 580–581
relationship to toughness in heat-affected zone . . . **M6:** 41–4
result of laser melt/particle inspection . . . **M6:** 800–801
second-phase constituents, wrought aluminum alloy . . . **A2:** 37
semisolid aluminum alloy, MHD cast/forged, compared . . . **A15:** 331
single-phase alloys . . . **A15:** 114–119
single-phase, dimpled rupture . . . **A8:** 476
sintered . . . **M7:** 375–377
solid/liquid interface, graphite spheroid growth . . . **A15:** 173
solidification, nucleation kinetics of . . . **A15:** 101
spiking defect . . . **A11:** 351
spinoidal, coarsening in copper alloys . . . **A12:** 402
stainless steel, sigma phase in . . . **A17:** 55
steel sheet, formability related to . . . **M1:** 557–559
stereological parameters to determine influence of processing on . . . **A10:** 316
stirring effects . . . **A15:** 329
strain impact, SIMA aluminum alloy . . . **A15:** 330
study in multiphase alloys . . . **A8:** 177–178
styrene-maleic anhydrides (S/MA) . . . **EM2:** 217
surface hardened steel **M1:** 531, 533–534, 538, 540
surface, LEED analysis of . . . **A10:** 536
surface, of carburized steel . . . **A11:** 326–327
tempered martensite . . . **A15:** 660
thermit rail welds . . . **M6:** 69
tin-base bearing alloys . . . **A2:** 524–525
titanium alloy base plate . . . **A12:** 443
titanium carbonitride cermet . . . **A2:** 999–1000
titanium P/M compact . . . **A2:** 652

SUBJECTS OF THE INDEXED VOLUMES: ASM Handbook (designated by the letter "A"): **A1:** Properties and Selection: Irons, Steels, and High-Performance Alloys (1990); **A2:** Properties and Selection: Nonferrous Alloys and Special-Purpose Materials (1990); **A3:** Alloy Phase Diagrams (1992); **A4:** Heat Treating (1991); **A5:** Surface Engineering (1994); **A6:** Welding, Brazing, and Soldering (1993); **A7:** Powder Metal Technologies and Applications (1998); **A8:** Mechanical Testing (1985); **A9:** Metallography and Microstructures (1985); **A10:** Materials Characterization (1986); **A11:** Failure Analysis and Prevention (1986); **A12:** Fractography (1987); **A13:** Corrosion (1987); **A14:** Forming and Forging (1988); **A15:** Casting (1988); **A16:** Machining (1989); **A17:** Nondestructive Evaluation and Quality Control (1989); **A18:** Friction, Lubrication, and Wear Technology (1992); **A19:** Fatigue and Fracture (1996); **A20:** Materials Selection and Design (1997). **Metals Handbook, 9th Edition** (designated by the letter "M"): **M1:** Properties and Selection: Irons and Steels (1978); **M2:** Properties and Selection: Nonferrous Alloys and Pure Metals (1979); **M3:** Properties and Selection: Stainless Steels, Tool Materials, and Special-Purpose Materials (1980); **M4:** Heat Treating (1981); **M5:** Surface Cleaning, Finishing, and Coating (1982); **M6:** Welding, Brazing, and Soldering (1983); **M7:** Powder Metallurgy (1984). **Engineered Materials Handbook** (designated by the letters "EM"): **EM1:** Composites (1987); **EM2:** Engineering Plastics (1988); **EM3:** Adhesives and Sealants (1990); **EM4:** Ceramics and Glasses (1991). **Electronic Materials Handbook** (designated by the letters "EL"): **EL1:** Packaging (1989)

tool steel alloy **M7:** 103, 104
transverse, high-carbon steels............**A12:** 278
Udimet 700, in torsion and extrusion **A8:** 176–178
ultrasonic inspection................**A17:** 274–275
upper-bainite, stereo-pair photographs **A12:** 89
wear resistance influenced by ...**M1:** 608, 611–615
weld metal, AEM interpretation **A10:** 478–481
weld-metal, from inadequate pre- and postweld heat treatment...................**A12:** 375
wrought aluminum alloys, fusion zone softening and pores......................**A12:** 422
wrought titanium alloys **A2:** 605–608
zone formation **A15:** 118

Microstructure-based fatigue models **A19:** 339

Microstructure-insensitive properties **A20:** 336

Microstructures
and fatigue crack closure **A19:** 56
as metallurgical variable affecting corrosion fatigue **A19:** 187, 193
bee metals and alloys, cyclic stress-strain responses **A19:** 84–86
body-centered cubic and cleavage fracture..**A19:** 46
body-centered cubic (bcc) metals, and fracture modes **A19:** 44, 45, 46
face-centered cubic (fcc) alloys, planar slip in **A19:** 77
face-centered cubic (fcc) metals, and fracture modes **A19:** 44, 45, 46
fcc crystal lattice, cross slip in pure metals **A19:** 77
hexagonal close-packed and cleavage fracture...........................**A19:** 46
hexagonal close-packed (hcp) materials **A19:** 84
hexagonal close-packed (hcp) metals, and fracture modes **A19:** 44, 45, 46

Microstructure-sensitive properties **A20:** 336

Microtearing *See also* Tearing.............**A19:** 315
in ferritic ductile iron **A12:** 234

Microthrowing power
definition..............................**A5:** 961

Microtomes, for specimen preparation
ATEM analysis.......................**A10:** 452

Microtongues *See also* Tongues
in ductile irons......................**A12:** 232

Microtopography *See also* Topography
Fizeau interferometer for **A17:** 14
of surfaces, laser-detected **A17:** 17

Microtrac **EM4:** 67

Microtrac (light obscuration) analyzer
for particle size measurement........**M7:** 223–224

Microtwinning **A6:** 163

Microtwins
iron alloy............................**A12:** 457

Microvoid
coalescence...................**A8:** 465–466, 476
in aluminum fracture **A8:** 478

Microvoid coalescence *See also* Dimple rupture(s); Dimple(s); Voids..**A19:** 7, 9, 29, 45–46, 47, 48, 49, 50, 51, 55, 186, 448
AISI/SAE alloy steels...................**A12:** 293
as creep damage......................**A11:** 290
as ductile mechanism **A12:** 96
as failure mechanism...................**A12:** 12
as micromechanism of ductile fracture.....**A12:** 4
by ductile rupture, titanium alloys **A12:** 443
crack growth by..................**A11:** 227, 230
ductile fracture by **A11:** 82
ductile iron **A12:** 230–231
effect on dimple size...................**A12:** 12
fracture by............................**A11:** 25
growth, effect on fracture surface **A12:** 13
high-purity copper..................**A12:** 399–400
in aluminum alloys..................**A19:** 45, 48
in fatigue fracture **A12:** 119–120
in low-carbon steel bolts................**A12:** 248
in stainless steel....................**A11:** 84, 86
in steels **A19:** 45, 48
intergranular......................**A12:** 14, 128
intergranular dimple rupture, steel **A12:** 14
iron-base alloy fracture by.........**A12:** 220, 460
linking by creep, austenitic stainless steels...............................**A12:** 364
maraging steels **A12:** 383
martensitic stainless steels **A12:** 369
schematic of **A19:** 29
schematic under Modes I, II **A12:** 16
strain-controlled, ASTM/ASME alloy steels..............................**A12:** 350
superalloys **A12:** 388, 393
titanium alloys...................**A12:** 441, 445
tool steel fracture by **A12:** 381
zig-zag pattern of **A19:** 46, 50, 51

Microvoid nucleation
effect on fracture surface appearance **A12:** 12

Microvoids *See also* Bubbles; Defects; Microvoid coalescence; Voids..................**A19:** 105
advanced aluminum MMCs..............**A7:** 849
defined...............................**EL1:** 82
effect in PWBs........................**EL1:** 82
in tungsten-rhenium thermocouples **A2:** 876

Microwave
absorption intensity, in ESR analysis.....**A10:** 253
curing, of polymers **EL1:** 786
defined..............................**EL1:** 1158
detector, corrosion failure analysis **EL1:** 1112–1113
integrated circuits **EL1:** 1150
losses, FMR determination of **A10:** 267
radiation, defined **A10:** 676–677
spectrometers, in FMAR measurements in transmission **A10:** 272
spectroscopy, capabilities **A10:** 253

Microwave applications
alloy characteristics **EL1:** 755
alloys for gold-base systems.............**EL1:** 755
commercial vs. military **EL1:** 754–755
device attachment **EL1:** 755–756
high-volume production............**EL1:** 757–758
passive components fabrication **EL1:** 188–189
resins and reinforcements **EL1:** 534–537
secondary/tertiary attachment alloys **EL1:** 756–757

Microwave brazing **A6:** 124

Microwave detector **A13:** 1122–1123

Microwave drying
applications **EM4:** 133

Microwave excitation **A18:** 840

Microwave ferrites
as magnetically soft materials **A2:** 776
electrical/electronic applications **EM4:** 1106
properties...........................**EM4:** 1106

Microwave heater
for warm compaction **A7:** 316

Microwave heating
effect on non-oxide ceramic joints **EM4:** 528

Microwave holography *See also* Holography; Microwave inspection; Optical holography
and millimeter wave/optical holographies compared........................**A17:** 226
examples **A17:** 226–227
incoherent-to-coherent image converters **A17:** 227–228
instrumentation **A17:** 207–211
optical **A17:** 224
practice **A17:** 224–228
process..........................**A17:** 224–227
zone plates...........................**A17:** 224

Microwave inspection *See also*
Microwaves **A17:** 202–230
and ultrasonic inspection, compared **A17:** 202
and x-ray radiographic inspection compared........................**A17:** 202
applications......................**A17:** 202–203
chemical composition, dielectric materials **A17:** 215
discontinuities detected **A17:** 212–214
eddy currents for holes and small radius areas...........................**A17:** 223–224
ferromagnetic resonance eddy current probes **A17:** 220–223
instrumentation **A17:** 207–211
material anisotropy measurement **A17:** 215
microwave eddy current testing **A17:** 218–219
microwave holography........**A17:** 207, 224–228
moisture analysis with microwaves.......**A17:** 215
physical principles..................**A17:** 203–205
plastic material properties...............**A17:** 51
special techniques **A17:** 205–207
stress-corrosion measurement **A17:** 215–218
surface cracks in metals, detection...**A17:** 214–215
thickness gaging..................**A17:** 211–212

Microwave integrated circuits *See also* Monolithic microwave integrated circuits (MMICs)
of gallium compounds...................**A2:** 740

Microwave liquid crystal display (MLCD)
capabilities...........................**A17:** 208

Microwave packages *See also* Monolithic-microwave integrated circuits (MMIC)
defined...............................**EL1:** 452
polymer matrix composites in **EL1:** 1117–1118

Microwave radiation
defined...........................**A10:** 676–677

Microwave sintering
alumina **A7:** 508
titania..................................**A7:** 509

Microwave surface impedance
microwave inspection **A17:** 205

Microwave thermography
instrumentation **A17:** 208

Microwave-resonant cavity
modes.................................**A10:** 256
power reflected, as function of frequency **A10:** 256

Microwave(s) *See also* Microwave inspection
absorption and dispersion...............**A17:** 204
crack detection system **A17:** 219
defined................................**A17:** 202
detection instruments **A17:** 207–211
detection, of stress corrosion **A17:** 205
eddy current testing................**A17:** 218–219
frequency bands **A17:** 202
in microwave holography...........**A17:** 224–227
material anisotropy measurement by **A17:** 215
moisture analysis using.................**A17:** 215
physical principles.................**A17:** 203–205
reflection and refraction laws............**A17:** 204
scattering of **A17:** 204–205
source, modulation.....................**A17:** 217
stress-corrosion measurement **A17:** 215–218
supercomponent concept................**A17:** 210
surface cracks detection **A17:** 214–215

Microwelding **A6:** 193

Microwelding with pulsed lasers ...**A6:** 263, 266, 267

Microyield strength *See also* Yield strength
beryllium **A2:** 684

MICV *See* Magnetically induced velocity changes (MICV)

Middle-crack tension M(T) specimen ..**A19:** 171, 172

Middle-infrared radiation
defined................................**A10:** 677

Middle-roll offset straightening **A14:** 692

Middlings
in powder cleaning **M7:** 178

Midsurface extraction **A20:** 183

Midvale Company (Philadelphia)
steel castings **A15:** 31

Mie scattering process **EM4:** 853
spectral transmittance of colloidally colored glasses..........................**EM4:** 1081

Mie scattering theory **A7:** 237, 250, **EM4:** 67

Miedema formula **A6:** 144

Miedema technique **A6:** 145

MIG welding *See also* Gas metal arc
welding **A19:** 146
definition..............................**A6:** 1211

Migration *See also* Electrochemical migration; Solid-state migration; Transference
as leakage..............................**A17:** 58
diffusion-induced grain-boundary, EDS/CBED analysis of...................**A10:** 461–464
electrical, in voltammetry...............**A10:** 189
in thick-film pastes **EL1:** 342
tests, ceramic packages **EL1:** 468

Mil
defined................................**EM1:** 15
definition..............................**A5:** 961

MIL specifications *See* listings in data compilations for individual alloys

Mild or half-strength cyanide bath
composition and operating conditions **A5:** 227, 228

Mild Plow Steel quality rope wire **M1:** 265, 266

Mild steel *See also* Low-carbon steel
650 °C in vacuum, critical stress required to cause a crack to grow...................**A19:** 135
abrasion resistance................**M3:** 582, 583
abrasive wear **A18:** 189
as lubricant during hot extrusion of tool steels..............................**A18:** 738
corrosion fatigue behavior above 10^7 cycles **A19:** 598
corrosion fatigue strength in water **A19:** 671
corrosion in sulfuric acid **M3:** 88, 89
engineering applications **A19:** 131
erosion test results.....................**A18:** 200

654 / Mild steel

Mild steel (continued)
fatigue crack growth. **A19:** 128, 636, 637
fatigue crack threshold compared with the constant C. **A19:** 134
fatigue strength **A19:** 283, 285
fracture properties **A19:** 616
fracture toughness **A19:** 628
laser cladding. **A18:** 867, 868
laser melting **A18:** 865
low-strength, high-toughness materials **A19:** 375
press forming dies, use for **M3:** 489, 492
short-fatigue-crack behavior **A19:** 136
solution potential **M2:** 207
stress-corrosion cracking **A19:** 649
wear rates for test plates in drag conveyor bottoms **A18:** 720

Mild steel powder
melt drop (vibrating orifice)
atomization **A7:** 50–51
thermal spray forming. **A7:** 411

Mild steels *See also* Carbon steels; Low-carbon steels
steels **A1:** 390
brittle fracture. **A20:** 324
cost per unit mass **A20:** 302
cost per unit volume **A20:** 302
covering for welding electrodes **A6:** 176
engineered material classes included in material property charts **A20:** 267
flux-cored arc welding. **A6:** 187
fracture toughness vs.
density. **A20:** 267, 269, 270
strength. **A20:** 267, 272–273, 274
Young's modulus **A20:** 267, 271–272, 273
friction surfacing. **A6:** 321, 322
hardfacing **A6:** 807
hydrogen-induced cracking **A6:** 646
induction soldering, physical properties **A6:** 364
linear expansion coefficient vs. Young's modulus **A20:** 267, 276–277, 278
normalized tensile strength vs. coefficient of linear thermal expansion. **A20:** 267, 277–279
plasma and shielding gas compositions **A6:** 197
plasma-MIG welding. **A6:** 224, 225
projection welding **A6:** 233
relative solderability **A6:** 134
resistance seam welding **A6:** 243
shielded metal arc welding. **A6:** 57, 61
strength vs. density **A20:** 267–269
submerged arc welding **A6:** 204
tuming and milling recommended ceramic grade inserts for cutting tools **EM4:** 972
weldability. **A6:** 419–420
Young's modulus vs. density . . . **A20:** 266, 267, 268
Young's modulus vs. strength. . . **A20:** 267, 269–271

Mild wear *See also* Normal wear;
Severe wear. **A8:** 603
defined **A18:** 13
definition. **A5:** 961

Mildewcides **EM3:** 674

Military *See* Ordnance applications: U.S. Military specifications

Military and Federal Specifications and Standards. **EM3:** 72

Military applications *See also* Ordnance applications
advanced composites for **EM1:** 804–806
aluminum-lithium alloys **A2:** 182
and federal specifications and standards **EM2:** 89–90
circuit applications **EL1:** 386
circuit construction **EL1:** 386–387
component attachment **EL1:** 387–388
design criteria **EL1:** 516–517
environmental testing for. **EL1:** 493–503
future trends. **EL1:** 392–393
liquid crystal polymers (LCP) **EM2:** 180
market size/outlook **EL1:** 389
materials technology **EL1:** 388–389
mine warfare vessels **EM1:** 837

multidirectionally reinforced ceramics. **EM1:** 933–940
of germanium and germanium compounds **A2:** 743
of hybrids **EL1:** 254
of titanium P/M products. **A2:** 647
polybenzimidazoles (PBI) **EM2:** 147
polybutylene terephthalates (PBT). **EM2:** 153
qualification programs **EL1:** 502–503
reliability and performance criteria **EL1:** 386
solder joints, millimeter/microwave . . **EL1:** 754–758
trends **EL1:** 386–389

Military electronic systems
as defined by levels. **EL1:** 76

Military Handbook 17. . . . . **EM1:** 40

Military Handbook MIL-HDBK-337, Adhesive Bonded Aerospace Structure Repair **EM3:** 67

Military Handbook MIL-HDBK-691B, Adhesive Bonding **EM3:** 67

Military handbooks for adhesives **EM3:** 63

Military projectiles
P/M history **M7:** 17

Military Specification MIL-STD-1942MR
bend strength tests of ceramics **EM4:** 710

Military specifications
aircraft brake testing standards (MIL-W-5013). **A18:** 586
austenitic manganese steel. **M3:** 585
automotive diesel engine services engine oil classification **A18:** 165
defined **EM1:** 700
engine oils. **A18:** 162–163, 164, 165
gear oils (MIL-L-2105C; MIL-L-2105D) . . . **A18:** 86
lubricant selection for aviation engine oils (MIL-L-7808G; MIL-L-23699C). **A18:** 166
MIL-H-1472, human engineering design criteria **A20:** 130
MIL-HDBK-5, metallic materials mechanical properties **A20:** 80
MIL-HDBK-17, composite materials mechanical properties **A20:** 80, 650
MIL-J-24445, ram tensile procedure, explosion welds. **A6:** 305
MIL-S-24645 . . . . **A6:** 406

Military specifications, specific types
DoD-P-15328, wash primers **A5:** 425
DoD-P-15328D, polyvinyl-butyral coatings **A5:** 442
MIL-883, bake and steam age solderability requirements, tin-alloy plating **A5:** 258
MIL-38510, tin-alloy plating requirements for surface finish on electronic components **A5:** 258
MIL-A-8625, chromic acid and sulfuric acid anodizing. **A5:** 484, 485
MIL-A-81801, zinc anodizing **A5:** 492
MIL-A-83444
aircraft damage tolerance requirements **A19:** 614
Airplane Damage Tolerance Requirements. **A19:** 566
damage tolerance non-fail-safe structures **A19:** 415
requirements for protecting the flight safety of aircraft **A19:** 580
MIL-A-87221
appendix to, initial flaw size. **A19:** 580
damage tolerance, non-fail-safe structures **A19:** 415
flaw sizes prescribed for slow crack and fail-safe design **A19:** 581
MIL-C-450 (Types I, II, and III)
coating compound, bituminous, solvent type, black **A5:** 414
properties of rust-preventive materials . . . **A5:** 416
MIL-C-4339, corrosion-preventive soluble oil, for water-injection systems. **A5:** 414, 416
MIL-C-5541, chromate conversion coatings and salt fog testing. **A5:** 407, 409, 937
MIL-C-5545, compound, corrosion preventive, aircraft engine, heavy oil type . . . **A5:** 414, 416

MIL-C-6529, corrosion preventive, aircraft engine **A5:** 414, 416
MIL-C-8188, corrosion-preventive oil, gas turbine engine, aircraft synthetic base . . . **A5:** 414, 416
MIL-C-8837B, coating, cadmium (vacuum deposited) **A5:** 919
MIL-C-10382, corrosion preventive, petrolatum, spraying application for food-handling machinery and equipment **A5:** 414, 416
MIL-C-10578D, phosphating of metals, industrial standards, and process specifications **A5:** 399
MIL-C-11796, Class 1, corrosion-preventive compound, petrolatum, hot application **A5:** 414, 416
MIL-C-11796, Class 1A, corrosion-preventive compound, petrolatum, hot application **A5:** 414, 416
MIL-C-11796, Class 2, corrosion-preventive compound, petrolatum, hot application **A5:** 414, 416
MIL-C-11796, Class 3, corrosion-preventive compound, petrolatum, hot application **A5:** 414, 416
MIL-C-14550 (Ord), copper plating **A5:** 169
MIL-C-15074, corrosion preventive, fingerprint remover. **A5:** 414, 416
MIL-C-16173, Grade 1, corrosion-preventive compound, solvent cutback, cold application **A5:** 414, 416
MIL-C-16173, Grade 1A, corrosion-preventive compound, solvent cutback, cold application **A5:** 414, 416
MIL-C-16173, Grade 2, corrosion-preventive compound, solvent cutback, cold application **A5:** 414, 416
MIL-C-16173, Grade 3, corrosion-preventive compound, solvent cutback, cold application **A5:** 414, 416
MIL-C-16173, Grade 4, corrosion-preventive compound, solvent cutback, cold application **A5:** 414, 416
MIL-C-16173, rust-preventive compounds to protect exterior surfaces **A5:** 417
MIL-C-22235, corrosion-preventive oil, nonstaining. **A5:** 414, 416
MIL-C-22750E, high-solids epoxy topcoats **A5:** 937
MIL-C-38736, wipe solvent cleaners, formulation **A5:** 940
MIL-C-40084, corrosion-preventive compound, water emulsifiable, oil type **A5:** 414, 416
MIL-C-81562, mechanical plating. **A5:** 332
MIL-C-81562B, coatings, cadmium, tin-cadmium, and zinc (mechanically deposited). . . . **A5:** 919
MIL-C-81706, chromate conversion coatings and salt fog testing **A5:** 407, 409
MIL-C-81751, cadmium replacement identification **A5:** 920
MIL-C-83488, cadmium replacement identification **A5:** 920
MIL-C-85285, high-solids urethanes for military applications **A5:** 937
MIL-C-85614, dry film lubricant, torque-tension testing. **A5:** 923
MIL-G-9954A, glass bead standard size and roundness specifications **A5:** 63
MIL-G-10924, grease, automotive and artillery **A5:** 414, 416
MIL-G-18458, grease, wire rope, exposed gear. **A5:** 414, 416
MIL-G-45204, military gold plating standard **A5:** 247
MIL-G-45204C, industrial gold plating definition of purity hardness and thickness of the deposit **A5:** 249
MIL-H-6083, hydraulic fluid, petroleum base, preservative **A5:** 413, 414, 416
MIL-HDBK-5, best-fit *S/N* curves **A19:** 19, 583
MIL-HDBK-132 (Ord), military handbook, copper plating protective finishes **A5:** 169

SUBJECTS OF THE INDEXED VOLUMES: ASM Handbook (designated by the letter "A"): **A1:** Properties and Selection: Irons, Steels, and High-Performance Alloys (1990); **A2:** Properties and Selection: Nonferrous Alloys and Special-Purpose Materials (1990); **A3:** Alloy Phase Diagrams (1992); **A4:** Heat Treating (1991); **A5:** Surface Engineering (1994); **A6:** Welding, Brazing, and Soldering (1993); **A7:** Powder Metal Technologies and Applications (1998); **A8:** Mechanical Testing (1985); **A9:** Metallography and Microstructures (1985); **A10:** Materials Characterization (1986); **A11:** Failure Analysis and Prevention (1986); **A12:** Fractography (1987); **A13:** Corrosion (1987); **A14:** Forming and Forging (1988); **A15:** Casting (1988); **A16:** Machining (1989); **A17:** Nondestructive Evaluation and Quality Control (1989); **A18:** Friction, Lubrication, and Wear Technology (1992); **A19:** Fatigue and Fracture (1996); **A20:** Materials Selection and Design (1997). **Metals Handbook, 9th Edition** (designated by the letter "M"): **M1:** Properties and Selection: Irons and Steels (1978); **M2:** Properties and Selection: Nonferrous Alloys and Pure Metals (1979); **M3:** Properties and Selection: Stainless Steels, Tool Materials, and Special-Purpose Materials (1980); **M4:** Heat Treating (1981); **M5:** Surface Cleaning, Finishing, and Coating (1982); **M6:** Welding, Brazing, and Soldering (1983); **M7:** Powder Metallurgy (1984). **Engineered Materials Handbook** (designated by the letters "EM"): **EM1:** Composites (1987); **EM2:** Engineering Plastics (1988); **EM3:** Adhesives and Sealants (1990); **EM4:** Ceramics and Glasses (1991). **Electronic Materials Handbook** (designated by the letters "EL"): **EL1:** Packaging (1989)

MIL-HDBK-205A, phosphating of metals, industrial standards, and process specifications **A5:** 399
MIL-L-3150, lubricating-oil preservative, medium **A5:** 414, 416
MIL-L-6085, lubricating oil, instrument, aircraft, low volatility **A5:** 413, 414, 416
MIL-L-11734, lubricating oil, synthetic (for mechanical time fuses) **A5:** 414, 416
MIL-L-14107, lubricating oil, for aircraft weapons **A5:** 414, 416
MIL-L-14486, finishing systems for magnesium alloys **A5:** 833
MIL-L-17331, lubricating oil, steam turbine (noncorrosive) **A5:** 414, 416
MIL-L-19224, grade A, lubricating oil, mineral, preservative; pour point –34 °C (–30 °F) **A5:** 414, 416
MIL-L-19224, grade B, lubricating oil, mineral, preservative; pour point –34 °C (–30 °F) **A5:** 414, 416
MIL-L-19224, grade C, lubricating oil, mineral, preservative; pour point –34 °C(–30 °F) **A5:** 414, 416
MIL-L-21006, rust retarding compound, flotation type, ballast tank protection **A5:** 414, 416
MIL-L-21260, Grade 1, lubricating oil, internal-combustion engine, preservative **A5:** 414, 416
MIL-L-21260, Grade 2, lubricating oil, internal-combustion engine, preservative **A5:** 414, 416
MIL-L-21260, Grade 3, lubricating oil, internal-combustion engine, preservative **A5:** 414, 416
MIL-L-21260, interior protection of lubricating systems and reservoirs **A5:** 417
MIL-L-46000, lubricating oil, semifluid, automatic weapons **A5:** 415, 416
MIL-L-46002, Grade 1, lubricating oil, contact and volatile corrosion inhibited **A5:** 415, 416
MIL-L-46002, Grade 2, lubricating oil, contact and volatile corrosion inhibited **A5:** 415, 416
MIL-L-52043, finishing systems for magnesium alloys **A5:** 833
MIL-L-56010, torque-tension testing **A5:** 923
MIL-M-3171, finishing systems for magnesium alloys **A5:** 823, 824, 833
MIL-M-3171A, galvanic anodizing **A5:** 825
MIL-M-45202, HAE and Dow 17 anodizing processes **A5:** 492, 825, 827, 833
MIL-M-45202, type II, class B, green coating of magnesium alloys **A5:** 827
MIL-M-45202, type II, class C, black coating of magnesium alloys **A5:** 827
MIL-P-3420, packaging materials volatile corrosion inhibitor, treated, opaque **A5:** 415, 416
MIL-P-8514, wash primers **A5:** 425
MIL-P-15328, phosphating of metals, industrial standards, and process specifications **A5:** 399
MIL-P-15930, finishing systems for magnesium alloys **A5:** 833
MIL-P-23377F, Class 2, high-solids aerospace primers **A5:** 937
MIL-P-23377F, Class 3, epoxy primers, TCA (exempt-solvent-based primers) **A5:** 936
MIL-P-23408B, plating, tin-cadmium (electrodeposited) **A5:** 919
MIL-P-50002B, phosphating of metals, industrial standards, and process specifications **A5:** 399
MIL-P-52192, finishing systems for magnesium alloys **A5:** 833
MIL-P-85582, military aircraft primers **A5:** 936
MIL-QQS-571, tin-bismuth plating, recommendations to prevent tin pest **A5:** 262
MIL-R-46085A, rhodium plating thickness classifications for engineering use **A5:** 252
MIL-S-8879A, thread designs **A19:** 288
MIL-S-13165, Peenscan method of measuring shot peening coverage **A5:** 127–128, 190
MIL-S-13165C, shot-peening process **A5:** 871
MIL-STD 1530 . . . . **A19:** 580
damage tolerance, non-fail-safe structures **A19:** 415
MIL-STD-865C (U.S. Air Force), selective plating specification **A5:** 281
MIL-STD-866B, grinding of chromium-plated high-strength steel parts **A5:** 189
MIL-STD-870, cadmium plating, low embrittlement, electrodeposition **A5:** 919
MIL-STD-1500, cadmium-titanium plating, low embrittlement **A5:** 919
MIL-STD-2197SH (U.S. Navy), selective plating specification **A5:** 281
MIL-T-12879, phosphating of metals, industrial standards, and process specifications **A5:** 399
MIL-W-3688, wax emulsion (rust inhibiting) **A5:** 415, 416
TT-E-485, finishing systems for magnesium alloys **A5:** 833
TT-E-489, finishing systems for magnesium alloys **A5:** 833
TT-E-529, finishing systems for magnesium alloys **A5:** 833
TT-P-2756, high-solids self-priming urethane topcoat **A5:** 937
Military Standard 1944 . . . . **EM1:** 40
Military standardization documents **EL1:** 906–911
Military Standardization Handbook, The **A8:** 61
Military standards
standardization documents **EL1:** 906–911
system, utilizing **EL1:** 911–916
Military standards, specific types
105E, sampling tables **A7:** 707
MIL-T-21014B, tungsten heavy alloy processing **A7:** 499
Military vehicles
P/M parts for **M7:** 687–688
Milk sugar
brightener for cyanide baths **A5:** 216
Milk/milk products
pure tin resistance **A13:** 772
Mill **M7:** 7
defined **A14:** 9
edge, defined **A14:** 9
finish, defined **A14:** 9
primary function **M7:** 59
Mill addition
definition **A5:** 961
Mill anneal
cycle and microstructure **A6:** 510
Mill annealing
solid-solution-strengthened alloys **A6:** 572, 573, 574
wrought titanium alloys **A2:** 619
Mill defect
stress-rupture cracking in **A11:** 603
Mill diameter **A7:** 61
Mill finish
definition **A5:** 961
Mill finishes
stainless steels, matching of **A5:** 753
Mill finishes, stainless steel **M5:** 551–552
grade limitations **M5:** 552
preservation of **M5:** 552
Mill heat treatment
of cold-rolled steel products **A1:** 202–204
of low-alloy steel **A1:** 209
Mill inspection
of tubular products **A17:** 561
Mill processes *See also* Aluminum mill and engineered wrought products
aluminum **A2:** 29–61
Mill product
defined **A14:** 9
Mill products **A13:** 193–194, 429–430, **M1:** 111
aluminum **A2:** 29, **M2:** 44–62
commercial wrought aluminum, types . . . **A2:** 33–34
commercially pure titanium specifications . . **A2:** 594
defined **A2:** 33
forging and rolling **M7:** 522–529
mechanically alloyed oxide alloys **A2:** 947–949
refractory metals and alloys **A2:** 557–559
rust-preventive compounds used on . . **M5:** 465–466
shear testing of **A8:** 62–65
tungsten **A2:** 577
wrought copper, copper base **A2:** 238
Mill scale **A13:** 9, 84, 524
as nonrelevant indication source **A17:** 105
atmospheric corrosion resistance affected by **M1:** 722
defined **A14:** 9
definition **A5:** 961
removal rates in uninhibited acids **M1:** 755
seawater corrosion, effect on **M1:** 739
soil corrosion related to **M1:** 729, 731
Mill scale, corrosion from **M5:** 431, 476
removal of **M5:** 476
Mill scale powder **M7:** 7
Mill scales
in Pyron process **M7:** 82
Mill shapes, of superalloys
manufacturing **M7:** 527–528
Milled fiber *See also* Fiber(s)
defined **EM1:** 15, **EM2:** 27
Milled glass fibers **EM1:** 110
as filler for polysulfides **EM3:** 139
Milled zircon opacifier **EM4:** 50
Miller index
of crystallographic direction **A10:** 359
single-crystal analysis **A10:** 346
unit meshes and two-dimensional **A10:** 537
Miller indices **A18:** 465–466
defined **A9:** 12
for designating crystal planes **A9:** 708
Miller indices of the planes **A20:** 389
Miller numbers *See also* Slurry abrasion response number **A18:** 234–235
abrasivity of a fluid **A18:** 597
defined **A18:** 13
Miller-Bravais indices
defined **A9:** 12
for designating planes in hexagonal crystals **A9:** 708–710
Miller's indices **A19:** 77
Millett, Eli
as early founder **A15:** 32
Millimeter applications
alloys for gold-base systems **EL1:** 755
commercial vs. military **EL1:** 754–755
device attachment **EL1:** 755–756
high-volume production **EL1:** 757–758
secondary/tertiary attachment alloys **EL1:** 756–757
Millimeter wave holography, and optical holography
compared **A17:** 226
Milling *See also* End milling; Face milling; Milling machines, specific types **A7:** 33, 685, **M7:** 7
abusive, and resulting fatigue strength **A16:** 31
adaptive control implemented **A16:** 618–624
aircraft engine components, surface finish requirements **A16:** 22
Al alloys **A16:** 766–769, 772–773, 784–785, 791–800
and arithmetic roughness average **A16:** 14
and maximum peak-to-valley roughness height **A16:** 26
and vertical multiple-spindle automatic chucking machines **A16:** 379
applications of P/M high-speed tool steel for **A1:** 785
as machining process **M7:** 67
as manufacturing process **A20:** 247
as wet chemical technique for subdividing solids **A10:** 165
attributes **A20:** 248
automatic feed mechanisms **A16:** 309
Be alloys **A16:** 870
carbon and alloy steels **A16:** 675–676
carbon steel surface compression stress and fatigue strength **A5:** 711
cast irons **A16:** 648, 656, 661
CBN tooling **A16:** 112
cemented carbides used **A16:** 75, 76, 79
ceramic tooling **A16:** 102
cermet tool parameters **A16:** 96
cermet tooling **A16:** 92, 97
characteristics **A20:** 695
chemical activity **M7:** 64
chemical, and resulting fatigue strength **A16:** 31
chemical, titanium and titanium alloy castings **A2:** 643
chip formation **A16:** 8
chip formation analysis **A16:** 17
chip removal operations for surface integrity **A16:** 33
climb (down-thread) **A16:** 268, 269, 309, 319, 321, 327
compared to band sawing **A16:** 356, 363, 364
compared to broaching **A16:** 194, 196, 209
compared to drilling **A16:** 234
compared to ECG **A16:** 546, 547
compared to EDM **A16:** 564
compared to grinding **A16:** 426, 427

Milling (continued)
compared to shaping and slotting . . . **A16:** 187, 192, 193
compared to thread grinding . . . **A16:** 270
compared to ultrasonic machining . . . **A16:** 528
compared with alternative processes . . . **A16:** 329
conditions, for precious metal powders . . . **M7:** 149
contour, Al honeycomb . . . **A16:** 604
conventional (up-thread) . . . **A16:** 268, 269
Cu alloys . . . **A16:** 805, 808
cutter design effect on efficiency . . . **A16:** 318–319
cutting fluid flow recommendations . . . **A16:** 127
cutting fluids . . . **A16:** 125, 327–328
CVD-coated tools . . . **A16:** 87
definition . . . **A5:** 961
diamond (PCD) tooling . . . **A16:** 110
dimensional tolerance achievable as function of feature size . . . **A20:** 755
end . . . **A16:** 311, 314, 320–329
end, for gear manufacture . . . **A16:** 333, 339
energy relationships . . . **M7:** 61–62
environment . . . **M7:** 63–65
equipment . . . **M7:** 65–70
face . . . **A16:** 20, 311–313, 315–322, 327–329
fine refractory metal powders . . . **A7:** 72
fixtures . . . **A16:** 405
fluid . . . **M7:** 7
flycut milling test . . . **A16:** 640–641
for magnesium powder production . . . **M7:** 131
forces in . . . **M7:** 56
gang . . . **A16:** 309, 319, 320, 321
gentle, and fatigue strength . . . **A16:** 31
geometrical relation of cutter to work . . . **A16:** 317–318
hafnium . . . **A16:** 856
heating curves . . . **M7:** 61, 62
heat-resistant alloys . . . **A16:** 752
helical gears . . . **A16:** 339, 341
herringbone gears . . . **A16:** 339
high-energy . . . **M7:** 23, 67, 69–70
high-speed . . . **A16:** 329
in conjunction with broaching . . . **A16:** 209
in conjunction with drilling . . . **A16:** 216, 218
in conjunction with EDM . . . **A16:** 560
in conjunction with superabrasive grinding . . . **A16:** 460
in conjunction with tapping . . . **A16:** 263
in conjunction with turning . . . **A16:** 135, 140, 142, 153
in conjunction with ultrasonic machining **A16:** 530, 531
in machining centers . . . **A16:** 308–309, 393
in metal removal processes classification scheme . . . **A20:** 695
in QMP iron powder process . . . **M7:** 87
internal gears . . . **A16:** 339
liquid . . . **M7:** 7
material for milling cutters . . . **A16:** 313–317
mechanical, electric automatic controls . . . **A16:** 309
mechanical, electric-hydraulic controls . . . **A16:** 310
mechanical, hydraulic automatic controls **A16:** 310
mechanism . . . **M7:** 62–63
medium . . . **M7:** 60–61
Mg alloys . . . **A16:** 820, 821–822, 826–827, 828
MMCs . . . **A16:** 894, 895, 896, 900, 901
multifunction machining . . **A16:** 366–367, 374, 377, 381, 386
NC implemented . . . **A16:** 613, 614, 616, 617
Ni alloys . . . **A16:** 837, 840–841
nonreactive . . . **M7:** 64–65
notch root radius . . . **A8:** 382
numerical control (NC) . . . **A16:** 305, 306, 310
objectives . . . **M7:** 56
of brittle single particles . . . **M7:** 60
of ductile single spherical particles . . . **M7:** 60
of P/M tool steels . . . **M7:** 789
optimization of machine setup . . . **A16:** 309
P/M high-speed tool steels . . . **A16:** 65, 66, 67
P/M materials . . . **A16:** 880, 883, 889
parameters, and powder characteristics . . **M7:** 60–65
particle effects in microforging . . . **M7:** 61
particle effects of fracturing . . . **M7:** 61
particles effects of welding . . . **M7:** 61
PCBN cutting tools . . . **A16:** 112, 116
peripheral . . . **A16:** 311, 319–322, 327–329
peripheral, Al alloys . . . **A16:** 786, 793
peripheral, Cu alloys . . . **A16:** 815, 816
peripheral, for gear manufacture . . . **A16:** 333
peripheral, Mg alloys . . . **A16:** 826–827
peripheral, refractory metals . . . **A16:** 865, 866, 867
peripheral, Ti alloys . . . **A16:** 846, 848, 849
peripheral, tool steels . . . **A16:** 721
physical and mechanical properties affected by . . . **M5:** 308
powder characteristics . . . **M7:** 65
power consumption . . . **A16:** 17–18
power requirements . . . **A16:** 319
principles . . . **M7:** 56–60
process selection . . . **M7:** 56
processes . . . **M7:** 56, 62
PVD-coated tools . . . **A16:** 83
reactive . . . **A7:** 81, **M7:** 64–65
refractory metals . . . **A16:** 860, 861, 867
relative difficulty with respect to machinability of the workpiece . . . **A20:** 305
roughness average . . . **A5:** 147
sample, for chemical surface studies . . . **A10:** 177
setup rigidity . . . **A16:** 320
slab (peripheral) . . . **A16:** 320, 324, 327, 328
slab (peripheral), carbon and alloy steels . . **A16:** 675
slab (peripheral), heat-resistant alloys . . . **A16:** 755, 756
slab (peripheral), Hf . . . **A16:** 856
speed, feed, and depth of cut . . . **A16:** 323–327, 329
spur gears . . . **A16:** 338, 339, 341
stainless steels . . . **A16:** 692, 695, 699, 701, 703–704
straddle . . . **A16:** 308, 309, 320
straddle, of tool steels . . . **A16:** 715, 717
surface alterations produced . . . **A16:** 23
surface finish achievable . . . **A20:** 755
surface finish and integrity . . . **A16:** 21, 28, 327
Ti alloys . . . **A16:** 845, 846–847
time . . . **M7:** 59–60
tool life . . . **A16:** 314, 315, 318, 321, 322, 326–329
tool steels . . **A16:** 715, 718–719, 721, 723, 726, 727
tooling material choice . . . **A16:** 317
tungsten heavy alloys . . . **A7:** 920
uranium alloys . . . **A16:** 875
vs. blanking . . . **A14:** 458
worm gears . . . **A16:** 340
wrought copper and copper alloys . . . **A2:** 243–244
zirconium . . . **A16:** 852, 853–854, 855
Zn alloys . . . **A16:** 834
Milling, chemical
aluminum alloy . . . **A15:** 763
Milling, copper alloys
lead frame strip . . . **EL1:** 483
Milling cutters *See* Cutting tools
Milling fluid
viscosity of . . . **A7:** 57
Milling machines *See also* Milling **A16:** 1, 303–309, 326, 329
achievable machining accuracy . . . **A5:** 81
and drilling . . . **A16:** 212
bed-type . . . **A16:** 305, 308, 321
chucking . . . **A16:** 303
die threading . . . **A16:** 297
gantry-type . . . **A16:** 306–307, 308
gear manufacture . . . **A16:** 330, 333–334, 335, 348
knee-and-column . . . **A16:** 304–305, 306
lapping . . . **A16:** 503
moving-bridge . . . **A16:** 306–307, 308
multiple-spindle bar . . . **A16:** 303
nonreversing tapping attachments . . . **A16:** 255
planer-type . . . **A16:** 306–307
planetary . . . **A16:** 308, 309
profilers . . . **A16:** 308
rise-and-fall . . . **A16:** 305
rotary millers . . . **A16:** 308
single-spindle bar machines . . . **A16:** 303
special-purpose . . . **A16:** 307–309
tape-controlled . . . **A16:** 304
Milling of brittle and ductile materials . . . **A7:** 53–66
Milliprobe, for historical studies
PIXE analysis . . . **A10:** 107
MIL-STD-454
and federal supply class (FSC) . . . **EL1:** 914–915
individual requirements . . . **EL1:** 915
requirements, summary . . . **EL1:** 908
total requirements . . . **EL1:** 915–916
versatility/utilization of . . . **EL1:** 913
MIL-STD-883
for environmental testing . . . **EL1:** 494
glass-to-metal seals . . . **EL1:** 458
MIL-STD-38510
glass-to-metal seals . . . **EL1:** 458
MIM process *See* P/M injection molding process
Mindlin analysis
partial slip . . . **A18:** 244
Mindlin plate element . . . **A20:** 179
Mine waters . . . **A13:** 1293–1294
Minelbite
composition . . . **EM4:** 873
manufacturer . . . **EM4:** 873
properties . . . **EM4:** 873
Miner calculations . . . **A19:** 131
Miner rule . . **A19:** 113–114, 117, 121, 126, 128, 271, 299, 578
as failure criterion . . . **A19:** 127
Mineral abrasives
use in dry blasting . . . **M5:** 84
Mineral acid cleaning *See also* Acid cleaning . . . **M5:** 59–65
barrel process . . . **M5:** 60–65
cleaner composition and operating conditions . . . **M5:** 59–60, 61–62
corrosivity factors . . . **M5:** 65
electrolytic process . . . **M5:** 60–65
equipment and process control . . . **M5:** 61–65
immersion process . . . **M5:** 60–65
iron and steel . . . **M5:** 59–65
maintenance schedules . . . **M5:** 65
process types *See also* specific processes by name . . . **M5:** 60–62
spray process . . . **M5:** 60–65
wiping process . . . **M5:** 60–65
Mineral acids
cemented carbide corrosion in . . . **A13:** 852
corrosion, casting alloys . . . **A13:** 575
defined . . . **A13:** 1140
sample dissolution in . . . **A10:** 165
stainless steel corrosion in . . . **A13:** 557–558
Mineral beneficiation
of uranium . . . **A2:** 670
Mineral industry . . . **A13:** 1293–1298
cyclic loading machinery . . . **A13:** 1297
materials selection for . . . **A13:** 1294
pump and pumping systems . . . **A13:** 1294–1296
reactor vessels . . . **A13:** 1297
roof bolts . . . **A13:** 1294
tanks . . . **A13:** 1296–1297
wire rope . . . **A13:** 1294
Mineral oil . . . **A16:** 122–123
approximate temperature exposure limits . . **A18:** 84
as metalworking lubricants . . . **A18:** 139, 140, 142, 144, 146, 147
critical temperature . . . **A18:** 96
defined . . . **A18:** 13
for bearing steels . . . **A18:** 732
for tool steel lubrication . . . **A18:** 737, 738
high-vacuum lubricant applications . . . **A18:** 155
lubricant for tool steels . . . **A18:** 738
lubricants for rolling-element bearings . . . **A18:** 133–134, 135, 136, 137
properties . . . **A18:** 81
removal of . . . **M5:** 10, 439, 577
thermal expansion . . . **A18:** 83

SUBJECTS OF THE INDEXED VOLUMES: **ASM Handbook** (designated by the letter "A"): **A1:** Properties and Selection: Irons, Steels, and High-Performance Alloys (1990); **A2:** Properties and Selection: Nonferrous Alloys and Special-Purpose Materials (1990); **A3:** Alloy Phase Diagrams (1992); **A4:** Heat Treating (1991); **A5:** Surface Engineering (1994); **A6:** Welding, Brazing, and Soldering (1993); **A7:** Powder Metal Technologies and Applications (1998); **A8:** Mechanical Testing (1985); **A9:** Metallography and Microstructures (1985); **A10:** Materials Characterization (1986); **A11:** Failure Analysis and Prevention (1986); **A12:** Fractography (1987); **A13:** Corrosion (1987); **A14:** Forming and Forging (1988); **A15:** Casting (1988); **A16:** Machining (1989); **A17:** Nondestructive Evaluation and Quality Control (1989); **A18:** Friction, Lubrication, and Wear Technology (1992); **A19:** Fatigue and Fracture (1996); **A20:** Materials Selection and Design (1997). **Metals Handbook, 9th Edition** (designated by the letter "M"): **M1:** Properties and Selection: Irons and Steels (1978); **M2:** Properties and Selection: Nonferrous Alloys and Pure Metals (1979); **M3:** Properties and Selection: Stainless Steels, Tool Materials, and Special-Purpose Materials (1980); **M4:** Heat Treating (1981); **M5:** Surface Cleaning, Finishing, and Coating (1982); **M6:** Welding, Brazing, and Soldering (1983); **M7:** Powder Metallurgy (1984). **Engineered Materials Handbook** (designated by the letters "EM"): **EM1:** Composites (1987); **EM2:** Engineering Plastics (1988); **EM3:** Adhesives and Sealants (1990); **EM4:** Ceramics and Glasses (1991). **Electronic Materials Handbook** (designated by the letters "EL"): **EL1:** Packaging (1989)

vapor degreasing solvents percentage in **M5:** 47–48
Mineral oils
for machining **M7:** 461
Mineral processing **EM4:** 961–965
applications......................**EM4:** 963–965
materials **EM4:** 961–962
property comparison of various ceramic materials
and abrasive-resistant steel **EM4:** 962
smelting and spray drying **M7:** 76
wear of ceramics **EM4:** 962–963
Mineral processing industry applications
structural ceramics......................**A2:** 1019
Mineral quartz
XRPD analysis..........................**A10:** 341
Mineral seal oil
to dilute cutting oils **A16:** 186
Mineral spirit cleaners........**M5:** 40–42, 44–46, 57
Mineral spirits
as cleaning solvents.....................**EL1:** 663
properties.................................**A5:** 21
Mineral spirits as a coolant/lubricant for diamond
wheels **A9:** 25
Mineral-filled plastics
as mounting materials.....................**A9:** 45
Minerals *See also* Minerals, characterization of
abrasive machining usage **A5:** 91
analytic methods applicable **A10:** 6
Crystallinity characterized by electron spin
resonance..............................**A10:** 253
effects of composition on mass absorption. **A10:** 97
EXAFS analysis of **A10:** 407
sample dissolution mediums **A10:** 166
sampling of **A10:** 12–18
scale-forming...........................**A13:** 1137
with defects, ESR studied...............**A10:** 264
Minerals, characterization of *See also* Minerals
analytical transmission electron
microscopy **A10:** 429–489
atomic absorption spectrometry **A10:** 43–59
Auger electron spectroscopy.........**A10:** 549–567
classical wet analytical chemistry ...**A10:** 161–180
controlled-potential coulometry......**A10:** 207–211
electrochemical analysis **A10:** 181–211
electrogravimetry....................**A10:** 197–201
electrometric titration **A10:** 202–206
electron probe x-ray microanalysis...**A10:** 516–535
electron spin resonance..............**A10:** 253–266
extended x-ray absorption fine
structure...........................**A10:** 407–419
inductively coupled plasma atomic emission
spectroscopy **A10:** 31–42
infrared spectroscopy **A10:** 109–125
ion chromatography **A10:** 658–667
low-energy ion-scattering
spectroscopy **A10:** 603–609
molecular fluorescence spectrometry ...**A10:** 72–81
Mossbauer spectroscopy **A10:** 287–295
neutron activation analysis **A10:** 233–242
neutron diffraction **A10:** 420–426
optical emission spectroscopy **A10:** 21–30
particle-induced x-ray emission.....**A10:** 102–108
potentiometric membrane electrodes **A10:** 181–187
radial distribution function analysis..**A10:** 393–401
radioanalysis........................**A10:** 243–250
Raman spectroscopy **A10:** 126–138
scanning electron microscopy **A10:** 490–515
secondary ion mass spectroscopy.....**A10:** 610–627
single-crystal x-ray diffraction **A10:** 344–356
spark source mass spectrometry **A10:** 141–150
ultraviolet/visible absorption
spectroscopy **A10:** 60–71
voltammetry.........................**A10:** 188–196
x-ray diffraction....................**A10:** 325–332
x-ray powder diffraction.............**A10:** 333–343
x-ray spectrometry...................**A10:** 82–101
Miner-Robinson Rule
creep-fatigue laws summarized...........**A19:** 548
Miner's law...............................**A11:** 112
Miner's rule **A8:** 374, **EM3:** 517
for lifetime evaluation..................**EM1:** 203
Miner's rule model **A19:** 299
Mines
acoustic emission inspection **A17:** 290
Miniature angle-beam standard reference blocks
ultrasonic...............................**A17:** 267
Miniature L-plate as internal fixation device **A11:** 671
Miniature-specimen testing.................**A19:** 521

Miniaturization **EL1:** 89, 631
Miniboat *See* L'vov platform
Miniborescopes *See also* Borescopes; Visual
inspection **A17:** 4
Minicomputers
for image analysis **A10:** 310
Minielectronics
development **EL1:** 89
Minifocus x-ray tubes
radiography **A17:** 302
Minimized spangle
definition **A5:** 961
Minimum bath size
definition...............................**A20:** 836
Minimum bend radius
defined..................................**A8:** 125
for cold forming aluminum alloys **A8:** 129–130
subjectivity of.........................**A8:** 128
Minimum commitment method **A20:** 581
for creep-rupture data extrapolation...**A8:** 334–335
Minimum contact length
symbol and units **A18:** 544
Minimum creep rate.............**A8:** 689–691, 725
Minimum cut set **A20:** 121
Minimum design value
for low- and elevated-temperature
properties...........................**A8:** 670–671
for static metallic materials **A8:** 662–677
Minimum detectable leak
defined..................................**A17:** 57
rate, defined **A17:** 57
Minimum dynamic bend angle..............**A6:** 161
Minimum fatigue cycle
and proof loading relationship............**A8:** 582
Minimum film thickness **A18:** 90, 92, 539
nomenclature for lubrication regimes.....**A18:** 90
nomenclature for Raimondi-Boyd design
chart **A18:** 91
symbol and units **A18:** 544
Minimum friction force
nomenclature for Raimondi-Boyd design
chart **A18:** 91
Minimum load
defined...................................**A8:** 9
Minimum mechanical property value
as design value **A8:** 662
Minimum potential energy **A20:** 178
Minimum required speed **A18:** 65
Minimum safety factor **A20:** 91–92
Minimum size **A20:** 246
Minimum specific film thickness
symbol and units **A18:** 544
Minimum stress **A8:** 9, **A20:** 517
in fatigue testing......................**A11:** 102
symbol for..............................**A11:** 797
Minimum stress-intensity factor
K_{min} **A8:** 9
Minimum wafer thickness **A18:** 686
Minimum wall thickness....................**A6:** 374
Minimum work-metal hardness
for Rockwell hardness testers............**A8:** 77
Minimum-draft forgings **A14:** 258
Mining
beryllium **A2:** 684
of elemental cobalt.....................**A2:** 446
Mining and mineral industries, friction and
wearing **A18:** 649–654
ball and rod grinding media.............**A18:** 654
damage, types of **A18:** 649–651
abrasive wear.........**A18:** 649–650, 651, 652
adhesive wear......................**A18:** 649, 651
corrosive wear **A18:** 649, 650–651
testing for types of wear damage **A18:** 651
methods to improve wear resistance **A18:** 651–654
design use **A18:** 653–654
ferrous materials for grinding mill
liners..............................**A18:** 651
hardfacing deposition **A18:** 652, 653
material selection **A18:** 651–652
wear plate use **A18:** 652–653
Mining applications
cemented carbides....................**A2:** 974–977
vinyl esters in **EM2:** 272
Mining explosives
aluminum powder containing.............**M7:** 601
Mining industry *See* Mineral industry

Minitorches
for the ICP **A10:** 37
Mini-tuning fork specimens **A8:** 508
Minor component analysis
analytical transmission electron
microscopy **A10:** 429–489
atomic absorption spectrometry **A10:** 43–59
Auger electron spectroscopy.........**A10:** 549–567
classical wet analytical chemistry **A10:** 161–180
controlled-potential coulometry.......**A10:** 207–211
electrochemical analysis **A10:** 181–211
electrogravimetry....................**A10:** 197–201
electrometric titration **A10:** 202–206
electron probe x-ray microanalysis...**A10:** 516–535
electron spin resonance..............**A10:** 253–266
elemental and functional group
analysis **A10:** 212–220
field ion microscopy **A10:** 583–602
gas analysis by mass spectrometry ...**A10:** 151–157
gas chromatography/mass
spectrometry......................**A10:** 639–648
inductively coupled plasma atomic emission
spectroscopy **A10:** 31–42
infrared spectroscopy **A10:** 109–125
ion chromatography **A10:** 658–667
liquid chromatography................**A10:** 649–657
low-energy ion-scattering
spectroscopy **A10:** 603–609
molecular fluorescence spectrometry ...**A10:** 72–81
neutron activation analysis **A10:** 233–242
neutron diffraction **A10:** 420–426
of inorganic gases, analytical methods for...**A10:** 8
of inorganic liquids and solutions, analytical
methods for...........................**A10:** 7
of inorganic solids, analytical
methods for...........................**A10:** 4–6
of organic solids, analytical methods for **A10:** 9
of organic solids and liquids, analytic
methods for...........................**A10:** 10
optical emission spectroscopy **A10:** 21–30
particle-induced x-ray emission.....**A10:** 102–108
potentiometric membrane electrodes **A10:** 181–187
Raman spectroscopy **A10:** 126–138
Rutherford backscattering
spectrometry......................**A10:** 628–636
scanning electron microscopy **A10:** 490–515
secondary ion mass spectroscopy **A10:** 610–627
spark source mass spectrometry **A10:** 141–150
ultraviolet/visible absorption
spectroscopy **A10:** 60–71
voltammetry.........................**A10:** 188–196
x-ray diffraction....................**A10:** 325–332
x-ray photoelectron spectroscopy ...**A10:** 568–580
x-ray powder diffraction.............**A10:** 333–343
x-ray spectrometry...................**A10:** 82–101
Minor elements
in aluminum melts........................**A15:** 79
Minor toxic metals
types and effects **A2:** 1258–1262
MINT degassing system........**A15:** 461, 463–464
Minus mesh.................................**M7:** 8
Minus sieve **M7:** 8
MIPAC computer program for structural
analysis.....................**EM1:** 268, 271
Mirau interferometer
in laser interference microscope **A17:** 16
Mirror analyzer
cylindrical...............................**M7:** 251
Mirror finish, buffing to
nickel alloys.....................**M5:** 674–675
Mirror, fracture
in ceramics **A11:** 745–747
Mirror illuminator
defined...................................**A9:** 12
Mirror plane
defined in crystal symmetry.............**A10:** 346
Mirror region
definition..............................**EM4:** 633
Mirror sheaths
as rigid borescopes.....................**A17:** 5
Mirror silvering
powder used..............................**M7:** 574
Mirror zone
fracture surface **EM2:** 808
Mirror-finish grinding
definition.................................**A5:** 961

Mirrors
for optical holography **A17:** 418–419
in visual leak testing **A17:** 66
photographic effects **A12:** 83
rear surface **A8:** 234
sloping, for Hugoniot elastic limit measurement **A8:** 211
Misaccommodation **A20:** 354
Misaligned parts
CMM measurement of **A17:** 19
Misalignment
as tension source for stress-corrosion cracking **A8:** 502
assembly, brittle fracture of gray iron nut **A11:** 369–370
of bearing and shaft, overheating failure by **A11:** 507–508
of roller-element bearings **A11:** 489, 507
shaft/crankshaft fracture from **A11:** 475
Miscellaneous industrial oils **A18:** 99
Miscellaneous materials
sources of materials data **A20:** 500
Misch metal in HSLA steel
effect on toughness **M1:** 418
Mischmetal **A20:** 407, 472, **M2:** 770–771
additional for hot extrusion **A7:** 508
Mischmetal, as rare earth metal
properties **A2:** 1183
Mischromes
causes and correction **M5:** 190, 195
Miscibility **A3:** 1•2
between oil and refrigerant **A18:** 87
of polymer blends **EM2:** 487–488, 632
polymer, and plasticizers **EM2:** 496
SAS techniques for **A10:** 405
Miscibility gap
defined **A9:** 12
in solid state and spinodal lines **A9:** 652
Miscible blends
defined **EM2:** 632
Miscible solids **A3:** 1•2
Mises criterion **A18:** 476
Mises stress contours
at beam lead **EL1:** 288, 290
Misfit stress **A19:** 952
Mismatch **A14:** 9, 49, **A19:** 855
Mismatch tolerance
steel forgings **M1:** 364–365, 366, 375
Misorientation determination
in dislocation cell structure analysis **A10:** 471–472
Misoriented grains
from directional solidification **A15:** 321–322
Misregistration *See also* Registration
as PTH failure **EL1:** 1021–1022
defined **EL1:** 1150
in printed board coupons **EL1:** 576
Misrun
as casting defect **A11:** 385
defined **A11:** 7
in iron castings **A11:** 353
Misrun(s)
and pouring temperature **A15:** 283
defined **A15:** 8
of permanent mold castings **A15:** 285
permanent mold casting **A15:** 279
radiographic appearance **A17:** 349
Missile filters
powders used **M7:** 573
Missile lathes **A16:** 153
Missile nose cones **M7:** 680
Missile systems
composite applications **EM1:** 819–822
types **EM1:** 816–817
Missile wing
titanium P/M **M7:** 681
Mission analysis **A19:** 114
Mission profile **A20:** 717
Mission statement **A20:** 20, 30
Mission time **A20:** 88
Mist
in salt spray (fog) testing **A13:** 224–226
Mist, defined
for glass and ceramics **A11:** 745
Mist hackle
definition **EM4:** 633
Mist lubrication
defined **A18:** 13
Mist region
fracture surface **EM2:** 808
Mist/velocity hackle **EM4:** 636
Mistake minimization
definition **A20:** 836
Mistake-proofing **A7:** 708
MITAS-II software program
for heat transfer problems **A15:** 861
Mitchell bearing *See* Tilting-pad bearing
Miter gears **M7:** 668–669
Miter joints
flash welding **M6:** 565–56
Mitsubishi **A7:** 72
Mitsubishi high thermal conduction module **EL1:** 48
Mitsubishi process **EM4:** 903
Mix flow, and bulk density
lubricant effects **M7:** 190
Mix (noun) **M7:** 8
Mix (verb) **M7:** 8
Mixed analog digital system **A20:** 206
Mixed anion effect **EM4:** 852
Mixed aromatic amines
formulation **EM3:** 122
Mixed behavior **A19:** 232
Mixed catalyst hard chromium plating **M5:** 172
Mixed crystal
tungsten carbide; titanium carbide **M7:** 158
Mixed fracture modes **A8:** 484–486
SEM **A12:** 176
Mixed grain size *See* Duplex grain size
Mixed lath, and plate martensite **A20:** 373, 375
Mixed lubrication *See also* Quasi-hydrodynamic lubrication **A20:** 607
Mixed mechanisms
fracture by **A11:** 83–84
Mixed nepheline **EM4:** 6
Mixed phthalates (plasticizer)
batch weight of formulation when used in oxidizing sintering atmospheres **EM4:** 163
Mixed potential *See also* Galvanic couple potential
defined **A13:** 9
theory, of aqueous corrosion **A13:** 17
Mixed rule **A19:** 478
formula **A19:** 520
Mixed sodium ammonium acid chloride zinc plating bath (barrel)
composition and operating characteristics **A5:** 232
Mixed sol monoliths **EM4:** 447
Mixed technology (MT)
and through-hole soldering **EL1:** 681
boards **EL1:** 681
boards, adhesives for **EL1:** 670–674
boards, wave fluxers for **EL1:** 682
combined processes for **EL1:** 694–695
Mixed-acid etchants
used for aluminum alloys **A9:** 354
Mixed-alkali effect **EM4:** 852
Mixed-film lubrication **A18:** 518
Mixed-mode
fractures, fractographs of **A11:** 84
loading, effect on corrosion fatigue **A11:** 255
Mixed-mode crack propagation **EM3:** 509, 510, 512
Mixed-mode cyclic loading **EM3:** 509
and crack propagation **EM3:** 512–513
Mixed-mode fracture toughness testing **A8:** 460–461
Mixed-mode screening tests
fracture toughness testing **A8:** 461
Mixed-oxide coatings
as barrier protection **A13:** 379
Mixed-stress criteria **A8:** 344
Mixers **A7:** 321–322
and blenders **M7:** 189
convective **A7:** 103
diffusional **A7:** 103
ordered **A7:** 102
random **A7:** 102
shear **A7:** 103
Mixes, ramming
types of **A15:** 373
Mixing *See also* Mulling **EM4:** 95–98, **M7:** 8, 24, 186–189
analysis techniques used **EM4:** 96
and blending, quality **M7:** 186–187
by intensive mixer **A15:** 344, 346
demixing **EM4:** 95, 96, 97–98
demixing due to size difference **EM4:** 97–98
dispersive mixing **EM4:** 176
effect of baffles in cylindrical mixer **M7:** 189
equipment **EM4:** 98, 99
equipment, for foamed plaster molding **A15:** 247
explosive hazards **M7:** 197
Gibbs free energy of **A15:** 56
in ceramic processing classification scheme **A20:** 698
in injection molding **EM4:** 176, **M7:** 496–497
equipment **EM4:** 176
milling **EM4:** 176
mixing operations **EM4:** 176
in stress-corrosion cracking **A13:** 147
in transport, injection molding **EM1:** 165
mixing index **EM4:** 96–97
mixing practice **EM4:** 98–99
mixer selection **EM4:** 98, 99
mixing operations **EM4:** 98–99
mixture behavior **EM4:** 97, 98
convective mixing **EM4:** 97, 98
diffusive mixing **EM4:** 97, 98
rheological behavior **EM4:** 97, 98
shear mixing **EM4:** 97, 98
near random **M7:** 187
nonuniformity assessment **EM4:** 95–97
direct approach **EM4:** 95, 96
indirect approach **EM4:** 95, 96–97
scale of size **EM4:** 95–96
objectives **EM4:** 95
of bulk molding compounds **EM1:** 161
of samples **A17:** 730
of sands **A15:** 32, 238–239
ordering **EM4:** 95, 98
random homogeneous mixture variance **EM4:** 96
slurry, match plate pattern plaster mold casting **A15:** 245
techniques, SMC resin pastes **EM1:** 159
tumbling **EM4:** 99
variables, green sand preparation **A15:** 344–345
Mixing and dispensing equipment
suppliers **EM3:** 604
Mixing chamber
definition **A6:** 1211, **M6:** 11
manual torch brazing **M6:** 952–95
oxyfuel gas welding **M6:** 585–58
Mixing equipment **EM3:** 604, 687–692
Mixing of etchants **A9:** 69
Mixing, wet
in ceramic processing classification scheme **A20:** 698
Mixture **M7:** 8
A1A pyrotechnic **M7:** 604
explosion characteristics **M7:** 196
rule of, and green strength **M7:** 302
Mixtures **A3:** 1•8
acid, nonoxidizing, sample dissolution by **A10:** 165
composition determined **A10:** 213
determination of molecular components in **A10:** 109
interpreting spectra of **A10:** 116
liquid chromatography isolation of pure compounds from **A10:** 649
matrix methods to analyze complex **A10:** 117

SUBJECTS OF THE INDEXED VOLUMES: ASM Handbook (designated by the letter "A"): **A1:** Properties and Selection: Irons, Steels, and High-Performance Alloys (1990); **A2:** Properties and Selection: Nonferrous Alloys and Special-Purpose Materials (1990); **A3:** Alloy Phase Diagrams (1992); **A4:** Heat Treating (1991); **A5:** Surface Engineering (1994); **A6:** Welding, Brazing, and Soldering (1993); **A7:** Powder Metal Technologies and Applications (1998); **A8:** Mechanical Testing (1985); **A9:** Metallography and Microstructures (1985); **A10:** Materials Characterization (1986); **A11:** Failure Analysis and Prevention (1986); **A12:** Fractography (1987); **A13:** Corrosion (1987); **A14:** Forming and Forging (1988); **A15:** Casting (1988); **A16:** Machining (1989); **A17:** Nondestructive Evaluation and Quality Control (1989); **A18:** Friction, Lubrication, and Wear Technology (1992); **A19:** Fatigue and Fracture (1996); **A20:** Materials Selection and Design (1997). **Metals Handbook, 9th Edition** (designated by the letter "M"): **M1:** Properties and Selection: Irons and Steels (1978); **M2:** Properties and Selection: Nonferrous Alloys and Pure Metals (1979); **M3:** Properties and Selection: Stainless Steels, Tool Materials, and Special-Purpose Materials (1980); **M4:** Heat Treating (1981); **M5:** Surface Cleaning, Finishing, and Coating (1982); **M6:** Welding, Brazing, and Soldering (1983); **M7:** Powder Metallurgy (1984). **Engineered Materials Handbook** (designated by the letters "EM"): **EM1:** Composites (1987); **EM2:** Engineering Plastics (1988); **EM3:** Adhesives and Sealants (1990); **EM4:** Ceramics and Glasses (1991). **Electronic Materials Handbook** (designated by the letters "EL"): **EL1:** Packaging (1989)

of volatile compounds, GC/MS
analysis of **A10:** 639
organic and inorganic, gas analysis of **A10:** 151
oxidizing acids, sample dissolution by **A10:** 166
separation and component analysis by liquid
chromatography **A10:** 649
Miyauchi shear test
for sheet metals **A8:** 559–560
M-M-0011 alloy *See* Superalloys, nickel- base,
specific types, MAR-M 247
MMA-1942 *See* Titanium alloys, specific types Ti-
Pd alloys
MMA-5137 *See* Titanium alloys, specific types, Ti-
5Al-2.5Sn
MMC *See* Metal matrix composites
MMCIAC *See* Metal Matrix Composites
Information Analysis Center
MMCs *See* Metal matrix composites; Metal-matrix
composites
Mn (Phase Diagram) . . . . **A3:** 2•287
Mn-Mo (Phase Diagram) . . . . **A3:** 2•285
Mn-N (Phase Diagram) . . . . **A3:** 2•286
Mn-Nd (Phase Diagram) . . . . **A3:** 2•286
Mn-Ni (Phase Diagram) . . . . **A3:** 2•286
Mn-P (Phase Diagram) . . . . **A3:** 2•287
Mn-Pd (Phase Diagram) . . . . **A3:** 2•287
Mn-Pr (Phase Diagram) . . . . **A3:** 2•288
Mn-Pu (Phase Diagram) . . . . **A3:** 2•288
Mn-Sb (Phase Diagram) . . . . **A3:** 2•288
Mn-Si (Phase Diagram) . . . . **A3:** 2•289
Mn-Sm (Phase Diagram) . . . . **A3:** 2•289
Mn-Sn (Phase Diagram) . . . . **A3:** 2•290
Mn-Ti (Phase Diagram) . . . . **A3:** 2•290
Mn-U (Phase Diagram) . . . . **A3:** 2•290
Mn-V (Phase Diagram) . . . . **A3:** 2•290
Mn-Y (Phase Diagram) . . . . **A3:** 2•291
Mn-Zn (Phase Diagram) . . . . **A3:** 2•291
Mn-Zr (Phase Diagram) . . . . **A3:** 2•291
Moa sulfides
chemical composition of **A7:** 171
Mobile carbon
determined in iron and steels **A10:** 178
Mobile communications
as telecommunication hybrid application **EL1:** 383
Mobile homes
aluminum and aluminum alloys **A2:** 11
Mobile ions
contaminants, and durability design. **EL1:** 45
surface inversion, accelerated testing **EL1:** 892–893
Mobile nitrogen
determined in steels. **A10:** 178
Mobile phase
defined. **A10:** 677
Mobile phase programming
functional group analysis **A10:** 654
Mobile ridge concept **A18:** 66
Mobile units
magnetic particle inspection. **A17:** 92–93
Mobility
and angle of repose **M7:** 284–285
Mobility, carrier
defined. **EL1:** 90
Mock leno weave
defined **EM2:** 27
MOCVD *See* Metallo-organic chemical vapor
deposition
Modacrylics
as engineering thermoplastic **EM2:** 448
Modal vector **A20:** 181
Mode *See also* Ideal-crack-tip stress field
defined **A8:** 9, **A11:** 7
forced-displacement system **A8:** 392
forced-vibration system **A8:** 392
in-plane shear fractures, in
composites. **A11:** 736–738
mixed, loading and fractures. **A11:** 84, 255
of failure, determined by torsional testing. . **A8:** 145
of loading, and fracture mechanics **A11:** 47
resonance system **A8:** 392
rotational bending system. **A8:** 392
servomechanical system **A8:** 392
statistical **A8:** 625
tension fractures, in composites **A11:** 735–736
Mode 1
crack deformation **A8:** 441–442
Mode 2
crack deformation **A8:** 442
Mode 3
crack deformation **A8:** 443
Mode coherence coefficient (MCC) **A6:** 876
Mode conversion around pores **A7:** 1046
Mode I crack **A19:** 374, 559
Mode I loading condition
tear effect on dimple shape **A12:** 12–14
Mode I stress intensity factor **A20:** 534
Mode I stress-intensity range at the
crack tip **A19:** 16, 558
Mode II **A19:** 52, 558
Mode II loading condition
shear effect on dimple shape **A12:** 12–14
Mode II loading type
testing parameter adopted for fatigue
research **A19:** 211
Mode III loading conditions
shear effect on dimple shape **A12:** 12–14
Model
definition. **A20:** 836
Model building
as data analysis. **EM2:** 602
Model C Carbon Calibration **A8:** 105
Model C Scleroscope **A8:** 104
Model D Scleroscope **A8:** 104, 105
Model Energy Code **A20:** 69
Model simulation
in computer-aided design **EL1:** 129
Modeling *See also* Analytic modeling; Computer
applications; Electrical modeling; Fluid flow
modeling; Interconnection system modeling;
Material modeling; Mathematical modeling;
Modeling materials; Models; Physical modeling;
Process modeling; Simulation; Software tools
advanced forging process **A14:** 409–416
advantages. **A15:** 857
analytical **A14:** 425
closed-loop cure **EM1:** 762
computer and physical **A13:** 234
computerized, for assembly
packaging **EL1:** 442–444
cure **EM1:** 500–501, 704–705, 758–759
definition. **A20:** 836
deformation, of open-die forging. **A14:** 65–67
dynamic material, for workability. . . . **A14:** 370–371
electrical **EL1:** 447–448
finite-element analysis (FEA/FEM) . . **EL1:** 442–443
finite-element, for shape rolling. **A14:** 350
high-frequency digital systems. **EL1:** 77–81
in computer-aided design **EL1:** 129
interconnection system **EL1:** 12–17
macroscopic, of solidification. **A15:** 883
mathematical, precision forging. **A14:** 159
methods, for preform design **A14:** 51
microscopic, of equiaxed structures . . **A15:** 885–887
of combined fluid flow and heat/mass
transfer. **A15:** 877–882
of equiaxed solidification **A15:** 887–890
of equiaxed structures. **A15:** 885–890
of fluid flow **A15:** 867–876
of fracture **A14:** 393–396
of manufacturing processes **EM1:** 499–502
of microstructural evolution **A15:** 883–891
of solidification. **A15:** 36
of solidification heat transfer. **A15:** 858–866
of thermal durability. **EL1:** 50–52
physical **A14:** 159–160, 431–437
physical, of mold filling **A15:** 869–870
plastic stress minimization. **EL1:** 444
predictive. **EM2:** 527
solidification, software for **A15:** 198
stress, as process control tool **EL1:** 446
stress, in chip metallization
passivation **EL1:** 443–444
surface **A15:** 859
techniques, forging process design . . . **A14:** 417–438
thermal **EL1:** 446–447
time-to-failure **EL1:** 887–888
Modeling materials
aluminum **A14:** 432–433
for physical simulation **A14:** 431–432
plasticine **A14:** 432
strain-rate sensitive **A14:** 432
Modeling of manufacturing processes . . . **A20:** 705–715
advantages. **A20:** 705
analytical vs. meshed models. **A20:** 706
boundary conditions **A20:** 706
casting operations **A20:** 710–713
classification of models. **A20:** 705–706
constitutive theory deformation
processes **A20:** 707, 708
convection effects on weld-pool shape
and size **A20:** 713–714
defects prediction: porosity problem. **A20:** 712
deformation processes. **A20:** 707–710
empirical models **A20:** 706
energy absorption, in fusion welding **A20:** 713
example: FEA for modeling superplastic forming of
aluminum assemblies. **A20:** 709–710
example: FEA to study ductile fracture during
forging. **A20:** 708–709, 710
finite element analyses, deformation
processes **A20:** 707–710
fluid flow and heat transfer, comprehensive
problem **A20:** 711
fluid flow in weld pool **A20:** 713
fully on-line models. **A20:** 705–706
fusion welding processes. **A20:** 713–714
important aspects. **A20:** 706–707
knowledge-based systems for rigging
design. **A20:** 710–711
literature models **A20:** 706
material properties. **A20:** 706
mechanistic models **A20:** 706
microstructural evolution **A20:** 711–712
modeling process cycles **A20:** 706–707
multiphysics models. **A20:** 706
neural network models **A20:** 706
off-line models **A20:** 706
quick-analysis schemes **A20:** 710
relevant equations, deformation processes **A20:** 707
semi-on-line models. **A20:** 706
special casting processes: the investment-casting
process **A20:** 712–713
Models *See also* Analytic modeling; Computer
applications; Mathematical models; Modeling;
NDE reliability; NDE reliability models;
Simulation
analytical, of solder shear fatigue. . . . **EL1:** 743–746
beam, for radiographic inspection. **A17:** 710
beam, of ultrasonic inspection **A17:** 705
detector, for radiographic inspection **A17:** 710
for predicting NDE reliability **A17:** 702–715
frequency response-small signal, for bipolar
transistors **EL1:** 153–154
future impact of. **A17:** 711–713
grain refinement. **A15:** 105–107
heat dissipation, TAB **EL1:** 286
high-level, as engineer defined. **EL1:** 129
impedance **EL1:** 601–603
mathematical, machine vision analyses **A17:** 37
measurement, of ultrasonic
inspection **A17:** 704–705
of equiaxed growth **A15:** 132–133
of materials and processes selection. . **EL1:** 112–113
of rheological behavior. **EL1:** 847–852
of thermal analysis **EL1:** 14
probe-flaw, eddy current inspection . . **A17:** 707–708
sample interaction, for radiographic
inspection. **A17:** 710
thermal **EL1:** 174–175
Moderately industrial atmospheres
service life vs. thickness of zinc **A5:** 362
Modern high-alkalinity brass plating solution
composition, analysis, and operating
conditions **A5:** 256
Modern pewter *See* Tin alloys, specific types, pewter
Modern Plastics **EM3:** 66
trade magazine. **EM2:** 92, 95
Modern Plastics Encyclopedia **EM3:** 66
as information source **EM2:** 92
Modes
common **EL1:** 37–39
decoupled, propagation **EL1:** 36
differences. **EL1:** 37
of fracture **A12:** 12–71
of mechanical failure, TAB assembly. **EL1:** 287
vs. mechanism, in active devices **EL1:** 1006
Modification
and refinement **A15:** 753
degree, on-line assessment **A15:** 166
effects, aluminum-silicon alloys. **A15:** 752–753
hydrogen and degassing interactions **A15:** 485–486
microstructure, titanium alloys **A15:** 828

Modification (continued)
of aluminum-silicon alloys **A15:** 482–483
of hypoeutectic aluminum-silicon alloys. . . . **A2:** 134
of titanium alloy microstructure **A15:** 828
theory of **A15:** 482
Modifications
approaches. **EM3:** 34
by additives **EM2:** 493–507
by polymer-polymer mixtures **EM2:** 487–492
to polymers. **EM2:** 66–67
Modified acrylics. **EM3:** 18, 75
advantages and limitations. **EM3:** 77, 78
chemistry **EM3:** 78
curing method. **EM3:** 78
predicted 1992 sales. **EM3:** 77
properties. **EM3:** 92
suppliers. **EM3:** 78
Modified alkyd
organic coating classifications and
characteristics **A20:** 550
Modified alkyds
coating characteristics for structural steel . . **A5:** 440
Modified aluminide
oxidation-resistant coating systems for
niobium **A5:** 862
Modified Bauer-Vogel (MBV) process
oxide coating of aluminum and aluminum
alloys **A5:** 796
Modified beryllium cupro-nickel alloy 72C
properties and applications. **A2:** 391
Modified chrome pickle
chemical treatments for magnesium alloys **A5:** 828
magnesium alloys **M5:** 632, 636, 640–641
Modified compact specimens
SCC testing. **A8:** 512–513, **A13:** 254–255
Modified crack closure model **A19:** 548
Modified creep
in elevated-temperature failures. **A11:** 264
Modified Cross model. **A20:** 644
Modified difference method
for calculating crack growth rates **A19:** 180
for crack propagation rate **A8:** 680
Modified double-beam specimens
dimensions for various plate thicknesses . . . **A8:** 504
SCC testing **A8:** 505
Modified E-glass *See* ECR glass
Modified empirical criterion
for ductile fracture. **A14:** 401
Modified epoxies **EM3:** 104
for flexible printed boards **EL1:** 582
Modified G bronze
nominal composition. **A2:** 347
Modified Goodman diagram method. **A6:** 390
Modified Goodman line **A20:** 519, 520
Modified Goodman's law
and tensile strength **A8:** 374
mean stress effect on fatigue strength. **A8:** 374
Modified incremental polynomial techniques **A19:** 158
Modified jelly roll process
for superconductor assembly **A2:** 1066
Modified Lemon (statistical) method . . **EM1:** 302, 305
Modified Lorentzian method **A5:** 651
Modified low-carbon steel sheet and strip. . . . **A1:** 206, 208
Modified polyphenylene ether (M-PPE)
fatigue crack propagation behavior. **A20:** 643
Modified polyphenylene oxide 30% glass-filled (M-PPO) **A20:** 640–641
Modified polyphenylene oxide (M-PPO) **A20:** 646
cooling time vs. wall thickness **A20:** 645
electrical properties **A20:** 450
gating variations. **A20:** 646
loading variation for 40 °C and 1000 h. . . **A20:** 645
temperature variation **A20:** 645
Modified polyphenylene oxide (PPO/PS)
properties. **A20:** 439
structure. **A20:** 439
Modified ray-racing technique **A20:** 713
Modified secant method **A19:** 180
Modified silicide
oxidation-resistant coating systems for
niobium **A5:** 862
Modified silicone sealants. **EM3:** 191
Modified silicones
applications demonstrating corrosion
resistance **A5:** 423
Modified solid-solution copper alloys **A2:** 234–235
Modified Villard circuit
radiography **A17:** 305
Modified WOL compact specimens
SCC testing **A8:** 512
Modified-Dugdale closure models **A19:** 156
Modifier additions
antimony **A15:** 484
calcium. **A15:** 484
chemical, for aluminum-silicon
alloys **A15:** 751–752
chemical, of core coatings. **A15:** 240
for wax patterns **A15:** 197
of aluminum-silicon alloys. **A15:** 162–165
sodium. **A15:** 484
strontium. **A15:** 484
Modifiers **EM3:** 18, 73
properties analysis of **EM1:** 736–737
types **EM1:** 737
Modmor I
properties. **A18:** 803
Modular architectures **A20:** 23
Modular rectangular polishing and buffing machines **M5:** 122
Modular tray set
for multiple small parts **M7:** 423
Modulation *See also* Frequency modulation
in ESR spectrometer **A10:** 255
microwave inspection **A17:** 217
polarization. **A10:** 114–115
Modulation transfer function (MTF)
defined. **A17:** 298, 373, 383
Modules
as interconnections, defined. **EL1:** 76
as three-terminal devices **EL1:** 429
capacity/specifications. **EL1:** 128
engineering design system for **EL1:** 127
environmental stress screening **EL1:** 878
test **EL1:** 140
Modul-*r* test
for sheet metals **A8:** 557
Modulus *See also* Dynamic modulus; Flexural modulus; Initial modulus; Modulus of elasticity; Offset modulus; Secant modulus; Tangent modulus
assessment of **EM2:** 548–551
complex, sinusoidal excitation test
methods **EM2:** 551
initial **EM3:** 18
of resilience, defined **EM1:** 15
of rigidity, defined **EM1:** 15
of rupture, in bending, defined **EM1:** 15
of rupture, in torsion, defined **EM1:** 15
offset. **EM3:** 18
secant **EM3:** 18
sustained stress exposure testing **EM1:** 825
tangent **EM3:** 18
vs. temperature, polyvinyl chlorides
(PVC) **EM2:** 210
Modulus, bulk *See* Bulk modulus
Modulus, complex shear *See* Complex shear modulus
Modulus, complex Young's *See* Complex Young's modulus
Modulus, compressive *See* Compressive modulus
Modulus, dynamic *See* Dynamic modulus
Modulus, flexural *See* Flexural modulus
Modulus, initial *See* Initial modulus
Modulus, loss *See* Loss modulus
Modulus of elasticity *See also* Chord modulus; Elastic; Elastic modulus; Elastic properties; Elasticity; Offset modulus; Secant modulus; Superplasticity; Tangent modulus; Young's modulus **A1:** 58, 61, 62, 63, **EM3:** 18, 51
abbreviation for **A10:** 690
aluminum and aluminum alloys **A2:** 9
aluminum casting alloys **A2:** 150
anisotropic. **A10:** 358
carbon and alloy steels, selected grades . . . **M1:** 680
cermets **M7:** 806
defined **A10:** 677, **A14:** 9, **EM1:** 15, **EM2:** 434
for threaded steel fasteners **A1:** 295–296
in deep drawing **A14:** 575
in rhenium and rhenium-containing alloys **M7:** 477
in stress measurement **A10:** 382
malleable iron. **M1:** 65, 70
maraging steels **M1:** 451
mechanically alloyed oxide
alloys. **A2:** 945
of aluminum oxide-containing cermets **M7:** 804
of ferritic malleable iron. **A1:** 75
of glass fibers **EM1:** 46
of gray iron **A1:** 18, 20, 21, **M1:** 18–19, 27
of metal borides and boride-based
cermets **M7:** 812
of P/M and I/M alloys. **M7:** 747
of pearlitic malleable iron. **A1:** 82
of titanium carbide-based cermets. **M7:** 808
of titanium carbide-steel cermets. **M7:** 810
P/M steels **M1:** 334–335, 339, 340
spring steel. **M1:** 284–286
variance with preferred orientation. **A10:** 358
Modulus of elasticity, (E) *See also* Chord modulus; Secant modulus; Tangent modulus; Young's modulus
and engineering stress-strain curve **A8:** 22
and hardness conversions **A8:** 109
defined. **A8:** 9, 22, **A11:** 7
, definition **A20:** 836
design values for **A8:** 662
effect in fastener performance at elevated
temperatures **A11:** 542
in bending. **A8:** 133–136
in cantilever beam bend test **A8:** 132
in four-point bend tests **A8:** 132, 134
in shear, torsion tests for **A8:** 139
in split Hopkinson bar test. **A8:** 202
in springback tests **A8:** 565
in three-point bend test **A8:** 132, 134
in uniaxial tensile testing **A8:** 555
of sheet metals **A8:** 555
step-loading curve **A8:** 315
symbol for. **A11:** 796
testing machines for. **A8:** 47
values at different temperatures **A8:** 22
variability in **A8:** 623
Modulus of elasticity in shear (*G*) **A20:** 513
Modulus of elasticity of gears **A18:** 539
symbol and units **A18:** 544
Modulus of elasticity of pinions. **A18:** 539
Modulus of resilience *See also* Elastic energy; Resilience; Strain energy. **EM3:** 18
defined. **A8:** 9, 22
for steel grades **A8:** 22
Modulus of resilience (MOR) **EM4:** 329
Modulus of resistance
defined **EM2:** 27
Modulus of rigidity *See also* Shear modulus; Torsional modulus. **EM3:** 18
defined **EM2:** 27
definition. **A20:** 836
maraging steels **M1:** 451
springs, steel. **M1:** 284–286, 296–297, 300, 307
Modulus of rigidity, (*G*) *See also* Shear modulus
from shear testing **A8:** 65
torsion-shear test for **A8:** 64–65
Modulus of rupture **A8:** 9, **A20:** 278, 344
defined **A11:** 7, **EM2:** 27

SUBJECTS OF THE INDEXED VOLUMES: ASM Handbook (designated by the letter "A"): **A1:** Properties and Selection: Irons, Steels, and High-Performance Alloys (1990); **A2:** Properties and Selection: Nonferrous Alloys and Special-Purpose Materials (1990); **A3:** Alloy Phase Diagrams (1992); **A4:** Heat Treating (1991); **A5:** Surface Engineering (1994); **A6:** Welding, Brazing, and Soldering (1993); **A7:** Powder Metal Technologies and Applications (1998); **A8:** Mechanical Testing (1985); **A9:** Metallography and Microstructures (1985); **A10:** Materials Characterization (1986); **A11:** Failure Analysis and Prevention (1986); **A12:** Fractography (1987); **A13:** Corrosion (1987); **A14:** Forming and Forging (1988); **A15:** Casting (1988); **A16:** Machining (1989); **A17:** Nondestructive Evaluation and Quality Control (1989); **A18:** Friction, Lubrication, and Wear Technology (1992); **A19:** Fatigue and Fracture (1996); **A20:** Materials Selection and Design (1997). **Metals Handbook, 9th Edition** (designated by the letter "M"): **M1:** Properties and Selection: Irons and Steels (1978); **M2:** Properties and Selection: Nonferrous Alloys and Pure Metals (1979); **M3:** Properties and Selection: Stainless Steels, Tool Materials, and Special-Purpose Materials (1980); **M4:** Heat Treating (1981); **M5:** Surface Cleaning, Finishing, and Coating (1982); **M6:** Welding, Brazing, and Soldering (1983); **M7:** Powder Metallurgy (1984). **Engineered Materials Handbook** (designated by the letters "EM"): **EM1:** Composites (1987); **EM2:** Engineering Plastics (1988); **EM3:** Adhesives and Sealants (1990); **EM4:** Ceramics and Glasses (1991). **Electronic Materials Handbook** (designated by the letters "EL"): **EL1:** Packaging (1989)

definition **A20:** 837
gray iron test bars **M1:** 17–18
malleable iron **M1:** 70
Modulus of rupture (in bending) **EM3:** 18
Modulus of rupture (in torsion) **EM3:** 18
Modulus of rupture (MOR) bending bar
incorporated into the CARES computer program **EM4:** 701, 704, 705–706
Modulus of toughness *See also* Toughness
defined **A8:** 9, 22–23
Modulus, offset *See* Offset modulus
Modulus ratio
as failure criterion **A19:** 20
Modulus, secant *See* Secant modulus
Modulus, shear *See* Shear modulus
Modulus, tangent *See* Tangent modulus
Modulus-directed tensile tests **EM2:** 546–547
Mohair paint rollers **M5:** 503
Mohr semicircle for unconfined yield strength **A7:** 289
Mohr theory of rupture **A19:** 264
Mohr titration
defined **A10:** 164
for chloride **A10:** 173
Mohr-Coulomb failure law **EM4:** 145
Mohr's circle
interlaminar shear/tension stresses **EM1:** 336
tensile stress for applied shear **A11:** 734
Mohr's circle for stress **A10:** 381
Mohs hardness *See also* Hardness **EM3:** 18
defined **A18:** 13, **EM1:** 16, **EM2:** 27
Mohs hardness number **A18:** 433
Mohs hardness scale **A18:** 433
Mohs hardness test
as scratch test **A8:** 71
Mohs scale **A8:** 9, 71, 107–108
Moiety
defined **A10:** 677
multielement, classical wet analysis of **A10:** 162
Moil **EM4:** 397
Moil point
surface roughness from heat treatment **A11:** 573, 578
Moiré diffraction patterns **A9:** 110
of second-phase precipitates **A9:** 117
Móire fringes **A10:** 371, 677
in dynamic notched round bar testing **A8:** 277, 279–280
mechanical analog of **A8:** 280
Moire interferometry **A6:** 1150, **EM3:** 450–451, 452
Moiré pattern
defined **A10:** 677
Moist air
as corrosive environment **A12:** 24
Moisture *See also* Marine atmospheres; Moisture absorption; Moisture content; Moisture curing; Moisture resistance; Moisture swelling analysis; Moisture-related failure; Rainwater; Steam; Vapor; Water; Water absorption; Water vapor
absorber, forms **EL1:** 958
absorption, encapsulant **EL1:** 470
and dirt, bearing damage by **A11:** 494, 496
and durability design **EL1:** 45
and gas porosity **A15:** 82
and glass transition temperature **EM2:** 761–764
and hermeticity **EL1:** 243
and passivation **EL1:** 243
and pyrophoricity **M7:** 194, 199
and sampling **A10:** 16
as contaminant in microcircuit process gases **A10:** 156–157
as degradation factor **EM2:** 576
conductivity, laminate **EM1:** 226
contamination, of welds **A13:** 344
content **EL1:** 82, 1106–1107
content in spray drying **M7:** 74
content, sand **A15:** 238
corrosion effect in steam equipment **A11:** 615
corrosion of gas-dryer piping **A11:** 631
cycling, atmospheric **EM1:** 296
diffusion, equivalent physical quantities **EM1:** 191
diffusion, in UDCs **EM1:** 191–192
effect, carbon fibers **EM1:** 52
effect, glass fiber **EM1:** 46
effect, laminate strength **EM1:** 227
effect, marine atmospheres **A13:** 902–903
effect, nuclear reactor erosion-corrosion **A13:** 965
effect on stainless steels FCG **A19:** 726–727
effect, soil corrosion, carbon steels **A13:** 512
effects, core-oil sand mixes **A15:** 219
effects, epoxy resin matrices **EM1:** 32, 76, 736, 750
effects, full-scale static test **EM1:** 348
effects, injection molding compounds **EM1:** 164
electrical breakdown from **EM2:** 465
equilibrium **EM1:** 16
equilibrium/relative humidity, para-aramid fibers **EM1:** 56
expansion, laminate **EM1:** 226
Fick's law of **EM1:** 227
galvanic corrosion from **A13:** 86
in plastic encapsulation **EL1:** 962
in semiconductor development **EL1:** 958–959
-induced plastic-package failures, integrated circuits **A11:** 788–789
internal concentration, defined **EM1:** 190
internal, sources **EL1:** 1064–1065
intrusion, electronic black boxes **A13:** 1107–1108
laminate stresses from **EM1:** 228–229
monitor, in-situ on-chip **EL1:** 953
package, content analysis **A13:** 1117
producing flammable gases or vapors **M7:** 194
reaction with liquid metals **A13:** 94–95
removal in high-temperature combustion **A10:** 222
special test procedures **EL1:** 953
stress-corrosion cracking in environment of **A8:** 409, 499
tests, in magnetic separation of seeds **M7:** 591
trapped, as surface blow defect **A15:** 337
wicking **A13:** 519, 521
Moisture absorption *See also* Absorption; Moisture; Water absorption **EM3:** 18
acrylics **EM2:** 106
cyanates **EM2:** 234
defined **EM1:** 16, **EM2:** 27
effect on glass transition temperature. epoxy resins **EM1:** 32
long-term exposure testing **EM1:** 823
of aramid fibers **EM1:** 190
polyamide-imides (PAI) **EM2:** 130
polyamides (PA) **EM2:** 126
polyether sulfones (PES, PESV) **EM2:** 161
Moisture analysis
with microwaves **A17:** 215
Moisture content **EL1:** 82, 1106–1107, **EM3:** 18
defined **EM1:** 16, **EM2:** 27
of mixed resin systems, tested **EM1:** 737
test, epoxy resins **EM1:** 736
Moisture curing
of room-temperature vulcanizing (RTV) silicones **EL1:** 823
Moisture effects on adhesive joints **EM3:** 622–627
effect on organic adhesives **EM3:** 36
for curing **EM3:** 35
improvement of joint durability **EM3:** 625–627
application of primer (coupling agents) **EM3:** 625–627
hydration inhibition or retardation **EM3:** 625
increasing barrier to water diffusion **EM3:** 625
mechanism of strength loss **EM3:** 623–625
displacement of adhesive by water **EM3:** 623–624
hydration of oxide layers **EM3:** 624–625
migration of water to adhesive joints **EM3:** 622–623
critical water concentration **EM3:** 623
liquid water versus vapor-sorption isotherm **EM3:** 623
water diffusion in polymers **EM3:** 622–623
strength degradation and failure mode **EM3:** 623
Moisture equilibrium **EM3:** 18
defined **EM2:** 27
Moisture regain **EM3:** 18
Moisture resistance
conformal coatings **EL1:** 776
glass-to-metal seals **EL1:** 459
of ECR-glass and S-glass **EM1:** 107
of natural fibers **EM1:** 117
of plastic encapsulants **EL1:** 805–806
of silicone conformal coatings **EL1:** 822–823
package-level testing **EL1:** 936–937
silicone base coatings **EL1:** 773
sizing effects **EM1:** 123
tests **EL1:** 494–497
Moisture separator drain
nuclear reactors **A13:** 958
Moisture swelling analysis
of fiber composites **EM1:** 188–190
Moisture vapor transmission
defined **EM1:** 16
Moisture vapor transmission (MVT) **EM3:** 18
defined **EM2:** 27
Moisture vapor transmission rate (MVTR) .. **EM3:** 50
Moisture-cured urethanes **A13:** 410
Moisture-related failure *See also* Moisture; Moisture absorption; Water absorption
creep and stress relaxation effects **EM2:** 763–765
effect on mechanical properties **EM2:** 766–769
glass transition temperature effects **EM2:** 761–764
in composites **EM2:** 765–766
in thermoplastics **EM2:** 767–768
in thermosets **EM2:** 766–767
moisture-induced damage mechanisms **EM2:** 762–766
moisture-induced fatigue failure **EM2:** 765
Molal solution
defined **A13:** 9
Molality
defined **A10:** 677
Molar absorptivity
in UV/VIS analysis **A10:** 62–63
Molar energy
SI unit/symbol for **A8:** 721
Molar entropy
SI unit/symbol for **A8:** 721
Molar extinction coefficients **A10:** 47
Molar Gibbs free energy component **A7:** 524
Molar heat capacity
SI unit/symbol for **A8:** 721
Molar solution
defined **A13:** 9
Molarity
and titrant standardization **A10:** 172
defined **A10:** 162, 677
Molasses
brightener for cyanide baths **A5:** 216
Mold *See also* Automatic mold; Cored mold; Deep-draw mold; Sprayed metal molds **M7:** 8
cracked or broken, as casting defect **A11:** 381
defect, high pressure **A11:** 384
defined **EM1:** 16
design/construction, for resin transfer molding **EM1:** 168–169
electroformed, defined *See* Electroformed molds
flexible, defined *See* Flexible molds
for hand wet lay-up technique **EM1:** 132
moisture effects **EM1:** 164
pipe, overheating failure in **A11:** 275–276
repair, poor, as casting defect **A11:** 385
Mold assembly
and tolerances **A15:** 618
Antioch process **A15:** 247
match plate pattern plaster casting **A15:** 245
plaster molding **A15:** 244
plastic molding **A15:** 244
Mold blowoff, as finishing
green sand molding **A15:** 347
Mold casting *See* Permanent mold casting; Plaster mold casting
Mold cavities *See also* Gate; Riser; Runner; Sprue
coring methods for **A15:** 279
machining of **A15:** 280
surface, finish effects **A15:** 284–285
Mold cavity
resin transfer molding **EM1:** 168
Mold cleaners **EM1:** 168–169
Mold closing, as finishing
green sand molding **A15:** 347
Mold coating *See also* Coatings
defined **A15:** 8
definition **A5:** 961
Mold creep
as casting defect **A11:** 387
Mold design *See also* Design; Design considerations **A20:** 164, 165
and hot cracking **A15:** 768
directional solidification **A15:** 321
effect, dimensional accuracy **A15:** 284
effect, mold life **A15:** 281
finish effects, permanent molds **A15:** 285
permanent mold casting **A15:** 277–278

662 / Mold design

Mold design (continued)
vertical centrifugal casting A15: 300–304
Mold dressing *See also* Mold coating
equipment, plaster molding A15: 243
plaster molding........................ A15: 244
Mold drop
as casting defect A11: 381
Mold element cutoff
as casting defect A11: 381
Mold erosion
nickel alloys A15: 821–822
plain carbon steels A15: 711
Mold expansion, during baking
as casting defect...................... A11: 386
Mold facing *See* Mold coating
Mold filler materials.................... A9: 31–32
Mold filling
heat loss, modeling of............. A15: 879–880
physical modeling of.............. A15: 869–870
rapid.................................. A15: 589
rheology .... ELI: 838–842
techniques, FM process.................. A15: 38
Mold Flow (proprietary computer program).. A20: 257
Mold fluxes *See also* Fluxes
copper alloys..................... A15: 450–451
Mold hardness, uniform
development of......................... A15: 29
Mold inserts
permanent mold castings A15: 280
Mold jacket
defined A15: 8
Mold materials
aggregate A15: 208–211
and mold life A15: 281
Antioch process A15: 246
as inclusion-forming..................... A15: 90
compacted graphite irons A15: 671
permanent molds, recommended........ A15: 280
selection, permanent mold casting A15: 280
solid graphite as....................... A15: 285
Mold materials for castable resins A9: 30
Mold metallurgy.......................... A1: 114
Mold pouring techniques *See also* Pouring
vs. mold filling techniques A15: 38
Mold properties
effect on pure metal solidification
structures........................ A9: 608–610
Mold release agents *See also* Release
agents.............. EM1: 16, 158, EM3: 41
as additives........................... ELI: 475
Mold releases EM1: 168–169, 602–603
Mold restraint
as casting distortion source A15: 616–617
Mold shift
defined A15: 8
Mold shrinkage *See also* Mold(s); Shrinkage
defined EM1: 16, EM2: 27
glass addition effect EM2: 72
rammed graphite molds A15: 274
statistical analysis of............. EM2: 604–605
Mold spraying
robotic A15: 568
Mold stabilization *See also* Burn-off
defined A15: 250
in all-ceramic mold casting.............. A15: 249
Unicast process......................... A15: 252
Mold steels *See also* Tool steels, mold
steels A1: 767–768
Mold surface
defined EM1: 16
Mold temperature *See also* Pouring temperature;
Temperature(s)
control of.............................. A15: 283
horizontal centrifugal casting............ A15: 297
permanent mold casting A15: 282–283
surface finish effects, permanent mold
castings............................. A15: 285
Mold, tool, and die design............ A20: 164, 165
Mold wall casting deficiencies.............. A17: 531

Mold walls
inspection of........................ A15: 555–556
movement, as defect A15: 29
thickness, and riser location A15: 580–581
Mold warpage *See* Warpage
Mold wash *See also* Facing
defined A15: 8
for inclusions A15: 90
horizontal centrifugal casting............ A15: 296
permanent molds....................... A15: 304
Moldability
of phenolics.......................... EM2: 243
Molded composite materials
properties............................. EM1: 161
Molded edge
defined EM1: 16, EM2: 27
Molded net
defined EM1: 16, EM2: 27
Molded plastic gear................. M7: 669–670
Molded plastic packages
assembly of........................ ELI: 471–475
silicon chip, thermomechanical
considerations................. ELI: 415–416
thermal performance of .... ELI: 409–410
without cavities .... ELI: 452
Molded plastic parts
dry blasting A5: 59
Molded printed wiring boards
defined................................ ELI: 505
Molded-epoxy encapsulations.............. ELI: 961
Molded-foam
in polymer processing classification
scheme A20: 699
Molded-in inserts EM2: 722–723
Molding *See also* Autoclave molding; Compression
molding; Contact molding; Injection molding;
Matched metal molding; Mold shrinkage;
Molding compounds; Molding conditions;
Mold(s); Postmolding; Premolding; Pressure
bag molding; Processing; Thermal expansion
molding; Transfer molding; Vacuum bag
molding M7: 8
19th century development A15: 32
Alnico alloys.......................... A15: 736
application EM1: 355, 356
as electronic embedment, epoxies....... ELI: 832
as manufacturing process A20: 247
austenitic ductile irons A15: 700
compression EM2: 331–333
cost, thermoplastic injection molding.... EM2: 309
cycle, basic operations .... ELI: 803
defined EM1: 16, EM2: 27
high-density, defined A15: 346
high-pressure, defined A15: 346
high-silicon irons A15: 701
in injection molding.................... M7: 497
innovative, types A15: 37
limitations....................... EM2: 614–615
magnetic A15: 234–235
methods, titanium alloys A15: 825–826
methods, titanium and titanium alloy
castings A2: 635–636
mixed materials from A15: 32
of gray iron..................... A15: 639–640
pattern, in lost foam casting A15: 231
primary process costs................... EM2: 84
printed board coupons .... ELI: 573
problems A15: 345–347
process, powder injection, for cermets A2: 984–985
processes, common...................... EM2: 85
pulp, defined *See under* Pulp
recent developments A15: 37–38
secondary processing costs EM2: 84–86
special processes, types.................. A15: 37
springback at M7: 480
thermal expansion methods EM1: 590–591
vacuum A15: 235–236

Molding aggregates *See also* Aggregate molding
materials; Clays; Plastic materials; Sands
bonds formed in A15: 212–213
Molding compound *See also* Molding powder
defined EM1: 16
resins EM1: 164
thermoplastic, for injection............. EM1: 165
thermoset, for injection................. EM1: 165
with epoxy resins EM1: 400
Molding compounds *See also* Reinforced molding
compound
allyls (DAP, DAIP), properties EM2: 228
amino.......................... EM2: 230–231
amino resin EM2: 628
as encapsulant .... ELI: 803–805
defined EM2: 27
epoxy.......................... ELI: 813–815
extra high strength, properties effects.... EM2: 286
in plastic packages .... ELI: 211–212
phenolic EM2: 242–245, 627
thermosetting, electrical properties EM2: 590
Molding conditions
acrylics.......................... EM2: 106–107
acrylonitrile-butadiene-styrenes
(ABS) EM2: 113–114
high-impact polystyrenes (PS, HIPS) EM2: 198
liquid crystal polymers (LCP) EM2: 182
Molding cycle
defined EM1: 16, EM2: 27
Molding equipment *See also* Equipment
effect, green sand system A15: 226
high-pressure, first A15: 29
sand, development of.................... A15: 35
Molding machines *See also* Equipment
air operated, development A15: 29
computer-aided A15: 350–351
cope and drag.......................... A15: 343
defined A15: 8
development of......................... A15: 28
first-generation A15: 341–342
horizontal flaskless..................... A15: 343
jolt squeeze A15: 342
jolt-type......................... A15: 341–342
match plate pattern A15: 343
pressure wave method................... A15: 343
problems A15: 345–347
rap-jolt.......................... A15: 342–343
sand slinger............................ A15: 342
second-generation................. A15: 342–344
vertically parted A15: 344
Molding media preparation *See also* Sand
preparation
green sand casting................ A15: 344–345
Molding powder
defined.................................. EM1: 16
Molding pressure
defined EM1: 16, EM2: 27
Molding processes *See also* Casting processes
aggregate molding materials........ A15: 208–211
centrifugal casting A15: 296–307
ceramic molding A15: 248–252
classified A15: 203–207
continuous casting................. A15: 308–316
coremaking A15: 238–241
development of......................... A15: 35
die casting....................... A15: 286–295
expendable, types...................... A15: 204
flow charts for A15: 203–207
investment casting................ A15: 253–269
molding aggregates, bonds formed in A15: 212–213
new and emerging processes A15: 317–338
permanent mold casting........... A15: 275–285
permanent, types classified.............. A15: 204
plaster molding A15: 242–247
rammed graphite molds A15: 273–274
Replicast process A15: 270–272
resin binder processes............. A15: 214–221
sand molding A15: 222–237

SUBJECTS OF THE INDEXED VOLUMES: **ASM Handbook** (designated by the letter "A"): A1: Properties and Selection: Irons, Steels, and High-Performance Alloys (1990); A2: Properties and Selection: Nonferrous Alloys and Special-Purpose Materials (1990); A3: Alloy Phase Diagrams (1992); A4: Heat Treating (1991); A5: Surface Engineering (1994); A6: Welding, Brazing, and Soldering (1993); A7: Powder Metal Technologies and Applications (1998); A8: Mechanical Testing (1985); A9: Metallography and Microstructures (1985); A10: Materials Characterization (1986); A11: Failure Analysis and Prevention (1986); A12: Fractography (1987); A13: Corrosion (1987); A14: Forming and Forging (1988); A15: Casting (1988); A16: Machining (1989); A17: Nondestructive Evaluation and Quality Control (1989); A18: Friction, Lubrication, and Wear Technology (1992); A19: Fatigue and Fracture (1996); A20: Materials Selection and Design (1997). **Metals Handbook, 9th Edition** (designated by the letter "M"): M1: Properties and Selection: Irons and Steels (1978); M2: Properties and Selection: Nonferrous Alloys and Pure Metals (1979); M3: Properties and Selection: Stainless Steels, Tool Materials, and Special-Purpose Materials (1980); M4: Heat Treating (1981); M5: Surface Cleaning, Finishing, and Coating (1982); M6: Welding, Brazing, and Soldering (1983); M7: Powder Metallurgy (1984). **Engineered Materials Handbook** (designated by the letters "EM"): EM1: Composites (1987); EM2: Engineering Plastics (1988); EM3: Adhesives and Sealants (1990); EM4: Ceramics and Glasses (1991). **Electronic Materials Handbook** (designated by the letters "EL"): ELI: Packaging (1989)

Molding release agent *See also* Release agent
defined . . . EM2: 27
Molding sands *See also* Alumina; Naturally bonded molding sand; Sand(s)
adhering, blast cleaning of . . . A15: 506
defined . . . A15: 8
magnesium . . . A15: 804
Moldless casting
nonferrous . . . A15: 315
Mold(s) *See also* Coatings; Mold assembly; Mold cavities; Mold design; Mold drying mold types
bivalve, historic use . . . A15: 16
blow molding . . . EM2: 353–356
carbon, vertical centrifugal casting . . . A15: 304
colloidal silica . . . A15: 212
complexity, and design . . . A15: 611–613
composition, match plate patterns . . . A15: 245
construction, thermoplastic injection molding . . . EM2: 313–317
copper, horizontal centrifugal casting . . . A15: 296
defined . . . A15: 8, EM2: 27
development of . . . A15: 28
dilation, and feed metal volume . . . A15: 577
distortion, directional solidification . . A15: 321–322
erosion . . . A15: 589, 711, 821–822
ethyl silicate . . . A15: 212
fill simulation . . . EM2: 312
finishes, types . . . A15: 347
firing and burnout, investment casting . . . A15: 262
flow-through water-cooled copper . . . A15: 311
for gray iron . . . A15: 639–640
for zirconium alloys . . . A15: 836–837
high-alloy white irons . . . A15: 680
high-chromium white irons . . . A15: 683
high-silicon irons . . . A15: 699
horizontal centrifugal casting . . . A15: 296–297
influences, in sand casting . . . A15: 618
level measurement . . . A15: 501
life, permanent mold castings . . . A15: 280–281
loam . . . A15: 31
metal . . . A15: 275, 301–303
-metal interface, inclusion control at . . . A15: 90
monocrystal casting . . . A15: 322–323
operation, effect, dimensional accuracy . . . A15: 284
produced by shell process . . . A15: 217–218
properties, water content variation . . . A15: 212–213
rammed graphite . . . A15: 273–274
removal, permanent mold casting . . . A15: 283–284
restraint, distortion from . . . A15: 616–617
rotational molding . . . EM2: 366–367
silicate bonded . . . A15: 229
sodium silicate . . . A15: 213
spalling, from thermal expansion . . . A15: 208
speed curves, vertical centrifugal casting . . . A15: 305–306
steel . . . A15: 296, 366
stone, Bronze Age . . . A15: 15–16
surface, defined . . . EM2: 27
surfaces . . . EM2: 614
transportation, green sand molding . . . A15: 347
type, foundry processes classified by . . . A15: 204
types . . . EM2: 614
use in solid sample preparation . . . A10: 93
various, freezing times, compared . . . A15: 243
venting . . . A15: 29, 568
Molds for
electroslag welding . . . M6: 227–22
repair thermit welding . . . M6: 699–701
Molds for mounting fiber composites . . . A9: 588
Mold-wall movement
as casting defect . . . A11: 386
Mole *See also* Molecular optical laser examiner . . . A10: 677, 685, 690
defined . . . A13: 9
equivalence of . . . A10: 162
Molecular
mass, defined . . . EM2: 27
orientation, process effects on . . . EM2: 281–282
properties, temperature and molecular structure . . . EM2: 37
structure, thermoplastic resins . . . EM2: 619–621
weight, defined . . . EM2: 27
Molecular absorption
as requirement for fluorescence . . . A10: 73–74
Jablonsky diagram indicating . . . A10: 73
Molecular analyses
IR quantitative determination, in mixtures . . . A10: 109
of bulk inorganic solids, analytical methods for . . . A10: 6
of inorganic gases, analytical methods for . . . A10: 8
of inorganic liquids and solutions, analytical methods for . . . A10: 7
of organic solids, analytical methods for . . . A10: 9
of organic solids and liquids, analytical methods for . . . A10: 10
Raman spectroscopy . . . A10: 126–138
Molecular bands
in emission spectroscopy . . . A10: 23
in flame emissions . . . A10: 29
Molecular beam epitaxy (MBE)
for gallium arsenide (GaAs) . . . A2: 745
Molecular beam epitaxy (MBE) system . . . A18: 159
Molecular clusters
and surface atoms . . . M7: 259
Molecular conformation, and stereochemistry
IR determination of . . . A10: 109
Molecular electronics *See also* Microelectronics
as future technology . . . EL1: 103
development goal of . . . EL1: 89
Molecular emission
in optical emission spectroscopy . . . A10: 22–23
minimizing . . . A10: 23
Molecular flow
defined . . . A10: 152
Molecular fluorescence spectroscopy . . . A10: 72–81
applications . . . A10: 72, 79–81
capabilities, compared with UV/VIS analysis . . . A10: 60
defined . . . A10: 677
detection limits and dynamic range . . . A10: 76
estimated analysis time . . . A10: 72
excitation and emission spectra, qualitative analysis . . . A10: 74–75
fluorescent molecules . . . A10: 73–74
general uses . . . A10: 72
indirect, of nonfluorescing atoms molecules . . . A10: 76
instrumentation . . . A10: 76–77
introduction and theory . . . A10: 73
lasers . . . A10: 76, 80–81
limitations . . . A10: 72, 76
monochromators . . . A10: 76–77
of inorganic and organic materials . . A10: 4–5, 7–10
possible errors . . . A10: 77–78
practical considerations . . . A10: 77–78
quantitative analysis . . . A10: 75
radiation sources . . . A10: 76
related techniques . . . A10: 72, 78–79
samples . . . A10: 72, 76, 79–81
special techniques . . . A10: 78–79
Molecular free volume . . . EM3: 654
Molecular flow
in leaks . . . A17: 58
Molecular hydrogen lamp
for continuous- source background correction . . . A10: 51
Molecular information
from surface analytical techniques . . . M7: 251
Molecular light-scattering processes
energy- level diagram for . . . A10: 127
Molecular mass . . . EM3: 18
Molecular models
from rubber network theory . . . EL1: 849
Molecular nitrogen . . . M7: 345
Molecular optical laser examiner
for Raman spectroscopy . . . A10: 129–130
instrument layout for . . . A10: 130
use in glasses . . . A10: 131
Molecular orientation
in drawn polymer films . . . A10: 120
IR determination of . . . A10: 109
Molecular reorientation
as NMR kinetic process . . . A10: 277
Molecular scattering
by Raman spectroscopy . . . A10: 126–130
Molecular seal
defined . . . A18: 13
Molecular species
as adsorbed on surfaces . . . A10: 109
Molecular spectroscopy
methods of . . . EM2: 825–828
Molecular spectrum
defined . . . A10: 677
Molecular structure
balls and massless springs model . . . A10: 110, 111
compound, IR spectroscopy for . . . A10: 109
defined . . . A10: 677
determined by single-crystal analysis . . . A10: 345
in UV/VIS analysis . . . A10: 61
mass spectrometry for . . . A10: 116
nuclear magnetic resonance . . . A10: 116
Molecular vibrations
group frequencies as . . . A10: 111
in infrared spectroscopy . . . A10: 111
normal-coordinate analysis . . . A10: 110–111
of diatomic molecule . . . A10: 111
with Raman spectroscopy . . . A10: 126–138
Molecular weight . . . A20: 440, EM3: 18
and ESC resistance . . . EM2: 800
average, defined . . . EM2: 5
defined . . . A10: 677, EM1: 16
for viscoelastic analysis . . . EM2: 533–535
high, high-density polyethylenes (HDPE) EM2: 163
polyether sulfones (PES, PESV) . . . EM2: 161
structural analysis . . . EM2: 828–830
Molecular weight, number-average
in polymers . . . A11: 758
Molecular-beam epitaxy (MBE) . . . A5: 517, 518, 542, 566
achievable machining accuracy . . . A5: 81
definition . . . A5: 961
for GaAs crystal growth . . . EL1: 200
Molecular-cage effect
XANES analysis . . . A10: 415–416
Molecules
acrylic . . . EL1: 671
adsorbed, on smooth metal surfaces, SERS analysis of . . . A10: 137
adsorbed, orientation on single crystals . . . A10: 407
aggregate, in complexometric titrations . . . A10: 164
and emission spectroscopy . . . A10: 22–23
aromatic, in ESR analysis . . . A10: 259
bonding of . . . EM2: 63
chemisorbed, EXAFS geometry of . . . A10: 407
defined . . . A10: 677
diatomic, molecular vibrations . . . A10: 111
electronic structure, UV/VIS analysis . . . A10: 60
epoxy . . . EL1: 670
functional groups in . . . A10: 109
gas, three-dimensional structure of . . . A10: 393
inorganic, MFS analysis . . . A10: 74
interactions between, determined by single- crystal x-ray diffraction . . . A10: 344
odd electron, ESR analysis of . . . A10: 254
organic and inorganic fluorescent . . . A10: 72–74
organic, UV/VIS analysis of functional groups in . . . A10: 60
polarization of . . . A10: 127
polymer, SAS applications . . . A10: 405
primary/secondary solvent . . . A13: 19
structure within . . . EM2: 58
surfactant, in water, structural changes in A10: 118
symmetry of . . . A10: 348
with overlapping fluorescence spectra . . . A10: 75
Molten
iron, in elevated-temperature failures . . . A11: 275
lead, in elevated-temperature failures . . . A11: 274
metals, in elevated-temperature failures . . . A11: 273–276
salts, in elevated-temperature failures . . . A11: 276–277
-solids failures, in engine valves . . . A11: 289
zinc, in elevated-temperature failures . . . A11: 273
Molten bath
metallic coating process for molybdenum . . A5: 859
Molten carbonate fuel cell . . . A13: 1321
Molten caustic process . . . A5: 857
Molten chemical-bath dip brazing
definition . . . M6: 11
Molten fluorides . . . A13: 90
Molten glass
melting/forming of . . . EM1: 108
Molten metal
fluidity . . . A15: 766–768
Molten metal flame spraying
definition . . . A5: 961, M6: 11
Molten metal infiltration . . . A7: 769

664 / Molten metal pumps

Molten metal pumps
aluminum melts **A15:** 454–456
systems **A15:** 486–487

Molten metal-bath dip brazing
definition **M6:** 11

Molten metals
cast irons in **A13:** 570
corrosion, metal-processing equipment. . . **A13:** 1314
effects on tantalum **A13:** 736
high-temperature corrosion in **A13:** 56–60
salts, types. **A13:** 90–91
zirconium/zirconium alloy resistance **A13:** 717

Molten particle deposition **EM4:** 202–208
applications. **EM4:** 207–208
color deposits. **EM4:** 208
composite parts **EM4:** 208
corrosion protection **EM4:** 208
electrical property special surfaces. **EM4:** 208
free-standing ceramic bodies. **EM4:** 208
medical implants. **EM4:** 208
protection against antifretting
and wear. **EM4:** 208
self-lubricating coatings **EM4:** 208
thermal barrier coatings. **EM4:** 207–208
approach **EM4:** 124
coating generation **EM4:** 206–207
coating formation. **EM4:** 206, 207
coating heat treatments **EM4:** 207
cryogenic cooling. **EM4:** 207
effects of particulate flattening. . . . **EM4:** 206–207
grooving **EM4:** 207
material-dependent effect. **EM4:** 206
deposition methods **EM4:** 202–206
transfer of heat and momentum . . **EM4:** 202–203
typical spraying processes for
ceramics **EM4:** 203–206
factors determining the feasibility of using process
in an application. **EM4:** 202
future trends **EM4:** 208
lamellar structure of a coating. **EM4:** 203
properties of ceramic and cermet
coatings **EM4:** 203

Molten salt *See also* Dip brazing of steels in molten salt
paint stripping method **A5:** 14

Molten salt bath
definition **A5:** 961

Molten salt bath cleaning **A5:** 4, 39–42
applications **A5:** 39
byproduct collection and removal. **A5:** 42
cast irons **A5:** 686
casting cleaning **A5:** 40–41
enclosed molten salt bath cleaning line
(schematic). **A5:** 41
environmental impact **A5:** 42
equipment requirements **A5:** 39
for liquid penetrant inspection **A17:** 81, 82
for paint stripping **A5:** 39
fused salt cleaning system. **A5:** 42
glass removal. **A5:** 41
paint stripping **A5:** 42
plasma/flame spray removal. **A5:** 41
polymer removal **A5:** 39–40
safety and health hazards **A5:** 42
salt bath equipment. **A5:** 41–42
uses. **A5:** 39

Molten salt bath descaling *See* Salt bath descaling

Molten salt baths
for precoat cleaning. **A15:** 561

Molten salt corrosion *See also* Molten salts **A13:** 17, 88–91
and liquid-metal corrosion, compared **A13:** 17
fluorides. **A13:** 52–54
high-temperature **A13:** 50–55
in coal- and oil-fired boilers **A13:** 995–996
in titanium/titanium alloys. **A13:** 689
in zirconium/zirconium alloys **A13:** 717
kinetics **A13:** 50–51
literature **A13:** 54

mechanisms **A13:** 17, 89
metal-processing equipment. **A13:** 1313–1314
molten salt types **A13:** 90–91
nitrates/nitrites. **A13:** 51–52
prevention **A13:** 91
purification **A13:** 51
rates, iron-base alloys **A13:** 51
solid waste boilers **A13:** 997
test methods **A13:** 51
thermodynamics. **A13:** 50–51

Molten salt descaling *See also* Descaling; Scaling
of titanium alloy forgings **A14:** 280

Molten salt electrolysis **A4:** 668

Molten salt electrolytic reduction
titanium powder. **A7:** 499

Molten salt paint stripping method **M5:** 18–19

Molten salt quenching
of steel **M4:** 49, 60

Molten salts *See also* Molten salt corrosion
analysis **A10:** 131
as corrosive environment **A12:** 24
purification **A13:** 51
sampler, natural circulation loop. **A13:** 50
selective dissolution. **A13:** 134
types. **A13:** 90–91

Molten weld pool
definition **A6:** 1211, **M6:** 11

Molten-salt descaling
chemical cleaning methods compared. **A5:** 707

Moly Permalloy
photochemical machining etchant **A16:** 590

Molybdate films
deposited by color etching **A9:** 141

Molybdate oranges
as pigment. **EM3:** 179

Molybdate oxyanion analogs
alternative conversion coat technology,
status of **A5:** 928

Molybdates **A20:** 550
as anodic inhibitors **A13:** 494

Molybdena catalysts
analyses **A10:** 134

Molybdenite. **A7:** 197, **A18:** 113, **M7:** 154–155

Molybdenum *See also* Molybdenum alloys; Molybdenum alloys, specific types; Molybdenum powders; Pure molybdenum; Refractory metals; Refractory metals and alloys; Refractory metals and alloys, specific types **A20:** 411–412
acid cleaning **A5:** 54
addition to cylinder liner materials for
strength **A18:** 556
addition to improve weldability of
tungsten **A6:** 870
addition to low-alloy steels for pressure vessels and
piping **A6:** 667
addition to restrict graphitization **M6:** 834
addition to solid-solution nickel alloys. **A6:** 575
additions to martensitic stainless steels. . . . **M6:** 348
alloy, tension-overload fracture **A12:** 464
alloying effect in titanium alloys **A6:** 508, 512
alloying effect on electron beam
welding **M6:** 639–640
alloying effect on stress-corrosion
cracking **A19:** 487
alloying effects, stainless steels. **A13:** 550
alloying element increasing corrosion
resistance **A20:** 548
alloying, in cast irons **A13:** 567
alloying, in microalloyed uranium. **A2:** 677
alloying, magnetically soft materials **A2:** 762
alloying, nickel-base alloys **A13:** 641
alloying, uranium/uranium alloys **A13:** 814
alloying, wrought aluminum alloy **A2:** 54
alloys, with oxides, workability **A8:** 165
applications. **A2:** 557–559, 574, **A20:** 411, **M3:** 320–321
applications, sheet metals **A6:** 400
arc deposition **A5:** 603

arc welding *See* Arc welding of molybdenum and tungsten
as a beta stabilizer in titanium alloys. **A9:** 458
as a carbide-forming element in steel. **A9:** 661
as addition to austenitic stainless steels. . . . **A6:** 689
as addition to cemented carbides **A18:** 800
as alloying element affecting temper embrittlement
of steels **A19:** 620
as alloying element, effect on susceptibility to
stress-corrosion cracking of two low-alloy
steels. **A19:** 486
as an addition to austenitic manganese steel
castings. **A9:** 239
as an addition to cobalt-base heat-resistant casting
alloys **A9:** 334
as an addition to iron-chromium-nickel heat-
resistant casting alloys. **A9:** 332–333
as an addition to nickel-base heat-resistant casting
alloys **A9:** 334
as an addition to nickel-iron alloys. **A9:** 538
as an addition to niobium alloys. **A9:** 441
as an addition to silver-base switchgear
materials **A9:** 552
as an addition to stainless steel casting
alloys **A9:** 298
as an addition to tantalum alloys **A9:** 442
as an alloying addition to wrought heat- resistant
alloys **A9:** 310–312
as an alloying addition to wrought stainless
steels. **A9:** 283–285
as bond coats for thermal spray coatings. . . **A6:** 813
as ductile phase of intermetallics **A19:** 389
as electrical contact materials **A2:** 848–849
as essential metal **A2:** 1250, 1253–1254
as ferrite stabilizer **A13:** 47
as gray iron alloying element **A15:** 639
as refractory metal, commercial uses. **M7:** 17
as thermal spray coating for hardfacing
applications **A5:** 735
as trace element, cupolas **A15:** 388
at elevated-temperature service **A1:** 640
atomic interaction descriptions **A6:** 144
bcc, fatigue limits. **A8:** 253
bend transition temperature **M6:** 463
binary alloys **A9:** 442
biologic effects and toxicity. **A2:** 1253–1254
bond coatings **A18:** 831
brazed joint, thermal stress SCC. **A13:** 879
brazing **A2:** 564, **M6:** 1057–1058
filler metals and their properties **M6:** 1057–1058
fluxes and atmospheres. **M6:** 1058
precleaning and surface
preparation **M6:** 1057–1058
processes and equipment **M6:** 1058
brazing and soldering characteristics **A6:** 634
characteristics and weldability **M6:** 462–463
chemical vapor deposition **A5:** 513
chromium plating of **M5:** 660–661
cleaning processes. **M5:** 659–660
codeposited with nickel in electroplating. . **A18:** 836
commercially pure, pressed from powder and
sintered. **A9:** 445
commercially pure sheet **A9:** 445
components in cold-wall vacuum furnace . . **A6:** 331
composition similar to ceramics and
glasses **EM3:** 306
compositional range in nickel-base single-crystal
alloys **A20:** 596
consumption **A2:** 557
content, and crevice corrosion, nickel-base
alloys **A13:** 305
content in heat-treatable low-alloy (HTLA)
steels. **A6:** 670
content in HSLA Q&T steels. **A6:** 665
content in nickel-base and cobalt-base high-
temperature alloys **A6:** 573
content in stainless steels. **M6:** 320
content in tool and die steels. **A6:** 674

SUBJECTS OF THE INDEXED VOLUMES: ASM Handbook (designated by the letter "A"): **A1:** Properties and Selection: Irons, Steels, and High-Performance Alloys (1990); **A2:** Properties and Selection: Nonferrous Alloys and Special-Purpose Materials (1990); **A3:** Alloy Phase Diagrams (1992); **A4:** Heat Treating (1991); **A5:** Surface Engineering (1994); **A6:** Welding, Brazing, and Soldering (1993); **A7:** Powder Metal Technologies and Applications (1998); **A8:** Mechanical Testing (1985); **A9:** Metallography and Microstructures (1985); **A10:** Materials Characterization (1986); **A11:** Failure Analysis and Prevention (1986); **A12:** Fractography (1987); **A13:** Corrosion (1987); **A14:** Forming and Forging (1988); **A15:** Casting (1988); **A16:** Machining (1989); **A17:** Nondestructive Evaluation and Quality Control (1989); **A18:** Friction, Lubrication, and Wear Technology (1992); **A19:** Fatigue and Fracture (1996); **A20:** Materials Selection and Design (1997). **Metals Handbook, 9th Edition** (designated by the letter "M"): **M1:** Properties and Selection: Irons and Steels (1978); **M2:** Properties and Selection: Nonferrous Alloys and Pure Metals (1979); **M3:** Properties and Selection: Stainless Steels, Tool Materials, and Special-Purpose Materials (1980); **M4:** Heat Treating (1981); **M5:** Surface Cleaning, Finishing, and Coating (1982); **M6:** Welding, Brazing, and Soldering (1983); **M7:** Powder Metallurgy (1984). **Engineered Materials Handbook** (designated by the letters "EM"): **EM1:** Composites (1987); **EM2:** Engineering Plastics (1988); **EM3:** Adhesives and Sealants (1990); **EM4:** Ceramics and Glasses (1991). **Electronic Materials Handbook** (designated by the letters "EL"): **EL1:** Packaging (1989)

content in ultrahigh-strength low-alloy steels . . . **A6:** 673
content of weld deposits . . . **A6:** 675
corrosion resistance . . . **M3:** 321
creep rupture testing of . . . **A8:** 302
crystal structure . . . **A20:** 409
crystal, x-ray fractography for fracture surface of . . . **A10:** 377
cyclic oxidation . . . **A20:** 594
determined by controlled-potential coulometry . . . **A10:** 209
determined in molybdenum-tungsten alloys . . . **A10:** 207
dichalcogenides . . . **A18:** 113
early TEM . . . **A12:** 6
effect, amorphous metals . . . **A13:** 868
effect of, on corrosion resistance . . . **A1:** 912
effect of, on hardenability . . . **A1:** 395, 413, 468
effect of, on notch toughness . . . **A1:** 741
effect on borided steels . . . **A4:** 441
effect on Curie point . . . **A4:** 187
effect on cyclic oxidation attack parameter . . . **A20:** 594
effect on diffusion coatings . . . **A5:** 615
effect on sigma formation in ferritic stainless steels . . . **A9:** 285
effect, Stellite alloys . . . **A13:** 658
elastic modulus . . . **A20:** 409
electrical contacts, use in . . **M3:** 671–672, 673, 674, 675
electrical discharge machining . . . **A2:** 561
electrical resistance applications . . . **M3:** 641, 646, 647, 655
electrochemical machining . . . **A5:** 111, 112
electrolytic etching . . . **A9:** 440
electromechanical polishing . . . **A9:** 441
electron beam drip melted . . . **A15:** 413
electron beam welding . . . **M6:** 639–640
electron-beam welding . . . **A6:** 870–871
electroplating of . . . **M5:** 660–661
electroslag welding, reactions . . . **A6:** 274
elemental sputtering yields for 500 eV ions . . . **A5:** 574
elongated grain-boundary traces in extruded . . . **A9:** 124
embrittlement sources . . . **A12:** 123
epithermal neutron activation analysis . . . **A10:** 239
erosion resistance . . . **A18:** 201
erosion test results . . . **A18:** 200
evaporation fields for . . . **A10:** 587
fabrication . . . **M3:** 314, 321
fatigue diagram . . . **A19:** 304
finishing processes . . . **M5:** 659–662
for heating elements and hot furnace structures . . . **A4:** 497, 500, 501, 502
for laser alloying . . . **A18:** 866
for multiple radiation shields of cold-wall vacuum furnaces . . . **A4:** 498
forging of . . . **A14:** 237–238
forming . . . **A2:** 562
friction coefficient data . . . **A18:** 71
friction welding . . . **M6:** 722
functions in FCAW electrodes . . . **A6:** 188
furnace elements . . . **M7:** 423
gas-tungsten arc welding . . . **A6:** 193
glass-to-metal seals . . . **EL1:** 455, **EM3:** 302
gold plating of . . . **M5:** 660
gravimetric finishes . . . **A10:** 171
Hall-Petch coefficient value . . . **A20:** 348
heat treating . . . **A14:** 238
heating element, use in vacuum furnace . . . **A4:** 500, **M4:** 316
high-temperature solid-state welding . . . **A6:** 298
hot swaging of . . . **A14:** 142
hydrogen fluoride/hydrofluoric acid corrosion . . . **A13:** 1169
implanted in aluminum . . . **A10:** 484
in a nickel matrix . . . **A9:** 619
in age hardening in maraging steels . . . **A1:** 794
in alloy cast irons . . . **A1:** 89, 90
in austenitic manganese steel . . . **A1:** 824–825
in austenitic stainless steels . . . **A6:** 457, 458, 461, 465, 467
in cast iron . . . **A1:** 6, 28–29
in cobalt-base alloys . . . **A1:** 985, **A18:** 766
in compacted graphite iron . . . **A1:** 57, 59
in composition, effect on ductile iron . . . **A4:** 686, 688, 689
in composition, effect on gray irons . . **A4:** 672, 673, 676, 678
in compounds providing flame retardance and smoke suppression . . . **EM3:** 179
in diffusion-alloyed steel powder metallurgy materials . . . **A9:** 510
in ductile iron . . . **A1:** 45
in duplex stainless steels . . . **A6:** 471–472, 478
in ferrite . . . **A1:** 408
in gas-metal eutectic method . . . **EM3:** 305
in gray iron . . . **A1:** 22
in hardfacing alloys . . . **A18:** 759–760, 762
in heat-resistant alloys . . . **A4:** 512, 515
in iron-base alloys, flame AAS analysis of . . **A10:** 56
in laser cladding material . . . **A18:** 867
in maraging steels . . . **A4:** 220, 222, 223, 224
in microalloy steel . . . **A1:** 358
in moly-manganese paste process . . . **EM3:** 304
in nickel-base corrosion-resistant alloys containing molybdenum . . . **A6:** 595
in nickel-base superalloys . . . **A1:** 984
in nickel-chromium white irons . . . **A15:** 680
in P/M alloys . . . **A1:** 810
in precipitation-hardening steels . . . **M6:** 350
in stainless steels . . . **A18:** 710, 712
in steel . . . **A1:** 146, 577
in thermal spray coating materials . . . **A18:** 832
in tool steels . . . **A18:** 734, 735–736
in wrought stainless steels . . . **A1:** 872
influence of, on phosphorus-induced temper embrittlement . . . **A1:** 699–700
influence of, on sigma phase embrittlement . . . **A1:** 710
interface with molybdenum carbide . . . **A9:** 121–122
interfacial segregation studies in . . . **A10:** 599–601
iridium plating of . . . **M5:** 660
Jones reductor for . . . **A10:** 176
laser surface alloying of . . . **A13:** 504
linear expansion coefficient vs. thermal conductivity . . . **A20:** 267, 276, 277
liquid-metal embrittlement of . . . **A11:** 234
loss coefficient vs. Young's modulus . . . **A20:** 267, 273–275
lubricant indicators and range of sensitivities . . . **A18:** 301
machining . . . **A2:** 560
mechanical properties . . . **A2:** 575–577, **M3:** 321
mechanical properties of plasma sprayed coatings . . . **A20:** 476
melting point . . . **A20:** 409
metal-matrix reinforcements: metallic wires . . . **A20:** 458
microstructures . . . **A9:** 442
neutron and x-ray scattering, and absorption compared . . . **A10:** 421
nitride-forming element . . . **A18:** 878
oxidational wear . . . **A18:** 287
oxidation-resistant coatings high-temperature . . . **M5:** 661–662
oxygen cutting, effect on . . . **M6:** 898
P/M Mo, threshold stress intensity determined by ultrasonic resonance test methods . . . **A19:** 139
paint for laser-alloyed stainless steel . . . **A18:** 866
particules, on metal/ceramic brazing assembly interface . . . **A10:** 457
percussion welding . . . **M6:** 740
photometric analysis methods . . . **A10:** 64
physical properties . . . **A6:** 941
pitting effect, amorphous metals . . . **A13:** 868
plasma-enhanced chemical vapor deposition . . . **A5:** 536
plasma-MIG welding . . . **A6:** 224
plasma-spray coating for piston rings . . . **A18:** 556
polish-etching . . . **A9:** 441
precautions . . . **M3:** 321
production . . . **A2:** 574–575
properties . . . **A6:** 629, **A20:** 411–412
pure . . . **M2:** 771–776
pure, properties . . . **A2:** 1140
qualitative tests to identify . . . **A10:** 168
range and effect as titanium alloying element . . . **A20:** 400
reaction of hearth with nickel-bearing alloys in vacuum heat treating . . . **A4:** 503
reactions with gases and carbon . . . **M6:** 1055
recovery from selected electrode coverings . . **A6:** 60
recrystallization temperatures . . . **M6:** 1055
relative erosion factor . . . **A18:** 200
resistance-type electric sintering furnace . . . **M7:** 690
rhodium plating of . . . **M5:** 660
rolling . . . **A2:** 562
secondary phase formation . . . **A18:** 854
sheath, in ternary molybdenum chalcogenides (chevrel phases) . . . **A2:** 1077
sheet forming . . . **A14:** 787–788
sintering, time and temperature . . . **M4:** 796
skeletons, composites with . . . **A2:** 855
solderability . . . **A6:** 978
solubility of rhenium in during etching . . . **A9:** 447
species weighed in gravimetry . . . **A10:** 172
specific gravity . . . **A20:** 409
specific modulus vs. specific strength . . . **A20:** 267, 271, 272
spectrometric metals analysis . . . **A18:** 300
spray material for oxyfuel wire spray process . . . **A18:** 829
spraying for hardfacing . . . **M6:** 789
sputter-induced reduction of oxides . . . **EM3:** 245
strengths of ultrasonic welds . . . **M6:** 752
submerged arc welding promotion of acicular ferrite . . . **M6:** 117
temperatures, mill processing . . . **M3:** 317
thermal diffusivity from 20 to 100 °C . . . **A6:** 4
thermal expansion coefficient at room temperature . . . **A20:** 409
thermal properties . . . **A18:** 42
thermal spray coating recommended . . . **A18:** 832
tilt boundaries studied by high resolution electron microscopy . . . **A9:** 121
TNAA detection limits . . . **A10:** 237
to improve hardenability in carburized steels . . . **A4:** 366, 367
to prevent temper embrittlement in martensitic steels . . . **A20:** 374
to promote hardness . . . **A4:** 124, 127, 128–129, 130
tongs for manual resistance brazing . . . **A6:** 340
transition temperatures . . . **M6:** 1055
tubing, production techniques . . . **A2:** 562–563
ultrapure, by chemical vapor deposition . . **A2:** 1094
ultrapure, by zone-refining technique . . . **A2:** 1094
ultrasonic welding . . . **A6:** 327
unalloyed sintered compact . . . **A9:** 562
use in flux cored electrodes . . . **M6:** 103
used as heating elements in vacuum furnaces . . . **A4:** 499–500
vacuum heat-treating support fixture material . . . **A4:** 503
vacuum-arc-cast high oxygen . . . **A12:** 6
vapor pressure, relation to temperature . . . **A4:** 495, **M4:** 309, 310
vibratory polishing of . . . **A9:** 550
Vickers and Knoop microindentation hardness numbers . . . **A18:** 416
volumetric procedures for . . . **A10:** 175
wear resistance of die material . . . **A18:** 635–636
weldability . . . **A20:** 412
welds, ductility . . . **A2:** 564
with sodium samples, epithermal neutron activation analysis of . . . **A10:** 239
x-ray characterization of surface wear results for various microstructures . . . **A18:** 469
Molybdenum alloy 362 *See* Molybdenum alloys, specific types, Mo-0.5Ti
Molybdenum alloy 363 *See* Molybdenum alloys, specific types, TZM
Molybdenum alloy 364 *See* Molybdenum alloys, specific types, TZM
Molybdenum alloy powders
for heat shields . . . **A7:** 592
liquid-phase sintering . . . **A7:** 570
milling . . . **A7:** 64
rapid solidification rate process . . . **A7:** 48
Molybdenum alloy TZM . . . **M7:** 768–769
Molybdenum alloys *See also* Molybdenum; Molybdenum alloys, specific types . . . **A9:** 442, **A20:** 411–412
annealing . . . **A4:** 816–817, 818, 819, **A6:** 581
applications . . . **A2:** 557–559, 574, **A20:** 412
arc cast, ultrasonic welding . . . **A6:** 326
bar and tube, die materials for drawing . . . **M3:** 525
ceramic coating of . . . **M5:** 542–545
cleaning . . . **A4:** 817

Molybdenum alloys (continued)
cleaning processes **M5:** 659–660
corrosion resistance **A2:** 575
density and melting temperature **M5:** 380
ductile-to-brittle transition temperature **A6:** 581
electron-beam welding **A6:** 581
electroplating of **M5:** 660–661
engineered material classes included in material property charts **A20:** 267
fatigue diagram **A19:** 304
filler metals for **M3:** 320
FIM sample preparation of **A10:** 586
finishing processes **M5:** 659–662
forging characteristics **A14:** 237
forging of **A14:** 237–238
furnaces **A4:** 816–817
gas-tungsten arc welding **A6:** 581
high-temperature behavior in various gas atmospheres **A4:** 816–817, 818
interstitial impurities effect **A6:** 581
material effects on flow stress and workability in forging chart **A20:** 740
mechanical properties **M7:** 476–477, 768–769
Ni_3Mo effect on 18Ni maraging steels **A4:** 223, 224
nickel-nickel molybdenum for control thermocouples in vacuum heat treating **A4:** 506
nitriding **A4:** 816, 818
oxidation protective coating of **M5:** 380
oxidation-resistant coatings
high-temperature **M5:** 661–662
principal ASTM specifications for weldable nonferrous sheet metals **A6:** 400
production **A2:** 574
properties **A20:** 411–412
sintered, ultrasonic welding **A6:** 326, 327
strength vs. density **A20:** 267–269
stress-relieving **A4:** 817
substrate material cycles for application of silicide and other oxidation-resistant ceramic coatings by pack cementation **A5:** 477
tensile strength **A6:** 580
tool steels **A14:** 81
ultrasonic welding **A6:** 894
welding conditions effect **A6:** 581
wire, die materials for drawing **M3:** 522
Young's modulus vs.
density **A20:** 266, 267, 268, 289
elastic limit **A20:** 287
strength **A20:** 267, 269–271
Molybdenum alloys, specific types *See also* Molybdenum; Molybdenum alloys
70Mo-30W, cold worked and annealed **A9:** 446
composition **M3:** 342
Doped Mo, annealing **A4:** 816
Mo, annealing **A4:** 816
Mo-0.5Ti, cold rolled and annealed **A9:** 445
Mo-0.5Ti composition **M3:** 316, 341
property data **M3:** 341–342
temperatures, mill processing **M3:** 317
Mo-0.5Ti, mechanical properties **A2:** 575–576
Mo-0.5Ti, physical properties **A6:** 941
Mo-0.5Ti-0.02C, mechanical properties **A2:** 575–576
Mo-0.5Ti-0.008Zr, physical properties **A6:** 941
Mo-12.50S, twinning **A9:** 127
Mo-30W, annealing **A4:** 816
Mo-35Re, twinned structure in single crystal **A9:** 127
Mo-35Re, twin-trace length as a function of angle **A9:** 128
Mo-36W, composition **M3:** 316
Mo-50Re, machining **A16:** 858–864, 866–869
Mo-50Re, physical properties **A6:** 941
Mo-MHC, annealing **A4:** 816
Mo-Re, face milling **A16:** 863
Mo-TZM annealing **A4:** 816, 817, 819
recrystallization **A4:** 817, 819
MZC (Mo-1Ti-0.3Zr), mechanical properties **A2:** 576
Ni-Cr-Mo, distortion in heat treatment **A4:** 614
property data **M3:** 342
TZC, machining **A16:** 858–864, 866–869
TZM **A9:** 446
TZM composition **M3:** 316, 343
property data **M3:** 342, 343
temperatures, mill processing **M3:** 317
TZM, machining **A16:** 858–864, 866–869
TZM (Mo-0.5TI-O.lZr), properties **A2:** 576–577
TZM, rhodium plating of **M5:** 660
Molybdenum alumino-silicide **A7:** 532
Molybdenum and molybdenum alloys
abrasive cutoff sawing **A16:** 868
boring **A16:** 859
content affecting tool steel grindability **A16:** 732
content in stainless steels **A16:** 682–684
counterboring **A16:** 860
drilling **A16:** 860
electrochemical grinding **A16:** 543
electrochemical machining **A16:** 534, 535
electron beam machining **A16:** 570
end milling-slotting **A16:** 866
face milling **A16:** 863
in commercial CPM tool steel compositions **A16:** 63
in high-speed tool steels **A16:** 52, 59
in low-alloy steels **A16:** 150
in P/M high-speed tool steels **A16:** 61
internal grinding **A16:** 869
milling **A16:** 312, 313, 864
oil hole or pressurized-coolant drilling **A16:** 861
peripheral end milling **A16:** 866
photochemical machining **A16:** 588, 590, 592–593
power band sawing **A16:** 867
power hacksawing **A16:** 867
reaming **A16:** 862
spade drilling **A16:** 861
spotfacing **A16:** 860
surface grinding **A16:** 868
tapping **A16:** 862
thermal expansion coefficient **A6:** 907
to form simple and complex carbides **A16:** 667
trepanning **A16:** 860
turning **A16:** 858
Molybdenum and niobium fine powders **M7:** 437
Molybdenum boride cermets
application and properties **A2:** 1004
Molybdenum boride-based cermets **M7:** 812–813
Molybdenum carbide
in cermets **A16:** 91–97
interface with molybdenum **A9:** 121–122
melting point **A5:** 471
Molybdenum carbide (Mo_2C)
properties **A18:** 795
Molybdenum carbide powder
as wear resistant coating **A7:** 974
tap density **A7:** 295
Molybdenum carbides
quantitative effect of carbon KVV spectra in **A10:** 553
Molybdenum carbonyl **A7:** 167
Molybdenum coating
cadmium plate **M5:** 269
Molybdenum dioxide **A7:** 197
deposited by potentiostatic etching **A9:** 146
Molybdenum disilicide *See also* Electrical resistance alloys **A20:** 599, **M3:** 646, 647, 655
+ 10% ceramic additives, properties and applications **A2:** 839
as heating material **A2:** 829
as ordered intermetallic **A2:** 934–935
for non-oxide ceramic heating elements of electrically heated furnaces **EM4:** 248–249, 250
for rod elements in furnaces **A4:** 472
maximum operating temperatures **EM4:** 250
oxidation-resistant coating systems for niobium **A5:** 862
properties and applications **A2:** 839
thermal expansion coefficient **A6:** 907
Molybdenum disulfide **A7:** 197, 673, 675, 676, 677, **A20:** 607, **M7:** 154–155
as a solid lubricant **A16:** 123
as lubricant **A14:** 238, 481–482
lubricant for room-temperature compression testing **A8:** 195, 201
Molybdenum disulfide lubricant
nuclear reactor **A13:** 959–964
Molybdenum disulfide (MoS_2)
as addition to carbon-graphite materials **A18:** 816
as additive to metalworking lubricants **A18:** 141
as antiseize additive **A18:** 102
as layer lattice solid lubricant **A18:** 115–116
coating for titanium alloys **A18:** 781, 782–783
effect of testing parameters **A18:** 806
ferrographic application to identify wear particles **A18:** 305, 307
grease additive **A18:** 125
high-vacuum lubricant applications **A18:** 153–154, 159
in metal-matrix composites, friction coefficient **A18:** 804
lubricated friction testing **A18:** 48
lubrication for thermal spray coating **A18:** 591
methods used for synthesis **A18:** 802
oxidation **A18:** 591
properties **A18:** 801
rolling-element bearing lubricant **A18:** 138
sliding wear mechanisms in metal-matrix composites **A18:** 809–810
solid lubricant for gears **A18:** 541
to control dusting **A18:** 684
wear particles **A18:** 305
Molybdenum electrical contacts **A7:** 1021–1025
Molybdenum electrode corrosion factor **EM4:** 388
for base metal conductors **EM4:** 1142
for cofiring the metallization with the alumina **EM4:** 544
for heating elements for electrically heated fumaces **EM4:** 247, 248, 249
vapor pressure **EM4:** 249
for heating elements used in hot isostatic pressing **EM4:** 195
glass-metal seals **EM4:** 875, 1037
in solid-state bonding for joining non-oxide ceramics **EM4:** 529
non-oxide ceramic joining **EM4:** 480
recommended glass/metal seal combinations **EM4:** 497
room-temperature bond strength of silicon nitride metal joints **EM4:** 1526
solid-state bonding in joining non-oxide ceramics **EM4:** 525
Molybdenum fine powder
hot isostatic processing **A7:** 595
Molybdenum hexacarbonyl **A7:** 167
Molybdenum high-speed steels
composition limits **A5:** 768, **A18:** 735
Molybdenum high-speed tool steels **A1:** 759, 764
for rolling-element bearings **A19:** 693
forging temperatures **A14:** 81
Molybdenum hot-work steels
composition limits **A5:** 768, **A18:** 735
for hot-forging dies **A18:** 623
resistance to thermal fatigue **A18:** 640
service temperature of die materials in forging **A18:** 625
Molybdenum hot-work tool steels **A1:** 763
Molybdenum in cast iron **M1:** 77, 79–80, 83–86, 95–96
ductile iron **M1:** 40, 47–49, 51
gray iron **M1:** 21, 26, 28, 29, 30
Molybdenum in stainless steel **M3:** 57, 58
Molybdenum in steel **M1:** 115, 411, 417
castings **M1:** 388, 394, 395

SUBJECTS OF THE INDEXED VOLUMES: ASM Handbook (designated by the letter "A"): **A1:** Properties and Selection: Irons, Steels, and High-Performance Alloys (1990); **A2:** Properties and Selection: Nonferrous Alloys and Special-Purpose Materials (1990); **A3:** Alloy Phase Diagrams (1992); **A4:** Heat Treating (1991); **A5:** Surface Engineering (1994); **A6:** Welding, Brazing, and Soldering (1993); **A7:** Powder Metal Technologies and Applications (1998); **A8:** Mechanical Testing (1985); **A9:** Metallography and Microstructures (1985); **A10:** Materials Characterization (1986); **A11:** Failure Analysis and Prevention (1986); **A12:** Fractography (1987); **A13:** Corrosion (1987); **A14:** Forming and Forging (1988); **A15:** Casting (1988); **A16:** Machining (1989); **A17:** Nondestructive Evaluation and Quality Control (1989); **A18:** Friction, Lubrication, and Wear Technology (1992); **A19:** Fatigue and Fracture (1996); **A20:** Materials Selection and Design (1997). **Metals Handbook, 9th Edition** (designated by the letter "M"): **M1:** Properties and Selection: Irons and Steels (1978); **M2:** Properties and Selection: Nonferrous Alloys and Pure Metals (1979); **M3:** Properties and Selection: Stainless Steels, Tool Materials, and Special-Purpose Materials (1980); **M4:** Heat Treating (1981); **M5:** Surface Cleaning, Finishing, and Coating (1982); **M6:** Welding, Brazing, and Soldering (1983); **M7:** Powder Metallurgy (1984). **Engineered Materials Handbook** (designated by the letters "EM"): **EM1:** Composites (1987); **EM2:** Engineering Plastics (1988); **EM3:** Adhesives and Sealants (1990); **EM4:** Ceramics and Glasses (1991). **Electronic Materials Handbook** (designated by the letters "EL"): **EL1:** Packaging (1989)

constructional steel for elevated temperature use . . . M1: 647
graphitization affected by . . . M1: 686
hardenability affected by . . . M1: 477, 478
maraging steels . . . M1: 445, 446, 447
nitriding, effect on . . . M1: 540–541
notch toughness, effect on . . . M1: 694
P/M materials . . . M1: 337
seawater corrosion affected by . . M1: 741–742, 745
soil corrosion affected by . . . M1: 729–730
steel sheet, effect on formability . . . M1: 554
temper embrittlement, suppression of M1: 684–685
Molybdenum nitride (MoN)
ion-beam-assisted deposition (IBAD) . . . A5: 597
Molybdenum oxide
metal-to-metal oxide equilibria . . . M7: 340
Molybdenum oxide alloys
workability . . . A8: 575
Molybdenum oxide catalysts
Raman analysis . . . A10: 133
Molybdenum oxide (MoO_3)
heats of reaction . . . A5: 543
Molybdenum oxide reduction . . . M7: 52–53
Molybdenum oxides . . . A20: 739
Molybdenum powders *See also* Molybdenum; Molybdenum alloys; Refractory metal powders . . . A7: 5, 197, 903–913
applications . . . A7: 5, 6, 910–912, M7: 156
as high-temperature material . . . M7: 767–769
as tooling material . . . M7: 423
chemical analysis and sampling . . . M7: 248
compositions . . . M7: 155
density with high-energy compacting . . . M7: 305
diffusion factors . . . A7: 451
dispersoid-strengthened elevated-temperature alloys . . . A7: 19
effect on powder compressibility . . . A7: 303
explosivity . . . M7: 196–197
exposure limits . . . M7: 204
finishing . . . M7: 155–156
flowchart, production process . . . M7: 156
for furnace elements . . . A7: 592, 595
for heat shields . . . A7: 592
for prealloyed powders . . . A7: 322
injection moldings . . . A7: 314
mechanical properties . . . A7: 910–912, M7: 476
melting point and density . . . M7: 152
metal-to-metal oxide equilibria . . . M7: 340
microstructure . . . A7: 727, M7: 156
North American metal powder shipments (1992–1996) . . . A7: 16
oxide reduction . . . A7: 67
physical properties . . . A7: 451
plasma spray powder . . . M7: 77
powder and compact purity . . . M7: 389–390
powder forging . . . A7: 635
processing sequence flowchart . . . M7: 767
production . . . M7: 152–156
production of . . . A7: 5
properties . . . A7: 197, M7: 155, 768
pure, mechanical properties . . . M7: 476
reduction sequence . . . M7: 155
relative density . . . M7: 390
shipment tonnage . . . M7: 24
sintering . . . A7: 496–498, M7: 389–392
spray dried . . . M7: 77
tap density . . . A7: 295, M7: 277
thermal spray forming . . . A7: 411
toxicity, diseases, exposure limits . . . M7: 204
Molybdenum selenide ($MoSe_2$)
methods used for synthesis . . . A18: 802
Molybdenum silicide . . . A7: 531–532
direct laser sintering . . . A7: 428
field-activated sintering . . . A7: 588
Molybdenum silicide and chromium
silicide coatings for molybdenum . . . A5: 860
Molybdenum silicide and tin-aluminum
silicide coatings for molybdenum . . . A5: 860
Molybdenum silicide (MoS_2)
ion-beam-assisted deposition (IBAD) . . . A5: 597
plasma-enhanced chemical vapor deposition . . . A5: 536
silicide coatings for molybdenum . . . A5: 860
silicide coatings for protection of refractory metals against oxidation . . . A5: 472
Molybdenum silicide ($MoSi_2$)
adiabatic temperatures . . . EM4: 229
applications . . . EM4: 230
synthesized by SHS process . . . EM4: 229
Molybdenum steels
composition of tool and die steel groups . . . A6: 674
SAE-AISI system of designations for carbon and alloy steels . . . A5: 704
Molybdenum sulfide
coatings for gas-lubricated bearings . . . A18: 532
Molybdenum surface engineering . . . A5: 856–860
Molybdenum toxicity
biologic effects . . . A2: 1253–1254
Molybdenum trioxide . . . A7: 197
oxide reduction . . . A7: 67
two stage reduction . . . M7: 52
Molybdenum tubing extrusion
cast Co alloy tools used . . . A16: 70
Molybdenum, zone refined
impurity concentration . . . M2: 713
Molybdenum/nickel-chromium-boron-silicon blend
as thermal spray coating for hardfacing applications . . . A5: 735
Molybdenum/nickel-chromium-boron-silicon carbide
as thermal spray coating for hardfacing applications . . . A5: 735
Molybdenum-base electrical contact materials
microstructures of . . . A9: 552
Molybdenum-base powder metallurgy material
60Mo-40Ag . . . A9: 562
Molybdenum-chromium-nickel
plasma-spray coating for pistons . . . A18: 556
Molybdenum-cobalt high-speed steel
by STAMP process . . . M7: 548
Molybdenum-copper powders
infiltration of . . . M7: 555
Molybdenum-copper system . . . A7: 544
Molybdenum-molybdenum oxide (Mo-MoO_3)
reference electrodes for use in anodic protection, and solution used . . . A20: 553
Molybdenum-niobium alloys . . . A13: 534–538
Molybdenum-permalloy powder cores, nominal dimensions of, specifications . . . A7: 1099
Molybdenum-prealloyed steels
warm compaction benefits . . . A7: 17
Molybdenum-rhenium
annealing practices for microexamination . . A9: 447
metallographic techniques for . . . A9: 447–448
Molybdenum-rhenium alloy
mechanical properties . . . M7: 477
Molybdenum-rhenium alloys, polycrystalline
bend contours in . . . A10: 445
Molybdenum-silver composites, properties
for electrical make-break contacts . . . A2: 851
Molybdenum-silver electrical contacts
properties . . . A7: 1023
Molybdenum-silver powders . . . M7: 555, 561
Molybdenum-silver systems . . . A7: 544
Molybdic acid
description . . . A9: 68
use in color etching . . . A9: 142
Molydisulfide
filler for lip seals . . . A18: 550
filler for seals . . . A18: 551
Moly-manganese (Mo-Mn) process
brazing process for joining alumina ceramics . . . EM4: 517
ceramic/metal seals . . . EM4: 503–504, 506
chemical integrity of seals . . . EM4: 540
Moly-manganese paste
to provide a metallizing layer for a ceramic . . . EM3: 299
Moment . . . A20: 282
Moment, and stress
structural analysis . . . EM1: 460
Moment estimators . . . A20: 626
Moment of force
SI unit/symbol for . . . A8: 721
Moment of inertia . . . A7: 265, 266, 268, 271
abbreviation . . . A8: 724
definition . . . A20: 837
Moment of inertia (*I*) . . . A20: 512, 513
Moment scale
for cantilever beam bend test . . . A8: 132–133
Moment-curvature relationship
in elastic bending . . . A8: 118
Moments, principal . . . A20: 284
Moment-stress relationships
in elastic bending . . . A8: 118
Momentum
effects in gating . . . A15: 591–592
Momentum balance
as process modeling submodel . . . EM1: 500
Momentum balance techniques
fluid flow modeling . . . A15: 867, 870–876
Momentum equation . . . A20: 187, 188
Mo-N (Phase Diagram) . . . A3: 2•292
Mo-Nb (Phase Diagram) . . . A3: 2•292
Mo-Nb-Ti (Phase Diagram) . . . A3: 3•56
Mond-Langer process . . . A7: 167, 169
nickel separation . . . M7: 135, 137–138
Monel *See also* Nickel alloys, cast, specific types, M-35
acid-resistant, for racks and crates used in pickling . . . A5: 70
alloy 400, expansion joint, cleaning . . . A12: 76
as fastener material . . . A11: 530
contributing to corrosion in seals . . . A18: 549
die cutting speeds . . . A16: 301
diffusion welding . . . A6: 886
drilling . . . A16: 229
electrochemical grinding . . . A16: 542
environments that cause stress-corrosion cracking . . . A6: 1101
failed in liquid mercury . . . A12: 25
galvanic corrosion with magnesium . . . M2: 607
honing stone selection . . . A16: 476
inorganic fluxes for . . . A6: 980
liquid-erosion resistance . . . A11: 167
oxyacetylene welding . . . A6: 281
photochemical machining . . . A16: 588, 590
relative solderability as a function of flux type . . . A6: 129
relative weldability ratings, resistance spot welding . . . A6: 834
seal materials . . . A18: 550
solderability . . . A6: 978
spray material for oxyfuel wire spray process . . . A18: 829
symbol and units . . . A18: 544
tension and torsion effective fracture strains . . . A8: 168
thermal spray coatings . . . A5: 503
thread rolling . . . A16: 282
threading . . . A16: 299
tool for electrochemical machining . . . A16: 533
tooling for ultrasonic machining . . . EM4: 359
weld overlay for hardfacing alloys . . . A6: 820
weldability rating by various processes . . . A20: 306
Monel 400 . . . A9: 435–437
composition . . . A16: 836
machining . . . A16: 837–840, 842, 843
sawing . . . A16: 361, 363, 842
springs, strip for . . . M1: 286
springs, wire for . . . M1: 284
Monel 400 tube
eddy current inspection . . . A17: 182–183
Monel 401
composition . . . A16: 836
machining . . . A16: 837–840, 842, 843
Monel 450
composition . . . A16: 836
machining . . . A16: 837–840, 842, 843
Monel 501
contour band sawing . . . A16: 363
cutoff band sawing . . . A16: 361
Monel alloys *See also* Nickel alloys, specific types; Nickel alloys, specific types, Monel 400
arc welding to stainless steel . . . M6: 444
conditions for gas metal arc welding . . . M6: 444
conditions for manual arc welding . . . M6: 437
explosion welding . . . M6: 713
brazing . . . A6: 627–628
brazing to aluminum . . . M6: 1031
development and characteristics . . . A2: 429
projection welding . . . M6: 506
resistance seam welding . . . A6: 245
resistance spot welding . . . M6: 480
Monel alloys, specific types
400
applications . . . A6: 586
characteristics . . . A6: 586
composition . . . A6: 586
cutoff band sawing with bimetal blades A6: 1184
friction welding . . . A6: 153

Monel alloys, specific types (continued)
thermal diffusivity from 20 to 100°C **A6:** 4
501, cutoff band sawing with bimetal
blades **A6:** 1184
K-500, cutoff band sawing with bimetal
blades **A6:** 1184
R-405, cutoff band sawing with bimetal
blades **A6:** 1184
Monel K-500 .... **A9:** 435–438
contour band sawing **A16:** 363
cutoff band sawing.................... **A16:** 361
springs, strip for **M1:** 286
springs, wire for **M1:** 284
Monel K500, aged
composition.......................... **A16:** 836
machining **A16:** 837–840, 842, 843
Monel K-500, unaged
composition.......................... **A16:** 836
machining **A16:** 837–840, 842, 843
Monel R-405 .... **A9:** 435–437
composition.......................... **A16:** 836
machining **A16:** 837–840, 842, 843
sawing **A16:** 361, 363
Monetization **A20:** 263–264
Money and time
engineering economy **A13:** 369
Money, as measure of value **A20:** 264
Mo-Ni (Phase Diagram) .... **A3:** 2•292
Mo-Ni-Ti (Phase Diagram)............... **A3:** 3•56
Monitor screen
machine vision system **A17:** 41
Monitoring *See also* Corrosion testing; Evaluation;
In-service monitoring; Simulated service testing
acoustic emission, of pressure
vessels **A17:** 654–656
acoustic emission, of weldments **A17:** 598–602
corrosion, ultrasonic inspection...... **A17:** 275–276
crack, by ultrasonic inspection........... **A17:** 273
during welding................... **A17:** 289, 601
fatigue test, by magnetic rubber
inspection........................ **A17:** 125
follow-up **A13:** 322–323
gas/oil production........ **A13:** 1246, 1250–1251
in-service........................ **A13:** 197–203
of corrosion inhibitors........ **A13:** 197, 483, 486
of equipment......................... **A13:** 322
of phosphate bath **A13:** 384
on-stream **A13:** 322–323
postweld............................. **A17:** 599
radiation **A17:** 301–302
resistance welds, acoustic emission
inspection........................ **A17:** 284
ultrasonic inspection variables........... **A17:** 231
Monitoring period T_o **A20:** 94
Monitoring systems *See* Tool condition monitoring
systems
Mo-Ni-W (Phase Diagram)............... **A3:** 3•56
Monkman-Grant relationship.............. **A6:** 168
advantages.............................. **A8:** 336
extrapolation abilities **A8:** 335
for elevated-temperature tensile creep-rupture
testing **A8:** 304–305
for rupture life..................... **A8:** 335–337
Monkmen-Grant relationship **A20:** 578, 582
Monoaluminide oxidation protective coating
superalloys **M5:** 376
Monoaluminide-chromium- aluminum-yttrium coatings
superalloys **M5:** 376–379
Monochromatic
defined **A9:** 12, **A10:** 677
Monochromatic beams
single-crystal diffraction methods **A10:** 329–330
Monochromatic incident light
gray value contrast at different
wavelengths **A9:** 149
Monochromatic objective
defined **A9:** 12
Monochromatic pinhole approach **A19:** 221
Monochromatic reflection topography **A10:** 366

Monochromator........ **A7:** 230, 231, 232, **EM3:** 19
defined **EM2:** 27
Monochromators
and flame emission sources **A10:** 30
crystal, for neutron diffraction........... **A10:** 422
Czerny-Turner design **A10:** 23, 38
defined............................... **A10:** 677
dispersive infrared **A10:** 111
for atomic absorption spectrometry and related
techniques.................. **A10:** 44, 50–52
for molecular fluorescence
spectroscopy **A10:** 76–77
grating, as wavelength sorting device **A10:** 23
ICP-AES analysis **A10:** 34
scanning **A10:** 38, 128
stray light rejection for single, double
triple.............................. **A10:** 129
with molecular optical laser
examiners **A10:** 129–130
Monoclinic
defined **A9:** 12
Monoclinic crystal system .... **A3:** 1•10, 1•15, **A9:** 706
Monoclinic structure in uranium alloys **A9:** 477
Monoclinic unit cells................. **A10:** 346–348
Monocrystal casting *See also* Single-crystal casting
metallurgy of **A15:** 322–323
processes **A15:** 323
Monocrystal solidification
an directional solidification **A15:** 319–323
Monocrystalline silicon (MOSi)
grinding **EM4:** 335
Monoculture
wafer-scale integration.................. **EL1:** 354
Monoethanolamine, corrosion
stainless steels **M3:** 84
Monofilament
defined............................ **EM2:** 27–28
Monofilamentary conductors
assembly techniques **A2:** 1046–1047
Monofilamentary wire *See also* Multifilamentary
wire; Niobium-titanium superconductors; Wire
niobium-titanium **A2:** 1043, 1046–1047
Monofilaments **EM1:** 16, 731–732
Monofunctional epoxy diluents **EM1:** 67, 70
Monolayer
defined **EM1:** 16, **EM2:** 28
Monolayer capacity (V_m).................. **A7:** 275
Monolayers
adsorbed on metal surfaces,
examination of **A10:** 118–120
Langmuir-Blodgett **A10:** 120
sub-, effect of adsorbed oxygen on metals **A10:** 552
top, AES chemical analysis.............. **A10:** 551
Monolithic
and membrane dual linings **A13:** 453–455
capacitors, active analog components..... **EL1:** 144
diodes, active analog components........ **EL1:** 144
-like WSI approaches, summary **EL1:** 271–272
metals, properties..................... **EL1:** 1120
resistors, active analog components **EL1:** 144
wafer-scale integrated circuits **EL1:** 8
Monolithic and fibrous refractories
applications **EM4:** 910, 912–917
fibrous refractories **EM4:** 911–912, 913
monolithic refractory materials **EM4:** 910–911,
913, 915
Monolithic forged hot isostatic pressure
vessels............................... **M7:** 420
Monolithic materials, specific types
7075-120C, fracture toughness versus yield
strength **A19:** 900
7075-163C, fracture toughness versus yield
strength **A19:** 900
7178-250F, fracture toughness versus yield
strength **A19:** 900
7178-290F, fracture toughness versus yield
strength **A19:** 900
7178-340F, fracture toughness versus yield
strength **A19:** 900

Monolithic microwave integrated circuits (MMICS)
See also Integrated circuits (ICs)
active analog components **EL1:** 149–150
characteristics, applications **A2:** 740
circuit elements, active analog
components...................... **EL1:** 150
defined............................... **EL1:** 946
device attachment **EL1:** 755–756
electrical performance testing... **EL1:** 946, 951–952
elements of **EL1:** 150
in active-component fabrication **EL1:** 201
phased-array radar systems............... **A2:** 740
radio frequency testing **EL1:** 952
research and development **A2:** 747
Monoliths
drying problem......... **EM4:** 210, 211, 212, 213
Monomer............................... **EM3:** 19
defined **A10:** 677, **A13:** 9
multifunctional, for solder masking **EL1:** 555
parylene coatings.................. **EL1:** 790–791
Monomer casting, contact molding
rating of characteristics................. **A20:** 299
Monomeric compounds
in free radical cure formulations......... **EL1:** 857
Monomeric dicyanates *See also* Cyanates
chemical structure **EM2:** 232
Monomer(s)
conversion **EM1:** 132
defined **EM1:** 16, **EM2:** 28
effect, polyester resin thermal stability.... **EM1:** 93
in acrylonitrile-butadiene-styrenes **EM2:** 109
of PMR- 15, chemical structure **EM1:** 141
structure, PMR-15 polyimide............ **EM1:** 811
Monoperoxydodecanedioic acid, ATR
DRS, and PAS granular analysis of **A10:** 120
Monosized titania (TiO_2)
sintering **EM4:** 264, 265
Monosubstituted benzene derivatives
substituent effects on fluorescence quantum yields
for **A10:** 74
Monotape fabrication techniques **A7:** 413
Monotectic alloys
low gravity effects **A15:** 152
Monotectic reaction .... **A3:** 1•5
Monotectoid reaction .... **A3:** 1•5
Monotonic deformation **A19:** 64
Monotonic fracture
and fatigue fracture, compared **A12:** 229
slow, pearlitic ductile irons **A12:** 230
Monotonic loading **A19:** 82, 83
definition............................. **A20:** 837
Monotonic plastic zone size **A19:** 169
Monotonic stress strain diagram **A20:** 524
Monotonic tension test **A19:** 229
Monotonic yield strength
for crack growth specimen........... **A8:** 380–381
Monotron hardness test
defined................................ **A8:** 9
Monotropism
defined **A9:** 12
Monotype metal
as lead and lead alloy application......... **A2:** 549
micrograph **A9:** 424
Monovariant equilibrium .... **A3:** 1•2
Monovariant liquidus troughs, on a nickel- aluminum-molybdenum isothermal
section **A9:** 621
MONPAC acoustic emission tests **A17:** 292
Montan wax
for investment casting.................. **A15:** 254
Monte Carlo analysis **A19:** 301
Monte Carlo electron trajectory simulation
of EPMA effects....................... **A10:** 518
Monte Carlo projection
electron trajectories **A12:** 167
Monte Carlo simulation
definition............................. **A20:** 837
Monte Carlo techniques
defined............................... **A10:** 677

SUBJECTS OF THE INDEXED VOLUMES: ASM Handbook (designated by the letter "A"): **A1:** Properties and Selection: Irons, Steels, and High-Performance Alloys (1990); **A2:** Properties and Selection: Nonferrous Alloys and Special-Purpose Materials (1990); **A3:** Alloy Phase Diagrams (1992); **A4:** Heat Treating (1991); **A5:** Surface Engineering (1994); **A6:** Welding, Brazing, and Soldering (1993); **A7:** Powder Metal Technologies and Applications (1998); **A8:** Mechanical Testing (1985); **A9:** Metallography and Microstructures (1985); **A10:** Materials Characterization (1986); **A11:** Failure Analysis and Prevention (1986); **A12:** Fractography (1987); **A13:** Corrosion (1987); **A14:** Forming and Forging (1988); **A15:** Casting (1988); **A16:** Machining (1989); **A17:** Nondestructive Evaluation and Quality Control (1989); **A18:** Friction, Lubrication, and Wear Technology (1992); **A19:** Fatigue and Fracture (1996); **A20:** Materials Selection and Design (1997). **Metals Handbook, 9th Edition** (designated by the letter "M"): **M1:** Properties and Selection: Irons and Steels (1978); **M2:** Properties and Selection: Nonferrous Alloys and Pure Metals (1979); **M3:** Properties and Selection: Stainless Steels, Tool Materials, and Special-Purpose Materials (1980); **M4:** Heat Treating (1981); **M5:** Surface Cleaning, Finishing, and Coating (1982); **M6:** Welding, Brazing, and Soldering (1983); **M7:** Powder Metallurgy (1984). **Engineered Materials Handbook** (designated by the letters "EM"): **EM1:** Composites (1987); **EM2:** Engineering Plastics (1988); **EM3:** Adhesives and Sealants (1990); **EM4:** Ceramics and Glasses (1991). **Electronic Materials Handbook** (designated by the letters "EL"): **EL1:** Packaging (1989)

for 20-keV electrons A10: 499
Montmorillonite
as bonding clay A15: 210, 224
Montmorillonites EM4: 5, 6
formula................................ EM4: 5
in solvents.......................... EM4: 117
microstructure.......................... EM4: 6
Montreal Protocol A5: 46, 914, 930
Mo-O (Phase Diagram).................. A3: 2•293
"Moonlight" project
Japan EM4: 717
Moore fatigue-test data
steel A11: 115–116
Moore hip endoprosthesis
classic................................ A11: 670
Moore pins, broken adjustable
from cobalt- chromium alloy........ A11: 675, 681
Mo-Os (Phase Diagram)................. A3: 2•293
Mo-P (Phase Diagram) .... A3: 2•293
Mo-Pd (Phase Diagram).................. A3: 2•294
Mo-Pt (Phase Diagram) .... A3: 2•294
Mo-Pu (Phase Diagram)................. A3: 2•294
Moquette
versus tile whiteware EM4: 929
MO-RE 5 *See* Superalloys, cobalt-base, specific types, UMCo-50
Mo-Rh (Phase Diagram)................. A3: 2•295
Morita, Akia............................ A20: 17
"Morning sickness"
in carbon aircraft brakes............... A18: 585
Morphic features A7: 272
Morphic templates
for particle shapes M7: 241–242
Morpholine derivatives
as biocides........................... A18: 110
Morphological analysis..... A7: 272–273, A20: 45–46
of particle shape.................. M7: 241–243
Morphological descriptions................. A7: 272
Morphological matrix A20: 46
definition A20: 837
Morphology............................ EM3: 19
and structure, of polymers A11: 758
carbide.............................. A11: 575
classification EM2: 489–490
crack, in hydrogen damage............. A11: 250
crack, titanium alloys A11: 240, 241
defined EM1: 16, EM2: 28
definition A5: 961, A20: 837
eutectic silicon, aluminum-silicon alloys .. A15: 163
fracture, of nuclear steam-generator wall.. A11: 657
grain, topographic methods for A10: 368
graphite, in gray iron A15: 631–632
high-impact polystyrenes (PS, HIPS) EM2: 194
image analysis for A10: 309–322
molecular structure of organic solids, analyses for A10: 9
of crystal structure, organic solids, analyses for A10: 9
of dendrite and diffusion path microsegregation.................. A15: 137
of eutectics A15: 119–121
of inorganic solids, analytical methods for..................... A10: 4–6
of organic solids, analytical methods for A10: 9
optical microscope and SEM imaging for A10: 521
phase distribution of organic solids, analyses for A10: 9
planar to equiaxed solidification shift A15: 153
stability, of solid/liquid interface, in low gravity A15: 153–156
Morris, Colonel Lewis
as early founder A15: 25
Morrison-Miller effect.................... A18: 233
Morrow life relation A19: 612
Morrow-type correction factor A19: 21
Mortality curve.......................... A20: 88
Mortar shell bodies
as ordnance application............ M7: 684–685
Mortar tubes
alloy compositions for.................. A11: 294
ductility of........................... A11: 295
heat treatments for A11: 294
transverse yield strength A11: 295
Mortars EM4: 895, 911
bonding in structural caly products EM4: 947–948
performance characteristics and properties.................. EM4: 921–923
portland cement-lime.................. EM4: 947
Mortise lock parts A7: 1107, 1108
Mo-Ru (Phase Diagram)................. A3: 2•295
MOS *See* Silicon metal-oxide semiconductors
Mo-S (Phase Diagram) .... A3: 2•295
MOS transistors *See also* Transistor(s) ... EL1: 149, 157–158
Mosaic crystal
defined A9: 12
Mosaic crystal structure
defined............................... A10: 351
Mosaic structure
defined................................. A9: 12
Mosely's law
representation of A10: 433
MOSFET *See* Metal-oxide semiconductor field-effect transistor
Mo-Si (Phase Diagram) .... A3: 2•296
Mössbauer effect *See also* Mössbauer spectroscopy
abbreviation for A10: 690
as method A10: 287–295
capabilities............................ A10: 277
defined................................ A10: 677
sources, principal methods used for producing A10: 291–292
Mössbauer spectroscopy *See also* Mössbauer effect EM4: 52, 53
absorption spectra A10: 294
applications A10: 287, 293–295
capabilities.................. A10: 253, 267, 277
capabilities, compared with classical wet analytical chemistry A10: 161
defined................................ A10: 677
estimated analysis time................. A10: 287
experimental arrangement............... A10: 293
for partitioning oxidation states, iron..... A10: 178
general uses........................... A10: 287
introduction and principles A10: 287–293
limitations A10: 287
related techniques A10: 287
selection rules A10: 288
sources, principal methods for producing A10: 291–292
spectra components A10: 293
transitions, properties of............ A10: 289–290
Mössbauer spectrum
defined................................ A10: 677
Mössbauer transitions
some properties of................ A10: 289–290
MOST................................. A20: 677
Most vulnerable component (MVC) A6: 354
Most vulnerable component (MVC) maximum peak temperature A6: 354
Mo-Ta (Phase Diagram) .... A3: 2•296
Mother boards *See also* Backplanes
defined.............................. EL1: 1150
materials and processes selection EL1: 117
Mo-Ti (Phase Diagram) .... A3: 2•296
Motifs............................ A18: 346, 347
Motion
human vs. machine vision A17: 30
relative, object position defined by..... A17: 34–35
-sensing, with machine vision A17: 44
unsharpness........................... A17: 338
whole-body, effect in optical holography.................. A17: 412–413
Motion brazing
aluminum alloys M6: 1030
Mo-Ti-W (Phase Diagram)................ A3: 3•57
Motor lamination steel A20: 361
Motor pole pieces
powders used.......................... M7: 573
Motor shafts
economy in manufacture................ M3: 854
Motor springs........................... A1: 302
steel.................................. M1: 287
Motor Vehicles Manufacturers Association
performance testing of engine oils........ A18: 170
Motorboat-engine connecting rod
fractured A11: 328, 330
Motor-current signature analysis (MCSA) A18: 313–318
application to motor-operated valves A18: 314–318
actuation of wedge-gate valves under differential pressures.................. A18: 317–318
degraded worm and worm-gear lubrication A18: 316
gate-valve unseating A18: 317
gear-tooth wear A18: 316
stem taper effect on packing friction.... A18: 316
stem-nut wear A18: 314–316
equipment....................... A18: 313–314
signal acquisition and recording ... A18: 313–314
signal analysis A18: 313–314
signal processing................ A18: 313–314
future trends A18: 318
method............................... A18: 314
operating principles A18: 313
Motorcycle-transmission shaft
high-cycle fatigue in.................... A11: 106
Motor-generator (M-G) set.................. A6: 39
definition.............................. A5: 961
Motor-generator units
induction brazing of steel M6: 967
shielded metal arc welding M6: 77–78
submerged arc welding.................. M6: 131
Motorola designs
DFMA application..................... A20: 682
Motor-operated valves (MOVs)
motor- current signature analysis A18: 313–318
Motors.................... A8: 157–158, A20: 620
aluminum and aluminum alloys A2: 13
as magnetically soft material application... A2: 779
with niobium-titanium superconducting materials A2: 1057
Mottled cast iron
defined................................. A15: 8
Mottled iron .. A18: 695, 700, 701, M1: 3, 12, 14, 22
classification by commercial designation, microstructure, and fracture......... A5: 683
Mottling *See* Radiation diffraction
Mo-U (Phase Diagram).................. A3: 2•297
Mount Joy Forge *See* Valley Forge Company
Mounting
angle................................. A10: 576
defects, through-hole packages........... EL1: 979
design, effect on bearing failure.......... A11: 506
frame, in forced-vibration systems A8: 391
microhardness specimen A8: 93
of bearings, abuse in A11: 508
optical metallography sample, in Bakelite A10: 300
powders, for XPS analysis A10: 575
printed board coupons EL1: 572–573
specimens for optical metallography...... A10: 300
Mounting and mounting materials, specific metals and alloys *See also* Mounting of specimens
aluminum alloys......................... A9: 352
austenitic manganese steel castings.... A9: 237–238
beryllium-copper alloys A9: 392
beryllium-nickel alloys................... A9: 393
carbon and alloy steels A9: 166
carbon steel casting specimens............ A9: 230
carbonitrided steels A9: 217
carburized steels........................ A9: 217
cast irons.............................. A9: 243
cemented carbides A9: 273
electrical contact materials............... A9: 550
ferrites and garnets A9: 533
fiber composites.................... A9: 587–588
hafnium A9: 497
iron-cobalt and iron-nickel alloys A9: 532
lead and lead alloys..................... A9: 415
low-alloy steel casting samples............ A9: 230
magnesium alloys....................... A9: 425
nitrided steels A9: 218
porcelain enameled sheet steel............ A9: 198
refractory metals........................ A9: 439
sleeve bearing materials A9: 565
tin and tin alloys A9: 449
titanium and titanium alloys A9: 458
tool steels A9: 256–257
tungsten A9: 441
uranium and uranium alloys A9: 478
wrought heat-resistant alloys A9: 305
wrought stainless steels A9: 279
zinc and zinc alloys..................... A9: 488
zirconium and zirconium alloys A9: 497
Mounting artifact
defined................................. A9: 12
Mounting brackets, economy in manufacture M3: 850
alloying elements M3: 598, 599
amorphous materials M3: 603–604
applications..... M3: 601, 605–606, 607, 609–611, 612, 613

Mounting brackets, economy in manufacture (continued)
ferrites ... **M3:** 605–606
grain size and orientation ... **M3:** 597–598
heat treatment ... **M3:** 609, 610
impurities ... **M3:** 597
iron, high-purity ... **M3:** 597, 598, 599, 603, 607
iron-aluminum alloys ... **M3:** 598, 599, 601–602
iron-cobalt alloys ... **M3:** 603, 605, 608
iron-nickel alloys ... **M3:** 602–603, 605, 606, 607, 608, 613
low-carbon steels ... **M3:** 598–599, 609, 611
magnetic temperature compensation ... **M3:** 607–608
nickel irons ... **M3:** 603, 605, 608, 609, 610, 611, 612, 613
P/M iron ... **M3:** 608–609, 610, 613
selection for specific applications ... **M3:** 609–611, 612, 613
silicon steels ... **M3:** 599–601, 603–605, 608–613
Mounting clamp ... **A9:** 167–168
Mounting devices
mechanical ... **A9:** 28–29
Mounting materials *See also* Mounting and mounting materials, specific metals and alloys
conductive ... **A9:** 32
for powder metallurgy materials ... **A9:** 504–505
for use with perchloric acid ... **A9:** 53–54
for use with sulfuric acid ... **A9:** 54
for welded joints ... **A9:** 577, 581
heat generated during curing ... **A9:** 31
Mounting molds for fiber composites ... **A9:** 588
Mounting of specimens *See also* Mounting and mounting materials, specific metals and alloys ... **A9:** 28–32
cleaning ... **A9:** 28
defined ... **A9:** 12
for edge retention of sample ... **A9:** 44–45
for electrolytic polishing ... **A9:** 49, 53–54
labelling ... **A9:** 32
materials ... **A9:** 28
mechanical devices ... **A9:** 28–29
metal powders ... **A9:** 31
of scanning electron microscopy specimens ... **A9:** 97
powder metallurgy materials ... **A9:** 504–505
reasons for ... **A9:** 28
selection of ... **A9:** 28–30
sheet-metal specimens ... **A9:** 198
storage ... **A9:** 32
thin sheet specimens ... **A9:** 31
tubes ... **A9:** 31
vacuum impregantion ... **A9:** 31
wire ... **A9:** 31
with castable resins ... **A9:** 30
Mounting systems
electroslag welding ... **M6:** 228
Mounting technology *See also* Soldering technology
component and discrete chip, introduction ... **EL1:** 143
introduction ... **EL1:** 631–632
Mouth opening displacement, vs. load
as ideal elastic-plastic behavior ... **A8:** 471
Mo-V (Phase Diagram) ... **A3:** 2•297
Movable magnetic cores ... **A6:** 38
Movable-coil relay
life test using ... **A2:** 858–859
Movement capability
measurement of ... **EM3:** 189
Movement, sudden
acoustic emissions from ... **A17:** 278
Moving bridge type
coordinate measuring machines ... **A17:** 21
Moving dislocations
in AlFe3 ... **A9:** 682–683
Moving heat source theory ... **A5:** 152
Moving mandrel
tube/cup drawing with ... **A14:** 335–336
Moving parts, cable
optical sensor monitoring ... **A17:** 10
Moving-insert straightening ... **A14:** 688
Moving-mold mandrel
processing characteristics, open-mold ... **A20:** 459
Moving-ram type
horizontal coordinate measuring machine ... **A17:** 23
Moving-range control charts ... **A17:** 732–734
Moving-table type
horizontal coordinate measuring machine ... **A17:** 23
Mo-W (Phase Diagram) ... **A3:** 2•297
Mower
front-mount ... **M7:** 677
Mower hub
P/M ... **M7:** 677
MOX-1 explosives
aluminum powder containing ... **M7:** 601
Mo-Zr (Phase Diagram) ... **A3:** 2•298
MP 35 (conventional iron powder)
composition ... **A16:** 884
drilling time required and drill failure ... **A16:** 885
sintering results ... **A16:** 886
MP 36
composition ... **A16:** 885
MP 36S (P/M material)
composition ... **A16:** 884
in free-machining steels ... **A16:** 884
inclusions ... **A16:** 885
percentage of inclusions by type ... **A16:** 885
properties, sintering performance and chemical composition of transverse rupture bars ... **A16:** 884
MP 37 (P/M material)
composition ... **A16:** 884
drilling time required and drill failure ... **A16:** 885
in free-machining steels ... **A16:** 884
inclusions ... **A16:** 885
percentage of inclusions by type ... **A16:** 885
prealloyed MnS iron powder ... **A16:** 879, 880
properties, sintering performance and chemical composition of transverse rupture bars ... **A16:** 884
sintering results ... **A16:** 886
M&P selection/characterization
MECSIP Task II, design information ... **A19:** 587
MP35-N
composition ... **A4:** 794, **A6:** 564, 573, 929, **M6:** 354
MP35-N Multiphase
composition ... **A6:** 598
MP-159
composition ... **A4:** 794, **A6:** 564, 573, **M6:** 354
MPC *See* Metals Properties Council
***m*-phenylenediamine (MDA)**
in epoxy curing ... **EM1:** 70
MPIF *See* Metal Powder Industries Federation
MPIF designation/classification *See also* Metal Powder Industries Federation
class I parts, typical ... **M7:** 332
class I (simple) parts, basic geometries ... **M7:** 322
class II parts, typical ... **M7:** 332
class III parts, typical ... **M7:** 332
class IV arts, typical ... **M7:** 333
class IV (complex) parts, basic geometries **M7:** 322
standard molded "dogbone" test bar **M7:** 489, 490
MPIF designations
P/M materials ... **M1:** 332–335
MPIF (Metal Powder Industries Federation) designations for ferrous P/M materials ... **A1:** 805
MRS *See* Materials Research Society
MS *See* Mass spectrometry
MSA-Whitby centrifuge
powder measurement ... **M7:** 129
MSC NASTRAN
finite-element analysis code ... **EM3:** 479, 480
μ phase ... **A19:** 493
Mu phase in wrought heat-resistant alloys ... **A9:** 309, 312
Mucilage ... **EM3:** 19
Mud cracks
austenitic stainless steels ... **A12:** 361
Mud, drilling
Miller numbers ... **A18:** 235
Muffle ... **A7:** 454, 455, 456
Muffle furnaces ... **M7:** 8
for sinters and fusions ... **A10:** 166
Muffle-type continuous production furnace ... **M7:** 351, 353
Mughrabi model ... **A19:** 105
Mull preparation
for IR samples ... **A10:** 113
Müller total hip prosthesis ... **A11:** 670
Mullers *See also* Mulling; Sand preparation
additions, to core-oil sands ... **A15:** 219
batch-type, green sand preparation ... **A15:** 344–345
continuous, green sand preparation ... **A15:** 344–345
processes with ... **A15:** 238
revolving ... **A15:** 32
sand cooling by ... **A15:** 349
Mulling *See also* Mixing; Mullers; Sand preparation
defined ... **A15:** 8
of angular sands ... **A15:** 208
of green sands ... **A15:** 341
of sands ... **A15:** 32
Mullite *See also* Aluminum silicate; Mullite-cordierite composites ... **A20:** 660, **EM4:** 19, 49
applications ... **EM4:** 764–765
refractory ... **EM4:** 906–907
as mold refractory, investment casting ... **A15:** 258
as refractory, core coatings ... **A15:** 240
as thermostructural ceramic ... **EM4:** 1003
ceramic corrosion in the presence of combustion products ... **EM4:** 982
ceramic substrates ... **EM4:** 1107
ceramic/metal seals ... **EM4:** 502
chemical system ... **EM4:** 780
chemically stable intermediate phase at atmospheric pressure ... **EM4:** 761
coating formation in molten particle deposition ... **EM4:** 206
composition ... **EM4:** 761
composition of high-duty refractory oxides ... **A20:** 424
diffusion factors ... **A7:** 451
engineered material classes included in material property charts ... **A20:** 267
for brake linings ... **A18:** 570
from aluminum silicate ... **A15:** 209–210
glass-free prepared by sol-gel method ... **EM4:** 763
heat treatments ... **A18:** 814
injection molding ... **A7:** 314
island structure ... **EM4:** 758
matrix material for ceramic-matrix composites ... **EM4:** 810
mechanical properties ... **A20:** 427, **EM4:** 762
melting behavior of solid solution and various surrounding phase fields ... **EM4:** 763
melting point ... **A5:** 471
monolithic and Si-C reinforced ... **EM4:** 762–763
mullite-glass composite, effect of interfacial reaction ... **EM4:** 866–867
physical properties ... **A7:** 451
processing ... **EM4:** 762–764
properties ... **A20:** 785, **EM4:** 14, 30, 46, 503, 512, 759, 761, 762–764, 765
refractory compositions ... **EM4:** 896
result of pyrolphyllite phase transformations ... **EM4:** 761
sintering ... **EM4:** 762
specific types ... **EM4:** 873
strength vs. density ... **A20:** 267–269
structure ... **EM4:** 761, 762, 764
substrate properties ... **EM4:** 1108
thermal properties ... **A20:** 428
ultrafine powder from CVD ... **EM4:** 763–764
variation in solid-solution range ... **EM4:** 761–762
versus sillimanite ... **EM4:** 762
with beta-spodumene ... **EM4:** 870
Mullite inclusions in steel ... **A9:** 185
Mullite/zirconia
applications ... **EM4:** 771
flexural strength ... **EM4:** 770–771

production of **EM4:** 770–771
properties. **EM4:** 770
reaction-sintered property data **EM4:** 773

Mullite-cordierite composites
composite Young's modulus **EM4:** 860, 861
dielectric constant **EM4:** 859, 861
fracture toughness **EM4:** 865
thermal expansion **EM4:** 859, 860

Multiaxial creep theories
experimental methods and ductility . . . **A8:** 343–344

Multiaxial Fatigue **A19:** 227

Multiaxial fatigue, correlating parameters for **A19:** 264–266

Multiaxial fatigue strength **A19:** 263–273
correlating parameters for multiaxial fatigue **A19:** 264–266
critical plane methods. **A19:** 268–270
critical plane theories **A19:** 265–266
cyclic hysteresis energy, correlation based on. **A19:** 265
definitions. **A19:** 263–264
fatigue limit in multiaxial HCF. **A19:** 271
J-integral correlations of small fatigue cracks **A19:** 268
mean stress effects. **A19:** 270–271
multiaxial fatigue life prediction, additional considerations for **A19:** 270–271
proportional and nonproportional loading **A19:** 264
scalar quantities. **A19:** 263–264
sequences of stress state **A19:** 271
small crack growth in multiaxial fatigue **A19:** 266–270
small fatigue crack characteristics. . . . **A19:** 266–268
static yield criteria **A19:** 264
strain tensor **A19:** 263
stress amplitude sequence effects. . . . **A19:** 267–268, 271
stress tensor. **A19:** 263
triaxiality factor, correlation based on **A19:** 264–265

Multiaxial fatigue testing machines **A8:** 370

Multiaxial fatigue tests **A20:** 520, 521–522

Multiaxial HCF, fatigue limit in **A19:** 271

Multiaxial loads **A19:** 22

Multiaxial reliability models **A20:** 625–626

Multiaxial stress **A19:** 20

Multiaxial stressing **A8:** 343–344

Multiaxiality **A19:** 26

Multibody code **A20:** 173

Multi-cation materials **EM4:** 60, 61

Multichannel acoustic emission inspection . . . **A17:** 283

Multichannel analyzers
defined. **A10:** 677
effect in EPMA analysis **A10:** 519

Multichannel detectors
Fellgett's advantage and **A10:** 129
Raman spectrometer with. **A10:** 128

Multichip assemblies *See also* Multichip modules (MCMs); Multichip packaging; Multichip technology
in mainframe computers **EL1:** 298

Multichip hybrids
advantages **EL1:** 270–271

Multichip modules (MCMs) **A20:** 617
advantages/limitations. **EL1:** 258
as hybrid **EL1:** 250
defined. **EL1:** 1150
future trends. **EL1:** 392
hybrid technology **EL1:** 252
materials **EL1:** 301–307
structure **EL1:** 300–301
tape automated bonding (TAB) technology **EL1:** 277
thermal control **EL1:** 47–49
thermal parameters **EL1:** 48
thermal via effect **EL1:** 53–54
thin-film **EL1:** 391

Multichip packaging
system level. **EL1:** 2
with tape automated bonding (TAB) **EL1:** 275

Multichip technology
capabilities/limitations **EL1:** 510
cofired ceramic, Cooling in **EL1:** 307–308
connections to PWBs and system **EL1:** 311
cooling. **EL1:** 307–309
heat removal **EL1:** 309–311

large-scale system, communication environment **EL1:** 2–5
materials **EL1:** 301–307
module structures, new. **EL1:** 300–301
modules with ceramic substrates, hybrid packages for **EL1:** 451–454
new **EL1:** 299–300
planar. **EL1:** 307
types, compared. **EL1:** 297–298

Multicircuit winding
defined **EM1:** 900, **EM2:** 28

Multicolored workpieces
for physical modeling **A14:** 437

Multicomponent coatings **A20:** 482, 483

Multicomponent glasses, sol gel processing EM4: 451
applications **EM4:** 451
formulations **EM4:** 451

Multicomponent iron-carbon systems
thermodynamics of **A15:** 68–69

Multicomponent materials
advantages. **EM3:** 687

Multicylinder engine tests, NTC-400
Mack T **A18:** 101

Multidetector translate-rotate systems
computed tomography (CT) **A17:** 366

Multidimensional shape
characterization **A7:** 271–272, 273, **M7:** 240–241

Multidirectional fiber reinforcement
fabrication methods **EM1:** 934
fiber selection **EM1:** 934–936
formulation/fabrication parameters **EM1:** 935
properties. **EM1:** 937

Multidirectional magnetizing
magnetic particle inspection **A17:** 93

Multidirectional solidification *See also* Solidification
austenite-iron carbide eutectic. **A15:** 179–180
compacted/vermicular graphite eutectic **A15:** 178–179
defect growth of graphite theory **A15:** 177
eutectic growth (cast iron) **A15:** 175–180
flake (lamellar) graphite eutectic. **A15:** 175–176
particle behavior in **A15:** 145–146
spheroidal graphite eutectic **A15:** 176–178
surface adsorption theory **A15:** 178

Multidirectional tape prepregs **EM1:** 146–147
applications **EM1:** 147
product forms **EM1:** 146
properties **EM1:** 146–147
strength/weight vs. material form compared **EM1:** 146
vs. unidirectional tape prepregs. **EM1:** 146

Multidirectionally reinforced carbon/graphite matrix composites **EM1:** 915–919

Multidirectionally reinforced ceramics EM1: 933–940
applications **EM1:** 939–940
composite formulation/processing . . . **EM1:** 934–937
fiber reinforcement **EM1:** 933–934
properties **EM1:** 937–939

Multidirectionally reinforced fabrics
reinforcement materials. **EM1:** 129
testing of **EM1:** 131
three-dimensional weaving machines **EM1:** 130–131
weave geometry **EM1:** 129–130

Multidirectionally reinforced preforms
reinforcement materials. **EM1:** 129
testing of **EM1:** 131
three-dimensional weaving machines **EM1:** 130–131
weave geometry **EM1:** 129–130

Multidisciplinary optimization **A20:** 216–217

Multielement analysis
energy-dispersive x-ray spectrometry . . **A10:** 82–101
simultaneous, ICP-AES as **A10:** 32, 33

Multielement isotopes
for spark source mass spectrometry **A10:** 145

Multi-end roving process **EM1:** 109

Multifilament superconducting alloy
color etched. **A9:** 157

Multifilament yarn
defined **EM2:** 28

Multifilament yarns *See also* Yarns
defined **EM1:** 16
testing **EM1:** 732–733
yam/strand test methods **EM1:** 732

Multifilamentary
composite wire, niobium-titanium **A2:** 1043, 1047–1049
conductors, assembly techniques. . . . **A2:** 1047–1049
NbTi superconducting composite fabrication **A2:** 1043–1052

Multifilamentary tapes
production **M7:** 637

Multifilamentary wire
production **M7:** 637–638

Multiform process **EM4:** 1056

Multifrequency techniques
eddy current inspection **A17:** 173–175, 200

Multifront **A20:** 180

Multifunctional mercaptoesters **EM3:** 626

Multifunctional parts
design of **EL1:** 124

Multifunctional teams **A20:** 58–59, 62
higher level teams **A20:** 59
subsystem teams. **A20:** 59

Multigrade oil
defined. **A18:** 13

Multigrid methods **A20:** 193

Multijet attachments for flame cutting **M7:** 843

Multilayer boards (MLBS)
design, and via density **EL1:** 613
design requirements. **EL1:** 516
fabrication , development. **EL1:** 510
printed, defined **EL1:** 1150
resins and reinforcements **EL1:** 534–535
rework processes **EL1:** 712
sequential design **EL1:** 621

Multilayer ceramic capacitors
fabrication **EL1:** 185–187

Multilayer ceramic capacitors applications . . . **M7:** 151

Multilayer ceramic packages
and substrates **EL1:** 204–206
die attachments **EL1:** 213–217
types. **EL1:** 213

Multilayer ceramics, cofired
as substrated material **EL1:** 106

Multilayer chip inductors **EL1:** 179, 187

Multilayer coating
definition **A5:** 961

Multilayer dielectrics
thick-film **EL1:** 341–342

Multilayer hole-to-internal-feature registration
rigid printed wiring boards **EL1:** 552

Multilayer inner layer processes
baking **EL1:** 541
buried via inner layers **EL1:** 543
developing. **EL1:** 542
etch and resist removal. **EL1:** 542
imaging **EL1:** 542
photoresist, application. **EL1:** 542
printing **EL1:** 542
registration holes, creating **EL1:** 542
standard. **EL1:** 539
surface treatment **EL1:** 543
testing/inspection/repair **EL1:** 542–543

Multilayer interconnect technology **EL1:** 249, 347

Multilayer lamination
rigid printed wiring boards **EL1:** 543–544

Multilayer printed wiring board
development **EL1:** 631

Multi-layered
breakdown field dependency on dielectric constant **A20:** 619

Multilayered complex silicide
oxidation-resistant coating systems for niobium **A5:** 862

Multilayered silicide coating
oxidation-resistant coating systems for niobium **A5:** 862

Multilayered systems, aluminide coatings
oxidation-resistant coating systems for niobium **A5:** 862

Multilayer(s)
devitrifying dielectrics for **EL1:** 109
rigid printed wiring boards **EL1:** 539
stack-up, rigid printed wiring boards **EL1:** 543

Multilevel decomposition methods **A20:** 217

Multilevel hybrid structures
thin-film **EL1:** 322–324

Multimaterial structures
thermal failures **EL1:** 59

Multimet
composition **A4:** 794
Multimet alloy
metal dusting of **A13:** 1313
Multimet (N-155)
composition **A6:** 564, **M6:** 354
Multi-modal populations **A20:** 19
Multinominal distribution **A20:** 90
Multinominal theorem **A20:** 90
Multioriented prepregs *See* Multidirectional tape prepregs
Multipair telephone cables **A13:** 1127
Multiparameter techniques
eddy current inspection **A17:** 175
Multipass weldments **A1:** 603, 605
Multiphase alloys
developing electropolishing procedures for **A9:** 50–51
microstructure development in **A8:** 177–178
torsion test to simulate die chilling effects on workability on **A8:** 180
Multiphase ceramics
SIMS phase distribution analysis **A10:** 610
Multiphase materials
image analysis of **A10:** 309
neutron diffraction analysis **A10:** 420
XRPD-determined weight fraction of crystalline phases in **A10:** 333
Multiphase microstructures **A9:** 604
Multiphase oxides
alumina/zirconia **EM4:** 770
dielectric properties **EM4:** 771–772
effect of isovalent substitutions on transition temperature **EM4:** 771
equations of state for poled piezoelectric ceramics **EM4:** 772
flexural strength as a function of temperature **EM4:** 772
mullite/zirconia **EM4:** 770–773
pseudobinary, subsolidus $PbZrO_3$-$PbTiO_3$ diagram **EM4:** 772
resistivity coefficient effect **EM4:** 771
Multiphase spinals
as inclusions **A11:** 322
Multiphase strippers **A5:** 16
Multiple *See also* Blank; Cutoff; Multiple dies
defined **A14:** 9
Multiple coils
eddy current inspection **A17:** 176
Multiple cracking *See also* Cracking; Crack(s)
from corrosion fatigue **A11:** 79
initiation, ratchet marks from **A11:** 77
Multiple die pressing **M7:** 8
Multiple dies **A14:** 51
for blanking **A14:** 455–456
for closed-die forging **A14:** 44
for drawing **A14:** 579–580
Multiple discontinuities
defined **A17:** 663
Multiple discrete free-fall jet atomization nozzles **M7:** 26–27
Multiple etching
defined **A9:** 12
definition **A5:** 961
Multiple fiber fracturing phenomenon **EM3:** 394–396
Multiple heats **A8:** 130
Multiple internal reflectance (MIR) spectroscopy **A18:** 461
Multiple lead heating and pulling method
component removal **EL1:** 717–718
Multiple linear regression **A20:** 593
Multiple overload (OL) effect **A19:** 119, 129, 131
interaction phenomena during crack growth under variable-amplitude loading **A19:** 125
Multiple population means **A8:** 711–712
Multiple punch presses **M7:** 8
Multiple ring-liner hot isostatic pressure vessels **M7:** 420
Multiple scattering
effects, in EXAFS analysis **A10:** 415
event, defined **A10:** 677
Multiple site damage (MSD) **A19:** 562, 564
Multiple target sputtering
as thin-film deposition technique **A2:** 1082
Multiple test piece method
for shear stress **A8:** 182–184
Multiple-alkylated cyclopentane (MAC), high-vacuum lubricant applications **A18:** 155, 156
molecular structures **A18:** 156
properties **A18:** 155
Multiple-beam interferometer *See also* Interferometers
principle of **A17:** 16
Multiple-cavity die *See* Combination die
Multiple-coat paint systems
for filiform corrosion **A13:** 108
Multiple-component
alloys, platinum group, as electrical contact materials **A2:** 848
composites, as electrical contact materials . . **A2:** 856
Multiple-crevice assembly testing **A13:** 305–308
Multiple-diameter reamers **A16:** 241, 245
Multiple-electrode resistance welding machines **M6:** 475
Multiple-expansion volume introduction system
gas mass spectrometer **A10:** 152
Multiple-exposure interferometry *See also* Optical holography
as optical holographic interferometry **A17:** 408
Multiple-flow distributions **A20:** 627
Multiple-girder diaphragm connection plates **A11:** 712–714
Multiple-hearth furnace
for sand reclamation **A15:** 227–228
Multiple-impulse weld timer
definition **M6:** 11
Multiple-impulse welding
definition **M6:** 11
Multiple-index holographic contouring **A17:** 428
Multiple-layer adhesive **EM3:** 19
Multiple-layer alloy plating **A5:** 274–276
applications **A5:** 274
Auger electron microscopy for characterization **A5:** 276
characterization of multiple-layer alloys **A5:** 276
composition-modulated alloys (CMAs) **A5:** 274
electrochemical atomic layer epitaxy (ECALE) **A5:** 276
engineering parameters **A5:** 274–276
from a single bath **A5:** 274–275
modulation wavelength **A5:** 274
plating baths for making nanometer-scale Ni/Cu multiple-layer alloys **A5:** 275
process description **A5:** 274–276
pulsed-current plating **A5:** 275–276
pulsed-potential plating **A5:** 275
schematic of ideal deposition rate vs. applied cathodic potential characteristics **A5:** 275
schematic representation **A5:** 274
transmission electron microscopy for characterization **A5:** 276
triple-current pulsing schemes for plating from sulfamate electrolytes **A5:** 276
underpotential deposition (UPD) phenomenon **A5:** 276
using two baths **A5:** 276
x-ray diffraction for characterization **A5:** 276
Multiple-mandrel ring rolling mills **A14:** 111, 114
Multiple-mode failure *See also* Mixed mechanisms; Mixed mode; Mode
in boilers and steam equipment **A11:** 626
of pressure vessels **A11:** 650
Multiple-motion adjustable stop presses **A7:** 349, **M7:** 335
Multiple-motion die set presses **A7:** 349, **M7:** 335
Multiple-operation machining **A16:** 366–403
Al alloys **A16:** 761, 764, 783, 793, 797
automatic guided vehicle (AGV) material-handling devices **A16:** 401, 402
automatic lathes **A16:** 366, 367, 368, 384
automatic shape turners **A16:** 368
automatic tracers **A16:** 368
automatic turret indexing **A16:** 371–372, 376
automatic turret lathes **A16:** 371–372, 373, 377, 381, 387
choice of production techniques **A16:** 401–402
CNC machine tools **A16:** 393, 397
CNC Swiss-type automatic bar machines **A16:** 375–376, 378
Cu alloys **A16:** 815
cutting fluids **A16:** 384, 386, 392, 393
dimensional control **A16:** 390–392
direct numerical control (DNC) **A16:** 403
engine lathes **A16:** 367, 368, 370, 380, 383, 384
flexible manufacturing systems **A16:** 366–367, 397–403
form tools **A16:** 380–381
machine classifications **A16:** 368
machining centers . . . **A16:** 366, 368, 389, 390, 391, 393–394, 398, 399, 400
manpower requirements for system . . **A16:** 402–403
manual turret lathes **A16:** 369–371, 373, 387
material handling system **A16:** 397
Mg alloys **A16:** 826
multifunctional systems **A16:** 366
NC lathes **A16:** 368
NC machines **A16:** 394, 398, 399, 402, 403
Ni alloys **A16:** 840, 841
process capabilities **A16:** 369
production techniques **A16:** 400
ram-type turret lathes **A16:** 370
saddle-type turret lathes **A16:** 370
safety and protection **A16:** 392–393
screw machines **A16:** 367, 369, 373, 375
selection of equipment and procedure **A16:** 383–388
single-spindle automatic bar and chucking machines **A16:** 371–374
single-spindle automatic lathes **A16:** 367–369
Swiss-type automatic bar machines . . **A16:** 374–378
tool adapters and mountings **A16:** 381–382
tool life **A16:** 369, 381, 386, 388–389
tool material and design **A16:** 388–389
tools, standard cutting **A16:** 379–380
transfer machines (transfer lines) **A16:** 366, 393, 394, 395–397, 398
vertical multiple-spindle automatic chucking machines **A16:** 378–379, 382, 384
work-in-process inventory **A16:** 397–398
workpiece supports **A16:** 382–383
Multiple-part dies
applications **A14:** 51
Multiple-part forming
multiple-slide **A14:** 571
Multiple-pass weld
epitaxial growth in **A9:** 579
Multiple-plate systems
copper plating **M5:** 161, 169
Multiple-point cutting
rating of characteristics **A20:** 299
Multiple-pressure sources **A18:** 529
Multiple-ram presses **A14:** 34–35
Multiple-roll rotary straightening **A14:** 691–693
entry and delivery tables **A14:** 692–693
middle-roll offset **A14:** 692
roll angle **A14:** 692
tube deflection **A14:** 692
Multiple-screw extruders **EM2:** 28, 383
Multiple-slide forming
applicability **A14:** 567
assembly operations **A14:** 573
blanking **A14:** 569–570
defined **A14:** 567
forming **A14:** 570–573
machines **A14:** 502, 567–569, 573–574
of high-carbon steels **A14:** 559

SUBJECTS OF THE INDEXED VOLUMES: ASM Handbook (designated by the letter "A"): **A1:** Properties and Selection: Irons, Steels, and High-Performance Alloys (1990); **A2:** Properties and Selection: Nonferrous Alloys and Special-Purpose Materials (1990); **A3:** Alloy Phase Diagrams (1992); **A4:** Heat Treating (1991); **A5:** Surface Engineering (1994); **A6:** Welding, Brazing, and Soldering (1993); **A7:** Powder Metal Technologies and Applications (1998); **A8:** Mechanical Testing (1985); **A9:** Metallography and Microstructures (1985); **A10:** Materials Characterization (1986); **A11:** Failure Analysis and Prevention (1986); **A12:** Fractography (1987); **A13:** Corrosion (1987); **A14:** Forming and Forging (1988); **A15:** Casting (1988); **A16:** Machining (1989); **A17:** Nondestructive Evaluation and Quality Control (1989); **A18:** Friction, Lubrication, and Wear Technology (1992); **A19:** Fatigue and Fracture (1996); **A20:** Materials Selection and Design (1997). **Metals Handbook, 9th Edition** (designated by the letter "M"): **M1:** Properties and Selection: Irons and Steels (1978); **M2:** Properties and Selection: Nonferrous Alloys and Pure Metals (1979); **M3:** Properties and Selection: Stainless Steels, Tool Materials, and Special-Purpose Materials (1980); **M4:** Heat Treating (1981); **M5:** Surface Cleaning, Finishing, and Coating (1982); **M6:** Welding, Brazing, and Soldering (1983); **M7:** Powder Metallurgy (1984). **Engineered Materials Handbook** (designated by the letters "EM"): **EM1:** Composites (1987); **EM2:** Engineering Plastics (1988); **EM3:** Adhesives and Sealants (1990); **EM4:** Ceramics and Glasses (1991). **Electronic Materials Handbook** (designated by the letters "EL"): **EL1:** Packaging (1989)

of stainless steels, lubricants for **A14:** 519
of wire **A14:** 696
operations by **A14:** 567
rotary machines for **A14:** 573–574
stainless steels **A14:** 766–767
Multiple-slide machines **A14:** 9, 502, 567–569, 573–574
cutoff unit **A14:** 568
for high production **A14:** 502
for press forming **A14:** 545
for wire **A14:** 696
forming station **A14:** 568–569
press station **A14:** 567–568
stock straighteners **A14:** 567
stock-feed mechanism **A14:** 567
Multiple-slide press
defined **A14:** 9
Multiple-slide rotary forming machines **A14:** 573–574
Multiple-source evaporation vacuum coating **M5:** 391, 393
Multiple-source holographic contouring **A17:** 425–427
Multiple-spindle automatic bar and chucking machines **A16:** 376–378
Multiple-station air knockout tool fixture ... **A15:** 505
Multiple-station tooling
cold extrusion **A14:** 303
Multiple-step heat treatments
of titanium alloy forgings **A14:** 281
Multiple-step tests **A19:** 91, 228
Multiplet splitting
in XPS analysis **A10:** 572
Multiple-terminal devices *See also* Three-terminal devices; Two-terminal devices
performance **EL1:** 423
power modules **EL1:** 432–434
small-signal/opto modules **EL1:** 432
Multiple-wavelength holographic contouring **A17:** 427–428
Multiplex advantage
in FT-IR spectroscopy **A10:** 112
in Raman spectroscopy **A10:** 129
Multiplexed system
eddy current inspection **A17:** 174
Multiple-zone resistance wound tube furnaces .. **A8:** 36
Multiplicative factor of cost **A20:** 255
Multiplier phototube *See* Photomultiplier tube
Multipoint constraints (MPC) **A20:** 179–180, 182, 184

Multipoint cutting process
in metal removal processes classification scheme **A20:** 695
Multi-point machining **A20:** 696
Multiport nozzle
definition **M6:** 12
Multiport nozzle (plasma arc welding and cutting)
definition **A6:** 1211
Multipurpose shear machines **A14:** 715–716
Multiroll rotary straighteners **A14:** 686–687
Multislide forming
lubricants for **A14:** 519
Multistage cleaning and chemical treatment **EM3:** 34
Multistage drop hammer forming **A14:** 655
Multistation automatic swaging transfer machine **A14:** 136
Multitube push type furnace **A7:** 189–190
Multivariate analysis methods **A8:** 653
Multi-wall forged hot isostatic pressure vessels **M7:** 420
Municipal solid waste
boiler hot corrosion with **A13:** 997–998
Munitions **A7:** 1092
Muntz metal *See also* Copper alloys, specific types, C28000; Wrought coppers and copper alloys **A6:** 752
antimonial leaded *See* Copper alloys, specific types, C36700
antimonial leaded, applications and properties **A2:** 311
applications and properties **A2:** 304–305
arsenical, applications and properties **A2:** 311
arsenical leaded *See* Copper alloys, specific types, C36600
characteristics of **M5:** 285
composition **A20:** 391
free-cutting *See also* Copper alloys, specific types, C37000 .... **A2:** 311

inhibited leaded *See* Copper alloys, specific types, C36600, C36700 and C36800
leaded *See* Copper alloys, specific types, C36500, C36600, C36700 and C36800
phosphorized leaded *See* Copper alloys, specific types, C36800
phosphorized leaded, applications and properties **A2:** 311
properties **A20:** 391
resistance spot welding **A6:** 850
uninhibited leaded *See* Copper alloys, specific types, C36500
uninhibited leaded, applications and properties **A2:** 311
weldability **A6:** 753
Muntz metal, 60%, microstructure of .... **A3:** 1•22
Muntz metal (60-40 lead-free brass)
for flame head for oxy-fuel gas flame heating **A4:** 274
Munz's straight-through crack assumption .. **EM4:** 602
Murakami's reagent
etching with **A11:** 404
Murakami's reagent as etchant for cemented carbides, classification of reaction rates **A9:** 274
copper-tungsten mixtures **A9:** 551
electrical contact materials **A9:** 551
heat-resistant casting alloys **A9:** 331–332
molybdenum **A9:** 440–441
nitrided steels **A9:** 218
rhenium and rhenium-bearing alloys **A9:** 447
tungsten **A9:** 440–441
wrought stainless steels **A9:** 281–282
Murexide
as metallochromic indicator **A10:** 174
Muriatic acid
description **A9:** 68
Muscovite
chemical composition **A6:** 60
Muscovite mica **EM4:** 6
Mush buffing **M5:** 116, 119
Mushet, Robert
as alloy developer **A15:** 32
Mushrooming **A6:** 42, **A7:** 417
Music spring steel wire **A1:** 285
Music wire *See also* Steels, ASTM specific types, A
carbon steel wire rod for **M1:** 255
characteristics **M1:** 266, 289
characteristics of **A1:** 306
cost **M1:** 305
modulus of rigidity **M1:** 300
seams in **M1:** 290
shot peening **A5:** 130, 131
size of **A1:** 277
stress relieving **M1:** 291
tensile strength ranges **M1:** 268
Music wire gage (MWG) **A1:** 277
Music Wire Gage system **M1:** 259
Music-wire spring
fatigue fracture of **A11:** 557
Mussels
as biofouling organism **A13:** 88
Must assignments **A20:** 29
Must importance rating **A20:** 19
Must ratings **A20:** 18, 19, 20, 29, 30
Must-confidence percentage level (C_{must}) **A20:** 19
Mutagenicity
of platinum complexes **A2:** 1258
Mutual inductance **A20:** 618
Mutual solubility
high-nickel base materials **A11:** 452
of copper and silver **A11:** 452
m-value *See also* Strain-rate sensitivity **A20:** 305
definition **A20:** 837
MVT *See* Moisture vapor transmission
MY-10B
properties **A18:** 549
MY-10K
properties **A18:** 549
Mycor
seals to metals **EM4:** 499
Mykroy
seals to metals **EM4:** 499
Mylar **EM4:** 161, 162
transmission by **A10:** 100
N-Methyl pyrrolidone (NMP)
to solvate polyimides **EM3:** 152

N

2-Nitropropane
hazardous air pollutant regulated by the Clean Air Amendments of 1990 .... **A5:** 913
3% Ni cast iron
galling resistance with various material combinations **A18:** 596
4-Nitrobiphenyl
hazardous air pollutant regulated by the Clean Air Amendments of 1990 .... **A5:** 913
4-Nitrophenol
hazardous air pollutant regulated by the Clean Air Amendments of 1990 .... **A5:** 913
Copper-nickel-chromium plating *See* Copper-nickel-chromium plating
N See Normal solution; Refractive index
N,N,N',N'-tetraglycidyl-4,4'-diamino diphenyl methane (MY 720) **EM3:** 94–95, 97
N shell
defined **A10:** 677
n value *See also* Strain-hardening coefficient; Work-hardening coefficient **A20:** 305
determining, uniaxial tensile testing ... **A8:** 556–557
effect on plane strain **A8:** 551
effect on wrinkling **A8:** 551
of sheet metals **A8:** 555–557
role in strain distribution, sheet metal forming **A8:** 550
N-4 alloy *See* Copper alloys, specific types, C15000
N4 (single-crystal alloy) **A19:** 36
N18 .... **A7:** 887, 888, 889, 890, 899
N-100
as synchrotron radiation source **A10:** 413
N-155
aging **A4:** 796
aging cycle **M4:** 656
annealing **M4:** 655
arc welding **M6:** 364–365
composition **A4:** 794, **A16:** 736, **M4:** 651–652, **M6:** 354
electron-beam welding **A6:** 869
flash welding **M6:** 557
machining .. **A16:** 738, 741–743, 746–747, 749–758
mill annealing **A4:** 810
solution annealing **A4:** 810
solution treating **M4:** 656
solution-treating **A4:** 796
stress relieving **M4:** 655
Na (Phase Diagram) .... **A3:** 2•300
NA22H
for radiant-tube-heated furnace equipment **A4:** 473
NAA *See* Neutron activation analysis
Nabarro-Herring creep .. **A7:** 597, 598, 607, **A20:** 352
Nabarro-Herring creep diffusion coefficient .. **A20:** 352
Nabarro-Herring diffusional creep **EM4:** 296
NACE standards
for testing waters/materials in water **A13:** 208
Nacelle temperature survey test
ENSIP Task IV, ground and flight engine tests **A19:** 585
Nacrite **EM4:** 5, 6
Nadimide-terminated thermosetting polymers **EM2:** 631
Nailheading **EL1:** 575, 1151
Nails
steel wire **M1:** 271
NAND gate
defined **EL1:** 1151
Nanoceramic composites **A7:** 511
Nanocoulomb
abbreviation for **A10:** 691
Nanocrystal **A7:** 77
Nanodispersion **A7:** 77
Nanogram
abbreviation for **A10:** 691
Nanohardness test
defined **A18:** 13
Nanoindentation **A18:** 419–427
correlation (in practice) between continuous depth recording (CDR) and
micro/nanoindentation **A18:** 419
definition **A18:** 419
future trends **A18:** 427
information, type obtained **A18:** 419
instruments **A18:** 419–421
basic requirements **A18:** 420–421

674 / Nanoindentation

Nanoindentation (continued)
commercial specifications A18: 420
options......................... A18: 420, 421
other physical measurements A18: 421
test procedures A18: 421–427
averaging of multiple tests A18: 423–424
deformation measurement choice.. A18: 421–422
flow behavior A18: 426–427
flow measurement choice A18: 421–422
hardness and modulus............ A18: 424–426
slow-loading test A18: 422–423, 426
Nanoindentation technique A5: 644
Nanometer
abbreviation for A10: 691
Nanopowder-polymer composites
for microelectronic applications............ A7: 79
Nanopowders A7: 77
tungsten carbide powder................. A7: 194
Nanoscale powders
developments of A7: 3
Nanosecond
abbreviation for A10: 691
Nanostructured materials A7: 21
Nanosuspension A7: 77
Nanoval nozzle design..................... A7: 151
Na-Pb (Phase Diagram) .... A3: 2•301
Naphtha
as organic cleaning solvent.............. A12: 74
Naphtha cleaners M5: 40, 42–43, 617
Naphtha, contaminated
copper alloy corrosion A13: 635
Naphtha desulfurization reactor
cracking from hydrogen damage A11: 664
Naphtha, hi-flash
properties.............................. A5: 21
Naphtha, VM & P
properties.............................. A5: 21
Naphthalene...................... A10: 78, 643
hazardous air pollutant regulated by the Clean Air
Amendments of 1990 .... A5: 913
Naphthalene, as pattern material
investment casting A15: 255
Naphthalene-1.5-diisocyanate (NDI)
in polyurethanes..................... EM2: 257
Naphthenic acids A13: 271
Napkin ring test A18: 404, EM3: 321, 322, 361, 441,
443–444
Napped cloth
defined A9: 12
Na-Rb (Phase Diagram) .... A3: 2•301
Narrow limit gaging A7: 706
Narrow-band random loading............. A19: 138
Narrow-beam geometry............. A17: 309–311
Narrowing exchange
as ESR line-broadening mechanism A10: 255
Na-S (Phase Diagram)................. A3: 2•301
NASA
integrated advanced materials data base EM4: 692
NASA Co- W-Re
composition........................... A16: 737
machining........ A16: 738, 741–743, 746–757
NASA Co-W-Re
composition.................. A4: 795, A6: 929
NASA Lewis Research Center
directed Small Engine Components Technology
Studies EM4: 716
NASA/CARES computer program *See* Probabilistic
design of ceramic components NASA/CARES
computer program
NASA/FLAGRO computer program....... A19: 459
Na-Sb (Phase Diagram) .... A3: 2•302
Nascent surface
defined................................ A18: 13
Na-Se (Phase Diagram)................. A3: 2•302
Nasmythe, James
as early founder.................... A15: 28, 33
Na-Sn (Phase Diagram) .... A3: 2•302
Na-Sr (Phase Diagram)................. A3: 2•303

NASTAR
used for engineering design and CFD
analysis........................... A20: 198
NASTRAN computer program for structural
analysis.................... EM1: 268, 271
NASTRAN finite-element analysis code ... EM3: 479,
486
NASTRAN model A20: 172
NASTRAN program A20: 175
NASTRAN software A20: 173
Na-Te (Phase Diagram)................. A3: 2•303
National Advisory Committee for Aeronautics A8: 725
National Aeronautics and Space Administration
structural adhesives development EM3: 513
National Aeronautics and Space Administration
(NASA)
advanced composite standard tests EM1: 553
as information source EM1: 41, 42
compression specimen, for damage tolerance
testing........................... EM1: 264
gallium research A2: 747
National Aerospace and Defense Contractor's
Accreditation Program (NAD-CAP) ... EM3: 62
National Ambient Air Quality Standards
(NAAQS)....... A5: 912, 914, A20: 132–133
National Association of Corrosion Engineers A8: 725
National Association of Pattern
Manufacturers..................... A15: 193
National Bureau of Standards.......... A8: 90, 725
SRM, microprobe analysis A10: 530
Standard Reference Material (NBS SRM) A10: 147
testing machine calibrator from........... A8: 615
National Bureau of Standards Voluntary Engineering
Standards (data base) EM4: 40
National Casting Council A15: 34
National Electric Code (NEC)
main disconnect switch provision for installed
welding machines A6: 36
National Electrical Manufacturers Association
(NEMA) EM1: 75
arc welding power source classes (3)......... A6: 36
National Emission Standard for Hazardous Air
Pollutants (NESHAPS).............. A20: 133
National Emission Standards for Hazardous Air
Pollutants (NESHAP)...... A5: 912, 914, 930
National Environmental Policy Act (NEPA).. A5: 917
National Environmental Protection Act A5: 160
National Fire Codes A20: 67, 69
National Fire Protection Association
codes for metal powder plant operations .. M7: 198
National Fire Protection Association
(NFPA)........................ A20: 67, 69
National Injury Information Clearinghouse .. A20: 140
National Institute for Occupational Safety and Health
(NIOSH)
chromate conversion coatings A5: 408
National Institute of Ceramic Engineers (NICE)
as information source EM1: 41
National Institute of Standards and Technology
(NIST) A20: 68–69, 500
computerized data base aiding x-ray photoelectron
spectroscopy (XPS)............... EM3: 237
publication and program inquiries A20: 69
National Lubricating Grease Institute (NLGI)
consistency grades of greases A18: 99
grease classification grades defined in specification
IID A18: 125
grease consistency classes A18: 136
service classifications of greases........... A18: 99
National Marine Manufacturers Association
(NMMA)
oil certification A18: 85
performance testing of engine oils........ A18: 170
National Material Advisory Board Committee
National Research Council............. EM1: 101
National Materials Advisory Board......... A8: 187
National Materials Advisory Board study
(1995) A20: 309, 313

National Particleboard Association
formaldehyde emission limit EM3: 105
National Pollutant Discharge Elimination System
(NPDES).......................... A5: 400
permit A5: 916, 917
phosphate coatings A5: 400
National Safety Council A20: 67, 139, 140, 142
National SAMPE Technical Conference/SAMPE
Symposium and Exhibition........... EM2: 95
National Standards Association (NAS)...... EM1: 701
National standards laboratory EM3: 19
defined EM2: 28
National Technical Information Service A20: 69
National Technical information Service
(NTIS) EM1: 41, EM4: 40
National trade practices A20: 67
Na-Tl (Phase Diagram)................. A3: 2•303
Natural abundance
of isotopes........................... A10: 643
Natural aging. *See also* Aging; Artificial aging
aluminum-lithium alloys.................. A2: 184
defined A9: 12, A13: 9
wrought aluminum alloy.............. A2: 39–40
Natural circulation loop
and salt sampler....................... A13: 50
Natural clay earthenware EM4: 3, 4
Natural convection *See also* Connection
from vertical plane, formulas............. EL1: 52
Natural (direct) recovery processes
plating waste treatment............. M5: 315–316
Natural draft
defined A14: 9
Natural fibers
and synthetic, compared............... EM1: 117
forms EM1: 175
history/application EM1: 117
Natural frequency
and damping.................... EM1: 212–213
of load cells........................... A8: 193
Natural gas
analytic method for A10: 11
chemical bonding M6: 900
for oxyfuel gas cutting................. A14: 723
fuel gas for oxyfuel gas cutting A6: 1157–1158,
1161, 1162
combustion ratio A6: 1157–1158
cost A6: 1158
heat content........................ A6: 1158
parameters for machine oxynatural gas drop
cutting of shapes from low-carbon
steels.................... A6: 1158, 1159
parameters for machine oxynatural gas shape
cutting of carbon steels..... A6: 1158, 1159
recommended parameters for machine OFC-A of
carbon steels..................... A6: 1158
fuel gas for torch brazing M6: 950
hazards and function of heat treating
atmosphere A7: 466
oxyfuel gas welding fuel gas.... A6: 281, 283, 285
physical properties A7: 459, 460
physical properties as atmosphere M7: 341
properties as fuel gas M6: 899
use for cutting............. M6: 901, 902, 903
use in oxyfuel gas welding.............. M6: 584
Natural gas atmosphere
for nickel and nickel alloys A7: 502
Natural gas/air
volumetric reaction A7: 460
Natural gas-oxygen
maximum temperature of heat source A5: 498
Natural logarithm base
symbol for............................ A8: 724
Natural logarithm (base e)
abbreviation for A10: 690
symbol for........................... A11: 797
Natural resources recovery
with cemented carbides A2: 974–977
Natural rubber latex
properties............................ EM3: 88

SUBJECTS OF THE INDEXED VOLUMES: ASM Handbook (designated by the letter "A"): A1: Properties and Selection: Irons, Steels, and High-Performance Alloys (1990); A2: Properties and Selection: Nonferrous Alloys and Special-Purpose Materials (1990); A3: Alloy Phase Diagrams (1992); A4: Heat Treating (1991); A5: Surface Engineering (1994); A6: Welding, Brazing, and Soldering (1993); A7: Powder Metal Technologies and Applications (1998); A8: Mechanical Testing (1985); A9: Metallography and Microstructures (1985); A10: Materials Characterization (1986); A11: Failure Analysis and Prevention (1986); A12: Fractography (1987); A13: Corrosion (1987); A14: Forming and Forging (1988); A15: Casting (1988); A16: Machining (1989); A17: Nondestructive Evaluation and Quality Control (1989); A18: Friction, Lubrication, and Wear Technology (1992); A19: Fatigue and Fracture (1996); A20: Materials Selection and Design (1997). **Metals Handbook, 9th Edition** (designated by the letter "M"): M1: Properties and Selection: Irons and Steels (1978); M2: Properties and Selection: Nonferrous Alloys and Pure Metals (1979); M3: Properties and Selection: Stainless Steels, Tool Materials, and Special-Purpose Materials (1980); M4: Heat Treating (1981); M5: Surface Cleaning, Finishing, and Coating (1982); M6: Welding, Brazing, and Soldering (1983); M7: Powder Metallurgy (1984). **Engineered Materials Handbook** (designated by the letters "EM"): EM1: Composites (1987); EM2: Engineering Plastics (1988); EM3: Adhesives and Sealants (1990); EM4: Ceramics and Glasses (1991). **Electronic Materials Handbook** (designated by the letters "EL"): EL1: Packaging (1989)

Natural rubber (NR) **EM3:** 75, 594
characteristics **EM3:** 90
exposure in electrochemically inert conditions **EM3:** 629
for art material cement **EM3:** 145
for automotive interior trim bonding **EM3:** 145
for belting **EM3:** 145
for commercial tape foundation **EM3:** 145
for footwear **EM3:** 145
for hoses **EM3:** 145
for latex compounds in paper **EM3:** 145
for leather shoe production **EM3:** 145
for off-the-road tires **EM3:** 145
for retread and tire patch compounds ... **EM3:** 145
for surgical plaster foundation **EM3:** 145
for textile binding **EM3:** 145
substrate cure rate and bond strength for cyanoacrylates **EM3:** 129
Natural sands *See also* Sands; Synthetic sands
vs. synthetic sands **A15:** 208
Natural stone
diamond for machining **A16:** 105
Natural stoneware **EM4:** 3, 4
versus tile whiteware **EM4:** 929
Natural strain *See also* True strain
definition **A20:** 837
Natural surface charge **A7:** 220
Natural uranium *See also* Uranium; Uranium alloys
fissionable isotope U-235 and U-238 ...... **A2:** 670
processing of **A2:** 670
Natural waters *See also* Water
aluminum/aluminum alloys in **A13:** 597
aluminum-zinc alloy coating in **A13:** 435–436
analysis of **A10:** 41
chloride-containing, crevice corrosion **A13:** 112
corrosion **A13:** 17
corrosion of steel in **M1:** 736–738
for corrosion testing **A13:** 208
lead corrosion in **A13:** 785
zinc/zinc alloys and coatings in **A13:** 762
Naturalizers
as aqueous cleaners **EL1:** 664
Naturally bonded molding sand *See also* Molding sands; Sand(s)
defined **A15:** 8
early practice with **A15:** 28
Naturally occurring substances
as system favorable to ESR analysis **A10:** 263
Naval Air Systems Command **EM3:** 62
Naval aircraft
failure of aluminum catapult-hook attachment fitting for **A11:** 88, 91
Naval brass **A6:** 752
applications and properties **A2:** 319–322
brazeability **M6:** 1033–103
brazing **A6:** 629–630
galvanic series for seawater **A20:** 551
projection welding **M6:** 50
weldability **A6:** 753
Naval grade aluminum
as honeycomb core material **EM1:** 723
Naval Publications and Forms Center **A20:** 69
Naval Publications and Forms Center (NPFC)
source of standards **EM3:** 63, 64
Naval Research Laboratory
drop-weight tear test (DWTT) **A11:** 61
Navier-Stokes equation **A5:** 522, **A20:** 711
Navier-Stokes equations
defined **A18:** 13
fluid flow **A15:** 867
Navigational aids
composite materials for **EM1:** 839
Navy G-bronze
properties and applications **A2:** 352, 376
Navy M bronze *See also* Leaded tin bronzes
properties and applications **A2:** 375–376
Navy M copper casting alloy
nominal composition **A2:** 347
Navy tear test **A8:** 259
Navy tear-test
compared with Robertson and Esso (Feely) **A11:** 59–60
for notch toughness **A11:** 60
Navy Tombasil *See also* Copper alloys, specific types, C87200
properties and applications **A2:** 371–372
Nb tube process
for A15 superconductor assembly ... **A2:** 1066–1067
Nb_5Si_3
as brittle material, possible ductile phases **A19:** 389
Nb_5Si_3+Nb
correlation between measured and calculated fracture toughness levels **A19:** 389
Nb-10Hf
physical properties **A6:** 941
Nb-28Ta-10W
physical properties **A6:** 941
NBD100
mechanical properties **A18:** 774
NBD200
rolling contact fatigue properties **A18:** 260–261
N-benzoyl-N-phenylhydroxylamine (BPA)
as precipitant **A10:** 169
Nb-Ni (Phase Diagram) .... **A3:** 2•304
Nb-Os (Phase Diagram) .... **A3:** 2•304
Nb-Pd (Phase Diagram) .... **A3:** 2•304
Nb-Pt (Phase Diagram) .... **A3:** 2•305
Nb-Rh (Phase Diagram) .... **A3:** 2•305
Nb-Ru (Phase Diagram) .... **A3:** 2•305
NBS *See* National Bureau of Standards
Nb-Si (Phase Diagram) .... **A3:** 2•306
NBS-traceable plots
of AE sensor sensitivity **A17:** 280
Nb-Ta (Phase Diagram) .... **A3:** 2•306
Nb-Th (Phase Diagram) .... **A3:** 2•306
Nb-Ti (Phase Diagram) .... **A3:** 2•307
Nb-Ti-W (Phase Diagram) .... **A3:** 3•57
Nb-U (Phase Diagram) .... **A3:** 2•307
n-butanol
surface tension **EM3:** 181
n-butyl acetate
surface tension **EM3:** 181
N-butyl alcohol
description **A9:** 68
n-butyraldehyde
physical properties **EM3:** 104
Nb-V (Phase Diagram) .... **A3:** 2•307
Nb-W (Phase Diagram) .... **A3:** 2•308
Nb-Zr (Phase Diagram) .... **A3:** 2•308
NC machining *See* Numerical control machining
n-channel metal-oxide semiconductors (NMOS) **EL1:** 76, 160
ND *See* Normal direction (of a sheet)
ND PROP computer program for structural analysis **EM1:** 268, 271
NDE *See* Nondestructive evaluation
NDE detection methods *See also* Detection; NDE reliability; Nondestructive evaluation; Nondestructive evaluation methods; Nondestructive evaluation techniques; Nondestructive inspection of specific products; Quantitative nondestructive evaluation; specific nondestructive evaluation methods
for planar flaws **A17:** 50
for surface/interior flaws **A17:** 50
for volumetric flaws **A17:** 50
NDE digital image enhancement systems **A17:** 454–455
NDE engineering
inspection personnel **A17:** 677
procedure selection/development **A17:** 675
reference standards **A17:** 676–677
signal/noise relationships **A17:** 676
system/process performance characteristics **A17:** 675
NDE reliability *See also* Fracture control; NDE reliability applications; NDE reliability data analysis; NDE reliability models; Nondestructive evaluation methods; Nondestructive evaluation techniques; Process control; Statistical methods
applications, to systems **A17:** 674–688
conditional probability in **A17:** 675
data analysis **A17:** 689–701
demonstration program design, and POD function **A17:** 664
flaw size criteria **A17:** 664
fracture control philosophy **A17:** 666–673
history **A17:** 663–664
introduction **A17:** 663–665
NDE response **A17:** 674
performance, by POD curves **A17:** 679
possible outcomes **A17:** 675
prediction models **A17:** 702–715
procedure selection/development **A17:** 675
system management and schedule ... **A17:** 674–675
system/process performance characteristics **A17:** 675
NDE reliability applications *See also* NDE reliability
airframes, as case study **A17:** 680–681
applications (case studies) **A17:** 680–688
engineering effects **A17:** 674
gas turbine engines, as case study **A17:** 681–684
integrated blade inspection system ... **A17:** 686–687
NDE process control **A17:** 677–680
NDE response **A17:** 674
NDE system management and schedule **A17:** 674–675
prior art **A17:** 674
retirement-for-cause (RFC) inspection equipment **A17:** 687–688
space shuttle program, as case study **A17:** 685–686
special inspection systems **A17:** 686
structural assessment testing applications **A17:** 686
trend identification **A17:** 731–732
NDE reliability data analysis *See also* NDE reliability **A17:** 689–701
maximum likelihood analysis **A17:** 694–695
NDE process, statistical nature **A17:** 689–692
NDE reliability experiments, design of **A17:** 692–694
of hit/miss data **A17:** 695–696
of signal response **A17:** 697–700
NDE reliability models *See also* NDE reliability
and fracture control **A17:** 702
essential characteristics **A17:** 703
examples **A17:** 712–713
future impact of **A17:** 711–713
of eddy current inspection **A17:** 707–709
of radiographic inspection **A17:** 709–711
of ultrasonic inspection **A17:** 703–707
optimization, with artificial intelligence ... **A17:** 713
predictive **A17:** 702–715
standardization of **A17:** 713
Nd-Fe-B permanent magnets
as rare earth application **A2:** 730
NDI *See* Nondestructive inspection
Nd-Ni (Phase Diagram) .... **A3:** 2•308
Nd-Pt (Phase Diagram) .... **A3:** 2•309
Nd-Rh (Phase Diagram) .... **A3:** 2•309
Nd-Sb (Phase Diagram) .... **A3:** 2•309
Nd-Si (Phase Diagram) .... **A3:** 2•310
Nd-Sn (Phase Diagram) .... **A3:** 2•310
NDT *See* Nondestructive testing
NDT-210 bond tester
for adhesive-bonded joints **A17:** 620
Nd-Te (Phase Diagram) .... **A3:** 2•310
Nd-Ti (Phase Diagram) .... **A3:** 2•311
Nd-Tl (Phase Diagram) .... **A3:** 2•311
NDTT *See* Nil ductility transition temperature; Nil-ductility transition temperature
Nd-YAG industrial laser **A14:** 736–737
NDZ *See* Copper alloys, specific types, C99400
Nd-Zn (Phase Diagram) .... **A3:** 2•311
NDZ-S *See* Cast copper alloys, specific types (C99500)
N(E) *See* Electron energy distribution
Near East
Bronze Age in **A15:** 15–16
Near net shape(s) *See also* Net shape
by cold isostatic pressing **M7:** 448
for titanium alloy complex shapes **M7:** 41, 44, 546
forging and rolling **M7:** 522–529, 649
forging, weight savings **M7:** 649
HIP processing for **M7:** 424, 437
isothermal forging and rolling **M7:** 522
of titanium parts **M7:** 450, 546
production by rapid omnidirectional compaction **M7:** 545
Near substrate porosity **A7:** 406
Near threshold "driving force" (*K*) **A19:** 58
Near-alpha alloys **A19:** 838–841
titanium **A14:** 839
Near-α T-6242 alloy
fatigue crack propagation **A19:** 39
Near-alpha titanium alloys **A9:** 458
Near-beta titanium alloys **A9:** 458
beta flecks in **A9:** 459–460
Near-crack-tip stress field **A19:** 461

Near-edge structure
determined . . . A10: 407, 415–416
Near-end cross talk *See also* Cross talk
defined . . . EL1: 36
Nearest layer model
Raman vibrational behavior of intercalated graphites . . . A10: 133
Nearest neighbors, carbon
liquid iron-carbon alloys . . . A15: 168
Nearest-neighbor atoms . . . A9: 681–682
Near-field effects
ultrasonic beams . . . A17: 239
Near-infrared
abbreviation for . . . A10: 690
radiation, defined . . . A10: 677
regions of spectrum, FT-IR analysis . . . A10: 114
Nearly dense P/M stainless steels
mechanical properties . . . M7: 471
Near-mesh particles . . . A7: 215
Near-net
resin content prepregs, epoxy . . . EM1: 73
shape manufacturing, three-dimensional braiding . . . EM1: 519
Near-net shape
by isothermal/hot-die forging . . . A14: 150–157
by precision forging . . . A14: 158
die temperature, and yield strength . . . A14: 153
forging, defined . . . A14: 158
forging design parameter . . . A14: 154
titanium alloy precision forging . . . A14: 285
Near-net shape casting
by rheocasting . . . A15: 327
by squeeze casting . . . A15: 323
market trends . . . A15: 44
organic binder effect . . . A15: 35
parts, metal-matrix composites for . . . A15: 338
Near-net shape processes *See* Hot-die forging; Isothermal forging; Near-net shape; Net shape
Near-net shape technologies
beryllium powder . . . A2: 685–686
titanium and titanium alloy castings . . . A2: 634
Near-net-shape processes . . . A20: 246
definition . . . A20: 837
direct laser sintering . . . A7: 427–429
Near-perfect crystal
diffraction in . . . A10: 365–367
Near-pore-free density . . . A7: 379
Near-surface
analysis . . . A10: 126, 133–137
defects, single crystals . . . A10: 633
stresses, effect of stress gradient correction of measurement of . . . A10: 388
Near-threshold crack growth
steels . . . A19: 37
Near-threshold fatigue crack growth
pH effect in stainless steel and titanium alloy . . . A8: 427, 430
rate, titanium alloy, oxygen content effect A8: 429, 430
Near-threshold fatigue crack propagation
hydrazine effect on . . . A8: 427, 429
Near-threshold regime . . . A19: 39
crack closure relevancy . . . A8: 408
Near-tip driving forces for crack growth . . . A19: 197
Near-tip mechanical driving force . . . A19: 197
Near-white blast (SP10)
equipment, materials, and remarks . . . A5: 441
Neat form
thermoplastic resins . . . EM2: 98
Neat oil
defined . . . A18: 13
Neat resin *See also* Matrices; Neat form; Resins . . . EM3: 19
defined . . . EM1: 16, EM2: 28
properties, and composite performance . . . EM1: 98–99
systems, formulations . . . EM1: 290–291
Nebulization . . . A7: 35, 229
Nebulizer . . . A7: 230
Nebulizers
argon gas flow as . . . A10: 34
Babington . . . A10: 36
concentric . . . A10: 34, 35
conductive solids . . . A10: 36, 690
corrosion-resistant . . . A10: 35
crossflow . . . A10: 34, 35
defined . . . A10: 677
effects in flame spectroscopy . . . A10: 29
efficiency of, defined . . . A10: 35
for AAS and related techniques . . . A10: 44–50
for analytical ICP systems . . . A10: 34–36
for ICP-MS . . . A10: 40
fritted disk . . . A10: 36, 55
pneumatic . . . A10: 34–36, 47
ultrasonic . . . A10: 36, 55
NEC SX liquid-cooling module . . . EL1: 48–49
Neck *See also* Localized deformation; Necking . . . A19: 230
defined . . . M7: 8
development, sheet metal forming . . . A8: 548
stress distribution at . . . A8: 25–26
Neck area (A_{neck}) . . . A20: 343
Neck diameter . . . A7: 449
Neck formation
defined . . . M7: 8
Neck growth , rate of . . . A7: 450
Neck liner, failed
SCC in . . . A11: 403
Neck size ratio (*X*/*D*) . . . A7: 449
Neckdown
as feature imperfection . . . EL1: 732
Necking *See also* Localized deformation; Neck . . . A19: 47, 229, A20: 306, 343, 446, 574, 743, EM3: 19
aluminum alloys . . . A14: 804
and ductility measurement . . . A8: 26
as thinning, in sheet metals . . . A8: 551
average true stress with . . . A8: 25
defined . . . A8: 9, A11: 7, A14: 9, EM1: 16, EM2: 28
definition . . . A20: 837
diagnosis by circle grid analysis . . . A8: 566
due to creep . . . A8: 302
for reducing diameter . . . A14: 586
from creep, nickel-base alloy . . . A11: 283
from steady-state creep . . . A8: 308
geometry of . . . A8: 26
in brittle fractures . . . A19: 42
in compression tests . . . A8: 577
in locomotive axle failures . . . A11: 716–717
in polymers . . . A11: 760
in sheet metal forming . . . A8: 548
in sheet metalworking processes classification scheme . . . A20: 691
in tensile-test fractures . . . A12: 98–105
in tension tests . . . A8: 578
of split-Hopkinson bar test specimen . . . A8: 214
of wrought aluminum alloys . . . A2: 41
onset, and instability in tension . . . A8: 25
strain, true local . . . A8: 24–25
triaxial stress in tensile specimen by . . . A8: 25
Necklace pattern
for optimum superalloy performance . . . M7: 523
Needle bearing
defined . . . A18: 13
Needle blow
defined . . . EM2: 28
Needle crystals
growth of . . . A15: 112, 113
paraboloids of revolution . . . A15: 113
Needle peening . . . A19: 439
imposing a compressive residual stress field . . . A19: 826
Needle roller bearings . . . A18: 511
f_v factors for lubrication method . . . A18: 511
Needle roller with machined rings bearings
basic load rating . . . A18: 505
Needle tissue biopsy
GFAAS detection of metals in . . . A10: 55
Needle/cone penetration test
butyl tapes . . . EM3: 202
Needled
felt, multidirectionally reinforced . . . EM1: 130
mat, defined . . . EM1: 16
Needled mat
defined . . . EM2: 28
Needle-roller bearing
described . . . A11: 490
drawn-cup, gross overload failure . . . A11: 505
Needles
defined . . . M7: 8
diffraction pattern technique measurement A17: 13
Neel point *See* Neel temperature
Neel temperature
defined . . . A10: 677
Negative absorption
fluorescent enhancement as . . . A10: 98
Negative carbon extraction replication
defined . . . A17: 54
Negative creep
in austenitic stainless steels . . . A8: 331
in Nimonic 80A . . . A8: 331
Negative distortion
defined . . . A9: 12
Negative eyepiece
defined . . . A9: 12
Negative glow
in glow discharges . . . A10: 27
Negative ion charge
symbol for . . . A10: 692
Negative logarithm of hydrogen-ion activity *See also* pH
symbol . . . A11: 797
Negative metal-oxide semiconductor (NMOS)
active component fabrication . . . EL1: 196–198
process sequence . . . EL1: 148
Negative phase contrast . . . A9: 59
Negative replica
defined . . . A9: 12
definition . . . A5: 961–962
Negative tensile strength
in fatigue-crack initiation . . . A11: 102–103
Negative tensile stress
in fatigue testing . . . A11: 102
Negative-feedback closed-loop system
for fatigue testing . . . A8: 395–396, 398
Negligence . . . A20: 146
Neilson, James B
as inventor . . . A15: 30
Nelson diagram . . . A6: 378, 380
Nelson-Riley extrapolation function . . . A5: 665
Nematic crystals
for optical imaging . . . EL1: 1072
Neocuproine method
analysis for copper in iron and steel alloys by . . . A10: 65
Neodymium *See also* Rare earth metals
addition to magnesium alloys . . . A7: 19–20
and praseodymium, separation of . . . A10: 249–250
as rare earth . . . A2: 720
intemal flaw analysis . . . EM4: 666
properties . . . A2: 1184
pure . . . M2: 776
TNAA detection limits . . . A10: 238
-YAG lasers . . . A10: 142, 597, 601
Neodymium iron boron
applications . . . A7: 1019
as permanent magnets . . . A7: 1017, 1018, 1019
Neodymium oxide
specific properties imparted in CTV tubes . . . EM4: 1040
Neodymium: yttrium aluminum garnet lasers
comparison of weld results . . . M6: 65
laser beam transport . . . M6: 66
welding applications . . . M6: 651
Neodymium-doped glass pulsed lasers, parameters
laser beam welding applications . . . A6: 263

Neodymium-doped yttrium aluminum garnet continuous wave lasers, parameters
laser-beam welding applications. **A6:** 263
Neodymium-doped yttrium aluminum garnet face-pumped laser **A6:** 266
Neodymium-doped yttrium aluminum garnet (Nd:YAG) **A6:** 262, 263, 266
Neodymium-doped yttrium aluminum garnet (Nd:YAG) lasers
for optical holographic interferometry. . . . **A17:** 410, 418
Neodymium-doped yttrium aluminum garnet (Nd:YAG) pulsed lasers, parameters
laser-beam welding applications. **A6:** 263
Neodymium-doped yttrium aluminum garnet solid-state (Nd:YAG) lasers **A6:** 266
Neodymium-doped yttrium-aluminium-garnet (Nd:YAG) laser **A10:** 142, 597, 601
Neodymium-glass lasers *See* Laser beam machining
Neodymium-iron-boron alloys *See also* Magnetic materials
as permanent magnet materials. **A2:** 790–792
Neodymium-YAG laser beams. **A7:** 427–428
Neodymium-yttrium aluminum garnet (Nd-YAG) lasers **EL1:** 368–369, 737
Neon
adsorbed, effects of **A10:** 588
as image gas, for FIM analysis of semiconductor **A10:** 601, 602
as imaging gas, FIM/AP analysis of permanent magnet alloy **A10:** 599
ionization potentials and imaging fields for **A10:** 586
mean free path **A17:** 59
mean free path value at atmospheric conditions **A18:** 525
Neon, used for ion-beam thinning of transmission electron microscopy
specimens **A9:** 107
Neoparies **EM4:** 873, 876
Neopentane **A20:** 442
rotational energy barriers as a function of substitution **A20:** 444
Neopentyl polyester
low vapor pressures **A18:** 151
properties **A18:** 81
Neoprene
and flotation tanks for cleaning cutting fluids **A16:** 129
as bag material **M7:** 447
Neoprene phenolics **EM3:** 104, 105
formulations **EM3:** 107
properties **EM3:** 106
suppliers **EM3:** 104
Neoprene rubber
for highway construction joints **EM3:** 57
Neoprene rubber, maskant material
chemical milling of Al alloys **A16:** 803
Neoprene systems
phenolic resins as tackifiers **EM3:** 182
Neoprenes *See also* Chloroprenes **EM3:** 86
applications **EM3:** 44, 56
characteristics **EM3:** 53, 90
exhibiting polarity and hydrogen bonding **EM3:** 181
for extruded gaskets **EM3:** 58
for truck trailer joints **EM3:** 58
for window sealing **EM3:** 56
sealant characteristics (wet seals) **EM3:** 57
silane coupling agents **EM3:** 182
substrate cure rate and bond strength, for cyanoacrylates **EM3:** 129
Nephaline
chemical systems **EM4:** 870
Nepheline
as extender **EM3:** 175, 176
Nepheline ceramic **EM4:** 1101, 1102
composition **EM4:** 1101
properties **EM4:** 1101
Nepheline syenite **EM4:** 6, 32, 44
composition **EM4:** 379
flux composition **EM4:** 932
iron content **EM4:** 379
mining techniques **EM4:** 379
purpose for use in glass manufacture **EM4:** 381
source **EM4:** 379
Nephrotoxicity
of platinum **A2:** 1258
Neppiras formula, ultrasonic testing **A8:** 243, 250
NEPSAP computer program for structural analysis **EM1:** 268, 272
Neptunium
determined by controlled-potential coulometry **A10:** 209
pure **M2:** 777, 832–833
Neptunium, as actinide metal
properties **A2:** 1190
Nernst equation **A13:** 9, 30, **A20:** 547, **EM4:** 252
open-circuit cell potential **A15:** 80–81
Nernst equations **A10:** 197, 208
Nernst thickness
defined **A13:** 9
Nernst, Walter . . . . **A3:** 1•7
Nernst-Einstein relationship **EM3:** 436
Nernst-Planck equations **EM4:** 461
NESHAPS **A20:** 133
Nessler tubes
in UV/VIS absorption analysis **A10:** 66
Nested cloth *See* Nesting
Nested vias
concept of **EL1:** 304
Nesting
defined **EM1:** 16, **EM2:** 28
definition **A20:** 837
of blanks **A14:** 450
Net
defined **A14:** 158
Net active anodic potential ranges **A9:** 144–145
Net cathodic potential ranges **A9:** 144
Net creep rate **A20:** 352, 353
Net list sorting
as automatic trace routing **EL1:** 533
Net, molded *See* Molded net
Net positive suction head available (NPSHA) **A18:** 599, 600
Net positive suction head (NPSH) **A18:** 5
defined **A18:** 13
pumps **A18:** 597, 599
Net positive suction head required (NPSHR) **A18:** 599, 600
Net present value analysis **EM2:** 335
Net present value (NPV) **A20:** 259
Net production yields **A20:** 256
Net scale growth rate **A18:** 208
Net section stress **A19:** 202
effect of SCC in **A8:** 502
Net section stresses above the yield strength **A19:** 195
Net section yield
operating stress maps **A19:** 458
Net shape *See also* Near-net shape(s) **M7:** 8
by precision forging **A14:** 158
disk with internal cavities **M7:** 427
forging, defined **A14:** 158
machine parts **M7:** 295
parts, by isothermal/hot-die forging . . **A14:** 150–157
Net shape casting
by squeeze casting **A15:** 323
organic binder effects **A15:** 35
technologies, titanium alloy **A15:** 824
Net shape investment casting
of nickel and nickel alloys **A2:** 429
Net shape technologies **EM1:** 35
Net shape technology
beryllium powder **A2:** 685
for titanium P/M products **A2:** 647
titanium and titanium alloy castings **A2:** 634
Net surface
definition **A20:** 837
Netlist **A20:** 207, 208
Netting analysis
defined **EM1:** 16, **EM2:** 28
for filament winding **EM1:** 508
of laminates **EM1:** 229
Net-to-net risks
life cycle testing **EL1:** 136
Net-to-node data set
accelerated thermal cycle data generation **EL1:** 136–138
Network etching
defined **A9:** 12
Network logic circuitry **EL1:** 2
Network polymers
chemical structure **EM2:** 52
Network resistors **EL1:** 178, 184
Network structure **M7:** 8
defined **A9:** 12
Networked polymers
formation **EM1:** 751–752
Networks
continuous second-phase, in forging **A11:** 327
embrittling intergranular, in iron castings **A11:** 359
grain-boundary **A11:** 359
intergranular, in casting **A11:** 359
of projections, as casting defects **A11:** 381
Neubauer classification of creep damage **A19:** 481
Neubauer damage rating **A19:** 481
Neuber method **A19:** 578, 579, **A20:** 525
Neuber postulate **A19:** 127
Neuber's rule **A19:** 243, 248, 258, 260–261, 262
Neuber-Tapper parameter **A19:** 247
Neumann bands
as nucleation sites **A9:** 694
defined **A9:** 12
Neumann-Kopp rule **EM4:** 883
Neumann's model of crack nucleation **A19:** 104
Neural networks
future trends **EL1:** 393–394
Neurologic effects
of lead **A2:** 1243–1244
Neutral bath gold plating **M5:** 282
Neutral filter
defined **A9:** 12, **A10:** 677
Neutral flame
definition **A6:** 1211
Neutral hardening
growth or shrinkage during **M7:** 480
Neutral loss scans
gas chromatography/mass spectrometry **A10:** 646–647
Neutral oil
defined **A18:** 13
Neutral point **A18:** 147
Neutral radius **A18:** 60, 65
Neutral salt spray test **A5:** 639
zinc alloy plating **A5:** 265
Neutral salts **A6:** 337, 338
Neutral-density light filters **A9:** 72
Neutral-flame
definition **M6:** 1
Neutralization
definition **A5:** 962
enameling **EM3:** 303
Neutralization process, plating waste disposal **M5:** 312–313
equipment **M5:** 314
Neutralizers
as inhibitors **A13:** 485
Neutralizing rinse
in procedure for heat-resistant alloys **A5:** 781
Neutron absorber
defined **A10:** 677
Neutron absorption
defined **A10:** 677
Neutron activation analysis **A10:** 233–242
14-MeV fast neutron activation analysis as **A10:** 239
applications **A10:** 233, 240–241
as trace-element assay **A10:** 233
basic principles and introduction **A10:** 234
capabilities, compared with PIXE **A10:** 102
defined **A10:** 677
epithermal neutron activation analysis as **A10:** 239
estimated analysis time **A10:** 233
for trace elements **A2:** 1095
limitations **A10:** 233
neutron sources **A10:** 234
nondestructive thermal neutron activation analysis as **A10:** 234–238
of inorganic liquids and solutions, information from **A10:** 7
of inorganic solids, information from **A10:** 4–6
of organic liquids and solutions, information from **A10:** 10
of organic solids, information from **A10:** 9
prompt gamma activation analysis as **A10:** 239–240
radiochemical (destructive) TNAA as **A10:** 238–239

Neutron activation analysis (continued)
related techniques **A10:** 233
samples. **A10:** 233–236, 240–241
to analyze the bulk chemical composition of starting powders **EM4:** 72–73
uranium assay by delayed-neutron counting. **A10:** 238–239
Neutron bombardment, effect
E-glass **EM1:** 47
Neutron capture *See also* Neutron absorption
prompt γ-ray activation analysis. **A10:** 239–240
prompt γ-rays **A10:** 234
slow or thermal **A10:** 234
Neutron cross section
defined. **A10:** 678
Neutron detector
defined. **A10:** 678
Neutron diffraction **A10:** 420–426
applications **A10:** 420, 425–426
capabilities. **A10:** 333, 365, 407
defined. **A10:** 678
detection for **A10:** 422
general uses. **A10:** 420
introduction **A10:** 421
limitations **A10:** 420
monochromators. **A10:** 413
neutron powder diffraction **A10:** 422–423
neutron production **A10:** 421–422
pole figure. **A10:** 423–424
related techniques **A10:** 420
residual stress **A10:** 424
Rietveld method. **A10:** 423
samples. **A10:** 420, 422–423
single-crystal **A10:** 424–425
single-crystal capabilities. **A10:** 344
texture measurements. **A10:** 357, 423–424
two modes of **A10:** 422
used to investigate crystallographic texture **A9:** 701
Neutron diffraction method. **A20:** 815
Neutron economy
effect of beryllium in nuclear reactors **M7:** 664
Neutron embrittlement *See also* Embrittlement; Radiation. **M1:** 686–687
defined **A11:** 7, **A13:** 9
in steels **A11:** 100
Neutron flux
defined. **A10:** 678
Neutron irradiation **A1:** 653–661
as embrittlement, examination and interpretation **A12:** 127
austenitic weldments. **A19:** 744–747
damage to steels **A1:** 653
effect on fracture mode/toughness superalloys. **A12:** 388
irradiation damage processes **A1:** 653
displacement damage. **A1:** 653–654
transmutation helium. **A1:** 654–655
mechanical properties
elevated-temperature tensile behavior **A1:** 657–658
fatigue. **A1:** 660
irradiation creep **A1:** 660
irradiation embrittlement. . **A1:** 658–660, 722–723
irradiation-assisted SCC **A1:** 660–661
low-temperature tensile behavior **A1:** 657
thermal creep. **A1:** 660
void swelling. **A1:** 655–657
Neutron irradiation embrittlement **A1:** 658–660, 722–723
Neutron powder diffraction *See also* Neutron diffraction
data, Rietveld refinement of **A10:** 344
instrumentation **A10:** 422
Rietveld method. **A10:** 423
samples **A10:** 422–423
Neutron powder diffractometers, schematic
with multidetector bank **A10:** 422
Neutron radiation
effect on Charpy impact properties. **A11:** 69
Neutron radiation, effects
cast copper alloys. **A2:** 361
Neutron radiography *See also* Neutron sources; Radiography **A17:** 287–295, **EM1:** 775
and conventional radiography, compared **A17:** 387
applications and examples **A17:** 391–395
attenuation of neutron beams **A17:** 390
defined. **A11:** 17
microstructure effect **A17:** 51
neutron detection methods. **A17:** 390–391
neutron sources **A17:** 388–390
of adhesive-bonded joints. **A17:** 624–626
principles of **A17:** 387–388
vs. conventional radiography. **A17:** 387–388
Neutron scattering, and x-ray scattering
compared. **A10:** 421
Neutron sources *See also* Neutron(s)
accelerators. **A17:** 388–389
for radiography, of adhesive-bonded joints. **A17:** 625
nuclear reactors **A17:** 388
radioactive **A17:** 389–390
Neutron spectroscopy
defined. **A10:** 678
Neutron spectrum
defined. **A10:** 678
Neutron topography
capabilities. **A10:** 365
Neutron-absorbing materials
properties. **A2:** 1002
Neutrons *See also* Neutron diffraction; Neutron sources; Radiation; Radiography
14-MeV, for FNAA **A10:** 239
as radiation **A17:** 295
capture, slow or thermal, in NAA. **A10:** 234
cross section, defined **A10:** 678
defined. **A10:** 677
delayed. **A10:** 238
detection methods **A17:** 390–391
detector for, defined **A10:** 678
effect of low absorption **A10:** 423
energy ranges, and neutron radiography . . **A17:** 388
epithermal **A10:** 234
high-energy, use for assay measurement. . . **A10:** 234
-irradiated ores, y-ray spectrum of **A10:** 235
production. **A17:** 387–389
production for neutron diffraction . . . **A10:** 421–422
reactions, in NAA **A10:** 234
sources for NAA. **A10:** 234
sources, radial distribution function analysis. **A10:** 395
spallation sources. **A10:** 421
***New Commercial Polymers* (Elias/Vohwinkel)**. **EM2:** 94
New England
early American foundries in. **A15:** 24–25
New England Foundrymen's Association **A15:** 34
New Glass Forum
Japan **EM4:** 692
New True Dentalloy
material loss on abrasion of dental amalgams. **A18:** 669
Newman model **A19:** 58, 154
Newman-Raju formula **A19:** 164–165
Newman-Raju formula for surface cracks. . . . **A19:** 159
New-quality plate
cumulative smooth fatigue lifetime distributors for **A19:** 793
microporosity effect on fatigue **A19:** 791
open-hole fatigue lifetimes **A19:** 793
New-Sehitoglu model **A19:** 547, 548
Newt
defined. **A18:** 13
Newton **A10:** 685, 691
Newton (N)
ISO unit for force **A18:** 415
Newtonian flow **A20:** 692
Newtonian fluid **A20:** 188, **EM3:** 19
defined. **A18:** 13
definition. **A20:** 837
Newtonian viscosity, defined *See* under Viscosity
Newtonian viscous creep **A20:** 576
Newtonian viscous shear. **A18:** 526
Newton-Raphson iteration technique. **A19:** 244
Newton-Raphson method
for composite laminate data analysis **A19:** 909–910
iterative technique for shape behavior. **A8:** 715
Newton's first law
momentum **A15:** 591
Newton's law **A20:** 447
Newton's law of cooling **A6:** 70
Newton's method **A20:** 193
Newton's method (second-order) **A20:** 211
Newton's rings **A9:** 150
Newton's second law **A8:** 40
Nextel ceramic fiber **EM1:** 61–2
Nextel mullite fiber **EM4:** 223
Nextel ultrafibers **EM1:** 63
NGLI number
defined. **A18:** 13
NGR *See* Nuclear gamma-ray resonance
Ni_3Al
atomic interaction descriptions **A6:** 144
cohesion affected by impurities. **A6:** 144
Ni_3Al aluminides *See also* Nickel aluminides; Ordered intermetallics
alloying effects **A2:** 914–915
anomalous dependence, yield strength temperature. **A2:** 915–916
environmental embrittlement, elevated temperatures **A2:** 915
fabrication. **A2:** 918
intergranular fracture **A2:** 914–915
mechanical properties **A2:** 917–918
processing **A2:** 918
solid-solution hardening **A2:** 916–917
structural applications **A2:** 918
yield strength **A2:** 915–916
Ni_3Si
cohesion affected by impurities. **A6:** 144
Ni_3X alloys *See also* Ordered intermetallics; Trialuminides
and intergranular fracture **A2:** 931–932
Ni-16Cr-16Mo-4W, gas-metal arc welding
Charpy V-notch absorbed energy vs. strength **A6:** 1018
Ni-20Cr-2.5Cb-0.5Ti
Charpy V-notch absorbed energy vs. strength **A6:** 1018
Ni-20Cr-2.5Cb-0.5Ti, flux-cored arc welding
Charpy V-notch absorbed energy vs. strength **A6:** 1018
NiAl
atomic interaction descriptions **A6:** 144
atomic interactions and adhesion **A6:** 144
NiAl aluminides *See also* Ordered intermetallics
alloy stoichiometry **A2:** 919–920
ductility **A2:** 919
for high-temperature applications **A2:** 918
future of. **A2:** 920
grain size effect **A2:** 919–920
structure and property relationships **A2:** 919
Nib **M7:** 8
Nibbling **A14:** 762, 841
as wet chemical technique for subdividing solids **A10:** 165
Nib-starter machines
percussion welding **M6:** 74
Nicalocoat (Nippon Carbide) **EM4:** 225
Nicalon. **EM1:** 60, 63–64
applications **EM4:** 983
properties. **A18:** 803
Nicalon fiber. **EM4:** 223, 232, 233
SEM photomicrograph. **EM4:** 225
Nicalon (SiC) fibers. **EM3:** 402
microindentation test. **EM3:** 400
NICE *See* National Institute of Ceramic Engineers

SUBJECTS OF THE INDEXED VOLUMES: ASM Handbook (designated by the letter "A"): **A1:** Properties and Selection: Irons, Steels, and High-Performance Alloys (1990); **A2:** Properties and Selection: Nonferrous Alloys and Special-Purpose Materials (1990); **A3:** Alloy Phase Diagrams (1992); **A4:** Heat Treating (1991); **A5:** Surface Engineering (1994); **A6:** Welding, Brazing, and Soldering (1993); **A7:** Powder Metal Technologies and Applications (1998); **A8:** Mechanical Testing (1985); **A9:** Metallography and Microstructures (1985); **A10:** Materials Characterization (1986); **A11:** Failure Analysis and Prevention (1986); **A12:** Fractography (1987); **A13:** Corrosion (1987); **A14:** Forming and Forging (1988); **A15:** Casting (1988); **A16:** Machining (1989); **A17:** Nondestructive Evaluation and Quality Control (1989); **A18:** Friction, Lubrication, and Wear Technology (1992); **A19:** Fatigue and Fracture (1996); **A20:** Materials Selection and Design (1997). **Metals Handbook, 9th Edition** (designated by the letter "M"): **M1:** Properties and Selection: Irons and Steels (1978); **M2:** Properties and Selection: Nonferrous Alloys and Pure Metals (1979); **M3:** Properties and Selection: Stainless Steels, Tool Materials, and Special-Purpose Materials (1980); **M4:** Heat Treating (1981); **M5:** Surface Cleaning, Finishing, and Coating (1982); **M6:** Welding, Brazing, and Soldering (1983); **M7:** Powder Metallurgy (1984). **Engineered Materials Handbook** (designated by the letters "EM"): **EM1:** Composites (1987); **EM2:** Engineering Plastics (1988); **EM3:** Adhesives and Sealants (1990); **EM4:** Ceramics and Glasses (1991). **Electronic Materials Handbook** (designated by the letters "EL"): **EL1:** Packaging (1989)

Nicholas illuminator
fractographic A12: 81
Nichrome A20: 549
diffusion factors A7: 451
photochemical machining A16: 588
physical properties A7: 451
relative solderability as a function of flux type A6: 129
relative weldability ratings, resistance spot welding A6: 834
resistance seam welding A6: 245
Nichrome 80
composition A6: 573
Nichrome heating elements, improving life of . . . . A3: 1•27–1•28
Nichrome system
oxidation- resistant coating M5: 665–666
Nichrome thin-film resistor EL1: 1099, 1100
Nick bend test
comparison of fields of use, controllable variables, data type, equipment, and cost A20: 307
"Nick-break tests" A6: 102
Nickel *See also* Cast nickel; Nickel alloy powders; Nickel alloys; Nickel alloys, specific types; Nickel- based hardfacing alloys; Nickel powder strip; Nickel powders; Nickel silver powders; Nickel steel powders; Nickel tetracarbonyl powders; Nickel-base alloys; Nickel-base alloys, specific types; Nickel-base superalloys; Nickel-based superalloys; Nickel-carbonyl powders; Nickel-iron powders A20: 393–394, M4: 754–759
2 h at 850 °C in vacuum, critical stress required to cause a crack to grow A19: 135
addition to aluminum-base alloys A18: 752
addition to cylinder liner materials for strength A18: 556
addition to hot dip galvanizing bath . . A5: 368–369
addition to low-alloy steels for pressure vessels and piping A6: 667
additions to martensitic stainless steels M6: 348
adhesion and solid friction A18: 32
adhesion measurement of fcc metals A6: 144
adhesion measurements A6: 144
adhesion to copper A6: 144
adhesion to silver A6: 144
age hardening A4: 907, 911–912, M4: 758–759
air-carbon arc cutting A6: 1172, 1176
alloying, aluminum casting alloys A2: 132
alloying effect in titanium alloys A6: 508
alloying effect on copper alloys M6: 400
alloying, effects, SCC A13: 273
alloying, effects, stainless steel A13: 550
alloying element increasing corrosion resistance A20: 548
alloying, in cast irons A13: 567
alloying, wrought copper and copper alloys A2: 242
and cobalt, corrosion in aqueous alkaline media A10: 135
and iron, activities of A15: 51
and nickel alloys A15: 815–823
annealing A4: 907–911, M4: 754–757
applications A20: 303, 393
applications, protection tubes and wells A4: 533
applications, sheet metals A6: 400
as a beta stabilizer in titanium alloys A9: 458
as a reactive sputtering cathode material A9: 60
as addition to aluminum alloys A4: 843
as addition to brazing filler metals . . . A6: 904, 905
as addition to ferrous P/M alloys A19: 338
as adhesion layer for polyimides EM3: 158
as alloying element affecting temper embrittlement of steels A19: 620
as alloying element, effect on susceptibility to stress-corrosion cracking of two low-alloy steels A19: 486
as an addition to austenitic manganese steel castings A9: 239
as an austenite-stabilizing element in steel A9: 177–178
as an austenite-stabilizing element in wrought stainless steels A9: 283
as austenite stabilizer A13: 47
as colorant EM4: 380
as ductile phase of ceramics A19: 389
as electrically conductive filler EM3: 178
as filler to gain electrical conductivity . . . EM3: 572
as gold alloy A2: 690
as gray iron alloying element A15: 639
as major toxic metal with multiple effects A2: 1250
as metallic coating for molybdenum A5: 859
as pyrophoric M7: 199
as sample modifier, GFAAS analysis A10: 55
as solder impurity EL1: 638
as tin solder impurity A2: 520
as trace element, cupolas A15: 388
atmospheric, by pollution M7: 203
atmospheric corrosion of A13: 82, 515
atomic interaction descriptions A6: 144
base metal solderability EL1: 677
batch annealing A4: 908, 909
bismuth in, GFAAS analysis A10: 57
black, energy factors for selective plating . . A5: 277
brazing to aluminum M6: 1031
bright annealing A4: 909–910
buffing *See* Nickel, polishing and buffing of
cadmium plating A5: 224
carbide strengthening A2: 429–430
castability rating A20: 303
ceramic/metal seals EM4: 506, 507
characteristics A13: 641
chemical vapor deposition A5: 513
chlorine corrosion of A13: 1171
chrome plating, hard removal of M5: 184–185
chromium plating A5: 189
cleaning processes M5: 669–673
coating for seals A18: 551
coextrusion welding A6: 311
cohesion affected by impurities A6: 144
color or coloring compounds for A5: 105
commercial forms A2: 433–435
commercially pure *See* Nickel alloys, specific types, Nickel 200 and Nickel 201
commercially pure and low-alloy A2: 435, 437, 441
commercially pure, intergranular corrosion A13: 325
compatibility with various manufacturing processes A20: 247
composition A20: 395
compositions A2: 436
compositions of specific types M6: 436
concentration vs. intensity plot for A10: 99
conductor inks EL1: 208
contamination source for niobium electron-beam welding A6: 871
content effect in austenitic stainless steels A20: 377
content effect on fracture toughness A19: 624, 625
content effect on yield strengths A19: 625
content in heat-treatable low-alloy (HTLA) steels A6: 670
content in HSLA Q&T steels A6: 665
content in nickel-base and cobalt-base high-temperature alloys A6: 573
content in stainless steels M6: 320
content in tool and die steels A6: 674
content in ultrahigh-strength low-alloy steels A6: 673
content of weld deposits A6: 675
continuous annealing A4: 909
controlled-potential electrogravimetry of . . A10: 200
copper plating A5: 170
corrosion fatigue behavior above 10^7 cycles A19: 598
corrosion in A11: 202
corrosive wear testing of stainless steels in mines of A18: 717
cost per unit mass A20: 302
cost per unit volume A20: 302
crack deflection in nickel in glass EM4: 863
creep cracks A20: 578
critical relative humidity A13: 82
decorative chromium plating A5: 192, 194
deposit hardness attainable with selective plating versus bath plating A5: 277
deposition cycle, porcelain enameling M5: 514–515
determined by controlled-potential coulometry A10: 209
determined in samples containing chloride ions A10: 201
determined in stainless steel A10: 146
diffusion brazing A6: 343
diffusion into iron, measurement of A10: 243
direct-current and differential pulse polarograms of A10: 194
dislocation network A9: 115
dominant texture orientations A10: 359
dynamically recrystallized grain size Zener-Hollomon parameter A8: 175
effect of, on hardenability A1: 393, 395, 468
effect of, on notch toughness A1: 741
effect on activity coefficient in gas carburizing A4: 315
effect on alloy steel toughness A19: 624–625
effect on crack formation M6: 833
effect on Curie point A4: 187
effect on grain size during thermomechanical processing A4: 246–247, 248
effect on hardness of tempered martensite A4: 124, 128–129
effect on oxygen cutting M6: 898
effect on pearlite in steel A9: 661
effect on SCC of copper A11: 221
effect on sigma formation in ferritic stainless steels A9: 285
effects, electrical contact materials A2: 843
effects, in cartridge brass A2: 301
effluent limits for phosphate coating processes per U.S. Code of Federal Regulations A5: 401
electrical resistance applications M3: 641, 645
electrochemical machining A5: 111
electrochemical potential A5: 635
electrodeburring of M5: 308
electrodeposited coatings A13: 426
electroforming A5: 286, 287, 288, M3: 179–181
electroless
abrasive wear A18: 837
applications A18: 837
coefficients of friction A18: 837
corrosive wear A18: 837
in electroplated coatings A18: 835, 837
magnetic electroplated coating A18: 838
properties A18: 837
reducing agents A18: 837
wear rates A18: 835, 836
electroless, coating for titanium alloys A4: 921
electroless deposition for metallization of lead zirconate titanate EM4: 544
electroless deposits, specific types
EN A18: 835, 836, 837
EN 400 . . . . A18: 835, 836, 837
EN 600 . . . . A18: 835, 836, 837
electrolyte compositions and conditions for plating on zirconium A5: 854
electrolytic plating in roll bonding of bearing materials A18: 756
electrolytic potential A5: 797
electron-beam welding, filler metal for copper alloys A6: 860
electronic, analysis for aluminum in A10: 65
electronic applications A6: 990
electroplated
applications A18: 836
corrosive wear A18: 837
in electroplated coatings A18: 835, 836–837
properties A18: 836
wear rates A18: 836
electroplated metal coatings A5: 687
electroplated on surface for sintered metal powder process EM3: 305
electroplated onto sleeve bearing liners A9: 567
electroplating of bearing materials A18: 756
elemental sputtering yields for 500 eV ions A5: 574
embrittled by cadmium in cesium A11: 234
embrittlement A13: 179
environments that cause stress-corrosion cracking A6: 1101
epithermal neutron activation analysis A10: 239
erosion mechanisms A18: 202, 203
erosion resistance A18: 228
erosion-enhanced corrosion A18: 208
eutectic joining EM4: 526
evaporation fields for A10: 587
EXAFS scan using synchrotron radiation A10: 408
explosion welding A6: 162
extrusion welding M6: 677
fatigue crack threshold compared with the constant *C* A19: 134
ferromagnetism A9: 533

680 / Nickel

Nickel (continued)
finishing processes **M5:** 673–675
foil, solid-state welding **A6:** 169
for coating in ceramic/metal seals. **EM4:** 504
for laser alloying. **A18:** 866
formation of intermetallic phases in austenitic
stainless steels **A9:** 284
forming, lubricants for **A14:** 520
fracture mechanism map for **A14:** 363
friction coefficient data **A18:** 71, 74
friction welding **A6:** 152, 154
functions in FCAW electrodes. **A6:** 188
furnaces **A4:** 909–910
galvanic series for seawater **A20:** 551
gas-tungsten arc welding shielding gas
selection **A6:** 67
glass/metal seals **EM4:** 1037
glass-to-metal seals **EM3:** 302
gold plating, uses in. **M5:** 282–283
gravimetric finishes **A10:** 171
hardfacing **A6:** 807
high frequency resistance welding **M6:** 76
high-purity, effect of relative humidity on
fretting **A13:** 140
high-purity, -γ-ray spectrum **A10:** 240
historical development **A2:** 428–429
hydride mechanism **A19:** 186
hydride-generation AAS system for. **A10:** 50
hydrochloric acid corrosion of. **A13:** 1162
hydrometallurgy **A2:** 429
hysteresis of magnetoresistance **A17:** 144
ICP-determined in silver scrap metal **A10:** 41
-implanted aluminum **A10:** 485
impurities determined in **A10:** 240
impurity in solders **M6:** 1072
in active metal process **EM3:** 305
in alloy cast irons. **A1:** 89
in aluminum alloys **A15:** 746
in austenitic manganese steel **A1:** 825
in austenitic stainless steels. **A6:** 457, 458, 459,
461, 465, 467
in cast iron **A1:** 6, 28
in cemented carbides. **A18:** 795
in cobalt-base alloys. . . **A1:** 985, **A18:** 766, 769, 770
in compacted graphite iron. **A1:** 59
in composition, effect on ductile iron **A4:** 686,
688, 689
in composition, effect on gray irons. . **A4:** 671, 672,
673, 676, 678, 681
in composition, factor affecting overheating of tool
steels. **A4:** 603
in copper alloys **A6:** 752
in copper alloys, by dimethylglyoxime
method **A10:** 66
in copper infiltrated powder metallurgy
steels. **A9:** 510
in diffusion-alloyed steel powder metallurgy
materials **A9:** 510
in ductile iron **A1:** 43–44, **A15:** 648, 649
in duplex stainless steels. . . . **A6:** 471, 472–473, 476
in enameling ground coat **EM3:** 303, 304
in ferrite **A1:** 408
in filler metals for active metal brazing **EM4:** 523,
524
in gas-metal eutectic method **EM3:** 305
in gray iron **A1:** 22
in hardfacing alloys **A18:** 759, 763–764
in heat/corrosion-resistant casting alloys. . **A13:** 574,
577
in heat-resistant alloys **A4:** 510, 511, 512, 514, 515
in high-alloy white irons. **A15:** 670
in intermetallic compounds. **A6:** 127, 128
in iron-base alloys, flame AAS analysis **A10:** 56
in jet engine mainshaft bearings **A18:** 590
in laser cladding material **A18:** 867
in limestone. **EM4:** 379
in maraging steels **A4:** 220, 221, 222, 224
in metal powder-glass frit method. **EM3:** 305

in nickel-chromium white irons **A4:** 700–702,
A15: 679
in P/M alloys **A1:** 809–810
in pharmaceutical production facilities . . **A13:** 1227
in stainless steel brazing filler metals **A6:** 911, 913,
915, 917, 920
in stainless steels **A18:** 710, 712, 713, 716, 721,
M3: 57
in steel weldments **A6:** 417
in steels. **A1:** 146, 577
in thermal spray coating materials **A18:** 832
in vapor-phase metallizing **EM3:** 306
in wrought stainless steels **A1:** 871–872
in zinc alloys. **A15:** 788
in zinc/zinc alloys and coatings. **A13:** 759
inclusion in white irons **A18:** 697
induction heating energy requirements for
metalworking. **A4:** 189
induction heating temperatures for metalworking
processes **A4:** 188
induction soldering **A6:** 363
intensity vs. concentration, x-ray
spectrometry **A10:** 99
ion-beam-assisted deposition (IBAD) **A5:** 597
iron-nickel-cobalt ASTM F 15 alloy **EM3:** 301
isolation in high-temperature alloys **A10:** 174
isotope composition and intensity. **A10:** 146
K-edge **A10:** 414, 416
lap welding. **M6:** 673
laser cladding **A18:** 867
linear expansion coefficient vs. Young's
modulus **A20:** 267, 276–277, 278
lubricant indicators and range of
sensitivities **A18:** 301
machinability rating. **A20:** 303
material for conductors. **EM4:** 1142
mechanical properties of plasma sprayed
coatings **A20:** 476
metal filler for polyimide-base adhesives **EM3:** 159
metallic, partitioning oxidation states in . . **A10:** 178
Miller numbers **A18:** 235
mining and refining **M3:** 125–126
natural, energy factors for selective plating **A5:** 277
near-surface region defects **A18:** 852–853, 854
neutron and x-ray scattering, and absorption
compared **A10:** 421
Nickel 200, properties **EM4:** 503
-nickel pair, phase and envelope function
for **A10:** 414
normalized, K-edge EXAFS plotted. **A10:** 417
optical constants **A5:** 630, 631
ores **M3:** 125–126
organic precipitant for. **A10:** 169
origins and applications. **M7:** 202–203
oxyacetylene welding **A6:** 281
phosphate coating solution
contaminated by **M5:** 455–456
-phosphorus film, extent of coverage on platinum
substrate. **A10:** 608
photometric analysis methods **A10:** 64
physical metallurgy **A2:** 429–430
plasma and shielding gas compositions **A6:** 197
plating for tool steels. **A18:** 739
plating, industrial applications **M3:** 179–182
plating, uses **EL1:** 679
polishing and buffing of **M5:** 108, 112–114,
674–675
polycrystalline, cavitation in **A11:** 165
Pourbaix diagram. **A13:** 28
precipitation hardening **A2:** 430
precoating **A6:** 131
preventing creep cavitation, methods **A20:** 580
process control factors in annealing . . . **A4:** 909–911
products **M7:** 395–397
promotion of acicular ferrite **M6:** 117–118
properties **A6:** 629, 992, **A18:** 795, **A20:** 395
protective atmospheres. **A4:** 909, 910
pure **M2:** 777, 833
pure (99.9%) **A18:** 42, 73, 74

pure, magnetization curve **A17:** 168
pure, properties **A2:** 1143
pure, x-ray tubes **A17:** 302
pyrometallurgy **A2:** 429
qualitative tests to identify. **A10:** 168
recommended impurity limits of solders . . . **A6:** 986
recommended neutralization pH values. . . . **A5:** 402
recovery from selected electrode coverings . . **A6:** 60
reference specimens for optical reading of
microindentation testing **A18:** 414
refining **A2:** 428–429
relative hydrogen susceptibility **A8:** 542
relative solderability as a function of
flux type. **A6:** 129
relative weldability ratings, resistance spot
welding. **A6:** 834
resistance seam welding **A6:** 241, **M6:** 49
resistance soldering **A6:** 357
roll welding **A6:** 312, 314, **M6:** 67
room temperature bend strength of silicon nitride
metal joints **EM4:** 526
safety exposure limits. **M7:** 203
secondary phase formation. **A18:** 854
shielded metal arc welding **A6:** 176
shrinkage allowance **A15:** 303
sintering, time and temperature **M4:** 796
sodium hydroxide corrosion of **A13:** 1176
solderability. **A6:** 978
solderable and protective finishes for substrate
materials **A6:** 979
soldering **A6:** 631, **M6:** 1075
solid-solution hardening **A2:** 429
solid-state sintering **EM4:** 276
solution for plating niobium or tantalum . . **A5:** 861
solution potential **M2:** 207
specific properties imparted in CTV
tubes **EM4:** 1040, 1042
spectrometric metals analysis. **A18:** 300
spraying for hardfacing **M6:** 789
stacking-fault energy **A18:** 715
static lithium corrosion of **A13:** 94
strengths of ultrasonic welds. **M6:** 752
stress equalizing **M4:** 755, 756
stress relieving **M4:** 755, 756, 758
stress-corrosion cracking **A13:** 157
stress-corrosion cracking in **A11:** 223
stress-equalizing **A4:** 907, 908, 911
stress-relieving. **A4:** 907, 908, 911
stress-strain curves **A8:** 174
submerged arc welding **A6:** 206
submerged arc welding electrodes **M6:** 121
substitute for cobalt composition in hardfacing
alloys **A18:** 762
suitability for cladding combinations **M6:** 691
superplasticity of **A8:** 553
support of SERS in vacuum. **A10:** 136
thermal conductivity value **A6:** 587
thermal diffusivity from 20 to 100 °C **A6:** 4
thermal expansion coefficient. **A6:** 907
thermal spray coatings. **A5:** 503
thoria-doped **EM4:** 60
tin plating **A5:** 239
tin-plated **A9:** 456
titration, with cyanide. **A10:** 174
to improve hardenability in carburized
steels **A4:** 366, 369
toxic chemical targeted by 33/50
Program **A20:** 133
toxic chemicals included under
NESHAPS **A20:** 133
toxicity **A6:** 1195, 1196, **M7:** 202–203
trace-element concentrations **A10:** 194, 240
TWA limits for particulates **A6:** 984
ultrasonic welding **A6:** 327, **M6:** 74
undercoating for magnesium alloys . . . **A5:** 830–831
usage, PWB manufacturing **EL1:** 510
use in flux cored electrodes. **M6:** 103
uses **M3:** 126–127

SUBJECTS OF THE INDEXED VOLUMES: ASM Handbook (designated by the letter "A"): **A1:** Properties and Selection: Irons, Steels, and High-Performance Alloys (1990); **A2:** Properties and Selection: Nonferrous Alloys and Special-Purpose Materials (1990); **A3:** Alloy Phase Diagrams (1992); **A4:** Heat Treating (1991); **A5:** Surface Engineering (1994); **A6:** Welding, Brazing, and Soldering (1993); **A7:** Powder Metal Technologies and Applications (1998); **A8:** Mechanical Testing (1985); **A9:** Metallography and Microstructures (1985); **A10:** Materials Characterization (1986); **A11:** Failure Analysis and Prevention (1986); **A12:** Fractography (1987); **A13:** Corrosion (1987); **A14:** Forming and Forging (1988); **A15:** Casting (1988); **A16:** Machining (1989); **A17:** Nondestructive Evaluation and Quality Control (1989); **A18:** Friction, Lubrication, and Wear Technology (1992); **A19:** Fatigue and Fracture (1996); **A20:** Materials Selection and Design (1997). **Metals Handbook, 9th Edition** (designated by the letter "M"): **M1:** Properties and Selection: Irons and Steels (1978); **M2:** Properties and Selection: Nonferrous Alloys and Pure Metals (1979); **M3:** Properties and Selection: Stainless Steels, Tool Materials, and Special-Purpose Materials (1980); **M4:** Heat Treating (1981); **M5:** Surface Cleaning, Finishing, and Coating (1982); **M6:** Welding, Brazing, and Soldering (1983); **M7:** Powder Metallurgy (1984). **Engineered Materials Handbook** (designated by the letters "EM"): **EM1:** Composites (1987); **EM2:** Engineering Plastics (1988); **EM3:** Adhesives and Sealants (1990); **EM4:** Ceramics and Glasses (1991). **Electronic Materials Handbook** (designated by the letters "EL"): **EL1:** Packaging (1989)

vacuum heat-treating support fixture material . . . **A4:** 503
vapometallurgy . . . **A2:** 429
vapor pressure, relation to temperature . . . **A4:** 495, **M4:** 309, 310
Vickers and Knoop microindentation hardness numbers . . . **A18:** 416
volumetric procedures for . . . **A10:** 175
weighed as the dimethylglyoxime complex . . . **A10:** 171
weld overlay for hardfacing alloys . . . **A6:** 820
weldability rating . . . **A20:** 303
weldability rating by various processes . . . **A20:** 306
welding to copper and copper alloys . . . **A6:** 769
weldments . . . **A13:** 361–362
x-rays, effects of absorption/enhancement on . . . **A10:** 97
zinc and galvanized steel corrosion as result of contact with . . . **A5:** 363

Nickel 200
composition . . . **A16:** 836
gas metal arc welding . . . **M6:** 439
machining . . . **A16:** 837–840, 842–843

Nickel 201
composition . . . **A16:** 836
machining . . . **A16:** 837–840, 842–843

Nickel 205
composition . . . **A16:** 836
machining . . . **A16:** 837–840, 842–443

Nickel 212
composition . . . **A16:** 836
machining . . . **A16:** 837–840, 842–843

Nickel 222
composition . . . **A16:** 836
machining . . . **A16:** 837–840, 842–843

Nickel 270
composition . . . **A16:** 836
machining . . . **A16:** 837–840, 842–843

Nickel (acid) plating
anode-cathode motion and current density **A5:** 279
energy factors for selective plating . . . **A5:** 277

Nickel (acid strike) plating
selective plating solution for ferrous and nonferrous metals . . . **A5:** 281

Nickel alkaline plating
energy factors for selective plating . . . **A5:** 277
selective plating solution for ferrous and nonferrous metals . . . **A5:** 281

Nickel alloy eutectic . . . **A9:** 619

Nickel alloy plating . . . **A5:** 266–269
advantages . . . **A5:** 266, 267
applications . . . **A5:** 266
disadvantages . . . **A5:** 266–267, 267–268
environmental considerations . . . **A5:** 268–269
nickel-chromium plating . . . **A5:** 268
nickel-cobalt plating . . . **A5:** 266–267, 268
nickel-iron plating . . . **A5:** 266
nickel-manganese plating . . . **A5:** 266, 267–268
nickel-tungsten plating . . . **A5:** 266
properties . . . **A5:** 266, 267
safety and health hazards . . . **A5:** 268–269
stress reducer effect . . . **A5:** 268
zinc-nickel plating . . . **A5:** 266

Nickel alloy powders . . . **M7:** 134, 142
Auger depth profile . . . **M7:** 255
chemical analysis and sampling . . . **M7:** 248
effect of milling time on microhardness of **M7:** 61
extrusion . . . **A7:** 626
fatigue . . . **A7:** 960
for brazing, composition and properties . . . **M7:** 838
HIP temperatures and process times . . . **M7:** 437
hot isostatic pressing . . . **A7:** 605
macroexaminations . . . **A7:** 724
mechanical properties . . . **M7:** 468, 472
microstructures . . . **A7:** 738, 739, 740
nonconventional sintering . . . **M7:** 398
pneumatic isostatic forging . . . **A7:** 638, 639
porous . . . **M7:** 699
refinement and blending . . . **M7:** 63, 64
sintering . . . **A7:** 501–502, **M7:** 395–398
water-atomized . . . **A7:** 37

Nickel alloy steel powder
tolerances . . . **A7:** 711

Nickel alloys *See also* Cast nickel; Electrical resistance alloys; Electrical resistance alloys, specific types; Heat-resistant alloys, heat treating; Nickel; Nickel alloys, specific types; Nickel toxicity; Nickel-base heat- resistant casting alloys; Nickel-base superalloys; Nickel-base superalloys, specific types; Superalloys; Superalloys, heat treating; Wrought heat-resistant alloys . . . **A20:** 393–396
acid etching process . . . **M5:** 564
age hardening . . . **A4:** 911–912, **M4:** 758–759
alloy and market developments . . . **A2:** 429
aluminum coating of . . . **M5:** 340–343
annealing . . . **A4:** 907–911, **M4:** 754–757
applications . . . **A2:** 430–433, **A6:** 383, 576, 578, **A15:** 815, 823
sheet metals . . . **A6:** 400
arc welding *See* Arc welding of nickel alloys
arc welding to cast irons . . . **M6:** 307
axial tests on . . . **A8:** 352
bar and tube, die materials for drawing . . . **M3:** 525
batch annealing . . . **A4:** 908, 909
binary, relative potency factors . . . **A6:** 89
bobbing process . . . **M5:** 674–675
brazing
available product forms of filler metals . . . **A6:** 119
joining temperatures . . . **A6:** 118
brazing to aluminum . . . **M6:** 1031
bright annealed, cleaning of . . . **M5:** 670–671
bright annealing . . . **A4:** 909–910, **M4:** 756–757
bright dipping . . . **M5:** 670–671
brushing . . . **M5:** 674–675
cadmium plating of . . . **M5:** 264
cadmium replacement identification matrix . . . **A5:** 920
carbide strengthening . . . **A2:** 429–430
carbides . . . **A20:** 394
cast, stage I fatigue fracture appearance . . . **A12:** 19
castings, compositions . . . **A15:** 815–817
characteristics . . . **A2:** 430–433
chemical pitting . . . **A2:** 432
chromium plating of . . . **M5:** 172–173
classified . . . **A15:** 815
cleaning processes . . . **M5:** 669–673
copper flash prevention and removal . . . **M5:** 673
embedded iron removal . . . **M5:** 672–673
lead and zinc removal . . . **M5:** 672
cleaning solutions for substrate materials . . . **A6:** 978
color etching . . . **A9:** 141–142
coloring process . . . **M5:** 674–675
commercial forms . . . **A2:** 433–445
compatibility with various manufacturing processes . . . **A20:** 247
composition . . . **M3:** 748
compositions . . . **A2:** 436, **M6:** 43, 354
containment autoclaves . . . **A8:** 420
continuous annealing . . . **A4:** 909
controlled-expansion alloys . . . **A2:** 443–444
conversion tables . . . **A8:** 109
copper plating . . . **A5:** 170
corrosion . . . **A6:** 579
corrosion fatigue . . . **A2:** 432
corrosion resistance . . . **A2:** 431–433, **M3:** 171–174
corrosion-resistant . . . **A20:** 394–395
cross-slip . . . **A19:** 111
current densities for electropolishing . . . **A9:** 435
dead-soft annealing . . . **A4:** 909, **M4:** 757
dissimilar metal joining . . . **A6:** 749–751
distortion . . . **A6:** 751
electrical resistance alloys . . . **A2:** 433
electrical resistance, properties . . . **A2:** 823
electrodes . . . **A6:** 743, 745, 746–747, 748
electrolytes for electropolishing . . . **A9:** 435
electron-beam welding . . . **A6:** 855
electropolishing of . . . **M5:** 305–306, 308
electroslag remelting . . . **A15:** 403
electroslag welding . . . **A6:** 740
engineered material classes included in material property charts . . . **A20:** 267
etchants for microscopic examination of . . . **A9:** 435
explosion welding . . . **A6:** 896, **M6:** 71
fasteners, use in . . . **M3:** 184
fatigue at subzero temperatures . . . **M3:** 735–736, 753
fatigue crack threshold . . . **A19:** 145–146
fatigue striations, precision matching **A12:** 205–206
filler metals . . . **A2:** 444, **A6:** 578, 743, 750
finishing processes . . . **M5:** 673–675
fluxes . . . **A6:** 748
foundry practice . . . **A15:** 820–823
fractographs . . . **A12:** 396–397
fracture toughness . . . **M3:** 735, 752
fracture toughness vs. density . . . **A20:** 267, 269, 270
fracture toughness vs. strength **A20:** 267, 272–273, 274
fracture/failure causes illustrated . . . **A12:** 217
fretting wear . . . **A18:** 248, 250
furnaces . . . **A4:** 909–910
fusion weldability test written into purchase specifications . . . **A6:** 577
gamma prime precipitation . . . **A20:** 394
gas tungsten arc welding . . . **M6:** 20, 182, 203
gas-metal arc welding . . . **A6:** 180, 740, 741, 742, 743–745, 746, 749, 750, 751
shielding gases . . . **A6:** 66–67
gas-tungsten arc welding shielding gas selection . . . **A6:** 67
general corrosion . . . **A2:** 431–432
general welding characteristics . . . **A6:** 563
gold plating of . . . **M5:** 283
gold with molybdenum contamination, ion-scattering spectrometry . . . **A18:** 449
grinding process . . . **M5:** 673–674
groups . . . **M5:** 670
hardening techniques . . . **A4:** 911–912, **M4:** 757, 759
hardfacing . . . **A6:** 807
heat treatments . . . **A4:** 215–217
heat-affected zone cracking . . . **A6:** 577
heat-resistant . . . **A20:** 395, 396
heat-resistant alloy applications . . . **A4:** 517
heat-resistant applications . . . **A2:** 430–431
heat-resistant, compositions . . . **A15:** 816
high-strength low-alloy (HSLA) steels, welding to . . . **A6:** 578
historical development . . . **A2:** 428–429
hot cracking . . . **A6:** 749
hot extrusion, billet temperature for . . . **M3:** 537
hydrogen embrittlement . . . **A12:** 124
hydrometallurgy . . . **A2:** 429
induction heating for . . . **A8:** 159
intergranular corrosion . . . **A2:** 432
iron-nickel-chromium alloys . . . **A2:** 442–443
joint design . . . **A6:** 743, 744, 745, 748
laser beam welding . . . **M6:** 64
laser-beam welding . . . **A6:** 263
linear expansion coefficient vs. thermal conductivity . . . **A20:** 267, 276, 277
linear expansion coefficient vs. Young's modulus . . . **A20:** 278
liquid-penetrant inspection . . . **A6:** 577
low-alloy nickel . . . **A20:** 395
low-expansion alloys . . . **A2:** 433
machining . . . **A2:** 966
machining, ultrahard materials for . . . **A2:** 1010
macrofatigue crack growth . . . **A19:** 112
material for jet engine components . . . **A18:** 588
melting practice . . . **A15:** 820
metal treatment . . . **A15:** 820
metalworking fluid selection guide for finishing operations . . . **A5:** 158
minimizing weld defects . . . **A6:** 749
mutual dissolution and erosion . . . **A6:** 621
NiAl, as brittle material, possible ductile phases . . . **A19:** 389
nickel alloys, welding of dissimilar types . . . **A6:** 577–578
nickel-chromium alloys . . . **A2:** 436, 441–442
nickel-chromium-iron series . . . **A2:** 436, 441–442
nickel-copper alloys . . . **A2:** 435–436
nickel-iron low-expansion alloys . . . **A2:** 443–444
Ni-Cr-(Fe)-Mo . . . **A20:** 395
nominal compositions of . . . **A9:** 436
nonmetallic inclusions in . . . **A9:** 436–437
normalized tensile strength vs. coefficient of linear thermal expansion . . . **A20:** 267, 277–279
oxidational wear . . . **A18:** 287
oxyfuel gas cutting . . . **A6:** 1155
oxyfuel gas welding . . . **A6:** 281, **M6:** 58
passive potential range . . . **A9:** 145
percussion welding . . . **M6:** 74
physical metallurgy . . . **A2:** 429–430
pickling . . . **M5:** 669–673
formulas . . . **M5:** 669–670
specialized operations . . . **M5:** 672–673
surface conditions, effect of . . . **M5:** 670–672

682 / Nickel alloys

Nickel alloys (continued)

plasma and shielding gas compositions **A6:** 197
plasma arc welding **A6:** 197, 740, 745–746
plasma-MIG welding **A6:** 224
polishing and buffing................ **M5:** 674–675
precipitation hardening **A2:** 430
precoated before soldering **A6:** 131
preparation of metallographic specimens **A9:** 435–438
principal ASTM specifications for weldable nonferrous sheet metals............. **A6:** 400
process control, annealing **A4:** 909–911
cold work, prior, effect of.............. **A4:** 910
contamination, protection from **A4:** 911
cooling rate, effect of................. **A4:** 910
embrittlement **A4:** 910–911
fluctuating atmospheres, effect of....... **A4:** 909, 910–911
fuels.................................. **A4:** 909
furnace-temperature **A4:** 910
grain size control **A4:** 910
process-control, annealing........... **M4:** 757–758
cold work, prior, effect of **M4:** 758
contamination, protection from **M4:** 758
cooling rate, effect of **M4:** 758
fluctuating atmospheres, effect of...... **M4:** 758
fuels.............................. **M4:** 757–758
furnace-temperature................... **M4:** 758
grain size control **M4:** 758
proprietary, corrosion-resistant **A15:** 816
protective atmospheres............. **A4:** 909, 910
pyrometallurgy **A2:** 429
reaction with molybdenum hearths in vacuum heat treating............................ **A4:** 503
recommended guidelines for selecting PAW shielding gases..................... **A6:** 67
recommended shielding gas selection for gas-metal arc welding **A6:** 66
refining **A2:** 428–429
repair welding.......................... **A6:** 579
resistance brazing **M6:** 97
resistance seam welding...... **A6:** 241, 245, **M6:** 49
resistance soldering **A6:** 357
resistance spot welding.................... **M6:** 47
resistance welding....................... **A6:** 841
salt bath descaling...................... **M5:** 672
SCC testing in water and aqueous solutions **A8:** 530–531
shape memory alloys..................... **A2:** 433
shielded metal arc welding **A6:** 176, 740, 742, 744, 745, 746–747, 749, 751, **M6:** 75
shielding gas **A6:** 743–745
soft magnetic alloys **A2:** 433, 553
solderable and protective finishes for substrate materials **A6:** 979
soldering **A6:** 631
solid-solution hardening **A2:** 429
solution treating **M4:** 758–759
solution-treating.................. **A4:** 907, 911
special purpose **A2:** 430
specialty annealing...................... **A4:** 909
specialty nickel alloys **A20:** 395–396
spindle finishing **M5:** 673–674
springs, cleaning of **M5:** 673
squeeze casting of **A15:** 323
stainless steels, welding to **A6:** 578
steel, welding to **A6:** 578
strength vs. density **A20:** 267–269
stress equalizing............... **M4:** 755, 756, 758
stress relieving................ **M4:** 755, 756, 758
stress-corrosion cracking **A6:** 749
stress-corrosion cracking (SCC)....... **A2:** 432–433
stress-equalizing **A4:** 907, 908, 911
stress-relieving................ **A4:** 907, 908, 911
stress-rupture strength **A6:** 578
striation spacing **A19:** 51
structure and property correlations... **A15:** 817–819
submerged arc welding..... **A6:** 740, 743, 748, 749

surface conditions, pickling
affected by **M5:** 670–672
oxidized and scaled surfaces **M5:** 671–672
reduced oxide surfaces **M5:** 671
tarnish........................... **M5:** 670–671
tarnish removal.................... **M5:** 670–671
tensile properties at subzero temperatures ... **M3:** 734–735, 737, 740, 742, 749–750, 751
thermal expansion coefficient............. **A6:** 907
torch annealing **A4:** 909, **M4:** 757
ultrahigh-strength steel compositions **A4:** 207
vapometallurgy **A2:** 429
weld overlay material **M6:** 81, 806
welding alloys..................... **A2:** 444–445
welding, cleaning for **M5:** 673
welding current............... **A6:** 743, 747, 748
welding electrodes **A6:** 176
welding techniques........... **A6:** 743, 745, 747
welding to copper and copper alloys **A6:** 769
wire, die materials for drawing........... **M3:** 522
Young's modulus vs. density... **A20:** 266, 267, 268, 289

Young's modulus vs. strength... **A20:** 267, 269–271

Nickel alloys, cast, specific types *See also* Heat-resistant alloys, specific types; Nickel alloys, specific types; Stainless steels, specific types; Superalloys, specific types

CA-100, mechanical properties........... **M3:** 177

Chlorimet 2, composition *See also* N-12M............................ **M3:** 176

Chlorimet 3, composition *See also* CW-12M........................... **M3:** 176

CW-12M
composition **M3:** 161, 176
corrosion resistance............... **M3:** 164–165
mechanical properties **M3:** 177
property data **M3:** 161–165

CY-40
composition **M3:** 163, 176
mechanical properties **M3:** 177
property data **M3:** 163
stress-rupture properties **M3:** 178
tensile properties, elevated temperature.. **M3:** 178

CZ-100
composition **M3:** 164, 176
property data **M3:** 164–165

H Monel
composition **M3:** 166
property data **M3:** 166

Hastelloy B *See also* N-12M
composition **M3:** 172, 176
corrosion rate in sulfuric acid **M3:** 171, 172, 173

Hastelloy C, composition *See also* CW-12M........................... **M3:** 176

Hastelloy D
composition **M3:** 172, 176
corrosion rate in sulfuric acid **M3:** 171, 172

Illium 98
composition **M3:** 168, 176
corrosion resistance.................. **M3:** 168
property data **M3:** 168

Illium B
composition **M3:** 168, 176
corrosion resistance.................. **M3:** 169
property data **M3:** 169

Illium G
composition **M3:** 169, 176
corrosion resistance.................. **M3:** 169
property data **M3:** 169–170

Inconel *See* CY-40

M-35
composition **M3:** 165, 176
mechanical properties **M3:** 177
property data **M3:** 165–166

N-12M
composition **M3:** 167, 176
corrosion resistance............... **M3:** 164–165
mechanical properties **M3:** 177

property data **M3:** 164–165, 167–168

QQ-N-288, grades A thru E
composition **M3:** 176
mechanical properties **M3:** 177

S Monel composition................... **M3:** 166
property data..................... **M3:** 166, 167

Nickel alloys, forgings
inspection methods **A17:** 496

Nickel alloys, high temperature *See* High temperature nickel alloys

Nickel alloys, selection of **A6:** 586–592
alloying of elements effect **A6:** 588–590
applications **A6:** 586
compositions of selected popular alloys **A6:** 586
consumption and applications by Western nations in 1990............................ **A6:** 586
cost as factor determining applications **A6:** 586
electron-beam welding **A6:** 587, 588
fabrication **A6:** 587
fusion zone **A6:** 588
gas-metal arc welding.............. **A6:** 587, 588
gas-tungsten arc welding................. **A6:** 588
heat-affected zone **A6:** 587–590
heat-affected zone fissuring **A6:** 588
history and development of.............. **A6:** 586
postweld heat treatment **A6:** 590
sigma formation **A6:** 587
special metallurgical welding considerations................. **A6:** 590–592
thermal conductivity **A6:** 587
unmixed zone **A6:** 588, 589
welding characteristics................... **A6:** 587
welding metallurgy................. **A6:** 587–590

Nickel alloys, specific types *See also* Heat- resistant alloys, specific types; Nickel alloys, cast, specific types; specific Hastelloy alloys; specific Inconel alloys; Stainless steels, specific types; Superalloys, nickel-base, specific types; Superalloys, specific types

9Ni steel
cryogenic service..................... **A6:** 1017
10Ni-8Co-1Mo steel, crack growth **A8:** 678–679
13Cr-4Ni-0.05C, hydrogen-induced cold cracking resistance **A6:** 438
20, shielded metal arc welding........... **A6:** 746
20Cb3, applications **A2:** 442
20Cb3, composition..................... **A6:** 741
20Mo-4, applications.................... **A2:** 442
25-6Mo, composition.................... **A6:** 741
25Cr-20Ni, hot cracking **A6:** 497
28, composition **A6:** 741
35Ni-15Cr
for cast element material in heat-treating furnaces........................... **A4:** 472
heat-resistant alloy applications **A4:** 515, 516, 517

35Ni-18Cr
35Ni-18Cr-44Fe, ribbon material in heat-treating furnaces........................... **A4:** 472
35Ni-19Cr, recommended for parts and fixtures for salt baths **A4:** 514
35Ni-20Cr, heat-resistant alloy applications **A4:** 515
68Ni-20Cr, for element strip material in heat-treating furnaces **A4:** 472
austempering **A4:** 159
for element strip material in heat-treating furnaces........................... **A4:** 472
heat-resistant alloy applications **A4:** 516
recommended for furnace parts and fixtures **A4:** 513
recommended for parts and fixtures for salt baths **A4:** 514

35Ni-45Fe-20Cr, applications............ **A2:** 442
36, composition **A6:** 741
42, composition **A6:** 741
45Cr-55Ni, resistance butt welding....... **A6:** 578
48, composition **A6:** 741

SUBJECTS OF THE INDEXED VOLUMES: ASM Handbook (designated by the letter "A"): **A1:** Properties and Selection: Irons, Steels, and High-Performance Alloys (1990); **A2:** Properties and Selection: Nonferrous Alloys and Special-Purpose Materials (1990); **A3:** Alloy Phase Diagrams (1992); **A4:** Heat Treating (1991); **A5:** Surface Engineering (1994); **A6:** Welding, Brazing, and Soldering (1993); **A7:** Powder Metal Technologies and Applications (1998); **A8:** Mechanical Testing (1985); **A9:** Metallography and Microstructures (1985); **A10:** Materials Characterization (1986); **A11:** Failure Analysis and Prevention (1986); **A12:** Fractography (1987); **A13:** Corrosion (1987); **A14:** Forming and Forging (1988); **A15:** Casting (1988); **A16:** Machining (1989); **A17:** Nondestructive Evaluation and Quality Control (1989); **A18:** Friction, Lubrication, and Wear Technology (1992); **A19:** Fatigue and Fracture (1996); **A20:** Materials Selection and Design (1997). **Metals Handbook, 9th Edition** (designated by the letter "M"): **M1:** Properties and Selection: Irons and Steels (1978); **M2:** Properties and Selection: Nonferrous Alloys and Pure Metals (1979); **M3:** Properties and Selection: Stainless Steels, Tool Materials, and Special-Purpose Materials (1980); **M4:** Heat Treating (1981); **M5:** Surface Cleaning, Finishing, and Coating (1982); **M6:** Welding, Brazing, and Soldering (1983); **M7:** Powder Metallurgy (1984). **Engineered Materials Handbook** (designated by the letters "EM"): **EM1:** Composites (1987); **EM2:** Engineering Plastics (1988); **EM3:** Adhesives and Sealants (1990); **EM4:** Ceramics and Glasses (1991). **Electronic Materials Handbook** (designated by the letters "EL"): **EL1:** Packaging (1989)

48%, M2 workpiece material, tool life increased by PVD coating A5: 771
52Ni-48Fe, plated A9: 562-564
60Ni-24Fe-16Cr, applications. A2: 442
70Ni30Cr, laser melting and wear behavior A18: 866
75Cu-25Ni, roll welding A6: 314
80Ni-20Cr-1.5Si, applications A2: 442
200
annealing temperatures A6: 590
applications A6: 749
composition. A6: 586, 741
electrical resistivity. A6: 587
gas-metal arc welding A6: 746
heat treatment procedures recommended A6: 590
plasma arc welding A6: 746
properties A6: 587
shielded metal arc welding A6: 746, 747
sulfur embrittlement. A6: 590
welding products for dissimilar-metal joints A6: 591
201
annealing temperatures A6: 590
applications. A6: 586, 749
carbon content maximum %. A6: 589
composition. A6: 586, 741
electrical resistivity. A6: 587
heat treatment procedures recommended A6: 590
properties A6: 587
roll welding A6: 313
welding products for dissimilar-metal joints A6: 591
201, bend-test fracture surface. A12: 396
201, explosively bonded to tantalum A9: 445
205, composition A6: 741
233, composition A6: 741
270, composition A6: 741
300, composition A6: 741
301
composition A6: 741
postweld strain-age cracking A6: 576
strengthened by heat treatment A6: 575
330
applications A6: 749
composition A6: 576
330 HC, composition A6: 576
400
applications A6: 749
composition A6: 741
microstructures A6: 589
plasma arc welding A6: 746
shielded metal arc welding A6: 750
401, composition A6: 741
404, composition A6: 741
450, applications A6: 749
600
applications A6: 749
composition. A6: 576, 741
electroslag welding A6: 278
shielded metal arc welding A6: 746
601
applications A6: 749
composition. A6: 576, 741
617
applications A6: 749
composition. A6: 576, 741
622
applications A6: 749
composition A6: 741
625
applications A6: 749
composition. A6: 576, 741
filler metal A6: 467
filler metal for stainless steel casting alloys. A6: 496
plasma-MIG welding A6: 224
shielded metal arc welding A6: 746
686
applications A6: 749
composition A6: 741
690
applications A6: 749
composition. A6: 576, 741
shielded metal arc welding A6: 746
702, composition A6: 741
706, composition. A6: 577, 741
713 C
friction welding A6: 578
postweld strain-age cracking A6: 576
718
applications A6: 749
composition. A6: 577, 741
friction welding A6: 153
postweld strain-age cracking A6: 576
strengthened by heat treatment A6: 575
725, composition A6: 741
751, composition. A6: 577, 741
800 alloy
applications A6: 749
composition. A6: 576, 741
800 H, composition A6: 576, 741
800 HT alloy
applications A6: 749
composition. A6: 576, 741
801, composition A6: 741
802
composition A6: 741
825
applications A6: 749
composition A6: 741
shielded metal arc welding A6: 746
902, composition A6: 741
903, composition. A6: 577, 741
904, composition A6: 577
907, composition. A6: 577, 741
908, composition A6: 741
909
composition. A6: 577, 741
postweld strain-age cracking A6: 576
strengthened by heat treatment A6: 575
925, composition. A6: 577, 741
alloy 042 (Dumet), and Kovar, applications. A2: 443-444
alloy 042 (Dumet), as low-expansion A2: 443
alloy 052, as low-expansion A2: 443
alloy 400, characteristics. A2: 435
alloy 426, as low-expansion A2: 443
alloy 600, applications and characteristics.. A2: 436
alloy 600, for nuclear power applications .. A2: 442
alloy 601, composition and characteristics A2: 441
alloy 625, alloying and applications A2: 442
alloy 690, alloying and applications A2: 442
alloy 718, alloying and applications A2: 441
alloy 800, applications. A2: 442
alloy 800H, applications A2: 442
alloy 800HT, applications. A2: 442
alloy 801, applications. A2: 442
alloy 825, alloying and characteristics A2: 442
alloy 902, alloying and characteristics A2: 443
alloy 903, alloying and characteristics A2: 443
alloy 907, alloying and characteristics A2: 443
alloy 909, alloying and characteristics A2: 443
alloy 925, alloying and characteristics A2: 442
alloy C-22, alloying and applications A2: 442
alloy C-276, alloying and applications A2: 442
alloy G-3/G-30, alloying and application ... A2: 442
alloy K-500, characteristics. A2: 435
alloy R-405, characteristics. A2: 435
alloy X, applications A2: 441
alloy X750, alloying and applications. A2: 441
B2, composition A6: 741
C-22, filler metals A6: 467
C-276 alloy
applications A6: 749
composition A6: 741
filler metal for stainless steel casting alloys. A6: 496
filler metals A6: 467
C-276, slow strain rate testing of A8: 530
commercially pure nickel (N02200), welding to carbon, low-alloy or stainless steels. .. A6: 826
CZ-100, mechanical properties A15: 817
DS, composition. A6: 576
DS Ni
composition M3: 151
property data M3: 151-152
Duranickel 301. .... A9: 435-437
composition M3: 132
property data M3: 132-133
Duranickel, fracture surface A12: 397
G alloy
applications A6: 749
shielded metal arc welding A6: 746
G-3 alloy
applications A6: 749
composition A6: 741
shielded metal arc welding A6: 746
G-30, composition A6: 741
Hastelloy B
annealing. M4: 756
composition M3: 748, M4: 755
stress relieving M4: 756
tensile properties at subzero temperatures M3: 749
Hastelloy B-2
composition M3: 152
property data M3: 153
Hastelloy B-2, welding to carbon, low-alloy, or stainless steels. A6: 826
Hastelloy C
annealing. M4: 756
composition M3: 748, M4: 755
stress relieving M4: 756
tensile properties at subzero temperatures M3: 749
Hastelloy C-4
composition M3: 153
property data M3: 154
Hastelloy C-4, welding to carbon, low-alloy or stainless steels. A6: 826
Hastelloy C-276
composition M3: 154, 172
corrosion resistance. M3: 172
property data M3: 154-155
Hastelloy C-276, welding to carbon, low-alloy or stainless steels. A6: 826
Hastelloy G
composition M3: 155, 172
corrosion resistance M3: 172
property data M3: 156
Hastelloy G, welding to carbon, low-alloy or stainless steels. A6: 826
Hastelloy G-3
composition M3: 156
property data M3: 156
Hastelloy N
composition M3: 157
property data M3: 157
Hastelloy S
composition M3: 157
property data M3: 157-158
Hastelloy series, discovery and characteristics A2: 429
Hastelloy W, property data. M3: 159
Hastelloy X
age-hardening M4: 759
annealing. M4: 759
composition M3: 159, M4: 755
oxidation resistance. M3: 259
property data M3: 159-160
solution treating. M4: 759
Hastelloy X, cleaning and finishing processes. M5: 567-568
HK40, stress-rupture strength A6: 578
HX, composition A6: 576
Incoloy 800
composition A6: 564, M3: 147, 172
corrosion resistance M3: 148, 172
property data M3: 147-148
welding to carbon, low-alloy or stainless steels A6: 826
Incoloy 801
composition M3: 148
property data M3: 148-149
Incoloy 825
composition M3: 149, 172
corrosion resistance M3: 149, 150, 152, 172
property data M3: 149-150, 151, 152
Incoloy 825, welding to carbon, low-alloy or stainless steels. A6: 826
Incoloy, cleaning and finishing processes M5: 670-672, 674
Incoloy series, discovery and characteristics A2: 429
Inconel
cutoff band sawing with bimetal blades A6: 1184
environments that cause stress-corrosion cracking. A6: 1101
oxyacetylene welding A6: 281

Nickel alloys, specific types (continued)
relative solderability as a function of flux type . . . **A6:** 129
ultrasonic welding . . . **A6:** 326
Inconel 600
aluminum coating, tensile strength affected by . . . **M5:** 342
annealing . . . **M4:** 756
cleaning and finishing process . . . **M5:** 568
composition . . . **A6:** 573, 654, **M3:** 141, 172, 749, **M4:** 755
constitutional liquation in multicomponent systems . . . **A6:** 568
corrosion resistance . . . **M3:** 141–143, 171, 173
electron-beam welding . . . **A6:** 869
fasteners . . . **M3:** 184
joined to silicon carbide . . . **A6:** 636
laser welding . . . **A6:** 4, 264, 441
Poisson's ratio . . . **M3:** 742
property data . . . **M3:** 143–145
stress relieving . . . **M4:** 756
tensile properties at subzero temperatures . . . **M3:** 749
trace element impurity effect on GTA weld penetration . . . **A6:** 20
welding to carbon, low-alloy or stainless steels . . . **A6:** 826
Young's modulus . . . **M3:** 740
Inconel 601
annealing . . . **M4:** 756
composition . . . **M4:** 755
Inconel 617
annealing . . . **M4:** 756
composition . . . **M4:** 755
Inconel 625
annealing . . . **M4:** 756
composition . . . **M3:** 143, 172, **M4:** 755
corrosion resistance . . . **M3:** 143, 144, 172
property data . . . **M3:** 143–144
Inconel 671
composition . . . **M3:** 144
corrosion resistance . . . **M3:** 144
property data . . . **M3:** 144–145
Inconel 690
composition . . . **M3:** 145
corrosion resistance . . . **M3:** 146
property data . . . **M3:** 145–146
Inconel 706
composition . . . **M3:** 748
fatigue-crack-growth rate . . . **M3:** 753
fracture toughness . . . **M3:** 752
tensile properties at subzero temperatures . . . **M3:** 723, 749, 752
Inconel 713, aluminum coating creep affected by . . . **M5:** 342
Inconel 718
age hardening . . . **A6:** 564
age-hardening . . . **M4:** 759
aging cycles . . . **A6:** 574
annealing . . . **M4:** 756
applications . . . **A6:** 928
composition . . . **A6:** 564, 573, **M3:** 748, **M4:** 755
electron-beam welding . . . **A6:** 869
fatigue-crack-growth rate . . . **M3:** 753
fracture toughness . . . **M3:** 752
friction welding . . . **A6:** 153
heat treatments . . . **A6:** 928
laser-beam welding . . . **A6:** 263
nickel flashing treatment . . . **A6:** 926
solution treating . . . **M4:** 759
solution treatment . . . **A6:** 574
strain-age cracking resistance . . . **A6:** 84
temperature measurement, validation strategies . . . **A6:** 1149
tensile properties at subzero temperatures . . . **M3:** 750, 751
trace element impurity effect on GTA weld penetration . . . **A6:** 20
Young's modulus . . . **M3:** 737
Inconel, cleaning and finishing processes . . . **M5:** 112–114, 563, 568, 670–673
Inconel series, discovery an characteristics **A2:** 429
Inconel X, ultrasonic welding . . . **A6:** 326, 895
Inconel X-750
age-hardening . . . **M4:** 759
annealing . . . **M4:** 756
composition . . . **M3:** 748, **M4:** 755
fatigue-crack-growth rate . . . **M3:** 753
fracture toughness, weldments . . . **M3:** 752
Poisson's ratio . . . **M3:** 742
solution treating . . . **M4:** 759
tensile properties at subzero temperatures . . . **M3:** 750, 751
Young's modulus . . . **M3:** 740
Inconel X-750 cleaning and finishing processes . . . **M5:** 563, 568, 673
Invar 36
composition . . . **M3:** 748
tensile properties at subzero temperatures . . . **M3:** 750
Invar, thermal expansion of . . . **A2:** 443–444
J-1500, ultrasonic welding . . . **A6:** 326
K Monel, fatigue life . . . **M3:** 753
K-500 alloy
applications . . . **A6:** 749
composition . . . **A6:** 577, 741
strengthened by heat treatment . . . **A6:** 575
K-Monel, discovery and characteristics . . . **A2:** 429
K-Monel, ultrasonic welding . . . **A6:** 326
MA 754
applications . . . **A6:** 1039
arc welding . . . **A6:** 1038
composition . . . **A6:** 577, 1037
filler metals for . . . **A6:** 1039
furnace brazing . . . **A6:** 1038
furnace-brazed weld properties . . . **A6:** 1039
gas-tungsten arc weld . . . **A6:** 928
postweld annealing . . . **A6:** 1039
properties . . . **A6:** 928
welding consumables . . . **A6:** 1038
MA 758
applications . . . **A6:** 1039
composition . . . **A6:** 1037
weld transverse properties . . . **A6:** 1038
welding consumables . . . **A6:** 1038
MA 956
composition . . . **A6:** 577, 1037
electron-beam welding . . . **A6:** 1039
explosion welding . . . **A6:** 1040
filler metals for . . . **A6:** 1039
furnace-brazed weld properties . . . **A6:** 1039
gas-tungsten arc welding . . . **A6:** 1038, 1039
grain structure . . . **A6:** 1039
laser-beam welding . . . **A6:** 1039
properties . . . **A6:** 578
weld transverse properties . . . **A6:** 1038
welding consumables . . . **A6:** 1038
MA 957
composition . . . **A6:** 577
properties . . . **A6:** 578
MA 6000
brazing . . . **A6:** 632, 928
composition . . . **A6:** 577, 1037
postweld annealing . . . **A6:** 1039
properties . . . **A6:** 578
welding processes . . . **A6:** 1039
MAR M-200, directionally solidified . . . **A15:** 319
MAR-M200, effect of temperature on strength and ductility . . . **A8:** 36
Monel 400 . . . **A9:** 435–437
annealing . . . **A4:** 908, **M4:** 756
bright annealing . . . **A4:** 909
composition . . . **A4:** 908, **M3:** 133, 172, **M4:** 755
corrosion resistance . . . **M3:** 136, 171
fasteners . . . **M3:** 184
mechanical properties . . . **A4:** 907, 911
property data . . . **M3:** 134–136
stress equalizing . . . **M4:** 756
stress relieving . . . **M4:** 756
stress-equalizing . . . **A4:** 907, 908, 911
stress-relieving . . . **A4:** 908
Monel 400, cleaning and finishing of **M5:** 670, 673
Monel 400, welding to carbon, low-alloy or stainless steels . . . **A6:** 826
Monel 405, fasteners . . . **M3:** 184
Monel 502
composition . . . **M3:** 140
property data . . . **M3:** 140, 141
Monel 502, welding to carbon, low-alloy or stainless steels . . . **A6:** 826
Monel, cleaning and finishing processes . . **M5:** 108, 670–671, 673–674
Monel, discovery and characteristics . . . **A2:** 429
Monel, electropolishing of . . . **M5:** 305
Monel K-500 . . . **A9:** 435–438
age hardening . . . **A4:** 910, 911
age-hardening . . . **M4:** 759
annealing . . . **A4:** 900, 910, **M4:** 756
composition . . . **A4:** 908, **M3:** 137, 172, 748, **M4:** 755
corrosion resistance . . . **M3:** 171
fasteners . . . **M3:** 184
for screw-in tips for flame heads for oxy-fuel gas flame heating . . . **A4:** 274
property data . . . **M3:** 137–139
solution treating . . . **M4:** 759
solution-treating . . . **A4:** 911
stress-equalizing . . . **A4:** 908
stress-relieving . . . **A4:** 908
tensile properties at subzero temperatures . . . **M3:** 749, 751
Monel K-500, welding to carbon, low-alloy or stainless steels . . . **A6:** 826
Monel R-405 . . . **A9:** 435–437
annealing . . . **A4:** 908, **M4:** 756
composition . . . **A4:** 908, **M3:** 137, **M4:** 755
property data . . . **M3:** 137
stress-equalizing . . . **A4:** 908
stress-relieving . . . **A4:** 908
N06625, filler metal . . . **A6:** 449
NASAIR 100, creep curves for . . . **A8:** 305
NASAIR 100, steady-state creep rate . . . **A8:** 306
NASAIR 100, time-to-rupture as function of steady-state creep . . . **A8:** 306
Ni_3Al-Ni_3Nb . . . **A9:** 619
Ni_3Mo, effect on 18Ni maraging steels . . . **A4:** 223, 224
Ni-20Cr, trace element evaporation . . . **A15:** 395
Ni-20Pd-10Si, brazing . . . **A6:** 945
Ni-25Cu (at %), dendritic solidification structure . . . **A9:** 613
Ni-30Cu, nickel-copper phase diagram after rapid cooling . . . **A4:** 832
Ni-Al bronze, galling resistance with various material combinations . . . **A18:** 596
Nickel 200 . . . **A9:** 435–436
composition . . . **M3:** 128, 172
corrosion resistance . . . **M3:** 130, 171
property data . . . **M3:** 128–130
tensile properties at subzero temperatures . . . **M3:** 749
Nickel 200, cleaning and finishing of . . . **M5:** 670–671, 673
Nickel 200, plastically deformed . . . **A9:** 161
Nickel 200, slip bands and cracks . . . **A9:** 159
Nickel 201
composition . . . **M3:** 130, 172
corrosion resistance . . . **M3:** 171
property data . . . **M3:** 130–131
Nickel 270 . . . **A9:** 435–437
composition . . . **M3:** 131
property data . . . **M3:** 131–132
tensile properties at subzero temperatures . . . **M3:** 749
Ni-Cr-Al/bentonite, abradable seal material . . . **A18:** 589

SUBJECTS OF THE INDEXED VOLUMES: ASM Handbook (designated by the letter "A"): **A1:** Properties and Selection: Irons, Steels, and High-Performance Alloys (1990); **A2:** Properties and Selection: Nonferrous Alloys and Special-Purpose Materials (1990); **A3:** Alloy Phase Diagrams (1992); **A4:** Heat Treating (1991); **A5:** Surface Engineering (1994); **A6:** Welding, Brazing, and Soldering (1993); **A7:** Powder Metal Technologies and Applications (1998); **A8:** Mechanical Testing (1985); **A9:** Metallography and Microstructures (1985); **A10:** Materials Characterization (1986); **A11:** Failure Analysis and Prevention (1986); **A12:** Fractography (1987); **A13:** Corrosion (1987); **A14:** Forming and Forging (1988); **A15:** Casting (1988); **A16:** Machining (1989); **A17:** Nondestructive Evaluation and Quality Control (1989); **A18:** Friction, Lubrication, and Wear Technology (1992); **A19:** Fatigue and Fracture (1996); **A20:** Materials Selection and Design (1997). **Metals Handbook, 9th Edition** (designated by the letter "M"): **M1:** Properties and Selection: Irons and Steels (1978); **M2:** Properties and Selection: Nonferrous Alloys and Pure Metals (1979); **M3:** Properties and Selection: Stainless Steels, Tool Materials, and Special-Purpose Materials (1980); **M4:** Heat Treating (1981); **M5:** Surface Cleaning, Finishing, and Coating (1982); **M6:** Welding, Brazing, and Soldering (1983); **M7:** Powder Metallurgy (1984). **Engineered Materials Handbook** (designated by the letters "EM"): **EM1:** Composites (1987); **EM2:** Engineering Plastics (1988); **EM3:** Adhesives and Sealants (1990); **EM4:** Ceramics and Glasses (1991). **Electronic Materials Handbook** (designated by the letters "EL"): **EL1:** Packaging (1989)

Ni-Cr-Al/nickel-graphite, abradable seal material **A18:** 589
Ni-Cr-Mo, distortion in heat treatment **A4:** 614
Nimonic 80A, preferential grain boundary precipitation **A9:** 648
Nimonic, discovery and characteristics **A2:** 429
Nimonic series, applications. **A2:** 441
Ni-P-SiC, coatings **A18:** 836
Ni-ThO_2, coevaporation or cosputtering using multiple sources **A18:** 843
Permanickel 300 . . . . **A9:** 435–437
R-405 alloy, applications **A6:** 749
R-405, composition **A6:** 741
RA330, composition **A6:** 564
RA333
composition **A6:** 741
mill annealing temperature range. **A6:** 573
solution annealing temperature range **A6:** 573
Udimet 700, electropolishing of. **M5:** 306
UNS 08800
dissimilar metals, welding of **A6:** 578
resistance butt welding. **A6:** 578
Waspaloy, applications **A2:** 441
X-750 alloy
applications **A6:** 749
composition. **A6:** 577, 741
postweld strain-age cracking **A6:** 577
Nickel alloys, welding. **A6:** 740–751
cast nickel alloys **A6:** 742–748
cleaning of workpieces. **A6:** 740
electrodes **A6:** 742–743, 745
filler metals **A6:** 743, 745
gas-tungsten arc welding . . . **A6:** 740, 741, 742–743, 748, 749, 751
heat treatment **A6:** 740, 742
joint design **A6:** 740–741, 743
precipitation-hardenable alloys. **A6:** 742
shielding gases **A6:** 742
welding characteristics. **A6:** 587
welding fixtures **A6:** 741–742
welding metallurgy. **A6:** 587–590
Nickel aluminide alloys, friction and wear of ordered intermetallics **A18:** 772–777
composition. **A18:** 772
future outlook. **A18:** 777
mechanical properties **A18:** 772–773, 774
physical properties **A18:** 772, 773
pin-on-disk friction and wear data. . . **A18:** 775, 776
spray material for oxyfuel wire spray process **A18:** 829
structure. **A18:** 772
Nickel aluminide alloys, specific types
IC-15
abrasive wear. **A18:** 774
sliding wear **A18:** 774
IC-50
abrasive wear. **A18:** 774
as-formed cavitation erosion rate. **A18:** 774
cold worked, cavitation erosion rate **A18:** 774
composition **A18:** 772
mechanical properties. **A18:** 772, 773, 774
pin-on-disk friction and wear data. **A18:** 776
reciprocating ball-on-flat friction and wear data **A18:** 776
solid-particle erosion data. **A18:** 773, 774
unlubricated reciprocating cylinder-on-flat friction and wear data **A18:** 776
IC-74M
composition **A18:** 772
pin-on-disk friction and wear data. **A18:** 776
sliding wear. **A18:** 775, 776
IC-218
abrasive wear. **A18:** 774
cavitation erosion rate **A18:** 774
composition **A18:** 772
mechanical properties. **A18:** 774
pin-on-disk friction and wear data. **A18:** 776
sliding wear **A18:** 774
solid particle erosion. **A18:** 773, 774
IC-218 LZr
composition **A18:** 772
mechanical properties **A18:** 773, 774
pin-on-disk friction and wear data. **A18:** 776
sliding wear. **A18:** 775, 776
IC-221
abrasive wear. **A18:** 774
cavitation erosion rate **A18:** 774
composition **A18:** 772
mechanical properties. **A18:** 774
pin-on-disk friction and wear data. **A18:** 776
IC-357, composition **A18:** 772
IC-396M
composition **A18:** 772
mechanical properties. **A18:** 774
reciprocating ball-on-flat friction and wear data **A18:** 776
Type 304H stainless steel, solid-particle erosion data. **A18:** 773, 774
unlubricated reciprocating cylinder-on-flat friction and wear data **A18:** 776
Nickel aluminide powders **A7:** 532, 1074
apparent density. **A7:** 40
cold sintering **A7:** 579
diffusion factors **A7:** 451
direct laser sintering **A7:** 428
field-activated sintering. **A7:** 587
injection molding. **A7:** 314
mass median particle size of water-atomized powders **A7:** 40
oxygen content **A7:** 40
physical properties. **A7:** 451
pneumatic isostatic forging. **A7:** 639
reactive hot isostatic pressing **A7:** 520, 521
reactive hot pressing **A7:** 520
reactive sintering. **A7:** 520, 521
standard deviation. **A7:** 40
Nickel aluminides *See also* Ordered intermetallics
NI_3AL aluminides **A2:** 914–918
NiAl aluminides. **A2:** 918–919
performance characteristics **A20:** 598, 599
Nickel aluminum
atomization of. **A7:** 37
Nickel aluminum coatings
bond coatings **A18:** 831
Nickel and nickel alloys *See also* Heat-resistant alloys. **A16:** 835–843
abrasive flow machining **A16:** 517
age hardening. **A16:** 835–836
and trepanning **A16:** 180
band sawing **A16:** 842
binder for WC **A16:** 72
broaching. **A16:** 837
CBN for precision grinding **A16:** 454, 455, 456
cemented carbides for machining **A16:** 87
chemical machining. **A16:** 843
chemical milling. **A16:** 583
chip breakers. **A16:** 837
compositions. **A16:** 836
content in cast Co alloys. **A16:** 69
content in cermet tools. **A16:** 95
content in low-alloy steels. **A16:** 150
content in stainless steels . . **A16:** 682–684, 688, 689
cutoff band sawing. **A16:** 360
cutting fluids. **A16:** 125, 159, 836–843
drilling. **A16:** 230, 835, 837, 838, 839, 840
electrical discharge machining. **A16:** 558, 560
electrochemical discharge grinding **A16:** 548
electrochemical grinding. **A16:** 543, 545
electrochemical machining **A16:** 534, 535, 843
electron beam machining. **A16:** 570, 843
grinding. **A16:** 760, 843
gun drilling. **A16:** 838, 839
heat-resistant compositions **A16:** 737, 744
high-speed machining **A16:** 598, 602
high-speed tool steels used. **A16:** 58, 59
hone forming **A16:** 488
honing. **A16:** 477, 843
laser beam machining. **A16:** 576, 843
machinability **A16:** 835
microdrilling **A16:** 238
milling **A16:** 112, 312–314, 755, 837, 840–841, 842
multiple-operation machining **A16:** 840
PCBN tools used **A16:** 114
photochemical machining **A16:** 588, 590, 591, 593, 843
planing **A16:** 837, 839
plating of drills. **A16:** 219
power hacksawing **A16:** 757
reaming **A16:** 751, 839, 840
sawing **A16:** 358, 360, 841–843
shaping **A16:** 192, 837
solution annealing **A16:** 835
spade and gun drilling **A16:** 838, 839
surface alterations **A16:** 27
tapping **A16:** 263, 752, 753, 839–840
threading. **A16:** 839–840
to harden and strengthen steel. **A16:** 667
turbine engine, electrostream and capillary drilling **A16:** 551
turning **A16:** 740, 741–742, 837, 838, 839, 840, 841
Nickel briquettes. **A7:** 173, 175
Nickel bronzes
melt treatment **A15:** 775
Nickel buffing compound. **M5:** 117
Nickel carbide (Ni_3C)
heats of reaction. **A5:** 543
Nickel carbonate additions
nickel plating. **M5:** 201
Nickel carbonyl
chemical vapor deposition process. **M5:** 382
Nickel carbonyl poisoning **A2:** 1250
Nickel carbonyl powder. **A7:** 167
processing. **A7:** 1032, 1033
Nickel carbonyl powders
apparent density. **M7:** 273, 297
compact density **M7:** 310
decomposition **M7:** 134
effect of particle size on apparent density **M7:** 273
formation **M7:** 136
poisoning, chelating agents for **M7:** 203
production **M7:** 134–138
Nickel carbonyl vapor decomposition process
nickel plating. **M5:** 219
Nickel cast steels **A1:** 373–374
as low-alloy **A15:** 716
Nickel chloride plating. . **M5:** 199–200, 204, 207–208, 212, 216–217
Nickel coating
chemical vapor deposition of **M5:** 382
molybdenum **M5:** 661
niobium **M5:** 663–664
tungsten **M5:** 661
undercoatings, rhodium plating process . . . **M5:** 290
Nickel coatings
bonded-abrasive grains **A2:** 1015
Nickel, commercially pure *See* Nickel alloys, specific types, Nickel 200
Nickel compounds
as toxic chemical targeted by 33/50 Program **A20:** 133
hazardous air pollutant regulated by the Clean Air Amendments of 1990 . . . . **A5:** 913
Nickel conductive paints
electromagnetic interference shielding **A5:** 315
Nickel content of iron-chromium-nickel heat- resistant casting alloys, effect on
sulfidation attack **A9:** 333
Nickel (dense) plating
selective plating solution for ferrous and nonferrous metals. **A5:** 281
Nickel deposit molds
rotational molding **EM2:** 367
Nickel dip *See* Electroless nickel
Nickel, dispersion strengthened *See* Nickel alloys, specific types, DS Ni
Nickel (ductile, for corrosion protection) plating
selective plating solution for ferrous and nonferrous metals. **A5:** 281
Nickel electroforming. **A5:** 201, 202
Nickel electroless plating
particles incorporated in. **A20:** 480
Nickel equivalence **A6:** 457, 459–460, 462, 463, 464, 483, 503
Nickel equivalent. **A6:** 817–818, 819, 825
Nickel ferrites **A9:** 538
precipitation process **EM4:** 59
sintering behavior. **EM4:** 58
Nickel fibers in a silver matrix **A9:** 100
Nickel flake powders **M7:** 596
Nickel flash
enameling. **EM3:** 303
Nickel flashing. **M6:** 1016
Nickel fluoborate plating. **M5:** 200–201
Nickel (for maximum corrosion protection)
electroplating on zincated aluminum surfaces. **A5:** 801
Nickel (for minimum corrosion protection)
electroplating on zincated aluminum surfaces. **A5:** 801

Nickel gear bronze
properties and applications. **A2:** 375

Nickel (high speed) plating
anode-cathode motion and current density **A5:** 279

Nickel hydrated salt coating
alternative conversion coat technology,
status of **A5:** 928

Nickel hydridocarbonyl **A7:** 167

Nickel in cast irons *See also* High-nickel cast irons;
Ni-Hard cast iron. **M1:** 77, 79, 91, 96
ductile iron. **M1:** 39–41, 53, 54
gray iron **M1:** 21, 28, 29

Nickel in copper **M2:** 242

Nickel in steel **M1:** 115, 411, 417
atmospheric corrosion affected by **M1:** 717, 721–722
carburized, notch toughness data. **M1:** 534–536
castings, effect on **M1:** 388, 394–395
hardenability affected by **M1:** 477
hydrogen solubility, effect on **M1:** 687
maraging steels **M1:** 445–447
notch toughness, effect on **M1:** 693, 695
P/M materials **M1:** 333, 337, 342–343
seawater corrosion, effect on **M1:** 741–742, 744
Steel sheet, effect on formability **M1:** 534
temper embrittlement, role in. **M1:** 684

Nickel iron powder
magnetic properties **A7:** 1009, 1011, 1014
milling **A7:** 58

Nickel irons
magnetic applications **M3:** 603, 605, 608, 609, 610, 611, 612–613

Nickel, low-carbon *See* Nickel alloys, specific types, Nickel 201

Nickel metal coatings
for diamond adhesives **EM4:** 333

Nickel monoxide (NiO) *See also* Engineering properties of single oxides
for temperature sensors. **EM4:** 17
in composition of melted silicate frits for high-temperature service ceramic coatings **A5:** 470

pressure densification
pressure. **EM4:** 301
technique **EM4:** 301
temperature **EM4:** 301

Nickel (neutral, for heavy buildup)
selective plating solution for ferrous and nonferrous metals. **A5:** 281

Nickel (Ni-Cr-B-Si) alloys
mass median particle size of water-atomized powders **A7:** 40
oxygen content **A7:** 40
oxygen content of water atomized metal powder **A7:** 42
standard deviation **A7:** 40

Nickel oxide
angle of repose **M7:** 283
angles of repose **A7:** 301
in composition of unmelted frit batches for high-temperature service silicate-based coatings **A5:** 470
melting point **A5:** 471

Nickel painted polycarbonate
static decay rate **M7:** 612

Nickel pellets and powder products **M7:** 137

Nickel phosphorus bath
composition and deposit properties . . . **A5:** 207, 208

Nickel plate
relative solderability **A6:** 134

Nickel plating *See also* Electroless nickel plating **A5:** 201–212, **A20:** 477–478, **M5:** 199–243
acid buffering. **M5:** 209
agitation used in **M5:** 214
all-chloride bath. **M5:** 202–203, 217
alloy steels. **A5:** 722–724
all-sulfate bath. **M5:** 201–202
aluminum and aluminum alloys. **M5:** 180, 203, 206, 216, 218, 604–605
annealing process **M5:** 217–218
anode efficiency **A5:** 201
anodes **M5:** 201, 206–207, 211–212, 217
conforming. **M5:** 201, 217
insoluble **M5:** 211
antipitting agents used in . . **M5:** 200–203, 206, 209
applications . . **A5:** 201, **M5:** 199–204, 207, 215–216
autocatalytic (electroless). **A5:** 201
automatic process. **M5:** 214–216
maintenance schedules **M5:** 214–215
auxiliary brighteners **A5:** 204
average nickel thickness **A5:** 202
baking treatments **M5:** 217–218
barrel process . . . **M5:** 202–203, 205–206, 213–215, 237
applications. **M5:** 215
conditions **M5:** 202–203, 205–206
equipment **M5:** 213
maintenance schedules **M5:** 214
base metal, effects of **M5:** 215–216
basic process **A5:** 201
basic process considerations. **A5:** 201–202
black nickel process **M5:** 199, 204–205, 623
boric acid used in **M5:** 199–200, 204–205, 207, 209
brass. **M5:** 206, 215–216
bright nickel plating solutions. . . . **A5:** 202, 203–204
bright plating process **M5:** 199, 204–206
brighteners. **A5:** 204
brighteners used in. **M5:** 204–206
carbon steels **A5:** 722–724
carriers **A5:** 204
carriers used in **M5:** 204–205
cast irons **M1:** 102–103
cathode efficiency. **A5:** 201
chloride-sulfate bath. **M5:** 201–202
chromium plating used in. **M5:** 205, 207
cold (double salt) bath. **M5:** 202–203
composite process (cadmium and nickel) . . **M5:** 264
contamination **M5:** 205, 207, 211
removal of **M5:** 208–211
controlling and testing deposit properties . . **A5:** 210
controlling pH temperature, current density, and water quality **A5:** 209
controlling the main constituents **A5:** 208–209
copper and copper alloys. **A5:** 814–815, **M5:** 199–200, 215–216, 218, 617, 621–623
copper-nickel and magnesium alloys. **M5:** 646
corrosion performance **A5:** 205–206
corrosion protection. **M1:** 753, 754
corrosion resistance . . . **M5:** 199–201, 204, 207–208
coumarin types. **A5:** 204
current density **M5:** 200–215
alloy composition affected by **M5:** 204, 206
selection factors **M5:** 212
decomposition process, nickel carbonyl vapor **M5:** 219
decorative **M5:** 199, 205, 218
decorative chromium plating process **M5:** 193–194
decorative nickel-plus-chromium coatings on steel. **A5:** 206
decorative plating. **A5:** 201
decorative processes and multilayer coatings **A5:** 203–206
double-layer coatings **A5:** 202, 204
duplex system **M5:** 207–209
efficiency **M5:** 212
electrodeposition data **A5:** 202
electroforming processes **A5:** 201, 206–208
electroless *See* Electroless nickel plating
electrotyping bath. **M5:** 202–203
eliminating rejects/troubleshooting **A5:** 210
engineered plating. **A5:** 201, 202
engineering processes **A5:** 206–208
environmental considerations **A5:** 211–212
equipment **M5:** 213–215
maintenance **M5:** 214–215
Faraday's Law for Nickel. **A5:** 201–202
filtration systems **M5:** 213–214
fluoborate bath **M5:** 200–201
gaseous contamination effects. **M5:** 210
general-purpose baths. **M5:** 199–201
hafnium alloys. **M5:** 668
hard nickel bath **M5:** 202–204
hardness **M5:** 200, 203, 206, 210–213, 217–218
health and safety considerations **A5:** 211–212
heat-resistant alloys **A5:** 781
heat-resisting alloys **M5:** 566–568
stripping method **M5:** 567–568
high-chloride bath **M5:** 200
high-sulfate bath **M5:** 202–203
hydrogen embrittlement caused by . . . **M5:** 217–218
hydrogen evolution **A5:** 201
immersion process **M5:** 219
impurities control. **A5:** 209
impurities effects on bright nickel plating **A5:** 209–210
internal stress. **A5:** 202, 203
iron-nickel plating **M5:** 206–207
limitations **M5:** 215–216
macrocracking **A5:** 209–210
magnesium alloys **A5:** 830, **M5:** 638–639, 645–647
stripping of. **M5:** 646–647
maintenance schedules. **M5:** 214–215
maraging steels. **A5:** 772, **M1:** 448
metal contamination effects **M5:** 207–210
microcracked chromium **A5:** 205
microdiscontinuous chromium **A5:** 203, 205
microporous chromium. **A5:** 205
multilayer decorative plating **A5:** 204
multilayer nickel coatings. **A5:** 203
nickel alloy plating and composites **A5:** 208
nickel anode materials. **A5:** 211
nickel carbonate used in **M5:** 201
nickel chloride baths. . **M5:** 199–200, 204, 207–208, 212, 216–217
nickel concentration **M5:** 200, 206, 210
nickel ion and pH changes. **A5:** 201
nickel salt recovery **M5:** 318
nickel salts for plating. **A5:** 201
nickel sulfamate process. **A5:** 206–207
nickel sulfate baths **M5:** 200–204, 207–208
nickel-iron alloy process **M5:** 206–207
nickel-phosphorus alloy bath **M5:** 202, 204
noncoumarin types. **A5:** 204
organic contaminant effects **M5:** 208–210
pH **M5:** 200–212, 214
power-generating equipment **M5:** 213
pumping equipment **M5:** 213
purification procedures **M5:** 208–209
purification techniques and starting up a new bath **A5:** 208
quality control **A5:** 208–211
radius affecting **M5:** 216–217
recovery. **A5:** 211–212
refractory metals and alloys. **A5:** 858, 859
rinsewater recovery. **M5:** 318
selection of method **M5:** 215–216
semibright nickel plating processes. . . . **A5:** 203, 204
solution composition control **A5:** 208
solution compositions and operating conditions. **M5:** 199–218, 663–664, 668
general-purpose baths **M5:** 199–201
special-purpose baths. **M5:** 199, 201–204
tests **M5:** 210–211
solution control **M5:** 209–211, 214–215
maintenance schedules **M5:** 214–215
solutions. **A5:** 202
solutions and properties of deposits **A5:** 207
solutions for engineering applications **A5:** 207–208
special-purpose baths **M5:** 199, 201–204
stainless steel **M5:** 204, 216
standards and recommended thicknesses . . . **A5:** 206
steel **M5:** 199–205, 216–217
still tank process. **M5:** 212–215
applications. **M5:** 215
equipment. **M5:** 212–213

SUBJECTS OF THE INDEXED VOLUMES: ASM Handbook (designated by the letter "A"): **A1:** Properties and Selection: Irons, Steels, and High-Performance Alloys (1990); **A2:** Properties and Selection: Nonferrous Alloys and Special-Purpose Materials (1990); **A3:** Alloy Phase Diagrams (1992); **A4:** Heat Treating (1991); **A5:** Surface Engineering (1994); **A6:** Welding, Brazing, and Soldering (1993); **A7:** Powder Metal Technologies and Applications (1998); **A8:** Mechanical Testing (1985); **A9:** Metallography and Microstructures (1985); **A10:** Materials Characterization (1986); **A11:** Failure Analysis and Prevention (1986); **A12:** Fractography (1987); **A13:** Corrosion (1987); **A14:** Forming and Forging (1988); **A15:** Casting (1988); **A16:** Machining (1989); **A17:** Nondestructive Evaluation and Quality Control (1989); **A18:** Friction, Lubrication, and Wear Technology (1992); **A19:** Fatigue and Fracture (1996); **A20:** Materials Selection and Design (1997). **Metals Handbook, 9th Edition** (designated by the letter "M"): **M1:** Properties and Selection: Irons and Steels (1978); **M2:** Properties and Selection: Nonferrous Alloys and Pure Metals (1979); **M3:** Properties and Selection: Stainless Steels, Tool Materials, and Special-Purpose Materials (1980); **M4:** Heat Treating (1981); **M5:** Surface Cleaning, Finishing, and Coating (1982); **M6:** Welding, Brazing, and Soldering (1983); **M7:** Powder Metallurgy (1984). **Engineered Materials Handbook** (designated by the letters "EM"): **EM1:** Composites (1987); **EM2:** Engineering Plastics (1988); **EM3:** Adhesives and Sealants (1990); **EM4:** Ceramics and Glasses (1991). **Electronic Materials Handbook** (designated by the letters "EL"): **EL1:** Packaging (1989)

maintenance schedules M5: 215
strength M5: 200-201, 203-204
stress parameters M5: 200-202, 204-205, 211
stripping of M5: 218, 567-568, 647
sulfamate bath M5: 200-201, 216
surface activation of M5: 198, 216
tantalum M5: 663-664
temperature M5: 200-213, 216, 218
heating and cooling systems..........M5: 213
structural change varying with..........M5: 218
variation in, affects of M5: 211-212
thickness M5: 199-200, 207, 212, 216-217
corrosion resistance, recommended
thicknesses M5: 199-200
variations in, effects of..........M5: 216-217
threaded fasteners M1: 279
triple-layer coatings.................A5: 204-205
tungsten M5: 660
uses...................................A5: 201
water used in..........................M5: 209
Watts bath M5: 199, 208-209, 212, 217
purification procedure.................M5: 209
Watts process A5: 206-207
Watts solution and deposit properties A5: 202-203
weight M5: 212
wetting agents used in M5: 200, 206, 209
workpiece shape affecting M5: 216-217
zinc alloys.. M5: 199-200, 203-204, 210, 215-216,
218
contamination effects M5: 210
zirconium alloys M5: 668
Nickel plating for preservation of the white layer in
nitrided steels A9: 218
Nickel plating of specimens for edge retention A9: 32
carbonitrided and carburized steels........A9: 217
heat-resistant casting alloys A9: 330
in titanium and titanium alloys..........A9: 458
nitrided steels A9: 218
stainless steel specimens A9: 279
tungsten A9: 439
uranium..................................A9: 478
wrought heat-resistant alloys A9: 305
Nickel plus chromium
system cycles............................A5: 197
Nickel plus chromium plus chromium
system cycles............................A5: 197
Nickel plus nickel plus chromium
system cycles............................A5: 197
Nickel plus nickel plus chromium plus chromium
system cycles............................A5: 197
Nickel powder
admixed A7: 322, 756-757
apparent density A7: 40, 292
applications A7: 6
cold sintering A7: 581
consolidation............................A7: 507
diffusion factors A7: 451
dispersoid-strengthened elevated-temperature
alloys..................................A7: 19
effect on powder compressibility.........A7: 303
explosibility.............................A7: 157
explosive compacting.....................A7: 318
field-activated sintering..................A7: 587
for prealloyed powders A7: 322
injection molding A7: 314
mass median particle size of water-atomized
powders A7: 40
microstructure...........................A7: 727
milling A7: 59
milling time effect on microhardness A7: 57
North American metal powder shipments (1992-
1996)..................................A7: 16
oxide reduction..........................A7: 67
oxygen content A7: 40
oxygen content of water atomized metal
powder A7: 42
physical properties......................A7: 451
pneumatic isostatic forging...............A7: 639
precipitation from solution A7: 67, 69
reaction with PCAs A7: 81
reactive sintering A7: 516-519
roll compacting...........A7: 391-392, 393, 394
sintering A7: 501-502, 508
standard deviation A7: 40
tap density...............................A7: 295
water-atomized.......................A7: 37, 42

x-ray line broadening vs. vibratory
milling time...........................A7: 57
Nickel powder (for use in ammunition),
specifications..........................A7: 1098
Nickel powder metallurgy
Soviet M7: 693
Nickel powder strip *See also* High-purity nickel strip
applications M7: 403-404
effect of work roll diameter M7: 406
finished..............................M7: 401-402
properties............................M7: 401-402
pure porous M7: 406
roll compacted M7: 401-402
Nickel powders *See also* Nickel alloy powders;
Nickel powder strip; Nickel silver powders;
Nickel steel powders; Nickel tetracarbonyl
powders; Nickel-based hardfacing alloys;
Nickel-based superalloys; Nickel-carbonyl
powders; Nickel-iron powders
annealing M7: 182
apparent density..................M7: 273, 297
applications.................M7: 138, 141-142
as carrier core, copier powders..........M7: 585
carbon monoxide, surface M7: 258
carbonyl decomposition M7: 54
chemical analysis and sampling M7: 248
coating M7: 174
compacts, density distribution ..M7: 301, 314, 318
compacts, variation of sintered density ...M7: 314,
318
content of sintered compact densities tungsten
powder M7: 318
cylindrical compact, density distribution ..M7: 301
density with high-energy compacting......M7: 305
filamentary..............................M7: 138
filler for polymers.......................M7: 606
general purpose M7: 138
general purpose, spikey M7: 138
high-density, semi-smooth................M7: 138
hydrometallurgical processing M7: 118, 141
in commercial operation M7: 141
inoculant................................M7: 173
Kirkendall porosity M7: 314
liquid phase particles, in polymers M7: 607
nonconventional sintering M7: 398
porosity.................................M7: 314
precipitation, effect of particle size on apparent
density................................M7: 273
pressure and green density M7: 298
produced by atomization M7: 134, 142
produced by carbonyl decomposition M7: 138
produced by carbonyl vapormetallurgy
processing.......................M7: 134-138
produced by hydrometallurgical
processing M7: 134, 138-142
produced by precipitation..........M7: 54, 297
produced by Sherritt process.............M7: 141
production M7: 134-143
products, sintered dense M7: 395-397
products, sintered porous M7: 395
properties and applications M7: 138
pyrophoricity...........................M7: 199
recovery from sulfide concentrates M7: 138
reduction process M7: 173-174
refining, nickel tetracarbonyl for M7: 137
relative density M7: 305
rolling of strip..................M7: 406, 407
safety exposure limits....................M7: 203
shipment tonnage M7: 24
sintering...........................M7: 395-398
sintering atmospheres...............M7: 397-398
tap density M7: 277
toxic reactions and disease symptoms.....M7: 203
toxicity M7: 202-203
vacuum atomized, spherical M7: 44, 45
Nickel, pure
metal injection molding A7: 14
Nickel reduction process M7: 173-174
Nickel salt
reduction under pressure (Sherritt Gordon
process) M7: 134, 138-142
Nickel seed powder A7: 173
Nickel sheet and strip
powder used............................M7: 574
Nickel silicide
heats of reaction........................A5: 543

Nickel silver *See also* Copper and copper alloys
brazeability.............................M6: 1034
chromic acid as an etchant for A9: 401
coining of A14: 184
composition and properties..............M6: 401
compositions of various types...........M6: 546
electrolytic etching......................A9: 401
electropolishing of......................M5: 306
gas tungsten arc welding M6: 409
physical properties M6: 546
pickling of M5: 612
powder metallurgy materials, etching......A9: 509
resistance spot welding M6: 479
resistance welding *See* Resistance welding of
copper and copper alloys-vs
Nickel silver powder A7: 861, 866, 867, 868
lubricants for A7: 323, 324
microexamination.......................A7: 725
microstructures A7: 728, 742
production of (P/M)...............A7: 143, 145
sintering.............................A7: 489-490
Nickel silver powders
as copper alloy powder............M7: 121, 122
as pressed and sintered prealloyed
powders.............................M7: 464
contacts, applications M7: 560
dimensional change M7: 292
mechanical properties M7: 738, 740
microstructural analysis..............M7: 488-489
P/M parts...........................M7: 737-739
P/M parts, effect of lithium stearate
lubrication M7: 191
properties..............................M7: 122
sintering of M7: 378-381
Nickel silvers *See also* Copper-zinc-nickel
alloys A6: 752, A20: 391
55-18 *See* Copper alloys, specific types, C77000
65-10 *See* Copper alloys, specific types, C74500
65-12 *See* Copper alloys, specific types, C75700
65-15 *See* Copper alloys, specific types, C75400
65-18 *See* Copper alloys, specific types, C75200
applications A2: 228, 342-345
brazing.................................A6: 630
composition...........................A20: 391
copper-base structural parts with..........A2: 396
corrosion in various media.........M2: 468-469
corrosion resistance A13: 611
fatigue properties A19: 869
foundry properties for sand casting A2: 348
galvanic series for seawater A20: 551
gas-metal arc butt welding A6: 760
oxyacetylene welding....................A6: 281
properties.........A2: 228, 342-345, A20: 391
relative weldability ratings, resistance spot
welding.............................A6: 834
resistance welding.......................A6: 850
solderability............................A6: 978
tensile strength, reduction in thickness by
rolling...............................A20: 392
thermal conductivity A6: 754
thermal expansion coefficient............A6: 907
weldability..............................A6: 753
weldability rating by various processes ...A20: 306
zinc and galvanized steel corrosion as result of
contact with..........................A5: 363
Nickel silvers, specific types
12% *See* Copper alloys, specific types, C97300
20% *See* Copper alloys, specific types, C97600
25% *See* Copper alloys, specific types, C97800
Nickel, specific types
213, galling resistance with various material
combinations.........................A18: 596
270, erosion-enhanced corrosion A18: 208
305, galling resistance with various material
combinations.........................A18: 596
Nickel 200
annealing A4: 908, M4: 756
bright annealing.........................A4: 909
composition.................A4: 908, M4: 755
stress equalizing.......................M4: 756
stress relieving M4: 756
stress-equalizing.........................A4: 908
stress-relieving A4: 908
Nickel 201
annealing A4: 908, M4: 756
composition M4: 755
compositions A4: 908

Nickel, specific types (continued)
stress equalizing **M4:** 756
stress relieving **M4:** 756
stress-equalizing. **A4:** 908
stress-relieving **A4:** 908

Nickel steel
flux-cored arc welding designator **A6:** 189
thermal properties **A18:** 42

Nickel steel powders
admixed **A7:** 756, 757, 758
chemical compositions **A7:** 756
density effect **A7:** 440
density effects on mechanical properties . . **A7:** 9, 10
high-temperature sintering **A7:** 829–830
laser sintering **A7:** 429
mechanical properties **A7:** 757, 758, 760, 765, 949, 950, 1096
microstructures . . **A7:** 727, 738, 739, 743, 744, 746, 747, 757
sintering **A7:** 474

Nickel steels
1 to 6% Ni, stress-corrosion cracking **A19:** 649
2Ni-Cr-Mo-V, fatigue crack threshold **A19:** 145
5Ni-Cr-Mo-V, ripple load effect on fatigue crack growth **A19:** 190
9% Ni ferritic, fatigue crack growth **A19:** 643
9Ni-4Co, fatigue crack propagation **A19:** 636
12Ni-5Cr-3Mo
corrosion fatigue. **A19:** 643, 647
corrosion fatigue crack growth data. **A19:** 643
15Ni-5Cr-3Mo
cyclic load waveform effect on corrosion fatigue crack growth rates. **A19:** 191
waveform effect on fatigue crack growth rates **A19:** 191
composition of common ferrous P/M alloy classes **A19:** 338
HP9-4-.20
fracture toughness value for engineering alloy **A19:** 377
HP-9-4-30 (9Ni-4Co-0.30C), fatigue crack growth **A19:** 636
HP-9Ni-4Co-30C
(0.34C-7.5Ni-1.1Cr-1.1Mo-4.5Co), crack growth retardation by overload cycles **A19:** 118
Ni-4Co-0.25C, corrosion fatigue crack growth data **A19:** 643
Ni-14Cr-4.5Mo-1Ti-6Al-1.5Fe-2.0 (Nb+Ta) alloy, stage I fatigue fracture **A19:** 54
powder metallurgy materials, etching **A9:** 508
powder metallurgy materials, heterogeneity in **A9:** 503
powder metallurgy materials microstructures **A9:** 510
powder metallurgy materials, pressed and part **A9:** 530
powder metallurgy materials, pressed and sintered, copper and carbon varied. **A9:** 521–522
powder metallurgy materials undersintered **A9:** 529
SAE-AISI system of designations for carbon and alloy steels **A5:** 704
surface relief from formation of upper bainite **A9:** 662

Nickel striking
copper plating process **M5:** 160
stainless steel **M5:** 232

Nickel strip *See* Nickel powder strip

Nickel sulfamate
nickel electroforming solutions and selected properties of the deposits **A5:** 286
nickel electroplating solution **A5:** 202
selective plating solutions **A5:** 281

Nickel sulfamate plating. **M5:** 200–201, 216

Nickel sulfate plating **M5:** 200–204, 207–208

Nickel sulfate plating bath
for making nanometer-scale nickel/copper multiple-layer alloys. **A5:** 275

Nickel sulfides **A7:** 173

Nickel superalloy powders
Osprey process atomization **A7:** 74, 75

Nickel tetracarbonyl **A7:** 69, 167, 168
decomposition. **A7:** 169
formation of **A7:** 170, 171
formation rate data **A7:** 168–169
gaseous. **A7:** 169
industrial applications **A7:** 169
photochemical decomposition **A7:** 169
physical properties **A7:** 169
toxicity and maximum allowable concentration. **A7:** 169

Nickel tetracarbonyl powders **M7:** 134–137
for refining nickel **M7:** 137
formation as exothermic **M7:** 137
properties **M7:** 136
stability **M7:** 137
system pressure and temperature effect in formation **M7:** 136
vapor, toxicity of **M7:** 136–137

Nickel, thoria dispersed *See* Nickel alloys, specific types, DS Ni

Nickel titanides
cold sintering **A7:** 579

Nickel toxicity
disposition and toxicology **A2:** 1250

Nickel trialuminide
diffusion factors **A7:** 451
physical properties **A7:** 451

Nickel (two-sided) electroless plating
electromagnetic interference shielding **A5:** 315

Nickel, zone refined
impurity concentration. **M2:** 713

Nickel/boron-plated panels. **A13:** 1123–1124
corrosion failure analysis of **EL1:** 1113–1114

Nickel-20% chromium-1% aluminum alloy,
microstructure of . . . . **A3:** 1•22

Nickel-alloy castings, corrosion resistant
applications **M3:** 175–178
castability **M3:** 175
classification. **M3:** 175
nickel-chromium-iron **M3:** 177
nickel-chromium-molybdenum **M3:** 178
nickel-copper **M3:** 176–177
nickel-molybdenum. **M3:** 178
proprietary alloys **M3:** 176, 178, 180, 182

Nickel-aluminum allloys
as bond coats for thermal spray coatings. . . **A6:** 813
shielded metal arc welding **A6:** 755

Nickel-aluminum alloys
301, galling resistance with various material combinations. **A18:** 596
abradable seal material **A18:** 589

Nickel-aluminum bronze *See also* Copper casting alloys
applications and properties **A2:** 331–332
galvanic series for seawater **A20:** 551
nominal composition **A2:** 347

Nickel-aluminum composite powder **M7:** 173, 174
for hardfacing **M7:** 829–830
thermal spray **M7:** 173, 175

Nickel-aluminum molybdenum-tantalum alloys **A7:** 175

Nickel-aluminum molybdenum-tungsten alloys **A7:** 175

Nickel-aluminum oxidation protective coating
superalloys **M5:** 376

Nickel-aluminum/nickel-chromium-boron-silicon carbide
as thermal spray coating for hardfacing applications **A5:** 735

Nickel-aluminum-bonze
laser-based direct fabrication **A7:** 434

Nickel-aluminum-molybdenum **A9:** 621

Nickel-aluminum-molybdenum-tantalum alloys
time-to-rupture **A8:** 304

Nickel-antimony system phase diagrams
peritectic transformation. **A9:** 677

Nickel-antimony-titanium yellow rutile
inorganic pigment to impart color to ceramic coatings **A5:** 881

Nickel-base alloy powders
applications **A7:** 590, 1031, 1032
cold sintering **A7:** 576, 579
compositions **A7:** 1071, 1072
hot isostatic pressing. **A7:** 594, 600
injection molding **A7:** 314
mechanical alloying **A7:** 86–87
properties **A7:** 1071, 1072
rapid solidification rate alloys **A7:** 48
self-fluxing. **A7:** 1074
spray formed **A7:** 403, 404
wear data **A7:** 1072

Nickel-base alloy powders, production of A7: 167–178
by atomization **A7:** 174–176
by hydrometallurgical processing **A7:** 171–174
carbonyl vapor metallurgy **A7:** 167–171
mechanical alloying **A7:** 176–178
methods **A7:** 167

Nickel-base alloys *See also* High-nickel alloys; Nickel; Nickel-base alloys, specific types; Superalloys **A13:** 641–657, **A14:** 261–266, 831–837
AAS furnace atomizer for trace analysis in **A10:** 55
advantages **A6:** 797
AEM determined orientation relationships in **A10:** 454
age-hardened, FIM/AP study of precipitates in **A10:** 583
alloying elements, effects **A13:** 641–642
amorphous, NMR Knight shifts **A10:** 284
and LEFM **A19:** 376
applications **A6:** 797, **A13:** 653–656
arc-welded, failures in. **A11:** 433–434
bar forming **A14:** 836
bending of **A14:** 834–836
blanking of **A14:** 832–833
brazing. **A6:** 927–928
brazing and soldering characteristics . . **A6:** 631–632
bulk composition of. **A10:** 562
cavitation erosion **A18:** 768, 769
characteristics **A13:** 641
chlorine corrosion **A13:** 1171
chromium plating. **A5:** 178
coextrusion welding **A6:** 311
cold extrusion of **A14:** 836–837
cold heading of **A14:** 836–837
cold-formed parts, for high-temperature service **A14:** 837
composition. **A20:** 395
compositions **A14:** 831
cooling after forging. **A14:** 263
corrosion in **A11:** 200–201, 202
corrosion of **A13:** 641–657
corrosion performance **A13:** 653–656
corrosion resistance **A6:** 585, **A20:** 549
corrosion resistance in alkalies **A13:** 647
corrosion resistance, molten salts **A13:** 90
cracking due to creep **A11:** 284
crevice corrosion **A13:** 305
critical melting and precipitation temperatures **A14:** 265
cutting tool material selection based on machining operation **A18:** 617
cutting tool materials and cutting speed relationship **A18:** 616
deep drawing of **A14:** 833
dendritic solidification structure in. **A10:** 306
die materials **A14:** 261
diffraction techniques, elastic constants, and bulk values for **A10:** 382
diffusion welding. **A6:** 885, 886
dip brazing **A6:** 336
electrochemical interaction, and corrosion **A13:** 643
electrochemical machining **A5:** 112
electrodes for flux-cored arc welding **A6:** 189
electronic applications. **A6:** 990

SUBJECTS OF THE INDEXED VOLUMES: ASM Handbook (designated by the letter "A"): **A1:** Properties and Selection: Irons, Steels, and High-Performance Alloys (1990); **A2:** Properties and Selection: Nonferrous Alloys and Special-Purpose Materials (1990); **A3:** Alloy Phase Diagrams (1992); **A4:** Heat Treating (1991); **A5:** Surface Engineering (1994); **A6:** Welding, Brazing, and Soldering (1993); **A7:** Powder Metal Technologies and Applications (1998); **A8:** Mechanical Testing (1985); **A9:** Metallography and Microstructures (1985); **A10:** Materials Characterization (1986); **A11:** Failure Analysis and Prevention (1986); **A12:** Fractography (1987); **A13:** Corrosion (1987); **A14:** Forming and Forging (1988); **A15:** Casting (1988); **A16:** Machining (1989); **A17:** Nondestructive Evaluation and Quality Control (1989); **A18:** Friction, Lubrication, and Wear Technology (1992); **A19:** Fatigue and Fracture (1996); **A20:** Materials Selection and Design (1997). **Metals Handbook, 9th Edition** (designated by the letter "M"): **M1:** Properties and Selection: Irons and Steels (1978); **M2:** Properties and Selection: Nonferrous Alloys and Pure Metals (1979); **M3:** Properties and Selection: Stainless Steels, Tool Materials, and Special-Purpose Materials (1980); **M4:** Heat Treating (1981); **M5:** Surface Cleaning, Finishing, and Coating (1982); **M6:** Welding, Brazing, and Soldering (1983); **M7:** Powder Metallurgy (1984). **Engineered Materials Handbook** (designated by the letters "EM"): **EM1:** Composites (1987); **EM2:** Engineering Plastics (1988); **EM3:** Adhesives and Sealants (1990); **EM4:** Ceramics and Glasses (1991). **Electronic Materials Handbook** (designated by the letters "EL"): **EL1:** Packaging (1989)

electroslag welding A6: 278
environmental embrittlement A13: 647–652
environmental factors A19: 37
environmental factors in stress-corrosion cracking A19: 493–494
expanding of A14: 836
explosive forming A14: 783
fabrication and weldability A13: 652–653
fatigue crack propagation A19: 35–37
fatigue crack thresholds A19: 144
FIM sample preparation of A10: 586
finish forging of A14: 262
flux-cored arc welding A6: 186, 187, 188
for thermal spray coatings A13: 461
for wire-drawing dies A14: 336
forge welding A6: 306
forging of A14: 261–266
forging temperature ranges A14: 263
forming, lubricants for A14: 520
forming practice A14: 782–783
fracture toughness A19: 35–37
fretting wear A18: 251
friction surfacing A6: 321
furnace brazing A6: 330
fusion welding to steels A6: 827–828
galling of A14: 831
galvanic corrosion of A13: 85
-boundary precipitation A13: 155
grain A13: 154
grain-boundary compositions A10: 562
grain-boundary segregation A13: 156
hard chromium plating, selected applications A5: 177
hardfacing A6: 789, 790, 794–795, 796, 799
heating for forging A14: 261–263
heat-resistant, forging of A14: 233–234
high, metallurgical effects on corrosion A13: 128–130
high temperature, compositions A14: 262
high-performance, hydrogen fluoride/hydrofluoric acid corrosion A13: 1168
hot corrosion of A13: 102
hot-die/isothermal forging of A14: 150–157, 265–266
hot-forming pressures A14: 262
hydrochloric acid corrosion of A13: 1162
hydrogen damage A13: 169
hydrogen flaking in A11: 337
hydrogen fluoride/hydrofluoric acid corrosion A13: 1168
hydrogen mitigation, underwater welding A6: 1011–1012
hydrogen peroxide dissolution medium . . . A10: 166
in acid media, corrosion resistance . . A13: 643–647
in acidic environments A19: 207
in corrosive environments A13: 643–647
in moist chlorine A13: 1173
in pharmaceutical production facilities . . A13: 1227
intergranular corrosion evaluation of A13: 239–240
intergranular corrosion of A11: 181–182
intermetallic phases A13: 642–643
interrupted oxidation test results A20: 594, 595
isothermal section, AEM determined A10: 475
jet-engine turbine blade, high-temperature fatigue fracture A11: 131
LEISS depth profile A10: 609
liquation cracking A6: 75
lubricants for A14: 261, 831–832
lubrication of tool steels A18: 737, 738
material for jet engine components A18: 591
materials factors in stress-corrosion cracking A19: 492–493
mechanical properties of A1: 984
molten salt corrosion A13: 89
mutual solubility of A11: 452
nominal chemical compositions A13: 644
not readily diffusion bondable A6: 156
ordered, effect of antiphase boundaries on FIM image A10: 589, 590
ordered Ni-Mo, effects of antiphase boundaries on FIM image A10: 589–590
oxide-dispersion-strengthened materials . . . A6: 1039
petroleum refining and petrochemical operations A13: 1263
physical properties of A1: 983
piercing of A14: 832–833
pipe bending A14: 834–835
plate, as edge protection A11: 24
plate bending A14: 835–836
precipitates and cyclic hardening A19: 64
projection welding A6: 233
properties A20: 395
pulse-fraction curves for atom probe analysis A10: 595
rod forming A14: 836
roll welding A6: 312
SCC resistance A13: 328–329
shearing of A14: 832–833
sheet bending A14: 835–836
slurry erosion A18: 768, 770
sodium hydroxide corrosion A13: 1176
specialty, intergranular corrosion A13: 325
spinning of A14: 833–834
straightening of A14: 837
strain hardening of A14: 831
stress-corrosion cracking A19: 492–494
stress-corrosion cracking in A11: 223
stress-rupture strengths for A1: 985
stretching and necking due to creep A11: 283
strip bending A14: 835–836
sulfuric acid corrosion A13: 1152
tempers for A14: 831
thermal fatigue cracks A11: 284
thermal spray coating recommended A18: 832
thermal spray coatings A5: 499
thermal-mechanical processing A14: 265
tools and equipment for forming A14: 832
trace analysis for aluminum in A10: 66
trace element impurity effect on GTA weld penetration A6: 20
tube bending A14: 834–835
ultrasonic welding A6: 895
weld cladding A6: 822
weld metal, SCC susceptibility A13: 328
weldability rating by various processes . . . A20: 306
weldments A13: 361–362

Nickel-base alloys, heat treating *See also* Heat-resisting alloys, heat treating
aging M4: 668
annealing M4: 655, 664–665
atmospheres M4: 665
solution treating M4: 666
stress relieving M4: 655, 664–665
temperatures M4: 655, 656, 657, 664–669
weldments M4: 668–669

Nickel-base alloys, special metallurgical welding considerations A6: 575–579
creep-resistant secondary carbide-strengthened alloys welded with nickel alloys A6: 577
heat-affected zone A6: 577
overaging A6: 575
precipitation-hardenable nickel alloys A6: 575–577
low-coefficient-of-expansion alloys A6: 576
mechanically alloyed products A6: 576–577
postweld strain-age cracking (PWSAC) . . . A6: 576
solid-solution nickel alloys A6: 575
special welded product conditions A6: 577–579

Nickel-base alloys, specific types *See also* Nickel; Nickel-base alloys; Superalloys, specific types
1.3Ni-0.6Cr, corrosion fatigue strength in water A19: 671
1.55Ni-Cr-Mo, fracture control, operating stress map A19: 465, 466
9Ni-4Co-0.2C, crack aspect ratio variation A19: 160
20Cb-3, intergranular corrosion A13: 325
80% Ni; 20% Cr, thermal properties A18: 42
80Ni-20Cr, plasma-sprayed, fatigue crack threshold A19: 144
90% Ni; 10% Cr, thermal properties A18: 42
200, alkali resistance A13: 647
200 commercially pure, intergranular corrosion A13: 325
200, hydrogen fluoride/hydrofluoric acid corrosion A13: 1168
200, oxidizing ion effect, corrosion in boiling acetic acid A13: 648
200, SCC susceptibility A13: 328
201, alkali resistance A13: 647
201, SCC susceptibility A13: 328
600, crevice corrosion A13: 111
600, flux-cored arc welding A6: 188
600, grain-boundary segregation measurements A13: 157
600, SCC susceptibility A13: 328
600 tubing, primary-side SCC A13: 941
625, crevice corrosion A13: 111
625, flux-cored arc welding A6: 188
690, crevice corrosion A13: 111
800, high-temperature corrosion A13: 99–101
800, SCC susceptibility A13: 328
825, crevice corrosion A13: 109
A-286, recommended upsetting pressures for flash welding A6: 843
alloy 200, forging practice A14: 263
alloy 301, forging practice A14: 263
alloy 400, forging practice A14: 263–264
alloy 400, stress-corrosion cracking A19: 493
alloy 600, forging practice A14: 264
alloy 600, stress-corrosion cracking . . A19: 493–494
alloy 625, forging practice A14: 264
alloy 690, stress-corrosion cracking A19: 494
alloy 706, forging practice A14: 264
alloy 718, forged and machined A14: 264
alloy 718, forging practice A14: 264
alloy 718, stress-corrosion cracking A19: 494
alloy 722, forging practice A14: 265
alloy 750, stress-corrosion cracking A19: 494
alloy 751, forging practice A14: 265
alloy 800, forging practice A14: 264
alloy 825, forging practice A14: 264
alloy 901, thermal mechanical processing A14: 265
alloy 903, forging practice A14: 265
alloy 907, forging practice A14: 265
alloy 909, forging practice A14: 265
alloy 925, forging practice A14: 264–265
alloy K-500, forging practice A14: 264
alloy X-750, forging practice A14: 264
AM1, thermomechanical fatigue A19: 538
B-1900 + Hf, thermomechanical fatigue . . A19: 538, 543
B-1900, stress-rupture stress vs. rupture life A11: 267
DS200, thermomechanical fatigue A19: 538
Hastelloy B, weldment corrosion A13: 362
Hastelloy B-2, weldment corrosion A13: 362
Hastelloy C, weldment corrosion A13: 362
Hastelloy C-22, AEM-determined orientation relationships A10: 454
Hastelloy C-22, corrosion resistance A13: 324
Hastelloy C-22, weld soundness in . . . A10: 478–481
Hastelloy C-276, cyclic potentiodynamic polarization curves A13: 218
Hastelloy C-276, slow strain rate SCC testing A13: 274
Hastelloy C-276, weld metal corrosion A13: 324
Hastelloy C-276, weldment corrosion A13: 362
Hastelloy G, intergranular corrosion A13: 325
Hastelloy G-3, intergranular corrosion resistance A13: 325
Hastelloy N, molten salt corrosion resistance A13: 53–54
Incoloy 800, SCC susceptibility A13: 328–329
Incoloy 825, SCC resistance A13: 328
Incoloy 901, diffraction techniques, elastic constants, and bulk values for A10: 382
Inconel 600, chromium sensitization in . . . A10: 483
Inconel 600, diffraction techniques, elastic constants, and bulk values for A10: 382
Inconel 600, EPMA spectrum, intergranular fracture A11: 40
Inconel 600, hydrogen fluoride/hydrofluoric acid corrosion A13: 1168
Inconel 600, SCC of safe-end on reactor nozzle A11: 660–661
Inconel 600, SCC susceptibility A13: 328
Inconel 600, steam line bellows failure A11: 38–41
Inconel 600 tubing, residual stress and cold work distribution A10: 390
Inconel 600 tubing, residual stress and percent cold work distributions A10: 390
Inconel 601, catastrophic sulfidation A13: 1313
Inconel 625, chemical composition as function of etching time A10: 559
Inconel 625, corrosion rate A10: 558
Inconel 625, intergranular corrosion A13: 325
Inconel 625, SCC resistance A13: 328
inconel 690, SCC susceptibility A13: 328
Inconel 718, diffraction techniques, elastic constants, and bulk values for A10: 382

Nickel-base alloys, specific types (continued)
Inconel 718, x-ray elastic constant determination for . . . **A10:** 388
Inconel, liquid-erosion resistance . . . **A11:** 167
Inconel, SCC failures in . . . **A11:** 27
Inconel X-750, diffraction technique, elastic constants, and bulk values for . . . **A10:** 382
Inconel X-750 springs, SCC failure . . **A11:** 559–560
MAR-M 246, effect of temperature increase on microstructure of . . . **A11:** 282
Monel
corrosion fatigue behavior above 10^7 cycles . . . **A19:** 598
critical stress required to cause a crack to grow . . . **A19:** 135
fatigue crack threshold compared with the constant *C* . . . **A19:** 134
Monel 400, hydrogen fluoride/hydrofluoric acid corrosion . . . **A13:** 1168
Monel 400, oxidizing ions effect, corrosion in boiling acetic acid . . . **A13:** 648
Monel 400, oxygen effect on hydrofluoric acid corrosion . . . **A13:** 645, 647
Monel 400, SCC susceptibility . . . **A13:** 328
Monel, effect of aeration/deaeration . . . **A13:** 221
Monel, effect of temperature on corrosion . . . **A13:** 220
Monel K500, hydrogen fluoride/hydrofluoric acid corrosion . . . **A13:** 1168
Monel, pitting corrosion . . . **A13:** 120
N00825 (Ni-Cr-Fe-Mo 825), composition, used for aqueous corrosion resistance . . . **A19:** 492
N02200 (Nickel 200), composition, used for aqueous corrosion resistance . . . **A19:** 492
N02201 (Nickel 201), composition, used for aqueous corrosion resistance . . . **A19:** 492
N04400 (Ni-Cu 400), composition, used for aqueous corrosion resistance . . . **A19:** 492
N05500 (K-500), composition, used for aqueous corrosion resistance . . . **A19:** 492
N06022 (Ni-Cr-Mo-W, C-22), composition, used for aqueous corrosion resistance . . . **A19:** 492
N06030 (Ni-Cr-Fe-Mo G-30), composition, used for aqueous corrosion resistance . . . **A19:** 492
N06110 (Ni-Cr-Mo-W, ALLCORR), composition, used for aqueous corrosion resistance . . . **A19:** 492
N06455 (Ni-Cr-Mo-W, C-4), composition, used for aqueous corrosion resistance . . . **A19:** 492
N06600 (Ni-Cr-Fe 600), composition, used for aqueous corrosion resistance . . . **A19:** 492
N06625 (Ni-Cr-Mo-W, 625), composition, used for aqueous corrosion resistance . . . **A19:** 492
N06690 (Ni-Cr-Fe, 690), composition, used for aqueous corrosion resistance . . . **A19:** 492
N06950 (Ni-Cr-Fe-Mo G-50), composition, used for aqueous corrosion resistance . . . **A19:** 492
N06975 (Ni-Cr-Fe-Mo, 2550), composition, used for aqueous corrosion resistance . . . **A19:** 492
N06985 (Ni-Cr-Fe-Mo, G-3), composition, used for aqueous corrosion resistance . . . **A19:** 492
N07041 (R41), composition, used for aqueous corrosion resistance . . . **A19:** 492
N07080 (Nimonic 80), composition, used for aqueous corrosion resistance . . . **A19:** 492
N07716 (625 Plus), composition, used for aqueous corrosion resistance . . . **A19:** 492
N07718 (718), composition, used for aqueous corrosion resistance . . . **A19:** 492
N07725 (725), composition, used for aqueous corrosion resistance . . . **A19:** 492
N07750 (X-750), composition, used for aqueous corrosion resistance . . . **A19:** 492
N08028 (Ni-Cr-Fe-Mo, Sanicro), composition, used for aqueous corrosion resistance . . . **A19:** 492
N08800 (Ni-Cr-Fe 800), composition, used for aqueous corrosion resistance . . . **A19:** 492
N09910 (Ni-Cr-Fe 800H), composition, used for aqueous corrosion resistance . . . **A19:** 492
N09925 (925), composition, used for aqueous corrosion resistance . . . **A19:** 492
N10001 (Ni-Mo, B), composition, used for aqueous corrosion resistance . . . **A19:** 492
N10003 (Ni-Cr-Mo-W, N), composition, used for aqueous corrosion resistance . . . **A19:** 492
N10004 (Ni-Cr-Mo-W, W), composition, used for aqueous corrosion resistance . . . **A19:** 492
N10276 (Ni-Cr-Mo-W, C-276), composition, used for aqueous corrosion resistance . . . **A19:** 492
N10665 (Ni-Mo, B-2), composition, used for aqueous corrosion resistance . . . **A19:** 492
Ni-7.2Al, measured values of plastic work of fatigue crack propagation, and A values . . . **A19:** 69
Ni-25Cr alloy, abrasive wear . . . **A18:** 189–190
Ni-Cr, advantages and applications of materials for surfacing, build-up, and hardfacing . . **A18:** 650
Ni-Cr-B
advantages and applications of materials for surfacing, build-up, and hardening **A18:** 650
classification and composition of hardfacing alloys . . . **A18:** 652
Ni-Cr-Mo, advantages and applications of materials for surfacing, build-up, and hardfacing . . . **A18:** 650
Ni-Cr-Mo-V steels, fatigue crack threshold . . . **A19:** 147–148
Ni-Cr-Mo-W
advantages and applications of materials for surfacing, build-up, and hardening **A18:** 650
classification and composition of hardfacing alloys . . . **A18:** 652
Nimonic 75, composition, used for aqueous corrosion resistance . . . **A19:** 492
Nimonic 105, composition, used for aqueous corrosion resistance . . . **A19:** 492
Nimonic PE 16, liquid sodium corrosion . . **A13:** 91
Ni-Ti-Co, orthodontic wires, properties . . . **A18:** 666
PWA 273, thermomechanical fatigue . . . **A19:** 540
PWA 286, thermomechanical fatigue . . . **A19:** 540
PWA 663, thermomechanical fatigue . . . **A19:** 551
PWA 1480, thermomechanical fatigue . . . **A19:** 540
René 95, thermal-mechanical processing . . **A14:** 265
René 96, diffraction techniques, elastic constants, and bulk values for . . . **A10:** 382
René N4, thermomechanical fatigue . . . **A19:** 541
SRRR99, thermomechanical fatigue . . . **A19:** 538
U-700, continuous grain-boundary precipitate in . . . **A10:** 308
U-700, stress-rupture stress vs. rupture life . . . **A11:** 267
Waspaloy, flow curves . . . **A14:** 374
Waspaloy, hot-die/isothermal forging of . . . **A14:** 152
Waspaloy, pseudo binary phase diagrams **A14:** 236
Waspaloy, thermal mechanical processing **A14:** 265
X-750, jet pump beams, SCC of . . . **A13:** 933–935

Nickel-base corrosion-resistant alloys containing molybdenum, selection of . . . **A6:** 593–597
alloy B family . . . **A6:** 593–594
alloy C family . . . **A6:** 593
alloy G family . . . **A6:** 594
annealing . . . **A6:** 596
argon-oxygen decarburization (AOD) process . . . **A6:** 593
cast CR alloy welding . . . **A6:** 597
chemical compositions of most widely used materials in family . . . **A6:** 593
clad plate, joining of . . . **A6:** 597
dissimilar metals welding . . . **A6:** 596–597
dye-penetrant inspection . . . **A6:** 597
electron-beam welding . . . **A6:** 594
friction welding . . . **A6:** 594
fusion zone . . . **A6:** 595–596
gas hole formation . . . **A6:** 595–596
gas-metal arc welding . . . **A6:** 594
gas-tungsten arc welding . . . **A6:** 594
heat-affected zone . . . **A6:** 594, 595, 596, 597
joining to ferrous alloys . . . **A6:** 597
laser-beam welding . . . **A6:** 594
oxyacetylene welding not recommended . . . **A6:** 594
plasma arc welding . . . **A6:** 594
postweld heat treatment . . . **A6:** 596
repair welding of wrought alloy parts . . . **A6:** 597
resistance spot welding . . . **A6:** 594
shielded metal arc welding . . . **A6:** 594
shot peening . . . **A6:** 596
stringer bead welding . . . **A6:** 594
submerged arc welding not recommended . . **A6:** 594
welding characteristics . . . **A6:** 594
welding metallurgy . . . **A6:** 594–596

Nickel-base corrosion-resistant alloys containing molybdenum, specific types
B-2
adverse effects of grain boundary precipitation in HAZ . . . **A6:** 595
annealing . . . **A6:** 596
composition . . . **A6:** 593
development . . . **A6:** 593
fusion zone attack . . . **A6:** 595
metallographic cross sections of corroded surfaces . . . **A6:** 596
microstructure . . . **A6:** 593–594
nitrogen solubility . . . **A6:** 596
physical properties . . . **A6:** 593–594
shielded metal arc welding . . . **A6:** 594
solution annealing temperatures . . . **A6:** 596
C4
composition . . . **A6:** 593
development . . . **A6:** 593
hot cracking . . . **A6:** 596
solution annealing temperatures . . . **A6:** 596
C-22
composition . . . **A6:** 593
development . . . **A6:** 593
hot cracking . . . **A6:** 596
nitrogen solubility . . . **A6:** 596
physical properties . . . **A6:** 594
solution annealing temperatures . . . **A6:** 596
to refurbish corroded welds in alloy C-276 parts . . . **A6:** 595
C-276
composition . . . **A6:** 593
corrosion attack caused by grain boundary precipitation . . . **A6:** 595
corrosion resistance . . . **A6:** 593
development . . . **A6:** 593
hot cracking . . . **A6:** 596
refurbished in corroded welds with C-22 **A6:** 595
solution annealing temperatures . . . **A6:** 596
G-3
composition . . . **A6:** 593
development . . . **A6:** 594
refurbished in corroded welds with alloy G-30 . . . **A6:** 595
solution annealing temperatures . . . **A6:** 596
G-30
composition . . . **A6:** 593
development . . . **A6:** 594
physical properties . . . **A6:** 594
solution annealing temperatures . . . **A6:** 596
to refurbish welds in alloy G-3 parts . . . **A6:** 595
N
composition . . . **A6:** 593
solution annealing temperatures . . . **A6:** 596

Nickel-base electrodes
as cast iron welding consumable . . . **A15:** 523–524

Nickel-base filler alloys
brazing corrosion resistance . . . **A13:** 883–884

Nickel-base hardfacing alloy, improving . . . **A3:** 1•27

Nickel-base hardfacing alloy powders . . . **A7:** 174, 974, 975

Nickel-base hardfacing alloys . . . **A7:** 74
laser cladding materials . . . **A18:** 866–867

Nickel-base heat-resistant alloys
HERF forgeability . . . **A14:** 104
machining . . **A16:** 738, 741–743, 746–747, 749–757

SUBJECTS OF THE INDEXED VOLUMES: ASM Handbook (designated by the letter "A"): **A1:** Properties and Selection: Irons, Steels, and High-Performance Alloys (1990); **A2:** Properties and Selection: Nonferrous Alloys and Special-Purpose Materials (1990); **A3:** Alloy Phase Diagrams (1992); **A4:** Heat Treating (1991); **A5:** Surface Engineering (1994); **A6:** Welding, Brazing, and Soldering (1993); **A7:** Powder Metal Technologies and Applications (1998); **A8:** Mechanical Testing (1985); **A9:** Metallography and Microstructures (1985); **A10:** Materials Characterization (1986); **A11:** Failure Analysis and Prevention (1986); **A12:** Fractography (1987); **A13:** Corrosion (1987); **A14:** Forming and Forging (1988); **A15:** Casting (1988); **A16:** Machining (1989); **A17:** Nondestructive Evaluation and Quality Control (1989); **A18:** Friction, Lubrication, and Wear Technology (1992); **A19:** Fatigue and Fracture (1996); **A20:** Materials Selection and Design (1997). **Metals Handbook, 9th Edition** (designated by the letter "M"): **M1:** Properties and Selection: Irons and Steels (1978); **M2:** Properties and Selection: Nonferrous Alloys and Pure Metals (1979); **M3:** Properties and Selection: Stainless Steels, Tool Materials, and Special-Purpose Materials (1980); **M4:** Heat Treating (1981); **M5:** Surface Cleaning, Finishing, and Coating (1982); **M6:** Welding, Brazing, and Soldering (1983); **M7:** Powder Metallurgy (1984). **Engineered Materials Handbook** (designated by the letters "EM"): **EM1:** Composites (1987); **EM2:** Engineering Plastics (1988); **EM3:** Adhesives and Sealants (1990); **EM4:** Ceramics and Glasses (1991). **Electronic Materials Handbook** (designated by the letters "EL"): **EL1:** Packaging (1989)

Nickel-base heat-resistant casting alloys
compositions of **A9:** 331
microstructures **A9:** 334
Nickel-base heat-resistant casting alloys, specific types
Alloy 713C, as-cast, different carbide structures **A9:** 344
Alloy 713C, different holding temperatures and times compared **A9:** 345
Alloy 718, vacuum cast and solution annealed **A9:** 345
Alloy 7130, exposed to sulfidation **A9:** 345
B-1900, as-cast, different magnifications compared **A9:** 341
B-1900, shell mold casting, as-cast **A9:** 342
B-1900, shell mold casting, solution annealed and aged **A9:** 342
Hastelloy B, as-cast and annealed **A9:** 342
Hastelloy C, as-cast and annealed **A9:** 342
IN-100, as-cast, different magnifications compared **A9:** 342–343
IN-100, creep-rupture tested **A9:** 344
IN-100, different holding temperatures and times compared **A9:** 343–344
IN-738, after holding **A9:** 345
IN-738, as-cast **A9:** 346
IN-738, solution annealed **A9:** 346
MAR-M 246, after high temperature exposure **A9:** 346–347
MAR-M 246, as-cast **A9:** 346
MAR-M 246, different cooling times compared **A9:** 346
TRW-NASA VIA, as-cast **A9:** 347
U-700, as-cast, and solution annealed **A9:** 347
U-700, cast blade after cyclic sulfidation- erosion testing **A9:** 347
Nickel-base high-temperature alloy
thermomechanical fatigue of **A19:** 537–542
Nickel-base nodulizers **A1:** 39
Nickel-base powders
self-fluxing **A7:** 1069
Nickel-base steels
flux-cored arc welding **A6:** 187
relative solderability **A6:** 134
Nickel-base superalloy composites with molybdenum wires
polishing **A9:** 591
Nickel-base superalloy powders
corrosion resistance **A7:** 978
diffusion factors **A7:** 451
extrusion **A7:** 627
grain sizes, spray formed **A7:** 405, 406
hot isostatic pressing . . **A7:** 590, 593, 599, 605, 615, 616
laser-based direct fabrication **A7:** 434, 435
osprey forming process **A7:** 74–75, 319
physical properties **A7:** 451
rapid solidification rate process **A7:** 48
spray forming **A7:** 404
thermal spray forming **A7:** 411, 415
uniaxial compression tests **A7:** 599
Nickel-base superalloys *See also* Nickel alloys; Specific types; Superalloys; Wrought heat-resistant alloys
applications **A6:** 83
aerospace **A6:** 386, 387
carbide precipitates **A20:** 394
cast nickel-base superalloys . . **A1:** 981–985, 986–994
constitutional liquation **A6:** 75
diffusion coatings **A5:** 611–617, 619
directionally solidified superalloys **A1:** 995, 996–998
effects of reactive atmospheres **A12:** 40
elemental cobalt alloying **A2:** 446
embrittlement in **A12:** 123
etching of welded joints **A9:** 580
extreme-temperature solid lubricants **A18:** 118
fatigue crack propagation **A19:** 35
fatigue crack threshold **A19:** 144
for rolling **A14:** 356
fracture/failure causes illustrated **A12:** 217
heat treatments **A6:** 566–567
high-resolution energy-compensated atom probe analysis of **A10:** 597
hot isostatic pressing, effects **A15:** 539
interrupted oxidation test results **A20:** 594, 595
investment cast, turbine blades of **A15:** 207
low-cycle fatigue characterization **A19:** 22
machinability **A20:** 756
material effects on flow stress and workability in forging chart **A20:** 740
microstructures **A9:** 309
ordered intermetallic effects **A2:** 914
pack cementation aluminizing **A5:** 618
phase chemistry and stability in **A10:** 598
postweld heat treatment . . . **A6:** 83, 92, 93, 566–567
powder metallurgy (P/M) superalloys . . **A1:** 972–976
precipitates **A19:** 32
pulse-fraction curves **A10:** 594, 595
reheat cracking **A6:** 92, 93
single-crystal superalloys . . . **A1:** 995–996, 998–1006
solidification structures in welded joints . . . **A9:** 580
solid-state transformations in weldments **A6:** 83–84
strain-age cracking **A6:** 83
strengthening mechanisms **A20:** 349
structure-property relationships for high-temperature applications **A20:** 353
thermal expansion coefficient **A6:** 907
thermomechanical fatigue **A19:** 541
VIM melt protocol for **A15:** 394
wrought nickel-base superalloys **A1:** 950–959, 968–972
Nickel-base superalloys, arc-welded
failures in **A11:** 433–434
Nickel-base superalloys, fatigue and fracture properties of
austenitic matrix **A19:** 854
carbides **A19:** 855
casting defects **A19:** 856
compositional modifications **A19:** 856
conclusions **A19:** 866
crack advance mechanism **A19:** 860, 861, 862
creep **A19:** 863–864
crystallographic crack propagation . . . **A19:** 860–861
deleterious phases **A19:** 855
directionally solidified alloys **A19:** 856
external variable influence on crack growth morphologies **A19:** 861
extrinsic parameter effects **A19:** 858–859
fatigue crack growth rate modeling . . . **A19:** 861–863
fatigue crack propagation **A19:** 856–857
first-generation SX superalloys **A19:** 856
fracture surface morphologies . . . **A19:** 860, 861, 862
γ′ precipitates **A19:** 855, 861
grain boundary effects **A19:** 855–856
grain size effects **A19:** 855–856
microstructure effects **A19:** 857–858
microstructure influence **A19:** 865
mismatch **A19:** 855
modeling creep and creep-fatigue crack growth rates **A19:** 864–865
modeling FCP rates **A19:** 859–860
Nickel-base superalloys, fatigue **A19:** 854–868
noncrystallographic crack propagation **A19:** 861
phases **A19:** 854–855
physical metallurgy **A19:** 854–855
physical metallurgy influence **A19:** 865
second-generation SX superalloys **A19:** 856
single crystal considerations **A19:** 865–866
single-crystal alloys **A19:** 856, 860–863
stress-rupture lives **A19:** 863
temperature/environment interactions **A19:** 858–859
unit cell **A19:** 855
Nickel-base superalloys, specific types
718
liquation cracking **A6:** 568–569, 570
postweld heat treatments **A6:** 570
strain-age cracking **A6:** 566, 568–569, 570
731, strain-age cracking **A6:** 566
Astroloy, effect of stress intensity factor range on fatigue crack growth rate **A12:** 57–58
Astroloy, effects of vacuum on fatigue **A12:** 48
Astroloy, fatigue fracture in air/vacuum . . . **A12:** 48, 54
CMSX-2
creep-rupture times **A19:** 864
fatigue crack propagation **A19:** 860, 862
CMSX-2, single-crystal, hydrogen embrittlement **A12:** 389
illuminations compared **A9:** 81
IN 939, atom probe mass spectra of γ matrix and primary γ precipitates **A10:** 598
IN 939, chemical analysis of ultrafine secondary precipitates **A10:** 598
IN 939, composition of **A10:** 598
IN 939, FIM and TEM images of **A10:** 598
IN 939, FIM/AP analysis of **A10:** 598
IN 939, four-stage heat treatment of **A10:** 598
IN 939, γ phase analysis **A10:** 598
IN 939, ladder diagrams **A10:** 599
IN-100 nickel-base, dendritic stress-rupture fracture **A12:** 391
IN-718, effect of frequency on fracture appearance **A12:** 58, 60
IN-738, effect of frequency and wave form on fatigue properties **A12:** 63
IN-738, fatigue and creep fractures **A12:** 389
IN-792, serrated grain boundaries effects upon time to failure **A19:** 863
Incoloy 800, effect of stress intensity factor range on fatigue crack growth rate **A12:** 58
Incoloy 800, effects of temperature **A12:** 52
Incoloy 800, ridges and striations in sulfidizing atmosphere **A12:** 41, 53
Incoloy 800, wedge cracking **A12:** 26
Incoloy X750, fatigue fracture mechanisms **A12:** 392
Inconel 600, corrosion fatigue **A12:** 45–46
Inconel 600, effect of frequency and wave form-n on fatigue properties **A12:** 60
Inconel 625, reactively sputtered **A9:** 158
inconel 625, wedge cracking **A12:** 26
Inconel 718, effects of stress intensity factor range on fatigue crack growth rate **A12:** 58
Inconel 718, heat treated, with niobium compared **A9:** 82
Inconel 718 (UNS N07718), evaluation . . . **A12:** 393
Inconel X-750, effect of frequency and wave form on fatigue properties **A12:** 59–60
Inconel X-750, effect of stress intensity factor range on fatigue crack growth rate . . . **A12:** 57
Inconel X-750, effect of temperature **A12:** 52
Inconel X-750, effect of temperature on double-aged **A12:** 47
inconel X-750, effect of vacuum **A12:** 48
Inconel X-750, fatigue fracture appearance **A12:** 58
Inconel X-750, fatigue fractures in air/vacuum **A12:** 48, 55
Inconel X-750, light/SEM fractographs compared **A12:** 94, 96
NASA 11B-7, crack growth testing, high-temperature **A19:** 205, 206
Nimocast PK24, applications **A6:** 319
Nimonic 90, IAP study of **A10:** 596
PWA 1480 . . . . **A19:** 863
creep elongation **A19:** 864
elastic modulus at room temperature . . . **A19:** 863
RA 333, precipitated particles in **A9:** 126
René 77, thermomechanical fatigue **A19:** 537
René 95, fatigue crack propagation . . **A19:** 858, 859
Udimet 720, creep fracture **A12:** 395
Udimet 720, fatigue crack threshold **A19:** 144
Udimet 720, fatigue fracture **A12:** 395
Udimet 720, multiple transgranular fatigue origins **A12:** 395
Waspaloy, fatigue crack propagation **A19:** 857
Waspaloy, solution annealed and aged different illumination modes compared **A9:** 150
Nickel-base/boride-type alloys **A18:** 762, 763–765
compositions **A18:** 762, 763
corrosion resistance **A18:** 765
galling **A18:** 764–765
microstructure **A18:** 763, 764
phases formed **A18:** 764
properties **A18:** 764
spray-and-fuse process **A18:** 765
Nickel-based alloys
brazing **M6:** 1018–102
atmospheres **M6:** 101
cleanliness **M6:** 1018–101
Inconel 718 . . . . **M6:** 102
precipitation-hardenable alloys **M6:** 101
stresses **M6:** 1019–102
thermal cycles **M6:** 102
cross-wire projection welding **M6:** 518
diffusion welding **M6:** 677
electroslag welding **M6:** 22
extrusion welding **M6:** 677
forge welding **M6:** 67

Nickel-based alloys (continued)
friction welding **M6:** 722
hardfacing materials **M6:** 775
plasma arc welding **M6:** 214
roll welding **M6:** 676

Nickel-based, cobalt-based alloys, specific types
Haynes 208, mechanical properties and compositions **M7:** 472
Haynes 711, mechanical properties and compositions **M7:** 472
Haynes N-6, mechanical properties and compositions **M7:** 472
Star J Metal, mechanical properties and compositions **M7:** 472
Stellite 3, mechanical properties and compositions **M7:** 472
Stellite 6, mechanical properties and compositions **M7:** 472
Stellite 19, mechanical properties and compositions **M7:** 472
Stellite 31, mechanical properties and compositions **M7:** 472
Stellite 98 M2, mechanical properties and compositions **M7:** 472
Stellite 190, mechanical properties and compositions **M7:** 472

Nickel-based dispersion-strengthened materials **M7:** 722–727

Nickel-based hardfacing alloys **M7:** 142, 825–827
corrosion rates. **M7:** 828
melting ranges **M7:** 142
wear data **M7:** 828

Nickel-based heat-resistant alloys *See* specific types and Heat-resistant metals and alloys

Nickel-based superalloys *See also* Nickel-based superalloys, specific types; Superalloys
compositions of experimental dispersion-strengthened **M7:** 527
consolidation by hot isostatic pressing. **M7:** 439–441
contaminants **M7:** 178
creep-rupture testing of. **A8:** 302
dendrite arm spacing and particle size in atomization **M7:** 33, 48
elevated temperature tension testing in air . . **A8:** 36
high-cycle corrosion behavior **A8:** 254, 255
microstructure in rapid solidification . . . **M7:** 47, 48

Nickel-based superalloys, specific types *See also* Nickel-based superalloys; Superalloys; Superalloys, specific types
AF115, HIP for. **M7:** 440
Astroloy, mechanical properties **M7:** 441
IN-100, and MERL 76. . . . . **M7:** 440
IN-100, boundaries by carbide precipitates **M7:** 428
IN-100, mechanical properties **M7:** 441
MAR M002, Osprey-atomized **M7:** 531
MERL 76 . . . . **M7:** 440
Nimonic alloy AP1, mechanical properties of hot isostatically pressed plus conventionally forged **M7:** 442
René 95, mechanical properties **M7:** 441
René 95, tensile and creep properties of hot pressed **M7:** 442

Nickel-bonded titanium carbide cermets
applications and properties. **A2:** 995

Nickel-boron
electroless coatings. **A18:** 837
wear resistance **A5:** 326

Nickel-boron coatings
electroless. **M5:** 229–231

Nickel-boron compounds **A7:** 174
operating condition and properties of water atomized powders. **A7:** 36

Nickel-boron plating system **A5:** 327

Nickel-boron silicon alloys **A7:** 174

Nickel-boron-molybdenum
wear resistance **A5:** 326

Nickel-boron-thallium
wear resistance **A5:** 326

Nickel-boron-tin
wear resistance **A5:** 326

Nickel-carbon system
stability of diamond/graphite. **A2:** 1009

Nickel-chrome alloys
for heat treating furnace equipment . . **A4:** 468, 471, 472

Nickel-chromium alloy *See also* Nickel alloys, cast, specific types, CY-40
galvanic series for seawater **A20:** 551

Nickel-chromium alloy powder **A7:** 544
thermal spray forming **A7:** 409, 411

Nickel-chromium alloy steel
fatigue crack threshold compared with the constant C **A19:** 134

Nickel-chromium alloy vacuum coatings M5: 402–403

Nickel-chromium alloys **A5:** 866
alloy basis for dental crowns **A18:** 673
applications and properties. **A2:** 438
as heating alloys **A2:** 828
as metallic coating for molybdenum. **A5:** 859
characteristics and types **A2:** 436, 441–442
cleaning of **M5:** 270–273
combustion flame spraying, ceramic coating **A5:** 474
creep rupture testing of. **A8:** 302
dissimilar metal joining **A6:** 825–826
fretting wear **A18:** 251
galling resistance with various material combinations. **A18:** 596
in sheathed heaters **A2:** 831
joining **A2:** 831
laser cladding components and techniques **A18:** 869
Nimonic series, discovery and characteristics **A2:** 429
recommended gap for braze filler metals. . . **A6:** 120
spray material for oxyfuel wire spray process **A18:** 829

Nickel-chromium alloys dental **A13:** 1351
PFM **A13:** 1356
weldment corrosion. **A13:** 361–362

Nickel-chromium alloys, selection of
alloying of elements effect **A6:** 588–590
applications in severely corrosive environments with extreme temperatures. **A6:** 586–587
compositions of selected popular alloys **A6:** 586
consumption and applications by western nations in 1990. . . . . **A6:** 586
electron-beam welding **A6:** 587, 588
fabrication **A6:** 587
fusion zone **A6:** 588
gas-metal arc welding **A6:** 587, 588
gas-tungsten arc welding. **A6:** 588
heat-affected zone **A6:** 587–590
postweld heat treatment **A6:** 590
special metallurgical welding considerations. **A6:** 590–592
thermal conductivity **A6:** 587
unmixed zone **A6:** 588, 589
welding characteristics. **A6:** 587
welding metallurgy. **A6:** 587–590

Nickel-chromium alloys, specific types
600
annealing temperatures **A6:** 590
composition **A6:** 586
constitutional liquation and carbide precipitation. **A6:** 588
heat treatment procedures recommended **A6:** 590
hot cracking. **A6:** 587–588
intergranular carbides and stress-corrosion cracking. **A6:** 587
iron as ferroalloy to keep costs down **A6:** 589
manganese segregation **A6:** 588
properties **A6:** 587
welding products for dissimilar-metal joints **A6:** 591
601
annealing temperatures **A6:** 590
composition **A6:** 586
properties **A6:** 587
welding products for dissimilar-metal joints **A6:** 591
690
annealing temperatures **A6:** 590
composition **A6:** 586
intergranular carbides and stress-corrosion cracking. **A6:** 587
properties **A6:** 587
welding products for dissimilar-metal joints **A6:** 591

Nickel-chromium AlY coatings **A19:** 540–541

Nickel-chromium cast irons
abrasion resistance **M1:** 87–88
compositions **M1:** 76, 82
heat treatment. **M1:** 81–82
mechanical properties. **M1:** 86
physical properties **M1:** 88

Nickel-chromium coating
refractory metals and alloys **A5:** 862

Nickel-chromium coatings **A13:** 427–429
uniformity **M7:** 174

Nickel-chromium ductile iron
surface engineering. **A5:** 684

Nickel-chromium gray iron
surface engineering. **A5:** 684

Nickel-chromium iron alloys
surface engineering. **A5:** 684
zinc and galvanized steel corrosion as result of contact with. **A5:** 363

Nickel-chromium (Ni-Cr)
alloys, adhesion of porcelain to metal substrates **EM4:** 1093
redox reactions in metal alloy-glass sealing **EM4:** 489, 490
resistive thin film production. **EM4:** 543

Nickel-chromium plating **A5:** 268

Nickel-chromium sprayed undercoatings
ceramic coating process **M5:** 539

Nickel-chromium steels
oxalate coating process **A5:** 381
SAE-AISI system of designations for carbon and alloy steels **A5:** 704

Nickel-chromium superalloys
ceramic-bonded fluoride coatings for lubricants **A18:** 118

Nickel-chromium white irons
applications **A15:** 681
composition **M4:** 558
composition control. **A15:** 679–680
heat treatment **A15:** 680
machining **A15:** 680–681
melting practice **A15:** 678–679
molds, patterns, and casting design **A15:** 680
pouring. **A15:** 680
shakeout. **A15:** 680
special **A15:** 681
stress relieving. **M4:** 558

Nickel-chromium/chromium carbide
as thermal spray powder **M7:** 174

Nickel-chromium/diatomite alloy-coated composite powder **M7:** 174

Nickel-chromium-aluminum alloy
combustion flame spraying, ceramic coating **A5:** 474

Nickel-chromium-aluminum (Ni-Cr-Al) system **A20:** 590, 591

Nickel-chromium-aluminum resistance alloys *See also* Electrical resistance alloys
properties and applications **A2:** 823, 825, 835–839

Nickel-chromium-aluminum sprayed undercoatings
ceramic coating process **M5:** 539

Nickel-chromium-aluminum/Bentonite
as alloy-coated composite powder **M7:** 174

Nickel-chromium-aluminum-yttrium coating
superalloys **M5:** 376

SUBJECTS OF THE INDEXED VOLUMES: ASM Handbook (designated by the letter "A"): **A1:** Properties and Selection: Irons, Steels, and High-Performance Alloys (1990); **A2:** Properties and Selection: Nonferrous Alloys and Special-Purpose Materials (1990); **A3:** Alloy Phase Diagrams (1992); **A4:** Heat Treating (1991); **A5:** Surface Engineering (1994); **A6:** Welding, Brazing, and Soldering (1993), **A7:** Powder Metal Technologies and Applications (1998); **A8:** Mechanical Testing (1985); **A9:** Metallography and Microstructures (1985); **A10:** Materials Characterization (1986); **A11:** Failure Analysis and Prevention (1986); **A12:** Fractography (1987); **A13:** Corrosion (1987); **A14:** Forming and Forging (1988); **A15:** Casting (1988); **A16:** Machining (1989); **A17:** Nondestructive Evaluation and Quality Control (1989); **A18:** Friction, Lubrication, and Wear Technology (1992); **A19:** Fatigue and Fracture (1996); **A20:** Materials Selection and Design (1997). **Metals Handbook, 9th Edition** (designated by the letter "M"): **M1:** Properties and Selection: Irons and Steels (1978); **M2:** Properties and Selection: Nonferrous Alloys and Pure Metals (1979); **M3:** Properties and Selection: Stainless Steels, Tool Materials, and Special-Purpose Materials (1980); **M4:** Heat Treating (1981); **M5:** Surface Cleaning, Finishing, and Coating (1982); **M6:** Welding, Brazing, and Soldering (1983); **M7:** Powder Metallurgy (1984). **Engineered Materials Handbook** (designated by the letters "EM"): **EM1:** Composites (1987); **EM2:** Engineering Plastics (1988); **EM3:** Adhesives and Sealants (1990); **EM4:** Ceramics and Glasses (1991). **Electronic Materials Handbook** (designated by the letters "EL"): **EL1:** Packaging (1989)

Nickel-chromium-boron
as metallic coating for molybdenum....... **A5:** 859
diffusion brazing filler metal **A6:** 344
Nickel-chromium-boron-silicon alloys **A7:** 174
apparent density......................... **A7:** 40
Nickel-chromium-boron-silicon carbide (fused)
as thermal spray coating for hardfacing
applications **A5:** 735
Nickel-chromium-boron-silicon carbide (unfused)
as thermal spray coating for hardfacing
applications **A5:** 735
Nickel-chromium-boron-silicon carbide/tungsten carbide (fused)
as thermal spray coating for hardfacing
applications **A5:** 735
Nickel-chromium-boron-silicon carbide-aluminum-molybdenum
as thermal spray coating for hardfacing
applications **A5:** 735
Nickel-chromium-iron alloys
applications........................... **A15:** 823
applications and properties **A2:** 438, 441
as heating alloys........................ **A2:** 828
chemical analysis and sampling...... **M7:** 248–249
composition.................. **A15:** 816, **A20:** 395
heat treatment **A15:** 822–823
in sheathed heaters **A2:** 831
joining **A2:** 831
properties............................. **A20:** 395
structure and property correlations....... **A15:** 818
temperature versus milling time curves..... **M7:** 62
welding............................... **A15:** 822
Nickel-chromium-iron alloys, selection of
alloying of elements effect **A6:** 588–590
applications, oxidizing and carburizing **A6:** 587
compositions of selected popular alloys.... **A6:** 586
consumption and applications by western nations
in 1990........................... **A6:** 586
electron-beam welding **A6:** 587, 588
fabrication............................. **A6:** 587
fusion zone **A6:** 588
gas-metal arc welding **A6:** 587, 588
gas-tungsten arc welding **A6:** 588
heat-affected zone **A6:** 587–590
postweld heat treatment **A6:** 590
special metallurgical welding
considerations................. **A6:** 590–592
thermal conductivity **A6:** 587
unmixed zone **A6:** 588, 589
welding characteristics................... **A6:** 587
welding metallurgy.................. **A6:** 587–590
Nickel-chromium-iron heating elements, improving life of .... **A3:** 1•27–1•28
Nickel-chromium-iron (-molybdenum) alloys **A20:** 395
Nickel-chromium-iron-molybdenum-copper alloys
composition........................... **A20:** 395
properties............................. **A20:** 395
Nickel-chromium-molybdenum
spraying for hardfacing **M6:** 789
Nickel-chromium-molybdenum alloys
applications........................... **A15:** 823
cast steels, as low-alloy **A15:** 716
composition.................. **A15:** 516, **A20:** 395
galvanic series for seawater **A20:** 551
heat treatment **A15:** 823
physical characteristics of high-velocity oxyfuel
spray deposited coatings **A5:** 927
properties............................. **A20:** 395
structure and property correlations....... **A15:** 818
welding............................... **A15:** 822
weldment corrosion................ **A13:** 361–362
zinc and galvanized steel corrosion as result of
contact with....................... **A5:** 363
Nickel-chromium-molybdenum cast steels **A1:** 374
Nickel-chromium-molybdenum steel
electropolishing of...................... **M5:** 308
Nickel-chromium-molybdenum steels
plane-strain fracture toughness........... **A19:** 656
SAE-AISI system of designations for carbon and
alloy steels **A5:** 704
Nickel-chromium-molybdenum-copper-silicon alloy
galvanic series for seawater **A20:** 551
Nickel-chromium-molybdenum-vanadium steel rotor
effect of stress intensity range range factor on
fatigue crack growth rate **A12:** 56–57
Nickel-chromium-phosphorus alloys
400
annealing temperatures **A6:** 590
composition **A6:** 586
heat treatment procedures recommended **A6:** 590
properties **A6:** 587
thermal conductivity **A6:** 587
welding products for dissimilar-metal
joints **A6:** 591
brazing
available product forms of filler metals .. **A6:** 119
joining temperatures.................... **A6:** 118
Nickel-chromium-silicon cast irons **M1:** 94
composition **M1:** 76
mechanical properties.................... **M1:** 92
physical properties **M1:** 88
Nickel-chromium-silicon iron
surface engineering...................... **A5:** 684
Nickel-chromium-silicon-boron-carbon alloy
water-atomized **M7:** 32
Nickel-coated composite powders....... **M7:** 173–174
Nickel-coated graphite fibers
as conductive reinforcements........... **EM2:** 472
Nickel-coated graphite powders **M7:** 137
Nickel-cobalt
energy factors for selective plating **A5:** 277
selective plating solution for alloys........ **A5:** 281
Nickel-cobalt plating **A5:** 266–267, 268
Nickel-cobalt process
sealing process for anodic coatings........ **A5:** 490
Nickel-cobalt sealing process
anodic coatings **M5:** 595
Nickel-cobalt separation **A7:** 180
Nickel-cobalt-boron
magnetic properties **A5:** 326
Nickel-cobalt-chromium-aluminum- yttrium coating
superalloys **M5:** 376
Nickel-cobalt-phosphorus
electroless ternary alloy plating systems.... **A5:** 328
magnetic properties **A5:** 326
Nickel-copper
relative solderability **A6:** 134
Nickel-copper alloy *See* H Monel; M-35; Nickel
alloys, cast, specific types; S Monel
Nickel-copper alloys **A5:** 865–866
applications........................... **A15:** 823
applications and properties............... **A2:** 437
applications, characteristics, types.... **A2:** 435–436, 441
chemical analysis and sampling **M7:** 248
cleaning of....................... **M5:** 670–674
composition **A15:** 815–816, **A20:** 395
etching of............................. **A9:** 435
galling resistance with various material
combinations..................... **A18:** 596
galvanic series for seawater **A20:** 551
heat treatment **A15:** 822
low-melting metal embrittlement.......... **A12:** 29
macroetching of.................... **A9:** 435–436
Monel, discovery and characteristics **A2:** 429
nominal compositions.................... **A9:** 436
nonmetallic inclusions in **A9:** 436–438
projection welding **M6:** 503–506
properties............................. **A20:** 395
structure and property correlations... **A15:** 817–818
welding............................... **A15:** 822
x-ray diffraction peaks for compacts...... **M7:** 316
zinc and galvanized steel corrosion as result of
contact with....................... **A5:** 363
Nickel-copper alloys, selection of **A6:** 586–592
alloying of elements effect **A6:** 588–590
applications, seawater **A6:** 586
carbon content % and hot cracking........ **A6:** 589
compositions of selected popular alloys.... **A6:** 586
consumption and applications by western nations
in 1990........................... **A6:** 586
electron-beam welding **A6:** 587, 588
fabrication............................. **A6:** 587
fusion zone **A6:** 588
gas-metal arc welding **A6:** 587, 588
gas-tungsten arc welding **A6:** 588
heat-affected zone **A6:** 587–590
microstructures **A6:** 589
postweld heat treatment **A6:** 590
special metallurgical welding
considerations................. **A6:** 590–592
thermal conductivity **A6:** 587
unmixed zone **A6:** 588, 589
welding characteristics................... **A6:** 587
welding metallurgy.................. **A6:** 587–590
Nickel-copper alloys, specific types
Monel 400......................... **A9:** 435–437
Monel K-500 .... **A9:** 435–438
Monel R-405 .... **A9:** 435–437
Nickel-copper powder
degree of homogeneity.................... **A7:** 444
Kirkendall porosity **A7:** 443
variation of sintered density **A7:** 443
Nickel-copper-phosphorus
corrosion protection...................... **A5:** 326
electroless ternary alloy plating systems.... **A5:** 328
Nickel-ferrite brown spinel
inorganic pigment to impart color to ceramic
coatings **A5:** 881
Nickel-graphite (75/25, 80/20, and 85/15)
abradable seal material **A18:** 589
Nickel-graphite composite powders **M7:** 137, 174, 175
thermal-sprayed abradable seals **M7:** 175
Nickel-iron
glass-to-metal seals.................... **EM3:** 302
relative solderability **A6:** 134
relative solderability as a function of
flux type.......................... **A6:** 129
solderability............................ **A6:** 978
Nickel-iron alloy plating **M5:** 206–207
Nickel-iron alloys *See also* Magnetic materials
as magnetically soft materials **A2:** 770–774
corrosion resistance **A2:** 778
heat treatments......................... **A2:** 774
low-expansion...................... **A2:** 443–444
magnetic properties................. **A2:** 772–774
microstructure.......................... **A9:** 538
permeability **A2:** 775
physical properties **A2:** 774
producers.............................. **A2:** 775
types.............................. **A2:** 770–772
Nickel-iron base metal solderability **EL1:** 676
Nickel-iron films
Faraday effect used to study **A9:** 535
Kerr effect used to study **A9:** 535–536
Nickel-iron plating........................ **A5:** 266
Nickel-iron powders
Dual Inline Package integrated circuit **M7:** 404
lead frame **M7:** 404
powder strip, controlled expansion
properties **M7:** 403
powder strip, resistor cap and band termination
application **M7:** 403
resistor end caps **M7:** 404
Nickel-iron-chromium alloy
galvanic series for seawater **A20:** 551
Nickel-iron-chromium alloys **A5:** 866
cleaning of...................... **M5:** 670–673
Nickel-iron-cobalt powder alloys
F-15 electronic part **M7:** 404
Nickel-iron-phosphorus
electroless ternary alloy plating systems.... **A5:** 328
magnetic properties **A5:** 326
Nickel-manganese bronze
properties and applications **A2:** 370–371
Nickel-manganese cast steels............... **A1:** 374
Nickel-manganese plating **A5:** 266, 267–268
Nickel-matrix composites with silicon-carbide fibers
polishing **A9:** 591
Nickel-modified iron aluminides **A7:** 519
Nickel-modified zinc phosphate **A13:** 386
Nickel-molybdenum
as metallic coating for molybdenum....... **A5:** 859
Nickel-molybdenum admixed composition
for welding **A7:** 661
Nickel-molybdenum alloys *See also* Hastelloys;
Nickel alloys, specific types
applications........................... **A15:** 823
composition........................... **A20:** 395
development and characteristics **A2:** 429
heat treatment **A15:** 823
properties............................. **A20:** 395
structure and property correlations....... **A15:** 818
welding............................... **A15:** 822
weldment corrosion **A13:** 361
Nickel-molybdenum prealloyed powders.. **A7:** 758, 759
Nickel-molybdenum steel powders........... **A7:** 125

Nickel-molybdenum steels
SAE-AISI system of designations for carbon and alloy steels **A5:** 704
Nickel-molybdenum-chromium alloys
comparison to nonferrous alloys using vibratory cavitation test **A18:** 763
galling **A18:** 763
Nickel-molybdenum-vanadium alloys
hydrogen flaking **A11:** 337
Nickel-Mo-V forged steel
thermomechanical fatigue **A19:** 533
Nickel-nickel molybdenum
for control thermocouples in vacuum heat treating **A4:** 506
Nickel-niobium-titanium yellow rutile
inorganic pigment to impart color to ceramic coatings **A5:** 881
Nickel-niobuim powder
mechanical alloying **A7:** 80
Nickel-phosphorus
bondability **A5:** 326
corrosion protection **A5:** 326
diffusion barrier **A5:** 326
solderability **A5:** 326
Nickel-phosphorus alloy plating **M5:** 202, 204
Nickel-phosphorus alloys
brazing
available product forms of filler metals . . **A6:** 119
joining temperatures **A6:** 118
recommended gap for braze filler metals . . . **A6:** 120
Nickel-phosphorus coatings **A20:** 479
electroless **M5:** 223–229
Nickel-phosphorus electrodeposited coatings **A13:** 426
Nickel-phosphorus film
LEISS determination of coverage on platinum substrate **A10:** 608
Nickel-phosphorus plating system **A5:** 326–327
Nickel-phosphorus plus silicon carbide
wear resistance **A5:** 326
Nickel-phosphorus plus tungsten carbide (dispersion)
wear resistance **A5:** 326
Nickel-phosphorus-molybdenum
corrosion protection **A5:** 326
electroless ternary alloy plating systems **A5:** 328
Nickel-plated steel
as cathode material for anodic protection, and environment used in **A20:** 553
resistance spot welding **M6:** 479
Nickel-plated steels
press forming of **A14:** 563–564
Nickel-rhenium-phosphorus
electroless ternary alloy plating systems **A5:** 328
high temperature properties **A5:** 326
Nickel-silicate green olivine
inorganic pigment to impart color to ceramic coatings **A5:** 881
Nickel-silicon alloys
composition **A20:** 395
properties **A20:** 395
radiation-induced segregation **A18:** 855
Nickel-silicon-boron
as metallic coating for molybdenum **A5:** 859
Nickel-silver system
wetting and spreading **EM4:** 485
Nickel-steel alloys
discovery of **A2:** 428
Nickel-steel powders
composition **M7:** 464
effects of density on mechanical properties **M7:** 467
microstructural analysis **M7:** 488
Nickel-sulfur phase diagram . . . . . **A3:** 1•27
Nickel-thallium-boron
electroless ternary alloy plating systems **A5:** 328
Nickel-tin bronze *See also* Copper casting alloys
applications and properties **A2:** 227
nominal composition **A2:** 347
Nickel-tin-boron
electroless ternary alloy plating systems **A5:** 328
Nickel-tin-phosphorus
corrosion protection **A5:** 326
Nickel-tin-plated steels
for space shuttle orbiter **A13:** 1091–1092
Nickel-titanium
orthodontic wires **A18:** 666, 675–676
resistant to cavitation erosion as a coating **A18:** 217
Nickel-titanium alloys
as shape memory effect (SME) alloys **A2:** 899
Nickel-titanium silicide (G phase)
in austenitic stainless steels **A9:** 284
Nickel-to-chromium ratio of heat-resistant casting alloys, effect on ferrite
formation **A9:** 333
Nickel-tungsten
anode-cathode motion and current density **A5:** 279
energy factors for selective plating **A5:** 277
selective plating solution for alloys **A5:** 281
Nickel-tungsten composite electroplating
alternative to hard chromium plating **A5:** 926
Nickel-tungsten plating **A5:** 266
Nickel-tungsten powder
degree of homogeneity **A7:** 444–445
Nickel-tungsten powder compacts
microstructures and homogenization **M7:** 316
Nickel-tungsten-boron electrodeposition (Amplate) process
plate characteristics **A5:** 925
Nickel-tungsten-phosphorus
electroless ternary alloy plating systems **A5:** 328
Nickel-tungsten-silicon carbide electro-deposition (Takada) process
plate characteristics **A5:** 925
Nickel-vanadium cast steels **A1:** 374
Nickel-zinc
residual stresses **A5:** 150
Nickel-zinc ferrite
properties of work materials **A5:** 154
single-point grinding temperatures **A5:** 155
Nickel-zinc ferrites
applications **EM4:** 199
properties **EM4:** 1162
Nickel-zirconium powder
milling **A7:** 58, 65
Nicks
in shafts **A11:** 459
Nicol prism
defined **A9:** 12, **A10:** 678
Nicolet digital oscilloscope **A19:** 213
Nicoro 80
brazing, composition **A6:** 117
wettability indices on stainless steel base metals **A6:** 118
NiCrAlY
field-activated sintering **A7:** 588
Nicrobraz 125
diffusion brazing filler metal **A6:** 343
Nicrosil/Nisil thermocouple *See* Thermocouples, materials, nonstandard
Nicrosilal *See also* Gray cast iron, Ni-Cr-Si gray iron **A1:** 103
Ni-Cr-Si
fatigue endurance **A19:** 666
impact strength **A19:** 672
Nicuman 23
brazing, composition **A6:** 117
wettability indices on stainless steel base metals **A6:** 118
Nicusil 3
brazing, composition **A6:** 117
wettability indices on stainless steel base metals **A6:** 118
Nicusil 8
brazing, composition **A6:** 117
wettability indices on stainless steel base metals **A6:** 118
Nielson method **A5:** 17
Nielson panel test
cleaning process efficiency **M5:** 20
Nier-type ion source
in gas mass spectrometer **A10:** 153
NIFDI computer program for structural analysis **EM1:** 268, 272
Ni-Hard
applications, erosion resistance for pump components **A18:** 598
ball and rod grinding media, mining industry **A18:** 654
Ni-Hard 2C **A16:** 112
Ni-Hard cast iron
machinability testing **A16:** 640
milling with PCBN tools **A16:** 112
turning with PCBN tools **A16:** 112
wear resistance vs. retained austenite **M1:** 614
Ni-Hard cast irons **A1:** 89
NiHard I
alloy composition and abrasion resistance **A18:** 189
Ni-hard irons, specific types
type 1 chill cast
fatigue endurance **A19:** 666
impact strength **A19:** 672
type 1 sand cast
fatigue endurance **A19:** 666
impact strength **A19:** 672
type 2 chill cast
fatigue endurance **A19:** 666
impact strength **A19:** 672
type 2 sand cast
fatigue endurance **A19:** 666
impact strength **A19:** 672
NiHard IV
alloy composition and abrasion resistance **A18:** 189
Nikasil treatment **A18:** 791
NIKE process analysis software **A14:** 412
Nil ductility transition (NDT) **A19:** 561
Nil ductility transition temperature
low-alloy steels **A15:** 717
plain carbon steels **A15:** 702
Nil strength temperature (NST) **A6:** 611
Nil temperature (NDT) **A6:** 611
Nil-ductility casting
gray irons **A12:** 226
Nil-ductility transition (NDT) temperature . . **A19:** 441, 625
fracture mechanics in aircraft evaluation . . **A19:** 580
Nil-ductility transition temperature *See also* Transition temperature
and Charpy V-notch specimens for nuclear pressure vessel testing **A8:** 263–264
crack toughness temperature range as above **A8:** 453
HSLA steels **M1:** 415, 417–418
in crack arrest tests **A8:** 285
neutron embrittlement, relation to **M1:** 686
precracked Charpy *W/A* values estimated by **A8:** 267–268
toughness control tests involving **A8:** 453
Nil-ductility transition temperature (NDTT) **A1:** 367–368, 412
bulging and fracture above **A11:** 59
by DWT test **A11:** 57–58
Nil-ductility transition test (NDT)
used to measure toughness requirements of Canadian Offshore Structures Standard **A19:** 446
Nilo alloys
band sawing **A16:** 842
broaching **A16:** 837
composition **A16:** 836
drilling **A16:** 839
grinding **A16:** 843
milling **A16:** 842
multiple-operation machining **A16:** 840
planing **A16:** 839
spade and gun drilling **A16:** 839
tapping **A16:** 840

turning **A16:** 837, 838
Nilo K
flash welding **M6:** 557
Nimocast 80
for hot-forging dies **A18:** 626
Nimocast 90
for hot-forging dies **A18:** 626
Nimonic 75
composition **A4:** 794, **A6:** 573, **M4:** 651–652
descaling before ceramic coating **A5:** 473
Nimonic 80A
aging **A4:** 796, 805
aging cycle **M4:** 656
aging cycles **A6:** 574
annealing **M4:** 655
composition **A4:** 794, **A6:** 573, **M4:** 651–652
diffusion brazing **A6:** 343
hardness **A4:** 808
non-oxide ceramic joining **EM4:** 480
rupture properties **A4:** 808
solution treating **M4:** 656
solution treatment **A6:** 574
thermal diffusivity from 20 to 100 °C. **A6:** 4
solution-treating **A4:** 793, 796
stress relieving **M4:** 655
Nimonic 86
composition **A4:** 794, **A6:** 573
Nimonic 90
aging **A4:** 796, 805
aging cycle **M4:** 656
aging cycles **A6:** 574
annealing **A4:** 809, **M4:** 655
cold-working effect on recrystallization and grain growth **A4:** 808
composition **A4:** 794, **A6:** 573, **M4:** 651–652
grain growth **A4:** 809
solution treating **M4:** 656
solution treatment **A6:** 574
solution-treating **A4:** 793, 796
stress relieving **M4:** 655
wear resistance **A18:** 636
Nimonic 91
composition **A6:** 573
Nimonic 95
composition **A4:** 794
Nimonic 100
composition **A4:** 794
Nimonic 105
composition **A4:** 794, **A6:** 573
Nimonic 115
composition **A4:** 794, **A6:** 573
Nimonic alloy
hardfacing **A6:** 807
Nimonic alloys
band sawing **A16:** 842
broaching **A16:** 837
composition **A16:** 736, 836
drilling **A16:** 839
electrochemical machining **A16:** 843
grinding **A16:** 843
machining . . **A16:** 738, 741–743, 746–747, 749–758
milling **A16:** 842
multiple-operation machining **A16:** 840
photochemical machining etchant **A16:** 590
planing **A16:** 839
spade and gun drilling **A16:** 839
tapping **A16:** 840
thread grinding **A16:** 275
turning **A16:** 837, 838
Nimonic, specific types
75, flash welding **M6:** 557
80A, flash welding **M6:** 557
90, flash welding **M6:** 557
105, flash welding **M6:** 557
C263, flash welding **M6:** 558
C475, flash welding **M6:** 558
PE 7, flash welding **M6:** 557
PE 11, flash welding **M6:** 558
PE 13, flash welding **M6:** 558
PE 16, flash welding **M6:** 558
Nimonics
laser cladding components and techniques **A18:** 869
Ni-O (Phase Diagram) . . . . **A3:** 2•312

Niobium *See also* Niobium alloys; Niobium alloys alloying, nickel-base alloys; Niobium alloys, specific types; Niobium-titanium superconductors; Refractory metals; Refractory metals and alloys; Refractory metals and alloys, specific types **A20:** 410
acid cleaning **A5:** 54
addition to ferritic stainless steels **A6:** 444, 445
addition to low-alloy steels for pressure vessels and piping **A6:** 667
addition to precipitation-hardenable nickel alloys **A6:** 575, 576
addition to solid-solution nickel alloys **A6:** 575
alloy compositions **M6:** 459
alloying effect in titanium alloys **A6:** 508
alloying, nickel-base alloys **A13:** 641
alloying, uranium/uranium alloys **A13:** 814–815
alloying, wrought aluminum alloy **A2:** 54
alloying, wrought titanium alloys **A2:** 599
alloys, SEM/AES failure analysis **A11:** 41–42
alloys, workability **A8:** 165, 575
and gamma double prime in wrought heat-resistant alloys **A9:** 309
and niobium alloys **A2:** 565–571
applications . . **A2:** 557–559, **A13:** 723–724, **M3:** 322
applications, sheet metals **A6:** 400
arc welding *See also* Arc welding of niobium **M6:** 459–460
as a beta stabilizer in titanium alloys **A9:** 458
as a preferential carbide former in stainless steel casting alloys **A9:** 298
as alloying addition to zirconium **A9:** 497
as alloying element affecting temper embrittlement of steels **A19:** 620
as alloying element, effect on susceptibility to stress-corrosion cracking of two low-alloy steels **A19:** 486
as an addition to cobalt-base heat-resistant casting alloys **A9:** 334
as an addition to wrought heat-resistant alloys **A9:** 312
as an alloying addition to wrought stainless steels **A9:** 283–285
as ductile phase of intermetallics **A19:** 389
as ferrite stabilizer **A13:** 47
as implant material **A11:** 673
at elevated-temperature service **A1:** 640–641
atomic interaction descriptions **A6:** 144
-base superconductors, history **A2:** 1027–1029
brazed joints, shear test data **A13:** 885
brazing **M6:** 1055–1057
filler metals and their properties **M6:** 1055–1056
fluxes and atmospheres **M6:** 1057
precleaning and surface preparation **M6:** 1056–1057
brazing and soldering characteristics **A6:** 634
ceramic/metal joints **EM4:** 516
chemical compositions per ASTM specification B550-92 . . . . **A6:** 787
chemical properties **A2:** 566–567, **M3:** 322
cladding for chromium plating coils **A5:** 183
cleaning **A2:** 563
coatings **A2:** 566, **M3:** 323, 324
coextrusion welding **A6:** 311
compositional range in nickel-base single-crystal alloys **A20:** 596
consumption **A2:** 557
content effect on alloy solidification cracking **A6:** 89, 90
content in stainless steels **M6:** 320
corrosion, aqueous media **A13:** 723
corrosion, in specific media **A13:** 722
corrosion resistance **M3:** 322
corrosion resistance mechanism **A13:** 722
creep rupture testing of **A8:** 302
crystal structure **A20:** 409
cyclic oxidation **A20:** 594
diffusion bonding **A2:** 564, **A6:** 156
diffusion welding **M6:** 677
effect of hydrogen content on ductility . . . **A11:** 338
effect of, on hardenability **A1:** 413, 419
effect of, on notch toughness **A1:** 741–742
effect on anodic dissolution of phases in wrought heat-resistant alloys **A9:** 308
effect on critical temperatures in austenite **A4:** 246, 247, 248, 250
effect on cyclic oxidation attack parameter **A20:** 594
effects of thermoreactive deposition/diffusion process **A4:** 451
elastic modulus **A20:** 409
electrical discharge machining **A2:** 561
electrochemical machining **A5:** 111
electron beam drip melted **A15:** 413
electron beam welding **M6:** 640–641
electron-beam welding **A6:** 870, 871
electroslag welding, reactions **A6:** 274
elemental sputtering yields for 500 eV ions **A5:** 574
embrittlement, and formability **A14:** 785
evaporation fields for **A10:** 587
explosion welding **A6:** 896
extrusion welding **M6:** 677
fabrication **M3:** 323
ferrite formation **M6:** 346
filler metals for **M3:** 320, 323
filler metals for brazing of **A6:** 943
for heating elements for electrically heated furnaces **EM4:** 247
forging of **A14:** 237
friction coefficient data **A18:** 71
friction welding **M6:** 722
galvanic effects **A13:** 722
gas-tungsten arc welding **A6:** 871
grain size effect and alloying effect on cyclic stress-strain responses **A19:** 610
gravimetric finishes **A10:** 171
high, purity, preparation for superconductors **A2:** 1043–1044
high-purity sheet, cold worked and annealed **A9:** 442
hydride mechanism **A19:** 186
hydrogen damage **A13:** 171
hydrogen damage in **A11:** 338
in austenitic stainless steels **A6:** 457, 458, 461, 463
in cobalt-base alloys **A1:** 985
in electrodes, weld metal hydrogen vs. oxygen content **A6:** 59
in ferrite **A1:** 403, 408
in ferritic stainless steels **A6:** 451, 454
in hardfacing alloys **A18:** 759
in high-strength low-alloy steel . . . **A1:** 358, 402–403
in Inconel 718 . . . . **A1:** 1018
in maraging steels **A4:** 220, 222, 224
in precipitation-hardening steels **M6:** 350
in simulated scrubber solutions **A13:** 724
in stainless steels **A18:** 710, 712, 713
in steel **A1:** 146, 577
in steel weldments **A6:** 417, 418, 420
in sulfuric acid **A13:** 723
intergranular lithium corrosion attack . . **A13:** 93, 95
interlayer material **M6:** 681
intermetallic compounds, for A15 superconductors **A2:** 1060
ion-beam-assisted deposition (IBAD) . . **A5:** 595, 597
localized corrosion **A13:** 722
mechanical and physical properties . . . **A2:** 567–571
mechanical properties **M3:** 323
mechanical properties of plasma sprayed coatings **A20:** 476
melting point **A20:** 409
microalloying of **A14:** 220
microstructures **A9:** 441
monocrystals, stress-strain curves for **A8:** 38, 39
ores, fusion flux for **A10:** 167
ores, hydrofluoric acid as dissolution medium **A10:** 165
physical properties **A6:** 941
polish-etching **A9:** 440–441
polishing **A9:** 440
powder production **A2:** 565–566
precipitate stability and grain boundary pinning **A6:** 73
production **A2:** 565–566
properties **A6:** 629, **A20:** 410
pure, properties **A2:** 1144
purity **M3:** 321, 322
reactions with gases and carbon **M6:** 1055
recovery from selected electrode coverings . . **A6:** 60
recrystallization temperatures **M6:** 1055
reduction process **A2:** 565
refractory metal brazing filler metal **A6:** 942
resistance spot welding **M6:** 478

Niobium (continued)
roll welding **A6:** 314
room-temperature bend strength of silicon nitride metal joints **EM4:** 526
sheath, in ternary molybdenum chalcogenides (chevrel phases) **A2:** 1079
sheet, forming **A2:** 562, **A14:** 787
single crystals, strain rate in **A8:** 39
solid-state bonding in joining non-oxide ceramics **EM4:** 525, 526
specific gravity **A20:** 409
strain-age cracking resistance in precipitation strengthened alloys **A6:** 573
strain-life behavior as influenced by grain size and alloying **A19:** 610
strengthening of **A9:** 441
submerged arc welding **M6:** 118, 129
effect on cracking **M6:** 129
effect on microstructure toughness . . **M6:** 118–119
suitability for cladding combinations **M6:** 691
tantalum/niobium as dopant for tungsten carbide **A18:** 795
tantalum/titanium/niobium carbides in cemented carbides **A18:** 795
temperatures, mill processing **M3:** 317
thermal diffusivity from 20 to 100 °C **A6:** 4
thermal expansion coefficient **A6:** 907
thermal expansion coefficient at room temperature **A20:** 409
to promote hardness **A4:** 124
tooling recommendations for machining . . . **M3:** 323
trace amounts affecting induction hardening **A4:** 185
transition temperatures **M6:** 1055
tube process, for A15 superconductor assembly **A2:** 1066–1067
tubing, production techniques **A2:** 562–563
ultrapure, by chemical vapor deposition . . **A2:** 1094
ultrapure, by zone-refining technique **A2:** 1094
vapor pressure, relation to temperature **A4:** 495
welds, ductility **A2:** 564
wet chlorine resistance **A13:** 1173
x-ray characterization of surface wear results for various microstructures **A18:** 469

Niobium alloy powders
applications **A7:** 912–913
compositions **A7:** 912
hot isostatic pressing **A7:** 590, 593, 617, 618
powder production **A7:** 912
properties **A7:** 912–913

Niobium alloys *See also* Niobium; Niobium alloys, specific types **A13:** 171, 722–724, **A14:** 237–342, **A20:** 410
alloying elements **A20:** 410
annealing **A4:** 817–819
anodizing **A9:** 142
applications **A2:** 557–560, **A20:** 410
chemical properties **A2:** 566–567
cleaning **A4:** 819
cleaning processes **M5:** 662–663
coatings **A2:** 566
consumption **A2:** 557
corrosion products on intergranular fracture surface **A12:** 37
density and melting temperature **M5:** 380
ductile-to-brittle transition temperature **A6:** 581
electron-beam welding **A6:** 581
electroplating of **M5:** 663–664
explosion welding **A6:** 581
finishing processes **M5:** 663–666
furnaces **A4:** 817–819
gas-tungsten arc welding **A6:** 581
heat-affected zone **A6:** 581
hot pressure welding **A6:** 581
joint design **A2:** 563–564
laser-beam welding **A6:** 581
machining **A2:** 560
mechanical and physical properties . . . **A2:** 567–571
microstructure effect **A6:** 581
oxidation protective coating of . . **M5:** 375, 379–380
oxidation-resistant coating of **M5:** 664–666
plasma arc welding **A6:** 581
powder production **A2:** 565–566
production **A2:** 565–566
properties **A20:** 410
resistance welding **A6:** 581
roll welding **A6:** 312
substrate material, cycles for application of silicide and other oxidation-resistant ceramic coatings by pack cementation **A5:** 477
tensile properties in annealed condition . . . **A20:** 410
thermal expansion coefficient **A6:** 907
welding atmosphere effect **A6:** 581
welding conditions effect **A6:** 581

Niobium alloys, specific types
80Nb-10W-10Hf-0.1Y, mechanical/physical properties **A2:** 569–570
89Nb-10Hf-1Ti, mechanical/physical properties **A2:** 568–569
B-66
annealing treatment, postweld **M3:** 319
composition **M3:** 316, 338
property data **M3:** 339, 340
temperatures, mill processing **M3:** 317
welding conditions **M3:** 319
C102, abrasive cutoff sawing **A16:** 868
C-103
composition **M3:** 316, 335
property data **M3:** 335–336
temperatures, mill processing **M3:** 317
C103, annealing **A4:** 816, **M4:** 788
C103, machining **A16:** 858–864, 866–869
C-129Y
annealing treatment, postweld **M3:** 319
composition **M3:** 316, 336
property data **M3:** 336–337
temperatures, mill processing **M3:** 317
welding conditions **M3:** 319
C129Y, annealing **A4:** 816, **M4:** 788
C129Y, machining **A16:** 858–864, 866–869
Cb-132M
composition **M3:** 339
property data **M3:** 339–340
Cb-752
annealing treatment, postweld **M3:** 319
composition **M3:** 316, 337
property data **M3:** 337–338
temperatures, mill processing **M3:** 317
welding conditions **M3:** 319
Cb-752, machining **A16:** 858–864, 866–869
D-43, annealing treatment, postweld **M3:** 319
F580, annealing **M4:** 788
FS-85
annealing treatment, postweld **M3:** 319
composition **M3:** 316, 340
property data **M3:** 340, 341, 342
temperatures, mill processing **M3:** 317
welding conditions **M3:** 319
FS85, annealing **A4:** 816, **M4:** 788
FS-85, machining **A16:** 69
FS-291, machining **A16:** 858–864, 866–869
Nb, annealing **A4:** 816
Nb-1Zr
composition **M3:** 316, 334
property data **M3:** 334
temperatures, mill processing **M3:** 317
Nb-1Zr, brazing **A6:** 943
Nb-1Zr (FS80, WC1Zr, KBI-1), annealing . . **A4:** 816
Nb-1Zr, mechanical/physical properties **A2:** 567–568
Nb-10Hf, physical properties **A6:** 941
Nb-10W-2.5Zr, mechanical/physical properties **A2:** 570–571
Nb-28Ta-10W, physical properties **A6:** 941
Nb-28Ta-10W-1Zr, mechanical/physical properties **A2:** 571
Nb752, annealing **A4:** 816, **M4:** 788
Nb-Zr, machining **A16:** 858–864, 866–869
niobium, commercial high-purity **M3:** 321–322
property data **M3:** 333
SCb-191
annealing treatment, postweld **M3:** 319
composition **M3:** 316, 340
property data **M3:** 340–341, 342, 343
temperatures, mill processing **M3:** 317
SNb291, annealing **A4:** 816, **M4:** 788
WC291, annealing **A4:** 816
WC-3015, machining **A16:** 858–864, 866–869

Niobium alloys, specific types I
C103, electron beam welded **A9:** 155
C103, plate, cold worked and annealed **A9:** 442
C103, plate, heat tinted **A9:** 161
FS-80, tube, vacuum annealed **A9:** 442
FS-85, sheet, extruded, warm rolled, and annealed **A9:** 442
Nb-30TI-20W, sheet **A9:** 442
Nb-46.5Ti, rod, effect of annealing on **A9:** 443

Niobium and niobium alloys
alloyed with uranium for corrosion resistance **A16:** 874
content in stainless steels . . **A16:** 682–683, 684, 689
electrochemical grinding **A16:** 543
electrochemical machining removal rates . . **A16:** 534
in cast Co alloys **A16:** 69
milling **A16:** 312, 313
photochemical machining **A16:** 588, 590
principal ASTM specifications for weldable nonferrous sheet metals **A6:** 400

Niobium, and titanium welds
neutron radiography of **A17:** 393

Niobium boride
superconducting transition temperature . . **EM4:** 796

Niobium borides
in wrought heat-resistant alloys **A9:** 312

Niobium carbide
coating applied to die-casting dies **A18:** 632
friction coefficient data for coating **A18:** 74
in cemented carbides **A18:** 795
melting point **A5:** 471
properties **A18:** 795

Niobium carbide cermets **M7:** 811
applications and properties **A2:** 1001–1002

Niobium carbides
in austenitic stainless steels **A9:** 284
in cermets **A16:** 92
in complex carbides **A16:** 71–74, 80, 82, 83
in Inconel 718, different illuminations compared **A9:** 82
in particle metallurgy high-speed steels **A7:** 789–790
in wrought heat-resistant alloys **A9:** 311
sintering **A7:** 493, 495–496

Niobium carbonitride in plate steels
examination for **A9:** 203

Niobium (Columbium)
pure **M2:** 777–779

Niobium fine powder
hot isostatic pressing **A7:** 595

Niobium fluoride **A7:** 197

Niobium in steel **M1:** 115, 183, 188–189, 411
400 to 500 °C embrittlements effect on . . . **M1:** 686
constructional steels for elevated temperature use, effect on **M1:** 647
notch toughness, effect on **M1:** 694, 696, 699, 700
steel sheet, effect on formability **M1:** 555

Niobium, niobium alloys, heat treating
annealing **M4:** 788
cleaning **M4:** 788
furnaces **M4:** 788–789

Niobium nitride
combustion synthesis **A7:** 534

Niobium nitrides
in austentic stainless steels **A9:** 284
in plate steels, examination for **A9:** 203
in wrought heat-resistant alloys **A9:** 312

Niobium nitrocarbide (NbN_xC_y)
ion-beam-assisted deposition (IBAD) **A5:** 597

SUBJECTS OF THE INDEXED VOLUMES: ASM Handbook (designated by the letter "A"): **A1:** Properties and Selection: Irons, Steels, and High-Performance Alloys (1990); **A2:** Properties and Selection: Nonferrous Alloys and Special-Purpose Materials (1990); **A3:** Alloy Phase Diagrams (1992); **A4:** Heat Treating (1991); **A5:** Surface Engineering (1994); **A6:** Welding, Brazing, and Soldering (1993); **A7:** Powder Metal Technologies and Applications (1998); **A8:** Mechanical Testing (1985); **A9:** Metallography and Microstructures (1985); **A10:** Materials Characterization (1986); **A11:** Failure Analysis and Prevention (1986); **A12:** Fractography (1987); **A13:** Corrosion (1987); **A14:** Forming and Forging (1988); **A15:** Casting (1988); **A16:** Machining (1989); **A17:** Nondestructive Evaluation and Quality Control (1989); **A18:** Friction, Lubrication, and Wear Technology (1992); **A19:** Fatigue and Fracture (1996); **A20:** Materials Selection and Design (1997). **Metals Handbook, 9th Edition** (designated by the letter "M"): **M1:** Properties and Selection: Irons and Steels (1978); **M2:** Properties and Selection: Nonferrous Alloys and Pure Metals (1979); **M3:** Properties and Selection: Stainless Steels, Tool Materials, and Special-Purpose Materials (1980); **M4:** Heat Treating (1981); **M5:** Surface Cleaning, Finishing, and Coating (1982); **M6:** Welding, Brazing, and Soldering (1983); **M7:** Powder Metallurgy (1984). **Engineered Materials Handbook** (designated by the letters "EM"): **EM1:** Composites (1987); **EM2:** Engineering Plastics (1988); **EM3:** Adhesives and Sealants (1990); **EM4:** Ceramics and Glasses (1991). **Electronic Materials Handbook** (designated by the letters "EL"): **EL1:** Packaging (1989)

Niobium pentoxide
recovery of ... **A2:** 1043–1044
Niobium pentoxide (Nb_2O_5)
breakdown field dependence on dielectric constant ... **A20:** 619
Niobium powder *See also* Refractory metal powders ... **A7:** 903–913
applications ... **A7:** 6
as stabilizer of ferritic stainless steels ... **A7:** 477
developed by P/M method ... **A7:** 5
diffusion factors ... **A7:** 451
injection molding ... **A7:** 314
microstructure ... **A7:** 728
physical properties ... **A7:** 199, 451
production of ... **A7:** 197–198, 199
reduction and production ... **A2:** 565–566
thermal spray forming ... **A7:** 411
Niobium powders ... **M7:** 18
alloys ... **M7:** 160–162, 771–772
and tantalum production flowchart ... **M7:** 161
as high-temperature material ... **M7:** 771–772
-based, high field superconductive compounds ... **M7:** 636
chemical analysis and sampling ... **M7:** 248
composition ... **M7:** 162
forward bowls, by HIP ... **M7:** 441, 443
particle shape ... **M7:** 162
physical properties ... **M7:** 162–163
production ... **M7:** 160, 162–163
rocket applications ... **M7:** 18
separation from tantalum ... **M7:** 160
Niobium selenide ($NbSe_2$)
high-vacuum lubricant application ... **A18:** 153–154
Niobium silicide
silicide coatings for protection of refractory metals against oxidation ... **A5:** 472
Niobium silicide, proprietary
silicide coatings for protection of refractory metals against oxidation ... **A5:** 472
Niobium surface engineering ... **A5:** 860–863
Niobium tin (Nb_3Sn) ... **A7:** 60
Niobium, unalloyed
tensile properties in annealed condition ... **A20:** 410
Niobium, vapor pressure
relation to temperature ... **M4:** 310
Niobium, zone refined
impurity concentration ... **M2:** 713
Niobium-base alloys
injection molding ... **A7:** 314
Niobium-carbide rods in nickel matrix ... **A9:** 619
Niobium-hafnium-titanium powders ... **M7:** 162
Niobium-molybdenum microalloyed steels ... **A1:** 403
Niobium-stabilized stainless steels
etching ... **A9:** 282
Niobium-tin multifilamentary composite wire ... **A14:** 341–342
Niobium-tin (Nb_3Sn)
hot pressing applications ... **EM4:** 192
Niobium-tin P/M wire
superconducting ... **M7:** 638
Niobium-tin superconductors
manufacture of ... **A14:** 340–341
Niobium-titanium alloys
for superconductors ... **A2:** 1043–1044
homogeneity ... **A2:** 1044, 1052–1053
Niobium-titanium alloys, specific types
Nb-46.5Ti, for superconductors ... **A2:** 1043
Nb-50Ti, for superconductors ... **A2:** 1043
Niobium-titanium superconductors *See also* Superconducting materials
alloy selection/preparation ... **A2:** 1043–1044
assembly techniques ... **A2:** 1046–1049
cabling ... **A2:** 1051–1052
extrusion of ... **A2:** 1049–1050
filament properties ... **A2:** 1052–1054
for magnetic confinement for thermonuclear fusion ... **A2:** 1056–1057
for magnetic energy storage ... **A2:** 1057
for magnetic resonance imaging (MRI) ... **A2:** 1054–1055
for power applications ... **A2:** 1057
in high-energy physics ... **A2:** 1055–1056
isostatic compaction ... **A2:** 1049
manufacture of ... **A14:** 338–340
matrix materials ... **A2:** 1044–1046, 1064
niobium selection/preparation, for superconductors ... **A2:** 1043–1044
sizing, final ... **A2:** 1051
stabilizing of ... **A2:** 1051
superconductor composites, processing of ... **A2:** 1046–1052
titanium selection/preparation, for superconductors ... **A2:** 1043–1044
twisting ... **A2:** 1051
welding of ... **A2:** 1049
wire drawing ... **A2:** 1050
Niobium-zirconium alloys, vs. niobium-titanium
as superconductors ... **A2:** 1043
Nioro
brazing, composition ... **A6:** 117
wettability indices on stainless steel base metals ... **A6:** 118
Nioroni
brazing, composition ... **A6:** 117
wettability indices on stainless steel base metals ... **A6:** 118
Ni-Os (Phase Diagram) ... **A3:** 2•312
Nip (crush)
defined ... **A18:** 13
Ni-P (Phase Diagram) ... **A3:** 2•313
Nip points ... **A20:** 142, 143
Ni-Pb (Phase Diagram) ... **A3:** 2•313
Ni-Pd (Phase Diagram) ... **A3:** 2•314
Nipples
pipe for ... **A1:** 331
steel pipe for ... **M1:** 318–319
Nippon Telephone and Telegraph (NTT) cooling channels ... **EL1:** 310–311
Ni-Pr (Phase Diagram) ... **A3:** 2•314
Ni-Pt (Phase Diagram) ... **A3:** 2•314
Ni-Pu (Phase Diagram) ... **A3:** 2•315
NIR *See* Near-infrared
Ni-Re (Phase Diagram) ... **A3:** 2•315
Ni-Resist ... **A1:** 103
Ni-Resist ductile irons ... **A19:** 666, 672
Ni-resist irons ... **A19:** 666, 672
Ni-Resist (types 1,2)
galling resistance with various material combinations ... **A18:** 596
Ni-Rh (Phase Diagram) ... **A3:** 2•316
Ni-Ru (Phase Diagram) ... **A3:** 2•316
Ni-S (Phase Diagram) ... **A3:** 2•316
Ni-Sb (Phase Diagram) ... **A3:** 2•317
Ni-Sc (Phase Diagram) ... **A3:** 2•317
Ni-Se (Phase Diagram) ... **A3:** 2•317
NISI computer program for structural analysis ... **EM1:** 268, 272
Ni-Si (Phase Diagram) ... **A3:** 2•318
Ni-Sm (Phase Diagram) ... **A3:** 2•318
Ni-Sn (Phase Diagram) ... **A3:** 2•318
Ni-span-c 902, aged
machining ... **A16:** 836–840, 842, 843
Ni-span-c 902, unaged
machining ... **A16:** 836–840, 842, 843
Ni-Ta (Phase Diagram) ... **A3:** 2•319
Nital
and picral, etchants compared ... **A10:** 302
as etchant ... **A10:** 316, 318
substitutes for methanol in ... **A9:** 67
Nital as an etchant for
austenitic manganese steel casting specimens ... **A9:** 239
babbitted bearings ... **A9:** 451
carbon and alloy steels ... **A9:** 169–175
carbon steel casting specimens ... **A9:** 230
carbonitrided steels ... **A9:** 217
carburized steels ... **A9:** 217
cast irons ... **A9:** 244
chromized sheet steel ... **A9:** 198
electrical steels ... **A9:** 531
ferrous powder metallurgy materials ... **A9:** 508–509
low-alloy steel casting samples ... **A9:** 230
nitrided steels ... **A9:** 218
permanent magnet alloys ... **A9:** 533
plate steels ... **A9:** 202–203
stainless-clad sheet steel ... **A9:** 198
steel tubular products ... **A9:** 211
steel-backed aluminum-tin bearings ... **A9:** 451
tin-antimony alloys ... **A9:** 450
tool steels ... **A9:** 256–257
welded joints in plate steels ... **A9:** 203
Ni-Te (Phase Diagram) ... **A3:** 2•319
Ni-Ti (Phase Diagram) ... **A3:** 2•319
Nitinol alloys
milling ... **A16:** 313
Nitralloy
honing stone selection ... **A16:** 476
Nitralloy 135
drilling ... **A16:** 237
Nitralloy 135M ... **M1:** 540, 542
Nitralloy 135M, for gears
resistant to scuffing ... **A18:** 538
Nitralloy, die-casting dies
use in ... **M3:** 542, 543
Nitralloy EZ
composition and heat treatment ... **M1:** 542
Nitralloy G
composition and heat treatment ... **M1:** 542
wear of roller chain pins ... **M1:** 631
Nitralloy N
composition and heat treatment ... **M1:** 542
wear compared with carburized 4620 steel ... **M1:** 630
wear of roller chain pins ... **M1:** 628, 630–631
Nitralloy, nitrided
hardness profile ... **M1:** 633
Nitralloy series
135, 135M, gas nitriding ... **A4:** 387, 394
135 type G
applications ... **A4:** 397
gas nitriding ... **A4:** 397
plasma (ion) nitriding ... **A4:** 423
Nitrate solutions
cracking in ... **A11:** 214–215
Nitrate solutions, apparent threshold stress values
low-carbon steels ... **A8:** 526
Nitrates ... **A19:** 200
and nitrites, molten salt corrosion ... **A13:** 51–52
anions, separation by ion chromatography ... **A10:** 659
as electrodes ... **A10:** 185
as salt precursors ... **EM4:** 113
calcination ... **EM4:** 111
effect on alloy steels ... **A19:** 647
molten ... **A13:** 90–91
solutions, copper/copper alloy SCC in ... **A13:** 634–635
Nitration
aramid fibers ... **EM3:** 285
Nitric acid *See also* Nital; Nitric acid corrosion
acetic acid and glycerol as an etchant for tin-lead alloys ... **A9:** 450
acid pickling treatment conditions for magnesium alloys ... **A5:** 828
acid pickling treatments for magnesium alloys ... **A5:** 822
and acetic acid as an etchant for gold-base alloys ... **A9:** 551
and acetic acid as an etchant for palladium welded to nickel silver ... **A9:** 551
and acetic acid as an etchant for stainless steels welded to carbon or low alloy steels ... **A9:** 203
and ammonium molybdate as an etchant for lead and lead alloys ... **A9:** 416
and glacial acetic acid as etchant for nickel alloys ... **A9:** 436
and glycol as an etchant for magnesium alloys ... **A9:** 426
and hydrofluoric acid in methanol as an coatings ... **A9:** 197
and hydrofluoric acid, used for polishing hafnium ... **A9:** 497
and hydrofluoric acid, used for polishing zirconium and zirconium alloys ... **A9:** 497
and hydrofluoric acid with water as an etchant for carbon and alloy steels ... **A9:** 171
and hydrogen absorption in chemical milling ... **A16:** 584, 585, 586
and methanol as an electrolyte beryllium- copper alloys ... **A9:** 393
and methanol as an electrolyte for aluminum alloys ... **A9:** 353
and methanol (Group VIII electrolytes) ... **A9:** 54–55
as an etchant for beryllium-containing alloys ... **A9:** 393–394
as an etchant for silicon steel transformer sheets ... **A9:** 62–63
as an etchant for wrought stainless steels ... **A9:** 281
as chemical cleaning solution ... **A13:** 1140
as etchant for nickel-copper alloys ... **A9:** 436

Nitric acid (continued)
as immersion test solution **A13:** 221
as oxidizing sample dissolution medium . . **A10:** 166
as sample modifier, GFAAS analysis **A10:** 55
as titanium cleaning agent **A12:** 75
cast iron resistance. **A13:** 569
corrosion inhibitors used in **M1:** 756
electroless nickel coating corrosion **A5:** 298, **A20:** 479
etching of damaged areas for surface integrity **A16:** 28
for acid cleaning **A5:** 51, 54
for pickling **A5:** 74, 75
for precious metal powder production **A7:** 182
fuming **A13:** 677
hydrochloric acid and glycerol as an etchant for plated precious metals **A9:** 551
hydrochloric acid, and sulfuric acid as an alloys. **A9:** 307
in acetone as an etchant for hot-dip galvanized sheet steels **A9:** 197
in ethyl alcohol as an etchant for hot-dip galvanized sheet steels **A9:** 197
in methyl alcohol as an etchant for hot-dip galvanized sheet steels **A9:** 197
inhibited red fuming **A13:** 264
lead/lead alloys in **A13:** 788
nickel alloys, corrosion. **M3:** 173
nickel-base alloy resistance **A13:** 645
plants, pollution control **A13:** 1369–1370
red fuming **A13:** 264, 687
red fuming, for SCC testing of copper alloys **A8:** 525
red fuming, for SCC testing of titanium alloys **A8:** 531
residue isolation using. **A10:** 176
safety hazards **A9:** 69
solubility of lead nitrate in **A13:** 786
solution, as eluent for suppressed chromatography **A10:** 660
stainless steel corrosion **A13:** 557
stainless steels, corrosion resistance. **M3:** 84–87
sulfuric acid and hydrofluoric acid as an etchant for beryllium **A9:** 390
tantalum resistance to **A13:** 726
tantalum-tungsten alloys in. **A13:** 737
titanium/titanium alloy resistance **A13:** 677
volatility. **A10:** 166
with hydrochloric acid, as sample dissolution medium **A10:** 166
zirconium/zirconium alloy resistance **A13:** 710–715

Nitric acid corrosion **A13:** 1154–1156

Nitric acid pickling
hot dip galvanized coatings **A5:** 365
iron and steel. **M5:** 68, 72–73, 79–80
magnesium alloys **M5:** 629–630, 640–641
stainless steel **M5:** 553

Nitric acid, red-fuming **A19:** 495
environments known to promote stress-corrosion cracking of commercial titanium alloys **A19:** 496

Nitric acid synthesis
industrial processes and relevant catalysts. . **A5:** 883

Nitric acid-catalyst grid
corrosion and corrodents, temperature range. **A20:** 562

Nitric oxide
SERS analysis of **A10:** 136

Nitric/hydrofluoric acid
chemical milling etchant **A16:** 873
photochemical machining etchant **A16:** 592, 593

Nitric-hydrofluoric acid mixtures
for pickling **A5:** 67

Nitric-hydrofluoric acid pickling
iron and steel. **M5:** 73
stainless steel **M5:** 553–554

Nitric-sulfuric
acid pickling treatment conditions for magnesium alloys **A5:** 828

acid pickling treatments for magnesium alloys **A5:** 822

Nitric-sulfuric acid pickling
magnesium alloys **M5:** 629–630, 640–641

Nitride ceramics
brazing and soldering characteristics **A6:** 636
hot isostatic pressing **EM4:** 197

Nitride fibers **EM1:** 60–61, 63–64

Nitride glasses
development **EM4:** 23

Nitride inclusions in
nickel alloys **A9:** 436–437
nickel copper alloys. **A9:** 436–438

Nitride powders **A7:** 77

Nitride strengthening
in creep tests **A8:** 331–332

Nitride-base ceramics
combustion synthesis in solid gas systems. **A7:** 534–535

Nitride-base cermets **A7:** 923
applications and properties **A2:** 1004–1005
defined **A2:** 979

Nitride-based cermets. **M7:** 813

Nitride-bonded silicon carbide
applications **EM4:** 963, 964, 984

Nitride-carbide inclusion types
defined **A9:** 12

Nitrided cases
microhardness testing **A8:** 96

Nitrided parts
failures of **A11:** 573
steel cases, LAMMA microanalysis of . . **A11:** 42–43

Nitrided stainless steel
SCC in **A13:** 933

Nitrided steels
case and core microstructures. **M1:** 540
case hardness **M1:** 540
characteristics of **M1:** 528
compositions and heat treating temperatures of **M1:** 542
corrosion resistance **M1:** 540
etchants for **A9:** 218
etching **A9:** 218
grinding **A9:** 218
microstructures **A9:** 218
mounting **A9:** 218
plating **A9:** 218
polishing **A9:** 218
preservation of the white layer during specimen preparation **A9:** 218
sectioning. **A9:** 218
specimen preparation **A9:** 217–218

Nitride-forming elements (NFE)
thermoreactive deposition/diffusion process **A4:** 449

Nitrides *See also* Ceramics; Cubic boron nitride; Silicon nitride **A15:** 93–94, **A20:** 361, 739
as electrical conductor. **A13:** 65
as inclusions **A10:** 176
as refractory cermet **M7:** 813
Be nitride **A16:** 100
chemical vapor deposition of **M5:** 381
cold sintering **A7:** 580
combustion synthesis **A7:** 524, 527, 530
in solid-gas systems **A7:** 534–535
complex carbonitride cermets. **A16:** 91, 92, 94
effect on high-temperature strength of iron-alloys. **A9:** 333
for P/M tooling. **A7:** 353
formation of, in iron-chromium-nickel heat-resistant casting alloys. **A9:** 333–334
high-speed steels **A7:** 485
in grain boundaries, high-carbon steels . . . **A12:** 282
in plate steels, examination for **A9:** 203
in silicon-iron electrical steels **A9:** 537
in structural ceramics **A2:** 1019, 1021–1024
in wrought heat-resistant alloys **A9:** 309, 312
in wrought heat-resistant alloys, anodic dissolution to extract **A9:** 308

in wrought heat-resistant alloys, electrolytic extraction and x-ray diffraction **A9:** 308
in zirconium alloys, preparation for examination of **A9:** 498
inclusions formed in fluxes. **A6:** 56
Li nitride **A16:** 105
Mg nitride **A16:** 100
plasma-assisted physical vapor deposition **A18:** 848
SiAlON **A16:** 101
solution, as corrosive environment **A12:** 24
thermally spray deposited **A7:** 412
Ti carbonitride cermets **A16:** 90, 93, 94, 97, 98
Ti nitride cermets **A16:** 91, 95, 98, 103
Zr carbonitride **A16:** 98

Nitriding **A18:** 878–882, **A19:** 328, **A20:** 486, 487–488, **M1:** 540–541, 627
advantages **A18:** 878
alloy steels **A5:** 738
alloy steels, hardness profiles **M1:** 632–633
and cold form tapping. **A16:** 266
and drilling **A16:** 219
and fretting fatigue **A19:** 328
as nonmetallic in steels **A11:** 316
as surface treatment in wrought tool steels **A1:** 779
bath **A18:** 881
benefits. **A5:** 737
carbon steels **A5:** 738
characteristics of nitrided surfaces . . . **A18:** 878–879
coatings for taps, Ti alloys **A16:** 847
comparison of coatings for cold upsetting **A18:** 645
contact fatigue and **A19:** 335
defined **A9:** 12, **A13:** 9
definition **A5:** 962
ductile iron **A5:** 697, **A15:** 659–660
fatigue resistance, effect on **M1:** 673–674
fatigue surface. **A8:** 373
for fatigue resistance **A11:** 121
for valve train assembly components **A18:** 559
galling resistance with various material combinations. **A18:** 596
gas. **A18:** 881
gear materials **A18:** 261
growth or shrinkage during **M7:** 480
H11 tool steel **M1:** 435–436
H13 tool steel **M1:** 439
in fluidized beds. **A4:** 490
influence on wear behavior **A18:** 880
ionitriding **M1:** 542, 627
lubrication and wear resistance. **A18:** 879–880
maraging steels **A5:** 771–772, 773, **M1:** 448
methods **M1:** 540–541
nitriding potential effect on decarburizing **A18:** 878
notch toughness of stubs effect on . . . **M1:** 704–705
of master gages **M3:** 557
of powder metallurgy materials **A9:** 503
of taps **A16:** 259
of tool and high-speed steels **M7:** 374
optimization of wear by process technology **A18:** 880
optimum case depth for fatigue resistance **M1:** 541
plasma **A18:** 881
postforging defects from **A11:** 333
shallow forming dies **A18:** 633
stainless steels **A18:** 715, 716, 723
steels for **M1:** 540–541, 627
surface finish affected by **A18:** 880
surface topography affected by **A18:** 880
temperatures for **M1:** 540, 627
thermal spraying limitations. **A18:** 831
titanium alloys **A18:** 780–781, 866
titanium and titanium alloys **A5:** 843–844
to reduce erosive wear in die-casting dies **A18:** 632
to reduce thermal and mechanical fatigue **A18:** 640
to reduce wear of die-casting dies . . . **A18:** 629, 630
to surface harden wear-resistant tool steels for sheet metal forming **A18:** 628
tool steels. . . . **A5:** 769, 773, **A7:** 485, **A18:** 641–642, 645, 739

SUBJECTS OF THE INDEXED VOLUMES: **ASM Handbook** (designated by the letter "A"): **A1:** Properties and Selection: Irons, Steels, and High-Performance Alloys (1990); **A2:** Properties and Selection: Nonferrous Alloys and Special-Purpose Materials (1990); **A3:** Alloy Phase Diagrams (1992); **A4:** Heat Treating (1991); **A5:** Surface Engineering (1994); **A6:** Welding, Brazing, and Soldering (1993); **A7:** Powder Metal Technologies and Applications (1998); **A8:** Mechanical Testing (1985); **A9:** Metallography and Microstructures (1985); **A10:** Materials Characterization (1986); **A11:** Failure Analysis and Prevention (1986); **A12:** Fractography (1987); **A13:** Corrosion (1987); **A14:** Forming and Forging (1988); **A15:** Casting (1988); **A16:** Machining (1989); **A17:** Nondestructive Evaluation and Quality Control (1989); **A18:** Friction, Lubrication, and Wear Technology (1992); **A19:** Fatigue and Fracture (1996); **A20:** Materials Selection and Design (1997). **Metals Handbook, 9th Edition** (designated by the letter "M"): **M1:** Properties and Selection: Irons and Steels (1978); **M2:** Properties and Selection: Nonferrous Alloys and Pure Metals (1979); **M3:** Properties and Selection: Stainless Steels, Tool Materials, and Special-Purpose Materials (1980); **M4:** Heat Treating (1981); **M5:** Surface Cleaning, Finishing, and Coating (1982); **M6:** Welding, Brazing, and Soldering (1983); **M7:** Powder Metallurgy (1984). **Engineered Materials Handbook** (designated by the letters "EM"): **EM1:** Composites (1987); **EM2:** Engineering Plastics (1988); **EM3:** Adhesives and Sealants (1990); **EM4:** Ceramics and Glasses (1991). **Electronic Materials Handbook** (designated by the letters "EL"): **EL1:** Packaging (1989)

use of transmission electron microscopy for surface studies **A18:** 381
variable influence on wear resistance of parts **A18:** 879–880
compound layer **A18:** 879–880
diffusion layer **A18:** 880
wear resistance improved by **M1:** 540, 627–631
wear resistance of materials **A18:** 879
abrasive wear **A18:** 879, 880, 881, 882
adhesive wear **A18:** 879, 880, 881, 882
corrosive wear **A18:** 882
surface fatigue **A18:** 879, 880, 881–882
tribo-oxidation **A18:** 879, 880, 881
welding factor **A18:** 541
white layer **M1:** 540

Nitriding steels
thermal expansion coefficient. **A6:** 907

Nitriding surface
chemical studies of **A10:** 177

Nitrile bag materials **M7:** 447

Nitrile mastics
for body sealing and glazing materials **EM3:** 57

Nitrile phenolics **EM3:** 44, 75, 76, 104, 105
advantages and limitations **EM3:** 79
compared to nylon-epoxies **EM3:** 78
formulations **EM3:** 107
properties **EM3:** 106, 107
suppliers **EM3:** 104–105
typical film adhesive properties **EM3:** 78

Nitrile resins (NRs)
as engineering thermoplastics **EM2:** 448

Nitrile rubber *See also* Acrylonitrile-butadiene rubber **EM3:** 76, 78, 86, 89–90
characteristics **EM3:** 90
corrosion against mild steel in seawater. . . **A18:** 549
for platen seals **EM3:** 694
properties **EM3:** 144
substrate cure rate and bond strength for cyanoacrylates **EM3:** 129

Nitrile-butadiene rubber (NBR) *See* Acrylonitrile-butadiene rubber

Nitriles **EM3:** 51
applications **EM3:** 44
for auto body sealing **EM3:** 57
silane coupling agents **EM3:** 182

Nitriles (cyanides)
chemicals successfully stored in galvanized containers. **A5:** 364

Nitriloacetic acid
detected by ion chromatography **A10:** 661

Nitrilotris methylene phosphoric acid (NTMP). **EM3:** 250–251, 625

Nitrite anions
separation by ion chromatography **A10:** 659

Nitrite group
chemical groups and bond dissociation energies used in plastics **A20:** 441

Nitrite solution
effect on critical strain rate **A8:** 519

Nitrites **A20:** 550
and ECG **A16:** 545
and nitrates, molten salt corrosion **A13:** 51–52
as anodic inhibitors **A13:** 494
as corrosion inhibitors. **A18:** 277
in phosphate coatings **A13:** 384
solutions, copper/copper alloy corrosion . . **A13:** 635

Nitrobenzene
hazardous air pollutant regulated by the Clean Air Amendments of 1990 **A5:** 913
maximum concentration for the toxicity characteristic, hazardous waste **A5:** 159

Nitrocarburizing *See also* Austenitic nitrocarburizing; Carbonitriding; Ferritic nitrocarburizing; Plasma nitrocarburizing.
nitrocarburizing. **A18:** 878, 879, 880, **M1:** 541–542, **M7:** 455
advantages. **A18:** 878
carbon potential effect on decarburizing . . **A18:** 878
comparison of coatings for cold upsetting **A18:** 645
defined **A9:** 12, **A13:** 9
definition. **A5:** 962
ferrous alloys **A7:** 645, 650–651
ferrous P/M alloys **A5:** 766–767
furnaces used **A7:** 650
influence on wear behavior **A18:** 880
tool steels. **A18:** 645
wear resistance of materials **A18:** 879

Nitrocellulose *See also* Cellulose nitrate
as incendiary **M7:** 603
silane coupling agents **EM3:** 182

Nitrocellulose coating
flaws in **A13:** 108

Nitrocellulose lacquers
applications demonstrating corrosion resistance **A5:** 423

Nitrocellulose resin
properties and applications. **A5:** 422

Nitrocellulose resins and coatings **M5:** 473–474

Nitrogen *See also* Atmospheres; Atomization; Gas-atomized powders; Nitrogen gas; Nitrogen-based atmospheres; specific gas-atomized powders
absorption, by tin-containing P/M stainless steels **M7:** 254
addition to strengthen nickel equivalent . . . **A6:** 100
addition to strengthen stainless steels. **A6:** 100
alloying effects, stainless steels **A13:** 550–551
analyzed in microcircuit fabrication process **A10:** 156–157
as addition to austenitic stainless steels. . . . **A6:** 689
as addition to austentic stainless steels . . . **A20:** 377
as alloying element, effect on susceptibility to stress-corrosion cracking of two low-alloy steels **A19:** 486
as an alpha stabilizer in titanium alloys . . . **A9:** 458
as an austenite-stabilizing element in steel **A9:** 177–178
as an austenite-stabilizing element in wrought stainless steels **A9:** 283
as austenite stabilizer. **A13:** 47
as cutting fluid for tool steels **A18:** 738
as impurity in uranium alloys **A9:** 477
as impurity, magnetic effects **A2:** 762
backing for gas tungsten arc welds. **M6:** 197
base for furnace atmospheres **M6:** 934–935
cause of porosity in nickel alloy welds **M6:** 442–443
characteristics in a blend **A6:** 65
chemistry at surfaces, AES analysis of. . . . **A10:** 553
combustion method for elemental analysis of **A10:** 214
composition, wt% (maximum) liquation cracking **A6:** 568
contamination **M6:** 321
content affecting work-hardening rate in stainless steels. **A16:** 689
content in stainless steels **A16:** 682–683, 684, 690, 691, **M6:** 322
control, in argon oxygen decarburization. . **A15:** 428
corrosion resistance effect, sintered austenitic stainless steels **A13:** 831
defects, in gray iron. **A15:** 642
degassing, in vacuum melting ultrapurification **A2:** 1094
degassing, of magnesium alloys **A15:** 462
determined by combustion **A10:** 214
determined by potentiometric membrane electrodes **A10:** 181
effect of, on machinability of carbon steels **A1:** 599
effect of, on notch toughness **A1:** 741
effect of, on steel composition and formability. **A1:** 577
effect on ferrite formation in heat-resistant casting alloys **A9:** 333
effect on ferrite-pearlite. **A20:** 367
effect on magnetic properties. **A7:** 1015
effect on shielding gas mixture. **M6:** 199
effect on surface energy **A19:** 186
effect, P/M stainless steels **A13:** 829–830
effect, plasma arc remelting **A15:** 422
effect, plasma heating and degassing **A15:** 443–444
effects in case hardening **M7:** 454
electroslag welding, reactions **A6:** 278
enrichment, of surfaces **A11:** 42
entrapment and steel weldment soundness **A6:** 408
exclusion in dc arc sources. **A10:** 25
ferritic stainless steel content **M6:** 346
-fired fracture surface, XPS survey of **A10:** 577
for gas atomization of aluminum powder . . **A7:** 154
for laser alloying. **A18:** 866
for plasma arc spraying. **A6:** 811
gas form for milling WC. **A16:** 72
gas mass analysis of. **A10:** 155
groups, causing stress-corrosion cracking . . **A11:** 207

hazards and function of heat treating atmosphere **A7:** 466
impurity in diamond. **A16:** 454
in austenitic stainless steels. **A6:** 457, 458, 461, 462, 465, 467, 468
in CAP process **M7:** 533
in composition of stainless steels **A18:** 710, 712
in duplex stainless steels **A6:** 471–472, 473
in engineering plastics. **A20:** 439
in ferrite **A1:** 406, 408
in ferritic stainless steels **A9:** 284–285
in heat-resistant alloys. **A4:** 512
in high-purity metals, biamperometric analysis for **A10:** 205
in high-speed tool steel melting operation **A16:** 52, 53
in inorganic solids, applicable analytical methods. **A10:** 4, 6
in organic substances, ISE analysis. **A10:** 186
in plasma arc powder spraying process . . . **A18:** 830
in precipitation-hardening steels. **M6:** 350
in silicon irons **A9:** 537
in stainless steels **A1:** 930
in steel weldments **A6:** 418
in superheaters **A13:** 1201
in weld relay, gas mass spectroscopy of. . . **A10:** 156
in wrought heat-resistant alloys **A9:** 311
in wrought stainless steels. **A1:** 872
incident-ion energy. **A18:** 851, 852, 854
inert gas fusion system for detecting. **A10:** 226, 228–231

interaction coefficients, ternary iron-base alloys. **A15:** 62
interstitial contamination. **M6:** 463
ion implantation **A5:** 608, 609
ion implantation of alloys **A18:** 779, 783
Kjeldahl determination of **A10:** 172, 214
liquid, as coolant, for superconductors. . . . **A2:** 1030
liquid, for optical holographic interferometry **A17:** 410
lubricant indicators and range of sensitivities **A18:** 301
mean free path **A17:** 59
microalloying of **A14:** 220
mobile or interstitial, determined in steels. **A10:** 178
penetration from porosity in carbonitriding **M7:** 454, 455
photometric analysis methods **A10:** 64
pickup in milling of electrolytic iron powders **M7:** 64, 65
prompt gamma activation analysis of. **A10:** 240
removal. **A15:** 84, 395, 439, **M7:** 180–181
removal, by solid state refining. **A2:** 1094
resistance spot welding of steels and content effect. **A6:** 228
shielding gas for arc welding of low-alloy steels. **A6:** 662
shielding gas for plasma arc cutting. **A6:** 1167, 1168, 1170
shielding gas properties. **A6:** 64
shielding gas purity and moisture content. . . **A6:** 65
-sintered aluminum P/M alloys **M7:** 742
sintering atmospheres. **A7:** 460, 463
solubility in austenitic stainless steels. **A13:** 827
solubility, in cast iron **A15:** 82
solubility, in copper alloys **A15:** 465
solubility in tantalum **A13:** 730
thermodynamic pressure of **A15:** 84
to harden and strengthen steel **A16:** 667, 674, 675, 676

use in resistance spot welding. **M6:** 486
valve thread connections for compressed gas cylinders. **A6:** 1197
volumetric procedures for. **A10:** 175

Nitrogen blanket **EM3:** 19

Nitrogen ceramics
decomposition control. **EM4:** 194

Nitrogen compounds
as crude oil contaminant **A13:** 1267

Nitrogen content
by residual gas analysis. **EL1:** 1065

Nitrogen dioxide
for accelerated SCC testing of copper alloys **A8:** 525
SERS analysis of **A10:** 136

Nitrogen gas *See also* Nitrogen; Nitrogen-based atmospheres
-atomized aluminum powder ... **M7:** 130
-atomized stainless steel powders ... **M7:** 101–103
drying ... **M7:** 76
physical properties ... **M7:** 341
Nitrogen implantation ... **A20:** 485
Nitrogen in steel ... **M1:** 116, 410, 417
carbonitriding ... **M1:** 533, 536, 539–540
hardenability affected by ... **M1:** 477
modified low-carbon steels ... **M1:** 162
nitriding ... **M1:** 540–542
notch toughness, effect on ... **M1:** 693, 695, 697
steel sheet, effect on formability ... **M1:** 555
Nitrogen interstitials
effect on fracture toughness of titanium alloys ... **A19:** 387
Nitrogen, liquid
iron cooling by ... **A12:** 219
Nitrogen, max
chemical composition per ASTM specification B550-92 ... **A6:** 787
Nitrogen monoxide
tantalum resistance to ... **A13:** 731
Nitrogen oxides
covered by NAAQS requirements ... **A20:** 133
fume generation from arc welding ... **A6:** 68
Nitrogen peroxide
SERS analysis of ... **A10:** 136
Nitrogen removal
by argon bubbling ... **A15:** 84
by VID processing ... **A15:** 439
vacuum induction furnace ... **A15:** 395
Nitrogen shielding gas
gas metal arc welding ... **M6:** 164–851
Nitrogen tetroxide
and SCC in titanium and titanium alloys **A11:** 224
environments known to promote stress-corrosion cracking of commercial titanium alloys ... **A19:** 496
for SCC of titanium alloys ... **A8:** 531
titanium/titanium alloy SCC ... **A13:** 687
Nitrogen-base atmospheres *See also* Prepared nitrogen-base atmospheres ... **A7:** 460, 463, 465
atmospheric pressure sintering ... **A7:** 487
for nickel and nickel alloys ... **A7:** 501
for tungsten heavy alloys ... **A7:** 499
physical properties ... **A7:** 459, 460
sintering of aluminum and aluminum alloys ... **A7:** 491, 492
sintering of ferrous materials ... **A7:** 469–470
Nitrogen-based atmospheres *See also* Atmospheres; Atomization; Gas atomized powders; Nitrogen; Nitrogen gas ... **M7:** 341, 345–346, 361
carbon-control agents ... **M7:** 346
compositions, conventional and synthetic **M7:** 342
for aluminum sintering ... **M7:** 383
oxidants ... **M7:** 346
oxide-reducing agents ... **M7:** 345–346
Nitrogen-doped silica ... **EM4:** 211
Nitrogen-gas atmosphere
composition of furnace atmosphere constituents ... **A7:** 460
Nitrogenized steels *See also* Nitrogen in steel ... **A1:** 208, **M1:** 162
Nitrogen-oxygen mixture
as converter gases ... **A15:** 426
Nitrogen-strengthened austenitic stainless steels ... **A1:** 892–893, **A14:** 225–226
Nitroguanidine
phosphate coating accelerators ... **A5:** 379
Nitroguanidine explosive ... **A6:** 161
Nitronic 30
abrasive wear ... **A18:** 719
composition ... **A18:** 711
corrosive wear ... **A18:** 719
Nitronic 50
cavitation resistance ... **A18:** 600
galling threshold load ... **A18:** 595
Nitronic 60 *See* Stainless steels, specific types, S21800
Nitrous oxide
tantalum resistance to ... **A13:** 731
Nitrous oxide-acetylene flames ... **A10:** 29, 48
Ni-U (Phase Diagram) ... **A3:** 2•320
Ni-V (Phase Diagram) ... **A3:** 2•320
Ni-Vee bronze A
galling resistance with various material combinations ... **A18:** 596
Ni-Vee bronze B
galling resistance with various material combinations ... **A18:** 596
Ni-Vee bronze D
galling resistance with various material combinations ... **A18:** 596
Ni-W (Phase Diagram) ... **A3:** 2•320
Nix and Flower
deformation band and type A or B striations ... **A19:** 53
Ni-Y (Phase Diagram) ... **A3:** 2•321
Niyama distribution ... **A20:** 712
Ni-Yb (Phase Diagram) ... **A3:** 2•321
Ni-Zn (Phase Diagram) ... **A3:** 2•321
Ni-Zr (Phase Diagram) ... **A3:** 2•322
N-methyl-pyrrolidine (NMP)
to solvate polyimides ... **EM3:** 152
NMOS *See* n-channel metal-oxide semiconductors
NMR *See* Nuclear magnetic resonance
NMR spectroscopy ... **EM2:** 826–827
N-Nb (Phase Diagram) ... **A3:** 2•298
N-N-dimethyl + saccharin *p*-toluidine
generating free radicals for acrylic adhesives ... **EM3:** 120
N-Ni (Phase Diagram) ... **A3:** 2•298
N-Nitrosodimethylamine
hazardous air pollutant regulated by the Clean Air Amendments of 1990 ... **A5:** 913
N-Nitrosomorpholine
hazardous air pollutant regulated by the Clean Air Amendments of 1990 ... **A5:** 913
N-Nitrosso-N-methylurea
hazardous air pollutant regulated by the Clean Air Amendments of 1990 ... **A5:** 913
No. 1 yellow brass
properties and applications ... **A2:** 366
No. 3 die zinc die casting alloy
properties ... **A2:** 532
No cleaning
as cleaning option ... **EL1:** 666
No nickel/no pickle system
porcelain enameling process ... **M5:** 515
NO_2
phosphate coating accelerators ... **A5:** 379
NO_3
phosphate coating accelerators ... **A5:** 379
No-bake binder *See also* Cold-setting process
defined ... **A15:** 8
No-bake binder processes
alumina-phosphate no-bake ... **A15:** 217
ester-cured alkaline phenolic no-bake ... **A15:** 215
furan acid catalyzed no-bake ... **A15:** 214
oil urethane no-bake resins ... **A15:** 216
phenolic acid catalyzed no-bake ... **A15:** 214–215
phenolic urethane no-bake ... **A15:** 216–217
polyol-isocyanate system ... **A15:** 217
silicate/ester-catalyzed no-bake ... **A15:** 215–217
No-bake curing time *See* Curing time (no bake)
No-bake processes
as coremaking system ... **A15:** 238
molds, tolerances ... **A15:** 619
properties, compared ... **A15:** 214
release agents for ... **A15:** 240
No-bake resin binder processes *See* No-bake binder processes; No-bake processes; Oven-bake processes
No-bake sand molding
as chemically bonded self-setting ... **A15:** 37
Nobility, increased
by alloying ... **A13:** 47
Noble
defined ... **A13:** 9
metals ... **A13:** 9, 793–807
potential, defined ... **A13:** 9
Noble metal
definition ... **A5:** 962
Noble metal coating
molybdenum ... **M5:** 661
niobium ... **M5:** 664–666
tantalum ... **M5:** 664–666
tungsten ... **M5:** 661
vacuum process ... **M5:** 388, 395, 400
Noble metal coatings
refractory metals and alloys ... **A5:** 862
Noble metal conductor inks ... **EL1:** 207–208
Noble metals *See also* Precious metals ... **A13:** 9, 793–807
alloying, as selective oxidation ... **A13:** 73
anodic behavior of ... **A13:** 807
as dental alloys ... **A13:** 1350
clad systems ... **A13:** 888–889
compatibility ... **A13:** 342
contact, titanium/titanium alloys ... **A13:** 696
diffusion welding ... **A6:** 885
galvanic corrosion ... **A13:** 86
gold ... **A13:** 796–800
hydrochloric acid corrosion ... **A13:** 1164
iridium ... **A13:** 802–806
materials for conductors of thick film circuits ... **EM4:** 1141
osmium ... **A13:** 806–807
palladium ... **A13:** 799–801, 804–805
PFM alloys ... **A13:** 1355
platinum ... **A13:** 797–803
polishing wear without abrasives ... **A18:** 197
properties ... **A13:** 794
rhodium ... **A13:** 801–802, 805
ruthenium ... **A13:** 805–806
silver ... **A13:** 793–798
systems, dealloying ... **A13:** 133
"No-clean" applications
fluxes for ... **EL1:** 647–648
No-crack temperature
cast irons ... **A6:** 710, 711
Node
defined ... **EM1:** 16
Node, leaf/root
in physical hierarchy ... **EL1:** 5
Node numbering strategy ... **A20:** 180
Node separation
adhesive-bed joints ... **A17:** 613
Nodes ... **A20:** 176, 179, 185, 191
Nodes, cast ... **A20:** 258
Nodes in cellular structures ... **A9:** 613
No-draft forging
defined ... **A14:** 9
Nodular cast iron *See also* Ductile cast iron
microdiscontinuities affecting fatigue behavior ... **A19:** 612
Nodular eutectic microstructure ... **A3:** 1•20
Nodular ferritic cast iron
salt bath nitrided ... **A9:** 229
Nodular graphite *See also* Ductile iron; Flake graphite
defined ... **A9:** 12, **A15:** 8
Nodular graphite, in cast iron *See also* Temper carbon ... **M1:** 6–7, 9
Nodular graphite iron
corrosion fatigue strength in 3% salt water ... **A19:** 671
corrosion fatigue strength in water ... **A19:** 671
Nodular iron *See also* Ductile iron ... **A20:** 379, 380
application, piston ring material ... **A18:** 557
applications ... **A20:** 303
as lap plate material ... **EM4:** 353
castability rating ... **A20:** 303

SUBJECTS OF THE INDEXED VOLUMES: ASM Handbook (designated by the letter "A"): **A1:** Properties and Selection: Irons, Steels, and High-Performance Alloys (1990); **A2:** Properties and Selection: Nonferrous Alloys and Special-Purpose Materials (1990); **A3:** Alloy Phase Diagrams (1992); **A4:** Heat Treating (1991); **A5:** Surface Engineering (1994); **A6:** Welding, Brazing, and Soldering (1993); **A7:** Powder Metal Technologies and Applications (1998); **A8:** Mechanical Testing (1985); **A9:** Metallography and Microstructures (1985); **A10:** Materials Characterization (1986); **A11:** Failure Analysis and Prevention (1986); **A12:** Fractography (1987); **A13:** Corrosion (1987); **A14:** Forming and Forging (1988); **A15:** Casting (1988); **A16:** Machining (1989); **A17:** Nondestructive Evaluation and Quality Control (1989); **A18:** Friction, Lubrication, and Wear Technology (1992); **A19:** Fatigue and Fracture (1996); **A20:** Materials Selection and Design (1997). **Metals Handbook, 9th Edition** (designated by the letter "M"): **M1:** Properties and Selection: Irons and Steels (1978); **M2:** Properties and Selection: Nonferrous Alloys and Pure Metals (1979); **M3:** Properties and Selection: Stainless Steels, Tool Materials, and Special-Purpose Materials (1980); **M4:** Heat Treating (1981); **M5:** Surface Cleaning, Finishing, and Coating (1982); **M6:** Welding, Brazing, and Soldering (1983); **M7:** Powder Metallurgy (1984). **Engineered Materials Handbook** (designated by the letters "EM"): **EM1:** Composites (1987); **EM2:** Engineering Plastics (1988); **EM3:** Adhesives and Sealants (1990); **EM4:** Ceramics and Glasses (1991). **Electronic Materials Handbook** (designated by the letters "EL"): **EL1:** Packaging (1989)

for valve seats and guards for reciprocating compressors.......... A18: 604
gear materials, surface treatment and minimum surface hardness.......... A18: 261
laser melting.......... A18: 864
machinability.......... A20: 756
machinability rating.......... A20: 303
metallographic sections.......... A18: 375
microstructure.......... A20: 379, 380
parameters for machining with HIP metal- oxide composite-grade ceramic insert cutting tools.......... EM4: 968
turning and milling recommended ceramic- grade inserts for cutting tools.......... EM4: 972
weldability rating.......... A20: 303

Nodular iron (cast)
thermal expansion coefficient.......... A6: 907

Nodular irons *See also* Ductile cast iron; Ductile irons
cermet tools for milling.......... A16: 97
contour band sawing.......... A16: 362
milling.......... A16: 97, 327
reaming.......... A16: 248
turning.......... A16: 94

Nodular or spheroidal graphite iron.... A18: 695, 698
applications.......... A18: 695, 700, 701
microstructure.......... A18: 699–701
properties.......... A18: 695

Nodular pearlite
defined.......... A9: 12
definition.......... A5: 962

Nodular powders.......... A7: 154, M7: 8, 233, 234

Nodularity
CG iron properties as function of.......... A15: 673
-nodule number, ductile iron.......... A15: 652–653
testing of.......... A15: 264

Nodule count, control
malleable iron.......... A15: 688

Nodule count, control of
in malleable iron.......... A1: 73–74
malleable cast iron.......... M1: 59–60

Nodulizing reaction
compacted graphite cast iron.......... M1: 8
ductile cast iron.......... M1: 6–7

Noduluar cast iron (NCI)
advantages of silicon-nitride-based ceramic inserts versus oxide-based ceramic inserts when machining.......... EM4: 971
indirect brazing of PSZ for joining oxide ceramics.......... EM4: 517
recommended machining specifications for rough and finish turning with HIP metal oxide ceramic insert cutting tools.......... EM4: 969
rough and finish machining recommended starting conditions with silicon-nitride based ceramic insert cutting tool.......... EM4: 971
rough and finish with whisker-reinforced alumina ceramic insert cutting tools.......... EM4: 972

No-hold-test
plastic-strain fatigue resistance effect on stainless steel.......... A8: 348
saturation effect.......... A8: 348–349

Noise *See also* Barkhausen noise; Signal-to-noise ratio.......... A20: 116
and contrast sensitivity.......... A17: 374
and flaw responses, discrimination.......... A17: 676
as environmental hazard.......... A20: 140
budget analysis.......... EL1: 82
coupling, schematic.......... EL1: 418
current, defined.......... EL1: 1151
defined.......... A10: 678, A17: 384
elimination, ESR spectrometers.......... A10: 257
environment.......... EL1: 76
factors affecting.......... A17: 374–375
factors, quality design.......... A17: 722
focused ultrasonic search units.......... A17: 260–261
forward-coupled.......... EL1: 35
in direct current electrical potential method.......... A8: 389
in inspection materials.......... A17: 678
in NDE reliability.......... A17: 675
inner, in quality design.......... A17: 723
measurement.......... A17: 375
outer, in quality design.......... A17: 722
quantum or photon, defined.......... A17: 384
saturated backward coupled.......... EL1: 35
signals, acoustic emission inspection.......... A17: 284
structural, defined.......... A17: 384
system, experimental study.......... A17: 742
thermal, defined.......... A10: 683
thermal, thermal inspection.......... A17: 400
variation, in quality design.......... A17: 723

Noise cross talk *See* Cross talk

Noise, electrical
platinum group metals.......... A2: 846

Noise factors.......... A20: 113, 114
definition.......... A20: 837

Noise level
in bearing failures.......... A11: 494

Noise margin analysis
for high-frequency design methodology EL1: 78–79

Noise parameters.......... A20: 63

Noise suppression
in rotary swaging.......... A14: 144

Noise voltage (equivalent input)
defined.......... EL1: 1151

Noise-equivalent power
defined.......... EL1: 1151

NOL ring
defined.......... EM1: 16, EM2: 28

Nomarski contrast illumination... A18: 371, 372, 374

Nomarski differential
interference microscopy.......... EM4: 578

Nomarski interference contrast system... A9: 150–152
attachment for a Reichert microscope.......... A9: 150

Nomenclature *See also* Categorization; Classification; Definitions; Notation; Terminology
applying, rigid printed wiring boards.......... EL1: 547
as applied to solder masks.......... EL1: 559
chemical an trade names, epoxy resins... EL1: 826
fiberglass yams.......... EM1: 110
for liquid metal processing.......... A15: 49
glass filament diameter.......... EM1: 109
of magnetic particle inspection.......... A17: 103
of polymers.......... EM2: 53–56
of thermal-mechanical effects.......... EL1: 746

Nomenclatures
cast and wrought aluminum alloys.......... A2: 4–5

Nomex *See* Aramid fibers, specific types

Nominal applied stress (σ_{nom}).......... A20: 345

Nominal area (of contact) *See also* Apparent area of contact; Area of contact
defined.......... A18: 13

Nominal axial stresses.......... A1: 674
and fatigue resistance.......... A1: 674

Nominal compositions *See also* Composition
aluminum casting alloys.......... A2: 152–177
of copper casting alloys.......... A2: 347
wrought aluminum and aluminum alloys.......... A2: 62–122
wrought copper and copper alloys.......... A2: 265–345

Nominal dimension
defined.......... A15: 8

Nominal engineering stress.......... A8: 726

Nominal mean stress.......... A19: 256

Nominal normal stress on the contact path.. A18: 682

Nominal overload
effect on fatigue performance of components.......... A19: 318

Nominal plastic zone size.......... A8: 446

Nominal rate of strain *See also* Specific crosshead rate
in machine stiffness effects.......... A8: 41

Nominal safety factor.......... A20: 91–92

Nominal strain *See also* Strain
effect on fatigue performance components.......... A19: 318
symbol for key variable.......... A19: 242

Nominal strength *See* Ultimate strength

Nominal strength (S).......... A20: 510

Nominal stress *See also* Engineering stress; Mean stress; Normal stress; Residual stress; True stress.......... EM3: 19
and high-cycle fatigue.......... A11: 109–110
carbon-manganese steel.......... A13: 263
defined.......... A8: 9, EM1: 16, EM2: 28
effects on fatigue fractures.......... A11: 110–111
in shafts.......... A11: 461
symbol for key variable.......... A19: 242

Nominal stress at which fracture takes place (σ_F).......... A20: 345

Nominal stress (S_{av}).......... A20: 509, 520

Nominal stress-intensity range (ΔK_{nom}).......... A19: 35

Nominal value.......... EM3: 19
defined.......... EM1: 16, EM2: 28

Nominal wall thickness.......... A20: 257

Nomographs
for coupled lines.......... EL1: 39–41
to predict minimum oil film thickness for steadily loaded bearings.......... A18: 517
to predict power loss in steadily loaded bearings.......... A18: 519

Nomographs, for scale-up
explosion output values.......... M7: 197

Nonabrasive finishing methods.......... A5: 110–117
description.......... A5: 110
electrochemical machining (ECM).......... A5: 110–114
electrodischarge machining (EDM).......... A5: 110, 114–116
laser beam machining (LBM).......... A5: 110

Non-abrasive machining methods..... EM4: 313, 314

Non-acid-resistant enamel
fineness as a cover coat for sheet steel.......... A5: 456

Non-ambient-temperature scanning electron microscopy.......... A9: 97

Nonaqueous solvent-suspendible developers (form D)
for liquid penetrant inspection.......... A17: 77

Nonary system or diagram.......... A3: 1•2

Nonasbestos organic (NAO)
for organic brake linings.......... A18: 569, 570, 572

Nonaustenitic steel
hardness conversion numbers for.......... A8: 106

Nonaustenitic steels
fracture transition.......... A11: 66

Nonaveraging extensometer.......... A8: 616

Nonchromated deoxidizers
use of.......... M5: 8

Nonclassical creep.......... A8: 331–332

Nonclay technical ceramics.......... A20: 788

Nonconductive resins
as mounting materials for electropolishing.. A9: 49

Nonconformal surfaces
defined.......... A18: 13

Nonconservative jog dragging.......... A19: 101

Nonconsumable electrode
in joining processes classification scheme A20: 697

Noncontact bearing *See also* Gas lubrication; Magnetic bearing
defined.......... A18: 13

Noncontact method *See also* Laser inspection
probe, aircraft subassemblies, eddy current inspection.......... A17: 190

Noncontact methods
to measure strain.......... A8: 193

Noncontact trigger probes
coordinate measuring machines.......... A17: 25

Noncontinuous fillet
in brazed joints.......... A17: 602

Noncontinuous load shedding testing.......... A19: 171

Noncontinuum mechanisms
fatigue crack growth rate variation with alternating stress intensity.......... A19: 633

Noncorrosive flux
definition.......... M6: 12

Noncubic phases in aluminum alloys.... A9: 359–360

Noncyanide alkaline
copper plating baths.......... A5: 167–168, 175
plating bath, anode and rack material for copper plating.......... A5: 175

Noncyanide baths
agitation preferred methods.......... A5: 170

Noncyanide plating
brass.......... M5: 285
cadmium.......... M5: 256–257
silver.......... M5: 279–230
zinc *See* Zinc alkaline noncyanide plating

Noncylindrical bending.......... A8: 119, 121

Nondestructive analysis
by voltammetry.......... A10: 188
neutron activation analysis.......... A10: 233–242
surface residual stress measurement, for quality control.......... A10: 380
thermal neutron activation.......... A10: 234–238
thin/thick samples, PIXE as.......... A10: 102
ultrasonic.......... EM2: 838–846
uranium assay by DNC as.......... A10: 238
x-ray topography.......... A10: 365–379

Nondestructive etching.......... A9: 57–60

Nondestructive evaluation *See also* Chemical analysis; Formability testing, Inspection; Inspection; Testing; Visual inspection; Workability tests
of aluminum alloy forgings **A14:** 249
of ductile iron castings **A15:** 663–664
of powder forged parts **A14:** 204–205
of titanium alloy forgings **A14:** 282
trends in **A15:** 664
Nondestructive evaluation methods *See also* NDE detection methods; NDE reliability; Nondestructive evaluation; Nondestructive evaluation techniques; Nondestructive inspection of specific products; Quantitative nondestructive evaluation
acoustic emission inspection **A17:** 278–294
acoustic microscopy **A17:** 465–482
acoustical holography **A17:** 438–447
codes, for boilers and pressure vessels **A17:** 641–644
color, usage of **A17:** 483–488
digital image enhancement **A17:** 454–464
eddy current inspection **A17:** 164–194
electric current perturbation **A17:** 136–142
electromagnetic, for residual stress measurement **A17:** 159–163
for powder metallurgy parts **A17:** 537–547
industrial computed tomography **A17:** 358–386
leak testing **A17:** 57–70
liquid penetrant inspection **A17:** 71–88
magabsorption **A17:** 143–158
magnetic field testing **A17:** 129–135
magnetic particle inspection **A17:** 89–128
materials, control of **A17:** 678
microwave inspection **A17:** 202–230
neutron radiography **A17:** 387–395
optical holography **A17:** 405–431
possible outcomes **A17:** 675
qualification of **A17:** 678–679
radiographic inspection **A17:** 295–357
reliability of **A17:** 663–715
remote-field eddy current inspection **A17:** 195–201
replication microscopy **A17:** 52–56
specification requirements **A17:** 663
speckle metrology **A17:** 432–437
statistical nature of **A17:** 689–692
thermal inspection **A17:** 396–404
Nondestructive evaluation methods of flaw detection **A7:** 700, 702
Nondestructive evaluation (NDE) *See also* Nondestructive analysis; Nondestructive evaluation methods; Nondestructive evaluation techniques; Nondestructive inspection methods; Nondestructive inspection (NDI); Nondestructive testing; Nondestructive testing (NDT); Ultrasonic analysis **A18:** 406, 412, **EM1:** 16, **EM3:** 19, **EM4:** 32, 547–548
acoustic emission technique **EM3:** 781
composite joint end products **EM3:** 777–784
acoustic emission **EM3:** 781
holography **EM3:** 782–783
radiographic techniques **EM3:** 781–782
shearography **EM3:** 782–783
state of the art technology **EM3:** 783
thermography **EM3:** 783
ultrasonic **EM3:** 777–781
defined **A17:** 49, **EM2:** 28
definition **EM3:** 743
fabrication flaws during DOE-ATTAP program **EM4:** 998
holography **EM3:** 782–783
leaky Lamb wave (LLW) technique **EM3:** 779–781, 782, 783
metal joints adhesively bonded **EM3:** 743–746
adherend defects **EM3:** 746–747
adhesive flash **EM3:** 746
blown core **EM3:** 748, 749
burned adhesive **EM3:** 746
condensed core **EM3:** 747
corrosion **EM3:** 750, 751, 760
crushed core **EM3:** 747
dents, dings, and wrinkles **EM3:** 746
disbonds **EM3:** 746, 748–750
double-drilled or irregular holes **EM3:** 746
foam intrusion **EM3:** 750
foreign objects **EM3:** 750
fracture (cracks) **EM3:** 746
fractured or gouged fillets **EM3:** 746
frequency of rejectable flaws in adhesive bonded assemblies **EM3:** 745
generic flaw types and flaw-producing mechanisms **EM3:** 745
honeycomb core defects **EM3:** 748, 749, 750–751
honeycomb sandwich defects **EM3:** 747–750
honeycomb structure **EM3:** 772–773, 774
impact damage **EM3:** 750–751
interface defects **EM3:** 743–744
lack of fillets **EM3:** 746
metal-to-metal defects **EM3:** 748–750
metal-to-metal joints **EM3:** 772, 774
metal-to-metal voids **EM3:** 743, 745–746
missing fillets **EM3:** 750
node separation **EM3:** 748, 749
poor fabrication **EM3:** 750, 751
porosity **EM3:** 746, 773
porous or frothy fillets **EM3:** 746
pretreatment flaws **EM3:** 743
protective film left on adhesive **EM3:** 748
repair defects **EM3:** 750
scratches and gouges **EM3:** 746
short core **EM3:** 750
skin-to-core voids at edge of chemically milled steps or doublers **EM3:** 750
ultrasonic inspection **EM3:** 748
unbonds **EM3:** 743, 746
voids in foam adhesive joints **EM3:** 748, 750
water in core cells **EM3:** 747
of composites **A11:** 739
of failed parts **A11:** 173
of gray iron paper-dryer head **A11:** 352
of heat exchangers **A11:** 629, **EM4:** 981
of solder joints **EL1:** 735–738
plasma arc welding **A6:** 198
radiographic techniques **EM3:** 781–782
shearography **EM3:** 782–783
state of the art technology **EM3:** 783
Sundstrand Power Systems advanced gas turbine component development **EM4:** 999
thermography **EM3:** 783
turbocharger turbine wheel proof testing **EM4:** 726
ultrasonic pulse-echo **EM3:** 778–779, 783
ultrasonic spectroscopy **EM3:** 779, 781
ultrasonic through-transmission **EM3:** 778–779, 783
Nondestructive evaluation (NDE) inspection programs **A20:** 622, 785
Nondestructive evaluation (NDE) methods **A19:** 4, 476, 477
assessment of bulk creep damage **A19:** 520
conventional, life-assessment techniques and their limitations for creep-damage evaluation for crack initiation and crack propagation **A19:** 521
high-resolution, life-assessment techniques and their limitations for creep-damage evaluation for crack initiation and crack propagation **A19:** 521
stress-intensity values and properties **A19:** 16
to detect blistering **A19:** 480
Nondestructive evaluation (NDE) techniques
to evaluate gas turbine ceramic components **EM4:** 718
Nondestructive evaluation (NDE) testing and inspection **EM4:** 617–626
acoustic emission **EM4:** 625–626
acoustic resonances **EM4:** 626
infrared inspection **EM4:** 626
limitations **EM4:** 617
liquid penetrants **EM4:** 625
microwaves **EM4:** 626
nuclear magnetic resonance **EM4:** 626
radiography **EM4:** 617–621
computed tomography **EM4:** 617, 619–620
microfocus radiography **EM4:** 618, 619
neutron radiography **EM4:** 618, 620–621
projection radiography **EM4:** 618–619
x-ray computed tomography **EM4:** 619–620
x-ray microradiography **EM4:** 618–619
ultrasonics **EM4:** 621–625
bulk porosity measurements **EM4:** 621
coupling techniques **EM4:** 623–624
defect detection by acoustic microscopy **EM4:** 624–625
standard defect specimens **EM4:** 624
Nondestructive evaluation techniques *See also* NDE detection methods; NDE reliability; Nondestructive evaluation; Nondestructive evaluation methods; Nondestructive inspection of specific products; Quantitative nondestructive evaluation
flaw detection and evaluation **A17:** 49–50
for planar flaws **A17:** 50
for residual stresses **A17:** 51
for volumetric flaws **A17:** 50
guide to **A17:** 49–51
in product cycle, adhesive-bonded joints **A17:** 632–636
leak testing **A17:** 50, 57–70
liquid penetrant inspection **A17:** 71–88
material characteristics, important **A17:** 51
mechanical and physical properties estimated **A17:** 51
metrology and evaluation **A17:** 50
reasons for **A17:** 49
replication microscopy **A17:** 52–56
selection of method **A17:** 49
technical meetings about **A17:** 51
Nondestructive examination *See also* Nondestructive evaluation (NDE) **M6:** 847–853
accuracy **M6:** 851
inspection methods **M6:** 847–850
acoustic emission **M6:** 849–850
eddy-current **M6:** 850
liquid-penetrant **M6:** 847–848
magnetic-particle **M6:** 848
radiographic **M6:** 848–849
ultrasonic **M6:** 849
visual **M6:** 847
reliability **M6:** 851
selection of technique **M6:** 850–851
characteristics of discontinuity **M6:** 850
constraints **M6:** 850–851
fracture mechanics requirements **M6:** 850
sensitivity **M6:** 851
Nondestructive examination (NDE) methods, weldments **A19:** 448
Nondestructive examination (NDEx) *See* Nondestructive evaluation (NDE)
Nondestructive inspection *See also* Inspection; Nondestructive evaluation methods; Nondestructive evaluation techniques; NDE reliability; Nondestructive evaluation (NDE); Quantitative nondestructive evaluation; specific nondestructive evaluation methods; Visual examination inspection
brazed joints **A6:** 1118–1119
effects **A12:** 77
of specific products **A17:** 489–659
of steel castings **A1:** 378–379
pitting corrosion **A13:** 231
profile generation **A12:** 199
soldered joints **A6:** 981–982
Nondestructive inspection (NDI) *See also* Inspection; Nondestructive evaluation; Nondestructive testing **EM3:** 526–529
acoustic emission (AE) **EM1:** 777
defined **EM1:** 16

SUBJECTS OF THE INDEXED VOLUMES: ASM Handbook (designated by the letter "A"): **A1:** Properties and Selection: Irons, Steels, and High-Performance Alloys (1990); **A2:** Properties and Selection: Nonferrous Alloys and Special-Purpose Materials (1990); **A3:** Alloy Phase Diagrams (1992); **A4:** Heat Treating (1991); **A5:** Surface Engineering (1994); **A6:** Welding, Brazing, and Soldering (1993); **A7:** Powder Metal Technologies and Applications (1998); **A8:** Mechanical Testing (1985); **A9:** Metallography and Microstructures (1985); **A10:** Materials Characterization (1986); **A11:** Failure Analysis and Prevention (1986); **A12:** Fractography (1987); **A13:** Corrosion (1987); **A14:** Forming and Forging (1988); **A15:** Casting (1988); **A16:** Machining (1989); **A17:** Nondestructive Evaluation and Quality Control (1989); **A18:** Friction, Lubrication, and Wear Technology (1992); **A19:** Fatigue and Fracture (1996); **A20:** Materials Selection and Design (1997). **Metals Handbook, 9th Edition** (designated by the letter "M"): **M1:** Properties and Selection: Irons and Steels (1978); **M2:** Properties and Selection: Nonferrous Alloys and Pure Metals (1979); **M3:** Properties and Selection: Stainless Steels, Tool Materials, and Special-Purpose Materials (1980); **M4:** Heat Treating (1981); **M5:** Surface Cleaning, Finishing, and Coating (1982); **M6:** Welding, Brazing, and Soldering (1983); **M7:** Powder Metallurgy (1984). **Engineered Materials Handbook** (designated by the letters "EM"): **EM1:** Composites (1987); **EM2:** Engineering Plastics (1988); **EM3:** Adhesives and Sealants (1990); **EM4:** Ceramics and Glasses (1991). **Electronic Materials Handbook** (designated by the letters "EL"): **EL1:** Packaging (1989)

definition . . . EM3: 743
detail (micro) methods, defined . . . EM1: 774
field (bulk) methods, defined . . . EM1: 774
grading of adhesive defects . . . EM3: 526
infrared thermography . . . EM3: 526
methods . . . EM1: 770
neutron radiography . . . EM3: 524, 525, 526
of cured composite laminate . . . EM1: 532
pulse-echo mode of operation . . . EM3: 527
quality control, introduction and overview . . . EM3: 727–728
radiographic methods . . . EM3: 528
radiography . . . EM1: 775–776
resonance methods . . . EM3: 527–528
selection of . . . EM3: 521, 522
Shurtronics harmonic bond tester flat-panel tests . . . EM3: 527, 528
Shurtronics harmonic bond tester reference-panel tests . . . EM3: 527, 528
stress waves (ultrasonic) . . . EM3: 530
surface/edge replication . . . EM1: 775
tap hammer inspection method . . . EM3: 527–528
techniques . . . EM1: 774–777
thermographic methods . . . EM3: 528
thermography . . . EM1: 777
ultrasonic techniques . . . EM1: 776–777
ultrasonic through-transmission inspection EM3: 523, 524, 526–527, 528, 529
vibrothermography . . . EM1: 777, EM3: 528
x-ray computer tomography (CT) . . . EM3: 528
x-ray radiography . . . EM3: 526, 528

Nondestructive inspection (NDI) program
initial flaws in aircraft . . . A19: 581

Nondestructive inspection (NDI) testing
ceramic gas turbine engine components . . EM4: 717

Nondestructive inspection of specific products *See also* NDE reliability
adhesive-bonded joints . . . A17: 610–640
billets . . . A17: 549–560
boilers . . . A17: 641–659
brazed assemblies . . . A17: 582–609
castings . . . A17: 512–535
forgings . . . A17: 491–511
powder metallurgy parts . . . A17: 536–548
pressure vessels . . . A17: 641–659
soldered joints . . . A17: 582–609
steel bar . . . A17: 549–560
tubular products . . . A17: 561–581
weldments . . . A17: 582–609
wire . . . A17: 549–560

Nondestructive repair
and rework processes . . . EL1: 710–711

Nondestructive test (NDT) methods
adhesion measurements . . . A6: 144

Nondestructive testing
not applicable to upset welded joints . . . A6: 250

Nondestructive testing for
explosion welds . . . M6: 710
high frequency welds . . . M6: 765–766
solder joints . . . M6: 1090

Nondestructive testing methods . . . A7: 714–715
eddy current, powder forged components . . . M7: 491–492
examination . . . M7: 491
magnetic particle inspection . . . M7: 575–579

Nondestructive testing (NDT) *See also* Nondestructive evaluation; Nondestructive evaluation (NDE); Nondestructive inspection methods; Nondestructive inspection (NDI) . . . EM3: 19, 37
210 sonic bond tester . . . EM3: 766
acoustic emission techniques . . . EM3: 760
acoustical holography . . . EM3: 765–767
adhesive bond strength classifier algorithm . . . EM3: 744
Advanced Bond Evaluator (ABE) . . . EM3: 756–757
AGA Thermovision . . . EM3: 763
applications and limitations to bonded joints . . . EM3: 751–767
Bondascope 2100 . . . EM3: 757–758
Bondscan Thermography Inspection System . . . EM3: 763–765
burned-adhesive reference standard . . . EM3: 770
calibration of bond testers . . . EM3: 770
contact potential . . . EM3: 744
contamination tester . . . EM3: 744
cores . . . EM3: 37
correlated with destructive test results . . . EM3: 772
correlation of results for built-in defects in honeycomb structures . . . EM3: 766
correlation of results for built-in defects in laminate panels . . . EM3: 766
defined . . . EM1: 16
definition . . . EM3: 743
definition of inspection grade numbers versus void sizes . . . EM3: 767
detailed written test procedure . . . EM3: 768
entrapped moisture detection . . . EM3: 745
establishing quality control standards in product cycle . . . EM3: 767–771
evaluation and correlation of results . . . EM3: 771–775
Fokker bond tester . . EM3: 522, 525, 528, 754–756, 766, 769–770, 772, 778
Fokker bond tester readings correlated to bond strength . . . EM3: 772–774, 775
for fatigue failure . . . A11: 134
for moisture and corrosion damage . . . EM3: 751
harmonic bond tester . . . EM3: 766, 769, 770
holographic interferometry . . . EM3: 760–761, 762
honeycomb reference standards . . . EM3: 770–771
in failure analysis . . . A11: 16–18
infrared or thermal inspection . . . EM3: 762–763
infrared radiometer testing . . . EM3: 762–763
inspection without standards . . . EM3: 771
inspecton log, daily . . . EM3: 768
leak (hot-water) test . . . EM3: 765
liquid-surface acoustical holography . . . EM3: 765
marked by impact damage . . . EM3: 751
metal-to-metal reference standards EM3: 769–770, 771
NDT-210 bond tester . . . EM3: 755–756, 769, 770, 772
Novascope . . . EM3: 758
of weldments . . . A11: 412
proof loading . . . EM3: 37
reference test standards . . . EM3: 768–769
rejection or nonconformance record . . . EM3: 768
scanning acoustical holography . . . EM3: 765–766
schedules and techniques . . . A11: 134
selection of test method . . . EM3: 767
shearography . . . EM3: 761–765
Shurtronics Mark I harmonic bond tester . . . EM3: 756–757, 760
Sondicator . . . EM3: 756, 757, 759, 766
Sondicator bond tester . . . EM3: 770
sonic testing . . . EM3: 37
specification (test method) . . . EM3: 768
substitute standards . . . EM3: 771
tap test . . . EM3: 760, 766
tapping . . . EM3: 37
thermal neutron radiography . . EM3: 759, 766, 769, 772, 773
ultrasonic bond testers . . . EM3: 753–759, 766
ultrasonic inspection
contact pulse echo . . . EM3: 752, 753, 766
contact through transmission . . . EM3: 752, 766
immersion C-Scan method . . . EM3: 752–754, 761–762, 766, 770, 772–773
pulse echo . . . EM3: 748, 769, 772
ringing technique . . . EM3: 752
ultrasonic inspection and bond test method sensitivity . . . EM3: 758–759
ultrasonic inspection techniques . . . EM3: 37, 766
limitations . . . EM3: 753
wave interference effects . . . EM3: 772
use of liquid crystals (cholesteric) . . . EM3: 762, 763
use of thermochromic or thermoluminescent coatings . . . EM3: 762, 763, 764
variable-quality reference standards EM3: 770, 771
visual inspection methods . . . EM3: 37, 751–752
voids, porosity and unbond standards . . . EM3: 769
x-ray radiography . . . EM3: 759, 766, 770

Nondestructive thermal neutron activation analysis
as common NAA analysis . . . A10: 234–238

Nondeterministic logic . . . EL1: 2

Nondeterministic surface . . . A18: 346, 348

Nondezincification alloy *See also* Copper alloy castings; Copper alloys, specific types, C99400
properties and applications . . . A2: 389

Non-dimensional voltage
as function of potential lead position . . . A8: 388

Nondrying oils
phosphate coatings supplemented with . . . M5: 453

Nonelectrolytic cleaning
refractory metals and alloys . . . A5: 857

Nonequilibrium constituents in aluminum alloy ingots
effect of cooling rate on . . . A9: 634

Nonequilibrium crack shapes . . . A19: 163

Nonequilibrium lever rule . . . A6: 56

Nonequilibrium phases
in the fusion zone of welded joints . . . A9: 580–581

Nonequilibrium solidification
solute redistribution in . . . A15: 136–137

Nonetching alkaline cleaners *See* Alkaline cleaning, nonetching cleaners

Noneutectic fusible alloys *See also* Fusible alloys
properties . . . A2: 756

Nonferromagnetic materials *See also* Ferromagnetic materials
eddy current inspection . . . A17: 164
electric current perturbation inspection of A17: 136
magabsorption measurement of stress in . . . A17: 155–156
nickel-plated ,magabsorption measurement . . . A17: 145
remote-field eddy current inspection . . . A17: 195
tubesheet rolled joints, eddy current inspection . . . A17: 180–181

Nonferrous alloys
acid cleaning . . . A5: 54
coatings on . . . A13: 776
diffraction techniques, elastic constants, and bulk values for . . . A10: 382
for rolling . . . A14: 355–356
forging of . . . A14: 239–287
fracture/failure causes . . . A12: 217
glow discharges for . . . A10: 28
hydrogen-damage failure(s) . . . A11: 338
in sour gas environments . . . A11: 300
laser cutting . . . A14: 742
liquid-metal embrittlement . . . A11: 233–234, A13: 178–179
occurrence of SMIE in . . . A11: 243
recycling of . . . A2: 1205–1232
solid-metal embrittlement . . . A13: 185
submerged arc welding . . . A6: 203

Nonferrous alloys, AMS specific types *See also* Steels, AMS specific types
4544, springs, strip for . . . M1: 286
5525, springs, strip for . . . M1: 286
5540, springs, strip for . . . M1: 286
5542, springs, strip for . . . M1: 286
5596, springs, strip for . . . M1: 286
5597, springs, strip for . . . M1: 286
5698, springs, wire for . . . M1: 285
5699, springs, wire for . . . M1: 285
7233, springs, wire for . . . M1: 284

Nonferrous alloys, ASTM specific types *See also* Steels, ASTM specific types
B103, springs, strip for . . . M1: 286
B159, springs . . . M1: 284
B168, springs . . . M1: 286
B194, springs . . . M1: 286
B197, springs . . . M1: 284

Nonferrous alloys, composition, processing, and structure effects on properties . . . A20: 383–415
aluminum . . . A20: 383–389
aluminum alloy alloying elements . . . A20: 384–386
aluminum alloy impurity . . . A20: 384–386
aluminum alloy microstructural features not inferred from the alloy-temper designation systems . . . A20: 388–389
aluminum alloy phase diagrams . . . A20: 383–384
aluminum alloys . . . A20: 383–389
cast, designation system . . . A20: 385, 386
chemical composition . . . A20: 385, 386
H tempers . . . A20: 386–387
O tempers . . . A20: 386
T tempers . . . A20: 387
temper designation system . . . A20: 386–387
tensile properties . . . A20: 386, 387
W tempers . . . A20: 387
wrought, designation system . . . A20: 385, 386
aluminum-chromium phase diagram . . . A20: 384
beryllium . . . A20: 408–409
beryllium alloys . . . A20: 408–409
beryllium structural materials . . . A20: 409
chromium, as alloying element in aluminum alloys . . . A20: 385
cobalt . . . A20: 396

Nonferrous alloys, composition, processing, and structure effects on properties (continued)
cobalt alloys **A20:** 396–399
abrasion resistance **A20:** 397–398
alloying elements effects **A20:** 396–397
corrosion-resistant **A20:** 399
erosion resistance **A20:** 398
heat-resistant **A20:** 398–399
sliding wear resistance **A20:** 398
wear-resistant **A20:** 397–398
copper **A20:** 389–390
copper alloy powders **A20:** 393
copper alloys **A20:** 389–393
copper, as alloying element in aluminum alloys **A20:** 385
copper casting alloys **A20:** 392–393
designation system for wrought aluminum alloys **A20:** 385, 386
iron, as alloying element in aluminum alloys **A20:** 384
lithium, as alloying element in aluminum alloys **A20:** 385–386
magnesium **A20:** 406–407
magnesium alloys **A20:** 406–408
magnesium, as alloying element in aluminum alloys **A20:** 385
manganese, as alloying element in aluminum alloys **A20:** 384–385
molybdenum **A20:** 411–412
molybdenum alloys **A20:** 411–412
nickel **A20:** 393–394
nickel alloys **A20:** 393–396
alloying elements effects **A20:** 393–394
carbides **A20:** 394
corrosion resistance **A20:** 394–395
gamma prime precipitation **A20:** 394
heat-resistant **A20:** 395, 396
specialty **A20:** 395–396
niobium **A20:** 410
niobium alloys **A20:** 410
refractory metals and alloys **A20:** 409–414
rhenium **A20:** 413–414
rhenium alloys **A20:** 413–414
silicon, as alloying element in aluminum alloys **A20:** 384
tantalum **A20:** 410–411
tantalum alloys **A20:** 410–411
titanium **A20:** 399
titanium alloy powders **A20:** 404
titanium alloys
alloying elements effects **A20:** 399–400
alpha alloys **A20:** 399, 403
alpha phase **A20:** 400
alpha-beta alloys **A20:** 400, 401, 402, 403
beta phase **A20:** 399, 400, 401–402, 403
casting alloys **A20:** 403–404
microstructure/property relationships **A20:** 400–402
wrought **A20:** 402–403
tungsten **A20:** 412–413
tungsten alloys **A20:** 412–413
wrought copper alloys **A20:** 390–392
zinc **A20:** 404–405
zinc alloys **A20:** 404–406
alloying elements effects **A20:** 405
casting alloys **A20:** 404, 405–406
wrought **A20:** 405–406
zinc, as alloying element in aluminum alloys **A20:** 385
zirconium, as alloying element in aluminum alloys **A20:** 385
Nonferrous alloys, heat treating **A4:** 823–839
annealing of cold-worked metals **A4:** 826–830
cold-working effect on properties and microstructure **A4:** 827, 830
dislocations **A4:** 826–827
grain growth **A4:** 827–828, 829, 830
hot working **A4:** 827, 830
recovery **A4:** 827–828, 829
recrystallization **A4:** 827–830
diffusion in metals and alloys
activation energy **A4:** 825
diffusion constants **A4:** 825
diffusion in alloys (chemical diffusion) . . . **A4:** 824
diffusion in pure metals (self-diffusion) . . **A4:** 823, 824
Fick's laws of diffusion . . . **A4:** 824–825, 826, 831, 833
grain-boundary diffusion **A4:** 826
interstitial diffusion **A4:** 826
intrinsic diffusion coefficients **A4:** 826
Kirkendall effect **A4:** 826
temperature dependence of the rate of diffusion **A4:** 825–826
vacancies **A4:** 823–824
homogenization of castings **A4:** 830–832
chemical homogenization annealing **A4:** 831–832
coring **A4:** 831, 832
dendrite formation **A4:** 831, 832
precipitation hardening heat
precipitation control through heat treatment **A4:** 834
precipitation hardening **A4:** 834–836
precipitation process **A4:** 833
solution heat treatments **A4:** 833
treatments **A4:** 832–836
two-phase structure development **A4:** 836–839
Nonferrous alloys powders
metal injection molding **A7:** 14
Nonferrous alloys, wear applications *See* Wear-resistant alloys, nonferrous
Nonferrous applications
automotive industry **M7:** 617–621
Nonferrous casting alloys
aluminum and aluminum alloys **A15:** 743–770
cast metal-matrix composites **A15:** 840–854
castings, markets and tonnages for **A15:** 41–42
cobalt-base alloys **A15:** 811–814
continuous, direct-chill casting of **A15:** 313–314
copper and copper alloys **A15:** 771–785
magnesium and magnesium alloys . . . **A15:** 798–810
mechanical properties, compared **A15:** 787
nickel and nickel alloys **A15:** 815–823
titanium and titanium alloys **A15:** 824–835
zinc and zinc alloys **A15:** 786–797
zirconium and zirconium alloys **A15:** 836–839
Nonferrous corrosion-resistant materials, selection of
introduction **A6:** 585
Nonferrous Founder's Society **A15:** 34
Nonferrous hardfacing alloys **A18:** 758, 761–765
applications **A18:** 758, 759, 762
bronze-type **A18:** 761, 765
cavitation erosion **A18:** 762, 763
classifications **A18:** 758
cobalt-base/carbide-type alloys . . **A18:** 761–762, 764
corrosion resistance **A18:** 762
galling **A18:** 763, 765
high-silicon stainless steel alternate material **A18:** 762
iron and nickel substitutes for cobalt compositions **A18:** 762
Laves-type alloy compositions **A18:** 762–763
nickel-base/boride-type alloys **A18:** 763–765
properties **A18:** 758–762, 763
spray-and-fuse process **A18:** 765
Nonferrous high-temperature materials
constitutional liquation **A6:** 567–568, 569
fusion zone **A6:** 567
heat-affected zone **A6:** 566, 567, 569
liquation cracking **A6:** 567–569
Nonferrous high-temperature materials, postweld heat treatment of **A6:** 572–574
aging treatments **A6:** 572–574
annealing **A6:** 572
categories **A6:** 572
mill annealing **A6:** 572, 573, 574
nominal composition of selected nickel-base and cobalt-base high-temperature alloys . . . **A6:** 573
precipitation-strengthened alloys **A6:** 572–573
solid-solution-strengthened alloys **A6:** 572, 574
solution annealing **A6:** 572–574
solution treating and quenching **A6:** 572, 574
strain-age cracking, guidelines for avoidance of **A6:** 573–574
stress relieving **A6:** 572–574
types of postweld heat treatment **A6:** 572
Nonferrous high-temperature materials, welding metallurgy of **A6:** 566–571
age hardening **A6:** 566, 567
grain size **A6:** 567
heat treatments, and liquation cracking **A6:** 568–570
heat-affected zone liquation cracking **A6:** 567
impurities **A6:** 568–570
liquating precipitate amount **A6:** 567–568
parameters affecting liquation cracking **A6:** 567–570
precipitate types **A6:** 568
reducing susceptibility to liquation cracking **A6:** 570
strain-age cracking **A6:** 566–567
Nonferrous materials
acoustic properties **A17:** 235
lubrication of **M7:** 191–192
Nonferrous metal parts
secondary operations **M7:** 451
Nonferrous metals
air-carbon arc cutting **A6:** 1172, 1173–1174
Brinell test application **A8:** 89
buffing **A5:** 104
dry blasting **A5:** 59
glass-to-metal seals **EM3:** 301
hardened steel ball indenters for **A8:** 74
liquid-metal embrittlement of **A11:** 233
microhardness testing for **A8:** 89
sources of materials data **A20:** 497
with crystalline aggregates, Rockwell testing of **A8:** 80
Nonferrous metals and alloys
brazing to aluminum **M6:** 1031
friction welding **M6:** 722
gas tungsten arc welding **M6:** 205–207
oxyfuel gas cutting **M6:** 897
spraying for hardfacing **M6:** 789
Nonferrous metals processing **A20:** 137
Nonferrous molten metal processes
aluminum alloys, degassing **A15:** 456–462
aluminum alloys, demagging of **A15:** 471–474
aluminum alloys, grain refining of . . . **A15:** 476–480
aluminum alloys, melt refining of **A15:** 470–471
aluminum-silicon alloys, modification of **A15:** 481–486
circulation, aluminum melts (forced convection) **A15:** 453–456
copper alloys, degassing of **A15:** 464–468
copper alloys, deoxidation of **A15:** 468–470
fluxing **A15:** 445–453
lead alloys, melting of **A15:** 474–476
magnesium alloys, grain refining of . . **A15:** 480–481
magnesium, degassing of **A15:** 462–464
molten metal filtration **A15:** 487–493
molten metal pumping systems **A15:** 486–487
vacuum induction melting **A15:** 396
Nonferrous powder metallurgy (P/M) structural parts, materials for, specifications . . **A7:** 426–429, 433, 441, 648, 654, 672, 714, 728, 753, 756–762, 765, 778–779, 1052, 1053, 1099
Nonferrous tubing
inspection of **A17:** 572–574
Nonferrous-based infiltration systems . . . **M7:** 559–560
Nonfill
defined **A14:** 9
Non-fill, as defect
semisolid alloys **A15:** 336–337
Nonflammable solvent cleaner/removers
for liquid penetrant inspection **A17:** 75–76
Nonfluoborates (NF) **A5:** 258

SUBJECTS OF THE INDEXED VOLUMES: ASM Handbook (designated by the letter "A"): **A1:** Properties and Selection: Irons, Steels, and High-Performance Alloys (1990); **A2:** Properties and Selection: Nonferrous Alloys and Special-Purpose Materials (1990); **A3:** Alloy Phase Diagrams (1992); **A4:** Heat Treating (1991); **A5:** Surface Engineering (1994); **A6:** Welding, Brazing, and Soldering (1993); **A7:** Powder Metal Technologies and Applications (1998); **A8:** Mechanical Testing (1985); **A9:** Metallography and Microstructures (1985); **A10:** Materials Characterization (1986); **A11:** Failure Analysis and Prevention (1986); **A12:** Fractography (1987); **A13:** Corrosion (1987); **A14:** Forming and Forging (1988); **A15:** Casting (1988); **A16:** Machining (1989); **A17:** Nondestructive Evaluation and Quality Control (1989); **A18:** Friction, Lubrication, and Wear Technology (1992); **A19:** Fatigue and Fracture (1996); **A20:** Materials Selection and Design (1997). **Metals Handbook, 9th Edition** (designated by the letter "M"): **M1:** Properties and Selection: Irons and Steels (1978); **M2:** Properties and Selection: Nonferrous Alloys and Pure Metals (1979); **M3:** Properties and Selection: Stainless Steels, Tool Materials, and Special-Purpose Materials (1980); **M4:** Heat Treating (1981); **M5:** Surface Cleaning, Finishing, and Coating (1982); **M6:** Welding, Brazing, and Soldering (1983); **M7:** Powder Metallurgy (1984). **Engineered Materials Handbook** (designated by the letters "EM"): **EM1:** Composites (1987); **EM2:** Engineering Plastics (1988); **EM3:** Adhesives and Sealants (1990); **EM4:** Ceramics and Glasses (1991). **Electronic Materials Handbook** (designated by the letters "EL"): **EL1:** Packaging (1989)

Nonhalogenated solvents
properties of **EL1:** 665

Nonhard-drying materials
phosphate coatings supplemented with . . . **M5:** 453, 456

Nonheat-treatable
aluminum alloys **A13:** 584, 602
commercial wrought aluminum alloys, solution potentials **A13:** 584
stainless steels, SCC testing **A13:** 272–273

Non-heat-treatable alloys
electron-beam welding. **A6:** 871
single-shear and blanking shear tests for **A8:** 65

Non-heat-treatable aluminum alloys **A6:** 537–540
alloy classification **A6:** 537
applications **A6:** 537, 540
corrosion. **A6:** 537, 540
electron-beam welding. **A6:** 538–539
filler alloy selection **A6:** 537–539
filler metals. **A6:** 539
gas-metal arc welding **A6:** 539
heat-affected zone **A6:** 537, 539
hot cracking **A6:** 538–539
laser-beam welding. **A6:** 538
porosity **A6:** 539
properties **A6:** 537, 539–540
temper designations **A6:** 537
weld properties. **A6:** 539–540

Non-heat-treatable stainless steels
electrochemical polarization **A8:** 529
SCC testing of **A8:** 527–529
testing in boiling magnesium chloride solution **A8:** 528–529
testing in polythionic acids. **A8:** 528
wick test for **A8:** 529

Non-heat-treatable wrought aluminum alloys
strength improvement **A2:** 36–39

Nonheavy-metal systems
as cathodic inhibitors **A13:** 496

Nonhomogeneous deformation **A8:** 44

Nonhomogeneous materials
Rockwell hardness testing of **A8:** 77, 82

Nonhomogeneous strain
in tubular specimen **A8:** 222, 224

Nonhydrogen charged specimen
cycled near stress-intensity factor range threshold. **A8:** 487–488, 491

Nonhydroscopic
defined **EM2:** 28

Nonhygroscopic **EM3:** 19
defined **EM1:** 16

Nonionic detergent
definition. **A5:** 962

Nonionic detergents
for surface cleaning **A13:** 380

Nonionic surface-active agents
composition. **A5:** 33
operation temperature **A5:** 33

Nonionic surfactants
use in alkaline cleaners **M5:** 24

Nonionic wetting agent
composition. **A5:** 48

Nonionic/nonpolar contaminants
cleaning of **EL1:** 658–659

Nonionic/polar residues
cleaning of **EL1:** 659–660

Nonisothermal sidepressed specimen
transverse metallographic sections with equiaxed alpha structure **A8:** 589

Nonisothermal upset test **A1:** 584
for flow localization. **A8:** 588
for titanium alloys with equiaxed alpha starting microstructure **A8:** 589

Non-lead base enamel
melted oxide compositions of frits for aluminum. **A5:** 455

Non-lead-bearing enamels
melted oxide compositions of frits for cast iron **A5:** 455

Nonleafing
paste, as aluminum pigment **M7:** 594
powder, as aluminum pigment **M7:** 594

Nonlinear amplification used for image modification in scanning electron
microscopy **A9:** 95

Nonlinear analysis **A20:** 182

Nonlinear difference approximation. **A20:** 193

Nonlinear elastic fracture mechanics
(NLEFM) **A11:** 47, 797

Nonlinear harmonics
capabilities and limitations. **A17:** 161
instrumentation **A17:** 161
residual stress measurement by **A17:** 160–161
stress dependence **A17:** 161

Nonlinear iteration method **A7:** 252

Nonlinear optimization techniques. **A7:** 602

Nonlinear problems **A20:** 180

Nonlinear regression estimators. **A20:** 626

Nonlinear strain functions
rheological behavior **EL1:** 848–849

Nonlinear stress analysis
laminate **EM1:** 230

Nonlinear stress functions
rheological behavior **EL1:** 849

Nonlinearity, tolerable
in rapid-load fracture testing **A8:** 260

Nonlubricated specimen
deformation patterns in **A8:** 582

Nonlubricated wear
metal adhesion and cold welding as. . **A11:** 154–155

Nonmagnetic stainless steels
cadmium plating. **A5:** 224

Nonmechanical cleaning
cast irons. **A5:** 686–687

Nonmetallic abrasives, types
wet and dry blasting **M5:** 84–86, 93–84

Nonmetallic bearing materials. **A18:** 748, 754
advantages **A18:** 754
applications **A18:** 754
disadvantages **A18:** 754
mechanical properties **A18:** 754

Nonmetallic coatings **A19:** 329

Nonmetallic elements
partitioning oxidation states in **A10:** 178

Nonmetallic inclusion level of powder forged (P/F)
steel parts, specifications **A7:** 805, 1099

Nonmetallic inclusion testing
steel wire rod. **M1:** 257

Nonmetallic inclusions *See also* Defects; Inclusions; Intermetallic inclusions; Inclusions
defined **A9:** 12
excessive segregation of **A11:** 477–478
forging failures from. **A11:** 317, 322–323
identification by polarized light etching **A9:** 59
in aluminum alloy castings. **A17:** 535
in carbon and alloy steels . . . **A9:** 169–170, 173, 179
in cold extrusions. **A14:** 301
in copper alloy castings, inspection of **A15:** 558
in electropolishing **A9:** 51
in ingots. **A17:** 492
in nickel alloys **A9:** 436–437
in nickel-copper alloys **A9:** 436–438
in permanent mold castings **A15:** 285
in steel **A9:** 625–626
in steel, effects of hot rolling on **A9:** 628
in wrought iron **A9:** 39, 42
powder forged parts. **A14:** 204
removal, flux injection **A15:** 453
rod fatigue cracking from **A11:** 477
subsurface, rolling-contact fatigue from . . . **A11:** 504
types **A15:** 552–553

Nonmetallic materials
cadmium plating. **A5:** 224
coatings, for carbon steels. **A13:** 524
conductors, galvanic corrosion **A13:** 84
contact with aluminum/aluminum alloys **A13:** 600–602
dry blasting **A5:** 59
functional requirements **A13:** 338
in moist chlorine **A13:** 1172
rust-preventive compounds attacking **M5:** 466
to avoid localized corrosion **A13:** 324

Nonmetallic materials, hobs
use in cutting. **M3:** 477

Nonmetallic materials in metal powders
effect on compressibility **M7:** 286

Nonmetallic stringers
formation. **A12:** 65

Nonmetallic-filled brushes **M5:** 152, 155–157

Nonmetallic-inclusion testing
for carbon steel rod **A1:** 274

Nonmetallics
effect on compressibility **A7:** 303

Nonmetals
analysis of surface species. **A10:** 134
concentration range of voltammetric analysis. **A10:** 188
on periodic table **A10:** 688
Raman analysis of surface species on. **A10:** 134

Nonmethane volatile organic compound
(NMVOC). **A20:** 101

Non-Newtonian viscosity
defined **A18:** 14

Nonoriented silicon steels **A14:** 476, 480
grades. **A2:** 766–769

Nonoxide ceramics **A20:** 431–432, 783

Nonoxide fibers
continuous silicon carbide **EM1:** 63–64
discontinuous silicon carbide whiskers **EM1:** 64
silicon nitride whiskers **EM1:** 64

Nonoxide glasses **A20:** 417

Nonoxide refractories
as dispersing agent **A7:** 220

Nonoxidizing acids
sample dissolution by **A10:** 165–166

Nonoxidizing salts *See* Salts

Nonparametric evaluation **A8:** 653
of group medians **A8:** 706–707
of percent survival values. **A8:** 707
of phosphor bronze strip percent survival values. **A8:** 707, 709

Nonparametric lower tolerance limit values . . . **A20:** 80

Nonparametric methods
for mechanical properties **EM1:** 304

Nonperovskites **A5:** 625

Nonphotoimagable polyimides
thin-film hybrids **EL1:** 326–327

Nonphysical testing **A20:** 155

Nonplanar solidification . . . **A6:** 46, 48, 49, 50, 52, 53

Nonpolar materials
in electronic manufacturing **EL1:** 659

Nonpolar polymers
as dispersing agent **A7:** 221

Nonpolar/nonionic contaminants
cleaning of **EL1:** 658–659

Nonreactive contaminants **M7:** 178

Nonreactive milling **M7:** 64–65

Nonrefractory metals
effects of lowered BIV in **A10:** 588

Nonrelevant indications *See also* Extraneous variables; Relevant indications
defined **A17:** 103
liquid penetrant inspection **A17:** 86
of magnetic particle welding inspection . . . **A17:** 592
sources **A17:** 105–106
versus relevant indications. **A17:** 106–108

Nonresonant force and vibration technique
defined **EM2:** 28

Nonresonant forced and vibration technique. . **EM3:** 19

Nonrigid plastic *See also* Plastics **EM3:** 19
defined **EM2:** 28

NONSAP computer program for structural
analysis **EM1:** 268, 272

Non-shearable particles **A19:** 88

Nonsilicate glasses **EM4:** 22
hardness **EM4:** 851

Nonsilicated alkaline cleaners. **M5:** 577

Nonsoap grease
defined **A18:** 14

Nonsoluble/particulate contaminants
cleaning of **EL1:** 661

Nonspherical powders
copier **M7:** 587

Nonstandard thermocouples *See also* Thermocouple materials
types and properties **A2:** 874–877

Nonsteady-state diffusion
solid **A13:** 68

Nonstructural adhesives. **EM3:** 44

Nonsulfate sulfur
removal in hydrometallurgical nickel powder production **M7:** 140

Nonsynchronous initiation
definition **M6:** 12

Nontarnishing ammonia solution
brass alloy SCC environment tested in. **A10:** 563–564

Nonthermionic emission **A6:** 30, 31

Nontraditional machining processes........ **A16:** 2, 4, 509–593
classification of........................ **A16:** 509
Nontraditional/densification processes **EM4:** 124
Nontransferred arc
definition **M6:** 12
Nontransferred arc (plasma arc welding and cutting, and plasma spraying)
definition............................ **A6:** 1211
Nontransferred arc plasma process
materials, feed material, surface preparation, substrate temperature, particle velocity........................... **A5:** 502
Nontransparent samples
surfaces characterized **A10:** 70–71
Nonunified models **A19:** 548, 549–551
Nonuniform loading
effects on cracking................. **A12:** 175–176
Nonuniform strain
effect in axial compression testing **A8:** 55–58
Nonuniform stress
effects in axial compression testing **A8:** 55–58
Nonuniformity of variance **A8:** 699
Nonvacuum electron beam welds....... **A11:** 444–447
Nonvolatile liquids
as IR samples......................... **A10:** 112
Nonvolatile (solids content) test............. **A5:** 435
Nonwetting
as solderability mechanism... **EL1:** 676, 1032–1034
Non-work hardening material
stress distribution in torsion testing of..... **A8:** 140
Nonwoven fabric *See also* Fabric(s) ... **EM1:** 16, 149
defined.............................. **EM2:** 28
Nonwoven fabric (paper) properties
aramid fibers **EL1:** 615–616
Nonwoven fabric (tape) properties
aramid fibers **EL1:** 616
Nopco Wax
burn off **M7:** 191
Noranda process........................ **EM4:** 903
Norbide
erosion test results..................... **A18:** 200
NOREM alloys
applications........................... **A18:** 723
Normal
defined................................. **A9:** 12
Normal absorption of high-energy electrons... **A9:** 111
Normal curve
area under............................. **A8:** 675
Normal diametral pitch (P_n) **A19:** 348, 350
Normal direction
abbreviation for **A11:** 797
defined **A9:** 12, **A11:** 7
Normal direction (of a sheet)
abbreviation for **A10:** 690
Normal distribution *See also* Distribution **A8:** 628–630, **A19:** 297, 300, **A20:** 75, 76, 77–78, 92, **EM3:** 790, 791, 795, 796, 797
as model, fatigue crack growth analysis.... **A8:** 679
cumulative distribution function...... **A8:** 629–630
cumulative, function **EL1:** 898
definition............................. **A20:** 837
direct computation for **A8:** 664–666
estimated failure factors........... **EL1:** 901–902
failure density......................... **EL1:** 897
Kolmogorov-Smirnov critical values...... **EL1:** 902
modeling of physical measurements **A8:** 629
parameter estimates................. **A8:** 629–631
percentile and percentile estimates.... **A8:** 629–631
probability density function **A8:** 629
variance........................... **A8:** 629–631
Normal distribution functions............... **A20:** 92
Normal distribution, standard
in quality control...................... **A17:** 738
Normal duty cycle **A20:** 510–511
Normal engineering stress **A8:** 726
Normal force *See* Load
Normal grain growth *See also* Grain growth **A9:** 697
grain shape distribution **A9:** 697
grain size distribution **A9:** 697
Normal (Hertzian) stress field............. **A19:** 323
Normal life
in reliability curve..................... **EL1:** 244
Normal load *See also* Load **A20:** 511
Normal operating load
symbol and units **A18:** 544
Normal phase chromatograms
liquid chromatography **A10:** 652
Normal probability plot.................... **A20:** 82
for two-point strategy data........... **A8:** 704–705
Normal pulse polarography
as improved voltammetry............... **A10:** 193
Normal relative radius of curvature......... **A18:** 539
symbol and units **A18:** 544
Normal seams, in billets
magnetic particle inspection............ **A17:** 115
Normal segregation *See also* Inverse segregation; Segregation
defined **A9:** 13, **A15:** 8
Normal solution *See also* Fatigue life
abbreviation for **A10:** 690
symbol for............................. **A8:** 725
Normal solutions
defined................................. **A13:** 9
Normal strain amplitude.................. **A19:** 265
Normal stress *See also* Engineering stress; Mean stress; Nominal stress; Principal stress; Residual stress; True stress **A8:** 9, 726, **EM3:** 19
defined **A13:** 9, **EM1:** 16, **EM2:** 28
Normal stress averaging (NSA) model **A20:** 625, 633, 634, 635
Normal stresses **A20:** 520
cutting tools **A18:** 610–611
Normal unit load
symbol and units **A18:** 544
Normal velocity interferometer
in plate impact testing.................. **A8:** 233
record of remelted 4340 steel **A8:** 234–235
Normal wear
defined................................ **A18:** 14
definition............................. **A5:** 962
Normal-coordinate analysis
diatomic molecule **A10:** 111
infrared spectroscopy **A10:** 110–111
results................................ **A10:** 111
Normality.......................... **A20:** 77, 632
and titrant standardization............. **A10:** 172
defined................................ **A10:** 678
in analytical chemistry **A10:** 162
Normalization.......................... **A20:** 102
impedance **A17:** 170
Normalize
effect on fatigue performance of ferrous components..................... **A19:** 318
Normalized compliance **A8:** 385, **A19:** 176
Normalized erosion resistance
classified **A11:** 167
defined................................ **A18:** 14
Normalized *K*-gradient.............. **A19:** 178, 179
Normalized pressure **A18:** 281
Normalized velocity..................... **A18:** 281
Normalized wear rate **A18:** 281
Normalizing *See also* Heat treatment
alloy steel sheet and strip **M1:** 165
cast steels, effect on mechanical properties.................... **M1:** 384–388
cold finished bars **M1:** 234
cold rolled low carbon steel sheet and strip............................. **M1:** 157
defined **A9:** 12–13, **A13:** 9
ductile iron **A15:** 658
effect on toughness **A1:** 390
, extra charges for **A20:** 249
for ductile iron.................. **A1:** 41, **M1:** 37
gray iron **A15:** 643, **M4:** 531–532, 533
notch toughness...... **M1:** 696, 701, 703, 706–709
of cold-rolled steel products.............. **A1:** 204
of high-strength structural carbon steels ... **A1:** 390, 391
of low-alloy steel sheet/strip.............. **A1:** 209
of steel plate................... **A1:** 231, **M1:** 182
of tool and die steels.................... **A14:** 53
plain carbon steels..................... **A15:** 713
ultrahigh-strength steels ... **M1:** 423–424, 427, 429, 433, 435, 438, 441
Normalizing factor....................... **A20:** 263
Normalizing of steel *See* Normalizing; Steel castings; Steel, normalizing
Normal-operating-stress regime (NOSR)... **EM3:** 652, 654, 655
Normal-phase chromatography............ **A10:** 652
defined............................... **A10:** 678
Noroc 33
erosion test results..................... **A18:** 200
North America
electrolytic tin- and chromium-coated steel for canstock capacity in 1991........... **A5:** 349
electrolytic zinc and zinc alloy (Zn-Ni, Zn-Fe) coated steel strip capacity, primarily for automotive body panels, 1991 .... **A5:** 349
Northrup, Dr. E.F.
as inventor **A15:** 32
Norton law coefficients............... **A19:** 509, 521
Norton NC-132
fast fracture flexure strength **EM4:** 1000–1001
stress-rupture life **EM4:** 1001
Norton NC-435 (RBSC)
properties........................... **EM4:** 240
Norton relation **A19:** 509, 522
Norton/TRW NT-154
fast fracture strength **EM4:** 1101
stress-rupture life **EM4:** 1001
Norton's silicon-infiltrated silicon carbide .. **EM4:** 980
Noryl
life cycle costs of automotive fenders **A20:** 263, 264
Noryl 731
lap shear strength of untreated and plasma-treated surfaces........................... **A5:** 896
Nose radius (NR).............. **A16:** 143, 151, 152
and turning....................... **A16:** 158, 159
boring............................... **A16:** 167
of shaper tools **A16:** 1
shaping of tool steel die sections......... **A16:** 192
Nose-splitting
in cast aluminum-magnesium alloy ... **A8:** 595–596
Nosing
for reducing shells **A14:** 586
of tubing **A14:** 673
No-standards analysis
in quantitative thin-film EPMA analysis ... **A11:** 41
***Not* rating** **A20:** 18
Notation *See also* Nomenclature; Terminology
computer, for laminate analysis......... **EM1:** 276
laminate **EM1:** 222, 450–451
x-ray and spectroscopic................ **A10:** 569
Notch *See also* Stress concentration
acuity, defined **A11:** 7
and rupture strength ratio of notched and unnotched specimens........... **A8:** 316–317
as stress concentrator **A11:** 318
as stress raiser.......................... **A8:** 364
brittle fracture from..................... **A11:** 85
brittleness, defined **A8:** 9, **A11:** 7
configuration, notched-specimen testing.... **A8:** 316
depth **A8:** 9, 221
depth, defined.......................... **A11:** 7
design stress **A8:** 316
ductility, defined **A8:** 9
effect on rupture life................ **A8:** 316–318
effect on stress concentration and notch-rupture strength ratio.......................... **A8:** 317
effect on superalloy rupture life **A8:** 316–318
effect on Waspaloy rupture time.......... **A8:** 334

SUBJECTS OF THE INDEXED VOLUMES: ASM Handbook (designated by the letter "A"): **A1:** Properties and Selection: Irons, Steels, and High-Performance Alloys (1990); **A2:** Properties and Selection: Nonferrous Alloys and Special-Purpose Materials (1990); **A3:** Alloy Phase Diagrams (1992); **A4:** Heat Treating (1991); **A5:** Surface Engineering (1994); **A6:** Welding, Brazing, and Soldering (1993); **A7:** Powder Metal Technologies and Applications (1998); **A8:** Mechanical Testing (1985); **A9:** Metallography and Microstructures (1985); **A10:** Materials Characterization (1986); **A11:** Failure Analysis and Prevention (1986); **A12:** Fractography (1987); **A13:** Corrosion (1987); **A14:** Forming and Forging (1988); **A15:** Casting (1988); **A16:** Machining (1989); **A17:** Nondestructive Evaluation and Quality Control (1989); **A18:** Friction, Lubrication, and Wear Technology (1992); **A19:** Fatigue and Fracture (1996); **A20:** Materials Selection and Design (1997). **Metals Handbook, 9th Edition** (designated by the letter "M"): **M1:** Properties and Selection: Irons and Steels (1978); **M2:** Properties and Selection: Nonferrous Alloys and Pure Metals (1979); **M3:** Properties and Selection: Stainless Steels, Tool Materials, and Special-Purpose Materials (1980); **M4:** Heat Treating (1981); **M5:** Surface Cleaning, Finishing, and Coating (1982); **M6:** Welding, Brazing, and Soldering (1983); **M7:** Powder Metallurgy (1984). **Engineered Materials Handbook** (designated by the letters "EM"): **EM1:** Composites (1987); **EM2:** Engineering Plastics (1988); **EM3:** Adhesives and Sealants (1990); **EM4:** Ceramics and Glasses (1991). **Electronic Materials Handbook** (designated by the letters "EL"): **EL1:** Packaging (1989)

effects in stress-rupture tests **A8:** 333
fatigue specimen, nitrided. **A8:** 373
intentional. **A11:** 85–87
preparation of crack growth specimen **A8:** 382
rupture strength, defined. **A11:** 7
sensitivity, defined **A11:** 7
sharpness severity, and plane-strain fracture
toughness **A8:** 450
strength, defined. **A11:** 7
stress-concentration factor **A8:** 316–317

Notch effect. **A19:** 241–242, 289
as factor influencing crack initiation life.. **A19:** 126
on Inconel 751 rupture life **A8:** 316–318

Notch factor **EM3:** 19
defined **EM1:** 17, **EM2:** 28

Notch fatigue *See also* Fatigue; Fatigue crack
life of hot isostatically pressed materials .. **M7:** 439
strength, and axial stress comparison **M7:** 468

Notch fields **A19:** 155

Notch opening displacement
as function of time **A8:** 281
measurement in dynamic notched round bar
testing **A8:** 278–281

Notch plate **A7:** 1107, 1108

Notch radius
notched-specimen testing **A8:** 315
with notch-sensitivity for steels in bending or axial
fatigue loading **A8:** 373

Notch root **A19:** 104, 117, 122, 126, 242, 244
radius, machining. **A8:** 382
thickness, cantilever beam test. **A8:** 537

Notch root radius. **A19:** 289

Notch sensitivity **A1:** 48, **A19:** 317, **EM3:** 19
A-286 superalloy. **A8:** 316
and local critical plastic strain. **A19:** 66
and tensile strength **A8:** 372
defined **A8:** 27, **EM1:** 17, **EM2:** 28
definition. **A5:** 962
Discaloy. **A8:** 316
factor, in test specimen. **A8:** 372
Haynes 88 superalloy **A8:** 315–316
in creep rupture **A8:** 315
of titanium alloys. **A14:** 838
stress-rupture test specimen **A8:** 315
to evaluate fatigue resistance. **A19:** 605
variation with notch radius for steels, bending or
axial fatigue loading. **A8:** 373

Notch sensitivity factor **A19:** 326, 341

Notch strength
defined **A8:** 9
ratio, abbreviation **A8:** 725

Notch strengthening
stress-rupture tests **A8:** 315

Notch tensile strength *See* Notch strength

Notch tensile test
mechanical behavior under. **A8:** 27

Notch tensile testing. **A13:** 962–963

Notch toughness *See also* Impact
properties. **M1:** 689–709
4140 steel, vs. tempering temperature. **M1:** 469
aging, effect of **M1:** 701, 704
anisotropy, effect of **M1:** 695, 696, 700
carburization, effect of. **M1:** 704–706
carburized steels **M1:** 534, 536
castings. **M1:** 705–709
changes, Charpy V-notch as screening
test for **A8:** 263
Charpy and Izod tests of **A11:** 57
closed-die steel forgings. **M1:** 358, 359
coatings, effect of **M1:** 705
composition, effect of **M1:** 692–699
constructional steels for elevated
temperature use **M1:** 640, 642, 651
correlations and comparisons of **A11:** 60
correlations with other mechanical
properties **M1:** 703–704
decarburization, effect of **M1:** 705, 707
deoxidation, effect of **M1:** 694–695, 698
drop-weight test for **A11:** 57–58
ductile iron **M1:** 40–41, 45
ductile-to-brittle fracture transition .. **M1:** 691–692,
699–700, 704
embrittlement, effect of **M1:** 699, 701–703
Esso (Feely) test for **A11:** 60
explosion-bulge test for **A11:** 58–59
ferrous P/M materials **M1:** 343
finishing conditions, effect of. **M1:** 699, 700
fracture toughness, relation to **M1:** 690
grain size, effects of. **M1:** 695, 699, 701, 703
heat treatments, effect of. . **M1:** 696, 701, 703, 706,
708, 709
HSLA steels **M1:** 403, 409–410, 414–415, 417–418
Lehigh bend test for **A11:** 59
manufacturing process, effects of. **M1:** 694–703
maraging steels **M1:** 450, 451
measurement of **A8:** 262
melting practice, effects of **M1:** 706, 708
microstructure, effect of ... **M1:** 697–698, 706, 709
Navy tear-test for. **A11:** 60
nitriding, effect of **M1:** 704–705
notched slow-bend test for **A11:** 59
Robertson test for **A11:** 59–60
rolling conditions, effect of **M1:** 695, 696
Schnadt specimen test for. **A11:** 57
steel plate **M1:** 194
submicroscope structures effect of. **M1:** 701–703
surface condition, effects of **M1:** 704–705
testing. **M1:** 689–691
testing and evaluation. **A11:** 57–60
thickness effects **M1:** 696–697, 700, 701
ultrahigh-strength steels **M1:** 426, 431, 432

Notch toughness of steels. **A1:** 737–754
comparison of a low-carbon steel and an HSLA
steel **A1:** 389, 404–405
composition, effect of **A1:** 668, 739–742
correlations of, with other mechanical
properties. **A1:** 753
ductile-to-brittle transition **A1:** 737–739
manganese, effect of **A1:** 390
manufacturing practices, effect of **A1:** 742
normalizing **A1:** 390
wrought steels. **A1:** 741, 742–746
microstructure, effects of **A1:** 747
grain size. **A1:** 744, 748–749
microstructural constituents **A1:** 747–748
reheating on **A1:** 414
submicroscopic structure. **A1:** 749, 750
of acicular ferrite. **A1:** 404–405
of microalloyed forgings. **A1:** 360, 361
of microalloyed structural steels **A1:** 412
variability of Charpy test results. **A1:** 749–753

Notch weakening **A20:** 579

Notched bar
fatigue tests using. **A8:** 254

Notched bolt
in quick-release clamp. **A8:** 221

Notched elements
positive and negative preload effect on
fatigue life **A19:** 117

Notched impact specimen
cleavage fracture in **A11:** 22

**Notched members on strain-based approach, analysis
of** **A19:** 257, 258

Notched slow-bend test
for notch toughness **A11:** 59

Notched specimen *See also* Impact test;
Specimens **EM3:** 19
defined **EM1:** 17, **EM2:** 28

Notched specimen testing. **A8:** 315–318
bar, ultrasonic fatigue **A8:** 250–251
fatigue **A8:** 371–372
for corrosive environmental effects. **A8:** 427

Notched-bar impact testing
Charpy V-notch test for **A8:** 262

Notched-bar rupture test
constructional steels for elevated
temperature use **M1:** 640, 642

Notched-bar upset test. **A1:** 584, **A20:** 305
for determining workability in forging **A8:** 588
for forgeability. **A14:** 215, 383–384
rating system for rupture in notched
areas. **A8:** 588–589
specimen preparation method **A8:** 588

Notched-pin
material selection for. **A8:** 221

Notched-specimen testing
grain size effect **A8:** 316–318
notch configuration **A8:** 316
notch radius **A8:** 315
notch sensitivity **A8:** 315
notch-rupture life factors **A8:** 315
root radius. **A8:** 315
superalloys. **A8:** 315
uses. **A8:** 315

Notches **A19:** 49, 63, 252, **A20:** 517, 518
brittle fracture initiating at. **A19:** 5
electrical discharge machined (EDM) **A17:** 137–138
fatigue failure. **M1:** 679, 681–682
fatigue notch factor **M1:** 667–668
fatigue notch sensitivity. **M1:** 667
gray cast iron **M1:** 20, 21
influence on fatigue resistance.. **M1:** 667–670, 679,
681, 682
liquid-metal embrittlement, effect on **M1:** 688

Notches, avoidance
in copper casting alloys. **A2:** 346

Notching
for blanks **A14:** 446
in press brake **A14:** 538
in sheet metalworking processes classification
scheme **A20:** 691

Notch-insensitive material
defined **EM1:** 235

Notch-root longitudinal stress **A20:** 520

Notch-root mean stresses **A19:** 282–283

Notch-root plasticity **A19:** 282

Notch-root residual stresses **A19:** 282

Notch-rupture strength
grain size effect **A8:** 316–317
ratio. **A8:** 316–317

Notch-sensitive material
defined **EM1:** 235

Notch-sensitivity index. . **A19:** 242, 244, 594–595, 596

Notch-strength ratio (NSR)
for notch brittleness. **A8:** 27

Novacast software program. **A15:** 860

Novaculite
as wet blasting abrasive. **A5:** 63
blasting with **M5:** 84, 93–94

NovaScope bond tester
adhesive-bonded joints **A17:** 623

Novolac resins
defined **EM1:** 17
epoxy **EM1:** 68
phenolic, properties/tests for **EM1:** 289–290

Novolac shell-molding binders
as shell process **A15:** 217

Novolac-resols. **EM3:** 105

Novolacs **EM3:** 19, 105, 595
chemistry **EM3:** 103
commercial forms. **EM3:** 104
curing mechanism **EM3:** 104
epoxidized cresol **EL1:** 811
epoxidized phenol **EL1:** 811
for shell molding **EM3:** 105
oil-modified. **EM3:** 105
phenolic and cresol, as epoxy resins **EL1:** 826–827
powdered. **EM3:** 105
rubber-modified **EM3:** 105

Novolacs, defined **EM2:** 28
and vinyl esters **EM2:** 272
epoxidized phenol **EM2:** 240
phenolic, production **EM2:** 242

Novoston *See* Cast copper alloys, specific types (C95700); Copper alloys, specific types, C95700

Nozzle *See also* Bottom-pour ladle; Ladle
defined **A15:** 8, **EM2:** 28
definition. **A6:** 1211
definition-ion **M6:** 12

Nozzle, reactor
SCC of safe-end on **A11:** 660–661

Nozzles *See also* Atomization; Spray nozzles
atomizer **M7:** 74–76
cemented carbide **A2:** 973
ceramic contamination from **M7:** 178
design **M7:** 26–28
design, for lasers. **A14:** 739
effect of decreasing length-to-diameter
ratio **M7:** 28, 31
extrusion, by contour forging. **A14:** 71
feedwater, corrosion fatigue **A13:** 937
freezing of **M7:** 32
overstressing. **A13:** 1229–1230
particle stream erosion, waterjet
cutting **A14:** 746–747
technology, atomizing **M7:** 125–127
torch, by swaging **A14:** 136

np **chart** **EM3:** 796, 797

N-phenyl carbazole
absorption and fluorescence emission
spectra **A10:** 75

N-phenylbenzo-hydroxamic acid
as solvent extractant **A10:** 170

npn bipolar junction transistor **EL1:** 144–145, 147–149, 191, 958

npn transistor
fabrication. **EL1:** 149

npn type transistors
development **EL1:** 958

Np-Pu (Phase Diagram) . . . . **A3:** 2•322

n-propanol
surface tension **EM3:** 181

Np-U (Phase Diagram) . . . . **A3:** 2•322

NQR *See* Nuclear quadrupole resonance

NSLS
as synchrotron radiation source. **A10:** 413

NSR *See* Notch-strength ratio

N-Ta (Phase Diagram) . . . . **A3:** 2•299

NTC-400
multicylinder engine tests **A18:** 101

N-Th (Phase Diagram) . . . . **A3:** 2•299

N-Ti (Phase Diagram) . . . . **A3:** 2•299

NTIS *See* National Technical Information Service

N-type oxides
alloy oxidation **A13:** 73
impurities effect **A13:** 69
semiconductor, defect structure **A13:** 66

n-type transistors
development **EL1:** 958

N-U (Phase Diagram) . . . . **A3:** 2•300

Nuclear applications *See also* Power industry
applications **M7:** 664–666, 761
and x-ray applications **M7:** 761
nickel alloys **A2:** 430
of beryllium powder **M7:** 169, 761
refractory metals and alloys **A2:** 558
sources of materials data **A20:** 499–500
titanium and titanium alloy castings **A2:** 634
zirconium and zirconium alloys **A2:** 667–668

Nuclear cermet fuel *See also* Nuclear reactor fuel
cermets, specific types **M7:** 8

Nuclear charge *See* Atomic number

Nuclear control reflectors
powders used **M7:** 573

Nuclear control rods **M7:** 573, 666

Nuclear cross section (σ)
defined. **A10:** 678

Nuclear fuel cycle
nickel-base alloy applications. **A13:** 656

Nuclear fuels *See also* Boilers; Pressure vessels
assays of **A10:** 207
element details, neutron
radiography for. **A17:** 391–392
element size, neutron radiography for **A17:** 391
elements **M7:** 664–666
neutron radiographic inspection **A17:** 391–392
pellets **M7:** 664–666
powders packed for. **M7:** 297
toxicity of **A2:** 1261

Nuclear gamma-ray resonance
acronym. **A10:** 689

Nuclear ionization detector (NID)
for lid seal leaks. **EL1:** 954

Nuclear lubricants
corrosion effects. **A13:** 959–964

Nuclear magnetic resonance **A10:** 277–286
applications **A10:** 277, 282–286
basic equation of **A10:** 279
Bloch equations (T_1 and T_2) **A10:** 280
capabilities **A10:** 287, 649
capabilities, compared with infrared
spectroscopy **A10:** 109
defined. **A10:** 678
ESR, IR, and UV, compared with **A10:** 265
estimated analysis time **A10:** 277
experimental arrangement **A10:** 281–282
ferromagnetic nuclear resonance **A10:** 281
for molecular structure **A10:** 116
general uses **A10:** 277
inorganic applications. **A10:** 7, 282–283
introduction and principles **A10:** 277–281
Knight shift measurements, metallic glass **A10:** 284
magic-angle spinning, capabilities **A10:** 407
nuclear quadrupole resonance **A10:** 281
organic applications **A10:** 9, 10, 285–286
polyimide resin analysis **A10:** 285
pulse-echo method **A10:** 281
related techniques **A10:** 277
samples **A10:** 277, 282–286
sensitivity **A10:** 281

Nuclear magnetic resonance (NMR) *See also* NMR
spectroscopy **EM1:** 736, **EM3:** 19
and industrial computed tomography **A17:** 362
applications **A2:** 1027
as niobium-titanium superconducting material
application **A2:** 1057
as ternary molybdenum chalcogenide
application **A2:** 1080
defined **EM2:** 28
in magabsorption development **A17:** 143

Nuclear magnetic resonance (NMR)
spectroscopy **EM4:** 460
for chemical analysis of polymer fibers . . **EM4:** 223
to analyze the phase composition of ceramic
powders **EM4:** 73
to estimate pore volume to surface area
ratio **EM4:** 71, 72

Nuclear materials
radioactive elements determined in **A10:** 243

Nuclear power
brazeability and solderability applications . . **A6:** 618

Nuclear power applications
boiler/pressure vessels, inspection
codes/methods **A17:** 641–644
components, creep defects **A17:** 54
eddy current inspection **A17:** 173, 182
fuel elements, ultrasonic inspection **A17:** 232
nuclear waste, acoustic emission
inspection. **A17:** 281
of neutron radiography **A17:** 387, 391–395
remote-field eddy current inspection **A17:** 199–200
waste containers, ultrasonic
inspection **A17:** 275–276

Nuclear power industry **A13:** 927–984
boiling water reactors, corrosion in . . **A13:** 927–937
cobalt-base alloy applications. **A13:** 667
containment materials, corrosion of . . **A13:** 971–980
erosion-corrosion in wet steam flow . . **A13:** 964–971
niobium applications **A13:** 723
nuclear lubricants, effect on
corrosion **A13:** 959–964
radiation fields, corrosion
influences on **A13:** 948–952
radioactive-waste isolation **A13:** 971–980
stainless steel corrosion **A13:** 561
steam generator failure/degradation . . **A13:** 937–945
steam turbine materials, SCC in **A13:** 952–959
structures, corrosion of **A13:** 1299
Zircaloy-clad LWR fuel rods **A13:** 945–948
zirconium applications **A13:** 718–719

Nuclear power plant decontamination
acid cleaning **A5:** 53

Nuclear power plant(s)
industry, P/M developments **M7:** 18
refractory metals for **M7:** 765
technology **M7:** 18

Nuclear power reactor(s)
material fabrication for **M7:** 664
pressurized water, and boiling water **M7:** 664
shielding **M7:** 666

Nuclear power systems
alloy steel corrosion in **A13:** 540–541

Nuclear pressure vessel
impact properties of submerged arc weld . . **A11:** 69

Nuclear pressure vessels
Charpy V-notch test use with **A8:** 263–264
crack arrest toughness for **A8:** 284
design code **A8:** 263–264
toughness, requirements for steels **A8:** 263

Nuclear properties
actinide metals. **A2:** 1189–1198
as material performance characteristics . . . **A20:** 246
cast copper alloys **A2:** 358, 390
of elements **A10:** 278–279
pure metals **A2:** 1100–1178
rare earth metals **A2:** 1178–1189
transplutonium actinide metals **A2:** 1198

Nuclear quadrupole resonance **A10:** 281, 689

Nuclear radiation induced device failure
microelectronic devices. **EL1:** 1056

Nuclear reactor fuel cermets, specific types *See also*
Nuclear cermet fuel
aluminum, properties **M7:** 805
beryllium, properties. **M7:** 805
chromium, properties **M7:** 805
iron, properties **M7:** 805
magnesium, properties **M7:** 805
molybdenum, properties **M7:** 805
nickel, properties **M7:** 805
niobium, properties **M7:** 805
stainless steel, type 304, properties **M7:** 805
uranium dioxide, properties **M7:** 805
zirconium, properties **M7:** 805

Nuclear reactors **A10:** 233, 459
as neutron sources **A17:** 388
codes governing **M6:** 823–824
fretting wear in the advanced gas-cooled reactor
(AGR). **A18:** 250
impact fretting wear **A18:** 247
neutron embrittlement of
materials in **M1:** 686–687

Nuclear Regulatory Commission **A8:** 285, 725

Nuclear Regulatory Commission (NRC)
data bases **A11:** 54

Nuclear reprocessing reactors
corrosion and corrodents, temperature
range **A20:** 562

Nuclear steam systems
corrosion in **A11:** 616, 656–657

Nuclear structure
defined. **A10:** 678

Nuclear tracing imaging, and computed tomography
compared **A17:** 362

Nuclear waste
acoustic emission inspection **A17:** 281

Nuclear waste ceramic forms
EPMA study of **A10:** 532–534

Nuclear waste disposal
alloy steel corrosion in **A13:** 541–542

Nuclear-grade stainless steels **A13:** 931

Nuclear-polarization techniques
and double resonance **A10:** 258

Nucleated resins
in injection molding **EM1:** 167

Nucleating agent **EM3:** 19

Nucleating agents **EM2:** 29, 502–503
added to pure metal melt to promote fine grain
structure **A9:** 608

Nucleation *See also* Kinetics; Nucleation kinetics;
Nucleus; Row nucleation; Secondary
nucleation **A13:** 67, 245, **A19:** 4, **A20:** 348
activation barrier for **A15:** 103
at grain boundaries **A8:** 366
at twin boundaries **A8:** 366
control and powder production **M7:** 54
crack **A8:** 366
crack, AISI/SAE alloy steels **A12:** 307
crack, as fatigue stage **A11:** 102, 104, 106
defined **A9:** 13, **A15:** 8
definition **A5:** 962
dislocation, crack tip **A12:** 30
effect, solidification of castings **A15:** 101
equiaxed, origin **A15:** 130–132
fatigue crack, austenitic stainless steel
implants **A12:** 360
grain-boundary cavity **A12:** 20
heterogeneous **A15:** 103–105

SUBJECTS OF THE INDEXED VOLUMES: ASM Handbook (designated by the letter "A"): **A1:** Properties and Selection: Irons, Steels, and High-Performance Alloys (1990); **A2:** Properties and Selection: Nonferrous Alloys and Special-Purpose Materials (1990); **A3:** Alloy Phase Diagrams (1992); **A4:** Heat Treating (1991); **A5:** Surface Engineering (1994); **A6:** Welding, Brazing, and Soldering (1993); **A7:** Powder Metal Technologies and Applications (1998); **A8:** Mechanical Testing (1985); **A9:** Metallography and Microstructures (1985); **A10:** Materials Characterization (1986); **A11:** Failure Analysis and Prevention (1986); **A12:** Fractography (1987); **A13:** Corrosion (1987); **A14:** Forming and Forging (1988); **A15:** Casting (1988); **A16:** Machining (1989); **A17:** Nondestructive Evaluation and Quality Control (1989); **A18:** Friction, Lubrication, and Wear Technology (1992); **A19:** Fatigue and Fracture (1996); **A20:** Materials Selection and Design (1997). **Metals Handbook, 9th Edition** (designated by the letter "M"): **M1:** Properties and Selection: Irons and Steels (1978); **M2:** Properties and Selection: Nonferrous Alloys and Pure Metals (1979); **M3:** Properties and Selection: Stainless Steels, Tool Materials, and Special-Purpose Materials (1980); **M4:** Heat Treating (1981); **M5:** Surface Cleaning, Finishing, and Coating (1982); **M6:** Welding, Brazing, and Soldering (1983); **M7:** Powder Metallurgy (1984). **Engineered Materials Handbook** (designated by the letters "EM"): **EM1:** Composites (1987); **EM2:** Engineering Plastics (1988); **EM3:** Adhesives and Sealants (1990); **EM4:** Ceramics and Glasses (1991). **Electronic Materials Handbook** (designated by the letters "EL"): **EL1:** Packaging (1989)

heterogeneous and homogeneous, compared . . . A15: 105
homogeneous . . . A15: 103, 105
in age-hardening materials, FIM/AP study of . . . A10: 583
in metals, by SAXS/SANS/SAS . . . A10: 402
in polycrystalline pure metals . . . A9: 608–610
in precipitation hardening . . . A9: 646–647
in stress-corrosion cracking . . . A8: 496
in titanium and titanium alloys . . . A9: 460
kinetic principles . . . A15: 52–53
LME and SMIE, compared . . . A11: 240
microvoid, effects on fracture surface . . . A12: 12
minor element effect, aluminum melts . . . A15: 79
of austenite-flake graphite eutectic . . . A15: 170–172
of austenite-iron carbide eutectic . . . A15: 173
of austenite-spheroidal graphite eutectic . . . A15: 172–173
of beta crystals, peritectics . . . A15: 125–126
of eutectic, in cast iron . . . A15: 169–173
of martensitic structures . . . A9: 668
of massive transformation structures . . A9: 656–657
of peritectic structures . . . A9: 676
of primary phases, cast iron . . . A15: 173–174
phenomena . . . A15: 103–105
precious metal powders . . . A7: 182
rate, activation barrier effects . . . A15: 104
rate, cluster energetic and fluctuational growth . . . A15: 103
rate of . . . A9: 649
SAS techniques for . . . A10: 405
scanning electron microscopy used to study . . . A9: 101
solid, described . . . A15: 103
theories, and isothermal phase transformations . . . A10: 317
theory, application . . . A15: 105
Nucleation and growth
compared to spinodal decomposition for formation of two-phase mixtures . . . A9: 652
of lower bainite . . . A9: 664–665
of pearlite . . . A9: 658–661
of upper bainite . . . A9: 663
Nucleation kinetics . . . A15: 101–108
grain refinement models . . . A15: 105–107
heterogeneous nucleation . . . A15: 103–105
homogeneous nucleation . . . A15: 103
in equiaxed structure modeling . . . A15: 885–887
inoculation practice . . . A15: 105
master alloy processing . . . A15: 107–108
nucleation phenomena . . . A15: 103–105
solidification, thermodynamics of . . . A15: 101–102
Nucleation of damage . . . A19: 3
Nucleation reduction . . . A7: 180
Nucleation sites
for solid-state transformations in welded joints . . . A9: 579
in cold-worked metals . . . A9: 694–696
of dislocation cells . . . A9: 685
types of . . . A19: 97
Nucleation stage
length of . . . A19: 106–107
occupying majority of lifetime . . . A19: 96
Nucleation theory
and amorphous materials and metallic glasses . . . A2: 811
Nuclei
properties of . . . A10: 277–278
Nucleic acids
ESR studies of . . . A10: 264
Nucleus *See also* Nucleation
defined . . . A9: 13, A15: 8
Nuclide
defined . . . A10: 678
Nugget
definition . . . A6: 1211, M6: 12
Nugget area . . . A6: 10–11
Nugget size
definition . . . M6: 12
Nugget size (resistance welding)
definition . . . A6: 1211
Nu-iron process . . . A7: 116, M7: 97
Nuisance settlement . . . A20: 148
Nuisance variables
blocking . . . A8: 697
effecting fatigue behavior . . . A8: 697
Null hypotheses
and probability . . . A8: 624, 626–627
defined . . . A8: 626
Number 3 Die Casting Alloy *See* Zinc alloys, specific types, AG40A
Number 5 Die Casting Alloy *See* Zinc alloys, specific types, AC41A
Number of defects . . . A7: 702, 703
definition . . . A7: 701
Number of impacts
symbol for . . . A20: 606
Number of reversals to failure . . . A19: 21
Number of stress cycles endured
symbol for . . . A8: 725
Numbered alloys
300M
composition . . . M4: 120
heat treatment . . . M4: 122
mechanical properties . . . M4: 122, 123
Numeric control (NC) system
computer-aided manufacturing . . . EL1: 131
Numerical aperture
defined . . . A10: 678
Numerical aperture of objective lenses . . . A9: 72–73
and resolution of an optical microscope A9: 75–76
defined . . . A9: 13
effect on depth of field . . . A9: 76
relationship for four wavelengths of light . . . A9: 78
relationship to depth of field and wavelength of light . . . A9: 78
Numerical aspects of modeling welds . . A6: 1131–1139
contact conductance . . . A6: 1133–1134
convection . . . A6: 1133–1134
energy equation and heat transfer . . A6: 1132–1136
finite-difference methods (FDM) . . . A6: 1132, 1133, 1134
finite-element methods (FEM) . . . A6: 1132, 1133, 1134, 1135, 1137–1138, 1139
fluid flow in the weld pool . . . A6: 1138–1139
geometry of weld models . . . A6: 1131–1132
material vs. spatial reference frames . . . A6: 1135–1136
microstructure evolution . . . A6: 1136
modeling of welds . . . A6: 1131
modeling the addition of filler metal . . . A6: 1136
modeling the heat source in a weld A6: 1134–1135
prescribed-temperature heat source . . . A6: 1135
radiation boundary conditions . . . A6: 1133–1134
stress analysis near the weld pool . . . A6: 1138
stress analysis of welds in thin-walled structures . . . A6: 1138
thermal stress analysis of welds . . . A6: 1136–1137
transformation plasticity . . . A6: 1138
transient vs. steady state . . . A6: 1136
Numerical control machining
for patternmaking . . . A15: 198–199
Numerical control (NC) . . . A16: 613–617, A20: 672
adaptive systems . . . A16: 617
advantages . . . A16: 614–615
automatically programmed tool (APT) language . . . A16: 615–616
axis of motion . . . A16: 614, 615, 616, 617
basic length units (BLU) . . . A16: 614, 616
computer numerical control (CNC) A16: 613, 614, 615, 616, 617
continuous path or contouring systems . . . A16: 616–617
direct numerical control (DNC) . . . A16: 613
evolution of . . . A16: 613–614
feedback devices . . . A16: 614
fundamentals . . . A16: 614
industrial robot systems and NC . . . A16: 616
Local Area Network . . . A16: 613
machines . . . A16: 614, 615, 616, 617
machining centers . . . A16: 613–614
part programmer required . . . A16: 614
point-to point (PTP) programming . . . A16: 17
programming . . . A16: 16
software, CNC systems . . . A16: 613
system structure . . . A16: 616
Numerical design and analysis . . . EM3: 477–500
closed-form methods . . . EM3: 477–478, 479, 481
design considerations in FE modeling . . . EM3: 91
failure criteria . . . EM3: 481–484
finite-element results of common joint geometries . . . EM3: 491–493
graphite-epoxy tube (small-diameter) with bonded aluminum end fitting . . . EM3: 495–496
metallic fitting and graphite-epoxy composite tube joint analysis . . . EM3: 97
numerical methods . . . EM3: 478–481
single-lap-shear specimen with/without adhesive fillet . . . EM3: 493–495
Numerical dynamic analysis
in fracture analysis . . . A8: 445–446
Numerical importance rating . . . A20: 19, 20, 29
Numerical methods
of thermal durability modeling . . . EL1: 51
Numerical optimization algorithm . . . A20: 209
Numerical process modeling . . . EM1: 500
Numerical-control machine . . . A20: 115
Numerical-control machining
for prototyping . . . A20: 237–238
Numerical-control machining techniques . . . A20: 232
Numerical-control programming . . A20: 155, 163–164, 165
definition . . . A20: 837
systems . . . A20: 160
Nut formers . . . A14: 292, 296
Nut steels . . . A1: 291, 292–294, 295
Nutcracker shears *See* Alligator shears
Nuts *See also* Threaded fasteners and specific types by name
cadmium-plated steel, LME failure . . . A11: 543
carbon steel for . . . M1: 254–255
cast cobalt-chromium-molybdenum alloy, effect of differing conditions on . . . A11: 675, 681
composition . . . M1: 277
die-cast zinc alloy, SCC of . . . A11: 538–539
fabrication . . . M1: 277
failure origins in . . . A11: 529–530
gray iron, brittle fracture of . . . A11: 369–370
heat treatment . . . M1: 277
mechanical fastening of . . . EM2: 711
mechanical properties . . . M1: 274, 278
proof testing . . . M1: 278
selection of steel for . . . M1: 265–266, 274, 276–277
strength grades and property classes . . M1: 273–277
wheel . . . A11: 532
Nutshell flour . . . EM3: 175
Nylon *See also* Nylon 6/6; Nylon alloys; Nylon plastics; Polyamides (PA) . . A20: 444, 454, 551, EM1: 17, 35, EM3: 19, M7: 606
amorphous, craze . . . A19: 56
applications . . . EM2: 125–126
as semicrystalline polymer . . . A11: 758
cyclic crack growth . . . A19: 55, 56
defined . . . EM2: 29
die material for sheet metal forming . . . A18: 628
driving gear, failure of . . . A11: 764, 765
effectiveness of fusion-bonding resin coatings . . . A5: 699
ESC testing . . . EM2: 802–803
film, as PA application . . . EM2: 125
for efficient compact springs . . . A20: 288
for springs . . . A20: 287
fracture toughness vs.
density . . . A20: 267, 269, 270
strength . . . A20: 267, 272–273, 274
Young's modulus . . . A20: 267, 271–272, 273
glass fiber reinforced, fracture mechanisms . . . A11: 759
in rotational molding . . . EM2: 361
IPN polymers . . . EM3: 602
linear expansion coefficient vs. thermal conductivity . . . A20: 267, 276, 277
linear expansion coefficient vs. Young's modulus . . . A20: 267, 276–277, 278
loss coefficient vs. Young's modulus . . . A20: 267, 273–275
moisture effects . . . EM2: 768
normalized tensile strength vs. coefficient of linear thermal expansion . . . A20: 267, 277–279
plasma surface treatment conditions . . . A5: 894
primers . . . EM3: 278
reinforced . . . EM3: 601
solvent cements . . . EM3: 567
specific modulus vs. specific strength . . . A20: 267, 271, 272
strength vs. density . . . A20: 267–269
stress crazing . . . EM2: 798–801
substrate cure rate and bond strength for cyanoacrylates . . . EM3: 129

Nylon (continued)
surface preparation **EM3:** 278
thermal conductivity vs. thermal diffusivity **A20:** 267, 275–276
thermal properties **A18:** 42
vs. polyamide-imides (PAI) **EM2:** 128
Young's modulus vs.
density **A20:** 266, 267, 268, 289
elastic limit **A20:** 287
strength **A20:** 267, 269–271
Nylon 4/6
properties **A20:** 437
structure **A20:** 437
Nylon 6
sample power-law indices **A20:** 448
Nylon 6 (cast) and extruded
friction coefficient data **A18:** 73
Nylon 6/6 *See also* Caprolactam; Nylon; Polyamides (PA) **A20:** 443, 445, 450, 451, 453
as structural plastic **EM2:** 66
chemistry **EM2:** 66
cost per unit mass **A20:** 302
cost per unit volume **A20:** 302
electrical properties **A20:** 450
friction coefficient data **A18:** 73
maximum shear conditions **A20:** 455
processing temperatures **A20:** 455
properties **A20:** 437, **EM2:** 124
properties compared, for cylindrical compression element **A20:** 514
sample power-law indices **A20:** 448
shrinkage **A20:** 796
shrinkage values **A20:** 454
structure **A20:** 437
tensile strengths **A20:** 351
water absorption **A20:** 455
wear factor **A18:** 824
Nylon 6/6 (+ PTFE)
friction coefficient data **A18:** 73
Nylon 6/10
properties **A20:** 437
structure **A20:** 437
Nylon 11
properties **A20:** 437
structure **A20:** 437
Nylon 12
properties **A20:** 437
structure **A20:** 437
Nylon (40% glass filled)
shrinkage **A20:** 796
Nylon alloys
properties **EM2:** 125
Nylon brushes
in remote-field eddy current inspection ... **A17:** 201
Nylon fibers
friction coefficient data **A18:** 75
Nylon plastics *See also* Nylon; Plastics **EM3:** 19
defined **EM1:** 17, **EM2:** 29
Nylon polishing wheels **M5:** 109
Nylon wheels **A5:** 104
Nylon-epoxies **EM3:** 76
advantages and limitations **EM3:** 77
applications **EM3:** 78
typical film adhesive properties **EM3:** 78
Nylons, SiC-filled
PCD tooling **A16:** 110
Nyquist frequency **A18:** 294
Nyquist plot **A5:** 638
Nyquist sampling frequency **A17:** 384
N-Zr (Phase Diagram) .... **A3:** 2•300
The National Institute of Ceramic Engineers (NICE) **EM4:** 40
The National Institute of Standards and Technology (NIST) **EM4:** 40

O

100% solids systems **EM3:** 35
n-Octyl alcohol ($C_8H_{17}OH$)
as solvent used in ceramics processing ... **EM4:** 117
O, annealed temper
defined **A2:** 21
O1, O2, O4, etc *See* Tool steels, specific types
Oak
engineered material classes included in material property charts **A20:** 267
fracture toughness vs.
density **A20:** 267, 269, 270
strength **A20:** 267, 272–273, 274
Young's modulus **A20:** 267, 271–272, 273
linear expansion coefficient vs. Young's modulus **A20:** 267, 276–277, 278
loss coefficient vs. Young's modulus **A20:** 267, 273–275
strength vs. density **A20:** 267–269
Young's modulus vs.
density **A20:** 266, 267, 268, 289
elastic limit **A20:** 287
strength **A20:** 267, 269–271
Oak Ridge Molten Salt Reactor Experiment **A13:** 51–52
Oak Ridge National Laboratory (ORNL) ... **A20:** 635
ceramic materials and component fabrication methods **EM4:** 716, 720, 997
run-arrest experiments **A8:** 285
thermal shock fracture experiments ... **A8:** 285–286
Oak Ridge Thermal Ellipsoid Program (ORTEP)
to illustrate crystal structure **A10:** 352, 354
Oberländer process **A7:** 5
Objective **A20:** 19
defined **A9:** 13, **A10:** 678
Objective aperture
defined **A9:** 13
Objective function .. **A20:** 12, 115, 209–211, 213, 281, 282, 283
definition **A20:** 837
Objective function gradient **A20:** 211
Objective lenses of microscopes **A9:** 72–73
cross sections **A9:** 75
defects **A9:** 75
degree of correction, effect on resolution **A9:** 75
in a transmission electron microscope **A9:** 103–104
relationship between resolution and numerical aperture **A9:** 78
Objective tree **A20:** 293
Objectives
corrosion testing **A13:** 193
experimental **A8:** 639–640
Object(s) *See also* Part(s); Samples; Specimens
-camera distance determination, machine vision **A17:** 34
dynamic behavior, strain sensing for **A17:** 51
location and recognition algorithms **A17:** 37
orientation, machine vision **A17:** 34
position defined by relative motion **A17:** 34–35
shape, NDE method by **A17:** 51
size, NDE methods for **A17:** 51
Oblique cutting **A16:** 7–8, 10
Oblique evaporation shadowing
defined **A9:** 13
definition **A5:** 962
Oblique illumination
and vertical lighting, compared **A12:** 87
effects on fatigue fracture **A12:** 85
for medium-carbon steels **A12:** 275
photographic **A12:** 83
replica fractograph **A12:** 100
Oblique illumination in optical microscopy **A9:** 76
defined **A9:** 13
Oblique photography
by view camera **A12:** 78
Oblique section *See* Taper section
Oblong weave screens **M7:** 176
Obscuration **A7:** 248
Obscuration detector **A7:** 251
Observation *See also* Examination; Visual examination
direct, of thin-foil specimens **A12:** 179
Observation, visual
of physical crack size **A8:** 452
Observed significance level (OSL)
calculated **EM1:** 303
Observed value
defined **A8:** 59
Obsidian **EM4:** 1
Obsolete scrap **A1:** 1023
Occluded argon
effects in argon-atomized superalloys **M7:** 254
Occlusion plating **A20:** 477
Occupational metal toxicity *See also* Toxic metals; Toxicity of metals
acute selenium poisoning **A2:** 1254
from essential metals **A2:** 1250–1256
hydrogen selenide **A2:** 1254
inhalation of iron oxide fumes **A2:** 1252
lithium hydride **A2:** 1257
of magnesium **A2:** 1259
of manganese **A2:** 1253
of silver **A2:** 1260
of zinc **A2:** 1255–1256
selenium **A2:** 1254–1255
thallium **A2:** 1261
tin **A2:** 1261
titanium **A2:** 1261
vanadium **A2:** 1262
Occupational radiation exposure **A13:** 949
Occupational Safety and Health Act **A5:** 160, **A20:** 68, 149
Occupational Safety and Health Administration **A14:** 518
Occupational Safety and Health Administration (OSHA) **A5:** 912, 930, **A20:** 141, 144, **EM1:** 36, **M7:** 202
General Industry Standards (29 CFR 1910) **A5:** 16
Hazard Communication Standard **A5:** 160
regulations
cadmium exposure **A5:** 439
cadmium plating still tanks, diking requirements **A5:** 218
cadmium toxicity **A5:** 224
cadmium worker health effects **A5:** 918
chromium plating safety precautions **A5:** 190
confined space entry, vapor degreaser **A5:** 31
fused salt cleaning system, completely enclosed **A5:** 42
gas combustion heaters with open flames below vapor degreasers prohibited **A5:** 28
lead exposure **A5:** 439
mass finishing compound and equipment selection **A5:** 122, 123
Material Safety Data Sheet **A5:** 190
painting **A5:** 439
painting of structural steel **A5:** 446
selective plating safety requirements **A5:** 281
tin-alloy plating, exhaust fan (ventilation) standard 1910.1025 .... **A5:** 259
vapor degreasing, acceptable time-weighted average vapor exposure standards ... **A5:** 32
vapor degreasing, Material Safety Data Sheets **A5:** 32
time-weighted average (TWA) concentrations for cyanoacrylates **EM3:** 131
Occurrence
gallium **A2:** 741
of bismuth **A2:** 753
of indium **A2:** 750
predicted vs. actual frequencies **A8:** 637
rhenium **A2:** 581
Ocean water *See also* Pacific Ocean; Seawater; Water
uranium/uranium alloys in **A13:** 815
Ochre
as carrier of cations in ion-exchange **EM4:** 461

SUBJECTS OF THE INDEXED VOLUMES: ASM Handbook (designated by the letter "A"): **A1:** Properties and Selection: Irons, Steels, and High-Performance Alloys (1990); **A2:** Properties and Selection: Nonferrous Alloys and Special-Purpose Materials (1990); **A3:** Alloy Phase Diagrams (1992); **A4:** Heat Treating (1991); **A5:** Surface Engineering (1994); **A6:** Welding, Brazing, and Soldering (1993); **A7:** Powder Metal Technologies and Applications (1998); **A8:** Mechanical Testing (1985); **A9:** Metallography and Microstructures (1985); **A10:** Materials Characterization (1986); **A11:** Failure Analysis and Prevention (1986); **A12:** Fractography (1987); **A13:** Corrosion (1987); **A14:** Forming and Forging (1988); **A15:** Casting (1988); **A16:** Machining (1989); **A17:** Nondestructive Evaluation and Quality Control (1989); **A18:** Friction, Lubrication, and Wear Technology (1992); **A19:** Fatigue and Fracture (1996); **A20:** Materials Selection and Design (1997). **Metals Handbook, 9th Edition** (designated by the letter "M"): **M1:** Properties and Selection: Irons and Steels (1978); **M2:** Properties and Selection: Nonferrous Alloys and Pure Metals (1979); **M3:** Properties and Selection: Stainless Steels, Tool Materials, and Special-Purpose Materials (1980); **M4:** Heat Treating (1981); **M5:** Surface Cleaning, Finishing, and Coating (1982); **M6:** Welding, Brazing, and Soldering (1983); **M7:** Powder Metallurgy (1984). **Engineered Materials Handbook** (designated by the letters "EM"): **EM1:** Composites (1987); **EM2:** Engineering Plastics (1988); **EM3:** Adhesives and Sealants (1990); **EM4:** Ceramics and Glasses (1991). **Electronic Materials Handbook** (designated by the letters "EL"): **EL1:** Packaging (1989)

OCL-4036
mechanical properties **A18:** 823
***o*-cresol**
physical properties **EM3:** 104
Octadecenoic armide **A18:** 532
Octahedral shear strain **A19:** 263
Octahedral shear stress component **A7:** 24
Octahedral threshold shear stress **A20:** 632
Octanary system or diagram .... **A3:** 1•2
Ordered crystal structure .... **A3:** 1•10
Octane **A7:** 81
Octanol ($C_8H_{17}OH$)
as solvent used in ceramics processing... **EM4:** 117
Octonoic acid [$CH_3(CH_2)_6CO_2H$]
as solvent used in ceramics processing... **EM4:** 117
Ocular *See* Eyepiece
Ocvirk number
defined **A18:** 14
OD *See* Outside diameter
ODF *See* Orientation distribution function
Oding's model of crack nucleation **A19:** 105
ODMR *See* Optical double magnetic resonance
Odor detection
of gases **A17:** 61
ODS copper *See* Oxide dispersion-strengthened copper
ODS superalloys *See* Oxide dispersion strengthened alloys
OEM vendors
definition **A20:** 837
OES *See* Optical emission spectroscopy
O-factor, single crystals
FMR eddy current probes **A17:** 220
Off analysis
as cause of casting failure **A11:** 391
Off time
definition **M6:** 12
Off-axis loading **EM1:** 209
Off-chip rinse time
ECL/CMOS ICs **EL1:** 401
Off-eutectic *See also* Eutectic growth; Eutectic(s)
low-gravity models **A15:** 151
Offhand belt polishing and wheel buffing
copper and copper alloys **M5:** 616
Office buildings
corrosion in **A13:** 1299
Office equipment applications of copper- based powder metals **M7:** 733
for stainless steels **M7:** 731
Office-chair roller, rubber
failure of **A11:** 763–764
Off-line quality control **A17:** 719, 725
Offset *See also* Offset yield strength; Yield strength
arms, for torsional fatigue testing **A8:** 151
defined **A8:** 9, **A14:** 9
method, for bending yield strength determination **A8:** 134
solidification temperature **A15:** 101
Offset central conductor
application **A17:** 96–97
Offset dies
for press-brake forming **A14:** 536
Offset modulus **EM3:** 19
defined **EM1:** 17, **EM2:** 29
Offset of plate edges
steel pipe **A17:** 565
Offset parts *See also* Edge bending
press forming **A14:** 549
Offset platemaking **M7:** 580
Offset upsetting **A14:** 90
Offset yield strength **A20:** 364, **EM3:** 19
defined **A8:** 9, 21, **A14:** 9, **EM1:** 17, **EM2:** 29
in bending **A8:** 132, 134
temperature effect on **A8:** 36
Offshore applications
high-strength low-alloy steels for **A1:** 417–418
Offshore engineering
composite structures for **EM1:** 839
Offshore gas/oil production platforms
corrosion of **A13:** 920, 922–924, 1239–1240, 1254–1255
Offshore oil rigs
fretting wear **A18:** 250
Offshore structures **A6:** 381–385
Offshore welded tube structures
empirically derived design codes for corrosion fatigue **A19:** 194
Off-stream pressure vessel periods
protection during **A11:** 661
OFHC *See* Oxygen-free high conductivity
OFHC copper
shear stress-strain curve for **A8:** 216–217
OFL-4036
mechanical properties **A18:** 823
Ohm
defined **EL1:** 89
Ohm, as SI derived unit
symbol for **A10:** 685
Ohmic contact window
vacuum-deposited aluminum defects **A12:** 486, 487
Ohmic contacts
development **EL1:** 958
Ohmic resistance energy loss **A10:** 199
Ohm's Law **A20:** 615, 620
Ohm's law equations **A20:** 615, 616
Oil
bath ovens, temperature control in **A8:** 36
canning, as formability problem **A8:** 548
cold rolling, as ductility bending test lubrication **A8:** 127
contamination by, vapor degreasing solvents **M5:** 47–48
defined **A18:** 14
duration of rust-preventive protection afforded in months **A5:** 420
"fast quenching" **M7:** 453
flow, in hydraulic or rotary actuator motors **A8:** 157–158
human, effect on bearing strength, aluminum alloy sheet **A8:** 60
in servo-hydraulic test frames **A8:** 192
phosphate coating process *See* Phosphate coating process, oils in
pump, wear **A8:** 607
removal of
phosphate coating process **M5:** 443, 446
process types and selection **M5:** 5, 8–9
SAE 10 .... **A8:** 60
SAE 40 .... **A8:** 60
viscous, with room-temperature compression testing **A8:** 195
Oil and gas industry applications
cobalt-base wear-resistant alloys **A2:** 451
Oil atomization **A7:** 43
process method **A7:** 35
Oil bath lubrication **A18:** 132–133
Oil canning *See also* Canning
carbon steel effects **A13:** 520, 522
Oil coatings
corrosion protection **M1:** 752, 757
hot rolled bars **M1:** 200
Oil content **M7:** 8
of sintered bronze bearings **M7:** 705
Oil content, determination of, specifications .. **A7:** 227, 699, 712–713, 719, 720, 1099
Oil coolers
finned tubing for **A11:** 628
hydraulic, crevice corrosion of tubing in **A11:** 632–633
Oil country tubular goods *See also* Steel tubular products .. **A1:** 329, 330, 332–333, **A9:** 210–211, **M1:** 315, 319–320
Oil cup
defined **A18:** 14
Oil drilling
powders used **M7:** 574
Oil drilling applications
cemented carbides **A2:** 974–977
Oil film whirl (whip)
sliding bearings **A18:** 520
Oil films
in sliding contacts **A2:** 840–841
Oil fired furnace
dip brazing **A6:** 337
Oil flow quantity **A18:** 543
Oil flow rate
defined **M7:** 8
symbol and units **A18:** 544
Oil fog lubrication *See* Mist lubrication
Oil, fresh
as fracture preservative **A12:** 73
Oil groove
defined **A18:** 14
Oil hole or pressurized-coolant drilling
refractory metals **A16:** 861, 863, 865
Oil holes **A19:** 353
as fracture origin, shafts **A11:** 459
effect in gears **A11:** 589
Oil impregnation **A7:** 683, **M7:** 8, 463
after conventional die compaction **A7:** 13
Oil jet lubrication **A18:** 133
Oil mist lubrication **A18:** 133
Oil paints
applications demonstrating corrosion resistance **A5:** 423
Oil pans, automotive
forming strain analysis **M1:** 545–546
Oil permeability
defined **M7:** 8
Oil pipelines
high-strength low-alloy steels for **A1:** 416–417
Oil pocket
defined **A18:** 14
Oil Pollution Act **A5:** 160
Oil production *See also* Oil refineries; Petroleum production operations; Petroleum refining and petrochemical operations
alloy steel corrosion in **A13:** 533–538
corrosion inhibitors for **A13:** 478–484
stainless steel corrosion in **A13:** 560
wells **A13:** 478–480
Oil quenching *See also* Quenching
control of oils **M4:** 53
cooling characteristics **M4:** 38, 39, 40, 43, 44, 45–47
emulsions **M4:** 40, 45
equipment, maintenance **M4:** 63, 66–68
for continuous carburizers **M4:** 59, 60, 63
in gaseous nitrocarburizing **M7:** 455
martempering **M4:** 44–45
oil flow **M4:** 47, 48, 49, 60
quench loads **M4:** 49
safety precautions **M4:** 68
selection of oil **M4:** 42, 53–54
conventional oils **M4:** 44
fast quenching oils **M4:** 44
surface conditions of quenched work **M4:** 53
temperature **M4:** 40, 47–49
tool steel die crack during **A11:** 565
water contamination **M4:** 41, 49–53
Oil refineries
carbon steel weldment corrosion **A13:** 365–366
Oil refinery applications
cast steels **M1:** 388
Oil ring lubrication
defined **A18:** 14
Oil rust-preventive compounds **M5:** 459–470
applying, methods of **M5:** 466–467
duration of protection **M5:** 469
safety precautions **M5:** 470
Oil shale
GC/MS analysis of volatile compounds in **A10:** 639
Oil spills
MFS identification of **A10:** 72
Oil starvation
defined **A18:** 14
Oil suspending liquid
for magnetic particles **A17:** 101
Oil urethane no-bake resin binder system ... **A15:** 216
Oil well tubing
magnetic particle inspection of **A17:** 111–112
Oil whirl
defined **A18:** 14
Oil/wear particle analysis methods *See also* Lubricant analysis **A18:** 299–302
applications and purposes **A18:** 299
ferrography **A18:** 301–302
infrared (IR) spectroscopy **A18:** 300–301
magnetic plug/chip detection (MCD) **A18:** 301
particle counting **A18:** 301
physical inspection **A18:** 299–300
physical testing **A18:** 300
sampling of service lubricants **A18:** 299
spectrometric metals analysis **A18:** 300
Oil-based paints
definition **A5:** 962
Oil-based sealants **EM3:** 188, 189, 191
characteristics of wet seals **EM3:** 57
Oil-cutting chemicals **EM3:** 52

Oil-filled self-lubricating parts
powders used **M7:** 574
Oil-fired boiler superheaters
corrosion and corrodents, temperature range **A20:** 562
Oil-hardening cold work tool steels *See* Tool steels, oil-hardening cold work
Oil-hardening cold-work steels
composition limits **A5:** 768, **A18:** 735
Oil-hardening cold-work tool steels **A1:** 765
forging temperatures **A14:** 81
Oil-hole reamers **A16:** 245
Oil-immersion lenses **A9:** 73
cross section **A9:** 75
Oil-impregnated bearings
density **M7:** 463
Oiliness *See* Lubricity
Oiliness additives
for metalworking lubricants **A18:** 140–141, 142, 143
Oil-in-water microemulsions **A18:** 144
Oilite bearings
in split Hopkinson pressure bar brackets . . . **A8:** 201
Oilless bearing
defined **M7:** 8
Oil-pump gears
sand-cast **A11:** 344
Oils
additives, as lubricant failure preventive . . **A11:** 154
-ash corrosion, steam equipment **A11:** 618
cracked, copper alloy corrosion in **A13:** 636
detection limits of minor elements in **A10:** 101
for bearings **A11:** 511
in lubricants **A14:** 514
lubricating **A11:** 152
lubrication, for rolling-element bearings . . . **A11:** 512
solvent cleaning **A13:** 413–414
steam cleaning **A13:** 414
sulfur determination in **A10:** 101
surface, cleaning of **A13:** 380
vegetable, olefinic unsaturation **A10:** 205
wear metal analysis, optical emission spectroscopy **A10:** 21
Oils, soldering or tinning
wave soldering **EL1:** 689
Oil-soluble inhibitors **A19:** 475
Oil-soluble tail **A19:** 475
Oil-tempered wire *See also* Steels, ASTM Specific types, A **A1:** 280–281
alloy steel wire **M1:** 269, 270
characteristics **M1:** 289
characteristics of **A1:** 306
cost **M1:** 305
seams in **M1:** 290
spring wire, tensile strength **M1:** 267, 269
steel wire **M1:** 262
stress relieving **M1:** 291
Oklahoma sandstone
particle size distribution effect on technique **EM4:** 378
OL, overload test
main variable of test **A19:** 114
Old English finish copper coloring solution . . **M5:** 626
Old-quality plate
cumulative smooth fatigue lifetime distributors for **A19:** 793
microporosity effect on fatigue **A19:** 791
open-hole fatigue lifetimes **A19:** 793
Olefin
defined **EM1:** 17, **EM2:** 29
Olefin copolymers (OCP)
as viscosity improvers **A18:** 109, 110
hydrocarbon moiety of dispersants **A18:** 99
Olefin plastics *See also* Plastics **EM3:** 19
bismaleimide reaction with **EM2:** 255
defined **EM2:** 29
Olefin polymer
properties **A18:** 81
Olefinic unsaturation in vegetable oils
electrometric titration determined **A10:** 205
Olefin-modified styrene-acrylonitriles (OSA) *See* Olefin plastics; Styrene-acrylonitriles (SAN, OSA, ASA)
Olefln **EM3:** 19
Oleic acid **A7:** 104, 107, 322
as release agent **A15:** 240
as surfactant for material flow **M7:** 188
copper/copper alloy resistance **A13:** 629
film, effect on green strength and electrical conductivity in copper powders **M7:** 304
processing aid affecting viscosity in injection molding **EM4:** 174
Oleoresinous
curing method **A5:** 442
paint compatibility **A5:** 441
Oleoresinous coatings . . . **M5:** 474, 498–499, 501, 505
Oleoresinous phenolic
minimum surface preparation requirements **A5:** 444
Oleoresinous varnishes
coating characteristics for structural steel . . **A5:** 440
Oleoresins
applications **EM3:** 56
Oleorosin
for gum rosin **EL1:** 645
Oleum
tantalum corrosion in **A13:** 725, 730
Olfaction
odor/gas detection by **A17:** 61
Oligomer **EM2:** 29, 64
Oligomers **EM3:** 19, 41
for solder masking **EL1:** 555
formation **EM1:** 78
Olive green chromate conversion coating
cadmium plate **M5:** 264
Olivine
applications **EM4:** 46
composition **EM4:** 46
crystal structure **EM4:** 881
defined **A15:** 8
island structures **EM4:** 758
supply sources **EM4:** 46
Olivine sand
abrasive mixed with high-pressure waterjet **A16:** 521
Olivine sands *See also* Olivine; Sand(s)
as refractories, core coatings **A15:** 240
as silica impurity **A15:** 208
characteristics **A15:** 209
reclamation **A15:** 354
types, as molding materials **A15:** 94
Olsen cup test **A8:** 562, 565, **A14:** 9, 624, 792, **A20:** 306
Olsen ductility
low-carbon steel sheet and strip **M1:** 156, 161, 162
Olsen ductility test
defined **A8:** 9, **A14:** 9
Olsen-Erichsen cup test **A1:** 576
Olyphant washer test
for flexible epoxies **EL1:** 820
OM *See* Optical metallography
OMC VCA *See* Titanium alloys, specific types, Ti-13V-11Cr-3Al
Omega meter
for contaminant extraction **EL1:** 667
Omega phase
defined **A9:** 13
in titanium alloys **A9:** 461
in titanium-iron binary **A9:** 474
Omega structures
wrought titanium alloys **A2:** 606–607
On cooling testing **A8:** 586–587
On heating tests **A8:** 586–587
On mandrel drawing
in bulk deformation processes classification scheme **A20:** 691
On plug drawing
in bulk deformation processes classification scheme **A20:** 691
On-aircraft eddy current inspection
examples of **A17:** 191–194
Once-through steam generators **A13:** 937–938
On-chip
clock signals **EL1:** 7
connections, level **EL1:** 76
data interconnections, advantages **EL1:** 6
integration **EL1:** 365
interconnection lines **EL1:** 6
issues, physical performance **EL1:** 6–7
metallurgy **EL1:** 480
moisture monitor **EL1:** 953
On-chip built-in self-test **EL1:** 374–376
One-at-a-time experiments **A8:** 641
"One-body wear" **A18:** 263
One-coat ware
definition **A5:** 962
One-component adhesive **EM3:** 19
One-component thermoset injection molding **EM1:** 558
One-dimensional analysis
of defects **A10:** 465–466
One-factor-at-a-time approach **A20:** 115, 116
One-half fractional factorial design
defined **A17:** 747
"One-knob control" **A6:** 40–41
One-man ladles
development of **A15:** 27
One-out-of N parallel reliability block diagram **EL1:** 899
One-piece pattern *See* Loose patterns
One-point bend test **A8:** 271–276
for high strain rate fracture toughness testing **A8:** 187
response curve for **A8:** 20
ONERA model **A19:** 130
developed for applications to flight simulation load histories **A19:** 129
One-shot molding *See also* Prepolymer molding
defined **EM2:** 29
One-side welding, applications
shipbuilding **A6:** 384
One-sided alternative hypotheses **A8:** 626
One-sided finite-difference formula **A20:** 191
One-sided tolerance limits **A8:** 664–665, 700
One-stage welding **A6:** 316
One-step drilling method **EM1:** 671–672
One-step replicas
TEM **A12:** 7
One-step temper embrittlement *See* Tempered martensite embrittlement
One-stroke hemming dies
for press-brake forming **A14:** 537
On-eutectic growth *See also* Eutectic growth; Eutectic(s)
convective flow for **A15:** 150–151
One-way clutch races **A7:** 764, 767
One-way shape memory
shape memory alloys **A2:** 897
ONIA process **M7:** 98
Onion seeds
magnetically cleaned **M7:** 589
On-line activities
quality control **A17:** 725
On-line cleaning **A13:** 1143
On-line image processing in scanning electron microscopy **A9:** 96
Online information research service **A20:** 25
On-line nondestructive testing **EM3:** 555
On-line structure assessment
aluminum-silicon alloys **A15:** 166
Onnes' technology of superconducting magnets **A2:** 1027–1028
Onset of recirculation **A18:** 594
On-site examination
of boilers and related equipment **A11:** 602

of failed parts **A11:** 173

On-site photomacrography

setups for. **A12:** 78

On-stream corrosion monitoring **A13:** 322–323

Opacified glaze

composition based on mole ratio (Seger formula) **A5:** 879

composition based on weight percent. **A5:** 879

Opacifier

definition **A5:** 962

mill additions for wet-process enamel frits for sheet steel and cast iron **A5:** 456

Opacifiers **EM3:** 304, 308, 310

Opacity

aluminum powder **A7:** 150

definition. **A5:** 962

Opacity, and density

radiography **A17:** 324

Opals (opaque) dinnerware

advantages and disadvantages **EM4:** 1101

categories. **EM4:** 1101

durability. **EM4:** 1101

formation. **EM4:** 1101

strength **EM4:** 1101

tempering. **EM4:** 1101

Opaque frits and glasses

typical oxide compositions **EM4:** 550

Opaque-base film

radiography **A17:** 314

Opaque-stop microscope

basic components **A9:** 58

O-Pb (Phase Diagram) . . . . **A3:** 2•323

Open arc welding

hardfacing. **M6:** 784

hardfacing alloys. **A6:** 800

hardfacing applications, characteristics. **A5:** 736

Open assembly time. **EM3:** 19

Open brickwork furnaces **M7:** 353

Open circuit

as failure sites. **EL1:** 127

as hard defect. **EL1:** 568

defect causing. **EL1:** 1018

Open circuit potential **A7:** 984–985, 986–987

Open crucible system

for liquid metal environment testing **A8:** 425

Open database connectivity (ODBC). **A20:** 313

Open die forging **A20:** 693

in bulk deformation processes classification scheme **A20:** 691

Open dies

defined **A14:** 9

flat **A14:** 43

for cold heading **A14:** 293

swage **A14:** 43

V-dies. **A14:** 43

Open hearth furnace

defined **A15:** 8

Siemens, development of **A15:** 32

steel production by **A15:** 31

Open lip-pour ladle

automatic. **A15:** 497

Open metallization

of integrated circuits **A11:** 768

Open nozzle blasting equipment **A13:** 414

Open pit mining

cemented carbide tools **A2:** 975

Open pore

defined **M7:** 8

Open porosity

defined **M7:** 8

Open resistance heaters

design of **A2:** 829–830

fabrication of **A2:** 830–831

Open shrinkage

as casting defect **A11:** 382

Open square grids

use in quantitative metallography. **A9:** 124–125

Open time

water-base versus organic-solvent-base adhesives properties **EM3:** 86

Open tolerance

defined. **A14:** 307

Open-back gap-frame presses

for piercing. **A14:** 463

Open-cell cellular plastic *See also* Plastics. . **EM3:** 19

defined **EM2:** 29

Open-cell foam

defined **EM1:** 17

Open-circuit potential *See also* Corrosion potential

defined **A13:** 9

Open-circuit voltage

definition **M6:** 12

Open-circuit voltage (OCV) **A6:** 37–38

Open-cycle testing

stress oxidation from. **A11:** 132

Open-die extrusion

schematic **A18:** 59, 61

Open-die forging *See also* Forging; Hand forge. **A8:** 587, **A14:** 61–74

allowances and tolerances. **A14:** 71–73

application. **A14:** 61

auxiliary tools **A14:** 61–62

contour forging. **A14:** 71

defined **A14:** 9

deformation modeling of **A14:** 65–67

die sets for. **A14:** 44

dies for. **A14:** 61

forgeability and. **A14:** 65

hammers **A14:** 28–29, 61

hammers and presses. **A14:** 61

handling equipment **A14:** 63

ingots for. **A14:** 64–65

of aluminum alloys **A14:** 243

of heat-resistant alloys. **A14:** 231

of ring, with saddle **A14:** 127

of stainless steels **A14:** 222

of titanium alloys. **A14:** 272

production and practice. **A14:** 63–64, 67–71

ring rolling by **A14:** 126

wrought aluminum alloy **A2:** 34

Open-die forging hammers **A14:** 28–29

Open-die forgings

inspection techniques **A17:** 494–495

Open-die headers

for cold heading **A14:** 292

Opened crack

austenitic stainless steels. **A12:** 356

fracture surface, AISI/SAE alloy steels **A12:** 335

precipitation-hardening stainless steels. . . . **A12:** 374

primary **A12:** 77

secondary. **A12:** 77

Open-end wrench

preform shape and consolidated part for . . **M7:** 540

Open-face mold

in polymer-matrix composites processes classification scheme **A20:** 701

Open-face molding

polymer-matrix composites. **A20:** 701

Open-hearth furnace **M1:** 109–110, 113

Open-hearth iron

chemical analysis and sampling **M7:** 249

Open-hole-compression test

for damage tolerance **EM1:** 97

Open-hole-tension test

for damage tolerance **EM1:** 97

Opening

of secondary cracks **A11:** 19–20

Opening mode **A19:** 374

Opening mode of deformation *See* Stress- intensity factor

Opening, quick

in crack arrest testing **A8:** 454

Opening stress intensity (K_{op}). **A19:** 135, 136

Opening stress range **A7:** 961, **A19:** 339

Open-loop system

for fatigue test control. **A8:** 368

Open-pore foam **A7:** 1045

Open-sand casting

defined. **A15:** 8

Open-surface model **A20:** 157

Open-tube chemical vapor deposition

chromium. **M5:** 383

Operating conditions *See* Service conditions

Operating cost

as process factor. **A20:** 299

Operating costs *See also* Costs; Equipment costs

of eddy current inspection **A17:** 563

ultrasonic inspection **A17:** 565

Operating environment

of connectors **EL1:** 23

Operating hazard analysis (OHA). **A20:** 124, 125, 140–141, 149

definition **A20:** 837

Operating mix

abrasive **A15:** 511

Operating pitch diameter of pinion

symbol and units **A18:** 544

Operating pitch line velocity **A18:** 542

symbol and units **A18:** 544

Operating pressure (*P*) **for a**

torispherical head. **A19:** 464

Operating procedures

flame hardening **M4:** 492–493

Operating room air filters

powders used **M7:** 573

Operating stress **A19:** 457

Operating stress maps for failure

control **A19:** 457–467

circular embedded crack. **A19:** 463

comparison with failure assessment diagrams **A19:** 460–461

complex geometry factors. **A19:** 462–463

construction of. **A19:** 457–459

corrosion fatigue. **A19:** 460

crack-tip plasticity **A19:** 463–464

embedded elliptical crack. **A19:** 462–463

empiricism and K_{Ic} **A19:** 458–459

evaluating manufacturing or fabrication discontinuities. **A19:** 464

fatigue crack growth integration example with 1020 steel. **A19:** 459

fracture control applications **A19:** 464–467

fracture control with a surface crack **A19:** 465–466

fracture control with surface cracks, simplified calculations for. **A19:** 466–467

geometry factor â for crack-tip stress intensities. **A19:** 462

leak-before-break analysis. **A19:** 464–465

net section yield **A19:** 458

part-through cracks **A19:** 464

plane strain constraint conditions **A19:** 464

plane strain fracture toughness **A19:** 457–458

plane stress constraint conditions **A19:** 464

pump casing fracture. **A19:** 466–467

quarter-circular corner crack **A19:** 463

safe operating pressure, large pressure vessel with surface crack **A19:** 464

stress-corrosion cracking rates **A19:** 459–460

subcritical crack growth **A19:** 459–460

summary of linear elastic fracture mechanics concepts. **A19:** 461–464

surface elliptical cracks **A19:** 463

through-thickness cracks **A19:** 464

Operating systems for process design **A14:** 409

Operating temperature

titanium carbide- steel cermets. **M7:** 810

Operating temperature limit **A20:** 282

Operation **A20:** 22

Operational definitions

Shewart control chart model **A17:** 734

Operational life **A20:** 88

Operational usage survey **A19:** 585, 587

Operations, energy efficient **A4:** 519–525

combustion control **A4:** 519–521

combustion control by pulse techniques **A4:** 521

flue gas analysis **A4:** 520

furnace design and operation. **A4:** 522–525

recuperators **A4:** 521–522, 523, 524

regenerative burners **A4:** 521–522, 524

waste-heat recovery. **A4:** 519, 521–522

Operations, energy-efficient **M4:** 337–342

accounting practice **M4:** 338

checklist, conservation **M4:** 339

cycle temperatures **M4:** 339

energy requirements, evaluation. **M4:** 337–338

equipment modification. **M4:** 341

equipment use **M4:** 340–341

fixtures **M4:** 339

furnace utilization **M4:** 339–340

heat treating practices, modification . . **M4:** 339–340

strategies **M4:** 338–339

Operator fatigue

minimized by image analysis **A10:** 309

Ophthalmic and optical glasses **EM4:** 1074–1081

absorption and color. **EM4:** 1080–1081

dispersion **EM4:** 1079

materials that compete with glass **EM4:** 1076–1077

nonlinear refractive index **EM4:** 1079–1080

ophthalmic glass products. **EM4:** 1074

optical glass products **EM4:** 1074–1076

Ophthalmic and optical glasses (continued)
properties **EM4:** 1077, 1079
refractive index **EM4:** 1077–1079
Opposed electrode seam welding
of flatpack **EL1:** 237, 240
Opposite-edge dislocation annihilation **A19:** 101
Opposite-wall detection, tubing
by remote-field eddy current inspection. . . **A17:** 195
O-Pr (Phase Diagram). . . . . . **A3:** 2•323
Optical aberrations, ion
in atom probe analysis **A10:** 595
Optical aids
in visual leak testing **A17:** 66
Optical and x-ray spectroscopy
atomic absorption spectrometry **A10:** 43–59
inductively coupled plasma atomic emission spectroscopy **A10:** 31–42
infrared spectroscopy **A10:** 109–125
molecular fluorescence spectrometry . . . **A10:** 72–81
optical emission spectroscopy **A10:** 21–30
particle-induced x-ray emission. **A10:** 102–108
Raman spectroscopy **A10:** 126–138
ultraviolet/visible absorption spectroscopy **A10:** 60–71
x-ray spectrometry. **A10:** 82–101
Optical anisotropy
and color metallography **A9:** 138
Optical applications
critical properties of. **EM2:** 458
Optical axis
defined. **A10:** 678
Optical cells
selection for UV/VIS absorption analysis . . **A10:** 68
Optical ceramics. **EM4:** 18
applications. **EM4:** 18, 20
infrared domes **EM4:** 18
lasing crystals **EM4:** 18
mirrors. **EM4:** 18
optical properties **EM4:** 18
phosphors. **EM4:** 18
Optical clocks
and clock skew. **EL1:** 7, 9
Optical color metallography **A9:** 138
Optical comparators
defined. **A17:** 10–11
schematic. **A17:** 10
Optical computing
in machine vision process. **A17:** 44
Optical constants of cathode materials used in interference film metallography **A9:** 149
Optical crack growth
measuring systems **A8:** 246, 382–383
Optical density. **A5:** 541
in ion detection **A10:** 143
Optical devices **EM4:** 17
Optical diagram
FT-IR spectrometer. **A10:** 112
Optical diffraction, and single-crystal x-ray diffraction
compared **A10:** 345–346
Optical double magnetic resonance
as ESR supplemental technique **A10:** 258, 689
Optical emission spectroscopy **A10:** 21–30
and atomic absorption spectroscopy. **A10:** 21
and direct-current plasma emission spectroscopy **A10:** 21
and ICP-AES. **A10:** 21
and x-ray fluorescence. **A10:** 21
applications **A10:** 21, 29–30
Boltzman equation. **A10:** 24
capabilities, compared with classical wet analytical chemistry. **A10:** 161
capabilities, compared with UV/VIS absorption spectroscopy. **A10:** 60, 226, 253
defined. **A10:** 678
electronic structure **A10:** 21–22
electronic transitions **A10:** 22
emission sources. **A10:** 24–26
estimated time analysis. **A10:** 21
excitation spectra **A10:** 22
for compositional analysis of welds **A6:** 100
general principles. **A10:** 21–23
introduction. **A10:** 21
monochromator **A10:** 23–24
of inorganic solids **A10:** 4–6
of stainless alloy. **A10:** 178–179
optical systems **A10:** 23–24
polychromator **A10:** 23–24
related techniques. **A10:** 21
samples **A10:** 21
Optical emission spectroscopy (OES)
for constituent analyses. **EM4:** 24
to analyze the bulk chemical composition of starting powders **EM4:** 72
Optical encoder transducer
for torsion testing. **A8:** 158
Optical equipment
for microhardness testers **A8:** 92–93
Optical etching. **A9:** 57–59
defined. **A9:** 13
illumination modes **A9:** 58
Optical extensometer. **A8:** 618
for deformation measurement **A8:** 548
for strain measurement **A8:** 35, 193
Optical extensometry. **A19:** 175
Optical fiber(s) *See also* Fibers **EM4:** 409–417
as germanium application. **A2:** 743
basic physics. **EM4:** 409–412
absorption **EM4:** 410–412
critical angle. **EM4:** 409
evanescent field. **EM4:** 411
fiber index profile constant **EM4:** 410, 416
fiber index profiles. **EM4:** 411, 416
mode field diameter. **EM4:** 412
modes **EM4:** 410
numerical aperture (NA) **EM4:** 409
optical loss behavior. **EM4:** 411
scattering **EM4:** 410
dispersion **EM4:** 412–413
bandwidth **EM4:** 413
chromatic. **EM4:** 412–413
graded index profile fiber **EM4:** 412
intermodal **EM4:** 412
intramodal. **EM4:** 412–413
material **EM4:** 412–413
waveguide. **EM4:** 413
fiber manufacture **EM4:** 414–417
dopant selection. **EM4:** 415, 416
fiber draw **EM4:** 416–417
modified chemical vapor deposition laydown and consolidation **EM4:** 414, 415, 416
outside vapor deposition laydown and consolidation **EM4:** 414–415
quality control measurements. **EM4:** 417
vapor axial deposition. **EM4:** 415–416
fracture surface analysis **EM4:** 663–668
high-silica glass. **EM4:** 377
optical fiber glass materials **EM4:** 413–414
ribbon cables. **EL1:** 9
Optical fractography
defined. **A12:** 1
Optical gages *See* Scanning laser gage
Optical gas controller (OGC). **A5:** 576
Optical glass process
powder used. **M7:** 574
Optical glasses
development **EM4:** 21
diamond abrasives for grinding **EM4:** 333, 334
melting/fining **EM4:** 392
recommended waterjet cutting speeds. . . . **EM4:** 366
Optical holographic interferometry *See also* Optical holography
continuous-wave techniques. **A17:** 410
dual refractive index method. **A17:** 408
holographic contouring **A17:** 408
inspection techniques **A17:** 407–408
multiple-exposure. **A17:** 408
of composite materials **A17:** 429
pulsed-laser techniques **A17:** 410–411
real-time. **A17:** 408
stressing methods for **A17:** 408–410
time-average **A17:** 408
uses **A17:** 405–406
Optical holography *See also* Optical holographic interferometry
and millimeter wave holography compared. **A17:** 226
applications. **A17:** 421
continuous-wave techniques. **A17:** 410
contract (purchase) holography **A17:** 430
defined. **A17:** 224
equipment. **A17:** 417–420
holographic components. **A17:** 417–420
holographic reconstruction **A17:** 407
holographic recording **A17:** 406–407
in-house systems. **A17:** 430
inspection procedures **A17:** 410–411
interferometric inspection techniques **A17:** 407–408
of composite materials **A17:** 429
of debonds, in sandwich structures. . . **A17:** 421–429
optical holographic interferometry uses **A17:** 405–406
portable systems. **A17:** 420–421
pulsed-laser techniques **A17:** 410–411
readout methods **A17:** 413–414
results, interpretation of. **A17:** 414–417
selection of holographic systems **A17:** 420–421, 429–430
stressing for interferometry, methods **A17:** 408–410
systems, types of. **A17:** 420–421, 429–430
test variables, effects of **A17:** 411–413
Optical inspection *See also* Automatic optical inspection; Visual inspection
of solder joints. **EL1:** 735
Optical interconnections
defined **EL1:** 1–11, 9–10, 11, 111
packaging requirements, modeling **EL1:** 16
Optical interferometry
interfacial debonding of joints. **EM3:** 453
Optical interferometry technique . . **A18:** 396, 397, 402
Optical laser examiner *See* Molecular optical laser examiner (MOLE)
Optical lens grinding machines
achievable machining accuracy **A5:** 81
Optical logic
advantages. **EL1:** 10
Optical mask
for echelle spectrometer **A10:** 41
Optical materials
sources of materials data **A20:** 499
Optical measuring
advantages in dynamic notched round bar testing. **A8:** 281
device, dynamic notched round bar testing **A8:** 279
Optical metallography *See also* Metallographic identification **A10:** 299–308
and SEM/TEM, compared **A10:** 299
applications. **A10:** 299
capabilities. **A10:** 287, 365, 429
defects observable using **A10:** 307
estimated analysis time. **A10:** 299
general uses. **A10:** 299
image analysis for morphology **A10:** 309
introduction **A10:** 299–300
limitations. **A10:** 299
macroanalysis. **A10:** 301–303
microanalysis **A10:** 304–308
of inorganic solids, types of information from **A10:** 4–6
of organic solids, information from **A10:** 9
related techniques **A10:** 299
samples. **A10:** 299, 300–301
specimen preparation **A10:** 300–301
structure-property relationships established by. **A10:** 299–300
Optical methods *See also* Electron optical methods; Optical and x-ray spectroscopy **A19:** 211
application for detecting fatigue cracks . . . **A19:** 210

SUBJECTS OF THE INDEXED VOLUMES: ASM Handbook (designated by the letter "A"): **A1:** Properties and Selection: Irons, Steels, and High-Performance Alloys (1990); **A2:** Properties and Selection: Nonferrous Alloys and Special-Purpose Materials (1990); **A3:** Alloy Phase Diagrams (1992); **A4:** Heat Treating (1991); **A5:** Surface Engineering (1994); **A6:** Welding, Brazing, and Soldering (1993); **A7:** Powder Metal Technologies and Applications (1998); **A8:** Mechanical Testing (1985); **A9:** Metallography and Microstructures (1985); **A10:** Materials Characterization (1986); **A11:** Failure Analysis and Prevention (1986); **A12:** Fractography (1987); **A13:** Corrosion (1987); **A14:** Forming and Forging (1988); **A15:** Casting (1988); **A16:** Machining (1989); **A17:** Nondestructive Evaluation and Quality Control (1989); **A18:** Friction, Lubrication, and Wear Technology (1992); **A19:** Fatigue and Fracture (1996); **A20:** Materials Selection and Design (1997). **Metals Handbook, 9th Edition** (designated by the letter "M"): **M1:** Properties and Selection: Irons and Steels (1978); **M2:** Properties and Selection: Nonferrous Alloys and Pure Metals (1979); **M3:** Properties and Selection: Stainless Steels, Tool Materials, and Special-Purpose Materials (1980); **M4:** Heat Treating (1981); **M5:** Surface Cleaning, Finishing, and Coating (1982); **M6:** Welding, Brazing, and Soldering (1983); **M7:** Powder Metallurgy (1984). **Engineered Materials Handbook** (designated by the letters "EM"): **EM1:** Composites (1987); **EM2:** Engineering Plastics (1988); **EM3:** Adhesives and Sealants (1990); **EM4:** Ceramics and Glasses (1991). **Electronic Materials Handbook** (designated by the letters "EL"): **EL1:** Packaging (1989)

capabilities . . . A10: 102
Optical micrograph
of continuous-fiber composites . . . EM1: 769
titanium and titanium alloys . . . A8: 476–477
Optical microscopes . . . A9: 71–88
comparison microscopes . . . A9: 83–84
component parts . . . A9: 71–75
condenser . . . A9: 72
depth of field . . . A9: 76, A10: 497
determining magnification . . . A9: 74
for plastic replicas . . . A17: 53
illumination system . . . A9: 72
lens defects . . . A9: 75
light filters . . . A9: 72
light paths . . . A9: 71, 81
light section . . . A9: 82
objective lens . . . A9: 72–73
portable . . . A9: 84
research-quality . . . A9: 73
resolution . . . A9: 75–76
resolution limits . . . A10: 495–496
stages . . . A9: 82–83
types of . . . A9: 71–72
with image analyzers . . . A10: 310
with SEM imaging, for morphology studies . . . A10: 521
with television monitor . . . A9: 84
Optical microscopy *See also* Electron optical methods; Optical and x-ray spectroscopy . . . A5: 140–141, A6: 143, A7: 223, 259, 260–261, A18: 435, A19: 8, 11, EM1: 771, M7: 227
acceptable degree of edge rounding of samples . . . A9: 44
advantages and types . . . EL1: 1067–1068
and electronic image analysis . . . A9: 152
capabilities . . . A10: 490
clean-room . . . A9: 83
crack detection method used for fatigue research . . . A19: 211
crack detection sensitivity . . . A19: 210
field . . . A9: 83
focusing, as plating thickness inspection . . EL1: 943
for descriptive fractography . . . EM4: 640–641
for gage width estimates . . . A8: 229
for intermetallic compounds . . . EL1: 1043
for melt analysis . . . A15: 493
for microstructural analysis . . . EM4: 25–26
for microstructural analysis of coatings . . . A5: 662
high-quality . . . A19: 5
hot-cell . . . A9: 83
identification of ferrite in heat-resistant casting alloys by magnetic etching . . . A9: 333
image contrast techniques . . . A9: 76–82
interference techniques . . . A9: 80
magnetic etching . . . A9: 64–66
methods . . . EL1: 366–368
of carbide precipitates . . . A7: 477
of fiber composites . . . A9: 587, 592
of fracture surfaces . . . A11: 20
photographs for failure analysis . . . EM4: 630
preparation of slides . . . A7: 260–261
preparation of surfaces for . . . A9: 33–47
SAM, SEM, and, compared . . . A10: 509–510
sodium environment fracture faces of metals . . . A19: 208
to analyze ceramic powder particle sizes . . EM4: 66, 67, 69
to determine surface roughness in ceramic powder characterization . . . EM4: 27
to obtain images of spot samples of mixtures . . . EM4: 96
ultralong depth-of-field . . . EL1: 954
used to identify intragranular subgrain structures . . . A9: 690
used to monitor deformation at the Lüders front . . . A9: 684
weld characterization . . . A6: 104
Optical microscopy specimens
effect of orientation on reflectance . . . A9: 77
Optical particle counting . . . A7: 236, 237
Optical path in an incident-light research microscope . . . A9: 80
Optical plastics
physical properties . . . EM2: 596
spectrophotometric transmission . . . EM2: 595
Optical probing
as testing . . . EL1: 372
Optical properties *See also* Refractive index . . . EM2: 481–486
acrylic . . . EM2: 105
actinide metals . . . A2: 1189–1198
cleaning . . . EM2: 485–486
coatings . . . EM2: 484–485
commercially pure tin . . . A2: 518–519
electrolytic tough pitch copper . . . A2: 271
gilding metal . . . A2: 295
manufacturing and production tolerances . . . EM2: 482–483
measured . . . EM2: 614
of germanium . . . A2: 734
of glass fibers . . . EM1: 47
of polymers . . . EM2: 62
optical plastic materials . . . EM2: 483–484
palladium and palladium alloys . . . A2: 716–718
para-aramid fibers . . . EM1: 56
parylene coatings . . . EL1: 795
platinum and platinum alloys . . . A2: 708
polyarylates (PAR) . . . EM2: 140
pure metals . . . A2: 1100–1178
rare earth metals . . . A2: 1179–1189
thermal considerations . . . EM2: 481–482
wrought aluminum and aluminum alloys . . . A2: 64–65
Optical pyrometry . . . A19: 182
for practical temperature measurement . . EM4: 251
Optical refractive index of the polymer . . . A20: 451
Optical sections . . . A18: 357
Optical sensing part, brass . . . A7: 1008, 1107
Optical sensing zone
for particle sizing . . . M7: 221–225
Optical sensing zone size analysis . . A7: 247, 248–249
Optical sensors
image sensors for . . . A17: 10
Optical spectroscopy . . . A1: 1030
Optical stage micrometer . . . A7: 262
Optical stream scanning
to analyze ceramic powder particle sizes . . EM4: 67
Optical systems *See also* Electron optical methods; Optical and x-ray spectroscopy
collection optics . . . A10: 24
emission spectroscopy . . . A10: 23–24
wavelength sorters . . . A10: 23–24
Optical testing
ad hoc testing . . . EM2: 598
and characterization . . . EM2: 594–598
birefringence . . . EM2: 596–597
refractive index . . . EM2: 595–596
surface gloss and color . . . EM2: 598
surface irregularity and contamination . . . EM2: 597–598
transmission and haze . . . EM2: 594
yellowness . . . EM2: 594–595
Optical tracing machines . . . A6: 1169
Optical vacuum coatings . . . M5: 395–396, 399–403
Optical-lens aberrations
effect on secondary electron imaging . . . A9: 95
Optically anisotropic materials, examination of
using polarized light . . . A9: 76–78
with crossed-polarized light . . . A9: 72
Optically anisotropic metals and phases
polarized light used to etch . . . A9: 58–59
Optically isotropic metals
activation of surfaces to respond to polarized light . . . A9: 138
Optics
beam-condensing . . . A10: 113
collection . . . A10: 24, 128
electron, of electron probe microanalyzer A10: 432, 517
inverted, in wavelength-dispersive x-ray spectrometers . . . A10: 88
Optics, infrared
as germanium/germanium compounds application . . . A2: 735, 737
Optimal die angle . . . A18: 66
Optimization *See also* Design optimization
and process modeling . . . EM1: 499–502
computer program . . . EM1: 452–454
definition . . . A20: 837
programs, for joints . . . EM1: 479
property, in cure . . . EM1: 657–658
vs. laminate ranking . . . EM1: 451–455
Optimization algorithms . . . A20: 210–211
Optimization (experimental) designs . . . EM2: 601
Optimization parameters
for test piece geometries . . . A8: 387–388
Optimization software programs . . . A20: 12
Optimization theory . . . A20: 183
Optimizations, cost
as engineering function . . . EM2: 87
Optimized locally asymmetric laminate
shape stability after cool-down from cure A20: 656
Optimizing . . . A20: 5
Optimum absorbance
in UV/VIS analysis . . . A10: 68
Optimum design . . . A20: 281–282
Optimum value . . . A20: 316
Optimum-aperture concept . . . A12: 80–81
Opto coupler
schematic . . . EL1: 433
Opto devices
two and multiple terminal . . . EL1: 432
Opto holders, brass . . . A7: 1107, 1108
Optoelectronic circuit packages . . . EL1: 8, 453
Optoelectronic devices
gallium aluminum arsenide laser diodes . . . A2: 739
indium gallium arsenide phosphide laser diodes . . . A2: 739–740
light-emitting diodes (LEDS) . . . A2: 739–740
microanalysis of . . . A10: 601–602
of gallium compounds . . . A2: 739–740
photodiodes . . . A2: 740
solar cells . . . A2: 740
Optoelectronic materials
plasma-assisted physical vapor deposition A18: 848
Optoelectronics . . . A20: 620
O-Pu (Phase Diagram) . . . A3: 2•323
Oral corrosion
in fluid environments, dental alloys . . . A13: 1348
processes . . . A13: 1344–1346
Oral fluids . . . A13: 1340–1341
Oralloy *See* Uranium
Orange, methyl
as acid-base indicator . . . A10: 172
Orange peel
as a result of plastic deformation . . . A9: 686–687
as casting defect . . . A11: 384
as formability problem . . . A8: 548
cracking . . . A8: 57
defined . . . A8: 9, A11: 7, EM1: 17, EM2: 29
definition . . . A5: 962, A20: 837
in cold-formed parts . . . A11: 308
in sheet metal forming . . . A8: 553
on surface of austenitic manganese steel casting specimens . . . A9: 238
Orbital forging *See also* Forging; Rotary forging
as new metalworking process . . . A14: 17
wrought aluminum alloy . . . A2: 34
Orbital scanning
borescopes . . . A17: 4–5
Orbiter
space shuttle . . . A13: 1058–1075
Orbitest machine
for tubes and solid cylinders . . . A17: 185
Orboresonant cleaning and finishing . . . M5: 134
Orchard heater
brittle fracture of . . . A11: 100
Order
long- and short-range, EXAFS studied . . . A10: 407, 408
long-range, intermetallic compounds, NMR analysis . . . A10: 277
long-range, RDF, in amorphous materials A10: 393
-order transitions . . . A10: 544
Order (in x-ray reflection)
defined . . . A9: 13
Order of accuracy . . . A20: 190
Order of the coefficient . . . A7: 272
Order-disorder
analysis, NMR, in ferromagnetic alloys . . . A10: 284
in ferromagnetic alloys . . . A10: 284–285
transitions, LEED analyzed . . . A10: 544
Order-disorder transformation
defined . . . A9: 13
Ordered alloys *See also* Ordered intermetallics
deformation . . . A2: 913–914
effect of antiphase boundaries on FIM images . . . A10: 589
ladder diagrams of . . . A10: 594

Ordered beta structure *See also* Beta structure
in palladium-copper alloy **A9:** 564
Ordered crystal structures **A9:** 681–683
prototype structures **A9:** 681
superlattice dislocations **A9:** 682–683
Ordered crystals
diffraction patterns **A9:** 109
Ordered domains **A9:** 681–683
$AuCu_3$ structures **A9:** 681–682
BiF_3 . . . . . **A9:** 682–683
CsCl **A9:** 682
Ordered intermetallics
ductility **A2:** 919–920, 922
high-temperature, specific gravity vs. melting point diagrams **A2:** 935
introduction **A2:** 913–914
iron aluminides **A2:** 920–925
nickel aluminides **A2:** 914–920
silicides **A2:** 929, 933–935
structure **A2:** 929–930
summary **A2:** 935
titanium aluminides **A2:** 655, 925–929
titanium aluminides, and titanium alloys, compared **A2:** 655
trialuminides **A2:** 929–935
Ordered lattices
ordered intermetallics **A2:** 913–914
Ordered particle pattern **M7:** 186
Ordered residuals **A20:** 82
Ordered structure . . . . . **A3:** 1•10, **A10:** 407, 678
defined **A9:** 13
Ordered superstructure of a crystal **A9:** 708
Ordered systems
EXAFS analysis of **A10:** 407
Ordering
composition profile for **A10:** 593
ferri-, ferro-, antiferro-, or complex magnetic by neutron diffraction **A10:** 420
long- and short-range, by neutron diffraction **A10:** 420
mechanical **A7:** 102
sublattice, in intermetallic compounds **A10:** 283–284
Order-to-delivery cycle **A20:** 670, 671
Ordnance applications *See also* Military applications **M7:** 679–695
acoustic emission inspection **A17:** 290
adhesive-bonded joints **A17:** 633
bulk molding compounds **EM1:** 162
historical **A15:** 26–27, 31–35
neutron radiography **A17:** 391
of copper-based powder metals **M7:** 733
P/M ferrous materials **M7:** 682–687
semisolid electrical conductor **A15:** 335
semisolid metal casting/forging **A15:** 327
Ordnance hardware
elevated-temperature failure in **A11:** 294–296
Ordnance springs **M1:** 304
Ores *See also* Mining
analytic methods applicable **A10:** 6
direct AAS analysis of **A10:** 43
effects of composition on mass absorption **A10:** 97
germanium **A2:** 733, 735
metallic, cemented carbide mining tools . . . **A2:** 975
mineral, potentiometric membrane electrode analysis **A10:** 181
powder or briquet sample preparation, x-ray spectroscopy **A10:** 93
samples, crushed **A10:** 165
samples, resource evaluations by NAA **A10:** 233
settling, and sampling **A10:** 14
sodium peroxide fusion for **A10:** 167
treatment in mineral acids **A10:** 165
Orford Tops and Bottoms process
for nickel refining **A2:** 428–429
Organ pipes
tin alloys for **A2:** 525
Organic *See also* Inorganic; Organic acid corrosion; Organic acid(s); Organic coatings **EM3:** 19
defined **A13:** 9, **EM1:** 17, **EM2:** 29
materials, porcelain enamels, resistance **A13:** 449–450
media, zirconium/zirconium alloy resistance **A13:** 717
Organic acid
for acid cleaning **A5:** 53–54
Organic acid cleaning *See also* Acid cleaning **M5:** 65–67
advantages of, vs. mineral acid cleaning **M5:** 65
applications **M5:** 65–66
corrosivity factors **M5:** 65
safety considerations **M5:** 65
Organic acid corrosion
cast iron resistance **A13:** 570
characteristics **A13:** 1157
formic acid **A13:** 1157–1158
nickel-base alloy resistance **A13:** 646
of alloy steels **A13:** 544
Organic acid (OA) fluxes
furnace soldering **A6:** 353
Organic acid(s)
and compounds, stainless steel corrosion **A13:** 558–559
conductometric titration of **A10:** 203
defined **A13:** 9, 1140
in Group VI electrolytes **A9:** 54
in isopropanolic medium, determined by electrometric titration **A10:** 205
Organic acids, as corrosive
copper casting alloys **A2:** 352
Organic acids, nickel alloys, corrosion *See also* specific type of acid by name **M3:** 173
Organic adhesives
as component attachment technology **EL1:** 348–349
as die attachment **EL1:** 213
Organic binders *See also* Binders; Bond(s)
development of **A15:** 35
for slurry in spray drying **M7:** 74
Organic bonds
characteristics **A15:** 213
Organic carbon **A8:** 423
Organic chemical related failure *See also* Chemical analysis; Chemical properties; Environmental effects; Failure analysis
additives, leaching of **EM2:** 774
chemical interactions **EM2:** 770
dissolution and swelling **EM2:** 771–773
hydrogen bonding **EM2:** 773
of plastics **EM2:** 775
physical interactions **EM2:** 770–774
solvent recrystallization **EM2:** 773–774
surface energy effects **EM2:** 773
swelling kinetics **EM2:** 771
Organic chemicals, zirconium
corrosion in **M3:** 785–786
Organic chlorides
in petroleum refining and petrochemical operations **A13:** 1268
Organic coated steels **A13:** 528–529, 1014–1015
Organic coating *See also* Paint and painting
composition and characteristics of . . . **M5:** 497–500
copper and copper alloys **M5:** 621, 626–627
corrosion resistance **M5:** 474
magnesium alloys **M5:** 629, 647–648
surface preparation **M5:** 647–648
salt bath descaling removal of **M5:** 102–103
zinc **M5:** 502, 505
Organic coatings *See also* Coatings . . . **A13:** 399–418, 912–918
alkyd resins **A13:** 400–403
alloy steels **A5:** 728–729
and linings **A13:** 399–418
application **A13:** 415–416
as barrier protection **A13:** 378
as preservation **EL1:** 563
auto-oxidative cross-linked resins **A13:** 400
carbon steels **A5:** 728–729
cast irons **A5:** 698–699, **A15:** 564–565
copper and copper alloys **A5:** 817–818
corrosion protection . . **M1:** 731, 738, 745, 751, 754
cross-linked thermosetting coatings . . . **A13:** 406–410
debonded, cathodic protection **A13:** 468
for carbon steels **A13:** 524
for cast irons **A13:** 571, **M1:** 105–106
for copper/copper alloys **A13:** 636
for magnesium/magnesium alloys **A13:** 752
for marine corrosion **A13:** 912–918
for structural protection **A13:** 1303–1304
immersion **A13:** 916–918
in solderable systems **EL1:** 680
industry, and legislation **A13:** 399–400
materials **A13:** 400–410
quality assurance **A13:** 416–418
selection **A13:** 412, 529
surface preparation for **A13:** 412–415, 912–913
thermoplastic resins **A13:** 403–406
topside coating systems **A13:** 913–914
ultrasonic cleaning **A5:** 47
zinc-rich **A13:** 410–412
Organic complexing agents
determined fluorimetrically **A10:** 74
Organic composite coated steels
automotive industry **A13:** 1014–1015
Organic composite coatings **A1:** 223
Organic composites *See also* Composites; Organic materials; Organic materials, characterization of
analytic methods for **A10:** 9
Organic compounds *See also* Compounds; Organic materials; Organic materials, characterization of
containing nitro groups, assayed by controlled-potential coulometry **A10:** 207
determination of empirical formula of **A10:** 212
direct method for determining crystal structure of **A10:** 351
EFG analysis for **A10:** 212
elemental analysis **A10:** 181
environments known to promote stress-corrosion cracking of commercial titanium alloys **A19:** 496
gas analysis of **A10:** 151
gold corrosion in **A13:** 800
hyperfine splitting in ESR analysis **A10:** 260
identified **A10:** 213
magnesium/magnesium alloys in **A13:** 742–743
MFS analysis of **A10:** 73–74
NMR analysis of **A10:** 277
platinum corrosion in **A13:** 803
silver corrosion resistance in **A13:** 797
titanium/titanium alloy resistance **A13:** 680–681
UV/VIS analysis of **A10:** 60
zinc/zinc alloys and coatings in **A13:** 763
Organic compounds, copper alloys
corrosion rate **M2:** 479–480
Organic compounds, neutral
as copper casting application **A2:** 352
Organic contaminants
removal from XPS samples **A10:** 575
Organic contamination
as PTH failure mechanism **EL1:** 1027–1030
surface, SIMS analysis **EL1:** 1086–1087
Organic contamination, effects
precious metal electrical contacts **A2:** 846
Organic emulsions
as cleaning solutions **A13:** 1141
Organic fibers **EM1:** 54–57
compressive properties **EM1:** 55
creep and fatigue **EM1:** 55
electrical/optical properties **EM1:** 56
environmental behavior **EM1:** 56
material properties **EM1:** 54–56
para-aramid **EM1:** 54
tensile modulus **EM1:** 54

tensile properties, hot/wet conditions **EM1:** 55
tensile strength **EM1:** 54–55
thermal properties **EM1:** 56
toughness **EM1:** 55

Organic film formers
for binders. **A15:** 260

Organic films *See also* Film
for uranium/uranium alloys **A13:** 819

Organic finishing
magnesium alloys. **A5:** 833–834

Organic fluids
SCC testing in **A13:** 275
stress-corrosion cracking in. **A8:** 531

Organic gases *See also* Gases; Organic materials, characterization of
analytic methods for **A10:** 11

Organic halides
stainless steel corrosion. **A13:** 558

Organic insulating materials **A20:** 615

Organic insulation
of electrical steel sheet **A14:** 482

Organic interlaminar insulation
magnetic cores **A2:** 780

Organic lead
toxicity **M7:** 208

Organic linings **A13:** 399–418
alkyd resins. **A13:** 400–403
and coatings **A13:** 399–418
application **A13:** 415–416
auto-oxidative cross-linked resins **A13:** 400
cross-linked thermosetting coatings. .. **A13:** 406–410
materials **A13:** 400
quality assurance **A13:** 416–418
selection. **A13:** 412
surface preparation for **A13:** 412–415
thermoplastic resins. **A13:** 403–406
zinc-rich **A13:** 410–412

Organic liquids *See also* Liquids; Liquids, characterization of; Organic materials, characterization of
analytic methods for **A10:** 10
in Group VI electrolytes **A9:** 54
pure tin resistance **A13:** 772

Organic materials *See also* Organic materials, characterization of
carbon and sulfur in **A10:** 221–225
characterized **A10:** 1
codeposited, plated coating effects ... **EL1:** 679–680
deer hair follicles, determination of
sulfur in **A10:** 224
determining inorganic materials in **A10:** 167
fusion techniques for **A10:** 167
identified, and structure determined in ... **A10:** 109
in aircraft friction materials. **A18:** 582
in hybrid microelectronics **EL1:** 103
liquid fire method of wet washing **A10:** 166
microanalytical elemental analysis **A10:** 186
properties **EL1:** 470
single-crystal, Raman analysis of. **A10:** 129

Organic materials, characterization of
analytical transmission electron
microscopy **A10:** 429–489
Auger electron spectroscopy. **A10:** 549–567
classical wet analytical chemistry **A10:** 161–180
controlled-potential coulometry. **A10:** 207–211
electrochemical analysis **A10:** 181–211
electrogravimetry **A10:** 197–201
electrometric titration **A10:** 202–206
electron spin resonance. **A10:** 253–266
elemental and functional group
analysis **A10:** 212–220
extended x-ray absorption fine
structure. **A10:** 407–419
gas analysis by mass spectrometry ... **A10:** 151–157
gas chromatography/mass
spectrometry **A10:** 639–648
infrared spectroscopy **A10:** 109–125
liquid chromatography **A10:** 649–659
low-energy ion-scattering
spectroscopy **A10:** 603–609
molecular fluorescence spectrometry ... **A10:** 72–81
neutron activation analysis **A10:** 233–242
neutron diffraction **A10:** 420–426
nuclear magnetic resonance **A10:** 277–286
particle-induced x-ray emission. **A10:** 102–108
potentiometric membrane electrodes **A10:** 181–187
radial distribution function analysis. . **A10:** 393–401

Raman spectroscopy **A10:** 126–138
secondary ion mass spectroscopy **A10:** 610–627
single-crystal x-ray diffraction **A10:** 344–356
ultraviolet/visible absorption
spectroscopy **A10:** 60–71
voltammetry **A10:** 188–196
x-ray diffraction. **A10:** 325–332
x-ray photoelectron spectroscopy **A10:** 568–580
x-ray powder diffraction. **A10:** 333–343
x-ray spectrometry **A10:** 82–101

Organic matrix composites
with boron filaments **EM1:** 117

Organic mercury
toxicity of **A2:** 1248–1249

Organic mixtures *See also* Mixtures; Organic materials, characterization of
liquid chromatography of **A10:** 649

Organic outgassing products
electronics industry **A13:** 1109–1110

Organic phosphating process **A13:** 386

Organic pigments
as colorants **EM2:** 501

Organic polymers *See also* Polymer(s)
thermal degradation mechanisms **EM2:** 423

Organic polysulfides, recrystallized
single- crystal analysis of **A10:** 353

Organic single crystals *See also* Crystals; Organic materials; Organic materials, characterization of; Single crystals
ESR studied **A10:** 263

Organic soft grit abrasives
physical properties and comparative
characteristics **A5:** 62

Organic solutions *See also* Organic materials; Organic materials, characterization of; Solutions
analytic methods for **A10:** 10
as corrosive environment **A12:** 24

Organic solvent
definition. **A5:** 962

Organic solvent cleaners **EL1:** 662–663

Organic solvent cleaning
cast irons **A5:** 687

Organic solvents *See also* Organic materials; Organic materials, characterization of; Solvents
as cleaning solutions **A13:** 1141
chlorinated, carcinogenic. **A12:** 74
flame atomic absorption spectrometry for . . **A10:** 47
for fracture cleaning. **A12:** 74
in ICP sample introduction **A10:** 35

Organic solvents, resistance to
porcelain enamel **M5:** 529

Organic substrates
aramid materials **EL1:** 532

Organic thin films
in multichip technology **EL1:** 299

Organic vehicle
cermet systems. **EL1:** 341

Organic zinc
minimum surface preparation
requirements **A5:** 444

Organic zinc-rich coatings. **A13:** 411, 768–769

Organic zinc-rich paint
defined **A13:** 9
definition. **A5:** 962

Organic-coated steels
press forming of. **A14:** 564–565

Organic-fiber brush
for fracture cleaning. **A12:** 74

Organic-matrix composites
application in future jet engine
components **A18:** 592
composite-to-metal joining. **A6:** 1041–1047
PABST bonded metal fuselage
program **A6:** 1026–1027, 1033

Organic-matrix composites, joining of A6: 1026–1036
absorbed moisture, effects of. **A6:** 1027–1028
adhesion failures **A6:** 1029
adhesive bonds, examples of good
and bad **A6:** 1028–1029
alternatives to peel-ply surfaces. **A6:** 1030
bonding process control for thermoset
adhesives. **A6:** 1032–1034
partial-vacuum cures **A6:** 1033–1034
prebond moisture effect on bonded joint
strength. **A6:** 1032–1033

temperature variation effect on bond
strength. **A6:** 1032
defective bonds
difficulties in detecting **A6:** 1028
sources of. **A6:** 1026–1027
grit blasting. **A6:** 1030
inspection methods **A6:** 1029
Nomex honeycomb cores. **A6:** 1028, 1033
peel-ply surfaces **A6:** 1029–1030, 1031
problems encountered. **A6:** 1026–1036
proper processing, importance of **A6:** 1026
properly processed bonds. **A6:** 1028–1029
Redux bonding. **A6:** 1026
surface preparation for thermoset
composites **A6:** 1029–1030, 1031
thermoplastic composite panel
bonding **A6:** 1034–1036
fusion bonding of thermoplastic
composites **A6:** 1035
fusion bonding using the dual resin
approach **A6:** 1035–1036
water-break test **A6:** 1030–1032
thermoplastic composites, bonding of **A6:** 1028

Organic-organic composites
laser cutting of **EM1:** 678–679

Organics removal. **EM4:** 135–138
organics degradation and removal
principles **EM4:** 136
oxidative degradation. **EM4:** 136
theoretical aspects. **EM4:** 136
thermal degradation **EM4:** 136
polymer removal techniques **EM4:** 137–138
capillary action (wicking). **EM4:** 138
pressure-temperature control. **EM4:** 138
solvent extraction **EM4:** 138
supercritical extraction. **EM4:** 138
temperature-time control **EM4:** 137, 138
weight-loss control **EM4:** 137–138
removal of binders from powder compacts and
tape-cast films. **EM4:** 136–137
powder compacts **EM4:** 136–137
tape-cast films **EM4:** 137
removal process overview. **EM4:** 135–136
debinding techniques **EM4:** 135
thermal degradation **EM4:** 135–136

Organic-solvent-base adhesives. **EM3:** 74

Organisms *See also* Anti-fouling; Biofouling
aerobic, effects **A13:** 43
biological corrosion by **A13:** 41–43, 87–88,
115–116
macro, effects **A13:** 88
micro, effects **A13:** 88, 118

Organofunctional silanes
as sizing. **EM1:** 123

Organogermanium compounds
chemical properties **A2:** 734

Organolead compounds
toxicity of **A2:** 1246

Organometallic chemical vapor deposition (OMCVD). **A5:** 517

Organometallics **EM4:** 62
analytic methods for **A10:** 9
silicate film, positive SIMS spectra for ... **A10:** 617

Organosilane coupling agents **EM3:** 42, 590
to improve wet strength durability. . **EM3:** 625–626

Organosol **EM3:** 19
defined **EM2:** 29

Organosulfur compounds
collision-activated dissociation mass
spectra **A10:** 647

Organotitanates **EM3:** 626

Organsol
coating hardness rankings in performance
categories **A5:** 729

Orientation *See also* Anisotropy; Fiber orientation; Preferred orientation; Texture,
crystallographic. **A20:** 797, **EM3:** 19
accuracy, in manual lay-up **EM1:** 603–604
and hardness, of diamond **A2:** 1010
biaxial **A20:** 797
circumferential, eddy current inspection . . **A17:** 186
codes/standards/requirements for. **A17:** 49
crystallographic, in sheet metal forming. ... **A8:** 553
defined **A9:** 13, **EM1:** 17, **EM2:** 29
design for ease of **EL1:** 121–125
discontinuity, detection effect **A17:** 105

Orientation (continued)
discontinuity, magnetic particle
inspection. **A17:** 105
ductility effects, beryllium powder **A2:** 684
effect. **A10:** 119
effect, radiographic inspection **A17:** 295
effects, from processing. **EM2:** 754–755
extrusion **EM2:** 387
fiber, and discontinuous fiber
strength **EM1:** 119–120
fiber, effect on tensile strength **EM1:** 120
fiber, thermoplastic injection molding . . . **EM2:** 311
flow-induced, effects **EM2:** 751
grain, and magnetic measurement. **A17:** 131
human vs. machine vision **A17:** 30
influence on growth direction,
low-gravity **A15:** 154
laminar **EM1:** 218–222
magnetic domain, in magabsorption. **A17:** 145
molecular, determined in drawn polymer
films **A10:** 120
molecular, IR determination of **A10:** 109
molecular, process effects on **EM2:** 281–282
multi, reinforcement effect **EM1:** 146
nucleant effect on. **A15:** 105
number, in sublamination. **EM1:** 456
object, in machine vision process **A17:** 34
of fibers, effect in composites **A11:** 733
options, pultrusions **EM2:** 393–395
ply-angle. **EM1:** 456
precracked SCC testing specimens **A8:** 516
preferred **A11:** 6, 316
preferred, in plastic torsion **A8:** 143
rigid printed wiring boards **EL1:** 541
specimen, effect on Charpy V-notch impact
energy **A11:** 68
stresses **EM2:** 751–752

Orientation distribution function
along fiber lines as function of rolling
reduction **A10:** 363–364
analysis, series method of **A10:** 361–363
and Euler plots. **A10:** 360–361
coefficient, determining. **A10:** 362
defined **A10:** 360
for copper tubing, Euler plots method **A10:** 361
series representations **A10:** 361–362
used to describe crystallographic texture . . . **A9:** 704

Orientation effects
SEM image recording **A12:** 169

Orientation factor *M* **A19:** 82

Orientation of domain structures, etch pits used to determine **A9:** 62
effect on massive transformation
structures **A9:** 655–657
for bainitic structures **A9:** 663–664
of ferrous martensite. **A9:** 669–671

Orientation, preferred
of beryllium powders **M7:** 756

Orientation relationships
and habit plane **A10:** 453–455
and misorientation determination. . . . **A10:** 471–472
as fine structure effect. **A10:** 438
as x-ray diffraction analysis **A10:** 325
crystallographic, SEM evaluated **A10:** 490
determined **A10:** 453
in dislocation cell structure analysis. . **A10:** 470–473
Kurdjumov-Sachs, for fcc/bcc
materials **A10:** 438–439

Oriented dislocation arrays
equations for quantitative metallography of special
microstructures. **A9:** 126–129
in copper **A9:** 128
in iron **A9:** 28
use of circular and parallel linear test grids for
quantitative metallography of. **A9:** 124

Oriented materials **EM3:** 19
defined **EM1:** 17, **EM2:** 29

Oriented silicon steels **A14:** 476–477, 480
magnetically soft materials. **A2:** 767–769

Oriented strand board
construction method **EM3:** 105

Oriented surfaces
structural information by EXAFS **A10:** 407

Orifice gas
definition **M6:** 12
for plasma arc welding. **M6:** 217

Orifice gas (plasma arc welding and cutting)
definition **A6:** 1211

Orifice restrictor area
hydrostatic gas- lubricated bearings **A18:** 528

Orifice throat length
definition **M6:** 12

Origin *See also* Beach marks; Crack(s); Fracture(s)
fracture. **A11:** 257
fracture, in ceramics **A11:** 744–747
fracture, in pipelines **A11:** 695–696
region, elliptical cracks in. **A11:** 124

Original crack size
defined **A8:** 9, **A11:** 7

Original equipment manufacture (OEM) components, vendors of **A20:** 26

Original equipment manufacturer (OEM)
engine oil requirements **A18:** 162–163, 165
lubricant performance establishment **A18:** 166
performance requirements for
lubricants **A18:** 98–99

Original (potassium) high-alkalinity brass plating solution
composition, analysis, and operating
conditions **A5:** 256

O-ring
for fatigue test chamber **A8:** 412
grips, with elevated-temperature compression
testing **A8:** 196
rubber assemblies, neutron
radiography of. **A17:** 388
seals, in explosive bolt assemblies, neutron
radiography of. **A17:** 394
specimens, SCC testing **A8:** 506

O-ring specimens
SCC testing. **A13:** 249–250

O-rings
in graphite-composite assemblies. **EM1:** 720

Oriskany quartzite **EM4:** 378

Ormocers
alkoxide-derived gels **EM4:** 210–211

Orotron
for microwave inspection **A17:** 209–210

Orowan criterion **A19:** 627

Orowan dislocation loops **A19:** 87

Orowan equation **A20:** 349, 574

Orowan mechanism **A19:** 87

Orowan method **A8:** 194

Orowan modification **A19:** 373

Orr-Sherby-Dorn parameter *See also* Time
temperature parameters **A8:** 333–334

Orsat analyzers
atmospheres **M4:** 429

Orthicons
image **A17:** 10

Ortho resins *See also* Polyester resins
at elevated temperatures **EM1:** 93
clear casting mechanical properties **EM1:** 91
flame retarded. **EM1:** 96
glass content effects **EM1:** 91
in fiberglass-polyester resin composites . . . **EM1:** 91
preparation/properties **EM1:** 90
types **EM1:** 43

Orthochromatic filter
defined **A9:** 13

Orthochromatic photographic films **A9:** 85–86
different films compared **A9:** 86–87

Orthoclase **EM4:** 6
crystal structures. **EM4:** 882
hardness. **A18:** 433

Orthoclase (feldspar)
on Mohs scale. **A8:** 108

Orthodontic appliances
gold **M2:** 684–687

Orthodontic biomechanics **A13:** 1356

Orthodontic wire
simplified composition or microstructure **A18:** 666

Orthodontic wires, wrought
of precious metals **A2:** 696

Orthoferrites **EM4:** 59
Kerr effect used to study magnetic domain
structures **A9:** 535
precipitation process **EM4:** 59

Orthogonal array **A20:** 106, 113–114, 115–116
definition **A20:** 837

Orthogonal arrays
in fractional factorial designs **A17:** 748–750

Orthogonal machining **A16:** 7–17
chip ratio **A16:** 8
chip velocity **A16:** 8
forces. **A16:** 13–16, 17
rake angle **A16:** 8–9, 11
shear angle **A16:** 8–9, 11
shear strain **A16:** 9

Orthogonal normal stresses *See* Principal stresses

Orthogonal weave **EM1:** 130

Orthographic projections **A20:** 156

Orthopedic devices
fretting wear. **A18:** 244, 250

Orthopedic external fixation system
powder used. **M7:** 573

Orthopedic implants *See also* Implants; Metallic
orthopedic implants, failures of. . . **A13:** 665–667
alloys for. **M7:** 658
austenitic stainless steels. **A12:** 359–364
metallic **A11:** 670–694
porous. **M7:** 657–659

Orthopedic internal fixation devices
types of **A11:** 671

Orthopedic surgery
corrective **A11:** 671

Orthopedic wire
for biomechanical implant **A11:** 671

Orthophosphate
affect on electroless nickel plating **M5:** 220,
222–223, 225

Orthophosphate formation
during copper plating. **M5:** 165

Orthophosphoric acid
and water as an electrolyte for uranium
alloys **A9:** 478
as electrolyte for copper **A9:** 48–49
for oxide coating removal. **A12:** 75
in electrolytes **A9:** 54

Orthophthalic polyester resins *See also* Unsaturated polyesters
preparation **EM2:** 246

Orthophthalic resins *See* Ortho resins

Orthorhombic
defined **A9:** 13

Orthorhombic crystal system . . **A3:** 1•10, 1•15, **A9:** 706

Orthorhombic forms, in uranium . . . **A9:** 476–477, 479

Orthorhombic unit cells **A10:** 346–348

Orthotropic **EM3:** 20
defined **EM1:** 17, **EM2:** 29
plate, instability of. **EM1:** 445–446

Orthotropy
as material assumption **EM1:** 308–309

OSA *See* Styrene-acrylonitriles

Osann process **A7:** 5

Osborn-Shaw process *See* Ceramic molding

Oscillating axial-flow blast cleaning machine **A15:** 513

Oscillating circuits
as demagnetization. **A17:** 121

Oscillating electric field
wave theory of **A10:** 83

Oscillating magnetic field
wave theory of **A10:** 83

Oscillating molds **A15:** 311

Oscillating sample **M7:** 226

Oscillating sampler **A7:** 260
Oscillating wire saw **A9:** 26
Oscillation detector
in ultrasonic hardness tester........ **A8:** 101
Oscillators
electroslag welding **M6:** 228
high frequency welding **M6:** 764
marginal magabsorption........ **A17:** 150–152
parameters for weld overlaying........ **M6:** 811
ultrasonic inspection **A17:** 231
Oscillatory displacement
in ultrasonic testing........ **A8:** 242
Oscillometric (high-frequency) titration
as electrometric **A10:** 203–204
Oscilloscope
for fatigue testing machines **A8:** 368
for incremental strain rate test **A8:** 226
for instrumented impact testing........ **A8:** 197
for split Hopkinson bar test instrumentation........ **A8:** 202
interconnection-network electrical performance simulator **EL1:** 14
pulse outputs, dynamic notched round bar testing........ **A8:** 277
records from Kolsky bar tests ... **A8:** 220–221, 225, 229
tilt pin, for plate impact test **A8:** 233
Oscilloscope screen
hardness investigating by........ **M7:** 485
Oscilloscopes
controls **A17:** 254
display, eddy current inspection **A17:** 189
for microwave thickness gaging........ **A17:** 212
ultrasonic inspection **A17:** 253
Osmium *See also* Precious metals **A13:** 806–807
as precious metal **A2:** 688
distillation **A10:** 169
electrical circuits for electropolishing **A9:** 49
elemental sputtering yields for 500 eV ions........ **A5:** 574
for incandescent lamp filaments **A7:** 5
gravimetric finishes **A10:** 171
in medical therapy, toxic effects **A2:** 1258
lamp filaments........ **M7:** 16
pure........ **M2:** 779–780
pure, properties **A2:** 1145
resources and consumption **A2:** 689–690
special properties........ **A2:** 692, 694
thermal expansion coefficient........ **A6:** 907
toxicity **M7:** 207
Osmium plating **A5:** 253
Osmium tetroxide
toxic effects........ **A2:** 1258
Osmium, vapor pressure
relation to temperature........ **A4:** 495, **M4:** 310
O-Sn (Phase Diagram) .... **A3:** 2•324
Osprey forming process **A7:** 74–75
Osprey metals (Wales)........ **A7:** 72, 379–398
Osprey mode, spray forming **A7:** 396, 397
Osprey process **A7:** 74–75, 319
as atomized diameters of various alloys produced **A7:** 75
Osprey process (spray deposition) **M7:** 530–531
Osprey processing
aluminum-silicon alloys........ **A18:** 791
Osprey spray-forming technique
aluminum P/M alloys **A2:** 204
Os-Pt (Phase Diagram)........ **A3:** 2•326
Os-Pu (Phase Diagram)........ **A3:** 2•327
Os-Re (Phase Diagram)........ **A3:** 2•327
Os-Rh (Phase Diagram) .... **A3:** 2•327
Os-Ru (Phase Diagram) .... **A3:** 2•328
Os-Si (Phase Diagram)........ **A3:** 2•328
Osteotomies
stabilizing of........ **A11:** 671
Os-Ti (Phase Diagram)........ **A3:** 2•328
Ostwald ripening .. **A1:** 637, **A6:** 74, **A7:** 567, **A19:** 88, **EM4:** 266, 288
creep testing **A8:** 306
in peritectic nucleation **A9:** 676
in precipitation reactions **A9:** 647
tungsten heavy alloys........ **A7:** 916, 917, 918
Os-U (Phase Diagram) .... **A3:** 2•329
Os-V (Phase Diagram) .... **A3:** 2•329
Os-W (Phase Diagram)........ **A3:** 2•329
Os-Zr (Phase Diagram)........ **A3:** 2•330
OTB *See* Oxygen top and bottom blowing
O-Ti (Phase Diagram)........ **A3:** 2•324
Ounce metal *See also* Cast copper alloys, specific types; Copper alloys, specific types, C83600
properties and applications........ **A2:** 364
Out time
defined **EM1:** 17, **EM2:** 29
prepreg, defined **EM1:** 139
Outboard motors
powders used........ **M7:** 574
Outdoor atmospheres *See* Air; Atmospheres; Atmospheric corrosion
Outdoor cooking grill
forming strain analysis........ **M1:** 545
Outdoor exposure
organic coatings selected for corrosion resistance **A5:** 423
Outdoor furniture
failure of steel fasteners in........ **A11:** 548–549
precoated steel sheet for........ **M1:** 167, 172
Outer array........ **A20:** 114
Outer lead bonding (OLB)
in TAB assembly process........ **EL1:** 283–286
in tape automated bonding **EL1:** 228
process........ **EL1:** 231
sequence **EL1:** 286
tape automated bonding, plastic packages **EL1:** 479
Outer noise *See also* Noise
defined........ **A17:** 722–723
Outer raceway........ **A18:** 499, 500, 501
Outer-Heimholz Plane (OHP)........ **A13:** 19
Outgassing *See also* Degassing........ **EM3:** 20
adhesive........ **EL1:** 674
as preheating defect........ **EL1:** 687
defined **EM2:** 29
in encapsulation **M7:** 434–435
in encapsulation hot isostatic pressing **M7:** 431
Outgassing products
organic........ **A13:** 1109–1110
Outlet header , in secondary superheater
interligament cracking in **A11:** 667
Outlet piping
elevated-temperature failures in........ **A11:** 291
Outlier
defined........ **A10:** 678
Outlier responses........ **A20:** 19
Outliers
in statistical analyses........ **EM1:** 303
Outline drawing
in final design package........ **EL1:** 523
Outlines, package *See* Packages; specific package types
Out-of roundness *See also* Ovality
forming of........ **A14:** 622
Out-of-phase bending **A19:** 261
Out-of-phase loading........ **A19:** 22
Out-of-phase (OP)........ **A19:** 529
Out-of-plane
deformation, speckle metrology measurement........ **A17:** 434
displacements, by optical holography........ **A17:** 415
Out-of-plane (delamination) failure mode .. **EM1:** 781, 783–784
Out-of-plane distortion
bridge components **A11:** 707, 711–714
Out-of-roundness........ **A7:** 272, 273
Out-of-roundness (eccentricity)........ **A16:** 171
and lapping........ **A16:** 494, 495, 496, 497
electrical discharge grinding........ **A16:** 565
honing........ **A16:** 484, 485
multifunction machining........ **A16:** 390
P/M high-speed tool steels **A16:** 62–63
thread rolling **A16:** 293
Out-of-spec conditions........ **A20:** 220
Outokumpu process
for copper and copper alloy wire rod........ **A2:** 255
Output bar
with split Hopkinson pressure bar **A8:** 199, 201
Output tube
double-notch shear testing **A8:** 228–229
Outside diameter
abbreviation for **A11:** 797
Outside mold line (OML) surfaces
resin transfer molding for........ **EM1:** 168
Outsourcing........ **A20:** 249
Outward diffusion coatings
superalloys **M5:** 378
O-V (Phase Diagram) .... **A3:** 2•325
Ovality *See also* Out-of-roundness
in four-piece dies........ **A14:** 133
in rotary straighteners........ **A14:** 693
in two-piece dies **A14:** 132–133
nominal values for computing........ **A14:** 133
Ovaloid
defined........ **EM1:** 17
Ovaloid, geodesic *See* Geodesic ovaloid
Oval-shaped dimples
formation........ **A12:** 13
Oven curing adhesives
for automotive applications **EM3:** 553
Oven dry **EM3:** 20
defined **EM1:** 17, **EM2:** 29
Oven soldering
definition........ **A6:** 1211
Oven-bake resin binder processes *See also* No-bake resin binder processes
additives **A15:** 218
core-oil binders **A15:** 218–219
operational considerations **A15:** 218–219
Over/under/spectrum load
as mechanical variable affecting corrosion fatigue........ **A19:** 187, 193
Overaging *See also* Aging **A6:** 575, **A19:** 8, 88, **A20:** 349
aluminum alloys........ **A19:** 794–796
and elevated-temperature failures **A11:** 267
beryllium coppers........ **A19:** 873
defined **A9:** 13, **A13:** 9
effect on fatigue resistance of alloys........ **A19:** 89
effect on fatigue resistance of alloys containing shearable precipitates and PFZs **A19:** 796
effect on fracture toughness of aluminum alloys **A19:** 385
kinetics of **A10:** 317
of aluminum alloys, etchants for examination for **A9:** 355
precipitation-hardening stainless steels.... **A19:** 491
Overaging treatments
beryllium-copper alloys........ **A2:** 407
Overall critical current density
as function of transverse magnetic field ... **M7:** 638
Overall derating factor (C_d)........ **A19:** 349, 350
Overall derating factor for bending stress (K_d)........ **A19:** 350
Overall estimation error **A7:** 235
total........ **A7:** 235, 236
Overall weighted value **A20:** 294
Over-and-under polishing and buffing machines **M5:** 121
Overaustenitizing
effects on tool steel parts **A11:** 570
tool and die **A11:** 569–571
Overbasing
defined........ **A18:** 14
Overblending........ **A7:** 104, **M7:** 188
Overconstraint **A19:** 528, 548, 549–550
Overcorrection, of signal
AAS spectrometers........ **A10:** 51
Overfill
defined **M7:** 8
Overfills
as forging flaw **A17:** 493
Overfiring
definition........ **A5:** 962
Overflow, in fluid flow system
die casting........ **A15:** 289
Overgrind
dependence of diametral expansion on ... **A14:** 142
Overhang-type roll forging machine **A14:** 96
Overhaul effect
environmental stress screening **EL1:** 877
Overhead costs
definition........ **A20:** 837
Overhead crane
magnetic particle inspection........ **A17:** 115
Overhead door spring steel wire
tensile strength ranges **M1:** 268
Overhead labor costs........ **A20:** 257
Overhead position
definition **A6:** 1211, **M6:** 12
Overhead welding
arc welding of coppers........ **M6:** 402
indication by electrode classification........ **M6:** 84
oxyfuel gas welding........ **M6:** 589

Overhead welding (continued)
shielded metal arc welding........ **M6:** 76, 85, 441
of nickel alloys....................... **M6:** 441
Overheating *See also* Burning; Heat treatment; Heating; Heating time
aluminum alloy air bottle failure by...... **A11:** 436
as die failure cause **A14:** 56
as embrittlement, examination interpretation **A12:** 127–129
boiler ruptures by **A11:** 603–614
brittle fracture of carbon steel hook from.................. **A11:** 332–333
defined **A9:** 13, **A13:** 9
during hot working, tool and die failures **A11:** 574
during spinning, fire-extinguisher case failure from...................... **A11:** 649
effect on fatigue strength **A11:** 121–122
facets, steel alloy **A12:** 146
failures, locomotive axles **A11:** 716
forging failures from **A11:** 332
fracture, alloy steel..................... **A12:** 144
fracture, vanadium-niobium plate steel ... **A12:** 145
from improper lubrication **A11:** 130
from misalignment, bearing failure from.................. **A11:** 507–508
from wear, bearing failure from **A11:** 511–512
historical study.......................... **A12:** 2
in boilers and steam equipment, causes....................... **A11:** 608–609
in forging............................ **A17:** 493
in low-carbon steel..................... **A12:** 246
inicrostructural characteristics **A11:** 581
localized, rupture of reheater tube from .. **A11:** 610
of aluminum alloys, etchants for examination for **A9:** 355
of copper forgings................. **A11:** 332, 334
of friction bearings, effect on locomotive axles **A11:** 715
of pressure vessels, effect of............ **A11:** 649
of steel, macroetching to reveal........... **A9:** 176
of steel pipe mold **A11:** 275–276
of titanium alloys..................... **A14:** 838
of titanium tubing, embrittlement by..... **A11:** 642
organic-coated steels **A14:** 565
rapid, in steam equipment **A11:** 610
rapid, thin-lip ruptures as................ **A11:** 606
rapid, tube-wall thinning by............. **A11:** 606
rupture of low-carbon steel boiler tubes from....................... **A11:** 607
steam generator failures from **A11:** 603
steel wire rope failure by **A11:** 519–520
thin-lip ruptures from **A11:** 606
transverse fracture................. **A12:** 142, 163
tube ruptures by....................... **A11:** 603
Overheating, of steels **A1:** 697
presence of facets........................ **A1:** 697
upper-shelf energy **A1:** 697
Overlap........................... **A6:** 1073, 1075
as discontinuity, weldments............ **A17:** 582
definition **A6:** 1211, **M6:** 12
detection, with machine vision **A17:** 43–44
shielded metal arc welds **M6:** 93–94
weld discontinuity...................... **M6:** 837
Overlaps
as rolling defect **A14:** 359
Overlay coating process **A20:** 597
Overlay coatings **A19:** 540–541
effect of surface treatment and modification on fatigue performance of components **A19:** 319
stripping of............................ **M5:** 19
Overlay oxidation protective coating *See* Oxidation protective coating, overlay type
Overlay sheet
defined **EM1:** 17, **EM2:** 29
Overlayer growth
LEED kinetic analysis.................. **A10:** 544
Overlaying
cast irons.......................... **A6:** 720–721
definition............................. **A6:** 1211
Overlays, precious metal
for electrical contact materials............ **A2:** 848
Overload *See also* Overload failures; Overload fractures; Overloading; Overstress
thermal contraction, in ductile iron brake drum.................. **A11:** 370–371
thermal-stress, in castings............... **A11:** 370
Overload cycle, reversed **A19:** 118
Overload failure **A19:** 7
of quench-cracked AISI 4340 steel threaded rod................. **A10:** 511–513
Overload failures *See also* Overload fractures
by shear.......................... **A11:** 398–399
ductile fracture of T-hook **A11:** 367–369
in solder joints **EL1:** 1031–1032
needle-roller bearing **A11:** 505
of steel castings **A11:** 396–399
of tooth adapter........................ **A11:** 398
service ductile fracture as................ **A11:** 85
Overload fracture **A8:** 477–481, **A12:** 12, **A19:** 7
AISI/SAE alloy steels **A12:** 294, 298–299
at flux inclusion..................... **A12:** 65, 67
cast aluminum alloys **A12:** 409, 411–413
dimple rupture, effect of elevated temperature **A12:** 35, 49–50
ductile **A12:** 101, 299, 443
high-carbon steels...................... **A12:** 278
macrograph **A12:** 101
medium-carbon steels **A12:** 258
sudden........................... **A12:** 294, 413
titanium alloys **A12:** 443
torsional **A12:** 258, 278
Overload fractures *See also* Overload failures
aluminum alloy extrusions......... **A11:** 86–87, 91
brittle, of gray iron nut **A11:** 369–370
defined **A11:** 75
ductile **A11:** 25, 85–87, 91, 137
ductile, in 63Sn-Pb solder **A11:** 45–46
ductile, in extension ladder....... **A11:** 86–87, 137
failed in torsion **A11:** 399
in alloy steel bolt **A11:** 76
in iron castings......................... **A11:** 367
single-, behavior in shafts........... **A11:** 460–461
Overload (OL) cycle............ **A19:** 117–118, 121
Overloading............................ **A20:** 510
as die failure cause **A14:** 55–56
as distortion failure................ **A11:** 136–138
effect of load ratio and, corrosion-fatigue **A11:** 255
final fracture by **A11:** 104
gross impact, of bearings **A11:** 505–506
of rollers, spalling and surface deterioration **A11:** 501
of side rails, in extension ladders **A11:** 137
of steel wire rope...................... **A11:** 514
spall formation by **A12:** 114
weldments **A19:** 439
Overmix (verb)
defined **M7:** 8
Overmodification
of aluminum-silicon alloys **A15:** 167
"Overpeened" condition **A19:** 315
Overpickling
definition............................. **A5:** 962
effects of............................. **M5:** 80
Overpotential **A20:** 546
defined **A13:** 30
in electrogravimetry.................... **A10:** 198
Overpressed powder metallurgy materials
microstructures......................... **A9:** 512
Overpressure sintering
cemented carbides.................. **A7:** 493–494
for cermets **A2:** 989
Overpressurization
fracture by........................... **A12:** 345
Overscanning, field of mixed phases
errors observed by..................... **A10:** 529
Oversinter (verb)
defined **M7:** 8
Oversize powder
defined **M7:** 8
Oversized particle indicator **A7:** 248–249
Overstrain
effect on fatigue behavior....... **M1:** 678–679, 681
Overstrain, periodic
treatment in fatigue testing **A8:** 701
Overstrengthening **A20:** 526
Overstress *See also* Overload
defined............................... **A11:** 109
effects on fatigue-crack propagation .. **A11:** 109–110
failures, dimpled fracture in.............. **A11:** 22
failures, electrostatic/electrical....... **A11:** 786–788
n fatigue testing **A8:** 367
Overstress, electrical
as failure mechanism **EL1:** 1013–1014
Overstressing **A19:** 453
of nozzles **A13:** 1229–1230
Overtempered martensite (OTM)..... **A16:** 25–27, 36
Overtempering
alloy steels............................ **A12:** 301
Over-tumbling
effects in rotary tumbling and vibratory processing......................... **M7:** 458
Overview of wear and erosion testing.... **A5:** 679–680
elements of a wear test.................. **A5:** 679
measurement........................... **A5:** 679
reporting **A5:** 679
simulation **A5:** 679
tribology.............................. **A5:** 679
wear and erosion test equipment.......... **A5:** 679
Overvoltage
defined **A13:** 9
effects in EDS......................... **A10:** 523
O-W (Phase Diagram).................. **A3:** 2•325
Ownership............................. **A20:** 315
Oxacetylene **A6:** 121
carbide-containing nickel-base alloys, poor weldability **A6:** 795
Oxal
anodizing process properties **A5:** 482
Oxal anodizing process
aluminum and aluminum alloys.......... **M5:** 587
Oxalate coprecipitation................ **EM4:** 58, 59
Oxalates
as reducing agents **A7:** 184
as salt precursors **EM4:** 113
decomposition of **EM4:** 56
Oxalic acid **A7:** 81
as an electrolytic reagent for wrought stainless steels............................. **A9:** 281
electroless nickel coating corrosion **A5:** 298, **A20:** 479
for acid cleaning **A5:** 48, 49
to remove mill scale from steel............ **A5:** 67
used in attack-polishing of beryllium **A9:** 389
used to electrolytically etch heat resistant casting alloys **A9:** 331
Oxalic acid etch screening **A7:** 987
Oxalic acid, stainless steels
corrosion resistance **M3:** 86, 87
Oxalic anodizing process
aluminum and aluminum alloys.......... **M5:** 592
Oxalic solution
composition and operating conditions for special anodizing processes **A5:** 487
Oxazolidines
for chemical curing of urethane sealants **EM3:** 207
Oxidants **A19:** 200
as oxide-reducing agents in sintering atmosphere **A7:** 464
in nitrogen-based atmospheres **M7:** 346
Oxidation *See also* Deoxidation; Gaseous corrosion; High-temperature corrosion; Oxidation corrosion; Oxidation resistance; Oxidation-reduction; Oxide scales; Oxides; Oxygen; Oxygen removal; Photooxidation; Redox; Reduction **A6:** 374, **A19:** 53, 163, **EM3:** 20
AISI/SAE alloy steels................... **A12:** 305

SUBJECTS OF THE INDEXED VOLUMES: **ASM Handbook** (designated by the letter "A"): **A1:** Properties and Selection: Irons, Steels, and High-Performance Alloys (1990); **A2:** Properties and Selection: Nonferrous Alloys and Special-Purpose Materials (1990); **A3:** Alloy Phase Diagrams (1992); **A4:** Heat Treating (1991); **A5:** Surface Engineering (1994); **A6:** Welding, Brazing, and Soldering (1993); **A7:** Powder Metal Technologies and Applications (1998); **A8:** Mechanical Testing (1985); **A9:** Metallography and Microstructures (1985); **A10:** Materials Characterization (1986); **A11:** Failure Analysis and Prevention (1986); **A12:** Fractography (1987); **A13:** Corrosion (1987); **A14:** Forming and Forging (1988); **A15:** Casting (1988); **A16:** Machining (1989); **A17:** Nondestructive Evaluation and Quality Control (1989); **A18:** Friction, Lubrication, and Wear Technology (1992); **A19:** Fatigue and Fracture (1996); **A20:** Materials Selection and Design (1997). **Metals Handbook, 9th Edition** (designated by the letter "M"): **M1:** Properties and Selection: Irons and Steels (1978); **M2:** Properties and Selection: Nonferrous Alloys and Pure Metals (1979); **M3:** Properties and Selection: Stainless Steels, Tool Materials, and Special-Purpose Materials (1980); **M4:** Heat Treating (1981); **M5:** Surface Cleaning, Finishing, and Coating (1982); **M6:** Welding, Brazing, and Soldering (1983); **M7:** Powder Metallurgy (1984). **Engineered Materials Handbook** (designated by the letters "EM"): **EM1:** Composites (1987); **EM2:** Engineering Plastics (1988); **EM3:** Adhesives and Sealants (1990); **EM4:** Ceramics and Glasses (1991). **Electronic Materials Handbook** (designated by the letters "EL"): **EL1:** Packaging (1989)

alloy cast irons **M1:** 93–94
alloy: doping principle.................. **A13:** 73
aluminum alloys **A15:** 748–749, **A19:** 536–537
and average crack propagation rate **A13:** 155
and green strength **M7:** 288
and reduction during electrochemical
etching **A9:** 60–61
and thermal fatigue cracking, cast ductile iron
rotor........................ **A11:** 374–376
and wear.......................... **A8:** 601, 603
and x-ray spectrometry **A10:** 82
as degradation factor.................. **EM2:** 576
as effect of high temperature............ **A12:** 35
belt **A7:** 459
biochemical........................... **A13:** 897
breakaway **A13:** 72
carburized steels **A19:** 685–686, 687
cast iron **M1:** 93
catastrophic, of scales................ **A13:** 72–73
chemical reaction products identified..... **A10:** 549
chromium effects on................ **A13:** 97, 578
colors for steel **A7:** 458
complete, acid steelmaking.............. **A15:** 364
-corrosion, in ceramics **A11:** 755–757
cracking with.......................... **A15:** 548
defined .. **A11:** 7, **A13:** 10, 17, 61, **A15:** 8, **EM1:** 17, **EM2:** 29
definition.............................. **A5:** 962
deformation by......................... **A13:** 72
effect on dimple rupture................. **A12:** 35
effect on FMR in single-crystal iron
whisker.......................... **A10:** 274
effect on slip reversal **A12:** 15
effects in creep testing................... **A8:** 301
electrical resistance alloys................ **A2:** 824
embrittlement, high-temperature........ **A13:** 1093
fatigue crack closure **A19:** 58
ferritic steels **A19:** 37
following meltdown................ **A15:** 364–365
fracture, cleaning of.................. **A12:** 73–76
free radical induced............... **EM2:** 777–779
from dewetting........................ **EL1:** 676
frosted parts **A7:** 459
general, in elevated-temperature failures .. **A11:** 271
heat-resistant cast alloys **A13:** 576
heavily oxidized parts................... **A7:** 459
high-carbon steels...................... **A12:** 280
high-temperature **A12:** 72, **A13:** 17, 61, 98–99, 1311
high-temperature, acoustic emission
inspection........................ **A17:** 287
in active-component fabrication **EL1:** 195
in Alnico alloys **A9:** 539
in aqueous corrosion.................... **A13:** 29
in arc welds........................... **A11:** 413
in carbon and alloy steels, etching **A9:** 170
in fretting **A13:** 138
in heat-resistant casting alloys, effect of chromium
on **A9:** 333–334
in low-carbon steel..................... **A12:** 246
in magnesium alloys **A9:** 427
in molten-salt corrosion **A13:** 89
in petroleum refining and petrochemical
operations **A13:** 1273–1274
in unalloyed uranium **A2:** 672
in voltammetry........................ **A10:** 189
inhibitors, for lubricant failure **A11:** 154
initial, gaseous corrosion................. **A13:** 67
intercrystalline, of Invar **A2:** 890
intergranular, AISI/SAE alloy steels **A12:** 300
internal............................... **A13:** 73
internal and conventional **M7:** 717
internal, of silver-base contact composites. . **A2:** 857
internal, SIMS analysis of second-phase
distribution **A10:** 610
iron, partitioning states in **A10:** 178
isothermal stability diagrams............. **A13:** 64
kinetics **A13:** 17, 67
layer formation......................... **A8:** 603
layer formation during **A8:** 603
LEISS analysis of **A10:** 603, 609
linear, reaction rates **A13:** 66
logarithmic, of scales.................... **A13:** 72
losses **A15:** 9, 163
mechanically alloyed oxide
alloys............................... **A2:** 947
mechanism **A13:** 17, 65
microwave inspection **A17:** 202
molecular structure and orientation
determined in **A10:** 109
MOS IC fabrication.................... **EL1:** 198
nickel-base alloys.................. **A19:** 539–540
of ASTM F-15 (Kovar) alloy........... **EL1:** 457
of atomized powders **M7:** 36–38
of carbon fibers **EM1:** 52
of carbon-carbon composites **EM1:** 913–914, 920–921
of cast irons **A1:** 101
of chromium-molybdenum steels **A1:** 617, 629–630, 636
of clean fracture surface, for replicas **A12:** 181
of copper films, using oxygen **A10:** 609
of copper powder.................. **M7:** 106–109
of electrical contact materials **A2:** 841
of niobium **A14:** 237
of polyester resins **EM1:** 93
of silver **A13:** 794
of silver electrodes in alkaline
environments..................... **A10:** 135
of single-crystal superalloys........ **A1:** 1004, 1006
of sintered iron/steel parts, with superheated
steam **A13:** 823
of sliding contacts **A2:** 842
of species soluble in solution............ **A10:** 208
of stainless steels.................. **A13:** 554, 559
of tantalum **A14:** 238
of tantalum, protection against **A13:** 730–731
of tungsten-reinforced composites... **EM1:** 882–883
of wrought cobalt-base superalloys ... **A1:** 965–966, 968
of wrought nickel-base superalloys ... **A1:** 957, 959, 965
alloying for surface stability **A1:** 956–957
protection against oxidation........ **A1:** 957, 959
P/M superalloys................... **A13:** 835–836
parabolic, kinetics **A13:** 67
partial, acid steelmaking............ **A15:** 363–364
partial pressure of oxygen for no
occurrence of..................... **A20:** 589
preferential **A11:** 405–406, **A13:** 17
pure tin.......................... **A13:** 770–771
rapid................................ **A13:** 1040
rates.............................. **A13:** 74, 97
-reduction reactions, classical wet
chemistry.................... **A10:** 163–164
resistance, and fatigue.................. **A11:** 131
resistance of nonoxide fibers **EM1:** 64
resistant carbon-carbon composites **EM1:** 920–921
role in electrolytic etching of heat-resistant casting
alloys **A9:** 331
secondary, inclusion formation by **A15:** 91
selection............................... **A13:** 17
selective........................... **A13:** 73–74
SEM fractographs of spiking defect
without.......................... **A11:** 351
SERS studies of **A10:** 136
SIMS tracer studies **A10:** 610
sintering atmospheres **A7:** 458–459
species, analysis of..................... **A10:** 201
stainless steel....................... **M1:** 93–94
stainless steel pan failure from **A11:** 274
stainless steels, environmentally assisted
cracking.................... **A20:** 568–569
states, detection of **M7:** 256
states, of elements **A10:** 688
states of metal atoms in metal oxide surface films,
XPS for **A10:** 568
states, partitioning **A10:** 178
static, fracture surface of ceramic
exposed to **A11:** 754
steam treatment **A16:** 266
steam treatment of taps **A16:** 259, 260, 261
stress, from open-cycle testing........... **A11:** 132
-sulfidation test, for hot corrosion
resistance **A11:** 280
sulfuric acid formation by **A13:** 1197
superalloy powders **A7:** 1000–1001
surface........................... **A7:** 458–459
as purity index **A7:** 36
surface, FIM/AP study of............... **A10:** 583
test, cyclic **A13:** 1312
thermal...................... **A13:** 499, 694, 696
titanium alloys **A12:** 442
titanium and titanium alloys......... **A5:** 835, 841
tool steels.............................. **A5:** 770
uranium/uranium alloys **A13:** 813–815
Wagner theory of.................... **A13:** 69–70

Oxidation behavior
performance data sources............... **A20:** 501

Oxidation corrosion
pitting, in ceramics **A11:** 755
test, for gas-turbine components..... **A11:** 279–280

Oxidation damage **A19:** 546–547

Oxidation diffusion processes............... **A16:** 41

Oxidation fatigue laws **A19:** 546–547

Oxidation grain size
defined................................ **A9:** 13

Oxidation inhibitors..... **A18:** 99, 101, 104–105, 106
applications........................... **A18:** 105
decomposition **A18:** 104–105
for metalworking lubricants **A18:** 141, 143, 147
in engine lubricant formulations......... **A18:** 111
in nonengine lubricant formulations...... **A18:** 111
oxidation mechanism................... **A18:** 104

Oxidation losses **A15:** 9, 163

Oxidation phasing factor **A19:** 547

Oxidation protective coatings **M5:** 375–380
aluminum **M5:** 333–335, 337, 344–345
applications **M5:** 375–380
applying, methods of **M5:** 377–380
ceramic................. **M5:** 535–537, 543, 546
cobalt-aluminum type.................... **M5:** 376
cobalt-chromium-aluminum-
yttrium type................. **M5:** 377–378
corrosion resistance........ **M5:** 375–376, 379–380
diffusion type **M5:** 376–380
aluminide **M5:** 376–380
applying, methods of......... **M5:** 377–378, 380
costs................................. **M5:** 379
inward **M5:** 378
outward **M5:** 378
refractory metals **M5:** 380
service characteristics **M5:** 376–377, 379–380
silicide................................ **M5:** 380
superalloys **M5:** 377–379
ductility **M5:** 376–378
green coating, applying......... **M5:** 377–378, 380
iron-chromium-aluminum-yttrium type
superalloys **M5:** 376
monoaluminide-chromium-aluminum- yttrium
types, superalloys **M5:** 376–379
nickel-chromium-aluminum-yttrium type,
superalloys **M5:** 376
nickel-cobalt-chromium-aluminum- yttrium type,
superalloys **M5:** 376
overlay type...................... **M5:** 376–379
applying, methods of **M5:** 379–380
composition and microstructure.... **M5:** 376–377
costs................................. **M5:** 379
service characteristics **M5:** 379
superalloys **M5:** 376–379
pack cementation process....... **M5:** 377–378, 380
physical vapor deposition method overlay
types **M5:** 379
plasma-spray method **M5:** 379
refractory metals **M5:** 375–376, 379–380
applying, methods of.................. **M5:** 380
requirements for **M5:** 379
service characteristics **M5:** 380
substrate types **M5:** 380
slurry processes.................... **M5:** 379–380
sputtering process **M5:** 379
superalloys....................... **M5:** 375–378
applying, methods of **M5:** 377–379
requirements for **M5:** 376
service characteristics **M5:** 376–377
thermal mechanical fatigue
behavior of.................. **M5:** 376–378
thermal spray process **M5:** 362, 379
thickness.............................. **M5:** 376
types of **M5:** 376–380

Oxidation reaction
at "anodic" sites on metal **A20:** 545, 546, 547
definition............................. **A20:** 837

Oxidation reaction rate **A20:** 546

Oxidation reactions **A19:** 194

Oxidation reduction
definition.............................. **A5:** 962

Oxidation resistance *See also* Oxidation..... **A7:** 85, **EL1:** 773, 822
carbon-carbon composites................ **A5:** 887

Oxidation resistance (continued)
cast irons **A5:** 691
cast steel **M1:** 46
cemented carbides **A13:** 855
cobalt-base high-temperature alloys. **A2:** 452
cyclic, P/M superalloys **A13:** 839
definition **A20:** 837
dissimilar metal joining. **A6:** 826
ductile iron. **M1:** 46
from composite powders **M7:** 175
gold **A13:** 796–797
gray iron **M1:** 46
heating elements, electrical resistance
alloys **A2:** 831
malleable iron **M1:** 46
mechanically alloyed oxide
alloys **A2:** 943–947
metals vs. ceramics and polymers. **A20:** 245
nickel alloys **A2:** 442
ODS mechanically alloyed materials. **A7:** 85
of aluminum alloying of metal coatings **M7:** 74
of aluminum oxide-containing cermets **M7:** 804
of copper alloys for electrical contact
materials **A2:** 843
osmium **A13:** 807
P/M stainless steels **A13:** 832
palladium. **A13:** 800
platinum **A13:** 798–799
rhodium **A13:** 802
sintered stainless steels **A13:** 832
ZGS platinum. **A2:** 714
Oxidation resistance, design for *See* Design for oxidation resistance
Oxidation stability
brazing and **A6:** 117
Oxidation/dissolution. **A19:** 194
Oxidational wear **A18:** 280–288
application to practical tribosystems **A18:** 287–288
calculation of heat flow **A18:** 282–283
definition. **A18:** 280–281
FINDAP computer program. **A18:** 280, 281, 283–284, 286
future trends **A18:** 288
jet engine components **A18:** 588, 591
mechanism of mild oxidational wear **A18:** 281–282
mechanisms of wear **A18:** 281
mild oxidational wear theory. **A18:** 282
OXYWEAR computer program. **A18:** 280, 283, 285–286, 288
piston rings **A18:** 556
theory and experimental results
comparison **A18:** 283–287
tool steels. **A18:** 739
Oxidation-induced closure. **A19:** 143
Oxidation-reduction (redox) *See also* Classical wet analytical chemistry; Oxidation; Redox; Reduction
of potential contaminant ions, in gravimetric
samples. **A10:** 163
reactions, as classical wet chemical
analysis **A10:** 163–164
Oxidation-resistant alloy
oxidation-resistant coating systems for
niobium **A5:** 862
Oxidation-resistant coating
applying, methods of **M5:** 664–666
high-temperature types **M5:** 661–662, 664–665
molybdenum **M5:** 661–662
niobium **M5:** 664–665
refractory metals **M5:** 661–662, 664–665
tantalum. **M5:** 664–665
tungsten **M5:** 661–662
Oxidative stability **A18:** 84
Oxidative wear *See also* Abrasive wear; Fretting; Fretting corrosion; Oxidational wear
defined **A8:** 10, **A11:** 7, **A18:** 14
definition. **A5:** 962
progression **A8:** 603–604

Oxide
chemical vapor deposition of **M5:** 381
formation of
electropolishing processes. **M5:** 307
hot dip galvanized coating process. . **M5:** 327–328
protection against *See* Oxidation-protective coating; Oxidation-resistant coating
removal of
aluminum and aluminum alloys. . . . **M5:** 8, 12–13
chromium plating **M5:** 185
copper and copper alloys **M5:** 611–614, 619–620
heat-resisting alloys **M5:** 564
hot dip galvanized coating process. . **M5:** 326–327
nickel alloys **M5:** 671
processes **M5:** 65, 97–103
reactive and refractory alloys **M5:** 650–654, 659, 662–667
stainless steel **M5:** 553–554
Oxide additives
hot pressed silicon nitride **M7:** 516
Oxide breakdown
semiconductor chips **EL1:** 965
Oxide ceramic coatings. **M5:** 534–536, 546
hardness **M5:** 546–547
melting points **M5:** 534–535
Oxide ceramics. **A20:** 599
as tooling material **M7:** 423
brazing and soldering characteristics **A6:** 636
Oxide cermets **M7:** 798, 802–804
aluminum oxide cermets **A2:** 992–993
beryllium oxide cermets **A2:** 993
defined **A2:** 979
iron and cordierite cermets **A2:** 995
magnesium oxide cermets. **A2:** 993
metal-matrix high-temperature superconductor
cermets **A2:** 995
silicon oxide cermets **A2:** 992
thorium oxide cermets **A2:** 993
uranium oxide cermets **A2:** 993–994
zirconium oxide cermets. **A2:** 993
Oxide coating
spring wire **M1:** 262
Oxide coatings
aluminum and aluminum alloys **A5:** 796
cast irons **A5:** 698
heat-resisting alloys **M5:** 564, 566
molybdenum **M5:** 662
niobium **M5:** 664–666
refractory metals and alloys **A5:** 859, 860, 862
removal of. **A12:** 75
tantalum. **M5:** 664–666
tungsten **M5:** 662
Oxide colors
as colorants **EM2:** 501
Oxide compounds
for high-temperature
superconductors **A2:** 1085–1086
Oxide conversion coating **M5:** 598–599
magnesium alloys **A19:** 880
Oxide dispersion strengthened
superalloys **A13:** 834–838
Oxide dispersion-strengthened alloys
alloy classes **M6:** 1020
definition **M6:** 1020
filler metals **M6:** 1020
Oxide dispersion-strengthened alloys (MA ODS alloys)
aluminum and aluminum alloys **A2:** 7
bar **A2:** 948–949
commercial alloys **A2:** 944–947
copper alloys. **A2:** 400–401
fabrication. **A2:** 946–949
hot-corrosion properties **A2:** 947
joining of. **A2:** 949
mechanical alloying alloy applications **A2:** 943
mechanical alloying process **A2:** 943–944
oxidation properties. **A2:** 947
rare earth alloy additives **A2:** 729
sheet **A2:** 949

Oxide dispersion-strengthened alloys (MA ODS alloys), specific types
alloy MA 754, microstructure elevated-temperature
strength **A2:** 944–945
alloy MA 758, oxidation resistance
properties. **A2:** 945–946
alloy MA 760, high-temperature strength structural
stability, oxidation resistance **A2:** 947
alloy MA 6000, elevated-temperature
resistance **A2:** 946–947
Oxide dispersion-strengthened copper alloys
manufacture **A2:** 400
properties. **A2:** 400
uses. **A2:** 401
Oxide dispersion-strengthened materials
dimple size **A12:** 12
Oxide dispersion-strengthened (ODS) alloys
brazing **A6:** 632, 928
fusion welding. **A6:** 632
Oxide failure mechanisms and models **A19:** 546
Oxide, fatigue failure of
mechanisms and equations. **A19:** 546
Oxide fibers *See* Aluminum oxide fibers
Oxide film *See also* Barrier film; Film; Oxides
aluminum **A13:** 583
aluminum casting alloys **A2:** 145–146
effect on crystallization **A15:** 103
effect, on fluidity **A15:** 766
formation, aluminum-silicon alloys. **A15:** 164
formation, zirconium. **A13:** 718
in welds **A13:** 344
thermodynamic stability, by Pourbaix
diagram **A13:** 583
Oxide film at a slip step, separation of
mechanisms and equations. **A19:** 546
Oxide film replica
defined **A9:** 13
definition. **A5:** 962
Oxide film rupture **A19:** 141, 186
Oxide films *See also* Surface oxide films **A19:** 65, **A20:** 726
as solder defects. **EL1:** 642
deposited by color etching **A9:** 141
dispersion in milling. **M7:** 63
heat tinting **A9:** 61
High-temperature. **EL1:** 678
in magnesium alloys **A9:** 427
in zirconium alloys, enhancement by
anodizing **A9:** 498
on aluminum alloys used to reveal microstructural
features. **A9:** 351
on uranium and uranium alloys to increase
polarized light contrast **A9:** 480
thickness, on pure aluminum **M7:** 248
thin, effect on green strength **M7:** 302
Oxide fluxing
mechanically alloyed oxide dispersion-strengthened
(MA ODS) alloys **A2:** 947
Oxide glasses
engineering properties *See* Engineering properties of oxide glasses and other inorganic glasses
for joining non-oxide ceramics **EM4:** 528
structures **EM4:** 846
Oxide inclusion
microdiscontinuity affecting cast steel fatigue
behavior **A19:** 612
microdiscontinuity affecting high hardness steel
fatigue behavior **A19:** 612
Oxide inclusions *See also* Oxide(s) **A6:** 1073, **A7:** 412, **M6:** 838
aluminum alloys **A15:** 95
as casting defect **A11:** 388
as defect, squeeze casting **A15:** 325
flash welds **M6:** 580
flux deposits in submerged arc welds **M6:** 117
gravitational effects **A15:** 92
in brazing **A11:** 451
in steels **A15:** 91–92
in weldments. **A17:** 582

SUBJECTS OF THE INDEXED VOLUMES: ASM Handbook (designated by the letter "A"): **A1:** Properties and Selection: Irons, Steels, and High-Performance Alloys (1990); **A2:** Properties and Selection: Nonferrous Alloys and Special-Purpose Materials (1990); **A3:** Alloy Phase Diagrams (1992); **A4:** Heat Treating (1991); **A5:** Surface Engineering (1994); **A6:** Welding, Brazing, and Soldering (1993); **A7:** Powder Metal Technologies and Applications (1998); **A8:** Mechanical Testing (1985); **A9:** Metallography and Microstructures (1985); **A10:** Materials Characterization (1986); **A11:** Failure Analysis and Prevention (1986); **A12:** Fractography (1987); **A13:** Corrosion (1987); **A14:** Forming and Forging (1988); **A15:** Casting (1988); **A16:** Machining (1989); **A17:** Nondestructive Evaluation and Quality Control (1989); **A18:** Friction, Lubrication, and Wear Technology (1992); **A19:** Fatigue and Fracture (1996); **A20:** Materials Selection and Design (1997). *Metals Handbook, 9th Edition* (designated by the letter "M"): **M1:** Properties and Selection: Irons and Steels (1978); **M2:** Properties and Selection: Nonferrous Alloys and Pure Metals (1979); **M3:** Properties and Selection: Stainless Steels, Tool Materials, and Special-Purpose Materials (1980); **M4:** Heat Treating (1981); **M5:** Surface Cleaning, Finishing, and Coating (1982); **M6:** Welding, Brazing, and Soldering (1983); **M7:** Powder Metallurgy (1984). **Engineered Materials Handbook** (designated by the letters "EM"): **EM1:** Composites (1987); **EM2:** Engineering Plastics (1988); **EM3:** Adhesives and Sealants (1990); **EM4:** Ceramics and Glasses (1991). **Electronic Materials Handbook** (designated by the letters "EL"): **EL1:** Packaging (1989)

Oxide inclusions in
aluminum alloy 1100 .... **A9:** 635
aluminum alloy 2024 .... **A9:** 635
Nickel 200 .... **A9:** 436
Oxide layer growth coating
characteristics **A5:** 927
Oxide layer growth in high-temperature deionized water **A5:** 927–928
Oxide layers
explosion characteristics **M7:** 196
Oxide layers from reactive sputtering
absorption coefficients **A9:** 60
refractive indices **A9:** 60
Oxide powders **M7:** 171, 194, 303
for brazing and soldering **M7:** 837–840
mechanical comminution for **M7:** 56
Oxide reduction *See also* Solid-state reduction **M7:** 52–53
and internal porosity **M7:** 299
and sintering **M7:** 309
by advanced atomization or thermomechanical processing **M7:** 256
cobalt and cobalt alloy powders by ... **M7:** 145–146
equilibria for reactions **M7:** 52, 53
of copper powders **M7:** 734
standard free energy in formation **M7:** 53
suggested accuracies **M7:** 53
temperatures **M7:** 52
Oxide reduction process
oxidation-resistant coating **M5:** 664–665
Oxide removal
arc welding of nickel alloys **M6:** 437
by direct current electrode positive **M6:** 186
resistance welding of aluminum alloys **M6:** 539
titanium and titanium alloys **M6:** 449
Oxide scale
as casting defect **A11:** 385
on high-purity iron, effects of abrading and polishing **A9:** 47
source of uranium contamination **A9:** 477
Oxide scale measurements for tubes
life-assessment techniques and their limitations for creep-damage evaluation for crack initiation and crack propagation **A19:** 521
Oxide scales *See also* Gaseous corrosion; Oxides; Oxidation **A13:** 70–76
alloy oxidation: doping principle ... **A13:** 73, 75–76
catastrophic oxidation **A13:** 72–73
high-temperature **A13:** 97–101
in gaseous corrosion **A13:** 17
oxide evaporation **A13:** 71
paralinear oxidation **A13:** 70–71
protective, characteristics **A13:** 97
relative thickness **A13:** 70
selective oxidation **A13:** 73–74
spalling **A13:** 98
stress relief **A13:** 71–72
structure, variation **A13:** 97
Oxide skins
as casting defect **A11:** 388
Oxide spikes **A19:** 539, 540
Oxide strengthening
in creep tests **A8:** 331–332
Oxide stringers
as linear element in quantitative metallography **A9:** 126
in aluminum alloy wrought products **A9:** 635
Oxide superconductors
hot isostatic pressing **EM4:** 197
Oxide texture **A13:** 66
Oxide-base cermets **A7:** 923
Oxide-based cermets **M7:** 798, 802–804
Oxide-dispersed additives
in tungsten and molybdenum sintering **M7:** 391
Oxide-dispersion strengthened (ODS) alloys .. **A7:** 60, 81, 84, 85
commercial processing **A7:** 85
corrosion resistance **A7:** 998, 1000–1001
Oxide-dispersion strengthened (ODS) copper **A7:** 869–873
applications **A7:** 871–873
grades **A7:** 870
low-oxygen (LOX) compositions **A7:** 871
manufacture **A7:** 869–870
properties **A7:** 870–871, 872, 873
Oxide-dispersion strengthened (ODS) iron-base superalloys **A7:** 128, 131
Oxide-dispersion strengthened superalloy powders
hot isostatic pressing **A7:** 616
mechanical alloying **A7:** 176–177
Oxide-dispersion techniques **M7:** 717–719
Oxide-dispersion-strengthened alloys
spray drying applications **M7:** 77
Oxide-dispersion-strengthened materials **A6:** 1037–1040
applications **A6:** 1037
composition **A6:** 1037
design strategy **A6:** 1037–1039
diffusion welding **A6:** 1038, 1039
ductile-to-brittle transition temperatures .. **A6:** 1039
electron-beam welding **A6:** 1038, 1039
explosion welding **A6:** 1039, 1040
friction welding **A6:** 1038, 1039, 1040
furnace brazing **A6:** 1038, 1039, 1040
fusion welding **A6:** 1039
gas-metal arc welding **A6:** 1039
gas-tungsten arc welding **A6:** 1038, 1039
grain structure **A6:** 1038–1039
heat-affected zone hydrogen cracking **A6:** 1039, 1040
iron-base alloys **A6:** 1039
laser-beam welding **A6:** 1039
mechanical alloying (MA) **A6:** 1037
nickel-base alloys **A6:** 1039
porosity **A6:** 1037
postweld heat treatments **A6:** 1038, 1039
resistance welding **A6:** 1038, 1039–1040
shielded metal arc welding **A6:** 1039
weld transverse properties **A6:** 1038
welding consumables **A6:** 1038
welding processes **A6:** 1039–1040
Oxide-dispersion-strengthened (ODS) alloys
definition **A20:** 837
Oxide-dispersion-strengthened (ODS) copper alloys **A20:** 393
Oxide-dispersion-strengthened superalloys
consolidation by hot isostatic pressing **M7:** 440
products, mechanical alloying of **M7:** 527, 528
wrought **M7:** 527–528
Oxide-induced closure **A19:** 56, 57, 202
nickel-base alloys **A19:** 36
Oxide-induced crack closure ... **A8:** 409–410, **A19:** 58, 143, 145
Oxide-metal composite
oxidation-resistant coating systems for niobium **A5:** 862
Oxide-reduced powders
green strengths **M7:** 303
Oxide-reduced surfaces *See* Reduced- oxide surfaces
Oxide-reducing agents
in nitrogen-based atmospheres **M7:** 345–346
sintering atmospheres **A7:** 463–464
Oxide-reduction **A7:** 67, 68
copper powder **A7:** 859, 860
Oxide(s) *See also* Aluminum oxide; Beryllium oxide; Ceramics; Cerium oxide; Chromium oxide; Dross; Inclusions; Iron oxide; Magnesium oxide; Oxidation; Oxide film; Oxide inclusions; Oxide scales; Scales; Silicon oxide; Yttrium oxide; Zirconium oxide **A19:** 202
amphoteric **A13:** 66
anodic, as barrier protection **A13:** 377–378
applications **EM4:** 203
as coatings **A5:** 471
as electrical conductor **A13:** 65
as fillers **EM3:** 33, 179
as grain-boundary pinning agent **M7:** 171
as inclusions .. **A10:** 176, **A12:** 65, 220, **A15:** 91–92, 95, 325, 749
as molten salts **A13:** 50
attack, in steel castings at elevated temperatures **A11:** 406
breakdown, in MOS and CMOS **A11:** 778–779
carbon fiber reaction with **EM1:** 52
chemical conversion coatings, structures, and characteristics **A5:** 698
chromium, scale **A13:** 97
cold sintering **A7:** 580
combustion synthesis **A7:** 530, 535–536
competing **A13:** 74–76
complex **A15:** 95
contamination, effect, structured reliability testing **EL1:** 959–960
cracking **A13:** 72
defined **A13:** 61
densities **A15:** 593
deposition **A10:** 201
diffusion data in **A13:** 68
double **A13:** 76
effect in forging **A11:** 316
effect in hydrogen damage **A12:** 125–126
effect on fatigue crack growth rate **A12:** 41
evaporation **A13:** 71
failures, in MOS devices **A11:** 766
-filled intergranular cracks, steam line **A11:** 669
film, austenitic stainless steels **A12:** 352–353
films, in carbon and low-alloy steels **A11:** 199
finger, powder forged part surfaces **A14:** 204
flaws, in integrated circuits **A12:** 481
formation **A15:** 748
formation, as interfering elements in high temperature combustion **A10:** 222
formation on heat-exchanger tubes **A11:** 629
Gibbs energy of formation **A13:** 63
growth, and fatigue crack closure **A19:** 56
growth, and substrate preparation **EL1:** 197
growth, diffusion types **A13:** 71
heat-tint, effects on corrosion resistance of austenitic stainless steels **A13:** 351–353
hydrated, precipitation for **A10:** 169
in a tungsten-nickel powder metallurgy material **A9:** 562
in aluminum and aluminum alloys **A15:** 80, 95, 748–749
in seams, fasteners **A11:** 530
in structural ceramics **A2:** 1019, 1021–1024
in wrought heat-resistant alloys **A9:** 312
in zirconium alloys, preparation for examination of **A9:** 498
inclusion, spotty particle **A14:** 191
inclusions formed in fluxes **A6:** 56
interparticle **A14:** 204
ionic, defect structure **A13:** 65
layer, on cast ductile iron rotor **A11:** 376
linear thermal expansion, coefficients **A13:** 71
low-melting **A13:** 73
martensitic stainless steels **A12:** 366
maximum service temperature **EM4:** 203
melting points, for ceramic coatings **A5:** 471
metastable **A13:** 62
n-type **A13:** 66
penetration, grain boundary, thick-lip ruptures by **A11:** 605
penetration, in steam-cooled tubes ... **A11:** 604–607
plasma spray material **EM4:** 203
plasma-assisted physical vapor deposition **A18:** 848
plastic flow **A13:** 72
properties **EM4:** 203
protective, and explosivity **M7:** 194
protective film **A13:** 517–518
p-type **A13:** 65–66
pulsed laser atom probe analysis for **A10:** 597
removal, by flux **EL1:** 676
residual, in brazing **A11:** 452
sample dissolution in hydrochloric acid ... **A10:** 165
scaling and perforation **A11:** 191
semiconductor, defect structure **A13:** 65–66
separation and removal, aluminum alloys **A15:** 80, 748–749
solid, defect structure **A13:** 61, 65
spheroidal **A12:** 220, 300
stability, of brazed joints **A11:** 452–453
structures and thermal properties **A13:** 64
surface, cleaning of **A13:** 381
surface, effects, metal-matrix composites .. **A12:** 466
surface layers, SIMS analysis **A10:** 610
surface, measuring **A10:** 177
temperature, effect on **A12:** 35
testing for **A15:** 749
textures **A13:** 66
thermally spray deposited **A7:** 412
to improve thermal conductivity **EM3:** 178
trapped, in friction welds **A11:** 444
uniform and nodular **A13:** 947
vanadium K-edge XANES spectra in **A10:** 415
volatile, with oil-ash corrosion **A11:** 618
weighing as the, gravimetric analysis **A10:** 170
white nodules **A13:** 947
wrought aluminum alloys **A12:** 435

Oxide-sulfide inclusions
in shafts . . . A11: 462
Oxide-type inclusions
defined . . . A9: 13
Oxidic interference films
produced by reactive sputtering . . . A9: 148–149
Oxidizable metals
electron-beam welding . . . A6: 851
Oxidizable organic compounds in electrolytes . . A9: 51
Oxidized polymer . . . EM3: 41
Oxidized steel surface
definition . . . A5: 962
Oxidized surface (on steel)
defined . . . A13: 10
Oxidized-silicon substrates
physical characteristics . . . EL1: 106
Oxidizers
environments known to promote stress-corrosion cracking of commercial titanium alloys . . . A19: 496
Oxidizing
agents . . . A13: 10, 677, 1140
fluxes, copper alloys . . . A15: 448
period, basic steelmaking . . . A15: 366
potential . . . A13: 39
power . . . A13: 37–39
salts, copper/copper alloy corrosion . . . A13: 630
titanium and titanium alloys . . . A5: 843
Oxidizing acids
sample dissolution by . . . A10: 166
Oxidizing agent
definition . . . A5: 962
Oxidizing agents . . . A19: 473
effect on staining of heat-resistant casting alloys . . . A9: 330–331
in electrolytes . . . A9: 51
mixing with reducing agents . . . A9: 69
role in electrochemical etching . . . A9: 60
Oxidizing atmospheres
heating-element materials . . . A2: 833–834
Oxidizing flame
definition . . . A6: 1211, M6: 12
Oxidizing gases . . . A8: 412–415
Oxidizing salt bath descaling
nickel alloys . . . M5: 672
process . . . M5: 97–98, 653–654
Oxidizing salts *See* Salts
Oxirane ring (epoxide group)
defined . . . EL1: 810
Oxonium ion . . . EM3: 100
Oxy/methylacetylene-propadiene-stabilized gas . . . M6: 901–903
Oxyacetylene arc welding (OAW)
hardfacing applications, characteristics . . . A5: 736
Oxyacetylene braze welding of
cast irons . . . M6: 599–600
cleaning by salt bath . . . M6: 600
copper alloy filler metals . . . M6: 599
low-carbon steels . . . M6: 598
malleable iron . . . M6: 596–598
steel . . . M6: 598–599
versus arc tack welding . . . M6: 598
Oxyacetylene braze welding of steel and cast irons . . . M6: 596–600
advantages . . . M6: 596
applicability . . . M6: 596
base metals . . . M6: 596
filler metals . . . M6: 596–597
joint properties . . . M6: 597
RBCuZn-A . . . M6: 596
RBCuZn-B . . . M6: 596
RBCuZn-C . . . M6: 596–597
RBCuZn-D . . . M6: 596–597
flame adjustment . . . M6: 596
fluxes . . . M6: 597
application . . . M6: 597
joint preparation . . . M6: 597–598
fillet welds . . . M6: 597
plug welds . . . M6: 597
slot welds . . . M6: 597
limitations . . . M6: 596
postheating . . . M6: 598
preheating . . . M6: 598
repair of iron castings . . . M6: 599–600
surface preparation . . . M6: 598
use of a salt bath . . . M6: 598
Oxyacetylene cutting
definition . . . M6: 12
Oxyacetylene gas . . . M6: 901, 902
Oxyacetylene pressure welding . . . M6: 595
advantages . . . M6: 595
closed-gap technique . . . M6: 595
heating setup . . . M6: 595
joint design . . . M6: 595
alloy steels . . . M6: 595
carbon steels . . . M6: 595
limitations . . . M6: 595
operation sequence . . . M6: 595
Oxyacetylene process
cobalt-base alloys . . . A13: 664
Oxyacetylene torch brazing
of copper . . . M6: 1039
Oxyacetylene welding
definition . . . M6: 12
fluxes . . . A15: 530
for castings repair . . . A15: 529
hardfacing . . . M6: 787
induction brazing as replacement . . . M6: 974
of cast irons . . . A15: 529–531, M6: 601–605
of ductile iron . . . A15: 531
of gray iron . . . A15: 530–531
of malleable iron . . . A15: 531
of white irons . . . A15: 531
postweld treatment . . . A15: 530
preheating . . . A15: 530
preparation . . . A15: 530
rods . . . A15: 530
Oxyacetylene welding (OAW) . . . A20: 473
carbide-containing nickel-base alloys, poor weldability . . . A6: 795
characteristics . . . A20: 696
definition . . . A6: 1211
deposit thickness, deposition rate dilution single layer (%) and uses . . . A20: 473
hardfacing . . . A6: 804, 805
hardfacing alloys . . . A6: 800
Laves phase alloys, poor weldability . . . A6: 795
low-carbon steels . . . A6: 419
not recommended for nickel-base corrosion-resistant alloys containing molybdenum . . . A6: 594
vs. laser-beam welding . . . A6: 262
Oxyacetylene welding process . . . A6: 5, 6
Oxy-acid etching system
porcelain enameling process . . . M5: 514–515
Oxyanions . . . A19: 493
Oxydal
anodizing process properties . . . A5: 482
Oxydol anodizing process
aluminum and aluminum alloys . . . M5: 586–587
Oxydrolysis . . . A7: 172
Oxyfluoride gels . . . EM4: 210, 211
Oxyfluoride glasses
optical properties . . . EM4: 854
Oxyfuel cutting defect . . . A19: 444
Oxyfuel detonation process *See* High-velocity oxyfuel powder spray process
Oxyfuel gas cutting
acetylene . . . M6: 899–901
combustion reaction . . . M6: 900
cost . . . M6: 901
heat content . . . M6: 901
applications . . . A14: 721
chemical flux cutting . . . M6: 914
chemistry of cutting . . . M6: 897–899
alloying of iron . . . M6: 898
chemical reactions . . . M6: 899
drag . . . M6: 898
oxygen consumption . . . M6: 898
oxygen purity . . . M6: 898
preheating . . . M6: 898–899
close-tolerance cutting . . . M6: 913
comparison to oxyfuel gas gouging . . . M6: 914
comparison to plasma arc cutting . . . M6: 918
cutting, factors affecting . . . A14: 721–722
cutting speeds . . . M6: 916
definition . . . M6: 12
effect on base metal . . . A14: 724–725, M6: 903–906
annealing . . . M6: 904, 912
deformation . . . M6: 905
distortion . . . M6: 904–905
heat-affected zone . . . M6: 903, 905
local preheating . . . M6: 904–905
equipment . . . A14: 725–728, M6: 906–908
cutting tips . . . M6: 906–907
cutting torches . . . M6: 906
gas regulators . . . M6: 906
guidance . . . M6: 907
hose . . . M6: 906
portable cutting . . . M6: 907
stationary cutting . . . M6: 907
tape control . . . M6: 908
tracers, manual or magnetic . . . M6: 907–908
fuel gases, properties of . . . M6: 899–900
combustion ratio . . . M6: 900
cost analysis . . . M6: 899
coupling distance . . . M6: 900
flame temperature . . . M6: 899–900
heat distribution in the flame . . . M6: 900
heat of combustion . . . M6: 900
heat transfer . . . M6: 900
gas combustion . . . A14: 722–724
heavy cutting . . . M6: 909–911
drag . . . M6: 910–911
gas flow requirements . . . M6: 905, 910
preheating . . . M6: 908–910
starting . . . M6: 910–911
light cutting . . . M6: 909
medium cutting . . . M6: 909–910
cutting speed . . . M6: 909
kerf angle . . . M6: 910
kerf compensation . . . M6: 909
machine accuracy . . . M6: 909–910
plate movement . . . M6: 910
preheat . . . M6: 909
surface finish . . . M6: 908–909
tip design . . . M6: 909
metal powder cutting . . . M6: 913–914
methylacetylene-propadiene-stabilized gas . . . M6: 899–903
natural gas . . . M6: 899–903
nesting of shapes . . . A14: 728, M6: 913
operation . . . M6: 896–897
operation principles . . . A14: 720–721
preparation of weld edges . . . M6: 911–912
preheating for bevel cutting . . . M6: 911–912
simultaneous trimming and beveling . . . M6: 912
torch settings for bevels . . . M6: 910
process capabilities . . . A14: 721, M6: 897
applications . . . M6: 897
comparison to other operations . . . M6: 897
thickness limits . . . M6: 897
propane . . . M6: 899–900, 902–903
propylene . . . M6: 903
quality of cut . . . M6: 897
safety . . . M6: 914–915
cylinders . . . M6: 914–915
protective clothing . . . M6: 914
working environment . . . M6: 915
stack cutting . . . M6: 911
starting the cut . . . M6: 908–909
underwater cutting . . . M6: 914, 921–925
Oxyfuel gas cutting of
alloy steels . . . M6: 904
bars and structural shapes . . . M6: 913
cast iron . . . M6: 897, 912–913
gray iron . . . M6: 912–913

SUBJECTS OF THE INDEXED VOLUMES: ASM Handbook (designated by the letter "A"): **A1:** Properties and Selection: Irons, Steels, and High-Performance Alloys (1990); **A2:** Properties and Selection: Nonferrous Alloys and Special-Purpose Materials (1990); **A3:** Alloy Phase Diagrams (1992); **A4:** Heat Treating (1991); **A5:** Surface Engineering (1994); **A6:** Welding, Brazing, and Soldering (1993); **A7:** Powder Metal Technologies and Applications (1998); **A8:** Mechanical Testing (1985); **A9:** Metallography and Microstructures (1985); **A10:** Materials Characterization (1986); **A11:** Failure Analysis and Prevention (1986); **A12:** Fractography (1987); **A13:** Corrosion (1987); **A14:** Forming and Forging (1988); **A15:** Casting (1988); **A16:** Machining (1989); **A17:** Nondestructive Evaluation and Quality Control (1989); **A18:** Friction, Lubrication, and Wear Technology (1992); **A19:** Fatigue and Fracture (1996); **A20:** Materials Selection and Design (1997). **Metals Handbook, 9th Edition** (designated by the letter "M"): **M1:** Properties and Selection: Irons and Steels (1978); **M2:** Properties and Selection: Nonferrous Alloys and Pure Metals (1979); **M3:** Properties and Selection: Stainless Steels, Tool Materials, and Special-Purpose Materials (1980); **M4:** Heat Treating (1981); **M5:** Surface Cleaning, Finishing, and Coating (1982); **M6:** Welding, Brazing, and Soldering (1983); **M7:** Powder Metallurgy (1984). **Engineered Materials Handbook** (designated by the letters "EM"): **EM1:** Composites (1987); **EM2:** Engineering Plastics (1988); **EM3:** Adhesives and Sealants (1990); **EM4:** Ceramics and Glasses (1991). **Electronic Materials Handbook** (designated by the letters "EL"): **EL1:** Packaging (1989)

high-carbon steels **M6:** 904–905
low-carbon steels **M6:** 903–905
medium-carbon steels **M6:** 904
stainless steels **M6:** 897, 903, 912, 914
Oxyfuel gas cutting (OFC) **A6:** 1155–1165
advantages **A6:** 1156
alloy steels **A6:** 1159
applications **A6:** 1155
shipbuilding **A6:** 384
carbon steels **A6:** 1159–1160
close-tolerance cutting **A6:** 1164
control of distortion **A6:** 1160–1161
cutting of bars and structural shapes **A6:** 1164
cutting tips **A6:** 1161–1162
cutting torches **A6:** 1161, 1162, 1163
definition **A6:** 1211
deformation **A6:** 1160
description **A6:** 1155
distortion **A6:** 1160
drag **A6:** 1156
effect on base metal **A6:** 1159–1161
equipment **A6:** 1161–1162
equipment selection factors **A6:** 1162
fuel gas properties **A6:** 1156–1157
gas regulators **A6:** 1161
heavy cutting **A6:** 1163–1164
high-carbon steels **A6:** 1159
high-low regulators **A6:** 1161
hose **A6:** 1161
kerf angle **A6:** 1163
kerf compensation **A6:** 1162–1163
light cutting **A6:** 1162
limitations **A6:** 1156
local preheating **A6:** 1159, 1161
low-carbon steel **A6:** 1159
machine torch piercing **A6:** 1162
medium cutting **A6:** 1162–1163
medium-carbon steels **A6:** 1159
oxygen consumption **A6:** 1156
preheating **A6:** 1156
principles of operation **A6:** 1155
process capabilities **A6:** 1155–1156
safety **A6:** 1164–1165
cylinders **A6:** 1164
protective clothing **A6:** 1164
working environment **A6:** 1165
safety precautions **A6:** 1200–1201
stainless steels **A6:** 1196
starting the cut **A6:** 1162
thickness limits **A6:** 1156
Oxyfuel gas cutting (steel)
suggested viewing filter plates **A6:** 1191
Oxyfuel gas powder
for austenitic stainless steel **M7:** 844
Oxyfuel gas spraying
definition **A6:** 1211
Oxyfuel gas welding **M6:** 583–594
advantages **M6:** 583
bridging gaps in poor fit-ups **M6:** 593
capabilities **M6:** 583
combustion of natural gas and propane ... **M6:** 588
definition **M6:** 12
edge preparation **M6:** 589–591
equipment **M6:** 583–586
gas storage **M6:** 584
goggles **M6:** 586
hoses **M6:** 585
mixing chambers **M6:** 585–586
torch inlet valves **M6:** 586
welding tips **M6:** 586
welding torches **M6:** 585–586
flame adjustment **M6:** 587
positive-pressure outfit **M6:** 587
fluxes **M6:** 583
fuel gases **M6:** 583–584
gas pressure selection **M6:** 586
gases **M6:** 583–584
acetylene **M6:** 584
hydrogen **M6:** 584
natural gas **M6:** 584
oxygen **M6:** 584
propane **M6:** 584
proprietary gases **M6:** 584
hardfacing deposition in mining and mineral industries **A18:** 653
joint design **M6:** 589–591
corner-edge joints **M6:** 589–590
fillet welds **M6:** 589–590
groove welds **M6:** 590–591
lap joints **M6:** 589–590
plate **M6:** 590
sheet **M6:** 589
short-flanged-edge butt joints **M6:** 589
square-groove butt joints **M6:** 599
T-joints **M6:** 589–590
limitations **M6:** 583
metals welded **M6:** 583
oxyacetylene combustion **M6:** 587–588
acetylene flame **M6:** 587
carburizing flame **M6:** 587
neutral flame **M6:** 588
reducing flame **M6:** 587–588
separated flame **M6:** 587–588
shape of flame cone **M6:** 588
oxyhydrogen combustion **M6:** 588
oxidizing flame **M6:** 587–588
pipe welding **M6:** 591–592
applications **M6:** 69
fittings **M6:** 591
horizontal-fixed position **M6:** 591–592
horizontal-rolled position **M6:** 591
tack welds **M6:** 591
vertical position **M6:** 591–592
postheating **M6:** 593
preheating **M6:** 593
recommended grooves **M6:** 592–594
repairs and alterations **M6:** 592–593
backing **M6:** 592
gouging **M6:** 592–593
safety **M6:** 58, 593–594
sheet **M6:** 592
techniques **M6:** 589
backhand welding **M6:** 589
flat and horizontal positions **M6:** 589
forehand welding **M6:** 589
vertical and overhead positions **M6:** 589
tip-orifice sizes **M6:** 586
tube, thin-walled **M6:** 592
use in hardfacing **M6:** 782–783
welding rods **M6:** 588–589
class RG45 .... **M6:** 588–589
class RG60 .... **M6:** 588–589
class RG65 .... **M6:** 588–589
specification **M6:** 588
weld-metal strengthening **M6:** 588
Oxyfuel gas welding and cutting
safety precautions **A6:** 1191
Oxyfuel gas welding of
aluminum alloys **M6:** 583
carbon **M6:** 583
cast iron **M6:** 583
copper alloys **M6:** 583
ferrous metals alloys **M6:** 583
nickel alloys **M6:** 583
nonferrous metals **M6:** 583
steels **M6:** 583–594
zinc alloys **M6:** 583
Oxyfuel gas welding (OFW) **A6:** 281–290
advantages **A6:** 281
aluminum alloys **A6:** 738–739
applications **A6:** 288–289
railroad equipment **A6:** 398
capabilities **A6:** 281
cast irons **A6:** 720
definition **A6:** 281, 1211
equipment **A6:** 282–283
flame adjustment **A6:** 283–284
fluxes **A6:** 281
fuel gases **A6:** 281–283
gas pressure selection **A6:** 283
gases **A6:** 281–282, 285
gas-tungsten arc welding **A6:** 758
hardfacing alloys **A6:** 796, 797, 798, 799
limitations **A6:** 281
low-carbon steel **A6:** 800
mixing chambers **A6:** 283
personnel training **A6:** 281
safety precautions .. **A6:** 282, 283, 290, 1190, 1193, 1200–1201
tip-orifice size selection **A6:** 283
Oxyfuel gas welding (steel)
suggested viewing filter plates **A6:** 1191
Oxyfuel powder (OFP) spray method .. **A18:** 829, 830, 832
spray materials **A18:** 830
Oxyfuel powder spray (OFP)
cast irons **A5:** 691
thermal spray coating process, hardfacing applications **A5:** 735
Oxyfuel thermal spray welding **A7:** 43
gas atomization **A7:** 43
Oxyfuel welding (OFW) **A6:** 124, 125
alterations of workpieces **A6:** 289
alternative metal-joining processes for thin sheet **A6:** 288
aluminum alloys **A6:** 281, 282, 285
applications **A6:** 281
austenitic stainless steels **A6:** 284
backhand welding **A6:** 286, 287, 288
bridging gaps in poor fit-ups **A6:** 290
carbon backing **A6:** 289
carbon steel **A6:** 281, 286
cast irons **A6:** 281, 714–715
combustion of natural gas and propane **A6:** 285
copper **A6:** 285
copper alloys **A6:** 281, 285, 756
distortion **A6:** 287, 288, 289
edge preparation **A6:** 286–289
ferrous alloys **A6:** 281
filler metals **A6:** 281, 286
forehand welding **A6:** 286, 287, 288
heat-affected zone **A6:** 290
joint design **A6:** 286–289
lead **A6:** 281, 282, 285
low-alloy steels **A6:** 286
low-carbon steel **A6:** 285, 286, 287, 288, 289
magnesium **A6:** 281, 282
magnetic-particle inspection **A6:** 289
melt-through weld **A6:** 286, 288
nickel alloys **A6:** 281
oxyacetylene combustion **A6:** 284–285
oxyacetylene welding (OAW) torch **A6:** 281
oxyfuel gouging **A6:** 289
oxyhydrogen combustion **A6:** 285
postweld heat treatment **A6:** 289–290
precious metals **A6:** 281
preheating **A6:** 289–290
proprietary gases **A6:** 281, 282, 283
repair of iron castings **A6:** 1105
repair welding **A6:** 289
stainless steel **A6:** 285
stainless steels **A6:** 281
steel **A6:** 281, 282, 284, 288
two-pass technique **A6:** 287–288
welding rods **A6:** 285–286
welding techniques **A6:** 286
zinc alloys **A6:** 281
Oxyfuel wire (OFW) spray process **A18:** 829, 830, 832
spray materials **A18:** 829
Oxyfuel wire spray process (OFW)
cast irons **A5:** 691
thermal spray coating process, hardfacing applications **A5:** 735
Oxyfuel/oxyacetylene (OFW/OAW) welding
hardfacing alloy consumable form **A6:** 796
Oxyfuel/oxyacetylene welding (OFW/OAW)
hardfacing alloy consumable form **A5:** 691
Oxygas cutting
definition **A6:** 1211
Oxygen *See also* Air; Atmospheres; Oxygen content; Oxygen corrosion
absorption, at elevated temperatures, titanium embrittlement by **A11:** 641
addition, cure system **EL1:** 857
alloying effects on carbon alloys **M6:** 400, 402
analysis by inert gas fusion, for aluminum- killed steel **A10:** 231
analysis, zirconium-steel couple **A13:** 715
analyzed in microcircuit fabrication process **A10:** 156–157
and chemical concentration cells, biological corrosion **A13:** 42–43
as a reaction gas in reactive sputtering **A9:** 148–149
as alloying element, effect on susceptibility to stress-corrosion cracking of two low-alloy steels **A19:** 486

Oxygen (continued)
as an alpha stabilizer in titanium and titanium alloys **A9:** 458
as common reactant. . . . **A13:** 61
as embrittler of fcc metals **A12:** 123
as gas assist, laser cutting **A14:** 739
as impurity in iron powder. . . . **M7:** 615
as impurity in uranium alloys **A9:** 477
as impurity, magnetic effects **A2:** 762
as inhibitor for anaerobics **EM3:** 114
atmospheric corrosion, role in **M1:** 718
atomic, in low earth orbit **A12:** 481, **A13:** 1099–1100
Auger chemical map for **A10:** 557
basic oxygen process **A1:** 110, 111, 112
bombardment, SIMS spectra for. . . . **A10:** 615–616
by residual gas analysis (RGA) **EL1:** 1065
cause of porosity in nickel alloy welds. . . . **M6:** 442–443
-cell attack, as selective leaching **A11:** 628
characteristics in a blend **A6:** 65
chemistry at surfaces, AES analysis of. . . . **A10:** 553
combustion mechanisms of metals in **M7:** 597
composition, wt% (maximum) liquation cracking **A6:** 568
composition-depth profile **M7:** 256
consumption, oxyfuel gas cutting **A14:** 721
consumption, with moisture/carbon dioxide generation **EL1:** 1066
contamination **A8:** 408, **M6:** 321
contamination, weld embrittlement from. . **A11:** 438
content affecting machinability of carbon and alloy steels. . . . **A16:** 672
content effect on near-threshold fatigue crack growth rates **A8:** 427, 430
content effect on titanium alloy embrittlement **A19:** 13
content, high-purity water. . . . **A8:** 420
content in P/M materials. . . . **A16:** 887, 888
contents in weld metal and flux choice. . **A6:** 58, 59
corrosion of gas-dryer piping **A11:** 631
cutting, types **A14:** 720–729
degassing, in vacuum melting purification **A2:** 1094
determined by 14-MeV FNAA **A10:** 239
diffusion, as oxide growth **A13:** 65
dissociation and recombination **A6:** 64
dissolved **A8:** 416, 423, 427, **A13:** 29, 221, 489, 895–898, 932
dissolved, as corrosive, copper casting alloys **A2:** 352
dissolved, corrosion fatigue testing **A19:** 208
effect, atmospheric contaminants **A13:** 81
effect, copper alloys in seawater **A13:** 624
effect, corrosion resistance, sintered austenitic stainless steels **A13:** 831
effect, liquid-metal corrosion **A13:** 58
effect, nickel-base alloy corrosion hydrofluoric acid **A13:** 645, 647
effect, nuclear reactor erosion-corrosion. . . **A13:** 965
effect of, on steel composition and formability. . . . **A1:** 577
effect of temperature **A12:** 35
effect on argon shielding gas **M6:** 163–164
effect on basicity index **M6:** 41
effect on eutectic joining. . . . **EM4:** 526
effect on fluxes when introduced **A6:** 55–59
effect on fracture toughness of αβ alloys **A19:** 32–33
effect on magnetic properties **A7:** 1014, 1015
effect on nickel-base alloys. . . . **A19:** 37
effect on positive secondary ion yields. . . . **A10:** 612
effect on powder compressibility **A7:** 303, 305
effect on superalloy rupture life. . . . **A15:** 396
effect on surface energy **A19:** 186
effect, P/M stainless steels **A13:** 830
effect, pulp bleach plants **A13:** 1194
effect, soil corrosion, carbon steels. . . **A13:** 512–513
effect, space booster/satellite corrosion . . **A13:** 1105
effect, titanium and titanium alloy castings. . . . **A2:** 639
effect, titanium properties **A15:** 828
effect, zinc corrosion in water **A13:** 760
electroslag welding, reactions **A6:** 273, 274
-embrittled iron **A12:** 222
embrittlement of iron by **A1:** 689–690
enrichment **A11:** 574
enrichment, and injection, cupolas **A15:** 384
exclusion, oil/gas production **A13:** 1245
-fired fracture surface, XPS survey **A10:** 577
flooding in secondary ion mass spectroscopy **M7:** 258
flux, impurity reduction **A15:** 451
freshwater corrosion, effect on. . . . **M1:** 733, 738
fugacity during active metal brazing **EM4:** 524–525
gas mass analysis of. . . . **A10:** 155
gas-metal arc welding shielding gas. . . . **A6:** 185
groups, causing stress-corrosion cracking . . **A11:** 207
high purity, as converter gas **A15:** 426
high-energy neutron irradiation of **A10:** 234
ignition, manned spacecraft **A13:** 1092
in austenitic stainless steels **A6:** 468
in copper alloys **A6:** 753
in electrical steels. . . . **A9:** 537
in engineering plastics **A20:** 439, 440
in flue gas, effects **A13:** 1200
in heat-resistant alloys. . . . **A4:** 512
in high-velocity oxyfuel powder spray process **A18:** 830
in inorganic solids, applicable analytical methods. . . . **A10:** 4, 6
in molten salts **A13:** 50
in silicon wafers, quantitative analysis of. . . . **A10:** 122–123
in steel, effect on nonmetallic inclusions . . . **A9:** 179
in titanium, determined **A10:** 231
in zirconium, role **A2:** 667
inert gas fusion systems for detecting **A10:** 226, 228–229, 231
influence on fracture toughness of Ti-6Al-4V **A8:** 480–481
influence on friction coefficient of clean iron surfaces. . . . **A18:** 32
inhibition, free radical cure systems. . . . **EL1:** 856
injection. . . . **A10:** 221
interaction coefficient, ternary iron-base alloys. . . . **A15:** 62
interstitial contamination. . . . **M6:** 463
isotopes, determination in explosive actuator **A10:** 625–626
isotopes in explosive actuator, SIMS determined **A10:** 625–626
-leak detector **A17:** 64
mean free path **A17:** 59
oxidation of copper films using. . . . **A10:** 609
oxyfuel gas cutting *See* Oxyfuel gas cutting
oxyfuel gas welding fuel gas. . . . **A6:** 281–282, 283, 284, 285, 287–288, 290
penetration, intergranular **A11:** 132
pickup in milling of electrolytic iron powders **M7:** 64, 65
plus water, loss on reduction (LOR) **M7:** 155
principal reactions with metals **A13:** 61
prior-particle boundary contamination. . . . **A19:** 28
purity, effect on cutting **A14:** 722
quenching of fluorescence. . . . **A10:** 79–80
reaction with liquid metals **A13:** 94–95
reactivity/oxidation potential **A6:** 64
reduction, annealing as **M7:** 182
removal **M7:** 180–181
removal, by solid state refining **A2:** 1094
removal from water. . . . **A13:** 482
role in polymerization and degradation reactions. . . . **EM3:** 620
scavenging **A11:** 615, **A13:** 482
sensors **EM3:** 609
shielding gas for plasma arc cutting **A6:** 1167
shielding gas properties. . . . **A6:** 64
shielding gas purity and moisture content . . . **A6:** 65
soil corrosion, effect on . . . **M1:** 725, 731, 739–740, 743
solubility, in copper alloys **A15:** 465
solubility, in seawater **A13:** 900
solubility in tantalum **A13:** 728–731
solubility in water **M1:** 733, 734
submerged arc welding
flux potential **M6:** 116–117
influence of flux on weld-metal content **M6:** 125
surface treatment for drills. . . . **A16:** 219
tolerance, tantalum weldment corrosion **A13:** 346–347
ultrahigh-purity. . . . **A10:** 224
uranium oxidation rate in **A13:** 813
use in high-temperature combustion **A10:** 221–222, 224
use in oxyfuel gas welding. . . . **M6:** 584
use in resistance spot welding. . . . **M6:** 486
valve thread connections for compressed gas cylinders. . . . **A6:** 1197
weld-metal content, underwater welding **A6:** 1010–1011
Oxygen acetylene powder method **A18:** 644
Oxygen acetylene rod method **A18:** 644
Oxygen arc cutting **A14:** 734
definition. . . . **M6:** 12, 919–920
Oxygen arc cutting (AOC)
definition. . . . **A6:** 1211
Oxygen blowing
for carbon and silicon removal **A15:** 78
Oxygen cell *See* Differential aeration cell
Oxygen concentration
as environmental factor of stress-corrosion cracking **A19:** 483
Oxygen concentration cell *See* Differential aeration cell
Oxygen content
and explosivity. . . . **M7:** 195, 196
and surface area of atomized aluminum powder **M7:** 130
effect of particle size **M7:** 37
effect on densification and expansion during homogenization **M7:** 315
effect on dynamic properties of forged parts **M7:** 415
effect on sintering. . . . **M7:** 372
in superalloy powders. . . . **M7:** 434
in uranium dioxide fuel. . . . **M7:** 665
of water-atomized metal powders. . . . **M7:** 37
tested by hydrogen loss testing. . . . **M7:** 246–247
Oxygen content of
copper alloys, effects on microstructure. . . . **A9:** 405–406
of copper alloy wirebar, controlling **A9:** 642
Oxygen corrosion *See also* Oxygen
control, oil/gas production **A13:** 1246
dry, copper/copper alloy resistance. . . **A13:** 632–633
from waterfloods, oil/gas wells. . . . **A13:** 482
oil/gas production **A13:** 1232
Oxygen cutter
definition **A6:** 1211, **M6:** 12
Oxygen cutting. . . . **A14:** 720–729
definition **M6:** 12
Oxygen cutting operator
definition **A6:** 1211, **M6:** 12
Oxygen deficiency
definition. . . . **A5:** 962
Oxygen gouging
definition **A6:** 1212, **M6:** 12
Oxygen grooving
definition. . . . **A6:** 1212
Oxygen in steel. . . . **M1:** 116
notch toughness, effect on. . . . **M1:** 694
steel sheet, effect on formability **M1:** 556
Oxygen index
polyether-imides (PEI). . . . **EM2:** 157

SUBJECTS OF THE INDEXED VOLUMES: ASM Handbook (designated by the letter "A"): **A1:** Properties and Selection: Irons, Steels, and High-Performance Alloys (1990); **A2:** Properties and Selection: Nonferrous Alloys and Special-Purpose Materials (1990); **A3:** Alloy Phase Diagrams (1992); **A4:** Heat Treating (1991); **A5:** Surface Engineering (1994); **A6:** Welding, Brazing, and Soldering (1993); **A7:** Powder Metal Technologies and Applications (1998); **A8:** Mechanical Testing (1985); **A9:** Metallography and Microstructures (1985); **A10:** Materials Characterization (1986); **A11:** Failure Analysis and Prevention (1986); **A12:** Fractography (1987); **A13:** Corrosion (1987); **A14:** Forming and Forging (1988); **A15:** Casting (1988); **A16:** Machining (1989); **A17:** Nondestructive Evaluation and Quality Control (1989); **A18:** Friction, Lubrication, and Wear Technology (1992); **A19:** Fatigue and Fracture (1996); **A20:** Materials Selection and Design (1997). **Metals Handbook, 9th Edition** (designated by the letter "M"): **M1:** Properties and Selection: Irons and Steels (1978); **M2:** Properties and Selection: Nonferrous Alloys and Pure Metals (1979); **M3:** Properties and Selection: Stainless Steels, Tool Materials, and Special-Purpose Materials (1980); **M4:** Heat Treating (1981); **M5:** Surface Cleaning, Finishing, and Coating (1982); **M6:** Welding, Brazing, and Soldering (1983); **M7:** Powder Metallurgy (1984). **Engineered Materials Handbook** (designated by the letters "EM"): **EM1:** Composites (1987); **EM2:** Engineering Plastics (1988); **EM3:** Adhesives and Sealants (1990); **EM4:** Ceramics and Glasses (1991). **Electronic Materials Handbook** (designated by the letters "EL"): **EL1:** Packaging (1989)

Oxygen interstitials
effect on fracture toughness of titanium alloys **A19:** 387
Oxygen lance
defined **A15:** 9
definition **A6:** 1212, **M6:** 12
Oxygen lance cutting
definition **M6:** 12
Oxygen lance cutting (LOC)
definition **A6:** 1212
Oxygen lancing
definition **A6:** 1212
in oxygen top and bottom blowing. . . **A15:** 428–429
steelmaking **A15:** 366
Oxygen, max
chemical compositions per ASTM specification B550-92 . . . . . **A6:** 787
Oxygen plasma dry ashing
for sample dissolution **A10:** 167
Oxygen probes
atmospheres **M4:** 428–429
for monitoring endo gas in sintering atmospheres **M7:** 343
Oxygen quenching of fluorescence **A10:** 79–80
Oxygen removal *See also* Deoxidation; Oxygen
by VID processing **A15:** 439
from ferrous melts **A15:** 74, 78–79
Oxygen sensors **EM4:** 1131–1138
applications **EM4:** 1131
challenges for future developments **EM4:** 1138
characteristics of sensor response **EM4:** 1135–1136
materials considerations and processing techniques **EM4:** 1136–1138
operational and environmental effects on sensor performance **EM4:** 1136
principle of operation **EM4:** 1131
semiconductor (conductimetric) sensors **EM4:** 1134–1135, 1136
solid electrolyte sensors **EM4:** 1131, 1134, 1135–1136, 1137, 1138
Oxygen top and bottom blowing **A15:** 428–429
Oxygenation
of pure water **A8:** 421
Oxygen-containing coppers
brazing **A6:** 931
Oxygen-flask combustion *See* Schöniger flask method
Oxygen-free copper *See also* Copper alloys, specific types, C10100 and C10200; Copper alloys, specific types, C10200 . . . . . **A6:** 752
dispersion-strengthened **M7:** 713
effect of impurities on conductivity **M7:** 106
electronic applications **A6:** 998
gas-metal arc welding **A6:** 759–760
impurities effect on electrical conductivity **A7:** 132
thermal conductivity **A6:** 754
weldability **A6:** 753
Oxygen-free coppers *See also* Copper; Copper alloys; Wrought coppers and copper alloys
applications and properties **A2:** 265–268
characteristics **A2:** 230
Oxygen-free electronic copper *See also* Copper alloys, specific types, C10100
applications and properties **A2:** 265
Oxygen-free extra-low-phosphorus copper *See also* Copper alloys, specific types, C10300
applications and properties **A2:** 265
Oxygen-free halogen glasses
electrical properties **EM4:** 853
Oxygen-free high conductivity (copper) (OFHC)
composition **A20:** 391
properties **A20:** 391
Oxygen-free high conductivity (OFHC) copper
as braze material for ceramic/metal seal **EM4:** 538
Oxygen-free high-conductivity copper
fatigue test fracture surfaces **A12:** 401
Oxygen-free high-purity copper
anode and rack material for use in copper plating **A5:** 175
Oxygen-free low-phosphorus copper *See also* Copper alloys, specific types, C10800
applications and properties **A2:** 268–269
Oxygen-free silver copper *See also* Copper alloys, specific types, C10400, C10500 and C10700
applications and properties **A2:** 267–268
Oxygen-plasma chemical etching of carbon- carbon composites **A9:** 591
Oxyhalide glasses
electrical properties **EM4:** 851, 852
structural role of components **EM4:** 845
structures **EM4:** 846
Oxyhydrogen cutting
definition **M6:** 12
Oxyhydrogen gas
torch brazing **M6:** 1039
Oxyhydrogen welding
definition **M6:** 12
Oxyhydrogen welding (OHW)
definition **A6:** 1212
Oxyhydroxide boehmite **EM3:** 262
Oxynatural gas **A6:** 121, **M6:** 901–903
torch brazing of copper **M6:** 1039
Oxynatural gas cutting
definition **M6:** 12
Oxynitride gels **EM4:** 210, 211
Oxynitride glasses **EM4:** 22
Oxyplex formation
in radiation curing **EL1:** 857
Oxypropane cutting
definition **M6:** 12
Oxypropane gas **M6:** 902–904
torch brazing of steel **M6:** 1039
Oxypropylene gas cutting **M6:** 903–905
Oxysulfides
machinability of carbon and alloy steels. . **A16:** 672, 675
OXYWEAR computer program **A18:** 280, 283, 285–286, 288
O-Y (Phase Diagram) . . . . . **A3:** 2•326
Ozocerite
as investment casting wax **A15:** 253
Ozone
defined **A13:** 10
fume generation from arc welding **A6:** 68
Ozone abatement
industrial processes and relevant catalysts. . **A5:** 883
Ozone depletion **A20:** 101, 102, 131, 138
Ozone resistance
silicone-base coatings **EL1:** 773, 822
thermoplastic polyurethanes (TPUR) **EM2:** 206
Ozone-depleting chemicals **A5:** 930, 931
Ozone-depleting compounds **A5:** 914, 936
O-Zr (Phase Diagram) . . . . . **A3:** 2•326
"Oztelloy" process **A5:** 271

P

1,2-Propylenimine (2-methyl aziridine)
hazardous air pollutant regulated by the Clean Air Amendments of 1990 . . . . . **A5:** 913
1,3-Propane sultone
hazardous air pollutant regulated by the Clean Air Amendments of 1990 . . . . . **A5:** 913
P *See* Phosphorescence; Polarization
***p* chart analysis** **A7:** 701–701
P grades, pressure pipe
composition **M1:** 324
tensile properties **M1:** 325
P polarization *See* Polarization
P/M *See also* Powder metallurgy.
defined **M7:** 8
P/M aluminum alloys *See also* Aluminum alloys; Aluminum; P/M aluminum alloys, specific types **A13:** 838–842
experimental **A12:** 440
fractographs **A12:** 440
fracture/failure causes illustrated **A12:** 217
high-performance classes **A13:** 839–842
P/M aluminum alloys, specific types
Al-4.2Mg-2.1Li, corrosion-fatigue cracking **A12:** 440
Al-4.2Mg-2.1Li, fracture along powder particle boundaries **A12:** 440
P/M forging *See also* Forging **M1:** 339–346
P/M friction materials *See also* Copper P/M products; Powder metallurgy
defined **A2:** 398–400
P/M injection molding (MIM) process
for cermets **A2:** 984–985
P/M materials *See* Powder metallurgy alloys; Powder metallurgy materials
P/M molybdenum alloy
fatigue fracture probability curves **A8:** 253
threshold stress intensity **A8:** 256
P/M parts *See* Part(s); Powder metallurgy parts
P/M processing
superalloys **M3:** 214–216
P/M stainless steels *See* Sintered (porous) P/M stainless steels
P/M steels
alloying elements **M1:** 333, 337–339
ASTM designations **M1:** 330, 332, 333
blending **M1:** 331
carbon content **M1:** 333, 336–338, 340, 342
carbonitriding **M1:** 342, 343
compacting **M1:** 329, 331
composition **M1:** 333, 334–339
compressibility **M1:** 327–330
copper content **M1:** 333, 337, 340
density designations **M1:** 333
fatigue data **M1:** 334–335, 337, 342, 346
green strength **M1:** 131, 330, 345
heat treatment **M1:** 339–343, 343–346
hot forming **M1:** 339–346
infiltration **M1:** 339, 342, 343
maraging steels **M1:** 449
mechanical properties **M1:** 329, 332–346
modulus of elasticity **M1:** 334–335, 339, 340
MPIF designations **M1:** 330, 332, 333
nickel content **M1:** 333, 337, 342, 343
oxide content in powder, test for **M1:** 330
particle size **M1:** 328, 330
phosphorus content **M1:** 338
physical properties **M1:** 329, 333–337, 340, 343–346
porosity **M1:** 334–337, 343, 344
powder characteristics **M1:** 327–331
process capabilities **M1:** 327
re-pressing **M1:** 339, 343, 345
SAE designations **M1:** 332, 333
secondary operations **M1:** 331–332
sintering **M1:** 329, 330–331
sulfur content **M1:** 338
tempering temperature, effect of **M1:** 344
testing **M1:** 327–331
P/M superalloys *See also* Superalloys **A13:** 834–838
aerospace applications **A13:** 836
compositions **A13:** 837
cyclic oxidation resistance **A13:** 839
P/M Technology Newsletter **M7:** 19
P/M tool steel alloys *See* Tool steel alloys, specific types
P/M tool steels *See* Tool steels; Tool steels, specific types
P1, P2, P3, etc *See* Tool steels, specific types
P-658RC (carbon-graphite)
properties **A18:** 549, 551
P-692
properties **A18:** 549
P-1700 thermoplastic **EM1:** 99
PA *See* Polyamides
PA P/M technology *See* Prealloyed titanium P/M compacts/products
PA101 . . . . . **A7:** 887, 893, 894, 895
PAC 78 computer program for structural analysis **EM1:** 268, 272
Pacemaker, heart
as hybrid medical application **EL1:** 387
Pacific Ocean **A13:** 895, 897–898, 901
Pack aluminized coatings **A20:** 480
Pack (can)
for rolling titanium and nickel-base alloys **A14:** 356
Pack carburization
for case hardening **M7:** 453
Pack carburized steels **A9:** 224
Pack carburizing. . . **A4:** 262, 263, **A18:** 873, **A20:** 481, 482–483, 487
advantages **A4:** 325, **M4:** 222
applications **A4:** 326, **M4:** 224
carbon potential **A4:** 325–326, 327, **M4:** 223
case depth **A4:** 325, 326, 328, **M4:** 224
characteristics compared **A20:** 486
characteristics of diffusion treatments **A5:** 738
compound selection **A4:** 325, **M4:** 223
compounds, carburizing **A4:** 325, **M4:** 222–223
containers **A4:** 325, 326, 327, 328, **M4:** 225
definition **A5:** 962
disadvantages **A4:** 325, **M4:** 222
distortion **A4:** 325, 326, 327, **M4:** 224
furnaces **A4:** 326–327, **M4:** 224–225

728 / Pack carburizing

Pack carburizing (continued)
packing. **A4:** 327–328, **M4:** 225–226
process **A4:** 325, 327, **M4:** 222–223
selective carburizing **A4:** 328, **M4:** 223
steel, effect of composition **A4:** 326, **M4:** 223
temperature **A4:** 325, 326, **M4:** 223
time, relation to case depth **A4:** 325, 326, **M4:** 223, 224

work-load densities **A4:** 327

Pack cementation
aluminum coating **M5:** 340
ceramic coating. **M5:** 542–544
chemical vapor deposition of nonsemiconductor materials. **A5:** 511–512, 513
chromium coating. **M5:** 383
definition. **A5:** 962
equipment **M5:** 543–544
high-pressure, oxidation-resistant
coating **M5:** 664–666
oxidation protective coatings. . . . **M5:** 377–378, 380
oxidation-resistant coatings. **M5:** 664–666
process steps **M5:** 543
refractory metals and alloys **A5:** 861
surface preparation for **M5:** 542–543

Pack cementation aluminizing **A5:** 611–613, 615, 616–617
steels **A5:** 617–620

Pack cementation chromizing **A5:** 613, 615

Pack cementation process **A20:** 480, 481, 487

Pack cementation siliconizing **A5:** 611, 613–614

Pack diffusion
aluminum coating, steel. **M5:** 340–341
colorizing **M5:** 340
oxidation protective coatings **M5:** 377, 380
reaction agents and products **M5:** 340

Pack mounting of aluminum alloys **A9:** 352

Package
defined **EM1:** 17
forming glass fiber **EM1:** 108

Package design
connectors **EL1:** 23
electronic. **EL1:** 25–26
finite-element, software. **EL1:** 954

Package failures
hermetic and nonhermetic **A11:** 767
integrated circuits. **A11:** 766
plastic, integrated circuit chip in. **A11:** 767

Package families
level 1 packages. **EL1:** 403–404

Package forms
cavity packages. **EL1:** 452
flatpacks **EL1:** 451
packages without leads **EL1:** 452
plug-in. **EL1:** 451–452

Package moisture content analysis **A13:** 1117
as advanced failure analysis
technique **EL1:** 1106–1107

Package parasitics **EL1:** 952
effects of **EL1:** 18
lumped vs. distributed view of **EL1:** 418–419

Package reliability *See also* Reliability
environmental factors **EL1:** 45–46, 65–67
mechanical factors **EL1:** 45–46, 55–65
thermal factors. **EL1:** 45–55

Package rolling
electrical contact materials **A7:** 1029

Package sealing
and decapsulation **EL1:** 243
and passivation coatings **EL1:** 237–248
by brazing. **EL1:** 237–239
by polymer coating/encapsulation. . . . **EL1:** 239–243
by soldering **EL1:** 237–239
by welding **EL1:** 237–238
methods **EL1:** 237–243

Package-level physical test methods
analytical considerations. **EL1:** 928
and residual gas analysis **EL1:** 927
data interpretation. **EL1:** 928
die attach tests. **EL1:** 931–934

environmental testing. **EL1:** 935–938
equipment and techniques. **EL1:** 927–928
fine and gross hermeticity tests **EL1:** 929–930
particle impact noise detection
(PIND) **EL1:** 930–931
wire bond strength tests. **EL1:** 934–935

Package(s)
application of composites in **EL1:** 1126–1128
as limiting high-performance systems. **EL1:** 39
capacitance **EL1:** 7
cavity **EL1:** 448, 452
cavity, solutions for. **EL1:** 448
ceramic. **EL1:** 203–206, 454
chip-level, elimination of **EL1:** 407
construction elements **EL1:** 471
cracking, and stress **EL1:** 480
crystal, metal can as **EL1:** 979
defined. **EL1:** 1152
development **EL1:** 446
differences, and failure mechanisms **EL1:** 961–962
discrete semiconductor **EL1:** 422–435
electrical effect **EL1:** 76
final design. **EL1:** 523–526
flatpacks **EL1:** 451
hermetic **EL1:** 213–217, 453
hermeticity, and gas analysis. **EL1:** 1062–1066
hybrid, forms of **EL1:** 451–452
integrated circuit, material properties **EL1:** 207
introduction **EL1:** 397
key-parameter trends. **EL1:** 409
level 1, design of. **EL1:** 401–403
metal **EL1:** 237–238, 453–454
microwave. **EL1:** 453
options, high-frequency digital systems **EL1:** 76–77
optoelectronic circuits. **EL1:** 453
performance ranking **EL1:** 404
physical size, reduced **EL1:** 25
plastic. **EL1:** 209–212, 245–246, 454, 471
plastic dual-in-line (PDIP) **EL1:** 210
plastic leaded chip carrier (PLCC) **EL1:** 209
plastic, materials in. **EL1:** 210–212
plastic pin-grid array (PGA) **EL1:** 210
plastic quad flatpack. **EL1:** 209–210
plastic-body **EL1:** 427–428
plastic-encapsulated. **EL1:** 217–221
plug-in. **EL1:** 451–452
power hybrid **EL1:** 452–453
radio-frequency (RF). **EL1:** 428–429
sealing methods **EL1:** 237–243
second-layer, materials and processes
selection **EL1:** 113–117
side-brazed, outline **EL1:** 205
single-in-line (SIP) **EL1:** 210
small-outline **EL1:** 209
small-signal **EL1:** 422–424, 452
substrates and **EL1:** 203–212
thermal expansion mismatch problem **EL1:** 611
thermal resistance. **EL1:** 409, 412–413
thick-film hybrid technology **EL1:** 206–208
visual examination of **EL1:** 1058
with metal-matrix composites. **EL1:** 1126–1128
without leads, as hybrid package form. . . . **EL1:** 452

Packaging *See also* Electronic packaging;
Mechanical packaging; Packages **EM3:** 45
alternatives, second-level packages **EL1:** 116
aluminum and aluminum alloys **A2:** 10
aluminum foil, vapor barrier penetration **A13:** 108
applications, steel wire. **M1:** 264
architecture, design/materials of **EL1:** 1
architecture/system, design and materials . . . **EL1:** 1
beryllium **A13:** 810
bipolar junction transistor
technology **EL1:** 195–196
chip-level, overview of **EL1:** 398–407
costs of. **EM2:** 650
customized **EL1:** 440–441
defects, through-hole packages. **EL1:** 979
defined. **EL1:** 398
dense VLSI **EL1:** 269–270

digital integrated circuits **EL1:** 172–174
elimination of. **EL1:** 449
failure mechanisms **EL1:** 957
fields of **EL1:** 398
filiform corrosion. **A13:** 107
for quality. **EL1:** 441–448
future trends **EL1:** 45, 390–396
goals and purposes **EL1:** 18, 449
hierarchical levels, defined **EL1:** 12–13, 397
in active component fabrication **EL1:** 199
inhibitor applications. **A13:** 525
inhibitors used in **M1:** 757
innovative solutions **EL1:** 448
integrated circuit, automatic optical
inspection **EL1:** 941
integrated circuit chip **A11:** 775
interconnect (P/1) structure, thermal
expansion. **EL1:** 611
levels of **EL1:** 12–13, 397
materials **EL1:** 1041
materials, integrated circuit, analyses of . . **A11:** 783
mechanical, factors **EL1:** 21
military, future trends **EL1:** 392–393
molybdenum powders **M7:** 156
of digital ICs, future trends **EL1:** 177
of hybrid microcircuits. **EL1:** 259–260
of silicon chips, as interconnection level . . . **EL1:** 13
of tungsten powders **M7:** 154
polymide coatings in. **EL1:** 770–771
-related failure mechanisms **EL1:** 974
reliability. **EL1:** 127
requirements, modeling **EL1:** 15–16
selection. **EL1:** 128
semiconductor, defined. **EL1:** 397
system-level, multichip **EL1:** 2
thermal expansion mismatch problem **EL1:** 611
thermal stress in **EL1:** 56–59
three-dimensional. **EL1:** 441
trends **EL1:** 45, 390–396
wafer-scale integration. **EL1:** 270, 272–273

Packaging and container applications
wire for **A1:** 282

Packaging applications *See also* Electronic packaging
applications
high-impact polystyrenes (PS,
HIPS) **EM2:** 194–195
of parts design **EM2:** 616–617
polyether-imides (PEI). **EM2:** 156
properties of **EM2:** 457
styrene-acrylonitriles (SAN, OSA, ASA). . **EM2:** 215

Packaging density
analysis **EL1:** 13–14
by through-hole vs. surface mount
technologies. **EL1:** 730
defined. **EL1:** 1152
factors **EL1:** 438–440
polymer matrix composites **EL1:** 1117–1118
wiring capacity. **EL1:** 13–14

Packaging **(formerly** *Modern Packaging)* **EM3:** 66

Packaging materials *See also* Materials; Materials
analysis; Materials and electronic phenomena;
Materials selection **EL1:** 104
composites **EL1:** 1122–1125
CTEs for **EL1:** 58
dielectric constants of **EL1:** 21

Packaging systems
coreless induction furnaces. **A15:** 371

Packed density *See also* Density **M7:** 8
increasing **M7:** 296
of ceramic powders. **M7:** 297
types of. **M7:** 297

Packet **A20:** 373

Packet size **A20:** 373, 374, 377

Packing *See also* Packaging; Packed
density **A20:** 257, **M7:** 8, 296–297
in HIP processing **M7:** 426
into metal cans **M7:** 517

Packing density **M7:** 8, 426
in HIP processing **M7:** 426

SUBJECTS OF THE INDEXED VOLUMES: ASM Handbook (designated by the letter "A"): **A1:** Properties and Selection: Irons, Steels, and High-Performance Alloys (1990); **A2:** Properties and Selection: Nonferrous Alloys and Special-Purpose Materials (1990); **A3:** Alloy Phase Diagrams (1992); **A4:** Heat Treating (1991); **A5:** Surface Engineering (1994); **A6:** Welding, Brazing, and Soldering (1993); **A7:** Powder Metal Technologies and Applications (1998); **A8:** Mechanical Testing (1985); **A9:** Metallography and Microstructures (1985); **A10:** Materials Characterization (1986); **A11:** Failure Analysis and Prevention (1986); **A12:** Fractography (1987); **A13:** Corrosion (1987); **A14:** Forming and Forging (1988); **A15:** Casting (1988); **A16:** Machining (1989); **A17:** Nondestructive Evaluation and Quality Control (1989); **A18:** Friction, Lubrication, and Wear Technology (1992); **A19:** Fatigue and Fracture (1996); **A20:** Materials Selection and Design (1997). **Metals Handbook, 9th Edition** (designated by the letter "M"): **M1:** Properties and Selection: Irons and Steels (1978); **M2:** Properties and Selection: Nonferrous Alloys and Pure Metals (1979); **M3:** Properties and Selection: Stainless Steels, Tool Materials, and Special-Purpose Materials (1980); **M4:** Heat Treating (1981); **M5:** Surface Cleaning, Finishing, and Coating (1982); **M6:** Welding, Brazing, and Soldering (1983); **M7:** Powder Metallurgy (1984). **Engineered Materials Handbook** (designated by the letters "EM"): **EM1:** Composites (1987); **EM2:** Engineering Plastics (1988); **EM3:** Adhesives and Sealants (1990); **EM4:** Ceramics and Glasses (1991). **Electronic Materials Handbook** (designated by the letters "EL"): **EL1:** Packaging (1989)

Packing density, mold
and grain size distribution **A15:** 208
Packing, geometry of **A20:** 280
Packing material *See also* Packaging; Packed density; Packing **M7:** 8
Packing out **EM3:** 718–719
Packless-type hydraulic testing machine **A8:** 613
Packout rust formation
weathering steels **A13:** 519
Pad
defined **A14:** 9
Pad lubrication
defined **A18:** 14
Padding
defined **A15:** 9, 781
Paddle mixer **M7:** 8
Paddle mixers
development of **A15:** 32
Padlock body, net-shape steel **A7:** 1108
Pads **A18:** 569
capacitance, chip edge effects **EL1:** 7
design of **EL1:** 520
printed board coupons **EL1:** 576
PAEK *See* Polyaryletherketone; Polyaryletherketones
PAFEC computer program for structural analysis **EM1:** 268, 272
Pagers
as telecommunication hybrid application **EL1:** 383
Pahl and Beitz method **A20:** 291, 293–295
comparison **A20:** 292
description **A20:** 293
example **A20:** 294, 295
materials properties **A20:** 295
method **A20:** 293
sample objective tree structure **A20:** 293
value scales **A20:** 294
PAI *See* Polyamide-imide; Polyamide-imide resins
Paint
14 KRS-5 ATR spectrum **A10:** 121
adherence, effect of surface carbons on . . . **A10:** 224
automobile, NAA forensic studies of **A10:** 233
definition **A5:** 962
dissolved in methylene chloride solvent, ATR analysis **A10:** 121
for gage marks **A8:** 548
potassium, calcium, and titanium determination in **A10:** 98
selection of paints for heat, impact, and marring resistance **A5:** 423
strippers, hydrogen embrittlement testing for **A8:** 541
synergistic protective effect in atmospheric exposure **A5:** 717
temperature-sensitive, for ultrasonic testing **A8:** 247
Paint adhesion
on a scribed surface test **A13:** 220
Paint and painting **M5:** 471–508
abrasion resistance **M5:** 490–491
abrasive blasting process, wire brushing compared with **M5:** 476
acrylic resins and coatings **M5:** 473–474, 498, 500, 504
adhesion **M5:** 490, 492
advantages and limitations of, various systems **M5:** 471–472, 483–484
air-oxidizing coatings **M5:** 500–501
alkyd resins and coatings **M5:** 473–474, 495, 498–499, 505
modified **M5:** 475, 498–499
aluminum and aluminum alloys . . **M5:** 17, 19, 457, 606–607, 609
pretreatment for **M5:** 17, 457
shipping of **M5:** 19
application viscosity and efficiency . . . **M5:** 493–494
applying, methods of *See also* specific methods by name **M5:** 474, 477–486, 492, 502
limitations **M5:** 474
autophoretic paints **M5:** 472
baking *See* Paint and painting, curing methods
beading **M5:** 493
blistering **M5:** 489, 491, 493, 495
brittleness **M5:** 489, 493
brushing and rolling processes **M5:** 489, 493
equipment **M5:** 503
checking **M5:** 493
chemical resistance **M5:** 474–475
chemically reactive paints **M5:** 500–501
chlorinated rubber resins and coatings . . . **M5:** 473–475, 495, 498, 500–502, 505
coal tar resins and coatings **M5:** 495, 500–502, 504–505
color defects **M5:** 489, 493
color testing **M5:** 490–491, 499
composition and characteristics **M5:** 497–500
corrosion protection . . **M5:** 474–476, 491, 500–501, 504
cost factors **M5:** 474, 494, 504
coverage, calculating **M5:** 494
cracking and cratering **M5:** 493
curing methods, paint films **M5:** 479, 486–489, 505–506
batch ovens, direct- and indirect-fired . . . **M5:** 487
coatings classified by **M5:** 500–501
continuous ovens, convection and radiant **M5:** 487–488
convection baking time and temperature **M5:** 479, 488
defects attributable to improper baking and corrections **M5:** 488–489
equipment other than ovens **M5:** 488–489
heat recovery **M5:** 488
high velocity ovens **M5:** 488
prebake solvent evaporation **M5:** 488
curtain coating process **M5:** 482–483, 494
equipment **M5:** 482–483
defects, paint films **M5:** 488–489, 492–493
dipping process **M5:** 480, 494
agitation used in **M5:** 480
equipment **M5:** 481–482, 503
dry film tests **M5:** 490–491
durability, film **M5:** 476–477
electrocoating process **M5:** 483–484, 494
cathodic systems **M5:** 474, 484
equipment **M5:** 484–485
resins used **M5:** 483
electrophoretic paints **M5:** 472
elongation properties, film **M5:** 491
enamel *See also* Porcelain enameling **M5:** 495, 501, 503
environmental precautions **M5:** 472–473, 491, 494
epoxy resins and coatings . . **M5:** 498–499, 501–505
equipment
batch ovens, direct- and indirect-fired **M5:** 487–488
brushing and rolling **M5:** 503
continuous ovens, convection and radiant **M5:** 487–488
curing ovens and other equipment . . **M5:** 487–489
curtain coating **M5:** 473, 482–483
dipping **M5:** 480–487
electrocoating **M5:** 484–485
flow coating **M5:** 481–482
powder coating **M5:** 484–486
roller coating **M5:** 482
spraying **M5:** 479–480
exterior-exposure tests **M5:** 491
flow coating process **M5:** 481–482, 494
equipment **M5:** 481–482
fluorocarbon resins **M5:** 473
functions, basic **M5:** 473–475
gloss defects **M5:** 489, 493
gloss testing **M5:** 490–491
glossary of terms **M5:** 495–497
hardness, film **M5:** 490, 492
high-solids paints **M5:** 472
hot dip galvanized coatings
painting over **M5:** 331–332
impact resistance **M5:** 492
lacquer *See* Lacquer and lacquering
linseed oil **M5:** 498
magnesium alloys **M5:** 629, 647–648
maintenance program **M5:** 507
marine atmospheres **M5:** 474, 492
matte surfaces, exposed **M5:** 332
mechanical resistance **M5:** 474–475
multiple layer application, compatability parameters **M5:** 500–501
nitrocellulose resins and coatings **M5:** 473–503
oleoresinous coatings . . **M5:** 498–499, 501, 503, 505
phenolic resins and coatings **M5:** 473–474, 478, 498–499, 501
phosphate coating bases for **M5:** 434–436, 442, 448–450, 454–456, 476–478
pigments, contamination by, vapor degreasing solvents **M5:** 48
pinholing **M5:** 489, 493
polyester resins and coatings . . . **M5:** 478, 483, 496, 502
polyurethane resins **M5:** 473, 498–500, 503
powder coating process **M5:** 485–486, 494
electrostatic spray application **M5:** 485
equipment **M5:** 485–486
fluidized bed methods, conventional and electrostatic **M5:** 485–486
powder paint **M5:** 472
prepaint treatments **M5:** 476, 478
primer *See* Primer
quality control **M5:** 489–492, 505–507
radiation cure coatings **M5:** 486
regulations governing **M5:** 472, 494
resins **M5:** 472–473, 483, 495–500, 503
roller coating (machine) process **M5:** 482, 494
equipment **M5:** 482
rust, effects of **M5:** 473, 499, 503
pictorial representation of rust classification **M5:** 499, 503
safety precautions **M5:** 472, 494
sagging **M5:** 493
sampling and testing, coating material, preapplication **M5:** 505
service environment effects of **M5:** 472–473
silicone alkyd coatings **M5:** 474, 500–501
silicone resins and coatings **M5:** 473–475
spraying process **M5:** 477–480, 485–486, 494
airless **M5:** 478–494
electrostatic **M5:** 478–480, 485–486, 494
equipment **M5:** 478–479
hot **M5:** 477
spreading rate **M5:** 494
steel **M5:** 474–477, 481, 499, 504–505
stripping of **M5:** 19
storage, materials **M5:** 505–506
stripping methods **M5:** 18–19, 648
abrasive **M5:** 18–19, 648
brush on, wipe on, or squirt on **M5:** 18–19
immersion **M5:** 18–19
spray **M5:** 18–19
structural design, workpiece effects of **M5:** 476, 504–505
substrate and surface conditions effects of **M5:** 473
surface preparation **M5:** 5, 17, 332, 476, 478, 503–505
inspection procedures **M5:** 499, 503
methods, summary of **M5:** 505–506
smoothness parameters **M5:** 476
system selection **M5:** 472–475, 504
examples of **M5:** 474–475
temperature **M5:** 482, 488–490
terminology, glossary of **M5:** 495–497
tests **M5:** 489–492, 505–507
coating materials, preapplication **M5:** 505
coatings, monitoring and evaluating **M5:** 489–492
thickness, coat **M5:** 483, 489–491, 493
dry film, testing **M5:** 490–491
wet film, testing **M5:** 492
tumble coating process **M5:** 500
two-component coatings **M5:** 472, 500–502
types of paint used **M5:** 471–472, 500–503
urethane resins and coatings **M5:** 474, 498, 502–505
varnish **M5:** 497–499, 503
vinyl resins and coatings . . . **M5:** 474–475, 497–498, 500–502, 505
viscosity **M5:** 482, 489–490, 493–494
volume solids content, coating **M5:** 494
water-borne paints **M5:** 471–472, 500–501
weathering tests, artificial **M5:** 491
wet film tests **M5:** 490, 492
wire brushing process, abrasive blasting compared with **M5:** 476
wrinkling **M5:** 489, 493
zinc coatings
inorganic **M5:** 475, 501–505
organic **M5:** 502, 505
Paint base
aluminum coating, suitability **M1:** 173
galvanized steel for **M1:** 169, 170

Paint base (continued)
long terne sheet **M1:** 174
phosphate coating for **M1:** 174–175
preprimed steel sheet **M1:** 175
Paint coatings **A20:** 550, 551
Paint films, curing of **A5:** 432–435
batch ovens **A5:** 432–433
continuous ovens **A5:** 433
convection baking time and temperature **A5:** 433–434
convection continuous ovens **A5:** 433
defect causes and corrections associated with baking **A5:** 434
direct-fired, batch ovens **A5:** 433
heat recovery **A5:** 433
high-velocity ovens **A5:** 433
indirect-fired batch ovens **A5:** 433
prebake solvent evaporation **A5:** 434
radiant continuous ovens **A5:** 433
Paint industry applications
quality control design **A17:** 733–734
Paint mitts
for paint application **A13:** 415
Paint stripping **A5:** 14–16
cold stripping **A5:** 16
hot stripping **A5:** 15–16
methods **A5:** 14, 15
molten salt bath cleaning **A5:** 39, 42
Paint systems **EM3:** 640–641
coating system selection **EM3:** 640–641
failure **EM3:** 640
function **EM3:** 640
moisture effect **EM3:** 640–641
top coats **EM3:** 41
types **EM3:** 640
Paintability
phosphate coatings **A13:** 385
Paintbrush transducer contact-type ultrasonic search units **A17:** 258
Painted weathering steels **A13:** 519–520
Painting **A5:** 421–446
advantages **A5:** 421, 422
alloy steels, with zinc-rich paints **A5:** 729–731
aluminum and aluminum alloys **A5:** 800–802
application efficiency of painting methods **A5:** 439
application limitations **A5:** 423
applications of coating resins **A5:** 422
as manufacturing process **A20:** 247
autophoretic paints **A5:** 422
carbon steels, with zinc-rich paints **A5:** 729–731
cleaning as surface preparation **A5:** 424–425
corrosion resistance **A5:** 421, 423
cost **A5:** 423–424
cost calculation **A5:** 438–439
coverage calculation **A5:** 438–439
curing of paint films **A5:** 432–435
curtain coating **A5:** 429–430
defects, common causes of **A5:** 437–438
definition **A5:** 421
design effects **A13:** 340
design limitations for organic finishing processes **A20:** 822
dip painting **A5:** 427–428
disadvantages **A5:** 421, 422
electrocoating **A5:** 430–431
electrophoretic paints **A5:** 421–422
enamels **A5:** 421
environmental precautions **A5:** 439
examples of selection **A5:** 424
ferrous P/M alloys **A5:** 765
flow coating **A5:** 428–429
function, basic **A5:** 423
galvanized steel **A5:** 716–717, **A13:** 442
high-solids paints **A5:** 422
lacquers **A5:** 421
magnesium alloys **A5:** 833–834
of shafts **A11:** 459
of zinc castings **A15:** 796
organic pretreatments **A5:** 425–426
phosphate coatings **A5:** 425
powder coating **A5:** 431–432
powder paints **A5:** 422
prepaint treatments **A5:** 425–426
properties of coating resins **A5:** 422
published standards, safety and environmental precautions **A5:** 439
quality control **A5:** 435–438
radiation cure coatings **A5:** 434–435
resistance to mechanical or chemical action **A5:** 423
roller coating **A5:** 429
safety and health hazards **A5:** 439
selection of a paint system **A5:** 422–424
service environment **A5:** 423
spray, coating application **A13:** 415–416
spraying **A5:** 425, 426–427, 428
spreading rate **A5:** 438
stainless steels **A5:** 756
structural steel **A5:** 439–446
substrate and surface condition **A5:** 423
surface preparation **A5:** 424
surface smoothness **A5:** 425
test methods for paint and painted surfaces **A5:** 435
tumble coating **A5:** 430
types of paints **A5:** 421–422
volatile organic compounds (VOCs) **A5:** 439
volume solids content **A5:** 438
water-borne paints **A5:** 421
zinc alloys **A2:** 530, **A5:** 872–873
Painting, magnetic *See* Magnetic painting
Painting of structural steel **A5:** 439–446
acrylic resins **A5:** 442
air-oxidized coatings **A5:** 442
alkyd resins **A5:** 440
brush application procedures **A5:** 443
characteristics of organic coatings **A5:** 439–442
chlorinated rubber resins **A5:** 442
classification of paints according to methods of cure **A5:** 442
coating system, selection of **A5:** 444
composition of organic coatings **A5:** 439–442
designations of surface preparation methods for painted coatings **A5:** 441
economic factors **A5:** 444
environmental concerns **A5:** 446
epoxy resins **A5:** 440
estimated life of paint systems **A5:** 444
galvanized steel **A5:** 444
hand roller application **A5:** 443–444
lacquers **A5:** 442
linseed oil **A5:** 439–440
maintenance program **A5:** 446
material storage **A5:** 446
oleoresinous varnishes **A5:** 440
paint application **A5:** 443
paint compatibility **A5:** 441
polyurethane resins **A5:** 440
purpose **A5:** 439
quality control **A5:** 445–446
roller selection guide **A5:** 443
rust classification, SSPC-V1S2 pictorial representation of **A5:** 445
safety **A5:** 446
sampling and testing **A5:** 446
selection of coating system **A5:** 444
specifications and industrial guidance **A5:** 446
structural design **A5:** 445
surface inspection **A5:** 445
surface preparation **A5:** 444–445
surface profile **A5:** 445
two-component coatings **A5:** 442–443
types of paints used **A5:** 442
vinyl coatings **A5:** 440–441
Paint-marking systems
Orbitest machine **A17:** 185
Paint(s)
acrylic **A13:** 400, 404–406
adhesion **A13:** 220, 389, 394, 442–443
as coating **M7:** 459–460
as protective film **A13:** 400
atmospheric corrosion resistance enhanced by **M1:** 722
cleaning for **A13:** 414–415
conductive copper powder **M7:** 105
copper and gold bronze pigments for **M7:** 595
corrosion protection **M1:** 751, 754, 755
definition and classification of types . . **M1:** 105–106
dipping **M7:** 460
exposure tests **A13:** 522
films, corrosion protection **A13:** 528
for automotive industry **A13:** 1015–1017
multiple-coat, for filiform corrosion **A13:** 108
oil, Portland cement in **A13:** 443
pre-, processing **A13:** 528
seawater corrosion resistance enhanced by **M1:** 745
spraying, atomization mechanism **M7:** 27
water-base acrylic **A13:** 405–406
weakening, phosphate coatings **A13:** 385
zinc chromate **A13:** 769
zinc dust-zinc oxide **A13:** 443
zinc-bearing **A13:** 768–769
Pair distribution functions
separation of RDF into **A10:** 397–398
Pair production, as attenuation process
radiography **A17:** 309
Pai-Thong (white copper)
as early nickel alloy **A2:** 429
Palate expander, stainless steel **A7:** 1007, 1106
Palavital **EM4:** 1008
Palco
brazing, composition **A6:** 117
wettability indices on stainless steel base metals **A6:** 118
Palcusil 5
brazing, composition **A6:** 117
wettability indices on stainless steel base metals **A6:** 118
Palcusil 10
brazing, composition **A6:** 117
wettability indices on stainless steel base metals **A6:** 118
Palcusil 15
brazing, composition **A6:** 117
wettability indices on stainless steel base metals **A6:** 118
Palcusil 20
brazing, composition **A6:** 117
wettability indices on stainless steel base metals **A6:** 118
Palcusil 25
brazing, composition **A6:** 117
wettability indices on stainless steel base metals **A6:** 118
Palette(s)
control, digital image enhancement . . **A17:** 457–458
for color images **A17:** 485
Palisades
broken graphite fibers as **A12:** 465
Palko interactive reliability model **A20:** 628
Palladium *See also* Palladium alloys; Palladium powders; Precious metals; Pure metals **A13:** 799–801
Ag-4Pd brazed interlayers, solid-state welding **A6:** 166
alloying effect in titanium alloys **A6:** 508
alloying effects **A13:** 47, 799–800
annealing **M4:** 760, 761, 762
applications **A2:** 714–715
as a conductive coating for scanning electron microscopy specimens **A9:** 97
as a reactive sputtering cathode material **A9:** 60
as braze filler metal **A11:** 450
as conductive thick-film material **EL1:** 249
as metallic coating for molybdenum **A5:** 859
as precious metal **A2:** 688
as pyrophoric **M7:** 199

SUBJECTS OF THE INDEXED VOLUMES: ASM Handbook (designated by the letter "A"): **A1:** Properties and Selection: Irons, Steels, and High-Performance Alloys (1990); **A2:** Properties and Selection: Nonferrous Alloys and Special-Purpose Materials (1990); **A3:** Alloy Phase Diagrams (1992); **A4:** Heat Treating (1991); **A5:** Surface Engineering (1994); **A6:** Welding, Brazing, and Soldering (1993); **A7:** Powder Metal Technologies and Applications (1998); **A8:** Mechanical Testing (1985); **A9:** Metallography and Microstructures (1985); **A10:** Materials Characterization (1986); **A11:** Failure Analysis and Prevention (1986); **A12:** Fractography (1987); **A13:** Corrosion (1987); **A14:** Forming and Forging (1988); **A15:** Casting (1988); **A16:** Machining (1989); **A17:** Nondestructive Evaluation and Quality Control (1989); **A18:** Friction, Lubrication, and Wear Technology (1992); **A19:** Fatigue and Fracture (1996); **A20:** Materials Selection and Design (1997). **Metals Handbook, 9th Edition** (designated by the letter "M"): **M1:** Properties and Selection: Irons and Steels (1978); **M2:** Properties and Selection: Nonferrous Alloys and Pure Metals (1979); **M3:** Properties and Selection: Stainless Steels, Tool Materials, and Special-Purpose Materials (1980); **M4:** Heat Treating (1981); **M5:** Surface Cleaning, Finishing, and Coating (1982); **M6:** Welding, Brazing, and Soldering (1983); **M7:** Powder Metallurgy (1984). **Engineered Materials Handbook** (designated by the letters "EM"): **EM1:** Composites (1987); **EM2:** Engineering Plastics (1988); **EM3:** Adhesives and Sealants (1990); **EM4:** Ceramics and Glasses (1991). **Electronic Materials Handbook** (designated by the letters "EL"): **EL1:** Packaging (1989)

commercially pure **M2:** 699–701
corrosion application.............. **A13:** 800–801
corrosion resistance........... **A13:** 799, **M2:** 669
deposit hardness attainable with selective plating versus bath plating................ **A5:** 277
determined by controlled-potential coulometry...................... **A10:** 209
electrical circuits for electropolishing **A9:** 49
electrical contact materials............. **A13:** 805
electroplating properties **A18:** 838
energy factors for selective plating **A5:** 277
etchants for........................... **A9:** 551
evaporation fields for **A10:** 587
fabrication........................... **A13:** 799
for electrical contacts **A2:** 847, **A9:** 563–564
for metallizing **EM4:** 542, 544
for plating, materials and processes selection......................... **EL1:** 116
gravimetric finishes **A10:** 171
in clad and electroplated contacts......... **A2:** 848
in liquid-phase metallizing **EM3:** 306
in medical therapy, toxic effects **A2:** 1258
in metal powder-glass frit method....... **EM3:** 305
in vapor-phase metallizing **EM3:** 306
low-melting temperature indium-base solder compatibility...................... **A2:** 752
materials for conductors **EM4:** 1141
organic precipitant for................. **A10:** 169
oxidation resistance **A13:** 800
photometric analysis methods **A10:** 64
properties **A2:** 692, 694, 714–718, 847, 1146, **A13:** 799
providing absorption for architectural glass **EM4:** 450
pure............................. **M2:** 780–781
pure, properties **A2:** 1146
relative solderability as a function of flux type.......................... **A6:** 129
resources and consumption **A2:** 689–690
selective plating solution for precious metals............................ **A5:** 281
semifinished products **A2:** 694
single-phase solid solution, recrystallized grains in.......................... **A9:** 126
solderability........................... **A6:** 978
soldering **A6:** 631
special properties.................. **A2:** 692, 694
substituted for gold in electroplating **A18:** 837
support of SERS in vacuum............ **A10:** 136
thermal diffusivity from 20 to 100 °C **A6:** 4
thermal expansion coefficient............. **A6:** 907
toxicity **M7:** 207
ultra pure, by fractional crystallization ... **A2:** 1093
ultrasonic welding..................... **M6:** 746
vapor pressure, relation to temperature ... **M4:** 310
weighed as the dimethylglyoxime complex **A10:** 171
wire.................................. **A9:** 564
wire, temperature effects on tensile strength **A13:** 804
working of........................... **A14:** 850
Palladium alloys *See also* Palladium; Precious metals; Titanium alloys, specific types, Ti-Pd alloys
applications........................ **A2:** 716–718
brazing
available product form of filler metals ... **A6:** 119
brazing, joining temperatures **A6:** 118
electrical contacts, use in **M3:** 669–671, 672
etchants for........................... **A9:** 551
properties **A2:** 714–718
recommended gap for braze filler metals... **A6:** 120
Palladium alloys, specific types *See also* Palladium; Palladium alloys
35Pd-10Pt-10Au-30Ag-14Cu-1Zn **A9:** 564
40Ag-30Pd-30Au, properties **A2:** 717–718
50Pd-50Ag............................ **A9:** 564
60Pd-40Cu............................ **A9:** 564
60Pd-40Cu, properties................... **A2:** 717
95.5Pd-4.5Ru, properties **A2:** 718
95Pd-5Ru **A9:** 564
Pd-2.1Be
in argon and vacuum atmospheres **A6:** 116
wetting of beryllium................... **A6:** 115
Palladium and palladium alloys
annealing **A4:** 944, 945, 946
applications........................... **A4:** 946
hardness..................... **A4:** 944, 945, 946
mechanical properties **A4:** 946
tensile strength..................... **A4:** 944, 945
vapor pressure of palladium, relation to temperature **A4:** 495
Palladium bromide........................ **A7:** 185
Palladium chloride
toxic effects.......................... **A2:** 1258
Palladium foil hydrogen probe **A13:** 201
Palladium nitrate **A7:** 185
Palladium plating **A5:** 252–253
Palladium powder
as activator in tungsten sintering **A7:** 446
diffusion factors **A7:** 451
halo derivative of...................... **A7:** 168
microstructure......................... **A7:** 727
physical properties **A7:** 451
production of **A7:** 4
Palladium powders *See also* Palladium; Precious metal powders
applications **M7:** 150
effect as activator in tungsten sintering ... **M7:** 318
history................................ **M7:** 15
partlcles, small-sized................... **M7:** 150
production of................ **M7:** 148, 150–151
reducing agents **M7:** 150
specific surface area **M7:** 151
Palladium powders, production of... **A7:** 182, 185–186
advantages............................ **A7:** 185
applications........................... **A7:** 185
particle sizes **A7:** 186
properties............................. **A7:** 185
reducing agents........................ **A7:** 185
spray pyrolysis **A7:** 186
starting materials **A7:** 185
Palladium-barrier
detector, for gas/leak measurement........ **A17:** 64
gages, for vacuum leak testing........... **A17:** 68
Palladium-copper alloy **M2:** 702–703
Palladium-gold
coating for TEM specimens **A18:** 382
Palladium-gold conductor inks............ **EL1:** 208
Palladium-hole punch, foldable....... **A7:** 1106, 1107
Palladium-nickel
electroplating properties **A18:** 838
substituted for gold in electroplating **A18:** 837
Palladium-nickel alloys
for plating, materials and processes select-on........................ **EL1:** 116
usage, PWB manufacturing **EL1:** 510
Palladium-rhodium
catalyzation **A5:** 326
Palladium-ruthenium alloy **M2:** 704–705
Palladium-ruthenium alloys
as electrical contact materials **A2:** 847
Palladium-shadowed plastic-carbon replica... **A12:** 185
Palladium-silicon (Pd-Si) **EM4:** 22
Palladium-silver
substituted for gold in electroplating **A18:** 837
Palladium-silver alloy powders **A7:** 182, 185
Palladium-silver alloys................ **M2:** 701–702
PFM................................ **A13:** 1355
properties **A2:** 716–717
Palladium-silver conductor inks............ **EL1:** 208
Palladium-silver powders
thick-film **M7:** 151
Palladium-silver-copper alloys.............. **M2:** 703
properties............................. **A2:** 717
Palladium-silver-copper alloys, brazing
available product forms of filler metals.... **A6:** 119
joining temperatures **A6:** 118
Palladium-silver-gold alloys **M2:** 703–704
properties **A2:** 717–718
Palmansil 5, wettability
indices on stainless steel base metals **A6:** 118
Palmgren-Miner linear cumulative damage rule....................... **A19:** 239
Palmgren-Miner (P-M) rule **A19:** 253–254, 255, 261–262, 558
Palmgren-Miner rule...................... **A20:** 93
for lifetime evaluation................. **EM1:** 203
Palmitic acids
as investment casting wax **A15:** 254
Palmqvist crack model equation........... **EM4:** 601
Palni
brazing, composition **A6:** 117
wettability indices on stainless steel base metals............................ **A6:** 118
Palnicusil
brazing, composition **A6:** 117
wettability indices on stainless steel base metals............................ **A6:** 118
Palniro 1
brazing, composition **A6:** 117
wettability indices on stainless steel base metals............................ **A6:** 118
Palniro 4
brazing, composition **A6:** 117
wettability indices on stainless steel base metals............................ **A6:** 118
Palniro 7
brazing, composition **A6:** 117
wettability indices on stainless steel base metals............................ **A6:** 118
Palsil 10
brazing, composition **A6:** 117
wettability indices on stainless steel base metals............................ **A6:** 118
PAN *See also* Polyacrylonitrile
as metallochromic indicator............. **A10:** 174
Pancake coil
eddy current inspection................. **A17:** 172
Pancake forging **A14:** 9, 61, 73
Pancake grain structure
defined................................ **A9:** 13
Panchromatic photographic films **A9:** 85–86
Panel
and natural convection IR systems, infrared soldering **EL1:** 705
defined............................. **EL1:** 1152
layout, rigid printed wiring boards... **EL1:** 540–541
plating, vs. pattern plating, rigid printed wiring boards **EL1:** 540
Panel cracking
and aluminum nitride embrittlement **A1:** 695
Panel shear testing
polybenzimidazoles **EM3:** 170
Pangborn Corporation (Hagerstown, MD).... **A15:** 33
Panoramic radiographic technique
for curved plate **A17:** 332
Pantograph
optical comparators with **A17:** 11
Pantographs **A6:** 1169
Paper
acidity-basicity measured in............. **A10:** 172
aramid fiber (Nomex)................. **EM1:** 115
neutron radiography of................. **A17:** 392
radiographic **A17:** 314
sources of materials data **A20:** 499
water-soluble, for leak detection **A17:** 66
Paper and printing industry applications *See also* Pulp and paper industry applications
aluminum and aluminum alloys **A2:** 14
structural ceramics..................... **A2:** 1019
Paper and pulp industry............ **A13:** 1186–1220
Paper, blanking
die materials for.................. **M3:** 485, 487
Paper chromatography
as qualitative separation technique....... **A10:** 168
Paper clip wire **A1:** 286, **M1:** 269
Paper coatings
powders used **M7:** 574
Paper, copier
friction coefficient data.................. **A18:** 75
Paper copies
plain and coated **M7:** 584
Paper, fiberglass *See* Fiberglass paper
Paper, Film and Foil Converter **EM3:** 66
Paper industry applications
silicones (SI) **EM2:** 266
vinyl esters **EM2:** 272
Paper machine corrosion **A13:** 1186–1190
machine components **A13:** 1186–1188
mechanisms **A13:** 1189–1190
white water..................... **A13:** 1188–1189
Paper machine dryer rolls
shell and head cracking **A11:** 653–654
Paper processing **A20:** 137
Paper radiography *See also* Radiographic inspection; Radiography
defined............................... **A17:** 295
Paper stuffing
for coiled metals....................... **A14:** 710

Paper-and-oil insulation
for wrought copper and copper alloy products **A2:** 260
Paperback strain gages **A8:** 201
Paper-base film *See* Radiographic paper
Paper-dryer head
surface discontinuities in **A11:** 352–354
Papermaking
constituents of powder formulation **EM4:** 126
mechanical consolidation **EM4:** 125, 127–128
Papers, background
for photomacrography **A12:** 78
PAR *See also* Polyarylates
as metallochromic indicator **A10:** 174
Para-aramid
for brake linings **A18:** 569, 570, 576
Para-aramid fibers *See also* Aramid fibers; p-aramid fibers **EM1:** 54
chemical structure **EM1:** 54
importance **EM1:** 43
polymer chain orientation **EM1:** 54
stress-strain behavior **EM1:** 55
thermal properties **EM1:** 56
Parabens
as antimicrobial agents **A10:** 655
liquid chromatography analysis in baby lotion **A10:** 655–656
Parabola method **A5:** 651
Parabolic growth rate equation **A20:** 589
Parabolic kinetics **A13:** 17, 67
Parabolic markings
on fracture surface **EM2:** 810
Parabolic oxidation **A18:** 208
kinetics **A13:** 67
Parabolic peak location method
x-ray diffraction residual stress techniques **A10:** 386
Parabolic rate constant **A18:** 208
Parabolic rate law **A7:** 133, 541
Parabolic reflector **EM3:** 20
Parabolic-scale growth rates **A20:** 592
Paraboloids of revolution
needle crystals as **A15:** 113
Paradichlorobenzene-based patterns
investment casting **A15:** 255
Paraffin **A7:** 453–455
burn-off **M7:** 351, 352
for cemented carbides **A7:** 494
-impregnated sintered iron driving bands **M7:** 17
Paraffin waxes
for investment castings **A15:** 253–255
Paraffin waxes (with modifiers)
as binder for ceramic injection molding **EM4:** 173
Paralinear oxidation **A13:** 70–71
Parallax
determination, by stereo imaging **A12:** 197
excessive, in SEM imaging **A12:** 167
Parallel
process flow **EL1:** 136
with option for signal vias **EL1:** 112
with power reinforcement **EL1:** 113
Parallel duplex microstructure; conditions for **A9:** 618
Parallel fiber reinforced ring *See* NOL ring
Parallel gap explosive bonding technique **A6:** 161, 162
Parallel laminate *See also* Laminate(s) **EM3:** 20
defined **EM1:** 17, **EM2:** 29
Parallel lighting
photomacrographic **A12:** 83
Parallel linear test grids
used in quantitative metallography **A9:** 124–126
Parallel mixing rule **EM4:** 859
Parallel moiré fringes **A9:** 110
Parallel plate geometries
in melt rheology **EM2:** 535–540
Parallel processing, of whole image
machine vision process **A17:** 44
Parallel rods in unidirectionally solidified eutectics
in Mg-32A1, transverse section **A9:** 128
quantitative metallography of **A9:** 127
Parallel seam welding
of flatpack **EL1:** 240
Parallel signal lines
capacitive loading **EL1:** 37–39
design considerations **EL1:** 34–41
simulation procedure **EL1:** 35
Parallel subfunction chains **A20:** 23
Parallel systems **A20:** 89, 90
Parallel termination
defined **EL1:** 522
for reflection **EL1:** 170–171
Parallel tracks **A20:** 23
Parallel welding
definition **A6:** 1212
Parallel-axes photography method **A12:** 88
Parallelism
and press accuracy **A14:** 495
Parallelism gage
for adhesive bonded assemblies **M7:** 457
Parallel-plate plasma-assisted chemical vapor deposition **EM3:** 593
Parallel-rail straightening **A14:** 688–689
Parallel-roll straightening **A14:** 684–686, 691
Parallel-series systems **A20:** 89
Paramagnetic centers and properties
ESR characterized **A10:** 253, 263
Paramagnetic materials
defined **A9:** 63
Paramagnetic resonance *See* Electron spin resonance
Paramagnetism **A10:** 257, 678
Parameter
defined **A8:** 10
estimating unknown **A8:** 628–637
experimental, defined **A8:** 639
plot, for stress-rupture data **A8:** 315
Parameter design
analytical approaches **A17:** 750–751
definition **A20:** 837
experimental approaches **A17:** 751–752
stage, quality design **A17:** 722
Parameter estimates
binomial distribution **A8:** 636
exponential distribution **A8:** 635
normal distribution **A8:** 629–631
of statistical distributions **A8:** 628, 629
Poisson distribution **A8:** 637
Weibull distribution **A8:** 633
Parameter estimation
NDE reliability data analysis **A17:** 695–696
Parameter (in crystals) *See* Lattice parameter
Parameters **A20:** 113
defining background, RDF analysis **A10:** 396
short distance, RDF analysis **A10:** 351
standard definitions/symbols **A13:** 369
Parameters, profile and surface roughness
fractal analysis **A12:** 212
Parametric analysis
of creep-rupture **A8:** 690
of differences between two groups of fatigue data **A8:** 707–708
Parametric constraint modeler **A20:** 158, 159
Parametric constraint system **A20:** 158, 159
Parametric cost estimation **A20:** 717
Parametric cost-estimating model **A20:** 718
Parametric design **A20:** 10, 113–114
definition **A20:** 837
Parametric design methods **A20:** 11–12
control factors **A20:** 12
design strategies to achieve robustness **A20:** 12
guided iteration for parametric design of components **A20:** 11–12
noise factors **A20:** 12
optimization methods **A20:** 12
"reduce the consequences" strategies **A20:** 12
"reduce the noise" strategies **A20:** 12
relative processing costs **A20:** 11
robustness **A20:** 12
software programs for optimization **A20:** 12
statistically based and Taguchi approaches **A20:** 12
suboptimization **A20:** 12
tolerances at the parametric stage of design **A20:** 11
why methods needed **A20:** 11
Parametric equations **A20:** 156
Parametric, feature-based design **A20:** 155
Parametric modeling **A20:** 156
Parametric relationships
fracture surface and projected images **A12:** 202
profile and surface roughness, equation **A12:** 212
true area/length, plotted **A12:** 204
Parametric solid modeling systems **A20:** 162
Parametric Technology Corporation (PTC) **A20:** 156, 172
p-aramid fibers *See also* Aramid fibers; Aramid fibers, specific types; Para-aramid fibers
elevated-temperature tensile properties **EM1:** 55
polyethylene **EM1:** 54, 56
Parasitic corrosion
aluminum/air batteries **A13:** 1319–1320
Parasitic devices
in integrated circuits **A11:** 785
Parasitic peaks *See* Escape peaks
Parasitics, package *See* Analog parasitic,effects; Package parasitics
Parathion
hazardous air pollutant regulated by the Clean Air Amendments of 1990 **A5:** 913
Paraxylyiene
as conformal coating **EL1:** 761
Parent ion scans
gas chromatography/mass spectrometry **A10:** 646
Parent metal
definition **A6:** 1212
Parent population
defined **A10:** 12
Parent-daughter relationship
radioactive isotope decay **A10:** 244
Parfocal eyepiece
defined **A9:** 13
Parfocal lens systems **A9:** 73
Pargonite mica **EM4:** 6
Paris equation **A1:** 663, **A11:** 52, 53, **A19:** 25, 35, 52, 155–156, 169, 377, 421, 423, 452, 459, 523–524, 559, 570
estimation of fatigue life using **A19:** 27–28
for aluminum alloys **A19:** 806
Paris equation constants **A19:** 154
Paris equation, modified **A19:** 340
Paris exponent **A19:** 34
Paris fatigue crack **A19:** 593, 594
Paris growth law, modified **A7:** 961, **A19:** 339, 340
Paris law **A6:** 1111, **A19:** 412, 448, **A20:** 633, 634, 635
Paris law dependence **A19:** 194
Paris law equation
for nickel-base superalloys **A19:** 860
Paris law regime **A19:** 37, 38, 39
Paris power law **A8:** 378, 680–681, **A19:** 275
Paris regime **A19:** 36, 266
Paris relation **A19:** 24, 67, 68, 128
region of fatigue crack propagation rate **A19:** 68–70
Paris relation of crack growth rate **A19:** 52
Parison **EM4:** 396, 397
defined **EM2:** 29
Parison programming
blow molding **EM2:** 353
Parison swell
defined **EM2:** 29
Parisons **A20:** 453
definition **A20:** 837
in ceramics processing classification scheme **A20:** 698
in polymer processing classification scheme **A20:** 699
Paris-type equation **A19:** 124

SUBJECTS OF THE INDEXED VOLUMES: ASM Handbook (designated by the letter "A"): **A1:** Properties and Selection: Irons, Steels, and High-Performance Alloys (1990); **A2:** Properties and Selection: Nonferrous Alloys and Special-Purpose Materials (1990); **A3:** Alloy Phase Diagrams (1992); **A4:** Heat Treating (1991); **A5:** Surface Engineering (1994); **A6:** Welding, Brazing, and Soldering (1993); **A7:** Powder Metal Technologies and Applications (1998); **A8:** Mechanical Testing (1985); **A9:** Metallography and Microstructures (1985); **A10:** Materials Characterization (1986); **A11:** Failure Analysis and Prevention (1986); **A12:** Fractography (1987); **A13:** Corrosion (1987); **A14:** Forming and Forging (1988); **A15:** Casting (1988); **A16:** Machining (1989); **A17:** Nondestructive Evaluation and Quality Control (1989); **A18:** Friction, Lubrication, and Wear Technology (1992); **A19:** Fatigue and Fracture (1996); **A20:** Materials Selection and Design (1997). **Metals Handbook, 9th Edition** (designated by the letter "M"): **M1:** Properties and Selection: Irons and Steels (1978); **M2:** Properties and Selection: Nonferrous Alloys and Pure Metals (1979); **M3:** Properties and Selection: Stainless Steels, Tool Materials, and Special-Purpose Materials (1980); **M4:** Heat Treating (1981); **M5:** Surface Cleaning, Finishing, and Coating (1982); **M6:** Welding, Brazing, and Soldering (1983); **M7:** Powder Metallurgy (1984). **Engineered Materials Handbook** (designated by the letters "EM"): **EM1:** Composites (1987); **EM2:** Engineering Plastics (1988); **EM3:** Adhesives and Sealants (1990); **EM4:** Ceramics and Glasses (1991). **Electronic Materials Handbook** (designated by the letters "EL"): **EL1:** Packaging (1989)

Parking structures
corrosion in **A13:** 1299, 1309
Parlodion **A7:** 261, 262
Parr oxygen bombs
use in ion chromatography **A10:** 664
Part
definition **A20:** 837
Part complexity **A20:** 247
Part design *See also* Design
applications **EM2:** 617
approach **EM2:** 78–81
detailed **EM2:** 79–80
initial material/processing choice **EM2:** 79–80
prototyping **EM2:** 80–81
Part ejection *See also* Ejection; Part(s) **M7:** 325
multiple-slide forming **A14:** 571
part geometries, Ceracon process **M7:** 540–541
pressures **M7:** 190
Part geometry **A14:** 77, 409–410
and process selection **EM2:** 278
design guidelines for **EM2:** 707–709
ionomers **EM2:** 121
nominal wall thickness **EM2:** 709
processing and tolerances **EM2:** 707–708
Part handling *See also* Parts
real-time radiography **A17:** 322–323
Part mass **A20:** 256
Part program
for coordinate measuring machines **A17:** 20
Part salvage
hard chromium plating for **M5:** 171
Part shape
in cold isostatic pressing **M7:** 448
in hot isostatic pressing **M7:** 424–425
measured **A8:** 549
Part size
in cold isostatic pressing **M7:** 448
in hot isostatic pressing **M7:** 424
Part tolerances
units of analysis **A17:** 18
Part weight **A20:** 257
Partek process **A7:** 715
Partial angle imaging
computed tomography (CT) **A17:** 379
Partial annealing *See also* Annealing
defined **A13:** 10
effect, corrosion resistance **A13:** 49
Partial constraint **A19:** 528, 548
Partial crack closure **A19:** 57
Partial denture alloys
of precious metals **A2:** 696
Partial dentures
removable **A13:** 1338
Partial differential equations (PDEs) . . . **A20:** 186, 206
Partial discharge
defined **EM2:** 592
Partial dislocations
Burgers vector **A9:** 685
Partial hydrodynamic lubrication *See* Quasihydrodynamic lubrication
Partial immersion tests
laboratory **A13:** 222
Partial joint penetration
definition **A6:** 1212, **M6:** 12
Partial journal) bearing
defined **A18:** 14
Partial molar free energy
applied **A15:** 55–60
defined **A15:** 50, 55
graphic determination **A15:** 52
ternary iron-base alloys **A15:** 62–64
vs. integral molar free energy **A15:** 55
Partial molar thermal properties
application **A15:** 55
liquid copper-aluminum alloys **A15:** 58
liquid copper-nickel alloys **A15:** 58
liquid copper-tin alloys **A15:** 58, 59
liquid copper-zinc alloys **A15:** 59
of aluminum-silicon alloys **A15:** 57
of liquid aluminum-magnesium alloys **A15:** 57
Partial morphological matrix **A20:** 27, 29, 30, 31
Partial oxidation
in acid steelmaking **A15:** 363–364
Partial pressure
effect on stress-corrosion cracking **A8:** 499
Partial pressure analyzers
as gas chromatographs **A17:** 64
as vacuum testing method **A17:** 68
Partial reflection, defined
ultrasonic inspection **A17:** 231
Partial slip **A19:** 323, 326, 327
Partial volume artifacts
computed tomography (CT) **A17:** 376
defined **A17:** 384
Partially deterministic surface **A18:** 346
Partially melted zone **A6:** 750
Partially oriented surfaces
dimpled fracture as **A12:** 203
parametric methods for **A12:** 204
Partially prealloyed steels (Distalloy)
high-temperature sintering **A7:** 830, 832
Partially stabilized toughened aluminas
chemical integrity of seals **EM4:** 540
Partially stabilized zirconia
application, internal combustion engine
parts **A18:** 558
cubic debris particles, x-ray diffraction . . . **A18:** 469
dependence of wear on velocity and
temperature **A18:** 490
erosion resistance **A18:** 205
heat treatments **A18:** 814
mechanical and physical properties **A18:** 813
x-ray diffraction **A18:** 464, 465–466, 467
Partially stabilized zirconia (2 wt% Y_2O_3)
properties **EM4:** 503
Partially stabilized zirconia ceramics **EM4:** 548
Partially stabilized zirconia (PSZ) **A6:** 951, 952, 956, 957

Partially stabilized zirconia (ZrO_2)
properties **A20:** 785
thermal properties **A20:** 428
Partially stabilized zirconia (ZrO_2) (PSZ) . . . **EM4:** 19, 676, 756
applications **EM4:** 977
engine insulation **EM4:** 990
brazing with glasses **EM4:** 519
ceramic fracture and mechanical
integrity **EM4:** 532
chemical integrity of seals **EM4:** 540
coefficient of thermal expansion **EM4:** 685–686
direct brazing for joining oxide ceramics **EM4:** 518
fabrication **EM4:** 777–779
fracture toughness **EM4:** 330, 586
grinding **EM4:** 335
indirect brazing for joining oxide
ceramics **EM4:** 517
joining oxide ceramics **EM4:** 512
key features **EM4:** 676
mineral processing **EM4:** 961
properties **EM4:** 330, 512, 677
property comparison, mineral processing **EM4:** 962
specialty zirconia refractories **EM4:** 907
strength changing with temperature **EM4:** 682
thermal properties when used as engine wall
insulator lining **EM4:** 992
wear resistance **EM4:** 974
Partially transformed zone
in ferrous alloy welded joints **A9:** 581
in titanium alloy welded joints **A9:** 581
Partially welded region
cast irons **A15:** 522–523
Partial-width indentation test . . **A1:** 583, **A8:** 584–585, **A20:** 305
Partical alloyed powders **A7:** 752, 753, 758–759, 761
additives **A7:** 759
chemical compositions **A7:** 758, 760
mechanical properties **A7:** 759, 761
microstructure **A7:** 753
Partical alloying **A7:** 647
Particle
collection system, with drop tower compression
test **A8:** 197
effect on fracture toughness, AISI 4340
steel **A8:** 476
effects in aluminum fracture **A8:** 478
Particle absorption
as XRPD source of error **A10:** 341
Particle accelerator
defined **A10:** 678
Particle analyzer
electronic flow diagram **M7:** 218
equipment **M7:** 218
Particle boundaries in powder metallurgy
materials **A9:** 503
Particle cross section **A7:** 269
Particle deformation **A7:** 53
Particle density *See also* Density; Packed density
explosion characteristics **M7:** 196
nickel-coated composite powder **M7:** 174
Particle diameter **A7:** 504
Particle distribution of refractory metal-type powders
by turbidimetry, specifications **A7:** 244, 1098
Particle entertainment **A7:** 299
Particle formation
during atomization **M7:** 31
stages, schematic **M7:** 237
Particle fracture model
fatigue failure **A12:** 207
Particle growth
effect in gravimetric analysis **A10:** 163
in precipitation from solution **M7:** 54
mechanisms in tungsten powder
production **M7:** 153
Particle hardening **A7:** 335
"Particle hardening" stress **A20:** 349
Particle hardness **M7:** 8
Particle image analysis
image analysis of powder size **A7:** 259–263
particle shape characterization **A7:** 263–266
particle shape factors **A7:** 266–273
Particle impact noise detection
(PIND) **EL1:** 930–931, 954
Particle inspection
fluorescent **M7:** 578–579
magnetic **M7:** 575–578
Particle metallurgy
definition **A7:** 786
Particle metallurgy high-speed steels **A7:** 789–792
Particle metallurgy tool steels **A7:** 786–802
applications, industrial **A7:** 789
cobalt-free super-high-speed steels **A7:** 790–791
cold-work tool steels **A7:** 792–796
composite bars **A7:** 800–801
cutting tool applications **A7:** 792
development **A7:** 788–789
grindability **A7:** 787–788
heat treatment for high-speed steels . . . **A7:** 791–792
high-speed steels **A7:** 789–792
HIP cladding **A7:** 800–801
hot work particle metallurgy tool
steels **A7:** 799–800
microstructure characteristics **A7:** 786–787
near-net shapes **A7:** 800–801
process **A7:** 786
processing benefits **A7:** 788
product forms **A7:** 786
suppliers **A7:** 786
toughness improvements **A7:** 787–788
wear/corrosion-resistant tool steels **A7:** 796–799
Particle pore size *See also* Pore size; Porosity
and green strength **M7:** 303
internal, effect on compressibility **M7:** 269, 270
Particle porosity *See also* Porosity
and tap density **M7:** 276
internal, in water atomized iron powders . . . **M7:** 85
Particle shape *See also* Particles; Shape **M7:** 8
analysis **M7:** 233–245
and apparent density **M7:** 272
and flow rate **M7:** 280
and manufacturing methods **M7:** 233
and principles of milling **M7:** 58
and tap density **M7:** 276
beryllium powder **M7:** 170
ceramic, in Ceracon process **M7:** 539
change, effect of milling time in titanium-based
alloys **M7:** 60
collisions effect **M7:** 29–30, 34
common **M7:** 234
control by high-energy milling **M7:** 69
conventional factors **M7:** 236–237, 239
effect in blending and premixing **M7:** 188
effect of additions on **M7:** 31–32
effect of collisions **M7:** 32
effect on compressibility **M7:** 286
effect on explosivity **M7:** 194–196
effect on interface **A15:** 144
effect on powder compact **M7:** 211
electrolytic copper powder **M7:** 115
explosion characteristics **M7:** 196
in atomization process **M7:** 30–32
in atomized powders **M7:** 25

Particle shape (continued)
in HIP **M7:** 425
in magnetic separation of seeds **M7:** 590
in milling of single particles **M7:** 59
irregular, determining density. **M7:** 296–297
magnesium powders **M7:** 132
niobium **M7:** 162
of copier powders **M7:** 585
of galvanic silver. **M7:** 148
of sands. **A15:** 208–209
scanning electron microscopy of **M7:** 234–236
scanning electron microscopy used to determine. **A9:** 99–100
stainless steel powder **M7:** 100–102, 728
stereological characterization of. **M7:** 237–241
terms **M7:** 236, 239
tin powders **M7:** 124
tungsten carbide/cobalt system, microstructure after liquid-phase sintering **M7:** 320
water-atomized tool steel powder **M7:** 102, 104

Particle size *See also* Particle size distribution; Particles **A7:** 211, **A19:** 11, **M7:** 8, 23, 214–232
abrasive, effect on wear. **M1:** 601–602
analysis **M7:** 8
and chemical analysis. **M7:** 246
and curvature, free energy and **A15:** 102
and explosibility of aluminum powders . . . **M7:** 130
and flow rate **M7:** 280
and grain size of tungsten carbide. **M7:** 153
and hazardous ignition temperatures. **M7:** 133
and lubrication in iron premixes **M7:** 190
and packed density. **M7:** 296
and pyrophoricity. **M7:** 198–199
and sintered density of tungsten-nickel compacts. **M7:** 318
apparent density **M7:** 272
average, in atomized powders. **M7:** 25
average, permeametry measure **M7:** 262–265
bimodal distribution **M7:** 41, 43
by morphological analysis **M7:** 241
classification. **M7:** 8
collisions effect. **M7:** 29–30, 34
control, by high-energy milling. **M7:** 70
control, in rotary furnaces. **M7:** 153
control, in tungsten powder production **M7:** 153–154
copper, in reduction of oxide. **A2:** 393
copper powders. **A2:** 392
data. **M7:** 229–230
defined **A15:** 9
determining characteristics **M7:** 239
diameter, alloy addition role **A15:** 72
dimensions. **M7:** 225–226
dispersed, effect on homogenization kinetics **M7:** 315
distribution *See* Particle size distribution
effect in blending and premixing **M7:** 188
effect in gravimetric analysis **A10:** 163
effect in oxygen content of water-atomized copper **M7:** 37
effect multidirectional solidification structure. **A15:** 146
effect of copper powder addition agents . . **M7:** 112, 113
effect on bioavailability of iron powders for food enrichment **M7:** 615
effect on densification and expansion during homogenization **M7:** 315
effect on green strength **M7:** 303
effect on homogenization kinetics **M7:** 315
effect on powder compact. **M7:** 211
effective **A7:** 236
effects, and sample preparation for x-ray spectrometry **A10:** 93
electrozone size analysis **M7:** 220–221
filler, and elongation **M7:** 605, 613
geometric and elemental analysis **A10:** 318–320
image analysis for. **M7:** 225–230
in atomization process. **M7:** 30–33
in magnetic separation of seeds **M7:** 590
in milling of single particles **M7:** 59
in rammed graphite molds **A15:** 273
in thermal decomposition **M7:** 55
in tungsten and molybdenum sintering. . . . **M7:** 389
in tungsten powders, effects of reduction temperature and powder depth. **M7:** 153
light scattering techniques. **M7:** 216–218
low alloy steel powder **M7:** 102
mean **M7:** 230, 425
measurement. **M7:** 214, 216–218, 263–265
mechanically alloyed oxide alloys **A2:** 943–944
microcompact **M7:** 58
microscopy and image analysis for . . . **M7:** 225–230
nickel-coated composite powder. **M7:** 174
of ball milled QMP iron **M7:** 86
of copier powders **M7:** 585
of sands. **A15:** 208–209
of silver powders. **M7:** 147
optical sensing zone for. **M7:** 221–225
P/M materials. **M1:** 328, 330
PIXE analysis of atmospheric aerosols by **A10:** 102
precious metal powder **A2:** 694
range **M7:** 8
reduction as milling objective. **M7:** 56
screening determined **M7:** 176–177
sedimentation techniques **M7:** 218–220
shrinkage of compacts as function of **M7:** 309
typical, PIXE analysis **A10:** 103

Particle size analysis **A7:** 259, 1099
lubricant indicators and range of sensitivities **A18:** 301

Particle size and size distribution **A7:** 234–238, 247–248
discrepancies in size measurement **A7:** 234
dispersion **A7:** 235–236
measurement method advantages and disadvantages **A7:** 236
measurement of particle size **A7:** 236–237
measuring techniques **A7:** 234, 235
method and effective size ranges **A7:** 234, 235
sample preparation **A7:** 235–236
sampling errors **A7:** 235
sieving as size measurement. **A7:** 234

Particle size distribution *See also* Particle size; Particles; Sieve analysis . . . **A9:** 131–134, **M7:** 8, 214–232
and apparent density **M7:** 273
and atomization. **M7:** 30–33, 75–76
and pyrophoricity. **M7:** 198–199
and tap density **M7:** 276
as analysis, in second-phase testing. **A10:** 177
as function of melting rate **M7:** 41, 43
as function of rotation rate **M7:** 40, 42
as residue analysis **A10:** 177
atomized aluminum powder grades **M7:** 129
bimodal **M7:** 41, 43
chemical analyses of. **M7:** 246
collisions effect. **M7:** 29–30, 34
control by screening. **M7:** 176–177
control in copper alloy powders. **M7:** 121
copper powders **M7:** 188
cumulative plot. **M7:** 40, 42
curves, iron powder lots **M7:** 590
defined **A15:** 9
during sintering of tungsten and molybdenum **M7:** 391
effect in blending and premixing **M7:** 186
effect on apparent density. **M7:** 297
effect on compressibility **M7:** 286
effect on powder compact. **M7:** 211
effects on explosivity. **M7:** 194, 196
electrolytic copper powder. **M7:** 114
electrozone size analysis **M7:** 220–221
for tungsten powders and cemented tungsten powders. **M7:** 154
image analysis **A10:** 309–322
image analysis for. **M7:** 225–230
in HIP **M7:** 425–428
in milling of single particles **M7:** 59
in powders, image analysis of **A10:** 309
in rammed graphite molds. **A15:** 273–274
in rotating electrode process. **M7:** 40–41
light scattering techniques for **M7:** 216–218
measurement **M7:** 214, 216–218
methods of measuring **M7:** 124
microscopy and image analysis for . . . **M7:** 225–230
narrow, in milling process **M7:** 63, 64, 148
of atomized powders **M7:** 25
of green compacts. **M7:** 311
optical metallography **A10:** 299–308
optical sensing zone for. **M7:** 221–225
primary, in milling. **M7:** 56
scanning electron microscopy **A10:** 490–515
scanning electron microscopy used to study. **A9:** 99–100
sedimentation techniques **M7:** 218–220
tin powders **M7:** 124

Particle size distribution of metal powders by light scattering **A7:** 190, 1098

Particle size distribution of refractory metals by gravity sedimentation **A7:** 190, 1098

Particle size distribution (PSD)
dimensional characterization of powder role **EM4:** 41

Particle size distributions (PSDs). . **A7:** 218, 398, 399, 406

Particle size of refractory metals by the Fisher Subsieve Sizer, specifications **A7:** 146, 147, 190, 242, 1098

Particle sizing. **EM4:** 83–87
application of measurement and SPC to ceramics **EM4:** 87
general characteristics of instruments. . **EM4:** 83–85
analytical principles versus weighting factor **EM4:** 85
Coulter counter **EM4:** 85
J concept for means and distribution. **EM4:** 83–85
size range **EM4:** 83–84
weighting factor. **EM4:** 83–85
sampling. **EM4:** 83
statistical uses of particle-size measurements **EM4:** 85–87
computations **EM4:** 85–87
designed experiment response variable. . **EM4:** 85, 87
requirements of a good measurement . . . **EM4:** 87
sampling inspection by variables **EM4:** 86
specification testing/acceptance sampling. **EM4:** 85, 86–87
statistical process control **EM4:** 85–86, 87
total testing cost per batch **EM4:** 86–87

Particle spacing **A19:** 11

Particle strengthening. **A20:** 348–349
definition. **A20:** 837

Particle volume fraction **A19:** 385

Particle-in-cell (PIC) methods **A20:** 192

Particle-induced x-ray emission. **A10:** 102–108
and milliprobe and historical studies **A10:** 107
and neutron activation analysis, compared **A10:** 233
and other elemental analyses, compared . . **A10:** 106
and proton microprobe **A10:** 107
and x-ray fluorescence, compared. . . . **A10:** 105–106
applications **A10:** 102, 106–107
Binary Encounter Model. **A10:** 104
calibration **A10:** 105
capabilities, compared with Rutherford backscattering spectrometry **A10:** 628
characteristic x-rays **A10:** 103
data reduction. **A10:** 105
defined. **A10:** 678
detection limits. **A10:** 104
estimated analysis time. **A10:** 102
general uses. **A10:** 102
introduction and principles **A10:** 103–105

SUBJECTS OF THE INDEXED VOLUMES: ASM Handbook (designated by the letter "A"): **A1:** Properties and Selection: Irons, Steels, and High-Performance Alloys (1990); **A2:** Properties and Selection: Nonferrous Alloys and Special-Purpose Materials (1990); **A3:** Alloy Phase Diagrams (1992); **A4:** Heat Treating (1991); **A5:** Surface Engineering (1994); **A6:** Welding, Brazing, and Soldering (1993); **A7:** Powder Metal Technologies and Applications (1998); **A8:** Mechanical Testing (1985); **A9:** Metallography and Microstructures (1985); **A10:** Materials Characterization (1986); **A11:** Failure Analysis and Prevention (1986); **A12:** Fractography (1987); **A13:** Corrosion (1987); **A14:** Forming and Forging (1988); **A15:** Casting (1988); **A16:** Machining (1989); **A17:** Nondestructive Evaluation and Quality Control (1989); **A18:** Friction, Lubrication, and Wear Technology (1992); **A19:** Fatigue and Fracture (1996); **A20:** Materials Selection and Design (1997). **Metals Handbook, 9th Edition** (designated by the letter "M"): **M1:** Properties and Selection: Irons and Steels (1978); **M2:** Properties and Selection: Nonferrous Alloys and Pure Metals (1979); **M3:** Properties and Selection: Stainless Steels, Tool Materials, and Special-Purpose Materials (1980); **M4:** Heat Treating (1981); **M5:** Surface Cleaning, Finishing, and Coating (1982); **M6:** Welding, Brazing, and Soldering (1983); **M7:** Powder Metallurgy (1984). **Engineered Materials Handbook** (designated by the letters "EM"): **EM1:** Composites (1987); **EM2:** Engineering Plastics (1988); **EM3:** Adhesives and Sealants (1990); **EM4:** Ceramics and Glasses (1991). **Electronic Materials Handbook** (designated by the letters "EL"): **EL1:** Packaging (1989)

limitations **A10:** 102
Plane Wave Born Approximation **A10:** 104
quality assurance protocols. **A10:** 105
RACE code **A10:** 105
related techniques **A10:** 102
samples **A10:** 102
sensitivity **A10:** 104–105
stopping distance **A10:** 103
typical set-up for **A10:** 103
x-ray cross section **A10:** 104

Particle-matrix decohesion **A19:** 45

Particles *See also* Magnetic particles; Particle shape; Particle size; Particle size distribution; Powder(s); Sand(s) **M7:** 8
absorption of. **A10:** 341
accelerator, defined **A10:** 678
adherence, from magnetizing force **A17:** 105
agglomeration *See also* Agglomeration. **M7:** 54
aggregation. **A15:** 14
analyzers. **M7:** 218
application, in magnetic particle inspection **M7:** 577
as reinforcement **EL1:** 1119–1121
as reinforcements, aluminum metal-matrix composites **A2:** 7
atmospheric, analysis of **A10:** 106
behavior, in alloy additions **A15:** 71–74
behavior, in directional solidification **A15:** 142–145
beryllium, size and shape. **A2:** 864–865
board, as contaminants **EL1:** 661
bonding, in sintering **M7:** 340
bonding, lubricant effects **M7:** 192
boundaries, in undersintered condition. . . . **M7:** 486
boundaries, P/M aluminum alloys **A12:** 440
charged, detectors for **A10:** 245–246
classification. **M7:** 59
cleavage fracture from. **A12:** 457
collisions, reduction **M7:** 254
colored, magnetic **A17:** 101
combined geometric and elemental analysis **A10:** 318–320
contaminant, in bearing lubricants **A11:** 486
contamination identification, LMMS analysis **EL1:** 1089
density and spacing, effect on tensile fracture **A12:** 100–101
dimensionality of **M7:** 233–245
discontinuous, in metal-matrix composites. **A15:** 849–850
dross, as contaminants **EL1:** 661
dry, magnetic particle inspection **A17:** 100–101
effect on fatigue striation **A12:** 16
elastic and plastic deformation. **M7:** 58
energy-dispersive spectrum from **A10:** 319
extraction replicas of **A17:** 54
fineness **M7:** 59
flaw types in **M7:** 59
flotation, Stoke's law **A15:** 79
flux reaction, as contaminants. **EL1:** 661
foreign, and bearing wear **A11:** 489
fracture equation **M7:** 59
from handling, as contaminants **EL1:** 661
gold, scan line across. **A10:** 496
growth of **A10:** 163
hard, and ball bearing wear **A11:** 494
hard, dispersion in milling **M7:** 63
heavy, kinetic energy of **A10:** 24
in discontinuous oxide battings **EM1:** 62
in laminar and turbulent flow **A17:** 58
in mechanically alloyed oxide alloys **A2:** 943–944
in multidirectional solidification **A15:** 142, 145–146
inhomogeneity at surface. **M7:** 250
insoluble, at solid/liquid interface. . . . **A15:** 142–147
insoluble, interfacial, during solidification **A15:** 142–147
intermetallic, as inclusions **A15:** 95
iron carbonyl, marginal-oscillator signals. . **A17:** 153
large, tendency to fracture. **M7:** 64
ligament-shaped. **M7:** 32
located, image analysis for **A10:** 319
loose, as failure mechanism **EL1:** 1011
magnetic, inspection of . . **A11:** 16–17, **M7:** 575–579
mechanical interlocking of. **M7:** 303
metallic, fuel pump shaft wear from. **A11:** 465
microscopic, during solidification **A15:** 102–103
morphology **M7:** 8
of elemental categories, data and statistical summaries **A10:** 320–322
opaque, AISI/SAE alloy steels **A12:** 308
patterns in powder mixtures. **M7:** 186–187
patterns, yielding nonrelevant indications. **A17:** 105–108
PIXE analysis. **A10:** 102–108
powder properties tests on **M7:** 211
precious metal powder **A2:** 694
primary silicon, in aluminum-silicon alloys **A15:** 165–166
produced by explosive detonation, image analysis of **A10:** 318–320
projection shape **M7:** 240
qualitative SEM examination of **M7:** 234–236
roughness, effect on apparent density **M7:** 297
scanning electron micrograph. **A10:** 319
screening **M7:** 176–177
second-phase **A12:** 16, 219, 423
second-phase, brittle fracture and **A11:** 26
second-phase, replicas **A17:** 54
separation, kinetics of **A15:** 79
separator, superfine **M7:** 179
shape, copper powders **A2:** 392
shape, geometric and elemental analysis of **A10:** 318–320
shape, magnetic particle inspection. **A17:** 100
silicon carbide, morphology effects **A15:** 145
single, fracture mechanics **M7:** 59
single, milling of **M7:** 59–60
size. **A12:** 101, 207
size, magnetic particle inspection **A17:** 100
small, examination by ATEM **A10:** 452
small, single-stage extraction replicas for ATEM analysis. **A10:** 452
small, tendency to weld **M7:** 64
soap, in lithium-base grease **A11:** 153
spacing **M7:** 8
spheroidal, iron **A12:** 223
structure, effect on powder compact **M7:** 211
studies by surface analytical techniques . . . **M7:** 251
sulfide, effect on ridge formation **A12:** 41, 53
sulfur, in asphalt **A12:** 473
surface analysis techniques **M7:** 250–261
surface composition and explosivity **M7:** 195
surface contour **M7:** 233–245
surface defects, iron. **A12:** 220
suspended, PIXE analysis. **A10:** 102
suspension, for magnetic particle inspection **M7:** 578
unbonded, and cracks, detected by metallography. **M7:** 484
unknown, identification by electron diffraction/ EDS **A10:** 455–459
volume fraction, at interface **A15:** 144
wet, magnetic particle inspection **A17:** 101

Particles model (erosion)
wear models for design **A20:** 606

Particles, quantitative metallography
measurements of **A9:** 123–125
relationships **A9:** 129–130
size distribution **A9:** 131–134

Particulate composite **EM1:** 17, 27

Particulate erosion
jet engine components. **A18:** 588
pumps **A18:** 597–599

Particulate ingestion
airfoil degradation caused by. **A20:** 600–601

Particulate reinforced titanium **A7:** 881, 882–883

Particulate reinforcements. **EM4:** 19

Particulate-reinforced composites **A19:** 57

Particulates **A20:** 262
airborne, in coordinate measuring **A17:** 1031
machines. **A17:** 27
as reinforcements **EL1:** 1119–1121
behavior, and toxicity **M7:** 210
characteristics and toxicity **M7:** 201
effects and removal **M7:** 178–180
PIXE phase analysis of **A10:** 102
radiation, and radiology **A17:** 295
removal **A10:** 664
toxic reactions **M7:** 201

Parting *See also* Alloying; Cope; Dealloying; Drag; Parting line; Selective leaching
compound, defined **A15:** 9
defined **A11:** 8, **A15:** 9
for blanks **A14:** 445
horizontal, permanent mold casting. . **A15:** 275–276
plane, defined **A15:** 9
sand-to-sand, early **A15:** 28

Parting agent *See* Mold release agent; Mold release agents; Release agents

Parting dies
multiple-slide forming **A14:** 570

Parting line *See also* Cover core
as pattern feature **A15:** 192
defined **A14:** 9, 48, **A15:** 9, **EM1:** 17, **EM2:** 29
flash **A15:** 192
forgings. **M1:** 361–363
in metal injection molding **A7:** 14
metal flow effects **A14:** 48
tolerances, die casting **A15:** 289

Parting plane *See also* Forging plane
defined **A14:** 9

Parting sprays
as molding problem. **A15:** 346–347

Partition coefficients
and phase diagrams **A15:** 102, 136
change, with growth velocity **A15:** 111
in solidification analysis **A15:** 101

Partitioned strain range
components of hysteresis loop. **A8:** 357–358
life relationships, hysteresis loops for **A8:** 357
vs. cycles to failure in creep-fatigue range. . **A8:** 357

Partitioning **EL1:** 128–129
in gas chromatography/mass spectrometry **A10:** 641
in solvent extraction **A10:** 164
oxidation states. **A10:** 178

Partitionless solidification
defined **A9:** 616

Partmaking system
designing **M7:** 335–337

Part(s) *See also* Applications; Complex parts; Component; Components; Computer-aided design (CAD); Cylinder(s); Design; Fractured parts; P/M parts, specific applications; Part design; Part geometry; Powder metallurgy parts; Tubular products
alignment, by interferometer **A17:** 14
aluminum alloy, cold extrusion of . . . **A14:** 307–310
aluminum alloy, precision-forged **A14:** 252
automotive, closed-die forging **A14:** 82
bimetallic, processing. **M7:** 544–545
blow molded, surface finish **EM2:** 304
blow molding of **EM2:** 357
by radial forging. **A14:** 146
cast by ceramic molding. **A15:** 248
classification. **M7:** 332
cold formed nickel-base alloy, for high-temperature service **A14:** 837
cold-extruded steel, ultrasonic inspection. . **A17:** 271
composite control surfaces **EM1:** 595–601
composite, cost analyses **EM1:** 422–423
composite prototype **EM1:** 36–37
cone-shaped, press forming. **A14:** 549
consolidation **EM1:** 36, **EM2:** 85
coordinate measuring machine inspection . . **A17:** 20
coordinate tolerancing. **A15:** 622–623
cost estimating **EM2:** 709–710
costing breakdown **EM2:** 83–85
cuplike, cold extruded **A14:** 305
cured, matrix content fluctuation **EM1:** 308
cylindrical. **A14:** 529, 572
deep cuplike, cold extruded **A14:** 309–310
density, with injection molding **M7:** 495
design detail, as process selection factor **EM2:** 288–292
design of **EM2:** 615–616
dimension, and die cavity **A14:** 159
dimensions and surface finish, powder forgings. **A14:** 204
dimensions, in precision forging **A14:** 159
dish-shaped, press forming **A14:** 549
drawing and ironing **A14:** 509
ECL, in layout **EL1:** 513
effect of lithium stearate lubricant. **M7:** 191
effect of lubricants after sintering **M7:** 191
elastic mating **EM2:** 720–721
estimating costs of **EM2:** 647
fabrication, brasses for. **M7:** 121
fabrication, costs. **EM2:** 82
failure, design considerations **EM2:** 1

Part(s) (continued)
fewer, and manufacturability........ **EL1:** 123–124
for appliances **M7:** 622–623
for business machines **M7:** 667–670
for cure, in autoclave.................. **EM1:** 702
fracture sources illustrated **A12:** 217
fractured, photography of............ **A12:** 78–90
geometry........ **A14:** 77, 409–410, **EM2:** 707–709
hardness determination **M7:** 452
HERF processed...................... **A14:** 103
identification, machine vision **A17:** 40
impact **A14:** 309–310
in automotive industry **M7:** 617–621
inspection and quality control **M7:** 295
iron powder production capacities......... **M7:** 23
irregular, flux leakage inspection......... **A17:** 133
large, blow molded HDPE **EM2:** 164
large, cup-shape **A14:** 550
large, defined **EM2:** 277
large, extrusion of **A14:** 307
large, materials for press forming **A14:** 507
large, rotational molding for............ **EM2:** 360
large, RTM/SRIM for............ **EM2:** 344–351
large, stretch forming machines for....... **A14:** 596
large, structural-foam injection of....... **EM2:** 508
long, straightening of.............. **A14:** 680–689
-making system, designed **M7:** 335–337
marking, visual examination of......... **EL1:** 1058
mechanical, critical properties **EM2:** 458
minute, by coining...................... **A14:** 184
misaligned *See* Misaligned parts
misapplication, through-hole packages.... **EL1:** 970
mismarked, through-hole packages....... **EL1:** 970
multifunctional......................... **EL1:** 124
multiple, forming of **A14:** 571
new, economic factors................. **EM2:** 293
numbers, in design for manufacturability (DFM) **EL1:** 122
of acrylonitrile-butadiene-styrenes (ABS) **EM2:** 114
of thermoplastic structural foams ... **EM2:** 508–510
photolighting of highly reflective **A12:** 84, 88
-piece cost analysis **EM2:** 358–359
planes of metal flow for **A14:** 50
porous **M7:** 105, 451, 696–700, 731
powder forged, quality assurance for **A14:** 203–205
precision and precision sintered **M7:** 9
production **M7:** 571
recessed, press forming **A14:** 549
rectangular stainless steel, drawing **A14:** 770
reproducibility, of unidirectional tape prepreg **EM1:** 145
resin transfer molded.................. **EM1:** 168
rudder composite, production **EM1:** 596–601
secondary operations performed on .. **M7:** 451–462
self-locating........................... **EL1:** 124
separable component, defined.......... **EL1:** 1156
shallow cuplike, cold extruded........... **A14:** 309
shallow, Guerin process drawing......... **A14:** 607
shape **M7:** 424–425, 448
shape, and gating, die casting **A15:** 289
shape, as process selection factor .. **EM2:** 288–292
simplification, by composites............ **EM1:** 35
size **M7:** 424, 448
size, as process selection factor..... **EM2:** 288–292
size, in press forming **A14:** 504
sizes, for thermoforming............... **EM2:** 399
small complex stainless steel **A14:** 765
small, magnetic particle inspection methods **A17:** 117
small, materials for press forming........ **A14:** 506
standard, as design for manufacturability rule......... **EL1:** 122–123
stationary/moving, laser inspection of .. **A17:** 12–16
symmetric, rotating-die machines for..... **A14:** 178
testing, by magnetic particle inspection................... **M7:** 575–579
thermoplastic injection molding of.. **EM2:** 313–315
tube-spun............................ **A14:** 678
tubular, backward/forward extruded...... **A14:** 305
typical, forging machines for **A14:** 101
with complex shapes, cold extruded...... **A14:** 310
with high diameter-to-thickness ratios, rotary forging for **A14:** 176
Y-shaped, inspection of **A17:** 113–114
Parts, conceptual and configuration design *See* Conceptual and configuration design of parts
Parts consolidation
and costs **EM2:** 85
Parts fabrication models.................. **A20:** 258
Parts list
definition............................. **A20:** 837
in final design package **EL1:** 523
Parts per billion
defined................................ **A13:** 10
Parts per million
defined................................ **A13:** 10
Part-through cracks
fracture mechanics of **A11:** 51
Parylene coatings
applications **EL1:** 797–800
as conformal coatings.................. **EL1:** 763
as encapsulant **EL1:** 242
barrier properties.................. **EL1:** 794–795
crystallinity **EL1:** 796
defined............................... **EL1:** 789
dimer........................... **EL1:** 789–790
electrical properties............... **EL1:** 793–794
health and safety issues **EL1:** 800
introduction **EL1:** 759
mechanical properties.................. **EL1:** 793
monomer **EL1:** 790–791
polymer properties **EL1:** 792–797
polymerization mechanism **EL1:** 791–792
repair **EL1:** 798
solvent resistance.................. **EL1:** 796–797
surface energy **EL1:** 795–796
thermal properties/endurance........... **EL1:** 794
ultraviolet and infrared spectra/optical properties........................ **EL1:** 795
Parylenes **EM3:** 599–600
conformal over coat.................. **EM3:** 592
for circuit protection **EM3:** 592
for coating and encapsulation **EM3:** 580
properties **EM3:** 599–600
PAS *See* Photoacoustic spectroscopy; Polyaryl sulfone; Polyaryl sulfones; Polyarylsulfone
Pascal............................ **A10:** 685, 691
Pascal Inclyno sieve **A7:** 216
Paschen-Runge polychromators
for ICP................................ **A10:** 37
Pass energy
as kinetic energy....................... **A10:** 571
PASS test **A13:** 220
Passenger ferries
composite structures for **EM1:** 839
Passes
defined................................. **A14:** 9
number, contour roll forming **A14:** 628–629
number, for out-of-roundness............ **A14:** 622
rotary straightening **A14:** 690
Passivating film in electrolytic polishing **A9:** 48
Passivating solutions
for cleaning.......................... **A13:** 1141
Passivating treatments
stainless steel powders.................. **A7:** 977
Passivation *See also* Activation **A19:** 487, **A20:** 546, 547, 549, 557
amorphous metals **A13:** 868
and dewetting......................... **EL1:** 642
and hermeticity, considerations **EL1:** 243–244
aqueous corrosion **A13:** 35–36
base metal........................... **EL1:** 675
chromium alloying effects................ **A13:** 48
chromium-nickel alloy plating **A5:** 271
coatings, cleaning of **A13:** 381
computer modeling............... **EL1:** 443–444
continuous hot dip coatings............. **A5:** 342
copper and copper alloys.... **A5:** 815–817, **M5:** 624
cracks............................... **EL1:** 1054
defined...................... **A13:** 10, **EL1:** 1152
definition.............................. **A5:** 962
design limitations for inorganic finishing processes **A20:** 824
electropolishing accomplishing **M5:** 306
for corrosion in stainless steel **A11:** 195
of chip.............................. **EL1:** 244
of iron in water and dilute aqueous solutions......................... **A11:** 198
of persistent slip bands.................. **A19:** 83
of tin **A13:** 772
phosphate coating process affected by..... **M5:** 438
potential, aqueous corrosion............. **A13:** 35
removal of iron- and copper-bearing deposits by acid cleaning **A5:** 54
safety precautions...................... **M5:** 560
solutions **A13:** 552, 1141
stainless steel......... **M5:** 306, 431–432, 558–560
corrosion and.................... **M5:** 558–560
stainless steels **A5:** 753, 754–755
techniques, and stainless steel corrosion .. **A13:** 552
Passivation, surface
rare earth metals **A2:** 735
Passivation treatment
to increase corrosion resistance of stainless steel weldments **A6:** 1069
Passivation treatments
stainless steels......................... **A15:** 264
Passivator
defined................................ **A13:** 10
Passivators
as lubricant additives **A14:** 515
Passive
defined................................ **A13:** 10
definition.............................. **A5:** 962
Passive anodic potential ranges............. **A9:** 144
Passive clearance control
blade tips of jet engines **A18:** 589
Passive component fabrication *See also* Passive devices
device construction, generic......... **EL1:** 178–179
fabrication methods **EL1:** 184–188
interconnection methods **EL1:** 179–180
material selection **EL1:** 182–184
passive microwave components **EL1:** 188–189
reliability factors.................. **EL1:** 180–182
Passive corrosion
defined........................... **A12:** 41–42
Passive current density....... **A7:** 978, 985, 986, 988
Passive devices *See also* Passive component fabrication
capacitor failure mechanisms **EL1:** 994–999
capacitors **EL1:** 994
carbon composition resistors...... **EL1:** 1002–1003
defined............................... **EL1:** 109
failure mechanisms............... **EL1:** 994–1005
inductor failure mechanisms...... **EL1:** 1004–1005
inductors...................... **EL1:** 1003–1004
radio frequency **EL1:** 1005
resistor failure mechanisms........ **EL1:** 999–1003
resistors **EL1:** 999
thin-film chip resistors **EL1:** 1003
Passive element
defined.............................. **EL1:** 1152
Passive extreme pressure (PEP) additives
for metalworking lubricants **A18:** 141
Passive film rupture
in SCC and corrosion fatigue............. **A12:** 42
Passive films *See also* Films; Thick films; Thin films
composition vs. depth, on tin-nickel substrate **A10:** 608–609
study of.......................... **A10:** 557–558
Passive microwave components
fabrication of..................... **EL1:** 188–189
Passive stirring
of semisolid alloys **A15:** 330

SUBJECTS OF THE INDEXED VOLUMES: ASM Handbook (designated by the letter "A"): **A1:** Properties and Selection: Irons, Steels, and High-Performance Alloys (1990); **A2:** Properties and Selection: Nonferrous Alloys and Special-Purpose Materials (1990); **A3:** Alloy Phase Diagrams (1992); **A4:** Heat Treating (1991); **A5:** Surface Engineering (1994); **A6:** Welding, Brazing, and Soldering (1993); **A7:** Powder Metal Technologies and Applications (1998); **A8:** Mechanical Testing (1985); **A9:** Metallography and Microstructures (1985); **A10:** Materials Characterization (1986); **A11:** Failure Analysis and Prevention (1986); **A12:** Fractography (1987); **A13:** Corrosion (1987); **A14:** Forming and Forging (1988); **A15:** Casting (1988); **A16:** Machining (1989); **A17:** Nondestructive Evaluation and Quality Control (1989); **A18:** Friction, Lubrication, and Wear Technology (1992); **A19:** Fatigue and Fracture (1996); **A20:** Materials Selection and Design (1997). **Metals Handbook, 9th Edition** (designated by the letter "M"): **M1:** Properties and Selection: Irons and Steels (1978); **M2:** Properties and Selection: Nonferrous Alloys and Pure Metals (1979); **M3:** Properties and Selection: Stainless Steels, Tool Materials, and Special-Purpose Materials (1980); **M4:** Heat Treating (1981); **M5:** Surface Cleaning, Finishing, and Coating (1982); **M6:** Welding, Brazing, and Soldering (1983); **M7:** Powder Metallurgy (1984). **Engineered Materials Handbook** (designated by the letters "EM"): **EM1:** Composites (1987); **EM2:** Engineering Plastics (1988); **EM3:** Adhesives and Sealants (1990); **EM4:** Ceramics and Glasses (1991). **Electronic Materials Handbook** (designated by the letters "EL"): **EL1:** Packaging (1989)

Passive substrates *See also* Substrates
Imitation ... **EL1:** 8
Passive-active cell
defined ... **A13:** 10
definition ... **A5:** 962
Passivity ... **A7:** 985, 988
defined ... **A13:** 10
definition ... **A5:** 962
effects in galvanic corrosion ... **A11:** 185
Paste
and resin, for sheet molding compounds ... **EM1:** 159–160
dispersion pigments, sheet molding compounds ... **EM1:** 158
doctor blades, SMC machines ... **EM1:** 159
metering, SMC machines ... **EM1:** 159–160
Paste brazing filler metal
definition ... **M6:** 13
Paste compound ... **M7:** 8
for brazing and soldering ... **M7:** 840
Paste feeders
automatic torch brazing ... **M6:** 959
Paste (nonfluxing)
brazing filler metals available in this form **A6:** 119
Paste soldering filler metal
definition ... **M6:** 13
Pastes *See also* Solder pastes ... **EM3:** 20, 47
as aluminum alloy application ... **A2:** 14
as lubricant form ... **A14:** 514
defined ... **EL1:** 1152
stiff, forming structural ceramics from ... **A2:** 1020
Pasteurizers
for breweries ... **A13:** 1223
Pasty range of the alloy ... **A6:** 964, 965
Patch cutting process
in metal removal processes classification scheme ... **A20:** 695
PATCHES-III computer program for structural analysis ... **EM1:** 268, 272
Patent
definition ... **A20:** 837
Patent searches ... **A20:** 26
Patenting ... **A4:** 55, 162, **A20:** 366
steel wire ... **M1:** 262
steel wire rod ... **M1:** 253
Patents
acrylics ... **EM3:** 122, 124
Path length
in UV/VIS absorption spectroscopy ... **A10:** 62
Path length factor ... **A18:** 464
Patina
defined ... **A13:** 10
definition ... **A5:** 962
Patina copper coloring solutions ... **M5:** 625
PATRAN
finite-element analysis code ... **EM3:** 479, 480
PATRAN-G computer program for structural analysis ... **EM1:** 268, 272
Pattern *See* Diffraction pattern
Pattern assembly
allowances ... **A15:** 192–193
machine, operations of ... **A15:** 234
Replicast process ... **A15:** 271
Pattern equipment *See also* Equipment
CAD/CAM processing ... **A15:** 618
defined ... **A15:** 191
Pattern error
as casting defect ... **A11:** 386
Pattern heating
as molding problem ... **A15:** 347
Pattern materials
advanced composites ... **A15:** 193
costs vs. production quantity ... **A15:** 198
expanded polystyrene ... **A15:** 196–197
expendable ... **A15:** 196
expendable, wax ... **A15:** 196
investment casting ... **A15:** 253–255
paradichlorobenzene/naphthalene, investment casting ... **A15:** 255
plastics, investment casting ... **A15:** 255
silica erosion ... **A15:** 196
urea-based, investment casting ... **A15:** 255
waxes, investment casting ... **A15:** 253–255
wood ... **A15:** 194
Pattern mounting error
as casting defect ... **A11:** 386
Pattern plating ... **EL1:** 115, 540
Pattern removal
autoclave dewaxing ... **A15:** 262
flash dewaxing ... **A15:** 262
investment casting ... **A15:** 261–262
liquid dewaxing ... **A15:** 262
Pattern selection
costs ... **A15:** 197
tolerances ... **A15:** 197–198
Pattern tooling
against positive model ... **A15:** 256
cast tooling ... **A15:** 256–257
machined ... **A15:** 256
Pattern/follower wheel-shaped cutting machines ... **A6:** 1169
Patterned sheet
temper designations ... **A2:** 26
Pattern-fit algorithm
as automatic trace routing ... **EL1:** 531–532
Patterning, and selective plating
thin-film hybrids ... **EL1:** 329
Patternmakers' rules ... **M1:** 30–31, 33
Patternmaker's shrink rule ... **A15:** 192
Patternmaker's shrinkage *See also* Shrinkage
cast copper alloys ... **A2:** 356–391
defined ... **A15:** 9, 192
Patternmaking *See also* Pattern(s)
and patterns ... **A15:** 189–199
automation of ... **A15:** 198–199
dimensional accuracy ... **A15:** 189
flow diagram of ... **A15:** 203
investment casting ... **A15:** 255–257
shrinkage, patternmaker's shrink rule **A15:** 192–193
Pattern(s) *See also* Gate; Gated pattern; Pattern assembly; Pattern materials; Pattern removal; Pattern tooling; Patternmaking
allowances ... **A15:** 192–193
Alnico alloys ... **A15:** 736
aluminum and aluminum alloys ... **A2:** 14
and cluster assembly, investment casting ... **A15:** 257
cast epoxy resin ... **A15:** 243
coatings ... **A15:** 195–196
composite ... **A15:** 195
core prints ... **A15:** 192
defined ... **A15:** 9, 203
design ... **A15:** 198–199, 611–612
design/manufacture, automated ... **A15:** 198–199
draft, and design ... **A15:** 611–612
draft, defined ... **A15:** 9
expendable, defined *See* Expendable pattern
for plaster molding ... **A15:** 243
for zirconium alloys ... **A15:** 836
gates ... **A15:** 192
gating, modified ... **A15:** 192
half ... **A15:** 28
handling and storage ... **A15:** 196
heating, as molding problem ... **A15:** 347
high-chromium white irons ... **A15:** 683
high-silicon irons ... **A15:** 699
investment casting ... **A15:** 256
layout, defined ... **A15:** 9
life, of various materials ... **A15:** 198
loose ... **A15:** 28, 189–190
machined ... **A15:** 195, 256
match plate, described ... **A15:** 190
materials for ... **A15:** 193–197
metal ... **A15:** 194–195, 197
nickel-chromium white irons ... **A15:** 680
parting line ... **A15:** 192
permanent ... **A15:** 204, 248
plastic ... **A15:** 195, 255–256
preform, ceramic molding ... **A15:** 248–249
preparation, for plaster molding ... **A15:** 244
production, Replicast process ... **A15:** 271
removal ... **A15:** 261–262
repair/rebuilding ... **A15:** 196
risers ... **A15:** 192
sand casting, tolerances ... **A15:** 617–618
selection of type ... **A15:** 197–198
Shaw process ... **A15:** 248–249
solid, described ... **A15:** 195
special ... **A15:** 190–191
tooling, for investment casting ... **A15:** 256–257
two-pattern size ... **A15:** 29
types of ... **A15:** 189–192
Unicast process ... **A15:** 251
verification ... **A15:** 199
with a core ... **A15:** 195
with organic binders ... **A15:** 35
Patterson and Doepp structural diagram
cast iron ... **A15:** 69–70
Pauli exclusion principle ... **EL1:** 90
Pauling electronegativity ... **A6:** 144
Pawl spring
fatigue fracture ... **A11:** 551–553
Pawls, cast iron
coatings for ... **M1:** 104
Pawls, wrought steel
economy in manufacture ... **M3:** 848, 849
Payback period ... **A20:** 17
PBI *See* Polybenzimidazole; Polybenzimidazoles
Pb-Pd (Phase Diagram) ... **A3:** 2•332
Pb-Pr (Phase Diagram) ... **A3:** 2•332
Pb-Pt (Phase Diagram) ... **A3:** 2•333
Pb-Pu (Phase Diagram) ... **A3:** 2•333
Pb-Rb (Phase Diagram) ... **A3:** 2•333
Pb-Rh (Phase Diagram) ... **A3:** 2•334
Pb-S (Phase Diagram) ... **A3:** 2•334
Pb-Sb (Phase Diagram) ... **A3:** 2•334
Pb-Sb-Sn (Phase Diagram) ... **A3:** 3•57–3•58
Pb-Se (Phase Diagram) ... **A3:** 2•335
Pb-Sn (Phase Diagram) ... **A3:** 2•335
Pb-Sn-Zn (Phase Diagram) ... **A3:** 3•58
Pb-Sr (Phase Diagram) ... **A3:** 2•335
PBT *See* Polybutylene terephthalate
Pb-Te (Phase Diagram) ... **A3:** 2•336
Pb-Tl (Phase Diagram) ... **A3:** 2•336
Pb-Y (Phase Diagram) ... **A3:** 2•336
Pb-Yb (Phase Diagram) ... **A3:** 2•337
Pb-Zn (Phase Diagram) ... **A3:** 2•337
PBZT
for printed board material systems ... **EM3:** 592
PC *See* Polycarbonate; Polycarbonates
PCBN *See* Cubic boron nitride, polycrystalline; Polycrystalline cubic boron nitride (PCBN)
PCD *See* Diamond, polycrystalline
p-channel MOSFET
compatible ... **EL1:** 147
enhancement mode ... **EL1:** 158
P-channel transistors (PMOS)
development ... **EL1:** 160
p-charts *See also* Control charts; Quality control
for fraction defective ... **A17:** 735–737
***p*-cresol**
physical properties ... **EM3:** 104
P-D alloy *See* Titanium alloys, specific types, Ti-Pd alloys
PDA *See* Photodiode arrays
PDIP *See* Plastic dual-in-line package (PDIP)
Pd-Pt (Phase Diagram) ... **A3:** 2•337
Pd-Pu (Phase Diagram) ... **A3:** 2•338
Pd-Rh (Phase Diagram) ... **A3:** 2•338
Pd-Ru (Phase Diagram) ... **A3:** 2•338
Pd-S (Phase Diagram) ... **A3:** 2•339
Pd-Sb (Phase Diagram) ... **A3:** 2•339
Pd-Se (Phase Diagram) ... **A3:** 2•339
Pd-Si (Phase Diagram) ... **A3:** 2•340
Pd-Sm (Phase Diagram) ... **A3:** 2•340
Pd-Sn (Phase Diagram) ... **A3:** 2•340
Pd-Te (Phase Diagram) ... **A3:** 2•341
Pd-Ti (Phase Diagram) ... **A3:** 2•341
Pd-Tl (Phase Diagram) ... **A3:** 2•342
Pd-U (Phase Diagram) ... **A3:** 2•342
Pd-V (Phase Diagram) ... **A3:** 2•342
Pd-W (Phase Diagram) ... **A3:** 2•343
Pd-Y (Phase Diagram) ... **A3:** 2•343
Pd-Yb (Phase Diagram) ... **A3:** 2•343
Pd-Zn (Phase Diagram) ... **A3:** 2•344
Peak aging
effect on fracture toughness of aluminum alloys ... **A19:** 385
Peak averaging ... **A18:** 296
Peak broadening
as XRPD source of error ... **A10:** 341
in EPMA measurement ... **A10:** 519
Peak contact pressure
symbol for ... **A20:** 606
Peak contact temperature ... **A18:** 438, 440
Peak liquidus temperature ... **A6:** 354
Peak overlap
defined ... **A10:** 678
major component analysis with ... **A10:** 530
spectral, AES ... **A10:** 556
Peak penetration
laser-beam welding ... **A6:** 262

738 / Peak principal stress, largest (smallest)

Peak principal stress, largest (smallest) **A19:** 265
Peak stress **A19:** 451, **A20:** 177, 178
Peak switching technique
for ion current signals **A10:** 144
Peak temperature-cooling time (PTCT)
diagram **A6:** 71, 72–73
Peak-age treatment
beryllium-copper alloys **A2:** 407
Peak-aged alloys **A19:** 8
Peaks
artifact, as AEM-EDS microanalytic limitation **A10:** 448
Auger electron **A10:** 551
breadth and position, micro- and macrostresses from **A10:** 387
broadening **A10:** 341, 519
diffraction, in surface stress measurement **A10:** 385
EPMA, gold-copper alloys **A10:** 530
escape or parasitic **A10:** 520
false silicon or internal fluorescence **A10:** 520
identification, EDS **A10:** 522–523
in x-ray spectrometer detectors **A10:** 92
internal fluorescence, EDS spectra **A10:** 520
sum, defined **A10:** 92, 520
switching **A10:** 144
well-resolved, and high concentrations **A10:** 530
width, liquid chromatography **A10:** 651
Peak-to-peak change
symbol for key variable **A19:** 242
Pearlite .... **A1:** 127, 128–129, **A3:** 1•21, **A13:** 10, 47, 566, **A20:** 334, 350, 360, 361–369
500 °F embrittlement, susceptibility to **M1:** 685
controlled rolling **A20:** 368
decomposition by spheroidization and graphitization **A11:** 613
defined **A9:** 13
definition **A5:** 963
effect on cast iron **M6:** 1000
effect on tensile strength **A20:** 368
effect with hardness on abrasion resistance **A20:** 474
growth **A10:** 508
hydrogen embrittlement, effect on **M1:** 687
in atomized iron **M7:** 487
in austenitic manganese steel castings **A9:** 239
in carbon and alloy steels **A9:** 170, 178–179
in cast iron **M1:** 4, 6–9
in cast irons, magnifications to resolve **A9:** 245
in ductile iron, alloying elements **A15:** 648–649
in gray iron **A15:** 632–633
machinability influenced by **M1:** 571–573
microalloying **A20:** 368–369
microstructure, eutectoid composition **M7:** 315
microstructures **A9:** 658–661
notch toughness, effect on **M1:** 695, 699, 702, 704, 706
SEM resolution of **A10:** 494
steel as oriented surface in quantitative metallography **A9:** 128
surface hardened steels **M1:** 531, 533
temperature of austenite transformation symbol **A11:** 796
wear resistance compared with martensite **M1:** 611–612
Pearlite in quenched steels
effect on fracture toughness of steels **A19:** 383
Pearlite, spheroidized
high-carbon steel microstructure **A12:** 278
Pearlite stainless steels
abrasion artifacts examples **A5:** 140
Pearlite steel
tensile strengths **A20:** 351
Pearlite transformation temperature **A20:** 366
Pearlite/ferrite ratio
in compacted graphite iron **A1:** 57, 59
Pearlite-reduced steels **A1:** 148
Pearlitic ductile irons
fracture modes **A12:** 228–230, 235–236

Pearlitic gray iron, application
internal combustion engine parts **A18:** 556
Pearlitic gray irons
machining **A2:** 966
Pearlitic iron, production
structural diagram **A15:** 69–70
Pearlitic malleable iron *See also* Malleable iron
annealed and oil quenched **A9:** 253
annealed and tempered **A9:** 253
austenitized, air cooled **A9:** 252
centrifugally cast and annealed **A9:** 254
effects of increasing tempering temperature **A9:** 253
flame hardened **A9:** 253
hardness and yield strength **A15:** 690
mechanical properties **A15:** 693–696
production **A15:** 693
tensile properties **A15:** 695
with gray iron rim **A9:** 254
oil quenched and tempered **A9:** 253
Pearlitic malleable iron, heat treating *See* Malleable iron, heat treating
Pearlitic malleable iron, specific type
Grade 45008, annealed and tempered **A9:** 252
Pearlitic malleable irons *See* Malleable cast irons
Pearlitic steel
decarburization effects **A11:** 77–78
fatigue behavior of **M1:** 675, 677
transition temperature, effect of alloying elements on **M1:** 417
Pearlitic steels **A7:** 1073
abrasion artifacts in **A9:** 35–36, 38
acoustic emission inspection **A17:** 287
advantages **A6:** 797
applications **A6:** 797
as hardfacing alloys **M7:** 828
hardfacing **A6:** 790–791
Pearlitic steels, as-rolled
alloying additions and properties as category of HSLA steel **A19:** 618
Pearlitic steels, specific types
low-alloy steels, advantages and applications of materials for surfacing, build-up and hardfacing **A18:** 650
mild steels, advantages and applications of materials for surfacing, build-up and hardfacing **A18:** 650
Pearlitic structure
defined **A9:** 13
Pearlitic-martensitic malleable iron **A1:** 76–84
brazing **A1:** 83–84
Charpy V-notch impact energy **A1:** 81
compressive strength **A1:** 82
fracture toughness **A1:** 74, 80, 82
heat treatment **A1:** 76–80
mechanical properties **A1:** 74, 78, 79, 80–83
shear strength **A1:** 82
tensile properties **A1:** 82
torsional strength **A1:** 82
unnotched fatigue limits **A1:** 81, 83
microstructure **A1:** 76, 77
modulus of elasticity **A1:** 82
rehardened-and-tempered malleable iron **A1:** 79
selective surface hardening **A1:** 84
stress-rupture plot **A1:** 81
tempering times **A1:** 80
wear resistance **A1:** 83–84
welding **A1:** 83–84
Pearson 7 function **A5:** 665
Pearson 7 method **A5:** 651
Pearson IV distribution function **A18:** 851
Pearson symbols .... **A3:** 1•15
conversion to Strukturbericht symbols **A9:** 707
for identifying space lattices **A9:** 706–707
Pearson VII distribution functions
in surface stress measurement **A10:** 386
Pearson, William B .... **A3:** 1•15
Pebbles *See* Orange peel

Pechukas and Gage apparatus
modified **M7:** 265
Pechukas and Gage apparatus, modified **A7:** 278
Peck drilling
for dissimilar materials **EM1:** 669–671
MMCs **A16:** 894, 898, 899
Peclet number **A18:** 39–40, 43, 44
Pedestal bearing
defined **A18:** 14
PEEK *See* Polyaryletherketones; Polyether etherketone; Polyetherketoneketone
Peel bond
defined **EL1:** 1152
Peel, or stripping
strength **EM3:** 20
Peel ply **EM1:** 17, 642, 682, **EM3:** 20
defined **EM2:** 29
Peel strength **EM2:** 29, 237
defined **EL1:** 1152, **EM1:** 17
Peel stress
epoxy design and **EM3:** 101
testing for latex **EM3:** 213
Peel test **A18:** 404
definition **M6:** 13
for adhesion failures by thin-film contaminants **A11:** 43
for resistance spot welds **M6:** 487
Peel test procedures
ceramic/metal seals **EM4:** 505, 506, 507
Peel tests *See also* Microelectronics
tests **EM3:** 383–384, 385, 386, 809
raw materials quality control **EM3:** 732
using surface preparation procedures **EM3:** 805
Peeling *See also* Microspalling **A7:** 659, **A18:** 259
as fatigue mechanism **A19:** 696
definition **A5:** 963
in roller bearing **A11:** 502
in rotary swaging **A14:** 143–144
-type cracks, in shafts **A11:** 471
Peeling fracture
medium-carbon steel **A12:** 253
Peeling, plating
as PTH failure mechanism **EL1:** 1025–1026
Peen plating *See also* Mechanical coating .. **M5:** 300, **M7:** 459
Peened weld
effect on fatigue performance of components **A19:** 317
Peening *See also* Shot peening; Stress
peening **A19:** 315, 316
abrasive jet machining **A16:** 512, 513
cast iron welds **M6:** 313
cast irons **A15:** 526
definition **M6:** 13
effect on fatigue performance of components **A19:** 318
embrittlement in nickel alloys **M6:** 437
furnace brazing of steels **M6:** 940
high-production **A14:** 681
in bearingizing **A16:** 254
manual **A14:** 681
reduction of residual stress **M6:** 891–892
butt welds **M6:** 891–892
stainless steels **M6:** 891
Peening, shot *See* Shot peening
Peening wear
defined **A18:** 14
Peenscan measurement method
shot peen coverage **M5:** 139
Peenscan method **A5:** 127
Peg topple test **A18:** 404
Pegmatite
in ceramic tiles **EM4:** 926
PEI *See* Polyether-imide; Polyetherimides
Peierls stress **A20:** 267, 268, 269
PEKK *See* Polyaryletherketones; Polyetherketoneketone
Pellet **M7:** 8

Pelletizing
in ceramics processing classification scheme **A20:** 698

Pellets
as samples, x-ray spectrometry. **A10:** 93
KBr, as IR samples **A10:** 113

Pellets, feeding
for injection molding compounds... **EM1:** 164–165

Pellini drop weight test **A19:** 445

Pellini's fracture analysis diagram **A19:** 441, 442

Peltier-effect junctions **A20:** 619

Peltier-junction based thermoelectric coolers **A20:** 617

PEM *See* Photoelastic modulators

Pen points
powders used **M7:** 574

Pen recorder
with drop tower compression test **A8:** 197

Pencil glide **A9:** 684

Pencil-type electropolishing chamber **A9:** 55

Pendant drop process
titanium powders **M7:** 167

Pendellösung fringes **A10:** 368, 370, **A18:** 386

Pendellosung oscillations
effect on diffraction contrast images. **A9:** 111

Pendulum load-measuring system ... **A8:** 132–133, 613

Penetrameters
for electronic components. **A17:** 341
for weldments. **A17:** 592–593
placement of. **A17:** 341–343
plaque-type **A17:** 339–340
radiographic inspection. **A17:** 338–341
step wedge **A17:** 341
wire-type **A17:** 340–341

Penetrant inspection *See also* Liquid penetrant inspection; Penetrant(s)
cumulative probability of crack detection as function of length of inspection interval. **A19:** 415
materials used. **A17:** 74–77
principles, applications and notes for cracks **A20:** 539

Penetrant inspection testing
brazed joints **A6:** 1119

Penetrant testing .. **A6:** 1081, 1082, 1084, 1085, 1086, 1087, 1088
cracking from **A11:** 433

Penetrant(s) *See also* Liquid penetrant inspection
application of **A17:** 82
bleedback **A17:** 74
characteristics, physical/chemical **A17:** 75, 77
classification **A17:** 77
dye and fluorescent, as visual inspection **A17:** 3
excess, removal of **A17:** 74
liquid, leak detection with **A17:** 65
maintenance of **A17:** 85
method A, water-washable **A17:** 75, 77
method B and D, lipophilic/hydrophilic postemulsifiable **A17:** 75, 77–78
method C, solvent-removable **A17:** 75, 77–78
methods, liquid **A17:** 73–74
quality assurance of. **A17:** 84–85
selection and use **A17:** 75
type I, fluorescent **A17:** 75, 77–78
type II visible. **A17:** 75, 77
types **A17:** 74–75, 77–78

Penetration *See also* Depth of penetration; Incomplete penetration; Lack of penetration (LOP); Metal penetration ... **A13:** 33, 232, 545, 942, **EM3:** 20
degree of **A18:** 185
depth, electron **A11:** 41
depth of. **A18:** 185
incomplete **A17:** 50, 86, 296, 350
metal, as casting defect **A11:** 385
of liquid penetrants **A17:** 74
of molten braze material, fatigue fracture by **A11:** 454–455
of ultrasonic inspection. **A17:** 231
radiation, in neutron radiography **A17:** 387
time *See* Dwell time

Penetration, depth of
in ATR spectroscopy **A10:** 113

Penetration distance **A18:** 463, 467
x-ray diffraction. **A18:** 464, 470

Penetration grades (greases) **A18:** 136

Penetration hardness number
defined **A18:** 14

Penetration losses
in superconductors **A2:** 1039–1040

Penetration method
paint dry film thickness tests **M5:** 491

Penetration (of a grease)
defined **A18:** 14

Penetration, solvent
surface-mount assemblies **EL1:** 666

Penetration welding
laser-beam welding. **A6:** 263

Penetrator technique **A7:** 625

Penetrator techniques
to prevent can folding **M7:** 518

Penetrometer *See also* Penetration (of a grease)
defined **A18:** 14

Penetrometer assembly **A7:** 280

Penetrometers
assembly **M7:** 268
for mercury volume displacement measurement **M7:** 267
glass **M7:** 267, 269

Penicillamine
as chelator. **A2:** 1236

Penning gage
for gas/leak detection. **A17:** 64

Pennsylvania
early American foundries **A15:** 25–26

Penny bronze
applications and properties. **A2:** 313

Penny-shaped crack **A19:** 375

Pentachlorobiphenyl
mass spectrum for **A10:** 642

Pentachloronitrobenzene (quintobenzene)
hazardous air pollutant regulated by the Clean Air Amendments of 1990 .... **A5:** 913

Pentachlorophenol
hazardous air pollutant regulated by the Clean Air Amendments of 1990 .... **A5:** 913
maximum concentration for the toxicity characteristic, hazardous waste **A5:** 159

Pentaerithritol tetranitrate (PETN)
friction coefficient data. **A18:** 75

Pentaerythritol
as common crystal analyzing crystal. **A10:** 88

Penumbra, defined
for radiographic definition **A17:** 313

People skills **A20:** 50

PEP
as synchrotron radiation source. **A10:** 413

Pepper blister *See* Blister

Pepperhoff interference film technique
for examination of tool steels **A9:** 258

Peptone
use in tin-lead plating baths **M5:** 277–278

Peracid epoxidation
of olefins **EM1:** 66–68

Peracid epoxides *See* Cycloaliphatic epoxides

Perborate
phosphate coating accelerators. **A5:** 379

Perceived quality **A20:** 104

Percent by volume glass *See* Glass, percent by volume

Percent cold work
and residual stress caused by stress-relieving heat treatment and forming, measured ... **A10:** 380
and residual stress distribution **A10:** 390
diffraction-peak breadth at half height as function of. **A10:** 387
gradient, and maximum residual stress ... **A10:** 380
surface or subsurface, by x-ray diffraction residual stress techniques **A10:** 380, 390

Percent elongation *See also* Elongation; Total elongation; Uniform elongation
effect of exposure time and temperature on **A8:** 37
effect of uniform elongation on **A8:** 27
thermoset matrix composites **EM1:** 395
vs. strain rate sensitivity. **A8:** 42

Percent error
defined. **A8:** 10

Percent failure
vs. life for different stresses **A8:** 699

Percent of large particles (PLP) **A18:** 302

Percent oil **A18:** 143

Percent reduction
of drawability **A8:** 562

Percent reduction in area
formula **A19:** 230
typical range of engineering metals. **A19:** 230

Percent replication
test program **A8:** 696–697

Percent survival (curve)
in stress-corrosion cracking **A13:** 276

Percent survival values
nonparametric evaluation of **A8:** 707

Percent theoretical density **M7:** 8

Percentage defective (*p***) chart** **EM3:** 795–797

Percentage of back reflection technique
ultrasonic inspection **A17:** 263

Percentage of maximum load drop
as failure criterion **A19:** 20

Percentile
estimates **A8:** 629–635
exponential distribution **A8:** 635
normal distribution **A8:** 630–631
of statistical distributions **A8:** 629
population **A8:** 629
Weibull distribution. **A8:** 633

Percentile estimates **A8:** 628–635
Weibull distribution **A8:** 633–634

Percentiles of the studentized range
g **A8:** 658

Percentiles of the *t* **distribution** **A8:** 655

Perchlorate
as electrode **A10:** 185

Perchloric acid
and acetic anhydride electrolyte **A9:** 51
and alcohol (Group I electrolytes). **A9:** 52–54
and glacial acetic acid as an etchant for lead and lead alloys **A9:** 416
and glacial acetic acid (Group II electrolytes) **A9:** 53–54
as electrolyte. **A9:** 51–54
as electrolyte for aluminum. **A9:** 48, 353
as oxidant and sample dissolution medium **A10:** 166
methanol and ethylene glycol as an electrolyte for titanium and titanium alloys **A9:** 459
mounting materials for use with. **A9:** 49, 53–54
residue isolation using. **A10:** 176

Perchloroethylene (PCE) **A5:** 24, 25, 26, 29, 930
applicability of key regulations **A5:** 25
physical properties **A5:** 27
properties. **A5:** 21
vapor degreasing evaluation **A5:** 24
vapor degreasing properties **A5:** 24

Perchloroethylene solvent cleaners **M5:** 40, 44–48, 617
cold solvent cleaning process, use in **M5:** 40
flash point **M5:** 40
magnesium alloy cleaning **M5:** 629
vapor degreasing, use in **M5:** 10, 44–45, 47–48

Percolation threshold
shift in filled polymers by usage of highly porous nanosized powders **A7:** 79

Percussion
definition **EM4:** 633

Percussion weld
definition **M6:** 13

Percussion welding *See also* Attachment methods; Joining; Welding **M6:** 739–745
applications **M6:** 739–740
workpiece condition **M6:** 740
workpieces, design and size **M6:** 739–740
arc starting. **M6:** 741
alternating current **M6:** 741
direct current **M6:** 741
starter nib **M6:** 741
arc time **M6:** 740–741
as attachment method, sliding contacts **A2:** 842
capacitor-discharge welding. **M6:** 739–745
control **M6:** 742
displacement, current, and voltage .. **M6:** 742–743
high-voltage machines. **M6:** 744–745
low-voltage machines **M6:** 743–744
preparation of workpieces **M6:** 742
sequence of steps **M6:** 742
voltage. **M6:** 741–742
combinations of work metals **M6:** 740
comparison to stud welding **M6:** 739
current for welding. **M6:** 741
polarity **M6:** 741
definition **M6:** 13
force for welding. **M6:** 741
damping **M6:** 741

Percussion welding (continued)
impact velocity **M6:** 741
peak loading **M6:** 1382741
heat-affected zone **M6:** 740
in joining processes classification scheme **A20:** 697
magnetic-force welding **M6:** 740, 745
applications **M6:** 745
arc starters **M6:** 745
arc time **M6:** 745
force for welding **M6:** 745
weld areas **M6:** 745
metals welded **M6:** 740
power supplies **M6:** 740
high-voltage capacitors **M6:** 740
low-voltage capacitors **M6:** 740
resistance welding transformers **M6:** 740
safety **M6:** 59, 745
welding energy **M6:** 741
Percussion welding of
aluminum alloys **M6:** 399, 740
copper **M6:** 745
copper alloys **M6:** 740
copper-tungsten **M6:** 740
gold **M6:** 740
low-carbon steels **M6:** 740
medium-carbon steels **M6:** 740
molybdenum **M6:** 740
nickel alloys **M6:** 740
silver **M6:** 740
silver-cadmium oxide **M6:** 740, 745
silver-tungsten **M6:** 740, 745
stainless steels **M6:** 740
tantalum **M6:** 740
thermocouple alloys **M6:** 740
Percussion welding (PEW)
definition **A6:** 1212
Percussive impact model
wear models for design **A20:** 606
Perester dibasic acid + metal ion
generating free radicals for acrylic adhesives **EM3:** 120
Perfect plasticity **A7:** 330
Perfect production **A20:** 112
Perfectly oriented surface
true area and length **A12:** 204
Perfilming *See* Films
Perfluorinated polyalkylether oils
creep or migration **A18:** 151
Perfluoro alkoxy alkane (PFA)
as fluoropolymer **EM2:** 116
Perfluoroalkoxy (PFA)
surface preparation **EM3:** 279
Perfluoroalkoxytetrafluoroethylene (PFA)
in pharmaceutical production facilities **A13:** 1227–1228
Perfluoroalkyl ethers **EM3:** 677
Perfluoroheptane (PF-5070)
characteristics **A5:** 941
Perfluorohexane (PF-5060)
characteristics **A5:** 941
Perfluoro-N-methyl morpholine (PF-5052)
characteristics **A5:** 941
Perfluorooctane (PF-5080)
characteristics **A5:** 941
Perfluoropentane (PF-5050)
characteristics **A5:** 941
Perfluoropolyalkylether (PFPE)
factors influencing fluid degradation **A18:** 156
high-vacuum lubricants **A18:** 156, 157, 158
molecular structures **A18:** 156
properties **A18:** 155, 156
Perforating *See also* Piercing; Punching
defined **A14:** 9
Perforator bushings
materials for **A14:** 485
Perforator punches
material for **A14:** 485
Performance *See also* Electrical performance testing; NDE reliability; Physical performance; Reliability; specific inspection methods; Testing **A20:** 104
analytic modeling **EL1:** 14–15
and design, testing **EL1:** 954–955
and end use **EL1:** 1
and prior art, NDE reliability **A17:** 674
and tension testing **A8:** 19
as material selection parameter **EM1:** 38–39
characteristics, NDE system/process **A17:** 675
chip **EL1:** 439
connector **EL1:** 23
digital systems, improvement technologies . . **EL1:** 2
discrete semiconductor packages **EL1:** 422
electrical, testing **EL1:** 946–952
electrical/package **EL1:** 402
factors, product/process, in quality design **A17:** 722
fiber properties and **EM1:** 43
logic function **EL1:** 2
measure, signal-to-noise ratio **A17:** 750
mechanical, rigid epoxies **EL1:** 810
microcircuit, design for **EL1:** 260–261
multiple/three/two-terminal packages **EL1:** 423
NDE system, validation of **A17:** 675
of UV-curable coatings **EL1:** 787–788
physical, issues of **EL1:** 5–8
probability of detection (POD) curves for **A17:** 679
properties, rigid epoxies **EL1:** 813–815
quantification **A17:** 674
range classifications, for electrical design . . **EL1:** 25
ranking, of IC packages **EL1:** 404
relative operating characteristic (ROC) curves for **A17:** 679–680
requirements, high I/O controlled-impedance connector **EL1:** 87
requirements, structural assessment **A17:** 686
semiconductor chips, introduction **EL1:** 397
speed as parameter of **EL1:** 400
system, modeling of **EL1:** 13–15
system, with fixed, minimum device size . . . **EL1:** 2
thermal **EL1:** 409–411
thermomechanical **EL1:** 414–416, 814–815
variations **A17:** 674
Performance and functional sizing analysis
MECSIP Task III, design analyses and development tests **A19:** 587
Performance index
definition **A20:** 837
Performance indices **A20:** 245, 251, 281–290
applying the indices and limits: property charts **A20:** 284–285
case studies in use of **A20:** 285–290
constraints **A20:** 281, 282
damage-tolerant design **A20:** 286
design requirements for springs **A20:** 288
design requirements for windsurfer masts **A20:** 288
development of **A20:** 281–282
electromechanical design **A20:** 286
for light, stiff beam **A20:** 283
for light, strong tie **A20:** 282–283
function **A20:** 281, 282
function, objective, and constraints for light, stiff beam **A20:** 283
limits on effective modulus **A20:** 289
material property charts **A20:** 281–285
materials
for efficient compact springs **A20:** 288
for springs **A20:** 285–288
for windsurfer masts **A20:** 290
objective **A20:** 281, 282
other shape factors **A20:** 284
selection procedure for springs of minimum volume **A20:** 287
shape factors, definitions of **A20:** 284
stiffness-limited design at minimum mass **A20:** 285
strength-limited design at minimum mass **A20:** 285
strength-limited design for maximum performance of components such as springs and hinges **A20:** 286
tables of indices **A20:** 284
that include shape **A20:** 283–284
thermal and thermomechanical design **A20:** 286
vibration-limited design **A20:** 286
windsurfer mast **A20:** 288
windsurfer mast materials **A20:** 288–290
Young's modulus vs. density **A20:** 289
Young's modulus vs. elastic limit **A20:** 287
Performance measures **A20:** 209
Performance of the component **A20:** 281
Performance package **A18:** 111
Performance standards **A20:** 246
definition **A20:** 837
Performance, Use of phase diagrams to improve . . . . **A3:** 1•27–1•28
Performance-based criteria
failure criteria and definitions of high-temperature component creep life **A19:** 468
Performing time-independent analysis **A20:** 622
Periclase **A20:** 426
Perimeter
actual **A7:** 271
convex **A7:** 271
length, as basic figure quantity **A12:** 194–195
mean, of closed figures **A12:** 195
Perimeter diameter **A7:** 259, 262
Perimeter of projection profile of particles **A7:** 267
Perimeter of the convex hull **A7:** 259
Periodate method
analysis for manganese in zirconium alloys by **A10:** 69
Periodic chart
microelectronic **EL1:** 91, 94
Periodic design reviews **A20:** 149
Periodic marks
by SCC of brass **A12:** 28
Periodic overstrain
of SAE 1045 hot rolled bar **A8:** 701
scatter in data **A8:** 701
Periodic reverse plating
definition **A5:** 963
Periodic table
for analytic sensitivities of AAS **A10:** 46
of the elements **A10:** 688
Periodic table of the elements **A2:** 1098
Periodicals
as information source **EM2:** 92–93
Periodic-reversal copper plating . . . **M5:** 159–160, 162, 164–165, 168
cycle efficiency **M5:** 164–165
Periodic-reverse electrocleaning
materials and processes **M5:** 27–28, 34–35
Peripheral milling *See* Milling
Peripherals applications
for hybrids **EL1:** 254
Periphery cutting (PC) **A20:** 238
Perishable tools **A18:** 627
Peristaltic pumps
use with concentric nebulizers **A10:** 35
Peritectic
defined **A9:** 13
Peritectic equilibrium
defined **A9:** 13
Peritectic reaction . . . . **A3:** 1•5
during solidification **A15:** 125–126
theory, as grain refinement model . . . **A15:** 106–107
vs. peritectic transformation **A15:** 125
Peritectic reactions **A9:** 676–677
effects on dendritic structures **A9:** 613
formation of aluminum alloy phases by **A9:** 359
in tin-antimony alloys, effect on microstructure **A9:** 452
Peritectic structures **A9:** 675–680
phase diagrams **A9:** 675
Peritectic temperature **A9:** 675

Peritectic transformation
during solidification **A15:** 126–127
in multicomponent systems **A15:** 129
vs. peritectic reaction **A15:** 125
Peritectic transformations **A9:** 677
Peritectic(s)
cascades of reactions in. **A15:** 128
multicomponent systems, transformations **A15:** 129
primary metastable precipitate
of beta **A15:** 128–129
reactions of. **A15:** 106–107, 125–126, 128
solidification of **A15:** 125–129
transformation of. **A15:** 125–129
Peritectoid phase equilibrium
defined **A9:** 13, 675
Peritectoid reactions and transformations. **A9:** 678
Peritectold reaction. . . . . **A3:** 1•5
Permalloy
boriding. **A4:** 441, 445
ion-beam-assisted deposition (IBAD) **A5:** 597
microstructural effects **EM4:** 1161
Permalloy (2–81)
sulfurization **A7:** 70
Permalloy (Ni-Fe), application
advanced magnetic storage. **A18:** 838
Permalloy, on ceramic substrate
x-ray spectrometry. **A10:** 100–101
Permanence. **EM3:** 20
defined **EM1:** 17, **EM2:** 29
Permanent dipole bond
definition **M6:** 13
Permanent dipole interaction **EM3:** 40
Permanent distortion
in shafts. **A11:** 467
Permanent lattice strain. **M7:** 61
Permanent magnet alloys *See* Platinum-cobalt permanent magnet alloy
Permanent magnet alloys, specific types *See also* Magnetic materials, specific types
$Co_{3.45}Fe_{0.25}Cu_{1.35}SM$ diffractometer traces. . **A9:** 702
Permanent magnet materials **M3:** 615–639
aging *See* Stability
alloy usage, optimum **A2:** 793–802
Alnico alloys. **A2:** 785–787
and magnetically soft materials compared. . **A2:** 784
applications **A2:** 792–802, **M3:** 629–632
changes, irreversible and reversible . . . **A2:** 795–799
classified by application-relevant
properties. **A2:** 796
cobalt and rare-earth alloys **A2:** 787–788
commercial designations and suppliers. **A2:** 783
commercial materials **A2:** 784–787
Cunife, commercial **A2:** 785
Curie temperature. **M3:** 624
demagnetization curves. . . . **M3:** 620, 621–623, 635, 638
design considerations **A2:** 799–802
designations. **M3:** 616–619
economic considerations. **A2:** 792–793
fundamentals of magnetism. **A2:** 782, 784
hard ferrite (ceramic) materials. **A2:** 788–790
hysteresis applications. **A2:** 793–794
introduction **A2:** 782
iron-chromium-cobalt alloys. **A2:** 790
magnet alloys **A2:** 785
magnet steels. **A2:** 785
magnetic energy **M3:** 615, 617–618, 620, 621
magnetic hysteresis. **M3:** 616, 620, 630–632
magnetic properties. **M3:** 625
magnetization losses *See* Stability
maximum energy content **A2:** 782
mechanical properties. **M3:** 626
neodymium-iron-boron **A2:** 730
neodymium-iron-boron alloys **A2:** 790
nominal composition **M3:** 624
physical properties **M3:** 626
platinum-cobalt. **A2:** 713
platinum-cobalt alloys **A2:** 787
samarium-cobalt. **A2:** 729–730
selection **A2:** 792–802, **M3:** 629–632
stability. **M3:** 632–639
stabilization and stability **A2:** 794–795
stress effects. **M3:** 638–639
temperature effects *See* Stability
Permanent magnet materials, specific types
Alcomax alloys, loss in magnetism . . . **M3:** 637, 638
Alnico alloys **M3:** 626–627
applications **M3:** 630–632
compositions. **M3:** 624
Curie temperature **M3:** 624
demagnetization curves **M3:** 621–622
hysteresis loss. **M3:** 630
loss of magnetism **M3:** 633–637
magnetic properties **M3:** 625, 629
mechanical properties **M3:** 626
physical properties. **M3:** 626
ceramics *See* Ferrites
cobalt/rare earth alloys **M3:** 628–629
Co-RE alloys *See* Cobalt/rare earth
Curie temperature **M3:** 624
demagnetization curves. **M3:** 623
loss magnetism **M3:** 635, 636
magnetic properties **M3:** 625
mechanical properties **M3:** 626
physical properties. **M3:** 626
Co-RE alloys *See* Cobalt/rare earth alloys
Cunico **M3:** 621, 623
composition **M3:** 624
Curie temperature **M3:** 624
demagnetization curves. **M3:** 622
magnetic properties **M3:** 625
mechanical properties **M3:** 626
physical properties. **M3:** 626
Cunife **M3:** 621, 623
applications. **M3:** 623
composition **M3:** 624
Curie temperature **M3:** 624
demagnetization curves. **M3:** 622
loss of magnetism **M3:** 634
magnetic properties **M3:** 625
mechanical properties **M3:** 626
physical properties. **M3:** 626
stress, effect on magnetization curves . . . **M3:** 638, 639
ferrites. **M3:** 629
applications **M3:** 631–632
Curie temperature **M3:** 624
demagnetization curves **M3:** 622, 635
loss of magnetism **M3:** 633–636
magnetic properties **M3:** 625
mechanical properties **M3:** 626
physical properties. **M3:** 626
Lodex alloys **M3:** 627–628
compositions. **M3:** 624
Curie temperature **M3:** 624
demagnetization curves **M3:** 622–623
loss of magnetism **M3:** 634
magnetic properties **M3:** 625
mechanical properties **M3:** 626
physical properties. **M3:** 626
magnet steels. **M3:** 619–620
applications **M3:** 631–632
compositions. **M3:** 624
Curie temperatures **M3:** 624
demagnetization curves. **M3:** 621
hysteresis loss. **M3:** 630
loss of magnetism **M3:** 633, 634, 637
magnetic properties **M3:** 625
mechanical properties **M3:** 626
physical properties. **M3:** 626
P-6 alloy
composition **M3:** 624
hysteresis loss. **M3:** 630
magnetic properties **M3:** 625
mechanical properties **M3:** 626
physical properties. **M3:** 626
platinum-cobalt **M3:** 628
composition **M3:** 624
Curie temperature **M3:** 624
demagnetization curve **M3:** 623
loss of magnetism. **M3:** 635, 636
magnetic properties **M3:** 625
mechanical properties **M3:** 626
physical properties. **M3:** 626
Remalloy **M3:** 620–621
applications. **M3:** 632
composition **M3:** 624
Curie temperature **M3:** 624
demagnetization curve **M3:** 622
magnetic properties **M3:** 625, 629
mechanical properties **M3:** 626
physical properties. **M3:** 626
semihard alloys **M3:** 628
Vicalloy. **M3:** 621, 623, 626
composition **M3:** 624
Curie temperature **M3:** 624
demagnetization curves. **M3:** 622
hysteresis loss. **M3:** 630
loss of magnetism. **M3:** 633, 634
magnetic properties **M3:** 625
mechanical properties **M3:** 626
physical properties. **M3:** 626
stress, effect on magnetization curves . . . **M3:** 369, 638
Permanent magnets *See also* Magnet; Magnetic; Magnetic materials; Permanent magnetic materials **A7:** 1017–1019, **M7:** 8
cobalt powders in **M7:** 144
defined. **A2:** 782
demagnetization curve for. **M7:** 639
hard magnetic materials as. **A2:** 761
magnetic field generation by **A17:** 93
powders used **M7:** 573
yoke assembly **M7:** 575
yokes, applications **A17:** 93
Permanent magnets, alloy development of. . . . **A3:** 1•26
Permanent (metal cores) casting
in shape-casting process classification
scheme **A20:** 690
Permanent mold casting *See also* Castings; Foundry products; Permanent mold processes; Permanent mold(s) **A15:** 275–285
alloying element and impurity specifications **A2:** 16
aluminum alloy, heat treatments for **A15:** 758–759
aluminum alloys **M2:** 144, 145, 147
aluminum and aluminum alloys **A2:** 5
aluminum casting alloys **A2:** 139
aluminum-silicon, characteristics of **A15:** 159
casting design **A15:** 284
casting methods **A15:** 275–277
casting removal, from molds **A15:** 283–284
centrifugal casting method **A15:** 276–277
characteristics **A20:** 687
constant-level pouring method. **A15:** 276
continuous casting method. **A15:** 277
core materials, selection **A15:** 280
cores. **A15:** 279–280
costs **A15:** 285
defects **A15:** 285
dimensional accuracy. **A15:** 284
factors affecting casting process selection for
aluminum alloys. **A20:** 727
gating systems **A15:** 278–279
horizontal parting/tilt casting
methods. **A15:** 275–276
hybrid processes. **A2:** 141–145
in shape-casting process classification
scheme **A20:** 690
low-pressure die method. **A15:** 276
magnesium alloys, specific types. **A2:** 456–459
market trends **A15:** 44
mold coatings. **A15:** 281–282
mold design **A15:** 277–278
mold life **A15:** 280–281
mold materials, selection **A15:** 280
mold temperature **A15:** 282–283
of aluminum alloys, weights. **A15:** 275
of copper alloys. **A2:** 346, **M2:** 384
of magnesium alloys **A15:** 275, 799, 807
pouring temperature **A15:** 283
processes **A15:** 34–35, 205–206
rating of characteristics. **A20:** 299
roughness average. **A5:** 147
semiautomatic. **A15:** 275
semisolid-metal processing **A2:** 142
solid graphite, machined. **A15:** 285
squeeze casting. **A2:** 141–142
squeeze casting method. **A15:** 277
surface finish **A15:** 284–285
surface roughness and tolerance values on
dimensions. **A20:** 248
tolerances **A15:** 620–621
turntables. **A15:** 276
vacuum casting method **A15:** 276
vs. sand casting **A15:** 285
zinc alloys **A15:** 797
Permanent mold casting machines **A15:** 276
Permanent mold castings, aluminum and aluminum alloys
anodizing **M5:** 590

Permanent mold processes *See also* Permanent mold casting; Permanent mold(s)
centrifugal casting **A15:** 34
defined **A15:** 34
development **A15:** 34–35
procedure **A15:** 205–206
slush casting **A15:** 34–35
types **A15:** 34, 204
Permanent mold(s) *See also* Permanent mold casting; Permanent mold processes
aluminum, and semisolid forging compared **A15:** 333–334
as reusable reverse patterns **A15:** 192
defined **A15:** 9
horizontal centrifugally cast **A15:** 296–297
processes, development of **A15:** 34–35
vertical centrifugal casting **A15:** 301–304
wash for **A15:** 304
Permanent pattern casting
in shape-casting processes classification scheme **A20:** 690
Permanent patterns
in ceramic molding **A15:** 248
processes **A15:** 204
Permanent (plastic) deformation **A20:** 342
Permanent radio magnets
powders used **M7:** 574
Permanent set **EM3:** 20
defined **A8:** 10, **A14:** 9, **EM1:** 17, **EM2:** 29
Permanent television magnets
powders used **M7:** 574
Permanent viscosity loss **A18:** 84, 110
Permanent-magnet setups
for identification of ferrite in heat-resistant casting alloys **A9:** 334
Permanent-mold (gravity-feed) casting **A20:** 297
Permanent-mold processes **A20:** 689, 690–691
Permanganate oxyanion analogs
alternative conversion coat technology, status of **A5:** 928
Permanganate titration
for chromium and vanadium **A10:** 176
Permanickel 300 . . . . **A9:** 435–437
Permeability *See also* Breathing **A7:** 277, 424, **A20:** 617, 618, **EM3:** 20, **M7:** 8
and microwave inspection **A17:** 202
and resistivity, compared **A17:** 145
constant, with changing temperature nickel-iron alloys **A2:** 773
defined **A15:** 9, **A17:** 96, **EM1:** 17, **EM2:** 29
definition **A20:** 837
dry, defined *See* Dry permeability
effect, remote-field eddy current inspection **A17:** 197
effective (apparent), defined **A17:** 99
high, of magnetically soft materials **A2:** 761
in magabsorption theory **A17:** 145
incremental, measured **A17:** 134
initial, defined **A17:** 99
magnetic, in eddy current inspection **A17:** 167
magnetic printing **A17:** 125
maximum, defined **A17:** 99
mold, and porosity **A15:** 209
nickel-iron alloys **A2:** 711–772, 775
of immiscible liquids **A10:** 164
of magnetic materials **A17:** 99
of plaster molds **A15:** 242
of polymers **EM2:** 61–62
of porous parts **M7:** 696
radio frequency, magabsorption theory . . . **A17:** 148
reversible **A17:** 145–147
SI derived unit and symbol for **A10:** 685
SI unit/symbol for **A8:** 721
Permeability coefficients **EM3:** 623
Permeability equation **A7:** 424
Permeability factor **A7:** 295, 297
Permeability of feebly magnetic materials, specifications **A7:** 1099
Permeameter
Blaine or air **M7:** 264
Permeameters **A7:** 242
Permeametry **A7:** 274, 277–278
apparatus and limitations **M7:** 264–265
as measure of specific surface area and average particle size **M7:** 262–265
Permeation **EM4:** 136
as flow in leaks **A17:** 58
Permissible crack size **A19:** 416
Permissible variation *See also* Tolerance
defined **A8:** 10
Permittivity *See also* Tan delta. . **A20:** 451, 617, 618, 620
and microwave inspection **A17:** 202, 205
defined **EL1:** 597–601
SI derived unit and symbol for **A10:** 685
SI unit/symbol for **A8:** 721
Perovskite catalysts
freeze drying **EM4:** 62
Perovskite, in ceramic waste form simulant
EPMA analysis for **A10:** 532–535
Perovskites **A5:** 625, **EM4:** 61
applications **EM4:** 768
dielectric properties **EM4:** 768–769
examples including unit cell parameters. . **EM4:** 769
ferroelectric properties **EM4:** 768
piezoelectric properties **EM4:** 769–770
positive temperature coefficient of resistivity **EM4:** 769
properties **EM4:** 766
structure **EM4:** 766–768
structure-property relationship **EM4:** 768
thermally spray deposited **A7:** 412
tolerance factor **EM4:** 767
Peroxide oxidant coating
alternative conversion coat technology, status of **A5:** 928
Peroxides **A13:** 677, 1194
addition to acrylics **EM3:** 120, 121–122
determined **A10:** 218
for preparation of polysulfides **EM3:** 50
functional group analysis of **A10:** 218
Peroxides, as initiator
polyester resins **EM1:** 133
Peroxy compounds **EM3:** 20
defined **EM2:** 30
Perpendicular section
defined **A9:** 13
Persistent Lüders bands (PLBs) . . . **A19:** 84, 102, 103
dislocation arrangement **A19:** 84
Persistent slip bands **A20:** 516
defined **A12:** 117
Persistent slip bands (PSBs) **A19:** 48–49, 78–80, 103, 266
as dislocation-poor channels embedded in a matrix of veins **A19:** 85
cyclic stress strain behavior of polycrystals **A19:** 82
defined **A19:** 64
in wavy-slip materials **A19:** 98
nucleation at grain boundaries **A19:** 97
secondary cyclic hardening **A19:** 83
single-crystal alloys **A19:** 87–88
temperature effect **A19:** 79
Personal computer based laminate analysis program **EM1:** 274
Personal computers *See also* Automated; Automation; Computers
for electrical testing **EL1:** 567
Personal computers, for corrosion data analysis *See also* Computers; Microcomputers **A13:** 317
Personal products
of copper-based powder metals **M7:** 733
Personnel *See also* Management; Operators; Safety
for boilers/pressure vessel fabrication **A17:** 641
inspection, and NDE reliability **A17:** 677
liquid penetrant inspection, training and certification **A17:** 85–86
radiograph interpretation **A17:** 347
radiographic, safety of **A17:** 297
training, with coordinate measuring machines **A17:** 28
ultrasonic inspection **A17:** 232
Perspective
distortion, effects of stereo imaging **A12:** 171
effect in SEM imaging **A12:** 169, 171
error, as distortion **A12:** 196
Perspex box **A7:** 299–300
Perspex tube **A7:** 300
Persulfate hydroxide and cyanide as an etchant for beryllium-containing alloys **A9:** 394
Perturbation *See also* Stress(es)
in planar interface growth **A15:** 114–116
of stresses, at broken fiber end **EM1:** 193
PES *See* Polyether sulfones
Pest catastrophic oxidation mechanism **A20:** 599
Pesticides
as arsenic toxicity **A2:** 1237
GC/MS analysis **A10:** 639
liquid chromatography analysis of thermally unstable **A10:** 649
residues, detected in plant and animal tissues **A10:** 188
PESV *See* Polyether sulfones
PET *See* Polyethylene terephthalate
Petaflop computers **A20:** 186
Petalite
specialty refractory **EM4:** 908
Peterson's equation **A19:** 247, 282
Peterson's relation for the fatigue notch factor **A19:** 289
PETN (explosive)
friction coefficient data **A18:** 75
PETRA
as synchrotron radiation source **A10:** 413
Petrochemical applications
polybenzimidazoles (PBI) **EM2:** 147
thermoplastic fluoropolymers **EM2:** 117
Petrochemical industry
nickel-base alloy applications **A13:** 655–656
Petrochemical industry applications *See also* Oil industry
nickel alloys **A2:** 430
titanium and titanium alloys **A2:** 588
Petroff equation
defined **A18:** 14
Petro-forge presses **M7:** 305
Petrography
defined **A9:** 13
residue analysis by **A10:** 177
Petrolatum
duration of rust-preventive protection afforded in months **A5:** 420
packing for seals **A18:** 551
Petrolatum rust-preventive compounds **M5:** 459, 461–469
applying, methods of **M5:** 466
duration of protection **M5:** 469
film thickness, factors influencing **M5:** 467–468
flow characteristics determination of **M5:** 469–470
Petroleum *See also* Petroleum products
analytic methods for **A10:** 10
derivatives, analytic methods for **A10:** 10
oil, GC/MS analysis of volatile compounds in **A10:** 639
voltammetric monitoring of metals and nonmetals in **A10:** 188
Petroleum cleaners
aliphatic **M5:** 40–41
Petroleum coke calcining recuperators
corrosion and corrodents, temperature range **A20:** 562
Petroleum fuels reforming
powder used **M7:** 574
Petroleum industry
horizontal centrifugal casting in **A15:** 300
Petroleum industry applications
computed tomography (CT) **A17:** 362–363

SUBJECTS OF THE INDEXED VOLUMES: ASM Handbook (designated by the letter "A"): **A1:** Properties and Selection: Irons, Steels, and High-Performance Alloys (1990); **A2:** Properties and Selection: Nonferrous Alloys and Special-Purpose Materials (1990); **A3:** Alloy Phase Diagrams (1992); **A4:** Heat Treating (1991); **A5:** Surface Engineering (1994); **A6:** Welding, Brazing, and Soldering (1993); **A7:** Powder Metal Technologies and Applications (1998); **A8:** Mechanical Testing (1985); **A9:** Metallography and Microstructures (1985); **A10:** Materials Characterization (1986); **A11:** Failure Analysis and Prevention (1986); **A12:** Fractography (1987); **A13:** Corrosion (1987); **A14:** Forming and Forging (1988); **A15:** Casting (1988); **A16:** Machining (1989); **A17:** Nondestructive Evaluation and Quality Control (1989); **A18:** Friction, Lubrication, and Wear Technology (1992); **A19:** Fatigue and Fracture (1996); **A20:** Materials Selection and Design (1997). **Metals Handbook, 9th Edition** (designated by the letter "M"): **M1:** Properties and Selection: Irons and Steels (1978); **M2:** Properties and Selection: Nonferrous Alloys and Pure Metals (1979); **M3:** Properties and Selection: Stainless Steels, Tool Materials, and Special-Purpose Materials (1980); **M4:** Heat Treating (1981); **M5:** Surface Cleaning, Finishing, and Coating (1982); **M6:** Welding, Brazing, and Soldering (1983); **M7:** Powder Metallurgy (1984). **Engineered Materials Handbook** (designated by the letters "EM"): **EM1:** Composites (1987); **EM2:** Engineering Plastics (1988); **EM3:** Adhesives and Sealants (1990); **EM4:** Ceramics and Glasses (1991). **Electronic Materials Handbook** (designated by the letters "EL"): **EL1:** Packaging (1989)

for flux leakage method **A17:** 132
tubular products...................**A17:** 577–578

Petroleum jelly
effect on bearing strength in aluminum alloy sheet **A8:** 60

Petroleum lubricating oil
surface tension **EM3:** 181

Petroleum oil *See* Mineral oil

Petroleum production operations **A13:** 1232–1261
cast steels, corrosion in.................**A13:** 575
corrosion causes.................**A13:** 1232–1235
corrosion control methods.......**A13:** 1235–1245
corrosion-resistant alloys...............**A13:** 1236
industry standards...............**A13:** 1259–1260
nonmetallic materials **A13:** 1243–1244
primary production...............**A13:** 1247–1251
problems/protective measures **A13:** 1245–1259
secondary recovery **A13:** 1251–1253

Petroleum products *See also* Petroleum
acidity-basicity measured in.............**A10:** 172
analysis of.........................**A10:** 100–101
sulfur determination by XRS.............**A10:** 82

Petroleum refining and petrochemical operations **A13:** 1262–1287
alloy steel corrosion in **A13:** 535
codes and standard specifications **A13:** 1263
corrosion.....................**A13:** 1266–1274
corrosion control **A13:** 1282–1284
erosion-corrosion **A13:** 1281–1282
high-temperature corrosion **A13:** 1270–1274
low-temperature corrosion **A13:** 1266–1270
materials selection **A13:** 1262
principal materials...............**A13:** 1262–1266
SCC and embrittlement **A13:** 1274–1281

Petroleum solvent
composition..............................**A5:** 33
operation temperature **A5:** 33

Petroleum sulfonates
composition..............................**A5:** 33
operation temperature **A5:** 33

Petroleum-base compounds
solvent- cutback **A12:** 73

Petroleum-base lubricants
for corrosion control **A11:** 194

Petroleum-based oils
phosphate coatings supplemented with **M5:** 453

Petroleum-based rust-preventive compounds *See* Solvent-cutback petroleum-based rust-preventative compounds

Petroleum-refinery components
elevated- temperature failures in.....**A11:** 289–292

Petrov equation
friction coefficient....................**A18:** 45, 46

Pettifor structure map **A6:** 143

Pewter *See also* Tin; Tin alloys; Tin alloys, specific types, pewter; Tin and tin alloys, specific types; Tin-antimony-copper alloys; White metal.....................**A13:** 774, **M2:** 614
buffing **A5:** 105
heat treating............................**M4:** 776
properties **A2:** 522–523
recycling..............................**A2:** 1219

P-F test, Shepherd
for tool steels.....................**A12:** 141, 162

PFA *See* Perfluoro alkoxy alkane

PFM alloy systems **A13:** 1353–1356

PGAA *See* Prompt gamma activation analysis

pH *See also* Acidity; Bases...............**EM3:** 20
ADV-pH test, for reclaimed sand **A15:** 355
and corrosion rates, in boiler tubes ..**A11:** 612–613
and equilibrium, in classical wet analysis **A10:** 163
and stress-corrosion cracking **A19:** 488
as environmental factor of stress-corrosion cracking **A19:** 483
as environmental variable affecting corrosion fatigue **A19:** 188, 193
cemented carbide corrosion rate as function of.........................**A13:** 850
change, effect in analyte extraction.......**A10:** 164
changes, for corrosion control **A11:** 198
constant, maintained by electrometric titration **A10:** 202
control, in boiler tubes **A11:** 615
control, in EDTA titration...............**A10:** 173
corrosion fatigue test specification **A8:** 423
corrosive effects in seawater **A13:** 896–898
defined **A13:** 10, **EM1:** 17, **EM2:** 30
definition **A5:** 963, **A20:** 838
determination by glass electrode **A10:** 203
effect, boiler corrosion **A13:** 517
effect, corrosion rate of steel in water **A13:** 991
effect, erosion-corrosion, nuclear reactors **A13:** 965
effect, ethyl silicate slurries **A15:** 212
effect, in aqueous corrosion..**A13:** 37–39, 489–490, 512, 896–898, 1304
effect in chelometric titration **A10:** 164
effect in inorganic precipitation..........**A10:** 169
effect, in stress-corrosion cracking........**A13:** 147
effect in sulfide-stress cracking **A11:** 298
effect, in water...................**A13:** 489–490
effect, iron corrosion rate in aerated soft water..............................**A13:** 1301
effect of overpotential in electrogravimetry **A10:** 198
effect on fatigue crack growth in steam with contaminants......................**A8:** 427
effect on fatigue crack growth rate **A8:** 416
effect on near-threshold fatigue crack growth alloy **A8:** 427, 430
effect on near-threshold fatigue crack growth rates **A19:** 208
effect on reduction potential..............**M7:** 54
effect on time-to-facture by stress-corrosion cracking **A11:** 220
effect, pollution control.................**A13:** 1367
effect, pulp bleach plants **A13:** 1193
effect, water-soluble flux properties **EL1:** 647
effect, zinc corrosion **A13:** 526, 1304
electrode, for high-purity water tests **A8:** 422
high-purity oxygenated water.............**A8:** 420
influence in acidified chloride environments......................**A8:** 419
low, and stress-corrosion cracking.....**A8:** 499–500
Mattsson's 7.2 solution, for copper alloys ..**A8:** 525
meters, vs. acid-base indicators **A10:** 173
negative logarithm of hydrogen-ion activity as **A10:** 690
neutral conditions, aqueous corrosion **A13:** 38
of aqueous environment synthesis solution **A8:** 416
of body fluids, shifts in.................**A11:** 673
of chromate conversion coatings **A13:** 394
of fluxes..............................**EL1:** 644
of sands..............................**A15:** 208
of water vapor, effect on copper alloy tubing.........................**A11:** 634–635
pressurized water reactor specification.....**A8:** 423
solution, effect on stress-corrosion cracking **A8:** 499
vs. boric acid concentration for pressurized water reactor **A8:** 423

PH 13-8 Mo *See* Stainless steels, specific types, S13800

PH 15-7Mo *See* Stainless steels

PH 17-7 *See* Stainless steels, specific types, S17700

pH effect on potentiostatic etching **A9:** 144–147
of polishing fluids effects of...............**A9:** 47

Phadke's approach to ideal quality **A20:** 104

Phantom
defined **A17:** 384

Phantom-emitter transistor structure
schematic..............................**A11:** 788

Pharmaceutical final filters
powders used **M7:** 573

Pharmaceutical industry **A13:** 1226–1231
bismuth applications....................**A2:** 1256
construction materials............**A13:** 1226–1228
products, aluminum/aluminum alloys
resistance to........................**A13:** 602
products, tantalum resistance to **A13:** 728
stainless steel corrosion.................**A13:** 560

Pharmaceutical mixtures
liquid chromatography of...............**A10:** 649
voltammetric analysis of metals in **A10:** 188

Pharmaceuticals, stainless steels
corrosion resistance **M3:** 91–92

Phase **A20:** 332, **EM3:** 20
defined **A9:** 13, **EM2:** 30
definition..............................**A20:** 838

Phase accommodation **A7:** 447

Phase accommodation, in liquid-phase sintering
tungsten-nickel-iron alloys..............**M7:** 320

Phase analysis **EM4:** 557–563
by Mössbauer spectroscopy **A10:** 287–295
material applications **EM4:** 561
nuclear magnetic resonance **A10:** 277–286
of hydrided TiFe, Mössbauer effect ..**A10:** 293–294
phase identification by diffraction ..**EM4:** 557–560
electron diffraction **EM4:** 560
x-ray diffraction **EM4:** 558–560
purposes..............................**EM4:** 557
quantitative analysis **EM4:** 562
differential scanning calorimetry **EM4:** 562
requirements **EM4:** 557
spectroscopic methods.............**EM4:** 560–561
infrared absorption spectroscopy ..**EM4:** 561–562
Raman spectroscopy..................**EM4:** 561
thermal analysis **EM4:** 561–562, 563
differential thermal analysis **EM4:** 561–562
differential thermogravimetric analysis..................**EM4:** 561, 563
measurement capabilities.............**EM4:** 562
thermogravimetric analysis ..**EM4:** 561, 562, 563

Phase angle **EM3:** 20
defined **EM2:** 30

Phase angle firing
as power control for Mo furnaces **M7:** 423

Phase boundaries
determined **A10:** 474
effect on lateral resolution, atom probe analysis...........................**A10:** 595
heat tinting to reveal....................**A9:** 136
of a two-phase field, application of volume-fraction measurements to establish ...**A9:** 125
stress-corrosion cracking along............**A8:** 501

Phase boundary structures
thermal-wave imaging used to study........**A9:** 91

Phase change **EM3:** 20
defined **EM2:** 30

Phase changes
as a result of electric discharge machining ..**A9:** 27

Phase compositions
quantitative analysis of peak shapes for ...**M7:** 316

Phase contrast
analytical electron microscopy **A10:** 445, 446
and potentiostatic etching................**A9:** 144
defined **A10:** 678
microscopy, Lorentz microscopy as **A10:** 446

Phase contrast etching **A9:** 59

Phase contrast illumination **A9:** 79
defined **A9:** 13

Phase contrast imaging **A18:** 389

Phase contrast microscopy
principles of **A9:** 59

Phase contrast transmission electron microscopy *See* Lattice-image contrast transmission electron microscopy

Phase diagram **EM1:** 750
definition..............................**A20:** 838
gold-silicon **EL1:** 213

Phase diagram determination
equilibrium verification **A10:** 475–476
experimental procedure.................**A10:** 474
phase boundaries..................**A10:** 474–475
traditional and modem probe-forming transmission electron method **A10:** 473–474

Phase diagrams **A6:** 127
A15 superconducting materials **A2:** 1062
aluminum-zinc equilibrium **A5:** 347
ammonium chloride......................**A5:** 365
and cooling curve, relationship **A15:** 182
and laws of thermodynamics **A15:** 50
as determined by thermal analysis ...**A15:** 182–185
beryllium-copper alloys **A2:** 404
binary Fe-C system **A15:** 61
binary iron-chromium equilibrium....**A6:** 678, 681
binary isomorphous....................**A6:** 46, 47
chemical principles.....................**A15:** 52
construction errors ....**A3:** 1•9, 1•10
defined **A9:** 13, **A15:** 9
description ....**A3:** 1•2
determination...................**A3:** 1•17–1•18
determination of **A10:** 473–476
effect on dendritic structures.............**A9:** 613
eutectic, coupled zones **A15:** 123
eutectic, schematic.....................**A15:** 121
features ....**A3:** 1•7–1•10
Fe-C-P, liquidus surfaces calculated **A15:** 64
iron-carbon **A15:** 629
iron-carbon binary...........**A4:** 43, 45, 48, 49
iron-chromium-nickel pseudo-binary.......**A6:** 688
iron-oxygen **A15:** 89

744 / Phase diagrams

Phase diagrams (continued)
iron-zinc equilibrium **A5:** 343, 345–346
lead-tin. **A6:** 128
lines and labels .... **A3:** 1•8
magnetic **A10:** 268
micro- and macrosegregation in **A15:** 136
partition coefficients in **A15:** 102, 136
peritectic reaction. **A15:** 125
reading of .... **A3:** 1•18–1•22
schematic of binary eutectic. **A9:** 618
single-phase region, liquidus/solidus lines **A15:** 114
ternary iron-chromium-nickel. **A6:** 686
tin-lead. **A2:** 552
used in electropolishing. **A9:** 49
XRPD determined. **A10:** 333
zinc chloride **A5:** 365
zirconia-yttria. **A5:** 656–657

Phase diagrams defined **A13:** 46–47
for Fe-C system **A13:** 47
iron-iron carbide-silicon ternary **A13:** 566

Phase diagrams, pseudo binary
for Waspaloy. **A14:** 236

Phase differences
effect of polarized light on image **A9:** 78

Phase distribution
of inorganic solids, methods for analysis. . **A10:** 4–6
of organic solids, methods for analysis. **A10:** 9
SIMS analysis **A10:** 610

Phase extraction used to determine shapes of eutectic structures **A9:** 620

Phase field
description .... **A3:** 1•2
rule .... **A3:** 1•7

Phase identification **A7:** 228
aided by polarized light **A9:** 79
by anodizing **A9:** 142
by polarized light etching **A9:** 59
in wrought heat-resistant alloys. **A9:** 307–309
material contrast in scanning electron
microscopy. **A9:** 94
of inorganic solids, applicable analytical
methods **A10:** 4–6
of wrought stainless steels **A9:** 281–282
second-phase testing, classical wet
chemistry. **A10:** 176–177
surface, LEED analysis **A10:** 536
transmission electron microscopy **A9:** 307–308
transmission electron microscopy diffraction
patterns **A9:** 109–110
unknown, by electron diffraction/EDS
analysis **A10:** 455–459

Phase interfaces
between matrix and precipitate **A9:** 648
types. **A9:** 604

Phase lag **A20:** 273–274

Phase or compound identification
analytical transmission electron
microscopy **A10:** 429–489
electron probe x-ray microanalysis. .. **A10:** 516–535
elemental and functional group
analysis **A10:** 212–220
field ion microscopy **A10:** 583–602
gas analysis by mass spectrometry ... **A10:** 151–157
gas chromatography/mass
spectrometry **A10:** 639–648
infrared spectroscopy **A10:** 109–125
liquid chromatography **A10:** 649–659
molecular fluorescence spectrometry ... **A10:** 72–81
Mössbauer spectroscopy **A10:** 287–295
neutron diffraction **A10:** 420–426
nuclear magnetic resonance **A10:** 277–286
optical metallography **A10:** 299–308
Raman spectroscopy **A10:** 126–138
single-crystal x-ray diffraction **A10:** 344–356
small-angle x-ray and neutron
scattering **A10:** 402–406
ultraviolet/visible absorption
spectroscopy **A10:** 60–71
x-ray diffraction **A10:** 325–332

x-ray powder diffraction. **A10:** 333–343

Phase particle shapes **A9:** 619
determination of. **A9:** 620

Phase particle structure in eutectics **A9:** 619

Phase particles
arrangement in eutectic colony
structures. **A9:** 619–620

Phase problem
in single-crystal x-ray diffraction. **A10:** 349–351

Phase relief
in tin and tin alloys as a result of excess
polishing. **A9:** 449

Phase rule
defined **A9:** 13
description .... **A3:** 1•2
violations .... **A3:** 1•9, 1•10

Phase separated glasses **EM4:** 433
applications **EM4:** 433
microstructure. **EM4:** 433
opal glasses **EM4:** 433
properties. **EM4:** 433

Phase separation **EM3:** 20
in titanium alloys as a result of beta
decomposition. **A9:** 461

Phase separation, degree of **A7:** 529

Phase shift
defined. **EL1:** 1152

Phase splitting
in titanium alloys as a result of beta
decomposition. **A9:** 461

Phase transformation
and hardness. **A12:** 32–33

Phase transformation, by welding
corrosion effects **A13:** 49

Phase transformations *See also* Solid-state phase transformations
as a result of heat tinting **A9:** 136
effect of temperature on **A10:** 318
effect on as-cast solidification structures in
steel. **A9:** 624
hot-stage microscopy used to study. **A9:** 82
ion implantation strengthening
mechanisms **A18:** 855, 856, 857
pressure- or temperature-induced, XRPD
analysis. **A10:** 333
revealed by differential interference contrast ......
A9: 59
solid-state, XRPD analysis **A10:** 333
studied by FIM/AP **A10:** 583
studied by x-ray topography **A10:** 365, 376

Phase transition temperature *See also* Temperatures
stainless steels, and magabsorption
measurement. **A17:** 152

Phase transitions
crystallographic, variable-temperature ESR studies
of. **A10:** 257
observing by neutron diffraction **A10:** 420

Phase/grain size and distribution
image analysis **A10:** 309–322
optical metallography **A10:** 299–308
scanning electron microscopy **A10:** 490–515

Phase-angle firing **A7:** 593

Phase-change lubrication *See* Melt lubrication

Phased-array radar systems
with monolithic microwave integrated circuits
(MMICS) **A2:** 740

Phase-dependent voltage contrast
use in integrated circuit failure analysis. .. **A11:** 768

Phase-discrimination technique
eddy current inspection **A17:** 172–173

Phase-field-boundary
curvatures .... **A3:** 1•9, 1•10
extensions .... **A3:** 1•3, 1•4
intersections .... **A3:** 1•8, 1•10

Phase-fraction lines .... **A3:** 1•17, 1•19

Phase-rotator control **EM3:** 758

Phases *See also* Phase or compound identification; Phase transformations; Phase transitions; Solid phases
phases .... **A3:** 1•1
amorphous, TEM bright-field images of ceramic
containing **A10:** 445
amount of, as x-ray diffraction analysis. .. **A10:** 325
changes detected in **A10:** 277, 282–283
changes, using single-crystal x-ray
diffraction for **A10:** 354
chemistry of **A10:** 445, 446, 678
compositional analysis, EPMA. **A10:** 516
crystalline, XRPD analysis **A10:** 333
defined, for inclusion and second-phase
testing. **A10:** 176
differences in scattering from different electrons
within an atom **A10:** 328
equilibria, and inclusion-forming
inclusions. **A15:** 89
in equilibrium system **A15:** 50–54
in rapidly solidified alloys **A9:** 615–617
intermetallic **A15:** 166–167
precipitate, SEM analysis **A10:** 490
problem in single-crystal x-ray
diffraction **A10:** 349–351
separation of **A10:** 402, 405
size and shape determined by contrasting
interference layers. **A9:** 60
stability of. **A10:** 598
stability, phase diagrams of **A15:** 57, 62
structure, characterization by optical
metallography **A10:** 299
transformation, in microsegregation. . **A15:** 137–138
unknown, identification of **A10:** 455
wrought aluminum alloy. **A2:** 36–37

Phases in aluminum alloys
designations **A9:** 356–359
formation of **A9:** 359
identification of. **A9:** 355–360
possible phases of various systems **A9:** 359
substitution of elements **A9:** 359

Phase-sensitive detector
microwave inspection **A17:** 205, 208

Phase-stepping methods
optical holography **A17:** 416

PHBV-biodegradable plastic
development of. **EM2:** 786

Phenacite
crystal structure **EM4:** 881
island structure. **EM4:** 758

Phenanthroline method
for iron in lead alloys **A10:** 66

Phenoformaldehyde resins
formation of. **A10:** 132

Phenol **A13:** 1270
electroless nickel coating corrosion **A20:** 479
toxic chemicals included under
NESHAPS **A20:** 133

Phenol formaldehyde **A20:** 445, **EM3:** 104
for particle board production. **EM3:** 106
formulations **EM3:** 107
properties. **EM3:** 106
tensile fracture strains. **A20:** 343–344

Phenol formaldehyde novolac (PN)
characteristics. **EL1:** 811

Phenol formaldehyde resins
applications **EM4:** 47
composition. **EM4:** 47
supply sources. **EM4:** 47

Phenol formaldehyde/resorcinol formaldehyde **EM3:** 104

Phenol red
as acid-base indicator **A10:** 172

Phenol, stainless steel
corrosion resistance. **M3:** 87

Phenol-aralkyl bonds
bonded-abrasive grains **A2:** 1014

Phenol-formaldehyde as mounting material for electropolishing **A9:** 49

Phenol-formaldehyde novolac **EM3:** 595

Phenol-formaldehyde resins
chemical resistance properties **EM3:** 639
formulations **EM3:** 107
sulfuric acid corrosion.................. **A13:** 1154

Phenolic **A20:** 450, 451
as difficult-to-recycle materials **A20:** 138
mechanical properties **A20:** 460
organic coating classifications and characteristics **A20:** 550
representative polymer structure **A20:** 445
resign matrix material effect on fatigue strength of glass-fabric/resin composites........ **A20:** 467
service temperatures **A20:** 460

Phenolic acid catalyzed no-bake binder process **A15:** 214–215, 238

Phenolic compounds **A19:** 475
lubricant analysis **A18:** 300

Phenolic epoxy **EM3:** 106

Phenolic ester cold box resin binder process. **A15:** 220–221

Phenolic fiber
abrasive blasting of...................... **M5:** 91
dry blasting **A5:** 59

Phenolic hot box processes
as coremaking system **A15:** 238

Phenolic linings **A13:** 408

Phenolic microballoon
used in composites...................... **A20:** 457

Phenolic novolacs **EM3:** 594, 595
as epoxy resin **EL1:** 826–827
for coating/encapsulation **EL1:** 242
vs. epoxy resin, for molded plastic packages......................... **EL1:** 474

Phenolic oleoresinous
curing method........................... **A5:** 442
paint compatibility....................... **A5:** 441

Phenolic resin *See also* Phenolics; Resins
defined **EM2:** 30
properties and applications............... **A5:** 422

Phenolic resin binders **EM3:** 47
for foundry sand patterns................ **EM3:** 47

Phenolic resins **EM3:** 20
additives to carbon-graphite materials.... **A18:** 816, 817
adhesives **EM1:** 684
application **EM1:** 32
as medium-temperature thermoset .. **EM1:** 381–391
as modifiers............................ **EM3:** 181
as tackifiers **EM3:** 182
as thermosetting **EM1:** 32
defined **EM1:** 17
die materials for sheet metal forming..... **A18:** 628
fabric reinforced, cage material for rolling- element bearings **A18:** 503
fiber-reinforced composites, properties... **EM1:** 381
flame resistance of..................... **EM1:** 141
formation **A13:** 408, 1154
impregnation effects on typical carbon- graphite base material...................... **A18:** 817
impregnation effects on typical graphite-base material **A18:** 817
properties................ **EM1:** 290, 292, 381
sample chemical reactions **EM1:** 751–753
test methods for **EM1:** 292
tests for **EM1:** 290
types.................................. **EM1:** 289

Phenolic resins and coatings **M5:** 473–475, 496, 498–499, 501

Phenolic resins as mounting materials **A9:** 44
for cast irons............................. **A9:** 243

Phenolic silicones
suppliers............................... **EM3:** 105

Phenolic spheres
as extender **EM3:** 176

Phenolic thermoset
cost per unit mass **A20:** 302
cost per unit volume.................... **A20:** 302
used in composites...................... **A20:** 457

Phenolic urethane cold box process **A15:** 219, 238

Phenolic urethane no-bake binder system **A15:** 216–217

Phenolic/carbon microballoons
abradable seal material **A18:** 589

Phenolic/epoxy-novolacs **EM3:** 104

Phenolics *See also* Resins; Thermosetting resins **EM3:** 75, 103–107
additives and modifiers................ **EM3:** 107
advantages and limitations **EM3:** 79
aircraft applications.............. **EM3:** 79, 559
applications..................... **EM2:** 242–243
applications demonstrating corrosion resistance **A5:** 423
as glassy polymers **EM3:** 617
as injection-moldable.................. **EM2:** 321
as medium-temperature resin system **EM2:** 441–442
as organic binders **A15:** 35
as structural plastic **EM2:** 65
as structural plastic, chemistry........... **EM2:** 65
based on modified phenols and/or aldehydes **EM3:** 104
by-products from cure................... **EM3:** 74
characteristics.................. **EM2:** 243–245
chemical resistance properties **EM3:** 639
chemistry **EM3:** 79, 103–104
chipboard construction **EM3:** 105
commercial forms...................... **EM3:** 104
compared to epoxies **EM3:** 98
composites............................ **EM3:** 105
consumption (1989).................... **EM3:** 105
cost factors **EM3:** 106
costs (1989)........................... **EM3:** 105
costs and production volume............ **EM2:** 242
cross-linking **EM3:** 413
cure rate reduction..................... **EM3:** 105
curing methods **EM3:** 79, 103
environmental effects.................. **EM2:** 428
for aerospace honeycomb core construction..................... **EM3:** 560
for aerospace industry applications...... **EM3:** 105
for aircraft skins....................... **EM3:** 105
for auto transmission blades **EM3:** 105
for automobile brakeshoes **EM3:** 79
for bonding aluminum oxide and silicon carbide **EM3:** 105
for bonding coated abrasives **EM3:** 105
for bonding paper to wood, plastics, and metals............................ **EM3:** 105
for bonding plywood **EM3:** 79
for brake blocks **EM3:** 105
for brake linings **EM3:** 105, 639
for cloth bonding...................... **EM3:** 105
for clutch disks......................... **EM3:** 79
for clutch facings............... **EM3:** 105, 639
for coated and bonded abrasives........ **EM3:** 105
for disk pads **EM3:** 105
for foundry and shell moldings **EM3:** 105
for friction materials **EM3:** 105
for glass-phenolic laminate **EM3:** 107
for hot pressing weather-resistant plywood **EM3:** 107
for insulation materials................. **EM3:** 105
for laminating **EM3:** 103, 105
for leather bonding **EM3:** 105
for metal bonding....................... **EM3:** 79
for particle board production............ **EM3:** 106
for plastic bonding..................... **EM3:** 105
for plywood construction **EM3:** 105
for rocket motor nozzles......... **EM3:** 105–106
for rubbers bonding.................... **EM3:** 105
for shell molding **EM3:** 105
for structural wood bonding............ **EM3:** 105
for tire cord adhesion **EM3:** 105
for wood, fibrous and granulated **EM3:** 105
for wood product bonding **EM3:** 106
for wood veneer plywood production.... **EM3:** 107
formaldehyde **EM3:** 103
formulations **EM3:** 107
hardboard construction **EM3:** 105
industrial applications.................. **EM3:** 567
markets **EM3:** 105–106
microstructural analysis................ **EM3:** 412
modified.............................. **EM3:** 106
molding compounds.................... **EM2:** 627
novolacs.............................. **EM3:** 103
oriented strand board (OSB) construction.................... **EM3:** 105
particleboard construction **EM3:** 105
physical properties..................... **EM3:** 104
prebond treatment **EM3:** 35
predicted 1992 sales.................... **EM3:** 77
primers................................ **EM3:** 101
processing **EM2:** 244–245
product forms **EM2:** 245
properties **EM3:** 106–107
properties, organic coatings on iron castings............................. **A5:** 699
reinforced, properties.................. **EM2:** 245
resistance to mechanical or chemical action **A5:** 423
resistant to many aggressive materials ... **EM3:** 637
resols **EM3:** 103
rigidity **EM3:** 106
shelf life............................... **EM3:** 79
silane coupling agents **EM3:** 182
stainless steel bonding.................. **EM3:** 106
steel joint showing adhesion-dominated durability.................. **EM3:** 666, 667
substrate cure rate and bond strength for cyanoacrylates **EM3:** 129
suppliers **EM2:** 245, **EM3:** 80, 104–105
surface preparation..................... **EM3:** 277
tackifiers for **EM3:** 183
thermal resistance...................... **EM3:** 98
tougheners **EM3:** 183
vinyl.................................. **EM3:** 106
wafer board construction **EM3:** 105
wood adhesives (plywood) **EM3:** 103

Phenolphthalein
as acid-base indicator **A10:** 172

Phenols **A19:** 475, **EM3:** 103, 104
chemicals successfully stored in galvanized containers.......................... **A5:** 364
determined **A10:** 218–219
electroless nickel coating corrosion........ **A5:** 298
electropolymerization of, SERS study of .. **A10:** 136
hazardous air pollutant regulated by the Clean Air Amendments of 1990 .... **A5:** 913
in isopropanolic medium, determined by electrometric titration **A10:** 205

Phenomenological models (NSA and PIA) **A20:** 625–626, 633

Phenomenological theory
of anisotropy............................ **A8:** 143

Phenoxy resins *See also* Resins **EM3:** 20, 181
defined **EM2:** 30

Phenyl glycidyl ether (PGE)
as epoxy diluent................... **EM1:** 67, 70

Phenylarsine
physical properties **A5:** 525

Phenylene **A20:** 449

Phenylene group. **A20:** 434
chemical groups and bond dissociation energies used in plastics **A20:** 440

Phenylgroups
in polymers, Raman analysis **A10:** 131
in silicone, Raman analysis **A10:** 132

Phenylhydrazine
as precipitant **A10:** 169

Phenylsilane resins *See also* Resins **EM3:** 20
defined **EM2:** 30

Phenylthiohydantoic acid
as precipitant **A10:** 169

Philbrook, B.F
investment casting by **A15:** 35

Philips PW-1410 sequential x-ray spectrometer
spectrum from **A10:** 88

Phillips vacuum gages
for gas/leak detection.................... **A17:** 64

Phonons, excitation
as inelastic scattering process............ **A10:** 434

Phosgene
hazardous air pollutant regulated by the Clean Air Amendments of 1990 .... **A5:** 913

Phosphate
coatings for valve train assembly components **A18:** 559
Miller numbers......................... **A18:** 235

Phosphate alkaline cleaners **M5:** 23–24, 28, 35

Phosphate bonded molds
as inorganic binder system.......... **A15:** 229–230

Phosphate coating **M5:** 434–456
accelerators used in **M5:** 435, 442
acidity, baths............ **M5:** 435, 442–443, 455
alkaline cleaning process... **M5:** 438–439, 450–451, 453–454
alloys coated by **M5:** 437–438
aluminum and aluminum alloys **M5:** 438, 597–599
applications **M1:** 174, **M5:** 434–442, 444, 447–450, 453–454

Phosphate coating (continued)
applying methods of *See also* Phosphate coating, immersion; Spray . . . **M5:** 440–441
baskets . . . **M5:** 446, 448
cast iron . . . **M5:** 436–438, 441, 448
cast irons . . . **M1:** 104
ceramic coatings *See* Phosphate-bonded ceramic coatings
chromate concentration . . . **M5:** 443
chromic acid used in . . **M5:** 439, 442–443, 448, 454
chromium, hexavalent contamination, limits . . . **M5:** 455–456
contaminants, limits and treatment of . . . **M5:** 454–456
conveying equipment . . . **M5:** 446–447, 449
corrosion protection . . . **M1:** 754
corrosion resistance and protection . . **M5:** 435–436, 441–442, 453, 455–456
crystal size, control of . . . **M5:** 449–451, 455
cycle times . . . **M5:** 448–450, 453–454
drawing and forming operations aided by . . . **M5:** 436–437
drums . . . **M5:** 445–446
equipment . . . **M5:** 444–449, 453–454
use of . . . **M5:** 447–449, 453–454
etching by . . . **M5:** 8
for cold extruded parts . . . **A14:** 304
galvanized steel . . . **M1:** 169
hydrogen embrittlement caused by . . . **M5:** 435
hypoid gear wear, effect on . . . **M1:** 632
immersion systems *See* Immersion phosphate coating systems
iron concentration and removal . . . **M5:** 442–443
iron phosphate process *See* Iron phosphate coating
limitations, shape and size imposing **M5:** 452–453
low-temperature coatings . . . **M5:** 456
maintenance . . . **M5:** 443–444
solution . . . **M5:** 443–444
tank . . . **M5:** 444
manganese phosphate process *See* Manganese phosphate coating
nickel contamination, limits . . . **M5:** 455–456
oils in **M5:** 435, 439, 442–443, 448, 453, 455–456
contamination by . . . **M5:** 439, 456
immersion tanks . . . **M5:** 448, 453, 455
supplemental coatings . . . **M5:** 435–436, 442, 448, 453, 455–456
operating control schedules . . . **M5:** 444
painting base applications . . . **M5:** 434–436, 442, 449–450, 454–456
painting over . . . **M1:** 174–175
phosphating time . . . **M5:** 437, 441, 456
phosphoric acid cleaners compared with . . **M5:** 436
pickling process . . . **M5:** 438–439, 450, 453–454
posttreatment processes . . . **M5:** 442–443
precleaning processes . . **M5:** 438–439, 447, 450–451
prepaint treatment . . . **M5:** 476–478
process, chemical control of . . . **M5:** 442–443
process steps . . . **M5:** 438–442
production of . . . **M1:** 174–175
quality control inspection methods . . . **M5:** 451–452
racks . . . **M5:** 447
repair, coatings . . . **M5:** 452
rinsing processes . . . **M5:** 439–443, 445, 447–448, 450–451, 453–454
chromic acid . . . **M5:** 442–443, 448
immersion . . . **M5:** 439–440
postcleaning . . . **M5:** 439–442
postphosphating . . . **M5:** 441–442
spray . . . **M5:** 440
tanks . . . **M5:** 445, 448
roller wear in torque converter affected by . . . **M1:** 631
room-temperature precleaning procedures . . **M5:** 15
safety precautions . . . **M5:** 453–454
solution break-in . . . **M5:** 444–445
solution compositions and operating conditions . . . **M5:** 435, 441–445, 448–450, 453–454
spray system *See* Spray phosphate coating system
stainless steel . . . **M5:** 437–438
steel . . . **M5:** 434–439, 441–443, 449
steel wire . . . **M1:** 262, 266
steel wire rod . . . **M1:** 253
surface preparation for . . . **M5:** 5, 15, 17
tanks and accessories . . . **M5:** 444–445, 448, 455
temperature . . . **M5:** 438, 441, 456
low-temperature coatings . . . **M5:** 456
tests, chemical solution control . . . **M5:** 442–443
thickness, coating . . . **M5:** 434, 436, 438, 441, 448–451
types, characteristics of . . . **M5:** 434–435
voids, coating . . . **M5:** 451–452
waste recovery and disposal . . . **M5:** 448, 454–456
wax coating, supplementary . . . **M5:** 435
wear resistance . . . **M5:** 436–437
wear resistance improved by . . . **M1:** 631–632, 634
weight, coating . . **M5:** 434–437, 441–442, 448–449, 451, 454
control of . . . **M5:** 449, 454
determination of . . . **M5:** 451
immersion time, function of . . . **M5:** 441
work-supporting equipment . . . **M5:** 446–448
zinc contamination, limits . . . **M5:** 455–456
zinc phosphate process *See* Zinc phosphate coating
Phosphate coatings . . . **A1:** 222, **A5:** 378–403
accelerators used in coating processes **A5:** 378, 379
acid pickling . . . **A5:** 383
alkaline cleaning . . . **A5:** 382, 383
alloy steels . . . **A5:** 711, 712
aluminum . . . **A5:** 378, 380, 382
aluminum and aluminum alloys . . . **A5:** 796
application methods . . . **A5:** 378, **A13:** 387
applications . . . **A5:** 379, 389–390, 391
applications to facilitate cold forming . . . **A5:** 380
as acid in forming steel . . . **A5:** 380–381
as alternative to hard chromium plating . . . **A5:** 928
as barrier protection, aqueous solutions . . . **A13:** 378–379
as base for paint . . . **A5:** 379–380
automotive . . . **A13:** 1015
bath, testing . . . **A13:** 384–385
carbon steels . . . **A5:** 711, 712
cast irons . . . **A5:** 382, 390, 697–698
characteristics . . . **A13:** 386
chemical control of phosphating processes . . . **A5:** 385–386
chromic acid or other post-treatment solutions . . . **A5:** 386
chromic acid rinsing . . . **A5:** 385
composition . . . **A5:** 379
control of coating weight . . . **A5:** 390–391
control of crystal size . . . **A5:** 391–393
corrosion resistance . . . **A5:** 379–380, 381, 398
definition . . . **A5:** 963
environmental considerations . . . **A5:** 382
equipment . . . **A13:** 387–388
equipment for immersion systems . . . **A5:** 387–388
equipment for spray systems . . . **A5:** 388–389
for carbon steel . . . **A13:** 523–524
formation . . . **A13:** 383
galvanized steel . . . **A5:** 378, 380, 381–382
heavy phosphates . . . **A13:** 387
inspection methods . . . **A5:** 394
iron . . . **A5:** 378, 382
iron phosphate coatings . . . **A5:** 378, 379, 384, 385, 388, 391, 392, 393, 394
iron phosphating . . . **A13:** 385–386
limitations of phosphating . . . **A5:** 394–395
low-temperature coatings . . . **A5:** 393–394
manganese phosphate coatings . . . **A5:** 378–379, 381–388, 390–391, 392–393, 394
metals cleaned in phosphoric acid vs. those coated with phosphate . . . **A5:** 380
methods . . . **A5:** 384
monitoring requirements for quality control . . . **A5:** 386, 387
nonferrous materials . . . **A5:** 382
operating control . . . **A5:** 386, 387
phosphate coating selection . . . **A5:** 395, 396–397
phosphate-coated ferrous alloys . . . **A5:** 381–382
phosphating baths . . . **A5:** 379
prepaint treatments . . . **A5:** 425
process fundamentals . . . **A5:** 382–384
process selection: immersion coating vs. spray coating . . . **A5:** 389–390
processing sequence . . . **A13:** 383
product standards for phosphating . . . **A5:** 395–398, 399
repair of . . . **A5:** 394
rinsing . . . **A5:** 385
safety precautions . . . **A5:** 398–400
sludge regulation . . . **A5:** 401–403
sludges in prepaint phosphating lines . . **A5:** 401–402
solid and liquid waste disposal . . . **A5:** 401–403
solution maintenance schedules . . . **A5:** 386–387
stainless steels . . . **A5:** 381
steel . . . **A5:** 378, 381
supplemental oil coatings . . . **A5:** 395
surface preparation for . . . **A5:** 13
tank and solution maintenance . . . **A5:** 387
time, temperature, spray, and immersion . . . **A5:** 384–385
treatment of effluents from phosphating plants . . . **A5:** 400–401
types . . . **A13:** 383
types of . . . **A5:** 378
wear resistance . . . **A5:** 381
weight of . . . **A13:** 385
zinc . . . **A5:** 382
zinc alloys . . . **A5:** 872–873
zinc phosphate coatings . . . **A5:** 378, 379, 383, 384, 385, 386, 387, 388, 389–390, 391, 392, 393, 394
zinc phosphating . . . **A13:** 386–387
Phosphate conversion coatings . . . **A13:** 383–388
Phosphate enamel
melted-oxide compositions of frits for porcelain enameling of aluminum . . . **A5:** 802
Phosphate esters
lubricants for rolling-element bearings . . . **A18:** 134, 135
properties . . . **A18:** 81
Phosphate frits
melting/fining . . . **EM4:** 392
Phosphate glasses
composition . . . **EM4:** 741
elastic modulus . . . **EM4:** 850
seal design techniques with chemical integrity . . . **EM4:** 539
Phosphate porcelain enamels
composition of . . . **M5:** 510–511
Phosphate rhodium plating solutions . . . **M5:** 290
Phosphate treatment
cadmium plating . . . **M5:** 264
Phosphate-bonded ceramic coatings . . . **M5:** 535–537
densities and maximum service temperatures . . . **M5:** 537–538
Phosphate-bonded coatings . . . **A5:** 472
Phosphated steels
welding factor . . . **A18:** 541
Phosphate-fluoride (PF) etch
of polyphenylquinoxalines . . . **EM3:** 166, 167
Phosphate-free electrocleaners . . . **M5:** 28, 35
Phosphates . . . **A19:** 491, **A20:** 550–551
anions, separation by ion chromatography . . . **A10:** 659
as anodic inhibitor . . . **A13:** 494–495
as fining agents . . . **EM4:** 380
chemical conversion coatings, structures, and characteristics . . . **A5:** 698
compounds, in conversion coatings . . . **A13:** 383
general theory . . . **A13:** 383–384

SUBJECTS OF THE INDEXED VOLUMES: ASM Handbook (designated by the letter "A"): **A1:** Properties and Selection: Irons, Steels, and High-Performance Alloys (1990); **A2:** Properties and Selection: Nonferrous Alloys and Special-Purpose Materials (1990); **A3:** Alloy Phase Diagrams (1992); **A4:** Heat Treating (1991); **A5:** Surface Engineering (1994); **A6:** Welding, Brazing, and Soldering (1993); **A7:** Powder Metal Technologies and Applications (1998); **A8:** Mechanical Testing (1985); **A9:** Metallography and Microstructures (1985); **A10:** Materials Characterization (1986); **A11:** Failure Analysis and Prevention (1986); **A12:** Fractography (1987); **A13:** Corrosion (1987); **A14:** Forming and Forging (1988); **A15:** Casting (1988); **A16:** Machining (1989); **A17:** Nondestructive Evaluation and Quality Control (1989); **A18:** Friction, Lubrication, and Wear Technology (1992); **A19:** Fatigue and Fracture (1996); **A20:** Materials Selection and Design (1997). **Metals Handbook, 9th Edition** (designated by the letter "M"): **M1:** Properties and Selection: Irons and Steels (1978); **M2:** Properties and Selection: Nonferrous Alloys and Pure Metals (1979); **M3:** Properties and Selection: Stainless Steels, Tool Materials, and Special-Purpose Materials (1980); **M4:** Heat Treating (1981); **M5:** Surface Cleaning, Finishing, and Coating (1982); **M6:** Welding, Brazing, and Soldering (1983); **M7:** Powder Metallurgy (1984). **Engineered Materials Handbook** (designated by the letters "EM"): **EM1:** Composites (1987); **EM2:** Engineering Plastics (1988); **EM3:** Adhesives and Sealants (1990); **EM4:** Ceramics and Glasses (1991). **Electronic Materials Handbook** (designated by the letters "EL"): **EL1:** Packaging (1989)

in pickling solutions........ **A5:** 69
rock, nitric acid as dissolution medium for........ **A10:** 166
weighing as the, gravimetry analysis........ **A10:** 171
Phosphating........ **A18:** 62
defined........ **A13:** 10
definition........ **A5:** 963
Phosphazenes
advantages and disadvantages........ **EM3:** 675
chemistry........ **EM2:** 66
Phospher bronzes
corrosion in various media........ **M2:** 468–469
Phosphide embrittlement
in brazing........ **A11:** 452
Phosphide sweat
as casting defect........ **A11:** 387
Phosphides
combustion synthesis........ **A7:** 527, 534
Phosphine
hazardous air pollutant regulated by the Clean Air Amendments of 1990........ **A5:** 913
Phosphines........ **A7:** 167
Phosphites........ **A7:** 167
Phosphonates
as cathodic inhibitors........ **A13:** 495
Phosphonic esters
dispersants........ **A18:** 99, 100
Phosphonitrile-fluoroelastomers (PNF)........ **EM3:** 677, 678
Phosphonitrilic fluoroelastomers (PNF)
for severe environments........ **EM3:** 673
Phosphor bronze *See also* Copper alloys, specific types, C51000
composition........ **A20:** 391
cost per unit mass........ **A20:** 302
cost per unit volume........ **A20:** 302
photochemical machining........ **A16:** 588, 590
properties........ **A20:** 391
strip rolled from static cast ingot........ **A9:** 644
tensile strength, reduction in thickness by rolling........ **A20:** 392
thread rolling........ **A16:** 282
Phosphor bronze A
springs, strip for........ **M1:** 286
springs, wire for........ **M1:** 284
Phosphor bronze spring
fatigue fracture........ **A11:** 555–557
Phosphor bronze strip
nonparametric evaluation of percent survival values for........ **A8:** 707, 709
spring-tempered, load deflection plot........ **A8:** 136
spring-tempered, modulus of elasticity and proof strength in bending........ **A8:** 136
Phosphor bronzes *See also* Bearing bronzes; Copper-tin alloys........ **A6:** 752
51000, roll welding........ **A6:** 313
applications........ **A15:** 784
applications and properties........ **A2:** 321–325
as electrical contact materials........ **A2:** 843
brazeability........ **M6:** 1034
brazing........ **A6:** 630, 931, 934
cladding material for brazing........ **A6:** 347
composition and properties........ **M6:** 401
corrosion resistance........ **A13:** 611
for bearings, wear-resistant applications........ **A2:** 352, 354
gas metal arc welding........ **M6:** 420
gas tungsten arc welding........ **M6:** 410–412
gas-metal arc butt welding........ **A6:** 760
gas-metal arc welding........ **A6:** 764
to high-carbon steel........ **A6:** 828
to low-alloy steel........ **A6:** 828
to low-carbon steel........ **A6:** 828
to medium-carbon steel........ **A6:** 828
to stainless steel........ **A6:** 828
gas-tungsten arc welding........ **A6:** 763–764
to high-carbon steel........ **A6:** 827
to low-alloy steel........ **A6:** 827
to low-carbon steel........ **A6:** 827
to medium-carbon steel........ **A6:** 827
to stainless steel........ **A6:** 827
hot cracking........ **A6:** 764
recycling........ **A2:** 1214
relative weldability rating, resistance spot welding........ **A6:** 834
resistance spot welding........ **A6:** 850
shielded metal arc welding **A6:** 754, 755, 763, 764, **M6:** 425
shrinkage allowance........ **A15:** 303
weldability........ **A6:** 753
zinc and galvanized steel corrosion as result of contact with........ **A5:** 363
Phosphor gear bronze
properties and applications........ **A2:** 374–375
Phosphor silicon bronzes
thermal expansion coefficient........ **A6:** 907
Phosphor-copper shot
water atomized, particle size distributions of atomized powders........ **A7:** 35
Phosphorescence........ **A10:** 679, 690
Phosphoric acid
acid pickling treatment conditions for magnesium alloys........ **A5:** 828
acid pickling treatments for magnesium alloys........ **A5:** 822
and ethanol as an electrolyte for magnesium alloys........ **A9:** 426
applications........ **EM4:** 47
as chemical cleaning solution........ **A13:** 1140
as electrolyte........ **A9:** 51
as ferrous cleaning agent........ **A12:** 75
as sample dissolution medium........ **A10:** 165
as sample modifier, GFAAS analysis........ **A10:** 55
cast iron resistance........ **A13:** 569–570
composition........ **A5:** 48, **EM4:** 47
copper/copper alloys in........ **A13:** 627–628
derivatives, as solvent extractant........ **A10:** 169–170
electroless nickel coating corrosion........ **A5:** 298, **A20:** 479
for acid cleaning........ **A5:** 48, 49, 50, 51
for wrought heat-resistant alloys........ **A9:** 308
hydrogen peroxide and methanol as an electrolyte for beryllium-copper alloys........ **A9:** 393
in organic solvent (Group III electrolytes)........ **A9:** 52–54
in pickling solutions........ **A5:** 69
in water (Group III electrolytes)........ **A9:** 52–54
nickel alloys, corrosion........ **M3:** 173
pure, nickel-base alloy corrosion........ **A13:** 645, 647
stainless steel corrosion........ **A13:** 558
stainless steels, corrosion........ **M3:** 86, 87
supply sources........ **EM4:** 47
tantalum corrosion in........ **A13:** 725
to remove mill scale from steel........ **A5:** 67
zirconium/zirconium alloy resistance **A13:** 715–716
Phosphoric acid and water
for rust removal........ **A9:** 172
Phosphoric acid anodization (PAA)........ **EM3:** 42, 52, 249–250, 251, 558
aluminum........ **EM3:** 41, 625, 845
surface preparation, processing quality control........ **EM3:** 733, 738
Phosphoric acid bonds
characteristics........ **A15:** 213
Phosphoric acid chemical brightening baths........ **M5:** 580
Phosphoric acid cleaners........ **M5:** 8, 10, 436
phosphate coatings compared with........ **M5:** 436
Phosphoric acid cleaning process........ **M5:** 59–65
Phosphoric acid electropolishing solutions........ **M5:** 303, 305, 308
Phosphoric acid etching........ **A5:** 4
Phosphoric acid fuel cells........ **A13:** 1320–1321
Phosphoric acid pickling
magnesium alloys........ **M5:** 630–631, 640–641
Phosphoric anodizing process
aluminum and aluminum alloys........ **M5:** 592
Phosphoric solution
composition and operating conditions for special anodizing processes........ **A5:** 487
Phosphoric solution, Boeing process
composition and operating conditions for special anodizing processes........ **A5:** 487
Phosphoric-nitric acid chemical brightening baths........ **M5:** 579–580
Phosphoric-sulfuric acid chemical brightening baths........ **M5:** 580
Phosphorized admiralty metal
applications and properties........ **A2:** 318–319
Phosphorized copper
anode and rack material for use in copper plating........ **A5:** 175
Phosphorized leaded Muntz metal
applications and properties........ **A2:** 311
Phosphorized naval brass
applications and properties........ **A2:** 319–320
Phosphorous compounds
as flame retardants........ **EM2:** 504
Phosphors........ **EM4:** 18
material compositions used........ **EM4:** 18
thermally quenched........ **A17:** 399, 604–605
Phosphorus *See also* Dephosphorization
alloying, aluminum casting alloys........ **A2:** 132
alloying effect on copper alloys........ **M6:** 402
alloying effect on nickel-base alloys........ **A6:** 590
alloying effect on stress-corrosion cracking........ **A19:** 487
alloying, magnetic property effect........ **A2:** 762
alloying, wrought copper and copper alloys **A2:** 242
aluminum-phosphorus-oxygen SBD **EM3:** 250, 251
analyzed in glassivation layers........ **A11:** 41
and grinding........ **A16:** 437, 438
as addition to aluminum-silicon alloys........ **A18:** 788
as addition to brazing filler metals........ **A6:** 904
as addition to carbon-graphite materials........ **A18:** 816
as alloying element, effect on susceptibility to stress-corrosion cracking of two low-alloy steels........ **A19:** 486
as an addition to low-carbon electrical steels........ **A9:** 537
as embrittler........ **A12:** 29
as impurity........ **EL1:** 638, 965
as impurity affecting temper embrittlement of steels........ **A19:** 620
as inoculant........ **A15:** 105
as minor element, gray iron........ **A15:** 630
as modifier, aluminum-silicon alloys........ **A15:** 752
as silicon modifier........ **A15:** 79, 752
as tin solder impurity........ **A2:** 520–521
as tramp element........ **A8:** 476
at elevated-temperature service........ **A1:** 640
back-titration determination........ **A10:** 173
cast iron content, effect on machinability........ **A16:** 649, 652, 654
cause of hot cracks........ **A6:** 409
cause of temper embrittlement........ **A4:** 124, 135
composition, wt% (maximum), liquation cracking........ **A6:** 568
concentrations, cupolas........ **A15:** 390
content, atmospheric corrosion effects........ **A13:** 514
content effect on alloy steels........ **A19:** 619, 620
content in high-strength low-alloy quenched and tempered steels........ **A6:** 665
content in stainless steels **A16:** 682–683, 685, 688, **M6:** 320, 322
copper-phosphorus alloys, resistance brazing filler metals........ **A6:** 342
cracking sensitivity in stainless steel casting alloys........ **A6:** 497
deoxidation........ **A15:** 468–469
-deoxidized coppers........ **A13:** 615, 627
deoxidizing, copper and copper alloys........ **A2:** 236
determined by 14-MeV FNAA........ **A10:** 239
detrimental effects in thermit welds........ **M6:** 693–694
detrimental to welding of alloy systems........ **A6:** 89
effect, cartridge brass........ **A2:** 301
effect, gas dissociation........ **A15:** 83
effect in copper alloys........ **A11:** 221, 635
effect in intermediate dielectrics on integrated circuit reliability........ **A11:** 771
effect of, on machinability of carbon steels **A1:** 599
effect of, on notch toughness........ **A1:** 740
effect on austenitic manganese steel castings........ **A9:** 239
effect on crack formation........ **M6:** 833
effect on hardness of tempered martensite **A4:** 124, 128–129
effect on macrosegregation in copper alloys........ **A9:** 639
effect, ternary iron-base systems........ **A15:** 65
electroless nickel plating, content effects of........ **M5:** 223–225, 228–231
electroslag welding reactions........ **A6:** 273, 274, 278
embrittlement, of brazed joints........ **A11:** 452
for ductility enhancement, ASTM/ASME alloy steels........ **A12:** 349
glow discharge sources for........ **A10:** 29
glow discharge to determine, in low-alloy steels and cast iron........ **A10:** 29
grain boundary adhesion........ **A6:** 144

748 / Phosphorus

Phosphorus (continued)
hazardous air pollutant regulated by the Clean Air Amendments of 1990 .... **A5:** 913
heat-affected zone fissuring in nickel-base alloys **A6:** 588, 589
high-energy neutron irradiation of **A10:** 234
ICP-determined in natural waters **A10:** 41
impurities, effect on fracture toughness of steels **A19:** 383
impurity in solders **M6:** 1072
in alloy cast irons **A1:** 87–88
in aluminum alloys **A15:** 746
in austenitic manganese steel **A1:** 822, 824
in austenitic stainless steels **A6:** 457, 458, 463
in cast iron **A1:** 5
in cast iron composition **A18:** 695
in composition, effect on ductile iron **A4:** 686
in composition, effect on gray irons **A4:** 671
in composition, factor affecting overheating of tool steels **A4:** 602
in compounds providing flame retardance **EM3:** 179
in copper alloys **A6:** 753
in copper alloys, inclusion-forming **A15:** 90
in ductile iron **A15:** 649
in duplex stainless steels **A6:** 472
in embrittlement of iron **A1:** 691
in ferrite **A1:** 401, 407–408
in ferritic stainless steels **A6:** 454
in free-machining metals **A16:** 389
in gray iron **A1:** 22
in high-speed tool steels **A16:** 52
in iron alloys **A7:** 726–727, 737
in magnetic electroplated coatings **A18:** 838
in P/M alloys **A1:** 810
in steel **A1:** 144, 577
in steel weldments **A6:** 418, 420
ion chromatography analysis in organic solids **A10:** 664
ion-implantation profile in silicon, SIMS analysis **A10:** 623–624
lubricant indicators and range of sensitivities **A18:** 301
maps **A12:** 349
nickel-phosphorus electroless coatings properties of **M5:** 223–229
oxygen cutting, effect on **M6:** 898
photometric analysis methods **A10:** 64
radiochemical, destructive TNAA of **A10:** 238
removal, from melt **A15:** 366
resistance spot welding of steels and content effect **A6:** 228
segregation, tool steels **A12:** 375
species weighed in gravimetry **A10:** 172
specifications, cast copper alloys **A2:** 378
spectrometric metals analysis **A18:** 300
submerged arc welding **M6:** 128
effect on cracking **M6:** 128
surface segregation during heating **A10:** 564–565
tantalum phosphide formation in **A13:** 728
to harden and strengthen steel **A16:** 667, 672, 674, 675, 676
to increase intergranular fracture in carburized steels **A4:** 368, 369
use in resistance spot welding **M6:** 486
volumetric procedures for **A10:** 175

Phosphorus chlorides
tantalum resistance to **A13:** 727

Phosphorus copper *See* Copper alloys, specific types, C12200

Phosphorus deoxidation
of copper alloys **A15:** 468–469

Phosphorus deoxidized copper (bronze)
gas atomization **A7:** 47

Phosphorus embrittlement
brazing and **A6:** 117

Phosphorus in cast iron
alloy effects **M1:** 77, 78
ductile iron **M1:** 39–41
gray iron **M1:** 21–22

Phosphorus in steel **M1:** 115–116, 411, 417
500 °F embrittlement, role in **M1:** 685
atmospheric corrosion affected by **M1:** 721–722
castings, effect on **M1:** 399
machinability influenced by **M1:** 575–576
modified low-carbon steels **M1:** 162
neutron embrittlement, effect on susceptibility to **M1:** 686
notch toughness, effect on **M1:** 693
P/M materials **M1:** 338
seawater corrosion, effect on **M1:** 744
steel sheet, effect on formability **M1:** 554
temper embrittlement, role in **M1:** 684

Phosphorus iron powder
admixed **A7:** 758, 760
applications **A7:** 758
magnetic properties **A7:** 1009–1010, 1013, 1014
mechanical properties **A7:** 758, 760
properties **A7:** 758, 760
soft magnetic properties **A7:** 758, 760

Phosphorus pentoxide
formed in copper powder production **A7:** 140

Phosphorus pentoxide (P_2O_5)
in composition of glass-ceramics **EM4:** 499
in tableware compositions **EM4:** 1101

Phosphorus printing **A9:** 177

Phosphorus segregation
color etching **A9:** 142
in carbon and alloy steels, revealed by macroetching **A9:** 176–177

Phosphorus steel
composition of common ferrous P/M alloy classes **A19:** 338
sintering **A7:** 474

Phosphorus-copper
milling **A7:** 58

Phosphorus-deoxidized, tellurium-bearing copper *See* Copper alloys, specific types, C14500

Phosphorus-deoxidized tellurium-bearing coppers
properties **A2:** 277–278

Phosphorus-doped silicon substrate
high-resolution SIMS spectra **A10:** 623

Phosphosilicate glass
aluminum reaction with **EL1:** 965

Phosphosilicate glass (PSG) **EM3:** 582

Phosphosilicate glass (PSG), applications
electronic processing **EM4:** 1056

Photoacoustic spectroscopy **EM4:** 52
and F-F-IR, compared **A10:** 115
applications **A10:** 115
depth profiling a granular sample using ... **A10:** 120

Photochemical machining (PCM) A16: 509, 587–593
advantages and disadvantages **A16:** 591–592
applications **A16:** 587, 592
Be alloys **A16:** 872–873
compared to chemical milling **A16:** 579, 581
design considerations **A16:** 590
etchability ratings of metals and alloys **A16:** 588
etchant composition effect **A16:** 591
etchants **A16:** 587, 588, 589–590, 591, 592, 593
etching **A16:** 589–590, 591, 592, 593
etching machines **A16:** 589–590
masking with photoresists **A16:** 588–589
metal defect effects on process **A16:** 588
photoresists **A16:** 587, 588–589, 590, 593
preparation of masters **A16:** 588
printed circuit etching application **A16:** 593
process description **A16:** 587–590
stripping and inspection **A16:** 590
tolerances of metals **A16:** 591

Photochemical oxidants
covered by NAAQS requirements **A20:** 133

Photochemical sensitivity
engineering plastics **EM2:** 575

Photochemical systems
ESR analysis of **A10:** 256

Photochemistry *See also* Chemistry
defined **EL1:** 854
of cycloaliphatic epoxides/epoxy acrylates **EL1:** 854–866
of polymers **EM2:** 777–780

Photochromic ophthalmic crown glasses ... **EM4:** 1078

Photoconductors
ESR studied **A10:** 263

Photocopying applications *See also* Copier
powders **M7:** 89

Photocross-linking
polyimides **EM3:** 157

Photocuring
defined **EL1:** 854

Photodegradation
control of **EM2:** 780

Photodetector resistors
corrosion failure analysis **EL1:** 1115

Photodetectors
for echelle spectrometer **A10:** 41
laser inspection with **A17:** 12

Photodiode
array imaging, as laser inspection **A17:** 12–13
defined **A17:** 384
in plate impact testing **A8:** 234

Photodiode arrays
in ICP spectrometers **A10:** 38, 690

Photodiodes *See also* Diodes
gallium aluminum arsenide (GaAlAs) **A2:** 740

Photoejection of electrons
by x-radiation **A10:** 84–85

Photoelastic coating method
of stress analysis **A17:** 51, 450–453

Photoelastic coating-drilling technique **A6:** 1095

Photoelastic coatings
for residual stress study **A11:** 134

Photoelastic fringe patterns
color image **A17:** 488

Photoelastic modulators **A10:** 114, 115, 690

Photoelastic stress
E-glass fibers **EM1:** 196

Photoelastic technique of isochromatic
fringes **A8:** 269

Photoelasticity **A20:** 509
in gears **A11:** 589–591

Photoelectric absorption **A18:** 324, 325
in EXAFS analysis **A10:** 409

Photoelectric effect **A7:** 224
absorption and **A10:** 97
and radiationless transitions **A10:** 568
as basis of electron spectroscopy for chemical analysis **A18:** 445–446
defined **A10:** 679
in x-ray photoelectron spectroscopy (XPS) **A11:** 35
in x-ray spectrometry **A10:** 84

Photoelectric effect, atomic attenuation
radiography **A17:** 309–310

Photoelectric electron multiplier *See* Photomultiplier tube

Photoelectric glossmeter
paint gloss testing **M5:** 491

Photoelectric penetration distance
effect in defect imaging **A10:** 367

Photoelectron emission process
binding energy in **M7:** 255

Photoelectron spectroscopy
adhesion interfacial analysis **A6:** 144–145

Photoelectrons
and Auger electrons **A10:** 550
K-, backscattering of **A10:** 408

Photoemiss on
defined **EL1:** 1074–1075

Photoemission
principles and nomenclature **A10:** 569

Photoemission electron microscopy (PEEM) .. **A6:** 145

Photoetching
refractory metals and alloys **A2:** 561

Photoextinction
to analyze ceramic powder particle sizes .. **EM4:** 67

Photoflash
bombs **M7:** 131

compositions with metal fuels....... **M7:** 600, 604
Photogrammetry *See also* Stereophotogrammetry
methods, quantitative fractography .. **A12:** 197–198
stereo-, contour map and profiles by **A12:** 197
Photographic camera..................... **A19:** 163
Photographic film
as detectors........................... **A10:** 326
dot maps recorded on.................. **A10:** 527
Photographic films *See also* Films
in neutron radiography **A17:** 387, 390–391
Photographic films for photomicroscopy.... **A9:** 84–86
different films compared **A9:** 86–87
Photographic filters
color filter nomograph.................... **A9:** 140
Photographic inspection **A19:** 174
Photographic micromodification **EL1:** 732
Photographic papers
effect on print contrast................ **A9:** 85–87
grades................................ **A9:** 85–87
Photographic procedures
photomicroscopy **A9:** 84–86
Photographic reduction dimension
defined.............................. **EL1:** 1152
Photographs
materials illustrated.................... **A12:** 216
Photography *See also* Fractography; Optical
microscopy; Photomicroscopy
35-mm single-lens-reflex cameras **A12:** 78–79
as failure analysis technique...... **EL1:** 1072–1073
auxiliary equipment..................... **A12:** 89
depth of field **A9:** 87
depth-of-field effects **A12:** 78, 80–81, 87–88
exposures, test **A12:** 86–87
film.................................... **A12:** 85
filters **A9:** 72
focusing............................ **A12:** 79–80
for corrosion examination **A11:** 173
high-speed, and ring displacement **A8:** 210
high-speed, for strain measurement single pressure
bar test............................ **A8:** 199
lens aperture selection................ **A12:** 80–81
lens conversion tables **A12:** 81
lenses **A12:** 79
light meters......................... **A12:** 85–86
light sources **A12:** 81–82
lighting techniques................... **A12:** 82–83
macrophotography of specimens **A9:** 86–87
magnification, determining............... **A12:** 80
microscope systems **A12:** 79
of aluminum alloy macrospecimens **A9:** 354
of color etched specimens................ **A9:** 142
of fractured parts/surfaces **A12:** 78–90
of fractures **A11:** 16
of phase transformations.................. **A9:** 82
records, as analysis data............. **A11:** 15–16
resolution............................... **A9:** 87
scanning light photomacrography **A12:** 81
setups for fractured parts **A12:** 78
stereo images **A12:** 87–88
test exposures **A12:** 86–87
view cameras **A12:** 78–79
visual examination, preliminary **A12:** 78
Photography applications
of silver **A2:** 691
Photography flash bulbs
powders used.......................... **M7:** 574
Photoimageable solder masks
vs. screened solder masks............... **EL1:** 116
Photoimaging *See also* Imaging
capabilities/limitations **EL1:** 509–510
liquid, for solder masking **EL1:** 556–558
Photoinitiators **EM3:** 90, 91, 124
added to anaerobics................... **EM3:** 114
free radical cure systems **EL1:** 854–856
Photoionization
x-ray detectors **A10:** 90
Photo-laser chemical vapor deposition... **A5:** 511, 512
Photolithography **A18:** 835, **EL1:** 193–194, 197, 1152
to form the mask before the ion-exchange process
begins.......................... **EM4:** 463
Photoluminescence
defined................................ **A10:** 679
Photolysis
in free radical cure systems......... **EL1:** 855–856
Photolytic degradation
defined............................... **EM2:** 776
polymer photochemistry.......... **EM2:** 777–780
protection of plastics............. **EM2:** 780–782
sunlight **EM2:** 776–777
ultraviolet light.................. **EM2:** 776–777
**Photolytic laser-induced chemical vapor
deposition** **A18:** 848
Photolytic systems
ESR analysis for....................... **A10:** 256
Photomachinable glass ceramics **A20:** 419
Photomacrographs
preparation of....................... **A12:** 78–90
Photomacrography *See also* Fractography;
Photography; Photomacrographs
as optical imaging **EL1:** 1072
auxiliary equipment..................... **A12:** 89
central optical path **A12:** 79
scanning light **A12:** 81
view camera systems **A12:** 79
Photometers
defined............................... **A10:** 679
filter **A10:** 67
Photometric methods
for analysis of metals and
metal-bearing ores **A10:** 64
ion detection technique **A10:** 143–144
Photometric methods of chemical analysis
recommended practices **M7:** 249
Photomicrograph
defined................................. **A9:** 13
Photomicrographs
SEM **A12:** 194
Photomicroscopy **A9:** 84–87
to measure size of small fatigue cracks ... **A19:** 157
Photomontage
austenitic stainless steels................ **A12:** 354
Photomultiplier tube
abbreviation for **A10:** 691
defined............................... **A10:** 679
for AAS and related techniques........... **A10:** 44
for molecular fluorescence spectroscopy.... **A10:** 77
for UV/VIS analysis..................... **A10:** 66
in x-ray spectrometers................... **A10:** 89
use in ICP polychromator................ **A10:** 38
Photomultiplier tube (PMT) .. **A7:** 230, **A17:** 371, 384
Photon
defined............................... **A17:** 384
Photon correlation spectroscopy **A7:** 236, 237
Photon detectors **A10:** 246, 326
Photon energies
as radiation source..................... **A17:** 298
electromagnetic spectrum **A17:** 202
high, scattering at...................... **A17:** 345
Photon excitation........................ **A18:** 840
Photon factory
as synchrotron radiation source.......... **A10:** 413
**Photon scanning tunneling microscopy
(PSTM)**............................. **A6:** 145
Photon tunneling microscopy (PTM)
to determine nucleation density **A5:** 541
Photoncorrelation spectroscopy (PCS)
to analyze ceramic powder particle size... **EM4:** 68
Photonics
as primary electronic packaging
technology **EL1:** 12
Photons *See also* X-ray photon emission
absorbed or scattered **A10:** 84–85
absorption of........................... **A10:** 61
and fluorescent yield **A10:** 86
colliding, in Raman spectroscopy **A10:** 127
defined............................... **A10:** 679
detectors for **A10:** 246
EDS measurement of **A10:** 519–520
effect in EDS detectors.................. **A10:** 90
emission............................... **A10:** 61
infrared light as **A10:** 109
numbers for dot mapping................ **A10:** 527
scattering of............................ **A10:** 84
Photooxidation
and chemical susceptibility.............. **EM2:** 573
as radiation degradation **EM2:** 424
Photoplate blackening and ion exposure for SSMS
relationship between **A10:** 143
Photopolymer
defined.............................. **EL1:** 1152
Photopolymer resin **A20:** 233
Photopolymerization
of acrylics **A13:** 406
Photoprinting process
quality control in.................. **EL1:** 870–871
Photoresist
definition............................... **A5:** 963
for grating application................... **A8:** 234
Photoresist, application
rigid printed wiring boards **EL1:** 542
Photoresists
chemical milling of Al alloys **A16:** 803
Photosedimentation **A7:** 245
to analyze ceramic powder
particle size.................... **EM4:** 67–68
Photosensitive glasses............... **EM4:** 439–443
composition........................... **EM4:** 440
nonbridging oxygens.............. **EM4:** 439, 440
photochromic glasses.............. **EM4:** 441–443
applications **EM4:** 442
bistable **EM4:** 442
borosilicates as bases **EM4:** 441
chemical strengthening................ **EM4:** 442
darkening **EM4:** 441, 442, 443
extrusion............................ **EM4:** 442
fading **EM4:** 441, 442, 443
ion-exchange to increase impact
strength **EM4:** 462
optical bleaching..................... **EM4:** 442
physical strengthening **EM4:** 442
polarizing **EM4:** 442
processing........................... **EM4:** 441
property alteration **EM4:** 442
redraw............................... **EM4:** 442
silver halide particles role........ **EM4:** 441–443
transmittance versus wavelength **EM4:** 443
variations....................... **EM4:** 442–443
photosensitive mechanisms............. **EM4:** 439
processing **EM4:** 440–441
products.............................. **EM4:** 440
types
developed photosensitive......... **EM4:** 439–440
direct photosensitive................. **EM4:** 439
photosensitive nucleated **EM4:** 439, 440
Photosensitive liquid solder masks
flexible printed boards **EL1:** 584
Photosensitive polyimides........ **EL1:** 327–328, 767
Photosensitivity
of polyimides.................... **EM3:** 157, 160
Photosynthesis
and biochemical oxidation **A13:** 897
ESR studied **A10:** 264
Photovoltaic materials
plasma-assisted physical vapor deposition **A18:** 848
Photozone (photicsensing zone) methods **A7:** 248
Phthalate esters **EM3:** 20
defined................................ **EM2:** 30
Phthalates............................... **A20:** 446
Phthalic acid salts
as ion chromatography eluents **A10:** 660
Phthalic anhydride
hazardous air pollutant regulated by the Clean Air
Amendments of 1990 .... **A5:** 913
Phthalocyanine
as pigment............................ **EM3:** 179
Physical adsorption *See also* Physisorption
involved in corrosion fatigue crack growth in
alloys exposed to aggressive
environments...................... **A19:** 185
Physical aging *See also* Aging .. **EM2:** 751, 755–758
and thermal stresses **EM2:** 751–760
defined........................... **EM2:** 751–752
in polymers **A11:** 758
quenching stresses, defined............. **EM2:** 751
Physical analysis
of thermoplastic resins **EM2:** 533–540
Physical blowing agent **EM2:** 30, 503, **EM3:** 20
Physical catalyst......................... **EM3:** 20
defined................................ **EM1:** 17
Physical chemistry *See also* Chemistry;
Thermodynamics
chemical kinetics **A15:** 52–54
chemical thermodynamics **A15:** 50–52
enthalpy and heat capacity................ **A15:** 50
Gibbs free energy.................... **A15:** 50–51
interphase mass transport............. **A15:** 53–54
nucleation **A15:** 52–53
of inclusion-forming reactions......... **A15:** 89–90
of melt purification.................. **A15:** 74–81
phase diagrams.......................... **A15:** 52

Physical chemistry (continued)
principles of **A15:** 50–54
Physical context **A20:** 126
Physical crack size *See also* Crack; Crack length; Crack size
defined **A8:** 10, **A11:** 8
visual observation of **A8:** 452
Physical design *See also* Technology rules
of level 1 packages **EL1:** 401–402
subsystem, in computer-aided design **EL1:** 129
Physical drop test **A20:** 170
Physical etching **A9:** 57, 61–62
Physical interconnection hierarchy
large scale systems **EL1:** 2–4
Physical metallurgy *See also* Physical properties
aluminum-lithium alloys **A2:** 179–180
Physical modeling *See also* Modeling
approaches **A14:** 431
experimental procedure, example **A14:** 435–436
grid mesh development **A14:** 434–435
model materials **A14:** 431–433
of open-die forging **A14:** 66–67
precision forging **A14:** 159
segmented die design **A14:** 435
strain for two-dimensional flow computation **A14:** 433–434
three-dimensional grid for strain calculation **A14:** 436–437
tool setup, for plane-strain wedge testing . . **A14:** 435
Physical objective aperture
defined **A9:** 13–14
Physical partitioning
in computer-aided design **EL1:** 128–129
Physical performance *See also* Performance; Physical properties; Physical test methods; Reliability; Testing
issues **EL1:** 5–8
local **EL1:** 5–6
selected chip-to-chip issues **EL1:** 7–8
selected on-chip issues **EL1:** 6–7
Physical phase of electrical design **A20:** 204, 207–208
Physical principles
of liquid penetrant inspection **A17:** 71–73
Physical propagation speed **A20:** 191
Physical properties *See also* Fiber properties analysis; Laminate properties analysis; Material properties; Material properties analysis; Mechanical properties; specific type of alloy
allyls (DAP, DAIP) **EM2:** 228
aluminum **A2:** 3
aluminum alloys **A15:** 764–765, **M2:** 53–54, 58
aluminum and aluminum alloys **A2:** 45–46
aluminum casting alloys **A2:** 145–147
and aging **EM2:** 756
as material performance characteristics . . . **A20:** 246
ASTM test methods **EM2:** 334
beryllium-copper alloys **A2:** 407–409
by eddy current inspection **A17:** 164
ceramic multilayer packages **EL1:** 467–468
characterizing, technical meetings for **A17:** 51
cobalt-base corrosion-resistant alloys **A2:** 454
cobalt-base high-temperature alloys **A2:** 452
cobalt-base wear-resistant alloys **A2:** 451
commercial pure tin **A2:** 518–519
conformal coatings **EL1:** 762
data sheet, typical **EM2:** 407
defined **A8:** 10, **A11:** 8
design values for **A8:** 662
effect of crystallographic texture on . . . **A9:** 700–701
effect of recovery changes **A9:** 693
estimation of **A17:** 51
ferrous P/M materials **M1:** 333–339, 340, 345
fluoropolymer coatings **EL1:** 782–783
heat-treatable wrought aluminum alloy **A2:** 41
in solidification **A15:** 109–110
liquid crystal polymers (LCP) **EM2:** 181
loss, from heat aging **EM2:** 78
malleable iron **M1:** 67
maraging steels **M1:** 451
measured **EM2:** 613–614
measurement of, used to investigate crystallographic texture **A9:** 701
mechanically alloyed oxide alloys **A2:** 943–947
microelectronic materials **EL1:** 104–111
nickel-iron alloys **A2:** 774
nickel-titanium shape memory effect (SME) alloys **A2:** 899
niobium alloys **A2:** 567–571
of abrasion-resistant cast iron **A1:** 96
of acrylics **EM2:** 104
of carbon and alloy steels **A1:** 195–199, **M1:** 145–151
of cast stainless steels **A1:** 927
of cast steels **A1:** 374, 376, **M1:** 393–400
of cast superalloys **A1:** 983
of compacted graphite iron **A1:** 66–69
of corrosion-resistant cast iron **A1:** 96
of deep drawn sheet product **A14:** 575
of ductile iron . . **A1:** 49, 50, **A15:** 661, 663, **M1:** 49, 52–55
of fiber composites **EM1:** 185–192, 730
of gallium arsenide (GaAs) **A2:** 741
of germanium **A2:** 734
of gray iron . . **A1:** 31–32, **A15:** 644–645, **M1:** 30–32
of heat-resistant cast iron **A1:** 96
of nickel alloys **A2:** 441
of optical plastics **EM2:** 596
of pultrusions **EM2:** 395–396
of steel castings **A1:** 374, 376
of wrought stainless steels **A1:** 871
of wrought superalloys **A1:** 963–964
of wrought tool steels **A1:** 774, 775
on supplier data sheets **EM2:** 641–642
permanent magnet materials **A2:** 793
pewter **A2:** 522
phenolics **EM2:** 245
polyaryl sulfones (PAS) **EM2:** 145
polyarylates (PAR) **EM2:** 138–139
polyaryletherketones (PAEK, PEK, PEEK, PEKK) **EM2:** 142
polyethylene terephthalates (PET) **EM2:** 173
polysulfones (PSU) **EM2:** 200
reinforced polypropylenes (PP) **EM2:** 192–193
rhenium **A2:** 582
silicones (SI) **EM2:** 266
solder **EL1:** 639
tantalum **A2:** 573
temperature and molecular structure **EM2:** 436–437
tool steels **M4:** 563, 573, 574
tubular products **A17:** 561
uranium alloys, quenched **A2:** 674
urethane coatings **EL1:** 776
urethane hybrids **EM2:** 269
wrought aluminum, alloying effects **A2:** 44–57
Physical properties, use in phase-diagram determination . . . . **A3:** 1•18
Physical quality *See* Structural quality
Physical quality steel sheet
formability of **M1:** 547
Physical reference standards **A20:** 68–69
Physical scale **A20:** 204
Physical scale modeling **A13:** 234
Physical strength
of flexible epoxies **EL1:** 821
Physical test methods *See also* Board-level physical test methods; Component-level physical test methods; Package-level physical test methods; Testing; Wafer-level physical test methods
automatic optical inspection **EL1:** 941–942
environmental testing **EL1:** 944
for plating thickness **EL1:** 943
for solderability **EL1:** 943–944
package level **EL1:** 927–940
solder joint inspection **EL1:** 942
standards **EL1:** 941
wafer-level **EL1:** 917–926
Physical testing
defined **A8:** 10
Physical tests *See also* Physcial properties; Testing
of reinforcement fibers **EM1:** 285–286
Physical vapor deposition *See also* PVD and CVD coatings **A18:** 840–846, **A20:** 823, 826
abbreviation for **A11:** 797
activated reactive evaporation . . **A18:** 840, 844, 845
alloy deposition **A18:** 843
ARE (BARE) process **A18:** 845, 848, 849
cemented carbides **A18:** 796
ceramics **A20:** 699
coating application method for cutting tools **A5:** 903–904, 906, 907
coating method for valve train assembly components **A18:** 559
coatings for cemented tungsten carbide **A7:** 968
coatings for jet engine components **A18:** 592
decomposition of compounds **A18:** 843–846
defined **A13:** 10
definition **A5:** 963
design limitations for inorganic finishing processes **A20:** 824
diode ion plating **A18:** 840, 844–845
direct evaporation **A18:** 844
hybrid PVD processes **A18:** 844–846
ion plating **A18:** 844–845
laser ablation deposition **A18:** 844
microstructure of coatings . . **A5:** 660, 661, 662, 663
molybdenum disulfide application to surfaces **A18:** 114
NiCoCrAlY coatings **A20:** 597
on stainless steel **A5:** 665
parameters **A18:** 841
plasma-assisted reactive evaporation **A18:** 840, 843–844
processes **A18:** 840–843, **A20:** 483–485
PVD-TiX, comparison of coatings for cold upsetting **A18:** 645
reactive ion plating **A18:** 840, 844, 845–846
reactive PVD processes **A18:** 844
reactive sputtering (RS) **A18:** 840, 844, 848
single-element species deposition **A18:** 843
techniques for deposition of metals, alloys, and compounds **A18:** 843–846
titanium alloys **A18:** 778–780
titanium and titanium alloys **A5:** 847
titanium nitride coated carbides for finish turning tools **A5:** 84
titanium nitride coatings, critical normal force versus substrate surface roughness . . . **A18:** 436
tool steels **A5:** 770–771, **A18:** 645, 739
unbalanced magnetron sputter deposition **A18:** 849
Physical vapor deposition method
oxidation protective coating **M5:** 379
Physical vapor deposition (PVD) . . **A16:** 51, **EM4:** 124
and drilling **A16:** 219
application of coatings to cemented carbides **A16:** 71
ceramic coatings for adiabatic diesel engines **EM4:** 992
coated carbide tools **A2:** 961–962
high-speed steel tool coatings **A16:** 83, 87
Physical wear mechanism
abrasive **A8:** 602
fatigue **A8:** 602–603
interaction **A8:** 603
oxidation **A8:** 603
Physical work rile (PWF)
in design process **EL1:** 129
Physically clean surfaces **A9:** 28
Physically deposited interference layers **A9:** 59–60
Physics, atmospheric
PIXE studies in **A10:** 106
Physiochemical methods
of powder production **M7:** 52–55
Physisorption *See also* Chemisorption
as contamination in gravimetric samples . . **A10:** 163
defined **A10:** 679, **A13:** 10

SUBJECTS OF THE INDEXED VOLUMES: ASM Handbook (designated by the letter "A"): **A1:** Properties and Selection: Irons, Steels, and High-Performance Alloys (1990); **A2:** Properties and Selection: Nonferrous Alloys and Special-Purpose Materials (1990); **A3:** Alloy Phase Diagrams (1992); **A4:** Heat Treating (1991); **A5:** Surface Engineering (1994); **A6:** Welding, Brazing, and Soldering (1993); **A7:** Powder Metal Technologies and Applications (1998); **A8:** Mechanical Testing (1985); **A9:** Metallography and Microstructures (1985); **A10:** Materials Characterization (1986); **A11:** Failure Analysis and Prevention (1986); **A12:** Fractography (1987); **A13:** Corrosion (1987); **A14:** Forming and Forging (1988); **A15:** Casting (1988); **A16:** Machining (1989); **A17:** Nondestructive Evaluation and Quality Control (1989); **A18:** Friction, Lubrication, and Wear Technology (1992); **A19:** Fatigue and Fracture (1996); **A20:** Materials Selection and Design (1997). **Metals Handbook, 9th Edition** (designated by the letter "M"): **M1:** Properties and Selection: Irons and Steels (1978); **M2:** Properties and Selection: Nonferrous Alloys and Pure Metals (1979); **M3:** Properties and Selection: Stainless Steels, Tool Materials, and Special-Purpose Materials (1980); **M4:** Heat Treating (1981); **M5:** Surface Cleaning, Finishing, and Coating (1982); **M6:** Welding, Brazing, and Soldering (1983); **M7:** Powder Metallurgy (1984). **Engineered Materials Handbook** (designated by the letters "EM"): **EM1:** Composites (1987); **EM2:** Engineering Plastics (1988); **EM3:** Adhesives and Sealants (1990); **EM4:** Ceramics and Glasses (1991). **Electronic Materials Handbook** (designated by the letters "EL"): **EL1:** Packaging (1989)

of pyridine, Raman analysis. **A10:** 134

Pi *See also* Polyimide; Polyimides
bonding, defined. **A10:** 679
electron, defined. **A10:** 679

PIA *See* Plastics Institute of America

Piano wire. **A20:** 350

PIC *See* Pressure-impregnation-carbonization

Pick and place operations
robotic **A15:** 568

Pick count *See also* Count
defined. **EM1:** 17, 286, **EM2:** 30
measured **EM1:** 286

Picker bar components
for cotton pickers **M7:** 673

Pickle
defined. **A13:** 10
definition. **A5:** 963

Pickle stain
definition. **A5:** 963

Pickle-lag test
for tinplate **A13:** 781

Pickling *See also* Acid pickling . . **A5:** 11, 14, 67–78, **EM3:** 42, **M5:** 68–82
acid attack. **A5:** 69
acid cleaning compared to **M5:** 59–60
acid concentration, effects of . . . **M5:** 69–70, 73–76, 79–80
advantages and disadvantages **A5:** 11
agitation used in **M5:** 73
alkaline precleaning process **M5:** 70–71, 81
aluminum-killed continuous-cast hot-rolled steels. **A5:** 73
analysis of solution **M5:** 69, 70–73
and hydrogen embrittlement **A8:** 510
anodic-cathodic system **M5:** 76
atmospheric corrosion resistance
affected by **M1:** 722
automatic systems. **M5:** 613
babbitting **A5:** 374
batch pickling. **A5:** 73–74
batch process **M5:** 68–69, 71
bath life **M5:** 669–670
before painting. **A5:** 424–425
blistering in, effects **M5:** 80–81
carbon steel **A5:** 68, 69, 73–75
cast irons. **A5:** 686–687
castings **M5:** 326
caustic-permanganate process **M5:** 73
chelating agents. **A5:** 70
continuous pickling **A5:** 74–76
continuous process **M5:** 68–69, 71–72
continuous-strip pickling lines **A5:** 70–71
copper and bronze contamination **M5:** 80
copper and copper alloys **A5:** 805–807, 808, **M5:** 611–615, 619–620
cycles, stainless steels. **M5:** 73–74
"deep tanks". **A5:** 70
defects. **A5:** 76–77, **M5:** 80–81
definition **A5:** 67, 963
descaling time, effects on **M5:** 72–76, 78–79
design limitations. **A20:** 821
determination of acid and iron concentrations in
pickling baths **A5:** 68–69
disposal of spent pickle liquor (SPL) **A5:** 77
electrolytic *See* Electrolytic pickling
electrolytic pickling **A5:** 76
equipment **A5:** 70–71
equipment and process control **M5:** 72–73, 76–77, 80
equipment, corrosion of. **A13:** 1314–1316
ferrous sulfate, role in. **M5:** 70, 73–74, 76–77, 81–82
inhibitory effects of. **M5:** 70, 73–74, 76–77
recovery of **M5:** 81–82
flash *See* Flash pickling
for liquid penetrant inspection **A17:** 81
for precoat cleaning. **A15:** 561
forgings **M5:** 72, 80
hafnium alloys. **M5:** 667
heating methods **M5:** 79–80
heating methods and temperature control . . . **A5:** 70
heat-resistant alloys **M5:** 564–568
hot dip galvanized coating process. . . **M5:** 325–326, 328
hot dip tin coating process using. **M5:** 352–353
hydrochloric acid pickling. **A5:** 67, 68, 69, 70, 72–73, 74, 75–76
hydrochloric acid process *See* Hydrochloric acid pickling
hydrofluoric acid pickling **A5:** 70, 74, 75
hydrofluoric acid process *See* Hydrofluoric acid pickling
hydrogen damage by **A11:** 246
hydrogen embrittlement caused by **M1:** 687, **M5:** 70, 81
inhibited solutions. **M5:** 70, 74–77
inhibitors **A5:** 69
iron **A5:** 74, **M5:** 68–82
iron concentration, solution effects of. . . **M5:** 69–70
magnesium alloys **M5:** 629–633, 635–636, 635–638
solution magnesium content **M5:** 635–636
maraging steels. **A5:** 771, **M1:** 448
mechanism of scale removal by mineral
acids **A5:** 67
molybdenum **M5:** 659
nickel and nickel alloys **A5:** 864–865, 867–868, **M5:** 669–673
formulas **M5:** 669–670
specialized operations. **M5:** 672–673
niobium **M5:** 663
nitric acid pickling. **A5:** 69, 70, 74, 75
nitric acid process *See* Nitric acid pickling
nitric acid/hydrofluoric acid mixtures . . . **A5:** 69, 70
nitric-hydrofluoric acid process *See* Nitric-hydrofluoric acid pickling
of carbon and alloy steel products, solution concentrations and operating
temperatures **A5:** 68
of copper and copper alloy forgings **A14:** 258
of palladium **A14:** 850
of platinum **A14:** 850
overpickling, effects of. **M5:** 80
phosphate coating process. **M5:** 438–439, 449, 453–454
phosphates or phosphoric acid inclusions . . . **A5:** 69
phosphoric acid process. . . . **M5:** 630–631, 640–641
pickling time, effects on **M5:** 72–76
pitting in, effects of **M5:** 80
plating process precleaning **M5:** 16–18
porcelain enameling process **M5:** 514–515
precleaning **A5:** 69–70
precleaning procedures. **M5:** 70–72
preheating process **M5:** 73, 75
process *See also* specific processes
by name **M5:** 68–69
process variable effect on scale removal in
hydrochloric acid **A5:** 72–73, 74, 76
process variable effect on scale removal in sulfuric
acid **A5:** 71–72, 74, 76
process variables, effects of. **M5:** 73–78
refractory metals. **M5:** 654–655, 659, 663
rinsing process **M5:** 72–73, 79
rust and scale removed by **M5:** 12–13, 15
safety and health hazards **A5:** 17, 77–78
safety precautions. **M5:** 21, 81, 613–614, 669
salt bath descaling process
concentration and temperature of
acids. **M5:** 97–98
using **M5:** 97–99, 102
salt bath pretreatment in. **M5:** 672
sand removal by **M5:** 69, 72
scale conditioning. **A5:** 76
scale removal by **M5:** 68–69, 72–80
scalebreaking used in **M5:** 74, 76, 78
solution compositions and operating
conditions. . . . **M5:** 68–82, 325–326, 564–567, 611–613, 615, 635–636, 669–670
solution life **M5:** 73
solutions. **A5:** 67
stainless steel . . . **A5:** 67, 69, 74, 75–76, **M5:** 72–73, 76, 553–554, 561
steel *See also* Steel, pickling of **A5:** 68, 69, 70, 74
storage tanks for acid. **M5:** 79–80
strip speed effects **M5:** 74–75, 78–79
sulfate liquor, killing of **M5:** 81
sulfuric acid pickling **A5:** 67–68, 69, 70, 71–72, 74, 75–76
sulfuric acid process *See* Sulfuric acid pickling
sulfuric acid/hydrofluoric acid mixtures. **A5:** 68
surface conditions, effect of **M5:** 670–672
surfactants used in **M5:** 69, 71
tanks, construction **M5:** 76–79
tantalum and niobium **M5:** 663
temperature. **M5:** 72–76, 79–80
control of **M5:** 79–80
effects of **M5:** 72–76, 79–80
titanium alloys **A6:** 785
titanium and titanium alloys **M5:** 654–655
to remove rust and scale **A5:** 10–11
tungsten **M5:** 659
uninhibited solutions, use of. **M5:** 70
waste recovery and treatment. **M5:** 81–82
water rolling process. **M5:** 615
weight loss tests **M5:** 70, 73–77
weld areas, selective attack during. **M5:** 565
wetting agents recommended **A5:** 68
zirconium alloys **M5:** 667
zirconium and hafnium alloys **A5:** 852

Pickling (SP8)
equipment, materials, and remarks. **A5:** 441

Picks *See* Filling yarns

Pickup *See also* Die line; Galling; Scoring
defined. **A14:** 10
definition. **A5:** 963

Pickup joint
magnetic particle inspection. **A17:** 109

Pick-up roll. **EM3:** 20

Pickup weld
nonrelevant indications from. **A17:** 106–107

PICL Juice. **A20:** 43–44

Picometer
abbreviation for **A10:** 691

Picral
labelling of. **A9:** 67

Picral and hydrochloric acid as an etchant for
carbonitrided steels **A9:** 217
carburized steels. **A9:** 217

Picral and nital
etchants compared. **A10:** 302

Picral and nital as an etchant for
carbon and alloy steels **A9:** 169
nitrided steels. **A9:** 218

Picral as an etchant for
austenitic manganese steel casting
specimens. **A9:** 239
babbitted bearings **A9:** 451
carbon and alloy steels **A9:** 169–170
carbon steel casting specimens. **A9:** 230
carbonitrided steels **A9:** 217
carburized steels. **A9:** 217
chromized sheet steel. **A9:** 198
electrical steels **A9:** 531
ferrous powder metallurgy materials . . **A9:** 508–509
low-alloy steel casting samples. **A9:** 230
nitrided steels **A9:** 218
plate steels. **A9:** 202
stainless-clad sheet steel **A9:** 198
steel tubular products **A9:** 211
tin and tin alloy coatings **A9:** 451
tool steels. **A9:** 257

Picral with zephiran chloride as an etchant for carbon and alloy steels. **A9:** 169

Picric acid *See also* Picral
description. **A9:** 68
in water as an etchant for hot-dip galvanized sheet
steels. **A9:** 197

Pictographs. **A20:** 144

Picture element *See* Pixel; Pixels

Picture points
IA scanners **A10:** 310

Picture-frame test. **EM1:** 324

Piece part stress screening
factors in. **EL1:** 877–878

Pieced buffs **M5:** 118, 126–127

Piece-part cost analysis
blow molding **EM2:** 358–359

Pierced fabric method
ceramic-ceramic composites **EM1:** 934

Pierced holes *See also* Hole flanging; Holes
at angle to surface **A14:** 469
characteristics **A14:** 459
size of. **A14:** 467
spacing of **A14:** 468
wall, quality of **A14:** 459

Piercing *See also* Blanking; Fine-edge piercing; Holes; Pierced hole; Piercing dies; Punching
accuracy of **A14:** 466–467
aluminum alloy **A14:** 519, 793–794
and blanking, compared **A14:** 459
and blanking, with compound dies. . . **A14:** 456–457

Piercing (continued)
and fine-edge blanking **A14:** 472–475
and shaving **A14:** 470
and upsetting **A14:** 88–89
auxiliary equipment **A14:** 477–478
clearance and tool size **A14:** 461–463
compound dies, use **A14:** 465–466
defined **A14:** 10, 459
die clearance, selection **A14:** 459–460
edges **A14:** 460–461
flanged holes **A14:** 469
for blanks **A14:** 446
force requirements **A14:** 463
forgings **M1:** 368
forming requirements, effect **A14:** 468–469
high-carbon steel **A14:** 556–558
hole spacing **A14:** 468
hole wall **A14:** 459
holes **A14:** 459, 468–469
in header **A14:** 311
in press brake **A14:** 538
of carbon/low-alloy steels, lubricants for . . **A14:** 518
of copper and copper alloys **A14:** 811–812
of electrical steel sheet **A14:** 476–482
of heat-resistant alloys, lubricants for **A14:** 519
of low-carbon steel **A14:** 459–471
of nickel-base alloys **A14:** 520, 832
of organic-coated steels **A14:** 565
of stainless steels **A14:** 519, 759, 761–762
of thick stock **A14:** 467
of thin stock **A14:** 467–468
pierced holes, characteristics **A14:** 459
presses **A14:** 463–464
progressive dies, use **A14:** 466
rotary **M2:** 262–263
safety **A14:** 471
single-operation dies, use **A14:** 465
special techniques **A14:** 469–470
tool dulling, effect **A14:** 461
tool materials for **A14:** 539
tools **A14:** 464–465
transfer dies **A14:** 466
tube, and slotting **A14:** 470
vs. alternative methods **A14:** 470–471
with fastener **A14:** 470
with pointed punch **A14:** 470
work metal hardness, effect **A14:** 462
Piercing dies *See also* Blanking and piercing dies; Piercing
applications **A14:** 485–486
material selection for **A14:** 483–486
tool materials **A14:** 484–485
Piezoelectric
plastic converters **A8:** 244
sonic converters **A8:** 244
transducers **A8:** 240, 243–245
Piezoelectric ceramics **EM4:** 1119–1123
applications **EM4:** 199, 1119–1123
piezoelectric actuators **EM4:** 1119–1123
piezoelectric vibrators . . . **EM4:** 1119, 1121, 1122
surface acoustic wave filters **EM4:** 1119, 1121
transformers **EM4:** 1119, 1121
piezoelectric and electrostrictive materials **EM4:** 1119
polymers **EM4:** 1119
Piezoelectric crystals **A20:** 620
Piezoelectric dynamometer **A16:** 678
Piezoelectric effect **A5:** 45
Piezoelectric effect, in deposition
electrogravimetry **A10:** 198
Piezoelectric positioners **A19:** 71
Piezoelectric sensors
for acoustic emission inspection **A17:** 280–281
Piezoelectric transducers
ultrasonic cleaning **A5:** 45
ultrasonic inspection **A17:** 254–255
Piezoelectricity
defined **A17:** 254
Piezoelectrics
applications **EM4:** 1105–1106
Piezoelectro polymers *See also* Polymers
defined **EM2:** 30
Piezoresistive gages
for Hugoniot elastic limit measurement **A8:** 208
Piezoresistive strain sensor element **A20:** 206
Pig iron **M1:** 109
anthracite/bituminous **A15:** 30
as metal charge **A15:** 388
for early foundries **A15:** 25
grades for ductile iron **A15:** 647
in iron plantations **A15:** 26
refining, and converter development **A15:** 31
Pig lead *See also* Lead
composition **A2:** 543–545
Pigment
definition **A5:** 963
Pigment content test **A5:** 435
Pigment soot **A7:** 77
Pigmented drawing compounds
removal of **M5:** 4–8, 56
Pigmented oils and greases
for nickel-base alloy forming **A14:** 831–832
Pigments **EM3:** 41, 179
aluminum flake **M7:** 594–595
copper and gold bronze **M7:** 595–596
effect, chemical susceptibility **EM2:** 572–573
for sheet metal compounds **EM1:** 158
for sheet molding, compounds **EM1:** 141
for ultrahigh molecular weight polyethylenes (UHMWPE) **EM2:** 171
inorganic **EM1:** 13–14
liquid resin containing **EM1:** 133–134
metallic flake **M7:** 593–596
mill additions for wet-process enamel frits for sheet steel and cast iron **A5:** 456
oxide colorants **EM4:** 45
sphere-based **EM4:** 45
spinel-based **EM4:** 45
x-ray detectable, in tracer yarns **EM1:** 149
zircon-based **EM4:** 45
"Pigtail"
copper **A6:** 895
Pileups
effect on failure **A8:** 34
Pilger tube-reducing process *See* Tube reducing
Piling
pipe **M1:** 318
seawater corrosion of **M1:** 744
soil corrosion of **M1:** 730–731
zones of seawater corrosion **M1:** 740, 742–744
Piling pipe **A1:** 331
Pilkington's float glass process **EM4:** 21
three varieties of solar-cell cover glasses **EM4:** 1019
Pilling-Bedworth volume ratios **A13:** 65, 97
Pillow block bearings
in constant-stress testing system **A8:** 320
Pillow-block bearing
misalignment of **A11:** 475
Pilot arc
definition **M6:** 13
Pilot arc (plasma arc welding)
definition **A6:** 1212
Pilot hole **A20:** 148
Piloted dies **A14:** 132
Pilot-size vibratory mill **M7:** 67
Pilot-valve bushing, steel
fatigue fracture of **A11:** 121
Pimple
defined **EM2:** 30
Pin
and bolt, bearing strength **EM1:** 314–316
defined **A8:** 10
deformation, avoiding **A8:** 59
"dirty", values for **A8:** 60
distortion, with titanium or high-strength steel **A8:** 59
"dry", values for **A8:** 60
failure, with titanium or high-strength steel **A8:** 59
holes, defined **EM1:** 17
loading, fatigue test specimens **A8:** 371
Pin bearing testing **A8:** 59–61
cleaning procedures **A8:** 60
diameter to thickness ratio (*D*/*t*) **A8:** 59
preferred measurement method **A8:** 60
test specimens **A8:** 59–61
Pin bending
influencing stress concentration factor of pinpoints **A19:** 291
Pin Brinell hardness tester **A8:** 88
Pin count
pin density **EL1:** 691, 1153
proliferation, trends **EL1:** 405
vs. complexity **EL1:** 400–401
Pin expansion test
defined **A8:** 10
Pin fasteners
defined **A11:** 529
failures in **A11:** 545–548
semipermanent **A11:** 545–548
Pin grid array (GP) **EM3:** 588–589
Pin hooks
materials for **A11:** 522
Pin material and lubrication
influencing stress concentration factor of pin joints **A19:** 291
Pin test
of abrasion-resistant cast iron **A1:** 97
Pin transfer
as adhesive application **EL1:** 671
in surface-mount soldering **EL1:** 700
Pin-abrasion wear testing **A7:** 794, 795, 799
Pinch trimming
of blanks **A14:** 446
Pinch-off
defined **EM2:** 30
Pinch-type three-roll forming machines **A14:** 616–617
Pincushion image distortion *See also* Positive distortion **A9:** 77
Pincushion indentation
with pyramid indenter **A8:** 100, 102
Pine
as pattern material **A15:** 194
engineered material classes included in material property charts **A20:** 267
fracture toughness vs.
density **A20:** 267, 269, 270
strength **A20:** 267, 272–273, 274
Young's modulus **A20:** 267, 271–272, 273
linear expansion coefficient vs. Young's modulus **A20:** 267, 276–277, 278
loss coefficient vs. Young's modulus **A20:** 267, 273–275
strength vs. density **A20:** 267–269
Young's modulus vs. density . . . **A20:** 266, 267, 268, 289
Young's modulus vs. elastic limit **A20:** 287
Young's modulus vs. strength . . . **A20:** 267, 269–271
Pin-grid array (PGA) *See also* Ceramic pin-grid array; Plastic pin-grid array
as package family **EL1:** 404
defined **EL1:** 1153
elements of **EL1:** 475
future trends **EL1:** 407
multichip packaging **EL1:** 311
outline **EL1:** 205
plastic, assembly of **EL1:** 475–476
plastic (PPGAS) **EL1:** 210
Pinhole
definition **A5:** 963
Pinhole cameras
for XRPD analysis **A10:** 334–335
Pinhole eyepiece
defined **A9:** 14
Pinhole photographs of iron-nickel alloy wires **A9:** 702

SUBJECTS OF THE INDEXED VOLUMES: ASM Handbook (designated by the letter "A"): **A1:** Properties and Selection: Irons, Steels, and High-Performance Alloys (1990); **A2:** Properties and Selection: Nonferrous Alloys and Special-Purpose Materials (1990); **A3:** Alloy Phase Diagrams (1992); **A4:** Heat Treating (1991); **A5:** Surface Engineering (1994); **A6:** Welding, Brazing, and Soldering (1993); **A7:** Powder Metal Technologies and Applications (1998); **A8:** Mechanical Testing (1985); **A9:** Metallography and Microstructures (1985); **A10:** Materials Characterization (1986); **A11:** Failure Analysis and Prevention (1986); **A12:** Fractography (1987); **A13:** Corrosion (1987); **A14:** Forming and Forging (1988); **A15:** Casting (1988); **A16:** Machining (1989); **A17:** Nondestructive Evaluation and Quality Control (1989); **A18:** Friction, Lubrication, and Wear Technology (1992); **A19:** Fatigue and Fracture (1996); **A20:** Materials Selection and Design (1997). **Metals Handbook, 9th Edition** (designated by the letter "M"): **M1:** Properties and Selection: Irons and Steels (1978); **M2:** Properties and Selection: Nonferrous Alloys and Pure Metals (1979); **M3:** Properties and Selection: Stainless Steels, Tool Materials, and Special-Purpose Materials (1980); **M4:** Heat Treating (1981); **M5:** Surface Cleaning, Finishing, and Coating (1982); **M6:** Welding, Brazing, and Soldering (1983); **M7:** Powder Metallurgy (1984). **Engineered Materials Handbook** (designated by the letters "EM"): **EM1:** Composites (1987); **EM2:** Engineering Plastics (1988); **EM3:** Adhesives and Sealants (1990); **EM4:** Ceramics and Glasses (1991). **Electronic Materials Handbook** (designated by the letters "EL"): **EL1:** Packaging (1989)

Pinhole photography used to determine crystal orientation **A9:** 702
schematic **A9:** 701
Pinhole porosity *See also* Defects; Porosity
defined **A15:** 9
definition **A5:** 963
in gray iron **A15:** 641–642
Pinhole system
defined **A9:** 14
Pinhole testing
of coating systems **A13:** 417
Pinholes **EL1:** 687, 1153
as casting defects **A11:** 382
defined **A9:** 14, **A11:** 8, **A17:** 562, **EM2:** 30
surface, as casting defects **A11:** 382
Pin-in-hole plastic packaging
fabrication **EL1:** 470–482
Pinion
countershaft, fatigue fracture **A11:** 396
failures, in forging **A11:** 336
steel, fatigue fracture of cast chromium-molybdenum **A11:** 395
tooth, profile **A11:** 596
wear **A11:** 597
Pinion pitch diameter **A19:** 347, 348
Pinion speed
symbol and units **A18:** 544
Pinion stress **A19:** 351
Pinion teeth, number of **A19:** 348
Pin-loaded joint **A20:** 651
Pin-loaded specimen **A19:** 171, 172
"Pinned" lower tail of function **A20:** 79
Pinning **A7:** 155
Pinning effect **A6:** 73–74
Pin-on-disk bench tests **A18:** 117
Pin-on-disk machine
defined **A18:** 14
Pin-on-disk tests **A18:** 116, 119, 120
abrasion of dental amalgams **A18:** 669
adhesive wear of ceramics **A18:** 241
molybdenum disulfide in high-vacuum lubricant applications **A18:** 153
x-ray characterization of surface wear **A18:** 470
Pin-on-disk wear tests **A7:** 847
Pins *See also* Pin fasteners
and gripping cam, fractured, carburization effects **A11:** 573, 576
attach, ceramic packages **EL1:** 466
cast, fatigue failure in **A11:** 398
contact, defined **EL1:** 1152–1153
defined **EL1:** 1152
density **EL1:** 691, 1153
electrical effects **EL1:** 76
fasteners **A11:** 545–548
knuckle, fatigue fracture in **A11:** 128–129
lift, reversed bending in **A11:** 77
orthopedic **A11:** 671
piston, grinding bums **A11:** 89
pivot, fatigue fracture **A11:** 308
positive-locking **A11:** 548
push-pull **A11:** 548
quick-release **A11:** 548
radial-locking **A11:** 548
signal, and system complexity **EL1:** 87
steel jackscrew drive, SCC of **A11:** 546–548
taper, service failure **A11:** 545–546
visual examination **EL1:** 1058
Pins, cold forged
economy in manufacture **M3:** 854
Pin-socket interconnection **EM3:** 588
Pin-to-hole connection process
materials and processes selection **EL1:** 117
Piobert effect
defined **A8:** 21
Piobert lines *See* Lüders lines
Pipe *See also* Cast iron pipe; Fluid handling applications; Line pipe; Pipeline corrosion; Pipelines; Pipelines, failures of; Piping; Piping systems; Steel pipe; Tubular products **A20:** 742
$2^1/_4$ Cr-1Mo steel, mechanical properties . . **M1:** 654
aluminum and aluminum alloys **A2:** 5
applications, ductile iron **M1:** 36
as encapsulation material **M7:** 429
bending, nickel-base alloys **A14:** 834–835
body, defects in **A11:** 697, 699–701
body, preservice test failures in **A11:** 697–698
boiling water reactor **A13:** 928–933
by liquid penetrant inspection **A17:** 86
carbon steel, aqueous corrosion of **A13:** 512
carbon steel, fracture in cooling tower **A11:** 639–640
carbon steel, weld inspection **A17:** 112
cast iron
coatings for **M1:** 103, 104
pipe laying conditions for **M1:** 98, 99
cast steel, comparison with wrought steel . . **M1:** 400
chip-conveyor, fracture from poor fit-up **A11:** 426–427
cleaning of **A13:** 1139
codes governing **M6:** 824
compositions **A13:** 1289
corrugated steel, natural water corrosion . . **A13:** 433
defined **A15:** 9
double-submerged arc welds in **A11:** 698
drill, ultrasonic inspection **A17:** 232
explosion welding **M6:** 709, 715–717
flash welding **M6:** 558
flux cored arc welding **M6:** 109
forming dies, for press-brake forming **A14:** 537
from rolling **A14:** 358
galvanized steel for **M1:** 167, 170
gray iron, graphitic corrosion **A13:** 131–132
gray iron water-main, graphitic corrosion **A11:** 372–374
high frequency resistance welding **M6:** 759, 760–762
high molecular weight **EM2:** 163–164
hydrogen embrittlement in carbon steel . . . **A11:** 645
in forging **A11:** 327
ingot, from forging **A11:** 315
joining processes **M6:** 56
lead, applications **A2:** 552–553
-line, cathodic protection system **A13:** 472
magnetic paint inspected **A17:** 128
marine, cathodic protection **A13:** 922
mechanically alloyed oxide alloys **A2:** 949
mold, overheating failure of **A11:** 275–276
multipoint cutting tools used **A16:** 59
oxyfuel gas welding **M6:** 591–592
pile structure, zinc sacrificial anode protection system **A13:** 472–476
plasma arc welding **M6:** 221
polyethylene, fracture surface of **A11:** 761
polymer irrigation, failure of **A11:** 762–763
portable irrigation, aluminum and aluminum alloys **A2:** 14
pressure, ultrasonic inspection **A17:** 232
radiographic methods **A17:** 296
residual shrinkage **A11:** 553
rolling, contour roll forming **A14:** 630–632
seamless **A17:** 272, 579
secondary, effect on cold-formed part failures **A11:** 307
service failures of **A11:** 699–704
soil corrosion of **M1:** 727, 729–730
soldering **M6:** 1093–1095
spring fatigue fracture from **A11:** 551
standard **M1:** 315, 318
steel, galvanic corrosion **A13:** 86
steel, ultrasonic inspection **A17:** 271–272
submerged arc-welded **A17:** 578–579
upsetting of **A14:** 91–93
vinyl ester **EM2:** 272
welded, eddy current weld inspection **A17:** 186
weldments, failure of **A11:** 704
wrought aluminum alloy **A2:** 33, **A12:** 427
wrought copper and copper alloys **A2:** 248–250
Pipe (defect)
in steel bar and wire **A17:** 549
ingot **A17:** 491
ultrasonic inspection of **A17:** 232, 272
Pipe extrusion
products **EM2:** 385
Pipe in ingots
revealed by macroetching **A9:** 174
Pipe joint
soldering **A6:** 130
Pipe joint compounds
powders used **M7:** 572
Pipe, metal
sampling trainload of **A10:** 15
Pipe reamers **A16:** 241, 245
Pipe sizes and specifications
for steel tubular products . . . **A1:** 328, 329–331, 333
Pipe, steel
pickling of **M5:** 69
Pipe steels *See also* Steel pipe, specific types
API compositions **A9:** 211
ASTM compositions **A9:** 211
Pipe steels, specific types
A53
composition **A6:** 642
mechanical properties **A6:** 642
recommended preheat and interpass temperatures **A6:** 644
A106
composition **A6:** 642
mechanical properties **A6:** 642
recommended preheat and interpass temperatures **A6:** 644
A381
composition **A6:** 642
mechanical properties **A6:** 642
recommended preheat and interpass temperatures **A6:** 644
X-65
corrosion fatigue **A19:** 600, 643, 646
corrosion fatigue crack growth data **A19:** 643
crack growth in salt water **A19:** 422
fracture toughness **A19:** 626
multipass SMAW/flux-cored arc weld characterized **A6:** 102–104
parameters used to obtain a multipass weld in 1.07 m diameter pipe **A6:** 101–102
Pipe taps
coatings and increased tool life **A16:** 58
Pipe threading
speed **A16:** 302
Pipeline corrosion *See also* Pipe **A13:** 1288–1292
bacteriological **A13:** 1288
causes **A13:** 1288–1289
control/prevention **A13:** 1289–1292
gas/oil **A13:** 1255
mining **A13:** 1294–1296
of specific pipelines **A13:** 1292
steel, new and old **A13:** 1288
Pipeline girth welds
inspection of **A17:** 579–581
Pipeline steel
stress-corrosion behavior **A8:** 521
Pipeline valve operation **A20:** 90
Pipelines *See also* Pipe; Pipeline corrosion; Pipelines, failures of
acoustic emission inspection **A17:** 290
bends, buckles, or wrinkles in **A11:** 704
corrosion failures **A11:** 703–704
effect of environment on **A11:** 701–704
failed girth weld in **A11:** 422
fatigue cracks **A11:** 704
fracture, arrest of **A11:** 704–706
fracture origin location **A11:** 695–696
gas, flux leakage method **A17:** 132
high-pressure long-distance, characteristics of **A11:** 695
holographic measurement of **A17:** 16
hydrogen-stress cracking **A11:** 701
intemal combustion in **A11:** 704
longitudinal weld defects in **A11:** 704
magnetic paint inspected **A17:** 128
sabotage of **A11:** 704
secondary loads on **A11:** 704
stainless steel, grain-boundary embrittlement **A11:** 132
stress-corrosion cracking **A19:** 487
stress-corrosion cracking in **A11:** 701–703
types of **A11:** 695
weldments, as failure cause **A11:** 704
Pipelines, failures of *See also* Pipe; Pipelines **A11:** 695–706
causes of **A11:** 697–704
defects causing **A11:** 697
high-pressure long-distance pipelines characteristics of **A11:** 695
investigation procedures of **A11:** 695–697
pipeline fractures, arrest of **A11:** 704–706
Piper, Walter
as early founder **A15:** 28
Piperonal
brightener for cyanide baths **A5:** 216

Pipet
defined **A10:** 679
Pipette gravity sedimentation
to analyze ceramic powder particle sizes **EM4:** 67
Pipework materials
for aqueous solutions at ambient temperatures **A8:** 415–416
Piping *See also* Pipe; Pipelines **A6:** 377–381
asset loss risk as a function of equipment type **A19:** 468
boiler-feed, corrosion **A11:** 615
gas-dryer, corrosion product on **A11:** 631
high-pressure, hydrogen damage in **A11:** 612
in bearing failures **A11:** 494
in ingots, schematic **A11:** 315
line, reheat steam, failure at power-generating station **A11:** 652–653
pressure vessels, failures of **A11:** 644
primary and secondary, forging **A11:** 315
stainless steel, SCC failure at welds **A11:** 216
system cross failure, intergranular cracking **A11:** 649–650
system, Incoloy 800, failure of **A11:** 291–292
Piping systems
acoustic emission inspection **A17:** 298
Pippan loading conditions
Armco iron **A19:** 137
Pirani gages
for thermal conductivity of gases **A17:** 62–63
for vacuum leak testing **A17:** 68
Piston
load maintainer **A8:** 369–370
rod, length in servohydraulic systems **A8:** 399–400
Piston alloys
aluminum casting, properties **A2:** 127, 130–131
mechanical properties **A2:** 147
Piston and anvil technique
for metallic glasses **A2:** 805
Piston extrusion **EM4:** 9
Piston pumps **EM3:** 693–696, 698, 700
Piston ring materials
cast irons **A5:** 688
Piston rings
relaxation of **M1:** 296, 299
Piston rods and shafts
failures of **A11:** 459
Piston speed
average **A18:** 603
Piston-cylinder high-pressure method **A7:** 584
Piston-pin bearings *See* Little-end bearing
Pit
defined **EM1:** 17, **EM2:** 30
definition **A5:** 963, **EM4:** 633
Pit and fissure sealants
properties **A18:** 666
simplified composition on microstructure **A18:** 666
Pit geometry, effect of
on stress-corrosion cracking **A1:** 724
Pit molding **A15:** 9, 228
Pitch **EM3:** 20
and adjustable solid dies **A16:** 302
defined **A17:** 18, **EM1:** 17–18, **EM2:** 30
for carbon aircraft brakes **A18:** 584, 585
of thread chasers **A16:** 300, 301
precursors, for carbon fiber **EM1:** 112
Pitch line speed
gears **A18:** 542
Pitch thermoset
used in composites **A20:** 457
Pitch-base carbon fiber reinforced copper
as metal-matrix packaging composite **EL1:** 1127
Pitch-base carbon fibers *See also* Carbon fibers
ultrahigh-module, properties **EL1:** 1122
Pitchblende (uranium)
toxicity of **A2:** 941–942
Pitch-catch testing
ultrasonic inspection **A17:** 249
Pitches
for surface-mount package options **EL1:** 77, 730
Pitchline damage, in gears
forms of **A11:** 150
Pitman arm press drive
in mechanical presses **A14:** 31
Pitot tube measurements **A7:** 398
Pits *See also* Erosion; Erosion-corrosion; Pitting; Pitting corrosion; Preferential pitting
as localized corrosion site **A13:** 112–113
depth measurement **A13:** 232
initiation **A13:** 43, 49
standard rating chart **A13:** 231
types **A13:** 231
Pitsch-Petch orientation relationship in pearlite **A9:** 658
Pitting *See also* Corrosion; Corrosion pitting; Etch pitting; Pits; Pitting corrosion; Preferential pitting **A18:** 257–258, 259, **A19:** 195, 204, 207, 328, 353, **A20:** 555, 556, 565
AISI/SAE alloy steels **A12:** 329, 332
aluminum alloys **M2:** 204–206
and microfissure crevice corrosion, compared **A13:** 349
and uniform corrosion resistance **A13:** 48
as fatigue mechanism **A19:** 696
as liquid-erosion damage **A11:** 167–170
austenitic stainless steels **A6:** 467, **A12:** 358
by arcing **A12:** 488
by differential aeration **A11:** 632
by molten salts **A13:** 50
carbon steel **A17:** 200–201
cast irons **A13:** 568
causes, detection and stages of **A11:** 176–177
ceramic **A12:** 471
chloride, paper machine corrosion **A13:** 1189–1190
closed feedwater heaters **A13:** 990
contact fatigue and **A19:** 331
copper alloys **A12:** 403
copper metals **M2:** 459–461
copper/copper alloys **A13:** 612–613
corrosion **A12:** 41, 43, 243, 358
corrosion of weldments **A6:** 1067, 1068
corrosion, radiographic methods **A17:** 296
crack initiation at **A13:** 43, 149
critical temperature **A13:** 114
cross section, heat-exchanger tube **A11:** 630
cross section, steel forging **A11:** 341
defined **A8:** 10, **A11:** 8, **A13:** 10, 231
definition **A5:** 963, **A6:** 1067
effect in surface stress measurement **A10:** 387
electrical, in bearing failures **A11:** 493–495, 497
electrochemical testing methods **A13:** 216
failure, stainless steel storage tank **A11:** 177
fatigue, resistance in bearing steels **A11:** 490
formation, at sulfide inclusions **A13:** 48–49
fresh water corrosion **M1:** 734–737
fretting fatigue **A19:** 322
gear teeth **A19:** 347
in amorphous metals **A13:** 867–868
in boiler service corrosion, carbon steels **A13:** 514
in brazed joints **A13:** 877
in carbon and low-alloy steels **A11:** 199
in electropolishing **A9:** 49–51
in fatigue fracture **A11:** 127
in forging **A11:** 340–341
in gears **A11:** 592–593, **A18:** 257–258
in heat-exchanger tubes, from chloride ions **A11:** 630
in iron castings **A11:** 353
in lead-antimony-tin alloys during etching **A9:** 417
in mechanical fasteners **A11:** 542
in medium-carbon steels **A12:** 259
in polycrystalline nickel **A11:** 165
in SCC **A12:** 25, 27
in stainless steels **A11:** 200, **A13:** 554, 559
in steel bar and wire **A17:** 549
in titanium **A11:** 202
in ultrasonic fatigue testing **A8:** 254
influence on surface layer and crack nucleation **A19:** 107
internal combustion engine parts **A18:** 555, 559
iron, unalloyed titanium **A13:** 673
kinetics of **A8:** 497
localized, copper/copper alloys **A13:** 612
marine **A13:** 906
material selection to avoid/minimize **A13:** 323
metal penetration **A13:** 232
nickel plating **A5:** 210
of aircraft **A19:** 564
of aluminum coatings **A11:** 542
of cobalt-base alloys **A2:** 453
of condenser tube, saltwater heat exchanger **A11:** 631
of STAMP processed products **M7:** 549
of various metals **A11:** 177–178
on corrosion coupons **A19:** 471
on nylon driving gear **A11:** 764, 765
oxidation-corrosion, in ceramics **A11:** 755
oxygen, in superheater tubes **A11:** 615
potential **A8:** 418, 532
potential, defined **A13:** 583
potential testing, titanium/titanium alloys **A13:** 672–673
precipitation-hardening stainless steels **A12:** 373
rolling-element bearings **A18:** 258
seawater corrosion **M1:** 739, 742, 744–745
small-scale, in cavitating mercury **A11:** 165
standard charts **A13:** 232
steam equipment failure by **A11:** 602
steam generators **A13:** 944
steam surface condensers **A13:** 987–988
steam turbines **A13:** 993
steam/water-side boilers **A13:** 992
surface, as contact fatigue **A11:** 133–134
surface, in shafts **A11:** 467
surface, schematic of **A11:** 341
temperature effects **A13:** 114
tests, duplex stainless steel weldments **A13:** 359–361
tube, remote-field eddy current inspection **A17:** 195
tubular products **A17:** 567
underalloyed weld metal **A13:** 349
Pitting as a result of etching **A9:** 450–451, 478
electropolishing **A9:** 105
of rhenium and rhenium-bearing alloys **A9:** 447
of electropolishing **A9:** 440
Pitting contact
by electromigration **EL1:** 964
Pitting corrosion *See also* Corrosion; Corrosion pitting; Crevice corrosion; Pits; Pitting; Pitting resistance **A7:** 978, 988, **M5:** 432–433
aircraft powerplants **A13:** 1043–1044
as type of corrosion **A19:** 561
austenitic stainless steel weldments **A13:** 348
autocatalytic **A13:** 112, 113
biological **A13:** 120
causes, detection, and stages **A11:** 176–177
copper alloys **A12:** 403
cyclic potentiodynamic polarization measurement **A13:** 231
defined **A12:** 41
evaluation of **A13:** 231–233
examination **A13:** 231–232
from stainless steel wire brush cleaning **A13:** 350, 352
in chloride environments, nickel-base alloys **A13:** 644–645
in corrosion fatigue **A13:** 614
in manned spacecraft **A13:** 1075–1076
in mining/mill applications **A13:** 1295
in soil, measurement **A13:** 209–210
low-carbon steel **A12:** 243
martensitic stainless steels **A12:** 43
mechanisms/theories **A13:** 113–114, 1012
occurrence and testing **A13:** 114
of aluminum/aluminum alloys **A13:** 118–119, 583–584
of carbon steel superheater tube **A11:** 614–615

SUBJECTS OF THE INDEXED VOLUMES: ASM Handbook (designated by the letter "A"): **A1:** Properties and Selection: Irons, Steels, and High-Performance Alloys (1990); **A2:** Properties and Selection: Nonferrous Alloys and Special-Purpose Materials (1990); **A3:** Alloy Phase Diagrams (1992); **A4:** Heat Treating (1991); **A5:** Surface Engineering (1994); **A6:** Welding, Brazing, and Soldering (1993); **A7:** Powder Metal Technologies and Applications (1998); **A8:** Mechanical Testing (1985); **A9:** Metallography and Microstructures (1985); **A10:** Materials Characterization (1986); **A11:** Failure Analysis and Prevention (1986); **A12:** Fractography (1987); **A13:** Corrosion (1987); **A14:** Forming and Forging (1988); **A15:** Casting (1988); **A16:** Machining (1989); **A17:** Nondestructive Evaluation and Quality Control (1989); **A18:** Friction, Lubrication, and Wear Technology (1992); **A19:** Fatigue and Fracture (1996); **A20:** Materials Selection and Design (1997). **Metals Handbook, 9th Edition** (designated by the letter "M"): **M1:** Properties and Selection: Irons and Steels (1978); **M2:** Properties and Selection: Nonferrous Alloys and Pure Metals (1979); **M3:** Properties and Selection: Stainless Steels, Tool Materials, and Special-Purpose Materials (1980); **M4:** Heat Treating (1981); **M5:** Surface Cleaning, Finishing, and Coating (1982); **M6:** Welding, Brazing, and Soldering (1983); **M7:** Powder Metallurgy (1984). **Engineered Materials Handbook** (designated by the letters "EM"): **EM1:** Composites (1987); **EM2:** Engineering Plastics (1988); **EM3:** Adhesives and Sealants (1990); **EM4:** Ceramics and Glasses (1991). **Electronic Materials Handbook** (designated by the letters "EL"): **EL1:** Packaging (1989)

of metals **A11:** 176–177
on stainless steel bone screw **A11:** 687, 691
pickling process causing **M5:** 80
porous materials **A7:** 1039
preventive agents *See* Antipitting agents
schematic **A13:** 1331
space shuttle aluminum alloy **A13:** 1065
space shuttle orbiter **A13:** 1066
stainless steel **A13:** 113
stainless steel powders **A7:** 985, 991
testing **A13:** 216, 231–233, 359–361, 559, 672–673
thiosulfate **A13:** 349, 352
water-recirculating systems **A13:** 488–489
zirconium/zirconium alloys **A13:** 717
Pitting factor
defined **A13:** 10
Pitting potential **A6:** 1067, **A7:** 978, 985, 988
stainless steel powders **A7:** 985, 992, 994
Pitting resistance **A13:** 114
P/M stainless steels **A13:** 834
test method **A13:** 231
Pitting resistance equivalent (PRE) **A6:** 471, 472, 474, 479, 697
Pittsburgh forming process **EM4:** 21
Pittsburgh Iron and Steel Foundries Company *See* Mackintosh-Hemphill Company
Pittsburgh Reduction Company
aluminum casting by **A15:** 35
Pittsburgh Steel Casting Company
steel castings by **A15:** 31
Pit-type furnace for steam treating **A7:** 653
microcarburizing **A7:** 650
Pivot bearing
defined **A18:** 14
Pivot pins
fatigue fracture of **A11:** 308
Pivot shaft
ceramic mold shapemaking of **M7:** 429
Pivot shears *See* Alligator shears
Pivoted-pad bearing *See* Tilting-pad bearing
PIXE *See* Particle-induced x-ray emission
Pixel
defined **A17:** 18
Pixel size
effect on nonfractal behavior **A12:** 211
for automatic optical inspection **EL1:** 942
Pixels
density, in elemental mapping of high-temperature solder **A10:** 532
image analysis scanners **A10:** 310
in dot mapping **A10:** 526–527
picture elements as **A10:** 690
Pixie process **A5:** 205
Placement
accuracy **EL1:** 732
and transporting, outer lead bonding **EL1:** 285
in surface-mount technology **EL1:** 730
of decoupling capacitors **EL1:** 28
Plackett Burman experimental design **EM2:** 601
Plain and coated paper copiers **M7:** 584
Plain bearing
defined **A18:** 14–15
Plain carbon steel
dynamic yield stress vs. strain rate for **A8:** 41
torsional ductility **A8:** 166
Plain carbon steels *See also* Carbon steels; Plate steels **A14:** 128, 869–871, **A15:** 702–714
applications **A15:** 714
blue brittleness in **A11:** 98
boiler tube, corrosion-fatigue cracks in **A11:** 79
chemical composition **A6:** 906
cleaning operations **A15:** 712–713
desulfurization **A15:** 709–710
effect of disturbed metal on metallographic appearance of **A10:** 301
foundry practice, specifics **A15:** 710–712
fracture map **A12:** 44
graphitized microstructure **A11:** 613
heat treatment **A15:** 713–714
liquid-metal corrosion resistance **A13:** 515
machining **A2:** 967
macrostructure of **A9:** 623
melting practice **A15:** 705–710
microstructural analysis **M7:** 487
microstructure of **A9:** 623–624
molten nitrate corrosion **A13:** 90–91
segregation during dendritic growth . . . **A9:** 625–626
specimen size effect on fatigue limit **A13:** 293
structure and property correlations . . . **A15:** 702–705
sulfur dioxide corrosion **A13:** 81
temperature effects on erosion **A13:** 313
thermal stress relief for SCC prevention . . **A13:** 328
Plain fatigue strength **A19:** 326
Plain journal bearing
defined **A18:** 15
Plain thrust bearing
defined **A18:** 15
Plain weave *See also* Fabric(s); Weaves
defined **EM1:** 18, **EM2:** 30
for fiberglass fabric **EM1:** 111
for woven fabric prepregs **EM1:** 148
open-selvage, carbon fabric **EM1:** 128
unidirectional/two-directional fabrics **EM1:** 125
yarn interlacing **EM1:** 125
Plaintiff **A20:** 149
defined **A20:** 146
Plaintiff twistdrill failure case **A20:** 148
Planar **EM3:** 20
defined **EL1:** 1153, **EM1:** 18, **EM2:** 30
Planar anisotropy *See also* Anisotropy; Plastic strain ratio **A1:** 575
and *r* value **A8:** 550
defined **A8:** 10
in deep drawing **A14:** 576, 584
of sheet metals **A8:** 555
steel sheet **M1:** 549
Planar assembly
materials and processes selection **EL1:** 116–117
Planar chip tape automated bonding (TAB)
defined **EL1:** 275
Planar circuit areas
for interconnections **EL1:** 6
Planar defects, effect on transmitted wave amplitudes in transmission electron
microscopy **A9:** 119
Planar diode glow discharge deposition **A18:** 841
Planar dislocation glide **A19:** 90
Planar electrode sputtering systems **M5:** 413–414
Planar extension
rheology **EL1:** 839
Planar flaws *See also* Flaw(s)
defined **A17:** 50
NDE detection methods **A17:** 50
Planar flow casting (PFC) process **A7:** 835
Planar flow casting technique
amorphous materials and metallic glasses . . **A2:** 806
Planar glide **A19:** 34
Planar growth of alloys **A9:** 612
Planar helix winding
defined **EM1:** 18, **EM2:** 30
Planar hybrid circuits
advantages **EL1:** 8
Planar image reformation
computed tomography (CT) **A17:** 378
Planar interface *See also* Interface
growth, single-phase alloys **A15:** 114–116
particle behavior at **A15:** 142–144
Planar lead tape automated bonding (TAB)
defined **EL1:** 275
Planar magnetron sputtering technique **A18:** 841, 842
Planar multichip technology **EL1:** 307
Planar reformation
defined **A17:** 384
Planar reversible glide
nickel-base alloys **A19:** 36
Planar sections
for profile generation **A12:** 198
measurements used for particle-size distribution curves **A9:** 131–133
of spheres, limits for **A9:** 133
Planar shape **M7:** 240
Planar slip **A19:** 77, 78, 79
defined **A9:** 687
nickel-base alloys **A19:** 35
Planar slip materials **A19:** 83–84
history dependence **A19:** 91
predeformation effect **A19:** 90
Planar slip mechanism **A19:** 140
Planar solidification **A6:** 49, 50, 52, 53
Planar winding *See also* Polar winding
defined **EM1:** 18, **EM2:** 30
Planar-magnetron sputter deposition
to fabricate solid-state welded silver interlayers **A6:** 165, 166, 168, 169, 170
Planar-mounted components
desoldering of **EL1:** 722
Planar-slip alloys **A19:** 89, 103
Planck constant **A18:** 441
Planck, Max . . . . **A3:** 1•7
Planck's constant
abbreviation for **A10:** 690
defined **A10:** 679
in electromagnetic radiation **A10:** 83
in ESR analysis **A10:** 254
Planck's law **A18:** 441
Plane
defined **A17:** 18
Plane angle
SI supplementary unit and symbol for **A10:** 685
SI unit/symbol for **A8:** 721
Plane bending
fatigue test specimens **A8:** 368
loading mode, fatigue life (crack initiation) testing **A19:** 196
Plane cleavage
defined **A11:** 2
Plane (crystal)
defined **A9:** 14
Plane front solidification *See also* Solidification
and heat transfer **A15:** 112–113
macrosegregation mechanism **A15:** 138–139
Plane glass illuminator
defined **A9:** 14
Plane grating
defined **A10:** 679
Plane of focus *See* Focusing
Plane of working
defined **A9:** 14
Plane strain **A20:** 537–538
and plane stress, compared **A11:** 51–52
brittle flat-face fracture by **A11:** 75
condition for **A11:** 51
defined **A8:** 10, **A10:** 679, **A11:** 8, **A13:** 10
during deformation **A8:** 576
effect of thickness and *n* value on **A8:** 551
fracture toughness, defined (under Stress-intensity factor) **A13:** 12
mode, fatigue fracture **A11:** 105
region **A8:** 547, 549
screening tests, for fracture toughness **A8:** 460
sidepressing, isothermal, titanium alloy specimen **A8:** 172
stretching, as sheet metal forming **A8:** 547
test, for fracture toughness **A11:** 60–61
Plane stress *See also* Crack tip opening displacement **A19:** 375, **A20:** 537–538
and plane strain, compared **A11:** 51–52
condition for **A11:** 51
defined **A8:** 10, **A10:** 679, **A11:** 8, **A13:** 10
during deformation **A8:** 576
fracture toughness, defined (under Stress-intensity factor) **A13:** 12
mode, fatigue fracture **A11:** 105
shear-face fracture by **A11:** 75
Plane stress modulus **A18:** 33
Plane waves
dynamical diffraction theory **A9:** 112
Plane-matching model
for grain boundaries **A9:** 119
Plane-polarized light
and observation of magnetic domains **A9:** 535–536
in optical microscopy **A9:** 72
Planers *See also* Planing
adjustable rail mills **A16:** 182
clamping hardware **A16:** 182
duplex tables **A16:** 183
hydraulic **A16:** 181
magnetic chucking **A16:** 182
mechanical-drive **A16:** 181
setup plates **A16:** 182
tool capacity **A16:** 182
workpiece capacity **A16:** 182
Plane-strain bending
stress **A8:** 120–121, 123
Plane-strain compression test **A1:** 582–583, **A8:** 160–164, 584, **A14:** 377–379, **A20:** 305
Plane-strain condition **A20:** 306
Plane-strain crack arrest toughness **A8:** 725
Plane-strain deformation **A1:** 121
Plane-strain flow stress **A8:** 577

Plane-strain forging
flow localization rate **A8:** 172
Plane-strain fracture **A19:** 42, 45
Plane-strain fracture surface
slip bands **A8:** 481–482
Plane-strain fracture toughness *See also* Fracture toughness; Mechanical properties
AISI 4130 steel **A8:** 478
defined **A8:** 10
ferritic steels **A8:** 479
in fracture mechanics **A8:** 450–451
testing **EM2:** 739–740
wrought aluminum and aluminum alloys . . . **A2:** 74, 109, 113
Plane-strain fracture toughness factor (K_{Ic}) . . **A19:** 371
Plane-strain fracture toughness (K_{Ic}) . . . **A19:** 4, 6, 11, 27, 29, 375, 379, **A20:** 533, 535
aluminum alloys **A19:** 776
definition/symbol **A20:** 841
fracture toughness tests **A20:** 537, 540
in fracture criterion **A19:** 420
martensitic PH steels **A19:** 721
operating stress maps **A19:** 457–458
Plane-strain fracture toughness (K_{Ic}) test (ASTM E 399) **A19:** 170, 394–396
clip gage **A19:** 395–396
fatigue precracking **A19:** 396
instrumentation **A19:** 395–396
loading machines **A19:** 395–396
test data and analysis **A19:** 396
test specimen selection **A19:** 394
text fixtures for specimens **A19:** 395
Plane-strain fracture toughness (K_{Ic})
defined **A11:** 8, 10
for high strength and low toughness **A11:** 60
in fracture mechanics **A11:** 51
standard specimens for determining **A11:** 61
stress-intensity rate, effect on **A11:** 54
variation with tensile strength **A11:** 54
Plane-strain fracture toughness test
plain carbon steels **A15:** 702
Plane-strain fracture toughness testing
for high strain rate testing **A8:** 187
martensitic stainless steel **A8:** 479–480
symbol for **A8:** 725
test procedures **A8:** 459–460
Plane-strain fractures
AISI/SAE alloy steels **A12:** 308
tension-overload, maraging steels **A12:** 385
wrought aluminum alloys **A12:** 423
Plane-strain plastic zone **A8:** 471, **A19:** 402
Plane-strain rapid-load fracture toughness testing **A8:** 260–261
Plane-strain reversed plastic zone **A19:** 37
Plane-strain stress state **A19:** 24
Plane-strain stretching
of sheet metals **A14:** 877
Plane-strain tensile testing **A8:** 553, 557–558, **A14:** 887
Plane-strain wedge testing
physical modeling **A14:** 435
Plane-strain/plane-stress transition **A19:** 131
interaction phenomena during crack growth under variable-amplitude loading **A19:** 125
Plane-stress elastic model
full-tensor determination **A10:** 384
Marion-Cohen technique **A10:** 384
of x-ray diffraction stress measurement **A10:** 382–384
$\sin^2 \phi$ technique **A10:** 384
single-angle technique **A10:** 383–384
two-angle technique **A10:** 384
Plane-stress fracture **A19:** 42, 45
Plane-stress fracture toughness *See also* R-curve; Stress-intensity factor defined **A8:** 10, **A19:** 375
definition/symbol **A20:** 841
in fracture criterion **A19:** 420
symbol for **A8:** 725
test specimen for **A8:** 462
Plane-stress fracture toughness (K_c) *See also* Stress-intensity factor
defined **A11:** 8, 10
Plane-stress plastic collapse modified strip yield model **A19:** 446
Plane-stress plastic zone **A8:** 471, **A19:** 402
Plane-stress screening tests
fracture toughness testing **A8:** 462
Planetary ball mill **A7:** 65, 85
Planetary carrier brazed **A7:** 1105, 1106
Planetary gear assemblies **M7:** 675
Planetary rolling mills **A14:** 351–352
Planimetric method *See* Jeffries' method
Planing *See also* Planers **A16:** 181–186
Al alloys **A16:** 773, 778
and cutting fluids **A16:** 186
and fixturing **A16:** 405
and gear manufacture **A16:** 343
and shaping **M7:** 461
carbon and alloy steels **A16:** 676
cast irons **A16:** 657, 659–660
cemented carbides used **A16:** 75
characteristics **A20:** 695
compared to shaping and slotting **A16:** 187
contouring **A16:** 186
Cu alloys **A16:** 810–811, 813
dimensional tolerance achievable as function of feature size **A20:** 755
hafnium **A16:** 856
heat-resistant alloys **A16:** 742–743
in conjunction with milling **A16:** 329
in metal removal processes classification scheme **A20:** 695
machining, process **M7:** 461
Mg alloys **A16:** 821–822, 823
Ni alloys **A16:** 837, 839
process capabilities **A16:** 181
roughness average **A5:** 147
semifinish and finish **A16:** 184
speed, feed, and depth of cut **A16:** 185–186
surface roughness and tolerance values on dimensions **A20:** 248
tandem (gang) planing **A16:** 181, 182–183
tool design **A16:** 183–185
tools, high-speed tool steels used **A16:** 58
triple planing **A16:** 185
vs. band sawing **A16:** 186
vs. broaching **A16:** 186
vs. gas cutting **A16:** 186
vs. grinding **A16:** 186
vs. milling **A16:** 186
vs. sawing **A16:** 186
workpiece setup **A16:** 183
zinc **A16:** 855
Planing and shaping
relative difficulty with respect to machinability of the workpiece **A20:** 305
Planishing
definition **A5:** 963
Planned grouping
effect on experimental bias **A8:** 640
in comparative experiments **A8:** 640–645
in randomized and block experimental designs **A8:** 643
Planned interval (immersion) testing . . . **A13:** 223–224
Planning
corrosion tests **A13:** 193–196
of comparative experiments **A8:** 639–652
statistical, and analysis **A13:** 316–317
Plano lens
definition **M6:** 13
Plano objective lenses **A9:** 73
cross sections **A9:** 75
PLANS computer program for structural analysis **EM1:** 268, 272
Plant operation hazards **M7:** 197–198
Plant tissues
AAS analysis of trace metals **A10:** 55
analysis of **A10:** 41
ICP-sequential monochromator analysis of **A10:** 41
powdered, PIXE analysis **A10:** 102
voltammetric detection of herbicides/pesticides in **A10:** 188
Plantations, iron *See* Iron plantations
Planters (farm)
P/M parts for **M7:** 673
Plaque
and corrosion products **A13:** 1347
Plaque-type penetrameters
radiographic inspection **A17:** 339–340
Plasma
definition **A5:** 963, **M6:** 13
effects in laser beam welding **M6:** 659–661
suppression in laser beam welding . . . **M6:** 660–661
Plasma activated sintering (PAS) . . . **A7:** 84, 584, 585, 586, 587, 588
Plasma arc
cupola **A15:** 36, 392
maximum temperature of heat source **A5:** 498
remelting **A15:** 424
Plasma arc cutting
applications **A14:** 731–732
bevel cutting **M6:** 917
definition **M6:** 13
heat-affected zone **M6:** 917
operating principles and parameters . . **A14:** 729–731
operation **M6:** 914–916
cutting speeds **M6:** 915–916
gas, selection of **M6:** 912, 916
power supply **M6:** 915–916
quality of cut **M6:** 917
technique **M6:** 917
torches **M6:** 914–916
water injection **M6:** 915–917
work metals **M6:** 916–917
pierce capacity **A14:** 731
safety **M6:** 58, 917–918
types **A14:** 730
Plasma arc cutting of
aluminum **M6:** 914, 916–917
aluminum alloys **M6:** 916
carbon steels **M6:** 914, 916
copper **M6:** 916
low-carbon steels **M6:** 916
magnesium **M6:** 916
stainless steels **M6:** 914, 916–917
titanium **M6:** 916
Plasma arc cutting (PAC) **A6:** 1166–1171
aluminum **A6:** 1167, 1169, 1170, 1171
applications **A6:** 1170
shipbuilding **A6:** 384
brass **A6:** 1170
carbon steels **A6:** 1168, 1169–1170
characteristics of a plasma arc cut . . **A6:** 1169, 1170
copper alloys **A6:** 752, 754, 1169, 1170
definition **A6:** 1166, 1212
equipment **A6:** 1166–1167
controls **A6:** 1167
coolant system for torch **A6:** 1166–1167
leads **A6:** 1166
manifold assembly **A6:** 1167
optional equipment **A6:** 1167
power supply **A6:** 1167
torches **A6:** 1166, 1168
galvanized metal **A6:** 1170
gases **A6:** 1167
heat-affected zone **A6:** 1169
high-strength steels **A6:** 1170
operating sequence **A6:** 1167–1168
process considerations **A6:** 1168–1170
cut quality **A6:** 1169–1170
gas shielded **A6:** 1168, 1170
process capabilities **A6:** 1168–1169
process mechanization **A6:** 1169
process variations **A6:** 1168
water-injection **A6:** 1168, 1170
water-shielded **A6:** 1168, 1170
process description **A6:** 1166

SUBJECTS OF THE INDEXED VOLUMES: ASM Handbook (designated by the letter "A"): **A1:** Properties and Selection: Irons, Steels, and High-Performance Alloys (1990); **A2:** Properties and Selection: Nonferrous Alloys and Special-Purpose Materials (1990); **A3:** Alloy Phase Diagrams (1992); **A4:** Heat Treating (1991); **A5:** Surface Engineering (1994); **A6:** Welding, Brazing, and Soldering (1993); **A7:** Powder Metal Technologies and Applications (1998); **A8:** Mechanical Testing (1985); **A9:** Metallography and Microstructures (1985); **A10:** Materials Characterization (1986); **A11:** Failure Analysis and Prevention (1986); **A12:** Fractography (1987); **A13:** Corrosion (1987); **A14:** Forming and Forging (1988); **A15:** Casting (1988); **A16:** Machining (1989); **A17:** Nondestructive Evaluation and Quality Control (1989); **A18:** Friction, Lubrication, and Wear Technology (1992); **A19:** Fatigue and Fracture (1996); **A20:** Materials Selection and Design (1997). **Metals Handbook, 9th Edition** (designated by the letter "M"): **M1:** Properties and Selection: Irons and Steels (1978); **M2:** Properties and Selection: Nonferrous Alloys and Pure Metals (1979); **M3:** Properties and Selection: Stainless Steels, Tool Materials, and Special-Purpose Materials (1980); **M4:** Heat Treating (1981); **M5:** Surface Cleaning, Finishing, and Coating (1982); **M6:** Welding, Brazing, and Soldering (1983); **M7:** Powder Metallurgy (1984). **Engineered Materials Handbook** (designated by the letters "EM"): **EM1:** Composites (1987); **EM2:** Engineering Plastics (1988); **EM3:** Adhesives and Sealants (1990); **EM4:** Ceramics and Glasses (1991). **Electronic Materials Handbook** (designated by the letters "EL"): **EL1:** Packaging (1989)

safety . . . A6: 1170–1171
compressed gas cylinders . . . A6: 1171
electric shock . . . A6: 1171
explosions . . . A6: 1171
fire . . . A6: 1171
fumes . . . A6: 1170
gases . . . A6: 1170
noise . . . A6: 1170
radiant energy . . . A6: 1170
safety precautions . . . A6: 1201
stainless steels . . . A6: 1167, 1169, 1170
suggested viewing filter plates . . . A6: 1191
Plasma arc machining
compared with laser beam machining . . . A16: 572
stainless steels . . . A16: 705, 706
Plasma arc melting
and refining, nickel and nickel alloys . . . A2: 429
for shape memory effect (SME) alloys . . . A2: 899
Plasma arc, noncutting process
in metal removal processes classification scheme . . . A20: 695
Plasma arc (PA) powder spray . . . A18: 829, 830, 831, 832
cast irons . . . A5: 691
Plasma arc rotating electrode process (PREP) A7: 37, 49
Plasma arc spray
refractory metals and alloys . . . A5: 861
thermal spray coating process, hardfacing applications . . . A5: 735
Plasma arc spray process . . . A20: 475–476
Plasma arc welding . . . M6: 214–224, M7: 465
accessory equipment . . . M6: 218
advantages . . . M6: 215
applicability . . . M6: 214–215
circumferential pipe welding . . . M6: 221
comparison of processes . . . M6: 221–224
copper and copper alloys . . . M6: 214, 444
definition . . . M6: 13
discontinuities from . . . A17: 587
electrodes . . . M6: 217
failure origins . . . A11: 415
filler metals . . . M6: 218
hot-wire systems . . . M6: 218
hardfacing . . . M6: 785–787
joint design . . . M6: 218–219
butt joints in thin metal . . . M6: 218
edge-flange welds . . . M6: 218
machined-groove joints . . . M6: 218
square-groove butt joints . . . M6: 218
keyhole welding . . . M6: 218–220
backing requirements . . . M6: 220
starting the weld . . . M6: 220
terminating the weld . . . M6: 220
limitations . . . M6: 215
manufacture of stainless steel tubing M6: 220–221
metals welded . . . M6: 214
multiple-pass welding . . . M6: 221
orifice and shielding gases . . . M6: 217–218
power sources . . . M6: 216
process fundamentals . . . M6: 215
arc modes . . . M6: 215
current . . . M6: 215
distance from orifice . . . M6: 215
heat-energy concentration . . . M6: 215
plasma generation . . . M6: 215
stainless steels, austenitic . . . M6: 342–344
circumferential pipe welding . . . M6: 344
tube welding . . . M6: 342–343
vessel welding . . . M6: 344
stainless steels, ferritic . . . M6: 348
stainless steels, nitrogen-strengthened austenitic . . . M6: 345
transferred, for hardfacing . . . M7: 833–834
underwater welding . . . M6: 922
weld overlaying . . . M6: 807–808
weld overlays of stainless steel . . . M6: 814–815
welding positions . . . M6: 214
welding stainless steel foil . . . M6: 221
welding torches . . . M6: 216–217
arc-constricting nozzles . . . M6: 217
machine torches . . . M6: 216
orifice diameter . . . M6: 217
torch cooling systems . . . M6: 217
torch position . . . M6: 216
work-metal thickness . . . M6: 214–215
Plasma arc welding of
alloy steels . . . M6: 304–306
applications . . . M6: 305–306
effect of arc length . . . M6: 305
immediate current application . . . M6: 305–306
joint preparation . . . M6: 305
keyhole plasma welding . . . M6: 306
pulsed plasma arc welding . . . M6: 306
shielding gas . . . M6: 305
aluminum alloys . . . M6: 214
carbon steels . . . M6: 214
cobalt-based alloys . . . M6: 214
copper nickel . . . M6: 916
low-alloy steels . . . M6: 214
nickel alloys . . . M6: 440
nickel-based alloys . . . M6: 214
stainless steels . . . M6: 214, 220, 221
titanium and titanium alloys . . . M6: 214, 446, 456
Plasma arc welding (PAW) *See also* Plasma transferred arc welding A6: 124–125, 195–199, A20: 473
advantages . . . A6: 195–196
alloy steels . . . A6: 197
aluminum . . . A6: 197
aluminum alloys . . A6: 195, 197, 199, 735, 736–737
aluminum bronzes . . . A6: 754
aluminum-lithium alloys . . . A6: 551, 552
applications . . . A6: 195, 197
butt joints . . . A6: 197, 198
carbon steels . . . A6: 197, 652, 653, 654, 658
components . . . A6: 198
copper alloys . . . A6: 197, 756
copper-nickel alloys . . . A6: 754
current and operating modes . . . A6: 195
definition . . . A6: 195, 1212
disadvantages . . . A6: 195–196
electrodes . . . A6: 196
equipment . . . A6: 196–197
ferritic stainless steels . . . A6: 448
filler metals . . . A6: 658
flanged edge joints . . . A6: 198
for repair welding . . . A6: 1103, 1107
hardfacing alloys . . . A6: 796, 798, 800, 805–806
hardfacing applications, characteristics . . . A5: 736
health and safety precautions . . . A6: 199
in joining processes classification scheme A20: 697
inspection . . . A6: 198
joints . . . A6: 198
keyhole mode . . . A6: 195, 197, 198, 199
maximum current with selected electrode diameter, vertex angle, and nozzle bore diameter . . . A6: 197
melt-in mode . . . A6: 195, 198
micro-lap joints . . . A6: 198
microplasma mode . . . A6: 195, 198, 199
nickel alloys . . . A6: 197, 740, 745–746
nickel-base corrosion-resistant alloys containing molybdenum . . . A6: 594
niobium alloys . . . A6: 581
noise level and welding safety . . . A6: 1192
of tantalum . . . A6: 197
of zirconium . . . A6: 197
of zirconium alloys . . . A6: 198, 787
personnel requirements . . . A6: 198–199
plasma (orifice) and shielding gases . . . A6: 196–197
power source . . . A6: 37, 196
precipitation-hardening stainless steels . . . A6: 490
principles of operation . . . A6: 195
process operating procedure . . . A6: 198
process selection guidelines for arc welding . . . A6: 653
safety precautions . . . A6: 1192–1193, 1196
shielding gases . . . A6: 65, 662
silicon bronzes . . . A6: 754
single-V butt joints . . . A6: 198
square butt joints . . . A6: 198
stainless steel casting alloys . . . A6: 496
stainless steels . . . A6: 197, 199, 698, 699
suggested viewing filter plates . . . A6: 1191
titanium alloys . . A6: 197, 198, 512, 513, 514, 516, 519, 520, 521, 522, 783, 784, 786
to solve problems in joining thin sections by oxyfuel gas welding . . . A6: 288
tolerance to variation in current and gas flow rate . . . A6: 195
tool and die steels . . . A6: 674, 676
troubleshooting . . . A6: 198
ultrahigh-strength low-alloy steels . . . A6: 673
variable polarity plasma arc (VPPA) welding . . . A6: 195, 197, 199
vs. laser-beam welding . . . A6: 262
vs. plasma-MIG welding . . . A6: 224
weld cladding . . . A6: 816, 818, 819
weld discontinuities . . . A6: 1078
weld quality control . . . A6: 198
weldability of various base metals compared . . . A20: 306
welding torches . . . A6: 196
Plasma carburizing . . . A20: 487
carbon gradient profile . . . A20: 487
Plasma chemical vapor deposition . . . A5: 511, 512, A20: 480–481
Plasma cold crucible casting . . . A15: 424–425
Plasma cold hearth melting . . . A15: 424
Plasma densification . . . A7: 96, 414
Plasma dressing . . . A19: 439
Plasma emission monitor (PEM) technique . . . A5: 576
Plasma etching . . . A5: 584
as photolithographic process, active-component fabrication . . . EL1: 194
thin-film hybrids . . . EL1: 327
Plasma gas welding
shielding gas selection . . . A6: 67, 68
Plasma heating and degassing *See also* Plasma melting and casting
as ladle metallurgy . . . A15: 440–444
equipment/processing . . . A15: 440–444
ladle furnace, three-phase ac unit . . . A15: 440
ladle sizes . . . A15: 444
nickel alloys . . . A15: 820
plain carbon steels . . . A15: 710
plasma torches . . . A15: 440
Plasma immersion ion implantation (PIII) . . . A5: 608–609
titanium and titanium alloys . . . A5: 848–849
Plasma (ion) carburizing . . . A4: 262–263, 352–362
advantages . . . A4: 352, 356–357
applications, industrial . . . A4: 352, 359–362
carbon mass flow . . . A4: 361
carbon profiles . . . A4: 355, 356, 358, 359
carbon source . . . A4: 361
case depth . . . A4: 357
characteristics . . . A4: 352–359
coverage and wrap-around effect . . . A4: 354
description . . . A4: 352
diffusion characteristics . . . A4: 355–356
dissociation of methane to carbon . . . A4: 354–355
down-hole carburizing . . . A4: 361–362
efficiency in utilization of gas . . . A4: 357–359
equipment requirements . . . A4: 359
glow-discharge plasma properties . . . A4: 352–353
glow-discharge plasma range and limitations . . . A4: 353–354
hollow-cathode effect . . . A4: 361, 362
hydrocarbon utilization efficiency . . . A4: 358, 359
loading requirements and limitations . . . A4: 359
minimum power density . . . A4: 361
operating cost comparison . . . A4: 357
Paschen curves . . . A4: 353, 354
process parameters . . . A4: 359–360
production equipment . . . A4: 359
properties of parts . . . A4: 362
sooting . . . A4: 358, 361
time-temperature cycle . . . A4: 360
voltage levels . . . A4: 354
Plasma ion deposition . . . A13: 498
definition . . . A5: 963
Plasma (ion) nitriding . . . A4: 263, 420–424, A20: 488
advantages . . . A4: 420, 424
applications . . . A4: 424
atmosphere and pressure control . . . A4: 423
auxiliary heating . . . A4: 423
case depth . . . A4: 424
case structures . . . A4: 420–421
compound layers . . . A4: 420–421, 423–424
cooling . . . A4: 422
disadvantages . . . A4: 424
equipment . . . A4: 422–423
fatigue strength . . . A4: 424
fixturing . . . A4: 423
for dimensional control . . . A4: 424
formation . . . A4: 420–421
glow (discharge) process . . . A4: 422
hardness profiles . . . A4: 423–424

Plasma (ion) nitriding (continued)
hot wall vacuum furnaces used **A4:** 495
power supply and control **A4:** 423
process description **A4:** 421–422
sputter deposition and **A5:** 579–580
stainless steels **A5:** 759
suitability of materials **A4:** 423
tool steels **A4:** 724, 754, **A5:** 769
Plasma ladle reheater **A15:** 442
Plasma melting and casting *See also* Plasma heating and degassing
atmosphere control **A15:** 420–423
furnace equipment **A15:** 420
melting and remelting **A15:** 423–425
plasma torch **A15:** 419–420
processes **A15:** 423–425
Plasma metallization
and process plating **EL1:** 511
Plasma metallizing
definition **A6:** 1212
Plasma nitrocarburizing **A4:** 431–435, **A7:** 650
advantages **A4:** 432
applications **A4:** 433, 434
equipment **A4:** 432, 434
ferrous P/M alloys **A5:** 767
history of process **A4:** 431–432
in fluidized beds **A4:** 490
masking arrangement **A4:** 435
physical metallurgy **A4:** 432
powder metallurgy (P/M) components **A4:** 434–435
Plasma processing **A7:** 20
Plasma reduction **A7:** 77
Plasma rotating electrode process
beryllium powder **A2:** 685
Plasma rotating electrode process (PREP) **A1:** 973
advantages and applications **M7:** 42
in hot isostatic pressing **M7:** 438
of titanium and titanium alloy powder production **M7:** 165, 167, 469
particles produced **M7:** 167
Plasma sintering **A7:** 584
Plasma smear test procedure
for laminates **EL1:** 536–537
Plasma source ion implantation (PSII) . . **A5:** 608–609, **A18:** 642
titanium and titanium alloys **A5:** 849
Plasma spheroidized magnetite
in copier powders **M7:** 587
Plasma spray coating **M7:** 8
Plasma spray coatings
molybdenum for piston rings **A18:** 556
resistance to cavitation erosion **A18:** 217
titanium alloys **A18:** 778, 780
Plasma spray forming **A7:** 411, 412, 413
Plasma spray process **A7:** 96, 1075
Plasma sprayed coatings
for wear resistance **M1:** 635
mechanical properties of **A20:** 476
Plasma sprayed zirconia (ZrO_2)
properties **A20:** 785
thermal properties **A20:** 428
Plasma spraying **A13:** 10, 460, **EM4:** 32, **M7:** 8
alternative to hard chromium plating **A5:** 926
as cermet forming technique **M7:** 800
ceramic coatings for adiabatic diesel engines **EM4:** 992
comparison with polymer-derived coatings **EM4:** 225
definition **A5:** 963, **M6:** 13
for hardfacing **M7:** 797, 832–833
metal-matrix composites **A20:** 658
of fibers as a fabrication process for metal-matrix composites **A9:** 591
plate characteristics **A5:** 925
thermal barrier coatings **A20:** 597
thermal spray coatings **A5:** 499, 500–501, 508
titanium and titanium alloys **A5:** 847–848
Plasma spraying (PS)
surface preparation of metals **EM3:** 265, 266
Plasma spraying (PSP)
cast irons **A6:** 720
definition **A6:** 1212
Plasma surface engineering of plastics . . . **A5:** 892–897
abrasion **A5:** 892
acid etching **A5:** 892
cold gas plasma technology **A5:** 892
contaminant removal **A5:** 895
energetic processes **A5:** 892
plasma discharge reactions and surface interactions **A5:** 894–895
plasma film deposition (plasma polymerization) **A5:** 893–894, 896–897
plasma process applications **A5:** 894
plasma processing equipment **A5:** 893
plasma surface modification (plasma activation) **A5:** 893, 895–896
plasma surface treatment conditions **A5:** 894
plasma technology **A5:** 893–896
plasma treatment overview **A5:** 893–894
plasma-induced grafting **A5:** 893, 896
solvent cleaning **A5:** 892
Plasma torch
design **A15:** 419–420
direct current **A15:** 440–443
heating and degassing **A15:** 440
high-power, steel melting/ladle heating **A15:** 442
hollow copper electrode design **A15:** 420
ICP, structure of **A10:** 32
plasma generation **A15:** 419
tungsten tip design **A15:** 419
use in ICP-AES **A10:** 31
Plasma transfer arc spraying
ceramic coatings for adiabatic diesel engines **EM4:** 992
Plasma transferred arc hardfacing process **A6:** 802
Plasma transferred arc process **A7:** 1070, 1072, 1074, 1075–1076
for hardfacing **M7:** 833–834
nickel-base powders **A7:** 1072
Plasma transferred arc (PTA) welding **A6:** 805
advantages **A6:** 805
disadvantages **A6:** 805–806
hardfacing alloy consumable form **A5:** 691, **A6:** 796
hardfacing alloys **A6:** 799
Laves phase alloys **A6:** 795
Plasma transferred arc welding (PAW)
deposit thickness, deposition rate, dilution single layer (%) and uses **A20:** 473
Plasma treatment **EM3:** 42, 847
Plasma tungsten arc (PTA) welding **A7:** 43
gas atomization **A7:** 43
Plasma vacuum furnaces
nitrocarburizing **A7:** 650
Plasma vapor deposition
toll steel powders **A7:** 788
Plasma/flame spray removal
molten salt bath cleaning **A5:** 41
Plasma-arc thermal spray coating
ceramic coatings **M5:** 535, 541–542, 546–547
oxide-resistant coating **M5:** 665–666
selective plating compared to **M5:** 292–293
transferred arc process **M5:** 363–364
Plasma-assisted chemical vapor deposition
coatings for cutting tools **A5:** 904, 907
definition **A5:** 963
Plasma-assisted chemical vapor deposition (PACVD) **A18:** 840, 846, 847–848
advantages over CCVD **A18:** 848
compounds and synthesized deposition rates **A18:** 848
definition **A18:** 847
ion bombardment energy **A18:** 848
limitations **A18:** 848
neutral radicals **A18:** 847
substrate temperature **A18:** 848
Plasma-assisted physical vapor deposition
coating application method for cutting tools **A5:** 906
Plasma-assisted physical vapor deposition (PAPVD) **A18:** 840
compounds and synthesized deposition rates **A18:** 848
Plasma-assisted reactive evaporation **A18:** 840, 843–844
Plasma-emission spectrophotometry
for chemic analysis **EM4:** 553, 554
Plasma-enhanced chemical vapor deposition (PE-CVD)
electronic processing of glasses **EM4:** 1056
Plasma-enhanced chemical vapor deposition (PECVD) **A5:** 532–536, 541
advantages **A5:** 532
amorphous and polycrystalline silicon films **A5:** 534–536
amorphous silicon films **A5:** 534
conductive films **A5:** 535–536
deposition **A5:** 532
direct PECVD system **A5:** 533
epitaxial silicon films **A5:** 535
hybrid PECVD systems **A5:** 534
of dielectric films **A5:** 534
polycrystalline diamond films **A5:** 554
polycrystalline silicon films **A5:** 535
process description **A5:** 532–533
remote PECVD systems **A5:** 533–534
silicon nitride films **A5:** 534
silicon oxide films **A5:** 534
silicon oxynitride films **A5:** 534
types of systems **A5:** 533–534
Plasma-fired cupolas **A15:** 392
Plasma-heated tundish (PHT) **A7:** 75
Plasmajet **A10:** 40, 679
Plasma-MIG welding **A6:** 223–225
advantages **A6:** 223
aluminum **A6:** 224
aluminum alloys **A6:** 223, 224
applications **A6:** 223–225
definition **A6:** 223
deposition rates **A6:** 223, 224–225
disadvantages **A6:** 223
electrodes **A6:** 223, 224
equipment **A6:** 223–224
metal transfer **A6:** 223
mild steels **A6:** 224, 225
molybdenum **A6:** 224
nickel alloys **A6:** 224
personnel **A6:** 225
power sources **A6:** 223–224
principles of operation **A6:** 223
procedure **A6:** 224
inspection **A6:** 224
process operating procedure **A6:** 224
troubleshooting **A6:** 224
weld quality control **A6:** 224
safety **A6:** 225
shielding gases **A6:** 224
spray transfer **A6:** 223
stainless steels **A6:** 224, 225
steel **A6:** 224
tungsten **A6:** 224
vs. gas-metal arc welding **A6:** 223, 224, 225
vs. plasma arc welding **A6:** 224
Plasma-polymerized hexamethyidisiloxane
structure and degradation of **A10:** 285–286
Plasma-rotating electrode process (PREP) . . . **A7:** 164, 165, 609, 627
superalloy powders **A7:** 175, 889
titanium aluminides **A7:** 883
titanium powder **A7:** 499
Plasmas
defined **A10:** 679
mixed gas **A10:** 37
Plasma-spray method
oxidation protective coating **M5:** 379

SUBJECTS OF THE INDEXED VOLUMES: ASM Handbook (designated by the letter "A"): **A1:** Properties and Selection: Irons, Steels, and High-Performance Alloys (1990); **A2:** Properties and Selection: Nonferrous Alloys and Special-Purpose Materials (1990); **A3:** Alloy Phase Diagrams (1992); **A4:** Heat Treating (1991); **A5:** Surface Engineering (1994); **A6:** Welding, Brazing, and Soldering (1993); **A7:** Powder Metal Technologies and Applications (1998); **A8:** Mechanical Testing (1985); **A9:** Metallography and Microstructures (1985); **A10:** Materials Characterization (1986); **A11:** Failure Analysis and Prevention (1986); **A12:** Fractography (1987); **A13:** Corrosion (1987); **A14:** Forming and Forging (1988); **A15:** Casting (1988); **A16:** Machining (1989); **A17:** Nondestructive Evaluation and Quality Control (1989); **A18:** Friction, Lubrication, and Wear Technology (1992); **A19:** Fatigue and Fracture (1996); **A20:** Materials Selection and Design (1997). **Metals Handbook, 9th Edition** (designated by the letter "M"): **M1:** Properties and Selection: Irons and Steels (1978); **M2:** Properties and Selection: Nonferrous Alloys and Pure Metals (1979); **M3:** Properties and Selection: Stainless Steels, Tool Materials, and Special-Purpose Materials (1980); **M4:** Heat Treating (1981); **M5:** Surface Cleaning, Finishing, and Coating (1982); **M6:** Welding, Brazing, and Soldering (1983); **M7:** Powder Metallurgy (1984). **Engineered Materials Handbook** (designated by the letters "EM"): **EM1:** Composites (1987); **EM2:** Engineering Plastics (1988); **EM3:** Adhesives and Sealants (1990); **EM4:** Ceramics and Glasses (1991). **Electronic Materials Handbook** (designated by the letters "EL"): **EL1:** Packaging (1989)

Plasma-sprayed coating
on lead wires in acidified chloride solutions........................A8: 420
Plasma-sprayed insulating coating..........A19: 203
Plasma-sprayed layers
contrasting by interference layers A9: 60
Plasma-transferred arc process
cobalt-base alloys......................A13: 664
Plasmon
defined................................A10: 679
excitation, as inelastic scattering process..A10: 434
loss, Auger electron....................A10: 551
loss, peak structures, alumina and aluminum....................A10: 552
Plasmon effects
cathodoluminescence used to detect.........A9: 91
Plasmon peaks............................A18: 390
PLASTEC Adhesives......................EM3: 71
Plaster
fracture toughness vs.
density......................A20: 267, 269, 270
strength........A20: 267, 272–273, 274
Young's modulus A20: 267, 271–272, 273
galvanic corrosion of metals
embedded in.................A11: 186–187
linear expansion coefficient vs. thermal conductivity............A20: 267, 276, 277
thermal conductivity vs. thermal diffusivity..............A20: 267, 275–276
Plaster casting *See also* Castings, Foundry products......................A20: 687, 690
aluminum alloys......................M2: 146
characteristics......................A20: 687
surface roughness and tolerance values on dimensions......................A20: 248
Plaster castings
aluminum and aluminum alloys............A2: 5
copper alloys for.......................A2: 348
Plaster mold casting
copper alloys......................M2: 384–385
Plaster molding......................A15: 242–247
Antioch process....................A15: 246–247
applications............................A15: 242
calcium sulfate, characteristics......A15: 242–243
conventional, sequence of operations A15: 243–245
defined................................A15: 9
flasks.................................A15: 243
foamed plaster molding process........A15: 247
match plate patterns.............A15: 245–246
metals cast in.........................A15: 243
mold drying equipment..................A15: 243
patterns and coreboxes.................A15: 243
plaster mold compositions..........A15: 242–243
tolerances.............................A15: 622
Plaster-mold casting
minimum web thickness..................A20: 689
Plasters
in Neolithic period.....................A15: 15
Plaster-to-water ratio..................A7: 423–424
Plastic *See also* Alkyd plastic; Allyl plastic; Crystalline plastic; Foamed plastic; Isocyanate plastics; Polymer(s); Silicone plastics
defined................................EM1: 18
definition.............................A20: 838
deflection under load...................A20: 514
flammability characteristics.....EM1: 358, 359
for environmental test chamber for aqueous solutions at ambient temperatures....A8: 415
for parts in multifunctional integral design.............................A20: 300
prices of..............................A20: 249
recycling of...........................A20: 136
reflection for an automobile bumper A20: 299–300
reinforced, defined....................EM1: 20
response, in low-cycle torsional fatigue....A8: 150
sources of materials data..........A20: 497–498
vacuum coating of.............M5: 394, 400–401
Plastic abrasives
physical properties and comparative characteristics......................A5: 62
use in dry blasting....................M5: 85
Plastic bending equations.................A8: 118
Plastic binders
for sand...............................A15: 211
Plastic bond
brazing filler metals available in this form A6: 119

Plastic buckling
by overloading.........................A11: 137
Plastic clay
applications...........................EM4: 47
composition............................EM4: 47
supply sources.........................EM4: 47
Plastic cloth screen surfaces..............M7: 176
Plastic coatings
for fracture surfaces...................A12: 73
for zinc alloy castings.................A15: 796
Plastic collapse
as failure mode for welded fabrications...A19: 435
Plastic composites
environmental effects.............EM2: 428–429
Plastic constraint factor (α)...............A19: 130
Plastic constraint factor (pcf)..............A19: 30
Plastic creep limit...............A20: 575–576
Plastic deformation *See also* Closed-die steel forgings; Deformation; Ductility; Microplastic deformation; Workability, yielding.....A16: 4, 7–10, 23–24, 30, A18: 176, 181, 183, A19: 5, 6–7, 8, 53, 63, EM3: 20
and average flash temperature...........A18: 43
and fatigue crack closure................A19: 56
and hardness testing....................A8: 71
and magnetic hysteresis.................A17: 134
and thermal stress.....................EL1: 56
as die failure cause....................A14: 47
closure from..........................A19: 5, 7–58
continuous (acoustic) emission..........A17: 287
cyclic................................A19: 64
defined...A8: 10, A9: 14, A11: 8, A13: 10, A14: 10, EM1: 18, EM2: 30
definition....................A5: 963, A20: 838
deformation modes.................A9: 686–688
development of........................A9: 693
development of crystallographic texture during.........................A9: 700–701
dynamic Lüders band propagation........A19: 86
effect, hydrogen absorption, low-carbon steels.............................A13: 329
effect of composition on.................A9: 685
effect of crystal structure on............A9: 684
effect on fatigue cracks, wrought aluminum alloys..........................A12: 420
effect on fringe patterns................A10: 368
effect on linear elastic fracture mechanics..A11: 47
effect on martensite formation in austenitic stainless steels....................A9: 283
elevated temperatures..............A9: 688–691
energy stored during cold working........A9: 692
extension ladder collapse by............A11: 137
fracture during........................M7: 410
full densification of powder compact by..M7: 502
gross, under tension....................A8: 20
high-purity copper.................A12: 399–400
impact................................A12: 336
in compaction....................M7: 58, 298
in creep curves........................A8: 308
in cup-and-cone fracture............A11: 82–83
in ductile irons.................A12: 227–237
in liquid erosion......................A11: 165
in loose powder compaction........M7: 58, 298
in magnesium alloys....................A9: 427
in medium-carbon steels................A12: 258
in pin bearing testing...................A8: 60
low temperature and high strain rate......A9: 688
magnetic printing detection.............A17: 126
martensite in stainless steel formed by......A9: 66
mechanical energy in...................M7: 61
microstructural features.................A9: 685
of aluminum mill and engineered products..A2: 29
of ductile/brittle fractures..............A12: 173
point defects created by.................A9: 116
residual stresses from............A13: 255–256
resistance, of die materials..............A14: 46
roll of................................A19: 465
shear bands, titanium alloys............A12: 445
slip.............................A9: 684–685
specimens......................A8: 510, 513
specimens, SCC testing.................A13: 253
stress effects.........................A15: 616
stress-corrosion cracking...............A19: 487
surface property effect..................A18: 342
theory................................A18: 281
warping from.........................A11: 141

Plastic deformation structures in
hafnium................................A9: 499
zirconium and zirconium alloys..........A9: 499
Plastic deformation zone....EM3: 508–509, 511, 514
Plastic denture teeth
properties.............................A18: 666
simplified composition on microstructure A18: 666
Plastic distortion *See also* Creep; Distortion
as failure mechanism....................A11: 75
Plastic dual-in-line packages (PDIP)
defined/outline........................EL1: 210
die attachments.................EL1: 217–221
through-hole/surface-mount assembly.....................EL1: 437–438
Plastic electrical tape used for unmounted electropolishing specimens..............A9: 49
Plastic encapsulants
key properties....................EL1: 805–809
Plastic encapsulation
defined...............................EL1: 1153
Plastic film
in vacuum molding.....................A15: 236
Plastic flow *See also* Flow; Plastic deformation; Yield; Yielding..A7: 449, A19: 42, 65, EM3: 20
AISI/SAE alloy steels..................A12: 329
and burnup, tapered roller bearing...A11: 500–501
and workability........................A14: 369
by slip process........................A13: 46
defined............A14: 10, EM1: 18, EM2: 30
enhanced..............................A13: 165
high-purity copper.....................A12: 400
in pure compression.................A8: 576–577
in pure tension......................A8: 576–577
microscopic, tear ridges from............A12: 224
of loose powders in densification........M7: 298
of oxide...............................A13: 72
rolling-element bearings, failure by..A11: 499–500
Tresca criterion for....................A8: 576
wrought aluminum alloys................A12: 420
Plastic foam *See also* Cellular plastic....EM3: 20
for foam vaporization...................A15: 22
Plastic foam material/vinyl
as difficult-to-recycle materials.........A20: 138
Plastic forming *See also* Extrusion; Injection molding.......................A20: 789–790
characteristics........................A20: 697
evaluation factors for ceramic forming methods...........................A20: 790
in ceramics processing classification scheme...........................A20: 698
Plastic fracture mechanics (PFM) A19: 427, 431, 432
Plastic hinge formation
during ring rolling.....................A14: 113
Plastic hysteresis energy..................A19: 269
Plastic hysteresis index..............A18: 422, 426
Plastic impression
contrast enhancement by coating..........A9: 98
Plastic inclusions
in rolling.............................A14: 358
Plastic injection molding...................A7: 427
after selective laser sintering............A7: 433
cycle times estimation...................A20: 257
Plastic injection molding cycle............A20: 257
Plastic instability
defined................................A8: 10
in compression testing............A8: 583–584
in high strain rate testing...............A8: 188
Plastic instability in compression
test of...........................A14: 376–377
Plastic leaded chip carrier (PLCC) *See also* Chip carriers (CC)
as surface-mount package option..........EL1: 7
component removal.....................EL1: 726
defined/package outline.................EL1: 209
die attachments.................EL1: 217–221
thermal expansion mismatch problem....EL1: 611
thermal resistance.....................EL1: 409–41
Plastic limit load behavior
and crack growth.......................A8: 377
Plastic macrodeformation
determined............................A11: 80
Plastic materials
acoustic emission inspection............A17: 291
chemical composition...................A17: 215
components, neutron radiography of.....A17: 391
liquid penetrant inspection..............A17: 71
microwave inspection...................A17: 202

Plastic media blasting **A20:** 825
Plastic memory. **EM3:** 21
defined **EM2:** 30
Plastic microstrain
in SCC testing **A8:** 498
Plastic modulus
equation. **A19:** 548
Plastic multiplier **A7:** 329
Plastic package fabrication
assembly methods **EL1:** 471–47
molded plastic packages. **EL1:** 471–47
plastic pin-grid arrays. **EL1:** 475–47
reliability issues. **EL1:** 479–48
requirements of **EL1:** 470–471
tape automated bonding (TAB). **EL1:** 476–47
Plastic packages *See also* Encapsulation; Plastic package fabrication
defined. **EL1:** 451
environmental tests. **EL1:** 494–49
failure mechanisms **EL1:** 96
plastic leaded chip carrier (PLCC) **EL1:** 20
plastic quad flatpack (PQFP) **EL1:** 209–21
reliability. **EL1:** 245–24
semiconductor, structure. **EL1:** 241
small-outline packages (SOPS). **EL1:** 20
Plastic parts
abrasive blasting of. **M5:** 91
Plastic patterns
equipment **A15:** 195
injection, investment casting **A15:** 256
investment casting **A15:** 255
Plastic pin-grid arrays *See also* Pin-grid arrays (PGA)
assembly methods **EL1:** 475–47
chip attach **EL1:** 47
defined/outline **EL1:** 21
reliability. **EL1:** 48
sealing **EL1:** 47
substrate **EL1:** 47
Plastic polyamide
for planetary ball mill parts **A7:** 82
Plastic (powder coat) finishing
of zinc alloy **A2:** 530
Plastic pressing **EM4:** 34
evaluation factors for ceramic forming methods **A20:** 790
Plastic quad flatpack package (PQFP)
and substrates **EL1:** 209–21
die attachments **EL1:** 217–221
thermal resistance **EL1:** 409–41
Plastic replica
definition. **A5:** 963
Plastic replica technique
schematic. **A17:** 53
Plastic replicas
defined **A9:** 14
of fracture surfaces. **A11:** 19
used in local electropolishing **A9:** 55
Plastic sealants
for electroplating. **M7:** 460
Plastic shear strain amplitude **A19:** 79
Plastic shear strain amplitude of the matrix ($\gamma_{ap,M}$) **A19:** 79
Plastic shear strain (γ_{ap}). **A19:** 78
Plastic sheet, stop-off medium
chrome plating. **M5:** 187
Plastic strain **A7:** 332, **A13:** 252–253
defined **A8:** 10
deformation for, hollow cylinder. **A8:** 143
described **A11:** 50
effect on plastic deformation structures. . . . **A9:** 686
fatigue resistance **A8:** 348
fatigue resistance affected by **M1:** 665, 668, 670–672
in stress relaxation **A8:** 307, 323–324
range, low-cycle fatigue. **A11:** 103
ratio, steel sheet **M1:** 548, 549, 552
specimens, SCC testing. **A8:** 508–509
topographic methods for. **A10:** 368
Plastic strain amplitude . . . **A19:** 21, 66, 73, 100, 101, 199, 233
Plastic strain, determined
by speckle metrology **A17:** 435
Plastic strain (∂_{pl}) **A19:** 74
Plastic strain increment. **A7:** 24, 330, 336
Plastic strain localization **A19:** 64
Plastic strain range **A20:** 524
low-cycle fatigue. **A8:** 364
of AISI 304 stainless steel **A8:** 348
vs. cycles to failure **A8:** 346–347
Plastic strain range ($\Delta\partial_{pl}$) **A19:** 20, 74
Plastic strain rate **A19:** 84, 85
equation. **A19:** 548
in ultrasonic testing **A8:** 256
relation to strain rate **A8:** 41–42
Plastic strain ratio *See also* Anisotropy factor; Planar anisotropy; r value
defined **A8:** 10
of sheet metals **A8:** 550, 555–557
Plastic strain ratio (*r*-value) **A20:** 305
definition. **A20:** 838
Plastic strain-controlled test. **A19:** 74
Plastic strain-life line. **A19:** 237, 238
Plastic stress minimization
computer modeling of. **EL1:** 44
Plastic strip zone
in elastic-plastic analysis. **A8:** 446
Plastic substrates
nickel-iron decorative plating. **A5:** 206
Plastic surface replicas **A17:** 53
Plastic tooling
die material for sheet metal forming **A18:** 628
Plastic torsion
anisotropy in. **A8:** 143
Plastic true strain. **EM3:** 21
defined **EM2:** 30
Plastic wave propagation
in Hopkinson bar test **A8:** 200
of aluminum and alpha-titanium. **A8:** 231
test limitations **A8:** 231
Plastic wave velocity
and stress. **A8:** 209
Plastic welding, applications
automobiles. **A6:** 393
Plastic work **A18:** 422, 423, 427, **A19:** 69
heat conversion in **A8:** 45
Plastic work hardening
in torsion testing **A8:** 140
Plastic work of fatigue crack propagation A19: 69–70
Plastic work per unit volume done on material through fracture **A20:** 343
Plastic yielding densification. **A7:** 597, 598
Plastic zone. . **A19:** 4, 28, 29, 374, **A20:** 474, 537, 538
and subcritical fracture mechanics (SCFM) **A11:** 52
in crack growth test with blocks of overload cycles **A19:** 125
in polymers **A11:** 762
in tubular specimen, finite-element analysis **A8:** 222–223
plane strain/plane stress **A8:** 471
size at crack tip, determined **A11:** 49
Plastic zone normal stress **A19:** 12
Plastic zone radius. **A19:** 46
Plastic zone size **A7:** 961, **A19:** 37, 340, 371, 463
Plastic zone toughening **A19:** 951
Plastic/metals/and dissimilar metals
as difficult-to-recycle materials **A20:** 138
Plastically deformed surface layer as a result of abrasion. **A9:** 37–40
Plastic-body devices
three-terminal. **EL1:** 427–428
Plastic-bonded sheet
brazing filler metals available in this form **A6:** 119
Plastic-carbon replicas. **A9:** 108
Plastic-clad space-frame concept **EM3:** 554
Plastic-encapsulated
devices, types **EL1:** 217
diodes, failure mechanisms **EL1:** 973
Plastic-filled metals lubricants
powders used **M7:** 573
Plastic-filled self-lubricating parts
powders used **M7:** 574
Plasticine
as physical modeling material **A14:** 432
Plasticity *See also* Inelastic strain. **A14:** 10, 911, **A19:** 20, 23, 544, 545, **A20:** 284, **EM3:** 20
and crack propagation rate. **A8:** 678
and elasticity. **A8:** 71–72
and green strength **M7:** 302
cyclic responses. **A19:** 22
defined **A8:** 110, **A9:** 14, **A13:** 10
definition. **A20:** 838
equations, for ring geometries **A8:** 585
of kaolinite **A15:** 210
temperature dependence of. **A11:** 138
theorems of limit analysis of **EM1:** 198
theory **A8:** 71–72, 559
Plasticity adjustment factor
for plane stress fracture testing **A8:** 449
in elastic-plastic analysis. **A8:** 446
Plasticity effect. **A19:** 57
Plasticity factor **A19:** 403
Plasticity factor, *P*
as fracture toughness adjustment **A8:** 472–474
Plasticity or phase transformation in the crack wake **A19:** 195
Plasticity theory. **A7:** 809, **A19:** 264
brazing and **A6:** 110
Plasticity-induced closure. **A19:** 57, 58
Plasticity-induced closure models. **A19:** 267
Plasticity-induced crack closure **A19:** 57, 113, 117–118, 154, 156
Plasticization, polymer
as solubility **EM2:** 61
Plasticized metal dust feedstocks
in injection molding. **M7:** 498
Plasticized polyvinyl chloride (PVC)
lining materials for low-carbon steel tanks for hard chromium plating. **A5:** 184
Plasticized PVC
Young's modulus vs. density **A20:** 289
Plasticizer *See also* Flexibilizer
defined **EM1:** 18
definition. **A5:** 963
for thermoplastics. **EM1:** 103
water as. **EM1:** 76, 141
Plasticizers *See also* Flexibilizer **A19:** 205, 206, **A20:** 448, 450, 452, **EM3:** 20, 41, 49, 150, **M7:** 8
additive for sealants. **EM3:** 673
and polymer materials, identified in vinyl film. **A10:** 123–124
and polymer miscibility **EM2:** 496
and solubility **EM2:** 61
defined. **EL1:** 818, **EM2:** 30
effect, chemical susceptibility. **EM2:** 572
effect on blending techniques. **A7:** 108
for butyls **EM3:** 199, 202
for slurry in spray drying **M7:** 74, 75
for urethane sealants **EM3:** 205
for warm compaction **A7:** 316
GC/MS analysis of. **A10:** 639
infrared spectrum. **A10:** 124
types, for flexible epoxies. **EL1:** 818
Plasticizers, resinous
for wax patterns **A15:** 197
Plastic-lined steel
pickling tank material for copper and copper alloys **A5:** 807
Plastic-package failures
integrated circuits **A11:** 788–789
moisture-induced **A11:** 788–789
stress-induced **A11:** 789

Plastic(s) *See also* Engineering plastics; Engineering plastics families; Epoxies (EP); Plasticizers; Polymer families; Polymer(s); Resins; specific plastics **A6:** 1048–1055, **A7:** 1087, 1088, **A19:** 19, **EM3:** 20, **M7:** 606–613
abrasive jet machining **A16:** 511
abrasive machining usage **A5:** 91
acidity-basicity measured in............. **A10:** 172
acrylic, drilling **A16:** 227, 229, 230
adhesive bonding **A6:** 1048
aerospace material specifications......... **EM2:** 91
aluminum flake for...................... **M7:** 595
analytic methods for **A10:** 9
applications..... **A6:** 1050, 1051, 1052, 1053, 1054
as aggregate of properties **EM2:** 405
as drawing tool material................ **A14:** 511
as insulating **EM2:** 460
as vial materials for SPEX mills........... **A7:** 82
ASTM standard test methods............ **EM2:** 90
ASTM standards........................ **EM2:** 90
blanking, die materials for **M3:** 485, 487
carbon fiber reinforced, with PCD tooling **A16:** 110
categories of thermoplastics and composites........................ **A6:** 1048
categorization **EM2:** 68
chemical compatibility................... **EM2:** 1
chemistry.............................. **EM2:** 64
coatings for tools before hot-tool welding **A6:** 1049
composites...................... **EM2:** 428–429
conductive...................... **EM2:** 589–590
contact-angle testing, surface treatment effects **EM3:** 277
creep modulus.......................... **EM2:** 75
creep rupture strength **EM2:** 75
cutting fluids used **A16:** 125
cutting tool material selection based on machining operation **A18:** 617
deep drawing dies, use for............... **M3:** 499
defined **EM2:** 30
dielectric welding **A6:** 1054
drilling **A16:** 237
effect on powder metallurgy **M7:** 463
EFG composition analysis **A10:** 212
electrical properties **EM2:** 588–590
electrical properties tests................ **EM2:** 78
electrical-grade, compared.............. **EM2:** 228
electrofusion welding **A6:** 1053–1054
electroless nickel plating............. **A5:** 308–309
electroless nickel plating applications **A5:** 306, 307
electromagnetic forming with **A14:** 649–650
electromagnetic welding **A6:** 1053–1054
electron beam machining **A16:** 570
engineering **EM3:** 21
epoxy bonding.......................... **EM3:** 96
etching **EM3:** 277
evaluation of welds............... **A6:** 1054–1055
light microscopy **A6:** 1055
Moire interferometric method **A6:** 1055
scanning electron microscopy.......... **A6:** 1055
x-ray techniques **A6:** 1055
extrusion welding **A6:** 1050
fatigue crack propagation **A19:** 25
fatigue failure of **EM2:** 702–703
fatigue loading **EM2:** 702
fatigue properties.................... **A19:** 22, 23
fatigue (S-N) curve **EM2:** 76
fatigue testing of........................ **A19:** 19
focused infrared welding **A6:** 1050–1051
for valve plates for reciprocating compressors.......................... **A18:** 604
friction and wear data tested against polycarbonates....................... **A18:** 58
friction welding **A6:** 1051–1053
fusion welding of thermoplastics only.... **A6:** 1048, 1049
fusion-welding techniques **A6:** 1049–1051
GC/MS analysis of volatile compounds in.................... **A10:** 639
general-purpose.................... **EM2:** 64–66
glassy, ESC testing of **EM2:** 802–803
gold bronze and copper pigments in...... **M7:** 595
ground by diamond wheels......... **A16:** 455, 460
guide shoe material for honing **A16:** 478
hierarchy of........................... **EM2:** 68
hobs, use in cutting **M3:** 477
honing **A16:** 472
hot-gas welding **A6:** 1050
hot-tool welding.................. **A6:** 1049–1050
hydrogen fluoride/hydrofluoric acid corrosion **A13:** 1169
implant welding.................. **A6:** 1053–1054
induction welding...................... **A6:** 1054
inspection fixtures, use for **M3:** 557
lapping **A16:** 499
lap-shear strength, surface preparation effects **EM3:** 276
laser welding **A6:** 1051
lightweight fiber-reinforced, waterjet machining **A16:** 525
low surface energy **EM3:** 42
material for jet engine components....... **A18:** 588
material parameters that should be documented to ensure repeatability when testing tribosystems....................... **A18:** 55
mechanical fastening **A6:** 1048
microwave welding **A6:** 1054
molded, drilling.......... **A16:** 219, 221, 229, 230
optical...................... **EM2:** 483–484, 596
PCD tooling **A16:** 110
PHBV-biodegradable.................... **EM2:** 786
plasma surface engineering of........ **A5:** 892–897
plasma treatment **EM3:** 277
plastics, powder metal-filled......... **M7:** 606–613
press forming dies, use for **M3:** 489, 490, 492, 493
primers............................... **EM3:** 277
resistance welding **A6:** 1053–1054
Rockwell hardness testing of **A8:** 76
scrapers used in ECDG........ **A16:** 548, 549, 550
sealants, for electroplating............... **M7:** 460
semiconductive................... **EM2:** 589–590
spin welding..................... **A6:** 1051, 1052
strength, design guidelines **EM2:** 709
stress-strain curve...................... **EM2:** 74
structural, chemistry **EM2:** 65–66
surface parameters **EM3:** 41
surface preparation **EM3:** 276–280
thermal energy method of deburring **A16:** 578
thermal expansion rate.................. **M7:** 611
thermoplastics, weldability **A6:** 1053
time-dependent behavior............... **EM2:** 405
UL standards for **EM2:** 91
ultrasonic cleaning **A5:** 47
ultrasonic fatigue testing of **A8:** 240
ultrasonic welding.......... **A6:** 1051, 1052–1053
use in breweries **A13:** 1222
vibration welding **A6:** 1051, 1052
viscoelastic behavior **EM2:** 63, 412, 659
vs. metals, by competitive pairs **EM2:** 87
vs. metals, costs **EM2:** 83
vs. polymers, as terms................... **EM2:** 1
Plastics and composites
properties compared, for cylindrical compression element.......................... **A20:** 514
Plastics and rubber
mold materials for **M3:** 546–550
Plastics Compounding **EM3:** 66
as periodical **EM2:** 93
Plastics Compounding Redbook **EM3:** 66
as information source **EM2:** 93
Plastics Design Forum.................... **EM3:** 66
as trade magazine...................... **EM2:** 93
Plastics, design with *See* Design with plastics
Plastics Engineering *See also* Engineering plastics........................... **EM3:** 66
as information source **EM2:** 93
***Plastics Engineering Handbook* (SPI)** **EM2:** 94
Plastics Focus: An Interpretive News Report **EM2:** 93
Plastics for mounting *See also* Resins........ **A9:** 29
ceramic-filled........................... **A9:** 45
mineral-filled........................... **A9:** 45
Plastics in Building Construction
as information source **EM2:** 93
Plastics Institute of America, Inc. (Hoboken, NJ)
Plastics Institute of America (PIA)......... **EM2:** 95
as information source **EM1:** 41
Plastics Packaging **EM3:** 66
***Plastics Process Engineering* (Throne)**....... **EM2:** 94
Plastics processing, design for *See* Design for plastics processing
***Plastics Products Design Handbook* (Miller)** **EM2:** 94
Plastics Technical Evaluation Center (PLASTEC)........................ **EM2:** 95
Plastics Technology **EM3:** 66
trade magazine **EM2:** 92
***Plastics Technology Handbook* (Chanda/Roy)** **EM2:** 94
Plastics World **EM3:** 66
as information source **EM2:** 92
Plastics/glass laminates
as difficult-to-recycle materials **A20:** 138
Plastic-starch blends
biodisintegration/biodegradation of **EM2:** 786–787
Plastic-strain considerations............... **A19:** 228
Plastic-strain ratio............ **A1:** 575, **A14:** 10, 575
PlasticTrends
as information source **EM2:** 93
Plastic-zone adjustment
defined.................................. **A8:** 10
Plastigel................................ **EM3:** 21
defined **EM2:** 30
Plastisol
coating hardness rankings in performance categories.......................... **A5:** 729
definition.............................. **A5:** 963
resistance to mechanical or chemical action **A5:** 423
Plastisol coating
steel sheet............................. **M1:** 176
Plastisols.............................. **EM3:** 21
automotive applications **EM3:** 46
cross-linking........................... **EM3:** 46
cure properties **EM3:** 51
defined **EM2:** 30
dual-mechanism radiation cure formulation **EL1:** 85
for auto body sealing and glazing materials.......................... **EM3:** 57
for automobile interior seam sealing..... **EM3:** 720
suppliers **EM3:** 58, 59
to form gaskets for auto air filters **EM3:** 46
Plastohydrodynamic lubrication (PHL) **A18:** 89, 93–94
defined **A18:** 15, 94
lubricant film thickness.................. **A18:** 94
mixed-film............................. **A18:** 94
Plastometer............................. **EM3:** 21
defined **EM2:** 30
Plate............................... **M1:** 181–198
$2^1/_4$ Cr-1Mo steel, mechanical properties .. **M1:** 654
alloy steel for.......................... **M1:** 183
aluminum alloy, fracture toughness **A8:** 461
aluminum alloy, pin bearing testing of...... **A8:** 61
aluminum alloy, specimen location for **A8:** 60
aluminum and aluminum alloys **A2:** 5
aluminum-lithium alloys, fatigue in ... **A2:** 195–196
and etch, for surface wiring.............. **EL1:** 11
applications **M1:** 181
ASTM specifications **M1:** 183–184
austenitic stainless steel, hardness conversion tables **A8:** 109
bending, of nickel-base alloys **A14:** 835–836
bending strength tests for............ **A8:** 117, 132
bending test specimens **A8:** 125
beryllium-copper alloys.............. **A2:** 403, 411
boiler/pressure vessel, inspection..... **A17:** 644–645
by multiple-slide forming **A14:** 567
carbon content, distribution..... **M1:** 189, 195–196
carbon steel for **M1:** 183
compression test fixture **A8:** 198
defined................................ **A14:** 343
definition **M1:** 181
directionality **M1:** 194
eddy current inspection................. **A17:** 187
explosion welding **M6:** 709
explosive forming of **A14:** 641
fabrication of **M1:** 194, 197–198
fatigue properties **M1:** 194
fatigue testing of....................... **A13:** 293
flash welding..................... **M6:** 558, 577
flat, ECP detection of surface flaws .. **A17:** 137–138
formability, of magnesium alloys **A2:** 467–468
magnesium alloy **A14:** 825–826
mechanically alloyed oxide alloys **A2:** 948–949
notch toughness, thickness, effects on **M1:** 696–697, 700–701
of wrought magnesium alloys **A2:** 459–460
oxyfuel gas welding.................... **M6:** 590

Plate (continued)
penetrameters/identification markers, radiographic inspection . . . **A17:** 343
platemaking practices . . . **M1:** 182
primary testing direction, various alloys . . . **A8:** 667
quality descriptors . . . **M1:** 182–183
radiographic methods . . . **A17:** 296
reflowed solder, as preservation . . . **EL1:** 56
rolled, straight-beam top ultrasonic inspection . . . **A17:** 268–269
rolling, mechanics of . . . **A14:** 346
rotary shearing . . . **A14:** 705–707
shearing of . . . **A14:** 701–707
specimen . . . **A8:** 314, 371–372
steelmaking practices for . . . **M1:** 181–182
straight-knife shearing of . . . **A14:** 701–705
stress analysis of rolling . . . **A14:** 347
thickness, effect on mechanical properties . . . **M1:** 188–189, 194, 196
ultrahigh-strength steel for . . . **M1:** 188
wrought aluminum alloy . . . **A2:** 33, 60
wrought beryllium-copper alloys . . . **A2:** 409
wrought titanium alloys . . . **A2:** 610–611
Plate buckling
magnesium . . . **M2:** 550–552
of magnesium and magnesium alloy parts . . . **A2:** 477–479
Plate castings, shapes for . . . **A15:** 599
flat, solidification of . . . **A15:** 606
Plate dies *See* Steel-rule dies
Plate elements . . . **A20:** 179
Plate geometries
in melt rheology . . . **EM2:** 535–540
Plate glass
erosion of steels . . . **A18:** 204
Plate glass process . . . **EM4:** 21
Plate impact experiments . . . **A8:** 287
Plate impact facility
for pressure-shear impact testing . . . **A8:** 233–234
Plate impact testing
anvil preparation . . . **A8:** 234
Carpenter Hampden steel properties . . . **A8:** 234
Carpenter Stentor steel properties . . . **A8:** 234
copper tilt pins . . . **A8:** 234
diamond paste . . . **A8:** 234
diffraction grating . . . **A8:** 233
flyer and anvil properties . . . **A8:** 234
for high strain rate shear testing . . . **A8:** 215
gas gun for . . . **A8:** 233
modified diamond stop lapping fixture . . . **A8:** 234–235
pressure-shear . . . **A8:** 230–238
shear flow stress . . . **A8:** 236
shear strain rate . . . **A8:** 236
tilt pin oscilloscope record . . . **A8:** 233
Plate martensite . . . **A20:** 373, 375, 376
defined . . . **A9:** 14
definition . . . **A5:** 963
ferrous . . . **A9:** 671–672
in steel . . . **A9:** 178
nonferrous . . . **A9:** 672
Plate materials
aluminum alloy, flat-face tensile fracture in . . . **A11:** 76
aluminum alloy, LME by mercury in . . . **A11:** 79
cadmium-plated steel, arc striking at hard spot in . . . **A11:** 97
fatigue-fracture surface marks . . . **A11:** 111
flat-face fracture . . . **A11:** 109–110
heat exchangers, application . . . **A11:** 628
punched hole brittle fracture in . . . **A11:** 90
Plate mill
effect on ferrite structure in microalloyed steel . . . **A8:** 180
Plate rolling . . . **A19:** 9
mechanics of . . . **A14:** 346
spread . . . **A14:** 346
stress/roll-separating force, prediction . . . **A14:** 346
Plate steel
hydrogen flaking . . . **A12:** 141
Plate steels *See also* Alloy steels; Carbon steels; Low-alloy steels; Low-carbon steels; Plain carbon steels
ASTM compositions . . . **A9:** 202
classification . . . **A9:** 203
etchants for . . . **A9:** 202–203
etching . . . **A9:** 202–203
examination for carbides . . . **A9:** 203
examination for inclusions . . . **A9:** 203
examination for nitrides . . . **A9:** 203
grinding . . . **A9:** 202
macroexamination . . . **A9:** 203
mechanical properties . . . **A9:** 203
microstructures . . . **A9:** 203
mounting . . . **A9:** 202
polishing . . . **A9:** 202
sectioning . . . **A9:** 202
specimen preparation . . . **A9:** 202–203
welded joints, examination of . . . **A9:** 202–203
Plate steels, specific types
API X60, for line pipe, control-rolled . . . **A9:** 209
ASTM A36, as-rolled . . . **A9:** 204
ASTM A201, Grade A, graphitization after five years' service . . . **A9:** 204
ASTM A201, Grade B, crack in a weld . . . **A9:** 204
ASTM A285, Grade C, blistering . . . **A9:** 204–205
ASTM A285, Grade C, hot rolled . . . **A9:** 204
ASTM A285, Grade C, weld metal cracks . . **A9:** 204
ASTM A387, Grade D, normalized and compared . . . **A9:** 205
ASTM A515, Grade 70 . . . **A9:** 205
ASTM A516, Grade 70 . . . **A9:** 205
ASTM A517, Grade B, austenitized TEM micrographs compared . . . **A9:** 206
ASTM A517, Grade J, welded joint . . . **A9:** 206
ASTM A517, Grade M, quenched and tempered . . . **A9:** 206
ASTM A533, Grade B, different specimens from same plate . . . **A9:** 206–207
ASTM A533, Grade B, optical and TEM micrographs compared . . . **A9:** 206
ASTM A537, Grade A, normalized, optical and TEM micrographs compared . . . **A9:** 207
ASTM A537, Grade B, quenched and compared . . . **A9:** 207
ASTM A542, Class 2, quenched and compared . . . **A9:** 207–208
ASTM A553, Grade A, quenched and compared . . . **A9:** 208
ASTM A562, normalized and cooled in air compared . . . **A9:** 208
ASTM A572, Grade 55, as hot rolled . . . **A9:** 208
ASTM A572, Grade 65 . . . **A9:** 208
ASTM A633, Grade C . . . **A9:** 209
ASTM A710, Grade A, Class 3 . . . **A9:** 209
ASTM A737, Grade B . . . **A9:** 209
ASTM A808, as rolled . . . **A9:** 209
Plate theory . . . **EM3:** 385, 512
Plate waves *See also* Lamb waves
ultrasonic inspection . . . **A17:** 234
Plateability
of compact infiltrated copper alloy . . . **M7:** 565
Plateau honing process . . . **A18:** 336
Plateau stress . . . **A19:** 78
Plateau velocity
for stress-corrosion cracking . . . **A8:** 497
Plateaus
ASTM/ASME alloy steels . . . **A12:** 347
fatigue striations on . . . **A12:** 23
in ductile irons . . . **A12:** 231
multiple, crack propagation on . . . **A12:** 16
Plate-bending theory
for laminates . . . **EM1:** 220
Plated coatings
corrosion prevention mechanisms . . . **A13:** 424–426
Plated finishes
for zinc alloy castings . . . **A15:** 796–797
Plated solder
as preservation . . . **EL1:** 562–56
Plated steel
brazing to aluminum . . . **M6:** 1030
Plated through-holes
abbreviation for . . . **A11:** 797
Plated-through hole drilling
primary . . . **EL1:** 869–87
Plated-through hole (PTH) *See also* Through-substrate plated-through holes (TSPTH)
aramid fiber reliability . . . **EL1:** 61
components, removal of . . . **EL1:** 72
drilling defects . . . **EL1:** 87
failures . . . **EL1:** 1018–103
flexible printed boards . . . **EL1:** 589–59
knee, thinning at . . . **EL1:** 67
leadless packaging . . . **EL1:** 98
low-CTE metal planes . . . **EL1:** 62
materials and processes selection . . . **EL1:** 113–11
metal core construction . . . **EL1:** 622–62
poor filling, from fluxes . . . **EL1:** 68
probability of survival . . . **EL1:** 98
quartz fabrics . . . **EL1:** 61
reliability considerations . . **EL1:** 617, 619, 622–623, 627, 699–700
size, life effect . . . **EL1:** 98
soldered, illustrated . . . **EL1:** 11
soldering, methods of . . . **EL1:** 681–68
technologies, solder joint inspection . . . **EL1:** 73
types, multilayer structure . . . **EL1:** 55
vs. surface-mount device designs . . . **EL1:** 55
Plated-through hole structure test
defined . . . **EL1:** 115
Platelet alpha structure
defined . . . **A9:** 14
Platelet thickness
and spacing in transformed microstructure **A8:** 480
Platelets . . . **M7:** 8
cast aluminum alloys . . . **A12:** 409
microstructure, titanium alloys . . . **A12:** 442
Platelets, inclined through foil
AEM analysis . . . **A10:** 453, 455
Platen
defined . . . **A14:** 10
definition . . . **M6:** 13
Platen force
definition . . . **M6:** 13
Platen press
hydraulically or pneumatically actuated . . . **EM3:** 37
Platen spacing
definition . . . **M6:** 13
Platens
aluminum oxide, with elevated-temperature compression testing . . . **A8:** 196
cam plastometer . . . **A8:** 195–196
compression test fixture . . . **A8:** 198
defined . . . **EM1:** 18, **EM2:** 30
in subpress assembly for medium strain rate testing with conventional load frames . . . **A8:** 192–193
with drop tower compression system . . . **A8:** 196
Plate-out
of additives . . . **EM2:** 494
Plates . . . **M7:** 8
anisotropic, instability of . . . **EM1:** 446
beryllium . . . **M7:** 759
damping analysis of . . . **EM1:** 209–213
damping data . . . **EM1:** 212
laminated, damping analysis . . . **EM1:** 210–213
orthotropic, instability . . . **EM1:** 445–446
postbuckling behavior . . . **EM1:** 447–449
structural analysis . . . **EM1:** 461
thin, theory of . . . **EM1:** 220
with holes, stresses . . . **EM1:** 234
Plates, caul *See* Caul plates
Plates (cut lengths)
net shipments (U.S.) for all grades, 1991 and 1992 . . . **A5:** 701

SUBJECTS OF THE INDEXED VOLUMES: ASM Handbook (designated by the letter "A"): **A1:** Properties and Selection: Irons, Steels, and High-Performance Alloys (1990); **A2:** Properties and Selection: Nonferrous Alloys and Special-Purpose Materials (1990); **A3:** Alloy Phase Diagrams (1992); **A4:** Heat Treating (1991); **A5:** Surface Engineering (1994); **A6:** Welding, Brazing, and Soldering (1993); **A7:** Powder Metal Technologies and Applications (1998); **A8:** Mechanical Testing (1985); **A9:** Metallography and Microstructures (1985); **A10:** Materials Characterization (1986); **A11:** Failure Analysis and Prevention (1986); **A12:** Fractography (1987); **A13:** Corrosion (1987); **A14:** Forming and Forging (1988); **A15:** Casting (1988); **A16:** Machining (1989); **A17:** Nondestructive Evaluation and Quality Control (1989); **A18:** Friction, Lubrication, and Wear Technology (1992); **A19:** Fatigue and Fracture (1996); **A20:** Materials Selection and Design (1997). **Metals Handbook, 9th Edition** (designated by the letter "M"): **M1:** Properties and Selection: Irons and Steels (1978); **M2:** Properties and Selection: Nonferrous Alloys and Pure Metals (1979); **M3:** Properties and Selection: Stainless Steels, Tool Materials, and Special-Purpose Materials (1980); **M4:** Heat Treating (1981); **M5:** Surface Cleaning, Finishing, and Coating (1982); **M6:** Welding, Brazing, and Soldering (1983); **M7:** Powder Metallurgy (1984). **Engineered Materials Handbook** (designated by the letters "EM"): **EM1:** Composites (1987); **EM2:** Engineering Plastics (1988); **EM3:** Adhesives and Sealants (1990); **EM4:** Ceramics and Glasses (1991). **Electronic Materials Handbook** (designated by the letters "EL"): **EL1:** Packaging (1989)

Plates (in coils)
net shipments (U.S.) for all grades, 1991 and 1992 .... **A5:** 701
Platform-type package **EL1:** 45, 237
Platinel thermocouple *See* Thermocouples, materials, nonstandard
Platinel thermocouples
types/properties/ applications **A2:** 875–876
Plating *See also* Coatings; Electroplated deposits; Metallization; Plated coatings; Plated-through hole (PTH); specific coatings **A19:** 17
adhesion, as PTH failure mechanism **EL1:** 102
alloyable coatings **EL1:** 67
as manufacturing process **A20:** 247
as surface treatment in tool steels **A1:** 779
barrel *See* Barrel plating
barrier platings **EL1:** 67
capabilities/limitations **EL1:** 510–51
chemical *See* Chemical plating
chromium **A13:** 871–875
chromium, effect in AISI/SAE alloy steel fracture **A12:** 297
codeposited organics in **EL1:** 679–68
connector **EL1:** 2
conventional die compacted parts **A7:** 13
copper and copper alloys **A5:** 812–815
copper, multichip structures **EL1:** 303–30
cracks, as PTH failure **EL1:** 102
defects, types **EL1:** 102
defined **EL1:** 115
definition **A5:** 963
effect on fatigue strength **A11:** 126
electro- *See* Electroplating
electroless *See also* Electroless plating ... **EL1:** 510, 545, 870
electroless copper **EL1:** 545, 870
electroless nickel, for edge retention .. **A12:** 95, 100
electrolytic **EL1:** 510–511, 545–546, 871–872
electrolytic copper **EL1:** 545–546, 871–872
equalizers **EL1:** 872–873
equipment, corrosion of **A13:** 1314–1316
first-level packages **EL1:** 989–991
flexible printed boards **EL1:** 583
folds, printed board coupons **EL1:** 576
for surface preparation **EL1:** 679
gold **EL1:** 549–550
hydrogen embrittlement by **A12:** 22, 30
hydrogen entry **A13:** 330
hydrogen-charging, precipitation-hardening stainless steels **A12:** 372
immersion *See also* Immersion plating ... **A13:** 430
immersion solder, as preservation **EL1:** 564
in cold-formed parts **A11:** 308
ion **A13:** 457, 821
lead frame **EL1:** 484, 487
magnesium alloys **A5:** 830–833
materials and processes selection **EL1:** 113–116
materials, hydrogen damage susceptibility **A11:** 126
mechanical *See also* Mechanical plating .. **A13:** 767
metallic, uranium/uranium alloys **A13:** 819–821
nickel, for edge protection **A11:** 24
nodules, printed board coupons **EL1:** 575
of beryllium **A2:** 683
of mill products **A13:** 430
of P/M parts **M7:** 460
of shafts **A11:** 459
of springs **A1:** 311–312
of thin-film hybrids **EL1:** 313, 329–330
P/M process planning secondary operation **A7:** 697, 698
pattern vs. panel, rigid printed wiring boards **EL1:** 540
peeling in integrated circuits **A11:** 43–45
plasma process **EL1:** 511
precious metals, materials and processes selection **EL1:** 116
problems, first-level package **EL1:** 991
selective *See* Selective plating
steel, hydrogen blistering **A13:** 332
strikes **EL1:** 679
thickness of **EL1:** 942–943
tin-lead, rigid printed wiring boards **EL1:** 546
to CIC layers **EL1:** 627–62
tool steels **A5:** 770
voids, as PTH failure mechanism **EL1:** 1022–1023
zinc **A13:** 767
zinc alloys **A2:** 530
Plating, arsenic
historic **A15:** 16
Plating baths
acid -basicity measured **A10:** 172
contamination **EL1:** 679
hydrogen embrittlement testing for **A8:** 541
potentiometric membrane electrode analysis of **A10:** 181
solution analysis, by ion chromatography **A10:** 658
wet chemical analysis of **A10:** 165
Plating, core
of electrical steel sheet **A14:** 482
Plating cracks
as planar flaws **A17:** 50
Plating efficiency **A18:** 834
Plating for edge retention *See also* Nickel plating **A9:** 32
cleaning of specimens **A9:** 28
nitrided steels **A9:** 218
of tool steels **A9:** 256
Plating for preservation of the white layer in nitrided steels **A9:** 218
Plating of aluminum alloys containing copper as a result of using magnesium oxide
abrasives **A9:** 353
Plating rack
definition **A5:** 963
Plating slivers
as PTH failure mechanism **EL1:** 1024–1025
Plating, stainless steel *See also* Electroplating **M3:** 55
Plating waste disposal and recovery *See also* Waste recovery and treatment **M5:** 310–319
chromium reduction process **M5:** 311–312
clarification process **M5:** 313–314
complex wastewater treatment systems **M5:** 314–315
conventional wastewater treatment systems **M5:** 311–314
cyanide oxidation process **M5:** 312
direct (natural) recovery **M5:** 315–316
dragout recovery **M5:** 315–316
dragout, reduction of **M5:** 310–311
effluent polishing **M5:** 318
electrodialysis recovery **M5:** 318–319
electrowinning recovery **M5:** 319
evaporation rates **M5:** 316
evaporation recovery **M5:** 316–317
ion exchange recovery **M5:** 317–318
neutralization process **M5:** 312–313
oxidation-reduction potential measurements **M5:** 312
recovery systems **M5:** 315–319
regulations governing **M5:** 310–311
sludge de-listing **M5:** 310
reverse osmosis recovery **M5:** 318
rinsewater flows, minimizing **M5:** 311
rinsewater recovery and recycling **M5:** 318
sludge dewatering **M5:** 313–314
treatment load, minimizing **M5:** 310–311
vapor recompression **M5:** 316
Platings *See also* Coatings; Electroplating; Metalic coatings
cast irons **M1:** 101–103
corrosion protection **M1:** 752–754
springs, steel **M1:** 291
Platinized titania
Auger electron spectroscopy application **A18:** 449–450, 451
ion-scattering spectrometry application ... **A18:** 449, 450
Platinosis
as platinum toxic reaction **M7:** 207
Platinum *See also* Platinum alloys; Platinum-group metals; Precious metals **A13:** 797–799
alloying **A13:** 47, 798
alloys, FIM sample preparation of **A10:** 586
alloys, relative hydrogen susceptibility **A8:** 542
annealing **M4:** 760, 761, 762
anodes showing electrochemical and corrosion effects **EM3:** 629–631
antitumor applications **A2:** 1258
applications **A2:** 707
as a conductive coating for scanning electron microscopy specimens **A9:** 97
as a reactive sputtering cathode material **A9:** 60
as braze filler metal **A11:** 450
as crucible material for glass melting **EM4:** 21
as electrical contact materials **A2:** 846–848
as metallic coating for molybdenum **A5:** 859
as precious metal **A2:** 688
atomic interaction descriptions **A6:** 144
brazing with glasses **EM4:** 520
catalyst for silicones **EM3:** 598
catalyst for silicones PSAs **EM3:** 135, 136, 137
catalyst for vulcanization of silicones **EM3:** 217
chemical properties **A2:** 846
-clad niobium, corrosion control **A13:** 888–889
commercially pure **M2:** 688–690
components, elevated-temperature failure in **A11:** 296–297
corrosion in acids **A13:** 801
corrosion in gases **A13:** 803
corrosion in halogens **A13:** 803
corrosion in organic compounds **A13:** 803
corrosion in salts **A13:** 802
corrosion resistance **A13:** 798, **M2:** 668–669
corrosion weight loss **A13:** 804
determined in silver scrap metal **A10:** 41
electrical circuits for electropolishing **A9:** 49
electrical contacts, use in **M3:** 669–671
electrical resistance applications **M3:** 641, 646, 647, 655
electrodes for resistance brazing **A6:** 340
electrodes, in biamperometric titration ... **A10:** 204
elemental sputtering yields for 500 eV ions **A5:** 574
energy factors for selective plating **A5:** 277
evaporation fields for **A10:** 587
explosion welding **A6:** 896, **M6:** 710
fabrication **A13:** 797
for coating surfaces before transmission electron microscopy **EM3:** 242
for heating elements used in HIP **EM4:** 195
for metallizing **EM4:** 542, 544
friction coefficient data **A18:** 71
galvanic series for seawater **A20:** 551
glass-to-metal seals **EM3:** 302
gravimetric finishes **A10:** 171
in clad and electroplated contacts **A2:** 848
in liquid-phase metallizing **EM3:** 306
in medical therapy, toxic effects **A2:** 1258
in metal powder-glass frit method **EM3:** 305
in vacuum, as SERS metal **A10:** 136
in vapor-phase metallizing **EM3:** 306
ion implantation **A5:** 608
ion implantation applications **A20:** 484
joining **EM4:** 487
lead, for acidified chloride solutions **A8:** 419
material for conductors **EM4:** 1141
material for electrode in commercial oxygen sensors **EM4:** 1137
material to which crystallizing solder glass seal is applied **EM4:** 1070
nitric/hydrochloric acid dissolution medium **A10:** 166
oxidation resistance **A13:** 798–799
photochemical machining etchant **A16:** 590
polycrystalline on a titania substrate, ion-scattering spectrometry application **A18:** 449
primary bond metal with alumina **EM3:** 300
properties **A13:** 797–798
pure **M2:** 781–783
pure, properties **A2:** 1147
recommended glass/metal seal combinations **EM4:** 497
relative solderability **A6:** 134
relative solderability as a function of flux type **A6:** 129
resources and consumption **A2:** 689
semifinished products **A2:** 694
selective plating solution for precious metals **A5:** 281
soldering **A6:** 631
solution for plating niobium or tantalum .. **A5:** 861
special properties **A2:** 692
substrate, extent of coverage of nickel-phosphorus film on **A10:** 608
suitability for cladding combinations **M6:** 691
thermal diffusivity from 20 to 100 °C **A6:** 4
thermal expansion coefficient **A6:** 907
TWA limits for particulates **A6:** 984
ultrapure, by fractional crystallization **A2:** 1093
ultrasonic welding **M6:** 746

Platinum (continued)
vapor pressure, relation to temperature ... **M4:** 309, 310
wire, temperature effect on tensile strength ... **A13:** 800
working of ... **A14:** 520, 849–850
zinc and galvanized steel corrosion as result of contact with ... **A5:** 363
Platinum alloy powders
apparent density ... **A7:** 40
extrusion ... **A7:** 627
mass median particle size of water-atomized powders ... **A7:** 40
oxygen content ... **A7:** 40
standard deviation ... **A7:** 40
Platinum alloy vacuum coating ... **M5:** 388, 390–391, 394
Platinum alloys *See also* Platinum-group metals (PGM)
applications ... **A2:** 709–714
as electrical contact materials ... **A2:** 846–848
electrolytic etching of ... **A9:** 551
for STM tips ... **A19:** 71
magnetic ... **A9:** 539
working of ... **A14:** 520, 851
Platinum alloys, specific types
75Pt-25Ir ... **A9:** 563
89Pt-11Ru ... **A9:** 563
Platinum and platinum alloys
age hardening ... **A4:** 946
annealing ... **A4:** 944, 945–946
hardness ... **A4:** 943, 944
mechanical properties ... **A4:** 944, 945, 946
tensile strength ... **A4:** 944
vapor pressure of platinum, relation to temperature ... **A4:** 495
Platinum black powders ... **M7:** 150
Platinum coating molybdenum ... **M5:** 661
Platinum complexes
mutagenic and carcinogenic effects ... **A2:** 1258
Platinum dispersion-strengthened alloys
applications ... **M7:** 722
Platinum fusion process ... **A7:** 3, 4–5
Platinum group elements and alloys
annealing ... **A4:** 944–947
applications ... **A4:** 944–945
Platinum group metals
electrical circuits for electropolishing ... **A9:** 49
toxicity ... **M7:** 207
Platinum on brass
as cathode material for anodic protection, and environment used in ... **A20:** 553
Platinum oxide ... **A7:** 69
Platinum oxide layer sputtered onto Sn-18Ag-15Cu ... **A9:** 61
Platinum plating ... **A5:** 253
niobium ... **M5:** 663–664
refractory metals and alloys ... **A5:** 859
solution compositions and operating conditions ... **M5:** 663–664
tantalum ... **M5:** 663–664
titanium ... **M5:** 658–659
titanium and titanium alloys ... **A5:** 846
Platinum powders *See also* Precious metal powders
ancient P/M practices ... **M7:** 14
annealing ... **A7:** 4
as pyrophoric ... **M7:** 199
black production and characteristics ... **M7:** 150
chemically precipitated ... **M7:** 150
compaction by Wollaston process ... **M7:** 15–16
content in ancient ingots ... **A7:** 3
diffusion factors ... **A7:** 451
dispersion-strengthened ... **M7:** 720–722
for shadowing in transmission electron microscopy ... **A7:** 261
fusion procedure ... **A7:** 4–5, **M7:** 16
halo derivative of ... **A7:** 168
history ... **M7:** 14–16
history of powder metallurgy of ... **A7:** 3–5
malleable, production of ... **A7:** 4
microstructure ... **A7:** 727
physical properties ... **A7:** 451
production ... **M7:** 148, 150
reducing agents ... **M7:** 150
techniques of production used by Incas ... **A7:** 3
thick-film ... **M7:** 151
toxicity ... **M7:** 207
Platinum powders, production of ... **A7:** 182, 186–187
advantages ... **A7:** 186
alloys produced ... **A7:** 187
applications ... **A7:** 186
particle sizes ... **A7:** 186
reducing agents ... **A7:** 186
Platinum salts
as allergens ... **A2:** 1258
Platinum silicide
heats of reaction ... **A5:** 543
Platinum x-ray tubes ... **A17:** 302
Platinum-aluminide coating ... **A20:** 597, 598
Platinum-arsenic alloys
fusible ... **A7:** 3, 4
Platinum-carbon alloys
for thermal evaporation ... **A12:** 172–173
Platinum-clad niobium
as anode material ... **A13:** 889
Platinum-cobalt alloys *See* Magnetic materials
Platinum-cobalt permanent magnet alloy ... **M2:** 697–698
Platinum-cobalt permanent magnet alloys ... **A2:** 713, 787
Platinum-gold conductor inks ... **EL1:** 208
Platinum-gold powders ... **A7:** 184
thick-film ... **M7:** 151
Platinum-group metals
iridium ... **M2:** 664
jewelry ... **M2:** 666–667
osmium ... **M2:** 665
palladium ... **M2:** 663–664
platinum ... **M2:** 663
production ... **M2:** 660–661
rhodium ... **M2:** 664
ruthenium ... **M2:** 664–665
special properties ... **M2:** 660–661
Platinum-group metals (PGM) *See also* Platinum; Platinum alloys
in electronic scrap recycling ... **A2:** 1228
in medical therapy, toxic effects ... **A2:** 1258
resources and consumption ... **A2:** 689–690
special properties ... **A2:** 692, 694
trade practices ... **A2:** 691
Platinum-group metals (PGM), specific types
79Pt-15Rh-6Ru, properties ... **A2:** 711–712
Pd-9.5Pt-9.0Au-32.4Ag, as electrical contact materials ... **A2:** 848
Pd-26Ag-2Ni, as electrical contact materials ... **A2:** 848
Pd-30Ag-l4Cu-10Au-10Pt-1Zn, as electrical contact materials ... **A2:** 848
Pd-38Ag-16Cu-1Pt-lZn, as electrical contact materials ... **A2:** 848
Pd-40Ag, as electrical contact materials ... **A2:** 847–848
Pd-40Cu, as electrical contact materials ... **A2:** 847
platinum 67, as thermocouple reference standard ... **A2:** 870
Pt-18.4Pd-8.2Ru, as electrical contact materials ... **A2:** 847
Platinum-group metals plating ... **A5:** 251–253
applications ... **A5:** 251
decorative rhodium plating solutions ... **A5:** 251
electrolytes for plating platinum ... **A5:** 253
iridium electroplating ... **A5:** 253
osmium plating ... **A5:** 253
palladium electroplating solutions ... **A5:** 252
palladium plating ... **A5:** 252–253
palladium thickness classifications for engineering use ... **A5:** 253
palladium-nickel electroplating solutions ... **A5:** 253
plating parameters for producing low-stress deposits from a rhodium sulfamate solution ... **A5:** 252
platinum electroplating solutions ... **A5:** 253
platinum plating ... **A5:** 253
rhodium deposits, low-stress, solutions for electroplating in engineering applications ... **A5:** 252
rhodium plating ... **A5:** 251–252
rhodium plating thickness classifications for engineering use ... **A5:** 252
ruthenium electroplating solutions ... **A5:** 251
ruthenium plating ... **A5:** 251
ruthenium plating electrolytes ... **A5:** 251
six metals listed in group ... **A5:** 251
Platinum-iridium alloys *See also* Platinum; Platinum alloys ... **M2:** 691–693
as electrical contact materials ... **A2:** 846–847
for tip materials for scanning tunneling microscopy ... **A18:** 395
properties ... **A2:** 709–710
Platinum-iridium powders ... **A7:** 187
Platinum-molybdenum thermocouples
properties/applications ... **A2:** 874–875
Platinum-nickel alloys ... **M2:** 695–696
properties ... **A2:** 713
Platinum-palladium alloys ... **M2:** 690–691
properties ... **A2:** 709
Platinum-palladium powders ... **A7:** 187
Platinum-palladium-gold powders
for multilayer ceramic capacitors ... **M7:** 151
Platinum-palladium-silver ... **A7:** 182
Platinum-platinum oxide (Pt-PtO)
reference electrodes for use in anodic protection, and solution used ... **A20:** 553
Platinum-rhenium alloys
for tip materials for scanning tunneling microscopy ... **A18:** 395
Platinum-rhodium
as metallic coating for molybdenum ... **A5:** 859
for noble metal thermocouples used in vacuum heat treating ... **A4:** 506
Platinum-rhodium alloys ... **M2:** 693–694
elevated-temperature failure ... **A11:** 296–297
properties ... **A2:** 710–711
Platinum-rhodium dispersion-strengthened materials ... **M7:** 721
Platinum-rhodium plus zirconium boride
cermet electrodeposited coatings for high-temperature oxidation protection ... **A5:** 473
Platinum-rhodium powders ... **A7:** 187
Platinum-rhodium thermocouples
bare, effect of environment ... **A2:** 882
ceramic insulation ... **A2:** 883
Platinum-rhodium-ruthenium alloy ... **M2:** 695
Platinum-ruthenium alloys ... **M2:** 694–695
as electrical contact materials ... **A2:** 847
properties ... **A2:** 711
Platinum-silver conductor inks ... **EL1:** 337
Platinum-tungsten alloys ... **M2:** 696–697
properties ... **A2:** 712–713
Playacting ... **A20:** 22
PLC units *See* Programmable logic control (PLC) units
PLCC *See* Plastic leaded chip barrier
Plenum ... **A6:** 1166
definition ... **M6:** 13
of uranium dioxide fuel rod ... **M7:** 665
Plenum chamber (plasma arc welding and cutting, and plasma spraying)
definition ... **A6:** 1212
Plied yarn *See also* Plies; Ply; Yarn; Yarns
defined ... **EM1:** 18, **EM2:** 30
Plies *See also* Fiber(s); Ply; Prepreg; Yarn
numbers, for laminate ranking ... **EM1:** 455–456
orientation ... **EM1:** 218
partial, composite tooling ... **EM1:** 581
partial, locating ... **EM1:** 606
UDC, for laminates ... **EM1:** 218

SUBJECTS OF THE INDEXED VOLUMES: ASM Handbook (designated by the letter "A"): **A1:** Properties and Selection: Irons, Steels, and High-Performance Alloys (1990); **A2:** Properties and Selection: Nonferrous Alloys and Special-Purpose Materials (1990); **A3:** Alloy Phase Diagrams (1992); **A4:** Heat Treating (1991); **A5:** Surface Engineering (1994); **A6:** Welding, Brazing, and Soldering (1993); **A7:** Powder Metal Technologies and Applications (1998); **A8:** Mechanical Testing (1985); **A9:** Metallography and Microstructures (1985); **A10:** Materials Characterization (1986); **A11:** Failure Analysis and Prevention (1986); **A12:** Fractography (1987); **A13:** Corrosion (1987); **A14:** Forming and Forging (1988); **A15:** Casting (1988); **A16:** Machining (1989); **A17:** Nondestructive Evaluation and Quality Control (1989); **A18:** Friction, Lubrication, and Wear Technology (1992); **A19:** Fatigue and Fracture (1996); **A20:** Materials Selection and Design (1997). **Metals Handbook, 9th Edition** (designated by the letter "M"): **M1:** Properties and Selection: Irons and Steels (1978); **M2:** Properties and Selection: Nonferrous Alloys and Pure Metals (1979); **M3:** Properties and Selection: Stainless Steels, Tool Materials, and Special-Purpose Materials (1980); **M4:** Heat Treating (1981); **M5:** Surface Cleaning, Finishing, and Coating (1982); **M6:** Welding, Brazing, and Soldering (1983); **M7:** Powder Metallurgy (1984). **Engineered Materials Handbook** (designated by the letters "EM"): **EM1:** Composites (1987); **EM2:** Engineering Plastics (1988); **EM3:** Adhesives and Sealants (1990); **EM4:** Ceramics and Glasses (1991). **Electronic Materials Handbook** (designated by the letters "EL"): **EL1:** Packaging (1989)

Plots
carpet **A12:** 172
contour **A12:** 172
fractal **A12:** 211–214
Plotting
defined **EL1:** 1153
Plow Steel quality rope wire **M1:** 265, 266
Plowing *See also* Scratching
defined **A8:** 10, **A11:** 8
definition **A5:** 963
test **A8:** 107
Plowing (ploughing) **A18:** 34, 35, 184–185, 186
component of friction **A18:** 432
defined **A18:** 15
stress **A18:** 432, 433
term (F_p) **A18:** 33
Plug and formed mandrels, for tube **A14:** 137, 667
Plug forming
defined **EM2:** 30
Plug gages
scanning laser gages for **A17:** 12
Plug joint
laser-beam welding **A6:** 879
Plug scores
tubular products **A17:** 568
Plug weld
definition **A6:** 1212
Plug welds **M6:** 13
cracking in **A11:** 655–656
definition **M6:** 13
electron beam welding **M6:** 618
oxyacetylene braze welding **M6:** 597
Plugging indicator
for liquid metals purity **A8:** 426
Plug-in packages **EL1:** 451–452
Plugs
defined **A14:** 10
fixed, drawing with **A14:** 330
floating, drawing with **A14:** 331
Plug-type
dealloying, copper/copper alloys **A13:** 614
zincification **A13:** 128, 129, 132
Plug-type dezincification
as selective leaching **A11:** 633
Plug-type die inserts **A14:** 47
Plumber's wiping solder
micrograph **A9:** 422
Plumbicon tubes
dynamic range, radiography **A17:** 318
television, as optical image sensors **A17:** 10
Plumbing
copper and copper alloys **A2:** 239–240
Plumbing applications *See also* Construction applications; Fluid handling applications
homopolymer/copolymer acetals **EM2:** 101
of part design **EM2:** 616
Plumbing goods brass
properties and applications **A2:** 365
Plumbism **M7:** 297–298
Plumbum coatings
applications **A2:** 555–556
Plumbum series **M2:** 498–499
of lead and lead alloy structures **A2:** 555–556
Plunge grinding
definition **A5:** 963
Plunge quenching
of uranium alloys **A2:** 673
Plunger *See also* Die casting; Force plug; Port
defined **A15:** 9
Plunger, reciprocating screw
in polymer processing classification scheme **A20:** 699
Plunger shaft
fatigue fracture from sharp fillet **A11:** 319–320
Plus mesh **M7:** 9
Plus sieve **M7:** 9
Plutonium
as pyrophoric **M7:** 199
-beryllium reactions, as neutron source for NAA **A10:** 234
determined by controlled-potential coulometry **A10:** 209
diffusion into thorium **A10:** 249
pure **M2:** 783–785, 832–833
thermal diffusivity from 20 to 100 °C **A6:** 4
Plutonium alloys
tantalum corrosion in **A13:** 735
Plutonium, as actinide metal
properties **A2:** 1192
Plutonium oxide powders
packed density **M7:** 297
Plutonium-gallium alloys
as embrittlement source **A11:** 234
Ply *See also* Fiber(s); Plies; Preply; Prepreg; Yarn **EM3:** 21
count, in manual lay-up **EM1:** 603
cutting, mechanically assisted **EM1:** 606
defined **EM1:** 18, **EM2:** 30
drop-off **EM1:** 322, 435
elastic constants **EM1:** 237
failure criteria **EM1:** 138
forming station, mechanized **EM1:** 605
geometry **EM1:** 458–459
lamination, automated **EM1:** 639–641
peel, in cure preparation **EM1:** 642
progressive failures **EM1:** 238–239
properties **EM1:** 313–314, 316–318
reference system **EM1:** 236
sorting/stacking, mechanically assisted . . . **EM1:** 606
strength proper-ties **EM1:** 237–238
stress at a point theories **EM1:** 238
stresses, at first-ply failure **EM1:** 232
stress-strain law **EM1:** 459
thickness, cure **EM1:** 761
Ply buckling
resin-matrix composites **A12:** 478
Ply cutters **EM1:** 619, 622
Ply cutting
automated system specifications **EM1:** 622–623
CAD/CAM integrated manufacturing center for **EM1:** 621–622
computer-controlled **EM1:** 619–623
mechanically assisted **EM1:** 606
ultrasonic **EM1:** 615–618
Ply die cutting **EM1:** 608–614
automation of **EM1:** 613–614
die-cutting system **EM1:** 608–613
Ply flipping
in manual lay-up **EM1:** 602–603
Ply, laminate *See* Laminate ply
Ply pattern
cutting systems, automated **EM1:** 619–620
labeling systems, automated **EM1:** 620
Ply, peel *See* Peel ply
Ply termination tests **EM3:** 822, 823
Plying
of glass textile yams **EM1:** 110
Plymetal
definition **A5:** 963
Plywood **EM3:** 21
as laminate **EM1:** 218
PM 1000
composition **A6:** 1037
PM 2000
composition **A6:** 1037
PM 3030
composition **A6:** 1037
PM rule *See* Palmgren-Miner rule
P_{max} constant, ΔK decreasing **A19:** 138
PMB designation **A7:** 665
PMMA *See* Polymethyl methacrylate
PMR acetylene end-capped Thermid AL-600 resin **EM1:** 84
PMR polyimides *See also* Polyimide . . . **EM1:** 82–83, 85, 89, **EM3:** 21
applications **EM1:** 812–814
autoclave cure cycle **EM1:** 662
chemical structure **EM1:** 141
constituent properties **EM1:** 89
cure cycle, with Advanced Cure Monitor (ACM) **EM1:** 761
cure cyle **EM1:** 141
defined **EM1:** 18, **EM2:** 30
development **EM1:** 810–811
isomerization during polymerization **EM1:** 83
monomer structure **EM1:** 811
press-molding cure cycle **EM1:** 663
properties **EM1:** 290, 810–812
reverse Diels-Aider, reaction scheme **EM1:** 82
temperature capabilities **EM1:** 78
tests for **EM1:** 290
PMS technology *See also* Ternary molybdenum chalcogenides (chevrel phases)
fabrication **A2:** 1077–1079
superconducting properties, wire filaments **A2:** 1079
PMT *See* Photomultiplier tube
***p-n* junctions** *See also* Silicon p-n junction failures in integrated circuits **A11:** 768
Pneumatic **A7:** 638
Pneumatic die cushions **A14:** 498
Pneumatic hammer **A18:** 529
Pneumatic isostatic forging (PIF) **A7:** 638–641
Pneumatic molding machine **A7:** 358
Pneumatic nebulizers **A10:** 34–36, 47
Pneumatic piston subassembly **A20:** 47
Pneumatic powder dispenser
for metal powder cutting **M7:** 843
Pneumatic press **M7:** 9
Pneumatic scrubbing
for sand reclamation **A15:** 227, 352
Pneumatic shears
for plate and flat sheet **A14:** 702
Pneumatic-action grips **A8:** 51
Pneumatic-hydraulic system **A8:** 586
Pneumoconiosis **M7:** 202
***p*-nonylphenol**
physical properties **EM3:** 104
pnp transistors **EL1:** 146–147, 958
Pochhammer-Chree oscillations
in elastic pressure bars **A8:** 199–200
Pocket
defined **A18:** 15
Pocket dosimeters
for radiation monitoring **A17:** 301
Pocket plate **A7:** 1107, 1108
Pocket pressure
hydrostatic lubrication **A18:** 91
Pocket pressure in hydrostatic bearing
nomenclature for lubrication regimes **A18:** 90
Pockets **A20:** 156
Pocket-thrust bearing
defined **A18:** 15
Pockmarks
tool steels **A12:** 381
POD *See* Probability of detection
POD(a) function *See also* Probability of detection (POD) confidence bounds **A17:** 695
defined **A17:** 689–690
experimental design for **A17:** 693–694
Point analysis
beryllium-copper alloy **A10:** 559
cold-rolled steel **A10:** 556–558
of solids **M7:** 257
x-ray scanning electron microscopy **A9:** 92–93
Point charge
for explosive forming **A14:** 636
Point contacts
in sliding contact wear tests **A8:** 605
Point defect agglomerates **A9:** 116–117
Point defects *See also* Interstitials; Vacancies **A13:** 46, **A20:** 322, 340
annealing out during recovery **A9:** 693
as stored energy sites in cold-worked metals **A9:** 692
crystalline **EL1:** 93
effect, resistance-ratio test **A2:** 1096
FIM images in pure metals **A10:** 588–589
formation of **A9:** 116
in crystals **A9:** 719
in radiation damage, FIM/AP study of . . . **A10:** 583
internal grain structure **A10:** 358
observed using FIM **A10:** 588
transmission electron microscopy **A9:** 116–117
Point estimate
defined **A8:** 10
Point fraction **A7:** 269
Point heating
for thermal inspection **A17:** 398
Point location
as stereoscopic method **A12:** 196–198
Point modification
on drills **A16:** 226–228
Point plots
acoustic emission inspection **A17:** 283–284
Point ratio
equality of volume fraction to **A9:** 125
Point samplers **A7:** 208
Point spread function (PSF)
defined **A17:** 384
in computed tomography (CT) **A17:** 372–373

Point stress
analysis, software for . . . EM1: 275–281
criterion, for fracture . . . EM1: 254, 255
failure, by fatigue . . . EM1: 244–246
theory, for laminates . . . EM1: 235
theory, ply . . . EM1: 238
Point surface origin (PSO) fatigue . . . A19: 360
Point symmetries of crystal structure . . . A9: 708
Point (typeset) . . . A20: 144
Point-count grids . . . A9: 123–125
Point-count method of quantitative metallography . . . A9: 123–125
Point-counting method, metallographic evaluation
thermal spray coatings . . . M5: 371–372
Pointing
in drawing . . . A14: 332–333
"Points" . . . A5: 20
Point-surface origin
factors controlling occurrence . . . A19: 699
Point-to-point interconnection . . . EL1: 2–4
Poise
defined . . . A18: 15
Poiseuille equation . . . A7: 284, 359
Poiseuille's capillary law . . . A7: 541, 1036
Poiseuille's law
kinetics of infiltration as controlled by viscous flow through pores . . . EM4: 239–240
Poisoning *See also* Toxicity
by sintering atmospheres . . . M7: 348–350
by toxic sintering atmospheres . . . M7: 348–349
heavy metal, nuclear fuel pellets . . . M7: 666
of grain refiner . . . A15: 108
Poisoning of the target . . . A5: 576
Poisseuille
defined . . . A18: 15
Poisson burr
definition . . . A5: 963
Poisson distribution . . . A20: 80–81, 90, 92
Poisson distribution, percentile . . . A8: 629
cumulative distribution function . . . A8: 629
cumulative probability function . . . A8: 637
mean . . . A8: 629, 637
parameter estimates . . . A8: 629, 637
percentile estimates . . . A8: 629
probability density function . . . A8: 629
probability mass function . . . A8: 636–637
variance . . . A8: 629, 637
Poisson distribution, use
quality control . . . A17: 736
Poisson expansion
in axial compression testing . . . A8: 56
Poisson law . . . A7: 702
Poisson probability distribution . . . A7: 702–703
Poisson's ratio *See also* Elastic properties; Mechanical properties; Tensile Poisson's ratio . . A7: 333, A11: 8, 51, EM3: 21, EM4: 424
aluminum casting alloys . . . A2: 150, 152–177
and density in P/M steels . . . M7: 466
and density of low-alloy ferrous parts . . . M7: 463
and extensional-shear ratio, laminates . . . EM1: 223
and forging modes . . . M7: 414
and part density . . . A7: 808–809
cast copper alloys . . . A2: 357–391
defined . . A8: 10, A10: 679, A14: 10, EM1: 18, 186, EM2: 30–31
defined, directions for . . . EM1: 358–359
design values for . . . A8: 662
ductile iron . . . M1: 38
effect in torsional testing . . . A8: 218
for elastic bending . . . A8: 118
in flexure of aluminum oxide-containing cermets . . . M7: 804
in stress measurement . . . A10: 382
in torsion testing . . . A8: 139
maraging steels . . . M1: 451
of chromium carbide-based cermets . . . M7: 806
of glass fibers . . . EM1: 46
or frequency, symbol for . . . A10: 692
P/M steels . . . M1: 339
symbol for . . . A8: 726
tensile, medium-temperature thermoset matrix composites . . . EM1: 386
unbalanced, in composites . . . EM1: 260
wrought aluminum and aluminum alloys . . . A2: 62–122
Poisson's ratio effect . . . A20: 654
Poisson's ratio (ν) . . . A20: 513, 535
definition . . . A20: 838
Poisson's ratio of gear
symbol and units . . . A18: 544
Poisson's ratio of pinion
symbol and units . . . A18: 544
Poka yoke . . . A20: 315
Poker chips
powders used . . . M7: 574
Polacetylene . . . A20: 434, 450
Polak model . . . A19: 101
Polar additives
grinding . . . A16: 437
Polar backscattering
as angle-beam ultrasonic inspection . . . A17: 248
Polar coordinate vision *See also* Machine vision
application . . . A17: 40
defined . . . A17: 3
Polar covalent solids . . . A20: 337
Polar crystals
LEISS identification of faces . . . A10: 603
Polar data set (Rθ) . . . A7: 272
Polar heat . . . A19: 475
Polar Kerr effect . . . A9: 535
Polar lubricants
for wire forming . . . A14: 696
Polar materials
as dispersing agent . . . A7: 220
Polar moment of area . . . A20: 284
Polar moment of inertia . . . A8: 725
definition . . . A20: 838
Polar polymers
as dispersing agent . . . A7: 220–221
Polar weave
3-D, geometry of . . . EM1: 129
for multidirectionally reinforced fabrics/preforms . . . EM1: 129–130
process, summary . . . EM1: 131
Polar winding *See also* Planar winding
defined . . . EM1: 18
filament winding . . . EM2: 31, 373
pattern . . . EM1: 13, 508, 514
Polar/nonionic materials
in electronic manufacturing . . . EL1: 660
Polar/nonionic residues
cleaning of . . . EL1: 659–660
Polar-covalent-bonded silica . . . A20: 338
Polarimeter . . . EM3: 21
defined . . . EM2: 31
Polariscope . . . EM3: 21
defined . . . EM2: 31
Polarity
definition . . . A6: 1212
Polarizability
defined . . . EL1: 99
Polarizability, molecular
effect in Raman spectroscopy . . . A10: 127
Polarization . . . A5: 637–638, A20: 546, EL1: 99–100, 1153, EM3: 634
admittance, defined . . . A13: 10
analyzer, in Raman spectrometer . . . A10: 128
anodic . . . A13: 123
characteristics, crevice corrosion of stainless steels . . . A13: 304
concentration . . . A13: 4, 34
curve . . . A13: 10, 152
defined . . . A13: 10
definition . . . A5: 963
diagrams, coupled potential and galvanic current from . . . A13: 236
electrochemical . . . A13: 271–274
galvanostatic . . . A13: 1333
γ-ray, Mössbauer spectroscopy . . . A10: 288
in galvanic corrosion . . . A13: 83
in voltammetry . . . A10: 189
measurements . . . A13: 84
method, electrochemical corrosion testing A13: 214
microwave . . . A17: 20
modes, dynamic diffraction . . . A10: 367
modulation . . . A10: 114–115
molecular . . . A10: 127
of a molecule, abbreviation for . . . A10: 690
P/S, in interferometer measurement . . . A17: 1
potentiostatic, curve for inconel . . . A10: 558, 625
prevention by stirring in electrogravimetry . . . A10: 200
resistance measurement . . . A13: 200, 214
resistance technique . . . A13: 209
scrambler, in Raman spectrometer . . . A10: 128
tests, crevice corrosion . . . A13: 308–309
Polarization curves
anodic, iron-chromium alloys . . . A13: 48
aqueous corrosion . . . A13: 34–35
defined . . . A13: 10
galvanic corrosion evaluation by . . . A13: 235–236
of 18-8 austenitic stainless steel . . . A9: 144–145
of an alloy in a deaerated-acid environment . . . A9: 144
of iron-chromium alloys . . . A9: 146
reference electrodes . . . A13: 23
Polarization experiments . . . A7: 985–988
Polarization interferometer . . . A9: 150–151
Polarization keys, nickel-silver . . A7: 1105–1106, 1107
Polarization modulation
as infrared spectroscopic method . . . A10: 114–115
Polarization potential . . . A18: 274
Polarization resistance . . . A5: 638, A7: 985, 986, 987
aqueous corrosion . . . A13: 33
defined . . . A13: 10
measurement . . . A13: 214–215
methods . . . A13: 214
modeling of . . . A13: 234
polarization curves . . . A13: 216
soil corrosion . . . A13: 209
Polarization resistance probe . . . A19: 470
Polarization resistance techniques . . . A18: 274, 275
Polarized ceramics
as tranducer elements . . . A17: 25
Polarized contacts
life of . . . A2: 860–861
Polarized light
and color etching . . . A9: 136
in optical microscopy . . . A9: 76–79
in potentiostatic etching . . . A9: 144
optical color metallography . . . A9: 138
used in microscopic examination of lead and lead alloys . . . A9: 416
used to examine porcelain enameled sheet steel . . . A9: 499
Polarized light etching . . . A9: 58–59
Polarized light illumination
defined . . . A9: 14
used to identify deformation twins . . . A9: 688
Polarized light microscopy *See also* Differential-interference contrast technique
of fiber composites . . . A9: 592
principles of . . . A9: 58
uranium and uranium alloys . . . A9: 479–480
used for hafnium . . . A9: 497–499
used for zirconium and zirconium alloys . . . A9: 497–499
used to examine cuprous oxide inclusions in copper and copper alloys . . . A9: 400
Polarized ultrasonic wave technique . . . A6: 1095, 1096
Polarizer
defined . . . A9: 14
Polarizing element
defined . . . A10: 679
Polarizing filters . . . A9: 72
for optical images . . . EL1: 1067–1068

SUBJECTS OF THE INDEXED VOLUMES: ASM Handbook (designated by the letter "A"): **A1:** Properties and Selection: Irons, Steels, and High-Performance Alloys (1990); **A2:** Properties and Selection: Nonferrous Alloys and Special-Purpose Materials (1990); **A3:** Alloy Phase Diagrams (1992); **A4:** Heat Treating (1991); **A5:** Surface Engineering (1994); **A6:** Welding, Brazing, and Soldering (1993); **A7:** Powder Metal Technologies and Applications (1998); **A8:** Mechanical Testing (1985); **A9:** Metallography and Microstructures (1985); **A10:** Materials Characterization (1986); **A11:** Failure Analysis and Prevention (1986); **A12:** Fractography (1987); **A13:** Corrosion (1987); **A14:** Forming and Forging (1988); **A15:** Casting (1988); **A16:** Machining (1989); **A17:** Nondestructive Evaluation and Quality Control (1989); **A18:** Friction, Lubrication, and Wear Technology (1992); **A19:** Fatigue and Fracture (1996); **A20:** Materials Selection and Design (1997). **Metals Handbook, 9th Edition** (designated by the letter "M"): **M1:** Properties and Selection: Irons and Steels (1978); **M2:** Properties and Selection: Nonferrous Alloys and Pure Metals (1979); **M3:** Properties and Selection: Stainless Steels, Tool Materials, and Special-Purpose Materials (1980); **M4:** Heat Treating (1981); **M5:** Surface Cleaning, Finishing, and Coating (1982); **M6:** Welding, Brazing, and Soldering (1983); **M7:** Powder Metallurgy (1984). **Engineered Materials Handbook** (designated by the letters "EM"): **EM1:** Composites (1987); **EM2:** Engineering Plastics (1988); **EM3:** Adhesives and Sealants (1990); **EM4:** Ceramics and Glasses (1991). **Electronic Materials Handbook** (designated by the letters "EL"): **EL1:** Packaging (1989)

Polarizing microscopy
for microstructural analysis **EM4:** 578
Polarograms, dc and differential pulse
of nickel in cobalt nitrate. **A10:** 194
Polarographic wave
defined. **A10:** 190
Polarography
capabilities. **A10:** 207
current-sampled **A10:** 193
defined **A10:** 189, 679
differential pulse. **A10:** 193
electrometric titration and, compared **A10:** 202
potentiostat for. **A10:** 199
pulse. **A10:** 193
Polaroid films
fractographic. **A12:** 85, 169
Polaroid filters **A9:** 76
Polaroid Instant 35-mm slide camera system **A12:** 78–79
Polaroid instant process photographic films. **A9:** 84–86
Polaroid photographs
exposure guide **A12:** 89
Polar-substituted polyesters **A7:** 220
Pole densities
determination of distribution. **A9:** 703
Pole figure
defined. **A9:** 14
Pole figures
(111) from copper tubing **A10:** 363
defined. **A10:** 679
determining, in crystallographic measurement and analysis **A10:** 360–361
expected orientations. **A10:** 360
from inside wall, copper tubing. **A10:** 363
from midwall, copper tubing **A10:** 362
measured (111) for Cu-3Zn **A10:** 360
neutron diffraction. **A10:** 423
thick-sample reflection measurement **A10:** 360
Pole pieces
with induced current method. **A17:** 9
Pole pieces, magnetic
powders used. **M7:** 573
Pole vaulting
composite material applications for **EM1:** 846–847
Pole-figure construction by point plotting. **A9:** 703
Pole-figure goniometers. **A9:** 703
Pole-figure techniques used to determine crystallographic texture. **A9:** 702–706
Pole-line hardware
dry blasting **A5:** 59
Polepiece
defined. **EM2:** 30
Policy deployment **A20:** 315
Poling **EM4:** 17
Polish attack of tin and tin alloy coatings. . . . **A9:** 451
Polished steel dies
for cold upset testing. **A8:** 579
Polished surface
defined **A9:** 14, 35
definition. **A5:** 963
Polish-etching *See also* Etch-polishing
molybdenum **A9:** 441
niobium. **A9:** 440–441
tantalum **A9:** 440–441
tungsten **A9:** 441
Polishing *See also* Buffing; Finishing; Polishing of specific metals and alloys **A5:** 100–102, 102–104, **A16:** 19, 23, **A19:** 173, 315, **EM4:** 313, 351–358, **M5:** 107–117, 119–127, **M7:** 593
abrasive flow machining **A16:** 518, 519
abrasives used **M5:** 108
adhesives used **A5:** 103
alloy steels. **A5:** 707
aluminum *See* Aluminum, polishing and buffing of
aluminum and aluminum alloys **A5:** 786
applications **M5:** 107–108, 120–121
automatic equipment. **A10:** 313
automatic systems **M5:** 115, 120–122
limitations. **M5:** 115
rotary machines, types used **M5:** 120–122
belt *See* Belt polishing
brass *See* Brass, polishing and Sub
bronze. **M5:** 112–114
carbon steels **A5:** 707
cast iron. **M5:** 112–114
ceramics. **A5:** 156–157
characteristics of process. **A5:** 90
chemical *See* Chemical brightening; Chemical polishing
chemical, as FIM sample preparation. **A10:** 584
chemical/mechanical **EM4:** 358
chemically active **A9:** 39–40
compounds
contamination by. **M5:** 439
removal of **M5:** 576–577
copper *See* Copper, polishing and buffing of
copper and copper alloys **A5:** 809–810
damage. **A10:** 301
defined. **A9:** 14, 35, **A18:** 15
definition. **A5:** 963
description. **A5:** 103
design limitations. **A20:** 821
edge retention of sample during **A9:** 44–45
effect of cloth selection and wetness on graphite retention in cast irons **A9:** 244
effects of, on oxide scale on iron **A9:** 47
electrolytic *See* Electrolytic brightening; Electrolytic polishing
electrolytic, of replication microscopy specimens. **A17:** 5
equipment. **M5:** 107, 119–125
fiber composites. **A9:** 589–591
final-polishing. **A9:** 40–43
flat **EM4:** 358
flat part machines, types used **M5:** 122–123
for inclusions in wrought iron **A9:** 42
for surface oxide layers **A9:** 46
for very hard materials. **A9:** 45–46
for very soft materials. **A9:** 45–47
glossary of terms. **M5:** 125–127
hand procedures **A9:** 35
heads. **M5:** 119–120
heat-resistant alloys **A5:** 779, 781, **M5:** 566
in metal removal processes classification scheme **A20:** 695
limitations **A5:** 103, **M5:** 115
lubricants used **M5:** 115
magnesium alloys **A5:** 820, 822–823, 824, **M5:** 628, 631–632
manufacturing process. **A20:** 247
materials used **M5:** 107–108
mechanical. **EM4:** 358
mechanical, electropolishing compared to. **M5:** 306–08
mechanical, of replication microscopy specimens. **A17:** 5
mechanical procedures **A9:** 35–47
mechanical, Raman analysis. **A10:** 133
microbeam analysis samples **A10:** 529–530
nickel *See* Nickel, polishing and buffing of
nickel and nickel alloys **A5:** 868–869
of dissimilar-metal welded joints. **A9:** 582
of electrogalvanized sheet steel **A9:** 197
of magnetic etching specimens. **A9:** 64
of microhardness specimen. **A8:** 93
of polarized light specimens. **A9:** 58
of samples, x-ray spectrometry. **A10:** 93
of welded joints for examination. **A9:** 578
of zinc castings. **A15:** 796
operating variables. **A5:** 103
pneumatic controls. **A5:** 103
powder metallurgy materials **A9:** 506–507
precision flat **EM4:** 358
preparation procedure for thermal spray coating **A5:** 505
printed board coupons **EL1:** 573
problems **M5:** 124–125
refractory metals. **M5:** 655–656
refractory metals and alloys **A5:** 856, 857, 860
rhenium **A2:** 562
rotary automatic systems. **M5:** 120–122
rough and fine, optical metallography specimen preparation **A10:** 301
roughness average. **A5:** 147
safety precautions. **M5:** 648–649
scanning electron microscopy specimens **A9:** 97
semiautomatic systems **M5:** 115, 120
sizes of micron diamond powders for **A2:** 1013
skid polishing **A9:** 42
springs **A19:** 364
stainless steel *See* Stainless steel, polishing and buffing of
stainless steels. **A5:** 750, 752, 753
steel *See* Steel, polishing and buffing of
straight-line machines, types used **M5:** 121–123
superabrasive grains for **A2:** 1012–1013
surface roughness and tolerance values on dimensions. **A20:** 248
terminology, glossary of. **M5:** 125–127
thermal aspects. **A5:** 156–157
thermal spray-coated materials. **M5:** 370–371
titanium and titanium alloys **A5:** 839–840, **M5:** 655–656
use **A5:** 103
vibratory polishing. **A9:** 42
wheel *See* Wheel polishing
wheels. **A5:** 103
work-holding mechanisms. **M5:** 119–120
zinc *See* Zinc, polishing and buffing of
zinc alloys **A2:** 530, **A5:** 870–871
zirconium and hafnium alloys **A5:** 853
Polishing abrasives
effect on flatness. **A9:** 40
Polishing artifacts
defined. **A9:** 14
in carbon and alloy steels, prevention of. . . **A9:** 169
scratch traces. **A9:** 40
Polishing chamber
pencil-type for local electropolishing. **A9:** 55
Polishing cloth **A5:** 92
effect on flatness. **A9:** 40
effect on graphite retention in cast irons. . . **A9:** 244
effect on retention of graphite in gray iron. . **A9:** 40
effect on sample edge rounding. **A9:** 45
Polishing cloth wetness
effect on graphite retention in cast irons. . . **A9:** 244
Polishing damage. **A9:** 39–40
effect on etching. **A9:** 39–40
on brass **A9:** 41
scratch traces. **A9:** 40
Polishing defects
in cast irons **A9:** 244
Polishing film
electrolytic **A9:** 48, 50
Polishing jig for hand polishing **A9:** 105
Polishing of specific metals and alloys
aluminum alloys. **A9:** 351–353
aluminum-silicon alloys. **A9:** 42
austenitic manganese steel castings. . . . **A9:** 237–238
beryllium. **A9:** 389
beryllium-copper alloys. **A9:** 392–393
beryllium-nickel alloys **A9:** 392–393
carbon and alloy steels **A9:** 168–169
carbon steel casting specimens. **A9:** 230
carbonitrided steels **A9:** 217
carburized steels **A9:** 217
cast irons. **A9:** 243–244
cemented carbides **A9:** 273
chromized sheet steel. **A9:** 198
copper and copper alloys **A9:** 400
ferrites and garnets **A9:** 533
galvanized steel. **A9:** 488
hot-dip aluminum-coated sheet steel. **A9:** 197
hot-dip galvanized sheet steel **A9:** 197
hot-dip zinc-aluminum coated sheet steel . . **A9:** 197
iron-cobalt and iron-nickel alloys **A9:** 532–533
lead and lead alloys. **A9:** 415–416
low-alloy steel casting samples. **A9:** 230
nickel alloys **A9:** 435
nickel-copper alloys **A9:** 435
niobium. **A9:** 440
of electrical contact materials **A9:** 550
permanent magnet alloys **A9:** 533
porcelain enameled sheet steel. **A9:** 198
refractory metal composites **A9:** 550
refractory metals **A9:** 439–440
rhenium and rhenium-bearing alloys **A9:** 447
sleeve bearing materials **A9:** 565–567
stainless steel casting alloys **A9:** 297
stainless-clad sheet steel **A9:** 198
tantalum. **A9:** 440
tin and tin alloy coatings. **A9:** 450–451
tin and tin alloys **A9:** 449
tin plate. **A9:** 198
titanium and titanium alloys **A9:** 459
tool steels. **A9:** 257
tungsten composites. **A9:** 550

Polishing of specific metals and alloys (continued)
uranium and uranium alloys **A9:** 478
wrought heat-resistant alloys **A9:** 306–307
zinc and zinc alloys **A9:** 488
Polishing rate
defined **A9:** 14
Polishing wear **A18:** 191–197
defined **A18:** 15, 191
definition **A5:** 963
with abrasives **A18:** 191–197
chip machining mechanism **A18:** 194
delamination mechanism **A18:** 195–196
erosion mechanisms **A18:** 196
fracture toughness **A18:** 192–193, 196
indentation hardness **A18:** 192
melting point **A18:** 193
multiple-pass mechanisms **A18:** 195–196
parameters required to generate specularly reflecting topographies **A18:** 193–194
property requirements **A18:** 191–193
summary **A18:** 196
wear rates **A18:** 196–197
without abrasives **A18:** 197
chemical-mechanical mechanisms **A18:** 197
surface flow **A18:** 197
Pollutants **A20:** 101, 102, 131
atmospheric, effects on carbon steels **A13:** 511–512
in seawater, effects **A13:** 898–900
Polluted cooling waters
copper/copper alloys in **A13:** 625
Pollution *See also* Effluents **M7:** 203, 206
environmental, GFAAS analysis of **A10:** 58
shielding gas and fume generation **A6:** 68
studies, by NAA **A10:** 233
Pollution control *See also* Waste recovery and treatment
cleaning process selection influenced by **M5:** 20
plating wastes *See* Plating waste disposal and recovery
vinyl esters for **EM2:** 272
Pollution control equipment
cupolas **A15:** 384
Pollution prevention **A20:** 133
Pollution Prevention Act, 1990 (PPA)
purpose of legislation **A20:** 132
Poly (4-methylpentene) (PMP)
as engineering thermoplastic **EM2:** 446
Poly para-phenyleneterephthalamide (PPD-T) **EM1:** 30
structure/orientation **EM1:** 54
Poly-1H
1H-pentadecafluoroctyl methacrylate (PFOM) **EL1:** 782–784
Polyacetal
design for optimum properties and performance **A20:** 801
properties **A20:** 437
structure **A20:** 437
substrate cure rate and bond strength for cyanoacrylates **EM3:** 129
Polyacetals
as engineering plastic **EM2:** 429
Polyacetylene
conduction anisotropy **EM3:** 436
Polyacrylamide
percent conversion to poly(N-dimethylaminomethylacrylamide), Raman analysis for **A10:** 132
Polyacrylamides
as flocculants **EM4:** 92
Polyacrylate
defined **EM2:** 31
Polyacrylates **EM3:** 21, 76, 82–83, 86
as dispersants **A18:** 111
as foam inhibitors **A18:** 108
as pour-point depressants **A18:** 111
as viscosity improvers **A18:** 109, 110, 111
cross-linking **EM3:** 85
for printed board material systems **EM3:** 592
properties **EM3:** 85
hydrocarbon moiety of dispersants **A18:** 99
removal **EM4:** 137
Polyacrylics
as flocculants **EM4:** 92
Polyacrylonitrile (PAN) *See also* Carbon fiber **A20:** 442, 443, 446, **EM3:** 21
and mesophase pitch-based precursor fibers compared **EM1:** 50
as carbon fiber precursor **EM1:** 112
as graphite fiber precursor **EM1:** 43
-based fiber, schematic three-dimensional **EM1:** 51
defined **EM1:** 18, **EM2:** 31
for carbon aircraft brakes **A18:** 584, 585
precursor fibers, carbon fiber properties with **EM1:** 49
processing sequence **EM1:** 50
properties **A20:** 436, **EM1:** 867
structure **A20:** 436
Polyalkylene glycol
properties **A18:** 81
Polyalphaolefin (PAO) fluids **A18:** 134
Poly-α-olefin (PAO) oils
critical temperatures **A18:** 96
high-vacuum lubricant applications **A18:** 155, 156–157
molecular structures **A18:** 156
properties **A18:** 155
low vapor pressure **A18:** 151
Polyalphaolefins **A16:** 123
Polyamic acids **EM1:** 78
chemistry of **EL1:** 767
Polyamide
defined **EM1:** 18
properties, organic coatings on iron castings **A5:** 699
Polyamide copolymer
typical properties **EM3:** 83
Polyamide hardeners
effect on toughness **EM3:** 185
Polyamide hot melts
applications **EM3:** 44
Polyamide (PA)
cost per unit mass **A20:** 302
mechanical properties **A20:** 460
nylon **A18:** 6
cage material for rolling-element bearings **A18:** 503
friction coefficient data **A18:** 73
nylon 6/6 + 15% polytetrafluoroethylene (PTFE), friction coefficient data **A18:** 73
nylon 6/6 polytetrafluoroethylene (PTFE)/glass, friction coefficient data **A18:** 73
organic coating classifications and characteristics **A20:** 550
properties **A20:** 437
service temperatures **A20:** 460
structure **A20:** 437
wear properties **A18:** 241
Polyamide plastic *See also* Nylon; Nylon plastics; Polyamides (PA) **EM3:** 21
Polyamide thermoplastic
used in composites **A20:** 457
Polyamide-hydrozide
tensile strengths **A20:** 351
Polyamide-imide coatings **EL1:** 759
Polyamide-imide (PAI) **A20:** 454, **EM3:** 601
electrical properties **A20:** 450
properties **A20:** 438
structure **A20:** 438
surface contamination **EM3:** 847
Polyamide-imide (PAI) resins **EM3:** 21
Polyamideimide resins (PAI)
as thermoplastic aerospace matrix **EM1:** 33
defined **EM1:** 18
hot/wet in-service temperatures **EM1:** 33
matrix processing **EM1:** 544
Polyamide-imides (PAI) *See also* Thermoplastic resins **EM2:** 128–137
applications **EM2:** 128
characteristics **EM2:** 128–130
competitive materials **EM2:** 128
costs **EM2:** 128, 130
defined **EM2:** 31
design considerations **EM2:** 130–132
mechanical properties **EM2:** 133
processing **EM2:** 130, 132–137
resin compounds **EM2:** 137
safety and handling **EM2:** 137
Polyamides (PA) *See also* Nylon; Thermoplastic resins **EM2:** 124–127, **EM3:** 21, 75, 80
advantages and limitations **EM3:** 82
alloys **EM2:** 124–125
applications **EM2:** 125–126
as engineering plastic **EM2:** 429
automotive applications **EM3:** 46
bonding applications **EM3:** 82
characteristics **EM2:** 126–127
commercial forms **EM2:** 124
competitive materials **EM2:** 126
costs **EM2:** 125
critical surface tension **EM3:** 180
defined **EM2:** 31
design considerations **EM2:** 127
electrical properties **EM2:** 126
for curing epoxies **EM3:** 95
mechanical properties **EM2:** 126–127
melting point **EM3:** 618
predicted 1992 sales **EM3:** 81
processing **EM2:** 127
production volume **EM2:** 125
properties **EM3:** 82, 83
resin types **EM2:** 127
suppliers **EM2:** 127
surface preparation **EM3:** 291
thermal properties **EM2:** 448
thermosetting forms **EM2:** 124
Poly(amido amines) **EM3:** 95
Polyamines **EM3:** 98
as flocculants **EM4:** 92
Polyaminoamides **EM3:** 100
Polyaniline **A20:** 450
Polyaramid
gas plasma treatment **EM3:** 285–286
Kevlar **EM3:** 283, 284
surface preparation **EM3:** 283–286
tensile properties **EM3:** 285
Polyaramid fibers
and epoxy resins **EM1:** 75
Polyaryl sulfone (PAS) **EM3:** 21
Polyaryl sulfone resins
Astrel **EM3:** 279
surface preparation **EM3:** 279
Polyaryl sulfones (PAS) *See also* Thermoplastic resins
characteristics **EM2:** 145–146
defined **EM2:** 31
properties **EM2:** 145
Polyarylate resins
Ardel **EM3:** 279
surface preparation **EM3:** 279
Polyarylates **EM3:** 21, 601
Polyarylates (PAR) *See also* Thermoplastic resins
applications **EM2:** 138–139
characteristics **EM2:** 139–141
chemistry **EM2:** 138
commercial amorphous, types **EM2:** 138
defined **EM2:** 31
electrical properties **EM2:** 138
mechanical properties **EM2:** 138–139
physical properties **EM2:** 139
processing **EM2:** 140–141
suppliers **EM2:** 141
thermal properties **EM2:** 138–139

SUBJECTS OF THE INDEXED VOLUMES: ASM Handbook (designated by the letter "A"): **A1:** Properties and Selection: Irons, Steels, and High-Performance Alloys (1990); **A2:** Properties and Selection: Nonferrous Alloys and Special-Purpose Materials (1990); **A3:** Alloy Phase Diagrams (1992); **A4:** Heat Treating (1991); **A5:** Surface Engineering (1994); **A6:** Welding, Brazing, and Soldering (1993); **A7:** Powder Metal Technologies and Applications (1998); **A8:** Mechanical Testing (1985); **A9:** Metallography and Microstructures (1985); **A10:** Materials Characterization (1986); **A11:** Failure Analysis and Prevention (1986); **A12:** Fractography (1987); **A13:** Corrosion (1987); **A14:** Forming and Forging (1988); **A15:** Casting (1988); **A16:** Machining (1989); **A17:** Nondestructive Evaluation and Quality Control (1989); **A18:** Friction, Lubrication, and Wear Technology (1992); **A19:** Fatigue and Fracture (1996); **A20:** Materials Selection and Design (1997). **Metals Handbook, 9th Edition** (designated by the letter "M"): **M1:** Properties and Selection: Irons and Steels (1978); **M2:** Properties and Selection: Nonferrous Alloys and Pure Metals (1979); **M3:** Properties and Selection: Stainless Steels, Tool Materials, and Special-Purpose Materials (1980); **M4:** Heat Treating (1981); **M5:** Surface Cleaning, Finishing, and Coating (1982); **M6:** Welding, Brazing, and Soldering (1983); **M7:** Powder Metallurgy (1984). **Engineered Materials Handbook** (designated by the letters "EM"): **EM1:** Composites (1987); **EM2:** Engineering Plastics (1988); **EM3:** Adhesives and Sealants (1990); **EM4:** Ceramics and Glasses (1991). **Electronic Materials Handbook** (designated by the letters "EL"): **EL1:** Packaging (1989)

Polyarylates (PAR), specific types *See also* Polyarylates (PAR)
Ardel D-100, tensile creep **EM2:** 139
Xydar SRT-300, mechanical properties .. **EM2:** 139

Poly(arylene ether imidazole)
chemistry **EM3:** 172
properties **EM3:** 171
synthesis **EM3:** 173

Polyarylether sulfone (PAS)
properties **A20:** 438
structure **A20:** 438

Polyaryletherketone (PAEK) **EM3:** 21

Polyaryletherketones (PAEK, PEK, PEEK, PEKK)
See also Thermoplastic resins ... **EM2:** 142–144
applications **EM2:** 142
characteristics **EM2:** 142–144
chemical resistance **EM2:** 144
defined **EM2:** 31
processing **EM2:** 142–143
product forms **EM2:** 143

Polyarylsulfone (PAS)
defined **EM1:** 18

Polybenzimidazole (PBI) **EM1:** 18, 30, **EM3:** 21

Polybenzimidazoles (PBI) *See also* Thermoplastic resins **EM2:** 147–150
applications **EM2:** 147–148
characteristics **EM2:** 148–150
chemical resistance **EM2:** 150
commercial forms **EM2:** 147
competitive materials **EM2:** 148
costs **EM2:** 147
defined **EM2:** 31
design considerations **EM2:** 150
heat-deflection temperature **EM2:** 148
processing **EM2:** 150
production volume **EM2:** 147
properties **EM2:** 149
suppliers **EM2:** 150
tensile strength **EM2:** 149
thermosets **EM2:** 147

Polybenzimidazoles (PBIs) ... **EM3:** 75, 76, 161, 165, 169–174
advantages and limitations **EM3:** 80
chemistry **EM3:** 169
compared to epoxies **EM3:** 98
cost factors **EM3:** 169
for automotive industries **EM3:** 171
for battery separators **EM3:** 169
for domestic households **EM3:** 171
for electronics **EM3:** 171
for fabricated structures **EM3:** 169
for fire-resistant aircraft seats **EM3:** 169
for flight suits **EM3:** 169
for foams **EM3:** 169
for heat-protective apparel **EM3:** 169
for membranes **EM3:** 169
for missiles **EM3:** 171–172
for oil recovery systems **EM3:** 171
for orbital vehicles **EM3:** 172
for printed circuit boards **EM3:** 169
for satellites **EM3:** 171–172
for space vehicles **EM3:** 171
forms **EM3:** 169
markets **EM3:** 169
processing parameters **EM3:** 172–173
product design considerations **EM3:** 171–172
properties **EM3:** 171
suppliers **EM3:** 169
tensile shear strength **EM3:** 170

Polybutadiene **A20:** 434, 442
properties **A20:** 435
structure **A20:** 435

Polybutadiene resins
for resin transfer molding **EM1:** 169

Polybutenes
appliance market applications **EM3:** 59
characteristics **EM3:** 53
for recreational vehicle sealing **EM3:** 58
properties **EM3:** 82, 677
suppliers **EM3:** 59, 82

Poly(butyl acrylate) adhesives
applications **EM3:** 203
automotive decorative trim **EM3:** 552

Polybutylene terephthalate (PBT) *See also* under Thermoplastic polyesters **EM3:** 21, 601
electrical properties **A20:** 450
glass-filled **A20:** 640, 641
inter-facial shear strength of embedded fibers **EM3:** 394
maximum shear conditions **A20:** 455
processing temperatures **A20:** 455
properties **A20:** 437
sample power-law indices **A20:** 448
shrinkage values **A20:** 454
structure **A20:** 437
water absorption **A20:** 455

Polybutylene terephthalates (PBT) *See also* Thermoplastic resins
alloys, blends, compounds **EM2:** 153
applications **EM2:** 153–154
characteristics **EM2:** 154–155
commercial forms **EM2:** 153
competitive materials **EM2:** 154
costs and production volume **EM2:** 153
defined **EM2:** 31
processing **EM2:** 155
resin compound types **EM2:** 155
suppliers **EM2:** 155

Polybutylenes **EM3:** 21

Polybutylenes (PB)
as engineering thermoplastic **EM2:** 446
defined **EM2:** 31

Polycaprolactam *See* Caprolactam

Polycarbonate **M7:** 606, 612
as substrate **EL1:** 339
crazing **A19:** 47
crazing in **A11:** 759
fracture toughness value **A19:** 47–48
Izod impact toughness **A19:** 48
sheet, effect of thickness **A11:** 762
waterjet machining **A16:** 522
yielding and necking in **A11:** 760

Polycarbonate acrylonitrile-butadiene-styrene (PC-ABS) **A20:** 646
cooling time vs. wall thickness **A20:** 645
gating variations **A20:** 646
loading variation for 40 °C and 1000 h ... **A20:** 645
temperature variation **A20:** 645

Polycarbonate (PC) **A20:** 354, 434, 443, 448, 449, 450, 451, 453
deformation zone friction **A18:** 36
design for optimum properties and performance **A20:** 801
electrical properties **A20:** 450
engineered material classes included in material property charts **A20:** 267
fatigue crack propagation behavior **A20:** 643
fracture map with ductility ratios **A20:** 641
fracture toughness vs.
density **A20:** 267, 269, 270
strength **A20:** 267, 272–273, 274
Young's modulus **A20:** 267, 271–272, 273
friction and wear data **A18:** 58
maximum shear conditions **A20:** 455
processing temperatures **A20:** 455
properties **A20:** 437
sample power-law indices **A20:** 448
shrinkage **A20:** 796
shrinkage values **A20:** 454
stress and design of plastics **A20:** 802
structure **A20:** 437
water absorption **A20:** 455
Young's modulus vs. density ... **A20:** 266, 267, 268, 289

Polycarbonate resin
defined **EM1:** 18

Polycarbonate sheet
quasi-brittle fatigue crack propagation **A12:** 479

Polycarbonates (PC) *See also* Thermoplastic resins **EM3:** 21, 576
and styrene-maleic anhydrides (S/MA)
alloy **EM2:** 221
applications **EM2:** 151
as engineering plastic **EM2:** 430
as engineering thermoplastic **EM2:** 449
as structural plastic **EM2:** 65
characteristics **EM2:** 151–152
chemistry **EM2:** 65
chemistry/variations **EM2:** 151
competitive materials **EM2:** 151
contact-angle testing **EM3:** 277
costs and production volumes **EM2:** 151
critical surface tensions **EM3:** 180
defined **EM2:** 31
interfacial shear strength of embedded fibers **EM3:** 394
moisture effects **EM2:** 768
polyurethane shear strength when bonded to steel **EM3:** 663, 664
resin compound types **EM2:** 152
rotational molding **EM2:** 361
solvent cements **EM3:** 567
substrate cure rate and bond strength for cyanoacrylates **EM3:** 129
suppliers **EM2:** 152
surface preparation **EM3:** 279, 291

Polycarbosilane
as joining agent material for non-oxide ceramics **EM4:** 528
cross-linking **EM4:** 223

Polycarboxylate **EM4:** 1092–1093

Polychlorinated biphenyls **A20:** 140

Polychlorinated biphenyls (aroclors)
hazardous air pollutant regulated by the Clean Air Amendments of 1990 .... **A5:** 913

Polychloroprene
properties **EM3:** 144

Polychloroprene rubber (CR)
additives and modifiers **EM3:** 149–150
chemistry **EM3:** 149
commercial forms **EM3:** 149
cross-linking **EM3:** 150
cure mechanism **EM3:** 150
for auto trim bonding **EM3:** 149
for belt lamination **EM3:** 149
for contact bonding **EM3:** 149
for furniture assembly **EM3:** 149
for hose and belting production **EM3:** 149
for leather shoe sole bonding **EM3:** 149
for truck and trailer roof and floor bonding **EM3:** 149
markets **EM3:** 149
properties **EM3:** 149, 150

Polychlorotrifluoroethylene (CTFE)
as fluoropolymer **EM2:** 66, 115–116

Polychlorotrifluoroethylene (PCTFE) **EM3:** 223
properties **A20:** 436
structure **A20:** 436

Polychromatic
artifacts, defined **A17:** 38
Corning Inc **EM4:** 440, 442
defined **A17:** 38
x-ray spectra, defined **A17:** 38

Polychromatic radiation
beams, single-crystal diffraction methods .. **A10:** 329
interelement effects **A10:** 97

Polychromatic reflection topography **A10:** 366

Polychromators
as wavelength sorting device **A10:** 23–24
computerized **A10:** 24
defined **A10:** 679
ICP-AES **A10:** 34, 37–38
Paschen-Runge **A10:** 37

Polychrome body finishes
powder used **M7:** 572

Polycondensation *See also* Condensation polymerization **EM3:** 21

Polycrystal **A20:** 341

Polycrystal rocking curve analysis **A10:** 371–373

Polycrystal scattering topography
basic principle **A10:** 374
Soller slit arrangements for **A10:** 375

Polycrystalline
defined **A9:** 14, **A11:** 8

Polycrystalline aggregate, preferential alignment of the crystalline lattice *See* Texture, crystallographic

Polycrystalline alumina reinforced aluminum alloys **EM1:** 890–891

Polycrystalline aluminum
strain rate sensitivity **A8:** 237–238
ultrasonic fatigue testing **A8:** 252

Polycrystalline cast superalloys *See also* Cast cobalt-base superalloys; Cast nickel-base superalloys **A1:** 981–994
age hardening **A1:** 981
application of **A1:** 981
composition and density **A1:** 982
cobalt-base **A1:** 983
nickel-base **A1:** 982

770 / Polycrystalline cast superalloys

Polycrystalline cast superalloys (continued)
control of casting microstructure **A1:** 990–992
carbides **A1:** 990–991
dendrites.......................... **A1:** 990
eutectic segregation.................. **A1:** 991
grain size **A1:** 992
porosity **A1:** 991–992
design of **A1:** 983–986
cobalt-base....................... **A1:** 985–986
nickel-base....................... **A1:** 983–985
heat treatment........................ **A1:** 993
hot isostatic pressing................ **A1:** 993–994
effect on fatigue strength **A1:** 992, 994
investment casting of **A1:** 989–990
mechanical properties of................. **A1:** 984
fatigue properties........... **A1:** 991, 992, 994
stress-rupture properties.. **A1:** 985, 986, 987, 991, 993
tensile properties...................... **A1:** 984
physical properties of **A1:** 983
quality considerations **A1:** 988–989
tramp element content................. **A1:** 989
stress-rupture strengths for selected........ **A1:** 985
vacuum induction melting of......... **A1:** 986–988

Polycrystalline ceramics
fracture of **A11:** 26
stress-corrosion failure................ **EM4:** 659

Polycrystalline copper
nucleation of recrystallized grains..... **A9:** 694–695

Polycrystalline cubic boron nitride
for finish turning tools................ **A5:** 84, 85

Polycrystalline cubic boron nitride (PCBN)
synthesis of.......................... **A2:** 1009
tool applications...................... **A2:** 1016
tool blanks **A2:** 1016–1017

Polycrystalline diamond
cutting tools **A2:** 1016
for finish drilling tools **A5:** 88
for finish turning tools................. **A5:** 84, 85
synthesis of.......................... **A2:** 1009
tool applications...................... **A2:** 1016
tool blanks **A2:** 1015–1016
wire electrodischarge machining **A5:** 116

Polycrystalline diamond (PCD) **EM4:** 822
cutting speed and work material
relationship **A18:** 616
cutting tool material............. **A18:** 614, 617

Polycrystalline diamond tools
matrix material that influences the finishing
difficulty.......................... **A5:** 164

Polycrystalline diffraction methods **A10:** 331–332

Polycrystalline glass ceramics
mirror radius relation to failure
stress....................... **EM4:** 656–657

Polycrystalline materials
described **A10:** 358
double-crystal diffractometry for **A10:** 372, 373
engineering, residual stress and texture determined
by neutron diffraction **A10:** 420
EXAFS analysis **A10:** 410
measurement and analysis **A10:** 357–364
preferred orientation in................ **A10:** 358
RDF-determined interatomic distance
numbers **A10:** 393
temperature-dependent properties of **A11:** 138
texture as measure of average grain
orientation in **A10:** 358
x-ray topography of aggregates of **A10:** 365

Polycrystalline metal
crack nucleation **A8:** 366
fracture surface................... **A8:** 479–480
in torsional Kolsky bar experiment........ **A8:** 222

Polycrystalline metals
cleavage fractures **A12:** 252
grain-boundary sliding n................ **A9:** 690

Polycrystalline nickel
cavitation in **A11:** 165

Polycrystalline pure metals
solidification structures of **A9:** 608–610

Polycrystalline solids
defined.............................. **EL1:** 93

Polycrystalline specimens, deformed to large strains
dislocation densities of **A9:** 693
microband regions **A9:** 694
microstructure of **A9:** 693

Polycrystalline specimens, deformed to small strains
recrystallization by strain-induced boundary
migration **A9:** 696

Polycrystals
Berg-Baffett reflection topographic
method for....................... **A10:** 369
in torsional Kolsky bar experiments... **A8:** 221–222

Polycyanosiloxanes..................... **EM3:** 678

Polycylic organic matter
hazardous air pollutant regulated by the Clean Air
Amendments of 1990 .... **A5:** 913

Polycythemia
as cobalt toxic reaction **M7:** 204
from cobalt toxicity.................. **A2:** 1251

Polydimethylsiloxane *See* Silicones (SI)

Polydimethylsiloxane (PDMS)............. **A20:** 442
as basis for silicone PSAs............. **EM3:** 134
properties........................... **A20:** 439
structure............................ **A20:** 439

Polydimethylsiloxane-base silicones
solvent resistance/repairability........... **EL1:** 822

Polydisperse particle size systems **EM4:** 153

Polydispersity index.................... **A20:** 441

Polyelectrolytes........................ **EM4:** 155

Polyester........................ **A13:** 10, 410
curing method........................ **A5:** 442
die material for sheet metal forming **A18:** 628
for electrocoating **A5:** 430
paint compatibility.................... **A5:** 441
properties, organic coatings on iron
castings.......................... **A5:** 699
waterjet machining................... **A16:** 522

Polyester adhesives
for flexible printed boards **EL1:** 582

Polyester amide **EM3:** 109

Polyester cloth
for overwraps for plumbing repairs...... **EM3:** 608

Polyester coating
steel sheet........................... **M1:** 176

Polyester composites *See also* Glass fiber polyester
resin composites; Polyester resins...... **EM1:** 91

Polyester fibers
manufactured with germanium dioxide **A2:** 734

Polyester film
thermal properties **EM2:** 449

Polyester film adhesives
for flexible printed wiring boards (PWBS) **EM3:** 45

Polyester films
flexible printed boards **EL1:** 583

Polyester hot-melt adhesives
cooling rate and crystallinity **EM3:** 412

Polyester matrix composites.............. **A9:** 592

Polyester mounting materials............ **A9:** 30–31
used for tin and tin alloys **A9:** 449

Polyester (oil free)
coating hardness rankings in performance
categories........................ **A5:** 729

Polyester plastics *See also* Plastics; Polyesters;
Unsaturated polyesters **EM3:** 21
defined............................. **EM2:** 31

Polyester polybutylene terephthalate (PBT)
friction coefficient data................. **A18:** 73

Polyester polyols
as fillers **EM3:** 181

Polyester resin
coating for aramid fibers **EM3:** 285
properties and applications.............. **A5:** 422

Polyester resin (styrene)
as impregnation resin **A7:** 690

Polyester resins **EM1:** 90–96
additives to carbon-graphite materials **A18:** 816
and E-glass composites, importance **EM1:** 43
and fiber-resin composites **EM1:** 363–372
at elevated temperatures **EM1:** 93
bisphenol A (BPA) fumarates........... **EM1:** 90
catalyst-promoter-inhibitor systems...... **EM1:** 133
chemical resistance **EM1:** 93–94
chemistry **EM1:** 90
chlorendics.......................... **EM1:** 90
components of **EM1:** 132
cost and thermal stability **EM1:** 43
defined......................... **EM1:** 90, 90
electrical properties **EM1:** 95
flame-retardant **EM1:** 96
flexural modulus, acid ratio effect......... **EM1:** 90
for commercial application........... **EM1:** 31–32
for filament winding **EM1:** 137–138
for low-temperature thermoset
matrices..................... **EM1:** 392–398
for pultrusion **EM1:** 538
for resin transfer molding **EM1:** 169, 566
for sheet molding compounds **EM1:** 141–142
for wet lay-up.................... **EM1:** 132–133
formulations.................... **EM1:** 133, 141
gel times........................... **EM1:** 142
glass fiber reinforced, sheet molding
compound as................ **EM1:** 157–160
in RRIM technology **EM1:** 121
iso resins **EM1:** 90
mechanical properties **EM1:** 90–93
monomer effects, thermal stability **EM1:** 93
natural fiber reinforcement............. **EM1:** 117
ortho resins **EM1:** 90
oxidative stability.................... **EM1:** 93
properties **EM1:** 175, 290, 292, 392–398
reinforcing fibers **EM1:** 91–93
sample chemical reactions **EM1:** 751–753
sulfuric acid corrosion................ **A13:** 1154
tests for........................ **EM1:** 290, 292
thermal stability **EM1:** 93
tonnage used **EM1:** 90
types **EM1:** 138, 290
ultraviolet (UV) resistance........... **EM1:** 94–95
unsaturated **EM1:** 90, 137–138, 538
vinyl ester **EM1:** 90

Polyester resins and coatings **M5:** 473, 496, 498, 502

Polyester styrene, thermosetting
impregnating with.................... **M5:** 621

Polyester thermoplastic
used in composites.................... **A20:** 457

Polyester thermoset
used in composites.................... **A20:** 457

Polyester urethane
coating characteristics for structural steel .. **A5:** 440
organic coating classification and
characteristics **A20:** 550

Polyester/polycarbonate polymer blend
for automobile bumpers **A20:** 300

Polyesters *See also* Polyester plastics; Thermoplastic
resins; Thermosetting resins; Unsaturated
polyesters; Water-extended polyester.. **A20:** 451,
EM3: 75, 80, 594, 601
advantages and limitations **EM3:** 82
aromatic thermoplastic, chemistry **EM2:** 65–66
as basis for polyols **EM3:** 109–110
as engineering thermoplastic... **EM2:** 440, 448–449
as polymeric substrate **EL1:** 338–339
bonding applications **EM3:** 82
contact-angle testing.................. **EM3:** 277
electrical contact assemblies............ **EM3:** 611
engineered material classes included in material
property charts **A20:** 267
environmental effects................. **EM2:** 428
for coating/encapsulation **EL1:** 242
fracture toughness vs.
density................. **A20:** 267, 269, 270
strength.............. **A20:** 267, 272–273, 274
Young's modulus **A20:** 267, 271–272, 273
industrial applications................ **EM3:** 567
IPN polymers **EM3:** 602
linear expansion coefficient vs. thermal
conductivity............ **A20:** 267, 276, 277

SUBJECTS OF THE INDEXED VOLUMES: ASM Handbook (designated by the letter "A"): **A1:** Properties and Selection: Irons, Steels, and High-Performance Alloys (1990); **A2:** Properties and Selection: Nonferrous Alloys and Special-Purpose Materials (1990); **A3:** Alloy Phase Diagrams (1992); **A4:** Heat Treating (1991); **A5:** Surface Engineering (1994); **A6:** Welding, Brazing, and Soldering (1993); **A7:** Powder Metal Technologies and Applications (1998); **A8:** Mechanical Testing (1985); **A9:** Metallography and Microstructures (1985); **A10:** Materials Characterization (1986); **A11:** Failure Analysis and Prevention (1986); **A12:** Fractography (1987); **A13:** Corrosion (1987); **A14:** Forming and Forging (1988); **A15:** Casting (1988); **A16:** Machining (1989); **A17:** Nondestructive Evaluation and Quality Control (1989); **A18:** Friction, Lubrication, and Wear Technology (1992); **A19:** Fatigue and Fracture (1996); **A20:** Materials Selection and Design (1997). **Metals Handbook, 9th Edition** (designated by the letter "M"): **M1:** Properties and Selection: Irons and Steels (1978); **M2:** Properties and Selection: Nonferrous Alloys and Pure Metals (1979); **M3:** Properties and Selection: Stainless Steels, Tool Materials, and Special-Purpose Materials (1980); **M4:** Heat Treating (1981); **M5:** Surface Cleaning, Finishing, and Coating (1982); **M6:** Welding, Brazing, and Soldering (1983); **M7:** Powder Metallurgy (1984). **Engineered Materials Handbook** (designated by the letters "EM"): **EM1:** Composites (1987); **EM2:** Engineering Plastics (1988); **EM3:** Adhesives and Sealants (1990); **EM4:** Ceramics and Glasses (1991). **Electronic Materials Handbook** (designated by the letters "EL"): **EL1:** Packaging (1989)

linear expansion coefficient vs. Young's modulus . . . **A20:** 267, 276–277, 278
loss coefficient vs. Young's modulus . . . **A20:** 267, 273–275
mechanical properties . . . **A20:** 460
moisture effects . . . **EM2:** 766–768
normalized tensile strength vs. coefficient of linear thermal expansion . . . **A20:** 267, 277–279
predicted 1992 sales . . . **EM3:** 81
price compared to urethane sealants . . . **EM3:** 203
properties compared . . . **EM3:** 92
reinforced with chopped-glass fiber, for automobile bumpers . . . **A20:** 299–300
resin matrix material effect on fatigue strength of glass-fabric/resin composites . . . **A20:** 467
service temperatures . . . **A20:** 460
silane coupling agents . . . **EM3:** 182
specific modulus vs. specific strength . . . **A20:** 267, 271, 272
strength vs. density . . . **A20:** 267–269
surface preparation . . . **EM3:** 277, 279
thermal conductivity vs. thermal diffusivity . . . **A20:** 267, 275–276
thermoplastic . . . **EM2:** 42, 429, **EM3:** 21
thermosetting . . . **EM2:** 42–43, 628–629, **EM3:** 21
undersea cable splicing . . . **EM3:** 612
unsaturated . . . **EM2:** 65, 246–251, **EM3:** 21
cure mechanism . . . **EM3:** 323
for porosity sealing for engine blocks . . . **EM3:** 57
for protecting electronic components . . . **EM3:** 59
microstructural analysis . . . **EM3:** 412
Young's modulus vs.
density . . . **A20:** 266, 267, 268, 289
elastic limit . . . **A20:** 287
strength . . . **A20:** 267, 269–271
Polyesters, thermoplastic *See* Thermoplastic polyesters
Polyesters, thermosetting *See* Thermosetting polyesters
Polyester-urethane no-bake resins . . . **A15:** 216
Polyether etherketone (PEEK) in compression molding . . . **EM1:** 562
as thermoplastic aerospace matrix . . . **EM1:** 32–33
defined . . . **EM1:** 18
fiber wet out/interface of . . . **EM1:** 99
hot/wet in-service temperatures . . . **EM1:** 33
interlaminar fracture toughness . . . **EM1:** 100
matrix processing . . . **EM1:** 544
melt viscosity . . . **EM1:** 102
properties . . . **EM1:** 101
Polyether resin
coating for aramid fibers . . . **EM3:** 285
Polyether silicones (silane-modified RTV) . . . **EM3:** 228–233
additives . . . **EM3:** 228
adhesion characteristics . . . **EM3:** 231
aerospace applications . . . **EM3:** 230
automotive applications . . . **EM3:** 230
chemistry . . . **EM3:** 228
compared to urethanes . . . **EM3:** 231
compounding . . . **EM3:** 228–229
construction applications . . . **EM3:** 229
cost factors . . . **EM3:** 233
cross-linking . . . **EM3:** 228
cure properties . . . **EM3:** 229–230, 231
durability . . . **EM3:** 231
fillers used . . . **EM3:** 228
formulations . . . **EM3:** 228–229
limitations . . . **EM3:** 232
processing parameters . . . **EM3:** 231–232
product types . . . **EM3:** 229–231
properties . . . **EM3:** 228, 229–231
shelf life . . . **EM3:** 232
strength properties . . . **EM3:** 230–231
suppliers . . . **EM3:** 232–233
weathering . . . **EM3:** 231, 232
windshield glass bonding . . . **EM3:** 229, 231
Polyether sulfone
as substrate . . . **EL1:** 339
Polyether sulfone (PES)
properties . . . **A20:** 438
structure . . . **A20:** 438
Polyether sulfones (PES, PESV) *See also* Thermoplastic resins
applications . . . **EM2:** 159–160
characteristics . . . **EM2:** 160
competitive materials . . . **EM2:** 159–160
compound types . . . **EM2:** 162
costs and production volume . . . **EM2:** 159
defined . . . **EM2:** 31
designing with . . . **EM2:** 160–162
dynamic fatigue . . . **EM2:** 161
impact strength . . . **EM2:** 161
processing . . . **EM2:** 161–162
suppliers . . . **EM2:** 162
Polyether sulfones (PESV) . . . **EM3:** 21, 576, 601
surface preparation . . . **EM3:** 280
Polyether-amide
properties . . . **EM3:** 82
Polyetheretherimides (PEI) . . . **EM3:** 21, 576, 601
surface preparation . . . **EM3:** 280
Polyetheretherketone (PEEK) . . . **A20:** 450
+ 15% polytetrafluoroethylene (PTFE), friction coefficient data . . . **A18:** 73
and fracture process . . . **EM3:** 509
as engineering plastic . . . **EM2:** 430, 449
carbon laminate composite surface contamination . . . **EM3:** 847
chemistry . . . **EM2:** 66
coefficient of friction . . . **A18:** 824, 825, 826
compositions . . . **A18:** 821
defined *See* Polyaryletherketones (PAEK)
electrical properties . . . **A20:** 450
for printed board material systems . . . **EM3:** 592
for valve plates for reciprocating compressors . . . **A18:** 604
friction coefficient data . . . **A18:** 73
interfacial shear strength of embedded fibers . . . **EM3:** 394
key properties . . . **EM2:** 144
lubricant effect on wear factors . . . **A18:** 823, 824
mechanical properties . . . **A18:** 823, **EM2:** 144
piston ring materials, reciprocating compressors . . . **A18:** 603
polytetrafluoroethylene (PTFE)/glass, friction coefficient data . . . **A18:** 73
processing . . . **EM2:** 144
properties . . . **A20:** 438
structure . . . **A20:** 438
surface preparation . . . **EM3:** 279
vs. polyamide-imides (PAI) . . . **EM2:** 128
wear and friction data . . . **A18:** 821, 822–823
wear factors of various composites . . . **A18:** 823–824
Polyetheretherketone-ketone (PEEKK)
properties . . . **A20:** 438
structure . . . **A20:** 438
Polyetherimide (PEI)
+ 15% polytetrafluoroethylene (PTFE), friction coefficient data . . . **A18:** 73
friction coefficient data . . . **A18:** 73
liquid impingement erosion protection applications . . . **A18:** 222
polytetrafluoroethylene (PTFE)/glass, friction coefficient data . . . **A18:** 73
Polyetherimide resins (PEI)
as aerospace thermoplastic matrix . . . **EM1:** 33
Polyether-imides (PEI) *See also* Thermoplastic resins . . . **A20:** 446, 449, 450, 451
applications . . . **EM2:** 156
characteristics . . . **EM2:** 156–157
commercial forms . . . **EM2:** 156
defined . . . **EM2:** 31
electrical properties . . . **A20:** 450, **EM2:** 158
processing . . . **EM2:** 158
properties . . . **A20:** 437
structure . . . **A20:** 437
thermal properties . . . **EM2:** 158
vs. polyamide-imides (PAI) . . . **EM2:** 128
Polyetherketone . . . **EM3:** 601
coefficient of friction . . . **A18:** 826
liquid impingement erosion protection applications . . . **A18:** 222
wear factors . . . **A18:** 824
Polyetherketone (PEK) . . . **A20:** 439
properties . . . **A20:** 438
structure . . . **A20:** 438
Polyetherketone-etherketone-ketone (PEKEKK)
properties . . . **A20:** 438
structure . . . **A20:** 438
Polyetherketoneketone (PEKK) *See also* Polyaryletherketones (PAEK)
chemistry . . . **EM2:** 66
defined *See* Polyaryletherketones (PAEK)
properties . . . **A20:** 438
structure . . . **A20:** 438
Polyether-modified silicones
as sealants . . . **EM3:** 188
Polyether-polyurethane silicone sealant formulation . . . **EM3:** 229
Polyethers
as basis for polyols . . . **EM3:** 109–110
as urethane coating . . . **A13:** 410
Polyethersulfone
liquid impingement erosion protection applications . . . **A18:** 222
Polyethylene . . . **A13:** 329, 1154, **M7:** 606
as container for electrolytes . . . **A9:** 51
as electropolishing mounting material . . . **A9:** 49
as mounting material . . . **A9:** 53–54
as semicrystalline polymer . . . **A11:** 758
copolymer pipe, slow crack growth failure . . . **A12:** 479
crystallization, Raman analysis of . . . **A10:** 132
ductile-to-brittle failure mechanisms . . . **A11:** 761
effectiveness of fusion-bonding resin coatings . . . **A5:** 699
explosibility . . . **A7:** 157
high-density, for irradiation containers . . . **A10:** 236
linear, crack growth mechanisms . . . **A12:** 479
mechanical properties . . . **EM4:** 316
medium-density, fatigue striations . . . **A12:** 480
medium-density, tearing and fibrillation . . **A12:** 480
nickel composites resistivity . . . **M7:** 609
oxidative degradation . . . **EM4:** 136
physical and mechanical properties . . . **A5:** 163
physical properties . . . **EM4:** 316
pipe, fracture band width as function of crack length . . . **A11:** 762
pipe, fracture surface . . . **A11:** 761
plasma surface treatment conditions . . . **A5:** 894
properties, organic coatings on iron castings . . . **A5:** 699
ultrahigh molecular weight . . . **M7:** 607
Polyethylene coatings
microwave thickness gaging . . . **A17:** 21
Polyethylene encasement
for cast iron pipe . . . **M1:** 100
Polyethylene fibers *See also* Para-aramid fibers
high performance . . . **EM1:** 31
properties . . . **EM1:** 54, 56
specific strength/modulus . . . **EM1:** 57
Polyethylene glycol
application or function optimizing powder treatment and green forming . . . **EM4:** 49
as binder . . . **EM4:** 474
batch weight of formulation when used in nonoxidizing sintering atmospheres **EM4:** 163
binder used in silicon powder . . . **EM4:** 237
partial evaporation resulting in hard granules . . . **EM4:** 107
removal from silicon nitride compacts . . . **EM4:** 136
Polyethylene insulation
wrought copper and copper alloy products **A2:** 258
Polyethylene, low-molecular weight
as binder for ceramic injection molding **EM4:** 173
Polyethylene oxide nonyl phenol . . . **EM3:** 210
Polyethylene oxide (PEO)
properties . . . **A20:** 437
structure . . . **A20:** 437
Polyethylene (PE) *See also* High-density polyethylenes (HDPE); Plastics . . **A20:** 261, 439, 440, 446, 449, 451, 453, 454, **EM3:** 21, 80, 594, 601
adhesive bonding . . . **EM3:** 290, 291, 292
anodized surfaces . . . **EM3:** 417
as general-purpose polymer . . . **EM2:** 65
as polymer modification . . . **EM2:** 65
as structural plastic . . . **EM2:** 65
as thermoplastic system, grades . . . **EM2:** 446
bonded to AS4 carbon fibers by epoxy resin . . . **EM3:** 393, 395–396, 402
coatings for copper and steel . . . **EM3:** 412
continuous service temperature as a function of degrees of fluorine substitution on polyethylene . . . **A20:** 443
copper adherends . . . **EM3:** 269
critical surface tensions . . . **EM3:** 180
cross-linking . . . **A20:** 445
crystalline morphology . . . **EM3:** 410
crystalline structure . . . **A20:** 339
crystallinity . . . **EM3:** 411

Polyethylene (PE) (continued)
defined EM2: 31
effect of length of aliphatic side chain on polyolefins A20: 443
for tool steel lubrication A18: 737–738
friction coefficient data A18: 73
high density properties A20: 443
high-density EM2: 163–166
contact-angle testing EM3: 277
effect of zinc-modified primer EM3: 283
lap-shear strength EM3: 276, 280
hot melt, microstructural analysis EM3: 416
in rotational molding EM2: 361
influence of transcrystalline layer in adhesion EM3: 414
loss coefficient vs. Young's modulus A20: 267, 273–275
low density properties A20: 443
low-temperature strengthening A20: 351
medium density properties A20: 443
microstructure EM3: 407
molecular weight effect A20: 440, 443
permanent deformation A20: 343–344
polyaramid composites EM3: 284
predicted 1992 sales EM3: 81
properties EM3: 82, 412
properties of varying degrees of crystallinity A20: 443
shrinkage A20: 796
stress crazing EM2: 797–800
suppliers EM3: 82
surface preparation EM3: 43, 279, 291
tape, as bond breaker EM3: 549
thermally stimulated depolarization (TSD) EM3: 437
ultrahigh molecular weight (UHMWPE) EM2: 167–171
vs. polyvinyl chlorides (PVC), usage EM2: 209
water treeing as problem EM3: 439
Polyethylene synthesis
industrial processes and relevant catalysts . . A5: 883
Polyethylene terephthalate (PET) A20: 442, 444, 449–450, 454, 455, EM3: 21, 601
and germanium dioxide A2: 743
critical surface tensions EM3: 180
crystallinity EM3: 409
electrical properties A20: 450
maximum shear conditions A20: 455
processing temperatures A20: 455
properties A20: 437
sample power-law indices A20: 448
shrinkage values A20: 454
structure A20: 437
surface preparation EM3: 291
water absorption A20: 455
Polyethylene terephthalate (PET), defined *See* Thermoplastic polyesters
Polyethylene terephthalates (PET) *See also* Thermoplastic resins
applications EM2: 172
characteristics EM2: 172–176
commercial forms EM2: 172
competitive materials EM2: 172
costs and production volume EM2: 172
defined EM2: 31
engineering properties EM2: 172
processing EM2: 175
product design EM2: 172–175
product types EM2: 176
suppliers EM2: 176
Polyethylene wax A7: 106
Polyethylene waxes
for investment casting A15: 253, 254
Polyethylene-jacketed telephone cables A13: 1127
Polyethyleneoxide
as flocculant EM4: 92
Polyethyleneterephthalate
+ 15% polytetrafluoroethylene (PTFE), friction coefficient data A18: 73
controlled indent as useful general cleaning procedure A18: 424
friction coefficient data A18: 73
polytetrafluoroethylene (PTFE)/glass, friction coefficient data A18: 73
Polyfilm EM3: 44
Polyfluorotrichloroethylene
surface preparation EM3: 279
Polyformaldehyde (PF)
engineered material classes included in material property charts A20: 267
linear expansion coefficient vs. thermal conductivity A20: 267, 276, 277
normalized tensile strength vs. coefficient of linear thermal expansion A20: 267, 277–279
thermal conductivity vs. thermal diffusivity A20: 267, 275–276
Polyfunctional epoxy resin systems EL1: 534–535
Polygalva process A5: 367
Polyglycol materials
in assembly processing EL1: 659
Polyglycols
lubricants for rolling-element bearings . . . A18: 134, 135
Polygonal ferrite, classification of
in weldments A9: 581
Polygonization
Lang topography for A10: 377
tungsten fibers A12: 467
Polygonization during recovery A9: 693–694
Polygonized structure in grains A9: 604
Polygranular fused silica
strength EM4: 755
thermal properties EM4: 754
Polyimide
fracture surface A12: 480
Polyimide adhesives
for flexible printed boards EL1: 582
Polyimide coatings
applications EL1: 326, 767
chemistry EL1: 767
curing of EL1: 771–772
effectiveness EL1: 1056
flexible printed boards EL1: 583
for thermocouple wire A2: 882
insulation, for wrought copper and copper alloy products A2: 258
introduction EL1: 759
packaging EL1: 770–771
photosensitivity EL1: 767
processing EL1: 769–772
properties EL1: 767–769
thickness EL1: 761
thin-film hybrids EL1: 326
wafer fabrication EL1: 769–770
Polyimide dry etch process
for via holes EL1: 328
Polyimide fiber, synthetic
as thermocouple wire insulator A2: 882
Polyimide fiberglass printed board substrates
properties A6: 992
Polyimide film
as thermocouple wire insulation A2: 882
Polyimide (PI) *See also* Thermoplastics; Thermosets EM3: 21, 44, 75, 76, 151–162
acetylene-terminated EM3: 155–156, 157, 159
additives EM3: 161
advantages and limitations EM3: 80
aerospace industry applications EM3: 559
aerospace structural parts adhesive EM3: 151
aminosilane adhesion promoter EM3: 160
aromatic EM3: 151
as conductive adhesives EM3: 76
as die attach adhesives EM3: 159, 161, 580
bismaleimides EM3: 44
bonds with titanium EM3: 266
by-products from cure EM3: 74
chemical cross-linking reaction EM3: 159
chemical resistance properties EM3: 639
chemistry EM3: 151
compared to epoxies EM3: 98
compared to polyphenylquinoxalines EM3: 165
competition and future trends EM3: 161
composites bonding to composites EM3: 293
conformal overcoat EM3: 592
copolymerization reaction EM3: 155
cost factors EM3: 160
critical surface tensions EM3: 180
cure process EM3: 597
development EM3: 154, 158, 159, 160, 161
electrical properties EM3: 151
electrical/electronics applications EM3: 44
electronic packaging applications EM3: 594, 596–597
fastest sales growth EM3: 77
flexible EM3: 677
advantages and disadvantages EM3: 675
for severe environments EM3: 673
properties EM3: 678
for aircraft structural parts and repair . . . EM3: 160
for alpha-particle memory chip protection EM3: 161
for bonding composites EM3: 160
for circuit protection EM3: 592
for coating and encapsulation EM3: 580
for die attach in device packaging EM3: 584
for dielectric interlayer adhesion EM3: 161
for electronics/microelectronics end-uses EM3: 151
for flexible printed wiring boards (PWBs) EM3: 45, 161
for hybrid circuit encapsulants EM3: 159, 161
for integrated circuit dielectric films EM3: 161
for lamination EM3: 161
for metal-to-metal bonding EM3: 160
for microelectronics industry protective coating EM3: 160
for multichip modules EM3: 160
for polymer thick film EM3: 161
for printed board material systems EM3: 592
for substrate attach adhesive EM3: 161
for tape automated bonding (TAB) EM3: 161
forms EM3: 158–160
in tape backings for silicone applications EM3: 134
isoimides EM3: 155–156
LARC TPI, titanium adherend EM3: 266–267
markets EM3: 160–161
mechanical properties EM3: 151, 161
photosensitivity EM3: 597, 598
polyamic acid form EM3: 159
poly(imide siloxane) EM3: 159
precursors EM3: 161
predicted 1992 sales EM3: 77
processing parameters EM3: 161
properties EM3: 106, 598
ready-for-use electronic-grade solutions . . EM3: 160
rubber-toughened systems EM3: 155
service temperature EM3: 621
shelf life EM3: 161
suppliers EM3: 158–160, 161
surface contamination EM3: 845–846
surface preparation EM3: 277, 291
synthesis EM3: 151
Thermid EL acetylene polyimide oligomer formulations EM3: 159
Thermid IP-6001, FTIR study EM3: 158
thermoplastic EM3: 22, 158, 185
titanium adherends EM3: 268, 270
toughened by comonomers EM3: 155
toughened by reactive diluents EM3: 155
ultrapure, in microelectronics industry . . . EM3: 160
UV-curable EM3: 161
Polyimide quartz printed board substrates
properties A6: 992
Polyimide resin
NMR analysis of curing mechanism of . . . A10: 285

SUBJECTS OF THE INDEXED VOLUMES: ASM Handbook (designated by the letter "A"): **A1:** Properties and Selection: Irons, Steels, and High-Performance Alloys (1990); **A2:** Properties and Selection: Nonferrous Alloys and Special-Purpose Materials (1990); **A3:** Alloy Phase Diagrams (1992); **A4:** Heat Treating (1991); **A5:** Surface Engineering (1994); **A6:** Welding, Brazing, and Soldering (1993); **A7:** Powder Metal Technologies and Applications (1998); **A8:** Mechanical Testing (1985); **A9:** Metallography and Microstructures (1985); **A10:** Materials Characterization (1986); **A11:** Failure Analysis and Prevention (1986); **A12:** Fractography (1987); **A13:** Corrosion (1987); **A14:** Forming and Forging (1988); **A15:** Casting (1988); **A16:** Machining (1989); **A17:** Nondestructive Evaluation and Quality Control (1989); **A18:** Friction, Lubrication, and Wear Technology (1992); **A19:** Fatigue and Fracture (1996); **A20:** Materials Selection and Design (1997). **Metals Handbook, 9th Edition** (designated by the letter "M"): **M1:** Properties and Selection: Irons and Steels (1978); **M2:** Properties and Selection: Nonferrous Alloys and Pure Metals (1979); **M3:** Properties and Selection: Stainless Steels, Tool Materials, and Special-Purpose Materials (1980); **M4:** Heat Treating (1981); **M5:** Surface Cleaning, Finishing, and Coating (1982); **M6:** Welding, Brazing, and Soldering (1983); **M7:** Powder Metallurgy (1984). **Engineered Materials Handbook** (designated by the letters "EM"): **EM1:** Composites (1987); **EM2:** Engineering Plastics (1988); **EM3:** Adhesives and Sealants (1990); **EM4:** Ceramics and Glasses (1991). **Electronic Materials Handbook** (designated by the letters "EL"): **EL1:** Packaging (1989)

Polyimide resins *See also* PMR
polyimides. . . . EM1: 78–89
addition-type, chemistry . . . EM1: 78–79
adhesives . . . EM1: 684
and fiber-resin composites . . . EM1: 373–380
as aerospace matrix . . . EM1: 32
as high-temperature thermoset. . . EM1: 373–380
Avimid K-III, matrix processing . . . EM1: 544
bismaleimides. . . EM1: 78–79
chemistry. . . EM1: 78–80
condensation-type, chemistry . . . EM1: 78
constituent material properties . . . EM1: 80–83
curing. . . EM1: 662–663
defined . . . EM1: 18
for aerospace prepregs. . . EM1: 141
for printed wiring boards . . . EM3: 569
for resin transfer molding. . . EM1: 169
high temperature resistant,
types/applications. . . EM1: 810–815
hot/wet in-service temperatures. . . EM1: 33
in space and missile applications . . . EM1: 817
mechanical/physical properties. . . EM1: 78
oven imidization before cure. . . EM1: 662–663
postcure . . . EM1: 663
preparation for autoclave cure. . . EM1: 662
press molding . . . EM1: 663
properties. . . EM1: 290, 292, 373–380
sample chemical reactions . . . EM1: 751–753
sizing for . . . EM1: 123
temperature capabilities . . . EM1: 78
tests for. . . EM1: 290, 292
thermoplastic. . . EM1: 78
types . . . EM1: 79, 290
Polyimide sulfone
effect of high temperatures. . . EM3: 513
thermoplastic. . . EM3: 355–357, 358–359
mechanical properties. . . EM3: 360
overlap edge stress concentration for single-lap
joints. . . EM3: 360–361
Polyimide thermoset
used in composites. . . A20: 457
Polyimide-aramid
for printed board material systems . . . EM3: 592
Polyimide-aramid fiber printed board substrates
properties. . . A6: 992
Polyimide-fiberglass
for printed board material systems . . . EM3: 592
Polyimide-glass. . . EM3: 601
as dielectric medium. . . EL1: 83
dielectric constant . . . EL1: 506
for manufacture of printed boards . . EM3: 589, 590
PWB structures . . . EL1: 82
Polyimide-Kevlar
for printed board material systems . . . EM3: 592
Polyimide-quartz
for printed board material systems . . . EM3: 592
Polyimides *See also* Coatings; Polymide coatings
as epoxy replacement for PTH reliability EL1: 114
as solder resists. . . A6: 133
as substrates . . . EL1: 339
chemistry. . . EL1: 324–326, 767
for multichip structures . . . EL1: 302
high-vacuum lubricant applications. . . A18: 159
laminate capabilities . . . EL1: 114
nonphotolmageable . . . EL1: 326–327
photosensitive . . . EL1: 327–328, 767
properties, thin-film hybrids . . . EL1: 324–326
resin properties . . . EL1: 534, 606
Polyimides (PI) *See also* Thermoplastic polyimides
(TPI); Thermoplastic resins . . . A20: 454
as engineering plastic. . . EM2: 430
as high-temperature resin system . . . EM2: 443–444
defined . . . EM2: 31
engineered material classes included in material
property charts . . . A20: 267
mechanical properties . . . A20: 460
monomeric constituents . . . EM2: 560
properties. . . A20: 438
service temperatures . . . A20: 460
structure. . . A20: 438
thermoset. . . EM2: 630
vs. polyamide-imides (PAI) . . . EM2: 128
Polyimide-silicones. . . EM3: 601
Polyisobutylenes (PIB). . . EM3: 146, 190
additive applications. . . EM3: 198–199
as barrier of silicone sealant. . . EM3: 196
as binders . . . EM3: 199
as fillers . . . EM3: 199
chemistry. . . EM3: 198–199
cross-linking . . . EM3: 198, 199
for insulated glass construction . . . EM3: 58
glass transition temperature . . . EM3: 198
polymer properties. . . EM3: 198–199
Polyisocyanates
in polyurethanes. . . EM2: 257
Polyisoprene . . . A20: 434
geometric isomers of . . . EM2: 58
properties. . . A20: 435
structure. . . A20: 435
Poly-l-methylstyrene . . . EM3: 619
Polymer
constant rate of extension testing
machines for . . . A8: 47
hypothetical failure envelope for. . . A8: 43
metal wear. . . A8: 603
strain rate effect on strength . . . A8: 38, 42
strain rate sensitivity . . . A8: 38, 42
tensile behavior . . . A8: 38, 43
Polymer anisotropy
microwave inspection . . . A17: 21
Polymer blend
definition. . . A20: 838
Polymer blend system
factor analysis and curve fitting applied . . A10: 118
Polymer blends *See also* Alloys; Blends;
Copolymers; Polymer(s)
chemistry. . . EM2: 66–67
Polymer casting
definition. . . A20: 838
Polymer chemistry
modifications to polymers . . . EM2: 66–67
overview . . . EM2: 63–67
polymer categorization . . . EM2: 63–64
polymer families. . . EM2: 64–66
Polymer coating *See also* Coatings
cleaning for. . . EL1: 239–240
for package sealing . . . EL1: 239–243
molding methods. . . EL1: 240–243
properties . . . EL1: 239
Polymer Communications
as information source . . . EM2: 93
Polymer content effect on profit per bulk. . . A20: 260
Polymer die attach *See also* Die attachment
methods
bond integrity . . . EL1: 217–218
electrical conductivity. . . EL1: 218
for hermetic packages . . . EL1: 216
for plastic-encapsulated devices . . . EL1: 217–220
reliability. . . EL1: 218–220
thermal conductivity. . . EL1: 218
Polymer Engineering and Science
as information source . . . EM2: 93
Polymer families *See also* Engineering plastics;
Engineering plastics families; Polymer(s)
acetal resins. . . EM2: 65
acrylic polymers . . . EM2: 65
amino resins . . . EM2: 65
aromatic polyarylates (PARS). . . EM2: 66
aromatic polysulfones (PSU) . . . EM2: 66
aromatic thermoplastic polyesters . . . EM2: 65–66
epoxy resins. . . EM2: 65
fluoroplastics. . . EM2: 66
general-purpose plastics. . . EM2: 64–65
liquid crystal polymers . . . EM2: 66
nylon. . . EM2: 66
phenolic resins . . . EM2: 65
plastics, general-purpose . . . EM2: 64–65
polycarbonate (PC). . . EM2: 65
polyetherketone. . . EM2: 66
polyethylene. . . EM2: 65
polyphenylene ether (PPE) . . . EM2: 65
polyphenylene oxide (PPO) . . . EM2: 65
polyphenylene sulfide (PPS). . . EM2: 66
polypropylene . . . EM2: 65
polystyrene. . . EM2: 64
polyurethanes . . . EM2: 66
polyvinyl chloride . . . EM2: 64–65
structural plastics . . . EM2: 65–66
styrene-maleic anhydride (SMA)
copolymers. . . EM2: 66
unsaturated polyesters . . . EM2: 65
Polymer films *See also* Film(s)
conductive, as interconnection . . . EL1: 16
dielectrics, physical characteristics . . . EL1: 108–109
drawn, infrared dichroism spectroscopy to
determine molecular orientation in. . A10: 120
stretched, infrared determination of molecular
orientation in . . . A10: 109
Polymer foams
engineered material classes included in material
property charts . . . A20: 267
fracture toughness vs.
density. . . A20: 267, 269, 270
strength. . . A20: 267, 272–273, 274
Young's modulus . . . A20: 267, 271–272, 273
linear expansion coefficient vs. thermal
conductivity. . . A20: 267, 276, 277
linear expansion coefficient vs. Young's
modulus. . . A20: 267, 276–277, 278
loss coefficient vs. Young's modulus. . . A20: 267,
273–275
normalized tensile strength vs. coefficient of linear
thermal expansion. . . A20: 267, 277–279
strength vs. density . . . A20: 267–269
thermal conductivity vs. thermal
diffusivity. . . A20: 267, 275–276
Young's modulus vs.
density . . . A20: 266, 267, 268, 289
elastic limit . . . A20: 287
strength . . . A20: 267, 269–271
Polymer glasses
SAS applications. . . A10: 405
Polymer impregnation . . . A7: 673
Polymer infiltration . . . EM4: 35
Polymer matrix. . . EM3: 22
defined . . . EM2: 32
Polymer matrix composites
as packaging material. . . EL1: 1117–1118
Polymer membrane electrodes . . . A10: 182
Polymer molding
as manufacturing process . . . A20: 247
Polymer monomer syrup
formulation . . . EM3: 123
Polymer names
chemical. . . EM2: 53
commercial . . . EM2: 53–56
customary . . . EM2: 53
systematic . . . EM2: 53
Polymer Process Engineering
as information source . . . EM2: 93
Polymer processing . . . A20: 699–701
Polymer pyrolysis. . . EM4: 35
for advanced ceramics. . . EM4: 47
for ceramic-matrix composites . . . EM4: 840, 842
Polymer quenchants. . . A1: 455
Polymer removal
molten salt bath cleaning . . . A5: 39–40
Polymer science
chemical structure . . . EM2: 48–52
polymer names. . . EM2: 52–56
polymers, properties of. . . EM2: 59–62
polymers, types of . . . EM2: 48
structure and properties . . . EM2: 57–59
Polymer thick film (PTF)
for flexible printed board. . . EL1: 581–582
Polymer: International Journal for the Science and Technology of Polymers
as information source . . . EM2: 93
Polymer-backed gages. . . A19: 178
Polymer-base adhesives
Epon 1001/V115 films . . . EM3: 362, 363
moisture ingression on joint
performance. . . EM3: 362
Polymer-base bearing material
SP-21M Vespel properties . . . A18: 549
Polymer-curing reactions
ATR monitoring . . . A10: 120–121
Polymer-derived ceramics . . . EM4: 223–226
ceramics from organosilicon
polymers . . . EM4: 223–226
ceramic matrix composites . . . EM4: 224
coatings . . . EM4: 224–225
development. . . EM4: 223
fibers. . . EM4: 223–224
nonfugitive binders. . . EM4: 225–226
Polymeric binders, liquid
for sand . . . A15: 211
Polymeric coatings
for oil/gas pipes . . . A13: 1259
Polymeric composites . . . A19: 19
for RTM tooling . . . EM1: 168–169

Polymeric impressed-current anodes **A13:** 469
Polymeric insulation
for wrought copper and copper alloy products **A2:** 258, 260
Polymeric lubricants, rolling-element bearings **A18:** 137
markets **A18:** 137
Polymeric paste systems
dielectric inks **EL1:** 346
electrically conductive inks **EL1:** 346
inks **EL1:** 345–346
resistive inks **EL1:** 346–347
solvents and polymers **EL1:** 346
Polymeric polysulfides
in concrete **A12:** 472
Polymeric substrates
materials **EL1:** 338–339
Polymeric thick-film systems
links **EL1:** 345–346
solvents and polymers **EL1:** 346
Polymerization *See also* Addition polymerization; Condensation polymerization; Copolymer polymerization; Copolymerization; Free-radical polymerization **EM3:** 22, 619–620, 729, 730
acrylate, free radical cure system **EL1:** 857
anionic **EM3:** 35
chemical composition **A17:** 21
cycloaliphatic epoxide, with Lewis acids . . **EL1:** 860
defined **EM1:** 18, **EM2:** 32
degree of, defined *See* Degree of polymerization
entropies **EM3:** 620
heats **EM3:** 620
induced by adhesives **EM3:** 35
mechanism, parylene coatings **EL1:** 791–792
microwave inspection **A17:** 20
of aramid fibers **EM1:** 30
of bismaleimides **EM1:** 79
of butadiene and styrene, Raman analysis **A10:** 132
of phenols, SERS studies of **A10:** 136
of unsaturated compounds **EL1:** 854–864
PMR-15, isomerization during **EM1:** 83
radiation **EL1:** 854
Raman analysis **A10:** 131
ring-opening **EL1:** 805
types **EM1:** 752
vapor-phase **EL1:** 759
vinyl esters **EM2:** 275
x-ray topography and synchrotron radiation studies **A10:** 365
Polymer-matrix composites **A20:** 650
engineered material classes included in material property charts **A20:** 267
joint design **A20:** 662
manufacturing of **A20:** 701–702
properties **A20:** 653–654
Polymer-on-metal (POM) construction
thermal expansion properties **EL1:** 619–622
Polymer-Plastics Technology and Engineering
as information source **EM2:** 93
Polymer-polymer mixtures
combination technology **EM2:** 487–489
commercial **EM2:** 491–492
polymer selection/property modification **EM2:** 489–490
preparation of **EM2:** 489
properties modification by **EM2:** 487–492
Polymer-rich stream (PRS) **A20:** 261
Polymer(s) *See also* Alloys; Amorphous polymers; Blends; Branched polymer; Carbon fiber reinforced polymers; Copolymer; Crystalline polymers; E polymers; Elastomers; Fiber reinforced polymers; Glass fiber reinforced polymers; Homopolymers; Liquid crystal polymer; Mer; Piezoelectro polymers; Plastic; Polymer matrix; Polymer science; Polymers, failure analysis of; Prepolymer; Terpolymer; Thermoplastic polymers; Unsaturated polymers **A18:** 693, **EM3:** 22, **M7:** 606–613
abrasion resistance **A18:** 490
acetylene-terminated thermosetting **EM2:** 631
acrylic, chemistry **EM2:** 65
addition for warm compaction process **A7:** 316
additives **EM2:** 7
additives to carbon-graphite materials **A18:** 816
aging, and failure analysis **EM2:** 732
amorphous, and cyclic crack growth . . . **A19:** 55, 56
amorphous, high-modulus graphite fibers in **EM2:** 758–759
amorphous, mechanical and electrical relaxation times **EM3:** 40
analysis methods **EM2:** 825
analysis of **A10:** 9, 131–132, 639, 647–648
analysis, scheme for **EM2:** 835–836
and plasticizers identified in vinyl film . . . **A10:** 123
as binders **A7:** 107
as coatings to improve glass strength **EM4:** 743–744
as filled systems **EM1:** 27
basic structures **EM1:** 751
blends **A10:** 118, 405
block, SAS applications **A10:** 405
bond energies **EM2:** 57
branched, defined *See* Branched polymer
brittle fracture **A19:** 7
carbon-chain **EM2:** 49
categorization **EM2:** 63–64
chain entanglements **EM2:** 64
chemical groups in naming **EM2:** 56–57
chemical properties **EM2:** 61–62
chemical resistance **A20:** 245, **EM2:** 62
chemical structure **EM2:** 48–52
chemical tests for **EM1:** 285
chemistry of **EM2:** 63–67
classification **EM2:** 489
coefficients of linear thermal expansion . . **EM2:** 456
common, relative resistance to deterioration **A11:** 761
compaction, and metal filler **M7:** 607
composition, effect on properties . . . **EM2:** 566–567
compounding techniques **M7:** 606–607
compressive strength **A20:** 245
conductivity **EM2:** 62
crack propagation in **A11:** 762
crazing in **A11:** 759–760
crazing of **A19:** 42, 47–48, 52
crystallinity **EM3:** 409
curing agent's role in adhesive bonding . . **EM3:** 290
curing, ATR monitoring of **A10:** 115, 120–121
curing methods **EL1:** 786
cyclic crack growth in **A19:** 54–56
damage dominated by tearing **A18:** 180
defined **A13:** 10, **EM1:** 18, **EM2:** 31–32
definition **A5:** 963, **A20:** 838
deformation **A19:** 45, **EM2:** 680–681
density **A20:** 245, 337
detail design **A20:** 250
dilational deformation types **A11:** 759
dilute, for low-pressure molding **A7:** 429
drawn films, molecular orientation determined **A10:** 120
ductile fracture **A19:** 45
effect of filler on properties **M7:** 606, 611–613
EFG determination of unsaturation in **A10:** 212
elastomers, wear applications **A20:** 607
electrical characteristics **A20:** 245
electrical conductivity **A20:** 337
electrical properties **EM2:** 62
electrically conductive **M7:** 607–608
entanglement, required **EM1:** 101
ESR analysis **A10:** 263
families **EM2:** 64–66
fatigue **A20:** 345
fatigue crack propagation **A19:** 25
fatigue failure of **EM2:** 741–750
fatigue-strength curves of **A19:** 20
film-forming, as sizing agents **EM1:** 122
for dielectrics **EM3:** 378
for interlevel insulators **EM3:** 378
for photoresists **EM3:** 378
for radiation masks **EM3:** 378
formation, platinum, as electrical contact materials **A2:** 846
fractographs **A12:** 479–480
fracture of **A19:** 42
fracture/failure causes illustrated **A12:** 217
fretting wear **A18:** 248
fundamental characteristics of **A20:** 336, 337
general behavior of **EM2:** 734
grease additives **A18:** 125
hardness **A20:** 245
heterochain **EM2:** 49–52
high temperature resistant, polyimides as **EM1:** 810–815
high-performance, thermal characteristics **EM2:** 559
high-temperature creep resistance **A20:** 245
hydrocarbon **EM2:** 49
identification in vinyl film **A10:** 123–124
impregnation-pyrolysis technique, to prepare ceramic-matrix composites **EM4:** 224
impressed-current anodes **A13:** 922
in milligram quantities, analysis **EM2:** 836–837
infrared spectrum **A10:** 123
inorganic **EM2:** 66
inserts for automotive transfer cases **A18:** 566–567
intermolecular forces **EM2:** 64
ion implantation **A5:** 608
ion implantation applications **A20:** 484
ion implantation work material in metalforming and cutting applications **A5:** 771
irreversible deformation types **A11:** 759
key, summary **EM2:** 561
linear polyethylene, crack growth mechanisms **A12:** 479
liquid chromatography monitoring of stability during aging **A10:** 649
liquid crystal, as reinforcement **EL1:** 605
liquid crystalline, para-aramid fibers as . . . **EM1:** 54
liquid, metal powders dispersed in **M7:** 607
long-chain vs. network **EM2:** 52
low molecular weight **EM3:** 41
low-strength high-toughness materials **A19:** 375
low-temperature strengthening of **A20:** 351
machinability **A20:** 245
maleimide-terminated thermosetting **EM2:** 631
malleability **A20:** 337
mechanical properties **EM2:** 60–61
melting points **A20:** 245
microvoid coalescence **A19:** 45
miscibility **EM2:** 496
modifications to **EM2:** 66–67
moisture absorption **EM1:** 189
nadimide-terminated thermosetting **EM2:** 631
names **EM2:** 52–56
network, cross-linked, coatings as **EL1:** 854
nondilational deformation types **A11:** 759
nonpolar, as dispersing agent **A7:** 221
of limited inelastic deformation, and LEFM **A19:** 376
optical properties **EM2:** 62
organic **EM3:** 40
organic, oxidation effect, electrical contact materials **A2:** 841
oxidation resistance **A20:** 245
permeability **EM2:** 61–62
photochemistry of **EM2:** 777–780
polar, as dispersing agent **A7:** 220–221
polycarbonate sheet, quasi-brittle fatigue crack propagation **A12:** 479
polyimide, failure origin **A12:** 480
powdered **EM1:** 102
processing of **A20:** 304
properties, and structure **EM2:** 57–59
properties of **EM2:** 57–62, 758
properties, parylene coatings **EL1:** 792–797
PVC and PVA, copolymer formation **A13:** 404
pyrolysis GC/MS analysis of **A10:** 647–648

SUBJECTS OF THE INDEXED VOLUMES: ASM Handbook (designated by the letter "A"): **A1:** Properties and Selection: Irons, Steels, and High-Performance Alloys (1990); **A2:** Properties and Selection: Nonferrous Alloys and Special-Purpose Materials (1990); **A3:** Alloy Phase Diagrams (1992); **A4:** Heat Treating (1991); **A5:** Surface Engineering (1994); **A6:** Welding, Brazing, and Soldering (1993); **A7:** Powder Metal Technologies and Applications (1998); **A8:** Mechanical Testing (1985); **A9:** Metallography and Microstructures (1985); **A10:** Materials Characterization (1986); **A11:** Failure Analysis and Prevention (1986); **A12:** Fractography (1987); **A13:** Corrosion (1987); **A14:** Forming and Forging (1988); **A15:** Casting (1988); **A16:** Machining (1989); **A17:** Nondestructive Evaluation and Quality Control (1989); **A18:** Friction, Lubrication, and Wear Technology (1992); **A19:** Fatigue and Fracture (1996); **A20:** Materials Selection and Design (1997). **Metals Handbook, 9th Edition** (designated by the letter "M"): **M1:** Properties and Selection: Irons and Steels (1978); **M2:** Properties and Selection: Nonferrous Alloys and Pure Metals (1979); **M3:** Properties and Selection: Stainless Steels, Tool Materials, and Special-Purpose Materials (1980); **M4:** Heat Treating (1981); **M5:** Surface Cleaning, Finishing, and Coating (1982); **M6:** Welding, Brazing, and Soldering (1983); **M7:** Powder Metallurgy (1984). **Engineered Materials Handbook** (designated by the letters "EM"): **EM1:** Composites (1987); **EM2:** Engineering Plastics (1988); **EM3:** Adhesives and Sealants (1990); **EM4:** Ceramics and Glasses (1991). **Electronic Materials Handbook** (designated by the letters "EL"): **EL1:** Packaging (1989)

Raman analysis ... A10: 131–132
reference sources ... EM2: 405
resins, types ... EM1: 43
resins, use in ion exchange separation ... A10: 164
resistivity ... M7: 607, 608
rigid-rod fiber-forming ... EM1: 29–31
SAXS/SANS analysis of ... A10: 405
science, for engineers ... EM2: 48–62
seal materials ... A18: 550
silicone ... EM3: 40
sliding and adhesive wear A18: 237, 239–240, 241
break-in period ... A18: 240
linear wear ... A18: 239
PV limit ... A18: 239
rubber ... A18: 240
sliding seventy ... A18: 240
wear properties of selected polymers ... A18: 241
sliding bearings and their applications ... A18: 516
solid-film, for plastic-encapsulated devices ... EL1: 220–221
solubility ... EM2: 61
solubility parameters ... A11: 761
springs ... A20: 288
standard surface conditions for sliding ... A18: 236
static strength and isotropy ... A20: 513
stiffness ... A20: 337, EM2: 61
strain components ... A20: 575
strength ... A20: 337, EM2: 61
structure ... EM2: 57–59, 462–464, 571–572
structure, and electrical properties .. EM2: 462–464
structure and morphology ... A11: 758
structure, properties influencing ... EM2: 57–59
substrates, thick film circuits ... EL1: 249
surface finish and tolerances ... A20: 246
surface parameters ... EM3: 41
tensile strength ... A20: 245, 351
thermal conductivity ... A20: 245, 337
thermal expansion ... A20: 245
thermal properties ... EM2: 59–60
thermal shock resistance ... A20: 245
thermal spray forming ... A7: 413
thermally conductive ... M7: 608–609
thermoplastics, chemistry of ... EM2: 63, 66
thermoplastics, wear applications ... A20: 607
thermosets, chemistry of ... EM2: 63
thermosets, wear applications ... A20: 607
thick-film systems ... EL1: 346
to fabricate integrated circuits ... EM3: 378
toughness ... EM2: 61
types ... EM2: 48
types of ... A20: 699–700
viscoelasticity of ... A11: 758
vs. plastics, as terms ... EM2: 1
water absorption ... EM2: 761
wear due to friction ... A11: 764
with aromatic rings ... EM2: 52
work material for ion implantation ... A18: 858
Young's modulus ... A20: 245
Young's modulus vs. density ... A20: 285
Polymers, failure analysis of ... A11: 758–765
brittlelike fracture ... A11: 761
case studies ... A11: 762–765
crack propagation in polymers ... A11: 762
deformation and fracture mechanisms ... A11: 758–761
environmental stress cracking ... A11: 761
polymer structure and morphology ... A11: 758
viscoelasticity of polymers ... A11: 758
***Polymers for Engineering Applications* (Seymour)** ... EM2: 94
Polymers/Ceramics/Composites Alert ... EM3: 72
Polymethacrylates ... EM3: 86, EM4: 1093
Polymethacrylates (PMA)
as viscosity improvers ... A18: 109, 110
infrared spectroscopy data ... A18: 301
pour-point depressants, detection by infrared spectroscopy of lubricants ... A18: 301
Polymethyl methacrylate *See also* Acrylic plastic ... M7: 606
defined ... EM1: 18
Polymethyl methacrylate (PMMA) *See also* Acrylic plastic; Plastics ... EM3: 617
abrasion resistance ... EM2: 167
commercial, as engineering thermoplastic ... EM2: 447–448
critical surface tensions ... EM3: 180
defined ... EM2: 32
degradation ... EM3: 620
dependence of relaxation modulus on time ... EM3: 618
Lucite ... EM3: 280
medical applications ... EM4: 1009
Plexiglas ... EM3: 280
surface preparation ... EM3: 280, 291
thermal degradation ... EM4: 136
used as a binder in tape casting ... EM4: 137
Polymethyl methacrylate syrup
typical formulation ... EM3: 121
Polymethylacrylate
properties ... A20: 435
structure ... A20: 435
Poly(methylmethacrylate)
as amorphous polymer ... A11: 758
Polymethylmethacrylate (PMMA) ... A20: 441, 443, 451, 454, 455
cost per unit mass ... A20: 302
cost per unit volume ... A20: 302
craze propagation and brittle tensile failure ... A19: 47
deformation zone friction ... A18: 36
electrical properties ... A20: 450
engineered material classes included in material property charts ... A20: 267
fracture toughness value ... A19: 47–48
fracture toughness vs.
density ... A20: 267, 269, 270
strength ... A20: 267, 272–273, 274
Young's modulus ... A20: 267, 271–272, 273
Izod impact toughness ... A19: 48
linear expansion coefficient vs. thermal conductivity ... A20: 267, 276, 277
linear expansion coefficient vs. Young's modulus ... A20: 267, 276, 277, 278
liquid impingement erosion protection applications ... A18: 222
loss coefficient vs. Young's modulus ... A20: 267, 273–275
maximum shear conditions ... A20: 455
normalized tensile strength vs. coefficient of linear thermal expansion ... A20: 267, 277–279
processing temperatures ... A20: 455
properties ... A20: 436
sample power-law indices ... A20: 448
specific modulus vs. specific strength ... A20: 267, 271, 272
strength vs. density ... A20: 267–269
structure ... A20: 436
tensile fracture strains ... A20: 343–344
water absorption ... A20: 455
Young's modulus vs.
density ... A20: 266, 267, 268, 289
elastic limit ... A20: 287
strength ... A20: 267, 269–271
Polymethylpentene
surface preparation ... EM3: 291
Polymorph
defined ... A10: 679
Polymorphic transformations
by milling ... M7: 56
Polymorphism ... A3: 1•1, EM3: 22
defined ... A9: 14, A10: 679, EM2: 32
in uranium and uranium alloys ... A9: 476
Polynary uranium alloys ... A13: 817–818
Polynomial method ... A19: 180
Polynomial regressions
use in x-ray spectrometry calibration ... A10: 97
Polynuclidic elements
SSMS analysis ... A10: 145
Polyolefin mix (PE+PP) ... A20: 261
Polyolefins ... A20: 443, 444, 454, EM3: 22, 75, 147
adhesive ... EM3: 290
as substrate for silicones ... EM3: 136
catalytic effect by steel and copper ... EM3: 418
cooling rate and crystallinity ... EM3: 412
defined ... EM2: 32
environmental effects ... EM2: 426–427
highly crystalline prebond treatments ... EM3: 35
surface preparation ... EM3: 278, 291
thermal degradation ... EM2: 423
Polyolerins
thermal degradation ... EM4: 136
Polyolester (POE)
high-vacuum lubricant applications .. A18: 155, 156
molecular structures ... A18: 156
properties ... A18: 155
Polyol-isocyanate resin binder system .. A15: 217, 238
Polyols ... EM3: 22, 108, 109
as thermoplastic polyurethanes (TPUR) .. EM2: 204
as urethane coatings ... A13: 409
defined ... EM2: 32
epoxidized ... EL1: 818
in polyurethanes (PUR) ... EM2: 257
steps in manufacture of ... EM3: 203
Polyoxymethylene gear wheel
failure of ... A11: 764, 765
Polyoxymethylene (POM) *See also* Acetal (AC) resins ... A20: 443, 448, 449, 455
+ 15% polytetrafluoroethylene (PTFE), friction coefficient data ... A18: 73
+ polytetrafluoroethylene composite, wear properties ... A18: 241
defined ... EM2: 32
electrical properties ... A20: 450
friction coefficient data ... A18: 73
maximum shear conditions ... A20: 455
moisture effects ... EM2: 768
polytetrafluoroethylene (PTFE)/glass, friction coefficient data ... A18: 73
processing temperatures ... A20: 455
properties ... A20: 437
shrinkage values ... A20: 454
sliding bearings, thick bonded to porous bronze with steel backing ... A18: 516
structure ... A20: 437
water absorption ... A20: 455
wear properties ... A18: 241
Polyoxymethylenes (POM) ... EM3: 22
Polyperfluoroalkylether (PFPE)
addition to titanium alloys as lubricant .. A18: 778, 779
Polyphase alloys
defined ... A13: 46
Polyphenyl ether
properties ... A18: 81
Polyphenyl oxide ... A20: 454
Polyphenylene ether ... EM3: 576
Polyphenylene ether blends (PPE, PPO) *See also* Polyphenylene ether (PPE); Polyphenylene oxide (PPO); Thermoplastic resins
alloys and blends ... EM2: 183
applications ... EM2: 183–184
as structural plastics ... EM2: 65
characteristics ... EM2: 184–185
competitive materials ... EM2: 184
costs and production volume ... EM2: 183
design guidelines ... EM2: 185
processing ... EM2: 184–185
suppliers ... EM2: 185
Polyphenylene ether (PPE) *See also* Polyphenylene ether blends (PPE, PPO)
as blend ... EM2: 183–185
chemistry ... EM2: 65
Polyphenylene oxide (PPO) *See also* Polyphenylene ether blends (PPE, PPO) ... A20: 446, 450, 454
as blend ... EM2: 183–185
as engineering plastic ... EM2: 430
chemistry ... EM2: 65–66
defined ... EM2: 32
properties ... A20: 438
structure ... A20: 438
Polyphenylene oxides (PPO) ... EM3: 22
Noryl polyphenylene oxide ... EM3: 279
surface preparation ... EM3: 279, 291
Polyphenylene sulfide (PPS) ... A20: 450
+ 15% polytetrafluoroethylene (PTFE), friction coefficient data ... A18: 73
for hydraulic accumulator piston ... A20: 297
polytetrafluoroethylene (PTFE)/glass, friction coefficient data ... A18: 73
properties ... A20: 438
shrinkage values ... A20: 454
structure ... A20: 438
wear factor ... A18: 824
Polyphenylene sulfide (PPS) resins
as thermosetting aerospace matrix ... EM1: 32–33
defined ... EM1: 18
in compression molding ... EM1: 562
in woven sheeting ... EM1: 32, 33
matrix processing ... EM1: 544
Polyphenylene sulfides
for coating/ encapsulation ... EL1: 242

Polyphenylene sulfides (PPS) *See also* Thermoplastic resins............ **EM3:** 22, 601
applications.......................... **EM2:** 186
as engineering plastic.................. **EM2:** 430
characteristics.................... **EM2:** 186–190
chemical resistance.................... **EM2:** 186
chemistry............................. **EM2:** 66
competitive materials.................. **EM2:** 186
composites........................... **EM2:** 190
compound types....................... **EM2:** 185
costs and production volume........... **EM2:** 186
critical surface tensions................ **EM3:** 180
crystallinity **EM2:** 189
curing............................... **EM2:** 187
defined............................... **EM2:** 32
electrical properties **EM2:** 189
film and fiber.................. **EM2:** 180–190
interfacial shear strength of embedded fibers........................... **EM3:** 394
nominal properties.................... **EM2:** 188
processing **EM2:** 189
properties **EM2:** 187–189
suppliers............................ **EM2:** 190
surface preparation **EM3:** 280, 291
thermal stability...................... **EM2:** 186
vs. polyamide-imides (PAI) **EM2:** 128
Polyphenylenesulfide
plasma surface treatment conditions....... **A5:** 894
Polyphenylquinoxalines............. **EM3:** 163–168
chemistry............................ **EM3:** 163
compared to polyimides **EM3:** 165
cost factors **EM3:** 164–165
cured properties.................. **EM3:** 165–167
elevated-temperature plasticity.......... **EM3:** 163
for aerospace protective coating **EM3:** 164
for high-temperature wire insulation..... **EM3:** 164
for titanium bonding with advanced composites...................... **EM3:** 163
forms **EM3:** 163–164
functional types **EM3:** 163–164
general preparation **EM3:** 163
markets **EM3:** 164–165
non-crosslinked thermoplastic nature **EM3:** 163
pot life............................. **EM3:** 167
processing parameters **EM3:** 167
properties **EM3:** 163, 165
shelf life............................ **EM3:** 167
storage conditions..................... **EM3:** 167
suppliers............................ **EM3:** 164
thermally crosslinkable............ **EM3:** 163, 164
thermooxidative stability temperature ... **EM3:** 166
thermoplasticity a limiting factor **EM3:** 163
uncured properties.................... **EM3:** 165
Polyphosphate/HEDP
cathodic inhibitor...................... **A13:** 496
Polyphosphates................. **A13:** 495, **A20:** 551
detected by ion chromatography **A10:** 661
Polyphosphonates
detected by ion chromatography **A10:** 661
Polyphthalate carbonate **EM3:** 576
Polypropylene.......................... **EM4:** 940
as binder for ceramic injection molding **EM4:** 173
as container for electrolytes **A9:** 51
crack propagation...................... **A11:** 762
crazes in............................. **A11:** 759
effect on strain rate................... **A8:** 38, 42
isostatic, infrared linear dichroism spectroscopy of.................. **A10:** 120
plasma surface treatment conditions....... **A5:** 894
plastic zone........................... **A11:** 762
transmission by **A10:** 100
waterjet machining..................... **A16:** 522
Polypropylene fluxers **EL1:** 681
Poly(propylene glycol)diglycidyl ether...... **EM3:** 100
Polypropylene oxide
properties............................ **A20:** 437
structure............................. **A20:** 437
Polypropylene piping
electroless nickel plating **A5:** 303
Polypropylene (PP).... **A20:** 261, 439, 443, 446, 449, 451, 454, 455
cost per unit volume................... **A20:** 302
effect of length of aliphatic side chain on polyolephins **A20:** 443
engineered material classes included in material property charts **A20:** 267
fracture toughness vs.
density.................... **A20:** 267, 269, 270
strength................ **A20:** 267, 272–273, 274
Young's modulus **A20:** 267, 271–272, 273
linear expansion coefficient vs. thermal conductivity............ **A20:** 267, 276, 277
linear expansion coefficient vs. Young's modulus........... **A20:** 267, 276–277, 278
loss coefficient vs. Young's modulus..... **A20:** 267, 273–275
low-temperature strengthening........... **A20:** 351
maximum shear conditions **A20:** 455
normalized tensile strength vs. coefficient of linear thermal expansion........ **A20:** 267, 277–279
processing temperatures **A20:** 455
sample power-law indices............... **A20:** 448
shrinkage **A20:** 796
shrinkage values....................... **A20:** 454
specific modulus vs. specific strength **A20:** 267, 271, 272
strength vs. density **A20:** 267–269
water absorption....................... **A20:** 455
Young's modulus vs.
density **A20:** 266, 267, 268, 289
elastic limit **A20:** 287
strength.................... **A20:** 267, 269, 271
Polypropylene valves
electroless nickel plating **A5:** 303
Polypropylene-cement system
fiber pull-out experiment **EM3:** 392
Polypropylenes (PP) *See also* Reinforced polypropylenes **EM3:** 22
adhesive bonding **EM3:** 290
as engineering thermoplastic **EM2:** 446
as general-purpose polymer............. **EM2:** 65
chemistry **EM2:** 65, **EM3:** 50
contact-angle testing.................. **EM3:** 277
crystallinity **EM3:** 411
cure properties **EM3:** 51
defined.............................. **EM2:** 32
for appliance seal and gasket applications **EM3:** 51
for auto battery casings................ **EM3:** 58
for refrigerator and freezer cabinet sealing........................... **EM3:** 59
for water deflector sealing.............. **EM3:** 57
lap-shear strength..................... **EM3:** 276
mechanical keying **EM3:** 416
medical applications **EM3:** 576
methods of application **EM3:** 59
microstructure........................ **EM3:** 407
physical properties.................... **EM2:** 192
predicted 1992 sales.................... **EM3:** 81
properties............................ **EM3:** 50
reinforced............... **EM2:** 192–193, **EM3:** 22
stereoisomers of **EM2:** 58
structures of **EM2:** 65
suppliers............................ **EM3:** 59
surface energies correlation............. **EM3:** 294
surface preparation............ **EM3:** 42, 280, 291
Poly(*p*-xlylene) **EM3:** 594, 599–600
Poly(p-xylene) polymers (PPXs)
Gorham process formation............. **EL1:** 789
Polyquinoxalines **EM3:** 161, 163
Polysaccharides
removal **EM4:** 137
Polysilastyrene
used in silicon-base ceramics **EM4:** 223
Polysilazane
application or function optimizing powder treatment and green forming **EM4:** 49
infiltrant to fill voids in RBSN material **EM4:** 296
used in silicon-base ceramics **EM4:** 223
Polysilicic acid sols **EM4:** 446
Polysilicon............................. **EM3:** 593
Polysilicon-silicide (polycide) structures
integrated circuits **A11:** 773–774
Polysiloxane network film................ **EM3:** 626
Polystyrene *See also* Expanded polystyrene patterns and compressive yield.................. **A11:** 759
as amorphous polymer **A11:** 758
as organic binder **A15:** 35
as solder resist **A6:** 133
crack propagation...................... **A11:** 762
crazing in............................. **A11:** 761
film, crazing in thin.................... **A11:** 758
film, deformation behavior.............. **A11:** 759
foamed, investment casting **A15:** 255
friction coefficient data.................. **A18:** 73
pattern assembly, investment casting **A15:** 257
pattern injection, investment casting **A15:** 256
Polystyrene blend
analysis of............................ **A10:** 118
Polystyrene microspheres
measurement...................... **M7:** 223–224
Polystyrene phase associating resins....... **EM3:** 183
Polystyrene (PS).. **A20:** 434, 441, 442, 443, 446, 449, 451
as binder for ceramic injection molding **EM4:** 173
cost per unit mass **A20:** 302
cost per unit volume................... **A20:** 302
electrical properties **A20:** 450
engineered material classes included in material property charts **A20:** 267
fracture toughness vs.
density.................... **A20:** 267, 269, 270
strength................ **A20:** 267, 272–273, 274
Young's modulus **A20:** 267, 271–272, 273
linear expansion coefficient vs. thermal conductivity............ **A20:** 267, 276, 277
linear expansion coefficient vs. Young's modulus........... **A20:** 267, 276–277, 278
loss coefficient vs. Young's modulus..... **A20:** 267, 273–275
low-temperature strengthening........... **A20:** 351
maximum shear conditions **A20:** 455
normalized tensile strength vs. coefficient of linear thermal expansion........ **A20:** 267, 277–279
processing temperatures **A20:** 455
sample power-law indices............... **A20:** 448
shrinkage values....................... **A20:** 454
specific modulus vs. specific strength **A20:** 267, 271, 272
strength vs. density **A20:** 267–269
thermal conductivity vs. thermal diffusivity.............. **A20:** 267, 275–276
thermal degradation.................... **EM4:** 136
thermal dependence of elastic modulus ... **A20:** 450
water absorption....................... **A20:** 455
Young's modulus vs.
density **A20:** 266, 267, 268, 289
elastic limit **A20:** 287
strength **A20:** 267, 269–271
Polystyrene, with benzene
for replicas **A12:** 180
Polystyrene-co-acrylonitrile (SAN) **A20:** 445
Polystyrenes (PP) *See also* High-impact polystyrenes (PS, HIPS)
as engineering thermoplastic **EM2:** 446
as general-purpose polymer............. **EM2:** 64
effect, trichlorofluoromethane **EM2:** 195
high-impact...................... **EM2:** 194–199
Polystyrenes (PS)................ **EM3:** 22, 75, 594
aramid composites.................... **EM3:** 286
critical surface tensions................ **EM3:** 180
high-impact **EM3:** 22
microstructure........................ **EM3:** 407
rubber-toughened **EM3:** 413
solvent cements **EM3:** 567
surface preparation **EM3:** 279–280
volume resistivity and conductivity **EM3:** 45

Polysulfide
adhesives **EM1:** 687
defined **EM1:** 18, **EM2:** 32
faying surface sealants **EM1:** 719
Polysulfide corrosion
oil/gas production **A13:** 1232–1233
Polysulfide sealants
one-part **EM3:** 190, 191
properties **EM3:** 191
two-part manually mixed **EM3:** 190, 191
two-part mechanically meter-mixed **EM3:** 190, 191
Polysulfide-base primers **EM3:** 640
Polysulfides **EM3:** 22, 44, 138–142, 193–197, 815
3-phenyl-1, 1-dimethyl urea **EM3:** 142
additives **EM3:** 139–140
additives and modifiers **EM3:** 196
advantages and disadvantages **EM3:** 675
application parameters **EM3:** 196
applications **EM3:** 50, 56
as body assembly sealants **EM3:** 609
as concrete adhesives **EM3:** 138
as curing agents for epoxy resins . . . **EM3:** 184–185
as reactive diluent **EM3:** 138
automotive market applications **EM3:** 608
characteristics **EM3:** 53
chemical properties **EM3:** 52
chemical resistance **EM3:** 641
chemistry **EM3:** 50, 138, 193–194
commercial forms **EM3:** 194, 195
competing with urethane sealants **EM3:** 205
cost factors **EM3:** 139, 195, 196
cross-linking **EM3:** 138, 193
curatives for LP-epoxy reaction **EM3:** 142
cure properties **EM3:** 51
cycloaliphatic amine **EM3:** 142
degradation **EM3:** 679
DGEBA epoxy resin **EM3:** 142
Dicyandiamide **EM3:** 142
epoxidized **EL1:** 818
epoxy resin **EM3:** 142
epoxy-terminated **EM3:** 140–141
fillers **EM3:** 139, 141
for aerodynamic smoothing compounds . . **EM3:** 194
for aerospace industry **EM3:** 193, 194, 196
for aircraft assembly sealing **EM3:** 808
for aircraft inspection plates **EM3:** 604
for aluminum bonding **EM3:** 138
for carbon bonding **EM3:** 138
for ceramics bonding **EM3:** 138
for civil engineering **EM3:** 194
for concrete and mortar patch repair **EM3:** 138
for concrete crack repair **EM3:** 138
for construction industry **EM3:** 193–194, 196
for curtain wall construction **EM3:** 549
for electrically conductive sealants **EM3:** 194
for faying surface **EM3:** 604
for fiber-reinforced plastic (FRP) bonding,
polysulfides **EM3:** 141, 142
for fillets **EM3:** 604
for fuel tank sealants **EM3:** 194
for fuel tank structures (airframe)
bonding **EM3:** 195
for galvanized steel bonding **EM3:** 141
for galvanized steel G-60 bonding **EM3:** 142
for glass bonding **EM3:** 138, 141, 142
for glass unit insulation **EM3:** 194–195, 196
for grouting compounds **EM3:** 138
for high-performance military aircraft . . . **EM3:** 195
for insulated glass construction **EM3:** 46, 58
for integral fuel tank sealing **EM3:** 58
for lead-free automotive body solder **EM3:** 138
for packaging **EM3:** 58–59
for plastics bonding **EM3:** 138
for plywood bonding **EM3:** 141, 142
for pressure sealants **EM3:** 194
for protecting electronic components **EM3:** 59
for quick-repair sealants **EM3:** 194
for rivets **EM3:** 604
for steel bonding **EM3:** 138
for tack coat for concrete **EM3:** 138
for truck trailer joints **EM3:** 58
for windshield sealing **EM3:** 194, 608
for wood bonding **EM3:** 138
formulations **EM3:** 676
functional types **EM3:** 193–194
gas tank seam sealant **EM3:** 610
glass transition temperature **EM3:** 139
liquid epoxy concrete adhesive use **EM3:** 138, 140
LP-epoxy ratios **EM3:** 140, 141, 142
markets **EM3:** 194–195
mercaptan-terminated **EM3:** 138, 141
modifiers **EM3:** 139–140
mortar white silica (HDS-100) **EM3:** 139
performance **EM3:** 674
physical properties of liquids **EM3:** 140
pot life **EM3:** 139, 141, 142, 194, 196
processing parameters **EM3:** 196–197
properties **EM3:** 50, 139, 196, 677
sealant characteristics **EM3:** 57, 188
secondary seal for polyisobutylene **EM3:** 190
shelf life **EM3:** 141, 195, 196
silane Coupling agents **EM3:** 182
solvent use **EM3:** 140
suppliers **EM3:** 138–139, 193, 195
surface preparation **EM3:** 291
tertiary amine **EM3:** 142
thermal properties **EM3:** 52
Polysulfone (PSU or PSF) . . . **A20:** 439, 451, 453, 455
electrical properties **A20:** 450
mechanical properties **A20:** 460
properties **A20:** 438
service temperatures **A20:** 460
shrinkage values **A20:** 454
structure **A20:** 438
Polysulfone resins
surface preparation **EM3:** 279
Polysulfone thermoplastic
used in composites **A20:** 457
Polysulfone thermoplastic resin
and CM-X, epoxy, compared **EM1:** 103
and fiber-resin composite **EM1:** 363–372
defined **EM1:** 18
properties **EM1:** 364
Polysulfones (PSU) *See also* Thermoplastic
resins **EM3:** 22, 576, 601
applications **EM2:** 200
as engineering plastic **EM2:** 430
characteristics **EM2:** 200–202
coatings for carbon/graphite **EM3:** 289
commercial forms **EM2:** 200
critical surface tensions **EM3:** 180
defined **EM2:** 32
design considerations **EM2:** 201
flammability **EM2:** 201
impact-modified properties **EM2:** 497
processing **EM2:** 201–202
properties **EM2:** 200–201
solvent cements **EM3:** 567
surface contamination **EM3:** 847
vs. polyamide-imides (PAI) **EM2:** 128
Polyterephthalate **EM3:** 22
Polytetrafluoroethylene
as incendiary **M7:** 603
in pharmaceutical production facilities . . **A13:** 1227
plasma surface treatment conditions **A5:** 894
Polytetrafluoroethylene fluorocarbon
prebond treatment **EM3:** 35
Polytetrafluoroethylene (PTFE) . . . **A20:** 439, 443, 446, 451, 453, 454, 480, 551, 607, **EM3:** 22, 223, 601
abrasion resistance **EM2:** 167
additives and modifiers **EM3:** 225
as additive to metalworking lubricants **A18:** 141
as bearing material **A18:** 754, 755
as thermoplastic fluoropolymer **EM2:** 115–119
bronze-filled **A18:** 253
chemical compatibility **EM3:** 224
chemical compatibility of seals **A18:** 550
chemistry **EM2:** 66, **EM3:** 223
coating for gears, lubrication **A18:** 541
codeposited in electroplated coatings **A18:** 834–835
coefficient of friction **A18:** 824, 825
commercial forms **EM3:** 223
-compatable chemicals and solvents **EM2:** 115
continuous service temperature as a function of
degrees of fluorine substitution on
polyethylene **A20:** 443
cost factors **EM3:** 224, 226
cost per unit mass **A20:** 302
cost per unit volume **A20:** 302
critical surface tensions **EM3:** 180
damage caused by chip formation **A18:** 182
damage dominated by tearing in a
piston pump **A18:** 180
defined **EM2:** 32
effect on wear factors **A18:** 824
electrical properties **A20:** 450
engineered material classes included in material
property charts **A20:** 267
filler for lip seals **A18:** 546, 550–551
filler for seals **A18:** 551
films **A18:** 117
flex-circuit usage **EM3:** 591
for compression packings **EM3:** 225–226
for printed board material systems **EM3:** 592
for tool steel lubrication **A18:** 737–738
friction coefficient, tribotest example **A18:** 483, 484, 485
friction wear of metals **A18:** 239
GORE-TEX **EM3:** 225
Gylon **EM3:** 225
high-vacuum lubricant applications **A18:** 154
in tape backings for silicone
applications **EM3:** 134
incorporation in thermoplastic
composites **A18:** 820, 822–823
interfacial zone shear **A18:** 36
linear expansion coefficient vs. thermal
conductivity **A20:** 267, 276, 277
liquid impingement erosion protection
applications **A18:** 222
loss coefficient vs. Young's modulus **A20:** 267, 273–275
markets **EM3:** 225
methods used for synthesis **A18:** 802
molding techniques **EM2:** 115
normalized tensile strength vs. coefficient of linear
thermal expansion **A20:** 267, 277–279
processing parameters **EM3:** 224
properties **A18:** 801, **A20:** 436
resin types and applications **EM3:** 223–224
sliding bearings **A18:** 516
sliding wear mechanisms in metal-matrix
composites **A18:** 809–810
specific modulus vs. specific strength **A20:** 267, 271, 272
strength vs. density **A20:** 267–269
structure **A20:** 436
surface contamination **EM3:** 847
surface preparation **EM3:** 279, 290
tape **EM3:** 51, 53
thermal conductivity vs. thermal
diffusivity **A20:** 267, 275–276
thermal degradation **EM4:** 136
thermogravimetric analysis **A18:** 823
use in metal-on-polymer total hip
replacements **A18:** 657, 661
vs. polyamide-imides (PAI) **EM2:** 128
wafers used during leaky Lamb wave
technique **EM3:** 780
Young's modulus vs. density . . . **A20:** 266, 267, 268, 289
Young's modulus vs. strength . . . **A20:** 267, 269–271
Polytetrafluoroethylene (PTFE) insulation
for wrought copper products **A2:** 258
Polytetrafluoroethylene vessels
for sample dissolution treatment **A10:** 165, 166
Polytetrafluoroethylene-encapsulated silicone rubber
for platen seals **EM3:** 694
Polytetranuoroethylene (PTFE) *See also* Teflon
as laminating resin, properties **EL1:** 534–535
structural repeat unit **EL1:** 605
Polythioethers, terminal mercapto groups in
Raman analysis **A10:** 132
Polythionates **A19:** 493
Polythionic acid stress-corrosion cracking
austenitic stainless steels **A12:** 354
Polythionic acids **A19:** 491
SCC testing in **A13:** 273
SCC testing of stainless steels in **A8:** 528–529
Polytitanates **EM4:** 60
Polytitanocarbosilane
for making Tyranno fiber **EM4:** 223
Polyurea **A18:** 126, 129, **EM3:** 203
Polyureas **A20:** 445
Polyurethane *See also* Isocyanate plastics; Urethane
plastics **M7:** 447, 606
adhesion to selected hot dip galvanized steel
surfaces **A5:** 363
adhesives **EM1:** 684
as organic binder **A15:** 35

Polyurethane (continued)
as thermocouple wire insulation **A2:** 882
coating for composite constructions against liquid
impingement erosion **A18:** 222
damage dominated by tearing **A18:** 180
defined **EM1:** 18
engineered material classes included in material
property charts **A20:** 267
friction coefficient data **A18:** 73
in RRIM technology **EM1:** 121
medical applications **EM4:** 1009
pattern block materials, use **A15:** 194
representative polymer structure **A20:** 445
resistance to mechanical or chemical
action **A5:** 423
specific modulus vs. specific strength **A20:** 267,
271, 272
strength vs. density **A20:** 267–269
with glass-flake filler, for automobile
bumpers..................... **A20:** 299–300
Young's modulus vs.
density **A20:** 266, 267, 268, 289
elastic limit **A20:** 287
strength **A20:** 267, 269–271
Polyurethane foam (PUF)................ **A20:** 261
Polyurethane resin
properties and applications............... **A5:** 422
Polyurethane resins **M5:** 473, 496, 498, 502
Polyurethanes *See also* Urethane coatings;
Urethanes
and acrylic, silicone, epoxy coatings,
compared......................... **EL1:** 775
as coating/encapsulant.................. **EL1:** 759
as conformal coating **EL1:** 761, 763
electrical properties **EL1:** 822
potting in **EL1:** 824
stripping methods **M5:** 19
Polyurethanes (PUR) *See also* Isocyanate plastics;
Thermoplastic polyurethanes (TPUR);
Thermoplastic urethanes; Thermosetting resins
applications..................... **EM2:** 258–260
as injection-moldable.................. **EM2:** 322
as low-temperature resin system **EM2:** 439
as structural plastic **EM2:** 66
characteristics................... **EM2:** 260–264
chemical structure **EM2:** 204
chemistry **EM2:** 66
commercial forms **EM2:** 257–258
competitive materials **EM2:** 259–260
costs and production volume........... **EM2:** 258
defined **EM2:** 32
environmental effects.................. **EM2:** 428
flexible, foams......................... **EM2:** 603
processing **EM2:** 262–264
properties **EM2:** 260–263
resin compound types **EM2:** 264
solid **EM2:** 630
suppliers.............................. **EM2:** 164
thermoplastic (TPUR) **EM2:** 203–208, 258
thermoset.............................. **EM2:** 630
Polyvinyl acetals **EM3:** 22
bonding applications **EM3:** 82
defined **EM2:** 32
properties.............................. **EM3:** 82
suppliers............................... **EM3:** 82
Polyvinyl acetate **M7:** 606
paint compatibility....................... **A5:** 441
Polyvinyl acetate emulsion adhesive **EM3:** 22
for composite panel construction.......... **EM3:** 46
Polyvinyl acetate (PVA)
binder used in silicon powder **EM4:** 237
Polyvinyl acetate (PVAC) *See also* Latex .. **A20:** 439,
EM3: 22, 75, 80, 86, 210–214
applications **EM3:** 56
characteristics **EM3:** 90
defined **EM2:** 32
for plumbing seals **EM3:** 608
properties.................. **A20:** 436, **EM3:** 677
residential applications **EM3:** 675

structure............................... **A20:** 436
typical properties **EM3:** 83
Polyvinyl acetate-base caulks......... **EM3:** 188, 190
Polyvinyl alcohol
as binder **A7:** 107
as sample binding agent **A10:** 94
Polyvinyl alcohol (PVA)
application or function optimizing powder
treatment and green forming **EM4:** 49
as binder **EM4:** 474
as binder for ceramic coatings.......... **EM4:** 955
as binder for spray drying before dry
pressing **EM4:** 146
as binder in slurry preparation for spray
drying **EM4:** 103, 107
diazo-sensitized, for screen making...... **EM4:** 472
removal **EM4:** 137
Polyvinyl alcohol (PVAL) **EM3:** 22
coatings for carbon/graphite............ **EM3:** 289
defined **EM2:** 32–33
Polyvinyl alcohol (PVOH)........... **A20:** 439, 443
properties.............................. **A20:** 436
structure............................... **A20:** 436
Polyvinyl and acrylic resin emulsions
applications **EM3:** 45
characteristics **EM3:** 45
for packaging........................... **EM3:** 45
industrial applications.................. **EM3:** 567
Polyvinyl butyral (binder)
batch weight of formulation when used in
oxidizing sintering atmospheres **EM4:** 163
Polyvinyl butyral in pine oil
as media for screening and stamping
processes **EM4:** 475
Polyvinyl butyral (PVB) *See also* Polyvinyl
acetals **EM3:** 22
defined **EM2:** 33
in laminated glass...................... **EM4:** 453
thermal degradation..................... **EM4:** 136
used as a binder in tape casting **EM4:** 137
Polyvinyl butyral-phenolics **EM3:** 75
advantages and limitations........... **EM3:** 79–80
bonding applications **EM3:** 79–80
Polyvinyl carbazole....................... **EM3:** 23
defined **EM2:** 33
Polyvinyl chlordic acetate
defined **EM2:** 33
Polyvinyl chloride.......... **M7:** 447, 606, 609, 610
sulfuric acid corrosion................. **A13:** 1153
waterjet machining...................... **A16:** 522
Polyvinyl chloride acetate **EM3:** 23
Polyvinyl chloride coatings
steel fence wire **M1:** 271
steel sheet.............................. **M1:** 176
Polyvinyl chloride fluxers................. **EL1:** 681
Polyvinyl chloride plastisol **EM3:** 59
shear strength of mild steel joints........ **EM3:** 670
Polyvinyl chloride (PVC) ... **A20:** 261, 440, 442, 443,
444, 446, 449, 451, 452, 455, **EM3:** 23, 594
applications **EM3:** 56
contact-angle testing.................... **EM3:** 277
critical surface tensions................. **EM3:** 180
electrical properties **A20:** 450
engineered material classes included in material
property charts **A20:** 267
extrusion **A20:** 797
fracture toughness vs.
density.................. **A20:** 267, 269, 270
strength................ **A20:** 267, 272–273, 274
Young's modulus **A20:** 267, 271–272, 273
linear expansion coefficient vs. thermal
conductivity............ **A20:** 267, 276, 277
low-temperature strengthening........... **A20:** 351
medical applications **EM3:** 576
normalized tensile strength vs. coefficient of linear
thermal expansion........ **A20:** 267, 277–279
plasticized electrical properties **A20:** 450
plasticized loss coefficient vs. Young's
modulus **A20:** 267, 273–275

plasticized Young's modulus vs. density.. **A20:** 266,
267, 268
properties.............................. **A20:** 436
rigid
cost per unit mass **A20:** 302
cost per unit volume **A20:** 302
maximum shear conditions............ **A20:** 455
processing temperatures............... **A20:** 455
water absorption **A20:** 455
sample power-law indices............... **A20:** 448
solvent cements **EM3:** 567
specific modulus vs. specific strength **A20:** 267,
271, 272
strength vs. density **A20:** 267–269
structure............................... **A20:** 436
substrate cure rate and bond strength for
cyanoacrylates **EM3:** 129
surface preparation..................... **EM3:** 291
thermal conductivity vs. thermal
diffusivity.............. **A20:** 267, 275–276
verifilm material **EM3:** 736, 737
Young's modulus vs.
density **A20:** 266, 267, 268, 289
elastic limit **A20:** 287
strength **A20:** 267, 269–271
Polyvinyl chlorides (PVC) *See also* Dry blend;
Thermoplastic resins
abrasion resistance..................... **EM2:** 167
alloys and blends **EM2:** 209
applications **EM2:** 209
as engineering thermoplastic **EM2:** 447
as general-purpose polymer **EM2:** 64–65
characteristics................... **EM2:** 209–212
commercial forms...................... **EM2:** 209
competitive materials................... **EM2:** 209
costs and production volume............ **EM2:** 209
custom compounding................... **EM2:** 210
defined **EM2:** 33
dimensional stability **EM2:** 210
extrusion **EM2:** 211–212
impact-modified properties.............. **EM2:** 497
in rotational molding.................... **EM2:** 361
injection molding................. **EM2:** 210–211
plasticizer effects **EM2:** 496
processing **EM2:** 210–212
resin compound types **EM2:** 212
suppliers **EM2:** 212–213
thermal and related properties.......... **EM2:** 447
thermal degradation............... **EM2:** 423–424
vinyl degradation **EM2:** 212
vs. polyethylene (PE), usage............ **EM2:** 209
Polyvinyl fluoride
chemistry **EM2:** 66
coating hardness rankings in performance
categories **A5:** 729
surface preparation..................... **EM3:** 291
Polyvinyl fluoride (PVF)
continuous service temperature as a function of
degrees of fluorine substitution on
polyethylene..................... **A20:** 443
properties.............................. **A20:** 436
structure............................... **A20:** 436
Polyvinyl formal
defined **EM2:** 33
Polyvinyl formal as a mounting material ... **A9:** 29–30
for metal-matrix composites.............. **A9:** 588
Polyvinyl formal (PVF) **EM3:** 23
Polyvinyl formal, with ethylene dichloride
for replicas **A12:** 180
Polyvinyl formal-phenolics **EM3:** 75
advantages and limitations........... **EM3:** 79–80
Polyvinyl idene fluoride
coating hardness rankings in performance
categories **A5:** 729
Polyvinyl methyl ether
used as modifiers **EM3:** 121
Polyvinyl pyrolidone **A7:** 108, 187
Polyvinylalkylethers **EM3:** 6, 82–83

SUBJECTS OF THE INDEXED VOLUMES: **ASM Handbook** (designated by the letter "A"): **A1:** Properties and Selection: Irons, Steels, and High-Performance Alloys (1990); **A2:** Properties and Selection: Nonferrous Alloys and Special-Purpose Materials (1990); **A3:** Alloy Phase Diagrams (1992); **A4:** Heat Treating (1991); **A5:** Surface Engineering (1994); **A6:** Welding, Brazing, and Soldering (1993); **A7:** Powder Metal Technologies and Applications (1998); **A8:** Mechanical Testing (1985); **A9:** Metallography and Microstructures (1985); **A10:** Materials Characterization (1986); **A11:** Failure Analysis and Prevention (1986); **A12:** Fractography (1987); **A13:** Corrosion (1987); **A14:** Forming and Forging (1988); **A15:** Casting (1988); **A16:** Machining (1989); **A17:** Nondestructive Evaluation and Quality Control (1989); **A18:** Friction, Lubrication, and Wear Technology (1992); **A19:** Fatigue and Fracture (1996); **A20:** Materials Selection and Design (1997). **Metals Handbook, 9th Edition** (designated by the letter "M"): **M1:** Properties and Selection: Irons and Steels (1978); **M2:** Properties and Selection: Nonferrous Alloys and Pure Metals (1979); **M3:** Properties and Selection: Stainless Steels, Tool Materials, and Special-Purpose Materials (1980); **M4:** Heat Treating (1981); **M5:** Surface Cleaning, Finishing, and Coating (1982); **M6:** Welding, Brazing, and Soldering (1983); **M7:** Powder Metallurgy (1984). **Engineered Materials Handbook** (designated by the letters "EM"): **EM1:** Composites (1987); **EM2:** Engineering Plastics (1988); **EM3:** Adhesives and Sealants (1990); **EM4:** Ceramics and Glasses (1991). **Electronic Materials Handbook** (designated by the letters "EL"): **EL1:** Packaging (1989)

Polyvinyl-butyral
curing method A5: 442
Polyvinyl-chloride
as a mounting material .. A9: 29–30, 44, 49, 53–54
determined in vinyl film A10: 123–124
Polyvinylchloride (PVC)
as brittle polymer A11: 761
as insulation, copper and copper alloy products A2: 258, 260
as thermocouple wire insulation A2: 882
for tool steel lubrication A18: 738
reactor, ductile fracture of stub-shaft assembly in A11: 481–482
water filter housing, failed, fracture surface A11: 762–763
Polyvinylidene chloride (PVDC) ... A20: 452, EM3: 23
defined EM2: 33
low-temperature strengthening A20: 351
properties A20: 436
structure A20: 436
Polyvinylidene fluoride (PVDF) EM3: 23
as fluoropolymer EM2: 115–119
chemistry EM2: 66
defined EM2: 33
Kynar EM3: 279
Kynar piezoelectric film EM3: 454
surface preparation EM3: 279
Polyvinylidine fluoride (PVDF)
continuous service temperature as a function of degrees of fluorine substitution on polyethylene A20: 443
properties A20: 436
structure A20: 436
Polyxylyienes *See also* Parylene coatings
for coating/encapsulation EL1: 242
POM *See* Polyoxymethylenes
Pontachrome Black TA *See* Eriochrome Black T
Pooling technique A19: 910
S-N fatigue relations EM1: 441
Pop out A7: 353
Popcorn ball structure A7: 199
Popin A19: 399
Pop-in fracture A19: 441
Pop-in precracking methods A8: 517
Popoff
definition A5: 963–964
on porcelain enamel steel sheet M1: 179
Poppet valves
check-, redesign of A11: 70–71
stems, fracture in A11: 320–321
thermal fatigue failure A11: 289
Poppet valves, steel
aluminum coating process M5: 335, 339–341
Population *See also* Sample A20: 76
defined A8: 10, A10: 679
definition A20: 838
effect of measurement process on A8: 624
first/second movements of A8: 628
for determining design allowables A8: 662–663
mean A8: 628
means, differences, with different standard deviations A8: 711
means, differences, with similar standard deviations A8: 709–711
means, multiple, differences A8: 711–712
of excited nuclear level, Mössbauer spectroscopy A10: 288
percentiles A8: 629
skewed or asymmetric A8: 629
statistical A8: 624
symbol for A8: 629
target and parent, in random sampling A10: 12
variance A8: 628
Population line A20: 93
Population mean A18: 481, A20: 78
Population parameters A18: 481
Population standard deviation A18: 481, 482, A20: 78
Porcelain A20: 421, EM4: 4
absorption EM4: 4
absorption (%) and products A20: 420
carbides for machining A16: 75
composite restorative material (dental), combined with A18: 670
composition EM4: 4, 5, 45
definition A5: 964
electrical, composition EM4: 5
engineered material classes included in material property charts A20: 267
fracture surface EM4: 644
fused-to-metal, for crowns (dental) A18: 673
glazes EM4: 1061
glazing EM4: 4
hard absorption (%) and products A20: 420
hard body compositions A20: 420
hard, composition EM4: 5
high-strength electrical
physical properties A20: 787
honing stone selection A16: 476
linear expansion coefficient vs. thermal conductivity A20: 267, 276, 277
normal electrical
physical properties A20: 787
normalized tensile strength vs. coefficient of linear thermal expansion A20: 267, 277–279
process EM4: 4
products EM4: 4
properties EM4: 4
properties of fired ware EM4: 45
properties (PFM) A18: 666
simplified composition or microstructure (PFM) A18: 666
steatite, composition EM4: 5
tender body compositions A20: 420
tender, composition EM4: 5
thermal conductivity vs. thermal diffusivity A20: 267, 275–276
versus acrylics for denture teeth A18: 673–674
Porcelain denture teeth
properties A18: 666
simplified composition or microstructure A18: 666
Porcelain enamel EM4: 937–942
alkaline clean-rinse-neutralize method ... EM4: 937
appplications EM4: 937, 939
electronic EM4: 939
home laundry equipment EM4: 940–942
household EM4: 939–940
"clean only" preparation system.... EM4: 937, 938
coating materials EM4: 937
definition A5: 964
dry applications method EM4: 1065
electrostatic dry powder process EM4: 937
future outlook EM4: 942
heavy metal release performance rating EM4: 1065
history and development EM4: 937
low-carbon steel compositions for substrates EM4: 938
metal substrates EM4: 937–938
powder application EM4: 940
product categories EM4: 939–940
service properties EM4: 938–939
service temperature limits EM4: 939
Porcelain enamel on iron sheet A9: 201
Porcelain enameled sheet steel
illumination of A9: 199
single coating on extra-low carbon steel.... A9: 201
specimen preparation A9: 198
Porcelain enameling A5: 454–468, M1: 177–180, M5: 509–531
abrasion resistance..... A5: 468, M5: 526–527, 529
abrasive blasting process M5: 515
acid resistance.... A5: 467, M5: 509–511, 520–521, 525–526, 528–529
adherence A5: 467, M5: 526–527
aging stability, slips M5: 524
alkali resistance A5: 467
alkaline cleaning process M5: 514–516
alkaline resistance M5: 510–511, 525–528
alloy steels A5: 731–732
aluminum *See also* Aluminum, porcelain enameling of.... A5: 454, 455, 456, 458, 460, 463, 464
aluminum and aluminum alloys A5: 802–803
appearance, indoor exposure uses M5: 525–526
applications A5: 454, 455, 456, 457, 466
as cast coating A15: 563–564
ASTM test methods A5: 467–468
auxiliary coating procedures M5: 519
avoidance of metal distortion A5: 464–465
brushing method M5: 519
carbon boiling M1: 177–179
carbon steels A5: 731–732
cast iron *See* Cast iron, porcelain enameling of
cast irons... A5: 454–455, 456, 458, 460, 463, 698, M1: 104–105
chemical resistance M5: 525–529
chipping resistance M5: 527, 529
coating thickness role A5: 464
color M5: 509, 522–523, 527–529
matching and control M5: 522–523
specifications for M5: 527
types M5: 509
color and gloss evaluation A5: 467
color matching and control A5: 465
common cold-rolled steels A5: 456, 457
common hot-rolled steels A5: 456, 457
consistency M5: 523
continuity M5: 527, 529–530
continuity of coatings A5: 468
corrosion protection provided by M1: 754
corrosion resistance A5: 466, M5: 525–526
cover-coat enamels M5: 509–513, 515–517, 520–521, 523–524, 530
in-process repair of M5: 524
types M5: 509–510
decarburized steels A5: 456–457
definition A5: 454
design of metal parts for A5: 457–458
design parameters M5: 524–525
dipping method M5: 516–517, 523, 530
distortion, enameled parts M5: 523–524
drain time, measuring M5: 523
dry processes M5: 510–511, 517–521, 523, 530
drying process M5: 518–519
electrical properties, enamels M5: 526
electrodeposition method M5: 518
electrostatic dry powder spray process for steel A5: 462–463
electrostatic spray processes M5: 517–518
enamel types, mixed-oxide compositions M5: 509–511
enamelability of steel M5: 512–513
enameling furnaces A5: 463–464
end uses and required service criteria A5: 456
etching process M5: 514–515
evaluation of porcelain enameled surfaces A5: 466–468
expansion patterns, metal and enamel M5: 525
factors in selecting steel A5: 457, 458
firing temperature effect A5: 464
firing time M5: 521–522, 530
firing time effect A5: 464
flatness, enameled parts M5: 523–525
flow coating method M5: 516–518, 530
formability considerations, sheet steel..... M5: 512
frits..... A5: 454–455, M5: 509–12, 523–524, 530
mixed-oxide compositions M5: 509–511
particle size M5: 523–524
preparation of M5: 510–512
weight M5: 523
furnaces M5: 519–521
batch M5: 519–521
continuous M5: 520
forced convection heating M5: 520–521
intermittent M5: 520
gas evolution during M1: 179
gloss, specifications for M5: 527–528
glossary of terms M5: 530–531
grinding and blending A5: 455–456
grinding and blending, frits M5: 510–511
grinding process, surface preparation M5: 524
ground-coat enamels M5: 509–512, 519–521, 523–524, 530
in-process repair of M5: 524
types M5: 509–510
hardness, enamel M5: 525–526
heat treatment M1: 182
hot water resistance M5: 530
HSLA steel for M1: 183, 188
imperfections M1: 182
in-process quality actions A5: 465
interstitial-free steels A5: 456, 457
low-carbon enameling steels A5: 456
low-carbon steel sheet and strip surface condition for M1: 157
manganese content distribution M1: 189, 195, 196
maximum dimensions accommodated by enameling facilities A5: 458
mechanical properties M1: 188–198
mechanical properties enamels M5: 525–527

Porcelain enameling (continued)
metal preparation **A5:** 458–460
metal substrate effect **A5:** 464–465
metals suitable for, characteristics and selection factors **M5:** 512–514
methods **M5:** 516–519
mill additions **A5:** 456
mill additions, frits **M5:** 511–512
mixed oxide composition enamels. . . . **M5:** 509–511
nickel deposition cycle. **M5:** 514–515
no nickel/no pickle system **M5:** 515
organic solvent resistance **M5:** 529
particle size, frits **M5:** 523–524
pickling process. **M5:** 514–515
plumbing fixture standards **M5:** 527
preparation for enamel frits. **A5:** 455–456
process. **A5:** 460–463
process control **A5:** 465
process variables and control **M5:** 521–524
production of steel sheet for. **M1:** 178–179
properties of enamels. **M5:** 525–527
properties of porcelain enamels **A5:** 466
reinforcing process **M5:** 519
repairs, in-process **M5:** 524
resistance to chipping **A5:** 467–468
resistance to hot water **A5:** 468
resistance to organic solvents. **A5:** 467
rigidity, enameled parts **M5:** 510, 524
sag, characteristics. **M5:** 512–513, 523–525
service requirements **A5:** 454
service-temperature limits. **A5:** 466
slips **M5:** 511, 516–519, 523–524, 531
aging stability **M5:** 524
consistency **M5:** 523
specific gravity. **M5:** 523
spalling resistance **M5:** 527
specific gravity, slips **M5:** 523
specifications and standards **M5:** 526–530
spraying method **M5:** 517–518, 520–521, 523
stainless steel. **M5:** 512–513
steel *See* Steel, porcelain enameling of
steel plate, tubes, pipes, and rolled sections. **A5:** 457
steel selection, factors, in **M1:** 177, 179–180
steel sheet . . . **A5:** 454–455, 456, 458–460, 461–463
steels for **A5:** 456–457
strength considerations, steel **M5:** 513–514, 526
stress patterns, metal and enamel **M5:** 525–526
surface defects, effects of. **M5:** 512
surface imperfections. **M1:** 177, 179
surface preparation for **M5:** 514–516, 527
tests related to **M5:** 527
suspension stability. **M5:** 523
temperature, service. **M5:** 509–510, 520–522, 525–526
high, resistance to **M5:** 509–510, 525–526
terminology, glossary of. **M5:** 530–531
testing methods **M5:** 523, 526–530
thermal shock resistance. . . . **A5:** 468, **M5:** 509–511, 525, 527, 529
thickness, coating **M5:** 519, 521, 527
thickness evaluation. **A5:** 467
titanium-stabilized steels **A5:** 456, 457
torsion resistance **A5:** 468, **M5:** 525–527, 529
torsion resistance of metal angles **A5:** 467
types of porcelain enamels **A5:** 454
types of steel sheet for. **M1:** 177–178
typical applications. **M1:** 177–179
water resistance **M5:** 510–511, 530
weather resistance. **A5:** 467, **M5:** 509–511, 525, 526–529
weight, deposited frit **M5:** 523
weldability characteristics substrate metal **M5:** 514
wet processes . . . **M5:** 510–512, 517, 519, 521, 523, 531
workpiece size, maximum. **M5:** 524–525
Porcelain enamels **A13:** 446–452, **A20:** 419
applications **A13:** 446, 449
coating evaluation **A13:** 450–452
corrosion resistance. **A13:** 449–450
enameling process **A13:** 447–448
estimated worldwide sales. **A20:** 781
fused to dental alloys **A13:** 1352–1356
process variables **A13:** 448–449
service temperatures, maximum **A13:** 450
surface preparation for **A13:** 447
test methods, specifications, standards. . . . **A13:** 450
types. **A13:** 446–447
wet-process, workability of. **A13:** 449
Porcelain fused to metal (dental) alloys
of precious metals **A2:** 696
Porcelain overlay dental restorations
powder used. **M7:** 573
Porcelain-enameled metal
as substrate material **EL1:** 106, 249, 337
Porcelainized metal interconnect boards
thermal expansion **EL1:** 615
Pore
defined **A11:** 8
definition **A5:** 964, **EM4:** 633
Pore pressure rupture testing
of green compacts **A17:** 54
Pore pressure rupture testing of green compacts **A7:** 715, 716
Pore pressure rupture/gas permeability . . **A7:** 702, 714
Pore size *See also* Particle pore size . . . **A7:** 274–277, 283, 284, 285, **M7:** 9
and green strength **M7:** 303
and pressure. **M7:** 299
control in roll compacting. **M7:** 401
measured by mercury porosimetry **M7:** 262, 266–270
Pore size distribution **M7:** 9
as function of pressure. **M7:** 299
measured by mercury -270 porosimetry. . . **M7:** 262, 266
range **M7:** 9
Pore size, fine/coarse sands
compared. **A15:** 223
Pore volume **A7:** 278
Pore volume of cemented carbides. **A9:** 275
Pore-free density **A7:** 376, 378, 719
Pores. **A20:** 341, **M7:** 9
area **M7:** 9
blind, measuring. **M7:** 264–265
channels **M7:** 9
constrictive, in mercury porosimetry. **M7:** 269
forging mode and stress conditions on **M7:** 414
formation **M7:** 9
forming material **M7:** 9
interconnected or isolated. **M7:** 486, 487
radiographic methods for **A17:** 29
rounding **M7:** 486, 488
size *See* Pore size
size distribution *See* Pore size distribution
structure. **M7:** 9, 312
volume of **M7:** 265, 464
wall **M7:** 9
Porosimeter **M7:** 9, 266–270
Porosimetry. **EM4:** 71
microstructure of coatings **A5:** 667
Porosity *See also* Density; Gas porosity; Hydrogen porosity; Microporosity; Pinhole porosity; Shrinkage cavities; Shrinkage porosity; Surface porosity; Voids. . . **A6:** 1073, 1079, **A7:** 274–277, 278–285, **EM3:** 23, **EM4:** 580, **M6:** 839–840, **M7:** 9
adhesive-bonded joints **A17:** 61
and green strength **M7:** 303
and hardness of P/M materials. **M7:** 262
and mold permeability **A15:** 209
and paint adhesion **M7:** 459
and pouring temperature **A15:** 283
and shear strength. **M7:** 697
and tap density **M7:** 276
as discontinuities, defined **A12:** 65, 67
as hydrogen damage **A12:** 124
as squeeze casting defect. **A15:** 325
as volumetric flaw **A17:** 5
as-cast titanium castings **A15:** 828
blowholes **M6:** 839
brittle fracture from. **A11:** 85
by Fisher sub-sieve sizer **M7:** 230–232
by thermal neutron radiography **A17:** 39
carbon and nitrogen penetration and **M7:** 454
cast aluminum alloys **A12:** 67, 405–406
causes **M6:** 839–840
cemented carbides **A2:** 958, **A16:** 79, **M7:** 779
closed. **EM4:** 580, 582
closed, powder processing and **M7:** 435
cluster. **A11:** 413
computed tomography (CT) **A17:** 36
constitutive equations. **A14:** 417–418
content, as quality control variable. **EM1:** 730
defined **A9:** 14, **A11:** 8, **A15:** 9, **EM1:** 18–19, **EM2:** 33
definition. . **A5:** 964, **A6:** 1212, **A20:** 838, **EM4:** 580, **M6:** 13
determination in cemented carbides. **A9:** 274
ductile iron cleavage fracture from **A12:** 227
effect, hot isostatic pressing. **A15:** 540–541
effect, insoluble particles. **A15:** 142
effect of cooling rate. **M6:** 44
effect of pressure on compacts **M7:** 269
effect on bond testing **A17:** 63
effect on fatigue and fracture control. . **A7:** 959–962
effect on fatigue behavior **M1:** 682
effect on secondary operations **M7:** 451
effect, polar backscattering **A17:** 24
evaluated by magnetic bridge sorting **M7:** 491
fine, as casting defect **A15:** 547
flux effects. **A15:** 448
from inclusions. **A15:** 88
gas, and subsurface discontinuities **A11:** 120
gas, causes **A15:** 87
gas hole, zirconium alloys. **A15:** 838
gas, in arc-welded aluminum alloys **A11:** 434
gas, in copper/copper alloy castings . . **A17:** 534–535
gas, in iron castings. **A11:** 356–357
gas, overcoming **A15:** 86
gross, defined **A15:** 6
herringbone **M6:** 839
hot isostatic pressing for. **A15:** 263–264
hydrogen, in aluminum. **A15:** 747
hydrogen, in aluminum casting alloys **A2:** 134–135
hydrogen, in copper alloys **A15:** 464
in 60Ag-40Ni **A9:** 558
in 85Ag-15Cd0 . . . . **A9:** 557
in 90W-10Ag. **A9:** 561
in aluminum alloys **A9:** 358
in aluminum-silicon alloys. **A15:** 164–165
in carbon and alloy steels, revealed by macroetching. **A9:** 173
in castings **A11:** 24
in copper alloy ingots **A9:** 643
in copper alloys **A15:** 86, 464
in electrogas welds **A11:** 440
in electron beam welds **A11:** 445
in fatigue fractures. **A11:** 128
in flash welds **A11:** 442
in friction welds **A11:** 444
in molybdenum sintered compact **A9:** 562
in polymers, control of **M7:** 606
in powder metallurgy materials **A9:** 503
in powder metallurgy materials, effect of polishing on **A9:** 506
in powder rolling. **M7:** 401
in resistance welds. **A11:** 440–441
in rhenium and rhenium-bearing alloys **A9:** 447
in rolling **A14:** 358
in steel bar and wire **A17:** 54
in steel pipe. **A17:** 56
in tin bronzes **A2:** 348
in titanium and titanium alloys, associated with high interstitial defects **A9:** 459
in titanium powder **M7:** 164, 165
in tool steels **M7:** 427–428

SUBJECTS OF THE INDEXED VOLUMES: ASM Handbook (designated by the letter "A"): **A1:** Properties and Selection: Irons, Steels, and High-Performance Alloys (1990); **A2:** Properties and Selection: Nonferrous Alloys and Special-Purpose Materials (1990); **A3:** Alloy Phase Diagrams (1992); **A4:** Heat Treating (1991); **A5:** Surface Engineering (1994); **A6:** Welding, Brazing, and Soldering (1993); **A7:** Powder Metal Technologies and Applications (1998); **A8:** Mechanical Testing (1985); **A9:** Metallography and Microstructures (1985); **A10:** Materials Characterization (1986); **A11:** Failure Analysis and Prevention (1986); **A12:** Fractography (1987); **A13:** Corrosion (1987); **A14:** Forming and Forging (1988); **A15:** Casting (1988); **A16:** Machining (1989); **A17:** Nondestructive Evaluation and Quality Control (1989); **A18:** Friction, Lubrication, and Wear Technology (1992); **A19:** Fatigue and Fracture (1996); **A20:** Materials Selection and Design (1997). **Metals Handbook, 9th Edition** (designated by the letter "M"): **M1:** Properties and Selection: Irons and Steels (1978); **M2:** Properties and Selection: Nonferrous Alloys and Pure Metals (1979); **M3:** Properties and Selection: Stainless Steels, Tool Materials, and Special-Purpose Materials (1980); **M4:** Heat Treating (1981); **M5:** Surface Cleaning, Finishing, and Coating (1982); **M6:** Welding, Brazing, and Soldering (1983); **M7:** Powder Metallurgy (1984). **Engineered Materials Handbook** (designated by the letters "EM"): **EM1:** Composites (1987); **EM2:** Engineering Plastics (1988); **EM3:** Adhesives and Sealants (1990); **EM4:** Ceramics and Glasses (1991). **Electronic Materials Handbook** (designated by the letters "EL"): **EL1:** Packaging (1989)

in weldments **A9:** 578, 581, **A17:** 582–583
in zinc and zinc alloys, determining....... **A9:** 490
inaccessible............................ **M7:** 262
induced, oxide formation **A15:** 91
interdendritic, wrought aluminum alloys. . **A12:** 431
internal, effect on compressibility **M7:** 286
internal, low compressibility............. **M7:** 298
I-pores................................ **M7:** 299
isolated............................... **A11:** 413
Kirkendall **M7:** 314
linear **A11:** 413
liquid penetrant inspection **A17:** 8, 71
methods to determine **M7:** 262–271
microwave inspection **A17:** 21
mold, grain size distribution effect... **A15:** 208–209
of composites **EM1:** 35–36
of electroslag......................... **A11:** 440
of laser beam welds.................... **A11:** 447
of particles............................. **A7:** 266
of plated coatings **A13:** 425–426
of powder forgings, mechanical effects.... **A14:** 203
of tin coatings.......................... **A13:** 78
of ultrahigh molecular weight polyethylenes
(UHMWPE).................... **EM2:** 170
open **EM4:** 580–582
oxide scale.............................. **A13:** 72
P/M materials **A19:** 339–341, 342
P/M steels **M1:** 333–335, 337, 343, 344
permanent mold casting............ **A15:** 279, 285
preserving, in machining................ **M7:** 461
prevention **M6:** 44
in electron beam welds................ **M6:** 630
radiographic appearance **A17:** 35
random **A12:** 66, 67
relationship to hydrogen in aluminum
alloys **A9:** 633
residual interparticle during sintering **M7:** 314
residual, powder forgings **A14:** 193
shrinkage......................... **A12:** 405–406
shrinkage, aluminum casting alloys........ **A2:** 136
shrinkage, effect on fatigue strength **A11:** 120
shrinkage, in iron castings **A11:** 354
solidification, wrought aluminum alloys . . **A12:** 431
sources **M6:** 44
spray forming **A7:** 402, 403–404
stress conditions on.................... **A14:** 190
surface, blast cleaning healing **A15:** 506
susceptible metals **M6:** 44
thermally induced **M7:** 181
titanium and titanium alloy castings . . **A2:** 638–639
titanium BE compact.................... **A2:** 649
total, and I-pores, V-pores.............. **M7:** 299
types in arc welds **A11:** 413
void volume **EM4:** 580
V-pores............................... **M7:** 299
weld, corrosivity...................... **A13:** 344
wormholes **M6:** 839
wrought aluminum alloys.......... **A12:** 422, 425

Porosity apparent in cemented carbides,
specifications **A7:** 939, 1100

Porosity comparison chart **A9:** 274

Porosity in
arc welds of
coppers **M6:** 402–403
magnesium alloys.................... **M6:** 435
nickel alloys **M6:** 442–443
nickel-based heat-resistant alloys........ **M6:** 363
stainless steels....................... **M6:** 324
electrogas welds....................... **M6:** 244
electroslag welds **M6:** 233–234
gas metal arc welds..................... **M6:** 172
of aluminum alloys **M6:** 386
oxyacetylene welds of cast irons.......... **M6:** 601
oxyfuel gas welds for hardfacing **M6:** 783
resistance welds of aluminum alloys. . **M6:** 543–544
shielded metal arc welds **M6:** 92
wormhole **M6:** 92–93
solder joints......................... **M6:** 1090
solid-state welds **M6:** 677
submerged arc welds **M6:** 127–128

Porosity, intrinsic, of final product **A7:** 579–580

Porosity sealing **EM3:** 54
low viscosity methacrylate resins......... **EM3:** 54
styrene-base unsaturated polyesters....... **EM3:** 54
water solutions of sodium silicates **EM3:** 54

Porosity, trapped gas **A7:** 403–404, 406

Porous
applications **M7:** 449
bearings **M7:** 9, 17, 704, 706
coatings **M7:** 659–663
electrodes **M7:** 308
metal filters **M7:** 17
nickel products **M7:** 395–397
orthopedic implants................ **M7:** 657–659
particles **M7:** 233, 234
parts................ **M7:** 105, 451, 696–700, 731
sinter cake, hammer milling of........... **M7:** 70
solids, penetration by mercury **M7:** 266

Porous and reconstructed glasses **EM4:** 427–431
applications **EM4:** 429, 431
composition of leachable alkali-borosilicate
glasses **EM4:** 427, 428
graded seals......................... **EM4:** 431
leaching **EM4:** 427–428
phase separation..................... **EM4:** 427
processing **EM4:** 427
properties of porous glasses **EM4:** 428–430
adsorption of water vapor............ **EM4:** 429
cleaning.......................... **EM4:** 429
commercially available compositions... **EM4:** 428
controlled-pore glass.............. **EM4:** 429–430
enlarging pores **EM4:** 428, 429
removal of OH^- groups **EM4:** 429
reconstructed glass products
colored reconstructed glasses.......... **EM4:** 431
transmittance properties **EM4:** 430–431

Porous bearing **A18:** 529–530
defined **A18:** 15

Porous bronze filters
fabrication............................. **A2:** 402
powders............................... **A2:** 401
properties and applications............... **A2:** 402

Porous ceramics
engineered material classes included in material
property charts **A20:** 267
fracture toughness vs.
density.................... **A20:** 267, 269, 270
strength................ **A20:** 267, 272–273, 274
Young's modulus **A20:** 267, 271–272, 273
linear expansion coefficient vs. thermal
conductivity............. **A20:** 267, 276, 277
linear expansion coefficient vs. Young's
modulus............ **A20:** 267, 276–277, 278
loss coefficient vs. Young's modulus **A20:** 267,
273–275
normalized tensile strength vs. coefficient of linear
thermal expansion........ **A20:** 267, 277–279
specific modulus vs. specific strength **A20:** 267,
271, 272
strength vs. density **A20:** 267–269
thermal conductivity vs. thermal
diffusivity............... **A20:** 267, 275–276
Young's modulus vs.
density **A20:** 266, 267, 268, 289
elastic limit **A20:** 287
strength **A20:** 267, 269–271

Porous chromium plating **M5:** 183

Porous filters
mixing operations..................... **EM4:** 98

Porous materials
development of.......................... **A7:** 6
scanning electron microscopy used to
study........................... **A9:** 99–100

Porous metals
development of.......................... **A7:** 3

Porous molds
defined **EM2:** 33

Porous plug degassing
for hydrogen removal **A15:** 461–462

Porous powder metallurgy technology . . **A7:** 1031–1042

Porous region
definition............................. **EM4:** 633

Porous seam
definition............................. **EM4:** 633

Porous specimens
electroless plating **A9:** 32
mounting.............................. **A9:** 31

Port *See also* Cold chamber machine; Plunger
defined
defined **A15:** 9

Portability
of composites **EM1:** 37

Portable abrasive blasting equipment **M5:** 89

Portable Brinell hardness tester **A8:** 87–88

Portable cutting machines **M6:** 907

Portable equipment *See also* Equipment
eddy current inspection................. **A17:** 18
for liquid penetrant inspection............ **A17:** 7
for magnetic particle inspection **A17:** 11, 92

Portable magnetic particle inspection
equipment **M7:** 575

Portable power tools
with self-lubricating bearings............. **M7:** 705

Portable resistance welding machines ... **M6:** 474–475

Portable Rockwell hardness tester **A8:** 78, 79

Portable ultrasonic fatigue testing **A8:** 242

Portascan **EM3:** 758

Porter bars
for open-die forging..................... **A14:** 63

Portland cements and concrete **EM4:** 918–924
admixtures **EM4:** 920–921
applications.................... **EM4:** 923–924
and benefits from characteristics **EM4:** 922
blended cement ingredients other than portland-
cement clinker................... **EM4:** 919
cement paste simulated structure in
concrete **EM4:** 924
characteristics in which improvements benefit
specific applications **EM4:** 922
characteristics of cements **EM4:** 918, 920
chemistry and physics of cements... **EM4:** 918–920
composition......................... **EM4:** 919
compressive and tensile strength ranges of moist-
cured concretes **EM4:** 922
concrete microstructure (reflected light
micrograph) **EM4:** 923
fineness ranges **EM4:** 919
new emerging materials **EM4:** 923–924
portland cement clinkers microstructure **EM4:** 920
portland cement paste microstructure.... **EM4:** 921
properties and characteristics....... **EM4:** 921–923
standards **EM4:** 924
tests **EM4:** 924
U.S. consumption of cement and other
construction materials (1950-1987) **EM4:** 923
uses **EM4:** 918, 919

Portland cement **EM4:** 10–12
air-entraining......................... **EM4:** 12
analysis of free lime.................... **A10:** 179
applications **EM4:** 12
ASTM specifications **EM4:** 12
blast-furnace slag **EM4:** 12
cement chemistry **EM4:** 11
color.............................. **EM4:** 11, 12
composition.......................... **EM4:** 11
cost per unit mass..................... **A20:** 302
cost per unit volume................... **A20:** 302
definition............................ **EM4:** 12
development **EM4:** 10
expanding cement...................... **EM4:** 12
flame emission sources for............... **A10:** 30
hydration......................... **EM4:** 11–12
in oil paints.......................... **A13:** 443
manufacturing process.............. **EM4:** 10–11
masonry cement **EM4:** 12
microstructure........................ **EM4:** 11
oil well cement **EM4:** 12

Portland cements and concrete **A20:** 425, 426–427

Portlandite **EM4:** 12

Ports, evacuating
explosive forming **A14:** 638–639

Portugal
inspection frequencies of regulations and standards
on life assessment.................. **A19:** 478
nondestructive evaluation requirements of
regulations and standards on life
assessment **A19:** 477
regulations and standards on life
assessment **A19:** 477
rejection criteria of regulations and standards on
life assessment.................... **A19:** 478

Poschenrieder analyzer
in ECAP analysis **A10:** 597

Position measurement
by ultrasonic inspection **A17:** 27

Positioned weld
definition **M6:** 13

Positioners
shielded metal arc welding **M6:** 79–81

Positioning
of explosive charges, by neutron radiography **A17:** 39
of markers and penetrameters, radiographic inspection **A17:** 341–343
of ultrasonic beam search units **A17:** 26
Position-sensitive detector
abbreviation for **A10:** 691
effect in double-crystal spectrometry **A10:** 372–374, 377
neutron diffraction. **A10:** 422
Positive carbon extraction replication
method. **A17:** 5
steps for. **A17:** 5
Positive clutches
mechanical presses. **A14:** 496–497
Positive distortion
defined. **A9:** 14
Positive eyepiece
defined. **A9:** 14, **A10:** 679
Positive imaging
for automatic optical inspection **EL1:** 942
Positive ion charge
symbol for. **A10:** 692
Positive mold *See also* Molds
defined. **EM2:** 33
Positive phase contrast **A9:** 59
Positive replica
defined. **A9:** 14
definition. **A5:** 964
Positive secondary ion yields
effect of oxygen on **A10:** 612
Positive-contact bushing
defined. **A18:** 15
Positive-contact seal *See also* Face seal
defined. **A18:** 15
Positive-locking pins
failure of **A11:** 548
Positron annihilation. **A19:** 214–215
application for detecting fatigue cracks . . . **A19:** 210
life-assessment techniques and their limitations for creep-damage evaluation for crack initiation and crack propagation. **A19:** 521
Positron emission, and electron capture
as radioactive decay mode **A10:** 245
Post heat treating *See also* Heat treatment
wrought titanium alloys **A2:** 620
Post, steel
fatigue fracture of **A11:** 116
Postage meter
miter gears. **M7:** 668
Postassium sulfite **A7:** 184
as reducing agent **A7:** 183
Postbuckling
of plates. **EM1:** 447–449
Postcasting operations die casting. **A15:** 295
investment casting. **A15:** 263–264
Postcasting processing. **A7:** 605
Postcleaning *See also* Cleaning; Precleaning
in liquid penetrant inspection **A17:** 8
Post-compacting processing
in rapid omnidirectional compaction **M7:** 544
Postcompaction *See also* Compaction
treatments, prealloyed titanium P/M compacts **A2:** 653–654
Postcure *See also* Cure **EM3:** 23
defined **EM1:** 19, **EM2:** 33
polyimide resins **EM1:** 663
Postcured water-base inorganic silicates. **A13:** 411
Postcut method
of contour roll forming. **A14:** 624–625
Postdynamic recrystallization. **A9:** 690–691
Postemulsifiable fluorescent penetrant method
of liquid penetrant inspection **A17:** 7
Postemulsifiable liquid penetrant inspection
of steel forgings **A17:** 501–503
Postexposure tests **A19:** 478
Post-fatigue test analysis
vacuum and gaseous **A8:** 412
Postfatigue testing **EM3:** 822
Postfilling buoyant convection
modeling of. **A15:** 880–881
Postfired printing
ceramic multilayer packages. **EL1:** 466
Postflow time
definition **M6:** 13
Postforging *See also* Forging
in hot-die/isothermal forging **A14:** 154
Postforging processes
failures from. **A11:** 331–332
Postforming. **EM3:** 23
defined **EM1:** 19, **EM2:** 33
Post-general yield fracture toughness
from precracked Charpy test **A8:** 267
Posthandling
thermoplastic polyurethanes (TPUR) **EM2:** 207
Postheat current
definition **M6:** 13
Postheat time
definition **M6:** 13
Postheating
definition **A6:** 1212, **M6:** 13
Postiamination baking
rigid printed wiring boards **EL1:** 544
Postionization structure
typical K-shell edge **A10:** 450
Post-Moire interferometry **EM3:** 451–452
Postmolding *See also* Molding
operations **EM2:** 85
Post-nucleation
definition. **A5:** 964
Postplating treatment
electroplated hard chromium. **A13:** 872–875
Postsinter forming
cemented carbides **A7:** 933
Postsintering *See also* Heat treatment; Sintering
cemented carbides **A2:** 951
Postsintering heat treatments. **A19:** 342
cemented carbides **A7:** 933
for fracture resistance **A7:** 963
Postsolder properties
of adhesives **EL1:** 674
Posttensioning anchorage
structural corrosion. **A13:** 1308, 1310
Postwash stations
liquid penetrant inspection. **A17:** 7
Postweld cleaning
corrosion **A13:** 350
Postweld heat treatment *See also* Heat treatment; specific processes
advanced titanium-base alloys. **A6:** 526, 527
aerospace materials **A6:** 386
aluminum alloys . . . **A6:** 83, 726–727, 728, **A15:** 763
aluminum-lithium alloys. **A6:** 551
arc welding of carbon steels. **A6:** 641, 645–647, 648, 649
as stress-relief method. **A20:** 817
austenitic stainless steels. **A6:** 466, 467, 469
carbon content in wrought martensitic stainless steels. **A6:** 438
cast irons. **A6:** 713–714, **A15:** 526
cast steels **A15:** 534–535
cobalt-base corrosion-resistant alloys **A6:** 599
coppers. **A6:** 761
Cr-Mo steels, fracture resistance **A19:** 706, 707, 708
definition **A6:** 1212, **M6:** 13
diffusion welding. **A6:** 884, 885
dissimilar metal joining **A6:** 825, 826
duplex stainless steels. **A6:** 474, 476
electroslag welding. **A6:** 277–279
ferritic stainless steels. **A6:** 450, 451
for graphitic cast irons **A15:** 527
friction welding and **A6:** 152, 153
gas-metal arc welding of coppers. **A6:** 762
heat-affected zone cracks **A6:** 92, 93
heat-affected zone in multipass weldments . . **A6:** 81
heat-treatable aluminum alloys. . . **A6:** 532–533, 534
heat-treatable low-alloy steels **A6:** 672–673
high-strength low-alloy quench and tempered structural steels. **A6:** 666
high-strength low-alloy structural steels **A6:** 664
high-temperature alloys. **A6:** 563–564
low-alloy steels for pressure vessels and piping. **A6:** 668–669
machinery and equipment **A6:** 393
magnesium alloys. **A6:** 777, 781, 782
martensitic stainless steels. . **A6:** 433, 435, 437, 438, 439, 440, 441
material requirements for service conditions **A6:** 375
nickel alloys **A6:** 740, 742
nickel-base alloys **A6:** 590
nickel-base corrosion-resistant alloys containing molybdenum **A6:** 596
nickel-base superalloys. **A6:** 83, 566–567
oxide-dispersion-strengthened materials . . **A6:** 1038, 1039
oxyacetylene welding, castings. **A15:** 530
oxyfuel gas welding **A6:** 289
precipitation-hardening stainless steels. . **A6:** 483–484, 487, 488, 489, 490, 492, 493
pressure vessels. **A6:** 381
residual stresses **A6:** 1102
resistance seam welding **A6:** 239
roll welding **A6:** 312, 314
stainless steel casting alloys. **A6:** 497, 498
stainless steel welded to carbon steel **A6:** 501
stainless steels . . . **A6:** 677, 680–682, 686, 688, 695, 697
steel weldments. . **A6:** 416, 419, 420, 421, 422, 423, 424, 426–427
submerged arc welding **A6:** 426
titanium alloys. **A6:** 85–86, 508, 509, 510, 512, 514, 515, 517, 518–519, 786
titanium-base corrosion-resistant alloys **A6:** 599
to reduce corrosion susceptibility in weldments **A6:** 1069
to reduce stress-corrosion cracking **A6:** 1068
tool and die steels **A6:** 675–676
ultrahigh-strength low-alloy steels **A6:** 674
zirconium alloys **A6:** 788, **A15:** 838
Postweld heat treatment cracking
examination **A12:** 139–140
Postweld heat-treat cracking *See* Stress relief, embrittlement
Postweld interval
definition **M6:** 13
Postweld strain-age cracking (PWSAC)
precipitation hardenable nickel alloys. **A6:** 576
Postwelding operations
ductile and brittle fractures from **A11:** 94
Pot **EM3:** 23
defined **A15:** 9, **EM2:** 33
Pot annealing
steel wire **M1:** 262
Pot life *See also* Handling life; Working life **EM3:** 23
defined **EM1:** 19, **EM2:** 33
in filament winding **EM1:** 135
resin transfer molding. **EM1:** 169
Potable water systems
corrosion in. **M1:** 735–736
Potash
Miller numbers. **A18:** 235
Potash feldspar ($KAlSi_3O_8$) **EM4:** 6, 7
Potash (K_2O)
component in photochromic ophthalmic and flat glass composition **EM4:** 442
in composition of glass-ceramics. **EM4:** 499
in composition of textile products **EM4:** 403
in composition of wool products. **EM4:** 403
in drinkware compositions. **EM4:** 1102
in glaze composition for tableware **EM4:** 1102
in ovenware compositions **EM4:** 1103
in tableware compositions **EM4:** 1101

SUBJECTS OF THE INDEXED VOLUMES: ASM Handbook (designated by the letter "A"): **A1:** Properties and Selection: Irons, Steels, and High-Performance Alloys (1990); **A2:** Properties and Selection: Nonferrous Alloys and Special-Purpose Materials (1990); **A3:** Alloy Phase Diagrams (1992); **A4:** Heat Treating (1991); **A5:** Surface Engineering (1994); **A6:** Welding, Brazing, and Soldering (1993); **A7:** Powder Metal Technologies and Applications (1998); **A8:** Mechanical Testing (1985); **A9:** Metallography and Microstructures (1985); **A10:** Materials Characterization (1986); **A11:** Failure Analysis and Prevention (1986); **A12:** Fractography (1987); **A13:** Corrosion (1987); **A14:** Forming and Forging (1988); **A15:** Casting (1988); **A16:** Machining (1989); **A17:** Nondestructive Evaluation and Quality Control (1989); **A18:** Friction, Lubrication, and Wear Technology (1992); **A19:** Fatigue and Fracture (1996); **A20:** Materials Selection and Design (1997). **Metals Handbook, 9th Edition** (designated by the letter "M"): **M1:** Properties and Selection: Irons and Steels (1978); **M2:** Properties and Selection: Nonferrous Alloys and Pure Metals (1979); **M3:** Properties and Selection: Stainless Steels, Tool Materials, and Special-Purpose Materials (1980); **M4:** Heat Treating (1981); **M5:** Surface Cleaning, Finishing, and Coating (1982); **M6:** Welding, Brazing, and Soldering (1983); **M7:** Powder Metallurgy (1984). **Engineered Materials Handbook** (designated by the letters "EM"): **EM1:** Composites (1987); **EM2:** Engineering Plastics (1988); **EM3:** Adhesives and Sealants (1990); **EM4:** Ceramics and Glasses (1991). **Electronic Materials Handbook** (designated by the letters "EL"): **EL1:** Packaging (1989)

properties . . . EM4: 424
purpose for use in glass manufacture . . . EM4: 381
Potash mining tools
cemented carbide . . . A2: 976
Potash pellets
angle of repose . . . A7: 300
Potash-SiO_2 self-diffusion coefficients of alkali ions . . . EM4: 461
Potash-soda-lime-zinc silicate glass
Corning glass code 8361 derived . . . EM4: 463
Potassium *See also* Liquid potassium . . . A13: 92, 94–95, 735
acid-base titration . . . A10: 173
additions to flame AAS samples . . . A10: 48
as flux . . . A10: 167
cations, in glasses, Raman analysis . . . A10: 131
determination in paint, absorption and enhancement effects . . . A10: 98
flame emission sources for . . . A10: 30
grain boundary segregates, effect on fracture toughness of aluminum alloys . . . A19: 385
in enamel cover coats . . . EM3: 304
in enameling ground coat . . . EM3: 304
in vacuum, as SERS metal . . . A10: 136
(KBr) solution, environments known to promote stress-corrosion cracking of commercial titanium alloys . . . A19: 496
lubricant indicators and range of sensitivities . . . A18: 301
organic precipitant for . . . A10: 169
pure . . . M2: 786–787
pure properties . . . A2: 1148
pyrophoricity . . . M7: 194, 199
Raman vibrational behavior . . . A10: 133
species weighed in gravimetry . . . A10: 172
spectrometric metals analysis . . . A18: 300
TNAA detection limits . . . A10: 237
use in flux cored electrodes . . . M6: 103
vapor pressure . . . A6: 621
volatilization losses in melting . . . EM4: 389
Potassium acid chloride zinc plating bath
composition and operating characteristics . . A5: 232
Potassium benzyl penicillin
three-dimensional electron density map of . . . A10: 350
Potassium borate
ECG . . . A16: 545
Potassium bromide
pellets, as IR samples . . . A10: 113
pellets, as Raman samples . . . A10: 131
sample, for Raman spectroscopy . . . A10: 129
Potassium carbonate
carburizing role . . . A4: 325
ECG . . . A16: 545
mill additions for wet-process enamel frits for sheet steel and cast iron . . . A5: 456
use in gold plating . . . M5: 281–282
used to neutralize etching acids . . . A9: 172
Potassium carbonate (K_2CO_3)
purpose for use in glass manufacture . . . EM4: 381
Potassium chloride
ECM electrolyte . . . A16: 533, 535, 536
mill additions for wet-process enamel frits for sheet steel and cast iron . . . A5: 456
Potassium chloride zinc plating system . . M5: 251–252
Potassium cyanide and ammonium persulfate as an etchant for
palladium and palladium alloys . . . A9: 551
Potassium cyanide copper plating . . . M5: 159–165, 167–169
Potassium cyanide gold plating . . . M5: 281–282
Potassium cyanide in an aqueous solution as an electrolyte for
gold plate . . . A9: 551
silver plate . . . A9: 551
Potassium dichromate
as an etchant for copper-base powder metallurgy materials . . . A9: 509
Potassium dichromate ($K_2Cr_2O_7$)
purpose for use in glass manufacture . . . EM4: 381
Potassium ferricyanide
as an etchant for wrought stainless steels . . A9: 281
Potassium fluorrichterite
in glass-ceramics . . . EM4: 1102
Potassium germanate glasses
density . . . EM4: 846
Potassium hydrogen difluoride
as fusion flux . . . A10: 167
Potassium hydroxide . . . A13: 1178
as an electrolyte for tungsten . . . A9: 440
as an etchant for wrought stainless steels . . . A9: 281–282
electroless nickel coating corrosion . . . A5: 298, A20: 479
embrittlement by . . . A11: 658–660
etchant for laser-enhanced etching . . . A16: 576
in composition of stannate (alkaline) tin plating electrolytes . . . A5: 240
safety hazards . . . A9: 69
used to electrolytically etch heat-resistant casting alloys . . . A9: 331
Potassium hydroxide fusion
crucibles for . . . A10: 167
Potassium lead silicate glass
properties . . . EM4: 1057
Potassium monoxide (K_2O)
in composition of melted silicate frits for high-temperature service ceramic coatings A5: 470
Potassium nitrate
EDG electrolyte . . . A16: 548
electrolyte for Ni alloy ECM . . . A16: 843
impact treatment bath for photochromic glasses . . . EM4: 462
ion-exchange in melts . . . EM4: 461
mill additions for wet-process enamel frits for sheet steel and cast iron . . . A5: 456
specific properties imparted in CTV tubes . . . EM4: 1040–1041
Potassium nitrate, apparent threshold stress values
low-carbon steel . . . A8: 526
Potassium oxide (K_2O)
composition by application . . . A20: 417
Potassium perchlorate
as incendiary . . . M7: 603
Potassium permanganate coating
alternative conversion coat technology, status of . . . A5: 928
Potassium phosphate
ECG electrolyte . . . A16: 545
Potassium powder
diffusion factors . . . A7: 451
physical properties . . . A7: 451
Potassium pyrosulfate
as acidic flux . . . A10: 167
for low-temperature fusions . . . A10: 94
Potassium salts
ECG electrolyte . . . A16: 545
Potassium silicate
binding agent . . . A6: 61
chemical composition . . . A6: 60
function and composition for mild steel SMAW electrode coatings . . . A6: 60
Potassium silicate gel network . . . EM4: 446
Potassium silicate gels . . . EM4: 450
Potassium stannate
in composition of stannate (alkaline) tin plating electrolytes . . . A5: 240
Potassium stannate tin plating process . . . M5: 271
Potassium tantalum fluoride . . . A7: 198
Potassium titanate
function and composition for mild steel SMAW electrode coatings . . . A6: 60
Potassium, vapor pressure
relation to temperature . . . A4: 495, M4: 310
Potassium-aluminosilicate glass
redox reactions in metal alloy-glass sealing . . . EM4: 489
Potassium-baria-phosphate glass
nonlinear refractive index . . . EM4: 1080
Potassium-richterite glass-ceramic
composition . . . EM4: 1101
properties . . . EM4: 1101
Potassium-rubidium lead silicate glass
properties . . . EM4: 1057
Potassium-silicate glasses
density . . . EM4: 846
Potassium-sodium lead silicate glass
properties . . . EM4: 1057
Potency factor . . . A6: 809
Potential
between working and reference electrodes A10: 661
half-wave, as polarographic wave parameter . . . A10: 190
membrane, ion-selective membrane electrode . . . A10: 182
standard, in controlled-potential electrolysis . . . A10: 208
use in voltammetry . . . A10: 189
vs. time, potentiometric membrane electrodes . . . A10: 186
Potential buffers
use in electrogravimetry . . . A10: 200
Potential difference
SI derived unit and symbol for . . . A10: 685
SI unit/symbol for . . . A8: 721
to measure size of small fatigue cracks . . . A19: 157
Potential drop technique *See also* Electrical potential method . . . A19: 176–178
Potential energy . . . A19: 5
minimum . . . A20: 178
total . . . A20: 178
Potential energy diagrams . . . A10: 586
Potential in electropolishing
effects . . . A9: 105
Potential lead position
non-dimensional voltage as function . . . A8: 388
Potential measurement probes
and current input, test specimen geometries . . . A8: 386
spot-welded . . . A8: 389
Potential ranges identified on a polarization curve . . . A9: 144–145
Potential requirements
in design process . . . EL1: 128
Potential versus pH (Pourbaix) diagrams *See* Pourbaix (potential-pH) diagram
Potential-determining ions (PDI) . . . A7: 420–421
Potential-pH diagram *See also* Pourbaix (potential pH) diagram
copper-ammonia-water system . . . M7: 54
Potential(s) *See also* Active potential; Chemical potential; Corrosion potential; Critical pitting potential; Decomposition potential; Electrochemical potential; Electrode potential; Electrokinetic potential; Equilibrium (reversible) potential; Free corrosion potential; Noble potential; Open circuit potential; Protective potential; Redox potential; standard electrode potential
control, anodic protection . . . A13: 464
coupled, galvanic corrosion evaluation . . . A13: 237
-current relationship, aqueous corrosion . . . A13: 30–31
decay . . . A13: 24
defined . . . A13: 10
effect on crack growth rate . . . A13: 155
electrochemical . . . A13: 932
electrode . . . A13: 19–21, 298
in flowing seawater . . . A13: 557
in galvanic series . . . A13: 235
measurement . . . A13: 21–24, 84, 920
pitting, defined . . . A13: 583
reduction, magnesium/magnesium alloys . . A13: 740
repassivation, titanium/titanium alloys . . . A13: 684–685
stable and reproducible . . . A13: 22–23
Potentiodynamic polarization
curves, carbon-manganese steel, SCC testing . . . A13: 264
curves, zirconium in hydrochloric acid . . . A13: 709
galvanic corrosion . . . A13: 235
methods, cyclic . . . A13: 217
tests, crevice corrosion . . . A13: 308
Potentiodynamic polarization curves
low-carbon steel . . . A8: 532
Potentiodynamic (potentiokinetic)
defined . . . A13: 10
Potentiometer
defined . . . A9: 14
Potentiometric gas-sensing electrodes . . . A10: 183–185
Potentiometric membrane electrodes *See also* Classical, electrochemical and radiochemical analysis; Potentiometry . . . A10: 181–187
additional techniques used with . . . A10: 183
advantages . . . A10: 181
analysis methods . . . A10: 183
applications . . . A10: 181, 186
calibration curves . . . A10: 183
capabilities, compared with voltammetry A10: 188
defined . . . A10: 679

Potentiometric membrane electrodes (continued)
estimated analysis time **A10:** 181
experimental arrangement for **A10:** 186
general uses **A10:** 181
introduction **A10:** 181
ion-selective membrane electrodes . . . **A10:** 181–183
limitations **A10:** 181
possible errors **A10:** 185–186
potentiometric gas-sensing electrodes **A10:** 183–185
related techniques **A10:** 181
samples **A10:** 181, 186
subtraction techniques used with **A10:** 183
titration methods **A10:** 183
Potentiometric titration **A10:** 183, 203, 204
to analyze the bulk chemical composition of starting powders **EM4:** 72
Potentiometry *See also* Potentiometric membrane electrodes
capabilities, compared with voltammetry **A10:** 188
Potentiostat
automatic, for controlled-potential analysis **A10:** 200
defined **A9:** 14, **A13:** 10
for acidified chloride solutions **A8:** 419–420
galvanostat, power **A10:** 199
used to measure current-voltage curve in electropolishing **A9:** 105
Potentiostatic
defined **A13:** 10
testing methods **A13:** 217, 288
Potentiostatic anodic-polarization tests . . **A7:** 476, 482
Potentiostatic control
SCC tests with **A8:** 532
Potentiostatic etchants **A9:** 146–147
Potentiostatic etching **A9:** 61, 137, 143, 147
defined **A9:** 14
principles of **A9:** 62
wrought stainless steels **A9:** 282
Potentiostatic polarization
measurement **A13:** 1333
tests, crevice corrosion **A13:** 308–309
Potentiostats **A19:** 201, 203
Pottery
definition **EM4:** 3
description **EM4:** 3
engineered material classes included in material property charts **A20:** 267
fracture toughness vs.
density **A20:** 267, 269, 270
strength **A20:** 267, 272–273, 274
Young's modulus **A20:** 267, 271–272, 273
linear expansion coefficient vs. Young's modulus **A20:** 267, 276–277, 278
loss coefficient vs. Young's modulus **A20:** 267, 273–275
strength vs. density **A20:** 267–269
thermal conductivity vs. thermal diffusivity **A20:** 267, 275–276
Young's modulus vs. density . . . **A20:** 266, 267, 278, 289
Potting *See also* Encapsulation . . **EM3:** 23, 553, 585
as electronic embedment, epoxies **EL1:** 832
bubble memory device **EL1:** 820
compounds, as encapsulants **EL1:** 802–803
defined **EM2:** 33
materials, rigid epoxies **EL1:** 810
of circuits **EL1:** 824
printed board coupons **EL1:** 572–573
Potting fill levels
neutron radiography of **A17:** 394–395
Poultice corrosion *See also* Deposit corrosion
defined **A11:** 8, **A13:** 10
definition **A5:** 964
mechanism **A13:** 1012
Pound/pound force
abbreviation for **A11:** 797
Pound-force
abbreviated **A8:** 725
Pour, interrupted
as casting defect **A11:** 383
Pour point **A18:** 83, 86
defined **A18:** 15
engine oils **A18:** 169
gear lubricants **A18:** 542
Pourbaix diagram **A20:** 547, 548–549, 553
Pourbaix diagrams **A19:** 484
conditions for corrosion, passivation, and immunity of iron **A11:** 198
for pH and applied potential changes **A11:** 198
Pourbaix (potential-pH) diagrams **A13:** 24–28
and corrosion on lead surfaces **A10:** 135
application, crack propagation **A13:** 152–155
aqueous corrosion **A13:** 35
computation and construction **A13:** 25
copper-zinc alloy **A13:** 133–134
defined **A10:** 679, **A13:** 10
for aluminum with oxide film **A13:** 583
for cobalt **A13:** 27
for copper **A13:** 28
for iron **A13:** 22, 37–38, 153, 1301
for iron-water system **A13:** 153, 1301
for molten salts **A13:** 50–51
for nickel **A13:** 28
for nickel-water system **A13:** 378
for niobium in water **A13:** 724
for titanium **A13:** 1330
for titanium-water system **A13:** 670
for uranium **A13:** 816
for water **A13:** 27
practical use **A13:** 27–28
Poured short
as casting defect **A11:** 385
Pouring *See also* Automatic pouring systems; Ladle(s); Metal transfer; Pouring temperature; Pouring time; Risering
aluminum alloys **A15:** 754
and gating **A15:** 589
basin **A15:** 9, 91
cobalt-base alloys **A15:** 813–814
computer modeling of **A15:** 857
constant-level, permanent mold method . . **A15:** 276
control parameters **A15:** 500
copper alloys **A15:** 776–778
crucible furnace **A15:** 383
defined **A15:** 9
devices, development of **A15:** 27–28
direct pouring **A15:** 498
high-alloy white irons **A15:** 680
high-chromium white irons **A15:** 683
high-silicon irons **A15:** 699
in all-ceramic mold casting **A15:** 249
in Antioch process **A15:** 247
in foamed plaster molding process **A15:** 247
in horizontal centrifugal casting **A15:** 297
in magnetic rubber inspection **A17:** 122–123
in plaster molding **A15:** 244–245
in Replicast process **A15:** 271
in vertical centrifugal casting **A15:** 306
ladles, crucible furnaces **A15:** 382–383
lost foam casting **A15:** 233–234
mechanized ladle pouring **A15:** 498
nickel alloys **A15:** 820–821
of copper casting alloys **A2:** 346
of magnesium alloys **A15:** 800–801, 803
of molten gray iron **A15:** 639
of plain carbon steels **A15:** 710
of solid graphite molds **A15:** 285
profile **A15:** 501
rate and duration **A15:** 500
slurry, plaster molding **A15:** 244–245
spout design/positioning, centrifugal casting **A15:** 305
titanium and titanium alloy castings **A2:** 642
Pouring basin
defined **A15:** 9
Pouring gates
shrinkage porosity and **A11:** 354
Pouring temperature
aluminum castings **A15:** 238
ductile iron **A15:** 651
effect, mold life **A15:** 281
effect, mold temperature **A15:** 282
effect on grain size of austenitic manganese steel castings **A9:** 238
gray cast iron **M1:** 11–12
gray iron **A15:** 639
inclusion-forming effect **A15:** 94
lead-base bearing alloys **A2:** 553
of lead and lead alloys **A2:** 545
permanent mold casting **A15:** 283
Pouring time *See also* Flow rate; Fluidity
and rate **A15:** 500
nickel alloys **A15:** 821
plain carbon steels **A15:** 710–711
Pour-point depressant **A18:** 99, 107–108
applications **A18:** 108
characteristics **A18:** 107
defined **A18:** 15
in engine lubricant formulations **A18:** 111
in nonengine lubricant formulations **A18:** 111
multifunctional nature **A18:** 111
performance range **A18:** 108
structural features **A18:** 108
tests of performance **A18:** 108
Pour-point depressants
for lubricant failure **A11:** 154
Powder *See also* Powder cutting; Powder forging
alloys, heat-resistant, forging of **A14:** 234
application categories **A5:** 91
brazing filler metals available in this form **A6:** 119
compacts, preferred orientations in **A10:** 358
consolidation, double-end pressing simulation of **A14:** 429–430
diffraction, geometry and detection methods **A10:** 331
forged parts, tolerances **A14:** 204
metallurgy, abbreviation for **A10:** 691
pattern **A10:** 262, 265
purity **A14:** 189
samples, ESR analysis of **A10:** 262
x-ray diffraction of **A10:** 333–343
Powder adhesion
definition **A5:** 964
Powder bed
cross section, reduction furnace **M7:** 155
fluid flow through, permeametry as **M7:** 263
maximum density in compaction **M7:** 57, 58
Powder binders **A7:** 322
Powder characterization and testing methods, specifications **A7:** 1098–1099
Powder cleaners
for surfaces **A13:** 382
Powder cleaning **M7:** 178–179
gaseous contaminant removal **M7:** 180–181
particulate contaminant removal **M7:** 178–180
Powder cloud development
copier powders **M7:** 583
Powder coating **A5:** 431–432
advantages **A5:** 431
applications **A5:** 431
average application painting efficiency **A5:** 439
conventional fluidized bed **A5:** 432
definition **A5:** 431
design limitations for organic finishing processes **A20:** 822
disadvantages **A5:** 431
electrostatic fluidized bed **A5:** 432
electrostatic spray system for application of **A5:** 431, 432
equipment for **A5:** 432
in copier powders **M7:** 588
of electrodes **M7:** 820–821
Powder coating paint *See* Paint and painting, powder coating process
Powder coatings
applications **A13:** 400

SUBJECTS OF THE INDEXED VOLUMES: ASM Handbook (designated by the letter "A"): **A1:** Properties and Selection: Irons, Steels, and High-Performance Alloys (1990); **A2:** Properties and Selection: Nonferrous Alloys and Special-Purpose Materials (1990); **A3:** Alloy Phase Diagrams (1992); **A4:** Heat Treating (1991); **A5:** Surface Engineering (1994); **A6:** Welding, Brazing, and Soldering (1993); **A7:** Powder Metal Technologies and Applications (1998); **A8:** Mechanical Testing (1985); **A9:** Metallography and Microstructures (1985); **A10:** Materials Characterization (1986); **A11:** Failure Analysis and Prevention (1986); **A12:** Fractography (1987); **A13:** Corrosion (1987); **A14:** Forming and Forging (1988); **A15:** Casting (1988); **A16:** Machining (1989); **A17:** Nondestructive Evaluation and Quality Control (1989); **A18:** Friction, Lubrication, and Wear Technology (1992); **A19:** Fatigue and Fracture (1996); **A20:** Materials Selection and Design (1997). **Metals Handbook, 9th Edition** (designated by the letter "M"): **M1:** Properties and Selection: Irons and Steels (1978); **M2:** Properties and Selection: Nonferrous Alloys and Pure Metals (1979); **M3:** Properties and Selection: Stainless Steels, Tool Materials, and Special-Purpose Materials (1980); **M4:** Heat Treating (1981); **M5:** Surface Cleaning, Finishing, and Coating (1982); **M6:** Welding, Brazing, and Soldering (1983); **M7:** Powder Metallurgy (1984). **Engineered Materials Handbook** (designated by the letters "EM"): **EM1:** Composites (1987); **EM2:** Engineering Plastics (1988); **EM3:** Adhesives and Sealants (1990); **EM4:** Ceramics and Glasses (1991). **Electronic Materials Handbook** (designated by the letters "EL"): **EL1:** Packaging (1989)

Powder compact
effect on fatigue performance of components . . . A19: 317
Powder compacting
dies, cemented carbide . . . A2: 971
punches, cemented carbide . . . A2: 971
Powder compaction *See also* Compacting; Compaction . . . M7: 297, 304–307, 401–409
Powder compaction modeling . . . A7: 326–342
Powder compaction processes . . . EM4: 123–124
Powder compacts *See also* Compacting; Compaction; Compacts . . . M7: 288–289, 298–304, 453
Powder compression
thermoset plastics processing comparison A20: 794
Powder compression molding
size and shape effects . . . EM2: 291
Powder consolidation *See also* Consolidation; Powder consolidation methods
direct powder forming . . . A2: 203
dynamic compaction . . . A2: 204
hot isostatic pressing (HIP) . . . A2: 203
rapid omnidirectional consolidation . . . A2: 203–204
Powder consolidation methods *See also* Consolidation
beryllium . . . A2: 685
vacuum hot pressing and hot isostatic pressing, compared . . . A2: 685
Powder contamination
mechanical alloying . . . A7: 89–90
Powder cutting
definition . . . A6: 1212
metal . . . A14: 728
Powder cutting torches . . . M7: 843–845
Powder degassing
can vacuum degassing . . . A2: 202–203
dipurative degassing . . . A2: 203
vacuum degassing in reusable chamber . . . A2: 203
Powder density *See also* Density . . A7: 210, M7: 188, 296
Powder developers, dry
for liquid penetrant inspection . . . A17: 76–77
Powder Diffraction File (PDF) . . . A10: 327
Powder diffractometer . . . A19: 221
Powder extrusion . . . A7: 317
Powder extrusion process . . . A20: 747, 748
Powder feeder
definition . . . M6: 13
Powder fill . . . A7: 54
Powder fires . . . M7: 132–133
Powder flame guns
thermal spray coating . . . M5: 366–367
Powder flame spray process . . . A13: 459
Powder flame spraying
definition . . . A5: 964, M6: 13
materials, feed material, surface preparation, substrate temperature, particle velocity . . . A5: 502
Powder flow *See* Flow
Powder flowability *See* Flowability
Powder forged ferrous structural parts, specifications . . . A7: 804, 817, 1099
Powder forged parts
applications of . . . A14: 205–207
Powder forged steel . . . A7: 803–827
alloying elements . . . A7: 804–805
applications . . . A7: 803, 812, 814, 819–823
carburizing . . . A7: 812–813
composition . . . A7: 816, 820
compression yield strength . . . A7: 814, 817, 818
density . . . A7: 816–817
density effect on mechanical properties . . . A7: 803, 804
fatigue resistance . . . A7: 812
forging mode . . . A7: 812, 813
forms of powder forging . . . A7: 803
fracture encountered . . . A7: 810
furnaces used . . . A7: 807–808
hardenability . . . A7: 813
heat treating practices . . . A7: 811, 812–813
hot repressing . . . A7: 803, 805, 810
hot upsetting . . . A7: 803, 805
inclusion assessment . . . A7: 805, 806
iron powder contamination . . . A7: 805–806
machining required . . . A7: 811, 812
material considerations . . . A7: 803–806
material designations . . . A7: 804, 805
mechanical properties . . . A7: 811–815
metal flow . . . A7: 807, 808–810
metallographic analysis . . . A7: 817–819, 820
porosity effect . . . A7: 803
porosity effect on mechanical properties . . . A7: 804, 810, 814, 818, 819
preforming . . . A7: 806–807
presses used . . . A7: 808
process . . . A7: 803
process considerations . . . A7: 806–811
process line . . . A7: 806
quality assurance for parts . . . A7: 815–819, 820
rolling-contact fatigue . . . A7: 814, 819
secondary operations . . . A7: 810–811
sintering and reheating . . . A7: 807–808
tempering . . . A7: 813, 814
tensile and impact properties . . . A7: 809–810
tensile impact and fatigue properties A7: 813, 815, 816, 817
tool design . . . A7: 810
versus conventional forging operations . . . A7: 811, 812
versus forging of wrought steels . . . A7: 803
Powder forging *See also* Forging; Powder; Powder metallurgy . . . A14: 188–211
alloy development . . . A14: 189
and competitive processes, compared . . . A14: 196
and ferrous powder metallurgy materials . . . A1: 812
applications . . . A14: 205–207
as new metalworking process . . . A14: 17
as precision forging . . . A14: 158
defined . . . A14: 10
heat treatment . . . A14: 201–202
hot re-pressing as . . . A14: 188
hot upsetting as . . . A14: 188
inclusion assessment . . . A14: 190
iron powder contamination . . . A14: 190–191, 204
materials . . . A14: 188–191
mechanical properties . . . A14: 198–203
metal flow in . . . A14: 194
mode . . . A14: 201
powder characteristics . . . A14: 189
preforming . . . A14: 191–192
presses for . . . A14: 194
problems and causes . . . A14: 192
process . . . A14: 188, 191–198
quality assurance, parts . . . A14: 203–205
requirements . . . A14: 189
secondary operations . . . A14: 197
sintering and reheating . . . A14: 192–194
tool design . . . A14: 197
Powder forging connecting rods . . . A7: 763
Powder forging (P/F) . . A7: 11, 14–15, 317, 326, 376, A20: 746, 748, 749, 753
applications, range of . . . A7: 12
axial, lateral or diametric tolerances . . . A7: 15
characteristics . . . A7: 12
compared to other powder processing methods . . . A7: 12
concentricity . . . A7: 15
configuration guidelines . . . A7: 15
cost . . . A7: 12, 13
definition . . . A7: 803, A20: 838
density . . . A7: 12
dimensional control . . . A7: 320
dimensional tolerance . . . A7: 12
effect on mechanical properties . . . A7: 950–955
heat treatment of steels . . . A7: 955
materials range . . . A7: 12
mechanical properties . . . A7: 12
preform . . . A7: 14–15
price per pound . . . A7: 12
production quantity . . . A7: 12
production volume . . . A7: 12
properties of products . . . A7: 12
size, lb . . . A7: 12
size of products . . . A7: 12
Powder forgings
properties of steels . . . A7: 11
Powder handling . . . A7: 83
Powder immersion reaction assisted coating (PIRAC) . . . A7: 580
Powder injection
plain carbon steel . . . A15: 709–710
thermoset plastics processing comparison A20: 794
Powder injection molding . . . A19: 337
Powder injection molding (PIM) *See also* Metal injection molding . . . A7: 26–28, 355–364, 431
advantages . . . A7: 26, 358, 360–361
applications . . . A7: 355, 362, 363–364
binder system . . . A7: 356
core production sequence . . . A7: 355
criteria for . . . A7: 361
defects caused by . . . A7: 26
densification . . . A7: 360
description . . . A7: 355
design guide . . . A7: 361–363
economics . . . A7: 364
equipment . . . A7: 355–359
geometric considerations . . . A7: 361, 362–363
limitations . . . A7: 360–361
materials . . . A7: 355–359, 363–364
molding cycles . . . A7: 359–360
molding machines . . . A7: 358–359
other treatments employed . . . A7: 362
parameters . . . A7: 359, 360
post-sintering steps . . . A7: 360
process . . . A7: 26, 355
process description . . . A7: 359–360
process simulation . . . A7: 27–28
processing parameters . . . A7: 26–27
properties attainable . . . A7: 363–364
sintering . . . A7: 360
soft tooling . . . A7: 430
standard deviation of production components . . . A7: 362–363
superalloy powders . . . A7: 894, 897
thermal debinding . . . A7: 360
tolerances . . . A7: 361, 362, 363
tool set . . . A7: 357–358
tooling . . . A7: 26, 356–358
versus die compaction . . . A7: 360–361
Powder injection tooling . . . A7: 26
Powder iron
electroless nickel plating applications . . . A5: 307
Powder lancing . . . A7: 1082
Powder lubricants . . . A7: 322–325
amount used . . . A7: 323
bi-lubricant systems . . . A7: 324–325
examples . . . A7: 322–323
for ferrous materials . . . A7: 323–324
interactions and reactions . . . A7: 322
multicomponent . . . A7: 323
nonferrous materials . . . A7: 324–325
properties . . . A7: 322, 323
removal . . . A7: 324
selection . . . A7: 322–323
sliding pressure . . . A7: 323
stripping pressure . . . A7: 323–324
stripping strength . . . A7: 324
study of . . . A7: 323
Powder lubrication method . . . A7: 303
Powder metal joint fill
submerged arc welding . . . M6: 133
Powder metal-filled plastics . . . M7: 606–613
Powder metallurgy *See also* Powder; Powder forging . . . A20: 301, 745–753
alloys, prealloyed . . . A14: 250–251
as metalworking . . . A14: 15
attributes . . . A20: 248
defined . . . A13: 10, 823
definition . . . A20: 838
electrical contacts, use in . . . M3: 690–691
for discontinuous fiber MMCs . . . EM1: 897–898, 904–905
magnetic applications . . . M3: 608–609, 610, 613
manufacture of cemented carbides by M3: 451–452
metal-matrix composite processing materials, densification method, and final shape operations . . . A20: 462
methods, solid-solution alloys by . . . A14: 238
processing effects on toughness . . . A19: 28
steels, for coining . . . A14: 182–183
surface roughness and tolerance values on dimensions . . . A20: 248
titanium alloy . . . A15: 824
titanium alloys . . . M3: 370–371
tool steels . . . M3: 441, 442, 443, 444–445
tooling used to control critical dimensions . . . A20: 108
Powder metallurgy alloys *See also* Powder metallurgy tool steels . . . A16: 879–892
additives . . . A16: 879, 885

Powder metallurgy alloys (continued)
boring . . . **A16:** 881, 882, 889
brass, composition . . . **A16:** 881
bronze, composition . . . **A16:** 881
chip formation . . . **A16:** 883, 885
classification system . . . **A16:** 880
comparison of machinability parameters . . **A16:** 890
composition . . . **A16:** 884–885
compositions . . . **A16:** 880
Cu-base material compositions . . . **A16:** 881
Cu-base structural materials . . . **A16:** 881
cutting fluids (coolants) . . . **A16:** 881, 886, 889–890
cutting speed . . . **A16:** 879, 885, 886, 889
deburring . . . **A16:** 880, 881
density effect . . . **A16:** 883, 886, 890
design . . . **A16:** 880
drilling . . . **A16:** 879–890
electrostream and capillary drilling . . . **A16:** 551
end milling . . . **A16:** 889
face milling . . . **A16:** 889
ferrous structural materials . . . **A16:** 880
forging . . . **A16:** 879
grinding . . . **A16:** 880, 881, 882, 889, 890, 891
grinding ratio . . . **A16:** 882
hardness and density values . . . **A16:** 882, 888, 889, 890
honing . . . **A16:** 889, 891
lapping . . . **A16:** 889, 891
machinability . . . **A16:** 879, 881–889
machinability factors . . . **A16:** 881–889
machinability indexes . . . **A16:** 887
machining guidelines . . . **A16:** 889–891
machining variables . . . **A16:** 885–886
material guidelines . . . **A16:** 880
microstructure . . . **A16:** 9, 883, 884
milling . . . **A16:** 880, 883, 889
Ni-Ag, composition . . . **A16:** 881
optimizing part machining . . . **A16:** 879, 881, 883
porosity factor . . . **A16:** 881–882, 883, 890
presintering . . . **A16:** 879
process effects . . . **A16:** 883–884
properties vs. machinability . . . **A16:** 886–889
reaming . . . **A16:** 889, 890, 891
roller burnishing . . . **A16:** 889, 890, 891
shaped tube electrolytic machining . . . **A16:** 554
sintering results . . . **A16:** 886, 887, 888, 889
stainless steel compositions . . . **A16:** 880
strength correlation . . . **A16:** 890
surface finish . . . **A16:** 879, 881, 883, 884, 885, 890, 891
tapping . . . **A16:** 880, 881, 889, 891
temperature factor . . . **A16:** 882, 883, 884
tool life . . . **A16:** 879, 881, 882, 883, 884, 885, 886, 887, 890
turning . . . **A16:** 880, 881, 882, 884, 886, 889
Powder metallurgy aluminum alloys, specific types
7090-T6, fatigue crack growth rate . . . **A19:** 140
IN9021-T4, fatigue crack growth threshold . . . **A19:** 139
IN9021-T4 (T-L), fatigue crack growth rate . . . **A19:** 140
MA 87, plastic work of fatigue crack propagation . . . **A19:** 70
P/M 7091, fatigue crack growth . . . **A19:** 139
Powder metallurgy based metal-matrix composites
aluminum powders . . . **A7:** 158
Powder metallurgy components, fatigue and fracture control for . . . **A19:** 337–344
applications for powder metallurgy components . . . **A19:** 337
common ferrous P/M alloy classes . . . **A19:** 338
compaction variables . . . **A19:** 339
factors determining fatigue and fracture resistance . . . **A19:** 341–342, 343
fatigue-sensitive components . . . **A19:** 342
fracture surface showing preferential failure along prior particle boundaries . . . **A19:** 343
hot isostatic pressing . . . **A19:** 337
hot powder forging . . . **A19:** 337
P/M materials . . . **A19:** 337–339
porosity effects . . . **A19:** 339–341, 342, 343
postsintering treatments . . . **A19:** 339
powder variables . . . **A19:** 339
prior particle boundary precipitates on HIP steel contaminated . . . **A19:** 343
properties attainable in aluminum P/M alloys . . . **A19:** 337
representative P/M materials, processing cycles, and fatigue endurance limit . . . **A19:** 341
representative P/M materials, processing cycles, and fracture toughness . . . **A19:** 342
safety factors for P/M materials . . . **A19:** 343
sintering variables . . . **A19:** 339
stainless steels fabricated by P/M . . . **A19:** 340
steps to improve fatigue and fracture resistance . . . **A19:** 342–343
termed pressing and sintering . . . **A19:** 337
tungsten heavy alloys, mechanical properties of . . . **A19:** 38
Powder metallurgy Cu-base alloys
composition . . . **A16:** 880
hardness and density . . . **A16:** 882
Powder metallurgy, design for *See* Design for powder metallurgy
Powder metallurgy dispersion-strengthened products
development of . . . **A7:** 3
Powder Metallurgy Equipment Association . . . **A7:** 7
Powder metallurgy Fe-base alloys
composition . . . **A16:** 880
hardness and density . . . **A16:** 882
Powder metallurgy for rapid prototyping **A7:** 426–436
applications . . . **A7:** 428
laser-based direct fabrication . . . **A7:** 433–435
low-pressure molding (LPM) . . . **A7:** 430–432
powder metallurgy prototypes . . . **A7:** 426–429
rapid prototyping methods . . . **A7:** 426–429
selective laser sintering (SLS) . . . **A7:** 427, 432–433
soft tooling . . . **A7:** 427, 429–430
Powder metallurgy forging technique . . . **A7:** 7
Powder metallurgy forgings . . . **A7:** 6
Powder metallurgy friction materials
pressing of . . . **A7:** 345
Powder Metallurgy Industries Association . . . **M7:** 19
Powder metallurgy materials . . . **A9:** 503–530
bonding of particles, examination of . . . **A9:** 508
development of . . . **A13:** 823
etching . . . **A9:** 508–509
fully dense P/M stainless steels . . . **A13:** 833–834
grinding . . . **A9:** 505–506
macroexamination . . . **A9:** 507–508
magnetic . . . **A9:** 539
microexamination . . . **A9:** 508–509
microstructures . . . **A9:** 509–512
mounting . . . **A9:** 504–505
P/M aluminum alloys . . . **A13:** 838–842
P/M superalloys . . . **A13:** 834–838
polishing . . . **A9:** 506–507
preparation . . . **A9:** 503–507
preparation of scanning electron microscopy specimens . . . **A9:** 97
rhenium powder . . . **A9:** 447
scanning electron microscopy . . . **A9:** 508
scanning electron microscopy used to study . . . **A9:** 99–100
sectioning . . . **A9:** 503–504
sintered iron-base P/M parts . . . **A13:** 823–824
sintered (porous) P/M stainless steels **A13:** 824–832
sleeve bearing liners . . . **A9:** 567
use of magnetic field to orient magnetic powder particles . . . **A9:** 701
wax impregnation . . . **A9:** 504
Powder metallurgy methods and design . . . **A7:** 9–15
Powder metallurgy near-net shapes . . . **A7:** 19
Powder metallurgy (P/M) . . . **A1:** 801, **M7:** 9, 14
aluminum alloys . . . **A6:** 724
applications . . . **M7:** 246–249, 569–574
commercial developments . . . **M7:** 16–17
compacting presses . . . **M7:** 329–338
consolidation techniques . . . **M7:** 719–720
contact materials . . . **M7:** 624–645
ecological considerations . . . **M7:** 569
high-temperature materials . . . **M7:** 765–772
history . . . **M7:** 14–20
in making tool steels . . . **A1:** 757
industry . . . **M7:** 17–18, 23
literature . . . **M7:** 18–19
P/M materials . . . **M7:** 463–479, 482
parts *See also* Part(s) . . . **M7:** 9
presses . . . **M7:** 329–338
production sintering practices . . . **M7:** 360–400
products . . . **M7:** 257, 295, 451–462, 569–574
systems and applications . . . **M7:** 246–249, 569–574
techniques and powder properties . . . **M7:** 211
trade association . . . **M7:** 19
Powder metallurgy (P/M) alloys
dispersion-strengthened . . . **A2:** 943–949
Stellite alloys, application . . . **A2:** 449
titanium and titanium alloy . . . **A2:** 590
Powder metallurgy (P/M) cobalt-base alloys . . . **A1:** 977–980
compositions . . . **A1:** 978
grinding of . . . **A1:** 979–980
machining of . . . **A1:** 978, 980
mechanical properties . . . **A1:** 977, 978
physical properties . . . **A1:** 977, 978
Powder metallurgy (P/M) parts
aluminum and aluminum alloys . . . **A2:** 6–7
copper and copper alloys . . . **A5:** 812–813
copper-base . . . **A2:** 396–399
Powder metallurgy (P/M) processes
Alloy 2024, blended with aluminum-silicon alloys . . . **A18:** 791
aluminum-silicon alloys . . . **A18:** 785, 791
bearing materials . . . **A18:** 755
for micrograin high-speed steels . . . **A18:** 615–616
mainshaft bearings of jet engines . . . **A18:** 590
self-lubricating, composites . . . **A18:** 120
steel
applications, internal combustion engine parts . . . **A18:** 553
wear resistance and cost effectiveness . . . **A18:** 706
Powder metallurgy (P/M) processing *See also* Aluminum P/M processing
advantages . . . **A2:** 840
atomization . . . **A2:** 201
can vacuum degassing . . . **A2:** 202–203
cemented-carbide products . . . **A2:** 980
cermets . . . **A2:** 979–980
dynamic compaction . . . **A2:** 204
electrical contact composite materials **A2:** 856–857
elemental P/M, titanium . . . **A2:** 647–651
high-strength aluminum alloys . . . **A2:** 200–215
high-temperature superconductors . . . **A2:** 1086
liquid dynamic compaction . . . **A2:** 204
mechanical alloying process . . . **A2:** 202
mechanical attrition process . . . **A2:** 202
mechanically alloyed oxide alloys . . . **A2:** 943–944
melt-spinning techniques . . . **A2:** 202
neodymium-iron-boron permanent magnet materials . . . **A2:** 790–791
of A15 superconductors . . . **A2:** 1067
of aluminum alloy parts . . . **A2:** 210–213
of nickel superalloys, development . . . **A2:** 429
Osprey process . . . **A2:** 204
powder degassing and consolidation . . . **A2:** 202–204
powder production . . . **A2:** 201–202
prealloyed P/M, titanium . . . **A2:** 647, 651–653
reaction milling . . . **A2:** 202
sinter-aluminum-pulver (SAP) technology . . **A2:** 202
splat cooling . . . **A2:** 201–202
tin and tin alloy powders, applications . . . **A2:** 519–520
titanium and titanium alloy castings . . . **A2:** 634
vacuum plasma structural deposition . . . **A2:** 204

SUBJECTS OF THE INDEXED VOLUMES: ASM Handbook (designated by the letter "A"): **A1:** Properties and Selection: Irons, Steels, and High-Performance Alloys (1990); **A2:** Properties and Selection: Nonferrous Alloys and Special-Purpose Materials (1990); **A3:** Alloy Phase Diagrams (1992); **A4:** Heat Treating (1991); **A5:** Surface Engineering (1994); **A6:** Welding, Brazing, and Soldering (1993); **A7:** Powder Metal Technologies and Applications (1998); **A8:** Mechanical Testing (1985); **A9:** Metallography and Microstructures (1985); **A10:** Materials Characterization (1986); **A11:** Failure Analysis and Prevention (1986); **A12:** Fractography (1987); **A13:** Corrosion (1987); **A14:** Forming and Forging (1988); **A15:** Casting (1988); **A16:** Machining (1989); **A17:** Nondestructive Evaluation and Quality Control (1989); **A18:** Friction, Lubrication, and Wear Technology (1992); **A19:** Fatigue and Fracture (1996); **A20:** Materials Selection and Design (1997). **Metals Handbook, 9th Edition** (designated by the letter "M"): **M1:** Properties and Selection: Irons and Steels (1978); **M2:** Properties and Selection: Nonferrous Alloys and Pure Metals (1979); **M3:** Properties and Selection: Stainless Steels, Tool Materials, and Special-Purpose Materials (1980); **M4:** Heat Treating (1981); **M5:** Surface Cleaning, Finishing, and Coating (1982); **M6:** Welding, Brazing, and Soldering (1983); **M7:** Powder Metallurgy (1984). **Engineered Materials Handbook** (designated by the letters "EM"): **EM1:** Composites (1987); **EM2:** Engineering Plastics (1988); **EM3:** Adhesives and Sealants (1990); **EM4:** Ceramics and Glasses (1991). **Electronic Materials Handbook** (designated by the letters "EL"): **EL1:** Packaging (1989)

Powder metallurgy (P/M) superalloys *See also* Powder metallurgy (P/M) cobalt-base alloys
mechanical properties of **A1:** 974–976
fatigue properties **A1:** 974, 975
stress-rupture properties................ **A1:** 974
tensile properties **A1:** 974, 975
oxide dispersion strengthened alloys.. **A1:** 972, 973, 974–975, 976
compositions of....................... **A1:** 973
physical properties **A1:** 976
stress-rupture properties................ **A1:** 976
tensile properties...................... **A1:** 976
powder consolidation.................... **A1:** 973
powder production **A1:** 970, 972–973
thermomechanical working........... **A1:** 973–974

Powder metallurgy P/M tungsten
commercial grade........................ **A2:** 577

Powder metallurgy parts **A17:** 536–548
acoustic methods **A17:** 53
aluminum alloy....................... **M2:** 10–13
Brinell test application **A8:** 89
computed tomography (CT) of............. **A17:** 3
defect types....................... **A17:** 536–537
electrical resistivity testing......... **A17:** 541–545
liquid penetrant inspection................. **A17:** 7
mechanical coating of **M5:** 301–302
microhardness testing **A8:** 97
nondestructive tests................ **A17:** 537–547
porosity, effects and correlation of ... **M5:** 620–621
pressure testing.................... **A17:** 545–547
radiographic techniques **A17:** 537–538
Rockwell hardness testing of **A8:** 83
surface preparation for plating....... **M5:** 620–621
testing, current status **A17:** 53
visual inspection **A17:** 545–547

Powder metallurgy parts and products industry
sales figures in North America.............. **A7:** 7

Powder Metallurgy Parts Association **M7:** 19

Powder metallurgy parts, ferrous
carbonitrided parts, hardness **M4:** 799
carbonitrided parts, tempering....... **M4:** 799–800
carbonitriding **M4:** 799
equipment **M4:** 799
hardness **M4:** 798–799, 800
hardness evaluation **M4:** 798–799
heat treating **M4:** 798–800
heating media **M4:** 798
process selection **M4:** 798
quenching............................. **M4:** 798
surface hardening **M4:** 799
techniques **M4:** 799
tempering............................. **M4:** 799

Powder metallurgy permanent magnets
developments of **A7:** 6

Powder metallurgy (PM)
thermoplastic polyimides (TPI) **EM2:** 178

Powder metallurgy powder production
annual worldwide tonnage **A7:** 7

Powder metallurgy powder shipments
value from U.S. in 1995................... **A7:** 7

Powder metallurgy presses and tooling... **A7:** 343–354

Powder metallurgy process
definition **A7:** 9

Powder metallurgy process planning..... **A7:** 696–698

Powder metallurgy processing **A7:** 605

Powder metallurgy products *See also* P/M
steels **A1:** 798–799
sintering atmospheres.............. **M4:** 794–796

Powder metallurgy standards,
cross-index of................. **A7:** 1098–1100

Powder metallurgy steels, heat treating .. **A4:** 229–236
alloy content....................... **A4:** 230, 232
carbonitriding **A4:** 230, 231, 232, 233–234
carburizing............................. **A4:** 233
case depth **A4:** 230
dispersion strengthening of lead alloys..... **A4:** 927
furnace atmospheres... **A4:** 548, 558, 561–562, 563
hardenability...................... **A4:** 229–230
hardenability, effect of alloy content **A4:** 230
hardening cycles.................... **A4:** 234–235
high-temperature sintering **A4:** 232
induction hardening...................... **A4:** 234
liquid nitriding.......................... **A4:** 419
material effect on heat-treated
properties...................... **A4:** 230–232
material properties **A4:** 229–230, 236
mechanical properties.............. **A4:** 233, 236
neutral hardening.................. **A4:** 232–233
nitrocarburizing **A4:** 234–235
parts guidelines **A4:** 235–236
plasma (ion) nitriding.............. **A4:** 423, 424
plasma nitrocarburizing **A4:** 434–435
porosity, effect on case depth **A4:** 230
porosity, effect on material properties **A4:** 229–230
prealloyed powders **A4:** 231–232
processing, effect on heat-treated
properties...................... **A4:** 230–232
quenching media **A4:** 233
resistance index (R)..................... **A4:** 230
sintering atmosphere hazards......... **A4:** 547–548
steam treating **A4:** 235, 236
tempering.............................. **A4:** 234
tool steel production............... **A4:** 765, 766

Powder metallurgy steels, specific types
F-0000 carbon steel, nitrocarburizing...... **A4:** 235
FC-0205-HT
composition **A4:** 234
mechanical properties.................. **A4:** 234
nitrocarburizing....................... **A4:** 235
FC-0208-HT
composition **A4:** 234
mechanical properties.................. **A4:** 234
FL-4205-HT
composition **A4:** 234
mechanical properties **A4:** 231, 234
FL-4605-HT
composition **A4:** 234
mechanical properties **A4:** 231, 234
FN-0205-HT
composition **A4:** 234
mechanical properties.................. **A4:** 234
SINT-D35, plasma nitrocarburizing **A4:** 434

Powder metallurgy structural materials, MPIF, specific types
F-0000, composition **A5:** 763
F-0005, composition **A5:** 763
F-0008, composition **A5:** 763
FC-0200, composition................... **A5:** 763
FC-0205, composition................... **A5:** 763
FC-0208, composition................... **A5:** 763
FC-0505, composition................... **A5:** 763
FC-0508, composition................... **A5:** 763
FC-0808, composition................... **A5:** 763
FC-1000, composition................... **A5:** 763
FL-4205, composition................... **A5:** 763
FL-4605, composition................... **A5:** 763
FN-0200, composition................... **A5:** 763
FN-0205, composition................... **A5:** 763
FN-0208, composition................... **A5:** 763
FN-0400, composition................... **A5:** 763
FN-0405, composition................... **A5:** 763
FN-0408, composition................... **A5:** 763
FN-0700, composition................... **A5:** 763
FN-0705, composition................... **A5:** 763
FN-0708, composition................... **A5:** 763
FX-1000, composition................... **A5:** 763
FX-1005, composition................... **A5:** 763
FX-1008, composition................... **A5:** 763
FX-2000, composition................... **A5:** 763
FX-2005, composition................... **A5:** 763
FX-2008, composition................... **A5:** 763

Powder metallurgy techniques as a fabrication method for continuous-filament metal-
matrix composites **A9:** 591

Powder metallurgy tool steels **A1:** 780–792, **A16:** 60–68, 733–735
advantages............................ **A16:** 733
advantages over conventional tool steels ... **A1:** 780
Anti-Segregation Process (ASP) **A16:** 733
applications of high-speed tool steels.. **A1:** 785–786
broaching......................... **A1:** 785–786
gear manufacturing.................... **A1:** 786
hole machining **A1:** 785
milling............................... **A1:** 785
carbon effect on machinability **A16:** 734, 735
chip formation **A16:** 735
classification **A1:** 781–792
cold-work steels.................. **A1:** 786–789
high-speed steels.................. **A1:** 781–786
hot-work steels **A1:** 789–790
cold-work tool steels **A1:** 786–789
commercial ASP tool steel compositions .. **A16:** 733
composition............................ **A1:** 781
Crucible Particle Metallurgy (CPM) **A16:** 733
grinding......................... **A16:** 734–735
grinding ratio **A16:** 735
heat treatment **A16:** 734
heat treatment of H13, effect on size
change of **A1:** 7
heat treatment of high-speed tool
annealing **A1:** 78
austenitizing temperature of ASP 23...... **A1:** 78
hardening **A1:** 78
steels........................... **A1:** 782–783
stress relieving (before hardening) **A1:** 783
tempering............................ **A1:** 783
high-speed, annealing.................... **A16:** 61
high-speed, application of the FULDENS
process **A16:** 5
high-speed, applications................... **A16:** 8
high-speed, ASP steels heat treatment .. **A16:** 61–62
high-speed, broaching............ **A16:** 66–67, 68
high-speed, comparison of cutting
edge wear............................ **A16:** 61
high-speed, CPM process used......... **A16:** 62–64
high-speed, drilling **A16:** 65, 67
high-speed, gear manufacturing...... **A16:** 67, 68
high-speed, grindability index **A16:** 62, 63
high-speed, hardening........... **A16:** 61–62, 63
high-speed, hole machining............... **A16:** 65
high-speed, milling **A16:** 65, 66
high-speed, reaming................. **A16:** 65, 67
high-speed, stress relieving........... **A16:** 61, 62
high-speed, tapping **A16:** 65, 67
high-speed, tempering................ **A16:** 62, 63
high-speed tool steels **A1:** 781–786
alloy development **A1:** 784–786
applications...................... **A1:** 785–786
cutting tool properties **A1:** 78
heat treatment.................... **A1:** 782–783
manufacturing properties **A1:** 783–784
sintered tooling **A1:** 786
hot-work tool steels................ **A1:** 789–790
machinability, tool life of CPM alloys..... **A1:** 786
machining conditions **A16:** 733
machining operations **A16:** 734
mechanical properties of CPM alloys
bend fracture strength **A1:** 786
Charpy C-notch toughness **A1:** 786, 790
hot hardness.......................... **A1:** 785
temper resistance **A1:** 785
wear resistance **A1:** 790
mechanical properties of H13
Charpy V-notch impact strength **A1:** 791
hardness **A1:** 790
tensile strength **A1:** 791
thermal fatigue resistance **A1:** 792
sulfur effect on machinability **A16:** 734
surface finish.......................... **A16:** 735
vanadium effect on machinability........ **A16:** 734

Powder metals
amorphous........................ **M7:** 794–797

Powder method
defined **A9:** 14

Powder method/slurry infiltration
ceramic-matrix composites **EM4:** 840

Powder methods
as manufacturing process **A20:** 247

Powder mixtures........... **M7:** 186–189, 291, 302

Powder molding
defined **EM2:** 33
size and shape effects **EM2:** 291

Powder packing *See also* Packing
tap density and **M7:** 276

Powder paints **M5:** 472

Powder polymers **M7:** 606–613

Powder preparation
and mechanical properties, titanium P/M
compacts **A2:** 654
of cermets........................ **A2:** 979–980

Powder pressing
granulated powders as feedstock **EM4:** 100

Powder processing.................. **A20:** 694–695
of ceramics **A20:** 337
of metals **A20:** 337
thermoplastics......................... **A20:** 700

Powder production **M7:** 9, 23–24
atomization **A2:** 201
chemical methods................... **M7:** 52–55
electrolytic **M7:** 71–72
melt-spinning techniques................ **A2:** 202

Powder production (continued)
splat cooling **A2:** 201–202

Powder products **A20:** 341

Powder properties **M7:** 73–74, 211, 302

Powder rill **M7:** 9, 323–325
control **M7:** 323, 325
density and. **M7:** 324
effect on quality of mixing **M7:** 189
fixed levels **M7:** 323, 325
multilevel parts **M7:** 325
multiple lower punches **M7:** 325
single-level parts **M7:** 325

Powder rolling *See also* Powder preparation; Roll compacting. **A7:** 84, 317, **M7:** 9, 401–409
cobalt strip, properties **M7:** 402
direct, SEM analysis. **M7:** 235
mill **M7:** 401, 408
of cermets **A2:** 983–984
process **M7:** 406, 407
sleeve bearing fabrication by **M7:** 407–408

Powder scarfing **A7:** 1082

Powder shape *See also* Grain shape
beryllium **A2:** 683–686

Powder shaping and consolidation technologies **A7:** 313–320
binders used in powder shaping **A7:** 313–314
bulk deformation processes **A7:** 317
categories of powder shaping methods **A7:** 313–315
compaction options. **A7:** 313, 315
compaction to higher density **A7:** 317–319
powder compaction methods **A7:** 315–317
selecting a process **A7:** 319–320
selection factors **A7:** 313
sintering. **A7:** 317
steps in shaping process **A7:** 314

Powder shoe **A7:** 297

Powder slip casting
schematic. **A2:** 984

Powder treatments and lubrication **A7:** 321–325
annealing **A7:** 322
classifying/screening. **A7:** 321
lubrication. **A7:** 322–325
mixtures and segregation **A7:** 321
stabilization of powder mixtures. **A7:** 321–322

Powder welding **A7:** 1076
hardfacing. **A6:** 800, 801

Powder welding (PW)
deposit thickness, deposition rate, dilution single layer (%) and uses **A20:** 473

Powder-compacting tools
materials for **M3:** 544–545

Powdered biological materials
analysis of. **A10:** 106–107

Powdered graphite
for room-temperature compression testing. . **A8:** 195

Powdered metals
cadmium plating. **A5:** 215
cutting tool materials and cutting speed relationship **A18:** 616
electroless nickel plating applications **A5:** 306

Powdered polymers
fabrication **EM1:** 102

Powder-graded seal **EM4:** 527

Powder-in-tube processing
high-temperature superconductors . . **A2:** 1086–1087

Powder-metallurgy parts
porosity during welding **A6:** 531, 532

Powders *See also* Coarse powders; Fine powders; Green compacts; Hard powders; Magnetic particles; Metal powders; Powder metallurgy (P/M); Powder preparation; Powder production; Prealloyed powders; Soft materials **M7:** 9
applications **M7:** 569–574
as aluminum alloy application **A2:** 14
as samples for x-ray spectrometry. **A10:** 93–94
as samples, Raman analyses. **A10:** 130
blends for flame cutting. **M7:** 842
cermet mixtures, warm extrusion of. . . **A2:** 982–983
characteristics and milling parameters . . **M7:** 60–65

classification. **M7:** 59
cleanliness **M7:** 178–181
cohesive **A7:** 206
consolidation, cemented carbides **A2:** 951
consolidation techniques and production . . . **M7:** 23
containers *See also* Containers **M7:** 542
copper, production of **A2:** 392–394
cupronickel **A2:** 402
degassing **M7:** 180–181
designation **M7:** 9
developer **A17:** 7
direct deposition of **M7:** 71–72
dispensers, for flame cutting **M7:** 843
encapsulation *See* Encapsulation; Hot isostatic pressing
feeding, in roll compacting **M7:** 403, 405, 406
fires **M7:** 133
for fully dense P/M stainless steels **A13:** 833
for implant production. **M7:** 658
for sample dissolution **A10:** 165
free-flowing **A7:** 206
free-flowing, defined **M7:** 278
grade, production, cemented carbides. **A2:** 951
handling, in rotating disk atomization **M7:** 47
image analysis of particle size
distributions in **A10:** 309
incoming, dimensional changes **M7:** 481–482
lancing **M7:** 843, 845
lubricant **M7:** 9
magabsorption measurements of **A17:** 152–153
mechanically alloyed oxide
alloys. **A2:** 943
mixtures and blending **M7:** 186–189, 291, 302
mounting, for XPS analysis **A10:** 575
P/M ferrous **M7:** 682–683
particle morphology, changes in **M7:** 62
particle sizes. **M7:** 23
polyethylene, microwave inspection **A17:** 21
precious metal **A2:** 694–695
precursor preparation, high-temperature
superconductors **A2:** 1086
processing **M7:** 435, 436
producers, industries supplied by **M7:** 23
production. **M7:** 9, 23–24, 52–55, 71–72
production and composition, P/M parts . . **A13:** 825
properties, and spray drying **M7:** 73–74
pure, Raman analysis **A10:** 129
purity **M7:** 23
refinement **M7:** 63, 64
refractory metal and alloys. **A2:** 557–565
samples, fluxes for fusing of. **A10:** 167
scarfing. **M7:** 844–845
self-heating and igniting. **M7:** 194
shape, atomized aluminum **M7:** 129
shipments **M7:** 24
SIMS analysis of surface layers **A10:** 610
size, atomized aluminum. **M7:** 129
size classification **EL1:** 562
size distribution, in rotating disk
atomization. **M7:** 47
soft, terminal density **M7:** 299
solder. **EL1:** 651–653
stability, lubrication and surface
treatment for **M7:** 182
structural ceramic forming with **A2:** 1020
superalloy, mechanically alloyed oxide
alloys **A2:** 943–944
surface **M7:** 250–261
systems **M7:** 569–574
technology. **M7:** 9
tin and tin alloy. **A2:** 519–520
titanium P/M **A2:** 647–648
treatments. **M7:** 24
ultrafine, by high-energy milling. **M7:** 70
unconsolidated, rigid tool
compaction of **M7:** 322–328
-under-vacuum process (Ti powder). **M7:** 167
XPS samples ground to. **A10:** 575

Powders, metal, atomized (aluminum, magnesium, magnesium-aluminum), specifications . . . **A7:** 1098

Powdrex process **A1:** 780–781

Powell's conjugate direction algorithm **A20:** 211

Power *See also* Energy; Force requirements; Power requirements
as distributed from root **EL1:** 5
as IC parameter **EL1:** 401
conversion factors **A10:** 686
density, conversion factors **A10:** 686
dissipation, by dynamic material modeling **A14:** 37
distribution **EL1:** 168–169, 354–357
efficiency, by dynamic material modeling **A14:** 371
for electric arc furnaces **A15:** 356–357
for induction furnaces. **A15:** 369–371
for reverberatory furnaces. **A15:** 376
radiant flux, SI derived unit and
symbol for **A10:** 685
requirements, for ECL and MLB **EL1:** 521
supplies, electrogravimetry **A10:** 200
three-terminal devices. **EL1:** 424–428

Power band sawing
Al alloys **A16:** 795, 797
Cu alloys **A16:** 818
heat-resistant alloys **A16:** 755
Mg alloys. **A16:** 827
MMCs **A16:** 894, 895, 897, 900
refractory metals. **A16:** 867
stainless steels. **A16:** 705
Ti alloys **A16:** 846, 851
tool steels **A16:** 714, 723
zirconium **A16:** 855

Power bending *See also* Bending
and hand bending **A14:** 665
of wire. **A14:** 695–696

Power boiler steam generators
remote-field eddy current inspection **A17:** 20

Power brushing **M5:** 150–156
applications **M5:** 150–156
before painting **A5:** 424
brush types **M5:** 150–156
deburring process **M5:** 151–156
dry brush cleaning **M5:** 150–153
edge blending. **M5:** 155
finishing machine selection **M5:** 156
flat surfaces **M5:** 156
performance characteristics and
problems. **M5:** 150–151
round surfaces **M5:** 156
safety precautions **M5:** 150
small brush techniques. **M5:** 154
speeds. **M5:** 150–156
wet brush cleaning **M5:** 152–153

Power circuits
recommended contact materials **A2:** 861–862

Power consumption **A1:** 592
steel machining. **M1:** 566–567

Power cores
fabrication steps. **EL1:** 133

Power cycling
effect on thermocompression ball bond . . . **A12:** 484

Power cycling, and temperature cycling
compared. **EL1:** 961

Power density
as problem **EL1:** 177
conversion factors **A8:** 722, **A10:** 686

Power dissemination
total **EL1:** 5

Power dissipation
calculating. **EL1:** 175–176
driver, as limitation. **EL1:** 6–7
optical interconnections **EL1:** 10
static, avoidance. **EL1:** 6
vs. time, chip **EL1:** 46

Power distribution **EL1:** 168–169, 354–357

Power distribution, electronic **A20:** 620

Power equipment
ultrasonic inspection **A17:** 23

SUBJECTS OF THE INDEXED VOLUMES: **ASM Handbook** (designated by the letter "A"): **A1:** Properties and Selection: Irons, Steels, and High-Performance Alloys (1990); **A2:** Properties and Selection: Nonferrous Alloys and Special-Purpose Materials (1990); **A3:** Alloy Phase Diagrams (1992); **A4:** Heat Treating (1991); **A5:** Surface Engineering (1994); **A6:** Welding, Brazing, and Soldering (1993); **A7:** Powder Metal Technologies and Applications (1998); **A8:** Mechanical Testing (1985); **A9:** Metallography and Microstructures (1985); **A10:** Materials Characterization (1986); **A11:** Failure Analysis and Prevention (1986); **A12:** Fractography (1987); **A13:** Corrosion (1987); **A14:** Forming and Forging (1988); **A15:** Casting (1988); **A16:** Machining (1989); **A17:** Nondestructive Evaluation and Quality Control (1989); **A18:** Friction, Lubrication, and Wear Technology (1992); **A19:** Fatigue and Fracture (1996); **A20:** Materials Selection and Design (1997). **Metals Handbook, 9th Edition** (designated by the letter "M"): **M1:** Properties and Selection: Irons and Steels (1978); **M2:** Properties and Selection: Nonferrous Alloys and Pure Metals (1979); **M3:** Properties and Selection: Stainless Steels, Tool Materials, and Special-Purpose Materials (1980); **M4:** Heat Treatment (1981); **M5:** Surface Cleaning, Finishing, and Coating (1982); **M6:** Welding, Brazing, and Soldering (1983); **M7:** Powder Metallurgy (1984). **Engineered Materials Handbook** (designated by the letters "EM"): **EM1:** Composites (1987); **EM2:** Engineering Plastics (1988); **EM3:** Adhesives and Sealants (1990); **EM4:** Ceramics and Glasses (1991). **Electronic Materials Handbook** (designated by the letters "EL"): **EL1:** Packaging (1989)

Power factor
defined **EM1:** 19, 359, **EM2:** 33, 461, 467, 592
Power forging hammers
for open-die forging **A14:** 61
Power generating applications *See* Power industry applications
Power generation applications
polybenzimidazoles (PBI) **EM2:** 147
vinyl esters **EM2:** 272
Power hacksawing **A16:** 29
Al alloys **A16:** 796, 800, 801
Cu alloys **A16:** 818
heat-resistant alloys **A16:** 757
Mg alloys **A16:** 827
MMCs **A16:** 895
refractory metals **A16:** 867
stainless steels **A16:** 704, 705
Ti alloys **A16:** 846, 851, 854
tool steels **A16:** 724
zirconium **A16:** 855
Power hacksaws used in sectioning **A9:** 23
Power hybrid packages
defined **EL1:** 452
Power inductors
failure mechanisms **EL1:** 1004–1005
Power industry
stainless steel corrosion **A13:** 560–561
Power industry applications *See also* Energy industry applications; Nuclear applications
cobalt-base wear-resistant alloys **A2:** 451
high-temperature superconductors **A2:** 1085
magnetically soft materials **A2:** 778–780
nickel alloys **A2:** 430
of A15 superconductors **A2:** 1070–1071
of niobium-titanium superconducting materials **A2:** 1057
of titanium and titanium alloys **A2:** 588–589
structural ceramics **A2:** 1019
transmission, with A15 superconductors .. **A2:** 1071
utilities, copper and copper alloys **A2:** 239
Power laminates
fabrication steps **EL1:** 133
Power law **A20:** 448, 634, 635, 663
creep **A8:** 304, 310
Paris **A8:** 680–681
rate law expression **EM4:** 55
Power law creep relation **A19:** 551
Power law equation **A19:** 229, 399
Power law model of Ostwald and de Waele **EM3:** 322
Power levels **A20:** 204
Power loss **EM3:** 23
defined **EM2:** 33
Power modules
multiple terminal **EL1:** 432–434
Power packages
three-terminal discrete semiconductor **EL1:** 424–428
Power plant *See also* Nuclear power applications
components, creep defects **A17:** 54
Power plants
coal-fired **A13:** 985
combined cycle **A13:** 986
failure analysis procedures for **A11:** 602
fossil fuel **A13:** 985–1010
gas turbines **A13:** 986
main steam line failure in **A11:** 667–669
steam **A13:** 985–986
Power presses *See also* Hydraulic presses; Mechanical presses; Presses
for sheet metal forming **A14:** 489–491
Power pulsing
as failure mechanism **EL1:** 1012
Power ratchet parts **A7:** 1104, 1105
Power requirements *See also* Force requirements; Power
contour roll forming **A14:** 625
forming, stainless steels **A14:** 760
laser cutting **A14:** 738–739
shearing, of bar **A14:** 714
straight-knife shearing **A14:** 702–703
three-roll forming **A14:** 620
Power rolling (roll compacting)
cermets **A7:** 926–927
Power socket wiring **EL1:** 132
Power sources **A6:** 36–44
arc welding **A6:** 36–41
disconnect switch provision **A6:** 36
fuse and conductor size recommendations **A6:** 36
multiple operator (MO) power sources **A6:** 41
nameplate specifications **A6:** 36
power source selection **A6:** 36–37
pulsed power supplies **A6:** 40–41
ratings and standards **A6:** 36
source characteristics **A6:** 37–40
electron-beam welding **A6:** 42–44
resistance welding power sources **A6:** 40, 41–42
Power spectral density (PSD) **A18:** 335, 336
antiwear agents used **A18:** 101
dispersants used **A18:** 100
friction modifiers **A18:** 104
viscosity improvers used **A18:** 110
Power spinning **A14:** 600–604
cone spinning mechanics **A14:** 601
lubricants and coolants **A14:** 604
machines **A14:** 601–602
of cones, tools for **A14:** 602–603
of hemispheres **A14:** 603–604
of magnesium alloys **A14:** 829
of titanium alloys **A14:** 845
of tube, mechanical properties **A14:** 678
speeds and feeds **A14:** 603
Power spray washing technique **A20:** 825
Power springs
steel **M1:** 287, 288
Power steering metering pumps **A7:** 1103
farm tractors **M7:** 671–672
Power steering pressure plate **M7:** 617, 619
Power supplies for
capacitor discharge stud welding **M6:** 737
electrogas welding **M6:** 239–240
electroslag welding **M6:** 228
flash welding **M6:** 559
flux cored arc welding **M6:** 97–99
gas metal arc welding **M6:** 156–158, 429
of aluminum alloys **M6:** 380
of magnesium alloys **M6:** 429
gas tungsten arc welding **M6:** 187–188
generators **M6:** 187
three-phase rectifiers **M6:** 187–188
transformers **M6:** 188
gas tungsten arc welding, hot wire **M6:** 455
gas tungsten arc welding of
aluminum alloys **M6:** 390
magnesium alloys **M6:** 429–430
titanium and titanium alloys **M6:** 453–454
induction brazing of copper **M6:** 1043
induction brazing of steel **M6:** 967
percussion welding **M6:** 740
plasma arc cutting **M6:** 917, 919
plasma arc welding **M6:** 216
resistance seam welding **M6:** 495
shielded metal arc welding **M6:** 76–78
stud arc welding **M6:** 732
submerged arc welding **M6:** 130–132
Power supply
electronic ultrasonic inspection **A17:** 252
for ultrasonic testing **A8:** 243
inductances **EL1:** 27–28
Power system
distributed **EL1:** 392
future trends **EL1:** 393
Power, thermoelectric
defined **A2:** 870
Power three-lead package
construction **EL1:** 425
Power tool cleaning
surfaces **A13:** 414
Power tool cleaning (SP3)
equipment, materials, and remarks **A5:** 441
Power tool cleaning to bare metal (SP11)
equipment, materials, and remarks **A5:** 441
Power train control
as automotive hybrid application **EL1:** 382
Powerboats
composite structures for **EM1:** 839
Power-delay product
and logic function performance **EL1:** 2
Power-driven hammer *See also* Hammer; Power forging hammers; Power-drop hammers
defined **A14:** 10
Power-drop hammers **A14:** 26–28, 41–42
capacities **A14:** 25
for forming **A14:** 654
operation **A14:** 42
Powered carrier hanger blast cleaning machine **A15:** 508
Powered rotary benders
for tube **A14:** 668
Power-law creep **A7:** 594, **A20:** 353
Power-law creep densification **A7:** 597, 598, 599, 603
HIP **A7:** 607
Power-law creep equation **A7:** 30, 849
Power-law creep exponent **A7:** 598, 599
Power-law dislocation creep **EM4:** 296
Power-law formulations **A20:** 633
Power-law function **A19:** 233
Power-law indices **A20:** 448
Power-law kinetics **A7:** 525
Powerplants, aircraft
corrosion of **A13:** 1037–1045
Power-spray cleaning
alkaline cleaning solutions for zinc die castings **A5:** 872
Power-temperature cycling
as stress test **EL1:** 499
Power-train efficiency **A18:** 566
Poynting vector field
in RFEC probe operation **A17:** 196, 198
Pozzolans **EM4:** 919, 920
PP *See* Polypropylenes; Reinforced polypropylenes
P-Pd (Phase Diagram) .... **A3:** 2•330
PPE *See* Polyphenylene ether; Polyphenylene ether blends
p-Phenylenediamine
hazardous air pollutant regulated by the Clean Air Amendments of 1990 .... **A5:** 913
PPO *See* Polyphenylene ether blends; Polyphenylene oxide; Polyphenylene oxides
P-Pr (Phase Diagram) .... **A3:** 2•330
PPS *See* Polyphenylene sulfide; Polyphenylene sulfides
***P*-Q^2 diagram**
for metal volume flow **A15:** 290
PQR data base **A6:** 1059
Practical detectable crack size limit **A19:** 68
Practical drying rate **EM4:** 131
Prager rules **A19:** 549
Prandtl number **A20:** 188
Prandtl number (Pr) **A6:** 264, 1133
Praseodymium *See also* Rare earth metals
as rare earth **A2:** 720
in compacted graphite iron **A1:** 56
in ferrite **A1:** 408
properties **A2:** 1185
pure **M2:** 787–788
pure, properties **A2:** 1149
Praseodymium and neodymium
separation by radioanalysis **A10:** 249–250
Pratt and Leachworth Company
early steel casting by **A15:** 31
Pratt and Whitney Gatorizing process **A1:** 974
Pratt & Whitney F-100 engine
connector link arm for **M7:** 750
Preaging **A1:** 259
Prealloyed P/M alloys
forging of **A14:** 250–251
Prealloyed (PA) method
titanium alloy powders **A7:** 874, 876–878, 879, 880, 881, 882
Prealloyed (PA) powders
for sintering **EM4:** 268
Prealloyed powders **A7:** 322, 752–753, 758, 759, 761, **M7:** 9
aluminum **M7:** 509
atomized bronze **A2:** 392–393
chemical compositions **A7:** 759, 761
compressibility curves **A7:** 758
consolidation of compacts **A7:** 438
copper-tin **M7:** 736
copper-zinc, mechanical properties of hot pressed **M7:** 510
for sinter hardening **A7:** 651–652
homogenization of **M7:** 308
low-alloy steel **M7:** 101, 102
machinability **A7:** 672
mechanical properties **A7:** 759, 761, 762
microstructural analysis **M7:** 488
microstructure **A7:** 759
of brass and nickel silver **A2:** 392
powder forging **A7:** 804
shapemaking **M7:** 750–752

Prealloyed powders (continued)
shrinkage **A7:** 710
shrinkage during sintering **M7:** 480, 481
titanium **M7:** 165–167, 749, 754–755
Prealloyed steel powders
scanning electron microscopy . . . **A7:** 724–725, 730, 731, 732, 733
sintering **A7:** 473
Prealloyed titanium P/M compacts
mechanical properties **A2:** 651–653
Prealloyed titanium P/M products
types and processes **A2:** 655
Prealloying
before gas atomization **A7:** 47
Preamplifiers
acoustic emission inspection **A17:** 280–281
and amplifiers, in x-ray spectrometer detectors **A10:** 91
field effect transistor, for EPMA **A10:** 519
pulsed optical **A10:** 91
Prearc period
defined **A10:** 679
Prebond treatments **EM3:** 23, 34–35
Precarburizing **A4:** 327
Precautions *See also* Toxicity
cast copper alloys **A2:** 357–391
with aluminum-lithium alloys **A2:** 182–184
Precession camera
diffraction pattern photographs by . . . **A10:** 345–346
Precession method
net nuclear magnetization **A10:** 280
single-crystal diffraction **A10:** 330
Precious metal plating **A20:** 478–479
materials/process selection **EL1:** 116
Precious metal powders *See also* Gold powders; Palladium powders; Platinum powders; Silver powders **M7:** 147–151
manufacturing **M7:** 149
production of **M7:** 147–151
properties **M7:** 148–149
thermal expansion rate **M7:** 611
Precious metal powders, production of **A7:** 37, 182–187
Precious metals *See also* Electrical contact materials; Gold; Gold alloys; Iridium; Noble metals; Osmium; Palladium; Palladium alloys; Platinum; Platinum alloys; Pure metals; Ruthenium; Silver; Silver alloys . . **M2:** 659–667
annealing **A4:** 939–947, **M4:** 760, 761, 762
application methods for banding decorating **EM4:** 472
brazes used in ceramic/metal joining **EM4:** 479
coatings **M2:** 666, 667
coatings, types and uses **A2:** 695
commercial forms **M2:** 665–667
commercial forms and uses **A2:** 694–695
defined **A13:** 10
dental alloys **A2:** 695–698
differential-interference contrast technique of examination **A9:** 552
electronic applications **A6:** 991, 994–995
gold **M2:** 660
gold and gold alloys **A2:** 704–707
hydrogen fluoride/hydrofluoric acid corrosion **A13:** 1169
impressed-current anodes **A13:** 469, 921
in electronic scrap recycling **A2:** 1228
in electroplated coatings **A18:** 837–838
industrial applications **A2:** 693–694
industrial uses **M2:** 664–666
jewelry **M2:** 666–667
microstructures of **A9:** 552
nonfusion joining processes for sheet metals **A6:** 399
overlays, electrical contact materials **A2:** 848
oxyfuel gas welding **A6:** 281
palladium and palladium alloys **A2:** 714–718
platinum and platinum alloys **A2:** 707–714
platinum group, as electrical contact materials **A2:** 846–848
platinum-group **M2:** 660–661
powders, types and uses **A2:** 694–695
precoating **A6:** 131
properties **A2:** 688, 699–719
resistance brazing **A6:** 340
resources and consumption **A2:** 689–690
silver **M2:** 659–660
silver and silver alloys **A2:** 699–704
special properties **A2:** 691–694, **M2:** 662–665
SSMS analysis in geological ores **A10:** 141
surface treatments, titanium/titanium alloys **A13:** 693–694
trade practices **A2:** 690–691, **M2:** 661–662
ultrasonic welding **A6:** 895
uses of **A2:** 688–698
weldability rating by various processes . . . **A20:** 306
Precious metals and alloys
laser beam welding **M6:** 647
soldering **M6:** 1075
Precious metals, corrosion resistance
gold **M2:** 669–670
iridium **M2:** 669
palladium **M2:** 669
platinum **M2:** 668–669
rhodium **M2:** 669
silver **M2:** 670
Precious metals, industrial applications
ceramics **M2:** 664–665
chemical **M2:** 664–666
coatings **M2:** 666, 667
containers **M2:** 666
crucible **M2:** 665–666
electrical/electronic **M2:** 664
electrochemical **M2:** 665
glass **M2:** 664–665
instruments **M2:** 664
powder **M2:** 666
reflectors **M2:** 666
safety devices **M2:** 666
Precipitate contrast
transmission electron microscopy **A9:** 117–118
Precipitate shearing
aluminum alloys **A19:** 794–798
Precipitated alpha microstructure **A19:** 33
Precipitated carbide *See* Carbide precipitates
Precipitated particles *See also* Boundary precipitates
as linear element in quantitative metallography **A9:** 126
in grain boundaries of Fe-35Ni-16Cr **A9:** 126
in grain boundaries of RA 333 . . . . **A9:** 126
in grain boundaries of Waspaloy **A9:** 126
Precipitate-free zones (PFZs) **A19:** 65, 66, 89, 491
aluminum alloys **A19:** 32, 795, 798–800
Precipitate-hardened phase
stainless steels **A13:** 47
Precipitates
analysis, by replication **A17:** 54–55
as alloying problem **A13:** 48
as source, Barkhausen noise **A17:** 132
debonding, as acoustic emission source . . . **A17:** 287
defined **A13:** 46
discrete, along grain boundaries in nickel-base alloy **A10:** 307
duplex stainless steels **A19:** 764
FIM/AP study of nucleation, growth, and coarsening of **A10:** 583
identification in stainless steels, by light-element analysis **A10:** 459–461
in gravimetric analysis **A10:** 163
in intergranular corrosion **A13:** 239
lost, in gravimetric analysis **A10:** 163
measurement of persistence depth, as FIM application **A10:** 590
optical micrograph, in stainless steel tube **A10:** 459
particles, growth in gravimetric analysis . . **A10:** 163
phases, SEM analysis **A10:** 490
pure, quantitative removal for weighing gravimetry as **A10:** 163
secondary, from welding **A13:** 49
transmission electron microscopy **A9:** 117–118
ultrafine secondary, atom probe analysis of IN 939 . . . . **A10:** 598
weld metal, preferential attack **A13:** 347–348
Precipitates, dispersed
wrought aluminum alloy **A2:** 38
Precipitating inhibitors **A13:** 495
Precipitation **A19:** 7, **M7:** 9
ammonium hydroxide **A10:** 168
and fracture toughness **A19:** 13
atom probe composition profile of **A10:** 593
brazeability **A6:** 622, 625, 626
by cupferron **A10:** 169
by hydrolysis to oxides **A10:** 169
carbide, HAZ **A13:** 349–350
co-, in gravimetric analysis **A10:** 163
coherent, effect on diffraction pattern **A10:** 438, 440
defined **A9:** 14
definition **A5:** 964
effect in SCC **A12:** 26
efficiency measured **A10:** 243
embrittlement, steel castings, elevated temperatures **A11:** 407
from salt solutions **A7:** 69
from solution **A7:** 67–69
from solution, powder production by . . . **M7:** 52, 54
grain-boundary, AES analysis **A10:** 549
grain-boundary, in nickel alloys **A13:** 154–155
hardening, and infiltration **M7:** 558
heat treatment, defined **A13:** 10
heat treatment, effect on SCC in aluminum alloys **A11:** 220
in tin-antimony alloys resulting from surface strain energy **A9:** 450
in titanium and titanium alloys **A9:** 460–461
in weldments **A13:** 344
indirect **A7:** 67, **M7:** 54
inorganic **A10:** 169
intermetallic-phase **A11:** 267
methods for hydrometallurgical processing of copper powder **M7:** 118–119
nonmetallic inclusions by **A11:** 316
of chemical compound, as chemical equilibrium **A10:** 163
of corrosion products, manned spacecraft **A13:** 1097–1099
of implanted alloys **A10:** 485–486
of intermetallic compounds, inclusions from **A15:** 488
of intermetallic phases, stainless steels **A13:** 551
of internal hydrogen, cracking from **A11:** 248
of R_2O_3 group, by ammonium hydroxide **A10:** 168
particles, and hydrogen diffusivity **A13:** 166
primary metastable, of beta **A15:** 128
processes, interaction of **A11:** 267–268
separations **A10:** 168
SIMS analysis of second-phase distribution due to **A10:** 610
sodium hydroxide **A10:** 168
successive **A7:** 69, **M7:** 54
sulfide ion **A10:** 169
techniques **A10:** 168–170
titrations **A10:** 173
ultrafine and nanophase powders **A7:** 72, 75
within dimples, x-ray analysis **A12:** 174
Precipitation (deposit) etching
definition **A5:** 964
Precipitation etching **A9:** 61
and line etching **A9:** 62
defined **A9:** 14
of silicon steel transformer sheets **A9:** 62–63
Precipitation from a gas **A7:** 70
Precipitation hardenable nickel-base wrought heat-resistant alloys **A9:** 309
Precipitation hardened magnetic alloys . . **A9:** 538–539

Precipitation hardening *See also* Aging; Heat-treatable; Precipitation strengthening . . **A3:** 1•22, **A19:** 87
aluminum alloys **M2:** 29–30, 34, 38–39, 40–42, 43
beryllium-copper alloys **A2:** 403, **A9:** 395
copper alloys **M2:** 256
defined **A9:** 14, **A13:** 10
definition **A5:** 964, **A20:** 838
of beryllium copper alloys **A14:** 809
of beryllium-nickel alloys **A9:** 395
of copper and copper alloys **A14:** 810
of nickel and nickel alloys **A2:** 429–430
of nickel-base heat-resistant casting alloys effect on strength **A9:** 334
refractory metals and alloys **A2:** 563
stainless steels, as magnetically soft materials **A2:** 777–778
stainless steels, characterized **A13:** 550
wrought aluminum alloys **A13:** 586
Precipitation hardening alloys
high-alloy steel **A15:** 723, 731–733
Precipitation heat treating
aluminum alloys **A15:** 761
Precipitation heat treatment *See also* Artificial aging
defined **A9:** 14
wrought aluminum alloy **A2:** 40
Precipitation index **A6:** 57
Precipitation processes
plating waste treatment **M5:** 313–315
Precipitation reactions **A9:** 646–651
free energy-composition diagram of metastable and stable equilibria **A9:** 650
microstructural features **A9:** 651
phase diagram configurations **A9:** 646
sequence **A9:** 649–651
Precipitation strengthening *See also* Precipitation hardening
as strengthening mechanism for fatigue resistance **A19:** 605
dependence on precipitate size **A1:** 402, 403
effect of cooling on **A1:** 119, 402
in copper **A1:** 411
in elevated-temperature service **A1:** 637
in ferrite **A1:** 402, 404, 406
wrought aluminum alloy **A2:** 39
Precipitation temperatures
nickel-base alloys **A14:** 265
Precipitation temperatures of aluminum alloys **A9:** 351
Precipitation titrations
of industrial materials **A10:** 173
Volhard, of silver **A10:** 173
Precipitation-hardenable alloys **A19:** 338
Precipitation-hardenable stainless steel
SCC causing environments **A8:** 526
workability **A8:** 165, 575
Precipitation-hardenable stainless steels *See also* Wrought stainless steels; Wrought stainless steels, specific types
microstructures **A9:** 285
pickling of **M5:** 72
Precipitation-hardened stainless steels . . . **A5:** 743–744
composition **A5:** 743
metalworking fluid selection guide for finishing operations **A5:** 158
pickling **A5:** 74
wear applications **A20:** 607
Precipitation-hardening alloys
nickel-base alloys **A6:** 869, 927
wear resistance versus hardness of materials **A18:** 708
Precipitation-hardening (PH) stainless steels, wrought **A6:** 482–493
aging **A6:** 482, 483, 484, 487, 488, 492
austenitic PH steels, welding of **A6:** 482, 485, 487, 490–493
definition **A6:** 482
electrodes **A6:** 483, 484, 487, 488, 489, 492
electron-beam welding **A6:** 484, 487, 489, 490, 491, 492
filler metals **A6:** 483, 487, 488, 490, 491
fusion zone **A6:** 483, 488, 490
gas-metal arc welding **A6:** 483, 487, 489
gas-tungsten arc welding . . . **A6:** 483, 484, 487, 488, 489, 491–492
heat-affected zone **A6:** 483–484, 487, 488, 489, 490
laser-beam welding **A6:** 489
martensitic PH steels, welding of **A6:** 482–488
microstructure **A6:** 482–483, 488
postweld heat treatment **A6:** 483–484, 487, 488, 489, 490, 492, 493
resistance welding **A6:** 489, 490, 491, 492
semiaustenitic PH steels, welding **A6:** 482, 485, 486–487, 488–490
shielded metal arc welding **A6:** 483, 489, 490
solidification cracking **A6:** 484, 487, 490
spot and seam welding **A6:** 489
submerged arc welding **A6:** 489
types **A6:** 482
weldability **A6:** 483–488
Precipitation-hardening stainless steel *See also* Stainless steel(s); Steel(s)
arc-welded **A11:** 428
stress-corrosion cracking in **A11:** 217–218
susceptibility to hydrogen damage **A11:** 249
Precipitation-hardening stainless steels *See also* Stainless steels, precipitation hardening; Wrought stainless steels **A6:** 695–697, **A14:** 226–227, **M3:** 25–28, 30–31
arc welding *See* Arc welding of stainless steels
brazing and soldering characteristics **A6:** 626
compositions **M6:** 526
compositions of **A1:** 843, 847–848
electron beam welding **M6:** 638
electron-beam welding **A6:** 869
elevated-temperature properties **A1:** 942–944
flash butt welding **A6:** 492
forgeability of **A1:** 893–894
fractographs **A12:** 370–374
fracture toughness properties **A1:** 865
fracture/failure causes illustrated **A12:** 217
friction welding **M6:** 721
furnace brazing **A6:** 918–919
machinability of **A1:** 896–897
physical properties **M6:** 527
plasma arc welding **A6:** 490
repair welding **A6:** 1106–1107
resistance welding **A6:** 848, **M6:** 527
tensile properties of **A1:** 864, 865
weldability of **A1:** 902–904
Precipitation-hardening stainless steels, specific types
13-8 PH, cup-and-cone tension overload fracture **A12:** 370
13-8 PH, high-cycle fatigue fracture **A12:** 371
13-8 PH, low-cycle fatigue fracture **A12:** 371
13-8 PH, SCC fracture **A12:** 372
Armco 15-5 PH, high-cycle fatigue fracture **A12:** 373
Armco 17-7 PH, brittle intergranular fracture **A12:** 374
Armco 17-7 PH, fracture by cross-check defect **A12:** 374
Precipitation-hardening steels
materials for die-casting dies **A18:** 629
Precipitation-strengthened alloys
postweld heat treatment **A6:** 572–574
Precipitation-strengthened steels **A20:** 381
Precipitators **A7:** 141–142
Precision *See also* Reproducibility **A20:** 76–77
analysis and automation electrogravimetry **A10:** 199
analysis, electrogravimetry as **A10:** 197
and accuracy, compared **A10:** 524–525
defined **A8:** 10, **A10:** 679
definition **A20:** 838
experimental, replication as method of **A8:** 640–641
high-, electrometric titration for **A10:** 202
in corrosion testing **A13:** 195–196
in UV/VIS absorption spectroscopy **A10:** 70
of preform **A14:** 160–161
of radioanalysis **A10:** 246–247
of setup **A14:** 160
of single-crystal analysis **A10:** 352
of tension testing machine **A8:** 50
of tooling **A14:** 160
potentiometer, for thermocouple calibration **A8:** 314
Precision blanking
surface roughness and tolerance values on dimensions **A20:** 248
Precision boring machines . . **A16:** 161, 162, 168, 169, 171, 173
Precision capacitive bridges
as mercury displacement measure **M7:** 267–268
Precision cast hot-work wrought tool steels . . . **A1:** 779
Precision casting *See also* Investment (lost wax) casting
defined **A15:** 9
furnaces, vacuum induction **A15:** 399–401
market trends **A15:** 44
of Alnico alloys **A15:** 737
titanium alloy **A15:** 824
titanium and titanium alloy castings **A2:** 634
types **A15:** 37
with gold-germanium alloys **A2:** 743
Precision casting, and powder forging
compared **A14:** 196
Precision castings *See also* Castings
computed tomography (CT) **A17:** 363
Precision ceramic molding processes
for patternmaking **A15:** 195
Precision electroformed sieves, specification for **A7:** 1100
Precision forging *See also* Forging; Precision casting **A7:** 951, **A14:** 158–185
advantages **A14:** 158
and powder forging, compared **A14:** 196
applications **A14:** 158–159
as new metalworking process **A14:** 17
defined **A14:** 10, 158
dies for **A14:** 51–52
effect on mechanical properties **A7:** 951
equipment **A14:** 162–171
forming applications **A14:** 172–175
of aluminum alloys **A14:** 244, 251–254
of spiral bevel gear **A14:** 173–175
process control **A14:** 160–162
process temperature, selection **A14:** 171–172
radial **A14:** 146–147
through-die design **A14:** 17
tooling design **A14:** 159–160
Precision forgings
aluminum and aluminum alloys **A2:** 6
mechanically alloyed oxide alloys **A2:** 948
Precision forming
applications **A14:** 172–175
Precision grinding
characteristics of process **A5:** 90
definition **A5:** 964
surface finish achievable **A20:** 755
Precision grinding machines
achievable machining accuracy **A5:** 81
Precision injection molding **A20:** 297
Precision machining
by scanning laser gage **A17:** 12
Precision matching study
fatigue striations in nickel **A12:** 205–206
Precision metal finishing
as interferometer application **A17:** 14–15
Precision molding *See also* Investment (lost wax) casting; Precision casting
types **A15:** 37
Precision optics
beryllium powder application **M7:** 169
Precision part **M7:** 9
Precision resistance alloys *See also* Electrical resistance alloys
properties and applications **A2:** 823, 825–826
Precision resistors
electrical resistance alloys **A2:** 822
Precision sintered part **M7:** 9
Precision warm forging **A14:** 158
Precision weighing
electric arc furnaces **A15:** 363
Precision-molded applications
critical properties **EM2:** 458
Precleaning *See also* Cleaning; Postcleaning; Surface preparation
for liquid penetrant inspection **A17:** 80
for urethane coatings **EL1:** 777
Precoated metal products
definition **A5:** 964
Precoated steel sheet *See also* Steel sheet, precoated **A1:** 212–225
aluminum coatings **A1:** 218–220
base metal and formability **A1:** 219
coating weight **A1:** 218–219
corrosion resistance **A1:** 219

792 / Precoated steel sheet

Precoated steel sheet (continued)
handling and storage A1: 220
heat reflection A1: 219–220
heat resistance A1: 219
mechanical properties A1: 218, 219
painting...........................A1: 220
weldability A1: 220
aluminum-zinc alloy coatings A1: 220–221
organic composite coatings..............A1: 223
phosphate coatings....................A1: 222
prepainted sheet....................A1: 223–224
design considerations A1: 224
packaging and handling..............A1: 224
selection of paint system..............A1: 224
shop practices A1: 224
preprimed sheet....................A1: 222–223
formability A1: 222
zinc chromate primers A1: 222
zinc-rich primers...................A1: 222–223
terne coatings.....................A1: 221–222
tin coatings A1: 221
zinc coatings......................A1: 212–218
chromate passivation A1: 214–215
coating tests and designations..A1: 212–214, 215
corrosion resistance..........A1: 212, 581, 584
electrogalvanizing A1: 217
hot dip galvanizing A1: 216–217, 218
packaging and storage A1: 215–216
painting.............................A1: 215
zinc alloy.......................A1: 217–218
zinc spraying........................A1: 218
Zincrometal A1: 217
Precoated steels
for automotive industry A13: 1011–1015
weldability of A1: 609–610
Precoating *See also* Coatings
ceramic glass..........................A14: 279
definition A6: 1212, M6: 13
metals, contour roll forming............A14: 634
Precompaction A7: 621
or "slugging" fabrication M7: 665
Precompression
effect on fatigue strength A11: 112
Preconditioning.........................EM3: 23
defined EM2: 33
Preconsolidation........................A7: 289
Precorrosion
and time-dependent subcritical crack
propagation A13: 145
Precracked Charpy test ..A8: 267–268, A19: 406–407
Precracked specimen testing A19: 501–502
Precracked specimens A13: 10, 253–260
Precracked test specimens
calculation of crack growth rates A8: 518–519
cantilever bend..........................A8: 511
constant K A8: 515
crack configuration and orientation A8: 516
dimensional requirements A8: 515–516
double-beam.......................A8: 513–515
loading arrangements and crack
measurement.......................A8: 518
machining A8: 516
modified compact A8: 512–513
preparation of....................A8: 515–517
SCC testing A8: 497–498, 510–519
testing procedure A8: 517–519
typical A8: 514
Precracking....A8: 259, 382, 517, A19: 173–174
fatigue A12: 75, 236–237, 397
Precracking, load values for (P_i) A19: 514
Precure *See also* Cure...................EM3: 23
defined EM1: 19, EM2: 33
Precursor
defined EM2: 33
Precursor polymer powders...............A20: 337
Precursors
carbon/carbon composite EM1: 917–918
defined EM1: 19
for carbon fibers EM1: 112, 868

to graphite fiber MMCs EM1: 868–869
Predeformation
amplitude change effect................A19: 91
deformation history effect on cyclic
deformation...................A19: 90–91
incremental step test..............A19: 91, 92
set-up and control effects A19: 90
Predicted life A19: 127
Prediction........................A13: 234, 316
accelerated life EM2: 788–795
of deformation under load EM2: 673–678
of isothermal oxidative stability EM2: 566
Prediction intervals A8: 626
Prediction limits........................A20: 76
Predictive modeling
thermoset resins EM2: 527
Predominance area diagrams
limitations A13: 64
Predrying
polyamide-imides (PAI) EM2: 132–133
Pre-edge absorption
oxide series A10: 415
Prefailure phenomenon
and durability....................EM2: 551–554
Preferential
attack A13: 323–324, 876
corrosion.......................A13: 117, 363
dissolution A13: 17, 57
oxidation, in gaseous corrosion A13: 17
pitting, tantalum weldments A13: 345–346
weld corrosion, carbon steels..........A13: 363
Preferential alloy removal *See also* Dealloying
decarburization/selective oxidation as ...A13: 134
Preferential attack
in a palladium-based electrical contact
material A9: 564
in electropolishing A9: 51
in stainless steels A11: 200
of the eutectic in magnesium alloys A9: 427
Preferential corrosion
tin-bronze alloy.......................A12: 403
Preferential dissolution
in intergranular attack.................A11: 338
Preferential evaporation, of solute
in vacuum melting ultrapurification
techniques A2: 1094
Preferential grain-boundary attack
ceramic fracture A12: 471
Preferential oxidation
as thermocouple failure mechanism A2: 881
at elevated temperatures............A11: 405–406
interdendritic A11: 406
of grain boundaries A11: 405
Preferential sputtering........A18: 854, 855, 857
Preferred crystallographic growth
SACP use to establish.................A10: 509
Preferred orientation *See also* Fiber; Fiber
alignment; Fiber orientation; Orientation;
Texture; Texture, crystallographic
as XRPD source of error..........A10: 340–341
beryllium M7: 756
crystallographic, measurement and
analysis of A10: 357–364
defined A9: 14, A11: 8
Euler plots and orientation
distribution A10: 360–361
from anisotropy in forging A11: 316
identification of, by polarized light etching..A9: 59
in aluminum alloys, etchants for
examination for A9: 355
in carbon fibers EM1: 50
in plastic torsion A8: 143
in stereographic projection........A10: 358–359
metallurgical specification of A10: 359–360
oxide texture.........................A13: 66
pole figures A10: 360
polycrystalline, and property behavior ...A10: 358
RD-TD-ND system...........A10: 358, 359
specifying A10: 359

zirconium A2: 667
Preferred propagation paths (PPP) A19: 161
Preferred solder connection
defined............................EL1: 1153
PREFAS model A19: 129, 130
developed for applications to flight simulation load
histories A19: 129
Prefilming operation A7: 43, 44
Prefinishing
costs of EM2: 649–650
Prefit
defined............................EM2: 33
Prefits
defined............................EM1: 19
Prefixes, of SI units
names and symbols A10: 687
Preflow time
definition M6: 13
Preform *See also* Slurry preforming...EM4: 414–415
binder, defined EM2: 33
brazing filler metals available in this form A6: 119
defined.................EL1: 1153, EM2: 33
definition A6: 1212, M6: 13
Preform flow-die molding
processing characteristics closed-mold A20: 459
Preform molding A20: 805
as resin transfer molding EM1: 564
processing characteristics, closed-mold....A20: 459
Preform patterns
Shaw process A15: 248–249
Preformed butyl tapes EM3: 190
Preformed cores
ceramic A15: 9, 261
Preformed filler metal
induction brazing of steel M6: 971
resistance brazing M6: 982
Preformed resin-bonded mass finishing
media M5: 135
Preforming M7: 9, 774
Preform(s) *See also* Fabrics; Multidirectionally
reinforced preforms; P/M forging M7: 9
3-D, fibers woven into EM1: 129
3-D polar, weaving machines............EM1: 131
binder, defined EM1: 19
blanks, refractory metals...............A14: 788
by radial forging A14: 145, 147
closed-die forging...................A14: 77–78
compaction in commercial P/M
forging..........................M7: 415–417
continuous SiC fiber MMC EM1: 860–861
cylindrical, press requirements M7: 545
defined A14: 10, EM1: 19
deformation processing of...............M7: 531
design M7: 411–413, 539–540
design of A14: 50–51, 77–78, 154
eutectic die attach EL1: 214
experimental and modeling methods for...A14: 51
explosive forming of A14: 636
fiber................................EM1: 529–532
for brazing and soldering...............M7: 840
for power spinning.....................A14: 603
for resin transfer molding.........EM1: 566–568
for tube spinning......................A14: 675
geometry, computer design of A14: 411
hot formed, of automobile parts M7: 620
hot upset, extrusion of A14: 306
hot-die/isothermal forging..............A14: 154
impressions, location of A14: 51
in Ceracon process M7: 537
in powder forging A14: 191–192
iron powder, reduction of...............A14: 194
machine lens housing...................M7: 682
materials/assembly.................EM1: 529–530
molding EM1: 564
multidirectional ceramic-ceramic
composites....................EM1: 934–936
multidirectionally reinforced EM1: 129–131
noncylindrical, weaving with
shaping tool......................EM1: 131

SUBJECTS OF THE INDEXED VOLUMES: ASM Handbook (designated by the letter "A"): A1: Properties and Selection: Irons, Steels, and High-Performance Alloys (1990); A2: Properties and Selection: Nonferrous Alloys and Special-Purpose Materials (1990); A3: Alloy Phase Diagrams (1992); A4: Heat Treating (1991); A5: Surface Engineering (1994); A6: Welding, Brazing, and Soldering (1993); A7: Powder Metal Technologies and Applications (1998); A8: Mechanical Testing (1985); A9: Metallography and Microstructures (1985); A10: Materials Characterization (1986); A11: Failure Analysis and Prevention (1986); A12: Fractography (1987); A13: Corrosion (1987); A14: Forming and Forging (1988); A15: Casting (1988); A16: Machining (1989); A17: Nondestructive Evaluation and Quality Control (1989); A18: Friction, Lubrication, and Wear Technology (1992); A19: Fatigue and Fracture (1996); A20: Materials Selection and Design (1997). **Metals Handbook, 9th Edition** (designated by the letter "M"): M1: Properties and Selection: Irons and Steels (1978); M2: Properties and Selection: Nonferrous Alloys and Pure Metals (1979); M3: Properties and Selection: Stainless Steels, Tool Materials, and Special-Purpose Materials (1980); M4: Heat Treating (1981); M5: Surface Cleaning, Finishing, and Coating (1982); M6: Welding, Brazing, and Soldering (1983); M7: Powder Metallurgy (1984). **Engineered Materials Handbook** (designated by the letters "EM"): EM1: Composites (1987); EM2: Engineering Plastics (1988); EM3: Adhesives and Sealants (1990); EM4: Ceramics and Glasses (1991). **Electronic Materials Handbook** (designated by the letters "EL"): EL1: Packaging (1989)

porous, workability A14: 193
precision of A14: 160–161
rigid epoxies EL1: 815
ring, powder forging A14: 192
shape, fracture limits M7: 411
sintering M7: 416
solder, surface-mount soldering EL1: 700
spray-formed, parts production by M7: 530
surface conditions of A14: 160–161
three-dimensional EM1: 129–130
three-directional orthogonal construction EM1: 915
tooling for A14: 175
turbine shaft, by radial forging A14: 147
welded, explosive forming of A14: 642–643
woven multidirectional, carbon/graphite composite EM1: 915–917

Pregel
defined EM1: 19, EM2: 33

Pregelled, cationic corn starch
application or function optimizing powder treatment and green forming EM4: 49

Pregelling adhesives
automotive applications EM3: 553–554

Preheat M7: 9
definition A6: 1212
zone, furnace M7: 351

Preheat current
definition M6: 13

Preheat current (resistance welding)
definition A6: 1212

Preheat force A6: 888

PREHEAT (software package) A6: 644

Preheat temperature
definition A6: 1212, M6: 13

Preheat time
definition M6: 13

Preheating *See also* Die heating; Heat treatment; Heating; specific processes EM3: 23
aluminum alloys A14: 247
and mold life A15: 281
and weld-overlay coatings A20: 474
cast irons, for welding A15: 525–526
cobalt-base alloys A15: 813–814
defined EM1: 19, EM2: 33
definition M6: 13
dryer for A15: 373
electric arc furnace A15: 360
for drop hammer forming A14: 657
for oxyacetylene welding A15: 530
for oxyfuel gas cutting A14: 722, 724
for plaster molding A15: 244
for through-hole soldering EL1: 684–685
for welding aluminum alloys A15: 763
HAZ, cast iron effect A15: 525
mold, and mold temperature A15: 283
of castings A15: 525
of tool and die steels A14: 54
process, through-hole soldering EL1: 684–688
rigid epoxies EL1: 815
temperatures A15: 535
titanium alloys, for forging A14: 278
wave soldering EL1: 702

Preheating, substrate
for thermal spray coatings A13: 460

Prehistoric materials
radioanalytic dating of A10: 243

Preimpregnated materials
heat curing of EM2: 341

Preimpregnated tapes and fabrics A20: 807–808

Preimpregnation *See also* Prepreg
defined EM1: 19, EM2: 33
definition A20: 838

Preinspection preparation *See* Surface preparation

Preionization structure
in typical K-shell ionization edge A10: 450

Preliminary design A20: 128

Preliminary hazard analysis A20: 123, 124

Preliminary integrity analysis
MECSIP Task I, preliminary planning and evaluation A19: 587

Preliminary laboratory examination
of failed parts A11: 173

Preliminary test
S-N data, for two-point program with up-and-down strategy A8: 705
with single fatigue test specimen A8: 705–706

Preliminary visual examination
for photography A12: 78
specimen A12: 72–73

Premature failure A19: 7

Premature fracture *See also* Brittle fracture; Cracking; Fracture
causes of A8: 496

Premium engineered castings
as aluminum alloy specialty A15: 756–757
fatigue in A15: 764
mechanical property specifications A15: 757
quality assurance A15: 766

Premium quality aluminum alloy castings
high-strength, high-toughness A2: 149
mechanical properties A2: 147
properties A2: 127, 130

Premix
defined EM1: 19, EM2: 34

Premix bronze powder
flow rate through Hall and Carney funnels A7: 296

Premix burners
defined A10: 679
for flame source emission A10: 28
temperature of flames A10: 29

Premix chamber
AAS flame atomizers A10: 47, 48

Premixed flexible epoxy systems EL1: 818

Premixes *See also* Premixing A7: 377, 379
as noun, defined M7: 9
as verb, defined M7: 9
bronze alloys M7: 191, 279
copper-tin powders M7: 736
lubrication effects M7: 190
segregation M7: 190

Premixing M7: 186–189

Premixing of powders A7: 102

Premolding EM2: 34, 85
defined EM1: 19

Preoxidation
as P/M oxide-dispersion technique M7: 719

Preoxidized process
electrical contact materials A7: 1029

Preoxidized-press-sinter-extrude process
electrical contact materials A7: 1029
for composite contact materials A2: 857

PREP *See also* Plasma rotating electrode process A7: 616, 617

Prepaint processing
carbon steels A13: 528

Prepaint treatments M5: 476–478

Prepainted sheet A1: 223–224
design considerations A1: 224
packaging and handling A1: 224
select-on of paint system A1: 224
shop practices A1: 224

Prepainted steel sheet
applications M1: 176
bending M1: 176
crazing M1: 176
design considerations M1: 176
galvanized steel for coil coating M1: 169
packaging and handling M1: 176
selection of system M1: 176
shop practices M1: 176

Preparation *See also* Sand preparation; Surface preparation
and preservation, specimen A12: 72–77
cast for welding A15: 524–525
metal, aluminum alloy casting A15: 753
of corrosion tests A13: 193–196
of green sand A15: 225–226
of SEM specimens A12: 171–173
of test specimens A13: 194
specimen A13: 194, 223, 253–260

Preparation for cure
material types/functions EM1: 642–644

Preparative liquid chromatography
for obtaining purified compounds A10: 654

Prepared nitrogen-base atmospheres
advantages, disadvantages M4: 399
applications M4: 399–400
generation M4: 399, 400, 401
generator maintenance M4: 402
maintenance M4: 402
molecular-sieve systems M4: 400–401
monoethanolamine system M4: 401
safety precautions M4: 402
types M4: 394, 399

Preplastication
defined EM2: 34

Preplied prepregs *See also* Multidirectional tape prepregs; Prepregs; Tape prepregs EM1: 146

Preplied tape *See also* Multidirectional tape prepregs EM1: 146

Preply *See also* Ply
defined EM1: 19, EM2: 34

Prepolishing *See also* Polishing
chemical or electrolytic, as FIM sample preparation A10: 585

Prepolymer EM3: 23, 110
defined EM1: 19

Prepolymer molding *See also* One-shot molding EM3: 23
defined EM2: 34

Prepolymer(s)
cyanates EM2: 232
defined EM2: 34
fiberglass reinforced BPADCy EM2: 232–233

Prepreg *See also* Impregnated fabric; Preimpregnation; Prepreg molding
defined EL1: 1153, EM2: 34
definition A20: 838
fiber content EM2: 338
fiber reinforcements EM2: 506
in polymer-matrix composites processes classification scheme A20: 701
materials, manufacture EL1: 510
systems, resins and reinforcements EL1: 534
thermoset plastics processing comparison A20: 794
thermoset vs. thermoplastic TPIs EM2: 178
urethane hybrids EM2: 270–271

Prepreg molding
molded-in color EM2: 306
processes EM2: 338–341
size and shape effects EM2: 291
surface finish EM2: 303–304
textured surfaces EM2: 305
tooling EM2: 341–343

Prepreg resins
aerospace applications EM1: 139–141
curatives EM1: 139–141
epoxy EM1: 139
formulation EM1: 141
future trends EM1: 142
lower performance applications EM1: 141–142
polymer-matrix composites A20: 701

Prepreg tape *See also* Tape prepreg
for filament winding EM1: 138
requirements EM1: 105

Prepreg tape-laying machines
automated EM1: 631–635

Prepreg tow *See also* Prepregs; Tow . . EM1: 151–152
applications EM1: 151–152
carbon reinforced, for filament winding . . EM1: 138
for winding EM1: 135
manufacture EM1: 151
product forms EM1: 151

Prepregs *See also* Impregnated fabric; Preimpregnation; Prepreg resins; Tape prepregs
advantages EM1: 33
application EM1: 33
boron fiber EM1: 58
cost guidelines EM1: 105
defined EM1: 19, 33
epoxy composite EM1: 71–73
glass-phenolic, as flame resistant EM1: 141
graphite tools from EM1: 587–588
in bands, product forms from EM1: 152
mechanical property tests EM1: 737
near-net resin content EM1: 73
preplied quasi-isotropic, costs EM1: 146
properties analysis EM1: 737
resin, formulation EM1: 141
resins for EM1: 139–142
suppliers EM1: 141
tape and fabric, compared EM1: 602
tests for EM1: 291–292
thermoplastic, fabrication with EM1: 103–104
thermoplastic, potential of EM1: 99–100
tooling, properties EM1: 587
tow EM1: 151–152
uncured, ultrasonic ply cutting EM1: 615–618
useful life EM1: 144
woven fabric EM1: 148–150

Preprimed sheet **A1:** 222–223
formability of **A1:** 222
zinc chromate primers **A1:** 222
zinc-rich primers **A1:** 222–223
Preprimed steel sheet
primers for **M1:** 169, 175
Preprocessors **A20:** 182–183
Preproduction review **A20:** 149
Preproduction test **EM3:** 23
Prerinse
for liquid penetrant inspection **A17:** 82
Prescriptive standard
definition **A20:** 838
Presence-sensing devices **A20:** 143
Present worth of future revenue requirements method
economic analysis **A13:** 370
Present worth (PW) method
economic analysis **A13:** 370–371
Presentation of friction and wear data .. **A18:** 489–492
transition diagrams **A18:** 491
determination methodology **A18:** 491
tribographs **A18:** 489–491
dependence of tribodata on various parameters **A18:** 491
friction-time master curves **A18:** 489
wear-time master curves **A18:** 489–490
tribomaps **A18:** 491–492
wear regimes **A18:** 492
Preservation
and preparation, specimen **A12:** 72–77
techniques **A12:** 73
Preservation of specimens
carbon and alloy steels **A9:** 172
Preservation sample **A10:** 15, 16
Preservatives *See also* Solderability treatments
solderability, development/types **EL1:** 561–564
Preservice
environments, effect on stress-corrosion cracking **A11:** 211
testing, pipe failures in **A11:** 697–699
Presetting of springs **M1:** 290–291, 312–313
Preshadowed replica
defined **A9:** 14
definition **A5:** 964
Preshear (consolidation) **A7:** 289
Preshear normal stress **A7:** 289
Presidential Directive to Accelerate Phase-Out of Ozone Layer Depleting Substances, Feb 1992
material and curtailment schedule for use of solvent material **A5:** 940
Pre-sinter machining
of structural ceramics **A2:** 1020
Presintered blank **M7:** 9
Presintered density **M7:** 9
Presintering *See also* Sintering **A7:** 674, **M7:** 9
atmosphere, effect on P/M aluminum parts **M7:** 384
growth and shrinkage during **M7:** 480
of P/M ferrous powders **M7:** 683
of stainless steels **M7:** 368
Presolidification *See also* Liquid metal processing
fundamentals of **A15:** 49–97
Prespark period
defined **A10:** 679
Press
as consolidation technique **M7:** 719–720
as noun, defined **M7:** 9
as verb, defined **M7:** 9
deflection, in tooling design **M7:** 337
sinter aid, as P/M consolidation technique **M7:** 719
sinter re-press, P/M consolidation techniques **M7:** 719
tonnage and stroke capacity, in rigid tool compaction **M7:** 325–326
tools **M7:** 9, 286, 291
Press accessories **A14:** 497
Press and sinter cycle **A20:** 341
Press and sinter process **A7:** 9, 769, 803
Press and sinter processing **A20:** 745, 747, 751
Press and snap fits **EM2:** 713–721
Press bending *See also* Bending
accurate location/form, of holes **A14:** 531–532
accurate spacing, flanges **A14:** 532
bend orientation **A14:** 524–525
bendability and selection of steels **A14:** 523
compound dies **A14:** 527
die construction **A14:** 525–527
edge bending **A14:** 529
lubrication **A14:** 528–529
minimum bend radius **A14:** 523–524
of curved flanges **A14:** 530–531
of cylindrical parts **A14:** 529
of low-carbon steel **A14:** 523–532
progressive dies **A14:** 527–528
separate dies **A14:** 528
single-operation dies **A14:** 527
springback control **A14:** 531
straight flanging **A14:** 529
transfer dies **A14:** 528
Press brake *See also* Bending brake; Press-brake forming
defined **A14:** 0
Press brakes
capacity **A14:** 534
for bar bending **A14:** 662
hybrid **A14:** 534
hydraulic **A14:** 534
length of stroke **A14:** 534
mechanical **A14:** 533–534
size **A14:** 534
vs. punch press **A14:** 543–544
Press capacity
defined **A14:** 10
Press clave
defined **EM1:** 19, **EM2:** 34
Press columns
ultrasonic inspection **A17:** 232
Press consolidation process **M7:** 7, 749
Press deflection **A7:** 352
Press, failed extrusion
EPMA-identified microconstituents in **A11:** 37
Press fits
in fatigue crack initiation **A8:** 371
Press fitting
of shafts **A11:** 459, 469–470
Press forging
and radial forging, compared **A14:** 148
defined **A14:** 10
Press forming
accuracy **A14:** 552–554
aluminum-coated steels **A14:** 561–562
and stretching, stainless steels **A14:** 764
annealed steel **A14:** 558–559
auxiliary operations **A14:** 554
blanking and piercing **A14:** 556–558
chromium-plated steels **A14:** 563–564
coated high-strength steels **A14:** 565
deburring blanks **A14:** 548
defined **A14:** 10, 504
dies **A14:** 504–507, 545–546
ferritic stainless steels **A14:** 764
galvanized steels **A14:** 560–561
high-carbon steel **A14:** 556–559
hole flanging **A14:** 559
hot forming **A14:** 554
large irregular shapes **A14:** 549
lubrication **A14:** 504–505, 545
multiple-slide forming **A14:** 559
nickel-plated steels **A14:** 563
of low-carbon steels **A14:** 545–555
of pretempered steel **A14:** 558
of ribs, beads, and bosses **A14:** 552
organic-coated steels **A14:** 564–565
presses **A14:** 545
process development **A14:** 548
process variables **A14:** 504
safety **A14:** 555
speed of **A14:** 545
stainless steels **A14:** 763–765
steel selection for **A14:** 546–547
surface finish **A14:** 547–548
tin-coated and terne-coated steels **A14:** 562–563
vs. alternative methods **A14:** 554–555
vs. swaging **A14:** 140
work metal thickness **A14:** 548–549
workpiece shape **A14:** 549
Press forming dies
cemented carbides **M3:** 492
chromium plating **M3:** 491–492
die life **M3:** 489, 491
galling resistance **M3:** 490–493
lower dies **M3:** 489, 490, 492, 493
nitriding **M3:** 491
powder metallurgy **M3:** 492
punches **M3:** 489–490
steel-bonded carbides **M3:** 493
tool materials for **A14:** 504–505
upper dies **M3:** 489, 490
wear **M3:** 489, 491
wear and life **A14:** 505–507
Press frames
types **A14:** 492–493
Press load
defined **A14:** 10
Press quenching **M4:** 66
Press roll straightening
automatic **A14:** 687–688
Press, sintered, size
costs per pound for production of steel P/M parts **A7:** 9
Press slide *See* Slide
Press station
multiple-slide machines **A14:** 567–568
Press straightening **A14:** 682–684, 690–691
Press/hammer data base **A14:** 413
Press-brake bending **A8:** 119
Press-brake forming **A14:** 533–544
aluminum alloys **A14:** 794–795
applicability **A14:** 533
defined **A14:** 533
dies and punches **A14:** 535–536
dimensional accuracy **A14:** 542–543
machine selection **A14:** 534–535
of magnesium alloys **A14:** 827
of refractory metal sheet **A14:** 786
of titanium alloys **A14:** 844
press brakes **A14:** 533–534
principles **A14:** 533
rotary bending **A14:** 538–539
safety **A14:** 544
special dies and punches **A14:** 536–538
specific shapes, procedures for **A14:** 540–541
stainless steels **A14:** 759, 762–763
tool material selection **A14:** 539–540
vs. alternative processes **A14:** 543–544
work metal variables, effects **A14:** 541–542
Pressed and sintered
costs per pound for production of steel P/M parts **A7:** 9
Pressed bar **M7:** 9
Pressed briquet XRS samples **A10:** 93
Pressed density **M7:** 9
Pressed-ceramic packages *See also* Ceramic packages
thermal performance of **EL1:** 409–410
Presses *See also* Hydraulic press; Hydraulic presses; Hydromechanical press; Mechanical presses; specific press; specific presses
accessories **A14:** 497
accumulator-drive **A14:** 32–33
accuracy of **A14:** 495
as ancillary process, ring rolling **A14:** 123
ASEA Quintus fluid forming **A14:** 614–615
ASEA Quintus rubber-pad **A14:** 608
auxiliary operations in **A14:** 554
capacity **A14:** 495–496
characteristics **A14:** 490

SUBJECTS OF THE INDEXED VOLUMES: ASM Handbook (designated by the letter "A"): **A1:** Properties and Selection: Irons, Steels, and High-Performance Alloys (1990); **A2:** Properties and Selection: Nonferrous Alloys and Special-Purpose Materials (1990); **A3:** Alloy Phase Diagrams (1992); **A4:** Heat Treating (1991); **A5:** Surface Engineering (1994); **A6:** Welding, Brazing, and Soldering (1993); **A7:** Powder Metal Technologies and Applications (1998); **A8:** Mechanical Testing (1985); **A9:** Metallography and Microstructures (1985); **A10:** Materials Characterization (1986); **A11:** Failure Analysis and Prevention (1986); **A12:** Fractography (1987); **A13:** Corrosion (1987); **A14:** Forming and Forging (1988); **A15:** Casting (1988); **A16:** Machining (1989); **A17:** Nondestructive Evaluation and Quality Control (1989); **A18:** Friction, Lubrication, and Wear Technology (1992); **A19:** Fatigue and Fracture (1996); **A20:** Materials Selection and Design (1997). **Metals Handbook, 9th Edition** (designated by the letter "M"): **M1:** Properties and Selection: Irons and Steels (1978); **M2:** Properties and Selection: Nonferrous Alloys and Pure Metals (1979); **M3:** Properties and Selection: Stainless Steels, Tool Materials, and Special-Purpose Materials (1980); **M4:** Heat Treating (1981); **M5:** Surface Cleaning, Finishing, and Coating (1982); **M6:** Welding, Brazing, and Soldering (1983); **M7:** Powder Metallurgy (1984). **Engineered Materials Handbook** (designated by the letters "EM"): **EM1:** Composites (1987); **EM2:** Engineering Plastics (1988); **EM3:** Adhesives and Sealants (1990); **EM4:** Ceramics and Glasses (1991). **Electronic Materials Handbook** (designated by the letters "EL"): **EL1:** Packaging (1989)

closed-die forging in A14: 75–82
clutches and brakes A14: 496
coil handling equipment A14: 501–502
data base A14: 413
deep drawing A14: 577–579
defined A14: 10
die cushions A14: 497–499
die, or dieing machines A14: 502
direct drive A14: 32
direct-electric-drive A14: 33–34
double-action A14: 495
drive mechanisms A14: 31–33
eccentric one-point A14: 40
eccentric two-point A14: 40
feed mechanisms A14: 499–500
flexible-die forming A14: 503
fluid-forming, for deep drawing A14: 587
for blanking A14: 445–447, 451, 477
for coining A14: 180–181
for cold extrusion A14: 308
for fine-edge blanking and piercing . . A14: 473–474, 502
for forging A14: 25, 29–31
for high production A14: 502–503
for hot extrusion A14: 319–320
for open-die forging A14: 64
for piercing A14: 463–464, 477
for press forming A14: 545
for stainless steels A14: 227
frame types A14: 492–493
friction drive A14: 33
Guerin process A14: 605
hot forging in A14: 36
hydraulic A14: 31–33, 490–491
identification A14: 489
mechanical A14: 29–31, 34, 489–490, 492–497
mechanical vs. hydraulic A14: 492
mechanical/screw A14: 34
motor selection A14: 496
multiple-ram A14: 35
multiple-slide A14: 502
safety of A14: 503
screw A14: 33–35
selection of A14: 491–492
sheet metal forming A8: 547, A14: 489–499
slide actuation in A14: 493–495
slides, number of A14: 495
speed, deep drawing A14: 582–583
straightening in A14: 682–684
transfer A14: 501–502
triple-action A14: 495
unloading A14: 500–501
Verson hydroform process A14: 612
Verson-Wheelon process A14: 609
vertical, die and die materials for A14: 43–58
wedge A14: 40
Presses and tooling for powder metallurgy A7: 343–354
Presses, P/M M7: 329–338
cam-driven M7: 330
eccentric-driven M7: 330, 331
factors affecting dimensional change M7: 291
for hot pressing M7: 502
for secondary pressing operations M7: 338
hydraulic M7: 330–332
mechanical M7: 329–330
production M7: 329–332
stroke capacity M7: 325
types of M7: 334–335
Press-fit inserts
in magnesium alloy parts A2: 466–467
Press-fit interface
by liquid penetrant inspection A17: 86
Press-fit pin process
for mother boards EL1: 117
Pressing *See also* Compact
as noun, defined M7: 9
as verb, defined M7: 9
crack M7: 9
factors influencing dimensional change M7: 291
in ceramics processing classification scheme A20: 698
in powder metallurgy processes classification scheme A20: 694
in rigid dies M7: 297, 298
manufacturing process A20: 247
of blended elemental Ti-6Al-4V A2: 649
of powders, for structural ceramics A2: 1020
skin M7: 9
tools M7: 9, 286, 291
viscoelastic properties required EM4: 116
Pressing and sintering (P/M)
compatibility with various materials A20: 247
rating of characteristics A20: 299
Pressing tools M7: 9, 286, 291
Press-ready mixes A7: 106
Press-sinter-extrude
of electrical contact composite materials . . . A2: 857
Press-sinter-extrude method
electrical contact materials A7: 1028
Press-sintering *See also* Sintering
electrical contact materials A7: 1028
of composite electrical contact materials A2: 856–857
Press-sinter-repress method
electrical contact materials A7: 1028
Press-type resistance welding machines M6: 484
Pressure *See also* Pressure die casting; Pressure systems; Pressure testing; Vapor pressure A20: 282
abbreviation A8: 724
and density M7: 298–300, 449, 538
and green density M7: 298, 299
and leakage measurement A17: 57–59
and powder flow direction M7: 300
and relative density M7: 298–300
appearance effect, aluminum alloy A15: 459
appearance effect, copper alloys A15: 467
aqueous corrosion testing, laboratory A13: 226–227
as mechanism of hydrogen embrittlement A19: 185
assisted sintering M7: 309
average according to Hertzian contact theory A18: 40
balance by contained argon M7: 434
behavior of metal powders under M7: 297–304
blankholders, for magnesium alloys A14: 828
bonding M7: 9
capacities, hot extrusion A14: 319
capacities, hot upset forging A14: 83
clamping defined *See* Clamping pressure
compacting, beryllium powders M7: 171
control, autoclave EM1: 704
controlled in gas mass spectrometer . . A10: 151–152
duration, squeeze casting A15: 324
effects, kinetics gaseous corrosion A13: 70
effects on electrical conductivity M7: 608, 610
effects, produced fluids A13: 479
extrusion A14: 312
flow under, in injection molding EM1: 164–167
fluid, conversion factors A8: 722, A10: 686
fluid hydrostatic EM1: 755–757
for hot extrusion A14: 322–323
for magnesium alloy forgings A14: 260
for tungsten forging A14: 238
forging and ejection, at part full-density . . . M7: 417
forging, and ejection force, powder forged parts A14: 193
forging, die temperature effects A14: 153
forging, low-carbon steel A14: 217
forging, prediction, closed-die forging . . A14: 79–80
forging, vs. temperature A14: 216
friction during metal forming A18: 59, 60
gradient, infiltration M7: 552–553
head, and change, in gating systems A15: 592
high, electroslag remelting under A15: 405
hot forming, nickel-base alloys A14: 262
hydrodynamic, in liquid-erosion failures A11: 163–171
impact extrusion A14: 312
in chemical cleaning A13: 1142
in erosion/cavitation testing A13: 312–313
in gating systems A15: 593–594
in hot pressing M7: 504
in hydrostatic extrusion A14: 327
in stress-corrosion cracking A13: 147
intensifier, defined *See* Pressure intensifier
laminate, test tool for EM1: 756
levels, squeeze casting A15: 324
limit, electromagnetic forming A14: 646
low static, liquid erosion in A11: 167
mean free path A17: 59
measurement in HIP units M7: 423
metal, vs. metal flow, die casting A15: 292
mold effects A15: 346
of abrasive waterjet cutting A14: 752
of nonmetallic inclusions, in steel A11: 70
peak, and explosivity M7: 196
physical chemistry principles A15: 50–52
ports, in hydraulic torsional system A8: 216
profiling, superplastic metals A14: 866–867
proof, defined *See* under Proof pressure
rate increase, and explosivity M7: 196
roll A14: 344–345
SI unit/symbol for A8: 721
sintering M7: 9, 501, 800
straightening, control of A14: 690
stress, SI derived unit and symbol for A10: 685
stressing, for optical holographic interferometry A17: 410
structural changes as function of A10: 420
temperature effects, magnesium alloys A14: 260
testing, acidified chloride solutions A8: 418
testing, back pressuring as A17: 65
theory, hydrogen damage A13: 164
thermodynamic, solidification effect A15: 84
time trace, iron powder explosion M7: 197
transducers A8: 368, 613–614
uniform M7: 300
vs. temperature, heat-resistant alloys A14: 233
vs. upset reduction, stainless steels . . . A14: 223–224
waveform, electromagnetic forming A14: 652
Pressure and vacuum testing
soldered joints A6: 982
Pressure bag molding EM3: 23
defined EM1: 19, EM2: 34
Pressure bags
for epoxy composites EM1: 71
Pressure balance A7: 613
Pressure bar A8: 200–202
Pressure bonding *See* Diffusion welding
Pressure break
defined EM2: 34
Pressure bubble plug-assist vacuum thermoforming EM2: 401
Pressure calcintering EM4: 300
Pressure casting A7: 424–425, A20: 788, 789, EM4: 34
evaluation factors for ceramic forming methods A20: 790
Pressure coefficients of resistance
electrical resistance alloys A2: 824
Pressure compacting
disadvantages A7: 420
Pressure component A7: 336
Pressure components
steam-generator failures in A11: 603
Pressure contacts
as chip interconnect EL1: 232–233
Pressure correction factor A7: 29
Pressure densification EM4: 242, 296–301
techniques EM4: 296, 297–301
conditions EM4: 298
gas pressure sintering . . . EM4: 298, 299–300, 301
hot forging EM4: 300, 301
hot isostatic pressing . . . EM4: 298, 299, 300, 301
hot pressing EM4: 297–299
modified techniques EM4: 300–301
parameters EM4: 298
press forging EM4: 300
pressure calcintering EM4: 300
reactive hot pressing EM4: 300
superplasticity EM4: 300–301
uniaxial hot pressing EM4: 297–299, 301
theory EM4: 296, 297
deformation maps EM4: 297
dislocation creep EM4: 296
Pressure die casting *See also* Centrifugal casting; Cold chamber pressure casting; Die casting; Injection molding; Squeeze casting
attributes A20: 248
manufacturing process A20: 247
of metal-matrix composites A15: 845
rating of characteristics A20: 299
Pressure die castings
aluminum and aluminum alloys A2: 5
zinc alloy A2: 528–529
Pressure dies
for bending A14: 666
Pressure dispensing
in surface-mount soldering EL1: 699
Pressure drop A7: 369, 370

Pressure forming
defined **EM2:** 34
Pressure gage
in stress-relaxation compression tester **A8:** 325
Pressure gas welding
definition **M6:** 13
Pressure gas welding (PGW)
definition **A6:** 1212
Pressure generators **A7:** 384
Pressure granulation methods **EM4:** 100
Pressure intensifier **EM3:** 23
defined **EM1:** 19, **EM2:** 34
Pressure lubrication
defined **A18:** 15
Pressure, maximum **A7:** 576
Pressure mechanism **A19:** 186
Pressure, molding *See* Molding pressure
Pressure on clamped specimens **A9:** 28
Pressure pad *See* Hold-down plate
Pressure pipe **M1:** 315, 321, 324, 325
Pressure piping
codes governing **M6:** 824
ultrasonic inspection **A17:** 232
Pressure plate
defined **A14:** 10
Pressure plating **A18:** 843
Pressure reduction technique **EM3:** 762
Pressure regulators
oxyfuel gas welding **M6:** 584–585
Pressure, relative **A7:** 275
Pressure required to plastically deform a compact **A7:** 332
Pressure requirements for thermoplastic mounting **A9:** 30
Pressure, saturation *See also* Saturation pressure **A7:** 275
Pressure sintering *See* Hot pressing
Pressure steel tubes **A1:** 327, 333–334
Pressure systems
leak testing, without tracer gases **A17:** 59–61
visual leak testing of **A17:** 66
Pressure terminations
flexible printed boards **EL1:** 591
Pressure testing **A15:** 264, 557, **A19:** 207
of aluminum alloy castings **A17:** 534
of brazed assemblies **A17:** 604
of powder metallurgy parts **A17:** 545–547
of soldered joints **A17:** 606
Pressure theory **A19:** 488
Pressure thermit welding **M6:** 694
Pressure thermoforming
characteristics of polymer manufacturing process **A20:** 700
Pressure tightness
gray cast iron **M1:** 21–22
in gray iron **A1:** 22–23
Pressure tightness tests
for investment castings **A15:** 264
Pressure transducers **A8:** 368, 613–614
Pressure tubes **M1:** 316, 321, 323, 324, 325
Pressure tubing *See* Steel tubular products
Pressure vessel
and low-cycle fatigue **A8:** 347
autoclave **EM1:** 645
field, for multiaxial testing **A8:** 344
nuclear, design code **A8:** 263–264
steel plate, changes Charpy V-notch properties for **A8:** 262
Pressure vessel plate **A1:** 234–235, 236, 237
Pressure vessel quality steel plate
ASTM specifications **M1:** 183–184
compositions **M1:** 185–187, 189
mechanical properties **M1:** 192–193, 195–196
Pressure vessels *See also* Boilers; Pressure vessels, failures of; Weldments; Weld(s) . . . **A6:** 377–381, **A13:** 1064, 1076, 1083, 1088–1089, **M7:** 419–420, 445
acoustic emission inspection . . . **A17:** 290, 291, 642, 654–656
carbon steel, with stainless steel liner cracked **A11:** 656
codes governing **M6:** 823
codes, inspection methods **A17:** 641–644
deep drawing of **A14:** 587
eddy current inspection **A17:** 642
failed, fracture path of **A11:** 665
failures, statistical summary **A11:** 644
for cold isostatic pressing **A7:** 383–384
formulas **EM2:** 653–654
head, failures of **A11:** 644
head forgings **A14:** 71
hydrogen sulfide SCC in **A11:** 426
image systems **A17:** 654
in-service quantitative evaluation **A17:** 653–654
inspection during fabrication **A17:** 645–646
joining processes **M6:** 56
liquid penetrant inspection **A17:** 642
low-carbon, failure from caustic embrittlement by potassium hydroxide **A11:** 658–660
magnetic paint inspected **A17:** 128
magnetic particle inspection **A17:** 642
plates, forgings, tubes, inspection of . . **A17:** 644–645
radiographic inspection **A17:** 641–642, 647–649
replication microscopy **A17:** 642–644
shell, failures of **A11:** 644
standards for explosion welding **M6:** 711
thick-wall alloy steel, failure by weld HAZ cracks **A11:** 650–652
titanium alloy, brittle tensile fracture in . . . **A11:** 77
ultrasonic inspection **A17:** 649–653
visual inspection **A17:** 47
Pressure vessels, design of **A7:** 590–591, 592, 593
Pressure vessels, failures of **A11:** 643–669
analysis, procedures for **A11:** 643–644
brittle fractures in **A11:** 663–666
creep and stress rupture in **A11:** 666–668
ductile fractures in **A11:** 666
fabrication practices, effects of **A11:** 646–654
fatigue in **A11:** 668–669
hydrogen embrittlement in **A11:** 661–663
metallurgical discontinuities, effects of **A11:** 646
of composite materials **A11:** 654–656
stress-corrosion cracking in **A11:** 656–661
unsuitable alloys, effects of **A11:** 644–646
Pressure wave method molding machines
green sand molding **A15:** 343
Pressure welding *See also* Forge welding
aluminum alloys **A6:** 739
in joining processes classification scheme **A20:** 697
Pressure welding processes
applications **EL1:** 238
Pressure-assisted reactive sintering **A7:** 520–521
Pressure-assisted sintering **A7:** 438, **EM4:** 288
Pressure-assisted sintering (PAS)
vs. hot isostatic pressing **A7:** 606–607
Pressure-containing parts
cast steels for **M1:** 379
Pressure-controlled welding
definition **A6:** 1212, **M6:** 13
Pressure-feed powder flame spraying system **M5:** 540
Pressure-impregnation-carbonization (PIC) *See also* Hot isostatic press (HIP)
defined **EM1:** 19
Pressure-induced phase transformations
XRPD analysis **A10:** 333
Pressureless densification **EM4:** 242
Pressureless sintering **M7:** 9
alumina **EM4:** 516
ceramics **A7:** 509, 510
TTZ **EM4:** 512
ultrafine and nanocrystalline powder **A7:** 504–506, 509
versus densification, parameters **EM4:** 296
Pressureless-sintered silicon nitride
joining non-oxide ceramics **EM4:** 526, 527–528
Pressure-saturation **EM3:** 23
Pressure-sensitive adhesive
defined **EM1:** 19, **EM2:** 34
Pressure-sensitive adhesive (PSA) . . . **EM3:** 23, 40, 74, 76
additives **EM3:** 83
advantages and limitations **EM3:** 75
applications **EM3:** 83–84
automotive applications **EM3:** 83, 84
bonding substrates and applications **EM3:** 85
characteristics **EM3:** 74, 83
chemical families **EM3:** 84–86
construction applications **EM3:** 83, 84
for corrosion protection **EM3:** 83, 84
for electrical applications **EM3:** 83, 84
for health care tapes **EM3:** 47
for hospital/first aid applications **EM3:** 83, 84
for labels **EM3:** 84
for office/graphic arts applications **EM3:** 83, 84
for packaging **EM3:** 47, 83, 84
for surface-mount technology bonding . . . **EM3:** 570
for tapes **EM3:** 84
industrial applications **EM3:** 47
markets **EM3:** 47, 83
methods of application **EM3:** 47
properties **EM3:** 82–83
providing faster processing cycles **EM3:** 143
shelf life **EM3:** 84
silicone-base **EM3:** 85
suppliers **EM3:** 86
tapes and labels, as consumer products . . . **EM3:** 47
Pressure-sensitive bar **A20:** 143
Pressure-shear plate impact testing
anvil plate preparation **A8:** 234–235
basic concepts **A8:** 231–233
experimental record interpretation **A8:** 234–236
experimental results **A8:** 236–238
flyer plate **A8:** 231–232, 234–235
for stress-strain curves **A8:** 230–238
high strain rate **A8:** 187, 231–232
hydrostatic pressure **A8:** 237
normal stress-particle velocity **A8:** 232
plate impact facility **A8:** 233–234
requirements **A8:** 231
shear waves **A8:** 231
specimens **A8:** 230–232, 234, 237
Pressure-shear waves **A8:** 231
Pressure-temperature diagram
diamond and graphite **A2:** 1009
water **EL1:** 244
Pressure-temperature phase diagrams . . . . **A3:** 1•2
Pressure-velocity factor, gears **A19:** 345
Pressure-vessel applications
steel plate for **M1:** 181–184
Pressure-viscosity coefficient **A18:** 79, 539, 540
defined **A18:** 15
nomenclature for lubrication regimes **A18:** 90
symbol and units **A18:** 544
Pressurization stresses **A19:** 579
Pressurized furnaces
to steam treat P/M steels **A7:** 13
Pressurized gas lubrication
defined **A18:** 15
Pressurized loop **A8:** 411
Pressurized lubricating systems
failure of **A11:** 153
Pressurized water
chamber for fatigue crack growth testing . . **A8:** 427, 429
reactor **A8:** 423–424
Pressurized water reactors . . **A13:** 927, 937, 940, 948, 951
Preston equation **EM4:** 468, 469
Prestressed concrete
wire for **A1:** 283, **M1:** 264
Prestressing **A19:** 365, 366
effects on maraging steels **A11:** 218
Prestressing structures
corrosion of **A13:** 1310
Prestretching
effect on fatigue strength **A11:** 112

SUBJECTS OF THE INDEXED VOLUMES: ASM Handbook (designated by the letter "A"): **A1:** Properties and Selection: Irons, Steels, and High-Performance Alloys (1990); **A2:** Properties and Selection: Nonferrous Alloys and Special-Purpose Materials (1990); **A3:** Alloy Phase Diagrams (1992); **A4:** Heat Treating (1991); **A5:** Surface Engineering (1994); **A6:** Welding, Brazing, and Soldering (1993); **A7:** Powder Metal Technologies and Applications (1998); **A8:** Mechanical Testing (1985); **A9:** Metallography and Microstructures (1985); **A10:** Materials Characterization (1986); **A11:** Failure Analysis and Prevention (1986); **A12:** Fractography (1987); **A13:** Corrosion (1987); **A14:** Forming and Forging (1988); **A15:** Casting (1988); **A16:** Machining (1989); **A17:** Nondestructive Evaluation and Quality Control (1989); **A18:** Friction, Lubrication, and Wear Technology (1992); **A19:** Fatigue and Fracture (1996); **A20:** Materials Selection and Design (1997). **Metals Handbook, 9th Edition** (designated by the letter "M"): **M1:** Properties and Selection: Irons and Steels (1978); **M2:** Properties and Selection: Nonferrous Alloys and Pure Metals (1979); **M3:** Properties and Selection: Stainless Steels, Tool Materials, and Special-Purpose Materials (1980); **M4:** Heat Treating (1981); **M5:** Surface Cleaning, Finishing, and Coating (1982); **M6:** Welding, Brazing, and Soldering (1983); **M7:** Powder Metallurgy (1984). **Engineered Materials Handbook** (designated by the letters "EM"): **EM1:** Composites (1987); **EM2:** Engineering Plastics (1988); **EM3:** Adhesives and Sealants (1990); **EM4:** Ceramics and Glasses (1991). **Electronic Materials Handbook** (designated by the letters "EL"): **EL1:** Packaging (1989)

Pretempered steels *See also* Temper; Tempering press forming of ....A14: 558 Pretension ....A19: 289 Pretinning definition ....A6: 1212 Pretreating hot dip galvanized coating ....A20: 471 Pretreatment metal molds ....A15: 303–304 Prevention *See also* Corrosion prevention airframe corrosion...............A13: 1035–1036 filiform corrosion.................A13: 107–108 intergranular corrosion, austenitic stainless steels...............................A13: 124 of cold-formed parts failures ....A11: 308–313 of crevice corrosion................A13: 112–113 of erosion damage..................A11: 170–171 of hydrogen damage ....A11: 250–251 of lubricant failures ....A11: 154 Prewash stations liquid penetrant inspection...............A17: 78 Preweighed, packaged kits .. EM3: 687, 688, 689–690 advantages ....EM3: 690 barrier- and injection-style kits .....EM3: 689, 690 divider bags (hinge pack)..........EM3: 687, 689 side-by-side (dual) syringes ....EM3: 687, 689 side-by-side, static mix systems ....EM3: 688, 689–690 Preweld and postweld heat treatments, effect of on weldability.........................A1: 606 Preweld heat treatment friction welding and.....................A6: 152 Preweld interval definition ....M6: 14 Price *See also* Costs and density estimates, hybrids ......EL1: 250–252 Prices *See also* Cost(s); Pricing quoting.............................EM2: 86–87 Pricing *See also* Cost(s) acrylonitrile-butadiene-styrenes (ABS) ....EM2: 109–110 of parts ....EM2: 83–85 Pricing history *See also* Cost(s) of bismuth.............................A2: 754 of indium..............................A2: 751 Primacord for explosive forming detonation ....A14: 636 Primary Adhesively Bonded Structure Technology program (PABST) ....EM3: 44, 523–524, 558 Primary alloy *See also* Secondary alloy defined...............................A15: 9 Primary alpha defined.................................A9: 14 Primary austenite in cast iron ....A15: 173–174 Primary boiling definition..............................A5: 964 Primary bone grafting for unstable internal fixation ....A11: 673 Primary constituent ....A3: 1*20 Primary cracks opening ....A12: 77 Primary creep *See also* Creep ....A20: 573, 574 defined ....A8: 308, A11: 8, A12: 19 in elevated-temperature failures..........A11: 263 Primary creep zone....................A19: 508, 510 Primary crystals defined.................................A9: 14 Primary current distribution defined.................................A13: 10 Primary dendrite arm spacing and secondary dendrite arm spacing as a function of distance from chill surface........A9: 626 as an indicator of growth conditions in steel..................................A9: 625 defined.................................A9: 624 Primary electrons as x-ray source ....A17: 305 Primary etching defined.................................A9: 14 Primary excitation *See also* Excitation AES, electron beams for ....A10: 550 Primary extinction as XRPD source of error ....A10: 341 defined.................................A9: 14 effect, in dynamic theory of diffraction A10: 366–367

Primary fabrication *See also* Fabrication; Fabrication characteristics; Secondary fabrication hafnium.............................A2: 662–664 metal-matrix composites.................A2: 903 wrought titanium alloys ....A2: 609–611 zirconium ....A2: 662–664 Primary ferrite (PF)..........................A6: 76 grain boundary ferrite ....A6: 76 intragranular polygonal ferrite ....A6: 76 Primary forging and ingot breakdown ....A14: 222–223 Primary graphite in cast iron ....A15: 174 Primary ion bombardment effects of ....A10: 611 Primary knock-on atom (PKA).......A18: 851, 852 Primary leakage defined.................................A18: 15 Primary metastable precipitation of beta ....A15: 128 Primary mills ....M1: 110, 114 Primary molding operations costs ....EM2: 84–85 Primary nucleation........................EM3: 23 defined.................................EM2: 34 Primary oxide compounds for high-temperature superconductors ....A2: 1085–1086 Primary passivation potential................A7: 988 Primary passive potential (passivation potential) defined.................................A13: 10 Primary phase alloying.................................A13: 46 Primary phases cast iron, austenite ....A15: 173–174 cast iron, graphite ....A15: 174 Primary plastic deformation..........A19: 124–125 Primary purification reaction ....A1: 986–987 Primary recrystallization *See also* Recrystallization effect on crystallographic texture..........A9: 700 Primary shear angle ....A18: 610, 611 Primary shear zone ....A18: 609, 610, 611 Primary silicon particles aluminum-silicon alloys ....A15: 165–166 Primary standard dosimetry system.........EM3: 23 defined.................................EM2: 34 Primary standards assay by electrometric titration ....A10: 202 Primary testing direction for alloy systems.........................A8: 667 long transverse ....A8: 672 Primary (x-ray) defined.................................A9: 14 Primary x-rays *See also* X-rays defined.................................A10: 679 Primary-beam transmitted electrons ....A18: 377 Prime Western zinc *See* Zinc, specific types, Prime Western Primer *See also* Adhesion promoter; Paint and painting characteristics and properties ...M5: 472, 475–477, 499–500 corrosion prevention with ....M5: 432 defined ....EM1: 19, EM2: 34 definition..............................A5: 964 magnesium alloys, types used ...M5: 629, 647–648 stripping of..............................M5: 19 Primer cup plate spalled surface ....A11: 566–567 Primer(s) *See also* Paint ...A13: 10, 912–914, 1015, EM3: 23, 42, 51–52, 254–258, 640–641 aerospace industry applications ....EM3: 255 automotive industry applications........EM3: 255 blackout for urethanes ....EM3: 554–555 cast irons ....M1: 105 chromic acid anodization ....EM3: 261 coating system selection ....EM3: 640–641 combined with coupling agent......EM3: 256–257 corrosion inhibitive compound for identification ....EM3: 249 corrosion-inhibiting adhesive (CIAPs) ....EM3: 807–808, 817, 819 cracked-lap-shear (CLS) specimens .....EM3: 450 definition..............................EM3: 39 electrodeposition of EM3: 254

enhances cohesive bond strength to grit-blasted composite surfaces ....EM3: 841 epoxies and ....EM3: 101 examples ....EM3: 256 failure...................................EM3: 640 for acetal copolymer ....EM3: 278 for bonding urethane windshield sealant to metal...............................EM3: 204 for epoxy resins ....EM3: 277 for glass ....EM3: 281–282, 283 for missile radome-bonded joints ......EM3: 564 for nylons ....EM3: 278 for plastics..............................EM3: 277 for polyether silicones...........EM3: 229, 231 for urethanes ....EM3: 112, 206, 207 formulation ....EM3: 640 function ....EM3: 640 moisture effect ....EM3: 640–641 noncorrosion-inhibiting.................EM3: 808 polyurethane filoform corrosion-resistant ....EM3: 808, 819 polyurethane, providing environmental durability............................EM3: 809 preprimed steel sheet...............M1: 169, 175 properties...............................EM3: 256 suppliers................................EM3: 802 surface preparation for processing quality control ....EM3: 738 to improve wet strength durability.. EM3: 625–626 top coats ....EM3: 640–641 types....................................EM3: 640 used in aircraft interior assembly ....EM3: 44 used with latexes ....EM3: 212 used with silicones (RTV)..............EM3: 218 Primes definition..............................A5: 964 Primitive space lattice ....A3: 1*15 Primitive-variable form of the in compressible flow equations ....A20: 188 Principal moments.........................A20: 284 Principal of independent action (PIA) model ....A20: 625, 628, 633, 634, 635 Principal strain and principal stress, coincidence of ......A8: 343 in ductility bending tests ....A8: 127 Principal stress and creep/creep rupture ....A8: 343 and principal strain, coincidence of ......A8: 343 biaxial....................................A8: 10 defined ....A8: 10, A11: 8 in ductility bending tests ....A8: 127 triaxial ....A8: 10 uniaxial ....A8: 10 Principal stress (normal) defined.............................A13: 10–11 Principal stresses and stress distribution....................A10: 382 Principal structural element (PSE) ....A19: 560, 567, 571, 572, 574 Principal tensile stress applied to the continuum element ....A20: 624 Principio Furnace and Forge Company (Maryland) ....A15: 25 Principio furnaces illustrated.................................A15: 25 Principle of independent action (PIA) theory ....EM4: 700–703, 707 Principle radii of curvature.................A7: 449 Principles of liquid metal processing................A15: 49 of physical chemistry.................A15: 50–54 of solidification ....A15: 99–185 of superconductivity ....A2: 1030–1042 Principles of Powder Metallurgy (Jones) ....M7: 18 Print applications screen and stencil ...EL1: 652–653 Print contrast effect of photographic paper on ....A9: 85–87 Print resolution solder paste.............................EL1: 732 Printed board assembly defined.................................EL1: 1154 Printed board circuit abbreviation ....A8: 725 Printed board coupon metallographic evaluation ....EL1: 572–577 Printed board material systems EM3: 592

Printed board(s)
configurations, and rework **EL1:** 711–712
defined **EL1:** 1153–1154
failure analysis. **EL1:** 1038–1040
parylene coating application **EL1:** 797–798
Printed circuit board *See also* Circuit board; Printed wiring board
abbreviation for **A11:** 797
defined **EM1:** 19
Printed circuit board laminates
PCD tooling **A16:** 110
Printed circuit board layout
choice of board material, outline, and number of layers **A20:** 207
placement of components **A20:** 207
routing of conductors **A20:** 207
simulation **A20:** 208
systems interconnected with wire and cable **A20:** 207–208
Printed circuit boards
waterjet machining **A16:** 522, 523, 525
Printed circuit boards (PCBs) **A20:** 140
laser-beam welding **A6:** 263
Printed circuit technologies
development **EL1:** 89
Printed circuits
powders used **M7:** 573
shorts risk sites, identified **EL1:** 127
soldering **A6:** 631
vs. conventional wiring **EL1:** 505
Printed circuits (radio and television)
powders used **M7:** 574
Printed wiring
defined **EL1:** 1154
substrates **EL1:** 15
Printed wiring assembly (PWA)
coefficient of thermal expansion, control of **EL1:** 77
complexities, and through-hole soldering **EL1:** 685–686
cure types **EL1:** 764–765
high-frequency digital systems **EL1:** 76
radiation curing of conformal coatings . . . **EL1:** 854
solder joint inspection **EL1:** 735
Printed wiring board **EM2:** 34, 232–234
Printed wiring board (PWB) **A6:** 132, 134–136
printed wiring board (PWB) technology
current capabilities/limitations **EL1:** 507–512
etching **EL1:** 511
imaging **EL1:** 508–510
laminating **EL1:** 510
machining **EL1:** 508
plating **EL1:** 510–511
PWB development **EL1:** 507
PWB technological capabilities **EL1:** 508–511
Printed wiring boards **A13:** 1120
Printed wiring boards (PWBS) *See also* Ceramic printed wiring boards; Flexible printed wiring boards; Printed boards; Printed circuits; Printed wiring assembly (PWA); Printed wiring board (PWB) manufacture; Printed wiring board (PWB) technology; Rigid printed wiring boards **A5:** 313–314, 316, 318, 320–321, **A20:** 617, **EM3:** 23, 588–591
advantages **EL1:** 7
air-cooled integral heat exchanger on . . . **EL1:** 54–55
application, and design **EL1:** 516–517
area **EL1:** 20
assembly failures, types **EL1:** 943–944
assembly requirements, preservatives **EL1:** 562
ceramic, circuit construction **EL1:** 387
cleaning, for conformal coatings **EL1:** 763, 776–777
cleaning process, flow chart **EL1:** 777
complexity **EL1:** 551–552
component attachment **EL1:** 388
computer-aided design **EL1:** 527–533
conduction enhanced circuit pack **EL1:** 47
conductive polymer interconnection for . . . **EL1:** 16
conductor traces/ground-base radar system, corroded **EL1:** 1109–1110
conformal coatings/encapsulants for. . **EL1:** 759–761
connections **EL1:** 311
constrained fiber **EL1:** 984
construction, aramid fibers **EL1:** 616–617
construction, polymer-on-metal **EL1:** 620–622
construction, quartz fabric **EL1:** 619
cooling **EL1:** 47
defined **EL1:** 1154
design of **EL1:** 505, 513–526
development **EL1:** 513
dielectric materials for **EL1:** 597–610
dual-in-line packages, failure analysis. . . . **EL1:** 1109
electrical configurations typical **EL1:** 597–598
electronic/electrical corrosion failure analysis of **EL1:** 1109–1110
engineering design system for **EL1:** 127
environmental stress screening **EL1:** 878
environmental testing of **EL1:** 944
example (spreadsheet) **EL1:** 609
failure analysis **EL1:** 1038–1040
failure mechanisms in **EL1:** 1018–1030
fiberglass-epoxy, silicone conformal coatings for **EL1:** 822–824
flexible/rigid **EL1:** 505–506
flux contamination, failure analysis **EL1:** 1109
flux on board components, failure analysis **EL1:** 1110
functional densities **EL1:** 505
future design **EL1:** 506
geometrical structures, design of **EL1:** 40–41
heat sinks in **EL1:** 1129–1131
high-speed **EL1:** 608–609
instrumentation/testing **EL1:** 365
introduction **EL1:** 505–506
layout, by computer-aided design **EL1:** 528
lines-and-spaces reduction **EL1:** 253
manufacturability **EL1:** 608–609
manufacture, quality control in **EL1:** 505, 539, 608–609, 869–874
material properties **EL1:** 869
multilayer, design requirements **EL1:** 516
patent drawing **EL1:** 507
physical test methods **EL1:** 941–945
polymer matrix composite **EL1:** 1117–1118
precleaning **EL1:** 776–777
rigid, fabrication of **EL1:** 538–552
routing **EL1:** 115
solder masks **EL1:** 553–560
structures, analyses of **EL1:** 81–82
test methods **EL1:** 869, 941–945
thermal expansion mismatch **EL1:** 611
thermal stresses in **EL1:** 62
water-soluble flux, corrosion from **EL1:** 1110
with through-hole and surface-mount technologies **EL1:** 670
printed wiring boards (PWBS) manufacture
core processes **EL1:** 869–872
defect verification process **EL1:** 872–874
electroless copper plating **EL1:** 870
electrolytic copper plating **EL1:** 871–872
etching **EL1:** 872
low-CTE metal planes **EL1:** 627
photoprinting process **EL1:** 870–871
primary plated through-hole drilling **EL1:** 869–870
raw materials **EL1:** 869
Printed wiring laminate materials **A6:** 133
Printer hammer guide assembly **M7:** 669
Printers
for digital image enhancement **A17:** 462–463
Printing *See also* Phosphorus printing; Sulfur printing
as multilayer inner layer process **EL1:** 542
conductor resistor, and via filling. . . . **EL1:** 463–464
defined **A9:** 14
in thick-film process **EL1:** 332
of photomicroscopy films **A9:** 85
postfired, ceramic packages **EL1:** 466
Printing inks **A7:** 1087, 1088
aluminum flake for **M7:** 594–595
copper and gold bronze pigments for **M7:** 595
of copper-based powder metals **M7:** 734
Printing, magnetic *See* Magnetic printing
Printing wheels
for high-speed printing equipment **M7:** 669
Priopionaldehyde
physical properties **EM3:** 104
Prior art
in NDE reliability **A17:** 674
Prior particle boundaries (PPBs) **A7:** 131
Prior particle boundary (PPB) problem, superalloy powders **A7:** 999, 1000
Prior-austenite grain boundaries
precipitation at **A19:** 13
Prior-austenite grain size **A20:** 364, 365
Prior-beta grain size
defined **A9:** 14
Prior-particle boundary (PPB) contamination **A19:** 28
Prism
defined **A10:** 679
Prismatic bar
torsion testing of **A8:** 139–141
Pristine strength
glass fiber **EM1:** 46
Private costs **A20:** 257
Probabilistic design **A20:** 91–92
Probabilistic design of ceramic components, NASA/ CARES computer program **EM4:** 700–707
applications in industry **EM4:** 707
capability of program **EM4:** 700–702
code **EM4:** 700
cyclic symmetry of modeling **EM4:** 702
definition of CARES **EM4:** 700
description of program **EM4:** 700–702
design methodology **EM4:** 700
functions of program **EM4:** 700
input requirements **EM4:** 702
input categories **EM4:** 702
keyword driven **EM4:** 702
TEMPLET INP file **EM4:** 702
output information **EM4:** 702
corresponding element numbers **EM4:** 702
probability of failure and survival **EM4:** 702
reliability evaluation **EM4:** 702
risk-of-rupture intensity values **EM4:** 702
significance levels **EM4:** 702
PC-based version **EM4:** 700
reliability of components **EM4:** 701–702
theory **EM4:** 703–707
Probabilistic estimates **A20:** 124–125
Probabilistic fracture mechanics
for prediction of crack size distributions . . . **A8:** 683
Probabilistic sampling **A7:** 235
Probabilities of fracture **A19:** 304, 305, 306, 310, 312
Probability *See also* Probability of detection (POD); Reliability prediction; Statistical methods
and confidence values, unknown distribution **A8:** 666
and statistics **A8:** 624
conditional, in NDE discrimination **A17:** 675
curves, fatigue fracture **A8:** 253
defined **A8:** 624
density function **A8:** 624–625, 628–634
introduction to **EL1:** 895–896
of failure **A8:** 627, 705
of false alarms (POFA) **A17:** 676
Probability, cumulative **A20:** 82
Probability density distribution
for NDE reliability **A17:** 675–676
Probability density function
defined **A8:** 629
exponential distribution **A8:** 634–635
histogram of tensile yield strength with **A8:** 628
log normal distribution **A8:** 629, 630–631, 632
normal distribution **A8:** 629
normal, graph of. **A8:** 629
of statistical distributions **A8:** 628–629

SUBJECTS OF THE INDEXED VOLUMES: ASM Handbook (designated by the letter "A"): **A1:** Properties and Selection: Irons, Steels, and High-Performance Alloys (1990); **A2:** Properties and Selection: Nonferrous Alloys and Special-Purpose Materials (1990); **A3:** Alloy Phase Diagrams (1992); **A4:** Heat Treating (1991); **A5:** Surface Engineering (1994); **A6:** Welding, Brazing, and Soldering (1993); **A7:** Powder Metal Technologies and Applications (1998); **A8:** Mechanical Testing (1985); **A9:** Metallography and Microstructures (1985); **A10:** Materials Characterization (1986); **A11:** Failure Analysis and Prevention (1986); **A12:** Fractography (1987); **A13:** Corrosion (1987); **A14:** Forming and Forging (1988); **A15:** Casting (1988); **A16:** Machining (1989); **A17:** Nondestructive Evaluation and Quality Control (1989); **A18:** Friction, Lubrication, and Wear Technology (1992); **A19:** Fatigue and Fracture (1996); **A20:** Materials Selection and Design (1997). **Metals Handbook, 9th Edition** (designated by the letter "M"): **M1:** Properties and Selection: Irons and Steels (1978); **M2:** Properties and Selection: Nonferrous Alloys and Pure Metals (1979); **M3:** Properties and Selection: Stainless Steels, Tool Materials, and Special-Purpose Materials (1980); **M4:** Heat Treating (1981); **M5:** Surface Cleaning, Finishing, and Coating (1982); **M6:** Welding, Brazing, and Soldering (1983); **M7:** Powder Metallurgy (1984). **Engineered Materials Handbook** (designated by the letters "EM"): **EM1:** Composites (1987); **EM2:** Engineering Plastics (1988); **EM3:** Adhesives and Sealants (1990); **EM4:** Ceramics and Glasses (1991). **Electronic Materials Handbook** (designated by the letters "EL"): **EL1:** Packaging (1989)

Weibull distribution **A8:** 632, 634
Probability density function (PDF) A18: 296, **A20:** 78, 87, 622, 623, 625
definition **A20:** 838
Probability density functions (pdf's) . . . **A19:** 296, 298, 300

Probability mass function
binomial distribution **A8:** 635–636
Poisson distribution **A8:** 636–637
Probability of detection (POD) *See also* POD(A) function
analysis techniques. **A17:** 664
and demonstration program design. **A17:** 664
and flaw size, as POD(A) function **A17:** 689
and fracture control/damage tolerance **A17:** 671
curves, for characteristic performance **A17:** 679
for automatic eddy current inspection **A17:** 664
functions, for NDE reliability **A17:** 664
in NDE reliability modeling. **A17:** 702
models, of eddy current inspection. **A17:** 708
models, ultrasonic inspection. **A17:** 706
of true positive outcome, calculated **A17:** 676
Probability of escape (electron) **A18:** 451
Probability of failure **A20:** 88, 90, 622, 623, 625, 627, 628
of *i*th discrete element. **A20:** 623
ranked **A20:** 628
Probability of false alarms (POFA)
calculated. **A17:** 676
Probability of nonfailure **A20:** 88
Probability of success **A20:** 88
Probability of survival **A19:** 304
Probability paper **A19:** 305, 306, 308, **A20:** 75
Probability parameter
as roughness parameter. **A12:** 201
Probability sampling
in chemical analysis **M7:** 249
Probability statistics *See* Process capability; Quality control; Statistical quality design and control
Probability-stress-life-plot
from fatigue experiments at varied stresses **A8:** 700–701
PROBAN (Norway). **A19:** 300
Probe changers
coordinate measuring machines. **A17:** 25
Probe coils
eddy current inspection. **A17:** 176
Probe ion
defined **A10:** 679
Probe-flaw interaction models
eddy current inspection **A17:** 707–708
Probertite **EM4:** 380
Probes *See also* Coils; Conductors; Electron probe x-ray microanalysis; Pulsed laser atom probe; Search units; Sensors
absolute, eddy current inspection **A17:** 180–181
automatic calibration (CMMS) **A17:** 20
compensation, in CMMs. **A17:** 26
differential, eddy current inspection. . **A17:** 180–181
edge-finder, coordinate measuring machine **A17:** 25
electric current perturbation **A17:** 137–140
electrical resistance **A13:** 199–200
electroanalytical, for process control. **A10:** 197
ferromagnetic resonance eddy current **A17:** 220–223
for ferromagnetic heat exchanger tube inspection **A17:** 181–182
hydrogen **A13:** 201
microwave eddy testing. **A17:** 218
monitoring, preferred locations **A13:** 202
operation, remote-field eddy current inspection **A17:** 196–197
reflect-on, eddy current inspection **A17:** 178
rotating, eddy current inspection **A17:** 183, 187
short-field, microwave inspection **A17:** 212
stripline **A17:** 219
surface analytical techniques. **M7:** 251
three-electrode polarization **A13:** 200
types, coordinate measuring machine **A17:** 25
Probing
as specific-gas detector application **A17:** 64–65
Probit method **A8:** 702–703, **A19:** 363, 364, 366
Probit tables **A19:** 305, 308
Procedure
definition **M6:** 14
Procedure qualification
definition **M6:** 14
Procedure qualification record
definition **M6:** 14
Procedure qualification record (PQR)
definition **A6:** 1212
Proceedings of the Joint Military/Government Industry Symposium on Structural Adhesive Bonding **EM3:** 68
Process *See also* Process capability; Process control
behavior, over time. **A17:** 723–724
capability assessment **A17:** 737–740
compatibility, connector. **EL1:** 23
complexity, WSI. **EL1:** 354
definition. **A6:** 1212
improvement, defined **A17:** 740
performance factors, in quality design **A17:** 722
speed, human vs. machine vision **A17:** 30
test **EL1:** 373–374
verification **EL1:** 742
yield's, surface-mount soldering **EL1:** 708
Process annealing
and cold-heading properties **A14:** 293
defined **A9:** 14
Process capability *See also* Quality control;
Statistical methods **EM3:** 786–790, 791
assessment, for quality control **A17:** 737–740
definition **A20:** 838
examples **A17:** 738–740
indices **A17:** 739
statistical process control **A17:** 739–740
tolerances and control limits, compared . . **A17:** 739
vs. process control, compared **A17:** 738–739
Process capability indices **A7:** 696, 697
actual **A7:** 696
Process control *See also* Mounting; Processes; Quality control; Soldering **A7:** 699–700
adhesive-bonded joints **A17:** 632–636
and management personnel **A17:** 680
and product control, compared **A17:** 734
as coordinate measuring machine application **A17:** 20
audit, solder joint inspection as **EL1:** 735
by thermal inspection **A17:** 402
compacting process control. **A7:** 699
directional solidification **A15:** 321
electric arc furnace **A15:** 361–362
electrometric titration for **A10:** 202
epoxy materials **EL1:** 833–836
for liquid penetrant inspection **A17:** 88
green density checks **A7:** 699
heat treat process control **A7:** 700
human factors. **A17:** 679
in die casting **A15:** 286
magnetohydrodynamic casting **A15:** 331
modeling for **EL1:** 447
NDE applications **A17:** 677–680
of adhesives **EL1:** 672–674
of fluxing **EL1:** 683–684
of inspection materials **A17:** 678
of leaded and leadless surface-mount joints **EL1:** 731–733
of sand reclamation **A15:** 352–353, 355
of solid samples, XRS for. **A10:** 83
on-line, electrogravimetry **A10:** 199
preheating, through-hole soldering . . . **EL1:** 686–688
probability of detection (POD) curves **A17:** 679
qualification, of inspection equipment **A17:** 679
qualification, of inspection processes **A17:** 678–679
real-time, plating thickness inspection **EL1:** 943
relative operating characteristics (ROC) curves. **A17:** 679–680
requirements, green sand molds **A15:** 222
restrike process control **A7:** 700
secondary operations **A7:** 700
sintering process control. **A7:** 699–700
solder waves **EL1:** 690–691
statistical, and statistical tolerance model **A17:** 739–740
statistical, and variation **A17:** 723
statistical (SPC). **EL1:** 288, 696
tool, stress modeling as. **EL1:** 446
ultrasonic inspection. **A17:** 232, 254
use of ICP-AES in **A10:** 31
vs. process capability, in quality control **A17:** 738–739
worksheets, rework process **EL1:** 728–729
Process control agent (PCA) **A7:** 81
Process control monitor (PCM) testing
for electrical performance **EL1:** 951–952
Process description **A20:** 21
Process design *See also* Computer-aided design; Process modeling
computer-aided **A14:** 21
data acquisition for **A14:** 439–442
method **A14:** 413–416
Process development, forging
controllable factors. **A14:** 409
Process documentation
and qualification **A17:** 678–679
Process drums
asset loss risk as a function of equipment type **A19:** 468
Process engineering variables **A20:** 257
Process first approach **A20:** 4
Process flow
CAD/CAM **EL1:** 128
curing, conformal coating. **EL1:** 786
for cofired ceramic multilayer packages. . . **EL1:** 461
material and process selection. **EL1:** 112–113
parallel. **EL1:** 136
sequential **EL1:** 132
Process flow diagram
gold-nickel-chromium system, thin-film hybrids. **EL1:** 316
gold-tantalum nitride system **EL1:** 316
Process fluids
inhibitors in **M1:** 756
Process function variation
sources. **A17:** 722–730
Process gas *See also* Gases
analytic methods for **A10:** 8, 11
inorganic, analytic methods for **A10:** 8
microcircuit, analyzed. **A10:** 156–157
microcircuit, gas mass spectrometry for. **A10:** 156–157
organic, analytic methods for. **A10:** 11
Process industry applications *See also* Chemical industry applications
refractory metals and alloys **A2:** 558
tooling, structural ceramics. **A2:** 1019
Process log **EM3:** 793
Process melt temperature **A20:** 257
Process model
definition **A20:** 838
Process modeling *See also* Computer applications; Modeling; Process design **A7:** 488–452, **A14:** 911–927
analysis of large plastic incremental deformation. **A14:** 425–431
analytical methods. **A14:** 913–919
analytical, of forging operations **A14:** 425
and optimization **EM1:** 499–502
deformation maps **A14:** 420–421
deformation mechanisms **A14:** 420–421
dynamic material modeling **A14:** 421–424
finite-element analysis methods. **A14:** 919–924
future developments. **EM1:** 501
generalized approach. **A14:** 911–913
material, constitutive equations **A14:** 417–420
numerical. **EM1:** 500
of rolling mills **A14:** 354
physical modeling **A14:** 431–437
submodels of **EM1:** 500
techniques. **A14:** 409–438
Process modeling and design for powder metallurgy parts **A7:** 23–30
hot isostatic pressing **A7:** 28–30
powder injection molding. **A7:** 26–28
Process monitoring
FT-IR spectroscopy for **A10:** 112
Process parameters
controlling. **A14:** 407–408
Process potential **EM3:** 786
Process reagents *See also* Reagents
trace impurities analysis in. **A10:** 43
Process scrap rates **A20:** 256
Process selection
and materials **EL1:** 112–118
for base material/insulators **EL1:** 113–114
for conductors **EL1:** 114
for plating (PTH, vias, surface wiring) **EL1:** 113–115
for precious metal plating **EL1:** 116
for solder mask/protective coat. **EL1:** 115–116

Process selection (continued)
for soldering/interconnection........ **EL1:** 116–117
manufacturing.................... **EM2:** 277–403
modeling for.......................... **EL1:** 447
process flow...................... **EL1:** 112–113
tool, stress modeling as................ **EL1:** 446
Process selection charts.............. **A20:** 297, 298
Process simulation *See also* Modeling; Process modeling; Simulation
of metalworking..................... **A14:** 19–20
Process specification (traveler)......... **A14:** 414–416
Process streams
analysis **A13:** 201
as corrosive........................... **A11:** 210
galvanic corrosion evaluation in **A13:** 236
in-service monitoring **A13:** 197, 201
UV/VIS on-line monitoring of species in... **A10:** 60
Process tolerance
closed-die steel forgings............. **M1:** 365–367
Process towers
asset loss risk as a function of equipment type................... **A19:** 468
Process variables
controlling workability **A14:** 367–370
Process verification
for reliability.......................... **EL1:** 742
Process water
corrosion by........................... **M1:** 713
treatment of....................... **M1:** 749–750
Process waters *See also* Rinse waters; Water
wet chemical analysis **A10:** 165
Process window
for microstructure control............... **A14:** 412
Process zone............................ **A20:** 272
Process zone size......................... **A19:** 34
Processability
definition............................. **A20:** 679
Processability evaluation method (Toshiba).. **A20:** 679
Process-driven design **A20:** 674–675
definition............................ **A20:** 838
Processed wire
definition **M1:** 262
Processes *See* Manufacturing processes
Processibility
fiber effects **EM2:** 98–99, 253
Processing *See also* Fabrication; Manufacturing; Material processing; Metal processing of elemental cobalt
acrylics.......................... **EM2:** 106–107
acrylonitrile-butadiene-styrenes (ABS) **EM2:** 112–113
aminos.......................... **EM2:** 230–231
as epoxy matrix selection parameter...... **EM1:** 76
as selection parameter............... **EM1:** 38–39
bismaleimides (BMI).............. **EM2:** 254–255
conditions, electrical breakdown from............. **EM2:** 466–467
costs........................... **EM2:** 647–648
cyanates......................... **EM2:** 236–238
design guidelines...................... **EM2:** 710
developments, metal casting.............. **A15:** 38
effects, ductile-to-brittle transition temperature structural steels.................... **A11:** 68
effects, on molecular orientation.... **EM2:** 281–282
epoxies............................... **EM2:** 241
forging defects from.................... **A11:** 317
germanium and germanium compounds ... **A2:** 735
high-density polyethylenes (HDPE).. **EM2:** 165–166
high-impact polystyrenes (PS, HIPS) **EM2:** 198
homopolymer/copolymer acetals.... **EM2:** 101–102
hydrogen embrittlement in............... **A8:** 541
information sources on.............. **EM1:** 40–42
ionomers........................ **EM2:** 122–123
liquid crystal polymers (LCP) **EM2:** 181–182
melt, polyaryl sulfones (PAS)........... **EM2:** 146
methods, and reinforcement effects...... **EM2:** 283
methods, thermosetting resins **EM2:** 223–224
of castings....................... **A15:** 502–565
of cold-formed parts **A11:** 307–308
of continuous fiber reinforced composites **A11:** 733
of epoxy resin matrices................. **EM1:** 76
of unalloyed uranium **A2:** 671–672
parameters, supplier data sheets **EM2:** 639
phenolics........................ **EM2:** 244–245
polyamide-imides (PAI)....... **EM2:** 130, 132–137
polyamides (PA)...................... **EM2:** 127
polyarylates (PAR)................ **EM2:** 140–141
polyaryletherketones (PAEK, PEK PEEK, PEKK)..................... **EM2:** 142–143
polybenzimidazoles (PBI) **EM2:** 150
polybutylene terephthalates (PBT)....... **EM2:** 155
polycarbonates (PC).................. **EM2:** 152
polyether sulfones (PES, PESV) **EM2:** 161–162
polyetheretherketone (PEEK)........... **EM2:** 144
polyether-imides (PEI)................. **EM2:** 158
polyethylene terephthalates (PET)....... **EM2:** 175
polyphenylene ether blends (PPE PPO) **EM2:** 184–185
polyphenylene sulfides (PPS) **EM2:** 189
polysulfones (PSU) **EM2:** 201–202
polyurethanes (PUR)............. **EM2:** 262–264
specialties involved during materials selection process **A20:** 5
styrene-acrylonitriles (SAN, OSA ASA) .. **EM2:** 216
styrene-maleic anhydrides (S/MA) .. **EM2:** 220–221
thermoplastic fluoropolymers........... **EM2:** 119
thermoplastic injection molding **EM2:** 308
thermoplastic polyimides (TPI) **EM2:** 177
thermoplastic polyurethanes (TPUR) **EM2:** 207
titanium alloys **M3:** 361–371
ultrahigh molecular weight polyethylenes (UHMWPE) **EM2:** 169–170
unsaturated polyesters............. **EM2:** 249–251
vinyl esters **EM2:** 274–275
zirconium and hafnium **A2:** 661–662
Processing additives **EM4:** 115–121
applications.......................... **EM4:** 115
binders.......................... **EM4:** 120–121
for aqueous system.................. **EM4:** 120
for nonaqueous system............... **EM4:** 120
properties...................... **EM4:** 120–121
viscosity grade at concentration....... **EM4:** 120
dispersants...................... **EM4:** 118–120
deflocculants **EM4:** 119–120
DVLO theory....................... **EM4:** 119
polyelectrolytes **EM4:** 119
work of dispersion **EM4:** 118
forming **EM4:** 116
handling characteristics **EM4:** 116
properties.......................... **EM4:** 116
required viscoelastic properties........ **EM4:** 116
selection of process................. **EM4:** 116
lubricants........................... **EM4:** 121
plasticizers...................... **EM4:** 120–121
postforming operations **EM4:** 121
processing scheme **EM4:** 115
purposes............................. **EM4:** 42
sintering aids and dopants......... **EM4:** 115–116
solvents **EM4:** 116–117
total dissolved solids content **EM4:** 117
used in ceramics processing **EM4:** 117
surfactants **EM4:** 117–118, 121
wetting agents **EM4:** 118, 120
cation exchange capacity **EM4:** 118
cloud point......................... **EM4:** 118
critical micelle concentration **EM4:** 118–119
effectiveness....................... **EM4:** 118
Krafft point **EM4:** 118
Processing aids, effect
chemical susceptibility................ **EM2:** 572
Processing equipment
aluminum and aluminum alloys **A2:** 13
Processing for Adhesive Bonded Structures... **EM3:** 68
Processing map
for aluminum **A8:** 572
with safe region for forming **A8:** 572–573
Processing maps
determined **A14:** 423
development and integration of **A14:** 440–441
for deformation processing conditions ... **A14:** 365, 370–371
for titanium alloy...................... **A14:** 424
Processing of solid steel............... **A1:** 115–124
annealing.......................... **A1:** 122–123
cold rolling.................... **A1:** 121–122, 123
conventional controlled rolling (CCR) **A1:** 117
cooling and coiling system **A1:** 118–119, 121
dynamic recrystallization controlled rolling (DRCR)...................... **A1:** 117–118
hot rolling **A1:** 115
precipitation during cooling and coiling.................. **A1:** 119–120, 123
precipitation of carbonitrides and sulfides....................... **A1:** 115–116
recrystallization controlled rolling (RCR).. **A1:** 117, 120
Stelco coil box.................... **A1:** 118, 120
warm rolling....................... **A1:** 120, 124
Processing operations
effect on crystallographic texture **A9:** 700–701
metal crystallographic textures developed by...................... **A9:** 706
Processing quality control........... **EM3:** 735–742
application geometry............. **EM3:** 736–737
curing.......................... **EM3:** 739–742
film adhesives................. **EM3:** 739–741
single-part sealants **EM3:** 742
two-part adhesives and sealants **EM3:** 741
handling and exposure to contaminants.. **EM3:** 738
lay-up technique...................... **EM3:** 739
material age-life history **EM3:** 735–736
material manufacturing consistency **EM3:** 735
moisture exposure **EM3:** 736
quality assurance **EM3:** 742
surface preparation **EM3:** 737–738
tooling verification **EM3:** 738–739
Processing, use of phase diagrams in... **A3:** 1•26–1•27
Processing window
defined **EM1:** 19, **EM2:** 34
Procurement
of corrosion test materials.......... **A13:** 193–194
Prod contacts
applications............................ **A17:** 94
magnetization by **A17:** 130
magnetizing, advantages/limitations **A17:** 94
Prod-contact method
of generating magnetic fields **A17:** 94, 97, 130
Produced fluids
corrosivity factors **A13:** 479–480
Producer's risk **EM4:** 86
Producibility-evaluation method (PEM) **A20:** 679
Product
development cycles, and computer-aided design.......................... **EL1:** 528
environment, and electrical testing....... **EL1:** 566
Product analysis
for classifying steels..................... **A1:** 141
Product applications *See* Applications
Product assemblies........................ **A20:** 23
Product control, and process control
compared............................. **A17:** 734
Product data management (PDM) system... **A20:** 160, 161
Product definition standards................ **A20:** 68
Product design **EM3:** 36
for die casting **A15:** 286–288
thermoplastic resins............... **EM2:** 622–623
Product design specification *See also* Engineering design specification **A20:** 8
definition............................. **A20:** 838
***Product Design with Plastics, A Practical Manual* (Dym)**........................... **EM2:** 94
Product development
types of organizational configuration **A20:** 58
Product documentation **A20:** 162
definition............................ **A20:** 838
Product family **A20:** 19

SUBJECTS OF THE INDEXED VOLUMES: ASM Handbook (designated by the letter "A"): **A1:** Properties and Selection: Irons, Steels, and High-Performance Alloys (1990); **A2:** Properties and Selection: Nonferrous Alloys and Special-Purpose Materials (1990); **A3:** Alloy Phase Diagrams (1992); **A4:** Heat Treating (1991); **A5:** Surface Engineering (1994); **A6:** Welding, Brazing, and Soldering (1993); **A7:** Powder Metal Technologies and Applications (1998); **A8:** Mechanical Testing (1985); **A9:** Metallography and Microstructures (1985); **A10:** Materials Characterization (1986); **A11:** Failure Analysis and Prevention (1986); **A12:** Fractography (1987); **A13:** Corrosion (1987); **A14:** Forming and Forging (1988); **A15:** Casting (1988); **A16:** Machining (1989); **A17:** Nondestructive Evaluation and Quality Control (1989); **A18:** Friction, Lubrication, and Wear Technology (1992); **A19:** Fatigue and Fracture (1996); **A20:** Materials Selection and Design (1997). **Metals Handbook, 9th Edition** (designated by the letter "M"): **M1:** Properties and Selection: Irons and Steels (1978); **M2:** Properties and Selection: Nonferrous Alloys and Pure Metals (1979); **M3:** Properties and Selection: Stainless Steels, Tool Materials, and Special-Purpose Materials (1980); **M4:** Heat Treating (1981); **M5:** Surface Cleaning, Finishing, and Coating (1982); **M6:** Welding, Brazing, and Soldering (1983); **M7:** Powder Metallurgy (1984). **Engineered Materials Handbook** (designated by the letters "EM"): **EM1:** Composites (1987); **EM2:** Engineering Plastics (1988); **EM3:** Adhesives and Sealants (1990); **EM4:** Ceramics and Glasses (1991). **Electronic Materials Handbook** (designated by the letters "EL"): **EL1:** Packaging (1989)

Product form
change to prevent corrosion . . . A11: 194
magnesium alloy, effect on SCC . . . A11: 223
Product forms *See also* Material forms
cobalt-base corrosion-resistant alloys . . A2: 453–454
cobalt-base high-temperature alloys . . . A2: 451–452
cobalt-base wear-resistant alloys . . . A2: 448–449
continuous reinforcing fibers . . . EM1: 33
epoxy resin . . . EM1: 66–67
magnesium alloys . . . A2: 462–466
multidirectional tape prepregs . . . EM1: 146
of prepreg tow . . . EM1: 151
of unidirectional tape prepregs . . . EM1: 143–145
selection, tape prepreg . . . EM1: 145
Product forms, and multiple heats
creep-rupture testing . . . A8: 330
Product function variation
sources . . . A17: 722–738
Product functional design specification (PFDS) . . . A20: 41, 42
Product functional requirements . . . A20: 219
Product hologram
microwave . . . A17: 225
Product Improvement Checklist (PICL) . . . A20: 43–44
Product integrity
definition . . . A20: 838
Product integrity control plan
MECSIP Task II, design information . . . A19: 587
Product level functional specification . . . A20: 41
Product liability
of lubricants . . . A14: 518
Product life cycle *See also* Life tests
of titanium . . . A2: 587
Product marketing concept . . . A20: 8
Product performance, factors
in quality design . . . A17: 722
Product realization practices . . . A20: 12–13
benchmarking . . . A20: 13
concurrent engineering . . . A20: 13
cross-functional teams . . . A20: 13
customer feedback . . . A20: 12–13
design for
assembly (DFA) . . . A20: 13
manufacturing (DFM) . . . A20: 13
robustness . . . A20: 13
the customer . . . A20: 13
"X" (DFX) . . . A20: 13
exact control of processes . . . A20: 13
focus on quality . . . A20: 13
house of quality . . . A20: 13
intimate involvement of vendors . . . A20: 13
physical prototyping policies . . . A20: 13
quality function deployment (QFD) . . . A20: 13
sources of new ideas . . . A20: 12–13
strategic use of computational prototyping and simulations . . . A20: 13
time-to-market as factor . . . A20: 13
Product requirements list . . . A20: 291
Product (specific) parameter design (SPD) . . . A20: 64
Product specifications
SCC testing for . . . A8: 496
Product Standard . . . A20: 68, 246
Product system . . . A20: 97
Product teardowns . . . A20: 26–27
Product tolerances . . . A20: 112
Product visualization . . . A20: 162–163
Production *See also* Fabrication; Manufacturing; Manufacturing process
control, circle arc elongation test for . . . A8: 556
control functions, computer-aided . . . EL1: 132
copper metals . . . A2: 237–238
costs, defined . . . EM1: 423
high-volume, millimeter/microwave applications . . . EL1: 757–758
molybdenum and molybdenum alloys A2: 574–575
of indium . . . A2: 750–751
presses . . . M7: 329–332
quality control, acoustic emission inspection . . . A17: 289–290
rate, and demagnetization . . . A17: 122
rate, as material selection parameter . . EM1: 38–39
refractory metals and alloys . . . A2: 559–565
rhenium . . . A2: 581
schedule . . . EL1: 877
sintering atmospheres . . . M7: 339–350
sintering equipment . . . M7: 351–359
size vibratory mill . . . M7: 67
stampings, hydraulic bulge test for . . . A8: 559
testing, acoustic emission inspection . . . A17: 284
testing, Brinell machines for . . . A8: 87
time order, and quality control . . . A17: 723–724
tooling . . . M7: 329, 332–337
trends, monitored by CMMs . . . A17: 20
Production forgings
by hot-die/isothermal forging . . . A14: 157
Production grinding methods and techniques . . . EM4: 336–349
applications . . . EM4: 338–349
ceramic grinding applications and methods . . . EM4: 336–337, 343
cost-effective production grinding of ceramics . . . EM4: 349
diamond grinding wheel construction . . . EM4: 340, 341, 342
emerging ceramic machining technologies . . . EM4: 349
optimizing precision grinding parameters . . . EM4: 345–349
practical aspects of grinding machines and processes . . . EM4: 339–345
Production of aluminum powders . . . A7: 148–159
Production of beryllium powders . . . A7: 202–203
Production of cobalt-base powders . . . A7: 179–181
Production of copper powders . . . A7: 132–142
Production of copper-alloy powders . . . A7: 143–145
Production of iron powder . . . A7: 110–112
Production rate . . . A20: 247, 248
Production sintering practices . . . A7: 468–503
aluminum alloys, sintering of . . . A7: 490–492, 493
aluminum, sintering of . . . A7: 490–492, 493
brass, sintering of . . . A7: 489–490
cemented carbides sintering of . . . A7: 492–496
copper-base alloys, sintering of . . . A7: 487–490
ferrous materials sintering of . . . A7: 468–476
high-speed steels, sintering of . . . A7: 482–487
molybdenum, sintering of . . . A7: 496–498
nickel silvers, sintering of . . . A7: 489–490
nickel, sintering of . . . A7: 501–502
nickel-alloys, sintering of . . . A7: 501–502
stainless steel, sintering of . . . A7: 476–482
temperatures for powder metal alloys and special ceramics . . . A7: 468
titanium, sintering of . . . A7: 499–501
tool steels, sintering of . . . A7: 482–487
tungsten heavy alloys, sintering of . . . A7: 499
tungsten, sintering of . . . A7: 496–498
Production volumes
acrylonitrile-butadiene-styrenes (ABS) . . . EM2: 109–110
allyls (DAP, DAIP) . . . EM2: 226
amino molding compounds . . . EM2: 231
cyanates . . . EM2: 232
high-impact polystyrenes (PS, HIPS) . . . EM2: 194
homopolymer/copolymer acetals . . . EM2: 100
liquid crystal polymers (LCP) . . . EM2: 180
phenolics . . . EM2: 242
polyamides (PA) . . . EM2: 125
polybenzimidazoles (PBI) . . . EM2: 147
polybutylene terephthalates (PBT) . . . EM2: 153
polycarbonates (PC) . . . EM2: 151
polyethylene terephthalates (PET) . . . EM2: 172
polyphenylene ether blends (PPE PPO) . . EM2: 183
polyurethanes (PUR) . . . EM2: 258
polyvinyl chlorides (PVC) . . . EM2: 209
silicones (SI) . . . EM2: 265
styrene-acrylonitriles (SAN, OSA ASA) . . EM2: 214
styrene-maleic anhydrides (S/MA) . . . EM2: 217
thermoplastic polyurethanes (TPUR) . . . EM2: 204–205
thermosetting resins . . . EM2: 222
unsaturated polyesters . . . EM2: 246
Productivity, and quality
fundamentals of . . . A17: 719–723
Products
P/M . . . M7: 257, 295, 451–462, 569–574
Products and assemblies, conceptual and configuration design *See* Conceptual and configuration design of products and assemblies
Products liability
definition . . . A20: 838
Products liability and design . . . A20: 146–151
acceptable level of danger . . . A20: 150–151
consumer complaints . . . A20: 149
defects, definitions of . . . A20: 147
defined . . . A20: 146
design defects . . . A20: 147
design review . . . A20: 149
essence (schematic summary) of product liability . . . A20: 146
failure modes and effects analysis (FMEA) . . . A20: 149
failure modes, effects, and criticality analysis (FMECA) . . . A20: 149
fault hazard analysis (FHA) . . . A20: 149
fault tree analysis (FTA) . . . A20: 149
foreseeability . . . A20: 149
hazard analysis . . . A20: 149
hazard, risk, and danger . . . A20: 147
human factors . . . A20: 150
legal bases for . . . A20: 146–147
manufacturing defects . . . A20: 147
marketing defect . . . A20: 147–149
operating hazard analysis (OHA) . . . A20: 149
paramount questions . . . A20: 150
prediction methods . . . A20: 149
preventive measures . . . A20: 149–150
products recall planning . . . A20: 150
quality assurance and testing . . . A20: 149
records . . . A20: 150
state of the art . . . A20: 149
warnings and directions . . . A20: 149–150
warranties and disclaimers . . . A20: 149
written material . . . A20: 150
Products of principal metalworking processes
brazed joints, failures of . . . A11: 450–455
cold-formed parts, failures of . . . A11: 307–313
forgings, failures of . . . A11: 314–343
iron castings, failures of . . . A11: 344–379
steel castings, failures of . . . A11: 380–410
Products recall planning . . . A20: 150
Products, specific *See* Nondestructive inspection of specific products
Product-to-product noise factors . . . A20: 113
Proeutectic
aluminum-rich dendrites in welded joints of aluminum alloys . . . A9: 579
Proeutectoid
defined . . . A9: 14–15
Proeutectoid carbide
defined . . . A9: 14
definition . . . A5: 964
Proeutectoid cementite . . . A9: 178
Proeutectoid constituent . . . A3: 1•21
Proeutectoid ferrite *See also* Free ferrite . . . A1: 129, A9: 178–179
defined . . . A9: 14
definition . . . A5: 964
in the solidification structure of ferrous alloys . . . A9: 579
Proeutectoid grain boundary ferrite . . . A19: 10, 12
Proeutectoid phase
definition . . . A5: 964
Professional education and training *See* Information sources
Professional P/M societies . . . M7: 19
Professional society codes . . . A20: 68
Profile
defined . . . A13: 11
Profile angular distributions
for fracture surface area . . . A12: 202–204
Profile extrusion
of short-fiber composites . . . EM1: 121
process . . . EM2: 386
Profile gaging
by lasers . . . A17: 12
Profile generation
from replicas . . . A12: 199
metallographic sectioning methods . . . A12: 198–199
nondestructive . . . A12: 199
Profile imaging
schematic . . . A17: 14
Profile meter
for part shape measurement . . . A8: 549
Profile parameters
fracture surface roughness . . A12: 199–200, 212–215
Profile rolling
defined . . . A14: 10
Profile roughness parameters . . . A12: 212–215
Profiles *See also* Composition profiles; Depth profiles; Depth profiling
alloy steels . . . A12: 214, 327

Profiles (continued)
and surface roughness parameters relationship **A12:** 212
by light microscope **A12:** 94, 99
damage depth, RBS analysis for **A10:** 632–633
depth, FIM/AP surface analysis **A10:** 583
depth-composition, stainless steel **A10:** 555
examining **A12:** 95, 100
fatigue fracture **A12:** 15, 22
for fractal analysis **A12:** 212
fractal properties **A12:** 211–215
fracture **A12:** 15, 22, 95–96, 212, 214
from replicas **A12:** 199
generation, quantitative fractography **A12:** 198–199
impurity, RBS analysis for **A10:** 632
matching, fatigue striations in nickel **A12:** 205–206
modified fractal curve **A12:** 212
nondestructive **A12:** 199
of fracture surface roughness **A12:** 199–205, 212–215
roughness, parameters **A12:** 199–200
sections **A12:** 95–96
Profiling
in conjunction with milling **A16:** 322
Profilometer, stylus *See* Stylus profilometer
Profilometry
to determine surface roughness in ceramic powder characterization **EM4:** 27
Programmability
very-large-scale integration (VLSI) **EL1:** 8
wafer-scale integration **EL1:** 363
Programmable calculator programs
for composite materials analysis **EM1:** 277–279
Programmable controllers *See also* Automation
with molding machines **A15:** 350
Programmable logic control (PLC) units
for liquid penetrant inspection **A17:** 80
Programmable logic controllers (PLC) **EM4:** 36
Programmable logic devices (PLDS) **EL1:** 167
Programmable machine tools **A16:** 4
Programmable read-only memories (PROM) **EL1:** 160
Programming
wafer-scale integration **EL1:** 362–363
Programs, computer *See* Computer programs
Progression
defined **A14:** 10
Progression marks *See* Beach marks
Progressive aging
defined **A9:** 15
Progressive block sequence
definition **M6:** 14
Progressive die stamping
tooling used to control critical dimensions **A20:** 108
Progressive dies **A14:** 10, 457, 480–481
coining in **A14:** 182
for blanking **A14:** 454–455
for electrical steel sheet **A14:** 478–479
for piercing **A14:** 466
for press bending **A14:** 527–528
for press forming **A14:** 546
for sheet metal drawing **A14:** 579
for stainless steels **A14:** 765–766
multiple-slide forming **A14:** 569
vs. separate dies **A14:** 528
vs. simple dies, stainless steels **A14:** 765
Progressive field evaporation
in the atom probe **A10:** 591
Progressive flame hardening **M4:** 485
Progressive forming
defined **A14:** 10
Progressive fracturing
fracture mechanics of **A8:** 439–440
rapid, resistance to crack extension in **A8:** 444
Progressive grinding
stainless steel **M5:** 45
Progressive headers
for cold heading **A14:** 292
Progressive ply failures
laminates **EM1:** 238–239
Progressive solidification
and directional solidification **A15:** 778
and riser design **A15:** 578–579
permanent mold casting **A15:** 278
Progressive-spinning flame hardening **M4:** 486
Project area diameter (d_a) **A7:** 259, 262
Project execution team **A20:** 58
Projected area *See also* Surface area
defined **A15:** 9
Projected area diameter
particle size measurement **M7:** 225–226
Projected area of the indentation **A20:** 344
Projected images
and fatigue striation spacing, correlated . . . **A12:** 205
and fracture surface, parametric relationships **A12:** 202
and spatial features, stereological relationships **A12:** 196
assumption of randomness **A12:** 194–195
fracture path and microstructure correlated **A12:** 195–196
quantitative fractography **A12:** 194–196
quantitative statistical treatment of **A9:** 134
single SEM fractograph **A12:** 194
Projected views of a ternary diagram . . . . . **A3:** 1•5
Projectile
for plate impact test **A8:** 233
impacts, to generate high strain rates **A8:** 190
Projectile rotating bands
powders used **M7:** 573
Projection
defined **A17:** 384
Projection data
defined **A17:** 384
Projection distance
defined **A9:** 15
Projection lens
defined **A9:** 15
Projection plane
basic quantities and relations **A12:** 194–196
Projection stereology
imaging by **A12:** 194
Projection topography
for defect imaging of crystals **A10:** 369
Projection weld
definition **M6:** 14
Projection welding . . **A20:** 698, **M6:** 503–524, **M7:** 456
advantages **M6:** 504
applicability **M6:** 504–505
comparison to arc welding **M6:** 522–523
comparison to spot welding **M6:** 520
comparison to staking **M6:** 523–524
control of weld quality **M6:** 522
cooling of electrodes and dies **M6:** 512
cross wire welding **M6:** 517–519
definition **M6:** 14, 503
electrode force **M6:** 507
electrode holders **M6:** 510–511
electrodes **M6:** 509–513
fixtures **M6:** 509–510
heat balance **M6:** 508
high-production welding **M6:** 510
in joining processes classification scheme **A20:** 697
limitations **M6:** 505
metallurgical effects **M6:** 506
metals welded **M6:** 506
process variables **M6:** 507–509
projections **M6:** 513
quality control **M6:** 505
weld formation **M6:** 503–504
weld time **M6:** 507–508
welding current **M6:** 507
welding dies **M6:** 509–510
welding machines **M6:** 505–506
workpiece cleaning **M6:** 506–507
workpiece size **M6:** 508
Projection welding of
aluminum **M6:** 506
aluminum alloys **M6:** 503, 510–511
barstock to sheet metal **M6:** 515–516
coated metals **M6:** 506
coated steel **M6:** 520–521
copper and copper alloys . . . **M6:** 503, 548, 552–554
dissimilar metals **M6:** 519–520
free-machining steels **M6:** 506, 515–516
low-alloy steels **M6:** 506
low-carbon steels **M6:** 506–507, 509, 513–514, 518, 520
Monel alloys **M6:** 506
naval brass **M6:** 506
nickel-copper alloys **M6:** 503, 506
powder metallurgy parts **M6:** 521–522
sheet metal parts **M6:** 513–514
intermediate thickness workpieces **M6:** 514
thick workpieces **M6:** 514
thin workpieces **M6:** 514
unequal thicknesses **M6:** 514–515
stainless steel **M6:** 503, 509, 530–531
austenitic stainless steels **M6:** 506
tube to sheet metal **M6:** 516–517
electrode design **M6:** 517
heat balance **M6:** 517
projection design **M6:** 516–517
weld strength **M6:** 517
Projection welding (PW) **A6:** 230–237
aluminum **A6:** 233
aluminum-base alloys **A6:** 233
annular, projection designs and process requirements for thin-gage low-carbon steel **A6:** 235
annular projection welding **A6:** 230, 231, 235–236, 237
applications **A6:** 230–233
copper **A6:** 233
copper-base alloys **A6:** 233
cross-wire welding **A6:** 230–231, 235, 236, 237
definition **A6:** 230, 1212
die geometries for intermediate-gage steels, spherical projections **A6:** 233
diffusion bonding **A6:** 232–233
edge-to-sheet welds **A6:** 232
embossed-projection welding **A6:** 230, 231, 232, 235
equipment **A6:** 233, 236
fast follow-up (low inertia) head (typical) . . **A6:** 231, 233
inductive "skin" effect **A6:** 236
material effects **A6:** 232–233
nickel-base alloys **A6:** 233
nut welding **A6:** 232, 235
personnel **A6:** 233–235
process requirements **A6:** 235–237
heavy-gage low-carbon steels **A6:** 232
intermediate-gage low-carbon steels **A6:** 234
projection and die geometries for heavy-gage steels **A6:** 232
pulsation welding schedules **A6:** 235
resistance welding **A6:** 230, 233, 235
solid-projection welding **A6:** 230, 231, 232, 233, 235–236
stainless steels **A6:** 233
steels **A6:** 232, 233
titanium alloys **A6:** 233
weld nuts **A6:** 232, 235
Projections
massive, as casting defects **A11:** 381
metallic, as casting defects **A11:** 381
with rough surfaces, as casting defects **A11:** 381
Projections for projection welding **M6:** 513
design **M6:** 513
spacing **M6:** 513
types **M6:** 512–513
Projective magnification
with microfocus x-ray sources **A17:** 300
Prolog (language) **A20:** 310, 312

SUBJECTS OF THE INDEXED VOLUMES: ASM Handbook (designated by the letter "A"): **A1:** Properties and Selection: Irons, Steels, and High-Performance Alloys (1990); **A2:** Properties and Selection: Nonferrous Alloys and Special-Purpose Materials (1990); **A3:** Alloy Phase Diagrams (1992); **A4:** Heat Treating (1991); **A5:** Surface Engineering (1994); **A6:** Welding, Brazing, and Soldering (1993); **A7:** Powder Metal Technologies and Applications (1998); **A8:** Mechanical Testing (1985); **A9:** Metallography and Microstructures (1985); **A10:** Materials Characterization (1986); **A11:** Failure Analysis and Prevention (1986); **A12:** Fractography (1987); **A13:** Corrosion (1987); **A14:** Forming and Forging (1988); **A15:** Casting (1988); **A16:** Machining (1989); **A17:** Nondestructive Evaluation and Quality Control (1989); **A18:** Friction, Lubrication, and Wear Technology (1992); **A19:** Fatigue and Fracture (1996); **A20:** Materials Selection and Design (1997). **Metals Handbook, 9th Edition** (designated by the letter "M"): **M1:** Properties and Selection: Irons and Steels (1978); **M2:** Properties and Selection: Nonferrous Alloys and Pure Metals (1979); **M3:** Properties and Selection: Stainless Steels, Tool Materials, and Special-Purpose Materials (1980); **M4:** Heat Treating (1981); **M5:** Surface Cleaning, Finishing, and Coating (1982); **M6:** Welding, Brazing, and Soldering (1983); **M7:** Powder Metallurgy (1984). **Engineered Materials Handbook** (designated by the letters "EM"): **EM1:** Composites (1987); **EM2:** Engineering Plastics (1988); **EM3:** Adhesives and Sealants (1990); **EM4:** Ceramics and Glasses (1991). **Electronic Materials Handbook** (designated by the letters "EL"): **EL1:** Packaging (1989)

Promethium *See also* Rare earth metals
as rare earth **A2:** 720
properties **A2:** 1185
pure **M2:** 788
Promoter *See also* Accelerator; Catalyst **EM3:** 23
adhesion **EM1:** 3, 122–123
defined **EM1:** 19, **EM2:** 34
Prompt gamma activation analysis **A10:** 239–240, 689
Prompt neutron-capture γ-rays
in NAA **A10:** 234
Prompt scrap **A1:** 1023
Proof *See also* Die proof **EM3:** 23
defined **A14:** 10, **EM1:** 19, **EM2:** 34
pressure, defined **EM1:** 19
Proof gold *See* Commercial fine gold
Proof load
defined **A14:** 10
Proof loading
and minimum fatigue cycle relationship . . . **A8:** 718
composite materials **A8:** 717
followed by fatigue **A8:** 717–718
Proof pressure **EM3:** 23
defined **EM2:** 34
Proof strength in bending
for spring-tempered phosphor bronze strip **A8:** 136
Proof stress *See also* Offset yield strength
defined **A8:** 10, **A14:** 10
of bolt or stud **A1:** 296–297
of nut **A1:** 297
Proof stress, threaded fasteners **M1:** 273, 274, 277–278, 280–282
Proof testing . . . **A7:** 714, **A8:** 717–718, **A19:** 413, 453
as mechanical stress test **M7:** 490–491
brazed joints **A6:** 1119
equipment, acoustic emission inspection . . **A17:** 289
soldered joints **A6:** 981
Proof-loading acceptance test **EM3:** 529–530
Proofstressing **M6:** 892
Propadiene
chemical bonding **M6:** 900
Propagation *See also* Crack propagation; Velocity, of propagation; Wave propagation
crack **EM1:** 201
defined **EL1:** 1154
explosion **M7:** 196
of decoupled modes **EL1:** 36–37
of stress-corrosion cracking **A13:** 245–246
phase, crevice corrosion **A13:** 303
time **EL1:** 20–21, 601
Propagation constant
defined **EL1:** 1154
Propagation delay to signal rise
considered **EL1:** 521–522
Propagation velocities *See* Crack speed
Propane
chemical bonding **M6:** 900
for oxyfuel gas cutting **A14:** 723
fuel gas for oxyfuel gas cutting **A6:** 1157–1162
fuel gas for torch brazing **A6:** 328, **M6:** 950
in high-velocity oxyfuel powder spray process **A18:** 830
oxyfuel gas welding fuel gas **A6:** 281, 282, 283, 285
properties as fuel gas **M6:** 899
use in oxyfuel gas welding **M6:** 584
valve thread connections for compressed gas cylinders **A6:** 1197
Propane gas
as atmosphere **M7:** 341
physical properties **A7:** 459, 460
Propane-oxygen
maximum temperature of heat source **A5:** 498
Propargyl alcohol **A5:** 49
Propellant gun
in flat plate impact test **A8:** 210
Propeller agitators **M4:** 46, 61, 62, 64
Propeller blade, cold-straightened aluminum alloy
fatigue fracture of **A11:** 125
Propeller blades
optical holography of **A17:** 424–425
Propeller bronze
properties and applications **A2:** 386
Proper fixturing **A16:** 404–410
clamping **A16:** 405–407
CNC automation **A16:** 407
cost factors **A16:** 409, 410
definition **A16:** 404
duplex fixtures **A16:** 404
fixture design **A16:** 404–405, 408
hydraulic clamping **A16:** 405–407
hydraulic/mechanical locking clamps **A16:** 407
manual clamping **A16:** 406
modular fixturing for limited production **A16:** 407–410
PLC automation **A16:** 407
pneumatic clamping **A16:** 405–406
positive-lock clamping **A16:** 407, 408
SAFE Modular Fixturing System **A16:** 409–410
vacuum clamping **A16:** 406
Properties *See also* Aggregate properties approach; Constituent materials; Fiber properties analysis; Laminate properties analysis; Material properties; Material properties analysis; Mechanical properties; Mechanical strength; Physical properties; Properties considerations; Refractory properties; Specific metals and alloys; specific properties; specific properties analysis
agency-related, data sheets **EM2:** 409
and rotational molding **EM2:** 361
design guidelines **EM2:** 710
effects, filament winding **EM2:** 369–371
effects, long-term environmental factors **EM2:** 423–432
effects, RTM and SRIM, compared **EM2:** 346–349
important divergencies **EM2:** 655–658
in process selection **EM2:** 279–281
material anisotropy effects on **EM2:** 405
modification, by additives **EM2:** 493–507
of composite materials **EM1:** 177–179
polyethylene terephthalates (PET) **EM2:** 172
size effects **EM2:** 658
thermoplastic process effects **EM2:** 282–286
thermosetting process effects **EM2:** 286–287
Properties considerations *See also* Properties; specific properties
aggregate properties approach, to design **EM2:** 407–411
electrical properties **EM2:** 460–480
introduction **EM2:** 405–406
long-term environmental factors **EM2:** 423–432
mechanical properties **EM2:** 433–438
modification, by additives **EM2:** 493–507
modification, by polymer-polymer mixtures **EM2:** 487–492
optical properties **EM2:** 481–486
thermal properties, engineering thermoplastics **EM2:** 445–459
thermal properties, engineering thermosets **EM2:** 439–444
thermoplastic structural forms **EM2:** 508–513
viscoelasticity **EM2:** 412–422
Properties, elevated temperature
aluminum alloys **M2:** 56, 57–58, 62
Properties, low-temperature
aluminum alloys **M2:** 62
Properties modification
by additives **EM2:** 493–507
by polymer-polymer mixtures **EM2:** 487–492
polymer selection for **EM2:** 489–490
Property
definition **A20:** 615
derived, defined **A8:** 667
static metallic material, design allowables for **A8:** 662–677
Property charts **A20:** 284–285
Property limits **A20:** 281
Property of unique interest
definition **A20:** 838
Property-envelope **A20:** 266
Properzi process
wheel-and-band machines **A15:** 314
Properzi system
for copper and copper alloy wire rod **A2:** 255
Propionaldehyde
hazardous air pollutant regulated by the Clean Air Amendments of 1990 . . . . . . **A5:** 913
Propionic acid **A13:** 646, 1159–1160
Propionic acid ($CH_3CH_2CO_2H$)
as solvent used in ceramics processing . . . **EM4:** 117
Proportional and nonproportional loading . . . **A19:** 264
Proportional control
shape memory alloys **A2:** 900
Proportional integral differential (PID) control **EM4:** 253
Proportional limit *See also* Elastic limit; Hooke's law **EM3:** 24
defined **A8:** 10, **A10:** 679, **A11:** 8, **A14:** 10, **EM1:** 19, **EM2:** 34, 433
Proportional loading **A20:** 522
in multiaxial testing **A8:** 344
in plastic train field **A8:** 447
Proportional-integral-derivative (PID) loop controller
preheaters **EL1:** 687
Proportional-integral-differential (PID) control systems **A6:** 1062
Proportionality factor **A20:** 345
Proportioned kits **EM3:** 688–689
disadvantages **EM3:** 688–689
Proposed costs scenario **A20:** 17
Propoxur (baygon)
hazardous air pollutant regulated by the Clean Air Amendments of 1990 . . . . . . **A5:** 913
Proprietary gases
oxyfuel gas welding **A6:** 281, 282, 283
Proprietary (in-house) standards **A20:** 68
Proprietary methods
of magnetic particle inspection **A17:** 122–128
Proprietary phosphates
applications **EM4:** 47
composition **EM4:** 47
supply sources **EM4:** 47
Propyl group
chemical groups and bond dissociation energies used in plastics **A20:** 440
Propylene
chemical bonding **M6:** 900
for oxyfuel gas cutting **A14:** 723–724
in high-velocity oxyfuel powder spray process **A18:** 830
properties as fuel gas **M6:** 899
valve thread connections for compressed gas cylinders **A6:** 1197
Propylene dichloride (1,2-dichloropropane)
hazardous air pollutant regulated by the Clean Air Amendments of 1990 . . . . . . **A5:** 913
Propylene glycol **EM3:** 674
surface tension **EM3:** 181
Propylene glycol monomethyl ether
surface tension **EM3:** 181
Propylene oxide
hazardous air pollutant regulated by the Clean Air Amendments of 1990 . . . . . . **A5:** 913
Propylene plastics *See also* Plastics **EM3:** 24
defined **EM2:** 34
Propylene-oxygen
maximum temperature of heat source **A5:** 498
Prost patent (1970) **EM4:** 710
Prostheses
anchoring **A11:** 670–671
failed, from fatigue and stem loosening **A11:** 690–693
joint **A11:** 670–671
microhoning of **A16:** 491
types of **A11:** 670
Prosthetic devices **A13:** 1324–1335
artificial joints **A11:** 670–671
background **A13:** 1324–1329
biocompatibility of **A13:** 1328–1329
corrosion forms **A13:** 1330–1332
corrosion significance **A13:** 1328–1329
corrosion testing **A13:** 1332–1333
defined **A11:** 670
electrochemistry and corrosion **A13:** 1329–1330
metals/alloys **A13:** 1325–1328
titanium and titanium alloy **A2:** 589
tumor resections **A11:** 671
types of **A11:** 670–671
Prosthetics
carbon-carbon composite **EM1:** 923
powders used **M7:** 573, 754
Protactinium
M lines use for **A10:** 86
pure **M2:** 788, 832–833
Protactinium, as actinide metal
properties **A2:** 1194
Protection *See* Corrosion protection
Protection potential **A7:** 978, 986
pitting/crevice corrosion **A13:** 231

Protection tubes
for thermocouples **A2:** 883–884
powders used **M7:** 573
Protective atmosphere *See also* Atmospheres . . **M7:** 9
definition **A5:** 964, **A6:** 1212, **M6:** 14
Protective coatings *See also* Coatings; Coatings, specific coatings; Conformal coatings; Corrosion protection; Films; Plating
aluminum anodizing **A13:** 396–398
as surface preparation **EL1:** 675
compared **EL1:** 584
copper/copper alloys **A13:** 636
corrosion-resistant *See* Corrosion protection
electrochemical evaluation **A13:** 219–220
electroplated **A13:** 419
flexible printed boards **EL1:** 583–584
for chloride SCC **A13:** 327
for elevated-temperature failures **A11:** 269–271
for springs **A11:** 560
for wood/wood laminate patterns **A15:** 194
materials and processes selection **EL1:** 115–116
porcelain enamels **A13:** 446–452
tests for **EM2:** 425
uranium/uranium alloys **A13:** 818–821
vacuum coatings covered by **M5:** 402, 408–409
Protective coatings for carbon-carbon composites **A5:** 887–890
applications **A5:** 887, 889
carbon-carbon constituents and microstructure **A5:** 888
chemical vapor deposition **A5:** 889
chemical vapor deposition of SiC **A5:** 887
coating selection principles **A5:** 888–889
fundamentals of protecting carbon-carbon **A5:** 887–889
historical development of protecting carbon bodies
matrix inhibition **A5:** 888
oxidation resistance **A5:** 887
pack cementation **A5:** 889
practical limitations of coatings **A5:** 890
preferred coating approaches **A5:** 889–890
properties of carbon-carbon composites **A5:** 887
slurry coatings **A5:** 889–890
thermal stresses **A5:** 889
Protective film *See also* Film
atmospheric **A13:** 82
by alloying **A13:** 47–48
organic coatings and linings **A13:** 399–418
oxide, characteristics **A13:** 517–518
Protective gas **M7:** 9
Protective oxide films, destruction of, and crack nucleation **A19:** 107
Protective potential
defined **A13:** 11
range, defined **A13:** 11
Protective scale growth rate **A18:** 208
Protein
dynamics, MFS analysis for **A10:** 72
surface, IR analysis **A10:** 119–120
Protocol
sampling **A10:** 13, 15–16
Proton energy
abbreviation for **A10:** 690
Proton microprobes
capabilities **A10:** 102
of biological samples, compared **A10:** 107
particle-induced x-ray emission and **A10:** 107
Proton milliprobes
capabilities **A10:** 102
Proton-induced x-ray emission (PIXE) **EM3:** 237
for preliminary identification of heavier elements **EM3:** 644, 647, 648
Protons
defined **A10:** 680
Prototype **EM3:** 24
defined **EM1:** 19, **EM2:** 34
definition **A20:** 838
Prototype crystals . . . . **A3:** 1•16
Prototype development
blow molding **EM2:** 299, 356
compression molding **EM2:** 298
injection molding **EM2:** 296
molds, rotational molding **EM2:** 367
of plastic parts **EM2:** 80–81
Prototype facets
true area values **A12:** 203
Prototype function review **A20:** 149
Prototype review **A20:** 149
Prototype tests **A20:** 245
Prototyping **A20:** 5
resin transfer molding **A20:** 800
Protuberances *See* Asperities
Prout-Tompkins
rate law expression **EM4:** 55
Proving ring *See also* Elastic proving ring
capacities **A8:** 614
clastic, as calibration device **A8:** 614–615
for Brinell test **A8:** 88
for load weighing systems **A8:** 48
for stress-corrosion testing **A8:** 507
screw-driven testing machine
calibrated with **A8:** 615
Provisional load **A19:** 396
Prow formation *See* Wedge formation
Proximity fuze cup
powder used **M7:** 573
Pr-Sb (Phase Diagram) . . . . **A3:** 2•344
Pr-Se (Phase Diagram) . . . . **A3:** 2•344
Pr-Si (Phase Diagram) . . . . **A3:** 2•345
Pr-Sn (Phase Diagram) . . . . **A3:** 2•345
Pr-Te (Phase Diagram) . . . . **A3:** 2•345
Pr-Tl (Phase Diagram) . . . . **A3:** 2•346
P-Ru (Phase Diagram) . . . . **A3:** 2•331
Pr-Zn (Phase Diagram) . . . . **A3:** 2•346
PS *See* High-impact polystyrenes; Polystyrenes
PSD *See* Position-sensitive detector
Pseudarthrosis
and bone repair **A11:** 674
"Pseudo" alloys
silver powder use **M7:** 147
Pseudoagglomerates **A7:** 263
Pseudobinary . . . . **A3:** 1•5
Pseudobinary sections of a ternary diagram . . . **A3:** 1•5
Pseudoboehmite **EM3:** 624
Pseudocolor
electronic image enhancement **A9:** 138, 152
Pseudocolor, in NDE
advantages/limitations of **A17:** 483–488
Pseudodiffusion interface **A5:** 544, 560
Pseudoelasticity
of shape memory alloys **A2:** 898, 901
Pseudo-hot isostatic pressing
aluminides **A7:** 532
diamond composites **A7:** 533
Pseudo-Kikuchi patterns *See also* Kikuchi patterns **A9:** 94
Pseudo-Kossel lines
in divergent-beam topography **A10:** 371
Pseudomonas
biological corrosion by **A13:** 118–119
Pseudoplastic behavior
defined **A18:** 15
Pseudoplasticity **A7:** 366
Pseudoplasticity effect **A20:** 812, 813
Pseudostatic tension test
strain rate ranges for **A8:** 40
Pseudostress **A20:** 533
Pseudothermoplastics **EM1:** 546–547
ψ splitting **A5:** 650, 651
PSM System-100 . . . . **EM4:** 67
P-Sn (Phase Diagram) . . . . **A3:** 2•331
PST *See* Polycrystal scattering topography
PSU *See* Polysulfones
PSZ (CaO•MgO)
properties **A6:** 949
P-T diagram
defined **A9:** 15
PTB
as synchrotron radiation source **A10:** 413
***p*-tert butylphenol**
physical properties **EM3:** 104
***p*-tert octylphenol**
physical properties **EM3:** 104
PTFE *See* Polytetrafluoroethylene
PTFE-fiberglass
for printed board materials systems **EM3:** 592
PTFE-Kevlar
for printed board materials systems **EM3:** 592
PTH *See* Plated-through hole (PTH)
P-Ti (Phase Diagram) . . . . **A3:** 2•331
Pt-Rh (Phase Diagram) . . . . **A3:** 2•346
Pt-Si (Phase Diagram) . . . . **A3:** 2•347
Pt-Sn (Phase Diagram) . . . . **A3:** 2•347
Pt-Te (Phase Diagram) . . . . **A3:** 2•347
Pt-Ti (Phase Diagram) . . . . **A3:** 2•348
Pt-U (Phase Diagram) . . . . **A3:** 2•348
Pt-V (Phase Diagram) . . . . **A3:** 2•349
P-T-X diagram
defined **A9:** 15
P-type oxides
alloy oxidation **A13:** 73
defect structure **A13:** 65–66
impurities effect **A13:** 69
p-type transistors
development **EL1:** 958
Pt-Zr (Phase Diagram) . . . . **A3:** 2•349
Publicly owned treatment works (POTWs) . . . **A5:** 916
Puckers **EM1:** 1–6, 19
defined **EM2:** 34
Puddle
definition **A6:** 1212
Puffed compact **M7:** 9
Puffing, laminate
during cure **EM1:** 662
Pugh concept selection method . . **A20:** 38, 61–62, 291, 292
comparison **A20:** 292
definition **A20:** 838
description **A20:** 292
example **A20:** 292
method **A20:** 292
Pull gun technique
definition **A6:** 1212
Pull rod
for creep test stand **A8:** 312
Pull through
definition **A5:** 964
Pullbacks **A20:** 142
Pulldown in forgings **M1:** 367–368
Pulldowns
in iron castings **A11:** 353
Pulled surface
defined **EM2:** 34
Pulleys **A7:** 354
Pull-out and microdrop technique **EM3:** 402, 403
advantages **EM3:** 394
limitations **EM3:** 394
Pull-through tears
as fastener failure **A11:** 531
Pull-type lockbolts
materials and composite applications for . . **A11:** 530
Pullucite
chemical system **EM4:** 870
Pulmonary disease
chronic, from cadmium toxicity **A2:** 1240
from aluminum toxicity **A2:** 1256
from beryllium toxicity **A2:** 1239
Pulp
aramid fiber **EM1:** 115
molding **EM1:** 19
Pulp and paper industry **A13:** 1186–1220
corrosion control, pulp bleach plants **A13:** 1190–1196
kraft pulping liquors corrosion **A13:** 1208–1214
mechanical pulping equipment
corrosion **A13:** 1214–1218

nickel-base alloy applications **A13:** 654
paper machine corrosion **A13:** 1186–1188
pollution control **A13:** 1370
recovery boiler corrosion **A13:** 1198–1202
stainless steel corrosion **A13:** 561–562
suction roll corrosion **A13:** 1202–1208
sulfite pulping liquor corrosion. . . . **A13:** 1196–1198
Pulp and paper industry applications *See also* Paper and printing industry applications
cobalt-base wear-resistant alloys **A2:** 451
nickel and nickel alloys. **A2:** 430
structural ceramics **A2:** 1019
Pulp bleach plants
corrosion control in **A13:** 1190–1196
Pulp digester vessel
neck liner removed from **A11:** 403
Pulp molding
defined **EM2:** 34
Pulping
thermomechanical and chemi-thermomechanical **A13:** 1217–1218
Pulsation
AISI/SAE alloy steels. **A12:** 304
of electric current. **A17:** 91
Pulse **A5:** 282
attenuator, in explosively loaded torsional Kolsky bar. **A8:** 227
definition **M6:** 14
filter. **A8:** 224–227
loading, short duration, and flyer plate **A8:** 210–212
smoother, in explosively loaded torsional Kolsky bar **A8:** 224–225, 227
Pulse discharge sintering **A7:** 584
Pulse electrochemical machining (PECM) **A5:** 114
Pulse fraction curves
for atom probe microanalysis **A10:** 594–595
Pulse generator, high-voltage
for atom probe microanalysis **A10:** 591
Pulse method
of measuring relaxation times **A10:** 258
Pulse NMR spectrometer **A10:** 283
Pulse plating deposition **A18:** 834, 835, 836
titanium alloys **A18:** 781
Pulse polarography
as improved voltammetry. **A10:** 193
differential. **A10:** 193
normal **A10:** 193
Pulse rate **A5:** 283
Pulse repetition rates (PRR) **A6:** 40
Pulse (resistance welding)
definition. **A6:** 1212
Pulse soldering
defined. **EL1:** 1154
Pulse start delay time
definition **M6:** 14
Pulse time
definition **M6:** 14
Pulse train **A5:** 282
Pulse width **A5:** 283, 284
Pulse width modulation (PWM) **A6:** 39
Pulsed atomization
aluminum and aluminum alloy powders . . . **A7:** 148
Pulsed current flow
electromigration in **EL1:** 964
Pulsed electrical discharge with pressure application **A7:** 584
Pulsed gas-metal arc welding (GMAWP)
power source selected **A6:** 37
Pulsed laser atom probe
facilities built into ECAP **A10:** 598
of ternary 3:5 semiconductor. **A10:** 601–602
schematic. **A10:** 597
Pulsed laser beam welding **M6:** 656–657
Pulsed laser thermal detection system
schematic. **EL1:** 369
Pulsed laser welding
advanced aluminum MMCs. **A7:** 852
Pulsed laser-beam welding
mechanically alloyed oxide dispersion-strengthened (MA ODS) alloys **A2:** 949
Pulsed leaky Lamb wave testing
C-scan **A17:** 253
Pulsed magnetic field
in high-energy-rate compacting. **M7:** 306
Pulsed mode
sonic converters **A8:** 243
Pulsed optical preamplifier
x-ray spectrometers **A10:** 91
Pulsed power welding
definition **M6:** 14
Pulsed spectrometers
in acoustic ESR **A10:** 258
Pulsed spray welding
definition **M6:** 14
Pulsed xenon lamps
for radiation curing. **EL1:** 864
Pulsed-arc welding
steel weldment soundness in gas-shielded processes **A6:** 409
to solve problems in joining thin sections by oxyfuel gas welding **A6:** 288
Pulsed-current plating. **A5:** 282–284
additives **A5:** 283–284
anode-to-cathode ratios **A5:** 284
brighteners. **A5:** 284
concepts and terminology **A5:** 282
constant-current pulse plating **A5:** 282
current patterns **A5:** 282, 283
definition **A5:** 282
duty cycle **A5:** 283, 284
electrolyte conductivity **A5:** 284
envelope. **A5:** 282
equipment modification **A5:** 284
frequency **A5:** 283, 284
modes of operation **A5:** 282
operating conditions **A5:** 283–284
process control **A5:** 283
process principles. **A5:** 282–283
pulse **A5:** 282
pulse rate **A5:** 283
pulse train **A5:** 282
pulse width **A5:** 283, 284
solution composition. **A5:** 283–284
temperature and agitation conditions **A5:** 284
Pulsed-electrical-discharge activated-pressure sintering. **A7:** 584
Pulsed-incident waves
microwave inspection. **A17:** 202, 206
Pulsed-laser deposition **A5:** 621–626
advantages. **A5:** 621
angular distribution **A5:** 624
applications. **A5:** 621
attributes **A5:** 621
deposition characteristics **A5:** 624
deposition parameters **A5:** 624
description **A5:** 621–623
effects of added gas **A5:** 624
equipment **A5:** 623–624
excimer laser wavelengths. **A5:** 623
ferroelectrics **A5:** 625–626
high-temperature superconductors. **A5:** 625
history **A5:** 621
laser **A5:** 623
laser beam rastering **A5:** 623–624
materials **A5:** 624–626
mechanical filters **A5:** 624
off-axis **A5:** 624
particulates **A5:** 624
plume diagnostics **A5:** 622–623
substrate heater. **A5:** 623
target manipulation **A5:** 623
vacuum system **A5:** 623
vs. physical vapor deposition **A5:** 621, 622
Pulsed-laser optical holographic interferometry **A17:** 407, 410–411
Pulse-echo method
nuclear magnetic resonance **A10:** 281
Pulse-echo methods *See also* Pulse-echo ultrasonic inspection
and microwave inspection **A17:** 211
A-scan displays, interpreting **A17:** 244–246
data interpretation. **A17:** 243–246
echo amplitude. **A17:** 245–246
loss of back reflection **A17:** 246
presentation **A17:** 241–244
principles **A17:** 241
ultrasonic inspection **A17:** 240–248
Pulse-echo ultrasonic inspection *See also* Pulse-echo methods
control system **A17:** 253–254
instrument **A17:** 253
of forged shafts. **A17:** 508
Pulse-echo ultrasonics **EM1:** 770
Pulse-height analysis. **A18:** 325
Pulse-inspection circuitry
energy-dispersive spectrometer **A10:** 519–520
Pulse-modulated reflection
microwave inspection **A17:** 206
Pulse-modulated transmission
microwave inspection **A17:** 206
Pulser circuit
electronic ultrasonic inspection **A17:** 252
Pulses, threshold-crossing
acoustic emission inspection **A17:** 281–283
Pultrusion **A20:** 805–806, 808, **EM1:** 533–543, **EM2:** 389–398
applications. **EM1:** 533–534
defined. **EM1:** 19, 72–73, **EM2:** 34
design guide lines. **EM1:** 542–543
design, guidelines. **EM2:** 396–398
in polymer-matrix composition scheme . . . **A20:** 701
material forming. **EM1:** 536
materials **EM1:** 536–537, **EM2:** 392–393
molded-in color **EM2:** 306
of epoxy composites **EM1:** 72–73
of glass rovings **EM1:** 109
of graphite-reinforced MMC **EM1:** 870–872
of thermoplastic resin composites **EM1:** 549
orientation options **EM1:** 537–540, **EM2:** 393–395
plastics **A20:** 799, 800–801
polymer matrix composites **A20:** 702
polymer melt characteristics. **A20:** 304
process **EM1:** 533–536
process components. **EM2:** 390–391
process description **EM2:** 389–390
processing characteristics, open-mold **A20:** 459
product characteristics. **EM2:** 397
properties **EM1:** 540–542, **EM2:** 395–396
resin formation. **EM1:** 535–536
surface finish. **EM2:** 304
thermoset plastics processing comparison **A20:** 794
thermosetting **EM2:** 303
tooling. **EM1:** 536, **EM2:** 392
unsaturated polyesters **EM2:** 251
Pultrusion of resin-matrix composites. **A9:** 591
Pulverisette **A7:** 82
Pulverization **M7:** 9
Pulvermetallurgie und Sinterwerkstoffe **(Kieffer and Hotop)** **M7:** 18–19
Pumice
abrasive in commercial prophylactic paste **A18:** 666, 668, 669
in dentifrices. **A18:** 668
Pump casings, cast iron
coatings for **M1:** 105
Pump gear
economy in manufacture **M3:** 855, 856
Pump impeller, cast stainless steel
cavitation damage **A13:** 142
Pump wink **EM3:** 720
Pumping
schematics, vacuum leak testing **A17:** 67
speed, leak detection effects. **A17:** 69–70
Pumping efficiency
defined. **A18:** 15
Pumping equipment
for resin transfer molding. **EM1:** 169
Pumping system, vacuum
SEM microscope. **A10:** 491
Pumps *See also* Circulation pump; Molten metal pump. **A13:** 1139, 1294–1296, 1316
abrasive waterjet cutting. **A14:** 744–746
asset loss risk as a function of equipment type. **A19:** 468
bowl, graphitic corrosion **A11:** 372–373
impeller, bronze, cavitation damage failure. **A11:** 167–168
impeller, cast iron, graphitic corrosion **A11:** 374–375
impeller, erosion-corrosion in **A11:** 402
mud, bending fatigue fracture in pushrod of. **A11:** 469
parts, wear of cast iron. **A11:** 365–367
peristaltic, in ICP concentric nebulizers. . . . **A10:** 35
quenching medium agitation **M4:** 64, 67
quenching medium circulation **M4:** 67
rotary and diffusion vacuum, in gas mass spectrometer **A10:** 151–152
rotary, damaged austenitic cast iron impellers in. **A11:** 355–356

Pumps (continued)
sampling **A10:** 16
stainless steel, cavitating mercury damage **A11:** 165
Toepler **A10:** 152
Pumps, vacuum
for SEM systems **A12:** 171
Pumps, wear of **A18:** 593–600
abrasive wear **A18:** 595, 597–598, 599
cavitation erosion **A18:** 593, 597, 599–600
centrifugal pumps **A18:** 599–600
reciprocating pumps **A18:** 600
corrosive wear **A18:** 593
erosive wear **A18:** 593, 597–599
lubrication **A18:** 595, 597
mechanisms causing loss of surface material from component parts **A18:** 593
particulate erosion **A18:** 597–599
rubbing wear **A18:** 593–597
PUN *See* Phenotic urethane no-bake resin system
Punch *See also* Force plug
tubular **A7:** 351
Punch and die
method, blanking shear test as **A8:** 64
sheet metal forming **A8:** 547
Punch clamp rings **A7:** 353
Punch component stress **A7:** 351–352
Punch compression **A7:** 352
Punch loading
aluminum, strain rate sensitivity **A8:** 230–231
for high shear testing **A8:** 228–230
for high strain rate shear testing **A8:** 187, 229–230
high-strength steel **A8:** 229–230
Kolsky bar apparatus **A8:** 229–230
Punch motion **A7:** 448
Punch presses **A14:** 464, 523, 543–544
Punch, punches **M7:** 10
air-mounted lower outer punch **M7:** 323
and dies, tool steel applications **M7:** 792
arrangement, stress and density distribution with **M7:** 300–301
clamp rings, materials for **M7:** 337
component stress **M7:** 335–336
compression **M7:** 336, 337
designing **M7:** 335–337
for hot pressing **M7:** 502
materials for **M7:** 337
spring-mounted lower outer **M7:** 323
stationary and mountings **M7:** 335, 336
Punch shear
in piercing **A14:** 463
Punchability
of electrical steel sheet **A14:** 477
Punches *See also* Punchability; Punching . . . **A7:** 351, 353
arbor-type **A14:** 537
back extrusion **A2:** 970–971
blanking and piercing, materials for **A14:** 484
bulging, fluid forming **A14:** 614
carburization cracking **A11:** 573–574
deep-drawing, materials for **A14:** 508–509
defined **A14:** 10
design, cold extrusion **A14:** 302
expanding drawn workpieces with **A14:** 587
for cold extrusion **A14:** 309
for hot trimming, stainless steel forgings . . **A14:** 230
for open-die forging **A14:** 62, 63
for piercing **A14:** 464–465
for press-brake forming **A14:** 535–539
gooseneck **A14:** 536
high-pressure, cemented carbide **A2:** 972
materials for **A14:** 483, 511, 580
perforator, materials for **A14:** 485
powder compacting, cemented carbide **A2:** 971
quench-crack failure of **A11:** 566
radii, deep drawing effects **A14:** 580–581
square-end, cutting force **A14:** 448
stamping, cemented carbide **A2:** 971
Punching *See also* Blanking; Punches
aluminum and aluminum alloys **A2:** 10
and gear manufacture **A16:** 330
and shearing machines **A14:** 716
defined **A14:** 10, 55
dies **A14:** 55–56
high strain rate shear testing **A8:** 215
in conjunction with broaching **A16:** 195
in sheet metalworking processes classification scheme **A20:** 691
NC implemented **A16:** 613
nickel-titanium shape memory effect (SME) alloys **A2:** 899
refractory metals and alloys **A2:** 560–562
surface roughness and tolerance values on dimensions **A20:** 248
tungsten **A2:** 562
Punching technique for subdividing solids . . . **A10:** 165
Punch-to-die clearance *See* Clearance; Die clearance
Punctual illumination
MOLE/Raman analysis **A10:** 129–130
Punty rod **EM4:** 394
PUR *See* Polyurethanes; Urethanes
Purchase scrap
storage of **A15:** 363
Purchased scrap **A1:** 1023
Pure adhesion term (μ_a) **A18:** 35
Pure aluminum *See also* Aluminum; Aluminum, specific types **M7:** 130
applications and properties **A2:** 62–65
direct-chill casting **A15:** 314
dynamic yield stress vs. strain rate in **A8:** 41
for niobium-titanium superconducting materials **A2:** 1045
high-stacking fault energy material **A8:** 173
K-M CBEDP from **A10:** 441
properties **A2:** 3, 1099–1100
rotor alloys **A2:** 127–129
solid-solution effects **A2:** 38
wrought series **A2:** 29
Pure bending
bent beam for **A8:** 505
Pure ceramics
electrical discharge machining **EM4:** 376
Pure chromium
oxide scale formation **A13:** 97
Pure cobalt *See also* Elemental cobalt
electrical and magnetic properties **A2:** 447
mechanical properties **A2:** 447
properties **A2:** 1109
Pure compression
plastic flow in **A8:** 576–577
Pure copper *See also* Copper **A15:** 314, 774
applications **A2:** 216, 224, 239–240
as electrical contact material **A2:** 843
castability **A2:** 346
commercial, types **A2:** 223, 230, 234
cooling in ultrasonic testing **A8:** 247
corrosion on **A11:** 201
mechanical working **A2:** 219
P/M parts **A2:** 397–398
melt treatment **A15:** 774
properties **A2:** 224, 1110
scrap, for recycling **A2:** 1215
Pure copper P/M parts **M7:** 735–736
Pure error sums of squares **A20:** 84, 85
Pure fatigue mechanisms **A19:** 4
Pure gold *See also* Commercial fine gold; Gold; Precious metals
properties **A2:** 1116
properties and applications **A2:** 692
Pure iron *See also* Iron; Iron alloys; specific iron alloys **M7:** 480
damping capacity **M1:** 32
hydrogen damage **A13:** 166–169
properties **A2:** 1118–1127
soft magnetic properties **A2:** 762
Pure iron (steel)
composition of common ferrous P/M alloy classes **A19:** 338
Pure lead *See also* Corroding lead; Lead; Lead alloys
compositions and grades **A2:** 543–545
properties **A2:** 1129
Pure magnesium **M7:** 131
Pure materials
as primary standards **A10:** 162
Pure metal
oxidation-resistant coating systems for niobium **A5:** 862
resonant specimen lengths for **A8:** 249
workability **A8:** 574–575
Pure metal preparation methods
chemical vapor deposition **A2:** 1094
distillation **A2:** 1094
fractional crystallization **A2:** 1093
solid-state refining techniques **A2:** 1094–1095
vacuum melting **A2:** 1094
zone refining **A2:** 1093–1094
Pure metals *See also* Actinide metals; High purity; index entries under individual elements; Pure metals, specific types; Rare earth metals; Transplutonium actinide metals **A19:** 7, **M2:** 709–713
allotropic transformations **A9:** 655
aluminum, properties **A2:** 1099–1100
antimony, properties **A2:** 1100
arsenic, properties **A2:** 1101
as heating alloys **A2:** 829
barium, properties **A2:** 1101
beryllium, properties **A2:** 1102
cadmium, properties **A2:** 1104
calcium, properties **A2:** 1105
cesium, properties **A2:** 1107
characteristics **A13:** 46
characterization **M2:** 711–712, 713
chemical vapor deposition (CVD) **A2:** 1094
chromium, properties **A2:** 1107
cobalt, properties **A2:** 1109
columbium *See* Niobium
copper, properties **A2:** 1110
distillation **A2:** 1094
electrical resistance, properties **A2:** 823
FIM images of defects in **A10:** 588–589
fractional crystallization **A2:** 1093
gallium, properties **A2:** 1114
germanium, properties **A2:** 1115
gold, properties **A2:** 1116
impurity concentrations **A2:** 1096
indium, properties **A2:** 1117
iridium, properties **A2:** 1117
iron, properties **A2:** 1118–1127
lead, properties **A2:** 1129
lithium, properties **A2:** 1131
magnesium, properties **A2:** 1132
manganese, properties **A2:** 1135
mechanical properties of plasma sprayed coatings **A20:** 476
mercury, properties **A2:** 1138
molybdenum, properties **A2:** 1140
nickel **A2:** 435, 437, 441
nickel, properties **A2:** 1143
niobium **A2:** 1144
normal grain growth in **A9:** 697
osmium, properties **A2:** 1145
palladium, properties **A2:** 1146
platinum, properties **A2:** 1147
potassium, properties **A2:** 1148
praseodymium, properties **A2:** 1149
preparation **M2:** 709–711
preparation and characterization . . . **A2:** 1093–1097
preparation methods **A2:** 1093–1095
purity, six nines characterization **A2:** 1097
resistance-ratio test **A2:** 1096–1097
rhenium, properties **A2:** 1150
rhodium, properties **A2:** 1151
rubidium, properties **A2:** 1151
ruthenium, properties **A2:** 1153
selenium, properties **A2:** 1153

SUBJECTS OF THE INDEXED VOLUMES: ASM Handbook (designated by the letter "A"): **A1:** Properties and Selection: Irons, Steels, and High-Performance Alloys (1990); **A2:** Properties and Selection: Nonferrous Alloys and Special-Purpose Materials (1990); **A3:** Alloy Phase Diagrams (1992); **A4:** Heat Treating (1991); **A5:** Surface Engineering (1994); **A6:** Welding, Brazing, and Soldering (1993); **A7:** Powder Metal Technologies and Applications (1998); **A8:** Mechanical Testing (1985); **A9:** Metallography and Microstructures (1985); **A10:** Materials Characterization (1986); **A11:** Failure Analysis and Prevention (1986); **A12:** Fractography (1987); **A13:** Corrosion (1987); **A14:** Forming and Forging (1988); **A15:** Casting (1988); **A16:** Machining (1989); **A17:** Nondestructive Evaluation and Quality Control (1989); **A18:** Friction, Lubrication, and Wear Technology (1992); **A19:** Fatigue and Fracture (1996); **A20:** Materials Selection and Design (1997). **Metals Handbook, 9th Edition** (designated by the letter "M"): **M1:** Properties and Selection: Irons and Steels (1978); **M2:** Properties and Selection: Nonferrous Alloys and Pure Metals (1979); **M3:** Properties and Selection: Stainless Steels, Tool Materials, and Special-Purpose Materials (1980); **M4:** Heat Treating (1981); **M5:** Surface Cleaning, Finishing, and Coating (1982); **M6:** Welding, Brazing, and Soldering (1983); **M7:** Powder Metallurgy (1984). **Engineered Materials Handbook** (designated by the letters "EM"): **EM1:** Composites (1987); **EM2:** Engineering Plastics (1988); **EM3:** Adhesives and Sealants (1990); **EM4:** Ceramics and Glasses (1991). **Electronic Materials Handbook** (designated by the letters "EL"): **EL1:** Packaging (1989)

silicon, properties A2: 1154
silver, properties A2: 1156
sodium, properties A2: 1158
solidification structures of A9: 607–610
solid-state refining techniques A2: 1094–1095
strontium, properties A2: 1159
structures and thermal properties A13: 62–63
tantalum, properties A2: 1160
technetium, properties A2: 1163
tellurium, properties A2: 1165
thallium, properties A2: 1165
tin, properties A2: 1166
titanium, properties A2: 1169
trace element analysis A2: 1095–1096
tungsten, properties A2: 1170
vacuum melting A2: 1094
vanadium, properties A2: 1172
zinc, properties A2: 1174
zirconium, properties A2: 1175
zone refining A2: 1093–1094

Pure metals, specific types
aluminum, by zone-refining technique A2: 1094
barium, by distillation A2: 1094
bismuth, by zone-refining technique A2: 1094
calcium, by distillation A2: 1094
chromium, by iodide/chemical vapor deposition A2: 1094
copper, by zone-refining technique A2: 1094
gallium, by fractional crystallization A2: 1093
gold, by zone-refining technique A2: 1094
hafnium, by chemical vapor deposition . . . A2: 1094
lead, by zone-refining technique A2: 1094
lithium, by distillation A2: 1094
magnesium, by distillation and zone refinement A2: 1094
molybdenum, by chemical vapor deposition A2: 1094
molybdenum, by zone-refining technique A2: 1094
niobium, by chemical vapor deposition . . . A2: 1094
niobium, by zone-refining technique A2: 1094
rare earth metals, by electrotransport purification A2: 1094–1095
silicon crystals, by zone-refining technique A2: 1094
silver, by zone-refining technique A2: 1094
sodium, by distillation A2: 1094
tantalum, by chemical vapor deposition . . A2: 1094
tantalum, by zone-refining technique A2: 1094
thorium, by chemical vapor deposition . . . A2: 1094
tin, by zone-refining technique A2: 1094
titanium by external gettering A2: 1094
titanium, by iodide/chemical vapor deposition A2: 1094
titanium, by zone-refining technique A2: 1094
tungsten, by zone-refining technique A2: 1094
ultrapure gold, by fractional crystallization A2: 1093
ultrapure palladium, by fractional crystallization A2: 1093
ultrapure platinum, by fractional crystallization A2: 1093
ultrapure silver, by fractional crystallization A2: 1093
vanadium, by chemical vapor deposition A2: 1094
vanadium, by zone-refining technique A2: 1094
yttrium, by external gettering A2: 1094
zinc, by zone-refining technique A2: 1094
zirconium, by electrotransport purification A2: 1094–1095
zirconium, by external gettering A2: 1094
zirconium, by iodide/chemical vapor deposition A2: 1094
zirconium, by zone-refining technique A2: 1094

Pure nickel
effect of relative humidity on fretting A13: 140
K-absorption edge A10: 408
properties and characteristics . . . A2: 435, 437, 441, 1143

Pure palladium *See also* Palladium
properties A2: 714–716, 1146

Pure planar dislocation slip A19: 77

Pure plastic bending
geometry of deformation A8: 120, 122
radial stress and tangential stress ratio A8: 121–122
schematic of circumferential and radial stresses in plate A8: 121, 123
strain and stress states A8: 120, 122, 124
tangential and radial stress distribution . . . A8: 122, 124

Pure plasticity theory A18: 435

Pure platinum *See also* Platinum
properties A2: 707, 1147

Pure plowing term (μ_p) A18: 35

Pure polycrystals A19: 88–89

Pure refractory metals *See also* Refractory metals and alloys M7: 766
applications A2: 557–558
mechanical and physical properties A2: 559

Pure shear
yield criteria A8: 577

Pure silicon *See also* Silicon
properties A2: 1154

Pure silver *See also* Fine silver; Silver
AES spectrum of A11: 34
properties A2: 1156

Pure tension
plastic flow in A8: 576–577

Pure time averaging A20: 189

Pure tin *See also* Pure metals; Tin A13: 770–772
chemical properties A2: 518–519
corrosion behavior A2: 518–519
creep characteristics A2: 518
fatigue strength A2: 518
impact strength A2: 518
properties A2: 1166
purity A2: 518
solders, applications, specifications compositions A2: 521
tensile properties A2: 519

Pure titanium *See also* Pure metals; Titanium; Wrought titanium
alloying of A2: 596–597
blended elemental parts A2: 656
chemical reactivity A2: 592
commercial, effects of vacuum on fatigue A12: 48–49
commercial, fatigue striations A12: 20
corrosion resistance A2: 592
dimples, SEM stereo pair A12: 171
effect of strain rate on ductility in A8: 42
effect of stress intensity factor range on fatigue crack growth rate A12: 57
properties A2: 596, 1169

Pure titanium carbides M7: 158

Pure titanium powders M7: 165

Pure tungsten
effect of temperature on strength and ductility A8: 36
types and properties A2: 577–578, 1170

Pure water
high-temperature, aerated conditions . . A8: 420–422
high-temperature, deaerated conditions A8: 422–425

Pure wavy dislocation slip A19: 77

Pure zinc *See also* Zinc
properties A2: 1174

Purge (verb)
defined M7: 10

Purging gas
efficiency of A15: 86

Purification *See also* Pure metals; Purity; Ultrapurification
and reduction reactions M7: 152
gallium A2: 744
in precipitation from solution M7: 54
of germanium and germanium compounds A2: 735
of melts A15: 71, 74–81
of molybdenum powders M7: 155
of rare earth metals A2: 720–721
powders, refractory metals and alloys A2: 560
techniques, tungsten powder production . . . M7: 152
tungsten powders M7: 152–154

Purified inert gas
brazing atmosphere sources A6: 628

Purifying hydrogen
powder used M7: 574

Purifying hydrogen catalysts
powders used M7: 572

Purity
characterization of A2: 1095–1097
commercial A2: 1093
determined by EFG A10: 212
effect on fatigue crack growth A8: 411
in aqueous environment synthesis A8: 416
of aluminum A2: 3–4
of cyanates EM2: 234
of gallium arsenide (GaAs) A2: 741
of indium A2: 750
of iron powder by electrolysis M7: 93
of lead A2: 543
of materials, NAA analysis for A10: 233
of metals, preparation methods A2: 1094–1095
of solvents and reagents, UV/VIS analysis A10: 68
of water atomized low-carbon iron M7: 84
six nines characterization A2: 1097
tungsten A2: 577
unalloyed uranium, specifications A2: 672
wrought aluminum alloy, and fracture toughness A2: 42

Purple plague
as intermetallic-related failure EL1: 1042
as silicon transistor failure mechanism . . . EL1: 960
defined EL1: 1154

"Purple plague," eliminating in solid-state electronics . . . . . A3: 1•28

Purple plaque A5: 552

Pu-Sc (Phase Diagram) . . . . . A3: 2•349

Push angle
definition M6: 14

Push feeds
of blanks A14: 500

Push type furnaces A7: 189–190, 191, 193

Push weld
definition M6: 14

Push welding
definition M6: 14

Pusher furnace A7: 453, 456
high-temperature sintering A7: 475
sintering of stainless steel A7: 478, 479–480

Pusher furnaces *See also* Furnaces M7: 10, 351, 354, 356

Pusher-type furnaces *See also* Furnaces M7: 10

Pusher-type seal
defined A18: 15

Push-out device
for induction furnace linings A15: 372–373

Push-pull loading
in tests of cast steels A8: 348

Push-pull pins
failure in A11: 548

Push-pull test A20: 529

Pushrod, alloy steel
bending-fatigue fracture A11: 469

Push-up
as casting defect A11: 384

Pu-U (Phase Diagram) . . . . . A3: 2•350

Pu-Zn (Phase Diagram) . . . . . A3: 2•350

Pu-Zr (Phase Diagram) . . . . . A3: 2•350

PV factor A18: 515, 518, 520
defined A18: 15

PV formula A7: 1056
for bearing load-carrying capacities M7: 709

PV limit A18: 239

***PV* model for plastic bearings, application wear model** A20: 607

PVA sealants
tensile strength affected by temperature . . EM3: 189

PVAC *See* Polyvinvl acetate; Polyvinyl acetates

PVAL *See* Polyvinyl alcohol

PVB *See* Polyvinyl butyral

PVC *See* Poly,(vinylchloride) (PVC); Polyvinyl chloride; Polyvinyl chlorides

PVC coating *See also* Nitrocellulose coating A13: 105, 108

PVC liquid coating
protection of terminals and wiring connections EM3: 611

PVC/acrylic combinations
adhesion to selected hot dip galvanized steel surfaces A5: 363

PVC-coated aluminum foil
filiform corrosion A13: 105

PVC-dispersions
adhesion to selected hot dip galvanized steel surfaces A5: 363

PVD and CVD coatings *See also* Physical vapor deposition A18: 840–849
chemical vapor deposition processes A18: 840, 841, 846–848
advanced techniques A18: 848

808 / PVD and CVD coatings

PVD and CVD coatings (continued)
applications A18: 846
classification of reactions............. A18: 846
complex reactions A18: 846
conventional (CCVD) A18: 840, 846–847
definition..................... A18: 840, 846
excitation A18: 840
hot-filament CVD A18: 848
laser-induced (LCVD) A18: 846, 848
low-pressure (LPCVD) A18: 847
metal-organic (MOCVD) A18: 846
microwave excitation............. A18: 840, 847
organic-metallic (OMCVD) A18: 846
parameters A18: 841
photon excitation A18: 840
plasma-assisted (PACVD) A18: 840, 846, 847–850
rate-limiting steps A18: 846
reactors........................ A18: 846–847
thermal A18: 840, 846–847
classification of processes on basis of material deposited on substrate............. A18: 840
future outlook........................ A18: 849
materials deposited by techniques........ A18: 848
modeling steps A18: 840
physical vapor deposition processes . . A18: 840–843
evaporation deposition . . A18: 840, 841, 842–843
sputter deposition................. A18: 840–842
unbalanced magnetron sputter deposition..................... A18: 849
PVD techniques for deposition of metals, alloys, and compounds A18: 843–846
activated reactive evaporation (ARE)... A18: 840, 841–845
alloy deposition..................... A18: 843
ARE (BARE) process A18: 845
decomposition of compounds...... A18: 843–846
definition A18: 840
diode ion plating........... A18: 840, 844–845
direct evaporation................... A18: 844
hybrid PVD processes A18: 844–846
ion plating A18: 840, 844–845
laser ablation deposition A18: 844
plasma-assisted reactive evaporation ... A18: 840, 843–844
reactive evaporation process........... A18: 844
reactive ion plating (RIP) A18: 840, 844, 845–846
reactive PVD processes A18: 844
reactive sputtering (RS) A18: 840, 844
single-element species deposition A18: 843
PVD versus CVD...................... A18: 840
wear applications.................. A18: 848–849
cutting tool life improvements by coatings on tool substrates A18: 849
PVDC *See* Polyvinylidene chloride
PVDF *See* Polyvinylidene fluoride
PVF *See* Polyvinyl formal
PWA *See* Printed wiring assembly
PWA 90
electrochemical grinding A16: 547
grinding A16: 547
milling A16: 547
PWA 689
electrochemical grinding A16: 547
grinding A16: 547
milling A16: 547
PWA 1004
electrochemical grinding A16: 547
grinding A16: 547
milling A16: 547
PWA 1480
aging cycle............................ A4: 812
composition............................ A4: 795
PWA-682 Ti
broaching A16: 203, 209
PWB *See* Printed wiring boards
P-X diagram
defined................................ A9: 15

P-X projection
defined................................ A9: 15
PY6 (GTE Laboratories)
processed by glass-encapsulated HIP EM4: 199
Pycnometer M7: 266
Pycnometry A7: 274, 278–280
accuracy.......................... A7: 279–280
apparatus......................... A7: 278–279
as measure of density M7: 262, 265–266
definition............................ A7: 278
flow chart for pycnometer A7: 279
gas.......................... A7: 278, 279–280
liquid............................ A7: 278–279
state of the system.................... A7: 279
theory............................ A7: 278–279
to determine density of ceramic powders EM4: 27
zeroed sample system A7: 279
Pyles Thermo-O-Flow System
hot-melt butyl applicator.............. EM3: 200
Pyralin products........................ EM3: 158
Pyramidal Knoop indenter
with indentations in piece A8: 91
Pyramidal slip A19: 7
Pyramid-type three-roll forming machines A14: 617–618
Pyre-ML-Polyimide
as thermocouple wire insulation A2: 882
Pyrene monomer
fluorescence emission spectra............ A10: 76
Pyrex
mechanical and physical properties....... A18: 813
Pyrex glass A20: 418
applications, laboratory and process ... EM4: 1089, 1090
composition......................... EM4: 1103
crystal structure EM4: 30
encapsulation in HIP conforming to body configuration EM4: 197
heat transfer coefficient compared EM4: 1090
mechanical properties A20: 427
properties A20: 785, EM4: 30, 330
tempered form EM4: 1103
thermal properties A20: 428
Pyrex glass molds........................ M7: 533
Pyridine
adsorbed, vibrational behavior A10: 134
maximum concentration for the toxicity characteristic, hazardous waste A5: 159
SERS of A10: 136
Pyridylazonaphthaol
as metallochromic indicator............. A10: 174
Pyridylazoresorcinol
as metallochromic indicator............. A10: 174
Pyrite
in ore deposits A7: 141
Miller numbers....................... A18: 235
Pyrite (FeS_2)
purpose for use in glass manufacture EM4: 381
Pyrocatechol violet
as metallochromic indicator............. A10: 174
Pyroceram A18: 532
aerospace applications EM4: 1017, 1018–1019
application............................ EM4: 1
fortification EM4: 1019
properties........................... EM4: 1018
seals to metals....................... EM4: 499
tableware EM4: 1102
Pyrochlore.............................. A7: 197
niobium deposits in M7: 160
Pyrochlore, in waste form simulant
EPMA analysis for A10: 532–535
Pyrochlore ore
recovery of A2: 1043–1044
Pyrociectric device
infrared detector as A10: 223
Pyroelectrics A20: 433
Pyrolysis A20: 260–261, EM4: 62
defined EM1: 19–20, EM2: 35
of thin-film hybrids.................... EL1: 313

rice hull EM1: 64, 889, 896
Pyrolysis and consolidation as a fabrication process
for carbon-carbon composites A9: 591
Pyrolysis gas chromatography/mass spectroscopy
analysis of rubber sheaths by............ A10: 648
polymer analysis by............... A10: 647–648
Pyrolysis process
loss A20: 261
Pyrolysis products
analytic methods for A10: 11
Pyrolytic chemical vapor deposition (PCVD)
process.............................. A18: 848
Pyrolytic gas chromatography (PGC)
peak areas of a brake lining resin........ A18: 571
Pyrolytic graphite (PG)
effect on SiC fiber production...... EM1: 858–859
Pyrolytic graphite used to redensify a carbon-carbon composite A9: 595–596
Pyromellitic dianhydride/oxydianiline (PMDA/ODA)
polymers EM1: 290
Pyromet 31
composition.................. A4: 794, A6: 573
Pyromet 860
composition.................. A4: 794, A6: 573
Pyromet CTX-1
composition........................... A4: 794
oxidation A4: 798
Pyromet CTX-3
cold-working effect on aging A4: 800
oxidation A4: 798
Pyromet CTX3M
precipitation strengthening and grain size . . A4: 800
Pyromet CTX-909
cold-working effect on aging A4: 800
oxidation A4: 798
Pyrometallurgy
of nickel and nickel alloys A2: 429
Pyrometers
for thermal inspection.................. A17: 399
Pyrometric cone A20: 792
Pyrometric cone equivalent (PCE) A20: 423, EM4: 12–13
Pyrometric cones EM4: 36
Pyrometry A19: 182
Pyron iron powders...... A7: 112, 113, M7: 83, 182
annealing M7: 182
chemical composition.................... M7: 83
properties and uses...................... M7: 83
Pyron process........ A7: 110, 111–112, 113, 1048, M7: 82–83

Pyrophoric
ignition M7: 194, 198–199
powder M7: 10
Pyrophoric iron A7: 116
Pyrophoricity *See also* Explosion(s); Explosive(s); Explosivity; Fires; Pyrometallurgy . . M7: 10, 24, 194–200
degree of M7: 198–199
of aluminum powders......... M7: 125, 127, 130
of manganese powders M7: 72
of metal powders M7: 24, 194, 198–200
of uranium and uranium alloys....... A2: 670–671
prevention of pyrophoric reactions ... M7: 199–200
reaction parameters M7: 199
Pyrophoricity of uranium A9: 477
Pyrophosphate
boron content and complexing agent effect on internal stress in DMAB-reduced deposits A5: 298
copper plating baths... A5: 167, 168, 170, 173, 175
plating bath, anode and rack material for copper plating A5: 175
Pyrophosphate baths
agitation, preferred methods A5: 170
Pyrophosphate copper plating *See* Copper pyrophosphate plating
Pyrophosphate, zirconium weighed as
in gravimetric analysis A10: 171

SUBJECTS OF THE INDEXED VOLUMES: ASM Handbook (designated by the letter "A"): A1: Properties and Selection: Irons, Steels, and High-Performance Alloys (1990); A2: Properties and Selection: Nonferrous Alloys and Special-Purpose Materials (1990); A3: Alloy Phase Diagrams (1992); A4: Heat Treating (1991); A5: Surface Engineering (1994); A6: Welding, Brazing, and Soldering (1993); A7: Powder Metal Technologies and Applications (1998); A8: Mechanical Testing (1985); A9: Metallography and Microstructures (1985); A10: Materials Characterization (1986); A11: Failure Analysis and Prevention (1986); A12: Fractography (1987); A13: Corrosion (1987); A14: Forming and Forging (1988); A15: Casting (1988); A16: Machining (1989); A17: Nondestructive Evaluation and Quality Control (1989); A18: Friction, Lubrication, and Wear Technology (1992); A19: Fatigue and Fracture (1996); A20: Materials Selection and Design (1997). **Metals Handbook, 9th Edition** (designated by the letter "M"): M1: Properties and Selection: Irons and Steels (1978); M2: Properties and Selection: Nonferrous Alloys and Pure Metals (1979); M3: Properties and Selection: Stainless Steels, Tool Materials, and Special-Purpose Materials (1980); M4: Heat Treating (1981); M5: Surface Cleaning, Finishing, and Coating (1982); M6: Welding, Brazing, and Soldering (1983); M7: Powder Metallurgy (1984). **Engineered Materials Handbook** (designated by the letters "EM"): EM1: Composites (1987); EM2: Engineering Plastics (1988); EM3: Adhesives and Sealants (1990); EM4: Ceramics and Glasses (1991). **Electronic Materials Handbook** (designated by the letters "EL"): EL1: Packaging (1989)

Pyrophosphoric acid
as electrolyte **A9:** 54
description. **A9:** 68
Pyrophyllite **EM4:** 6, 44
composition **EM4:** 6, 761, 932
fired properties **EM4:** 762
in ceramic tiles **EM4:** 926
in typical ceramic body compositions. **EM4:** 5
properties. **EM4:** 760
refractory applications. **EM4:** 901
sheet structure. **EM4:** 759
structure **EM4:** 761, 762
Pyrophyllite, as refractory
core coatings **A15:** 240
Pyrosilicate
crystal structure **EM4:** 881
Pyrotechnic actuators
corrosion in **A10:** 510–511
Pyrotechnic materials
SEM analyses **A10:** 510–511
Pyrotechnics **M7:** 597, 600–604
as aluminum flake applications **M7:** 595
devices using metals as fuels. **M7:** 600
magnesium powders for **M7:** 131
metals requirements **M7:** 600–601
powders used **M7:** 574
Pyrowear 53
nominal compositions **A18:** 726
Pyrowear Alloy 53
composition. **A4:** 320
vacuum carburizing **A4:** 348
Pyroxenes
chain structure **EM4:** 759, 760
Pyrrhotite-grinding media system **A18:** 275–276
PZ 6400 (347) surfacing
plasma-MIG welding **A6:** 225
PZ 6410 (308) surfacing
plasma-MIG welding **A6:** 225
PZ 6415 (309) surfacing
plasma-MIG welding **A6:** 225
P-Zn (Phase Diagram). . . . . **A3:** 2•332

q
percentiles of the studentized range **A8:** 658
robing
direct current (dc) **EL1:** 946
testing problems. **EL1:** 365
types **EL1:** 371–372
types **EL1:** 371–372

Q

Q
See also Fatigue notch sensitivity
defined. **EL1:** 1154
Q factor **A7:** 1019
Q, quality factor
defined **A17:** 217
Q value
defined **M7:** 10
Q-band microwave frequency
use in ESR **A10:** 255
"Q"-factor **A20:** 273–274
QIT iron **A7:** 117
Q-meter
for magabsorption measurement **A17:** 152
Q-meter method **EM3:** 431
QPL *See* Qualified products list
QS 9000 . . . . **A20:** 134
Q-switched pulse mode
optical holographic interferometry **A17:** 411
Quad flatpacks **EL1:** 485, 1154
Quadrant durometer **A8:** 107
Quadrature component
microwave inspection **A17:** 205
Quadrature-phase signals
iron carbonyl powders. **A17:** 144
nuclear magnetic resonance **A17:** 144
Quadrivariant equilibrium
defined **A9:** 15
Quadrupole interaction
in Mössbauer effect **A10:** 290–293
Quadrupole magnets
for niobium-titanium superconducting
materials **A2:** 1056
Quadrupole mass filter, schematic
of gas mass spectrometer **A10:** 153
Quadrupole mass spectrometer
for trace element analysis. **A2:** 1095
Quadrupole mass spectrometers **M7:** 258
SIMS **A11:** 34–35
Quadrupole resonance
capabilities. **A10:** 253
Qualification
of inspection equipment **A17:** 679
of inspection processes **A17:** 678–679
of personnel **A17:** 679
procedure, for reliability. **EL1:** 742
procedure, underwater welding. **M6:** 924
programs, environmental testing. **EL1:** 502–503
responsibility, military applications **EL1:** 908
solder masking **EL1:** 554
standard, defined **A17:** 677
welder/diver **M6:** 924
Qualification test **EM3:** 24
Qualified product
defined. **EL1:** 908
Qualified products list (QPL) **EM3:** 24, 63, 730
defined **EM2:** 35
military standardization documents **EL1:** 908
Qualitative analysis *See also* Qualitative analysis, methods for
and Auger emission probabilities **A10:** 550
classical wet chemistry **A10:** 167–168
defined **A10:** 680
direct-current plasma **A10:** 40
electrographic **A10:** 202
electrometric titration **A10:** 202–206
electron energy loss spectroscopy **A10:** 450
energy-dispersive spectrometry **A10:** 522–523
energy-dispersive x-ray spectrometry . . **A10:** 82–101
functional group **A10:** 654
infrared, factor analysis for **A10:** 116
LEISS spectra in **A10:** 604–605
micro-, AEM-EDS for. **A10:** 446–447
of anions and cations, organic and
inorganic **A10:** 658
of inorganic gases, analytic methods for **A10:** 8
of inorganic liquids and solutions, analytic
methods for **A10:** 7
of inorganic solids, analytical
methods for **A10:** 4–6
of major components, analytic methods for **A10:** 4
of minor components, analytic methods for **A10:** 4
of organic solids and liquids, analytic
methods for **A10:** 9–10
of surface phase on silicon. **A10:** 341–342
of trace elements, analytic methods for **A10:** 4
of ultratrace components, analytic
methods for **A10:** 4
resolution enhancement methods **A10:** 116–117
search/match methods as **A10:** 455
wavelength-dispersive spectrometry . . **A10:** 523–524
Qualitative analysis, methods for *See also*
Qualitative analysis
analytical transmission electron
microscopy **A10:** 429–489
Auger electron spectroscopy. **A10:** 549–567
electron probe x-ray microanalysis . . . **A10:** 516–535
electron spin resonance. **A10:** 253–266
field ion microscopy **A10:** 583–602
gas analysis by mass spectrometry . . . **A10:** 151–157
gas chromatography/mass
spectrometry **A10:** 639–648
infrared spectroscopy **A10:** 109–125
ion chromatography **A10:** 658–667
liquid chromatography **A10:** 649–659
low-energy ion-scattering
spectroscopy **A10:** 603–609
molecular fluorescence spectrometry . . . **A10:** 72–81
Mössbauer spectroscopy **A10:** 287–295
neutron diffraction **A10:** 420–426
optical emission spectroscopy **A10:** 21–30
particle-induced x-ray emission. **A10:** 102–108
Raman spectroscopy **A10:** 126–138
scanning electron microscopy **A10:** 490–515
secondary ion mass spectroscopy **A10:** 610–627
spark source mass spectrometry **A10:** 141–150
ultraviolet/visible absorption
spectroscopy **A10:** 60–71
x-ray diffraction **A10:** 325–332
x-ray photoelectron spectroscopy **A10:** 568–580
x-ray powder diffraction. **A10:** 333–343
x-ray spectrometry **A10:** 82–101
Qualitative analysis of projected images A7: 267, 268, 272
Qualitative and quantitive properties
evaluating **EM2:** 405
Qualitative corrosion data
lead/lead alloys **A13:** 780
Qualitative data
optical holographic interferometry . . . **A17:** 414–415
variables, in factorial designs. **A17:** 746
Qualitative dynamic fracture tests **A8:** 259
Qualitative elemental analysis
crystallographic texture measurement and
analysis **A10:** 357–364
dc arc emission spectroscopy **A10:** 25
Qualitative evaluation, turbine blades
by holography **A17:** 405
Qualitative inspection
defined. **A17:** 39
Qualitative level
for fatigue experiments **A8:** 695
Qualitative reasoning **A20:** 11
Qualitative SEM examination
of particles. **M7:** 234–236
Qualitative SEM shape analysis . . . **A7:** 266–267, 272
Quality *See also* Joint design and quality; Quality assurance; Quality control **EM3:** 429, 432
acceptable level, defined. **EL1:** 1133
and engineering specifications **A17:** 720
and productivity fundamentals **A17:** 719–722
and reproducibility, NDE. **A17:** 676
and variation reduction. **A17:** 721
as material selection parameter **EM1:** 38–39
as process factor **A20:** 299
assembly/packaging for. **EL1:** 441–448
assessment, by glass transition
temperature **EM2:** 564–565
assessment criteria, attribute data **A17:** 734
assurance, in liquid penetrant
inspection **A17:** 84–85
assurance, organic coatings and
linings **A13:** 416–418
assurance testing. **A8:** 662
defined **A17:** 720
definition **A20:** 111, 838
design and control, statistical **A17:** 719–753
design, robust design approach **A17:** 721–722
from computer-aided design **EL1:** 527–528
function deployment **A17:** 719
ideal **A20:** 104
improvements, continuous casting **A15:** 313
in thermoplastic injection molding. . **EM2:** 317–318
internal/surface, and gating, die casting . . . **A15:** 289
loss function of **A17:** 720–721
of contour roll forming **A14:** 633
of cut, oxyfuel gas cutting **A14:** 720–721
of cut, plasma arc cutting. **A14:** 731
of fabrics, verification **EM1:** 126
of fastener holes **EM1:** 711
of inspection techniques. **A17:** 663–665
of manual spinning **A14:** 600
of reclaimed sand, green sand
molding **A15:** 225–226
of surface. **A14:** 882
of surface preparation and coating, thermal
spray **A13:** 462
problems, classified **A17:** 723
surface, determining **A15:** 544
surface, of castings **A17:** 512
surface, sheet metal forming **A8:** 553
tension testing as index of **A8:** 19
uniform, of cut edges **A14:** 479
water, effect in water-recirculating
systems. **A13:** 489–494
Quality assurance *See also* Life cycle optimization; Life cycle testing; Process control; Quality control; Testing
definition **A20:** 838
epoxy materials **EL1:** 831–836
filament winding **EM2:** 368
for powder forged parts **A14:** 203–205
for sampling **A10:** 17
in materials engineering **M3:** 826, 830
introduction **EL1:** 867–868
measurement **EM2:** 318
specialties involved during materials selection
process **A20:** 5

Quality assurance, aluminum alloys
heat treating **M4:** 714–717

Quality assurance and quality control
in closed-die forgings. **A1:** 339

Quality assurance and quality control of
forgings **M1:** 351–352, 366

Quality assurance, and testing **A20:** 149

Quality circles **A20:** 315

Quality conformance test circuitry
defined. **EL1:** 1154

Quality control *See also* Control charts; Design; Joint evaluation and quality control; NDE reliability; NDE reliability applications; NDE reliability data analysis; NDE reliability models; Process control; Production; Quality; Quality design; Statistical methods; Statistical process control **A20:** 149, **EM1:** 729–763, **EM3:** 522, 523, **M7:** 295, 480–491

aluminum alloy. **A15:** 762
and design, statistical **A17:** 719–753
and nondestructive evaluation **A15:** 664
as coordinate measuring machine
application **A17:** 20
as discipline **A17:** 719
as minimizing variation **A17:** 720
by image analysis **A10:** 309, 316
Charpy test for **A8:** 262
closed-loop cure as **EM1:** 761–763
compacted graphite irons **A15:** 671
control charts, for individual
measurements **A17:** 732–734
copper casting. **A15:** 778
core manufacturing processes **EL1:** 869–872
corrosion tests **A13:** 193, 242
defect verification process **EL1:** 872–874
defined. **EM1:** 729–730
definition. **A20:** 838–839
design of experiments **A17:** 740–743
design requirements for. **EM1:** 182
Domfer iron powder production
process **M7:** 91–92
electron beam melting. **A15:** 412
electron-beam welding, gas turbine engine
repairs **A6:** 866
elevated/low temperature tension
testing as **A8:** 34–37
examination technique **A12:** 140–143
examples **A17:** 750–752
factorial designs **A17:** 740–750
fiber properties analysis **EM1:** 731–735
for exfoliation corrosion **A13:** 242
for purity or composition, NAA
analysis as **A10:** 233
for thermal spray coatings **A13:** 462
in electroless copper plating. **EL1:** 870
in electrolytic copper plating. **EL1:** 871–872
in etching **EL1:** 872
in photoprinting process **EL1:** 870–871
in sampling **A10:** 17
in welding **A17:** 590
incoming, of solder paste **EL1:** 732
introduction **EL1:** 867, **EM1:** 729–730
laminate, factors. **EM1:** 730
loss function concept. **A17:** 720–721
mechanical properties and **A15:** 765
medical adhesives **EM3:** 575–576
metalworking lubricants **A18:** 148–149
network **EM3:** 703
nondestructive surface residual stress measurement
for **A10:** 380
of boiler/pressure vessel fabrication **A17:** 641
of brazed joints **A6:** 1117–1123
overall quality systems **A6:** 1117–1118
of cure **EM1:** 745–760
of inhibitors **A13:** 483
of integrated circuits **A10:** 122–123
of metallurgical products **A10:** 200
of mixing and blending **M7:** 186–187, 189
of nonferromagnetic heat exchanger tubesheet
rolled joints. **A17:** 180–181
of raw materials, sampling in. **A10:** 12
of reinforcing material lay-up **EM1:** 740–744
of semiconductor devices, by SEM **A10:** 490
of sheet metals, springback tests for. . . **A8:** 564–565
of soldered joints. **A6:** 1124–1128
of tooling. **EM1:** 738–739
on-line structural assessment, aluminum-silicon
alloys **A15:** 166
out-of-control conditions **A17:** 731–732
parameters **A8:** 27, 439
p-chart, for fraction defective **A17:** 735–737
personnel, responsibilities. **EM1:** 740–744
plan, objectives for CMMs. **A17:** 27–28
premium engineered castings **A15:** 766
prepreg, factors **EM1:** 730
primary plated-through hole drilling **EL1:** 869–870
printed wiring boards manufacture . . **EL1:** 869–874
process capability assessment **A17:** 737–740
processing **EM3:** 735–742
application geometry **EM3:** 736–737
curing **EM3:** 739–742
handling and exposure to
contaminants **EM3:** 738
lay-up technique **EM3:** 739
material age-life history. **EM3:** 735–736
material manufacturing consistency. . . . **EM3:** 735
moisture exposure. **EM3:** 736
quality assurance. **EM3:** 742
surface preparation. **EM3:** 737–738
tooling verification **EM3:** 738–739
production, acoustic emission
inspection **A17:** 289–290
quality and productivity
fundamentals **A17:** 719–722
raw materials **EL1:** 860, **EM3:** 729–734
acceptance alternatives **EM3:** 733–734
alternative techniques. **EM3:** 732
product acquisition approach **EM3:** 730
product test phases. **EM3:** 730–731
test techniques. **EM3:** 731–732
testing considerations. **EM3:** 732–733
resin properties analysis **EM1:** 736–737
reverberatory furnaces. **A15:** 378–379
robust design, implementing **A17:** 750–752
Scleroscope for **A8:** 104
Shewhart control charts, for
attribute data **A17:** 734
solder paste. **EL1:** 655
soldering **A6:** 112
sources of variation countermeasures **A17:** 722–730
squeeze casting. **A15:** 324–326
tensile testing for **A12:** 101
testing equipment, electric arc furnace. . . . **A15:** 363
testing methods. **EM3:** 37
tool **A8:** 89
total (TQC), in tape automated bonding
(TAB). **EL1:** 288
transportion industry, magnetic particle
inspection. **A17:** 89
two-level fractional factorial designs **A17:** 746–750
u-chart, for number defects per unit. **A17:** 737
verification **EM1:** 126, 744
visual inspection as **EL1:** 872
x-ray spectrometry of solid samples as. **A10:** 83
zone rules, for control chart analysis **A17:** 730–732

Quality control and inspection **A7:** 698–699

Quality control and inspection of secondary
operations **A7:** 705–709

Quality control of P/M parts production A7: 693–704

Quality control of paint films, coatings . . **A5:** 435–438
abrasion resistance tests. **A5:** 435, 436
adhesion tests **A5:** 435, 437–438
artificial weathering tests. **A5:** 435, 436
blistering tests **A5:** 435, 436
color tests **A5:** 435
dry film thickness tests **A5:** 435, 436–437
elongation properties **A5:** 435, 436
environmental tests. **A5:** 435, 436
exterior-exposure tests **A5:** 435, 436
gloss tests **A5:** 435–436
hardness tests. **A5:** 435, 437
impact resistance tests. **A5:** 435, 437, 438
salt spray (fog) tests **A5:** 435, 436
tests and equipment for evaluation and
monitoring. **A5:** 435
viscosity tests **A5:** 435
wet film thickness tests **A5:** 435, 437

Quality corridors
in ratio-analysis diagrams. **A11:** 62

Quality cost **A20:** 105

Quality descriptors
for carbon steels **A1:** 201, 203
for steel. **A1:** 143–144, 146

Quality design *See also* Quality control; Robust design; Statistical methods
and control, statistical. **A17:** 719–753
of boilers/pressure vessels. **A17:** 641
parameter design stage **A17:** 722
product/process performance factors. **A17:** 722
robust design approach. **A17:** 721–722
systems design stage **A17:** 722
tolerance design stage **A17:** 722

Quality, design for *See* Design for quality

Quality extra **A20:** 249

Quality factor *See also* Tan delta **EM3:** 24
defined **EL1:** 1154, **EM2:** 35, 592

Quality factor, Q
defined. **A17:** 217

Quality function deployment (QFD) . . **A20:** 13, 15, 27, 59–60, 62, 105–106, 315
definition. **A20:** 839
environmental aspects of design **A20:** 134, 135

Quality index **A6:** 1018

Quality loss function (QLF) **A20:** 112, 113, 114
definition. **A20:** 839

Quality of surface finish **A1:** 592–593

Quality rating of the product **A20:** 107

Quantitative analysis *See also* Quantitative analysis, methods for
AEM-EDS micro **A10:** 447
and separation, of metal ions **A10:** 200–201
atom probe microanalysis,
requirements for. **A10:** 594–595
defined. **A10:** 680
electron energy loss spectroscopy **A10:** 450
electron probe x-ray microanalysis, standards
accuracy, and precision. **A10:** 524–525
elemental, of industrial materials **A10:** 162–179
for impurities in LPCVD thin films. **A10:** 624
functional group **A10:** 654
of field ion microscopy images **A10:** 590–591
simulant **A10:** 534
of hydroxyl and boron content in
glass **A10:** 121–122
of inorganic gases, analytic methods for . . . **A10:** 8
of inorganic liquids and solutions, analytic
methods for **A10:** 7
of inorganic solids, analytic methods for . . **A10:** 4–6
of major components, analytic methods for **A10:** 4
of minor components, analytic methods for **A10:** 4
of organic liquids and solutions, analytic methods
for **A10:** 10
of organic solids, analytic methods for. **A10:** 9
of oxygen in silicon wafers **A10:** 122–123
of phosphorus ion-implantation profile in
silicon. **A10:** 623–624
of risk sites. **EL1:** 127–140
of trace components, analytic methods for . . **A10:** 4
of ultratrace components, analytic
methods for **A10:** 4
of ZnO in calcite **A10:** 342
stripping analysis **A10:** 202
surface. **M7:** 251
ultrasensitive destructive. **A10:** 233
x-ray powder diffraction. **A10:** 339–340
x-ray scanning electron microscopy. **A9:** 93

SUBJECTS OF THE INDEXED VOLUMES: ASM Handbook (designated by the letter "A"): **A1:** Properties and Selection: Irons, Steels, and High-Performance Alloys (1990); **A2:** Properties and Selection: Nonferrous Alloys and Special-Purpose Materials (1990); **A3:** Alloy Phase Diagrams (1992); **A4:** Heat Treating (1991); **A5:** Surface Engineering (1994); **A6:** Welding, Brazing, and Soldering (1993); **A7:** Powder Metal Technologies and Applications (1998); **A8:** Mechanical Testing (1985); **A9:** Metallography and Microstructures (1985); **A10:** Materials Characterization (1986); **A11:** Failure Analysis and Prevention (1986); **A12:** Fractography (1987); **A13:** Corrosion (1987); **A14:** Forming and Forging (1988); **A15:** Casting (1988); **A16:** Machining (1989); **A17:** Nondestructive Evaluation and Quality Control (1989); **A18:** Friction, Lubrication, and Wear Technology (1992); **A19:** Fatigue and Fracture (1996); **A20:** Materials Selection and Design (1997). **Metals Handbook, 9th Edition** (designated by the letter "M"): **M1:** Properties and Selection: Irons and Steels (1978); **M2:** Properties and Selection: Nonferrous Alloys and Pure Metals (1979); **M3:** Properties and Selection: Stainless Steels, Tool Materials, and Special-Purpose Materials (1980); **M4:** Heat Treating (1981); **M5:** Surface Cleaning, Finishing, and Coating (1982); **M6:** Welding, Brazing, and Soldering (1983); **M7:** Powder Metallurgy (1984). **Engineered Materials Handbook** (designated by the letters "EM"): **EM1:** Composites (1987); **EM2:** Engineering Plastics (1988); **EM3:** Adhesives and Sealants (1990); **EM4:** Ceramics and Glasses (1991). **Electronic Materials Handbook** (designated by the letters "EL"): **EL1:** Packaging (1989)

Quantitative analysis, methods for *See also* Quantitative analysis
analytical transmission electron microscopy . . . **A10:** 429–489
atomic absorption spectrometry . . . **A10:** 43–59
Auger electron spectroscopy. . . **A10:** 549–567
classical wet analytical chemistry . . . **A10:** 161–180
controlled-potential coulometry. . . **A10:** 207–211
electrochemical analysis . . . **A10:** 181–211
electrogravimetry . . . **A10:** 197–201
electrometric titration . . . **A10:** 202–206
electron probe x-ray microanalysis . . . **A10:** 516–535
electron spin resonance. . . **A10:** 253–266
elemental and functional group analysis . . . **A10:** 212–220
gas analysis by mass spectrometry . . . **A10:** 151–157
inductively coupled plasma atomic emission spectroscopy . . . **A10:** 31–42
infrared spectroscopy . . . **A10:** 109–125
ion chromatography . . . **A10:** 658–667
liquid chromatography . . . **A10:** 649–659
low-energy ion-scattering spectroscopy . . . **A10:** 603–609
molecular fluorescence spectrometry . . . **A10:** 72–81
Mössbauer spectroscopy . . . **A10:** 287–295
neutron activation analysis . . . **A10:** 233–242
neutron diffraction . . . **A10:** 420–426
optical emission spectroscopy . . . **A10:** 21–30
particle-induced x-ray emission. . . **A10:** 102–108
potentiometric membrane electrodes **A10:** 181–187
Rutherford backscattering spectrometry. . . **A10:** 628–636
spark source mass spectrometry . . . **A10:** 141–150
ultraviolet/visible absorption spectroscopy . . . **A10:** 60–71
voltammetry . . . **A10:** 188–196
x-ray diffraction. . . **A10:** 325–332
x-ray photoelectron spectroscopy . . . **A10:** 568–580
x-ray spectrometry. . . **A10:** 82–101
Quantitative chemical analysis . . . **A1:** 1031–1032
Quantitative corrosion data
lead/lead alloys. . . **A13:** 780
Quantitative diffractometer studies . . . **A18:** 469
Quantitative dynamic fracture tests. . . **A8:** 259
Quantitative evaluation of microstructural geometry by image analysis with material contrast . . . **A9:** 94
Quantitative fractography *See also* Fracture surface(s); Photography; Roughness parameters; Surface(s) . . . **A12:** 193–210
analytical procedures. . . **A12:** 199–205
angular distributions, profile . . . **A12:** 201–204
applications, example cases . . . **A12:** 205–208
area, fracture surface, estimating . . . **A12:** 201–205
defined. . . **A12:** 193
development. . . **A12:** 193–194
experimental techniques. . . **A12:** 194–199
geometrical methods . . . **A12:** 198
goal and history . . . **A12:** 8
information from . . . **A11:** 56
metallographic sectioning methods . . . **A12:** 198–199
nondestructive profiles . . . **A12:** 199
partially oriented surfaces. . . **A12:** 201
photogrammetric methods . . . **A12:** 197–198
profile generation. . . **A12:** 198–199
profile parameters . . . **A12:** 199–200
profiles from replicas. . . **A12:** 199
projected images . . . **A12:** 194–196
research, summary of . . . **A12:** 211
roughness parameters . . . **A12:** 199–205
statistical vs. individual measurement. . . **A12:** 207–208
stereoscopic methods. . . **A12:** 198
surface parameters. . . **A12:** 200–201
triangular elements . . . **A12:** 201–202
Quantitative fracture surface analysis . . **EM4:** 652–661
crack branching . . . **EM4:** 657–658
crossbending . . . **EM4:** 657, 658
drumhead tension . . . **EM4:** 657, 658
hoop stress at failure . . . **EM4:** 658
internal pressure. . . **EM4:** 657, 658
ratio of principal stresses at failure . . . **EM4:** 658
stress at failure from branching patterns. . . **EM4:** 658
torsion . . . **EM4:** 657, 658
fracture features. . . **EM4:** 652–653
crack tip stress intensity . . . **EM4:** 652
critical stress intensity . . . **EM4:** 652
failure origin . . . **EM4:** 652
fracture mechanics relations . . . **EM4:** 652–653
Wallner lines . . . **EM4:** 652
fracture surface markings and their usefulness. . . **EM4:** 652
mirror radius . . . **EM4:** 655–657
application of mirror radius/failure stress relation to polycrystalline materials . . **EM4:** 656–657
branching. . . **EM4:** 655, 656
failure stress from measurement . . **EM4:** 655–656
hackle. . . **EM4:** 655, 656
mist . . . **EM4:** 655, 656
residual stresses. . . **EM4:** 656
single-crystal fracture . . . **EM4:** 657
x-ray microradiography . . . **EM4:** 656
mirror region of crack propagation. . **EM4:** 654–655
crack velocity determination. . . **EM4:** 654–655
ultrasonic fractography. . . **EM4:** 654
Wallner lines . . . **EM4:** 654
origin flaws. . . **EM4:** 653–654
cone cracks . . . **EM4:** 653–654
estimating failure stress from size . . . **EM4:** 653
geometric characteristics of surface cracks caused by contract stresses. . . **EM4:** 653–654
Hertzian cone flaws . . . **EM4:** 653–654
identification . . . **EM4:** 653
measurement of size. . . **EM4:** 653
particle impact parameters . . . **EM4:** 654
stress-corrosion fracture . . . **EM4:** 658–661
cavitation scarp . . . **EM4:** 660, 661
critical flaw size . . . **EM4:** 661
delayed failure. . . **EM4:** 659
example . . . **EM4:** 660–661
indirect fractographic evidence of water in field failures . . . **EM4:** 659
intersection scarp . . . **EM4:** 659–660
transition hackle . . . **EM4:** 661
Wallner lines . . . **EM4:** 661
Quantitative image analysis . . . **A5:** 139, **A7:** 236–237
digital. . . **A9:** 152–153
Quantitative image analysis technique . . . **EM4:** 66
Quantitative image analyzers. . . **A7:** 262, **M7:** 229
Quantitative inspection
defined. . . **A17:** 39
Quantitative level
for fatigue experiments. . . **A8:** 695
Quantitative metallography *See also* Image analysis . . . **A9:** 123–134
application of basic equations. . . **A9:** 125–126
basic measurements. . . **A9:** 123–125
contrasting by interference layers . . . **A9:** 60
defined. . . **A9:** 15
definition. . . **A5:** 964
of cemented carbides. . . **A9:** 275
of grain size . . . **A9:** 129
of oriented structures . . . **A9:** 126–129
of pore size distribution in green compacts. . . **M7:** 299
particle relationships. . . **A9:** 129–130
particle-size distributions . . . **A9:** 131–134
projected images used in. . . **A9:** 134
use of image analyzers in . . . **A9:** 83
Quantitative microscopy for homogenization in multiphase systems. . . **M7:** 316
Quantitative nondestructive evaluation *See also* NDE reliability
fracture control philosophy . . . **A17:** 666–673
history of. . . **A17:** 663–664
introduction . . . **A17:** 663–665
models for predicting NDE reliability. . . **A17:** 702–718
NDE reliability data analysis. . . **A17:** 689–701
NDE systems reliability, applications **A17:** 674–688
Quantitative prediction, transformation hardening in steels . . . **A4:** 20–31
continuous cooling transformation (CCT) curves. . . **A4:** 20, 21–25, 26, 27
Creusot-Loire systematization of CCT curves . . . **A4:** 21, 22–23, 28, 30, 31
distortion predicted by finite element analysis program. . . **A4:** 31, 32
grain growth and size . . . **A4:** 25, 27, 28, 30
Grossmann factors . . . **A4:** 27, 28, 29
international set of experimental CCT curves. . . **A4:** 21–22
isothermal transformation (IT) diagrams . . . **A4:** 21–25, 27
IT-to-CCT transformation procedure . . . **A4:** 25
Jominy end-quench hardenability curves . . . **A4:** 20, 21, 22, 23, 25–30
Jominy end-quench hardenability test . . . **A4:** 25
Jominy hardenability data set . . . **A4:** 25–30
Jominy hardenability prediction . . . **A4:** 27–28
Jominy measurement reliability. . . **A4:** 28–30
Jominy predictor application. . . **A4:** 30–31
Jominy test precision and reproducibility . . . **A4:** 26–27
Lamont transformations. . . **A4:** 25, 29
mechanical properties . . . **A4:** 20
modeling of post-hardening treatments . . **A4:** 30–32
residual stresses . . . **A4:** 22, 31
Rockwell C hardnesses (HRC). . . **A4:** 28
Scheil-Avrami Rule. . . **A4:** 24–25, 28
Vickers hardness. . . **A4:** 23
Quantitative problem solver (QPS) . . . **A20:** 312
Quantitative reduced-pressure technique
for hydrogen measurement. . . **A15:** 458
Quantitative scanning electron microscopy image analysis . . . **A9:** 96
Quantitative shape analysis . . . **A7:** 259
Quantitative spectrographic analysis (QSA)
chemical analysis of glass-quality sand. . . **EM4:** 378
to analyze minor contaminants in soda ash . . . **EM4:** 380
to analyze salt cake . . . **EM4:** 380
Quantitative stereoscopy
defined. . . **A12:** 171
Quantitative stress measurement
using test structures . . . **EL1:** 444–446
Quantitative strip yield models . . . **A19:** 130
Quantitative thermal analysis
interpretation and use. . . **A15:** 183
Quantitative thermal inspection
methods. . . **A17:** 400–402
Quantitative thin-film analysis
by EPMA. . . **A11:** 41
Quantity
of electricity, SI unit/symbol for . . . **A8:** 721
of heat, SI unit/symbol for. . . **A8:** 721
symbol for change in. . . **A8:** 726, **A10:** 692
Quantity loss
leak testing by . . . **A17:** 65–66
Quantity of electricity
SI derived unit and symbol for. . . **A10:** 685
Quantity of heat
SI derived unit and symbol for. . . **A10:** 685
Quantity vs. cost
permanent mold casting . . . **A15:** 285
Quantum detection efficiency (QDE)
defined. . . **A17:** 298
Quantum efficiency
defined. . . **EL1:** 1154
Quantum mechanical band theory (solid state)
insulators and dielectric materials . . . **EL1:** 99–100
magnetic materials. . . **EL1:** 103
of electrical phenomena . . . **EL1:** 96–99
resistive materials . . . **EL1:** 100–101
semiconductors . . . **EL1:** 101–103
Quantum mechanical tunneling process
field ionization as . . . **A10:** 584
Quantum mechanics
defined. . . **A10:** 680
of electron spin resonance . . . **A10:** 254
Quantum mottle, defined
radiography. . . **A17:** 317
Quantum noise (mottle)
and detective quantum efficiency . . . **A17:** 371
Quantum number
defined. . . **A10:** 680
Quantum number designations
defined. . . **EL1:** 90
Quantum of energy
defined. . . **EL1:** 90
Quantum theory *See also* Quantum mechanics
of scattered radiation . . . **A10:** 126–127
Quantum yields, fluorescence
structural effects on. . . **A10:** 74
Quantum-well laser
research . . . **A2:** 747
Quarter elliptical corner cracks . . . **A19:** 125
Quartering . . . **M7:** 10
and cone samples . . . **M7:** 226–227

Quartering (continued)
of samples **A10:** 17, 165
Quartz **EM4:** 44
abrasive machining hardness of work materials **A5:** 92
as extender **EM3:** 176
as fiber reinforcement **EL1:** 535, 605, 618–619
as internal reflection element **A10:** 113
blasting with **M5:** 84, 93–94
chemical composition **A6:** 60
comminution **EM4:** 77
fabric, reinforced epoxy resin composites **EM1:** 399–400, 414–415
fibers, defined **EM1:** 29, 360
field-assisted bonding **EM4:** 479
hardness **A18:** 433
hydrofluoric acid as dissolution medium . . **A10:** 165
in ceramic tile **EM4:** 926, 928
in composition of unmelted frit batches for high-temperature service silicate-based coatings **A5:** 470
in dentifrices **A18:** 668
JCPDS data for **A10:** 341
lapping **A16:** 499
laser cutting of **A14:** 742
on Mohs scale **A8:** 108
properties **EM4:** 330, 499
purpose for use in glass manufacture **EM4:** 381
silica sands as **A15:** 208
silica sols to bond aggregates **EM4:** 446
sintering agent for **A10:** 166
solid-particle impingement erosion of cobalt-base alloys **A18:** 768, 769
surfaces, water adsorption at **A15:** 212
ultrasonic machining **A16:** 530, 531, **EM4:** 359, 360
Quartz blanks
defects in **EL1:** 979
Quartz crystals
as piezoelectric elements **A17:** 254–255
Quartz glass
applications
electronics processing **EM4:** 1055
lighting **EM4:** 1032, 1034, 1036–1037
composition **EM4:** 742
when used in lamps **EM4:** 1033
crystal structure **EM4:** 879
effect on chippage and quality of cut **EM4:** 347
encapsulation in HIP conforming to body configuration **EM4:** 197
fractures encountered in cutoff of tubes . . **EM4:** 347
framework structure **EM4:** 759
maximum operating temperatures **EM4:** 1035
nozzle material for hot gas soldering **A6:** 361
properties **EM4:** 742, 1033, 1034
strength **EM4:** 755
thermal expansion coefficient **EM4:** 499
thermal properties **EM4:** 754
uses **EM4:** 742
Quartz (ground)
as wet blasting abrasive **A5:** 63
Quartz infrared preheaters
wave soldering **EL1:** 685–686
Quartz laminates
advantages/ disadvantages **EL1:** 619
Quartz lamp heating **A19:** 182, 529
thermal fatigue test **A19:** 529
thermomechanical fatigue testing **A19:** 529
Quartz load washer **A8:** 193
Quartz piezoelectric device
to reduce load cell ringing **A8:** 193
Quartz refractor plate
in polychromators **A10:** 38
Quartz sensitive tint plate
placement **A9:** 138
Quartz substrates
physical characteristics **EL1:** 106
Quartz tube atomizer
characteristics **A10:** 48
Quartz-iodine light sources for microscopes **A9:** 72
Quartzite
Miller numbers **A18:** 235
refractory material composition **EM4:** 896
Quartz-tube radiant furnace
for torsion testing **A8:** 159
Quasibinary sections of a ternary diagram . . . . **A3:** 1•5
Quasi-brittle fatigue
polycarbonate sheet **A12:** 479
Quasicleavage **A19:** 7, 42
from hydrogen embrittlement **A19:** 7
in micro-fracture mechanics **A8:** 465
Quasi-cleavage fracture
AISI/SAE alloy steels **A12:** 303, 305, 319
austenitic stainless steels **A12:** 357
brittle fracture by **A11:** 82
by hydrogen embrittlement **A12:** 31
defined **A11:** 8, **A12:** 20
ductile irons **A12:** 232, 235
facets, titanium alloys **A12:** 448
facets, unaged iron alloy **A12:** 458–459
in austenitized iron alloy **A12:** 26
iron alloy **A12:** 457–459
malleable iron **A12:** 238
precipitation-hardening stainless steels **A12:** 370–371
rosette tensile fractures with **A12:** 104
solute-depleted ASTM/ASME alloy steels **A12:** 350
stress state effect on appearance **A12:** 31, 40
tool steels **A12:** 26, 375, 379, 380
Quasi-flake graphite
in cast iron **M1:** 6, 7
Quasi-fluids **A7:** 630
Quasi-hydrodynamic lubrication **A18:** 80, 89, 94
defined **A18:** 15
in sheet metal forming **A14:** 512
Quasi-isostatic pressing
ultrafine and nanocrystalline powders **A7:** 506
Quasi-isotropic *See* Isotropic
Quasi-isotropic composites
joint design for **EM1:** 479
specific tensile strength vs. specific tensile modulus **EM1:** 28
Quasi-isotropic fiber-reinforced composites
properties **EL1:** 1123
Quasi-isotropic laminate *See also* Laminate(s) **EM3:** 24
defined **EM2:** 35
Quasi-isotropic laminates
defined **EM1:** 2
prepreg, costs **EM1:** 14
properties **EM1:** 223–22
Quasi-Newton methods **A20:** 211
Quasi-static analysis **A20:** 167, 169, 171
Quasistatic indentation test **A19:** 913
Quasi-static loading
explosively loaded torsional Kolsky bar **A8:** 225
rapidly propagating cracks as dynamic fracture under **A8:** 259
vs. dynamic loading **A8:** 259
Quasi-static testing
direct-current differential transformers for **A8:** 223
extensions to higher loading rates of **A8:** 259
requirements, for rapid-load fracture testing **A8:** 260–261
stored-torque Kolsky bar for **A8:** 223
strain rate, Kolsky bar for **A8:** 219
torsional **A8:** 145–148
Wheatstone bridge in **A8:** 223
x-y recorder for **A8:** 223
Quasi-static torsional testing **A8:** 145–148
Quasi-stationary temperature distribution **A6:** 9–10
Quasi-striations **A19:** 52
fatigue fracture **A12:** 15, 22
Quaternary phase diagrams
defined **A13:** 46
Quaternary phosphonium salts **EM3:** 95
Quaternary system
defined **A9:** 15
Quaternary system or diagram . . . . . **A3:** 1•2
Quaternary systems
wrought aluminum alloys **A2:** 37
Quebec Metal Powder process (QMP) **M7:** 86–89
for welding-grade iron powders **M7:** 818
of annealing **M7:** 183
powder characteristics **M7:** 87–89
Quebec Metal Powders (QMP) process **A7:** 117–119, 125, 126
Quench *See also* Quench cracking; Quench cracks; Quenching **EM3:** 24
-age embrittlement, defined **A13:** 11
aging, defined **A13:** 11
-and-tempered steel, elongated dimples **A11:** 25
cracking, defined **A13:** 11
defined **A18:** 15, **EM2:** 35
hardening, defined **A13:** 11
rate, effect in forging failure **A11:** 340
water, low-alloy steel **A11:** 393
Quench aging
as embrittlement, examination/ interpretation **A12:** 129–130
defined **A9:** 15, **A12:** 129
Quench annealing
defined **A9:** 15
Quench cracking *See also* Quench **A1:** 698, **A20:** 774
alloy steel seamless tubing failure from **A11:** 334–335
as casting defect **A11:** 383
definition **A20:** 839
from soft spots **A11:** 570
in coarse austenitic grain size **A11:** 96
of steel, ductile and brittle fracture **A11:** 94–97
of tool steel ring forging **A11:** 570
tool and die **A11:** 563, 566, 568–570
Quench cracking in tool steels **A9:** 259
Quench cracking of aluminum alloys **A9:** 358
Quench cracks *See also* Quench
AISI/SAE alloy steels **A12:** 305
as embrittlement, examination/ interpretation **A12:** 130–132
brittle intergranular fracture by **A12:** 335
by liquid penetrant inspection **A17:** 86
defined **A11:** 8
delayed **A11:** 95–96
effect on fatigue strength **A11:** 122
from nonuniform forging temperatures . . . **A11:** 317
in forging **A11:** 333–334
in round steel bar **A11:** 94
in shafts **A11:** 459
intergranular **A11:** 122
low-carbon steel **A12:** 251
magnetic particle detection **A17:** 103
service fracture by **A12:** 65
tool steels **A12:** 375
treatments for **A11:** 121
Quench furnaces
nitrocarburizing **A7:** 650
Quench hardening
defined **A9:** 15
definition **A5:** 964
plain carbon steels **A15:** 713
Quench modification
aluminum-silicon alloys **A15:** 162
Quench presses
effect on distortion **A11:** 141
Quench quality of solution-heat-treated aluminum alloys, etchants for examination
for **A9:** 355
Quench rate
effect on fracture toughness of aluminum alloys **A19:** 385
Quench time
definition **M6:** 14
"Quench welding" techniques **A6:** 75
Quench-age embrittlement **A1:** 692–693, **M1:** 684, 701, 704
alloy steels **A19:** 619
definition **A5:** 964

SUBJECTS OF THE INDEXED VOLUMES: ASM Handbook (designated by the letter "A"): **A1:** Properties and Selection: Irons, Steels, and High-Performance Alloys (1990); **A2:** Properties and Selection: Nonferrous Alloys and Special-Purpose Materials (1990); **A3:** Alloy Phase Diagrams (1992); **A4:** Heat Treating (1991); **A5:** Surface Engineering (1994); **A6:** Welding, Brazing, and Soldering (1993); **A7:** Powder Metal Technologies and Applications (1998); **A8:** Mechanical Testing (1985); **A9:** Metallography and Microstructures (1985); **A10:** Materials Characterization (1986); **A11:** Failure Analysis and Prevention (1986); **A12:** Fractography (1987); **A13:** Corrosion (1987); **A14:** Forming and Forging (1988); **A15:** Casting (1988); **A16:** Machining (1989); **A17:** Nondestructive Evaluation and Quality Control (1989); **A18:** Friction, Lubrication, and Wear Technology (1992); **A19:** Fatigue and Fracture (1996); **A20:** Materials Selection and Design (1997). **Metals Handbook, 9th Edition** (designated by the letter "M"): **M1:** Properties and Selection: Irons and Steels (1978); **M2:** Properties and Selection: Nonferrous Alloys and Pure Metals (1979); **M3:** Properties and Selection: Stainless Steels, Tool Materials, and Special-Purpose Materials (1980); **M4:** Heat Treating (1981); **M5:** Surface Cleaning, Finishing, and Coating (1982); **M6:** Welding, Brazing, and Soldering (1983); **M7:** Powder Metallurgy (1984). **Engineered Materials Handbook** (designated by the letters "EM"): **EM1:** Composites (1987); **EM2:** Engineering Plastics (1988); **EM3:** Adhesives and Sealants (1990); **EM4:** Ceramics and Glasses (1991). **Electronic Materials Handbook** (designated by the letters "EL"): **EL1:** Packaging (1989)

for iron-nitrogen and iron-carbon alloys **A1:** 692–693
for low-carbon steels **A1:** 692
of steels **A11:** 98

Quench-cracked AISI 4340 steel threaded rod
overload failure of................. **A10:** 511–513

Quenched and tempered high-strength alloy steels **M6:** 282–292
composition........................ **M6:** 282–285
electrode selection...................... **M6:** 287
heat input.............................. **M6:** 288
joint design **M6:** 285
microstructure...................... **M6:** 282–285
postweld heat treatment **M6:** 288–289
preheating **M6:** 287–288
selection of welding process **M6:** 285

Quenched and tempered martensitic steels
fatigue limit........................... **A19:** 166

Quenched and tempered steels
applications
automotive............................ **A6:** 395
offshore structures..................... **A6:** 384
classification and group description .. **A6:** 405, 406, 407
heat flow in fusion welding **A6:** 13
H-steels................. **A1:** 474–476, 480–481
hydrogen cracking **A6:** 384
low-alloy steels **A1:** 391–392, 396
martensitic stainless steels **A1:** 939–942
microstructures and processing of..... **A1:** 136–137
structural carbon steels............. **A1:** 390–391
weldability **A6:** 421–424, 427
weldability of **A1:** 609

Quenched and tempered steels, specific types
A508, composition and carbon content **A6:** 406
A514................................... **A6:** 406
A517, composition and carbon content **A6:** 406
HY-80 .... **A6:** 406
HY-100 .... **A6:** 406
HY-130 .... **A6:** 406

Quenched steels
shielded metal arc welding............... **A6:** 176

Quenched-and-tempered low-alloy steels
stress-corrosion cracking **A19:** 487

Quenched-and-tempered steels **A20:** 301, 350
fatigue crack growth rates............... **A19:** 727
fatigue limit versus tensile strength....... **A19:** 595
fatigue strength **A19:** 283, 285
fracture properties **A19:** 627
fracture resistance of **A19:** 383–384, 385
fracture toughness **A19:** 30
hardness estimation....... **A20:** 374, 375, 377, 378
operating stress map **A19:** 461
solid solution hardening **A20:** 340
stress-corrosion cracking................ **A19:** 486

Quenching *See also* Heat treatment; Plunge quenching; Quench; Rapid quenching; Subcritical quenching..... **A4:** 67–120, **A7:** 231, **A13:** 11, 47, **A19:** 318, **A20:** 348, 350, **M1:** 182
after heat treatment **A8:** 502
agitation of media **A4:** 101, 103, 104, 107, 113–115, **M4:** 47, 48, 49, 60–61
equipment .. **A4:** 95, 110–116, **M4:** 46, 61, 62, 64
factors controlling agitation ... **A4:** 69, 75, 88–89, 113–116, **M4:** 60–61
impellers **A4:** 95, 110, 115, 118
measurement of velocity..... **A4:** 72–76, 88, 103, 114–115, 117, **M4:** 61
molten salt........... **A4:** 88–89, 105, **M4:** 49, 60
oil flow ... **A4:** 69, 74–76, 95–96, **M4:** 47, 48, 49, 60
propeller agitators **M4:** 46, 61, 62, 64
pumps **A4:** 89, 95, 100, 110, 113, 116–118, **M4:** 64, 67
turbulent agitation.. **A4:** 75, 88, 101, 115, **M4:** 61
variables affecting agitation **A4:** 69, 114, **M4:** 61, 62, 64–65
water and brine........... **A4:** 70, 75, 89, **M4:** 60
alloying elements in **A1:** 395, 456–457
aluminum alloys..... **A4:** 84, **A15:** 760, **M2:** 32–35, 40–41, 43, **M4:** 684, 689, 690, 691, 692, 693, 694, 695, 713
and tempering.......................... **M7:** 453
applications, in gas quenching of steel **A4:** 105, **M4:** 45, 46, 59
as cause of cracks...................... **A19:** 5–6
as secondary operation.................. **M7:** 453
austempering **A4:** 67, 68
austenitic stainless steels, effect on carbides **A9:** 283
beryllium-copper alloys **A2:** 406
brittle fracture from..................... **A11:** 85
carburizing and carbonitriding.. **M1:** 533, 535–538, 539
cause of distortion **M1:** 469
characteristic temperature................ **A4:** 68
cold die.................... **A4:** 106, **M4:** 66
continuous annealing process.............. **A4:** 58
cooling curve analysis **A4:** 68–88, 90–93, 108–109, 114
cooling media **M4:** 63, 66
crack, defined **A11:** 8
cracking **A4:** 76–80, 84, 88, 91, 97, 98
defined, in atomic fluorescence spectrometry **A10:** 46
die-casting dies........................ **A18:** 632
direct quenching **A4:** 67, **M4:** 31
distortion **A4:** 76–79, 88, 91, 97–99, 105, 106, 116
effect of surface oxidation... **A4:** 69, 75–76, 95, 97, 110, **M4:** 50, 61–62
cooling curves **A4:** 69, **M4:** 50, 62
high-speed motion-picture techniques..... **A4:** 76, **M4:** 62
magnetic testing.......... **A4:** 75–76, **M4:** 61–62
effect on martensite in titanium alloys..... **A9:** 461
effect on tool and die failures .. **A11:** 565–566, 573
equipment **A4:** 95, 110, 113, 115, 118, **M4:** 63, 66–67
design of quench tanks.... **A4:** 89, 114–116, 117, 118, **M4:** 65
gas quenching unit........... **A4:** 89, **M4:** 58–59
gravity fall **A4:** 110
heaters **A4:** 110, 116, 117, **M4:** 67
impellers **A4:** 95, 110, 115, 118
maintenance............ **A4:** 89, 100, **M4:** 67–68
propellers **A4:** 113–114, 116, 117
pumps **A4:** 89, 95, 100, 110, 113, 116, 117, 118, **M4:** 67
restraint fixtures **A4:** 110, 116, **M4:** 65
storage tanks **A4:** 89, 114–116, 117, 118, **M4:** 63, 66–67
support fixtures........ **A4:** 95, 110, 116, **M4:** 65
flame and induction hardened parts....... **A4:** 107
fluidized bed **A4:** 69, 106, 107
fog **A4:** 67, 106, **M4:** 31–32, 60
for ductile iron **A1:** 38, 41–42
gas quenching, recirculation of gases ... **A4:** 67, 69, 105, **M4:** 58
gear materials......................... **A18:** 261
Grossmann number (quench severity factor) ... **A4:** 71–75, 84–88, 91, 94, 100–102, 104, 110
hardenability related to **M1:** 480–496
hardenable steels.................. **M1:** 457–460
hardening of tool steel........ **A4:** 77–79, 105–106
hardening tool steel **M4:** 59
hardness of steel............ **A4:** 80–88, 105–106
hardness versus rewetting time...... **A4:** 71, 72, 74
heat removal stages.............. **A4:** 68–71, 75
ideal critical diameter................. **A4:** 80–81
in nitrocarburizing **M7:** 455
in radiation curing.................... **EL1:** 857
in selective heat treating **M1:** 529
induction heat treating **A4:** 195
interrupted quenching................. **A4:** 67–68
isothermal quenching **A4:** 67, 68
Jominy equivalent **A4:** 82–83, 85, 86
Leidenfrost phenomenon.................. **A4:** 68
Leidenfrost temperature **A4:** 68
low-carbon steel forgings................. **A4:** 38
macroetching to reveal soft spots from **A9:** 176
magnesium alloys **A4:** 903, **M4:** 748–749
malleable iron **M1:** 60–61, 68, 70
marquenching **A4:** 67, 68, 75–76, 91, 93
martempering of steel ... **A4:** 67, 68, 75–76, 91, 93, **M4:** 85
mechanisms **M4:** 32
media
air **A4:** 903
water................................ **A4:** 903
media, selection **A11:** 94
medium for full hardness **M7:** 453
mediums............................... **M1:** 458
microcracking from **A11:** 324
notch toughness of steel, effect on........ **M1:** 706
of fluorescence................ **A10:** 73, 79–80
of high-chromium white irons **A15:** 684
of high-speed tool steels............ **A16:** 56, 57
of high-strength structural carbon steels ... **A1:** 389, 391
of low-alloy steel sheet/strip............. **A1:** 209
of shape memory alloys **A2:** 900
of steel plate **A1:** 231
of tool and die steels................ **A14:** 54–55
of tool steels, effect on microstructure **A9:** 258–259
of uranium alloys.................. **A2:** 672–674
oil quenching, induction heat treating **A4:** 195
oil, tool steel die crack during........... **A11:** 565
polymer solutions...... **A4:** 67, 69, 72–76, 88, 94, 100–104, 107, 209–210
control measures................. **A4:** 101–102
polyacrylates............... **A4:** 101, 102–104
polyalkylene glycols (PAG)....... **A4:** 69, 70, 74, 100–104, 107, 854–855, 867
polysodium acrylate **A4:** 100
polyvinyl alcohol (PVA)... **A4:** 76, 100, 101, 104, 106, 195
polyvinyl/pyrrolidone (PVP).... **A4:** 72, 100, 101, 102, 104, 854
sodium polyacrylate...... **A4:** 101, 102, 104, 105
press quenching............. **A4:** 106–107, **M4:** 66
process **A4:** 67–68, 110
quench factor analysis **A4:** 71, 84–85
rapid, metallic glasses **A2:** 805–806
rate, uranium alloys.................... **A2:** 679
residual stresses **A20:** 816
Rushman-Lamont method **A4:** 87–88
safety precautions ... **A4:** 94, 95, 96, 115, 118–119, **M4:** 68
section size effects......... **A4:** 75, 108, 110–115
selection of medium.............. **A4:** 67, 74, 98
selective....................... **A4:** 67, **M4:** 31
severity (intensity) **A4:** 100–102, 104, 110
solutions........................... **M4:** 55–58
control measures **M4:** 56
polyacrylates **M4:** 44, 57–58
polyalkylene glycols (PAG)............. **M4:** 55
polyvinyl alcohol (PVA)............... **M4:** 55
polyvinylpyrrolidone (PVP) **M4:** 56–57
spray **A4:** 67, 94, 107, 114, 195, 196, **M4:** 31
storage tanks **A4:** 89, 110, 114–116, 117, 118, **M4:** 63, 66–67
subcritical, uranium alloys **A2:** 673
surface oxidation **A4:** 69, 75–76, 95, 97, 110
systems **A4:** 109–119
continuous quenching......... **A4:** 110, **M4:** 58, 63
oil quenching systems for continuous carburizers ... **A4:** 96, 110–113, **M4:** 59, 60, 63
special techniques.............. **M4:** 61, 63–64
water quenching system **A4:** 110, 118, **M4:** 58, 63
tests for hardenability..... **A4:** 80–83, 90, 107–109
time quenching **A4:** 67, **M4:** 31
titanium **M4:** 766–767, 768, 769
titanium alloys.................... **A4:** 917, 921
tool steels...... **A4:** 77, 78, 79, 105–106, 744–745, **M4:** 572
uniform **A11:** 325
warping from **A11:** 141

Quenching crack
defined.................................. **A9:** 15

Quenching in of thermal vacancies
formation of point defects by **A9:** 116

Quenching media **A1:** 471–473, **M4:** 39
agitation of .. **A4:** 72–76, 85, 95–96, 101, 103–104, 107, 113–115, **M4:** 33, 47, 48, 49, 60–61
factors controlling agitation ... **A4:** 69, 75, 88–89, 113–116, **M4:** 60–61
measurement of velocity..... **A4:** 72–76, 88, 103, 114–115, 117, **M4:** 61
molten salt........... **A4:** 88–89, 105, **M4:** 49, 60
oil flow ... **A4:** 69, 74–76, 95–96, **M4:** 47, 48, 49, 60
turbulent agitation.. **A4:** 75, 88, 101, 115, **M4:** 61
variables affecting agitation ... **A4:** 69, 75, 88–89, **M4:** 61, 62, 64–65
water and brine....... **A4:** 70–75, 88–89, **M4:** 60
air **A4:** 67, 72, 75, 195, 903
aqueous *See* brine solutions
brine solutions...... **A4:** 69, 70, 72, 74–76, 88–93, **M4:** 39, 41–43

Quenching media (continued)
caustic solutions . . **A4:** 88, 90, 101, 115, **M4:** 39, 43
cold dies **A4:** 106
dry dies **M4:** 39, 66
electron-beam heat treating. **M4:** 521
fluidized beds **A4:** 69, 106, 107
fog **A4:** 67, 106, **M4:** 39, 60
gases (still or moving) **A4:** 67, 69, 89, 105–106, **M4:** 39, 58–59
magnetic test **A4:** 75–76, 92, 93, 98, 109, **M4:** 61–62
molten metals. **A4:** 83, **M4:** 39
molten salts . . . **A4:** 67–69, 72, 83, 87–89, 91, 101, 104–105, **M4:** 39, 60
oils **A4:** 67–69, 72–76, 78, 87, 89–100, 195, **M4:** 43–54
polyacrylates **A4:** 101, 102–104
polyalkylene glycols (PAG). **A4:** 69, 70, 74, 100–104, 107, 854–855, 867
polymer solutions. **A4:** 67, 69, 72–76, 88, 94, 100–104, 107, 209–210, **M4:** 39, 55–58
polyacrylates **M4:** 44, 57–58
polyalkylene glycols (PAG) **M4:** 55–56
polyvinyl alcohol (PVA) **M4:** 55
polyvinyl pyrrolidone (PVP). . . . **A4:** 72, 100, 101, 102, 104, 854
polyvinylpyrrolidone (PVP) **M4:** 56–57
sodium polyacrylate (PA) **A4:** 101, 102, 104, 105
polysodium acrylate **A4:** 100
polyvinyl alcohol (PVA) **A4:** 76, 100, 101, 104, 106, 195
selection of. **A4:** 67, 74, 98
severity **A4:** 71–74, 84–88, 90–92, 94, 100, 101
tests and evaluation **A4:** 71–76, 107–109, **M4:** 35–38
water . . . **A4:** 67, 69, 72–75, 78, 87–89, 98–99, 113, **M4:** 39, 63
for magnesium alloys **A4:** 903
tank maintenance. **A4:** 115, 118

Quenching of steel *See also* Steel, quenching **M4:** 31–68
compared to conventional quenching and tempering **M4:** 104

Quenching of steels
as manufacturing process **A20:** 247

Quenching oil
defined **A18:** 15

Quenching stresses
defined **EM2:** 751

Questionnaires **A20:** 17

Queuing theory models **A20:** 166

Quick cool. **A7:** 619

Quick disconnect
defined. **EL1:** 1154

Quick HIP system **A7:** 594

Quick opening
in crack arrest testing **A8:** 444

Quick-analysis module **A20:** 710

Quick-break circuitry
direct current **A17:** 98
for coils **A17:** 95

Quick-coupling connectors
for magnetic particle inspection. **A17:** 93

Quickline neutralization
plating wastes **M5:** 313

Quick-quiet basic oxygen process (Q-BOP) . . . **A1:** 111

Quick-release clamp **A8:** 220–221

Quick-release pins
failure in **A11:** 548

Quickset process *See also* Freeze casting . . . **A7:** 314, 429, 431

Quick-stop devices
and orthogonal machining **A16:** 8

Quinary system or diagram . . . . **A3:** 1•2

Quinnipiac River Bridge
cracks in **A11:** 709

Quinoline
hazardous air pollutant regulated by the Clean Air Amendments of 1990 . . . . **A5:** 913

Quinone
hazardous air pollutant regulated by the Clean Air Amendments of 1990 . . . . **A5:** 913

Quoting prices
guidelines. **EM2:** 86

R

R
See Radius of curvature; Rare earths; Stress ratio

R control charts *See also* Control charts; Shewhart control chart model
construction and interpretation **A17:** 725
interpretation **A17:** 728
setting up **A17:** 727–728

R **factor** **A19:** 557

R phase
in austenitic stainless steels **A9:** 284

R.R. Moore rotating beam machine **A8:** 369–370

r **space**
Fourier transform to **A10:** 412–413

R **value** *See also* Anisotropy factor; Plastic strain ratio. **A19:** 18, 25
determining, uniaxial tensile testing. . . **A8:** 556–557
drawn cup with cars in direction of high. . . **A8:** 550
role in strain distribution, sheet metal forming. **A8:** 550

R_2O_3 **group**
elements precipitated in **A10:** 168

RA *See* Reduction in area; Reduction of area

RA 330
composition **A6:** 564, **M6:** 354
erosion test results **A18:** 200

RA 333
composition. **A6:** 573
erosion test results **A18:** 200
mill annealing temperature range **A6:** 573
solution annealing temperature range. **A6:** 573

RA85H
characteristics **A4:** 512
composition. **A4:** 512
recommended for carburizing and carbonitriding furnace parts **A4:** 513

RA-330
annealing **M4:** 655
composition **A4:** 512, **M4:** 651–652
radiant tube applications **A4:** 517
recommended for carburizing and carbonitriding furnace parts **A4:** 513
recommended for furnace parts and fixtures **A4:** 513
recommended for parts and fixtures for salt baths **A4:** 514
stress relieving. **M4:** 655

RA330HC
composition. **A4:** 512
recommended for furnace parts and fixtures **A4:** 513

RA333
composition **A4:** 512, 794
mill annealing. **A4:** 810
solution annealing **A4:** 810

Race (or raceway)
defined **A18:** 15

Raceway
bearing **A11:** 490, 498, 504
deformation, by ball and rollers **A11:** 510
fretting failure of **A11:** 498
outer-ring, bearing failure from improper heat treatment **A11:** 509–510
roller-bearing, spalling on **A11:** 504
surface, rolling-contact fatigue in **A11:** 503–504

Rachinger correction **A10:** 386

Rack
definition. **A5:** 964

Rack cutting
and machining of helical gears **A16:** 339, 341
and machining of large spur gears **A16:** 341
used for gear manufacture. **A16:** 333, 334–335

Rack gears
described **A11:** 587

Rack-and-panel connector
defined. **EL1:** 1154

Rack-and-pinion feed mechanisms
for rotary swaging **A14:** 134

RAD *See* Ratio-analysis diagram

Rad units
radiography **A17:** 301

Radance
of particle shape **M7:** 242

Radar absorption
ultrafine and nanophase powders applications **A7:** 76

Radar coolant-system assembly
brazed joint failure **A11:** 452–453

Radar modulator
connector corrosion failure analysis **EL1:** 1112

Radar, phased-array
with monolithic microwave integrated circuits **A2:** 740

Radar waves *See also* Microwave inspection; Scattered radiation
airborne **A17:** 228
defined. **A17:** 202
side-looking **A17:** 227

Radial ball bearings **A18:** 499, 505, 506, 508
basic load rating. **A18:** 505
f_o factor **A18:** 510
X and *Y* factors **A18:** 509
X_o and Y_o factors **A18:** 510

Radial brushes **M5:** 151–156

Radial clearance of bearing
nomenclature for Raimondi-Boyd design chart **A18:** 91

Radial contact ball bearings **A18:** 509

Radial crack
definition **EM4:** 633

Radial crushing strength **M7:** 10
of copper-based materials **M7:** 464

Radial crushing strength, determination of,
specifications. **A7:** 1099

Radial cutter **A7:** 209

Radial cylindrical roller bearings **A18:** 500, 501, 502, 511

Radial displacement
for stress-strain determination **A8:** 210

Radial displacement of powder **A7:** 54

Radial distance from the axis of bending **A20:** 284

Radial distribution function analysis **A10:** 393–401
applications **A10:** 393, 398–401
data reduction **A10:** 396–398
defined. **A10:** 680
diffraction data **A10:** 394–395
estimated analysis time **A10:** 393
general uses. **A10:** 393
in liquid and amorphous materials. **A10:** 420
instrumentation **A10:** 395–396
interpretation **A10:** 398
introduction **A10:** 393–394
limitations **A10:** 393
related techniques **A10:** 393
samples. **A10:** 393, 398–401
x-ray sources **A10:** 395

Radial draw forming **A14:** 10, 595–596

Radial drill presses
boring. **A16:** 170

Radial field inspection *See* Flux leakage method; Magnetic field testing

Radial forging *See also* Forging; Rotary forging. **A14:** 145–149
advantages. **A14:** 146–147
and rotary forging, compared. **A14:** 176
application **A14:** 145, 147
as new metalworking process. **A14:** 16–17
defined. **A14:** 10
equipment and process **A14:** 145–146
four-hammer machines capacities/sizes. . . **A14:** 145, 147–148

SUBJECTS OF THE INDEXED VOLUMES: **ASM Handbook** (designated by the letter "A"): **A1:** Properties and Selection: Irons, Steels, and High-Performance Alloys (1990); **A2:** Properties and Selection: Nonferrous Alloys and Special-Purpose Materials (1990); **A3:** Alloy Phase Diagrams (1992); **A4:** Heat Treating (1991); **A5:** Surface Engineering (1994); **A6:** Welding, Brazing, and Soldering (1993); **A7:** Powder Metal Technologies and Applications (1998); **A8:** Mechanical Testing (1985); **A9:** Metallography and Microstructures (1985); **A10:** Materials Characterization (1986); **A11:** Failure Analysis and Prevention (1986); **A12:** Fractography (1987); **A13:** Corrosion (1987); **A14:** Forming and Forging (1988); **A15:** Casting (1988); **A16:** Machining (1989); **A17:** Nondestructive Evaluation and Quality Control (1989); **A18:** Friction, Lubrication, and Wear Technology (1992); **A19:** Fatigue and Fracture (1996); **A20:** Materials Selection and Design (1997). **Metals Handbook, 9th Edition** (designated by the letter "M"): **M1:** Properties and Selection: Irons and Steels (1978); **M2:** Properties and Selection: Nonferrous Alloys and Pure Metals (1979); **M3:** Properties and Selection: Stainless Steels, Tool Materials, and Special-Purpose Materials (1980); **M4:** Heat Treating (1981); **M5:** Surface Cleaning, Finishing, and Coating (1982); **M6:** Welding, Brazing, and Soldering (1983); **M7:** Powder Metallurgy (1984). **Engineered Materials Handbook** (designated by the letters "EM"): **EM1:** Composites (1987); **EM2:** Engineering Plastics (1988); **EM3:** Adhesives and Sealants (1990); **EM4:** Ceramics and Glasses (1991). **Electronic Materials Handbook** (designated by the letters "EL"): **EL1:** Packaging (1989)

machines **A14:** 16–17, 147–149, 227
of stainless steels **A14:** 227
over mandrel. **A14:** 146
parts formed by **A14:** 146
radial precision forging. **A14:** 146–147
two-hammer radial forging machines **A14:** 149
vs. rotary (orbital) forging **A14:** 145

Radial fracture *See also* Radial marks
AISI/SAE alloy steels. **A12:** 312
zone **A12:** 311

Radial friction welding **A6:** 318–320
applications **A6:** 320
equipment **A6:** 318–320
method. **A6:** 318
process development **A6:** 318
prototype/production machine **A6:** 320

Radial hardness, variations
in swaging **A14:** 143

Radial lip seal
defined **A18:** 15

Radial marks *See also* Chevron pattern
AISI/SAE alloy steels **A12:** 294, 302, 312–314, 334
and circular spall. **A12:** 113, 123
and line spall. **A12:** 114, 129–130
at fracture origin **A11:** 87, 95–9
cobalt alloy **A12:** 398
crack origin from **A11:** 83
curved, star or rosette fracture as **A12:** 103–104
defined **A8:** 10–11, **A11:** 8
fine/coarse. **A12:** 102–103
SEM fractographs. **A12:** 169
studies **A12:** 3
tool steels **A12:** 377–378

Radial mass flux distribution **A7:** 398, 399, 400

Radial needle roller bearings **A18:** 500, 501–502

Radial precision forging **A14:** 146–147

Radial roll
defined **A14:** 10

Radial roller bearings **A18:** 500–501, 507
applicable load **A18:** 511
basic static radial load rating **A18:** 508–510
X and *Y* factors **A18:** 509
X_o and Y_o factors. **A18:** 510

Radial rolling force
defined **A14:** 10

Radial sectioning
for plating thickness inspection. **EL1:** 943

Radial segregation
in wrought heat-resistant alloys **A9:** 305

Radial skewness **A7:** 273

Radial spherical roller bearings . . . **A18:** 500, 501, 502

Radial strain increment **A7:** 336

Radial stress **A20:** 520
during bending **A8:** 121, 123–124

Radial structure/texturing
carbon fibers **EM1:** 5

Radial wafer technique **M7:** 651–652

Radial wafer turbine blades **M7:** 651–652

Radial weaving **EM1:** 13, 129

Radial wedge effect **A7:** 54

Radial-axial horizontal rolling machines **A14:** 113

Radial-axial ring rolling
bead formation during **A14:** 115
mill, schematic **A14:** 110

Radial-contact ball bearings **A11:** 490, 503–504

Radial-load bearing
defined. **A18:** 15

Radial-locking pins
failures in **A11:** 548

Radian **A10:** 685, 691

Radiance **A7:** 273
SI derived unit and symbol for **A10:** 685
SI unit/symbol for **A8:** 721

Radiant continuous oven
paint curing process **M5:** 488

Radiant energy. **A10:** 62, 680

Radiant flux
SI unit/symbol for **A8:** 721

Radiant intensity **A10:** 680, 685
SI unit/symbol for **A8:** 721

Radiant power
as transfer of radiant energy **A10:** 62
exponential decay, as function of
concentration. **A10:** 62
flux, defined **A10:** 680
intensity as **A10:** 62

Radiant tubes
corrosion failure. **A11:** 293–294

Radiation *See also* Bremsstrahlung radiation; Radiation resistance; Radiation safety; specific radiation forms; Synchrotron radiation; X-rays
absorption and scatter, in x-ray
spectrometry **A10:** 84
absorption, in neutron radiography. **A17:** 390
alpha particles **EL1:** 965
as environmental health hazard. **A10:** 247
as scattered, defined **A17:** 205
beta particles **EL1:** 966
characteristics, gamma-rays **A17:** 308
continuum or bremsstrahlung, defined. **A10:** 83
control techniques **A13:** 951
copper **A10:** 326
damage **A10:** 253, 365, 583, 588
Damage, defined. **A11:** 8, **A13:** 11
defined. **A10:** 83
degradation factors **EM2:** 575–576
degradation, photooxidation as **EM2:** 424
diffraction, radiographic inspection **A17:** 345
divisions, electromagnetic spectrum **A17:** 202
effect, light water reactor corrosion **A13:** 947
effect, radioactive waste disposal **A13:** 973–974
effects, semiconductor chips **EL1:** 965–966
electromagnetic **A10:** 83
electromagnetic, and neutrons, compared **A17:** 390
electromagnetic, attenuation **A17:** 309–311
electromagnetic, in x-ray spectrometry **A10:** 83
electromagnetic, microwaves as **A17:** 202
embrittlement. **A11:** 10, 69
embrittlement effects. **A12:** 127
energy, absorbance vs.. . . . . **A10:** 85–86
exposure. **A13:** 949
far-infrared, defined. **A10:** 673
fields, corrosion influence on. **A13:** 948–952
for curing coatings. **EL1:** 854
from tunable lasers **A10:** 142
gamma, and polyether-imides (PEI) **EM2:** 157
holographic **A17:** 405
in ESR analysis **A10:** 254
in Raman spectroscopy. **A10:** 126–130
in x-ray range **A10:** 85–86
-induced changes, ion-implantation. **A10:** 484
infrared **A10:** 109, 114, **A11:** 76
infrared, evapograph-detected **A17:** 208
intensity, determined, radiographic. **A17:** 308
ionizing, defined **EL1:** 854
$K\alpha$ **A10:** 326
leakage, radiographic inspection **A17:** 301
molecular polarization as source of **A10:** 127
monitoring **A17:** 301–302
monochromatic, in reflection topography **A10:** 366
neutron **A11:** 6, 17
penetration, in neutron radiography **A17:** 387
penetration into stress gradient, and measurement
errors **A10:** 388
polychromatic. **A10:** 97, 366
safety **A17:** 300–302
scattered, shadow formation
radiography **A17:** 313–314
secondary, in neutron radiography **A17:** 387
sources **A13:** 949, **A17:** 207–298, 368–369
sources, computed tomography (CT) **A17:** 368–369
sources, MFS. **A10:** 76
sources, synchrotron radiation **A10:** 413
spectrum, x-ray absorption effect **A17:** 310
stability, polyamide-imides (PAI) **EM2:** 129
stem, defined **A17:** 305
susceptibility. **EM2:** 575–580
test methods **EM2:** 576–580
thermal. **A17:** 396
ultraviolet, defined. **A10:** 683
units. **A17:** 300–301
used in scanning electron microscopy. **A9:** 90
UV/VIS, molecular absorption as requirement for
fluorescence **A10:** 73
wavelength and energy theories of **A10:** 83
white, defined. **A10:** 325–326

Radiation and vacuum effects on
adhesives **EM3:** 644–649
evaluation methods **EM3:** 644–646
evaluation results. **EM3:** 646–649
simulated space environment **EM3:** 646
space application adhesives **EM3:** 644

Radiation beam intensity modulation
in neutron radiography **A17:** 387

Radiation chemistry
defined. **EL1:** 854

Radiation curing **EL1:** 854, 858

Radiation curve coatings **M5:** 486

Radiation damage *See also* Neutron irradiation
transmission electron microscopy **A9:** 116–117

Radiation heat transfer
sintering **M7:** 341

Radiation output *See* R-output

Radiation properties **EM1:** 5
glass fibers **EM1:** 4

Radiation resistance
polyether-imides (PEI). **EM2:** 157
thermoplastic polyimides (TPI) **EM2:** 177

Radiation safety
access control **A17:** 302
maximum permissible dose **A17:** 301
radiation monitoring. **A17:** 301–302
radiation protection **A17:** 301
radiation units **A17:** 300–301

Radiation scattering
to analyze ceramic particle size **EM4:** 67

Radiation shielding
powder used. **M7:** 573

Radiation shields **A7:** 592

Radiation treatments
to promote rapid sintering. **A7:** 446–447

Radiation units
for x-rays and gamma-rays. **A17:** 301
rem and rad units **A17:** 301
sievert and gray units **A17:** 301

Radiation-assisted chemical vapor
deposition **EM3:** 594

Radiation-enhanced diffusion. **A18:** 854, 855

Radiation-induced segregation A1: 654, **A18:** 854, 855

Radiationless transition, and photoelectric effect
in XPS development **A10:** 568

Radiative heat flow equation **A6:** 1023

Radiative heat transfer coefficient **A20:** 712

Radical *See also* Free radicals **EM3:** 24

Radical ions **A10:** 263, 265

Radical production and decay
kinetics of **A10:** 265–266

Radical scavengers **A18:** 104–105, 106

Radii **A7:** 354
steel forging **M1:** 362–363, 370–371

Radii, internal/external
design of **EM2:** 615

Radii, sharp
as stress concentrators **A11:** 31, 318

Radio alloys *See also* Copper-nickel resistance alloys; Electrical resistance alloys
properties and applications **A2:** 823–825

Radio and television
applications of copper-based powder
metals **M7:** 734
cores, powders used. **M7:** 17, 574

Radio frequency
abbreviation for **A10:** 691
bridge, magabsorption measurement. **A17:** 150
defined. **A10:** 680
generators, analytic ICP systems. **A10:** 34, 37
permeability, magabsorption theory **A17:** 148
signals, in magabsorption **A17:** 143, 147–152
spectrometers, defined. **A10:** 680

Radio frequency discrete transistors **EL1:** 946–951

Radio frequency generators
for induction heating. **A8:** 414

Radio frequency heating *See* Induction soldering

Radio frequency induction
ion plating process **M5:** 418

Radio frequency (RF)
discrete transistors, electrical performance
testing **EL1:** 946–951
fixturing. **EL1:** 949
losses, in superconductors. **A2:** 1040
magnetron sputtering, for high-temperature
superconductors **A2:** 1087
packages **EL1:** 428–429
passive devices. **EL1:** 1005

Radio frequency (RF) curing
of polymers. **EL1:** 786

Radio frequency (RF) preheating
defined **EM2:** 35

Radio frequency (rf) sputter deposition technique ... **A18:** 842
Radio frequency (RF) sputtering ... **EM4:** 32
Radio frequency sputtering ... **M5:** 414
Radio frequency switching relay
defined ... **EL1:** 1154
Radio frequency testing ... **EL1:** 946–949
Radio frequency welding *See also* Welding
defined ... **EM2:** 35
Radio tuning devices
iron powder cores for ... **M7:** 17
Radioactive decay
half-life, defined ... **A10:** 244
modes ... **A10:** 244–245
principles of ... **A10:** 244
scheme ... **A10:** 292
Radioactive decay spectrometry ... **A10:** 246
Radioactive isotopes
radioanalysis of ... **A10:** 243
specific activity of ... **A10:** 244
Radioactive materials *See also* Uranium
naturally occurring, radioanalysis of ... **A10:** 243
optical microscopy of ... **A9:** 83
replicas used to examine ... **A9:** 108
requirements for ... **A10:** 247
Radioactive metals
electropolishing procedures for ... **A9:** 50
electropolishing used in situ ... **A9:** 55
structures ... **A9:** 620
Radioactive soils, removal of
vapor degreasing ... **M5:** 54–55
Radioactive sources
for gamma-rays ... **A17:** 308
for neutrons ... **A17:** 389–390
Radioactive tests
vapor degreasing ... **A5:** 32
Radioactive wastes
corrosion of containment materials for ... **A13:** 971–980
Radioactivity
decay modes ... **A10:** 244–245
defined ... **A10:** 680
detection and measurement ... **A10:** 245–246
elemental cobalt as ... **A2:** 446
of NAA samples ... **A10:** 233
of uranium and uranium alloys ... **A2:** 670
remote analysis by electrometric titration for ... **A10:** 202
uranium ... **M7:** 666
Radioactivity-induced silicon p-n junction failures ... **A11:** 784–785
Radioanalysis ... **A10:** 243–250
accuracy, precision, and sensitivity ... **A10:** 246–247
analytical procedure ... **A10:** 247–249
apparatus for, schematic ... **A10:** 247
applications ... **A10:** 243, 249–250
background and coincidence corrections ... **A10:** 248
chemical preparations ... **A10:** 247
defined ... **A10:** 680
detection and measurement of radioactivity ... **A10:** 245–246
equipment ... **A10:** 247–248
estimated analysis time ... **A10:** 243
general uses ... **A10:** 243
half-life ... **A10:** 244
introduction ... **A10:** 244
limitations ... **A10:** 243
radioactive decay modes ... **A10:** 244–245
radioactive measurement ... **A10:** 247–248
related techniques ... **A10:** 243
sample preparation ... **A10:** 248
samples ... **A10:** 243, 248–250
Radiochemical (destructive) TNAA elemental assay ... **A10:** 233, 238–239
for iridium determination in Cretaceous- Tertiary boundary ... **A10:** 240–241
Radiocobalt
toxicity effects ... **A2:** 1251
Radio-frequency diode sputtered coatings ... **A20:** 485
Radiofrequency interference (RFI) protection/shielding ... **EM1:** 359, 728
Radiofrequency (RF) curing method ... **EM3:** 577
Radiofrequency (RF) preheating ... **EM3:** 24
Radiofrequency (RF) shielding ... **EM3:** 52
Radiofrequency (RF) welding ... **EM3:** 24
Radio-frequency spectroscopy
defined ... **A10:** 680
Radio-frequency sputtering ... **A5:** 576–577, 579
Radiogallium, as medical therapy
toxic effects ... **A2:** 1257
Radiographic contrast
contrast sensitivity ... **A17:** 299
dynamic range ... **A17:** 299
subject contrast ... **A17:** 298–299
Radiographic coverage
defined ... **A17:** 347
Radiographic definition ... **A17:** 300
projective magnification with microfocus x-ray sources ... **A17:** 300
screen unsharpness ... **A17:** 300
Radiographic equivalence
x-ray/gamma-ray absorption ... **A17:** 311
Radiographic film *See also* X-ray film
automatic processing ... **A17:** 353–355
feeding procedures ... **A17:** 354
fixer removal, tests for ... **A17:** 355–356
manual processing ... **A17:** 351–353
microfilming of radiographs ... **A17:** 356
processing ... **A17:** 351–356
Radiographic inspection *See also* NDE reliability; Radiography ... **A17:** 295–357, **EL1:** 369, **M6:** 848–849
acceptance standards ... **A17:** 347
and computed tomography, compared ... **A17:** 295
applications ... **M6:** 827
arc welds ... **A17:** 334–335
attenuation of electromagnetic radiation ... **A17:** 309–311
beam model for ... **A17:** 710
codes, standards, and specifications ... **M6:** 827
detector model for ... **A17:** 710
explosion welds ... **M6:** 711
film radiography ... **A17:** 323–330
gamma-ray sources ... **A17:** 308–309
high-energy x-ray sources ... **A17:** 307–308
identification markers ... **A17:** 338–343
image conversion media ... **A17:** 314–317
magnesium alloys ... **A6:** 781–782
NDE reliability models of ... **A17:** 709–711
of aluminum alloy castings ... **A17:** 534
of arc-welded nonmagnetic ferrous tubular products ... **A17:** 567
of boilers and pressure vessels ... **A17:** 641–642
of brazed assemblies ... **A17:** 604
of casting defects ... **A15:** 554–555, 557
of castings ... **A17:** 526–529
of complex shapes ... **A17:** 333–334
of double submerged arc welded steel pipe ... **A17:** 565–566
of forgings ... **A17:** 511
of pipeline girth welds ... **A17:** 580
of powder metallurgy parts ... **A17:** 537–539
of pressure vessels ... **A17:** 647
of resistance welds ... **A17:** 335
of resistance-welded steel tubing ... **A17:** 565
of seamless pipe ... **A17:** 579
of seamless steel tubular products ... **A17:** 571
of simple shapes ... **A17:** 332–333
of tubular sections ... **A17:** 335–337
of weldments ... **A17:** 334–335, 592–594
penetrameters (image-quality indicators) ... **A17:** 338–343
plasma-MIG welding ... **A6:** 224
process qualification ... **A17:** 678
radiograph appearance, of specific flaws ... **A17:** 348–351
radiographic film, processing of ... **A17:** 351–356
radiographs, interpretation of ... **A17:** 345–348
radiography, principles of ... **A17:** 297–302
radiography, uses of ... **A17:** 295–297
real-time radiography ... **A17:** 317–323
sample interaction model for ... **A17:** 710
scattered radiation, control of ... **A17:** 343–345
selection of view ... **A17:** 330–338
shadow formation, principles of ... **A17:** 311–314
soldered joints ... **A6:** 981
to check brazing of stainless steels ... **A6:** 919
to detect subsurface slag inclusions ... **A6:** 1074
underwater welds ... **M6:** 924
x-ray tubes ... **A17:** 302–307
Radiographic paper
as recording medium ... **A17:** 314
Radiographic screens *See* Screens
Radiographic sensitivity
detail perceptibility, of images ... **A17:** 300
radiographic definition ... **A17:** 299–300
Radiographic standard shooting sketch (RSSS) ... **A17:** 347–348
Radiographic testing ... **A6:** 1081, 1083, 1085, 1086, 1087, 1088
brazed joints ... **A6:** 1119, 1122
Radiographic view
selection of ... **A17:** 330–338
Radiographs
interpretation ... **A17:** 345–348
microfilming of ... **A17:** 356
thermal neutron ... **A17:** 391–395
Radiography *See also* Autoradiography; Digital radiography; Film radiography; In-motion radiography; Microradiography; Neutron radiography; Radiographic inspection; Real-time radiography; Xeroradiography ... **EM1:** 775–77
and industrial computed tomography compared ... **A17:** 361–362
applicability ... **A17:** 296
as failure analysis ... **A11:** 17–18
as nondestructive fatigue testing ... **A11:** 13
carbon steels, cracking ... **A6:** 643
digital, color images by ... **A17:** 485
fitness for service evaluation ... **A6:** 376
for boilers and pressure vessels ... **A17:** 647–649
for brazing inspection ... **A11:** 451
gas-tungsten arc welding ... **A6:** 451
image conversion ... **A17:** 298
in-motion ... **A17:** 337–338
laminographic ... **EL1:** 738
limitations ... **A17:** 297
of internal discontinuities, castings ... **A17:** 512
plasma arc welding ... **A6:** 198
principles of ... **A17:** 297–302
radiation sources ... **A17:** 297–298
selection of view ... **A17:** 330–338
to detect cracks, electron-beam welding ... **A6:** 1077–1078
to detect geometric weld discontinuities ... **A6:** 1075
to detect lack of fusion ... **A6:** 1075, 1078
to detect subsurface gas porosity ... **A6:** 1074
to detect tungsten inclusions ... **A6:** 1074
to detect weld discontinuities, electroslag welding ... **A6:** 1078
to detect weld metal and base metal cracks ... **A6:** 1075
to measure weld pool surface velocity ... **A6:** 1149
transmissive ... **EL1:** 738
uses of ... **A17:** 295–297
vs. ultrasonic inspection, for primary mill products ... **A17:** 267
x-ray ... **EL1:** 369
x-ray, for adhesive-bonded joints ... **A17:** 624
Radiography methods ... **A19:** 222
as inspection or measurement technique for corrosion control ... **A19:** 469
to detect blisters ... **A19:** 480
Radioisotope tracer technique ... **A5:** 17
Radioisotope tracer test method
cleaning process efficiency ... **M5:** 20

SUBJECTS OF THE INDEXED VOLUMES: ASM Handbook (designated by the letter "A"): **A1:** Properties and Selection: Irons, Steels, and High-Performance Alloys (1990); **A2:** Properties and Selection: Nonferrous Alloys and Special-Purpose Materials (1990); **A3:** Alloy Phase Diagrams (1992); **A4:** Heat Treating (1991); **A5:** Surface Engineering (1994); **A6:** Welding, Brazing, and Soldering (1993); **A7:** Powder Metal Technologies and Applications (1998); **A8:** Mechanical Testing (1985); **A9:** Metallography and Microstructures (1985); **A10:** Materials Characterization (1986); **A11:** Failure Analysis and Prevention (1986); **A12:** Fractography (1987); **A13:** Corrosion (1987); **A14:** Forming and Forging (1988); **A15:** Casting (1988); **A16:** Machining (1989); **A17:** Nondestructive Evaluation and Quality Control (1989); **A18:** Friction, Lubrication, and Wear Technology (1992); **A19:** Fatigue and Fracture (1996); **A20:** Materials Selection and Design (1997). **Metals Handbook, 9th Edition** (designated by the letter "M"): **M1:** Properties and Selection: Irons and Steels (1978); **M2:** Properties and Selection: Nonferrous Alloys and Pure Metals (1979); **M3:** Properties and Selection: Stainless Steels, Tool Materials, and Special-Purpose Materials (1980); **M4:** Heat Treating (1981); **M5:** Surface Cleaning, Finishing, and Coating (1982); **M6:** Welding, Brazing, and Soldering (1983); **M7:** Powder Metallurgy (1984). **Engineered Materials Handbook** (designated by the letters "EM"): **EM1:** Composites (1987); **EM2:** Engineering Plastics (1988); **EM3:** Adhesives and Sealants (1990); **EM4:** Ceramics and Glasses (1991). **Electronic Materials Handbook** (designated by the letters "EL"): **EL1:** Packaging (1989)

Radioisotopes
analysis for **A10:** 233
as neutron source **A17:** 389
decay rate **A10:** 235
defined **A10:** 234, 680
properties, for thermal-neutron radiography **A17:** 390
testing **A17:** 63–64
Radiology *See also* Radiographic inspection; Radiography
defined **A17:** 295
Radiometers **EM3:** 762–763
for thermal inspection **A17:** 399
Radionuclide, computed tomography (CT)
defined **A17:** 384
Radionuclide methods **A18:** 319–327
applications **A18:** 322–323
aerospace **A18:** 323
diagnostic condition monitoring **A18:** 322
laboratory wear characterization **A18:** 322
tracer monitoring **A18:** 322–323
considerations in planning SLA testing **A18:** 321–322
details for executing SLA measurements **A18:** 323–327
activation fundamentals **A18:** 323
attenuation and detection of gamma rays **A18:** 324–325
characteristics of sodium iodide spectrometry **A18:** 325
detector configuration **A18:** 325
detector mounting **A18:** 326–327
laboratory marker calibrations **A18:** 323–324
spectrum details **A18:** 325–326
statistical considerations **A18:** 326
tracer calibrations **A18:** 324
useful SLA radionuclides from common metals and their production methods **A18:** 323
future trends **A18:** 327
radionuclides applied to tribology . . . **A18:** 319–321
activation methods **A18:** 319–321
advantages of surface layer activation . . . **A18:** 321
gamma detectors **A18:** 319, 320
markers **A18:** 319
tracers **A18:** 319
Radionuclides *See also* Radiosiotopes
activity of, SI unit and symbol for **A10:** 685
toxic chemicals included under NESHAPS **A20:** 133
Radionuclides (including radon)
hazardous air pollutant regulated by the Clean Air Amendments of 1990 . . . . . **A5:** 913
Radioscopy *See also* Real-time radiography
defined **A17:** 295
Radiotracer method
dental tissue wear plate measurement **A18:** 668
Radium containers
composite metals for **M7:** 17
Radius
defined **A14:** 10
Radius at root of groove welds **M6:** 64–65
Radius forming
for press-brake forming **A14:** 536
Radius of bend
defined **A8:** 11, **EM2:** 35
Radius of curvature **A7:** 404
interference microscope measurement **A17:** 17
symbol for **A8:** 725
Radius of curvature of the crack tip **A20:** 345
Radius of equivalent cylinder
nomenclature for lubrication regimes **A18:** 90
Radiusing **A16:** 33
in conjunction with boring **A16:** 165
machining **A16:** 514–515, 517, 518, 519
Raffinal (super-purity aluminum)
applications and properties **A2:** 64–65
Rail life **A20:** 365, 380
Rail shear test **EM1:** 30
Rail shear tests **EM3:** 822, 827–828
Rail spalling **A19:** 332, 333
Rail steel
cast iron failures **A19:** 5
Rail steels
evolution of microstructural change . . **A20:** 380–381
fracture modes **A12:** 115, 117, 135–137
wear resistance **A20:** 365, 366
Rail welding *See* Thermit welding
Railroad applications
acoustic emission inspection **A17:** 290
Barkhausen noise measurement **A17:** 160
car springs, steels for **M1:** 303
cast steels **M1:** 378, 379
copper-based powder metals **M7:** 734
crucible steel **A15:** 31
early, chilled iron **A15:** 30
hot rolled bars and shapes **M1:** 212–213
market trends **A15:** 44
steel rail, ultrasonic inspection **A17:** 232, 272
tank cars, magnetic paint inspection **A17:** 128
ultrasonic inspection **A17:** 232
Railroad cars
of aluminum and aluminum alloys **A2:** 11
Railroad construction
joining processes **M6:** 57
Railroad diesel oils
lubricant classification **A18:** 85
Railroad equipment **A6:** 395–398
Railroad rail head
residual stress distribution across a flash-butt welded **A10:** 391
Railroad rail, steel
transverse fracture in **A11:** 7
Railroad rolling stock
codes governing **M6:** 824
Railroad track
fatigue failure **A19:** 168
Railroad wheels **A19:** 10, 11
Rails
ultrasonic inspection **A17:** 232, 272
Railway tank car
brittle fracture from weld imperfections in **A11:** 93–94
Railway tank car applications
high-strength low-alloy steels for **A1:** 419–420
Raimondi-Boyd design chart **A18:** 90, 91
Rain erosion *See also* Erosion (erosive wear); Erosive wear
components affected **A11:** 163
defined **A18:** 15
definition **A5:** 964
Rainflow cycle counting **A19:** 76, 127, 241, 244, 254–255, 258, 259–260, 571, 579
Rainflow method
of damage analysis **A8:** 682
Raining
as centrifugal casting defect **A15:** 306–307
Rainwater *See also* Water
as water drop impingement corrosive **A13:** 142
beryllium corrosion in **A13:** 809
chloride concentration **A13:** 909
corrosion in **A13:** 17
effects, zinc/zinc alloys and coatings **A13:** 757
GFAAS analysis for silver **A10:** 55
Raised core
as casting defect **A11:** 381
Raised sand
as casting defect **A11:** 381
Raised-stress regimes (RSR) **EM3:** 651–652, 653–654
Raisers, stress *See* Stress raisers
Raj damage nucleation deformation map
example **A14:** 421–422
Rake
of straight-knife shears **A14:** 704–705
Rake angle **A16:** 121, 297, **A18:** 610, 611
Raleigh wave speed **A8:** 445
Ram *See also* Force plug; Random access memory (RAM) **M7:** 10
in electrohydraulic testing machine **A8:** 160
in servo-hydraulic test frames **A8:** 192
Ram extruder **A7:** 367, 368
Ram pressing **EM4:** 8
Ram tensile testing
explosion welds **M6:** 711
Ram travel
defined **EM2:** 35
Raman band
defined **A10:** 680
Raman effect
experimental considerations **A10:** 128–129
fundamentals **A10:** 126–128
sampling **A10:** 129–130
Raman line
defined **A10:** 680
Raman microprobe analysis
capabilities **A10:** 516
of pyridine adsorbed on metal oxide surfaces **A10:** 134
Raman scattering
surface-enhanced **A10:** 135–136
Raman shift
defined **A10:** 680
Raman spectrometer
conventional **A10:** 128
with multichannel detector **A10:** 128
Raman spectroscopy **A5:** 669, **A10:** 126–138, **A13:** 1114–1115
and gas analysis by mass spectrometry compared **A10:** 151
and infrared spectroscopy, compared **A10:** 127
anti-Stokes radiation **A10:** 127
applications **A10:** 131–133
as advanced failure analysis technique . . **EL1:** 1104
bulk materials analysis by **A10:** 126, 130–133
capabilities **A10:** 333
capabilities, compared with infrared spectroscopy **A10:** 109
defined **A10:** 680
estimated analysis time **A10:** 126
experimental utility **A10:** 127–128
for graphites **A10:** 132–133
for metal corrosion **A10:** 134–135
for metal oxides **A10:** 130–131
for polymers **A10:** 131–132
in situ, laser excitation sources for **A10:** 135
information obtainable from **A10:** 130
introduction **A10:** 126
laser Raman microprobe **A10:** 129
lasers **A10:** 129
limitations **A10:** 126, 135, 136
molecular optical laser examiner (MOLE) **A10:** 129
molecular vibration **A10:** 127
monochromator-detector assembly of **A10:** 128–129
of inorganic liquids and solutions **A10:** 7
of inorganic solids **A10:** 4–6
of organic gases **A10:** 11
of organic liquids and solutions **A10:** 10
of organic solids **A10:** 9
polarization **A10:** 127
Pourbaix diagram **A10:** 135
Raman effect **A10:** 126–130
related techniques **A10:** 126
sampling **A10:** 126, 129–130
selection rules **A10:** 127
spectrometers for **A10:** 128
Stokes radiation in **A10:** 127
surface-enhanced Raman scattering . . **A10:** 135–137
Raman spectroscopy (RS)
for chemical analysis of polymer fibers . . **EM4:** 223
for phase analysis **EM4:** 561
to analyze the surface composition of ceramic powders **EM4:** 73
Raman spectrum
defined **A10:** 680
Ram-and-inner-frame HERF machines . . **A14:** 29, 101
Ramaway
as casting defect **A11:** 387
Ramberg-Osgood equation **A11:** 50, **A19:** 429, 431
modified version for stress-strain response of adhesives **EM3:** 515
Ramberg-Osgood formula **A20:** 523–524
Ramberg-Osgood strain hardening relationship **A19:** 735
Rammed graphite molding
titanium alloys **A15:** 825
titanium and titanium alloy castings **A2:** 635
Rammed graphite molds **A15:** 273–274
Rammer, air
jolt rollovers topped with **A15:** 29
Ramming **EM4:** 151
defined **A15:** 9
early practice **A15:** 28
effect, synthetic sands **A15:** 29
mixes, induction furnaces **A15:** 373
Ramming, soft or insufficient
as casting defect **A11:** 386
RAMOD-2 bilinear equation **EM3:** 515
Ramoff
as casting defect **A11:** 387
Ramp
defined **A12:** 59

Ramp (continued)
rates, and mean stress **A12:** 63
Ramp rate *See* Thermal ramp rate
Rams *See also* Hammers; Presses
defined **A14:** 10
deflection, built-in die mismatch for **A14:** 50
displacement vs. load, nonlubricated extrusion **A14:** 316
in counterblow hammers **A14:** 42
in electrohydraulic gravity-drop hammers .. **A14:** 42
in hammers **A14:** 25
in open-die forging **A14:** 61
in presses **A14:** 29, 31, 33, 35
speed, straight-knife shearing **A14:** 705
velocity, in high-energy-rate forging **A14:** 100
Ramsbottom method **A18:** 84
Randles equivalent circuit **EM3:** 436
Random access
defined **EL1:** 1154
Random access memory
abbreviation for **A11:** 797
Random access memory (RAM) **A10:** 92, **EL1:** 8, 160
Random alloys
EXAFS analysis **A10:** 407
Random assembly **A7:** 703
Random copolymers **A20:** 445, **EM2:** 58
Random duplex aggregates **A9:** 604
Random errors
in sampling **A10:** 12
Random homogeneous mixture (RHM) **EM4:** 96
Random intermittent welds
definition **A6:** 1212, **M6:** 14
Random load tests
main variable of test **A19:** 114
Random loads **A19:** 114, 170
Random mesh registration *See also* Registration
defined **EL1:** 1154
Random order
in experimental study **A17:** 743
Random orientation
defined **A9:** 15
determination of **A9:** 702
in castings, methods to control **A9:** 701
Random pattern
defined **EM1:** 2, **EM2:** 35
Random porosity
cast aluminum fracture surface **A12:** 66, 67
Random samples
defined **A10:** 12
Random search algorithm **A20:** 211
Random sequence
definition **M6:** 14
Random (statistical) particle pattern **M7:** 186
Random variable **A20:** 73, 77–78
definition **A20:** 839
Random variables
density function of **A8:** 624
statistical **A8:** 624
Random vibration **A19:** 3
Random vibration environmental stress screening
parameters **EL1:** 878–880
Random wound
definition **M6:** 14
Randomization
defined **EM2:** 599–600
effect of **A8:** 640, 643–644
in fatigue data **A8:** 696
mechanical **A8:** 696
Randomized block experiments
analysis of **A8:** 640, 644, 646, 656–657
Randomized experimental designs .. **A8:** 643–650, 695
and block designs **A8:** 643–650
block plans **A8:** 644
complete **A8:** 643–644
incomplete blocks **A8:** 644–646
Random-load fatigue tests **A19:** 116
Randomly oriented surface
true area and length **A12:** 204
Randomness
in projected images **A12:** 194–195
of test observations **A8:** 624
Raney catalyst
powders used **M7:** 572
Range **A19:** 17, **EM3:** 791–793
sensing, machine vision **A17:** 43
setting, calibration for ultrasonic inspection **A17:** 267
Range chart **A7:** 694, 695, 696, 701
Range of orthogonal shear (T_o), for bearings **A19:** 357
Range of stress
defined **A8:** 11
symbol for **A11:** 797
Range pair method **A19:** 76, 254, 579
Range, sample **A7:** 695
Range straggling (ΔRp) **A5:** 605, 606
Rank test
for comparing fatigue behavior **A8:** 707–709
Rankine failure criterion **A19:** 263
Rankine-cycle steam systems
failures in **A11:** 602
Ranking
in computation for unknown distribution .. **A8:** 666
Rank-ordering parameter
acceptability limit for **A13:** 316
Rao-Raj deformation maps **A14:** 421
Raoultian activity
defined **A15:** 51
Raoult's law **A5:** 557
defined **A15:** 51
Rapeseed oil
as lubricant **A15:** 311
Rapid burn-off zone
furnaces **M7:** 351
Rapid burn-off zones **A7:** 468
Rapid coalescence
intergranular fracture by **A12:** 349
Rapid cooling *See also* Cooling
grain refinement by **A15:** 476
Rapid diffusion **A7:** 594
Rapid filling *See also* Filling; Pouring; Risering
rates **A15:** 38
Rapid fracture
analysis, crack speed and control tendency of stress field as **A8:** 440–441
and stress-corrosion cracking **A8:** 498
onset, toughness measurement as **A8:** 441
predicted by *R*-curves **A8:** 450
Rapid load ($K_{Ic}(t)$) test **A19:** 396
Rapid loading
toughness control tests involving **A8:** 453
Rapid loading rate **A20:** 537
Rapid manufacturing **A7:** 433
Rapid omnidirectional compaction **M7:** 542–546
and cold compaction **M7:** 544
and cold pressing/sintering, compared **M7:** 545
press requirements for cylindrical preforms **M7:** 545
process advantages and limitations ... **M7:** 545–546
Rapid omnidirectional compaction (ROC) **A7:** 606–607
titanium alloy powders **A7:** 877
Rapid omnidirectional consolidation
aluminum P/M alloys **A2:** 7, 203–204
Rapid omnidirectional consolidation (ROC)
aluminum alloy powders **A7:** 839
Rapid oxidation *See also* Oxidation
aircraft powerplants **A13:** 1040
Rapid part prototyping
thermal spray forming **A7:** 408, 412
Rapid prototype tool materials
powder injection molding **A7:** 356
Rapid prototyping **A20:** 5, 164, 231–239, 723, 728
accuracy **A20:** 234
analyzing speed and accuracy **A20:** 238–239
area sequential volume addition (ASVA) **A20:** 238–239
ballistic particle manufacturing (BPM) **A20:** 236
construction materials available **A20:** 231
cut-then-stack process **A20:** 232, 237, 239
definition **A20:** 839
description **A20:** 231–234
designing with manufacturable features **A20:** 237–238
devices **A20:** 231–232
droplet deposition processes **A20:** 236
example: electric current sensor design **A20:** 233–234
extrusion/droplet deposition processes **A20:** 234, 235–236
fiber-reinforced composites **A20:** 239
fused-deposition modeling (FDM) ... **A20:** 232, 234, 235–236
inkjet droplet deposition **A20:** 236
laminated object manufacturing **A20:** 236, 237
major commercial processes **A20:** 234–237
manufacturing paradigms **A20:** 231, 232
manufacturing processes, categories **A20:** 232
numerical control machining for prototyping **A20:** 237–238
paradigms for part creation **A20:** 231, 232
periphery cutting (PC) **A20:** 238
research efforts, current **A20:** 239
selective area laser deposition **A20:** 239
selective cure layered processes **A20:** 234–235
selective laser sintering (SLS) **A20:** 235
sheet form fabricators **A20:** 234, 236–237
solid freeform fabrication (SFF) **A20:** 232
solid ground curing (SGC) **A20:** 234, 235
speed **A20:** 234
stack-then-cut (laminated object manufacturing) **A20:** 236, 237
stereolithography, a typical rapid prototyping process **A20:** 232–233
three-dimensional printing process **A20:** 236
voxel sequential volume addition (VSVA) **A20:** 238
Rapid prototyping, powder metallurgy methods for **A7:** 315, 426–436
Rapid quenching *See also* Quenching
amorphous materials and metallic glasses .. **A2:** 809
beryllium powder **A2:** 685
metallic glasses **A2:** 805–806
neodymium-iron-boron permanent magnet materials **A2:** 791–792
of uranium alloys **A2:** 673
Rapid solidification *See* Solidification
titanium P/M products **A2:** 656
Rapid run-arrest fracture
influence of dynamic effects **A8:** 285
Rapid solidification *See also* Rapid omnidirectional compaction; Rapid solidification rate; Solidification **A14:** 249, **A20:** 341
advantages for copper alloys **A9:** 640
defined **A9:** 615
effect on microsegregation **A9:** 615–616
for copier powders **M7:** 587
in rotating disk atomization **M7:** 45–46
in titanium powder production **M7:** 167
microsegregation in **A15:** 138
nucleation effect **A15:** 101
powders, in rapid omnidirectional compaction **M7:** 542
processing, eutectic growth in **A15:** 125
solidification structures **A9:** 615–617
technology **M7:** 570
technology, Soviet **M7:** 692–693
Rapid solidification rate *See also* Rapid solidification; Solidification
Auger depth profile of **M7:** 255
microstructure **M7:** 47, 48
powder machine **M7:** 45, 46
technology **M7:** 255
Rapid solidification rate (RSR) **A1:** 973
Rapid solidification rate (RSR) process **A7:** 48–49
superalloy powders **A7:** 175–176
Rapid solidification (RS) **A7:** 19–20, 37, 128
aluminum alloys **A7:** 19, 834

and cold sintering **A7:** 579
commercialization of. **A7:** 7
development **A7:** 3
gamma alloys **A7:** 20
magnesium alloys. **A7:** 19–20
titanium alloyed powders **A7:** 20, 880, 881
titanium aluminide intermetallics **A7:** 20
vs. mechanical alloying **A7:** 86
Rapid solidification (RS) alloys
high-strength aluminum P/M alloys **A2:** 200
wear-resistant **A2:** 205
Rapid solidification technology
P/M materials. **A13:** 823
Rapid vaporizing. **A7:** 95
Rapid wear *See* Wear
Rapid-load plane-strain fracture toughness testing **A8:** 260–261
Rapidly solidified powders
for copiers **M7:** 587
Rapid-*n* test
for sheet metals **A8:** 557
specimen **A8:** 557
Rapi-Press composite consolidation
graphite-reinforced MMCs **EM1:** 87
Rap-jolt molding machines
green sand molding. **A15:** 342–343
Rapping of pattern
as casting defect. **A11:** 386
Rare earth alloys
as permanent magnets. **A7:** 1018
Rare earth aluminosilicate glasses
electrical properties **EM4:** 851
magnetic properties. **EM4:** 854, 855
Rare earth compounds
as colorants **EM4:** 380
Rare earth dispersoids
in titanium. **M7:** 167
Rare earth doped barium titanates. **EM4:** 58
Rare earth elements
addition to rapid solidification alloys. **A7:** 20
in metal powder-glass frit method. **EM3:** 305
Rare earth elements in steel **M1:** 411
notch toughness, effect on **M1:** 694, 706–707
steel sheet, effect on formability **M1:** 556
Rare earth gailiogermanate glasses
optical properties **EM4:** 854
Rare earth garnets **A9:** 538, **EM4:** 1162
Rare earth magnets
applications. **A7:** 1018–1019
Rare earth metal. **M7:** 10
defined **A13:** 11
Rare earth metal salts (cerium)
alternative conversion coat technology, status of **A5:** 928
Rare earth metals *See also* Cerium; Dysprosium; Erbium; Europium; Gadolinium; Holmium; Lanthanum; Lutetium; Neodymium; Praseodymium; Promethium; Samarium; Terbium; Thulium; Ytterbium
alloy additives **A2:** 727–729
alloy formation. **A2:** 726–727
applications. **A2:** 727–731
as additions to steel to change sulfide inclusion morphology **A9:** 628
boiling points and sublimation energies **A2:** 723–724
cerium, properties. **A2:** 720, 1178
chemical properties **A2:** 725
compounds **A2:** 726
cuprates, high-temperature conductivity in **A2:** 1027
dysprosium, properties. **A2:** 720, 1179
elastic and mechanical properties **A2:** 725
electronic configurations. **A2:** 721–722
erbium, properties. **A2:** 720, 1180
europium, properties. **A2:** 720, 1180
gadolinium, properties **A2:** 720, 1181
holmium, properties **A2:** 720, 1181
hydrogen storage alloys. **A2:** 731
immiscible liquids **A2:** 726–727
in magnesium alloys **A9:** 427–428, **A20:** 407
lanthanum, properties. **A2:** 720, 1182
lighter flints. **A2:** 729
magnetic material applications **A2:** 729–731
magnetic properties. **A2:** 724–725
magnetooptical material applications **A2:** 731
melting/transformation temperatures **A2:** 723
metallography and surface passivation. **A2:** 725
metals in magnets **A9:** 539
mischmetal, properties **A2:** 720, 1183
neodymium, properties. **A2:** 720, 1184
oxide dispersion-strengthened (ODS) alloys **A2:** 729
physical properties. **A2:** 721–725
praseodymium, properties **A2:** 720, 1185
preparation and purification **A2:** 720–721
promethium, properties **A2:** 720, 1185
research grade vs. commercial grade. **A2:** 720
samarium, properties **A2:** 720, 1186
scandium, properties. **A2:** 720, 1186
structure, metallic radius, atomic volume and density **A2:** 722–723
terbium, properties **A2:** 720, 1187
thulium, properties **A2:** 720, 1188
ultrapure, by electrotransport purification **A2:** 1094–1095
with cobalt, as permanent magnet materials **A2:** 787–788
ytterbium, properties **A2:** 720, 1188
yttrium, properties **A2:** 720, 1189
Rare earth orthoferrites **EM4:** 52–58
Rare earth oxide
effect on brake lining friction **A18:** 572
Rare earth oxides. **EM4:** 56
Rare earths
additions and HIC. **A19:** 479–480
as desulfurization reagent **A15:** 75
as grain refiners, magnesium alloys **A15:** 481
copper oxide, for carbon monoxide, carbon dioxide removal **A10:** 222
effect on fracture toughness **A19:** 626
electron spin resonance and. **A10:** 262
elements, laser-induced resonance ionization mass spectrometry for **A10:** 142
ESR analysis of **A10:** 262
fluoride separations **A10:** 169
ICP-MS analysis of **A10:** 40
oxygen produced by. **A15:** 78
Rare-earth elements
effect of, on notch toughness. **A1:** 742
in ferrite **A1:** 408
Rare-earth permanent magnets
bioapplication of **A13:** 1363
Rarefaction waves *See* Tensile waves
Rasberry-Heinrich model
calibration of x-ray spectrometry. **A10:** 98
Raster pattern
SEM **A12:** 167
Rasters
formation, and scan coils, SEM microscopes **A10:** 493
image analysis scanners. **A10:** 310
with Auger spectrometer. **A10:** 554
Raster-scanning **A19:** 71
Ratchet marks
defined **A8:** 11, **A11:** 8, **A12:** 112
from multiple crack initiation **A11:** 77
in fatigue tests **A8:** 696
martensitic stainless steels **A12:** 368
medium-carbon steels **A12:** 260, 269, 272
on shafts **A11:** 463
Ratcheting. **A20:** 529
and distortion failure **A11:** 143–144
creep, and stress relaxation, compared. . . . **A11:** 144
Ratchet-wheel set, warm compacted . . . **A7:** 1107, 1108
Rate of creep *See* Creep rate
Rate of flame propagation
definition **M6:** 14
Rate of oil flow **M7:** 10
Rated tire load **A18:** 578
Rate-dependent variables
affecting fatigue crack growth rate **A8:** 412
Rate-limiting crack tip electrochemical reactions **A19:** 197
Ratholes. **A7:** 287, 288, 290
Rating and comparing structural adhesives. **EM3:** 471–476
inverse skin-doubler coupon **EM3:** 471–472
rational design of adhesively bonded structural joints **EM3:** 474–476
Rating curve sheet **A19:** 348
Rating formability
for cold heading. **A14:** 291
Rating life. **A18:** 505
defined. **A18:** 15
Rating/life exponents for ball bearings. **A19:** 358
Rating/life exponents for roller bearings **A19:** 358
Ratio of surface damage to subsurface damage in compound impact situations (impact model)
symbol for. **A20:** 606
Ratio-analysis diagram (RAD). **A11:** 62, 797, **A19:** 403–405
Ratiometric instruments
MFS analysis. **A10:** 77
Rational polynomial creep equation **A8:** 687–689
Rational sampling *See also* Samples; Sampling. **A7:** 694, 696
common pitfalls. **A17:** 729–730
concept. **A17:** 729
importance **A17:** 728
size and frequency. **A17:** 729
Rationalization. **A20:** 675
definition **A20:** 675, 839
Rationalized erosion rate **A18:** 227–228
Rationalized incubation period **A18:** 227, 228
Rattail *See also* Buckle
as casting defect. **A11:** 384
defined **A11:** 8, **A15:** 9
definition. **A5:** 964
in iron castings. **A11:** 353
Rattler test **A7:** 306
for green strength. **M7:** 288, 302
Raw materials *See also* Materials; Materials selection **EM4:** 43–51
acid steelmaking. **A15:** 364
basic steelmaking. **A15:** 360–367
for ductile iron. **A15:** 647
for fiber-reinforced polymeric matrix composites. **EM1:** 105–171
primary ceramics **EM4:** 49–51
alumina. **EM4:** 49
metallurgical grade bauxite. **EM4:** 49, 50
refractory grade bauxite **EM4:** 49
silica **EM4:** 49
zircon/zirconia. **EM4:** 50–51
quality control in. **EL1:** 869
selection of ceramics based on product applications. **EM4:** 43–49
additives. **EM4:** 44
advanced ceramics **EM4:** 45–49
antiscumming compounds. **EM4:** 44
building clays. **EM4:** 43–44
heavy clay products production, Europe **EM4:** 43
industrial and residential building products **EM4:** 43–44
refractories **EM4:** 44–45, 46
refractories, hazardous **EM4:** 45
whiteware. **EM4:** 44, 45
validation, as quality control **EM1:** 72
wrought copper and copper alloy products. **A2:** 241–242
Raw materials, industrial
sampling of. **A10:** 12–18
Raw materials quality control **EM3:** 729–734
acceptance alternatives **EM3:** 733–734
alternative techniques **EM3:** 732
consistency controls **EM3:** 732
shipping controls. **EM3:** 732
product acquisition approach. **EM3:** 730
product test phases **EM3:** 730–731
acceptance **EM3:** 730–731, 732–733
certification **EM3:** 730, 731, 732–733
design allowables. **EM3:** 730
qualification test **EM3:** 730
raw material quality control **EM3:** 731
test techniques **EM3:** 731–732
flatwise tension **EM3:** 731–732
peel **EM3:** 732
shear **EM3:** 731
testing considerations **EM3:** 732–733
materials procedures, control **EM3:** 733
test temperatures **EM3:** 732–733
Raw materials/batching. **EM4:** 378–384
batch formulation **EM4:** 681–682
batch sizes **EM4:** 382
collecting **EM4:** 384
cost/quality trade-offs **EM4:** 384
fining. **EM4:** 384
melting **EM4:** 384
cullet. **EM4:** 381
filling **EM4:** 384

Raw materials/batching (continued)
important minerals **EM4:** 378–380
borate materials................... **EM4:** 380
feldspar............................ **EM4:** 379
gypsum **EM4:** 380
lead oxides and silicates **EM4:** 380
limestone **EM4:** 379
materials and their purpose for use in glass manufacture **EM4:** 381
nepheline syenite................... **EM4:** 379
salt cake **EM4:** 380
silica sand **EM4:** 378–379
soda ash **EM4:** 379–380
sodium nitrate **EM4:** 380
minor materials **EM4:** 380–381
colorants......................... **EM4:** 380–381
fining agents...................... **EM4:** 380
melting accelerators **EM4:** 380
mixing **EM4:** 384
raw materials handling **EM4:** 382
segregation of materials during shipping, storage, and mixing **EM4:** 382–383
bin segregation **EM4:** 382–383
demixing.......................... **EM4:** 383
solid-solid mixing characteristics **EM4:** 382
weighing............................. **EM4:** 384
wetting of glass batch **EM4:** 383–384
batch wetting with caustic soda **EM4:** 384
batch wetting with water......... **EM4:** 383–384

Ray diagram
for lensing action **A10:** 492

Rayleigh distribution **A19:** 298

Rayleigh instability **A7:** 45

Rayleigh number (Ra) **A5:** 521

Rayleigh scattering **A18:** 409–410
and Compton scatter, x-rays **A10:** 85
defined **A10:** 127, 680
energy-level diagram **A10:** 127
from x-ray absorption **A10:** 84
in Raman spectroscopy............. **A10:** 126–128

Rayleigh scattering processes **EM4:** 853

Rayleigh step bearing **A18:** 523, 525
defined............................... **A18:** 15

Rayleigh velocity **A18:** 407

Rayleigh waves
electromagnetic radiation **A17:** 309
for optical holographic interferometry **A17:** 409
in microwave inspection................ **A17:** 205
ultrasonic...................... **A17:** 233–234
ultrasonic inspection **A17:** 233–234

Rayleigh-Ritz energy method **A20:** 640

Rayleigh-Ritz method
for elastic bending **A8:** 118

Rayleigh-Ritz procedure **A20:** 178

Rayon
as carbon fiber precursor........... **EM1:** 11, 52

Rayon production
powder used............................. **M7:** 574

Razor blades
scanning laser gages for.................. **A17:** 12

Rb_2
single-crystal analysis of **A10:** 355

RB211 engine, failure of **A19:** 561

RBS *See* Rutherford backscattering spectrometry

Rb-Sb (Phase Diagram) .... **A3:** 2•351

RBSC *See* Reaction-bonded silicon carbide

Rb-Se (Phase Diagram) .... **A3:** 2•351

RBSN *See* Reaction-bonded silicon-nitride

Rb-Tl (Phase Diagram) .... **A3:** 2•351

RCA 1P28 photomultiplier **A19:** 219

R-curve **A20:** 430, 431, 432
analysis, for fracture toughness **A11:** 64
applications............................ **A8:** 451
defined **A8:** 11, **A11:** 8
definition............................. **A20:** 839
format, use of crack tip opening displacement in......................... **A8:** 457
from measurement of *K* and crack extension **A8:** 450
in fracture mechanics **A8:** 451–453
K-R curve test (ASTM E 561)......... **A19:** 7, 396
load vs. crack mouth opening displacement curve for **A8:** 461
schematic.............................. **A8:** 453
standard methods, aluminum alloys....... **A8:** 461

R-curve behavior **EM4:** 586

R-curve method
for fracture toughness **A8:** 449

R-curve tests **A19:** 371

RDF *See* Radial distribution function analysis

RDS *See* Rheometric dynamic scanning

RDX (explosive)
friction coefficient data.................. **A18:** 75

Reacting hydrogen and oxygen catalysts
powder used............................. **M7:** 572

Reaction bonding
of structural ceramics **A2:** 1020–1021

Reaction film **A19:** 345

Reaction flux
definition **M6:** 14

Reaction flux (soldering)
definition............................... **A6:** 1212

Reaction forming **EM4:** 124

Reaction hot pressing (RHP) **EM4:** 228

Reaction injection molding (RIM) *See also* Injection molding; Reinforced reaction injection molding (RRIM); Resin transfer molding (RTM)
application, automotive industry **EM1:** 83, 833
as thermoset molding.................... **EM1:** 55
compared as process for producing automotive bumpers **A20:** 299
cost per part at different production levels.............................. **A20:** 300
defined **EM1:** 2, **EM2:** 35
for polyurethanes (PUR) **EM2:** 258–264
in polymer processing classification scheme **A20:** 699
labor input/unit **A20:** 300
mechanical properties **EM2:** 261–263
mold cost.............................. **A20:** 300
of epoxy composites **EM1:** 71–7
plastics **A20:** 799, 800
polymers **A20:** 701
processing characteristics, closed-mold.... **A20:** 459
properties effects **EM2:** 287
rating of characteristics.................. **A20:** 299
size and shape effects **EM2:** 292
structural **EM1:** 56, **EM2:** 262
thermoset......................... **EM2:** 320–321
thermoset plastics processing comparison **A20:** 794
types, and PUR properties......... **EM2:** 260–262
urethane hybrids....................... **EM2:** 269

Reaction kinetic behavior
as quality control factor **EM1:** 730

Reaction kinetics
analyses......................... **A10:** 109, 628

Reaction milling
aluminum P/M alloys **A2:** 202

Reaction products
identified **A10:** 212, 628

Reaction rates
equations **A13:** 67
linear oxidation **A13:** 66
logarithmic and inverse logarithmic **A13:** 66–67

Reaction sintering **EM4:** 291–295, **M7:** 10
additional reaction-bonding processes **EM4:** 293–295
chemical vapor infiltration **EM4:** 293–294
directed oxidation and nitridation processes **EM4:** 294
Oak Ridge National Laboratory process improvements **EM4:** 294
polymer-derived ceramics **EM4:** 294
self-propagating high-temperature synthesis **EM4:** 294
solid-solid exchange reactions......... **EM4:** 294
ceramics............................... **A20:** 699
in ceramics processing classification scheme **A20:** 698
reaction-forming processes **EM4:** 291

Reaction soldering
definition **M6:** 14

Reaction stress
definition **A6:** 1212, **M6:** 14

Reaction wave velocity **A7:** 525

Reaction zone **A6:** 897

Reaction-based plastics
as binders **A15:** 211

Reaction-bonded alumina (RBAO)
infiltration **EM4:** 842

Reaction-bonded silicon carbide (RBSC) **EM4:** 239–240
applications **EM4:** 240, 964
wear.................................. **EM4:** 975
ceramic corrosion in the presence of combustion products **EM4:** 982
key features............................ **EM4:** 676
mineral processing **EM4:** 961
mixing operations....................... **EM4:** 98
properties **EM4:** 240, 677
reaction sintering **EM4:** 291, 293, 294
development........................ **EM4:** 293
mechanical properties................ **EM4:** 293
processing.......................... **EM4:** 293
shapes................................. **EM4:** 240
siliciding with SiO vapor **EM4:** 240

Reaction-bonded silicon nitride (RBSN) **A20:** 429, 430
applications, heat exchangers **EM4:** 984
ceramic corrosion in the presence of combustion products **EM4:** 982
compact thickness effect **EM4:** 237
control of reaction exotherm **EM4:** 238
corrosion resistance **EM4:** 238
erosion resistance....................... **A18:** 205
fabrication **EM4:** 812
flexural strengths **EM4:** 237, 238
formation of shapes................ **EM4:** 237–238
green machining and cost-effectiveness of tool life............................ **EM4:** 184
grinding **EM4:** 334
high-purity properties **EM4:** 237, 238
hot isostatically pressed **EM4:** 815, 818
influence of reaction variables.......... **EM4:** 237
joining non-oxide ceramics.............. **EM4:** 528
key features............................ **EM4:** 676
made by a reaction-bonding technique **EM4:** 236–239
polysilazane infiltrants to fill voids...... **EM4:** 295
products............................... **EM4:** 238
properties **EM4:** 187, 330, 677, 812, 815, 816
reaction sintering.................. **EM4:** 291–293
conventional processes **EM4:** 292
high-purity silicon powder processes.................... **EM4:** 292–293
impurity levels and particle dimensions of silicon powders.......................... **EM4:** 292
silane gas source **EM4:** 292
rejected for turbocharger application **EM4:** 725, 726
strength retention..................... **EM4:** 1001
strength-limiting defects **EM4:** 593
thermal properties **EM4:** 815–816, 818, 992

Reaction-bonded silicon-nitride (RBSN)- titanium nitride **EM4:** 292–293

Reaction-formed ceramics **EM4:** 236–240

Reaction-forming processes **EM4:** 236–240
reaction with a liquid phase **EM4:** 239–240
reaction-bonded silicon carbide ... **EM4:** 239–240
reaction with gas phases **EM4:** 236
reaction-bonded silicon nitride **EM4:** 236–239
compact thickness effect **EM4:** 237
control of reaction exotherm......... **EM4:** 238
formation of shapes **EM4:** 237–238
influence of reaction variables **EM4:** 237
products............................. **EM4:** 238

properties . . . EM4: 237, 238
silicon oxynitride . . . EM4: 239
made by reaction-forming processes . . . EM4: 239
properties . . . EM4: 239
properties of ceramic bodies . . . EM4: 239, 240
Reaction-infiltrated cermets
platelet reinforcement formation . . . A2: 990
Reactive alloys, cleaning and finishing processes *See also* specific alloys by name . . . M5: 650–668
Reactive coatings/topical modifications
effect of surface treatment and modification on fatigue performance of components . . . A19: 319
Reactive contaminants . . . M7: 178
Reactive copolymer . . . A20: 446
Reactive deposition . . . A5: 547–548
Reactive diluent
defined . . . EM2: 35
Reactive diluents . . . EM3: 24, 94, 96
for epoxies . . . EM3: 100
Reactive elements
mechanically alloyed oxide dispersion-strengthened (MA ODS) alloys . . . A2: 943
Reactive evaporation . . . A5: 565–566
activated (ARE) . . . A5: 565–566
definition . . . A5: 556, 964
history . . . A5: 556
process monitoring and control . . . A5: 569
Reactive evaporation vacuum coating . . . M5: 391
Reactive gas ion thermal processing
nickel and nickel alloys . . . A5: 868
Reactive gases
aluminum refining with . . . A15: 80
Reactive hot isostatic pressing (RHIP) . . A7: 516, 520, 521
conditions and tensile properties of compounds, alloys, and composites fabricated . . . A7: 520
Reactive hot pressing
pressure densification . . . EM4: 300
Reactive hot pressing (RHP) . . A7: 516, 519, 520, 521
conditions and tensile properties of compounds, alloys, and composites fabricated . . . A7: 520
Reactive ion plating . . . A20: 485, EM4: 218, M5: 418
Reactive ion plating (RIP) process . . . A18: 840, 844, 845–846
Reactive materials
metal powders for . . . M7: 597
Reactive metals *See also* Hafnium; Titanium; Titanium alloys; Titanium and titanium alloys; Zirconium; Zirconium alloys . . . A16: 844–857
abrasive cutoff sawing, Ti . . . A16: 846
abrasive disk grinding, Ti . . . A16: 846
band sawing, Ti . . . A16: 851
boring, Zr . . . A16: 852, 853, 856
chemical milling . . . A16: 852, 853
chip formation . . . A16: 853, 855, 856
chlorine-containing fluids . . . A16: 845–846
climb milling, Ti . . . A16: 845, 846, 848
climb milling, Zr . . . A16: 854
continuous flow melting . . . A15: 416
cutting fluids . . . A16: 845, 850, 851, 853, 854, 855
cutting fluids, Ti . . . A16: 846, 847, 848, 854, 856
cutting speeds . . . A16: 845, 851
defined . . . A13: 11
diffusion welding . . . A6: 885
drilling . . . A16: 845
drilling, Hf . . . A16: 856
drilling, Ti . . . A16: 846, 847, 848, 850, 851
drilling, Zr . . . A16: 852, 854
ECM, Ti . . . A16: 852
EDM, Zr . . . A16: 852
electron beam drip melted . . . A15: 413
electron-beam welding . . . A6: 854, 855
face milling, Ti . . . A16: 845, 846–847, 848, 850
fire hazard . . . A16: 844, 846, 850, 851, 853, 854, 855, 856
friction welding . . . A6: 890–891
galvanic corrosion . . . A13: 85–86
gas-metal arc welding shielding gases . . . A6: 66
gas-tungsten arc welding . . . A6: 190
grinding, Ti . . . A16: 844, 846, 847–851, 853, 854
grinding, Zr . . . A16: 852, 854, 855, 856
hacksawing, Ti . . . A16: 851, 854
hafnium as reactive metal A16: 844, 853, 855–857
health and safety, Hf . . . A16: 856
health and safety, Zr . . . A16: 855
high-frequency welding . . . A6: 252
hydrogen fluoride/hydrofluoric acid corrosion . . . A13: 1169
induction brazing . . . A6: 947
laser beam machining, Ti . . . A16: 852, 855
machinability . . . A16: 844
machining guidelines, Ti . . . A16: 844
milling, Hf . . . A16: 856
milling, Ti . . . A16: 845, 846–847
milling, Zr . . . A16: 852, 853–854
peripheral end milling, Ti A16: 846–847, 848, 849
planing, Hf . . . A16: 856
powder metallurgy used for . . . A7: 6
power band sawing, Ti . . . A16: 846
power hacksawing, Ti . . . A16: 846
rammed graphite molds of . . . A15: 273
reaming . . . A16: 845
reaming, Ti . . . A16: 846, 847
reaming, Zr . . . A16: 854
sawing, Zr . . . A16: 852, 855
shaping, Hf . . . A16: 856
surface finish . . . A16: 844, 846, 851, 854, 856
tapping, Ti . . . A16: 846, 847, 851
tapping, Zr . . . A16: 854
threading, Ti . . . A16: 851
titanium as reactive metal A16: 844–852, 853, 854
tool life, Ti . . . A16: 846–847, 848, 851, 854, 856
turning, Hf . . . A16: 856
turning, Ti . . . A16: 845, 846, 847
turning, Zr . . . A16: 852, 853, 856
ultrasonic welding . . . A6: 894
Reactive metals and alloys
applications . . . M6: 1049
arc welding . . . M6: 446–465
brazing . . . M6: 1049–1054
applications . . . M6: 1053–1054
atmospheres . . . M6: 1053
base metals . . . M6: 1049
fluxes . . . M6: 1053
precleaning and surface preparation . . . M6: 1052–1053
process and equipment . . . M6: 1052
Reactive metals, brazing of . . . A6: 941–947
alpha alloys . . . A6: 944
alpha-beta alloys . . . A6: 944
applications . . . A6: 943
atmospheres . . . A6: 941
beryllium alloys . . . A6: 945, 947
beta alloys . . . A6: 944
brazing procedures . . . A6: 946–947
commercially pure alloys . . . A6: 943–944
equipment . . . A6: 947
filler metals . . . A6: 941, 944, 945–946
fixturing . . . A6: 946
health and safety rules . . . A6: 946
joint designs . . . A6: 946
physical properties . . . A6: 941
restrictive titanium brazing attributes . . . A6: 944
surface preparation . . . A6: 946–947
titanium alloys . . . A6: 943–944
torch brazing . . . A6: 947
zirconium alloys . . . A6: 944–945
Reactive milling . . . A7: 81, M7: 64–65
Reactive plasma spray forming . . . A7: 411, 415–416
Reactive plastisol adhesives
for body assembly . . . EM3: 554
Reactive rubber adhesives . . . EM1: 686–68
Reactive sintering . . . A7: 317, 516–522
aim . . . A7: 516
atmospheres . . . A7: 521
augmenting liquid phase formation by alloying . . . A7: 519
classes of reactions . . . A7: 516–517
conditions and tensile properties of compounds, alloys and composites fabricated . . . A7: 520
control over liquid formation by diluent . . . A7: 518–519
densification during . . . A7: 517–520
green compaction influence . . . A7: 519–520
manipulation of liquid phase with process parameters . . . A7: 517–518
microstructure of products . . . A7: 521
porosity evolution during combustion synthesis . . . A7: 516
powder size ratio . . . A7: 517–518
pressure application influence . . . A7: 521
pressure-assisted reactive sintering . . . A7: 520–521
Reactive sputtered films for interference contrast layers . . . A9: 59–60
Reactive sputtering . . . A5: 575–576
of interference films . . . A9: 138, 148–150
Reactive sputtering (RS) . . . A18: 840, 844
compounds and synthesized deposition rates . . . A18: 848
Reactive sputtering system . . . M5: 413–414
Reactive sputtering techniques . . . EM4: 23
Reactive synthesis . . . A7: 516
Reactive vapor deposition
design limitations for inorganic finishing processes . . . A20: 824
Reactivity
of titanium alloys . . . A15: 824–825
Reactivity control applications . . . M7: 666
Reactor
definition . . . M6: 14
Reactor vessels
mining . . . A13: 1297
Reactors
asset loss risk as a function of equipment type . . . A19: 468
Read camera
as glancing angle . . . A10: 336
schematic . . . A10: 336
Readiness for use
and materials selection . . . A20: 250
Readiness review
definition . . . A20: 839
Read-only memories (ROMs)
as circuit type . . . EL1: 160
Readout instrumentation
eddy current inspection . . . A17: 178–179
Readout methods
optical holographic interferometry . . . A17: 413–414
Readout-type extensometers . . . A8: 616
Reagent chemicals
defined . . . A10: 680
Reagents *See also* Chemical reagents; Etchants
analytic methods for . . . A10: 10
as solvent extractants . . . A10: 170
chemical, analytic methods for . . . A10: 6–10
chemical, defined . . . A10: 680
contaminated, controlling for . . . A10: 12
defined . . . A10: 680
effect on analyte extraction . . . A10: 164
elimination by NAA use . . . A10: 234
Karl Fischer . . . A10: 204
process, AAS for trace impurities in . . . A10: 43
pure, use in SSMS . . . A10: 144
purity, in UV/VIS analysis . . . A10: 68–69
recommended practices . . . M7: 249
suitability, classical wet analysis . . . A10: 163
trace impurities analyzed . . . A10: 31
use of excess, for UV/VIS interferences . . . A10: 66
Reagents, corrosive
effects on tantalum . . . A13: 734, 737–738
Real area of contact . . . A18: 31, 40, 41, 343, 475
defined . . . A8: 11, A18: 15
definition . . . A5: 964
fretting wear . . . A18: 245, 246, 247
Real leaks
defined . . . A17: 57
Real time
in x-ray spectrometers . . . A10: 92
Real-time
filmless x-ray image . . . EL1: 369
process control . . . EL1: 943
x-ray inspection . . . EL1: 954
Real-time contouring
holographic . . . A17: 427
Real-time data collection . . . A7: 708
Real-time imaging *See also* Radiography
as neutron detection method . . . A17: 391
media, radiography . . . A17: 298
Real-time inspection
radiographic . . . A11: 17
Real-time interferometry *See also* Optical holography
as optical holographic interferometry . . . A17: 408
Real-time laser confocal microscope (RLCM)
hardware configurations . . . A18: 358
image acquisition . . . A18: 359
Real-time radiography
advantages/limitations . . . A17: 295, 321
and film radiography, compared . . . A17: 295
applications . . . A17: 321

Real-time radiography (continued)
background A17: 317–319
defined A17: 295, 317
digital radiography A17: 320
enlargement effect A17: 312
example A17: 321–323
image intensifiers A17: 318
image processing A17: 320–321
imaging system A17: 322
of weldments. A17: 594
system layout and operating console A17: 323
system performance A17: 323
with fluorescent screens A17: 319–320
Real-time scanning optical microscope (RSOM)
hardware configurations A18: 358
Reamed and drifted pipe M1: 320–321
Reamer
definition. A5: 964
Reamers *See* Cutting tools
Reaming A7: 685, A16: 19, 239–248
aircraft engine components, surface finish
requirements A16: 22
Al alloys A16: 766–767, 780, 782, 785
and power feeding in chip removal
operations A16: 33
as machining process M7: 461
bushings and fixtures A16: 247–248
cast irons A16: 651, 655, 659, 660
compared to broaching. ... A16: 194, 196, 201, 209
Cu alloys A16: 812–813, 814, 815
cutting fluids......................... A16: 248
definition. A5: 964
dimensional tolerance achievable as function of
feature size A20: 755
drilled hole size......................... M7: 461
heat-resistant alloys A16: 750–752
in conjunction with boring A16: 160, 162, 168
in conjunction with broaching........... A16: 195
in conjunction with drilling A16: 213–217,
219–223, 226, 228, 229
in conjunction with honing A16: 484
in conjunction with lapping............. A16: 494
in conjunction with tapping A16: 256, 261, 262
in conjunction with turning A16: 135
in machining centers A16: 393
in transfer machines A16: 395–397
Mg alloys. A16: 822, 823, 824–825
MMCs......................... A16: 896, 899
multifunction machining . A16: 366, 375, 379–380,
384
Ni alloys A16: 839
P/M high-speed tool steels........... A16: 65, 67
P/M materials A16: 889, 890, 891
process capabilities..................... A16: 239
reamer design A16: 240–241
reamer materials........................ A16: 240
reamers A16: 57, 58, 241–245, 253
recommended feeds M7: 461
refractory metals A16: 860, 862, 864, 865–867
roughness average........................ A5: 147
selection of reamer..................... A16: 241
special-purpose reamers, applications A16: 245
stainless steels. .. A16: 690, 698, 702–703, 704, 705
step A16: 387
surface alterations produced............. A16: 23
surface finish achievable................. A20: 755
surface roughness and tolerance values on
dimensions. A20: 248
Ti alloys A16: 845, 846, 847, 852
tool adapters.......................... A16: 381
tool life A16: 239–244, 246, 247
tool steels............................. A16: 719
workpiece material and hardness A16: 239
zirconium A16: 854
Zn alloys A16: 832–833
Rear surface mirror
for plate impact testing.................. A8: 234
Reasonably available control technology (RACT)
standards A5: 914

Reaumur process
for malleable iron........................ A15: 31
Rebar protection
in breweries A13: 1224–1225
Rebar rolls
cemented carbide A2: 970
Reblending *See also* Blending
of molybdenum powders M7: 156
of tungsten powders M7: 154
Reboiling
definition. A5: 964
Rebores, permissible
vertical centrifugal casting molds A15: 304
Rebound hardness test *See also* Dynamic hardness
test A8: 71
Rebounding
effects in white iron..................... A12: 239
Rebuilding, improper
tool steel cracking A12: 375
Recalescence
defined A9: 15
definition.............................. A5: 964
Recalibration, ultrasonic inspection
forgings A17: 506
Recarburization
endothermic atmospheres A7: 461
Recarburizing
defined A9: 15
Recasticizing equipment
corrosion of A13: 1211–1213
Receiver-amplifier circuits
ultrasonic inspection A17: 253
Receiving inspection
magnetic particle inspection.............. A17: 89
Receiving tubes
powders used M7: 574
Recess pressure
nomenclature for hydrostatic bearings with orifice
or capillary restrictor A18: 92
Recessed heading tools
for upsetting with sliding dies A14: 90–91
Recesses
in coining A14: 185
Recessing
Cu alloys....................... A16: 815–816
in conjunction with milling A16: 322
multifunction machining................. A16: 375
Recessing, deep
drop forming limits A14: 656
Reciprocal finishing M5: 133
Reciprocal lattice
defined A9: 15, A10: 680
Reciprocal lattice points
intensity distributions A9: 110–111
Reciprocal lattice points and double
diffraction A9: 109
Reciprocal linear dispersion
defined............................... A10: 680
Reciprocating engines
nickel alloy applications A2: 430
Reciprocating flow ion exchange recovery process
plating wastes M5: 317
Reciprocating knife A20: 807
Reciprocating screens M7: 177
Reciprocating screw
in polymer processing classification
scheme A20: 699
Reciprocating screw injection molding
machine EM1: 555–55
Reprocessing screw machine A7: 358
Reciprocating straight-line polishing and buffing
machines M5: 121–122
Reciprocating-screw injection molding *See also*
Injection molding
defined EM2: 35
Reciprocating-screw molding EM2: 35, 319–320
Reciprocation
and honing A16: 486, 491
and lapping A16: 497

Reciprocity failure
defined A12: 86
Reciprocity law or relation
for radiographic exposure............... A17: 304
in eddy current inspection modeling A17: 707
in ultrasonic inspection modeling A17: 704
x-ray tubes, radiography A17: 304
Recirculating bearing packs
coordinate measuring machines........... A17: 24
Recirculating steam generators A13: 937–938
Recirculation, and purification system
argon M7: 30
Recirculation vortexes A7: 150
Reclaimed rubber EM3: 75, 86, 89
Reclaimed sand
for green sand molding............. A15: 225–226
Reclaimed scrap
for commercially pure titanium........... A2: 595
Reclain
definition.............................. A5: 964
Reclamation *See also* Reclaimed sand; Sand
reclamation
effects, base sands A15: 355
of chemically bonded sand.......... A15: 351–354
of clay-bonded system sand......... A15: 354–355
thermal A15: 353–354
Recoil energy A18: 448
Recoil line *See* Impact line
Recoil-free fraction
as basis of Mossbauer spectroscopy . A10: 287–288
Recombination-generation term/common emitter
current gain
bipolar transistor analysis EL1: 152–153
*Recommendations for Storage and Handling of
Aluminum Pigments and Powders* (Aluminum
Association) M7: 130
Reconditioning
by metal spraying....................... A11: 480
Reconfiguration, or configuration
of defective circuitry EL1: 9
Reconstructed glasses *See* Porous and reconstructed
glasses
Reconstruction *See also* Reconstruction techniques
holographic A17: 407
in scanning acoustical holography.... A17: 440–441
LEED analysis A10: 536
surfaces, FIM/AP study of A10: 583
voxel, color image...................... A17: 486
Reconstruction of bone
by orthopedic implants A11: 671
Reconstruction techniques
computed tomography (CT)........ A17: 379–382
direct Fourier A17: 380
filtered-backprojection.............. A17: 380–382
iterative......................... A17: 359, 382
projection data................... A17: 379–380
transform............................. A17: 359
Recorder
analog-to-digital transient A8: 192
calibrator for.......................... A8: 618
drum-type x-y A8: 617
flatbed x-y A8: 617
load-elongation A8: 618
load-strain system A8: 617
Recorder chart A7: 291
Recording calipers............ A7: 262, M7: 229
Recording media
image conversion, radiographic
inspection......................... A17: 298
radiographic paper A17: 314–315
xeroradiography A17: 315
x-ray film............................. A17: 314
Recording micrometer eyepieces A7: 262, M7: 229
Recording tapes
powder used........................... M7: 573
Records
inspection A11: 134
photographic A11: 15–16
products liability and design A20: 150

SUBJECTS OF THE INDEXED VOLUMES: ASM Handbook (designated by the letter "A"): **A1:** Properties and Selection: Irons, Steels, and High-Performance Alloys (1990); **A2:** Properties and Selection: Nonferrous Alloys and Special-Purpose Materials (1990); **A3:** Alloy Phase Diagrams (1992); **A4:** Heat Treating (1991); **A5:** Surface Engineering (1994); **A6:** Welding, Brazing, and Soldering (1993); **A7:** Powder Metal Technologies and Applications (1998); **A8:** Mechanical Testing (1985); **A9:** Metallography and Microstructures (1985); **A10:** Materials Characterization (1986); **A11:** Failure Analysis and Prevention (1986); **A12:** Fractography (1987); **A13:** Corrosion (1987); **A14:** Forming and Forging (1988); **A15:** Casting (1988); **A16:** Machining (1989); **A17:** Nondestructive Evaluation and Quality Control (1989); **A18:** Friction, Lubrication, and Wear Technology (1992); **A19:** Fatigue and Fracture (1996); **A20:** Materials Selection and Design (1997). **Metals Handbook, 9th Edition** (designated by the letter "M"): **M1:** Properties and Selection: Irons and Steels (1978); **M2:** Properties and Selection: Nonferrous Alloys and Pure Metals (1979); **M3:** Properties and Selection: Stainless Steels, Tool Materials, and Special-Purpose Materials (1980); **M4:** Heat Treating (1981); **M5:** Surface Cleaning, Finishing, and Coating (1982); **M6:** Welding, Brazing, and Soldering (1983); **M7:** Powder Metallurgy (1984). **Engineered Materials Handbook** (designated by the letters "EM"): **EM1:** Composites (1987); **EM2:** Engineering Plastics (1988); **EM3:** Adhesives and Sealants (1990); **EM4:** Ceramics and Glasses (1991). **Electronic Materials Handbook** (designated by the letters "EL"): **EL1:** Packaging (1989)

service of boilers and related equipment . . **A11:** 602
Recovery . . . **EM3:** 24
after load removal . . . **EM2:** 671–672
analysis of . . . **A10:** 468–470
and work hardening, in creep . . . **A8:** 301–302
defined . . . **A9:** 15
effect on microstructure during creep . . . **A8:** 305
thermal, and creep . . . **A8:** 309
Recovery, and recrystallization
in cold working . . . **M7:** 61–62
Recovery boilers
wood pulp industry . . . **A13:** 1198–1202
Recovery effect of annealing
effect on crystallographic texture . . . **A9:** 700
Recovery hardness . . . **A18:** 614, 615
Recovery in cold-worked metals during annealing . . . **A9:** 692–694, 697
Recovery methods
for indium . . . **A2:** 750
gallium . . . **A2:** 742–744
of bismuth . . . **A2:** 753–754
Recovery processes . . . **A20:** 136–137
Recovery rate . . . **A20:** 574
Recovery temperatures of aluminum alloys . . . **A9:** 351
Recovery, waste *See* Waste recovery and treatment
Recreation and leisure
applications for stainless steels . . . **M7:** 731
Recreation applications
acrylonitrile-butadiene-styrenes . . . **EM2:** 111
blow molding . . . **EM2:** 359
high-impact polystyrenes (PS HIPS) **EM2:** 194–195
of part design . . . **EM2:** 616
polycarbonates (PC) . . . **EM2:** 151
styrene-acrylonitriles (SAN, OSA ASA) . . **EM2:** 215
thermoplastic polyurethanes (TPUR) . . . **EM2:** 205
urethane hybrids . . . **EM2:** 268
Recreational equipment applications . . . **EM1:** 845–84
Recrystallization *See also* Dynamic recrystallization; Postdynamic recrystallization; Static recrystallization . . . **A6:** 163, **A19:** 74, **M7:** 10
and cooling, magnesium alloy forgings . . . **A14:** 260
and recovery, in cold working . . . **M7:** 61–62
annealing, for SCC control, copper/copper alloys . . . **A13:** 615
cold-worked metals during annealing . . . **A9:** 692, 694–697
defined . . . **A9:** 15, **A13:** 11, **A15:** 9
definition . . . **A5:** 964–965
dynamic . . . **A20:** 388
effect of grain coarseness on . . . **A9:** 697
effect on crystallographic texture . . . **A9:** 700
front, cementite particles pinning . . . **A10:** 471
gold alloy . . . **A9:** 562–563
in aluminum alloys, etchants for examination of . . . **A9:** 355
in duplex stainless steels . . . **A9:** 286
in forging . . . **A14:** 231
in situ . . . **A9:** 694
in weldments . . . **A13:** 344
in weldments, refractory metals and alloys **A2:** 563
line etching used to study . . . **A9:** 62
measurement and analysis by crystallographic texture . . . **A10:** 357–364
of low-melting-point metals observed with optical microscopes . . . **A9:** 82
palladium . . . **A9:** 563
palladium alloys . . . **A9:** 564
rolling temperatures above . . . **A14:** 343
silver . . . **A9:** 554–555
solvent . . . **EM2:** 773–774
static . . . **A20:** 388
structures, analysis of . . . **A10:** 468–472
studied by x-ray topography . . . **A10:** 365, 376
temperature, defined . . . **A15:** 9
temperature, palladium . . . **A2:** 716
textures, orientation relationships in . . . **A10:** 358
tin and tin alloys as a result of working during specimen preparation . . . **A9:** 449–450
titanium and titanium alloys . . . **A9:** 460–461
tungsten . . . **A2:** 562, **A9:** 442
zinc alloys . . . **A9:** 489
zirconium . . . **A2:** 666
Recrystallization anneal
heat treatment cycle and microstructure for alpha-beta titanium alloys . . . **A19:** 832
"Recrystallization annealed" structures . . . **A19:** 33
Recrystallization annealing
defined . . . **A9:** 15
wrought titanium alloys . . . **A2:** 619, 620
Recrystallization controlled rolling (RCR) . . . **A1:** 117, 120
Recrystallization kinetics of low-carbon steel
effect of penultimate grain size on . . . **A9:** 697
Recrystallization nuclei, formation of
during recovery . . . **A9:** 693
Recrystallization, secondary . . . **A7:** 85
Recrystallization temperature
defined . . . **A9:** 15
Recrystallization-anneal
cycle and microstructure . . . **A6:** 510
Recrystallized grain size
defined . . . **A9:** 15
Recrystallized grains
of single-phase palladium solid solution . . . **A9:** 126
Recrystallized layers
in abraded zinc . . . **A9:** 34, 37–38
Recrystallized structures
in magnesium alloys . . . **A9:** 428–430
Recrystallized zone in ferrous alloy welded joints . . . **A9:** 581
Rectangular chip resistors . . . **EL1:** 178, 184
Rectangular plaque design
of penetrameters . . . **A17:** 339
Rectangular pulses
mean current of a train of . . . **A6:** 40
Rectangular wire
wrought copper and copper alloys . . . **A2:** 252
Rectangular workpieces *See also* Shapes; Workpiece(s)
boxlike, drawing of . . . **A14:** 586
Rectification
definition . . . **A5:** 965
of alternating current . . . **A17:** 91
Rectification systems . . . **A6:** 41–42
Rectifier
definition . . . **A5:** 965
Rectifiers . . . **M6:** 470
for plasma arc welding . . . **M6:** 216
silicon-controlled . . . **M6:** 470
high-frequency welding . . . **M6:** 764
stud arc welding . . . **M6:** 732
Recuperative hot blast system
cupolas . . . **A15:** 384
Recycled alloys . . . **A7:** 19, 196–197
Recycling *See also* Aluminum recycling; Copper recycling; Electronic scrap recycling; Lead recycling; Magnesium recycling; Reclamation; Sand reclamation; Tin recycling; Titanium recycling; Zinc recycling . . . **A1:** 1023–1033, **A20:** 11, 100–101, 102
alkaline cleaners . . . **A5:** 20
aluminum-lithium alloys . . . **A2:** 183–184
and process selection . . . **EM2:** 278
automobile scrap . . . **A2:** 1211–1213
copier powders . . . **M7:** 582
cost evaluated . . . **A20:** 135
definition . . . **A20:** 839
definition of . . . **A1:** 1023
electronic scrap . . . **A2:** 1228–1231
fluid dies . . . **M7:** 543
gas, plasma melting/casting . . . **A15:** 424
gold plating . . . **A5:** 250
in materials engineering . . . **M3:** 826, 829
inclusions from . . . **A15:** 95
materials processing data sources . . . **A20:** 502
nickel plating . . . **A5:** 211–212
of aluminum . . . **A2:** 46, 1205–1213
of automobiles . . . **A20:** 259
of carbon fiber scrap . . . **EM1:** 153–15
of copper . . . **A2:** 1213–1216
of home scrap . . . **A1:** 1023
of iron and steel scrap . . . **A1:** 1023
factors influencing scrap demand . . . **A1:** 1024
purchased scrap supply . . . **A1:** 1024–1026
scrap use by industry . . . **A1:** 1023–1024
of lead . . . **A2:** 543, 1221–1223
of magnesium . . . **A2:** 1216–1218
of nonferrous alloys . . . **A2:** 1205–1232
of stainless steel and superalloy
blending . . . **A1:** 1032
collection . . . **A1:** 1029
degreasing . . . **A1:** 1032
metallurgical wastes . . . **A1:** 1032
processing stainless steel and superalloy scrap . . . **A1:** 1028–1032
scrap . . . **A1:** 1027–1028
scrap demand . . . **A1:** 1028
scrap use by industry . . . **A1:** 1028
secondary nickel refining . . . **A1:** 1032
separation . . . **A1:** 1028, 1029–1032
size reduction and compaction . . . **A1:** 1032
of tin . . . **A2:** 517, 1218–1220
of titanium . . . **A2:** 595, 639, 1226–1228
of zinc . . . **A2:** 1223–1226
plastics . . . **A20:** 136
powders in magnetic separation . . . **M7:** 591
sand, green sand molding . . . **A15:** 225–226
scrap processor . . . **A1:** 1026
blending . . . **A1:** 1027
collection . . . **A1:** 1025, 1026
detinning . . . **A1:** 1026–1027
incineration . . . **A1:** 1027
separation and sorting . . . **A1:** 1026
size reduction and compaction . . . **A1:** 1026, 1027
spent pickle liquor regeneration . . . **A5:** 77
titanium, by electron beam melting . . . **A15:** 410
titanium scrap . . . **A2:** 595, 639
tungsten carbide powder . . . **A7:** 196–197
tungsten powder . . . **A7:** 193
uranium scrap . . . **A2:** 2903
Recycling of shipping containers
adhesives and sealants . . . **EM3:** 693
Red brass *See also* Copper and copper alloys
composition . . . **A20:** 391
definition . . . **A20:** 839
examination of lead particles . . . **A9:** 400
for dezincification . . . **A13:** 614
galvanic series for seawater . . . **A20:** 551
properties . . . **A20:** 391
tensile strength, reduction in thickness by rolling . . . **A20:** 392
ultimate shear stress . . . **A8:** 148
Red brass (85% Cu; 9% Sm; 6% Zn)
thermal properties . . . **A18:** 42
Red brass, 85%, microstructure of . . . **A3:** 1•22
Red brasses *See also* Brasses; Leaded red brasses; Wrought coppers and copper alloys
applications and properties . . . **A2:** 298–299
as low-shrinkage alloy . . . **A2:** 346
brazing . . . **A6:** 629
dimensional tolerances . . . **A2:** 350–351
gas-metal arc welding . . . **A6:** 763
properties and applications . . . **A2:** 225
recycling . . . **A2:** 1213
resistance spot welding . . . **A6:** 850
salt-bath dip brazing . . . **A6:** 922
weldability . . . **A6:** 753
Red copper coloring solutions . . . **M5:** 625
Red cuprous oxide . . . **A7:** 133
Red fuming nitric acid
titanium/titanium alloy SCC . . . **A13:** 687
Red golds *See* Gold-silver-copper alloys
Red hardness . . . **A7:** 789, 790, 791
Red lead
as rust-inhibitor . . . **A2:** 548
Red lead (Pb_3O_4)
purpose for use in glass manufacture . . . **EM4:** 381
Red, methyl
as acid-base indicator . . . **A10:** 172
Red mud *See* Cocoa
Red phosphorus
for flame retardance . . . **EM3:** 179
Red rust *See* Corrosion products
Red shift
defined . . . **A10:** 680
Red tracer material
as pyrotechnic application . . . **M7:** 603
Reddish bronze-to-dark brown copper coloring solution . . . **M5:** 625
Redox *See also* Oxidation; Oxidation-reduction (redox); Reduction
completeness of reaction . . . **A10:** 164
endpoint detection . . . **A10:** 164
titrations . . . **A10:** 174–176
Redox curves . . . **A7:** 479
Redox number . . . **EM4:** 381
Redox potential . . . **A6:** 585
defined . . . **A13:** 11
Redox reaction
for acrylics . . . **EM3:** 119, 120

Redrawing
defined **A14:** 10
direct **A14:** 584–585
in sheet metalworking processes classification scheme **A20:** 691
of magnesium alloys **A14:** 828
reverse **A14:** 585
Reduced cobalt powders *See also* Cobalt powders
properties **M7:** 145–146
Reduced gage section
cylindrical compression specimen with **A8:** 589
Reduced iron powders *See also* Iron powder alloys; Iron powders; Welding **A7:** 675, 1066–1067
apparent density **M7:** 297
business machine parts **M7:** 669
comminution processes **M7:** 615
effect of tapping on loose powder density **M7:** 297
for copier powders **M7:** 587
for food enrichment **M7:** 614–615
for welding **M7:** 817–818
Reduced lamina stiffness matrix
defined **EM1:** 21
Reduced oxide removal
heat-resistant alloys **M5:** 564
Reduced-basis method **A20:** 212–213
Reduced-oxide surfaces, nickel alloys
cleaning processes **M5:** 671–672
Reduced-pressure test
for hydrogen measurement **A15:** 457–458
Reducer rolls **A14:** 96–97
Reducibility and dilution stability test **A5:** 435
Reducing
atmosphere, early smelting **A15:** 15
fluxes, copper alloys **A15:** 449
heat, basic steelmaking **A15:** 366–367
Reducing acids
titanium/titanium alloy resistance **A13:** 678–679
Reducing agents **A13:** 11, 56, 1140
for gold powder **A7:** 184
mixing with oxidizing agents **A9:** 69
precipitation by **A10:** 169
Reducing atmosphere
definition **A6:** 1212, **M6:** 14
Reducing atmospheres
heating-element materials **A2:** 834–835
Reducing flame **A6:** 352
definition **A6:** 1212, **M6:** 14
Reducing part count **A20:** 11
Reducing reactant **A7:** 524
Reducing salt bath descaling **M5:** 97, 100
Reducing sections
welding of pipe **M6:** 591
Reduction *See also* Area reduction; Oxidation; Oxides; Reduction of copper oxides; Strain; Strain rate; Upset reduction
aramid fibers **EM3:** 285
as forging factor **A14:** 231
by isothermal forging **A14:** 150
calculation, for rotary swaging **A14:** 129–130
cold, by swaging **A14:** 129
defined **A10:** 680, **A11:** 8, **A13:** 11, **A14:** 10
definition **A5:** 965
effect, rotary swaging **A14:** 139
equipment **M7:** 65–70
finish-forging, nickel-base alloys **A14:** 262–263
for full density nickel strip **M7:** 401
forged low-alloy steel powders **M7:** 470
forging ratio effects **A14:** 218
furnace, powder bed cross section **M7:** 155
in area, defined **A14:** 10
in precision forging **A14:** 159
in tube swaging **A14:** 135–136
in voltammetry **A10:** 189
of copper oxide **M7:** 105–111
of drawn shells **A14:** 586
of hydrodynamic intensity **A11:** 170
of iron oxide, ancient **M7:** 14
of oxide **M7:** 10
of P/M and wrought titanium and alloys . . **M7:** 475
of species soluble in solution **A10:** 208
of stress **A11:** 115
of tungsten powder, and particle growth . . . **M7:** 153
-oxidation reactions, classical wet chemistry analysis of **A10:** 163–164
polarographic **A10:** 191
potential **M7:** 54
rate, as forging factor **A14:** 231
ratio **M7:** 10
reversible, completeness of reaction as function of potential for **A10:** 209
uniform, in rolling **A14:** 344
upset, ductility effects **A14:** 219
Reduction and oxidation during electrochemical etching **A9:** 60–61
Reduction end solution **A7:** 173–175
Reduction in area *See also* Ductility **A20:** 343
and cold rolling reduction in tension testing **A8:** 595–596
and elongation **A8:** 27
and workability rating scale **A8:** 586
as creep-rupture, analysis of **A8:** 693
as structure sensitive ductility parameter . . . **A8:** 20, 27
at fracture, as ductility measure **A8:** 22
carbon and alloy steels, selected grades . . . **M1:** 680
defined **A8:** 11
definition **A20:** 839
fatigue resistance, calculation from **M1:** 678
from hot tension test **A8:** 586
measurement, uniaxial tensile testing **A8:** 555
steel wire fabrication, relation to **M1:** 587–588, 593
symbols and unit **A8:** 662
vs. test temperature for Unitemp HN by on cooling testing **A8:** 587
vs. test temperature from on heating testing **A8:** 586–587
Reduction in forging **M1:** 353–354
Reduction of area
defined **A11:** 8
Reduction of area (RA) **EM3:** 24
defined **EM2:** 35
Reduction of copper oxide **M7:** 105–111
finished powders **M7:** 110
of superalloys **M7:** 473
processing steps **M7:** 105
properties **M7:** 110, 111
Reduction (or Stockholm) convention
of electrode potentials **A13:** 21–22
Reduction potential **A20:** 547
Reduction potentials, standard
magnesium/magnesium alloys **A13:** 740
Reduction ratio **A7:** 370
at centerburst fracture in aluminum alloys **A8:** 577–578
Reduction reaction **A20:** 548
at "cathodic" sites **A20:** 545, 546, 547
definition **A20:** 839
Reduction temperatures **A7:** 67
Reductor
Jones **A10:** 175
Redundancy
in in-service monitoring **A13:** 202
in wafer scale integration **EL1:** 268
Redwood modulus of elasticity **A18:** 539
symbol and units **A18:** 544
Redwood viscosity
defined **A18:** 15
Reed wire **A1:** 852
Reed's vortex stabilization technique
use in ICP-AES **A10:** 32
Reel-to-reel selective plating
process control used **A5:** 283
Reentrant
abbreviation for **A10:** 691
Reentrant angle **A20:** 297
definition **A20:** 839
Re-entrant angles **A7:** 15
powder forged parts **A7:** 15
Reference *See also* Reference blocks; Reference standards; Reference waves; Standard reference blocks; Test blocks
discontinuities, eddy current inspection . . . **A17:** 179
radiographs **A17:** 347
Reference block technique
ultrasonic inspection **A17:** 262–265
Reference blocks
standard **A17:** 263–265
Reference edge
defined **EL1:** 1155
Reference electrode *See also* Calomel electrode; Electrodes
anodic protection **A13:** 464
copper-saturated copper sulfate **A13:** 468
defined **A13:** 11
for marine corrosion **A13:** 921
liquid junction potential **A13:** 23–24
low polarizability **A13:** 23
operating conditions **A13:** 24
potential measurements with **A13:** 21–24
schematic **A13:** 23
Reference electrodes
defined **A10:** 680
for ISE **A10:** 185
schematic of **A10:** 186
Reference, frames of *See* Frames of reference
Reference gaging
visual **A17:** 10–11
Reference materials *See also* Controls
atmospheric-corrosion tests **A13:** 204
defined **A10:** 680
Reference plate
ultrasonic inspection **A17:** 264, 267
Reference point **A20:** 77
Reference potential technique **A19:** 178
Reference resistors
of electrical resistance alloys **A2:** 823
Reference samples **M7:** 258
eddy current inspection **A17:** 179
Reference signal
microwave inspection **A17:** 205
Reference sphere, in stereographic projection
grain orientation **A10:** 358
Reference standards
adhesive-bonded joints **A17:** 634–636
durability **A17:** 677
for quantitative defect evaluation **A17:** 676
in NDE engineering **A17:** 676–677
requirements **A17:** 677
thermal inspection **A17:** 401
Reference stress
in fracture mechanics **A11:** 50–51
Reference tables
for thermocouples **A2:** 881
Reference temperature **A6:** 1132
Reference wave
holography **A17:** 224
microwave holography **A17:** 207
modulation as **A17:** 218
Refined function structure **A20:** 30, 31
Refined product analysis **A20:** 155
Refined soft lead
compositions **A2:** 544
Refinement *See also* Grain refinement; Refining
and modification **A15:** 753
effects, aluminum-silicon alloys **A15:** 753
of hypereutectic aluminum-silicon alloys . . **A15:** 753
Refinery tubing
ASTM specifications for **M1:** 323
Refining *See also* Grain refinement; Refinement
aluminum, by evaporation treatment **A15:** 80
as function of circulation rate, VD **A15:** 433
beryllium **A2:** 684
by continuous flow melting **A15:** 415–416
by electroslag remelting **A15:** 401
cold hearth, electron beam **A15:** 414–415

electrochemical, of aluminum melts.... **A15:** 80–81
filter bed **A15:** 471
final, lead alloys **A15:** 476
fire, effect on molten impurities..... **A15:** 450–451
fluxes........ **A15:** 446, 448
gas injection, principles **A15:** 470–471
hafnium **A2:** 662
in acid steelmaking **A15:** 364
melt, copper alloys........ **A15:** 449
of heat, basic steelmaking........ **A15:** 366
of lead **A2:** 543, **A15:** 474–476
plasma **A15:** 710
secondary , argon oxygen decarburization as **A15:** 426–429
secondary, degassing procedures as....... **A15:** 426
zirconium **A2:** 662

Refining, and melting
Domfer process........ **M7:** 89–91

Refining fluxes
aluminum alloys........ **A15:** 446
magnesium alloys........ **A15:** 448

Refining industry
alloy steel corrosion in **A13:** 535
nickel-base alloy applications........ **A13:** 655–656

Reflectance
-absorption attachment, IRRAS spectroscopy **A10:** 114
defined........ **A10:** 680
specular infrared, for chemical surface studies **A10:** 177

Reflectance systems
for solder joint inspection **EL1:** 736–737

Reflected beam ultrasonic inspection........ **A17:** 248

Reflected light microscopy
for microstructural analysis **EM4:** 578
optical etching **A9:** 58–59

Reflected pulse
in torsional Kolsky bar dynamic test.. **A8:** 228–229

Reflected wave, and transmitted wave
timing between........ **A8:** 203

Reflected-light meter
for photomacrography........ **A12:** 85

Reflected-light optical micrograph
of polyethylene pipe fracture surface **A11:** 761

Reflected-light techniques for microscopic examination of lead and lead alloys........ **A9:** 416

Reflection
back, pulse-echo ultrasonic inspection **A17:** 246
defined........ **A17:** 204
degree, in ultrasonic inspection........ **A17:** 231
field, leaky Lamb wave testing **A17:** 252
in signal transmission........ **EL1:** 170–172
in VHSIC technology **EL1:** 76
laws, of microwaves........ **A17:** 204
specular, effect in optical holography..... **A17:** 412
spurious, ultrasonic inspection........ **A17:** 246
theoretical indications........ **A17:** 213
wave theory of **A10:** 83

Reflection density
defined, radiography **A17:** 314
x-ray film........ **A17:** 323

Reflection electron diffraction........ **A18:** 387

Reflection EXAFS detection technique...... **A10:** 418

Reflection grating
defined........ **A10:** 680

Reflection high-energy electron diffraction
acronym........ **A10:** 689
capabilities........ **A10:** 536
effect of grazing incidence **A10:** 540
instrumentation **A10:** 539–540
introduction **A10:** 537
measurements........ **A10:** 539–540
with Auger electron spectroscopy **A10:** 554

Reflection high-energy electron diffraction (RHEED) **EM3:** 237
to determine nucleation density **A5:** 541

Reflection holographic systems
portable........ **A17:** 420–421

Reflection method
defined........ **A9:** 15

Reflection optical technique **A6:** 145

Reflection polariscope
for stress analysis........ **A17:** 451

Reflection spectrometers
FMR........ **A10:** 270

Reflection technique, thick-sample
for pole determination **A10:** 360

Reflection techniques
eddy current inspection **A17:** 183–184
fixed-frequency continuous-wave........ **A17:** 206
pulse modulated........ **A17:** 206
swept-frequency continuous-wave **A17:** 206

Reflection topography
applications........ **A10:** 366
asymmetric **A10:** 371
Bragg case **A10:** 366
camera for........ **A10:** 369
Laue case........ **A10:** 366
polychromatic and monochromatic....... **A10:** 366
Schulz and Berg-Barrett methods of.. **A10:** 368–369

Reflection (x-ray) *See* Diffraction

Reflective (white) light **EL1:** 570

Reflectivity
of fracture surfaces, and photolighting.. **A12:** 84–88
of silver, atomic oxygen effects **A12:** 481

Reflectometers
continuous wave, microwave inspection **A17:** 212–213
for thickness gaging........ **A17:** 211
frequency modulated........ **A17:** 213–214
microwave........ **A17:** 206

Reflectometry **A5:** 629, 630, 632–633
applicability........ **A5:** 633
cost........ **A5:** 629
spectral interpretation........ **A5:** 632–633
vs. spectroscopic ellipsometry **A5:** 633

Reflector sheet
definition........ **A5:** 965

Reflectors
as aluminum alloy application........ **A2:** 14

Reflectoscope **A19:** 217

Reflex klystrons, defined
microwave inspection **A17:** 208

Reflow
Hot-gas, equipment........ **EL1:** 727–728
of leaded and leadless surface-mount joints **EL1:** 733

Reflow soldering
definition **A6:** 1212, **M6:** 14

Reflow soldering n design **EL1:** 520
flexible printed boards **EL1:** 590
infrared, outer lead bonding **EL1:** 286
of passive components **EL1:** 180
through-hole soldering **EL1:** 693–694

Reflowed solder plate
as preservation........ **EL1:** 563

Reflowing
definition........ **A5:** 965, **A6:** 1212

Reflux
defined........ **A10:** 680

Reformation
3-D surface, defined **A17:** 384
planar, defined **A17:** 384

Refractaloy 26
composition........ **A4:** 794, **A16:** 736
contour band sawing........ **A16:** 363
machining .. **A16:** 738, 741–743, 746–747, 749–757

Refraction
wave theory of **A10:** 83

Refraction laws
of microwaves........ **A17:** 204

Refractive index *See also* Optical properties **A10:** 680, 690, **A20:** 451
defined........ **A9:** 15
glass fibers........ **EM1:** 4
of a lens and focal length........ **A9:** 75
of interference films, role in interference effect........ **A9:** 136
optical testing........ **EM2:** 595–596
to determine concentration of microemulsions and micellar solutions **A18:** 144

Refractive indices of interference layers **A9:** 60

Refractometer
for emulsion concentration........ **A14:** 516

Refractories *See also* Monolithic and Fibrous Refractories; Refractory; Refractory metals **A20:** 422–426, **EM4:** 895–908
applications **EM4:** 899–908, 985
as inclusion forming........ **A15:** 90, 488
as slag, compositions........ **A15:** 358
backup, Shaw process **A15:** 249
basic, for basic slag **A15:** 386
basic oxygen process furnace applications **EM4:** 896
ceramic shell mold, for investment casting **A15:** 258
chemical analysis of some typical raw materials........ **EM4:** 896
definitions **EM4:** 895
deposit, reverberatory furnace **A15:** 378
estimated worldwide sales........ **A20:** 781
fibrous **EM4:** 910–917
for crucibles **A15:** 31
for VIM crucible linings........ **A15:** 394
investment casting, compositions and properties........ **A15:** 258
investment casting, linear thermal expansion........ **A15:** 259
metalworking fluid selection guide for finishing operations **A5:** 158
mixing operations........ **EM4:** 98
monolithic........ **EM4:** 910–917
nonoxide, as dispersing agent........ **A7:** 220
physical properties........ **EM4:** 896–899
properties **EM4:** 896–900
relative productivity and product value... **A20:** 782
testing........ **EM4:** 547
types........ **EM4:** 895–896

Refractories Institute, The (TRI)
as information source **EM1:** 41

Refractoriness........ **A20:** 659

Refractory *See also* Refractories
control, of inclusions........ **A15:** 90
defined........ **A15:** 9
definition........ **A20:** 839

Refractory alloy TZM
surface alterations from material removal processes **A16:** 27

Refractory alloys *See also* Refractory metals and alloys; Refractory metals and alloys, specific types; specific refractory metals
liquid-metal embrittlement of **A11:** 234
susceptibility to hydrogen damage... **A11:** 250, 338
susceptibility to LME **A11:** 234

Refractory base metals
ultrasonic welding **A6:** 894

Refractory brick inclusions in steel........ **A9:** 185

Refractory carbides
reactive plasma spray forming........ **A7:** 416

Refractory cermets *See also* Boride cermets; Carbide cermets........ **M7:** 813–814
carbonitride - and nitride-based cermets **A2:** 1004–1005
diamond-containing cermets........ **A2:** 1005
graphite-containing cermets **A2:** 1005
silicide cermets........ **A2:** 1005

Refractory coating inclusions
as casting defect........ **A11:** 387

Refractory coatings on cemented carbides
preparation for examination........ **A9:** 273

Refractory compounds
nitrous oxide-acetylene flame atomizer for **A10:** 48

Refractory fillers **EM4:** 1072

Refractory heavy metal (RHM) impurities
in sandstone deposits........ **EM4:** 378

Refractory inclusions
in rolling **A14:** 358

Refractory lining
cupolas........ **A15:** 386

Refractory linings
nonmetallic **A11:** 316

Refractory materials........ **EM4:** 32
applications........ **EM4:** 14
basic........ **EM4:** 13–14
composition **EM4:** 14
properties **EM4:** 14
chrome magnesite **EM4:** 13, 14
chromite **EM4:** 13, 14
classes........ **EM4:** 13
composition........ **EM4:** 14
deposition methods **EM4:** 202
fireclay........ **EM4:** 13, 14
high alumina **EM4:** 13, 14
high-duty oxides........ **EM4:** 13, 14
composition **EM4:** 14
properties **EM4:** 14
magnesite **EM4:** 13, 14
mullite **EM4:** 13, 14
properties........ **EM4:** 12, 13, 14
silica brick **EM4:** 13, 14
spalling........ **EM4:** 13

Refractory materials, high-silica
dissolution medium for **A10:** 165
Refractory metal **A13:** 11, 179, 1169
Refractory metal alloys
applications **M7:** 765
hot isostatic pressing **A7:** 605
mechanical properties **M7:** 469
Refractory metal and oxide vacuum coating **M5:** 388–392, 400–401
Refractory metal carbides
properties **A7:** 932
properties of **A2:** 952
Refractory metal fiber reinforced composites
applications **A2:** 583–584
mechanical and thermal properties **A2:** 583
processing **A2:** 583
wires as reinforcement materials **A2:** 582
Refractory metal powders **A7:** 903–913
applications **A7:** 903, 906–913
brazing **A7:** 906
characteristics **A7:** 903–904
coatings for **A7:** 903, 904
compositions **A7:** 904
disadvantages **A7:** 903
fabrication **A7:** 904–906
formed using P/M techniques **A7:** 6
hot isostatic pressing **A7:** 617
mill-processing temperature **A7:** 904, 905
postweld annealing treatment **A7:** 905
processing **A7:** 904
properties **A7:** 906, 906–913
selection **A7:** 904–906
thermal spray forming **A7:** 408
welding **A7:** 905–906
Refractory metal powders, production of **A7:** 188–201
molybdenum powder **A7:** 5, 197
niobium powder **A7:** 197–198, 199
rhenium powder **A7:** 903–913
tantalum powder **A7:** 197–199
tungsten and tungsten carbide powders **A7:** 188–197
Refractory metals *See also* Molybdenum; Molybdenum and molybdenum alloys; Niobium; Niobium and niobium alloys; Refractories; Refractory cermets; Refractory metal alloys; specific refractory metals; Tantalum; Tantalum and tantalum alloys; Tungsten and tungsten alloys; Tungsten **A9:** 439–446, **A16:** 858–869
abrasive blasting **M5:** 652–653, 659, 663, 667
abrasive cutoff sawing **A16:** 867, 868
abrasive sawing **A16:** 867, 868
abrasives **A9:** 439
applications **M7:** 765
as additions to nickel-base heat-resistant casting alloys **A9:** 334
as high-temperature materials **M7:** 765
bars, mechanical properties **M7:** 469
-based composite structures infiltration . . . **M7:** 555
batch-type vacuum sintering furnaces for . . **M7:** 357
blank forming **A14:** 788
boring **A16:** 162, 859, 862, 863
brazes used in ceramic/metal joining **EM4:** 479
brazing **A6:** 623
and soldering characteristics **A6:** 634–635
applications **A6:** 634
ceramic coating of **M5:** 532–533, 535, 537, 542
chemical blanking **A16:** 868
chemical machining **A16:** 868
chemical milling **A16:** 859
chucking and fixturing **A16:** 859
circular sawing **A16:** 867, 868
cleaning processes **M5:** 650–656, 659, 662–663, 667
climb milling **A16:** 861, 867
coating for dies **A18:** 644
consolidation by hot isostatic pressing **M7:** 441–442
continuous flow melting **A15:** 416
counterboring **A16:** 860, 863
creep rupture testing of **A8:** 302–303
cutting fluids **A16:** 125, 860–861, 863, 865, 867–869
defined **M7:** 10
descaling of **M5:** 650–654, 659, 662–663, 667
diffusion welding **A6:** 885
drilling **A16:** 860, 861, 863–865
ductile-to-brittle temperature **A6:** 634
edge retention **A16:** 29
electrical and magnetic applications . . **M7:** 626–629
electrical discharge machining . . **A16:** 859, 865, 868
electrochemical machining **A16:** 868
electromechanical polishing of **A9:** 42–43, 45
electron beam drip melted **A15:** 413
electron-beam welding **A6:** 851, 855, 869–871
electroplating of **M5:** 658–661, 663–664, 668
end milling-slotting **A16:** 866, 867
enhanced sintering with **M7:** 317
etchants **A9:** 440
exothermic brazing **A6:** 345
face milling **A16:** 859, 865, 867
-faced welding electrodes **M7:** 629
field evaporation of **A10:** 586
finishing processes **M5:** 656–668
fire hazards **A16:** 862
for cofiring the metallization with the alumina **EM4:** 544–545
for core coatings **A15:** 240
for gas-lubricated bearings **A18:** 532
forging characteristics **A14:** 237
forming of **A14:** 519, 785–788
friction welding **A6:** 890–891
gas-tungsten arc welding **A6:** 192
grain-boundary embrittlement in, IAP studies **A10:** 599–600
grinding **A9:** 439, **A16:** 861, 862, 868–869
grinding parameters **A16:** 868–869
grinding ratios **A16:** 868–869
high-speed tool steels used **A16:** 59
hollow milling **A16:** 862, 867
honing **A16:** 477
induction brazing **A6:** 947
interstitial element contamination **A6:** 870
low-stress grinding procedures **A16:** 28
lubricants for **A14:** 519
lubrication of tool steels **A18:** 738
mechanical properties **M7:** 469, 476–478
microstructures **A9:** 441–442
milling **A16:** 860, 861, 867
molten salt bath descaling of **M5:** 653–654, 659
molybdenum machining **A16:** 858, 859, 860
mounting **A9:** 439
niobium machining **A16:** 858, 859, 860
nitric/hydrofluoric acid as dissolution medium **A10:** 166
of commercial interest **M7:** 152
oil hole or pressurized-coolant drilling . . . **A16:** 861, 863, 865
oxidation protective coatings for **M5:** 375–376, 379–380
oxidation-resistant coatings, high-temperature **M5:** 661–662, 664–665
P/M history **M7:** 17
P/M process plus forging and rolling **M7:** 522
peripheral end milling **A16:** 865, 866, 867
pickling of **M5:** 654–655, 659, 663
polishing **A9:** 439–440
polishing and buffing **M5:** 655–656
powder or briquet sample preparation **A10:** 93
power band sawing **A16:** 867
power hacksawing **A16:** 867
pure, mechanical and physical properties . . **M7:** 766
radiation-damaged, FIM studies of **A10:** 588
reaming **A16:** 860, 862, 864, 865–867
resistance to corrosive media **M7:** 766
sectioning **A9:** 439
shaping **A16:** 190
sintering **M7:** 317, 389–393
sodium peroxide fusion **A10:** 167
solid-state bonding in joining non-oxide ceramics **EM4:** 525, 526
spade drilling **A16:** 861, 863, 864, 865
specimen preparation **A9:** 439
spotfacing **A16:** 860, 863
tantalum machining **A16:** 858, 859, 860
tapping **A16:** 860, 862, 865–867
techniques **M7:** 18, 522
thread milling **A16:** 867
tool geometry **A16:** 859
tool life **A16:** 859
tools **A16:** 859–860, 861, 865
trepanning **A16:** 860, 862, 863
tungsten machining **A16:** 858, 859, 860
turning **A16:** 858–859, 861, 862–863
upset welding **A6:** 249
vibratory compacting **M7:** 306
wire EDM **A16:** 859
Refractory metals and alloys *See also* Refractory metals and alloys, specific types; specific metal by name **A2:** 557–585, **A20:** 409–414
and carbide-base composites, for electrical make-break contacts **A2:** 854–855
applications . . **A2:** 557–560, **A20:** 409, **M3:** 314–315, **M6:** 1054
arc welding **M6:** 446–465
brazing **M6:** 1054–1060
cleaning methods **M6:** 1057
joining dissimilar metals **M6:** 1060
processes **M6:** 1055
characteristics and properties **M6:** 1055
cleaning **A2:** 563
coatings **A2:** 564–565, **M3:** 319–320
compatibility with various manufacturing processes **A20:** 247
compositions,for electrical contact materials **A2:** 854–855
definition **M6:** 1054
diffusion welding **M6:** 684–685
ductile-to-brittle transition **M6:** 1055
electron beam welding **M6:** 638–641
energy per unit volume requirements for machining **A20:** 306
fabrication **A2:** 560, 561, **M3:** 314
forming **A2:** 562–563, **M3:** 316–318
friction welding **M6:** 722
gas metal arc welding **M6:** 153
gas tungsten arc welding **M6:** 182, 205
introduction **A2:** 557–565
joining **A2:** 563–564, **M3:** 318–319, 320
laser beam welding **M6:** 647
machining **A2:** 560–562, **M3:** 315–316
performance characteristics of **A20:** 598–599
production **M3:** 315, 317
production of **A2:** 560–565
properties **A20:** 409–410
reactions with gas and carbon **M6:** 1055
recrystallization temperatures **M6:** 1055
shielded metal arc welding **M6:** 75
ultrasonic welding **M6:** 746
Refractory metals and alloys, specific types *See also* Refractory alloys; specific refractory alloys
molybdenum **A2:** 574–577
niobium **A2:** 565–572
refractory metal fiber reinforced composites **A2:** 582–584
rhenium **A2:** 581–582
tantalum **A2:** 571–574
Refractory Metals Association **M7:** 19
Refractory metals, brazing of **A6:** 941–947
alloy availability **A6:** 942
applications **A6:** 941
atmospheres **A6:** 941, 947
ductile-to-brittle transition temperature **A6:** 941–942
equipment **A6:** 947
filler metals **A6:** 941, 942–943
fixturing **A6:** 946

SUBJECTS OF THE INDEXED VOLUMES: ASM Handbook (designated by the letter "A"): **A1:** Properties and Selection: Irons, Steels, and High-Performance Alloys (1990); **A2:** Properties and Selection: Nonferrous Alloys and Special-Purpose Materials (1990); **A3:** Alloy Phase Diagrams (1992); **A4:** Heat Treating (1991); **A5:** Surface Engineering (1994); **A6:** Welding, Brazing, and Soldering (1993); **A7:** Powder Metal Technologies and Applications (1998); **A8:** Mechanical Testing (1985); **A9:** Metallography and Microstructures (1985); **A10:** Materials Characterization (1986); **A11:** Failure Analysis and Prevention (1986); **A12:** Fractography (1987); **A13:** Corrosion (1987); **A14:** Forming and Forging (1988); **A15:** Casting (1988); **A16:** Machining (1989); **A17:** Nondestructive Evaluation and Quality Control (1989); **A18:** Friction, Lubrication, and Wear Technology (1992); **A19:** Fatigue and Fracture (1996); **A20:** Materials Selection and Design (1997). **Metals Handbook, 9th Edition** (designated by the letter "M"): **M1:** Properties and Selection: Irons and Steels (1978); **M2:** Properties and Selection: Nonferrous Alloys and Pure Metals (1979); **M3:** Properties and Selection: Stainless Steels, Tool Materials, and Special-Purpose Materials (1980); **M4:** Heat Treating (1981); **M5:** Surface Cleaning, Finishing, and Coating (1982); **M6:** Welding, Brazing, and Soldering (1983); **M7:** Powder Metallurgy (1984). **Engineered Materials Handbook** (designated by the letters "EM"): **EM1:** Composites (1987); **EM2:** Engineering Plastics (1988); **EM3:** Adhesives and Sealants (1990); **EM4:** Ceramics and Glasses (1991). **Electronic Materials Handbook** (designated by the letters "EL"): **EL1:** Packaging (1989)

gas reactions **A6:** 942
joint designs **A6:** 946
physical properties **A6:** 941
surface preparation **A6:** 946–947
torch brazing........................... **A6:** 947
Refractory metals, heat treating *See also* Heat-resistant alloys, heat treating; Heat-resisting alloys, heat treating.............. **A4:** 815–819
annealing......... **A4:** 815–819, **M4:** 655, 670–671
atmospheres **A4:** 816–819, **M4:** 666, 671
hydrogen embrittlement **A4:** 818
nitriding **A4:** 816, 818
recrystallization **A4:** 815–816, 818, 819
stress relieving.......................... **M4:** 670
stress-relieving................. **A4:** 815, 816, 817
surface contamination.. **A4:** 816–818, 819, **M4:** 671
Refractory metals, special metallurgical welding considerations for................ **A6:** 580–582
brazing **A6:** 580, 581
diffusion bonding....................... **A6:** 581
electron-beam welding.......... **A6:** 500, 581, 582
explosion bonding.................. **A6:** 580, 581
friction welding......................... **A6:** 580
gas-tungsten arc welding............ **A6:** 580, 581
hot pressure welding **A6:** 581
laser-beam welding....................... **A6:** 581
molybdenum alloys **A6:** 581
niobium alloys **A6:** 581
plasma arc welding **A6:** 581
resistance welding.................. **A6:** 580, 581
rhenium alloys **A6:** 581
solid-state diffusion bonding **A6:** 580
tantalum alloys..................... **A6:** 580–581
tungsten alloys **A6:** 581–582
Refractory oxides
brittle fracture **A19:** 44, 46
cleavage fracture........................ **A19:** 46
in chemical flux cutting **A14:** 728–729
in mechanically alloyed oxide alloys................................ **A2:** 943
shell systems, lost-wax investment molding **A2:** 635–636
Refractory products............. **EM4:** 44–45, 46–47
additives **EM4:** 46–47
applications........................ **EM4:** 46–47
composition........................ **EM4:** 46–47
raw material origins................. **EM4:** 46–47
Refractory properties
of substrates...................... **EL1:** 104–105
Refractory silicides
as ordered intermetallics............. **A2:** 934–935
Refractory supports
open resistance heaters **A2:** 830
Refrasil fiber............................ **EM1:** 61
Refrax 20C
erosion test results..................... **A18:** 200
Refresh rate
in acidified chloride solutions **A8:** 419
Refrigerants, magnetic
as rare earth application............. **A2:** 730–731
Refrigerated liquid chlorine......... **A13:** 1171–1172
Refrigeration
as casting market **A15:** 34
Refrigeration of adhesives................. **EM3:** 35
Refrigeration treatment
nickel-chromium white irons **A15:** 680
Refrigeration-grade high-impact polystyrenes (PS, HIPS)........................... **EM2:** 199
Refrigerator liners
economy in manufacture................ **M3:** 852
porcelain enameled steel sheet for........ **M1:** 180
Refurbishment, casting
hot isostatic pressing................... **A15:** 544
REG *See* Rare-earth garnets
Registration *See also* Misregistration; Random mesh registration
coupons............................. **EL1:** 870
defects **EL1:** 1022
defined............................. **EL1:** 1155
holes, creating **EL1:** 541–542
marks, defined **EL1:** 1155
multilayer hole-to-internal-feature........ **EL1:** 552
schemes, rigid printed wiring boards **EL1:** 541
stencil/board, and stencil printer......... **EL1:** 732
systems, panel......................... **EL1:** 542
via, ceramic packages **EL1:** 464
Regression
significance of.......................... **A20:** 84
testing the adequacy of.................. **A20:** 84
Regression analysis ... **A8:** 653, **A19:** 33, 35, **A20:** 77, 257
Analysis of variance procedure....... **A8:** 669, 677
degrees of freedom for **A8:** 625
determining design allowables by **A8:** 664, 668–670
graphical display of F-test for **A8:** 669
lot-centered, for creep-rupture analysis **A8:** 691–693
models of............................. **A17:** 741
simple linear regression method for **A8:** 700
steps in **A8:** 669–670
to fit importance coefficients from the products to the features **A20:** 19
Regression coefficient
bearing steel (ball bearings) **A18:** 728
Regression equation for tensile strength..... **A20:** 371
Regression equation for tensile strength for some steels **A20:** 368
Regression equation for transition temperature........................ **A20:** 368
Regression line **A19:** 309, 310
equation of **A20:** 85
slope of **A20:** 85
y-intercept of.......................... **A20:** 85
Regression parameters..................... **A20:** 77
Regrind
defined.............................. **EM2:** 35
use, thermoplastic injection molding **EM2:** 311
Regrinding
and drills................... **A16:** 222, 233, 234
and multiple-operation machining........ **A16:** 366
and shaving cutters **A16:** 341
boring tools........................... **A16:** 162
broaches.................... **A16:** 203, 208, 415
cemented carbide tools **A16:** 84
dies.................................. **A16:** 284
eliminated by use of indexable-insert cutters.......................... **A16:** 316
tool steel cutter die cracked and spalled after........................ **A11:** 567, 569
Regular blue-black enamel
frit melted-oxide composition for ground coat for sheet steel **A5:** 731
melted oxide compositions of frits for groundcoat enamels for sheet steel............. **A5:** 454
Regular eutectics **A9:** 621–622
and irregular eutectics.................. **A15:** 120
Regular quality
alloy steel sheet and strip **M1:** 164
steel plate............................ **M1:** 182
Regular quality of low-alloy steel........... **A1:** 208
Regular reflection *See* Specular reflection
Regular transmittance **EM3:** 24
defined.............................. **EM2:** 35
Regulation
iron powders for food enrichment........ **M7:** 615
Regulations............................. **A20:** 68
Regulators
current and voltage, for resistance spot welding **M6:** 472
definition **M6:** 14
Regulatory acts.......................... **A20:** 149
Rehardened-and-tempered malleable iron **A1:** 79
Rehbinder effect......................... **A18:** 189
defined............................... **A18:** 15
definition............................. **A5:** 965
Reheaders
for cold heading....................... **A14:** 292
Reheat cracking
examination **A12:** 139–140
Reheat steam piping line
failure at power- generating station .. **A11:** 652–653
Reheat treatment
as stress-relief method................. **A20:** 817
Reheat zone
weld characterization.................... **A6:** 103
Reheat zone of a weldment
defined............................... **A9:** 577
solid-state phase transformations in titanium alloys **A9:** 581
transformation behavior in ferrous alloys **A9:** 580–581
Reheaters
abbreviation for **A11:** 797
heat transfer control by................. **A11:** 605
heat transfer factors.................... **A11:** 604
plasma ladle **A15:** 442
ruptured tubes from pendant-style **A11:** 610
steam/water-side boilers **A13:** 992
Reheating *See also* Heat treatment; Heating; Sintering
for austenitic manganese steel **A1:** 833
in powder forging **A14:** 192–194
of copper and copper alloys............. **A14:** 257
of heat-resistant alloys.................. **A14:** 235
Rehydration
Antioch process **A15:** 246
Reiboxydation *See also* Fretting wear...... **A18:** 242
Reichmann method **A7:** 420
Reinforced composites *See also* Composites; Laminates; Metal-matrix composites; Subcomposites
flexible printed boards **EL1:** 583
Reinforced concrete
matrix material that influences the finishing difficulty............................ **A5:** 164
Reinforced foam *See also* Foams
integral skin, polyurethanes (PUR).. **EM2:** 261–262
size and shape effects **EM2:** 292
thermoset plastics processing comparison **A20:** 794
Reinforced matrix strain at failure **A20:** 660
Reinforced molding compound *See also* Molding compound
defined............................... **EM2:** 35
Reinforced nylon
thermal properties **A18:** 42
Reinforced phenolics *See* Phenolics
Reinforced plastics *See also* Fiber reinforcement; Laminate(s); Plastic; Plastics **EM3:** 24
defined....................... **EM1:** 2, **EM2:** 35
Reinforced Plastics/Composites Institute (of SPI) **EM1:** 42
Reinforced polyester glass fiber
for hot water rinse tanks, chromium plating **A5:** 184
Reinforced polypropylene.................. **EM3:** 24
Reinforced polypropylenes (PP) *See also* Polypropylenes (PP); Thermoplastic resins
applications...................... **EM2:** 192–193
commercial forms...................... **EM2:** 192
coupling agents, effects **EM2:** 193
defined............................... **EM2:** 35
fillers and extenders................... **EM2:** 192
future trends **EM2:** 193
physical properties................ **EM2:** 192–193
Reinforced reaction injection molding (RRIM) *See also* Injection molding; Reaction injection molding
application, automotive industry ... **EM1:** 833, 835
defined **EM1:** 20, **EM2:** 35
with discontinuous fibers **EM1:** 121
Reinforced thermoset composites
epoxy resin cure in **EM1:** 654–656
Reinforced thermoset plastics
hydrochloric acid corrosion of.......... **A13:** 1164
Reinforced-epoxy laminates
for base materials/insulators **EL1:** 113–114
Reinforcement *See also* Fiber(s); Filler; Reinforcement fibers................ **EM3:** 24
defined............................... **EM1:** 20
forms **EM1:** 27
in x-ray spectrometers................... **A10:** 88
shielded metal arc welds **M6:** 93
Reinforcement fibers *See also* Fiber(s)
chemical tests **EM1:** 285
comparative properties **EM1:** 58
mechanical tests.................. **EM1:** 286–287
physical tests..................... **EM1:** 285–286
Reinforcement of weld
definition **M6:** 14
Reinforcement (weld) **A6:** 27, 29
Reinforcements *See also* Composites; Fiber; Fiber reinforcements; Fiber(s); Metal-matrix composites.......... **A20:** 352, 700, **EL1:** 535
amorphous materials and metallic glasses .. **A2:** 819
and fillers, compared................... **EM2:** 72
and matrix materials **EL1:** 1119–1121
conductive....................... **EM2:** 469–473
content, RTM and SRIM **EM2:** 347
continuous............................ **EM2:** 393
defined............................... **EM2:** 35

Reinforcements (continued)
dielectric, constraining **EL1:** 615–619
for aluminum-matrix composites . . . **A2:** 7, 904–907
for copper-matrix composites **A2:** 908–909
for intermetallic-matrix composites . . . **A2:** 909–911
for magnesium-matrix composites **A2:** 907–908
for metal-matrix composites, types **A2:** 903
for superalloy-matrix composites. **A2:** 909
for titanium-matrix composites **A2:** 908
glass fibers, for base/insulators **EL1:** 113–114
in engineering thermoplastics. **EM2:** 98–99
in pultrusions. **EM2:** 390, 392–393
inorganic, chemical compositions **EL1:** 604
limitations **EM2:** 281
mechanical properties **EM2:** 71–73
polyether sulfones (PES, PESV). **EM2:** 161
printed wiring board. **EL1:** 604–605
process, capabilities and properties. **EM2:** 283
PWB, properties. **EL1:** 604
thermosetting resins. **EM2:** 223
ultrahigh molecular weight polyethylenes (UHMWPE). **EM2:** 170

Reinforcement-to-resin ratio
defined. **EL1:** 598

Reinforcing process
porcelain enameling **M5:** 519

Reinforcing steel
corrosion **A13:** 1309

Rejected take-off (RTO) stop **A18:** 583, 585, 586

Rejection *See also* Acceptance; Acceptance or rejection
of flaws, determination **A17:** 49
record, adhesive-bonded joints **A17:** 634
standards, liquid penetrant inspection **A17:** 88

Relational data base
KI SHELL mapped onto **A14:** 412

Relations diagrams **A20:** 315

Relationship tree **A18:** 353–354

Relationships **A20:** 156

Relative bioavailability (RBV) **A7:** 1091
of iron powders for food enrichment **M7:** 614–615

Relative corrosivity **A13:** 204–205

Relative density *See also* Density **A7:** 504
and forging modes **M7:** 414
and pressure. **M7:** 298

Relative density function **A7:** 599

Relative dielectric constant
defined. **EL1:** 90

Relative displacement
crosshead displacement as **A8:** 41, 45

Relative erosion factor (REF) **A18:** 200, 201

Relative fatigue life **A19:** 360

Relative humidity *See also* Humidity **EM3:** 24
critical, defined. **A13:** 82
defined **A13:** 11, **EM2:** 35
effect, atmospheric corrosion **A13:** 81–82
effect, in fretting **A13:** 140
effects on nickel-iron low-expansion alloys **A2:** 892
effects, zinc/zinc alloys and coatings. **A13:** 757
fatigue strength as function of **A11:** 252
iron/magnesium corrosion rates in **A13:** 908
reduction, for filiform corrosion **A13:** 107–108
time of **A13:** 82

Relative hydrogen susceptibility
of metals **A8:** 541–542

Relative operating characteristic (ROC)
curves. **A17:** 679–680

Relative permittivity
defined. **EL1:** 597
of glass fibers **EM1:** 46

Relative plate thickness. **A6:** 12

Relative potency factor (RPF)
definition **A6:** 89

Relative pressure
friction during metal forming **A18:** 67

Relative ratings of resistance to SCC **A11:** 220

Relative rigidity **EM3:** 24

Relative sensitivity factor
abbreviation for **A10:** 691

LEISS **A10:** 606
use in SSMS **A10:** 145

Relative sintering temperature. **M7:** 10

Relative sliding velocity
between two surfaces **A18:** 40

Relative standard deviation
defined. **A10:** 681

Relative thermal index (RTI)
for service temperatures **EM2:** 569–570

Relative transmittance
defined. **A10:** 681

Relative variability **A8:** 625

Relative viscosity **EM3:** 24
defined **EM2:** 35

Relativistic heavy ion collider (RHIC)
as niobium-titanium superconducting material application **A2:** 1055–1056

Relativistic voltage **A6:** 43

Relaxation *See also* Strain relaxation; Stress relaxation
and creep, compared **A11:** 542
as supplemental ESR technique **A10:** 257–258
as temperature effect on damping. **EM1:** 215
defined **EM1:** 190
effect, fastener performance at elevated temperatures **A11:** 542
in stress, due to layer removal. **A10:** 388
modulus and creep compliance, viscoelasticity as **EM1:** 190–191
parameter, ferromagnetic materials . . **A10:** 275, 276
pulse method of measuring times of. **A10:** 258
rate, factors affecting. **A11:** 542
saturation method of measuring times of **A10:** 258
spin, rates of. **A10:** 275–276
spin-spin **A10:** 257
surface atom, in single crystal **A10:** 628
time, defined. **EM1:** 20
times, saturation and pulse methods of measuring. **A10:** 258
vibrational, abbreviation for **A10:** 691

Relaxation at grain boundaries
models for describing **A9:** 119

Relaxation behavior
constructional steels for elevated temperature use **M1:** 642, 647, 649, 651, 656, 657

Relaxation curve
defined **A8:** 11

Relaxation curves, steel springs **M1:** 296–297, 298–300

Relaxation exponent **A19:** 612

Relaxation, in threaded steel fasteners **A1:** 295
effect of thread design on. **A1:** 296
strengths. **A1:** 631

Relaxation parameter
as ferromagnetic resonance application. **A10:** 275–276

Relaxation, strain *See* Strain relaxation

Relaxation tests
and elevated-temperature service **A1:** 624, 631

Relaxation time **EM3:** 24
defined **EM2:** 35

Relaxation-time experiments
effects of temperature on **A10:** 257

Relaxed layer **A18:** 177

Relaxed modulus *See* Static modulus of elasticity

Relaxed stress *See also* Stress relaxation . . . **EM3:** 24
defined **A8:** 11, **EM1:** 20, **EM2:** 35

Relay blades
oxide dispersion-strengthened copper **A2:** 401

Relay weld integrity
as gas analysis spectroscopy application. . . **A10:** 156

Relays **A20:** 620
as magnetically soft material application. . . . **A2:** 761
blades and contact supports **M7:** 715
failure mechanisms **EL1:** 981
parts magnets, powders used. **M7:** 573
powders used **M7:** 573

Release
methodology **EL1:** 127
organization **EL1:** 130–132

Release agent *See also* Mold release agent; Molding
release agent **EM3:** 24
defined **EM1:** 20, **EM2:** 35
for sheet metal compounds. **EM1:** 158

Release agents
for coremaking **A15:** 240

Release film *See also* Films; Separator. **EM3:** 24
defined **EM1:** 20, **EM2:** 35

Release interface transmittals (RiTs) **EL1:** 130

Release paper **EM3:** 24

Released energy **A19:** 428

Relevant indications *See also* Nonrelevant indications
defined **A17:** 103
liquid penetrant inspection. **A17:** 86
versus nonrelevant indications **A17:** 106–108

Reliability *See also* Dimensional accuracy; Failure analysis; Failure rate; Failure(s); NDE reliability; NDE reliability applications; NDE reliability data analysis; NDE reliability models; Process control prediction; Reliability testing; Reliability; Reproducibility; Statistical methods; Testing. **A20:** 64, 104
and end use. **EL1:** 1
and failure analysis **EL1:** 957
and failure probability. **A8:** 627
basis for **A8:** 624
ceramic multilayer packages. **EL1:** 468
component interconnections **EL1:** 261
criteria, by flaw size **A17:** 664
defined. **EL1:** 1155
defined, in welding **A17:** 590
definition **A20:** 87, 839
environmental, of ceramic hybrid circuits **EL1:** 381
environmental stress screening **EL1:** 876
exponential distribution for **A8:** 634
flexible printed boards **EL1:** 584
function, defined **EL1:** 896
hardware **EL1:** 79
improvement **EL1:** 133–135
levels, and confidence levels. **A8:** 627
mathematics of. **EL1:** 895
methods for increasing **A20:** 87
NASA definition. **A20:** 87
objectives (downtime) **EL1:** 128
of connectors **EL1:** 21–23
of corrosion testing results **A13:** 195–196, 316–317, 322
of designs **EL1:** 747
of electronics packaging **EL1:** 127
of flexible printed wiring **EL1:** 580
of glass-to-metal seals **EL1:** 458–459
of integrated circuits. **A11:** 766, 771
of investment casting. **A15:** 265
of level 1 packages **EL1:** 403
of LSI/VLSI circuit chips **EL1:** 961
of nondestructive evaluation **A17:** 663–715
of plastic packages. **EL1:** 245–246, 479–480
of polymer die attach **EL1:** 218–220
of surface-mount electronic assembly. **EL1:** 730
of wafer-scale integration **EL1:** 263
phases, "bathtub" curve **EL1:** 740
plastic pin-grid arrays **EL1:** 480
plated-through hole **EL1:** 613–614
prediction, program factors **A17:** 664
preservation, environmental stress screening **EL1:** 876
quantitative definition for operating time *t* **A20:** 87
solder joints **EL1:** 675
system **A20:** 88
tape automated bonding (TAB) **EL1:** 287–288, 480
true **A20:** 88
wire bond **EL1:** 226–228

Reliability algorithms **A20:** 622

SUBJECTS OF THE INDEXED VOLUMES: ASM Handbook (designated by the letter "A"): **A1:** Properties and Selection: Irons, Steels, and High-Performance Alloys (1990); **A2:** Properties and Selection: Nonferrous Alloys and Special-Purpose Materials (1990); **A3:** Alloy Phase Diagrams (1992); **A4:** Heat Treating (1991); **A5:** Surface Engineering (1994); **A6:** Welding, Brazing, and Soldering (1993); **A7:** Powder Metal Technologies and Applications (1998); **A8:** Mechanical Testing (1985); **A9:** Metallography and Microstructures (1985); **A10:** Materials Characterization (1986); **A11:** Failure Analysis and Prevention (1986); **A12:** Fractography (1987); **A13:** Corrosion (1987); **A14:** Forming and Forging (1988); **A15:** Casting (1988); **A16:** Machining (1989); **A17:** Nondestructive Evaluation and Quality Control (1989); **A18:** Friction, Lubrication, and Wear Technology (1992); **A19:** Fatigue and Fracture (1996); **A20:** Materials Selection and Design (1997). **Metals Handbook, 9th Edition** (designated by the letter "M"): **M1:** Properties and Selection: Irons and Steels (1978); **M2:** Properties and Selection: Nonferrous Alloys and Pure Metals (1979); **M3:** Properties and Selection: Stainless Steels, Tool Materials, and Special-Purpose Materials (1980); **M4:** Heat Treating (1981); **M5:** Surface Cleaning, Finishing, and Coating (1982); **M6:** Welding, Brazing, and Soldering (1983); **M7:** Powder Metallurgy (1984). **Engineered Materials Handbook** (designated by the letters "EM"): **EM1:** Composites (1987); **EM2:** Engineering Plastics (1988); **EM3:** Adhesives and Sealants (1990); **EM4:** Ceramics and Glasses (1991). **Electronic Materials Handbook** (designated by the letters "EL"): **EL1:** Packaging (1989)

Reliability and wear, concepts of: failure modes **A18:** 493–495
dependence of failure rate on operating duration **A18:** 494–495
relationship between wear and reliability . . **A18:** 493
reliability characteristics **A18:** 493
reliability probability concepts **A18:** 493
statistical distributions of wear and reliability **A18:** 493–494
exponential distribution **A18:** 493
gamma distribution **A18:** 494
log normal distribution **A18:** 493
normal distribution **A18:** 493, 494
Weibull distribution **A18:** 493–494
wear and failure modes **A18:** 494
Reliability block diagrams **A20:** 89–90
types **EL1:** 899
Reliability demonstration program
importance **A17:** 664
Reliability factor **A19:** 278, 285, 286
Reliability for a uniaxial specimen **A20:** 634
Reliability growth program
defined **EL1:** 903
Reliability in design **A20:** 87–95
accelerated testing **A20:** 93
availability **A20:** 93
block diagrams **A20:** 89–90
calculating reliabilities for different arrangements of a complex system **A20:** 90
conclusions **A20:** 94
conditional probability **A20:** 91
diode configurations **A20:** 90
distributions **A20:** 92
evolutionary operation **A20:** 93
graphical representation of reliability **A20:** 88
human reliability **A20:** 93
instantaneous failure rate and general reliability function **A20:** 87–88
logic diagrams **A20:** 89–90
maintainability **A20:** 93
mean time between failures **A20:** 88, 89, 93–94
mean time to failure **A20:** 88, 89
more complex parallel systems **A20:** 90–91
mortality curve **A20:** 88
parallel systems **A20:** 89, 90
probabilistic vs. deterministic design . . . **A20:** 91–92
reliability growth **A20:** 93
reliability tasks **A20:** 87
reliability testing **A20:** 92–93
response surface technology **A20:** 93
series systems **A20:** 89, 90
standby arrangements effect on reliability . . **A20:** 91
standby systems **A20:** 91
tests for environmental factors **A20:** 93
thin-wall cylinder under internal pressure **A20:** 91–92
useful life **A20:** 88–89
Reliability of measurements
and sample quality **A10:** 12
Reliability of the *i*th continuum element **A20:** 624
Reliability prediction *See also* Reliability
estimating failure factors, from test data **EL1:** 900–903
failure density distributions **EL1:** 896–897
life cycle **EL1:** 897–899
mathematics of reliability **EL1:** 895–896
reliability growth **EL1:** 903–904
reliability of systems **EL1:** 899–900
Reliability testing **A20:** 92–93
combined environments (CERT) **EL1:** 1103
electrical **EL1:** 567
of VLSI **EL1:** 887
structured, failure mechanisms **EL1:** 959–961
Relict **EM4:** 110, 111, 112, 113
Relief
in blanking die **A14:** 447
Relief (clearance) angle **A16:** 121, 195
Relieving
definition **A5:** 965
Rem units
radiography **A17:** 301
Remaining life **A20:** 582, 583–584
estimation techniques **A8:** 338
from measurements of microstructure **A8:** 339
measurement of rupture properties after service **A8:** 338
of elevated-temperature materials creep-rupture tests for **A8:** 339
Remaining stress *See also* Stress relaxation
defined **A8:** 11
Remaining-life analysis **A19:** 469
Remaining-life determination **A19:** 476
Remalloy *See also* Permanent magnet materials, specific types **A9:** 538
Remanence **A7:** 1007, **A19:** 214
magnetic **M7:** 643
Remanent magnetization **A7:** 1007
defined **A7:** 1007
Remanufacture
definition **A20:** 839
Remelt hardening
ductile iron **A15:** 660
Remelting *See also* Heat treatment; Melting; Remelt hardening
early air furnace **A15:** 25
electroslag **A15:** 401–406
metal-matrix composites **A15:** 848–849
of stainless steels **A14:** 222
plasma arc **A15:** 424
under high pressure, as ESR process **A15:** 405
vacuum induction **A15:** 399–401
Remelting techniques **A19:** 439
modifying weld toe geometry **A19:** 826
Remote crevice assemblies
electrochemical **A13:** 308–309
Remote mean stress **A19:** 281
Remote-field eddy current inspection *See also* Eddy current inspection **A17:** 195–201
applications **A17:** 199–201
current research **A17:** 197–198
examples **A17:** 199–201
flaw detection sensitivity, techniques **A17:** 198–199
flaw models **A17:** 198
instrumentation **A17:** 197
limitations **A17:** 197
no-flaw models **A17:** 197–198
theory **A17:** 195–197
Removal
component, and replacement **EL1:** 288
solvent, from surface-mount assemblies . . . **EL1:** 666
Removal coefficient **A18:** 431, 434
Removers *See* Solvent removers
Rémy and Reuchet's model **A19:** 547
Renal effects *See also* Renal failure; Renal tubular dysfunction
from lead **A2:** 1244–1245
lesions, from gold toxicity **A2:** 1257
Renal failure *See also* Renal effects; Renal tubular dysfunction
as gallium toxicity **A2:** 1257
from bismuth **A2:** 1256
from uranium toxicity **A2:** 1261
Renal tubular dysfunction *See also* Renal effects; Renal failure
cadmium toxicity effects **A2:** 1240
from lead toxicity **A2:** 1244
lining cell, lead-induced inclusion bodies . . **A2:** 1245
René 41 . . . . . **A7:** 898, 899
aging **A4:** 796
aging cycle **A4:** 812, **M4:** 656
aging cycles **A6:** 574
aging, effect on properties **A4:** 800, **M4:** 659
aging precipitates **A4:** 808
annealing **A4:** 808–809, **M4:** 655
broaching . . **A16:** 204, 206, 208, 209, 743, 745–746
chemical milling **A16:** 584
composition **A4:** 794, 795, **A6:** 564, 573, **A16:** 736, **M4:** 651–652, **M6:** 354
contour band sawing **A16:** 363
drilling **A16:** 748, 749
electrochemical grinding **A16:** 547
electrochemical machining removal rates . . **A16:** 534
electron-beam welding **A6:** 869
flash welding **M6:** 557
for press forging heat-resistant alloys, nickel-base alloys **A18:** 625
grinding **A16:** 547
machining . . **A16:** 738, 741–743, 746–747, 749–757, 758
manufacturing rating **A16:** 739
material for jet engine components **A18:** 591
milling **A16:** 547, 755
overaging **M6:** 358
photochemical machining **A16:** 588
production time **A16:** 739
reheat treatment, effect on properties **M4:** 666
self-lubricating powder metallurgy composites sliding on **A18:** 120
shaping **A16:** 192
shielded metal arc welding **M6:** 75
solution treating **M4:** 656
solution treatment **A6:** 574
solution-treating **A4:** 796, 806–807
stress relieving **M4:** 655
surface alterations from material removal processes **A16:** 27
thermomechanical processing **A4:** 809
thread grinding **A16:** 275
René 63
machining . . **A16:** 738, 741–743, 746–747, 749–757
thread grinding **A16:** 275
René 77
aging cycle **A4:** 812
composition **A4:** 795
machining **A16:** 737, 738, 741–743, 746–757
material for jet engine components . . **A18:** 588, 590
thread grinding **A16:** 275
René 80
aging cycle **A4:** 812
composition **A4:** 795, **A16:** 737, **M4:** 653
machining **A16:** 738, 741–743, 746–757, 758
material for jet engine components **A18:** 588
René 80 Hf
composition **A4:** 795
René 88DT **A7:** 887, 890, 892–893, 899
René 95 . . . . . **A7:** 887, 888, 889, 891–892, 898, 899
applications **A7:** 999
composition **A4:** 794, **A6:** 573, **A16:** 736
compositions **A7:** 1000
corrosion resistance **A7:** 1000
machining . . **A16:** 738, 741–743, 746–747, 749–757, 758
thermomechanical processing **A4:** 798
thread grinding **A16:** 275
René 100
composition **A4:** 794, 795, **A6:** 573, **A16:** 737
machining **A16:** 738, 741–743, 746–757
René 125
hydrogen fluoride cleaning **A6:** 926
machining **A16:** 757, 758
material for jet engine components . . **A18:** 588, 590
René alloys *See* Superalloys, nickel-base, specific types, René
René N4
aging cycle **A4:** 812
composition **A4:** 795
Reoxidation **A20:** 726
Reoxidation prevention
use of primers **EM3:** 101
REP *See* Rotating electrode process
Repair *See also* Maintainability; Maintenance; Reparability; Rework; Rework processes; Weld repair **EM3:** 37–38
composites **A20:** 809
cost escalation **EL1:** 877
defects, adhesive-bonded joints **A17:** 615
definition **A20:** 839
design requirements for **EM1:** 183
in computer-aided manufacturing **EL1:** 131
nondestructive **EL1:** 710–711
of aluminum alloy forgings **A14:** 248
of cast steel castings **A15:** 531
of castings, by oxyacetylene welding **A15:** 529–530
of conventionally forged titanium alloys . . **A14:** 280
of parylene coatings **EL1:** 798–799
of patterns **A15:** 196
of steel forgings defects **A17:** 503
of urethane-coated components **EL1:** 780
rigid printed wiring boards **EL1:** 542–543, 547
weld, of titanium castings **A15:** 833
Repair of advanced composite commercial aircraft structures **EM3:** 829–837
damage types **EM3:** 829, 830
inspection techniques used **EM3:** 829, 830
repair development **EM3:** 829–833
graphite-epoxy composite materials **EM3:** 830–832
graphite-polyimide composite materials **EM3:** 832–833
scarf repairs **EM3:** 829–830

Repair of advanced composite commercial aircraft structures (continued)
repair durability **EM3:** 833–837
baseline results **EM3:** 835
exposure and test plan **EM3:** 834
exposure results **EM3:** 835–836
outdoor exposure test setup **EM3:** 834–835
program synopses **EM3:** 836–837
tabbed laminate specimen **EM3:** 834
Repair scheduling
by damage analyses **A8:** 682
Repair station soldering
as surface-mount soldering **EL1:** 707
Repair welding **A6:** 1103–1107
air-carbon arc cutting (CAC-A) **A6:** 1104, 1105
arc welds of
beryllium **M6:** 462
cast irons **M6:** 316–317
titanium and titanium alloys **M6:** 456
austenitic stainless steels **A6:** 1105–1106
base metal weldability **A6:** 1103
chemical analysis test **A6:** 1103
simulated weld tests **A6:** 1103
spark test **A6:** 1103
base-metal preparation **A6:** 1104
carbon steels **A6:** 1105
cast irons **A6:** 1105
categories **A6:** 1103
codes and standards **A6:** 1104
duplex stainless steels **A6:** 1107
electrodes **A6:** 1105, 1106
for stainless steels **A6:** 1106
electrogas welds **M6:** 243
electron beam welds **M6:** 634–637
explosion welds **M6:** 716
ferritic stainless steels **A6:** 1106
filler metals **A6:** 1105, 1106, 1107
gas metal arc welds of aluminum
alloys **M6:** 388
guidelines for various base metals .. **A6:** 1104–1107
heat-affected zone **A6:** 1105, 1106, 1107
high-carbon steels **A6:** 1105
low-carbon steel **A6:** 1105
magnesium alloy castings **A6:** 779–782, **M6:** 432–435
martensitic stainless steels **A6:** 1106
medium-carbon steels **A6:** 1105
nature of failure categories **A6:** 1103–1104
nickel alloys **A6:** 579
nickel-base alloys **A6:** 591–592
oxyacetylene braze welds of
cast irons **M6:** 599–600
oxyacetylene welds of cast irons **M6:** 601–602
oxyfuel gas welds **M6:** 592–593
precipitation-hardening stainless
steels **A6:** 1106–1107
preliminary assessment **A6:** 1103–1104
stainless steels **A6:** 1105–1107
thermit welds **M6:** 698–702
titanium **A6:** 1107
welding process selection **A6:** 1104
Repairability *See also* Repair; Rework **A20:** 5
Hybrid microcircuits **EL1:** 261
of silicone conformal coatings **EL1:** 822
solder masks **EL1:** 553
Repairing
defined **EL1:** 1155
Repairing aerospace components
powders used **M7:** 572
Repairs
by cold straightening, fatigue
fracture from **A11:** 125
faulty, and distortion failure **A11:** 141–142
Repassivation **A19:** 186–187, 193
and stress-corrosion cracking **A19:** 485
effect on SCC **A12:** 25
kinetics **A12:** 42
Repassivation potentials
titanium/titanium alloys **A13:** 684–685
Repeatability
defined **A8:** 11, **A17:** 18
in quantitative EPMA **A10:** 525
of EMF processing **A14:** 646
Repeated impact *See* Impingement
Repeated tension test
ductile to brittle fracture **A8:** 353–354
Rephosphorized steels *See also* Phosphorus in steel **A1:** 208, **A20:** 360, **M1:** 162
machinability ratings **M1:** 576
weldability **M1:** 563
Replacement
component **EL1:** 288
of defective circuitry **EL1:** 9
Replacement scheduling
by damage analyses **A8:** 682
Replacement steel for enameling iron
composition, for porcelain enameling **A5:** 732
Replenishment, developer
radiographic film processing **A17:** 352–354
Replica
defined **A9:** 15
definition **A5:** 965
Replica technique, two stage **A19:** 220
Replicas *See also* Replication; Surface replicas
artifacts in **A12:** 184–185
cast, magnetic rubber inspection
indications **A17:** 125
cellulose acetate, SEM **A12:** 171
extraction **A12:** 182–183, **A17:** 54
extraction for TEM **A10:** 452
for light microscopy **A12:** 94–95
fractographic, compared **A12:** 95, 100
grating **A12:** 167
profiles from **A12:** 199
sectioning **A12:** 199
shadowing **A12:** 7, 95, 100, 172, 183–184
single-stage **A12:** 179–182
two-stage **A12:** 182
Replicas used in transmission electron microscopy **A9:** 108–109
Replicast ceramic shell process **A15:** 270–272
and investment casting, compared **A15:** 270
as special investment casting process **A15:** 267
flow chart for **A15:** 270
Replicast full mold process **A15:** 270
Replicast process **A15:** 36, 270–272
advantages/applications **A15:** 37
applications **A15:** 271–272
as recent development **A15:** 37–38
ceramic coating and firing **A15:** 271
cleaning **A15:** 271
computer-integrated manufacturing
system for **A15:** 569
core elimination in **A15:** 271
dimensional accuracy **A15:** 271
pattern assembly **A15:** 271
pattern production **A15:** 270–271
pouring **A15:** 271
Replicast CS (ceramic shell) **A15:** 270
Replicast FM (full mold) **A15:** 270
schematic **A15:** 36
surface finish **A15:** 271
Replica-stripping cleaning
of fractures **A12:** 74
Replicate
defined **A9:** 15
Replicate tests **A19:** 21, **A20:** 73
Replication *See also* Surface replication **A8:** 643, 696–697
effect on experimental bias **A8:** 640
extraction **A17:** 52, 54
extraction replicas **A12:** 182–183
for crack analysis **A17:** 54
in experimental design **A8:** 640–641
in experimental factorial design **A17:** 743
in sampling **A10:** 12
procedures, for light microscopy **A12:** 94–95
single-stage replicas **A12:** 7, 179–182
surface **A17:** 52–53
tape, cellulose acetate **A12:** 73
techniques **A12:** 7–8, **A17:** 52–54
two-stage replicas **A12:** 7, 182
Replication (experimental)
defined **EM2:** 600
Replication metallography **A19:** 469
Replication microscopy techniques (NDE) **A17:** 52–56
application **A17:** 643
compared **A17:** 53
microstructural analysis **A17:** 54–55
of boilers and pressure vessels **A17:** 642–644
replication techniques **A17:** 52–54
specimen preparation **A17:** 52
Replication techniques **A19:** 163, 220, 481
for preparing transmission electron microscopy
specimens **A9:** 108–109
in electropolishing **A9:** 55
one-step replicas **A12:** 7–8, 179–182
shadowing **A12:** 7–8, 95, 100, 172, 183–184
TEM **A12:** 7
to measure size of small fatigue cracks ... **A19:** 157
two-step replicas **A12:** 7, 182
Report writing **A11:** 31–32
Reporting particle size characteristics of pigments, specifications **A7:** 1099
Reprecipitation **A7:** 567
Reprecipitation and dissolution
as gravimetric sample preparation **A10:** 163
Reprecipitation and solution
effect of sintering time **M7:** 320
liquid-phase sintering **M7:** 320
Representative sample
defined **A10:** 13
Re-pressing *See also* Hot re-pressing .. **A7:** 317, 632, 1013, **A20:** 750, **M1:** 332, 339, 345, 346, **M7:** 10
after conventional die compaction **A7:** 12
aluminum and aluminum alloys **A2:** 6
aluminum P/M alloys **A2:** 211
as secondary pressing operation **M7:** 337–338
defined **A14:** 11
forging, modes for **M7:** 414
powder forging **A14:** 190, 195
to improve dimensional tolerance **A7:** 668
Repressing and resintering **A19:** 342
for fracture resistance **A7:** 963
Reprocessability
of thermoplastics **EM1:** 100
Reprocessed fibers
applications **EM1:** 153, 155–156
as aligned discontinuous **EM1:** 153–155
process **EM1:** 153
Reprocessed plastic *See also* Plastics **EM3:** 24
defined **EM2:** 35–36
Reprocessing
uranium **M7:** 666
Reproducibility *See also* Dimensional accuracy; Reliability **A19:** 178
defined **A8:** 11
dimensional **A15:** 614–623
in direct current electrical potential
method **A8:** 389
of corrosion tests **A13:** 194
of metal castings **A15:** 40
parameter, defined **A8:** 387
Reproducibility, of electrode materials
voltammetric monitoring for **A10:** 189
Reproductive effects
of arsenic toxicity **A2:** 1238
Request for quotation
automated **A14:** 409–410
Required life
sliding bearings **A18:** 515
Requirements list **A20:** 291
definition **A20:** 839
Rerolling quality
defined **A14:** 11

Rerouting technologies
wafer-scale integration **EL1:** 268–269
Re-Ru (Phase Diagram). . . . . **A3:** 2•352
Rescreening
in environmental stress screening **EL1:** 880
Research grade
rare earth metals **A2:** 720
Research reactor
as common source for low-energy TNAA neutrons **A10:** 234
Research-quality metallograph with projection screen. **A9:** 74
Research-quality optical microscopes. **A9:** 73
Resenes **EM3:** 24
defined **EM2:** 36
Reservoir effect
polymeric lubricants **A18:** 137
Reset
defined. **A14:** 11
Resetting
and multiple-operation machining. **A16:** 366
Reshaping
of round tubing **A14:** 631–632
Re-Si (Phase Diagram) . . . . **A3:** 2•352
Residual
defined. **A8:** 699
Residual blinding
screen **M7:** 177
Residual compression strength
long-term exposure testing **EM1:** 825
thermosetting/thermoplastic systems **EM1:** 98
Residual core
materials, computed tomography (CT) **A17:** 361
turbine blades, neutron radiographic detection **A17:** 393–394
Residual dopants
tungsten powders. **M7:** 153
Residual effects of finishing methods **A5:** 144–151
aesthetic considerations. **A5:** 146
corrosion or stress-corrosion cracking susceptibility. **A5:** 145–146
dimensional factors **A5:** 146–147
discoloration/burn **A5:** 144–145
factors in surface integrity **A5:** 144
fatigue life performance **A5:** 149
macrocracks. **A5:** 145
metallurgical factors. **A5:** 149
microcracks **A5:** 145
other surface integrity considerations. . **A5:** 149–150
residual stress factors **A5:** 147–149
residual stresses in grinding **A5:** 148
residual stresses in shot peening **A5:** 148–149
stress relaxation **A5:** 147
surface finish/waviness **A5:** 146–147
surface integrity **A5:** 144
systems approach to finishing. **A5:** 144, 145
testing techniques for surface integrity evaluation **A5:** 149
tribological factors **A5:** 149
visual factors **A5:** 144–146
Residual elements
defined. **A9:** 15
in steels **A1:** 141
Residual elements in steel *See also* Impurity elements **M1:** 115–116, 121
tensile properties of steel plate effect on . . **M1:** 194, 197
Residual flexural modulus
long-term exposure testing **EM1:** 825
Residual flexural strength
long-term exposure testing **EM1:** 825
Residual gas analysis (RGA) *See also* Hermeticity; Hermeticity testing **EM3:** 24
and package-level test methods. **EL1:** 927
application **EL1:** 1063–1064
data interpretation **EL1:** 1064–1066
defined **EM1:** 20, **EM2:** 36
test method. **EL1:** 1064
Residual gas analyzer
in environmental test chamber **A8:** 411
Residual gas analyzers
as gas chromatographs. **A17:** 64
as vacuum leak testing method **A17:** 68
Residual induction. **A7:** 1007
Residual interparticle diffusion
sintered. **M7:** 314
Residual life testing. **A19:** 23
Residual magnetism *See also* Magnetization
as magnetic particle inspection method . . . **A17:** 110
defined. **A17:** 100
magnetic field **A17:** 91
Residual magnetization
application. **A17:** 97
in leakage field testing. **A17:** 130
Residual pattern method **A5:** 17
Residual plots. **A8:** 699
Residual products. **A7:** 72
Residual resistance ratio (RRR), of copper
in NbTi superconductors **A2:** 1045
Residual short beam shear strength
from long-term exposure testing **EM1:** 825
Residual soil weight test method
cleaning process efficiency. **M5:** 20
Residual strain *See also* Strain. **EM3:** 24
defined **EM1:** 20, **EM2:** 36
Residual strain hardening *See also* Strain hardening
of zone-melted iron, changes during isothermal recovery **A9:** 693
Residual strength **A19:** 411, 427–433
after impact, modeling **EM1:** 435
analysis. **EM1:** 203
and damage tolerances **EM1:** 265–266
and static strength distributions **A8:** 717
available energy **A19:** 428
calculated. **A11:** 55–57
collapse and net section yield **A19:** 427–428
composites **A19:** 920–935
computation of geometry factors. **A19:** 433
defined. **A17:** 669
elastic energy release **A19:** 431
energy criterion for fracture. **A19:** 428–430
failure analysis diagram **A19:** 432–433
fatigue **EM1:** 245–246
fracture energy **A19:** 428
full-scale test for. **EM1:** 351
geometry factor *H* values for center-cracked panels in plane stress. **A19:** 430
geometry factors B and H **A19:** 431
graphite-epoxy composite material **A8:** 716
impact damage, resin effects **EM1:** 262
LEFM and EPFM **A19:** 430–431, 432, 433
"load-flow" lines **A19:** 428
maximum load-carrying capability **A19:** 428
measurement of toughness **A19:** 430
of aramid fibers **EM1:** 36
of composite failure. **A8:** 716
PFM **A19:** 431, 432
quantification of fracture energy. **A19:** 429–430
residual strength diagram calculation **A19:** 431–433
stress-strain curve and available energy . . . **A19:** 429
toughness and geometry factors. **A19:** 430–431
Residual strength diagrams **A19:** 457, 560, 573
Residual strength equation. **A19:** 465
Residual stress *See also* Engineering stress; Mean stress; Nominal stress; Normal stress; True stress **A16:** 22, 25, 26, 30, **EM1:** 20, 232, **EM3:** 24, 400, 401, 403
4340 steel surface milling **A16:** 34
and applied stress distribution. **A8:** 124
and fatigue resistance **A1:** 680–681, 682, 683
and fatigue strength **A8:** 374
and magnetic hysteresis. **A17:** 134
and percent cold work distribution in belt-polished and formed Inconel 600 tubing **A10:** 390
and percent cold work distribution in tubing **A10:** 390
and percent cold work distributions caused by forming. **A10:** 380
and SCC failure **A13:** 615
and springback, in bending **A8:** 122–124
and stress concentration, iron castings. . . . **A11:** 362
and yield stress. **A11:** 57
arc-welded steel failure by **A11:** 417
arithmetically defined **A10:** 385
as source of stress-corrosion cracking. **A8:** 502
associated with failures caused by fatigue or stress corrosion **A10:** 380
Barkhausen noise measurement. **A17:** 159–160
brittle fracture by **A11:** 85, 90
closed-die steel forgings **M1:** 356
cold finished bars. **M1:** 230–234
composites **A20:** 652–653
compressive. **A11:** 97
defined **A8:** 11, **A10:** 681, **A11:** 8, **A13:** 11, **A14:** 11, **EM2:** 36
definition. **A5:** 965, **A20:** 839
design for heat treatment. **A20:** 774, 775
determined by neutron diffraction **A10:** 420
distribution, longitudinal, in welded railroad rail. **A10:** 391–392
effect of stress relief, aluminum alloy. **A13:** 591
effect on fatigue strength **A11:** 112
electrical resistance alloys. **A2:** 824
evaluated by x-ray diffraction **A11:** 125–126
failures from **A11:** 97–98
fatigue behavior, effect on **M1:** 673–675
ferromagnetic resonance **A10:** 267–276
for induction heating stress improvement **A13:** 932
for steel springs **A1:** 309, 311
fracture mechanics of **A11:** 57
from plastic deformation **A13:** 255
from surface grinding of D6ac steel **A16:** 33
gray iron. **M1:** 26–28
hoop. **A11:** 97–98
in ceramics **A11:** 751
in closed-die forgings. **A1:** 342
in swaging. **A14:** 143–144
integral-finned stainless steel tubed cracked by **A11:** 636
local variations produced by surface grinding **A10:** 390–391
magabsorption measurement **A17:** 156–157
magnetically soft materials. **A2:** 763
maximum, magnitude and direction produced by machining **A10:** 392
measured by magnetically induced velocity changes (MIVC) **A17:** 161–162
measurement, electromagnetic techniques **A17:** 159–163
measurement of. **A10:** 425–426
NDE methods for. **A17:** 51
neutron diffraction analysis of . . **A10:** 424, 425–426
nonlinear harmonics measurement . . . **A17:** 160–161
profile. **A16:** 27
profile using XRD technique **A16:** 24
profiles, minimum and maximum principal. **A10:** 392
Rutherford backscattering analysis . . . **A10:** 628–636
specimens **A8:** 509–510
specimens, SCC testing. **A13:** 253
springs, steel. **M1:** 290–291, 312–313
stress-corrosion cracking **A13:** 145
study, methods for. **A11:** 134
subsurface, and hardness distribution in induction-hardened steel shaft. **A10:** 389–390
subsurface, in steels. **A10:** 389–390
surface, and hardness, on raceway of ball and roller bearings **A10:** 380
surface, and shaft failures **A11:** 473–474
surface compressive, uniformity determined. **A10:** 380
surface hardened steel **M1:** 528, 538, 540
surface, in fatigue. **A13:** 295
surface, nondestructive measurement for quality control **A10:** 380
tensile, from manufacturing **A11:** 97
uranium alloys **A2:** 675
welding **A11:** 624, **A13:** 256, 344
x-ray diffraction techniques **A10:** 380–392
Residual stress at the surface
as factor influencing crack initiation life . . **A19:** 126
Residual stresses *See also* Stress(es) **A6:** 1094–1102, **A19:** 173, **M6:** 856–892
alternate names **A6:** 1094
aluminum alloy castings **A15:** 762
aluminum alloy weldments **A19:** 825–826, 827, 828
analyses in weldments. **A6:** 1095
as mechanical variable affecting corrosion fatigue **A19:** 187, 193
austenitic stainless steels. **A6:** 469
bearings **A19:** 356
brazing of dissimilar materials **A6:** 623, 629
brittle fracture. **M6:** 840–841
carbon steels. **A6:** 643, 651
carburized steels. **A19:** 686, 687, 688
causes **M6:** 856
changes in. **A6:** 1100–1101
classification of measurement techniques **A6:** 1095
combined effects of distortion **M6:** 886–887

Residual stresses (continued)
corrosion of weldments **A6:** 1068
defined **A15:** 9
definition **A6:** 1212, **M6:** 14
dissimilar metal joining **A6:** 826
distribution in weldments **A6:** 1096–1097, **M6:** 865–867
aluminum alloys **M6:** 867–868
high-strength steels **M6:** 866–867
plug welds **M6:** 865
titanium alloys **M6:** 867–868
welded pipe **M6:** 866
welded shapes and columns **M6:** 865–866
edge welds **M6:** 861
effect on crack shape **A19:** 160
effect on service behavior . . **A6:** 1100, **M6:** 880–887
brittle fracture of welded structures **M6:** 881–883
changes caused by tensile loading . . **M6:** 881, 884
effect of stress relieving temperature on brittle fracture **M6:** 882–883, 885
fatigue fracture **M6:** 883
effect on stress-relieving treatments **A6:** 1101
effect on weld discontinuities **M6:** 840–841
effects **M6:** 856
effects on brittle fracture of welded structures **A6:** 1101
effects on fatigue fracture of welded structures **A6:** 1101–1102
environmental effects **A6:** 1102
equilibrium condition of **A6:** 1095
fatigue failure **M6:** 841
fiber-reinforced metal-matrix composites **A19:** 915–918
formation **M6:** 856
compressive stresses **M6:** 856–857
mismatch of stress **M6:** 856–857
tensile stresses **M6:** 856–857
uneven distribution of nonelastic strains **M6:** 857–858
formation of **A6:** 1094
hardened steel contact fatigue **A19:** 700
heat-affected zone **A6:** 1102
heavy weldments **M6:** 868–869, 871
in solidification **A15:** 616
influence on precracked specimens **A19:** 317
lead frame strip **EL1:** 483
machinery and equipment **A6:** 393
macroscopic **M6:** 856
magnitude in weldments **A6:** 1096–1097
measurement **M6:** 862–865
Gunnert drilling technique **M6:** 862–864
Mathar Soete drilling technique **M6:** 862–864
photoelatic coating-drilling techniques . . . **M6:** 864
sectioning **M6:** 862–864
stress-relaxation techniques **M6:** 863–864
x-ray diffraction **M6:** 864–865
measurement techniques **A6:** 1095–1096
mechanical stress relieving **A6:** 1100
microscopic **M6:** 856
nickel-base alloys **A6:** 927, 928
plastic upsetting **A6:** 1095
postweld heat treatment **A6:** 1102
Practical Applications of Residual Stress Technology **A19:** 364
preheat **A6:** 1102
reduction **M6:** 887
small cracks **A19:** 157
specimen length, effect of . . **M6:** 867–868, 870–871
specimen width, effect of **M6:** 860, 868
springs **A19:** 363–364
stainless steels **A6:** 625–626, 679
stress-corrosion cracking **A6:** 1102
techniques for analyzing **M6:** 858, 860–862
analytical simulation **M6:** 860–862
finite element method **M6:** 858, 862
incompatible strain method **M6:** 862
thermal stresses and metal movement during welding **A6:** 1094–1095
thermal treatments of weldments **A6:** 1102
titanium alloys **A19:** 842, 843
underwater welding, weld-metals **A6:** 1012
welding sequence, effect of **M6:** 887
weldments . . **A19:** 280–281, 439–440, **M6:** 859–860
Residual stresses, control of **A20:** 811–819
casting **A20:** 815–816
caused by various manufacturing processes **A20:** 815–817
coatings **A20:** 817
computer prediction of **A20:** 814
computer simulation **A20:** 811
computer simulation role in prediction of **A20:** 817
dimensional check of a machined part **A20:** 816
disadvantages **A20:** 811
forging **A20:** 816
fundamental sources of **A20:** 812–814
machining **A20:** 816–817
material removal **A20:** 813–814, 815
measurement of **A20:** 814–815
mechanical loads **A20:** 812
minimization in metallic products **A20:** 811
objectives of **A20:** 811–812
quenching **A20:** 816
solid-state transformation **A20:** 813
steps in controlling **A20:** 811
stress-relief methods **A20:** 817–818
thermal loads **A20:** 812–813
three-bar model **A20:** 812–813, 814
trial-and-error approach **A20:** 811
welding **A20:** 817
Residual surface stresses
compressive **A8:** 374
tensile **A8:** 374
Residual-pattern test method
cleaning process efficiency **M5:** 20
Residue tack
defined **EL1:** 644
Residues
analytical techniques for **A10:** 177
assembly, sources **EL1:** 658
in capillary spaces, cleaning **EL1:** 666
ionic **EL1:** 660
measurement **EL1:** 667
metal and alloy, isolation of **A10:** 176
refinement of **A10:** 176–177
volatilization during ignition **A10:** 163
Resilience *See also* Elastic energy; Modulus of resilience; Strain energy; Toughness . . . **EM3:** 24
beryllium copper alloys **A2:** 416–418
defined **A8:** 11, 22, **EM1:** 20, **EM2:** 36
modulus of *See* Modulus
Resilience, modulus of **A7:** 910
Resin **EM3:** 24
definition **A20:** 839
liquid **EM3:** 24
used in composites **A20:** 457
Resin binder processes **A15:** 214–221
classification **A15:** 214
cold box processes **A15:** 219–221
hot box processes **A15:** 218
no-bake process **A15:** 214–217
oven-bake processes/core-oil binders **A15:** 218–219
shell (Croning) process **A15:** 217–218
warm box processes **A15:** 218
Resin bonds
bonded-abrasive grains **A2:** 1014
characteristics of bond types used in abrasive products **A5:** 95
Resin coating
aluminum and aluminum alloys **M5:** 609–610
copper and copper alloys **M5:** 621, 626–627
Resin coatings
fused dry **A15:** 565
Resin compounds
acrylics, types **EM2:** 107–108
acrylonitrile-butadiene-styrenes (ABS) **EM2:** 114
cyanates **EM2:** 236
high-impact polystyrenes (PS HIPS) **EM2:** 198–199
ionomers **EM2:** 123
liquid crystal polymers (LCP) **EM2:** 181–182
polyamide-imides (PAI) **EM2:** 137
polyamides (PA) **EM2:** 127
polybutylene terephthalates (PBT) **EM2:** 155
polycarbonates (PC) **EM2:** 152
polyether sulfones (PES, PESV) **EM2:** 162
polyphenylene ether blends (PPE PPO) . . **EM2:** 185
polyurethanes (PUR) **EM2:** 264
polyvinyl chlorides (PVC) **EM2:** 212
styrene-acrylonitriles (SAN, OSA ASA) . . **EM2:** 216
styrene-maleic anhydrides (S/MA) . . **EM2:** 220–221
thermoplastic polyurethanes (TPUR) **EM2:** 207
ultrahigh molecular weight polyethylenes (UHMWPE) **EM2:** 170, 171
Resin content **EM3:** 24
defined **EM1:** 20, 737
for closed-loop cure **EM1:** 761
tested **EM1:** 737
Resin deoxygenating column
simulated pressurized water reactor water system **A8:** 423–424
Resin flask
for immersion testing **A13:** 222
Resin flow patterns
by computed tomography (CT) **A17:** 363
Resin fluxes **EL1:** 646
Resin impregnation
in pultrusion **EM2:** 390
Resin impregnation of powder metallurgy parts **A7:** 688–692
after conventional die compaction **A7:** 13
corrosion resistance **A7:** 691
definition **A7:** 688
dry-vacuum pressure method **A7:** 689
factors **A7:** 690
fluids involved in P/M applications **A7:** 691
impregnation resins **A7:** 689
in pressure injection method **A7:** 689, 690
machining benefits **A7:** 691–692
materials used **A7:** 689, 690
methods **A7:** 688–690
performance **A7:** 690–692
purposes **A7:** 688
radial crushing strength comparison **A7:** 690
technologies **A7:** 688–690
types of impregnation resins **A7:** 688
wet vacuum impregnation method **A7:** 689
wet-vacuum pressure method **A7:** 689
Resin injection
and fiber performs **EM1:** 529–532
inspection **EM1:** 532
resin film infusion **EM1:** 530–531
resin transfer molding **EM1:** 532
Resin layers
interference films used to improve contrast **A9:** 59
Resin microflow
direction in composites **A11:** 742, 743
Resin pastes
sheet molding compounds **EM1:** 159–160
Resin pocket *See also* Resin-rich area
defined **EM1:** 20, **EM2:** 36
Resin producers *See* Suppliers
Resin properties analysis
chemical tests **EM1:** 736–737
component material tests **EM1:** 736–737
mixed resin system tests **EM1:** 737
of resin/prepreg mechanical properties . . . **EM1:** 737
prepreg tests **EM1:** 737
Resin removal **EM1:** 604, 655
Resin smear **EL1:** 575, 1155
Resin system **EM3:** 25
Resin systems
defined **EM1:** 20, **EM2:** 36
effect, composite properties **EM1:** 162
flow **EM1:** 753–755
for filament winding **EM1:** 504–505
high-performance, for thermoplastics **EM1:** 544
high-temperature, types **EM2:** 443–444
low-temperature, types **EM2:** 439–440

SUBJECTS OF THE INDEXED VOLUMES: ASM Handbook (designated by the letter "A"): **A1:** Properties and Selection: Irons, Steels, and High-Performance Alloys (1990); **A2:** Properties and Selection: Nonferrous Alloys and Special-Purpose Materials (1990); **A3:** Alloy Phase Diagrams (1992); **A4:** Heat Treating (1991); **A5:** Surface Engineering (1994); **A6:** Welding, Brazing, and Soldering (1993); **A7:** Powder Metal Technologies and Applications (1998); **A8:** Mechanical Testing (1985); **A9:** Metallography and Microstructures (1985); **A10:** Materials Characterization (1986); **A11:** Failure Analysis and Prevention (1986); **A12:** Fractography (1987); **A13:** Corrosion (1987); **A14:** Forming and Forging (1988); **A15:** Casting (1988); **A16:** Machining (1989); **A17:** Nondestructive Evaluation and Quality Control (1989); **A18:** Friction, Lubrication, and Wear Technology (1992); **A19:** Fatigue and Fracture (1996); **A20:** Materials Selection and Design (1997). **Metals Handbook, 9th Edition** (designated by the letter "M"): **M1:** Properties and Selection: Irons and Steels (1978); **M2:** Properties and Selection: Nonferrous Alloys and Pure Metals (1979); **M3:** Properties and Selection: Stainless Steels, Tool Materials, and Special-Purpose Materials (1980); **M4:** Heat Treating (1981); **M5:** Surface Cleaning, Finishing, and Coating (1982); **M6:** Welding, Brazing, and Soldering (1983); **M7:** Powder Metallurgy (1984). **Engineered Materials Handbook** (designated by the letters "EM"): **EM1:** Composites (1987); **EM2:** Engineering Plastics (1988); **EM3:** Adhesives and Sealants (1990); **EM4:** Ceramics and Glasses (1991). **Electronic Materials Handbook** (designated by the letters "EL"): **EL1:** Packaging (1989)

medium-temperature, types **EM2:** 441–443
mixed, properties analysis **EM1:** 737
RTM and SRIM, compared **EM2:** 347
temperature requirements, changing **EM1:** 105
thermoplastic **EM1:** 544–546
Resin transfer molding **EM4:** 224
Resin transfer molding (RTM) **A20:** 805, **EM1:** 564–568
and structural reaction injection molding (SRIM), compared **EM2:** 344–351
application, automotive industry **EM1:** 834
as resin injection process **EM1:** 532
cost analysis **EM1:** 170–171
defined **EM1:** 20, **EM2:** 36
discontinuous fiber reinforced matrix **EM1:** 33
economic factors **EM2:** 299–301, 349
equipment **EM1:** 565–566
for large parts **EM2:** 344
in polymer-matrix composites processes classification scheme **A20:** 701
materials **EM1:** 168–171, 566–567
materials selection **EM1:** 168–171
mold design and construction **EM1:** 168–169
molded-in color **EM2:** 306
of epoxy composites **EM1:** 71, 72
parts manufactured using **EM1:** 168
plastics **A20:** 799, 800
polymer-matrix composites **A20:** 701
process **EM2:** 344–346
process variants **EM1:** 564–565
process/applications **EM1:** 567
properties effects **EM2:** 287
pumping/dispensing equipment **EM1:** 169
reinforcement selection **EM1:** 169–171
resin selection **EM1:** 169–170
surface finish **EM2:** 304
surface requirements **EM2:** 350
textured surfaces **EM2:** 305
thermoset plastics processing comparison **A20:** 794
tooling materials **EM1:** 169
unsaturated polyesters **EM2:** 250–251
urethane hybrids **EM2:** 269
Resin-base caulks **EM3:** 188
Resin-based photopolymer emulsions
screen printing **EM4:** 472
Resin-bonded abrasive wheels **A9:** 24–25
Resin-bonded sand casting **A20:** 690
characteristics **A20:** 687
Resin-impregnated composite strands
mounting **A9:** 588
Resinking
of dies **A14:** 53
Resin-matrix composites **A20:** 457, 649, 662
carbon epoxy wet specimen, local failure **A12:** 477
carbon epoxy wet specimen, tension tested **A12:** 477
carbon phenolic shear specimen **A12:** 478
cleaning **A9:** 588
fabrication methods **A9:** 591
fractographs **A12:** 474–478
fracture morphology **A12:** 477
fracture/failure causes illustrated **A12:** 217
grinding **A9:** 588
longitudinal carbon epoxy specimen, failed in flexure **A12:** 475–476
longitudinal carbon epoxy specimen, failed in tension **A12:** 476–477
matrix-rich regions **A9:** 591
microstructure **A9:** 592
mounting and mounting materials for **A9:** 588
overload tensile resin failure **A12:** 477
ply buckling **A12:** 478
polishing **A9:** 589–591
resin failure **A12:** 474
transverse carbon epoxy, fracture sequence **A12:** 474
transverse carbon epoxy room moisture specimen, failed in tension **A12:** 474
transverse carbon epoxy wet specimen, failed in tension **A12:** 475
voids **A9:** 591
woven carbon fabric phenolic prepreg panels fractures **A12:** 478
Resin-matrix composites, specific types
Fiberite 93 epoxy resin, fracture from intemal defect **A12:** 474
Fiberite 934 epoxy resin, fracture from intemal defect **A12:** 474
Resin-matrix graphite composites
material for jet engine components **A18:** 588
Resinography **EM3:** 24
defined **EM2:** 36
Resinoid **EM3:** 25
Resinoid bond
wheels for thread grinding **A16:** 271–272, 276
Resinoid wheel
definition **A5:** 965
Resinoid-bonded abrasive wheels **A9:** 24
Resinous coatings
as corrosion control **A11:** 194
Resinous plasticizers, soft
for wax patterns **A15:** 197
Resinous precoat materials
vacuum coating **M5:** 397
Resin-rich area *See also* Resin pocket **EM3:** 25
defined **EM1:** 20, **EM2:** 36
Resins *See also* Acetal resins; Acetals; Aminos; Constituent materials; Contact pressure resins; Epoxies (EP); Liquid resin; Low-profile resins; Matrices; Matrix resin tests; Phenolics; Phenoxy resins; Phenylsilane resins; Reinforcements; Resin compounds; Resin content; Resin injection; Resin properties analysis; Resin removal; Resin systems; Resole resin; Rigid resin; specific resins; Thermoplastic resins; Thermosetting resins; Tooling resin; Unsaturated polyesters **EL1:** 534–535
acrylated epoxy, for solder masks **EL1:** 555
alkyd **A13:** 400–403
amorphous **EM2:** 632–633, 636–637
analytic methods for **A10:** 9
and reinforcements **EL1:** 534–537
as binders **A15:** 211, 214–221
auto-oxidative cross-linked **A13:** 400
coatings, for solderability retention **EL1:** 680
commercial, suppliers **EL1:** 534
content, defined **EM2:** 36
cost guidelines **EM1:** 105
crack resistance **A13:** 329
defined **EL1:** 1155, **EM1:** 20, 135, **EM2:** 36
effect, laminate properties **EM1:** 287
effect on solder paste print resolution **EL1:** 732
effects, damage tolerances **EM1:** 262
engineering thermoset, compared **EM2:** 444
epoxy **EM1:** 66–77
epoxy novolac **EL1:** 241, 244
-fiber pullout, by machining/drilling **EM1:** 667–668
filament-winding **EM1:** 135–138, 505
flexible-epoxy **EL1:** 817–821
flow, testing **EM1:** 737
for compression molding **EM1:** 559–560
for filament winding **EM2:** 369–371
for resin transfer molding **EM1:** 169–170
for rotational molding **EM2:** 361–365
FR 4 type epoxy **EL1:** 606
hard, for wax patterns **A15:** 197
high-temperature, polyimides as **EM1:** 810–815
homogeneity, as manufacturing factor **EL1:** 82
in space and missile applications **EM1:** 817–818
interfaces, damage tolerance testing of **EM1:** 264
interlaminar fracture toughness **EM1:** 99
ion-exchange, as sampling substrates **A10:** 94
ion-exchange, defined **A10:** 675
life cycle **EM1:** 748
matrix, thermal analysis techniques for **EM1:** 779
mechanical property tests **EM1:** 737
modulus vs. composite interlaminar fracture toughness **EM1:** 99
molding, properties **EL1:** 241
organic **EM4:** 45
paint **M5:** 472–473, 483, 497–500, 503
polyimide **EL1:** 606, **EM1:** 78–89, 810–815
polyimide, curing mechanism **A10:** 285
polymer **A10:** 164
powder, for impregnation **EM1:** 102
prepreg **EM1:** 139–142
principal coating **A13:** 401–402
properties **EL1:** 534–537
properties analysis **EM1:** 736–737
properties tests for **EM1:** 289–294
PWB, alternative types **EL1:** 606
recession **EL1:** 575
self-extinguishing **EM1:** 21
shear fracture **EM1:** 263
shrinkage effects, investment casting **A15:** 254
solids content, defined and tested **EM1:** 737
specialty **EL1:** 534–535
starvation **EM1:** 660–661
stiffness, and damage tolerance **EM1:** 262
synthetic polymer, as principal constituent **EM2:** 1
temperature ranges **EM2:** 439–444
thermoplastic **A13:** 403–406, **EM1:** 97–104
thermoset, properties/tests for **EM1:** 289–290
toughness, impact damage effects **EM1:** 262
treatment, for injection molding **EM1:** 164
types **EL1:** 534–535, 605–607
types, for investment casting waxes **A15:** 254
wet-lay up **EM1:** 132–134
Resins as mounting materials for electropolishing **A9:** 49
Resins, flour-filled
PCD tooling **A16:** 110
Resin-starved area **EM3:** 25
defined **EM1:** 20
Resintering *See also* Postsintering; Sintering
aluminum and aluminum alloys, defined **A2:** 6
defined **M7:** 10
effect on copper powder conductivity **M7:** 116
Resin-to-fiber bond
aramid fibers **EL1:** 616
Resin-transfer mold
processing characteristics, closed-mold **A20:** 459
Resist
definition **A5:** 965
Resist removal
rigid printed wiring boards **EL1:** 542, 546
Resistance *See also* Modulus of resistance, specific resistances
apparent, defined **EM2:** 593
calculations, cathodic protection applications **A13:** 470–477
capacitance **EL1:** 6, 30–31
change **EL1:** 588, 1002–1003
change, in magabsorption **A17:** 149
crack-growth, *R*-curve as **A11:** 64
curve measurements **A8:** 451–453
defined **A13:** 11, **EL1:** 89, 417, 1155, **EM2:** 460, 467
domain interpretation **A17:** 145
effective crack **A8:** 452
measuring **EL1:** 89
on-chip interconnection lines **EL1:** 6
relative ratings to SCC, aluminum alloys **A11:** 220
temperature dependence **EL1:** 139
term nation **EL1:** 5
to corrosion of chromium carbide-based cermets **M7:** 806
to crack extension measurement **A8:** 456–457
to oxidation of chromium carbide-based cermets **M7:** 806
to titanium carbide-based cermets **M7:** 808
welds, failures in **A11:** 440–442
Resistance alloys *See also* Copper alloys; Electrical resistance alloys; Electrical resistance alloys, specific types; Nickel alloys
atmospheres **A2:** 833–835
Constantan alloy **A2:** 825
copper-manganese-nickel resistance alloys (manganins) **A2:** 825
copper-nickel resistance alloys **A2:** 824–825
heating alloys **A2:** 827–829
introduction **A2:** 822
iron-chromium-aluminum alloys **A2:** 828–829
nickel-base **A2:** 433
nickel-chromium alloys **A2:** 825–826, 828
nickel-chromium-iron alloys **A2:** 828
nonmetallic materials **A2:** 829
open resistance heaters, design of **A2:** 829–830
open resistance heaters, fabrication of **A2:** 830–831
properties **A2:** 823
pure metals **A2:** 829
radio alloys, properties **A2:** 823
resistors **A2:** 822–824
service life of heating elements **A2:** 831–833
sheathed heaters **A2:** 831
thermostat metals **A2:** 826–827
types **A2:** 824–829, 835–839
Resistance, arc *See* Arc resistance

Resistance brazing **M6:** 976–988
alloy brazing **M6:** 988
applicability **M6:** 976
capacitor-discharge energy pulses. **M6:** 985–987
cleaning **M6:** 982–983
cross-wire resistance brazing. **M6:** 978
definition **M6:** 14
electrodes **M6:** 979–981
arrangement **M6:** 980–981
carbon **M6:** 979–980
design. **M6:** 980
metal **M6:** 980
equipment **M6:** 976–979
controls **M6:** 977
hand-held tongs **M6:** 979
machine construction **M6:** 977
portable machines **M6:** 977
fast follow-up **M6:** 984–985
filler metals **M6:** 981–982
aluminum-silicon alloys **M6:** 981
application **M6:** 982
copper-phosphorous alloys **M6:** 981
forms **M6:** 982
silver alloys **M6:** 981
step brazing **M6:** 981–982
fluxes **M6:** 982–983
application **M6:** 982
selection. **M6:** 982
joint design **M6:** 983–984
butt joints **M6:** 983
lap joints. **M6:** 983
self-fixturing **M6:** 983–984
metals brazed. **M6:** 976
overheating prevention. **M6:** 987
overlapping spot resistance brazing **M6:** 987
plastic-coated wire technique **M6:** 985
power sources **M6:** 976–985
capacitors **M6:** 977
solidified joints **M6:** 987
step brazing **M6:** 984
filler metals. **M6:** 981
Resistance brazing of
aluminum. **M6:** 976
aluminum alloys **M6:** 1030
copper and copper alloys **M6:** 976, 1045–1048
copper-tungsten **M6:** 976
low-carbon steels. **M6:** 976
nickel alloys **M6:** 976
silver **M6:** 976
silver-graphite **M6:** 976
silver-molybdenum **M6:** 976
silver-tungsten **M6:** 976
stainless steels **M6:** 976
Resistance brazing (RB) **A6:** 123, 339–342
advantages. **A6:** 339
aluminum **A6:** 340
aluminum alloys. **A6:** 342
applications **A6:** 339, 342
carbon electrodes. **A6:** 340–341
contaminants. **A6:** 340
copper. **A6:** 339, 340, 342
copper and copper alloys **A6:** 339, 342, 935
definition **A6:** 339, 1212
electrodes **A6:** 339, 340–342
equipment. **A6:** 339, 340
factors contributing to high quality in an RB joint **A6:** 339–340
filler metals **A6:** 340, 341–342
aluminum-silicon alloys **A6:** 342
composition and thermal properties **A6:** 341
copper-phosphorus alloys. **A6:** 342
silver alloys **A6:** 341, 342
fluxes **A6:** 342
iron-base alloys. **A6:** 341
limitations **A6:** 339
metal electrodes **A6:** 340–342
precious metals **A6:** 340, 936
process parameters. **A6:** 339–340
setups, typical **A6:** 339
stainless steel. **A6:** 341
steel **A6:** 341
system selection **A6:** 340
Resistance butt welding
definition. **A6:** 1212
Resistance capacitance (RC) analysis
lumped **EL1:** 25, 30–31
Resistance, corrosion *See* Corrosion resistance
Resistance (element) heating
as hot pressing setup **M7:** 505–507
for tungsten and molybdenum sintering . . . **M7:** 392
molybdenum **A7:** 498
tungsten **A7:** 498
Resistance furnaces
high-frequency **A10:** 221–222
Resistance, heat *See* Heat resistance
Resistance heated furnace
dip brazing **A6:** 337
Resistance heaters
for steam generator corrosion **A13:** 942
Resistance heating **A19:** 529, 532
for optical holographic interferometry **A17:** 410
Resistance heating vaporization
ion beam plating. **M5:** 418
Resistance induction torch welding *See also* Attachment methods; Joining; Welding
as attachment method, sliding contacts **A2:** 842
Resistance, insulation *See* Insulation resistance
Resistance method. **A19:** 174
Resistance projection welding
of TO packages **EL1:** 239
Resistance projection welding, applications
automotive. **A6:** 393, 394–395
Resistance projection welding (RPW) . . . **A7:** 656–657, 659
Resistance random variable **A20:** 622, 623
Resistance seam weld timer
definition **M6:** 14
Resistance seam welding. **M6:** 494–502
advantages **M6:** 494
overlap. **M6:** 494
seam width **M6:** 494
applications **M6:** 494
coated steel **M6:** 502
control of welding conditions. **M6:** 498–499
quality control **M6:** 498–499
welding of a corner arc. **M6:** 498
welding schedules. **M6:** 498
definition **M6:** 14
electrode force, effect of **M6:** 499–500
electrodes **M6:** 496–497
bar electrodes **M6:** 497
cooling. **M6:** 497
cup-shaped electrodes **M6:** 496–497
face contours **M6:** 496
maintenance of face contour **M6:** 497
wheel size **M6:** 496
heat and cool time, effect of. **M6:** 500
joint overlap **M6:** 500
limitations **M6:** 494
fatigue life. **M6:** 494
weld design **M6:** 494
machines **M6:** 494–496, 530
circular machines. **M6:** 495
controls **M6:** 495
electrode force and support **M6:** 495
electrode or workpiece drives **M6:** 495
longitudinal machines. **M6:** 495
portable machines **M6:** 495–496
power supplies **M6:** 495
universal machines **M6:** 495
metals welded **M6:** 494
practices for series 300 stainless steels **M6:** 530
preweld cleaning **M6:** 494
stainless steel sheet. **M6:** 530–531
types of welds *See* Seam welds
welding current, effect of. **M6:** 499
welding methods. **M6:** 497–498
continuous motion **M6:** 497–498
intermittent motion **M6:** 497–498
workpiece design, effect on electrode shape **M6:** 500
Resistance seam welding of
alloy steels **M6:** 494
aluminum and aluminum alloys **M6:** 494, 542
coated steels **M6:** 494, 502
copper and copper alloys **M6:** 494–548
high-carbon steels **M6:** 494
high-strength low-alloy steels. **M6:** 494
low-carbon steels. **M6:** 494, 497–498, 502
magnesium alloys **M6:** 494
nickel and nickel alloys **M6:** 494
stainless steels **M6:** 494, 529–531
Resistance seam welding (RSEW) **A6:** 238–245
advantages. **A6:** 239
aluminum. **A6:** 241, 245
aluminum alloys. **A6:** 241
applications **A6:** 238–239, 242, 243, 244
automotive. **A6:** 393
butt seam welds **A6:** 239, 240, 243–244
carbon steels **A6:** 241
coated steels **A6:** 245
cooling the weld **A6:** 241
definition. **A6:** 238
electrodes . . . **A6:** 238, 239, 241, 242, 243, 244, 245
filler metals. **A6:** 244
flange-joint lap seam welds. **A6:** 242
fundamentals of lap-seam welding **A6:** 239–242
galvanized steel. **A6:** 245
lap seam welds. **A6:** 238–239, 242, 243
leak-tight seam welding. **A6:** 238
limitations **A6:** 239, 240
low-alloy steels. **A6:** 241, 245
low-carbon steels **A6:** 239, 240, 241, 243, 244, 245
magnesium alloys. **A6:** 245
mash seam welds **A6:** 239, 242–243
metals welded. **A6:** 241–242
mild steel. **A6:** 243
nickel **A6:** 241
nickel alloys **A6:** 241, 245
nondestructive testing **A6:** 245
postweld heat treatments **A6:** 239
power sources **A6:** 244
processing equipment **A6:** 244–245
reinforced roll spot welding **A6:** 238
resistance seam welds **A6:** 245
roll spot welding. **A6:** 238
stainless steels **A6:** 241, 243
terneplate. **A6:** 244
tin-plated steel **A6:** 245
types of **A6:** 242–244
weld quality and process control. **A6:** 245
weld time, speed, and current pulsation **A6:** 239–241
wheel dressing tools. **A6:** 241
wheel geometry, weld force and wheel maintenance **A6:** 241
zirconium alloys. **A6:** 787
Resistance sintering **A7:** 583, 584
Resistance soldering
defined. **EL1:** 1155
definition **M6:** 15
Resistance soldering (RS). **A6:** 357–358
aluminum **A6:** 357
aluminum alloys. **A6:** 357
applications. **A6:** 357
carbon steels **A6:** 357
copper **A6:** 357
copper alloys. **A6:** 357
definition **A6:** 357, 1212
electrode configurations **A6:** 357
equipment **A6:** 357
limitations. **A6:** 357
low-alloy steels **A6:** 357
nickel **A6:** 357
nickel alloys **A6:** 357
personnel training **A6:** 357
practice **A6:** 358

SUBJECTS OF THE INDEXED VOLUMES: ASM Handbook (designated by the letter "A"): **A1:** Properties and Selection: Irons, Steels, and High-Performance Alloys (1990); **A2:** Properties and Selection: Nonferrous Alloys and Special-Purpose Materials (1990); **A3:** Alloy Phase Diagrams (1992); **A4:** Heat Treating (1991); **A5:** Surface Engineering (1994); **A6:** Welding, Brazing, and Soldering (1993); **A7:** Powder Metal Technologies and Applications (1998); **A8:** Mechanical Testing (1985); **A9:** Metallography and Microstructures (1985); **A10:** Materials Characterization (1986); **A11:** Failure Analysis and Prevention (1986); **A12:** Fractography (1987); **A13:** Corrosion (1987); **A14:** Forming and Forging (1988); **A15:** Casting (1988); **A16:** Machining (1989); **A17:** Nondestructive Evaluation and Quality Control (1989); **A18:** Friction, Lubrication, and Wear Technology (1992); **A19:** Fatigue and Fracture (1996); **A20:** Materials Selection and Design (1997). **Metals Handbook, 9th Edition** (designated by the letter "M"): **M1:** Properties and Selection: Irons and Steels (1978); **M2:** Properties and Selection: Nonferrous Alloys and Pure Metals (1979); **M3:** Properties and Selection: Stainless Steels, Tool Materials, and Special-Purpose Materials (1980); **M4:** Heat Treating (1981); **M5:** Surface Cleaning, Finishing, and Coating (1982); **M6:** Welding, Brazing, and Soldering (1983); **M7:** Powder Metallurgy (1984). **Engineered Materials Handbook** (designated by the letters "EM"): **EM1:** Composites (1987); **EM2:** Engineering Plastics (1988); **EM3:** Adhesives and Sealants (1990); **EM4:** Ceramics and Glasses (1991). **Electronic Materials Handbook** (designated by the letters "EL"): **EL1:** Packaging (1989)

stainless steels . . . A6: 357
steels . . . A6: 357
Resistance spot welding . . . M6: 469–492, M7: 624
applications . . . M6: 469
clamping fixtures . . . M6: 489
coated steels . . . M6: 491–492
cycles . . . M6: 484–485
definition . . . M6: 15
destructive testing . . . M6: 488–489
direct welding . . . M6: 475–476
multiple-spot setups . . . M6: 476, 478
single-spot setups . . . M6: 475–477
dissimilar metals . . . M6: 493
electrode design . . . M6: 482
electrode follow-up . . . M6: 532–533
electrode holders . . . M6: 481–482
electrodes, effect of heat on . . . M6: 482–486
equipment . . . M6: 469–470
specifications . . . M6: 470
tap switches . . . M6: 473
windings . . . M6: 472
feedback control . . . M6: 489–491
heat . . . M6: 476–477, 482–486
current flow . . . M6: 476
resistances . . . M6: 476
welding temperature . . . M6: 477
heat-affected zone . . . M6: 486–487
heating, effect on . . . M6: 482–486
electrode composition . . . M6: 482
electrode design . . . M6: 482
surface finish requirements . . . M6: 486
time . . . M6: 484–485
weld spacing . . . M6: 486
welding current . . . M6: 483
welding force . . . M6: 483–484
workpiece surface condition . . . M6: 17
lobe curve . . . M6: 478, 484, 486
machines . . . M6: 470–476
mechanical properties . . . M6: 487–488
microstructures . . . M6: 486
monitoring . . . M6: 489–491
acoustic emission . . . M6: 490
electrical . . . M6: 490–491
ultrasonic signal . . . M6: 4900521
multiple-impulse welding . . . M6: 473
nuggets . . . M6: 469, 477–478, 483, 490
practices for series 300 stainless steels . . . M6: 528
quality control . . . M6: 488–489
destructive testing . . . M6: 488–489
visual inspection . . . M6: 488
recommended practice . . . M6: 477–478
roll spot welding . . . M6: 493
series welding . . . M6: 475–476
multiple-spot setups . . . M6: 476–478
spacings of welds . . . M6: 486
spot weldability . . . M6: 486–487
composition . . . M6: 486
material processing . . . M6: 486–487
surface conditions . . . M6: 485
surface preparation . . . M6: 477–478, 485
tests for mechanical properties . . . M6: 487–488
visual inspection . . . M6: 488
weld current . . . M6: 478
weld time . . . M6: 478, 484–485, 487
workpiece condition . . . M6: 485
Resistance spot welding machines . . . M6: 470–476
direct-energy . . . M6: 470–473
controls . . . M6: 470–472
equipment . . . M6: 472–473
secondary circuit . . . M6: 473
single-phase . . . M6: 470
three-phase . . . M6: 470
multiple-electrode . . . M6: 475
portable machines . . . M6: 474–475
press-type machines . . . M6: 474
rocker arm machines . . . M6: 473–474
air operated . . . M6: 473
foot operated . . . M6: 473
motor operated . . . M6: 473–474
roll spot welding . . . M6: 475
Resistance spot welding of
aluminum alloys . . . M6: 479–480, 538, 542
aluminum-coated steels . . . M6: 472
electrodes . . . M6: 492
welding conditions . . . M6: 492
aluminum-plated steel . . . M6: 480
carbon steel . . . M6: 478, 486
chromium-plated . . . M6: 491
coated steels . . . M6: 479–480, 491
copper and copper alloys . . . M6: 479–480, 548–552
high-strength low-alloy steels . . . M6: 478, 484, 486–488
Inconel . . . M6: 480
low-alloy steels . . . M6: 477, 486
low-carbon steel . . . M6: 477, 479–480, 486
magnesium alloys . . . M6: 479–480
medium-carbon steels . . . M6: 477, 486
Monel alloys . . . M6: 480
nickel alloys . . . M6: 479
nickel silver . . . M6: 479
nickel-plated steel . . . M6: 479
silicon bronze . . . M6: 479
stainless steels . . . M6: 480, 528–529
steels . . . M6: 477–478, 480
terne-metal-plated steel . . . M6: 480
tin-coated steel . . . M6: 492–493
electrodes . . . M6: 492–493
welding currents . . . M6: 493
tin-plated steel . . . M6: 479–480
tin-zinc coated steel . . . M6: 491–493
electrodes . . . M6: 492–493
welding currents . . . M6: 493
titanium . . . M6: 478
vanadium . . . M6: 478
zinc-coated steel . . . M6: 491–492
electrode composition . . . M6: 491–492
electrode cooling . . . M6: 492
electrode design . . . M6: 491
welding conditions . . . M6: 24
zinc-plated steel . . . M6: 480
Resistance spot welding (RSW) *See also* Resistance welding; Welding . . . A6: 226–229
advantages . . . A6: 226, 393
aluminum alloy weldability . . . A6: 229
aluminum alloys . . . A6: 739
applications . . . A6: 226, 833–836
automobiles . . . A6: 393–394, 395
definition . . . A6: 226, 1212
direct welding . . . A6: 835–836, 837
electrical circuit . . . A6: 226–227
electrodes for . . . A6: 227–228
coolant parameters . . . A6: 228, 229
shapes . . . A6: 228
equipment . . . A6: 226–227
heat sources . . . A6: 1145–1146
joint design recommendations . . . A6: 834
machine construction . . . A6: 227
material selection . . . A6: 833
mechanically alloyed oxide alloys . . . A2: 949
multiple spot welding machines . . . A6: 227
multiwelders . . . A6: 226
nickel-base corrosion-resistant alloys containing molybdenum . . . A6: 594
pedestal-type welding machines . . . A6: 227
portable welding guns . . . A6: 227, 229
power requirements . . . A6: 835
press-type direct-acting machines . . . A6: 227
pulsation welding . . . A6: 834
push-pull welding . . . A6: 227, 836
secondary impedance . . . A6: 227
series . . . A6: 227
series welding . . . A6: 835–836, 837
sheet steel limitations . . . A6: 834
single-weld configurations . . . A6: 226
specifications for controls . . . A6: 226
specifications for equipment . . . A6: 226
steel weldability . . . A6: 228–229
carbon content . . . A6: 228
high-strength low-alloy . . . A6: 228
low-carbon . . . A6: 228
nitrogen content . . . A6: 228
phosphorus content . . . A6: 228
recommended practices . . . A6: 228
sulfur content . . . A6: 228
titanium content . . . A6: 228
uncoated . . . A6: 228
zinc-coated . . . A6: 228–229
thickness parameters . . . A6: 834, 836
two-weld configurations . . . A6: 226–227
weld strength . . . A6: 834–835
zirconium alloys . . . A6: 787
Resistance strain gage method
of stress analysis . . . A17: 448–450
Resistance thermometers
electrical resistance alloys . . . A2: 822–823
Resistance to decarburization in wrought tool steels . . . A1: 777
Resistance welding *See also* Attachment methods, Joining; Welding . . . A20: 698
aluminum alloys *See* Resistance welding of aluminum alloys
aluminum metal-matrix composites . . . A6: 555, 558
applications . . . A6: 340, 845
sheet metals . . . A6: 398
as attachment method, sliding contacts . . . A2: 842
as secondary operation . . . M7: 456–457
capacitor discharge stud welding . . . A6: 833
copper and copper alloys *See* Resistance welding of copper and copper alloys
copper metals . . . M2: 441, 442
definition . . . A6: 1213, M6: 15
dispersion-strengthened aluminum alloys . . . A6: 543
distortion . . . A6: 834
electrodes . . A6: 833, 834, 835, 836, 837, 838, 839, 840, 843, 844, 846, 849
failure mechanisms . . . EL1: 1043–1044
ferritic stainless steels . . . A6: 448
flash welding . . . A6: 833
heat-treatable aluminum alloys . . . A6: 528
high frequency welding . . . M6: 757–759
high-frequency resistance welding (HFRW) A6: 833
in joining processes classification s cheme . . . A20: 697
limitations in choosing materials . . . A6: 373
limitations on procedure qualification . . . A6: 1093
niobium alloys . . . A6: 581
oxide-dispersion-strengthened materials . . A6: 1038, 1039–1040
power sources . . . A6: 40, 41–42
precipitation-hardening stainless steels . . . A6: 449, 489, 491, 492
processes, applications . . . EL1: 238–239
projection welding (PW) . . . A6: 833, 841, 842, 849
refractory metals and alloys . . . A2: 563
resistance seam welding (RSEW) . . . A6: 833, 836–837, 838
electrode wheels . . . A6: 836–837, 838, 839
materials welded . . . A6: 837
safety precautions . . . A6: 1191, 1201–1202, M6: 58
seam welded joints . . . A9: 581
spot welded joints . . . A9: 581
stainless steels *See* Resistance welding of stainless steels
standard procedure qualification test weldments . . . A6: 1090
tantalum alloys . . . A6: 580
titanium alloys . . . A6: 514, 521–522, 783, 784
to solve problems in joining thin sections by oxyfuel gas welding . . . A6: 288
upset welding (UW) . . . A6: 833
weld discontinuities . . . A6: 1079
wrought martensitic stainless steels . . . A6: 441
zirconium alloys . . . A6: 787
Resistance welding electrode *See also* Electrodes for resistance welding, specific types
definition . . . A6: 1213, M6: 15
Resistance welding electrodes . . . M7: 624–629
as dispersion-strengthened copper application . . . M7: 714–715
powders used . . . M7: 573
Resistance welding gun
definition . . . A6: 1213, M6: 15
Resistance welding of aluminum alloys
base-metal characteristics . . . M6: 535–536
alclad alloys . . . M6: 535
corrosion resistance . . . M6: 536
weldability, effects on . . . M6: 535–536
conductivity, electrical and thermal . . . M6: 536
cross wire welding . . . M6: 543
electrode holders . . . M6: 537–538
electrodes . . . M6: 537–538
cooling . . . M6: 538
design . . . M6: 537
electrode holders . . . M6: 538
face contour . . . M6: 537–538
maintenance . . . M6: 538
seam welding wheels . . . M6: 538
flash welding . . . M6: 543
grain structure . . . M6: 540
inspection and testing . . . M6: 543

Resistance welding of aluminum alloys (continued)
machines . . . **M6:** 537–540
multiple-electrode-force cycles . . . **M6:** 537
single-phase direct-energy . . . **M6:** 537, 540
slope control . . . **M6:** 537
stored-energy . . . **M6:** 537, 540
synchronous controls . . . **M6:** 537
three-phase direct-energy . . . **M6:** 537, 540
plastic range . . . **M6:** 536
projection welding . . . **M6:** 542–543
roll resistance spot welding . . . **M6:** 542
seam welding . . . **M6:** 542
shrinkage during cooling . . . **M6:** 536
shunting . . . **M6:** 536
spot weld spacing . . . **M6:** 541
spot welding . . . **M6:** 539–542
electrode force . . . **M6:** 541
weld time . . . **M6:** 541
welding current . . . **M6:** 540–541
spot welding practice . . . **M6:** 541–542
conditions for . . . **M6:** 540–541
order of welding . . . **M6:** 542
position for welding . . . **M6:** 542
workpiece thickness . . . **M6:** 541–542
surface oxide . . . **M6:** 536–537
surface preparation . . . **M6:** 538–539
cleaning . . . **M6:** 539
contact-resistance test . . . **M6:** 539
oxide removal . . . **M6:** 539
seam sealants . . . **M6:** 539
temperature . . . **M6:** 536
weld defects . . . **M6:** 543–544
burning of holes . . . **M6:** 544
cracks and porosity . . . **M6:** 543–544
electrode pickup . . . **M6:** 543
expulsion of molten metal . . . **M6:** 544
incomplete fusion . . . **M6:** 544
indentation . . . **M6:** 544
irregular shape . . . **M6:** 544
sheet separation . . . **M6:** 544
weld strength . . . **M6:** 535
Resistance welding of copper and copper alloys
beryllium copper . . . **M6:** 553–558
procedures . . . **M6:** 551
projection welding . . . **M6:** 551–554
spot welding . . . **M6:** 551–552
brasses, low- and high-zinc
procedures . . . **M6:** 554–555
projection welding . . . **M6:** 555–556
bronzes . . . **M6:** 556
cleaning, preweld . . . **M6:** 548
copper nickels . . . **M6:** 556
coppers . . . **M6:** 548–551
controlling heating of workpieces . . . **M6:** 550–551
plating composition . . . **M6:** 551
procedures . . . **M6:** 548
spot welding . . . **M6:** 548–551
electrodes . . . **M6:** 547–548
equipment . . . **M6:** 545, 547
electrostatic stored-energy machines . . . **M6:** 545
single-phase direct-energy machines . . . **M6:** 545
three-phase direct-energy machines . . . **M6:** 545
welding machine controls . . . **M6:** 545, 547
nickel silvers . . . **M6:** 556
safety . . . **M6:** 556
selection of processes . . . **M6:** 548
projection welding . . . **M6:** 548
seam welding . . . **M6:** 548
spot welding . . . **M6:** 548
welding characteristics . . . **M6:** 545, 547
contacting overlap . . . **M6:** 543, 547
electrode force . . . **M6:** 547
physical properties . . . **M6:** 546–547
spot spacing recommendations . . . **M6:** 545, 547
weld time . . . **M6:** 547
welding current . . . **M6:** 547
welding indexes . . . **M6:** 546–547
Resistance welding of stainless steels . . . **M6:** 525–534
austenitic stainless steels . . . **M6:** 527
austenitic stainless steels
nitrogen-strengthened . . . **M6:** 527
compositions of specific types . . . **M6:** 526
cross wire welding . . . **M6:** 531–532
equipment . . . **M6:** 525
ferritic stainless steels . . . **M6:** 527
martensitic stainless steels . . . **M6:** 527
multiple-impulse spot welding . . . **M6:** 529
physical properties . . . **M6:** 527
precipitation-hardening stainless steels . . . **M6:** 527
projection welding . . . **M6:** 530–531
resistance seam welding . . . **M6:** 529–531
electrodes . . . **M6:** 530
heat distortion . . . **M6:** 530
machines . . . **M6:** 530
use of mashing . . . **M6:** 529–530
welding of sheet of dissimilar
thickness . . . **M6:** 530–531
welding schedules . . . **M6:** 530
roll resistance spot welding . . . **M6:** 529–531
spot welding . . . **M6:** 528–529
effect of heat on distortion . . . **M6:** 529
electrode follow-up . . . **M6:** 532–533
electrode force . . . **M6:** 528
electrodes . . . **M6:** 528–529
expulsion of molten metal . . . **M6:** 529
spacing of spots . . . **M6:** 528–529
weld time . . . **M6:** 528
welding current . . . **M6:** 528
surface preparation . . . **M6:** 527–528
variables affecting welding . . . **M6:** 525–526
coefficient of thermal expansion . . . **M6:** 525–527
contact resistance . . . **M6:** 526
electrical resistivity . . . **M6:** 525
high strength . . . **M6:** 526
melting temperatures . . . **M6:** 525
thermal conductivity . . . **M6:** 525
weld defects . . . **M6:** 533–534
welding of dissimilar metals . . . **M6:** 532–533
Resistance welding (RW), procedure development and process considerations . . . **A6:** 833–850
advantages . . . **A6:** 837, 838
aluminum alloys . . . **A6:** 848
applications . . . **A6:** 837, 838, 841
capacitor discharge stud welding . . . **A6:** 846–847
applications . . . **A6:** 847
method variations . . . **A6:** 846–847
sequence of operations . . . **A6:** 847
copper . . . **A6:** 849–850
copper alloys . . . **A6:** 849–850
beryllium copper . . . **A6:** 849
bronzes . . . **A6:** 850
copper nickels . . . **A6:** 850
high-zinc brasses . . . **A6:** 849–850
low-zinc brasses . . . **A6:** 849–850
nickel silvers . . . **A6:** 850
description . . . **A6:** 833
direct and series welding . . . **A6:** 835–836
direct multiple-spot welding . . . **A6:** 835
direct single-spot welding . . . **A6:** 835
push-pull welding . . . **A6:** 836
series multiple-spot welding . . . **A6:** 835–836
electrode wire seam welding . . . **A6:** 837, 839
electrodes . . . **A6:** 836, 840, 843–844, 849
equipment . . . **A6:** 836, 838–840, 842–844, 847, 849
flash welding . . . **A6:** 840–845
foil butt seam welding . . . **A6:** 837, 839
high-frequency resistance welding
(HFRW) . . . **A6:** 845–846
applications . . . **A6:** 846
continuous seam welding . . . **A6:** 846
finite-length welding . . . **A6:** 846
process variations . . . **A6:** 846
welding parameters . . . **A6:** 846
lap seam welding . . . **A6:** 837, 839
limitations . . . **A6:** 837, 838
mash seam welding . . . **A6:** 837, 839
metal finish seam welding . . . **A6:** 837, 839
projection welding . . . **A6:** 837–840, 841, 842, 843
cross-wire welding . . . **A6:** 838
welding machines . . . **A6:** 838–840
resistance seam welding . . . **A6:** 836–837
applications . . . **A6:** 833–835
process variations . . . **A6:** 836–837
seam welding machines . . . **A6:** 836
types of . . . **A6:** 836
resistance spot welding (RSW) . . . **A6:** 833–836
stainless steels . . . **A6:** 833, 837, 840, 841, 842, 847–848
coefficient of thermal expansion . . . **A6:** 847
equipment . . . **A6:** 847
factors affecting . . . **A6:** 847
welding characteristics . . . **A6:** 847–848
upset welding (UW) . . . **A6:** 845
Resistance weld(s)
acoustic emission inspection . . . **A17:** 284
discontinuities from . . . **A17:** 588
in pipe, inspection of . . . **A17:** 579
radiographic inspection . . . **A17:** 335
Resistance/spark sintering under pressure . . . **A7:** 584, 586, 587
Resistance-inductance-capacitance (RLC) line
cross talk . . . **EL1:** 361–362
homogeneous . . . **EL1:** 357–359
inhomogeneous . . . **EL1:** 359–361
model of . . . **EL1:** 357
stretch factors . . . **EL1:** 360
Resistance-ratio test for pure metals . . . **M2:** 711–712
Resistance-ratio test, for trace elements
ultra-high purity metals . . . **A2:** 1096
Resistive heating
vapor deposition . . . **A5:** 561, 562
Resistive hot pressing . . . **A7:** 583
Resistive inks
thick-film systems . . . **EL1:** 208, 346–347
Resistive losses (skin effect) . . . **EL1:** 41–42, 603
Resistive materials
physical characteristics . . . **EL1:** 107–108
quantum mechanical band theory (solid
state) . . . **EL1:** 100–101
Resistivity *See also* Electrical resistivity . . . **A6:** 365, **EM3:** 433–434
and dislocation density . . . **A17:** 216
and magnetoresistance . . . **A17:** 144
and permeability, compared . . . **A17:** 145
common metals and alloys . . . **A17:** 168
copper . . . **EL1:** 249
defined . . . **EL1:** 1155, **EM1:** 20, **EM2:** 36, 593
definition . . . **A20:** 839
electrical . . . **EM2:** 467
measured, in shape memory alloys . . . **A2:** 899
of copper, in niobium-titanium superconducting
materials . . . **A2:** 1045
of filler volume, and polymer and metal particle
size ratio . . . **M7:** 608–609
of polymers . . . **M7:** 607, 608
pressure tube, as error, remote-field eddy current
inspection . . . **A17:** 200
stable, of electrical resistance alloys . . . **A2:** 822
temperature dependence of . . . **EL1:** 95–96, 98–99
testing, of powder metallurgy parts . . . **A17:** 541
Resistivity equations . . . **A20:** 615, 616
Resistivity stream scanning
to analyze ceramic powder particle sizes . . **EM4:** 67
Resistol *See* B-stage
Resistor and single-coil system
eddy current inspection . . . **A17:** 177
Resistor capacitance (RC) elements . . . **EL1:** 76
Resistor films, deposition of
vacuum coating process . . . **M5:** 408
Resistor networks . . . **EL1:** 178, 184
embrittlement in lead attachments of . . . **A11:** 45–46
Resistors . . . **A20:** 620
as IC modification . . . **EL1:** 249
ballast resistors . . . **A2:** 823
carbon . . . **EL1:** 178
defined . . . **EL1:** 1155

SUBJECTS OF THE INDEXED VOLUMES: ASM Handbook (designated by the letter "A"): **A1:** Properties and Selection: Irons, Steels, and High-Performance Alloys (1990); **A2:** Properties and Selection: Nonferrous Alloys and Special-Purpose Materials (1990); **A3:** Alloy Phase Diagrams (1992); **A4:** Heat Treating (1991); **A5:** Surface Engineering (1994); **A6:** Welding, Brazing, and Soldering (1993); **A7:** Powder Metal Technologies and Applications (1998); **A8:** Mechanical Testing (1985); **A9:** Metallography and Microstructures (1985); **A10:** Materials Characterization (1986); **A11:** Failure Analysis and Prevention (1986); **A12:** Fractography (1987); **A13:** Corrosion (1987); **A14:** Forming and Forging (1988); **A15:** Casting (1988); **A16:** Machining (1989); **A17:** Nondestructive Evaluation and Quality Control (1989); **A18:** Friction, Lubrication, and Wear Technology (1992); **A19:** Fatigue and Fracture (1996); **A20:** Materials Selection and Design (1997). **Metals Handbook, 9th Edition** (designated by the letter "M"): **M1:** Properties and Selection: Irons and Steels (1978); **M2:** Properties and Selection: Nonferrous Alloys and Pure Metals (1979); **M3:** Properties and Selection: Stainless Steels, Tool Materials, and Special-Purpose Materials (1980); **M4:** Heat Treating (1981); **M5:** Surface Cleaning, Finishing, and Coating (1982); **M6:** Welding, Brazing, and Soldering (1983); **M7:** Powder Metallurgy (1984). **Engineered Materials Handbook** (designated by the letters "EM"): **EM1:** Composites (1987); **EM2:** Engineering Plastics (1988); **EM3:** Adhesives and Sealants (1990); **EM4:** Ceramics and Glasses (1991). **Electronic Materials Handbook** (designated by the letters "EL"): **EL1:** Packaging (1989)

fabrication **EL1:** 184–185
failure mechanisms **EL1:** 999–1003
for electrical/electronic devices
classified **A2:** 822–824
fundamentals **EL1:** 999
germanium point-contact, packaging **EL1:** 958
grown-junction, packaging **EL1:** 958
implementation at microwave frequency. . **EL1:** 178
in passive components **EL1:** 178
materials selection for. **EL1:** 182
metallic **EL1:** 178
monolithic, active analog components **EL1:** 144
precision resistors. **A2:** 822
rectangular chip **EL1:** 178
reference resistors. **A2:** 823
removal methods and tools **EL1:** 724–727
resistance thermometers **A2:** 822–823
thick-film pastes **EL1:** 343–345
thin-film **EL1:** 316–320, 1099, 1114–1115
through-hole packages, failure
mechanisms **EL1:** 970–971
Resistor-transistor logic (RTL). **EL1:** 160, 1155
Resite **EM3:** 25
Resitol *See also* B-stage. **EM3:** 25
Resol resin **EM3:** 25
Resole *See* A-stage
Resole phenolic resin
properties/tests for **EM1:** 289–290
Resole resin *See also* Resin(s)
defined **EM2:** 36
Resols **EM3:** 25, 105
chemistry **EM3:** 103
commercial forms. **EM3:** 104
curing mechanism **EM3:** 104
for binding electrical, industrial, and decorative
laminates **EM3:** 105
for bonding coated abrasives **EM3:** 105
Resolution
calibration, ultrasonic inspection **A17:** 266–267
CCD videoscopes **A17:** 6
defined **A9:** 15, **A10:** 681
depth, AES **A10:** 556
depth, atom probe analysis. **A10:** 595
detector (peak broadening) **A10:** 519
enhancement, methods for **A10:** 116–117
F-F-IR spectrometers. **A10:** 112
field ion microscope **A10:** 588
high contrast, defined **A17:** 384
high SEM, use in Jominy bar analysis **A10:** 508
image, optical holographic interferometry **A17:** 414
interferometers **A17:** 15
lateral, atom probe analysis **A10:** 595–596
limits, SEM and optical microscopes
compared **A10:** 495
liquid chromatography **A10:** 651
machine/human vision capabilities **A17:** 30
mass, LEISS analysis **A10:** 605
neutron diffraction. **A10:** 422
of acoustical holography **A17:** 439–441
of borescopes and fiberscopes **A17:** 8
of features, SEM. **A10:** 490
of scanning electron microscopes **A9:** 95
of transmission electron microscopes **A9:** 103
of x-ray spectrometers **A10:** 91
photographic **A12:** 80–81
SEM **A10:** 494
spatial **A10:** 448, 525, 595–596
spectral, EDS and WDS compared. . . **A10:** 521–522
Resolution enhancement methods
IR qualitative analysis **A10:** 116–117
Resolution in macrophotography **A9:** 87
Resolution of optical microscopes **A9:** 75–76
formula for determining **A9:** 75
relationship to numerical aperture for four
wavelengths of light **A9:** 78
Resolution range
of scanning electron microscopes **A9:** 89
Resolution (statistical)
and confounding. **A17:** 748
of two-level fractional factorial designs . . . **A17:** 747
Resolved shear stress. **A19:** 78
Resolving power
defined **A9:** 15
Resonance *See also* Electron spin resonance
and specimen lengths for pure metals **A8:** 249
and ultrasonic testing **A8:** 241–242
complex, appearance of. **A10:** 255
displacement and strain in **A8:** 242
effect, RBS analysis **A10:** 635
electromechanical fatigue tester **A8:** 392
equations, for single crystals **A10:** 269
excitation, high-frequency, specimen
under. **A8:** 251
field, defined. **A10:** 267
longitudinal, frequency of specimens **A8:** 249
parameters compared to other electromechanical
fatigue systems **A19:** 179
properties, acoustic extension horn
materials **A8:** 245
systems **A8:** 241, 392–394
Resonance factor **A20:** 273–274
Resonance methods
electron spin resonance. **A10:** 253–266
ferromagnetic resonance **A10:** 267–276
Mössbauer spectroscopy **A10:** 287–295
nuclear magnetic resonance **A10:** 277–286
Resonance scattering. **A18:** 409–410
Resonance testing **A7:** 702, 714
of powder metallurgy parts. **A17:** 540
Resonance testing machines **A19:** 313
Resonance transitions
optical emission spectroscopy **A10:** 22
Resonant bar
lengths for pure metals **A8:** 249
uniform **A8:** 242
Resonant fatigue crack growth rate
specimen design **A8:** 251
Resonant fatigue tester
Amsler **A8:** 393
closed-loop. **A8:** 393
computer-controlled **A8:** 394
Resonant forced vibration technique **EM3:** 35
defined **EM2:** 36
Resonant frequency **A7:** 25, 330, 331
Resonant frequency testing methods **A7:** 25
Resonant-type sensors
acoustic emission inspection **A17:** 280
Resorcinol **EM3:** 103, 104, 105
Resorcinol diglycidyl ether (RDE)
epoxy resin **EM1:** 67
Resorcinol formaldehyde **EM3:** 104
Resource Conservation and Recovery Act, 1976 (RCRA)
purpose of legislation. **A20:** 132
Resource Conservation and Recovery Act (RCRA) **A5:** 32, 160, 911, 914–916, 931
affecting cadmium use, emission and waste
disposal **A5:** 918
chromate conversion coatings **A5:** 408
fluid disposal. **A5:** 159
phosphate coating effluents **A5:** 401
Respiratory disabilities and bronchitis
as gold toxic reaction **M7:** 205
Respiratory disease *See also* Pulmonary disease
from manganese dust **A2:** 1253
from platinum dust **A2:** 1258
from vanadium toxicity **A2:** 1262
Responders. **A20:** 126, 127
Response *See also* Images; Signal response; Signal response analysis; Signal(s)
as experimental end-property. **A8:** 650
brightness, control **A17:** 678
curves **A8:** 11, 641–642, 702–703
discrimination **A17:** 675–676
experimental, defined **A8:** 640
function, experimental. **A8:** 650
NDE, defined **A17:** 674
parameters, new **A17:** 675
surface **A8:** 650
Response curve
least squares computations **A8:** 703
of Probit fatigue test data. **A8:** 702
Response curve for *N* **cycles**
defined **A8:** 11
Response sensitivity. **A20:** 213
Response surface modeling (RSM) A20: 93, 174, 214
definition. **A20:** 839
Rest potential *See* Corrosion potential
Restacked drilled billet method
of multifilamentary conductor
assembly **A2:** 1048–1049
Restacked monofilament method
of multifilamentary conductor
assembly **A2:** 1047–1048
Restoration
substructure due to **A10:** 469–470
Restoration, image *See* Image restoration
Restorations
dental. **A13:** 1342–1344
Restraint cracks
in friction welds **A11:** 444
Restricted tolerance attribute gaging. **A7:** 706
Restrictor rings
defined **A18:** 15
Restrike **M7:** 10
P/M process planning secondary operation **A7:** 697
process control **A7:** 700
Restrike-densification process. **A7:** 705, 706, 707
Restrike-sizing process **A7:** 705
Restriking *See also* Sizing
coining as **A14:** 180
defined **A14:** 11
in powder metallurgy processes classification
scheme **A20:** 694
Restructure test
WSI **EL1:** 374, 377
Restructuring, or structuring
of defective circuitry **EL1:** 9
Resulfurized and rephosphorized steel
composition ranges and limits **M1:** 126
Resulfurized carbon and alloy steels
macroetching. **A9:** 172
Resulfurized carbon steels, machinability of **A1:** 597–599
control an e of sulfide morphology. **A1:** 598
economic. **A1:** 598–599
manganese content. **A1:** 597
Resulfurized powders **A7:** 675
Resulfurized steel **A19:** 10, 12
carbon steel wire rod **M1:** 254–255
cold drawing, effects of on tensile
properties **M1:** 239–240
composition ranges and limits **M1:** 126
machinability ratings **M1:** 573–576
threaded fasteners. **M1:** 274
weldability **M1:** 563
workability **A8:** 165, 575
Resulfurized steels
material effects on flow stress and workability in
forging chart **A20:** 740
Resulfurized steels for case hardening
compositions of **A9:** 219
Resulfurized steels, specific types
1117 bar, normalized by austenitizing and cooled
in still air. **A9:** 224
1117, carbonitrided and oil quenched **A9:** 227
Retained austenite *See also* Austenite **A20:** 373, 376
abrasion resistance affected by. **M1:** 614–615
abrasion-resistant cast irons **M1:** 81–85
alloy cast irons **M1:** 79–80, 87
alloyed, effect on fracture toughness of
steels. **A19:** 383
and forging failure **A11:** 326
banded alloy segregation from **A11:** 121
carburized or carbonitrided steels **M1:** 534, 538
carburized steels **A19:** 681, 686–687
definition. **A20:** 839
effect in distortion **A11:** 141
gear train backlash affected by . . **M1:** 615, 618, 620
hardened steel contact fatigue **A19:** 700
in bearing materials. **A11:** 509
rapid wear of impact breaker bar
due to. **A11:** 367–368
tempering for **A11:** 122
unalloyed, effect on fracture toughness of
steels. **A19:** 383
Retained magnetism. **A7:** 665
Retainer *See* Cage
Retainer rings
steel **M1:** 290, 291
Retainer spring
failure of **A11:** 561–562
Retardation. **A19:** 117, 120, 128, 207
and fatigue crack closure **A19:** 56
as error source in damage tolerance
analysis. **A19:** 425
Retardation effect
truncation effect on crack growth **A19:** 123
Retardation factor **A19:** 128
Retardation models **A19:** 571

Retardation plate
defined **A9:** 15
Retarder *See also* Inhibitor. **EM3:** 25
Retarding field analyzers **A7:** 226
for AES analyses **A10:** 554
Re-Te (Phase Diagram). . . . . **A3:** 2•352
Retention
parameters for defining. **A10:** 651
time, defined. **A10:** 681
Retentivity
magnetic **A17:** 91–92
Reticle
defined. **EL1:** 951
Reticles
microscope eyepiece **A9:** 73–74
Reticular structure **A18:** 752
Reticulation **EM3:** 560–561, 562
Retirement-for-cause (RFC)
equipment. **A17:** 687–688
of life management **A17:** 672–673
Retort furnace
furnace brazing. **A6:** 121
Retracting die **M7:** 10
Retrieval, and storage systems
automatic **A15:** 570–571
Retro-Diels-Aider reaction **EM3:** 154
Retrofit **A7:** 674
Retrofitting spark
imaging detectors for. **A10:** 144
Retrogradation **EM3:** 25
Retsch ultrasonic sieving apparatus. **A7:** 218
Retsch wet sieving machine **A7:** 217
Return bend
rupture by SCC and inclusions **A11:** 646
Return bend fittings
pipe welding. **M6:** 591
Return dies
for blanking **A14:** 453–454
Re-U (Phase Diagram) . . . . **A3:** 2•353
Reusability **A20:** 64
Reused sand *See also* Reclamation; Sand reclamation
for green sand molding. **A15:** 225–226
Re-V (Phase Diagram). . . . . **A3:** 2•353
Revealed preference approach. **A20:** 19
Reverberations
required for stress equilibration. **A8:** 191
Reverberatory furnaces *See also* Air furnace
aluminum alloy melting practice. **A15:** 376–380
and crucible furnaces **A15:** 374–383
defined. **A15:** 10
hearth, types of **A15:** 374–376
safety, operation and design of. **A15:** 380–381
Revere, Paul
as early founder **A15:** 2
Reversal development
copier powders **M7:** 584
Reversals. **A19:** 230–231, 282, 283
Reversals to failure **A19:** 606
Reversals to failure, number of **A19:** 21
Reverse bend tests. **A19:** 537
Reverse bending loading type
testing parameter adopted for fatigue research **A19:** 211
Reverse bias failures
passive devices. **EL1:** 997
Reverse chill *See* Inverse chill
Reverse cleaning. **A5:** 4
definition. **A5:** 965
Reverse current cleaning *See* Anodic electrocleaning
Reverse Diels-Alder (RDA) reaction
as addition-type polyimide. **EM1:** 79–80
during cure **EM1:** 83
PMR-15 polyimide, reaction scheme **EM1:** 82
Reverse drawing *See also* Drawing
defined. **A14:** 11
Reverse engineering **A20:** 24, 27
as coordinate measuring machine application. **A17:** 18
definition. **A20:** 839
Reverse extrusion *See also* Extrusion
of aluminum alloys **A14:** 244
Reverse flange
defined. **A14:** 11
Reverse helical winding
defined. **EM2:** 36
Reverse impact test *See also* Impact test . . . **EM3:** 25
defined **EM1:** 20, **EM2:** 36
Reverse osmosis recovery process
plating waste treatment **M5:** 318
Reverse polarity. **A6:** 30, 31
definition **A6:** 1213, **M6:** 15
Reverse polarity air carbon arc cutting. **A14:** 734
Reverse redrawing **A14:** 585
in sheet metalworking processes classification scheme **A20:** 691
of thin-wall shells. **A14:** 508
punch and die materials. **A14:** 511
tooling for **A14:** 585
Reverse slip *See also* Slip
AISI/SAE alloy steels. **A12:** 298
Reverse stress. **A8:** 392
forced-displacement system **A8:** 392
Reverse yielding
fracture mechanics of **A11:** 57
Reverse-bend test
and axial push-pull tests, cycles to fracture vs. cycle time. **A8:** 351
combined creep-fatigue data for austenitic stainless steel sheet **A8:** 356
hold time effect **A8:** 351
Horger data for steel shafts in. **A8:** 372
specimen size effect on fatigue limit of carbon steel in **A8:** 372
Reverse-current cleaning *See* Anodic cleaning
Reversed bending fatigue fracture
AISI/SAE alloy steels. **A12:** 298
medium-carbon steels **A12:** 269
Reversed cyclic creep test
ductile to brittle fracture **A8:** 353–354
"Reversed" grain size effect **A19:** 82
Reversed plastic straining. **A19:** 612
Reversed plastic zone. **A7:** 960
Reversed plastic zone size. **A7:** 961, **A19:** 340
Reversed sigmoidal curves
linearization of. **A12:** 213–214
Reversed stresses
crack nucleation under **A11:** 102
Reversed stressing
medium-carbon steel **A12:** 262
Reversed tension-compression testing
ultrasonics **A8:** 248
Reversed torsional fatigue fracture
alloy steels. **A12:** 301
Reversed torsional loading
of shafts. **A11:** 525
Reversed-bending fatigue
alloy steel lift pin. **A11:** 77
axle shaft fracture by. **A11:** 321
beach marks from **A11:** 321
in shafts. **A11:** 462–463
of steel fan shaft **A11:** 476–477
of structural bolt **A11:** 322
Reversed-phase chromatography
as LC mode **A10:** 652–653
defined. **A10:** 681
separation of cations and anions. **A10:** 663
Reversed-phase ion chromatography
separation mode. **A10:** 663
Reversibility **A19:** 101
Reversible electrode reactions
in voltammetry. **A10:** 190–191
Reversible permeability. **A17:** 145–147
Reversible plastic strain **A19:** 74
Reversible process. . . . . **A3:** 1•7
Reversible slip **A19:** 40
Reversible temper embrittlement **A1:** 698
Reversing direct current (dc) potential drop. . **A19:** 203
Review group **A20:** 67
Revolution, American *See* American Revolution
Rewelding. **A19:** 48, 104, 107, 141
Rework *See also* Repair; Rework processes
by desoldering **EL1:** 722
cost, environmental stress screening. . **EL1:** 876–877
definition. **A20:** 839
hybrid microcircuits **EL1:** 261
processes **EL1:** 710–729
solderability defect analysis. **EL1:** 1036–1037
tape automated bonding (TAB). **EL1:** 288
Rework processes *See also* Rework
and repair problems **EL1:** 710–711
component types and mounting techniques. **EL1:** 712–715
materials and processes selection **EL1:** 117
printed board configurations. **EL1:** 711–712
reliable **EL1:** 727–729
removal methods, common **EL1:** 715–718
removal techniques, surface-mount components. **EL1:** 722–724
solder extraction system. **EL1:** 718–722
tool and removal methods. **EL1:** 724–727
universal repair **EL1:** 711
Reworked plastic *See also* Plastics
defined. **EM2:** 36
Reworking
of magnesium alloys **A14:** 825
of unacceptable flaws. **A17:** 86
reamers **A16:** 241
Re-X (GE)
seals to metals. **EM4:** 499
Rexalloy
honing stone selection. **A16:** 476
Reyn
defined. **A18:** 15
Reynolds averaging **A20:** 189
Reynold's equation **A18:** 79, 524
defined. **A18:** 15
tribological behavior of fluid-film lubrication. **A18:** 477
Reynolds number **A7:** 613, **A13:** 34–35
Reynolds number (R_e). . . **A5:** 521, **A20:** 188, 189, 194, 200
Reynolds numbers. **A6:** 162, 1133
and liquid flow. **A15:** 591–592
Reynolds stress. **A20:** 189
Reynolds transport and divergence theorems **A20:** 191
Reynolds-averaged models. **A20:** 200
RF *See* Radio frequency
rf excitation **A18:** 840
RF generator
ICP systems **A10:** 34, 37
RFC inspection equipment
as NDE reliability case study **A17:** 687–688
RFEC *See* Remote-field eddy current inspection
RGA *See* Residual gas analysis; Residual gas analysis (RGA)
R-glass, high-strength
high-modulus. **EM1:** 107
RHEED *See* Reflection high-energy electron diffraction
Rhenium *See also* Pure rhenium; Refractory metals and alloys; Refractory metals and alloys, specific types; Rhenium alloys; Rhenium alloys, specific types **A9:** 447–448
addition to filler metal. **M6:** 464
addition to improve weldability of tungsten **A6:** 870
alloying effect on electron beam welding . . **M6:** 639
as an addition to tungsten alloys. **A9:** 442
as high-temperature material. **M7:** 769
atomic interaction descriptions **A6:** 144
chemical vapor deposition **A5:** 513
consumption **A2:** 557
corrosion resistance. **A2:** 581–582
effect of alloying additions on ductility . . . **M7:** 770
effect on weld ductility **M6:** 464
electrical resistivity vs. temperature for . . . **M7:** 769

SUBJECTS OF THE INDEXED VOLUMES: ASM Handbook (designated by the letter "A"): **A1:** Properties and Selection: Irons, Steels, and High-Performance Alloys (1990); **A2:** Properties and Selection: Nonferrous Alloys and Special-Purpose Materials (1990); **A3:** Alloy Phase Diagrams (1992); **A4:** Heat Treating (1991); **A5:** Surface Engineering (1994); **A6:** Welding, Brazing, and Soldering (1993); **A7:** Powder Metal Technologies and Applications (1998); **A8:** Mechanical Testing (1985); **A9:** Metallography and Microstructures (1985); **A10:** Materials Characterization (1986); **A11:** Failure Analysis and Prevention (1986); **A12:** Fractography (1987); **A13:** Corrosion (1987); **A14:** Forming and Forging (1988); **A15:** Casting (1988); **A16:** Machining (1989); **A17:** Nondestructive Evaluation and Quality Control (1989); **A18:** Friction, Lubrication, and Wear Technology (1992); **A19:** Fatigue and Fracture (1996); **A20:** Materials Selection and Design (1997). **Metals Handbook, 9th Edition** (designated by the letter "M"): **M1:** Properties and Selection: Irons and Steels (1978); **M2:** Properties and Selection: Nonferrous Alloys and Pure Metals (1979); **M3:** Properties and Selection: Stainless Steels, Tool Materials, and Special-Purpose Materials (1980); **M4:** Heat Treating (1981); **M5:** Surface Cleaning, Finishing, and Coating (1982); **M6:** Welding, Brazing, and Soldering (1983); **M7:** Powder Metallurgy (1984). **Engineered Materials Handbook** (designated by the letters "EM"): **EM1:** Composites (1987); **EM2:** Engineering Plastics (1988); **EM3:** Adhesives and Sealants (1990); **EM4:** Ceramics and Glasses (1991). **Electronic Materials Handbook** (designated by the letters "EL"): **EL1:** Packaging (1989)

electrodes for resistance brazing **A6:** 340
elemental sputtering yields for 500
eV ions..............................**A5:** 574
evaporation fields for **A10:** 587
filament, gas mass spectrometer **A10:** 153
for heating elements for electrically heated
furnaces **EM4:** 247
highest oxide, titration of...............**A10:** 173
in nickel-base superalloys...............**A1:** 984
in sintered metal powder process **EM3:** 304
in tungsten-rhenium thermocouples used in
vacuum heat treating **A4:** 506, 507
machining techniques **A2:** 561–562
mechanical and physical properties.......**A2:** 582
mechanical properties..................**M7:** 477
occurrence and production...............**A2:** 581
photochemical machining...............**A16:** 588
pure..............................**M2:** 788–790
pure, properties **A2:** 1150
refractory metal brazing, filler metal **A6:** 942
selective plating solution for precious
metals..............................**A5:** 281
solubility in molybdenum during etching ..**A9:** 447
species weighed in gravimetry...........**A10:** 172
sulfuric acid as dissolution medium **A10:** 165
welding................................**A2:** 563

Rhenium alloy powders
applications...........................**A7:** 913
properties **A7:** 912, 913

Rhenium alloys *See also* Rhenium
as high-temperature materials............**M7:** 769
electron-beam welding **A6:** 581, 582
gas-tungsten arc welding................**A6:** 581
mechanical properties...................**M7:** 477

Rhenium and rhenium alloys **A20:** 413–414
alloying elements **A20:** 414
applications..........................**A20:** 413
coating for...........................**A20:** 413
compositional range in nickel-base single-crystal
alloys **A20:** 596
crystal structure **A20:** 409
cyclic oxidation **A20:** 594
elastic modulus........................**A20:** 409
melting point **A20:** 409
microstructure **A20:** 413–414
processing **A20:** 413
properties...........................**A20:** 413
rhenium effect **A20:** 414
specific gravity **A20:** 409
thermal expansion coefficient at room
temperature **A20:** 409

Rhenium effect **A20:** 414

Rhenium powder *See also* Refractory metal
powders..............................**A9:** 447
applications...........................**A7:** 913
diffusion factors **A7:** 451
physical properties......................**A7:** 451
properties **A7:** 912, 913
thermal spray forming...................**A7:** 411

Rhenium powder, production of *See also* Refractory
metal powders, production of. **A7:** 903–913

Rhenium, zone refined
impurity concentration..................**M2:** 713

Rhenium-bearing alloys **A9:** 447–448

Rheocasting *See also* Semisolid metal casting and
forging...........................**A7:** 401–402
alternative approaches **A15:** 330–331
as innovative...........................**A15:** 3
defined................................**A15:** 10
key parameters....................**A15:** 329–330
operations flow chart for **A15:** 20
original method **A15:** 32

Rheodynamic lubrication
defined................................**A18:** 15

Rheological agent
effect on solder paste print resolution **EL1:** 732

Rheological behavior
models of **EL1:** 847–852

Rheological characterization *See also* Rheology
flows and material functions........**EL1:** 838–842
material behavior, examples **EL1:** 842–847
rheological behavior, models........**EL1:** 847–852

Rheological properties
measurement of **EM3:** 322–323

Rheology **EM3:** 25
as epoxy quality assurance tool..........**EL1:** 835
as thermal testing.....................**EM2:** 527
defined **A18:** 15, **EL1:** 1155, **EM1:** 20, **EM2:** 36
definition............................**A20:** 839
in encapsulation......................**EL1:** 838
melt, cone/plate/parallel
geometries in..................**EM2:** 535–540
polyamide-imides (PAI)...............**EM2:** 132

Rheology modifiers **A7:** 365, 366
with precious metal powders.............**M7:** 149

Rheometric dynamic scanning (RDS)
analysis **EM1:** 704

Rheometry *See also* Rheology
dynamic mechanical **EM2:** 536–538
extensional...........................**EM2:** 535
steady-shear..........................**EM2:** 535
torque................................**EM2:** 534

Rheopectic material
defined...........................**A18:** 15–16

Rheostat transducer
for torsion testing......................**A8:** 158

Rhodium *See also* Precious metals ...**A13:** 801–803,
805
annealing **A4:** 945, 946–947, **M4:** 760, 761
anode-cathode motion and current density **A5:** 279
as metallic coating for molybdenum.......**A5:** 859
as precious metal **A2:** 688
as prompt emission converter for thermal neutron
radiography **EM3:** 759
as tube anode material, x-ray
spectrometers......................**A10:** 90
brittle fracture modes **A19:** 44
coatings, for sterling silver..............**A2:** 691
corrosion resistance **M2:** 669
deposit hardness attainable with selective plating
versus bath plating.................**A5:** 277
determined by controlled-potential
coulometry.......................**A10:** 209
electrical circuits for electropolishing **A9:** 49
electroplated coating **A18:** 838
electroplated metal coatings.............**A5:** 687
elemental sputtering yields for 500
eV ions............................**A5:** 574
energy factors for selective plating **A5:** 277
evaporation fields for **A10:** 587
gravimetric finishes **A10:** 171
hardness..............................**A4:** 947
in medical therapy, toxic effects **A2:** 1258
in PWB manufacturing.................**EL1:** 510
mechanical properties **A4:** 944
overplating silver to prevent tarnishing ..**EM4:** 474
plastic deformation limited **A20:** 339
platinum-rhodium used in control thermocouples
in vacuum heat treating **A4:** 506
pure..............................**M2:** 790–791
pure, properties **A2:** 1151
refractory metal brazing, filler metal **A6:** 942
relative solderability **A6:** 134
as a function of flux types **A6:** 129
resources and consumption **A2:** 689–690
selective plating solution for precious
metals..............................**A5:** 281
semifinished products **A2:** 694
special properties..................**A2:** 692, 694
thermal diffusivity from 20 to 100 °C **A6:** 4
thermal expansion coefficient.............**A6:** 907
toxicity **M7:** 207
tube, from iron and plastic, Compton
scatter for.........................**A10:** 99
vapor pressure, relation to temperature ...**A4:** 495,
M4: 310
working of...........................**A14:** 850
zinc and galvanized steel corrosion as result of
contact with.......................**A5:** 363

Rhodium coatings and films
soldering **A6:** 631

Rhodium electroplating
corrosion protection...............**M1:** 753, 754

Rhodium plate **A9:** 564

Rhodium plating **A5:** 251–252, **M5:** 290–291
applications **M5:** 290–291
barrel process **M5:** 290–291
copper and copper alloys.......**A5:** 815, **M5:** 623
low-stress solutions..................**M5:** 290–291
molybdenum **M5:** 660
nickel undercoatings used in.............**M5:** 291
phosphate process **M5:** 290
refractory metals and alloys.............**A5:** 859
solution compositions **M5:** 290–291
specifications **M5:** 290–291
sterling silver.......................**M5:** 290–291
sulfamate process **M5:** 290–291

Rhodium powders **A7:** 182
diffusion factors **A7:** 451
physical properties......................**A7:** 451

Rhodium trichloride
toxic effects..........................**A2:** 1258

Rhombohedral
defined................................**A9:** 15

Rhombohedral crystal system A3: 1•10, 1•15, **A9:** 706

Rhombohedral unit cells **A10:** 346–348

Rh-Se (Phase Diagram) ....**A3:** 2•353

Rh-Ta (Phase Diagram) ....**A3:** 2•354

Rh-Ti (Phase Diagram) ....**A3:** 2•354

Rh-U (Phase Diagram) ....**A3:** 2•354

Rh-V (Phase Diagram) ....**A3:** 3•5

Rib
defined...............................**EM1:** 20

Rib mark
definition............................**EM4:** 633

Rib markings
on fracture surface....................**EM2:** 810

Rib sink
in injection molding **EM1:** 166

Ribbon, annealed
in open resistance heaters...............**A2:** 830

Ribbon cables
optical fiber...........................**EL1:** 9

Ribbons, abraded
FMR study of.........................**A10:** 274

Riboflavin
ESR studied **A10:** 264

Rib(s) **A14:** 11, 552, **A20:** 36, 37
design of **EM2:** 615
polyamide-imides (PAI)...............**EM2:** 131

Ribs in forgings **M1:** 362, 363, 364

Ribstiff (program) **A20:** 645

Rib-web forging
simulation of **A14:** 428–429

Rice hull pyrolysis **EM1:** 64, 889, 896

Rice *J*-integral
defined and applied..................**A8:** 447–450
for crack-extension force in elastic
deformation.......................**A8:** 440
J analysis based on **A8:** 446

Rice relationship **A19:** 169

Rice's *J*-integral **A19:** 169

Rich alloy *See* Hardener

Rich exothermic gases, composition *See also*
Exothermic gas **M7:** 342

Richards, Theodore ....**A3:** 1•7

Richardson free energy chart **A7:** 502

Richardson plot **A7:** 265–266, 269

Riddle
for sand screening **A15:** 3

Ridge shear failure model **A18:** 60, 67

Ridges *See also* Tear ridges; Tearing
AISI/SAE alloy steels **A12:** 304, 331
austenitic stainless steels...............**A12:** 360
by shear.............................**A12:** 371
from sulfur-containing environments...**A12:** 41, 53
high-carbon steels.....................**A12:** 289
maraging steels **A12:** 385
precipitation-hardening stainless
steels.........................**A12:** 370–371
tear, AISI/SAE alloy steels **A12:** 293
tear, wrought aluminum alloys **A12:** 417
tool steels............................**A12:** 380

Ridges, in shafts
from torsional fatigue **A11:** 464

Ridging (wear)
defined...............................**A18:** 16

Ridging-type Brinell indentation **A8:** 85

Riemann sum **A20:** 625

Rietveld method
in neutron powder diffraction ..**A10:** 423, 425–426
$Nd_2(Co_{0.1}Fe_{0.9})_{14}B$ analysis by.......**A10:** 425–426
of x-ray or neutron diffraction data **A10:** 344

Rietveld refinement methods **EM4:** 73

Rifflers
as blenders for samples.................**A10:** 17
chute and spinning.....................**M7:** 226

Riffling **A7:** 241, **EM4:** 83, 85
of particulate samples **A10:** 165

Rifle receivers
exfoliation failures in **A11:** 338–342

Rifles, cylindrical receivers
economy in manufacture **M3:** 849–850
Rigging *See also* Gates; Risers
defined **A15:** 10, 19
Right-angle mold sections
monocrystal casting **A15:** 323
Right-hand rule
of magnetic field direction **A17:** 90
Rigid borescopes
types **A17:** 4–5
Rigid dies
compacting at high pressures in **M7:** 306
compaction and isostatic pressing densities compared **M7:** 298–299
effect of lubrication on density and stress distribution **M7:** 302
pressing of powders in **M7:** 297
pressure and density of pressed iron powders **M7:** 298
Rigid epoxies *See also* Coatings; Conformal coatings; Epoxies; Epoxy; Epoxy materials; Flexible epoxies
encapsulant composition **EL1:** 812–813
encapsulation processes **EL1:** 815–816
epoxy characteristics **EL1:** 810–812
for mechanical support **EL1:** 810
performance-related properties **EL1:** 813–815
Rigid foam
polyurethane (PUR) **EM2:** 259
Rigid integral skin foam
polyurethane (PUR) **EM2:** 259
Rigid plastics *See also* Plastics; Semirigid plastic **EM3:** 25
defined **EM2:** 36
Rigid PWB fabrication techniques *See also* Printed wiring boards (PWBs)
artwork **EL1:** 548–549
buried/semiburied (blind) vias **EL1:** 550
gold plating **EL1:** 549–550
high aspect ratio holes **EL1:** 550–551
hot-air solder leveling (HASL) **EL1:** 550
manufacturing overview **EL1:** 539–540
mass lamination **EL1:** 551
materials **EL1:** 538–539
multilayer hole-to-internal-feature registration **EL1:** 552
printed circuit complexity **EL1:** 551–552
printed circuit manufacturing, in-depth **EL1:** 540–548
solder mask, over bare copper **EL1:** 550
types **EL1:** 539
Rigid resin *See also* Resins **EM3:** 25
defined **EM2:** 36
Rigid restraint test
comparison of fields of use, controllable variables, data type, equipment, and cost **A20:** 307
Rigid rod molecules
for strengthening **A20:** 351
Rigid shear tool (Amsler)
for shear testing **A8:** 62–63
Rigid tool compaction **M7:** 322–328
for shape attainment **M7:** 295
systems, part sizes **M7:** 324
Rigid tool set **M7:** 323
Rigid-body modes **A20:** 177
Rigidity
modulus of **EM3:** 322
Rigidity, modulus *See* Modulus of rigidity
Rigidity, modulus of *See* Modulus of rigidity
Rigid-viscoplastic method
analytical modeling **A14:** 425
RIM *See* Reaction injection molding
Rimlock diamond cutting wheels **A9:** 25
Rimmed steel **M1:** 112, 123, 556
1008, coiled, cold rolled, effects of different process temperatures **A9:** 182
1008, orange peel **A9:** 182
1008, stretcher strains **A9:** 182
aged, transition between elastic and plastic regions **A8:** 554
as-rolled **A9:** 179
carbon steel wire rod **M1:** 255, 257
cold rolled *See* Cold rolled rimmed steel
corrosion in seawater **M1:** 741
engineering stress/strain curve for **A8:** 554
finish rolled, different rolling temperatures **A9:** 179–180
grain shape, steel sheet **M1:** 558
load-extension curves, sheet products **M1:** 548
manganese sulfide content and ductility in hot torsion tests **A8:** 166
mechanical properties related to formability **M1:** 548
notch toughness of **M1:** 694, 698
plastic strain ratio, typical **M1:** 548
sheet, strain-age embrittlement of *See also* Box-annealed rimmed steel; Steel sheet **M1:** 683–684
Rimmed steels **A1:** 6, 141, 143, 145, 578
sample dissolution for **A10:** 176
Ring
for flyer plate impact test **A8:** 211
standard, theoretical calibration curve for .. **A8:** 585
thin-wall, Rockwell hardness testing of .. **A8:** 81, 83
Ring assembly
arcing failure of **A12:** 488
Ring compression test **A1:** 583, **A8:** 585–586, **A20:** 305
for workability **A14:** 379–381
Ring diffraction patterns
SAD/ATEM **A10:** 436–437
Ring displacement **A8:** 210
Ring illumination
circular fluorescent-light tube **A12:** 83
Ring patterns
in wrought heat-resistant alloys **A9:** 305
Ring rolling *See also* Forging; Ring rolling machines; Ring rolling mills **A14:** 108–127
allowances, machining **A14:** 125–126
ancillary operations **A14:** 123–124
and alternative processes **A14:** 126
and closed-die forging, combined **A14:** 125
and closed-die forging, compared **A14:** 122–123
application **A14:** 108–111
blank preparation **A14:** 122–123
blanking and rolling tools for **A14:** 62–63, 121, 124–125
contour **A14:** 117–120
defined **A14:** 11, 108
in bulk deformation processes classification scheme **A20:** 691
machines **A14:** 111–115
of aluminum alloys **A14:** 244
of copper and copper alloys **A14:** 255–256
of heat-resistant alloys **A14:** 231–232
of stainless steels **A14:** 222
of titanium alloys **A14:** 273
product **A14:** 108–111
product and process technology **A14:** 115–122
relative displacement during **A14:** 112
rolling forces, power, and speeds **A14:** 120–122
slip fields from **A14:** 112
tolerances, rolled ring **A14:** 125–126
work rolls **A14:** 124–125
wrought aluminum alloy **A2:** 34
Ring rolling machines *See also* Ring rolling; Ring rolling mills **A14:** 111–115
automatic radial-axial multiple-mandrel ring mills **A14:** 15
closed-die axial rolling **A14:** 114–115
history **A14:** 111–113
multiple-mandrel mills **A14:** 114
radial-axial horizontal **A14:** 113
vertical **A14:** 109, 112–113
Ring rolling mills **A14:** 109–111
Ring seal
defined **A18:** 16
Ring shear test **A18:** 404
Ring test
advantages **A8:** 210
expanding, for high-rate tensile testing **A8:** 210
specimen **A8:** 585
Ring tools
for open-die forging **A14:** 62–63
Ring-and-plug joints
properties **EL1:** 640–641
Ring-down counting **A19:** 216
Ringdown counts *See* Threshold-crossing counts
Ringing
effect in dynamic tests **A8:** 40
in aluminum alloys **A8:** 40, 44
in high-speed torsional system **A8:** 216
in load cells **A8:** 193
in servohydraulic testing systems **A8:** 260
in signal transmission **EL1:** 170–172
in torsional impact testing **A8:** 216
low pass filter to reduce **A8:** 193
Ring-opening polymerization
molding compounds **EL1:** 805
Ring-rolled forgings
inspection of **A17:** 495
Ring(s) *See also* Ring rolling; Rolling
bearing, magnetic particle inspection **A17:** 117
C-profiled, production stages **A14:** 117
enlargement, in bearing failures **A11:** 494
forging of **A14:** 69
height and diameter, hyperbolic relationships **A14:** 116
magnetizing **A17:** 90, 98
materials for **A11:** 515
mechanically alloyed oxide dispersion-strengthened (MA ODS) alloys **A2:** 948
preform, powder forging **A14:** 192
retaining, brittle fracture by arc strikes **A11:** 97
seamless, allowances and tolerances .. **A14:** 126–127
shapes, by ring rolling **A14:** 108–111
starter, closed-die forged and ring rolled compared **A14:** 122
steel, fretting failure **A11:** 498
tools **A14:** 62–63
weld-neck flange, closed-die forged and ring rolled, compared **A14:** 123
Rings, solder *See* Solder rings
Ring-shaped parts
magnetizing **A17:** 94
Ring-up time
defined **A8:** 209
Rinsability
definition **A5:** 965
Rinse
in procedure for heat-resistant alloys **A5:** 781
procedure for removing scale from Inconel alloys **A5:** 780
Rinse aids
as aqueous cleaners **EL1:** 664
Rinse time
off-chip **EL1:** 401
Rinse waters
acidity-basicity measured **A10:** 172
Rinsing
final, phosphate coating **A13:** 387
for chromate conversion coating **A13:** 389–390
in liquid penetrant inspection **A17:** 83–84
in surface cleaning **A13:** 380–382
of cold extruded parts **A14:** 304
trivalent chromium **A13:** 387
Ripening
in creep testing **A8:** 306
Ripple (dc)
definition **A5:** 965
Ripple fatigue crack initiation site
notch **A19:** 282
relevant material condition **A19:** 282
residual stresses **A19:** 282
Ripple formation
definition **A5:** 965

Ripple formation (rippling)
defined A18: 16
Ripple load cracking A19: 190-191
Ripple load cracking threshold A19: 190
Ripple loading A19: 190-191
Ripple mark
definition............................EM4: 633
Ripple voltage
defined...............................ELI: 1156
Ripples
AISI/SAE alloy steels...................A12: 329
and cleavage, compared A12: 453
from slip step formation.................A12: 16
mechanism..............................A12: 13
Rippling A7: 458, 464
Rip-up routers
as automatic trace routing.........ELI: 532-533
Rise time
classification ....ELI: 25
defined ....ELI: 1156, EMI: 20, EM2: 36
degradation, and signal attenuation .....ELI: 603
in explosively loaded torsional Kolsky bar A8: 224
of incident wave A8: 200-201
signal, and local physical performance......ELI: 5
Rise time, defined
acoustic emission inspection A17: 283
Riser
broken casting at A11: 386
defined..................................A13: 11
Riser block
cam plastometer....................A8: 195-196
Riser design
feed metal volume.................A15: 577-578
feeding aids.......................A15: 586-588
liquid feed metal availability
duration......................A15: 582-585
neck configurations A15: 588
optimum A15: 577-585
plain carbon steels...................A15: 711-712
riser configurations A15: 588
riser location A15: 578-582
riser necks and breaker cores A15: 587-588
riser size, factors A15: 586-587
Riser design for metal casting A20: 216
Riser necks
and breaker cores A15: 587-588
Risering *See also* Riser(s)
aluminum alloys....................A15: 754-755
automated A15: 36
defined.................................A15: 192
design of A15: 577-588
ductile iron........................A15: 651-652
modified A15: 192
principles..............................A15: 754
Riser(s) *See also* Blind riser; Gates; Mold cavity;
Rigging; Riser design; Risering...A20: 724, 725
as pattern feature A15: 192
copper alloy casting...............A15: 779-781
defined A15: 10, 204
ductile cast iron.........................M1: 33
magnesium alloy.........................A15: 806
nickel alloys A15: 822
Risers, use
copper casting alloys A2: 346
Rising film evaporation
plating waste recovery process......M5: 314, 316
Rising step-load test
for HY steel compositions A8: 540-541
for hydrogen embrittlement A8: 539-540,
A13: 286-287
loading frame for........................A8: 541
load-time record for......................A8: 540
Ritchie-Knott-Rice (RKR) model, for cleavage
fracture toughness A8: 466-467
Rivet, pin bearing testing of A8: 59-61
Risk.....................................A20: 147
definition.......................A20: 147, 839
in technology...........................A20: 150
level of acceptable A20: 139
perceived.........................A20: 117, 118
predicted A20: 117
real A20: 117
statistical..........................A20: 117-118
Risk analysis
for microbiological corrosion testing data A13: 315
Risk and hazard analysis in design A20: 117-125
advantages of FTA A20: 121-122

definitions of "risk" A20: 117
environmental aspects of design A20: 134-135
essential hazardous situation (EHS) A20: 123
event tree analysis A20: 122
failure mode and effect analysis
(FMEA) A20: 118-120
fault tree analysis (FTA)............A20: 120-122
fault tree analysis symbols and
organization.......................A20: 120
flow chart of A20: 118
flow chart showing integration into design
process A20: 117
limitations of FTA A20: 121-122
nature of risk......................A20: 117-118
operating hazard analysis (OHA)....A20: 124, 125
preliminary hazard analysis.........A20: 123, 124
probabilistic estimates...............A20: 124-125
qualitative analysis......................A20: 121
quantitative analysis A20: 121
required by QS 9000....................A20: 134
risk/benefit analysis.................A20: 122-123
safety analysis......................A20: 123-124
system hazard analysis A20: 124
Risk factors A20: 263
Risk function
reliability of glass strength EM4: 744
Risk of rupture...........................A20: 625
Risk of unacceptable performance A20: 622
Risk site
analysis, in computer-aided analysis......ELI: 133
concept ....ELI: 127
shorts, forms of ....ELI: 127
Risk/benefit analysis A20: 118, 122-123
definition...............................A20: 839
Ritchie, Knott and Rice (RKR) model A19: 47
River discharge
effects in seawater A13: 894
River lines A19: 46, 51
River marks A19: 42
definition.............................EM4: 633
River patterns *See also* Hackle
AISI/SAE alloy steels....................A12: 291
Alnico alloy.............................A12: 461
and fracture origin A11: 80
and fracture temperature A11:83, 84
and thermal evaporation..................A12: 172
corrosion fatigue, aluminum alloy A12: 43, 54
defined A11: 8, A12: 13
generation A11: 22, 23, 25
in Armco iron...........................A12: 18
in cleavage fractures ..A12: 13, 172, 175, 252, 397,
424
in composites....................A11: 742, 743
in ductile irons....................A12: 230-231
in iron A12: 18, 219, 222-224
low-carbon steel A12: 252
metal-matrix composites A12: 466
mode I tension fractures, composites.....A11: 735
nickel alloys A12: 397
on brittle transgranular fracture surface....A11: 77
on fracture surfaces..............A12: 13, 252
polymers................................A12: 479
precipitation-hardening stainless steels....A12: 370
superalloys..............................A12: 395
titanium alloys A12: 448
wrought aluminum alloys A12: 424
Rivers process.............................A1: 819
Rivet
in joining processes classification scheme A20: 697
Rivet insertion process A20: 721
Rivet shear tool
for shear testing A8: 62
for thick aluminum plate A8: 63
Riveted joints A19: 287
crevice corrosion in....................A11: 184
failures in A11: 544-545
Riveted plate construction..................A19: 5
Riveters
electromagnetic....................A14: 648-649
Riveting A19: 27
as manufacturing process A20: 247
magnesium...............................M2: 549
mechanically alloyed oxide
alloys A2: 949
of magnesium and magnesium
alloys A2: 1420-1421

Riveting assembly
furnace brazing M6: 940
Rivets...................................EM3: 34
bearing-surface failure A11: 544
blind...................................A11: 530
defined.................................A11: 529
failures in A11: 544-545
flexible printed boards ....ELI: 590
flush-head, loading and failure A11: 544-545
hole, delamination at A11: 551-553
mechanical fastening of...............EM2: 713
positioning..............................A11: 544
shear in shank A11: 544
steel wire for M1: 265-266
stress-corrosion cracking.............A11: 544-545
types of A11: 544
Rivets, aluminum
eddy current inspection..................A17: 187
RKR *See* Ritchie-Knott-Rice (RKR) model
R_t *See* Roughness parameters
RLC line *See* Resistance-inductance-capacitance
(RLC) line
RMI 0.2 Pd *See* Titanium alloys, specific types, Ti-
Pd alloys
RMI 30 *See* Titanium alloys, specific types, Ti
grade 1
RMI 40 *See* Titanium alloys, specific types, Ti
grade 2
RMI 55 *See* Titanium alloys, specific types, Ti
grade 3
RMI 70 *See* Titanium alloys, specific types, Ti
grade 4
R-Monel, applications
protection tubes and wells A4: 533
rms noise.................................A18: 339
rms roughness A18: 334, 343
Rn-222
toxic chemicals included under
NESHAPS A20: 133
Road map ....ELI: 436-437, 1156
Road planing
with cemented carbide tools..............A2: 973
Roadarm weldment
brittle fracture of...................A11: 391-392
Robber
definition...............................A5: 965
Roberts-Austen, William A3: 1*23
Robertson test............................A8: 259
compared with Esso (Feely) and Navy
tear-test A11: 59-60
for notch toughness.................A11: 59-60
Robinson detector.........................A12: 168
Robinson life-fraction rule A19: 478
Robinson's viscoplastic law.................A20: 632
Robot assembly
product design for A20: 685-686
Robot-based noncontact measuring system
applied A17: 41
Robotic dispensing applications EM3: 699-700,
701-702
Robotic foundry applications
cleaning A15: 566-567
mold spraying...........................A15: 568
mold venting............................A15: 568
pick and place operations.................A15: 568
riser cutting.......................A15: 567-568
Robotic foundry operations
holding devices A15: 509-510
ladies, in automatic pouring systems A15: 498
transferring devices A15: 509-510
Robotic inspection systems *See also* Machine
vision...............................A17: 29-45
applications.........................A17: 37-41
future outlook.......................A17: 41-45
machine vision process...............A17: 30-37
Robotic system
as input/output system A20: 142
Robotic systems
waterjet machining A16: 525, 526
Robotic ultrasonic inspection EM2: 845
Robotics EM3: 705, 716-725
advancements in dispensing
technology EM3: 719-720
applications.....................EM3: 720-724
automotive body shop robotic
sealing......................EM3: 723-724
automotive door bonding.........EM3: 721-722

Robotics (continued)
automotive interior seam sealing **EM3:** 720–721
automotive windshield bonding **EM3:** 723–724
developing a robotic system **EM3:** 724–725
dispensing equipment for robotic applications **EM3:** 716–719
bead management methods **EM3:** 718–719
dispensing gun or valve **EM3:** 716, 717–718
header system **EM3:** 716, 717
pumping system **EM3:** 716–717
for blind fastening **EM1:** 711
gas-metal arc welding applications **A6:** 180
laser-beam welding and **A6:** 266–267
material handling systems for plasma arc cutting **A6:** 1169
"operating window" of robot **A6:** 1062
portable welding guns used in resistance spot welding **A6:** 227, 229
robot accuracy **A6:** 1062
robot repeatability **A6:** 1062
WELDEXCELL system **A6:** 1057–1064
Robots *See also* Industrial robots
die compaction **A7:** 449
pick and place **A7:** 449
Robots, and robotics
for surface-mount joints **EL1:** 731–732
Robust design *See also* Experimental design; Taguchi Methods **A20:** 110–116
analyzing results using orthogonal arrays **A20:** 113–114
approach, to quality design **A17:** 721–722
benefits of using orthogonal arrays **A20:** 116
conceptual design **A20:** 127–128
cost and quality **A20:** 111
definition **A20:** 110, 839
degree of control **A17:** 750
designing experiments without using orthogonal arrays **A20:** 115–116
detailed design **A20:** 128
dimensional management **A20:** 221
establishing design parameters **A20:** 113
experimentation to determine optimum parameter levels **A20:** 113
human-machine function allocation **A20:** 128
"in spec" dilemma **A20:** 110–111
justifying costs **A20:** 112–113
materials selection process **A20:** 244
noise factors **A20:** 113, 114
one-factor-at-a-time approach **A20:** 115, 116
on-target key **A20:** 111
orthogonal arrays **A20:** 115–116
parameter design **A20:** 113–114
parameter design, analytical approaches **A17:** 750–751
philosophy of loss **A20:** 111–112
preliminary design **A20:** 128
quality characteristics **A20:** 113
quality loss function (QLF) **A20:** 112, 113, 114
signal-to-noise ratio **A20:** 114
Taguchi parameter design approach **A20:** 115
techniques, tools, and concepts **A20:** 110
technology development **A20:** 114–115
technology development of a machining process **A20:** 115
tolerance design **A20:** 113, 114
uniformity at a target specification **A20:** 111
Robustness **A20:** 12
definition **A20:** 839
ROC curves *See* Relative operating characteristic curves
Rochelle copper
definition **A5:** 965
Rochelle copper cyanide plating **M5:** 159, 161–163, 167, 169
Rochelle cyanide
copper plating baths **A5:** 167, 168, 169, 171–172, 175
plating bath, anode and rack material for copper plating **A5:** 175
Rochelle salt additions
bronze plating solutions **M5:** 288–289
Rock
ground by diamond wheels **A16:** 455
TNAA detection limits for **A10:** 237–238
Rock-candy fracture
Alnico alloy **A12:** 461
as casting defect **A11:** 383
as intergranular **A12:** 110–111
austenitic stainless steels **A12:** 351
defined **A11:** 8
from stress corrosion **A11:** 28
large grain size of **A11:** 75
low-alloy steel **A11:** 392
low-carbon steel **A12:** 249
Rocker arm drives
mechanical presses **A14:** 494
Rocker arm, forged steel
burning of **A11:** 119–120
Rocker arm resistance welding machines **M6:** 473–474
Rocker lever
failed malleable iron **A11:** 350–352
Rocker shear
cut-to-length lines **A14:** 711
Rocker-type dies
for press-brake forming **A14:** 537
Rocket fuel catalysts
powders used **M7:** 572
Rocket fuels
powder used **M7:** 572
Rocket launcher parts
powders used **M7:** 573
Rocket motor case
filament-wound **EM1:** 505–510
Rocket nozzles **A7:** 549–550, 551, **M7:** 561
A-scale diamond cone indentation test **A7:** 938
B scale **A7:** 713
C scale **A7:** 714
superficial indenter **A7:** 723
Rocket-motor case
brittle fracture **A11:** 95–96
Rocket-nozzle component
combined SEM/AES analysis of failed niobium alloy **A11:** 42
Rocking
refractory metals and alloys **A2:** 563
Rocking chair effect
fatigue resistance **A8:** 712
Rocking curves
as intensity profiles **A10:** 372
defined **A10:** 681
gold single crystal **A10:** 373
grains, polycrystalline sample **A10:** 374
polycrystal analysis **A10:** 371–373
profiles, for epitaxial films, differing thicknesses **A10:** 375
Rocking-die forge **A14:** 177–178
Rocking-die machines
capabilities **A14:** 178
Rocks, common
engineered material classes included in material property charts **A20:** 267
fracture toughness vs.
density **A20:** 267, 269, 270
strength **A20:** 267, 272–273, 274
Young's modulus **A20:** 267, 271–272, 273
linear expansion coefficient vs. thermal conductivity **A20:** 267, 276, 277
linear expansion coefficient vs. Young's modulus **A20:** 267, 276–277, 278
loss coefficient vs. Young's modulus **A20:** 267, 273–275
normalized tensile strength vs. coefficient of linear thermal expansion **A20:** 267, 277–279
strength vs. density **A20:** 267–269
thermal conductivity vs. thermal diffusivity **A20:** 267, 275–276
Young's modulus vs. density **A20:** 266, 267, 268, 289
Young's modulus vs. strength **A20:** 267, 269–271
Rockshaft servo cam and rockshaft cam follower
P/M farm machinery **M7:** 672
Rockwell A hardness numbers
Brinell hardness conversions, steel **A8:** 111
equivalent Rockwell B numbers, steel **A8:** 109–110
Rockwell C hardness conversion, steel **A8:** 110
Vickers hardness conversions, steel **A8:** 112–113
Rockwell B hardness numbers
approximate equivalents, steel **A8:** 109–110
Brinell hardness conversions, steel **A8:** 111
Rockwell C hardness conversions for steel **A8:** 110
Vickers hardness conversions, steel **A8:** 12–113
Rockwell C hardness **M7:** 451, 452
function of carbon content **A18:** 874
Rockwell C hardness numbers
equivalent hardness numbers for **A8:** 110
equivalent Rockwell B numbers steel **A8:** 109–110
Vickers hardness conversions, steel **A8:** 112–113
Rockwell C test
and Vickers hardness test **A8:** 91
Rockwell D hardness numbers
Brinell hardness conversions, steel **A8:** 111
Rockwell C hardness conversions, steel **A8:** 110
Vickers hardness conversions, steel **A8:** 112–113
Rockwell F hardness numbers, equivalent Rockwell B numbers
steel **A8:** 109–110
Rockwell hardness *See also* Hardness **A7:** 1064, **EM3:** 25
abbreviation for **A10:** 690
defined **EM1:** 20, **EM2:** 36
diffraction-peak breadth at half height as function of **A10:** 387
number (HR), defined **A11:** 8–9
of engineering plastics **EM2:** 245
symbol for **A11:** 797
test, defined **A11:** 9
Rockwell hardness number
Brinell hardness conversions, steel **A8:** 111
defined **A8:** 11, 73, **A18:** 16
Rockwell hardness scales
applications **A8:** 76
as defined by indenter and load **A8:** 74–77
factors for selecting **A8:** 75–77
indenters **A8:** 76
specimen thickness for **A8:** 75–77
symbol **A8:** 76
values **A8:** 74
Rockwell hardness testing **A8:** 11, 74–83, 102
adjustments for specimen size and configuration **A8:** 80–81
and Brinell test, compared **A8:** 74
calibration testing machines for **A8:** 79
applications **A8:** 102
as static indentation test **A8:** 71
at elevated temperatures **A8:** 81–82
correction factors for cylindrical workpieces **A8:** 82
depth **A8:** 102
depth of penetration **A8:** 75, 77
diagonal or diameter **A8:** 102
indenter, load, and scale selection **A8:** 74–77
indenters **A8:** 102
load **A8:** 102
machines for **A8:** 77–78
method of measurement **A8:** 102
minimum work-metal hardness values for **A8:** 77
minor/major loads **A8:** 74
of castings **A17:** 521
of large/long specimens **A8:** 80–81
of rings, tubes, gears **A8:** 81, 83
of specific materials **A8:** 82–83
of workpieces with curved or inner surfaces **A8:** 81, 83
scales for **A8:** 74–77
specimen thickness **A8:** 75–77
standard hardness **A8:** 76

SUBJECTS OF THE INDEXED VOLUMES: ASM Handbook (designated by the letter "A"): **A1:** Properties and Selection: Irons, Steels, and High-Performance Alloys (1990); **A2:** Properties and Selection: Nonferrous Alloys and Special-Purpose Materials (1990); **A3:** Alloy Phase Diagrams (1992); **A4:** Heat Treating (1991); **A5:** Surface Engineering (1994); **A6:** Welding, Brazing, and Soldering (1993); **A7:** Powder Metal Technologies and Applications (1998); **A8:** Mechanical Testing (1985); **A9:** Metallography and Microstructures (1985); **A10:** Materials Characterization (1986); **A11:** Failure Analysis and Prevention (1986); **A12:** Fractography (1987); **A13:** Corrosion (1987); **A14:** Forming and Forging (1988); **A15:** Casting (1988); **A16:** Machining (1989); **A17:** Nondestructive Evaluation and Quality Control (1989); **A18:** Friction, Lubrication, and Wear Technology (1992); **A19:** Fatigue and Fracture (1996); **A20:** Materials Selection and Design (1997). **Metals Handbook, 9th Edition** (designated by the letter "M"): **M1:** Properties and Selection: Irons and Steels (1978); **M2:** Properties and Selection: Nonferrous Alloys and Pure Metals (1979); **M3:** Properties and Selection: Stainless Steels, Tool Materials, and Special-Purpose Materials (1980); **M4:** Heat Treating (1981); **M5:** Surface Cleaning, Finishing, and Coating (1982); **M6:** Welding, Brazing, and Soldering (1983); **M7:** Powder Metallurgy (1984). **Engineered Materials Handbook** (designated by the letters "EM"): **EM1:** Composites (1987); **EM2:** Engineering Plastics (1988); **EM3:** Adhesives and Sealants (1990); **EM4:** Ceramics and Glasses (1991). **Electronic Materials Handbook** (designated by the letters "EL"): **EL1:** Packaging (1989)

surface preparation **A8:** 102
techniques compared **A8:** 102
testing methodology **A8:** 79–80
Rockwell superficial hardness number *See also* Rockwell hardness number
defined **A11:** 9
Rockwell superficial hardness numbers
Brinell hardness conversions, steel **A8:** 111
equivalent Rockwell B numbers steel **A8:** 109–110
Rockwell C hardness conversions, steel **A8:** 110
Vickers hardness conversions, steel **A8:** 112–113
Rockwell superficial hardness test
applications **A8:** 102
correction factors for cylindrical workpieces **A8:** 82
defined **A8:** 11, **A18:** 16
depth **A8:** 102
indenters **A8:** 102
load **A8:** 74, 102
method of measurement **A8:** 102
scales for **A8:** 76
techniques compared **A8:** 102
Rockwell testing machines **A8:** 77–79, 82
automatic **A8:** 79
bench-type **A8:** 78
correction factors for cylindrical workpieces **A8:** 82
dead weight or spring **A8:** 77–78
modified for elevated temperatures **A8:** 81–83
portable **A8:** 78, 79
production **A8:** 78
Rockwell-inch test **M1:** 457
Rod *See also* Connecting rods
annealed, in open resistance heaters **A2:** 830
beryllium **A2:** 683
beryllium-copper alloys **A2:** 403, 409, 411
brass *See* Brass, rod
brazing filler metals available in this form **A6:** 119
defined **A14:** 11
drawing of **A14:** 333–334
drawing, schematic **A14:** 330
forming, nickel-base alloy **A14:** 836
headers, for cold heading **A14:** 292
polyamide (PA) **EM2:** 125
preparation, for wiredrawing and wire stranding **A2:** 255–256
steel *See* Steel, rod
unalloyed uranium **A2:** 671
wrought aluminum alloy **A2:** 33
wrought beryllium-copper alloys **A2:** 409
zirconium **A2:** 663
Rod eutectic microstructure **A3:** 1•20
Rod eutectic structures *See* Lamellar eutectic structures
Rod extensometers
for creep testing **A8:** 303
for low/elevated tension testing **A8:** 36
Rod gun flame spraying systems
ceramic coating processes **M5:** 540–542
thermal spray coating processes **M5:** 365–366
Rod impact (Taylor) test
analysis **A8:** 205–206
asymmetric rod impact test **A8:** 204
asymmetric rod impact test at elevated temperatures **A8:** 205
basic principles **A8:** 203–204
C-HEMP to determine flow curve **A8:** 205
classic Taylor test **A8:** 203
for high strain rates **A8:** 190, 203–206
symmetric rod impact test **A8:** 203–205
test procedure **A8:** 205
Rod mill rolls
cemented carbide **A2:** 969
Rod milling (laboratory milling) **A7:** 244
Rod mills **A7:** 83
Rod process
for assembly of A15 superconductors **A2:** 1065–1066
Rod, rolled and drawn aluminum
specimen locations **A8:** 60
Rod, steel
annealing **M4:** 19, 24–25, 26
Rod-fed source **A5:** 560
Rod-pumped wells
oil/gas production **A13:** 1247
Rods
connecting, and shafts **A11:** 459
connecting, magnetic particle inspection methods **A17:** 117–119
explosion welding **M6:** 709
fiber textures in **A10:** 359
low-hydrogen welding **A11:** 251
nickel-plated aluminum, magabsorption measurement **A17:** 156–157
oxyacetylene welding of cast iron **M6:** 602–603
piston, and shafts **A11:** 459
preferred orientation in **A10:** 359
push, bending fatigue fracture of **A11:** 469
steel articulated, fatigue fracture from electroetched numeral in **A11:** 473
steel master connecting, fatigue cracking **A11:** 477
Roe formalism
and Bunge formalism, compared **A10:** 362
complete set of angles for **A10:** 359
for specifying orientation in crystallographic measurement **A10:** 359–361
notation, Euler space in **A10:** 361
ODF coefficient determined **A10:** 362
Roelands equation **A18:** 83
Roentgen
abbreviation for **A10:** 691
as radiation (rem) unit **A17:** 300–301
Rogers/Microtech process **EL1:** 621
Rogowski contour **EM4:** 539
Rokide process **A7:** 412
Rolfe-Novak Charpy/fracture toughness correlation **A8:** 265
Rolfe-Novak correlation **A19:** 406
Charpy/K_{Ic} correlations for steels, and transition temperature regime **A19:** 405
Roll
defined **A17:** 18, **EL1:** 1156
Roll bending **A8:** 119
defined **A14:** 11
of bar **A14:** 661
tube **A14:** 669
Roll bonding *See* Roll welding
Roll bonding processes
bearing materials **A18:** 755–756
Roll bonding technique
brazing with clad brazing materials **A6:** 347, 348
Roll calibration
Scleroscope hardness test **A8:** 104
Roll cladding *See* Roll welding
Roll coining **A14:** 185
Roll compacted strip **A7:** 6
Roll compacting *See also* Powder rolling **M7:** 10, 401–409
and rigid tool compaction **M7:** 323
commercial production **M7:** 401–403
finishing in **M7:** 405–406
into sheet or strip **M7:** 297
of cermets **A2:** 983–984
powder feeding in **M7:** 403–404
production procedures **M7:** 403–406
recent developments **M7:** 408–409
role diameter **M7:** 404–406
rolls, type and position **M7:** 403, 405
Soviet technologies for **M7:** 692
specialty applications **M7:** 402–403, 406–409
Roll compacting of metal powders **A7:** 11, 317, 389–395
applications **A7:** 392–394
characteristics of powder **A7:** 389
cobalt powder strip **A7:** 391, 392
commercial production **A7:** 391–392
composite bearings **A7:** 393–394
definition **A7:** 389
materials suitable for **A7:** 389
nickel powder strip **A7:** 391–392, 393
porous materials **A7:** 1034
process characteristics **A7:** 313
production procedures **A7:** 389–391
recent developments **A7:** 394
specialty applications **A7:** 392–394
Roll compaction **A20:** 747, 748–749, **M7:** 10, 323, 401–409
applications **EM4:** 164
compared to tape casting **EM4:** 164
in powder metallurgy processes classification scheme **A20:** 694
Roll design **A14:** 352
parameters, contour roll forming **A14:** 629–630
passes **A14:** 347–350
tube rolling **A14:** 631
Roll dies
types **A14:** 97–99
Roll feeds *See also* Feed mechanisms **A14:** 134, 499–500
Roll flattening
defined **A14:** 11
Roll forging *See also* Forging **A14:** 96–99
applications **A14:** 96
defined **A14:** 11, 96
machines **A14:** 96–97
materials for **A14:** 97
of aluminum alloys **A14:** 244
of heat-resistant alloys **A14:** 231
of stainless steels **A14:** 222
of titanium alloys **A14:** 272–273
operation, schematic **A14:** 97
roll dies **A14:** 97–99
wrought aluminum alloy **A2:** 34
Roll forging machines **A14:** 96–97
Roll forming **A19:** 337
aluminum alloys, lubricants for **A14:** 519
defined **A14:** 11
in sheet metalworking processes classification scheme **A20:** 691
lubricants for **A14:** 519
of copper and copper alloys, lubricants for **A14:** 519
of stainless steels **A14:** 519, 759
of titanium alloys, lubricants for **A14:** 520
Roll groove geometry
for round wire **A14:** 396
Roll lubricants
for wrought copper and copper alloys **A2:** 245
Roll materials
cast iron **A14:** 352
cast steel **A14:** 353
chilled iron **A14:** 353
hardened forged steel **A14:** 353–354
sleeve **A14:** 354
Roll painting **M7:** 460
Roll pass designs
computer-aided **A14:** 347–350
Roll pressure
in strip rolling **A14:** 344–345
Roll resistance spot welding
aluminum alloys **M6:** 542
Roll spot resistance welding
definition **M6:** 15
Roll spot resistance welding machines **M6:** 475
Roll spot welding **M6:** 493
Roll straightening
defined **A14:** 11
Roll threading
alloy steel wire for **A1:** 287, **M1:** 269–270
defined **A14:** 11
steel fasteners **M1:** 274–276
Roll threading quality steel wire rod **M1:** 256
Roll torques, and roll forces for Nb-V steel
compared **A8:** 180
Roll welding **M6:** 676
applications **M6:** 676
definition **M6:** 15
in joining processes classification scheme **A20:** 697
metals welded **M6:** 676
pack roll welding **M6:** 676
pressure during rolling **M6:** 676
procedures **M6:** 676
Roll welding (ROW) **A6:** 312–313
advantages **A6:** 312
"alligatoring" **A6:** 312
aluminum **A6:** 312–314
aluminum alloys **A6:** 312
applications **A6:** 312–314
cladding of metals by strip roll welding **A6:** 314
roll welded heat exchangers **A6:** 312–314
copper **A6:** 312–314
copper alloys **A6:** 312
definition **A6:** 312, 1213
high-alloy steels **A6:** 312
killed low-carbon steels **A6:** 312
Kirkendall diffusion **A6:** 312
limitations **A6:** 312
low-alloy steels **A6:** 312
low-carbon steels **A6:** 312
nickel **A6:** 312
nickel-base alloys **A6:** 312
niobium alloys **A6:** 312

Roll welding (ROW) (continued)
nonpack rolling . . . **A6:** 312
pack rolling . . . **A6:** 312
postheat treatment . . . **A6:** 312, 314
pressure hill effects . . . **A6:** 312
process description . . . **A6:** 312
semikilled low-carbon steel . . . **A6:** 312
stainless steels . . . **A6:** 312
steels . . . **A6:** 312
strip roll welding . . . **A6:** 314
tantalum alloys . . . **A6:** 312
titanium . . . **A6:** 312
titanium alloys . . . **A6:** 312
zirconium alloys . . . **A6:** 312
Roll-compacted strip materials *See also* Roll compacting . . . **M7:** 18, 403–404
Rolled bar stock
for gears . . . **A19:** 353
Rolled compact . . . **M7:** 10
Rolled copper
α- and β-fibers in . . . **A10:** 363
Rolled copper (high purity)
anode and rack material for use in copper plating . . . **A5:** 175
Rolled fcc materials
textures in . . . **A10:** 363–364
Rolled plate
straight-beam top ultrasonic inspection . . . **A17:** 268–269
Rolled products
steel normalizing . . . **A4:** 37, 38, 40–41
Rolled shapes
ultrasonic inspection . . . **A17:** 270–272
Rolled sheet materials
expected pole orientations of preferred orientations . . . **A10:** 360
grain orientation . . . **A10:** 358
preferred orientation in . . . **A10:** 359
Rolled zinc
atmospheric corrosion . . . **M2:** 647, 650
Rolled zinc alloy
properties . . . **A2:** 541
Rolled-annealed (RA) copper . . . **EL1:** 581
Rolled-in scale
as forging flaw . . . **A17:** 493
Rolled-in slugs
tubular products . . . **A17:** 568
Roller air analyzers . . . **A7:** 244, 245, **M7:** 10
for particle size distribution . . . **M7:** 219–220
Roller atomization . . . **A7:** 50
Roller bearing cup
fatigue life . . . **M7:** 620
Roller bearing radial rating equation . . . **A19:** 357
Roller bearings
alloy steel wire for . . . **M1:** 269
and ball bearings, compared . . . **A11:** 490
carburizing . . . **A18:** 875
contact fatigue . . . **A19:** 333
coordinate measuring machines . . . **A17:** 24
defined . . . **A18:** 16
fatigue spalling life . . . **A18:** 258
inner cone, galling in . . . **A11:** 158
magnetic particle inspection . . . **A17:** 116–117
types of . . . **A11:** 490
Roller burnishing . . . **A7:** 668, 684, 686, **A16:** 252–254
Al alloys . . . **A16:** 787
bearingizing . . . **A16:** 254
Cu alloys . . . **A16:** 813
fillet rolling . . . **A16:** 254
in conjunction with boring . . . **A16:** 168–169
P/M materials . . . **A16:** 889, 890, 891
roughness average . . . **A5:** 147
speed, feed, and lubrication . . . **A16:** 253–254
tolerance and finish . . . **A16:** 253
tool life . . . **A16:** 253
tools . . . **A16:** 252–253
workpiece requirements . . . **A16:** 252
Roller chain components
wear of . . . **M1:** 628–630
Roller coating . . . **A5:** 429
of lubricants . . . **A14:** 515
Roller coating (machine process)
paint . . . **M5:** 482, 494
Roller drum peel test . . . **EM3:** 732
Roller hearth furnaces . . . **M7:** 10, 351, 354, 357
Roller length . . . **A19:** 357
Roller leveler breaks
defined . . . **A14:** 11
Roller levelers . . . **A14:** 502
Roller leveling . . . **A1:** 693
defined . . . **A14:** 11
of carbon steel sheet . . . **A1:** 206
steel sheet . . . **M1:** 157, 160
Roller supports, aircraft
economy in manufacture . . . **M3:** 854–855
Roller-end pitting . . . **A19:** 331
Roller-hearth furnace . . . **A7:** 453, 456
Roller-path patterns
in failed bearings . . . **A11:** 491–492
Rollers
as impression dies . . . **A14:** 44
banded alloy segregation in . . . **A11:** 121
carburized-and-hardened, fracture surface **A11:** 121
for power spinning of cones . . . **A14:** 602–603
for tube spinning . . . **A14:** 677
fretting damage . . . **A11:** 341
radius, for tube spinning . . . **A14:** 678
rubber office-chair, failure of . . . **A11:** 763–764
Rolling *See also* Ring rolling; Roll forging; Sliding; Spin . . . **A8:** 593–596, **A20:** 689, 692
advanced aluminum MMCs . . . **A7:** 850
as bulk forming process . . . **A14:** 16
as manufacturing process . . . **A20:** 247
as paint application technique . . . **A13:** 415
attributes . . . **A20:** 248
basic processes . . . **A14:** 343–344
beryllium powder . . . **A7:** 942
caliber . . . **A14:** 347
characteristics . . . **A20:** 697
defects . . . **A8:** 593–595
defects in . . . **A14:** 358–359
defined . . . **A14:** 11
deformation zone parameter . . . **A8:** 593
double-barreled deformation in . . . **A8:** 593–594
effect of sliding . . . **A11:** 465
effect on fatigue performance of components . . . **A19:** 318
end and side deformations in . . . **A8:** 593, 595
flow stress of high-purity aluminum during . . . **A8:** 179
general model, wear models for design . . . **A20:** 606
heated-roll . . . **A14:** 356–358
high-strength low-alloy steel in torsion . . . **A8:** 179
in bulk deformation processes classification scheme . . . **A20:** 691
in ceramics processing classification scheme . . . **A20:** 698
inhomogeneous deformation . . . **A8:** 593–595
instruments and controls . . . **A14:** 354–355
loads . . . **A14:** 357
materials for . . . **A14:** 355–356
microstructure . . . **A14:** 355
mills . . . **A14:** 351–352
Nb-V steel, comparison of roll forces and roll torques . . . **A8:** 180
of blended elemental Ti-6Al-4V . . . **A2:** 649
of mill shapes . . . **M7:** 522
of P/M billets . . . **M7:** 522–529
of sleeve-type rings . . . **A14:** 116
of unalloyed uranium . . . **A2:** 671
of washer-type rings . . . **A14:** 116
of weld-neck flange . . . **A14:** 118
of whisker-reinforced MMCs . . . **EM1:** 899
of wire, in Turk's head machines . . . **A14:** 694
painting process . . . **M5:** 489, 493
plate, mechanics of . . . **A14:** 346
primary objectives . . . **A14:** 343–344
processes, classified . . . **A14:** 16
pure, effects in pitting . . . **A11:** 340
pure, shear stress in . . . **A11:** 133–134, 465
rating of characteristics . . . **A20:** 299
reduction, ODF along fiber lines as function of . . . **A10:** 364
refractory metals and alloys . . . **A2:** 562
refractory metals, and formability . . . **A14:** 785
rolls and roll materials . . . **A14:** 352–354
shape . . . **A14:** 346–350
single-edge barreling in . . . **A8:** 594, 596
steel clad in aluminum by . . . **M5:** 345–346
strategies, for ring types . . . **A14:** 117
stress distribution in contacting surfaces from . . . **A11:** 592
strip, theory of . . . **A14:** 344–346
surface roughness and tolerance values on dimensions . . . **A20:** 248
temper and flex, effect on Lüders lines . . . **A8:** 553
textures, features in fcc materials . . . **A10:** 363–364
tools . . . **A14:** 121
tube . . . **EM1:** 569–574
tungsten heavy alloys . . . **A7:** 917
unidirectional flux by . . . **M7:** 315
universal . . . **A14:** 347–348
vs. sliding, effects on pitting . . . **A11:** 340–341
wear . . . **A8:** 603
wire rod . . . **A2:** 253–254
wrought titanium alloys . . . **A2:** 610–611
Rolling + grinding sheet
in ceramics processing classification scheme . . . **A20:** 698
Rolling bearings
laminar particles and spheres as wear indication . . . **A18:** 303
Rolling bolster assemblies . . . **A14:** 497
Rolling contact fatigue tester
for bearings . . . **A8:** 370
Rolling direction
effect, blanking . . . **A14:** 450
effect, formability . . . **A14:** 780–781
in press-brake forming . . . **A14:** 541
Rolling direction (in rolled metals) *See* Longitudinal direction
Rolling direction (of a sheet)
abbreviation for . . . **A11:** 797
Rolling element . . . **A18:** 499
Rolling friction coefficient . . . **A18:** 478
Rolling friction force . . . **EM3:** 510
Rolling lap
as planar flaw . . . **A17:** 50
fracture from . . . **A12:** 64
Rolling loads . . . **A20:** 297
Rolling mandrel *See also* Mandrels
defined . . . **A14:** 11
Rolling mill . . . **M7:** 401, 408
Rolling mills . . . **M1:** 110–111, 114
defined . . . **A14:** 11
for wrought copper and copper alloys **A2:** 244–245
four-high . . . **A14:** 351
instrumentation and controls . . . **A14:** 354–355
planetary . . . **A14:** 352
ring, computer program . . . **A14:** 117
Sendzimir . . . **A14:** 351–352
specialty . . . **A14:** 351–352
three-high . . . **A14:** 351
two-high . . . **A14:** 351
Rolling models
wear models for design . . . **A20:** 606
Rolling oils . . . **EM3:** 41
Rolling temperature *See* Temperature(s)
Rolling velocity *See* Sweep velocity
Rolling velocity of gear
symbol and units . . . **A18:** 544
Rolling velocity of pinion
symbol and units . . . **A18:** 544
Rolling-contact bearings . . . **A18:** 741
Rolling-contact fatigue
carburized/through-hardened P/F materials . . . **A14:** 201

SUBJECTS OF THE INDEXED VOLUMES: ASM Handbook (designated by the letter "A"): **A1:** Properties and Selection: Irons, Steels, and High-Performance Alloys (1990); **A2:** Properties and Selection: Nonferrous Alloys and Special-Purpose Materials (1990); **A3:** Alloy Phase Diagrams (1992); **A4:** Heat Treating (1991); **A5:** Surface Engineering (1994); **A6:** Welding, Brazing, and Soldering (1993); **A7:** Powder Metal Technologies and Applications (1998); **A8:** Mechanical Testing (1985); **A9:** Metallography and Microstructures (1985); **A10:** Materials Characterization (1986); **A11:** Failure Analysis and Prevention (1986); **A12:** Fractography (1987); **A13:** Corrosion (1987); **A14:** Forming and Forging (1988); **A15:** Casting (1988); **A16:** Machining (1989); **A17:** Nondestructive Evaluation and Quality Control (1989); **A18:** Friction, Lubrication, and Wear Technology (1992); **A19:** Fatigue and Fracture (1996); **A20:** Materials Selection and Design (1997). **Metals Handbook, 9th Edition** (designated by the letter "M"): **M1:** Properties and Selection: Irons and Steels (1978); **M2:** Properties and Selection: Nonferrous Alloys and Pure Metals (1979); **M3:** Properties and Selection: Stainless Steels, Tool Materials, and Special-Purpose Materials (1980); **M4:** Heat Treating (1981); **M5:** Surface Cleaning, Finishing, and Coating (1982); **M6:** Welding, Brazing, and Soldering (1983); **M7:** Powder Metallurgy (1984). **Engineered Materials Handbook** (designated by the letters "EM"): **EM1:** Composites (1987); **EM2:** Engineering Plastics (1988); **EM3:** Adhesives and Sealants (1990); **EM4:** Ceramics and Glasses (1991). **Electronic Materials Handbook** (designated by the letters "EL"): **EL1:** Packaging (1989)

from powder forging **A14:** 203
in bearings **A12:** 115, 134
in gears **A11:** 593–594
in rolling-element bearings. **A11:** 500–505
in shafts. **A11:** 465
radial-contact ball bearing failure by **A11:** 503
stresses in **A11:** 133–134

Rolling-contact fatigue (RCF) *See also* Rolling contact wear **A18:** 257, 258, 259
bearings in valve train assembly **A18:** 558
carburizing steels **A18:** 875
ceramic bearing **A18:** 260–261
defined **A18:** 16
jet engine components **A18:** 588, 590
mechanisms. **A18:** 260
testing methods summary **A18:** 258, 259, 260, 261

Rolling-contact wear
definition. **A5:** 965

Rolling-contact wear (RCW) *See also* Rolling-contact fatigue **A18:** 257–262
adhesive wear **A18:** 257
applications. **A18:** 257
defined **A18:** 16, 257
first signs. **A18:** 257
lubrication **A18:** 257, 259, 260, 261
magnitude of effects **A18:** 257
mechanisms **A18:** 259–262
process steps **A18:** 259–260
physical signs **A18:** 257–259
gears **A18:** 257–258
rolling-element bearings. **A18:** 258–259
rolling-contact fatigue testing. **A18:** 259

Rolling-element antifriction bearings
flux leakage inspection **A17:** 133

Rolling-element bearings *See also* Ball bearings; Bearings; Rolling-element bearings, failures of **A1:** 380
components of **A11:** 490
failures, characteristics and causes . . . **A11:** 493–494
fretting failures. **A11:** 497–498
hardened steel contact fatigue. **A19:** 692, 693
low-alloy, failure from stray electric currents and moisture **A11:** 495, 497
lubrication of **A11:** 509–512
materials for **A11:** 490
microstructural alterations **A11:** 505
misalignment, types of **A11:** 507
types of failure effects. **A11:** 492
wear failures. **A11:** 493–496

Rolling-element bearings, failures of *See also* Ball bearings; Rolling-element bearings. **A11:** 490–513
and hardness of bearing components **A11:** 508–509
bearing materials **A11:** 490
bearing-load ratings. **A11:** 490–491
by corrosion **A11:** 498–499
by damage. **A11:** 505–506
by fretting **A11:** 497–498
by plastic flow **A11:** 499–500
by rolling-contact fatigue **A11:** 500–505
by wear **A11:** 493–496
examination of. **A11:** 491–492
fabrication practices, effects of **A11:** 506–508
heat treatment and **A11:** 508–509
lubrication of rolling-element bearings **A11:** 509–512
types of **A11:** 492–493

Rolling-element bearings, friction and wear of **A18:** 499–513
bearing component materials. **A18:** 502–503
cage materials **A18:** 503
rolling-contact component steels . . . **A18:** 502–503
rolling-element ceramics **A18:** 503
bearing fatigue life. **A18:** 507–510
basic static load rating. **A18:** 508–510
contamination effect on fatigue life. **A18:** 508
equivalent load. **A18:** 508, 510
fatigue load limit **A18:** 508
nonstandard application conditions. **A18:** 508
defined (rolling-element bearing) **A18:** 16
fatigue spalling life. **A18:** 258
history and development of rolling-element bearings **A18:** 499
hybrid (ceramics and metals). **A18:** 261
in valve train assembly of internal combustion engine. **A18:** 558
load ratings. **A18:** 504–507
basic load rating. **A18:** 505–506
bearing endurance. **A18:** 505
fatigue life dispersion. **A18:** 505
median life. **A18:** 505
standard bearing contact geometry **A18:** 506–507
standard bearing internal geometry **A18:** 506
standard roller geometry **A18:** 507
lubrication requirements and methods. **A18:** 503–504
bath lubrication. **A18:** 504
circulating-oil lubrication **A18:** 504, 505
grease lubrication **A18:** 503–504
properties determining applications **A18:** 261
rolling bearing friction **A18:** 510–511
bearing friction torque. **A18:** 510–511
sources of sliding friction **A18:** 510
rolling-contact wear. **A18:** 258–259
rubbing wear in centrifugal and axial flow pumps. **A18:** 593, 595, 597
types of rolling-element bearings. **A18:** 499–502
angular-contact ball bearings **A18:** 500, 505, 506, 511
angular-contact groove ball bearings **A18:** 509
ball bearings **A18:** 499–500, 505
Conrad-type ball bearings **A18:** 499–500
cylindrical roller bearings **A18:** 505, 511
cylindrical roller thrust bearings. **A18:** 505
deep-groove ball bearings **A18:** 511
drawn cup needle roller bearings **A18:** 505
duplex angular-contact ball bearings **A18:** 500
filling slot ball bearings **A18:** 505
needle roller bearings **A18:** 511
needle roller with machined rings bearings. **A18:** 505
radial ball bearings **A18:** 499, 505, 506, 508, 509, 510
radial contact ball bearings **A18:** 509
radial cylindrical roller bearings. . . **A18:** 500, 501, 502, 511
radial needle roller bearings. . . **A18:** 500, 501–502
radial roller bearings . . . **A18:** 500–501, 507, 508, 510, 511
radial spherical roller bearings **A18:** 500, 501, 502
roller bearings **A18:** 500–502, 505
self-aligning ball bearings **A18:** 500, 505, 508, 509, 511
single-row radial contact separable ball bearings (magneto bearings). **A18:** 509, 607
spherical roller bearings **A18:** 505, 511
spherical roller thrust bearings. . . . **A18:** 502, 505, 511
split inner ring ball bearings. **A18:** 500
tapered roller bearings . . **A18:** 500, 501, 502, 505, 511
thrust ball bearings **A18:** 500, 505, 506, 507, 508, 509, 510, 511
thrust cylindrical roller bearings. . . **A18:** 502, 503, 505, 511
thrust needle roller bearings . . **A18:** 502, 505, 511
thrust roller bearings . . . **A18:** 502, 503, 505, 507, 510, 511, 607
thrust spherical roller bearings **A18:** 511
thrust tapered roller bearings. **A18:** 502, 505
wear **A18:** 511–512
modes contributing to bearing failure **A18:** 511–512
wear control **A18:** 512–513
lubricant film thickness. **A18:** 512–513

Rollover burr
definition **A5:** 965

Rollover tests **EM3:** 53

Rollovers *See* Jolt rollovers

Roll(s) *See also* Roll design; Roll dies
aluminum bronze, contour roll forming. . . **A14:** 624
and roll materials **A14:** 352–354, 630
angle of, tube straightening **A14:** 691, 692
bending **A14:** 11, 661
deflection, in three-roll forming. **A14:** 623
diameter, in roll compacting **M7:** 404–405
dies. **A14:** 97–99
elastic deflection of **A14:** 346
for cold swaging **A14:** 131
for contour roll forming **A14:** 630
for swaging **A14:** 131
for three-roll forming machines. **A14:** 618–619
formed, for bending. **A14:** 666
forming, contour **A14:** 628–630
in roll compacting **M7:** 403, 405
maintenance, three-roll forming machines **A14:** 618–619
rolling Mill, principal parts **A14:** 353
separating force, and torque. **A14:** 345
-separating, in plate rolling. **A14:** 346
stress distribution **A14:** 344–345
ultrasonic inspection **A17:** 232

Rolls, metalworking *See* Metalworking rolls

Roll-separating force
estimating method for. **A14:** 344

Rondelles
nickel powder **M7:** 141–142

Roof bolt corrosion
mining industry **A13:** 1294

Roof coatings **A7:** 1087
aluminum flake pigments for **M7:** 594
powder used. **M7:** 573
waterproofing, powders used. **M7:** 574

Roof structure
electric arc furnace **A15:** 357–358

Roofing tile
estimated worldwide sales. **A20:** 781
relative productivity and product value. . . **A20:** 782

Room temperature *See also* Ambient temperature; Temperature(s) **EM3:** 25
corrosion, beryllium-copper alloys. **A2:** 422
defined **EM2:** 36
mechanical properties, sand cast magnesium alloys **A2:** 497
mechanical properties, wrought magnesium alloys **A2:** 480–482
physical properties, nickel alloys. **A2:** 441
tensile properties, lead alloys **A2:** 550

Room temperature systems
materials and processes selection **EL1:** 112–118

Room-temperature cleaning processes **M5:** 12, 15

Room-temperature compression testing . . **A8:** 195, 201

Room-temperature cure *See also* Cure
adhesive, defined **EM1:** 20
filament winding **EM1:** 135
of polyester resin systems **EM1:** 133
wet lay-up resins **EM1:** 132–134

Room-temperature curing adhesive
defined **EM2:** 36

Room-temperature elastic modulus **A20:** 642

Room-temperature out-time
defined and tested **EM1:** 737

Room-temperature properties
and composition **M7:** 628

Room-temperature structure
of gray iron **A1:** 14

Room-temperature vulcanizing (RTV) *See also* Silicones (room-temperature vulcanizing); Vulcanization **EM3:** 25
as silicone conformal coating type **EL1:** 823
defined **EM1:** 20, **EM2:** 36
of silicone-base coatings **EL1:** 773
RTV sealant, compared to fluorocarbon sealants. **EM3:** 226

Room-temperature vulcanizing (rubber)
symbol for **A11:** 797

Room-temperature-curing adhesive. **EM3:** 25

Room-temperature-setting adhesive **EM3:** 25

Room-type blast cleaning machine **A15:** 508–509

Root
definition. **A6:** 1213

Root bead
definition. **A6:** 1213

Root bend tests **A6:** 102

Root, bolt-threaded
as fatigue-initiation site. **A11:** 532

Root crack
definition **M6:** 15
hydrogen-induced **A11:** 92, 93

Root edge
definition **A6:** 1213, **M6:** 15

Root face
definition **A6:** 1213, **M6:** 15

Root faces of groove welds **M6:** 64, 67–68

Root fatigue crack initiation site
notch **A19:** 282
relevant material condition **A19:** 282
residual stresses **A19:** 282

Root gap
definition . . . **A6:** 1213
Root head
definition . . . **M6:** 15
Root mean square error . . . **A20:** 84, 85
Root mean square error of the regression . . . **A20:** 82
Root mean square (rms)
definition . . . **A5:** 965
Root mean square (RMS) value . . . **A20:** 689
Root mean square roughness . . . **A19:** 359–360
Root mean-square method . . . **A19:** 641, 642
Root node
broadcasting from . . . **EL1:** 5
Root of joint
definition . . . **M6:** 15
Root of weld
definition . . . **M6:** 15
Root opening
definition . . . **A6:** 1213, **M6:** 15
Root opening of groove welds . . . **M6:** 64–65
Root penetration *See also* Penetration
definition . . . **A6:** 1213, **M6:** 15
incomplete, radiographic appearance . . . **A17:** 350
Root radius
definition . . . **A6:** 1213
notched-specimen testing . . . **A8:** 315
Root reinforcement
definition . . . **A6:** 1213, **M6:** 15
Root surface
definition . . . **A6:** 1213, **M6:** 15
Root welds
magnetic particle inspection . . . **A17:** 111
Rootare-Prenzlow equation . . . **A7:** 284
Root-mean-square composite surface roughness
symbol and units . . . **A18:** 544
Root-mean-square end-to-end distance . . . **EM3:** 25
defined . . . **EM2:** 36
Root-mean-square surface roughness of gear
symbol and units . . . **A18:** 544
Root-mean-square surface roughness of pinion
symbol and units . . . **A18:** 544
Root-mean-square value . . . **A18:** 28
Roots blower
development of . . . **A15:** 27
Rope
steel wire . . . **A11:** 515–521
Rope pressure
steel wire rope . . . **A11:** 516–517
Rope wire . . . **A1:** 283–284, 851
steel . . . **M1:** 265, 266, 271
Rope-lay stranded copper conductors . . . **M2:** 266, 269, 270–271
Ropes
flux leakage inspection of . . . **A17:** 133
Roping
of tape prepregs . . . **EM1:** 144
Rose jewelry plating
flash formulations for decorative gold plating . . . **A5:** 248
Rosenbloom-Laird model . . . **A19:** 104
Rosenbrock's function . . . **A20:** 211
Rosengren relationships . . . **A19:** 169
Rosenthal alkaline earth silicate
composition . . . **EM4:** 1102
properties . . . **EM4:** 1102
Rosenthal-Norton sectioning technique . . . **A6:** 1095
Rosenthal's equations
PTCT diagram applications . . . **A6:** 73
Rosette
defined . . . **A8:** 11, **A9:** 15
Rosette graphite
defined . . . **A9:** 15
definition . . . **A5:** 965
Rosette (star) fractures
as radial marks . . . **A12:** 103–104
Rosin . . . **EM3:** 25
for cork and rubber gasket sealing . . . **EM3:** 57–58
Rosin acids
chemical structure . . . **EL1:** 645
Rosin mildly activated (RMA) flux . . . **EL1:** 731
Rosin mildly activated (RMA) fluxes
furnace soldering . . . **A6:** 354
noncorrosive (organic) soldering fluxes . . . **A6:** 628
Rosin nonactivated
noncorrosive (organic) soldering fluxes . . . **A6:** 628
Rosin-base fluxes . . . **EL1:** 645–646
Rosin-Ramler law . . . **A7:** 153
Rosin(s)
coatings . . . **EL1:** 680
effect on solder paste print resolution . . . **EL1:** 732
flux, defined . . . **EL1:** 1156
Roskam's estimating model . . . **A20:** 717–718
Rotary actuator, and load cell
for torsional fatigue testing . . . **A8:** 151
Rotary automatic polishing and buffing machines . . . **M5:** 120–122
Rotary barrel finishing
advantages and limitations . . . **A5:** 708
Rotary bending
dies, for press bending . . . **A14:** 526
in press brake forming . . . **A14:** 538–539
of bar . . . **A14:** 662
Rotary bending fatigue fracture
medium-carbon steel . . . **A12:** 272
Rotary degassing *See also* Degassing; Gases
for hydrogen removal . . . **A15:** 460–461
for inclusion removal . . . **A15:** 490
Rotary dip test . . . **A6:** 136
as solderability wetting time test . . . **EL1:** 677
test standards used to evaluate solderability . . . **A6:** 136
Rotary drilling
with cemented carbides . . . **A2:** 974
Rotary drum
for sand reclamation . . . **A15:** 353–354
Rotary drum shears . . . **A14:** 711–712
Rotary fluxers
through-hole soldering . . . **EL1:** 682
Rotary forges
classified . . . **A14:** 176
Rotary forging *See also* Forging; Orbital forging; Radial forging . . . **A14:** 176–179, **A20:** 693
advantages/limitations . . . **A14:** 177
and radial forging, compared . . . **A14:** 145, 176
applications . . . **A14:** 176–177
as new metalworking process . . . **A14:** 17
defined . . . **A14:** 11
die arrangement . . . **A14:** 17
die motion, examples . . . **A14:** 178
dies . . . **A14:** 17, 178
examples . . . **A14:** 178–179
in bulk deformation processes classification scheme . . . **A20:** 691
machines . . . **A14:** 177–178
of aluminum alloys . . . **A14:** 244
of bicycle hub bearing retainer . . . **A14:** 178
of carbon steel clutch hub . . . **A14:** 178–179
of copper alloy seal fitting . . . **A14:** 179
of titanium alloys . . . **A14:** 273
warm . . . **A14:** 178–179
workpiece materials . . . **A14:** 177
wrought aluminum alloy . . . **A2:** 34
Rotary furnace
in tungsten powder production . . . **M7:** 153
Rotary furnaces . . . **A7:** 189, 190
tungsten carbide powder . . . **A7:** 193
Rotary kilns . . . **M7:** 52, 79
Rotary piercing
for steel tubular products . . . **A1:** 328, **M1:** 316
of copper and copper alloy tube shells . . . **A2:** 249–250
Rotary presses . . . **A7:** 349, **M7:** 10, 334, 335
Rotary pump
damaged austenitic cast iron impellers in . . . **A11:** 355–356
Rotary pumps
for SEM vacuum system . . . **A12:** 171
gas mass spectrometry . . . **A10:** 151–152
Rotary roughening
definition . . . **A5:** 965
Rotary seal
defined . . . **A18:** 16
Rotary shakeout device . . . **A15:** 347–348, 503
Rotary shear
defined . . . **A14:** 11
Rotary shearing
accuracy . . . **A14:** 706
applicability . . . **A14:** 705–706
circle generation . . . **A14:** 706
of plate and flat sheet . . . **A14:** 705–707
rotary cutter adjustment . . . **A14:** 706
Rotary straighteners
multiroll rotary . . . **A14:** 686–687
two-roll rotary . . . **A14:** 686
Rotary swager
defined . . . **A14:** 11
Rotary swaging *See also* Forging; Swaging
and drilling, combined . . . **A14:** 141
and turning, combined . . . **A14:** 141
applicability . . . **A14:** 128, 141–142
automatic swaging machines . . . **A14:** 134
auxiliary tools . . . **A14:** 133–134
compatibility with various materials . . . **A20:** 247
defined . . . **A14:** 11
die taper angle . . . **A14:** 139
dimensional accuracy . . . **A14:** 140
feed . . . **A14:** 139, 143–144
hot swaging . . . **A14:** 142–143
lubrication . . . **A14:** 139–140
machines . . . **A14:** 129–132
material response . . . **A14:** 143–144
metal flow during . . . **A14:** 128–129
noise suppression . . . **A14:** 144
reduction effects . . . **A14:** 139
special applications . . . **A14:** 141–142
surface contaminants . . . **A14:** 39
surface finish . . . **A14:** 140
swaging dies . . . **A14:** 132–133
tube swaging, with mandrel . . . **A14:** 137–139
tube swaging, without mandrel . . . **A14:** 134–137
vs. press forming . . . **A14:** 140
vs. spinning . . . **A14:** 140–141
vs. turning . . . **A14:** 141
Rotary swaging machines . . . **A14:** 129–136
Rotary table
magnetic particle inspection methods . . . **A17:** 118
Rotary transducer
in torsion testing . . . **A8:** 158, 216
Rotary tumbling
ferrous P/M parts . . . **A5:** 763
for deburring . . . **M7:** 458
Rotary ultrasonic machining . . . **A5:** 106
Rotary ultrasonic machining (RUM) . . . **EM4:** 362
Rotary valve, high-temperature
expansion and distortion failure in . . . **A11:** 374–376
Rotary vane
for hydraulic torsional system . . . **A8:** 216
Rotary variable-differential transformer
for torsion testing . . . **A8:** 158
Rotary welding
definition . . . **M6:** 15
Rotary-arbor straighteners . . . **A14:** 687
Rotate-only systems
computed tomography (CT) . . . **A17:** 366–367
Rotating beam
loading mode, fatigue life (crack initiation) testing . . . **A19:** 196
Rotating beam fatigue strength . . . **M7:** 469
Rotating beam machine
and specimen stress distribution . . . **A8:** 392–393
fatigue test specimen . . . **A8:** 368, 371
for fatigue testing . . . **A8:** 369
grip ends . . . **A8:** 371
R.R. Moore-type . . . **A8:** 369–370
single-end . . . **A8:** 370
types . . . **A8:** 369–370

SUBJECTS OF THE INDEXED VOLUMES: ASM Handbook (designated by the letter "A"): **A1:** Properties and Selection: Irons, Steels, and High-Performance Alloys (1990); **A2:** Properties and Selection: Nonferrous Alloys and Special-Purpose Materials (1990); **A3:** Alloy Phase Diagrams (1992); **A4:** Heat Treating (1991); **A5:** Surface Engineering (1994); **A6:** Welding, Brazing, and Soldering (1993); **A7:** Powder Metal Technologies and Applications (1998); **A8:** Mechanical Testing (1985); **A9:** Metallography and Microstructures (1985); **A10:** Materials Characterization (1986); **A11:** Failure Analysis and Prevention (1986); **A12:** Fractography (1987); **A13:** Corrosion (1987); **A14:** Forming and Forging (1988); **A15:** Casting (1988); **A16:** Machining (1989); **A17:** Nondestructive Evaluation and Quality Control (1989); **A18:** Friction, Lubrication, and Wear Technology (1992); **A19:** Fatigue and Fracture (1996); **A20:** Materials Selection and Design (1997). **Metals Handbook, 9th Edition** (designated by the letter "M"): **M1:** Properties and Selection: Irons and Steels (1978); **M2:** Properties and Selection: Nonferrous Alloys and Pure Metals (1979); **M3:** Properties and Selection: Stainless Steels, Tool Materials, and Special-Purpose Materials (1980); **M4:** Heat Treating (1981); **M5:** Surface Cleaning, Finishing, and Coating (1982); **M6:** Welding, Brazing, and Soldering (1983); **M7:** Powder Metallurgy (1984). **Engineered Materials Handbook** (designated by the letters "EM"): **EM1:** Composites (1987); **EM2:** Engineering Plastics (1988); **EM3:** Adhesives and Sealants (1990); **EM4:** Ceramics and Glasses (1991). **Electronic Materials Handbook** (designated by the letters "EL"): **EL1:** Packaging (1989)

Rotating bending fatigue (RBF) testing .. A7: 377, 648
powder forged steel A7: 813, 815
Rotating bending fatigue tests A19: 17, 166, 230, 233
Rotating cantilever beam
fatigue test specimen A8: 371
Rotating cylinder method A7: 299
measuring angle of repose M7: 282, 283
Rotating dial
in cold extrusion A14: 303
Rotating disk atomization *See also* Atomization
equipment and production sequence ... M7: 46–47, 74–76
powder characteristics and process
limitations. M7: 47
Rotating disk atomizer. M7: 74–76
Rotating disk process A7: 609
Rotating eccentric mass machine
with direct-stress fixture A8: 369
Rotating electrode powder M7: 10
Rotating electrode process M7: 10, 34–37
atomized powders, Auger profiles M7: 254, 255
equipment M7: 34–35
for copier powders M7: 586–587
spherical powders M7: 586–587
Rotating electrode process atomization
superalloy powders. A7: 998
Rotating electrode process (REP) A1: 973, A7: 49, 97–101, 164, 609, 616
superalloy powders A7: 175, 998
titanium alloys A7: 99, 100
Rotating equipment A6: 39
Rotating frequency
in forced-vibration systems A8: 391
Rotating hanger blast cleaning. A15: 508
Rotating mandrels
carbon-reinforcement/carbon-matrix processing
materials, densification method, and final
shape operations. A20: 463
metal-matrix composite processing materials,
densification method, and final shape
operations A20: 462
Rotating platinum microelectrode A10: 204, 691
Rotating probes
eddy current inspection A17: 183, 187
Rotating sample cell
Raman analysis of graphites. A10: 132
Rotating shafts
with press-fitted elements A11: 470
Rotating tester
for gear fatigue A8: 370
Rotating-beam test A1: 861
Rotating-bend machines A19: 196
Rotating-bending fatigue
in shafts A11: 463–464
surface of A11: 321
Rotating-bending stress (S) A19: 227, 233
Rotating-die machines. A14: 178–179
Rotation
effect on shafts A11: 463
Rotation axis
defined in crystal symmetry A10: 346
Rotation, molecular
in Raman spectroscopy A10: 127
Rotation, of images
digital image enhancement A17: 458
Rotation pattern
single-crystal diffraction A10: 330
Rotation rate
and particle size distribution M7: 41, 43
particle size distribution and A7: 99
Rotation speed
horizontal centrifugal casting. A15: 297–298
vertical centrifugal casting A15: 305
Rotational angle
control, in low-cycle torsional fatigue. A8: 150
in cyclic torsional testing A8: 150
Rotational bending
and fatigue-crack propagation A11: 108–109
parameters compared to other electromechanical
fatigue systems A19: 179
Rotational bending systems A8: 392–393
electromechanical fatigue tester A8: 392
Rotational casting
defined EM2: 36
definition A20: 839
properties effects EM2: 286
thermoplastics processing comparison A20: 794

Rotational creep
in rolling-element bearings. A11: 492, 496
Rotational moiré patterns A9: 110
Rotational molding
compatibility with various materials. A20: 247
defined EM2: 36
definition A20: 839
equipment type/size EM2: 365–366
in polymer processing classification
scheme A20: 699
molded-in color EM2: 306
plastics A20: 798
polymer melt characteristics A20: 304
polymers A20: 701
process EM2: 360
processing characteristics, closed-mold A20: 459
rating of characteristics A20: 299
selection factors EM2: 361–365
size and shape effects EM2: 291
textured surfaces. EM2: 305
thermoplastics A20: 453
tooling EM2: 366–367
Rotational symmetry A20: 181
Rotatory compressor frame
copper-steel A7: 1103–1104
Rotatory sample divider A7: 209–210
Rotomolding A20: 444
Rotopeening
for steam generators A13: 942
Roto-percussive drilling
with cemented carbides A2: 974–975
Rotor
blade, ceramic, impact fracture of A11: 753
bowl, stainless steel, fatigue cracking in ... A11: 398
high-temperature, expansion and distortion
failure A11: 374–376
microstructures. A11: 376–377
oxidation and thermal fatigue cracking .. A11: 376
shaft, torsional fatigue failure A11: 464
shafts, brittle fracture from seams A11: 478
Rotor and stator stainless steel A7: 1104, 1105
Rotor castings
aluminum alloy A15: 755–757
aluminum casting alloys A2: 127–129
Rotor steel (Cr-Mo-V)
microstructure A20: 368, 369–370
Rotor steels
fatigue crack threshold A19: 145
Rotors
for elevated-temperature service A1: 620–621
Rototiller gear assemblies M7: 678
Rouge
batch size EM4: 382
Rouge buffing compounds M5: 117
Rouge finish
definition A5: 965
Rough analysis tools
for forging process design A14: 411
Rough blank
defined A14: 11
Rough forming
and manufacturing attributes A20: 228
Rough grinding
surface roughness and tolerance values on
dimensions A20: 248
Rough grinding, belt grinding
characteristics of process A5: 90
definition A5: 965
Rough grinding with grinding wheels
characteristics of process A5: 90
Rough machining
effect on fatigue strength A11: 122
Rough milling
surface roughness and tolerance values on
dimensions A20: 248
Rough polishing A19: 315
Rough threading
definition M6: 15
for thermal spray coatings A13: 460
thermal spray coating process using M5: 367
Roughening, surface *See* Surface roughening
Roughing mechanical vacuum pump A8: 413
Roughing stand
defined A14: 11
Roughing tool
cracked after heat treatment A11: 571

Roughness *See also* Surface roughness M7: 242
defined EL1: 1156
definition A5: 965
fracture surface A12: 199–205, 276
index of surface A12: 201
light-section microscopy used to
examine A9: 80–82
oblique illumination used to examine A9: 76
parameters 4340 steel A12: 213
parameters, quantitative
fractography A12: 199–205
severe, as casting defect A11: 384
surface, as casting defect A11: 381
surface, fractal analysis A12: 211–215
Roughness average.. A18: 28, 334, 335, 340–341, 343
Roughness average (R_A) A6: 883
Roughness parameters *See also* Surface roughness
parameters
average peak-to-trough height A12: 200
fractal dimension, irregular planar curve.. A12: 200
fracture path preference index A12: 201
probability parameter A12: 201
profile configuration A12: 200
profile parameters A12: 199–200
quantitative fractography A12: 199–205
surface A12: 200–201
true length A12: 199–200
vertical A12: 200
Roughness profile A18: 518
Roughness-induced closure A19: 34–35, 144, 201
nickel-base alloys A19: 35–36
Roughness-induced closure/bridging A19: 267
Roughness-induced crack closure.. A19: 113, 136, 140
and corrosion fatigue A8: 408–409
in welds A19: 146
Rough-polishing process
defined A9: 15
definition A5: 965
Round bar
dynamic notched testing with A8: 275–282
Round bars A19: 292
Round blanks
layout of A14: 449–450
Round bores
in gears and/or gear trains A11: 589
Round durometer A8: 107
Round hole bone plates
as internal fixation device A11: 671
Round particles
apparent density M7: 272
Round sections
computer-aided roll pass design for A14: 349
Round steel bar
dry blasting A5: 59
Round steel bars
eddy current inspection A17: 185–186
Round wire
wrought copper and copper alloys A2: 251–252
Round-headed bolts
economy in manufacture M3: 852, 853
Rounding of edges during abrasion and
polishing A9: 44–45
Roundness
definition A7: 271
Routability, of surface mounted chip carrier
vs. DIP EL1: 15
Routers
channel EL1: 532
rip-up EL1: 532–533
shove-aside EL1: 533
Routing *See also* Rerouting
algorithms EL1: 81, 529
automatic trace, computer-aided
design EL1: 529–533
daisy chain EL1: 83
digital systems EL1: 76
gridless EL1: 533
Manhattan-type patterns EL1: 76
PCD tooling inserts A16: 110
printed wiring boards EL1: 115
rigid wiring boards EL1: 547
signal path, rigid printed wiring
boards EL1: 551–552
R-output
defined A17: 303
high-energy sources A17: 307–308
of x-ray tube A17: 304

R-output (continued)
tube current effect **A17:** 304
tube voltage effect **A17:** 304
Roving *See also* Woven roving
as continuous reinforcement pultrusion .. **EM2:** 393
cloth, defined **EM2:** 37
defined **EM2:** 36
Roving ball
defined **EM1:** 20, **EM2:** 36
Roving cloth
defined **EM1:** 20
Rovings *See also* Fabrics; Weaves
applications **EM1:** 109
aramid fiber **EM1:** 114–115
collimated, defined *See* Collimated roving
continuous strand, tests for **EM1:** 291
fiberglass **EM1:** 109
Kevlar, sizes **EM1:** 114
pultrusion **EM1:** 537
woven, and fiberglass mat **EM1:** 109
woven glass **EM1:** 109
woven/fabric, for resin transfer molding **EM1:** 169
Row nucleation **EM3:** 25
defined **EM2:** 37
Rowland circle mount
polychromators with **A10:** 23
Royal Brass Foundry Drawings **A15:** 20
R_p *See* Roughness parameters
RPDROD computer program
for roll pass design **A14:** 349
RPE *See* Rotating platinum microelectrode
RQC-100
strain-life curves **A19:** 607
***R*-ratio** ... **A19:** 24, 56, 106, 138, 142, 267, **A20:** 517, 519, 633
in steels **A19:** 37
nickel-base alloys **A19:** 36
residual stress as change in **A11:** 57
***R*-ratio effect** **A19:** 39
RRIM *See* Reinforced reaction injection molding
RS *See* Raman spectroscopy; Surface roughness parameters
RSCs *See* Reversed sigmoidal curves
RSF *See* Relative sensitivity factor
RTI *See* Relative thermal index
RTM *See* Resin transfer molding (RTM); Resin transfer/molding
RTV *See* Room-temperature vulcanizing; Room-temperature vulcanizing (RTV); Room-temperature vulcanizing (RTV) silicones
RTV silicone rubbers
applications **EM2:** 266
RTV-I (moisture-curing) silicone conformal coatings **EL1:** 823–824
RTV-II (addition curing) silicone conformal coatings **EL1:** 823–824
Rub marks
by abrasion **A11:** 27
fatigue **A12:** 118–119
Rubber
abrasive blasting of **M5:** 91
analysis, nitrile sheath vs. neoprene sheath **A10:** 648
-base adhesives **EM1:** 686–687
cross-linked, ductility dependence on temperature-compensated strain rate **A8:** 39, 43
defined **EM1:** 20
drilling **A16:** 229, 230, 237
ESR for **A10:** 263
for efficient compact springs **A20:** 288
honing **A16:** 476
ion implantation work material in metalforming and cutting applications **A5:** 771
liquid, for plastic replicas **A17:** 53
magnetic *See* Magnetic rubber inspection
modified polymers, toughness of **EM1:** 27
natural and synthetic, seal materials **A18:** 550
O-ring assemblies, neutron radiography of **A17:** 388
sliding and adhesive wear **A18:** 240
thermal energy method of deburring **A16:** 578
wheel, abrasive wear tester **A8:** 605
Rubber bag materials
natural latex **M7:** 447
natural molded **M7:** 447
Rubber coatings
chlorinated **A13:** 404
Rubber compounds
for faying surfaces **EM3:** 604
for fillets **EM3:** 604
for rivets **EM3:** 604
Rubber forming **A20:** 694
characteristics **A20:** 693
defined **A14:** 11
in sheet metalworking processes classification scheme **A20:** 691
Rubber injection molding **M7:** 669
Rubber lattices
for packaging **EM3:** 45
Rubber, mold materials for *See* Plastics and rubber, mold materials for
Rubber, natural
cost per unit mass **A20:** 302
cost per unit volume **A20:** 302
engineered material classes included in material property charts **A20:** 267
properties **A20:** 435
structure **A20:** 435
Rubber network theory
molecular models from **EL1:** 849
Rubber office-chair roller
failure of **A11:** 763–764
Rubber padding
for drop hammer forming **A14:** 654
Rubber pads
for drop hammer forming **A14:** 657
in press brake dies **A14:** 539–540
Rubber particles
introduced into polymers **A19:** 56
Rubber phase associating plasticizers **EM3:** 183
Rubber phase associating resins **EM3:** 183
Rubber tape selective cadmium plating process **M5:** 268
Rubber tile
waterjet machinery **A16:** 522
Rubber wheel abrasion tests **M1:** 600–601
Rubber-backed carpet
waterjet machinery **A16:** 522
Rubber-base adhesives *See* Elastomeric adhesives
Rubber-bonded abrasive wheels **A9:** 24–25
Rubber-die flanging
failures in **A14:** 615
Rubber-lined steel
filters for copper plating **A5:** 175
pickling tank material for copper and copper alloys **A5:** 807
Rubber-modified polypropylene
for automobile bumpers **A20:** 300
Rubber-modified styrene-acrylonitriles *See* Styrene-acrylonitriles
Rubber-pad forming *See also* Fluid forming; Fluid-cell process; Guerin process; Marforming process **A14:** 605–615
advantages/disadvantages **A14:** 605
aluminum alloys **A14:** 799–800
ASEA Quintus rubber-pad press **A14:** 608
defined **A14:** 11, 605
drop hammer forming, with trapped rubber **A14:** 608
equipment **A14:** 5
failures, rubber-die flanging **A14:** 615
fluid forming **A14:** 611–614
fluid-cell forming **A14:** 608–611
Guerin process **A14:** 605–607
Marform process **A14:** 607–608
of copper and copper alloys **A14:** 818–819
of magnesium alloys **A14:** 829–830
of titanium alloys **A14:** 845–846
stainless steels **A14:** 773–774
types **A14:** 605–608
Rubber-resin bonded abrasive wheels **A9:** 24–25
Rubbers **EM3:** 25, 86
advantages and limitations **EM3:** 85
and synthetic latexes
applications **EM3:** 45
characteristics **EM3:** 45
defined **EM2:** 37
effect of concentration on elastic modulus **EM3:** 321
electrical properties **EM2:** 589
heat-curable (HCR) **EM2:** 267
hot-applied pumpable for automotive applications **EM3:** 57
natural **EM3:** 75, 76, 82–84, 143
additives and modifiers **EM3:** 145–146
bonding substrates and applications **EM3:** 85
chemistry **EM3:** 145
commercial forms **EM3:** 145
cross-link density effect on tensile strength **EM3:** 412
for self-sealing tires **EM3:** 58
for tapes, labels, and protective films ... **EM3:** 84
markets **EM3:** 145
properties **EM3:** 143–144, 145, 146
reclaimed **EM3:** 75, 76, 82–83, 145
resins and plasticizers used in formulations **EM3:** 183
RTV silicone **EM2:** 266
sulfur-vulcanized natural, microstructural analysis **EM3:** 412
synthetic **EM3:** 75, 143
vulcanized, microstructural analysis **EM3:** 412–413
wire splice protection **EM3:** 612
Rubber-wheel test
of abrasion-resistant cast iron **A1:** 97
Rubbery-state processing
thermoplastics **A20:** 700–701
Rubbing
and abrasion **A11:** 26
in shafts **A11:** 463
Rubbing bearing
defined **A18:** 16
Rubidium
as pyrophoric **M7:** 199
cations, in glasses, Raman analysis **A10:** 131
epithermal neutron activation analysis **A10:** 239
explosive reactivity in moisture **M7:** 194
in insect eggs, GFAAS analysis **A10:** 55
organic precipitant for **A10:** 169
pure **M2:** 791–792
Raman vibrational behavior **A10:** 133
species weighed in gravimetry **A10:** 172
TNAA detection limits **A10:** 238
vapor pressure **A6:** 621
Rubidium, and liquid metals
safety of **A13:** 94–95
Rubidium monoxide-silicon dioxide (Rb_2O-SiO_2)
self-diffusion coefficients of alkali ions .. **EM4:** 461
Rubidium, pure
properties **A2:** 1151
Rubidium, vapor pressure
relation to temperature **A4:** 495, **M4:** 310
Ruby
ESR studied **A10:** 264
fusion with acidic fluxes **A10:** 167
ultrasonic machining **A16:** 530, 532
Ruby lasers
for optical holographic interferometry **A17:** 418
mounting **M6:** 667
operation **M6:** 649
Ruby pulsed lasers, parameters
laser-beam welding applications **A6:** 263
Ruby pulsed solid-state lasers **A6:** 266
Ruess model
composite Young's modulus **EM4:** 860
Rugged boundaries
fractals as descriptors **M7:** 243–244

SUBJECTS OF THE INDEXED VOLUMES: ASM Handbook (designated by the letter "A"): **A1:** Properties and Selection: Irons, Steels, and High-Performance Alloys (1990); **A2:** Properties and Selection: Nonferrous Alloys and Special-Purpose Materials (1990); **A3:** Alloy Phase Diagrams (1992); **A4:** Heat Treating (1991); **A5:** Surface Engineering (1994); **A6:** Welding, Brazing, and Soldering (1993); **A7:** Powder Metal Technologies and Applications (1998); **A8:** Mechanical Testing (1985); **A9:** Metallography and Microstructures (1985); **A10:** Materials Characterization (1986); **A11:** Failure Analysis and Prevention (1986); **A12:** Fractography (1987); **A13:** Corrosion (1987); **A14:** Forming and Forging (1988); **A15:** Casting (1988); **A16:** Machining (1989); **A17:** Nondestructive Evaluation and Quality Control (1989); **A18:** Friction, Lubrication, and Wear Technology (1992); **A19:** Fatigue and Fracture (1996); **A20:** Materials Selection and Design (1997). **Metals Handbook, 9th Edition** (designated by the letter "M"): **M1:** Properties and Selection: Irons and Steels (1978); **M2:** Properties and Selection: Nonferrous Alloys and Pure Metals (1979); **M3:** Properties and Selection: Stainless Steels, Tool Materials, and Special-Purpose Metals (1980); **M4:** Heat Treating (1981); **M5:** Surface Cleaning, Finishing, and Coating (1982); **M6:** Welding, Brazing, and Soldering (1983); **M7:** Powder Metallurgy (1984). **Engineered Materials Handbook** (designated by the letters "EM"): **EM1:** Composites (1987); **EM2:** Engineering Plastics (1988); **EM3:** Adhesives and Sealants (1990); **EM4:** Ceramics and Glasses (1991). **Electronic Materials Handbook** (designated by the letters "EL"): **EL1:** Packaging (1989)

Rugged systems
fractals as descriptors of **M7:** 243–245
Ruggedness elongation diagram
particle shape. **M7:** 240
Ruggedness (waviness)
planar shape **A7:** 271
Rugosities *See* Asperities
Rule correction module **A20:** 312
Rule of Four and Six **A20:** 826, 827
Rule of mixtures. **EM1:** 868
Rule of mixtures approach **A7:** 625
Ruled surface
true area and length. **A12:** 204
Rule-of-mixtures type of calculation **A20:** 651
Rules
as form of CAD model definition **EL1:** 129
behavioral model as **EL1:** 129
technology, of engineering design system (EDS) **EL1:** 128
Rules of thumb
definition. **A20:** 839
Run length encoding
machine vision process **A17:** 34
Run test. **A7:** 694
Run-arrest cleavage behavior
crack arrest toughness and **A8:** 453
Runge-Kutta numerical technique **A19:** 161
Runner box
defined **A15:** 10
Runner diameter. **A7:** 359
Runner system
defined **EM2:** 37
Runnerless thermoset molding *See* Warm-runner molding
Runner(s) *See also* Mold cavity. **A20:** 723
copper alloy casting. **A15:** 777–778
defined **A15:** 10
design, gating system **A15:** 589–590, 592–593
in gating, die casting **A15:** 289
Running Cracks
crack arrest testing and. **A8:** 453
measuring toughness with. **A8:** 284
Running-in
definition. **A5:** 965
Running-in coatings
valve train assembly components **A18:** 559
Running-in period **A18:** 489
Runoff tab. **A6:** 88
Runoff weld tab **A6:** 51
Runout
as casting defect **A11:** 385
defined **A15:** 10
Runouts
in fatigue properties data **A19:** 17
in schematic of fatigue data collection. **A8:** 701
treatment in fatigue testing **A8:** 701
Rupture *See also* Creep rupture; Dimple ruptures; Modulus of rupture; Rupture life; Rupture strength; Rupture stress; Rupture time; Stress rupture; Transverse rupture strength. . . . **A19:** 5, **EM3:** 25
and creep, with STAMP process **M7:** 549
by embrittlement **A11:** 612–614
caused by overheating. **A11:** 603
characteristics, and particle lubrication. . . . **M7:** 288
defined **EL1:** 1156, **EM1:** 20, **EM2:** 37
external, in gears **A11:** 596–597
intemal, in gears. **A11:** 596
life **A11:** 265
mechanical discontinuities as. **A11:** 383
of low-carbon steel boiler tubes, from overheating **A11:** 607–608
properties measurement after service **A8:** 338
rating in notched-bar upset test **A8:** 588–599
strength, defined. **EM2:** 37
strength, transverse, cemented carbides **A2:** 956
sudden tube. **A11:** 603
thick-lip, in steam-generator tubes . . . **A11:** 605–606
thin-lip, in steam-generator tubes **A11:** 606
vs. stress-rupture stress **A11:** 265
Rupture ductility **A1:** 933–934
Rupture life. **A8:** 685, **A19:** 481, **A20:** 574
analyses of **A8:** 689–693
data, analysis of **A8:** 686
Inconel 751, notch effects **A8:** 316–318
Nimonic 80A, notch effect. **A8:** 316–318
S-816, notch effect. **A8:** 316–318
under constant stress, creep testing. **A8:** 305
vs. stress for aluminum alloy. **A8:** 332
Waspaloy, notch effect **A8:** 316–318
Rupture, modulus of *See also* Modulus of rupture, in bending; Modulus of rupture, in torsion **A20:** 344
Rupture strength. **EM3:** 25
alloy cast irons **M1:** 95–96
for steels **A8:** 330
of chromium-molybdenum steel **A8:** 340
ratio of notched and unnotched specimens determined by. **A8:** 315
Rupture stress
defined **A8:** 11, **A11:** 9
in gears **A11:** 596–597
in pressure vessels **A11:** 666
selection for extensive study **A8:** 339–340
stress. **A11:** 265
Rupture stresses
maraging steels **M1:** 450
Rupture testing
life-assessment techniques and their limitations for creep-damage evaluation for crack initiation and crack propagation. **A19:** 521
Rupture tests, reduction of area. **A20:** 578
Rupture time
Discaloy. **A8:** 316–317
heat treatment effects, Waspaloy. **A8:** 316
Waspaloy, notch effect **A8:** 316
Rupture(s) *See also* Decohesive rupture(s); Dimple rupture(s); Fracture(s)
intergranular, and transcrystalline cleavage **A12:** 222
low-carbon steels **A12:** 240
materials illustrated in **A12:** 217
spontaneous, AISI/SAE alloy steels. **A12:** 299
titanium alloys **A12:** 449
Rural atmospheres
contaminants in **A13:** 81
corrosion in. **A11:** 193
galvanized coatings in **A13:** 440
magnesium/magnesium alloys in **A13:** 743
service life vs. thickness of zinc **A5:** 362
simulated service testing. **A13:** 204
telephone cables in **A13:** 1127
zinc and galvanized steel corrosion. **A5:** 363
Ru-Si (Phase Diagram) . . . . **A3:** 2•355
Rust *See also* Corrosion; Oxidation; Rusting; White rust
and porosity, in arc welds **A11:** 413
defined **A11:** 9, **A13:** 11
definition. **A5:** 965
derusters, alkaline cleaning process *See also* Alkaline derusting and descaling **M5:** 22
in marine atmospheres **A13:** 778
painting process affected by **M5:** 473–474, 499, 504–505
Pictorial Representation of Rust Classification. **M5:** 499, 503
protection against *See also* Rust-preventive compounds. **M5:** 459–470
cadmium plate on steel. **M5:** 266
extent of protection, determining **M5:** 460
rust-proofing step, vapor degreasing. **M5:** 47
shot-peened materials **M5:** 145
removal of, process types and selection **M5:** 11–14
resistance testing, tin coatings **A13:** 781
rusting rate, effects on **M5:** 460
sheared edges, fabricated steel sheet, aluminum coating process affected by **M5:** 334
staining, from galvanic corrosion **A13:** 86
Rust and corrosion inhibitors **A18:** 99, 105–106
applications **A18:** 106
formation of. **A18:** 105–106
multifunctional nature. **A18:** 111
tests **A18:** 106
types. **A18:** 105
Rust and oxidation (R&O) inhibited oils
lubricants for rolling-element bearings **A18:** 133–134
Rust inhibitors **A7:** 720, **M5:** 435, 453
grease additives **A18:** 124
tapping. **A16:** 263
Rust on etched specimens
prevention and removal **A9:** 172
Rusting *See also* Corrosion; Oxidation
as electrochemical **A13:** 18
deliberate light **A15:** 18
effect of atmospheric pollution on **A13:** 511
erosion and, carbon steel **A13:** 136
ferrous scrap, as inclusion-forming **A15:** 90
passivators. **A13:** 1259
scale, carbon steel **A13:** 520
tubercule, localized corrosion under. **A13:** 488
Rust-preventive compounds **A5:** 412–420, **M5:** 459–470
application methods **A5:** 413, 415
applications **A5:** 412, 414–415, **M5:** 460–466
applying, methods of **M5:** 466–467
carriers. **A5:** 412
characteristics. **A5:** 414–415
chemical reactions with surface effects of. . **M5:** 466
constituent materials. **A5:** 412–413
costs **M5:** 468
costs as selection parameter. **A5:** 419
covered by military specifications **A5:** 414–415, 416
definition. **A5:** 412
dry films **A5:** 413
dry-film types *See* Dry-film rust-preventive compounds
duration of protection. **A5:** 420
emulsion cleaners containing *See* Emulsion rust-preventive compounds
emulsion compounds. **A5:** 413–414
film formers **A5:** 412
film, physical characteristics **M5:** 466, 470
film thickness as selection parameter. . **A5:** 418–419
film thickness, control of. **M5:** 467–468, 470
fingerprint removers *See* Fingerprint removers and neutralizers
fingerprint removers and neutralizers **A5:** 415, 417
grease used as **M5:** 460–464, 467–468
hard-film types **M5:** 460, 465–466, 468
lubrication oils used as **M5:** 460–464
material selection. **A5:** 415–418
material, selection of **M5:** 460–466
metal specimen mass effects of **M5:** 468–470
military specifications **M5:** 460–464
nonmetallic materials attacked by **M5:** 466
oil compounds **A5:** 413
oil types *See* Oil rust-preventive compounds
petrolatum compounds **A5:** 413, 417, 418
petrolatum types *See* Petrolatum rust-preventive compounds
physical and chemical considerations. **A5:** 418
pickle oil **A5:** 413
polar additives **A5:** 412
prelubes. **A5:** 413, 418
preparation as selection parameter **A5:** 420
properties. **A5:** 416
quality control. **M5:** 469–470
quality control as selection parameter **A5:** 419–420
removability and removal of **M5:** 45, 468
removability as selection parameter **A5:** 419
safety precautions **A5:** 420, **M5:** 470
solvent-cutback compounds. **A5:** 415, 417
solvent-cutback type *See* Solvent- cutback petroleum-based rust- preventive compounds
specialty additives **A5:** 412–413
specific gravity effects **M5:** 468–470
storage conditions determining material selection **M5:** 460–466
storage environment and duration **A5:** 415–417
surface preparation for. **M5:** 470
temperature effects **M5:** 467–468, 470
types. **A5:** 413
types available. **M5:** 459–464
types of parts requiring protection **A5:** 417
uses. **A5:** 412
viscosity, control of **M5:** 469
water-based dry films **A5:** 413
water-based types **M5:** 470
water-displacing compounds. **A5:** 415
water-displacing polar types *See* Water-displacing polar rust-preventive compounds
withdrawal rate, effect of **M5:** 468–469
Rustproofing
vapor degreasing. **A5:** 26
Ru-Ta (Phase Diagram). . . . . **A3:** 2•355
Ruthenium *See also* Precious metals
and palladium alloys, as electrical contact materials **A2:** 847

Ruthenium (continued)
and platinum alloys, as electrical contact
materials **A2:** 847
annealing **A4:** 946–947, **M4:** 760
applications **A4:** 946
as precious metal **A2:** 688
corrosion of **A13:** 805–806
determined by controlled-potential
coulometry........................**A10:** 209
distillation **A10:** 169
electrical circuits for electropolishing **A9:** 49
elemental sputtering yields for 500
eV ions............................**A5:** 574
evaporation fields for **A10:** 587
gravimetric finishes **A10:** 171
hardness.................................**A4:** 947
in medical therapy, toxic effects **A2:** 1258
pure...................................**M2:** 792
pure, properties **A2:** 1153
resources and consumption **A2:** 689–690
special properties..................**A2:** 692, 694
substitution for titanium producing electrical
conductivity....................**EM4:** 542
tensile strength **A4:** 944
thermal expansion coefficient.............**A6:** 907
toxicity **M7:** 207
vapor pressure, relation to temperature ...**A4:** 495,
M4: 310
working of **A14:** 851
Ruthenium carbonyl........................**A7:** 167
Ruthenium plating **A5:** 251
Ruthenium powders **A7:** 182
Ruthenium-platinum powders **A7:** 187
Rutherford backscattering spectrometry A10: 628–636
applications **A10:** 628, 631–636
backscattering **A10:** 629
capabilities.............................**A10:** 610
capabilities, and FIM/AP **A10:** 583
channeling effect in................**A10:** 630–631
collision kinematics **A10:** 629
defined.................................**A10:** 681
energy loss.............................**A10:** 630
equipment for.........................**A10:** 631
estimated analysis time.................**A10:** 628
general uses...........................**A10:** 628
introduction and principles **A10:** 629
limitations **A10:** 628
of inorganic solids **A10:** 4–6
related techniques **A10:** 628
resonance effect **A10:** 635
samples.....................**A10:** 628, 632–636
scattering cross section **A10:** 629–630
sensitivity **A10:** 630
Rutherford backscattering spectroscopy
(RBS) **A5:** 669, 670, 671, 673–674, 675,
EL1: 926, 1092, **EM3:** 237
depth profiling **EM3:** 247
Rutherford cable, two-layer
for niobium-titanium superconducting
materials **A2:** 1051–1052
Ru-Ti (Phase Diagram) ....**A3:** 2•356
Rutile
bright-field and dark-field images of annealing twin
in.................................**A10:** 443
chemical composition **A6:** 60
functions in FCAW electrodes...........**A6:** 188
in ceramic waste form simulant, EPMA analysis
for...........................**A10:** 532–535
Miller numbers.........................**A18:** 235
sintering agent for **A10:** 166
Ru-U (Phase Diagram) ....**A3:** 2•356
Ru-V (Phase Diagram) ....**A3:** 2•356
*R***-value** **A20:** 302, 305
definition.............................**A20:** 839
RWMA group B refractory metal rod
bar and inserts.........................**M7:** 629
Rynite 530/935
lap shear strength of untreated and plasma-treated
surfaces............................**A5:** 896

Ryton thermoplastic......................**EM1:** 99
Ryzner index.............................**A20:** 312
RZ powder **M7:** 10
σ phase
orientation relationship in **A10:** 453–454
The Rauch Guide to the U.S. Adhesives and Sealants
Industry **EM3:** 71

S

17-4 PH
See Stainless steels
6150 steel **A1:** 437–438
heat treatments for......................**A1:** 438
properties of.....................**A1:** 438, 439
Ag-5Al-2.5Mn (bronze alloy)
environments known to promote stress-corrosion
cracking of commercial titanium
alloys **A19:** 496
AgC
environments known to promote stress-corrosion
cracking of commercial titanium
alloys **A19:** 496
Na_2SO_4 **solution**
environments known to promote stress-corrosion
cracking of commercial titanium
alloys **A19:** 496
noncontact methods **A8:** 193
and strain rate, in ultrasonic fatigue
testing............................**A8:** 241
in hold-time tests, stainless steel **A8:** 356
partitioning, in creep-fatigue
interaction...................**A8:** 357–358
Strain range.............................**A8:** 357
vs. cycles-to-failure for low-cycle fatigue ...**A8:** 364
vs. fatigue-life reduction factor **A8:** 353
vs. hold period in compression **A8:** 353
vs. hold periods in tension...............**A8:** 353
vs. mean stress.....................**A8:** 353–354
S basis
of design values **A8:** 662
S glass
properties **EM4:** 849, 1057
seals to metals.........................**EM4:** 499
S. Jarvis Adams Company *See* Mackintosh-Hemphill
Company
S polarization *See* Polarization
S.W.G. System *See* Steel wire gage system
S/MA *See* Styrene-maleic anhydrides
S1, S2, S3, etc *See* Tool steels, specific types
S-2 glass............................**EM1:** 29, 43
S-590
composition......................**M4:** 651–652
S-816
aging...................................**A4:** 796
aging cycle **M4:** 656
annealing **M4:** 655
broaching..............................**A16:** 209
composition **A4:** 794, 795, **A6:** 564, 573, 929,
A16: 736, **M4:** 651–652, **M6:** 354
grinding **A16:** 759
machining ..**A16:** 738, 741–743, 746–747, 749–758
solution treating **M4:** 656
solution-treating **A4:** 796
stress relieving.........................**M4:** 655
SAAB rubber-diaphragm method
of fluid forming...................**A14:** 611, 614
SAAS 3M computer program for structural
analysis...................**EM1:** 268, 272
SAAS III computer program for structural
analysis.................**EM1:** 268, 272–273
Saber simulator **A20:** 206
Sabotage
of pipelines **A11:** 704
SAC hardenability test *See also* Surface- area -
center test.................**M1:** 473–474, 477
SAC (surface area center) test **A1:** 150–151,
152–153, 454

Saccharin
use in nickel plating....................**M5:** 205
Saccharin (benzoic sulfimide).............**EM3:** 114
Saccharin salt + alpha hydroxy sulphone
generating free radicals for acrylic
adhesives **EM3:** 120
Sachs factor **A19:** 82
Sachs orientation factor **A19:** 82
Sachs (slab) analytical process method......**A14:** 425
SACMA *See* Suppliers of Advanced Composite
Materials Association
SACP *See* Selected-area channeling pattern
Sacrificial anode
on steel ship hulls.................**A8:** 537, 540
Sacrificial anodes *See also* Cathodic protection
aluminum **A13:** 469
and impressed-current anodes, compared **A13:** 922
corrosion protection in seawater **M1:** 745
energy characteristics....................**A13:** 921
for marine corrosion **A13:** 920–921
for stray-current corrosion **A13:** 87
magnesium **A13:** 468–469
soil corrosion prevented by...............**M1:** 731
systems, cathodic protection **A13:** 467–469
zinc....................................**A13:** 469
Sacrificial coatings
corrosion prevention with...........**M5:** 432–433
for cast irons **A13:** 570–571
Sacrificial metal systems
for cladding **A13:** 888–889
Sacrificial protection
defined.................................**A13:** 11
definition...............................**A5:** 965
Sacrificial-anode approach **A20:** 553, 554
SAD *See* Selected-area diffraction
Saddle
forging.....................**A14:** 62–63, 69–70
open-die forging of ring with............**A14:** 127
supports, for open-die forging **A14:** 62
Saddle forging.................**A14:** 62–63, 69–70
SADP *See* Selected-area diffraction pattern
SAE *See* Society of Automotive Engineers
SAE 950
ion implantation work material in metalforming
and cutting applications **A5:** 771
SAE aerospace material specifications
(AMS) **EM2:** 91
SAE Aerospace Materials Division, Composites
Committee
as information source **EM1:** 41
SAE alloy 13 ....**A9:** 419
SAE alloy 14 ....**A9:** 419
SAE alloy steels *See* AISI/SAE alloy steels
SAE FD&E Cumulative Fatigue Damage Test
Program............................**A19:** 245
SAE Handbook, Aerospace Index...........**EM3:** 72
SAE Nonmetallics Committee **EM3:** 62
SAE specifications *See also* AISI-SAE specifications;
listings in data compilations for individual
alloys
bearing materials..........**M3:** 813–815, 817–819
composition ranges and limits for
steels.........................**M1:** 131–134
designation system for steels **M1:** 124–127, 132
ductile iron.....................**M1:** 34, 35, 36
experimental steels, discussion of **M1:** 127, 132
ferrous P/M materials..............**M1:** 332, 333
gray iron **M1:** 16, 18, 19
HSLA steels, discussion of **M1:** 132, 403, 408–409
J435c specification requirements **M1:** 377, 378,
380
superhard tool materials.........**M3:** 448–449, 453
SAE standards, specific types
J400, gravel used to measure impact resistance of
coatings **A5:** 438
J442, "Holder and Gage for Shot
Peening".....................**A5:** 130, 135
J443, "Procedure for Using Shot Peening Test
Strip".........................**A5:** 126, 135

J827, "Cast Steel Shot" **A5:** 128
SAE strength grades
threaded fasteners **M1:** 274, 275, 277
SAE-AISI designations
cross-referenced to international steel specifications
British (BS) steel specifications **A1:** 166–174
French (AFNOR) steel specifications **A1:** 166–174
German (DIN) steel specifications . . **A1:** 166–174
Italian (UNI) steel specifications **A1:** 166–174
Japanese (JIN) steel specifications . . . **A1:** 166–174
Swedish (SS) steel specifications **A1:** 166–174
for ductile iron **A1:** 35, 36
for former standard steels **A1:** 155
for free-cutting (resulfurized) steels **A1:** 150
for free-cutting steels **A1:** 151
for high-strength low-alloy steels **A1:** 154
for low-alloy (alloy) steels **A1:** 152, 153
for merchant quality steels **A1:** 150
for potential standard steels **A1:** 153
for steel castings **A1:** 364, 365, 366
for threaded fasteners **A1:** 289, 290, 292, 296
for threaded steel fasteners **A1:** 289, 290, 292, 296
steels, formerly listed **A1:** 151, 155–156
Safe Drinking Water Act (SDWA) **A5:** 917
Safe Drinking Water Act (SDWA) of 1974
chromate conversion coatings **A5:** 408
Safe forming
in austenitic stainless steel **A8:** 154
Safe load **A20:** 282
Safe region
in aluminum processing map **A8:** 572
Safe-life approach **A19:** 582
Safe-life design **A20:** 541
Safe-life, finite-life philosophy . . . **A19:** 15, 16, 19, 20, 22
Safe-life, infinite-life philosophy . . **A19:** 15, 16, 18, 19, 20
Safety *See also* Explosions; Fires; Management; Operators; Personnel; Precautions; Pyrophoricity; Toxicity **A20:** 104
abrasive waterjet cutting **A14:** 755
alarm, cupola **A15:** 30
aluminum melting, reverberatory furnace **A15:** 377
aspects. of damage tolerance **EM1:** 259
autoclave **EM1:** 648
beryllium-containing alloys **A2:** 426–427
defined **A20:** 139
in beryllium forming **A14:** 806
in blanking operations **A14:** 458
in deep drawing **A14:** 590
in discontinuous ceramic fiber MMC production **EM1:** 903
in electromagnetic forming **A14:** 650
in electropolishing **A9:** 51–55
in explosive forming **A14:** 643, 781
in fine-edge blanking and piercing **A14:** 474
in hand lay-up technique **EM1:** 132
in handling and mixing etchants **A9:** 68–69
in handling electrolytes **A9:** 51–55
in hot forging **A14:** 58
in hydrogen sulfide use **A10:** 169
in machining magnesium and magnesium alloys **A2:** 475–476
in open-die forging **A14:** 73
in piercing **A14:** 471
in press bending **A14:** 532
in press forming **A14:** 555
in press-brake forming **A14:** 544
in sample dissolution **A10:** 165–167
in shearing **A14:** 707
in three-roll forming **A14:** 623
information, bibliography of **A14:** 35
of aluminum-lithium alloys **A2:** 182–184
of beryllium **A2:** 687
of chromate conversion coating **A13:** 395
of cleaning methods **A17:** 81–82
of lubrication **A14:** 517–518
of pouring devices **A15:** 27
of presses **A14:** 474, 503
of semisolid metalworking processes **A15:** 338
of ultrasonic cutting **EM1:** 618
of vertical centrifugal casting **A15:** 305–307
radiation **A17:** 300–302
salt bath explosions **A2:** 182
structural, fracture control for **A17:** 666
toxicity, of additives **EM2:** 494
with die and die materials **A14:** 58
with forging hammers/presses **A14:** 35
with liquid metals **A13:** 94–97
with magnesium alloys **A14:** 826
with polyamide-imides (PAI) **EM2:** 137
with water-suspended magnetic particles **A17:** 101–102
Safety analysis **A20:** 123–124
Safety and health hazards
alkaline cleaning **A5:** 20
blast cleaning operations **A5:** 65–66
cadmium plating **A5:** 224
cadmium use **A5:** 918
chemical vapor deposition of nonsemiconductor materials **A5:** 516
chromium **A5:** 925–928
chromium plating **A5:** 184, 190
cleaning processes **A5:** 16, 17
compliant wipe solvent cleaners **A5:** 943
copper and copper alloys **A5:** 806, 807
electroless alloy deposition **A5:** 329
electroless copper plating **A5:** 321
electroless gold plating **A5:** 325
emulsion cleaning **A5:** 34, 38
FDA guidelines for lead limits in glazes **A5:** 879–880
fluid oil disposal **A5:** 159–160
grinding of stainless steels **A5:** 752
indium plating **A5:** 238
ion implantation **A5:** 609
ion-beam-assisted deposition **A5:** 599
iron plating **A5:** 214
magnesium alloys **A5:** 823, 834
mass finishing compound selection **A5:** 123
molten salt bath cleaning **A5:** 42
nickel alloy plating **A5:** 268–269
nickel plating **A5:** 211–212
painting **A5:** 439
painting of structural steel **A5:** 446
phosphate coatings **A5:** 398–400
pickling **A5:** 77–78
rust-preventive compounds **A5:** 420
selective plating **A5:** 281
solvent cold cleaning **A5:** 23–24
thermal spray coatings **A5:** 506–507
tin-alloy plating **A5:** 259, 263
vapor degreasing **A5:** 32, 930
Safety and health standards
mass finishing methods **A5:** 124–125
Safety checklists **A20:** 142
Safety codes **A20:** 67
Safety equipment
of polyarylates (PAR) **EM2:** 138
of polycarbonates (PC) **EM2:** 151
Safety factor . . . **A20:** 72, 251, 283, 286, 342, 510–511
definition **A20:** 622, 839
Safety factor rule
laminate ranking **EM1:** 452–453
Safety factors **A19:** 311–312, 461
cast irons **A19:** 667–669
Safety glass **EM4:** 453
recommended waterjet cutting speeds **EM4:** 366
Safety hazards
aluminum powder **A7:** 157–158
Safety in design **A20:** 139–145
acceptable conditions **A20:** 142
ASME Code of Ethics **A20:** 139
auxiliary equipment **A20:** 142–143
controls **A20:** 143
danger **A20:** 139
data sources **A20:** 143
definitions of safety **A20:** 139
design review **A20:** 141
designer's obligation **A20:** 139
distance/separation guarding **A20:** 142
electrical hazards **A20:** 140
electromechanical devices **A20:** 142
energy hazards **A20:** 140
environmental hazards **A20:** 140
fail-active designs **A20:** 141
fail-operational designs **A20:** 141
fail-passive designs **A20:** 141
fail-safe designs **A20:** 141
failure modes and criticality analysis **A20:** 140
failure modes and effects analysis (FMEA) **A20:** 140
fault hazard analysis **A20:** 140
fault tree analysis **A20:** 140
general principles of designing for safety **A20:** 141–142
guarding **A20:** 142–143
hazard **A20:** 139
hazard analysis **A20:** 140–141
hazard recognition **A20:** 140
human factors/ergonomic hazards **A20:** 140
human factors/ergonomics **A20:** 144
input/output systems **A20:** 142
kinematic/mechanical hazards **A20:** 140
lockouts, lockins, and interlocks **A20:** 141, 142
maintenance **A20:** 141
make it safe **A20:** 139–140
mechanical guards **A20:** 142
Occupational Safety and Health Administration (OSHA) **A20:** 141
operating hazards analysis **A20:** 140–141
risk **A20:** 139
safety checklists **A20:** 142
sources **A20:** 144
stages, or aspects, in designing for safety . . **A20:** 139
standards **A20:** 141
warnings **A20:** 143–144
zero energy **A20:** 141
Safety ladle
development of **A15:** 28
geared, development **A15:** 33
Safety pin wire **A1:** 286, **M1:** 269
Safety precautions **A6:** 1189–1205, **EM3:** 685–686
abrasive blasting **M5:** 21, 96
acid cleaning **M5:** 21, 65
adhesive bonding **A6:** 1204–1205
alkaline cleaning **M5:** 21, 453–454
arc welding **A6:** 1192–1193
arc welding and cutting **A6:** 1201
austempering of steel **M4:** 116
belt grinding **M5:** 557
brazing **A6:** 1202
buffing *See* Safety precautions, polishing and buffing
cadmium plating **M5:** 267
chlorofluorocarbon (CFC) solvents **EL1:** 667
chromic acid handling **M5:** 454
cleaning materials **EL1:** 667
clothing **M6:** 57–58
cyanide tarnish removal solutions **M5:** 613
dip brazing **A6:** 1202
electrical installations **M6:** 58
electrical safety **A6:** 1199–1200
cables **A6:** 1200
connections **A6:** 1200
electric shock **A6:** 1199
equipment installation **A6:** 1199
equipment selection **A6:** 1199
grounding **A6:** 1199–1200
maintenance **A6:** 1200
modifications **A6:** 1200
multiple arc welding operations **A6:** 1200
operations **A6:** 1200
pacemakers, wearers of **A6:** 1199
perception threshold **A6:** 1199
personnel training **A6:** 1199
prevention of fires **A6:** 1200
shock mechanism **A6:** 1199
shock sources **A6:** 1199
electrolytic cleaning **M5:** 31, 38
electron-beam welding **A6:** 1202, 1203
emulsion cleaning **M5:** 21, 38–39
explosion welding **A6:** 1203
exposure factors **A6:** 1193–1194
eyes and face **M6:** 57
fire protection **M6:** 58
fire safety requirements, NFPA **M5:** 20–21
flame hardening **M4:** 497–498
fluxes **A6:** 1202
for P/M toxicity, regulatory agencies and standards **M7:** 201–202
friction welding **A6:** 1203
fuel gases **A6:** 1200–1201
fumes and gases **A6:** 1192
furnaces **M4:** 378–385
gas carburizing **M4:** 139–141
gas cylinders **M6:** 58
gas-tungsten arc welding **A6:** 1202
general welding safety **A6:** 1189–1192
burns **A6:** 1191

Safety precautions (continued)
explosion **A6:** 1191
eye and face protection **A6:** 1191
fire **A6:** 1190–1191
general housekeeping **A6:** 1190
hot work permit system **A6:** 1191
machinery guards **A6:** 1192
Materials Safety Data Sheet (MSDS) **A6:** 1189–1190
noise **A6:** 1192
permissible exposure limits (PEL) **A6:** 1196
protection in the general area **A6:** 1190
protective clothing **A6:** 1191–1192
public demonstrations **A6:** 1190
Threshold Limit Value (TLV) . . . **A6:** 1189, 1192, 1196
handling of compressed gases **A6:** 1196–1199
cryogenic cylinders and tanks **A6:** 1197–1198
fuel gases **A6:** 1198–1199
gas cylinders and containers **A6:** 1196–1197
manifolds **A6:** 1198
oxygen **A6:** 1198
regulators **A6:** 1198
shielding gases **A6:** 1199
hard chromium plating **M5:** 178–179, 184, 186
health requirements, OSHA **M5:** 20–21
hot dip tin coating process **M5:** 355
in nuclear applications **M7:** 666
laser-beam cutting **A6:** 1203
laser-beam welding **A6:** 1203
magnesium alloy cleaning and finishing processes **M5:** 648–649
magnesium alloys **M4:** 751–753
martempering of steel **M4:** 88
mass finishing **M5:** 136
measurement of exposure **A6:** 1196
optical testing **EL1:** 571
oxyfuel gas cutting **A6:** 1193, 1200–1201
oxyfuel gas welding **A6:** 1193, 1200–1201
painting **M5:** 472, 494
parylene coatings **EL1:** 800
passivation processes **M5:** 560
personnel protection **M6:** 57
phosphate coating **M5:** 453–454
pickling **M5:** 21, 81, 613–614, 669
plasma arc cutting **A6:** 1201
polishing and buffing **M5:** 648–649
power brushing **M5:** 150
precautionary labeling **A6:** 68
processes **A6:** 1200–1205
quenching **M4:** 68
recommended practices **M7:** 249
resistance welding **A6:** 1201–1202
respiratory **M6:** 58
rust-preventive compounds **M5:** 470
selective plating **M5:** 298
soldering **A6:** 1202
solvent cleaning **M5:** 21, 41–42, 44
thermal spray coating **M5:** 372
thermal spraying **A6:** 1204
thermite welding **A6:** 1203–1204
toxic materials **M6:** 58
training **M6:** 58
tumbling **M5:** 21
ultrasonic welding **A6:** 1203
vapor degreasing **M5:** 21, 45–46, 50, 53, 57
ventilation **A6:** 1194–1196
general **A6:** 1194
local **A6:** 1194–1195
respiratory protective equipment **A6:** 1195
special situations **A6:** 1195–1196
Wave soldering **EL1:** 689–690
with aluminum powders **M7:** 130
with liquid carbonyl compounds **M7:** 138
with magnesium powder production . . **M7:** 132–133
with metals as fuels **M7:** 598
with sintering atmospheres **M7:** 348–349
with urethane coatings **EL1:** 780–781

Safety precautions for
arc welding of beryllium **M6:** 462
brazing of aluminum alloys **M6:** 1032
brazing of beryllium **M6:** 1052
dip brazing of steels **M6:** 995
electron beam welding **M6:** 646
explosion welding **M6:** 716–717
furnace brazing **M6:** 945–949
burnout method of, purging **M6:** 948–949
carbon monoxide poisoning and suffocation hazards **M6:** 947
cold chambers **M6:** 946
critical periods **M6:** 946
flammable and nonflammable gases **M6:** 945–946
ignition temperatures **M6:** 946
interruption of flammable gas flow **M6:** 946–947
leaky gas valves **M6:** 947
leaky retorts or muffles **M6:** 947
purging **M6:** 946
purging with nonflammable gas **M6:** 947–948
gas metal arc welding **M6:** 180–181
gas tungsten arc welding **M6:** 213
high frequency welding **M6:** 767–768
laser beam welding **M6:** 669–670
oxyfuel gas cutting **M6:** 914–915
oxyfuel gas welding **M6:** 593–594
percussion welding **M6:** 745
plasma arc cutting **M6:** 917
resistance welding of copper and copper alloys **M6:** 556
shielded metal arc welding **M6:** 95
soldering **M6:** 1097–1100
assessing lead exposure **M6:** 1099–1100
cleaning agents **M6:** 1097–1098
fluxes **M6:** 1097
solder constituents **M6:** 1098–1099
specific processes **M6:** 58–59
submerged arc welding **M6:** 137
Safety requirements for the construction, safeguarding, care, and use of P/M presses, specifications **A7:** 343, 1098
Safety valves, pressure vessels
failures of **A11:** 644
Saffil fibers **EM1:** 63
Sag
defined **A15:** 10, **EM2:** 37
Sag, cylindrical/spherical
measured **A17:** 17
Sag resistance
epoxies **EM3:** 98
of steel sheet for porcelain enameling **M1:** 177–180
Sagging **EM3:** 25
definition **A5:** 965
Sagittal plane
defined **A17:** 384
Saha equation **A10:** 24
Sailboat hardware
powders used **M7:** 574
Sailors-Corten Charpy/fracture toughness correlation **A8:** 265
Sailors-Corten correlation
Charpy/K_{Ic} correlations for steels, and transition temperature regime **A19:** 405
Saint-Venant's principle **EM3:** 485
Sales outlets **A20:** 25
Sales point **A20:** 111
definition **A20:** 839
Saline groundwaters
copper alloy corrosion rates **A13:** 621
Saline solutions *See also* Salt solutions; Salts
cast iron resistance **A13:** 570
Saliva
and dental alloy tarnish/corrosion **A13:** 1341–1342
"Salt and pepper" **A5:** 209
Salt annealing
steel wire **M1:** 262
Salt atmosphere
effect, glass-to-metal seals **EL1:** 459
tests **EL1:** 494, 499–500

Salt bath
definition **A5:** 965
Salt bath carburizing **A4:** 262, **A18:** 873, **A20:** 487
diffusion of carbon **A18:** 873
Salt bath descaling **A14:** 230, **M5:** 97–103
advantages and disadvantages **A5:** 11
applications **M5:** 101–103
aqueous caustic descaling process refractory metals **M5:** 654, 659
carbon removal process **M5:** 99–100
cast iron **M5:** 98–100, 102
castings **M5:** 98–102
electrolytic process *See* Electrolytic salt bath descaling
equipment **M5:** 100–101
for removing rust and scale **A5:** 10
hafnium alloys **M5:** 667
heat process scale removal **M5:** 100–102
heat-resistant alloys **A5:** 781
heat-resisting alloys **M5:** 565–568
high-temperature baths **M5:** 653–654
low-temperature baths **M5:** 654
molybdenum **M5:** 659
nickel alloys **M5:** 672
organic coating removal **M5:** 102–103
oxidizing process *See* Oxidizing salt bath descaling
pickling process **M5:** 97–99, 102
concentration and temperature of acids **M5:** 97–98
process *See also* specific processes by name **M5:** 4, 12–13, 97–101
reducing process **M5:** 97, 100
refractory metals **M5:** 653–654, 659
rust and scale removal by **M5:** 12–14
safety and health hazards **A5:** 17
safety precautions **M5:** 3–21
sand removal process **M5:** 98–99
sodium hydride process *See* Sodium hydride salt bath descaling
stainless steel **M5:** 97–98, 101–102, 553–554
strip **M5:** 101–102
wire **M5:** 98, 102
stainless steels **A5:** 748
superalloys **M5:** 97, 101–102
titanium and titanium alloys **M5:** 97–98, 102, 653–654
to remove rust and scale **A5:** 10–11
tungsten **M5:** 659
zirconium alloys **M5:** 667
Salt bath equipment **A4:** 726–728
applications
distortion control **A4:** 475
selection of a salt **A4:** 475
surface protection **A4:** 475
furnaces
air-quality assurance **A4:** 481–482
automatic . . **A4:** 482–483, 727, 728, **M4:** 297–298
efficiency **A4:** 475
electrical resistance . . **A4:** 477, 730, **M4:** 233, 293
electrodes, service life **A4:** 478
externally heated **A4:** 476–477, **M4:** 233, 293–294
gas fired **A4:** 476–477
immersed-electrode **A4:** 477–480, 727, **M4:** 294–296
isothermal quench **A4:** 481–482, 730–731, **M4:** 298
oil-fired **A4:** 476
pot service life **A4:** 477
refractories, service life **A4:** 478
safety precautions **A4:** 477
semiautomatic **A4:** 482–483, **M4:** 297–298
steel pot **A4:** 479, 480, **M4:** 295–296
submerged-electrode **A4:** 477, 478, 480–481, 727, **M4:** 296–297
salt pots **A4:** 476, **M4:** 293–294
Salt bath explosions
aluminum-lithium alloys **A2:** 182

SUBJECTS OF THE INDEXED VOLUMES: ASM Handbook (designated by the letter "A"): **A1:** Properties and Selection: Irons, Steels, and High-Performance Alloys (1990); **A2:** Properties and Selection: Nonferrous Alloys and Special-Purpose Materials (1990); **A3:** Alloy Phase Diagrams (1992); **A4:** Heat Treating (1991); **A5:** Surface Engineering (1994); **A6:** Welding, Brazing, and Soldering (1993); **A7:** Powder Metal Technologies and Applications (1998); **A8:** Mechanical Testing (1985); **A9:** Metallography and Microstructures (1985); **A10:** Materials Characterization (1986); **A11:** Failure Analysis and Prevention (1986); **A12:** Fractography (1987); **A13:** Corrosion (1987); **A14:** Forming and Forging (1988); **A15:** Casting (1988); **A16:** Machining (1989); **A17:** Nondestructive Evaluation and Quality Control (1989); **A18:** Friction, Lubrication, and Wear Technology (1992); **A19:** Fatigue and Fracture (1996); **A20:** Materials Selection and Design (1997). **Metals Handbook, 9th Edition** (designated by the letter "M"): **M1:** Properties and Selection: Irons and Steels (1978); **M2:** Properties and Selection: Nonferrous Alloys and Pure Metals (1979); **M3:** Properties and Selection: Stainless Steels, Tool Materials, and Special-Purpose Materials (1980); **M4:** Heat Treating (1981); **M5:** Surface Cleaning, Finishing, and Coating (1982); **M6:** Welding, Brazing, and Soldering (1983); **M7:** Powder Metallurgy (1984). **Engineered Materials Handbook** (designated by the letters "EM"): **EM1:** Composites (1987); **EM2:** Engineering Plastics (1988); **EM3:** Adhesives and Sealants (1990); **EM4:** Ceramics and Glasses (1991). **Electronic Materials Handbook** (designated by the letters "EL"): **EL1:** Packaging (1989)

Salt bath hardening
of sintered high- speed steels **M7:** 54, 55

Salt bath nitrided cast iron **A9:** 229

Salt bath nitrided steels **A9:** 229

Salt bath nitriding **A4:** 263

Salt bath prepickling process, nickel alloys . . **M5:** 672
electrolytic type **M5:** 672
oxidizing type **M5:** 672

Salt baths
cleaning for cast irons **M6:** 600
compositions **A4:** 726
dip brazing of copper. **M6:** 1048
dip brazing of stainless steels **M6:** 1012
liquid carburizing **M4:** 229
of molten barium chloride **A11:** 277
preparation for oxyacetylene braze
welding **M6:** 598
processing temperature ranges **A4:** 726

Salt brine
Miller numbers. **A18:** 235

Salt cake **EM4:** 381
as by-product **EM4:** 380
as melting accelerator **EM4:** 380
batch size. **EM4:** 382
chemical analysis **EM4:** 380
mining techniques **EM4:** 380
purity **EM4:** 380
purpose for use in glass manufacture **EM4:** 381
sources. **EM4:** 380

Salt deposits
high-level waste disposal in **A13:** 976–978

Salt flux grain refining
aluminum **A15:** 477

Salt fog test **A13:** 11, 224–226, 1113–1114
as environmental failure analysis . . **EL1:** 1102–1103

Salt fog tests
shot peening corrosion resistance
improvement **M5:** 145

Salt mesh digestion
tungsten powder **A7:** 193

Salt nitriding
characteristics compared. **A20:** 486
characteristics of diffusion treatments **A5:** 738

Salt precursors **EM4:** 113

Salt solution
precipitation by **M7:** 54, 55, 375

Salt solutions
dilute, uranium/uranium alloys in. **A13:** 815
electroplated chromium deposit
resistance to. **A13:** 874
magnesium/magnesium alloys in **A13:** 742
niobium resistance in **A13:** 722
titanium/titanium alloy resistance to **A13:** 679–680

Salt spray
corrosion, chromium-plated parts **A13:** 871–872
data, chromate conversion coatings **A13:** 393
effect on structural steels **A19:** 596–597
magnesium/magnesium alloys in **A13:** 745, 746
performance, galvanized coatings **A13:** 440

Salt spray (fog) testing A13: 11, 224–226, 1113–1114
application and types **A13:** 225
cabinets **A13:** 225–226
neutral, acetic, and copper-accelerated
acetic **A13:** 225

Salt spray resistance test **A5:** 435

Salt spray test **A5:** 211, **EM3:** 659, 661, 664,
669–671
laboratory corrosion test **A5:** 639

Salt transition temperatures **A20:** 354

Salt water *See also* Seawater; Water
corrosion, copper/copper alloys. **A13:** 622–625
corrosion fatigue in **A8:** 255
debris in solution effect on near-threshold
growth **A19:** 138
high-strength steel SCC behavior in. . . **A8:** 527, 528
zirconium/zirconium alloy resistance **A13:** 708–709

Salt water corrosion
copper alloys **M2:** 471–472

Salt water effect **A19:** 116

Salt-bath brazing **A6:** 121, 122
safety precautions. **A6:** 1191

Salt-bath dip brazing
copper and copper alloys **A6:** 935

Salt-coated magnesium particles **M7:** 132

Salt-fog tests **A5:** 131

Salting
as AAS flame modification. **A10:** 54

Salting up
with concentric nebulizers **A10:** 35
with total consumption burners. **A10:** 28

Salts
as colorants **EM4:** 380
copper/copper alloy corrosion in **A13:** 630
corrosive (inorganic) soldering fluxes **A6:** 628
dissolved, in water **A13:** 490
dissolved, zinc corrosion in **A13:** 763
effect on tantalum **A13:** 732–733
filler metal for molten-salt dip brazing **A6:** 338
gold corrosion in **A13:** 799
hot dry chloride, and SCC **A11:** 223
hot, SCC testing of titanium
alloys in **A13:** 273–275
immersion, of magnesium/magnesium
alloys **A13:** 745
in sinters and fusions **A10:** 166
molten **A11:** 276–277, **A12:** 24
molten, corrosion in **A13:** 17
nickel alloys, corrosion. **M3:** 174
nonstoichiometric, single-crystal analysis . . **A10:** 355
osmium corrosion in **A13:** 807
palladium corrosion in **A13:** 804
plating **A11:** 45
platinum corrosion in **A13:** 802
rhodium corrosion in **A13:** 805
silver corrosion in **A13:** 796
solution, as alloy corrosive
environment **A11:** 78–79
stainless steel corrosion in **A13:** 559
tantalum resistance to **A13:** 727
zirconium, corrosion in **M3:** 785–786
zirconium/zirconium alloy
resistance to **A13:** 716–717

Salts, copper alloys
corrosion rate **M2:** 477–479

Salts, dissolved *See* Dissolved salts

Salts for dip brazing **M6:** 990–991
addition of fluxing agents **M6:** 991
carburizing and cyaniding salts **M6:** 991
neutral salts **M6:** 990–991

Salts used in etchants **A9:** 66–68

Salt-spray cabinet test **A7:** 978, 984

Salt-spray test
chromium plating **M5:** 198
magnesium alloy finishes **M5:** 638, 646
mechanical coatings **M5:** 300–301
paint **M5:** 492
rust-preventive compounds **M5:** 469–470
shot peening corrosion resistance
improvement **M5:** 145

Salt-spray tests **A7:** 978, 982–983, 984

Saltwater *See also* Seawater; Water
crack growth of pipeline steel in **A11:** 54
effect on shafts and pistons **A11:** 467
heat-exchanger condenser tube, pitting of **A11:** 631

Saltwater corrosion resistance *See also* Marine
nickel alloys **A2:** 429
of magnesium alloys **A2:** 456

Saltykov equations
for three-dimensional planar figures **A9:** 132
for two-dimensional planar figures **A9:** 131

Saltykov method for determining the surface- to-volume ratio of discrete particles **A9:** 125

Salvage, scrap
by hot isostatic pressing **A15:** 543

SAM *See* Scanning acoustic microscopy (SAM);
Scanning Auger microscopy

Samarium *See also* Rare earth metals
as rare earth metal, properties **A2:** 720, 1186
elemental sputtering yields for 500
eV ions. **A5:** 574
epithermal neutron activation analysis
(ENAA) **A10:** 239
pure. **M2:** 792–793
TNAA detection limits **A10:** 237

Samarium cobalt ($SmCo_5$)
hot pressing applications. **EM4:** 192

Samarium in garnets **A9:** 538

Samarium-cobalt magnets **A9:** 539, 548–549

Samarium-cobalt permanent magnets
as rare earth metal application **A2:** 729–730

Samarium-praseodymium-cobalt permanent magnets **M7:** 643

SAMPE *See* Society for the Advancement of
Material and Process Engineering

SAMPE Journal **EM3:** 67
as information source **EM2:** 92

SAMPE Quarterly **EM3:** 67
as information source **EM2:** 92–93

Sample *See also* Specimen **A20:** 76
average **A8:** 11
defined **A8:** 11, 624
definition. **A20:** 839–840
degrees of freedom for **A8:** 625
for direct computation of normal
distribution **A8:** 664
in statistical distributions **A8:** 628
median **A8:** 11
number and accuracy of test results. . . **A8:** 623–624
of SCC test materials **A8:** 501
percentage **A8:** 11
size. **A8:** 696–697
standard deviation **A8:** 11, 709–711
variance, defined **A8:** 11

Sample analysis **A19:** 476

Sample cavity
ESR spectrometer. **A10:** 256

Sample cell
rotating **A10:** 132

Sample dissolution *See also* Dissolution
mediums for **A10:** 165, 166, 168

Sample geometry
and properties divergencies **EM2:** 655

Sample initial **A20:** 342

Sample interaction model
for radiographic inspection. **A17:** 710

Sample matrix **A10:** 83, 162, 168–170

Sample mean **A18:** 481

Sample means control charts *See also* Control charts
construction and interpretation. **A17:** 725, 728
setting up **A17:** 727–728

Sample preparation *See also* Samples; Sampling
analytical electron microscopy. **A10:** 450–453
as XRPD source of error **A10:** 341
elemental and functional group analysis . . **A10:** 213
field ion microscopy **A10:** 584–586
for classical wet analytical chemistry **A10:** 165–167
for image analysis. **A10:** 309–310, 313–314
for microstructural analysis of ion-implanted
alloys **A10:** 484
for x-ray spectrometry. **A10:** 93–95
gas chromatography/mass
spectrometry **A10:** 644–645
microbeam analysis **A10:** 529
techniques for selected materials. **A10:** 586
x-ray diffraction residual stress
techniques **A10:** 384–385
x-ray photoelectron spectroscopy **A10:** 574–576

Sample record **A7:** 719

Sample selection *See also* Sample(s)
for analysis **A11:** 15–16
for heat-exchanger failed parts **A11:** 628–629
for pipeline failure investigation. **A11:** 696–697
of fracture surfaces **A11:** 19–20
of metallographic sections **A11:** 23–24

Sample size **A20:** 74, 76, **EM3:** 791
and flaw size, in NDE reliability
experiments **A17:** 694
defined, in NDE reliability data analysis. . **A17:** 694
effect, NDE reliability **A17:** 689
for hit/miss data. **A17:** 694
for POD(A) function analysis **A17:** 694

Sample standard deviation **A18:** 481, **A20:** 75, 76

Sample standard deviations
defined **A8:** 11
different, difference between two mean
populations **A8:** 711
similar, differences between two population
means. **A8:** 709–711

Sample subgroup **A7:** 694

Sample tube, pure quartz
in ESR analysis **A10:** 256

Sample variance **A7:** 103, **A20:** 75, 76

Sample(s) *See also* Objects; Sample preparation;
Sample selection; Sample size; Sampling;
Specimen(s); Surface preparation
acidity/basicity measured in. **A10:** 172
and populations, compared **A17:** 738
aqueous, optical emission spectroscopy for **A10:** 21
as error source in image analysis **A10:** 313
briquets, for x-ray spectrometry **A10:** 93–94

Sample(s) (continued)
bulk, Rutherford backscattering
spectrometry **A10:** 631
chamber, SEM installation **M7:** 235
charging, AES **A10:** 556
composite.............................. **A10:** 13
contamination, in microanalytical
techniques **A11:** 36
defined................................ **A10:** 681
definition.............................. **A17:** 728
density, electron penetration depth as function of
accelerating voltage and **A11:** 41
dissolution **A10:** 4, 56–57, 163, 165–167
electrical conductivity of................. **A11:** 36
fluorescence of **A10:** 387
for microanalyses **A11:** 36
for plane-strain fracture toughness **A11:** 61
fusion of **A10:** 94
geometry, effect on XRD analysis........ **A10:** 388
gross, defined **A10:** 674
handling, in tool and die failures **A11:** 568
high vapor pressure, AES **A10:** 556
holders, MFS analysis.................. **A10:** 76–77
identification........................... **A10:** 17
infinitely thick/thin, x-ray spectrometry.... **A10:** 93
labeling and recording of **A10:** 13
laboratory, defined...................... **A10:** 676
matrix **A10:** 83, 162, 168–170
mechanical strength of **A10:** 587
metallurgical, precision analysis by
electrogravimetry **A10:** 197
minimum number **A10:** 14
minimum size........................... **A10:** 14
mixing **A17:** 730
multiphase **A10:** 516, 529–530
NAA, radioactive contamination of **A10:** 236
particulate, preparation of **A10:** 165
positioning, XRD analysis **A10:** 385
powder, fluxes for fusing **A10:** 167
powders, for x-ray spectrometry **A10:** 93–94
preparation, scanning electron
microscope **EL1:** 1095
preparation, solder joints......... **EL1:** 1038–1039
preparation, uniform corrosion exposure
tests **A13:** 229–230
preservation.................... **A10:** 12, 15, 16
pretreatment........................ **A10:** 12, 15
protection of........................... **A11:** 173
quality of.............................. **A10:** 12
radioactive, remote analysis by electrometric
titration **A10:** 202
reference............................... **M7:** 258
representative **A10:** 13
rotation of **A10:** 130, 132
sectioning, for OM analysis **A10:** 300
selection, as rational **A17:** 727
selection of **A11:** 15–16
size and form, importance in classical wet
chemistry **A10:** 162
size and homogeneity of................. **A10:** 13
small diameter, surface stress
measurement of **A10:** 385
solid, for x-ray spectrometry **A10:** 93
splitter **M7:** 10, 212
standard reference, eddy current
inspection.......................... **A17:** 179
storage **A10:** 12, 15
stratification, in rational sampling **A17:** 730
systematic **A10:** 12–13
temperature control of **A10:** 257
thief.......................... **M7:** 10, 212, 213
thin-film, x-ray spectrometry **A10:** 95
types of **A10:** 12–13
unknown, AAS for....................... **A10:** 46
variability of........................... **A10:** 12
variable sizes, for p-chart............ **A17:** 735–736

Sampling *See also* Rational sampling; Sample
preparation; Sample(s)... **A10:** 12–18, **A18:** 294,
M7: 212–213
accessories, infrared spectroscopy **A10:** 112
and excitation, in emission sources........ **A10:** 25
and the Raman effect **A10:** 129–130
blending and mixing analyses............ **M7:** 187
by Grimm glow discharge source **A10:** 27
by sputtering........................... **A10:** 27
composite samples **A10:** 13
copper and copper alloys for chemical
composition **M7:** 249
costs of................................ **A10:** 15
defined **A10:** 12, 681
during discharge in continuous stream **M7:** 213
experimental..................... **EM2:** 606–607
field sampling........................... **A10:** 16
filter, applications **A10:** 94
for chemical analysis.......... **M7:** 246, 248–249
for fiber properties analysis.... **EM1:** 731, 733–734
for fractal analysis **A12:** 212
for particle sizing **M7:** 226–227
for SCC failure analysis **A11:** 212
for steam equipment **A11:** 602
from packaged containers **M7:** 213
in dc arc **A10:** 25
isokinetic, devices for **A10:** 16
materials in discrete units................ **A10:** 14
methods **M7:** 187, 212–213, 249
model of operation for **A10:** 13
of bulk materials **A10:** 13–14
of corrosion products **A11:** 602
of process output, historical.............. **A17:** 719
of tool steels........................... **A9:** 256
on-site, of failed parts **A11:** 173
particle image analysis **A7:** 259–260
plan **A10:** 13–15, **A12:** 212
point **A12:** 196–198
polymer, milligram quantities **EM2:** 836–837
practical aspects of **A10:** 15–16
precautions....................... **A11:** 173, 602
preliminary considerations **A10:** 12
procedures **M7:** 212–213
protocol........................ **A10:** 13, 15–16
quality assurance for **A10:** 17
random................................ **A10:** 12
rational **A17:** 728–730
representative samples................... **A10:** 13
resources, optimizing.................... **A10:** 15
sample contamination **A10:** 16
sample damage....................... **A10:** 15–17
sample discrimination **A10:** 16
sample preservation **A10:** 16
sampling protocol.................... **A10:** 15–16
scoop................................. **M7:** 227
segregated (stratified) materials **A10:** 14
size **M7:** 212
specific materials **A10:** 17
statistical methods **M7:** 212–213
statistics............................ **A10:** 12–15
strategy, microbeam analysis........ **A10:** 529–530
subsampling **A10:** 13, 15
substrates, for x-ray spectrometry **A10:** 94
tables **M7:** 226, 227
techniques, infrared spectroscopy **A10:** 112–116
techniques, microscopy and image
analysis........................ **M7:** 225–230
thief **M7:** 212, 213
uncertainty..................... **A10:** 12, 15, 17
volume, by neutron diffraction **A10:** 423
vs. environmental stress screening **EL1:** 885

**Sampling and testing aluminum powder and paste,
specifications............ A7:** 1086–1087, 1098

Sampling boat
for flame AAS.......................... **A10:** 49

**Sampling finished lots of metal powders,
specifications** **A7:** 721, 1098

Sampling of powders..................... **A7:** 206–210
by increments.......................... **A7:** 210
chute splitting.......................... **A7:** 209
coning and quartering **A7:** 209
containers to be sampled from a
packaged lot **A7:** 207
dusty material.......................... **A7:** 209
evaluation of........................... **A7:** 210
flowing streams **A7:** 207–210
from a conveyor belt.................... **A7:** 208
from falling streams..................... **A7:** 208
from trucks or wagons................... **A7:** 207
golden rules of................ **A7:** 206, 209–210
point samplers **A7:** 208
reduction of sample.................. **A7:** 209–210
rotatory sample divider **A7:** 209–210
scoop sampling......................... **A7:** 209
slurry sampling......................... **A7:** 210
stored free-flowing material **A7:** 207
stored material sampling of **A7:** 207
stored nonflowing material............... **A7:** 207
stream sampling ladles **A7:** 208–209
table sampling.......................... **A7:** 209
types of errors.......................... **A7:** 206
weight of sample required **A7:** 210

Sampling spear (thief)..................... **A7:** 207

Sampling tables..................... **A7:** 260, 707

SAN *See* Styrene-acrylonitrile

Sand
angle of repose **M7:** 283
angles of repose **A7:** 301
as carrier core, copier powders........... **M7:** 584
batch size............................. **EM4:** 382
fuel-pump shaft wear from............... **A11:** 464
hole, defined............................ **A11:** 9
in iron castings......................... **A11:** 353
inclusions, as casting defect **A11:** 387
spots, slag streaks as **A11:** 322

Sand and sand fill
Miller numbers........................ **A18:** 235

Sand, and SiC wear abrasives
compared.............................. **A8:** 603

Sand, as alloying element
and impurity specifications **A2:** 16

Sand blasting
aluminum and aluminum alloys.......... **M5:** 572
health and safety precautions **M5:** 96
magnesium alloys **M5:** 628–629
properties, characteristics, and effects
of sand **M5:** 84, 87
stainless steel...................... **M5:** 553–555

Sand cast
effect on fatigue performance of
components **A19:** 317

Sand casting *See also* Castings; Foundry products;
Sand molding............ **A20:** 297, 687, 690
aluminum alloys........ **M2:** 144, 145–146, 147
aluminum casting alloys............. **A2:** 139–140
aluminum-silicon alloy, characteristics of **A15:** 159
attributes **A20:** 248
compatibility with various materials...... **A20:** 247
computational fluid dynamics
example **A20:** 197–198
defined................................ **A15:** 10
factors affecting casting process selection for
aluminum alloys.................... **A20:** 727
magnesium alloy compositions for ... **A15:** 798–799
magnesium alloys **A2:** 456–459, 494–516
mechanization.......................... **A15:** 32
of copper alloys **A2:** 346, 348, **M2:** 384
of metal-matrix composites **A15:** 844
procedure.............................. **A15:** 203
rating of characteristics................. **A20:** 299
steel, minimum web thickness............ **A20:** 689
surface roughness and tolerance values on
dimensions......................... **A20:** 248
tolerances **A15:** 617–619
vs. permanent mold casting **A15:** 285
zinc alloys **A15:** 797

Sand castings
molten salt bath cleaning **A5:** 40–41

roughness average A5: 147
Sand compaction machines
for dry sand molding A15: 228
Sand conditioning *See also* Sand preparation; Sand(s)
mechanization A15: 32
Sand expansion defects A15: 210
Sand, full-mold
in shape-casting process classification scheme A20: 690
Sand grains *See also* Grain size; Grain size distribution; Grains; Shape
distribution, defined A15: 10
rounded, sizes of A15: 223
shape and distribution of A15: 208–209
Sand iron rolls
rolling A14: 353
Sand mixes
carbonaceous additions A15: 211
cellulose A15: 211
cereals A15: 211
Sand mold *See also* Mold(s)
schematic A15: 189
vertical centrifugal casting A15: 301
Sand molding *See also* Sand casting; Sand(s) A15: 222–237
aluminum alloys, heat treatments for A15: 758–759
baked, Alnico alloys A15: 736
bonded sand molds A15: 222–230
chemically bonded and green sand compared A15: 341
chemically bonded self-setting A15: 37
dry sand molding A15: 228
equipment, development A15: 35
flow chart for A15: 203
green sand molds A15: 222–228
historical use A15: 22
in shape-casting process classification scheme A20: 690
loam molding A15: 228–229
phosphate bonded molds A15: 229–230
production, flow diagram for A15: 203
requirements A15: 208
resin binder processes A15: 222
silicate bonded molds A15: 229–230
skin-dried molds A15: 228
unbonded sand molds A15: 230–237
vs. permanent mold process A15: 34
Sand preparation *See also* Preparation; Sand conditioning; Sand(s)
complete plant for A15: 32
for coremaking A15: 238–239
green sand and chemically bonded compared A15: 341
green sand molding . . . A15: 225–226, 341, 344–345
intensive mixer A15: 344, 346
mechanization of A15: 32
of silica sands A15: 209
plaster molding, conventional A15: 244
Shaw process A15: 249
Sand processing *See also* Green sand molding; Reclamation; Sand molding; Sand reclamation; Sands
green sand molding, equipment/processing A15: 341–351
sand reclamation A15: 351–355
Sand reclamation *See also* Reclaimed sand; Reclamation; Recycled sand; Sand(s) A15: 351–355
defined A15: 10
dry scrubbing/attrition A15: 227
dry systems A15: 351–353
effect, green sand appearance A15: 227
green sand molding A15: 225–228
multiple-hearth furnace/vertical shaft furnace A15: 227–228
of chemically bonded sands A15: 351–354
of clay-bonded system sand A15: 354–355
wet systems A15: 351
wet washing/scrubbing A15: 227
Sand, removal of
pickling process M5: 69, 72
salt bath descaling process M5: 98–99
Sand slingers
development of A15: 28–29
for dry sand molding A15: 228
molding machines, green sand molding A15: 342–343
Sand tempering *See also* Temper point; Temper water
defined A15: 10
Sandblasting *See also* Shotblasting
as surface preparation A17: 52, 591
compared to abrasive jet machining A16: 511
defined A15: 10
definition A5: 965
development of A15: 33
Sand-cast
ductile iron brake drum, brittle fracture . . A11: 371
gray iron flanged nut, brittle fracture A11: 369–370
gray iron pump bowl, graphitic corrosion A11: 373
oil-pump gears, brittle fracture A11: 344
steel axle housing, fatigue fracture . . . A11: 388–389
Sand-cast gray iron
flaking fracture A12: 225
Sand-cast white iron
structure M1: 85
Sandelin Effect A20: 470
Sanding A19: 315, 316
springs A19: 364
surface alterations produced A16: 23
Sandpaper test
as cure test A13: 418
Sand(s) *See also* Alumina; Bank sand; Blended sand; Burned sand; Molding sands; Olivine sands; Sand casting; Sand conditioning; Sand grains; Sand mixes; Sand molding; Sand mold(s); Sand preparation; Sand processing; Sand reclamation; Sand slingers; Sand tempering; Sandblasting; Silica; Silica sands; Zircon
aluminum silicates A15: 209–210
base, reclamation effects A15: 355
chromate, reclamation A15: 355
chromite A15: 209
compounding A15: 32
control, green sand molds A15: 222–224
densities and mold hardnesses, development of A15: 29
for lost foam casting A15: 233
grinding A15: 32
high-temperature, recovery of A15: 348–349
metal separation from A15: 350
mixing of A15: 32, 211
mulling of A15: 32
natural vs. synthetic A15: 208
olivine A15: 209
processing A15: 341–355
properties, controlling of A15: 222–224
reclamation of A15: 208, 320–355
screening machines for A15: 32
silica A15: 208–209
synthetic, development of A15: 29
systems, zirconium alloys A15: 836–837
testing of A15: 35, 345
zircon A15: 209
Sand-to-sand partings
early practice A15: 28
Sandvik
spray forming A7: 398
Sandwich beam flexure testing
polybenzimidazoles EM3: 170
Sandwich braze A6: 335
definition M6: 15
Sandwich column compression tests
of polybenzimidazoles EM3: 170, 171
Sandwich construction EM3: 25
defined EM2: 37
definition A20: 840
Sandwich constructions *See also* Hybrid composites; Hybrid laminates
beam, four-point load test EM1: 328
concept EM1: 726–727
defined EM1: 21
honeycomb EM1: 726–728
laminate, damping, analysis EM1: 214
Sandwich edgewise compression testing
polybenzimidazoles EM3: 170–171
Sandwich flatwise tension testing
polybenzimidazoles EM3: 170
Sandwich heating EM3: 25
defined EM2: 37
Sandwich injection molding EM1: 557
Sandwich materials
roll compacting M7: 406–408
Sandwich mechanical coatings M5: 301
Sandwich molding
properties effects EM2: 284–285
size and shape effects EM2: 290
surface finish EM2: 304
thermoplastics processing comparison A20: 794
Sandwich-peel testing
polybenzimidazoles EM3: 170
Sanford
hard anodizing A5: 486
Sanford anodizing process
aluminum and aluminum alloys M5: 592
Sanicro A7: 65, 398
Sanitary ware *See also* Fluid handling applications
definition A5: 965
Sanitaryware
composition EM4: 45
estimated worldwide sales A20: 781
glazes EM4: 1061
properties of fired ware EM4: 45
relative productivity and product value . . . A20: 782
Sanitaryware glaze
composition based on mole ratio (Seger formula) A5: 879
composition based on weight percent A5: 879
SANS *See* Small-angle neutron scattering
SAP 4-5 computer program for structural analysis EM1: 268, 273
Saponification A5: 3, 335
definition A5: 965
Saponification cleaning
copper and copper alloys M5: 617
mechanism of action M5: 3–4, 23
Saponification number
defined A18: 16
Saponifiers
as aqueous cleaners EL1: 664–665
Saponify
defined A18: 16
Sapphire A20: 660, EM4: 18, 19
as internal reflection element A10: 113
effect on chippae and quality of cut EM4: 347
friction coefficient data A18: 75
fusion with acidic fluxes A10: 167
hardness EM4: 806
nozzles for abrasive jet machining . . . A16: 511–512
properties of work materials A5: 154
single-point grinding temperatures A5: 155
subcritical crack growth EM4: 695
ultrasonic machining A16: 529, 530, 532, EM4: 359
wire guide for wire EDM A16: 562
Sapphire substrates
physical characteristics EL1: 106
Sapphire, synthetic
for orifice of waterjet nozzle A16: 521, 522
lapping A16: 493
Sapphire window
autoclave A8: 422
Sarcoidosis M7: 202
SAS *See* Small-angle scattering
Satellite drops formation M7: 40–41, 43
Satellite imaging systems
beryllium parts for A2: 686–687
Satellite lines A10: 86, 521
Satellite radiator panels
graphite fiber reinforced copper-matrix composites for A2: 922
Satellite spots
as fine structure effect A10: 438
Satellites A7: 155, A18: 447
shake-up A10: 572
Satellites in diffraction patterns
cause of A9: 653
Satellites, space
corrosion of A13: 1101–1105
Satelliting A7: 47, 151
Satin EM3: 25
defined EM1: 21, EM2: 37
Satin (crowfoot) weave
five-harness EM1: 125
five-harness, damping in EM1: 213
for woven fabric prepregs EM1: 148, 148
unidirectional/two-directional fabrics EM1: 125

Satin finish
definition **A5:** 965

Satin finishing
aluminum and aluminum alloys...... **A5:** 787–788, **M5:** 574–575, 577
magnesium alloys **M5:** 632
nickel alloys......................... **M5:** 674–675

Satin weave *See* Harness satin

Saturable reactors **A6:** 38

Saturated backward coupled noise
defined............................... **EL1:** 35

Saturated calomel
electrode, defined..................... **A13:** 11
use, galvanic series................... **A13:** 235

Saturated calomel electrode **A8:** 416
abbreviation for **A11:** 797
as reference electrode **A10:** 189
defined............................... **A10:** 681
in amperometric titration.............. **A10:** 204

Saturated calomel electrode (SCE) **A19:** 202

Saturated feeding **A7:** 390

Saturated gun
defined............................... **A9:** 15

Saturation *See also* Degree of saturation; Wet strength
effect in compression-hold-only test... **A8:** 348–349
effect in no-hold-test................. **A8:** 348–349
effect in symmetrical-hold testing..... **A8:** 348–349
magnetic **A9:** 534

Saturation, aluminum
in niobium-titanium superconducting materials **A2:** 1045

Saturation and relaxation
in ESR.............................. **A10:** 257–258

Saturation, defined *See* Wet strength

Saturation dislocation arrangement
of monocrystalline copper.............. **A19:** 79

Saturation encapsulation process **EM3:** 586

Saturation induction
in magnetic hysteresis................. **A2:** 782
iron, alloying effects **A2:** 763
magnetically soft materials............ **A2:** 761

Saturation, magnetic
and hysteresis....................... **A17:** 99–100

Saturation magnetic moment **A7:** 177

Saturation magnetization
in ferrites **EM4:** 1161, 1163
microstructural dependence......... **A17:** 131–132

Saturation mode
MOSFET in **EL1:** 966

Saturation pressure **EM3:** 25
defined............................... **EM2:** 37

Saturation pressure of liquefied gas **A7:** 275

Saturation stress amplitude **A19:** 82

Saturation toughening **A19:** 948, 950–951

Saturation vapor pressure **EM4:** 130

Saugus Iron works
as US casting birthplace **A15:** 24

Sauter mean diameter **A7:** 153, 155, 242
defined............................... **A18:** 16

Saw burn
defined............................... **EM2:** 37

Saw cutting
of specimens **A12:** 76
wrought aluminum alloys......... **A12:** 429, 435

Saw quality
alloy steel sheet and strip **M1:** 164

Saw tips, and corrosion
cemented carbides **A13:** 856

Sawcutting. **A19:** 173
notch root radius **A8:** 376

Sawing **A16:** 356–365
aluminum alloy forgings **A14:** 247
aluminum and aluminum alloys **A2:** 10
as a sectioning method **A9:** 23
as a sectioning method for tool steels **A9:** 256
band **A16:** 29, 356–359
band, Al alloys **A16:** 770
band, Mg alloys...................... **A16:** 827, 828
band, of titanium alloys **A14:** 841
band sawing machines **A16:** 356–357
band, vs. planing **A16:** 186
billet preparation by **A14:** 164
circular **A16:** 356, 365
circular, Al alloys **A16:** 770, 794
circular, cemented carbide tools **A16:** 84
circular, Cu alloys **A16:** 817–818
circular, heat-resistant alloys **A16:** 756
circular, MMCs **A16:** 894
circular, refractory metals **A16:** 867, 868
circular, tool steels.................... **A16:** 725
circular, Zr **A16:** 855
contour band **A14:** 458, **A16:** 356–364
Cu alloys........................ **A16:** 805, 808
cutoff band..................... **A16:** 360, 361
cutting fluids used **A16:** 125, 358, 360–363
fixtures and attachments................ **A16:** 357
hacksawing **A16:** 356, 365
in conjunction with milling **A16:** 308
in metal removal processes classification scheme **A20:** 695
Mg alloys **A16:** 827, 828
MMCs **A16:** 897
of copper and copper alloys............ **A14:** 257
of thermoplastic composite............ **EM1:** 552
of titanium alloys..................... **A14:** 841
PCD tooling inserts................... **A16:** 110
relative difficulty with respect to machinability of the workpiece **A20:** 305
roughness average..................... **A5:** 147
safety **A16:** 364–365
saws **A16:** 1, 57, 58, 59
stack................................ **A16:** 358
stainless **A16:** 705
tool life **A16:** 356, 358, 359, 365
vs. planing........................... **A16:** 186
zirconium **A16:** 852
Zn alloys **A16:** 834

Saws
as sampling tools **A10:** 16

Saws, ditching
of cemented carbides................... **A2:** 974

Sawtooth edge
in shear testing........................ **A8:** 68

Saxena equation **A19:** 524, 525

SAXS *See* Small-angle x-ray scattering

Saybold Universal Viscosity
defined............................... **A18:** 16

Saybolt universal second (SUS)
viscosity measure of lubrication oil **A16:** 254

Saybolt Universal Seconds (SUS) **A5:** 417

S-band microwave frequency
use in ESR analysis **A10:** 255

S-basis **EM3:** 25
defined............................... **EM2:** 37

SBS *See* Short beam shear; Styrene-butadiene-styrene

$SbSbS_4$
effectiveness changing with temperature range.............................. **A18:** 824
thermogravimetric analysis............. **A18:** 823
wear factor **A18:** 824

Sb-Se (Phase Diagram) .... **A3:** 2•358

Sb-Si (Phase Diagram) .... **A3:** 2•359

Sb-Sm (Phase Diagram) .... **A3:** 2•359

Sb-Sn (Phase Diagram) .... **A3:** 2•359

Sb-Sr (Phase Diagram) .... **A3:** 2•360

Sb-Tb (Phase Diagram) .... **A3:** 2•360

Sb-Te (Phase Diagram) .... **A3:** 2•360

Sb-Ti (Phase Diagram) .... **A3:** 2•361

Sb-U (Phase Diagram) .... **A3:** 2•361

Sb-Y (Phase Diagram) .... **A3:** 2•361

Sb-Zn (Phase Diagram) .... **A3:** 2•362

SC *See* Single-crystal casting

Scab
defined............................... **A15:** 10
definition............................. **A5:** 965

Scabbing
as dynamic fracture by stress waves....... **A8:** 287
as fatigue mechanism **A19:** 696
defined............................... **A18:** 16

Scabs
alloy steel fracture by **A12:** 337
as mechanical damage.................. **A12:** 284
defined............................... **A11:** 9
in billets, magnetic particle inspection **A17:** 115–116
in iron castings....................... **A11:** 353
in rolling **A14:** 358
in steel bar and wire **A17:** 549
tubular products...................... **A17:** 568

Scalar dissipative potential function (Ω)..... **A20:** 632

Scalar quantities **A19:** 263–264

Scalars. **A20:** 183

Scale *See also* Descaling; Scaling **EM3:** 25
and die life **A14:** 57
angular deflection..................... **A8:** 132
as rolling defect **A14:** 358
conditioning, heat-resistant alloys **M5:** 564–566
coordinate measuring machines........ **A17:** 24–25
corrosion and hardness, in boiler tubes... **A11:** 616
defined **A9:** 15, **A14:** 57, **EM2:** 37
definition............................. **A5:** 965
deposits, internal, in boilers **A11:** 604
embedded, in steel bar and wire......... **A17:** 549
forged-in, as surface defect............. **A11:** 327
heat-treat, blast cleaning of **A15:** 506
internal buildup, in steam-generator tubes **A11:** 605
Moment.............................. **A8:** 132
of eutectic structures.............. **A15:** 121–122
on scrap, as inclusion-forming........... **A15:** 90
oxide, as casting defect **A11:** 385
removal, investment castings **A15:** 264
removal of *See also* Salt bath descaling
cast iron **M5:** 13–14
ceramic coating process **M5:** 537–538
copper and copper alloys......... **M5:** 611–612
descaling time, effects on, pickling operations **M5:** 74–80
heat-resisting alloys **M5:** 12, 564–568
nickel and nickel alloys **M5:** 671–672
process types and selection **M5:** 65–66, 68–69, 72–80, 86, 92, 304
process variables affecting, pickling procedures..................... **M5:** 72–80
reactive and refractory alloys **M5:** 650–654, 659, 662–663, 667
stainless steel **M5:** 553–554
steel............................. **M5:** 12–14, 17
rolled-in, as forging flaw............... **A17:** 493
tempering, quench crack in steel containing **A11:** 94, 95
thickness, as function of Larson-Miller parameter......................... **A11:** 605
thickness, determination of steel **M5:** 73–77
water-side, removal from steam equipment **A11:** 616

Scale breaking
use in pickling operations **M5:** 74, 76, 78

Scale dipping
solution composition **M5:** 611–612

Scale dips
copper and copper alloy forgings......... **A14:** 258

Scale displacement (*M*) causing compressive stress on convex surfaces
mechanisms and equations.............. **A19:** 546

Scale erosion rate **A18:** 208, 210

Scale factor formula. **A20:** 252

Scale for rating manufacturing processes **A20:** 298

Scale formation and control
steam systems....................... **M1:** 748, 749

Scale growth rate **A18:** 210

Scale integrity, loss of, when oldest part of oxide sustains strains average stored energy
mechanisms and equations.............. **A19:** 546

Scale of scrutiny. **A7:** 103

Scale parameter **A20:** 79, 80
Scale sensitivity factor. **EM3:** 653
Scale spalling **A18:** 208–209, 210
Scale-bearing steel
surface preparation for painting **A5:** 13
Scaled surfaces **A7:** 729, 747
Scaled value of a property **A20:** 252
Scaler analysis
FMR eddy current probes. **A17:** 221, 223
Scales *See also* Oxide scale; Oxides; Rockwell hardness scales
and solvents **A13:** 1140
control, gas/oil production **A13:** 1247
corrosive, on weathering steel structure . . **A13:** 1305
deposition, water-formed **A13:** 490–494
forming minerals **A13:** 1137
in phosphate coatings. **A13:** 384, 388
mill. **A13:** 524
rusting, carbon steel. **A13:** 520
surface, cleaning of **A13:** 380–381
Scale-up
in tumble-type blenders **M7:** 189
Scaling *See also* Descaling; Scale **A13:** 11, 97, **A20:** 252
as casting defect **A11:** 385
as function of temperature **A14:** 162
compacted graphite irons **A15:** 673
defined **A15:** 10, **A18:** 16
definition. **A5:** 965–966
ductile iron **A15:** 663
factors, quality design **A17:** 722
heat-resistant cast irons **M1:** 91–94
image, digital image enhancement **A17:** 458
in boilers and steam equipment **A11:** 614–621
in gray iron. **A1:** 27, 100, 101–102
in superheaters **A11:** 616
in turbines. **A11:** 616
of titanium alloys **A14:** 838, 842
oxide, in oil-well waterflood flow line **A11:** 191
resistance, in heat exchangers **A11:** 628
temperature effects. **A14:** 174
water-side **A11:** 616
Scaling coefficients
determination. **EL1:** 747
Scaling factor **A19:** 511, **A20:** 252
Scalping
wrought copper and copper alloys **A2:** 243–244
SCAMPER. **A20:** 44–45
Scan
defined. **A17:** 385
Scan coils and raster formation
SEM microscopes. **A10:** 493
Scan lines
image analysis scanners. **A10:** 310
Scan rate **A7:** 985, 986
Scandium
added to form stable sulfides **A20:** 591–592
fluoride separation **A10:** 169
pure. **M2:** 793–794
species weighed in gravimetry **A10:** 172
TNAA detection limits **A10:** 238
weighed as the fluoride **A10:** 171
Scandium, as rare earth metal
properties **A2:** 720, 1186
Scandium, vapor pressure
relation to temperature. **A4:** 495, **M4:** 310
Scanners
image analyzers **A10:** 310–311
infrared imaging. **A17:** 398
touch, coordinate measuring machines. **A17:** 25
Scanning
as rigid borescopes **A17:** 5
definition **M6:** 632
electronic systems. **M6:** 633–634
equipment, ultrasonic inspection. **A17:** 261
geometries, computed tomography (CT) **A17:** 365–368
light beams, laser inspection **A17:** 12
longitudinally **A17:** 5
optical systems **M6:** 633
orbital. **A17:** 4–5
procedure in electron beam welding . . **M6:** 632–633
system, industrial computed tomography. . **A17:** 359
techniques **M6:** 633
Scanning acoustic microscope (SAM) **EL1:** 370, 1070–1071
Scanning acoustic microscopy
to detect weld discontinuities in diffusion welding. **A6:** 1080
Scanning acoustic microscopy (SAM) . . **A18:** 406–409, **A19:** 219, 221, **EM4:** 625
application for detecting fatigue cracks . . . **A19:** 210
applications. **A18:** 408–409
defined. **A17:** 465
evaluation of surface conditions caused by machining **A18:** 408–409
of powder metallurgy parts. **A17:** 540
of soldered joints **A17:** 607
operating principles. **A17:** 467–468
parameters/techniques, compared **A17:** 470
thin-film thickness measurements **A18:** 408
Scanning acoustical holography *See also* Acoustical holography
and liquid-surface acoustical holography compared **A17:** 4
commercial equipment **A17:** 441–443
for adhesive-bonded joints **A17:** 631
object size **A17:** 441
reconstruction **A17:** 11, 440–441
sensitivity and resolution **A17:** 441
Scanning Auger microprobe (SAM) **EM3:** 237, 238–240
combined with ion sputtering **EM3:** 244
depth profiling by ball cratering **EM3:** 245
failure analysis **EM3:** 248–249
process **EM3:** 238–240
surface behavior diagrams **EM3:** 247
titanium adherends **EM3:** 266
Scanning Auger microscope **A7:** 223, 224, 225
quantification **EM3:** 242–243
vacuum chamber on **A11:** 35
Scanning Auger microscopes
and SEM, compared **A10:** 509–510
with secondary electron or x-ray detectors. **A10:** 501
Scanning Auger microscopy . . **A18:** 376, **M7:** 251–252, 254
defined. **A10:** 681
magnetostrictive alloy analysis by. **A10:** 510
Scanning Auger microscopy (SAM) **A5:** 669, 670, 673, 676
definition **A5:** 966
for surface analysis. **EM4:** 25
Scanning capacitance microscope (SCAM). . . **A18:** 397
Scanning chemical potential microscopy (SCPM). **A6:** 145
Scanning coil
in SEM imaging **A12:** 167
Scanning electron. **A7:** 223
Scanning electron beam instruments
compared. **A10:** 501
sample volume **A10:** 499–500
signals generated by **A10:** 497–499
Scanning electron micrograph
Inconel 718 fracture surface **A8:** 482, 848
of AISI 4130 steel **A8:** 478
of cyclic cleavage of Fe-4Si **A8:** 484–485
of Fe-2.5Si cycled near stress-intensity factor range threshold **A8:** 491
of Fe-4Si **A8:** 480
Scanning electron micrographs
titanium adherends **EM3:** 266
Scanning electron microscope *See also* Scanning electron microscopy. **A7:** 222
basic configuration. **A18:** 379
current **A9:** 89
defined. **A9:** 15
design. **A9:** 89–90
electronic image analysis system **A9:** 138
for secondary electron imaging **A9:** 89
imaging and analysis. **A18:** 382–385
backscattered electron images. **A18:** 383
secondary electron signal. **A18:** 382–383
thermal wave imaging **A18:** 385
x-ray microanalysis and mapping . . **A18:** 383–384
stereomicroscopy. **A18:** 396, 397
used in structural analysis of lead alloys . . . **A9:** 417
used to examine case hardened steels. **A9:** 217
voltages **A9:** 89
Scanning electron microscope (SEM)
definition **A20:** 840
for plastic replicas **A17:** 53
Scanning electron microscope(s)
and SAM, compared **A10:** 509–510
applied to fractography **A12:** 8
area channeling analysis with. **A10:** 357
as input devices for image analyzers **A10:** 310
basic components. **A10:** 491
depth of field **A10:** 496–497
detectors and image formation in. . . . **A10:** 493–494
double-deflection system. **A10:** 493
electron column **A10:** 431
electron gun for **A10:** 491–492
electron optical column, compared with TEM column **A10:** 431
for dimples **A12:** 96
for particle image analyses **A10:** 318
fractographs, compared with dark-field fractographs **A12:** 92–100
geometry of image formation. **A12:** 196
history **A12:** 7–8
image contrast in. **A10:** 500–504
lenses **A10:** 492
literature **A12:** 8
resolution limits. **A10:** 495–496
scan coils and raster formation **A10:** 493
schematic cross section **A12:** 166
vacuum pumping system **A10:** 491
vacuum system **A12:** 171
with electron probe microanalyzer **A10:** 517
with secondary electron and x-ray detectors. **A10:** 501
Scanning electron microscopy **A9:** 89–102, **A10:** 490–515, **A12:** 166–178, **A13:** 1117, **A19:** 5, 7–8, 63, 219–220, **A20:** 334
acceptable degree of edge rounding in samples. **A9:** 44
advantages. **A10:** 494–497
analysis of fractographic features associated with fatigue crack growth. **A19:** 134
and chip formation process **A16:** 8–9
and electronic image analysis **A9:** 152–153
and SAM. **A10:** 509–510
and TEM fractographs, compared . . . **A12:** 185–192
application for detecting fatigue cracks . . . **A19:** 210
applications. . . . **A9:** 89, 99–101, **A10:** 490, 508–514
backscattered electrons **A9:** 92
capabilities. **A10:** 309, 365, 402, 429, 536
capabilities, and FIM/AP **A10:** 583
capabilities, compared with optical metallography **A10:** 299
capabilities, defined. **A12:** 166
cathodoluminescence **A10:** 507
compositional analysis of welds. **A6:** 104
contrast enhancement **A9:** 95
crack detection sensitivity. **A19:** 210
dark-field, and light-field illumination fractographs, compared. **A12:** 92–100
defined. **A10:** 681
depth of region below surface from which information is obtained. **A9:** 90
detected signals. **A9:** 90
detectors. **A9:** 90
display system **A12:** 169–171
electron beam induced current **A10:** 507
electron channeling patterns and contrast **A10:** 504–506
etching for. **A9:** 57
for stereo viewing. **A12:** 192
fractographs. . **A12:** 92–100, 173–176, 185–192, 216
fractographs, types of **A12:** 216
fractography **A12:** 173–176
general uses. **A10:** 490
illuminating/imaging system. **A12:** 167–168
image and dark-field light microscope fractograph, compared. **A12:** 92
image contrast **A10:** 500–504
image morphology **A10:** 309
image quality **A9:** 90
information system **A12:** 168–169
instrumentation **A12:** 166–171
integrated circuit problems solved by. **A10:** 513–514
introduction **A10:** 491
limitations **A10:** 490
method used for fracture mode identification **A19:** 44
microscope for. **A10:** 491–494
mounting of specimens **A9:** 97

Scanning electron microscopy (continued)
of aluminum/iron and aluminum/brass interfaces **A10:** 531–532
of ductile fractures **A12:** 173–174
of fiber composites **A9:** 592
of inorganic solids, types of information from **A10:** 6
of intergranular brittle fracture **A12:** 174–175
of organic solids, information from **A10:** 9
of powder metallurgy materials **A9:** 508
of tin and tin alloy coatings **A9:** 451
of transgranular fracture modes **A12:** 175–176
of wrought heat-resistant alloys **A9:** 307–308
operation modes **A9:** 90–91
preparation, of fractographs **A12:** 185, 192
preparation, of specimens **A12:** 171–173
related techniques **A10:** 490
replication procedures **A12:** 94–95
resolution **A9:** 95
samples **A10:** 490, 508–514
scanning electron beam instruments **A10:** 497–500
secondary electrons **A9:** 92
selection of mounting materials for specimens **A9:** 28–29, 32
sodium environment fracture faces of metals **A19:** 208
special techniques with **A10:** 506–508
specimen demagnetization for **A12:** 77
specimen preparation **A9:** 97–98
stereo pair, flat cleavage fracture, irons **A12:** 219
stereo, tilt method **A12:** 171
study of magnetic domains **A9:** 536–537
surface texture measurements **A16:** 27
to characterize the fracture surface **A19:** 181
to confirm spring fatigue **A19:** 367, 368
to measure size of small fatigue cracks **A19:** 157
types of electron-beam-excited electrons **A9:** 90
types of radiation **A9:** 90
used to examine aluminum alloy powders **A9:** 358
used to examine tin plate **A9:** 198
used to reveal titanium alloy subgrain boundaries **A9:** 461
vacuum system **A12:** 171
voltage contrast **A10:** 506–507
with x-ray analysis, advantage **A12:** 168
x-rays **A9:** 92–93
Scanning electron microscopy energy- dispersive systems **A9:** 92
Scanning electron microscopy replica
crack detection method used for fatigue research **A19:** 211
Scanning electron microscopy (SEM) **A7:** 222, 223–224, 259, 268, 724–725, 730–733, **A8:** 412, 476, 481–483, **EM1:** 285, 771, **EM3:** 237
abrasive wear and lubricant analysis **A18:** 308
and AES analysis, of failed niobium alloy rocket-nozzle component **A11:** 41–42
and TEM, contrasted **EL1:** 1101
as advanced failure analysis technique **EL1:** 1106
as contactless probing **EL1:** 371–372
as wafer-level physical test method **EL1:** 918–920
conductive coating techniques not practical with Auger electron spectroscopy **A18:** 456
definition **A5:** 966
examination example **EL1:** 1099–1100
failure analysis **EM3:** 249
for descriptive fractography **EM4:** 640, 641, 643, 648
for fracture surface analysis of optical fibers **EM4:** 663–667
for instrumentation/testing **EL1:** 367–368
for intermetallic-related failures **EL1:** 1043
for microstructural analysis **EM4:** 25, 26, 570, 578
for microstructural analysis of coatings **A5:** 662
for particle shape **M7:** 234–236
for particle sizing **M7:** 228
for phase analysis **EM4:** 25
for surface examination **A18:** 291
for temperature-time control in polymer removal techniques **EM4:** 137
fractographs, T-hook **A11:** 369
fracture mode identification chart for **A11:** 80
fracture-surface analysis, failed hip prosthesis **A11:** 692–693
impact wear measurements **A18:** 263
micrograph, failed low-alloy casting **A11:** 392
micrograph, integrated circuit using voltage contrast **A11:** 768
micrographs **EL1:** 1096, 1097
microstructure of coatings **A5:** 665–666
mode of operation **A18:** 379
nanoindentation attachment for equipment **A18:** 419
of composites **A11:** 741
of failure surface, rocker lever **A11:** 350
of fracture surfaces **A11:** 22
ofshafts **A11:** 460
particle image analysis **A7:** 261–262, 266–267, 272
phosphoric acid anodized surfaces **EM3:** 249
photographs for failure analysis **EM4:** 630
primary carbides in PM cold-work tool steels **A7:** 793, 798
process **EM3:** 241–242
sample preparation and examination **EL1:** 1095
schematic **EL1:** 1094
secondary electron image **A11:** 358
silicon oxides in stainless steel **A7:** 479
specimen preparation **A18:** 380–381
stages detected in sliding wear of metal-matrix composites **A18:** 809
studies of erosion of ceramics **A18:** 206
summary and future outlook **A18:** 391
surface analysis **EM3:** 259, 260, 261
to analyze ceramic powder particle size **EM4:** 67
to analyze polymer-derived ceramic fiber **EM4:** 225
to analyze strength and fracture phenomena **EM4:** 586, 593
to determine nucleation density **A5:** 541
to determine surface roughness in ceramic powder characterization **EM4:** 27
to examine fracture surfaces of green ceramics **EM4:** 96
to view fracture surface of a compact pressed from spray-dried powder **EM4:** 107
tungsten powder **A7:** 190
use with integrated circuits **A11:** 768
with EDS attachment, capabilities description **EL1:** 1094–1095
with energy-dispersive x-ray analyzer **A11:** 38
Scanning electron microscopy/energy dispersive spectroscopy (SEM/EDS) **A20:** 591
Scanning electron microscopy/energy dispersive x-ray spectrometry
wear/corrosion-resistant tool steels **A7:** 797, 798
Scanning infrared treatment **EM3:** 35
Scanning laser acoustic microscope (SLAM) **EL1:** 370, 1070–1071
Scanning laser acoustic microscopy (SLAM) **A18:** 406, 410–412, **EM4:** 625
color image **A17:** 487
defined **A17:** 465
definition **A5:** 966
of powder metallurgy parts **A17:** 540
of soldered joints **A17:** 607
operating principles **A17:** 465–466
parameters/techniques, compared **A17:** 470
principles **A18:** 410–411
reconstruction of images by holography **A18:** 411–412
Scanning laser beam technique
inspection by **A17:** 12
Scanning laser gage **A17:** 12–13
Scanning light photomacrography **A12:** 81–82
Scanning log ratio
analysis by **A10:** 144
Scanning low-energy electron microscopy (SLEEM or LEEM) **A6:** 145
Scanning monochromators
radiation detection **A10:** 38
Scanning probe microscopy
limitations of **A19:** 71
of fatigue **A19:** 70–71
Scanning transmission electron microscopes **A10:** 501
Scanning transmission electron microscopes (STEMs) **EM3:** 242
Scanning transmission electron microscopy **A7:** 223, 224, 225, **A9:** 104
capabilities **A10:** 490
defect analysis by **A10:** 464–468
defined **A10:** 681
lenses for **A10:** 432
profiles, diffusion interfaces **A10:** 478
Scanning transmission electron microscopy (STEM) **A5:** 670, **A18:** 380, 386, 387, 390–391
basic configuration **A18:** 379
dedicated STEM **A18:** 380
definition **A5:** 966
Scanning tunneling engineering
achievable machining accuracy **A5:** 81
Scanning tunneling microscopy **A19:** 63, 219, 220–221
application for detecting fatigue cracks **A19:** 210
coarse motion control **A19:** 70–71
crack detection method used for fatigue research **A19:** 211
crack detection sensitivity **A19:** 210
data acquisition and analysis **A19:** 71
fine motion control **A19:** 71
principle of imaging **A19:** 70
tip preparation **A19:** 71
to track microcrack initiation during fatigue deformation **A19:** 66–67
vibration isolation **A19:** 71
Scanning tunneling microscopy (STM) **A5:** 669, **A6:** 145, **A18:** 376, 393–397, 402
adhesion interfacial analysis **A6:** 144
applications **A18:** 395–396
data acquisition and analysis **A18:** 395
equipment **A18:** 393
future trends **A18:** 397
historical perspective **A18:** 393
limitations and solutions **A18:** 396–397
motion control **A18:** 394
principle of STM imaging **A18:** 393–394
technique comparison **A18:** 396
tip preparation **A18:** 395
to determine nucleation density **A5:** 541
variants **A18:** 393, 397
versus other surface roughness measurement techniques **A18:** 397
vibration isolation **A18:** 394–395
Scanning tunnelling microscopy (STM) **EM3:** 237
Scanning ultrasonic inspection
of weldments **A17:** 594–596
Scans
daughter ion **A10:** 646
in ESR spectrometers **A10:** 255
natural loss, GC/MS **A10:** 646–647
parent ion **A10:** 646
Scarf joint *See also* Joints; Lap joint **EM3:** 25, 487, 491, 492, 537
brazing **A6:** 120
defined **EM1:** 21, **EM2:** 37
definition **A6:** 1213
Scarf joints
brazing of aluminum alloys **M6:** 1025
definition **M6:** 1025
Scars
as casting defects **A11:** 384
Scatter **A19:** 303, **A20:** 75, 76, 77
allowance for in creep-rupture testing **A8:** 340
band of fracture toughness, stainless steel **A8:** 479–481
bands, from multiple heat rupture tests **A8:** 330

Compton A10: 84
from heterogeneities A8: 329–330
in creep measurement A8: 339
in fatigue properties data A19: 16
in machinability ratings A1: 593
in periodic overstrain data...............A8: 701
main sources of A19: 421
of creep-rupture test data..............A8: 329–330
quantifying A8: 625
ratio of Compton-to-Rayleigh A10: 84
wave theory of A10: 83
x-ray, defined A10: 84

Scatter, data
effect on fracture mechanics accuracy A11: 55

Scatter in fatigue strength A19: 279

Scatter parameter. A20: 624

Scatter radiation
computed tomography (CT) A17: 377

Scattered electrons A18: 385

Scattered radiation
at high photon energies.................A17: 345
back scatter, protection against A17: 344
collimators............................A17: 344
control, computed tomography (CT)......A17: 377
diffraction (mottling) A17: 345
filtration..............................A17: 345
lead screens...........................A17: 344
masks and diaphragms A17: 344

Scattering *See also* Backscattering; Scatter
anti-Stokes A10: 126–128
approximations, in NDE reliability
models A17: 705–706
at high photon energies.................A17: 345
atomic absorption spectrometry A10: 51–52
binary collisions A10: 604
Compton A17: 309
contributions to scattered intensities A10: 604
conversion electron Mössbauer A10: 293–294
cross section, in Rutherford backscattering
spectrometry A10: 629
cross section, symbol for................A10: 692
defined..............................A10: 681
effect in MFS analysis.................A10: 77–78
elastic, ATEM A10: 432–433
electron, defined......................A10: 672
electron, volume of A10: 434
factor, in effect absorption, x-rays ...A17: 310–311
factor, of atom A10: 349
in AFS atomizer......................A10: 46
in reflection and refraction.............A17: 204
inelastic A10: 433, 540, 674
infrared A10: 117
internal, shadow formation, radiography..A17: 313
kinetic energy in......................A17: 390
light A10: 126–130
molecular.......................A10: 126–130
multiple-, in EXAFS A10: 410
neutron and x-ray, compared...........A10: 421
of microwaves A17: 204–205
of ultrasonic beams A17: 238–239
pathological electron, effects in microbeam
analysis..........................A10: 530
phase differences from different electrons within
an atom A10: 328
photoelectron, in EPMA energy-dispersive
spectrometer A10: 518
principles, LEISS A10: 604
process, in Auger electron production A10: 550
Raman...........................A10: 135–136
Rayleigh................A10: 126–128, A17: 309
reduction, in shadow formation..........A17: 312
side scatter, shadow formation
radiography A17: 313
small-angle x-ray and neutron A10: 402–406
Stokes A10: 126–128
techniques, microwave inspection....A17: 206–207
types of curves A10: 404
ultrasonic wave attenuation by A17: 231
x-ray anomalous......................A10: 407
x-rays, defined A17: 385

Scattering cross section
symbol for A10: 692

Scattering (x-ray)
defined...............................A9: 15

Scavenging
chemical..............................A10: 46
oxygen A13: 482, 485

SCb-291
aging and ductility loss A6: 581

SCC *See* Stress corrosion cracking; Stress-corrosion cracking; Stress-corrosion cracking (SCC)

SCE *See* Saturated calomel electrode

SCF 19 *See* Stainless steels, specific types, S21000

Schaeffler (constitution) diagram A14: 225

Schaeffler constitution diagram for stainless steels A6: 431

Schaeffler diagram ...A6: 82, 83, 100, 457, 458, 461, 500, 501, 677, 678, 679, 685, 686, M6: 40, 322, 341
microstructure prediction A6: 825
stainless steel weld metal A6: 809
tool for prediction in overlaying M6: 808, 810
weld cladding prediction....A6: 817–818, 819, 821

Schaeffler diagrams
to predict microstructures of welded joints in
steels.............................A9: 582

Schallamach waves A18: 36

Schallamach-Turner equation A18: 579

Schallamach-Turner model
wear of tire treads A18: 579

Scheelite A7: 189
sintering agent for A10: 166
tungsten-bearing ore M7: 152

Scheil equation A6: 56, A9: 614, A20: 711

Schelleng, R.D
compacted graphite irons A15: 667

Schematic capture A20: 204

Schematic capture package A20: 205

Schematic capture tools A20: 204–205

Scherzer focus A18: 389

Schielern EM3: 25

Schlapfer and Bukowski method
for free lime content A10: 179

Schlieren
defined EM2: 37

Schlieren photography A6: 34

Schmid factor A19: 82

Schmidt number A13: 35

Schnadt notched-bar impact test A11: 57, 58

Schnadt specimen
for testing ship plate.................A11: 57, 58

Schoefer diagram
austenitic iron-chromium-nickel alloy
castings..........................A13: 577

Schöniger combustion A10: 167, 681

Schöniger flask method
estimated analysis time.................A10: 215
for common elements A10: 215
for elemental analysis A10: 215
for sample dissolution..................A10: 167
limitations...........................A10: 215
use in ion chromatography..............A10: 664

Schott alkaline earth silicate
composition.........................EM4: 1102
properties...........................EM4: 1102

Schott glass
glass/metal seal combinations...........EM4: 497
glass/metal seals EM4: 494–495

Schottky
barrier diodes EL1: 201, 960
barrier field-effect transistors (FETS).....EL1: 201
defects, defined EL1: 93
FAST advanced logic, design guidelines ...EL1: 82

Schottky barrier contacts
epitaxial precipitation of silicon in.......A11: 778

Schottky barrier technique
EBIC arrangement using................A10: 507

Schottky barriers EM3: 581–582

Schottky defect
ionic oxide..........................A13: 65

Schottky defects A20: 340

Schrödinger's equation A18: 388

Schulz method
reflection topography A10: 368–369

Scientific and Technical Aerospace Reports
(STAR) EM1: 41

Scientific glass era EM4: 21

Scientific products EM4: 1007–1013

Scientific products industry applications
structural ceramics....................A2: 1019

Scintillation
counter, diffractometers A10: 351
crystal-photodiode array detectors........A17: 371
crystals, radiographic inspection A17: 298

defined..............................EM2: 593
detectors A10: 88–89
detectors, computed tomography (CT)....A17: 370

Scintillation crystals
production...........................A2: 743

Scintillation failures EL1: 995–997

Scintillator
defined..............................A17: 385
in neutron radiography..............A17: 390–391

Scissor shear
of composites EM1: 98

Scleroscope hardness
number (HSc), defined A11: 9
number (HSd), defined A11: 9
test, defined..........................A11: 9

Scleroscope hardness numbers
Brinell hardness conversions, steel A8: 111
equivalent Rockwell B numbers steel..A8: 109–110
HSc or HSd, defined....................A8: 11
Rockwell C hardness conversions, steel A8: 110
Vickers hardness conversions, steel ...A8: 112–113

Scleroscope hardness testers, Models C
D, and D digital A8: 104–105

Scleroscope hardness testing A8: 104–106
as dynamic hardness testing..............A8: 71
calibration HFRSc/HFRSd............A8: 104–105
defined...............................A8: 11
procedure.............................A8: 105

SCM420
nominal compositions A18: 725

Scoop sampling A7: 241, M7: 227
particle image analysis A7: 260

Scoops, plastic
as sampling devices A10: 16

Scorches
cracks from A11: 89

Scoring *See also* Die line; Galling; Pickup A18: 296, 715, A19: 345, 353
damage, by chipping A11: 157
defined.......A8: 11, A9: 15–16, A11: 9, A14: 11, A18: 16
definition............................A5: 966
gears................................A18: 535
in cold-formed parts A11: 308
in sheet metal forming A8: 548
ofshafts..............................A11: 466

Scotch-yoke drive mechanism
mechanical presses.................A14: 31–32

Scott spray chamber
for analytic ICP systems................A10: 35

Scott volumeter A7: 293, 294
for apparent density M7: 274, 275

Scouring
definition............................A5: 966

Scouring abrasion *See* Abrasion

Scragging of springs *See* Presetting of springs

Scrap *See also* Recycling; Reprocessed plastic
aluminum-lithium alloys............A2: 183–184
automobile, recycling technology ...A2: 1211–1213
blow molding, costs...................EM2: 299
burners, electric arc furnace.............A15: 360
cast iron/steel, as metal charge A15: 388
classification, copper recycling A2: 1213–1215
compression molding, costs EM2: 297
electronic, recycling..............A2: 1228–1231
for aluminum melts.................A15: 79–81
gallium sources....................A2: 745–746
in injection molding, costs EM2: 294
lead, sources A2: 1221
magnesium, sources...............A2: 1216–1217
percentages, as allowances..............EM2: 84
purchase, storage of...................A15: 363
pure copper..........................A2: 1215
salvage, hot isostatic pressing............A15: 543
selection.............................A15: 74
streams, aluminum recycling......A2: 1207–1208
thermoforming, costs EM2: 301
tin, types.......................A2: 1218–1219
titanium, recycling A2: 639
titanium, sources A2: 1227
zinc alloy.......................A15: 787–789
zinc, sources A2: 1223–1224

Scrap burners
electric arc furnace....................A15: 360

Scrap, carbon fiber
recycling of....................EM1: 153–156

Scrap disposal
in blanking and piercing **A14:** 478
uranium **M3:** 778–779
Scrap logs **A7:** 701
Scrap metal, silver
analysis of **A10:** 41
Scrap recovery
uranium **M7:** 666
Scraper
defined **A18:** 16
Scrapers
for induction furnaces **A15:** 372–373
Scraping
of samples **A10:** 575
Scraping artifacts
TEM replicas **A12:** 185
Scrapless nut quality carbon steel wire rod **M1:** 254–255
Scrapless nut quality rod **A1:** 273
Scratch
defined **A9:** 16, **A18:** 16
definition **A5:** 966, **EM4:** 633
Scratch adhesion test **A18:** 434
Scratch brush finish
definition **A5:** 966
Scratch brushing
copper and copper alloys **A5:** 809–810, **M5:** 615–617
Scratch cross-sectional area **A18:** 432, 436
Scratch hardness **A18:** 432, 433
Scratch hardness test **A8:** 11, 71, 104, 107–108
defined **A18:** 16
Scratch starting **A6:** 200
Scratch testing **A18:** 404, 430–436
fundamentals of scratching deformation **A18:** 431–433
contact geometry **A18:** 431
relation of friction to scratching deformation **A18:** 432–433
removal coefficient **A18:** 431
specific grooving energy **A18:** 431–432
objectives **A18:** 430
scratch adhesion testing of thin hard coatings **A18:** 434–436
parameters affecting $F_{N,C}$ **A18:** 435–436
test equipment and procedures **A18:** 434–435
scratch testing of monolithic solids . . **A18:** 433–434
abrasion resistance **A18:** 434
scratch hardness **A18:** 433, 434
size effects **A18:** 433–434
types of scratch test devices **A18:** 430–431
apparatus classification **A18:** 430
in situ scratching devices **A18:** 430–431
measured quantities **A18:** 430
quick-stop devices **A18:** 431
scratching elements **A18:** 430
Scratch trace
defined **A9:** 16
Scratches
adhesive-bonded joints **A17:** 613
visual inspection **A17:** 3
Scratching *See also* Abrasion; Plowing; Plowing (ploughing); Ridging wear **A18:** 259
defined **A8:** 11, **A11:** 9, **A18:** 16
magnesium powder production by **M7:** 131
Scratching abrasion *See also* Abrasvie wear; Low-stress abrasion **M1:** 599, 600
Scratching speed **A18:** 432, 436
Scratch-repassivation testing method
for localized corrosion **A13:** 217
Scratch-resistant coatings
definition **A5:** 966, **EM4:** 633
Screeding
of molds **A15:** 191
Screen *See also* Screening **M7:** 10
analysis **M7:** 10, 25
classification **M7:** 10
defined **A15:** 10
Screen analysis *See also* Sieve analysis
loam molding sand **A15:** 229
of reclaimed sands **A15:** 354–355
Screen distribution test
for sand reclamation **A15:** 355
Screen print application
solder pastes **EL1:** 652
Screen printing
capabilities/limitations **EL1:** 508–509
flexible printed boards **EL1:** 583
for particulate depositions in metallizing **EM4:** 542, 543
in surface-mount soldering **EL1:** 699
of thick-film circuits **EL1:** 249
solder masks **EL1:** 555
thick films on ceramic substrates **EL1:** 206–208
viscoelastic properties required **EM4:** 116
Screen printing dispensing technique
general solder paste parameters **A6:** 988
Screen test
definition **A5:** 966
Screening *See also* Sand(s); Screen **M7:** 10, 176–177
as adhesive application method **EL1:** 672
as inclusion control **A15:** 90
Charpy V-notch impact tests as **A8:** 263
DSC/TGA **EM2:** 560–561
equipment **M7:** 177
high-cycle fatigue properties, by ultrasonic testing **A8:** 240
in encapsulation hot isostatic pressing **M7:** 431
key operations **M7:** 177
of platinum powders **M7:** 150
of precious metal powders **M7:** 149
of uranium dioxide pellets **M7:** 665
screen types **A15:** 350
sieve sizes, and related particle sizes **M7:** 176
surfaces **M7:** 176–177
TGA method **EM2:** 565–566
vs. testing **EL1:** 875
Screening property **A20:** 244
definition **A20:** 840
Screen-printed solder mask
advantages/disadvantages **EL1:** 555
Screens
filtration, radiography **A17:** 298
fluorescent intensifying **A17:** 316–317
fluorescent, real-time radiography with **A17:** 319–320
fluorometallic, radiography **A17:** 317
intensifying, radiography **A17:** 298
lag **A17:** 317
mottle, defined **A17:** 317
radiography, unsharpness **A17:** 300
speeds **A17:** 316–317
Screw
-action grips **A8:** 51
dislocations, in ultrasonic testing **A8:** 256
in polymer processing classification scheme **A20:** 699
micrometer **A8:** 619
se, f-drilling tapping, hydrogen embrittlement in **A8:** 541–542
set, for stored-torque Kolsky bar **A8:** 220
-threaded copper current, input connections **A8:** 389
threads, in fatigue crack initiation **A8:** 371
Screw coining press **M7:** 15
Screw conveyors for seed separation **M7:** 589
Screw dislocation
defined **A13:** 45–46
Screw dislocations **A19:** 79, 80, 84, 85
Screw dislocations defined **A9:** 719
diffraction contrast **A9:** 114
effect of low temperature and high strain rate on **A9:** 688
in iron **A9:** 690
Screw extruders **A7:** 368, 369
Screw joining process
in joining processes classification scheme **A20:** 697
Screw machine tests **A1:** 591, 593
Screw machining *See also* Multiple-operation machining
cutting fluid flow recommendations **A16:** 127
cutting fluids used **A16:** 125
susceptibility to flaking **A16:** 281
Screw machining with form tools
relative difficulty with respect to machinability of the workpiece **A20:** 305
Screw plasticating injection molding *See also* Injection molding
defined **EM2:** 37
Screw press
defined **A14:** 11
Screw presses **A14:** 33–35
as energy-restricted machines **A14:** 25, 37
drives, variations in **A14:** 41
energy vs. load diagram **A14:** 41
for aluminum alloys **A14:** 245
for precision forging **A14:** 169
for titanium alloys **A14:** 274–275
load and energy **A14:** 40–41
time-dependent characteristics **A14:** 41
Screw threads
die cutting speeds **A16:** 301
Screw-driven machines
balanced beam universal **A8:** 613
constant strain rate test on **A8:** 43
conventional load frame **A8:** 192
hydraulic **A8:** 613
tension, components **A8:** 48
Screwdriver, cordless, decision matrix for . . . **A20:** 294, 295
Screwed-in inserts
in magnesium alloy parts **A2:** 467
Screw-micrometer ocular **A9:** 74
Screws *See also* Extruder; specific types by name
alloy steel for **M1:** 256
carbon steel for **M1:** 254
construction, extruder **EM2:** 379–380
design **EM2:** 380–381
injection molding **EM1:** 165–166
injection molding, polyvinyl chlorides (PVC) **EM2:** 211–212
mechanical fastening of **EM2:** 711–712
zones, extruders **EM2:** 380
Screws, hip
austenitic stainless steels **A12:** 359–364
Scribe line
for flow localization in torsion **A8:** 169
in tubular specimen **A8:** 224
Scribing
gage marks **A8:** 548
Scribing tool, metal
with coordinate measuring machine **A17:** 24
Scrim *See also* B-stage; Glass cloth **EM3:** 25
defined **EM1:** 21, **EM2:** 37
Script *See* Chinese script
Scrubber systems **A13:** 1368, 1370
Scrubbing
and wet washing, for sand reclamation . . . **A15:** 227
dry **A15:** 227
high-energy wet, cupolas **A15:** 387
mechanical, sand reclamation by **A15:** 352
of steel wire rope **A11:** 519
pneumatic, sand reclamation by **A15:** 352
Scrubbing, mechanical *See* Mechanical scrubbing
Sc-Ti (Phase Diagram) . . . . **A3:** 2•362
Scuff marks
liquid penetrant inspection of **A17:** 86
Scuff resistance
in gray iron **A1:** 24–25
Scuffing **A18:** 296, 715
defined **A8:** 11–12, **A11:** 9, **A18:** 16
definition **A5:** 966
gear teeth **A19:** 347
gears **A18:** 535, 537–538
internal combustion engine parts . . . **A18:** 555, 556, 557, 559

SUBJECTS OF THE INDEXED VOLUMES: ASM Handbook (designated by the letter "A"): **A1:** Properties and Selection: Irons, Steels, and High-Performance Alloys (1990); **A2:** Properties and Selection: Nonferrous Alloys and Special-Purpose Materials (1990); **A3:** Alloy Phase Diagrams (1992); **A4:** Heat Treating (1991); **A5:** Surface Engineering (1994); **A6:** Welding, Brazing, and Soldering (1993); **A7:** Powder Metal Technologies and Applications (1998); **A8:** Mechanical Testing (1985); **A9:** Metallography and Microstructures (1985); **A10:** Materials Characterization (1986); **A11:** Failure Analysis and Prevention (1986); **A12:** Fractography (1987); **A13:** Corrosion (1987); **A14:** Forming and Forging (1988); **A15:** Casting (1988); **A16:** Machining (1989); **A17:** Nondestructive Evaluation and Quality Control (1989); **A18:** Friction, Lubrication, and Wear Technology (1992); **A19:** Fatigue and Fracture (1996); **A20:** Materials Selection and Design (1997). **Metals Handbook, 9th Edition** (designated by the letter "M"): **M1:** Properties and Selection: Irons and Steels (1978); **M2:** Properties and Selection: Nonferrous Alloys and Pure Metals (1979); **M3:** Properties and Selection: Stainless Steels, Tool Materials, and Special-Purpose Materials (1980); **M4:** Heat Treating (1981); **M5:** Surface Cleaning, Finishing, and Coating (1982); **M6:** Welding, Brazing, and Soldering (1983); **M7:** Powder Metallurgy (1984). **Engineered Materials Handbook** (designated by the letters "EM"): **EM1:** Composites (1987); **EM2:** Engineering Plastics (1988); **EM3:** Adhesives and Sealants (1990); **EM4:** Ceramics and Glasses (1991). **Electronic Materials Handbook** (designated by the letters "EL"): **EL1:** Packaging (1989)

ofshafts A11: 466
Scuffing load limit A19: 345
Scuffing, resistance, gray cast iron *See also* Adhesive wear M1: 24–25
steel wire for M1: 265–266
Scuffing temperature
symbol and units A18: 544
Scuffing/adhesion
surface property effect A18: 342, 343
Sculpture
metalworking of A15: 20–22
Scumming
definition A5: 966
"S-curve" timelines A20: 25, 27
Sc-Y (Phase Diagram) . . . . A3: 2•362
Sc-Zr (Phase Diagram) . . . . A3: 2•363
SDL-1
nickel aluminide alloy sliding wear data with this lubricant A18: 776
SE *See* Secondary electrons
Sea bottom
Miller numbers A18: 235
Sea water immersion
zinc and galvanized steel corrosion A5: 363
Seacoal
as carbon mold addition A15: 211
Seal
for acidified chloride solution fatigue testing A8: 418–419
for specimen in aqueous solutions at ambient temperatures A8: 415
Seal coat
definition A6: 1213, M6: 15
Seal design techniques EM4: 532–541
chemical integrity EM4: 539–541
processing effects EM4: 540–541
survival in the environment EM4: 539–540
electrical integrity EM4: 538–539
factors affecting design EM4: 532
finite-element stress-analytic techniques EM4: 535–538
ceramic/metal seals EM4: 538
general approach EM4: 535–536
glass/metal seals EM4: 536–538
mechanical integrity EM4: 532–535
ceramic fracture EM4: 532–533, 535
coefficient of thermal expansion . . EM4: 533–535, 540
mechanical behavior of interfaces EM4: 533–534
proof testing EM4: 533
residual stresses EM4: 534–535
static fatigue EM4: 533
stress intensity factor EM4: 532, 533
stress minimization EM4: 534–535
philosophy EM4: 532
Seal flank closing force A18: 550
Seal materials
wear particles A18: 305
Seal nose
defined A18: 16
Seal rings
cemented carbide A2: 972
Seal surface
stainless steel parts as M7: 662
Seal weld
definition A6: 1213, M6: 15
Sealant
defined EM2: 37
Sealant design considerations EM3: 545–550
accessibility EM3: 546
applications EM3: 547–550
elastic recovery EM3: 546
functions of sealants EM3: 545
materials considerations EM3: 545–547
movement capability EM3: 545, 546, 547, 549
strain EM3: 545
Sealant Waterproofers, and Restoration Institute (SWRI) EM3: 188
Sealants *See also* Adhesives and sealants, specific types; Faying surface sealing . . . EM3: 25, 48–55
additives EM3: 674
advantages and disadvantages EM3: 675
aerospace industry market EM3: 58–59
appliance market EM3: 59
application methods EM3: 607, 642
application procedures guide EM3: 188
applications EM3: 56–60, 604–612
as conductive sealants EM3: 604–605
asphaltic EM3: 675
automotive market EM3: 608–610
aviation applications EM3: 611
bituminous, properties EM3: 677
body assembly applications EM3: 608
casting technique EM3: 59
chemical properties EM3: 52
chemistry EM3: 49–51
commonly used polymer systems EM3: 673
compared to adhesives EM3: 56
compared to caulks and putties EM3: 187
component functions EM3: 674
construction application areas EM3: 608
cure mechanism EM3: 674
cure properties EM3: 51
cure times EM3: 189
defined EM1: 21
design of sealing systems EM3: 52–54
distribution categorized by polymeric binders EM3: 673
double EM3: 578
electrical and electronics market EM3: 610–612
electrical properties EM3: 52
electronics market EM3: 59–60
encapsulating technique EM3: 59
environmental considerations EM3: 673–679
chemistry and technology of sealants EM3: 673–674
degradation EM3: 678–679
features of sealant types EM3: 78
performance requirements increased . . . EM3: 673
for ablative barriers EM3: 605
for aerodynamic smoothing EM3: 677
for cabin pressure sealing EM3: 58
for canopy sealing EM3: 605
for carbon-carbon composites EM1: 920
for channel sealing EM3: 677
for construction joints EM3: 605
for construction market EM3: 605–608
for contraction joints EM3: 605
for corrosion protection EM3: 604
for cure-in-place gasketing EM3: 548
for engine sealing EM3: 609
for environmental barriers EM3: 608, 609
for environmental seals EM3: 604
for expansion joints EM3: 605, 607, 608
for faying surface sealing EM1: 719–720
for faying surfaces EM3: 604
for fuel tank sealing EM3: 677
for glazing EM3: 606
for industrial applications EM3: 58
for integral fuel tanks EM3: 58
for jet turbine blades EM3: 605
for rivet heads EM3: 604
for structural integrity EM3: 604
for thermal barriers EM3: 605
for thermoset housings EM3: 548
for window glazing EM3: 545
for windshield sealing EM3: 605
form considerations EM3: 56
forms and types EM3: 674
functions EM3: 33, 36, 48–49, 187
global standards EM3: 188–189
high-performance, shelf life EM3: 188
history EM3: 48
hydrolysis EM3: 679
joints between roadway concrete slabs . . . EM3: 188
major classification types EM3: 189–192
markets EM3: 56–60, 605–612
methods of application EM3: 58, 610
no adverse effect by water-displacing corrosion inhibitors EM3: 641
nonsag EM3: 56
oleoresinous EM3: 674–675, 677
packaging EM3: 56
performance EM3: 188, 674
physical properties EM3: 51–52, 188–189
pit and fissure (dental) A18: 672
pot life EM3: 604
potting technique EM3: 59
price of high-performance sealants EM3: 51
processing techniques EM3: 59
properties EM3: 191, 605, 677
reservoirs and canals EM3: 188
self-leveling EM3: 56
service life EM3: 678
shelf life, high-performance EM3: 188
specifications EM3: 188–189
suppliers EM3: 57, 58, 60
technology basics EM3: 48–49
thermal properties EM3: 52
thread fitting EM3: 610
three-dimensional application method . . . EM3: 609
turbocharged engine requirements EM3: 609
types and uses EM3: 56, 188–191, 642, 674
vacuum impregnation process EM3: 609
well-defined standards EM3: 611
Sealants, bare copper assembly
furnace soldering A6: 355
Sealants, effect
eddy current inspection A17: 191–192
Sealants in Construction EM3: 70
Sealed (anodic) coating
definition A5: 966
Sealed cans
corrosion resistance A13: 779
Sealed chrome pickle
magnesium alloys M5: 632, 634, 636, 640–642
Sealed chrome pickling
chemical treatments for magnesium alloys A5: 828
magnesium alloys A5: 823, 829
Sealing
aluminum spray coatings M5: 344–345
anodic coatings . . M5: 590–591, 594–596, 603–604, 606
dual sealing treatments M5: 594–595
electrolytic brightened finishes M5: 580–581
glass, selection of EL1: 456–458
glasses, nuclear radiation induced device failures EL1: 1056
heat welding and EM2: 724–725
hermetic EL1: 734
low-viscosity sealers M5: 369
moisture monitoring after EL1: 953
of thermal sprayed coatings A13: 461, 907–909
packages, methods EL1: 237–243
plastic pin-grid arrays EL1: 476
thermal spray coatings M5: 369
vacuum impregnation method M5: 369
vitreous dielectrics for EL1: 109
weathering steels A13: 519
Sealing face
defined A18: 16
Sealing glasses EM4: 22, 1069–1072
applications EM4: 22
common problems EM4: 1071
disposal EM4: 1072
fifing cycle stages EM4: 1070–1071
crystallizing sealing cycle EM4: 1071
vitreous sealing cycle EM4: 1070–1071
health issues EM4: 1072
refractory fillers EM4: 1072
respirators for workers EM4: 1072
safety issues EM4: 1072
seal geometry and stresses EM4: 1072
solder glass technology EM4: 1071–1072
solder glasses EM4: 1069
application methods EM4: 1069–1070
bask glasses EM4: 1071–1072
disannealing EM4: 1069
hot dipping processes EM4: 1070
physical forms EM4: 1069–1070
types EM4: 1069
uses EM4: 1069
vehicles EM4: 1069–1070
vitreous EM4: 1069, 1070
suppliers EM4: 1072
Sealing, heat *See* Heat sealing
Sealing of anodic coating
definition A5: 966
Seal(s) *See also* Glass-to-metal seals; Hermetic seals; Hermeticity
and shaft failures A11: 466
ceramic-to-metal EL1: 678
for explosive forming A14: 638–639
glass-to metal EL1: 455–459, 678, 958
indium and indium-based A2: 752
lid, test procedures EL1: 953–954
reliability/testing EL1: 459
shear fracture studies of Kovar-glass A10: 577–578
Seals, friction and wear of A18: 546–552
defined (seal) A18: 16

Seals, friction and wear of (continued)
design considerations **A18:** 549–550
chemical compatibility.............. **A18:** 550
environmental and operational
conditions................. **A18:** 549–550
operational factors **A18:** 550
greases used............................ **A18:** 129
material selection.................. **A18:** 550–551
methods of reducing wear **A18:** 551
monitoring............................. **A18:** 552
seal friction and wear problems **A18:** 547–549
abrasive wear....................... **A18:** 549
adhesive wear **A18:** 549
cavitation........................ **A18:** 549–550
corrosion **A18:** 549–550
erosion **A18:** 549–550
properties of hard mating face
materials **A18:** 548
thermoelastic instability **A18:** 548–549
seal specifications based on application... **A18:** 548
surface coatings used................... **A18:** 551
types of seals **A18:** 546–547
applications **A18:** 546
dynamic seals.............. **A18:** 546–547, 550
face seals.............. **A18:** 546–547, 548–549
gaskets **A18:** 546, 550
hybrid seals **A18:** 547
labyrinth seals **A18:** 547
lip seals **A18:** 546, 547, 550, 551
materials **A18:** 546, 547
O-rings **A18:** 546, 549, 550
packing................ **A18:** 546, 547, 550–551
piston ring seals **A18:** 547
quad rings...................... **A18:** 546, 550
static seals **A18:** 547
wear testing....................... **A18:** 551–552

Seal-swell agents **A18:** 110
applications.......................... **A18:** 110
functions **A18:** 110
in nonengine lubricant formulations...... **A18:** 111
materials **A18:** 110

Seam
defined **A9:** 16, **A15:** 10
definition............................... **A5:** 966

Seam weld
definition **A6:** 1213, **M6:** 15

Seam welded joints, resistance
metallography and microstructures **A9:** 581

Seam welding **A20:** 698
definition **M6:** 15
high frequency welds **M6:** 759
in joining processes classification scheme **A20:** 697
laser beam welds....................... **M6:** 657
resistance *See* Resistance seam welding
ultrasonic welds **M6:** 746, 749

Seam welds
butt **M6:** 501
flange-joint lap........................ **M6:** 501
foil butt **M6:** 501–502
in magnesium and magnesium alloys...... **A2:** 473
lap **M6:** 501
mash **M6:** 501
radiographic inspection................. **A17:** 335

Seaming
in sheet metalworking processes classification
scheme **A20:** 691

Seamless mechanical tubing ... **A1:** 335, **M1:** 324–325

Seamless pipe
inspection of.......................... **A17:** 579

Seamless processes
for steel tubular products........ **A1:** 328, **M1:** 316

Seamless tubes
magnetic particle inspection............. **A17:** 111
steel, inspection of................. **A17:** 567–571
ultrasonic inspection **A17:** 272

Seamless tubing
as encapsulation material **M7:** 429
quench cracking in..................... **A11:** 335

Seams.................................... **M1:** 182
AISI/SAE alloy steels **A12:** 326, 335
as casting defects................. **A11:** 384, 388
as discontinuities, defined **A12:** 64–65
as forging defect **A11:** 317, 327, 329, 331
as forging process flaws................. **A17:** 493
as planar flaw.......................... **A17:** 50
as spring failure origin **A11:** 555
brittle fracture of rotor shaft splines from **A11:** 478
brittle intergranular fracture from........ **A12:** 335
defined.................................. **A11:** 9
eddy current inspection of **A17:** 164
effect on cold-formed part failure....... **A11:** 307
fatigue failure initiated at............... **A11:** 551
forged stainless steel forceps, fracture by **A11:** 329, 331
high-carbon steels **A12:** 281, 287
in billets, magnetic particle inspection.... **A17:** 115
in bolts **A12:** 131, 149
in crane hook, magnetic particle
inspection......................... **A17:** 107
in fasteners **A11:** 530
in hot rolled bars **M1:** 199–200
in hot-rolled steel bars.................. **A1:** 240
in rolled steel bar, surface indications.... **A11:** 329, 331
in rolling **A14:** 358
in spring wire **M1:** 290, 301
in steel bar and wire **A17:** 550
in steel plate **A1:** 230
in tool steel coil spring, cracked during heat
treatment.................. **A11:** 574, 579
quench cracking from............. **A12:** 131, 149
radiographic methods **A17:** 296
tool and die failure from **A11:** 574
tubular products....................... **A17:** 568
walls, alloy steels **A12:** 335
wire springs fracture from **A12:** 63

Seams in rolled steel
revealed by macroetching **A9:** 176

Search units *See also* Probe(s); Sensors
contact-type **A17:** 257–258
focused **A17:** 259–261
immersion-type **A17:** 258–259
ultrasonic inspection **A17:** 252, 256–261

Search/match methods
for unknown phases or particles..... **A10:** 455–459

Seasalt brine
line-pipe steel exposure to **A11:** 299

Season cracking *See also* Stress-corrosion cracking
defined **A11:** 9, **A13:** 11
SCC of brass as **A12:** 28

Seasoning
for residual stresses **A15:** 616

Seawater *See also* Marine atmosphere; Marine corrosion; Ocean water; Pacific Ocean; Salt water; Saltwater; Seawater corrosion; Water
aerated, corrosion of carbon steels **A13:** 512
aluminum coating corrosion resistance.... **A13:** 435
aluminum/aluminum alloys in.. **A13:** 597–598, 603, 607
aluminum-zinc alloy coatings........... **A13:** 436
and SCC in titanium and titanium alloys **A11:** 224
applications, nickel-base alloys **A13:** 653–654
as corrosive environment **A12:** 24
biological organisms, influences **A13:** 900–902
boron determined in **A10:** 205
carbon steel in **A13:** 1256
cavitation-erosion resistance ratings in.... **A11:** 190
consistency, and major Ions **A13:** 893–894
corrosion **A13:** 433–434
corrosion fatigue crack growth rate........ **A8:** 407
corrosion, low-carbon steel............. **A12:** 250
corrosion protection in.................. **M1:** 751
crevice corrosion in .. **A13:** 108–112, 303, 309, 556
effect, galvanized coatings **A13:** 440
effect of velocity on steel corrosion rate .. **A11:** 188
filtered, crevice corrosion in stainless
steels............................. **A13:** 556
flowing, copper alloy galvanic
couple data **A13:** 624
flowing, corrosion potentials **A13:** 557
flowing, galvanic series **A13:** 675
for SCC of titanium alloys............... **A8:** 531
galvanic series in **A11:** 185, **A13:** 83, 235, 324, 488, 613, 718, 876, 1329
gas solubility......................... **A13:** 1256
general corrosion, titanium/titanium
alloys **A13:** 676–677
general properties..................... **A13:** 893
marine corrosion in............... **A13:** 893–902
metal matrix composites in **A13:** 861–863
pollutants, effects of **A13:** 898–900
salinity **A13:** 894, 900
specific conductance **A13:** 896
stress ratio effect on corrosion fatigue of
steel in **A8:** 407
synthetic.............................. **A13:** 309
tin/tin alloys in....................... **A13:** 772
variability, and minor ions **A13:** 894–898
velocity effect **A13:** 516
zinc anodes composition in **A13:** 765
zinc/zinc alloys and coatings in.......... **A13:** 762

Seawater corrosion
as function of velocity................. **A13:** 333
basic rates **M1:** 741–742
cast irons............................. **A13:** 570
clad metal **A13:** 889
corrosion, aluminum alloy weldments **A13:** 345
desalination plant equipment........ **M1:** 744–745
factors, carbon/alloy steels immersed in... **A13:** 539
fresh water corrosion compared with **M1:** 740, 741
mill scale, effect of..................... **M1:** 739
of couple members..................... **A13:** 545
of galvanic couples... **A13:** 624, 773, **M1:** 740–741, 742–743
oxygen concentration effect of... **M1:** 739–740, 743
pilings, carbon and steel **M1:** 742–744
pitting.................. **M1:** 739, 742, 744–745
preventive measures **M1:** 745
profile................................ **A13:** 539
stainless steel **A13:** 303, 556
stainless steels **M3:** 70–78, 79, 80
titanium/titanium alloy............ **A13:** 676–677
tropical waters, rates in **M1:** 742
velocity, effect of **M1:** 740–742
zones of................... **M1:** 740, 742–744

Seawater environments **A19:** 207

Seawater temperature
effect on fatigue crack threshold......... **A19:** 144

Seawater/NaCl solution
environments known to promote stress-corrosion
cracking of commercial titanium
alloys............................. **A19:** 496

Secant method
for calculating crack growth rates........ **A19:** 180
of calculating crack growth rates..... **A8:** 378, 415, 518, 680

Secant modulus *See also* Modulus of elasticity; Tangent modulus; Young's modulus... **EM3:** 25
defined......... **A8:** 12, **A11:** 9, **A14:** 11, **EM1:** 21, **EM2:** 37, 434

Second, as SI base unit
symbol for............................. **A10:** 685

Second friction force **A6:** 888

Second Law of Thermodynamics **A3:** 1•6–1•7, **A13:** 61

Second moment about the mean **A7:** 272, 273

Second moment of the area of the selection.. **A20:** 283

Second order rate law expression.......... **EM4:** 55

Second phases **A20:** 726

Second phases effect of dendritic structure on **A9:** 639
effect on dislocation distribution.......... **A9:** 693

Second phases in beryllium **A9:** 390

Secondary alloy *See also* Primary alloy
defined................................ **A15:** 10
producers, aluminum scrap from.......... **A15:** 79

Secondary aluminum
alloying effects **A2:** 46

SUBJECTS OF THE INDEXED VOLUMES: ASM Handbook (designated by the letter "A"): **A1:** Properties and Selection: Irons, Steels, and High-Performance Alloys (1990); **A2:** Properties and Selection: Nonferrous Alloys and Special-Purpose Materials (1990); **A3:** Alloy Phase Diagrams (1992); **A4:** Heat Treating (1991); **A5:** Surface Engineering (1994); **A6:** Welding, Brazing, and Soldering (1993); **A7:** Powder Metal Technologies and Applications (1998); **A8:** Mechanical Testing (1985); **A9:** Metallography and Microstructures (1985); **A10:** Materials Characterization (1986); **A11:** Failure Analysis and Prevention (1986); **A12:** Fractography (1987); **A13:** Corrosion (1987); **A14:** Forming and Forging (1988); **A15:** Casting (1988); **A16:** Machining (1989); **A17:** Nondestructive Evaluation and Quality Control (1989); **A18:** Friction, Lubrication, and Wear Technology (1992); **A19:** Fatigue and Fracture (1996); **A20:** Materials Selection and Design (1997). **Metals Handbook, 9th Edition** (designated by the letter "M"): **M1:** Properties and Selection: Irons and Steels (1978); **M2:** Properties and Selection: Nonferrous Alloys and Pure Metals (1979); **M3:** Properties and Selection: Stainless Steels, Tool Materials, and Special-Purpose Materials (1980); **M4:** Heat Treating (1981); **M5:** Surface Cleaning, Finishing, and Coating (1982); **M6:** Welding, Brazing, and Soldering (1983); **M7:** Powder Metallurgy (1984). **Engineered Materials Handbook** (designated by the letters "EM"): **EM1:** Composites (1987); **EM2:** Engineering Plastics (1988); **EM3:** Adhesives and Sealants (1990); **EM4:** Ceramics and Glasses (1991). **Electronic Materials Handbook** (designated by the letters "EL"): **EL1:** Packaging (1989)

Secondary arm coarsening
in dendritic structure.................. **A15:** 117
Secondary atomization **M7:** 28, 29, 31
Secondary bonding *See also* Binder systems; Binders; Bonding; Bonds; Co-curing .. **EM2:** 37, 59, **EM3:** 25
defined.............................. **EM1:** 21
in cast irons **A15:** 238
Secondary circuit
definition **A6:** 1213, **M6:** 15
Secondary coolant *See* Water spraying
Secondary corrosion attack
in stainless steel implants **A11:** 683, 688
Secondary cracking
AISI/SAE alloy steels **A12:** 293–294, 299, 301, 306, 308, 327, 334
and fatigue striations.................... **A12:** 20
angular, titanium alloys.................. **A12:** 448
as splitting............................. **A12:** 68
ASTM/ASME alloy steels........... **A12:** 346, 348
at elevated temperatures, titanium alloys.. **A12:** 442
at machining marks.................... **A12:** 251
austenitic stainless steels................ **A12:** 353
circumferential, precipitation-hardening stainless steels............................ **A12:** 370
copper alloys.......................... **A12:** 403
deep intergranular, iron alloy............ **A12:** 459
ductile irons **A12:** 232
in dimpled surface, titanium alloys....... **A12:** 450
in low-melting metal embrittlement.... **A12:** 30, 38
in oxygen-embrittled iron.............. **A12:** 222
intergranular............. **A12:** 47, 401, 425, 448
iridium............................... **A12:** 462
low-carbon steel **A12:** 244
nickel alloys **A12:** 397
of corrosion products.................... **A12:** 29
OFHC copper.......................... **A12:** 401
opening **A12:** 77
parallel, maraging steels **A12:** 386
precipitation-hardening stainless steels.... **A12:** 372
stress-corrosion **A12:** 27
titanium alloys........... **A12:** 441, 448–450, 452
tool steels.................... **A12:** 377, 380, 382
transgranular **A12:** 449, 452
transverse, AISI/SAE alloy steels......... **A12:** 301
wrought aluminum alloys.. **A12:** 414, 424, 425, 434
Secondary cracks
opening of......................... **A11:** 19–20
visual macroanalysis **A12:** 72
Secondary creep *See also* Creep
defined............................... **A12:** 19
in elevated-temperature failures.......... **A11:** 263
Secondary creep rate
from transient data **A8:** 336
Secondary creep zone................ **A19:** 508, 510
Secondary crystallization.................. **EM3:** 25
Secondary cyclic hardening................. **A19:** 83
Secondary dendrite arm spacing
and primary dendrite arm spacing as a function of distance from chill surface **A9:** 626
as a function of distance from chill surface in 4340 steel............................. **A9:** 625
as an index of solidification conditions in steel **A9:** 624–625
as in indicator of degree of homogenization in steel............................. **A9:** 625
defined............................... **A9:** 624
in copper alloy ingots **A9:** 637
Secondary disintegration............... **M7:** 29, 33
Secondary electron detector **A7:** 223
Secondary electron detectors
for AES analysis...................... **A10:** 554
image contrast with SEM........... **A10:** 501–502
sample configurations **A10:** 495
types of electrons detected **A10:** 502
with scanning electron beam instruments **A10:** 501
Secondary electron emission
as low-energy **A10:** 433–434
surface, AES analysis for **A10:** 549
Secondary electron imaging **A9:** 91–92
compared to backscattering electron imaging........................... **A9:** 92
contrast enhancement **A9:** 95
resolution.............................. **A9:** 95
scanning electron microscope.............. **A9:** 89
voltage of primary electron beam **A9:** 91
Secondary electron yield in scanning electron microscopy
as a function of atomic number of the electron beam **A9:** 92
contrast **A9:** 93
effect of angle between incident beam and surface **A9:** 92
Secondary electron-coupled (SEC) vidicons *See also* Vidicons
in optical sensors **A17:** 10
Secondary electrons *See also* Electrons **A18:** 377, 379, 380
abbreviation for **A10:** 691
and backscattered electrons, compared.... **A12:** 168
and backscattered electrons, yields for.... **A10:** 502
Auger ejection.......................... **A10:** 86
defined............................... **A10:** 681
emission **A10:** 433–434, 549
escape depths **EL1:** 1095
image, coarse-grain iron alloy **A12:** 93–94
images of **A10:** 554, 558
in SEM imaging **A12:** 168
measuring instruments **A10:** 554
micrographs, beryllium copper alloy...... **A10:** 559
peak intensity..................... **A10:** 498–499
production and x-ray photon emission..... **A10:** 86
signal generation....................... **A10:** 500
STEM mode, signal detector **A10:** 435
Secondary electrons in scanning electron microscopy energy spectrum **A9:** 92
and surface potentials **A9:** 95
Secondary etching
defined................................ **A9:** 16
Secondary explosion...................... **M7:** 194
Secondary extinction
defined................................ **A9:** 16
Secondary fabrication *See also* Fabrication; Primary fabrication
hafnium.......................... **A2:** 664–665
zinc **A2:** 530–531
zirconium **A2:** 664–665
Secondary flow
nickel alloys **A12:** 396
Secondary gas
definition.............................. **A5:** 966
Secondary hardening
austenitizing effects **A12:** 341
during tempering.................. **A1:** 396, 641
in elevated-temperature service.. **A1:** 637–638, 640, 641
Secondary ignition sources **M7:** 197
Secondary ion
defined.............................. **A10:** 681
imaging, schematic diagrams **A10:** 622
Secondary ion mass spectrometry....... **A7:** 222, 225
dynamic............................... **A7:** 227
static.................................. **A7:** 227
Secondary ion mass spectrometry (SIMS) .. **A18:** 456, 458–460, 461, **EM3:** 237
advantages and limitations............ **EM3:** 239
applications... **A18:** 458, 459–460, **EL1:** 1085–1088
as advanced failure analysis............ **EL1:** 1107
as wafer-level physical test method .. **EL1:** 924–926
carbon depth profile, thin-film hybrids ... **EL1:** 319
depth profiling by ball cratering **EM3:** 245
dynamic.............................. **A18:** 459
equipment **A18:** 459
for surface analysis............. **EL1:** 1083–1088
fundamentals **A18:** 459, **EL1:** 1083–1084
instrumentation................. **EL1:** 1084–1085
process......................... **EM3:** 240–241
spectrum **A18:** 459
static................................. **A18:** 459
versus AES and XPS **A18:** 458, 459
Secondary ion mass spectroscopy....... **A7:** 226–227, **A10:** 610–627, **A13:** 1118, **M7:** 257–259
and EPMA, compared **A10:** 516, 517
apparatus........................ **M7:** 257, 258
application....................... **M7:** 258–259
applications **A10:** 610, 622–626
artifacts, effects of **A10:** 619
capabilities.......... **A10:** 516, 517, 549, 568, 603
capabilities, and FIM/AP **A10:** 583
capabilities, compared with classical wet analytical chemistry **A10:** 161
defined.............................. **A10:** 681
depth profiles.................... **A10:** 617–620
detection limits........................ **A10:** 622
elemental in-depth concentration profiling by **A10:** 610
estimated analysis time................. **A10:** 610
general uses.......................... **A10:** 610
hydrogen analysis by **A10:** 610
images, schematic diagrams **A10:** 622
instrumentation **A10:** 613
introduction **A10:** 611
ion imaging........................... **A10:** 621
isotope abundances by **A10:** 610
limitations............................ **A10:** 610
of inorganic solids **A10:** 4–6
principles, schematic **A10:** 611
quantitative analysis **A10:** 620–621
related techniques **A10:** 610
samples...................... **A10:** 610, 622–626
secondary ion emission **A10:** 612
secondary ion mass spectra **A10:** 615–617
sensitivity enhanced.................... **A10:** 618
sputtering **A10:** 611–612
surface compositional analysis by **A10:** 610
system components **A10:** 613–615
testing parameters...................... **M7:** 251
with Auger electron spectroscopy **A10:** 554
Secondary ion mass spectroscopy (SIMS).... **A5:** 669, 670, 671, 673, 674, 675, 676, **EM1:** 285
definition............................. **A5:** 966
development of.................... **A11:** 33–35
for phase analysis..................... **EM4:** 557
for surface analysis..................... **EM4:** 25
hydrogen embrittlement study by...... **A11:** 45–46
uses for **A11:** 37
Secondary ions...................... **A7:** 226–227
Secondary knock-on atom (SKA)........... **A18:** 851
Secondary loads
pipeline failure from **A11:** 704
Secondary magnesium
properties............................ **A2:** 1218
Secondary manufacturing operation
definition............................ **A20:** 840
Secondary manufacturing processes *See also* Manufacturing process selection; Manufacturing processes; Processing
injection molding, costs................ **EM2:** 296
molding operations, costs............ **EM2:** 84–86
thermoplastic injection molding **EM2:** 310
types, and design **EM2:** 277
Secondary manufacturing techniques
and heat exchanger failures **A11:** 629
Secondary metallurgy *See also* Decarburization; Metallurgy; Refining
converter......................... **A15:** 426–431
freeboard requirements **A15:** 433
ladle............................ **A15:** 432–444
Secondary milling **A7:** 53, **M7:** 56
Secondary neutral mass spectroscopy (SN MS).......................... **EM3:** 237
advantages and limitations............. **EM3:** 239
process......................... **EM3:** 240–241
Secondary neutral mass spectroscopy (SNMS).......... **A5:** 669, 670, 671, 673, 674
Secondary nucleation **EM3:** 25
Secondary operations............. **M7:** 10, 451–462
powder forging.................... **A14:** 197–198
pressing **M7:** 337–338
zinc alloys....................... **A2:** 530–531
Secondary oxidation *See also* Deoxidation; Oxidation; Oxygen
inclusion formation by **A15:** 91
Secondary phase alloying
defined............................... **A13:** 46
Secondary phases in iron-chromium-nickel heat-resistant casting alloys
identification of................... **A9:** 332–333
Secondary phases in nickel-base heat-resistant casting alloys **A9:** 334
Secondary plastic deformation **A19:** 124
Secondary processing methods
for composites......................... **EM1:** 35
Secondary radiation *See also* Radiation; Scattered radiation
filtration, lead screens.................. **A17:** 315
in neutron radiography **A17:** 387
Secondary recovery
of gallium **A2:** 745–746

Secondary recrystallization *See also* Grain growth **A9:** 697–698
effect on crystallographic texture **A9:** 700–701
in Fe-3Si **A9:** 698
in type 304 stainless steel **A9:** 698
Secondary recycling *See also* Recycling
aluminum-lithium alloys **A2:** 183–184
Secondary seal
defined **A18:** 16–17
Secondary structure **EM3:** 26
defined **EM1:** 21, **EM2:** 37
Secondary tension test
hole and slot **A8:** 584–585
Secondary tooling
blanking and piercing **A14:** 484–485
Secondary x-rays
defined **A9:** 16, **A10:** 681
Secondary-phase structures
for rolling direction **A12:** 422
Secondary-standard dosimetry system **EM3:** 25
defined **EM2:** 37
Secondary-target excitation
x-ray spectrometers **A10:** 89
Secondary-tension test **A1:** 583
for workability **A14:** 379
Second-degree blocking **EM3:** 26
Second-layer package **EL1:** 113–117
Second-level package
cross section **EL1:** 112
Second-order correlations **A20:** 189
Second-order polynomial
fit of intensity vs. concentration **A10:** 97
Second-phase cleavage fracture
in titanium alloy **A8:** 485–486
Second-phase constituents
of stainless steels **A9:** 284
wrought aluminum alloy **A2:** 37, 42, 43
Second-phase distribution
SIMS analysis **A10:** 610
Second-phase imaging **A10:** 309, 490
Second-phase inclusions
analytical transmission electron microscopy **A10:** 429–489
electron probe x-ray microanalysis . . . **A10:** 516–535
field ion microscopy;. **A10:** 583–602
scanning electron microscopy **A10:** 490–515
small-angle x-ray and neutron scattering **A10:** 402–406
x-ray diffraction **A10:** 325–332
Second-phase inhomogeneity
definition **EM4:** 633
Second-phase particles **A19:** 8, 12
and field evaporation **A10:** 587
as particle-mix decohesion **A11:** 82
brittle fracture, wrought aluminum alloys **A12:** 423
cleaved, Alnico alloy **A12:** 451
effect on fatigue strength **A11:** 119
effect on steel tensile ductility **A14:** 364
hard, in aluminum alloys **A11:** 84
iron sulfide **A12:** 219
large, effect on striation **A12:** 16
microvoid coalescence at **A12:** 12
rock-candy fracture from **A11:** 75
volume fraction, by autocorrelational analysis **A10:** 594
volume fraction effect on steel tensile ductility **A8:** 571–572
wrought aluminum alloys **A12:** 428
Second-phase particles in aluminum alloys **A9:** 358–360
effect on boundary migration **A9:** 696–697
effect on diffraction patterns **A9:** 118
extraction replicas used to study **A9:** 108
Second-phase particles in plate steels
examination for **A9:** 203
Second-phase particles, stress concentrators . . **A19:** 96
Second-phase precipitates
transmission electron microscopy **A9:** 117–118
Second-phase precipitation **A6:** 622, 625
brazeability of base metal **A6:** 622, 625
Second-phase regions
quantitative metallography of **A9:** 129
Second-phase strengthening
ion implantation strengthening mechanisms **A18:** 855, 856, 858
Second-phase testing
isolation **A10:** 176–177
methods **A10:** 177
purification **A10:** 177
residue refinement and analysis **A10:** 176–177
Second-phase volume fraction (SPVF) . . **A18:** 206, 207
Section area measurements
use in calculating particle-size distribution **A9:** 131–133
Section drawing
in bulk deformation processes classification scheme **A20:** 691
Section modulus (*Z*) **A20:** 178, 284, 512
Section sensitivity
gray cast iron **M1:** 11, 13–15
of gray iron **A1:** 14–16
Section size *See also* Section thickness
and mass effects, low-alloy steels **A15:** 717–718
and mass effects, plain carbon steel **A15:** 704
ductile iron **A15:** 656
effect on carbon steel casting microstructures **A9:** 231
strength effect, CG iron **A15:** 673
Section size effect **A20:** 723
Section size, effect of
in compacted graphite iron **A1:** 60, 61, 62
in gray iron **A1:** 15
Section thickness *See also* Casting section thickness
die castings **A15:** 288
in gray iron **A15:** 633–635
zinc alloy **A15:** 792
Sectioning **A9:** 23–27
aluminum alloys **A9:** 351–352
austenitic manganese steel castings **A9:** 237–238
beryllium **A9:** 389
beryllium-copper alloys **A9:** 392
beryllium-nickel alloys **A9:** 392
carbon and alloy steels **A9:** 165–166
carbon steel casting specimens **A9:** 230
carbonitrided steels **A9:** 217
carburized steels **A9:** 217
cast irons **A9:** 242–243
cemented carbides **A9:** 273
defined **A9:** 23
definition **A5:** 966
ferrites and garnets **A9:** 533
fiber composites **A9:** 587
for macroscopic examination **A12:** 92
hafnium **A9:** 497
lead and lead alloys **A9:** 415
low-alloy steel casting samples **A9:** 230
magnesium alloys **A9:** 425
medium-carbon steels **A12:** 268
metallographic, methods **A12:** 198–199
metallographic, of weldments **A11:** 412
metallographic, preparation and analyses **A11:** 23–24
nitrided steels **A9:** 218
of fracture surfaces **A11:** 19
permanent magnet alloys **A9:** 533
planar **A12:** 198–199
powder metallurgy materials **A9:** 503–504
printed board coupons **EL1:** 572–577
profile parameters from **A12:** 194
replica **A12:** 199
rhenium and rhenium-bearing alloys **A9:** 447
sampling plan **A12:** 212
serial, profile from **A12:** 198
sleeve bearing materials **A9:** 565
tin and tin alloys **A9:** 449
titanium and titanium alloys **A9:** 458, 461
tool steels **A9:** 256
transmission electron microscopy specimens **A9:** 104
transverse **A12:** 179
uranium **A9:** 477–478
vertical, for true fracture surface area **A12:** 198–199, 211–212
wrought heat-resistant alloys **A9:** 305
wrought stainless steels **A9:** 279
zinc and zinc alloys **A9:** 488
zirconium and zirconium alloys **A9:** 497
Sectioning technique using electric resistance strain gages **A6:** 1095
Section-mass changes
and tool and die failure **A11:** 564
Sections
for metallographic analysis **A10:** 300, 303
fracture profile **A12:** 95–96
mounting of **A9:** 35
recommended size **A9:** 35
taper **A12:** 96
thickness, effect on fracture surface **A12:** 105
Sections used for metallographic examination of welded joints **A9:** 578–579
Sector analyzers **A7:** 226
AES analysis **A10:** 554
Sedigraph **A7:** 190, 245, 246
to study turbidity of a constantly falling column **EM4:** 26
Sedimentary deposits
high-level waste disposal in **A13:** 978
Sedimentation **EM4:** 87, **M7:** 124, 218–220
definition **A7:** 244
for partial size analysis **A7:** 147
in equiaxed grain growth **A15:** 132
to measure particle size **EM4:** 66
tungsten powder **A7:** 190
versus weighting factor **EM4:** 85
Sedimentation field flow fractionation
to analyze ceramic powder particle sizes. . **EM4:** 67, 69
Sedimentation methods **A7:** 236, 237, 244–246
to analyze ceramic powder particle size . . . **EM4:** 67
Sedimentation potential **EM4:** 74
Seebeck coefficient **EM4:** 251, 748
Seebeck effect **EM3:** 711, 712
Seebeck emf *See* Electromotive force; Thermocouple materials
Seeded gel
alumina abrasive **A16:** 432
grinding **A16:** 421
Seeding
in monocrystal casting **A15:** 323
Seed(s)
cleaning, powder used **M7:** 572
coating, powder used **M7:** 572
conditioning **M7:** 589
lots, purity **M7:** 589
magnetic separation **M7:** 589–592
Seeman-Bohlin x-ray diffractometer **A10:** 337
Segment
defined **A10:** 681
Segment die **M7:** 10
Segmented die **M7:** 10
Segmented dies *See also* Split die
design, for physical modeling **A14:** 435
expanding drawn workpieces with **A14:** 587
Segments **A18:** 569
Segregated impurities and pipe in ingots **A9:** 174
Segregated network
in metal-filled polymers **M7:** 607–608
Segregated particle pattern **M7:** 186
Segregated (stratified) materials
sampling **A10:** 14
Segregation *See also* Inverse segregation; Macrosegregation; Microsegregation; Normal segregation **A6:** 1073, **A7:** 104, 755, 759, **A19:** 7, **M7:** 10
alloy **A11:** 121
and solid phase movement **A15:** 141

SUBJECTS OF THE INDEXED VOLUMES: ASM Handbook (designated by the letter "A"): **A1:** Properties and Selection: Irons, Steels, and High-Performance Alloys (1990); **A2:** Properties and Selection: Nonferrous Alloys and Special-Purpose Materials (1990); **A3:** Alloy Phase Diagrams (1992); **A4:** Heat Treating (1991); **A5:** Surface Engineering (1994); **A6:** Welding, Brazing, and Soldering (1993); **A7:** Powder Metal Technologies and Applications (1998); **A8:** Mechanical Testing (1985); **A9:** Metallography and Microstructures (1985); **A10:** Materials Characterization (1986); **A11:** Failure Analysis and Prevention (1986); **A12:** Fractography (1987); **A13:** Corrosion (1987); **A14:** Forming and Forging (1988); **A15:** Casting (1988); **A16:** Machining (1989); **A17:** Nondestructive Evaluation and Quality Control (1989); **A18:** Friction, Lubrication, and Wear Technology (1992); **A19:** Fatigue and Fracture (1996); **A20:** Materials Selection and Design (1997). **Metals Handbook, 9th Edition** (designated by the letter "M"): **M1:** Properties and Selection: Irons and Steels (1978); **M2:** Properties and Selection: Nonferrous Alloys and Pure Metals (1979); **M3:** Properties and Selection: Stainless Steels, Tool Materials, and Special-Purpose Materials (1980); **M4:** Heat Treating (1981); **M5:** Surface Cleaning, Finishing, and Coating (1982); **M6:** Welding, Brazing, and Soldering (1983); **M7:** Powder Metallurgy (1984). **Engineered Materials Handbook** (designated by the letters "EM"): **EM1:** Composites (1987); **EM2:** Engineering Plastics (1988); **EM3:** Adhesives and Sealants (1990); **EM4:** Ceramics and Glasses (1991). **Electronic Materials Handbook** (designated by the letters "EL"): **EL1:** Packaging (1989)

and solubility **A15:** 109–110
and steel plate imperfections **A1:** 230
antimony **A12:** 350
as discontinuity, defined **A12:** 67
brittle fracture from **A11:** 85
carbon **A15:** 405
centerline **A15:** 325
channel **A15:** 140–141, 156
chemical, ingot **A17:** 491
chemical-element **A11:** 121
composition, in solidification **A15:** 102
defined **A11:** 9, **A15:** 10, **EM2:** 37
during solidification **A15:** 109
effect in creep strengthening **A10:** 598
effect in fastener failure **A11:** 529–530
effect on warping **A11:** 141
extrusion **A15:** 325
fractured forging die by **A11:** 324–326
grain-boundary . . **A10:** 481–484, 610, **A13:** 156–157
grain-boundary, phosphorus **A12:** 29
gravity **A15:** 139
high-alloy steels **A15:** 731
hydrogen, during solidification **A15:** 82
in Al-Li alloys **A19:** 32
in blending and premixing **M7:** 187–189
in cast or wrought product **A11:** 314–315
in cold-formed parts **A11:** 307
in decohesive rupture **A12:** 18
in titanium ingot **A2:** 596
in uranium isotopes, radioanalytic
Measurement **A10:** 243
in weldments **A17:** 582
interfacial, in molybdenum **A10:** 599
intergranular embrittlement by **A12:** 110
inverse **A15:** 16
LEED analysis of **A10:** 536
liquid flow induced **A15:** 139
low-gravity, and dendritic growth **A15:** 153–156
macroetching of cast iron for **A11:** 344
manganese, dual phase steel **A10:** 483
metal particle, in polymers **M7:** 606
micro, in weldments **A13:** 344
microstructural, metallographic sectioning . . **A11:** 24
of alloy and compound constituents to
surface **A10:** 603
of alloy elements and impurities to dislocations
and interfaces **A10:** 583
of binary/ternary trace elements in solids **A10:** 544
of lead to surface of tin-lead solder . . **A10:** 607–608
of nonmetallic inclusions **A11:** 477–478
P/M techniques for eliminating **M7:** 18
phosphorus, tool steel **A12:** 375
radiographic appearance **A17:** 349
rate, and austenite **A13:** 47
sieve analysis **A7:** 241
solute, AES analysis **A10:** 549
steel plate **M1:** 182
sulfur **A12:** 349
surface **A10:** 564–566, 583, 593
transverse fracture from **A12:** 142, 163
Segregation banding
as centrifugal casting defect **A15:** 306
defined **A9:** 16
resemblance to artifact banding **A9:** 38
Segregation (coring) etching
defined **A9:** 16
definition **A5:** 966
Segregation in aluminum alloys
etchants for examination of **A9:** 355
Segregation in carbon and alloy steels
macroetching to reveal **A9:** 173
Segregation in steel
during dendritic growth **A9:** 625–626
of nonmetallic inclusions **A9:** 625–626
Segregation of alloying elements *See also* Microsegregation
defined **A9:** 16
Sehitoglu model **A19:** 547
Seignette salt brightening
aluminum and aluminum alloys **M5:** 582
Seishin Robot Sifter **A7:** 218, 219
Seize **M7:** 10
Seizing
and distortion **A11:** 141–142
and lubrication **M7:** 190, 192
definition **A5:** 966
in fasteners at elevated temperatures **A11:** 542
in spool-type hydraulic valve **A11:** 141
of deformation workpiece **A8:** 575–576
of shafts **A11:** 466
Seizure
defined **A18:** 17
in tin-base bearing alloys **A18:** 748
lead-base alloys **A18:** 749
of pistons in internal combustion engines **A18:** 557
sliding bearing materials **A18:** 744, 747
tool steels **A18:** 734
Seizure resistance **M1:** 611, 612
Selected complexation **A10:** 65–66
Selected Research in Microfiche (SRIM) (NTIS) **EM1:** 41
Selected-area channeling patterns
arrangement for **A10:** 506
as SEM technique **A10:** 505–506
for pearlite growth **A10:** 508–509
for preferred crystallographic growth **A10:** 509
Selected-area channeling patterns (SACP) **A6:** 145
Selected-area diffraction
defined **A10:** 681
Kikuchi patterns **A10:** 437–438
patterns, and CBEDP, compared **A10:** 439, 441
ring patterns **A10:** 436–437
spot patterns **A10:** 437, 438, 440
TEM **A10:** 436–438
Selected-area diffraction pattern
defined **A10:** 681
Selected-area diffraction (SAD) **A18:** 386, 387
***Selecting Thermoplastics for Engineering Applications* (MacDermott)** **EM2:** 94
Selection *See also* Economic process selection factors; Material selection; Material(s); Materials selection; Processes; Sample selection; Sample(s)
electrical contact materials **A2:** 840
gold and aluminum wire **EL1:** 110–111
material, for closed-die forging **A14:** 75–76
materials **EL1:** 112–118, **EM2:** 611–637
of copper alloy castings **A2:** 346–355
of copper alloy, for minimum-draft
forgings **A14:** 258
of die materials **A14:** 45–47
of flux **EL1:** 650
of forging equipment **A14:** 36–42
of lubricant **A14:** 518–520
of machine size **A14:** 83–85
of manufacturing process **EM2:** 277–403
of NDE method **A17:** 49, 51, 561
of packaging **EL1:** 128
of press **A14:** 491–492
of process, hot-die/isothermal
forging **A14:** 152–153
of process temperature, precision forging **A14:** 171
of product form, magnesium alloys . . . **A2:** 462–466
of roll forging machine **A14:** 96–97
of steel, for press forming **A14:** 546–547
of technology **EL1:** 128
of titanium alloy forging method **A14:** 282
processes **EL1:** 112–118
Selection, application, and disposal of finishing fluids **A5:** 158–160
categories of fluids **A5:** 158
chemical fluids **A5:** 158
disposal issues **A5:** 159–160
disposal methods **A5:** 160
emulsions **A5:** 158
fluid application **A5:** 159
fluid selection **A5:** 159
grinding fluid compositions **A5:** 158
grinding zone environment **A5:** 158–159
haulaway cost trends for spent coolant **A5:** 160
hazard determination **A5:** 159–160
maximum concentration of contaminants for the
toxicity characteristic **A5:** 159
"neat" oils **A5:** 158
reducing disposal frequency **A5:** 160
regulatory trends **A5:** 160
selection guide for metalworking fluids for
finishing operations **A5:** 158
semichemical fluids **A5:** 158
semisynthetic fluids **A5:** 158, 159
soluble oils **A5:** 158, 159
straight oils **A5:** 158, 159
synthetic fluids **A5:** 158, 159
Selection guides **EM3:** 35
Selection of adhesives **EM3:** 35–36
Selection of manufacturing processes *See* Manufacturing processes and their selection
Selection of materials, processes, and joining methods
Task I, USAF ASIP design information . . . **A19:** 582
Selection of metals
case depth in case hardened parts **M1:** 627
shafting, factors in selection **M1:** 606
wear resistance **M1:** 603, 606–611
Selection rules
effect on x-radiation K lines **A10:** 86
Mössbauer spectroscopy **A10:** 288
Selective area laser deposition (SALD) **A20:** 239
Selective attack
by molten salts **A13:** 50
Selective block sequence
definition **M6:** 15
Selective catalytic reduction of NO_x
industrial processes and relevant catalysts . . **A5:** 883
Selective coating
hot dip tin **M5:** 354–355
Selective combustion **A10:** 223–224
Selective corrosion
in aluminum alloy weldments **A13:** 345
Selective dissolution
in molten salts and liquid metals **A13:** 134
Selective epitaxy
GaAs-silicon wafer production method **A2:** 747
Selective film coatings *See also* Coatings; Conformal coatings
conformal coatings **EL1:** 764
Selective forced cooling
for stress and distortion **A15:** 616
Selective (internal) oxidation **A20:** 348
Selective laser reactive sintering (SLRS) **A7:** 843
Selective laser sintering (SLS) **A7:** 427, 432–433, 843, **A20:** 235
superalloy powders **A7:** 896
Selective leaching *See also* Corrosion; Dealloying; Decarburization; Decobaltification; Dezincification; Graphitic corrosion **A13:** 131–134
alloys and environments subject to **A11:** 178
as localized erosion, copper alloys **A11:** 633
as molten-salt corrosion **A13:** 89
by corrosion **A11:** 178–180
cast irons **A13:** 568
copper alloys **A13:** 334
defined **A11:** 9, **A13:** 11
definition **A5:** 966
detection of **A11:** 179–180
dezincification **A11:** 178, 633
in brasses, as dezincification **A11:** 633
in copper-nickel alloys, as
denickelification **A11:** 633
in heat exchangers **A11:** 628, 633–634
material selection for **A13:** 333–334
mechanisms of **A11:** 178
mining industry **A13:** 1296
of iron, effects of **A11:** 373–374
space shuttle orbiter **A13:** 1069, 1080
Selective oxidation
as dealloying **A13:** 134
in gaseous corrosion **A13:** 17
of chromium **A13:** 91, 134
oxide scales **A13:** 73–74
with two reactive elements **A13:** 73–74
Selective plating **A5:** 277–281, **M5:** 292–299
advantages **A5:** 277–278
ancillary operations performed **A5:** 277
anode **M5:** 294–295
anode covers **A5:** 279
anode-cathode motion **A5:** 279–280
anode-cathode motion, control of **M5:** 295
anodes and flowthrough **A5:** 280
applications **A5:** 278, **M5:** 298–299
automated operation **M5:** 298–299
brush plating compared to **M5:** 292
cadmium **M5:** 267–268, 298
chromium **M5:** 187, 194
corrosion **A5:** 278
current densities **M5:** 295
definition **A5:** 966
description **A5:** 277
electrochemical metallizing **M5:** 298
energy factors for **A5:** 277
equipment **A5:** 278–279, 280, **M5:** 293–297

Selective plating (continued)
flame spray or plasma metallizing
compared to. **M5:** 292–293
flow plating process **M5:** 295–297
gold. **M5:** 283–284
hardness of deposits. **A5:** 277
key process elements. **A5:** 279–281
limitations. **A5:** 277–278
limitations of. **M5:** 298–299
manual operation **M5:** 292–294
masking *See* Masking
metals plated. **A5:** 277
plating tool **A5:** 279
power pack, features of. **M5:** 293–294
process **M5:** 292–294
safety and health hazards **A5:** 281
safety precautions **M5:** 298
solution compositions and operating
bonding solutions **M5:** 296–297
buildup solutions **M5:** 297
characteristics. **M5:** 296–297
preparatory solutions. **M5:** 296
solutions **A5:** 280, 281
specifications. **A5:** 281
specifications and standards **M5:** 299
steel. **M5:** 298
stopping-off *See* Stopping-off
tank plating compared to. **M5:** 292–293, 298
thickness control **A5:** 280–281
thickness, control of. **M5:** 297–298
vs. electroplating **A5:** 278
vs. flame spray or plasma metallizing **A5:** 278
vs. welding **A5:** 278
welding compared to **M5:** 292–293

Selective precipitation. **A20:** 260, 261
profit **A20:** 261

Selective quenching. **M4:** 31

Selective service processing
as strengthening mechanism for fatigue
resistance **A19:** 605

Selective surface hardening
of pearlitic malleable iron. **A1:** 84, **A15:** 697

Selective transfer
defined. **A18:** 17

Selective vaporization
in arc sources **A10:** 25

Selective-dissolution (dealloying)
as mechanism of anodic dissolution. **A19:** 185

Selective-ion potentiometry
to analyze the bulk chemical composition of
starting powders **EM4:** 72

Selectivity
coefficient, defined. **A10:** 165
defined. **A10:** 681
determining electrode **A10:** 182–183
in controlled-potential coulometry
analysis. **A10:** 208
of fluorescence analysis. **A10:** 76
of x-ray spectrometry. **A10:** 96
UV VIS **A10:** 68

Selectivity coefficient
defined. **A10:** 165

Selenic acid
use in rhodium plating solutions **M5:** 290

Selenic acid in color etchants. **A9:** 142

Selenic acid process
rhodium plating **A5:** 252

Selenides
combustion synthesis. **A7:** 534

Selenium. **A13:** 182, 728
alloying, copper and copper alloys **A2:** 236
and machine turning of resulfurized
steels **A16:** 673, 677
as an addition to Alnico alloys **A9:** 539
as an alloying addition to austenitic stainless
steels. **A9:** 284
as chalcogen **A2:** 1077
as essential metal **A2:** 1250, 1254–1255
as trace element **A15:** 394
biologic effects and toxicity. **A2:** 1254–1255
content additions to P/M materials **A16:** 885
content in stainless steels **A16:** 682–683, 684,
M6: 320
deposited by color etching **A9:** 141
determined in natural waters. **A10:** 41
distillation **A10:** 169
effect of, on machinability of carbon steels **A1:** 599
effects, electrolytic tough pitch copper. **A2:** 270
embrittlement effect of **A11:** 236
embrittlement of iron by **A1:** 691
epithermal neutron activation analysis. . . . **A10:** 239
gaseous hydride, for ICP sample
introduction. **A10:** 36
gravimetric finishes **A10:** 171
heat-affected zone fissuring in nickel-base
alloys **A6:** 588
in austenitic stainless steels **A6:** 468
in copper alloys **A6:** 753
in free-machining metals. **A16:** 389
in semiconductor alloys, electrometric
titration for **A10:** 206
machinability additives **A16:** 685, 686, 687, 688
maximum concentration for the toxicity
characteristic, hazardous waste **A5:** 159
poisoning. **A2:** 1254
pure. **M2:** 794
pure, properties **A2:** 1153
quartz tube atomizers for **A10:** 49
redox titration **A10:** 174, 175
reduction, by iodimetric titration **A10:** 174
sample modification, GFAAS analysis **A10:** 55
sulfuric acid as dissolution medium **A10:** 165
TNAA detection limits **A10:** 238
toxicity. **A6:** 1195
vapor pressure **A6:** 621
volatilizing. **A10:** 166

Selenium compounds
hazardous air pollutant regulated by the Clean Air
Amendments of 1990 . . . . **A5:** 913

Selenium in copper. **M2:** 242–243

Selenium in steel
improved machinability. **M1:** 576

Selenium oxide **A7:** 69

Selenium oxychloride
as industrial hazard **A2:** 1255

Selenium pink. **EM4:** 380

Selenium poisoning
acute. **A2:** 1254

Selenium (Se)
as colorant. **EM4:** 380
purpose for use in glass manufacture **EM4:** 381
volatilization losses in melting. **EM4:** 389

Selenium sulfide
toxic effects. **A2:** 1255

Selenium-coated plates
radiography **A17:** 315

Self-absorption
defined. **A10:** 681
emission profile of. **A10:** 22
in glow discharges **A10:** 28

Self-acting bearing *See* Gas bearing; Self-lubricating bearing

Self-actuation **A18:** 574

Self-aligning ball bearings . . . **A18:** 500, 505, 508, 509
basic load rating. **A18:** 505
f_v factors for lubrication methods **A18:** 511
z and *y* factors **A18:** 511

Self-aligning bearing
defined. **A18:** 17

Self-cleaning effect
sputtering **M5:** 414

Self-cured solvent-base alkyl silicates **A13:** 412

Self-curing. **EM3:** 26

Self-curing anaerobics
as impregnation resins. **A7:** 690

Self-curing water-base alkali silicates. . . **A13:** 411–412

Self-deconvolution, Fourier
as method of resolution enhancement **A10:** 116

Self-diffusion activation energy **A8:** 309

Self-electrode
defined. **A10:** 681

Self-extinguishing resin *See also* Flame
resistance. **EM3:** 26
defined **EM1:** 21, **EM2:** 37

Self-fluxing alloys **A7:** 41, 411
definition **A5:** 966, **M6:** 15

Self-fluxing alloys (thermal spraying)
definition. **A6:** 1213

Self-fluxing reaction. **A7:** 175

Self-formed cores
ceramic **A15:** 261

Self-hardening steels **A7:** 1073

Self-healing intermetallic zinc coating
oxidation-resistant coating systems for
niobium **A5:** 862

Self-ionization
of water **A10:** 203

Self-jigging joints **A6:** 130, 132

Self-limiting characteristic
definition. **A5:** 966

Self-locating parts
design of . . . . **ELI:** 124

Self-lubricating bearing
defined. **A18:** 17

Self-lubricating bearings *See also* Bearings;
Lubricated bearings **M7:** 10, 16, 18, 319,
704–709

Self-lubricating material *See also* Solid lubricant
defined. **A18:** 17

Self-lubricating parts
of copper-based powder metals **M7:** 734

Self-lubricating sintered bronze bearings **A2:** 394–396

Self-lubrication
of engineering plastics **EM2:** 1

Self-passivating. **A7:** 985

Self-propagating high-temperature synthesis (SHS) **A7:** 414–415, 516, **EM4:** 227–230
combustion modes. **EM4:** 229
combustion theory. **EM4:** 228–229
disadvantages **EM4:** 230
experimental procedures. **EM4:** 229–230
experimental parameters **EM4:** 229–230
facilities **EM4:** 229
thermodynamic considerations **EM4:** 229
functionally graded materials. **EM4:** 230
gas-pressure sintering. **EM4:** 230
gas-solid combustion **EM4:** 228–229
historical development process **EM4:** 227–228
microstructures **EM4:** 230
potential applications. **EM4:** 230
process advantages. **EM4:** 227
process characteristics **EM4:** 227
properties. **EM4:** 230
cast parts **EM4:** 230
dense products. **EM4:** 230
powders. **EM4:** 230
solid-solid combustion **EM4:** 228, 229

Self-resistance heating. **A7:** 498
in elevated/low temperature tension testing. . **A8:** 36
in tungsten and molybdenum sintering . . . **M7:** 389,
391–392

Self-reversal
defined. **A10:** 681
in emission spectroscopy **A10:** 22, 25

Self-shielded flux-cored arc welding
shielding gases **A6:** 68–69

Self-similitude
in rough planar curves **A12:** 211

Self-sizing. **A19:** 290

Self-skinning foam. **EM3:** 26
defined **EM1:** 21, **EM2:** 37

Self-tapping inserts **EM2:** 723

Self-tempering
9 Ni-4Co steels **M1:** 440

Self-test *See also* Built-in self-test (BIST)
design for **EL1:** 374–376

SUBJECTS OF THE INDEXED VOLUMES: ASM Handbook (designated by the letter "A"): **A1:** Properties and Selection: Irons, Steels, and High-Performance Alloys (1990); **A2:** Properties and Selection: Nonferrous Alloys and Special-Purpose Materials (1990); **A3:** Alloy Phase Diagrams (1992); **A4:** Heat Treating (1991); **A5:** Surface Engineering (1994); **A6:** Welding, Brazing, and Soldering (1993); **A7:** Powder Metal Technologies and Applications (1998); **A8:** Mechanical Testing (1985); **A9:** Metallography and Microstructures (1985); **A10:** Materials Characterization (1986); **A11:** Failure Analysis and Prevention (1986); **A12:** Fractography (1987); **A13:** Corrosion (1987); **A14:** Forming and Forging (1988); **A15:** Casting (1988); **A16:** Machining (1989); **A17:** Nondestructive Evaluation and Quality Control (1989); **A18:** Friction, Lubrication, and Wear Technology (1992); **A19:** Fatigue and Fracture (1996); **A20:** Materials Selection and Design (1997). Metals Handbook, 9th Edition (designated by the letter "M"): **M1:** Properties and Selection: Irons and Steels (1978); **M2:** Properties and Selection: Nonferrous Alloys and Pure Metals (1979); **M3:** Properties and Selection: Stainless Steels, Tool Materials, and Special-Purpose Materials (1980); **M4:** Heat Treating (1981); **M5:** Surface Cleaning, Finishing, and Coating (1982); **M6:** Welding, Brazing, and Soldering (1983); **M7:** Powder Metallurgy (1984). **Engineered Materials Handbook** (designated by the letters "EM"): **EM1:** Composites (1987); **EM2:** Engineering Plastics (1988); **EM3:** Adhesives and Sealants (1990); **EM4:** Ceramics and Glasses (1991). **Electronic Materials Handbook** (designated by the letters "EL"): **EL1:** Packaging (1989)

Self-threading screws
mechanical fastening EM2: 712–713
Self-tumbling
aluminum and aluminum alloys .. A5: 786, M5: 573
Self-vulcanizing EM3: 26
Selvage EM1: 21, 125–126
defined EM2: 37
SEM *See* Scanning electron microscopy
SEM microscopes *See* Scanning electron microscopes
SEM special techniques
cathodoluminescence A10: 507
electron beam induced current A10: 507
magnetic contrast A10: 506
signal processing A10: 507–508
specimen current detectors A10: 506
voltage contrast A10: 506–507
Semiapochromatic objective lenses A9: 73
Semiaustenitic precipitation-hardenable stainless steels *See also* Wrought stainless steels; Wrought stainless steels, specific types A9: 285
Semiaustenitic steels
advantages A6: 797
applications A6: 797
Semiaustenitic steels, advantages and applications of materials for surfacing
build-up, and hardfacing A18: 650
Semiautogenous grinding (SAG) mill
grinding wear dependent on force A18: 273
Semiautomatic arc welding
definition A6: 1213, M6: 15
Semiautomatic brazing
definition M6: 15
Semiautomatic digital image analyzer A10: 310
Semiautomatic systems A20: 127
Semiblind joint
definition M6: 15
Semibright bath, typical
nickel electroplating solution A5: 202
Semibright plating additives
duplex nickel plating M5: 207
Semiburied vias
rigid printed wiring boards EL1: 550
Semicentrifugal casting
defined A15: 300
Semicentrifugal (complete mold) casting
in shape-casting process classification
scheme A20: 690
Semicoherent interface
between matrix and precipitate A9: 648
defined A9: 647
Semiconducting ceramics EM4: 17
Semiconducting compounds
as gallium application A2: 739
Semiconductive adhesives
for bonding electrical wires and devices ... EM3: 45
Semiconductor applications
thermoplastic fluoropolymers EM2: 117
Semiconductor caps
pure nickel M7: 404
Semiconductor chips *See also* Chips
chemical effects EL1: 965
electromigration on EL1: 963–964
electrostatic discharge (ESD) EL1: 965–967
failures on EL1: 963–967
fracture EL1: 978
fracture, as failure mechanism EL1: 978–979
hot carriers EL1: 965
oxide breakdown EL1: 965
radiation effects EL1: 965–966
stress cracking of EL1: 964–965
Semiconductor device
defined EL1: 1156
Semiconductor devices
defect analysis and quality control A10: 490
metal contact A11: 778
silicon, failure analysis of A11: 766–792
Semiconductor flaws
radiographic appearance A17: 350–351
Semiconductor IC bodies A20: 619
Semiconductor integrated circuit (die)
polyimide formulations EM3: 159
Semiconductor lasers
as gallium compound application A2: 739

Semiconductor materials *See also* Semiconductors;
Semiconductors, characterization of
diffused or ion-implanted, SIMS
analysis of A10: 610
interdiffusion analyzed A10: 583
metallization A10: 583
oxidation, FIM/AP study of A10: 583
PIXE analysis of A10: 102
pulsed laser atomic probe analysis of A10: 597
reconstruction of surfaces A10: 536
selenium and tellurium in, by electrometric
titration A10: 206
SSMS analysis of high-purity silicon for .. A10: 141
Semiconductor oxides A13: 65–66
Semiconductor packaging *See also* Discrete semiconductor packages; Integrated semiconductor packages
components of EL1: 397
defined EL1: 397
Semiconductor packaging road map
as trend EL1: 436–437
Semiconductor technology
effect, passive component fabrication EL1: 178
gallium arsenide EL1: 160
Semiconductors *See also* Semiconductor materials; Semiconductors,
characterization of A20: 336–337, 615–616,
617, 619–620
analytic methods for A10: 4
compound, ECAP/PLAP analysis of A10: 598,
601–602
development, and failure mechanisms EL1: 958
field evaporation for A10: 590
FIM images of A10: 589–590
gold plating of M5: 283
integrated circuits, in hybrids EL1: 249
intrinsic, sample preparation for FIM A10: 584
laser-enhanced etching A16: 576
leakage detection EL1: 1089–1090
metrology/inspection, optical vs. SEM for EL1: 367
of germanium and germanium
compounds A2: 733, 735–737
of indium A2: 752–753
parylene coatings EL1: 799
plastic packaged, structure EL1: 241
powder used M7: 573
quantum mechanical band theory (solid
state) EL1: 101–103
rocking curve analyses of A10: 371
substrates, of germanium and germanium
compounds A2: 743
ternary 3:5, local composition
fluctuations in A10: 601–602
vs. electron tubes EL1: 958
water cooling of EL1: 310
x-ray topographic analysis A10: 366
Semiconductors, characterization of *See also*
Semiconductor materials; Semiconductors
analytical transmission electron
microscopy A10: 429–489
atomic absorption spectrometry A10: 43–59
Auger electron spectroscopy A10: 549–567
classical wet analytical chemistry A10: 161–180
controlled-potential coulometry A10: 207–211
electrochemical analysis A10: 181–211
electrogravimetry A10: 197–201
electrometric titration A10: 202–206
electron probe x-ray microanalysis ... A10: 516–535
electron spin resonance A10: 253–266
extended x-ray absorption fine
structure A10: 407–419
field ion microscopy A10: 583–602
inductively coupled plasma atomic emission
spectroscopy A10: 31–42
infrared spectroscopy A10: 109–125
low-energy electron diffraction A10: 536–545
low-energy ion-scattering
spectroscopy A10: 603–609
neutron activation analysis A10: 233–242
neutron diffraction A10: 420–426
optical emission spectroscopy A10: 21–30
particle-induced x-ray emission A10: 102–108
potentiometric membrane electrodes A10: 181–187
Raman spectroscopy A10: 126–138
Rutherford backscattering
spectrometry A10: 628–636
scanning electron microscopy A10: 490–515

secondary ion mass spectroscopy A10: 610–627
single-crystal x-ray diffraction A10: 344–356
spark source mass spectrometry A10: 141–150
ultraviolet/visible absorption
spectroscopy A10: 60–71
voltammetry A10: 188–196
x-ray diffraction A10: 325–332
x-ray photoelectron spectroscopy A10: 568–580
x-ray powder diffraction A10: 333–343
x-ray spectrometry A10: 82–101
x-ray topography A10: 365–379
Semiconductors, doped
conditions for growth A9: 612
Semiconductors, friction and wear of .. A18: 685–689
abrasive wear A18: 685
application of cathodoluminescent signal .. A18: 378
and doping A18: 688–689
lubrication A18: 685, 686, 687
machining operations A18: 685–686
mechanical damage at silicon surfaces caused by
dicing A18: 686
mechanical damage at silicon surfaces caused by
wafering A18: 685–686
microcracking A18: 685
simulation of dicing damage by single-point
diamond scratching of silicon .. A18: 686–688
Semicontinuous casting
direct-chill as A15: 313–314
wrought copper and copper alloys A2: 243
Semicontinuous castings
unsoundness in A9: 643
Semicontinuous vacuum coating M5: 397–398,
403–404
Semicrystalline *See also* Crystalline plastic;
Crystallinity EM3: 26
defined EM1: 21, EM2: 37
Semicrystalline plastic *See* Crystalline plastic
Semicrystalline plastics
shrinkage A20: 796
Semicrystalline polymers
defined A11: 758
immiscible blends EM2: 633–635
Semicrystalline resins
miscible blends EM2: 636–637
Semicylindrical dies
roll forging A14: 97
Semiductile cast iron *See* Compacted graphite iron
Semielliptical surface cracks A19: 125, 159, 160
Semifinisher
defined A14: 11
Semifractal plot *See also* Fractal plot A12: 211
Semigloss alkyd paint
roller selection guide A5: 443
Semigraphical creep analysis A8: 688
Semiguided bend *See also* Free bend
defined A8: 12
Semihollow features A20: 36
Semihollow shapes
wrought aluminum alloy A2: 33–34
Semi-infinite body
hemispherical depression the surface of A19: 97
Semikilled low-carbon steel
roll welding A6: 312
Semikilled steel A1: 142–143, 226, 227
Semi-killed steels M1: 112, 123–124
carbon steel wire rod M1: 257
notch toughness of M1: 694, 698
plate M1: 181
sample dissolution for A10: 176
Semilogarithmic plot
of stress vs. log rupture time A8: 333
Semimet brake linings *See* Semimetallic brake linings
Semimetallic elements
partitioning oxidation states in A10: 178
Semimetallic (resin-bonded metallic, or semimet)
brake linings A18: 569, 570–571, 572, 573,
575, 576
debris A18: 574
frictional behavior A18: 576
Semi-opaque enamel
frit melted oxide composition for cover coat for
sheet steel A5: 732
melted oxide compositions of frits for cover coat
enamels for sheet steel A5: 455
Semipermanent mold
defined A15: 10

Semipermanent mold casting
and permanent mold casting, compared . . **A15:** 275
defined . . . **A15:** 275
Semipermanent pins, machine
failures in . . . **A11:** 545
Semipermanent (sand cores) casting
in shape-casting process classification scheme . . . **A20:** 690
Semipositive mold *See also* Mold(s)
defined . . . **EM2:** 37
Semiprecision resistance alloys *See also* Electrical resistance alloys; Precision resistance alloys
properties and applications . . . **A2:** 826
Semiquantitative analysis *See also* Semiquantitative analysis, methods for
dc arc emission spectroscopy . . . **A10:** 25
electrographic . . . **A10:** 202
of inorganic gases . . . **A10:** 8
of inorganic liquids and solutions, methods for . . . **A10:** 7
of inorganic solids, applicable analytical methods . . . **A10:** 4–6
of organic solids and liquids, techniques for . . . **A10:** 9, 10
Semiquantitative analysis, methods for *See also* Semiquantitative analysis
analytical transmission electron microscopy . . . **A10:** 429–489
Auger electron spectroscopy . . . **A10:** 549–567
electron probe x-ray microanalysis . . . **A10:** 516–535
electron spin resonance . . . **A10:** 253–266
field ion microscopy . . . **A10:** 583–602
gas analysis by mass spectrometry . . . **A10:** 151–157
gas chromatography/mass spectrometry . . . **A10:** 639–648
infrared spectroscopy . . . **A10:** 109–125
ion chromatography . . . **A10:** 658–667
liquid chromatography . . . **A10:** 649–659
low-energy ion-scattering spectroscopy . . . **A10:** 603–609
molecular fluorescence spectrometry . . . **A10:** 72–81
Mössbauer spectroscopy . . . **A10:** 287–295
neutron diffraction . . . **A10:** 420–426
optical emission spectroscopy . . . **A10:** 21–30
particle-induced x-ray emission . . . **A10:** 102–108
scanning electron microscopy . . . **A10:** 490–515
secondary ion mass spectroscopy . . . **A10:** 610–627
spark source mass spectrometry . . . **A10:** 141–150
ultraviolet/visible absorption spectroscopy . . . **A10:** 60–71
x-ray diffraction . . . **A10:** 325–332
x-ray photoelectron spectroscopy . . . **A10:** 568–580
x-ray powder diffraction . . . **A10:** 333–343
x-ray spectrometry . . . **A10:** 82–101
Semired brasses
applications and properties . . . **A2:** 225
Semirefractory constituents in silver-base electrical contact materials . . . **A9:** 551–552
Semirigid cast elastomers
polyurethane (PUR) . . . **EM2:** 259
Semirigid molded foams
polyurethane (PUR) . . . **EM2:** 258–259
Semirigid plastic *See also* Plastics; Rigid plastic . . . **EM3:** 26
defined . . . **EM2:** 37
Semisolid compounds
removal of . . . **A5:** 9
Semisolid metal casting and forging *See also* Semisolid metalworking . . . **A15:** 327–338
applications, forging . . . **A15:** 334–336
as permanent mold process . . . **A15:** 34
automated . . . **A15:** 35
history/benefits . . . **A15:** 327–328
magnetohydrodynamic casting . . . **A15:** 331
market effects . . . **A15:** 44
metal forming . . . **A15:** 332–333
metalworking processes . . . **A15:** 328–333
of metal-matrix composites . . . **A15:** 338
quality control . . . **A15:** 336–337
raw material production, casting . . . **A15:** 329–331
rheocasting . . . **A15:** 207, 329–331
semisolid forging . . . **A15:** 332–336
SIMA process . . . **A15:** 332
wrought processes . . . **A15:** 332–333
zinc alloys . . . **A15:** 797
Semisolid metalworking *See also* Semisolid casting and forging . . . **A20:** 691
forging advantages/limitations . . . **A15:** 333
forging applications of . . . **A15:** 334
magnetohydrodynamic casting . . . **A15:** 331
processes . . . **A15:** 328–333
raw material production, casting . . . **A15:** 329–331
rheocasting . . . **A15:** 329–331
wrought . . . **A15:** 332–333
Semisolid polishing and buffing compounds
removal of . . . **M5:** 5, 10
Semisolid-metal processing
aluminum casting alloys . . . **A2:** 142
Semisynthetic fluids . . . **A18:** 144
Semivitreous dinnerware glaze
composition based on mole ratio (Seger formula) . . . **A5:** 879
composition based on weight percent . . . **A5:** 879
Semivitreous earthenware . . . **EM4:** 3, 4
Semiwidth of Hertzian contact band . . . **A18:** 539, 540
symbol and units . . . **A18:** 544
Sendzimir aluminum dip coating method . . . **M5:** 335
Sendzimir mill rolls
cemented carbide . . . **A2:** 969–970
Sendzimir mills
for wrought copper and copper alloys . . . **A2:** 244
Sendzimir oxidation/reduction method . . . **A5:** 336
Sendzimir process
zinc-base coatings . . . **A13:** 526
Sendzimir rolling mill . . . **A14:** 11, 351–352
Sensing capability . . . **A20:** 817
Sensing element failure rate . . . **A20:** 91
Sensing (transduction)
as electronic function . . . **EL1:** 89
Sensing zone
versus weighting factor . . . **EM4:** 85
Sensitive tint . . . **A9:** 138
Sensitive tint plate
defined . . . **A9:** 16
placement . . . **A9:** 138
used to enhance coloration with crossed- polarized light . . . **A9:** 72, 78
Sensitivity *See also* Radiographic sensitivity
acoustic emission inspection . . . **A17:** 280–281
and detection limits, UV/VIS . . . **A10:** 70
atomic, empirical factors . . . **A10:** 574
contrast, and noise . . . **A17:** 374–375
contrast, radiography . . . **A17:** 299
defined, in welding . . . **A17:** 590
depth, microwave inspection . . . **A17:** 202
detection, AES . . . **A10:** 556
elemental, LEISS analysis . . . **A10:** 605–606
image quality as . . . **A17:** 338
increasing, remote-field eddy current inspection . . . **A17:** 198–199
levels, demonstration program for . . . **A17:** 663
levels, of liquid penetrant methods . . . **A17:** 77
magabsorption . . . **A17:** 148–149
neutron radiography . . . **A17:** 391–395
noise adjustments, acoustic emission inspection . . . **A17:** 285
notch . . . **A13:** 294
of acoustical holography . . . **A17:** 439, 441
of electric current perturbation . . . **A17:** 137, 139
of electric currents . . . **A17:** 101
of half-wave current . . . **A17:** 91
of leak testing method . . . **A17:** 70
of radioanalysis . . . **A10:** 246–247
of RBS . . . **A10:** 630
of SIMS, enhanced by oxygen primary ion beam . . . **A10:** 618
radiographic, and image quality . . . **A17:** 298–300
ranges, of leak testing methods . . . **A17:** 59
relative, LEISS . . . **A10:** 606
remote-field eddy current inspection . . . **A17:** 195
surface, LEISS . . . **A10:** 605
surface, XPS analysis . . . **A10:** 569–570
ultrasonic inspection . . . **A17:** 231, 267
wavelength-dispersive spectrometer . . . **A10:** 521
Sensitivity analysis . . . **A20:** 264
definition . . . **A20:** 840
experimental . . . **EM2:** 605–606
Sensitivity factors . . . **EM3:** 242, 243, 247
Sensitivity parameter
defined . . . **A8:** 387
Sensitivity, surface
of AES . . . **A11:** 33
Sensitization . . . **A6:** 622, 626, **A7:** 987, **A19:** 489–490, **A20:** 377, 555, 562
alloy, electrochemical testing . . . **A13:** 218–219
chromium nitride, P/M stainless steels . . . **A13:** 828, 830
defined . . . **A11:** 9, 400–401, **A13:** 11, 199
definition . . . **A5:** 966
effects, stainless steel corrosion . . . **A13:** 551
in austenitic stainless steels . . . **A1:** 706–707, 912
in ferritic stainless steels . . . **A1:** 707–708
of test coupons . . . **A13:** 199
stainless steel powders . . . **A7:** 53, 70, 990, 991, 992
stainless steels . . . **A19:** 717
time/temperature, curves . . . **A13:** 154
to intergranular attack . . . **A13:** 48
weld, and design . . . **A13:** 342
Sensitization, chromium
in Inconel . . . **A10:** 483, 600
Sensitization of microstructure . . . **A7:** 978
Sensitizing heat treatment *See also* Sensitization
defined . . . **A13:** 11
definition . . . **A5:** 966
Sensitometric curve
radiography . . . **A17:** 324
Sensor coils *See also* Coils; Probes; Sensors
in electric current perturbation . . . **A17:** 136
Sensor parts . . . **A7:** 764
Sensor response
acoustic emission inspection . . . **A17:** 280
Sensor systems
acoustic emission . . . **A6:** 1063
airborne acoustics . . . **A6:** 1063
charge-coupled device (CCD) video camera . . . **A6:** 1063
eddy current seam locator (probe) . . . **A6:** 1064
emission spectroscopic . . . **A6:** 1063
infrared thermal area-type cameras . . . **A6:** 1064
laser scanning . . . **A6:** 1063
low voltage "touch" . . . **A6:** 1064
through-the-arc voltage current . . . **A6:** 1063
ultrasonic . . . **A6:** 1063
Sensor(s) *See also* Coils; Image sensors; Optical sensors; Probes . . . **A20:** 126, 127
acoustic emission . . . **A17:** 280–281
acoustic waveguide, applied . . . **A17:** 281
configuration, and sensitivity, remote-field eddy current inspection . . . **A17:** 198
coordinate measuring machine . . . **A17:** 25
for closed-loop cure . . . **EM1:** 762
for fatigue testing machines . . . **A8:** 368
in leakage field testing . . . **A17:** 130–131
innovative configurations . . . **A17:** 45
load cell . . . **A8:** 368
pressure transducer . . . **A8:** 368
response, acoustic emission inspection . . . **A17:** 280
RFEC probes . . . **A17:** 196
sensitivity, remote-field eddy current inspection . . . **A17:** 197
Sentinel holes
as inspection or measurement technique for corrosion control . . . **A19:** 469
Sentry holes
monitoring technique . . . **A13:** 201
Separable component part
defined . . . **EL1:** 1156

Separate project organization **A20:** 51
Separate-application adhesive **EM3:** 26
Separates
ASTM standards **EM3:** 61
Separation **A19:** 15, 16, 21
advanced **A8:** 440, 443
and precipitation (Sherritt Gordon process) **M7:** 54
and quantitative determination of metal ions **A10:** 200–201
as failure criterion **A19:** 20
automated **A10:** 199
beam-to-chip **EL1:** 287
beam-to-substrate **EL1:** 287
by complexation, for UV/VIS interferences **A10:** 65
by distillation **A10:** 169
cavities, copper alloys **A12:** 402
circumferential, wrought aluminum alloys **A12:** 415
cupferron **A10:** 169
direct chemical, for UV/VIS interferences . . **A10:** 65
effectiveness, measure of **A10:** 164
efficiency measured by radioanalysis **A10:** 243
fatigue loading **A19:** 27
final, titanium alloys **A12:** 441
grain boundary, as casting defect **A15:** 548
grain-boundary **A11:** 605, 675, 681
hackle-, in composites **A11:** 737
in ductile hole joining fracture mode **A8:** 450
in precipitation from solution **M7:** 54
intergranular, high-purity copper **A12:** 399
ion exchange **A10:** 164–165
matrix, effect of crack tip **A12:** 16
mechanism of progressive fracturing as advanced **A8:** 440
nonmetallic inclusions by **A11:** 316
oblique-shear **A8:** 440
of cadmium and lead, by internal electrolysis **A10:** 201
of interfering elements, in high-temperature combustion **A10:** 222
of metals in electrogravimetry, emf conditions for **A10:** 197–198
of praseodymium and neodymium . . . **A10:** 249–250
of RDF into pair distribution functions **A10:** 397–398
precipitation **A10:** 168
principles, ion chromatography **A10:** 658–659
sink/float density **A10:** 177
techniques, classical wet chemistry **A10:** 165, 168–170
techniques, for inclusion control **A15:** 90–91
types, tape automated bonding **EL1:** 173
Separation margin *See* Signal-to-noise ratio
Separation science
defined **A10:** 164
Separation techniques
classical wet chemistry **A10:** 162, 165, 168–170
for solids **A10:** 165
hydroxide **A10:** 168
ion-exchange chromatography **A10:** 168
magnetic **A10:** 177
paper chromatography **A10:** 168
Separations
by computed tomography (CT) **A17:** 361
microwave inspection **A17:** 212
Separator *See also* Release film **A18:** 499
as cure processing material **EM1:** 21, 642–643
defined **A18:** 17, **EM2:** 37–38
Separators
metal powders cleaning **M7:** 178–180
Septenary system or diagram . . . . **A3:** 1•2
Sequence effect **A19:** 241, 242, 255, 256
Sequence timer
definition **M6:** 15
Sequence VE testing
oxidation inhibitors **A18:** 105
Sequence weld timer
definition **M6:** 15
Sequences of stress state **A19:** 271
Sequencing
shielded metal arc welding **M6:** 92
Sequential engineering **A20:** 57
definition **A20:** 840
Sequential load/unload cycling
crack arrest fracture toughness **A8:** 292–293
Sequential multielement analysis
and simultaneous multielement analysis, combined **A10:** 38
direct-current plasma **A10:** 40
monochromators for **A10:** 37, 38
scanning monochromator for **A10:** 38
Sequential multifrequency techniques
eddy current inspection **A17:** 174
Sequential observation technique
erosion mechanisms **A18:** 202
Sequential process board
cross section **EL1:** 135
Sequential simplex methods (zero-order) algorithm **A20:** 211
Sequential slip **A19:** 64
Sequential testing **A20:** 93
Sequential wavelength-dispersive x-ray spectrometers
automated **A10:** 87
Sequestrants
use in alkaline etching **M5:** 583
Sequestration and chelation
definition **A5:** 966
Serendipity elements **A20:** 179
Serial access
defined **EL1:** 1156
Serial electropolishing **A19:** 162
Serial sectioning *See also* Sectioning **A7:** 268
defined **A9:** 16
definition **A5:** 966
for fractal analysis **A12:** 212–213
for fracture surface area **A12:** 194
profile, fractured aluminum-copper alloy . . **A12:** 198
used to determine shapes of eutectic structures **A9:** 620
Series damping *See* Series termination
Series multiple-spot welding setups **M6:** 476
Series resistance
defined **EL1:** 1156
Series submerged arc welding
definition **M6:** 15
Series systems **A20:** 89, 90
Series termination **EL1:** 171–172, 522
for reflection **EL1:** 171–172
Series welding
definition **A6:** 1213, **M6:** 15
Series-parallel systems **A20:** 89
Serpentine
Miller numbers **A18:** 235
Serpentine glide
defined **A12:** 13
formation, in copper **A12:** 17
from slip step **A12:** 16
wrought aluminum alloys **A12:** 434
Serrated steel rollers
for SMC compaction **EM1:** 160
Serrating
in conjunction with boring **A16:** 174
multifunction machining **A16:** 386
SERS *See* Surface-enhanced Raman scattering
Serthi and Wright's model
corrosion-affected erosion **A18:** 210
Serum glutamate pyruvate transaminase
reaction rate analysis **A10:** 70
Service *See also* Service conditions; Service failures
conditions, anomalous, as failure cause . . **EM1:** 767
history **A11:** 158, 460
life, of forged products, and design **A11:** 17–19
records, of boilers and related equipment **A11:** 602
static, allowable stresses **A11:** 136
stress sources in **A11:** 206
temperatures, and material selection **EM1:** 38
Service conditions **A20:** 510–511
abnormal **A11:** 16
anomalous, of continuous fiber reinforced composites **A11:** 733
brittle tensile fracture under **A11:** 77
data collection of **A11:** 15
effect on stress-corrosion cracking . . . **A11:** 208–211
for shaft failures **A11:** 467–468
forging failures **A11:** 317, 338–342
in failure analysis **A11:** 747
influence on tool and die failures **A11:** 575–577
of iron castings **A11:** 367–378
spring failures in **A11:** 550, 560–562
Service environment
and field testing, SCC evaluation **A13:** 263–265
correlation of accelerated SCC test mediums with **A8:** 523
outdoor, exposure of coatings to **A13:** 395
SCC of aluminum alloy **A13:** 266
Service failures **A19:** 5
by fatigue cracking **A11:** 129
by low impact resistance and grinding bums **A11:** 90–92
by macroscopic ductile failure **A19:** 6
ductile, as overload failures **A11:** 85
from brittle fracture **A11:** 69–71, 85
from high-cycle fatigue **A11:** 106
marine-air **A11:** 309–310
of pipes **A11:** 699–704
of steel wing slat track **A11:** 140–141
Service fractures
AISI/SAE alloy steels **A12:** 297, 317, 319
cast aluminum alloys **A12:** 409–412
fatigue, low-carbon steel **A12:** 241, 251
macroscopic examination **A12:** 91–93
mating fracture **A12:** 251
rotary bending fatigue fracture, medium-carbon steels **A12:** 272
superalloys **A12:** 390, 391
tool steels **A12:** 376
wrought aluminum alloys **A12:** 417
Service life *See also* Life tests . . **A19:** 5, **A20:** 72, 73, 140
aircraft parts **A13:** 1020–1022
changes in test temperature or load effect on **A8:** 337–338
corrosion testing for **A13:** 193
electrical contacts, as selection criterion . . . **A2:** 840
evaluating creep damage and remaining **A8:** 337–339
factors influencing **A13:** 321
hazards, effects, electrical contact materials **A2:** 840
hot dip galvanized steel **A13:** 440
life tests, electrical contact materials . . **A2:** 858–861
of heating elements, electrical resistance alloys **A2:** 831–833
prediction **A13:** 278–279, 316
specimens **A8:** 337
steam turbine materials **A13:** 956–958
zinc/zinc alloys and coatings **A13:** 762
Service loading
as cause of stress-corrosion cracking **A8:** 496
estimates from crack extension behavior . . . **A8:** 439
Service loads **A20:** 73
Service pipe *See also* Pipe
lead and lead alloy **A2:** 552–553
Service qualification tests
constructional steels for elevated temperature use **M1:** 643
Service simulation fatigue tests **A19:** 114
Service simulation tests
main variable of tests **A19:** 114
Service temperature *See also* Temperature(s)
defined **EM2:** 569
determined, by thermal degradation **EM2:** 568–570
polyamides (PA) **EM2:** 126
range, of polyamide-imides (PAI) **EM2:** 129
test program **EM2:** 569–570
Service temperatures *See also* Temperature(s) **EM3:** 36
heating elements, electrical resistance alloys **A2:** 831
thermocouples **A2:** 883
Serviceability **A20:** 104
of SCC-tested materials **A8:** 503
Service-load **A19:** 303
Servo control
electrical discharge grinding **A16:** 565
method of operation for EDM **A16:** 557, 562
relation to adaptive control **A16:** 618
sawing **A16:** 357
Servocontrolled testing machines **A20:** 516, 522
Servo-controller
features **A8:** 399
in servohydraulic fatigue testing system **A8:** 398–399
in torsion testing **A8:** 158
Servohydraulic closed-loop system **A8:** 368–369
Servohydraulic fatigue-testing machine
closed-loop **A11:** 278
Servohydraulic shear testing machine **A8:** 215
Servohydraulic test frame **A8:** 187, 190, 192
Servohydraulic test systems **A19:** 74, 179, 527
Servohydraulic testing systems
closed-loop **A8:** 43, 368–369

Servohydraulic testing systems (continued)
components........................ **A8:** 396–400
constant strain rate tests on............... **A8:** 43
determining critical *J*-values and *J*-resistance
curves using....................... **A8:** 261
for fatigue testing.................. **A8:** 395–400
rapid-load plane-strain fracture toughness tests
with **A8:** 260–261
specimens **A8:** 400
Servohydraulic torsional fatigue testing
machine........................ **A8:** 369–370
Servo-hydraulic valve...................... **A7:** 449
Servomechanical
parameters compared to other electromechanical
fatigue systems **A19:** 179
Servomechanical electromechanical fatigue
tester **A8:** 392
Servomechanical systems.......... **A8:** 392, 394–395
Servomechanical test machines **A19:** 513
Servo-valve
in hydraulic torsional system......... **A8:** 215–216
in servohydraulic testing system **A8:** 398–399
in torsion testing **A8:** 158
Se-Sn (Phase Diagram).................. **A3:** 2•363
Se-Sr (Phase Diagram) .... **A3:** 2•363
Sessile dislocations
effect on crack extension **A8:** 439
Set **EM3:** 26
defined **EM1:** 11
definition............................. **A5:** 966
Set (mechanical)......................... **EM3:** 26
defined **EM2:** 38
Set (polymerization)..................... **EM3:** 26
Set up **EM3:** 26
defined **EM1:** 21, **EM2:** 38
Set-based concurrent engineering processes ... **A20:** 21
Setdown
definition............................ **A6:** 1213
Se-Te (Phase Diagram).................. **A3:** 2•364
Se-Tl (Phase Diagram) .... **A3:** 2•364
Se-Tm (Phase Diagram) .... **A3:** 2•364
Setting temperature **EM3:** 26
Setting time **EM3:** 26
Setting-down of springs *See* Presetting of springs
Setting-up agent
definition............................. **A5:** 966
Settling
in encapsulation hot isostatic pressing **M7:** 431
Settling time
defined................................ **EL1:** 7
Settling velocity **A7:** 244
Set-up cycle analysis................. **A19:** 282–283
Set-up wheel polishing *See* Wheel polishing
Setups
fractographic.......................... **A12:** 78
Se-U (Phase Diagram)................... **A3:** 2•365
Severe cold forming applications
carbon steel for....................... **M1:** 255
Severe oxidational wear theory **A18:** 288
Severe wear............................ **A8:** 603
defined **A18:** 17
definition............................. **A5:** 966
Severity index gradient.............. **A18:** 578, 580
Severity index (SI)...................... **A18:** 308
Severity of quench
evaluation.................. **M4:** 34, 35, 38–39
Severn gage............................ **A6:** 461
Sewage
digested, Miller numbers................ **A18:** 235
potentiometric membrane electrode
analysis of **A10:** 181
raw, Miller numbers **A18:** 235
Sewer pipe
relative productivity and product value... **A20:** 782
Sewer pipes
ductile iron for **M1:** 99
linings for............................ **M1:** 100
Sexinary system or diagram .... **A3:** 1•2
SFC *See* Supercritical fluid chromatography
SG *See* Spin glass
SG iron **A1:** 56
SGC process........................... **A20:** 238
S-glass
as PWB reinforcement **EL1:** 604
defined **EM2:** 38
tensile strengths **A20:** 351
S-glass fibers
applications...................... **EM1:** 45, 107
composition **EM1:** 45, 107
defined.......................... **EM1:** 21, 29
effect, polyester resins **EM1:** 92
effect, vinyl ester resins................. **EM1:** 92
in space and missile applications **EM1:** 817
pristine strength **EM1:** 46
properties........................... **EM1:** 175
reinforced epoxy resin composites....... **EM1:** 400
tensile strength **EM1:** 107
thermal stability **EM1:** 107
S-glass/epoxy
fatigue strength....................... **A20:** 467
S-glass-fiber/epoxy-matrix composites
temperature effect on strength........... **A20:** 460
S-gun magnetron sputtering technique .. **A18:** 841, 842
Shackle, dragline bucket
failure of........................ **A11:** 399–400
Shading, and image processing
radiography.......................... **A17:** 320
Shadow angle
defined **A9:** 16
definition............................. **A5:** 966
Shadow cast *See* Shadowing
Shadow cast replica
defined **A9:** 16
definition............................. **A5:** 966
Shadow cure
of epoxidized silicones **EL1:** 824
Shadow effect
UV curing....................... **EL1:** 786–787
Shadow formation
distortion........................ **A17:** 312–313
enlargement **A17:** 311–312
geometric unsharpness.................. **A17:** 313
in neutron radiography **A17:** 387
intensity, and inverse-square law......... **A17:** 313
principles, radiography **A17:** 311–314
scattered radiation................ **A17:** 313–314
Shadow mask
definition **A5:** 966–967, **A6:** 1213, **M6:** 15
Shadow microscope
defined **A9:** 16
Shadow optic method of caustics
with precracked Charpy test **A8:** 268, 269
Shadowed carbon-platinum replicas.......... **A9:** 108
Shadowgraphs
for part shape measurement............. **A8:** 549
Shadowgraphy **A7:** 268
Shadowing
as film deposition **A12:** 172
defined **A9:** 16
definition............................. **A5:** 966
effect of **EM1:** 747
in TEM replication **A12:** 7
methods......................... **A12:** 183–184
of replicas **A12:** 95, 100, 183–184
single-stage plastic replicas............. **A12:** 184
two-stage plastic-carbon replicas **A12:** 184
Shadow(s) *See also* Shadow formation
projection, scanning laser gages.......... **A17:** 12
radiographic, view of **A17:** 331–332
Shaeffler diagram
cast stainless steels **A13:** 574–575
Shaft
and shaft collar, compression test fixture .. **A8:** 198
in torsional hydraulic actuator............ **A8:** 217
rotation, record from dynamic
torsion test **A8:** 216–217
torsion tests for **A8:** 139
Shaft boring
with cemented carbide tools............. **A2:** 974
Shaft run-out
defined **A18:** 17
Shaft whirl
effect on bearings................. **A11:** 484–485
Shaft(s) *See also* Crankshafts; Shafts, failures of
alignment and deflection, bearing
failure and....................... **A11:** 507
and bearing, overheating failure from
misalignment................ **A11:** 507–508
applications for closed-die steel forgings... **M1:** 360
as roller-bearing raceway, flaking
damage in **A11:** 502
as roller-bearing raceway, fretting damage **A11:** 498
automotive drive, EMF assembly **A14:** 648
axle, fracture at journal from reversed-bending
fatigue.......................... **A11:** 321
bent, and fatigue fracture of steering
knuckle......................... **A11:** 342
by radial forging...................... **A14:** 147
cast iron coatings for **M1:** 104
changes of diameter in **A11:** 468
chloride SCC in **A11:** 660
common stress raisers............. **A11:** 467–468
compressor, peeling-type fatigue cracking **A11:** 471
corrosion in.......................... **A11:** 467
cross-travel, service failure **A11:** 525
damaged during assembly.............. **A11:** 475
defined.............................. **A11:** 459
disk or gear on, inspection............. **A17:** 113
distortion of **A11:** 467
drive-pinion, magnetic particle inspection **A17:** 113
effect on gears and gear trains.......... **A11:** 590
exciter, fatigue failure of............... **A11:** 425
failed, examination of **A11:** 459–460, 463
failures of............... **A11:** 459–483, 524–525
fan, developing inspection
criteria for................... **A11:** 107–108
fan, reversed-bending fatigue **A11:** 476
fatigue-crack growth behavior **A11:** 108
fillets, effects on bearing material
failure...................... **A11:** 506–507
forged, allowances and tolerances **A14:** 72
forged steel, ductile fracture **A11:** 481–482
forged, ultrasonic inspection of...... **A17:** 506–510
fractured, macrograph of **A11:** 123
fuel-pump drive, wear failure........... **A11:** 465
journals on **A11:** 89
large steel, torsional-fatigue fracture...... **A11:** 464
main hoist, fatigue cracking............ **A11:** 525
materials for **A11:** 515
mechanical conditions of **A11:** 459–460
microscopic examination **A11:** 460
misalignment of **A11:** 475
misapplication of material in........... **A11:** 459
mixer paddle, SCC in............. **A11:** 403–404
motorcycle-transmission, high-cycle
fatigue in **A11:** 106
plunger, fatigue fracture from sharp
fillet **A11:** 319–320
repair by welding................. **A11:** 480–481
rotating, with press-fitted elements....... **A11:** 470
rotor, brittle fracture from seams **A11:** 478
shoulder heights, effect on bearings .. **A11:** 506–507
size and mass of...................... **A11:** 472
splined alloy steel, corrosion fatigue...... **A11:** 261
splined, fatigue fracture **A11:** 122–123
stationary............................ **A11:** 459
steel coal pulverizer, fatigue failure **A11:** 468
steel crane, fatigue fracture **A11:** 524–525
steel cross-travel, fatigue fracture **A11:** 525
steel fan, fatigue fracture of............ **A11:** 476
steel main hoist, fatigue cracking **A11:** 525
steel pump, bending-fatigue fracture...... **A11:** 109
stepped, by cold extrusion **A14:** 305–306
straightening processes, acoustic emission
inspection....................... **A17:** 289

SUBJECTS OF THE INDEXED VOLUMES: ASM Handbook (designated by the letter "A"): **A1:** Properties and Selection: Irons, Steels, and High-Performance Alloys (1990); **A2:** Properties and Selection: Nonferrous Alloys and Special-Purpose Materials (1990); **A3:** Alloy Phase Diagrams (1992); **A4:** Heat Treating (1991); **A5:** Surface Engineering (1994); **A6:** Welding, Brazing, and Soldering (1993); **A7:** Powder Metal Technologies and Applications (1998); **A8:** Mechanical Testing (1985); **A9:** Metallography and Microstructures (1985); **A10:** Materials Characterization (1986); **A11:** Failure Analysis and Prevention (1986); **A12:** Fractography (1987); **A13:** Corrosion (1987); **A14:** Forming and Forging (1988); **A15:** Casting (1988); **A16:** Machining (1989); **A17:** Nondestructive Evaluation and Quality Control (1989); **A18:** Friction, Lubrication, and Wear Technology (1992); **A19:** Fatigue and Fracture (1996); **A20:** Materials Selection and Design (1997). **Metals Handbook, 9th Edition** (designated by the letter "M"): **M1:** Properties and Selection: Irons and Steels (1978); **M2:** Properties and Selection: Nonferrous Alloys and Pure Metals (1979); **M3:** Properties and Selection: Stainless Steels, Tool Materials, and Special-Purpose Materials (1980); **M4:** Heat Treating (1981); **M5:** Surface Cleaning, Finishing, and Coating (1982); **M6:** Welding, Brazing, and Soldering (1983); **M7:** Powder Metallurgy (1984). **Engineered Materials Handbook** (designated by the letters "EM"): **EM1:** Composites (1987); **EM2:** Engineering Plastics (1988); **EM3:** Adhesives and Sealants (1990); **EM4:** Ceramics and Glasses (1991). **Electronic Materials Handbook** (designated by the letters "EL"): **EL1:** Packaging (1989)

stress concentrators in hot or cold forming . . . **A11:** 459
stress systems acting on . . . **A11:** 460–461
stub-, ductile fracture . . . **A11:** 481–482
surface coatings . . . **A11:** 480–482
surface, schematic stress distribution . . . **A11:** 123
tool steel, unidirectional-bending fatigue failure . . . **A11:** 462
torsional stresses in . . . **A11:** 115
types of contact and wear failures . . . **A11:** 465–466
types of fatigue failures . . . **A11:** 461–464
ultrasonic inspection . . . **A17:** 232, 271
Shafts, design of . . . **A20:** 513
Shafts, failures of *See also* Shafts . . . **A11:** 459–482
brittle fracture . . . **A11:** 466
changes in shaft diameter . . . **A11:** 468–472
common stress raisers . . . **A11:** 467–468
contact fatigue . . . **A11:** 465
distortion and corrosion . . . **A11:** 467
ductile fracture . . . **A11:** 466–467
examination of . . . **A11:** 459–460
fabricating practices . . . **A11:** 472–477
fatigue failures . . . **A11:** 461–464
fracture origins . . . **A11:** 459
metal fatigue as common cause of . . . **A11:** 459
metallurgical factors . . . **A11:** 477–480
stress systems in . . . **A11:** 460–461
surface coatings, effects of . . . **A11:** 480–482
wear . . . **A11:** 465–466
Shake-and-bake method, of powder precursor preparation
high-temperature superconductors . . . **A2:** 1086
Shakedown . . . **A19:** 545
Shake-down (of surface layers)
defined . . . **A18:** 17
Shakedown period . . . **A20:** 88
Shakedown regime . . . **A19:** 528
Shakeout *See also* Knockout
austenitic ductile irons . . . **A15:** 700
defined . . . **A15:** 10, 502
green sand molding . . . **A15:** 347–348
high-chromium white irons . . . **A15:** 683–684
high-silicon irons . . . **A15:** 699
magnesium alloy castings . . . **A15:** 806
nickel-chromium white irons . . . **A15:** 680
operation . . . **A15:** 502–503
rapid, for stress/distortion . . . **A15:** 616
Shakeout, early
as casting defect . . . **A11:** 386
Shakeout practice
effect on gray iron . . . **A1:** 28
gray cast iron . . . **M1:** 28
Shaker mills . . . **A7:** 81–82
Shaker-hearth furnace
for carbonitriding . . . **M7:** 454
Shake-up lines . . . **A18:** 446
Shake-up satellites . . . **A18:** 447
in XPS analysis . . . **A10:** 572
Shaking
loose powder filling by . . . **M7:** 431
screens . . . **M7:** 177
Shale
ground by diamond wheels . . . **A16:** 455
Miller numbers . . . **A18:** 235
Shales
defined . . . **A9:** 16
definition . . . **A5:** 967
Shallow drawing
by Guerin process . . . **A14:** 606
Shallow drilling
relative difficulty with respect to machinability of the workpiece . . . **A20:** 305
Shallow parts
by Guerin process . . . **A14:** 607
Shank
defined . . . **A14:** 11
Shank, shear in
rivet failures from . . . **A11:** 544
Shanked ladles *See also* Ladles
development . . . **A15:** 27
Shape *See also* Particle shape; Shaping
accuracy . . . **M7:** 11
and rigid tool compaction . . . **M7:** 295, 322–328
as process selection factor . . . **EM2:** 288–292
attainment . . . **M7:** 295
discontinuities in, shafts . . . **A11:** 467
distortion, defined . . . **A11:** 136
effect, filament winding . . . **EM2:** 372
effect on corrosion control . . . **A13:** 339–340
effect, rotational molding . . . **EM2:** 363–364
factor, defined . . . **EM2:** 38
fundamentals, in rigid tool compaction . . . **M7:** 322–328
hardening of steel related to . . . **M1:** 481–482
incorrect, as casting defect . . . **A11:** 386–387
limitations on . . . **A20:** 246
making, with titanium powders . . . **M7:** 749–750
multidimensional . . . **M7:** 240–241
planar . . . **M7:** 240
RTM/SRIM, compared . . . **EM2:** 348
simple classification of . . . **A20:** 297
stereology of . . . **M7:** 238–240
stress-wave, effect on corrosion-fatigue . . . **A11:** 255
terms and definitions . . . **M7:** 239
Shape analyzer . . . **A7:** 273
Shape casting processes *See also* Continuous casting
grain refiners in . . . **A15:** 478
types, classified . . . **A15:** 204
vacuum induction . . . **A15:** 399–401
Shape, compact
as material selection parameter . . . **EM1:** 38–39
Shape correction factor . . . **A7:** 1036
Shape design parameter
definition . . . **A20:** 840
Shape distortion *See also* Springback
and material properties . . . **A8:** 552–553
as formability problem . . . **A8:** 548
Shape drawing
characteristics . . . **A20:** 692
Shape factor . . . **A19:** 215, **A20:** 283, **EM3:** 26
for a thin-walled tube . . . **A20:** 288
for buckling in compression . . . **A20:** 284
for elastic buckling under axial compression . . . **A20:** 284
for elastic loading . . . **A20:** 283–284, 288
for elastic twisting . . . **A20:** 284
for failure in bending . . . **A20:** 284
for failure in torsion . . . **A20:** 284
Shape generation process
definition . . . **A20:** 840
Shape index used to express elongation . . . **A9:** 128
Shape measurements
sheet metal forming . . . **A8:** 548–549
Shape memory alloy (SMA)
definition . . . **A20:** 840
Shape memory alloys (SMA) . . . **A2:** 897–902
alloys having effect . . . **A2:** 897
applications . . . **A2:** 900–901
characterization methods . . . **A2:** 898–899
commercial copper-base shape memory alloys . . . **A2:** 899–900
commercial shape memory effect (SME) alloys . . . **A2:** 899–900
crystallography . . . **A2:** 898
defined . . . **A2:** 897
future prospects . . . **A2:** 901
general characteristics . . . **A2:** 897
history . . . **A2:** 897
nickel alloy . . . **A2:** 433
nickel-titanium alloys . . . **A2:** 899
thermomechanical behavior . . . **A2:** 898
Shape memory effects and martensitic structures . . . **A9:** 674
Shape parameter . . . **A20:** 79, 625, 628, 631
Shape replication process
definition . . . **A20:** 840
Shape resolution
defined . . . **A9:** 16
Shape rolling . . . **A14:** 346–350
characteristics . . . **A20:** 692
computer-aided roll pass design . . . **A14:** 347–349
elongation, estimated . . . **A14:** 347
finite-element modeling . . . **A14:** 350
in bulk deformation processes classification scheme . . . **A20:** 691
of airfoil sections . . . **A14:** 348–349
Shape terms . . . **A7:** 267, 271
"Shaped charge" effects
liquid impact erosion . . . **A18:** 224
Shaped ends
by multiple-slide forming . . . **A14:** 569–570
Shaped tube electrolytic machining (STEM) . . . **A16:** 509, 554–556
acid electrolytes . . . **A16:** 554, 555, 556
advantages . . . **A16:** 554
applications . . . **A16:** 554
CNC machines . . . **A16:** 555
compared to electrostream and capillary drilling . . . **A16:** 551
equipment . . . **A16:** 554
limitations . . . **A16:** 554
power supply . . . **A16:** 555
process capabilities . . . **A16:** 554
process parameters . . . **A16:** 556
tooling . . . **A16:** 555–556
Shapers . . . **A16:** 1, 187–188
crank-driven horizontal . . . **A16:** 187, 188
for bar . . . **A14:** 663
horizontal . . . **A16:** 187–188, 193
hydraulic horizontal . . . **A16:** 187
speeds by type . . . **A16:** 189
vertical . . . **A16:** 188, 190, 193
Shapes *See also* Complex shapes; Near-net shape; Net shape; Rolling; Shape casting processes; Shape rolling; Workpiece(s)
alloy extrudability . . . **A2:** 35
aluminum casting alloys for . . . **A15:** 744–745
and mold temperature, permanent molds **A15:** 282
and size, wrought aluminum alloy . . . **A2:** 35
by deep drawing . . . **A14:** 575
by three-roll forming . . . **A14:** 616
casting, inspection effects . . . **A17:** 529–530
classification . . . **A2:** 34–35
complex, drawing of . . . **A14:** 337
complex, radiographic inspection . . . **A17:** 333–334
complex, ultrasonic inspection . . . **A17:** 504
defined . . . **A2:** 33
dendritic solid/liquid interface . . . **A15:** 155–156
design of . . . **A2:** 34–36
difficult-to-inspect, magnetic rubber inspection of . . . **A17:** 124–125
echo, ultrasonic inspection . . . **A17:** 245
extruded, characterized . . . **A14:** 322
extrusion processes for . . . **A14:** 304
factor, in feed metal availability . . . **A15:** 582
for hot upset forging . . . **A14:** 89
forging, classified . . . **A14:** 77–78
forming . . . **A14:** 622
heated-roll rolling . . . **A14:** 357–358
incorrect, as casting defect . . . **A17:** 518–519
ingot, stainless steel . . . **A14:** 222
interface, effect, insoluble particles . . . **A15:** 144
internal, by swaging . . . **A14:** 138–139
irregular, hot upset forging . . . **A14:** 89, 549–552
large irregular, for press forming . . . **A14:** 549–552
L-sections . . . **A15:** 599, 604–610
measurements . . . **A14:** 879
metal casting to . . . **A15:** 40
mold life effect . . . **A15:** 281
nesting, for gas cutting . . . **A14:** 728
object, NDE method selection by . . . **A17:** 51
of blanks . . . **A14:** 449–450
of coils, eddy current inspection . . . **A17:** 176–177
of cylindrical compression specimen . . . **A14:** 381
of flaws . . . **A17:** 50
of forgings, closed-die forging . . . **A14:** 75
of hysteresis loop, effects . . . **A17:** 100
of inclusions . . . **A15:** 91, 709
of open-die forgings . . . **A14:** 61
of rolled ring . . . **A14:** 110–111
of titanium carbide particles, steel-bonded cermet . . . **A2:** 997
press-brake bending . . . **A14:** 540–541
rectangular, of superplastic metals . . . **A14:** 863–865
rolled, ultrasonic inspection . . . **A17:** 270–272
semicircular, press-brake forming . . . **A14:** 540
severely formed, press forming . . . **A14:** 549
simple, radiographic inspection . . . **A17:** 332–333
spin-forged aluminum alloy . . . **A14:** 245
straightening of . . . **A14:** 680–689
thermal, changing . . . **A15:** 606–610
T-sections . . . **A15:** 599–604, 607, 609
with locked-in metal . . . **A14:** 549
workpiece, for press forming . . . **A14:** 549
wrought aluminum alloy . . . **A2:** 33–34
X-sections . . . **A15:** 599, 604, 606–607, 609–610
Shapes, geometric
unified-shapes checker for . . . **EL1:** 133
Shapes, hot rolled *See* Hot rolled bars
Shaping . . . **A16:** 187–193, **M7:** 461
Al alloys . . . **A16:** 778

Shaping (continued)
and chip formation **A16:** 8
and gear manufacture. . . . **A16:** 193, 330, 333–335, 339–340, 342–344
and milling **A16:** 329
and spur gears **A16:** 338
and worm gears **A16:** 340
carbon and alloy steels **A16:** 676
carbon and low-alloy steel gears **A16:** 347
cast irons. . . . **A16:** 659–660
characteristics **A20:** 695
compared to broaching **A16:** 209
compared to sawing **A16:** 363–364
cutting fluids used. . . . **A16:** 125, 191
electrochemical machining **A16:** 527
external or internal contours **A16:** 192–193
flat surfaces. . . . **A16:** 192
form cutting **A16:** 193
grooves, slots, and keyways **A16:** 193
hafnium **A16:** 856
heat-resistant alloys **A16:** 742–743
in metal removal processes classification scheme **A20:** 695
Mg alloys. . . . **A16:** 820, 821–822, 823
Ni alloys **A16:** 837
process capabilities. . . . **A16:** 187
ram stroke and clearance **A16:** 190–191
roughness average. . . . **A5:** 147
shapers, and die threading **A16:** 297
shapers, and dimensional control **A16:** 192
shapers, and form cutting. . . . **A16:** 193
shapers, high-speed tool steels used **A16:** 58
speed, feed, and depth of cut. . . . **A16:** 191
surface roughness and tolerance values on dimensions. . . . **A20:** 248
surface roughness arithmetic average extremes. . . . **A18:** 340
tool life and slotting **A16:** 187, 190, 191
tool steels. . . . **A16:** 714
workholding devices **A16:** 188
zirconium **A16:** 855
Shaping tool, for weaving
noncylindrical preforms. . . . **EM1:** 131
Sharks teeth
definition. . . . **EM4:** 633
Sharp corners
effect on tool and die failure. . . . **A11:** 564–566
spring failure at **A11:** 558–559
Sharp plane-strain crack. . . . **A19:** 97
Sharp plane-strain half-crack. . . . **A19:** 97
Sharp radii
in cold-formed parts **A11:** 307
Sharpening
defined. . . . **A17:** 385
Sharpness index. . . . **A7:** 211
Sharpness severity
fracture toughness and **A8:** 450
in plane-strain fracture toughness. . . . **A8:** 450–451
of initial crack **A8:** 452
Sharp-notch strength
defined. . . . **A8:** 12
Shatter crack *See* Flake
Shatter cracks *See also* Flakes; Flaking **A20:** 380
as hydrogen damage **A13:** 164
Shaver's disease
as aluminum poisoning **M7:** 206
Shaving
after blanking. . . . **A14:** 457–458
after piercing. . . . **A14:** 470
allowance. . . . **A14:** 457
definition. . . . **A5:** 967
die. . . . **A14:** 458
in progressive die. . . . **A14:** 457
in sheet metalworking processes classification scheme **A20:** 691
punch and die materials for. . . . **A14:** 485
setups. . . . **A14:** 457–458
Shaw process *See also* Ceramic molding
all-ceramic molding casting **A15:** 249
and Unicast process, compared. . . . **A15:** 250–251
burn-off, defined **A15:** 252
composite ceramic mold. . . . **A15:** 250
patterns **A15:** 248–249
Shear *See also* Interlaminar shear strength; Shear bands; Shear deformation; Shear dimples; Shear failure; Shear fracture(s); Shear lips; Shear modulus; Shear strength; Shear stress **A7:** 289–290, **EM3:** 26
adiabatic. . . . **A12:** 31–33, 42–43
and surface tilt, in formation of martensite plate **A9:** 668
as fatigue modes. . . . **A12:** 12
at elevated temperatures and low strain rates **A9:** 690
axial, as failure mode **EM1:** 198
bands, flow localization by. . . . **A14:** 385
blades. . . . **A8:** 68
crack, in compressed 4340 steel **A8:** 58
defined . . . **A13:** 11, **A14:** 11–12, **EM1:** 21, **EM2:** 38
definition. . . . **A7:** 53
dies with, cutting force **A14:** 448
ductile tensile fracture. . . . **A11:** 82
edge **EM1:** 21
edgewise loaded **EM1:** 331–333
effect of crystal structure on **A9:** 684
effect, thermoplastics. . . . **EM1:** 100
elongated dimple formation **A12:** 13
elongated voids, irradiated stainless steels **A12:** 365
final fast fracture, austenitic stainless steels. . . . **A12:** 353
fracture and failure. . . . **A8:** 12, 541–542, 548, 574
fractures, Mode II in-plane **A11:** 736–738
in shank, rivet failure by **A11:** 544
in-plane, ply **EM1:** 238
longitudinal, and damping **EM1:** 207
modulus **A8:** 12, 139, 724
of composites **EM1:** 98
of gear tooth **A11:** 595
failures, in fasteners **A11:** 531
on secondary slip systems, furrow-type fracture **A12:** 44, 54
overload failure by **A11:** 398–399
pin, in torsional impact machine **A8:** 217
plane, influence on shear strength. . . . **A8:** 64
plate, in torsional impact machine **A8:** 217
punch, and force, in piercing. . . . **A14:** 463
pure, delamination resistance in **EM1:** 264
resulting in deformation twins. . . . **A9:** 687
reverse direction, gear and pinions. . . . **A11:** 595
ridges, precipitation-hardening stainless steels. . . . **A12:** 371
sample. . . . **A8:** 155, 180–181
short beam, resin-matrix composites **A12:** 478
single crystals in, Kolsky bar testing. . . . **A8:** 219
step, in iron **A12:** 224
strength, defined **A13:** 11, **A14:** 12
stress, copper/copper alloys in seawater **A13:** 624
stress, defined **A14:** 12
test methods **EM1:** 299–300
testing **A14:** 888–889
types, on piercing punches **A14:** 464
void coalescence by **A14:** 393
yield strength, from torsion shear test . . . **A8:** 64–65
zone, in low-carbon steel specimen . . . **A8:** 229–230
Shear and torsional strength
of malleable irons. . . . **A1:** 82
Shear angles. . . . **A16:** 14
Shear band tearing
ductile fracture **A8:** 572
Shear banding **A19:** 56
Shear bands *See also* Shear-deformation bands
adiabatic. . . . **A12:** 31–33, 42–43
along slip planes. . . . **A12:** 32
as nucleation sites **A9:** 694
crack during high-energy-rate forging **A8:** 573
defined. . . . **A9:** 16, 693, **A11:** 9
development of. . . . **A9:** 693
during deformation **A8:** 155
effect on high strain rate deformation **A8:** 45
formation and fracture, titanium alloys **A12:** 444–445
fractures. . . . **A8:** 574
in 70-30 brass. . . . **A9:** 686
in cold rolled steel using torsional Kolsky bar. . . . **A8:** 222
in electrolytic magnesium, cold rolled 50% **A9:** 687
in high-energy-rate forming **A8:** 170
in iron **A9:** 686
in isothermal forging. . . . **A8:** 170
in thin-walled tubular specimen **A8:** 222
in torsion and flow localization. . . . **A8:** 170
orientation. . . . **A12:** 445
thermal. . . . **M6:** 707–708
torsional, austenitic stainless steels **A12:** 359
Shear blades *See also* Cutting; Shearing; Shears
blade life **A14:** 717
conforming **A14:** 717
design and production **A14:** 717–718
for bar. . . . **A14:** 716–717
materials, hot shearing **A14:** 716
profile **A14:** 716–717
Shear compaction **M7:** 56
in polymers **M7:** 606
Shear compliance, defined *See* Compliance
Shear coupling factor. . . . **A20:** 653
Shear crack growth **A19:** 50
Shear cracks
as forging flaws. . . . **A17:** 494
Shear cutting
and gear manufacture **A16:** 330, 333, 334
and internal gears. . . . **A16:** 339
and spur gears **A16:** 338
Shear damping
in unidirectional composites **EM1:** 207–208
Shear deformation
instability effect **EM1:** 447
low-carbon steel **A12:** 244
mechanical damage during, tool steels **A12:** 380
ridge formation during, tool steels **A12:** 380
Shear dilatancy **A7:** 24–25
Shear dimples
maraging steels. . . . **A12:** 383
martensitic stainless steels **A12:** 369
titanium alloys **A12:** 455
Shear edge **EM3:** 26
defined. . . . **EM2:** 38
Shear (equipment) **A20:** 136
Shear failure
continuous fiber composites . . . **EM1:** 786, 789–790
discontinuous fiber composites **EM1:** 797
Shear fatigue, solder
analytical model of **EL1:** 6
Shear flow stress **A8:** 577
calculated for plate impact test **A8:** 236
Shear fracture *See also* Shear stress **EM3:** 26
and material properties. . . . **A14:** 881
as fatigue fracture plane-stress mode **A11:** 105
defined **A11:** 9, **EM2:** 38
of Kovar-glass seals. . . . **A10:** 577–578
stainless steel implant screw with. . . . **A11:** 676, 682
Shear fractures
AISI/SAE alloy steels. . . . **A12:** 341
effect of striation **A12:** 16
elongated dimples **A12:** 12, 15–16
maraging steels. . . . **A12:** 383
martensitic stainless steels **A12:** 367
precipitation-hardening stainless steels. . . . **A12:** 371
Shear front-lamella structure **A16:** 8
Shear hackle
definition. . . . **EM4:** 633
Shear, invariant, associated with martensite formation (∂_{Is}) **A19:** 31
Shear lag **EM1:** 33, 243–244, **EM3:** 478
Shear ledges *See* Radial marks
Shear lip
as indication of toughness and failure mode **A11:** 396

SUBJECTS OF THE INDEXED VOLUMES: ASM Handbook (designated by the letter "A"): **A1:** Properties and Selection: Irons, Steels, and High-Performance Alloys (1990); **A2:** Properties and Selection: Nonferrous Alloys and Special-Purpose Materials (1990); **A3:** Alloy Phase Diagrams (1992); **A4:** Heat Treating (1991); **A5:** Surface Engineering (1994); **A6:** Welding, Brazing, and Soldering (1993); **A7:** Powder Metal Technologies and Applications (1998); **A8:** Mechanical Testing (1985); **A9:** Metallography and Microstructures (1985); **A10:** Materials Characterization (1986); **A11:** Failure Analysis and Prevention (1986); **A12:** Fractography (1987); **A13:** Corrosion (1987); **A14:** Forming and Forging (1988); **A15:** Casting (1988); **A16:** Machining (1989); **A17:** Nondestructive Evaluation and Quality Control (1989); **A18:** Friction, Lubrication, and Wear Technology (1992); **A19:** Fatigue and Fracture (1996); **A20:** Materials Selection and Design (1997). **Metals Handbook, 9th Edition** (designated by the letter "M"): **M1:** Properties and Selection: Irons and Steels (1978); **M2:** Properties and Selection: Nonferrous Alloys and Pure Metals (1979); **M3:** Properties and Selection: Stainless Steels, Tool Materials, and Special-Purpose Materials (1980); **M4:** Heat Treating (1981); **M5:** Surface Cleaning, Finishing, and Coating (1982); **M6:** Welding, Brazing, and Soldering (1983); **M7:** Powder Metallurgy (1984). **Engineered Materials Handbook** (designated by the letters "EM"): **EM1:** Composites (1987); **EM2:** Engineering Plastics (1988); **EM3:** Adhesives and Sealants (1990); **EM4:** Ceramics and Glasses (1991). **Electronic Materials Handbook** (designated by the letters "EL"): **EL1:** Packaging (1989)

crack origin determined from **A11:** 83
defined **A8:** 12, **A11:** 9
development, *J*-controlled fracture testing .. **A8:** 449
in quench crack, round steel bar **A11:** 94
of slant fracture **A11:** 20
zone, shear dimples in **A11:** 76
Shear lip formation **A19:** 7
Shear lips **A19:** 119–120
alloy steels **A12:** 294, 302, 306–307, 311, 314–315, 318, 332–334
ductile, wrought aluminum alloys **A12:** 414
low-carbon steel **A12:** 244
maraging steels **A12:** 383
martensitic stainless steels **A12:** 366, 369
medium-carbon steels **A12:** 253
on crater **A12:** 318
precipitation-hardening stainless steels **A12:** 370
tool steels **A12:** 379
wrought aluminum alloys **A12:** 414, 425
Shear load transfer
through adhesively bonded joints ... **EM1:** 480–481
through mechanical fasteners **EM1:** 488
Shear mixing
short fiber effect **EM1:** 120
statistical analysis **M7:** 187
Shear modulus *See also* Elastic properties; Modulus of rigidity; Torsional modulus **A7:** 329, 331, **A19:** 7, 70, **EM3:** 26, 319–320, 321
aluminum oxide-containing cermets **M7:** 804
defined **A11:** 9, **EM1:** 21, **EM2:** 38
glass fiber reinforced epoxy resin **EM1:** 406
Kevlar 49 fiber/fabric reinforced epoxy resin **EM1:** 408
medium-temperature thermoset matrix composites **EM1:** 384
Shear modulus (*G*) **A20:** 352, 525
definition **A20:** 840
Shear modulus of the binder **A20:** 651
Shear normal stress **A7:** 289
Shear (or friction) factor **A18:** 60
Shear plane **A16:** 7, 8, 10, 11
Shear properties *See also* Shear strength **A1:** 61
wrought aluminum and aluminum alloys **A2:** 92–94
Shear rate
defined **EM2:** 38
Shear rate factor **A7:** 370
Shear rates **EM3:** 26
adhesive-backed tape application by hand **EM3:** 40
Shear reactions
observation with a hot-stage microscope **A9:** 82
Shear rupture **A19:** 45
Shear spinning *See also* Power spinning;
Spinning **A14:** 600–604
in sheet metalworking processes classification scheme **A20:** 691
refractory metals and alloys **A2:** 562
Shear spinning tools
mandrels **M3:** 500, 501
rollers **M3:** 500, 501
surface finish **M3:** 501
Shear stability *See also* Penetration (of a grease)
defined **A18:** 17
Shear storage modulus
resin systems **EM2:** 274
Shear strain **EM3:** 26
and effective stress and strain, in torsional loading **A8:** 142–143
control, in low-cycle torsional fatigue **A8:** 150
defined **A8:** 12, **A11:** 9, **EM1:** 21, **EM2:** 38
from torsion **A8:** 327
rate, for plate impact test **A8:** 236
rate in torsion **A8:** 158
symbols for **A8:** 726
vs. cyclic and monotonic shear stress in steel **A8:** 151
vs. life, in steel **A8:** 151
vs. shear stress curves, torsion testing **A8:** 141
Shear strain rate **A6:** 997
Shear strain rate within lubricant **A18:** 60, 63
Shear strains
calculated **A17:** 449
Shear strength *See also* Mechanical properties; Shear; Shear properties; Shear yield strength; Shearing; Ultimate shear strength **A16:** 4, **EM3:** 26, 395
aluminum casting alloys **A2:** 153–177
aluminum oxide-containing cermets **M7:** 804
defined **A8:** 12, **A11:** 9, **EM1:** 21, **EM2:** 38
ductile iron **M1:** 38, 41
epoxy resin matrices **EM1:** 73
of magnesium alloys **A2:** 461
single-shear tests **A8:** 63–64
spot welds, in magnesium alloys **A2:** 477
variables affecting **A8:** 68
wrought aluminum and aluminum alloys ... **A2:** 77, 81, 96, 98, 101
Shear strength, ideal **A19:** 7
Shear strength tests
butyl tapes **EM3:** 202
Shear strength, theoretical **A19:** 7
Shear stress *See also* Shear **A7:** 291, **A16:** 11, 14–16, **A18:** 60, 610, **A19:** 7, 81, 321, 326, 327, **A20:** 284, 520, 521, 525, 534, **EL1:** 445–446, **EM3:** 26, 395–402, 491–493
adhesive **EM1:** 683
alternating **A11:** 465
and effective stress and strain, in torsional loading **A8:** 142–143
and free-surface transverse velocity vs. time profiles and stress-strain curves .. **A8:** 235–236
and mean axial stress dependence on strain tests **A8:** 157
at specimen-anvil interface, remelted 4340 steel **A8:** 235–236
constant maximum **A8:** 72
cyclic and monotonic, vs. shear strain **A8:** 151
defined **A8:** 12, **A11:** 9, **EM1:** 21, **EM2:** 38
derivations for arbitrary flow laws **A8:** 182–184
differential testing **A8:** 182–183
distribution during noncylindrical bending **A8:** 119, 121
from dynamic torsion test **A8:** 216–217
in pure rolling **A11:** 133–134
in shafts **A11:** 460–461
in torsional hydraulic actuator **A8:** 217
interlaminar **EM3:** 402
maximum **A7:** 576
multiple test piece method **A8:** 182–184
subsurface, by cylindrical roller **A11:** 500–501
surface, converted to torque **A8:** 142
symbol for **A8:** 726
torque and angle of elastic unloading **A8:** 183–184
torsional Kolsky bar **A8:** 228
transverse, particle velocity for flyer, anvil specimen **A8:** 232
vs. shear strain curves, torsion testing **A8:** 141
Shear stress amplitude **A19:** 81
Shear stress, and viscosity
semisolid alloys **A15:** 328
Shear Stress Hypothesis **A18:** 476
Shear stress-strain
curve, for copper **A8:** 231
curve, for OFHC copper **A8:** 216–217
reduction to effective stress and strain **A8:** 161
Shear stress-strain curve
static and dynamic, for hot rolled steel **A8:** 225
Shear testing A7: 289, **A8:** 62–68, 187, **A14:** 888–889
application **A8:** 65–66
blanking shear, mill products **A8:** 64
data, applications **A8:** 62
double-notch **A8:** 228–229
double-shear, fasteners **A8:** 66
double-shear tests, mill products **A8:** 62–63
high strain rate **A8:** 215–239
lap-joint shear, fasteners **A8:** 67
machines **A8:** 67–68, 215
Marciniak in-plane sheet torsion test **A8:** 559
Miyauchi shear test **A8:** 559–560
of fasteners **A8:** 65–68
of mill products **A8:** 62–65
of sheet metals **A8:** 559–560
procedures, fasteners **A8:** 68
report **A8:** 65
single-shear, fasteners **A8:** 66–67
single-shear, mill products **A8:** 63–64
torsion-shear, mill products **A8:** 64–65
Shear tests **EM3:** 387–388, 389, 502–503
Shear thickening *See also* Shear thinning
defined **A18:** 17
Shear thinning *See also* Shear thickening
defined **A18:** 17
of thermoplastics **EM1:** 102
Shear ultimate strength **A8:** 662–663, 667, 672
Shear velocity **A18:** 610, 611
Shear wave **A8:** 231–232
Shear wave ultrasonic inspection **A17:** 233, 506
Shear yield strength *See also* Mechanical properties; Shear strength; Shearing; Yield; Yield strength **A18:** 34, 610
wrought aluminum and aluminum alloys ... **A2:** 85, 90, 97
Shear yielding **A19:** 47, 52
Shear zone **A16:** 7–8
Shearable precipitates **A19:** 87–88, 89
Shear-area transition temperature
symbol for **A11:** 797
Shear-deformation bands
defined **A11:** 9
in polymers **A11:** 760
width as function of crack length, polyethylene pipe **A11:** 762
Shear-face tensile fractures
by plane strain **A11:** 75
by plane stress **A11:** 75
in ductile materials **A11:** 76
Shearing *See also* Blanking; Cutting; Shear blades;
Shears **A20:** 693
accuracy **A14:** 714
aluminum alloy forgings **A14:** 247
aluminum and aluminum alloys **A2:** 10
and punching machines **A14:** 716
as a sectioning method **A9:** 23
closed-die steel forgings **M1:** 367–368
defined **A14:** 12
for billet separation, precision forging **A14:** 162
hot **A14:** 716
in header **A14:** 311
in hot upset forging **A14:** 83
in metallic bond formation **M7:** 303
in press brake **A14:** 538
in sheet metalworking processes classification scheme **A20:** 691
machines **A14:** 714–716, 718–719
of angles, blades for **A14:** 718
of bars **A14:** 714–719
of carbon and alloy steels **A9:** 165
of coiled sheet and strip **A14:** 708–713
of copper and copper alloys **A14:** 256–257
of flat sheet **A14:** 701–707
of nickel-base alloys **A14:** 520, 832
of nickel-titanium shape memory effect (SME) alloys **A2:** 899
of organic-coated steels **A14:** 565
of plate **A14:** 701–707
of titanium alloys **A14:** 840–841
refractory metals and alloys **A2:** 560
rotary **A14:** 705–707
safety **A14:** 707
sheet, process modeling of **A14:** 913–915
straight-knife **A14:** 701–705
tungsten **A2:** 562
Shearing and slitting tools
cold shearing, blade materials **M3:** 478–479
hardness, effect on wear **M3:** 479
hot shearing **M3:** 479–480, 481
machine knives **M3:** 481–483
rotary slitting, blade materials **M3:** 478–479
shear-blades, service data **M3:** 480, 481
slitting tools **M3:** 481
Shearing lines *See* Cut-to-length lines
Shearing machines **A14:** 714–716, 718–719
Shear-mode crack **A19:** 120
Shearography **A6:** 1150
Shear-out, edge
as fastened sheet failure **A11:** 531
Shears *See also* Cutting; Shear blades; Shearing
alligator, for bar **A14:** 714–715
for sheet or plate **A14:** 701–702
guillotine, for bar **A14:** 715
rotary drum **A14:** 711–712
Shear-thinning exponents **A7:** 370
Sheath **M7:** 11
Sheath, silver-lead alloy cable
creep-rate/time curves **A8:** 321, 323
Sheathed heaters
of electrical resistance alloys **A2:** 831
Sheave grooves
steel wire ropes **A11:** 516
Shed
in textile looms **EM1:** 127–128

Shedding
aramid composites **EM1:** 667
Sheelite **A7:** 932
Sheet
aluminum and aluminum alloys . . **A2:** 5, 10, 33, 53
aluminum-lithium alloys, fatigue of **A2:** 195
brazing of aluminum alloys **M6:** 1023–1024
cast, acrylic **EM2:** 103
definition **A5:** 967
electrical steel, properties **A2:** 769
embossed, tempering **A2:** 26
flash welding **M6:** 558
for tube rolling **EM1:** 573
formability, of magnesium alloys **A2:** 467–468
high molecular weight **EM2:** 165
high-impact polystyrenes (PS, HIPS) **EM2:** 195
in ceramics processing classification
scheme **A20:** 698
in polymer processing classification
scheme **A20:** 699
laser beam welding **M6:** 663–664
lead, applications **A2:** 551–552
long terne steel **A2:** 554–555
materials, for compression molding **EM1:** 559–560
mechanically alloyed oxide
alloys **A2:** 949
molybdenum, cutting **A2:** 561
niobium and tantalum, forming **A2:** 562
of wrought magnesium alloys **A2:** 459–460, 467–468, 484–490
overlay, defined *See* Overlay sheet, defined
oxyfuel gas welding **M6:** 589, 592
pewter, mechanical properties **A2:** 523
plastic, thermoforming **EM2:** 399–403
polyamides (PA) **EM2:** 125
polycarbonates (PC) **EM2:** 151
polyphenylene sulfides (PPS) **EM2:** 190
polysulfones (PSU) **EM2:** 202
reinforced polypropylenes (PP) **EM2:** 193
resistance spot welding **M6:** 469, 486, 491
shape classification **A20:** 297
spunlaced, aramid staple fiber **EM1:** 115
stainless steel *See* Stainless steel, sheet
steel *See* Steel, sheet
stop-off materials, hard chromium plating **M5:** 187
take-up, for joining **EM1:** 710–711
titanium alloy, superplastic forming . . . **A2:** 590–591
twin-sheet forming, size and shape
effects **EM2:** 290
unalloyed uranium **A2:** 671
wrought aluminum alloy **A2:** 33, 53
wrought copper **A2:** 241–248
wrought titanium alloys **A2:** 610–611
Sheet and plate
magnesium **M2:** 529, 541–543, 544
Sheet and strip
steel, annealing **M4:** 21–23
steel, normalizing **M4:** 12–13
Sheet bar can **M7:** 424, 425
Sheet bending *See also* Sheet
finite-method analysis **A14:** 921–922
process modeling of **A14:** 913–914
Sheet, defined *See also* Forming; Sheet bending; Sheet forming; Sheet metal; Sheet metal(s); Sheet rolling; Sheet shearing; Sheet stretching **A14:** 12, 343
Sheet extrusion *See also* Extrusion
acrylonitrile-butadiene-styrenes
(ABS) **EM2:** 113–114
products **EM2:** 384–385
Sheet finishes **A1:** 885–886
Sheet form fabricators **A20:** 234, 236–237
Sheet formability of steel *See also* Formability **A1:** 573–580, 888–889
circle grid analysis **A1:** 575–576
correlation between microstructure and
formability **A1:** 578–579
grain shape **A1:** 579
grain size **A1:** 578
microconstituents **A1:** 579
effect of metallic coatings on
formability **A1:** 579–580
effects of steel composition on
aluminum **A1:** 577
carbon **A1:** 576
cerium **A1:** 577
chromium, nickel, molybdenum, and
vanadium **A1:** 577
copper **A1:** 577
formability **A1:** 576–577
manganese **A1:** 576
niobium **A1:** 577
nitrogen **A1:** 577
oxygen **A1:** 577
phosphorus and sulfur **A1:** 577
silicon **A1:** 577
titanium **A1:** 577
effects of steelmaking practices on
aluminum-killed steels **A1:** 578
cold-rolled steel **A1:** 577–578
formability **A1:** 577–578
hot-rolled steel **A1:** 577
interstitial-free steel **A1:** 578
rimmed steels **A1:** 578
surface finish **A1:** 578
mechanical properties and
formability **A1:** 573–575
planar anisotropy **A1:** 575
plastic strain ratio **A1:** 575
strain-hardening exponent **A1:** 575
total elongation **A1:** 573–574
uniform elongation **A1:** 574
yield point elongation **A1:** 574–575
yield strength **A1:** 573
of stainless steel **A1:** 888–889
selection of steel sheet **A1:** 580
simulative forming tests **A1:** 576
Sheet formability testing **A8:** 547–570
Sheet forming *See also* Bulk forming; Sheet
CAD/CAM applications in **A14:** 903–910
defined **A14:** 12, 15
definition **A20:** 840
new processes for **A14:** 20
process modeling and simulation **A14:** 911–927
processes, classified **A14:** 16
Sheet liner cladding **M6:** 804
Sheet martensite **A9:** 672
Sheet materials *See also* Heat exchangers, failures o
fastened, types of failures in **A11:** 531
flat-face fractures **A11:** 109–110
heat exchangers, application **A11:** 628
high-strength, tests for **A11:** 61
thin, buckling failure in riveted **A11:** 544
thin, final fracture in **A11:** 105
use of *R*-curve with **A11:** 64
Sheet metal *See also* Aluminum sheet; Sheet formability testing; Sheet metal forming; Sheet steel, coated; Sheet steel specific types; Tin plate
aluminum alloy, effects of lubricants and cleaners
on bearing strength **A8:** 60
annealed, computation procedures for design
allowables **A8:** 672–677
as tantalum mill product **M7:** 770–771
austenitic stainless steel, hardness conversion
tables **A8:** 109
automotive industry application **EM1:** 834
bend testing **A8:** 117, 145, 547
bending test specimens **A8:** 126
beryllium **M7:** 509, 759
biaxial stretch testing of **A8:** 558–559
circle arc elongation test **A8:** 556
containment, for part shape in HIP
processing **M7:** 425, 427
deformed, strained state **A8:** 549
eddy current inspection **A17:** 187
encapsulation **M7:** 427, 428
envelope hot pressing of beryllium **M7:** 509
fully reversed loading in ultrasonic testing **A8:** 242
Knoop minimum thickness chart for . . . **A8:** 96, 101
lubricants for **A8:** 567–568
major strain/minor strain combinations **A8:** 549
maximum strain levels **A8:** 551
minimum thickness for Scleroscope hardness
testing **A8:** 105
Modul-*r* test for **A8:** 557
mounting of specimens **A9:** 198
orientation, in bending **A8:** 547
plane-strain tensile testing of **A8:** 557–558
powder cans **M7:** 431
primary testing direction, various alloys . . . **A8:** 667
product fabrication, high-energy-rate
compacting in **M7:** 305
properties of **A8:** 549–553
quasi-static torsional testing of **A8:** 145
radiographic methods **A17:** 296
rapid-*n* test **A8:** 556–667
roll compacting **M7:** 297
rolling **A8:** 158
shear data standards for **A8:** 62
shear testing of **A8:** 559–560
single-shear slotted, for shear testing **A8:** 64
specimen, constant-load testing **A8:** 314
specimens for pin bearing testing **A8:** 59
stampings, laser triangulation sensors for . . . **A17:** 13
tensile test specimen for **A8:** 553
thin, buckling in axial compression **A8:** 56
thin, soft, Rockwell scale for **A8:** 76
typical tensile properties **A8:** 555
uniaxial tensile testing of **A8:** 553–557
wide, bending of **A8:** 552
Sheet metal forming
as tension source for stress-corrosion
cracking **A8:** 502
biaxial stretch testing **A8:** 558
circle grid analysis **A8:** 566–677
combined types **A8:** 548
compatibility with various materials **A20:** 247
deformation measurement in **A8:** 548–549
drawbead forces **A8:** 547, 567
effect of material properties in **A8:** 549–553
effect of temperature **A8:** 553
formability problems **A8:** 548
formability tests **A8:** 553
forming limit diagrams **A8:** 566
hardness testing **A8:** 560
high- and low-temperature **A8:** 553
intrinsic tests **A8:** 553–560
lubricant selection and use **A14:** 512–520
lubricants **A8:** 567–568
materials, lubricants for **A14:** 518–520
plane-strain tensile testing **A8:** 557–558
rating of characteristics **A20:** 299
shear testing **A8:** 559–560
simulative tests **A8:** 553, 560–566
testing in **A8:** 547–570
types of **A8:** 547–548
uniaxial tensile testing **A8:** 550–557
Sheet metal materials
determining pole figures in **A10:** 360
diffraction in **A10:** 360
effects of steel surface carbons on paint
adherence **A10:** 224
texture of **A10:** 363
Sheet metal, molds
fabricated **EM2:** 367
Sheet metals *See also* Sheet; Superplastic sheet
forming **A6:** 398–400
bending of **A14:** 835–836, 877
beryllium, formability **A14:** 805
coiled, slitting and shearing of **A14:** 708–713
copper and copper alloy formability **A14:** 809–811
corrugated **A14:** 541
cut-to-length lines (shearing lines) **A14:** 711–713
deep drawing of **A14:** 575–590
defined **A14:** 12, 343
electrical steel, blanking and piercing **A14:** 476–482

explosive forming of . . . A14: 640–641
flat, shearing of . . . A14: 701–707
flatteners and levelers for . . . A14: 713
flow strength . . . A14: 576
for blanking . . . A14: 449
formability testing of . . . A14: 877–899
forming . . . A14: 512–520
forming, presses and auxiliary equipment for . . . A14: 489–503
heated-roll rolling . . . A14: 356–357
magnesium alloy . . . A14: 825–826
nickel-base alloys . . . A14: 835–836
preforms, explosive forming of . . . A14: 642–643
refractory, compositions . . . A14: 785
refractory, forming . . . A14: 787–788
shear bands in . . . A9: 693
thickness, for drop hammer forming . . . A14: 656
thickness, for press forming . . . A14: 504
thickness, in deep drawing . . . A14: 584

Sheet metalworking
attributes . . . A20: 248

Sheet metalworking processes . . . A20: 691, 693–694
characteristics . . . A20: 693

Sheet molding compound (SMC) . . . A20: 701, 805
in polymer processing classification scheme . . . A20: 699
recycling process . . . A20: 100–102
thermoset plastics processing comparison A20: 794

Sheet molding compounds (SMC) *See also* Molding compounds . . . EM1: 157–160, EM3: 97, 294
application, automotive industry . . . EM1: 832–835
as lower performance prepreg res-in application . . . EM1: 141–142
bonding parts to metals . . . EM3: 255
catalysts . . . EM1: 157–158
compaction . . . EM1: 160
costs, compared . . . EM1: 170
defined . . . EM1: 21, EM2: 38
designing with . . . EM2: 327–331
discontinuous fiber reinforced fibers for . . EM1: 33
fillers . . . EM1: 158
flame retardants . . . EM1: 158
glass roving production for . . . EM1: 109
high-strength, properties effects . . . EM2: 286
in compression molding/stamping . . . EM2: 324–333
machines . . . EM1: 159–160
material components . . . EM1: 157–158
maturation room environments . . . EM1: 160
mixing techniques, for resin pastes . . . EM1: 159
output and feed requirements . . . EM1: 160
paste metering . . . EM1: 159–160
physical properties . . . EM1: 158
pigments . . . EM1: 158
prepreg resins . . . EM1: 141–142
process, urethane hybrids . . . EM2: 269
processing machine . . . EM1: 157
properties, compared . . . EM2: 325
properties effects . . . EM2: 286
release agents . . . EM1: 158
short fiber for . . . EM1: 121
size and shape effects . . . EM2: 291
suppliers . . . EM1: 142
surface finish . . . EM2: 303
take-up . . . EM1: 160
thermoplastic polymers . . . EM1: 158
thickeners . . . EM1: 158
ultraviolet (UV) absorbers . . . EM1: 158
vs. steels, costs compared . . . EM2: 334

Sheet, normal direction
abbreviation for . . . A10: 690

Sheet resistivity . . . EL1: 89, 1156

Sheet rolling
torsion testing . . . A14: 373

Sheet separation
definition . . . M6: 16

Sheet separation (resistance welding)
definition . . . A6: 1213

Sheet shearing
process modeling of . . . A14: 913–915

Sheet steel *See also* Steel sheet
annealed, Lüders bands . . . A9: 693
chromized, color etched . . . A9: 156
coated . . . A9: 197–201
tint etched to color ferrite grains . . . A9: 180

Sheet steel, specific types
1006, chromized . . . A9: 200
1006, electrogalvanized . . . A9: 199
1006, hot-dip galvanized . . . A9: 199
1008, hot-dip galvanized . . . A9: 199
1008, tin-plated . . . A9: 200
1008, with type 1 hot-dip aluminum coating . . . A9: 200
1008, with type 2 hot-dip aluminum coating . . . A9: 200
1010, Galvalume coated . . . A9: 199

Sheet steels *See also* Carbon steel sheet and strip
aluminum-coated . . . A13: 527
cold-rolled HSLA steel . . . A1: 420
copper-bearing, failure time . . . A13: 519
crevice corrosion . . . A13: 10
forming properties of various types . . . A1: 398, 418
frits for . . . A13: 446
HSLA sheet steels, tensile properties of . . . A1: 411
interstitial-free steels . . . A1: 112–113, 131–132, 405
composition . . . A1: 417
deep-drawing properties of . . . A1: 398
production of . . . A1: 112–113, 131–132, 578
linings . . . A13: 400
mechanical properties and formability *See also* Sheet formability of steel
planar anisotropy . . . A1: 575
plastic-strain ratio . . . A1: 575
strain-hardening exponent . . . A1: 575
total elongation . . . A1: 573–574
uniform elongation . . . A1: 574
yield point elongation . . . A1: 574–575
yield strength . . . A1: 573
porcelain enameling . . . A5: 454–455, 456, 458–460, 461–463
precoated *See* Precoated steel sheet
selection of . . . A1: 580
simulative forming tests . . . A1: 576
stainless steel . . . A1: 888–889

Sheet stretching
finite-element analysis of . . . A14: 922–923

Sheet surfaces
mounting with clamps . . . A9: 28

Sheet take-up
in blind fastening . . . EM1: 710–711

Sheet texture in crystalline lattices . . . A9: 701
pole-figure technique used to examine A9: 702–706

Sheet, zinc
galvanized . . . M2: 651, 653

Sheeting
defined . . . EM2: 38

Sheetmaking
porous parts for . . . M7: 698

Sheet-metal bearings . . . A18: 741

Sheet-metal forming
tool steels . . . A18: 737–378

Sheet-polishing mills . . . M5: 124

Sheets
examination by electropolishing . . . A9: 55

Shelf, defined
as ingot flaw . . . A17: 492

Shelf energy
definition . . . A20: 840
ferrite-pearlite steels . . . A20: 368

Shelf level
of packaging . . . EL1: 13

Shelf life *See also* Storage life . . . EM3: 26
age-life history . . . EM3: 735–736
compromised when kits are used . . . EM3: 688
defined . . . EM1: 21, EM2: 38

Shelf roughness
defined . . . A8: 12
definition . . . A5: 967

Shelf-life identification tags . . . EM3: 685

Shell
and head cracking, gray cast iron rolls . . . A11: 653–654
and stainless steel liner, weld cracking in . . . A11: 655–656
cupolas . . . A15: 384
electric arc furnaces . . . A15: 358
liner, rapid wear by severe abrasion . . . A11: 375
pressure vessel, failures of . . . A11: 644

Shell casting
surface roughness and tolerance values on dimensions . . . A20: 248

Shell casting, steel
minimum web thickness . . . A20: 689

Shell char
methods used for synthesis . . . A18: 802

Shell cracks
high-carbon steel . . . A12: 288

Shell element . . . A20: 179, 180

Shell flour
as extender . . . EM3: 176

Shell for fire extinguisher
conventional spray painting . . . A5: 427

Shell lines . . . A19: 305

Shell mold casting
aluminum casting alloys . . . A2: 140
attributes . . . A20: 248

Shell mold casting, aluminum alloys *See also* Castings; Foundry products . . . M2: 146

Shell molding *See also* Alpha process; Croning process; Dip coating
Alnico alloys . . . A15: 736
as conventional process . . . A15: 37
as coremaking system . . . A15: 238
as resin binder system . . . A15: 217
ceramic, for investment casting . . . A15: 257–261
defined . . . A15: 10
novolac shell-molding binders . . . A15: 217
producing cores and molds . . . A15: 217–218
tolerances . . . A15: 622
zirconium alloys . . . A15: 837

Shell panel
instability of . . . EM1: 448–449

Shell process *See* Croning process; Shell molding

Shell reamers . . . A16: 239, 241, 243–244

Shell tooling . . . EM3: 26
defined . . . EM1: 21

Shell-cast bearings . . . A18: 741

Shelling *See also* Spalling
as fatigue mechanism . . . A19: 696
defined . . . A9: 16, A18: 17
definition . . . A5: 967

Shells . . . A20: 156, 179, 183
boxlike, drawing of . . . A14: 585
reducing drawn . . . A14: 586
structural analysis of . . . EM1: 461

Shells, electron
defined . . . EL1: 90

Shellvest system
as special investment casting process A15: 266–267

Shepherd fracture grain size technique
austenite grain size evaluated by . . . A11: 563

Shepherd fracture grain size technique used to examine tool steels . . . A9: 258

Shepherd P-F test
for tool steels . . . A12: 141, 162

Sherritt ammonia pressure leach process A7: 170, 171

Sherritt cobalt powder
properties . . . A7: 180

Sherritt cobalt refining process . . . A7: 172–175, 179

Sherritt (Corefco) refinery . . . A7: 171, 179

Sherritt Gordon process . . . A7: 67–68, M7: 54, 134, 138–142
ammonia leach process . . . M7: 139
cobalt refining process . . . M7: 144
nickel powder . . . A7: 391
of rolling nickel powders . . . M7: 401
soluble cobaltic pentammine process M7: 144–145

Sherritt process . . . A7: 167, 170, 171, 179

Sherritt's nickel powder
properties of standard grade . . . A7: 173

Shetty's criterion . . . A20: 626

Shetty's mixed mode equation . . . EM4: 701, 706

Shewart variable control charts . . EM3: 793, 795, 796

Shewhart control chart model
attribute data . . . A17: 734
for quality control/design . . . A17: 719, 725–728
operational definitions . . . A17: 734

Shewhart control charts . . A7: 693, 694–696, EM4: 85
for defect data . . . A7: 701–703

Shielded carbon arc welding
definition . . . M6: 16

Shielded metal arc cutting
definition . . . M6: 16

Shielded metal arc cutting (SMAC)
definition . . . A6: 1213

Shielded metal arc (SMA) weld deposition . . A18: 653

Shielded metal arc (SMAW) welding
hardfacing alloy consumable form . . . A5: 691
hardfacing applications, characteristics . . . A5: 736

Shielded metal arc welding . . . M6: 75–95, M7: 456
accessibility for electrodes . . . M6: 87
alternating current . . . M6: 79

Shielded metal arc welding (continued)
arc blow **M6:** 78–79, 87–88
arc starting **M6:** 78–79
capabilities **M6:** 75
comparison to flux cored arc welding **M6:** 107–108, 112–113
comparison to other processes **M6:** 95
cost **M6:** 95
definition **M6:** 16
direct current **M6:** 78–79
distortion **M6:** 91–92
thick sections **M6:** 92
thin sections **M6:** 92
electrode classification **M6:** 81–82
electrode coverings **M6:** 76
electrode deposition rates **M6:** 84–85
electrode holders **M6:** 79
electrode orientation and manipulation **M6:** 87
electrodes **M6:** 78–79, 81–85
coverings **M6:** 81–82
fillet welds **M6:** 76, 85, 88–89
fixtures **M6:** 79–81
groove welds **M6:** 76, 85, 89–90
ground clamps **M6:** 79
hardfacing **M6:** 783–784
heat flow calculations **M6:** 31
induction brazing as replacement **M6:** 974–975
jigs **M6:** 79–81
joint quality **M6:** 75
limitations **M6:** 75
metals welded **M6:** 75
moisture in electrode coverings **M6:** 82–83
of cast irons **A15:** 523–524
polarity **M6:** 78–79
positioners **M6:** 79–81
positions for welding **M6:** 76
power supplies **M6:** 76–78
constant-current output **M6:** 77
cost **M6:** 77–78
deposition rate **M6:** 78
melting rate **M6:** 78
motor-generator units **M6:** 77–78
selection factors **M6:** 77
transformer-rectifier units **M6:** 77–78
transformers **M6:** 77–78
prevention of weld defects **M6:** 92–94
rating of weldability **M6:** 94–95
recommended grooves **M6:** 69–71
safety **M6:** 58, 95
sections of unequal thickness **M6:** 91
selection of electrode class **M6:** 83–84
cost **M6:** 84
material composition **M6:** 83–84
mechanical properties **M6:** 83
position of welding **M6:** 84
quality **M6:** 84
selection of electrode size **M6:** 84–85
sequencing **M6:** 92
sheet metal welding **M6:** 78–79
surface condition, effect on weld quality **M6:** 95
thick sections **M6:** 79, 90–91
thin sections **M6:** 90
electrodes **M6:** 90
fit-up **M6:** 90
tack welds **M6:** 90
welding speed and current **M6:** 90
underwater welding **M6:** 922
weld defects **M6:** 92–94, 830
arc strikes **M6:** 93
cracking **M6:** 92–93
gaps from incomplete fusion **M6:** 92–93
microfissuring **M6:** 93
overlapping **M6:** 93–94
oxidation **M6:** 93
porosity **M6:** 92
sink or concavity **M6:** 93
slag inclusions **M6:** 92
undercuts **M6:** 92–93
wagon tracks **M6:** 92
weld craters **M6:** 93
weld spatter **M6:** 94
weld overlaying **M6:** 807
weld properties **M6:** 84–85
weld spatter **M6:** 79
welding arc **M6:** 86–87
arc length **M6:** 86
control to reduce porosity **M6:** 86
striking, maintaining, and breaking **M6:** 86–87
welding procedures **M6:** 88
welding speed **M6:** 85–86

Shielded metal arc welding of
alloy steels **M6:** 297–298
electrode selection **M6:** 298
aluminum alloys **M6:** 75, 398–399
aluminum bronzes **M6:** 425
brasses **M6:** 425
carbon steels **M6:** 75, 83
carbon steels, hardenable **M6:** 265–266
cast irons **M6:** 75, 310
copper alloys **M6:** 75
copper nickels **M6:** 426
copper to aluminum **M6:** 425
coppers **M6:** 425
ductile iron **M6:** 315, 317–318
gray iron **M6:** 315
heat-resistant alloys **M6:** 75
cobalt-based alloys **M6:** 370
iron-nickel-chromium and iron- chromium-nickel alloys **M6:** 367
nickel-based alloys **M6:** 362–363
high-strength alloy steels **M6:** 75
high-strength low-alloy steels **M6:** 95
lead **M6:** 75
low-alloy steels **M6:** 75
low-carbon steels **M6:** 75
nickel alloys **M6:** 75, 440–442
phosphor bronzes **M6:** 425
reactive metals **M6:** 75
refractory metals **M6:** 75
silicon bronzes **M6:** 425–426
stainless steels **M6:** 75
stainless steels, austenitic **M6:** 324–326
electrode coatings **M6:** 324–325
electrodes **M6:** 324–325
stainless steels, ferritic **M6:** 347
stainless steels, martensitic **M6:** 348–349
stainless steels, nitrogen-strengthened austenitic **M6:** 345
electrodes **M6:** 345
tin **M6:** 75
zinc **M6:** 75

Shielded metal arc welding of specific materials
aluminum **A6:** 176
cadmium **A6:** 179
cast irons **A6:** 176
copper **A6:** 179
copper alloys **A6:** 176, 179
high-alloy steels **A6:** 176
high-strength steels **A6:** 176
lead **A6:** 179
low-alloy steels **A6:** 176
low-carbon steels **A6:** 176
mild steels **A6:** 176
nickel **A6:** 176
nickel alloys **A6:** 176
quenched steels **A6:** 176
stainless steels **A6:** 176
steels **A6:** 176
tempered steels **A6:** 176
zinc **A6:** 179

Shielded metal arc welding (SMAW) **A6:** 175–179, **A20:** 473, 767, 768, 769, 772
advantages **A6:** 175
all-weld-metal chemical compositions for martensitic stainless steel filler metals **A6:** 439
aluminum alloys **A6:** 738
aluminum bronzes **A6:** 754, 765–766
applications **A6:** 175, 176
sheet metals **A6:** 398
shipbuilding **A6:** 384
austenitic stainless steels **A6:** 461, 1018
base-metal thicknesses **A6:** 175
carbon steels **A6:** 651, 652, 653, 654, 656–657
cast irons **A6:** 716–718
cast iron electrodes **A6:** 717
composition of electrodes **A6:** 717
copper-base electrodes **A6:** 718
nickel-base electrodes **A6:** 717–718
stainless steel electrodes **A6:** 717
steel electrodes **A6:** 717
characteristics **A20:** 696
copper **A6:** 760
copper alloys **A6:** 752, 755, 762, 763, 765–766, 768–769
copper-nickel alloys **A6:** 768–769
cryogenic service **A6:** 1017
definition **A6:** 175, 1213
deposit thickness, deposition rate, dilution single layer (%), and uses **A20:** 473
deposition rate **A6:** 177, 178, 179
discontinuities, types **A17:** 582
dissimilar metal joining **A6:** 824, 827, 828
duplex stainless steels **A6:** 476, 477, 480
electrode amperage ranges **A6:** 179
electrode choice determining hydrogen pickup sources **A6:** 1069
electrode holder size and capacity **A6:** 176
electrode holders **A6:** 176
electrodes **A6:** 176–177
ferritic stainless steels **A6:** 446, 447
for carbon steels **A6:** 654, 656–657
for nickel alloys **A6:** 746
for stainless steels **A6:** 699, 700, 701
low-alloy steel covered and their suffix symbols and compositions **A6:** 178
mild and low-alloy steels **A6:** 57
equipment **A6:** 175–176
features of process **A6:** 175
ferritic stainless steels **A6:** 446–447, 450, 451
filler metals **A6:** 447
filter lens shades recommended for use **A6:** 179
firecracker welding **A6:** 178
fluxes **A6:** 60, 61, 62
for repair of high-carbon steels **A6:** 1105
for repair welding **A6:** 1103, 1107
gravity welding **A6:** 178
hardfacing alloy consumable form **A6:** 796
hardfacing alloys **A6:** 797, 799, 800, 801–802, 803
heat input **A6:** 427
heat sources **A6:** 1144
heat-treatable low-alloy steels **A6:** 669–670
high-strength low-alloy quench and tempered structural steels **A6:** 666
high-strength low-alloy steels **A6:** 663–664
high-strength low-alloy structural steels **A6:** 663–664
in joining processes classification scheme **A20:** 697
limitations **A6:** 175
low-alloy metals for pressure vessels and piping **A6:** 668
low-alloy steels **A6:** 662, 663–664, 666, 668, 669–670, 674, 676
low-alloy steels for pressure vessels and piping **A6:** 667
low-carbon steels **A6:** 10
magnetic particle inspection **A17:** 114–115
matching filler metal specifications **A6:** 394
metallurgical discontinuities **A6:** 1073
mild steels and low-alloy steels, chemical composition of coverings used in electrodes **A6:** 61
multi-arc gravity-fed welding **A6:** 179
multipass SMAW/flux-cored arc weld on pipe steel, industrial application **A6:** 102–104
nickel alloys **A6:** 740, 742, 744, 745, 746–747, 749, 751

SUBJECTS OF THE INDEXED VOLUMES: ASM Handbook (designated by the letter "A"): **A1:** Properties and Selection: Irons, Steels, and High-Performance Alloys (1990); **A2:** Properties and Selection: Nonferrous Alloys and Special-Purpose Materials (1990); **A3:** Alloy Phase Diagrams (1992); **A4:** Heat Treating (1991); **A5:** Surface Engineering (1994); **A6:** Welding, Brazing, and Soldering (1993); **A7:** Powder Metal Technologies and Applications (1998); **A8:** Mechanical Testing (1985); **A9:** Metallography and Microstructures (1985); **A10:** Materials Characterization (1986); **A11:** Failure Analysis and Prevention (1986); **A12:** Fractography (1987); **A13:** Corrosion (1987); **A14:** Forming and Forging (1988); **A15:** Casting (1988); **A16:** Machining (1989); **A17:** Nondestructive Evaluation and Quality Control (1989); **A18:** Friction, Lubrication, and Wear Technology (1992); **A19:** Fatigue and Fracture (1996); **A20:** Materials Selection and Design (1997). **Metals Handbook, 9th Edition** (designated by the letter "M"): **M1:** Properties and Selection: Irons and Steels (1978); **M2:** Properties and Selection: Nonferrous Alloys and Pure Metals (1979); **M3:** Properties and Selection: Stainless Steels, Tool Materials, and Special-Purpose Materials (1980); **M4:** Heat Treating (1981); **M5:** Surface Cleaning, Finishing, and Coating (1982); **M6:** Welding, Brazing, and Soldering (1983); **M7:** Powder Metallurgy (1984). **Engineered Materials Handbook** (designated by the letters "EM"): **EM1:** Composites (1987); **EM2:** Engineering Plastics (1988); **EM3:** Adhesives and Sealants (1990); **EM4:** Ceramics and Glasses (1991). **Electronic Materials Handbook** (designated by the letters "EL"): **EL1:** Packaging (1989)

nickel alloys to dissimilar alloys A6: 751
nickel-base corrosion-resistant alloys containing molybdenum A6: 594
oxide-dispersion-strengthened materials ... A6: 1039
parameters used to obtain multipass weld in X-65 steel pipe A6: 101
phosphor bronzes A6: 754, 755, 764
power source selected A6: 36, 37, 38, 39, 41
precipitation-hardening stainless steels A6: 483, 489, 490
pressure vessel manufacture A6: 379
process selection guidelines for arc welding A6: 653
rating as a function of weld parameters and characteristics A6: 1104
safety considerations A6: 179
safety precautions A6: 1192–1193, 1200
silicon bronzes A6: 754, 766
slipping and binding agents for electrodes ... A6: 60
special applications A6: 178–179
stainless steel casting alloys A6: 496
stainless steels ... A6: 688, 693, 694, 698, 699–700, 701
steel weldment soundness .. A6: 408, 409, 413, 414
suggested viewing filter plates A6: 1191
to prevent hydrogen-induced cold cracking A6: 436
tool and die steels A6: 674, 676
tungsten carbides A18: 761
underwater welding A6: 178–179, 1010, 1012
variations of process A6: 178
vs. flux-cored arc welding A6: 186, 187
vs. gas-metal arc welding A6: 180
weld cladding A6: 819
weld procedures A6: 177–178
weld quality A6: 175
weld schedules A6: 177
weldability of various base metals compared A20: 306
welding circuit A6: 175
Shielded metal-arc welding (SMAW)
of nickel alloys A2: 445
Shielding
defined A9: 16
definition A5: 967
electromagnetic interference M7: 609–610, 612
flexible printed boards EL1: 588
for radiography A17: 301
radiation, computed tomography (CT) A17: 364–365
Shielding (gamma ray)
powders used M7: 573
Shielding gas
definition M6: 16
effect on weld metallurgy M6: 40–41
equipment for gas metal arc welding M6: 161
Shielding gases A6: 64–69
accuracy of gas blends A6: 65–66
basic properties A6: 64–65
dissociation A6: 64
gas density A6: 64, 65
gas purity A6: 65
ionization potential A6: 64
reactivity/oxidation potential A6: 64
recombination A6: 64
surface tension A6: 64–65
thermal conductivity A6: 64
blend component characteristics A6: 65
capacitor discharge stud welding, for aluminum A6: 222
definition A6: 1213
effect on weld metallurgy A6: 64
flux composition for CO_2 shielded FCAW electrodes A6: 61
from fluxes A6: 58
fume generation A6: 68
function A6: 64
influence on weld mechanical properties A6: 68
safety precautions A6: 1192, 1199
selection of A6: 65
steel weldment soundness A6: 408
tungsten inclusions after gas-metal arc welding as result of improper choice A6: 1074
Shielding gases for
arc welding of
beryllium M6: 462
copper and copper alloys M6: 402
magnesium alloys M6: 428
stainless steel, austenitic M6: 331–332, 334
titanium and titanium alloys M6: 447–448
zirconium and hafnium M6: 458
electrogas welding M6: 240–241
electron beam welding M6: 621–622
flux cored arc welding M6: 102–104
gas metal arc welding M6: 163–164
of aluminum alloys M6: 380
of nickel alloys M6: 439–440
of nickel-based heat-resistant alloys M6: 362
gas tungsten arc welding M6: 197–200
argon versus helium M6: 197–198
argon-helium mixture M6: 198
argon-hydrogen mixtures M6: 198–199
effect of nitrogen M6: 199
flow M6: 199–200
oxygen-bearing argon mixtures M6: 199
purity M6: 199
supply and control M6: 199–200
gas tungsten arc welding of
alloys M6: 365
aluminum alloys M6: 390–391
aluminum bronzes M6: 412
copper nickels M6: 414
coppers M6: 405
copper-zinc alloys M6: 409
nickel alloys M6: 438
nickel-based heat-resistant alloys ... M6: 358–360
phosphor bronzes M6: 410
plasma arc welding M6: 217
Shielding gases for specific applications
aluminum metal-matrix composites A6: 555
aluminum-lithium alloys A6: 550
austenitic stainless steels A6: 468
electrogas welding A6: 270, 275
low-alloy steels A6: 662
electron-beam welding A6: 857, 868
high-strength alloy steels A6: 867
flux-cored arc welding ... A6: 64, 67, 186–187, 189
low-alloy steels A6: 662
of carbon steels A6: 657
gas-metal arc welding A6: 64, 65, 66–67, 181, 183, 185
aluminum alloy A6: 738
cast irons A6: 718, 719
ferritic stainless steels A6: 446, 449
hardfacing alloys A6: 803
low-alloy steels A6: 662
nickel alloys A6: 743–745
of silicon bronzes A6: 766
stainless steels A6: 705, 706, 707
gas-tungsten arc welding A6: 65, 67–68, 193, 488–489
aluminum alloys A6: 736
copper alloys A6: 756
coppers A6: 758
dispersion-strengthened aluminum alloys A6: 543
ferritic stainless steels A6: 445–446, 449, 452, 453
in space and low-gravity environments .. A6: 1022
low-alloy steels A6: 662
nickel alloys A6: 742
of aluminum bronzes A6: 764
of cast irons A6: 720
of hardfacing alloys A6: 803–804
of titanium alloys A6: 783, 786
stainless steels A6: 703, 704
laser hardfacing A6: 807
laser-beam welding A6: 878
aluminum alloys A6: 739
magnesium alloys A6: 772, 778
plasma arc cutting A6: 1167
plasma arc welding A6: 65, 67, 68
aluminum alloys A6: 735
low-alloy steels A6: 662
plasma-MIG welding A6: 224
self-shielded flux-cored arc welding A6: 68–69
submerged arc welding A6: 58
titanium alloys A6: 784, 786
tungsten alloy welding A6: 582
ultrahigh-strength low-alloy steels A6: 673
welding of molybdenum alloys A6: 581
zirconium alloys A6: 787–788
Shielding (neutron)
powders used M7: 573
Shielding (nuclear engineering)
powder used M7: 573
Shields
in torsional testing A8: 146
Shift
as casting defect A11: 387
defined A15: 10
Shift tolerance *See* Mismatch tolerance
Shifted core
as casting defect A11: 387
Shim *See also* Pin; Mandrel
brazing filler metals available in this form A6: 119
defined A14: 12
Shim, liquid *See* Liquid shim
Shima/orfane model A7: 333
Shimming
in press-brake forming A14: 540
Shimmy trimming
of blanks A14: 446–447
Shims A19: 328
Shine rolling M5: 134
Shiners A5: 797
Shingling A6: 820
Ship, and submarine
corrosion A13: 543–544, 546, 919, 924
Ship hulls
composite EM1: 837–838
Ship P/M applications M7: 574
Ship slamming A20: 537
Ship steel
wide-plate tests of A8: 440
Ship steel, grades A
B, C, laser-beam welding A6: 264
Ship-bottom paints
powders used M7: 574
Shipbuilding A6: 381–385
codes M6: 824
high-strength low-alloy steels for A1: 419
joining processes M6: 56
Shipbuilding applications
magnetic painting A17: 128
magnetic particle inspection methods A17: 114–115
Shipment tonnages
metal casting A15: 41–42
Shipping
effects on tubing A11: 630
environments, stress-corrosion cracking in A11: 211–212
first-level packages EL1: 991
in winter, fracture from A11: 97–98
of heat-exchanger tubing, effect on corrosion resistance A11: 630
SHKH15-SHD
nominal compositions A18: 725
Shock
effect in creep and stress-rupture testing ... A8: 312
fronts, high strain rates in A8: 190
loads, defined A8: 12
Shock absorber fluids A18: 98–99
extreme-pressure agents used A18: 101
friction modifiers A18: 104
Shock absorbers
powders used M7: 572
Shock, and vibration
effects EL1: 62–65, 589
Shock fronts A6: 161
Shock hazard A20: 140
Shock load
defined A11: 9
Shock loading *See also* Loading; Shock load
distortion from A11: 138
of oil-pump gear A11: 344–345
of steel wire rope, vibrational fatigue in A11: 518–519
Shock loads
spring steels for M1: 284, 285
Shock pressure
liquid impingement erosion A18: 223
Shock resistance
titanium carbide-steel cermets M7: 810
Shock wave consolidation
ultrafine and nanocrystalline powders A7: 508
Shockley partial used to eliminate a stacking fault area A9: 116
Shock-resisting cold-work tool steels
forging temperatures A14: 81
Shock-resisting steels
composition limits A5: 769, A18: 735

Shock-resisting steels (continued)
service temperature of die materials in forging **A18:** 625
Shock-resisting tool steels *See also* Tool Steels, shock-resisting **A1:** 766–767
as punch material **A7:** 353
for hot-forging dies **A18:** 625
Shock-wave transmission
explosive forming **A14:** 640
Shoe
defined **EM1:** 21
Shoefer diagram
for ferrite content **A15:** 725
Shoes
electroslag welding **M6:** 227–228
Shoe-type pinch-roll forming machines **A14:** 617
Shore A scale **EM3:** 189, 190
butyl tapes **EM3:** 202
urethane sealant values **EM3:** 205
Shore hardness *See also* Hardness **EM3:** 26
defined **EM1:** 21, **EM2:** 38
Shore hardness test *See* Scleroscope hardness test
Shore OO scale **EM3:** 189
Shoreline **A7:** 219
Short
defined **EM2:** 38
Short bar machine **M7:** 34
plasma rotating electrode process **M7:** 39, 41
Short beam shear
resin-matrix composites **A12:** 478
Short beam shear (SBS) **EM3:** 26
defined **EM1:** 21
strength, long-term exposure testing **EM1:** 825
tests **EM1:** 287
Short blanks
multiple-slide forming **A14:** 570
Short circuiting arc welding **M6:** 329–330
Short circuiting gas metal arc welding
to solve problems in joining thin sections by oxyfuel gas welding **A6:** 288
Short circuiting transfer
definition **M6:** 16
Short circuit(s)
as failure sites **EL1:** 127
as hard defect **EL1:** 568
defect causing **EL1:** 1018
defined **EL1:** 1156
from solder hairs **EL1:** 561
in wound film capacitors **EL1:** 999
solder **EL1:** 691
Short core
adhesive-boned joints **A17:** 614
Short crack
behavior **A8:** 379–380
defined **A8:** 379, **A19:** 153
propagation of **A19:** 68
threshold stress intensity **A8:** 379
Short crack phase **A19:** 4
Short distances
RDF parameters defining **A10:** 396–397
Short fiber *See* Chopped fiber; Discontinuous fibers; Short fiber composites; Short fibers; Staple fiber
Short fiber composites *See also* Discontinuous fiber composites
defined **EM1:** 27
fiber lengths **EM1:** 119
with recovered carbon fibers **EM1:** 155–156
Short fibers *See also* Reinforcements **EM1:** 119–121
aligned, production facility **EM1:** 154
for aluminum metal-matrix composites **A2:** 7
properties **EM1:** 119
Short lines
for reflection **EL1:** 170
Short rod fracture toughness, specifications . . **A7:** 1100
Short shot *See also* Sink mark
defined **EM1:** 21
Short shots **A7:** 359
Short terne coating
steel plate **M1:** 173
Short terne coatings **M5:** 358
Short time to market **A20:** 104
Short weld sequence
cast iron welding **A15:** 526
Short-beam shear (SBS)
carbon fiber reinforced composites **EM2:** 237
defined **EM2:** 38
Short-beam shear test **EM3:** 392, 402, 403
Short-chain branching **EM3:** 26
defined **EM2:** 38
Short-circuit diffusion
high-temperature gaseous corrosion **A13:** 69
Short-circuiting
in direct current electrical potential method **A8:** 389
Short-circuiting transfer **A6:** 26
Short-crack corrosion-fatigue **A11:** 254
Short-crack theory of fatigue mechanisms in high-strength materials **A19:** 364
Short-field probes
microwave inspection **A17:** 212
Shorting pin
in flyer plate impact test **A8:** 210–211
Shortness **EM3:** 26
defined **A9:** 16
Shortness, cold *See* Cold shortness
Shortness, hot *See* Hot shortness
Short-pulse-duration tests
dynamic fracture testing **A8:** 282–283
Short-range order **A10:** 407, 691
Short-range order phenomena **A19:** 78
Short-run blanking dies
steel-rule **A14:** 451–452
subpress **A14:** 452–453
template **A14:** 452
Shorts *See also* Short circuits
opens, low- and high-voltage **EL1:** 565
risk site analysis, methodology **EL1:** 130
Short-shot *See* Short
Short-term etching
defined **A9:** 16
definition **A5:** 967
Short-term loads
metals vs. plastics **EM2:** 75
Short-time annealing of steel to reveal as-cast solidification structures **A9:** 624
Short-time tensile tests
for high-temperature properties measurement **A12:** 121, 139
Short-transverse direction, of grain structure
SCC and **A8:** 501
Short-trim dense wire-filled radial brushes **M5:** 153–154
Shot **M7:** 11
capacity, defined **EM1:** 21
defined **A15:** 10
definition **A5:** 967
discontinuous oxide fiber **EM1:** 62–63
in Domfer process **M7:** 89–91
in injection molding **EM1:** 166
size, and abrasive particles, cleaning efficiency by **A15:** 518–519
size, specifications **A15:** 514
Shot blast cleaning
core knockout **A15:** 506
Shot blasting
abrasive wear and material property effects **A18:** 186
aluminum and aluminum alloys **M5:** 571
hot dip galvanized coating process . . . **M5:** 326, 329
properties, characteristics and effects, shot **M5:** 83–87, 91
size specifications, cast and cut steel wire shot **M5:** 83–84
stainless steel **M5:** 553
stainless steel powders **A7:** 997
Shot capacity
defined **EM2:** 38
Shot casting **A7:** 51
Shot cleaning abrasive finishing
powders used **M7:** 572
Shot, lead or iron
and shotgun barrel distortion **A11:** 139–140
Shot numbers **A5:** 127–128
Shot peening *See also* Peening **A5:** 126–135, **A16:** 21, 27, 34, 35, **A18:** 253, **A20:** 355, 811, 812, 817–818, **M5:** 138–149
air blast method **A5:** 129
alloy steels **A5:** 708–709
Almen test strip **M5:** 139–140, 148–149
aluminum alloys **A14:** 803
aluminum and aluminum alloys **A5:** 803–804, **M5:** 141–142, 145
applications **A5:** 130–131, **M5:** 141, 145–147
limitations **M5:** 146–147
problems and corrections **M5:** 147–148
benefits for lubricated wear **M1:** 637
brass **M5:** 145–146
breakdown of shot **M5:** 143
carbon steel surface compression stress and fatigue strength **A5:** 711
carbon steels **A5:** 708–709
cast iron shot **A5:** 128, **M5:** 141–145
cast irons **A5:** 686
cast shot numbers and screening tolerances **A5:** 128
cast shot size specifications **A5:** 62, **M5:** 84
cast steel shot **A5:** 128, **M5:** 141
compressive residual stresses **A10:** 380
compressive residual stresses by **A11:** 125
control of process variables **A5:** 128–129
costs **A5:** 133–134, **M5:** 148
cut wire **A5:** 128
cycling of shot **M5:** 142–143
definition **A5:** 126, 967, **A20:** 840
dies **A18:** 643
dry peening with glass beads **A5:** 130
effect on AISI 4340 steel **A16:** 35
effect on carburized steels **A4:** 371
effect on dross inclusion, wrought aluminum alloys **A12:** 422
effect on fatigue resistance **M1:** 674–675, 682
electrical discharge machining **A16:** 559
electrochemical machining **A16:** 539
equipment **A5:** 129–130, **M5:** 143–145
exposure time, coverage related to . . . **M5:** 138–139
fatigue strength affected **A5:** 130
fatigue strength improved by . . . **M5:** 138, 141–142, 145–146
for fracture resistance **A7:** 963
for SCC control **A13:** 327–328, 942
forgings **M5:** 146–147
glass bead **M7:** 669
glass bead shot **M5:** 142–145
dry method **M5:** 144
wet method **M5:** 144–145
glass beads **A5:** 128
hardness of shot **M5:** 142
heat-resistant alloys **A5:** 782
heat-resisting alloys **M5:** 566–567
impingement angle effects of **M5:** 143, 147
improvement of fatigue strength **A16:** 26–27
inadequate, alloy steel failure by **A12:** 327
incomplete, in helicopter-blade spindle . . . **A11:** 126
Inconel 718 fatigue strength **A16:** 36
limitations **A5:** 131–132
limitations-workpiece, surface and temperature **M5:** 146–147
masks **A5:** 130, 133
mechanism of action **M5:** 138
media types and sizes **A5:** 127–128
of shafts **A11:** 459
of springs **A1:** 313–314
peening action **A5:** 126

SUBJECTS OF THE INDEXED VOLUMES: ASM Handbook (designated by the letter "A"): **A1:** Properties and Selection: Irons, Steels, and High-Performance Alloys (1990); **A2:** Properties and Selection: Nonferrous Alloys and Special-Purpose Materials (1990); **A3:** Alloy Phase Diagrams (1992); **A4:** Heat Treating (1991); **A5:** Surface Engineering (1994); **A6:** Welding, Brazing, and Soldering (1993); **A7:** Powder Metal Technologies and Applications (1998); **A8:** Mechanical Testing (1985); **A9:** Metallography and Microstructures (1985); **A10:** Materials Characterization (1986); **A11:** Failure Analysis and Prevention (1986); **A12:** Fractography (1987); **A13:** Corrosion (1987); **A14:** Forming and Forging (1988); **A15:** Casting (1988); **A16:** Machining (1989); **A17:** Nondestructive Evaluation and Quality Control (1989); **A18:** Friction, Lubrication, and Wear Technology (1992); **A19:** Fatigue and Fracture (1996); **A20:** Materials Selection and Design (1997). **Metals Handbook, 9th Edition** (designated by the letter "M"): **M1:** Properties and Selection: Irons and Steels (1978); **M2:** Properties and Selection: Nonferrous Alloys and Pure Metals (1979); **M3:** Properties and Selection: Stainless Steels, Tool Materials, and Special-Purpose Materials (1980); **M4:** Heat Treating (1981); **M5:** Surface Cleaning, Finishing, and Coating (1982); **M6:** Welding, Brazing, and Soldering (1983); **M7:** Powder Metallurgy (1984). **Engineered Materials Handbook** (designated by the letters "EM"): **EM1:** Composites (1987); **EM2:** Engineering Plastics (1988); **EM3:** Adhesives and Sealants (1990); **EM4:** Ceramics and Glasses (1991). **Electronic Materials Handbook** (designated by the letters "EL"): **EL1:** Packaging (1989)

peening intensity **A5:** 126, 127, 132, 133, 134, 135, **M5:** 139–149
selection of **M5:** 139–140
physical and mechanical properties affected by **M5:** 308
problems in production peening **A5:** 132–133
process variables, control of **M5:** 139–142
processing after peening **A5:** 134–135, **M5:** 148–149
production peening, problems and corrections **M5:** 147–148
propulsion of shot-wheel, air blast, and gravitational force methods **M5:** 139
rating of characteristics **A20:** 299
residual stresses **A5:** 148–149
screening tolerances, shot **M5:** 141
selection of intensity **A5:** 127, 128
shot peen testing of adhesion **M5:** 143, 146
shot separators **A5:** 129
silver plate adhesion, testing of **M5:** 146
size of shot **M5:** 138–149
standard specifications **M5:** 140–141
stainless steel **M5:** 145–147
stainless steels **A18:** 715, 716, 723
steel **M5:** 140–142, 145–149, 186
steel springs **M1:** 293, 296, 297, 312–313
stop-offs (masking) **M5:** 144
strain peening **A5:** 126, **M5:** 138
stress corrosion resistance improvement of **M5:** 145–146
superficial, effect in wrought aluminum alloys **A12:** 420
surface conditions, effects of **M5:** 138–139
surface coverage **A5:** 126–127
surface coverage (saturation) **M5:** 138–139
exposure time related to **M5:** 138–139
measuring-visual, Straub, Peensean, and Valentine methods **M5:** 138–140
surface stresses **A10:** 383
temperature effects **M5:** 146–147
temperature limitations **A5:** 132, 134
test strips, holder, and gage **A5:** 135
testing **M5:** 144, 146, 149
to reduce thermal and mechanical fatigue **A18:** 640
types of shot **M5:** 140–142
valve spring failure from **A11:** 554
velocity of shot **M5:** 142–143
vs. blast cleaning **A5:** 126
wet peening with glass beads **A5:** 130, 132
wheel method **A5:** 129
with centrifugal barrel finishing **A5:** 122
work handling mechanisms **M5:** 144
zinc alloys, controlled **A5:** 871
Shotblasting *See also* Sandblasting
as weldment cleaning **A17:** 591
defined **A15:** 10
definition **A5:** 967
of zirconium castings **A15:** 838
Shotgun barrel
bulging of **A11:** 139–140
Shotguns
powders used **M7:** 574
Shot-peening **A19:** 17, 160–163, 201, 315–316, 319, 324, 329, 342–343, 612
and fretting fatigue **A19:** 328
carburized steels **A19:** 686, 687, 688
contact fatigue and **A19:** 335
imposing a compressive residual stress field **A19:** 826
springs **A19:** 363, 364, 365, 366, 367
weldments **A19:** 439
Shotting **A7:** 35, **M7:** 11
and atomization, defined **M7:** 25
of copper **M7:** 106
Shoulder
definition **A6:** 1213
Shoulder design
for torsion specimen **A8:** 155–156
Shoulder joint prosthesis
total **A11:** 670
Shouldered end specimen
for constant-load testing **A8:** 314
Shove-aside router **EL1:** 533
Shoving furnace
for continuous annealing **A15:** 31
Shredder **A20:** 136–137
Shredder costs **A20:** 260
Shrink control agents **EM3:** 41
Shrink etching
defined **A9:** 16
Shrink fixture *See* Cooling fixture
Shrink joining processes
in joining processes classification scheme **A20:** 697
Shrink tape debulking
in tube rolling **EM1:** 573–574
Shrinkage *See also* Casting shrinkage; Cavities; Liquid shrinkage; Macroshrinkage; Microshrinkage; Mold shrinkage; Porosity; Shrinkage cavities; Shrinkage cavity; Shrinkage porosity; Solid shrinkage; Solidification; Solidification shrinkage; Voids **A9:** 238, **A14:** 12, 838, **A20:** 303, 700, **EM1:** 21, 158, **M6:** 859, **M7:** 11
allowance, improper, as casting defect **A11:** 386
allowances **A15:** 303, 805
aluminum alloy **A15:** 768
aluminum casting alloys **A2:** 146–147
and densification during sintering dilatometer-measured **M7:** 310
and pouring temperature **A15:** 283
apparent, filler effects **EM2:** 280–281
area, iron **A12:** 223
as directionally solidified defect **A15:** 321
as function of green density **M7:** 310
as function of metal structure **M7:** 310
as function of sintering temperature **M7:** 310
as function of sintering time **M7:** 310
as volumetric flaw **A17:** 50
axial **A11:** 382
boring mill effects **A15:** 20
casting, defined *See* Casting shrinkage
cavities, radiographic appearance **A17:** 349
cavity, defined *See* Shrinkage cavities
centerline **A11:** 2, 315, 382
centerline, defined **A15:** 2
centerline, radiographic appearance **A17:** 349
compacted graphite irons **A15:** 671
condition, graphite structure in **A11:** 369
control, by chills **A11:** 354
core **A11:** 382
corner **A11:** 382
cracks, by liquid penetrant inspection **A17:** 86
cracks, defined **A15:** 10
cracks, radiographic inspection **A17:** 296
defined **EM2:** 38
definition **A20:** 840
design for casting **A20:** 724
dispersed, as casting defect **A11:** 382
during delubrication, presintering and sintering **M7:** 480
feeding of, die casting **A15:** 291–292
from solidification **A15:** 109
from thermoplastic processing **EM2:** 280
from thermosetting processes **EM2:** 280
fusible alloys **A2:** 756
in activated sintering **M7:** 318
in aluminum alloys **A9:** 358
in cold isostatic pressing **M7:** 444
in compacted graphite iron **A1:** 57
in container welding **M7:** 431
in powder processing **A20:** 694–695
in sintering of tungsten powders **M7:** 390
ingot pipe **A11:** 315
internal, defined *See* Internal shrinkage
internal or blind **A11:** 382
internal, radiographic methods **A17:** 296
isotropic **A7:** 596, 603
liquid, and feed metal volume **A15:** 577
manganese silicon steels **A7:** 474
mold, rammed graphite **A15:** 274
of compacts **M7:** 309
of copper alloys **A2:** 346, 348
of copper powder compacts **M7:** 309
of flexible epoxies **EL1:** 817
open or external, as casting defect **A11:** 382
patternmaker's, cast copper alloys **A2:** 356–391
patternmaker's, defined *See* Patternmaker's shrinkage
plastics **A20:** 795–796
polyamide-imides (PAI) **EM2:** 132, 135
polyaryl sulfones (PAS) **EM2:** 146
porosity **A12:** 405–406
porosity, aluminum casting alloys **A2:** 136
porosity, radiographic appearance **A17:** 348
related to neck size **A7:** 450
solid, defined *See* Casting shrinkage
substrate **EL1:** 462
tears, in all-ceramic mold castings **A15:** 249
thermoplastic injection molding **EM2:** 313
total volumetric **A7:** 596
void, cast aluminum alloy **A12:** 67
voids, copper alloys, inspection for **A15:** 558
voids, in aluminum alloy castings **A17:** 535
voids, in weldments **A17:** 582
volume, and size of rigid tool set **M7:** 322–323
with injection molding **M7:** 495
Shrinkage allowance *See also* Patternmakers' rules **M1:** 30–31, 67
Shrinkage cavities *See also* Cavities; Dimple(s)
and white spot, iron **A12:** 220
as gray iron defect **A15:** 640–641
cast aluminum alloys **A12:** 409
defined **A15:** 10
in copper alloy ingots **A9:** 643
iron **A12:** 220
low-carbon steel **A12:** 249
maraging steels **A12:** 384
revealed by macroetching **A9:** 174
solidification in **A12:** 140, 160
zirconium alloys **A15:** 838
Shrinkage cavity *See also* Shrinkage
defined **A11:** 9
definition **A5:** 967
fatigue fracture from **A11:** 120
from forging **A11:** 315
Shrinkage factor (*Y*) **A7:** 357
Shrinkage, mold *See* Mold shrinkage
Shrinkage of compression-mounting epoxies **A9:** 29
Shrinkage porosity *See also* Shrinkage
as casting internal discontinuity **A11:** 354
as die casting defect **A15:** 294–295
at bolt-boss sites, ductile iron cylinder head **A11:** 354–355
brittle fracture of cast low-alloy steel from **A11:** 389–391
cast aluminum alloys **A12:** 405–406
coolant leakage by **A11:** 355, 357
effect on fatigue strength **A11:** 120
fatigue fracture from **A11:** 120
in iron castings **A11:** 354
in semisolid alloys **A15:** 337
permanent mold casting **A15:** 279
tensile fracture from **A11:** 389–390
Shrinkage stress
definition **A6:** 1213
Shrinkage stresses
effect on plated specimens **A9:** 28
Shrinkage void
definition **A6:** 1073, 1213, **M6:** 16
Shrink-fit inserts
in magnesium alloy parts **A2:** 466–467
Shroyer, H.F
lost foam casting **A15:** 230
Shunt error
in tungsten-rhenium thermocouples **A2:** 876
Shunting
resistance spot welding **M6:** 472, 475, 529
resistance welding of aluminum alloys **M6:** 536
Shurtronics harmonic bond tester **EM3:** 527, 528
Shurtronics Mark I harmonic bond tester
for adhesive-bonded joints **A17:** 621
Shut height *See also* Daylight
defined **A14:** 12
Shuttle extractors
for unloading presses **A14:** 500–501
Shuttles
in textile looms **EM1:** 127–128
SI *See* Silicones; Système International d'Unités
SI units
base, supplementary, and derived **A10:** 685
guide for **A10:** 685–687
prefixes, names and symbols **A10:** 687
SiAlON *See also* Silicon nitride **A16:** 100–103, 106, **EM4:** 47, 49
abrasive machining **EM4:** 317, 319
and high removal rate machining **A16:** 608
applications **A18:** 812, **EM4:** 48
automotive **EM4:** 960
heat exchangers **EM4:** 982
behavior diagram **EM4:** 814
brazing with glasses **EM4:** 519

SiAlON (continued)
cemented carbides for machining **A16:** 87
ceramic cutting tools **EM4:** 966
creep behavior **EM4:** 818
cutting of Ni-base superalloys **A16:** 109
cutting speed and work material
relationship **A18:** 616
cutting tool material for high removal rate
machining **A16:** 608
development **EM4:** 814
for cutting tools **EM4:** 959
formation............................ **EM4:** 814
formed during active metal brazing **EM4:** 524
forms **EM4:** 814
heat treatments....................... **A18:** 814
high-speed machining **A16:** 602
insert for turning fiber FP Al MMCs..... **A16:** 898
joining non-oxide ceramics............. **EM4:** 528
key product properties................. **EM4:** 48
mechanical and physical properties....... **A18:** 813
properties **EM4:** 814, 815, 816, 817
raw materials......................... **EM4:** 48
reactive hot pressing for pressure
densification **EM4:** 300
sintering **EM4:** 814, 817
sintering aids......................... **EM4:** 814
thermal shock resistance............... **EM4:** 818
tool material properties................. **A16:** 107
tool materials for cast iron machining.... **A16:** 656
turning heat-resistant alloys **A16:** 740
types................................ **EM4:** 814

Sialons
engineered material classes included in material
property charts **A20:** 267
fracture toughness vs.
density................... **A20:** 267, 269, 270
strength.............. **A20:** 267, 272–273, 274
Young's modulus **A20:** 267, 271–272, 273
linear expansion coefficient vs. thermal
conductivity.............. **A20:** 267, 276, 277
linear expansion coefficient vs. Young's
modulus........... **A20:** 267, 276–277, 278
normalized tensile strength vs. coefficient of linear
thermal expansion........ **A20:** 267, 277–279
specific modulus vs. specific strength **A20:** 267,
271, 272
strength vs. density **A20:** 267–269
thermal conductivity vs. thermal
diffusivity.............. **A20:** 267, 275–276
Young's modulus vs. density... **A20:** 266, 267, 268,
289

Sialons, specific types
composition and properties **EM4:** 873

Sialon-titanium nitride
material removal rates with electrical discharge
machining **EM4:** 376

SI-based sievert (SV) unit
radiography **A17:** 301

SiC whisker-reinforced aluminum metal-matrix composites **A14:** 20

Side clearance *See* Clearance

Side corings
defined **EM2:** 38

Side cutting edge angle (SCEA) **A16:** 19, 20, 143,
151, 192

Side deformation
in rolling........................... **A8:** 593, 595

Side draw pins *See* Side corings

Side gating
permanent mold casting **A15:** 279

Side gears
economy in manufacture................ **M3:** 847

Side grooves
in aqueous solution test specimen......... **A8:** 417

Side groups
of mer **EM2:** 57–58

Side loading
preventing **A8:** 48

Side milling
surface roughness arithmetic average
extremes.......................... **A18:** 340

Side rails
overloading to distortion failure of....... **A11:** 137
Side rake angle (SR) **A16:** 142, 143, 151, 162
Side relief angle (SRF) **A16:** 143

Side scatter, shadow formation
radiography **A17:** 313

Side slip, as buckling
axial compression testing **A8:** 56

Side thrust
defined **A14:** 12

Side-action brushes. **M5:** 155

Side-and-bottom brushes **M5:** 155

Sidebands in diffraction patterns
cause of **A9:** 653

Side-brazed packages **EL1:** 205, 213–217

Side-egress flatpack/quadpack
as surface-mount option **EL1:** 77

Sideplate ferrite (SPF) **A6:** 1011

Sidepressing
isothermal plane-strain **A8:** 172–173
test **A8:** 588–589

Sidepressing test **A1:** 583–585, **A20:** 305
for forgeability................... **A14:** 215, 383

Siderocapsa
biological corrosion by **A13:** 117

Siderosis. **M7:** 203

Side-stream (bypass) loops
in-service monitoring.................. **A13:** 201

Siemans
symbol for............................ **A8:** 726

Siemens
abbreviation for **A10:** 691
as IC unit of conductance **A10:** 659
as SI derived unit, symbol for........... **A10:** 685
defined..................... **A10:** 681, **EL1:** 89

Siemens, Sir William
as inventor **A15:** 32

Siemens-Martin open hearth furnace
development **A15:** 32

Sieve agitators **A7:** 239

Sieve analysis *See also* Particle size distribution;
Screening; Sub-sieve analysis **A7:** 236, 239–242,
M7: 11
AFS standard **A15:** 209
as particle size and size distribution
measure **M7:** 214–216
definition **A5:** 967, **M6:** 16
equipment **M7:** 215
equipment for sieving **A7:** 239
fireclay use **A15:** 210
micromet sieving..................**A7:** 240, 241
of stainless steel powder **M7:** 100
of tin powder......................... **M7:** 123
of water-atomized high-speed tool steels... **M7:** 103
sieve analysis variations............**A7:** 240–242
sieving problems.......... **A7:** 239–240, **M7:** 216
standard test method **A7:** 239, **M7:** 215–216
standard U.S. sieve series **M7:** 215
standardization U.S. sieve series.......... **A7:** 239
ultrasonic wet sieving devices **A7:** 240
wet sieving........................... **A7:** 240
with electrozone analysis................ **A7:** 248

**Sieve analysis of granular metal powders,
specifications** **A7:** 147, 217, 239, 1078, 1098

Sieve classification *See also* Sieve analysis... **M7:** 11

Sieve fraction *See also* Sub-sieve fraction.... **M7:** 11

Sieve fractionation process **A7:** 264

Sieve shaker **M7:** 11

Sieve size **A7:** 213

Sieve underside **M7:** 11

Sievert units
radiography **A17:** 301

Sievert's law **A6:** 543, **A7:** 480
hydrogen solubility.................... **A13:** 329

Sieve(s) *See also* Screen; Screening; Sieve analysis;
Sub-sieve analysis **M7:** 11, 215
agglomeration problems................. **M7:** 216
agitators **M7:** 215
as inclusion control **A15:** 90
blinded **M7:** 216
blinded (blanketed) **A7:** 240
calibration of......................... **A7:** 215
certification types...................... **A7:** 239
classification.......................... **M7:** 11
damaged **A7:** 240, **M7:** 216
defined **M7:** 11
electroformed **A7:** 213
electroformed micromesh **A7:** 214
equipment **M7:** 215
etched............................... **A7:** 214
for irregularly shaped particles **M7:** 216
fraction **M7:** 11
matched.............................. **A7:** 239
micromesh **A7:** 213–214, 217, 240, 241
microplate **A7:** 214
overloaded **A7:** 239–240, **M7:** 216
punched plate....................... **A7:** 213–214
shaker **M7:** 11
standard.............................. **A7:** 214
types **M7:** 216
underside **M7:** 11
woven-wire......... **A7:** 213–214, 215, 217, 239

Sieving
definition............................. **A7:** 213
in sampling **A10:** 16
of particulate samples **A10:** 165
tin powders **A7:** 147

Sieving conventional rate test **A7:** 215

Sieving methods **A7:** 206, 213–218
air-jet sieving **A7:** 217–218
apertures, variety of.................... **A7:** 213
automated systems..................... **A7:** 218
difficulties **A7:** 213
dry sieving........................... **A7:** 216
errors **A7:** 215–216
hand sieving **A7:** 215, 216, 217
machine sieving.............. **A7:** 215, 216–217
manual wet sieving **A7:** 217
methods used **A7:** 216–218
process variables............ **A7:** 214, 215–216
sample amount required **A7:** 216
sieve types........................ **A7:** 213–214
size distribution given by sieving
operation **A7:** 216
ultrasonic machine sieving **A7:** 218
ultrasonics as aid................. **A7:** 214, 217
wet sieving by machine.................. **A7:** 217

Sieving of coarse aggregates, specifications ... **A7:** 217

Sieving techniques **EM4:** 87
versus weighting factor **EM4:** 85

Sieving, wet and dry
to analyze ceramic powder particle sizes.. **EM4:** 66,
67

Sifter screens. **M7:** 177

Sifting **A7:** 298

Sifting segregation test **A7:** 298

Sigma blade mixer
for bulk molding compounds........... **EM1:** 161

Sigma bonding **A7:** 167
defined **A10:** 681

Sigma formation. **A6:** 587

σ **phase** **A13:** 11, 125, 127, **A19:** 491, 493
defined **A9:** 16, **A12:** 132, **A17:** 55
effect of delta ferrite on formation in austenitic
stainless steels................. **A9:** 136–137
embrittlement **A12:** 132–133, 150
extraction replicas **A17:** 55
in 18-8 stainless steel, polarization curve for
potentiostatic etching............... **A9:** 145
in austenite, detection by phase contrast
etching **A9:** 59
in ferritic chromium steel, detection by phase
contrast etching..................... **A9:** 59

in rhenium-bearing alloys **A9:** 448
in stainless steel casting alloys, role of **A9:** 297
in stainless steels, potentiostatic etching **A9:** 145–146
in type 304 stainless steel, magnetic etching used to study **A9:** 65
orientation relationship in **A10:** 453–454
revealed through color etching **A9:** 136
Sigma phase embrittlement **A1:** 708–709
in austenitic and ferritic stainless steels **A1:** 709–711
in duplex stainless steels **A1:** 711
Sigma phase in iron-chromium-nickel heat- resistant casting alloys
formation of **A9:** 334
identification of **A9:** 332–333
preparation for examination **A9:** 330–331
Sigma phase in wrought heat-resistant alloys **A9:** 309, 312
specimen preparation for identifying **A9:** 307
Sigma phase in wrought stainless steels
etching **A9:** 281–282
in austenitic grades **A9:** 284
in duplex grades **A9:** 286
in ferritic grades **A9:** 285
Sigma precipitation
in HAZs **A13:** 350
Sigmaloy powders **A7:** 127
Sigma-phase embrittlement *See also* Sensitization **A13:** 11, 1265, **M1:** 686
definition **A5:** 967
in steels **A11:** 99
stainless steels **A19:** 717–718
Sigmoidal curves
reversed **A12:** 212–215
Sign convention
of electrode potentials **A13:** 21–22
Signal *See also* Small signal
averaging, for fluorescence noise **A10:** 130
conditioning, during medium stress and strain measurement **A8:** 191
conditioning equipment **A8:** 197
defined **EL1:** 1156
delay **EL1:** 5
detectors **A10:** 434–435
generation, electron beam **A10:** 498–500
path, routing, rigid printed wiring boards **EL1:** 551–552
processing **A10:** 507–508, 631
processing, electronic, in dynamic testing machines **A8:** 40–41
scanning electron beam instrument **A10:** 501
-to-noise ratios **A10:** 68, 409, 413, 681
transmission, in digital integrated circuits **EL1:** 168–172
vias **EL1:** 112
Signal amplitude
as proportional to flaw size **A17:** 131
in ECP flaw characterization **A17:** 140–141
remote-field eddy current inspection **A17:** 198
shapes, ECP inspection **A17:** 137
Signal attenuation
causes **EL1:** 603
design considerations **EL1:** 41–42
Signal conditioning
ultrasonic inspection **A17:** 253
Signal cross talk *See* Cross talk
Signal detectors
analytical transmission electron microscopy **A10:** 434–436
positioning, in AEM microscope column .. **A10:** 434
secondary electrons (STEM mode) **A10:** 435
transmitted and scattered electrons (STEM mode) **A10:** 435
transmitted and scattered electrons (TEM mode) **A10:** 434–435
Signal display
A-scans, ultrasonic inspection **A17:** 242
B-scans **A17:** 243
control **A17:** 254
transmission ultrasonic inspection **A17:** 249
Signal edge speed degradation
high-speed digital systems **EL1:** 80
Signal line
apparent, impedance **EL1:** 37
characteristic impedance **EL1:** 29–30
density **EL1:** 389
digital, characteristics **EL1:** 169–170
impedance, choice of **EL1:** 30
isolated **EL1:** 28–34
parallel **EL1:** 34–36
Signal line resistance
effect, low end systems **EL1:** 27
Signal plane
design improvements **EL1:** 131
printed circuit, design features **EL1:** 127
Signal propagation
accurate solution of **EL1:** 35
velocity, maximum **EL1:** 5
Signal response analysis **A17:** 697–700
confidence bound calculation **A17:** 698
multiple inspections per flaw **A17:** 698–699
parameter estimation **A17:** 698
response analysis **A17:** 697–700
Signal rise
classification **EL1:** 25
times, and local physical performance **EL1:** 5
Signal transformation
interpreting images produced by **A9:** 96
Signal transmission **A20:** 618
Signal transmission, electronic **A20:** 620
Signal transmission lines *See also* Line(s); Transmission line
branch lines **EL1:** 361
high-frequency effects **EL1:** 362
resistance-inductance-capacitance (RLC) line, homogeneous **EL1:** 357–359
resistance-inductance-capacitance (RLC) line, inhomogeneous **EL1:** 359–361
Signal(s) *See also* Response; Signal amplitude; Signal display; Signal response; Signal response analysis; Signal-to-noise ratio
as NDE response, and NDE reliability ... **A17:** 674
conditioning **A17:** 253
detection, acoustic emission inspection **A17:** 281–282
factors, quality design **A17:** 722
measurement, acoustic emission inspection **A17:** 282–283
processing, remote-field eddy current inspection **A17:** 198–199
Signal-to-noise ratio .. **A18:** 295–296, **A20:** 12, 64, 114
as performance measure **A17:** 750
defined **A10:** 681
definition **A20:** 840
effect on secondary electron imaging **A9:** 95
EXAFS **A10:** 409, 413
in NDE engineering **A17:** 676
in NDE reliability **A17:** 675
of inspection materials **A17:** 678
UV/VIS **A10:** 68
Signal-to-noise ratio (SNR) **EL1:** 738
Signature
defined **A17:** 51
Signature analysis
as NDE area **A17:** 49, 51
Signature, thermal *See* Thermal signature
Signature waveform of the profile **A7:** 265, 267
Significance
level **A8:** 12, 627
statistical, for factorial experiments **A8:** 654
statistical, in comparative experiments **A8:** 642–643
tests, computations for **A8:** 711
Significance level **A20:** 83
Significant
defined **A8:** 12
Significant New Alternatives Program (SNAP) **A5:** 941
Signing off **A20:** 219
Sigran
composition **EM4:** 873
manufacturer **EM4:** 873
properties **EM4:** 873
thermal conductivity **EM4:** 873
Sikka's Larson-Miller type parameter **A19:** 743
Silahydrocarbons (SiHCs) **A18:** 151
high-vacuum lubricant applications .. **A18:** 156, 157
molecular structures **A18:** 156
Silal *See also* Gray cast iron, medium silicon gray iron **A1:** 103
fatigue endurance **A19:** 666
impact strength **A19:** 672
Silane
used in composites **A20:** 457
Silane adhesion promoters
for urethane sealants **EM3:** 206
Silane coupling agents **EM3:** 40, 42, 49, 181–182, 674
aluminum adherends **EM3:** 263
effect on strength of E-glass fiber-reinforced polyester rods **A20:** 465
for epoxies **EM3:** 99–100
for glass **EM3:** 281–283
for priming glass and glass fibers **EM3:** 101
in siliconized acrylics **EM3:** 50
polyaramid **EM3:** 286
reactive **EM3:** 52
to improve joint durability **EM3:** 626
to promote adhesion in sealants **EM3:** 188
Silane(s)
alternative conversion coat technology, status of **A5:** 928
as coupling agents **EM1:** 29, 32
as sizing **EM1:** 123
for passivating coatings **A7:** 432
organofunctional **EM1:** 123
Silanols
decomposition increasing viscosity **EM4:** 212
Silcoro 60
brazing, composition **A6:** 117
wettability indices on stainless steel base metals **A6:** 118
Silcoro 75
brazing, composition **A6:** 117
wettability indices on stainless steel base metals **A6:** 118
Silcrome alloy *See* Valve alloys, specific types, Silcrome
Si(Li) detectors *See* Lithium-drifted silicon detectors
Silica *See also* Sand(s); Silica sands; Silica-base bonds; Silicon
abrasive wear **A18:** 188
-aluminas **A10:** 130
and molten iron, slag compound from **A15:** 208
as abrasive **A14:** 747–748
as extender **EM3:** 175, 176
as filler
for conductive adhesives **EM3:** 76
for polysulfides **EM3:** 139
as grease thickener **A18:** 126
as lining material, induction furnaces **A15:** 372
as mold refractory, investment casting **A15:** 258
as wet blasting abrasive **A5:** 63
background fluorescence of **A10:** 130
carrier material used in supported catalysts **A5:** 885
chemical composition **A6:** 60
composition in flux **M6:** 229
corrosion fatigue test specification **A8:** 423
defined **A15:** 10
electrode coatings **A6:** 60
fracture toughness **A18:** 192
from aluminum silicates **A15:** 209–210
fumed **EM3:** 176, 177–178
filler for urethane sealants **EM3:** 205
fused **EM3:** 176
manufacturing processes **EM3:** 176
material for surface force apparatus **A18:** 402
mill additions for wet-process enamel frits for sheet steel and cast iron **A5:** 456
physical properties **A18:** 192
platinized, for removal of carbon monoxide/dioxide in high-temperature combustion **A10:** 222
precipitated, filler for urethane sealants .. **EM3:** 205
resistance spot welding **A6:** 850
slip-cast fused, rain erosion applications .. **A18:** 222
synthetic **EM3:** 176
thermal expansion of **A15:** 224
Silica abrasive blasting
aluminum and aluminum alloys **M5:** 571–572
properties and characteristics of silica **M5:** 84, 93–94
Silica brick
applications, refractory ... **EM4:** 899, 903, 906–907, 912
refractory compositions **EM4:** 896
spalling resistance **EM4:** 897

Silica dust, abrasive jet machining
health hazard **A16:** 512

Silica fibers
and carbon fibers **EM1:** 129

Silica fibers, vitrified
as thermocouple wire insulation **A2:** 882

Silica flour
defined **A15:** 10

Silica flour filled epoxy resin (SFFER) A16: 108, 109

Silica formers **A20:** 600

Silica glass **EM4:** 49
applications
aerospace **EM4:** 1017
electronic processing **EM4:** 1055, 1056
lighting **EM4:** 1032
consolidated 96%, properties. **EM4:** 430, 431
fatigue **EM4:** 744
RDF analysis **A10:** 395–399
x-ray diffraction patterns for . . . **A10:** 395, 398–399

Silica glass, 96%
properties. **A20:** 418
tensile engineering stress-strain curves **A20:** 343

Silica glass (fused silica)
properties. **A20:** 418

Silica grinding balls **M7:** 58

Silica impurities in ferrites. **A9:** 538

Silica in a complex mixture **A9:** 185

Silica powder
used in composites. **A20:** 457

Silica powders
injection molding **A7:** 314
nanoscaled **A7:** 77

Silica removal
from boiler tubes **A11:** 616

Silica sand **EM4:** 378–379
abrasive mixed with high-pressure
waterjet **A16:** 521
applications, dental **EM4:** 1093
chemical analysis **EM4:** 378
chemical properties **EM4:** 855
chrome content. **EM4:** 378
coloration **EM4:** 378–379
density **EM4:** 846
deposits in U.S **EM4:** 378
elastic modulus **EM4:** 849, 850
electrical properties **EM4:** 851
for abrasive blasting **M7:** 458
heat capacity **EM4:** 847
hydrofluoric acid effect **EM4:** 1061
iron content. **EM4:** 378
mining techniques **EM4:** 378
nickel content **EM4:** 378
particle size distribution analysis. **EM4:** 378
properties. **EM4:** 851
purpose for use in glass manufacture **EM4:** 381
refractory heavy metal deposits **EM4:** 378
typical oxide compositions of raw
materials. **EM4:** 550
viscosity **EM4:** 849

Silica sand(s) *See also* Sand(s); Silica; Silica-base bonds
composition. **A15:** 208
dried, synthetic sands as **A15:** 29
grains, shape and distribution **A15:** 208–209
preparation of. **A15:** 209
reclamation **A15:** 354–355
subangular-to-round shaped **A15:** 208
types **A15:** 208

Silica scales **A20:** 589, 591, 592, 598–599, 600

Silica (SiO_2) *See also* Engineering properties of single oxides; Silicon dioxide . . **EM4:** 32, 44, 49
applications **EM4:** 46
as addition during batch melting. **EM4:** 386
as filler **EM4:** 6
as optical fiber glass material . . **EM4:** 413, 414, 415
composition **A20:** 424, **EM4:** 46
composition by application **A20:** 417
density at various pressures. **EM4:** 583, 584

engineered material classes included in material property charts **A20:** 267
for glass fibers, sol-gel processed **EM4:** 450
fracture toughness vs. density . . **A20:** 267, 269, 270
fracture toughness vs. Young's modulus . . **A20:** 267, 271–272, 273
glass forming ability. **EM4:** 494
impurity found in gypsum **EM4:** 380
linear expansion coefficient vs. thermal conductivity. **A20:** 267, 276, 277
linear expansion coefficient vs. Young's modulus **A20:** 267, 276–277, 278
loss coefficient vs. Young's modulus **A20:** 267, 273–275
mechanical properties **EM4:** 850
melting point. **EM4:** 494
melting/fining **EM4:** 391
physical properties of fired refractory brick **A20:** 424
porous glass beads commercially marketed **EM4:** 421
properties. **A20:** 424
specific modulus vs. specific strength **A20:** 267, 271, 272
specific properties imparted in CTV tubes **EM4:** 1039
subcritical crack growth **EM4:** 695
superduty, refractory physical properties **EM4:** 897, 898, 899
supply sources **EM4:** 46
viscosity **EM4:** 848
viscosity at melting point **EM4:** 494

Silica-alumina glasses
chemical strengthening by ion exchange. . **EM4:** 462

Silica-base bonds
clay-water **A15:** 212
colloidal silica. **A15:** 212
ethyl silicate **A15:** 212
sodium silicate **A15:** 212–213

Silica-phosphate glass-ceramic
bonding to bone **EM4:** 1010

Silica-silica composites *See also* Composites
densification process **EM1:** 935
machining of **EM1:** 936
tensile strength **EM1:** 937–938

Silicate
carburizing affected by content in steels . . **A18:** 875
electroplated coatings **A18:** 838

Silicate alkaline cleaners **M5:** 23–24, 28, 35, 576–577

Silicate bonded molds *See also* Mold(s)
sodium silicate/carbon dioxide system **A15:** 229

Silicate cement
wheel polishing process using. **M5:** 208–209

Silicate ceramic coatings **M5:** 533–534

Silicate ceramics
chemical etching. **EM4:** 575

Silicate ester
properties. **A18:** 81

Silicate glasses **EM4:** 21–22
as coatings. **A5:** 469–471
categories **EM4:** 742
compositions **EM4:** 741, 742
crack velocity versus stress-intensity relation **EM4:** 658
indirect fractographic evidence of water in field failure **EM4:** 659
properties. **EM1:** 45–47, **EM4:** 742
raw materials. **EM4:** 741
uses. **EM4:** 742
viscosity **A20:** 339, **EM4:** 567

Silicate inclusion
microdiscontinuity affecting cast steel fatigue behavior **A19:** 612
microdiscontinuity affecting high hardness steel fatigue behavior **A19:** 612

Silicate inclusions
in electrical steels. **A9:** 537

Silicate scale (porous)
thermal conductivity **A11:** 604

Silicate tetrahedron. **A20:** 338, 339

Silicate/ester-catalyzed no-bake binder system **A15:** 215–216

Silicates
as filler for sealants **EM3:** 674
as inclusions **A12:** 65
chemical-setting **A13:** 453–455
fluoboric acid as dissolution medium. **A10:** 165
for packaging. **EM3:** 45
glasses, bonding topologies in **A10:** 393
hydrofluoric acid as dissolution
medium for **A10:** 165
identification of **EM3:** 243
postcured water-base inorganic **A13:** 411
scales, water-formed. **A13:** 491
self-cured solvent-base alkyl **A13:** 412
self-curing water-base alkali **A13:** 411–412
sintering. **A10:** 166

Silicates in steel
effect of hot rolling on **A9:** 628
formation of **A9:** 623–626
randomly distributed in **A9:** 626

Silicate-type inclusions
defined **A9:** 16

Silicic acid sols **EM4:** 446

Silicide
as coatings **A5:** 471–472, 477
chemical vapor deposition of **M5:** 381
oxidation-resistant coating systems for
niobium **A5:** 862

Silicide ceramic coatings **M5:** 535–537, 542–545

Silicide cermets
application and properties **A2:** 1005

Silicide coating
molybdenum **M5:** 661–662
niobium **M5:** 664–666
tantalum. **M5:** 664–666
tungsten **M5:** 661–662

Silicide coatings. **A20:** 598–599
refractory metals and alloys **A5:** 859, 860, 862

Silicide diffusion coatings **M5:** 380

Silicide formation
RBS analysis **A10:** 628

Silicide powders
combustion synthesis **A7:** 524, 527, 528, 530, 531–532
rapid solidification rate process. **A7:** 48

Silicide-based cermets **M7:** 813

Silicides *See also* Ordered intermetallics; Trialuminides
as refractory cermet **M7:** 813
Fe_3Si alloys, properties. **A2:** 933–934
$MoSi_2$ alloys **A2:** 934–935
Ni_3Si alloys, properties **A2:** 933
refractory. **A2:** 934–935

Silicocarbides
in high-alloy graphitic irons **A15:** 698

Silicon *See also* Aluminum-silicon alloys; Binary iron-base alloys; Iron-base alloys; SiAlON; Silica; Silicon carbide; Silicon modifiers; Silicon nitride
[111] single-crystal, Kikuchi diffraction patterns from **A10:** 438
abrasive machining hardness of work
materials. **A5:** 92
activity, in iron melt **A15:** 62
added to reduce solubility product in
austenite. **A4:** 245
addition effects on aluminum alloy fracture
toughness **A19:** 385, 386
addition to aluminum-base alloys **A18:** 752
addition to low-alloy steels for pressure vessels and
piping **A6:** 667
addition to solid-solution nickel alloys. **A6:** 575
alloying addition to heat-treatable aluminum
alloys **A6:** 528
alloying effect in titanium alloys. **A6:** 508

SUBJECTS OF THE INDEXED VOLUMES: **ASM Handbook** (designated by the letter "A"): **A1:** Properties and Selection: Irons, Steels, and High-Performance Alloys (1990); **A2:** Properties and Selection: Nonferrous Alloys and Special-Purpose Materials (1990); **A3:** Alloy Phase Diagrams (1992); **A4:** Heat Treating (1991); **A5:** Surface Engineering (1994); **A6:** Welding, Brazing, and Soldering (1993); **A7:** Powder Metal Technologies and Applications (1998); **A8:** Mechanical Testing (1985); **A9:** Metallography and Microstructures (1985); **A10:** Materials Characterization (1986); **A11:** Failure Analysis and Prevention (1986); **A12:** Fractography (1987); **A13:** Corrosion (1987); **A14:** Forming and Forging (1988); **A15:** Casting (1988); **A16:** Machining (1989); **A17:** Nondestructive Evaluation and Quality Control (1989); **A18:** Friction, Lubrication, and Wear Technology (1992); **A19:** Fatigue and Fracture (1996); **A20:** Materials Selection and Design (1997). **Metals Handbook, 9th Edition** (designated by the letter "M"): **M1:** Properties and Selection: Irons and Steels (1978); **M2:** Properties and Selection: Nonferrous Alloys and Pure Metals (1979); **M3:** Properties and Selection: Stainless Steels, Tool Materials, and Special-Purpose Materials (1980); **M4:** Heat Treating (1981); **M5:** Surface Cleaning, Finishing, and Coating (1982); **M6:** Welding, Brazing, and Soldering (1983); **M7:** Powder Metallurgy (1984). **Engineered Materials Handbook** (designated by the letters "EM"): **EM1:** Composites (1987); **EM2:** Engineering Plastics (1988); **EM3:** Adhesives and Sealants (1990); **EM4:** Ceramics and Glasses (1991). **Electronic Materials Handbook** (designated by the letters "EL"): **EL1:** Packaging (1989)

alloying effect on nickel-base alloys . . . **A6:** 589, 591
alloying effect on stress-corrosion cracking . . . **A19:** 487–488
alloying effects on copper alloys . . . **M6:** 402
alloying element increasing corrosion resistance . . . **A20:** 548
alloying in aluminum alloys . . . **M6:** 373
alloying, in cast irons . . . **A13:** 566–567
alloying, in microalloyed uranium . . . **A2:** 677
alloying, magnetic property effects . . . **A2:** 762
alloying, nickel-base alloys . . . **A13:** 641
alloying, of magnetically soft materials . . . **A2:** 766
alloying, wrought aluminum alloy . . . **A2:** 54–55
aluminum coating affected by . . **M5:** 334, 336, 338, 345
-aluminum contacts, interdiffusion at . . . **A11:** 777–778
aluminum-silicon alloys, resistance brazing filler metals . . . **A6:** 342
aluminum-silicon-lead alloys, mixed bearing microstructure . . . **A18:** 744
aluminum-silicon-tin alloys, mixed bearing microstructure . . . **A18:** 744
analysis of phosphorus ion-implantation profile in . . . **A10:** 623–624
and electrochemical machining . . . **A16:** 535
arc deposition . . . **A5:** 603
as a beta stabilizer in titanium alloys . . . **A9:** 458
as addition to aluminum alloys **A4:** 842, 843, 844, 845, 846
as addition to brazing filler metals . . . **A6:** 904
as alloying element affecting temper embrittlement of steels . . . **A19:** 620
as alloying element, effect on susceptibility to stress-corrosion cracking of two low-alloy steels . . . **A19:** 486
as alloying element in aluminum alloys . . . **A20:** 384
as an addition to austenitic manganese steel castings . . . **A9:** 239
as an addition to nickel-iron alloys . . . **A9:** 538
as an addition to wrought heat-resistant alloys . . . **A9:** 312
as an alloying addition to austenitic stainless steels . . . **A9:** 283–284
as ferrite stabilizer . . . **A13:** 47
as H-WSI substrate . . . **EL1:** 88
as internal reflection element . . . **A10:** 113
as major element, gray iron . . . **A15:** 629–630
as semiconductor . . . **A20:** 336–337
as silicon modifier . . . **A15:** 161
at elevated-temperature service . . . **A1:** 640
autocorrelation functions for surface texture . . . **A18:** 336, 337
boule, alignment for cutting along crystallographic planes . . . **A10:** 342
brazing of cast irons, effect on . . . **M6:** 996
brittle-to-ductile transition . . . **A18:** 688
bump technology, and flip-chip assembly **EL1:** 440
cast iron heat treating, effect on . . . **A4:** 667, 669
chemical vapor deposition of . . . **M5:** 381
chip, thermomechanical design . . . **EL1:** 415–416
coefficient of friction as a function of temperature and doping . . . **A18:** 688–689
composition in laser claddings . . . **M6:** 797–798
composition, wt% (maximum) liquation cracking . . . **A6:** 568
composition-depth profile . . . **M7:** 256
contamination, of platinum thermocouple **A11:** 296
content, CG iron, optimum . . . **A15:** 668
content effect on alloy solidification cracking . . . **A6:** 89–90
content effect on alloy steels . . . **A19:** 619, 620
content effect on Cr-Mo steels . . . **A19:** 707, 708
content effect on fluid flow phenomena . . . **A6:** 21
content, effect on sintering . . . **M7:** 372
content, effect on solubility and equilibrium temperatures . . . **A15:** 63
content in Al alloys and machinability . . . **A16:** 761, 767–770, 775–777, 779, 785, 789, 797
content in HSLA Q&T steels . . . **A6:** 665
content in HTLA steels . . . **A6:** 670
content in MnS P/M powders . . . **A16:** 885
content in stainless steels . . **A16:** 682–683, **M6:** 320, 322
content in tool and die steels . . . **A6:** 674
content in ultrahigh-strength low-alloy steels . . . **A6:** 673
content loss in electrodes after rebaking . . . **A6:** 415
content of weld deposits . . . **A6:** 675
control, ductile iron . . . **A15:** 647–648
-controlled rectifier system . . . **M7:** 423
cost per unit mass . . . **A20:** 302
cost per unit volume . . . **A20:** 302
cracking geometries . . . **A18:** 687
cracking sensitivity in stainless steel casting alloys . . . **A6:** 497
crystal, lithium-doped, for EPMA . . . **A10:** 519
crystals, spin-dependent recombination analysis of . . . **A10:** 258
crystals, ultrapurification by zone-refining technique . . . **A2:** 1094
Czochralski crystal growth process . . . **EL1:** 191
deoxidizing, copper and copper alloys . . . **A2:** 236
depth profiles for LPCVD thin films on . . **A10:** 624
determined by 14-MeV FNAA . . . **A10:** 239
diffused, temperature effect . . . **EL1:** 958
diffusion in brazing sheet . . . **M6:** 1023
diffusivity in solid aluminum . . . **A11:** 777
dislocations, strong-beam and weak-beam images compared . . . **A9:** 114
distribution in pearlite . . . **A9:** 661
effect, atmospheric corrosion . . . **A13:** 514
effect, equilibrium temperature, cast irons **A15:** 65
effect, malleable iron . . . **A15:** 31
effect, nitrogen solubility . . . **A15:** 82
effect of, on corrosion resistance . . . **A1:** 912, 913
effect of, on hardenability . . . **A1:** 393, 395
effect of, on notch toughness . . . **A1:** 740–741
effect on aluminum alloy soldering . . . **A6:** 628
effect on base metal color matching in aluminum alloys . . . **A6:** 730
effect on carburization resistance in iron-alloys . . . **A9:** 333
effect on crack formation . . . **M6:** 833
effect on Curie point . . . **A4:** 187
effect on ferrite formation in iron-alloys . . . **A9:** 333
effect on hardness of tempered martensite **A4:** 124, 128–129
effect on oxidation resistance in cobalt-base heat-resistant casting alloys . . . **A9:** 334
effect on precipitation-hardening stainless steels . . . **A6:** 490
effect on SCC of copper . . . **A11:** 221
effect on sigma formation in ferritic stainless steels . . . **A9:** 285
effect, ternary iron-base alloys . . . **A15:** 64–65
effect, wrought/cast aluminum alloys . . . **A13:** 586
effects during water atomization . . . **M7:** 256
elastic properties as reinforcement used in DRA materials . . . **A19:** 895
electrochemical grinding . . . **A16:** 543
electroslag welding, reactions . . . **A6:** 273, 274
elemental sputtering yields for 500 eV ions . . . **A5:** 574
engineered material classes included in material property charts . . . **A20:** 267
enriched water-atomized surfaces . . . **M7:** 252
epitaxial precipitation, in Schottky barrier contacts . . . **A11:** 778
erosion in ceramics . . . **A18:** 205
eutectic, growth of . . . **A15:** 163
evaporation fields for . . . **A10:** 587
filler metals for brazing of aluminum alloys . . . **M6:** 1022–1023
FIM sample preparation of . . . **A10:** 586
finish turning . . . **A5:** 84, 85
for laser alloying . . . **A18:** 866
for plating rectifiers, chromium plating . . . **A5:** 184
for valve springs for reciprocating compressors . . . **A18:** 604
formation, wafer preparation . . . **EL1:** 191
free energy of reaction, and gas porosity . . . **A15:** 82
FT-IR spectra of . . . **A10:** 123
functions in FCAW electrodes . . . **A6:** 188
gold-silicon eutectic . . . **EM3:** 584
gold-silicon phase diagram . . . **EM3:** 585
growth kinetics of . . . **A15:** 79
high-energy neutron irradiation of . . . **A10:** 233
high-purity, under oxygen bombardment, ion microscope . . . **A10:** 615
hot dip aluminizing bath . . . **M1:** 172
in active fluxes for submerged arc welding **A6:** 204
in aluminum alloys . . . **A15:** 746
in aluminum powder metallurgy alloys microstructure . . . **A9:** 511
in austenitic manganese steel . . . **A1:** 822, 824
in austenitic stainless steels . . . **A6:** 457, 458, 461, 463, 465
in cast iron . . . **A1:** 5, 6, 86–87, 88, 100
in cast iron composition . . . **A18:** 695
in ceramics and cermets . . . **A18:** 813
in copper alloys . . . **A6:** 753
in cupolas . . . **A15:** 388, 390
in ductile iron . . . **A1:** 43
in ductile irons . . . **A4:** 686, 689, 692
in electrical steel sheet . . . **A14:** 476
in electrical steels . . . **A9:** 537
in enamel cover coats . . . **EM3:** 304
in enameling ground coat . . . **EM3:** 304
in ferrite . . . **A1:** 401, 406
in gray irons . . . **A4:** 670, 671, 673, 675, 677, 678
in hardfacing alloys . . . **A18:** 759, 762, 764, 765
in heat-resistant alloys . . . **A4:** 510, 511, 512, 514
in high-alloy white irons . . . **A15:** 679–680
in high-speed tool steels . . . **A16:** 52
in laser cladding material . . . **A18:** 867
in magnesium alloys . . . **A9:** 428
in maraging steels . . . **A4:** 222, 224
vapor pressure, relation to temperature . . **A4:** 495
in nickel-chromium white irons . . . **A15:** 679–680
in simple steels, partitioning oxidation states in . . . **A10:** 178
in stainless steels . . . **A18:** 716, 720, 721
in steel . . . **A1:** 141–142, 145, 577
in steel weldments . . . **A6:** 418, 419
in thermal spray coating materials . . . **A18:** 832
in tool steels . . . **A16:** 52, 53, **A18:** 734, 735–736
in wafer processing . . . **EM3:** 580–583
in white iron composition . . . **A18:** 698
in zinc alloys . . . **A15:** 788
indentation techniques . . . **A5:** 645
influence of, on microstructure of white iron . . . **A1:** 94
integrated circuits, failure analysis of **A11:** 766–792
inversion, due to contamination . . . **A11:** 781
ion-beam-assisted deposition (IBAD) . . . **A5:** 597
laser-enhanced etching . . . **A16:** 576
laser-induced CVD for synthesis . . . **A18:** 848
laser-induced CVD for synthesis (polycrystalline) . . . **A18:** 848
linear expansion coefficient vs. thermal conductivity . . . **A20:** 267, 276, 277
linear expansion coefficient vs. Young's modulus . . . **A20:** 267, 276–277, 278
loss effect on welding parameters . . . **A6:** 68
lubricant indicators and range of sensitivities . . . **A18:** 301
metal-oxide semiconductors (MOS) . . . **EL1:** 2
microalloying of . . . **A14:** 220
modification . . . **A15:** 161–162
modules as failure mechanism . . . **EL1:** 1016–1017
nickel plating bath contaminated by . . . **M5:** 208
nodules, after etching away aluminum, SEM micrographs of . . . **A11:** 774
n-type, scratch morphology . . . **A18:** 688
organic coating classifications and characteristics . . . **A20:** 550
oxidized, as substrate . . . **EL1:** 106
oxygen cutting, effect on . . . **M6:** 862
particles, primary . . . **A15:** 165–166
photometric analysis methods . . . **A10:** 64
pickup in submerged arc welding . . . **M6:** 116
p-n junction failures . . . **A11:** 782–786
polyimide adhesion . . . **EM3:** 157
powders fused after flame spraying of cast irons . . . **A6:** 720
presence in cast irons . . . **M6:** 307–308
prompt gamma activation analysis of . . . **A10:** 240
properties . . . **EM4:** 1
p-type, groove surface morphology and temperature effect . . . **A18:** 687
pullout, as TAB mechanical failure . . . **EL1:** 287
pure . . . **M2:** 796–797
pure, properties . . . **A2:** 1154
qualitative analysis of surface phase on . . . **A10:** 341–342
range and effect as titanium alloying element . . . **A20:** 400
RBS profiles of arsenic in . . . **A10:** 632
reactions for formation of films . . . **EM3:** 593

Silicon (continued)
recovery from selected electrode coverings **A6:** 60
reductant of metal oxides **M6:** 692, 694
removal, by oxygen blowing **A15:** 78
removal effect on toughness of commercial alloys **A19:** 10
semiconductor devices, failure analysis of **A11:** 766–792
significance in failure analysis programs **A18:** 311
SIMS analysis of phosphorus ion-implantation profile in **A10:** 623
single-crystal (001), uniform hardness making it a control specimen **A18:** 424
single-crystal, growth **EL1:** 191
species weighed in gravimetry **A10:** 172
specific modulus vs. specific strength **A20:** 267, 271, 272
spectrometric metals analysis **A18:** 300
SSMS analysis of impurities in high-purity **A10:** 141
strength vs. density **A20:** 267–269
submerged arc welding **M6:** 115
content in fluxes **M6:** 140–141
transfer due to flux content **M6:** 124–125
substrates matched to **EL1:** 441
surface mechanical damage of semiconductors caused by dicing **A18:** 686
surface mechanical damage of semiconductors caused by wafering **A18:** 685–686
surface segregation, temperature dependence of **A10:** 565
tantalum corrosion at elevated temperatures **A13:** 728
thermal diffusivity from 20 to 100 °C **A6:** 4
tilt boundaries studied by high resolution electron microscopy **A9:** 121
to fabricate integrated circuits **EM3:** 378
to harden and strengthen steel **A16:** 667
ultrasonic machining **A16:** 532, **EM4:** 359, 360, 361
use in flux cored electrodes **M6:** 103
vapor degreasing applications by vapor-spray-vapor systems **A5:** 30
Vickers and Knoop microindentation hardness numbers **A18:** 416
volume resistivity and conductivity **EM3:** 45
wafers, analysis of oxygen in **A10:** 122
weld-metal content, underwater welding **A6:** 1010–1011
with arsenic, ESR studies **A10:** 263
Young's modulus vs.
density **A20:** 266, 267, 268, 289
elastic limit **A20:** 287
strength **A20:** 267, 269–271
Silicon alloy powders
oxidation **A7:** 42–43
Silicon bipolar drivers
in mixed technologies **EL1:** 8
Silicon boride (SiB_6)
pressure densification **EM4:** 298
Silicon brass
dezincification **A13:** 128
Silicon brasses *See also* Cast copper alloys; Leaded silicon brass
as high-shrinkage foundry alloy **A2:** 346
corrosion rating **A2:** 353–354
foundry properties for sand casting **A2:** 348
melt treatment **A15:** 775
nominal composition **A2:** 347
properties and applications **A2:** 226, 372–373
Silicon bronze *See also* Cast copper alloys
as high-shrinkage foundry alloy **A2:** 346
corrosion ratings **A2:** 353–354
foundry properties for sand casting **A2:** 348
galling **A18:** 723
galvanic series for seawater **A20:** 551
nominal composition **A2:** 347
properties and applications **A2:** 226, 334–335, 371–372
Silicon bronzes *See also* Copper-silicon alloys **A6:** 752, 753
brazeability **M6:** 1034
brazing **A6:** 630, 931
composition and properties **M6:** 401
corrosion in various media **M2:** 468–469
desiliconification **A13:** 133
filler metals **A6:** 756
for art casting **A15:** 22
gas metal arc welding **M6:** 421
gas tungsten arc welding **M6:** 413–414
gas-metal arc butt welding **A6:** 760
gas-metal arc welding **A6:** 755, 766
gas-tungsten arc welding **A6:** 192, 767
to high-carbon steels **A6:** 827, 878
to low-alloy steels **A6:** 827, 828
to low-carbon steel **A6:** 827, 828
to medium-carbon steel **A6:** 827, 828
to stainless steel **A6:** 827, 828
globular-to-spray transition currents for electrodes **A6:** 182
melt treatment **A15:** 775
plasma arc welding **A6:** 754
resistance spot welding **A6:** 850, **M6:** 479
shielded metal arc welding **A6:** 754, 755, 763, 766, **M6:** 425–426
surface condition **A6:** 754
weld cladding **A6:** 822
weld overlay for hardfacing alloys **A6:** 820
weld overlay material **M6:** 816
weldability **A6:** 753
zinc and galvanized steel corrosion as result of contact with **A5:** 363
Silicon carbide *See also* Electrical resistance alloys **A5:** 92, **A20:** 480, 599, 600, **M3:** 646, 647, 655
abrasive disks, for surface preparation **A17:** 52
abrasive for abrasive jet machining **A16:** 512, 513
abrasive for cast irons **A16:** 661
abrasive for electrochemical grinding **A16:** 545
abrasive in honing cast irons **A16:** 664
abrasive machining hardness of work materials **A5:** 92
abrasive wear **A18:** 189
abrasives **A16:** 102, 430–432, 434, 444, 450, 453
and gear manufacture **A16:** 350, 351, 353
and Mg alloys **A16:** 827
applications **A18:** 812, 814
as CTE-matched material **EL1:** 306
as erodent in solid-particle erosion of nickel aluminide alloys **A18:** 773
blasting with **M5:** 84, 94
ceramic mechanical seals for pumps **A18:** 598
chemical vapor deposition **A5:** 514
coating for laser cladding materials **A18:** 868
coating for titanium alloys **A18:** 781, 782
coatings for composites **EM3:** 293–294
contact bridge when brass "contacts" **A18:** 236
convection air heater **A20:** 635
creep recovery **A20:** 576
creep resistance **A20:** 660
defined **EM1:** 21
diffusion factors **A7:** 451
engineered material classes included in material property charts **A20:** 267
erosion in ceramics **A18:** 205
erosion in metals **A18:** 202, 203, 204
erosion test results **A18:** 200
fibers, acoustic emission inspection **A17:** 288
for abrasive slurry in ultrasonic machining **A16:** 529
for abrasive wear of nickel aluminide alloys **A18:** 773–774
for ceramic tubes used in Hogänäs process **A7:** 110
for gas-lubricated bearings **A18:** 532
for grinding carbide cutters **A16:** 317
fracture toughness vs.
density **A20:** 267, 269, 270
strength **A20:** 267, 272–273, 274
Young's modulus **A20:** 267, 271–272, 273
fretting wear **A18:** 248, 250
friction coefficient data **A18:** 72
grinding **A16:** 421
grinding wheels for Al alloys **A16:** 801
grinding wheels for carbon and alloy steels **A16:** 676
grinding wheels for CPM 10V tool -steel **A16:** 735
grinding wheels for Cu alloys **A16:** 819
grinding wheels for Ni alloys **A16:** 843
grinding wheels for refractory metals **A16:** 869
grinding wheels for stainless steels **A16:** 705
grinding wheels for thread grinding **A16:** 271, 272
grinding wheels for Ti alloys **A16:** 848, 850, 851
grinding wheels for tool steels **A16:** 728
grinding wheels for tools for Mg alloys **A16:** 821
grinding wheels for W **A16:** 859
grinding wheels for Zr **A16:** 854, 855, 856
heats of reaction **A5:** 543
honing Al alloys **A16:** 802
in abrasive flow machining **A16:** 517
in abrasive slurry for ultrasonic machining **A16:** 529
in honing stones **A16:** 475, 476, 477, 478, 484, 490
incorporated in nickel electroplating **A18:** 836, 837
injection molding **A7:** 314
lapping **A16:** 492–493, 501–502
linear expansion coefficient vs. thermal conductivity **A20:** 267, 276, 277
linear expansion coefficient vs. Young's modulus **A20:** 267, 276–277, 278
loss coefficient vs. Young's modulus **A20:** 267, 273–275
mechanical properties **A20:** 427
melting point **A5:** 471
metallization **EL1:** 306–307
methods used for synthesis **A18:** 802
microstructure **A5:** 661
normal and abnormal flaws in **A11:** 751
normalized tensile strength vs. coefficient of linear thermal expansion **A20:** 267, 277–279
particle, properties **EL1:** 1118
particles, effect on solid/liquid interface **A15:** 145
physical and mechanical properties **A5:** 163
physical properties **A7:** 451
physical properties of fired refractory brick **A20:** 424
polishing with **M5:** 108
properties **A18:** 192, 801, 803, 813, **A20:** 785
properties of refractory materials deposited on carbon-carbon deposits **A5:** 889
seal material **A18:** 551
siliconized microstructure **A9:** 148, 158
sinter plus HIP **A7:** 606
sintered, fracture surface **A11:** 745
solid particle erosion **A18:** 210
solid particle impingement erosion of cobalt-base alloys **A18:** 768, 769
specific modulus vs. specific strength **A20:** 267, 271, 272
strength vs. density **A20:** 267–269
temperature at which fiber strength degrades significantly **A20:** 467
tensile strengths **A20:** 351
thermal conductivity vs. thermal diffusivity **A20:** 267, 275–276
thermal properties **A18:** 42, **A20:** 428
tool material for cast irons **A16:** 651, 652
tramp impurity in semimet brake lining **A18:** 572
used in composites **A20:** 457
vacuum deposition of an interference film **A9:** 148
Vickers and Knoop microindentation hardness numbers **A18:** 416
wear and corrosion properties of CVD coating materials **A20:** 480
wheels, thread grinding **A16:** 271, 272
whiskers **A15:** 84, 88
Young's modulus vs.
density **A20:** 266, 267, 268, 289

SUBJECTS OF THE INDEXED VOLUMES: ASM Handbook (designated by the letter "A"): **A1:** Properties and Selection: Irons, Steels, and High-Performance Alloys (1990); **A2:** Properties and Selection: Nonferrous Alloys and Special-Purpose Materials (1990); **A3:** Alloy Phase Diagrams (1992); **A4:** Heat Treating (1991); **A5:** Surface Engineering (1994); **A6:** Welding, Brazing, and Soldering (1993); **A7:** Powder Metal Technologies and Applications (1998); **A8:** Mechanical Testing (1985); **A9:** Metallography and Microstructures (1985); **A10:** Materials Characterization (1986); **A11:** Failure Analysis and Prevention (1986); **A12:** Fractography (1987); **A13:** Corrosion (1987); **A14:** Forming and Forging (1988); **A15:** Casting (1988); **A16:** Machining (1989); **A17:** Nondestructive Evaluation and Quality Control (1989); **A18:** Friction, Lubrication, and Wear Technology (1992); **A19:** Fatigue and Fracture (1996); **A20:** Materials Selection and Design (1997). **Metals Handbook, 9th Edition** (designated by the letter "M"): **M1:** Properties and Selection: Irons and Steels (1978); **M2:** Properties and Selection: Nonferrous Alloys and Pure Metals (1979); **M3:** Properties and Selection: Stainless Steels, Tool Materials, and Special-Purpose Materials (1980); **M4:** Heat Treating (1981); **M5:** Surface Cleaning, Finishing, and Coating (1982); **M6:** Welding, Brazing, and Soldering (1983); **M7:** Powder Metallurgy (1984). **Engineered Materials Handbook** (designated by the letters "EM"): **EM1:** Composites (1987); **EM2:** Engineering Plastics (1988); **EM3:** Adhesives and Sealants (1990); **EM4:** Ceramics and Glasses (1991). **Electronic Materials Handbook** (designated by the letters "EL"): **EL1:** Packaging (1989)

elastic limit **A20:** 287
strength **A20:** 267, 269–271
Silicon carbide + 2 magnesium oxide (SiC + 2MgO)
adiabatic temperatures **EM4:** 229
synthesized by SHS process **EM4:** 229
Silicon carbide abrasives
for hand polishing **A9:** 35
Silicon carbide aluminum composites
properties **EM1:** 862–863
Silicon carbide as an abrasive for nonferrous metals and nonmetals **A9:** 24
Silicon carbide ceramic fibers
thermal stability **EM1:** 64
Silicon carbide ceramic/metal composite
applications **EM4:** 963, 964
property comparison, mineral processing **EM4:** 962
Silicon carbide ceramics
confocal microscopy application to analyze cracks from wear **A18:** 360, 361
Silicon carbide fiber metal-matrix composites **A2:** 904–905
Silicon carbide, hot pressed *See* Hot pressed silicon carbide
Silicon carbide metalloid cermets
application and properties **A2:** 1002
Silicon carbide particle reinforced aluminum
applications **EL1:** 1122–1125
as application **EL1:** 1127
as heat sink **EL1:** 1130–1131
coefficient of thermal expansion (CTE) **EL1:** 1124
microwave packages **EL1:** 1127–1128
properties **EL1:** 1123
Silicon carbide, reaction-bonded *See* Reaction-bonded silicon carbide
Silicon carbide Refel
properties **A18:** 548
Silicon carbide (SiC) *See also* Engineering properties of single oxides **EM4:** 17–20, 25, 32–33, 47
abrasive for truing **EM4:** 347
abrasive property control **EM4:** 332
applications **EM4:** 1, 46, 48, 331, 960
aerospace **EM4:** 1003, 1005
heat exchangers **EM4:** 981, 982, 983
refractory **EM4:** 900, 902, 915
wear **EM4:** 974–975, 976, 977
as abrasive **EM4:** 324
as abrasive for ultrasonic machining **EM4:** 360
as abrasive grains or cutting tool tips for grinding or machining **EM4:** 329
as brittle material, possible ductile phases **A19:** 399
as embedding agent **EM4:** 572
as grinding abrasive before microstructural analysis **EM4:** 572, 574
as heating material **A2:** 829
as monoxide refractory material **EM4:** 14
as structural ceramic, applications and properties **A2:** 1022
as superhard material **A2:** 1008
automotive applications **EM4:** 960
bar fractures analyzed by CARES program compared to IEA Annex II agreement results **EM4:** 704–705
bond type **EM4:** 331
bondability **EM4:** 332
brazing **A6:** 635–636
ceramic component development **EM4:** 718
ceramic dies **EM4:** 187
characteristics **EM4:** 976
chemical etching **EM4:** 575
composition **EM4:** 46
computation of fatigue crack threshold **A19:** 57
crack growth **EM4:** 586
crystal structure **EM4:** 30
densification resisted in HIP process **EM4:** 197
diluent for boriding **A4:** 441
elastic properties as reinforcement used in DRA materials **A19:** 895
electrical properties **EM4:** 807–808
eutectic joining **EM4:** 526
fabrication **EM4:** 806–807
fiber **EM4:** 224
for handling and processing equipment **EM4:** 959
for heat treating furnace equipment **A4:** 468, 472, 473
for non-oxide ceramic heating elements of electrically heated furnaces **EM4:** 248–249, 250
gas turbine engine blade foreign object damage **EM4:** 719
gas turbine engine blade strength at high temperatures and speeds **EM4:** 719
grades available **EM4:** 676
grain-growth inhibitor **EM4:** 188
hardness **EM4:** 351, 806, 807, 808
in joining non-oxide ceramics **EM4:** 528
joining method and wear application **EM4:** 974
key product properties **EM4:** 48
lapping abrasive **EM4:** 351, 352
magnetic properties **EM4:** 808
manufacture **EM4:** 806
manufacturing processes **EM4:** 331
material selection for structural ceramics **EM4:** 29
matrix material for ceramic-matrix composites **EM4:** 840
mechanical properties **EM4:** 316, 331, 807, 808
metallic binder phase, effects **A2:** 1008
non-oxide ceramic joining **EM4:** 480
optical properties **EM4:** 808
phase analysis **EM4:** 25
physical properties **EM4:** 30, 191, 316
pressure densification
pressure **EM4:** 301
technique **EM4:** 301
temperature **EM4:** 301
properties **A6:** 629, 949, **EM4:** 1, 332, 351, 808, 974, 976
adiabatic engine use **EM4:** 990
raw materials **EM4:** 48
refractory composition **EM4:** 896
refractory physical properties **EM4:** 897, 898, 899
reinforcement for aluminum alloys **A19:** 144
reinforcements, aluminum metal-matrix composites **A2:** 7
rejected for turbocharger application **EM4:** 725, 726
scuffing temperatures and coefficients of friction between ring and cylinder liner materials **EM4:** 991
silicon-infiltrated applications **EM4:** 1003
siliconized, for gas turbine scrolls **EM4:** 720
sintering aid **EM4:** 188
solid-state bonding **EM4:** 525
solid-state sintering **EM4:** 273, 278
structures **EM4:** 806, 807
supply sources **EM4:** 46
thermal etching **EM4:** 575
thermal expansion **EM4:** 685–686
thermal expansion coefficient **A6:** 907
thermal properties **EM4:** 30, 191, 316, 331, 807, 808, 974
thermal shock resistance **EM4:** 1003
thermostructural ceramic for aerospace applications **EM4:** 1003
ultrasonic machining **EM4:** 359–360
ultrasonic measurements **EM4:** 622, 623, 624
Vickers hardness **EM4:** 974
whisker-reinforced alumina **A2:** 1023–1024
Silicon carbide (SiC) fibers *See also* Continuous silicon carbide fiber MMCs; Silicon carbide (SiC) whiskers **EM1:** 58–59
ceramic, thermal stability **EM1:** 64
continuous **EM1:** 31, 63–64
costs **EM1:** 859
for short fiber reinforced composites **EM1:** 120
importance **EM1:** 43
in discontinuous ceramic fiber MMCs **EM1:** 903–910
production, for continuous SiC fiber MMCs **EM1:** 858–859
properties **EM1:** 58, 175
tennis racket application **EM1:** 31
tensile strength **EM1:** 59
types **EM1:** 58–59
variations **EM1:** 859
Silicon carbide (SiC) reinforced ceramics **EM1:** 941–944
applications **EM1:** 943
crack growth failure, low stress **EM1:** 943
creep resistance **EM1:** 943
fracture toughness/flexural strength **EM1:** 942–943
mechanical properties **EM1:** 942
thermal conductivity/expansion **EM1:** 943
thermal shock response **EM1:** 943
Silicon carbide (SiC) whisker reinforced aluminum alloys **EM1:** 890–894
Silicon carbide (SiC) whiskers
ceramic composite reinforcement by **EM1:** 941–944
characteristics **EM1:** 941
in metal matrix composites (MMCs) **EM1:** 889–902
Silicon carbide, sintered *See* Sintered silicon carbide
Silicon carbide whisker
properties **A18:** 803
Silicon carbide whisker-reinforced alumina
as structural ceramic **A2:** 1023–1024
heat treatments **A18:** 814
Silicon carbide whisker-reinforced alumina (Al_2O_3•SiC_w)
properties **A6:** 949
Silicon carbide whisker-reinforced composites **A7:** 60
Silicon carbide/aluminum composites **A13:** 860
Silicon carbide/aluminum metal-matrix composites **A2:** 905
Silicon carbide-copper composites
properties **EM1:** 863
Silicon carbide-magnesium composites
properties **EM1:** 863
Silicon carbides
effect of carbon KVV lineshapes on **A10:** 553
Silicon carbide-titanium composites
properties **EM1:** 863
Silicon carboxynitride **EM4:** 19
Silicon cast iron
as cathode material for anodic protection, and environment used in **A20:** 553
Silicon ceramics
properties **A6:** 992
Silicon chlorate ($SiCl_4$)
chemical vapor deposition **EM4:** 445
Silicon chromium
for dynamic performance springs **A19:** 366
Silicon circuit board (SCB)
bare, testing of **EL1:** 362–363
defined **EL1:** 354
Silicon crystal
dislocation lines in **A9:** 127
Silicon dioxide **EM3:** 592–594
abrasive in commercial prophylactic paste **A18:** 666
as dielectric medium **EL1:** 88
direct evaporation **A18:** 844
for multichip structures **EL1:** 301–302
in wafer processing **EM3:** 582, 583, 584
properties **A18:** 801
to fabricate integrated circuits **EM3:** 378
Vickers and Knoop microindentation hardness numbers **A18:** 416
Silicon dioxide as an interference film **A9:** 147
Silicon dioxide, as refractory
core coatings **A15:** 24
Silicon dioxide films
PVD applications **EM4:** 319
Silicon dioxide glass *See* Fused silica fibers
Silicon dioxide (SiO_2) *See also* Engineering properties of single oxides; Silica
additive used to attain requisite viscosity for blowing **EM4:** 21
breakdown field dependency on dielectric constant **A20:** 619
component in photochromic ophthalmic and flat glass composition **EM4:** 442
component in photosensitive glass composition **EM4:** 440
composition **EM4:** 14
composition by application **A20:** 417
composition of high-duty refractory oxides **A20:** 424
content effect in fluxes **A6:** 57, 58
corrosion resistance of refractories **EM4:** 391
deposition temperatures for thermal and plasma CVD **A20:** 479
electrical/electronic applications **EM4:** 1105
glass structure and crystalline structure **A20:** 340
in composition of glass-ceramics **EM4:** 499
in composition of leachable alkali-borosilicate glasses **EM4:** 428
in composition of melted silicate frits for high-temperature service ceramic coatings **A5:** 470
in composition of textile products **EM4:** 403

Silicon dioxide (SiO_2) (continued)
in composition of wool products. **EM4:** 403
in drinkware compositions **EM4:** 1102
in glaze composition for tableware **EM4:** 1102
in ovenware compositions **EM4:** 1103
in tableware compositions **EM4:** 1101
melting point **A5:** 471
pressure densification
pressure. **EM4:** 301
technique **EM4:** 301
temperature **EM4:** 301
properties **EM4:** 14, 424
properties (vitreous). **A6:** 629
role in glazes **A5:** 878, **EM4:** 1062
solderable and protective finishes for substrate
materials **A6:** 979
thermal and plasma chemical vapor deposition,
deposition temperatures **A5:** 511

Silicon (electrical) steels
argon oxygen decarburization. **A15:** 42

Silicon grease **A7:** 81

Silicon grinding balls **M7:** 58

Silicon impurities
effect on fracture toughness of aluminum
aloys **A19:** 385

Silicon in cast iron *See also* High silicon cast irons;
Medium silicon cast irons
content **M1:** 3–4
corrosion resistance, effect on **M1:** 88–91
depth of chill, effect on **M1:** 77–78
ductile iron **M1:** 37–41, 49, 51, 53
elevated-temperature properties
effect on **M1:** 91–94
gray iron **M1:** 11–12, 21–22, 28–31
malleable iron **M1:** 58–60, 64, 73
structure, influence on **M1:** 85

Silicon in copper **M2:** 242

Silicon in steel **M1:** 115, 410, 417
atmospheric corrosion affected by **M1:** 717,
721–722
castings, effect on. **M1:** 378, 399
constructional steels for elevated temperature use,
effect on **M1:** 647
effect on hot dip galvanized coatings **M1:** 170
graphitization, effect on **M1:** 686
modified low-carbon steels **M1:** 162
notch toughness, effect on **M1:** 693
relation to deoxidation practice **M1:** 121, 123–124
seawater corrosion, effect on. **M1:** 741
steel sheet, effect on formability **M1:** 554
temper embrittlement, effect on **M1:** 684

**Silicon intermetallic compounds in uranium
alloys** **A9:** 477

Silicon irons *See also* Cast irons; Magnetic
materials **A9:** 245–246
magnetic properties **A7:** 1011–1012, 1014

Silicon (methane gas)
ion-beam-assisted deposition (IBAD) **A5:** 595

Silicon microelectronic die
silicone conformal coatings for **EL1:** 822

Silicon modification
aluminum-silicon alloys **A15:** 161–162

Silicon modifiers
characteristics **A15:** 161
effects. **A15:** 162–165
sodium as **A15:** 162–165
strontium as **A15:** 162–165
types **A15:** 7

Silicon monoxide films
PVD applications **EM4:** 219

Silicon nitride *See also* Ceramics;
SiAlON **EM3:** 592, 593, 594
abrasive machining hardness of work
materials. **A5:** 92
abrasive wear **A18:** 189
applications. **A18:** 812–813, 814, 815
internal combustion engine parts . . **A18:** 558, 559
as structural ceramic, application and
properties. **A2:** 1022
as superhard material **A2:** 1008
as vial materials for SPEX mills **A7:** 82
brazing with Cusil-ABA in $Ar-O_2$
atmosphere **A6:** 957
chemical vapor deposition **A5:** 514
coatings **A16:** 103
combustion synthesis **A7:** 534–535, 536
compaction pressure effect on density **A7:** 506
crack initiation site **A11:** 745
diffusion factors **A7:** 451
diffusion welding **A6:** 886
erosion test results **A18:** 200
for gas-lubricated bearings **A18:** 532
for planetary ball mill parts **A7:** 82
fretting wear. **A18:** 248, 250
friction coefficient data **A18:** 72, 815
gray iron metal removal rates **A16:** 652
high-speed machining **A16:** 602
hot-filament chemical vapor deposition . . . **A18:** 848
injection molding **A7:** 314
ion-beam-assisted deposition (IBAD) **A5:** 596
machinability **A16:** 639, 640, 643, 644
matrix composites **A2:** 1024
on copper-titanium base filler metals. . **A6:** 115–116
optical constants **A5:** 630, 631
physical and mechanical properties. **A5:** 163
physical properties **A7:** 451
primary applications **A16:** 639
properties. **A18:** 42, 801, 812–813
properties of refractory materials deposited on
carbon-carbon deposits **A5:** 889
properties of work materials **A5:** 154
properties (Si_3N) **A6:** 629, 949
reaction-sintered, fracture mirrors. **A11:** 745
rolling contact fatigue of advanced
ceramics **A18:** 260, 261
rolling-element ceramics for bearings **A18:** 503
SIMS analysis (in water). **A18:** 459
single-point grinding temperatures **A5:** 155
sinter plus HIP **A7:** 606
solderable and protective finishes for substrate
materials (Si_3N_4). **A6:** 979
thermal and plasma chemical vapor deposition,
deposition temperatures **A5:** 511
thickener for grease high-vacuum application
lubricants **A18:** 157, 158
to fabricate integrated circuits **EM3:** 378
tools for cast irons. **A16:** 656
wettability (Si_3N_4) **A6:** 115

Silicon nitride fibers **EM1:** 118

Silicon nitride films
PVD applications **EM4:** 219

Silicon nitride, hot pressed *See also* Hot-pressed
silicon nitride
mechanical properties. **M7:** 516

Silicon nitride matrix composites
as structural ceramics **A2:** 1024

Silicon nitride powders
densification by polymers **EM4:** 226

Silicon nitride, reaction-bonded *See* Reaction-
bonded silicon nitride

Silicon nitride ($Si_{(1-x)}N_x$)
ion-beam-assisted deposition (IBAD) **A5:** 596

Silicon nitride (Si_3N_4) *See also* Engineering
properties of nitrides . . **A20:** 599, 600, **EM4:** 19,
32, 47, 49
active metal brazing **EM4:** 523–524, 525
adiabatic temperatures. **EM4:** 229
applications. **EM4:** 48, 200, 230, 960
automotive **EM4:** 529, 960
diesel engines **EM4:** 677, 678
electrical/electronic **EM4:** 1105
turbomachinery. **EM4:** 677–678
wear. **EM4:** 975
as abrasive grains or cutting tool tips for grinding
or machining. **EM4:** 32
as brittle materials, possible ductile
phases **A19:** 389
as thermostructural ceramic for aerospace
applications **EM4:** 1003
bar fractures analyzed by CARES program
compared to IEA Annex II agreement
results. **EM4:** 704–705
brazing with glasses. **EM4:** 519–520
breakdown field dependency on dielectric
constant **A20:** 619
CARES computer program for preliminary design
of rotor applications. **EM4:** 707
ceramic component development **EM4:** 718
ceramic cutting tools **EM4:** 966
chemical etching. **EM4:** 575
chemical vapor deposition **EM4:** 217
comminution. **EM4:** 77
complementary flexure and tensile strength rupture
data. **EM4:** 595
computation of fatigue crack threshold **A19:** 57
crack growth **EM4:** 586, 587, 593
creep recovery. **A20:** 576
creep resistance. **A20:** 660
crystal structure **EM4:** 30
densified **EM4:** 1000, 1001
deposition temperatures for thermal and plasma
CVD **A20:** 479
elastic properties as reinforcement used in DRA
materials **A19:** 895
engineered material classes included in material
property charts **A20:** 267
eutectic joining **EM4:** 526
for ceramic blade materials preventing foreign
object damage **EM4:** 719
fracture toughness vs.
density. **A20:** 267, 269, 270
strength. **A20:** 267, 272–273, 274
Young's modulus **A20:** 267, 271–272, 273
gas turbine engine blade strength at high
temperatures and speeds. **EM4:** 719–720
grades available **EM4:** 676
grain-growth inhibitor **EM4:** 188
high-cycle fatigue, and slow crack
growth. **EM4:** 685
high-temperature strength of joints **EM4:** 527, 528
hot isostatic pressing. **EM4:** 812, 998
hot pressing. **EM4:** 812
improved refractory resulting from bond
with SiC **EM4:** 14
joined to metals, automotive turbocharger
application **EM4:** 724
key product properties. **EM4:** 48
linear expansion coefficient vs. thermal
conductivity. **A20:** 267, 276, 277
linear expansion coefficient vs. Young's
modulus **A20:** 267, 276–277, 278
loss coefficient vs. Young's modulus **A20:** 267,
273–275
machining flaw **EM4:** 643
material removal rates with electrical discharge
machining **EM4:** 376
material selection for structural ceramics. . **EM4:** 29
material-surface degradation. **EM4:** 685
matrix material for ceramic-matrix
composites **EM4:** 840
mechanical properties **A20:** 427, **EM4:** 30, 191,
316
non-oxide ceramic joining **EM4:** 480
normalized tensile strength vs. coefficient of linear
thermal expansion. **A20:** 267, 277–279
particle rearrangement process. **EM4:** 297
physical properties **EM4:** 30, 191, 316
pressure densification **EM4:** 298–301
pressure. **EM4:** 301
technique **EM4:** 301
temperature **EM4:** 301
properties **A20:** 785, **EM4:** 1, 30
properties, adiabatic engine use **EM4:** 990
properties as a function of temperature . . **EM4:** 678
raw materials. **EM4:** 48
recrystallization. **EM4:** 190

reinforcement for aluminum alloys....... **A19:** 144
scuffing temperatures and coefficients of friction between ring and cylinder liner materials........................ **EM4:** 991
sintering aid **EM4:** 188
solid-state bonding in joining non-oxide ceramics........................ **EM4:** 525
specific modulus vs. specific strength **A20:** 267, 271, 272
spherical media composition for wet-milling....................... **EM4:** 78
strength vs. density................ **A20:** 267–269
strength-limiting defects **EM4:** 593
stress-rupture life **EM4:** 1001
superplasticity........................ **EM4:** 301
synthesized by SHS process **EM4:** 229
thermal conductivity vs. thermal diffusivity............... **A20:** 267, 275–276
thermal etching....................... **EM4:** 575
thermal expansion **EM4:** 685–686
thermal properties **A20:** 428, **EM4:** 30, 191
ultrasonic machining.............. **EM4:** 359, 360
ultrasonic measurements............... **EM4:** 624
Weibull plot of strength **EM4:** 31
whiskers, metal-matrix reinforcements: short fibers and whiskers, properties **A20:** 458
Young's modulus vs.
density **A20:** 266, 267, 268, 289
elastic limit **A20:** 287
strength **A20:** 267, 269–271
zirconia as additive **EM4:** 777
Silicon nitride, sintered *See* Sintered silicon nitride (SSN)
Silicon nitride-beryllium nitride [$Si_3N_4(Be_3N_2)$], pressure densification
pressure **EM4:** 301
technique............................ **EM4:** 301
temperature.......................... **EM4:** 301
Silicon nitride-bonded silicon carbide (SNBSC)
applications.......................... **EM4:** 964
mineral processing **EM4:** 961
property comparison, mineral processing **EM4:** 962
Silicon nitride-titanium nitride
electrical discharge machining **EM4:** 374
Silicon nitrogen gas
ion-beam-assisted deposition (IBAD) **A5:** 595
Silicon nitrogen hydride (SiNH)
ion-beam-assisted deposition (IBAD) **A5:** 596
Silicon oxide **M7:** 252, 256, 802
ion sputtering effect................... **EM3:** 245
vacuum heat-treating support fixture material **A4:** 503
Silicon oxide cermets
applications and properties............... **A2:** 992
Silicon oxide failures *See also* Silicon oxide interface, failures
charge trapping in **A11:** 780
defect-related dielectric breakdown... **A11:** 778–779
integrated circuits **A11:** 778–781
intrinsic dielectric breakdown **A11:** 779–780
Silicon oxide (glass)
thermal properties **A18:** 42
Silicon oxide inclusions in steel............. **A9:** 185
Silicon oxide interface failures *See also* Silicon oxide failures
charge................................ **A11:** 782
integrated circuits **A11:** 781–782
interface traps......................... **A11:** 782
ionic contamination.................... **A11:** 781
ion-induced threshold drift.............. **A11:** 782
surface-charge accumulation............. **A11:** 781
Silicon oxide (SiO_2)
ion-beam-assisted deposition (IBAD) **A5:** 596
Silicon oxide vacuum coatings......... **M5:** 390–391, 394–395, 401
Silicon oxynitride....................... **EM4:** 819
corrosion resistance as a cryolite container **EM4:** 239
flexural strength **EM4:** 239
made by a reaction-bonding technique... **EM4:** 236
made by reaction-forming processes **EM4:** 239
properties of ceramic bodies **EM4:** 239, 240
properties when reaction bonded........ **EM4:** 240
Silicon oxynitride film
to increase fatigue resistance of glass by coating **EM4:** 744
Silicon oxynitride (SiON)
ion-beam-assisted deposition (IBAD) **A5:** 596
Silicon *p-n* junction failures
alpha particle induced............. **A11:** 782–784
integrated circuits **A11:** 782–786
latch-up in CMOS................. **A11:** 785–786
radioactivity-induced............... **A11:** 784–785
Silicon polyester coating for steel sheet **M1:** 176
Silicon powders
content effect on oxidation during water atomization **A7:** 43
diffusion factors **A7:** 451
milling **A7:** 58
nitridation **A7:** 523
physical properties...................... **A7:** 451
Silicon red brass *See also* Brasses; Red brass; Wrought coppers and copper alloys
applications and properties............... **A2:** 337
Silicon rubber.......................... **EM3:** 594
Silicon rubber compound
for surface replicas...................... **A17:** 53
Silicon rubber insulation
wrought copper and copper alloy products **A2:** 258
Silicon semiconductor devices *See also* Integrated circuits; Integrated circuits, failure analysis of; Metal-oxide semiconductor (MOS) devices
failure analysis of **A11:** 766–792
failure mechanisms **EL1:** 959
time-dependent failure mechanisms **A11:** 767
Silicon semiconductors
field-assisted bonding.................. **EM4:** 479
Silicon silicon carbide
optical microscopy...................... **A5:** 141
Silicon steel
hot dip galvanized coating of ... **M5:** 324, 327–330
particles of Fe_3C at grain boundaries of ... **A9:** 127
Silicon steel transformer sheets
metallographic texture control......... **A9:** 62–63
Silicon steels *See also* Magnetically soft materials............................. **M3:** 1
bainitic structures **A9:** 663–665
corrosion resistance **A2:** 778
flat-rolled products, as magnetically soft materials **A2:** 766–769
heat treatment.......................... **A2:** 762
nonoriented **A14:** 476, 480
nonoriented, grades................. **A2:** 766–769
oriented **A2:** 767–769, **A14:** 476–477, 480
Silicon substrates
advanced, for hybrid circuits.............. **EL1:** 8
epitaxial GaAs on **EL1:** 200–201
large-aspect ratio **EL1:** 8
multichip structures **EL1:** 304–305
Silicon thyristors
acoustic microscopy.................... **A17:** 481
Silicon transistors
failure mechanisms **EL1:** 959–961
Silicon, vapor pressure
relation to temperature............. **M4:** 309, 310
Silicon VLSI memory and logic
in mixed technologies **EL1:** 8
Silicon wafers
optoelectronics on **EL1:** 8
oxygen determined in.............. **A10:** 122–123
Silicon yellow brass *See also* Cast copper alloys; Yellow brasses
nominal composition.................... **A2:** 347
properties and applications **A2:** 373–374
Silicon-aluminum-oxynitride (SiAlON)
applications and properties **A2:** 1022
Silicon-based polymers **EM4:** 62
Silicon-bronze alloys
contact-finger retainer, failed............ **A11:** 310
corrosion in........................... **A11:** 201
Silicon-carbide refractory, applications
protection tubes and wells **A4:** 533
Silicon-carbide-glass ceramic composite **A9:** 597
Silicon-carbide-whisker-reinforced (SiC_w) aluminum
finish turning **A5:** 85
Silicon-chromium cast irons
scaling resistance.................... **M1:** 93–94
Silicon-controlled rectifier power supply
infrared soldering...................... **A6:** 136
Silicon-controlled rectifiers (SCR) contactors, flash welding **A6:** 247, 248
power sources **A6:** 38–39, 42, 43
Silicon-copper alloys
pickling of **M5:** 612–613
Silicone **A20:** 450
as bag material **M7:** 447
as defoamers for metalworking lubricants **A18:** 142
as foam inhibitors **A18:** 108
properties.............................. **A18:** 81
representative polymer structure **A20:** 445
resin matrix material effect on fatigue strength of glass-fabric/resin composites........ **A20:** 467
specific modulus vs. specific strength **A20:** 267, 271, 272
strength vs. density................ **A20:** 267–269
Young's modulus vs.
density **A20:** 289
elastic limit **A20:** 287
strength **A20:** 267, 269–271
Silicone acrylic
coating hardness rankings in performance categories.......................... **A5:** 729
Silicone adhesives.................. **EM1:** 684, 687
Silicone alkyd
applications demonstrating corrosion resistance **A5:** 423
coating hardness rankings in performance categories.......................... **A5:** 729
curing method.......................... **A5:** 442
paint compatibility...................... **A5:** 441
Silicone alkyd coatings........... **M5:** 474, 500, 501
Silicone caulks
water-base **EM3:** 192
Silicone conformal coatings *See also* Conformal coatings; Silicone-base coatings; Silicones
advantages............................ **EL1:** 773
application methods **EL1:** 773–774
property ranges........................ **EL1:** 773
ultraviolet-curable **EL1:** 824
Silicone faying surface sealants **EM1:** 719
Silicone fluids
lubricants for rolling-element bearings..................... **A18:** 135–136
polymer additives **A18:** 154, 157
Silicone gel............................ **EM3:** 594
Silicone oils
high-vacuum lubricant applications....... **A18:** 155
surface tension **EM3:** 181
Silicone phenolics **EM3:** 104
Silicone plastics
defined................................ **EM1:** 21
Silicone polyester
coating hardness rankings in performance categories.......................... **A5:** 729
Silicone polymers........................ **EM3:** 49
Silicone resins
applications.......................... **EM3:** 278
properties and applications............... **A5:** 422
resistance to mechanical or chemical action **A5:** 423
surface preparation.................... **EM3:** 278
Silicone resins and coatings....... **M5:** 473–475, 621
thermosetting.......................... **M5:** 621
Silicone rubber
contact-angle testing................... **EM3:** 277
engineered material classes included in material property charts **A20:** 267
for formed-in-place gaskets............. **EM3:** 57
for platen seals **EM3:** 694
for Thermex process press tooling....... **EM3:** 711
lap-shear strength **EM3:** 276
medical applications........ **EM3:** 576, **EM4:** 1009
principal stress pattern **EM3:** 327
Young's modulus vs. density ... **A20:** 266, 267, 268
Silicone rubber caulking compounds
for seals between plastic and metal surfaces.......................... **A19:** 206
Silicone vapor
atmospheric effect causing dusting **A18:** 684
Silicone-base coatings *See also* Coatings; Conformal coatings; Silicone conformal coatings; Silicones
application methods **EL1:** 773–774
chemical reactions...................... **EL1:** 774
materials **EL1:** 773
physical properties..................... **EL1:** 773
Silicone-base sealers
aluminum coatings **M5:** 345
Silicone-polyimides
for coating and encapsulation **EM3:** 580

Silicon-epoxies **EM3:** 594
Silicone-rubber encapsulated integrated-circuit chip **A11:** 775
Silicones *See also* Coatings; Conformal coatings; Silicon conformal coatings; Silicone-base coatings
and urethane, acrylic, epoxy, compared. . . **EL1:** 775
applications demonstrating corrosion resistance **A5:** 423
as coating/encapsulant, introduction **EL1:** 759–760
as conformal coating **EL1:** 763
as encapsulants, ILB chips **EL1:** 283
chemical structure **EL1:** 244
for coating/encapsulation **EL1:** 242
major suppliers. **EL1:** 823
properties **EL1:** 822–823
properties, organic coatings on iron castings. **A5:** 699
types of silicone coatings **EL1:** 823–824
ultraviolet-curable silicone coatings **EL1:** 824
Silicones (SI) *See also* Thermosetting resins **EM3:** 26, 44, 74–75, 82–83, 133–137
acetoxy **EM3:** 77
advantages and disadvantages. **EM3:** 675
acrylated **EM3:** 598
addition cure mechanism. **EM3:** 598, 599
additives and modifiers. **EM3:** 135
advantages and limitations. **EM3:** 79, 85
aerospace industry applications **EM3:** 218, 220, 559
alkoxy-cured **EM3:** 59
appliance market applications **EM3:** 59
as conductive adhesives. **EM3:** 76
as contaminants in a metal bond clean-room environment **EM3:** 738
as injection-moldable. **EM2:** 322
as medium-temperature resin system **EM2:** 442–443
as polyimide toughening agent. **EM3:** 161
bonding substrates and applications . . **EM3:** 56, 57, 79, 85
catalysts. **EM3:** 598, 599
characteristics **EM2:** 267, **EM3:** 53
chemical properties **EM3:** 52
chemistry **EM2:** 66, 265, **EM3:** 49, 50, 79, 133–134
coating for aramid fibers **EM3:** 285
compared to epoxies **EM3:** 98
compared to polysulfides **EM3:** 195
competing adhesives **EM3:** 134
competing with urethane sealants **EM3:** 205
component covers **EM3:** 611
component terminal sealant **EM3:** 612
conformal overcoat **EM3:** 592
construction industry applications . . **EM3:** 218–220
contaminant for aluminum adherends . . . **EM3:** 264
cost factors **EM3:** 134
costs and production volume **EM2:** 265
critical surface tensions. **EM3:** 180
cross-linking. **EM3:** 133, 135, 137
cure mechanisms. **EM3:** 79, 133, 134, 136, 137
cure properties **EM3:** 51
defined **EM2:** 38
dielectric sealants **EM3:** 611
durability superior to solvent acrylics. . . . **EM3:** 190
electrical contact assemblies **EM3:** 611
electrical insulator protection. **EM3:** 612
electrical/electronics applications, silicones **EM3:** 44
electronic packaging applications **EM3:** 594, 597–599
electronics industry applications. . . . **EM3:** 218, 220
engineering adhesives family **EM3:** 567
epoxidized **EM3:** 599
failure analysis role **EM3:** 249
films and electrical properties after curing **EM3:** 136
for adhesive bonding of aircraft canopies and windshields **EM3:** 563–564
for aerodynamic smoothing **EM3:** 59
for aircraft and device encapsulation **EM3:** 677
for attaching stone, metal, or glass to a building side **EM3:** 188
for automotive electronics bonding. **EM3:** 553
for caulking **EM3:** 607
for circuit protection **EM3:** 592
for coating and encapsulation **EM3:** 580
for component carrier tapes **EM3:** 134
for curtain wall construction **EM3:** 549
for electrically conductive bonding **EM3:** 572
for electronic general component bonding **EM3:** 573
for exterior mirrors bonding. **EM3:** 553
for exterior seals in construction. **EM3:** 56
for formed-in-place gaskets **EM3:** 50, 57–58
for gasket replacements. **EM3:** 547
for high-temperature insulation and seals for plasma spray masking **EM3:** 134
for high-temperature sealing of aircraft assemblies **EM3:** 808
for highway construction joints **EM3:** 57
for in-house glazing **EM3:** 58
for insulated glass (IG) construction . . **EM3:** 46, 50, 58, 196
for jet engine firewall sealing. **EM3:** 58, 59
for jet window sealing **EM3:** 59
for masking of printed circuit boards. . . . **EM3:** 134
for medical bonding (class IV approval) **EM3:** 576
for metal building construction **EM3:** 57
for mirror assemblies. **EM3:** 553
for mounting wires and circuitry. **EM3:** 137
for organic junction coatings **EM3:** 587
for potting **EM3:** 585
for protecting electronic components **EM3:** 59
for shelving and window construction **EM3:** 45
for structural glazing. **EM3:** 606, 607
for surface-mount technology bonding . . . **EM3:** 570
for thermally conductive bonding **EM3:** 571
for wall construction **EM3:** 56
for wave solder masking **EM3:** 134
for window glazing and mounting. **EM3:** 577
for window sealing. **EM3:** 56
for wrapping and bundling of wires **EM3:** 134
for wrapping transformers **EM3:** 134
heat-curable rubber (HCR). **EM2:** 267
IPN polymers **EM3:** 602
markets **EM3:** 134
modified. **EM3:** 675
moisture cure mechanisms. **EM3:** 598, 599
moisture exposure **EM3:** 736
molds, rotational molding. **EM2:** 367
packaging of **EM3:** 135–136
peel strengths **EM3:** 136, 137
performance **EM3:** 674
photoinitiators. **EM3:** 598
pot life **EM3:** 79, 135–136
prebond treatment **EM3:** 35
predicted 1992 sales. **EM3:** 77
pressure-sensitive properties . . **EM3:** 133, 134, 135, 137
primer requirements **EM3:** 136
product forms/applications. **EM2:** 266–267
properties **EM2:** 267, **EM3:** 49–50, 134–137
property ranges of coatings. **EM3:** 599
resin functionality **EM3:** 133–134
room-temperature-vulcanizing (RTV) **EM3:** 50, 215–222
acetoxy-cured **EM3:** 59
aerospace window sealant **EM3:** 220
applications **EM3:** 606, 608
automotive circuit devices sealant **EM3:** 610
automotive gasketing **EM3:** 220
basic and acid catalysts **EM3:** 215
body assembly sealants **EM3:** 609
building and highway expansion joints. **EM3:** 218–219
chemical gasketing applications **EM3:** 609
chemistry **EM3:** 215–217
competing with anaerobics **EM3:** 116
condensation catalysts used **EM3:** 216, 217
consumer market. **EM3:** 221
cost factors **EM3:** 220, 221
cross-linking system. **EM3:** 215–216, 217
cure characteristics **EM3:** 218
cure mechanisms. **EM3:** 215–216, 217, 219
dielectric sealants **EM3:** 611
electrical properties. **EM3:** 218
fillers **EM3:** 215, 216, 217
flame-retardant fire stop sealant . . **EM3:** 219–220
for automotive circuit devices **EM3:** 610
for eight-cavity mold used in fabricating thermoset test coupons. **EM3:** 399
for engine gasketing **EM3:** 553
for faying surfaces. **EM3:** 604
for fillets **EM3:** 604
for lighting subcomponent bonding **EM3:** 552
for rivets. **EM3:** 604
forms **EM3:** 217–218
general glazing for weatherproofing **EM3:** 219
general industrial sealant. **EM3:** 220–221
heating and air conditioning duct sealing and bonding. **EM3:** 610
industrial cost factors. **EM3:** 221
medical applications. **EM3:** 576
methods of application. **EM3:** 218
plumbing sealant. **EM3:** 608
primers used **EM3:** 218
properties **EM3:** 217–218, 219
recreational vehicle modifications **EM3:** 610, 611
resistance to ultraviolet radiation and ozone. **EM3:** 217–218
sanitary mildew-resistant sealant . . **EM3:** 219, 220
silanol-terminated polydimethylsiloxanes **EM3:** 215, 216
structural glazing. **EM3:** 219
suppliers. **EM3:** 220, 221
thermal aging properties **EM3:** 217
water-dispersed **EM3:** 221
RTV silicone rubbers **EM2:** 266–267
sealants
appliance applications **EM3:** 192
automotive applications. **EM3:** 192
characteristics (wet seals) **EM3:** 57, 188
chemical resistance **EM3:** 642
for aerospace applications **EM3:** 192
for construction. **EM3:** 192
for consumer do-it-yourself. **EM3:** 192
for fuel containment. **EM3:** 192
for highway construction **EM3:** 192
for structural glazing. **EM3:** 192
properties **EM3:** 191–192, 677
tensile strength affected by temperature **EM3:** 189
secondary seal for polyisobutylene **EM3:** 190
service temperature **EM3:** 621
shelf life **EM3:** 79, 135–136
silicone fluids **EM2:** 266
suppliers. **EM2:** 267, **EM3:** 58, 59, 79, 134
surface contamination effect. **EM3:** 638
thermal properties **EM3:** 52
thermal resistance and shear strength. **EM3:** 98
thermoset. **EM2:** 630–631
to facilitate gun-dispensible application of sealants. **EM3:** 188
UV-curing **EM3:** 568
Silicones/methacrylates
for solar panel construction **EM3:** 578
Silicon-infiltrated silicon carbide (Si/SiC)
scanning acoustic microscopy wear studies **A18:** 409
Silicon-iron alloys, bar and heavy strip
as magnetically soft **A2:** 769
Silicon-iron electrical steels *See* Electrical steels
Silicon-iron (oriented)
permeability **EM4:** 1162
resistivity **EM4:** 1162
saturation flux density. **EM4:** 1162

Silicon-iron-bronze
cage material for rolling-element bearings **A18:** 503
Siliconized silicon carbides (Si/SiC) **EM4:** 19
Siliconizing **A20:** 481, 482
definition **A5:** 967
titanium and titanium alloys **A5:** 844
Siliconizing by chemical vapor deposition
characteristics of pack cementation
processes **A20:** 481
Silicon-manganese steel powders **A7:** 125
Silicon-manganese steels
SAE-AISI system of designations for carbon and
alloy steels **A5:** 704
Silicon-modified aluminide compounds **A7:** 519
Silicon-modified polyimides **EM3:** 594
Silicon-modifying additions
wrought aluminum alloy **A2:** 44
Silicon-on-silicon hybrids **EL1:** 372–373
Silicon-oxynitride **EM3:** 592, 593, 594
Silicon-silicon carbide composite
radiant tube applications **A4:** 517–518
Silicon-to-silver bonding techniques **A20:** 478
Silicosis **M7:** 202
from gold toxicity **M7:** 205
Silk fibers
friction coefficient data **A18:** 75
Silk screen process
for solder mask/protective coat **EL1:** 115
Silk screen surfaces **M7:** 176
Silky fracture
defined **A8:** 12, **A11:** 9
Silky fractures **A12:** 2
Sillimanite
applications, refractory **EM4:** 906
as aluminum silicate molding sand **A15:** 20
density **EM4:** 762
island structure **EM4:** 758
structure. **EM4:** 762
versus mullite **EM4:** 762
Silo hoist
destructive wear in steel worm used in . . . **A11:** 598
Siloxane
chemical groups and bond dissociation energies
used in plastics **A20:** 441
Siloxanes
failure analysis role **EM3:** 249
identification of **EM3:** 243
Siltemp fiber **EM1:** 61
Silumin (Al-Si: 86.5% Al; 1% Cu)
thermal properties **A18:** 42
Silver *See also* Fine silver; Nickel silver; Precious
metal powders; Precious metals; Pure silver;
Silver alloys; Silver alloys, specific types; Silver
coatings; Silver contact alloys; Silver powders;
Silver/cadmium oxides; Silver-base composites;
Silver-graphite powders; Sterling silver;
Tumbaga. **A13:** 793–798
0.9995% pure, used in low-cycle fatigue study to
position elastic and plastic strain-range
lines **A19:** 964
absorptivity **A6:** 265
addition to plasma-sprayed coatings **A18:** 119
adhesion measurement of fcc metals **A6:** 144
adhesion to nickel **A6:** 144
adhesion to silver **A6:** 144
alloying **A13:** 794–795
alloying, aluminum casting alloys **A2:** 132
alloying, wrought aluminum alloy **A2:** 55
and platinum, cold heading **A14:** 850
annealing **M4:** 760–761
anode composition complying with Federal
Specification QQ-A-671. . . . . **A5:** 217
anode x-ray tube. **A10:** 90
anodes. **M7:** 148
applications. **A2:** 699, 1259–1260, **M7:** 205
as a conductive coating for scanning electron
microscopy specimens **A9:** 97
as alloyable coating **EL1:** 679
as conductive thick-film material **EL1:** 249
as electrically conductive filler . . **EM3:** 45, 76, 130,
178, 572, 596, 620
as gold alloy **A2:** 690
as interlayer metal for solid-state
welding **A6:** 165–166, 168, 169, 170
as minor toxic metal, biologic
effects. **A2:** 1259–1260
as precious metal **A2:** 688
as protective finish in electronic
applications. **A6:** 990, 991
as SERS metal **A10:** 136
as solder impurity **EL1:** 638
atomic interaction descriptions **A6:** 144
average plate thickness ratio **A5:** 222
brazing, composition **A6:** 117
chromate conversion coatings **A5:** 405
coinability of. **A14:** 183
color buffing of **M5:** 306
color or coloring compounds for **A5:** 105
colors obtained from various thicknesses of silver
iodide interference films **A9:** 136
commercially pure **M2:** 671–673
commercially pure, properties **A2:** 699–700
compatibility in bearing materials. **A18:** 743
Compton-scattered **A10:** 84
conductor ink **EL1:** 208
corrosion applications **A13:** 795
corrosion resistance . . . **A13:** 793–794, 797, **M2:** 670
cost per unit mass **A20:** 302
cost per unit volume **A20:** 302
current-time curves in coulometric determinations
of **A10:** 210
deformation twinning **A9:** 554–555
dental solders **A2:** 698
deposit hardness attainable with selective plating
versus bath plating **A5:** 277
deposition **A10:** 199
determined by controlled-potential
coulometry **A10:** 209
diffusion bonding **A6:** 159
diffusion in an electronic circuit **A9:** 101
dislocation pairs **A9:** 115
dispersion-strengthened **M7:** 716–720
effect on thermal conductivity **EM3:** 621
effects, electrolytic tough pitch copper **A2:** 269
effluent limits for phosphate coating processes per
U.S. Code of Federal Regulations **A5:** 401
electrical and thermal conductivity of **A2:** 840–841,
843–845
electrical contacts, use in **M3:** 666–668
electrical resistance applications **M3:** 641
electrochemical grinding. **A16:** 543, 545
electrochemical potential. **A5:** 635
electrodes, oxidation in alkaline
environments. **A10:** 135
electrolytic potential **A5:** 797
electroplating of bearing materials . . . **A18:** 756, 838
electroplating on zincated aluminum
surfaces. **A5:** 801
electropolishing of. **M5:** 306
elemental sputtering yields for 500
eV ions **A5:** 574
embrittlement by **A11:** 236, **A13:** 182
enamels **EM3:** 302
environments known to promote stress-corrosion
cracking of commercial titanium
alloys **A19:** 496
evaporation fields for **A10:** 587
explosion welding **A6:** 896, **M6:** 710
exposure limits **M7:** 205
fabrication **A13:** 793
filler for polymers **M7:** 606
filler metal for beryllium alloys **A6:** 946
film, grown on mica, analysis of grain
size in **A10:** 543–544
film grown on mica, grain size of. . . . **A10:** 543–544
foil, solid-state welding **A6:** 169
for electrical and thermal conductivity. . . **EM3:** 584
friction coefficient data **A18:** 71, 72
galvanic series for seawater **A20:** 551
gaseous corrosion **A13:** 798
gas-tungsten arc welding **A6:** 192
gold plating, uses in **M5:** 282–283
gravimetric finishes **A10:** 171
heat-affected zone fissuring in nickel-base
alloys **A6:** 588
high-purity, SSMS analysis **A10:** 144
high-vacuum lubricant application **A18:** 153
honing stone selection **A16:** 476
impregnation effects on typical carbon-graphite
base material **A18:** 817
impregnation effects on typical graphite-base
material **A18:** 817
in acids **A13:** 795
in aluminum alloys **A15:** 74
in carbon-graphite materials. **A18:** 816
in clad and electroplated contacts. **A2:** 848
in cloud seeded rainwater, GFAAS
analysis **A10:** 55
in dental amalgam **A18:** 669
in diffusion welding welds. **A6:** 884–885, 886
in electronic scrap recycling **A2:** 1228
in eutectic alloys. **A6:** 127
in halogens **A13:** 795
in hydrochloric acid. **A13:** 794
in liquid-phase metallizing **EM3:** 306
in metal powder-glass frit method. **EM3:** 305
in molten sodium chloride **A13:** 50
in organic compounds **A13:** 797
in salts **A13:** 796
in solid solution alloys **A6:** 127
in stainless steel brazing filler metals **A6:** 911–913,
915, 920
in trimetal bearing material systems. **A18:** 748
-infiltrated tungsten, properties. **M7:** 562
internal electrolysis of **A10:** 200
ion implantation. **A18:** 856
ion-beam-assisted deposition (IBAD). . **A5:** 595, 597
lap welding. **M6:** 673
linear expansion coefficient vs. thermal
conductivity. **A20:** 267, 276, 277
(liquid) contact angles on beryllium at various test
temperatures in argon and vacuum
atmospheres. **A6:** 116
liquid-metal embrittlement of **A11:** 234
low-melting temperature indium-base solder
compatibility **A2:** 752
low-temperature solid-state welding **A6:** 300
lubricant indicators and range of
sensitivities **A18:** 301
maximum concentration for the toxicity
characteristic, hazardous waste **A5:** 159
metal filler for polyimide-base adhesives **EM3:** 159
migration, electronics industry. **A13:** 1110
migration, polymer die attach **EL1:** 218
mutual solubility **A11:** 452
not a polyphase alloy. **A18:** 743
oxidation **A13:** 794
percussion welding **M6:** 740
photochemical machining etchant **A16:** 590
plating, uses **EL1:** 679
powders, catalytic oxidation by SERS
analysis. **A10:** 136
precoating **A6:** 131
price per pound **A6:** 964
production **M2:** 659–660
properties **A2:** 699–700, **A13:** 793
pure. **M2:** 794–796
pure (99.9%), thermal properties **A18:** 42
pure, AES spectrum of **A11:** 34
pure, properties **A2:** 1156
purest, thermal properties. **A18:** 42
recommended impurity limits of solders . . . **A6:** 986
reflecting layer coating on outer substrate surface
of surface force apparatus (SFA) **A18:** 400
refractory metal brazing, filler metal **A6:** 942
reinforcement of glass ionomers as dental
elements. **A18:** 673
relative solderability **A6:** 134
as a function of flux type **A6:** 129
resistance brazing **M6:** 976
resistance to specific corroding agents **A2:** 699–721
resistance welding. **A6:** 833
resources and consumption **A2:** 689
rhodium plating of **M5:** 290
roll welding **A6:** 314
rosin flux use **A6:** 129
safety standards for soldering **M6:** 1099
scrap metal **A10:** 41
semifinished products **A2:** 694
shot peening **A5:** 131, 133
solderability. **A6:** 978
solution potential **M2:** 207
special properties. **A2:** 691, **M2:** 662
species weighed in gravimetry **A10:** 172
spectrometric metals analysis **A18:** 300
sterling **A14:** 184
suitability for cladding combinations **M6:** 691
tantalum corrosion by **A13:** 735
testing parameters used for fatigue
research of **A19:** 211
texture orientations **A10:** 360

Silver (continued)
thermal conductivity vs. thermal diffusivity . . . **A20:** 267, 275–276
thermal diffusivity from 20 to 100 °C . . . **A6:** 4
thermal expansion coefficient . . . **A6:** 907
TNAA detection limits . . . **A10:** 238
toxicity . . . **A6:** 1195, 1196, **M7:** 204–205
trade practices . . . **A2:** 690–691
transferred patches on a copper specimen in TEM . . . **A18:** 385
TWA limits for particulates . . . **A6:** 984
ultrapure, by fractional crystallization . . . **A2:** 1093
ultrapure, by zone refining . . . **A2:** 1094
ultrasonic cleaning . . . **A5:** 47
ultrasonic welding . . . **M6:** 746
vapor pressure, relation to temperature . . . **M4:** 309, 310
Vickers and Knoop microindentation hardness numbers . . . **A18:** 416
Volhard titration of . . . **A10:** 173
volume resistivity and conductivity . . . **EM3:** 45
volumetric procedures for . . . **A10:** 175
weighed as the chloride . . . **A10:** 171
wettability indices on stainless steel base metals . . . **A6:** 118
x-ray tube emission, spectrum of . . . **A10:** 90
zinc and galvanized steel corrosion as result of contact with . . . **A5:** 363

Silver (Ag)
component in photochromic ophthalmic and flat glass composition . . . **EM4:** 442
component in photosensitive glass composition . . . **EM4:** 440
for brazing in ceramic/metal seals . . **EM4:** 504, 505, 506
for metallizing . . . **EM4:** 443, 542, 543
in filler metal used for direct brazing . . . **EM4:** 517–518, 519
in filler metals for active metal brazing . . . **EM4:** 523–524, 526, 530
joining . . . **EM4:** 487
materials for conductors . . . **EM4:** 1141
metallic decorating material . . . **EM4:** 474
variation in the experimentally determined melting point . . . **EM4:** 251

Silver alloy powders
apparent density . . . **A7:** 40
extrusion . . . **A7:** 626–627
mass median particle size of water-atomized powders . . . **A7:** 40
operating conditions and properties of water atomized powders . . . **A7:** 36
oxygen content . . . **A7:** 40
standard deviation . . . **A7:** 40

Silver alloys *See also* Fine silver; Pure metals; Pure silver; Silver; Silver alloys, specific types; Silver contact alloys; Silver-base composites; specific silver alloys
applications . . . **A2:** 700, 702–704
as filler metal for dip brazing . . . **A6:** 338
bobbing compounds . . . **A5:** 104
brazing, definition . . . **A6:** 1213
dental amalgam, properties . . . **A2:** 703–704
microstructures of . . . **A9:** 551–552
properties . . . **A2:** 699–704
recommended gap for braze filler metals . . . **A6:** 120
resistance brazing filler metals . . . **A6:** 341, 342

Silver alloys, for brazing
composition and properties . . . **M7:** 838

Silver alloys, specific types *See also* Sleeve bearing materials, specific types
70Ag-30Cu, graphite-silver copper composite . . . **A9:** 595, 597
72Ag-28Cu foil . . . **A6:** 146
75Ag- 19.5Cu-5Cd-0.5Ni . . . **A9:** 555
75Ag-24.5Cu-0.5Ni . . . **A9:** 555
85Ag-15Cd . . . **A9:** 555
90Ag-10Cu . . . **A9:** 555
96.5Sn-3.5Ag . . . **A6:** 351
98.58Ag-0.22MgO-0.2Ni . . . **A9:** 559
Ag-0.25Mg-0.20Ni, as electrical contact materials . . . **A2:** 845
Ag-3Pd, as electrical contact materials . . . **A2:** 845
Ag-5% Cu, weld microstructures . . . **A6:** 52
Ag-5.5Cd-0.2Ni-7.5Cu, as electrical contact materials . . . **A2:** 845
Ag-5Cu, electron beam melted and resolidified . . . **A9:** 615–616
Ag-10Au, as electrical contact materials . . . **A2:** 845
Ag-15Cd, as electrical contact materials . . . **A2:** 845
Ag-15Cu, electron beam melted and resolidified . . . **A9:** 615
Ag-22.6Cd-0.4Ni, as electrical contact materials . . . **A2:** 845
Ag-23Pd-12Cu-5Ni, as electrical contact materials . . . **A2:** 845
Ag-24.5Al (at.%), single crystal from massive transformation . . . **A9:** 657
Ag-24.5Cu-0.5Ni, as electrical contact materials . . . **A2:** 845
Ag-28Cu, melt spun . . . **A9:** 616
Ag-Cu-Zn (silver-copper-zinc) alloys, brazing
available product forms of filler metals . . **A6:** 119
joining temperatures . . . **A6:** 118
Ag-Cu-Zn-Cd (silver-copper-zinc-cadmium) alloys, brazing
available product forms of filler metals . . **A6:** 119
joining temperatures . . . **A6:** 118

Silver alloys, use for bearings *See also* Bearings, sliding . . . **M3:** 820

Silver and silver alloys
aging . . . **A4:** 941
annealing . . . **A4:** 939–941
applications . . . **A4:** 939, 941, 946
as addition to aluminum alloys . . . **A4:** 843
brazing, furnace atmosphere . . . **A4:** 548, 559
cold working . . . **A4:** 940
facing for split inductor coils . . . **A4:** 178
hardness . . . **A4:** 941, 945
mechanical properties . . . **A4:** 940, 941, 946
probe material for quenching cooling curve analysis . . . **A4:** 68
sleeve bearing liners . . . **A9:** 567
tensile properties . . . **A4:** 939, 940
vapor pressure of silver, relation to temperature . . . **A4:** 495

Silver azide (AgN_3) (explosive)
friction coefficient data . . . **A18:** 75

Silver brazing
method for attaching ultrasonic machining tool to toolholder . . . **EM4:** 360

Silver brazing alloy
cladding material for brazing . . . **A6:** 347

Silver brazing filler metals
properties . . . **A2:** 702

Silver bromide
as internal reflection element . . . **A10:** 113

Silver carbonate . . . **M7:** 148

Silver chloride
as internal reflection element . . . **A10:** 113
stain used for amber color in glass . . . **EM4:** 474

Silver chloride electrode
for acidified chloride solutions . . . **A8:** 419

Silver coatings
applications . . . **A2:** 691

Silver coatings and films
soldering . . . **A6:** 631

Silver, coin *See* Silver-copper alloys

Silver conductive paints
electromagnetic interference shielding . . . **A5:** 315

Silver contact alloys *See also* Silver
electrical and thermal conductivity . . . **A2:** 843
fine silver . . . **A2:** 844–845
limitations . . . **A2:** 844
multi-component alloys . . . **A2:** 845
silver-cadmium alloys . . . **A2:** 845
silver-copper alloys . . . **A2:** 845
silver-gold alloys . . . **A2:** 845
silver-palladium alloys . . . **A2:** 845
silver-platinum alloys . . . **A2:** 845
types . . . **A2:** 843–845

Silver electrolytic powder . . . **A7:** 70

Silver filling *See* Dental amalgam

Silver flake . . . **EM3:** 33, **M7:** 147–148, 596

Silver halide . . . **EM4:** 22

Silver halide grains
in radiography . . . **A17:** 326

Silver in copper . . . **M2:** 242, 243

Silver in fusible alloys . . . **M3:** 799

Silver iodide interference films on silver
colors obtained at various thicknesses . . . **A9:** 136

Silver matrix composite with nickel fibers . . . **A9:** 100

Silver migration
electronics industry . . . **A13:** 1110

Silver migration failures
tantalum capacitors . . . **EL1:** 998

Silver nitrate in water as an etchant for tin- lead alloys . . . **A9:** 450

Silver nitrate, stainless steels
corrosion resistance . . . **M3:** 87–88

Silver nitrite
biologic effects . . . **A2:** 1260

Silver oxides by thermal reduction . . . **M7:** 148

Silver plating . . . **A5:** 245–246, **M5:** 279–280, 566
additions to solutions . . . **A5:** 245
alternative method for plating on zincated aluminum surfaces . . . **A5:** 801
aluminum and aluminum alloys . . . **M5:** 605–606
anode-cathode motion and current density **A5:** 279
anodes . . . **A5:** 245
applications . . . **A5:** 245, **M5:** 279
chromate film absence or presence . . . **A5:** 246
copper and copper alloys . . . **A5:** 815, **M5:** 617, 621–623
cyanide and noncyanide systems . . . **M5:** 279–280
decorative applications . . . **A5:** 245
electroless process . . . **M5:** 606, 621–622
energy factors for selective plating . . . **A5:** 277
heat-resistant alloys . . . **M5:** 566
immersion deposits . . . **A5:** 245
immersion process . . . **M5:** 622
magnesium alloys, stripping of . . . **M5:** 647
noncyanide formulations for solutions **A5:** 245–246
plating process . . . **A5:** 245
plating solutions . . . **A5:** 245
purity, degree of brightness, or mechanical polish defined . . . **A5:** 246
selective plating solution for precious metals . . . **A5:** 281
shot peening . . . **A5:** 131, 133
silicon-to-silicon bonding techniques . . . **A5:** 245
solution compositions and operating conditions . . . **M5:** 279–280, 622–623
impurities . . . **M5:** 280
solution formulations . . . **A5:** 245
specifications . . . **A5:** 246, **M5:** 280
stripping of . . . **M5:** 647

Silver powders *See also* Precious metal powders; Silver
alloyed to tungsten . . . **A7:** 193
apparent density . . . **A7:** 40
chemical processes . . . **M7:** 147–148
content in ancient platinum . . . **A7:** 3
diffusion factors . . . **A7:** 451
electrochemical reduction and processes . . . **M7:** 148
electrolytic . . . **M7:** 71, 72
electrodeposition . . . **A7:** 70
injection molding . . . **A7:** 314
irregularly shaped galvanic . . . **M7:** 148
mass median particle size of water-atomized powders . . . **A7:** 40
microstructure . . . **A7:** 727
operating conditions and properties of water atomized powders . . . **A7:** 36
oxygen content . . . **A7:** 40
oxygen content of water atomized metal powder . . . **A7:** 42

physical properties . . . A7: 451
reducing agents . . . M7: 147–148
standard deviation . . . A7: 40
thermal reduction . . . M7: 148
water-atomized powders . . . A7: 42
Silver powders, production of . . . A7: 182–184
Silver, pure
effect of atomic oxygen . . . A12: 481
Silver salts . . . M7: 147–148
Silver sand
angle of repose . . . M7: 282
Silver scrap metal
analysis of . . . A10: 41
Silver soldering
definition . . . A6: 1213
Silver solders *See also* Silver-base brazing alloys; Silver-base brazing filler metals
chemical analysis and sampling . . . M7: 249
Silver, stacking-fault tetrahedra . . . A9: 117
effect on lead-tin microstructures . . . A9: 417
incipient melting from electrical overload . . A9: 555
melting in . . . A9: 555
recrystallized . . . A9: 554–555
sheet, cold rolled . . . A9: 554–555
Silver, sterling *See* Silver-copper alloys
Silver streaking *See* Splay marks
Silver striking
aluminum and aluminum alloys . . . M5: 605
Silver sulfide
biologic effects . . . A2: 1260
Silver tungsten
electrical contact applications . . . M7: 631
electrode material for EDM . . . A16: 559, 560
tongs for manual resistance brazing . . . A6: 340
Silver/cadmium oxide
applications . . . M7: 147, 631, 633, 720
contacts . . . M7: 718, 720
electrical/magnetic applications . . . M7: 633
materials, compared . . . M7: 718
Silver/refractory metals . . . M7: 633–634
Silver/silver chloride electrode . . . A8: 416
Silver/silver chloride reference electrodes . . . A19: 202
Silver/tungsten carbide mixtures . . . M7: 147, 631
applications . . . M7: 631
Silver-base alloys
as bearing alloys . . . A18: 748, 753
applications . . . A18: 753
mechanical properties . . . A18: 753
fibers for reinforcement . . . A18: 803
fretting wear . . . A18: 248, 250
processing techniques . . . A18: 803
properties . . . A18: 803
torch brazing filler metals . . . A6: 328
Silver-base brazing alloys . . . M2: 675–677
Silver-base brazing filler metals
properties . . . A2: 702
Silver-base composites
for electrical contact materials . . . A2: 855–856
multiple-component . . . A2: 856
silver-cadmium oxide group . . . A2: 856
silver-iron . . . A2: 856
silver-nickel . . . A2: 855
silver-tin oxide . . . A2: 856
silver-tungsten/silver molybdenum . . . A2: 855
silver-zinc oxide . . . A2: 856
with dispersed oxides . . . A2: 856
with pure element or carbide . . . A2: 855
Silver-base filler alloys
corrosion resistance . . . A13: 880–883
Silver-base powder metallurgy materials, specific types
40Ag-60WC . . . A9: 559–560
50Ag-50Mo . . . A9: 559
50Ag-50Ni . . . A9: 558
50Ag-50W . . . A9: 559
50Ag-50WC . . . A9: 559
60Ag-40Ni . . . A9: 558
65Ag-35WC . . . A9: 559
80Ag-20Ni . . . A9: 558
85Ag-15CdO . . . A9: 556–557
85Ag-15Ni . . . A9: 558
88Ag-10Ni-2graphite . . . A9: 558
89Ag-11CdO . . . A9: 556
90Ag-10CdO . . . A9: 555–557
90Ag-10graphite . . . A9: 558
90Ag-10W . . . A9: 559
95Ag-5graphite . . . A9: 558
97Ag-3graphite . . . A9: 558
Silver-bearing copper alloys
characteristics . . . A2: 230, 234
Silver-bearing lead
for industrial (hard) chromium plating coils . . . A5: 183
Silver-bearing tough pitch copper *See also* Copper alloys, specific types, C11300, C11400, C11500 and C11600
applications and properties . . . A2: 274–275
Silver-bronze alloys
galvanic series for seawater . . . A20: 551
Silver-cadmium alloys
as electrical contact materials . . . A2: 845, A9: 551
feathery structures in . . . A9: 656
Silver-cadmium oxide
percussion welding . . . M6: 740, 745
Silver-cadmium oxide composites
as electrical contact materials . . . A2: 851, 856
Silver-cadmium oxide materials
microexamination of . . . A9: 550
polishing of . . . A9: 550
Silver-cadmium oxide powder . . . A7: 69, 182
Silver-copper alloys *See also* Silver alloys; Sterling silver . . . A13: 775, 878, M2: 673–675
as electrical contact materials . . . A2: 845, A9: 551
properties . . . A2: 700–702
weld microstructure . . . A6: 52, 53
Silver-copper-nickel alloys
as electrical contact materials . . . A9: 551
Silver-copper-phosphorus alloys
torch brazing filler metals . . . A6: 328
Silver-copper-titanium (Ag-Cu-Ti)
used to braze silver metallization onto alumina . . . EM4: 544
Silver-filled epoxy
volume resistivity and conductivity . . . EM3: 45
Silver-glass
bonding . . . EL1: 349
die attach, for hermetic packages . . . EL1: 215–216
Silver-gold alloys
as electrical contact materials . . . A2: 845
Silver-graphite
microexamination of . . . A9: 550
resistance brazing . . . M6: 976
Silver-graphite composites, properties
for electrical make-break contacts . . . A2: 852
Silver-graphite electrical contacts
properties . . . A7: 1024
Silver-graphite mixtures
applications . . . M7: 147
electrical contact applications . . . M7: 631
electrical/magnetic applications . . . M7: 633
Silver-graphite powder . . . A7: 182
Silver-indium alloys
dental . . . A13: 1362
Silver-infiltrated tungsten
properties . . . A7: 550
Silver-iron composites, properties
for electrical make-break contacts . . . A2: 852
Silver-iron electrical contacts
properties . . . A7: 1024
Silver-iron mixtures
applications . . . M7: 147
Silver-iron powder . . . A7: 182
Silver-lead alloy cable sheath
creep-rate/time curves . . . A8: 321, 323
Silver-lead solders
microstructures of . . . A9: 417, 422
Silver-magnesium-nickel alloys . . . M2: 677–678
properties . . . A2: 702
Silver-mercury alloys (dental amalgam)
properties . . . A2: 703–704
Silver-molybdenum
resistance brazing . . . M6: 965
Silver-molybdenum mixtures
applications . . . M7: 147
electrical contact applications . . . M7: 631
Silver-molybdenum powder . . . A7: 182
Silver-nickel
microexamination of . . . A9: 550
Silver-nickel composites, properties
for electrical make-break contacts . . . A2: 852
Silver-nickel electrical contacts
properties . . . A7: 1024
Silver-nickel mixtures . . . M7: 632–633
applications . . . M7: 147
electrical contact applications . . . M7: 631
microstructural analysis . . . M7: 488–489
Silver-nickel oxide powder . . . A7: 69
Silver-nickel powder . . . A7: 182
Silver-palladium alloys . . . A13: 1360
as electrical contact materials . . . A2: 845
termination of multilayer ceramic capacitors . . . EM4: 1117
Silver-palladium powder . . . A7: 182, 185
Silver-platinum alloys
as electrical contact materials . . . A2: 845
Silver-reinforced glass ionomer
composite restorative material (dental) combined with . . . A18: 670
Silver-silver chloride
reference electrodes for use in anodic protection, and solution used . . . A20: 553
Silver-tin alloys
peritectic reactions . . . A9: 676
Silver-tin oxide composites
as electrical contact materials . . . A2: 852, 856
Silver-tin oxide electrical contacts
properties . . . A7: 1024
Silver-tungsten
percussion welding . . . M6: 740, 745
resistance brazing . . . M6: 965
Silver-tungsten carbide powder . . . A7: 182
Silver-tungsten powder . . . A7: 182
Silverware
coining dies for . . . M3: 509–510
coining of . . . A14: 182
Silver-zinc oxide composites
as electrical contact materials . . . A2: 852, 856
Silver-zinc oxide electrical contacts
properties . . . A7: 1024
Silvex 2,4,5-TP
maximum concentration for the toxicity characteristic, hazardous waste . . . A5: 159
SIMA process
as semisolid metalworking . . . A15: 33
brass application . . . A15: 33
Si-metal
granulation . . . A7: 92
Similarity approach . . . A19: 126
Similitude . . . A19: 126, 197, 202
Simms patents . . . A5: 449
SIMOX structure . . . A5: 633
Simple aluminide
oxidation-resistant coating systems for niobium . . . A5: 862
Simple bending
as springback . . . A8: 552
tests, simulative, for sheet metals . . . A8: 560
Simple compression test . . . A7: 327, 328
Simple condensed water climate test . . . A5: 638–639
Simple cubic array . . . A20: 338
density and coordination number . . . M7: 296
Simple equal energy test
fracture toughness tests . . . A20: 540
Simple fatigue
failure distribution according to mechanism . . . A19: 453
Simple force balance . . . A7: 369
Simple geometries, part classifications . . . A20: 258
Simple hydrostatic extrusion . . . A14: 327–328
Simple immersion test . . . A7: 978
Simple (lattices)
defined . . . A9: 16
Simple linear regression . . . A8: 700
Simple set-point control systems . . . A6: 1062
Simple shear . . . A8: 155, 180–181
Simple shear test . . . A7: 327, 328
Simple space lattice . . . A3: 1•15
Simple upsetting . . . A14: 87–88
Simple-beam theory
bending . . . A8: 118–119
Simple-implicit method for pressure-linked equations (SIMPLE) method . . . A20: 193
Simple-SIMS instrument
for qualitative analysis . . . A10: 613
Simplex (experimental) designs . . . EM2: 601
Simplified impulse and inductive inert gas fusion furnaces . . . A10: 228
Simplified Marker-and-Cell program . . . A15: 86
Simpson rule . . . A19: 424
SIMS *See* Secondary ion mass spectrometry; Secondary ion mass spectroscopy
Simulated annealing techniques . . . A20: 217

Simulated flight test **A19:** 115
Simulated pressurized water reactor **A8:** 423–425
Simulated service testing *See also* Corrosion testing; Evaluation; In-service monitoring; Monitoring **A13:** 204–211
corrosion testing. **A13:** 208–210
corrosion testing, atmospheric . . **A13:** 204–206, 226
corrosion testing in water. **A13:** 207–208
for intergranular corrosion **A13:** 239
of magnesium/magnesium alloys. **A13:** 743–747
Simulated service tests **A20:** 245
Simulated-bolthole test
for gas-turbine components **A11:** 279
Simulated-service tests *See also* Simulation
conditions for **A11:** 214
for corrosion **A11:** 174
for stress-corrosion cracking. **A11:** 214
of failures **A11:** 31
Simulation *See also* Analysis; Computer applications; Mathematical modeling; Model simulation; Modeling; Model(s); NDE reliability models; Physical modeling; Process modeling; Simulated-service tests. **A7:** 450, **A14:** 911–927, **A19:** 4
analytical methods. **A14:** 913–919
and fracture mechanics **A8:** 262
and models, fatigue testing by **A11:** 135
computer **A7:** 452
definition. **A20:** 840
finite-element analysis methods. **A14:** 919–924
generalized approach. **A14:** 911–913
High-frequency digital systems **EL1:** 77–81
laboratory, failure analysis **EM2:** 818–819
models, for high-frequency digital system design. **EL1:** 81
mold fill. **EM2:** 312
of LME mechanism. **A11:** 724–725
of metalworking **A14:** 19–20
of solidification. **A15:** 36, 863–865
of tool and die failures **A11:** 563
output, interpreting **A15:** 863
printed circuit board layout **A20:** 208
procedure, for parallel signal lines **EL1:** 35
process modeling **A7:** 448
software, for design **EL1:** 419
solid-state sintering **A7:** 450
variable mesh (VMS) **EL1:** 129
Simulation engines. **A20:** 205
Simulation model. **A20:** 220
Simulation model, three-dimensional. **A20:** 220
Simulations *See also* Computers
in high resolution electron microscopy. **A9:** 121
Simulative formability tests. **A14:** 883, 889–893
Simulative forming tests. **A8:** 560–566
for steel sheet **A1:** 576
Simulative tests
and material properties. **A8:** 565
bending **A8:** 560–561
drawing **A8:** 562–563
for lubricant evaluation in forming operations **A8:** 568
for wear testing **A8:** 604–606
forming. **A8:** 553, 560–566
springback. **A8:** 564–565
stretch-drawing **A8:** 563
stretching. **A8:** 561–562
types of **A8:** 560
wrinkling and buckling **A8:** 563–564
Simulators **A20:** 204, 205
interconnection network electrical performance (AT&T) **EL1:** 14
Simultaneous carburization **M7:** 158
Simultaneous engineering
and NDE reliability models **A17:** 702
definition. **A20:** 840
design for **EM1:** 835–836
Simultaneous multielement analysis
and sequential multielement analysis combined **A10:** 38
direct-current plasma. **A10:** 40
direct-current plasma atomic emission spectroscopy **A10:** 43
inductively coupled plasma atomic emission spectroscopy. **A10:** 31–42, 43
neutron activation analysis **A10:** 233–242
Simultaneous transport mechanisms **A7:** 452
Sin² ψ technique
plane-stress elastic model **A10:** 384
six-angle, residual stress pattern **A10:** 386
Sine law
in mechanics of cone spinning. **A14:** 601
Single bending impact load
medium-carbon steel fracture. **A12:** 270
Single coil tests
eddy current **A17:** 177, 543–544
Single crystal
iron alloy, fracture surface. **A8:** 479–480
specimen, aluminum, arrangement to Kolsky bar **A8:** 222, 224
Single crystal spheres
oxidized **A9:** 137
Single crystalline graphite
Raman analysis. **A10:** 132
Single crystals *See also* Crystals
defined. **A10:** 681
diffraction experiments with **A10:** 330
EXAFS analysis **A10:** 410
experiment with monochromatic beams. . . **A10:** 330
for ESR study. **A10:** 256
GaAs, growth methods **A2:** 744
garnet, gallium gadolinium (GGG) **A2:** 740
growth of. **A9:** 656–657
heat tinting **A9:** 136
high-purity gallium. **A2:** 739
lattice location of impurities in. **A10:** 628
NaCl, rotation pattern for **A10:** 330
neutron diffraction. **A10:** 424
of aluminum, spot diffraction pattern from **A10:** 437
orientation by XRPD analysis. **A10:** 333
orientations determined **A10:** 357
resonance equations for **A10:** 269
strain-anneal growing technique **A9:** 696
study of near-surface defects in. **A10:** 633
surface, density of steps determined. **A10:** 544
surfaces, EXAFS for orientation adsorbed molecules on **A10:** 407
unit mesh size and shape of overlayer adsorbed on. **A10:** 544
Single cyclic stress
analysis **EM1:** 201–202
Single fibers
mechanical testing of. **EM1:** 731–732
Single fractures
in milling **M7:** 59
Single impulse welding
definition. **A6:** 1213
Single metal powders. **M7:** 309–314
Single monochromators
stray light rejection for **A10:** 129
Single oxides, engineering *See* Engineering properties of single oxides
Single particles. **M7:** 59–60
Single press, single sinter (SP/SS) **A7:** 640–641, 950
cost. **A7:** 13
Single press sinter (SPS) **A7:** 648
Single pressure bar
coaxial capacitor to measure strain. **A8:** 199
high-speed photography to measure strain. . **A8:** 199
Hopkinson. **A8:** 198–199
Single scattering approximation
in EXAFS analysis **A10:** 409–410
Single scattering formalism
in EXAFS analysis **A10:** 407, 417
Single spread **EM3:** 26
Single stage direct carbon replicas
formation. **A12:** 181
Single strain
fatigue resistance at. **A8:** 706–712
Single stress
fatigue resistance at. **A8:** 706–712
Single transducer system
ultrasonic testing **A8:** 244, 245
Single-action press **M7:** 11
Single-action tooling systems **M7:** 332–333
Single-angle technique
plane-stress elastic model **A10:** 383–384
Single-bevel groove welds
applications **M6:** 61
arc welding of nickel alloys. **M6:** 437
combinations with fillet welds **M6:** 66–67
comparison to fillet welds **M6:** 64
flux cored arc welding. **M6:** 105–106
gas metal arc welding of commercial coppers **M6:** 403
gas tungsten arc welding of silicon bronzes **M6:** 413
preparation. **M6:** 67–68
recommended proportions. **M6:** 69–72
Single-bevel-groove weld
definition. **A6:** 1213
Single-chip package
thermal control. **EL1:** 47
Single-circuit winding
defined **EM1:** 21, **EM2:** 38
Single-coil and resistor system
eddy current inspection. **A17:** 177
Single-column chromatography anion
for suppression of background conductivity. **A10:** 660
Single-column chromatography ion
with conductivity detection **A10:** 660–661
Single-compound-angle groove welds. . . . **M6:** 442–443
Single-crystal
materials, crystal pulling for **EL1:** 959
silicon, growth of. **EL1:** 191
structure, defined. **EL1:** 93
Single-crystal casting *See also* Monocrystal casting
and equiaxed casting, compared **A15:** 39
furnaces, vacuum induction remelting/shape casting **A15:** 400–401
market effects **A15:** 4
nickel alloy **A15:** 817, 819, 823
superalloys. **A15:** 41
Single-crystal diffraction
basic principles of **A10:** 350
Single-crystal neutron diffraction **A10:** 424–425
Single-crystal process **A19:** 17
Single-crystal superalloys *See also* Superalloys **A1:** 995–996, 998–1006
additions to form stable sulfides. **A20:** 592
casting of. **A1:** 998–1000
chemistry control. **A1:** 998–999
compositions of. **A1:** 996, 997
development and characteristics **A2:** 429
fatigue properties **A1:** 1002, 1004, 1005, 1006
heat treatment, effect of **A1:** 1005
hot isostatic pressing, effect of. **A1:** 1005
heat treatment **A1:** 1000–1002
hot corrosion. **A1:** 1004
microstructure **A1:** 1000–1002
heat treatment, effect of. **A1:** 1000, 1003
precipitate formation **A1:** 1001
oxidation of. **A1:** 1004, 1006
protective coatings **A1:** 1006
performance characteristics of. **A20:** 593, 596
Single-crystal topography
as x-ray diffraction radiography **A10:** 330–331
Single-crystal x-ray diffraction **A10:** 344–356
accuracy and precision **A10:** 352
applications **A10:** 344, 353–355
assumptions of **A10:** 352
capabilities **A10:** 333, 393
crystal diffraction. **A10:** 346
crystal structure definition **A10:** 348
crystal symmetry **A10:** 346

SUBJECTS OF THE INDEXED VOLUMES: ASM Handbook (designated by the letter "A"): **A1:** Properties and Selection: Irons, Steels, and High-Performance Alloys (1990); **A2:** Properties and Selection: Nonferrous Alloys and Special-Purpose Materials (1990); **A3:** Alloy Phase Diagrams (1992); **A4:** Heat Treating (1991); **A5:** Surface Engineering (1994); **A6:** Welding, Brazing, and Soldering (1993); **A7:** Powder Metal Technologies and Applications (1998); **A8:** Mechanical Testing (1985); **A9:** Metallography and Microstructures (1985); **A10:** Materials Characterization (1986); **A11:** Failure Analysis and Prevention (1986); **A12:** Fractography (1987); **A13:** Corrosion (1987); **A14:** Forming and Forging (1988); **A15:** Casting (1988); **A16:** Machining (1989); **A17:** Nondestructive Evaluation and Quality Control (1989); **A18:** Friction, Lubrication, and Wear Technology (1992); **A19:** Fatigue and Fracture (1996); **A20:** Materials Selection and Design (1997). **Metals Handbook, 9th Edition** (designated by the letter "M"): **M1:** Properties and Selection: Irons and Steels (1978); **M2:** Properties and Selection: Nonferrous Alloys and Pure Metals (1979); **M3:** Properties and Selection: Stainless Steels, Tool Materials, and Special-Purpose Materials (1980); **M4:** Heat Treating (1981); **M5:** Surface Cleaning, Finishing, and Coating (1982); **M6:** Welding, Brazing, and Soldering (1983); **M7:** Powder Metallurgy (1984). **Engineered Materials Handbook** (designated by the letters "EM"): **EM1:** Composites (1987); **EM2:** Engineering Plastics (1988); **EM3:** Adhesives and Sealants (1990); **EM4:** Ceramics and Glasses (1991). **Electronic Materials Handbook** (designated by the letters "EL"): **EL1:** Packaging (1989)

crystallographic problems **A10:** 352–353
diffraction intensities **A10:** 348–349
estimated analysis time **A10:** 344
experimental procedure **A10:** 351–352
general uses **A10:** 344
introduction and principles **A10:** 345–346
limitations **A10:** 344, 352–353
phase problem **A10:** 349–351
related techniques **A10:** 344
samples **A10:** 344, 351, 353–355
space groups **A10:** 347
unit cells **A10:** 346–347
Single-cylinder engine tests
Caterpillar IK/IH2 . . . . **A18:** 101
Single-detector translate-rotate systems
computed tomography (CT) **A17:** 365–366
Single-edge barreling
edge cracking in cast alloy after **A8:** 594, 596
in rolling **A8:** 594, 596
Single-edge bend SE(B) specimen **A19:** 171
Single-edge cracked specimens
geometry for **A8:** 251
Single-edge notch (SEN) specimen **A19:** 513
Single-edge notched specimen
and current input and potential measurement probes **A8:** 386
calibration curve **A8:** 386
for vacuum and oxidizing fatigue testing **A8:** 414–415
grips **A8:** 382
Single-edged
notched three-point bend (SENB) specimens **EM3:** 447, 448
Single-edge-tension specimen **A19:** 182
Single-embedded fiber test **EM3:** 402, 403
Single-embedded-fiber technique . . **EM3:** 394–399, 402
Single-end rotating cantilever testing machine **A8:** 370
Single-end rovings
applications **EM1:** 109
Single-enveloping worm gear sets **A19:** 346
Single-exposure technique
plane-stress elastic model **A10:** 383
Single-extension dies **A14:** 132
Single-fiber fragmentation method **EM3:** 403
Single-fiber fragmentation test . . . **EM3:** 394–397, 398, 399, 400
Single-flare-groove weld
definition **A6:** 1213
Single-flare-V-groove weld
definition **A6:** 1213
Single-fluid atomization **M7:** 75, 76
Single-impulse welding
definition **M6:** 16
Single-in-line package (SIP)
as package famiiy **EL1:** 404
defined/outline **EL1:** 210
die attachments **EL1:** 217–221
DRAM, memory density **EL1:** 439
package configurations **EL1:** 485
resistor networks **EL1:** 178
resistors, in design layout **EL1:** 514
vertical orientation of substrates **EL1:** 444
Single-J-groove weld
definition **A6:** 1213
Single-J-groove welds
applications **M6:** 61
recommended proportions **M6:** 69–71
Single-lap joints **A19:** 289, 290
failure **EM3:** 473, 474
finite-element analysis **EM3:** 480, 481
normal stress **EM3:** 487, 491, 492
stress singularities **EM3:** 477–478
stresses in the bond line **EM3:** 489
Single-lap shear specimens
dynamic mechanical analysis **EM3:** 645–649
Single-lap specimen **EM3:** 26
Single-lap-shear test
with and without an adhesive fillet **EM3:** 493–495
Single-lead heating and pulling method
of component removal **EL1:** 717
Single-lens-reflex cameras
35-mm **A12:** 78–79
Single-operation dies
for blanking **A14:** 453–454
for piercing **A14:** 465
for press bending **A14:** 527
for press forming **A14:** 546
for sheet metal drawing **A14:** 579
Single-overload fracture behavior
shafts **A11:** 460–461
Single-pass lubrication systems **A18:** 133
Single-pass soldering (SPS) **EL1:** 694–695
Single-pass weldments **A1:** 603, 604
Single-peak flow curve
grain refinement **A8:** 175
Single-phase alloys
alloy composition **A15:** 11
defined **A13:** 46
heat flow conditions **A15:** 114–119
instability **A15:** 12
interface morphologies, types **A15:** 114–115
interface velocity, above critical velocity **A15:** 116–119
interface velocity, below critical velocity **A15:** 114–116
normal grain growth in **A9:** 697
phase diagram **A15:** 11
Single-phase ceramics **EM4:** 47
Single-phase direct-energy resistance welding machines **M6:** 537, 540, 545
Single-phase full-wave direct current
defined **A17:** 91
Single-phase material
dislocations **A8:** 173
dynamic recovery and recrystallization in **A8:** 173–177
grain boundaries **A8:** 173
intergranular fracture **A8:** 486
torsion test for occurrence of recovery/ recrystallization **A8:** 176
transgranular fracture **A8:** 486
workability **A8:** 574
Single-phase materials
EPMA compositional analysis **A10:** 516
image analysis **A10:** 309
Single-phase microstructure
dimpled rupture **A8:** 476
Single-phase microstructures **A9:** 602–603
Single-piece heaters
modified for elevated/low temperature tension testing **A8:** 36
Single-point BET method **A7:** 275
Single-point bonding
innerlead **EL1:** 278
outer lead bonding **EL1:** 285
Single-point cutting
attributes **A20:** 248
in metal removal processes classification scheme **A20:** 695
rating of characteristics **A20:** 299
Single-point cutting tools **M3:** 470–472
"Single-point" machining **A20:** 696, **M7:** 425
Single-point tooling
in green machining **EM4:** 183
Single-port nozzle
definition **A6:** 1213, **M6:** 16
Single-pot tinning
babbitting **A5:** 375
cast iron and steel **M5:** 353
Single-punch opposing ram presses **A7:** 349, **M7:** 334–335
Single-punch withdrawal presses . . . **A7:** 349, **M7:** 335
Single-row radial contact separable ball bearings (magneto bearings) **A18:** 509
Single-screw extruder **A7:** 368, 369
Single-shear test
and blanking shear test, compared **A8:** 64, 65
and double-shear test, for fasteners compared **A8:** 66
failure modes **A8:** 63–64
fasteners **A8:** 66–67
for ultimate shear strength **A8:** 63–64
Single-sided boards
rework processes **EL1:** 711
rigid printed wiring **EL1:** 539
Single-sided gage
microwave thickness gaging **A17:** 212
Single-slip dislocation arrangements **A19:** 82
Single-spindle drawing machines **A14:** 336
Single-spindle or multiple-spindle bar machines **A16:** 136, 140, 367–369, 371–374, 376–378
Single-spot welding setups **M6:** 475–477
Single-square-groove weld
definition **A6:** 1213
Single-stage extraction replicas
for small-particle analysis **A10:** 452
Single-stage method
U-bend stressing **A8:** 512
Single-stage replicas
conversion oxide film **A12:** 181–182
direct carbon **A12:** 181
production methods **A12:** 179
technique, schematic **A12:** 180
thick plastic **A12:** 180–181
thin plastic **A12:** 179–180
Single-stage surface replicas
defined **A17:** 53
Single-stand mill
defined **A14:** 12
Single-station dies **A14:** 478–479
Single-station tooling
cold extrusion **A14:** 303
Single-step drawing
copper and copper alloys **A14:** 815–816
Single-step test **A19:** 91, 92
Single-stroke open-die headers
for cold heading **A14:** 292
Single-stroke solid-die headers
for cold heading **A14:** 292
Single-taper dies
standard **A14:** 132
Single-tube attachments
for flame cutting **M7:** 843
Single-tube type tungsten carbide powder production furnace **A7:** 193
Single-U-groove butt joint, welding of titanium and titanium alloys
joint dimensions **A6:** 785
Single-U-groove weld
definition **A6:** 1213
Single-U-groove welds
arc welding of austenitic stainless steels . . . **M6:** 328
oxyfuel gas welding **M6:** 590–591
recommended proportions **M6:** 69–72
submerged arc welding of nickel alloys **M6:** 442–443
Single-V butt joints
plasma arc welding **A6:** 198
Single-valued functions **A18:** 346
Single-V-groove butt joint, welding of titanium and titanium alloys
joint dimensions **A6:** 785
Single-V-groove weld
definition **A6:** 1213
Single-V-groove welds
applications **M6:** 61
arc welding of austenitic stainless steels . . . **M6:** 328
electroslag welding **M6:** 242
flux cored arc welding **M6:** 105
gas metal arc welding of
commercial coppers **M6:** 403
coppers and copper alloys **M6:** 416–417
gas tungsten arc welding of
magnesium alloys **M6:** 431–432
silicon bronzes **M6:** 413
preparation **M6:** 67–68
recommended proportions **M6:** 69–72
submerged arc welding **M6:** 114
of nickel alloys **M6:** 442–443
Single-wall, single-image radiographic technique
for tube **A17:** 337
Single-wavelength ellipsometry (SWE) **A5:** 629, 631–632
analysis of films **A5:** 631–632
areas of applicability **A5:** 632
cost **A5:** 629
instrumentation **A5:** 631
quarter-wave plate (QWP) **A5:** 631
vs. spectroscopic ellipsometry **A5:** 633
Single-welded joint
definition **A6:** 1213, **M6:** 16
Singularity zone size
K-dominated **A8:** 450–451
SINH model **A19:** 525
Sink
shielded metal arc welds **M6:** 93
Sink mark *See also* Short shot
defined **EM1:** 21, **EM2:** 38

894 / Sink marks

Sink marks **A7:** 26
as casting defect **A11:** 384

Sink/float density separations
for high-carbon steels **A10:** 177

Sinking
defined **A14:** 12

Sinking drawing
in bulk deformation processes classification scheme **A20:** 691

Sinking-type Brinell indentation **A8:** 85

Sinter
(noun) defined **M7:** 11
(verb) defined **M7:** 11

Sinter bonding
and adhesive bonding. **M7:** 457

Sinter cakes
hydride decomposition **A7:** 70
milling **A7:** 65, 66
oxide reduction. **A7:** 67

Sinter forging *See also* Powder forging;
Sintering **A7:** 803
ceramics. **A7:** 510
defined **A14:** 188
titania. **A7:** 509
ultrafine and nanocrystalline powders **A7:** 506, 508

Sinter hardening
effect on mechanical properties. **A7:** 761–762
ferrous alloys **A7:** 651–652

Sinter hot isostatic pressing
cemented carbides. **A7:** 493–494, 933

Sinter plus HIP (containerless HIP) **A7:** 606

Sinterability **M7:** 211
in milling of single particles **M7:** 59

Sinter-aluminum-pulver (SAP) technology
aluminum P/M alloys **A2:** 202

Sinterbonding
porous materials **A7:** 1035–1036

Sintercarburizing process
for P/M automotive parts **M7:** 620

Sintered alpha-silicon carbide
applications, heat exchanger. **EM4:** 984
ceramic corrosion in the presence of combustion products **EM4:** 982

Sintered alumina
applications **EM4:** 963
fretting wear. **A18:** 248, 249
mineral processing **EM4:** 961
property comparison, mineral processing **EM4:** 962

Sintered aluminum powder (SAP) **A18:** 263

Sintered aluminum product (SAP) **A7:** 626

Sintered aluminum structural parts, specifications **A7:** 1099

Sintered austenitic stainless steels
corrosion resistance **A13:** 831

Sintered bronze bearings **A7:** 1052, 1053, 1057, **M7:** 705
self-lubricating **A2:** 394–396

Sintered bronze bearings (oil-impregnated), (metric), specifications **A7:** 1099

Sintered carbide
cobalt-enhanced cutting ability **M7:** 144
die materials for sheet metal forming. **A18:** 628
for cold extrusion tools **A18:** 628
for deep-drawing dies **A18:** 634
for shallow forming dies **A18:** 633

Sintered compacts
tin and tin alloy. **A2:** 519–520

Sintered compacts composition-depth profiles *See also* Compacting; Compaction;
Compact(s). **M7:** 252

Sintered copper structural parts for electrical conductivity applications, specifications A7: 1099

Sintered corundum **A7:** 82

Sintered density *See also* Density; Sintering **M7:** 11, 309
effect on copper powder conductivity **M7:** 116
ratio. **M7:** 11
sintering time, and sintering temperature **M7:** 314, 372

variation during homogenization **M7:** 314

Sintered density, corrosion resistance effects
P/M stainless steel. **A13:** 830–832

Sintered density ratio **M7:** 11

Sintered fractional density **A7:** 357

Sintered friction materials **M7:** 701–702, 739

Sintered high-carbon steel
friction welding. **A6:** 153

Sintered high-speed tool steels
powder metallurgy **A1:** 786

Sintered iron-base P/M parts **A13:** 823–824

Sintered materials *See* Powder metallurgy materials

Sintered metal friction materials
in aircraft brakes **A18:** 582

Sintered metal powder parts (bearings and structural parts), specifications **A7:** 1099

Sintered metals
contrasting by interference layers **A9:** 60

Sintered nickel electrode
in alkaline batteries **A13:** 1318

Sintered nickel silver structural parts, specifications A7: 426–429, 433, 441, 648, 654, 672, 714, 728, 753, 756–762, 765, 778–779, 1052, 1053, 1099

Sintered nickel steel parts, specifications **A7:** 1099

Sintered parts
aluminum P/M alloys **A2:** 213
properties. **A13:** 825
ultrasonic testing **A7:** 716, 717, 718

Sintered parts, specifications. . **A7:** 426–429, 433, 441, 648, 654, 672, 714, 728, 753, 756–762, 765, 778–779, 1052, 1053, 1099

Sintered polycrystalline cubic boron nitride *See also* Cubic boron nitride
properties of **A2:** 1012

Sintered polycrystalline diamond *See also* Diamond; Synthetic diamond
properties of **A2:** 1011–1012
with a metallic second phase. **A2:** 1011–1012

Sintered (porous) P/M stainless steels *See also* Stainless steels; Stainless steels, specific types
application and selection **A13:** 824–825
commercial, compositions. **A13:** 824
corrosion resistance **A13:** 825–832
iron contamination effects **A13:** 826–827

Sintered reaction-bonded silicon nitride (RBSN)
additives **EM4:** 813
formation. **EM4:** 813
properties. **EM4:** 813
reaction forming as a post-sintering step **EM4:** 236
sintering. **EM4:** 813

Sintered silicon carbide (SSC)
applications **EM4:** 964
boron-doped, strength tests **EM4:** 710, 711
fabrication **EM4:** 807
fast fracture flexure strength **EM4:** 1000
grinding **EM4:** 334
key features **EM4:** 676
mechanical properties **EM4:** 807
mineral processing **EM4:** 961
properties **EM4:** 330, 677
property comparison, mineral processing **EM4:** 962
strength retention. **EM4:** 1001
turbine scroll failures. **EM4:** 720

Sintered silicon nitride (SSN) **A20:** 429, 430, **EM4:** 813
additives **EM4:** 813
applications **EM4:** 984
creep behavior **EM4:** 818
development **EM4:** 813
key features **EM4:** 676
low-pressure, piston material for adiabatic diesel engine **EM4:** 993
production **EM4:** 813
properties. **EM4:** 330, 677, 815
sintering **EM4:** 813
strength **EM4:** 816, 817
superior for turbocharger wheel applications **EM4:** 723, 725–726

thermal shock resistance **EM4:** 818
turbine scroll failures. **EM4:** 720

Sintered stainless steel powders
microstructures **A7:** 727, 740, 741

Sintered strength
and lubrication **M7:** 190–192

Sintered tungsten *See* Tungsten

Sinter-hardened steel
composition of common ferrous P/M alloy classes. **A19:** 338

Sinter-hardened steel powder
mechanical properties **A7:** 1097
microstructures **A7:** 729, 744

Sinter-hot isostatic pressing (sinter-HIP) . . **EM4:** 194, 197–199
pressure densification **EM4:** 300

Sintering *See also* Diffusion bonding; Heat treatment; Presintering; Production sintering practices **A7:** 316–317, 728, 730–734, 740–741, 743, 745–747, **A16:** 101, **A20:** 337, 341–342, **EM4:** 35–36, 242, **M7:** 295
activated **A7:** 438, 445–447, **M7:** 316–321
activators, tungsten and molybdenum sintering **M7:** 391
additives and their effect on joining non-oxide ceramics. **EM4:** 527–528
additives for S13N. **A16:** 100
advanced aluminum powder metallurgy alloys and composites **A7:** 841
Alnico alloys **A2:** 786
alumina, for medical applications **EM4:** 1008
aluminum alloy powders. **A7:** 835, 836, 837
aluminum and aluminum alloys **A2:** 6
aluminum P/M alloys **A2:** 211
aluminum P/M parts **M7:** 743
and calcination temperature and time . . . **EM4:** 113
and densification in CAP process **M7:** 533
and ferrous powder metallurgy materials **A1:** 803–804
and hardness values **M7:** 189
and heat treating. **M7:** 339
and injection molding **M7:** 497
and isostatic pressing **M7:** 435
and joining. **M7:** 457
and melting/fining **EM4:** 391
and powder forging, compared **A14:** 196
and strength. **M7:** 190–192
and surface behavior **M7:** 262
and the FULDENS process **A16:** 65
applications, specialty **M7:** 340–341
as energy-efficient **M7:** 569
as manufacturing process **A20:** 247
as noun, defined **M7:** 11
as verb, defined. **M7:** 11
atmospheres *See* Sintering atmospheres
atmospheric pressure **M7:** 376
bearings **A7:** 1054
beryllium powders **A7:** 204
boron carbide **EM4:** 805
calcium phosphate ceramics. **EM4:** 1011–1012
cemented carbides. . . **A2:** 951, **A7:** 933, **A16:** 74, 78, 79, **M7:** 385–389
ceramic grain resistance to **M7:** 539
ceramics **A16:** 98, 100, **A20:** 791
cermets. **A7:** 928
changes in dimensions and density. **A7:** 437
complete homogenization during **M7:** 308
composite bearings. **A7:** 394
conditions **A7:** 468
contact area between particles during **M7:** 312
continuous furnaces for **M7:** 352
control of carbon content during **M7:** 370
copper powders **A7:** 861–864, 867, 868
copper-base structural parts **A2:** 397
cycles **M7:** 11, 367, 369–370, 394
defined **A14:** 12, **EM1:** 21, **EM2:** 38
definition **A7:** 468, 565, **A20:** 840
density **M4:** 793
diamond and **A16:** 105–106

SUBJECTS OF THE INDEXED VOLUMES: ASM Handbook (designated by the letter "A"): **A1:** Properties and Selection: Irons, Steels, and High-Performance Alloys (1990); **A2:** Properties and Selection: Nonferrous Alloys and Special-Purpose Materials (1990); **A3:** Alloy Phase Diagrams (1992); **A4:** Heat Treating (1991); **A5:** Surface Engineering (1994); **A6:** Welding, Brazing, and Soldering (1993); **A7:** Powder Metal Technologies and Applications (1998); **A8:** Mechanical Testing (1985); **A9:** Metallography and Microstructures (1985); **A10:** Materials Characterization (1986); **A11:** Failure Analysis and Prevention (1986); **A12:** Fractography (1987); **A13:** Corrosion (1987); **A14:** Forming and Forging (1988); **A15:** Casting (1988); **A16:** Machining (1989); **A17:** Nondestructive Evaluation and Quality Control (1989); **A18:** Friction, Lubrication, and Wear Technology (1992); **A19:** Fatigue and Fracture (1996); **A20:** Materials Selection and Design (1997). **Metals Handbook, 9th Edition** (designated by the letter "M"): **M1:** Properties and Selection: Irons and Steels (1978); **M2:** Properties and Selection: Nonferrous Alloys and Pure Metals (1979); **M3:** Properties and Selection: Stainless Steels, Tool Materials, and Special-Purpose Materials (1980); **M4:** Heat Treating (1981); **M5:** Surface Cleaning, Finishing, and Coating (1982); **M6:** Welding, Brazing, and Soldering (1983); **M7:** Powder Metallurgy (1984). **Engineered Materials Handbook** (designated by the letters "EM"): **EM1:** Composites (1987); **EM2:** Engineering Plastics (1988); **EM3:** Adhesives and Sealants (1990); **EM4:** Ceramics and Glasses (1991). **Electronic Materials Handbook** (designated by the letters "EL"): **EL1:** Packaging (1989)

dimensional change **A7:** 710–711
dimensional change on **M7:** 115, 291, 292, 480–481
duration of **A7:** 443
during consolidation process **A7:** 320
effect on copper powder dimensional change **M7:** 115
effect on copper powder tensile strength .. **M7:** 116
effect on strength and fracture toughness **EM4:** 587
enhanced, use with refractory metals **M7:** 317
equipment *See also* Furnaces; Sintering furnaces **A1:** 804–805, **M7:** 351–359, 391–392
events altering the tolerances............. **A7:** 668
expansion during................ **A7:** 439, **M7:** 311
factors affecting... **A7:** 437, 468, **M7:** 291, 371–373
factors influencing final size and properties......................... **A7:** 668
ferrous P/M materials **M1:** 329–346
full-dense **M7:** 23, 525
furnace atmospheres **A7:** 468
furnaces *See also* furnaces **M7:** 339, 352, 381–383
glass-ceramics as ceramic substrates **EM4:** 1111
green density effect on compacts.......... **A7:** 439
high-temperature **M7:** 366–368, 482
high-temperature, for production of platinum powder **A7:** 4
high-temperature superconductors........ **A2:** 1086
history.............................. **M7:** 14–16
homogenization during......... **M7:** 308, 314–315
in argon and beryllium powders.......... **M7:** 171
in consolidation......................... **M7:** 295
in dissociated ammonia, and corrosion resistance **M7:** 256–257
in oxide reduction....................... **M7:** 52
in powder forging **A14:** 192–194
in powder metallurgy processes classification scheme **A20:** 694
in production of cemented carbides **A16:** 72
in vacuum **M7:** 171
inadequate.............................. **A7:** 468
iron-base compacts, alloying additions...................... **M4:** 796–797
liquid-phase.. **A7:** 438, 445, 446, 447–448, **A16:** 98, 100, **M4:** 797, **M7:** 309, 316–317, 319–321
liquid-phase, transient **M7:** 319
loose powders **M7:** 296
mechanism of material transport.......... **A7:** 468
mechanisms **M7:** 371
mercury porosimetry curves for **M7:** 270
microstructures **M7:** 375–376
molybdenum billets **A14:** 237
multilayer alumina substrates.......... **EM4:** 1109
of alloy steels.......................... **M7:** 366
of beryllium **A2:** 685–686, **A16:** 870
of blended elemental Ti-6Al-4V **A2:** 649
of brass.......................... **M7:** 378–381
of cermets **A2:** 985–986, **M7:** 799–800
of compacts....................... **M7:** 309–314
of composite bearings................... **M7:** 408
of copper powders **M7:** 735
of copper-based materials **M7:** 376–381
of ferrous materials............ **M7:** 360–368, 683
of high-speed steels **M7:** 370–376
of iron powders................... **M7:** 361–362
of iron-copper powders **M7:** 365–366
of iron-graphite powder............. **M7:** 362–365
of molybdenum..................... **M7:** 389–392
of nickel alloy powders **M7:** 395–398
of nickel silvers.................... **M7:** 378–381
of polycrystalline cubic boron nitride and diamond......................... **A2:** 1009
of refractory metals **M7:** 389–393
of stainless steel powders... **M7:** 368–370, 729–730
of tantalum **M7:** 393
of titanium....................... **M7:** 393–395
of tool steels **M7:** 370–376
of tungsten carbide..................... **M7:** 774
of tungsten heavy alloys **M7:** 393–394
optical fibers..................... **EM4:** 414–415
overpressure **A2:** 989
P/M materials **A16:** 886, 887, 888, 889
parameters in P/M process planning....... **A7:** 697
pellet, oxygen removal during............. **M7:** 665
polymer compacts....................... **M7:** 607
poor quality as defect **A7:** 701
porous materials............ **A7:** 1033, 1034–1035
prealloyed powders **A7:** 322, **M4:** 797

pressure assisted **M7:** 309
pressure-assisted **A7:** 438
pressureless........................... **A16:** 100
principal driving forces.................. **A7:** 441
production practices................. **M7:** 360–400
revived in Europe in 18th century **A7:** 3
self-lubricating bronze bearings **A2:** 1394
silica gels **EM4:** 449
silicon nitride-based ceramics **EM4:** 812–814
silicon-nitride ceramic cutting tools **EM4:** 966
sinter, HIP process, cemented carbides **A16:** 72
solid phase **M7:** 308
stages.......................... **A7:** 437, 468
stainless steel powders **A7:** 782, 989, 991–995, 997–998
structural ceramics..................... **A2:** 1020
sulfide stability........................ **A7:** 676
surface cleaning **A7:** 320
techniques **A1:** 804
temperature............................ **A7:** 468
temperature effect on mechanical properties **A7:** 761–762, 765
temperatures *See* Sintering temperatures
thermal spray forming................... **A7:** 414
time *See* Sintering time
time and temperature................... **M4:** 796
times.................................. **A7:** 468
to high density plus hot working **M7:** 525
to improve dimensional tolerance......... **A7:** 668
tool steel powders **A7:** 969
transient liquid-phase, self-lubricating bearings........................... **M7:** 319
tungsten **M7:** 389–393
tungsten alloys **A2:** 579
tungsten heavy alloys **A7:** 915–916
two spheres together.................... **M7:** 313
types of sinter reactions **A7:** 468
ultrafine and nanophase powders **A7:** 79
ultrasonic testing of parts **A7:** 716, 717, 718
vacuum **A7:** 456
vs. wrought............................ **M7:** 375
with joining oxide ceramics **EM4:** 511
zinc oxide varistors.. **EM4:** 1150–1151, 1153, 1154
zirconia **EM4:** 775, 776, 777, 779

Sintering, and electron beam melting compared.............................. **A15:** 41

Sintering atmospheres *See also* Atmospheres; Sintering .. **A7:** 457–466, **M4:** 794–796, **M7:** 11, 339–349, 360–361
Al and Al alloy powders **M7:** 383–384
carbon control **A7:** 457, 459–460, 461
delube and preheat atmospheres...... **A7:** 457–458
delubing in............................ **M7:** 340
dissociated ammonia **M4:** 795
effect of chemical composition........... **M7:** 246
endothermic gas **M4:** 795
exothermic gas **M4:** 795–796
for nickel and nickel alloys.......... **M7:** 397–398
for stainless steels...................... **M7:** 368
functions **A7:** 457
furnace zones concept **A7:** 457, 463, 464–465
hydrogen.............................. **M4:** 795
in activated sintering **M7:** 319
nitrogen-base **M4:** 796
oxidation......................... **A7:** 458–459
physical properties of gases and liquids used **M7:** 341
powder metallurgy products **M4:** 795
preheating zone and oxide removal **A7:** 458
requirements **M7:** 339–341
safety precaution............. **A7:** 457, 465–466
safety precautions in......... **M7:** 341, 348–349
types of **A7:** 460–464
vacuum **M4:** 796

Sintering cemented carbides **A18:** 796
self-lubricating powder metallurgy composites........................ **A18:** 120
steel brakes **A18:** 583

Sintering cycle **A7:** 9

Sintering cycles **M7:** 11, 367, 369–370, 394

Sintering equation for spheres, initial stage... **A7:** 449

Sintering equipment *See also* Furnaces; Sintering; Sintering equipment
continuous **M7:** 352
for aluminum and aluminum alloys .. **M7:** 381–383
for steel............................... **M7:** 339
for tungsten heavy alloys................ **M7:** 392

Sintering fundamentals **EM4:** 260–268
definition and description of process **EM4:** 260–261
densification **EM4:** 261, 262, 263, 264
final density.................... **EM4:** 260–261
neck size ratio.................. **EM4:** 260–262
pore elimination process **EM4:** 261
surface area measurement ... **EM4:** 260–261, 264
effect on compact properties **EM4:** 265–266
effect on pore structures........... **EM4:** 264–265
densification....................... **EM4:** 265
Ostwald ripening................... **EM4:** 265
enhanced solid-state sintering **EM4:** 266–268
activated sintering......... **EM4:** 266, 267, 268
liquid-phase sintering... **EM4:** 260, 266, 267–268
phase stabilization **EM4:** 266, 267
reactive sintering **EM4:** 266, 267
supersolidus liquid-phase sintering..... **EM4:** 268
kinetics of sintering............... **EM4:** 261–264
initial stage sintering equation **EM4:** 263
isothermal neck growth determined by initial stage sintering model **EM4:** 262
transport mechanisms **EM4:** 261–262, 263
mixed-powder sintering................. **EM4:** 266
homogenization **EM4:** 266
mixed-phase sintering................ **EM4:** 266
modification results **EM4:** 267
rate-controlled sintering............... **EM4:** 264
sintering diagrams **EM4:** 265, 266
stages **EM4:** 260, 263, 264, 265, 268

Sintering furnaces
mesh-belt conveyers **M4:** 794
pusher-type............................ **M4:** 794
roller-hearth **M4:** 794
vacuum............................... **M4:** 794
walking-beam.......................... **M4:** 794

Sintering furnaces and atmospheres **A7:** 453–467
batch-type furnaces **A7:** 456
continuous furnaces................. **A7:** 453–456
sintering atmospheres **A7:** 457–466
vacuum furnaces **A7:** 456–457

Sintering of metals and alloys
aluminum and aluminum alloys **A7:** 490–492
alloying elements **A7:** 490–491
atmospheres.......................... **A7:** 491
dimensional change during sintering................ **A7:** 491–492, 493
heating cycles **A7:** 491, 492
properties **A7:** 491
sintering time....................... **A7:** 491
temperature **A7:** 491
brass.............................. **A7:** 489–490
cemented carbides **A7:** 492–496
copper **A7:** 508
copper-base alloys **A7:** 487–490
ferrous materials **A7:** 468–476
high-speed steels................... **A7:** 482–487
molybdenum....................... **A7:** 496–498
nickel **A7:** 501–502, 508
nickel alloys **A7:** 501–502
nickel silvers...................... **A7:** 489–490
stainless steel **A7:** 476–482
titanium.......................... **A7:** 499–501
tool steels **A7:** 482–487
tungsten.......................... **A7:** 496–498
tungsten heavy alloys................... **A7:** 499

Sintering onset temperature **A7:** 506

Sintering studied by scanning electron microscopy **A9:** 99–100

Sintering temperature **M7:** 11
and compact hardness **M7:** 312
and shrinkage of compacts **M7:** 309
and sintered density **M7:** 314, 372
and time *See also* Sintering;

Sintering time **M7:** 372
density as function of compacting pressure........................... **M7:** 310
effect of **M7:** 367
effect on apparent hardness **M7:** 367
effect on dimensional change........ **M7:** 367, 369
effect on elongation **M7:** 369
effect on porosity of iron compacts....... **M7:** 362
effect on tensile and yield strengths **M7:** 369
effect on transverse rupture strength **M7:** 367
for bronze............................. **M7:** 378
for nickel silvers.................. **M7:** 379–380
of brass.......................... **M7:** 379–380

Sintering temperature (continued)
of single metal powders **M7:** 308
shrinkage as function of. **M7:** 310
Sintering temperature dependence on particle size **A7:** 506
Sintering time **M7:** 11
and densities, tensile properties and velocities **M7:** 484, 485
and sintering density and temperature **M7:** 372
and temperature **M7:** 372
and temperature, microstructural changes as function of **M7:** 311
density of copper powder compacts as function of **M7:** 309
effect on elongation and dimensional change **M7:** 370
effect on tensile and yield strength **M7:** 370
for bronze. **M7:** 378
for iron-graphite powders **M7:** 364
shrinkage as function of. **M7:** 310
variation of sintered density with **M7:** 314
versus density, liquid-phase sintering **M7:** 320
Sintering zone
furnaces **M7:** 351–352
Sintering-compacting combination
of cermets **A2:** 988–989
Sintermetallwerke Krebsöge technique . . . **A7:** 822–823
Sinters
solid sample digestion by. **A10:** 166–167
Sintrate **M7:** 11, 564
Sintrating **A7:** 552
Sinusoidal excitation test
methods **EM2:** 551
Sinusoidal loading **A19:** 138
S-N curve. **A8:** 364
S-N curves for **A11:** 103
Sinusoidal shape function **A20:** 178
Sinusoids
phasor representation of. **A17:** 167
SIP *See* Single-in-line package (SIP)
Siphon
use in electrogravimetry **A10:** 200
Sisal buffs **M5:** 118–119
Si-Sn (Phase Diagram) . . . . **A3:** 2•365
Si-Sr (Phase Diagram). . . . . **A3:** 2•365
Sister hooks
materials for **A11:** 522
Si-Ta (Phase Diagram) . . . . **A3:** 2•366
SI-Te (Phase Diagram) . . . . **A3:** 2•366
Site symmetry
determined **A10:** 407
Si-Th (Phase Diagram). . . . . **A3:** 2•366
Si-Ti (Phase Diagram). . . . . **A3:** 2•367
Si-U (Phase Diagram). **A3:** 2•367
Si-V (Phase Diagram) . . . . **A3:** 2•367
Six nines characterization *See also* Pure metals
of purity **A2:** 1097
Size *See also* Device size; Dimension; Dimensional; Particle size; Shapes; Sizing; Workpiece(s) **EM3:** 26
as driving force **EL1:** 438
as process selection factor **EM2:** 288–292
component, by metal casting **A15:** 4
component, SRIM/RTM compared. **EM2:** 348
decreasing, as trend **EL1:** 12
defined **EM1:** 21
definition **A5:** 967
definition, extruded section **A14:** 322
device, minimum for conventional logic **EL1:** 2
die, and IC complexity **EL1:** 400
drawing to **A14:** 294
effect, defined **A8:** 12
effect, filament winding. **EM2:** 372
effect of fatigue test specimen. **A8:** 372–373
effect, on properties divergencies **EM2:** 658
effect, rotational molding **EM2:** 363–364
effects, in wave soldering **EL1:** 520
factors, laminates **EM1:** 236
hardening of steel related to. **M1:** 481–482
hybrid vs. single-chip packages **EL1:** 451
limitations on **A20:** 246
measurements with image analysis **A10:** 315
of crystal, as x-ray diffraction analysis. . . . **A10:** 325
of forgings, closed-die forging **A14:** 75
of match plate patterns **A15:** 24
of open-die forgings. **A14:** 61
of rolled rings. **A14:** 108–110
of rounded sand grains **A15:** 223
reduction, by hybrid circuitry **EL1:** 8
riser, and feeding aids. **A15:** 586–587
workpiece, for coining. **A14:** 180
workpiece, in hot upset forging **A14:** 83
Size, as treatment
defined **EM2:** 38
Size distortion
defined. **A11:** 136
Size effect **A20:** 623, 624, 625
definition. **A20:** 840
erosion mechanisms. **A18:** 203
probabilistic design of ceramic components. **EM4:** 700, 707
Size effect (root radius)
as factor influencing crack initiation life . . **A19:** 126
Size factor. **A19:** 252
Size fraction. **M7:** 11
Size of weld
definition **M6:** 16
Size reduction equipment. **M7:** 69–70
Size scale, nucleation
casting effects **A15:** 101
Size tolerances
cold finished bars. **M1:** 217, 218
Size-distribution of particles **A9:** 131–134
comparison of methods for obtaining. **A9:** 132
expressed as numerical parameters **A9:** 133
Size-exclusion chromatography **A10:** 654, 681
Size(s) *See also* Cracks; Discontinuities; Flaws; Sizing
and partial volume effect **A17:** 374
and shape, wrought aluminum alloy. **A2:** 35
code/standard/requirement for. **A17:** 49
detector, x-ray. **A17:** 369
difficult-to-inspect, magnetic rubber inspection of. **A17:** 124–125
discontinuity, magnetic effect **A17:** 100
limitations, copper alloy casting **A2:** 346–347
of ceramic component, in cermets **A2:** 978
of coils. **A17:** 176–177
of flat-rolled products, magnesium alloys. . . **A2:** 472
of flaws **A17:** 50
of micron diamond powders **A2:** 1013
of object, NDE methods for. **A17:** 51
of synthetic diamond abrasive grains. **A2:** 1010–1011
part, and demagnetization **A17:** 122
Sizing *See also* Coatings; Coupling agent; Fiber size; Fiber sizing; Restriking **A7:** 835, **A19:** 290, 342, 343, **EM3:** 26, **M7:** 11
after derodding, of tube **A14:** 691
agents, functions/types. **EM1:** 122
aluminum and aluminum alloys, defined. **A2:** 6
and composite mechanical properties. . . . **EM1:** 122
and surface treatment, compared **EM1:** 122
as coining **A14:** 180, 185
as protective coating **EM1:** 123
as secondary pressing operation. **M7:** 337–338
blocks, for open-die forging **A14:** 62
butadiene-acrylonitride elastomers as **EM1:** 124
classifications/t-unctions. **EM1:** 122, 123
computer-aided, through crack tip diffraction **A17:** 654
content, measured. **EM1:** 21–22, 285
defect/flaw, NDE capabilities. **A17:** 677
defined **A14:** 12, **EM1:** 122
die **M7:** 11
dimensional change during. **M7:** 291, 480
ferrous P/M materials **M1:** 331
final, of niobium-titanium superconducting materials **A2:** 1051
for carbon fibers/thermoplastics. **EM1:** 103
for fracture resistance **A7:** 963
glass fibers. **EM1:** 108
in ceramics processing classification scheme **A20:** 698
in powder metallurgy processes classification scheme **A20:** 694
in resin transfer molding. **EM1:** 170
knockout. **M7:** 11
of carbon fiber. **EM1:** 113, 868
of cracks, microwave inspection **A17:** 203
of flaws, magnetic characterization. **A17:** 131
of particulate samples **A10:** 165
porous materials. **A7:** 1035
punch **M7:** 11
removal **EM1:** 123
self-lubricating sintered bronze bearings **A2:** 394–395
stripper **M7:** 11
tube/pipe rolling. **A14:** 631
wrought titanium alloys **A2:** 619
Sizing content
defined **EM2:** 38
Sizing design parameter
definition. **A20:** 840
Sizing lubricants **A7:** 720
Si-Zn (Phase Diagram) . . . . **A3:** 2•368
Si-Zr (Phase Diagram) . . . . **A3:** 2•368
Skein
defined **EM1:** 22, **EM2:** 38
Skeletal points
beam **A8:** 326–327
Skeletal system
cadmium toxicity effects. **A2:** 1241
gallium toxicity. **A2:** 1257
Skeleton **A7:** 541–553
definition. **A7:** 541
Skeletons **M7:** 11
austenitic stainless steel. **M7:** 559
compact powder matrix as **M7:** 551
Skew. **A20:** 177, 183
Skewed populations **A8:** 629
Skewness **A7:** 272, 273, **A18:** 334–335, 336, 343, 348
of particle shape **M7:** 242
SKF plasmadust process
for zinc recycling **A2:** 1225
Skid polishing **A9:** 42
defined. **A9:** 16
Skidding
defined. **A18:** 17
jet engine components. **A18:** 591
Skid-polishing process
definition. **A5:** 967
Skids **A18:** 337–338, 341
Skids, for street sweepers
of cemented carbide **A2:** 973
Skim gate
defined. **A15:** 10
Skimmers, mechanical
induction furnaces **A15:** 374
Skimming
defined. **A15:** 10
for inclusion control **A15:** 90
ladles, for aluminum alloys **A15:** 95
Skin **EM3:** 26
defined **EM2:** 38
definition. **A5:** 967
Skin curing **EM3:** 712
Skin damage from castable resins **A9:** 31
Skin depth **A6:** 365
and microwave inspection **A17:** 203
defined. **EL1:** 1157
effect, microwave vs. eddy current **A17:** 218
in stress corrosion detection, microwave inspection. **A17:** 217
test frequency, eddy current inspection . . . **A17:** 182

Skin effect **A20:** 616, 620
and operating frequency selection **A17:** 165
as cause, signal attenuation **EL1:** 603
as eddy current variation **A17:** 169
by alternating current (ac) **A17:** 91
resistance, design considerations **EL1:** 41–42
Skin effects
of beryllium toxicity **A2:** 1239
Skin lamination
definition **A5:** 967
Skin sections
eddy current inspection **A17:** 187
Skin-doubler specimen **EM3:** 475–476
Skin-dried molds, or skin drying
defined **A15:** 10, 228
Skinning
definition **A5:** 967
Skinning butyls
residential construction applications **EM3:** 188
Skins **EM1:** 104
Skip defects
solder **EL1:** 647
Skips **A6:** 366, 367
Skirt
defined **EM1:** 22, **EM2:** 38–39
Skull **A6:** 118
definition **A6:** 1213, **M6:** 16
Slag inclusions **A6:** 1073, 1074
Slag viscosity **A6:** 59–60
Slot weld, definition **A6:** 1213
Skyline solver **A20:** 180
Skyscraper
early cast iron supported **A15:** 33
Sl units, base
supplementary and derived **A11:** 193
Slab **A20:** 337
defined **A14:** 12, 343
definition **A5:** 967
Slab bearings **A18:** 741
Slab milling *See* Milling, peripheral
Slab zinc
composition **A13:** 760
Slabbing
defined **A14:** 12
Slabs
ultrasonic inspection **A17:** 267–268
Slabs, hot rolled
hardness of **M1:** 203
Slag *See also* Fluxes
acid, compositions **A15:** 391
acid, iron oxide content **A15:** 357
as casting defect **A11:** 382, 384
as crevice corrosion site **A13:** 348–349
basic, composition effects **A15:** 384, 390–391
basic, compositions **A15:** 384, 391
basic, iron oxide content **A15:** 357
basic, refractories for **A15:** 386
cobalt-base casting **A15:** 813
defined **A9:** 16, **A15:** 10
effect, brass melting loss **A15:** 449
effect on nickel alloy weld metal **M6:** 443
electro-, failure origins **A11:** 440
ESR, compositions **A15:** 402
floating, teapot ladle for **A15:** 90
function in flux cored arc welding **M6:** 103
inclusion, defined **A15:** 10
Inclusions **A11:** 322–323, 440
lead removal by **A15:** 452
modifiers, as coating material **M7:** 817
of equilibrium thickness **A11:** 618
property control, as electrode coating function **M7:** 816
reduction, in argon oxygen decarburization **A15:** 428
removal from
arc welds of nickel alloys **M6:** 442
shielded metal arc welds **M6:** 442
submerged arc welds **M6:** 130, 135
removal, in gating **A15:** 589
removal of **A7:** 3
volumetric flaws in **A17:** 50
Slag bath
in electroslag remelting **A15:** 401
Slag entrapment in welded joints **A9:** 581
Slag inclusion *See also* Inclusions
defined **A15:** 10
Slag inclusions **M6:** 837–838, 843–944
definition **M6:** 16
in steel pipe **A17:** 565
in weldments **A17:** 582–584
normalized and tempered, endurance ratios in bending and torsion **A19:** 659
radiographic appearance **A17:** 350
radiographic methods **A17:** 296
structural importance **M6:** 837–838
Slag inclusions in
shielded metal arc welds **M6:** 92
wagon tracks **M6:** 92
submerged arc welds **M6:** 130
Slag inclusions specimen
quenched and tempered, endurance ratios in bending and torsion **A19:** 659
Slag separation **A7:** 130–131
Slag stringers
as woody fracture pattern **A12:** 224
Slags
analysis of oxidation states in **A10:** 162
analytic methods applicable **A10:** 6
partitioning oxidation states in **A10:** 178
sodium peroxide fusion for **A10:** 167
Slagsitalls (slagsital) **EM4:** 23
composition **EM4:** 873
manufacturer **EM4:** 873
properties **EM4:** 873
thermal conductivity **EM4:** 876
SLAM *See* Scanning laser acoustic microscopy (SLAM)
Slant fracture
defined **A8:** 12, **A11:** 9
surface of **A11:** 20
Slant-shear fractures *See* Shear-face tensile fractures
Slat track, aircraft wing
bending distortion in **A11:** 140–141
Slavik-Sehitoglu model **A19:** 548, 551
Sled friction tester **A18:** 47
Sled test **A18:** 47
Sledge-hammer head
forging lap failure **A11:** 574, 580
Sleeve bearing *See also* Sliding bearing
defined **A18:** 17
powder rolled **M7:** 407–408
Sleeve bearing materials **A9:** 565–576
chemical compositions **A9:** 566
etchants **A9:** 565
etching **A9:** 567
grinding **A9:** 565
manufacturing methods **A9:** 567
microstructures **A9:** 567
mounting **A9:** 565
polishing **A9:** 565–567
sectioning **A9:** 565
specimen preparation **A9:** 565–567
Sleeve bearing materials, specific types
98Ag-2Pb, electroplated on steel **A9:** 576
AMS 4815, unalloyed silver electroplated on steel **A9:** 576
AMS 4825, high-leaded tin bronze, gravity cast against inner surface of steel shell **A9:** 569
SAE 12, tin-base babbitt, continuously cast onto steel backing strip **A9:** 568
SAE 12, tin-base babbitt, overlaid on copper-lead **A9:** 572
SAE 12, tin-base babbitt, overlaid on leaded tin bronze **A9:** 572
SAE 13, lead-base babbitt, continuously cast onto steel backing strip **A9:** 568
SAE 14, lead-base babbitt, centrifugally cast against inside of steel shell **A9:** 568
SAE 14, lead-base babbitt, continuously cast onto steel backing strip **A9:** 568
SAE 15, lead-base babbitt, continuously cast onto steel backing strip **A9:** 568
SAE 48, copper-lead alloy, continuously cast onto steel backing strip **A9:** 569
SAE 48, copper-lead alloy, gravity cast against inner wall of steel shell **A9:** 569
SAE 49, copper-lead alloy, continuously cast onto steel backing strip **A9:** 569
SAE 49, copper-lead alloy, gravity cast against inside wall of steel shell **A9:** 568–569
SAE 49, copper-lead alloy, prealloyed resintered **A9:** 570
SAE 49, copper-lead alloy, sintered . . . **A9:** 570–571
SAE 49, copper-lead alloy, with lead-indium overlay **A9:** 575
SAE 49, high-leaded tin bronze strip **A9:** 570
SAE 49, high-leaded tin bronze, gravity cast against inside surface of steel shell . . . **A9:** 570
SAE 191, electroplate **A9:** 570
SAE 192, lead-tin copper, electroplated cadmium alloy, and steel backing **A9:** 575
SAE 192, lead-tin copper, electroplated overlay on copper-lead **A9:** 572
SAE 192, lead-tin copper, electroplated overlay on Cu-40Pb-5.5Ag **A9:** 572
SAE 192, lead-tin copper, electroplated overlay on high-leaded tin bronze **A9:** 572
SAE 192, lead-tin copper, electroplated overlay on low-tin aluminum alloy **A9:** 575–576
SAE 192, lead-tin-copper, electroplate **A9:** 571
SAE 193, electroplate **A9:** 571
SAE 194, lead-indium alloy, electroplated overlay on cast copper-lead alloy **A9:** 575
SAE 485, high-leaded tin bronze, prealloyed resintered **A9:** 570
SAE 770, low-tin aluminum alloy permanent mold cast **A9:** 573
SAE 780, low-tin aluminum alloy strip, clad rolling **A9:** 573, 575–576
SAE 781, aluminum-silicon alloy, rolled to steel **A9:** 575
SAE 781, aluminum-silicon alloy strip, clad to steel backing by warm rolling **A9:** 573
SAE 783, formation of liner **A9:** 567
SAE 783, high-tin aluminum alloy strip rolling **A9:** 573
SAE 783, high-tin aluminum alloy strip clad to unalloyed aluminum, then steel **A9:** 573
SAE 784, aluminum-silicon alloy strip, clad to low-carbon steel by warm rolling **A9:** 574
SAE 785, aluminum alloy strip, clad to low-carbon steel by warm rolling **A9:** 574
SAE 786, aluminum-tin alloy strip, clad to warm rolling, then to steel **A9:** 574
SAE 787, aluminum-lead alloy strip, clad to low-carbon steel by warm rolling **A9:** 574
SAE 787, aluminum-lead prealloyed to steel by warm rolling **A9:** 574–575
SAE 791, leaded tin bronze, strip, cold rolled and annealed **A9:** 569
SAE 792, leaded tin bronze, centrifugally cast against inner wall of steel shell **A9:** 569
SAE 792, leaded tin bronze, gravity cast against inner wall of steel shell **A9:** 569
SAE 792, leaded tin bronze, prealloyed resintered **A9:** 570
SAE 793, leaded tin bronze, continuously cast onto steel backing strip **A9:** 569
SAE 793, leaded tin bronze, prealloyed resintered **A9:** 570
SAE 794, high-leaded tin bronze, continuously cast onto steel backing strip **A9:** 570
SAE 794, high-leaded tin bronze, gravity cast against inside wall of steel shell **A9:** 569
SAE 794, high-leaded tin bronze, prealloyed powder, sintered, cold rolled resintered **A9:** 570
SAE 795, commercial bronze, strip, hot-rolled **A9:** 569
tin-bronze infiltrated by lead-base babbitt . . **A9:** 571
tin-bronze infiltrated by Teflon **A9:** 571
Sleeve, roll-assembly
brittle fracture of **A11:** 327
Sleeve rolls **A14:** 354
Sleeve-bearing stock
acoustical holography inspection of . . **A17:** 446–447
Sleeving
for steam generators **A13:** 942
Slenderness ratio **EM3:** 26
defined **A8:** 12, **EM1:** 22, **EM2:** 39
Slice
defined **A17:** 385
Slice thickness
defined **A17:** 385
Slide
actuation, in mechanical presses **A14:** 493–495
adjustment, defined **A14:** 12
defined **A14:** 12
feeds **A14:** 499

Slide (continued)
number in presses **A14:** 495
Slide forming wire **A1:** 852
Slide welding **M6:** 674
Slider blade blast wheels. **M5:** 86–87
Slider-crank drive mechanisms
kinematics of **A14:** 37–38
Slide-roll ratio *See* Slide-sweep ratio
Slides
for die casting. **A15:** 287
Slide-sweep ratio
defined **A18:** 17
Slide-to-roll ratios **A18:** 474
Sliding *See also* Rolling; Specific sliding; Spin
defined **A18:** 17
grain-boundary. **A12:** 19, 25
imposed on rolling, stresses in. **A11:** 134
low-stress, cracks in copper crystal **A8:** 603
material transfer during **A10:** 566
seal, high-temperature aerated water
testing. **A8:** 421
smearing from. **A11:** 496
stress distribution in contacting
surfaces from. **A11:** 592
stresses, in shafts **A11:** 460–461
superimposed on rolling, effect of. **A11:** 465
wear **A8:** 601–603
Sliding and adhesive wear **A18:** 236–241
characteristics and examples **A18:** 236
prevention of adhesive wear **A18:** 241
primary parameters in the wear of metals,
polymers, and ceramics. **A18:** 237–241
ceramics **A18:** 237, 240–241
metals **A18:** 237–239, 241
polymers. **A18:** 237, 239–240, 241
sliding surface. **A18:** 236–237
conformity of contacting surfaces **A18:** 237
material-dependent bond strength . . **A18:** 236–237
standard conditions for sliding of three classes of
materials **A18:** 236
wear equations, design criteria, and material
selection **A18:** 237
Sliding, and deformation
in loose powder compaction **M7:** 298
Sliding bearing materials, friction and
wear of **A18:** 741–756
bearing alloys **A18:** 748–754
aluminum-base alloys **A18:** 748, 752–753
cemented carbides **A18:** 748, 754
copper-base alloys **A18:** 748, 750–752
gray cast irons **A18:** 748, 754
laminated phenolics) **A18:** 748, 754
lead-base alloys **A18:** 748, 749–750
silver-base alloys. **A18:** 748, 753
tin-base alloys **A18:** 748–749
zinc-base alloys **A18:** 748, 753–754
bearing material selection **A18:** 756
bearing material systems **A18:** 745–748
aluminum alloys **A18:** 746
bimetal systems. **A18:** 747
copper alloys **A18:** 746
porous metal bushings. **A18:** 746–747
single-metal systems. **A18:** 745, 747
trimetal systems **A18:** 747–748
zinc alloys **A18:** 746
casting processes **A18:** 754–755
babbitt centrifugal casting. **A18:** 754–755
bearing performance properties **A18:** 754
bimetal systems. **A18:** 754–755
bronze centrifugal casting **A18:** 755
bronze gravity casting **A18:** 755
bronze strip and slab casting **A18:** 755
single-metal systems **A18:** 754
trimetal systems **A18:** 755
definition of sliding bearing **A18:** 17, 741
designations by terms that describe their
application. **A18:** 741
electroplating processes **A18:** 756
fatigue life **A18:** 744
history and development. **A18:** 741
lubrication **A18:** 744, 747, 750
powder metallurgy (P/M) processes. **A18:** 755
applications of bearing materials **A18:** 755
bimetal and trimetal systems **A18:** 755
continuous sintering process **A18:** 755
impregnation and infiltration **A18:** 755
powder rolling **A18:** 755
single-metal systems **A18:** 755
properties of bearing materials **A18:** 741–745
bearing material microstructures . . . **A18:** 743–744
compatibility **A18:** 743
conformability and embeddability versus
hardness and fatigue strength **A18:** 743
corrosion resistance. **A18:** 743, 744–745
hardness **A18:** 743
heat and temperature effects. **A18:** 745
load capacity **A18:** 745
measurement and testing. **A18:** 742–743
microstructures **A18:** 743–744
surface and bulk properties **A18:** 741–742
roll bonding processes. **A18:** 755–756
wear damage mechanisms. **A18:** 741, 742, 743
Sliding bearings *See also* Sliding bearings, failures
of
abrasion damage. **A11:** 488
cavitation damage **A11:** 488
classification of **A11:** 483–489
fretting in **A11:** 487
hardened steel contact fatigue **A19:** 693
pairs, friction of **A11:** 486
surfaces, fatigue failure **A11:** 487
Sliding bearings, failures of *See also* Bearings;
Lubrication; Sliding bearings. **A11:** 483–489
bearing failures. **A11:** 486–489
bearing materials **A11:** 483–484
classification of sliding bearings **A11:** 483
contaminants **A11:** 485, 486
debris **A11:** 486
elasto-hydrodynamics. **A11:** 485
failure analysis procedure **A11:** 486
fluid-film lubrication **A11:** 484
grooves. **A11:** 485
load-carrying capacity **A11:** 485
lubricants. **A11:** 485
shaft whirl. **A11:** 484–485
squeeze-film lubrication **A11:** 485
surface roughness. **A11:** 485
Sliding bearings, friction and wear of . . **A18:** 515, 521
defined (sliding bearings) **A18:** 17
dynamic loads **A18:** 519–520
friction and wear under mixed-film
lubrication. **A18:** 518–519
full-film lubricated bearings **A18:** 516–518
asperity height (shaft roughness) effect **A18:** 517,
518, 519
friction effect. **A18:** 518
low h_{min} value significance **A18:** 518
minimum oil film thickness permissible **A18:** 517
oil additives and surface treatments. **A18:** 519
operation conditions, effect on lubricated bearing
performance **A18:** 520–521
corrosion. **A18:** 520
dirty environment. **A18:** 520
dynamic loading **A18:** 520
geometric imperfections. **A18:** 520
inadequate lubrication **A18:** 520–521
PV factor effect on rubbing bearing
performance. **A18:** 515
wear rate for dry rubbing. **A18:** 515–516
metallic bearings. **A18:** 515–516
nomenclature and units **A18:** 516
polymer bearings. **A18:** 516
Sliding bearings, materials for *See* Bearings, sliding
Sliding contact wear test **A8:** 605–606
Sliding contacts *See also* Electrical contact materials
and arcing contacts, compared **A2:** 841–842
and arcing contacts, defined. **A2:** 841
brush contacts. **A2:** 842
brush materials. **A2:** 841
for power circuits, recommended materials **A2:** 862
interdependence factors. **A2:** 842
Sliding dies
upsetting with **A14:** 90–91
Sliding distance
symbol for **A20:** 606
Sliding friction **A16:** 15, 16
Sliding general model
wear models for design **A20:** 606
Sliding knee joint prosthesis **A11:** 670
Sliding models
wear models for design **A20:** 606
Sliding pressure **A7:** 323
Sliding traction coefficient **A18:** 93
Sliding velocity
defined **A18:** 17
Sliding wear **A7:** 965, 967, 969, **A8:** 601–603
alumina **A18:** 389
aluminum-silicon alloys. **A18:** 788
cobalt-base alloys **A13:** 663, **A18:** 768–770
galling **A18:** 768–769, 770
oxide control **A18:** 769–770
jet engine components **A18:** 588, 591
metal-matrix composites . . **A18:** 803–804, 806, 807,
809–810
nonferrous hardfacing alloys. . . . **A18:** 762, 764–765
of cobalt-base wear-resistant alloys. . . . **A2:** 447–448
thermoplastic composites **A18:** 820–822
Sliding zero wear model **A20:** 611
Slime film, effect
biological corrosion **A13:** 88, 907
Slip *See also* Flow; Slip planes; Slip reversal; Slip
steps; Slip traces **A19:** 7, 33, 85, **EM3:** 26
and cleavage, in hcp and bcc metals **A11:** 75
and stacking fault energy **A9:** 693
as a result of electric discharge machining . . **A9:** 27
as acoustic emission source **A17:** 287
as glide of dislocations **A8:** 34
at crack tip **A12:** 15, 21
at low temperatures **A12:** 33
bands, persistent, in fatigue cracking **A11:** 102
cross **A8:** 34
cross-slip, cobalt alloy **A12:** 398
defined **A8:** 12, **A9:** 16, **A11:** 9, **A13:** 11
definition. **A5:** 967
degree of reversibility **A19:** 40
dissolution, crack initiation by **A13:** 149
distance, in particle fracture model **A12:** 207
during simple shear deformation **A8:** 180–181
effect in liquid erosion **A11:** 165
effect of temperature **A8:** 34
effect on texturing **A10:** 358
enamel **A13:** 47–49
environmental effects. **A12:** 35
fatigue as process of **A12:** 35
formation, stages **A13:** 45–46
in crystals **A9:** 719–720
in deformation **A8:** 188
in FIM samples **A10:** 587
in plastically deformed metals. **A9:** 684–693
in torsional testing. **A8:** 147
lattice rotation by. **A9:** 700
light microscopy for. **A12:** 106
lines, in irons **A12:** 219
lines, topographic methods. **A10:** 368
localized, titanium alloys **A12:** 450
multiple **A8:** 34
plane, defined **A13:** 45
-plane fracture, crack-initiation by **A11:** 104
progression, by DIC illumination **A12:** 121
revealed by differential interference
contrast **A9:** 152
rolling contact wear **A18:** 257, 260
severe deformation, wrought aluminum
alloys **A12:** 426
side, as buckling in axial compression
testing. **A8:** 56
Slip aids **EM3:** 41

SUBJECTS OF THE INDEXED VOLUMES: ASM Handbook (designated by the letter "A"): **A1:** Properties and Selection: Irons, Steels, and High-Performance Alloys (1990); **A2:** Properties and Selection: Nonferrous Alloys and Special-Purpose Materials (1990); **A3:** Alloy Phase Diagrams (1992); **A4:** Heat Treating (1991); **A5:** Surface Engineering (1994); **A6:** Welding, Brazing, and Soldering (1993); **A7:** Powder Metal Technologies and Applications (1998); **A8:** Mechanical Testing (1985); **A9:** Metallography and Microstructures (1985); **A10:** Materials Characterization (1986); **A11:** Failure Analysis and Prevention (1986); **A12:** Fractography (1987); **A13:** Corrosion (1987); **A14:** Forming and Forging (1988); **A15:** Casting (1988); **A16:** Machining (1989); **A17:** Nondestructive Evaluation and Quality Control (1989); **A18:** Friction, Lubrication, and Wear Technology (1992); **A19:** Fatigue and Fracture (1996); **A20:** Materials Selection and Design (1997). **Metals Handbook, 9th Edition** (designated by the letter "M"): **M1:** Properties and Selection: Irons and Steels (1978); **M2:** Properties and Selection: Nonferrous Alloys and Pure Metals (1979); **M3:** Properties and Selection: Stainless Steels, Tool Materials, and Special-Purpose Materials (1980); **M4:** Heat Treatment (1981); **M5:** Surface Cleaning, Finishing, and Coating (1982); **M6:** Welding, Brazing, and Soldering (1983); **M7:** Powder Metallurgy (1984). **Engineered Materials Handbook** (designated by the letters "EM"): **EM1:** Composites (1987); **EM2:** Engineering Plastics (1988); **EM3:** Adhesives and Sealants (1990); **EM4:** Ceramics and Glasses (1991). **Electronic Materials Handbook** (designated by the letters "EL"): **EL1:** Packaging (1989)

Slip amplitude **A19:** 326, 327
Slip angle **A18:** 578, 579
defined **EM1:** 22, **EM2:** 39
Slip band **A19:** 63, 65, 88, 169
below plane-strain fracture surface strain-induced transformation **A8:** 481–482
defined **A8:** 12
due to creep deformation **A8:** 306
Slip band cracking **A19:** 50, 65, 66
Slip band spacing **A19:** 104
Slip bands
AISI/SAE alloy steels **A12:** 298
austenitic stainless steels **A12:** 360
cracks **A12:** 224, 298
defined **A9:** 16, 687, **EM1:** 201
formation, in fatigue **A12:** 117
in a single crystal of Co-8Fe **A9:** 689
in Armco iron **A12:** 224
in austenitic manganese steel castings **A9:** 239
persistent **A12:** 117
superalloy fracture surface along **A12:** 392
wrought aluminum alloys **A12:** 420
Slip behavior
in cobalt-base alloys **A18:** 766
Slip bonding **EM4:** 181
in ceramics processing classification scheme **A20:** 698
Slip casting **A20:** 788–789, **EM4:** 33, 34, 35, 123–124, 151, **M7:** 11, 296
advanced ceramics **EM4:** 49
applications **EM4:** 153
as cermet forming technique **M7:** 800
binders **EM4:** 157
centrifugal casting **EM4:** 153
characteristics **A20:** 697
comminution techniques **EM4:** 157
constituents of powder formulation **EM4:** 126
definition **A20:** 840, **EM4:** 153
demixing **EM4:** 95, 98
dispersants **EM4:** 155
drain casting **EM4:** 153, 154
evaluation factors for ceramic forming methods **A20:** 790
factors influencing ceramic forming process selection **EM4:** 34
filtration kinetics model **EM4:** 156
for gas turbine engine component fabrication **EM4:** 718, 720
fugitive wax slip casting **EM4:** 153
gypsum molds **EM4:** 157–158
in ceramics processing classification scheme **A20:** 698
in reaction sintering **EM4:** 292
mechanical consolidation **EM4:** 125, 126, 127, 128
mechanics **EM4:** 156
of cermets **A2:** 984
plasticizers **EM4:** 157
advantages **EM4:** 158
equipment **EM4:** 158
process considerations **EM4:** 156–158
gypsum molds **EM4:** 157–158
slip control **EM4:** 156–157
processing characteristics, closed-mold **A20:** 459
rating of characteristics **A20:** 299
release agents **EM4:** 157
rheology **EM4:** 153–156, 157
colloidal phase equilibria **EM4:** 153, 155–156
electrostatic stabilization **EM4:** 153, 154
electrosteric stabilization **EM4:** 153, 155
polymeric stabilization **EM4:** 155
steric stabilization **EM4:** 153, 155
surface forces **EM4:** 153–154
size fractionation methods **EM4:** 157
solid casting **EM4:** 153
surface chemistry **EM4:** 153–156
colloidal phase equilibria **EM4:** 155–156
electrostatic stabilization **EM4:** 154
electrosteric stabilization **EM4:** 153, 155
polymeric stabilization **EM4:** 155
steric stabilization **EM4:** 153, 155
surface forces and rheology **EM4:** 153–154
to form shapes of reaction-bonded silicon carbide **EM4:** 240
to make compacts of silicon **EM4:** 237
to make silicon oxynitride shapes by reaction bonding **EM4:** 239
tungsten-reinforced nickel-base superalloys by **EM1:** 885
vacuum casting **EM4:** 153
viscoelastic properties required **EM4:** 116
Slip casting of metals **A7:** 313, 314, 420–425, 431
advantages **A7:** 373
and low-pressure molding **A7:** 429
binders used in powder shaping **A7:** 313
cermets **A7:** 927
characteristics **A7:** 313
colloidal stability **A7:** 420–422
definition **A7:** 420
disadvantages **A7:** 373
drain casting **A7:** 421, 720
filtration mechanics **A7:** 424
mold control **A7:** 423–424
potential difficulties **A7:** 373
pressure casting **A7:** 424–425
process considerations: slip control **A7:** 422–423
process steps **A7:** 420
shape of product **A7:** 373
solid casting **A7:** 420, 421
vs. injection molding **A7:** 314
Slip character **A19:** 78
as metallurgical variable affecting corrosion fatigue **A19:** 187, 193
in alloys **A19:** 77–78
Slip character of a material **A19:** 77–78
Slip crack **M7:** 11
Slip direction **A20:** 339
defined **A9:** 16
Slip dissolution *See also* Anodic dissolution
as mechanism of anodic dissolution **A19:** 185
Slip factor **A18:** 264, 266, 267
Slip flask
defined **A15:** 10
Slip forming
defined **EM2:** 39
Slip geometry **A19:** 78
Slip homogenization **A19:** 83
Slip Line
defined **A8:** 12
Slip lines **A9:** 686–687, **A19:** 49, 53, 57, 64
defined **A9:** 16
examination by phase contrast etching **A9:** 59
in plastically deformed hafnium **A9:** 500
in plastically deformed zirconium and zirconium alloys **A9:** 500
in type 304 stainless **A9:** 66
Slip localization **A19:** 78
Slip oxidation mechanism **A19:** 194
Slip pack oxidation-resistant coating **M5:** 664–666
Slip plane **A19:** 36, 37, 63, 77, 78, 81
Slip planes **A9:** 684
and dislocation cell walls **A9:** 693
cracking **A12:** 14
defined **A9:** 16
displacement, on dimples **A12:** 13
fracture, in fatigue **A12:** 117
shear bands along **A12:** 32, 32
Slip reversal
effect of oxidation **A12:** 15
effect on crack propagation **A12:** 35
in vacuum **A12:** 46
partial **A12:** 15, 21
Slip reversal concept **A19:** 53, 189
Slip reversibility **A19:** 66
Slip ring-brush assemblies
recommended contact materials **A2:** 866
Slip rings, miniature
microcontact materials for **A2:** 866
Slip (sliding) **A20:** 339
Slip steps **A19:** 63, 219
and stress-corrosion cracking **A19:** 485
formation, and serpentine glide, ripples from **A12:** 16
in iron **A12:** 224
on grain-boundary cavities **A12:** 219
wrought aluminum alloys **A12:** 426
Slip system **A20:** 339, 354
definition **A20:** 840
Slip systems **A19:** 44, 64, 65, 78, 88, 104, 111, 189
contrast of dislocations **A9:** 116
primary **A19:** 90
Slip traces **A19:** 53, 55
and striations, compared **A12:** 119
with fracture striations **A12:** 15
Slip transit direction **A20:** 339
Slip/cross slip
cobalt alloys **A12:** 398
Slip-band facets **A19:** 140
Slip-dissolution/film-rupture model **A19:** 491
Slip-in rack
coupon testing **A13:** 199
Slip-line field analysis **A18:** 34, 35
Slip-line field analytical process modeling **A14:** 425
Slip-line field solution
in indentation testing **A8:** 71–72
vs. elastic theory of hardness **A8:** 72
Slip-line fields
for double indentation **A14:** 394
for dynamic material modeling **A14:** 423
for rolling **A14:** 395
from ring rolling **A14:** 112
Slippage **EM3:** 26
Slipping, of components
distortion from **A11:** 142–143
Slip-plane obstacles **A20:** 353
Slips
forming structural ceramics from **A2:** 1020
Slit scanning method
for particle sizing **M7:** 229
Slit width
UV/VIS **A10:** 68
Slit-island technique
for surface roughness **A12:** 200
Slit-scan radiography *See also* Radiography
defined **A17:** 385
Slitter knives
cemented carbide **A2:** 970
Slitters
edge-trim **A14:** 712
Slitting
burrs **A14:** 708
camber **A14:** 709–710
capacity **A14:** 710
clearances **A14:** 708–709
defined **A14:** 12
fracture during **A8:** 548
in hot upset forging **A14:** 83
in sheet metalworking processes classification scheme **A20:** 691
knives **A14:** 708
lines **A14:** 708
of coiled sheet and strip **A14:** 708–713
of titanium alloys **A14:** 841
of woven fabric prepreg **EM1:** 150
paper stuffing **A14:** 710
re-coiling of stock **A14:** 710
speed **A14:** 710–711
wrought copper and copper alloys **A2:** 247–248
Slitting tools *See* Shearing and slitting tools
Sliver *See also* Strand
defined **EM1:** 22, **EM2:** 39
definition **A5:** 967
Slivers
as forging flaws **A17:** 293
as PTH failure mechanism **EL1:** 1024–1025
defined **A9:** 16
in hot-rolled steel bars **A1:** 240–241
in rolling **A14:** 358
in steel bar and wire **A17:** 549
Slot extension
defined **EM2:** 39
Slot geometry
in secondary-tension test **A8:** 584–585
Slot heater **A7:** 379
Slot test
comparison of fields of use, controllable variables, data type, equipment, and cost **A20:** 307
Slot welds
definition **M6:** 16
oxyacetylene braze welding **M6:** 597
recommended groove proportions **M6:** 70
Slot-headed screws
carbon steel for **M1:** 254
Slots
as stress concentrator **A11:** 318
measured by CMMs **A17:** 18
Slotting **A16:** 184, 187–193
Al alloys **A16:** 790
and tube piercing **A14:** 470
cemented carbides used **A16:** 75

Slotting (continued)
in conjunction with milling. . . . **A16:** 304, 308, 320, 321, 322
machines **A16:** 187–188
Mg alloys **A16:** 827, 828
multifunction machining. **A16:** 374
process capabilities. **A16:** 187
ram stroke and clearance **A16:** 190–191
refractory metals **A16:** 866, 867
workholding devices **A16:** 188
Slow axial flow (carbon dioxide) laser . . **A14:** 735–736
Slow cooling
of aluminum bronzes. **A2:** 350
Slow cooling zone
furnaces **M7:** 352
Slow crack
definition. **A19:** 581
Slow crack and fail-safe design
flaw sizes prescribed in MIL-A-87221 . . . . **A19:** 581
Slow crack growth **A18:** 403
Slow crack growth (SCG)
caused by surface roughness of ceramic powders **EM4:** 27
Slow monotonic fracture
ductile irons **A12:** 230–232
Slow neutron capture. **A10:** 234
Slow neutrons *See* Thermal neutrons
Slow opening
crack. **A8:** 454
Slow strain rate embrittlement *See* Hydrogen embrittlement
Slow strain rate technique
defined. **A13:** 11
Slow strain rate test
for stress-corrosion cracking. **A1:** 725–726
Slow strain rate testing
apparatus. **A13:** 262
apparatus for **A8:** 519, 520
as dynamic loading **A13:** 260–263
effect of low strain rates **A8:** 498, 499
for stress-corrosion testing **A8:** 496, 498–499, 519–520
load-deflection curve interpreted in . . . **A8:** 498–499
magnitude of strain rate in. **A8:** 498
of aluminum alloys **A8:** 524–525
of nickel-based alloy **A8:** 530
potentiostatic tensile **A13:** 288
stress-corrosion cracking **A13:** 268
tensile, for hydrogen embrittlement **A13:** 288
test specimen selection **A8:** 519
Slow stretch **A20:** 573
Slow sweep mode
eddy current inspection. **A17:** 190
Slow-bend fracture
iron alloy. **A12:** 457
maraging steels **A12:** 387
toughness test, LME in. **A12:** 30, 38
Slow-bend tests
correlations between **A11:** 60
Lehigh **A11:** 59
with impact testing **A8:** 453
Slow-frequency tests **A20:** 530
Slow-rate tests **EM3:** 448
Slow-strain-rate embrittlement *See also* Hydrogen embrittlement **M1:** 687
Slow-strain-rate technique
and stress-corrosion cracking **A19:** 484
Slow-strain-rate test **A20:** 569, 570
Slow-wave structure
microwave eddy current measurement. . . . **A17:** 223
SLR cameras *See* Cameras
Sludge
as inclusion-producing. **A15:** 96
defined. **A18:** 17
definition. **A5:** 967
dewatering **M5:** 313–314
disposal of *See* Plating waste disposal and recovery
formation, in acid cleaning, control of . . **M5:** 63–65
in phosphate coating. **A13:** 384, 388
Sludge treatment
constant conditions maintained by electrometric titration **A10:** 202
Slug **M7:** 11
Slug-casting metal
as lead and lead alloy application. **A2:** 549
Slugging **A6:** 1183
definition **A6:** 1213, **M6:** 16
in uranium dioxide fabrication. **M7:** 665
Slug(s) *See also* Blank
copper and copper alloy **A14:** 257
defined. **A14:** 12
preparation, cold extrusion of copper/copper alloy parts **A14:** 310
preparation, impact extrusion **A14:** 311–312
shape, by cold extrusion **A14:** 303
stock for. **A14:** 309
Slug-to-matrix ratio **A7:** 711, 772
Slump test
definition. **A5:** 967
porcelain enameling. **M5:** 523, 531
Slumpability
defined. **A18:** 17
Slumping **A7:** 367, 499, 518, 519, 916
Slurries
as core coatings **A15:** 240
ethyl silicate, as pH sensitive. **A15:** 212
foamed plaster, mixing of. **A15:** 247
for Unicast process **A15:** 251–252
formation, investment casting **A15:** 260
mixing, for plaster molding **A15:** 244
Shaw ceramic **A15:** 250
solid-sample Babington-style nebulizers for **A10:** 36
structural ceramics from. **A2:** 1020
zircon, formulations and properties **A15:** 260
Slurry **A5:** 105–106
application categories. **A5:** 91
defined. **A18:** 17, **EL1:** 1157
definition. **A5:** 967
in spray drying **M7:** 73–78
in wet magnetic compaction. **M7:** 327–328
magnetic paint **A17:** 126–127
Slurry abrasion response (SAR). **A18:** 235
Slurry abrasion response (SAR) number
defined. **A18:** 17
Slurry abrasivity
defined. **A18:** 17
Slurry casting processes **EM4:** 34–35
Slurry coating
design limitations for inorganic finishing processes **A20:** 824
powder used. **M7:** 573
Slurry coating processes
aluminum coating, steel. **M5:** 341–343
procedures and equipment. **M5:** 342–343
slurry compositions. **M5:** 342–343
fusion *See* Fused slurry process
oxidation protective coating, superalloys and refractory metals. **M5:** 379–380
Slurry erosion. **A18:** 233–235, **A20:** 603
cobalt-base alloys. **A18:** 768, 770
defined **A18:** 17, 233
definition. **A5:** 967
dry abrasivity **A18:** 235
effects of wear **A18:** 234
nickel-base alloys. **A18:** 768, 770
slurry wear modes **A18:** 233–234
abrasion-corrosion wear **A18:** 233, 234, 235
cavitation **A18:** 234
crushing and grinding **A18:** 234, 235
high-velocity erosion **A18:** 234, 235
low-velocity erosion **A18:** 234
saltation wear **A18:** 234
scouring wear. **A18:** 233–234, 235
stainless steels **A18:** 768, 770
Slurry handling systems
corrosive wear. **A18:** 271
Slurry infiltration. **EM4:** 35
Slurry lost wax
in shape-casting process classification scheme **A20:** 690
Slurry method
ceramic coatings for adiabatic diesel engines **EM4:** 992
Slurry molding
in shape-casting process classification scheme **A20:** 690
Slurry preforming *See also* Preform
defined **EM1:** 22, **EM2:** 39
Slurry wear test
Bureau of Mines **A18:** 274, 275
Slurry wet abrasive blasting systems **M5:** 93–96
Slurry-sinter oxidation-resistant coating **M5:** 664–666
Slush casting
defined **A15:** 10, 34
development of. **A15:** 34–35
Slush casting zinc alloys
gravity castings. **A2:** 530
properties **A2:** 538–539
Slush molding
defined. **EM2:** 39
Slushing compounds
for oil/gas piping. **A13:** 11, 1259
Slushing oil
defined. **A18:** 17
Sly cleaning machine
development of. **A15:** 33
SM solder attachments *See* Solder attachments
SMAC software program **A15:** 867
Small angle x-ray scattering. **EM4:** 87
Small crack
defined. **A19:** 153
Small crack growth **A19:** 275
Small crack growth in multiaxial fatigue **A19:** 266–270
Small crack initiation
fretting fatigue **A19:** 321
Small crack phase **A19:** 4
Small Engine Components Technology Studies. **EM4:** 716
Small fatigue crack characteristics **A19:** 266–268
Small fatigue cracks, behavior of **A19:** 153–158
applications where small cracks are important. **A19:** 158
chemically small cracks. **A19:** 156–157
classification of crack size according to mechanical and microstructural influences **A19:** 156
discussion/summary. **A19:** 158
equivalent initial flaw size **A19:** 158
growth rates **A19:** 153
J-integral correlations of. **A19:** 268
mechanically small cracks **A19:** 155–156
microstructurally small cracks **A19:** 153
no general-purpose computer codes available for small-crack behavior **A19:** 158
scatter in small-crack growth rate data **A19:** 157–158
size criteria for small cracks. **A19:** 156
small-crack test methods. **A19:** 157
stage I shear cracks **A19:** 154
types of small cracks. **A19:** 153–157
Small parts *See also* Part(s); Specimen(s); Workpiece(s)
demagnetizing. **A17:** 121
magnetic particle inspection. **A17:** 117
magnetizing. **A17:** 94
microhardness testing for **A8:** 96
Small signal *See also* Signal; Small signal packages
equivalent circuit **EL1:** 155, 159
frequency response, model. **EL1:** 153–154
parameters, junction field effect transistors **EL1:** 156–159
Small signal equivalent circuit **EL1:** 155, 159
Small systems
future trends. **EL1:** 393
Small tool welding *See* Lap welding

SUBJECTS OF THE INDEXED VOLUMES: ASM Handbook (designated by the letter "A"): **A1:** Properties and Selection: Irons, Steels, and High-Performance Alloys (1990); **A2:** Properties and Selection: Nonferrous Alloys and Special-Purpose Materials (1990); **A3:** Alloy Phase Diagrams (1992); **A4:** Heat Treating (1991); **A5:** Surface Engineering (1994); **A6:** Welding, Brazing, and Soldering (1993); **A7:** Powder Metal Technologies and Applications (1998); **A8:** Mechanical Testing (1985); **A9:** Metallography and Microstructures (1985); **A10:** Materials Characterization (1986); **A11:** Failure Analysis and Prevention (1986); **A12:** Fractography (1987); **A13:** Corrosion (1987); **A14:** Forming and Forging (1988); **A15:** Casting (1988); **A16:** Machining (1989); **A17:** Nondestructive Evaluation and Quality Control (1989); **A18:** Friction, Lubrication, and Wear Technology (1992); **A19:** Fatigue and Fracture (1996); **A20:** Materials Selection and Design (1997). **Metals Handbook, 9th Edition** (designated by the letter "M"): **M1:** Properties and Selection: Irons and Steels (1978); **M2:** Properties and Selection: Nonferrous Alloys and Pure Metals (1979); **M3:** Properties and Selection: Stainless Steels, Tool Materials, and Special-Purpose Materials (1980); **M4:** Heat Treating (1981); **M5:** Surface Cleaning, Finishing, and Coating (1982); **M6:** Welding, Brazing, and Soldering (1983); **M7:** Powder Metallurgy (1984). **Engineered Materials Handbook** (designated by the letters "EM"): **EM1:** Composites (1987); **EM2:** Engineering Plastics (1988); **EM3:** Adhesives and Sealants (1990); **EM4:** Ceramics and Glasses (1991). **Electronic Materials Handbook** (designated by the letters "EL"): **EL1:** Packaging (1989)

Small-angle boundaries
in crystals **A9:** 719–720
Small-angle neutron scattering *See also* Small-angle x-ray and neutron scattering **A10:** 402–406
analysis of ceramics **A10:** 405
analysis of glasses **A10:** 405
analysis of metals **A10:** 405
analysis of polymers **A10:** 405
Small-angle neutron scattering (SANS) **EM4:** 87
to measure pore sizes in range of 1 to 10^4 nm **EM4:** 71, 72
Small-angle scattering *See* Small-angle x-ray and neutron scattering
Small-angle x-ray and neutron scattering **A10:** 402–406
applications **A10:** 402, 405
estimated analysis time **A10:** 402
experimental aspects **A10:** 402–403
general uses **A10:** 402
introduction **A10:** 402
related techniques **A10:** 402
samples **A10:** 402
theoretical aspects **A10:** 403–405
Small-angle x-ray scattering **A10:** 402–406
analysis of ceramics **A10:** 405
analysis of glasses **A10:** 405
analysis of metals **A10:** 405
analysis of polymers **A10:** 405
of organic solids, information from **A10:** 9
Small-bubble artifact
in replicas **A12:** 184
Small-crack arrest **A19:** 158
Small-crack theory **A19:** 126
Small-outline integrated circuit (SOIC)
as package family **EL1:** 404
as surface-mount package option **EL1:** 77
die attachments **EL1:** 217–221
removal methods **EL1:** 724–727
thermal resistance **EL1:** 409–410
Small-outline packages (SOPs)
and substrates **EL1:** 209
Small-outline transistors
removal methods **EL1:** 724
Small-particle examination, sample preparation
ATEM **A10:** 452
Small-rotation assumption
and beams **EM2:** 692–694
and plates **EM2:** 694–696
Small-sample fatigue testing procedures **A8:** 706
Small-scale integration (SSI) *See also* Small-outline integrated circuits (SOIC)
development **EL1:** 160
tape automated bonding (TAB) for **EL1:** 274
Small-scale integration (SSI) devices . . . **A11:** 766, 797
Small-scale secondary creep (SSC) **A19:** 510
Small-scale yielding (SSY) **A19:** 173
Small-scale yielding (SSY) conditions **A19:** 155
Small-signal packages
construction details **EL1:** 432
defined **EL1:** 422, 452
leaded plastic **EL1:** 424
metal-body devices **EL1:** 422–423
multiple-terminal **EL1:** 432
plastic body, and surface mount **EL1:** 423–424
plastic-bodied **EL1:** 425
surface mounted **EL1:** 424
"Smart" materials **EM4:** 17
SMC *See* Sheet molding compound (SMC); Sheet molding compounds
SMC-C compression molded sheet
composition/properties **EM1:** 560
SMC-C/R compression molded sheet
composition/properties **EM1:** 560
SMC-D compression molded sheet
composition/properties **EM1:** 560
SMC-R compression molded sheet
composition/properties **EM1:** 560
Smear
Removal, rigid printed wiring boards **EL1:** 544
resin, printed board coupon **EL1:** 575
Smearing *See also* Transfer . . **A7:** 719, 720, 722, 724
cause from line source **A10:** 403
cumulative material transfer as **A11:** 496
defined **A18:** 17
definition **A5:** 967
in bearing failures **A11:** 493
Smelt
defined **A13:** 11
definition **A5:** 967
Smelting
and spray drying **M7:** 76
history of **A15:** 15
of lead **A2:** 543
SMIE *See* Solid-metal embrittlement
Smith forging *See* Handforge; Open-die forging
Smith/Hieftje system
AAS spectrometers **A10:** 52
Smith-Watson-Topper generalization **A19:** 266
Smoke *See also* Flammability
emission, and flame spread, polyester systems **EM1:** 95
liberation, of composites **EM1:** 35
Smoke bombs
leak detection by **A17:** 66
Smoke candles
leak detection by **A17:** 66
Smokes
metal fuel pyrotechnic device . . . **M7:** 600, 602, 603
Smooth specimens
elastic strain, for SCC testing **A8:** 503–508
for SCC evaluation . . . **A13:** 246–253, 265–266, 275
for stress-corrosion cracking tests **A8:** 496–497, 503–510
plastic strain, SCC testing **A8:** 508–509
surface preparation of **A8:** 510
vs. precracked specimen, in SCC testing . . . **A8:** 498
Smoothed-particle-hydrodynamics (SPH) methods **A20:** 192
Smoothing
defined **A17:** 385
Smoothing contour function **EM3:** 33
Sm-Sn (Phase Diagram) . . . . **A3:** 2•368
SMT *See* Surface mount technology (SMT)
Sm-Tl (Phase Diagram) . . . . **A3:** 2•369
Smudge remover **M5:** 582
Smut
definition **A5:** 967
Smut removal
aluminum and aluminum alloys **M5:** 580–581, 584–585, 590–591
surface cleaning **A13:** 381
Sm-Zn (Phase Diagram) . . . . **A3:** 2•369
***S-N* approach** **A19:** 18
***S-N* coefficient** **A19:** 296, 297
***S-N* curve** . . **A8:** 376, **A19:** 17, 18–20, 21, 54–55, 111, 126, 228
defined **A8:** 12
extrapolations below the fatigue limit **A19:** 111
fatigue crack initiation **A8:** 364
fatigue limit **A8:** 364
for 50% survival **A8:** 12
for constant amplitude and sinusoidal loading **A8:** 364
for *p*% survival **A8:** 12
of aircraft **A19:** 557
uncertainty in data **A19:** 296
***S-N* curves** *See also* Fatigue data **A13:** 292, **A20:** 517, 518, 520, 521, 642, 643, **EM1:** 201, 441–442
and fatigue resistance **A1:** 674–675
cast steels **M1:** 389, 397
defined **A11:** 9
for reversed-bending stress and temperature **A11:** 130
from fatigue-crack initiation tests **A11:** 102–103
springs, steel **M1:** 292, 297, 304
***S-N* diagram** **EM3:** 26
defined **A13:** 11, **EM1:** 22, **EM2:** 39
***S-N* exponent** **A19:** 297
***S-N* fatigue**
aluminum alloys **A19:** 787–791
***S-N* fatigue limit** **A19:** 18
***S-N* plots** **A19:** 73
***S-N* relation**
bolted joint fatigue **EM1:** 440
mean stress **EM1:** 438–439
notch **EM1:** 439–440
***S-N* testing (stress versus log number of cycles to failure)** **A19:** 15, 16
Snag grinding
of crankshaft **A11:** 472–473
Snagging
roughness average **A5:** 147
Snagging portable grinding
unalloyed molybdenum recommendations . . **A5:** 856
Snake skins
closed feedwater heaters **A13:** 990
Snap fits **EM2:** 713–714
Snap flasks
defined **A15:** 10
development **A15:** 28
green sand molding **A15:** 341
Snap joining processes
in joining processes classification scheme **A20:** 697
Snap temper
for ductility **A11:** 95
Snapoff
as solder paste parameter **EL1:** 732
Snapping
of interlocking extrusions **A2:** 36
"Sneak" detection process **A20:** 207
"Sneak path" **A20:** 206, 207
Sneddon's relation **A18:** 422
Snell's law **EM4:** 1050, 1077
critical angle of intemal reflection of optical fibers **EM4:** 409
index of refraction of glass **EM4:** 565
of light refraction **A10:** 113
***S-N_f* curves** **A19:** 63, 68
SN-N-X (whisker)
properties **A18:** 803
Snorkels **A6:** 273
Snorkel-type samplers **A7:** 208
Snowflakes *See* Flaking
Snowmobile **A20:** 128–129
Snowplow blades
cemented carbide **A2:** 973–974
SNS process
polyaramid fibers **EM3:** 286
Sn-Te (Phase Diagram) . . . . **A3:** 2•370
Sn-Ti (Phase Diagram) . . . . **A3:** 2•370
Sn-U (Phase Diagram) . . . . **A3:** 2•371
Snubber-type wire grip
for axial fatigue testing **A8:** 369
Sn-Y (Phase Diagram) . . . . **A3:** 2•371
Sn-Yb (Phase Diagram) . . . . **A3:** 2•371
Snyder-Graaf method **A7:** 486
Sn-Zn (Phase Diagram) . . . . **A3:** 2•372
Sn-Zr (Phase Diagram) . . . . **A3:** 2•369, 2•372
Soak cleaning *See also* Alkaline cleaning, soak process; Emulsion cleaning, soak process **A5:** 14
alkaline cleaning solutions for zinc die castings **A5:** 872
definition **A5:** 967
Soaking
effects on alloy segregation **A11:** 121
Soaking procedures
steam generators **A13:** 944
Soap **A18:** 125, 126
chemical structures (thickeners) **A18:** 126
defined **A18:** 17
for tool steel lubrication **A18:** 737–738
grease incompatibilities **A18:** 129
lubricants for rolling-element bearings . . . **A18:** 136, 137
reasons for use **A18:** 126
types of thickeners **A18:** 126
Soaps
composition **A5:** 33
operation temperature **A5:** 33
Social context **A20:** 126
Social costs **A20:** 257
definition **A20:** 840
Society for Automotive Engineers (SAE) **M7:** 19, 463
Society for the Advancement of Material and Process Engineering (SAMPE)
as information source **EM1:** 41
Society for the Advancement of Material/Process Engineering (SAMPE) **EM2:** 92–93, 95
Society for the Promotion of LCA Development (SPOLD) **A20:** 96, 99
Society of Automotive Engineers . . . **A15:** 514, **A20:** 68, 140
materials specifications of **A13:** 322
(SAE) **A8:** 469, 726
Society of Automotive Engineers, Japan
performance testing of engine oils **A18:** 170

902 / Society of Automotive Engineers Lubricants Review Institute (LRI)

Society of Automotive Engineers Lubricants Review Institute (LRI)
performance testing of engine oils. **A18:** 170

Society of Automotive Engineers (SAE) *See also*
SAE-AISI designations **EM3:** 61
Aerospace Materials Specifications **EM3:** 62
Aerospace Recommended Practice (ARP) for aircraft wheels and brakes
(ARP 597) **A18:** 586
as information source **EM1:** 41, 701
Crankcase Classification System **A18:** 163, 164
engine oil specifications and viscosity grades **A18:** 162–163, 164
performance specifications for engine lubricants **A18:** 98
performance specifications for nonengine lubricants **A18:** 98
performance testing of engine oils. **A18:** 170
two-stroke cycle engine oil service classifications **A18:** 166–167
viscosity grades of lubricants **A18:** 85, 98, 99

Society of Automotive Engineers (SAE) specifications
J1344, coding system of plastics and engineering resins **A20:** 136

Society of Automotive Engineers (SAE) standards
brake codes for heavy commercial vehicles (J880; J9781). **A18:** 577
brake lining friction rating specification (J866a) **A18:** 576
performance testing of engine oils (JI83). . **A18:** 170
quality control test procedure for friction materials test machine (J661a) **A18:** 576
viscosity classification systems for engine oils (J300; JI536) **A18:** 163, 164, 166

Society of Die Casting Engineers **A15:** 34

Society of Environmental Toxicology and Chemistry (SETAC) **A20:** 96, 97, 99
1993 Code of Practice. **A20:** 99

Society of Manufacturing Engineers **M7:** 19
classification characteristics of structural adhesives **EM3:** 74

Society of Plastics Engineers (SPE) **EM2:** 93, 95
as information source **EM1:** 41

Society of the Plastics Industry, Inc **A20:** 37, **EM2:** 94
tolerances considered. **A20:** 37

Society of the Plastics Industry (SPI) coding system **A20:** 136

Socket spanner head
forging fold cracking. **A11:** 329, 331

Socket-head screws
alloy steel for. **M1:** 256

Socketing, as connection
multichip packaging **EL1:** 311

Sockets
desoldering **EL1:** 721–722

Soda ash. **A13:** 1178–1179

Soda ash addition
fluxes **A15:** 389

Soda ash (Na_2CO_3)
batch size. **EM4:** 382
chemical analysis **EM4:** 380
composition **EM4:** 379, 380
decalhydrates. **EM4:** 380
heat evolved by hydration of **EM4:** 384
heptahydrates **EM4:** 380
mining techniques **EM4:** 380
process for making. **EM4:** 379
process plants **EM4:** 379
purpose for use in glass manufacture **EM4:** 381
sources. **EM4:** 379–380
trona. **EM4:** 380

Soda ash tailings
Miller numbers. **A18:** 235

Soda borosilicate
chemical corrosion **EM4:** 1047
properties, non-CRT applications **EM4:** 1048–1049

Soda feldspar ($NaAlSi_3O_8$) **EM4:** 6, 7

Soda glass (Na_2O)
composition by application **A20:** 417
engineered material classes included in material property charts **A20:** 267
linear expansion coefficient vs. thermal conductivity. **A20:** 267, 276, 277
loss coefficient vs. Young's modulus **A20:** 267, 273–275

S-glass, linear expansion coefficient vs. Young's modulus **A20:** 267, 276–277, 278

Soda-alumina-silica glass
Corning glass codes 0313, 0315, 0319
derived **EM4:** 463

Soda-barium-silicate glass
lighting applications. **EM4:** 1036

Soda-lime **EM4:** 460
coefficient of thermal expansion **EM4:** 1102
composition. **EM4:** 1102
containers, properties **A20:** 418
electric light bulbs, properties **A20:** 418
material to which crystallizing solder glass seal is applied **EM4:** 1070
material to which vitreous solder glass seal is applied **EM4:** 1070
plate glass, properties **A20:** 418
softening point **EM4:** 1102
window sheet, properties **A20:** 418

Soda-lime glass **EM4:** 460
advantages. **EM4:** 1101
applications
electronic processing **EM4:** 1055, 1056
glass containers **EM4:** 1082, 1083, 1084
information display **EM4:** 1046
lighting. **EM4:** 1032, 1034, 1035, 1036
solar-cell glass covers **EM4:** 1019
coloration. **EM4:** 1101
composition **EM4:** 566, 742, 1033, 1083, 1088, 1101
disadvantages **EM4:** 1101
durability. **EM4:** 1101
electrical resistivity **EM4:** 404
for drinkware **EM4:** 1102
for ovenware **EM4:** 1103
glass-contact and fuzed AZS refractories **EM4:** 904
heat transfer to batch materials **EM4:** 386, 387
not strengthened by ion-exchange **EM4:** 462
proof testing **EM4:** 745
properties **EM4:** 742, 863, 1034, 1083, 1088, 1101
refractive index. **EM4:** 566
regenerative heat exchanger applications **EM4:** 906
softening point **EM4:** 566
strength **EM4:** 851
superstructure and crown refractories
applications **EM4:** 906
tempering. **EM4:** 1101
thermal properties. **EM4:** 566, 1101
uses. **EM4:** 742
Young's modulus **EM4:** 566

Soda-lime tableware
defect inclusion levels **EM4:** 392

Soda-lime-borosilicate
as C-glass composition **EM1:** 45

Soda-lime-silica glass **A20:** 417, 418
fatigue resistance parameter obtained from universal fatigue curve or *V-K* curve. **A19:** 958
pH of crack growth **A19:** 958
time to failure at σ_F/σ_N = 0.5 tested in flexure **A19:** 956

Soda-lime-silica glasses
applications. **EM4:** 1015
dental **EM4:** 1096
glass containers **EM4:** 1085
information display **EM4:** 1045
laboratory and process. **EM4:** 1087
optical glass products. **EM4:** 1076
batch formulation. **EM4:** 381
chemical corrosion. **EM4:** 1047
elastic modulus. **EM4:** 849

fatigue **EM4:** 744
fining system. **EM4:** 380
float process used. **EM4:** 377
glass-to-metal seals. **EM3:** 302
ion-exchange **EM4:** 460
MgO substituted for CaO to increase meltability **EM4:** 379
properties, non-CRT applications **EM4:** 1048–1049
soda ash in composition **EM4:** 379
strength **EM4:** 850
stress-corrosion failure. . . . **EM4:** 658, 659, 660–661
versus bioactive glasses. **EM4:** 1010

Soda-lime-silica sheet glass
forming **EM4:** 399

Soderberg line **A19:** 558, **A20:** 519, 520

Soderberg model. **A19:** 19

Soderberg's law **A11:** 111, 112
and static yield strength **A8:** 374
mean stress effect on fatigue strength. **A8:** 374

Soderberg's relation **A19:** 238

Sodium *See also* Liquid sodium; Molten salts; Salts. **A13:** 515
acid-base titration **A10:** 173
alloying, aluminum casting alloys **A2:** 132
and strontium, in aluminum-silicon alloys compared. **A15:** 167
as addition to aluminum-silicon alloys. . . . **A18:** 788
as desulfurization reagent **A15:** 75
as flux **A10:** 167
as inoculant. **A15:** 105
as modifier addition **A15:** 484
as pyrophoric. **M7:** 199
as sample contaminant **A10:** 236
as silicon modifier **A15:** 79, 161–165
cations, in glasses, Raman analysis. **A10:** 131
corrosion fatigue test specification **A8:** 423
deoxidizing, copper and copper alloys **A2:** 236
detected by Auger electron spectroscopy . . **M7:** 251, 254
effect, embrittlement. **A13:** 182–183
effect on glass substrate bonding. **EM3:** 283
flame emission sources for **A10:** 30
fusion, crucibles for. **A10:** 167
grain boundary segregates, effect on fracture toughness of aluminum alloys **A19:** 385
in aluminum alloys **A15:** 746
in enamel cover coats **EM3:** 304
in enameling ground coat **EM3:** 304
ions, exchanged in water softeners . . . **A10:** 658–659
lubricant indicators and range of sensitivities **A18:** 301
molten, applications. **A13:** 56
pressurized water reactor specification **A8:** 423
pure. **M2:** 797–799
pure, properties **A2:** 1158
species weighed in gravimetry **A10:** 172
spectrometric metals analysis. **A18:** 300
thermal diffusivity from 20 to 100 °C **A6:** 4
TNAA detection limits **A10:** 237
ultrapure, by distillation **A2:** 1094
use in flux cored electrodes. **M6:** 103
used to make detergents **A18:** 100
vapor pressure **A6:** 621
volatilization losses in melting. **EM4:** 389

Sodium acid pyrophosphate
composition. **A5:** 48
for acid cleaning. **A5:** 49

Sodium acid pyrophosphate cleaning process
iron and steel. **M5:** 60

Sodium acid sulfate
for acid cleaning. **A5:** 48

Sodium alloys, resistance of
to liquid-metal corrosion **A1:** 635

Sodium aluminate
mill additions for wet-process enamel frits for sheet steel and cast iron **A5:** 456

Sodium aluminum borosilicate glass
properties. **EM4:** 1057

SUBJECTS OF THE INDEXED VOLUMES: ASM Handbook (designated by the letter "A"): **A1:** Properties and Selection: Irons, Steels, and High-Performance Alloys (1990); **A2:** Properties and Selection: Nonferrous Alloys and Special-Purpose Materials (1990); **A3:** Alloy Phase Diagrams (1992); **A4:** Heat Treating (1991); **A5:** Surface Engineering (1994); **A6:** Welding, Brazing, and Soldering (1993); **A7:** Powder Metal Technologies and Applications (1998); **A8:** Mechanical Testing (1985); **A9:** Metallography and Microstructures (1985); **A10:** Materials Characterization (1986); **A11:** Failure Analysis and Prevention (1986); **A12:** Fractography (1987); **A13:** Corrosion (1987); **A14:** Forming and Forging (1988); **A15:** Casting (1988); **A16:** Machining (1989); **A17:** Nondestructive Evaluation and Quality Control (1989); **A18:** Friction, Lubrication, and Wear Technology (1992); **A19:** Fatigue and Fracture (1996); **A20:** Materials Selection and Design (1997). **Metals Handbook, 9th Edition** (designated by the letter "M"): **M1:** Properties and Selection: Irons and Steels (1978); **M2:** Properties and Selection: Nonferrous Alloys and Pure Metals (1979); **M3:** Properties and Selection: Stainless Steels, Tool Materials, and Special-Purpose Materials (1980); **M4:** Heat Treating (1981); **M5:** Surface Cleaning, Finishing, and Coating (1982); **M6:** Welding, Brazing, and Soldering (1983); **M7:** Powder Metallurgy (1984). **Engineered Materials Handbook** (designated by the letters "EM"): **EM1:** Composites (1987); **EM2:** Engineering Plastics (1988); **EM3:** Adhesives and Sealants (1990); **EM4:** Ceramics and Glasses (1991). **Electronic Materials Handbook** (designated by the letters "EL"): **EL1:** Packaging (1989)

Sodium antimonate ($2Na_2O·2Sb_2O_5·H_2O$)
purpose for use in glass manufacture **EM4:** 381
Sodium azobenzenesulfonate
chemicals successfully stored in galvanized containers. **A5:** 364
Sodium bentonite *See also* Western bentonite
and calcium bentonite, blending effect. . . . **A15:** 210
Sodium bicarbonate
abrasive for abrasive jet machining **A16:** 512
for explosion prevention **M7:** 197
Sodium bisulfate
as acidic flux. **A10:** 167
composition. **A5:** 48
Sodium bisulfate cleaning process
iron and steel. **M5:** 60
Sodium borate
electrochemical grinding **A16:** 545
Sodium borohydride **A7:** 185
as reductant. **A10:** 49
Sodium borohydride baths
electroless nickel plating **A5:** 291
Sodium borohydride electroless nickel plating process **M5:** 221–223, 229–231
coatings, properties of **M5:** 229–231
solution composition and operating conditions. **M5:** 221–223
Sodium borosilicate glass
composite strength as a function of weight gain **EM4:** 867
effect of interfacial reaction in ceramic-matrix composites **EM4:** 866
effect of volume fraction and size of dispersed phase. **EM4:** 866
Sodium carbonate
cadmium cyanide plating bath content . . . **M5:** 257, 266–267
carburizing role. **A4:** 325
ECDG electrolyte. **A16:** 548
ECG electrolyte **A16:** 545
electroless nickel coating corrosion **A20:** 479
in cathodic cleaning. **A12:** 75
in composition of unmelted frit batches for high-temperature service silicate-based coatings **A5:** 470
saturated, electroless nickel coating corrosion **A5:** 298
test constituent of cyanide cadmium plating baths. **A5:** 223
used to neutralize etching acids. **A9:** 172
zinc cyanide plating bath content **M5:** 248
Sodium carbonate cleaner **M5:** 24, 28, 35
Sodium carbonate electrolytic brightening
aluminum and aluminum alloys **M5:** 580–581
Sodium carbonate (Na_2CO_3) **EM4:** 379
Sodium chlorate
ECG electrolyte **A16:** 545
ECM electrolyte **A16:** 533, 535, 536
Sodium chloride **A13:** 50, 271–272, 893
alternate immersion test, aluminum alloys **A8:** 523
and sodium sulfate in boiling water vs.
alloy **A8:** 427, 429
steel **A8:** 427, 429
and stress-corrosion cracking **A16:** 27
aqueous, crack growth in **A8:** 403
as analyzing crystal **A10:** 88
as fining agent **EM4:** 380
boiling, Al alloys in continuous immersion in. **A8:** 523
detected by Auger electron spectroscopy . . **M7:** 251, 254
ECG electrolyte **A16:** 545
electrolyte for ECM. . **A16:** 533, 535, 536, 538, 540, 541
electrolyte for Ti alloys, ECM **A16:** 852
interstitials. **A20:** 340
mediums for accelerating SCC in Al alloys **A8:** 524
photochemical machining etchant **A16:** 591
solution, tension SCC testing in **A8:** 508
solution, testing high-strength steels in. **A8:** 527
unit cell **A20:** 338
Sodium chloride environments **A19:** 207, 208
Sodium chloride (NaCl) **A19:** 492
corrosion-fatigue crack growth rates **A19:** 157
effect on fatigue crack threshold **A19:** 145
salt and its hydrolysis mechanism. **A19:** 475
Sodium chloride powder
as PCA **A7:** 81
diffusion factors **A7:** 451
physical properties **A7:** 451
Sodium chloride salt spray test **A7:** 777
Sodium chloride salt spray test, specifications **A7:** 777, 984
Sodium chromate and glacial acetic acid, as an electrolyte for austenitic manganese steel
casting specimens. **A9:** 238
Sodium cyanide
and water as an electrolyte for platinum alloys **A9:** 551
for stripping electrodeposited cadmium **A5:** 224
in cathodic cleaning. **A12:** 75
test constituent of cyanide cadmium plating baths. **A5:** 223
used to electrolytically etch heat-resistant casting alloys **A9:** 331–333
Sodium cyanide plating
cadmium plating bath content. **M5:** 257, 266
copper plating baths, high- efficiency **M5:** 159–165, 167–169
zinc cyanide plating bath content **M5:** 249–250
Sodium dichromate
passivation of zinc coating with. **M1:** 169
Sodium diethyidithiocarbamate
as extractant **A10:** 170
Sodium dodecyl sulfate **A18:** 143
Sodium fluoride
photo-nucleated phase **EM4:** 440, 441
Sodium fluoroborate glasses
electrical properties **EM4:** 852
optical properties **EM4:** 854
Sodium formate **A7:** 185
as reducing agent. **A7:** 182, 183
Sodium germanate glasses
density **EM4:** 846
Sodium hydride cycle
for descaling stainless steels **A14:** 230
Sodium hydride descale
in procedure for heat-resistant alloys **A5:** 781
Sodium hydride salt bath descaling
heat-resisting alloys **M5:** 566–567
process **M5:** 100, 654
Sodium hydroxide **A19:** 475
as an electrolyte for tungsten **A9:** 440
as an etchant for wrought stainless steels. **A9:** 281–282
as ferrous cleaning agent. **A12:** 75
as precipitate **A10:** 168–169
cadmium cyanide plating bath content . . . **M5:** 257, 266
ECG electrolyte **A16:** 545
electroless nickel coating corrosion **A5:** 298, **A20:** 479
electrolyte for ECM **A16:** 533, 535
epoxy synthesis and **EM3:** 94
etchant for chemical milling of MMCs . . . **A16:** 896
for stripping electrodeposited cadmium **A5:** 224
in composition of stannate (alkaline) tin plating electrolyte. **A5:** 240
in silver powders **A7:** 183
photochemical machining etchant **A16:** 589
safety hazards **A9:** 69
solutions, in cathodic cleaning. **A12:** 75
stress-corrosion cracking and **A19:** 487
test constituent of cyanide cadmium plating baths. **A5:** 223
used in chemical treatment before disposal **A16:** 131
zinc cyanide plating bath content **M5:** 246, 248
Sodium hydroxide alkaline etching
aluminum and aluminum alloys. **M5:** 583
Sodium hydroxide anodization (SHA)
of polyphenylquinoxalines **EM3:** 166, 167
Sodium hydroxide cleaner **M5:** 24, 28, 35
Sodium hydroxide corrosion . . . **A13:** 1174–1178, 1269
Sodium hydroxide injection
disadvantages of. **A19:** 475
Sodium hydroxide, removal
adhesion failure and **A11:** 43
Sodium hydroxide, stainless steels
corrosion resistance **M3:** 87, 88
Sodium hypochlorite **A13:** 1179–1180
Sodium hypophosphite baths
electroless nickel plating. **A5:** 290–291
Sodium hypophosphite electroless nickel plating process **M5:** 220–231
coatings, properties of **M5:** 223–231
fatigue strength affected by **M5:** 231
solution composition and operating conditions. **M5:** 220–223
Sodium iodide doped with thallium
as scintillator. **A17:** 371
Sodium ion exchange resins
used in water treatment of cutting fluids. . **A16:** 130
Sodium lamps
as indium application **A2:** 752
Sodium lauryl sulfate **A7:** 136
Sodium lead silicate
properties. **EM4:** 1057
Sodium metabisulfite as a tint etchant **A9:** 170
Sodium metaphosphate, insoluble
dentifrice abrasive **A18:** 665
Sodium metasilicate
as SCC inhibitor. **A13:** 327
Sodium metasilicate cleaner **M5:** 24, 28, 35
Sodium molybdate
ECM electrolyte **A16:** 535
use in color etching **A9:** 142
Sodium monoxide (Na_2O)
in composition of melted silicate frits for high-temperature service ceramic coatings **A5:** 470
Sodium nitrate
ECG electrolyte **A16:** 544, 545
ECM electrolyte. **A16:** 533, 535, 536, 541
ECM electrolyte for Ni alloys **A16:** 843
in composition of unmelted frit batches for high-temperature service silicate-based coatings **A5:** 470
laser-enhanced etching neutral salt solution **A16:** 576
Sodium nitrate, apparent threshold stress values
low-carbon steel **A8:** 526
Sodium nitrate ($NaNO_3$)
as a colorant. **EM4:** 380–381
as fining agent **EM4:** 380
as oxidizing agent. **EM4:** 380
function **EM4:** 380
hygroscopic **EM4:** 380
impurities **EM4:** 380
ion-exchange in melts **EM4:** 461
purpose for use in glass manufacture **EM4:** 381
sources **EM4:** 380
specific properties imparted in CTV tubes. **EM4:** 1040–1041
Sodium nitrate-potassium nitrate, impact treatment
bath for photochromic glasses **EM4:** 462
application or function optimizing powder treatment and green forming **EM4:** 49
Sodium nitrite **A18:** 141, 144
fracture surfaces of copper specimen in. **A8:** 490
in composition of slips for high-temperature service silicate-based ceramic coatings **A5:** 470
mill additions for wet-process enamel frits for sheet steel and cast iron **A5:** 456
Sodium nitrite test
zinc phosphating **A5:** 385
Sodium oleate **A18:** 143
Sodium oxide
in binary phosphate glasses **A10:** 131
Sodium oxide (Na_2O)
composition by application **A20:** 417
Sodium peroxide
as sintering agent **A10:** 166
fusions. **A10:** 166–167
Sodium phosphate
and ECG **A16:** 545
for acid cleaning. **A5:** 48
Sodium picrate as an etchant for silicon steel transformer sheets **A9:** 62–63
Sodium polyelectrolyte
application or function optimizing powder treatment and green forming **EM4:** 49
Sodium powder **A7:** 451
Sodium pyrophosphate
in composition of slips for high-temperature service silicate-based ceramic coatings **A5:** 470
Sodium reduction **M7:** 161, 162, 165
Sodium silicate
applications **EM4:** 47

Sodium silicate (continued)
as impregnation resin . . . **A7:** 690
binding agent . . . **A6:** 61
chemical composition . . . **A6:** 60
composition . . . **EM4:** 47
function and composition for mild steel SMAW electrode coatings . . . **A6:** 60
supply sources . . . **EM4:** 47
Sodium silicate/CO_2 *See* Carbon dioxide process
Sodium silicates
as silica-base bond, characteristics . . . **A15:** 212–213
carbon dioxide cold box process . . . **A15:** 238
carbon dioxide resin binder system . . . **A15:** 221
competing with anaerobics . . . **EM3:** 116
for porosity sealing in castings . . . **EM3:** 51
liquid, as binder, ceramic shell molds . . . **A15:** 259
sand molding, as chemically bonded self-setting . . . **A15:** 37
Sodium soap . . . **A18:** 126
Sodium stannate
in composition of stannate (alkaline) tin plating electrolytes . . . **A5:** 240
Sodium stannate tin plating process . . . **M5:** 271
Sodium sulfate
as melting accelerators . . . **EM4:** 380
electroless nickel coating corrosion . . . **A20:** 479
Miller numbers . . . **A18:** 235
photochemical machining etchant . . . **A16:** 593
Sodium sulfate, 10%
electroless nickel coating corrosion . . . **A5:** 298
Sodium sulfide, stainless steels
corrosion resistance . . . **M3:** 88
Sodium sulfide/sodium cyanide catalyst . . . **A7:** 180
Sodium sulfite . . . **A7:** 184, **A13:** 1244
Sodium tellurite
biologic effects . . . **A2:** 1260
Sodium tetraborate
as flux . . . **A10:** 167
glass-forming fusions with . . . **A10:** 94
Sodium tetraborate ($Na_2O{\cdot}2B_2O_3{\cdot}10H_2O$)
purpose for use in glass manufacture . . . **EM4:** 381
Sodium tetrahydroborate
for hydride generation . . . **A10:** 36
Sodium tetraphenylborate
as narrow-range precipitant . . . **A10:** 169
Sodium thiosulfate as an etchant base for line etching . . . **A9:** 62
Sodium tripolyphosphate cleaner . . . **M5:** 24, 28, 35
Sodium tungstate . . . **A7:** 189
and ECM . . . **A16:** 535
Sodium, vapor pressure
relation to temperature . . . **A4:** 495, **M4:** 310
Sodium/sulfur batteries . . . **A13:** 1320
Sodium-aluminosilicate glass
applications, military . . . **EM4:** 1020
properties . . . **EM4:** 1020
Sodium-ammonium chloride zinc plating system . . . **M5:** 251–252
Sodium-arc light sources for microscopes . . . **A9:** 72
Sodium-borate glasses
optical properties . . . **EM4:** 853, 854
Sodium-desilicate glass, Fe/CoO-containing
joining . . . **EM4:** 488
Sodium-potassium alloys . . . **A13:** 56, 515
Sodium-potassium alloys, resistance of to liquid-metal corrosion . . . **A1:** 635
Sodium-potassium nitrate, molten
corrosion rates . . . **A13:** 1314
Sodium-potassium-aluminum silicate
abrasive in commercial prophylactic paste . . . **A18:** 666, 668
Sodium-reduced
potassium tantalum fluoride . . . **M7:** 161
sponge fines . . . **M7:** 165
tantalum powders . . . **M7:** 161, 162
Sodium-resistant borate glass
lighting applications . . . **EM4:** 1036
Sodium-silicate glasses
density . . . **EM4:** 846
electrical properties . . . **EM4:** 851, 852
properties . . . **EM4:** 1057
Soft bearing alloys (babbitts)
wear applications . . . **A20:** 607
Soft bronze
properties and applications . . . **A2:** 382
Soft butyl
specific modulus vs. specific strength . . . **A20:** 267, 271, 272
strength vs. density . . . **A20:** 267–269
Young's modulus vs.
density . . . **A20:** 289
elastic limit . . . **A20:** 287
strength . . . **A20:** 267, 269–271
Soft butyl rubber
engineered material classes included in material property charts . . . **A20:** 267
Young's modulus vs. density . . . **A20:** 266, 267, 268
Soft elastic systems . . . **A18:** 193
Soft error
alpha-radiation induced . . . **EL1:** 808–809
integrated circuits . . . **A11:** 783–784
Soft failure
as environmental failure mechanism **EL1:** 493–494
Soft glass
friction coefficient . . . **A18:** 32
Soft honing . . . **A16:** 21
Soft joints
testing used . . . **EM3:** 382–390
Soft magnetic alloy . . . **M7:** 11
Soft magnetic alloy powders
metal injection molding . . . **A7:** 14
Soft magnetic alloys *See also* Magnetically soft materials
amorphous materials and metallic glasses . . . **A2:** 818–819
nickel alloy . . . **A2:** 433
Soft magnetic materials . . . **M7:** 639–641
Soft magnetic parts
powders used . . . **M7:** 573
Soft magnetic powders
water-atomized . . . **A7:** 37
Soft materials *See also* Plasticity; Soft magnetic materials . . . **M7:** 11, 56, 299, 302, 639–641
and green strength . . . **M7:** 302
terminal density . . . **M7:** 299
Soft metal bearings
materials for . . . **A11:** 483
Soft metals . . . **A20:** 607
in electroplated coatings . . . **A18:** 838
indentation hardness . . . **A8:** 109
Soft porcelain glaze
composition based on mole ratio (Seger formula) . . . **A5:** 879
composition based on weight percent . . . **A5:** 879
Soft prototyping . . . **A20:** 155, 162
Soft solder
definition . . . **A6:** 1213
Soft solder (70-30) tin alloy
application and composition . . . **A2:** 521
Soft solder structures . . . **A9:** 453
Soft solders
tin/tin alloys . . . **A13:** 772
Soft spots
effect on carbon tool steel . . . **A11:** 570
Soft steel
abrasive machining hardness of work materials . . . **A5:** 92
Soft tool bending test devices . . . **A8:** 125–126
Soft tooling
attributes and applications . . . **A7:** 430
definition . . . **A7:** 429
materials for . . . **A7:** 429–430
methods . . . **A7:** 430
rapid prototyping . . . **A7:** 427
Soft undesilverized lead *See* Leads and lead alloys, specific types, corroding lead
Soft vacuum plasma spraying . . . **EM4:** 205
Soft water *See also* Water
defined . . . **A13:** 12
Soft x-ray lithography
achievable machining accuracy . . . **A5:** 81
Soft x-rays
defined . . . **A10:** 83
Softening . . . **A9:** 694, **A20:** 523, 632
cyclic strain, defined . . . **A11:** 144
during creep . . . **A8:** 302
iron, historical . . . **A15:** 26
of copper alloy carrier, sliding electrical contacts . . . **A2:** 842
of rolling-element bearings . . . **A11:** 500
resistance, copper and copper alloys . . . **A2:** 234
to refine lead . . . **A15:** 475
Softening point *See also* Softening range; Vicat softening point . . . **EM1:** 47, 736, **EM4:** 424
defined . . . **EL1:** 1157
in drinkware compositions . . . **EM4:** 1102
in tableware compositions . . . **EM4:** 1101
tool materials . . . **A16:** 601
Softening range . . . **EM3:** 27
defined . . . **EM1:** 22, **EM2:** 39
Softening resistance
hot-work tool steels . . . **A14:** 46
lead frame alloys . . . **EL1:** 491
Softness
lead and lead alloys . . . **A2:** 545
Soft-temper wire . . . **A1:** 850
Software *See also* Computers; CADICAM; Computer-aided Design (CAD); Computers
by computer-aided engineering (CAE) . . . **EL1:** 81
casting design . . . **A15:** 610–611
control, for electronic packaging . . . **EL1:** 12
design . . . **EL1:** 419
electrical simulation . . . **EL1:** 419
empirical correction, x-ray spectrometry . . **A10:** 100
finite-element method . . . **A15:** 860–861
for automated solder joint inspection . . . **EL1:** 738
for CAE optimal design . . . **A20:** 214
for calibration, x-ray spectrometers . . . **A10:** 98
for composite materials analysis . . . **EM1:** 275–281
for coordinate measuring machines . . . **A17:** 20, 26
for environmentally responsible design . . . **A20:** 135
for failure analysis and fracture mechanics **A11:** 55
for GaAs applications . . . **EL1:** 390
for ICP-AES computer systems . . . **A10:** 39
for statistical/data analysis . . . **EM2:** 607–608
library, of object location and recognition algorithms . . . **A17:** 37
MAC . . . **A15:** 867, 871–872
MARC program . . . **A15:** 861
Michigan solidification simulator . . . **A15:** 861
MITAS-II, for heat transfer . . . **A15:** 861
model, simulator exercising of . . . **EL1:** 129
program evaluation . . . **EM1:** 69–274
real-time radiography . . . **A17:** 323
simulator exercising of . . . **EL1:** 129
SMAC . . . **A15:** 867
SOLA program . . . **A15:** 867
SOLSTAR . . . **A15:** 611
standardized, algorithms . . . **A17:** 44
SWIFT . . . **A15:** 611
system structure constraints by . . . **EL1:** 127
thermal analysis (ADINAT) . . . **EL1:** 446–447
to perform fatigue crack growth rate measurements . . . **A19:** 176
unified -shapes checking (USC), for testing . . . **EL1:** 135
Software engineering
in process design . . . **A14:** 409
Software tools *See also* Modeling
CAD/CAM . . . **A14:** 905
detail analysis tools . . . **A14:** 411–412
geometry representation . . . **A14:** 410
knowledge-based expert systems . . . **A14:** 409–410
rough analysis tools . . . **A14:** 411
Software-controlled image processing in scanning electron microscopy . . . **A9:** 95

Softwood
carbides for machining A16: 75
SOIC *See* Small-outline integrated circuits
Soil
definition A5: 967
Soil composition
as corrosive to buried metals A11: 192
Soil conditioning
powders used M7: 572
Soil corrosion *See also* Moisture;
Soils M1: 725–731, M5: 430–431
adobe, pit depths A13: 517
aluminum alloys M2: 225
Arctic soils M1: 731
bacterial action, effects of M1: 726–727
causes M1: 725, 731
differential aeration, effects of M1: 725, 731
driven steel pilings M1: 730–731
microbiological A13: 314
of aluminum coatings A13: 435
of aluminum/aluminum alloys A13: 598–599
of carbon steels A13: 512–513
of cast irons A13: 570
of cast steels A1: 376, M1: 400
of copper, iron, lead, zinc A13: 621
of galvanized steels A13: 434
of lead/lead alloys A13: 789
of magnesium/magnesium alloys A13: 743
of zinc/zinc alloys and coatings A13: 762–763
oxygen content of soil, effects of M1: 725, 731
preventive measures M1: 731
relationship to electrical resistivity A13: 762
soil characteristics, effects of M1: 725–726, 728–731
Soil pipe fittings
dry blasting A5: 59
Soil stabilization
cemented carbide tools for A2: 973
Soil types, effects of
selection of cleaning process M5: 3–15
Soils *See also* Soil corrosion
aluminum-zinc alloy coatings in A13: 436
characteristics, for corrosion testing .. A13: 208–209
copper corrosion resistance M2: 467, 470
dissimilar, pipeline corrosion in A13: 1288
galvanic series in neutral A13: 1288
galvanized coatings in A13: 440
molecular structure and orientation
determined in A10: 109
potentiometric membrane electrode
analysis A10: 181
resistance, of porcelain enamels A13: 449
simulated service testing in A13: 208–210
steam cleaning for A13: 414
TNAA detection limits for A10: 237
SOLA computer program A15: 867
Solar cells
as gallium compound application A2: 740, 747, 749
of indium phosphide/indium-copper- diselenide/
cadmium A2: 753
Solar collector sealants EM3: 678
Solar Gemini turbine engine EM4: 716
Solar heat welding
in space and low-gravity
environments A6: 1022–1023
Solar spectrum
and AAS A10: 43
Solarization EM4: 439
Solder *See also* Lead-tin; Silver-lead solders,
microstructures A9: 422
analysis of A10: 179
back-scattered electron imaging A9: 451
cadmium-silver solders M6: 1073
cadmium-zinc solders M6: 1073
compositions M6: 1069–1070
tin-lead solders M6: 1070
copper/copper alloy corrosion in A13: 635, 637
definition M6: 16
embrittlement A13: 12, 183
forms M6: 1074
fusible solders M6: 1074
gold/silver A13: 1362
high-temperature, elemental mapping of .. A10: 532
impurities M6: 1071–1072
indium-based solders M6: 1073–1074
lead-silver solders M6: 1073

lead-silver-tin solders M6: 1073
melting points M6: 1070
precious metal solders M6: 1074
properties M6: 1091–1093
segregation of lead to surface A10: 607–608
soft A13: 772
tin-antimony solder M6: 1072
tin-lead alloy A13: 780–781
tin-lead antimony solders mechanical
properties M6: 1092
tin-lead solder M6: 1070–1072
mechanical properties M6: 1091–1093
physical properties M6: 1090
tin-silver solders M6: 1072–1073
tin-zinc solders M6: 1073
zinc-aluminum solder M6: 1073
Solder alloys *See also* Soldering; Solders
dental, of precious metals A2: 696–697
development .... ELI: 631
for hybrid packages .... ELI: 454
for millimeter/microwave
applications .... ELI: 754–758
lead, compositions A2: 544
selection, for passive components .. ELI: 183–184
Solder attachments
leaded .... ELI: 744–745
leadless .... ELI: 744
reliability of .... ELI: 740–742
Solder ball test .... ELI: 655
Solder balls
as contaminants .... ELI: 661
as sealed package particles .... ELI: 679
condensation (vapor-phase) soldering ..... ELI: 704
from excess solder .... ELI: 691
from rapid solder heating .... ELI: 694
Solder bars
defined .... ELI: 639
Solder blister
as laminate thermal property ...... ELI: 536–537
Solder blocks as mounting materials for
tungsten A9: 441
Solder bump(s)
defined .... ELI: 1157
techniques, VHSIC technology .... ELI: 76
Solder coating
flexible printed boards .... ELI: 583
Solder, cracked
in electronic materials A12: 481–482
Solder creams
defined .... ELI: 639, 651–657
Solder die attach
for hermetic packages .... ELI: 216–217
for plastic-encapsulated devices .... ELI: 221
Solder embrittlement
defined A13: 12
Solder extraction system .... ELI: 718–722
defined .... ELI: 718–719
desoldering .... ELI: 719–722
devices .... ELI: 718
tools .... ELI: 719
Solder float
as component- and board-level physical
testing .... ELI: 944
Solder flow bath
for component removal .... ELI: 718
Solder fluxes, resistance
of flexible epoxies .... ELI: 821
Solder fountain process
for reworking .... ELI: 117
Solder glasses EM4: 22, 1069–1070
application methods EM4: 1069–1070
applications EM4: 22, 1072
base glasses EM4: 1071–1072
crystallizing-type EM4: 1069
advantages EM4: 1069
commercially available EM4: 1070
disadvantages EM4: 1069
material to which seal is applied EM4: 1070
disannealing EM4: 1069
physical forms EM4: 1069–1070
suppliers EM4: 1072
types EM4: 1069
uses EM4: 1069
vehicles EM4: 1069
vitreous EM4: 1069, 1070
advantages EM4: 1069
commercially available EM4: 1070

disadvantages EM4: 1069
for microelectronic package sealing ... EM4: 1072
hot dipping processes EM4: 1070
material to which seal is applied EM4: 1070
Solder hairs
as defect .... ELI: 561
Solder icicles *See* Icicles
Solder ingots
defined .... ELI: 639
Solder interface
definition A6: 1213
Solder joint inspection *See also* Joints; Solder joints;
Solder(s)
as physical testing .... ELI: 942
automation .... ELI: 738–739
future considerations .... ELI: 739
inspection criteria .... ELI: 735–736
laminographic radiography .... ELI: 738
methods .... ELI: 736–738
overview .... ELI: 735
reflectance systems .... ELI: 736–737
thermal systems .... ELI: 737–738
transmissive radiography .... ELI: 738
x-ray systems .... ELI: 738
Solder joint(s) *See also* Joints; Solder joint
inspection; Soldering; Solder(s)
attachments, reliability .... ELI: 740–742
configuration, first-level package .... ELI: 991
design .... ELI: 632
evaluation criteria .... ELI: 737
failure analysis .... ELI: 1034–1040
failure mechanisms .... ELI: 1031–1032
fatigue .... ELI: 743–744
for millimeter/microwave
applications .... ELI: 754–758
heating factors .... ELI: 715
inspection .... ELI: 735–739
leadless chip carrier .... ELI: 987
reliability .... ELI: 626–627, 675
reliability, aramid fibers .... ELI: 616
reliability, metal cores .... ELI: 620
reliability, prediction of .... ELI: 751–752
reliability, quartz fiber
reinforcement .... ELI: 618–619
reliable, defined .... ELI: 735
sample preparation .... ELI: 1038–1039
strain model .... ELI: 984
strain relationships .... ELI: 611
surface-mount .... ELI: 117
surface-mount technology effects .... ELI: 631
tall .... ELI: 985
thermal failures .... ELI: 60–62
thermal fatigue of .... ELI: 640–641
through-hole failure mechanisms .... ELI: 969–970
yield .... ELI: 691
Solder leveling
defined .... ELI: 1157
Solder masks
applying/imaging, rigid printed wiring
boards .... ELI: 546–547
described .... ELI: 553–554
designs .... ELI: 558–559
dry film .... ELI: 555–556, 584
future trends .... ELI: 559
liquid photoimageable .... ELI: 556–557
materials .... ELI: 115, 555
nomenclature .... ELI: 559
over bare copper .... ELI: 550
processes .... ELI: 115, 554–558
requirements .... ELI: 554–555
rigid printed wiring boards .... ELI: 548
screen printing .... ELI: 555
temporary .... ELI: 559
Solder metal business
development .... ELI: 631
Solder pastes .... ELI: 654–657
and solder creams .... ELI: 651–657
application .... ELI: 656–657, 698–700
as solderability preservative .... ELI: 563
condensation soldering .... ELI: 703
defined .... ELI: 639
distribution .... ELI: 652
flux .... ELI: 653–654
functional parameters .... ELI: 732
powder for .... ELI: 651–653
quality control .... ELI: 657
reflow soldering of .... ELI: 693

Solder pastes (continued)
set, surface-mount soldering **EL1:** 699–700
surface-mount soldering **EL1:** 698–700
testing **EL1:** 655–656
usage **EL1:** 732
Solder plate
immersion, as solderability preservation . . **EL1:** 564
reflowed, as preservation **EL1:** 563
relative solderability **A6:** 134
Solder pot
dynamic (flowing) **EL1:** 731
Solder powder
for solder pastes **EL1:** 651–653
mesh, paste print resolution effects **EL1:** 732
shape, paste print resolution effect **EL1:** 732
Solder preforms
defined **EL1:** 639
in surface-mount soldering **EL1:** 700
leaded and leadless surface-mount joints . . **EL1:** 732
Solder sealing glasses **A20:** 418
Solder, specific types
63Sn-37Pb, soldered joint **A9:** 457
Sn-30Pb, different magnifications
compared **A9:** 453
Sn-31Pb-18Cd, structure **A9:** 455
Sn-37Pb, effect of cooling rate **A9:** 453
Sn-40Pb, structure **A9:** 453
Sn-40Pb, wave-soldered circuit board
joint **A9:** 455–456
Sn-50Pb, lamellar eutectic **A9:** 453
Solder station
wave soldering **EL1:** 702
Solder wafer bumping
technology **EL1:** 278
Solder waves
process controls **EL1:** 690–691
process requirements **EL1:** 688
soldering/tinning oils **EL1:** 689–690
through-hole soldering **EL1:** 688–691
wave configurations **EL1:** 688–689
Solder wetting analysis
as SIMS application **EL1:** 1085–1086
Solder wires
defined **EL1:** 639
Solderability
and materials **EL1:** 676–677
and solder joint failure analysis . . . **EL1:** 1034–1040
and surface preparation **EL1:** 675
board, leaded and leadless surface-mount
joints **EL1:** 731
component- and board-level physical
testing of **EL1:** 943–944
component/board, leaded and leadless surface-
mount joints **EL1:** 731
defect analysis **EL1:** 1035–1037
defined **EL1:** 675
definition **M6:** 16
dewetting mechanism **EL1:** 676
first-level packaging **EL1:** 989–991
glass-to-metal seals **EL1:** 459
in mass soldering **EL1:** 631
lead frame alloys **EL1:** 490–491
mechanisms **EL1:** 675–676, 1032–1034
meniscograph **EL1:** 954
nonwetting mechanism **EL1:** 676
of tin coatings **A13:** 781
plated-through hole **EL1:** 1026
preservative treatments **EL1:** 561–564
retention **EL1:** 680
testing **EL1:** 677–678, 954
wetting mechanism **EL1:** 675–676
Solderability defect analysis (SDA) . . **EL1:** 1035–1038
Solderability preservatives *See* Solderability
treatments
Solderability testing **EL1:** 677–678, 965
Solderability treatments
assembly requirements **EL1:** 562
development **EL1:** 561–562
hot air solder leveling (HASL) **EL1:** 563
immersion solder plating **EL1:** 564
plated solder **EL1:** 562–563
preservation options **EL1:** 562–564
reflowed solder plate **EL1:** 563
solder paste **EL1:** 563
Soldered joints *See also* Joint(s); Weldment(s)
cleanliness **A17:** 60
corrosion of **A17:** 608–609
cracked, causes **A17:** 608
destructive inspection **A17:** 605
flaw types **A17:** 605–606
laser inspection **A17:** 60
micrographs of **A9:** 422–423
nondestructive inspection **A17:** 606–608
pressure/vacuum testing **A17:** 60
visual inspection **A17:** 605–606
Soldering *See also* Condensation (vapor phase) soldering; Conductive belt soldering; Conductive (hot bar) soldering; Desoldering; Hand-held iron soldering; Infrared (IR) soldering; Laser soldering; Repair station soldering; Solder alloys; Solder extraction; Solder joint; Solder preforms; Solder waves; Solderability; Solderability treatments; Soldering in electronic applications; Solders; Through-hole soldering **A6:** 110–113, 964–984, **A20:** 764–765, **M6:** 1069–1101, **M7:** 837–841
adhesives for surface mounting **A6:** 111
advantages **A6:** 110, 137, **M6:** 1069
airborne lead concentrations by operation . . **A6:** 984
alloy formation and phase diagrams **A6:** 127
alloy powders, composition and
properties **M7:** 840
aluminum **A6:** 628, 631, 632, **M2:** 200–201
aluminum alloys **A6:** 628, 631, 632, 739
and mounting technology **EL1:** 632–633
application of solder **A6:** 133
applications **A6:** 964, 965, 968
aerospace **A6:** 387
automotive **A6:** 393, 395
aqueous cleaning **A6:** 112
as casting defect **A11:** 384
as component attachment **EL1:** 347–348
as die attachment method **EL1:** 213
as manufacturing process **A20:** 247
as package sealing method **EL1:** 237–239
automation of **A6:** 110
available solder-metal forms **A6:** 968–969
base and coated metal
base metals **M6:** 1074–1075
coated metals **M6:** 1075–1076
solderability **M6:** 1074–1076
solderability testing **M6:** 1074
beryllium-copper alloys **A2:** 414
blood lead levels in workers by job
description **A6:** 984
cadmium plating, solderability **M5:** 264
cadmium-containing solders **A6:** 968
cascade soldering **A6:** 135
case histories **M6:** 1100–1101
chronology **A6:** 111
circuit board soldering **A6:** 977
coatings **A6:** 971, 979, 981, 988
compositions of solders . . . **A6:** 965, **M6:** 1069–1070
lead-silver **A6:** 965
tin-lead **A6:** 965
tin-lead solders **M6:** 1071
tin-lead-antimony **A6:** 965
tin-lead-silver **A6:** 965
condensation soldering **A6:** 112, 136
condensation/vapor-phase reflow **A6:** 130
contact angle **A6:** 128, 129, 134–135
copper **A6:** 630–631
copper alloys **A6:** 630–631
copper metals **M2:** 443–449, 450
copper plating, solderability of **M5:** 168
current technology **A6:** 112
defects **EL1:** 556, 1034
defined **EL1:** 1157
definition **A6:** 1213, **A20:** 840, **M6:** 16
destructive testing **A6:** 982–983
development **EL1:** 631
die, as die casting defect **A15:** 294–295
dip soldering (DS) **A6:** 135
dip technique **A6:** 977
dissimilar metal joining **A6:** 822
dissimilar metals **A6:** 981
drag soldering **A6:** 111–112, 135
drag technique **A6:** 977
electrical resistance alloys **A2:** 822, 824
electroless nickel plating solderability **M5:** 228
environmental, safety, and health
issues **A6:** 983–984
equipment **A6:** 134–136
failure mechanisms **EL1:** 1031–1040
fatigue life, equation **A6:** 975
fixture material **A6:** 978
flexible printed boards **EL1:** 590
flux classification scheme **A6:** 622, 628
flux evaluation **A6:** 130
flux safety precautions **A6:** 1202
flux selection guidelines **A6:** 129
flux specifications **A6:** 972
flux technology **A6:** 111
flux types **A6:** 129–130
fluxes **A6:** 135, 971–974, **M6:** 1081–1085, **M7:** 840
characteristics **M6:** 1081–1083
corrosive general-purpose fluxes . . **M6:** 1083–1084
halide-free **A6:** 973
inorganic content **M6:** 1082
inorganic-acid . . **A6:** 971, 972, 973–974, 980, 983
intermediate fluxes **M6:** 1084
noncorrosive fluxes **M6:** 1084
organic content **M6:** 1082
organic-acid **A6:** 971, 972, 973, 983
rosin-base **A6:** 971, 972–973, 976, 977, 983
vehicular content **M6:** 1082
fluxes electronic **M6:** 1084
organic fluxes **M6:** 1084–1085
rosin fluxes **M6:** 1085
fluxes for **EL1:** 647
fluxes, removal of **M5:** 57
fluxing effects on joint formation **M6:** 1089
focused infrared soldering **A6:** 977
fundamentals **A6:** 126–129
furnace (infrared or convection), reflow
technique **A6:** 977
furnace soldering **A6:** 135
future outlook **A6:** 137
future trends **A6:** 112–113
gold-germanium solders **A6:** 968, 977
gold-silicon solders **A6:** 968, 977
gold-tin solders **A6:** 968, 977
heat rate recognition **EL1:** 714–715
history **A6:** 126
hot gas reflow technique **A6:** 977
hot-gas soldering **A6:** 136
"immersion" platings **A6:** 971
impurities in solders **M6:** 1071–1072
aluminum **M6:** 1072
antimony **M6:** 1072
arsenic **M6:** 1072
bismuth **M6:** 1072
cadmium **M6:** 1072
copper **M6:** 1072
iron and nickel **M6:** 1072
phosphorus and sulfur **M6:** 1072
zinc **M6:** 1072
in joining processes classification scheme **A20:** 697
in outer lead bonding **EL1:** 285–286
indium-containing solders **A6:** 968
properties **A6:** 976
induction method **A6:** 130
induction soldering (IS) **A6:** 135
induction soldering technique **A6:** 977
infrared heating **A6:** 112
infrared soldering (IRS) **A6:** 136
inspection **A6:** 980–983

SUBJECTS OF THE INDEXED VOLUMES: ASM Handbook (designated by the letter "A"): **A1:** Properties and Selection: Irons, Steels, and High-Performance Alloys (1990); **A2:** Properties and Selection: Nonferrous Alloys and Special-Purpose Materials (1990); **A3:** Alloy Phase Diagrams (1992); **A4:** Heat Treating (1991); **A5:** Surface Engineering (1994); **A6:** Welding, Brazing, and Soldering (1993); **A7:** Powder Metal Technologies and Applications (1998); **A8:** Mechanical Testing (1985); **A9:** Metallography and Microstructures (1985); **A10:** Materials Characterization (1986); **A11:** Failure Analysis and Prevention (1986); **A12:** Fractography (1987); **A13:** Corrosion (1987); **A14:** Forming and Forging (1988); **A15:** Casting (1988); **A16:** Machining (1989); **A17:** Nondestructive Evaluation and Quality Control (1989); **A18:** Friction, Lubrication, and Wear Technology (1992); **A19:** Fatigue and Fracture (1996); **A20:** Materials Selection and Design (1997). **Metals Handbook, 9th Edition** (designated by the letter "M"): **M1:** Properties and Selection: Irons and Steels (1978); **M2:** Properties and Selection: Nonferrous Alloys and Pure Metals (1979); **M3:** Properties and Selection: Stainless Steels, Tool Materials, and Special-Purpose Materials (1980); **M4:** Heat Treating (1981); **M5:** Surface Cleaning, Finishing, and Coating (1982); **M6:** Welding, Brazing, and Soldering (1983); **M7:** Powder Metallurgy (1984). **Engineered Materials Handbook** (designated by the letters "EM"): **EM1:** Composites (1987); **EM2:** Engineering Plastics (1988); **EM3:** Adhesives and Sealants (1990); **EM4:** Ceramics and Glasses (1991). **Electronic Materials Handbook** (designated by the letters "EL"): **EL1:** Packaging (1989)

inspection and testing **M6:** 1089–1091
destructive testing. **M6:** 1090–1091
nondestructive testing. **M6:** 1090
repair **M6:** 1091
visual inspection **M6:** 1089–1090
interconnections, passive components **EL1:** 180
intermetallic compounds . . . **A6:** 127, 128, 129, 134
introduction **EL1:** 631–632
joint design. **A6:** 130–131
joint designs **M6:** 1077–1079
joints, mechanical properties. **M7:** 841
laser soldering. **A6:** 112
laser soldering technique. **A6:** 977
lasers to provide heat **A6:** 112
leaching **A6:** 132
lead regulations. **A6:** 984
lead-silver solders. **A6:** 964–967
low-alloy steels **A6:** 624
low-carbon steels **A6:** 624
low-melting fusible alloy solders **A6:** 968
mechanical test data. **A6:** 976
physical and mechanical properties **A6:** 976
low-temperature **EL1:** 686, 692–693
machine. **EL1:** 633
machine soldering **A6:** 111
mass. **A6:** 110–111
materials and processes selection **EL1:** 116–117
melting and solidification of pure
metals. **A6:** 126–127
metallurgy of solder joints **M6:** 1095–1097
methods, flexible printed boards. **EL1:** 592
"no-clean" setups **A6:** 112
nondestructive inspection. **A6:** 981–982
nonwetting **A6:** 128, 129
of gold-palladium powders **M7:** 151
of microwave/millimeter wave
assemblies **EL1:** 754–758
oven method **A6:** 130
passivation characteristic of the base
metal **A6:** 127–128
pipe and tube soldering. **M6:** 1093–1095
planar soldering **A6:** 135
postassembly cleaning procedures. **A6:** 978–980
powders used **M7:** 573
precious-metal solders. **A6:** 968, 976
physical and mechanical properties **A6:** 977
precleaning **A6:** 131
degreasing. **A6:** 131
mechanical cleaning **A6:** 131
pickling. **A6:** 131
precleaning and surface
preparation **M6:** 1079–1081
acid cleaning **M6:** 1079–1080
degreasing **M6:** 1079
mechanical preparation with abrasives **M6:** 1081
preforms. **A6:** 133
principles of joining. **M6:** 1069–1070
process and equipment **M6:** 1086–1089
flame or torch soldering. **M6:** 1086
furnace soldering **M6:** 1086
hot dip soldering **M6:** 65–26
induction heating. **M6:** 1086
infrared heating **M6:** 1086
resistance heating. **M6:** 1086
soldering iron or bit **M6:** 1086
ultrasonic soldering. **M6:** 1086–1087
process overview **A6:** 126
process parameters. **A6:** 133–134
properties of solders and solder
joints. **M6:** 1091–1093
mechanical properties of solders **M6:** 1091–1092
physical properties of tin-lead solders . . **M6:** 1091
soldered joint. **M6:** 1092–1093
tensile properties of bulk solders **M6:** 1091
properties of solders for the electronics
industry **A6:** 126
protective layer. **A6:** 988
quality control. **A6:** 112, 136–137
resistance heating. **A6:** 112
resistance method. **A6:** 130
resistance soldering (RS). **A6:** 136
safety **M6:** 1097–1100
assessing lead exposure **M6:** 1099–1100
cleaning agents. **M6:** 1097–1098
fluxes **M6:** 1097
solder constituents **M6:** 1098–1099
safety precautions **A6:** 1191, 1202
sheet metals **A6:** 398–399
single-pass (SPS) **EL1:** 694–695
slump **A6:** 986
solder (filler-metal) alloys. **A6:** 964–969
solder joint assembly. **A6:** 974–977
solder metals **A6:** 111
solder paste. **A6:** 133, 986, 987, 988
solder pot materials **A6:** 986
solder resists **A6:** 133
solderability **A6:** 128–129, 134
solderability testing **M6:** 1076–1077
accelerated aging **M6:** 1077
applications. **M6:** 1077
area-of-spread tests **M6:** 1076
capillary penetration tests **M6:** 1076–1077
globule test **M6:** 1076
rotary dip test **M6:** 1076
surface tension balance test **M6:** 1076
vertical dip test **M6:** 1076
wave soldering test **M6:** 1076
solderable and protective finishes **A6:** 979
solderable layer. **A6:** 988
soldering iron technique **A6:** 977
soldering irons **A6:** 134–135
solders for **EL1:** 633
spalling. **A6:** 965
spray-gun soldering **A6:** 136
standards **M6:** 1101
strengthening of solder materials **A6:** 112–113
stress-corrosion cracking **A6:** 130
substrate materials. **A6:** 969–971
cleaning solutions for **A6:** 978
preassembly cleaning procedures **A6:** 969–971
surface preparation **A6:** 131
electrodeposition **A6:** 131
hot dipping **A6:** 131
immersion coatings. **A6:** 131
precoating. **A6:** 131
surface-mount **EL1:** 647, 697–709
tackiness **A6:** 986
techniques **A6:** 977–978
temperatures/dwell time **EL1:** 676
tensile properties of bulk solders as a function of
testing temperature. **A6:** 968
terne coating for **M1:** 173–174
test methods **A6:** 967, 970
through-hole **EL1:** 681–696
time-weighted average (TWA) limits for organic
substances used in solder processing. . **A6:** 983
tin coating for **M1:** 173
tin-antimony solders **A6:** 967
compositions **A6:** 972
properties **A6:** 967
tin-antimony-silver solders **A6:** 967
creep strength **A6:** 973
fatigue strength **A6:** 973
properties **A6:** 972
tensile strength (bulk). **A6:** 972
tin-lead solders. . **A6:** 964–967, 970, **M6:** 1070–1072
at cryogenic temperatures **A6:** 967
creep life data **A6:** 969
creep-rupture strength **A6:** 970, 971
fatigue life **A6:** 969, 971
physical and mechanical properties **A6:** 965, 966,
967, 968, 969
physical properties **A6:** 970
reaction zone determination **A6:** 981
shear strength **A6:** 969, 971
tensile strength **A6:** 969, 972
test methods for tensile strength of adhesive
joints **A6:** 966, 970
tin-lead-antimony solders **A6:** 964–967
creep life data **A6:** 969
creep-rupture data. **A6:** 972
hardness after room-temperature aging. . . **A6:** 969
mechanical properties. **A6:** 968
tin-lead-silver solders. **A6:** 964–967
tin-silver solders. **A6:** 967–968
composition. **A6:** 973, 974
creep-rupture test data **A6:** 975
fatigue strength **A6:** 975
physical properties **A6:** 967
tensile strength (bulk). **A6:** 975
tin-zinc solders **A6:** 968
physical properties **A6:** 975
tool steels. **A6:** 625
torch method **A6:** 130
torch soldering (TS). **A6:** 135
torch technique. **A6:** 977
total strain. **A6:** 975
TWA limits for inorganic acids and
alkalines **A6:** 983
TWA limits for metal particulates **A6:** 984
ultrasonic soldering **A6:** 136
ultrasonic soldering (bath)
equipment **A6:** 982
technique **A6:** 977
vapor phase soldering. **A6:** 112, 136
vapor-phase (condensation) reflow
technique **A6:** 977
vs. other joining technologies **A6:** 110–111
wave soldering **A6:** 111, 135, **M6:** 1087–1089
combination of automatic lead cutting **M6:** 1088
conveyance **M6:** 1088
developments **M6:** 1088
flux. **M6:** 1088
new technology. **M6:** 1089
operating unit **M6:** 1087–1088
operation. **M6:** 1087
preheat. **M6:** 1088
supplementary operations **M6:** 1088–1089
wave soldering technique **A6:** 977
wettability **A6:** 128–129, 134
wettability of metals by solder **A6:** 127–128
wetting phenomena effect on
solderability. **A6:** 128–129
wrought aluminum alloys **A2:** 30–32
zinc alloys **A15:** 795
zinc-aluminum solders. **A6:** 968
physical properties **A6:** 975

Soldering alloys

dental. **A13:** 1357

Soldering, bonds

ultrasonic inspection **A17:** 23

Soldering consumables, selection criteria A6: 903–905

joint considerations. **A6:** 903–904
process stages **A6:** 903
product forms. **A6:** 903–904
solders **A6:** 905

Soldering gun

definition **A6:** 1213, **M6:** 16

Soldering in electronic applications *See also*
Soldering; Solder(s) **A6:** 132–133, 985–1000
aluminum and aluminum alloys **A6:** 990
base materials. **A6:** 988–991
ceramic materials **A6:** 991
ceramic substrates **A6:** 132
coatings **A6:** 990, 994, 999
composite laminates **A6:** 132
copper alloys **A6:** 988–990, 998
corrosion. **A6:** 990, 991
finishes **A6:** 988–991
fluxes. **A6:** 985, 986–988
hot-air leveling technique **A6:** 989
iron-base alloys **A6:** 990–991
metal substrates **A6:** 133
nickel and nickel-base alloys **A6:** 990
precious metals **A6:** 991, 994–995
solder joint design **A6:** 991–999
coefficients of thermal expansion . . . **A6:** 992–993,
996, 997
connector technology. **A6:** 991, 998–999
controlled collapse chip connection
(C^4) **A6:** 997–998
mixed technology. **A6:** 991, 994–997
PWB assemblies (organic laminate and
ceramic) **A6:** 994–997
surface-mount technology. **A6:** 991, 994–998
tape automated bonding (TAB). **A6:** 991, 997
through-hole technology **A6:** 991, 992–994
solderability testing in electronics
applications. **A6:** 999–1000
solders **A6:** 985–988
solidus/liquidus temperatures of solders. . . . **A6:** 985
storage **A6:** 991
storage/corrosion issues. **A6:** 988–991
substrates for electronic components **A6:** 132

Soldering iron

definition **A6:** 1213, **M6:** 16

Soldering, joint evaluation and quality

control **A6:** 1124–1128
automated inspection techniques. **A6:** 1126
laser inspection **A6:** 1126

Soldering, joint evaluation and quality control (continued)
structured-light, three-dimensional vision system . . . **A6:** 1126
x-ray laminography . . . **A6:** 1126
destructive evaluation . . . **A6:** 1126–1128
surface-mount assemblies . . . **A6:** 1124–1125
through-hole assemblies . . . **A6:** 1124, 1125
visual inspection . . . **A6:** 1124–1126
Soldering of
aluminum . . . **M6:** 1075
beryllium copper . . . **M6:** 1075
copper . . . **M6:** 1075
iron . . . **M6:** 1075
nickel . . . **M6:** 1075
precious metals . . . **M6:** 1075
Soldering oils
in wave soldering . . . **EL1:** 689–690
Soldering powders . . . **A7:** 1077–1080
Solders *See also* Solder alloys; Solder attachment; Solder balls; Solder extraction system; Solder joint inspection; Solder joints; Solder masks; Solder paste; Solder plate; Solder preforms; Solderability; Solderability treatment; Soldering; Soldering in electronic applications; Solders, specific types; specific types, such as soft solder and tin-silver solder, under Tin alloys, specific types; Tin-lead alloys; Wave solder . . . **EM3:** 40
63Sn-37Pb . . . **A6:** 113
effect of filler reinforcement on yield strength . . . **A6:** 113
torch soldering composition . . . **A6:** 351
vapor-phase soldering . . . **A6:** 369
applications . . . **M2:** 201, 445
as fusible finish . . . **EL1:** 679
bismuth . . . **A6:** 995
bismuth alloys . . . **A6:** 985, 986
bismuth-base . . . **A2:** 756–757
bridging, and fluxes . . . **EL1:** 647
bumps . . . **EL1:** 278
cadmium . . . **A6:** 968
characteristics . . . **A6:** 905
cohesively bonded, removal . . . **EL1:** 692
compositions . . . **EL1:** 633–637
compositions for soldering aluminum . . . **M2:** 201
compositions for soldering copper . . . **M2:** 445
corrosion resistance . . . **A6:** 628, 632
defined . . . **EL1:** 1157
definition . . . **A6:** 1213
dental appliances, gold . . . **M2:** 686, 687
development . . . **EL1:** 633
embrittlement by . . . **A11:** 236
for electronic applications . . . **A6:** 985–988
forms and properties . . . **EL1:** 2
"fusible" . . . **A6:** 985, 986
galvanic series for seawater . . . **A20:** 551
gold/silver dental . . . **A2:** 698
indium-base and indium-alloyed . . . **A2:** 753
gold-germanium . . . **A6:** 968, 977
gold-silicon . . . **A6:** 968, 977
gold-tin . . . **A6:** 968, 977
hidden, inspection of . . . **EL1:** 942
high-melting-point . . . **A6:** 628
high-purity . . . **EL1:** 642
impurities . . . **A6:** 986
impurity effects . . . **EL1:** 637–639, 642
indium . . . **A6:** 968, 976
indium-tin . . . **A6:** 985, 986
intermediate-melting-point . . . **A6:** 628
joint defects, and solder impurities . . . **EL1:** 642
lead and lead alloy . . . **A2:** 553
lead-base . . . **M2:** 497, 505–506
lead-base tin-lead alloys . . . **A6:** 985
lead-indium . . . **A6:** 991, 995
lead-indium alloys . . . **A6:** 985, 986
lead-silver . . . **A6:** 964–967
low-melting temperature indium-base **A2:** 751–752
low-melting-point . . . **A6:** 628
melting range . . . **M2:** 201, 445
paste . . . **A6:** 111
plated, as preservation . . . **EL1:** 562–563
plating, uses . . . **EL1:** 679
precious-metal solders . . . **A6:** 968, 976, 977
rapid solidification technology . . . **A6:** 905
recycling . . . **A2:** 1218
reflow failures . . . **EL1:** 995
rings . . . **EL1:** 117
rosin-base . . . **A6:** 988
sealing, schematic . . . **EL1:** 240
shear fatigue, analytical model of . . . **EL1:** 743–746
skip defects, and fluxes . . . **EL1:** 647
specifications . . . **EL1:** 633–634
sucker, defined . . . **EL1:** 117
tin alloy . . . **M2:** 614
tin and tin alloy . . . **A2:** 520–522
tin-antimony . . . **A6:** 967, 972, 999
tin-antimony alloys . . . **A6:** 985–986
tin-antimony-silver . . . **A6:** 964–967, 968, 969, 972, 973
tin-base tin-lead . . . **A6:** 985
tin-bismuth . . . **A6:** 995
tin-cadmium
composition . . . **A6:** 632
properties . . . **A6:** 632
tin-lead . . . **A6:** 964–967, 968, 969, 970, 971, 972, 981, 989, 996, 999
composition . . . **A6:** 632
properties . . . **A6:** 632
tin-lead-silver . . . **A6:** 964–967, 995
tin-silver . . . **A6:** 967–968, 973, 974, 975, 995, 999
tin-silver alloys . . . **A6:** 985
tin-zinc . . . **A6:** 968, 975
composition . . . **A6:** 632
properties . . . **A6:** 632
ultrasonic cleaning . . . **A5:** 47
wave soldering . . . **EL1:** 701
zinc
composition . . . **A6:** 632
properties . . . **A6:** 632
zinc-aluminum . . . **A6:** 968, 975
zinc-cadmium
composition . . . **A6:** 632
properties . . . **A6:** 632
Solders, fatigue of
accelerated thermal cycling (ATC) test . . . **A19:** 887–888
aging effects . . . **A19:** 886–887
assembly process optimization for CQFPs . . . **A19:** 888–889
assembly process optimization for plastic and ceramic ball grid array packages . . . **A19:** 889
ceramic ball grid array (CBGA) technology . . . **A19:** 888–889
ceramic quad flat package (CQFP) technology . . . **A19:** 888–889
environmental effects in solder fatigue . . . **A19:** 887
fatigue life results for MDS tests . . . **A19:** 888
fatigue test results of dog-hone and flag pads of plastic and ceramic BGA packages . . **A19:** 889
frequency effect on fatigue life (no hold in cycle) . . . **A19:** 884–885
hold time effect on fatigue life . . . **A19:** 885–886
IBM-developed fine-pitch technology . . . **A19:** 888
isothermal fatigue data for solders . . . **A19:** 882
isothermal fatigue of solder materials . . . **A19:** 883–887
isothermal fatigue variables . . . **A19:** 882
log normal probability plots for TSOP joint failures . . . **A19:** 888
log normal probability plots of solder ball failures in MDS and ATC tests . . . **A19:** 888
MDS rework process assessment for TSOPs . . . **A19:** 888
MDS versus ATC comparison for CBGA packages . . . **A19:** 888
mechanical deflection system (MDS) testing examples . . . **A19:** 888–889
microstructural properties . . . **A19:** 882–883
multiple-sample log normal probability plots of solder joints in MDS test of ceramic quad flat package . . . **A19:** 889
solder joint reliability . . . **A19:** 887–889
solder joint reliability assessment using isothermal fatigue testing . . . **A19:** 887–888
strain range effect on fatigue life . . . **A19:** 883–884
temperature effect on isothermal fatigue . . **A19:** 886
thin small outline package (TSOP) technology . . . **A19:** 888
Solders, hard
zinc and galvanized steel corrosion as result of contact with . . . **A5:** 363
Solders, soft
zinc and galvanized steel corrosion as result of contact with . . . **A5:** 363
Solders, specific types
60Sn-40Pb
cooling rate and aging effect on shear strength . . . **A19:** 887
cycle frequency effect on fatigue life . . . **A19:** 885
fatigue . . . **A19:** 884
fatigue in shear at 25 °C . . . **A19:** 883
62Sn-36Pb-2Ag
compressive hold time effect on fatigue life . . . **A19:** 886
cycle frequency effect on fatigue life at 25 °C, no hold . . . **A19:** 885
fatigue . . . **A19:** 884
ramp time effect on fatigue life . . . **A19:** 886
tensile hold time effect on fatigue life . . **A19:** 885, 886
63Sn-37Pb
aging effect on fatigue life . . . **A19:** 887
fatigue in shear at 25 °C . . . **A19:** 884
thermomechanical fatigue . . . **A19:** 542
90Pb-10Sn, fatigue life in air and vacuum . . . **A19:** 887
91Sn-9Zn
cycle frequency effect on fatigue life at 25 °C, no hold . . . **A19:** 885
fatigue . . . **A19:** 884
tensile hold time effect on fatigue life . . **A19:** 885
92.5Pb-5 Sn-2.5 Ag (In 151), fatigue in shear at 35 °C . . . **A19:** 883
95Pb-5Sn, fatigue in torsion at 25 °C . . . **A19:** 883
96.5Pb-3.5Sn
aging effect on tensile properties . . . **A19:** 886
cycle frequency effect on fatigue life . . . **A19:** 885
fatigue in tension at 25 °C . . . **A19:** 883
fatigue life in air and vacuum . . . **A19:** 887
tensile hold time effect and compressive hold times effect on fatigue life . . . **A19:** 886
tensile hold time effect on fatigue fife . . **A19:** 885
tensile hold time effect on fatigue life at 25 °C . . . **A19:** 885
97Sn-3Ag
cycle frequency effect on fatigue life at 25 °C, no hold . . . **A19:** 885
fatigue . . . **A19:** 884
tensile hold time effect on fatigue life . . **A19:** 885
Solenoid valve
for hydraulic torsional system . . . **A8:** 216
Solenoids
as magnetically soft material application . . . **A2:** 761
powder used . . . **M7:** 573
Sol-gel coating
design limitations for organic finishing processes . . . **A20:** 822
Sol-gel glasses . . . **A20:** 417, 418–419
Brunauer-Emmett-Teller equation for surface area measurements . . . **EM4:** 27
Sol-gel materials
mercury porosimetry . . . **A7:** 283–284
Sol-gel process . . . **EM4:** 32, 124, 209–213, 445–451
advantages . . . **EM4:** 213, 445
alkoxide-derived gels . . . **EM4:** 210–211
aerogels . . . **EM4:** 210–211, 212–213
ceramers . . . **EM4:** 210, 211

cryogels . . . EM4: 211
diphasic gels . . . EM4: 211
drying problem . . . EM4: 210
ormocers . . . EM4: 210, 211
oxyfluoride gels . . . EM4: 210, 211
oxynitride gels . . . EM4: 210, 211
Scherer drying model . . . EM4: 210
sonogels . . . EM4: 211
vapogels . . . EM4: 211
xerogels . . . EM4: 211, 212, 213
applications . . . EM4: 450–451
ceramic coatings for adiabatic diesel engines . . . EM4: 992
ceramic preforms . . . EM4: 211–212
applications . . . EM4: 212
bulk shapes . . . EM4: 212
characteristics . . . EM4: 212
coatings . . . EM4: 211–212
compositions . . . EM4: 212
fibers . . . EM4: 212
films . . . EM4: 211–212
monoliths . . . EM4: 212
ceramic-matrix composites . . . EM4: 840, 842
compositions . . . EM4: 450–451
densification . . . EM4: 449–450
development . . . EM4: 377
disadvantages . . . EM4: 445
droplet generation method of porous glass beads . . . EM4: 421
drying . . . EM4: 449–450
filler materials for dental applications . . EM4: 1092
for advanced ceramics . . . EM4: 47
for chemical synthesis . . . EM4: 62
for complex glass shapes . . . EM4: 741–742
for oxynitride glasses . . . EM4: 22
forms . . . EM4: 450–451
fibers . . . EM4: 450
monoliths . . . EM4: 450–451
multicomponent glasses . . . EM4: 451
thin films . . . EM4: 450
gels produced by hydrolysis and polycondensation of metal alkoxides . . . EM4: 448–449
acidic gels . . . EM4: 448
monolithic gels . . . EM4: 448–449
multicomponent gels . . . EM4: 449
gels produced by sol destabilization, aggregation, and aging . . . EM4: 446–448
dispersion processing . . . EM4: 447
gelation of aqueous silica sols . . . EM4: 446
monolithic silica gels . . . EM4: 446–447
multicomponent glass compositions . . . EM4: 447
nonaqueous solvents . . . EM4: 447–448
silica sol formation . . . EM4: 446
glass manufacture . . . EM4: 741
glass-free mullite preparation . . . EM4: 763
limitations . . . EM4: 213
mixed oxide ceramics with zirconia . . . EM4: 777
of ferrites . . . EM4: 1163
polycrystalline fiber production . . . EM4: 912
powder-free process . . . EM4: 209
processing diagnostics . . . EM4: 212–213
formulation of the solution or sol . . . EM4: 212
gel drying . . . EM4: 213
gelation . . . EM4: 213
stabilizing heat treatment . . . EM4: 213
properties . . . EM4: 450–451
quality control procedures . . . EM4: 212–213
sol formulations . . . EM4: 445–446
solutions versus sols . . . EM4: 209–210, 211
multicomponent solutions and sols . . . EM4: 209
one-component solutions and sols . . . EM4: 209
sol-gel transition . . . EM4: 209–210
Sol-gels
discontinuous oxide fiber from . . . EM1: 63
for coating and encapsulation . . . EM3: 580
Solid ^{13}C nuclear magnetic resonance (NMR) spectroscopy
on polyimides . . . EM3: 157
Solid aluminum
diffusivity of silicon in . . . A11: 777
Solid angle
SI base unit and symbol for . . . A10: 685
SI unit/symbol for . . . A8: 721
Solid cadmium *See also* Cadmium
effect on crack depth in titanium alloys . . . A11: 239–241
induced crack morphology, titanium alloy A11: 241
Solid casting . . . A20: 789, EM4: 9, 34, 35
Solid compounds
removal of . . . A5: 9
Solid crystalline membrane electrodes . . . A10: 182
Solid cylinders *See also* Cylinders; Tubing; Tubular products
diameter over 75 mm (3 in.), eddy current inspection . . . A17: 185
diameter under 75 mm (3. in.), eddy current inspection . . . A17: 184–185
eddy current inspection . . . A17: 184–185
radiographic inspection . . . A17: 332–333
tubes on, inspection machines . . . A17: 185
Solid cylindrical bar
eddy current impedance . . . A17: 171–172
Solid degassing *See also* Degassing
fluxes, copper alloys . . . A15: 467
vs. nitrogen purging . . . A15: 468
Solid density . . . M7: 11
Solid deposits
effect on crevice corrosion . . . A11: 184
Solid die headers
for cold heading . . . A14: 292
Solid dies . . . A14: 292–293, 639
Solid diffusion
chemical kinetics of . . . A15: 52
Solid diffusion rates
effect on dendritic structures . . . A9: 613–614
Solid elements . . . A20: 10
Solid freeform fabrication (SFF) . . . A7: 433, A20: 232
Solid friction . . . A18: 27
Solid graphite molds
as machined permanent molds . . . A15: 285
Solid ground curing (SGC) process . . . A20: 234, 235
Solid lubricant
definition . . . A5: 967
Solid lubricants *See also* Lubricants . . A13: 960–964, A18: 89, 113–120
and wear . . . A11: 152
characteristics of materials . . . A18: 113
composition and use . . . A14: 515
defined . . . A18: 17
electron microscopy as analytical tool . . . A18: 376
electroplated coatings . . . A18: 838
electroplating with nickel . . . A18: 836
extreme-temperature . . . A18: 118–120
ceramic-bonded fluorides . . . A18: 118–119
comparison of ceramic-bonded and fused fluoride coatings . . . A18: 119
fused fluoride coatings . . . A18: 119
plasma-sprayed coatings . . . A18: 119–120
self-lubricating powder metallurgy composites . . . A18: 120
jet engine components . . . A18: 591
layer lattice . . . A18: 113–118
bearing tests of GFRPI . . . A18: 117
bulk properties of some hard coat materials . . . A18: 115
graphite . . . A18: 114–115, 117
graphite fluoride . . . A18: 116
molybdenum disulfide and other dichalcogenides . . . A18: 114
physical vapor deposition (PVD) of tribological coatings . . . A18: 115–116
polyimide and polyimide bonded CF_x coatings . . . A18: 116–117
polymer composites . . . A18: 117
mainshaft bearings of jet engines . . . A18: 590
rolling-element bearings . . . A18: 137–138, 261
titanium alloys . . . A18: 781–783
Solid lubrication
bearing designs using . . . A11: 153
Solid magnesium
comminution of . . . M7: 131
Solid material fractures
progressive fracturing of . . . A8: 439–440
Solid materials
categories of . . . EL1: 1119
Solid mechanics, foundations
and formulas . . . EM2: 653
Solid metal
and liquid metal, interactions . . . A11: 718
dissolved, effect on pressure vessels . . . A11: 656
environments, embrittlement by . . . A11: 239–244
Solid metal induced embrittlement *See* Solid-metal embrittlement
Solid metal induced embrittlement (SMIE) . . . A11: 239–244
and liquid-metal embrittlement . . . A11: 240
characteristics of . . . A11: 240
defined . . . A11: 239
delayed failure and mechanism of . . . A11: 242–244
in steels . . . A11: 243, 244
investigations of . . . A11: 240–242
occurrence in nonferrous alloys . . . A11: 243
of metals . . . A11: 239–244
Solid missile fuel
powders used . . . M7: 573
Solid modeling . . . A20: 13, 155
definition . . . A20: 840
Solid models . . . A20: 157, 161, 162, 163, 164
Solid oxide fuel cells (SOFCs) . . . A7: 417
Solid oxides *See also* Oxides
defect structure . . . A13: 61, 65
Solid particle erosion . . . A20: 603
Solid particle erosion (SPE) . . . A18: 199–210
abrasion . . . A18: 199, 203–204
coarse two-phase microstructures, erosion of . . . A18: 206–207
edge effect . . . A18: 206–207
tungsten carbide-cobalt cermets . . . A18: 207
void nucleation . . . A18: 206
copper . . . A18: 388–389
corrosion-affected erosion regime . . . A18: 210
definition . . . A18: 199
erosion . . . A18: 199–201
rate . . . A18: 199
erosion of ceramics . . . A18: 204–206
particle hardness . . . A18: 205–206
erosion/corrosion (E/C) . . . A18: 207–210
comparison with other E/C classifications . . . A18: 209–210
corrosion-affected erosion (CAE) . . A18: 207, 209, 210
erosion-enhanced corrosion (EEC) A18: 207–208, 209, 210
pure corrosion . . . A18: 208–209
pure erosion . . . A18: 207, 209
time- versus mass-based E/C rates . . . A18: 209
erosion-enhanced corrosion regime . . . A18: 210
manifestations in service . . . A18: 199
metals, erosion of . . . A18: 201–204
embedding of erodent fragments . . . A18: 203
mechanisms . . . A18: 201–203
micromachining . . . A18: 202, 203
particle flux . . . A18: 204
particle hardness . . . A18: 203–204
particle shape . . . A18: 203
particle size . . . A18: 203
platelet mechanism . . . A18: 202–203
rate . . . A18: 199–203
resistance . . . A18: 201, 202
sequential observation technique . . . A18: 202
temperature . . . A18: 204
scale flaking or spalling . . . A18: 210
steels, erosion of . . . A18: 204
versus liquid impingement erosion . . . A18: 222–223
Solid particle retention
and permeability in porous parts . . . M7: 696
Solid patterns *See also* Loose patterns
described . . . A15: 195
Solid phase sintering
in powder metallurgy processes classification scheme . . . A20: 694
Solid phases *See also* Phases
fraction, as function of time . . . A15: 183
movement, and segregation . . . A15: 141
Solid polishing and buffing compounds
removal of . . . M5: 5, 10–11
Solid processing
in polymer processing classification scheme . . . A20: 699
Solid propellants . . . A7: 1088–1089, M7: 598–600
aluminum specifications for . . . M7: 599–600
applications . . . M7: 599
grain configuration . . . M7: 599
grain shapes . . . M7: 598
Solid reamers . . . A16: 239, 243–244, 246
Solid sample analysis . . . A10: 36, 113
Solid shapes *See also* Shapes
wrought aluminum alloy . . . A2: 33
Solid shrinkage *See also* Casting shrinkage
defined . . . A11: 9

Solid solubility
schematic binary phase diagrams **A9:** 612
Solid solution **A6:** 127
defined. **A13:** 12
Solid solution hardening **A20:** 340, 353
Solid solution, hydrogen
in aluminum alloys **A15:** 748
Solid solution nickel-base wrought heat- resistant alloys **A9:** 309
Solid solution solidification structures . . . **A9:** 611–617
Solid solution strengthening. **A20:** 347–348
Solid solution strengthening effect
as strengthening mechanism for fatigue resistance **A19:** 605
oxygen in titanium alloys **A19:** 33
Solid solutions
decomposition during precipitation reactions. **A9:** 650
defined. **A9:** 16
Solid steel
processing of **A1:** 114, 118
solubility of carbonitrides in austenite **A1:** 407
Solid waste
defined by EPA **A5:** 32
Solid Waste Disposal Act. **A5:** 32
Solid/liquid interface
insoluble particles at **A15:** 142–147
silicon carbide particle effect **A15:** 145
Solid-electrode voltammetry
capabilities. **A10:** 207
Solid-film lubrication **A14:** 512–513, 515
defined. **A18:** 17
Solid-film polymers
for plastic-encapsulated devices **EL1:** 220–221
Solidification *See also* Bridging; Directional solidification; Freezing; Multidirectional solidification; Rapid solidification; Solidification heat transfer; Solidification modeling; Solidification rate; Solidification sequence; Solidification shrinkage . . . . **A3:** 1•19, **A13:** 501–504, 823
aluminum casting alloys **A2:** 146
aluminum Castings. **M2:** 150–151
aluminum, hydrogen solubility during **A15:** 85
and crystal growth. **A15:** 109–113
and fluidity, relationship. **A15:** 767
and growth, principles of **A15:** 109–158
and thermal stress **EM2:** 752
columnar to equiaxed transition during. **A15:** 130–135
continuous flow melting **A15:** 415
contours, and riser placement **A15:** 779
control, copper casting alloys. **A2:** 349
cooling curves, interpretation and use **A15:** 182–185
copper casting alloys. **M2:** 385
cracking, ASTM/ASME alloy steels. **A12:** 345
defined **A15:** 10, 598
delayed. **A11:** 350
dendritic. **A15:** 102, 145–146
dendritic growth during **A11:** 354
direction, coating effect. **A15:** 281
directional **A15:** 5, 174–175
distortion by. **A15:** 615–616
enthalpy/heat capacity and **A15:** 50
equiaxed. **A15:** 146, 887–890
evolution of gases during **A15:** 87
front movement, computed **A15:** 863
gas-liquid reactions during **A15:** 83–84
gray. **A15:** 67
heat release during. **A15:** 109
historical study **A12:** 2
impact, by carbon equivalence. **A15:** 629
in casting design **A15:** 598–599
in filament winding **EM1:** 35
in iron-chromium-aluminum alloy . . . **A12:** 140, 160
in shrinkage cavity **A12:** 140, 160
in spray wet lay-up technique **EM1:** 132
ingot, by electroslag remelting. **A15:** 403–404
isothermal **A15:** 174
liquid state **A15:** 109–110
local, insoluble particles and **A15:** 142
low-gravity effects during. **A15:** 147–158
maraging steels. **A12:** 384
mass and heat transport **A15:** 111–113
metallurgical aspects **A15:** 298–299
metal-matrix composites **A2:** 903
mode, and riser location. **A15:** 579–580
modeling/computer applications **A15:** 857, 887–890
multidirectional **A15:** 175–180
nonequilibrium. **A15:** 136–137
nucleation during. **A15:** 103–105
nucleation kinetics of **A15:** 101–108
of aluminum-silicon alloys. **A15:** 159–168
of cast iron **A15:** 168–181
of cylinders **A15:** 606
of ductile iron **A15:** 651–652
of eutectic alloys **A15:** 159–181
of eutectic structures. **A15:** 121–122
of eutectics **A15:** 119–125
of flake graphite **A15:** 174
of flat plates **A15:** 606
of gray iron. . . . **A1:** 13–14, **A12:** 226, **A15:** 630–631
of macroscopic solids **A15:** 101–102
of malleable iron **A1:** 72
of microscopic solids. **A15:** 102–103
of peritectics. **A15:** 125–129
of single-phase alloys. **A15:** 114–119
physical properties relevant to. **A15:** 109–110
plane front, defined. **A15:** 112–113
porosity, wrought aluminum alloys. **A12:** 431
principles of **A15:** 99–185
progressive. **A15:** 278
shrinkage crack, defined **A11:** 9
shrinkage, defined **A11:** 9
solid/liquid interface **A15:** 110–111
stresses from. **A15:** 615–616
structure, control of. **A15:** 61
studies of. **A10:** 365
temperature, onset/offset. **A15:** 101
temperature (undercooling), low-gravity. . . **A15:** 150
thermal analysis of **A15:** 182–185
thermal aspects. **A15:** 298
thermodynamic pressure effect **A15:** 84
thermodynamics of **A15:** 101–103
ultra-rapid **M7:** 18
undercooling required for. **A15:** 105
uniform, copper casting **A15:** 782
Solidification cracking. **A6:** 409
aluminum metal-matrix composites **A6:** 555
austenitic stainless steels . . . **A6:** 456, 458–459, 461, 462, 463–464, 467
carbon steels **A6:** 641, 649–651, 657
duplex stainless steels **A6:** 474, 476, 477–478
electron-beam welding. **A6:** 851
heat-treatable aluminum alloys. . . **A6:** 530–531, 533
precipitation-hardening stainless steels **A6:** 484, 487, 490
stainless steels. **A6:** 82
submerged arc welding **A6:** 208–209
titanium alloys **A6:** 516
Solidification cracks *See* Hot cracks
Solidification effects in welded joints
sections used to study **A9:** 578
Solidification heat transfer
computational system **A15:** 861–862
data base **A15:** 862–863
data interpretation **A15:** 863
future simulation **A15:** 863–865
geometric description and discretization **A15:** 858–861
modeling of. **A15:** 858–866
Solidification hot cracking
stainless steel casting alloys. **A6:** 497, 498
Solidification isotherms of welded joints
mapping of **A9:** 579
Solidification modeling *See also* Computer applications; Modeling; Simulation
application **A15:** 889–890
industry use. **A15:** 883
software, for patterns. **A15:** 198
Solidification processes
in pure metal castings. **A9:** 608–610
Solidification range
defined **A9:** 16
Solidification rate **A6:** 49–50, 51, 52, 53
coating effect. **A15:** 281
effect, inclusion-forming **A15:** 95
effect on dendritic structures in copper alloy ingots. **A9:** 637–638, 640
effect on eutectic structure of tin-lead alloys **A9:** 452
effect, particle size. **A15:** 146
eutectic growth at. **A15:** 125
under multidirectional solidification. **A15:** 145
Solidification rate in cast aluminum alloys
determination by examining dendrite arm spacing **A9:** 357
effect on phases **A9:** 360
Solidification sequence
graphs **A15:** 600–604
liquid-solid contraction, casting by. **A15:** 599
L-sections **A15:** 604–606
T-sections **A15:** 599–604
X-sections **A15:** 604
Solidification shrinkage *See also* Casting shrinkage
aluminum melts **A15:** 79
and feed metal volume **A15:** 577
defined *See* Casting shrinkage
liquid and solid state. **A15:** 109
of semisolid materials **A15:** 328
plastics effect **A15:** 254
Solidification shrinkage crack
defined. **A9:** 16
Solidification structures
in welded joints **A9:** 578–580
of aluminum alloy ingots **A9:** 629–636
of copper alloy ingots **A9:** 637–645
of eutectic alloys **A9:** 618–622
of pure metals **A9:** 607–610
of solid solutions **A9:** 611–617
of steel. **A9:** 623–628
Solid-liquid embrittlement couples
compiled **A11:** 238
Solid-liquid mixing
mixed oxide ceramics with zirconia **EM4:** 777
Solid-metal embrittlement *See also* Liqiud-metal embrittlement **A1:** 721, **A13:** 12, 145, 184–187, 689
as environmentally induced cracking. **A13:** 145, 184–187
defined. **A12:** 29–30
delayed failure and mechanisms **A13:** 186–187
in iron-base alloys **A1:** 721
in leaded alloy steels **A1:** 719, 721–722
in leaded carbon and alloy steels **A1:** 722
occurrence in steels **A13:** 184
titanium/titanium alloy SCC **A13:** 689
Solid-particle erosion
of cobalt-base wear-resistant alloys **A2:** 450
Solid-particle impingement erosion
ceramics. **A18:** 814
cobalt-base alloys. **A18:** 767–768
Solid-phase chemical dosimeter **EM3:** 27
defined **EM2:** 39
Solid-phase embrittlement
of brazed joints **A13:** 879
Solid-phase forming
defined **EM2:** 39
Solid-phase method
composite processing. **A2:** 583
Solid-phase sintering **M7:** 308
Solid(s) *See also* Solids, characterization of
acid mediums for digesting **A10:** 166
alloy additions as. **A15:** 72–74

SUBJECTS OF THE INDEXED VOLUMES: ASM Handbook (designated by the letter "A"): **A1:** Properties and Selection: Irons, Steels, and High-Performance Alloys (1990); **A2:** Properties and Selection: Nonferrous Alloys and Special-Purpose Materials (1990); **A3:** Alloy Phase Diagrams (1992); **A4:** Heat Treating (1991); **A5:** Surface Engineering (1994); **A6:** Welding, Brazing, and Soldering (1993); **A7:** Powder Metal Technologies and Applications (1998); **A8:** Mechanical Testing (1985); **A9:** Metallography and Microstructures (1985); **A10:** Materials Characterization (1986); **A11:** Failure Analysis and Prevention (1986); **A12:** Fractography (1987); **A13:** Corrosion (1987); **A14:** Forming and Forging (1988); **A15:** Casting (1988); **A16:** Machining (1989); **A17:** Nondestructive Evaluation and Quality Control (1989); **A18:** Friction, Lubrication, and Wear Technology (1992); **A19:** Fatigue and Fracture (1996); **A20:** Materials Selection and Design (1997). **Metals Handbook, 9th Edition** (designated by the letter "M"): **M1:** Properties and Selection: Irons and Steels (1978); **M2:** Properties and Selection: Nonferrous Alloys and Pure Metals (1979); **M3:** Properties and Selection: Stainless Steels, Tool Materials, and Special-Purpose Materials (1980); **M4:** Heat Treating (1981); **M5:** Surface Cleaning, Finishing, and Coating (1982); **M6:** Welding, Brazing, and Soldering (1983); **M7:** Powder Metallurgy (1984). **Engineered Materials Handbook** (designated by the letters "EM"): **EM1:** Composites (1987); **EM2:** Engineering Plastics (1988); **EM3:** Adhesives and Sealants (1990); **EM4:** Ceramics and Glasses (1991). **Electronic Materials Handbook** (designated by the letters "EL"): **EL1:** Packaging (1989)

dissolution, in liquid metals A13: 56–60
dynamic mechanical properties EM2: 538–539
EPMA elemental analysis A10: 516
IC analysis of A10: 663–664
in production and quality control, XRS analysis for A10: 83
inhomogeneous distribution, and segregation A15: 140–141
inorganic, analytic methods for A10: 4
-liquid interface, insoluble particles at A15: 142–147
macroscopic, solidification of A15: 101–102
meltable, as IR samples A10: 112–113
microscopic, solidification of A15: 102–103
nucleation of A15: 103
organic compounds, ESR studied A10: 263
phase composition determined A10: 126
pure A10: 129
-solid contraction, in solidification ... A15: 598–599
state, solidification of A15: 109–110
subdividing, wet chemical analysis techniques for A10: 165
suspended, in water A13: 489
transition series elements identified .. A10: 253–266
XRS analysis of A10: 93
Solids, characterization of *See also* Solids
analytical transmission electron microscopy A10: 429–489
atomic absorption spectrometry A10: 43–59
Auger electron spectroscopy A10: 549–567
classical wet analytical chemistry A10: 161–180
controlled-potential coulometry A10: 208–211
crystallographic texture measurement and analysis A10: 357–364
electrochemical analysis A10: 181–211
electrogravimetry A10: 197–201
electrometric titration A10: 202–206
electron probe x-ray microanalysis ... A10: 516–535
electron spin resonance A10: 253–266
elemental and functional group analysis A10: 212–220
extended x-ray absorption fine structure A10: 407–419
ferromagnetic resonance A10: 267–276
field ion microscopy A10: 583–602
gas chromatography/mass spectrometry A10: 639–648
inductively coupled plasma atomic emission spectroscopy A10: 31–42
infrared spectroscopy A10: 109–125
ion chromatography A10: 658–667
liquid chromatography A10: 649–659
low-energy electron diffraction A10: 536–545
low-energy ion-scattering spectroscopy A10: 603–609
molecular fluorescence spectrometry ... A10: 72–81
Mössbauer spectroscopy A10: 287–295
neutron activation analysis A10: 233–242
neutron diffraction A10: 420–426
nuclear magnetic resonance A10: 277–286
optical emission spectroscopy A10: 21–30
optical metallography A10: 299–308
particle-induced x-ray emission A10: 102–108
potentiometric membrane electrodes A10: 181–187
radial distribution function analysis .. A10: 393–401
Raman spectroscopy A10: 126–138
Rutherford backscattering spectrometry A10: 628–636
scanning electron microscopy A10: 490–515
secondary ion mass spectroscopy A10: 610–627
single-crystal x-ray diffraction A10: 344–356
spark source mass spectrometry A10: 141–150
ultraviolet/visible absorption spectroscopy A10: 60–71
voltammetry A10: 188–196
x-ray diffraction A10: 325–332
x-ray photoelectron spectroscopy A10: 568–580
x-ray powder diffraction A10: 333–343
x-ray spectrometry A10: 82–101
x-ray topography A10: 365–379
Solids contact clarifier M5: 314
Solids content EM3: 27
Solids loading A7: 357
Solids-based CAD systems A20: 163
Solid-solid contraction
in solidification A15: 598–599
Solid-solution alloying
effect on compressibility and green strength A7: 302
Solid-solution alloys
tungsten A14: 238
Solid-solution copper alloys A2: 1019
Solid-solution coring in aluminum alloys
etchants for examination of A9: 355
Solid-solution hardening
nickel aluminides A2: 916–917
of nickel and nickel alloys A2: 429
Solid-solution hardening of nickel-base heat- resistant casting alloys, effect on
strength A9: 334
Solid-solution mechanisms .... A3: 1•15, 1•16–1•17
Solid-solution melting in aluminum alloys A9: 358
Solid-solution nickel-base alloys
electron-beam welding A6: 869
Solid-solution strengthening
aluminum P/M alloys A2: 202
copper A2: 234–235
copper and copper alloys A14: 809–810
effect of alloying elements on A1: 400
effect on fatigue strength A11: 119
in elevated-temperature service A1: 637, 639
wrought aluminum alloy A2: 38
Solid-solution-strengthened alloys
postweld heat treatment A6: 572–574
Solid-state
migration, thick-film pastes EL1: 342
miniature power source EL1: 103
quantum mechanical band theory of .. EL1: 96–103
rheology, for epoxies EL1: 835–836
Solid-state alloying A7: 53
particle size importance A7: 53
Solid-state amorphization
amorphous materials and metallic glasses .. A2: 807
Solid-state blending A7: 53, 61
Solid-state bonding *See also* Diffusion welding
in space and low-gravity environments ... A6: 1023
Solid-state cameras
machine vision process A17: 32–33
Solid-state devices
microwave inspection A17: 209
Solid-state diffusion A7: 10, 443, A20: 746
gaseous corrosion A13: 67–69
sintering- caused M7: 314
Solid-state diffusion bonding
tantalum alloys A6: 580
Solid-state diffusion welding
titanium-matrix composites A6: 527
Solid-state electronic device materials
x-ray topographic studies of A10: 365, 376
Solid-state infrared detection system A10: 223
Solid-state joining process
in joining processes classification scheme A20: 697
Solid-state lasers
welding suitability M6: 651
Solid-state nuclear magnetic resonance (NMR) EM4: 52
Solid-state phase transformations
characterized A10: 333
Solid-state phased-array jammers
as gallium arsenide MMIC application A2: 740
Solid-state power supplies
induction brazing M6: 967
Solid-state precipitation .... A3: 1•21–1•22
Solid-state reduction *See also* Oxide reduction M7: 734
Solid-state refining techniques *See also* Pure metal preparation techniques
electrotransport purification A2: 1094–1095
external gettering A2: 1094
solid-state vacuum degassing A2: 1094
Solid-state resistance welding *See* Forge welding
Solid-state sintering A7: 447, 449–452, EM4: 270–282, 285–287, M7: 11
binders EM4: 275
chemical effects of dopant addition EM4: 275–279
enhancement of lattice diffusion EM4: 276
preservation of ideal power characteristics EM4: 276
prevention of exaggerated grain growth EM4: 276–278
chemical effects of sintering atmosphere EM4: 278–281
gas solubility EM4: 278
reactions with dopants EM4: 278
reactions with powder EM4: 278–281
conclusions EM4: 281–282
kinetic effects of firing schedule on preparation and sintering processes EM4: 279–281
cooling rate effect on second-phase evolution EM4: 280–281
heating rate effect on densification EM4: 279
kinetics of powder preparation EM4: 279
lubricants used in ceramic processing EM4: 274
objectives EM4: 270
of tungsten heavy alloys M7: 392
physical characteristics of powder compacts EM4: 274–275
compact inhomogeneities effects .. EM4: 274–275
compaction EM4: 274
physical characteristics of powders .. EM4: 270–274
agglomerates EM4: 270–272
aggregates EM4: 270–272
microstructural changes EM4: 273–274
particle shape EM4: 272
particle size EM4: 270
particle size distribution EM4: 273
tungsten heavy alloys A7: 499, 916, 917, 918
Solid-state stamping *See* Solid-phase forming
Solid-state transformation structures
outline A9: 602
Solid-state transformations in weldments ... A6: 70–86
aluminum alloys A6: 83
continuous-cooling transformation (CCT) diagrams A6: 70, 71, 72, 73, 77
fusion zone in multipass weldments A6: 81–82
fusion zone of a single-pass weld A6: 75–80
relating weld metal toughness to the microstructure A6: 78–79
titanium oxide steels A6: 79
transformation effect on transient weld stresses A6: 79–80
transformations in single-pass weld metal A6: 75–78
heat-affected zone ... A6: 70, 71, 72, 73, 74, 75, 79, 80–81, 82, 83, 84
heat-affected zone in multipass weldments A6: 80–81
GMAW to limit the size of local brittle zones A6: 81
GTAW for temper-bead procedure A6: 81
postweld heat treatments A6: 81
heat-affected zone of a single-pass weld .. A6: 70–75
continuous heating transformation (CHT) diagrams A6: 73
peak temperature-cooling time diagrams A6: 70–73
precipitate stability and grain boundary pinning A6: 73–74
unmixed and partially melted zones in a weldment A6: 74–75
hydrogen-induced cracking A6: 79, 80
Newton's law of cooling A6: 70
nickel-base superalloys A6: 83–84
special factors affecting transformation behavior in a weldment A6: 70
stainless steels A6: 82–83
titanium alloys A6: 84–86
Solid-state vacuum degassing
for ultrapurification of metals A2: 1094
Solid-state welding A20: 697, 763
advantages M6: 672–673
applications of deformation welding .. M6: 686–691
cold welding of aluminum tubing M6: 691
metal cladding by strip roll welding M6: 689–690
roll welded heat exchangers M6: 689
seal welds M6: 686–687
thermocompression welding M6: 686
applications of diffusion welding M6: 682–686
composites M6: 684
iron-based alloys M6: 682–683
nickel-based alloys M6: 683–684
other metals M6: 685–686
refractory metals M6: 684
titanium and titanium alloys M6: 682
cladding of metals M6: 689–690
copper metals M2: 441, 442
definition M6: 16
deformation welding M6: 678–679, 686–691
cold welding M6: 673–674
extrusion welding M6: 676–677

Solid-state welding (continued)
forge welding **M6:** 675–676
roll welding **M6:** 676
thennocompression welding........ **M6:** 674–675
diffusion welding.......... **M6:** 677–679, 682–686
fundamentals of welding **M6:** 677
Interlayers **M6:** 680–681
metallurgical considerations **M6:** 679–680
intermetallic systems **M6:** 680
pure elements **M6:** 679
two-phase systems **M6:** 680
pressure-temperature combinations **M6:** 678
problems in welding................ **M6:** 681–682
corrosion failure...................... **M6:** 681
porosity **M6:** 681
selection of processes............... **M6:** 672–673
Solid-state welding (SSW)
definition **A6:** 141, 1213
soft interlayer mechanical properties . . **A6:** 165–171
application methods................... **A6:** 165
environmentally induced failure of interlayers....................... **A6:** 171
interlayer fabrication method effect **A6:** 168–169
interlayer strain **A6:** 167
interlayer thickness effect on stress . . **A6:** 166–167
microstructure of interlayer welds **A6:** 165
multiaxial loading................ **A6:** 170–171
shear loading..................... **A6:** 169–170
tensile loading of soft-interlayer welds....................... **A6:** 165–169
time-dependent failure............. **A6:** 167–168
Solid-surface velocities
laser measurement................... **A17:** 16–17
Solid-tool machining and drilling **EM1:** 667–672
drilling techniques................ **EM1:** 667–672
machining techniques **EM1:** 667
of composites, problems **EM1:** 667
Solidus *See also* Freezing range; Liquidus; Melting range .... **A3:** 1•2, **A6:** 127
defined **A15:** 10
definition **M6:** 16
lines, single-phase alloys **A15:** 114
temperature, determined........... **A15:** 184–185
Solidus composition (T_s) **A6:** 89
Solidus line.............................. **A6:** 46
Solidus temperature *See also* Thermal properties
aluminum casting alloys............. **A2:** 153–177
cast copper alloys................... **A2:** 356–391
defined **A9:** 16, 611
wrought aluminum and aluminum alloys **A2:** 62–122
Solithane 60 adhesive
glass adherends showing crack profile displacements **EM3:** 453
Soller collimator
WDS spectrometers **A10:** 87
Soller slit
use in topographic methods **A10:** 370, 374, 375
SOLSTAR casting design software **A15:** 611
Solubility.......................... **M7:** 552, 801
as function of temperature **A15:** 61
carbon, cast irons/carbon steels........ **A13:** 46–47
extended, of iron in aluminum **A10:** 294–295
gas, in cast iron **A15:** 82–85
gases, copper alloys **A15:** 464–465
hydrogen and nitrogen, in cast iron **A15:** 82
hydrogen, during aluminum solidification **A15:** 85–86
hydrogen in magnesium alloys **A15:** 462–465
hydrogen, temperature effect **A15:** 86
in gravimetric analysis **A10:** 163
iron-carbon system, silicon effects......... **A15:** 63
nitrogen, in austenitic stainless steels..... **A13:** 827
nitrogen, in cementite **A15:** 82
nitrogen, sulfur effect **A15:** 83
of cermets **A2:** 990–991
of hydrogen, in aluminum **A15:** 79, 456, 747
of hydrogen in copper **A15:** 86, 466
of inclusions **A15:** 90
of lead **A13:** 786
of liquid/solid states **A15:** 109–110
of oxygen, in seawater.................. **A13:** 900
of plasticizers **EM2:** 496
of polymers **EM2:** 61
of thermoplastics **EM1:** 103
solid, of carbon in austenitic stainless steels............................ **A13:** 827
temperature, and plasticizers **EM2:** 496
third element factors, ternary iron-base alloys............................. **A15:** 66
Solubility effect **A20:** 348
Solubility lines
calculated........................... **A15:** 61–70
Solubility, mutual
in brazing **A11:** 452
Solubility parameter
definition.............................. **A7:** 565
Soluble gas atomization *See also* Vacuum atomization **M7:** 25, 26, 37–39
Soluble gas process
nickel-base and superalloy powder production **A7:** 175, 176
Soluble gas process atomization
superalloy powders **A7:** 998–999
Soluble oil
defined **A18:** 17
definition **A5:** 967
Soluble oils
as lubricant **A14:** 696
Soluble phases in aluminum alloys...... **A9:** 358–360
Soluble-gas process **A1:** 972
Solutal convection
and temperature gradient **A15:** 148
Solute
defined **A13:** 12, **A15:** 10
species, concentration, activity, in SCC . . . **A13:** 147
third element, effect in microsegregation. . **A15:** 138
Solute concentration
as environmental factor of stress-corrosion cracking **A19:** 483
phase diagram.......................... **A9:** 611
Solute content, effect
melting and solution temperatures **A14:** 367
Solute diffusion
Brody-Flemings model................. **A15:** 883
Solute diffusion in precipitation reactions **A9:** 647
Solute redistribution
and convection, low gravity effects . . **A15:** 148–149
in nonequilibrium solidification **A15:** 136–137
Solute species
as environmental factor of stress-corrosion cracking **A19:** 483
Solute-lean beta alloys **A19:** 836
Solute-rich beta alloys **A19:** 836–837
Solutes *See also* Solution analysis; Solutions
defined **A9:** 16, **A10:** 682
effect on boundary migration **A9:** 696–697
effect on dendritic structures in copper alloy ingots **A9:** 638
effect on plastic deformation **A9:** 693
effect on stacking fault energy............ **A9:** 693
elemental PIXE analysis................ **A10:** 102
segregation in **A10:** 549
-solute equilibria....................... **A10:** 188
Solutes, transverse distribution
ingot............................ **A11:** 324–325
Solute-solvent equilibria
voltammetric analysis **A10:** 188
Solution
activity in, calculated.................... **A15:** 55
behavior, by phase diagram........... **A15:** 56–57
composition, in aqueous environment synthesis.......................... **A8:** 416
containment, acidified chloride....... **A8:** 418–419
defined **A9:** 16
effect, partial molar thermal properties **A15:** 55
precipitation from **M7:** 52, 54, 55
temperature, in aqueous environment synthesis.......................... **A8:** 416
Solution Algorithm program.............. **A15:** 867
Solution analysis *See also* Solutes; Solutions
ATR spectroscopy **A10:** 113
chemical, by controlled-potential coulometry....................... **A10:** 207
electrometric titration.............. **A10:** 202–206
element transition series identified by **A10:** 253–266
elemental, AAS as **A10:** 44
gravimetric, of reagents................. **A10:** 163
ICP-AES as **A10:** 34
of structure **A10:** 188
to determine bonding distance, coordination neighbors **A10:** 407
Solution and reprecipitation **M7:** 309, 320
Solution and reprecipitation method..... **A7:** 447, 448
Solution annealing *See also* Annealing **A4:** 224–225, **M7:** 690
beryllium-copper alloys...... **A2:** 405–406, **A9:** 395
nonferrous high-temperature materials **A6:** 572–574
of austenitic stainless steels, effect on carbides **A9:** 283
of beryllium-nickel alloys **A9:** 395–396
of heat-resistant alloys.................. **A14:** 780
stainless steel casting alloys **A6:** 497
Solution annealing, of austenitic stainless steels **A1:** 898–899, 912, 945
effect on creep-rupture strength........... **A1:** 945
effect on intergranular corrosion **A1:** 912, 945
Solution chemisty
polycrystalline fiber production......... **EM4:** 912
Solution coating
design limitations for organic finishing processes **A20:** 822
Solution diagnostics...................... **A20:** 201
Solution hardening .... **A3:** 1•17
aluminum alloys....................... **A13:** 592
Solution heat treatment *See also* Heat treatment
aluminum alloys.... **A6:** 83, **A15:** 759–760, **M2:** 31, 32, 35, 38–40
cast copper alloys....................... **A2:** 357
defined.................... **A9:** 16, **A13:** 12, 931
effect on beta flecks in titanium and titanium alloys **A9:** 459–460
for age-hardenable alloys................ **A11:** 122
of uranium alloys.................. **A2:** 673–674
permanent magnet materials **A2:** 786
wrought titanium alloys **A2:** 619–620
Solution potentials **A13:** 12, 584–585
aluminum alloys................... **M2:** 206–207
Solution purification **M7:** 134, 139, 140, 145
Solution resistance
in galvanic corrosion................... **A13:** 234
in laboratory corrosion tests............. **A13:** 214
modeling of........................... **A13:** 234
Solution softening
tungsten alloys **A20:** 413
Solution spinning
of silicon nitride fiber................. **EM1:** 118
Solution strategies **A20:** 180
Solution temperature *See also* Fabrication characteristics; Heat treatment; Solution heat treatment; Temperature(s)
aluminum casting alloys............. **A2:** 153–177
cast copper alloys.................. **A2:** 356–391
wrought aluminum and aluminum alloys . . . **A2:** 82, 103
Solution treat and age
cycle and microstructure................ **A6:** 510
heat treatment cycle and microstructure for alpha-beta titanium alloys............... **A19:** 832
Solution treating
titanium **M4:** 766, 767, 768
Solution treating and quenching
nonferrous high temperature materials **A6:** 572, 574

SUBJECTS OF THE INDEXED VOLUMES: ASM Handbook (designated by the letter "A"): **A1:** Properties and Selection: Irons, Steels, and High-Performance Alloys (1990); **A2:** Properties and Selection: Nonferrous Alloys and Special-Purpose Materials (1990); **A3:** Alloy Phase Diagrams (1992); **A4:** Heat Treating (1991); **A5:** Surface Engineering (1994); **A6:** Welding, Brazing, and Soldering (1993); **A7:** Powder Metal Technologies and Applications (1998); **A8:** Mechanical Testing (1985); **A9:** Metallography and Microstructures (1985); **A10:** Materials Characterization (1986); **A11:** Failure Analysis and Prevention (1986); **A12:** Fractography (1987); **A13:** Corrosion (1987); **A14:** Forming and Forging (1988); **A15:** Casting (1988); **A16:** Machining (1989); **A17:** Nondestructive Evaluation and Quality Control (1989); **A18:** Friction, Lubrication, and Wear Technology (1992); **A19:** Fatigue and Fracture (1996); **A20:** Materials Selection and Design (1997). **Metals Handbook, 9th Edition** (designated by the letter "M"): **M1:** Properties and Selection: Irons and Steels (1978); **M2:** Properties and Selection: Nonferrous Alloys and Pure Metals (1979); **M3:** Properties and Selection: Stainless Steels, Tool Materials, and Special-Purpose Materials (1980); **M4:** Heat Treating (1981); **M5:** Surface Cleaning, Finishing, and Coating (1982); **M6:** Welding, Brazing, and Soldering (1983); **M7:** Powder Metallurgy (1984). **Engineered Materials Handbook** (designated by the letters "EM"): **EM1:** Composites (1987); **EM2:** Engineering Plastics (1988); **EM3:** Adhesives and Sealants (1990); **EM4:** Ceramics and Glasses (1991). **Electronic Materials Handbook** (designated by the letters "EL"): **EL1:** Packaging (1989)

Solution vinyl
coating hardness rankings in performance
categories A5: 729
Solution viscosity
for molecular weight EM2: 533
Solution-annealed wrought stainless steels
carbide precipitation A9: 284
etching to reveal grain boundaries A9: 281
Solution-gelation process *See* Sol-gel process
Solution-heat-treated aluminum alloys
etchants for examination of..............A9: 355
Solution-heat-treated (T4) temper of aluminum alloys
identification of A9: 358
Solution-heat-treated and artificially aged (T6) temper
of aluminum alloys, identification
of A9: 358
Solutionizing..............................A20: 348
Solution-precipitation....................EM4: 267
Solutions A3: 1*8
aqueous, containing nickel and cobalt ions spectra
compared A10: 65
aqueous, use in ion chromatography A10: 658–667
as lubricant form A14: 513
colored, electrometric titration analysis of A10: 202
defined A10: 682, A13: 12
inorganic, analytic methods for A10: 7
liquid, analytic methods for...............A10: 7
molal, abbreviation for A10: 690
normal, abbreviation for.................A10: 690
organic, analytic methods for.............A10: 10
preparation of known A10: 162
turbid, electrometric titration for A10: 202
very dilute, electrometric titration for A10: 202
Solvation EM3: 27
defined EM1: 22, EM2: 39
definition...............................A20: 840
Solvay process.................A7: 167, EM4: 379
nickel powder production M7: 134
Solvency
definition...............................A5: 967
Solvent
chlorinated, for chemical cleaning........A15: 561
coating, for woven fabric prepregs EM1: 149
defined A9: 16, A15: 10
definition................................A5: 967
duration of rust-preventive protection afforded in
months...............................A5: 420
effect, thermoplastics..................EM1: 101
for condensation polyimides.............EM1: 79
impregnation vs. solvent resistance, as composite
problem EM1: 102
paints selected for resistance to.........A5: 423
removal, by curing.....................EM1: 655
resistance, of thermoplastics.......EM1: 33, 100,
293–294
Solvent acrylics EM3: 190, 208–209
applications EM3: 209
characteristics.................EM3: 53, 209
chemistry EM3: 208
compared to butyl compounds............EM3: 209
cure mechanisms EM3: 208
for air conditioner perimeter sealing EM3: 209
for brick and stone masonry pointing EM3: 209
for control joints EM3: 209
for exterior panel joints EM3: 209
for glass-to-mullion joints..............EM3: 209
for glazing of insulating glass panels.....EM3: 209
for heel filler beads for glazing EM3: 209
formulation EM3: 208
properties EM3: 208–209
sealant characteristics (wet seals)........EM3: 57
sealants EM3: 57, 188
suppliers..............................EM3: 209
tensile testing EM3: 209
Solvent adhesive EM3: 27, 36
Solvent alcohols
use in etchants A9: 67–68
Solvent cement EM3: 567
applications EM3: 45
as consumer product EM3: 47
characteristics EM3: 45
for composite panel construction.........EM3: 46
for packaging..........................EM3: 45
for woodworking.......................EM3: 46
Solvent cleaners *See also* Removers; Solvent
removers; Solvent(s)
blends EL1: 663

for liquid penetrant inspection A17: 75–76
organic EL1: 662–663
Solvent cleaning *See also* Cleaning..........A5: 3,
A13: 413–414, A20: 825, M5: 40–58
agitation, use of M5: 41–42, 44
aluminum and aluminum alloys A5: 788, 799,
M5: 576–577
applications M5: 43–44
as removal method......................A5: 9
before painting A5: 424
chips and cutting fluids removed by M5: 3–10
cleanness requirements and testing.. M5: 41, 43–44
cold cleaning M5: 40–44
copper and copper alloys...........A5: 810–811,
M5: 617–618
definition..............................A5: 967
drying process M5: 41–42
emulsifiable solvents *See* Emulsifiable solvents
enameling.............................EM3: 303
equipment M5: 42–43
equipment, materials, and remarks........A5: 441
for soldering/ interconnection EL1: 117
grinding, honing, and lapping compounds removed
by.................................M5: 3–15
immersion, design limitations A20: 821
limitations of.........................M5: 43–44
magnesium alloys A5: 820, M5: 629
mechanism of action M5: 3–4
methods, liquid penetrant inspection...A17: 81, 82
molybdenum M5: 659
niobium M5: 663
pigmented drawing compounds
removed by M5: 3–8
polishing and buffing compounds
removed by M5: 3–10
process variables, control of M5: 41–42
refractory metals and alloys.......A5: 857, 860
safety and health hazards A5: 17
safety precautions M5: 3–21, 41–42, 44
solvent compositions and operating
conditions.........................M5: 40–41
solvent flash points M5: 40–41, 44
solvent reclamation.....................M5: 41
spray process.......................M5: 3–15, 42
stainless steels..........................A5: 749
tantalum...............................M5: 663
temperature, operating...................M5: 41
to remove chips and cutting fluids from steel
parts A5: 8–9
to remove pigmented drawing compounds A5: 7
to remove unpigmented oil and grease....A5: 7–8
tungsten M5: 659
ultrasonic, design limitations A20: 821
ultrasonic vibration used in M5: 40, 44
unpigmented oils and greases removed by.. M5: 6,
8–9
vapor degreasing *See* vapor degreasing
workplace size and shape and work quantity
affecting M5: 43
zinc alloy die castings M5: 676–677
zinc alloys A5: 871
zirconium and hafnium alloys............A5: 852
Solvent cold cleaning....................A5: 21–24
blends, advantages of....................A5: 21
cleanness of solvent.....................A5: 22
cold cleaning..........................A5: 21–24
definition..............................A5: 21
drying the work A5: 22
equipment A5: 22–23
methods used A5: 21
process control variables..................A5: 22
process limitations A5: 23
properties of solvents....................A5: 21
purpose A5: 21
regulation of solvents....................A5: 22
safety and health hazards...............A5: 23–24
selection of solvents...................A5: 21–22
solvent reclamation A5: 22
solvents A5: 21–22
specific applications.....................A5: 23
ultrasonic agitation with A5: 21
Solvent cutback
duration of rust-preventive protection afforded in
months..............................A5: 420
Solvent extraction A7: 142
by methylisobutyl ketone A10: 169
classical wet chemical analyses A10: 164

molybdenum powder.....................A7: 197
separations, common...................A10: 170
techniques A10: 170
tungsten powder........................A7: 189
using ethyl ether.......................A10: 169
Solvent extraction process M7: 54
copper powders.........................M7: 120
tungsten powder M7: 153
Solvent molding
defined EM2: 39
Solvent removal process
urethane coatings......................EL1: 780
Solvent removers *See also* Cleaning; Solvent cleaning
for liquid penetrant inspection A17: 75–76
Solvent resistance *See also* Chemical resistance
of acetals EM2: 100
of parylene coatings EL1: 796–797
of silicone conformal coatings............EL1: 822
Solvent spraying
design limitations for organic finishing
processes A20: 822
for liquid penetrant inspection A17: 81
Solvent wipes.......................EM3: 34, 42
Solvent wiping
for liquid penetrant inspection A17: 81, 82
Solvent-activated adhesive EM3: 27, 35
Solvent-base resins
competing with anaerobic s...........EM3: 116
Solvent-base sealants
applications...........................EM3: 177
Solvent-borne resin dispersion
as silicone coating EL1: 823
Solvent-cutback petroleum-base compounds
as fracture preservatives A12: 73
Solvent-cutback petroleum-based rust preventive
compounds M5: 459–463, 466–470
applying, methods of M5: 467
duration of protection M5: 469
safety precautions M5: 470
Solvent-dispersed adhesives EM3: 36
Solvent-release butyl sealants..............EM3: 190
Solvent-removable fluorescent penetrant method
of liquid penetrant inspection A17: 77
Solvent-removable liquid penetrant
inspection A17: 77–78, 502
Solvent-removable penetrants A17: 84
Solvent-removable visible penetrant method
of liquid penetrant inspection A17: 78
Solvent(s)
analytic methods for A10: 10
and scales A13: 1140
as flux component EL1: 644
bonding EM2: 725
cleaning methods..................A17: 81, 82
decontamination.......................A13: 951
defined A10: 682, A13: 12
effect in MFS A10: 77
effects in flame emission spectroscopy A10: 29
evaporation, as IR sample A10: 112
for ion chromatography sample
preparation A10: 663
halogenated, properties.................EL1: 662
ICP-AES for trace impurities in A10: 31
leaching, of additives...................EM2: 774
liquid chromatography analysis for low-level
organic contaminants.................A10: 649
nonhalogenated, properties..............EL1: 665
nonpolar, effect in extraction............A10: 164
polymeric thick-film systems............EL1: 346
purity, in UV/VIS analysis..........A10: 68–69
role in etchants for wrought stainless steels ....
A9: 281
rub, as cure test A13: 418
sample preparation, x-ray spectrometry A10: 95
-solute equilibria, voltammetric analysis .. A10: 188
stability, of organic solvent blends......EL1: 663
stripping, for urethane coating removal... EL1: 780
surface tensions EM3: 181
ultrasonic immersion with A17: 81
Solvent-suspendible nonaqueous developer (form D)
application............................A17: 83
Solvers...................................A20: 180
Solvus A3: 1*3, A6: 128
defined.................................A9: 16
Solvus temperature.......................A20: 348

Sommerfeld number *See also* Hershey number; Ocvirk number **A18:** 90, 516, 518, 519
and coefficient of friction. **A11:** 485
friction during metal forming . . **A18:** 59, 60, 62, 63, 67–68
nomenclature for Raimondi-Boyd design chart **A18:** 91
Sonar domes
glass-reinforced plastic composite **EM1:** 83
Sonar reflection plate
as ordnance application. **M7:** 680
Sonic analysis
Task II, USAF ASIP design analysis and development tests. **A19:** 582
Sonic and ultrasonic properties. **A1:** 67–68, 69
Sonic bond tests
defect detection **EM3:** 751
Sonic converters
for ultrasonic testing. **A8:** 243–245
lead-zirconium-titanate **A8:** 244
pulsed mode vs. continuous cycling mode. . **A8:** 243
single and double. **A8:** 244–245
Sonic flow *See* Choked flow
Sonic Sifter. **A7:** 218
Sonic tests
Task III, USAF ASIP full-scale testing. . . . **A19:** 582
Sonic velocity **A6:** 161
Sonic waves *See* Ultrasonic inspection; Ultrasonic waves
Sonogels
alkoxide-derived gels. **EM4:** 210, 211
Sonotrode **A6:** 324, 325, 326
Soot **A7:** 457
Soot blowers
for ash removal **A11:** 619
Soot deposition **EM4:** 414, 415
Sooting . . . **A7:** 457–458, 460, 461, 464, **M7:** 342, 347
SOR Ring
as synchrotron radiation source. **A10:** 413
Sorbents **A7:** 283
Sorbite
defined. **A9:** 17
Sorel-metal. **M7:** 86
Soret effect
in microsegregation **A15:** 138
SORM (second order reliability method). . . . **A19:** 300
Sorption pump
in environmental test chamber **A8:** 411
Sorting
by laser dimensional measurement. **A17:** 15–16
of steel bar and wire. **A17:** 556–557
of tubular products, nondestructive inspection for **A17:** 561
Sorting, and inspection
automatic **A15:** 571–572
Sound alarms, as readout
eddy current inspection. **A17:** 178
Sound conduction method
ultrasonic inspection **A17:** 241
Sound control materials
lead and lead alloy. **A2:** 556
Sound damping
P/M metals. **M7:** 670
Sound deadening plastic
powders used. **M7:** 573
Sound, speed of
and ultrasonic fatigue testing specimens . . . **A8:** 249
Sound velocity
in split Hopkinson pressure bar test. **A8:** 202
Sound waves
in ultrasonic inspection. **A17:** 231
Sound-control materials **M2:** 498, 499
Soundness
casting, of aluminum-silicon alloys. **A15:** 167
ductile iron castings. **A15:** 663
from ceramic molding. **A15:** 248
from Unicast process. **A15:** 251
Sour gas **A13:** 12, 654–655, 1257
definition. **A5:** 967
Sour gas environments **A11:** 298–303
definition of **A11:** 301
failures in **A11:** 298–303
Sour gas environments, failures in
and materials selection **A11:** 300–301
field environments. **A11:** 302–303
hydrogen-induced cracking **A11:** 299
stress-corrosion cracking. **A11:** 299–300
sulfide-stress cracking **A11:** 298–299
test methods. **A11:** 301–302
weight-loss corrosion **A11:** 300
Sour gas systems
defined. **A11:** 301
Sour multiphase systems
defined. **A11:** 301
Sour water **A13:** 12, 1267
Source function analysis
acoustic emission inspection **A17:** 278–280
Source location analysis
acoustic emission inspection **A17:** 279–280
Source (x-rays)
defined. **A9:** 17
Sources of materials properties data and information *See* Materials properties data and information, sources of
South Africa
electrolytic tin- and chromium-coated steel for canstock capacity in 1991. . . . . **A5:** 349
South America
early metalworking in **A15:** 19
South Coast Air Quality Management District (SCAQMD)
rule 1124. **A5:** 935, 936, 938
South Korea
electrolytic tin- and chromium-coated steel for canstock capacity in 1991. . . . . **A5:** 349
Southeast Asia
electrolytic tin- and chromium-coated steel for canstock capacity in 1991. . . . . **A5:** 349
Southern bentonite, as molding clay
characteristics **A15:** 210
Southern Building Code Congress International, Inc. (SBCCI). **A20:** 69
Southwell plot
boron-epoxy panel **EM1:** 334
Southwest Research Institute. **A8:** 202
Southwire casting system
continuous casting **A15:** 314
Southwire continuous rod system
for wire rod **A2:** 254–255
Soviet Mir submersibles **A19:** 5
Soviet steel, 30Kh2N2M
hydrogen-induced cracking. **A6:** 414
Soviet Union
P/M technology in **M7:** 691–694
Sow block
defined. **A14:** 12
Soxhlet apparatus **A7:** 720
use in removing fluids from powder metallurgy materials **A9:** 504
Soxhlet extractor **A7:** 227
Soybean-oil storage tank
brittle fracture of **A11:** 416
Space and missile systems
advanced composite applications . . . **EM1:** 816–822
carbon-carbon composite applications. **EM1:** 922–924
carbon-carbon composite components . . . **EM1:** 921
Space boosters
corrosion of **A13:** 1101–1105
Space charge **A6:** 30–31
Space groups
230, relation to crystal symmetry and crystal systems. **A10:** 348
and atomic symmetry **A10:** 347
atoms residing in **A10:** 348
for defining crystal structure **A10:** 348
identification for single-crystal analysis . . . **A10:** 351
of recrystallized organic polysulfide **A10:** 353
Space lattice *See also* Lattice
defined. **EL1:** 93
Space lattices. . . . . **A3:** 1•10, 1•15
Space markets
for hybrids **EL1:** 254
Space motors
as advanced composite application **EM1:** 817, 819–821
Space satellites
corrosion of **A13:** 1101–1105
Space shuttle orbiter. **A13:** 1058–1075
Space shuttle program
as NDE reliability case study **A17:** 685–686
Space-averaging **A20:** 189
Space-charge aberration
defined. **A9:** 17
Spacecraft *See also* Aerospace industry applications; Space shuttle program
codes governing **M6:** 824–825
Spacecraft industry *See* Aerospace applications
Space-domain subtraction function
thermal inspection **A17:** 400
Space-frame designs **A20:** 258
Space-group notations. . . . . **A3:** 1•16, **A9:** 707
for simple metallic crystals **A9:** 716–718
Spacer and guide assembly, two-place **A7:** 1103, 1104
Spacer bar edge preparations **M6:** 68
Spacer strip
definition. **A6:** 1213
Spacers **A19:** 328, **EM3:** 547
economy in manufacture. **M3:** 849
Spacers used in mechanical mounts **A9:** 28
Spacerstrip
definition **M6:** 16
Spacing
and platelet thickness in transformed microstructure. **A8:** 480
conductor, flexible printed boards **EL1:** 587
conductor, selection criteria. **EL1:** 518–519
fatigue striation, and stress-intensity range related **A8:** 482, 484
of flanges. **A14:** 532
of holes, in piercing. **A14:** 468
of indentation, Scleroscope hardness test. . . **A8:** 105
of indentations, Brinell test. **A8:** 85, 88
of indentations, Rockwell hardness testing . . **A8:** 80
of interconnects **EL1:** 417
violation, as near defect **EL1:** 568
Spacing, dendritic
and gravity **A15:** 154–155
Spacing (lattice planes) *See* Interplanar distance
Spade drilling **A7:** 672, 1062
Al alloys **A16:** 777, 782
refractory metals **A16:** 861, 863, 864, 865
Spall constant. **A20:** 591
Spall ring **A8:** 210–211
Spall stress. **A8:** 211–212
Spallation
definition. **A20:** 840
thermal barrier coatings **A5:** 654
Spallation neutron sources
for neutron diffraction **A10:** 421
Spalling *See also* Fatigue wear; Galling; Scabbing; Shelling **A13:** 12, 98, 1222, 1305, **A18:** 260, 296, **A19:** 331, 332, 333, 334, 353, **A20:** 423, 590, 591, 596, 598
AISI/SAE alloy steels **A12:** 322, 329
as dynamic fracture by stress waves. **A8:** 287
as fatigue failure. **A12:** 113–115, 329
as fatigue mechanism **A19:** 696
carburizing steels **A18:** 875
circular, in hardened steel roll. **A11:** 89
defined. **A8:** 12, 211, **A11:** 9, **A18:** 17
definition. **A5:** 967
delta-shaped **A19:** 334
erosion-enhanced corrosion. **A18:** 208–209, 210
fatigue, in bearings. **A11:** 491
free surface velocity data **A8:** 212
from bearing overloading **A11:** 501

SUBJECTS OF THE INDEXED VOLUMES: ASM Handbook (designated by the letter "A"): **A1:** Properties and Selection: Irons, Steels, and High-Performance Alloys (1990); **A2:** Properties and Selection: Nonferrous Alloys and Special-Purpose Materials (1990); **A3:** Alloy Phase Diagrams (1992); **A4:** Heat Treating (1991); **A5:** Surface Engineering (1994); **A6:** Welding, Brazing, and Soldering (1993); **A7:** Powder Metal Technologies and Applications (1998); **A8:** Mechanical Testing (1985); **A9:** Metallography and Microstructures (1985); **A10:** Materials Characterization (1986); **A11:** Failure Analysis and Prevention (1986); **A12:** Fractography (1987); **A13:** Corrosion (1987); **A14:** Forming and Forging (1988); **A15:** Casting (1988); **A16:** Machining (1989); **A17:** Nondestructive Evaluation and Quality Control (1989); **A18:** Friction, Lubrication, and Wear Technology (1992); **A19:** Fatigue and Fracture (1996); **A20:** Materials Selection and Design (1997). **Metals Handbook, 9th Edition** (designated by the letter "M"): **M1:** Properties and Selection: Irons and Steels (1978); **M2:** Properties and Selection: Nonferrous Alloys and Pure Metals (1979); **M3:** Properties and Selection: Stainless Steels, Tool Materials, and Special-Purpose Materials (1980); **M4:** Heat Treating (1981); **M5:** Surface Cleaning, Finishing, and Coating (1982); **M6:** Welding, Brazing, and Soldering (1983); **M7:** Powder Metallurgy (1984). **Engineered Materials Handbook** (designated by the letters "EM"): **EM1:** Composites (1987); **EM2:** Engineering Plastics (1988); **EM3:** Adhesives and Sealants (1990); **EM4:** Ceramics and Glasses (1991). **Electronic Materials Handbook** (designated by the letters "EL"): **EL1:** Packaging (1989)

from contact fatigue testing **A11:** 133–134
from improper lubrication **A11:** 130
gears **A18:** 258
in flyer plate impact tests **A8:** 211
in forged hardened steel rolls **A12:** 113
in forging **A11:** 341
in gear tooth **A11:** 600
in rolling-element bearings **A11:** 500, 504, **A18:** 258
in tool steel primer cup plate **A11:** 566–567
in white iron **A12:** 239
initiated at true-brinelling indentations . . . **A11:** 500
medium-carbon steels **A12:** 275
micro-, in tapered-roller bearing **A11:** 502
mold, from thermal expansion **A15:** 208
on shaft as roller-bearing raceway **A11:** 504
porcelain enamels **M5:** 527, 529
pumps **A18:** 595
(splitting) test, green sand **A15:** 345
strength, of sands **A15:** 345
subcase fatigue as **A11:** 134
tool steels **A18:** 737
Spalling rates **A20:** 592
Spangle
definition **A5:** 967
galvanized steel **M1:** 170, 171
Spangle cracking **A5:** 343
Spangle finish **A20:** 470
Spangles
as formability problem in zinc-coated
steels **A8:** 548
SPAR (Struc Perf Analy and Redesign) computer program for structural analysis . . **EM1:** 268, 273
Sparging
dissolved oxygen removal by **A10:** 204
Spark
defined **A10:** 682
Spark discharge spraying
ceramic coatings for adiabatic diesel
engines **EM4:** 992
Spark erosion *See* Electrical pitting
Spark machining *See* Electric discharge machining
Spark plug (body)
powder used **M7:** 572
Spark plug (corrosion protection)
powder used **M7:** 572
Spark plug shells
cold-formed **M7:** 621
Spark sintering **M7:** 11
Spark source mass spectrometry **A10:** 141–150
applications **A10:** 141, 146–150
basis of technique **A10:** 141–142
defined **A10:** 682
depth profiling **A10:** 142
electric and magnetic sectors **A10:** 143
estimated analysis time **A10:** 141
general elemental surveys **A10:** 144–145
general uses **A10:** 141
instrumentation **A10:** 142–143
internal standardization techniques **A10:** 145
introduction **A10:** 141
ion detection methods **A10:** 143–144
isotope dilutions **A10:** 145–146
limitations **A10:** 141
mass spectra **A10:** 144
neutron activation analysis and compared **A10:** 233
of inorganic solids **A10:** 4–6
quantitative elemental measurement **A10:** 145–146
related techniques **A10:** 141, 142
samples **A10:** 141, 146–150
Spark sources
applications **A10:** 29
controlled waveform **A10:** 25, 26
high-voltage, defined **A10:** 25
parameters **A10:** 26
Spark spectrometer
calibration **A10:** 26
Spark testing **A1:** 1030
Spark volatilization
for solid sample analysis **A10:** 36
Spark/plasma sintering **A7:** 584
Spark-ignition (Otto cycle) engines **A18:** 553
Sparking off **A10:** 26
Sparkle effect **A7:** 1087
Sparklers **A5:** 797
Spark-sintering technique **A7:** 583
Sparse solver **A20:** 180
Spatial distribution
of constituents, EPMA mapping of . . **A10:** 525–529
of elemental species, SIMS analysis for . . . **A10:** 610
Spatial features
and projected images, stereological
relationships **A12:** 196
stereometry/profile analysis for **A12:** 194
Spatial filtering
image processing and enhancement **A17:** 459
in thermal inspection **A17:** 400
Spatial filters
for optical holography **A17:** 418
Spatial grain size
defined **A9:** 17
Spatial layout **A20:** 23
Spatial resolution
atom probe analysis **A10:** 595–596
computed tomography (CT) **A17:** 372–373
defined **A17:** 385
factors affecting **A17:** 373
modulation transfer function (MTF) **A17:** 373
point spread function (PSF) **A17:** 372–373
quantitative EMPA **A10:** 525
real-time radiography **A17:** 319
surface analytical techniques **M7:** 251
test patterns **A17:** 372
x-ray, effect in microanalysis **A10:** 448
Spatter **A6:** 27–28, 38, 1073
argon/carbon dioxide shielding gas **A6:** 66
argon-helium shielding gas **A6:** 67
definition **M6:** 16
in shielded metal arc welds **M6:** 79, 94
in weldments **A17:** 582
Spatter loss
definition **M6:** 16
Spatter, weld *See* Weld spatter
SPEAR *See* Stanford Position Electron Accelerator Ring
Special bearing properties factor **A19:** 358, 359
Special brasses
corrosion in various media **M2:** 468–469
gas-metal arc butt welding **A6:** 760
gas-metal arc welding **A6:** 763
to high-carbon steel **A6:** 828
to low-alloy steels **A6:** 828
to low-carbon steel **A6:** 828
to medium-carbon steel **A6:** 828
to stainless steels **A6:** 828
Special cast iron **A1:** 11
Special cause **EM3:** 785
Special die drawing
cold finished bars **M1:** 243–249, 250–251
Special engineering topics
recycling, nonferrous alloys **A2:** 1205–1232
toxicity of metals **A2:** 1233–1269
Special equipment applications
refractory metals and alloys **A2:** 558
Special helical profiles
thread grinding **A16:** 278
Special imaging techniques **EL1:** 1067–1073
Special interface transmittals (SITS) **EL1:** 130
Special pipe **M1:** 315
Special ply termination tests **EM3:** 822, 823
Special quality hot rolled bars **M1:** 205–206
Special quality hot-rolled carbon steel bars **A1:** 244–245
Special roll-turning lathes *See also* High removal rate machining **A16:** 153
Special specifications costs **A20:** 249
***Special Technical Publications* (STPS) ASTM** **EM2:** 95
Specialists **A20:** 50
Special-killed low-carbon steel sheet and strip **M1:** 155
Specially denatured alcohols **A9:** 68
Special-purpose alloys, heat treating *See* Niobium; Tantalum; Uranium
Special-purpose fasteners
failures in **A11:** 548–549
Special-purpose fatigue testing machines A8: 369–370
Special-purpose materials
cemented carbides **A2:** 950–977
cermets **A2:** 978–1007
dispersion-strengthened nickel-base and iron-base
alloys **A2:** 943–949
electrical contact materials **A2:** 840–868
electrical resistance alloys **A2:** 822–839
low-expansion alloys **A2:** 889–896
magnetically soft materials **A2:** 761–781
metallic glasses **A2:** 804–821
metal-matrix composites **A2:** 903–912
ordered intermetallics **A2:** 913–942
permanent magnet materials **A2:** 782–803
shape-memory alloys **A2:** 897–902
structural ceramics **A2:** 1019–1024
superabrasives and ultrahard tool
materials **A2:** 1008–1018
thermocouple materials **A2:** 869–888
Special-purpose part **A20:** 33
definition **A20:** 840
Special-purpose systems
machine vision for **A17:** 41
trends **A17:** 44
Specialty applications
roll compacting **M7:** 402–403, 406–409
Specialty applications of metal powders **A7:** 1083–1092
compositions **A7:** 1083
copier powders **A7:** 1083–1086
electrical applications **A7:** 1092
environmental remediation **A7:** 1091–1092
fillers **A7:** 1090–1091
flake pigments **A7:** 1085–1088
food enrichment **A7:** 1091
fuels **A7:** 1088–1090
magnetic applications **A7:** 1092
material substitution **A7:** 1092
Specialty castings
aluminum alloy **A15:** 755–757
steels, plasma melting/casting **A15:** 420
Specialty glasses **A20:** 418–419
applications **EM4:** 379, 1015
composition **EM4:** 741
defects and cost of losses **EM4:** 392
fining **EM4:** 387
Specialty P/M strip **M7:** 402–403
Specialty polymers **M7:** 606–613
Specialty resins *See* Resins
Specialty rolling mills **A14:** 351–352
Specialty spherical shaped powders **M7:** 40
Specialty steels
hot-workability ratings **A14:** 381
Speciation
of inorganic gases, analytic methods for **A10:** 8
of inorganic solids, analytic methods to
determine **A10:** 5–6
of organic solids and liquids,
techniques for **A10:** 9, 10
population, in sampling **A10:** 13
Species **A7:** 415–416
Species concentration
in iron corrosion **A13:** 37–38
Specific adhesion **EM3:** 27
Specific crosshead rate
and machine stiffness effects **A8:** 41
Specific cutting force **A18:** 432
Specific damping capacity *See also* Damping; Damping properties analysis **A20:** 273–274, 275
defined **EM1:** 206
fiber orientation effect **EM1:** 215
for beams **EM1:** 210
variation with temperature **EM1:** 214–215
vs. stress, ferrous/nonferrous metals **EM1:** 216
Specific density of specimens, effect on depth of information in x-ray scanning electron microscopy **A9:** 93
Specific energy **A8:** 721
conformal coating materials **EL1:** 783
SI derived unit and symbol for **A10:** 685
Specific entropy **A8:** 721
Specific face of the particle **A7:** 259
Specific film thickness **A18:** 539, 542, 544
symbol and units **A18:** 544
Specific gravity *See also* Density **EM1:** 22, 107, 158, **EM3:** 27, **M7:** 11
cemented carbides **A2:** 957
control, of fluxes **EL1:** 648–649
data sheet information **EM2:** 410
defined **EL1:** 1157, **EM2:** 39
of fillers **EM2:** 84
of fluxes, wave soldering **EL1:** 683
of gases, defined **A10:** 682
of solids and liquids, defined **A10:** 682

Specific gravity (continued)
of thermoset molding compounds **EM2:** 84
ordered intermetallics **A2:** 935
Specific gravity separation techniques **A20:** 260
Specific grooving energy **A18:** 431–432, 434
Specific heat *See also* Thermal properties .. **A8:** 722, **A20:** 257, **EM3:** 27
aluminum casting alloys **A2:** 153–177
aluminum oxide-containing cermets **M7:** 804
and coefficient of thermal expansion.................. **EM2:** 455–456
and material selection **EM1:** 38
carbon fiber/fabric reinforced epoxy resin **EM1:** 412
cast copper alloys. **A2:** 356–391
conversion factors **A10:** 686
defined **A17:** 396, **EM1:** 22, **EM2:** 39
ductile iron. **M1:** 49
epoxy resin system composites. **EM1:** 403
glass fabric reinforced epoxy resin **EM1:** 405
glass fiber reinforced epoxy resin **EM1:** 407
graphite fiber reinforced epoxy resin **EM1:** 414
high-temperature thermoset matrix composites **EM1:** 376
Kevlar 49 fiber/fabric reinforced epoxy resin **EM1:** 409
low-temperature thermoset matrix composites **EM1:** 397
medium-temperature thermoset matrix composites. **EM1:** 384, 387, 390, 391
of C-glass **EM1:** 47
of E-glass **EM1:** 47
of glass fibers **EM1:** 47
of polyester resins **EM1:** 92
para-aramid fibers **EM1:** 56
selected steel grades **M1:** 149
SI derived unit and symbol for **A10:** 685
thermoplastic matrix composites ... **EM1:** 367, 369, 372
various materials **EM2:** 456
white cast iron. **M1:** 83
wrought aluminum and aluminum alloys **A2:** 62–122
Specific heat at constant pressure **A20:** 188
Specific heat capacity **A8:** 721
Specific heat method **A20:** 711
Specific heat of adsorption **A7:** 275
Specific heat per unit mass
symbol and units **A18:** 544
Specific humidity **EM3:** 27
defined **EM2:** 39
Specific impulse **M7:** 598
Specific interfacial free energy **M7:** 312
Specific ion effect
stress-corrosion cracking. **A11:** 207–208
Specific metals and alloys
aluminum and aluminum alloys, alloy and temper designation systems **A2:** 15–28
aluminum and aluminum alloys introduction. **A2:** 3–14
aluminum foundry products **A2:** 123–151
aluminum mill and engineered wrought products **A2:** 29–61
aluminum-lithium alloys. **A2:** 178–199
beryllium **A2:** 683–687
beryllium-copper and other beryllium-containing alloys **A2:** 403–427
cast aluminum alloys, properties. **A2:** 152–177
cast copper alloys, properties. **A2:** 356–391
cobalt and cobalt alloys **A2:** 446–454
copper alloy castings, selection and application. **A2:** 346–355
copper alloys, introduction. **A2:** 216–240
gallium and gallium compounds **A2:** 739–749
germanium and germanium compounds **A2:** 733–738
high-strength aluminum P/M alloys **A2:** 200–215
indium and bismuth **A2:** 750–757
lead and lead alloys. **A2:** 543–556
magnesium alloys, properties. **A2:** 480–516
magnesium and magnesium alloys, selection and application. **A2:** 455–479
nickel and nickel alloys **A2:** 428–445
precious metals. **A2:** 699–719
rare earth metals **A2:** 720–732
refractory metals and alloys. **A2:** 557–585
tin and tin alloys **A2:** 517–526
titanium and titanium alloy castings .. **A2:** 634–646
titanium and titanium alloys introduction **A2:** 586–591
titanium P/M products **A2:** 647–660
uranium and uranium alloys **A2:** 670–682
wrought aluminum and aluminum alloys properties. **A2:** 62–122
wrought copper and copper alloy products. **A2:** 241–264
wrought copper and copper alloys, properties. **A2:** 265–345
wrought titanium and titanium alloys **A2:** 592–633
zinc and zinc alloys. **A2:** 527–542
zirconium and hafnium **A2:** 661–669
Specific modulus
beryllium **A2:** 683
defined **A2:** 683
definition **A20:** 840
Specific pressure **M7:** 11
Specific properties **EM3:** 27
defined **EM1:** 22, **EM2:** 39
Specific resistance *See also* Electrical resistility
defined. **EL1:** 89
Specific sliding
defined **A18:** 18
Specific stiffness **A20:** 281, 283, 515
Specific strength **A20:** 281, 283
definition **A20:** 840
Specific surface **M7:** 11
Specific surface area *See also* Specific surface; Surface area **A7:** 504
BET method of measuring **M7:** 262–263
copier powders **M7:** 585
gas adsorption as measure of **M7:** 262–263
low, of palladium powders **M7:** 151
permeametry as measure of **M7:** 262–265
Specific surface free energy **M7:** 312
Specific surface-free energy of the solid-liquid interface **A7:** 541
Specific thrust **M7:** 598
Specific viscosity *See also* Viscosity **EM3:** 27
defined **EM2:** 39
Specific volume **A7:** 278, **A8:** 721, **M7:** 265
SI derived unit and symbol for **A10:** 685
Specific wear. **A18:** 708
Specific wear rate. **A18:** 515
defined **A18:** 18
Specification
definition **A20:** 495, 840
types. **A20:** 246
Specification compliance
image analysis for **A10:** 309
Specification limits **A7:** 695, 696, **EM3:** 786–787
Specification sheet **A20:** 27, 291
Specification tree **A20:** 68
Specification wire **M1:** 262–263
Specifications *See also* AMS specifications; API specifications, ASME, ASTM; ASTM specifications; entries under issuing organization: ASTM specifications; Federal specifications; Foreign specifications; Listing under issuing agency; MIL specifications; Military specifications; Powder metallurgy standards, cross-index of; Reference; SAE specifications; Standards. **EM3:** 61–64
A5.2, "Iron and Steel Gas Welding Rods" **A6:** 285
A36, "Specification for Structural Steel" .. **A6:** 375, 376
A242, HSLA as-rolled pearlitic structural steels. **A6:** 662
A440, HSLA as-rolled pearlitic structural steels. **A6:** 662
A441, HSLA as-rolled pearlitic structural steels. **A6:** 662
A500, "Specification for Structural Steel" **A6:** 375, 376
A501, "Specification for Structural Steel" **A6:** 375, 376
A514, "Specification for Structural Steel" (HSLA Q&T structural steels) **A6:** 375, 376, 664
A516, "Specification for Structural Steel" .. **A6:** 376
A517, HSLA Q&T structural steels. **A6:** 664
A543, HSLA Q&T structural steels. **A6:** 664
A572, "Specification for Structural Steel" (HSLA as-rolled pearlitic structural steels) ... **A6:** 375, 376, 662
A588, "Specification for Structural Steel" (HSLA as-rolled pearlitic structural steels) ... **A6:** 375, 376, 662
A606, HSLA as-rolled pearlitic structural steels. **A6:** 662
A607, HSLA as-rolled pearlitic structural steels. **A6:** 662
A618, HSLA as-rolled pearlitic structural steels. **A6:** 662
A633, HSLA as-rolled pearlitic structural steels. **A6:** 662
A656, HSLA as-rolled pearlitic structural steels. **A6:** 662
A690, HSLA as-rolled pearlitic structural steels. **A6:** 662
A709, "Specification for Structural Steel" .. **A6:** 376
A710, HSLA as-rolled pearlitic structural steels. **A6:** 662
A715, HSLA as-rolled pearlitic structural steels. **A6:** 662
A852, "Specification for Structural Steel" .. **A6:** 375
adhesive-bonded joints **A17:** 633–634
adhesives **EM1:** 689–701
Aerospace Material Specification 4779 standard, powders used for flame spraying **A6:** 715
Aerospace Material Specifications (AMS)
aerospace sealants and governed products (3266-3268) **EM3:** 195
property data comparison (fluorosilicone) (3357) **EM3:** 196
aluminum casting alloys **A2:** 125
American National Standards Institute (ANSI)
mat-formed wood particleboard (A208.1) **EM3:** 105
American Society for Testing and Materials **EM3:** 62
butyl rubber-based solvent release sealants (C 1085) **EM3:** 190
creep testing method described (D 2990) **EM3:** 316–317
elastomeric sealants. **EM3:** 185, 189, 195, 212, 213
insulating glass units, performance of (E 774) **EM3:** 195
latex sealing compounds standard (C 834) **EM3:** 190, 212, 213
rubber properties in tension test methods (D 412) **EM3:** 189
shear property measurement of low-modulus adhesives (D 3983, D 4027) **EM3:** 315–316
short-beam shear test (D 2344) **EM3:** 402
stress relaxation test method (D 2991) **EM3:** 318
tear strength measurement (D 624) **EM3:** 189
tensile test (D 638) **EM3:** 315
tensile test, details of (D 3518) **EM3:** 401
viscosity measurement (D 1084, D 2556) **EM3:** 322
wedge-crack propagation test (D 3672) ... **EM3:** 261, 262, 263, 267, 268, 269
AMS-2642, "blue etch" technique. **A4:** 919
AMS-2770, polymer quenchant application **A4:** 853, 855
AMS-3025, polymer quenchant application **A4:** 853

and distortion failure A11: 138–142
and quality control.................... EM1: 740
ANSI Z49.2, "Fire Prevention in Use of Welding and Cutting Processes" A6: 1176
ANSI Z117.1, "Safety Requirements for Working in Tanks and Other Confined Spaces".......................... A6: 1195
ANSI Z136.1, "Safe Use of Lasers"....... A6: 267
ANSI/ASC Z49.1, "Safety in Welding and Cutting" A6: 1199, 1202
ANSI/ASTM A 263, simple bend and shear test A6: 163
ANSI/ASTM A 264, simple bend and shear test A6: 163
ANSI/ASTM A 265, simple bend and shear test A6: 163
ANSI/ASTM B 432, simple bend and shear test A6: 163
ANSI/AWS D3.6-83, weld specification for underwater welding.......... A6: 1012, 1014
ANSI/AWS Z49.1, "Safety in Welding and Cutting"...... A6: 179, 185, 283, 1165, 1176
ANSI/NEMA EW-1, "Electrical Arc Welding Apparatus" A6: 1199
ASTM A 236, locomotive-axle forgings A4: 39
ASTM A 255, Jominy end-quench test.. A4: 73–74, 81–84, 87–89, 107, 108, 229
ASTM A 255-89, Jominy test A4: 26
ASTM A 297, mechanical properties of heat-resistant alloys...................... A4: 510
ASTM A 436, grades of austenitic gray iron alloys A4: 697, 698
ASTM A 439, grades of austenitic ductile irons A4: 698
ASTM A 518M, high-silicon iron alloys, defined A4: 700
ASTM A 532, composition and hardness of white iron grades............... A4: 700, 701, 703
ASTM A 897, ASTM A 897M, minimum grades A4: 684
ASTM B 154, test method for residual stress and stress-relief effectiveness A4: 885
ASTM B 310, class A, powder metallurgy part carbonitriding, carbon and nitrogen penetration........................ A4: 386
ASTM Code A 255-89 appendices, Grossmann factors............................... A4: 27
ASTM D 92, gravity of quenching and martempering oils A4: 91, 93
ASTM D 94, saponification of quenching and martempering oils A4: 91, 93
ASTM D 95, percent of water in quenching and martempering oils............ A4: 91, 93, 98
ASTM D 97, pour point of quenching and martempering oils A4: 91, 93
ASTM D 287, gravity of quenching and martempering oils A4: 91, 93
ASTM D 445, viscosity of quenching and martempering oils............ A4: 91, 93, 98
ASTM D 482, percent of ash in quenching and martempering oils A4: 91, 93
ASTM D 1210, pigment particle size for thermal spray coatings A6: 1006
ASTM D 1533, percent of water in quenching and martempering oils A4: 91, 93
ASTM D 1835, special-duty propane...... A4: 312
ASTM D 2161, viscosity of quenching and martempering oils............ A4: 91, 93, 98
ASTM D 2273, sludge test of quenching oils...................... A4: 98
ASTM D 3520, magnetic quenchometer test for oil classification.................. A4: 92, 109
ASTM E 384, microhardness measurements after liquid nitriding A4: 419
AWS 5.16, "Specification for Titanium and Titanium Alloy Bare Welding Rods and Electrodes" A6: 522
AWS A4.3-86, procedure for measuring hydrogen gas volume escaping from a test weld.......................... A6: 413
AWS A5.20, "Specification for Carbon Steel Electrodes for Flux Cored Arc Welding"..................... A6: 188–189
AWS A5.22, "Specification for Flux Cored Corrosion Resisting Chromium and Chromium-Nickel Steel Electrodes" .. A6: 189
AWS A5.29, "Specification for Low Alloy Steel Electrodes for Flux Cored Arc Welding" A6: 188–189
AWS A6.3-69, "Recommended Safe Practices for Plasma Arc Cutting" A6: 1170
AWS D10.6, "Recommended Practices for Gas-Tungsten Arc Welding of Titanium Pipe and Tubing" A6: 522
AWS D14.4, "Welding Industrial and Mill Cranes and Other Material Handling Equipment"....................... A6: 393
AWS F2.1, "Recommended Safe Practices for Electron Beam Welding and Cutting"......................... A6: 1202
AWS F4.1, "Recommended Safe Practices for the Preparation for Welding and Cutting of Containers and Piping That Have Held Hazardous Substances" A6: 1195
BMS aerospace sealant specifications EM3: 185
Canadian specifications, property data comparison, polysulfide B-2 (CS-3204) EM3: 196
cast copper alloys.................. A2: 356–391
conformal coatings EL1: 765–766
corrosion-resistant fasteners M3: 184, 185
defined EM1: 689, 700
definition M1: 119–120
ductile iron...................... M1: 34, 35, 36
engineering, and quality A17: 720
Federal specifications.................. EM3: 63
butyl caulks (TT-S-001657)........... EM3: 291
construction sealant and governed products (SS-S-200E, TT-S-00227E) EM3: 195
joint movement capability (TT-S-00230C)........ EM3: 206, 212, 213
lap-shear test (Federal Test Method Standard No. 175, method 1033).......... EM3: 773, 774
lap-shear test (MMM-A-132)..... EM3: 460, 466, 646, 647, 773, 774, 807
latex (AAMA 802.3)................. EM3: 213
(MMA-A-132A)..................... EM3: 731
polysulfides (TT-SS-00230) EM3: 193
windshield bonding (Federal Motor Vehicle Safety standards)............... EM3: 231
filler metal specifications, welding of low-alloy steels............................ A6: 662
film, optical holographic interferometry... A17: 414
for germanium and germanium compounds A2: 736
for liquid penetrant inspection A17: 87–88
functional, as system definition.......... EL1: 128
gray cast iron....................... M1: 16–19
high-purity uranium..................... A2: 672
International Explosion Metalworking Association (IEMA), explosion welds............ A6: 305
IPC-A-600C, "Guidelines for Acceptability of Printed Boards" A6: 998
IPC-AJ-820, Assembly-Joining Handbook .. A6: 998
IPC-CM-770, Printed Board Component Mounting......................... A6: 992
IPC-D-275, Design Standard for Rigid Printed Boards and Rigid Printed Board Assemblies........................ A6: 992
IPC-D-279, Design Guidelines for Reliable Surface Mount Technology................. A6: 992
IPC-D-300G, Printed Board Dimensions and Tolerances A6: 992
IPC-D-322, Guidelines for Selecting Printed Wiring Board Sizes Using Standard Panels........................... A6: 992
IPC-D-330, Design Guide................ A6: 992
IPC-MC-324, Performance Specifications for Metal Core Boards....................... A6: 992
IPC-PD-325, Electronic Packaging Handbook A6: 992
IPC-S-804, Solderability Test Methods for Printed Wiring Boards A6: 998, 999
IPC-S-805, Solderability Tests for Component Leads and Terminations........ A6: 998, 999
IPC-S-815A, General Requirements for Soldering Electronic Interconnections A6: 989, 992
IPC-S-816, SMT Process Guideline and Checklist A6: 992
IPC-SM-780, Component Packaging and Interconnecting with Emphasis on Surface Mounting......................... A6: 992
IPC-SM-782, Surface Mount Land Patterns (Configurations and Design Rules) ... A6: 992
IPC-SM-785, Guidelines for Accelerated Reliability Testing of Surface Mount Solder Attachments....................... A6: 992
IPC-TM-650, Test Methods Manual .. A6: 989, 998
Japanese Institute of Steel, high-performance construction industry sealants (JIS A 5757)........................... EM3: 188
J-STD-001, Requirements for Soldered Electrical and Electronic Assemblies........... A6: 992
J-STD-002, Solderability Tests for Component Leads, Terminations, Lugs, Terminals and Wires A6: 992
J-STD-003, Solderability Tests for Printed Boards A6: 992
lamination............................ EL1: 523
malleable cast irons............... M1: 63–64, 68
material A13: 322
MIL-10699, salts for heat-treating furnaces A4: 475
MIL-A-21180, premium-quality casting A4: 867
MIL-C-55302, Connectors, Printed Circuit Subassembly, and Accessories A6: 992
MIL-D-3464E, "Dessicants, Activated, Bagged, Packaging Use and Static Dehumidification" A6: 980
MIL-F-14256, "Flux Soldering, Liquid (Rosin Base)" A6: 137, 989
MIL-G-45204C, gold electroplated layers .. A6: 971, 990
MIL-H-6088
commercial equipment difference between surface and center temperatures.... A4: 848
maximum quench delays........... A4: 851–852
probe check on furnace monthly recommendation A4: 874
water-immersion quenching........ A4: 852, 854
MIL-H-6088C, distance restriction between sensing element and working zone in furnace A4: 874
MIL-H-6875, loading locations prescribed for temperature uniformity surveys...... A4: 622
MIL-H-81200, temperature-control equipment for heat treating titanium alloys......... A4: 920
Military specifications
adhesive-bonded metal faced sandwich structures, acceptance criteria (MIL-A-83376) EM3: 767–768
adhesive-bonded structures, NDT process in evaluating quality (MIL-1-6780).. EM3: 767
aerospace sealants and governed products (MIL-S-8516, MIL-S-29574, MIL-S-81733, MIL-S-83430).................. EM3: 195, 196
aerospace sealants and governed products (MIL-S-8802) EM3: 195, 808, 812–813
bonded structures, preparation of acceptance/rejection criteria (MIL-A-83377) EM3: 767, 768
core material, aluminum, for sandwich construction (MIL-C-7438F) EM3: 733
flatwise tensile specimen preparation (MIL-STD-401)...................... EM3: 772–773
nondestructive testing of panels (MIL-STD-860)............ EM3: 755, 773
nondestructive testing, personnel requirements (MIL-STD-410) EM3: 768
MIL-M-6857, heat treating of magnesium castings........................... A4: 901
MIL-M-10699A (Ordnance), salt bath compositions and operating temperatures A4: 127–128
MIL-P-50804, dip-and-look solderability test A6: 999
MIL-P-50884C, printed wiring (Flexible and Rigid-Flex) A6: 998
MIL-P-55110, General Specification for Printed Wiring Boards (dip-and-look solderability test) A6: 998, 999
MIL-STD-150D, Sampling Procedures and Tables for Inspection by Attributes A6: 998
MIL-STD-202F method 208F, Solderability A6: 998
MIL-STD-750C method 2026.5, Solderability A6: 998
MIL-STD-883C method 2022.2, Wetting Balance Solderability A6: 998, 999
MIL-STD-883C method 5005.11, Qualification and Quality Conformance Procedures A6: 998
MIL-STD-883D, method 2003.7, dip-and-look solderability test A6: 999

Specifications (continued)
MIL-STD-1276D, gold electroplate thickness **A6:** 990
MIL-STD-2000, solderability testing. **A6:** 1000
MIL-STD-2000A, Standard Requirements for Soldered Electrical and Electronic Assemblies (solderability testing) **A6:** 989, 998, 999
MR-01-75, National Association of Corrosion Engineers (NACE) materials and fabrication requirements for H_2S service **A6:** 378
P/M steels **M1:** 333, 335–336
pipe and tubing, stainless steel **M3:** 16
QQ-S-571, "Solder, Electronic" **A6:** 137
requirements, of NDE methods **A17:** 663
requirements, tubular products **A17:** 561
SAE J406, Grossmann factors **A4:** 27
SAE J423
case depth measurement **A4:** 454
liquid nitriding (microscopic method) . . . **A4:** 418, 419
SAE J1268, hardenability data **A4:** 319
SAE J1868, hardenability data **A4:** 319
Society of Automotive Engineers specifications **EM3:** 62
solder **EL1:** 633–634
sources for **EM1:** 701
titanium castings **A2:** 637
TM-01-77 (test solution) NACE, carbon steels for use in wet H_2S service **A6:** 378
TM-02084 (test method) NACE, carbon steels for use in wet H_2S service **A6:** 378
W48.5-M1990 (Canadian), "Carbon Steel Electrodes for Flux- and Metal-Cored Arc Welding **A6:** 188
weld procedure qualifications **A6:** 1089
wrought aluminum and aluminum alloys **A2:** 62–122
wrought copper and copper alloys **A2:** 265–345

Specifications and standards
ASTM standards **EM2:** 90
defense program **EM2:** 89
International Organization for Standardization **EM2:** 91
military and federal **EM2:** 89–90
SAE aerospace material **EM2:** 91
Underwriters' Laboratories (UL) standards **EM2:** 91

Specifications, ANSI/AFBMA, specific type
11-90, truncation and edge stresses of bearings **A19:** 358

Specifications, ANSI/AGMA, specific type
2001-C95, *Fundamental Rating Factors and Calculation Methods for Involute Spur and Helical Gear Teeth* **A19:** 353

Specifications, API, specific type
942, guidelines for dealing with hydrogen stress cracking in refineries and petrochemical plants **A19:** 481

Specifications, ASTM, specific type
A 508 C12, fracture toughness **A19:** 632
A 542, class 3, environmentally enhanced cracking prediction **A19:** 202
D 1141, substitute ocean water description **A19:** 207
E 23, Notched Bar Impact Testing of Metallic Materials (CVN) **A19:** 591
E 64, gripping arrangements for compact-type and center-cracked tension specimens . . . **A19:** 174
E 208, Conducting Drop-Weight Test to Determine Nil-Ductility Transition Temperature of Ferritic Steels (NDT) **A19:** 591
E 399 . . . . **A19:** 600, 984
disk-shaped compact DC(T) specimen geometries and their $_K$-calibrations **A19:** 171, 173
fracture toughness calculation **A19:** 377
fracture toughness testing **A19:** 381, 382
Plane-Strain Fracture Toughness of Metallic Materials (K_{Ic}) **A19:** 591
precracked specimen testing, dimensions for **A19:** 502
specimen types used in the plane-strain fracture toughness K_{Ic} test **A19:** 394–396
"Test Method for Plane-Strain Fracture Toughness of Metallic Materials" . . **A19:** 514
E 436, Battelle drop weight tear test (DWTT) **A19:** 403
E 468-90, "Presentation of Constant Amplitude Fatigue Test Results for Metallic Materials" **A19:** 17
E 561, *K-R* curve test **A19:** 396–397
E 604, Dynamic Tear Testing of Metallic Materials (DT) **A19:** 591
E 606
low-cycle fatigue testing in air **A19:** 196
smooth specimen preparation **A19:** 316
E 606-92
definitions of failure **A19:** 232
"Recommended Practice for Strain Controlled Fatigue Testing" **A19:** 230
test specimens, cylindrical section of tension-test specimen **A19:** 228
E 647 . . . . . . **A19:** 171–175, 178, 180, 202, 422, 984
fatigue crack growth threshold defined . . **A19:** 134
guideline for fatigue crack growth testing **A19:** 170
Measurement of Fatigue Crack Growth Rates (*da/dN*-Δ*K*) **A19:** 591
rate of load shedding with increasing crack length **A19:** 137
residual stresses effect **A19:** 316
E 647-95, appendix X3, guidelines for small-crack test methods **A19:** 157
E 648, three-point bending specimen, fatigue crack propagation test **A19:** 600
E 813, J_{Ic} testing **A19:** 395, 398–399, 591
E 1049, "Standard Practice for Cycle Counting in Fatigue Analysis" **A19:** 241
E 1150, standard definitions on fatigue **A19:** 3
E 1150-87 (1993), "Standard Definitions of Terms Relating to Fatigue" **A19:** 17
E 1152, *J-R* curve evaluation **A19:** 399, 591
E 1221, crack arrest test **A19:** 397
E 1290
crack tip opening displacement test **A19:** 399
Crack-Tip Opening Displacement (CTOD) Fracture Toughness Measurement **A19:** 591
E 1304, Chevron-notched test method **A19:** 401
E 1457, creep crack growth testing . . **A19:** 513, 516
E 1737-96, combined *J* standard test **A19:** 399–400
E 1820-96, common fracture toughness test method **A19:** 399, 400
E4
load cell use for fatigue crack growth testing **A19:** 173
"Practices for Load Verification of Testing Machines" **A19:** 513
G 4, guidance for corrosion monitoring in plant corrosion tests **A19:** 470
G 30, U-bend specimens, constant extension testing **A19:** 499
G 35, test for resistance to polythionic cracking **A19:** 491
G 36, chloride stress-corrosion cracking test **A19:** 491
G 49, tensile specimens, constant extension testing **A19:** 500
G 338, C-ring specimens, constant extension testing **A19:** 499, 500
STP 91A, *S-N* testing and ε-*N* testing **A19:** 16
STP 588, *S-N* testing and ε-*N* testing **A19:** 16
STP 744, statistical analysis of fatigue test data **A19:** 295
STP 982, comprehensive review of crack closure **A19:** 135
STP 1106, "Fatigue Data Pooling and Probabilistic Design" **A19:** 297

Specifications, NACE, specific types
MR-01-75
hardness and heat treatment limits for alloys used in oil field equipment **A19:** 481
steel requirements for sour gas service . . **A19:** 604
RP-04-72, guidelines for dealing with hydrogen stress cracking in refineries and petrochemical plants **A19:** 481
RP-07-75, industry guide for preparing, installing, and interpreting coupons **A19:** 471

Specifications, sintered parts . . **A7:** 426–429, 433, 441, 648, 654, 672, 714, 728, 753, 756–762, 765, 778–779, 1052, 1053, 1099

Specifications, various
AC 43.13-1A, Chg.1 (Federal Aviation Administration), selective plating specifications **A5:** 281
AIANAS 672, plating, high-strength steels, cadmium **A5:** 919
BAC 5849 (Boeing), selective plating specifications **A5:** 281
BAC 5854 (Boeing), selective plating specifications **A5:** 281
BMS10-11
type II, high-solids epoxy topcoats **A5:** 937
waterborne primers **A5:** 936
BMS10-60, TY II, Grade B, commercial high-solids urethanes **A5:** 937
BPSFW 4312 (Bell Helicopter), selective plating specifications **A5:** 281
DoD-P-16232F, phosphating of metals,industrial standards, and process specifications **A5:** 399
DPM110, high-solids epoxy topcoats **A5:** 937
DPS 9.89 (Douglas Aircraft), selective plating specifications **A5:** 281
Federal Test Method Standard 141
abrasion resistance of anodic coatings **A5:** 491
Method 6061, phosphating of metals, industrial standards, and process specifications **A5:** 399
FPS 1046 (General Dynamics), selective plating specifications **A5:** 281
GM4209, exempt-solvent-based topcoats . . . **A5:** 937
GSS P060B (Grumman), selective plating specifications **A5:** 281
HA0109-018 (North American Rockwell), selective plating specifications **A5:** 281
ITF40-839-01 (Messier-Hispano, France), selective plating specifications **A5:** 281
M-967-80 (Association of American Railroads), selective plating specifications **A5:** 281
MPS1118A (Lockheed Aircraft), selective plating specifications **A5:** 281
P-C-535, bath for heat-resistant alloys **A5:** 782
PS137, Issue 1 (Dowty Rotol Ltd., England), selective plating specifications **A5:** 281
QQ-A-671, cadmium anode composition . . . **A5:** 217
QQ-N-281, cadmium replacement identification **A5:** 920
QQ-N-286, cadmium replacement identification **A5:** 920
QQ-N-290, nickel plating (electrodeposited) **A5:** 169
QQ-P-416E, plating, cadmium (electrodeposited) **A5:** 919
QQ-P-416F, stress relief before cadmium plating **A5:** 225
QQ-S-365D, silver plating requirements . . . **A5:** 246
Report NAEC-AML 1617 (Naval Air Engineering Center, Philadelphia), selective plating specifications **A5:** 281
SPOP 321 (Pratt & Whitney), selective plating specifications **A5:** 281
SS 8413 (Sikorsky Aircraft), selective plating specifications **A5:** 281
SS 8494 (Sikorsky Aircraft), selective plating specifications **A5:** 281

SUBJECTS OF THE INDEXED VOLUMES: ASM Handbook (designated by the letter "A"): **A1:** Properties and Selection: Irons, Steels, and High-Performance Alloys (1990); **A2:** Properties and Selection: Nonferrous Alloys and Special-Purpose Materials (1990); **A3:** Alloy Phase Diagrams (1992); **A4:** Heat Treating (1991); **A5:** Surface Engineering (1994); **A6:** Welding, Brazing, and Soldering (1993); **A7:** Powder Metal Technologies and Applications (1998); **A8:** Mechanical Testing (1985); **A9:** Metallography and Microstructures (1985); **A10:** Materials Characterization (1986); **A11:** Failure Analysis and Prevention (1986); **A12:** Fractography (1987); **A13:** Corrosion (1987); **A14:** Forming and Forging (1988); **A15:** Casting (1988); **A16:** Machining (1989); **A17:** Nondestructive Evaluation and Quality Control (1989); **A18:** Friction, Lubrication, and Wear Technology (1992); **A19:** Fatigue and Fracture (1996); **A20:** Materials Selection and Design (1997). **Metals Handbook, 9th Edition** (designated by the letter "M"): **M1:** Properties and Selection: Irons and Steels (1978); **M2:** Properties and Selection: Nonferrous Alloys and Pure Metals (1979); **M3:** Properties and Selection: Stainless Steels, Tool Materials, and Special-Purpose Materials (1980); **M4:** Heat Treating (1981); **M5:** Surface Cleaning, Finishing, and Coating (1982); **M6:** Welding, Brazing, and Soldering (1983); **M7:** Powder Metallurgy (1984). **Engineered Materials Handbook** (designated by the letters "EM"): **EM1:** Composites (1987); **EM2:** Engineering Plastics (1988); **EM3:** Adhesives and Sealants (1990); **EM4:** Ceramics and Glasses (1991). **Electronic Materials Handbook** (designated by the letters "EL"): **EL1:** Packaging (1989)

Standard Practice Manual 70-45-03 (General Electric), selective plating specifications . . . A5: 281
T.M. No. 72-191 (General Electric), selective plating specifications . . . A5: 281
TCMK-5 (Saab-Scania, Sweden), selective plating specifications . . . A5: 281
TT-C-490C, phosphating of metals, industrial standards, and process specifications A5: 399
VV-L-800
lubricating oil, general purpose, preservative (water-displacing, low temperature) A5: 414
properties of rust-preventive materials . . . A5: 416
W-H-196J, resistance of porcelain enamels to hot water solubility test . . . A5: 468

Specified limiting values
recommended practices . . . M7: 249

Specimen *See also* Compact Specimen; Cylindrical specimen; Plate specimen; Sample; Sample(s); Smooth specimens; Specimen size; Specimens; Test specimen; Workpiece
-anvil interface, shear stress at . . . A8: 235–236
bent-beam . . . A8: 503
buckling, in axial compression testing . . . A8: 55–56
buckling, in pin bearing testing . . . A8: 59
cantilever bend . . . A8: 511
chevron-notched . . . A8: 469–475
complex geometries, ultrasonic fatigue testing . . . A8: 250
compression test . . . A8: 195–197, 578–579
constant *K* . . . A8: 515
conventional fatigue vs. high-frequency resonant . . . A8: 242
copper, in torsional hydraulic actuator . . . A8: 217
C-ring . . . A8: 505–506
defined . . . A8: 12
deformation during split Hopkinson pressure bar test . . . A8: 199
deformed, Marciniak in-plane sheet torsion test . . . A8: 559
design for cold upset testing . . . A8: 578–579
design for liquid metal environments . . . A8: 426
design for resonant fatigue crack growth rate . . . A8: 251
design for torsion testing . . . A8: 155–157
design, ultrasonic fatigue testing . . . A8: 248–252
different sized, elongation measurement of . . A8: 26
displacement measurement in drop tower compression testing . . . A8: 197
double-beam . . . A8: 505, 513
double-cantilever beam . . . A8: 513–515
double-notch . . . A8: 228–229
dynamic notched round bar . . . A8: 277–278
elastic train . . . A8: 503–508
fatigue crack growth . . . A8: 379–382, 384
fatigue-fractured, scanning electron microscopy for . . . A8: 412
flat, grips for . . . A8: 50–51
for acidified chloride solution testing . . . A8: 420
for biaxial fatigue test . . . A8: 370
for cantilever beam bend test . . . A8: 132–133, 537
for crack arrest testing . . . A8: 454
for creep experiments . . . A8: 302
for ductility bending tests . . . A8: 125–127
for fatigue testing . . . A8: 368, 370–371
for high-temperature aerated water testing A8: 422
for multiaxial testing . . . A8: 344
for one-point bend test . . . A8: 274
for pin bearing testing . . . A8: 59–60
for plane-strain fracture toughness . . . A8: 451
for plane-strain tensile testing . . . A8: 558
for rapid-load fracture testing . . . A8: 260–261
for *R*-curve method . . . A8: 452
for SCC testing . . . A8: 503–519
for sheet tensile test . . . A8: 553, 554
for steam or boiling water with contaminants testing . . . A8: 427, 429
for tension testing . . . A8: 19
for torsional impact testing . . . A8: 216–217
for torsional Kolsky bar tests . . . A8: 221–222
for torsion-shear test . . . A8: 65
for wedge test . . . A8: 587
four-point loaded . . . A8: 505
fracture, single-edge notched . . . A8: 441
fully supported . . . A8: 505
grips, ultrasonic fatigue testing . . . A8: 252
heating and temperature control in vacuum and oxidizing environments . . . A8: 414
holder in cantilever beam bend test . . . A8: 132–133
hollow dumbbell design for ultrasonic testing . . . A8: 247
imperfections controlling flow localization . . . A8: 169–170
in cam plastometer . . . A8: 195–196
in electrohydraulic testing machine . . . A8: 160
in hydraulic torsional system . . . A8: 215–216
in load train . . . A8: 368
in single pressure bar configuration . . . A8: 199
in split Hopkinson pressure bar configuration . . . A8: 199
in stored-torque Kolsky bar . . . A8: 220
in stress wave propagation . . . A8: 191
in subpress assembly for medium strain rate testing . . . A8: 192–193
Izod, for impact cantilever bend testing . . . A8: 262
large, Rockwell hardness testing of . . . A8: 80
length, inclination effect of mean burgers vector on . . . A8: 180–181
load requirements for . . . A8: 58
loading, in constant-load testing . . . A8: 314
long, Rockwell hardness testing of . . . A8: 80–81
Miyauchi shear test . . . A8: 560
modified compact . . . A8: 512–513
modified double-beam . . . A8: 505
normal stress-particle velocity . . . A8: 232
notched . . . A8: 7, 315–318
orientation, double-shear test . . . A8: 62–63
O-ring . . . A8: 506
plastic deformation . . . A8: 510
plastic strain . . . A8: 508–509
plate, pressure-shear impact testing . . . A8: 231–232
-platen assembly, cam plastometer . . . A8: 195–196
precracked, classification of . . . A8: 514
precracked test . . . A8: 510–519
preparation, bending ductility tests . . . A8: 117
preparation, fatigue testing . . . A8: 371
preparation for notched-bar upset forgeability test . . . A8: 588
preparation for pressure-shear impact testing . . . A8: 234
preparation for three- and four-point bend tests . . . A8: 134–135
preparation, in wear test . . . A8: 604, 606
profile, effect on free-surface strain . . . A8: 580
rapid -*n* test . . . A8: 557
residual stress . . . A8: 509–510
round bar, with grid jig . . . A8: 279
round, grips for . . . A8: 50
round notched tensile, for fracture toughness testing . . . A8: 460
seals, for aqueous solutions at ambient temperatures . . . A8: 415
shear, planes of shear and loading directions . . . A8: 63
shear stress/transverse particle velocity . . . A8: 232
single-crystal, for torsional Kolsky bar test A8: 222
single-shear slotted-sheet . . . A8: 64
smooth, for stress-corrosion cracking tests . . . A8: 496–497
smooth test . . . A8: 503–510
smooth vs. precracked, for SCC testing . . . A8: 498
stainless steel, deformation of . . . A8: 191
statically deformed double-notch shear . . . A8: 229
surface preparation, Rockwell hardness testing . . . A8: 80
tension, SCC testing . . . A8: 506–508
thickness, for Rockwell hardness testing A8: 75–77
thin sheet, buckling in axial compression . . . A8: 56
three-point loaded . . . A8: 505
tolerances, axial compression testing . . . A8: 55
tuning fork . . . A8: 508
two-point loaded . . . A8: 503–505
U-bend . . . A8: 508–509
ultrasonic fatigue testing . . . A8: 247–252
uniform deformation conditions in split Hopkinson bar test . . . A8: 200
uniform deformation in, stress wave propagation . . . A8: 191
vapor-deposited . . . A8: 237
V-notch, for bar impact testing . . . A8: 261
weld . . . A8: 510

Specimen chamber
defined . . . A9: 17

Specimen charge
defined . . . A9: 17

Specimen configuration
magnetically soft materials . . . A2: 763

Specimen contamination
defined . . . A9: 17

Specimen current . . . A18: 378

Specimen current detection
scanning electron microscopy . . . A9: 90

Specimen current detectors
as SEM special technique . . . A10: 506–508

Specimen current imaging . . . A9: 91

Specimen damage from
fracturing . . . A9: 23
sawing . . . A9: 23
shearing . . . A9: 23

Specimen distortion
defined . . . A9: 17

Specimen grid
defined . . . A9: 17

Specimen holder
defined . . . A9: 17

Specimen life (time to failure)
in SCC . . . A13: 275–276

Specimen orientation
in fatigue properties data . . . A19: 16

Specimen preparation *See also* Specimens; Surface preparation
for replication microscopy . . . A17: 52, 643

Specimen preservation
carbon and alloy steels . . . A9: 172

Specimen screen
defined . . . A9: 17

Specimen size
and configuration, for Rockwell hardness testing . . . A8: 80–83
and creep-rupture . . . A8: 329
effect of . . . A8: 372–373
effect on fatigue limit of steel, reversed bending . . . A8: 372

Specimen stage
defined . . . A9: 17

Specimen strain
defined . . . A9: 17

Specimen surface
depth of region from which information is obtained . . . A9: 90

Specimen thickness
as geometrical variable affecting corrosion fatigue . . . A19: 187, 193

Specimens *See also* Fracture specimens; Notched specimens; Sample(s); Shapes; Specimen preparation; Surface preparation; Test specimen(s); Testing; Workpiece(s)
assembled, crevice corrosion . . . A13: 564
atmospheric . . . A13: 205
bent-beam . . . A13: 248–249
burial, in soil . . . A13: 209
cantilever bend . . . A13: 254
cast and wrought . . . A13: 193–194
center crack . . . EM1: 255–256
circular hole . . . EM1: 256–257
compression test . . . A14: 391
conductivity, for SEM imaging . . . A12: 171
constant K_I . . . A13: 256
corrosion testing, in water . . . A13: 207
C-ring . . . A13: 249
cylindrical . . . A13: 293
damage tolerance . . . EM1: 264
design, for atmospheric corrosion tests . . . A13: 206
double-beam . . . A13: 255–256
elastic strain . . . A13: 248–252
electrolytic polishing . . . A17: 52
evaluation, radiographic inspection . . . A17: 348
evaluation techniques for atmospheric corrosion . . . A13: 207
exposure, for galvanic corrosion evaluation . . . A13: 236–238
fatigue test . . . A13: 292–293
flat sheet . . . A13: 293
flatwise tensile, adhesive-bonded joints . . . A17: 638
for atmospheric galvanic corrosion testing . . . A13: 237–238
for corrosion testing in soil . . . A13: 209
for SCC and hydrogen embrittlement in soil . . . A13: 210
for SEM . . . A12: 171–173

Specimens (continued)
for TEM **A12:** 6–7, 179
fracture sources illustrated **A12:** 217
fracture toughness, ultrasonic cleaning of . . **A12:** 74
galvanic-corrosion **A13:** 236–238
geometry, effects in SEM **A12:** 168
immersion test **A13:** 223
ISO wire helix. **A13:** 205
marine atmosphere **A13:** 904–905
mechanical polishing of. **A17:** 52
modified compact **A13:** 254–255
orientation and fracture plane identification. **A13:** 259
O-ring **A13:** 249–250
plastic deformation **A13:** 253
plastic strain. **A13:** 252–253
plate **A13:** 293
preparation **A13:** 194, 223, 253–260
preparation, exposure during. **EM1:** 295–296
preparation/ preservation **A12:** 6–7, 72–77, 171–173, 179
radioactive, neutron radiography. **A17:** 391
replication **A13:** 195
residual stress **A13:** 253
retrieval, from soil **A13:** 210
ring-loaded wedge-opening, test setup. **A13:** 261
sectioning and cutting. **A12:** 76–77
size, effects in fatigue testing. **A13:** 293
slow strain rate testing **A13:** 261
smooth, for SCC evaluation **A13:** 246–253, 265–266, 275
support, total immersion tests **A13:** 222
tensile test **EM1:** 297
tension. **A13:** 250–251
thin-foil, direct observation of. **A12:** 179
tilt, effects in SEM imaging **A12:** 168
tuning fork **A13:** 251–252
U-bend. **A13:** 252–253
wedge-opening load **A13:** 261
weld **A13:** 253
Specking
definition. **A5:** 968
Speckle metrology **A17:** 432–437
electron microscopy speckle method. **A17:** 435
fatigue determined by. **A17:** 435–436
future outlook. **A17:** 436–437
laser speckle patterns. **A17:** 432
measurement, of in-plane deformation. **A17:** 432–434
measurement, of out-of-plane deformation. **A17:** 434
plastic strain determined by **A17:** 435–436
speckle displacement, recording delineation. **A17:** 432–434
surface roughness determined by **A17:** 435–436
white light methods. **A17:** 434–435
Spectra *See also* Spectrum
characteristic. **A10:** 325–326
corrected, for MFS. **A10:** 77
electromagnetic, x-radiation in high-energy region of. **A10:** 83
energy-dispersive, sum and escape peaks in **A10:** 520
ESR absorption **A10:** 260
excitation and emission, MFS analysis **A10:** 74–75
gamma-ray. **A10:** 235
infrared, defined. **A10:** 674
LEISS, in qualitative analysis **A10:** 604–605
of silver x-ray tube emission **A10:** 90
Raman accessibility to low-frequency regions of. **A10:** 133
resonance. **A10:** 254
wavelength-dispersive, stainless steel . . . **A10:** 87, 88
x-ray, EPMA measurement **A10:** 518–522
Spectra polyethylene fibers
properties **EM1:** 54, 56
Spectral analysis **A20:** 186
ultrasonic inspection **A17:** 240–241
Spectral background
defined. **A10:** 682
Spectral distribution curve, defined **A10:** 682
of synchrotron radiation from SPEAR. . . . **A10:** 411
Spectral interferences *See also* Interferences
in flame spectroscopy **A10:** 29
in ICP-AES. **A10:** 33–34
with flame emission sources. **A10:** 30
Spectral line
defined. **A10:** 682
Spectral lineshapes
in infrared spectra **A10:** 116
Spectral methods **A20:** 192
Spectral order
defined. **A10:** 682
Spectral peak overlap
Auger electron spectroscopy. **A10:** 556
optical emission spectroscopy **A10:** 22
Spectral resolution, EDS and WDS
compared. **A10:** 521
Spectral response
human eye vs. vidicon camera. **A17:** 30
Spectral sensitivity
x-ray film **A17:** 326–327
Spectral shift
surface analytical techniques. **M7:** 251
Spectral-element methods **A20:** 195
Spectral-stripping techniques
as IR qualitative analysis **A10:** 116
Spectrochemical analysis
atomic absorption spectrometry as **A10:** 43
atomic emission as. **A10:** 44
defined. **A10:** 682
Spectrofluorometer
double-beam **A10:** 77
Spectrogram
defined. **A10:** 682
Spectrograph
defined. **A10:** 682
Spectrographic analysis
of residues. **A10:** 177
use in carbon control **M4:** 436
Spectrometer equipment
for testing **A15:** 390
Spectrometer, mass *See* Mass spectrometer(s)
Spectrometers
AAS double-beam. **A10:** 50
atomic absorption. **A10:** 43, 45, 50–52
Auger, cylindrical mirror analyzer in **A10:** 554
continuous-wave NMR **A10:** 283
curved crystal, x-ray spectrum of **A10:** 517
defined. **A10:** 682
defocusing, effects of. **A10:** 527
dispersive and FT-IR, infrared reflection-absorption by **A10:** 114
echelle, for direct-current plasma **A10:** 40
electron, for AES analysis. **A10:** 554
emission, defined **A10:** 673
energy-dispersive x-ray. **A10:** 89–93, 519–520
ferromagnetic antiresonance. **A10:** 271
for elemental mapping **A10:** 527–528
Fourier transform **A10:** 38–39
FT-IR **A10:** 112
gas mass **A10:** 151–156
high-resolution, and spectral interferences . . **A10:** 33
inert gas-purged **A10:** 37
infrared **A10:** 117
magnetic and detector, for EELS **A10:** 435
microwave **A10:** 254–255, 270–271
monochromators **A10:** 38–39
photodiode arrays. **A10:** 38
polychromators. **A10:** 37–38
pulse NMR **A10:** 283
Raman **A10:** 128
reflection, for FMR **A10:** 270
scanning monochromator **A10:** 38
simultaneous x-ray fluorescence. **A10:** 162
spark source mass **A10:** 142
time-of-flight mass **A10:** 142, 591
vacuum **A10:** 29, 41
wavelength-dispersive x-ray **A10:** 87, 89–93, 527–528
WDS vs. EDS. **A10:** 527–528
with Triplemate device **A10:** 129
x-ray **A11:** 32–33, 37–42
Zeeman-corrected. **A10:** 52
zero-dispersion double. **A10:** 129
Spectrometric oil analysis program (SOAP) **A18:** 299, 300
Spectrometry. **EM3:** 27
defined **EM2:** 39
gas analysis by mass **A10:** 151–157
gas chromatography/mass. **A10:** 639–648
molecular fluorescence **A10:** 72–81
Rutherford backscattering **A10:** 628–636
spark source mass **A10:** 141–150
x-ray. **A10:** 82–101
Spectrophotometer
paint color testing. **M5:** 490–491
Spectrophotometers
defined. **A10:** 682
dispersive single-beam. **A10:** 67
double-beam, block diagram. **A10:** 67
dual-beam dispersive. **A10:** 67–68
Spectrophotometric detection. **A10:** 661, 663
ion chromatography with **A10:** 661
Spectrophotometric titrations **A10:** 70
Spectrophotometry
indirect. **A10:** 70
Spectroscope **EM3:** 27
Spectroscopes
defined. **A10:** 682
Spectroscopic ellipsometry (SE). **A5:** 629, 630, 633–634
applicability. **A5:** 634
cost **A5:** 629
multilayer example **A5:** 633–634
SIMOX structure **A5:** 633
vs. reflectometry. **A5:** 633
vs. single-wavelength ellipsometry. **A5:** 633
Spectroscopic testing **A1:** 1030–1031, 1032
Spectroscopies *See* Chemical analysis techniques
Spectroscopies, infrared
visible, and ultraviolet **A13:** 1114
Spectroscopy. **A19:** 5
attenuated total reflectance **A10:** 113–114
Auger electron **A10:** 549–567
categories of **A10:** 264
defined **EM2:** 39
diffuse reflectance **A10:** 114
electron or x-ray methods of. **A10:** 549–580
inductively coupled plasma atomic emission. **A10:** 31–42
infrared **A10:** 109–125
low-energy ion-scattering **A10:** 603–609
mass. **A10:** 141–157
molecular, methods of. **EM2:** 825–828
Mössbauer. **A10:** 287–295
optical and x-ray **A10:** 21–138
optical emission **A10:** 21–30
Raman. **A10:** 126–138
secondary ion mass. **A10:** 610–627
ultraviolet/visible absorption **A10:** 60–71
x-ray photoelectron **A10:** 568–580
Spectrum *See also* Spectra
defined. **A10:** 681
-fitting programs, x-ray spectrometers **A10:** 91
radiation, and x-ray absorption **A17:** 310
x-ray, defined **A17:** 383
x-ray, radiography **A17:** 303
Spectrum loading **A19:** 170, 641, 642
Spectrum shifter
in polychromators **A10:** 38
Specular, and matte
surface finish, aluminum alloys. **A15:** 762–763
Specular finishes
aluminum and aluminum alloys. **M5:** 574, 576, 580–581, 609–610

SUBJECTS OF THE INDEXED VOLUMES: ASM Handbook (designated by the letter "A"): **A1:** Properties and Selection: Irons, Steels, and High-Performance Alloys (1990); **A2:** Properties and Selection: Nonferrous Alloys and Special-Purpose Materials (1990); **A3:** Alloy Phase Diagrams (1992); **A4:** Heat Treating (1991); **A5:** Surface Engineering (1994); **A6:** Welding, Brazing, and Soldering (1993); **A7:** Powder Metal Technologies and Applications (1998); **A8:** Mechanical Testing (1985); **A9:** Metallography and Microstructures (1985); **A10:** Materials Characterization (1986); **A11:** Failure Analysis and Prevention (1986); **A12:** Fractography (1987); **A13:** Corrosion (1987); **A14:** Forming and Forging (1988); **A15:** Casting (1988); **A16:** Machining (1989); **A17:** Nondestructive Evaluation and Quality Control (1989); **A18:** Friction, Lubrication, and Wear Technology (1992); **A19:** Fatigue and Fracture (1996); **A20:** Materials Selection and Design (1997). **Metals Handbook, 9th Edition** (designated by the letter "M"): **M1:** Properties and Selection: Irons and Steels (1978); **M2:** Properties and Selection: Nonferrous Alloys and Pure Metals (1979); **M3:** Properties and Selection: Stainless Steels, Tool Materials, and Special-Purpose Materials (1980); **M4:** Heat Treating (1981); **M5:** Surface Cleaning, Finishing, and Coating (1982); **M6:** Welding, Brazing, and Soldering (1983); **M7:** Powder Metallurgy (1984). **Engineered Materials Handbook** (designated by the letters "EM"): **EM1:** Composites (1987); **EM2:** Engineering Plastics (1988); **EM3:** Adhesives and Sealants (1990); **EM4:** Ceramics and Glasses (1991). **Electronic Materials Handbook** (designated by the letters "EL"): **EL1:** Packaging (1989)

Specular gloss
defined EM2: 598
Specular gloss test A5: 435
Specular reflectance
as IR technique A10: 115
defined A10: 115
infrared instruments A10: 177
Specular reflection A18: 191
defined A9: 17
effect in optical holography A17: 412
Specular transmittance
defined A10: 682
Speculum alloys A5: 257
Speculum metal
copper and copper alloys plated with M5: 623
polishing of A9: 451
Speculum plating M5: 288–289
Speed *See also* Device speed; Processing speed
as IC performance parameter EL1: 400
as specification EL1: 128
change drives A14: 497
contour roll forming A14: 625
cutting, bar shearing A14: 714
electromagnetic forming A14: 644
extrusion A14: 317
formability effects, heat-resistant alloys . . . A14: 781
magnesium alloy forming A14: 828
of abrasive waterjet cutting A14: 748–751
of eddy current inspection A17: 563
of electronic polarization EL1: 100
of forming A14: 623
of manual spinning A14: 600
of power spinning A14: 603
of press forming A14: 545
of screens, radiography A17: 316–317
of sound, and ultrasonic fatigue testing specimens A8: 249
of straightening A14: 687
of strain rate tension testing machines A8: 208
of testing, ASTM prescribed A8: 39
of testing, range A8: 47
of tube spinning A14: 678
of ultrasonic inspection A17: 564
of wire forming A14: 694
press, in deep drawing A14: 582–583
rotary shearing A14: 706
slitting A14: 710–711
Speed cracks
extrusion A11: 87, 91
Speed of rotation
horizontal centrifugal casting A15: 297–298
vertical centrifugal casting A15: 305
Speed-of-light delay
as communication delay limit EL1: 2
Spent solution A7: 173
SPEX mills A7: 65, 81–82, 83, 89
SPF *See* Superplastic forming
Sphalerite
as gallium source A2: 742
Spher-a-Caps
material loss on abrasion of dental amalgams A18: 669
Sphere
properties A7: 268
Spheres
limits for grouped planar sections of A9: 133
properties of A9: 133
sintering together M7: 313
Spherical
definition A7: 263
Spherical aberration
defined A9: 17, A10: 682
SEM illuminating/imaging A12: 167–168
Spherical aberration in lenses A9: 75, 77
Spherical aberration of the objective lens of a transmission electron microscope A9: 103
Spherical bearing
defined A18: 18
Spherical bearings
burrs on hole drilled in A11: 489
corrosion fatigue failure A11: 488
Spherical boring machines A16: 166, 167
Spherical bronze bearings M7: 707
Spherical cast carbide
as wear resistant coating A7: 975
Spherical cavity A19: 97
Spherical crystals *See also* Crystal growth; Growth
free growth A15: 112
Spherical dilational waves
in elastic pressure bars A8: 199
Spherical domes
of superplastic metals A14: 862–863
Spherical eutectic microstructure . . . . A3: 1•20
Spherical fixed-catalyst bed reactor
failed after long service A11: 664
Spherical grains *See also* Grains; Sand(s)
equiaxed A15: 130–135
Spherical harmonics
in series ODF method A10: 362–363
Spherical particles *See also* Grains; Particle(s); Powder
from atomization A2: 684–685
radiographic inspection A17: 341
Spherical particles, apparent density of *See also* Spherical powders M7: 272
Spherical powders M7: 11, 233, 234
aluminum M7: 125
copier M7: 586–587
for hardfacing M7: 824
green strength M7: 288
Spherical projection
defined A9: 17
Spherical roller bearing A18: 511
basic load rating A18: 505
Spherical roller bearings
defined A18: 18
f_v factors for lubrication method A18: 511
Spherical roller thrust bearings A18: 502, 511
basic load rating A18: 505
Spherical sag
interference microscope measurement A17: 17
Spherical seat
compression test fixture A8: 198
with drop tower compression system A8: 196
Spherical stress component A7: 23–24
Spherical-roller bearings
described A11: 490
Sphericity
definition A7: 271
Spheroidal graphite
defined A9: 17
eutectic growth A15: 176–178
ferritic, thermal fatigue test results A19: 670
pearlitic, thermal fatigue test results A19: 670
solid particle effects A15: 142
Spheroidal graphite cast iron *See* Ductile iron
Spheroidal graphite iron *See* Ductile iron
Spheroidal graphite (SG) iron
alternating bend fatigue strength/tensile strength ratio A19: 665
fatigue crack threshold A19: 142
Spheroidal graphite-SiMo51
5Si-1Mo, thermal fatigue test results A19: 670
ferritic, thermal fatigue test results A19: 670
Spheroidal powders M7: 11
Spheroidal-graphite cast iron *See* Ductile cast iron
Spheroidite A20: 350
defined A9: 17, A13: 12
Spheroidization . . . A19: 384, 534, A20: 304, 378, 379
at elevated-temperature service A1: 642, 644
effect in carbon and low-alloy steels A11: 613
Spheroidization as a result of heat in aluminum alloys A9: 359
Spheroidization time A7: 42
Spheroidize annealing A1: 272, 280
of low-alloy steel sheet/strip A1: 209
steel wire M1: 262
steel wire rod M1: 253, 255
Spheroidize-annealed tool steels *See* Tool steels
Spheroidized steel A19: 10, 12
Spheroidized structure
defined A9: 17
Spheroidizing
alloy steel sheet and strip M1: 164–165
cold finished bars M1: 234
defined A9: 17
effect on fatigue behavior M1: 675, 677
extra charges for A20: 249
for cold heading A14: 293
steel wire, improved fabrication M1: 590–591, 593
ultra-high strength steels . . . M1: 423–425, 427, 430, 432–435, 438
Spherometer
stress-relaxation bend test A8: 326
Spherulite
defined EM2: 39
Spherulite size in semicrystalline, thermoplastic-matrix composites
determination of A9: 592
Spherulites EM3: 409–410, 417, 418
Spherulitic graphite *See* Nodular graphite
Spherulitic-graphite cast iron *See* Ductile cast iron
SPI *See* Society of the Plastics Industry; Society of the Plastics Industry, Inc.
SPI Facts and Figures of the U.S. Plastics Industry (1986) EM2: 94
SPICE analyses
analog, and CAE software EL1: 81
defined EL1: 1158
for complex interconnect structures EL1: 80
of high-frequency digital systems EL1: 80–81, 86–87
simulations, controlled impedance EL1: 86
Spider
defined EM2: 39
Spider cracks
in macrostructure of continuous- cast copper ingot A10: 302
Spike forging
simulation of A14: 428–429
Spike weld or spot weld
laser-beam welding A6: 879, 880
Spikes EM3: 581
Spiking A6: 23
definition M6: 16
Spiking defect
effects of A11: 350, 446
Spiking method
XRPD analysis A10: 340
Spin *See also* Rolling; Sliding
defined A18: 18
Spin blocks *See* Mandrels
Spin coating
polyimide thin-film hybrids EL1: 326
Spin decouplers
in ESR analysis A10: 258
Spin echo
schematic A10: 282
spectra of Ni_3, room-temperature zero-field A10: 285
technique A10: 258
Spin forging *See also* Forging
of aluminum alloy A14: 244
of titanium alloys A14: 273
wrought aluminum alloy A2: 34
Spin friction coefficient A18: 478
Spin glass
abbreviation for A10: 691
defined A10: 682
identification of magnetic states in A10: 253
Spin lattice relaxation time
in ESR analysis A10: 257
Spin plating
to make ferrite films EM4: 1163
to make gamet films EM4: 1163
Spin relaxation rates
determined A10: 275–276
Spin resonances
in ferromagnetic resonance (FMR) A17: 220
Spin riming EM4: 83
Spin test and rig
for creep testing A11: 279–280
Spin tests
for gas turbine disks A8: 344
Spin wave
defined A10: 682
NMR studies in ferromagnetic materials . . A10: 277
resonance A10: 268, 273, 275
Spin welding EM2: 725
Spin-dependent recombination
for analysis of change in photo-induced conductivity A10: 258
Spin-dimpling A19: 290
Spindle
in spring-material test apparatus A8: 134–135
open-die forging of A14: 68
Spindle defects
magnetic particle inspection A17: 102

Spindle finishing **M5:** 131–132
advantages and disadvantages ... **A5:** 123, 707, 708
nickel alloys....................... **M5:** 673–674
Spindle finishing machines................. **A5:** 121
Spindle, helicopter blade
fatigue fracture of **A11:** 126
Spindle oil
defined................................ **A18:** 18
Spindle wall thickness
flaw detection through.................. **A17:** 139
Spindles
economy in manufacture................ **M3:** 851
Spindle-type mandrel
for tube swaging....................... **A14:** 137
Spinel **A20:** 423
diffusion factors........................ **A7:** 451
injection molding....................... **A7:** 314
melting point **A5:** 471
physical properties...................... **A7:** 451
thermally spray deposited................ **A7:** 412
Spinel ($MgAl_2O_4$) **EM4:** 18, 61
applications....................... **EM4:** 46, 766
cation and anion variety of selected compounds...................... **EM4:** 765
composition........................... **EM4:** 46
electrical properties **EM4:** 765
electrochemical characteristics of rechargeable lithium cells..................... **EM4:** 767
general characteristics **EM4:** 765
hot pressing.......................... **EM4:** 191
insertion electrodes for lithium batteries **EM4:** 766
lithium ion effect................. **EM4:** 765–766
magnetic properties **EM4:** 765
precipitation process................ **EM4:** 59, 60
properties **EM4:** 759, 765
protective coating for solid-electrolyte sensors **EM4:** 1137
structure............................. **EM4:** 765
supply sources......................... **EM4:** 46
Spinels
affecting slag removal in welds **A6:** 61
defined................................ **A13:** 76
Spinels, multiphase
as inclusions **A11:** 322
Spinnability
tube **A14:** 679
Spinneret
defined............................... **EM2:** 39
for aramid fiber **EM1:** 114
Spinning............. **A14:** 599–604, **A20:** 694, 699
aluminum alloys **A14:** 519, 797–798
assembly by........................... **A14:** 604
cone **A14:** 601
defined................................ **A14:** 12
effects, work metal properties **A14:** 604
equipment........................ **A14:** 599–600
fire-extinguisher case failure from overheating during........................... **A11:** 649
in polymer processing classification scheme **A20:** 699
in sheet metalworking processes classification scheme **A20:** 691
lubricants for **A14:** 519
machines......................... **A14:** 601–602
manual **A14:** 599, 828–829
of beryllium **A14:** 807–808
of copper and copper alloys............. **A14:** 818
of heat-resistant alloys, lubricants for..... **A14:** 519
of hemispheres.................... **A14:** 603–604
of magnesium alloys........... **A14:** 520, 828–829
of nickel-base alloys **A14:** 520, 833–834
of refractory alloys, lubricant for......... **A14:** 519
of stainless steels............. **A14:** 759, 771–773
of titanium alloys **A14:** 520, 845
of zirconium **A2:** 665
power **A14:** 600–604, 829
refractory metals and alloys **A2:** 562
strength and hardness effects............ **A14:** 604
tools............................ **A14:** 602–603
tube......................... **A14:** 673, 675–679
vs. swaging **A14:** 140–141
Spinning assembly
furnace brazing...................... **M6:** 52–12
Spinning brass
applications and properties **A2:** 300–302
Spinning disk atomization **A7:** 48
Spinning fiber
in ceramics processing classification scheme **A20:** 698
Spinning flame hardening............. **M4:** 485–486
Spinning forming process
characteristics **A20:** 693
Spinning rifflers **A7:** 216, 260
for particle sizing sampling.............. **M7:** 226
Spinning-cup atomization **A7:** 48
Spinodal alloy
nominal composition.................... **A2:** 347
Spinodal curve
defined................................. **A9:** 17
Spinodal decomposition........ **A9:** 652–653, **A19:** 81
Alnico permanent magnet materials... **A2:** 786–787
composition profile of.................. **A10:** 593
copper alloys **A12:** 402, **M2:** 259–260
formation of Guinier-Preston zones during precipitation reactions............ **A9:** 650–651
formation of two **A9:** 652
hardening by........................... **A2:** 236
of Alnico alloys **A9:** 539
of Fe-base magnet alloy **A10:** 598–600
resultant microstructure **A9:** 653–654
resultant phase **A9:** 604
SAS techniques for..................... **A10:** 405
Spinodal structures **A9:** 652–654
defined................................. **A9:** 17
Spinoidal hardening
definition............................. **A20:** 840
Spin-spin relaxation
ESR **A10:** 257
Spiral bevel gears
and pinion set, reverse shear........... **A11:** 595
carburized, fatigue fracture............. **A11:** 599
contact wear **A11:** 596
described **A11:** 587
gear-tooth contact in **A11:** 588
intemal rupture........................ **A11:** 597
precision forming of **A14:** 173–175
tooth **A11:** 592, 594
tooth, case crushing.................... **A11:** 595
Spiral bevel pinion
fatigue tooth breakage.................. **A11:** 601
rippled surface and pitting............. **A11:** 600
Spiral cracks.......................... **A14:** 365
Spiral flow
polyaryl sulfones (PAS)................ **EM2:** 146
styrene-maleic anhydrides (S/MA)....... **EM2:** 220
temperature effects, polysulfones (PSU).. **EM2:** 201
test, defined.......................... **EM2:** 39
thermoplastic polyurethanes (TPUR) **EM2:** 207
Spiral gouges
high-carbon steels...................... **A12:** 280
Spiral groove journal bearings............. **A18:** 528
Spiral mold cooling
defined.............................. **EM2:** 39
Spiral pinion
tooth................................. **A11:** 593
Spiral power springs
distortion in **A11:** 140
Spiral (radial) cutting process
in metal removal processes classification scheme **A20:** 695
Spiral springs......................... **A19:** 363
Spiral wrapping
for composite tube............... **EM1:** 571–572
Spiral-flow test......................... **EM3:** 27
Spiral-flute chucking reamers......... **A16:** 241, 242
Spiral-point taps........................ **M7:** 462
Spiral-weld steel pipe
inspection of.......................... **A17:** 567
Spit
definition............................. **A6:** 1213
Spit pipe backing
definition............................. **A6:** 1213
Spitting
as preheating defect.................... **EL1:** 687
Splash lubrication
defined................................ **A18:** 18
Splash pockets.......... **A7:** 346, 347, **M7:** 323, 325
Splash revealed by macroetching............ **A9:** 173
in alloy steel ingot **A9:** 175
Splash zone
marine structures.................. **A13:** 542–544
Splashing
corrosivity **A13:** 339
Splat cooling
aluminum P/M alloys **A2:** 201–202
Splat powder **M7:** 11
Splat quenching........................... **M7:** 11
Splat quenching (cooling)
aluminum alloys **A7:** 834, 835
Splats.......................... **A7:** 408, 409, 412
Splay
defined **EM1:** 22, **EM2:** 39
Splay marks
defined............................... **EM2:** 39
Splice
defined............................... **EM1:** 22
Spline function fit
for *da/dN* vs. stress intensity **A8:** 681
Splined bores
effect in gears and gear trains....... **A11:** 589–590
Splined drums
nitriding for wear resistance **M1:** 630
Splines
as notches **A11:** 85
brittle fracture from seams.............. **A11:** 478
drive gear and coupling, distortion in **A11:** 143
roots, machining marks at **A11:** 122
Splines, mangled
alloy steels........................... **A12:** 333
Split core current sensor **A20:** 233, 234
Split die................................. **M7:** 11
compacted parts **M7:** 325
defined................................ **A14:** 12
systems.......................... **M7:** 326, 327
Split die systems..................... **A7:** 349–350
Split furnace
on lever-arm creep testing machine **A8:** 313
Split Hopkinson bar in tension
for high strain rate testing........... **A8:** 212–214
Split Hopkinson pressure bar **A8:** 198–203
Split inner ring ball bearings............. **A18:** 500
Split mull
for IR samples **A10:** 113
Split pipe backing
definition **M6:** 16
Split punch **M7:** 11
Split saddle tensile testing **M7:** 684
Split seal
defined................................ **A18:** 18
Split shoulder
in split Hopkinson bar tension test........ **A8:** 213
Split-ring mold *See also* Mold(s)
defined............................... **EM2:** 39
Splits
as forging flaw **A17:** 494
Splitters
as impression dies **A14:** 44
Splitting **A8:** 591, 594
blankholder pressure in.................. **A8:** 548
diagnosis by circle grid analysis........... **A8:** 566
fiber, metal-matrix composites.......... **A12:** 467
in sheet metal forming **A8:** 548
in tensile specimens **A12:** 104–107
in unfavorable grain flow............ **A12:** 67–68
maraging steels........................ **A12:** 387
multiplet **A10:** 572

SUBJECTS OF THE INDEXED VOLUMES: ASM Handbook (designated by the letter "A"): **A1:** Properties and Selection: Irons, Steels, and High-Performance Alloys (1990); **A2:** Properties and Selection: Nonferrous Alloys and Special-Purpose Materials (1990); **A3:** Alloy Phase Diagrams (1992); **A4:** Heat Treating (1991); **A5:** Surface Engineering (1994); **A6:** Welding, Brazing, and Soldering (1993); **A7:** Powder Metal Technologies and Applications (1998); **A8:** Mechanical Testing (1985); **A9:** Metallography and Microstructures (1985); **A10:** Materials Characterization (1986); **A11:** Failure Analysis and Prevention (1986); **A12:** Fractography (1987); **A13:** Corrosion (1987); **A14:** Forming and Forging (1988); **A15:** Casting (1988); **A16:** Machining (1989); **A17:** Nondestructive Evaluation and Quality Control (1989); **A18:** Friction, Lubrication, and Wear Technology (1992); **A19:** Fatigue and Fracture (1996); **A20:** Materials Selection and Design (1997). **Metals Handbook, 9th Edition** (designated by the letter "M"): **M1:** Properties and Selection: Irons and Steels (1978); **M2:** Properties and Selection: Nonferrous Alloys and Pure Metals (1979); **M3:** Properties and Selection: Stainless Steels, Tool Materials, and Special-Purpose Materials (1980); **M4:** Heat Treating (1981); **M5:** Surface Cleaning, Finishing, and Coating (1982); **M6:** Welding, Brazing, and Soldering (1983); **M7:** Powder Metallurgy (1984). **Engineered Materials Handbook** (designated by the letters "EM"): **EM1:** Composites (1987); **EM2:** Engineering Plastics (1988); **EM3:** Adhesives and Sealants (1990); **EM4:** Ceramics and Glasses (1991). **Electronic Materials Handbook** (designated by the letters "EL"): **EL1:** Packaging (1989)

Spodumene
flame emission sources for . . . A10: 29–30
Spodumene (LiO_2•Al_2O_3•$4SiO_2$)
as melting accelerator . . . EM4: 380
chain structure . . . EM4: 759
composition . . . EM4: 932
crystal structure . . . EM4: 881
purpose for use in glass manufacture . . . EM4: 381
Sponge *See also* Sponge iron; Sponge iron powders
commercial-purity P/M titanium mechanical properties . . . M7: 475
direct deposition of . . . M7: 71–72
fines titanium powder . . . M7: 164, 165
iron process, Swedish . . . M7: 79–82
powders . . . M7: 52
Sponge effect *See also* Squeeze effect
defined . . . A18: 18
Sponge fines . . . A7: 160, 499, 500
Sponge indium
purity of . . . A2: 750
Sponge iron *See also* Sponge; Sponge iron powders . . . M7: 11, 14, 18
annealing . . . M7: 81, 182
by ground magnetite reduction . . . M7: 8
green density and green strength . . . M7: 289
particles . . . M7: 81, 243
Sponge iron powders *See also* Sponge; Sponge iron; Spongy . . . A7: 677, M7: 11
compressibility curve . . . M7: 287
for copier powders . . . M7: 587
for welding . . . M7: 818
microstructures . . . A7: 675, 726, 733, 734, 738, 745
pressure-density in rigid dies . . . M7: 298
shape . . . M7: 243–244
used by Egyptians (3000 B.C.) . . . A7: 3
Sponge irons
microstructures . . . A9: 509
polishing to open pores . . . A9: 507
Sponge metal *See also* Sponge indium; Titanium sponge
zirconium and hafnium . . . A2: 661–662
Sponge powders . . . A7: 67
Spongy . . . M7: 11
Spontaneous fission
as neutron source for NAA . . . A10: 234
Spontaneous rupture
AISI/SAE alloy steels . . . A12: 299
Spool
definition . . . A6: 1213, M6: 16
Spool (birdcage) rack
for test coupons . . . A13: 199
Spool specimen test racks
crevice corrosion evaluation . . . A13: 304
Spooling *See also* Winding
carbon fiber . . . EM1: 112, 113
creel war supply, textile equipment . . . EM1: 128
of graphite epoxy tape . . . EM1: 143
Spools . . . A7: 354
Sporting darts
powder used . . . M7: 574
Sports applications *See* Recreation applications
Sports equipment applications . . . EM1: 163, 845–847
Spot and seam welding
precipitation-hardening stainless steels . . . A6: 489
Spot diffraction patterns . . . A10: 437, 438, 440
Spot drilling
combined with countersinking . . . A16: 249–250
Spot heating
imposing a compressive residual stress field . . . A19: 826
Spot, high-pressure *See* Resin-starved area
Spot market
as material price component . . . EM2: 84
Spot metering
photographic . . . A12: 79, 85
Spot polishing and buffing
copper and copper alloys . . . M5: 616
Spot pulsing
laser . . . EL1: 358
Spot resistance brazing
overlapping . . . M6: 977
Spot resistance welded joints
metallography and microstructures . . . A9: 581
Spot sample . . . A7: 207
measurement . . . A7: 103
number . . . A7: 103
Spot scanning devices . . . A7: 262
for particle counting . . . M7: 229
Spot size
effects in SEM imaging . . . A12: 167
Spot (stationary) flame hardening . . . M4: 485
Spot test kits
for alloy identification and sorting . . . A10: 168
Spot tests
chemical analysis . . . A11: 30–31
Spot tests, single and triple
terne coatings . . . M5: 359
Spot weld
definition . . . A6: 1213, M6: 16
laser-beam welding . . . A6: 879
Spot welding . . . A19: 203, A20: 698, M7: 506, 624
comparison to projection welding . . . M6: 520
definition . . . M6: 16
effect on fatigue performance of components . . . A19: 317
gas metal arc welding . . . M6: 174–175
of aluminum alloys . . . M6: 388–390
gas tungsten arc welding . . . M6: 210–212
of austenitic stainless steels . . . M6: 339
in joining processes classification scheme A20: 697
laser beam welds . . . M6: 647, 657
applications . . . M6: 647, 657
equipment . . . M6: 657
of blanks . . . A14: 450
ultrasonic . . . EM2: 722
ultrasonic welds . . . M6: 746, 749
Spot welds *See also* Weld(s)
heat-treatment fatigue failure . . . A11: 310–311
in magnesium and magnesium alloys . . . A2: 473
radiographic inspection . . . A17: 335
resistance, poor fit-up failure . . . A11: 441
Spotfacing . . . A16: 249–251
cast irons . . . A16: 660
heat-resistant alloys . . . A16: 751, 752
in conjunction with drilling . . . A16: 213, 215, 219, 235
refractory metals . . . A16: 860, 863
speeds and feeds . . . A16: 251
tools . . . A16: 250
Zn alloys . . . A16: 833
Spotswood, Colonel Alexander
as early founder . . . A15: 25
Spotting out
definition . . . A5: 968
Spotty particle oxide inclusions
powder forging . . . A14: 191
Spot-type meter
for photomacrography . . . A12: 85
Spot-welded potential probes . . . A8: 389
Spout
electric arc furnace . . . A15: 359
Spragging
defined . . . A18: 18
Spray
paint stripping method . . . A5: 14
Spray angle
definition . . . A5: 968
Spray casting . . . A7: 402
Spray chambers
corrosion-resistant . . . A10: 35
for ICP-MS . . . A10: 35, 40
Spray cleaning
alkaline cleaning . . . A5: 19–20
definition . . . A5: 968
Spray cleaning processes
acid *See* Acid cleaning, spray process
alkaline *See* Alkaline cleaning, spray process
emulsion *See* Emulsion cleaning, spray process
solvent *See* Solvent cleaning, spray process
vapor-spray-vapor degreasing process . . . M5: 46–48, 50, 53, 55–56
Spray coating *See also* Application methods; Coatings; Spraying
equipment, schematic . . . EL1: 779
of conformal coatings . . . EL1: 763–764
of urethane coatings . . . EL1: 778–779
powders used . . . M7: 573
Spray coating processes
aluminum *See* aluminum coating, spray process
ceramic coatings *See* Ceramic coating, spray processes
flame spraying *See* Flame spraying
paint *See* Paint and painting, spraying process
porcelain enameling . . . M5: 517–518, 520–521, 523
thermal *See* Thermal spray coating
Spray coatings
alternative to hard chromium plating A5: 926, 927
Spray conversion process
tungsten carbide powder . . . A7: 194
Spray deposit
definition . . . A5: 968, A6: 1213, M6: 16
Spray deposit density ratio (thermal spraying)
definition . . . A6: 1214
Spray deposition *See also* Deposition . . . A7: 20, M7: 530–532
aluminum and aluminum alloys . . . A2: 7
Spray dryers . . . M7: 73, 75
Spray drying . . . A7: 92–96, A20: 788, M7: 11, 54, 73–78
agglomeration technique for dry pressing . . . EM4: 146
applications . . . M7: 76–77
atomization mechanism . . . M7: 27
closed-system . . . M7: 73, 76
definition . . . A20: 840
demixing . . . EM4: 95, 98
equipment . . . M7: 73–75
explosive hazards . . . M7: 197
of composite powders . . . M7: 173
of copier powders . . . M7: 587
resulting in hollow agglomerates . . . EM4: 128
Spray drying and granulation . . . A7: 91–96
Spray fluxers
through-hole soldering . . . EL1: 682
Spray forming
in powder metallurgy processes classification scheme . . . A20: 694
of carbon steel sheet and strip . . . A1: 210, 211
Spray forming metallurgy . . . A7: 319, 396–407
Spray forming techniques
aluminum P/M alloys . . . A2: 204
Spray granulation . . . A7: 91
Spray lay-up *See also* Spray molding; Spray-up . . . EM1: 132–134
defined . . . EM1: 22
fabrication, of rovings . . . EM1: 109
procedures, for epoxy composites . . . EM1: 71
processes . . . EM2: 338–341
properties effects . . . EM2: 287
size and shape effects . . . EM2: 291
tooling . . . EM2: 341–343
Spray molding *See also* Spray lay-up
in polymer-matrix composites processes classification scheme . . . A20: 701
processes . . . EM2: 338–340
Spray nozzle . . . M7: 11
Spray nozzles
liquid penetrant inspection . . . A17: 74
Spray paint stripping method . . . M5: 18–19
Spray painting . . . M7: 459
types . . . A13: 415–416
Spray phosphate coating systems . . M5: 434–436, 438, 441–442, 446–449, 452–454
equipment . . . M5: 446–449, 452–454
safety precautions . . . M5: 453–454
spray cabinets . . . M5: 446–447
Spray phosphating
for conversion coatings . . . A13: 387
Spray pyrolysis
silver powder . . . A7: 183
Spray quenching . . . M4: 31
Spray rate
definition . . . M6: 16
Spray rinsing
liquid penetrant inspection . . . A17: 84
Spray transfer
definition . . . M6: 16
Spray transfer (arc welding)
definition . . . A6: 1214
Spray-and-fuse hardfacing process . . . M7: 830–832
Spray-and-fuse process . . . A7: 1074–1075
Spraycast X . . . A7: 897, 898
Spray-dry granulation
viscoelastic properties required . . . EM4: 116
Sprayed coatings
titanium and titanium alloys . . . A5: 847–848
Sprayed metal coatings
ceramic coating applications . . . M5: 539
for corrosion control . . . A11: 195

Sprayed metal molds
defined EM1: 22
Sprayed-metal molds *See also* Mold(s)
defined EM2: 39
Spray-formed preforms M7: 530–532
Spraying *See also* Application methods A5: 425, 426–427, 428
air compressors A5: 426
air regulators or transformers A5: 426
airless spraying A5: 426
as flux application method EL1: 648
as silicone conformal coating application EL1: 773
atomizers A5: 427
conveyors A5: 427
electrostatic powder A13: 447–448
electrostatic spraying A5: 426, 427
equipment A5: 426–427
fountain M7: 73
hoses A5: 426
hot spraying A5: 426
of chromate conversion coatings A13: 390–391
of porcelain enamels A13: 447
paint supply systems A5: 427
pipes A5: 426
power supply units A5: 427
primer, automotive A13: 1015
racks A5: 427
spray booths A5: 426–427
spray guns A5: 426
surface cleaning by A13: 381–382
Spraying for hardfacing M6: 787–793
detonation gun spraying M6: 792–793
advantages and disadvantages M6: 793
coating deposition M6: 793
workpiece surface preparation M6: 793
plasma spraying M6: 790–792
advantages and disadvantages M6: 791
coating deposition M6: 791
under low pressure M6: 791–792
workpiece surface preparation M6: 791
spray-and-fuse process M6: 788–790
advantages and disadvantages M6: 790
fusion M6: 789–790
spraying M6: 789
workpiece surface preparation M6: 789
Spraying of
carbon steels M6: 789
chromium M6: 789
chromium-vandium M6: 789
copper M6: 789
irons M6: 789
manganese M6: 789
molybdenum M6: 789
nickel M6: 789
nickel-chromium-molybdenum M6: 789
nickel-chromium-vanadium M6: 789
nonferrous metals and alloys M6: 789
stainless steels M6: 789
Spraying sequence
definition M6: 16
Spray-up
defined EM2: 39–40
unsaturated polyesters EM2: 249
Spread EM3: 27
in plate rolling A14: 346
Spreadability *See also* Wettability
of fluoropolymer coatings EL1: 782–783
Spreader *See also* Gutterway
defined A18: 18, EM2: 40
Spreader pockets
defined A18: 18
Spreading test A6: 136–137
Spreading thermal resistances
in component package design EL1: 412–413
Spring and slider Theological model . . . A19: 257, 258
Spring brass
applications and properties A2: 300–302
Spring clips
as special-purpose fasteners A11: 548–549
Spring closing force A18: 550
Spring coiling
of wire A14: 695
Spring constant EM3: 27
defined EM1: 22, EM2: 40
Spring ejectors
for rotary swaging A14: 134
Spring material
of connectors EL1: 23
Spring materials
copper and copper alloys A14: 819–820
Spring model
of viscoelasticity EM2: 414
Spring pressings A19: 363
Spring rate, in torsion
defined A8: 145
Spring Research and Manufacturers' Association A19: 364
Spring steels
for efficient compact springs A20: 288
Young's modulus vs. elastic limit A20: 287
Spring steels, blanking
die materials for M3: 485, 486, 487
Spring wire A1: 851
coating lubricant for A14: 697
steel M1: 266–268, 269–270
Springback *See also* Shape distortion. . A7: 352, 353, 368, A20: 694, 806–807, M7: 11
aftereffects of bending and stretching A8: 565
and material properties A8: 552–553, A14: 881–882
and residual stress, in bending A8: 122–124
as casting defect A11: 387
as formability problem A8: 548
as molding problem A15: 346
at molding A7: 710
at molding, dimensional changes during . . . M7: 480
control of A14: 531
copper and copper alloys A14: 820
defined A8: 12, A14: 12
definition A20: 840
effect of stretching on A8: 553
examples of A8: 552–553
in contour roll forming A14: 633
in drop hammer forming A14: 656–657
in electromagnetic forming A14: 646
in multiple-slide forming A14: 567
in press-brake forming A14: 541, 762
in wire forming A14: 694
of beam, in simple bending A8: 552
of magnesium alloys A14: 825
of titanium alloys A14: 838, 846
simulative tests, for sheet metals A8: 564
stainless steel, in stretch forming A14: 776
steel wire fabrication M1: 588
tester for yield strength A8: 565
tests A14: 893–894
Springback, elastic
beryllium-copper alloys A2: 412
Spring-material test apparatus A8: 134–135
Spring-mounted lower outer punch M7: 323
Springout A7: 700
Springs *See also* Compression springs; Helical springs; Hot wound springs; Leaf springs; Motor springs; Springs, failures of M1: 283–313
automotive valve, distortion failure of A11: 138–139
cadmium plating M5: 261, 263–264
carbon steel, split wire A11: 556
chromium-silicon steel M1: 306
chromium-vanadium steel M1: 306
coatings for M1: 291, 313
coil, seam cracking during heat treatment A11: 574, 579
counterbalance, fatigue failure A11: 558
deflection M1: 296–297, 306, 308, 311, 312
design M1: 303–304, 306–311
design stress M1: 284–286, 288, 301, 303, 304–307
elevated temperature effects M1: 296–300
elimination of EL1: 123
fabrication of steel springs M1: 588
failures, from sharp-edged pitted area A11: 555
fatigue properties M1: 291–296, 297, 303, 304, 312
finishes M1: 313
flat, failure origin A11: 559
hard drawn spring wire M1: 306
hardenability requirements M1: 297, 301–303, 311–312
helical, fatigue failure A11: 559
hydrogen embrittlement M1: 291
Inconel X-750, SCC failure A11: 560
landing-gear A11: 560
locomotive, fatigue fracture A11: 552
materials
applications M1: 284–286
carbides in M1: 287
costs M1: 303, 305
decarburization M1: 290, 301
grades and specifications M1: 284–286, 288–290, 311–312
hardness measurement M1: 283, 286
hardness vs. yield strength M1: 301
heat treatment M1: 287–288
mechanical properties . . . M1: 283–288, 300, 301, 312
stress relieving M1: 291, 293
thickness, effect on mechanical properties M1: 283, 286–288, 303
music wire M1: 290, 291, 292, 293, 296, 300, 306
music-wire, fractured A11: 558
nickel alloy, cleaning of M5: 673
oil-tempered wire M1: 296, 297, 306
oxide coated steel wire for M1: 262
pawl A11: 553
peening M1: 293, 296, 297, 312, 313
performance index for selecting materials for A20: 271
phosphor bronze, premature failure A11: 556
plating M1: 291
presetting M1: 290–291, 312–313
relaxation M1: 296–298, 300
residual stresses M1: 290–291, 312–313
seams M1: 290, 301
shot peening of M5: 147
S-N curves M1: 291–292, 297, 304
spiral power, compared for distortion A11: 140
steel valve, fatigue fracture A11: 120
steel wire for M1: 266–268, 270
stress relieving temperatures and treatments M1: 290–291, 293
stress-relaxation tests A8: 327–328
surface quality M1: 290, 301
titanium alloy, surface fracture A11: 551
toggle-switch, fatigue fracture A11: 557
tool steel safety-valve, corrosion-fatigue fracture in moist air A11: 261
valve, distortion in A11: 139
valve-seat retainer A11: 561
wiper A11: 559
wire A11: 555
Springs, failures of A11: 550–562
alloy steel valve A11: 551
and inclusions A11: 554
carbon steel A11: 555
carbon steel counterbalance A11: 558
carbon steel pawl A11: 551–553
carbon steel wiper A11: 558–559
causes of A11: 550–551
common failure mechanisms A11: 550
corrosion-caused A11: 559–560
during high-stress fatigue A11: 553–555
flat-spring A11: 559
from design errors A11: 551
from fabrication A11: 555–559
from fracture at transverse wire defect . . . A11: 554
from material defects A11: 551–553

SUBJECTS OF THE INDEXED VOLUMES: ASM Handbook (designated by the letter "A"): **A1:** Properties and Selection: Irons, Steels, and High-Performance Alloys (1990); **A2:** Properties and Selection: Nonferrous Alloys and Special-Purpose Materials (1990); **A3:** Alloy Phase Diagrams (1992); **A4:** Heat Treating (1991); **A5:** Surface Engineering (1994); **A6:** Welding, Brazing, and Soldering (1993); **A7:** Powder Metal Technologies and Applications (1998); **A8:** Mechanical Testing (1985); **A9:** Metallography and Microstructures (1985); **A10:** Materials Characterization (1986); **A11:** Failure Analysis and Prevention (1986); **A12:** Fractography (1987); **A13:** Corrosion (1987); **A14:** Forming and Forging (1988); **A15:** Casting (1988); **A16:** Machining (1989); **A17:** Nondestructive Evaluation and Quality Control (1989); **A18:** Friction, Lubrication, and Wear Technology (1992); **A19:** Fatigue and Fracture (1996); **A20:** Materials Selection and Design (1997). **Metals Handbook, 9th Edition** (designated by the letter "M"): **M1:** Properties and Selection: Irons and Steels (1978); **M2:** Properties and Selection: Nonferrous Alloys and Pure Metals (1979); **M3:** Properties and Selection: Stainless Steels, Tool Materials, and Special-Purpose Materials (1980); **M4:** Heat Treating (1981); **M5:** Surface Cleaning, Finishing, and Coating (1982); **M6:** Welding, Brazing, and Soldering (1983); **M7:** Powder Metallurgy (1984). **Engineered Materials Handbook** (designated by the letters "EM"): **EM1:** Composites (1987); **EM2:** Engineering Plastics (1988); **EM3:** Adhesives and Sealants (1990); **EM4:** Ceramics and Glasses (1991). **Electronic Materials Handbook** (designated by the letters "EL"): **EL1:** Packaging (1989)

from operating conditions...... **A11:** 550, 560–562
from surface defect................ **A11:** 554–555
from weld spatter...................... **A11:** 559
inconel X-750......................... **A11:** 559
landing-gear flat................... **A11:** 560–561
locomotive suspension.................. **A11:** 551
music-wire............................ **A11:** 557
originating at seam.................... **A11:** 555
phosphor bronze................... **A11:** 555–557
retainer spring.................... **A11:** 561–562
toggle-switch.......................... **A11:** 557
valve, from grinding and shot peening.... **A11:** 554
Springs, fatigue of................... **A19:** 363–368
application factors..................... **A19:** 364
aqueous corrosion fatigue............... **A19:** 368
beach marks...................... **A19:** 367, 368
confidence limits.............. **A19:** 363, 365–366
corrosion fatigue failures........... **A19:** 367–368
critical factors affecting spring fatigue
performance................. **A19:** 364–365
embrittlement or cracking............... **A19:** 365
examination of failed springs....... **A19:** 366–367
examples........................ **A19:** 367–368
fatigue mechanisms and performance
factors...................... **A19:** 363–365
general fracture appearance............. **A19:** 367
Goodman diagrams....... **A19:** 364, 366, 367, 368
material type and strength.......... **A19:** 364, 365
prestressing and shot peening effect on fatigue
curves for compression springs..... **A19:** 366
probit method................ **A19:** 363, 364, 366
rate of application of load.............. **A19:** 365
residual stress and surface roughness **A19:** 363–364
scatter and statistical analysis of
S-N data.................... **A19:** 365–366
short crack incubation.................. **A19:** 363
spring manufacturing processes.......... **A19:** 365
spring steels, fatigue of............ **A19:** 365–366
spring unwinding effect on fatigue....... **A19:** 368
springs stressed in bending.............. **A19:** 367
stress conditions.................. **A19:** 363, 364
stresses and fracture appearances........ **A19:** 363
striations............................. **A19:** 367
surface quality.................... **A19:** 364–365
wear and fretting...................... **A19:** 365
Spring-steel fasteners................... **EM2:** 713
Spring-temper wire........................ **A1:** 850
Sprinkler upper trip
unleaded brass................... **A7:** 1105, 1106
Sprocket assemblies
farm planters.......................... **M7:** 674
Sprocket assemblies on agricultural equipment.................... **A7:** 1101–1102
Sprocket gears...................... **M7:** 617, 619
Sprockets................................ **A7:** 354
wear of........................... **M1:** 628–630
Spruce
for windsurfer masts................... **A20:** 290
Young's modulus vs. density... **A20:** 266, 267, 268, 289
Sprue *See also* Mold cavity; Pouring basin; Runner.............. **A20:** 644, **EM1:** 22, 166
copper alloy casting................ **A15:** 776–777
defined....................... **A15:** 11, **EM2:** 40
historic use............................ **A15:** 16
in gating system, die casting............ **A15:** 289
Sprue hooks
design of............................ **EM2:** 615
Spun roving
defined...................... **EM1:** 22, **EM2:** 40
Spunlaced sheets
aramid fiber......................... **EM1:** 115
Spur gears............................. **A7:** 1060
described............................. **A11:** 586
economy in manufacture................ **M3:** 848
external rupture....................... **A11:** 597
failure modes......................... **A11:** 595
gear-tooth contact in................... **A11:** 588
thermal fatigue cracking in.............. **A11:** 594
tooth............................ **A11:** 592, 595
Spur gears, 20° pressure angle
geometry factors (C_k) for durability...... **A19:** 347
Spur gears, 25° pressure angle
geometry factors (C_k for durability....... **A19:** 347
geometry factors (K_j) for strength........ **A19:** 350
Spur pinion
tooth bending fatigue................... **A11:** 591
Sputter analysis
vs. depth-profiling analysis.............. **M7:** 251
Sputter chambers
low-pressure........................... **A10:** 54
Sputter cleaning.......................... **A5:** 584
Sputter coating................. **A20:** 483–484, 485
SEM specimens...................... **A12:** 173
Sputter deposition....... **A5:** 573–580, **A18:** 840–842
advantages.............. **A5:** 573, 576, 577, 578
applications............................ **A5:** 573
applications of sputtered films....... **A5:** 576, 577, 579–580
arc etching and......................... **A5:** 579
cylindrical magnetron............. **A18:** 841, 842
definition................ **A5:** 573, 968, **A18:** 840
diode sputtering........................ **A5:** 576
disadvantages and limitations........... **A5:** 573
future trends...................... **A5:** 579–580
glow discharge sputtering........... **A5:** 573–575
ion beam deposition.................. **A18:** 842
limitations................ **A5:** 573, 576, 577, 578
magnetron, and ion plating............. **A5:** 585
magnetron deposition............. **A18:** 841–842
magnetron limitations.................. **A18:** 842
magnetron sputtering.............. **A5:** 577–579
parameters............................ **A18:** 841
planar diode glow discharge deposition... **A18:** 841
planar magnetron.................. **A18:** 841, 842
plasma nitriding and................ **A5:** 579–580
presputtering........................... **A5:** 576
primary components................... **A18:** 841
radio frequency (rf) deposition.......... **A18:** 842
radio-frequency sputtering....... **A5:** 576–577, 579
reactive sputtering and process
control....................... **A5:** 575–576
S-gun magnetron.................. **A18:** 841, 842
sputter target erosion rate.......... **A18:** 840, 841
sputtering techniques................ **A5:** 576–579
sputtering yield........................ **A18:** 841
sputtering yields.................... **A5:** 574, 575
titanium alloys.................... **A18:** 778, 779
triode sputtering........................ **A5:** 577
unbalanced magnetron................. **A18:** 841
unbalanced magnetron sputtering..... **A5:** 578–579
Sputter etching.................... **A10:** 556, 558
to remove surface oxide layer for solid-state
welding.............................. **A6:** 165
Sputter ion gun................ **A10:** 554, **M7:** 251
Sputtered coatings for contrast enhancement of high-speed steel scanning electron
microscopy specimens.................... **A9:** 99
Sputtered metal
electromagnetic interference shielding..... **A5:** 315
Sputtering **A5:** 606, 607, **A13:** 12, 456, **A20:** 483–484, 485, 619, 823, **EM4:** 414, **M5:** 412–416, **M7:** 11
amorphous materials and metallic glasses.. **A2:** 806
applications of......................... **M5:** 415
approximate thickness by.............. **M7:** 256
artifacts, AES......................... **A10:** 556
as effect of primary ion bombardment.... **A10:** 611
as glow discharge effect.................. **A10:** 27
cathode systems.................... **M5:** 413–414
characteristics of PVD processes
compared........................ **A20:** 483
coating properties and structure...... **M5:** 414–415
copper deposition..................... **EL1:** 303
defined................................. **A9:** 17
definition.............................. **A5:** 968
deposition rate..................... **M5:** 412–414
differential, as artifact.................. **A10:** 556
equipment............................ **M5:** 414
for metallizing ceramics........... **EM4:** 542, 543
for thin-film hybrids................... **EL1:** 313
high-rate system....................... **M5:** 413
inert gas ion, use with LEISS............ **A10:** 603
ion beam, for AES analysis............ **A10:** 550
ion plating process..................... **M5:** 418
limitations of.......................... **M5:** 414
magnetron systems.................. **M5:** 413–414
metallization process................... **EL1:** 511
oxidative protective coating process...... **M5:** 379
planar electrode systems............ **M5:** 413–415
process control..................... **M5:** 412–414
process variations...................... **M5:** 413
profiles, Auger Astroloy powders......... **M7:** 255
radio frequency process................. **M5:** 414
radio frequency (RF) magnetron......... **A2:** 1087
rates.................................. **M7:** 255
reactive system.................... **M5:** 413–414
sampling by............................ **A10:** 27
self-cleaning effect...................... **M5:** 414
species, schematic diagram............. **A10:** 612
sputtering rate..................... **M5:** 412–414
substrate, contoured coating of...... **M5:** 413–414
substrate temperature control of..... **M5:** 413–415
to make ferrite films................ **EM4:** 1163
to make gamet films................ **EM4:** 1163
types, for superconducting thin film
materials.................. **A2:** 1081–1082
uniform................................ **M7:** 258
vacuum coating process................. **M5:** 387
Sputtering coefficient (S).................. **A5:** 606
Sputtering films
crystallographic texture in................ **A9:** 700
Sputtering in ion-beam thinning of transmission electron microscopy
specimens............................. **A9:** 107
Sputtering yield............. **A9:** 107, **A18:** 852, 857
effect of ion energy on.................. **A9:** 107
variation with the angle of ion incidence.. **A9:** 107
SQ brazing............................. **EM4:** 52
Square butt joints
plasma arc welding..................... **A6:** 198
Square fractures *See* Flat-face tensile fractures
Square grids *See* Open square grids
Square groove welds
definition, illustration................ **M6:** 60–61
flux cored arc welding.................. **M6:** 105
gas metal arc welding of commercial
coppers.......................... **M6:** 403
Square matrix........................... **A20:** 180
Square mesh cloth....................... **M7:** 176
Square root compensation.................. **A6:** 43
Square wire
wrought copper and copper alloys......... **A2:** 252
Square-end punches
cutting force.......................... **A14:** 448
Square-groove butt joints
arc welding of
austenitic stainless steels **M6:** 328–329, 334–339, 343
cobalt-based alloys.............. **M6:** 367–368
heat-resistant alloys..... **M6:** 356–357, 360, 363, 367–368
nickel-based alloys....... **M6:** 356–357, 360, 363
titanium and titanium alloys........... **M6:** 446
electrogas welding...................... **M6:** 242
electron beam welds.................... **M6:** 615
electroslag welding..................... **M6:** 225
gas metal arc welding of
commercial coppers.................. **M6:** 403
coppers and copper alloys......... **M6:** 416–417
gas tungsten arc welding................ **M6:** 201
of aluminum alloys............... **M6:** 395–396
of heat-resistant alloys........ **M6:** 356–357, 360
of magnesium alloys.............. **M6:** 431–432
of silicon bronzes..................... **M6:** 413
oxyfuel gas welding..................... **M6:** 589
plasma arc welding..................... **M6:** 218
recommended proportions............ **M6:** 69, 72
shielded metal arc welding of nickel-based heat-resistant alloys................... **M6:** 363
submerged arc welding of nickel alloys.... **M6:** 442
Square-groove butt joints, welding of titanium and titanium alloys
joint dimensions........................ **A6:** 785
Square-groove joints
radiographic inspection................. **A17:** 334
Square-groove weld
definition............................ **A6:** 1214
electron-beam welding................... **A6:** 260
Square-loop ferrites
as magnetically soft materials............ **A2:** 776
Squareness.............................. **A7:** 272
Squaring arms
straight-knife shearing.................. **A14:** 703
Squaring shears
for plate and flat sheet................. **A14:** 701
Squealer tip............................ **A19:** 543
Squeegee
defined............................... **EL1:** 1158
pressure, effect on stencil printers....... **EL1:** 732

Squeeze action
swaging by **A14:** 131
Squeeze casting *See also* Pressure casting . . . **A7:** 553, **A15:** 323–327, **A20:** 658, 691
advantages **A15:** 323
aluminum casting alloys **A2:** 141–142
as innovative **A15:** 37
as permanent mold process **A15:** 34, 277
defects in **A15:** 324–326
defined **A15:** 11, 323
in shape-casting process classification scheme **A20:** 690
market effects **A15:** 44
microstructure **A15:** 326
of metal-matrix composites **A15:** 845–847
process description **A15:** 323–325
process variables **A15:** 324
quality control **A15:** 324–326
rating of characteristics **A20:** 299
zinc alloys **A15:** 797
Squeeze effect (sponge effect)
defined **A18:** 18
Squeeze, hydraulic
and sand blowing **A15:** 29
Squeeze time
definition **M6:** 17
Squeeze-out **EM3:** 27
Squeezer machines
development **A15:** 28
Squirter techniques
ultrasonic inspection **A17:** 248
Squirt-on paint stripping method **M5:** 3–19
SRI algorithms
as machine vision technique **A17:** 34, 36
SRIM *See* Structural reaction injection molding
SRM *See* Standard Reference Materials
SRO *See* Short-range order
SRS
as synchrotron radiation source **A10:** 413
Sr-Te (Phase Diagram) . . . . . **A3:** 2•372
Sr-Ti (Phase Diagram) . . . . . **A3:** 2•373
Sr-Zn (Phase Diagram) . . . . . **A3:** 2•373
SSC *See* Sulfide-stress cracking
S-Se (Phase Diagram) . . . . . **A3:** 2•357
SSMS *See* Spark source mass spectrometry
S-Sn (Phase Diagram) . . . . . **A3:** 2•357
St.Georg total ringer joint prosthesis **A11:** 670
St.Georg total shoulder joint prosthesis **A11:** 670
St Venant maximum normal strain **A8:** 344
Stability *See also* Dimensional stability; Instability
chemical thermodynamic **A15:** 50–52
defined **A2:** 824, **A15:** 762
dimensional, of molding materials . . . **A15:** 208–209
heat treatment, austenitic ductile irons **A15:** 700–701
iron-carbon alloys **A15:** 61
metallurgical, electrical resistance alloys . . . **A2:** 824
morphological, low gravity **A15:** 153
of aluminum alloy castings **A15:** 762
of electrical resistance alloys **A2:** 824
of niobium-titanium superconducting materials **A2:** 1044
permanent magnet materials **A2:** 794–795
phase diagram as map of **A15:** 57
Stability analysis *See also* Quality control
and statistical control **A17:** 742
of planar interface growth **A15:** 116
Stability constants
as voltammetric information **A10:** 193
Stability limit **A6:** 52
Stabilization **EM3:** 27
adiabatic **A2:** 1038
cryogenic **A2:** 1037–1038
defined **EM1:** 22, **EM2:** 40
dynamic **A2:** 1038–1039
in carbon fiber conversion **EM1:** 112
in superconductors **A2:** 1036–1039
niobium-titanium superconducting materials **A2:** 1051
permanent magnet materials **A2:** 794
Stabilization annealing
wrought titanium alloys **A2:** 619
Stabilization bake
as temperature-induced stress test **EL1:** 499
Stabilized zirconia (ZrO_2)
electrochemical sensors **EM4:** 252
for oxide ceramic heating elements of electrically heated furnaces **EM4:** 249
Stabilizers *See also* Heat stabilizers; Ultraviolet (UV) stabilizers **A7:** 321, 322, **EM3:** 27, 49
defined **EM2:** 40
effect on blending in Fe-Al mixtures **M7:** 188
effect on iron-iron contact formation **A7:** 103, **M7:** 187
for ceramics **A18:** 814
heat **EM2:** 494–495
hot-melt adhesives **EM3:** 80
light **EM2:** 495
ultraviolet (UV) **EM2:** 572
Stabilizers, effect
ternary iron-base alloys **A15:** 65
Stabilizers/initiators
formulation **EM3:** 123
Stabilizing **A1:** 259
Stabilizing gas
definition **A5:** 968
Stabilizing heat treatments
effect on austenitic stainless steels **A9:** 284
Stabilizing treatment
defined **A13:** 12
Stable crack extension **A19:** 399
Stable crack growth
and fracture **A11:** 75
and subcritical crack growth, compared **A11:** 63
beach marks from **A11:** 87
Stable emulsion cleaners
use of **M5:** 33–35
Stable equilibrium . . . . . **A3:** 1•1
Stable free radical hydrazyl
ESR analysis of **A10:** 265
Stable particle sizes **A7:** 152
Stable ratholes **A7:** 287, 288
Stäblein successive milling technique **A6:** 1095
Stack cutting
definition **A6:** 1214, **M6:** 17
Stack molding
defined **A15:** 11
Stacker crane
bending-fatigue failure of **A11:** 518
Stackers
as transfer equipment **A14:** 501
Stacking
of laminations **A14:** 478
of weathering steels **A13:** 518
Stacking fault energy
and cross slip **A9:** 693
and slip **A9:** 693
distribution of dislocations **A9:** 693
Stacking faults **A18:** 387, 388, 389, **A20:** 341
and dislocation loops **A9:** 116–117
as carbide precipitation sites in austenitic stainless steels **A9:** 284
defined **A13:** 45
effect in topographs **A10:** 369–370
FIM/AP study of point defects in **A10:** 583
imaged by x-ray topography **A10:** 365
in 18Cr-8Ni stainless steel **A9:** 686
in brass with bainitic structure **A9:** 666
in crystals **A9:** 719
in fcc cobalt-base alloy **A10:** 466
in nonferrous martensite **A9:** 672–673
Stacking faults as stored energy sites in
cold-worked metals **A9:** 684
transmission electron microscopy **A9:** 118–119
Stacking sequence **EM3:** 27
and strength **EM1:** 230
defined **EM1:** 22, **EM2:** 40
effect, tensile strengths **EM1:** 260
lamina **EM1:** 209–210
Stacking-fault energy **A19:** 64, 83, 89, 98, 111, **A20:** 733
cavitation erosion of metals and alloys . . . **A18:** 215, 217
in cobalt-base alloys **A18:** 766, 768
liquid impingement erosion **A18:** 228
of copper **A19:** 77
stainless steels **A18:** 715
Stacking-fault tetrahedra **A9:** 116–117
Stack-then-cut (laminated object manufacturing) **A20:** 236, 237
Stack-up **A20:** 10
Stack-up, multilayer
rigid printed wiring boards **EL1:** 543
Stadimetry
defined **A17:** 34
Stadiums
corrosion in **A13:** 1299, 1308–1309
Stage
defined **A9:** 17
micrometer, for microhardness testing . . . **A8:** 92–93
movable, bench-mounted tester **A8:** 92
Stage I
fatigue fracture **A12:** 14, 19
Stage I fatigue crack **A19:** 48
Stage II
fatigue fracture **A12:** 14, 19–21
Stage II crack growth **A19:** 106
Stage II fatigue crack **A19:** 48
Stage III
fatigue fracture **A12:** 14, 16
Stage of an optical microscope **A9:** 74
Stage/compaction **A7:** 327
Staggered intermittent weld
definition **A6:** 1214
Staggered intermittent welds
definition **M6:** 17
Staging
defined **EM2:** 40
Stagnation
corrosive effects **A13:** 339
STAGS
finite-element analysis code **EM3:** 480
STAGSC-1 computer program for structural analysis **EM1:** 268, 273
Stain
definition **A5:** 968
Stained glass
recommended waterjet cutting speeds **EM4:** 366
Staining
defined **A9:** 17
definition **A5:** 968
of integrated circuits **A11:** 769
paints selected for resistance to **A5:** 423
Staining etchants for heat-resistant casting alloys **A9:** 330–332
Staining techniques
for IA samples **A10:** 313
Staining to render isotropic metals optically active **A9:** 78
Stainless steel *See also* Austenitic stainless steel; Cast stainless steels; Non-heat-treatable stainless steels; Wrought stainless steels
abrasive blasting of **M5:** 552–553
acid etching and acid dipping of **M5:** 561
alkaline cleaning of **M5:** 561
aluminum coating of **M5:** 342–343, 345
annealing of **M5:** 102, 553–554
as cathode material for anodic protection, and environment used in **A20:** 553
austenitic sheet, creep-fatigue data in reversed bending **A8:** 356
bar, mill finishes **M5:** 552
base metal solderability **EL1:** 677
buffing *See* Stainless steel, polishing and buffing of
buffing compounds **M5:** 117
cadmium plating of **M5:** 264

SUBJECTS OF THE INDEXED VOLUMES: ASM Handbook (designated by the letter "A"): **A1:** Properties and Selection: Irons, Steels, and High-Performance Alloys (1990); **A2:** Properties and Selection: Nonferrous Alloys and Special-Purpose Materials (1990); **A3:** Alloy Phase Diagrams (1992); **A4:** Heat Treating (1991); **A5:** Surface Engineering (1994); **A6:** Welding, Brazing, and Soldering (1993); **A7:** Powder Metal Technologies and Applications (1998); **A8:** Mechanical Testing (1985); **A9:** Metallography and Microstructures (1985); **A10:** Materials Characterization (1986); **A11:** Failure Analysis and Prevention (1986); **A12:** Fractography (1987); **A13:** Corrosion (1987); **A14:** Forming and Forging (1988); **A15:** Casting (1988); **A16:** Machining (1989); **A17:** Nondestructive Evaluation and Quality Control (1989); **A18:** Friction, Lubrication, and Wear Technology (1992); **A19:** Fatigue and Fracture (1996); **A20:** Materials Selection and Design (1997). **Metals Handbook, 9th Edition** (designated by the letter "M"): **M1:** Properties and Selection: Irons and Steels (1978); **M2:** Properties and Selection: Nonferrous Alloys and Pure Metals (1979); **M3:** Properties and Selection: Stainless Steels, Tool Materials, and Special-Purpose Materials (1980); **M4:** Heat Treating (1981); **M5:** Surface Cleaning, Finishing, and Coating (1982); **M6:** Welding, Brazing, and Soldering (1983); **M7:** Powder Metallurgy (1984). **Engineered Materials Handbook** (designated by the letters "EM"): **EM1:** Composites (1987); **EM2:** Engineering Plastics (1988); **EM3:** Adhesives and Sealants (1990); **EM4:** Ceramics and Glasses (1991). **Electronic Materials Handbook** (designated by the letters "EL"): **EL1:** Packaging (1989)

Stainless steel corrosion-resistant casting alloys, specific types

calculated weighted property index. **A20:** 253
ceramic coating of **M5:** 537–538
chemical polishing of **M5:** 559
chemical resistance **M5:** 4
chromic acid cleaning of **M5:** 59
cleaning processes. **M5:** 552–554
sequence of processes **M5:** 553–554
cold working effect on properties. . . . **A20:** 377, 378
compatibility with various manufacturing
processes **A20:** 247
composite graph for Gill-Goldhoff
correlation for. **A8:** 337
composition **A20:** 362, 363
copper plating of **M5:** 163, 168
corrosion resistance, effects of polishing and
buffing on. **M5:** 558
cost per unit mass **A20:** 302
cost per unit volume **A20:** 302
critical strain rate for SCC in **A8:** 519
effect of electrochemical factors in SCC
initiation **A8:** 499
electrolytic cleaning of **M5:** 561
electroplating of **M5:** 561–562
precleaning for. **M5:** 561–562
electropolishing of **M5:** 305–309, 559
engineered material classes included in material
property charts **A20:** 267
etching of. **M5:** 560–561
fatigue life vs. hold-period time **A8:** 349
figure of merit **A20:** 253
finishing processes. **M5:** 551–552, 554–562
flame hardening response **A20:** 484
fluxer tanks. **EL1:** 681
for environmental test chambers. **A8:** 411
for fatigue test chamber **A8:** 412
for loaded thermal conductor, decision
matrix. **A20:** 293
for slotted tubular part, machining of **A20:** 301
fracture toughness vs.
density. **A20:** 267, 269, 270
strength. **A20:** 267, 272–273, 274
Young's modulus **A20:** 267, 271–272, 273
gage length microstructure to measure flow
localization **A8:** 169
galvanic corrosion with magnesium. **M2:** 607
galvanic series for seawater **A20:** 551
grinding of. **M5:** 555–559
belt **M5:** 556
belt life **M5:** 556–557
equipment and procedures. **M5:** 558–559
mechanized belt **M5:** 556
progressive **M5:** 555–556
rough surfaces. **M5:** 555
safety precautions **M5:** 557
solid wheels **M5:** 555
weld beads **M5:** 555
wheel. **M5:** 555, 559
wheel speeds **M5:** 555, 559
high-chromium, workability **A8:** 165
hold period in tension and hold period in
compression results **A8:** 349–350
in precipitator wires in basic oxygen
furnace **A20:** 325, 326
interrupted oxidation test ranking. **A20:** 594
ion plating of **M5:** 420–421
iron-chromium ferritic. **A20:** 361
linear expansion coefficient vs. thermal
conductivity. **A20:** 267, 276, 277
linear expansion coefficient vs. Young's
modulus. **A20:** 267, 276–277, 278
loss coefficient vs. Young's modulus. **A20:** 267,
273–275
machinability **A20:** 756
mass finishing of **M5:** 554–555
applications, specific. **M5:** 554–555
posttreatments **M5:** 554
material effects on flow stress and workability in
forging chart **A20:** 740
mechanical properties **A20:** 357, 372–374
of plasma sprayed coatings **A20:** 476
mill finishes **M5:** 551–552, 558
grade limitations **M5:** 552
matching **M5:** 558
preservation of **M5:** 552
nickel plating of **M5:** 204, 216, 232
electroless **M5:** 232
nickel striking of **M5:** 232
non-heat-treatable, SCC testing of **A8:** 527–529
normalized tensile strength vs. cofficient of linear
thermal expansion. **A20:** 267, 277–279
organic acid cleaning of **M5:** 66
oxidation in air **A20:** 480
passivation of. **M5:** 306, 558–560
precleaning for **M5:** 560
safety precautions **M5:** 560
solution composition and operating
conditions **M5:** 560
passivity, corrosion resistance and . . . **M5:** 431–432
phosphate coating of **M5:** 437–438
pickling of **M5:** 72–73, 76
polishing and buffing of **M5:** 108, 112–114,
120–121, 557–559
belt polishing **M5:** 557
cleaning and passivation after **M5:** 558
color buffing **M5:** 558
corrosion resistance affected by. **M5:** 558
equipment and procedures. **M5:** 558–559
hard buffing **M5:** 557
wheel polishing **M5:** 557–559
wheel speeds. **M5:** 557–559
porcelain enameling of **M5:** 512–513
precipitation-hardenable, SCC
environments. **A8:** 526
precipitation-hardenable, workability **A8:** 165
precipitation-hardened, stress-intensity factor range
effect on fracture **A8:** 486
properties of candidate materials for cryogenic
tank. **A20:** 253
ranking of materials for cryogenic tank . . . **A20:** 253
reference electrodes for use in anodic protection,
and solution used **A20:** 553
relative cost. **A20:** 253
rust and scale removal **M5:** 12
salt bath descaling of. **M5:** 97–98, 101–102,
553–554
scaled values of properties **A20:** 253
selenium, workability **A8:** 165, 575
sheet
annealing and scale removing operations, mill
processing **M5:** 553–554
grinding, polishing, and buffing. **M5:** 108,
112–114, 556, 559
mass finishing. **M5:** 554
mill finishes **M5:** 551–552
shot peening of **M5:** 145–147
slip-oxidation mechanism. **A20:** 568–569
solution potential **M2:** 207
specimen, deformation of **A8:** 191
strength vs. density **A20:** 267–269
strengthening mechanisms **A20:** 349
strip
aluminum-clad, processing of **M5:** 345
color buffing. **M5:** 557–558
grinding, polishing, and buffing **M5:** 557–559
mill finishes **M5:** 552
salt bath descaling of **M5:** 101–102
superplasticity of **A8:** 553
surface activation of **M5:** 232, 561
surface-conditioning operations special **M5:** 559
tubing, mill finishes **M5:** 552
used in composites. **A20:** 457
vapor degreasing of **M5:** 54–55
volume steady-state erosion rates of weld-overlay
coatings **A20:** 475
water system, crack growth rate **A8:** 421–422
wick test for **A8:** 529
wire brushing of **M5:** 559
wire, salt bath descaling of. **M5:** 98, 102
with soluble carbides or nitrides
workability. **A8:** 165
Young's modulus vs. density . . . **A20:** 266, 267, 268
Young's modulus vs. strength. . . **A20:** 267, 269–271

Stainless steel alloys
chemical resistance. **EM3:** 639
enamels **EM3:** 303
etching procedure. **EM3:** 272
for sporting goods manufacturing **EM3:** 576
glass-to-metal seals **EM3:** 301, 302
interleaves protected by elastomer cover **EM3:** 636
lap-shear strength, storage, and weathering
effect. **EM3:** 658
medical applications **EM3:** 576
phenolic bond properties **EM3:** 106
polysulfides as sealants **EM3:** 196
reinforcing interleaves on deep-sea compliant oil
platform **EM3:** 634
seawater exposure effect on adhesives . . . **EM3:** 632

Stainless steel casting alloys *See also* Cast stainless
steels, selection **A9:** 297–304
classification of microstructures. **A9:** 298
compositions of **A9:** 298
effect of carbon content on **A9:** 298
effect of composition on microstructure . . . **A9:** 298
effect of heat treatment on microstructure **A9:** 298
etchants for **A9:** 297
etching **A9:** 297
grinding **A9:** 297
microstructures. **A9:** 297–298
polishing **A9:** 297
preparation of specimens **A9:** 297
role of sigma phase **A9:** 297

Stainless steel casting alloys, specific types
440C, with dendritic structure and interdendritic
carbide network **A9:** 304
CA-6NM, as-cast **A9:** 299
CA-6NM, martensitic **A9:** 298
Ca-6NM, normalized and tempered **A9:** 299
CA-15, as-cast. **A9:** 299
CA-15, austenitized, showing effect of section
thickness on structure **A9:** 300
CA-15, martensitic. **A9:** 298
CA-15, normalized and tempered **A9:** 299
CB-7Cu-1, as-cast. **A9:** 300
CB-7Cu-1, austenitized **A9:** 300
CB-7Cu-1, precipitation hardening **A9:** 298
CD-4MCu, as-cast **A9:** 300
CD-4MCu, duplex phase. **A9:** 298
CD-4MCu, effect of homogenization **A9:** 300
CF types, structures of **A9:** 298
CF-3, as-cast **A9:** 301
CF-3, solution treated and water
quenched **A9:** 300–301
CF-3M, as-cast **A9:** 301
CF-3M, solution treated and water
quenched **A9:** 301
CF-3M, with sigma phase. **A9:** 301
CF-8, as-cast **A9:** 302
CF-8, as-cast, solution treated and water
quenched **A9:** 302
CF-8, solution treated **A9:** 301
CF-8, solution treated and water quenched **A9:** 302
CF-8C, solution treated, water quenched stabilized,
with niobium carbide. **A9:** 302
CF-8M, solution treated and water
quenched **A9:** 301
CF-8M, solution treated, water quenched and air
cooled **A9:** 302
CF-16F, as-cast. **A9:** 302
CF-16F, solution treated and water
quenched **A9:** 302–303
CF-20, as-cast **A9:** 303
CK-20, as-cast, with inclusions **A9:** 303
CK-20, solution treated and water
quenched **A9:** 303
CN-7M, as-cast, with precipitated chromium
carbide **A9:** 303
CN-7M, solution treated and water quenched, with
inclusions. **A9:** 303–304

Stainless steel castings **A4:** 785–792
austenitic alloys. **A4:** 786–787, 790, **M4:** 639,
642–645
cleaning, prior to heat treating **A4:** 787
ferritic alloys. **A4:** 785, 786–787, 790, **M4:** 639,
642–645
homogenization. **A4:** 786, **M4:** 639–642
martensitic alloys **A4:** 785–786, 787–790, **M4:** 642,
645
precipitation-hardening alloys . . . **A4:** 787, 790–792,
M4: 642, 643, 645–646

Stainless steel corrosion-resistant casting alloys, specific types
CA-6N
composition **A6:** 496
microstructure **A6:** 496
CA-6NM
composition **A6:** 496
microstructure **A6:** 496
special welding considerations **A6:** 497
CA-15
composition. **A6:** 496, 684
filler metals for **A6:** 684

928 / Stainless steel corrosion-resistant casting alloys, specific types

Stainless steel corrosion-resistant casting alloys, specific types (continued)
microstructure A6: 496
properties A6: 684
special welding considerations A6: 497
CA-15M
composition A6: 496
microstructure A6: 496
CA-28MWV
composition A6: 496
microstructure A6: 496
CA-40
composition A6: 496
microstructure A6: 496
special welding considerations A6: 497
CA-40F
composition A6: 496
microstructure A6: 496
CB-7Cu
composition A6: 496
microstructure...................A6: 496–497
CB-7Cu-1
composition A6: 496
microstructure A6: 496
special welding considerations A6: 497
CB-7Cu-2
composition A6: 496
microstructure A6: 496
special welding considerations A6: 497
CB-30
composition A6: 496
microstructure A6: 496
CC-50
composition A6: 496
microstructure A6: 496
CD-4MCu
composition A6: 496
microstructure A6: 496
CE-30
composition A6: 496
microstructure A6: 496
CF-3
composition A6: 496
microstructure...................A6: 496, 498
CF-3M
composition A6: 496
microstructure...................A6: 496, 498
CF-3MN
composition A6: 496
microstructure A6: 496
CF-8C
composition A6: 496
microstructure A6: 496
CF-8(e)
composition A6: 496
microstructure A6: 496
CF-8M
composition...................A6: 496, 498
microstructure.................A6: 496–497
nomenclature A6: 495
welding defects A6: 497
CF-10
composition A6: 496
microstructure A6: 496
CF-10M
composition A6: 496
microstructure A6: 496
CF-10MC
composition A6: 496
microstructure A6: 496
CF-10SMnN
composition A6: 496
microstructure A6: 496
CF-12M
composition A6: 496
microstructure A6: 496
CF-16F
composition A6: 496
microstructure A6: 496

CF-20
composition A6: 496
microstructure A6: 496
CG-6MMN
composition A6: 496
microstructure A6: 496
CG-8M
composition A6: 496
microstructure A6: 496
CG-12
composition A6: 496
microstructure A6: 496
CH-8
composition A6: 496
microstructure A6: 496
CH-10
composition A6: 496
microstructure A6: 496
CH-20
composition A6: 496
microstructure A6: 496
CK-3MCuN
composition A6: 496
microstructure A6: 496
CK-20
composition A6: 496
microstructure A6: 496
CN-3M
composition A6: 496
microstructure A6: 496
CN-7M
composition A6: 496
hot cracking..........................A6: 497
microstructure A6: 496
CN-7MS
composition A6: 496
microstructure A6: 496
CT-15C
composition A6: 496
microstructure A6: 496
Stainless steel fibers
as reinforcements.................EM2: 472–473
Stainless steel flake pigments M7: 596
Stainless steel heat-resistant casting alloys, specific types
HC, composition A6: 497
HD, composition A6: 497
HE, composition A6: 497
HF, composition A6: 497
HH, composition A6: 497
HI, composition A6: 497
HK, composition A6: 497
HK30, composition A6: 497
HK40
composition A6: 497
hot-cracking sensitivity................A6: 497
HL, composition A6: 497
HN, composition A6: 497
HP, composition A6: 497
HP-50WZ, composition A6: 497
HT
composition A6: 497
hot cracking..........................A6: 497
HT30, composition A6: 497
HU, composition A6: 497
HW, composition......................A6: 497
HX, composition A6: 497
Stainless steel P/M components
for joining (welding) A7: 661
Stainless steel piping
electroless nickel plating A5: 303
Stainless steel powder A7: 74, 128, 774–785
annealing effect A7: 782, 785
apparent density A7: 40, 292
apparent density factors...............A7: 292, 293
applications A7: 17, 774–778, 988, 989, 1031, 1032
as vial materials for SPEX mills A7: 82
atomization of.........................A7: 37

binder-assisted extrusion A7: 366, 374
carbon influence A7: 992, 993
characteristics of various grades......A7: 776, 778
cold sintering A7: 576, 577, 579, 581
compacting-grade powders, properties A7: 782, 783
compaction A7: 782, 784, 785
compositions.....A7: 476, 777, 778–779, 988, 989
consolidation of compacts A7: 437
corrosion resistance A7: 776, 778, 779, 978, 980–984, 988–998, 999
diffusion factors A7: 451
dimensional shrinkage A7: 780, 782
direct laser sintering A7: 428
electrochemical testing......A7: 984–986, 987–988
elevated temperature properties A7: 781, 783
explosibility..........................A7: 157
extrusion...........................A7: 628, 629
fatigue.......................A7: 958, 959, 960
ferritic and magnetic properties..A7: 780, 781, 782
filtration applications....................A7: 76
flow rate through Hall and Carney funnels A7: 296
freeze casting.........................A7: 314
fully dense...............A7: 782–783, 785, 956
gas-atomized.......................A7: 129–130
gelcasting A7: 432
green strength A7: 307
green strength and surface oxide films.....A7: 308
high-temperature sintering ..A7: 828, 829, 830–831
hot isostatic pressing A7: 602, 617, 618
injection molding A7: 314, 315
ink-jet technology tooling................A7: 427
iron contamination A7: 991–992
laser-based direct fabrication.........A7: 434, 435
liquid-phase sintering...................A7: 570
lubricant influence A7: 992, 993
lubricants for.........................A7: 323
machinability A7: 781
machining and use of resin impregnation ..A7: 691
magnetic properties A7: 1014
martensitic, sintered, properties A7: 779, 780
mass median particle size of water-atomized powders A7: 40
mechanical properties..A7: 778–779, 780, 781, 782
metal injection molding A7: 14
microstructures A7: 731, 740, 741, 746
nitrogen influence A7: 992–994
operating conditions and properties of water-atomized powders...................A7: 36
Osprey forming process A7: 74–75, 319
oxidation with water-atomization A7: 43
oxygen content A7: 40
oxygen influence on corrosion resistance....................A7: 994–995
P/M steels advances.....................A7: 17
physical properties.....................A7: 451
pneumatic isostatic forging A7: 639, 641
porosity/density influence on corrosion resistance.......................A7: 995–997
powder injection molding......A7: 363, 364, 431
processing A7: 781–785
properties A7: 776, 778–781
role compacting A7: 394
scanning electron microscopy A7: 724–725, 730, 731, 732, 733
sensitization A7: 53, 70, 987–988
sintered, applications A7: 774, 775
sintered, microexamination A7: 725
sintered, microstructures.......A7: 727, 740, 741
sintering....A7: 476–482, 728, 740, 741, 782, 989, 991–995, 997–998
sintering atmosphere influence A7: 992–994
sintering atmospheres..A7: 460, 779–780, 781, 782
slip casting....................A7: 422–423, 431
specifications A7: 778–781
spray forming.......................A7: 397, 398
sprayed onto mild steel.................A7: 403
standard deviation A7: 40
temperature versus milling time A7: 57, 58
thermal spray forming...................A7: 411

SUBJECTS OF THE INDEXED VOLUMES: ASM Handbook (designated by the letter "A"): **A1:** Properties and Selection: Irons, Steels, and High-Performance Alloys (1990); **A2:** Properties and Selection: Nonferrous Alloys and Special-Purpose Materials (1990); **A3:** Alloy Phase Diagrams (1992); **A4:** Heat Treating (1991); **A5:** Surface Engineering (1994); **A6:** Welding, Brazing, and Soldering (1993); **A7:** Powder Metal Technologies and Applications (1998); **A8:** Mechanical Testing (1985); **A9:** Metallography and Microstructures (1985); **A10:** Materials Characterization (1986); **A11:** Failure Analysis and Prevention (1986); **A12:** Fractography (1987); **A13:** Corrosion (1987); **A14:** Forming and Forging (1988); **A15:** Casting (1988); **A16:** Machining (1989); **A17:** Nondestructive Evaluation and Quality Control (1989); **A18:** Friction, Lubrication, and Wear Technology (1992); **A19:** Fatigue and Fracture (1996); **A20:** Materials Selection and Design (1997). **Metals Handbook, 9th Edition** (designated by the letter "M"): **M1:** Properties and Selection: Irons and Steels (1978); **M2:** Properties and Selection: Nonferrous Alloys and Pure Metals (1979); **M3:** Properties and Selection: Stainless Steels, Tool Materials, and Special-Purpose Materials (1980); **M4:** Heat Treating (1981); **M5:** Surface Cleaning, Finishing, and Coating (1982); **M6:** Welding, Brazing, and Soldering (1983); **M7:** Powder Metallurgy (1984). **Engineered Materials Handbook** (designated by the letters "EM"): **EM1:** Composites (1987); **EM2:** Engineering Plastics (1988); **EM3:** Adhesives and Sealants (1990); **EM4:** Ceramics and Glasses (1991). **Electronic Materials Handbook** (designated by the letters "EL"): **EL1:** Packaging (1989)

tolerances. **A7:** 711
water vapor/dew point influence on corrosion resistance. **A7:** 994–995
water-atomized **A7:** 37, 128, 129

Stainless steel, sintering
time and temperature. **M4:** 796

Stainless steel, specific types
16-25-6, electroless nickel plating of **M5:** 237
17-4PH, corrosion fatigue **A8:** 253, 254
17-4PH, effect of notch. **A8:** 254
17-4PH, fatigue performance **A8:** 253, 254
17-4PH, notch and plain bar fatigue properties. **A8:** 255
18-8, electropolishing of. **M5:** 306
200, series, cleaning and finishing processes **M5:** 552, 560
201, mill finishes **M5:** 552
202, mill finishes **M5:** 552
300, series, cleaning and finishing processes. **M5:** 72–73, 112–114, 305, 552, 554, 556–560
301, mill finishes **M5:** 552
302
electropolishing of **M5:** 305
grinding **M5:** 556
mill finishes **M5:** 552, 559
302, ultimate shear stress **A8:** 148
302B, mill finishes **M5:** 552
303, electropolishing of **M5:** 305
303S, 303Se, mill finishes **M5:** 552
304
electropolishing of **M5:** 305
mill finishes **M5:** 552
304, axial tests on **A8:** 351–352
304, creep analyses. **A8:** 686, 689–692
304 creep strain/time behavior **A8:** 691, 692
304, creep-fatigue interaction plot for hold-time data. **A8:** 356
304, creep-fatigue tests **A8:** 347–348
304, cycles to fracture vs. cycle period. **A8:** 351
304, ductility from hot torsion tests. . . **A8:** 165–166
304, effect of hold-period in tension-hold-only testing on fatigue resistance **A8:** 349
304, effect of temperature on strength and ductility **A8:** 36
304, fatigue and stress-rupture data in tension-hold-only test **A8:** 349
304, heat transfer effect on flow localization during torsion **A8:** 172–173
304, hold period and strain waveform effect on. **A8:** 347–348
304, low-cycle fatigue data in tension-hold-only test. **A8:** 351
304, pitting potentials on unstrained specimens. **A8:** 418
304, plastic-strain fatigue resistance **A8:** 348
304, push-pull fatigue **A8:** 352
304, re-annealed, multiple heats **A8:** 330
304, spread in creep elongation. **A8:** 336
304, stress amplitude vs. time-to-fracture **A8:** 349–350
304, threshold stress intensity **A8:** 256
304, time-to-fracture vs. tension-hold-only test **A8:** 350
304L, Crockcroft and Latham criterion **A8:** 168–169
304L, flow curves from torsion tests . . **A8:** 161–162
304L, flow localization during torsion **A8:** 169
304L, grain size **A8:** 174–175
304L, micrographs from torsion tests. **A8:** 170
304L, mill finishes **M5:** 552
304L, strain rate effect on torsional ductility **A8:** 166–167
304L, torsion flow stress data and compared. **A8:** 162, 164
304L, torsion flow stress data at various temperatures. **A8:** 162, 164
304L, torsion tests at hot working temperatures **A8:** 163
304L, twisted at various strain rates and temperatures **A8:** 175
305, mill finishes **M5:** 552
309, 309S, mill finishes **M5:** 552
310
grinding **M5:** 556
mill finishes **M5:** 552
316
ion plating of **M5:** 421
mass finishing **M5:** 554–555
mill finishes **M5:** 552
316, autoclave construction **A8:** 424
316, constant-stress creep curves. **A8:** 320–321
316, creep-rupture **A8:** 691
316, initial and secondary creep rates **A8:** 336–337
316, multiple heats **A8:** 330
316, stress amplitude vs. time-to-fracture **A8:** 349–350
316L, mill finishes **M5:** 552
321
aluminum coating, tensile strength affected by. **M5:** 342
buffing. **M5:** 557–558
mill finishes **M5:** 552
347
buffing. **M5:** 557–558
grinding. **M5:** 556
mill finishes **M5:** 552
347, autoclave construction **A8:** 424
347, low-cycle fatigue curve **A8:** 367
348, mill finishes **M5:** 552
400, series, cleaning and finishing processes **M5:** 72–73, 305, 552
403, alloying addition effects for three heats. **A8:** 479–481
403, corrosion fatigue. **A8:** 253, 254
403, effect of cathodic polarization on corrosion fatigue. **A8:** 254
403, fatigue performance **A8:** 253–254
403, fracture toughness. **A8:** 479–480
403, hydrazine effect on near-threshold fatigue crack propagation **A8:** 427, 429
403, mill finishes **M5:** 552
403, pH effect on near-threshold fatigue crack growth rate **A8:** 427, 429
403, sodium chloride vs. threshold curve for **A8:** 427, 429
410
electroless nickel plating of **M5:** 237
mill finishes **M5:** 552
410, ductility from hot torsion tests. . . **A8:** 165–166
410, hydrogen embrittlement **A8:** 537
414, mill finishes **M5:** 552
416, 416S, 416Se, mill finishes. **M5:** 552
420, mill finishes **M5:** 552
430
color buffing of **M5:** 557–558
electropolishing of **M5:** 305
mill finishes **M5:** 552
431, mill finishes **M5:** 552
440A, B, C, mill finishes. **M5:** 552
446, mill finishes **M5:** 552

Stainless steel spring wire
characteristics of. **A1:** 308

Stainless steel valves
electroless nickel plating **A5:** 303

Stainless steel weld metal
different etchants to reveal delta ferrite. . . . **A9:** 289
different etchants to reveal sigma phase . . . **A9:** 289

Stainless steel weld metals, specific types
E308, color etching after creep rupture testing. **A9:** 137
E308, role of sigma phase in creep rupture and separation of phases. **A9:** 137

Stainless steel-europium oxide
in military pressurized water reactors **M7:** 666

Stainless steels *See also* Austenitic stainless steels; Duplex stainless steels; Ferritic stainless steels; High-alloy steels; Magnetic materials; Martensitic stainless steels; Precipitation hardening stainless steels; Sintered (porous) P/M stainless steels; Stainless steels, specific types; Steels; Steels, specific types **A6:** 677–707, **A13:** 547–565, **A14:** 222–230, 759–778, **A16:** 681–707, **M7:** 728–732
abrasion artifacts examples. **A5:** 140
abrasive jet machining **A16:** 706
abrasive waterjet machining **A16:** 704, 706
absorption/enhancement effects in **A10:** 97
acid cleaning **A5:** 48, 53–54
acid pickling of **A5:** 67, 69, 74, 75–76
adaptive control implemented **A16:** 618
(AF) austenitic-ferritic, composition, for chloride-induced stress-corrosion cracking. . . . **A19:** 765
air-carbon arc cutting. **A6:** 1172, 1176
AISI numbering system. **A16:** 681
Al_2O_3 effect on stainless steels. **A16:** 688
alkaline cleaning. **A5:** 53
alloy selection. **A14:** 759–761
and carbon steels, formabilities compared **A14:** 760
and hardenability **M7:** 728
and product physical appearance **M7:** 728
and surface integrity **A16:** 22
annealed, threshold as a function of yield strength **A19:** 141
annealing **M7:** 185
apparent density **M7:** 297
applications **A6:** 377–381, **M3:** 3–4, 38–39, **M7:** 730–731
aerospace **A6:** 385, 387
engine oil coolers **A6:** 961
applied stress versus life of tensile type specimens in simulated seawater **A19:** 378–379
arc welding *See* Arc welding of stainless steels
arc welding with nickel alloys. **M6:** 443
arc-welded, failures in. **A11:** 426–433
as dental alloys. **A13:** 1352
as magnetically soft materials **A2:** 776–778
as metallic implants/prosthetic devices. **A13:** 1325–1326
as rolled, threshold as a function of yield strength **A19:** 141
ASTM XM designations **A16:** 681
atomized, effect of particle size on apparent density. **M7:** 273
austenitic **A19:** 712–716, 724–726
0.028C, 21.4Cr, 9.1Ni, 2.7Mo, 0.30N, fatigue crack growth data **A19:** 759
alloy/environment systems exhibiting stress-corrosion cracking. **A19:** 483
as planar slip materials **A19:** 83
cleavage fracture **A19:** 47
composition, for chloride-induced stress-corrosion cracking. **A19:** 765
cyclic versus monotonic yield strengths **A19:** 606
deformation-induced transformations **A19:** 86
fatigue crack growth **A19:** 635
fatigue crack growth rates for microstructures **A19:** 637
fatigue diagram **A19:** 305
fracture strength-ductility combinations attainable in commercial steels **A19:** 608
fretting fatigue **A19:** 327, 328
pH. **A19:** 723–724
strain-life behavior **A19:** 609
stress ratio effect on fatigue threshold stress-intensity factor range **A19:** 640
stress-corrosion cracking (stress-corrosion cracking) **A19:** 483, 485, 489–490, 491
transition fatigue life as a function of hardness **A19:** 607
used in construction of current systems **A19:** 207
austenitic classification. . . . **A16:** 681, 682, 683, 684
austenitic, dislocation interaction **A10:** 469
austenitic grades **M7:** 100
hydrogen embrittlement of. **M1:** 687
neutron embrittlement of **M1:** 686
sigma-phase embrittlement of **M1:** 686
austenitic, intergranular corrosion of **A11:** 180
austenitic, properties **M3:** 7, 17
austenitic, sintering. **M7:** 308
austenitic stainless steels. **A6:** 686–695
base metals **A6:** 689–693
engineering for use in as-welded condition **A6:** 693–694
engineering for use in postweld heat-treated condition **A6:** 694–695
metallurgy. **A6:** 686
primary austenite solidification **A6:** 686
primary ferrite solidification. **A6:** 686
austenitic, ultrasonic inspection **A17:** 569–570
austentic **A14:** 224–226
automotive applications. **M7:** 732
backing bars. **M6:** 382
ball bearings, pitting failure. **A11:** 495, 497
bar. **M3:** 12–13
bar and tube, die materials for drawing . . . **M3:** 525
barnacle corrosion **A13:** 115
base metal, clad brazing material applications **A6:** 961, 962, 963
beneficial elements. **A19:** 490

Stainless steels (continued)
binary iron-chromium equilibrium phase diagram **A6:** 678, 681
biological corrosion **A13:** 117–118
blanking **A14:** 761–762
blanking, die materials for **M3:** 485, 486, 487
boriding **A4:** 440, 445
brazed joints **A13:** 880
brazing *See* Brazing of stainless steels
brazing and soldering characteristics **A6:** 625–626
brazing properties **M6:** 966
brazing with clad brazing materials **A6:** 347
broaches for stainless steels **A16:** 704
broaching **A16:** 206, 700–701, 704
buffing **A5:** 104
cadmium plating **A5:** 222–223
cadmium replacement identification matrix **A5:** 920
calcium deoxidation **A16:** 688
capacitor discharge stud welding **A6:** 221, **M6:** 730, 736
carbide precipitation **A6:** 695
carbide precipitation in **A11:** 451
carbon concentration **A15:** 431
cast *See* Corrosion-resistant steel castings
cast, corrosion of **A13:** 574–582
cast structures, influence on properties **M3:** 32
CBN as abrasive for honing **A16:** 476
cemented carbide machining applications **A16:** 86, 87, 88
ceramic cutting tools **A16:** 103
ceramic molding products **A15:** 248
cermet tools applied **A16:** 92, 96
chemical flux cutting of **A14:** 729
chemical integrity of seals **EM4:** 541
chemical milling **A16:** 579, 585
chip formation **A16:** 696
chloride and stress-corrosion cracking **A19:** 490
chlorine corrosion **A13:** 1171
chromium levels **A15:** 431
clad aluminum alloy, galvanic corrosion prevention **A13:** 1017
classification **A16:** 681–685
cleaning **A14:** 230, **M3:** 6–8, 38–39, 52–55
cleaning solutions for substrate materials **A6:** 978
coinability of **A14:** 183
cold cracking **A6:** 677
cold heading of **A14:** 291
cold isostatic pressing dwell pressures **M7:** 449
cold reduced products, influence on properties **M3:** 33
cold reduction swaging effects **A14:** 129
cold working and austenitic alloys **A16:** 689
cold-worked weldments **A19:** 740
color or coloring compounds for **A5:** 105
commercial P/M grades **M7:** 100
compact, isolated residual pores in **M7:** 435, 436
compactibility **M7:** 729
compacting grade, properties **M7:** 728
compacting pressure **M7:** 729
comparisons **A16:** 691
composition **A16:** 682–683
composition control in weld
cross-wire projection welding **M6:** 518
overlays **M6:** 809–811
composition effects **A13:** 550–551
composition failures in **A11:** 391
compositions, standard/nonstandard grades **A13:** 548–549
compressibility and green strength **M7:** 101
constitution diagrams **A6:** 677–678
contamination source for niobium electron-beam welding **A6:** 871
contour band sawing **A16:** 362
contour roll forming **A14:** 634, 775–776
copier parts **M7:** 732
copper plating **A5:** 171
corrosion *See also* Stainless steels, corrosion resistance **M3:** 6, 7, 11–12, 56–93
corrosion forms **A13:** 553–554
corrosion in aerospace applications **A6:** 385
corrosion in specific environments **A13:** 554–559
corrosion in various applications **A13:** 559–563
corrosion resistance **A6:** 585, **M7:** 254, 728
corrosion resistance mechanism **A13:** 550
corrosion testing **A13:** 563–564
covering for welding electrodes **A6:** 176
crack aspect ratio variations **A19:** 162
cracking **A6:** 677, 678, 679, 680, 681, 682, 687, 693
crevice corrosion **A13:** 110, 303, 564
cryogenic temperature behavior **A16:** 683
cryogenic treatment **A4:** 205
cut wire for metallic abrasive media **A5:** 61
cutoff band sawing **A16:** 360
cutting fluids used **A16:** 125, 691–698, 700–701, 703–705
cutting precautions **A6:** 1196
cutting speeds **A16:** 685, 700
decorative chromium plating **A5:** 192
deep drawing **A14:** 767–771
deep drawn parts, materials for drawing tools **M3:** 494–496
definition **A6:** 677
degassing procedures **A15:** 427–428
delta ferrite role in weld deposits **A6:** 1066–1067
deoxidation practice **A16:** 688
descaling before ceramic coating **A5:** 473
design **A13:** 552–553
determination of Cr, Ni, and Mn in **A10:** 146–147
die forgings, materials for forging tools **M3:** 529, 532, 534, 536
die lubrication **A14:** 229
die threading **A16:** 698, 700–701
dies **A14:** 227–228
diffusion brazing **A6:** 343
diffusion welding **A6:** 884, 886
dilution effects **A6:** 677, 680
dimensional change **M7:** 292, 730
dip brazing **A6:** 338
dissimilar metal joining **A6:** 821, 824, 825
distortion **A6:** 626
drilling **A16:** 220–221, 226–227, 229–230, 690, 697–698, 699
drilling test **A16:** 686, 687, 690, 691
drop hammer forming of **A14:** 656, 774
duplex *See also* Duplex alloys **A19:** 717
0.018C, 2.21Cr, 5.8Ni, 3.0Mo, 0.17N, fatigue crack growth data **A19:** 759
fatigue crack threshold **A19:** 142
NFA 36209, composition **A19:** 757
stress-corrosion cracking **A19:** 490–491
threshold as a function of yield strength **A19:** 141
welding and chloride stress-corrosion cracking **A19:** 491
WNr1.4462, composition **A19:** 757
Z3CN2304AZ, composition **A19:** 757
Z3CND2205AZ, composition **A19:** 757
Z3CNDU2506, composition **A19:** 757
duplex, by 885 °F embrittlement **A12:** 155
duplex classification **A16:** 681, 682, 683, 684
duplex ferritic-austenitic stainless steels **A6:** 697–699
base metals **A6:** 697–698
distortion **A6:** 699
engineering for use in the as-welded condition **A6:** 698–699
engineering for use in the postweld heat-treated condition **A6:** 699
metallurgy **A6:** 697
properties **A6:** 697
effect of carburization on **A11:** 271–272
effect of coarse and fine particle mixture **M7:** 273, 296
effect of lubricant an compacting pressure on green strength **M7:** 729
effect of sintering atmosphere on mechanical properties **M7:** 729
electrical discharge grinding **A16:** 566
electrical discharge machining **A16:** 706
electrochemical grinding **A16:** 542, 546
electrochemical machining **A5:** 112, **A16:** 706
electrodes for flux-cored arc welding **A6:** 189
electroless nickel plating **A5:** 300
applications **A5:** 306, 307
electrolytic inclusion and phase isolation in **A10:** 176
electrolytic potential **A5:** 797
electron beam drilling **A16:** 570, 571
electron beam machining **A16:** 705, 706
electron beam welding **M6:** 638
electron-beam welding **A6:** 679, 688, 698, 699, 828, 851, 853, 868–869, 870
electronic applications **A6:** 998
electropolishing **A5:** 114, **M3:** 36
in acid electrolytes **A5:** 754
electroslag welding **A6:** 278, **M6:** 226
electrostream and capillary drilling **A16:** 551
electrostream and shaped tube electrolytic machining **A16:** 706
elevated-temperature ductility **A11:** 265
embrittlement **A6:** 686
embrittlement of **M1:** 685–686
end milling **A16:** 326, 703
enhanced-machining alloys **A16:** 684–685, 689
environmental factors in stress-corrosion cracking **A19:** 491–492
environments that cause stress-corrosion cracking **A6:** 1101
etchants **A9:** 281–282
-europium oxide, ordnance application **M7:** 666
exothermic brazing **A6:** 345
explosion welding **A6:** 162, 163, 303–304, 896, **M6:** 710–711
extralow-interstitial (ELI) alloys **A16:** 683
(FA) ferritic-austenitic, composition, for chloride-induced stress-corrosion cracking **A19:** 765
fabrication *See also* Stainless steels, wrought, fabrication **M3:** 6–8
families **A6:** 677
families of **A13:** 547–550
fasteners, use in **M3:** 183–184
fatigue at subzero temperatures **M3:** 4–755, 752, 756, 764, 765
fatigue crack thresholds **A19:** 142
fatigue limit **A19:** 166
fatigue limit versus tensile strength **A19:** 595
fatigue strength **M3:** 30, 32
ferrite analysis **A6:** 1059
Ferrite Number (FN) **A6:** 677, 678
ferritic **A13:** 325, 355–358, **A14:** 226, **A19:** 712, 718–719
0.005C, 23.3Cr, 4.4Ni, 3.8Mo, 0.005N, fatigue crack growth data **A19:** 759
composition, for chloride-induced stress-corrosion cracking **A19:** 765
creep crack growth constants b and m **A19:** 522
detrimental alloying elements **A19:** 490
stress-corrosion cracking **A19:** 490
ferritic, 885 °F (475 °C) embrittlement **A12:** 136, 155
ferritic classification **A16:** 681–685
ferritic grades **M7:** 100
400 to 500 °C, embrittlement of **M1:** 685–686
embrittlement of **M1:** 685–686
sigma-phase embrittlement of **M1:** 686
ferritic, properties **M3:** 8, 17, 24–25
ferritic stainless steels **A6:** 682–686
base metals **A6:** 683
engineering for use in as-welded condition **A6:** 683–686
engineering for use in the postweld heat-treated condition **A6:** 686
metallurgy **A6:** 682–683

SUBJECTS OF THE INDEXED VOLUMES: ASM Handbook (designated by the letter "A"): **A1:** Properties and Selection: Irons, Steels, and High-Performance Alloys (1990); **A2:** Properties and Selection: Nonferrous Alloys and Special-Purpose Materials (1990); **A3:** Alloy Phase Diagrams (1992); **A4:** Heat Treating (1991); **A5:** Surface Engineering (1994); **A6:** Welding, Brazing, and Soldering (1993); **A7:** Powder Metal Technologies and Applications (1998); **A8:** Mechanical Testing (1985); **A9:** Metallography and Microstructures (1985); **A10:** Materials Characterization (1986); **A11:** Failure Analysis and Prevention (1986); **A12:** Fractography (1987); **A13:** Corrosion (1987); **A14:** Forming and Forging (1988); **A15:** Casting (1988); **A16:** Machining (1989); **A17:** Nondestructive Evaluation and Quality Control (1989); **A18:** Friction, Lubrication, and Wear Technology (1992); **A19:** Fatigue and Fracture (1996); **A20:** Materials Selection and Design (1997). **Metals Handbook, 9th Edition** (designated by the letter "M"): **M1:** Properties and Selection: Irons and Steels (1978); **M2:** Properties and Selection: Nonferrous Alloys and Pure Metals (1979); **M3:** Properties and Selection: Stainless Steels, Tool Materials, and Special-Purpose Materials (1980); **M4:** Heat Treating (1981); **M5:** Surface Cleaning, Finishing, and Coating (1982); **M6:** Welding, Brazing, and Soldering (1983); **M7:** Powder Metallurgy (1984). **Engineered Materials Handbook** (designated by the letters "EM"): **EM1:** Composites (1987); **EM2:** Engineering Plastics (1988); **EM3:** Adhesives and Sealants (1990); **EM4:** Ceramics and Glasses (1991). **Electronic Materials Handbook** (designated by the letters "EL"): **EL1:** Packaging (1989)

ferritic/pearlitic
cyclic versus monotonic yield strengths **A19:** 606
fatigue crack growth **A19:** 634–635
fatigue crack growth behavior **A19:** 608
fatigue crack growth rates for microstructures **A19:** 637
fracture strength-ductility combinations attainable in commercial steels **A19:** 608
strain-life behavior **A19:** 608
transition fatigue life as a function of hardness **A19:** 607
filler for polymers **M7:** 606
filler metals **A6:** 679, 681, 683, 686, 689, 692, 693, 694, 695–696, 697, 698, 699, 703–704, 705
filters for copper plating **A5:** 175
finishes **M3:** 8, 33, 36–38
flake pigments **M7:** 596
flame hardening **A4:** 284
flash welding **M6:** 558
fluid flow phenomena **A6:** 22
flux-cored arc welding **A6:** 186, 188, 680, 681, 688, 693, 698, 699, 705–706
foil **M3:** 12
for acid cleaning pumps and nozzles **A5:** 51
for acid cleaning rinse tanks (no chloride solutions) **A5:** 51
for appliance parts **M7:** 622, 731–732
for casings in air-fuel gas burners **A4:** 274
for casings of high-velocity convection burners **A4:** 274
for environment chamber material **A19:** 205
for environmental test chamber **A19:** 205
for equipment for phosphate coating spray systems **A5:** 389
for fine-edge blanking and piercing **A14:** 472
for gastight shell of cold-wall vacuum furnace **A4:** 498
for implants **A11:** 672
for valves and piping used in carbonitriding **A4:** 376, 383
for wire-drawing dies **A14:** 336
forceps, forging seam fracture **A11:** 329, 331
forgeability **A14:** 223–224
forging equipment for **A14:** 227
forging, ferritic-austenitic properties **M7:** 549
forging methods **A14:** 222
forging of **A14:** 222–230
formability **A14:** 759–761
forming of **A14:** 519, 759–778
forming vs. machining **A14:** 778
fracture toughness at subzero temperatures **M3:** 752, 763
free-machining alloys classification **A16:** 681, 684
free-machining and non-free-machining stainless steels correspondence **A16:** 684
friction welding **A6:** 152, 153, 154, 890, **M6:** 721
fuel-control lever, fractured **A11:** 388
fume generation from shielding gases **A6:** 68
fusion welding to carbon steels **A6:** 826, 827
fusion welding to low-alloy steels **A6:** 826, 827
galvanic corrosion **A6:** 625, **A13:** 84–85
gas metal arc welding **M6:** 153
gas nitriding **A4:** 424
gas tungsten arc welding **M6:** 182, 203, 205
gas-metal arc welding **A6:** 180, 677, 680, 688, 693, 694, 697, 698, 699, 705, 706, 707
of aluminum bronze **A6:** 828
of copper nickels **A6:** 828
of coppers **A6:** 828
of high-zinc brasses **A6:** 828
of low-zinc brasses **A6:** 828
of phosphor bronzes **A6:** 828
of silicon bronzes **A6:** 828
of special brasses **A6:** 828
of tin brasses **A6:** 828
shielding gases **A6:** 67
gas-tungsten arc welding **A6:** 20, 190, 191, 192, 677, 679, 686, 688, 693, 697, 698, 699, 703–705, 870
of aluminum bronzes **A6:** 827
of copper nickels **A6:** 827
of coppers and copper-based alloys **A6:** 827
of phosphor bronzes **A6:** 827
of silicon bronzes **A6:** 827
shielding gas selection **A6:** 67, 68
general corrosion in **A11:** 200
general guidelines for minimizing difficulties in machining **A16:** 690–691
globular-to-spray transition currents for electrodes **A6:** 182
gold plating **A5:** 248
grain-boundary precipitation in **A13:** 155–156
green strength **M7:** 729
grinding **A16:** 436, 705
hardfaced, erosion **A13:** 137
hardfacing **A6:** 789, 807
hardness level **A16:** 688–689
heat treating **A16:** 690, 704
heat-affected zone **A6:** 679, 681, 683, 686, 689, 695, 697, 698–699
heat-affected-zone cracks **A6:** 92
heating coils for copper plating **A5:** 175
heating for forging **A14:** 228–229
heating of dies **A14:** 229
HERF forgeability **A14:** 104
high-alloy, hydrogen fluoride/hydrofluoric acid corrosion **A13:** 1168
higher-alloyed P/M **A13:** 832
high-frequency welding **A6:** 252, 253
high-temperature solid-state welding **A6:** 298, 299
hone forming **A16:** 488
honing **A16:** 476, 477
hot cracking **A6:** 677, 693, 695, 696, 699
hot cracking in **A12:** 123
hot isostatic pressing, effects **A15:** 541
hot processing, influence on properties **M3:** 32–33
hot-salt corrosion in **A11:** 200
humpback furnace for sintering **M7:** 355
hydroxide melt corrosion **A13:** 91
in business machines **M7:** 732
in chemical environments **A13:** 556
in compound and progressive dies **A14:** 765–766
in moist chlorine **A13:** 1173
in petroleum refining and petrochemical operations **A13:** 1263
in pharmaceutical production facilities **A13:** 1226–1227
in sour gas environments **A11:** 300
indentification systems **A13:** 547
induction brazing **A6:** 335
induction heating energy requirements for metalworking **A4:** 189
induction heating temperatures for metalworking processes **A4:** 188
induction soldering, physical properties **A6:** 364
ingot breakdown **A14:** 222–223
inorganic fluxes **A6:** 980
inorganic fluxes used **A6:** 129
intergranular corrosion **A13:** 239–240, 324, 562
interim protection during shipping **M3:** 38
ion-implanted, AEM analysis **A10:** 484
joined to aluminum alloys **A6:** 739
joint, high-temperature corrosion **A13:** 878
knifeline attack **A19:** 490
lapping **A16:** 499
laser beam machining **A16:** 575, 706
laser beam welding **M6:** 647, 662
penetration in welds **M6:** 654, 656
welding rates **M6:** 658
laser cutting **A14:** 741–742
laser-beam welding **A6:** 262, 263, 679, 688, 697, 698, 699
lever, fatigue fracture in **A11:** 113–114
limiting draw ratios **A14:** 575
liquid erosion resistance **A11:** 167
liquid nitriding **A4:** 412
low-strength high-toughness materials **A19:** 375
low-temperature solid-state welding **A6:** 300, 301
lubricant effect **M7:** 729
lubrication **A14:** 519, 761
machinability **A16:** 1, 645, 685, 737
machinability additives **A16:** 685–688
machinability of austenitic alloys **A16:** 689, 691
machinability of duplex alloys **A16:** 689–690, 691
machinability of ferritic and martensitic alloys **A16:** 89
machinability of PH alloys **A16:** 690
machinability test matrix **A16:** 639–640
machining characteristics **A16:** 681
machining of **A14:** 778
macroetchants **A9:** 281
magabsorption measurement **A17:** 152
magnetic applications **M3:** 605, 607
manual spinning **A14:** 771–772
marine corrosion **A13:** 555
martensitic **A14:** 226, **A19:** 716, 717, 719–721
carbide content and fracture toughness **A19:** 12
cyclic versus monotonic yield strengths **A19:** 606
fatigue crack growth **A19:** 634
fatigue crack growth behavior **A19:** 608
fatigue crack growth rates for microstructures **A19:** 637
fatigue diagram **A19:** 305
fracture strength-ductility combinations attainable in commercial steels **A19:** 608
strain-life behavior **A19:** 608
stress-corrosion cracking **A19:** 491
transition fatigue life as a function of hardness **A19:** 607
upper-bound FCP rates **A19:** 37
martensitic classification **A16:** 681, 682, 683, 684
martensitic grade **M7:** 100
martensitic grades neutron embrittlement of **M1:** 686–687
martensitic, properties **M3:** 8, 17–25, 26–28
martensitic stainless steels **A6:** 678–682
base metals **A6:** 679
engineering for use after postweld heat treatment **A6:** 680–682
engineering for use in the as-welded condition **A6:** 679–680
metallurgy **A6:** 678–679
maximum service temperatures, air **A13:** 558
mechanical properties **M3:** 6, 18–22, 23–25, 26–28
mechanical properties of medium-density **M7:** 464, 468
mechanical properties of nearly dense and fully dense **M7:** 464–466, 471
mechanical properties of product **M7:** 728
metallurgical effects on corrosion **A13:** 124–127
metalworking fluid selection guide for finishing operations **A5:** 158
microduplex, superplasticity **A14:** 871
microstructural analysis **M7:** 488
microstructure **A6:** 677, 678
microvoid coalescence in **A11:** 85, 86
mill finishes **M3:** 36–38
milling **A16:** 312–314, 327, 699, 701, 703–704
molten salt corrosion **A13:** 89
multiple-slide forming **A14:** 766–767
nearly dense P/M **M7:** 471
nickel alloys, welding to **A6:** 578
Nimonic alloys, thermomechanical fatigue **A19:** 537
nitric/hydrochloric acid as dissolution medium **A10:** 166
nitrided, SCC in **A13:** 933
nitrogen-strengthened **A6:** 462, **A14:** 225–226
no phase transformation in stabilized ferritic **A6:** 84
non-free-machining alloys classification **A16:** 681–684
nonheat-treatable, SCC testing **A13:** 272–273
nonmagnetic characteristics **M7:** 728
nonstandard types **M3:** 4, 9–10
normalized and tempered, threshold as a function of yield strength **A19:** 141
normalized, threshold as a function of yield strength **A19:** 141
notch toughness **M3:** 28–30, 32
nozzle material for hot gas soldering **A6:** 361
nuclear grade **A13:** 931
Osprey atomizing of **M7:** 531
oxidation **M1:** 93–94
oxidation current density versus time following protective oxide rupture **A19:** 195
oxidation resistance of **M7:** 728
oxide stability **A11:** 452
oxyacetylene welding **A6:** 281
oxyfuel cutting **M6:** 903
oxyfuel gas cutting **A6:** 1155, **A14:** 725, **M6:** 897, 912, 914
oxyfuel gas welding **A6:** 281, 285
P/M *See* Sintered (porous) P/M stainless steels
P/M materials, hardness and density **A16:** 882
P/M parts **M7:** 728–732
P/M products **A19:** 338
pack cementation aluminizing **A5:** 618
parameter selection **A6:** 699–707
particle shape **M7:** 728

Stainless steels (continued)
percussion welding **M6:** 740
peritectic structures **A9:** 679–680
PH alloys classification **A16:** 681, 683, 684
phases **A13:** 47, 48
phosphate coatings **A5:** 381
photochemical machining **A16:** 587, 590, 591
physical properties **M3:** 33, 34–35
physical vapor deposition **A5:** 663, 664
pickling **A5:** 67, 69, 74, 75–76
piercing **A14:** 761–762
pipe **M3:** 16
pitting attack in **A11:** 200
plasma arc cutting **A6:** 1167, 1169, 1170, **A14:** 731–732, **M6:** 914, 916–917
plasma arc machining **A16:** 706
plasma arc welding **A6:** 197, 199, 698, 699, **M6:** 214
manufacture of tubing **M6:** 220–221
welding of foil **M6:** 221
plasma (ion) nitriding **A4:** 420, 421, 423
plasma-MIG welding **A6:** 224, 225
plate **M3:** 5–6, 8–11
plunge machining test **A16:** 687
porous **M7:** 699, 731
postweld heat treatments . . . **A6:** 677, 680–682, 686, 688, 695, 697
power hacksawing **A16:** 704
power requirement **A16:** 690
power spinning **A14:** 772–773
precipitate identification by light-element analysis **A10:** 459–461
precipitation hardening . . . **A19:** 716–717, 721–723, 782
stress-corrosion cracking **A19:** 491
precipitation-hardening . . **A14:** 226–227, **M3:** 25–28, 30–31
precipitation-hardening stainless steels **A6:** 695–697
prediction of microstructure **M6:** 40
preferential attack, types of **A11:** 200
preheating **A6:** 679
press forming **A14:** 763–765
press-brake forming **A14:** 762–763
pressure-density relationships **M7:** 299
probe material for quench-cooling curve analysis **A4:** 68
procedures for weld overlays **M6:** 811–816
processing sequence **M7:** 728–730
processing/fabrication/external treatment effects **A13:** 551–553
production **M3:** 3–4, **M7:** 100–101
products, semifinished **M3:** 3–4
projection welding **A6:** 233, **M6:** 503, 509
properties, commercial P/M grades . . . **M7:** 100, 731
properties, elevated temperatures **M3:** 30–31
properties, influence of product form . . . **M3:** 31–33
quenched and tempered, threshold as a function of yield strength **A19:** 141
quenching **A4:** 67
R ratio effect on near-threshold fatigue crack growth **A19:** 143
reaction with graphite hearths in vacuum heat treating **A4:** 503
reaming **A16:** 249, 690, 698, 702–703, 704–705
recommended guidelines for selecting PAW shielding gases **A6:** 67
recommended shielding gas selection for gas-metal arc welding **A6:** 66
reductions by cold swaging **A14:** 128
relative solderability **A6:** 134
relative solderability as a function of flux type **A6:** 129
relative weldability ratings, resistance spot welding **A6:** 834
repair welding **A6:** 1105–1107
Replicast process for **A15:** 271–272
residual stress **M3:** 50–51
residual stress and stress-corrosion cracking **A5:** 145
residual stresses **A6:** 625–626, 679
resistance brazing **A6:** 341, **M6:** 976
resistance seam welding **A6:** 241, 243, **M6:** 494
resistance soldering **A6:** 357
resistance spot welding **M6:** 480
resistance welding *See also* Resistance welding of stainless steels . . . **A6:** 833, 837, 840, 841, 842, 847–848
roll welding **A6:** 312, 314
rubber-pad forming **A14:** 773–774
rupture life **M1:** 95
sawing **A16:** 358, 705
SCC test result distribution **A13:** 276
SCC under thermal insulation **A13:** 1146–1147
SCC/general corrosion resistance **A13:** 1023
Schaeffler diagram **A6:** 431
schematic anodic polarization diagrams **A13:** 48
screw machine test **A16:** 689
second-phase constituents **A9:** 284
selection factors **M3:** 4–8
selective plating **A5:** 277
semi-austenitic **A19:** 723–724
sensitization **A6:** 688, **A11:** 200, **M3:** 50, 60–62
sensitized structure **A19:** 489
service failure due to coarse grain size **A11:** 70
shaped tube electrolytic machining **A16:** 554
sheet **M3:** 5–6, 11–12
sheet metals **A6:** 399–400
shielded metal arc welding **A6:** 176, 688, 693, 694, 698, 699–700, 701, **M6:** 75
shot peening **A5:** 128, 131, 133, 134
sigma phase in **A17:** 55
SIMS analysis of surface composition effects in **A10:** 622–623
sintered properties **M7:** 731
sintering **M7:** 340–341, 368–370, 729
sintering atmospheres for **M7:** 341, 729
slab milling **A16:** 324
slag removal from weldments **A6:** 61
sodium hydroxide corrosion **A13:** 1175
soft-magnetic modified versions **A16:** 684
solderable and protective finishes for substrate materials **A6:** 979
soldering **A6:** 127, 631
solidification cracking **A6:** 82
solid-state transformations in weldments **A6:** 82–83
spark source mass spectrometry for . . **A10:** 146–147
spinning **A14:** 771–773
spraying for hardfacing **M6:** 789
STAMP processed **M7:** 548–549
standard types **M3:** 4–8, 11–12
steam cleaning **A5:** 53
straightening, for cold heading **A14:** 687
stress-corrosion cracking . . . **A6:** 625, 626, **A19:** 483, 485, 486, 489–492, **M3:** 63–64
stress-relief heat treating **A4:** 34
stretch forming **A14:** 776–777
strip **M3:** 12
structure, principles **A13:** 47
stud arc welding **A6:** 210, 211, 212, 213, 214, 216, 218–219, **M6:** 730, 733
stud material **M6:** 730–731, 735
submerged arc welding **A6:** 203, 680, 681–682, 688, 693, 694, 698, 699, 700–703, **M6:** 116
substrate considerations in cleaning process selection **A5:** 4
suction shell alloys **A13:** 1204
suitability for cladding combinations **M6:** 691
"super ferritics" **A6:** 683, 686
surface composition effects during laser treatment of **A10:** 622–623
surface finish . . . **A16:** 685, 686, 687, 689, 691, 693, 697, 705
surface finishing **M3:** 33–36, 55
susceptibility to hydrogen damage **A11:** 249
tapping **A16:** 263, 698–700
taps for stainless steels **A16:** 699, 700
tempering **A4:** 124
tensile properties **M3:** 17–28, 29, **M7:** 729, 730
tensile properties at subzero temperatures **M3:** 748, 751–752, 757–762
texture orientations **A10:** 360
thermal fatigue and thermomechanical fatigue **A19:** 532–536
thermal properties **A6:** 17
thermal spray coatings **A5:** 503
thermomechanical fatigue **A19:** 532–533
thread grinding **A16:** 270, 274
thread milling **A16:** 269
thread rolling **A16:** 282, 293, 701–703
threading **A16:** 299
three-roll forming **A14:** 774–775
tin containing **M7:** 254
tool for ECM **A16:** 533, 536, 537
tool life **A16:** 681, 685–686, 688–689, 691, 695, 701, 703
tool life test **A16:** 690
torch brazing **A6:** 328
torch soldering **A6:** 351, 352
transition temperature **M3:** 28–30, 32
trimming **A14:** 229–230
tube, optical micrograph with precipitates and cracks **A10:** 459
tube stock **A14:** 671
tubing **M3:** 16–17
tubing, aircraft grades **M3:** 16–17
tubing, bending of **A14:** 777
tubing, forming of **A14:** 671, 777–778
turning **A16:** 144, 146, 147, 690, 696–697
ultrasonic cleaning **A5:** 47
ultrasonic inspection **A17:** 650–652
ultrasonic welding **A6:** 327, 893, 894
umpire analysis of **A10:** 178–179
Unicast molding of **A15:** 251
Unified Numbering System (UNS) **A16:** 681
use in breweries **A13:** 1221–1222
vacuum heat treating **A4:** 494
vacuum sintering atmospheres for **M7:** 345
vapor degreasing applications by vapor-spray-vapor systems **A5:** 30
water corrosion **A13:** 555–556
water-atomized, effect of oxide films on green strength **M7:** 303
wear resistance of **M7:** 728
weld cladding **A6:** 814
by submerged arc welding **A6:** 813
composition control of weld overlays **A6:** 817–820
filler metals **A6:** 809
welding parameters **A6:** 817
"weld cold" rule **A6:** 683
weld cracking **M3:** 51–52
weld decay, corrosion of weldments **A6:** 1066
weld metal, measurement of 8-ferrite in . . **A10:** 287
weld overlay material **M6:** 806
"weld ugly" **A6:** 694, 696
weldability **A15:** 535–537
welding **M3:** 48–52
welding process selection **A6:** 699–707
welding to copper and copper alloys **A6:** 769
wire **M3:** 13–15
wire, die materials for drawing **M3:** 522
wrought, maximum operating temperatures for **A11:** 271
X-ray photoelectron spectroscopy **M7:** 256, 257
x-ray spectrometry of **A10:** 100
Stainless steels, ACI specific types
CA-6N, composition and microstructure . . . **A4:** 775
CA-6NM
annealing **A4:** 786, 790
applications **M3:** 94
composition **A4:** 772, **M3:** 95, 104–105
composition and microstructure **A4:** 775
corrosion resistance **M3:** 94
hardening **A4:** 787, 790
impact strength **A4:** 787
intergranular attack not a problem **A4:** 787
machining speeds and feeds **M3:** 100

SUBJECTS OF THE INDEXED VOLUMES: ASM Handbook (designated by the letter "A"): **A1:** Properties and Selection: Irons, Steels, and High-Performance Alloys (1990); **A2:** Properties and Selection: Nonferrous Alloys and Special-Purpose Materials (1990); **A3:** Alloy Phase Diagrams (1992); **A4:** Heat Treating (1991); **A5:** Surface Engineering (1994); **A6:** Welding, Brazing, and Soldering (1993); **A7:** Powder Metal Technologies and Applications (1998); **A8:** Mechanical Testing (1985); **A9:** Metallography and Microstructures (1985); **A10:** Materials Characterization (1986); **A11:** Failure Analysis and Prevention (1986); **A12:** Fractography (1987); **A13:** Corrosion (1987); **A14:** Forming and Forging (1988); **A15:** Casting (1988); **A16:** Machining (1989); **A17:** Nondestructive Evaluation and Quality Control (1989); **A18:** Friction, Lubrication, and Wear Technology (1992); **A19:** Fatigue and Fracture (1996); **A20:** Materials Selection and Design (1997). **Metals Handbook, 9th Edition** (designated by the letter "M"): **M1:** Properties and Selection: Irons and Steels (1978); **M2:** Properties and Selection: Nonferrous Alloys and Pure Metals (1979); **M3:** Properties and Selection: Stainless Steels, Tool Materials, and Special-Purpose Materials (1980); **M4:** Heat Treating (1981); **M5:** Surface Cleaning, Finishing, and Coating (1982); **M6:** Welding, Brazing, and Soldering (1983); **M7:** Powder Metallurgy (1984). **Engineered Materials Handbook** (designated by the letters "EM"): **EM1:** Composites (1987); **EM2:** Engineering Plastics (1988); **EM3:** Adhesives and Sealants (1990); **EM4:** Ceramics and Glasses (1991). **Electronic Materials Handbook** (designated by the letters "EL"): **EL1:** Packaging (1989)

mechanical properties. **A4:** 786
property data **M3:** 104–105
reaustenitizing **A4:** 787
stress-relieving **A4:** 786
tempering temperature effect **A4:** 787–789
tempering temperature effect on
hardness. **A4:** 789, 791
welding conditions. **M3:** 101
CA-6NM, tempering temperature, effect on
properties **M4:** 644
CA-15
annealing **A4:** 790
applications. **M3:** 94
composition **M3:** 95, 105
composition and microstructure. **A4:** 775
corrosion resistance **M3:** 94
hardening **A4:** 790
heat treatment **A4:** 785, **M4:** 642
heat treatment methods, effect on mechanical
properties **A4:** 790
impact strength **A4:** 787
machining speeds and feeds. **M3:** 100
mechanical properties **A4:** 790, **M3:** 96–97
mechanical properties, effect of heat
treating. **M4:** 641
property data **M3:** 107–108
replaced by CA-6NM **A4:** 786
tempering temperature effect on
hardness. **A4:** 789, 791
tempering temperature effect on mechanical
properties **A4:** 791
tempering temperature, effect on
properties **M4:** 644, 645
welding conditions. **M3:** 101
CA-15M, composition and microstructure. . **A4:** 775
CA-28MWV, composition and
microstructure. **A4:** 775
CA-40
annealing **A4:** 790
composition **M3:** 94, 106
composition and microstructure. **A4:** 775
hardening **A4:** 790
heat treatment **A4:** 785
machining speeds and feeds. **M3:** 100
property data **M3:** 106–107
welding conditions. **M3:** 101
CA-40, heat treatment **M4:** 642
CA-40F, composition and microstructure . . **A4:** 775
CB-7Cu
applications. **M3:** 95–96
composition **M3:** 95, 107
corrosion resistance. **M3:** 95–96
mechanical properties **M3:** 97
property data **M3:** 107–108
welding conditions. **M3:** 101
CB-7Cu-1, composition and
microstructure. **A4:** 775
CB-7Cu-2, composition and
microstructure. **A4:** 775
CB-30
annealing **A4:** 774, 786, 790
applications. **M3:** 96–97
composition **M3:** 95, 108
composition and microstructure. **A4:** 775
corrosion **M3:** 109
machining speeds and feeds. **M3:** 98
property data **M3:** 108–109
welding conditions. **M3:** 101
CB-30, annealing. **M4:** 639
CC-50
annealing **A4:** 774, 786, 790
composition **M3:** 95, 109
composition and microstructure. **A4:** 775
machining speeds and feeds. **M3:** 100
property data **M3:** 109–110
welding conditions. **M3:** 101
CC-50, annealing. **M4:** 639
CD-4MCu
applications. **M3:** 96
composition **M3:** 95, 110
corrosion. **M3:** 96, 111
property data. **M3:** 110, 111–112
welding conditions. **M3:** 101
CD-4MCu, composition and
microstructure **A4:** 775
CE-30
annealing **A4:** 774, 790
composition **M3:** 95, 112
composition and microstructure. **A4:** 775
machining speeds and feeds. **M3:** 100
property data **M3:** 112
welding conditions. **M3:** 101
CE-30, annealing. **M4:** 639
CF-3
annealing **A4:** 774, 790
composition. **M3:** 95, 112–113
composition and microstructure. **A4:** 775
corrosion chart **M3:** 113
property data **M3:** 113
welding conditions. **M3:** 101
CF-3, annealing **M4:** 639
CF-3, corrosion resistance **A4:** 787
CF-3A
composition **M3:** 113
property data **M3:** 113
CF-3M
annealing **A4:** 774, 790
applications. **M3:** 95
composition **M3:** 95, 113
composition and microstructure. **A4:** 775
corrosion resistance **A4:** 787, **M3:** 95
property data **M3:** 113–114
welding conditions. **M3:** 101
CF-3M, annealing **M4:** 639
CF-3MA
composition **M3:** 113
property data **M3:** 114
CF-3MN, composition and microstructure **A4:** 775
CF-8
applications. **M3:** 95
composition. **M3:** 95, 114, 756
corrosion. **M3:** 81, 93, 100, 115
machining speeds and feeds. **M3:** 100
mechanical properties. **M3:** 96, 103
property data **M3:** 114, 115
tensile properties at subzero
temperatures **M3:** 762
welding conditions. **M3:** 101
CF-8, annealing **A4:** 774, 790, **M4:** 639
composition and microstructure. **A4:** 775
CF-8A
composition **M3:** 114
property data **M3:** 114
CF-8C
annealing **A4:** 774, 790
composition **M3:** 95, 116
composition and microstructure. **A4:** 775
machining speeds and feeds. **M3:** 100
property data **M3:** 116
stabilizing treatment. **A4:** 787
welding conditions. **M3:** 101
CF-8C, annealing **M4:** 639
CF-8M
annealing **A4:** 774, 790
applications. **M3:** 95
composition. **M3:** 95, 116, 756
composition and microstructure. **A4:** 775
corrosion **M3:** 95, 100, 117–118
corrosion in chemical solutions . . **M3:** 81, 84, 86,
89, 90
corrosion in foods **M3:** 93
machining speeds and feeds. **M3:** 100
property data **M3:** 116–118
tensile properties at subzero
temperatures **M3:** 762
welding conditions. **M3:** 101
CF-8M, annealing **M4:** 639
CF-10M, composition and microstructure. . **A4:** 775
CF-10MC, composition and
microstructure **A4:** 775
CF-10SMnN, composition and
microstructure **A4:** 775
CF-12M
annealing **A4:** 774, 790
composition **M3:** 95, 116
composition and microstructure. **A4:** 775
corrosion charts **M3:** 117–118
property data **M3:** 116–118
welding conditions. **M3:** 101
CF-12M, annealing. **M4:** 639
CF-16F
annealing **A4:** 774, 790
composition **M3:** 95, 118
composition and microstructure. **A4:** 775
machining speeds and feeds. **M3:** 100
property data **M3:** 118–119
welding conditions. **M3:** 101
CF-16F, annealing. **M4:** 639
CF-20
annealing **A4:** 774, 790
composition **M3:** 95, 119
composition and microstructure. **A4:** 775
machining speeds and feeds. **M3:** 100
property data **M3:** 119
welding conditions. **M3:** 101
CF-20, annealing **M4:** 639
CG-6MMN, composition and
microstructure **A4:** 775
CG-8M
applications. **M3:** 95
composition **M3:** 95, 119
corrosion resistance. **M3:** 95
property data **M3:** 119–120
welding conditions. **M3:** 101
CG-8M, composition and microstructure . . **A4:** 775
CG-12, composition and microstructure . . . **A4:** 775
CH-8, composition and microstructure **A4:** 775
CH-10
composition **M3:** 120
corrosion in silver nitrate. **M3:** 87
property data **M3:** 120–121
CH-10, composition and microstructure . . . **A4:** 775
CH-20
annealing **A4:** 774, 790
composition **M3:** 95, 120
composition and microstructure. **A4:** 775
corrosion in silver nitrate. **M3:** 87
machining speeds and feeds. **M3:** 100
property data **M3:** 120–121
welding conditions. **M3:** 101
CH-20, annealing **M4:** 639
CHF20-8M
annealing **A4:** 774, 790
composition and microstructure. **A4:** 775
CK-3MCuN, composition and
microstructure. **A4:** 775
CK-20
annealing **A4:** 774, 790
composition **M3:** 95, 121
composition and microstructure. **A4:** 775
machining speeds and feeds. **M3:** 100
mechanical properties **M3:** 96
property data **M3:** 121
welding conditions. **M3:** 101
CK-20, annealing **M4:** 639
CN-3M, composition and microstructure . . **A4:** 775
CN-7M
annealing **A4:** 774, 790
applications. **M3:** 96
composition **M3:** 95, 121
composition and microstructure. **A4:** 775
corrosion **M3:** 96, 100, 122
corrosion in chemical solutions **M3:** 80–81,
84–86, 89
machining speeds and feeds. **M3:** 100
mechanical properties **M3:** 96
property data **M3:** 121–123
welding conditions. **M3:** 101
CN-7M, annealing. **M4:** 639
CN-7MS
applications. **M3:** 96
composition **M3:** 95
corrosion resistance **M3:** 96
CN-7MS, composition and microstructure **A4:** 775
CT-15C, composition and microstructure . . **A4:** 775
Stainless steels, ASTM specific types
A297, grade HF, rupture life **M1:** 95
Stainless steels, austenitic **A4:** 769–776
annealing. **A4:** 769–772, 773, 774, 775–776,
M4: 623–624, 639
boriding **A4:** 441
bright annealing **A4:** 773, **M4:** 625–626
conventional composition . . . **A4:** 769, **M4:** 623–624
cooling curves **A4:** 114
for trays and grids **A4:** 514
hardness and oil quenching **A4:** 99
highly alloyed grades . . **A4:** 769, 773, **M4:** 623, 624,
626
high-nitrogen alloys . . . **A4:** 769, 772, 773, **M4:** 623,
624, 626
intergranular attack **A4:** 769–773, 776

Stainless steels, austenitic (continued)
low-carbon............ **A4:** 769–772, **M4:** 623, 624
magnetic permeability...... **A4:** 772, 773, **M4:** 625
plasma (ion) nitriding.................. **A4:** 424
stabilized compositions **A4:** 769, **M4:** 623, 624–625
stress relieving..................... **M4:** 647–649
stress-relieving........ **A4:** 772, 773, 774–776, 777
Stainless steels, austenitic, fracture toughness of.................. **A19:** 733–756
aged base metal.................. **A19:** 740–741
aged stainless steel fracture toughness/Charpy energy correlations....... **A19:** 741, 743–744
aged welds........................ **A19:** 741–743
aging-induced microstructural changes.... **A19:** 740
ambient temperature fracture toughness.................... **A19:** 736–737
base metal cryogenic fracture toughness.................... **A19:** 747–750
Charpy impact energy/fracture toughness correlations at -269 °C............ **A19:** 752
cold-worked stainless steels **A19:** 740
crack orientation effect on base metal **A19:** 738–739
crack orientation effect on weld toughness.................... **A19:** 738–739
cryogenic fracture toughness **A19:** 747–750
elevated-temperature fracture toughness... **A19:** 737
fracture mechanisms in base metals.. **A19:** 735–736
fracture mechanisms in welds....... **A19:** 737–738
fracture properties at ambient temperatures................. **A19:** 734–735
fracture properties at elevated temperatures................. **A19:** 734–735
fracture toughness determination.... **A19:** 733–734
fracture toughness of base metal..... **A19:** 734–736
fracture toughness of welds......... **A19:** 736–738
intermediate temperature irradiation of base metal **A19:** 744–745
intermediate temperature irradiation of welds **A19:** 745–746
irradiation-induced microstructure....... **A19:** 744
low-temperature irradiations........ **A19:** 746, 747
neutron irradiation effect on base metal **A19:** 744–747
neutron irradiation effect on weld toughness.................... **A19:** 744–747
postirradiation, of cold-worked material..................... **A19:** 746–747
strain rate effect on base metal.......... **A19:** 740
strain rate effect on weld toughness...... **A19:** 740
thermal aging effect on base metal... **A19:** 740–744
thermal aging effect on weld toughness.................... **A19:** 740–744
welding-induced heat-affected zones...... **A19:** 738
welds at cryogenic temperatures..... **A19:** 751–752
Stainless steels, cast *See* Cast stainless steels, selection
Stainless steels, cast, specific types *See also* Nickel alloys, specific types; Stainless steels, ACI specific types
HT55, fatigue crack threshold........... **A19:** 145
HT-60, crack aspect ratio variation...... **A19:** 160
HY 140, room-temperature fracture toughness........................ **A19:** 622
Illium P
composition **M3:** 123
property data.................... **M3:** 123, 124
Illium PD
composition..................... **M3:** 123, 124
property data.................... **M3:** 123–124
Kromarc 55
composition **M3:** 756
tensile properties at subzero temperatures.................... **M3:** 762
Stainless steels, corrosion resistance
architectural applications................. **M3:** 67
atmospheric corrosion **M3:** 65–68
biofouling............................ **M3:** 76
cathodic protection **M3:** 73–74, 78
cavitation erosion....................... **M3:** 77
chromium carbide precipitation........ **M3:** 61–62
cold work.......................... **M3:** 59, 60
composition effects **M3:** 57, 70–71, 72, 73
corrosion fatigue..................... **M3:** 64–65
corrosion testing **M3:** 65
crevice corrosion....... **M3:** 62, 72–73, 74, 75, 76
design, effect of...................... **M3:** 59–61
dissimilar-metal couples........... **M3:** 62, 72–74
fabrication, effect of.................. **M3:** 59–60
foods............................... **M3:** 92–93
galvanic corrosion.................... **M3:** 62–63
heat treatment, effect of........ **M3:** 57–59, 60, 64
impingement attack............... **M3:** 76–77, 79
intergranular corrosion **M3:** 57, 58, 60–62, 63
localized corrosion................... **M3:** 56, 57
passivity............................ **M3:** 56–57
pharmaceuticals...................... **M3:** 91–92
pitting.............................. **M3:** 58, 61
pollution............................... **M3:** 76
pulp and paper **M3:** 92
seawater environments................ **M3:** 70–80
ship propellers **M3:** 77–78, 80
stress-corrosion cracking **M3:** 63–64
transportation equipment **M3:** 68–70
welding............................. **M3:** 59–60
Stainless steels, dissimilar welds **A6:** 500–504
cladding austenitic stainless steel to carbon steels........................ **A6:** 502–504
cladding austenitic stainless steels to low-alloy steels........................ **A6:** 502–504
filler metals **A6:** 500, 501–502
hot cracking **A6:** 504
submerged arc welding **A6:** 502
welding austenitic stainless steels to carbon steels.................... **A6:** 500–501, 502
welding austenitic stainless steels to low-alloy steels........................ **A6:** 500–501
welding austenitic-stainless-clad carbon or low-alloy steels........................ **A6:** 501–502
welding dissimilar austenitic stainless steels............................ **A6:** 500
welding ferritic stainless steels to carbon steels............................ **A6:** 501
welding ferritic stainless steels to low-alloy steels............................ **A6:** 501
welding martensitic stainless steels to carbon steels............................ **A6:** 501
welding martensitic stainless steels to low-alloy steels............................ **A6:** 501
Stainless steels, duplex
annealing.......................... **A4:** 777, 778
yield strengths.......................... **A4:** 777
Stainless steels, duplex, fatigue and fracture properties of.................. **A19:** 757–768
base material in solution-annealed condition.................... **A19:** 763–764
brittle phases influence................. **A19:** 764
chemical compositions **A19:** 757
chlorides influence **A19:** 764, 765
cold work influence.................... **A19:** 763
crack initiation from local strains.... **A19:** 757–758
crack initiation with corrosion fatigue **A19:** 758–759
creep-fatigue behavior of duplex steel.... **A19:** 205, 767
elevated-temperature properties...... **A19:** 766–767
environmental effects **A19:** 763
evaluating stress-corrosion test data.. **A19:** 765–766
fatigue crack growth **A19:** 759–761
fatigue crack initiation **A19:** 757–761
fatigue data for rotating bending stresses...................... **A19:** 761–762
fatigue strength.................... **A19:** 761–763
fatigue strength under pulsating tensile stresses...................... **A19:** 762–763
fractography **A19:** 766
fracture modes **A19:** 763
fracture toughness **A19:** 763–764
precipitations influence................. **A19:** 764
reversed bending fatigue................ **A19:** 762
stress-corrosion cracking............ **A19:** 764–766
stress-corrosion cracking comparison of austenitic and duplex stainless steels **A19:** 766
stress-corrosion cracking in caustic solutions.......................... **A19:** 766
suggested models of corrosion fatigue **A19:** 759
testing frequency influence.............. **A19:** 763
weldment geometries................... **A19:** 763
welds............................ **A19:** 763, 764
Stainless steels exhaust flanges
pneumatic isostatic forging............... **A7:** 641
Stainless steels, fatigue and fracture properties of................... **A19:** 712–732
475 °C embrittlement **A19:** 717
A-286 steel **A19:** 723–724
aging effect.................. **A19:** 725–727, 728
austenitic................ **A19:** 712–716, 724–726
austenitic PH **A19:** 723–724
austenitic steel fatigue crack growth.. **A19:** 724–725
austenitic steel stress ratio effect on fatigue crack growth rates **A19:** 725–726
compositions.......................... **A19:** 713
duplex **A19:** 717
embrittlement..................... **A19:** 717–718
environmental effects **A19:** 726–731
fatigue crack growth in aqueous environments **A19:** 728–729
fatigue crack growth rates at cryogenic temperatures **A19:** 730
fatigue limits...................... **A19:** 714–716
fatigue strength **A19:** 729, 730–731
ferritic...................... **A19:** 712, 718–719
ferritic steel corrosion fatigue....... **A19:** 718, 719
ferritic steel fracture toughness...... **A19:** 717, 718
ferritic steel stress-corrosion cracking..... **A19:** 718
hold times effect.............. **A19:** 725, 727–728
martensitic **A19:** 716, 717, 719–721
martensitic corrosion fatigue resistance... **A19:** 721
martensitic fracture toughness and stress-corrosion cracking thresholds **A19:** 719–721
martensitic PH.................... **A19:** 721–723
martensitic PH steel fatigue crack growth rates......................... **A19:** 721–723
martensitic PH steel fatigue life **A19:** 723
martensitic PH steel plane strain fracture toughness........................ **A19:** 721
moisture effect on FCG rates **A19:** 726–727
precipitation hardening (PH)........ **A19:** 716–717
semi-austenitic **A19:** 723–724
sensitization **A19:** 717
sigma-phase embrittlement.......... **A19:** 717–718
temperature effect on FCG rates **A19:** 726–727
tensile properties.................. **A19:** 714–716
time-dependent crack growth........ **A19:** 729–730
types of stainless steels................. **A19:** 712
Stainless steels, ferritic................ **A4:** 776–777
annealing...................... **A4:** 776, **M4:** 625
embrittlement **A4:** 776–777, **M4:** 629
plasma (ion) nitriding **A4:** 424
Stainless steels, heat treating *See also* Stainless steels, austenitic; Stainless steels, ferritic **M4:** 623–646
Stainless steels, martensitic............ **A4:** 777–782
annealing **A4:** 778, 780, **M4:** 628, 633–634
austenitizing **A4:** 778–779, 781, **M4:** 625, 627, 631
cleaning prior to heat treating.... **A4:** 778, **M4:** 630
hardness......... **A4:** 778–779, 780, **M4:** 625, 630
hydrogen embrittlement..... **A4:** 781–782, **M4:** 635
impact strength **A4:** 779, 780
martempering **A4:** 779
preheating................ **A4:** 778, **M4:** 630–631
protective atmospheres **A4:** 781, **M4:** 634–635
quenching..................... **A4:** 779, **M4:** 632
reheating ... **A4:** 780, **M4:** 627, 629, 631, 632, 633, 634, 635
retained austenite **A4:** 779, **M4:** 632
salt baths **A4:** 780–781, **M4:** 634

SUBJECTS OF THE INDEXED VOLUMES: ASM Handbook (designated by the letter "A"): **A1:** Properties and Selection: Irons, Steels, and High-Performance Alloys (1990); **A2:** Properties and Selection: Nonferrous Alloys and Special-Purpose Materials (1990); **A3:** Alloy Phase Diagrams (1992); **A4:** Heat Treating (1991); **A5:** Surface Engineering (1994); **A6:** Welding, Brazing, and Soldering (1993); **A7:** Powder Metal Technologies and Applications (1998); **A8:** Mechanical Testing (1985); **A9:** Metallography and Microstructures (1985); **A10:** Materials Characterization (1986); **A11:** Failure Analysis and Prevention (1986); **A12:** Fractography (1987); **A13:** Corrosion (1987); **A14:** Forming and Forging (1988); **A15:** Casting (1988); **A16:** Machining (1989); **A17:** Nondestructive Evaluation and Quality Control (1989); **A18:** Friction, Lubrication, and Wear Technology (1992); **A19:** Fatigue and Fracture (1996); **A20:** Materials Selection and Design (1997). **Metals Handbook, 9th Edition** (designated by the letter "M"): **M1:** Properties and Selection: Irons and Steels (1978); **M2:** Properties and Selection: Nonferrous Alloys and Pure Metals (1979); **M3:** Properties and Selection: Stainless Steels, Tool Materials, and Special-Purpose Materials (1980); **M4:** Heat Treating (1981); **M5:** Surface Cleaning, Finishing, and Coating (1982); **M6:** Welding, Brazing, and Soldering (1983); **M7:** Powder Metallurgy (1984). **Engineered Materials Handbook** (designated by the letters "EM"): **EM1:** Composites (1987); **EM2:** Engineering Plastics (1988); **EM3:** Adhesives and Sealants (1990); **EM4:** Ceramics and Glasses (1991). **Electronic Materials Handbook** (designated by the letters "EL"): **EL1:** Packaging (1989)

soaking time **A4:** 779, **M4:** 626, 627, 628, 631–632
subzero cooling **A4:** 779, **M4:** 632–633
tempering **A4:** 778, 779, 780, 781
Stainless steels, powder metallurgy materials
etching **A9:** 509
microstructures **A9:** 511
Stainless steels, precipitation-hardening. . A4: 782–785
bright annealing **A4:** 783
cleaning prior to heat treating. . . . **A4:** 782, **M4:** 636
furnace atmospheres . . . **A4:** 782–783, **M4:** 636–637
furnace(s) **A4:** 782, **M4:** 636
heat treating cycles, variations. . **M4:** 638, 640, 641, 642, 643
heat treating procedures **M4:** 635–639
heat-treating cycles, variations **A4:** 785
heat-treating procedures **A4:** 783–785
scale removal. **A4:** 785, **M4:** 638–639
Stainless steels, selection of **A6:** 431
alloying additions **A6:** 431
chromium addition **A6:** 431
chromium equivalents **A6:** 431
classification scheme **A6:** 431
nickel equivalents **A6:** 431
Stainless steels, specific types *See also* Stainless steels
0.27C-0.43Mn-0.09Si-11.95Cr-1.90Mo-7.96Ni, temperature effect on corrosion fatigue crack growth rate **A19:** 191–192
0.30C-13Cr, wear resistance **A18:** 705
2RK65
annealing **A4:** 773
composition **A4:** 771
2RK65, annealing **M4:** 624
3RE60
annealing **A4:** 778
composition **A4:** 772
5% Cr, diffusion coatings **A5:** 619
7L4, annealing **A4:** 773
7MoPlus
annealing **A4:** 778
composition **A4:** 772
10B21, Q&T320 HB, monotonic and cyclic stress-strain properties **A19:** 231
12% Cr, diffusion coatings **A5:** 619
12Cr, chromic acid corrosion resistance **M3:** 82
12Cr, fatigue crack threshold **A19:** 143
12Cr-8Ni-2Mo, corrosion fatigue crack growth data **A19:** 643
12SR, chemical composition **A6:** 444
12SR, composition **A4:** 772
13-8, chemical milling **A16:** 584
13-8 PH, hydrogen embrittlement **A12:** 30
13-8Mo alloys, heat-treating procedures **A4:** 784
13-8PH, gas nitriding **A4:** 387
14-4, tensile properties **A19:** 716
14Cr, crevice corrosion **M3:** 58
15-5 PH
composition **M6:** 350
resistance welding **M6:** 527
15-5 PH, seizure resistance **M1:** 611
15-5 PH, wrought heat-resistant **A16:** 738
15-5Ni alloys, heat-treating procedures **A4:** 783–784
15-5PH
composition **A6:** 483, 484, **M3:** 5–6, 190–191
composition effect **A6:** 487
electron-beam welding **A6:** 491, 869
heat treatment **A6:** 485
mechanical properties **A6:** 486, **M3:** 30–31
physical properties **M3:** 34–35
precipitation-hardening phases **A6:** 483
recommended filler metals for welding. . **A6:** 1107
resistance to environments **M3:** 11–12
weldability **A6:** 484, 487
15-5PH, composition **A4:** 770
15-5PH, gas nitriding **A4:** 387
15-7 PH Mo, and polybenzimidazoles . . . **EM3:** 171
15Cr-5Ni, composition **M6:** 526
16-8-2
aging effect on fracture toughness of gas-tungsten arc welds **A19:** 741
initiation toughness values and *J-R* curve slope values, metals, and welds **A19:** 734
J_c fracture toughness at 20-125 °C for gas-tungsten arc welds **A19:** 737
J_c fracture toughness at 20-125 °C for submerged arc welds **A19:** 737
weldment fracture toughness. . **A19:** 737, 738, 741
16-8-2H
composition **A6:** 691
filler metals for **A6:** 693
properties **A6:** 693
16Cr-18Ni, cold rolling, effect on tensile strength **M3:** 33
17-4 PH
composition **M6:** 350, 526
flash welding **M6:** 557
resistance welding **M6:** 527
17-4 PH (630) bolt, hydrogen embrittlement **A11:** 249
17-4 PH CD, seawater corrosion resistance **M3:** 74
17-4 PH, intergranular SCC failure **A11:** 23
17-4 PH, intergranular SCC-caused decohesive fracture **A12:** 24
17-4 PH, machining **A16:** 203, 269, 360, 362, 534, 584, 588, 738
17-4 PH power-plant gate-valve stem, SCC failure in high-purity water **A11:** 218
17-4 PH steam-turbine blade, corrosion fatigue failure by corrosion pitting **A11:** 257
17-4PH
aging **A4:** 791
composition **A4:** 770, **A6:** 483, **M3:** 5–6, 190–191
composition effect **A6:** 487
cutoff band sawing with bimetal blades **A6:** 1184
electron-beam welding **A6:** 484, 490, 491, 869
fasteners **M3:** 184, 185
fracture toughness **M3:** 32
furnace brazing **A6:** 920–921
gas nitriding **A4:** 387, 401
gas-metal arc welding **A6:** 483, 489
gas-tungsten arc welding **A6:** 483, 489
hardening temperature, effect on properties **A4:** 789, **M4:** 643
heat treating procedures **M4:** 635–639
heat treatment **A6:** 485
heat-treating procedures **A4:** 783, 785
homogenization **A4:** 790
laser weld joining, YAG **A6:** 88
machinability **M3:** 45
mechanical properties **A4:** 791, **A6:** 483, 486, 489, **M3:** 30–31, 200, 202
mechanical properties, effect of aging time **M4:** 643, 645–646
M_f temperature **A6:** 482
microstructure **A6:** 488
physical properties **M3:** 34–35
plasma arc welding **A6:** 490
postweld heat treatment **A6:** 490
precipitation-hardening phases **A6:** 483
recommended filler metals for welding. . **A6:** 1107
resistance to environments **M3:** 11–12
shielded metal arc welding **A6:** 483, 489
temperature, effect on aging . . . **M4:** 642, 645–646
weldability **A6:** 483, 484
17-7 PH *See also* Stainless steels, specific types
composition **A6:** 483, **M6:** 350, 526
composition effect **A6:** 487
cutoff band sawing with bimetal blades **A6:** 1184
electron-beam welding **A6:** 869
filler metals **A6:** 488
furnace brazing **A6:** 918–919, 920–921
gas-metal arc welding **A6:** 489
gas-tungsten arc welding **A6:** 488–489, 492
heat treatment **A6:** 485
mechanical properties **A6:** 486
M_f temperature **A6:** 482
microstructure **A6:** 488
M_s temperature **A6:** 482
postweld heat treatment **A6:** 488, 489
precipitation-hardening phases **A6:** 483
recommended filler metals for welding. . **A6:** 1107
resistance welding **A6:** 489, **M6:** 527
spot and seam welding **A6:** 489
submerged arc welding **A6:** 489
ultrasonic welding **A6:** 326, 327
weldability **A6:** 488
17-7 PH annealed, and polybenzimidazoles **EM3:** 170
17-7 PH, distortion in **A11:** 140
17-7 PH, machining. . **A16:** 360, 362, 584, 588, 738
17-7PH
annealing **A4:** 787
annealing temperature variation, effect on properties **M4:** 640
austenite-conditioning temperature, effect of variations on properties **M4:** 641
austenitizing temperature **A4:** 789
composition **A4:** 770, **M3:** 5–6, 190–191
fasteners **M3:** 185
fracture toughness **M3:** 32
gas nitriding **A4:** 387, 401
hardening temperature and time, effect of variations on properties **M4:** 642
hardening temperature and time variations **A4:** 789
heat treating procedures **M4:** 635–639
heat treatment **M3:** 202
heat-treating procedures **A4:** 783, 785
isochronous stress-strain curves **M3:** 192
machinability **M3:** 45
mechanical properties . . **A4:** 787, 789, **M3:** 30–31, 202, 204
physical properties **M3:** 34–35
resistance to environments **M3:** 11–12
transformation treatment temperature and time variations **A4:** 787
transformation treatment temperature, effect of variations on properties **M4:** 640
17-7PH, die wear and die life **A18:** 633
17-7PH, intergranular fracture **A13:** 1046
17-7PH RH950, stress-corrosion failure. . **A13:** 1102
17-10 P
composition **M3:** 9–10
mechanical properties **M3:** 30–31
17-10 P, composition **M6:** 350
17-10 P, not electron-beam welded **A6:** 869
17-14-4LN, composition **A4:** 771, **A6:** 458
17-14CuMo
composition **M3:** 190–191
seawater corrosion resistance **M3:** 74
17-14Cu-Mo, tensile properties **A19:** 715
17Cr, crevice corrosion **M3:** 58
18% Cr + 8% Ni (18-8), wear resistance . . **A18:** 651
18 SR, wrought heat-resistant **A16:** 738
18-2FM, composition **M3:** 9–10
18-2FM (XM-34), composition **A4:** 771
18-2Mn, composition **A6:** 458
18-3Mn, composition **A6:** 458
18-4-3-3, fatigue strength under reversed bending stresses **A19:** 762
18-8 *See also* Stainless steels, specific types, 302; Stainless steels, specific types, 304
acetic acid corrosion resistance **M3:** 81
cooling curves **A4:** 96
cooling rate with quenching **A4:** 76
corrosion resistance, marine atmospheres **M3:** 67
fasteners **M3:** 183, 184
fatty acids corrosion resistance **M3:** 83
plasma (ion) nitriding **A4:** 404, 423
quenching **A4:** 96
seawater corrosion resistance **M3:** 70, 72, 73
stress-rupture, affected by sigma phase. . **M3:** 226, 229
sulfuric acid corrosion resistance **M3:** 88–89
18-8, drilling **A16:** 219
18-8, polarization curves **A9:** 144–145
18-8 properties **A6:** 992
18-8, radiographic absorption **A17:** 311
18-8Mo *See also* Stainless steels, specific types, 316
chromic acid corrosion resistance **M3:** 82
18-8Ti, chromic acid corrosion resistance . . **M3:** 82
18-9, phosphoric acid corrosion resistance . . **M3:** 86
18-18 Plus
annealing **A4:** 773
composition **A4:** 771, **M3:** 9–10
mechanical properties **M3:** 23–24
18-18 Plus, composition **A6:** 458, **M6:** 526
18-18-2
composition **M3:** 9–10
mechanical properties **M3:** 18–22
18-18-2 (XM-15), composition **A4:** 771, **A6:** 458
18Cr, ammonium sulfate corrosion resistance **M3:** 81
18Cr-2Mo
acetic acid corrosion resistance **M3:** 78–81
ammonia corrosion resistance **M3:** 81
composition **M3:** 190–191
18Cr-2Mo, wrought heat-resistant **A16:** 738

Stainless steels, specific types (continued)
18Cr-2Ni-12Mn, annealing **A4:** 773
18Cr-2Ni-12Mn, composition **M6:** 526
18Cr-8Ni, ammonium sulfate corrosion resistance **M3:** 81
18Cr-8Ni, stacking faults and mechanical twins **A9:** 686
18Cr-9Ni, Mn content effect **A16:** 687
18Cr-9Ni, S content effect **A16:** 685
18Cr-9Ni-3Mn, effect of C and N on machinability **A16:** 690
18Cr-12Ni- high-purity austenitic, atom probe analysis **A10:** 595
18Ni maraging steel, composition **A6:** 1017
18SR
  annealing **A4:** 776
  composition **A4:** 772, **M3:** 9–10, 190–191
  mechanical properties **M3:** 24–25
  oxidation resistance **M3:** 196
  tensile properties **M3:** 194
18SR, chemical composition **A6:** 444
19-9 DL
  composition **M3:** 190–191
  stress-rupture **M3:** 205, 230
  tensile properties **M3:** 205
19-9 DX
  composition **M3:** 190–191
  stress-rupture **M3:** 205
  tensile properties **M3:** 205
19-9DL
  composition **A6:** 458
  electron-beam welding **A6:** 869
19-9DX, wrought heat-resistant **A16:** 738
20Cb, as filler metal for weld cladding applications **A6:** 809
20Cb-3
  annealing **A4:** 773
  composition **A4:** 771, **A6:** 458
  mechanical properties **A6:** 468
20Cb-3 tools for shaped tube electrolytic machining **A16:** 555
20Cr, crevice corrosion **M3:** 58
20Mo-4
  composition **A6:** 458
  mechanical properties **A6:** 468
20Mo-4, composition **A4:** 771
20Mo-6
  composition **A6:** 458
  mechanical properties **A6:** 468
20Mo-6, composition **A4:** 771
21-6-9
  composition **M3:** 190–191, 756
  fatigue-crack-growth rate **M3:** 764
  friction welding **A6:** 153, 154
  gas-tungsten arc welding and fluid flow phenomena **A6:** 20, 21, 22
  stress-rupture **M3:** 205
  tensile properties **M3:** 205, 760, 762
  trace element impurity effect on GTA weld penetration **A6:** 20
  wettability of commercial braze filler metals **A6:** 116
21-6-9, wrought heat-resistant **A16:** 738
21-6-9LC, composition **A4:** 771, **A6:** 458
21Cr-6Ni-9Mn, annealing **A4:** 773
21Cr-6Ni-9Mn, composition **M6:** 526
21Cr-6Ni-9Mn, liquid-copper penetration **A11:** 431
22-4-9
  fatigue limits **A19:** 715
  tensile properties **A19:** 715
22Cr-5Ni-3Mo, air and corrosion fatigue **A19:** 762
22Cr-13Ni-5Mn, annealing **A4:** 773
22Cr-13Ni-5Mn, composition **M6:** 526
25-6Mo
  composition **A6:** 691
  filler metals for **A6:** 693
  properties **A6:** 693
25Cr, crevice corrosion **M3:** 58
25CR-12Ni cast, sigma-phase embrittlement **A12:** 150
26-1 Ti
  composition **M3:** 9–10, 190–191
  mechanical properties **M3:** 24–25
  tensile properties **M3:** 194
26-1S, pulp and paper corrosion resistance **M3:** 92
26-1-Ti, chemical composition **A6:** 446
26-1Ti, wrought heat-resistant **A16:** 738
26-1X, pulp and paper corrosion resistance **M3:** 92
26-4-6-2, fatigue strength under pulsating tensile stresses **A19:** 762
26Cr-1Mo, corrosion in chemical solutions **M3:** 79–81, 84, 86
26Cr-3.5Ni-5.6Mn-2.2Mo-0.3N (X4CrMnNiMoN2664), fatigue strength **A19:** 762
27Cr, chromic acid corrosion resistance **M3:** 82
29-4
  composition **A6:** 687, **M3:** 9–10
  filler metals for **A6:** 687
  mechanical properties **M3:** 24–25
  properties **A6:** 687
29-4-2
  composition **M3:** 9–10
  mechanical properties **M3:** 24–25
29Cr-4Mo
  composition **M3:** 190–191
  corrosion in acids **M3:** 81, 84, 86, 87
  corrosion in foods **M3:** 92
  corrosion resistance, pulp and paper industry **M3:** 92
29Cr-4Mo, wrought heat-resistant **A16:** 738
29Cr-4Mo-2Ni
  corrosion resistance, phosphoric acid **M3:** 87
  corrosion resistance, pulp and paper industry **M3:** 92
30Cr, crevice corrosion **M3:** 58
34CrMo4, threshold stress intensity determined by ultrasonic resonance test methods **A19:** 139
44LN, composition **A4:** 772
200 series **A16:** 93
200, turning with cermet tools **A16:** 93
200-series
  acid cleaning and passivation **A5:** 755
  acid descaling **A5:** 747
200-series containing 16% Cr or more, acid cleaning and passivation **A5:** 755
201
  annealing **A4:** 773
  composition **A4:** 770, **A6:** 457, 690, **M3:** 5–6
  corrosion resistance, marine atmospheres **M3:** 67
  cutoff band sawing with bimetal blades **A6:** 1184
  filler metals for **A6:** 692
  mechanical properties **M3:** 23–24
  metallurgy **A6:** 688
  physical properties **M3:** 34–35
  properties **A6:** 692
  resistance to environments **M3:** 11–12
  similar/dissimilar welds **A6:** 500
  transportation equipment **M3:** 68–70
201, annealing **M4:** 624
202
  annealing **A4:** 773
  composition **A4:** 770, **A6:** 457, 690, **M3:** 5–6, 190–191, 756
  corrosion resistance, marine atmospheres **M3:** 67
  cutoff band sawing with bimetal blades **A6:** 1184
  filler metals for **A6:** 692
  mechanical properties **M3:** 23–24, 760
  physical properties **M3:** 34–35
  properties **A6:** 692
  resistance to environments **M3:** 11–12
  similar/dissimilar welds **A6:** 500
  transportation equipment **M3:** 69
202, annealing **M4:** 624
202, machining **A16:** 144–147, 179, 207, 274, 323, 324, 326, 360, 362, 738
203 EZ (XM-1), composition **A4:** 771
203, mechanical cutting **A6:** 1180
203EZ (XM-1), composition **A6:** 458
205
  composition **A6:** 457, 690, **M3:** 5–6
  filler metals for **A6:** 692
  mechanical properties **M3:** 23–24
  physical properties **M3:** 34–35
  properties **A6:** 692
  resistance to environments **M3:** 11–12
205, composition **A4:** 770
215, photochemical machining **A16:** 588
216
  composition **M3:** 9–10, 190–191
  mechanical properties **M3:** 23–24
  tensile properties **M3:** 205
216, wrought heat-resistant **A16:** 738
216 (XM-17), composition **A4:** 771, **A6:** 458
216L (XM-18), composition **A4:** 771, **A6:** 458
223MA, composition **A6:** 458
250, surface alterations **A16:** 27
250, turning with cermet tools **A16:** 93
253 MA, composition **A4:** 771
254 SMO
  annealing **A4:** 773
  composition **A4:** 771
254 SMO, annealing **M4:** 624
254Mo
  composition **A6:** 690
  filler metals for **A6:** 692
  properties **A6:** 692
255
  composition **A6:** 698
  filler metals for **A6:** 698
  properties **A6:** 698
300
  for vacuum chamber construction **A4:** 503, 504
  ion-nitriding atmospheres **A4:** 565
  plasma (ion) nitriding **A4:** 424
  pot material to hold noncyanide carburizing process **A4:** 331
300, machining **A16:** 231, 547
300, press-formed parts, materials for forming tools **M3:** 492, 493
300 series **A16:** 57, 93, 95, 266, 267, 281
  stud arc welding **A6:** 215
  yield strength vs. temperature **A6:** 1016
300 series, nitriding of powder metallurgy materials **A9:** 503
300/400 series, analysis of **A10:** 100
300/400 series, data reduction and standardization in x-ray spectrometry in **A10:** 100
300M
  composition **A4:** 207, **A19:** 615
  fatigue crack growth **A19:** 636, 637, 638, 651
  fatigue properties **A19:** 25
  for vacuum chamber construction **A4:** 503, 504
  fracture toughness correlated to yield strength **A19:** 616
  heat treatment temperatures **A4:** 208
  heat treatment(s) **A4:** 210–211
  martempered to full hardness **A4:** 140
  mechanical properties **A4:** 211
  plasma (ion) nitriding **A4:** 424
  pot material to hold noncyanide carburizing process **A4:** 331
  properties, effect of mass on **A4:** 211
300-series
  acid cleaning and passivation **A5:** 755
  acid descaling **A5:** 747
  electropolishing in acid electrolytes **A5:** 754
  nitriding **A5:** 758
  pickling **A5:** 74
300-series containing 16% Cr or more, acid cleaning and passivation **A5:** 755
301
  annealing **A4:** 773
  arc-welding, filler metals for **M3:** 49
  atmospheric corrosion **M3:** 67–68
  cold rolling, effect on tensile strength **M3:** 33

SUBJECTS OF THE INDEXED VOLUMES: ASM Handbook (designated by the letter "A"): **A1:** Properties and Selection: Irons, Steels, and High-Performance Alloys (1990); **A2:** Properties and Selection: Nonferrous Alloys and Special-Purpose Materials (1990); **A3:** Alloy Phase Diagrams (1992); **A4:** Heat Treating (1991); **A5:** Surface Engineering (1994); **A6:** Welding, Brazing, and Soldering (1993); **A7:** Powder Metal Technologies and Applications (1998); **A8:** Mechanical Testing (1985); **A9:** Metallography and Microstructures (1985); **A10:** Materials Characterization (1986); **A11:** Failure Analysis and Prevention (1986); **A12:** Fractography (1987); **A13:** Corrosion (1987); **A14:** Forming and Forging (1988); **A15:** Casting (1988); **A16:** Machining (1989); **A17:** Nondestructive Evaluation and Quality Control (1989); **A18:** Friction, Lubrication, and Wear Technology (1992); **A19:** Fatigue and Fracture (1996); **A20:** Materials Selection and Design (1997). **Metals Handbook, 9th Edition** (designated by the letter "M"): **M1:** Properties and Selection: Irons and Steels (1978); **M2:** Properties and Selection: Nonferrous Alloys and Pure Metals (1979); **M3:** Properties and Selection: Stainless Steels, Tool Materials, and Special-Purpose Materials (1980); **M4:** Heat Treating (1981); **M5:** Surface Cleaning, Finishing, and Coating (1982); **M6:** Welding, Brazing, and Soldering (1983); **M7:** Powder Metallurgy (1984). **Engineered Materials Handbook** (designated by the letters "EM"): **EM1:** Composites (1987); **EM2:** Engineering Plastics (1988); **EM3:** Adhesives and Sealants (1990); **EM4:** Ceramics and Glasses (1991). **Electronic Materials Handbook** (designated by the letters "EL"): **EL1:** Packaging (1989)

composition . . A4: 770, A6: 457, 690, M3: 56, 756
fatigue life . . . M3: 765
filler metals for use in arc welding A6: 692, 1106
for vacuum chamber construction . . . A4: 503, 504
forging temperature . . . M3: 42
gas nitriding . . . A4: 401
machinability . . . M3: 45
mechanical properties . . A6: 468, M3: 18–22, 759, 762
metallurgy . . . A6: 688
physical properties . . . M3: 34–35
plasma (ion) nitriding . . . A4: 424
pot material to hold noncyanide carburizing process . . . A4: 331
properties . . . A6: 692
resistance to environments . . . M3: 11–12
similar/dissimilar welds . . . A6: 500
stress-strain curves . . . M3: 17
thermal diffusivity from 20 to 100 °C . . . A6: 4
transportation equipment . . . M3: 68, 69
ultrasonic welding . . . A6: 326
301, annealing . . . M4: 624
301, bonding to glass-phenolic laminate with nitrile phenolics . . . EM3: 107
301, composition . . . M6: 526
301, effect of stress intensity factor range on fatigue crack growth rate . . . A12: 57
301, hydrogen-stress cracking . . . A13: 1133
301 springs, strip for . . . M1: 285
302 *See also* Stainless steels, specific types, 18-8
annealing . . . A4: 773
arc welding, filler metals for . . . M3: 49
architectural applications . . . M3: 67
cold rolling, effect on tensile strength . . . M3: 33
composition . . . A4: 770, A6: 457, 690, M3: 5–6, M6: 526
content, effects on weldability . . . M6: 320
corrosion . . M3: 11–12, 66–68, 72–76, 77, 78, 79, 83, 87
corrosion fatigue . . . M3: 64–65
cutoff band sawing with bimetal blades A6: 1184
electron-beam welding . . . A6: 868, 869
fasteners . . . M3: 183, 184
filler metals for joining . . . A6: 692, 693
filler metals for use in arc welding . . . A6: 1106
for vacuum chamber construction . . . A4: 503, 504
forging temperature . . . M3: 42
friction welding . . . A6: 153
gas nitriding . . . A4: 401, 402
hardness gradients . . . A4: 402
machinability . . . M3: 45
mechanical cutting . . . A6: 1179
mechanical properties . . . A6: 468, M3: 18–22
metal powder cutting . . . M6: 912
metallurgy . . . A6: 688
modulus of rigidity . . . M1: 300
physical properties . . . M3: 34–35
plasma (ion) nitriding . . . A4: 424
pot material to hold noncyanide carburizing process . . . A4: 331
properties . . . A6: 689, 692
proven application for borided ferrous materials . . . A4: 445
resistance welding . . . M6: 527
similar/dissimilar welds . . . A6: 500
springs . . . M1: 284–285, 287, 290, 291, 294, 295, 298, 300, 305, 307
stud arc welding . . . A6: 211
tensile strength, spring wire . . . M3: 14–15
ultrasonic welding . . . A6: 326
ultrasonic welding power requirements . . M6: 750
302, annealing . . . M4: 624
302, back reflection intensity . . . A17: 238
302, effect of stress intensity factor range on fatigue crack growth rate . . . A12: 57
302B
annealing . . . A4: 773
arc-welding, filler metals for . . . M3: 49
composition . . . A4: 770, A6: 457, 690, M3: 5–6
filler metals for . . . A6: 692
filler metals for use in arc welding . . . A6: 1106
forging temperature . . . M3: 42
machinability . . . M3: 45
mechanical properties . . . M3: 18–22
physical properties . . . M3: 34–35
properties . . . A6: 692
resistance to environments . . . M3: 11–12
similar/dissimilar welds . . . A6: 500
302B, annealing . . . M4: 624
302B, thread grinding . . . A16: 274
302Cu, composition . . . A4: 770
302Cu, mechanical properties . . . M3: 18–22
302Cw, composition . . . A6: 457
302HQ, stud arc welding . . . A6: 211
303 *See also* Stainless steels, specific types, 18-8
annealing . . . A4: 773
arc-welding, filler metals for . . . M3: 49
composition A4: 770, A6: 457, 690, M3: 5–6, 756
corrosion in seawater . . . M3: 80
corrosion resistance, marine atmospheres M3: 68
cutoff band sawing with bimetal blades A6: 1184
fasteners . . . M3: 183, 184
filler metals for . . . A6: 692
filler metals for use in arc welding . . . A6: 1106
for vacuum chamber construction . . . A4: 503, 504
forging temperature . . . M3: 42
furnace brazing . . . A6: 916, 919
gas nitriding . . . A4: 401
machinability . . . M3: 44–46
mechanical properties . . . A6: 468, M3: 18–22, 757
no stud arc welding . . . A6: 211
physical properties . . . M3: 34–35
plasma (ion) nitriding . . . A4: 424
pot material to hold noncyanide carburizing process . . . A4: 331
properties . . . A6: 692
resistance to environments . . . M3: 11–12
similar/dissimilar welds . . . A6: 500
303, annealing . . . M4: 624
303, aqueous corrosion resistance . . . A13: 834
303, cutting performance . . . M7: 536
303, effect of content on weldability . . . M6: 320
303 Plus X, composition . . . M3: 9–10
303 Plus X (XM-5), composition A4: 771, A6: 458
303, sulfide inclusions in . . . A9: 127
303, temperature effect, nitric acid corrosion . . . A13: 221
303 valve, corrosion of . . . A11: 182–183
303F, contour band sawing . . . A16: 362
303F, cutoff band sawing . . . A16: 360
303F, cutoff band sawing with bimetal blades . . . A6: 1184
303L, applications . . . M7: 730–731
303L, dimensional change . . . M7: 292
303S, seawater corrosion resistance . . . M3: 74, 76
303Se
annealing . . . A4: 773
composition . . . A4: 770, A6: 457, 690, M3: 5–6
filler metals for . . . A6: 692
filler metals for use in arc welding . . . A6: 1106
mechanical properties . . . A6: 468
properties . . . A6: 692
resistance to environments . . . M3: 11–12
303Se, effect of content on weldability . . . M6: 320
303(Se) wire-rope terminal . . . A11: 521
304 *See also* Stainless steels, specific types, 18-8
absorptivity . . . A6: 265
annealing . . . A4: 773
applications . . . A6: 395
applications, protection tubes and wells . . A4: 533
arc welding, filler metals for . . . M3: 49
as cladding . . . A6: 502
as filler metal for weld cladding applications . . . A6: 809
atmospheric corrosion . . . M3: 66–68
brazing . . . A6: 920
capacitor discharge stud welding . . . A6: 222
carbide precipitation . . . A6: 689
cladding for stainless steels . . . A6: 502
composition . . . A4: 770, A6: 69, 457, M3: 5–6, 190–191, 756, M6: 526
content, effect on weldability . . . M6: 320
corrosion . . . A6: 467
corrosion in chemical solutions . . . M3: 78–91
corrosion in fertilizer . . . M3: 83
corrosion in foods . . . M3: 92–93
corrosion in seawater M3: 70, 71, 72, 73–74, 75, 76, 77, 79, 80
corrosion of weldments, fusion zone . . . A6: 1065
corrosion resistance, pulp and paper industry . . . M3: 92
creep-rupture behavior, solid-state-welded interlayers . . . A6: 168–169, 170, 171
creep-rupture properties . . . M3: 195, 205
cross-wire welding . . . M6: 531–532
cutoff band sawing with bimetal blades A6: 1184
deep-penetration electron beam and laser welding . . . A6: 22, 23
delta ferrite role in weld deposits . . . A6: 1067
differences in space-based (Skylab) and earth-based weld samples . . . A6: 1024
dissimilar metal joining . . . A6: 825
electron-beam brazing . . . A6: 922–923
electron-beam welding . . . A6: 853, 858, 868, 869, 870
electron-beam welding in a space environment . . . A6: 1023–1025
fasteners . . . M3: 183, 184
fatigue . . . M3: 32, 733, 764
ferrite analysis . . . A6: 1059
filler metals for joining . . . A6: 692, 693
filler metals for use in arc welding . . . A6: 1106
flash welding . . . M6: 557
fluid flow phenomena . . . A6: 20, 21
flux-cored arc welding . . . A6: 188
for vacuum chamber construction . . . A4: 503, 504
forging temperature . . . M3: 42
furnace brazing . . . A6: 918–919
gas nitriding . . . A4: 401
gas-tungsten arc welding . . . A6: 703, 870, 1038
heat flow in fusion welding . . . A6: 15, 17
heat-resistant alloy applications . . . A4: 515, 516
laser beam weld rates . . . M6: 658
laser melt/particle inspection . . . M6: 802
laser-beam welding . . . A6: 262, 264
low-temperature solid-state welding A6: 300, 301
machinability . . . M3: 44–46
mechanical properties . . A6: 468, M3: 18–22, 205, 751, 755, 757, 759
metallurgy . . . A6: 688
oil quenching . . . A4: 95
oil quenching and water contamination . . . A4: 99
oxidation resistance . . . M3: 196
penetration in laser beam welds . . . M6: 654
physical properties . . . M3: 34–35
plasma (ion) nitriding . . . A4: 424
polyvinyl alcohol solution quenching . . . A4: 106
pot material to hold noncyanide carburizing process . . . A4: 331
precipitation . . . A6: 689
probe material for quenching cooling curve analysis . . . A4: 72
properties . . . A6: 587, 629, 689, 692, 697
properties and compositions studied in M512 melting experiments . . . A6: 1024
resistance to environments . . . M3: 11–12
resistance welding . . . M6: 527
roll welding . . . A6: 313
salt-bath dip brazing . . . A6: 922
sealing compounds, effect on crevice corrosion . . . M3: 75
similar/dissimilar welds . . . A6: 500
stress-corrosion cracking A6: 477, M3: 63, 64, 82
stress-relieving . . . A4: 776, A6: 469
stress-strain curves . . . M3: 17
stud arc welding . . . A6: 211
submerged arc welding . . . A6: 703
temperature measurement by OSRLR . . . A6: 1150
tensile strength, spring wire . . . M3: 14–15
thermal diffusivity from 20 to 100 °C . . . A6: 4
time-temperature-sensitization curves in a mixture of $CuSO_4$ and HSO_4 containing copper . . . A6: 1067
torch brazing . . . A6: 914
trace element impurity effect on GTA weld penetration . . . A6: 20
transportation equipment . . . M3: 68–70
wear data . . . M3: 590
weld cladding . . . A6: 822
weld microstructure . . . M6: 37
weldability . . . A6: 500, 501
weld-metal ferrite . . . A6: 462
wettability of commercial braze filler metals . . . A6: 116
304, annealing . . . M4: 624
304, AOD refining parameters . . . A15: 428
304, aqueous corrosion resistance . . . A13: 834
304 austenitic, SCC of . . . A11: 299
304, average crack propagation rate . . . A13: 154
304, biological pitting . . . A13: 119
304 bone screw, pitting corrosion . . . A11: 687, 691

Stainless steels, specific types (continued)
304, chloride SCC **A13:** 354
304 clad, corrosion control **A13:** 888–889
304, corrosive attack in HAZ of weld in. . **A11:** 428
304, crack initiation defects **A13:** 148
304, crack propagation rate/strain rate. . . . **A13:** 160
304, crevice corrosion **A13:** 109
304, cyclic potentiodynamic polarization curves **A13:** 218
304, density with high-energy compacting **M7:** 305
304, depth-composition profiles **A10:** 555
304, die life in upset forging **A14:** 228
304, dissolved oxygen and electrochemical potential **A13:** 932
304, effect of frequency and wave form on fatigue properties **A12:** 59, 60
304 foil, surface segregation in **A10:** 564–566
304, frequencies for eddy current inspection **A17:** 182
304, galvanic corrosion **A13:** 1297
304, grain-boundary segregation measurement **A13:** 157
304 HN (XM-21), composition **A6:** 458
304, hot-rolled and recrystallized **A10:** 470
304 integral-finned tube, cracked from chlorides and residual stresses **A11:** 636
304, intergranular SCC in. **A11:** 204
304, intergranular/transgranular cracking. . **A13:** 152
304, liquid lithium corrosion **A13:** 93
304, microbial intergranular cracking. **A13:** 315
304, molten salt corrosion **A13:** 53
304 pipe, SCC by residual welding stresses **A11:** 624–625
304 sensitized cerclage wire, intercrystalline corrosion on **A11:** 676, 681
304, sensitized, grain boundaries **A13:** 930
304 sensitized, intergranular attack . . **A11:** 180, 181
304, shielded metal arc weld **A9:** 583
304 tee fitting, low-cycle thermal fatigue . . **A11:** 622
304, time-temperature-sensitization curves **A13:** 551
304 tubing, ultrasonic inspection **A17:** 565
304, weight loss, by intergranular corrosion **A13:** 123
304 wire, SCC failure **A12:** 133, 152
304-3Mo, laser surface alloying with molybdenum **A5:** 757
304-9Mo, laser surface alloying with molybdenum **A5:** 757
304B4, composition **A4:** 771
304BI, composition **A6:** 458
304Cb, weldability **A6:** 501
304H
composition **A6:** 457, 690, **M3:** 5–6
filler metals for **A6:** 692
properties **A6:** 692
resistance to environments **M3:** 11–12
304H, composition **A4:** 770
304HN
composition **M3:** 9–10
mechanical proper-ties **M3:** 23–24
304HN (XM-21), composition **A4:** 771
304L
annealing **A4:** 773
arc welding, filler metals for **M3:** 49
brazing **A6:** 944
brazing with copper cladding **A6:** 347
carbide precipitation resistance **M6:** 321
clad brazing material, application of **A6:** 962
cladding **A6:** 502
composition **A4:** 770, **A6:** 457, 690, **M3:** 5–6, 190–191, 756, **M6:** 526
content, effect on weldability **M6:** 320
corrosion in nitric acid **M3:** 84–85
diffusion brazing **A6:** 343
electron-beam welding **A6:** 462, 464
explosion welding **A6:** 303
explosion welding, interface failure of trilayer **A6:** 163, 164
fatigue at subzero temperatures **M3:** 764, 765
fatigue strength for gas-tungsten arc welds **A6:** 1018
filler metals for joining **A6:** 692, 693
filler metals for use in arc welding **A6:** 1106
gas-tungsten arc welding **A6:** 19
gas-tungsten arc welding and fluid flow phenomena **A6:** 21
machinability **M3:** 45
mechanical properties . . **A6:** 468, **M3:** 18–22, 757, 759
physical properties **M3:** 34–35
plasma arc welding **A6:** 199
properties **A6:** 692
resistance to environments **M3:** 11–12
resistance welding **M6:** 527
solid-state-welded interlayers **A6:** 169
stress-relieving **A6:** 469
thermal cycling effects **M6:** 712
to avoid carbide formation and weld decay **A6:** 1066
torch brazing **A6:** 914
upset welding **A6:** 250
weld cladding **A6:** 809, 818
weld overlays **M6:** 810
weld (vertical) characterization **A6:** 99
weldability **A6:** 468
weld-metal ferrite **A6:** 462
wettability of commercial braze filler metals **A6:** 116
304L, annealing **M4:** 624
304L, applications **M7:** 730–731
304L, copper-containing, corrosion resistance of **A13:** 832
304L, corrosion resistance **A13:** 829
304L, dimensional changes **M7:** 730
304L, flow rate through Hall and Carney funnels **M7:** 279
304L, galvanic/intergranular corrosion, space shuttle orbiter **A13:** 1068
304L, insert for pump impeller **M7:** 622
304L, microbiological corrosion **A13:** 355
304L, molten lithium corrosion **A13:** 52–54
304L (P/M), machining **A16:** 883–886, 890
304L P/M, weight loss and corrosion time **A13:** 834
304-L, refined, composition **A15:** 427
304L, similar/dissimilar welds **A6:** 500
304L tin-modified, corrosion resistance . . . **A13:** 829
304L vacuum-sintered, copper alloying effect **A13:** 832
304L, water-atomized **M7:** 728
304LN
annealing **A4:** 773
composition **A4:** 770, **A6:** 457, 690, **M3:** 5–6
filler metals for **A6:** 692
mechanical properties **M3:** 18–22
properties **A6:** 689, 692
304LSi, applications **M7:** 731
304-Mo, laser alloying **A5:** 757
304N
annealing **A4:** 773
composition **A4:** 770, **A6:** 457, 690, **M3:** 5–6, 190–191
filler metals for **A6:** 692
mechanical properties **M3:** 18–22, 23–24
physical properties **M3:** 34–35
properties **A6:** 692
resistance to environments **M3:** 11–12
304N, annealing **M4:** 624
304N, wrought heat-resistant **A16:** 738
305 *See also* Stainless steels, specific types, 18-8
annealing **A4:** 773
arc welding, filler metals for **M3:** 49
cold rolling, effect on tensile strength **M3:** 33
composition **A4:** 770, **A6:** 457, 690, **M3:** 5–6
fasteners **M3:** 184
filler metals for joining **A6:** 692, 693
filler metals for use in arc welding **A6:** 1106
for vacuum chamber construction. . . **A4:** 503, 504
forging temperature **M3:** 42
furnace brazing **A6:** 916
mechanical properties **A6:** 468, **M3:** 18–22
physical properties **M3:** 34–35
plasma (ion) nitriding **A4:** 424
pot material to hold noncyanide carburizing process **A4:** 331
properties **A6:** 692
resistance to environments **M3:** 11–12
similar/dissimilar welds **A6:** 500
stud arc welding **A6:** 211
tensile strength, spring wire **M3:** 14–15
305, annealing **M4:** 624
305L, dimensional change **M7:** 292
306
composition **A6:** 690
filler metals for **A6:** 692
properties **A6:** 692
308
annealing **A4:** 773
arc welding, filler metals for **M3:** 49
as filler metals **A6:** 692, 695–696
atmospheric corrosion **M3:** 67
cladding **A6:** 503
cold rolling, effect on tensile strength **M3:** 33
composition **A4:** 770, **A6:** 690, **M3:** 5–6, 9–10
corrosion in seawater **M3:** 71
cutoff band sawing with bimetal blades **A6:** 1184
electrodes for flux-cored arc welding. **A6:** 189
Ferrite Number **A6:** 677
ferrite percentage **A6:** 809
filler metal for oxide-dispersion-strengthened materials **A6:** 1038
filler metals for use in arc welding **A6:** 1106
for vacuum chamber construction. . . **A4:** 503, 504
forging temperature **M3:** 42
gas nitriding **A4:** 401
gas-tungsten arc welding **A6:** 465, 466
mechanical properties **A6:** 468, **M3:** 18–22
physical properties **M3:** 34–35
plasma (ion) nitriding **A4:** 424
plasma-MIG welding **A6:** 224
pot material to hold noncyanide carburizing process **A4:** 331
properties **A6:** 692
resistance to environments **M3:** 11–12
similar/dissimilar welds **A6:** 500
stud arc welding **A6:** 211
weld morphology **A6:** 462
weldability **A6:** 502
308, annealing **M4:** 624
308, machining **A16:** 144–147, 179, 207, 274, 323, 324, 326, 360, 362
308L
cladding **A6:** 504
composition **M3:** 9–10
Ferrite Number **A6:** 677
filler metal for stainless steel casting alloys **A6:** 496
in ferritic base metal-filler metal combinations **A6:** 449
mechanical properties **M3:** 18–22
weld cladding **A6:** 818
308L, pitting underalloyed weld metal. . . . **A13:** 349
309
annealing **A4:** 773
arc welding, filler metals for **M3:** 49
as filler metal for weld cladding applications **A6:** 809
buttering material **A6:** 501
cladding **A6:** 503
cold rolling, effect on tensile strength **M3:** 33
composition **A4:** 770, **A6:** 457, 690, **M3:** 5–6, 190–191, **M6:** 526
corrosion . . **M3:** 11–12, 67, 70, 71, 78–81, 84–87
creep-rupture properties **M3:** 195, 205
cutoff band sawing with bimetal blades **A6:** 1184
dissimilar metal joining **A6:** 827

SUBJECTS OF THE INDEXED VOLUMES: ASM Handbook (designated by the letter "A"): **A1:** Properties and Selection: Irons, Steels, and High-Performance Alloys (1990); **A2:** Properties and Selection: Nonferrous Alloys and Special-Purpose Materials (1990); **A3:** Alloy Phase Diagrams (1992); **A4:** Heat Treating (1991); **A5:** Surface Engineering (1994); **A6:** Welding, Brazing, and Soldering (1993); **A7:** Powder Metal Technologies and Applications (1998); **A8:** Mechanical Testing (1985); **A9:** Metallography and Microstructures (1985); **A10:** Materials Characterization (1986); **A11:** Failure Analysis and Prevention (1986); **A12:** Fractography (1987); **A13:** Corrosion (1987); **A14:** Forming and Forging (1988); **A15:** Casting (1988); **A16:** Machining (1989); **A17:** Nondestructive Evaluation and Quality Control (1989); **A18:** Friction, Lubrication, and Wear Technology (1992); **A19:** Fatigue and Fracture (1996); **A20:** Materials Selection and Design (1997). **Metals Handbook, 9th Edition** (designated by the letter "M"): **M1:** Properties and Selection: Irons and Steels (1978); **M2:** Properties and Selection: Nonferrous Alloys and Pure Metals (1979); **M3:** Properties and Selection: Stainless Steels, Tool Materials, and Special-Purpose Materials (1980); **M4:** Heat Treating (1981); **M5:** Surface Cleaning, Finishing, and Coating (1982); **M6:** Welding, Brazing, and Soldering (1983); **M7:** Powder Metallurgy (1984). **Engineered Materials Handbook** (designated by the letters "EM"): **EM1:** Composites (1987); **EM2:** Engineering Plastics (1988); **EM3:** Adhesives and Sealants (1990); **EM4:** Ceramics and Glasses (1991). **Electronic Materials Handbook** (designated by the letters "EL"): **EL1:** Packaging (1989)

fasteners ... M3: 184
Ferrite Number ... A6: 677, 678
ferrite percentage ... A6: 809
filler metal ... A6: 443, 500–501, 502, 679, 692, 695–696
filler metals for use in arc welding ... A6: 1106
flash welding ... M6: 557
for vacuum chamber construction ... A4: 503, 504
forging temperature ... M3: 42
gas nitriding ... A4: 401
heat-resistant alloy applications ... A4: 515, 516, 517
machinability ... M3: 45
mechanical properties ... A6: 468, M3: 18–22
oxidation resistance ... M3: 196
physical properties ... M3: 34–35
plasma (ion) nitriding ... A4: 424
plasma-MIG welding ... A6: 224
pot material to hold noncyanide carburizing process ... A4: 331
properties ... A6: 692, 693
similar/dissimilar welds ... A6: 500
stress-relieving ... A4: 774
stud arc welding ... A6: 211
tensile properties ... M3: 205
weld cladding ... A6: 818
weldability ... A6: 500, 501, 502
309, annealing ... M4: 624
309 Cb+Ta, composition ... M3: 9–10
309, elevated temperature behavior ... M1: 93–94
309 lead bath pan, premature failure A11: 274–275
309, x-ray spectrometric results ... A10: 100
309C, annealing ... M4: 624
309Cb
composition ... A6: 690
ferrite percentage ... A6: 809
filler metals for ... A6: 501–502, 692
properties ... A6: 692
309Cb, stress-relieving ... A4: 774
309H
composition ... A6: 690
filler metals for ... A6: 692
properties ... A6: 692
309HCb
composition ... A6: 690
filler metals for ... A6: 692
properties ... A6: 692
309L
cladding ... A6: 504
filler metal ... A6: 500–502, 679
in ferritic base metal-filler metal combinations ... A6: 449
309LSi
in ferritic base metal-filler metal combinations ... A6: 449
309Mo
as filler metal ... A6: 501–502
weldability ... A6: 501, 502
309MoL, weldability ... A6: 501
309S
annealing ... A4: 773
arc welding, filler metals for ... M3: 49
composition ... A4: 512, 770, A6: 457, 690, M3: 5–6, 9–10
filler metals for ... A6: 692
filler metals for use in arc welding ... A6: 1106
machinability ... M3: 45
mechanical properties ... A6: 468
precipitation ... A6: 689
properties ... A6: 692
resistance to environments ... M3: 11–12
similar/dissimilar welds ... A6: 500
309S, annealing ... M4: 624
309S Cb, composition ... A4: 771
309S (Nb) evaporator tube, defective weld seam ... A11: 432
309S-Cb
composition ... M3: 10
corrosion in nitric acid ... M3: 85
309SCb, composition ... A6: 458
310
acetic acid corrosion resistance ... M3: 79
annealing ... A4: 773
arc welding, filler metals for ... M3: 49
as filler metal for weld cladding applications ... A6: 809
atmospheric corrosion, industrial sites ... M3: 66, 67
cladding ... A6: 503
cold rolling, effect on tensile strength ... M3: 33
composition ... A4: 770, A6: 457, 690, M3: 5–6, 190–191, 756, M6: 526
corrosion in seawater ... M3: 70, 71, 79
corrosion in silver nitrate ... M3: 75–76, 90
creep-rupture properties ... M3: 195, 205
cutoff band sawing with bimetal blades A6: 1184
delta ferrite role in weld deposits ... A6: 1067
dissimilar metal joining ... A6: 827
fasteners ... M3: 184
fatigue behavior, rotation-beam ... M3: 32
fatigue life ... M3: 765
ferrite percentage ... A6: 809
filler metals for ... A6: 491, 501–502
filler metals for use in arc welding ... A6: 1106
flash welding ... M6: 557
for vacuum chamber construction ... A4: 503, 504
forging temperature ... M3: 42
heat-resistant alloy applications ... A4: 515
laser beam welding ... M6: 662
laser-beam welding ... A6: 876
materials for parts and fixtures in nitriding furnaces ... A4: 398
mechanical properties ... A6: 468
nitric acid corrosion resistance ... M3: 85
oxidation resistance ... M3: 196
phenol corrosion resistance ... M3: 87
physical properties ... M3: 34–35
plasma (ion) nitriding ... A4: 424
Poisson's ratio ... M3: 755
pot material to hold noncyanide carburizing process ... A4: 331
precipitation ... A6: 689
properties ... A6: 692, 693
resistance to environments ... M3: 11–12
similar/dissimilar welds ... A6: 500
stress-relieving ... A4: 774
stud arc welding ... A6: 211
tensile properties ... M3: 205, 757, 759, 762
to avoid carbide formation and weld decay ... A6: 1066
water quenching required ... A4: 769
weld cladding ... A6: 809, 818
weld morphologies ... A6: 462
Young's modulus ... M3: 751
310, annealing ... M4: 624
310 (ELC), in ferritic base metal-filler metal combination ... A6: 449
310, ringlike forging ... A14: 225
310Cb
composition ... A6: 458, 690
filler metals for ... A6: 692
mechanical properties ... A6: 468
properties ... A6: 692
310Cb, composition ... A4: 771
310H
composition ... A6: 690
filler metals for ... A6: 692
properties ... A6: 692
310HCb
composition ... A6: 690
filler metals for ... A6: 692
properties ... A6: 692
310Mo, hydrochloric acid corrosion resistance ... M3: 83–84
310MoLN
composition ... A6: 690
filler metals for ... A6: 692
properties ... A6: 692
310S
annealing ... A4: 773
arc welding, filler metals for ... M3: 49
composition ... A4: 512, 770, A6: 457, 690, M3: 5–6, 756
fatigue-crack-growth rate ... M3: 764
filler metals for ... A6: 692
filler metals for use in arc welding ... A6: 1106
fracture toughness ... M3: 763
machinability ... M3: 45
mechanical properties ... A6: 468
properties ... A6: 692
resistance to environments ... M3: 11–12
similar/dissimilar welds ... A6: 500
tensile properties ... M3: 758, 762
310S, annealing ... M4: 624
312
as filler metal ... A6: 501–502, 679, 680
composition ... A6: 474, M3: 9–10
ferrite percentage ... A6: 809
for vacuum chamber construction ... A4: 503, 504
laser-beam welding ... A6: 463
mechanical properties ... M3: 18–22
pitting resistance equivalent values ... A6: 474
plasma (ion) nitriding ... A4: 424
pot material to hold noncyanide carburizing process ... A4: 331
properties ... A6: 475
stress-relieving ... A4: 774
weld cladding ... A6: 818
weldability ... A6: 500, 501, 502
312 weld metal, sigma-phase embrittlement ... A12: 151
314
composition ... A4: 770, A6: 457, 690, M3: 5–6, M6: 526
cutoff band sawing with bimetal blades A6: 1184
filler metals for ... A6: 692
flash welding ... M6: 557
for vacuum chamber construction ... A4: 503, 504
forging temperature ... M3: 42
heat-resistant alloy applications ... A4: 516
mechanical properties ... M3: 18–22
physical properties ... M3: 34–35
plasma (ion) nitriding ... A4: 424
pot material to hold noncyanide carburizing process ... A4: 331
properties ... A6: 692
resistance to environments ... M3: 11–12
similar/dissimilar welds ... A6: 500
314, annealing ... M4: 624
314, contour band sawing ... A16: 362
314, cutoff band sawing ... A16: 360
314, thread grinding ... A16: 274
315
composition ... A6: 474
corrosion ... A6: 477
pitting resistance equivalent values ... A6: 474
properties ... A6: 475
316 *See also* Stainless steels, specific types, 18-8Mo
annealing ... A4: 773
applications ... A6: 395
applications, protection tubes and wells .. A4: 533
arc welding, filler metals for ... M3: 49
as filler metal for weld cladding applications ... A6: 809
cladding ... A6: 502, 503
composition ... A4: 770, A6: 457, 690, 1017, M3: 5–6, 190–191, 756, M6: 526
content, effect on weldability ... M6: 320
corrosion in atmospheres ... M3: 66, 67
corrosion in chemical solutions ... M3: 79–90
corrosion in foods ... M3: 92–93
corrosion in paper industry ... M3: 92
corrosion in pharmaceuticals ... M3: 91
corrosion in seawater M3: 70, 71, 72, 74, 76, 77, 78, 79
corrosion in silver nitrate ... M3: 87
creep-rupture properties ... M3: 195, 205
crevice corrosion ... M3: 58
cryogenic treatment ... A4: 205
cutoff band sawing with bimetal blades A6: 1184
dissimilar metal joining ... A6: 823
dissolved by 1% HCl solution ... A6: 585
electrodes for flux-cored arc welding ... A6: 189
fasteners ... M3: 184
fatigue life ... M3: 765
fatigue-crack-growth rate ... M3: 764
ferrite analysis ... A6: 1059
Ferrite Number ... A6: 677
ferrite percentage ... A6: 809
filler metals for ... A6: 692
filler metals for use in arc welding ... A6: 1106
flash welding ... M6: 557
flux-cored arc welding ... A6: 188
for vacuum chamber construction ... A4: 503, 504
forging temperature ... M3: 42
gas nitriding ... A4: 401
gas-tungsten arc welding ... A6: 703
hardfacing coating material ... A6: 808
heat-resistant alloy applications ... A4: 516

Stainless steels, specific types (continued)
laser beam welding **M6:** 662
Laves phase, effect on impact strength . . **M3:** 229
machinability **M3:** 44–46
mechanical properties **A6:** 468, **M3:** 14–15, 18–22, 205, 758
physical properties. **M3:** 34–35
plasma (ion) nitriding. **A4:** 424
Poisson's ratio **M3:** 755
pot material to hold noncyanide carburizing process **A4:** 331
precipitation. **A6:** 689
properties **A6:** 692
proven applications for borided ferrous materials **A4:** 445
resistance to environments. **M3:** 11–12
resistance welding **M6:** 527
similar/dissimilar welds **A6:** 500
stress-corrosion cracking. **A6:** 477, **M3:** 63–64
stress-relieving **A4:** 776, **A6:** 469
stud arc welding **A6:** 211
temperature measurements by OSRLR . . **A6:** 1150
thermal diffusivity from 20 to 100 °C. **A6:** 4
thermal spray processing **A6:** 806
trace element impurity effect on GTA weld penetration **A6:** 20
ultrasonic welding. **A6:** 326
wear data **M3:** 590
wettability of commercial braze filler metals **A6:** 116
yield strength vs. fracture toughness **A6:** 1017
Young's modulus **M3:** 751
316, annealing **M4:** 624
316, apparent density. **M7:** 272
316, calcium chloride pitting **A13:** 113
316, controlled spray deposition **M7:** 532
316, conventional SADP and ZOLZ-CBEDP in **A10:** 441
316, crevice corrosion **A13:** 109
316, ductile-to-brittle transition **A11:** 84, 86
316, effect of frequency and wave form on fatigue properties **A12:** 59, 60
316, effect of stress intensity factor range on fatigue crack growth rate. **A12:** 57
316, effect of vacuum on fatigue. **A12:** 48
316, fatigue fracture in air/vacuum **A12:** 48, 55
316 heat-exchanger shell, hot shortness failure **A11:** 640
316, in molten lithium, weight changes **A13:** 52
316, liquid lead corrosion. **A13:** 96
316, liquid lithium corrosion **A13:** 94
316, liquid sodium corrosion **A13:** 90
316 low-carbon remelted, intramedullary tibia nail **A11:** 671, 680
316, mass transfer, liquid-metal corrosion. . **A13:** 57
316 piping, SCC failure at welds. **A11:** 216
316, preferential biological corrosion **A13:** 117
316, preferential weldment attack, HAZ attack **A13:** 347
316, springs **M1:** 284, 285, 290
316 tubing, SCC failure from chloride-contaminated steam condensate. **A11:** 625–626
316Cb
composition. **A6:** 458, 690
ferrite percentage **A6:** 809
filler metals for **A6:** 692
filler metals for use in arc welding **A6:** 1106
properties **A6:** 692
316Cb, composition. **A4:** 771
316F
composition **M3:** 5–6
mechanical properties. **M3:** 18–22
resistance to environments. **M3:** 11–12
316F, composition **A4:** 770, **A6:** 457
316H
composition **A6:** 457, 690, **M3:** 5–6
filler metals for **A6:** 692
properties **A6:** 692
resistance to environments. **M3:** 11–12
316H, composition. **A4:** 770
316HQ, composition **A4:** 771, **A6:** 458
316L
annealing **A4:** 773
arc welding, filler metals for **M3:** 49
as filler metal for weld cladding applications **A6:** 809
brazing **A6:** 943
carbide precipitation resistance. **M6:** 321
composition. **A4:** 770, **A6:** 457, 690, **M3:** 5–6, 190–191, **M6:** 526
content, effect on weldability. **M6:** 320
corrosion. **A6:** 465, 466, 467
corrosion in chemical solutions **M3:** 81, 85
corrosion in foods **M3:** 92–93
explosion welding, wave morphology of trilayer. **A6:** 162
fatigue strength for gas-tungsten arc welds **A6:** 1018
filler metal for stainless steel casting alloy. **A6:** 496
filler metals for **A6:** 692
filler metals for use in arc welding **A6:** 1106
gas-tungsten arc welding **A6:** 686
laser-beam welding **A6:** 463
machinability **M3:** 45
mechanical properties **A6:** 468, **M3:** 18–22
physical properties. **M3:** 34–35
plasma arc welding. **A6:** 199
properties. **A6:** 689, 692, 694, 697
resistance to environments. **M3:** 11–12
resistance welding **M6:** 527
sigma-phase formation susceptibility. **A4:** 772
similar/dissimilar welds **A6:** 500
stress-relieving **A4:** 776, **A6:** 469
temperature measurement, validation strategies. **A6:** 1149
time-temperature-precipitation diagram **M3:** 226, 228
to avoid carbide formation and weld decay. **A6:** 1066
316L, annealing. **M4:** 624
316L, applications **M7:** 730–731
316L, Auger spectra **M7:** 251–255
316L, composition-depth profiles. **M7:** 252
316L, dimensional change. **M7:** 292
316L, effect of sintering temperature on elongation and dimensional change. **M7:** 369
316L, effect of sintering time on tensile and yield strengths **M7:** 370
316L, ejector pad for refrigerator automatic icemaker **M7:** 731
316L, fracture by hot brine exposure **A11:** 432
316L, injection molded **M7:** 495
316L, nitrogen atomized **M7:** 101
316L P/M, Auger composition depth profile. **A13:** 830
316L (P/M), drilling **A16:** 886
316L P/M, sintering temperature effects on tensile/yield strengths, apparent hardness. . . **A13:** 825
316L, pitting. **A13:** 561
316L, powder compacts, lubricant effect . . **M7:** 191
316L, SCC striations **A11:** 28
316L, shear strength as function of porosity. **M7:** 697
316L sintered, microstructure **A13:** 827
316L, sintering atmosphere. **M7:** 729
316L, sintering time effects **A13:** 826
316L, tensile properties. **M7:** 729, 730
316L, tin-modified type. **M7:** 257
316L vacuum-sintered, density effect on corrosion **A13:** 831
316L wrought/sintered, corrosion resistance **A13:** 825
316LM
composition. **A6:** 458, 691
filler metals for **A6:** 692
properties **A6:** 692
316LMN
composition **A6:** 691
filler metals for **A6:** 693
properties **A6:** 693
316LN
annealing **A4:** 773
composition **A4:** 770, **A6:** 458, 691, **M3:** 5–6
cryogenic service. **A6:** 1017
filler metals for **A6:** 693
gas-tungsten arc welding **A6:** 1018
mechanical properties. **M3:** 18–22
properties **A6:** 693
quality index vs. inclusion spacing **A6:** 1018
weldability **A6:** 466
316L-P (porous), tensile and shear strength as function of density **M7:** 696
316LR bone plate, fretting and fretting corrosion. **A11:** 688, 691–692
316LR bone plate, top surface **A11:** 680, 684
316LR bone screw hole, with fretting and fretting corrosion. **A11:** 688, 691–692
316LR bone screws, fatigue failure . . **A11:** 679, 682
316LR cold-worked, effect of load on fatigue-surface damage. **A11:** 684, 689
316LR intramedullary tibia nail, fatigue striations and corrosion pits **A11:** 683, 688
316LR screw, with shearing fracture **A11:** 676, 682
316LR, *S-N* fatigue curves for cold-worked **A11:** 683, 688–689
316LR straight bone plate, fatigue initiation. **A11:** 679, 684–686
316LR test specimen, development of fatigue-surface damage. **A11:** 684, 688
316LSi, applications. **M7:** 730–731
316N
annealing **A4:** 773
composition. **A4:** 770, **A6:** 457, 690, **M3:** 5–6, 190–191
filler metals for **A6:** 692
magnetic permeability **A4:** 773
mechanical properties. **M3:** 23–24
physical properties. **M3:** 34–35
properties **A6:** 692
resistance to environments. **M3:** 11–12
316N, annealing **M4:** 624
316N, wrought heat-resistant **A16:** 738
316Ti
boriding **A4:** 445
composition. **A4:** 771, **A6:** 458, 690
filler metals for **A6:** 692
properties **A6:** 692
317
annealing **A4:** 773
arc welding, filler metals for **M3:** 49
atmospheric corrosion **M3:** 66, 67
composition. **A4:** 770, **A6:** 457, 691, **M3:** 5–6, 190–191, **M6:** 526
content, effect on weldability. **M6:** 320
corrosion in chemical solutions. **M3:** 79, 80, 81–82, 83–84, 89, 90
corrosion in paper industry **M3:** 92
corrosion in seawater **M3:** 71
cutoff band sawing with bimetal blades **A6:** 1184
fasteners **M3:** 184
Ferrite Number. **A6:** 677
ferrite percentage **A6:** 809
filler metal for weld cladding applications **A6:** 809
filler metals for **A6:** 692
filler metals for use in arc welding **A6:** 1106
for vacuum chamber construction. . . **A4:** 503, 504
forging temperature **M3:** 42
mechanical properties **A6:** 468, **M3:** 18–22
physical properties. **M3:** 34–35
plasma (ion) nitriding. **A4:** 424
pot material to hold noncyanide carburizing process **A4:** 331
properties **A6:** 692
resistance to environments. **M3:** 11–12

SUBJECTS OF THE INDEXED VOLUMES: ASM Handbook (designated by the letter "A"): **A1:** Properties and Selection: Irons, Steels, and High-Performance Alloys (1990); **A2:** Properties and Selection: Nonferrous Alloys and Special-Purpose Materials (1990); **A3:** Alloy Phase Diagrams (1992); **A4:** Heat Treating (1991); **A5:** Surface Engineering (1994); **A6:** Welding, Brazing, and Soldering (1993); **A7:** Powder Metal Technologies and Applications (1998); **A8:** Mechanical Testing (1985); **A9:** Metallography and Microstructures (1985); **A10:** Materials Characterization (1986); **A11:** Failure Analysis and Prevention (1986); **A12:** Fractography (1987); **A13:** Corrosion (1987); **A14:** Forming and Forging (1988); **A15:** Casting (1988); **A16:** Machining (1989); **A17:** Nondestructive Evaluation and Quality Control (1989); **A18:** Friction, Lubrication, and Wear Technology (1992); **A19:** Fatigue and Fracture (1996); **A20:** Materials Selection and Design (1997). **Metals Handbook, 9th Edition** (designated by the letter "M"): **M1:** Properties and Selection: Irons and Steels (1978); **M2:** Properties and Selection: Nonferrous Alloys and Pure Metals (1979); **M3:** Properties and Selection: Stainless Steels, Tool Materials, and Special-Purpose Materials (1980); **M4:** Heat Treating (1981); **M5:** Surface Cleaning, Finishing, and Coating (1982); **M6:** Welding, Brazing, and Soldering (1983); **M7:** Powder Metallurgy (1984). **Engineered Materials Handbook** (designated by the letters "EM"): **EM1:** Composites (1987); **EM2:** Engineering Plastics (1988); **EM3:** Adhesives and Sealants (1990); **EM4:** Ceramics and Glasses (1991). **Electronic Materials Handbook** (designated by the letters "EL"): **EL1:** Packaging (1989)

Stainless steels, specific types / 941

resistance welding **M6:** 527
shielded metal arc welding **A6:** 746
similar/dissimilar welds **A6:** 500
317, annealing......................... **M4:** 624
317L
annealing **A4:** 773
arc welding, filler metals for **M3:** 49
as filler metal for weld cladding
applications **A6:** 809
composition **A4:** 770, **A6:** 457, 691, **M3:** 5–6
filler metals for **A6:** 692
filler metals for use in arc welding **A6:** 1106
mechanical properties **A6:** 468, **M3:** 18–22
physical properties.................... **M3:** 34–35
properties........................ **A6:** 689, 692
resistance to environments............ **M3:** 11–12
sigma-phase formation susceptibility..... **A4:** 772
similar/dissimilar welds **A6:** 500
317L, annealing........................ **M4:** 624
317L plus, annealing.......... **A4:** 773, **M4:** 624
317L, selective chloride SCC attack **A13:** 353
317L4, annealing....................... **M4:** 624
317LM
annealing **A4:** 773
composition **A4:** 771, **M3:** 9–10
mechanical properties.............. **M3:** 18–22
317LM, annealing....................... **M4:** 624
317LMO, annealing **A4:** 773, **M4:** 624
317LN, composition **A4:** 771
317LX, annealing **A4:** 773, **M4:** 624
318
ferrite percentage **A6:** 809
filler metals for use in arc welding **A6:** 1106
Schaeffler diagram **A6:** 809
318, annealing......................... **M4:** 624
318, arc welding, filler metals for **M3:** 49
318, effect of content on weldability...... **M6:** 320
320
cladding **A6:** 503
composition **A6:** 691
filler metals for **A6:** 693
gas-metal arc welding.................. **A6:** 694
properties **A6:** 693
321
annealing **A4:** 773
arc welding, filler metals for **M3:** 49
as filler metal for weld cladding
applications **A6:** 809
atmospheric corrosion............... **M3:** 67–68
composition **A4:** 770, **A6:** 457, 691, **M3:** 5–6,
190–191, 756, **M6:** 526
content, effect on weldability........... **M6:** 320
corrosion in chemical solutions... **M3:** 79–80, 81,
83
corrosion in seawater **M3:** 71
corrosion resistance **A6:** 466
creep-rupture properties **M3:** 193
cutoff band sawing with bimetal blades **A6:** 1184
fasteners **M3:** 184
filler metals for **A6:** 693
filler metals for use in arc welding **A6:** 1106
flash welding.......................... **M6:** 557
for pots for molten salt baths of aluminum
alloys............................ **A4:** 873
for vacuum chamber construction... **A4:** 503, 504
forging temperature.................... **M3:** 42
gas nitriding **A4:** 401, 402
hardness gradients..................... **A4:** 402
induction brazing **A6:** 321
laser-beam welding **A6:** 264
machinability **M3:** 45
mechanical properties.................. **A6:** 468
oxidation resistance................... **M3:** 196
physical properties.................... **M3:** 34–35
plasma (ion) nitriding.................. **A4:** 424
pot material to hold noncyanide carburizing
process **A4:** 331
properties....................... **A6:** 689, 693
resistance to environments............ **M3:** 11–12
resistance welding **M6:** 527
similar/dissimilar welds **A6:** 500
solid-state-welded interlayers........... **A6:** 169
stress-relieving **A6:** 469
stud arc welding **A6:** 211
tensile properties................ **M3:** 205, 758
to avoid carbide formation and weld
decay **A6:** 1066
321 aircraft freshwater storage tank, pitting
failure.......................... **A11:** 177
321, annealing......................... **M4:** 624
321 bellows expansion joint, fatigue
cracking **A11:** 131–133
321, brazed joint failure, from inadequate
cleaning **A11:** 452–453
321, carbide precipitation in **A11:** 451
321, containing titanium carbonitride blocky
inclusions......................... **A11:** 30
321, effect of frequency and wave form on fatigue
properties **A12:** 59, 60
321 elbow assembly, weld cracking....... **A11:** 117
321 fuel-nozzle-support assembly,
cracking in....................... **A11:** 429
321 fuel-nozzle-support, weld-repair
cracking **A11:** 430
321 heat-exchanger bellows, fatigue
failure.......................... **A11:** 640
321 radar coolant system assembly, brazed joint
failure in **A11:** 452–453
321, SCC of brazed joint **A11:** 453
321, superheater tube, thick-lip stress
rupture....................... **A11:** 605–606
321 type welded liners, fatigue fracture ... **A11:** 118
321H
composition **A6:** 457, 691, **M3:** 5–6
filler metals for **A6:** 693
mechanical properties.................. **A6:** 468
properties **A6:** 693
resistance to environments............ **M3:** 11–12
321H, composition...................... **A4:** 770
325, seawater corrosion resistance **M3:** 71
327, to avoid carbide formation and weld
decay **A6:** 1066
329
annealing **A4:** 778
composition **A4:** 770, **A6:** 474, 698, **M3:** 5–6
corrosion in hydrochloric acid **M3:** 83–84
corrosion in seawater **M3:** 71
filler metals for **A6:** 698
for vacuum chamber construction... **A4:** 503, 504
mechanical properties.............. **M3:** 18–22
metallurgy............................ **A6:** 697
physical properties.................... **M3:** 34–35
pitting resistance equivalent values **A6:** 474
plasma (ion) nitriding.................. **A4:** 424
pot material to hold noncyanide carburizing
process **A4:** 331
properties....................... **A6:** 475, 698
resistance to environments............ **M3:** 11–12
stress-relieving **A4:** 774
329, electroslag-remelted **M7:** 549
329, ferritic-austenitic,
STAMP-processed............. **M7:** 548–549
330
composition **A4:** 770, **A6:** 457, 691, **M3:** 5–6
cutoff band sawing with bimetal blades **A6:** 1184
filler metals for **A6:** 693
for vacuum chamber construction... **A4:** 503, 504
forging temperature.................... **M3:** 42
materials for parts and fixtures in nitriding
furnaces.......................... **A4:** 398
mechanical properties **A6:** 468, **M3:** 18–22
physical properties.................... **M3:** 34–35
plasma (ion) nitriding.................. **A4:** 424
pot material to hold noncyanide carburizing
process **A4:** 331
properties **A6:** 693
resistance to environments............ **M3:** 11–12
similar/dissimilar welds **A6:** 500
330, contour band sawing............... **A16:** 362
330, cutoff band sawing **A16:** 360
330, thread grinding **A16:** 274
330HC
composition **M3:** 9–10
mechanical properties.............. **M3:** 18–22
332
composition........ **A4:** 771, **A6:** 458, **M3:** 9–10
for vacuum chamber construction... **A4:** 503, 504
mechanical properties **A6:** 468, **M3:** 18–22
plasma (ion) nitriding.................. **A4:** 424
pot material to hold noncyanide carburizing
process **A4:** 331
347
annealing **A4:** 773
annealing temperature.................. **M4:** 624
applications **A4:** 402
arc welding, filler metals for **M3:** 49
as filler metal for weld cladding
applications **A6:** 809
atmospheric corrosion **M3:** 66, 67
cladding **A6:** 502, 503, 504
composition..... **A4:** 770, **A6:** 457, 691, **M3:** 5–6,
190–191, 756, **M6:** 526
content, effect on weldability........... **M6:** 320
corrosion in chemical solutions....... **M3:** 78–88
corrosion in seawater.......... **M3:** 70, 71, 74
corrosion resistance **A6:** 466
creep-rupture properties......... **M3:** 193, 205
cutoff band sawing with bimetal blades **A6:** 1184
ductility dip cracking **A6:** 465
fasteners **M3:** 184
fatigue life............................ **M3:** 765
Ferrite Number........................ **A6:** 677
ferrite percentage **A6:** 809
filler metals for **A6:** 693
filler metals for use in arc welding **A6:** 1106
flash welding.......................... **M6:** 557
flux-cored arc welding **A6:** 188
for pots for molten salt baths of aluminum
alloys............................ **A4:** 873
for vacuum chamber construction... **A4:** 503, 504
forging temperature.................... **M3:** 42
furnace brazing **A6:** 915, 916–917, 919
gas nitriding **A4:** 401, 403
gas-tungsten arc welding **A6:** 705
HAZ liquation cracking................. **A6:** 464
heat-resistant alloy applications **A4:** 516
interface formation..................... **A6:** 146
machinability **M3:** 45
mechanical properties.................. **A6:** 468
oxidation resistance................... **M3:** 196
physical properties.................... **M3:** 34–35
plasma (ion) nitriding.................. **A4:** 424
plasma-MIG welding **A6:** 224
pot material to hold noncyanide carburizing
process **A4:** 331
properties....................... **A6:** 689, 693
resistance to environments............ **M3:** 11–12
resistance welding **M6:** 527
roll welding **A6:** 313
similar/dissimilar welds **A6:** 500
stress relieving **M4:** 648
stress-corrosion cracking............. **M3:** 63–64
stress-relieving **A4:** 774
stud arc welding **A6:** 211
tensile properties................ **M3:** 205, 758
weld cladding......................... **A6:** 820
weldability **A6:** 500
347, carbide precipitation in **A11:** 451
347, effect of frequency and wave form on fatigue
properties **A12:** 59, 60
347, for steam generator tube support
structures **A13:** 938
347 inlet header, poor welding crack **A11:** 430
347 pipeline, grain-boundary
embrittlement **A11:** 132
347, pressure-probe housing, brazed joint
failure.......................... **A11:** 454
347 shaft, in hydrogen-bypass valve, chloride SCC
in............................... **A11:** 660
347, wavelength-dispersive spectrum of **A10:** 87, 88
347F, machinability **M3:** 45
347H
composition **A6:** 457, 691, **M3:** 5–6
filler metals for **A6:** 693
properties **A6:** 693
resistance to environments............ **M3:** 11–12
347H, composition...................... **A4:** 770
348
annealing **A4:** 773
arc welding, filler metals for **M3:** 49
composition..... **A4:** 770, **A6:** 457, 691, **M3:** 5–6,
M6: 526
content, effect on weldability........... **M6:** 320
filler metals for **A6:** 693
filler metals for use in arc welding **A6:** 1106
for vacuum chamber construction... **A4:** 503, 504
mechanical properties.................. **A6:** 468
plasma (ion) nitriding.................. **A4:** 424
pot material to hold noncyanide carburizing
process **A4:** 331
properties **A6:** 693

Stainless steels, specific types (continued)
resistance to environments **M3:** 11–12
resistance welding **M6:** 527
similar/dissimilar welds **A6:** 500
348, annealing **M4:** 624
348, machining **A16:** 144–147, 179, 207, 274, 323, 324, 326
348H
composition **A6:** 457, 691, **M3:** 5–6
filler metals for **A6:** 693
properties **A6:** 693
resistance to environments **M3:** 11–12
348H, composition **A4:** 770
350, turning with cermet tools **A16:** 93
370
composition **A4:** 771
for vacuum chamber construction ... **A4:** 503, 504
plasma (ion) nitriding **A4:** 424
pot material to hold noncyanide carburizing process **A4:** 331
370, composition **A6:** 458
380L, gas-tungsten arc welding and fluid flow phenomena **A6:** 22
384
composition **A4:** 770, **M3:** 5–6
corrosion in seawater **M3:** 77
for vacuum chamber construction ... **A4:** 503, 504
mechanical properties **M3:** 18–22
physical properties **M3:** 34–35
plasma (ion) nitriding **A4:** 424
pot material to hold noncyanide carburizing process **A4:** 331
resistance to environments **M3:** 11–12
384, composition **A6:** 457
385
composition **M3:** 9–10
mechanical properties **M3:** 18–22
385, machining **A16:** 144–147, 179, 207, 274, 323, 324, 326
400, machining **A16:** 93, 231, 547
400 series **A16:** 88, 93, 95, 266
400-C, Taber abraser resistance **A5:** 308
400-series
acid cleaning and passivation **A5:** 755
acid descaling **A5:** 747
electropolishing in acid electrolytes **A5:** 754
nitriding **A5:** 758
pickling **A5:** 74
400-series containing 16% Cr or more
acid cleaning and passivation **A5:** 755
acid descaling **A5:** 747
400-series containing less than 16% Cr
acid cleaning and passivation **A5:** 755
acid descaling **A5:** 747
400-series with more than 1.25% Mn or more than 0.40% S, acid cleaning and passivation **A5:** 755
403
annealing **A4:** 780, **M4:** 624
arc welding, filler metals for **M3:** 49
austenitizing **A4:** 781, **M4:** 624
brazing **A6:** 626
chemical composition **A6:** 432
composition **A4:** 770, **A6:** 684, **M3:** 5–6, 190–191, **M6:** 526
content, effect on weldability **M6:** 348
corrosion in seawater **M3:** 71
filler metals for **A6:** 684
filler metals for use in arc welding **A6:** 439, 1106
flash welding **M6:** 557
forging temperature **M3:** 42
gas-metal arc welding parameters **A6:** 439
hardening **A4:** 778, 779, 780, **M4:** 624
hardness **M3:** 25, 47
hydrogen embrittlement **A4:** 782
impact strength **A4:** 779, 780
laser welding **A6:** 441
machinability **M3:** 45
mechanical properties **M3:** 26–28, 199
mechanical properties in various conditions **A6:** 434
preheating **A4:** 778
properties **A6:** 684
resistance to environments **M3:** 11–12
resistance welding **A6:** 848, **M6:** 527
rupture life **M3:** 194
specific welding recommendations, filler metals **A6:** 439
tempering **A4:** 778, **M4:** 624
403, anodic polarization curves **A13:** 956
403, forgeability **A14:** 380
403 modified, steam-turbine blades, effect of Stellite erosion shield **A11:** 170–171
403, single-origin fatigue crack **A11:** 257
403 steam turbine blade, fracture surface **A11:** 258
404
composition **M3:** 9–10
mechanical properties **M3:** 26–28
405
408Cb, composition **A4:** 772
annealing **A4:** 776
arc welding, filler metals for **M3:** 49
capacitor discharge stud welding **A6:** 222
chemical composition **A6:** 444
composition **A4:** 770, 772, **A6:** 687, **M3:** 5–6, 190–191, **M6:** 526
content, effect on weldability **M6:** 346
corrosion **A6:** 450
corrosion in seawater **M3:** 70, 71
filler metals for **A6:** 687
filler metals for use in arc welding **A6:** 1106
forging temperature **M3:** 42
in ferritic base metal-filler metal combination **A6:** 449
machinability **M3:** 45
mechanical properties **M3:** 24–25, 194
metallurgy **A6:** 683
physical properties **M3:** 34–35
properties **A6:** 443, 683, 687
resistance to environments **M3:** 11–12
resistance welding **A6:** 848, **M6:** 527
stud arc welding **A6:** 215
405, annealing **M4:** 624
405, for steam generators **A13:** 940
405Nb, in ferritic base metal-filler metal combinations **A6:** 449
406, chemical composition **A6:** 444
406, composition **M3:** 190–191
406, wrought heat-resistant **A16:** 738
409
annealing **A4:** 776
applications **A6:** 443, 685
arc welding **A6:** 685
brazing with copper cladding **A6:** 347
chemical composition **A6:** 444
composition **A4:** 770, **A6:** 687, **M3:** 5–6, 190–191
corrosion in acids **M3:** 82, 86
corrosion in fertilizer **M3:** 83
embrittlement tendency minimal **A4:** 777
filler metals **A6:** 448, 451, 687
gas-metal arc welding **A6:** 446
gas-tungsten arc welding **A6:** 448
hydrogen embrittlement **A4:** 781–782
in ferritic base metal-filler metal combination **A6:** 449
mechanical properties **M3:** 24–25, 194
metallurgy **A6:** 682–683
oxidation resistance **M3:** 196
physical properties **M3:** 34–35
properties **A6:** 683, 687
resistance to environments **M3:** 11–12
resistance welding **A6:** 443
transportation equipment **M3:** 68, 69, 70
weldability **A6:** 445
409, annealing **M4:** 625
409, effect of content on weldability **M6:** 346
409, for steam generators **A13:** 940
409Cb, chemical composition **A6:** 444
409Nb, in ferritic base metal-filler metal combination **A6:** 449
410
annealing **A4:** 780, **M4:** 628
applications **A4:** 402, **A6:** 443
arc welding **A6:** 679–680
arc welding, filler metals for **M3:** 49
atmospheric corrosion **M3:** 65, 66
austenitizing **A4:** 781
austenitizing temperature .. **A4:** 781, **M4:** 628, 629
capacitor discharge stud welding **A6:** 222
chemical composition **A6:** 432
composition **A4:** 770, **A6:** 684, **M3:** 5–6, 190–191, **M6:** 526
constitution diagram **A6:** 685
content, effect on weldability **M6:** 348
corrosion in chemical solutions **M3:** 81, 82
corrosion in seawater **M3:** 70, 73, 74, 76, 77, 78, 79
creep-rupture properties **M3:** 195
cutoff band sawing with bimetal blades **A6:** 1184
design curves, total deformation **M3:** 198
electrodes for flux-cored arc welding **A6:** 189
fasteners **M3:** 184
filler metals for **A6:** 684
filler metals for use in arc welding **A6:** 1106
filler metals used in arc welding this steel **A6:** 439
flame hardening **A4:** 283
flash welding **M6:** 557, 578–579
forging temperate **M3:** 42
friction welding **A6:** 153
furnace brazing **A6:** 917
gas nitriding **A4:** 401, 402
hardening **A4:** 778, **M4:** 627
hardness **M3:** 25, 47
hydrogen embrittlement **A4:** 782
isothermal transformation diagram **A6:** 438, 678–679, 683
liquid nitriding **A4:** 411, **M4:** 252
machinability **M3:** 45
martempered to full hardness **A4:** 140
martempering in salt applications **A4:** 148
martensitic start temperature **A6:** 437
mechanical properties **M3:** 26–28, 197, 199
mechanical properties in various conditions **A6:** 434
nitriding time **A4:** 388, **M4:** 193
oxidation resistance **M3:** 196
physical properties **M3:** 34–35
physical properties in the annealed condition **A6:** 435
preheat and interpass temperatures **A6:** 680
preheating **A4:** 778
properties **A6:** 629, 679, 684
proven applications for borided ferrous materials **A4:** 445
resistance to environments **M3:** 11–12
resistance welding **A6:** 848, **M6:** 527
specific welding recommendations, filler metals **A6:** 439–440
stress rupture **M3:** 227
stress-relieving **A4:** 777
stud arc welding **A6:** 215
tempering **A4:** 778, 781, **M4:** 627, 629
tempering temperatures, influence on properties **M3:** 29
thermal diffusivity from 20 to 100 °C **A6:** 4
transition behavior **M3:** 32
410, arc strikes damage **A11:** 414
410 bars, magabsorption measurement ... **A17:** 155
410, brazing and heat treating of **A11:** 451
410, cracks in HAZs **A11:** 428
410, for steam generators **A13:** 938
410, hardness and magnetic hysteresis **A17:** 134
410, hydrogen-stress cracking **A13:** 1132–1133
410, liquid-erosion resistance **A11:** 167
410, stress effects on hysteresis loops **A17:** 161

SUBJECTS OF THE INDEXED VOLUMES: ASM Handbook (designated by the letter "A"): **A1:** Properties and Selection: Irons, Steels, and High-Performance Alloys (1990); **A2:** Properties and Selection: Nonferrous Alloys and Special-Purpose Materials (1990); **A3:** Alloy Phase Diagrams (1992); **A4:** Heat Treating (1991); **A5:** Surface Engineering (1994); **A6:** Welding, Brazing, and Soldering (1993); **A7:** Powder Metal Technologies and Applications (1998); **A8:** Mechanical Testing (1985); **A9:** Metallography and Microstructures (1985); **A10:** Materials Characterization (1986); **A11:** Failure Analysis and Prevention (1986); **A12:** Fractography (1987); **A13:** Corrosion (1987); **A14:** Forming and Forging (1988); **A15:** Casting (1988); **A16:** Machining (1989); **A17:** Nondestructive Evaluation and Quality Control (1989); **A18:** Friction, Lubrication, and Wear Technology (1992); **A19:** Fatigue and Fracture (1996); **A20:** Materials Selection and Design (1997). **Metals Handbook, 9th Edition** (designated by the letter "M"): **M1:** Properties and Selection: Irons and Steels (1978); **M2:** Properties and Selection: Nonferrous Alloys and Pure Metals (1979); **M3:** Properties and Selection: Stainless Steels, Tool Materials, and Special-Purpose Materials (1980); **M4:** Heat Treating (1981); **M5:** Surface Cleaning, Finishing, and Coating (1982); **M6:** Welding, Brazing, and Soldering (1983); **M7:** Powder Metallurgy (1984). **Engineered Materials Handbook** (designated by the letters "EM"): **EM1:** Composites (1987); **EM2:** Engineering Plastics (1988); **EM3:** Adhesives and Sealants (1990); **EM4:** Ceramics and Glasses (1991). **Electronic Materials Handbook** (designated by the letters "EL"): **EL1:** Packaging (1989)

410 tube, pitted by chloride ions in flush water . . . **A11:** 630
410Cb
composition . . . **M3:** 9–10
mechanical properties . . . **M3:** 26–28
410Cb, mechanical properties in various conditions . . . **A6:** 434
410Cb (XM-30), chemical composition . . . **A6:** 432
410Cb (XM-30), composition . . . **A4:** 772
410L, applications . . . **M7:** 730–731
410L, dimensional change . . . **M7:** 292
410L, garbage disposal part . . . **M7:** 731
410L, sintered properties . . . **M7:** 731
410NiMo
composition . . . **A6:** 684
filler metals for . . . **A6:** 684
properties . . . **A6:** 684
410S
chemical composition . . . **A6:** 432
composition . . . **A6:** 684, **M3:** 9–10
filler metals for . . . **A6:** 684
mechanical properties . . . **A6:** 434, **M3:** 26–28
properties . . . **A6:** 684
410S, composition . . . **A4:** 772
414
annealing . . . **A4:** 780, **M4:** 628
austenitizing . . . **A4:** 781, **M4:** 627, 630
austenitizing temperature . . . **A4:** 782
chemical composition . . . **A6:** 432
composition **A4:** 770, **A6:** 684, **M3:** 5–6, **M6:** 526
content, effect on weldability . . . **M6:** 348
filler metals for . . . **A6:** 684
filler metals for use in arc welding . . . **A6:** 439
flame hardening . . . **A4:** 283
forging temperature . . . **M3:** 42
hardening . . . **A4:** 778, **M4:** 627
hardness . . . **M3:** 25
hydrogen embrittlement . . . **A4:** 782
machinability . . . **M3:** 45
mechanical properties . . . **M3:** 26–28
mechanical properties in various conditions . . . **A6:** 434
no response to full annealing . . . **A4:** 780
physical properties . . . **M3:** 34–35
physical properties in the annealed condition . . . **A6:** 435
properties . . . **A6:** 684
resistance to environments . . . **M3:** 11–12
resistance welding . . . **A6:** 848, **M6:** 527
specific welding recommendations, filler metals . . . **A6:** 440
tempering . . . **A4:** 778, 782, **M4:** 627, 630
414, properties . . . **M7:** 499–500
414 stud, service fracture . . . **A11:** 428
414L
composition . . . **M3:** 9–10
mechanical properties . . . **M3:** 26–28
molds for plastics and rubber, use for . . . **M3:** 547
416
annealing . . . **A4:** 780, **M4:** 628
arc welding, filler metals for . . . **M3:** 49
austenitizing . . . **A4:** 781, **M4:** 627, 631
austenitizing temperature . . . **A4:** 783
chemical composition . . . **A6:** 432
composition . . . **A4:** 770, **A6:** 684, **M3:** 5–6, 190–191, 756
corrosion in seawater . . . **M3:** 70–71, 73, 74, 76
cutoff band sawing with bimetal blades **A6:** 1184
fasteners . . . **M3:** 184, 185
filler metals for . . . **A6:** 684
filler metals for use in arc welding **A6:** 439, 1106
flame hardening . . . **A4:** 283
forging temperature . . . **M3:** 42
hardening . . . **A4:** 778, **M4:** 627
hardness . . . **M3:** 25, 47
induction brazing . . . **A6:** 921
machinability . . . **M3:** 44–46
mechanical properties . . . **M3:** 26–28, 761
mechanical properties in various conditions . . . **A6:** 434
not recommended for welding . . . **A6:** 439
physical properties . . . **M3:** 34–35
physical properties in the annealed condition . . . **A6:** 435
plasma (ion) nitriding . . . **A4:** 421
preheating . . . **A4:** 778
properties . . . **A6:** 684
resistance to environments . . . **M3:** 11–12
tempering . . . **A4:** 778, 783, **M4:** 627, 631
416, effect of content on weldability . . . **M6:** 348
416, examples of preferential detection, image analysis . . . **A10:** 311
416 plus X
chemical composition . . . **A6:** 432
composition . . . **M3:** 9–10
mechanical properties . . . **M3:** 26–28
mechanical properties in various conditions . . . **A6:** 434
416 Plus X (XM-6), composition . . . **A4:** 772
416Se
annealing . . . **A4:** 780
chemical composition . . . **A6:** 432
composition . . . **A4:** 770, **A6:** 684, **M3:** 5–6
filler metals for . . . **A6:** 684
filler metals for use in arc welding . . . **A6:** 1106
hardening . . . **A4:** 778
mechanical properties . . . **M3:** 26–28
mechanical properties in various conditions . . . **A6:** 434
not recommended for welding . . . **A6:** 439
properties . . . **A6:** 684
resistance to environments . . . **M3:** 11–12
tempering . . . **A4:** 778
416Se, effect of content on weldability . . . **M6:** 348
418
chemical composition . . . **A6:** 432
mechanical properties in various conditions . . . **A6:** 434
418 (Greek Ascoloy), composition . . . **A4:** 772
418, mechanical properties . . . **M3:** 26–28
420
annealing . . . **A4:** 780, **M4:** 628
applications . . . **A4:** 402, **A6:** 679
arc welding, filler metals for . . . **M3:** 49
austenitizing . . . **A4:** 781, **M4:** 627, 632
austenitizing temperature . . . **A4:** 784
chemical composition . . . **A6:** 432
composition . . . **A4:** 770, **A6:** 684, **M3:** 5–6
content, effect on weldability . . . **M6:** 348
cutoff band sawing with bimetal blades **A6:** 1184
fasteners . . . **M3:** 185
filler metals for . . . **A6:** 684
filler metals for use in arc welding **A6:** 439, 1106
flame hardening . . . **A4:** 283
forging temperature . . . **M3:** 42
gas nitriding . . . **A4:** 402
hardening . . . **A4:** 778, 779, 780, **M4:** 627
hardness . . . **M3:** 25
impact strength . . . **A4:** 779, 780
induction hardening . . . **M4:** 470
machinability . . . **M3:** 44–46
martempering, forming after . . . **A4:** 145
mechanical properties . . . **M3:** 26–28
mechanical properties in various conditions . . . **A6:** 434
molds for plastics and rubber, use for . . . **M3:** 547
nitriding . . . **M4:** 193
nitriding time . . . **A4:** 388
physical properties . . . **M3:** 34–35
physical properties in the annealed condition . . . **A6:** 435
plasma (ion) nitriding . . . **A4:** 404, 423
preheat and interpass temperatures . . . **A6:** 680
preheating . . . **A4:** 778
properties . . . **A6:** 684
proven applications for borided ferrous materials . . . **A4:** 445
resistance to environments . . . **M3:** 11–12
resistance welding . . . **A6:** 848, **M6:** 527
specific welding recommendations, filler metals . . . **A6:** 440
submerged arc welding . . . **A6:** 681–682
tempering . . . **A4:** 778, 784, **A6:** 682, **M4:** 627, 632
tempering temperatures, influence on properties . . . **M3:** 29
420F
chemical composition . . . **A6:** 432
composition . . . **A6:** 684
cutoff band sawing with bimetal blades **A6:** 1184
filler metals for . . . **A6:** 684
hardness . . . **M3:** 25
machinability . . . **M3:** 45
not recommended for welding . . . **A6:** 439
properties . . . **A6:** 684
resistance to environments . . . **M3:** 11–12
420F, composition . . . **A4:** 770
420F Se, composition . . . **A4:** 772
420FSe
composition . . . **A6:** 684
filler metals for . . . **A6:** 684
properties . . . **A6:** 684
422
applications . . . **A4:** 402
chemical composition . . . **A6:** 432
composition . . . **A4:** 770, **M3:** 5–6, 190–191
gas nitriding . . . **A4:** 402
mechanical properties . . . **M3:** 26–28, 197, 199
mechanical properties in various conditions . . . **A6:** 434
physical properties . . . **M3:** 34–35
physical properties in the annealed condition . . . **A6:** 435
resistance to environments . . . **M3:** 11–12
tempering in service . . . **M3:** 198
422, by STAMP process . . . **M7:** 549
422, creep-rupture relationship . . . **M7:** 549
422, ferritic STAMP processed chemical composition . . . **M7:** 548
422, flash welding . . . **M6:** 557
422, machining . . . **A16:** 144–147, 179, 207, 738
429
chemical composition . . . **A6:** 443
composition . . . **A6:** 687, **M3:** 5–6
filler metals for . . . **A6:** 687
in ferritic base metal-filler metal combination . . . **A6:** 449
mechanical properties . . . **M3:** 24–25
physical properties . . . **M3:** 34–35
properties . . . **A6:** 687
resistance to environments . . . **M3:** 11–12
429, broaching . . . **A16:** 207
429, composition . . . **A4:** 770
429, trepanning . . . **A16:** 179
429FSe, chemical composition . . . **A6:** 432
430
annealing . . . **A4:** 776
arc welding, filler metals for . . . **M3:** 49
atmospheric corrosion . . . **M3:** 65–68
austenite-martensite embrittlement . . . **A4:** 776
capacitor discharge stud welding . . . **A6:** 222
chemical composition . . . **A6:** 443
cold rolling, effect on tensile strength . . . **M3:** 33
composition . . . **A4:** 770, **M3:** 5–61, 190–191, **M6:** 526
content, effect on weldability . . . **M6:** 346
corrosion . . . **A6:** 450
corrosion in chemical solutions . . **M3:** 81, 82, 84, 85, 87
corrosion in seawater . . . **M3:** 71, 73, 74, 76–79
creep-rupture properties . . . **M3:** 195
cross-wire welding . . . **M6:** 531
cutoff band sawing with bimetal blades **A6:** 1184
ductile-to-brittle transition temperature . . **A6:** 444
fasteners . . . **M3:** 184, 185
filler metal . . . **A6:** 443, 448, 451
filler metals for . . . **A6:** 687
filler metals for use in arc welding . . . **A6:** 1106
flash welding . . . **M6:** 557
forging temperature . . . **M3:** 42
gas nitriding . . . **A4:** 401, 402
gas-tungsten arc welding . . . **A6:** 448
hardness gradients . . . **A4:** 402
heat-resistant alloy applications . . . **A4:** 516
in ferritic base metal-filler metal combination . . . **A6:** 449
low-cyanide liquid nitriding equipment . . **A4:** 414
machinability . . . **M3:** 45
mechanical properties . . . **M3:** 24–25, 194, 199
metallurgy . . . **A6:** 682
microstructure . . . **A6:** 686
oxidation resistance . . . **M3:** 196
physical properties . . . **M3:** 34–35
postweld heat treatment . . . **A6:** 686
preheating . . . **A6:** 450
properties . . . **A6:** 683, 687
resistance to environments . . . **M3:** 11–12
resistance welding . . . **A6:** 848, **M6:** 527
roll welding . . . **A6:** 313
shielded metal arc welding . . . **A6:** 450, 451
stud arc welding . . . **A6:** 215
thermal diffusivity from 20 to 100 °C . . . **A6:** 4

Stainless steels, specific types (continued)
transportation equipment **M3:** 68, 69
weldability **A6:** 445
430, annealing **M4:** 625
430, development of banded structure **A9:** 627
430, potentiostatic passive anodic polarization **A13:** 218
430F
annealing **A4:** 776
arc welding, filler metals for **M3:** 49
composition **A4:** 770, **A6:** 687, **M6:** 526
content, effect on weldability **M6:** 346
corrosion in seawater **M3:** 73, 74, 76
cutoff band sawing **A6:** 1184
filler metals for **A6:** 687
filler metals used in arc welding **A6:** 1106
forging temperature **M3:** 42
machinability **M3:** 44–46
mechanical properties **M3:** 24–25
physical properties **M3:** 34–35
properties **A6:** 687
resistance to environments **M3:** 11–12
430F, annealing **M4:** 625
430F Se composition **A4:** 770
430FSe
chemical composition **A6:** 443
composition **A6:** 687, **M3:** 5–6
filler metals for **A6:** 687
filler metals used in arc welding **A6:** 1106
properties **A6:** 687
resistance to environments **M3:** 11–12
430F-Se, effect of content on weldability .. **M6:** 346
430L vacuum-sintered ferritic, carbon effects **A13:** 827
430Se, spade drilling **A16:** 225
430Ti
composition **M3:** 9–10
mechanical properties **M3:** 24–25
430Ti, composition **A4:** 771
430Ti, in ferritic base metal-filler metal combination **A6:** 449
431
annealing **A4:** 780, **M4:** 628
arc welding, filler metals for **M3:** 49
austenitizing **A4:** 781, **M4:** 627, 633
austenitizing temperature **A4:** 785
chemical composition **A6:** 432
composition **A4:** 770, **A6:** 684, **M3:** 5–6, 190–191, **M6:** 526
content, effect on weldability **M6:** 348
corrosion in seawater **M3:** 74, 76
filler metals for **A6:** 684
filler metals for use in arc welding **A6:** 439, 1106
flame hardening **A4:** 283
forging temperature **M3:** 42
hardening **A4:** 778, 779, 780, **M4:** 627
hardness **M3:** 25
hydrogen embrittlement **A4:** 781, 782
impact strength **A4:** 779, 780
Izod impact properties **A4:** 779
machinability **M3:** 45
mechanical properties **M3:** 26–28, 199
mechanical properties in various conditions **A6:** 434
no response to full annealing **A4:** 780
oxidation resistance **M3:** 196
physical properties **M3:** 34–35
physical properties in the annealed condition **A6:** 435
preheating **A4:** 778
properties **A6:** 684
resistance to environments **M3:** 11–12
resistance welding **A6:** 848, **M6:** 527
retained austenite **A4:** 779
specific welding recommendations, filler metals **A6:** 440
tempering **A4:** 778, 785, **M4:** 627, 633
tempering temperatures, influence on properties **M3:** 29
431, springs **M1:** 299
434
annealing **A4:** 776
austenite-martensite embrittlement **A4:** 776
chemical composition **A6:** 443
composition **A4:** 770, **M3:** 5–6, 190–191
corrosion **A6:** 450
mechanical properties **M3:** 24–25
physical properties **M3:** 34–35
preheating **A6:** 450
resistance to environments **M3:** 11–12
roll welding **A6:** 313
transportation equipment **M3:** 68, 69
weldability **A6:** 445
434, annealing **M4:** 625
434L, applications **M7:** 730–731
434L, compactibility **M7:** 184
434L, dimensional change **M7:** 292
434L, ferritic, green strength **M7:** 184, 185
436
composition **M3:** 5–6
mechanical properties **M3:** 24–25
physical properties **M3:** 34–35
resistance to environments **M3:** 11–12
436, broaching **A16:** 207
436, chemical composition **A6:** 443
436, composition **A4:** 770
436, trepanning **A16:** 179
439
annealing **A4:** 776
austenite-martensite embrittlement avoided **A4:** 776
chemical composition **A6:** 444
composition **A4:** 770, **A6:** 687, **M3:** 190–191
filler metals for **A6:** 687
in ferritic base metal-filler metal combination **A6:** 449
properties **A6:** 687
tensile properties **M3:** 194
439, annealing **M4:** 625
439 calibration tube, eddy current inspection **A17:** 182
439, wrought heat-resistant **A16:** 738
440
composition **M3:** 5–6
flame hardening **A4:** 283
forging temperature **M3:** 42
preheating **A4:** 778
440 FSe
chemical composition **A6:** 432
composition **A6:** 684
filler metals for **A6:** 684
not recommended for welding **A6:** 439
properties **A6:** 684
440A
annealing **A4:** 780, **M4:** 628
applications **A6:** 433, 679
arc welding **A6:** 680
austenitizing **M4:** 627
chemical composition **A6:** 432
composition **A4:** 770, **A6:** 684, **M3:** 5–6, **M6:** 526
content, effect on weldability **M6:** 348
cutoff band sawing with bimetal blades **A6:** 1184
filler metals for **A6:** 684
filler metals for use in arc welding this steel **A6:** 439
hardening **A4:** 778, **M4:** 627
hardness **M3:** 25
machinability **M3:** 45
mechanical properties **M3:** 26–28
mechanical properties in various conditions **A6:** 435
physical properties **M3:** 34–35
physical properties in the annealed condition **A6:** 435
properties **A6:** 684
resistance to environments **M3:** 11–12
resistance welding **A6:** 848, **M6:** 527
specific welding recommendations, filler metals **A6:** 440
tempering **A4:** 778, **M4:** 627
440A, applications **M7:** 731
440B
annealing **A4:** 780, **M4:** 628
applications **A6:** 433, 679
austenitizing **M4:** 627
chemical composition **A6:** 432
composition **A4:** 770, **A6:** 684, **M3:** 5–6
cutoff band sawing with bimetal blades **A6:** 1184
filler metals for **A6:** 684
hardening **A4:** 778, **M4:** 627
hardness **M3:** 25
machinability **M3:** 45
mechanical properties **M3:** 26–28
mechanical properties in various conditions **A6:** 435
properties **A6:** 684
resistance to environments **M3:** 11–12
specific welding recommendations, filler metals **A6:** 440
tempering **A4:** 778, **M4:** 627
440B, effect of content on weldability **M6:** 348
440C
annealing **A4:** 780, **M4:** 628
applications **A6:** 433, 679
austenitizing **A4:** 781, **M4:** 627, 634
austenitizing temperature **A4:** 786
chemical composition **A6:** 432
composition **A4:** 770, **A6:** 684, **M1:** 610, **M3:** 5–6
cutoff band sawing with bimetal blades **A6:** 1184
filler metals for **A6:** 684
friction welding **A6:** 441
hardening **A4:** 778, **M4:** 627
hardness **M3:** 25
hydrogen embrittlement **A4:** 781
ion implantation **A4:** 266
machinability **M3:** 44–46
mechanical properties **M3:** 26–28
mechanical properties in various conditions **A6:** 435
physical properties **M3:** 34–35
physical properties in the annealed condition **A6:** 435
properties **A6:** 684
resistance to environments **M3:** 11–12
retained austenite **A4:** 779
seizure resistance **M1:** 611
shafting for mining or off-road construction machinery **M1:** 606
specific welding recommendations, filler metals **A6:** 440
tempering **A4:** 778, 786, **M4:** 627, 634
440C, cracking **A13:** 1056
440C, effect of content on weldability **M6:** 348
440C, for bearings **A11:** 490
440C radial-contact ball bearings, rolling-contact fatigue in **A11:** 503–504
440CM, composition **M1:** 610
440F
annealing **A4:** 780, **M4:** 628
austenitizing **M4:** 627
chemical composition **A6:** 432
composition **A4:** 772, **A6:** 684
cutoff band sawing with bimetal blades **A6:** 1184
filler metals for **A6:** 684
hardening **A4:** 778, **M4:** 627
hardness **M3:** 25
machinability **M3:** 45
not recommended for welding **A6:** 439
properties **A6:** 684
tempering **A4:** 778, **M4:** 627
440F Se, composition **A4:** 772
441, chemical composition **A6:** 444
441, composition **A4:** 771
442
chemical composition **A6:** 443
composition **M3:** 5–6, **M6:** 526

SUBJECTS OF THE INDEXED VOLUMES: ASM Handbook (designated by the letter "A"): **A1:** Properties and Selection: Irons, Steels, and High-Performance Alloys (1990); **A2:** Properties and Selection: Nonferrous Alloys and Special-Purpose Materials (1990); **A3:** Alloy Phase Diagrams (1992); **A4:** Heat Treating (1991); **A5:** Surface Engineering (1994); **A6:** Welding, Brazing, and Soldering (1993); **A7:** Powder Metal Technologies and Applications (1998); **A8:** Mechanical Testing (1985); **A9:** Metallography and Microstructures (1985); **A10:** Materials Characterization (1986); **A11:** Failure Analysis and Prevention (1986); **A12:** Fractography (1987); **A13:** Corrosion (1987); **A14:** Forming and Forging (1988); **A15:** Casting (1988); **A16:** Machining (1989); **A17:** Nondestructive Evaluation and Quality Control (1989); **A18:** Friction, Lubrication, and Wear Technology (1992); **A19:** Fatigue and Fracture (1996); **A20:** Materials Selection and Design (1997). **Metals Handbook, 9th Edition** (designated by the letter "M"): **M1:** Properties and Selection: Irons and Steels (1978); **M2:** Properties and Selection: Nonferrous Alloys and Pure Metals (1979); **M3:** Properties and Selection: Stainless Steels, Tool Materials, and Special-Purpose Materials (1980); **M4:** Heat Treating (1981); **M5:** Surface Cleaning, Finishing, and Coating (1982); **M6:** Welding, Brazing, and Soldering (1983); **M7:** Powder Metallurgy (1984). **Engineered Materials Handbook** (designated by the letters "EM"): **EM1:** Composites (1987); **EM2:** Engineering Plastics (1988); **EM3:** Adhesives and Sealants (1990); **EM4:** Ceramics and Glasses (1991). **Electronic Materials Handbook** (designated by the letters "EL"): **EL1:** Packaging (1989)

Stainless steels, specific types / 945

forging temperature **M3:** 42
in ferritic base metal-filler metal combination **A6:** 449
mechanical properties **M3:** 24–25
preheating **A6:** 450
resistance to environments **M3:** 11–12
resistance welding **A6:** 848, **M6:** 527
weldability **A6:** 445
442, composition **A4:** 770
443, cutoff band sawing with bimetal blades **A6:** 1184
444
annealing **A4:** 776
austenite-martensite embrittlement avoided **A4:** 776
chemical composition **A6:** 446
composition **A4:** 770, **A6:** 687, **M3:** 9–10
ductility loss **A6:** 444
filler metals for **A6:** 687
gas-tungsten arc welding **A6:** 686
mechanical properties **M3:** 24–25
metallurgy **A6:** 683
physical properties **M3:** 34–35
properties **A6:** 687
weldability **A6:** 454
444, annealing **M4:** 624
444, resistance welding **M6:** 527
446
annealing **A4:** 776
applications, protection tubes and wells .. **A4:** 533
arc welding, filler metals for **M3:** 49
atmospheric corrosion, industrial sites **M3:** 66
chemical composition **A6:** 443
composition **A4:** 770, **A6:** 687, **M3:** 5–6, 190–191, **M6:** 526
content, effect on weldability **M6:** 346
corrosion **A6:** 450
corrosion in nitric acid **M3:** 86
creep-rupture properties **M3:** 195
cutoff band sawing with bimetal blades **A6:** 1184
filler metals for **A6:** 687
filler metals for use in arc welding **A6:** 1106
forging temperature **M3:** 42
furnace brazing **A6:** 919
gas nitriding **A4:** 401, 402
hardness gradients **A4:** 402
hardness vs. temperature **M3:** 199
heat-resistant alloy applications **A4:** 517
in ferritic base metal-filler metal combination **A6:** 449
liquid nitriding equipment **A4:** 415
machinability **M3:** 44–46
mechanical properties **M3:** 24–25, 199
metallurgy **A6:** 682
oxidation resistance **M3:** 196
physical properties **M3:** 34–35
preheating **A6:** 450
properties **A6:** 683, 687
recommended for parts and fixtures for salt baths **A4:** 514
resistance to environments **M3:** 11–12
resistance welding **A6:** 848, **M6:** 527
weldability **A6:** 445
446, annealing **M4:** 625
446, embrittlement of **M1:** 686–687
450 (custom), hot isostatic pressing **A15:** 541
500 series, cemented carbides **A16:** 88
501
composition **M3:** 5–6
mechanical properties **M3:** 26–28
resistance to environments **M3:** 11–12
501, machining **A16:** 144–147, 179, 207
501, thermal diffusivity from 20 to 100 °C ... **A6:** 4
501A, composition **M3:** 5–6
501B, composition **M3:** 5–6
502
composition **M3:** 5–6
mechanical properties **M3:** 26–28
resistance to environments **M3:** 11–12
502, machining **A16:** 144–147, 179, 207
503
composition **M3:** 5–6
resistance to environments **M3:** 11–12
504
composition **M3:** 5–6
resistance to environments **M3:** 11–12
600, STAMP processed **M7:** 549
615
composition **A6:** 684
filler metals for **A6:** 684
properties **A6:** 684
616
composition **A6:** 684
filler metals for **A6:** 684
properties **A6:** 684
619
composition **A6:** 684
filler metals for **A6:** 684
properties **A6:** 684
630
arc welding **A6:** 696, 697
composition **A6:** 696
filler metals for **A6:** 696
properties **A6:** 696
630, liquid-erosion resistance **A11:** 167
630 type 17-4 PH, poppet-valve stem, fracture of **A11:** 320–321
631
composition **A6:** 696
filler metals for **A6:** 696
properties **A6:** 696
631 (17-7PH) Belleville washers, distortion from heat treatment **A11:** 140
631, liquid-erosion resistance **A11:** 167
631, springs **M1:** 284, 285, 291, 298
632
composition **A6:** 696
filler metals for **A6:** 696
heat treatment **A6:** 695
properties **A6:** 696
semiaustenitic PH stainless steel **A6:** 695
632, composition **M3:** 9–10
633
composition **A6:** 696
filler metals for **A6:** 696
properties **A6:** 696
633, composition **M3:** 9–10
634
composition **A6:** 696
filler metals for **A6:** 696
properties **A6:** 696
634, composition **M3:** 9–10
635
composition **A6:** 696
filler metals for **A6:** 696
properties **A6:** 696
635, composition **M3:** 9–10
660 (A286)
composition **A6:** 696
filler metals for **A6:** 696
properties **A6:** 695, 696
662
composition **A6:** 696
filler metals for **A6:** 696
properties **A6:** 696
830, applications **M7:** 731
904L
annealing **A4:** 773
composition **A4:** 771, **A6:** 458, 691, **M3:** 9–10
filler metals for **A6:** 693
mechanical properties **A6:** 468, **M3:** 18–22
properties **A6:** 693
904L, annealing **M4:** 624
2205
applications **A6:** 697
composition **A6:** 698
filler metals for **A6:** 698
properties **A6:** 698
2205, composition **A4:** 772
2205 duplex, chemical compositions **A13:** 359
2205 SRG Plus, fatigue testing in synthetic white water **A19:** 763
2209, as filler metal **A6:** 698
2304
composition **A6:** 698
filler metals for **A6:** 698
properties **A6:** 698
2304, composition **A4:** 772
2507
composition **A6:** 698
filler metals for **A6:** 698
properties **A6:** 698
2553, as filler metal **A6:** 698
4340, brazing **A6:** 930
4340, die life in upset forging **A14:** 228
9310, die life in upset forging **A14:** 228
A-286
aging **A6:** 482
composition **A6:** 483, 564
composition effect **A6:** 487
constitutional liquation in multicomponent systems **A6:** 568
electron-beam welding ... **A6:** 491, 492, 493, 865, 869
filler metals **A6:** 491
flash butt welding **A6:** 492
gas-tungsten arc welding **A6:** 492, 493
heat treatment **A6:** 485
hot cracking **A6:** 696
mechanical properties **A6:** 487
microstructure **A6:** 488
M_s temperature **A6:** 482
postweld heat treatment **A6:** 492
precipitation-hardening phases **A6:** 483
resistance welding **A6:** 491, 492
ultrasonic welding **A6:** 326
upset welding **A6:** 249
weldability **A6:** 490
ACI CN-7 cast pump impeller **A13:** 142
AF07, Manson-Coffin curve **A19:** 758
AF11, fatigue strength curve **A19:** 758
AF18, fatigue strength curve **A19:** 758
AF22
composition **A4:** 772
corrosion resistance **A4:** 777
AFNOR Z3 CNDU 21-7, crack growth rate **A19:** 759
AISI 4340, hydrogen embrittlement **A12:** 31
AISI-SAE, 0.45C-Ni-Cr-Mo-V, fracture toughness **A19:** 30
AISI-SAE, EX24, carburized steel bending fatigue **A19:** 687
AL 29-4
chemical composition **A6:** 445
in ferritic base metal-filler metal combination **A6:** 449
weldability **A6:** 449
AL 29-4-2
chemical composition **A6:** 445
in ferritic base metal-filler metal combination **A6:** 449
weldability **A6:** 449
AL 29-4-2, annealing **M4:** 625
AL 29-4C, annealing **M4:** 625
AL 29-4C (S44735)
chemical composition **A6:** 446
hydrogen embrittlement **A6:** 450
in ferritic base metal-filler metal combination **A6:** 449
AL-4X, annealing **A4:** 773, **M4:** 624
AL-6X
annealing **A4:** 773
composition **A4:** 771, **M3:** 9–10
corrosion in foods **M3:** 92
corrosion resistance, pulp and paper industry **M3:** 92
mechanical properties **M3:** 18–22
AL-6X, annealing **M4:** 624
AL-6X, mechanical properties **A6:** 468
AL-6XN
composition **A6:** 458, 691
filler metals for **A6:** 693
properties **A6:** 693
AL-6XN, composition **A4:** 771
AL29-4-2
annealing **A4:** 776
composition **A4:** 772
AL29-4C
annealing **A4:** 776
composition **A4:** 772
AL433, chemical composition **A6:** 444
AL446, chemical composition **A6:** 444
AL468, chemical composition **A6:** 444
ALFA IV, composition **A4:** 772
alloy 316, thermomechanical fatigue **A19:** 543
alloy 600, stress-corrosion cracking **A19:** 484
alloy 800
stress-corrosion cracking **A19:** 484
thermomechanical fatigue **A19:** 543
Almar 363, composition **M3:** 190–191
Almar 363, wrought heat-resistant **A16:** 738

Stainless steels, specific types (continued)
AM 350, composition **M6:** 350
AM 355
composition **M6:** 350
flash welding.......................... **M6:** 557
AM-350
composition **A4:** 772, **A6:** 483, **M3:** 9–10, 190–191
composition effect..................... **A6:** 487
electron-beam welding **A6:** 489
filler metals **A6:** 490
gas nitriding.......................... **A4:** 387
gas-metal arc welding.................. **A6:** 489
gas-tungsten arc welding **A6:** 489
heat treatment **A6:** 485, **M3:** 202
heat-treating procedures... **A4:** 784, 785, 791–792
laser-beam welding **A6:** 489
mechanical properties .. **A6:** 486, **M3:** 30–31, 202, 204
precipitation-hardening phases **A6:** 483
recommended filler metals for welding.. **A6:** 1107
resistance welding **A6:** 489, 490
shielded metal arc welding **A6:** 490
stress-rupture **M3:** 203
submerged arc welding................. **A6:** 489
ultrasonic welding..................... **A6:** 326
weldability **A6:** 489
welding sequence **A4:** 791–792
AM-350, chemical milling **A16:** 584
AM-350, pickling **A5:** 74
AM-350, wrought heat-resistant.......... **A16:** 738
AM355
composition **A4:** 772, **A6:** 483, **M3:** 9–10, 190–191
composition effect..................... **A6:** 487
electron-beam welding **A6:** 489
filler metals **A6:** 490
gas nitriding.......................... **A4:** 387
gas-metal arc welding.................. **A6:** 489
gas-tungsten arc welding **A6:** 489
heat treating procedures........... **M4:** 635–639
heat treatment **A6:** 485, **M3:** 202
heat-treating procedures... **A4:** 784, 785, 791–792
laser-beam welding **A6:** 489
mechanical properties .. **A6:** 488, **M3:** 30–31, 202, 203
mechanical properties, effect of tempering temperatures............... **M4:** 643, 646
mechanical properties, effect of welding sequence **M4:** 643, 646
microstructure.................... **A6:** 488, 490
postweld heat treatment................ **A6:** 490
precipitation-hardening phases **A6:** 483
recommended filler metals for welding.. **A6:** 1107
resistance welding **A6:** 489, 490
shielded metal arc welding **A6:** 490
submerged arc welding................. **A6:** 489
tempering temperature effect on properties **A4:** 792
ultrasonic welding..................... **A6:** 326
weldability **A6:** 489
welding sequence **A4:** 791–792
AM-355, chemical milling **A16:** 584
AM-355, pickling **A5:** 74
AM-355, wrought heat-resistant.......... **A16:** 738
AM-363
composition **M3:** 9–10
mechanical properties............... **M3:** 30–31
AMS-5616 Greek Ascoloy flash welding... **M6:** 557
ASTM A313 *See* Stainless steels, specific types
ASTM A693 *See* Stainless Steels
austenitic 18% Cr, zinc and galvanized steel corrosion as result of contact with ... **A5:** 363
CA6N
composition **A6:** 684
filler metals for **A6:** 684
properties **A6:** 684
CA6NM
application **A6:** 679
austenite-start temperature **A6:** 680
composition **A6:** 684
filler metals for **A6:** 684
mechanical properties in various conditions....................... **A6:** 434
preheat and interpass temperatures **A6:** 680
properties....................... **A6:** 679, 684
CA-15, suction roll shell, muriatic acid corrosion **A13:** 1204
CA-15M
composition **A6:** 684
filler metals for **A6:** 684
properties **A6:** 684
CA-28MWV
composition **A6:** 684
filler metals for **A6:** 684
properties **A6:** 684
CA-40
composition **A6:** 684
filler metals for **A6:** 684
properties **A6:** 684
CA-40F
composition **A6:** 684
filler metals for **A6:** 684
properties **A6:** 684
Carpenter 18-18 Plus................... **A16:** 738
composition **M3:** 190–191
tensile properties **M3:** 205
Carpenter 18-18 plus, annealing.......... **M4:** 624
Carpenter 18-18 Plus, magnetic permeability....................... **A4:** 773
Carpenter 18Cr-2Ni-12Mn, annealing **M4:** 624
Carpenter 20 Cb-3
composition **M3:** 9–10, 172, 210
corrosion in chemical solutions .. **M3:** 80, 81, 82, 83–84, 88, 89, 173
corrosion in pharmaceuticals............ **M3:** 92
corrosion in seawater **M3:** 70
fasteners, use for **M3:** 185
mechanical properties............... **M3:** 18–22
physical properties.................... **M3:** 217
Carpenter 20Cb-3, annealing............ **M4:** 624
Carpenter 20Cb-3, applications **A4:** 769
Carpenter 21Cr-6Ni-9Mn, annealing **M4:** 624
Carpenter 22Cr-13Ni-5Mn, annealing **M4:** 624
Carpenter H-46
composition **M3:** 190–191
mechanical properties.................. **M3:** 197
tempering in service **M3:** 198
CB-30
composition **A6:** 687
filler metals for **A6:** 687
properties **A6:** 687
CC-50
composition **A6:** 687
filler metals for **A6:** 687
properties **A6:** 687
CD-4MCw
composition **A6:** 698
filler metals for **A6:** 698
metallurgy............................ **A6:** 697
properties **A6:** 698
CE-30
composition **A6:** 691
filler metals for **A6:** 693
properties **A6:** 693
CF-3
composition **A6:** 691
filler metals for **A6:** 693
properties **A6:** 693
CF-3M
composition **A6:** 691
filler metals for **A6:** 693
properties **A6:** 693
CF-3MN
composition **A6:** 691
filler metals for **A6:** 693
properties **A6:** 693
CF-8
composition **A6:** 691
filler metals for **A6:** 693
properties **A6:** 693
CF-8C
composition **A6:** 691
filler metals for **A6:** 693
properties **A6:** 693
CF-8M
composition **A6:** 691
filler metals for **A6:** 693
properties **A6:** 693
CF-8M, radiographic inspection **A17:** 333–334
CF10SMnN
composition **A6:** 691
filler metals for **A6:** 693
properties **A6:** 693
CF-16F
composition **A6:** 691
filler metals for **A6:** 693
properties **A6:** 693
CF-20
composition **A6:** 691
filler metals for **A6:** 693
properties **A6:** 693
CG6MMN
composition **A6:** 691
filler metals for **A6:** 693
properties **A6:** 693
CG-8M
composition **A6:** 691
filler metals for **A6:** 693
properties **A6:** 693
CG-12
composition **A6:** 691
filler metals for **A6:** 693
properties **A6:** 693
CH-20
composition **A6:** 691
filler metals for **A6:** 693
properties **A6:** 693
Ck 45, boriding **A5:** 760, 761
CK-3MCuN
composition **A6:** 691
filler metals for **A6:** 693
properties **A6:** 693
CK-20
composition **A6:** 691
filler metals for **A6:** 693
properties **A6:** 693
CN-3M
composition **A6:** 691
filler metals for **A6:** 693
properties **A6:** 693
CN-7M
composition **A6:** 691
filler metals for **A6:** 693
properties **A6:** 693
CN-7MS
composition **A6:** 691
filler metals for **A6:** 693
properties **A6:** 693
Cr-Ni-Mo-Ti, liquid lithium corrosion **A13:** 93
Cronifer 1815 LCSi, composition **A6:** 458
Cronifer 1815LCSi, composition.......... **A4:** 771
Cronifer 1925 hMo, composition **A6:** 458
Cronifer 1925hMo, composition **A4:** 771
Cronifer 2328, composition **A4:** 771, **A6:** 458
Crutemp 25
composition **M3:** 9–10
mechanical properties............... **M3:** 18–22
Cryogenic Tenelon, composition **M3:** 9–10
Cryogenic Tenelon (XM-14), composition **A4:** 771, **A6:** 458
Custom 450
composition ... **A6:** 483, 487, **M3:** 9–10, 190–191
composition effect..................... **A6:** 487
filler metals **A6:** 487
fracture toughness **M3:** 32

SUBJECTS OF THE INDEXED VOLUMES: ASM Handbook (designated by the letter "A"): **A1:** Properties and Selection: Irons, Steels, and High-Performance Alloys (1990); **A2:** Properties and Selection: Nonferrous Alloys and Special-Purpose Materials (1990); **A3:** Alloy Phase Diagrams (1992); **A4:** Heat Treating (1991); **A5:** Surface Engineering (1994); **A6:** Welding, Brazing, and Soldering (1993); **A7:** Powder Metal Technologies and Applications (1998); **A8:** Mechanical Testing (1985); **A9:** Metallography and Microstructures (1985); **A10:** Materials Characterization (1986); **A11:** Failure Analysis and Prevention (1986); **A12:** Fractography (1987); **A13:** Corrosion (1987); **A14:** Forming and Forging (1988); **A15:** Casting (1988); **A16:** Machining (1989); **A17:** Nondestructive Evaluation and Quality Control (1989); **A18:** Friction, Lubrication, and Wear Technology (1992); **A19:** Fatigue and Fracture (1996); **A20:** Materials Selection and Design (1997). **Metals Handbook, 9th Edition** (designated by the letter "M"): **M1:** Properties and Selection: Irons and Steels (1978); **M2:** Properties and Selection: Nonferrous Alloys and Pure Metals (1979); **M3:** Properties and Selection: Stainless Steels, Tool Materials, and Special-Purpose Materials (1980); **M4:** Heat Treating (1981); **M5:** Surface Cleaning, Finishing, and Coating (1982); **M6:** Welding, Brazing, and Soldering (1983); **M7:** Powder Metallurgy (1984). **Engineered Materials Handbook** (designated by the letters "EM"): **EM1:** Composites (1987); **EM2:** Engineering Plastics (1988); **EM3:** Adhesives and Sealants (1990); **EM4:** Ceramics and Glasses (1991). **Electronic Materials Handbook** (designated by the letters "EL"): **EL1:** Packaging (1989)

gas-metal arc welding **A6:** 487
gas-tungsten arc welding **A6:** 487
heat treatment **A6:** 485
mechanical properties. . . **A6:** 486, **M3:** 30–31, 200
precipitation-hardening phases **A6:** 483
weldability **A6:** 487
Custom 450, composition. **M6:** 350, 526
Custom 450, wrought heat-resistant **A16:** 738
Custom 450 (XM-25)
composition **A4:** 772
heat-treating procedures. **A4:** 784
Custom 455
composition **A6:** 483, **M3:** 9–10, 190–191
composition effect. **A6:** 487
filler metals **A6:** 487
fracture toughness **M3:** 32
gas-metal arc welding. **A6:** 487
gas-tungsten arc welding **A6:** 485
mechanical properties. . . **A6:** 486, **M3:** 30–31, 200
microstructure **A6:** 483
precipitation-hardening phases **A6:** 483
Custom 455, composition. **M6:** 350, 526
Custom 455, wrought heat-resistant **A16:** 738
Custom 455 (XM-16)
composition **A4:** 772
heat-treating procedures. **A4:** 784
DP-3
annealing **A4:** 778
composition **A4:** 772
corrosion resistance **A4:** 777
E Brite 26-1
composition. **M3:** 9–10, 190–191
corrosion in sodium hydroxide **M3:** 88
crevice corrosion **M3:** 58
mechanical properties. **M3:** 24–25
oxidation resistance. **M3:** 196
tensile properties **M3:** 194
E4, composition **A4:** 772
E-4, mechanical properties in various
conditions **A6:** 434
E-Brite 26-1
chemical composition. **A6:** 445
in ferritic base metal-filler metal
combination **A6:** 449
weldability **A6:** 448, 449, 453
E-BRITE 26-1, composition. **A4:** 771
E-Brite 26-1, wrought heat-resistant **A16:** 738
E-Brite alloy
corrosion **A6:** 451–452
hydrogen embrittlement. **A6:** 450
weldability **A6:** 446
E-BRITE, annealing **A4:** 776, **M4:** 625
EN 56, flash welding **M6:** 557
EN 58, flash welding **M6:** 557
EN58J, wear factors in orthopedic
implants **A18:** 659, 660
Esshete 1250, composition **A4:** 771, **A6:** 458
Fe-21Cr-6Ni-9Mn-0.3N, composition **A6:** 1017
Fe-22Mn, composition **A6:** 1017
Fe-27.7Cr, potentiostatic etching **A9:** 145–146
Fe-28Cr-5Mo, gas-tungsten arc welding. . . . **A6:** 445, 448

Ferralium 255
annealing **A4:** 778
composition **A4:** 772
corrosion resistance **A4:** 777
Ferralium alloy 255, preferential corrosion ferrite
phase **A13:** 360
FV 448, flash welding **M6:** 557
FV 535, flash welding **M6:** 557
Gall-Tough, composition. **A4:** 771, **A6:** 458
Greek Ascoloy
composition **M3:** 190–191
mechanical properties. **M3:** 197, 198
Greek Ascoloy, wrought heat-resistant **A16:** 738
G-X22CrMoV12 1, monotonic and fatigue
properties, plate at 23 °C **A19:** 979
H-20 Mod, corrosion resistance, pulp and paper
industry. **M3:** 92
H-46, wrought heat-resistant **A16:** 738
Hastelloy B, corrosion in sulfuric acid **M3:** 88
Hastelloy C, corrosion in sulfuric acid **M3:** 88
HK-40 *See also* Stainless steels, specific types, 310
corrosion in ammonia. **M3:** 81
HNM
composition **M3:** 9–10

mechanical properties **M3:** 30–31
HNM, not electron-beam welded **A6:** 869
HT9 (12Cr-1Mo-0.3V)
applications **A6:** 433
chemical composition. **A6:** 432
gas-tungsten arc welding **A6:** 435, 436
laser welding **A6:** 441
microstructure **A6:** 435
orientation and PWHT effect **A6:** 437
specific welding recommendations, filler
metals **A6:** 440
tempering behavior. **A6:** 440
Incoloy 800H
controlling parameters for creep crack growth
analysis **A19:** 522
monotonic and fatigue properties at
22 °C **A19:** 975
monotonic and fatigue properties at
23 °C **A19:** 975
monotonic and fatigue properties at
538 °C **A19:** 975
monotonic and fatigue properties at
593 °C **A19:** 975
JBK-75
composition. **A6:** 483, 492
composition effect. **A6:** 487
cracking **A6:** 492–493
electron-beam welding **A6:** 493
gas-tungsten arc welding and fluid flow
phenomena **A6:** 493
mechanical properties. **A6:** 493
postweld heat treatment. **A6:** 493
precipitation-hardening phases **A6:** 483
trace element impurity effect on GTA weld
penetration **A6:** 20
Jessops G 88, flash welding **M6:** 557
Jessops G 183, flash welding **M6:** 557
Jethete M-152, composition **M3:** 190–191
Jethete M-152, wrought heat-resistant **A16:** 738
JS-77
annealing **A4:** 773
composition **A4:** 771
JS-700
annealing **A4:** 773
composition. **A4:** 771, **A6:** 458, **M3:** 9–10
corrosion in foods **M3:** 93
corrosion resistance, pulp and paper
industry **M3:** 92
mechanical properties. **M3:** 18–22
JS700, annealing **M4:** 624
JS-777
composition **M3:** 9–10
industry **M3:** 92
mechanical properties. **M3:** 18–22
JS777, annealing **M4:** 624
K66286
composition **A19:** 713
yield strength **A19:** 713
Kromarc 58
composition **M3:** 756
fatigue-crack-growth rate **M3:** 764
fracture toughness **M3:** 763
tensile properties **M3:** 760–762
Lapelloy
chemical composition. **A6:** 432
mechanical properties in various
conditions. **A6:** 434
Lapelloy, composition **A4:** 772
Lescalloy BG 42, composition **M1:** 610
M-152. . . . . **A16:** 22
martensitic 13% Cr, zinc and galvanized steel
corrosion as result of contact with . . . **A5:** 363
Moly Ascoloy
composition **M3:** 190–191
mechanical properties **M3:** 197
Moly Ascoloy, wrought heat-resistant **A16:** 738
Monel 400 tube, eddy current
inspection **A17:** 182–183
Monit
composition **M3:** 9–10
mechanical properties **M3:** 24–25
MONIT (25-4-4), composition. **A4:** 771
MONIT, annealing **A4:** 776, **M4:** 625
MVMA, composition. **A4:** 771, **A6:** 458
N08020, composition **A5:** 742, **A16:** 682, 683
N08020, machining. . . . **A16:** 96, 698–700, 703, 704

N08028, stress-corrosion test results and minimum
yield stresses **A19:** 766
N08330, tapping **A16:** 695, 699
N08367, weldability. **A6:** 449
N08825, stress-corrosion test results and minimum
yield stresses **A19:** 766
N08904, stress-corrosion test results and minimum
yield stresses **A19:** 766
NBS SRM-442 standard **A10:** 147
Nitronic 30
gas nitriding. **A4:** 387
magnetic permeability **A4:** 773
Nitronic 30, composition **A5:** 742
Nitronic 32
annealing **A4:** 773
composition. **A4:** 771, **M3:** 9–10, 190–191
magnetic permeability **A4:** 773
mechanical properties **M3:** 23–24
Nitronic 32 (18-2Mn), composition **A6:** 458
Nitronic 32, annealing **M4:** 624
Nitronic 32, wrought heat-resistant. **A16:** 738
Nitronic 33
annealing **A4:** 773
composition. **A4:** 771, **M3:** 9–10, 190–191
magnetic permeability **A4:** 773
mechanical properties **M3:** 23–24, 205
Nitronic 33 (18-3Mn), composition **A6:** 458
Nitronic 33, annealing. **M4:** 624
Nitronic 33, wrought heat-resistant. **A16:** 738
Nitronic 40
annealing **A4:** 773
composition **A4:** 771, **M3:** 9–10, 756
gas nitriding. **A4:** 387
magnetic permeability **A4:** 773
mechanical properties **M3:** 23–24, 760
Nitronic 40, annealing. **M4:** 624
Nitronic 40 (XM-10), composition **A6:** 458
Nitronic 50
annealing **A4:** 773
composition. **A4:** 771, **M3:** 9–10, 190–191
gas nitriding. **A4:** 387
magnetic permeability **A4:** 773
mechanical properties **M3:** 23–24, 205
stress-rupture **M3:** 205
Nitronic 50, annealing. **M4:** 624
Nitronic 50, wrought heat-resistant. **A16:** 738
Nitronic 50 (XM-19), composition **A6:** 458
Nitronic 60
annealing **A4:** 773
composition **A4:** 771, **M3:** 9–10, 190–191, 756
gas nitriding. **A4:** 387
magnetic permeability **A4:** 773
mechanical properties **M3:** 23–24, 205, 760
stress-rupture **M3:** 205
Nitronic 60, annealing. **M4:** 624
Nitronic 60, composition **A6:** 458
Nitronic 60, wrought heat-resistant. **A16:** 738
Nitronic alloys, gas-tungsten arc welding. . . **A6:** 465
NuMonit (S44635), chemical composition. . **A6:** 446
PH 13-8 Mo
composition **M3:** 5–6, 190–191, **M6:** 350
fatigue behavior, constant-life **M3:** 32
fracture toughness **M3:** 32
mechanical properties **M3:** 30–31, 200, 202
physical properties. **M3:** 34–35
resistance to environments. **M3:** 11–12
resistance welding **M6:** 527
PH 13-8 Mo, composition **A4:** 770
PH 13-8 Mo, wrought heat-resistant. **A16:** 738
PH 14-8 Mo, composition. **M6:** 350
PH 14-8 Mo, electron-beam welding **A6:** 869
PH 15-7, chemical milling **A16:** 584
PH 15-7, flash welding. **M6:** 557
PH 15-7 Mo
aging **A6:** 482
composition **A4:** 772, **A6:** 483, **M3:** 190–191
composition effect. **A6:** 487
fasteners, use for **M3:** 185
filler metals **A6:** 488
fracture toughness **M3:** 32
furnace brazing **A6:** 916
gas-metal arc welding. **A6:** 489
gas-tungsten arc welding. **A6:** 488–489, 492
heat treatment **A6:** 485, **M3:** 202
heat-treating procedures **A4:** 783, 785
mechanical properties. . . **A6:** 486, **M3:** 30–31, 202
postweld heat treatment. **A6:** 489

Stainless steels, specific types (continued)
precipitation-hardening phases **A6:** 483
recommended filler metals for welding . . **A6:** 1107
resistance welding **A6:** 489
spot and seam welding **A6:** 489
submerged arc welding **A6:** 489
ultrasonic welding **A6:** 326
weldability **A6:** 488
PH 15-7 Mo, composition **M6:** 350, 526
PH 15-7 Mo, machining **A16:** 738, 739
PH 15-7, photochemical machining **A16:** 588
PH13-8Mo
composition **A6:** 483
composition effect **A6:** 487
electron-beam welding **A6:** 487, 491
gas-metal arc welding **A6:** 487
gas-tungsten arc welding **A6:** 487
heat treatment **A6:** 485
mechanical properties **A6:** 486
microstructure **A6:** 488
precipitation-hardening phases **A6:** 483
weldability **A6:** 487
PH14-8Mo
fatigue limits **A19:** 715
tensile properties **A19:** 715
Pyromet 350, heat-treating procedures **A4:** 784
Pyromet 355, heat-treating procedures **A4:** 784
Pyromet 538
composition **M3:** 756
fatigue-crack-growth rate **M3:** 764
fracture toughness **M3:** 763
tensile properties **M3:** 760, 762
RA 85 H, composition **A4:** 771
RA 85H
composition **A6:** 458, 690
filler metals for **A6:** 692
properties **A6:** 692
RQC-100, fatigue resistance **A19:** 607
RR517, flash welding **M6:** 557
S (SAF 2205)
fatigue strength **A19:** 762, 763
impact toughness **A19:** 764
S (SAF 2507)
fatigue crack propagation **A19:** 760
fatigue strength **A19:** 762, 763
S110, flash welding **M6:** 557
S129, flash welding **M6:** 557
S130, flash welding **M6:** 557
S13800, composition **A5:** 743
S13800, machining . . . **A16:** 692–694, 696, 698–700, 703, 704
S13800 (PH 13-8Mo)
composition **A19:** 713
fatigue crack growth rates **A19:** 723
fatigue curves **A19:** 723
fatigue limits **A19:** 716
fracture toughness **A19:** 722
stress-corrosion threshold **A19:** 722
tensile properties **A19:** 716
yield strength **A19:** 713
S13800 (XM-13), composition **A16:** 683, 684
S15500 (15-5 PH)
composition **A19:** 713
fatigue crack growth rates **A19:** 722
fatigue limits **A19:** 716
fracture toughness **A19:** 722
stress-corrosion threshold **A19:** 722
tensile properties **A19:** 716
yield strength **A19:** 713
S15500 (AISI 15-5PH), chromium-plated versus plasma spray coated Ti-10V-2Fe-3Al **A18:** 780
S15500, composition **A5:** 743
S15500, machining . . . **A16:** 692–694, 696, 698–700, 703, 704
S15500 (XM-12), composition **A16:** 683
S15700, composition **A5:** 743
S15700 (PH15-7Mo)
composition **A19:** 713
fatigue limits **A19:** 715
fracture toughness **A19:** 723
room-temperature fracture toughness ... **A19:** 623
tensile properties **A19:** 715
yield strength **A19:** 713
S17400
composition **A5:** 743
electrochemical machining **A5:** 111
nitriding **A5:** 758, 759
S17400 (17-4PH)
composition **A19:** 713
fatigue crack growth and crack closure . . **A19:** 136
fatigue crack growth rates **A19:** 722
fatigue curves **A19:** 723
fatigue limits **A19:** 716
fracture toughness **A19:** 722
peak residual surface stress correlated to 10^7 cycles fatigue limit for grinding and milling **A19:** 316
stress-corrosion threshold **A19:** 722
tensile properties **A19:** 716
yield strength **A19:** 338, 713
S17400 (17-4PH) (AM), fracture toughness **A19:** 722
S17400 (630), composition **A16:** 683, 684
S17400 (AISI 17-4PH)
corrosive wear **A18:** 719
material for jet engine components **A18:** 588, 591
microstructure **A18:** 712
precipitates formed **A18:** 712
temperature effect on adhesive wear **A18:** 721
S17400, machining . . . **A16:** 691–694, 696, 698–700, 703, 704
S17700
composition **A5:** 743
nitriding **A5:** 758
pickling **A5:** 74
S17700 (17-7PH)
composition **A19:** 713
fatigue limits **A19:** 715
fracture toughness **A19:** 723
stress-corrosion threshold **A19:** 723
tensile properties **A19:** 715
yield strength **A19:** 713
S17700 (631), composition **A16:** 683, 684
S17700 (AISI PH17-7), microstructure **A18:** 712
S17700, machining . . . **A16:** 692–694, 696, 698–700, 703, 704
S18200, composition **A5:** 742
S18200, machining **A16:** 684, 692–694, 696, 698–700, 702, 704
S18200 (XM-34), composition **A16:** 682
S18235, composition **A16:** 682
S18235, machining **A16:** 686, 692–694, 696, 698–700, 702, 704
S20100
composition **A5:** 742
fatigue limits **A19:** 714
mill finishes available on stainless steel sheet and strip **A5:** 745
tensile properties **A19:** 714
S20100 (201), composition **A16:** 682, 683
S20100, machining . . **A16:** 144–147, 179, 207, 225, 274, 323, 324, 326, 360, 362, 692–694, 696, 698–700, 703, 704
S20161 (Gall-Tough), composition **A5:** 742
S20200
electropolishing in acid electrolytes **A5:** 754
fatigue limits **A19:** 714
mill finishes available on stainless steel sheet and strip **A5:** 745
tensile properties **A19:** 714
S20300 (203 EZ)
fatigue limits **A19:** 714
tensile properties **A19:** 714
S20300, composition **A5:** 742
S20300, machining . . **A16:** 684, 686, 689, 692–694, 696, 698–700, 702, 704
S20300 (XM-1), composition **A16:** 682, 684
S20910, composition **A5:** 742
S20910, machining . . . **A16:** 689–694, 696, 698–700, 703, 704
S20910 (Nitronic 50, 22-13-5)
composition **A19:** 713
cryogenic temperature effect on J_c **A19:** 748
initiation toughness values (J_c at room temperature **A19:** 734
J_c as a function of yield strength at -269 °C **A19:** 750
yield strength **A19:** 713
S20910 (XM-19), composition **A16:** 682, 683
S21000, composition **A5:** 742
S21300, composition **A5:** 742
S21800 (AISI Nitronic 60)
cavitation erosion rate **A18:** 774
galling threshold load **A18:** 595
sliding wear **A18:** 769
temperature effect on adhesive wear **A18:** 721
S21800, composition **A5:** 742
S21900 (21-6-9)
composition **A19:** 713
cryogenic temperature effect on J_c **A19:** 748
initiation toughness values (J_c) at room temperature **A19:** 734
J_c as a function of yield strength at -269 °C **A19:** 750
yield strength **A19:** 713
S21904, composition **A5:** 742
S21904, machining . . . **A16:** 692–694, 696, 698–700, 703, 704
S21904 (XM-11), composition **A16:** 682, 683
S24000 (Nitronic 33)
cryogenic temperature effect on J_c **A19:** 748
initiation toughness values (J_c) at room temperature **A19:** 734
J_c as a function of yield strength at -269 °C **A19:** 750
S24100, composition **A5:** 742
S24100, machining . . . **A16:** 692–694, 696, 698–700, 703, 704
S24100 (XM-28), composition **A16:** 682, 683
S26100
fatigue limits **A19:** 715
tensile properties **A19:** 715
S28200, composition **A5:** 742, **A16:** 682, 683
S28200, machining **A16:** 689, 692–694, 696, 698–700, 703, 704
S30000 series
galling resistance with various material combinations **A18:** 596
hardfacing alloys based on **A18:** 762
S30100
composition **A5:** 742, **A19:** 713
fatigue crack growth rate **A19:** 724, 726
fatigue limits **A19:** 714
mill finishes available on stainless steel sheet and strip **A5:** 745
nitriding **A5:** 758
tensile properties **A19:** 714
yield strength **A19:** 713
S30100 (301), composition **A16:** 682
S30100, machining . . **A16:** 144–147, 179, 207, 225, 323, 324, 326, 584, 588, 692–694, 696, 698–700, 703, 704
S30200
aqueous corrosion fatigue of springs **A19:** 368
composition **A5:** 742
electropolishing in acid electrolytes **A5:** 754
fatigue limits **A19:** 714
for springwire **A19:** 367, 368
mill finishes available on stainless steel sheet and strip **A5:** 745
nitriding **A5:** 758, 759
tensile properties **A19:** 714
S30200 (302), composition **A16:** 682, 683

SUBJECTS OF THE INDEXED VOLUMES: ASM Handbook (designated by the letter "A"): **A1:** Properties and Selection: Irons, Steels, and High-Performance Alloys (1990); **A2:** Properties and Selection: Nonferrous Alloys and Special-Purpose Materials (1990); **A3:** Alloy Phase Diagrams (1992); **A4:** Heat Treating (1991); **A5:** Surface Engineering (1994); **A6:** Welding, Brazing, and Soldering (1993); **A7:** Powder Metal Technologies and Applications (1998); **A8:** Mechanical Testing (1985); **A9:** Metallography and Microstructures (1985); **A10:** Materials Characterization (1986); **A11:** Failure Analysis and Prevention (1986); **A12:** Fractography (1987); **A13:** Corrosion (1987); **A14:** Forming and Forging (1988); **A15:** Casting (1988); **A16:** Machining (1989); **A17:** Nondestructive Evaluation and Quality Control (1989); **A18:** Friction, Lubrication, and Wear Technology (1992); **A19:** Fatigue and Fracture (1996); **A20:** Materials Selection and Design (1997). **Metals Handbook, 9th Edition** (designated by the letter "M"): **M1:** Properties and Selection: Irons and Steels (1978); **M2:** Properties and Selection: Nonferrous Alloys and Pure Metals (1979); **M3:** Properties and Selection: Stainless Steels, Tool Materials, and Special-Purpose Materials (1980); **M4:** Heat Treating (1981); **M5:** Surface Cleaning, Finishing, and Coating (1982); **M6:** Welding, Brazing, and Soldering (1983); **M7:** Powder Metallurgy (1984). **Engineered Materials Handbook** (designated by the letters "EM"): **EM1:** Composites (1987); **EM2:** Engineering Plastics (1988); **EM3:** Adhesives and Sealants (1990); **EM4:** Ceramics and Glasses (1991). **Electronic Materials Handbook** (designated by the letters "EL"): **EL1:** Packaging (1989)

S30200, machining **A16:** 147, 179, 207, 225, 274, 301, 323, 324, 326, 360, 588, 682–684, 690, 692–694, 696, 698–700, 703, 704
S30215 (302B)
  fatigue limits **A19:** 714
  tensile properties **A19:** 714
S30215, mill finishes available on stainless steel sheet and strip **A5:** 745
S30300
  composition **A5:** 742
  electropolishing in acid electrolytes **A5:** 754
  fatigue limits **A19:** 714
  finish broaching **A5:** 86
  M3 workpiece material, tool life increased with PVD coatings **A5:** 771
  nitriding **A5:** 758
  tensile properties **A19:** 714
S30300 (303), composition **A16:** 682
S30300, machining **A16:** 58, 225, 237, 269, 282, 301, 360, 362, 566, 684–687, 689, 692–694, 696, 698, 702, 704
S30300, (P/M), drilling **A16:** 885, 886
S30300, (P/M), machinability **A16:** 880
S30310, composition **A5:** 742
S30310, machining **A16:** 684, 686, 689, 692–694, 696, 698–700, 702, 704
S30310 (XM-5), composition **A16:** 682
S30323 (303Se)
  fatigue limits **A19:** 714
  tensile properties **A19:** 714
S30323 (303Se), composition **A16:** 682
S30323, composition **A5:** 742
S30323, machining **A16:** 225, 684, 692–694, 696–700, 702, 704
S30330 (303Cu), composition **A16:** 682, 684
S30330, composition **A5:** 742
S30330, machining **A16:** 689, 692–694, 696, 698–700, 702, 704
S30345, machining **A16:** 692–694, 696, 698–700, 702, 704
S30345 (XM-2), composition **A16:** 682, 684
S30360, machining **A16:** 684, 692–694, 696, 698–700, 702, 704
S30360 (XM-3), composition **A16:** 682
S30400
  biaxial, stress measurements **A5:** 650
  cadmium replacement identification **A5:** 920
  composition **A5:** 742
  disk deflection, titanium nitride coating **A5:** 649
  electropolishing in acid electrolytes **A5:** 754
  finish broaching **A5:** 86
  for acid cleaning racks, hooks, and baskets **A5:** 51
  for hot water rinse tanks, chromium plating **A5:** 184
  laser alloying **A5:** 757
  laser surface alloying with molybdenum **A5:** 757
  mill finishes available on stainless steel sheet and strip **A5:** 745
  nitriding **A5:** 758
  pack cementation aluminizing **A5:** 617, 618
  plasma-assisted chemical vapor deposition, polarization curves **A5:** 639, 640
  residual stress and stress-corrosion cracking **A5:** 145
  terne coatings **A5:** 757
  wet outside diameter grinding **A5:** 162
S30400 (18Cr-8Ni)
  -269 °C toughness as a function of yield strength **A19:** 749
  aqueous corrosion fatigue of springs **A19:** 368
  Charpy V-notch impact energy ratio for aged versus unaged materials as a function of the Larson-Miller type parameter **A19:** 743
  composition **A19:** 713
  controlling parameters for creep crack growth analysis **A19:** 522
  corrosion fatigue behavior above 10_7 cycles **A19:** 598
  corrosion fatigue strength in seawater **A19:** 671
  corrosion fatigue strength in water **A19:** 671
  crack growth rate response when sensitized **A19:** 200
  crack growth rates **A19:** 199
  creep crack growth rate **A19:** 516, 517
  critical stress required to cause a crack to grow 500 °C in vacuum **A19:** 135
  dissolved oxygen effect on corrosion potential **A19:** 200
  elevated-temperature crack growth testing **A19:** 181
  fatigue crack growth rate **A19:** 170, 725, 726, 727–728, 729, 730
  fatigue crack threshold **A19:** 145–146, 147
  fatigue crack threshold compared with the constant *C* **A19:** 134
  fatigue limits **A19:** 714, 715
  for fixtures in creep crack growth testing **A19:** 514
  forged pipe, crack orientation effect on fracture toughness of base metal and welds at 24 °C **A19:** 739
  forged pipe, crack orientation effect on fracture toughness of base metal and welds at 316 °C **A19:** 739
  gas-metal arc welded, crack orientation effect on fracture toughness of base metal and welds at 25 °C **A19:** 739
  gas-metal arc welded, crack orientation effect on fracture toughness of base metal and welds at 125 °C **A19:** 739
  gas-metal arc welds at 25 °C, J_c values for heat-affected zone, weld fusion zone, and base metal **A19:** 738
  gas-tungsten arc welds at 24 °C, J_c values for heat-affected zone, weld fusion zone, and base metal **A19:** 738
  gas-tungsten arc welds at 288 °C, J_c values for heat-affected zone, weld fusion zone, and base metal **A19:** 738
  heat-affected zone, J_c fracture toughness as a function of neutron exposure **A19:** 747
  impact toughness **A19:** 717, 718
  in $MgCl_2$, bare-surface current density versus crack velocity **A19:** 196
  initiation toughness values and *J-R* curve slope values, metals and welds **A19:** 734
  J_c as a function of neutron exposure for base metals irradiated at intermediate temperatures **A19:** 745
  J_c as a function of neutron exposure for base metals irradiated at low temperatures **A19:** 746
  J_c as a function of neutron exposure for welds irradiated at intermediate temperature **A19:** 746
  J_c as a function of yield strength at -296 °C **A19:** 750
  J_c fracture toughness at 20-125 °C for gas-metal arc welds **A19:** 737
  J_c fracture toughness at 20-125 °C for shielded-metal arc welds **A19:** 737
  J_c fracture toughness at 20-125 °C for submerged arc welds **A19:** 737
  leak-before-break analysis **A19:** 464–465
  microstructural damage mechanisms summarized **A19:** 535
  monotonic and fatigue properties at 22 °C **A19:** 975
  monotonic and fatigue properties at 23 °C **A19:** 975, 977
  monotonic and fatigue properties at 427 °C **A19:** 975
  monotonic and fatigue properties at 538 °C **A19:** 975
  monotonic and fatigue properties at 593 °C **A19:** 975
  monotonic and fatigue properties, plate at 600 °C **A19:** 977
  oxidation-fatigue laws summarized with equations **A19:** 547
  pipe, crack orientation effect on fracture toughness of base metal and welds at 25 °C **A19:** 739
  pipe, crack orientation effect on fracture toughness of base metal and welds at 125 °C **A19:** 739
  plate, aging effect on fracture toughness at 566 °C **A19:** 741
  plate, crack orientation effect on fracture toughness of base metal and welds at 20 °C **A19:** 739
  safe operating pressure of large pressure vessel with surface crack **A19:** 464
  shielded-metal arc welds at 24 °C, J_c values for heat-affected zone, weld fusion zone, and base metal **A19:** 738
  shielded-metal arc welds at 288 °C, J_c values for heat-affected zone, weld fusion zone, and base metal **A19:** 738
  stress-corrosion cracking **A19:** 484, 491
  stress-strain responses for metastable austenitic stainless steels **A19:** 606
  submerged arc welds at 24 °C J_c values for heat-affected zone, weld fusion zone, and base metal **A19:** 738
  tensile properties **A19:** 714, 715
  test temperature effect on initiation toughness (J_c) value fracture toughness **A19:** 734
  thermal aging effect on the blunt notch Charpy impact energy test **A19:** 744
  thermal aging effect on the precracked *C*, J_c test **A19:** 744
  thermal aging effect on the precracked Charpy impact energy test **A19:** 744
  thermal ratcheting **A19:** 545
  thermomechanical fatigue **A19:** 532–533
  thermomechanical fatigue experiments **A19:** 532
  threshold stress intensity determined by ultrasonic resonance test methods **A19:** 139
  weldment fracture toughness **A19:** 735, 736, 737, 741, 743, 744, 745, 746, 747, 748, 750
  yield strength **A19:** 713
S30400 (304), composition **A16:** 682, 683, 684
S30400 (AISI 304)
  cavitation erosion rate **A18:** 774
  corrosive wear **A18:** 715, 719
  erosion test results **A18:** 200
  friction coefficient data **A18:** 71
  ion implantation **A18:** 857–858
  laser melt/particle injection **A18:** 869
  metallographic sections to detect subsurface deformation **A18:** 374, 375
  service life of coal-handling equipment **A18:** 719
  temperature effect on adhesive wear **A18:** 721
  wear rates for test plates in drag conveyor bottoms **A18:** 720
S30400 annealed
  tensile properties **A19:** 967
  total strain versus cyclic life **A19:** 967
  used in low-cycle fatigue study to position elastic and plastic strain-range lines **A19:** 964
  yield strength **A19:** 713
S30400, hard
  tensile properties **A19:** 967
  total strain versus cyclic life **A19:** 967
  used in low-cycle fatigue study to position elastic and plastic strain-range lines **A19:** 964
S30400, machining **A16:** 58, 144–148, 179, 204, 207, 209, 223, 225, 237, 269, 274, 301, 323, 324, 326, 529, 566, 581, 584, 588, 684, 685, 689, 690, 692–696, 698–700, 703, 704, 738
S30400/S31600, pack cementation aluminizing **A5:** 618
S30403
  composition **A5:** 742
  mill finishes available on stainless steel sheet and strip **A5:** 745
S30403 (304L)
  -269 °C toughness as a function of yield strength **A19:** 749
  composition **A19:** 713
  fatigue limits **A19:** 714
  stress-corrosion test results and minimum yield stresses **A19:** 766
  tensile properties **A19:** 714
  thermomechanical fatigue **A19:** 534
  yield strength **A19:** 713
S30403 (AISI 304L), sliding wear **A18:** 774
S30403, composition **A16:** 682, 683
S30403, machining **A16:** 144–147, 174, 179, 207, 225, 274, 323, 324, 326, 692–694, 696, 698–700, 703, 704, 738
S30403, stress-corrosion cracking **A6:** 477
S30430
  composition **M3:** 5–6
  physical properties **M3:** 34–35
  resistance to environments **M3:** 11–12
S30430, composition **A5:** 742
S30430, machining **A16:** 684, 692–694, 696, 698–700, 703, 704

Stainless steels, specific types (continued)
S30430 (XM-7), composition **A16:** 682
S30431, composition. **A5:** 742, **A16:** 682, 684
S30431, machining. . . . **A16:** 42–694, 696, 698–700, 702, 704
S30451 (304N)
-269 °C toughness as a function of yield strength **A19:** 749
cryogenic temperature effect on J_c. **A19:** 748
weldment fracture toughness. **A19:** 748
S30452, composition **A5:** 742
S30452, fatigue crack threshold. **A19:** 142
S30452, machining. . . **A16:** 692–694, 696, 698–700, 703, 704
S30452 (XM-21), composition **A16:** 682, 683
S30453 (304LN)
-269 °C toughness as a function of yield strength **A19:** 749
composition **A19:** 713
weldment fracture toughness. **A19:** 749
yield strength **A19:** 713
S30454 (304LN), -269 °C toughness as a function of yield strength **A19:** 749
S30500
composition **A5:** 742
fatigue limits **A19:** 714
mill finishes available on stainless steel sheet and strip **A5:** 745
tensile properties. **A19:** 714
S30500 (305), composition. **A16:** 682
S30500, machining . . **A16:** 144–147, 179, 207, 225, 588, 692–694, 696, 698–700, 703, 704
S30800
aging effect on fracture toughness of gas-tungsten arc welds. **A19:** 741
aging effect on fracture toughness of shielded-metal arc (SMA) welds. **A19:** 741
Charpy V-notch impact energy ratio for aged versus unaged materials as a function of the Larson-Miller type parameter. . **A19:** 743
composition **A19:** 713
fatigue limits **A19:** 714
fracture toughness of welds **A19:** 751
gas-metal arc weld, J_c fracture toughness as a function of neutron exposure **A19:** 747
gas-metal arc welded, crack orientation effect on fracture toughness of base metal and welds at 25 °C **A19:** 739
gas-metal arc welded, crack orientation effect on fracture toughness of base metal and welds at 125 °C **A19:** 739
initiation toughness values and *J-R* curve slope values, metals and welds **A19:** 734
J_c as a function of neutron exposure for SMA welds irradiated at intermediate temperatures. **A19:** 746
J_c fracture toughness at 20-125 °C for gas-metal arc welds. **A19:** 737
J_c fracture toughness at 20-125 °C for gas-tungsten arc welds. **A19:** 737
J_c fracture toughness at 20-125 °C for submerged arc welds. **A19:** 737
J_c versus yield strength at -269 °C for welds **A19:** 751
tensile properties. **A19:** 714
thermal aging effect on the blunt notch Charpy impact energy test. **A19:** 744
thermal aging effect on the precracked *C*, J_c test **A19:** 744
thermal aging effect on the precracked Charpy impact energy test. **A19:** 744
weldment fracture toughness **A19:** 736, 737, 741, 742, 743, 745, 746, 747
yield strength **A19:** 713
S30800, nitriding **A5:** 758
S30800 (stickweld overlay), cavitation erosion rate **A18:** 774
S30803 (308L), fracture toughness of welds. **A19:** 751
S30900
composition **A5:** 742
fatigue limits **A19:** 714
J_c fracture toughness at 20-125 °C for submerged arc welds. **A19:** 737
mill finishes available on stainless steel sheet and strip **A5:** 745
nitriding **A5:** 758
pickling **A5:** 74
shot peening. **A5:** 131
tensile properties. **A19:** 714
S30900 (309), composition **A16:** 682, 683
S30900, machining . . **A16:** 225, 274, 360, 362, 689, 692–694, 696, 698–700, 703, 704, 738
S30908
composition **A5:** 742
mill finishes available on stainless steel sheet and strip **A5:** 745
S30908 (309S)
composition **A19:** 713
yield strength **A19:** 713
S30908 (309S), composition **A16:** 682, 683
S30908, machining . . **A16:** 225, 274, 692–694, 696, 698–700, 703, 704
S31000
-269 °C toughness as a function of yield strength **A19:** 748
composition **A5:** 742
cryogenic temperature effect on J_c. **A19:** 748
fatigue limits **A19:** 714
initiation toughness values (J_c) at room temperature **A19:** 734
mill finishes available on stainless steel sheet and strip **A5:** 745
pickling **A5:** 74
stress-corrosion test results and minimum yield stresses **A19:** 766
tensile properties **A19:** 714, 967
total strain versus cyclic life. **A19:** 967
used in low-cycle fatigue study to position elastic and plastic strain-range fines. **A19:** 964
weldment fracture toughness. **A19:** 748
S31000 (310), composition **A16:** 682, 683
S31000, machining. **A16:** 225, 274, 360, 362, 692–694, 696, 698–700, 703, 704, 738
S31008 (310S)
-269 °C toughness as a function of yield strength **A19:** 748
composition **A19:** 713
fatigue crack threshold. **A19:** 142
fracture toughness of welds **A19:** 751
serrated load-displacement curve at -269 °C **A19:** 750
yield strength **A19:** 713
S31008 (310S), composition. **A16:** 682
S31008, composition **A5:** 742
S31008, machining . . **A16:** 225, 274, 692–694, 696, 698–700, 703, 704
S31050, stress-corrosion test results and minimum yield stresses **A19:** 766
S31254, pitting **A6:** 477
S31254, stress-corrosion test results and minimum yield stresses **A19:** 766
S31260
composition. **A6:** 474, 475
pitting resistance equivalent values. . **A6:** 474, 475
properties **A6:** 475
S31260 (DP-3), fatigue strength under reversed bending stresses **A19:** 762
S31400
fatigue limits **A19:** 714
J_c as a function of neutron exposure for base metals irradiated at intermediate temperatures. **A19:** 745
tensile properties. **A19:** 714
S31500 (3RE60)
fatigue strength. **A19:** 762, 763
fatigue strength under pulsating tensile stresses **A19:** 762
fatigue strength under rotating bending stress **A19:** 761
stress-corrosion test results and minimum yield stresses **A19:** 766
S31600
-269 °C toughness as a function of yield strength **A19:** 748, 749
aging effect on fracture toughness of gas-tungsten arc welds. **A19:** 741
aging effect on fracture toughness of shielded metal arc welds **A19:** 741
as thermal spray coating for hardfacing applications **A5:** 735
cadmium replacement identification **A5:** 920
Charpy V-notch impact energy ratio for aged versus unaged materials as a function of the Larson-Miller type parameter. . **A19:** 743
composition **A5:** 742, **A19:** 713
controlling parameters for creep crack growth analysis **A19:** 522
crack aspect ratio variation. **A19:** 160
creep crack growth **A19:** 517
cryogenic temperature effect on J_c. **A19:** 748
descaling before ceramic coating **A5:** 473
fatigue crack growth **A19:** 725, 727–728, 729, 730, 731
fatigue limits **A19:** 714
for acid cleaning racks, hooks, and baskets. **A5:** 51
for fixture in creep crack growth testing **A19:** 514
for hardware in hot line of continuous hot dip coating process. **A5:** 341
for hot water rinse tanks, chromium plating **A5:** 184
for phosphating tanks. **A5:** 388
for pumps and filters for lead plating. . . . **A5:** 244
for tubing for metal-organic CVD process **A5:** 522
fracture toughness of welds. **A19:** 751
gas-tungsten arc weld, J_c fracture toughness as a function of neutron exposure **A19:** 747
initiation toughness values and *J-R* curve slope values, metals, and welds. **A19:** 734
iron phosphating. **A5:** 388
J_c as a function of neutron exposure for base metals irradiated at intermediate temperatures. **A19:** 745
J_c as a function of neutron exposure for base metals irradiated at low temperatures. **A19:** 746
J_c as a function of neutron exposure for shielded-metal arc welds irradiated at intermediate temperatures. **A19:** 746
J_c as a function of neutron exposure for welds irradiated at low temperatures **A19:** 746
J_c as a function of yield strength at -269 °C **A19:** 750
J_c fracture toughness at 20-125 °C for submerged arc welds. **A19:** 737
J_c versus yield strength at -269 °C for welds **A19:** 751
laser surface alloying with molybdenum . . **A5:** 757
load shedding rates and fatigue threshold. **A19:** 138
manganese phosphating **A5:** 388
mill finishes available on stainless steel sheet and strip **A5:** 745
monotonic and fatigue properties, blank at 23 °C. **A19:** 977
nitriding **A5:** 758
pickling. **A5:** 74
pickling tank material for copper and copper alloys **A5:** 807
pipe, crack orientation effect on fracture toughness of base metal and welds at 482 °C. **A19:** 739
pipe, crack orientation effect on fracture toughness of base metal and welds at 538 °C. **A19:** 739

piping, aging effect on fracture toughness at 566 °C . . . **A19:** 741
plate, aging effect on fracture toughness at 450 °C . . . **A19:** 741
plate, aging effect on fracture toughness at 550 °C . . . **A19:** 741
plate, aging effect on fracture toughness at 566 °C . . . **A19:** 741
residual stress and stress-corrosion cracking . . . **A5:** 145
submerged arc welds at 24 °C, J_c values for heat-affected zone, weld fusion zone, and base metal . . . **A19:** 738
submerged arc welds at 288 °C, J_c values for heat-affected zone, weld fusion zone, and base metal . . . **A19:** 738
tensile properties . . . **A19:** 714
terne coatings . . . **A5:** 757
test temperature effect on initiation toughness (J_c) value fracture toughness . . . **A19:** 734
testing parameters used for fatigue research of . . . **A19:** 211
thermomechanical fatigue . . . **A19:** 533, 543
weldment fracture toughness **A19:** 736, 737, 739, 741, 745, 746, 747, 748, 750
yield strength . . . **A19:** 713
zinc phosphating . . . **A5:** 388

S31600 (316), composition . . . **A16:** 682, 683, 684

S31600 (AISI 316)
corrosive wear . . . **A18:** 719
electro-spark deposition . . . **A18:** 645
erosion resistance, liquid impingement erosion . . . **A18:** 228
erosion test results . . . **A18:** 200
galling . . . **A18:** 10
polarization curves, slurry wear testing **A18:** 274, 275, 276
sliding wear . . . **A18:** 774
thermal spray coating material . . . **A18:** 832
wear rates for test plates in drag conveyor bottoms . . . **A18:** 720
wear resistance relation to toughness . . . **A18:** 707

S31600, machining . . . **A16:** 65, 225, 236, 237, 274, 282, 360, 362, 513, 537, 540, 584, 588, 684, 689–696, 698–700, 703, 704, 738, 876–877

S31603
composition . . . **A5:** 742
for acid cleaning racks, hooks, and baskets . . . **A5:** 51
mill finishes available on stainless steel sheet and strip . . . **A5:** 745
polymethyl methacrylate abrasion tests following 10^6 wear cycles . . . **A5:** 847

S31603 (316L)
-269 °C toughness as a function of yield strength . . . **A19:** 748
aging effect on fracture toughness of welds . . . **A19:** 741
fatigue crack threshold . . . **A19:** 145
fatigue limits . . . **A19:** 714
fracture toughness of welds . . . **A19:** 751
gas-tungsten arc weld, J_c fracture toughness as a function of neutron exposure . . . **A19:** 747
J_c as a function of neutron exposure for base metals irradiated at low temperature . . . **A19:** 746
J_c fracture toughness at 20-125 °C for flux-cored arc welds . . . **A19:** 737
J_c fracture toughness at 20-125 °C for gas-tungsten arc welds . . . **A19:** 737
plate, crack orientation effect on fracture toughness of base metal and welds at 20 °C . . . **A19:** 739
stress-corrosion test results and minimum yield stresses . . . **A19:** 766
tensile properties . . . **A19:** 714
weldment fracture toughness **A19:** 741, 746, 747, 748
yield strength . . . **A19:** 338

S31603 (316L), composition . . . **A16:** 682

S31603 (AISI 316L)
annealed hardness . . . **A18:** 768
applications, femoral components of hip and knee replacements . . . **A18:** 657, 658, 661
erosive wear . . . **A18:** 768
fretting wear . . . **A18:** 250

S31603, machining . . . **A16:** 225, 274, 692–694, 696–698, 703, 704, 738
S31603, stress-corrosion cracking . . . **A6:** 477

S31609 (316H)
J_c as a function of neutron exposure for base metals irradiated at intermediate temperature . . . **A19:** 745
J_c as a function of neutron exposure for gas-metal arc welds irradiated at intermediate temperature . . . **A19:** 746
weldment fracture toughness . . . **A19:** 745, 746

S31620 (316F), composition . . . **A16:** 682
S31620, composition . . . **A5:** 742
S31620, machining . . **A16:** 225, 684, 692–694, 696, 698–700, 702, 704

S31651 (316N)
-269 °C toughness as a function of yield strength . . . **A19:** 748
composition . . . **A19:** 713
yield strength . . . **A19:** 713

S31653 (316LN)
-269 °C toughness as a function of yield strength . . . **A19:** 748
fracture toughness of welds . . . **A19:** 751

S31700
composition . . . **A5:** 742
fatigue limits . . . **A19:** 714
pickling . . . **A5:** 74
tensile properties . . . **A19:** 714

S31700 (317), composition . . . **A16:** 682, 683
S31700, machining . . . **A16:** 225, 274, 360, 362, 692–694, 696, 698–700, 703, 704, 738
S31703 (317L), composition . . . **A16:** 682
S31703, composition . . . **A5:** 742
S31703, machining . . . **A16:** 225, 692–694, 696, 698–700, 703, 704
S31800, pickling . . . **A5:** 74

S31803
applications . . . **A6:** 477
composition . . . **A6:** 474, 475
physical properties . . . **A6:** 476
pitting . . . **A6:** 477
pitting resistance equivalent values . . **A6:** 474, 475
properties . . . **A6:** 475
stress-corrosion cracking . . . **A6:** 477

S31803 (2205)
composition . . . **A19:** 757
composition, for chloride-induced stress-corrosion cracking . . . **A19:** 765
crack growth rate . . . **A19:** 760
fatigue strength . . . **A19:** 762, 763
fatigue strength under pulsating tensile stresses . . . **A19:** 762
fatigue strength under rotating bending stresses . . . **A19:** 761
stress-corrosion cracking . . . **A19:** 765
stress-corrosion cracking test results in chloride environments . . . **A19:** 765
stress-corrosion test results and minimum yield stresses . . . **A19:** 766

S31803, composition . . . **A5:** 742, **A16:** 682, 684
S31803, machining . . . **A16:** 94, 696, 698–700, 703, 704

S32100
composition . . . **A5:** 742, **A19:** 713
descaling before ceramic coating . . . **A5:** 473
fatigue crack growth rate . . . **A19:** 727
fatigue limits . . . **A19:** 714
ion implantation work material in metalforming and cutting applications . . . **A5:** 771
mill finishes available on stainless steel sheet and strip . . . **A5:** 745
nitriding . . . **A5:** 758, 759
tensile properties . . . **A19:** 714
test temperature effect on initiation toughness (J_c) value fracture toughness . . . **A19:** 734
weldment fracture toughness . . . **A19:** 741
yield strength . . . **A19:** 713

S32100 (321), composition . . . **A16:** 682, 683
S32100 (AISI 321), work material for ion implantation . . . **A18:** 858
S32100, machining . . **A16:** 144–147, 179, 207, 225, 274, 301, 323, 324, 326, 360, 584, 588, 689, 690, 692–694, 696, 698–700, 703, 704, 738

S32304
applications . . . **A6:** 477
composition . . . **A6:** 474, 475, **A19:** 757
composition, for chloride-induced stress-corrosion cracking . . . **A19:** 765
fatigue strength under reversed bending stresses . . . **A19:** 762
pitting resistance equivalent values . . **A6:** 474, 475
properties . . . **A6:** 475
stress-corrosion cracking . . . **A6:** 477
stress-corrosion cracking test results in chloride environments . . . **A19:** 765
stress-corrosion test results and minimum yield stresses . . . **A19:** 766

S32550
applications . . . **A6:** 477
composition . . . **A6:** 474, 475, **A19:** 757
physical properties . . . **A6:** 476
pitting . . . **A6:** 477
pitting resistance equivalent values . . **A6:** 474, 475
properties . . . **A6:** 475
stress-corrosion test results and minimum yield stresses . . . **A19:** 766

S32550, composition . . . **A5:** 742, **A16:** 682
S32550, machining . . . **A16:** 225, 692–694, 696, 698–700, 703, 704

S32750
applications . . . **A6:** 477
composition . . . **A6:** 474, **A19:** 757
composition, for chloride-induced stress-corrosion cracking . . . **A19:** 765
fatigue strength under pulsating tensile stresses . . . **A19:** 762
physical properties . . . **A6:** 476
pitting . . . **A6:** 477
pitting resistance equivalent values . . . **A6:** 474
properties . . . **A6:** 475
stress-corrosion cracking . . . **A6:** 477
stress-corrosion cracking test results in chloride environments . . . **A19:** 765
stress-corrosion test results and minimum yield stresses . . . **A19:** 766

S32760
applications . . . **A6:** 477
composition . . . **A6:** 474, 475, **A19:** 757
fatigue crack growth rate . . . **A19:** 760, 761
pitting resistance equivalent values . . **A6:** 474, 475
properties . . . **A6:** 475

S32900 (329), composition . . . **A16:** 682, 683, 684
S32900, composition . . . **A5:** 743
S32900, machining . . . **A16:** 225, 692–694, 696, 698–700, 703, 704
S32900, stress-corrosion test results and minimum yield stresses . . . **A19:** 766

S32950
composition . . . **A6:** 474
pitting resistance equivalent values . . . **A6:** 474
properties . . . **A6:** 475

S32950, composition . . . **A5:** 743, **A16:** 682, 684
S32950, machining . . . **A16:** 689–694, 696, 698–700, 703, 704

S33000
fracture toughness of welds . . . **A19:** 751
J_c fracture toughness at 20-125 °C for shielded-metal arc welds . . . **A19:** 737

S34700
composition . . . **A5:** 742
descaling before ceramic coating . . . **A5:** 473
fatigue limits . . . **A19:** 714
for acid cleaning racks, hooks, and baskets . . . **A5:** 51
for hot water rinse tanks, chromium plating . . . **A5:** 184
microstructural damage mechanisms summarized . . . **A19:** 535
mill finishes available on stainless steel sheet and strip . . . **A5:** 745
nitriding . . . **A5:** 758, 759
pack cementation aluminizing . . . **A5:** 618
pipe, crack orientation effect on fracture toughness of base metal and welds at 315 °C . . . **A19:** 739
prestrain effect on fatigue life . . . **A19:** 532
tensile properties . . . **A19:** 714
test temperature effect on initiation toughness (J_c) value fracture toughness . . . **A19:** 734

S34700 (347), composition . . . **A16:** 682, 683, 684
S34700, machining . . **A16:** 144–147, 179, 203, 207, 225, 274, 323, 324, 326, 588, 684, 693, 694, 696, 698–700, 703, 704, 738

Stainless steels, specific types (continued)

S34720 (347F), composition. **A16:** 682
S34720, composition **A5:** 742
S34720, machining . . **A16:** 225, 684, 692–694, 696, 698–700, 702, 704

S34723 (347FSe), composition. **A16:** 682
S34723, composition **A5:** 742
S34723, machining . . **A16:** 225, 684, 692–694, 696, 698–700, 702, 704

S34800
composition **A19:** 713
fatigue crack growth rate. **A19:** 727
fatigue limits **A19:** 714
tensile properties. **A19:** 714
yield strength **A19:** 713

S34800, mill finishes available on stainless steel sheet and strip **A5:** 745

S35000 (633), composition. **A16:** 683
S35000 (AM 350), tensile properties **A19:** 715
S35000, composition **A5:** 743
S35000, machining. **A16:** 690, 692–694, 696, 698–700, 703, 704

S35500 (634), composition **A16:** 683, 684

S35500 (AM 355)
composition **A19:** 713
fatigue limits **A19:** 715
fracture toughness. **A19:** 723
stress-corrosion threshold **A19:** 723
tensile properties. **A19:** 715
yield strength **A19:** 713

S35500, composition **A5:** 743
S35500, machining. **A16:** 690, 692–694, 696, 698–700, 703, 704

S38400 (384), composition. **A16:** 682
S38400, composition **A5:** 742
S38400, machining . . **A16:** 144–147, 179, 207, 225, 274, 323, 324, 326, 692–694, 696, 698–700, 703, 704

S40000
fatigue limits **A19:** 714
tensile properties. **A19:** 714

S40000 series (hard), galling resistance with various material combinations. **A18:** 596

S40000 series (soft), galling resistance with various material combinations **A18:** 596

S40300
acid cleaning **A5:** 6, 12
composition **A5:** 742, **A19:** 713
fatigue limits **A19:** 715
finish broaching. **A5:** 86
fracture toughness **A19:** 720, 721
hydrazine effect on fatigue crack growth rates. **A19:** 208
mill finishes available on stainless steel sheet and strip **A5:** 745
pH effect on near-threshold fatigue crack growth rates. **A19:** 208
tensile properties. **A19:** 715
yield strength **A19:** 713

S40300 (403), composition. **A16:** 682

S40300 (AISI 403), liquid impingement erosion. **A18:** 221, 225

S40300, machining . . **A16:** 144–147, 179, 203, 204, 693, 694, 696, 698–700, 702, 704, 738

S40400, turning **A16:** 692

S40500
composition **A19:** 713
fatigue limits **A19:** 714
tensile properties. **A19:** 714
yield strength **A19:** 713

S40500 (405), composition **A16:** 682, 683
S40500, composition **A5:** 742
S40500, machining. **A16:** 179, 207, 225, 688, 692–694, 696, 698–700, 702, 704

S40900
composition **A19:** 713
yield strength **A19:** 713

S40900 (409), composition **A16:** 682, 683

S40900 (AISI 409)
corrosive wear **A18:** 719
modified, corrosive wear **A18:** 715

S40900, composition **A5:** 742
S40900, machining . . **A16:** 179, 207, 225, 692–694, 696, 698–700, 703, 704, 738

S41000
composition **A5:** 742, **A19:** 713
descaling before ceramic coating **A5:** 473
fatigue limits **A19:** 715
finish broaching. **A5:** 86
flame hardening **A5:** 761
fracture toughness **A19:** 720, 721
impact toughness **A19:** 717, 718
M2 workpiece material, tool life increased with PVD coating **A5:** 771
mill finishes available on stainless steel sheet and strip **A5:** 745
nitriding. **A5:** 758, 759
shot peening. **A5:** 133
tensile properties. **A19:** 715
yield strength **A19:** 713

S41000 (410), composition **A16:** 682, 683, 684

S41000 (AISI 410)
cavitation erosion **A18:** 763
corrosive wear **A18:** 719
service life of coal-handling equipment. . **A18:** 719
temperature effect on adhesive wear **A18:** 721
wear rates for test plates in drag conveyor bottoms **A18:** 720

S41000, machining **A16:** 27, 29, 58, 144–147, 204, 207, 225, 301, 360, 362, 588, 684, 688, 689, 692–694, 696, 698–700, 702, 704, 737, 738

S41400
composition **A5:** 742
fatigue limits **A19:** 715
flame hardening **A5:** 761
tensile properties. **A19:** 715

S41400 (414), composition **A16:** 682, 683
S41400, machining . . **A16:** 225, 689, 692–694, 696, 698–700, 702, 704

S41600
composition **A5:** 742
fatigue limits **A19:** 715
flame hardening **A5:** 761
ion nitriding. **A5:** 759
tensile properties. **A19:** 715

S41600 (416), composition. **A16:** 682
S41600, machining . . **A16:** 203, 225, 237, 269, 282, 301, 360, 362, 684–686, 688, 689, 692–694, 696, 698–700, 702, 704, 738

S41610, composition **A5:** 742
S41610, machining . . **A16:** 684, 686, 692–694, 696, 698–700, 702, 704

S41610 (XM-6), composition. **A16:** 682
S41623 (416Se), composition. **A16:** 682
S41623, composition **A5:** 742
S41623, machining. **A16:** 684, 692–694, 696, 698–700, 702, 704

S41800 (Greek Ascoloy)
fatigue limits **A19:** 715
tensile properties. **A19:** 715

S41800 (Greek Ascoloy), finish broaching. . . **A5:** 86

S42000
composition **A5:** 742, **A19:** 713
fatigue limits **A19:** 715
flame hardening **A5:** 761
ion nitriding. **A5:** 759
mill finishes available on stainless steel sheet and strip **A5:** 745
nitriding **A5:** 759
stress-corrosion cracking **A19:** 719, 720
tensile properties. **A19:** 715
yield strength **A19:** 713

S42000 (420), composition **A16:** 682, 683, 684
S42000, machining . . **A16:** 144–147, 179, 207, 225, 588, 684, 692–694, 696, 698–700, 702, 704

S42010, composition. **A5:** 742, **A16:** 682, 683
S42010, machining. . . **A16:** 692–694, 696, 698–700, 702, 704

S42020 (420F), composition. **A16:** 682
S42020, composition **A5:** 742
S42020, machining . . **A16:** 225, 301, 360, 362, 684, 692–694, 696, 698–700, 702, 704

S42023 (420FSe), composition. **A16:** 682
S42023, composition **A5:** 742
S42023, machining . . **A16:** 225, 684, 692–694, 696, 698–700, 702, 704

S42200
composition **A19:** 713
fatigue limits **A19:** 715
stress range diagrams. **A19:** 719, 720
tensile properties. **A19:** 715
yield strength **A19:** 713

S42200, nitriding **A5:** 759
S42300 (Lapelloy), finish broaching **A5:** 86

S43000
composition **A5:** 742, **A19:** 713
descaling before ceramic coating **A5:** 473
electropolishing in acid electrolytes **A5:** 754
fatigue limits **A19:** 714
impact toughness **A19:** 717, 718
mill finishes available on stainless steel sheet and strip **A5:** 745
nitriding **A5:** 758
stress-corrosion cracking **A19:** 492
tensile properties. **A19:** 714
yield strength **A19:** 713

S43000 (430), composition **A16:** 682, 683, 684
S43000 (AISI 430), erosion test results . . . **A18:** 200
S43000, machining . . **A16:** 179, 225, 282, 360, 362, 588, 692–694, 696, 698–700, 702, 704, 738

S43020 (430 F), stress-corrosion cracking **A19:** 492
S43020 (430F), composition. **A16:** 682
S43020, composition **A5:** 742
S43020, machining . . **A16:** 225, 301, 360, 362, 684, 692–694, 696, 698–700, 702, 704

S43023 (430FSe), composition. **A16:** 682
S43023, machining . . **A16:** 225, 684, 692–694, 696, 698–700, 702, 704

S43100
composition **A5:** 742, **A19:** 713
fatigue limits **A19:** 715
flame hardening **A5:** 761
fracture toughness **A19:** 720, 721
tensile properties. **A19:** 715
yield strength **A19:** 713

S43100 (431), composition **A16:** 682, 683
S43100, machining . . **A16:** 204, 225, 689, 692–694, 696, 698–700, 702, 704, 738

S43400
composition **A19:** 713
stress-corrosion cracking **A19:** 492
yield strength **A19:** 713

S43400 (434), composition **A16:** 682, 683
S43400, composition **A5:** 742
S43400, machining . . **A16:** 179, 207, 692–694, 696, 698–700, 702, 704, 738

S43735, weldability **A6:** 449

S44000
flame hardening **A5:** 761
wet outside diameter grinding **A5:** 162

S44000 (custom 450)
fatigue limits **A19:** 716
tensile properties. **A19:** 716

S44002
composition **A5:** 742
mill finishes available on stainless steel sheet and strip **A5:** 745

S44002 (440A)
fatigue limits **A19:** 715
tensile properties. **A19:** 715

S44002 (440A), composition **A16:** 682, 683
S44002, machining. **A16:** 225, 302, 360, 361, 692–694, 696, 698–700, 702, 704

S44003
composition **A5:** 742

SUBJECTS OF THE INDEXED VOLUMES: ASM Handbook (designated by the letter "A"): **A1:** Properties and Selection: Irons, Steels, and High-Performance Alloys (1990); **A2:** Properties and Selection: Nonferrous Alloys and Special-Purpose Materials (1990); **A3:** Alloy Phase Diagrams (1992); **A4:** Heat Treating (1991); **A5:** Surface Engineering (1994); **A6:** Welding, Brazing, and Soldering (1993); **A7:** Powder Metal Technologies and Applications (1998); **A8:** Mechanical Testing (1985); **A9:** Metallography and Microstructures (1985); **A10:** Materials Characterization (1986); **A11:** Failure Analysis and Prevention (1986); **A12:** Fractography (1987); **A13:** Corrosion (1987); **A14:** Forming and Forging (1988); **A15:** Casting (1988); **A16:** Machining (1989); **A17:** Nondestructive Evaluation and Quality Control (1989); **A18:** Friction, Lubrication, and Wear Technology (1992); **A19:** Fatigue and Fracture (1996); **A20:** Materials Selection and Design (1997). **Metals Handbook, 9th Edition** (designated by the letter "M"): **M1:** Properties and Selection: Irons and Steels (1978); **M2:** Properties and Selection: Nonferrous Alloys and Pure Metals (1979); **M3:** Properties and Selection: Stainless Steels, Tool Materials, and Special-Purpose Materials (1980); **M4:** Heat Treating (1981); **M5:** Surface Cleaning, Finishing, and Coating (1982); **M6:** Welding, Brazing, and Soldering (1983); **M7:** Powder Metallurgy (1984). **Engineered Materials Handbook** (designated by the letters "EM"): **EM1:** Composites (1987); **EM2:** Engineering Plastics (1988); **EM3:** Adhesives and Sealants (1990); **EM4:** Ceramics and Glasses (1991). **Electronic Materials Handbook** (designated by the letters "EL"): **EL1:** Packaging (1989)

mill finishes available on stainless steel sheetand strip **A5:** 745

S44003 (440B)
fatigue limits **A19:** 715
tensile properties. **A19:** 715
S44003 (440B), composition **A16:** 682, 683
S44003, machining . . **A16:** 225, 360, 361, 692–694, 696, 698–700, 702, 704

S44004
composition **A5:** 742
ion implantation **A5:** 757
mill finishes available on stainless steel sheet and strip **A5:** 745

S44004 (440C)
fatigue limits **A19:** 715
for rolling-element bearings. **A19:** 693
tensile properties. **A19:** 715
S44004 (440C), composition . . . **A16:** 682, 683, 684

S44004 (AISI 440C)
ceramic coatings and retarding degradation of polytetrafluoroethylene (PTFE). . . . **A18:** 156
contact fatigue in rolling-element bearings. **A18:** 260
endurance lives when coated with molybdenum disulfide solid lubricant. **A18:** 115, 116
friction coefficient data **A18:** 74
graphite fluoride as lattice layer lubricant **A18:** 116
high-resolution electron microscopy to study sliding wear **A18:** 389
metal wear generated by sliding plastics **A18:** 240
part material for ion implantation. **A18:** 858
pin-on-disk bench tests **A18:** 117
polyimide solid lubricants **A18:** 116, 117
rolling-contact component steels. **A18:** 503
surface, modification with and without lubrication, high-vacuum applications **A18:** 158
versus titanium alloys modified by evaporation **A18:** 780, 781
wear data with unlubricated tool steel . . **A18:** 737
S44004, machining . . **A16:** 225, 360, 362, 479, 684, 692–694, 696, 698–700, 702, 704

S44020 (440F)
fatigue limits **A19:** 715
tensile properties. **A19:** 715
S44020 (440F), composition. **A16:** 682
S44020, composition **A5:** 742
S44020, machining **A16:** 684, 692–694, 696, 698–700, 702, 704

S44023 (440FSe), composition. **A16:** 682
S44023, composition **A5:** 742
S44023, machining . . **A16:** 225, 684, 692–694, 696, 698–700, 702, 704

S44200
composition **A19:** 713
fatigue limits **A19:** 714
tensile properties. **A19:** 714
yield strengths **A19:** 713
S44200 (442), composition **A16:** 682, 683
S44200, composition **A5:** 742
S44200, machining . . **A16:** 179, 207, 692–694, 696, 698–700, 702, 704

S44300 (443), composition. **A16:** 682
S44300, machining . . **A16:** 225, 360, 362, 692–694, 696, 698–700, 702, 704

S44400 (444), composition **A16:** 682, 684
S44400, composition **A5:** 742
S44400, machining . . **A16:** 225, 684, 692–694, 696, 698–700, 702, 704

S44600
composition **A5:** 742, **A19:** 713
fatigue limits **A19:** 715
mill finishes available on stainless steel sheet and strip **A5:** 745
nitriding **A5:** 758
stress-corrosion cracking **A19:** 492
tensile properties. **A19:** 715
yield strength **A19:** 713
S44600 (446), composition **A16:** 682, 683
S44600, machining . . **A16:** 179, 207, 225, 360, 362, 688, 692–694, 696, 698–700, 702, 704, 738

S44627 (E-Brite 26-1), stress-corrosion cracking **A19:** 492
S44635 (Monit), stress-corrosion cracking **A19:** 492
S44660 (Sea-Cure), stress-corrosion cracking. **A19:** 490, 492

S44727 (E-Brite)
fatigue limits **A19:** 715
tensile properties. **A19:** 715
S44735 (29-4C), stress-corrosion cracking **A19:** 490
S44800 (AL 29-4-2), stress-corrosion cracking **A19:** 492
S45000, composition **A5:** 743

S45000 (Custom 450)
fatigue limits **A19:** 716
tensile properties. **A19:** 716
S45000, machining. . . **A16:** 692–694, 696, 698–700, 703, 704
S45000 (XM-25), composition **A16:** 683, 684
S45500, composition **A5:** 743

S45500 (Custom 455/XM-16, VAR)
composition **A19:** 713
fatigue limits **A19:** 716
fracture toughness. **A19:** 722
stress-corrosion threshold **A19:** 722
tensile properties. **A19:** 716
yield strength **A19:** 713
S45500, machining. . . **A16:** 692–694, 696, 698–700, 703, 704

S45500 (XM-16), composition **A16:** 683, 684
S63198 (19-9DL)
descaling. **A5:** 782–783
descaling before ceramic coating **A5:** 473
S63300, stress-strain responses for metastable austenitic stainless steels **A19:** 606

S66286
composition **A5:** 743
descaling. **A5:** 782
electrochemical machining. **A5:** 111
finish broaching. **A5:** 86
nitriding **A5:** 758
S66286 (660), composition **A16:** 683, 684
S66286 (A-286) 34% cold reduced and aged used in low-cycle fatigue study to position elastic and plastic strain-range lines **A19:** 964

S66286 (A-286, aged)
fatigue crack growth rate. **A19:** 724
for fixture in creep crack growth testing **A19:** 514
fracture toughness. **A19:** 723–724
oxidation-fatigue laws summarized with equations **A19:** 547
thermomechanical fatigue **A19:** 533
threshold stress intensity determined by ultrasonic resonance test methods **A19:** 139
S66286 (A-286, aged), used in low-cycle fatigue study to position elastic and plastic strain-range lines **A19:** 964

S66286 (AISI A286)
material for jet engine components **A18:** 588, 591
microstructure **A18:** 712
S66286, machining **A16:** 690, 692–694, 696, 698–700, 703, 704

SAF 2205
annealing **A4:** 778
corrosion resistance **A4:** 777

Sanicro 28
annealing **A4:** 773
composition. **A4:** 771, **A6:** 458, 691
filler metals for **A6:** 693
properties **A6:** 693
Sanicro 28, annealing. **M4:** 624
Sea-Cure (S44660), chemical composition . . **A6:** 446

Sea-Cure (SC-1)
annealing **A4:** 776
composition **A4:** 771
SEA-CURE SC-1, annealing **M4:** 625

Sea-cure/SC-1
composition **M3:** 9–10
mechanical properties. **M3:** 24–25
Sealmet 1, composition. **A4:** 772
seawater corrosion resistance **M3:** 74
SHOMAC 30-2, chemical composition. **A6:** 445

SS41
crack aspect ratio variation. **A19:** 160
fatigue crack threshold **A19:** 143
SS-303, mechanical properties **M7:** 468
SS-303L-12, hardness and density. **A16:** 882
SS-303N1-25, hardness and density **A16:** 882
SS-303N2-35, hardness and density **A16:** 882
SS-304L-13, hardness and density. **A16:** 882
SS-304N1-30, hardness and density **A16:** 882
SS-304N2-33, hardness and density **A16:** 882

SS-316, mechanical properties **M7:** 468
SS-316L-15, hardness and density. **A16:** 882
SS-316N2-33, hardness and density **A16:** 882
SS-316NI-25, hardness and density. **A16:** 882
SS-410, mechanical properties **M7:** 468
SS-410-90HT, hardness and density **A16:** 882

Stainless W
composition **M3:** 9–10
mechanical properties. **M3:** 30–31
SUS 304, effect of cyclic load on fatigue crack rate. **A12:** 62
SUS 304, effect of frequency and wave form on fatigue properties **A12:** 62
SUS 316-HP, monotonic and fatigue properties
plate at 400 °C **A19:** 977
plate at 500 °C **A19:** 977
plate at 600 °C **A19:** 977
plate at 700 °C **A19:** 977

SUS304
corrosion-resistant fatigue crack threshold **A19:** 143, 145
SUS403, fatigue crack threshold **A19:** 143
SUS603, relationship between ΔK_{th} and the square root of the area. **A19:** 166

T316LN
composition **A6:** 690
filler metals for **A6:** 692
properties **A6:** 692

Tenelon
composition **M3:** 9–10
mechanical properties. **M3:** 23–24
Tenelon (XM-31), composition . . . **A4:** 771, **A6:** 458

TP304
composition **A6:** 690
filler metals for **A6:** 692
properties **A6:** 692

TP304H
composition **A6:** 690
filler metals for **A6:** 692
properties **A6:** 692

TP304LN
composition **A6:** 690
filler metals for **A6:** 692
properties **A6:** 692

TP316
composition **A6:** 690
filler metals for **A6:** 692
properties **A6:** 692

TP316H
composition **A6:** 690
filler metals for **A6:** 692
properties **A6:** 692

TP316LN
filler metals for **A6:** 692
properties **A6:** 692

TP321
composition **A6:** 691
filler metals for **A6:** 693
properties **A6:** 693

TP321H
composition **A6:** 691
filler metals for **A6:** 693
properties **A6:** 693

TP347
composition **A6:** 691
filler metals for **A6:** 693
properties **A6:** 693

TP347H
composition **A6:** 691
filler metals for **A6:** 693
properties **A6:** 693

TP348
composition **A6:** 691
filler metals for **A6:** 693
properties **A6:** 693

TrimRite
chemical composition. **A6:** 432
mechanical properties in various conditions **A6:** 434
TrimRite, composition **A4:** 772
type 303, pressed and sintered **A9:** 523–524
type 304, cold rolled and annealed. **A9:** 687
type 304, cross rolled **A9:** 684
type 304, delta ferrite stringers **A9:** 65
type 304, delta ferrite to sigma phase transformation **A9:** 65–66
type 304, recrystallized to cube texture **A9:** 698

Stainless steels, specific types (continued)
type 304, strain induced martensite **A9:** 66
type 316, exposed to air at high
temperatures **A9:** 158
type 316, gas-atomized powder **A9:** 514
type 316, pressed and sintered............**A9:** 523
type 316, vacuum deposition of an interference
film............................**A9:** 147–148
type 316L, gas-atomized powder.........**A9:** 529
type 316L, rotating electrode processed
powder **A9:** 514
type 316L, water-atomized powder........**A9:** 529
type 410, pressed and sintered............**A9:** 524
Ultimet 04, mechanical properties........**M7:** 471
Ultimet 16, mechanical properties........**M7:** 471
Ultimet 40C, mechanical properties **M7:** 471
Ultimet 304, mechanical properties.......**M7:** 471
Ultimet 316, mechanical properties.......**M7:** 471
Ultimet 440C, mechanical properties **M7:** 471
UNS S13800
precipitation hardening **M4:** 635–639
solution annealing.................**M4:** 635–639
UNS S13800, precipitation hardening **A4:** 788
UNS S15500
precipitation hardening **M4:** 635–639
solution annealing.................**M4:** 635–639
UNS S15500, precipitation hardening **A4:** 788
UNS S15700, heat treating
procedures **M4:** 635–639
UNS S15700, precipitation hardening **A4:** 788
UNS S17400 *See* 17-4PH
UNS S17400, precipitation hardening **A4:** 788
UNS S17700 *See* 17-7PH
UNS S17700, precipitation hardening **A4:** 788
UNS S35000, heat treating
procedures **M4:** 635–639
UNS S35500 *See* AM 355
UNS S35500, precipitation hardening **A4:** 788
UNS S45000
precipitation hardening **M4:** 635–639
solution annealing.................**M4:** 635–639
UNS S45000, precipitation hardening **A4:** 788
UNS S45500
precipitation hardening **M4:** 635–639
solution annealing.................**M4:** 635–639
UNS S45500, precipitation hardening **A4:** 788
UNS S65000, precipitation hardening **A4:** 788
Uranus 50, composition **A4:** 772
WN 1.4948-aged, aging effect on fracture
toughness at 600 °C................**A19:** 741
X6CrNi 18 11, monotonic and fatigue properties
at 600 °C........................**A19:** 975
X10Cr 13, threshold stress intensity determined by
ultrasonic resonance test methods...**A19:** 139
X10CrNiTi 18 9, monotonic and fatigue properties
at 23 °C.........................**A19:** 975
X20CrMoV 121, fracture toughness **A19:** 718
XM-1
composition **A6:** 690
filler metals for **A6:** 692
properties **A6:** 692
XM-2
composition **A6:** 690
filler metals for **A6:** 692
properties **A6:** 692
XM-3
composition **A6:** 690
filler metals for **A6:** 692
properties **A6:** 692
XM-5
composition **A6:** 690
filler metals for **A6:** 692
properties **A6:** 692
XM-6
composition **A6:** 684
filler metals for **A6:** 684
properties **A6:** 684
XM-7
composition **A6:** 690

filler metals for **A6:** 692
properties **A6:** 692
XM-9
composition **A6:** 696
filler metals for **A6:** 696
properties **A6:** 696
XM-10
composition.....................**A6:** 458, 690
filler metals for **A6:** 692
properties **A6:** 692
XM-11
composition **A6:** 690
filler metals for **A6:** 692
properties **A6:** 692
XM-12
composition **A6:** 696
filler metals for **A6:** 696
properties **A6:** 696
XM-13
composition **A6:** 696
filler metals for **A6:** 696
properties **A6:** 696
XM-14
composition **A6:** 690
filler metals for **A6:** 692
properties **A6:** 692
XM-15
composition.....................**A6:** 458, 691
filler metals for **A6:** 693
properties **A6:** 693
XM-16
composition **A6:** 696
filler metals for **A6:** 696
properties **A6:** 696
XM-17
composition **A6:** 690
filler metals for **A6:** 692
properties **A6:** 692
XM-18
composition **A6:** 690
filler metals for **A6:** 692
properties **A6:** 692
XM-19
composition.....................**A6:** 458, 690
filler metals for **A6:** 692
properties **A6:** 692
XM-21
composition **A6:** 690
filler metals for **A6:** 692
properties **A6:** 692
XM-25
composition **A6:** 696
filler metals for **A6:** 696
properties **A6:** 696
XM-26
composition **A6:** 698
filler metals for **A6:** 698
properties **A6:** 698
XM-27
composition **A6:** 687
corrosion **A6:** 452
filler metals for **A6:** 687
properties **A6:** 687
XM-28
composition **A6:** 690
filler metals for **A6:** 692
properties **A6:** 692
XM-29
composition **A6:** 690
filler metals for **A6:** 692
properties **A6:** 692
XM-30
composition **A6:** 684
filler metals for **A6:** 684
properties **A6:** 684
XM-31
composition.....................**A6:** 458, 690
filler metals for **A6:** 692
properties **A6:** 692

XM-32
composition **A6:** 684
filler metals for **A6:** 684
properties **A6:** 684
XM-33
composition **A6:** 687
filler metals for **A6:** 687
properties **A6:** 687
XM-34
composition **A6:** 687
filler metals for **A6:** 687
properties **A6:** 687
YUS 190L, chemical composition.........**A6:** 445
YUS436S, chemical composition..........**A6:** 444
Stainless steels, specific types, miscellaneous
3, fatigue strength under rotating bending
stress..............................**A19:** 761
6, fatigue strength under rotating bending
stress..............................**A19:** 761
17-14Cu-Mo, fatigue limits..............**A19:** 715
18SR
fatigue limits **A19:** 715
tensile properties....................**A19:** 715
25, fatigue strength under rotating bending
stress..............................**A19:** 761
26Cr-1Mo, impact toughness **A19:** 718
329, fatigue strength under rotating bending
stress..............................**A19:** 761
Fe-18Cr-2Mo, stress-corrosion cracking ...**A19:** 492
H46, thermomechanical fatigue..........**A19:** 532
Kromarc: 58
composition **A19:** 713
J_c as a function of yield strength at
−269 °C **A19:** 750
yield strength......................**A19:** 713
T-1, crack aspect ratio variation **A19:** 160
W
fatigue limits **A19:** 716
tensile properties....................**A19:** 716
YUS 170, relationship between ΔK_{th} and the
square root of the area **A19:** 166
Stainless steels, wear of. **A18:** 693, 710–723
abrasive wear ...**A18:** 718, 719, 720, 723, 767, 774
adhesive wear resistance **A18:** 720, 721
applications.....**A18:** 710, 712, 713, 715, 722–723
femoral components of hip and knee
replacements **A18:** 657, 658
austenitic......**A18:** 710–712, 713–714, 715, 719,
721–723
applications **A18:** 723
cavitation erosion..................**A18:** 217–218
cavitation resistance...................**A18:** 600
classification and composition of hardfacing
alloys...........................**A18:** 652
composition **A18:** 711
erosion resistance in liquid impingement
erosion **A18:** 228
fretting wear................**A18:** 248, 250, 251
galling............................**A18:** 721–722
microstructure **A18:** 710
not suitable for die-casting applications **A18:** 630
properties **A18:** 710
reference specimens for optical reading of
microindentation testing **A18:** 414
relation of wear resistance to toughness **A18:** 707
specific types.....................**A18:** 650, 651
spray material for oxyfuel wire spray
process **A18:** 829
wear resistance **A18:** 651
work-hardening **A18:** 712
classification of stainless steels **A18:** 710
compositions **A18:** 658, 710, 711, 712, 726
corrosive wear **A18:** 719, 723
dependence on slurry **A18:** 273
cutting tool materials and cutting speed
relationship **A18:** 616
damage dominated by fatigue fracture ...**A18:** 180,
181
design considerations...................**A18:** 723

SUBJECTS OF THE INDEXED VOLUMES: ASM Handbook (designated by the letter "A"): **A1:** Properties and Selection: Irons, Steels, and High-Performance Alloys (1990); **A2:** Properties and Selection: Nonferrous Alloys and Special-Purpose Materials (1990); **A3:** Alloy Phase Diagrams (1992); **A4:** Heat Treatment (1991); **A5:** Surface Engineering (1994); **A6:** Welding, Brazing, and Soldering (1993); **A7:** Powder Metal Technologies and Applications (1998); **A8:** Mechanical Testing (1985); **A9:** Metallography and Microstructures (1985); **A10:** Materials Characterization (1986); **A11:** Failure Analysis and Prevention (1986); **A12:** Fractography (1987); **A13:** Corrosion (1987); **A14:** Forming and Forging (1988); **A15:** Casting (1988); **A16:** Machining (1989); **A17:** Nondestructive Evaluation and Quality Control (1989); **A18:** Friction, Lubrication, and Wear Technology (1992); **A19:** Fatigue and Fracture (1996); **A20:** Materials Selection and Design (1997); **Metals Handbook, 9th Edition** (designated by the letter "M"): **M1:** Properties and Selection: Irons and Steels (1978); **M2:** Properties and Selection: Nonferrous Alloys and Pure Metals (1979); **M3:** Properties and Selection: Stainless Steels, Tool Materials, and Special-Purpose Materials (1980); **M4:** Heat Treating (1981); **M5:** Surface Cleaning, Finishing, and Coating (1982); **M6:** Welding, Brazing, and Soldering (1983); **M7:** Powder Metallurgy (1984). **Engineered Materials Handbook** (designated by the letters "EM"): **EM1:** Composites (1987); **EM2:** Engineering Plastics (1988); **EM3:** Adhesives and Sealants (1990); **EM4:** Ceramics and Glasses (1991). **Electronic Materials Handbook** (designated by the letters "EL"): **EL1:** Packaging (1989)

duplex . . . A18: 712, 713
applications . . . A18: 712
composition . . . A18: 712
galling . . . A18: 721
microstructure . . . A18: 712
properties . . . A18: 712
endodontic instruments
manufactured from . . . A18: 666, 675
erosion/corrosion . . . A18: 208
extension of tool life via ion implantation,
examples . . . A18: 643
families of stainless steels. . . . A18: 710–712
austenitic A18: 710–712, 713–714, 715, 719, 721, 723
duplex . . . A18: 712, 713, 721
ferritic . . . A18: 710, 713, 716, 721
martensitic . . . A18: 712, 713–714, 715, 716, 719, 721, 723
precipitation-hardenable (PH) A18: 712, 713, 721
ferritic . . . A18: 710, 713, 716, 721
advantages . . . A18: 710
applications . . . A18: 710
composition . . . A18: 710
galling . . . A18: 721
microstructure . . . A18: 710
properties . . . A18: 710
ferrography application to identify wear
particles . . . A18: 305
for gears, resistant to scuffing . . . A18: 538
for shallow forming dies . . . A18: 633
for valve plates for reciprocating
compressors . . . A18: 604
for valve springs for reciprocating
compressors . . . A18: 604
fretting wear . . . A18: 247, 248, 250, 251
friction coefficient data . . . A18: 71, 74
high-silicon alternate material hardfacing
alloys . . . A18: 762, 764
erosive wear . . . A18: 762
galling . . . A18: 763
properties . . . A18: 762
hot forging . . . A18: 625
laser alloying . . . A18: 866
laser cladding . . . A18: 867
laser melt/particle injection . . . A18: 869
laser melting . . . A18: 864, 866
martensitic . . . A18: 712–716, 719
applications . . . A18: 723
classification and composition of hardfacing
alloys . . . A18: 652
composition . . . A18: 712
galling . . . A18: 721–722
microstructure . . . A18: 712
properties . . . A18: 712
specific types . . . A18: 222
spray material for oxyfuel wire spray
process . . . A18: 829
material for jet engine components . . . A18: 588
material for surface force apparatus . . . A18: 402
metal forming lubricants . . . A18: 148
orthodontic wires . . . A18: 666, 675–676
precipitation-hardenable (PH) . . . A18: 712, 713
classification . . . A18: 712
galling . . . A18: 721–722
microstructure . . . A18: 712
properties . . . A18: 712
wear resistance and cost effectiveness . . . A18: 706
properties . . A18: 659, 710, 712–713, 714, 715, 716, 721
seal materials . . . A18: 550
sliding wear . . . A18: 769
slurry erosion . . . A18: 768, 770
threshold galling stress results . . . A18: 721, 722
wear and galling . . . A18: 713–716, 723
abrasive wear . . . A18: 713–714, 716, 717
adhesive wear . . . A18: 715, 716, 717
corrosive wear . . . A18: 715, 716, 717
factors affecting . . . A18: 715–716
fatigue wear . . . A18: 715
fretting wear . . . A18: 714–715
galling . . . A18: 715, 721, 722
wear and galling tests,
commonly used . . . A18: 716–718
block-on-ring test . . . A18: 717
button-on-block test . . . A18: 718, 720, 721
corrosive wear testing . . . A18: 717
crossed-cylinder test . . . A18: 717
dry sand/rubber wheel test . . . A18: 716–717
galling test . . . A18: 718
pin-on-disk test . . . A18: 717–718
ring-on-ring test . . . A18: 718
wear compatibility of dissimilar-mated stainless
steels . . . A18: 720
wear data . . . A18: 718–722
abrasive/corrosive wear . . . A18: 718–719
adhesive wear . . . A18: 719–720
galling resistance . . . A18: 721–722
wear effect on polarization curves . . . A18: 274
weld overlays for resistance to cavitation
erosion . . . A18: 217
welding factor . . . A18: 541
work-hardening rates . . . A18: 712
Stainless steels, wrought *See* Wrought stainless steels
Stainless steels, wrought, fabrication
annealing . . . M3: 46–47
atmospheres . . . M3: 48
brazing . . . M3: 49–50
cold drawing . . . M3: 44
cold heading . . . M3: 43–44
cold working . . . M3: 43–44
constitution diagram, weld metal . . . M3: 51
extrusion, cold . . . M3: 44
forging, design . . . M3: 42–43
forming . . . M3: 41–42
heat treating . . . M3: 46–48
hot heading . . . M3: 43
machining . . . M3: 44–46
passivation . . . M3: 46, 53, 54
plating . . . M3: 55
riveting . . . M3: 44
soldering . . . M3: 50
stress relieving . . . M3: 47–48
welding . . . M3: 48–49, 50–52
Stainless welding wire . . . A1: 852
Stainless-clad sheet steels
color etching . . . A9: 141–142, 145
specimen preparation . . . A9: 197–198
Stains
weathering steels . . . A13: 520
Stains, surface
LEISS determined . . . A10: 603
Stair step fracture
cobalt alloy . . . A12: 398
Staircase method . . . A19: 306
for defining fatigue strength . . . A8: 703–704, 706
Stair-rod dislocations
connecting stacking- fault tetrahedra . . . A9: 117
Staking
comparison to projection welding . . . M6: 523–524
furnace brazing of steels . . . M6: 940
ultrasonic . . . EM2: 721–722
Stamp mills
aluminum flake . . . M7: 125
for metallic flake powders . . . M7: 593
STAMP process . . . A16: 60, M7: 547–550
for new P/M alloys . . . M7: 549
processing sequence . . . M7: 547–548
Stamped identification marks
effects on tools and dies . . . A11: 568–570
fatigue fracture by . . . A11: 130
Stamped parts
DFM guidelines for . . . A20: 36
tolerances . . . A20: 37
Stamping *See also* Compression stamping; Thermoplastic stamping . . . A14: 12, 804, 896
aluminum alloy sheet . . . M2: 180–186
bends across metal grain . . . A20: 105
beryllium-copper alloys . . . A2: 411
dies, cemented carbide . . . A2: 971
in green machining . . . EM4: 183
in polymer processing classification
scheme . . . A20: 699
large, sheet metal forming of . . . A8: 547
lead frame . . . EL1: 484, 486
of thermoplastic composite . . . EM1: 552, 562
punches, cemented carbide . . . A2: 971
size and shape effects . . . EM2: 290
stretching in . . . A8: 547
thermoplastics processing comparison . . . A20: 794
thermoset plastics processing comparison A20: 794
thermoset, properties effects . . . EM2: 287
thermoset, size and shape effects . . . EM2: 292
twin-sheet, size and shape effects . . . EM2: 290
Stampings
aluminum alloy . . . M2: 13–14
brass, mass finishing of . . . M5: 615
copper alloy *See* Copper alloys, stampings
inspection fixtures for . . . M3: 557
pigmented drawing compounds
removed from . . . M5: 4, 6
steel *See* Steel, stampings
Stand
defined . . . A14: 12
Stand linseed oil . . . M5: 498
Stand-alone controller
for creep test stand . . . A8: 312
Standard addition
defined . . . A10: 682
method, XRPD) analysis . . . A10: 340
Standard beryllium-copper casting alloy
properties and applications . . . A2: 360–362
Standard brass solution
composition, analysis, and operating
conditions . . . A5: 256
Standard Building Code . . . A20: 69
Standard calomel electrode (SCE) A18: 250, A20: 549
Standard Charpy V-notch impact test
for dynamic fracture testing . . . A8: 259, 262–264
Standard coarsening theory . . . A7: 404, 405, 406
Standard component
defined . . . A20: 7
Standard cyanide bath
composition and operating conditions A5: 227, 228
Standard deviation . . . A7: 272, A20: 75, 76, 77, 78, EM3: 786–797
and random error . . . A10: 12
biased . . . A7: 103
binomial distribution . . . A20: 80
computed for normal distribution . . . A8: 664
defined . . . A8: 12, 625, EM1: 22
definition . . . A20: 840
load and strength variations effect on component
failure . . . A20: 511, 512
of fatigue test groups . . . A8: 707–708
relative, defined . . . A10: 681
symbol . . . A8: 629
Standard deviation of the asperity height distribution . . . A18: 33
Standard electrode potential
defined . . . A10: 682, A13: 12
definition . . . A5: 968
Standard error of estimate
for stress-life equations . . . A8: 700
Standard for the exchange of products model data (STEP) . . . A20: 195
Standard four-part ASTM system
alloy/temper designations for magnesium
alloys . . . A2: 456
Standard free energy
of metal oxide formation . . . M7: 53
Standard free energy of formation
defined . . . A15: 51
Standard Gibbs free energies
liquid aluminum . . . A15: 59
Standard grain-size micrograph
defined . . . A9: 17
Standard grip
for axial fatigue testing . . . A8: 369
Standard hydrogen electrode (SHE) . . . A19: 202, A20: 547
Standard length . . . A20: 342
Standard Malaysian Rubber system . . . EM3: 145
Standard module . . . A20: 33
definition . . . A20: 841
Standard mount dimensions . . . A9: 28
Standard normal distribution
in statistical quality control . . . A17: 738
Standard normal distribution function . . . A20: 78, 81
Standard part . . . A20: 33
definition . . . A20: 841
Standard parts
and design for manufacturability
(DFM) . . . EL1: 122–123
Standard pipe . . . A1: 331
Standard potentials . . . A20: 547
Standard reference blocks *See also* Reference; Reference standards
area-amplitude . . . A17: 264
ASTM blocks . . . A17: 264
ASTM reference plate . . . A17: 265

Standard reference blocks (continued)
distance-amplitude **A17:** 264
IIW **A17:** 264
miniature angle-beam **A17:** 264–265
ultrasonic inspection **A17:** 263–265
Standard reference materials
abbreviation for **A10:** 691
defined **A10:** 682
for environmental/industrial effluent waters **A10:** 95
Standard Reference Materials (SRM) **A18:** 415
Standard reference sample
eddy current inspection **A17:** 179
Standard state
hypothetical, thermal properties for **A15:** 56–57
thermodynamic, defined **A15:** 50–51
Standard Test and Evaluation Bottle (STEB) **EM1:** 511, 514
Standard test methods **EM3:** 321–322
Standard test-bus interfaces
system test **EL1:** 376–377
Standard thermocouples *See also* Thermocouple materials, specific types
properties **A2:** 871
types **A2:** 871–873
Standard time
definition **A20:** 841
Standard weights
verification method **A8:** 611
Standardization
ASTM/international **A13:** 322
by ion chromatography **A10:** 664
defined **A10:** 682
definition **A20:** 675, 840–841
of common titrants **A10:** 172
of hydrogen embrittlement tests **A13:** 284
of tests, electrochemical crevice corrosion **A13:** 308–309
of tests, stress-corrosion cracking **A13:** 246
techniques, internal, in SSMS **A10:** 145
Standardization and rationalization (S&R) . . . **A20:** 675
definition **A20:** 841
Standardization documents
government/industry guide to **EM1:** 40–42
military **EL1:** 906–911
Standardized service simulation load histories **A19:** 116
Standardless method
XRPD analysis **A10:** 340
Standardless ratio (Cliff-Lorimer) microanalytic technique **A10:** 447
Standards *See also* Reference; Specifications; Specifications and standards **A20:** 149, **EM3:** 61–64
86C, National Fire Protection Association, safety considerations for conveyor belt furnaces **A4:** 547
acceptance/rejection, liquid penetrant inspection **A17:** 88
American Petroleum Institute (API), 1104 (pipeline welding specification) **A6:** 98
American Society for Testing and Materials
aluminum surface preparation for structural adhesives bonding (D 3933) **EM3:** 733
Boeing wedge test (D 3762) **EM3:** 332–333, 351–352, 353
bond line corrosion dependent on exposure time in a salt spray chamber (B 117) . . **EM3:** 664
bonding permanency of water- or solvent-soluble liquid adhesives for labeling glass bottles (D 1581) **EM3:** 657
butt joint testing (napkin ring test) (E 229) **EM3:** 331, 361
cleavage peel test specimen, DCB type (D 3807) **EM3:** 353, 442
climbing drum test (D 1781) **EM3:** 332, 442
complex modulus test (Oberst Bar) (E 756) **EM3:** 556
complex permittivity (D 2520) **EM3:** 432
corrosion resistance of bonded steel joints (B 117) **EM3:** 670
creep test (D 1780, D 2293, D 2294, D 2919, D 3160) **EM3:** 333
creep test (D 2918) **EM3:** 333, 657
direct tensile stressed-durability testing (D 897, D 1344, D 2095) **EM3:** 351, 442
double-cantilever-beam specimen load transfer (D 3433) **EM3:** 442, 445, 614
double-overlap shear configuration (D 3528) **EM3:** 442, 731
dry arc flashover resistance of surfaces (D 495) **EM3:** 438
electrical contact and resistance measurements (D 257) **EM3:** 429, 433
for substrates in block form (D 229, D 816, D 905, D 906, D 1062, D 2094, D 2295, D 2339, D 2557, D 2558, D 3164, D 4027) **EM3:** 442
for substrates in block form (D 429) . . **EM3:** 422, 442
for substrates in block form, standard impact test (D 950) **EM3:** 333, 442
fringe corrections for electrode shapes and dimensions (D 150) **EM3:** 429
irradiation procedures B and C (D 1879) **EM3:** 646
lap joint test (D 3165) **EM3:** 330, 442
maximum electric field calculation (D 3756) **EM3:** 439
napkin ring test (D 3658) **EM3:** 361, 442
peel test (D 903) **EM3:** 442, 657
resistance measurements, tracking (D 2303) **EM3:** 439
resistance of adhesives to cyclic laboratory aging conditions (D 1183) **EM3:** 657
roller drum peel test (D 3167) . . . **EM3:** 332, 442, 732
single-lap joint test (D 1002) **EM3:** 325, 333, 350, 353, 355, 442, 471–473, 535–536, 731
surface corona flashover resistance of surfaces (D 2275) **EM3:** 438
tension lap-shear strength of adhesives (D 3163) **EM3:** 442, 644–645
tension specimens (D 3039) **EM3:** 834
tension test of flat sandwich construction in flatwise plane (C 297) **EM3:** 731, 732
thick-adherend test (D 3983) **EM3:** 330, 442
T-peel test (D 1876) **EM3:** 332, 442
volatile content of coatings, test method for (D 2369) **EM3:** 732
ANSI H35.1, temper designations for heat-treatable aluminum alloys **A4:** 878–879
ANSI Z49.1 "Safety in Welding and Cutting" **A6:** 68
ASTM A 263, explosion welds **A6:** 305
ASTM A 264, explosion welds **A6:** 305
ASTM A 265, bond shear strength measurement, explosion welds **A6:** 305
ASTM A 273, ultrasonic testing **A6:** 253
ASTM A 426, eddy current testing **A6:** 253
ASTM A 450, hydrostatic pressure testing **A6:** 253
ASTM A 578, ultrasonic inspection, explosion welds **A6:** 305
ASTM E 213, ultrasonic testing **A6:** 253
ASTM E 309, eddy current testing **A6:** 253
ASTM E 390, steel weld reference radiographs **A6:** 98
ASTM E 399, fracture toughness measurements **A6:** 101
ASTM E 570, flux leakage examination **A6:** 253
B 432, explosion welds **A6:** 305
bodies, American-based **EL1:** 734
D 897-78, standard test method for tensile properties of adhesive bonds **A6:** 970
D 1002-72, standard test method for tensile properties of adhesive bonds **A6:** 970
D 1876-72, standard test method for tensile properties of adhesive bonds **A6:** 970
D 2294-69, standard test method for tensile properties of adhesive bonds **A6:** 970
D 3166-73, standard test method for tensile properties of adhesive bonds **A6:** 970
D 3528-76, standard test method for tensile properties of adhesive bonds **A6:** 970
defined **A20:** 67, **EM1:** 700
E 8-89, standard test method for tensile properties of adhesive bonds **A6:** 970
E 143-87, standard test method for tensile properties of adhesive bonds **A6:** 970
F 1044-87, standard test method for tensile properties of adhesive bonds **A6:** 970
for EPMA **A10:** 524, 530
for liquid penetrant inspection **A17:** 87–88
for physical test methods **EL1:** 941
German standards
durability of joints (DIN 54 456) **EM3:** 661
resistance of adhesives to cyclic laboratory aging conditions (DIN 53 295) **EM3:** 657
in materials engineering **M3:** 826, 830
"in-house" **A20:** 67
IPC-S-815B, industry soldering standard . . . **A6:** 349
materials selection for a new design **A20:** 244
MIL-STD-1946, ballistic shock tests **A6:** 540
MIL-STD-2000A, military soldering standard **A6:** 349
National Fire Protection Association (NFPA), 51B **A6:** 185
of units and measures, SI **A10:** 685
primary, assay by electrometric titration . . **A10:** 202
printed circuit board layouts **A20:** 208
pure-element, x-ray scan across **A10:** 527
quantitative LEISS analysis **A10:** 606
safety in design **A20:** 141
solderability **EL1:** 677
sources for **EM1:** 701
sources of **EM3:** 63, 64
surface mount technology **EL1:** 734
types **A20:** 246
U.S. Pharmacopoeia (USP) class VI tests, adhesive compatibility with human tissue and blood **EM3:** 575
ultrasonic inspection **A17:** 261–265
verification by controlled-potential coulometry **A10:** 207
Standards and Specifications **EM3:** 72
Standards information services **A20:** 69
Standards organizations **EM4:** 40
Standards Search **EM3:** 72
Standby systems **A20:** 91
Standing waves
continuous-beam ultrasonic inspection **A17:** 249
for thickness gaging **A17:** 211
microwave **A17:** 204
system, surface crack detection **A17:** 214–215
techniques **A17:** 206, 211
Standoff, component
and lead preparation **EL1:** 731
Standoff distance
definition **A6:** 1214, **M6:** 17
with laser triangulation sensors **A17:** 13
Stands
microscope **A9:** 74
Stanford Position Electron Accelerator Ring (SPEAR)
spectral of synchrotron radiation from **A10:** 411
Stanford Research Institute algorithms *See* SRI algorithms
Stanford Synchrotron Radiation Laboratory
as EXAFS radiation source **A10:** 411–413
EXAFS experimental apparatus at **A10:** 521
Stannate bronze plating **M5:** 288–289
Stannate tin plating **M5:** 270–272
Stannates **EM4:** 60
Stannic chloride, stainless steels
corrosion resistance **M3:** 88

Stannite
in bronze plating. **M5:** 288
Stannous chloride
as reducing agent **A10:** 169
Stannous fluoborate tin plating. **M5:** 272
Stannous fluoborate tin-lead plating **M5:** 276–278
Stannous fluoride, stainless steels
corrosion resistance. **M3:** 88
Stannous octoate. **EM3:** 95
Stannous sulfate tin plating **M5:** 271–272
Stannous (tin) fluoborate solution
composition. **A5:** 260
Stannous valence state. **A5:** 258
Staple
in joining processes classification scheme **A20:** 697
Staple fibers *See also* Chopped fibers; Discontinuous fibers; Fiber(s); Short fibers. **M7:** 49
aramid **EM1:** 115
defined **EM1:** 22, **EM2:** 40
Staple yarns
aramid fiber **EM1:** 115
STAR *See* Scientific and Technical Aerospace Reports
Star craze *See also* Crazing
defined. **EM2:** 40
Star marks
alloy steels. **A12:** 301
definition. **A5:** 968
Star polymers
as viscosity improvers. **A18:** 109
Star (rosette) fractures
as radial marks. **A12:** 103–104
Starch
as binding agent for samples **A10:** 94
Starch blended with dry colloidal aluminosilicate
application or function optimizing powder treatment and green forming **EM4:** 49
Starch conversions
for packaging. **EM3:** 45
Starch/starch derivatives
as sizing. **EM1:** 122
Starches
industrial applications. **EM3:** 567
Starch-plastic blends
biodegradation of. **EM2:** 786–787
"Stardust". **A5:** 209
Stardusting
definition. **A5:** 968
STARDYNE computer program for structural analysis. **EM1:** 268, 273
Stark effect
defined. **A10:** 682
splittings **A10:** 264
Stark line broadening
in emission spectroscopy. **A10:** 22
Starmet **A7:** 164
Stars
definition. **A5:** 968
Start current
definition **M6:** 17
Start time
definition **M6:** 17
Start voltage
definition **M6:** 17
Starting feeds and speeds
PCBN tools. **A2:** 1017
Starting motors
as magnetically soft materials application . . **A2:** 779
Starting packing density. **A7:** 596
Starting sheet
definition. **A5:** 968
Starting torque
defined. **A18:** 18
Starting troughs
electrogas welding. **M6:** 241
Start-of-life defect size (a_0). **A19:** 435
Start-up/shutdown
chemical processing plant. **A13:** 1135–1136
Starve infiltration **M7:** 564
Starved area **EM3:** 27
defined **EM1:** 22, **EM2:** 40
Starved joint **EM3:** 27
defined **EM1:** 22, **EM2:** 40
State, change of
as x-ray diffraction analysis **A10:** 325
State Department of Natural Resources **A20:** 132
State Implementation Plan (SIP) **A20:** 132
State movement
automated **A10:** 310
State of the art. **A20:** 149
State variable models **A20:** 529–530
State variables. . . . . **A3:** 1•1, **A20:** 529–530
State-of-stress effect **A19:** 517
Static
defined **A11:** 9
electrical discharges, ball bearing pitting failure from. **A11:** 495, 497
fatigue **A11:** 28
impact fracture toughness (K_{tc}), as function of test temperature **A11:** 54
service, allowable stresses for. **A11:** 136
tensile loading, fracture under **A11:** 390
Static analysis **A20:** 167
Static and dynamic fatigue testing **EM3:** 349–370
analysis of test results. **EM3:** 353–361
behavior of the interphase **EM3:** 367–368
Boeing wedge test **EM3:** 351–352
components of an adhesive joint. **EM3:** 350
crack opening displacement **EM3:** 366–367
diffusion mechanism of water **EM3:** 363–364
dynamic fatigue **EM3:** 367
energy balance **EM3:** 366
factors affecting joint durability **EM3:** 349–350
general test program **EM3:** 353
joint durability **EM3:** 349
joint specimen-test result relationship **EM3:** 353–361
maximum principal stress **EM3:** 366–367
mixed-mode fracture criteria **EM3:** 366–367
moisture ingression and joint performance **EM3:** 361–364, 367, 368
recommendations
qualitative accuracy **EM3:** 368–370
quantitative accuracy **EM3:** 368–370
sealant durability **EM3:** 368
single-lap geometry **EM3:** 350–351
strain-energy density **EM3:** 366
stress and free volume effect on sorption behavior. **EM3:** 362–363
stress whitening effect on fluid ingression. **EM3:** 363
stress-concentration factors for single-lap specimens **EM3:** 359–361
temperature-dependent delayed-failure joints. **EM3:** 355–361
tensile (butt) joint geometry. **EM3:** 351
test specimen geometries for quantitative
Arcan specimen **EM3:** 366, 370
bonded cantilever beam specimen **EM3:** 366
cracked lap-shear specimen **EM3:** 366
independently loaded mixed-mode specimen **EM3:** 366, 370
Iosipescu specimen **EM3:** 365–366, 370
testing. **EM3:** 365–366
thick-adherend specimen **EM3:** 352–353
viscoelasticity considerations for DCB fracture testing. **EM3:** 364–365
viscoelasticity-viscoplasticity considerations. **EM3:** 353–355
Static babbitting. **M5:** 356–357
Static cast copper alloy ingots
grain structures. **A9:** 641
Static charge. **EM3:** 27
defined. **EM2:** 40
Static coefficient of friction **A18:** 27, 46, 47, 476
defined. **A18:** 18
definition. **A5:** 968
Static cold pressing
as cermet forming technique. **M7:** 800
cermets **A7:** 924–925
Static collapse **A20:** 355
Static creep
rupture life, prior fatigue effect on . . . **A8:** 353, 355
test, ductile to brittle fracture **A8:** 354
test results. **A8:** 353–354
Static decay rate
defined. **EM2:** 461
Static electrode potential
definition. **A5:** 968
Static elimination
testing for **EM2:** 475–476
Static equilibrium viscosity. **A18:** 93
Static equivalent load
defined. **A18:** 18
Static equivalent radial load. **A18:** 510
Static fatigue *See also* Fatigue; Fatigue loading; Hydrogen embrittlement; Hydrogen stress cracking; Hydrogen-induced delayed cracking. . **A5:** 550, 551, 553, **EM3:** 27, **M1:** 687
defined **EM1:** 22, **EM2:** 40
described **EM2:** 702
hydrogen embrittlement as. **A12:** 124
tests **EM2:** 703–704
Static fatigue strength *See* Creep rupture strength
"Static fatigue' tests **A19:** 3
Static fracture
failure distribution according to mechanism. **A19:** 453
Static fracture mechanics
short-pulse duration tests and **A8:** 282–283
Static friction *See* Limiting static friction
Static friction coefficients for selected materials. **A18:** 70–75
factors affecting relative contributions **A18:** 70
Static friction factor value **A18:** 67, 68
Static hot pressing **M7:** 11
as cermet forming technique. **M7:** 800
cermets **A7:** 928–929
Static indentation test
as hardness test. **A8:** 71
durometer. **A8:** 104, 106–107
Static joint lap shear tests
for joint/fastener strength. **EM1:** 706, 710
Static leak testing
defined. **A17:** 61
Static load rating
defined. **A18:** 18
Static load strain surveys **EM3:** 543
Static loading **A20:** 509
damage development under **A8:** 714
delamination during. **A8:** 714
stress-corrosion cracking tests by. **A8:** 496–498, 501–503
tests to predict stress-corrosion performance **A8:** 501–503
Static loading tests
bending vs. uniaxial tension **A13:** 247–248
constant-strain vs. constant-load **A13:** 246–247
elastic-strain specimens. **A13:** 248–252
of corrosion inhibitors. **A13:** 483
of SCC smooth specimens **A13:** 246–253
plastic-strain specimens **A13:** 252–253
Static magnetic parameters
FMR quantitative determination of **A10:** 267
Static (male/female) open/closed mold mandrel
carbon-reinforcement/carbon-matrix processing materials, densification method, and final shape operations. **A20:** 463
Static metallic material properties
design allowables for. **A8:** 662–677
Static mode mechanisms
fatigue crack growth rate variation with alternating stress intensity. **A19:** 633
Static modulus **EM3:** 27
defined **EM1:** 22, **EM2:** 40
Static modulus of elasticity
vs. dynamic modulus. **A8:** 249
Static overload **A20:** 515
Static pressing
cold, of cermets **A2:** 980–981
hot, of cermets **A2:** 986
Static proof test
truncated fatigue life by **A8:** 718
Static random-access memories (SRAMs)
soft errors **EL1:** 805
Static random-access memory
as digital GaAs application **A2:** 740
Static recrystallization **A9:** 690–691
in aluminum **A9:** 691
in Fe-3.25Si. **A9:** 691
in oxygen-free copper, reduced 86% **A9:** 691
Static secondary ion mass spectroscopy (SSIMS). **EM2:** 811, 817
Static shear stress-shear strain curve. **A8:** 225
Static sliding friction coefficient **A18:** 478
Static strain aging. **A19:** 535, 551
Static strength **EM1:** 432–435
and fatigue life, related. **A8:** 717–718

Static strength (continued)
distribution. **A8:** 716, 717
lamina **EM1:** 432–434
stress concentrations/damage **EM1:** 434–435
structural composite laminate **EM1:** 433–434

Static stress **EM3:** 27
defined **EM1:** 22, **EM2:** 40

Static stress-corrosion cracking threshold . . . **A19:** 190

Static structures, design of properties needed for *See* Design of static structures, properties needed for

Static tensile stress
and fretting wear **A18:** 248

Static tensile stresses
role of in stress-corrosion cracking **A1:** 724

Static tension loading **A8:** 717–718

Static test
full-scale **EM1:** 347–350

Static testing **EM3:** 315–316

Static tests
Task III, USAF ASIP full-scale testing. . . . **A19:** 582

Static uniaxial compaction
of cermets **A2:** 979

Static uniaxial load
in tension testing **A8:** 19

Static viscosity *See* Viscosity

Static yield criteria **A19:** 264

Static yield strength
and Soderberg's law. **A8:** 374

Stationary crucible furnaces **A15:** 381–383

Stationary cutting machines **M6:** 907

Stationary equipment
for liquid penetrant inspection **A17:** 78–79
magnetic particle inspection **A17:** 93

Stationary oxyfuel gas cutting machine **A14:** 728

Stationary phase
defined. **A10:** 682

Stationary punch and mountings
designing **M7:** 335, 336

Stationary shears
cut-to-length lines. **A14:** 711

Stationary-mold mandrel
processing characteristics, open-mold **A20:** 459

Stationary-spindle swagers **A14:** 130–131

Station-function approach
to Astroloy data **A8:** 334

Statistic
defined. **A8:** 12

Statistical analysis *See also* Data analysis; Quality control; Statistical methods; Statistical process control
approach **A14:** 928
blending and premixing **M7:** 187
control charting **A14:** 928–931
deformation control. **A14:** 932–937
experimental design **A14:** 937–939
historical tracking **A14:** 728–937
image interpretation, machine vision . . . **A17:** 35–36
multiple batches. **EM1:** 304–306
of casting defects **A17:** 523
of data **EM2:** 599–609
of dimensional inspection data **A15:** 560–561
of fiber properties. **EM1:** 731, 733–734
of forming processes **A14:** 928–939
of mechanical properties. **EM1:** 302–307
single-batch **EM1:** 303–304

Statistical aspects of design **A20:** 72–86
Anderson-Darling test for normality. . . . **A20:** 81–82
binomial distribution. **A20:** 80
clarification of statistical teams. **A20:** 73–77
continuous distributions **A20:** 77–80
cumulative distribution functions . . **A20:** 74–75, 76, 78, 79, 80
data-regression techniques **A20:** 83–86
density function for an exponential distribution **A20:** 80
density function for log-normal distribution **A20:** 78
density functions **A20:** 73–74
discrete distributions **A20:** 80–81
effect of choice of dependent and independent variables in representing *S-N* fatigue data **A20:** 77
exponential distribution **A20:** 79–80
F-test: evaluation of differences in variability between samples **A20:** 81, 82
general, three-parameter form of Weibull distribution density function **A20:** 78–79
goodness-of-fit tests **A20:** 81–83
hypergeometric distribution **A20:** 80–81
independent vs. dependent variables **A20:** 77
inverse standard normal cumulative distribution function **A20:** 82
least-squares linear regression **A20:** 83–84
linear regression computations **A20:** 84–86
log-normal distribution. **A20:** 78, 80–81
normal distribution **A20:** 77–78
normal probability plot **A20:** 82
normality assumption and complications. . . **A20:** 77
Poisson distribution. **A20:** 80–81
precision vs. bias **A20:** 76–77
random variables **A20:** 73
related ASTM engineering statistics **A20:** 86
reliability as it relates to statistical distributions of structural integrity and applied loads **A20:** 72
representative fatigue data showing variability in cycles to failure, and cumulative distribution of failures. **A20:** 73
sample vs. population parameters. **A20:** 75–76
statistical characterization of wheel-rail loads on concrete ties. **A20:** 73
statistical distributions applied to design **A20:** 77–80
statistical procedures **A20:** 81–86
testing the adequacy of a regression **A20:** 84
tests of significance **A20:** 82–83
t-test: evaluation of differences in means between samples **A20:** 82–83
two-parameter form of Weibull distribution density function **A20:** 79
variability vs. uncertainty. **A20:** 76
Weibull distribution **A20:** 78–79, 80–81

Statistical concepts
basic. **A8:** 623–624
central tendency. **A8:** 624–625
confidence limits **A8:** 626
degrees of freedom. **A8:** 625
hypothesis testing. **A8:** 626–627
intervals. **A8:** 626
probability. **A8:** 624
random variables **A8:** 624
reliability. **A8:** 627
variability **A8:** 625

Statistical considerations in fatigue **A19:** 295–302
analytical methods. **A19:** 300–301
applied stress levels. **A19:** 297–299
applying probability. **A19:** 300
basic descriptors of variability and uncertainty. **A19:** 296
damage state **A19:** 299
dealing with uncertainty. **A19:** 300–301
distributions of stress amplitudes **A19:** 298–299
environment and loading intensities. **A19:** 299
modeling or prediction errors **A19:** 299–300
planning fatigue tests **A19:** 303–311
principal areas **A19:** 295
simulation **A19:** 301
single-random-variable model **A19:** 296–297
two-random-variable model **A19:** 297
uncertainty in *S-N* data. **A19:** 296
uncertainty in stress distribution. **A19:** 299

Statistical distribution **A8:** 628–638
selecting. **A8:** 637–638
verified by goodness-of-fit test **A8:** 637–638

Statistical errors **A7:** 206

Statistical hierarchical cluster analysis **A20:** 19

Statistical measurement, and individual measurement
compared **A12:** 207–208

Statistical methods
confidence interval method **A17:** 746
estimating failure factors, from
test data **EL1:** 900–903
failure density distributions. **EL1:** 896–987
for process capability **A17:** 738–739
for reliability prediction **EL1:** 895–905
hypothesis testing. **A17:** 746
quality design and control **A17:** 719–753
reliability growth **EL1:** 903–904
reliability life cycle **EL1:** 897–899
reliability mathematics. **EL1:** 895–896
reliability of systems. **EL1:** 899–900
solder joint fatigue **EL1:** 745–746
time-to-failure **EL1:** 888–889

Statistical methods, sampling *See also* Sample(s); Sampling **M7:** 212–213

Statistical planning
and analysis **A13:** 316–317

Statistical precision
assumptions of **A10:** 525

Statistical procedures
parametric and nonparametric. **A8:** 653

Statistical process control *See also* Process control; Statistical methods **A14:** 928–937
and stability analysis, experimental study **A17:** 742
and statistical tolerance model **A17:** 739–740

Statistical process control concepts (SPC) **A7:** 693–696, 707–708

Statistical process control of operations . . **A4:** 620–637
examples **A4:** 623–624
integration of SPC and SQC **A4:** 636–637
economic considerations **A4:** 637
modeling and feedback for process refinement **A4:** 636–637
process analysis **A4:** 624–636
characterization plan **A4:** 624–625
computerization of SPC/SQC systems **A4:** 635–636
experiment design. **A4:** 625–628
monitor/control decisions of furnace atmospheres **A4:** 628–635
noise factors **A4:** 626–628
process factors **A4:** 626–628, 629
signal-to-noise ratio analysis . . . **A4:** 626–628, 629
process capabilities **A4:** 622–624
process deterioration **A4:** 621–622
processing method considerations **A4:** 621
product capabilities **A4:** 622–624
SPC/SPQ nomenclature **A4:** 620–621
versus traditional control **A4:** 620–622

Statistical process control procedures **A15:** 664

Statistical process control (SPC) *See also* Automation; Process control; Quality control; Statistical methods. . . . **A20:** 13, 315, **EM3:** 701, 735, 785–798
algorithmic. **EM4:** 87
application **EM3:** 797–798
application to ceramics **EM4:** 85–86, 87
as tool of quality improvement **A20:** 105, 106
attribute control charts **EM3:** 795–797
checkpoints **A20:** 219
control charts for individual measurements **EM3:** 794–795
control charts for measurements **EM3:** 795
DOE-ATTAP program. **EM4:** 998
effect on rework, tape automated bonding **EL1:** 288
monitoring process output over time. **EM3:** 790–791
polished components **EM4:** 469
process capability and product quality **EM3:** 785–790
process control **EM3:** 791–794
testing normality. **EM3:** 790
wave soldering **EL1:** 696

Statistical process control (SPC) limits **A7:** 669

Statistical (random) distribution particle pattern **M7:** 186

SUBJECTS OF THE INDEXED VOLUMES: **ASM Handbook** (designated by the letter "A"): **A1:** Properties and Selection: Irons, Steels, and High-Performance Alloys (1990); **A2:** Properties and Selection: Nonferrous Alloys and Special-Purpose Materials (1990); **A3:** Alloy Phase Diagrams (1992); **A4:** Heat Treating (1991); **A5:** Surface Engineering (1994); **A6:** Welding, Brazing, and Soldering (1993); **A7:** Powder Metal Technologies and Applications (1998); **A8:** Mechanical Testing (1985); **A9:** Metallography and Microstructures (1985); **A10:** Materials Characterization (1986); **A11:** Failure Analysis and Prevention (1986); **A12:** Fractography (1987); **A13:** Corrosion (1987); **A14:** Forming and Forging (1988); **A15:** Casting (1988); **A16:** Machining (1989); **A17:** Nondestructive Evaluation and Quality Control (1989); **A18:** Friction, Lubrication, and Wear Technology (1992); **A19:** Fatigue and Fracture (1996); **A20:** Materials Selection and Design (1997). **Metals Handbook, 9th Edition** (designated by the letter "M"): **M1:** Properties and Selection: Irons and Steels (1978); **M2:** Properties and Selection: Nonferrous Alloys and Pure Metals (1979); **M3:** Properties and Selection: Stainless Steels, Tool Materials, and Special-Purpose Materials (1980); **M4:** Heat Treating (1981); **M5:** Surface Cleaning, Finishing, and Coating (1982); **M6:** Welding, Brazing, and Soldering (1983); **M7:** Powder Metallurgy (1984). **Engineered Materials Handbook** (designated by the letters "EM"): **EM1:** Composites (1987); **EM2:** Engineering Plastics (1988); **EM3:** Adhesives and Sealants (1990); **EM4:** Ceramics and Glasses (1991). **Electronic Materials Handbook** (designated by the letters "EL"): **EL1:** Packaging (1989)

Statistical significance
in comparative experiments **A8:** 642
Statistical summary report
of castings **A17:** 523
Statistical theory of rubber elasticity **EM3:** 412
Statistical tolerancing **A7:** 702, 703–704
defined **A17:** 739
key concepts **A7:** 703
Statistical weight
plot vs. true probability of failure **A8:** 705
Statistician
role in planning experiments **A8:** 639
Statistics
and probability **A8:** 624
defined **A8:** 624
descriptive **A8:** 624
for image analysis **A10:** 313
sampling **A10:** 12–15
Statuary bronze copper coloring solutions **M5:** 625–626
Statuary, metal *See* Art founding
Statue of Liberty
galvanic corrosion **A13:** 86
Statutory codes **A20:** 68
Stave bearing
defined **A18:** 18
Staying **EM3:** 27
S-Te (Phase Diagram) . . . . . **A3:** 2•358
Steadite
defined **A9:** 17
definition **A5:** 968
in cast irons, magnifications to resolve **A9:** 245
in gray iron **A15:** 633
in gray iron, effect of different etchants . . . **A9:** 246
Steadite, in gray cast iron
effect on wear resistance **M1:** 24
Steady component of stress *See* Mean stress
Steady humidity-temperature test
under bias **EL1:** 495
Steady loads
defined **A8:** 12
Steady shear flows
in mold filling **EL1:** 838–839
Steady shear viscosity
and normal stresses **EL1:** 842–843
Steady-rate creep *See* Creep
Steady-shear rheometry **EM2:** 535
Steady-state creep . . **A8:** 301–302, 304, 306, **A20:** 573, 574
defined **A12:** 19
effect of work hardening **A8:** 310
stress dependence of **A8:** 309
temperature dependence of **A8:** 309
Steady-state creep rate **A8:** 304, 306
characteristics **A8:** 308
effect of loading direction **A8:** 302
time-to-rupture as function of **A8:** 306
Steady-state cyclic deformation **A19:** 83
Steady-state life tests **EL1:** 494, 498
Steady-state load-line deflection rate **A19:** 509
Steady-state scale thickness . . **A18:** 207, 208, 209, 210
Steady-state strain rate
high-purity copper **A12:** 399–400
Steady-state stress amplitude **A19:** 233
Steady-state thermal inspection methods **A17:** 400
Steady-state wave model **A18:** 59, 60, 66–68
Steady-state wear period **A18:** 613
Steam *See also* Elevated temperatures; Moisture; Water; Water vapor
and moist air, corrosion fatigue crack propagation in steel in **A8:** 409
-bypass system, in boilers **A11:** 615
chemistry **A13:** 992–993
cleaning, of surfaces **A13:** 414, 1139
condensate, copper/copper alloys **A13:** 622
condensate, corrosiveness of **M1:** 735
corrosion, casting alloys **A13:** 575
corrosion, copper/copper alloys **A13:** 328, 622
flow, in steam-cooled tubes **A11:** 606
heat transfer from **A11:** 628
high-temperature, alloy steel resistance . . . **A13:** 574
in chemical processing plant **A13:** 1135
superheated, P/M parts oxidated with **A13:** 823
systems
carbon dioxide, effects of **M1:** 733
chemical cleaning of **M1:** 748–749
cooling tower water, treatment of . . . **M1:** 749–750
corrosion **M1:** 747–751
feedwater treatment **M1:** 747–748
scale formation and control **M1:** 748
tantalum resistance to **A13:** 731
treating of ferrous P/M materials **M1:** 339–342, 343
with contaminants, fatigue crack growth testing **A8:** 426–430
zirconium/zirconium alloys corrosion in . . **A13:** 708
Steam accumulator
weld penetration failure in **A11:** 647–648
Steam blackening **A7:** 710, 711, 728, 745
dimensional change during **M7:** 480, 481
Steam blackening of powder metallurgy materials **A9:** 512
bainitic structures **A9:** 662–665
color etching **A9:** 141–142
columnar grains in the macrostructure of . . **A9:** 623
copper-infiltrated powder metallurgy materials, microstructures **A9:** 510
corrosion test coupon, x-ray map **A9:** 162
effect of hot rolling on solidification structures **A9:** 626–628
equiaxed grains in the macrostructure of . . . **A9:** 623
eutectoid structures **A9:** 658–661
low carbon sheet, resistance spot weld **A9:** 586
low carbon-manganese plate, CCT weld metal curve **A9:** 580
macrostructure of an ingot or casting **A9:** 623
martensitic structures **A9:** 668–672
microstructures **A9:** 177–179
nonmetallic inclusions in **A9:** 625–626
orange peel **A9:** 688
peritectic structures **A9:** 679–680
plastically deformed, resulting in orange peel **A9:** 688
powder metallurgy materials, etching . . **A9:** 508–509
powder metallurgy materials, macroexamination **A9:** 507
revealing as-cast solidification structures . . . **A9:** 624
solidification structures of **A9:** 623–628
Steam bronze *See also* Leaded tin bronzes
properties and applications **A2:** 375–376
Steam bubbles
as casting internal discontinuity **A11:** 354
in iron castings **A11:** 357
Steam cleaning
before painting **A5:** 425
high pressure **A17:** 81–82
Steam condensate
copper/copper alloys **A13:** 622
Steam corrosion
copper alloys **M2:** 471
Steam distillation
in determination of nitrogen **A10:** 173
Steam engine
effect on foundry industry **A15:** 27
Steam equipment *See also* Boilers
cause of failure in **A11:** 602–603
condensers and feedwater heaters, corrosion of **A11:** 615
corrosion of **A11:** 615
corrosion protection **A11:** 615–616
dissimilar-metal welds in **A11:** 620–621
fire-side corrosion **A11:** 616–620
generator failures, causes of **A11:** 603
generator tubes, thick-lip ruptures in **A11:** 605–606
overheating ruptures in **A11:** 603–614
reformer components, elevated-temperature failures in **A11:** 290–292
turbine blade, liquid-erosion shield for **A11:** 170–179
turbine components, elevated-temperature failures in **A11:** 282–288
water-side corrosion **A11:** 614–616
Steam generators **A13:** 937–945
design/corrosion problems **A13:** 938–945
inside surface (primary-side) SCC **A13:** 941
once-through **A13:** 937–938
recirculating **A13:** 937–940
units affected by **A13:** 939
Steam hammer **A14:** 12, 25, 234
Steam line bellows, Inconel 600
EDX/AES failure analysis **A11:** 38–41
Steam molding
defined **EM2:** 40
Steam or boiling water with contaminants . . . **A19:** 208
Steam oxidizing **A20:** 750
after conventional die compaction **A7:** 13
Steam power plants
failure analysis procedures for **A11:** 602
Steam process
alkaline cleaning **M5:** 24
Steam reforming (H_2 production)
industrial processes and relevant catalysts . . **A5:** 883
Steam reforming tubes
corrosion and corrodents, temperature range **A20:** 562
Steam surface condenser
corrosion of **A13:** 986–989
Steam tempering **M7:** 453
Steam treating **A20:** 750
after conventional die compaction **A7:** 13
as secondary operation **M7:** 453
definition **A7:** 652
effects on density and apparent hardness of P/M materials **M7:** 466
ferrous alloys **A7:** 652–653, 654
ferrous P/M alloys **A5:** 764–765
of P/M business machine parts **M7:** 669
processing sequence **M7:** 453
Steam treatment **M7:** 11
Steam turbine rotor steels
fatigue crack threshold **A19:** 145
Steam turbines *See also* Turbines
design **A13:** 995
environment **A13:** 994
erosion-corrosion **A13:** 993–994
low-pressure disks, SCC **A13:** 993
materials **A13:** 994
SCC in **A13:** 952–959
Steam, zirconium
corrosion in **M3:** 786–787
Steam/water-side boilers
corrosion of **A13:** 990–993
Steam-injected cleaning **A13:** 1139
Steam-lift forging hammers
capacities **A14:** 25
Steam-treating
of P/M part **A13:** 823
Stearic acid **A7:** 81, 129, 322–324
angle of repose **A7:** 300
as lubricant **M7:** 190–193
as mold release agent **EM1:** 158
bi-lubricant systems **A7:** 325
copper/copper alloy resistance **A13:** 629
effect on sintered strength **M7:** 192
Stearic acid, as binding agent for samples
x-ray spectrometry **A10:** 94
Stearic acids
as investment casting wax **A15:** 254
Stearone, as wax
investment casting **A15:** 254
Steatite
absorption (%) and products **A20:** 420
as ceramic thermocouple wire insulation . . . **A2:** 883
body compositions **A20:** 420
in porcelain compositions **EM4:** 4, 5
material to which crystallizing solder glass seal is applied **EM4:** 1070
material to which vitreous solder glass seal is applied **EM4:** 1070
mechanical properties **A20:** 420
physical properties **A20:** 421
stone molds of **A15:** 15
thermal expansion coefficient **A6:** 907
STEB *See* Standard Test and Evaluation Bottle
Steel *See also* Ferritic steel; High-carbon spring steel; High-strength steels; Low-carbon steel; Martensitic steel; Stainless steel; Steel, specific types; Steels; Structural steel
/aluminum, electroless nickel plating applications **A5:** 307
/brass, electroless nickel plating applications **A5:** 307
/cast iron, electroless nickel plating applications **A5:** 306, 307
50% aluminum-zinc alloy coating **M5:** 348–350
abrasive blasting of **M5:** 91, 94
abrasive machining usage **A5:** 91
acid cleaning of **M5:** 59–67
acid dipping of **M5:** 16–17
acid etching of **M5:** 16–18
acid pickling **A5:** 68, 69, 70, 74

Steel (continued)
acid plating baths for coatings **A5:** 168, 170
aged rimmed, Lüders bands in **A8:** 548
alkaline cleaning formulas for **A5:** 18
alkaline cleaning of **M5:** 16–18, 24, 27–30, 34–37, 70–71, 81
aluminum coating of **M5:** 333–347
aluminum-killed draw quality, tensile properties **A8:** 555
aluminum-killed, strain measurements and forming limit diagram for **A8:** 566
anode and rack material for use in copper plating **A5:** 175
applications, cobalt-base wear-resistant alloys **A2:** 451
approximate equivalent hardness numbers for Rockwell B hardness **A8:** 109–110
arc welding to cast irons **M6:** 307
austempering **M4:** 104–116
austenitizing temperatures **A4:** 961–962
babbitting **A5:** 374
backing bars **M6:** 382
bake-hardening **A4:** 61
bar
abrasive blasting of **M5:** 91
aluminum coating of **M5:** 334
pickling of **M5:** 69, 71, 76–77
rust-preventive compounds used on **M5:** 465–466
base metal solderability **EL1:** 677
billet, pickling of **M5:** 69
brass plating of **M5:** 285
bridge, toughness control, method for **A8:** 453
Brinell test for **A8:** 84, 88, 89
bronze plating of **M5:** 288
buffing *See* Steel, polishing and buffing of
buffing compounds **M5:** 117
cadmium plating of . . . **M5:** 256, 261–264, 266–268
cadmium-plated, galvanic corrosion with magnesium **M2:** 607
carbon *See* Carbon Steel
castings *See also* Cast steels
aluminum coating of **M5:** 339
pickling of **M5:** 72
ceramic/metal seals **EM4:** 508
characteristics **EM4:** 976
Charpy specimens, impact response curves for **A8:** 269
Charpy V-notch test for quality assurance in **A8:** 263
Charpy/fracture toughness correlations for **A8:** 265
chemical resistance **M5:** 4, 7
chemical vapor deposition coating of **M5:** 382–384
chemical vapor deposition of tools **EM4:** 217
chips and cutting fluids removed from **M5:** 5, 9–10
chromium plating **A5:** 185
chromium plating, decorative **M5:** 189–191, 196–197
chromium plating, hard **M5:** 171–172, 180, 184–186
removal of plate **M5:** 184–185
chromium/molybdenum in hydrogen, at high and low stress-intensity ranges **A8:** 409–410
classification of **A5:** 702
coil, pickling of **M5:** 71, 76, 80
cold rolled *See* Cold rolled Steel
cold rolled aluminum-killed *See* Cold rolled aluminum-killed steel
cold rolled aluminum-killed, *r* value **A8:** 550
cold rolled, porcelain enameling of . . **M5:** 512, 517, 527
cold rolled rimmed *See* Cold rolled rimmed steel
cold-rolled, glass-to-metal seals **EL1:** 455
columbium-stabilized, porcelain enameling of **M5:** 512–513
commercial quality (CQ) **A4:** 51, 56, 57, 59–61
continuous hot dip coatings **A5:** 339, 340, 344
control of surface carbon content in heat treating **M4:** 418, 419, 421, 424–431
cooling curves *See* Cooling curves
copper plating of **M5:** 160–161, 163
corner castings, aluminum coating of **M5:** 339
corrosion at 45 locations of continuous hot dip coating **A5:** 344
corrosion of **M5:** 431
crack growth **A8:** 678–679
cut wire for metallic abrasive media **A5:** 61
decarburized, porcelain enameling of **M5:** 509–510, 512, 514–515, 521
decorative chromium plating **A5:** 192, 194
decorative nickel-plus-chromium coatings . . **A5:** 206
deep case-hardened, Rockwell scale for **A8:** 76
deep-drawing-quality (DDQ/DQSK) **A4:** 59–61
dip brazing *See* Dip brazing of steels in molten salt
drawing quality (DQ) **A4:** 51–52, 57, 59–61
drawing quality special killed (DQSK) **A4:** 52
drawing-quality, special-killed, porcelain enameling of **M5:** 513
drums, dry blasting **A5:** 59
electrochemical machining **A5:** 112
electrodischarge machining **A5:** 115
electroless nickel plating applications **A5:** 306, 307, 308
electrolytic cleaning of . . . **M5:** 16–18, 27–30, 34–37
electroplating of *See* Steel plating of
electropolishing of **M5:** 305–308
electroslag welding **M6:** 226
emulsion cleaning **A5:** 34
emulsion cleaning of **M5:** 35
enamelability, porcelain enameling in **M5:** 512–513
equivalent hardness numbers for Rockwell C hardness **A8:** 110
equivalent hardness numbers, Vickers hardness **A8:** 112–113
etching of **M5:** 16–18, 180
fabricability, effects of aluminum coatings on **M5:** 336–337
fabrications
aluminum coating of **M5:** 334
electrocleaning of **M5:** 29, 36
fasteners
abrasive blasting of **M5:** 91
aluminum coating of **M5:** 334, 337
cadmium plating of **M5:** 36, 261
electrocleaning of **M5:** 29, 36
ion plating of **M5:** 420
pickling of **M5:** 36
zinc plating of **M5:** 255
fatigue strength, coatings affecting **M5:** 201, 231–232, 325
ferritic, brittle fracture in **A8:** 262
file hardness test for **A8:** 107–108
fluxing of **M5:** 353
for torsional Kolsky bar strain rate testing **A8:** 227
forgings, pickling of **M5:** 72, 80
formability
hot dip galvanizing and **M5:** 325
porcelain enameling and **M5:** 512
formed, terne coating of **M5:** 358
forming limit diagram **A8:** 551
forming of, phosphate coating aiding **M5:** 436–437
fully annealed, hardened steel ball indenters for **A8:** 74
furnace brazing *See* Furnace brazing of steels
galvanized *See* Galvanized steel
galvanized, phosphate coating of **M5:** 438, 441
hard chromium plating, selected applications **A5:** 177
hard, thin-gage, springback tests for . . . **A8:** 564–565
hardened, diamond indenter for **A8:** 74
hardening, effects of **M5:** 325
hardness
aluminum coating affecting . . . **M5:** 339, 343–344
chrome plated, hydrogen embrittlement and **M5:** 185–186
hardness affected by carbon concentration . . **A4:** 77, 78, 79, 80
hardness and yield strength in **A8:** 560
high- and low-toughness, stress-strain curves for **A8:** 22
high-production parts, aluminum coating of **M5:** 339–341
high-strength low-alloy *See* HSLA steel
high-strength, punch loading **A8:** 229–230
hot dip galvanized coatings **A5:** 360, 361, 366
hot dip galvanizing of **M5:** 323–332
silicon steels **M5:** 324, 327–330
hot dip lead alloy coating of **M5:** 358–360
hot dip tin coating of **M5:** 351–355
hot rolled *See* Hot rolled steel
hot rolled and normalized, cyclic and of **A8:** 151
hot rolled and normalized, shear strain vs. life **A8:** 151
hot workability ratings for **A8:** 586
hot-rolled, porcelain enameling of **M5:** 513–514
hydrogen embrittlement notch tensile testing of **A8:** 27
hydrogen embrittlement of **M5:** 185–186, 237, 268–269, 325
impact toughness, hot dip galvanizing affecting **M5:** 325
in bending or axial fatigue loading notch-sensitivity **A8:** 373
indium plating **A5:** 237
induction brazing *See* Induction brazing of steels
industrial (hard) chromium plating . . . **A5:** 177, 178, 189
interstitial-free (IF) **A4:** 61
interstitial-free, porcelain enameling of **M5:** 512–513
interstitial-free, tensile properties **A8:** 555
ion implantation **A5:** 608
ion implantation work material in metalforming and cutting applications **A5:** 771
ion plating of **M5:** 420–421
k-gradient effect on near-threshold fatigue method **A8:** 379–380
killed, porcelain enameling of **M5:** 512–514
lapping **A5:** 157
lead plating **A5:** 242, 244
lead plating stripped from **M5:** 275
macrocracks in **A8:** 57
manganese phosphate coating **A5:** 381
maraging, for pressure bar construction **A8:** 200
mass finishing methods **A5:** 124
maximum strain level **A8:** 551
mechanical coating of **M5:** 300, 302
mechanical properties, effect of hot dip galvanizing on **M5:** 324–325
medium-strength, load-time response **A8:** 266
mineral acid cleaning **A5:** 48–53
nickel plating **A5:** 211
nickel plating of **M5:** 199–205, 216–217, 230–232, 238–240
electroless **M5:** 230–232, 238–240
nickel-iron decorative plating **A5:** 206
nickel-plated, chrome plating removed from **M5:** 185
nonaustenitic, hardness conversion numbers for **A8:** 106
non-oxide ceramic joining **EM4:** 480
notched high-strength, surface residual stress **A8:** 374
organic acid cleaning **A5:** 53–54
oxyacetylene braze welding *See* Oxyacetylene braze welding of steel and
pack cementation aluminizing **A5:** 617–620
paint stripping **A5:** 15–16
painting of **M5:** 473–477, 481, 499, 503–505
phosphate coating of . . **M5:** 434–439, 441–443, 449
phosphate coatings **A5:** 378, 381
pickling **A5:** 68, 69, 70, 74
pickling of . . . **M5:** 16–18, 36, 68–82, 352–353, 358, 438
phosphate coating after **M5:** 438

SUBJECTS OF THE INDEXED VOLUMES: ASM Handbook (designated by the letter "A"): **A1:** Properties and Selection: Irons, Steels, and High-Performance Alloys (1990); **A2:** Properties and Selection: Nonferrous Alloys and Special-Purpose Materials (1990); **A3:** Alloy Phase Diagrams (1992); **A4:** Heat Treating (1991); **A5:** Surface Engineering (1994); **A6:** Welding, Brazing, and Soldering (1993); **A7:** Powder Metal Technologies and Applications (1998); **A8:** Mechanical Testing (1985); **A9:** Metallography and Microstructures (1985); **A10:** Materials Characterization (1986); **A11:** Failure Analysis and Prevention (1986); **A12:** Fractography (1987); **A13:** Corrosion (1987); **A14:** Forming and Forging (1988); **A15:** Casting (1988); **A16:** Machining (1989); **A17:** Nondestructive Evaluation and Quality Control (1989); **A18:** Friction, Lubrication, and Wear Technology (1992); **A19:** Fatigue and Fracture (1996); **A20:** Materials Selection and Design (1997). **Metals Handbook, 9th Edition** (designated by the letter "M"): **M1:** Properties and Selection: Irons and Steels (1978); **M2:** Properties and Selection: Nonferrous Alloys and Pure Metals (1979); **M3:** Properties and Selection: Stainless Steels, Tool Materials, and Special-Purpose Materials (1980); **M4:** Heat Treating (1981); **M5:** Surface Cleaning, Finishing, and Coating (1982); **M6:** Welding, Brazing, and Soldering (1983); **M7:** Powder Metallurgy (1984). **Engineered Materials Handbook** (designated by the letters "EM"): **EM1:** Composites (1987); **EM2:** Engineering Plastics (1988); **EM3:** Adhesives and Sealants (1990); **EM4:** Ceramics and Glasses (1991). **Electronic Materials Handbook** (designated by the letters "EL"): **EL1:** Packaging (1989)

pickling tank material for copper and copper alloys **A5:** 807
pilings *See* Pilings
pipe *See also* Steel tubular products
ASTM specifications **M1:** 317, 318, 320–322, 324, 325
casing **M1:** 320–321
compositions **M1:** 318–319, 322–324
conduit **M1:** 318
drill pipe **M1:** 319–320
drive pipe **M1:** 320
line pipe **M1:** 315, 319
nickel plating of **M5:** 201, 203
nipples, pipe for **M1:** 318–319
oil country tubular goods **M1:** 315, 319–320
pickling of **M5:** 69
piling pipe **M1:** 318
porcelain enameling of **M5:** 513–514
pressure pipe **M1:** 315, 321, 324, 325
reamed and drifted pipe **M1:** 320–321
special pipe **M1:** 315
standard pipe **M1:** 315, 318
tensile properties **M1:** 320–321, 325
transmission pipe **M1:** 319
types and uses **M1:** 315, 317, 318–321
water main pipe **M1:** 319
water well pipe **M1:** 315, 320–321
piping for chromium plating **A5:** 183
plain carbon in reversed bending, fatigue limit **A8:** 372
plate, porcelain enameling of **M5:** 513–514
plate, strain-age embrittlement of **M1:** 683–684
plating, preparation for **M5:** 16–18
polishing and buffing . . **M5:** 108–109, 112–114, 123
poppet valves, aluminum coating of **M5:** 335, 339–341
porcelain enameling, electrostatic dry powder spray process **A5:** 462–463
porcelain enameling of **M5:** 509–531
design parameters **M5:** 524–525
evaluation of enameled surfaces **M5:** 527, 529
frits, composition **M5:** 509–510
methods **M5:** 516–520
porcelain enameling of **M5:** 509–531
sag characteristics . . . **M5:** 512–513, 523–525, 531
selecting, factors in **M5:** 512–514
surface preparation for **M5:** 514–515
types used **M5:** 512
power brushing of **M5:** 151
primary testing direction **A8:** 667
properties **EM4:** 677, 976
quenched and tempered, crack growth rate **A8:** 403
quenching **M4:** 31–68
rare earth alloy additives **A2:** 727
recommended machining specifications for rough and finish turning with HIP metal-oxide ceramic insert cutting tools **EM4:** 969
recovery-annealed **A4:** 62
resistance spot welding **M6:** 477–478, 480
resistance to hydrogen embrittlement, test for **A8:** 539
resulfurized, workability **A8:** 165
rimmed *See* Rimmed steel
rimmed, engineering stress-strain curve for **A8:** 554
rimmed, tensile properties **A8:** 555
Rockwell C and B scales for **A8:** 74
Rockwell hardness scale for **A8:** 76
rod
abrasive blasting of **M5:** 91
aluminum cladding by rolling **M5:** 345–346
pickling of **M5:** 68, 71–72
rust-preventive compounds used on **M5:** 465–466
rust and scale removal **M5:** 12–14, 17
rust-preventive compounds for *See* Rust-preventive compounds
selective plating **A5:** 277
selective plating of **M5:** 298
self-drilling tapping screws, hydrogen cracking in **A8:** 541
shapes, used in mass finishing **M5:** 135
sheet
55% aluminum-zinc alloy coating of **M5:** 348–350
aluminum cladding by rolling **M5:** 345–346
aluminum coating of **M5:** 333–334, 345
chemical vapor deposition coating of **M5:** 383
fineness of various porcelain enamels **A5:** 456
painting of **M5:** 474
phosphate coating of **M5:** 434–437, 439
pickling of **M5:** 69, 72–77, 80
rust-preventive compounds used on **M5:** 465–466
terne coating of **M5:** 358–360
topography of surfaces **A5:** 138
shot, blasting with **M5:** 83–84, 86–87, 91
shot peening **A5:** 132, 134
shot peening of **M5:** 140–142, 145–149, 186
soft, Rockwell scale for **A8:** 76
springs, mechanical coating of **M5:** 300
spring-tempered, preparation for plating **M5:** 17–18
stainless steel, electroless nickel plating applications **A5:** 306, 307
stampings, pickling and electrocleaning of . . **M5:** 36
strength
aluminum coating affecting . . . **M5:** 336–339, 342
porcelain enameling affecting **M5:** 513–514, 526–527
strengths of ultrasonic welds **M6:** 752
strip
aluminum coating of **M5:** 333–337
pickling of **M5:** 69, 72–76, 78–79
rust-preventive compounds used on **M5:** 465–466
terne coating of **M5:** 358–360
stripping methods **M5:** 3–19
stripping of lead **A5:** 244
structural quality (SQ) **A4:** 52
structures, red lead rust inhibitors **A2:** 548
substrate considerations in cleaning process selection **A5:** 4
substrate for thermoreactive deposition/diffusion process **A4:** 449
suitability for cladding combinations **M6:** 691
superplasticity of **A8:** 553
surface preparation for electroplating **A5:** 14, 15
tantalum implantation into **A5:** 607
tapered, for torsional Kolsky bar high-temperature test **A8:** 222, 225
tensile ductility, volume fraction second-phase particle effect **A8:** 571–572
tensile strength, effects of coatings on **M5:** 324–325, 336–337, 342
terne coating of **M5:** 358–360
thin, Rockwell scale for **A8:** 76
tin plating **A5:** 239
tin plating of **M5:** 270
titanium implantation into **A5:** 606
titanium-stabilized, porcelain enameling of **M5:** 512–513
torch brazing *See* Torch brazing of steels
toughness as function of crack velocity **A8:** 284
tubing
pickling of **M5:** 69
porcelain enameling of **M5:** 513
rust-preventive compounds used on **M5:** 465–466
typical tensile properties **A8:** 555
ultrahigh-strength steels **A4:** 218
ultrasonic cleaning **A5:** 47
valves, aluminum coating of **M5:** 335, 339–341, 345–346
vapor degreasing applications by vapor-spray-vapor systems **A5:** 30
vapor degreasing of **M5:** 45, 53–55
weldments, aluminum coating of **M5:** 334–335
wire
55% aluminum-zinc alloy coating of **M5:** 348–349
aluminum cladding by rolling **M5:** 346
aluminum coating of **M5:** 335–337, 346
brass plating of **M5:** 285
cut steel wire shot, blasting with **M5:** 83–84
fabrications, pickling and electrocleaning of **M5:** 36
nickel plating of **M5:** 201
pickling of **M5:** 36, 68–69, 71–72
with manganese, fracture surface tested in hydrogen gas **A8:** 487
workability, sulfide effect on **A8:** 166
workpiece burn **A5:** 156
yield stress dependence on strain rate in . . . **A8:** 38, 41
zinc plating **A5:** 227, 234–235
zinc plating of **M5:** 254–255
zinc-plated, galvanic corrosion with magnesium **M2:** 607
Steel, AISI-SAE, specific types
1010
electroless nickel plating of **M5:** 237
wet abrasive blasting of **M5:** 94–95
1020
aluminum coating of **M5:** 335
electroless nickel plating of **M5:** 237
4130
electroless nickel plating of **M5:** 237
electropolishing of **M5:** 305
4140, electropolishing of **M5:** 305
4340, electroless nickel plating of **M5:** 237
8620, rust and scale removal **M5:** 3–13
Steel alloys *See also* Steel alloys, specific types; Steel(s)
adherends
conversion coating treatments **EM3:** 272–273
nitric acid anodization **EM3:** 272
nitric-phosphoric acid etch **EM3:** 271
no surface preparation **EM3:** 273
phosphoric acid-alcohol **EM3:** 271, 272
adhesion-dominated durability **EM3:** 666, 667
aluminum 2024-T3 bonding, strain-energy release rate **EM3:** 352
aluminum 2219-T81 bonding, polybenzimidazoles **EM3:** 171
analysis for copper in, neocuproine method **A10:** 65
analysis for oxide inclusions in **A10:** 162
anodized **EM3:** 417
arc-welded, failures in **A11:** 423–426
as lap plate material **EM4:** 353
atom probe composition profile, for heat-treatment responses in **A10:** 594
brittle fracture **A11:** 522
catalytic effect on oxidation of polyolefins **EM3:** 418
chemical pipe sealants for plumbing **EM3:** 608
chemical resistance **EM3:** 639
corrosion resistance of bonded joints **EM3:** 670
storage **EM3:** 658
corrosion-dominated durability of shotblasted surfaces **EM3:** 669
delayed failure in SMIE and LME systems **A11:** 243
enamels **EM3:** 302, 303
optical emission spectroscopy **A10:** 21
polyethylene coatings **EM3:** 412
polyurethane shear strength when bonded to polycarbonate **EM3:** 663, 664
Russell's process **EM3:** 271
shear strength **EM3:** 670
substrate cure rate and bond strength for cyanoacrylates **EM3:** 129
sulfuric acid/dichromate anodization **EM3:** 272
sulfuric acid/dichromatic etch **EM3:** 272
surface parameters **EM3:** 41
wedge testing **EM3:** 667, 668
wedge-crack propagation tests **EM3:** 272
wedge-test specimens **EM3:** 271
zinc-phosphate treatment **EM3:** 272–273
Steel alloys, specific types *See also* Steel alloys; Steels
202, SIMS depth profiles **A10:** 623
1010, effect of improper polishing **A10:** 301
1070 shaft, residual stress and correction for surface removal **A10:** 389
4140 steel hook, flow lines in forged **A10:** 303
4340 ground, effect of stress gradient stresses for **A10:** 388
4340, optical micrograph of fracture surface **A10:** 512
4340, overload failure of quench-cracked threaded rod **A10:** 511–513
52100 bearing, high-resolution Jominy bar analysis **A10:** 508–509
commercial chromium-molybdenum, atom probe mass spectrum for **A10:** 592
NBS reference, positive SIMS spectra under oxygen bombardment **A10:** 616
tempered 2.25Cr-Mo, atom probe mass spectrum, carbide particle **A10:** 592
Steel and aluminum sheet
explosively welded **A9:** 386
Steel and nickel alloys
thermal conductivity vs. thermal diffusivity **A20:** 267, 275–276

Steel, annealing **A4:** 42–55
annealing cycles **A4:** 42–45, 49, 51, 52, 53, **M4:** 14–15
atmospheres, furnace **A4:** 45–46, 50, **M4:** 21
austenitizing time **A4:** 43, 44–45, **M4:** 16
bar **A4:** 54–55, **M4:** 19, 25–26
batch (box) annealing **A4:** 51, 52, 54
compared to normalizing **A4:** 35
cooling after transformation **A4:** 51, 52, 53, 54, 55, **M4:** 16
critical temperature **M4:** 14, 15
critical temperatures **A4:** 42, 43, 45, 46
cycle annealing **A4:** 45, 46, 49, 50, **M4:** 20
dead-soft steel **A4:** 44–45, **M4:** 16
decomposition of austenite **A4:** 42, 43, 44, 53, **M4:** 16
forgings **A4:** 53–54
furnace atmospheres **A4:** 548, 552
furnaces **A4:** 45–46, 49–50, 51, 53, **M4:** 20–21
guidelines **A4:** 45, **M4:** 16–17
high-strength cold rolled **A4:** 50–53, **M4:** 23
induction heating energy requirements **A4:** 189
induction heating temperatures **A4:** 188
lamellar annealing . . **A4:** 43, 44, 45, 49, 53, **M4:** 20
machining, structures for **A4:** 49, 50, 53–54, **M4:** 20, 21
plate **A4:** 50–51, 52, 55, **M4:** 26
prior structure, effect of **A4:** 46, 48, **M4:** 16
process annealing . . . **A4:** 47–48, 50, 51, **M4:** 18–19
rod **A4:** 50–51, 54–55, **M4:** 19, 25–26
sheet **A4:** 50–51
spheroidizing **A4:** 43, 46–47, 48, 49, 50, 54, **M4:** 18, 19
strip **A4:** 50–51, 52
temperatures **A4:** 42–43, 45–46, 48, 52, 53, 54, **M4:** 17–18, 19
terminology **A4:** 42, 52, **M4:** 26–27
thermal cycles *See* Annealing cycles
tin mill products **A4:** 52
tubular products **A4:** 47, 49, 55, **M4:** 26
ultrahigh-strength steels **A4:** 208–216, 218
wire **A4:** 48, 54–55, **M4:** 19, 25–26
Steel, ASTM, specific types
A203, porcelain enameling of **M5:** 513
A225, porcelain enameling of **M5:** 513
A285, porcelain enameling of **M5:** 513
A387, porcelain enameling of **M5:** 513
A446, aluminum-zinc coated sheet production **M5:** 349–350
A783, aluminum-zinc wire production **M5:** 349–350
A784, aluminum-zinc coated wire production **M5:** 349
A785, aluminum-zinc coated wire production **M5:** 350
Steel, austempering
ultrahigh-strength steels **A4:** 213
Steel, austenitic
physical properties, related to thermal stresses **A4:** 605
Steel auto body panel
galvanic corrosion **A13:** 86
Steel balls
magnetic particle inspection of **A17:** 98–99
Steel bands
development **A15:** 28
Steel, bar *See also* Bar(s)
annealing **A4:** 870
eddy current inspection **A17:** 553–555
electromagnetic inspection methods . . **A17:** 552–555
flaw detection **A17:** 557
flaws, types of **A17:** 549–550
inspection methods **A17:** 550–554
liquid penetrant inspection **A17:** 550–551
magnetic particle inspection **A17:** 550
magnetic permeability systems **A17:** 555–556
monotonic and fatigue properties . . . **A19:** 970, 974, 975–976
NDE equipment requirements **A17:** 557
residual stresses **A4:** 605, 606
round, eddy current inspection **A17:** 185–186
sorting procedure **A17:** 557
tempering **A4:** 132, 133
ultrasonic inspection **A17:** 271–272, 551–552
Steel bar and tube, normalizing
alloy steels **A4:** 39–40, **M4:** 8
furnaces **A4:** 39–40, **M4:** 8
Steel bar, specific types
H11 Mod (X40CrMoV205), monotonic and fatigue properties **A19:** 975
stainless steel bar, monotonic and fatigue properties **A19:** 975–977
unalloyed steel bar, monotonic and fatigue properties **A19:** 970
Steel bars *See* Alloy steel bars; Carbon steel bars; Cold-finished steel bars; Hot-rolled steel bars and shapes
Steel bars, extruded
centerbursts in **A8:** 595
Steel bearing alloys, specific types
52100, bar, different heat treatments compared **A9:** 195–196
52100, bar, different magnifications compared **A9:** 195
52100, damaged by an abrasive cutoff wheel **A9:** 196
52100, rod, austenitized and slack quenched in oil **A9:** 196
52100, roller, crack from a seam in bar stock **A9:** 196
Steel black copper coloring solution **M5:** 625
Steel blank
monotonic and fatigue properties **A19:** 973, 977
Steel block
monotonic and fatigue properties **A19:** 974
Steel bridge
toughness criteria **A8:** 264–265
Steel bushing **A7:** 340–341
Steel can method
hot extrusion of powder mixtures **A2:** 988
Steel, carburizing **A4:** 363–373
alloying effects **A4:** 366–367
austenite **A4:** 364–366, 369, 370, 371, 373
boost-diffuse method **A4:** 364
carbon gradient **A4:** 364
carbon potentials **A4:** 364
carbon profiles **A4:** 363–364, 370
case depth measurement **A4:** 363–364, 365, 370
effect on fatigue cracking **A4:** 370
eta (η)-carbide **A4:** 366
excessive retained austenite and massive carbides **A4:** 369–370
fatigue mechanisms **A4:** 372–373
grain size **A4:** 365, 366–367, 369
hardness profile **A4:** 363–364, 365, 368–369
intergranular fracture at austenite grain boundaries **A4:** 367–369
lath martensite **A4:** 366
martensite **A4:** 364–366, 369, 370, 371, 373
microcracking **A4:** 369
microstructures . . . **A4:** 363, 364–366, 367–368, 372
plasma (ion) nitriding **A4:** 423
residual stresses **A4:** 370–371
surface and internal oxidation **A4:** 371–372
Steel cast cylinders
monotonic and fatigue properties **A19:** 977
Steel castings *See also* Austenitic manganese steel castings; Carbon steel castings; Cast steel; Low-alloy steel castings; Steels **A1:** 363–379, 483
classifications and specifications **A1:** 363–364, 365, 366
development **A15:** 31
engineering properties **A1:** 376–378
corrosion resistance **A1:** 376
elevated-temperature properties **A1:** 376–377
low-temperature toughness **A1:** 377–378
machinability **A1:** 378
soil corrosion **A1:** 376
wear resistance **A1:** 376
weldability **A1:** 378
high-carbon cast steels **A1:** 372
history of **A15:** 31
low-alloy cast steels **A1:** 367, 372–374, 375
low-carbon cast steels **A1:** 364, 371–372
markets for **A15:** 42
mechanical properties **A1:** 365, 367–371
ductility **A1:** 365
fatigue properties **A1:** 369–370
heat treatment **A1:** 367, 370–371
section size and mass effects **A1:** 370, 373
specimens **A1:** 370
tensile and yield strengths **A1:** 365
toughness and impact resistance **A1:** 365, 367–369
medium-carbon cast steels **A1:** 364, 372, 373
nondestructive inspection **A1:** 378–379
olivine sands for **A15:** 209
physical properties **A1:** 374, 376
density **A1:** 374
elastic constants **A1:** 374
electrical properties **A1:** 374
magnetic properties **A1:** 374
volumetric changes **A1:** 374, 376
production, flow diagram of **A15:** 203
Steel castings, failures of *See also* Steel(s) **A11:** 380–410
by corrosion **A11:** 401–405
casting defects **A11:** 380–391
composition and **A11:** 391–392
improper heat treatment and **A11:** 392–396
in elevated temperatures **A11:** 405–408
overload of **A11:** 396–399
related to hydrogen-assisted cracking **A11:** 408–410
related to welding **A11:** 399–401
Steel castings, normalizing
cooling **A4:** 40, **M4:** 12
heating **A4:** 40, **M4:** 12
loading **A4:** 40, **M4:** 12
loading temperatures **A4:** 40, **M4:** 12
normalizing **A4:** 40
soaking **A4:** 40, **M4:** 12
Steel castings, specific types
C5, normalizing **A4:** 40
C12, normalizing **A4:** 40
WC9, normalizing **A4:** 40
Steel check-valve poppet
brittle fracture of **A11:** 70–71
Steel chips, analysis for silver
lead, and cadmium in **A10:** 55
Steel, cold treating
advantages **A4:** 204, **M4:** 118
equipment **A4:** 204, **M4:** 118
stress relief **A4:** 203–204, **M4:** 118
transformation *See* Steel, transformation
Steel, corrosion-resistant
liquid nitriding **A4:** 419
Steel crane hooks
materials and failures of **A11:** 522–524
Steel, cryogenic treatment **A4:** 203, 204–206
case studies **A4:** 204–205
direct spray system **A4:** 206
equipment **A4:** 206
heat-exchanger system **A4:** 206
kinetics **A4:** 204
treatment cycles **A4:** 204
Steel dies
for cold upset testing **A8:** 579
Steel drum
monotonic and fatigue properties **A19:** 973
Steel, ferrite *See* Ferrite steels
Steel, forged
use in metalworking rolls **M3:** 503, 506–507
Steel forged squares
monotonic and fatigue properties **A19:** 974
Steel, forging
induction heating energy requirements **A4:** 189
induction heating temperatures **A4:** 188

SUBJECTS OF THE INDEXED VOLUMES: ASM Handbook (designated by the letter "A"): **A1:** Properties and Selection: Irons, Steels, and High-Performance Alloys (1990); **A2:** Properties and Selection: Nonferrous Alloys and Special-Purpose Materials (1990); **A3:** Alloy Phase Diagrams (1992); **A4:** Heat Treating (1991); **A5:** Surface Engineering (1994); **A6:** Welding, Brazing, and Soldering (1993); **A7:** Powder Metal Technologies and Applications (1998); **A8:** Mechanical Testing (1985); **A9:** Metallography and Microstructures (1985); **A10:** Materials Characterization (1986); **A11:** Failure Analysis and Prevention (1986); **A12:** Fractography (1987); **A13:** Corrosion (1987); **A14:** Forming and Forging (1988); **A15:** Casting (1988); **A16:** Machining (1989); **A17:** Nondestructive Evaluation and Quality Control (1989); **A18:** Friction, Lubrication, and Wear Technology (1992); **A19:** Fatigue and Fracture (1996); **A20:** Materials Selection and Design (1997). **Metals Handbook, 9th Edition** (designated by the letter "M"): **M1:** Properties and Selection: Irons and Steels (1978); **M2:** Properties and Selection: Nonferrous Alloys and Pure Metals (1979); **M3:** Properties and Selection: Stainless Steels, Tool Materials, and Special-Purpose Materials (1980); **M4:** Heat Treating (1981); **M5:** Surface Cleaning, Finishing, and Coating (1982); **M6:** Welding, Brazing, and Soldering (1983); **M7:** Powder Metallurgy (1984). **Engineered Materials Handbook** (designated by the letters "EM"): **EM1:** Composites (1987); **EM2:** Engineering Plastics (1988); **EM3:** Adhesives and Sealants (1990); **EM4:** Ceramics and Glasses (1991). **Electronic Materials Handbook** (designated by the letters "EL"): **EL1:** Packaging (1989)

Steel forgings
flaws, and inspection methods. **A17:** 495–496
liquid penetrant inspection **A17:** 501–503

Steel forgings, annealing
cold forming. **M4:** 24
hardness after annealing **M4:** 25, 26
machinability, annealing for **M4:** 24–25
pearlitic microstructures **M4:** 24–25

Steel forgings, normalizing
axle-shaft **M4:** 10
furnaces. **M4:** 8
low-carbon **M4:** 10
mechanical properties, effect on. **M4:** 10–11
multiple treatments. **M4:** 11
structural stability **M4:** 10

Steel Founder's Society of America. **A15:** 34

Steel gear blank
monotonic and fatigue properties **A19:** 973

Steel grit blasting
aluminum and aluminum alloys. **M5:** 571
ceramic coating preparation **M5:** 539

Steel, hardenability
Climax Molybdenum calculator. **A4:** 81
ultrahigh-strength steels **A4:** 208–216, 218
United States Steel (USS) calculator. **A4:** 81

Steel, heat-treating principles. **A4:** 3–18
carbon content effect **A4:** 3, 4, 5, 10, 11, 16
case hardening **A4:** 15–16
composition **A4:** 3, 4
computer simulation of transformation
diagrams. **A4:** 7–9
computer-controlled spray cooling. **A4:** 13
continuous cooling transformation diagrams
(CCT) **A4:** 7, 8, 9, 10, 12, 13
continuous heating transformation (CHT)
diagrams **A4:** 6–7, 9
cooling media **A4:** 11–13, 17
cracking and distortion due to hardening . . . **A4:** 18
critical diameter (D_o). **A4:** 9
dilatometer curves **A4:** 7
Grossmann hardenability test **A4:** 9–10
Grossmann number (quench severity
concept) **A4:** 13
hardenability. **A4:** 9–11
ideal diameter (D_i) **A4:** 9, 10
induction hardening. **A4:** 16–18
isothermal cooling (IT) diagrams **A4:** 5, 6, 7, 8, 17
isothermal transformation (ITh) diagrams **A4:** 5–6,
7, 8, 9, 17, 18
Johnson-Mehi-Avrami expression **A4:** 8
Jominy end-quench test **A4:** 10–11
microconstituents **A4:** 3, 4, 5, 10
phase transformations. **A4:** 4, 13–18
phases **A4:** 3–4, 13–18
press hardening (fixtures) **A4:** 18
quench intensity. **A4:** 11–13
residual stresses **A4:** 13–16, 17, 18
Scheil-Avrami additivity rule. **A4:** 8, 9
temper embrittlement **A4:** 11
tempered martensite embrittlement **A4:** 11
tempering principles **A4:** 11
thermal stresses during the residual stresses after
heat treatment. **A4:** 13–18
through hardening **A4:** 14–15
transformation temperatures. **A4:** 4, 5, 7
TTT diagrams **A4:** 8, 10

Steel, high carbon
tempering artifacts in **A9:** 36, 37

Steel, induction heat treating. **A4:** 164–202
advantages. **A4:** 164
aging. **A4:** 194
annealing with induction heating **A4:** 193–194
applications. **A4:** 164, 188, 189, 191, 196–200
armor-piercing projectiles **A4:** 199
automotive. **A4:** 199–200
axle shafts **A4:** 197
bar stock. **A4:** 200
crankshafts. **A4:** 196–197
gears **A4:** 198, 199
hand tools **A4:** 199
miscellaneous **A4:** 199–200
pipe-mill products. **A4:** 200
railroad rails **A4:** 199
rolling mill rolls **A4:** 199
structural members. **A4:** 200
surface-hardening **A4:** 196–200
through-hardening. **A4:** 200
transmission shafts **A4:** 197
valve seats. **A4:** 198, 199
control equipment **A4:** 183–184
coupling. **A4:** 166–167
definition. **A4:** 164
distortion. **A4:** 201
eddy current characteristics. **A4:** 165–166, 201
equipment **A4:** 167–171, 201
flux shaping **A4:** 166–167
grain refinement. **A4:** 194
heat generation **A4:** 166, 201
impedance matching **A4:** 182–183
capacitors **A4:** 182, 183
kVAR ability **A4:** 183
transformers **A4:** 182–183, 184
tuning of fixed-frequency systems. . . **A4:** 182, 183
tuning of variable-frequency systems. **A4:** 182
induction hardening **A4:** 184–191
austenitizing temperatures. **A4:** 184–186
case depth **A4:** 188, 189
Curie point **A4:** 187, 188
electrical properties **A4:** 186–187, 201
energy requirements **A4:** 189
frequency selection. **A4:** 188–189
heating parameters **A4:** 187–188
induction heating temperatures for metalworking
processes. **A4:** 188
induction tempering **A4:** 186, 191, 194
magnetic properties **A4:** 186–187, 201
operating conditions for through
hardening. **A4:** 190, 192
power density and heating time. **A4:** 189–191
power ratings for surface hardening **A4:** 190
residual stresses **A4:** 185–186, 202
temperatures required **A4:** 188
time-temperature relations **A4:** 184–186
inductor coils **A4:** 171–182
butterfly coils. **A4:** 178
coil characterization. **A4:** 174–176
coil construction **A4:** 180
coil cooling **A4:** 181–182
coil design **A4:** 171–174, 180–182, 201
coil inserts **A4:** 177
coil insulation **A4:** 180–181
conveyor/channel coils **A4:** 179
coupling distance **A4:** 175–176, 178
electrical characteristics. **A4:** 180, 201
flux concentrators **A4:** 179–180
flux diverters (robbers) **A4:** 176, 177
induction scanning **A4:** 174, 175, 177–178
irregularities of parts, effect on heating
patterns **A4:** 176
longitudinal flux mode. **A4:** 171
master work coils **A4:** 177
mechanical design considerations. **A4:** 180
multiturn coils **A4:** 174, 181
offsetting of coil turns. **A4:** 174, 175
progressive hardening (scanning)
coils. **A4:** 177–178
series/parallel coil construction. **A4:** 179
single-shot process **A4:** 174–175
single-turn coils **A4:** 174, 177, 181
split coils **A4:** 178, 179
split-return inductors **A4:** 178
transverse flux mode (proximity heating) **A4:** 171
transverse-flux coils. **A4:** 178–179, 180
malleable iron. **A4:** 695–696
mechanical properties **A4:** 196–200
power requirements. **A4:** 167–168
power supplies **A4:** 167–171
constant-current (load-resonant)
inverters **A4:** 169–170
constant-voltage (swept-frequency)
inverters. **A4:** 169, 170
core-type induction heaters **A4:** 168
frequency multipliers **A4:** 167, 169, 182
function **A4:** 167
line-frequency systems **A4:** 167, 168–169, 182
MOSFET (metal-oxide semiconductor field-effect
transistor) output devices. **A4:** 171
motor-generators. . . . **A4:** 167, 168, 169, 170, 182,
184
power ratings as a function of frequency **A4:** 167
power supplies **A4:** 167–171
radio-frequency (RF) power supplies **A4:** 167,
170–171
solid-state RF power supplies **A4:** 171, 182, 183,
184
solid-state (static) inverters **A4:** 167, 168,
169–170, 182, 183, 184
spark-gap converters **A4:** 167, 171, 182, 184
power supplies, vacuum tube RF
generators **A4:** 168, 170, 171, 184
precipitation hardening. **A4:** 194
principles. **A4:** 164–167
process control considerations. **A4:** 200–202
products. **A4:** 164
quality control considerations **A4:** 200–202
quench systems **A4:** 194–196, 197, 199, 202
cracking **A4:** 196, 202
distortion. **A4:** 196, 202
quench control **A4:** 195–196
skin effect. **A4:** 165, 188, 189, 190–191
stress-relieving. **A4:** 193
surface hardening by induction. **A4:** 190–191
selective **A4:** 191
volume **A4:** 191
tempering. **A4:** 192–193, 197
through hardening with induction
heating. **A4:** 191–192
tooth-by-tooth hardening **A4:** 198, 199
workhandling equipment. **A4:** 183

Steel ingot
schematic of macrostructure. **A9:** 623

Steel, low carbon
effect of load in vibratory polishing **A9:** 44
effect of suspending liquid in vibratory
polishing. **A9:** 43

Steel, martempering
advantages. **A4:** 137–138
agitation quenching. . . **A4:** 142, 143, 144, 146, 147,
150, 151, **M4:** 93
applications **A4:** 143–151, **M4:** 96, 97, 98
austenitizing temperatures **A4:** 141, 142, 147,
M4: 91, 92
bath temperature **A4:** 138, 142, 151, **M4:** 91
cooling **A4:** 143, **M4:** 85, 93
dimensional control. . . **A4:** 143–145, **M4:** 93–97, 99
equipment, austenitizing. . **A4:** 146–147, **M4:** 97–98
equipment maintenance. **A4:** 149–151,
M4: 100–102
equipment, martempering **A4:** 138, 147–149,
M4: 98–99, 100, 101, 102
fixturing **A4:** 151, **M4:** 102–103
fluidized beds. **A4:** 139, 147
martempering media **A4:** 138–139, **M4:** 86–88
oil. . . **A4:** 138, 139, 140, 141, 143, 148, 150, 151,
M4: 87–88
salt . . **A4:** 138–140, 141, 143, 146, 148, 149, 151,
M4: 86, 87
material selection, suitability **A4:** 140–141,
M4: 88–90, 91
microstructure. **A4:** 137
modified **A4:** 138, **M4:** 86
quenching . . **A4:** 137, 138, 139, 142, 143–144, 146,
147, 151, **M4:** 85, 86
quenching bath time. **A4:** 142, **M4:** 91–92
racking **A4:** 151, **M4:** 102–103
safety precautions **A4:** 139–140, **M4:** 88
salt contamination **A4:** 139, 141–142, 147, **M4:** 91
tempering. **A4:** 137
ultrahigh-strength steels. **A4:** 213
washing the work **A4:** 151
water addition to salt **A4:** 138, 139–140, 142–143,
M4: 92

Steel matrix
microdiscontinuity affecting cast steels fatigue
behavior. **A19:** 612
microdiscontinuity affecting high hardness steel
fatigue behavior **A19:** 612

Steel, medium carbon
tempering artifacts in **A9:** 36, 37

Steel mill products
U.S., net shipments. **A13:** 509–510

Steel molds *See also* Mold(s)
horizontal centrifugal casting **A15:** 296
permanent, water cooling **A15:** 304

Steel mud drum tubing
remote-field eddy current inspection **A17:** 200–201

Steel, nitriding
plasma (ion) nitriding **A4:** 423
ultrahigh-strength steels **A4:** 214, 215

Steel, normalizing **A4:** 35–41
alloy steels **A4:** 35–41, **M4:** 7, 8
applications **A4:** 38, **M4:** 8
carbon steels **A4:** 35–37, 38, 39, **M4:** 7, 8, 9–10
double **A4:** 39
induction heating energy requirements **A4:** 189
induction heating temperatures **A4:** 188
normalizing range, carbon steel **A4:** 36, **M4:** 6
properties after treatment **A4:** 36, 37, 39
temperatures **A4:** 35, 36, 37, 38, 39, **M4:** 6, 7
ultrahigh-strength steels **A4:** 208–216, 218
uses **A4:** 35, 36, 39–40, **M4:** 6–8, 9–10, 11
Steel, overaging
ultrahigh-strength steels **A4:** 218
Steel parts *See also* Parts; Steel bars; Steels; Steels, specific types
cold-extruded, ultrasonic inspection **A17:** 271
Steel, pearlitic *See* Pearlitic steels
Steel, pearlitic wire
curly lamellar structure **A9:** 688
Steel pipe *See also* Pipe; Tubular products
continuous butt-welded **A17:** 567
double submerged arc welded **A17:** 565–566
galvanic corrosion **A13:** 86
spiral-weld **A17:** 567
Steel pipe, specific types *See also* Steel tubing, specific types; Steel tubular products
API 5A, Grade K55, seamless, as-rolled ... **A9:** 211
API 5AC, Grade C-90, seamless, austenitized, quenched and tempered **A9:** 212
API 5AX, Grade N-80, seamless, austenitized, quenched and tempered **A9:** 211
API 5AX, Grade P-110, seamless, austenitized, quenched and tempered **A9:** 211
API 5L, Grade A, continuous welded, as-rolled **A9:** 212
API 5L, Grade X46, resistance weld **A9:** 212
API 5L, Grade X52, seamless, as-rolled **A9:** 211
API 5L, Grade X52, submerged arc welded, as-rolled **A9:** 212
API 5L, Grade X60, electric resistance welded, as-rolled **A9:** 212
API 5L, Grade X60, gas metal arc weld ... **A9:** 212
ASTM A106, Grade A, seamless, as hot drawn **A9:** 212
ASTM A106, Grade A, seamless, normalized by austenitizing **A9:** 212
ASTM A106, Grade B, seamless, different sections and heat treatments **A9:** 212–213
ASTM A335, Grade P2, seamless, cold drawn and stress relieved **A9:** 213
ASTM A335, Grade P5, seamless, annealed **A9:** 213
ASTM A335, Grade P7, seamless, annealed **A9:** 213
ASTM A335, Grade P11, seamless, annealed **A9:** 214
ASTM A335, Grade P22, seamless, hot drawn and annealed **A9:** 214
ASTM A381, Class Y52, gas metal arc welded, annealed **A9:** 214
Steel pipelines
nondestructive evaluation **A17:** 578–579
Steel plate *See also* Plate steels **A1:** 226–239
applications of **A1:** 226
crack length influence on gross failure stress for center-cracked plate **A19:** 7
fabrication considerations **A1:** 238–239
formability **A1:** 238
machinability **A1:** 238
weldability **A1:** 238–239
heat treatment of **A1:** 230–232
normalizing **A1:** 231
quenching **A1:** 231
stress relieving **A1:** 231–232
tempering **A1:** 231
high-strength low-alloy steel plate
compositions **A1:** 401, 406, 410
controlled rolling of **A1:** 408–409, 586–587
mechanical properties of **A1:** 401, 409, 411, 586–587
normalized HSLA steel plate **A1:** 409–410
specifications **A1:** 399, 401
imperfections **A1:** 230
decarburization **A1:** 230
seams **A1:** 230
segregation **A1:** 230
mechanical properties **A1:** 237–238
directional properties **A1:** 238
elevated-temperature properties **A1:** 238
fatigue strength **A1:** 238
low-temperature impact energy **A1:** 238
static tensile properties ... **A1:** 227, 228, 229, 230, 232–233, 235–236, 237–238
monotonic and fatigue properties ... **A19:** 970–971, 972, 973, 977
platemaking practices **A1:** 228, 230
quality of **A1:** 226, 234–235, 236–237, 741
quenched and tempered carbon steel **A1:** 391
low-alloy steel compositions **A1:** 392
tensile properties **A1:** 391, 396
steelmaking practices **A1:** 226–228
austenitic grain size **A1:** 227–228
deoxidation practice **A1:** 226–227
melting practices **A1:** 228
types of **A1:** 226, 227–228, 232–237
aircraft quality **A1:** 237
carbon **A1:** 232–233
forging quality **A1:** 237
high-strength low-alloy **A1:** 235–236
low-alloy **A1:** 233
pressure vessel **A1:** 237
regular quality **A1:** 236
structural quality **A1:** 236
Steel plate, unalloyed, specific types
09G2, monotonic and fatigue properties tested at 23 °C **A19:** 970
49 (SB49), monotonic and fatigue properties **A19:** 971
SB46 (ST46), monotonic and fatigue properties **A19:** 970, 971
SM50B (St50), monotonic and fatigue properties tested at 23 °C **A19:** 971
St44-2, monotonic and fatigue properties tested at 23 °C **A19:** 970
St52 (1.0841, monotonic and fatigue properties tested at 23 °C **A19:** 971
Steel plus nickel alloys
specific modulus vs. specific strength **A20:** 267, 271, 272
Steel powders
alloying methods **A7:** 123
diffusion factors **A7:** 451
granulation **A7:** 92
green strength **A7:** 307
green density, and apparent density **A7:** 308, 309
vs. compaction pressure **A7:** 306, 308
hot isostatic pressing **A7:** 318
infiltration **A7:** 552, 553
injection molding **A7:** 314
lubricant effect on green strength **A7:** 307
North American metal powder shipments (1992–1996) **A7:** 16
oxidation colors **A7:** 458
physical properties **A7:** 451
powder forging **A7:** 955
rapid solidification rate alloys **A7:** 48
rotating electrode process **A7:** 98–99
sintering **A7:** 469
sintering, and combined carbon effect **A7:** 470–471
types of **A7:** 123
warm-compacted properties **A7:** 380
water-atomized **A7:** 110
wear resistance **A7:** 969–972
Steel powders, production of **A7:** 123–131
Steel processing technology **A1:** 107–125
basic oxygen process (BOP) **A1:** 110, 111, 112
Kawasaki basic oxygen process **A1:** 111
quick-quiet basic oxygen process **A1:** 112
controlled rolling of microalloyed steels ... **A1:** 115, 117–118, 130–131, 408–409, 587–588
conventional controlled rolling **A1:** 117, 409
dynamic recrystallization controlled rolling **A1:** 117–118, 409
recrystallization controlled rolling ... **A1:** 117, 409
furnaces **A1:** 108–109, 110
basic oxygen furnace **A1:** 110
blast furnace **A1:** 109
hot metal desulfurization **A1:** 109
current technology **A1:** 108, 109
ironmaking **A1:** 107–109
blast furnace stove use **A1:** 107–108
cokemaking **A1:** 107
current blast furnace technology **A1:** 108–109
liquid processing **A1:** 107–114
desulfurization **A1:** 109–110
future technology for **A1:** 114
ironmaking **A1:** 107–109
steelmaking **A1:** 110–114
of solid steel **A1:** 114–123
annealing **A1:** 122–123, 132–133
cold rolling **A1:** 121–122, 132–133
hot rolling **A1:** 115–120
warm rolling **A1:** 120
steelmaking **A1:** 110–114, 226–228, 930
effects on formability **A1:** 577–588
electric furnace steelmaking **A1:** 111
ferroalloy/deoxidizer additions **A1:** 111–112
first-stage refining **A1:** 110, 111, 112
ladle steelmaking **A1:** 112–113
mold metallurgy **A1:** 114
second-stage refining and technology advances **A1:** 111
temperature-time schedules for various steel processing technologies **A1:** 130, 131
third-stage refining **A1:** 113
tundish metallurgy and continuous casting **A1:** 113–114
Steel production
raw steel production by type of furnace steel grade, and casting technique **A1:** 147
raw steel production by various countries **A1:** 154, 165
Steel, quenching **A4:** 67–120
agitation **A4:** 69, 72–76, 85, 88, 95–96, 101, 103–104, 107, 113–115, **M4:** 47, 48, 49, 60–61
factors controlling agitation ... **A4:** 69, 75, 88–89, 113–116, **M4:** 60–61
measurement of velocity **A4:** 72–76, 88, 103, 114–115, 117, **M4:** 61
molten salt **A4:** 88–89, 105, **M4:** 49, 60
oil flow ... **A4:** 69, 74–76, 95–96, **M4:** 47, 48, 49, 60
turbulent agitation .. **A4:** 75, 88, 101, 115, **M4:** 61
water and brine **A4:** 70, 75, 88–89, **M4:** 60
agitation equipment ... **A4:** 95, 110, 113, 115, 118, **M4:** 46, 61, 62, 64
gravity fall **A4:** 110, **M4:** 64
impellers **A4:** 95, 110, 115, 118
movement of the workpiece **A4:** 110, 113, **M4:** 64
propellers **A4:** 113–114, 116, 117, **M4:** 46, 61, 62, 64
pumps **A4:** 89, 95, 100, 110, 113, 116–118, **M4:** 64
air **A4:** 67, 72, 75
austempering **A4:** 67–68
brine solutions .. **A4:** 69–70, 72, 74–76, 88–93, 101, 115, **M4:** 36, 37, 41–43
advantages and disadvantages ... **A4:** 89–90, 115, **M4:** 36, 41
cooling rates **A4:** 69, 89, 90, 93, **M4:** 41–42
effect of brine concentration .. **A4:** 89–90, **M4:** 36, 37, 42
effect of brine temperature ... **A4:** 89, 90, **M4:** 36, 37, 42–43

SUBJECTS OF THE INDEXED VOLUMES: ASM Handbook (designated by the letter "A"): **A1:** Properties and Selection: Irons, Steels, and High-Performance Alloys (1990); **A2:** Properties and Selection: Nonferrous Alloys and Special-Purpose Materials (1990); **A3:** Alloy Phase Diagrams (1992); **A4:** Heat Treating (1991); **A5:** Surface Engineering (1994); **A6:** Welding, Brazing, and Soldering (1993); **A7:** Powder Metal Technologies and Applications (1998); **A8:** Mechanical Testing (1985); **A9:** Metallography and Microstructures (1985); **A10:** Materials Characterization (1986); **A11:** Failure Analysis and Prevention (1986); **A12:** Fractography (1987); **A13:** Corrosion (1987); **A14:** Forming and Forging (1988); **A15:** Casting (1988); **A16:** Machining (1989); **A17:** Nondestructive Evaluation and Quality Control (1989); **A18:** Friction, Lubrication, and Wear Technology (1992); **A19:** Fatigue and Fracture (1996); **A20:** Materials Selection and Design (1997). **Metals Handbook, 9th Edition** (designated by the letter "M"): **M1:** Properties and Selection: Irons and Steels (1978); **M2:** Properties and Selection: Nonferrous Alloys and Pure Metals (1979); **M3:** Properties and Selection: Stainless Steels, Tool Materials, and Special-Purpose Materials (1980); **M4:** Heat Treating (1981); **M5:** Surface Cleaning, Finishing, and Coating (1982); **M6:** Welding, Brazing, and Soldering (1983); **M7:** Powder Metallurgy (1984). **Engineered Materials Handbook** (designated by the letters "EM"): **EM1:** Composites (1987); **EM2:** Engineering Plastics (1988); **EM3:** Adhesives and Sealants (1990); **EM4:** Ceramics and Glasses (1991). **Electronic Materials Handbook** (designated by the letters "EL"): **EL1:** Packaging (1989)

effect of contamination A4: 90, M4: 43
maintenance schedules for quenching systems A4: 118
caustic solutions A4: 88, 90, 101, 115, M4: 43
cold die quenching A4: 106, M4: 66
cooling curves..... A4: 68–88, 90–93, 96, 108–109, 114, M4: 32–34
agitation A4: 69, 101, 103, M4: 33
applications A4: 74–76
calculation methods.............. A4: 70, 80–83
convective stage .. A4: 69, 71, 88, 91, 92, 97, 102
effects of immersion .. A4: 68–69, 74, M4: 32, 33
initial liquid contact stage........... M4: 32, 33
Leidenfrost phenomenon A4: 68
Leidenfrost temperature.................. A4: 68
liquid cooling stage................. M4: 32, 33
nucleate boiling stage A4: 69, 70–71, 88, 91, 102
significance of............... A4: 69–70, M4: 33
temperature of quenchant A4: 68–75, 101, M4: 33–34
vapor blanket cooling stage ... A4: 68–71, 88, 91, 102, M4: 32, 33
vapor transport cooling stage M4: 32, 33
workpiece temperature M4: 34
cooling systems.......... A4: 117–118, M4: 63, 66
maintenance costs A4: 117, M4: 66
selection of........................... A4: 117
shell-and-tube heat exchanger ... A4: 117, M4: 66
cracking A4: 76–80, 84, 88, 91, 97, 98
definition A4: 67, M4: 31
design of quench tanks.................. M4: 65
distortion A4: 76–79, 88, 91, 97–99, 105–106, 116
evaluation of severity.......... M4: 34, 35, 38–39
examples A4: 98–100, 102–104, 105–106, 116
fixtures A4: 95, 110, 116, M4: 65
restraint fixturing A4: 110, 116, M4: 65
support fixtures........ A4: 95, 110, 116, M4: 65
fluidized bed quenching A4: 69, 106, 107
fog quenching A4: 67, 106, M4: 60
gas quenching.... A4: 67, 69, 89, 105–106, M4: 45, 46, 58–59
applications A4: 105, M4: 45, 46, 59
gas quenching unit.......... A4: 105, M4: 58–59
hardening tool steel..... A4: 77, 78–79, 105–106, M4: 59
recirculation............ A4: 67, 69, 105, M4: 58
Grossmann number..... A4: 71–75, 84–88, 91, 94, 100–102, 104, 110
hardness correlation A4: 71, 72, 74, 80–88
heaters A4: 95, 117, M4: 67
ideal critical diameter.................. A4: 80–81
induction heat treating A4: 195
isothermal quenching A4: 67, 68
Jominy equivalent A4: 82–83, 85, 86
maintenance of quenching installations.... A4: 118, M4: 67–68
major variables............ A4: 67, 94, M4: 31–32
direct quenching............... A4: 67, M4: 31
fog quenching............... A4: 67, M4: 31–32
interrupted quenching A4: 67
selective quenching A4: 67, M4: 31
spray quenching.. A4: 67, 94, 107, 114, 195, 196, M4: 31
time quenching................. A4: 67, M4: 31
marquenching A4: 67, 68, 75–76, 91, 93
mass and section size....... A4: 75, 108, 110–115, M4: 51, 52, 54, 56, 57, 62
mechanical conditioning of quenching oils A4: 100, M4: 67
mechanism of quenching A4: 75, M4: 32
metallurgical aspects ... A4: 68, 75, 77–88, M4: 33, 34–35
carbon content A4: 77, 78, 79, 80, 82, 83, M4: 34–35
cooling rates A4: 75, 82–89, 91–94, 101, 105, M4: 35
hardenability A4: 75, 80–88, 107–109, M4: 34–35
martensite........ A4: 68, 80, 83, M4: 33, 34–35
oil quenching... A4: 67, 69, 72, 74–76, 78, 89–100, 109, M4: 38, 39, 40, 41, 42, 43–54
control of quenching oils.. A4: 91, 93, 94, 97–98, M4: 53
conventional quenching oils... A4: 90, 92–95, 97, M4: 44
cooling characteristics A4: 69, 91–93, M4: 38, 39, 40, 43, 44, 45–47
emulsions.. A4: 90, 91, 93–94, 96, 97, M4: 40, 45
fast quenching oils ... A4: 72, 76, 91–95, 97–100, 109, 114, 115, M4: 44
hot quenching oils *See also* martempering................. M4: 44–45
induction heat treating................. A4: 195
maintenance schedules for quenching systems A4: 118
martempering A4: 75–76, 91, M4: 44–45
oil temperature A4: 69, 92, 93–96, M4: 40, 47–49
quench loads A4: 86, 91, 95, M4: 49
recirculation.......................... A4: 113
safety precautions................. A4: 118–119
selection of quenching oil M4: 42, 53–54
staining A4: 97
surface conditions of quenched work A4: 92, M4: 53
water contamination A4: 96–97, 99, M4: 41, 49–53
polymer solutions..... A4: 67, 69, 72–75, 100–104, 107, 209–210
control measures.................. A4: 101–102
cooling characteristics A4: 101, 102, 104, 106
polyacrylates................ A4: 101, 102–104
polyalkylene glycols (PAG)....... A4: 69, 70, 74, 100–102, 103, 104, 107
polysodium acrylate A4: 100
polyvinyl alcohol (PVA)... A4: 76, 100, 101, 104, 106, 195
polyvinylpyrrolidone (PVP) A4: 72, 100, 101, 102, 104
sodium polyacrylate (PA) A4: 101, 102, 104, 105
press quenching............ A4: 106–107, M4: 66
pumps A4: 89, 95, 100, 110, 113, 116–118, M4: 67
quench factor analysis A4: 71, 84–85
quenching media............ A4: 88–105, M4: 39
air.................... A4: 67, 72, 75, 195, 903
aqueous *See* brine solutions
brine solutions ... A4: 72, 74, 75, 87–90, M4: 39, 41–43
caustic solutions A4: 88, 90, M4: 39, 43
cold dies............................. A4: 106
dry dies........................... M4: 39, 66
fog quenching A4: 67, 106, M4: 39, 60
gases (still or moving) .. A4: 67, 69, 89, 105–106, M4: 39, 58–59
molten metals.................. A4: 83, M4: 39
molten salts .. A4: 67–69, 72, 83, 87–89, 91, 101, 104–105, M4: 39, 60
oils A4: 72–74, 87–100, M4: 43–54
polymer solutions..... A4: 67, 69, 72–76, 88, 94, 100–104, 107, 209–210, M4: 39, 55–58
selection of..................... A4: 67, 74, 98
water........ A4: 72–74, 87–89, 903, M4: 39, 63
quenching of flame heated parts M4: 68
quenching of flame-heated parts A4: 107
quenching systems ... A4: 67, 109–119, M4: 58, 59, 60, 61, 62–63
continuous quenching....... A4: 110, M4: 58, 63
oil quenching systems for continuous carburizers ... A4: 96, 110–113, M4: 59, 60, 63
special techniques.............. M4: 61, 63–65
water quenching system A4: 110, 118, M4: 58, 63
Rushman-Lamont method A4: 87–88
safety precautions, and extinguishing oil fires.................. A4: 96, 115, 118–119
safety precautions, extinguishing oil fires ... M4: 68
severity (intensity) ... A4: 71–75, 84–88, 90–92, 94, 100–102, 104, 110
solutions M4: 35, 42, 43, 44, 55–58
control measures M4: 56
cooling characteristics..... M4: 35, 42, 43, 55–58
polyacrylates M4: 44, 57–58
polyalkylene glycols (PAG) M4: 55–56
polyvinyl alcohol (PVA)................ M4: 55
polyvinylpyrrolidone (PVP).......... M4: 56–57
storage or supply tanks, design A4: 67, 89, 95, 110, 114–116, 117, 118, M4: 63, 66–67
surface oxidation A4: 69, 75–76, 95, 97, 110, M4: 50, 61–62
cooling curves A4: 75, M4: 50, 62
high-speed motion-picture techniques A4: 75–76, M4: 62
magnetic testing.......... A4: 75–76, M4: 61–62
tank design (quench) A4: 67, 95, 114–116
testing and evaluation of quenching
cooling curve test.............. A4: 98, 108–109
cooling power test A4: 108–109
crackle test A4: 98
GM Quenchometer (nickel ball) test .. A4: 90, 98, 109
hardening power tests A4: 107–108
hot wire test A4: 98, 109
immersion quench test A4: 107–108
internal test A4: 109
Jominy end-quench test (ASTM A 255).. A4: 73–74, 81–84, 87–89, 107, 108
magnetic test A4: 75–76, 92, 93, 98, 109
media.................... A4: 71–76, 107–109
nickel ball (GM Quenchometer) test .. A4: 90, 98, 109
sludge test.............................. A4: 98
viscosity test A4: 98
water test A4: 98
tests and evaluation of
cooling curve test M4: 35–37
cooling power tests M4: 35
hardening power tests................... M4: 35
hot wire test....................... M4: 37–38
immersion quench test M4: 35
internal test............................ M4: 38
jominy end-quench test ASTM A255..... M4: 35
magnetic test........................... M4: 37
quenching media M4: 35–38
time-temperature-property (TTP) function... A4: 84
titanium alloys..................... A4: 917, 921
tool steels A4: 77, 78, 79, 105–106
ultrahigh-strength steels................... A4: 218
variables affecting agitation .. A4: 113–116, M4: 61, 62, 64–65
effect of velocity............... A4: 114, M4: 64
number of agitators A4: 114, M4: 64
relation of tank design to agitation A4: 114–116, M4: 64–65
water... A4: 67, 69, 72–75, 78, 87–89, 98, 99, 113, 115, M4: 35, 36, 40–41
agitation A4: 75, 88, M4: 40–41
contamination........ A4: 88–89, 98, 99, M4: 41
maintenance schedule for system........ A4: 118
Steel rail
monotonic and fatigue properties A19: 973
Steel rail head
monotonic and fatigue properties A19: 974
Steel rails *See* Rails
Steel reinforcement
flux leakage inspection methods A17: 133
Steel, rimmed *See* Rimmed steel
Steel rod
dry blasting A5: 59
low-frequency loading effect on corrosion fatigue failure....................... A19: 599–600
structural steel thread design effect on corrosion fatigue A19: 599–600
Steel rolled bar
monotonic and fatigue properties A19: 972
Steel rolled beam
monotonic and fatigue properties A19: 972
Steel rolls
ceramic cutting tools A16: 98
Steel round bar
monotonic and fatigue properties A19: 974
Steel rounds
monotonic and fatigue properties A19: 971
Steel rounds, unalloyed, specific type
SAE 1045, monotonic and fatigue properties tested at 23 °C A19: 971
Steel scrap, recycling of A1: 1023
factors influencing scrap demand A1: 1024
purchased scrap supply............ A1: 1024–1026
scrap use by industry A1: 1023–1024
Steel screws
dry blasting A5: 59
Steel shaft
monotonic and fatigue properties ... A19: 970–971, 974
Steel shaft, unalloyed, specific types
Ck 15, monotonic and fatigue properties tested at 23 °C A19: 971
Ck 45, monotonic and fatigue properties tested at 23 °C A19: 971
Steel shafts
economy in manufacture................ M3: 856

Steel sheet *See also* Alloy steels, sheet and strip; Electrical steel sheet; Low-carbon steels, sheet and strip; Sheet; Sheet metals; Sheet steel
alloy steel *See* Alloy steel, sheet and strip
aluminum coatings . . . **M1:** 171–173
bending of . . . **M1:** 552–555
carbon steel *See* Low-carbon steel, sheet and strip
coatings for . . . **M1:** 167–176
effect of material on economy in manufacture . . . **M3:** 851
formability . . . **M1:** 545–560
forming limit diagram . . . **M1:** 549–553
galvanized . . . **M1:** 167–171
grain shape, ferrite, effect on formability . . . **M1:** 557–559
grain size, effect on formability . . . **M1:** 557–558
load-extension curves . . . **M1:** 548
metallic coatings . . . **M1:** 167–174
monotonic and fatigue properties . . . **A19:** 970–971, 972
phosphate coatings . . . **M1:** 174–175
porcelain enameling of *See* Porcelain enameling
precoated, for appliances . . . **M1:** 167, 169, 173–176
prepainted . . . **M1:** 175–176
preprimed . . . **M1:** 175
quality descriptors . . . **M1:** 546–547
selection for formed parts . . . **M1:** 559
strain-age embrittlement of . . . **M1:** 683–684
temper rolling, effect on formability . . **M1:** 548, 556
terne coatings . . . **M1:** 173–174
thickness, effect on bending . . . **M1:** 553, 554
tin coatings . . . **M1:** 173
zinc coatings . . . **M1:** 167–172
Steel, sheet and strip
normalizing . . . **A4:** 40–41
Steel sheet and strip, annealing
cold rolled plain carbon . . . **M4:** 23
hot dip galvanized products . . . **M4:** 23
open-coil . . . **M4:** 23
properties . . . **M4:** 23
tin mill products . . . **M4:** 23
Steel sheet and strip, normalizing
furnaces . . . **M4:** 13
catenary . . . **M4:** 13
conveyor-type . . . **M4:** 13
equipment . . . **M4:** 13
heating . . . **M4:** 13
heating . . . **M4:** 13
processing . . . **M4:** 12
Steel shot
as abrasive . . . **A15:** 504, 510–511
Steel shot blasting
aluminum and aluminum alloys . . . **M5:** 571
Steel shot peening . . . **A16:** 34, 35
Steel, specific types
0.55C-2.40Mn . . . **A9:** 194
2.25Cr-1Mo plate, electron beam weld . . . **A9:** 583
300M, effect of stress-intensity factor on fracture . . . **A8:** 486
301, tensile properties . . . **A8:** 555
302, surface conditions effect on fatigue properties . . . **A8:** 373
321 HB, surface conditions effect on fatigue properties . . . **A8:** 373
409, tensile properties . . . **A8:** 555
1008 rimmed, Lüders bands on . . . **A8:** 22
1008 sheet, minimum bend radii . . . **A8:** 131
1010, microstructure from slow cooling . . . **A9:** 624
1010 sheet, minimum bend radii . . . **A8:** 131
1017, as strand cast, with columnar dendrites . . . **A9:** 624
1017, sulfur print of . . . **A9:** 625
1017, with manganese sulfide inclusions . . . **A9:** 626
1017, with silicate inclusions . . . **A9:** 626
1018, static and dynamic fracture toughness . . . **A8:** 283
1020 cold rolled, load-time and displacement-time curves . . . **A8:** 281
1020, finite element analysis of . . . **A8:** 282
1020, load drop vs. crack length . . . **A8:** 278, 279
1020, oxygen contamination effect . . . **A8:** 408
1020, static and dynamic fracture toughness . . . **A8:** 283
1020, static and dynamic shear stress/shear strain curves . . . **A8:** 223, 225
1020, ultimate shear stress . . . **A8:** 148
1022, banding from hot rolling . . . **A9:** 626
1040, ductility from hot torsion tests . . **A8:** 165–166
1041, with carbon-rich bands . . . **A9:** 626
1045 cold finished, fracture loci upset test specimens of . . . **A8:** 580–581
1045, hot rolled and normalized . . . **A8:** 150–151
1052, wear behavior . . . **A8:** 604
1090, lamellar pearlite . . . **A9:** 129
1095, ultimate shear stress . . . **A8:** 148
1213, manganese sulfide stringers in . . . **A9:** 627
1524, microstructure from rapid cooling . . . **A9:** 624–625
2340, *S-N*curve . . . **A8:** 364
4130, effect of environment on fatigue crack propagation . . . **A8:** 404
4130, electrode potential effect on corrosion fatigue crack propagation . . . **A8:** 407
4130, fayed to aluminum 7075-T651 . . . **A9:** 387
4130, fracture surface with sulfide stringers . . . **A8:** 477–478
4140, ultimate shear stress . . . **A8:** 148
4340, compressed . . . **A8:** 57–58
4340, corrosion fatigue crack growth . . **A8:** 405–406
4340, ductility from hot torsion tests . . **A8:** 165–166
4340, effect of annealing temperature on of nickel and manganese in dendrites . . . **A9:** 626
4340, effect of heat treatment and cracking . . . **A8:** 539, 540
4340, effect of hot rolling on dendritic pattern . . . **A9:** 628
4340, for pressure bars . . . **A8:** 200
4340, for symmetric rod impact tests **A8:** 168–169
4340, free-surface transverse velocity and shear stress . . . **A8:** 235–236
4340, high strain rate pressure-shear tests . . **A8:** 236
4340, hydrogen embrittlement . . . **A8:** 537
rate as function of stress intensity . . . **A8:** 539
4340, hydrogen stress incubation . . . **A8:** 539, 540
4340, interferometer records . . . **A8:** 235
4340, metallographic section strained before fracture . . . **A8:** 479
4340, spacing between dendrite arms as a surface . . . **A9:** 625–626
4340, stress-strain curve in shear . . . **A8:** 236–238
4340, tension, and torsion effective fracture strains . . . **A8:** 168
4340, testing for hydrogen embrittlement from processing . . . **A8:** 541
4360, electrode potential effect on corrosion fatigue crack propagation . . . **A8:** 407
4620, fracture loci for elevated-temperature tests on . . . **A8:** 583
A36, bridge, Charpy toughness requirements . . . **A8:** 265
A-36 plate, shielded metal arc weld . . . **A9:** 584–585
A36, stress intensity values . . . **A8:** 453
A36, yield strength . . . **A8:** 453
A242, bridge, Charpy toughness requirements . . . **A8:** 265
A286, threshold stress intensity . . . **A8:** 256
A440, bridge, Charpy toughness requirements . . . **A8:** 265
A441, bridge, Charpy toughness requirements . . . **A8:** 265
A471, in moist air or steam, crack closure **A8:** 409
A514 bridge, Charpy toughness requirements . . . **A8:** 409
A533 B-1, shelf toughness . . . **A8:** 467
A533, dynamic *J*-integral, *J*-resistance curves . . . **A8:** 261
A533B1, fatigue crack growth behavior . . . **A8:** 377
A572, bridge, Charpy toughness requirements . . . **A8:** 265
A588 bridge, Charpy toughness requirements . . . **A8:** 265
A-710 plate, laser butt weld . . . **A9:** 586
A-710 plate, submerged arc weld . . . **A9:** 583, 585
AF 1410, heat treated, quenched, tempered color etched . . . **A9:** 156
AISI 4340, closed-die forging, flow lines . . . **A9:** 687
AISI 4340, solidification structures of welded joints . . . **A9:** 579
AISI 4340, submerged arc weld . . . **A9:** 584, 586
C100W1, fatigue crack propagated from hard surface coating . . . **A9:** 96
copper infiltrated . . . **A9:** 519
D-6 AC, cyclic microvoid . . . **A8:** 484
D-6 AC, high-cycle fatigue . . . **A8:** 485
D-6 AC, incubation period for hydrogen cracking . . . **A8:** 539, 540
Distaloy, microstructure . . . **A9:** 510
En 2A, tension and torsion effective fracture strains . . . **A8:** 168
En 2D, tension and torsion effective fracture strains . . . **A8:** 168
En 9, tension and torsion effective fracture strains . . . **A8:** 168
EN-24, effect of stress-intensity factor range on fracture . . . **A8:** 486
Fe-0.8C, pearlite structures . . . **A9:** 658–660
Fe-0.8C, pressed and sintered . . . **A9:** 527
Fe-0.8C, pressed and sintered, effect of polishing on pore opening . . . **A9:** 506–507
Fe-0.8C, pressed and sintered, Knoop removal . . . **A9:** 507
Fe-0.8C, pressed and sintered, mounted for edge retention . . . **A9:** 505
Fe-0.8C, pressed and sintered, steam blackened . . . **A9:** 528
Fe-0.22C-0.88Mn-0.55Ni-0.50Cr-0.35Mn from a Jominy bar . . . **A9:** 186
Fe-0.06C-0.35Mn-0.4SI-0.40Ti, sheet, color etched . . . **A9:** 156
Fe-1.86C, color etched . . . **A9:** 156
Fe-1.0C, different mounting techniques compared . . . **A9:** 167
Fe-1.0C, etched to reveal cathodic cementite . . . **A9:** 156
Fe-3lSi, water-atomized master alloy . . . **A9:** 529
Fe-3.25Si, compressed subgrains separated by small angle boundaries . . . **A9:** 690
Fe-3.2Si, indentations in mechanical twin bands . . . **A9:** 690
Fe-3SI, sheet, etch pit . . . **A9:** 100
Fe-3.5Si, sheet, magnetic contrast . . . **A9:** 94
Fe-3.25Si, static recrystallization . . . **A9:** 691
Fe-3.25Si, strain markings near a crack tip **A9:** 687
Fe-10Ni-8Co-]Mo, crack growth versus constant-amplitude stress cycles . . . **A8:** 379
HY80, electrode potential effect on corrosion fatigue crack propagation . . . **A8:** 407
HY-80 plate, gas shielded flux core weld . . . **A9:** 586
HY-130, rising step-load test in . . . **A8:** 540, 541
HY-180, rising step-load test in . . . **A8:** 540, 541
Lukens Frostline plate, submerged arc bead- on-plate weld . . . **A9:** 585
Lukens Frostline plate, submerged arc weld . . . **A9:** 583
Nb-V microalloyed, ferrite structure . . . **A8:** 180
Nb-V microalloyed, roll forces and roll torques compared . . . **A8:** 180
René 95, fatigue-life reduction factor vs. strain range . . . **A8:** 353
René 95, hold-time results . . . **A8:** 353
René 95, mean stress vs. strain range **A8:** 353–354
René 95, strain range vs. hold period in compression . . . **A8:** 353
René 95, strain range vs. hold period in tension . . . **A8:** 353

SUBJECTS OF THE INDEXED VOLUMES: ASM Handbook (designated by the letter "A"): **A1:** Properties and Selection: Irons, Steels, and High-Performance Alloys (1990); **A2:** Properties and Selection: Nonferrous Alloys and Special-Purpose Materials (1990); **A3:** Alloy Phase Diagrams (1992); **A4:** Heat Treating (1991); **A5:** Surface Engineering (1994); **A6:** Welding, Brazing, and Soldering (1993); **A7:** Powder Metal Technologies and Applications (1998); **A8:** Mechanical Testing (1985); **A9:** Metallography and Microstructures (1985); **A10:** Materials Characterization (1986); **A11:** Failure Analysis and Prevention (1986); **A12:** Fractography (1987); **A13:** Corrosion (1987); **A14:** Forming and Forging (1988); **A15:** Casting (1988); **A16:** Machining (1989); **A17:** Nondestructive Evaluation and Quality Control (1989); **A18:** Friction, Lubrication, and Wear Technology (1992); **A19:** Fatigue and Fracture (1996); **A20:** Materials Selection and Design (1997). **Metals Handbook, 9th Edition** (designated by the letter "M"): **M1:** Properties and Selection: Irons and Steels (1978); **M2:** Properties and Selection: Nonferrous Alloys and Pure Metals (1979); **M3:** Properties and Selection: Stainless Steels, Tool Materials, and Special-Purpose Materials (1980); **M4:** Heat Treating (1981); **M5:** Surface Cleaning, Finishing, and Coating (1982); **M6:** Welding, Brazing, and Soldering (1983); **M7:** Powder Metallurgy (1984). **Engineered Materials Handbook** (designated by the letters "EM"): **EM1:** Composites (1987); **EM2:** Engineering Plastics (1988); **EM3:** Adhesives and Sealants (1990); **EM4:** Ceramics and Glasses (1991). **Electronic Materials Handbook** (designated by the letters "EL"): **EL1:** Packaging (1989)

SAE 4340, strain-hardening exponent and true stress values for **A8:** 24
X65 linepipe, cathodic potential and corrosion fatigue crack growth rate. **A8:** 417

Steel, spheroidizing
ultrahigh-strength steels. . . . **A4:** 209, 210, 211, 212, 213

Steel springs *See also* Springs. **A1:** 302–326
characteristics of spring steel grade
annealed spring wire **A1:** 307–308
stainless steel spring wire **A1:** 308
valve-spring quality (VSQ) wire **A1:** 307
compression springs **A1:** 319–320, 322
active coils **A1:** 320
modulus change, effect of **A1:** 320
solid heights **A1:** 320, 322
costs **A1:** 317–318, 320
design **A1:** 318
life **A1:** 319, 321
stress range **A1:** 308, 309, 310, 319
Wahl corrections. **A1:** 318–319, 320, 321
extension springs **A1:** 320–321
end hooks **A1:** 321
fatigue **A1:** 307, 312
shot peening **A1:** 313–314
stress range. **A1:** 308, 309, 310, 311, 312–313
hot-wound springs **A1:** 315
hardenability requirements. **A1:** 315–316, 317
surface quality **A1:** 316, 318
leaf springs **A1:** 321–324
for vehicle suspension **A1:** 322, 325
mechanical prestressing **A1:** 325–326
mechanical properties. **A1:** 325
steel grades **A1:** 322, 325
surface finishes and protective coatings . . **A1:** 326
mechanical properties **A1:** 302–305
flat springs **A1:** 305, 306, 307
plating of springs **A1:** 311–312
hydrogen relief treatment **A1:** 312
mechanical plating **A1:** 312
residual stresses for **A1:** 309, 311
stress relieving **A1:** 307, 311
temperature, effect of. **A1:** 303–304, 312, 313, 314–315
types of **A1:** 302
wire quality **A1:** 303–304, 308
decarburization **A1:** 308–309
magnetic particle and eddy current testing **A1:** 309
seams **A1:** 308

Steel, stainless type .... **A3:** 1•27

Steel stamps
identification. **A11:** 473

Steel storage tanks
cathodic protection system. **A13:** 471–472

Steel strip *See also* Alloy steels, sheet and strip; Low-carbon steels, sheet and strip
monotonic and fatigue properties **A19:** 973

Steel, surface hardening **A4:** 259–266
approaches to methods **A4:** 259
austenitic nitrocarburizing **A4:** 264
boriding **A4:** 264
carbonitriding **A4:** 264, 266, 282
carburizing **A4:** 261–263, 281, 282
diffusion methods **A4:** 259–264
electron beam (EB) hardening **A4:** 265
ferritic nitrocarburizing. **A4:** 264
flame hardening **A4:** 264–265, 266
induction hardening **A4:** 281, 282
induction heating. **A4:** 265, 266
ion implantation **A4:** 265–266
laser surface heat treatment **A4:** 265
nitriding **A4:** 263–264, 266, 281, 282
process selection. **A4:** 266
selective carburizing. **A4:** 266
selective surface hardening. **A4:** 264–266
specialized diffusion methods **A4:** 264
titanium carbide **A4:** 264
tool steels. **A4:** 745
Toyota diffusion process **A4:** 264
with arc lamps **A4:** 266

Steel tank car
brittle fracture from weld imperfections **A11:** 93–94

Steel technology
advances in **A1:** 665–666, 668, 669

Steel tempering *See* Tempering of steel

Steel, thermomechanical processing (TMP) **A4:** 237–253
applications to heat treat as-rolled microalloyed steels. **A4:** 247–252
applications to heat treat low-alloy steels . . **A4:** 252
Broken Hill Proprietary (BHP) high toughness rolling. **A4:** 251–252
conventional cold rolling (CCR) **A4:** 247
conventional controlled rolling . . **A4:** 237, 239, 240, 248–249, 250, 251, 252
conventional hot rolling (CHR). . **A4:** 247, 249, 250
ductile-to-brittle transition temperature (DBTT) evaluation **A4:** 238, 239
dynamic recrystallization **A4:** 248–249
ferrite-pearlite. **A4:** 237–240
fracture-appearance transition temperature (FATT) **A4:** 239, 240
fundamentals **A4:** 240–247
high-strength low-alloy (HSLA) steel. **A4:** 238
hot rolling. **A4:** 239, 240, 242, 246
HSLA steels. **A4:** 252
intensified controlled rolling (ICR) . . . **A4:** 250, 251
intragranular planar defects (IPD). **A4:** 242
mechanical properties, effect of microstructure **A4:** 237–240, 241
metadynamic recrystallization **A4:** 248–249
microalloying additions in austenite. . **A4:** 243, 245, 251
microalloying elements (MAE). . . **A4:** 237, 239, 240
effect on critical temperatures of austenite **A4:** 245–247
microstructure **A4:** 237–240, 241, 242
multiphase steels **A4:** 252
nil-ductility temperature (NDT) **A4:** 240
particle pinning **A4:** 243, 249–250, 251
physical metallurgy **A4:** 240–243
precipitation in austenite. . . **A4:** 243–245, 246, 247, 249
recrystallization controlled rolling (RCR) . . **A4:** 242, 247–248, 250–251, 252
solubility products in austenite **A4:** 243–245
solute drag **A4:** 243, 246, 251
static recrystallization. **A4:** 249–250, 251
Sumitomo high toughness rolling (SHT). . . **A4:** 249, 251
versus microalloyed (MA) steels **A4:** 237, 238, 239, 240

Steel, transformation
cold treating vs. tempering **M4:** 117
hardness testing, cold treating. **M4:** 117
precipitation-hardening **M4:** 118
process limitations, cold treating **M4:** 117
shrink fits, cold treating. **M4:** 118

Steel tricone drill bits
application. **A2:** 976

Steel truck frame
monotonic and fatigue properties **A19:** 974

Steel tube
monotonic and fatigue properties **A19:** 974

Steel tubes *See also* Steel tubing
ASTM specifications **M1:** 321, 323, 324, 325
compositions. **M1:** 323, 324
pressure tubes **M1:** 316, 321, 323, 324, 325
square, rectangular and special-shape sections. **M1:** 325–326
tensile properties. **M1:** 325

Steel tubing *See also* Steel tubes
ASTM specifications. **M1:** 323, 325, 326
compositions **M1:** 326
double-wall brazed tubing **M1:** 321
mechanical tubing. **M1:** 323–326
structural tubing **M1:** 323, 325, 326
tensile properties. **M1:** 326
Turk's head shaping. **M1:** 325–326

Steel tubing, specific types
1015, resistance welded, different sections and heat treatments **A9:** 215–216
1018, welded and normalized **A9:** 216
1025, cold drawn, aluminate inclusion. **A9:** 216
1215, cold drawn, sulfide inclusion **A9:** 216
4140, annealed **A9:** 216
4140, austenitized, quenched and tempered **A9:** 216
4620, silicate and sulfide inclusions **A9:** 216
5048, seamless, decarburization. **A9:** 216
8620, silicate inclusion **A9:** 216
ASTM A161, seamless, hot drawn **A9:** 214

ASTM A200, Grade T5, seamless, annealed different magnifications **A9:** 214–215
ASTM A213, Grade T5c, hot finished. **A9:** 215
ASTM A254, Class 1, copper brazed joints **A9:** 215

Steel tubular products *See also* Steel pipe; Steel tubes; Steel tubing . . **A1:** 327–336, **A9:** 210–216, **M1:** 315–326
cold finishing. **M1:** 316–317, 324–325
cold finishing for **A1:** 328–329
commercial classifications. **A9:** 210
common types of pipe **A1:** 331–333
conduit pipe. **A1:** 331
oil country tubular goods **A1:** 329, 330, 332–333
Piling pipe **A1:** 331
pipe nipples **A1:** 331
standard pipe. **A1:** 331
transmission or line pipe. **A1:** 331
water main pipe **A1:** 331–332
water well pipe **A1:** 329, 332, 333
compositions. **A9:** 211, **M1:** 318–319, 322, 323, 324, 326
etchants **A9:** 211
etching **A9:** 211
maximum-use temperatures of boiler tube steels. **A1:** 617
mechanical tubing **A1:** 334–336
continuous-welded cold-finished mechanical tubing **A1:** 335
seamless mechanical tubing. **A1:** 335
square, rectangular, and special-shape sections. **A1:** 335–336
welded mechanical tubing. **A1:** 334–335
nondestructive evaluation. **A17:** 561–581
pipe sizes and specifications for **A1:** 328, 329–331, 333
pressure tubes **A1:** 327, 333–334
double-wall brazed tubing. **A1:** 333–334
structural tubing **A1:** 334
product classification **A1:** 327, **M1:** 315–316
production by welding **M1:** 316
seamless processes. **M1:** 316
seamless processes for **A1:** 328
cupping and drawing **A1:** 328
hot extrusion **A1:** 328
rotary piercing. **A1:** 328
specimen preparation **A9:** 210–211
welding processes
continuous welding. **A1:** 328
double submerged arc welding **A1:** 328
electric resistance welding. **A1:** 327–328
fusion welding. **A1:** 328

Steel turbine wheel forging
monotonic and fatigue properties **A19:** 977

Steel, ultrahigh-strength *See* Ultrahigh- strength steels

Steel, uncoated bare
hot dip coatings effect on threshold voltages for cratering of cathodic electrophoretic dimer **A20:** 471

Steel unibodies **A20:** 258, 259

Steel, welding high-speed to low alloy . . **A3:** 1•26–1•27

Steel weldment soundness, influence of welding
common defects associated with arc welds **A6:** 408–409
hot cracks **A6:** 409
inclusions **A6:** 409
incomplete fusion **A6:** 408–409
lamellar tearing **A6:** 409
porosity. **A6:** 408
rollover **A6:** 409
undercut **A6:** 409
gas-metal arc welding. **A6:** 408, 409, 413
heat-affected zone. **A6:** 408, 409, 410, 411, 412
high-strength low-alloy (HSLA) steels **A6:** 408, 411
hydrogen-induced cracking (HIC). **A6:** 408, 410–415
pulsed-arc welding **A6:** 409
shielded metal arc welding. . **A6:** 408, 409, 413, 414
shielding gases **A6:** 408
submerged arc welding **A6:** 409, 413, 414

Steel weldments, influence of welding on properties **A6:** 416–428
carbon steels. **A6:** 417, 424
carbon-manganese steels . . . **A6:** 420, 421, 422, 423, 424, 426–427
chromium-molybdenum steels **A6:** 420–421

Steel weldments, influence of welding on properties (continued)
continuous cooling transformation
diagrams **A6:** 416, 417, 418, 419
corrosion **A6:** 424–425
dilution **A6:** 417–418, 419
electrode size effect **A6:** 418
embrittlement **A6:** 420, 421, 423
fatigue strength of joints................. **A6:** 425
filler metals **A6:** 417–418, 425
heat-affected zone **A6:** 416–417, 418, 419, 420,
421, 423–424, 425, 426–427
high-strength, low-alloy (HSLA) steels **A6:** 418–419
hydrogen cracking **A6:** 416, 424
hydrogen-induced cracking **A6:** 424
low-alloy steels.................... **A6:** 420, 424
low-carbon steels **A6:** 419
microalloyed carbon-manganese steels **A6:** 420
microstructure **A6:** 418–424
mild steels............................... **A6:** 419
postweld heat treatment ... **A6:** 416, 419, 420, 421,
422, 423, 424, 426–427
quenched and tempered steels ... **A6:** 421–424, 427
single-pass vs. multipass welding **A6:** 418, 424
steel types and weldability........... **A6:** 418–424
temper bead techniques **A6:** 420, 424
thermomechanically controlled process
steels **A6:** 419, 420
underbead cold cracking................. **A6:** 423
weld metals........................ **A6:** 417–418
welding procedure effect on
properties.................... **A6:** 425–428
heat input **A6:** 425–428
interpass temperature.................. **A6:** 426
postweld heat treatment **A6:** 426–427
preheat temperature............... **A6:** 425–426
weldment considerations **A6:** 424–425

Steel wire *See also* Steel bar; Wire; Wire
drawing.......................... **A1:** 277–288
applications....................... **M1:** 587, 588
bend radii.............................. **M1:** 588
cold extrusion **M1:** 591–592
cold heading **M1:** 589–591
configurations and sizes **A1:** 277
E50100, tempering...................... **A4:** 132
fabrication characteristics **M1:** 587–593
for packaging and container applications... **A1:** 282
inspection of...................... **A17:** 549–556
mechanical properties of round wire versus flat
wire **A1:** 287–288
metallic coated wire **A1:** 281–282
quality descriptions and commodities **A1:** 282
alloy wire........................ **A1:** 286–287
aluminum conductor steel
reinforced wire................... **A1:** 283
fine steel wire **A1:** 286
for electrical or conductor applications... **A1:** 283
for packaging and container applications **A1:** 282
for prestressed concrete **A1:** 283
low-carbon steel wire for general usage... **A1:** 282
mechanical spring wire for
general use **A1:** 284–285
mechanical spring wire for special
applications **A1:** 285
structural applications (not prestressed
concrete)........................ **A1:** 282
upholstery spring construction wire...... **A1:** 285
wire for fasteners **A1:** 284
wire for other specific applications.. **A1:** 285–296
specification wire....................... **A1:** 281
swaging................................ **M1:** 593
wiremaking practices
cleaning and coating................. **A1:** 280
lubricants **A1:** 279
thermal treatments................ **A1:** 280–281
welds............................... **A1:** 279
zinc galvanized **M2:** 652–654

Steel wire gage (SWG) system **A1:** 277

Steel Wire Gage system **M1:** 259–260

Steel wire rod........................ **A1:** 272–276
alloy steel rod **A1:** 275
qualities and commodities for **A1:** 275
special requirements for **A1:** 275–276
carbon steel rod **A1:** 272
mechanical properties **A1:** 275–276
special requirements for............... **A1:** 274
cleaning and coating **A1:** 272
configurations and sizes of.............. **A1:** 277
heat treatment of **A1:** 272
wiremaking practices................... **A1:** 277
wiredrawing..................... **A1:** 277–279

Steel wire rope
abrasion and crushing failure............ **A11:** 519
components of **A11:** 515
corrosion **A11:** 518
drums................................ **A11:** 517
eye terminal failure **A11:** 521
failure by overheating.............. **A11:** 519–520
failure by shock loading........... **A11:** 518–519
failure of wires in..................... **A11:** 519
failures of **A11:** 515–521
grooved drums.................... **A11:** 517–518
hoisting, bending-fatigue failure.......... **A11:** 518
rope pressure **A11:** 516–517
scrubbing............................. **A11:** 519
sheave grooves **A11:** 516
sheave material........................ **A11:** 517
shock loading of....................... **A11:** 518
strength and stretch............... **A11:** 515–516

Steel/acrylonitrile-butadiene-styrene
acrylic properties **EM3:** 122

Steel/glass
acrylic properties **EM3:** 122

Steel/glass-reinforced plastics
acrylic properties **EM3:** 122

Steel/natural rubber
acrylic properties **EM3:** 122

Steel/nylon
acrylic properties **EM3:** 122

Steel/polystyrene
acrylic properties **EM3:** 122

Steel/polyvinyl chloride
acrylic properties **EM3:** 122

Steel/steel (clean)
acrylic properties **EM3:** 122

Steel-bonded cermets
hardening of **A2:** 997

Steel-bonded titanium carbide, and other wear-resistant materials
compared.............................. **A2:** 997

Steel-bonded titanium carbide cermets
applications and properties **A2:** 996–998
hardening.............................. **A2:** 997
machining and grinding **A2:** 997–998
manufacturing.......................... **A2:** 997

Steel-bonded tungsten carbide cermets
applications and properties **A2:** 1000

Steel-carbon fiber composite
adhesive material properties used in stress
analysis......................... **EM3:** 316

Steel-cutting cemented carbides
compositions and microstructures..... **A2:** 952–953

Steel-cutting grades of cemented carbide alloys
machining.......................... **A7:** 934, 935

Steelmaking *See also* Steel processing technology
effect of practices on formability **A1:** 577–578
electric furnace steelmaking **A1:** 111
ferroalloy/deoxidizer additions **A1:** 111–112
first-stage refining............. **A1:** 110, 111, 112
ladle steelmaking **A1:** 112–113
mold metallurgy....................... **A1:** 114
of HSLA steel..................... **A1:** 405–406
second-stage refining and technology
advances.......................... **A1:** 111
stainless steels......................... **A1:** 930
steel plate **A1:** 226–228
third-stage refining..................... **A1:** 113
tundish metallurgy and continuous
casting **A1:** 113–114

Steelmaking furances **M1:** 109–114

Steelmaking industry
acid melting practice............... **A15:** 363–364
basic melting practice **A15:** 366
horizontal centrifugal casting in **A15:** 300

Steelmaking practices **M1:** 109–116
$2\frac{1}{4}$ Cr-1Mo steel....................... **M1:** 654
formability, effects on **M1:** 556–557

Steel-mill billets
magnetic particle inspection of **A17:** 119–120

Steel-polypropylene joints
weathering and long-term testing ... **EM3:** 659–662

Steel(s) *See also* AISI/SAE alloy steels; Alloy steels; Arc-welded low carbon steel; Arc-welded stainless steels; ASP steels; ASTM/ASME alloy steels; Austenitic stainless steels; Austenitic steels; Austentic- manganese steels; Carbon steels; Cast steels; Ferritic steels; Ferrous casting alloys; Heat-resistant alloys; High-alloy steels; High-carbon steels; High-strength steels; High-temperature alloys; Low-alloy steels; Low-carbon steels; Maraging steels; Martensitic stainless steels; Medium-carbon steels; Plain carbon steels; Precipitation-hardening stainless steels; Silicon steels; specific types; Stainless steels; Stainless steels, specific types; Steel alloys; Steel alloys, specific types; Steel castings, failures of; Steels, AISI-SAE; Steels, AMS; Steels, ASME; Steels, ASTM; Steels, specific types; Tool steels; Tool steels, specific types; Ultrahigh-strength steels; Wrought carbon steels; Wrought cobalt-base alloys; Wrought heat-resisting alloys; Wrought steels; Wrought steels, specific steels **M7:** 100–104
35Kh3N3M (Russian specification), tensile
tests.................................. **A6:** 80
abrasion resistance **A18:** 490, 491
abrasive wear materials................. **A18:** 190
additives............................... **M7:** 105
Al-killed, analysis of **A10:** 231
alloy production, powders used **M7:** 572
alloying element partitioning in, FIM/AP
study of **A10:** 583
alloying elements in..................... **A10:** 56
aluminized **A13:** 434–435
aluminum coating **A13:** 458
aluminum-caused inclusions in **A15:** 90
aluminum-zinc alloy coated......... **A13:** 435–436
analysis, as ratioed with the intensity
of iron **A10:** 26
and conventional steel, microstructures
compared **M7:** 785
and surface integrity **A16:** 22
applications
cylinder liner material for pistons **A18:** 556
internal combustion engine parts .. **A18:** 553, 561
as carrier core, copier powders........... **M7:** 584
as cathode material for anodic protection, and
environment used in **A20:** 553
ASTM specifications **M3:** 739–740
atmospheric corrosion......... **A13:** 82, 205, 542,
1299–1301
austenitic manganese,
microstructural wear **A11:** 161
bearing, grinding **A16:** 437
bearing, ground by CBN wheels **A16:** 455
bendability and selection, for press
bending **A14:** 523
biological corrosion **A13:** 116–117
bonded to aluminum-silicon-tin or aluminum-
silicon-lead alloys **A18:** 744
boring **A16:** 163, 164
boring bars........................ **A16:** 163, 171
brazing with clad brazing materials **A6:** 347
broachability constant **A16:** 200
bushings, in shafts **A11:** 470

SUBJECTS OF THE INDEXED VOLUMES: ASM Handbook (designated by the letter "A"): **A1:** Properties and Selection: Irons, Steels, and High-Performance Alloys (1990); **A2:** Properties and Selection: Nonferrous Alloys and Special-Purpose Materials (1990); **A3:** Alloy Phase Diagrams (1992); **A4:** Heat Treating (1991); **A5:** Surface Engineering (1994); **A6:** Welding, Brazing, and Soldering (1993); **A7:** Powder Metal Technologies and Applications (1998); **A8:** Mechanical Testing (1985); **A9:** Metallography and Microstructures (1985); **A10:** Materials Characterization (1986); **A11:** Failure Analysis and Prevention (1986); **A12:** Fractography (1987); **A13:** Corrosion (1987); **A14:** Forming and Forging (1988); **A15:** Casting (1988); **A16:** Machining (1989); **A17:** Nondestructive Evaluation and Quality Control (1989); **A18:** Friction, Lubrication, and Wear Technology (1992); **A19:** Fatigue and Fracture (1996); **A20:** Materials Selection and Design (1997). **Metals Handbook, 9th Edition** (designated by the letter "M"): **M1:** Properties and Selection: Irons and Steels (1978); **M2:** Properties and Selection: Nonferrous Alloys and Pure Metals (1979); **M3:** Properties and Selection: Stainless Steels, Tool Materials, and Special-Purpose Materials (1980); **M4:** Heat Treating (1981); **M5:** Surface Cleaning, Finishing, and Coating (1982); **M6:** Welding, Brazing, and Soldering (1983); **M7:** Powder Metallurgy (1984). **Engineered Materials Handbook** (designated by the letters "EM"): **EM1:** Composites (1987); **EM2:** Engineering Plastics (1988); **EM3:** Adhesives and Sealants (1990); **EM4:** Ceramics and Glasses (1991). **Electronic Materials Handbook** (designated by the letters "EL"): **EL1:** Packaging (1989)

carbide-containing, microstructural wear effects . . . **A11:** 161
carbon arc welding . . . **A6:** 200
carbon steel bar
annealed, cold drawn, mechanical properties . . . **A20:** 370, 371
cold drawn, mechanical properties **A20:** 370, 371
hot rolled, mechanical properties . . **A20:** 370, 371
normalized, cold drawn, mechanical properties . . . **A20:** 370
spheroidized annealed, cold drawn, mechanical properties . . . **A20:** 371
carbon-manganese, lamellar tearing in . . . **A11:** 92
carburized, microstructure . . . **A11:** 326–327
carburized, surface-origin pitting from contact-fatigue testing . . . **A11:** 133
carburizing . . . **A10:** 380
case hardening for rolling-contact component steels . . . **A18:** 502
case-hardening steel . . . **A16:** 67
cast and wrought, weldability compared . . **A15:** 535
casting defects in . . . **A11:** 380–391
CCT diagram . . . **A20:** 372, 374
chemical analysis and sampling . . . **M7:** 249
chemical milling . . . **A16:** 579, 582, 585, 586
chemical-setting ceramic linings for . . . **A13:** 454
chloride salt corrosion . . . **A13:** 90
chromium, feather markings . . . **A12:** 18
chromium-molybdenum, atom probe analysis . . . **A10:** 592
classified . . . **A15:** 628
cleaning solutions for substrate materials . . **A6:** 978
coarse-grained, quench cracking of . . . **A11:** 96
coated, filiform corrosion . . . **A13:** 104–107
coated, press forming . . . **A14:** 560–566
coating, exposing and cleaning . . . **A12:** 73
coextrusion welding . . . **A6:** 311
coinability of . . . **A14:** 183
cold form tapping . . . **A16:** 266
cold-rolled, corrosion resistance . . . **A10:** 556–557
complex inclusions in . . . **A15:** 92–93
composition . . . **M7:** 464
constructional, hobs for . . . **M3:** 477
continuous casting of . . . **A15:** 308–313
contour band sawing . . . **A16:** 364
corrosion, Evans diagram . . . **A13:** 49
corrosion fatigue . . . **A13:** 764
corrosion under insulation . . . **A13:** 1144–1146
counterboring . . . **A16:** 251
crack growth kinetics . . . **A13:** 279
crack growth thresholds . . . **A19:** 141–143
crack propagation . . . **A19:** 166
crucible, development of . . . **A15:** 31
cutting fluids used . . . **A16:** 125
cutting tool materials and cutting speed relationship . . . **A18:** 616
damage dominated by fatigue fracture . . . **A18:** 181
damage dominated by surface cracking . . . **A18:** 178, 179
debris effect on wear . . . **A18:** 249
dependence of wear on load and velocity **A18:** 490
desulfurization . . . **A15:** 75
determination of alloying elements by flame AAS . . . **A10:** 56
die block . . . **A14:** 230
die cutting speeds . . . **A16:** 301
dissolution, in iron-carbon melts . . . **A15:** 73–74
distortion . . . **A6:** 1098–1099
drilling . . . **A16:** 229
drop hammer forming of . . . **A14:** 655–656
edge retention . . . **A16:** 29
effect of sintering atmosphere on carbon content . . . **M7:** 340, 341
effect of temperature on dimple size . . . **A12:** 34, 46
effects of density on elastic modulus Poisson's ratio, and thermal expansion . . . **M7:** 466
electrical discharge machining . . **A16:** 558, 559, 560
electrochemical discharge grinding . . . **A16:** 549
electrochemical machining . . . **A16:** 535, 539
electrodes, nylon liners . . . **A6:** 183–184
electrogalvanized . . . **A13:** 1012
electromagnetic techniques for . . . **A17:** 159–163
electron beam drip melted . . . **A15:** 413–414
electron-beam welding . . . **A6:** 851, 857, 860, 866
electroslag remelting . . . **A15:** 401–403
elements implanted to improve wear and friction properties . . . **A18:** 858
embrittlement by low-melting alloys . . . **A12:** 29
embrittlement of . . . **A11:** 98–101
engineered material classes included in material property charts . . . **A20:** 267
environments that cause stress-corrosion cracking . . . **A6:** 1101
EPD voltages as measured on a standard compact type specimen . . . **A19:** 177
EPMA analysis of inclusions . . . **A10:** 516
erosion . . . **A18:** 200, 201, 204
relative erosion factor . . . **A18:** 200, 201
exogenous inclusions . . . **A15:** 93–94
explosion welding . . . **A6:** 162–163, 303
extrudability of . . . **A14:** 300–301
fatigue analysis for design . . . **A19:** 245–246
fatigue crack propagation . . . **A19:** 37
fatigue limit . . . **A20:** 345
fatigue, magnetic rubber inspection monitoring . . . **A17:** 125
fatigue ratios . . . **A19:** 791
fatigue striations in . . . **A11:** 105
fatigue-crack-growth rates . . . **M3:** 741, 755
ferritic, ductile-to-brittle fracture transition in . . . **A11:** 66
FIM sample preparation of . . . **A10:** 586
flame hardening response . . . **A20:** 484
flash welding . . . **A6:** 247
flow stress relations . . . **A14:** 166–168
for cap nuts . . . **A20:** 302
for loaded thermal conductor, decision matrix . . . **A20:** 293
for roller supports, unit costs compared . . **A20:** 249
for space boosters/satellites . . . **A13:** 1102
for valve seats and guards for reciprocating compressors . . . **A18:** 604
forge welding . . . **A6:** 306
forged . . . **A18:** 654
fractography of hydrogen-embrittled . . . **A11:** 28–29
fracture in, and alloy design . . . **A19:** 30–31
fracture toughness . . . **A20:** 537, 538, **M3:** 740–741, 754
fracture toughness vs.
density . . . **A20:** 267, 269, 270
strength . . . **A20:** 267, 272–273, 274
Young's modulus . . . **A20:** 267, 271–272, 273
fracture types . . . **A12:** 1–3
fracture-transition data, Charpy V-notch tests . . . **A11:** 67
free-machining, cold extrusion . . . **A14:** 301
free-machining grades, resulfurized and rephosphorized, composition . . . **A20:** 359
free-machining grades, resulfurized, composition . . . **A20:** 359
fretting wear . . . **A18:** 252
fretting wear of ropes . . . **A18:** 250
friction coefficient data . . . **A18:** 74, 75
friction surfacing . . . **A6:** 323
friction welding . . . **A6:** 152
full-hard strip, mechanical cutting . . . **A6:** 1180
fully dense, STAMP process . . . **M7:** 547
fully killed, electron-beam welding . . . **A6:** 866
fully-killed, cleanliness assayed . . . **A10:** 176
fusion welding to aluminum-base alloys . . . **A6:** 828
fusion welding to cobalt-base alloys . . . **A6:** 828
fusion welding to copper-base alloys . . . **A6:** 828
fusion welding to nickel-base alloys . . . **A6:** 827–828
galling threshold loads . . . **A18:** 595
galvanic corrosion . . . **A13:** 84
galvanized . . . **A13:** 432–434
galvanized, brittle fracture . . . **A11:** 100
glass-lined . . . **A13:** 1228
grade 250 maraging EDG . . . **A16:** 567
grade selection, and tool and die failure . . **A11:** 564, 566
grain refiners . . . **A6:** 53
grinding rod materials . . . **A18:** 654
grit-blast descaling for . . . **M7:** 435
guide shoe material for honing operation **A16:** 478
hardened and tempered, erosive attack on die surface . . . **A18:** 630
hardness . . . **A20:** 372, 374–375, 377, 378
heat treated, properties . . . **A18:** 813
heat-treated martensitic, and LEFM . . . **A19:** 376
high removal rate machining . . . **A16:** 607
high-alloy . . . **A15:** 722–735
high-carbon, figure numbers for . . . **A12:** 216
high-resolution energy-compensated atom probe analysis of . . . **A10:** 597
high-speed machining . . . **A16:** 598, 600
high-strength alloys fracture toughness variability . . . **A19:** 451
high-strength, effect of high temperature on overload fracture . . . **A12:** 35, 50
high-strength, hydrogen embrittlement . . . **A13:** 1039
high-strength, precleaning embrittlement . . . **A17:** 81
high-strength, SCC failure in . . . **A11:** 27
high-strength, stress-corrosion crack initiation . . . **A13:** 149
hone forming . . . **A16:** 488
honing stone selection . . . **A16:** 476
hot dip coating . . . **A13:** 432–445
hot dip galvanized . . . **A13:** 1012
hot extrusion, billet temperatures for . . . **M3:** 537
hot extrusion of . . . **A14:** 322
hot forming temperatures for . . . **A14:** 620
hot shortness . . . **A12:** 126–127
hot-rolled commercial-quality, for press forming . . . **A14:** 546–547
hydrogen cracking in . . . **A11:** 410
hydrogen embrittlement . . . **A12:** 23, 25, 31, 124
hydrogen flaking . . . **A12:** 125
hydrogen traps, by size . . . **A13:** 167
hydrogen-damage failure . . . **A11:** 336–337
hydrogen-induced flake formation in . . . **A11:** 79
in bimetal bearing material systems . . . **A18:** 747
in moist chlorine . . . **A13:** 1172–1173
in precipitator wires, failure analysis of . . **A20:** 324, 325
in trimetal bearing material systems . . . **A18:** 748
inclusions in . . . **A15:** 91–94
induction brazing . . . **A6:** 333, 334
induction-hardened shaft, subsurface residual in . . . **A10:** 389–390
infiltrated, composition and properties . . . **M7:** 564
infiltrated, microstructural analysis . . . **M7:** 487–488
intergranular dimple rupture . . . **A12:** 14
ion implantation applications . . . **A20:** 484
iron-based, AAS analysis of . . . **A10:** 55
isolation of inclusions in . . . **A10:** 176
Izod impact testing on hot forged . . . **M7:** 410
joined to aluminum alloys . . . **A6:** 739
lapping . . . **A16:** 499
laser alloying . . . **A18:** 866
laser-beam welding . . . **A6:** 263
lead and sulfur content and flaking . . . **A16:** 281
life cycle costs of automotive fenders . . . **A20:** 263, 264
linear expansion coefficient vs. thermal conductivity . . . **A20:** 267, 276, 277
linear expansion coefficient vs. Young's modulus . . . **A20:** 267, 276–277, 278
LME failures in . . . **A11:** 719–723
low-alloy steels
annealed, mechanical properties . . . **A20:** 372
compositions . . . **A20:** 362
nonresulfurized grades, manganese 1.00%, composition . . . **A20:** 359
normalized temperatures, mechanical properties . . . **A20:** 372
oil quenched and tempered, mechanical properties . . . **A20:** 372
quenched-and-tempered . . . **A20:** 375, 377, 378
water quenched and tempered, mechanical properties . . . **A20:** 372
low-carbon copper-flashed, capacitor discharge stud welding . . . **A6:** 222
low-carbon, figure numbers for . . . **A12:** 216
low-strength, stepwise cracking . . . **A13:** 170
low-stress grinding procedures . . . **A16:** 28
machinability . . . **A16:** 643, 644, 646
material effects on flow stress and workability in forging chart . . . **A20:** 740
mechanical properties . . . **A18:** 774
medium-carbon, figure numbers for . . . **A12:** 216
melts, purification of . . . **A15:** 75–79
metallic coated . . . **A13:** 526–527
microhoning . . . **A16:** 490
microstructural analysis . . . **M7:** 487, 488
mild . . . **A18:** 71, 73, 246, 251, 549
mill scale breaks, galvanic corrosion from . . **A13:** 84
milling . . . **A16:** 307, 312, 313, 314
molten, surface protection . . . **A15:** 311
monotonic and cyclic fatigue properties . . . **A20:** 524

Steel(s) (continued)
monotonic and cyclic stress-strain properties . . . **A19:** 231
Mössbauer measurement of retained austenite in . . . **A10:** 287
nickel . . . **M7:** 488
nickel alloys, welding to . . . **A6:** 578
nitrided, decrease in nitrogen concentration . . . **A11:** 43
nitrides as inclusions . . . **A15:** 93
nonmetallic elements determined in . . . **A10:** 178
nonmetallics occurring in . . . **A11:** 316
nonresulfurized grades, manganese greater than 1.00%, composition . . . **A20:** 359
normalized tensile strength vs. coefficient of linear thermal expansion . . . **A20:** 267, 277–279
operating limits, to avoid hydrogen attack . . . **A13:** 331
optical emission spectroscopy . . . **A10:** 21
organic-coated . . . **A13:** 528–529
overheating . . . **A12:** 127–129
oxides as inclusions . . . **A15:** 91–92
oxyfuel gas cutting . . . **A6:** 1158
oxyfuel gas welding . . . **A6:** 281, 282, 284, 285, 288
oxyfuel resistance . . . **A14:** 722
oxygen removal . . . **A15:** 74
part material for ion implantation . . . **A18:** 858
pearlitic, atom probe composition profile of . . . **A10:** 593
pearlitic eutectoid, TTS fracture . . . **A12:** 28
pH effect on corrosion rate . . . **A13:** 991
phase stability in . . . **A10:** 583
phase transformation in . . . **A10:** 583
phase transformations . . . **A6:** 84
photochemical machining . . . **A16:** 590, 591
physical properties . . . **A18:** 192
pipe, parameters used to obtain multipass weld in 1.07 m diameter X-65 steel pipe **A6:** 101–102
plane-strain fracture toughness . . . **A11:** 54
planing . . . **A16:** 184, 185, 186
plasma-MIG welding . . . **A6:** 224
plate, hydrogen flaking . . . **A12:** 141
prealloyed, microstructural analysis . . . **M7:** 488
precision forming of . . . **A14:** 158–175
precoated . . . **A13:** 1011–1015
precoated before soldering . . . **A6:** 131
prepainted . . . **A13:** 528–529
projection welding
heavy-gage steels . . . **A6:** 232
hot- and cold-drawn wires . . . **A6:** 236
intermediate-gage low-carbon steels . . . **A6:** 234
process requirements . . . **A6:** 235–237
process requirements for heavy-gage low-carbon steels . . . **A6:** 232
thin-gage low-carbon steels . . . **A6:** 235
quality, tool and die failure and . . . **A11:** 564
quantitative determination of carbon and sulfur by high-temperature combustion in . . . **A10:** 223–224
quench cracking of . . . **A11:** 94–97
radiographic absorption . . . **A17:** 311
radiographic film selection . . . **A17:** 328
ratio-analysis diagram . . . **A19:** 403, 404
ratio-analysis diagram for . . . **A11:** 62
R-curve for . . . **A11:** 64
reaction with cementitious materials . . . **A13:** 1299, 1301–1303, 1306–1308
reaming . . . **A16:** 239, 245, 247, 248
rehardened high-speed, brittle fracture of **A11:** 574
relative solderability as a function of flux type . . . **A6:** 129
relative weldability ratings, resistance spot welding . . . **A6:** 834
rephosphorized, resulfurized, breakage elimination in . . . **A11:** 70
resistance brazing . . . **A6:** 341
resistance soldering . . . **A6:** 357
resistance spot welding . . . **A6:** 228–229
resistance welding . . . **A6:** 840
resulfurized or leaded . . . **A16:** 149
reverse redrawing . . . **A14:** 511
roll bonding processes . . . **A18:** 755–756
roll welding . . . **A6:** 312, 314
roller burnishing . . . **A16:** 252
rolling of . . . **A14:** 343, 355
sand castings, noncritical tolerances . . . **A15:** 619
scanning acoustic microscopy for wear studies . . . **A18:** 408, 409
SCC of . . . **A12:** 27
scrap, as charge . . . **A15:** 388
second-phase particle effect, tensile ductility . . . **A14:** 364
semikilled and rimmed, sample dissolution of . . . **A10:** 176
semikilled, electron-beam welding . . . **A6:** 806
shaping . . . **A16:** 191
sheet and strip, powder used . . . **M7:** 574
shielded metal arc welding . . . **A6:** 176
simple, partitioning silicon oxidation states n . . . **A10:** 178
simulated, range of Kα doublet blending for . . . **A10:** 385
sintering furnace . . . **M7:** 339
slugs, for cold extrusion . . . **A14:** 303–304
S-N curves . . . **A11:** 103
sodium hydroxide corrosion . . . **A13:** 1174
soft-annealed, erosive attack on the die surface . . . **A18:** 630, 631
solderability . . . **A6:** 978
soldering . . . **A6:** 631
solid-metal embrittlement . . . **A13:** 184
spade drilling . . . **A16:** 225
spark emission sources for . . . **A10:** 29
specialty, hot workability ratings . . . **A14:** 381
specialty, plasma melting/casting . . . **A15:** 420
specific strength (strength/density) for structural applications . . . **A20:** 649
spheroidized . . . **A20:** 378
spotfacing . . . **A16:** 251
standard boron grades, composition . . . **A20:** 362
steel parts, steam treating . . . **M7:** 453
steel-copper systems, galvanic corrosion prediction . . . **A13:** 236
stiffness . . . **A20:** 515
strength vs. density . . . **A20:** 267–269
strengthening of . . . **A20:** 349–351
striation spacing . . . **A19:** 51
striations, fatigue crack growth . . . **A19:** 55
strip, multiple-slide forming of . . . **A14:** 567–574
strip-backed main connecting rod bearings, automotive . . . **M7:** 565
structural, atmospheric corrosion . . . **A13:** 542
structural, ductile-to-brittle transition temperature . . . **A11:** 68–69
structure, principles . . . **A13:** 46–47
sulfide inclusions . . . **A12:** 14
sulfides as inclusions . . . **A15:** 92
sulfur removal . . . **A15:** 74
surface condition effects on fatigue . . . **A13:** 294
surface decarburization measured . . . **A17:** 134
surface preparation, for porcelain enameling . . . **A13:** 447
tempered, microhardness . . . **M7:** 489
tempering temperature effect on tensile properties . . . **A20:** 374, 377
tensile properties at subzero temperatures **M3:** 740, 743, 748
tensile strength . . . **A20:** 513
tensile strength compared . . . **A20:** 513
thermal conductivity . . . **A11:** 604
thermal energy method of deburring . . . **A16:** 578
thermal properties . . . **A18:** 42
thread grinding . . . **A16:** 271
thread milling . . . **A16:** 269
thread rolling . . . **A16:** 282
threading . . . **A16:** 299
threading, tangential chasers . . . **A16:** 297
tin coatings on . . . **A13:** 775–776
to collimate or shield sources for storage and shipment . . . **A18:** 325
torch brazing . . . **A6:** 328
torch soldering . . . **A6:** 351, 352
trace metals AAS analysis of . . . **A10:** 55
transformation characteristics . . . **A19:** 17
tube stock . . . **A14:** 671
tuberculation in . . . **A13:** 121
tubing, as stock . . . **A14:** 671
turning . . . **A16:** 135, 144
turning machinability ratings . . . **A16:** 668–669
turning, tool life obtained . . . **A20:** 307
ultrasonic welding . . . **A6:** 324
unibodies emissions generated during vehicle life cycle stages . . . **A20:** 262
use in breweries . . . **A13:** 1221
wear rates . . . **A18:** 272
weathering . . . **A13:** 515–521
weathering, Raman analysis . . . **A10:** 135
weldability rating by various processes . . . **A20:** 306
welding of . . . **A15:** 520, 531–537
welding to copper and copper alloys . . . **A6:** 769
work material for ion implantation . . . **A18:** 858
work-hardening exponent and strength coefficient . . . **A20:** 732
yield strength . . . **A20:** 537
Young's modulus vs.
density . . . **A20:** 266, 267, 268, 289
elastic limit . . . **A20:** 287
strength . . . **A20:** 267, 269–271
zinc-alloy coated . . . **A13:** 1014

Steels, AISI, specific types
18Cr-8Ni, diffusion coatings . . . **A5:** 619
18Cr-9Ni, boriding . . . **A5:** 760, 761
300M, composition . . . **A5:** 705
601, composition . . . **M1:** 649
602
composition . . . **M1:** 649
elevated temperature properties . . . **M1:** 649, 651
603
composition . . . **M1:** 649
elevated temperature properties . . . **M1:** 640, 642, 649, 651
610 composition . . . **M1:** 649
1006, composition, applicable only to structural shapes, plates, strip, sheets, and welded tubing . . . **A5:** 702
1008
composition, applicable only to structural shapes, plates, strip, sheets, and welded tubing . . . **A5:** 702
zinc phosphate coating . . . **A5:** 380
1009, composition applicable only to structural shapes, plates, strip, sheets, and welded tubing . . . **A5:** 702
1010
composition, applicable only to structural shapes, plates, strip, sheets, and welded tubing . . . **A5:** 702
finish broaching . . . **A5:** 86
M2 machining of, tool life improvements due to steam oxidation . . . **A5:** 770
zinc phosphate coating . . . **A5:** 380
1012, composition, applicable only to structural shapes, plates, strip, sheets, and welded tubing . . . **A5:** 702
1015, composition, applicable only to structural shapes, plates, strip, sheets, and welded tubing . . . **A5:** 702
1016, composition, applicable only to structural shapes, plates, strip, sheets, and welded tubing . . . **A5:** 702
1017, composition, applicable only to structural shapes, plates, strip, sheets, and welded tubing . . . **A5:** 702
1018
composition, applicable only to structural shapes, plates, strip, sheets, and welded tubing . . . **A5:** 702

SUBJECTS OF THE INDEXED VOLUMES: ASM Handbook (designated by the letter "A"): **A1:** Properties and Selection: Irons, Steels, and High-Performance Alloys (1990); **A2:** Properties and Selection: Nonferrous Alloys and Special-Purpose Materials (1990); **A3:** Alloy Phase Diagrams (1992); **A4:** Heat Treating (1991); **A5:** Surface Engineering (1994); **A6:** Welding, Brazing, and Soldering (1993); **A7:** Powder Metal Technologies and Applications (1998); **A8:** Mechanical Testing (1985); **A9:** Metallography and Microstructures (1985); **A10:** Materials Characterization (1986); **A11:** Failure Analysis and Prevention (1986); **A12:** Fractography (1987); **A13:** Corrosion (1987); **A14:** Forming and Forging (1988); **A15:** Casting (1988); **A16:** Machining (1989); **A17:** Nondestructive Evaluation and Quality Control (1989); **A18:** Friction, Lubrication, and Wear Technology (1992); **A19:** Fatigue and Fracture (1996); **A20:** Materials Selection and Design (1997). **Metals Handbook, 9th Edition** (designated by the letter "M"): **M1:** Properties and Selection: Irons and Steels (1978); **M2:** Properties and Selection: Nonferrous Alloys and Pure Metals (1979); **M3:** Properties and Selection: Stainless Steels, Tool Materials, and Special-Purpose Materials (1980); **M4:** Heat Treating (1981); **M5:** Surface Cleaning, Finishing, and Coating (1982); **M6:** Welding, Brazing, and Soldering (1983); **M7:** Powder Metallurgy (1984). **Engineered Materials Handbook** (designated by the letters "EM"): **EM1:** Composites (1987); **EM2:** Engineering Plastics (1988); **EM3:** Adhesives and Sealants (1990); **EM4:** Ceramics and Glasses (1991). **Electronic Materials Handbook** (designated by the letters "EL"): **EL1:** Packaging (1989)

Steels, AISI-SAE specific types

discoloration/burn **A5:** 144–145, 146
erosive wear data **A5:** 508
finish drilling **A5:** 88
hard chromium plating, selected
applications **A5:** 177
stress measurement method for coatings **A5:** 652
1019, composition, applicable only to structural
shapes, plates, strip, sheets, and welded
tubing **A5:** 702
1020
composition, applicable only to structural shapes,
plates, strip, sheets, and welded
tubing **A5:** 702
finish broaching **A5:** 86
ion implantation work material in metalforming
and cutting applications **A5:** 771
M2 machining of, tool life improvements due to
steam oxidation **A5:** 770
wet outside diameter grinding **A5:** 162
1021, composition, applicable only to structural
shapes, plates, strip, sheets, and welded
tubing **A5:** 702
1022
composition, applicable only to structural shapes,
plates, strip, sheets, and welded
tubing **A5:** 702
M7 workpiece material tool life increased by
PVD coating **A5:** 771
1023, composition, applicable only to structural
shapes, plates, strip, sheets, and welded
tubing **A5:** 702
1025, composition, applicable only to structural
shapes, plates, strip, sheets, and welded
tubing **A5:** 702
1026, composition, applicable only to structural
shapes, plates, strip, sheets, and welded
tubing **A5:** 702
1030
composition, applicable only to structural shapes,
plates, strip, sheets, and welded
tubing **A5:** 702
effect of steam oxidation on tool life **A5:** 770
zinc phosphate coating **A5:** 380
1033, composition, applicable only to structural
shapes, plates, strip, sheets, and welded
tubing **A5:** 702
1035, composition, applicable only to structural
shapes, plates, strip, sheets, and welded
tubing **A5:** 702
1037
composition, applicable only to structural shapes,
plates, strip, sheets, and welded
tubing **A5:** 702
finish broaching **A5:** 86
1038, composition, applicable only to structural
shapes, plates, strip, sheets, and welded
tubing **A5:** 702
1039, composition, applicable only to structural
shapes, plates, strip, sheets, and welded
tubing **A5:** 702
1040
composition, applicable only to structural shapes,
plates, strip, sheets, and welded
tubing **A5:** 702
hard chromium plating, selected
applications **A5:** 177
1042, composition, applicable only to structural
shapes, plates, strip, sheets, and welded
tubing **A5:** 702
1043, composition, applicable only to structural
shapes, plates, strip, sheets, and welded
tubing **A5:** 702
1045
alumina and TiC coatings for cutting
tools **A5:** 905
composition, applicable only to structural shapes,
plates, strip, sheets, and
weldedtubing **A5:** 702
finish broaching **A5:** 86
hard chromium plating, selected
applications **A5:** 177
1045 (contineud)
shot peening **A5:** 130, 131
T15 workpiece material, tool life increased by
PVD coating **A5:** 771
1046, composition, applicable only to structural
shapes, plates, strip, sheets, and welded
tubing **A5:** 702
1049, composition, applicable only to structural
shapes, plates, strip, sheets, and welded
tubing **A5:** 702
1050
composition, applicable only to structural shapes,
plates, strip, sheets, and welded
tubing **A5:** 702
ion implantation work material in metalforming
and cutting applications **A5:** 771
M2 workpiece material, tool life increased by
PVD coating **A5:** 771
1055, composition, applicable only to structural
shapes, plates, strip, sheets, and welded
tubing **A5:** 702
1060, composition, applicable only to structural
shapes, plates, strip, sheets, and welded
tubing **A5:** 702
1063, finish broaching **A5:** 86
1064, composition, applicable only to structural
shapes, plates, strip, sheets, and welded
tubing **A5:** 702
1065, composition, applicable only to structural
shapes, plates, strip, sheets, and welded
tubing **A5:** 702
1070
composition, applicable only to structural shapes,
plates, strip, sheets, and welded
tubing **A5:** 702
finish broaching **A5:** 86
properties of work materials **A5:** 154
shot peening **A5:** 134, 135
1074, composition, applicable only to structural
shapes, plates, strip, sheets, and welded
tubing **A5:** 702
1075, composition, applicable only to structural
shapes, plates, strip, sheets, and welded
tubing **A5:** 702
1078, composition, applicable only to structural
shapes, plates, strip, sheets, and welded
tubing **A5:** 702
1080, composition, applicable only to structural
shapes, plates, strip, sheets, and welded
tubing **A5:** 702
1084, composition, applicable only to structural
shapes, plates, strip, sheets, and welded
tubing **A5:** 702
1085, composition, applicable only to structural
shapes, plates, strip, sheets, and welded
tubing **A5:** 702
1086, composition, applicable only to structural
shapes, plates, strip, sheets, and welded
tubing **A5:** 702
1090, composition, applicable only to structural
shapes, plates, strip, sheets, and welded
tubing **A5:** 702
1095, composition, applicable only to structural
shapes, plates, strip, sheets, and
weldedtubing **A5:** 702
1110
effect of steam oxidation on tool life **A5:** 770
zinc phosphate coating **A5:** 380
1112, finish broaching **A5:** 86
1113, hard chromium plating, selected
applications **A5:** 177
1145, finish broaching **A5:** 86
1335, effect of steam oxidation on
tool life **A5:** 770
1340
A6 machining of, tool life improvement due to
steam oxidation **A5:** 770
finish broaching **A5:** 86
3310
composition **A5:** 705
finish broaching **A5:** 86
4028, zinc phosphate coating **A5:** 380
4030, M2 machining of, tool life improvements
due to steam oxidation **A5:** 770
4047, finish broaching **A5:** 86
4118
composition **A5:** 705
shot peening **A5:** 130, 131
4130
composition **A5:** 705
finish broaching **A5:** 86
industrial (hard) chromium plating **A5:** 178
ion implantation work material in metalforming
and cutting applications **A5:** 771
zinc phosphate coating **A5:** 380
4140
electroless nickel plating applications **A5:** 306
finish broaching **A5:** 86
ion implantation work material in metalforming
and cutting applications **A5:** 771
tribological factors and finishing
methods **A5:** 149
zinc phosphate coating **A5:** 380
4340
composition **A5:** 705
electrochemical machining **A5:** 111
finish broaching **A5:** 86
industrial (hard) chromium plating **A5:** 178
shot peening **A5:** 130, 131
shot peening effect on fatigue strength ... **A5:** 708
wet outside diameter grinding **A5:** 162
5015, zinc phosphate coating **A5:** 380
5120, composition **A5:** 705
5140, finish broaching **A5:** 86
5160, shot peening **A5:** 130, 131
6150, cadmium plating **A5:** 221–222
8620
acid cleaning **A5:** 11
M2 workpiece material, tool life increased by
PVD coating **A5:** 771
shot peening **A5:** 130, 131
8740, M7 machining of, tool life improvements
due to steam oxidation **A5:** 770
9260, shot peening **A5:** 130, 131
9310, finish broaching **A5:** 86
9840, finish broaching **A5:** 86
51410, finish broaching **A5:** 86
52100
bearing steels, through-hardened **A5:** 705
finish broaching **A5:** 86
M2 machining of, tool life improvements due to
steam oxidation **A5:** 770
physical and mechanical properties **A5:** 163
thermal aspects of grinding **A5:** 156
wet outside diameter grinding **A5:** 162
A10, tribological factors and finishing
methods **A5:** 149
D-6a, composition **A5:** 705

Steels, AISI-SAE
classification **M6:** 289
electrode selection **M6:** 291
filler metals **M6:** 289–290
postheating **M6:** 291
preheating **M6:** 291

Steels, AISI-SAE specific types
10B20, applications, austempered parts **A4:** 157
10B21
notch toughness **M1:** 692, 1022
10B53
applications, austempered parts **A4:** 155
heat treatment effect on fracture
appearance **A4:** 156
10L18, broaching **A16:** 207
12L13
bushings, machining cost vs. 1213 steel **M1:** 578, 580
machinability rating **M1:** 570
recommended machining conditions **M1:** 569
12L13, arc welding **A6:** 646
12L13, machining ... **A16:** 179, 207, 342, 345, 347, 349
12L14
arc welding **A6:** 646
composition **A6:** 641, **M1:** 126
machinability **M1:** 236, 237
machinability rating **M1:** 576
tensile properties, cold drawn bars **M1:** 243
12L14, machining ... **A16:** 164, 179, 207, 251, 263, 342, 345, 347, 349, 364, 391, 667, 668, 672, 673
12L15, machining ... **A16:** 179, 207, 342, 345, 347, 349
14B35H
tempering with induction heating **A4:** 193
through-hardening by induction heating .. **A4:** 192
15B21H
composition **M1:** 127
hardenability curve **M1:** 499

Steels, AISI-SAE specific types (continued)

15B35
- annealing **A4:** 53, 54
- hardness **A4:** 54

15B35H
- composition **M1:** 127
- hardenability curve **M1:** 500

15B37H
- composition **M1:** 127
- hardenability curve **M1:** 501

15B41H
- composition **M1:** 127
- hardenability curve **M1:** 501

15B48H
- composition **M1:** 127
- hardenability curve **M1:** 502

15B62H
- composition **M1:** 127
- hardenability curve **M1:** 502

20MnCr 5, carburized steel bending fatigue. **A19:** 686

41L40
- machinability rating **M1:** 582

41L40, machining . . . **A16:** 164, 225, 246, 247, 263, 269, 342, 345, 347, 349, 364, 669

41L45, machining **A16:** 342, 345, 347, 349

41L47, machining **A16:** 342, 345, 347, 349

41L50, machining. **A16:** 81, 342, 345, 347, 349

43L40, machining **A16:** 342, 345, 347, 349

50B40
- annealing temperatures **A4:** 46, **M4:** 18
- austenitizing temperature **A4:** 961, **M4:** 29
- composition **M1:** 128
- hardenability equivalence. **M1:** 483–484
- machinability rating **M1:** 582
- normalizing temperatures **M4:** 7

50B40, machining . . . **A16:** 144–147, 179, 207, 274, 281, 343, 346, 348, 349, 669

50B40H
- composition **M1:** 130
- hardenability curve **M1:** 511

50B44
- annealing temperatures **A4:** 46, **M4:** 18
- austenitizing temperature **A4:** 961, **M4:** 29
- composition **M1:** 128
- machinability rating **M1:** 582
- normalizing temperatures **M4:** 7

50B44, machining . . . **A16:** 144–147, 179, 207, 274, 343, 346, 348, 349, 669

50B44H
- composition **M1:** 130
- hardenability curve **M1:** 511

50B46
- annealing temperatures **A4:** 46, **M4:** 18
- austenitizing temperature **A4:** 961, **M4:** 29
- composition **M1:** 128
- machinability rating **M1:** 582
- normalizing temperatures **M4:** 7

50B46, machining . . . **A16:** 144–147, 179, 207, 274, 343, 346, 348, 349, 669

50B46H
- composition **M1:** 130
- hardenability curves **M1:** 512

50B50
- annealing temperatures **A4:** 46, **M4:** 18
- austenitizing temperature **A4:** 961, **M4:** 29
- composition **M1:** 128
- machinability rating **M1:** 582
- normalizing temperatures **M4:** 7

50B50, machining . . . **A16:** 207, 274, 343, 346, 348, 349, 669

50B50H
- composition **M1:** 130
- hardenability curve **M1:** 512

50B60
- annealing temperatures **A4:** 46, **M4:** 18
- austenitizing temperature **A4:** 961, **M4:** 29
- composition **M1:** 128
- machinability rating **M1:** 582

50B60, machining . . . **A16:** 207, 274, 343, 346, 348, 349, 669

50B60H
- composition **M1:** 130
- hardenability curve **M1:** 512
- springs, hot wound **M1:** 302

51B60
- annealing temperatures **A4:** 46, **M4:** 18
- austenitizing temperature **A4:** 961, **M4:** 29
- composition **M1:** 128

51B60, machining . . . **A16:** 200, 207, 225, 274, 343, 346, 348, 349, 669

51B60H
- composition **M1:** 130
- hardenability curve **M1:** 516
- springs, hot wound **M1:** 302

51L32, machining **A16:** 342, 345, 347, 349

52L100, machining **A16:** 342, 345, 347, 349

60B60, normalizing temperatures. **M4:** 7

81B45
- annealing temperatures **A4:** 46, **M4:** 18
- austenitizing temperature **A4:** 961, **M4:** 29
- composition **M1:** 128
- machinability rating **M1:** 582
- normalizing temperatures **M4:** 7

81B45, machining . . . **A16:** 144–147, 179, 207, 225, 274, 343, 346, 348, 349, 669

81B45H
- composition **M1:** 130
- hardenability curve **M1:** 517

86B30H
- composition **M1:** 131
- hardenability curve **M1:** 519

86B45
- annealing temperatures **A4:** 46, **M4:** 18
- austenitizing temperature **A4:** 961, **M4:** 29
- composition **M1:** 128
- machinability rating **M1:** 582
- normalizing temperatures **M4:** 7

86B45, machining . . . **A16:** 144–147, 179, 207, 225, 274, 343, 346, 348, 349, 669

86B45H
- composition **M1:** 131
- hardenability curve **M1:** 521
- hardenability variation **M1:** 479

86L20
- machinability rating **M1:** 582

86L20, machining. . . . **A16:** 342, 346, 347, 349, 669

86L40, machining **A16:** 342, 345, 347, 349

94B15
- composition **M1:** 129
- machinability rating **M1:** 582

94B15, machining . . . **A16:** 144–147, 179, 207, 274, 342, 346, 347, 349, 669

94B15, normalizing temperatures. **M4:** 7

94B15H
- composition **M1:** 131
- hardenability curve **M1:** 524

94B17
- composition **M1:** 129
- machinability rating **M1:** 582

94B17, machining . . . **A16:** 144–146, 179, 207, 274, 342, 346, 347, 349, 669

94B17, normalizing temperatures. **M4:** 7

94B17H
- composition **M1:** 131
- hardenability curve **M1:** 524

94B30
- annealing temperatures **A4:** 46, **M4:** 18
- austenitizing temperature **A4:** 961, **M4:** 29
- composition **M1:** 129
- hardenability equivalence. **M1:** 483–484
- machinability rating **M1:** 582
- normalizing temperatures **M4:** 7

94B30, machining. **A16:** 144–147, 207, 274, 323–325, 343, 346, 348, 349, 669

94B30H
- composition **M1:** 131
- hardenability curve **M1:** 525

94B40
- annealing temperatures **A4:** 46, **M4:** 18
- austenitizing temperature **A4:** 961, **M4:** 29
- normalizing temperatures **M4:** 7

95B17, turning **A16:** 147

98BV40, turning **A16:** 144–147

300M, properties, effect of mass on **M4:** 123

410, martempering in oil, applications **M4:** 98

1000 to 6000 (hard), galling resistance with various material combinations **A18:** 596

1000 to 6000 (soft), galling resistance with various material combinations **A18:** 596

1005
- composition **M1:** 125
- machinability rating **M1:** 576

1005, machining. **A16:** 144–147, 179, 207, 274, 323–325, 342, 345, 349, 668

1005, monotonic and fatigue properties. . . **A19:** 969

1006
- capacitor discharge stud welding **A6:** 222
- composition. **A6:** 641, **M1:** 125
- machinability rating **M1:** 576
- stud arc welding **A6:** 215

1006, hot rolled 85 HB, monotonic and cyclic stress-strain properties **A19:** 231

1006, machining. **A16:** 144–147, 179, 207, 274, 323–325, 342, 345, 347, 349, 668

1006, monotonic and fatigue properties. . . **A19:** 969

1007
- capacitor discharge stud welding **A6:** 222
- stud arc welding **A6:** 215

1008
- annealing **A4:** 53
- arc welding. **A6:** 645
- brazing with copper cladding **A6:** 347
- capacitor discharge stud welding **A6:** 222
- carbonitriding **A4:** 376
- composition **M1:** 125
- cutoff band sawing with bimetal blades **A6:** 1184
- flash welding schedule. **M6:** 577
- liquid carburizing **A4:** 339
- machinability rating **M1:** 576
- projection welding **M6:** 511
- resistance welding. **A6:** 835
- stud arc welding **A6:** 215

1008, gas carburizing **M4:** 163

1008, machining. **A16:** 144–147, 179, 207, 274, 323–325, 342, 345, 347, 349, 360, 361, 388, 668, 672

1008, monotonic and fatigue properties. . . **A19:** 969

1009
- capacitor discharge stud welding **A6:** 222
- composition **M1:** 125
- cutoff band sawing with bimetal blades **A6:** 1184
- stud arc welding **A6:** 215

1009, machining. **A16:** 144–147, 179, 207, 274, 323–325, 342, 345, 347, 349, 360, 361

1009, projection welding **M6:** 511

1010
- applications, austempered parts **M4:** 108
- arc welding. **A6:** 645
- austenitizing temperature **M4:** 30
- capacitor discharge stud welding **A6:** 222
- carbonitriding **M4:** 183, 186
- composition. **A6:** 641, **M1:** 125
- composition and carbon equivalent. **A6:** 406
- critical temperatures, annealing. **M4:** 15
- cutoff band sawing with bimetal blades **A6:** 1184
- electrogas welding process, selected steel grades **A6:** 656
- fatigue crack threshold **A19:** 141
- flux-cored arc welding **A6:** 187
- hot-rolled steel sheet, minimum yield strength **A19:** 616
- laser-beam welding **A6:** 264
- machinability rating **M1:** 576
- mechanical properties **M4:** 26
- resistance seam welding. **A6:** 840
- resistance spot welding after SAW. **A6:** 228

SUBJECTS OF THE INDEXED VOLUMES: ASM Handbook (designated by the letter "A"): **A1:** Properties and Selection: Irons, Steels, and High-Performance Alloys (1990); **A2:** Properties and Selection: Nonferrous Alloys and Special-Purpose Materials (1990); **A3:** Alloy Phase Diagrams (1992); **A4:** Heat Treating (1991); **A5:** Surface Engineering (1994); **A6:** Welding, Brazing, and Soldering (1993); **A7:** Powder Metal Technologies and Applications (1998); **A8:** Mechanical Testing (1985); **A9:** Metallography and Microstructures (1985); **A10:** Materials Characterization (1986); **A11:** Failure Analysis and Prevention (1986); **A12:** Fractography (1987); **A13:** Corrosion (1987); **A14:** Forming and Forging (1988); **A15:** Casting (1988); **A16:** Machining (1989); **A17:** Nondestructive Evaluation and Quality Control (1989); **A18:** Friction, Lubrication, and Wear Technology (1992); **A19:** Fatigue and Fracture (1996); **A20:** Materials Selection and Design (1997). **Metals Handbook, 9th Edition** (designated by the letter "M"): **M1:** Properties and Selection: Irons and Steels (1978); **M2:** Properties and Selection: Nonferrous Alloys and Pure Metals (1979); **M3:** Properties and Selection: Stainless Steels, Tool Materials, and Special-Purpose Materials (1980); **M4:** Heat Treating (1981); **M5:** Surface Cleaning, Finishing, and Coating (1982); **M6:** Welding, Brazing, and Soldering (1983); **M7:** Powder Metallurgy (1984). **Engineered Materials Handbook** (designated by the letters "EM"): **EM1:** Composites (1987); **EM2:** Engineering Plastics (1988); **EM3:** Adhesives and Sealants (1990); **EM4:** Ceramics and Glasses (1991). **Electronic Materials Handbook** (designated by the letters "EL"): **EL1:** Packaging (1989)

resistance welding **A6:** 842
specific heat vs. temperature **M1:** 149
strain-fife curves **A19:** 607
strain-life behavior **A19:** 609
stress-strain behavior . . . **A19:** 605, 606, 607, 608, 609
stud arc welding **A6:** 215
tensile properties, hot rolled bars **M1:** 204
thermomechanical fatigue **A19:** 533
transition fatigue life **A19:** 237, 239

1010 (also EN32)
applications, austempered parts **A4:** 157
austenitic nitrocarburizing **A4:** 431
austenitizing temperature **A4:** 962
carbonitriding **A4:** 376, 378, 379, 380, 381, 383–384
case depth, measurement **A4:** 457–458
composition **A4:** 320
critical temperatures **A4:** 43
distortion in heat treatment **A4:** 614
flame hardening **A4:** 283
liquid carburizing **A4:** 345
liquid nitriding **A4:** 410
liquid nitrocarburizing **A4:** 417
mechanical properties after annealing **A4:** 54
shim stock analysis test strip, carbon potential **A4:** 589

1010, cage material for rolling-element bearings **A18:** 503
1010, machining **A16:** 144–147, 179, 207, 209, 274, 282, 291, 293, 323–325, 342, 345, 347, 360, 361, 388, 584, 592, 668, 708
1010, projection welding **M6:** 508–509

1011
arc welding **A6:** 645
capacitor discharge stud welding **A6:** 222
carbonitriding **A4:** 376, 380
composition **M1:** 125
cutoff band sawing with bimetal blades **A6:** 1184
flame hardening **A4:** 283
machinability rating **M1:** 576
stud arc welding **A6:** 215

1011, machining **A16:** 207, 274, 342, 345, 347, 349, 360, 361

1012
arc welding **A6:** 645
austenitizing temperature **A4:** 962
capacitor discharge stud welding **A6:** 222
composition **M1:** 125
cutoff band sawing with bimetal blades **A6:** 1184
flame hardening **A4:** 283
machinability rating **M1:** 576
stud arc welding **A6:** 215

1012, austenitizing temperature **M4:** 30
1012, flash welding **M6:** 574
1012, machining **A16:** 144–147, 179, 207, 274, 323–325, 342, 345, 347, 349, 360, 361, 668

1013
arc welding **A6:** 645
capacitor discharge stud welding **A6:** 222
composition **M1:** 125
cutoff band sawing with bimetal blades **A6:** 1184
machinability rating **M1:** 576
stud arc welding **A6:** 215

1013, flame hardening **A4:** 283
1013, machining **A16:** 207, 274, 342, 345, 347, 349, 360, 361, 668

1014
capacitor discharge stud welding **A6:** 222
stud arc welding **A6:** 215

1014, flame hardening **A4:** 283

1015
arc welding **A6:** 645
austenitizing temperature **A4:** 962, **M4:** 30
capacitor discharge stud welding **A6:** 222
carbonitriding **A4:** 376, 381
case depth, measurement **A4:** 457–458
composition **A4:** 300, **M1:** 125
cutoff band sawing with bimetal blades **A6:** 1184
electron beam hardening treatment **A4:** 300
electron beam hardening treatment (as C15 steel) **A4:** 308
flame hardening **A4:** 283
hardness **A4:** 407
liquid carburizing **A4:** 334
liquid nitriding **A4:** 412, **M4:** 253
machinability rating **M1:** 576
mass, effect on hardness **A4:** 39, **M4:** 11
nitrogen diffusion **M4:** 255
nominal compositions and applications **A18:** 703
normalizing temperatures **A4:** 36, **M4:** 7
properties, various heat treating conditions **M4:** 9–10
relative erosion factor **A18:** 200
stud arc welding **A6:** 215
vacuum nitrocarburizing **A4:** 406, 407

1015, machining **A16:** 144–147, 174, 179, 207, 262, 274, 323–325, 342, 345, 347, 349, 360–362, 668
1015, monotonic and fatigue properties . . . **A19:** 969

1016
arc welding **A6:** 645
austenitizing temperature **A4:** 962
capacitor discharge stud welding **A6:** 222
carbonitriding **A4:** 262, 376, 380
cold work, effect on mechanical properties **M1:** 225–228
composition **M1:** 125
cutoff band sawing with bimetal blades **A6:** 1184
flame hardening **A4:** 283
hardfacing **A6:** 807
machinability **M1:** 236, 238
machinability rating **M1:** 576
microstructural damage mechanisms summarized **A19:** 535
stud arc welding **A6:** 215
thermomechanical fatigue **A19:** 532

1016, austenitizing temperature **M4:** 30
1016, laser cladding **A18:** 867
1016, machining **A16:** 207, 274, 291, 342, 345, 347, 349, 360, 361, 668, 670

1017
arc welding **A6:** 645
austenitizing temperature **A4:** 962
capacitor discharge stud welding **A6:** 222
composition **M1:** 125
cutoff band sawing with bimetal blades **A6:** 1184
flame hardening **A4:** 283
machinability rating **M1:** 576
stud arc welding **A6:** 215

1017, austenitizing temperature **M4:** 30
1017, machining **A16:** 144–147, 179, 207, 225, 274, 321, 323–325, 342, 345, 347, 349, 360, 361, 668

1018
arc welding **A6:** 645
austenitizing temperature **A4:** 962, **M4:** 30
bars **M1:** 223, 241, 245–246
capacitor discharge stud welding **A6:** 222
carbonitriding . . **A4:** 262, 376, 377, 379, 381, 382, 385, **M4:** 179, 180
carburizing temperature, effect on grain size **M4:** 158
case depth, measurement **A4:** 457–458
composition **A4:** 320, **M1:** 125
cutoff band sawing with bimetal blades **A6:** 1184
damping capacity **M1:** 41, 45
deep drawing dies, use for **M3:** 499
die-casting dies, use in **M3:** 543
electrogas welding process, selected steel grades **A6:** 656
environment effect on fatigue limit **A19:** 597
erosion rate and particle flux effect **A18:** 204
erosion rate and particle size effect **A18:** 203
fatigue behavior investigated using exoelectron approach **A19:** 219
flame hardening **A4:** 283
fracture toughness **A19:** 877
friction welding **A6:** 153, **M6:** 721
full annealing **A4:** 46
hardfacing **A6:** 807
ion-carburizing atmospheres **A4:** 565
J_c mean value compared **A19:** 877
laser alloying **M6:** 793–794
laser alloying with chromium **A18:** 866
laser beam welding **M6:** 658
laser cladding **A18:** 867, **M6:** 800
laser surface hardening **A4:** 286
laser transformation hardening **A18:** 862
liquid carburizing **A4:** 345
machinability **M1:** 236, 238
machinability rating **M1:** 576
magnetic-comparator electromagnetic test specimen **A4:** 590
martempering in oil, applications **A4:** 148, **M4:** 98
mechanical properties **M4:** 26
mechanical properties after annealing **A4:** 54
monotonic and fatigue properties **A19:** 969
nominal compositions and applications **A18:** 703
stud arc welding **A6:** 215
surface laser alloying **A18:** 866
temperatures and cooling cycles, annealing **M4:** 17

1018, machining . . **A16:** 27, 58, 207, 225, 262, 274, 282, 285, 301, 342, 345, 347, 349, 360, 361, 668

1019
arc welding **A6:** 645
austenitizing temperature **A4:** 962
capacitor discharge stud welding **A6:** 222
carbonitriding **A4:** 262, 376
Composition **A4:** 320, **M1:** 125
cutoff band sawing with bimetal blades **A6:** 1184
flame hardening **A4:** 283
machinability rating **M1:** 576
stud arc welding **A6:** 215
wristpins, tool life for planing vs. 8620 steel **M1:** 572–573, 575

1019, austenitizing temperature **M4:** 30
1019, machining **A16:** 207, 225, 274, 342, 345, 347, 349, 360, 361, 668

1020
abrasive wear data **A18:** 706
annealing **A4:** 47
arc welding **A6:** 645
austenitizing temperature **A4:** 962, **M4:** 30
cage material for rolling-element bearings **A18:** 503
capacitor discharge stud welding **A6:** 222
carbon gradient **M4:** 440
carbon gradients and surface carbon content **A4:** 592, 593
carbon restoration **A4:** 599, **M4:** 447
carbonitrided, effect of nitrogen on case hardenability **M1:** 536
carbonitriding . . **A4:** 376, 377, 378, 379, 381, 385, **M4:** 180, 182
case hardened, hardness profiles **M1:** 632
composition **A4:** 320, **A6:** 641, **M1:** 125
composition and carbon equivalent **A6:** 406
constant amplitude fatigue crack growth **A19:** 663
critical temperatures **A4:** 43
critical temperatures, annealing **M4:** 15
cutoff band sawing with bimetal blades **A6:** 1184
die-casting dies, use in **M3:** 543
electrical resistivity **A6:** 587
electrogas welding **A6:** 660
electrogas welding process, selected steel grades **A6:** 656
erosion rate **A18:** 206
fatigue crack growth integration example **A19:** 459
flame hardening **A4:** 283
friction coefficient data **A18:** 71
friction welding **A6:** 187
full annealing **A4:** 46
hardness **A18:** 706
laser-beam welding **A6:** 877
liquid carburizing **A4:** 330–331, 334, 340, 345
liquid nitriding **A4:** 410
machinability **M1:** 236, 238
machinability rating **M1:** 576
magnetoacoustic emission **A19:** 214
mass, effect on hardness **A4:** 39, **M4:** 11
mating material used to demonstrate friction of different types of carbon **A18:** 818
mating material used to demonstrate wear of different types of carbon **A18:** 818
molds for plastics and rubber, use for . . **M3:** 547, 548
monotonic and fatigue properties **A19:** 969
nominal compositions and applications **A18:** 703
normalizing temperatures **A4:** 36, **M4:** 7
oxygen contamination effect on gaseous hydrogen embrittlement **A19:** 200
pack carburizing applications **A4:** 326
plasma (ion) carburizing **A4:** 355, 356, 358
position annihilation **A19:** 215
press forming dies, use for **M3:** 491

974 / Steels, AISI-SAE specific types

Steels, AISI-SAE specific types (continued)
properties A6: 587
properties, various heat treating
conditions M4: 9–10
properties, various heat-treating
conditions........................A4: 37
proven applications for borided ferrous
materials.........................A4: 445
recommended upsetting pressures for flash
welding A6: 843
stud arc welding A6: 215
surface carbon variability A4: 595, 596
temperatures and cooling cycles,
annealing.......................M4: 17
tempering...........................A4: 122
tensile properties, hot rolled bars M1: 204
thermomechanical fatigue A19: 535
toughness A18: 706
trimming tools, use for...............M3: 532
ultrasonic welding....................A6: 326
wear data with unlubricated tool steel ..A18: 737
wear resistance and cost effectiveness...A18: 706
work material for ion implantation A18: 858
1020, annealed 108 HB
monotonic and cyclic stress-strain
properties A19: 231
1020, flash welding schedule...........M6: 577
1020, machining.. A16: 15, 58, 144–151, 164, 179,
180, 203, 207–209, 225, 246, 247, 251, 261,
263, 264, 269, 274, 282, 291, 323–325, 342,
345, 347, 349, 360, 361, 363, 364, 541, 584,
668, 854
1020 spheroidized, composition A18: 806
1021
arc welding..........................A6: 645
capacitor discharge stud welding A6: 222
carbonitriding A4: 376
composition..........A4: 320, M1: 125
cutoff band sawing with bimetal blades A6: 1184
machinability rating M1: 576
stud arc welding A6: 215
1021, machining A16: 207, 225, 274, 342, 345,
347, 349, 360, 361, 668
1022
arc welding..........................A6: 645
austenizing temperature A4: 962, M4: 30
capacitor discharge stud welding A6: 222
carbon gradient M4: 441
carbon gradients after carburizing..A4: 592, 594,
595
carbonitriding A4: 262, 376, 381
carburized and ground cams, wear affected by
grinding burns M1: 634, 636
carburizing temperature, effect on
grain size......................M4: 158
composition..........A4: 320, M1: 125
cutoff band sawing with bimetal blades A6: 1184
full annealing........................A4: 46
liquid carburizing A4: 345
machinability.................M1: 236, 238
machinability rating M1: 576
mass, effect on hardness........A4: 39, M4: 11
mechanical properties.................M4: 26
mechanical properties after annealing.....A4: 54
normalizing temperatures A4: 36, M4: 7
pack carburizing applications A4: 326
properties, various heat treating
conditions M4: 9–10
properties, various heat-treating
conditions........................A4: 37
sprocket, wear of M1: 628
statistical process control of operations ..A4: 624
stud arc welding A6: 215
temperatures and cooling cycles,
annealing.......................M4: 17
test bar material for carburizing facility's quality
control A4: 599–600
1022, machining A16: 58, 207, 225, 274, 290, 342,
345, 347, 349, 361, 389, 668, 672

1023
arc welding..........................A6: 645
capacitor discharge stud welding A6: 222
composition M1: 125
cutoff band sawing with bimetal blades A6: 1184
machinability rating M1: 576
1023, machining.........A16: 179, 207, 225, 274,
323–325, 342, 345, 347, 349, 360, 361, 668
1024
arc welding..........................A6: 645
austenizing temperature A4: 142, M4: 92
capacitor discharge stud welding A6: 222
carbon and hardness gradients M4: 442
carbon gradient effect on case
properties..................A4: 594, 596
carbonitriding...........A4: 376, 381–382
carburizing temperature, effect on
grain size......................M4: 158
cutoff band sawing with bimetal blades A6: 1184
electron-beam welding A6: 866
gas carburizing......................M4: 163
martempering temperature A4: 142, M4: 92
1025
arc welding..........................A6: 645
austenizing temperature A4: 961, M4: 29
capacitor discharge stud welding A6: 222
carbonitriding A4: 376
composition M1: 125
cutoff band sawing with bimetal blades A6: 1184
flame hardening A4: 283
full annealing........................A4: 46
induction heat treating................A4: 200
machinability rating M1: 576
mechanical properties, cold drawn bars..M1: 223
normalizing temperatures A4: 36, M4: 7
pack carburizing applications A4: 326
temperatures and cooling cycles,
annealing.......................M4: 17
thermal properties M4: 511
1025, machining.....A16: 144–147, 179, 207, 225,
274, 323–325, 342, 345, 347, 349, 360, 361,
668
1025, monotonic and fatigue properties...A19: 969
1026
arc welding..........................A6: 645
capacitor discharge stud welding A6: 222
carbonitriding A4: 376
composition M1: 125
cutoff band sawing with bimetal blades A6: 1184
flame hardening A4: 283
machinability rating M1: 576
1026, flash versus friction welding M6: 720
1026, machining A16: 207, 208, 225, 274, 342,
345, 347, 349, 360, 361, 668, 672
1027
arc welding..........................A6: 645
capacitor discharge stud welding A6: 222
carbonitriding A4: 376
cutoff band sawing with bimetal blades A6: 1184
flame hardening A4: 283
1028
carbonitriding A4: 376
flame hardening A4: 283
1028, capacitor discharge stud welding A6: 222
1029
arc welding..........................A6: 645
capacitor discharge stud welding A6: 222
carbonitriding A4: 376
composition........................M1: 125
cutoff band sawing with bimetal blades A6: 1184
flame hardening A4: 283
machinability rating M1: 576
1029, machining A16: 207, 225, 274, 342, 345,
347, 349, 360, 361, 668
1030
arc welding..........................A6: 645
austenizing temperature A4: 961, M4: 29
capacitor discharge stud welding A6: 222
carbonitriding A4: 376, 381

composition..................A6: 641, M1: 125
composition and carbon equivalent......A6: 406
critical temperatures...................A4: 43
critical temperatures, annealing........M4: 15
cutoff band sawing with bimetal blades A6: 1184
fatigue endurance ratio versus section size, after
normalizing and tempering A19: 657
flame hardening A4: 283
flux-cored arc welding................A6: 187
full annealing........................A4: 46
hardness after tempering M4: 71
induction surface hardening...........A4: 191
machinability rating M1: 576
mass, effect on hardness........A4: 39, M4: 11
mechanical properties.................M4: 26
mechanical properties after annealing.....A4: 54
mechanical properties vs. processing
variables M1: 462–463
monotonic and fatigue properties A19: 969
normalizing temperatures A4: 36, M4: 7
pack carburizing applications A4: 326
properties, various heat treating
conditions M4: 9–10
properties, various heat-treating
conditions........................A4: 37
recommended machining conditions M1: 569
temperatures and cooling cycles,
annealing.......................M4: 17
tempering...........................A4: 122
tensile properties, hot rolled bars M1: 204
1030, cast plane-strain fracture toughness A19: 662
1030, machining.....A16: 144–147, 163, 165, 179,
207, 225, 274, 323–325, 342, 345, 347, 349,
360, 361, 668
1030, shear blades, service data..........M3: 481
1031
capacitor discharge stud welding A6: 222
carbonitriding A4: 376
cutoff band sawing with bimetal blades A6: 1184
flame hardening A4: 283
1032
capacitor discharge stud welding A6: 222
carbonitriding A4: 376
cutoff band sawing with bimetal blades A6: 1184
flame hardening A4: 283
1032, friction coefficient data A18: 71, 73, 74
1033
capacitor discharge stud welding A6: 222
carbonitriding A4: 376
composition........................M1: 125
cutoff band sawing with bimetal blades A6: 1184
flame hardening A4: 283
1033, machining.....A16: 144–147, 179, 207, 225,
274, 323–325, 342, 345, 347, 349, 360, 361
1034
austempering, suitability.......A4: 154, M4: 106
capacitor discharge stud welding A6: 222
carbonitriding A4: 376
cutoff band sawing with bimetal blades A6: 1184
flame hardening A4: 283
hardenability....................A4: 140, 141
time-temperature transformation diagram M4: 89
time-temperature transformation
diagrams.....................A4: 140, 141
1035
arc welding..........................A6: 645
austenizing temperature A4: 961, M4: 29
capacitor discharge stud welding A6: 222
carbon restoration A4: 598, M4: 447
carbonitriding A4: 376
composition........................M1: 125
corrosion fatigue behavior above 10^7
cycles..........................A19: 598
corrosion protection..........A4: 160, M4: 112
cutoff band sawing with bimetal blades A6: 1184
flame hardening A4: 283, 284
friction welding................A6: 152–153
full annealing........................A4: 46
machinability.................M1: 236, 238

SUBJECTS OF THE INDEXED VOLUMES: **ASM Handbook** (designated by the letter "A"): **A1:** Properties and Selection: Irons, Steels, and High-Performance Alloys (1990); **A2:** Properties and Selection: Nonferrous Alloys and Special-Purpose Materials (1990); **A3:** Alloy Phase Diagrams (1992); **A4:** Heat Treating (1991); **A5:** Surface Engineering (1994); **A6:** Welding, Brazing, and Soldering (1993); **A7:** Powder Metal Technologies and Applications (1998); **A8:** Mechanical Testing (1985); **A9:** Metallography and Microstructures (1985); **A10:** Materials Characterization (1986); **A11:** Failure Analysis and Prevention (1986); **A12:** Fractography (1987); **A13:** Corrosion (1987); **A14:** Forming and Forging (1988); **A15:** Casting (1988); **A16:** Machining (1989); **A17:** Nondestructive Evaluation and Quality Control (1989); **A18:** Friction, Lubrication, and Wear Technology (1992); **A19:** Fatigue and Fracture (1996); **A20:** Materials Selection and Design (1997). **Metals Handbook, 9th Edition** (designated by the letter "M"): **M1:** Properties and Selection: Irons and Steels (1978); **M2:** Properties and Selection: Nonferrous Alloys and Pure Metals (1979); **M3:** Properties and Selection: Stainless Steels, Tool Materials, and Special-Purpose Materials (1980); **M4:** Heat Treating (1981); **M5:** Surface Cleaning, Finishing, and Coating (1982); **M6:** Welding, Brazing, and Soldering (1983); **M7:** Powder Metallurgy (1984). **Engineered Materials Handbook** (designated by the letters "EM"): **EM1:** Composites (1987); **EM2:** Engineering Plastics (1988); **EM3:** Adhesives and Sealants (1990); **EM4:** Ceramics and Glasses (1991). **Electronic Materials Handbook** (designated by the letters "EL"): **EL1:** Packaging (1989)

machinability rating **M1:** 576
mechanical properties, cold drawn bars. . **M1:** 223
monotonic and fatigue properties **A19:** 969
normalizing temperatures **A4:** 36, **M4:** 7
pack carburizing applications **A4:** 326
SAC hardenability. **M1:** 477, 478
shafts, induction hardened, fatigue
life of **M1:** 675
temperatures and cooling cycles,
annealing **M4:** 17
tempering **A4:** 131
1035, machining. **A16:** 144–148, 179, 207, 225, 226, 246, 247, 274, 323–325, 342, 345, 347, 349, 360, 361, 363, 668

1035 mod
tempering with induction heating **A4:** 193
through-hardening by induction heating . . **A4:** 192
1035, trimming tools, use for **M3:** 532
1036
arc welding. **A6:** 645
capacitor discharge stud welding **A6:** 222
carbonitriding **A4:** 376
cutoff band sawing with bimetal blades **A6:** 1184
flame hardening **A4:** 284
through-hardening by induction heating . . **A4:** 192
1037
arc welding. **A6:** 645
austenitizing temperature. **A4:** 961
automobile axle shafts; induction hardened,
fatigue life **M1:** 674, 675
bolts, hardenability compared to 1541 . . **M1:** 277, 279
capacitor discharge stud welding **A6:** 222
carbonitriding **A4:** 376
composition **M1:** 125
cutoff band sawing with bimetal blades **A6:** 1184
distortion occurring during quenching. **A4:** 79
flame hardening **A4:** 284
machinability rating **M1:** 576
notch toughness **M1:** 692
threaded fastener applications. **M1:** 277–281
1037, austenitizing temperature **M4:** 29
1037, machining. **A16:** 144–148, 179, 204, 207, 209, 225, 274, 323–325, 342, 345, 347, 349, 360, 361, 668

1037 mod
tempering with induction heating **A4:** 193
through-hardening by induction heating . . **A4:** 192
1038
arc welding. **A6:** 645
austenitizing temperature **A4:** 961, **M4:** 29
capacitor discharge stud welding **A6:** 222
carbon restoration **A4:** 599, **M4:** 446
carbonitriding **A4:** 376
cutoff band sawing with bimetal blades **A6:** 1184
flame hardening **A4:** 284
mechanical properties **M4:** 26
mechanical properties after annealing **A4:** 54
tempering. **A4:** 134
tempering with induction heating **A4:** 193
through-hardening by induction heating . . **A4:** 192
1038, machining. **A16:** 144–147, 179, 207, 225, 274, 287, 288, 291, 293, 294, 323–325, 342, 345, 347, 349, 360, 361, 668

1038H
composition **M1:** 127
hardenability curve **M1:** 497
1039
arc welding. **A6:** 645
austenitizing temperature. **A4:** 961
capacitor discharge stud welding **A6:** 222
carbonitriding **A4:** 376
composition **M1:** 125
cutoff band sawing with bimetal blades **A6:** 1184
flame hardening **A4:** 284
machinability rating **M1:** 576
1039, austenitizing temperature **M4:** 29
1039, machining. **A16:** 144–147, 179, 207, 225, 274, 323–325, 342, 345, 347, 349, 360, 361, 668

1040
annealing **A4:** 49
arc welding. **A6:** 645
austenitic nitrocarburizing (as EN 8). **A4:** 432
austenitizing temperature **A4:** 961, **M4:** 29
auxiliary tools, hot upset forging,
use for **M3:** 518
bolts, fatigue life **M1:** 280
capacitor discharge stud welding **A6:** 222
carbonitriding **A4:** 376, 381
cold extrusion tools, use for. **M3:** 518
composition. **A6:** 641, **M1:** 125
critical temperatures **A4:** 43
critical temperatures, annealing. **M4:** 15
cutoff band sawing with bimetal blades **A6:** 1184
flame hardening **A4:** 275, 277, 283, 284
forging without use of a lubricant **A18:** 639
full annealing **A4:** 46
hardenability, process variability and experiment
design (statistical process
control) **A4:** 626–628
hardness after tempering **M4:** 71
hardness profile. **A4:** 404
ion nitriding. **A4:** 404
Jominy curves **A4:** 650
laser surface transformation hardening . . . **A4:** 293
laser transformation hardening. **A4:** 265
machinability **M1:** 237, 238
machinability rating **M1:** 576
mass, effect on hardness **A4:** 39, **M4:** 11
mechanical properties, cold drawn bars **M1:** 223, 228–229
mesh belting application **A4:** 516
normalizing temperatures **A4:** 36, **M4:** 7
plasma (ion) nitriding. **A4:** 423
plasma nitrocarburizing **A4:** 433
properties, various heat treating
conditions **M4:** 9–10
properties, various heat-treating
conditions **A4:** 37
SAC hardenability variation **M1:** 479
seizure resistance **M1:** 611
shallow-hardening steel **A18:** 706
spheroidizing **A4:** 46, 48, 49
temperatures and cooling cycles,
annealing **M4:** 17
tempering **A4:** 122, 134
tensile properties, hot rolled bars **M1:** 204
1040, cast
annealed, fatigue notch sensitivity **A19:** 657
normalized and tempered, fatigue notch
sensitivity **A19:** 657
1040, hardness in a flash weld **M6:** 578
1040, machining. **A16:** 144–147, 179, 207, 225, 274, 285, 291, 302, 323–325, 342, 345, 347, 360, 361, 668, 672

1040, wrought
annealed, fatigue notch sensitivity **A19:** 657
normalized and tempered, fatigue notch
sensitivity **A19:** 657
1041
arc welding. **A6:** 645
austempering, suitability **A4:** 153
austenitizing temperature. **A4:** 961
capacitor discharge stud welding **A6:** 222
carbonitriding **A4:** 376, 386
cutoff band sawing with bimetal blades **A6:** 1184
flame hardening **A4:** 283, 284
martempering. **A4:** 140
tempering with induction heating **A4:** 193
through-hardening by induction heating . . **A4:** 192
1041, machining. **A16:** 225, 264, 285, 360, 361
1042
arc welding. **A6:** 645
capacitor discharge stud welding **A6:** 222
composition **M1:** 125
cutoff band sawing with bimetal blades **A6:** 1184
machinability rating **M1:** 576
1042, austenitizing temperature **M4:** 29
1042 (DIN Ck 45)
boriding **A4:** 445
carbonitriding **A4:** 376
flame hardening **A4:** 283, 284
induction hardening. **A4:** 184, 185
proven applications for borided ferrous
materials **A4:** 445
1042, machining. **A16:** 144–147, 179, 207, 225, 274, 323–325, 342, 345, 347, 349, 360, 361, 668

1043
arc welding. **A6:** 645
capacitor discharge stud welding **A6:** 222
composition **M1:** 125
cutoff band sawing with bimetal blades **A6:** 1184
machinability rating **M1:** 576
1043, austenitizing temperature **M4:** 29
1043 (DIN C 45)
austenitizing temperature. **A4:** 961
boriding **A4:** 437, 438, 439
carbonitriding **A4:** 376
flame hardening **A4:** 283, 284
proven applications for borided ferrous
materials **A4:** 445
tempering with induction heating **A4:** 193
through-hardening by induction heating . . **A4:** 192
1043, machining. **A16:** 144–147, 179, 207, 225, 274, 323–325, 342, 345, 347, 349, 360, 361, 668

1044
arc welding. **A6:** 645
capacitor discharge stud welding **A6:** 222
carbonitriding **A4:** 376
composition **M1:** 125
cutoff band sawing with bimetal blades **A6:** 1184
flame hardening **A4:** 283, 284
1044, machining. **A16:** 144–147, 179, 207, 225, 274, 323–325, 342, 345, 347, 349, 360, 361

1045
arc welding. **A6:** 645
austenitizing temperature **A4:** 961, **M4:** 29
capacitor discharge stud welding **A6:** 222
carbonitriding **A4:** 376
composition. **A4:** 300, **M1:** 125
cooling curves. **A4:** 138, **M4:** 86
cutoff band sawing with bimetal blades **A6:** 1184
cyclic-dependent stress relaxation. . **A19:** 240, 241, 243
electron beam hardening treatment **A4:** 300
electron beam hardening treatment (as C 45
steel) **A4:** 299, 300, 302–308
erosion resistance versus hardness **A18:** 202, 204
estimated fatigue life curves **A19:** 320
estimated fatigue life curves using derating
factors **A19:** 320
fabrication effect on fatigue crack
initiation. **A19:** 319–320
fatigue crack threshold. **A19:** 142
fatigue resistance . . . **A19:** 607, 610, 611, 612, 613
flame hardening. **A4:** 274, 275, 282, 283, 284
estimated fatigue life curves **A19:** 320, **A19:** 320
friction welding **A6:** 153
full annealing. **A4:** 46
estimated fatigue life curves **A19:** 320, **A19:** 320
hardness **A4:** 71
hardness, and oil quenching. **A4:** 91, 94
hardness vs. tempering temperature. **M1:** 468
heavy-draft drawing, suitability. **M1:** 243
hot forging, die wear **A18:** 635
estimated fatigue life curves **A19:** 320, **A19:** 320
induction hardened, heating time vs. depth of
hardening. **M1:** 529
induction hardened, residual stress in . . . **M1:** 528
induction heat treating **A4:** 196, 198
induction surface hardening **A4:** 191
nonlinear growth of microcracks **A19:** 320, **A19:** 969, **A19:** 265, 266, 267, 268, **A19:** 270, 271
laser hardening. **M4:** 513
laser heat treating **M4:** 514
laser surface transformation hardening . . . **A4:** 295
laser transformation hardening **A18:** 862, 863
liquid nitriding **A4:** 410
liquid nitrocarburizing **A4:** 417
machinability **M1:** 237, 238
machinability rating **M1:** 576
martempering **A4:** 141, 142
martempering in salt, applications **A4:** 148, **M4:** 96
martempering time **M4:** 92
mechanical properties **M4:** 26
mechanical properties after annealing **A4:** 54
mechanical properties, cold drawn bars **M1:** 223, 243
non-martensitic transformation products **A4:** 141
normalizing temperatures **A4:** 36, **M4:** 7
monotonic and cyclic stress-strain
properties **A19:** 231
monotonic and cyclic stress-strain
properties. **A19:** 231
monotonic and cyclic stress-strain
properties **A19:** 231

Steels, AISI-SAE specific types (continued)
monotonic and cyclic stress-strain properties **A19:** 231
recommended upsetting pressures for flash welding **A6:** 843
residual stress patterns, cold drawn bars **M1:** 235
residual stresses **A4:** 608
residual stresses and quenching **A4:** 15, 16
springs, hot wound **M1:** 303
sprocket, wear of **M1:** 628
temperatures and cooling cycles, annealing **M4:** 17
tempering **A4:** 11, 131
thermal properties **M4:** 511
turned effect on fatigue crack initiation when subject to fully reversed axial loading **A19:** 320
wheel spindles, machining time compared with 1141 steel **M1:** 575, 579
1045, friction welding **M6:** 721
1045, machining **A16:** 58, 81, 87, 88, 90, 92, 144–148, 164, 165, 172, 179, 191, 207, 209, 225, 246, 247, 251, 263, 274, 285, 323–325, 342, 345, 347, 349, 360, 361, 364, 388, 640, 643, 668, 673, 674, 676, 886
1045, shear blades, service data **M3:** 481
1045H
composition **M1:** 127
hardenability curve **M1:** 497
1046
arc welding **A6:** 645
austenitizing temperature **A4:** 961, **M4:** 29
capacitor discharge stud welding **A6:** 222
carbonitriding **A4:** 376
composition **M1:** 125
cutoff band sawing with bimetal blades **A6:** 1184
flame hardening **A4:** 283, 284
hardness **A4:** 138
hardness, effect of quenchant and agitation on **M4:** 87
heat treated, machinability compared with 1144 steel **M1:** 575–578
machinability rating **M1:** 576
SAC hardenability variation **M1:** 479
tempering **A4:** 131, 133–134
1046, machining **A16:** 144–147, 179, 207, 225, 274, 323–325, 342, 345, 347, 349, 360, 361, 668
1047
carbonitriding **A4:** 376
flame hardening **A4:** 283, 284
1047, capacitor discharge stud welding **A6:** 222
1048
arc welding **A6:** 645
capacitor discharge stud welding **A6:** 222
carbonitriding **A4:** 376
cutoff band sawing with bimetal blades **A6:** 1184
flame hardening **A4:** 283, 284
1049
arc welding **A6:** 645
capacitor discharge stud welding **A6:** 222
carbonitriding **A4:** 376
composition **M1:** 125
cutoff band sawing with bimetal blades **A6:** 1184
flame hardening **A4:** 283, 284
machinability rating **M1:** 576
normalizing **A4:** 38
1049, machining **A16:** 23–325, 342, 345, 347, 349, 360, 361, 668
1050
applications, austempered parts **A4:** 157, **M4:** 108
arc welding **A6:** 645
austempering **A4:** 157, 162
austenitizing temperature **A4:** 961, **M4:** 29
capacitor discharge stud welding **A6:** 222
carbonitriding **A4:** 98, 376
composition **A6:** 641, **M1:** 125
critical temperatures **A4:** 43
critical temperatures, annealing **M4:** 15
cutoff band sawing with bimetal blades **A6:** 1184
flame hardening **A4:** 283, 284
full annealing **A4:** 46
hardness **A4:** 186
hardness after tempering **M4:** 71
hardness, and oil quenching **A4:** 98–99
heavy-draft drawing, suitability **M1:** 250
induction hardening **A4:** 186
laser surface transformation hardening . . . **A4:** 293
laser transformation hardening **A4:** 265
machinability **M1:** 237, 238
machinability rating **M1:** 576
mass, effect on hardness **A4:** 39, **M4:** 11
mechanical properties **A4:** 123
mechanical properties, cold drawn bars . . **M1:** 224
normalizing temperatures **A4:** 36, **M4:** 7
notch toughness **M1:** 705, 706
oil quenching **M4:** 53
properties affected by composition variations **M1:** 243, 456, 457, 463, 467
properties, various heat treating conditions **M4:** 9–10
properties, various heat-treating conditions **A4:** 37
residual stress patterns, cold drawn bars **M1:** 233–234
section size, austempered parts **A4:** 155, **M4:** 107
springs **M1:** 285, 287
surface finish, drilled and reamed part, leaded vs. standard steel **M1:** 578
temperatures and cooling cycles, annealing **M4:** 17
tempering **A4:** 98, 122, 123, 131, 134, 186
tempering temperature, effect on properties **M4:** 72
wear rate versus load **A18:** 239
weld cladding **A6:** 811, 819
work material for ion implantation **A18:** 858
1050, corrosion fatigue behavior above 10^7 cycles **A19:** 598
1050, machining **A16:** 58, 150, 179, 207, 225, 274, 323–325, 342, 345, 347, 349, 360, 361, 668
1051, cutoff band sawing with bimetal blades **A6:** 1184
1052
arc welding **A6:** 645
carbonitriding **A4:** 376
cutoff band sawing with bimetal blades **A6:** 1184
flame hardening **A4:** 275, 282, 284
1053
arc welding **A6:** 645
composition **M1:** 125
cutoff band sawing with bimetal blades **A6:** 1184
machinability rating **M1:** 576
1053, machining **A16:** 144–147, 179, 207, 225, 274, 323–325, 342, 345, 347, 349, 360, 361, 668
1054, cutoff band sawing with bimetal blades **A6:** 1184
1055
austenitizing temperature **A4:** 961
carbonitriding **A4:** 376
composition **M1:** 125
flame hardening **A4:** 283
machinability rating **M1:** 576
mesh belting application **A4:** 516
1055, austenitizing temperature **M4:** 29
1055, cutoff band sawing with bimetal blades **A6:** 1184
1055, erosion rate **A18:** 204
1055, machining **A16:** 144–147, 179, 207, 225, 274, 323–325, 342, 345, 347, 349, 360, 361, 607, 668, 677
1056
carbonitriding **A4:** 376
flame hardening **A4:** 283
1056, cutoff band sawing with bimetal blades **A6:** 1184
1057
carbonitriding **A4:** 376
flame hardening **A4:** 283
1057, cutoff band sawing with bimetal blades **A6:** 1184
1058
carbonitriding **A4:** 376
flame hardening **A4:** 283
1058, cutoff band sawing with bimetal blades **A6:** 1184
1059
carbonitriding **A4:** 376
composition **M1:** 125
flame hardening **A4:** 283
machinability rating **M1:** 576
1059, band sawing **A16:** 360, 361
1059, cutoff band sawing with bimetal blades **A6:** 1184
1059, turning machinability rating **A16:** 668
1060
applications, austempered parts **A4:** 157, 161, **M4:** 108
austenitizing temperature **A4:** 961, **M4:** 29
carbonitriding **A4:** 376
cold work, effect on mechanical properties **M1:** 228–229
composition **A6:** 641, **M1:** 125
corrosion protection **A4:** 160, **M4:** 112
critical temperatures **A4:** 43
critical temperatures, annealing **M4:** 15
cutoff band sawing with bimetal blades **A6:** 1184
flame hardening **A4:** 283
full annealing **A4:** 46
hardness after tempering **M4:** 71
liquid nitriding **A4:** 412
machinability rating **M1:** 576
mass, effect on hardness **A4:** 39, **M4:** 11
mechanical properties **M4:** 26
mechanical properties after annealing **A4:** 54
normalizing temperatures **A4:** 36, **M4:** 7
properties, various heat treating conditions **M4:** 9–10
properties, various heat-treating conditions **A4:** 37
recommended machining conditions **M1:** 569
temperatures and cooling cycles, annealing **M4:** 17
tempering **A4:** 122, 134
tensile properties, hot rolled bars **M1:** 204
1060, fatigue spall, contact fatigue **A19:** 331
1060, machining **A16:** 225, 274, 323–325, 360, 361, 668
1061
carbonitriding **A4:** 376
flame hardening **A4:** 283
machinability rating **M1:** 576
1061, cutoff band sawing with bimetal blades **A6:** 1184
1062
carbonitriding **A4:** 376
flame hardening **A4:** 275, 276, 277, 282, 283
1062, cutoff band sawing with bimetal blades **A6:** 1184
1063
carbonitriding **A4:** 376
flame hardening **A4:** 283
1063, band sawing **A16:** 360, 361
1063, broaching **A16:** 203, 209
1063, cutoff band sawing with bimetal blades **A6:** 1184
1064
carbonitriding **A4:** 376
composition **M1:** 125
flame hardening **A4:** 283
hardness, and oil quenching **A4:** 99
machinability rating **M1:** 576
1064, band sawing **A16:** 360, 361
1064, cutoff band sawing with bimetal blades **A6:** 1184

SUBJECTS OF THE INDEXED VOLUMES: ASM Handbook (designated by the letter "A"): **A1:** Properties and Selection: Irons, Steels, and High-Performance Alloys (1990); **A2:** Properties and Selection: Nonferrous Alloys and Special-Purpose Materials (1990); **A3:** Alloy Phase Diagrams (1992); **A4:** Heat Treating (1991); **A5:** Surface Engineering (1994); **A6:** Welding, Brazing, and Soldering (1993); **A7:** Powder Metal Technologies and Applications (1998); **A8:** Mechanical Testing (1985); **A9:** Metallography and Microstructures (1985); **A10:** Materials Characterization (1986); **A11:** Failure Analysis and Prevention (1986); **A12:** Fractography (1987); **A13:** Corrosion (1987); **A14:** Forming and Forging (1988); **A15:** Casting (1988); **A16:** Machining (1989); **A17:** Nondestructive Evaluation and Quality Control (1989); **A18:** Friction, Lubrication, and Wear Technology (1992); **A19:** Fatigue and Fracture (1996); **A20:** Materials Selection and Design (1997). **Metals Handbook, 9th Edition** (designated by the letter "M"): **M1:** Properties and Selection: Irons and Steels (1978); **M2:** Properties and Selection: Nonferrous Alloys and Pure Metals (1979); **M3:** Properties and Selection: Stainless Steels, Tool Materials, and Special-Purpose Materials (1980); **M4:** Heat Treating (1981); **M5:** Surface Cleaning, Finishing, and Coating (1982); **M6:** Welding, Brazing, and Soldering (1983); **M7:** Powder Metallurgy (1984). **Engineered Materials Handbook** (designated by the letters "EM"): **EM1:** Composites (1987); **EM2:** Engineering Plastics (1988); **EM3:** Adhesives and Sealants (1990); **EM4:** Ceramics and Glasses (1991). **Electronic Materials Handbook** (designated by the letters "EL"): **EL1:** Packaging (1989)

1064, thread grinding **A16:** 274
1064, turning machinability rating **A16:** 668
1065
applications, austempered parts **A4:** 157, **M4:** 108
austenitizing temperature **A4:** 961, **M4:** 29
carbonitriding **A4:** 376
composition **M1:** 125
cutoff band sawing with bimetal blades **A6:** 1184
flame hardening **A4:** 283
machinability rating **M1:** 576
martempering in oil, applications **A4:** 148, **M4:** 98
mechanical properties **M4:** 26
mechanical properties after annealing **A4:** 54
recommended pressures for flash welding **A6:** 843
section size, austempered parts **A4:** 155, **M4:** 107
1065, band sawing **A16:** 360, 361
1065, corrosive wear **A18:** 719
1065, thread grinding **A16:** 274
1065, turning machinability rating **A16:** 668
1066
carbonitriding **A4:** 376
flame hardening **A4:** 283
machinability rating **M1:** 576
section size, austempered parts **A4:** 155
1066, band sawing **A16:** 360, 361
1066, cutoff band sawing with bimetal blades **A6:** 1184
1066, section size, austempered parts **M4:** 107
1066, turning machinability rating **A16:** 668
1067
carbonitriding **A4:** 376
flame hardening **A4:** 283
1067, cutoff band sawing with bimetal blades **A6:** 1184
1068
carbonitriding **A4:** 376
flame hardening **A4:** 283
1068, cutoff band sawing with bimetal blades **A6:** 1184
1069
carbonitriding **A4:** 376
composition **M1:** 125
flame hardening **A4:** 283
machinability rating **M1:** 576
1069, band sawing **A16:** 360, 361
1069, cutoff band sawing with bimetal blades **A6:** 1184
1069, thread grinding **A16:** 274
1069, turning machinability rating **A16:** 668
1070
annealing **A4:** 54
applications **A4:** 104
applications, austempered parts **A4:** 157, **M4:** 108
austenitizing temperature .. **A4:** 142, 961, **M4:** 29, 92
carbon restoration **A4:** 599, **M4:** 446
carbonitriding **A4:** 376
composition.......... **A4:** 300, **A6:** 641, **M1:** 125
constants for the unified model **A19:** 549
constants for the unified model for the back stress evolution term **A19:** 551
constants for the unified model for the drag stress term **A19:** 551
critical temperatures.................... **A4:** 43
critical temperatures, annealing.......... **M4:** 15
cutoff band sawing with bimetal blades **A6:** 1184
electron beam hardening treatment **A4:** 300
electron beam hardening treatment (as Ck 67 steel)....................... **A4:** 304, 308
flame hardening **A4:** 283
full annealing.......................... **A4:** 46
hardening in an exothermic-endothermic based atmosphere **A4:** 563, 564
induction hardened, effect of prior structure on hardness profile **M1:** 531
induction surface hardening **A4:** 191
laser surface transformation hardening ... **A4:** 293
laser transformation hardening.......... **A4:** 265
machinability rating **M1:** 576
martempering temperature **A4:** 142, **M4:** 92
microstructural damage mechanisms summarized **A19:** 535
springs, helical **M1:** 299
temperatures and cooling cycles, annealing **M4:** 17
tensile properties, hot rolled bars **M1:** 204
thermomechanical fatigue.... **A19:** 533, 535, 549, 550, 551
1070, machining **A16:** 209, 225, 274, 360, 361, 668, 672
1070, wear rate........................ **A18:** 705
1071
applications **A4:** 104
carbonitriding **A4:** 376
flame hardening **A4:** 283
1071, cutoff band sawing with bimetal blades **A6:** 1184
1072
applications **A4:** 104
carbonitriding **A4:** 376
flame hardening **A4:** 283
1072, cutoff band sawing with bimetal blades **A6:** 1184
1073
applications **A4:** 104
carbonitriding **A4:** 376
flame hardening **A4:** 283
1073, cutoff band sawing with bimetal blades **A6:** 1184
1074
applications **A4:** 104
austenitizing temperature............... **A4:** 961
carbonitriding **A4:** 376
composition **M1:** 125
flame hardening **A4:** 283
machinability rating **M1:** 576
springs......................... **M1:** 285, 287
1074, austenitizing temperature **M4:** 29
1074, band sawing **A16:** 360, 361
1074, cutoff band sawing with bimetal blades **A6:** 1184
1074, thread grinding **A16:** 274
1074, turning machinability rating **A16:** 668
1075
applications **A4:** 104
applications, austempered parts **A4:** 157
carbonitriding **A4:** 376
composition **M1:** 125
flame hardening **A4:** 283
machinability rating **M1:** 576
1075, applications, austempered parts..... **M4:** 108
1075, band sawing **A16:** 360, 361
1075, cutoff band sawing with bimetal blades **A6:** 1184
1075, erosion rate and resistance **A18:** 204
1075, thread grinding **A16:** 274
1075, turning machinability rating **A16:** 668
1076, cutoff band sawing with bimetal blades **A6:** 1184
1077, cutoff band sawing with bimetal blades **A6:** 1184
1078
applications **A4:** 104
austenitizing temperature **A4:** 961, **M4:** 29
carbonitriding **A4:** 376
composition **M1:** 125
induction heat treating................. **A4:** 199
laser surface transformation hardening ... **A4:** 290
machinability rating **M1:** 576
thermal properties **M4:** 511
1078, band sawing **A16:** 360, 361
1078, cutoff band sawing with bimetal blades **A6:** 1184
1078, erosion rate **A18:** 204
1078, thread grinding **A16:** 274
1078, turning machinability rating **A16:** 668
1079, cutoff band sawing with bimetal blades **A6:** 1184
1080
annealing........................ **A4:** 184, 185
applications **A4:** 104
applications, austempered parts **A4:** 157, **M4:** 108
austempering..................... **A4:** 162, 163
austempering equipment................ **M4:** 111
austempering equipment requirements ... **A4:** 159
austempering, suitability **A4:** 153, 154–155, **M4:** 106
austenitizing temperature **A4:** 961, **M4:** 29
carbonitriding **A4:** 376
composition.................. **A6:** 641, **M1:** 125
critical temperatures.................... **A4:** 43
critical temperatures, annealing.......... **M4:** 15
cutoff band sawing with bimetal blades **A6:** 1184
drawing temperature, effect on mechanical properties **M1:** 246–247
erosion rate **A18:** 204
flame hardening **A4:** 283
full annealing.......................... **A4:** 46
hardness after tempering **M4:** 71
induction hardening............... **A4:** 184, 185
induction heat treating................. **A4:** 199
machinability rating **M1:** 576
mass, effect on hardness **A4:** 39, **M4:** 11
monotonic and fatigue properties **A19:** 969
monotonic and fatigue properties, rail at 23 °C.......................... **A19:** 973
normalizing temperatures **A4:** 36, **M4:** 7
properties....................... **A18:** 713, 714
properties, various heat treating conditions **M4:** 9–10
properties, various heat-treating conditions........................ **A4:** 37
Q and T 421 HB monotonic and cyclic stress-strain properties **A19:** 231
temperatures and cooling cycles, annealing **M4:** 17
tempering **A4:** 122
tensile properties, hot rolled bars **M1:** 204
time-temperature transformation........ **M4:** 115
wear resistance and cost effectiveness... **A18:** 705
1080, band sawing **A16:** 360, 361
1080 spheroidized, composition **A18:** 806
1080, thread grinding **A16:** 274
1080, turning machinability rating **A16:** 668
1081
applications **A4:** 104
carbonitriding **A4:** 376
flame hardening **A4:** 283
1081, cutoff band sawing with bimetal blades **A6:** 1184
1082
applications **A4:** 104
carbonitriding **A4:** 376
flame hardening **A4:** 283
1082, band sawing **A16:** 360, 361
1082, cutoff band sawing with bimetal blades **A6:** 1184
1083
applications **A4:** 104
carbonitriding **A4:** 376
flame hardening **A4:** 283
1083, cutoff band sawing with bimetal blades **A6:** 1184
1084
applications **A4:** 104
austenitizing temperature **A4:** 961, **M4:** 29
carbonitriding **A4:** 376
composition **M1:** 125
flame hardening **A4:** 283
machinability rating **M1:** 576
section size, austempered parts **A4:** 155, **M4:** 107
1084, band sawing **A16:** 360, 361
1084, cutoff band sawing with bimetal blades **A6:** 1184
1084, thread grinding **A16:** 274
1084, turning machinability rating **A16:** 668
1085
applications **A4:** 104
austenitizing temperature **A4:** 961, **M4:** 29
carbonitriding **A4:** 376
composition **M1:** 125
distortion, and oil quenching **A4:** 99
flame hardening **A4:** 283
hardness.......................... **A4:** 99, 100
machinability rating **M1:** 576
oil quenching **M4:** 54
1085, abrasive wear data **A18:** 705
1085, band sawing **A16:** 360, 361
1085, cutoff band sawing with bimetal blades **A6:** 1184
1085, thread grinding **A16:** 274
1085, turning machinability rating **A16:** 668
1086
applications **A4:** 104
austenitizing temperature **A4:** 961, **M4:** 29
carbonitriding **A4:** 376
composition **M1:** 125
flame hardening **A4:** 283
machinability rating **M1:** 576

Steels, AISI-SAE specific types (continued)
section size, austempered parts **A4:** 155, **M4:** 107
tempering **A4:** 133
1086, band sawing **A16:** 360, 361
1086, cutoff band sawing with bimetal blades **A6:** 1184
1086, thread grinding **A16:** 274
1086, turning machinability rating **A16:** 668
1087
applications **A4:** 104
carbonitriding **A4:** 376
flame hardening **A4:** 283
1087, cutoff band sawing with bimetal blades **A6:** 1184
1088
applications **A4:** 104
carbonitriding **A4:** 376
flame hardening **A4:** 283
1088, cutoff band sawing with bimetal blades **A6:** 1184
1089
applications **A4:** 104
carbonitriding **A4:** 376
flame hardening **A4:** 283
1089, cutoff band sawing with bimetal blades **A6:** 1184
1090
applications **A4:** 104
applications, austempered parts **A4:** 157, **M4:** 108
austenitizing temperature **A4:** 961, **M4:** 29
carbonitriding **A4:** 376
composition **M1:** 125
flame hardening **A4:** 283
full annealing **A4:** 46
machinability rating **M1:** 576
martempered to full hardness **A4:** 140
mechanical properties, austempered compared to oil quenched **A4:** 155, **M4:** 108
normalizing temperatures **A4:** 36, **M4:** 7
section size, austempered parts **A4:** 155, **M4:** 107
temperatures and cooling cycles, annealing **M4:** 17
tempering **A4:** 134
tensile properties, hot rolled bars **M1:** 204
time-temperature transformation diagram **M4:** 89
time-temperature transformation diagrams **A4:** 140, 141
1090, abrasive wear data **A18:** 705
1090, band sawing **A16:** 360, 361
1090, cutoff band sawing with bimetal blades **A6:** 1184
1090, thread grinding **A16:** 274
1090, turning machinability rating **A16:** 668
1090, wear data **M3:** 590
1091
carbonitriding **A4:** 376
flame hardening **A4:** 283
1091, cutoff band sawing with bimetal blades **A6:** 1184
1092
carbonitriding **A4:** 376
flame hardening **A4:** 283
1092, cutoff band sawing with bimetal blades **A6:** 1184
1093
carbonitriding **A4:** 376
flame hardening **A4:** 283
1093, cutoff band sawing with bimetal blades **A6:** 1184
1094
carbonitriding **A4:** 376
flame hardening **A4:** 283
1094, cutoff band sawing with bimetal blades **A6:** 1184
1095
annealing **A4:** 49
austempering time, effect on hardness **A4:** 160, **M4:** 112
austenitizing temperature **A4:** 961, **M4:** 29
carbon restoration **A4:** 599, **M4:** 446
carbonitriding **A4:** 376
composition **A6:** 641, **M1:** 125
core properties of carburized versus induction-hardened components **A18:** 725
cutoff band sawing with bimetal blades **A6:** 1184
dimensional control, austempered parts **A4:** 161
flame hardening **A4:** 283
full annealing **A4:** 46
gas nitriding **A4:** 402
gas quenching **A4:** 105, **M4:** 59
grinding rod material **A18:** 654
hardness **A18:** 704
hardness, after quenching **A4:** 106
hardness after tempering **M4:** 71
heat treatments **A4:** 138
machinability rating **M1:** 576
martempering **A4:** 138
mass, effect on hardness **A4:** 39, **M4:** 11
mechanical properties **A4:** 138
mechanical properties, heat treated **M4:** 85, 105
mechanical properties, heat-treated **A4:** 152
normalizing temperatures **A4:** 36, **M4:** 7
properties, various heat treating conditions **M4:** 9–10
properties, various heat-treating conditions **A4:** 37
quenching **A4:** 76
section size, austempered parts **A4:** 155, **M4:** 107
springs ... **M1:** 285, 287, 288, 297, 299, 301–303
temperatures and cooling cycles, annealing **M4:** 17
tempering **A4:** 122, 133, 138
time-temperature-transformation diagram **A18:** 704, 705
wear resistance and cost effectiveness **A18:** 706
1095, machining **A16:** 274, 282, 315, 360, 361, 668
1108
arc welding **A6:** 645
banding or microalloy segregation **A4:** 623
carbonitriding **A4:** 376
composition **A6:** 641
cutoff band sawing with bimetal blades **A6:** 1184
flame hardening **A4:** 283
1108, band sawing **A16:** 360, 361
1108, broaching **A16:** 207
1109
arc welding **A6:** 645
austenitizing temperature **A4:** 962
banding or microalloy segregation **A4:** 623
carbonitriding **A4:** 376
cutoff band sawing with bimetal blades **A6:** 1184
flame hardening **A4:** 283
1109, austenitizing temperature **M4:** 30
1109, band sawing **A16:** 360, 361
1109, broaching **A16:** 207
1110
arc welding **A6:** 645
banding or microalloy segregation **A4:** 623
carbonitriding **A4:** 376
composition **M1:** 126
cutoff band sawing with bimetal blades **A6:** 1184
flame hardening **A4:** 283
1111
banding or microalloy segregation **A4:** 623
carbonitriding **A4:** 376
flame hardening **A4:** 283
1112
banding or microalloy segregation **A4:** 623
carbonitriding **A4:** 376, 378
cutoff band sawing with bimetal blades **A6:** 1184
flame hardening **A4:** 283
recommended upsetting pressures for flash welding **A6:** 843
1112, machining **A16:** 15, 148, 149, 203, 204, 209, 246, 247, 251, 269, 282, 286, 318, 360, 361, 362, 364, 717
1113
banding or microalloy segregation **A4:** 623
carbonitriding **A4:** 376, 379
flame hardening **A4:** 283
liquid carburizing **A4:** 334, 345
1113, cutoff band sawing with bimetal blades **A6:** 1184
1113, multifunctional machining **A16:** 391
1113, reaming **A16:** 239, 360–362
1113, sawing **A16:** 360–362
1114
banding or microalloy segregation **A4:** 623
carbonitriding **A4:** 376
flame hardening **A4:** 283
1114, cutoff band sawing with bimetal blades **A6:** 1184
1115
austenitizing temperature **A4:** 962
banding or microalloy segregation **A4:** 623
carbonitriding **A4:** 376
flame hardening **A4:** 283
1115, austenitizing temperature **M4:** 30
1115, broaching **A16:** 207
1115, cutoff band sawing with bimetal blades **A6:** 1184
1115, sawing **A16:** 360–362
1116
arc welding **A6:** 645
banding or microalloy segregation **A4:** 623
carbonitriding **A4:** 376
cutoff band sawing with bimetal blades **A6:** 1184
flame hardening **A4:** 283
1116, machining **A16:** 179, 207, 225, 342, 345, 347, 349, 360–362
1117
applications, austempered parts **A4:** 157, **M4:** 108
arc welding **A6:** 645
austenitizing temperature **A4:** 962, **M4:** 30
banding or microalloy segregation **A4:** 623
blanking and piercing dies, use for **M3:** 487
carbonitriding **A4:** 376, 379, 380, 381–382, **M4:** 181
carburizing temperature, effect on grain size **M4:** 158
composition **A4:** 320, **M1:** 126
consecutive cuts analysis of carbon control **A4:** 588
cutoff band sawing with bimetal blades **A6:** 1184
die-casting dies, use in **M3:** 543
flame hardening **A4:** 283
liquid carburizing ... **A4:** 332, 333, 334, 340, 345
machinability **M1:** 236, 237
machinability compared with 1119 steel **M1:** 579–580
machinability rating **M1:** 576
martempering in oil, applications **A4:** 148, **M4:** 98
mass, effect on hardness **A4:** 39, **M4:** 11
mechanical properties, cold drawn bars **M1:** 223, 242
normalizing temperatures **A4:** 36, **M4:** 7
properties, various heat treating conditions **M4:** 9–10
properties, various heat-treating conditions **A4:** 37
1117, machining **A16:** 164, 179, 207, 225, 246, 247, 251, 263, 274, 282, 342, 345, 347, 349, 360–362, 364, 668
1117L, martempering in salt, applications **A4:** 148, **M4:** 96
1118
arc welding **A6:** 645
austenitizing temperature **A4:** 962, **M4:** 30
banding or microalloy segregation **A4:** 623
carbonitriding **A4:** 376, 381–382
composition **M1:** 126
cutoff band sawing with bimetal blades **A6:** 1184
flame hardening **A4:** 283
liquid carburizing **A4:** 345

SUBJECTS OF THE INDEXED VOLUMES: ASM Handbook (designated by the letter "A"): **A1:** Properties and Selection: Irons, Steels, and High-Performance Alloys (1990); **A2:** Properties and Selection: Nonferrous Alloys and Special-Purpose Materials (1990); **A3:** Alloy Phase Diagrams (1992); **A4:** Heat Treating (1991); **A5:** Surface Engineering (1994); **A6:** Welding, Brazing, and Soldering (1993); **A7:** Powder Metal Technologies and Applications (1998); **A8:** Mechanical Testing (1985); **A9:** Metallography and Microstructures (1985); **A10:** Materials Characterization (1986); **A11:** Failure Analysis and Prevention (1986); **A12:** Fractography (1987); **A13:** Corrosion (1987); **A14:** Forming and Forging (1988); **A15:** Casting (1988); **A16:** Machining (1989); **A17:** Nondestructive Evaluation and Quality Control (1989); **A18:** Friction, Lubrication, and Wear Technology (1992); **A19:** Fatigue and Fracture (1996); **A20:** Materials Selection and Design (1997). **Metals Handbook, 9th Edition** (designated by the letter "M"): **M1:** Properties and Selection: Irons and Steels (1978); **M2:** Properties and Selection: Nonferrous Alloys and Pure Metals (1979); **M3:** Properties and Selection: Stainless Steels, Tool Materials, and Special-Purpose Materials (1980); **M4:** Heat Treating (1981); **M5:** Surface Cleaning, Finishing, and Coating (1982); **M6:** Welding, Brazing, and Soldering (1983); **M7:** Powder Metallurgy (1984). **Engineered Materials Handbook** (designated by the letters "EM"): **EM1:** Composites (1987); **EM2:** Engineering Plastics (1988); **EM3:** Adhesives and Sealants (1990); **EM4:** Ceramics and Glasses (1991). **Electronic Materials Handbook** (designated by the letters "EL"): **EL1:** Packaging (1989)

machinability **M1:** 236, 237
machinability rating **M1:** 576
mass, effect on hardness **A4:** 39, **M4:** 11
mechanical properties, cold drawn bars . . **M1:** 223
properties, various heat treating conditions **M4:** 9–10
properties, various heat-treating conditions **A4:** 37
1118, cross-wire projection welding **M6:** 518
1118, machining **A16:** 179, 207, 225, 246, 247, 342, 345, 347, 349, 360, 361, 668
1118, nominal compositions and applications **A18:** 703
1118, plug gaging of, wear of gage materials **M3:** 554
1119
arc welding **A6:** 645
banding or microalloy segregation **A4:** 623
carbonitriding **A4:** 376
cutoff band sawing with bimetal blades **A6:** 1184
flame hardening **A4:** 283
liquid carburizing **A4:** 345
machinability **M1:** 236, 237
machinability compared with 1117 steel **M1:** 579–580
1119, machining **A16:** 179, 207, 225, 342, 345, 347, 349, 360, 361
1120, cutoff band sawing with bimetal blades **A6:** 1184
1121, cutoff band sawing with bimetal blades **A6:** 1184
1122, cutoff band sawing with bimetal blades **A6:** 1184
1123, cutoff band sawing with bimetal blades **A6:** 1184
1124, cutoff band sawing with bimetal blades **A6:** 1184
1125
banding or microalloy segregation **A4:** 623
carbonitriding **A4:** 376
flame hardening **A4:** 283
1125, cutoff band sawing with bimetal blades **A6:** 1184
1126
banding or microalloy segregation **A4:** 623
carbonitriding **A4:** 376
flame hardening **A4:** 283
1126, cutoff band sawing with bimetal blades **A6:** 1184
1127
banding or microalloy segregation **A4:** 623
carbonitriding **A4:** 376
flame hardening **A4:** 283
1127, cutoff band sawing with bimetal blades **A6:** 1184
1128
banding or microalloy segregation **A4:** 623
carbonitriding **A4:** 376
flame hardening **A4:** 283
1128, cutoff band sawing with bimetal blades **A6:** 1184
1129
banding or microalloy segregation **A4:** 623
carbonitriding **A4:** 376
flame hardening **A4:** 283
1129, cutoff band sawing with bimetal blades **A6:** 1184
1130
banding or microalloy segregation **A4:** 623
carbonitriding **A4:** 376
flame hardening **A4:** 283
1130, cutoff band sawing with bimetal blades **A6:** 1184
1131
banding or microalloy segregation **A4:** 623
carbonitriding **A4:** 376
flame hardening **A4:** 283
1131, cutoff band sawing with bimetal blades **A6:** 1184
1132
arc welding **A6:** 646
banding or microalloy segregation **A4:** 623
carbonitriding **A4:** 376
cutoff band sawing with bimetal blades **A6:** 1184
flame hardening **A4:** 283
tempering **A4:** 134
1132, cutoff band sawing with bimetal blades **A6:** 1184
1132, machining **A16:** 179, 207, 225, 342, 345, 347, 349, 360, 361
1133
banding or microalloy segregation **A4:** 623
carbonitriding **A4:** 376
flame hardening **A4:** 283
1134
banding or microalloy segregation **A4:** 623
carbonitriding **A4:** 376
flame hardening **A4:** 283
1135
banding or microalloy segregation **A4:** 623
carbonitriding **A4:** 376
flame hardening **A4:** 283
1136
banding or microalloy segregation **A4:** 623
carbonitriding **A4:** 376
flame hardening **A4:** 283
1137
arc welding **A6:** 646
austenitizing temperature **A4:** 961, **M4:** 29
banding or microalloy segregation **A4:** 623
carbonitriding **A4:** 376
composition **M1:** 126
cutoff band sawing with bimetal blades **A6:** 1184
flame hardening **A4:** 283
hardness after tempering **M4:** 71
heavy-draft drawing, suitability **M1:** 242
machinability **M1:** 236, 238
machinability rating **M1:** 576
mass, effect on hardness **A4:** 39, **M4:** 11
mechanical properties, cold drawn bars **M1:** 224, 226, 242
normalizing temperatures **A4:** 36, **M4:** 7
properties, various heat treating conditions **M4:** 9–10
properties, various heat-treating conditions **A4:** 37
shafts, induction hardened, fatigue life . . **M1:** 675
tempering **A4:** 122
1137, machining **A16:** 164, 179, 207, 225, 246, 247, 251, 263, 342, 345, 347, 349, 360, 361, 364, 668
1137, V-blocks run against by Cr-Mo/Ti-6Al-4V specimens **A18:** 781
1138
austenitizing temperature **A4:** 961
banding or microalloy segregation **A4:** 623
carbonitriding **A4:** 376
flame hardening **A4:** 283
proven applications for borided ferrous materials **A4:** 445
1138, austenitizing temperature **M4:** 29
1138, cutoff band sawing with bimetal blades **A6:** 1184
1139
arc welding **A6:** 646
banding or microalloy segregation **A4:** 623
carbonitriding **A4:** 376
composition **A6:** 641, **M1:** 126
cutoff band sawing with bimetal blades **A6:** 1184
flame hardening **A4:** 283
1139, machining **A16:** 179, 207, 225, 342, 345, 347, 349, 360, 361
1140
arc welding **A6:** 646
austenitizing temperature **A4:** 961
banding or microalloy segregation **A4:** 623
carbonitriding **A4:** 376
composition **M1:** 126
cutoff band sawing with bimetal blades **A6:** 1184
flame hardening **A4:** 283
machinability rating **M1:** 576
mechanical properties, cold drawn bars . . **M1:** 223
1140, austenitizing temperature **M4:** 29
1140, machining **A16:** 179, 207, 225, 342, 345, 347, 349, 360, 361, 668
1141
arc welding **A6:** 646
austenitizing temperature **A4:** 961, **M4:** 29
banding or microalloy segregation **A4:** 623
carbonitriding **A4:** 376
composition **M1:** 126
cutoff band sawing with bimetal blades **A6:** 1184
flame hardening **A4:** 283
hardness after tempering **M4:** 71
heavy-draft drawing, suitability **M1:** 239
machinability **M1:** 236, 238
machinability rating **M1:** 576
martempered to full hardness **A4:** 140
martempering **A4:** 140
martempering in oil, applications **A4:** 148, **M4:** 98
mass, effect on hardness **A4:** 39, **M4:** 11
mechanical properties, cold drawn bars . . **M1:** 223
normalizing temperatures **A4:** 36, **M4:** 7
properties, various heat treating conditions **M4:** 9–10
properties, various heat-treating conditions **A4:** 37
quench cracking **A4:** 610
quench severity **A4:** 90
Rushman-Lamont quenching technique **A4:** 87–88
tempering **A4:** 122, 134
universal joint spline shafts, wear vs. hardness **M1:** 631
wheel spindles, machining time compared with 1045 steel **M1:** 575, 579
1141, machining **A16:** 176, 179, 207, 225, 342, 345, 347, 349, 360, 361, 668, 882
1142
banding or microalloy segregation **A4:** 623
carbonitriding **A4:** 376
flame hardening **A4:** 283
1142, cutoff band sawing with bimetal blades **A6:** 1184
1143
banding or microalloy segregation **A4:** 623
carbonitriding **A4:** 376
flame hardening **A4:** 283
1143, cutoff band sawing with bimetal blades **A6:** 1184
1144
arc welding **A6:** 646
austenitizing temperature **A4:** 961, **M4:** 29
banding or microalloy segregation **A4:** 623
carbonitriding **A4:** 376
cold drawn, machinability compared with heat treated **M1:** 575, 578
composition **M1:** 126
cutoff band sawing with bimetal blades **A6:** 1184
drawing temperature, effect of **M1:** 245, 247–249
flame hardening **A4:** 283
hardness after tempering **M4:** 71
heavy-draft drawing **M1:** 245–248
machinability **M1:** 236, 238, 240
machinability rating **M1:** 576
mass, effect on hardness **A4:** 39, **M4:** 11
normalizing temperatures **A4:** 36, **M4:** 7
properties, various heat treating conditions **M4:** 9–10
properties, various heat-treating conditions **A4:** 37
quench cracking **A4:** 610
tempering **A4:** 122, 134
1144, machining **A16:** 179, 207, 225, 282, 342, 345, 347, 349, 360, 361, 668
1145
arc welding **A6:** 646
austenitizing temperature **A4:** 961
banding or microalloy segregation **A4:** 623
carbonitriding **A4:** 376
cutoff band sawing with bimetal blades **A6:** 1184
machinability, comparison to malleable iron **M1:** 71
mechanical properties, cold drawn bars . . **M1:** 223
1145, austenitizing temperature **M4:** 29
1145, machining **A16:** 179, 207, 209, 225, 323–325, 342, 345, 347, 349, 360, 361
1146
arc welding **A6:** 646
austenitizing temperature . . **A4:** 142, 961, **M4:** 29, 92
banding or microalloy segregation **A4:** 623
carbonitriding **A4:** 376
composition **M1:** 126
cutoff band sawing with bimetal blades **A6:** 1184
flame hardening **A4:** 283
machinability rating **M1:** 576
martempering temperature **A4:** 142, **M4:** 92

Steels, AISI-SAE specific types (continued)
1146, machining **A16:** 179, 207, 225, 342, 345, 347, 349, 360, 361, 668, 673
1147
banding or microalloy segregation **A4:** 623
carbonitriding **A4:** 376
flame hardening **A4:** 283
1147, cutoff band sawing with bimetal blades **A6:** 1184
1148
banding or microalloy segregation **A4:** 623
carbonitriding **A4:** 376
flame hardening **A4:** 283
1148, cutoff band sawing with bimetal blades **A6:** 1184
1149
banding or microalloy segregation **A4:** 623
carbonitriding **A4:** 376
flame hardening **A4:** 283
1149, cutoff band sawing with bimetal blades **A6:** 1184
1150
banding or microalloy segregation **A4:** 623
carbonitriding **A4:** 376
flame hardening **A4:** 283
1150, cutoff band sawing with bimetal blades **A6:** 1184
1151
arc welding........................... **A6:** 646
austenitizing temperature............... **A4:** 961
banding or microalloy segregation **A4:** 623
carbonitriding **A4:** 376
composition................. **A6:** 641, **M1:** 126
cutoff band sawing with bimetal blades **A6:** 1184
flame hardening **A4:** 283
machinability rating **M1:** 576
mechanical properties, special-die-drawn bars............ **M1:** 243
1151, austenitizing temperature **M4:** 29
1151, machining **A16:** 179, 207, 225, 342, 345, 347, 349, 360, 361, 668
1211
arc welding........................... **A6:** 646
composition................. **A6:** 641, **M1:** 126
machinability.................... **M1:** 236, 237
1211, machining **A16:** 179, 207, 225, 342, 345, 347, 349
1212
arc welding........................... **A6:** 646
composition **M1:** 126
cutoff band sawing with bimetal blades **A6:** 1184
machinability.................... **M1:** 236, 237
machinability rating **M1:** 576
1212, gages, use for **M3:** 555
1212, machining **A16:** 179, 207, 225, 342, 345, 347, 349, 360, 361, 668
1213
arc welding........................... **A6:** 646
banding or microalloy segregation **A4:** 623
bushings, machining cost vs. 12LI3 steel....................... **M1:** 578, 580
carbonitriding.................... **A4:** 376, 381
composition **M1:** 126
cutoff band sawing with bimetal blades **A6:** 1184
machinability.................... **M1:** 236, 237
machinability rating **M1:** 576
1213, machining **A16:** 207, 225, 360, 361, 387, 668
1215
composition **M1:** 126
machinability rating **M1:** 576
1215, arc welding....................... **A6:** 646
1215, broaching **A16:** 207
1215, turning machinability rating **A16:** 668
1315, recommended upsetting pressures for flash welding........................... **A6:** 843
1320
annealing **A4:** 47
carbonitriding **A4:** 376
1320, temperatures and time cycles........ **M4:** 19
1330
annealing temperatures **A4:** 46, **M4:** 18
arc welding........................... **A6:** 646
austenitizing temperature .. **A4:** 142, 961, **M4:** 29, 92
carbonitriding **A4:** 376
composition **A6:** 670, **M1:** 127, 129
cutoff band sawing with bimetal blades **A6:** 1184
hardenability, affected by hot work and location in bar **M1:** 478, 480
hardness after tempering **M4:** 71
machinability rating **M1:** 582
martempering......................... **A4:** 141
martempering temperature **A4:** 142, **M4:** 92
normalizing temperatures **A4:** 36, **M4:** 7
oxyfuel gas welding.................... **A6:** 290
shielded metal arc welding **A6:** 670
tempering **A4:** 122
welding preheat and interpass temperatures..................... **A6:** 672
1330 cast
normalized and tempered, fatigue notch sensitivity...................... **A19:** 657
quenched and tempered, fatigue notch sensitivity...................... **A19:** 657
1330, machining..... **A16:** 144–147, 207, 225, 274, 323–325, 343, 346, 348, 349, 360, 361, 669
1330H
composition **M1:** 130
hardenability curve **M1:** 498
1331, cutoff band sawing with bimetal blades........................... **A6:** 1184
1332, cutoff band sawing with bimetal blades........................... **A6:** 1184
1333, cutoff band sawing with bimetal blades........................... **A6:** 1184
1334, cutoff band sawing with bimetal blades........................... **A6:** 1184
1335
annealing temperatures **A4:** 46, **M4:** 18
arc welding........................... **A6:** 646
austenitizing temperature **A4:** 961, **M4:** 29
carbonitriding **A4:** 376
composition..................... **M1:** 127, 129
cutoff band sawing with bimetal blades **A6:** 1184
induction heat treating................. **A4:** 198
machinability rating **M1:** 582
martempering......................... **A4:** 141
normalizing temperatures **A4:** 36, **M4:** 7
recommended upsetting pressures for flash welding **A6:** 843
1335, machining..... **A16:** 144–147, 207, 225, 274, 285, 323–325, 343, 346, 348, 349, 360, 361, 669
1335H
composition **M1:** 130
hardenability curve **M1:** 498
1336, cutoff band sawing with bimetal blades........................... **A6:** 1184
1337, cutoff band sawing with bimetal blades........................... **A6:** 1184
1338, cutoff band sawing with bimetal blades........................... **A6:** 1184
1339, cutoff band sawing with bimetal blades........................... **A6:** 1184
1340
annealing **A4:** 47
annealing temperatures **A4:** 46, **M4:** 18
arc welding........................... **A6:** 646
austenitizing temperature **A4:** 961, **M4:** 29
carbonitriding **A4:** 376
composition **A4:** 300, **A6:** 670, **M1:** 127, 129
critical temperatures.................... **A4:** 43
critical temperatures, annealing.......... **M4:** 15
cutoff band sawing with bimetal blades **A6:** 1184
electron beam hardening treatment **A4:** 300
electron beam hardening treatment (as 42 Mn V 7 steel) **A4:** 308
flame hardening **A4:** 283
hardenability **M1:** 489, 494
hardness after tempering **M4:** 71
machinability rating **M1:** 582
martempering......................... **A4:** 141
mass, effect on hardness......... **A4:** 39, **M4:** 11
non-martensitic transformation products **A4:** 141
normalizing temperatures **A4:** 36, **M4:** 7
properties, various heat treating conditions **M4:** 9–10
properties, various heat-treating conditions....................... **A4:** 37
room-temperature fracture toughness ... **A19:** 621
shielded metal arc welding **A6:** 670
temperatures and time cycles............ **M4:** 19
tempering **A4:** 122, 134
welding preheat and interpass temperatures..................... **A6:** 672
wrought quenched and tempered, fatigue notch sensitivity...................... **A19:** 657
1340, machining..... **A16:** 144–147, 179, 203, 204, 207, 209, 225, 274, 343, 346, 347, 349, 360, 361, 669
1340, plug gaging of, wear of gage materials **M3:** 554, 556
1340H
composition **M1:** 130
hardenability curve............... **M1:** 494, 498
1341
carbonitriding **A4:** 376
flame hardening **A4:** 283
martempering......................... **A4:** 141
1341, cutoff band sawing with bimetal blades........................... **A6:** 1184
1342
carbonitriding **A4:** 376
flame hardening **A4:** 283
martempering......................... **A4:** 141
1342, cutoff band sawing with bimetal blades........................... **A6:** 1184
1343
carbonitriding **A4:** 376
flame hardening **A4:** 283
martempering......................... **A4:** 141
1343, cutoff band sawing with bimetal blades........................... **A6:** 1184
1344
carbonitriding **A4:** 376
flame hardening **A4:** 283
martempering......................... **A4:** 141
1344, cutoff band sawing with bimetal blades........................... **A6:** 1184
1345
annealing temperatures **A4:** 46, **M4:** 18
arc welding........................... **A6:** 646
austenitizing temperature **A4:** 961, **M4:** 29
carbonitriding **A4:** 376
composition..................... **M1:** 127, 129
cutoff band sawing with bimetal blades **A6:** 1184
flame hardening **A4:** 283
machinability rating **M1:** 582
martempering......................... **A4:** 141
1345, machining..... **A16:** 144–147, 179, 203, 207, 225, 274, 343, 346, 347, 349, 360, 361, 669
1345, wear rate compared with those of squeeze-cast composites.................. **A18:** 809
1345H
composition **M1:** 130
hardenability curve **M1:** 499
1345H, quench cracking................. **A4:** 610
1350
carbonitriding **A4:** 376
section size, austempered parts **A4:** 155
1350, section size, austempered parts **M4:** 107
1513
arc welding........................... **A6:** 646
composition.................. **A6:** 641, **M1:** 126
1513 annealing **A4:** 53
austenitizing temperature............... **A4:** 962

SUBJECTS OF THE INDEXED VOLUMES: ASM Handbook (designated by the letter "A"): **A1:** Properties and Selection: Irons, Steels, and High-Performance Alloys (1990); **A2:** Properties and Selection: Nonferrous Alloys and Special-Purpose Materials (1990); **A3:** Alloy Phase Diagrams (1992); **A4:** Heat Treating (1991); **A5:** Surface Engineering (1994); **A6:** Welding, Brazing, and Soldering (1993); **A7:** Powder Metal Technologies and Applications (1998); **A8:** Mechanical Testing (1985); **A9:** Metallography and Microstructures (1985); **A10:** Materials Characterization (1986); **A11:** Failure Analysis and Prevention (1986); **A12:** Fractography (1987); **A13:** Corrosion (1987); **A14:** Forming and Forging (1988); **A15:** Casting (1988); **A16:** Machining (1989); **A17:** Nondestructive Evaluation and Quality Control (1989); **A18:** Friction, Lubrication, and Wear Technology (1992); **A19:** Fatigue and Fracture (1996); **A20:** Materials Selection and Design (1997). **Metals Handbook, 9th Edition** (designated by the letter "M"): **M1:** Properties and Selection: Irons and Steels (1978); **M2:** Properties and Selection: Nonferrous Alloys and Pure Metals (1979); **M3:** Properties and Selection: Stainless Steels, Tool Materials, and Special-Purpose Materials (1980); **M4:** Heat Treating (1981); **M5:** Surface Cleaning, Finishing, and Coating (1982); **M6:** Welding, Brazing, and Soldering (1983); **M7:** Powder Metallurgy (1984). **Engineered Materials Handbook** (designated by the letters "EM"): **EM1:** Composites (1987); **EM2:** Engineering Plastics (1988); **EM3:** Adhesives and Sealants (1990); **EM4:** Ceramics and Glasses (1991). **Electronic Materials Handbook** (designated by the letters "EL"): **EL1:** Packaging (1989)

carbonitriding A4: 376
case depth, measurement...............A4: 458
1513, machining A16: 207, 225, 274, 342, 345, 347, 349

1518
austenitizing temperature...............A4: 962
carbonitriding A4: 376
case depth, measurement...............A4: 458
composition M1: 126
1518, arc welding.......................A6: 646
1518, machining A16: 207, 225, 274, 342, 345, 347, 349

1522
austenitizing temperature...............A4: 962
carbonitriding A4: 376
case depth, measurement...............A4: 458
composition M1: 126
1522, arc welding.......................A6: 646
1522, machining A16: 207, 225, 274, 342, 345, 347, 349

1522H
composition M1: 127
hardenability curve M1: 499

1524
annealing A4: 53
austenitizing temperature...............A4: 962
carbonitriding A4: 376
case depth, measurement...............A4: 458
composition A4: 320, M1: 125, 126
hardenability as a basis for selection M1: 493
machinability rating M1: 576
mechanical properties after annealing A4: 54
plasma (ion) carburizing A4: 359
surface hardening A4: 262
1524, arc welding.......................A6: 647
1524, carburizing and hardenability A18: 875
1524, machining A16: 207, 225, 274, 342, 345, 347, 349
1524, mechanical properties M4: 26

1524H
composition M1: 127
hardenability curve M1: 500

1525
austenitizing temperature...............A4: 962
carbonitriding A4: 376
case depth, measurement...............A4: 458
composition M1: 126
1525, arc welding.......................A6: 646
1525, machining.....A16: 144–147, 179, 207, 225, 274, 323–325, 342, 345, 347, 349

1526
austenitizing temperature...............A4: 962
carbonitriding A4: 376
case depth, measurement...............A4: 458
composition M1: 126
1526, arc welding.......................A6: 647
1526, machining.....A16: 144–147, 179, 207, 225, 274, 323–325, 342, 345, 347, 349

1526H
composition M1: 127
hardenability curve M1: 500

1527
arc welding............................A6: 647
austenitizing temperature...............A4: 962
carbonitriding A4: 376
case depth, measurement...............A4: 458
composition A4: 320, A6: 641, M1: 125, 126
heavy-draft drawing, suitability.........M1: 250
machinability rating M1: 576
1527, machining.....A16: 144–147, 179, 207, 225, 274, 323–325, 342, 345, 347, 349

1536
austenitizing temperature...............A4: 961
carbonitriding A4: 376
case depth, measurement...............A4: 458
composition M1: 125, 126
heavy-draft drawing, suitability.........M1: 250
machinability rating M1: 576
1536, arc welding.......................A6: 647
1536, machining A16: 207, 225, 274, 342, 345, 347, 349

1541
austenitizing temperature...............A4: 961
bolts, hardenability compared to 1038..M1: 276, 279
carbonitriding A4: 376
case depth, measurement...............A4: 458

composition A6: 641, M1: 125, 126
continuous cooling transformation
diagram A6: 70, 71
flame hardening A4: 284
heavy-draft drawing, suitability.........M1: 250
induction hardened, hardness profile M1: 532
machinability rating M1: 576
mechanical properties after annealing A4: 54
1541, carburizing and hardenability A18: 875
1541, machining A16: 207, 225, 274, 342, 345, 347, 349
1541, mechanical properties M4: 26

1541H
composition M1: 127
hardenability curve M1: 501

1547
composition M1: 126
machinability rating M1: 576
1547, arc welding.......................A6: 647
1547, machining A16: 207, 225, 274, 342, 345, 347, 349

1548
austenitizing temperature...............A4: 961
carbonitriding A4: 376
case depth, measurement...............A4: 458
composition M1: 125, 126
machinability rating M1: 576
1548, arc welding.......................A6: 647
1548, machining A16: 207, 225, 274, 342, 345, 347, 349

1551
composition M1: 126
1551, machining A16: 207, 225, 274, 342, 345, 347, 349

1552
austenitizing temperature...............A4: 961
carbonitriding A4: 376
case depth, measurement...............A4: 458
composition M1: 125, 126
flame hardening A4: 284
machinability rating M1: 576
1552, machining A16: 207, 225, 274, 342, 345, 347, 349

1561
composition M1: 126

1566
austenitizing temperature...............A4: 961
carbonitriding A4: 376
case depth, measurement...............A4: 458
composition M1: 126
1566, composition A6: 641

1572
composition M1: 126
1855, honing with CBN A16: 479
2317, pack carburizing applications A4: 326
2325, pack carburizing applications A4: 326
2330, constant-life diagram A19: 19
2330, hardness after tempering...........M4: 71
2330, tempering A4: 122
2340, annealing.........................A4: 47
2340, room-temperature fracture
toughness A19: 621
2340, temperatures and time cycles.......M4: 19
2345, annealing.........................A4: 47
2345, temperatures and time cycles.......M4: 19
2512, carbon gradient M4: 440
3115, pack carburizing applications A4: 326
3115-4615, broachability constant.......A16: 200
3120, annealing.........................A4: 47
3120, temperatures and time cycles.......M4: 19
3130, hardening after tempering M4: 71
3130, tempering A4: 122
3135, normalizing temperatures A4: 36, M4: 7
3135, recommended upsetting pressures for flash
welding............................A6: 843
3135, thread rolling A16: 285
3138, residual stress and quenching A4: 16

3140
annealing A4: 47
annealing temperatures A4: 46, M4: 18
applications, austempered parts A4: 157, M4: 108
austenitizing temperature A4: 961, M4: 29
critical temperatures....................A4: 43
critical temperatures, annealing..........M4: 15
flame hardening A4: 283
hardness after tempering M4: 71
mass, effect on hardness.......A4: 39, M4: 11

normalizing temperatures A4: 36, M4: 7
properties, various heat treating
conditions M4: 9–10
properties, various heat-treating
conditions A4: 37
quenching.............................A4: 12
temperatures and time cycles...........M4: 19
tempering A4: 122

3140, room-temperature fracture
toughness.........................A19: 621
3141, flame hardening...................A4: 283
3142, flame hardening...................A4: 283
3143, flame hardening...................A4: 283
3144, flame hardening...................A4: 283
3145, flame hardening...................A4: 283
3150, annealing.........................A4: 47
3150, temperatures and time cycles.......M4: 19

3310
annealing A4: 47
applications A4: 397, A18: 704
austenitizing temperature A4: 962, M4: 30
composition A4: 320
flame hardening A4: 283
gas carburizing........................A4: 319
gas nitriding..........................A4: 397
hardness, and oil quenching A4: 99
mass, effect on hardness........A4: 39, M4: 11
nominal compositions..........A18: 704, 725
normalizing temperatures A4: 36, 38, M4: 7
oil quenching M4: 54
surface carbon content and shim stock
analysis A4: 589
surface carbon content, variations M4: 444
surface carbon variability A4: 597
surface hardening A4: 262
temperatures and time cycles...........M4: 19
3310, broaching A16: 209
3310, composition, for carburized
bearings A19: 355

3312
austenitizing temperature A4: 142, M4: 92
carbon gradient M4: 440
liquid carburizing.................A4: 331, 334
martempered to full hardness...........A4: 140
martempering in salt, applications A4: 148,
M4: 96
martempering temperature A4: 142, M4: 92
normalizing temperatures A4: 38

3340
composition A19: 615
fracture toughness....................A19: 626
heat treatment cycles A19: 619

3350
flame hardening A4: 283
normalizing temperatures A4: 38

4012
carbonitriding A4: 376
composition M1: 127
machinability rating M1: 582
martempering..........................A4: 141
4012, machining.....A16: 144–147, 179, 207, 342, 346, 347, 349

4022, nominal compositions and
applications A18: 703

4023
carbonitriding A4: 376
carburizing A4: 262
carburizing and hardenability..........A18: 875
composition.......A4: 320, A6: 670, M1: 127
cutoff band sawing with bimetal blades A6: 1184
hardenability, selection for............M1: 492
machinability rating M1: 582
martempering..........................A4: 141
nominal compositions and applications A18: 703
shielded metal arc welding A6: 670
surface hardening A4: 262
welding preheat and interpass
temperatures A6: 672
4023, machining.....A16: 144–147, 179, 207, 225, 274, 342, 346, 347, 349, 360, 361, 669, 672

4024
composition M1: 127
machinability rating M1: 582
4024, cutoff band sawing with bimetal
blades A6: 1184
4024, machining.....A16: 144–147, 179, 207, 225, 274, 342, 346, 347, 349, 360, 361, 669

Steels, AISI-SAE specific types (continued)
4024, martempering, equipment **M4:** 99–100
4025, cutoff band sawing with bimetal blades **A6:** 1184
4026, cutoff band sawing with bimetal blades **A6:** 1184
4027
carbon gradients after gas carburizing **A4:** 592–593, 595
carbonitriding **A4:** 376
composition.................. **A4:** 320, **M1:** 127
critical temperatures.................... **A4:** 43
critical temperatures, annealing.......... **M4:** 15
machinability rating **M1:** 582
martempering......................... **A4:** 141
mass, effect on hardness......... **A4:** 39, **M4:** 11
normalizing temperatures **A4:** 36, **M4:** 7
surface carbon variability.......... **A4:** 596, 597
through hardened, fatigue limits........ **M1:** 677
zone control, effect on carbon gradient .. **M4:** 442
4027, carburized steel bending fatigue **A19:** 680
4027, cutoff band sawing with bimetal blades **A6:** 1184
4027, machining..... **A16:** 144–147, 207, 225, 274, 281, 323–325, 343, 346, 347, 349, 360, 361, 669
4027, nominal compositions and applications **A18:** 703
4027H
composition **M1:** 130
4028
carbonitriding **A4:** 376
composition.................. **A6:** 670, **M1:** 127
cutoff band sawing with bimetal blades **A6:** 1184
machinability rating **M1:** 582
martempering......................... **A4:** 141
martempering, equipment **M4:** 99–100
martempering equipment requirements .. **A4:** 148, 149
normalizing temperatures **A4:** 36, **M4:** 7
shielded metal arc welding **A6:** 670
welding preheat and interpass temperatures.................... **A6:** 672
4028, machining..... **A16:** 144–147, 207, 225, 274, 323–325, 343, 346, 348, 349, 360, 361, 669
4028H
composition **M1:** 130
hardenability curve **M1:** 502
4029, cutoff band sawing with bimetal blades **A6:** 1184
4030, cutoff band sawing with bimetal blades **A6:** 1184
4031, cutoff band sawing with bimetal blades **A6:** 1184
4032
carbonitriding **A4:** 376
composition **M1:** 127
machinability rating **M1:** 582
martempering......................... **A4:** 141
normalizing temperatures **A4:** 36
through hardened, fatigue limits........ **M1:** 677
4032, cutoff band sawing with bimetal blades **A6:** 1184
4032, machining..... **A16:** 144–147, 207, 225, 274, 323–325, 343, 346, 347, 349, 360, 361, 363, 669
4032, normalizing temperatures **M4:** 7
4032H
composition **M1:** 130
hardenability curve **M1:** 503
4033, cutoff band sawing with bimetal blades **A6:** 1184
4034, cutoff band sawing with bimetal blades **A6:** 1184
4035, cutoff band sawing with bimetal blades **A6:** 1184
4036, cutoff band sawing with bimetal blades **A6:** 1184
4037
annealing **A4:** 54
annealing temperatures **A4:** 46, **M4:** 18
austenitizing temperature **M4:** 29
austenitizing temperatures.............. **A4:** 961
bolts, fatigue life **M1:** 280
carbonitriding **A4:** 376
composition **M1:** 127
machinability rating **M1:** 582
martempering......................... **A4:** 141
normalizing temperatures **A4:** 36, **M4:** 7
statistical process control of heat treatment **A4:** 622, 623
4037, cutoff band sawing with bimetal blades **A6:** 1184
4037, machining..... **A16:** 144–147, 207, 225, 274, 323–325, 343, 346, 348, 349, 360, 361, 669
4037H
composition **M1:** 130
hardenability curve **M1:** 503
4038, cutoff band sawing with bimetal blades **A6:** 1184
4039, cutoff band sawing with bimetal blades **A6:** 1184
4040, cutoff band sawing with bimetal blades **A6:** 1184
4041, cutoff band sawing with bimetal blades **A6:** 1184
4042
annealing **A4:** 47
annealing temperatures **A4:** 46, **M4:** 18
austenitizing temperature **A4:** 961, **M4:** 29
carbonitriding **A4:** 376
composition **M1:** 127
critical temperatures.................... **A4:** 43
critical temperatures, annealing.......... **M4:** 15
machinability rating **M1:** 582
martempering......................... **A4:** 141
normalizing temperatures **A4:** 36, **M4:** 7
temperatures and time cycles............ **M4:** 19
4042, carburizing and hardenability **A18:** 875
4042, cutoff band sawing with bimetal blades **A6:** 1184
4042, machining..... **A16:** 144–147, 179, 207, 225, 274, 343, 346, 348, 349, 360, 361, 669
4042H
composition **M1:** 130
hardenability curve **M1:** 503
4043, cutoff band sawing with bimetal blades **A6:** 1184
4044, cutoff band sawing with bimetal blades **A6:** 1184
4045, cutoff band sawing with bimetal blades **A6:** 1184
4046, cutoff band sawing with bimetal blades **A6:** 1184
4047
annealing **A4:** 47
annealing temperatures **A4:** 46, **M4:** 18
austenitizing temperature **A4:** 961, **M4:** 29
carbonitriding **A4:** 376, 381
composition.................. **A6:** 670, **M1:** 127
cutoff band sawing with bimetal blades **A6:** 1184
machinability rating **M1:** 582
martempering in salt, applications **A4:** 148, **M4:** 96
normalizing temperatures **A4:** 36, **M4:** 7
shielded metal arc welding **A6:** 670
temperatures and time cycles............ **M4:** 19
tempering **A4:** 134
welding preheat and interpass temperatures.................... **A6:** 672
4047, machining..... **A16:** 144–147, 179, 207, 225, 274, 343, 346, 348, 349, 360, 361, 669
4047H
composition **M1:** 130
hardenability curve **M1:** 504
through hardened, effect of hardness on fatigue limit **M1:** 676
4053
carbonitriding **A4:** 376
tempering **A4:** 133
4062
annealing **A4:** 47
carbonitriding **A4:** 376
4062, temperatures and time cycles........ **M4:** 19
4063
annealing temperatures **A4:** 46, **M4:** 18
austenitizing temperature .. **A4:** 142, 961, **M4:** 29, 92
carbonitriding **A4:** 376
flame hardening............. **A4:** 276, 278, 283
martempering temperature **A4:** 142, **M4:** 92
mass, effect on hardness......... **A4:** 39, **M4:** 11
normalizing temperatures **A4:** 36, **M4:** 7
section size, austempered parts **A4:** 155, **M4:** 107
tempering **A4:** 134
4068
applications, austempered parts **A4:** 157
carbonitriding **A4:** 376
Jominy testing.......................... **A4:** 27
4068, applications, austempered parts..... **M4:** 108
4118
applications **A18:** 703
carbonitriding **A4:** 376
carburizing........................... **A4:** 373
carburizing and fabricability........... **A18:** 876
composition **A4:** 320, **A6:** 670, **M1:** 127, 129
gas carburizing **M4:** 163
hardenability, selection for............. **M1:** 492
machinability rating **M1:** 582
martempering......................... **A4:** 141
mass, effect on hardness......... **A4:** 39, **M4:** 11
nominal compositions............ **A18:** 703, 725
normalizing temperatures **A4:** 36, **M4:** 7
plasma (ion) nitriding.................. **A4:** 423
quench cracking **A4:** 610
shielded metal arc welding **A6:** 670
surface hardening **A4:** 262
welding preheat and interpass temperatures.................... **A6:** 672
4118, composition, for carburized bearings **A19:** 355
4118, machining..... **A16:** 144–147, 179, 207, 225, 274, 342, 346, 347, 349, 669
4118H
composition **M1:** 130
hardenability curve **M1:** 504
4120, alloying element effects on stress-corrosion cracking resistance **A19:** 486
4120, turning machinability rating **A16:** 669
4121
carbonitriding **A4:** 376
carburizing.............. **A4:** 365, 368, 369, 370
martempering......................... **A4:** 141
plasma (ion) nitriding.................. **A4:** 423
quench cracking **A4:** 610
4130
adhesive wear resistance **A18:** 721
annealing **A4:** 47
annealing temperatures **A4:** 46, **M4:** 18
applications **A4:** 395
austenitizing temperature .. **A4:** 142, 961, **M4:** 29, 92
carbonitriding **A4:** 376
carburizing production of carbide networks in prior austenite grain boundaries... **A18:** 874
CCT diagrams.............. **A4:** 7, 8, 10, 83, 87
chemical composition limits.......... **A4:** 85, 86
coarse primary carbides produced by carburizing **A18:** 874
composition......... **A4:** 207, **A6:** 670, **A19:** 615, **M1:** 127, 129, 422
constant-life diagram **A19:** 19
corrosion fatigue behavior above 10^7 cycles.......................... **A19:** 598
corrosion fatigue crack growth rates **A19:** 194
critical temperatures.................... **A4:** 43

SUBJECTS OF THE INDEXED VOLUMES: ASM Handbook (designated by the letter "A"): **A1:** Properties and Selection: Irons, Steels, and High-Performance Alloys (1990); **A2:** Properties and Selection: Nonferrous Alloys and Special-Purpose Materials (1990); **A3:** Alloy Phase Diagrams (1992); **A4:** Heat Treating (1991); **A5:** Surface Engineering (1994); **A6:** Welding, Brazing, and Soldering (1993); **A7:** Powder Metal Technologies and Applications (1998); **A8:** Mechanical Testing (1985); **A9:** Metallography and Microstructures (1985); **A10:** Materials Characterization (1986); **A11:** Failure Analysis and Prevention (1986); **A12:** Fractography (1987); **A13:** Corrosion (1987); **A14:** Forming and Forging (1988); **A15:** Casting (1988); **A16:** Machining (1989); **A17:** Nondestructive Evaluation and Quality Control (1989); **A18:** Friction, Lubrication, and Wear Technology (1992); **A19:** Fatigue and Fracture (1996); **A20:** Materials Selection and Design (1997). **Metals Handbook, 9th Edition** (designated by the letter "M"): **M1:** Properties and Selection: Irons and Steels (1978); **M2:** Properties and Selection: Nonferrous Alloys and Pure Metals (1979); **M3:** Properties and Selection: Stainless Steels, Tool Materials, and Special-Purpose Materials (1980); **M4:** Heat Treating (1981); **M5:** Surface Cleaning, Finishing, and Coating (1982); **M6:** Welding, Brazing, and Soldering (1983); **M7:** Powder Metallurgy (1984). **Engineered Materials Handbook** (designated by the letters "EM"): **EM1:** Composites (1987); **EM2:** Engineering Plastics (1988); **EM3:** Adhesives and Sealants (1990); **EM4:** Ceramics and Glasses (1991). **Electronic Materials Handbook** (designated by the letters "EL"): **EL1:** Packaging (1989)

critical temperatures, annealing.......... M4: 15
cutoff band sawing with bimetal blades A6: 1184
dimple fractures.................... A19: 10, 12
fatigue crack threshold................ A19: 142
fatigue life under fretting and nonfretting
conditions...................... A19: 321
flame hardening A4: 283
flux-cored arc welding............ A6: 188, 670
fracture toughness A19: 13, 877
fretting fatigue...................... A19: 327
friction surfacing...................... A6: 323
gas nitriding.......................... A4: 395
gas quenching.................... A4: 105, 106
gas-metal arc welding.................. A6: 671
used in low-cycle fatigue study to position elastic
and plastic strain-range lines..... A19: 967,
A19: 967, A19: 964
hardness........................... A4: 74, 81
hardness after tempering M4: 71
hardness, annealed sheet and strip...... M1: 165
hardness from Jominy test method....... A4: 11
hardness in casting positions measured... A4: 85,
87, 88
heat treatment........... M1: 423, M4: 120–121
heat treatment(s).................. A4: 208–209
heat-treatment temperatures............ A4: 208
IT diagrams.......................... A4: 7, 8
J_c mean value compared.............. A19: 877
Jominy hardenability testing A4: 81, 84
laser cladding........................ A18: 868
laser-beam welding.................... A6: 264
low-sulfur spheroidized dimple fractures A19: 10,
12
machinability rating M1: 582
martempered to full hardness........... A4: 140
martempering......................... A4: 141
martempering in salt, applications A4: 148,
M4: 96
martempering temperature...... A4: 142, M4: 92
mass, effect on hardness......... A4: 39, M4: 11
mass effects on typical properties A4: 209
mechanical properties A4: 209, M1: 422–423,
M4: 120
mechanical properties, normalized.... A4: 39, 40,
M4: 11
monotonic and fatigue properties .. A19: 969–970
monotonic and fatigue properties, blank at
23 °C.......................... A19: 973
nitrided, hardness profile............. M1: 540
nitriding time................ A4: 388, M4: 193
normalizing temperatures......... A4: 36, M4: 7
notch toughness................. M1: 705, 706
oxyfuel gas welding.................... A6: 286
plasma (ion) nitriding.................. A4: 423
properties, effect of mass on M4: 121
properties, various heat treating
conditions...................... M4: 9–10
properties, various heat-treating
conditions........................ A4: 37
quench cracking A4: 610
residual stresses..................... A6: 1097
shielded metal arc welding......... A6: 669–670
used in low-cycle fatigue study to position elastic
and plastic strain-range lines..... A19: 967,
A19: 967, A19: 964
stress-corrosion cracking A19: 487
stress-corrosion resistance and fracture
toughness......... A19: 646, 649, 650, 651
temperatures and time cycles............ M4: 19
tempering.................. A4: 122, 134, 135
tempering with induction heating A4: 193
through-hardening by induction heating.. A4: 192
TTP curves..................... A4: 85, 86, 88
TTT diagram A4: 83, 86
welding preheat and interpass
temperatures..................... A6: 672
work material for ion implantation..... A18: 858
X-hard, used in low-cycle fatigue study to
position elastic and plastic strain-range
lines........................... A19: 964
4130, die-casting dies, use in M3: 543
4130, flash welding.................... M6: 557
4130, machining..... A16: 144–148, 159, 186, 207,
209, 220, 225, 230, 232, 233, 246, 247, 274,
323–325, 329, 343, 346, 348, 349, 360, 361,
427, 428, 584, 669, 708, 738, 862
4130H
composition M1: 130
hardenability curve M1: 504
4131
carbonitriding A4: 376
flame hardening A4: 283
martempering......................... A4: 141
plasma (ion) nitriding.................. A4: 423
quench cracking A4: 610
4131, cutoff band sawing with bimetal
blades........................... A6: 1184
4132
carbonitriding A4: 376
flame hardening A4: 283
martempering......................... A4: 141
plasma (ion) nitriding.................. A4: 423
quench cracking A4: 610
tempering............................ A4: 134
4132, cutoff band sawing with bimetal
blades........................... A6: 1184
4133
carbonitriding A4: 376
flame hardening A4: 283
martempering......................... A4: 141
plasma (ion) nitriding.................. A4: 423
quench cracking A4: 610
4133, cutoff band sawing with bimetal
blades........................... A6: 1184
4134
carbonitriding A4: 376
flame hardening A4: 283
martempering......................... A4: 141
plasma (ion) nitriding.................. A4: 423
quench cracking A4: 610
4134, cutoff band sawing with bimetal
blades........................... A6: 1184
4135
annealing temperatures.......... A4: 46, M4: 18
austenitizing temperature............... A4: 961
carbonitriding A4: 376
composition.................... M1: 127, 129
flame hardening A4: 283
machinability rating M1: 582
martempering......................... A4: 141
microstructure and hardness, effect on tool life
in machining M1: 571, 574
normalizing temperatures......... A4: 36, M4: 7
oil quenching A4: 98, M4: 53
plasma (ion) nitriding.................. A4: 423
quench cracking A4: 610
tempering............................ A4: 134
4135, cast
normalized and tempered, fatigue notch
sensitivity..................... A19: 657
quenched and tempered, fatigue notch
sensitivity..................... A19: 657
S-N curves after normalized and
tempered...................... A19: 657
4135, cutoff band sawing with bimetal
blades........................... A6: 1184
4135, machining .. A16: 92, 93, 144–147, 207, 225,
274, 323–325, 343, 346, 348, 349, 360, 361,
669, 672
4135, mod
crack closure in air and in vacuum..... A19: 141
tempering effect on fatigue crack
growth rate..................... A19: 142
4135H
composition M1: 130
hardenability curve M1: 505
4135H, flame hardening................. A4: 284
4136, cutoff band sawing with bimetal
blades........................... A6: 1184
4137
annealing temperatures.......... A4: 46, M4: 18
austenitizing temperature A4: 961, M4: 29
carbonitriding A4: 376
composition.................... M1: 127, 129
hardenability equivalence.......... M1: 483–484
machinability rating M1: 582
martempering......................... A4: 141
minimum hardenability vs. M1: 491
normalizing temperatures......... A4: 36, M4: 7
plasma (ion) nitriding.................. A4: 423
quench cracking A4: 610
4137, cutoff band sawing with bimetal
blades........................... A6: 1184
4137, machining..... A16: 144–147, 207, 225, 274,
323–325, 343, 346, 348, 349, 360, 361, 669
4137H
composition M1: 130
hardenability curve M1: 505
4138, cutoff band sawing with bimetal
blades........................... A6: 1184
4139, cutoff band sawing with bimetal
blades........................... A6: 1184
4140
abrasive wear data A18: 705
annealing A4: 47
annealing temperatures.......... A4: 46, M4: 18
applications...................... A4: 394, 397
applications, austempered parts A4: 157, M4: 108
applications, machinery and equipment .. A6: 391
austempering, suitability A4: 153
austenitizing temperature .. A4: 142, 961, M4: 29,
92
blanking and piercing dies, use for M3: 485, 486,
487
boriding A4: 445
carbonitriding A4: 376
case depth during double-stage nitriding A4: 389
case depth, nitriding.................. M4: 195
CCT diagram.......................... A4: 9
CHT diagram........................... A4: 7
composition A4: 207, 300, A6: 670, A19: 615,
M1: 127, 129, 163, 422, M3: 490, M4: 120
composition and carbon content A6: 406
critical temperatures.................... A4: 43
critical temperatures, annealing.......... M4: 15
cutoff band sawing with bimetal blades A6: 1184
deep drawing dies, use for M3: 498, 499
die material for sheet metal forming.... A18: 628
die wear in shallow forming dies .. A18: 633, 634
die-casting dies, use in............ M3: 542, 543
distortion of a Jominy specimen A4: 31
drawing temperature, effect on mechanical
properties.................. M1: 248, 250
electron beam hardening treatment...... A4: 300
electron beam hardening treatment (as 42 Cr Mo
4 steel) A4: 308
erosion resistance A18: 204
fatigue crack threshold................ A19: 141
flame hardening.................. A4: 280, 283
fracture toughness value for engineering
alloy........................... A19: 377
friction welding....................... A6: 153
gages, use for M3: 555
gas nitriding........ A4: 388, 389, 392, 394, 397
gas-metal arc welding.................. A6: 671
gear materials, surface treatment, and minimum
surface hardness A18: 261
hardenability M1: 489, 494
hardenability variation................ M1: 479
hardness after tempering M4: 71
hardness, and oil quenching.......... A4: 91, 94
hardness gradients, nitriding M4: 256
hardness vs. tempering temperature..... M1: 469
heat treatment M1: 424
heat treatments A4: 209, M4: 120–121
heat-treatment temperatures............ A4: 208
hot extrusion tools, use for........ M3: 538, 540
impact wear......................... A18: 268
induction hardening A4: 17
ion-nitriding atmosphere A4: 565
isothermal heating diagram............... A4: 6
IT cooling diagram A4: 7
Jominy end-quench hardenability curves.. A4: 20,
27, 650
laser heat treating M4: 515
laser surface transformation
hardening.................. A4: 293–294
laser transformation hardening......... A18: 863
liquid nitriding...... A4: 411, 413, M4: 253, 256
longitudinal and transverse direction, S-N curves
after normalized and tempered.... A19: 657
machinability, free-machining vs. standard
grades................ M1: 570, 581, 583
machinability rating M1: 582
magnetic flux leakage................. A19: 214
martempered to full hardness........... A4: 140
martempering temperature...... A4: 142, M4: 92
mass, effect on hardness......... A4: 39, M4: 11
mass effects on typical properties A4: 209

Steels, AISI-SAE specific types (continued)
mechanical properties **A4:** 98, 99, 209, **M1:** 423–424, **M4:** 121
metal flow in forging. **M1:** 354
microvoid coalescence. **A19:** 45, 48
nitrided, case structure **M1:** 540
nitrided, hardness profile **M1:** 632
nitriding time **A4:** 388, **M4:** 193
normalizing temperatures **A4:** 36, **M4:** 7
notch toughness. **A4:** 123
notch toughness, tempering temperature . . **M4:** 73
notch toughness vs. tempering
temperature **M1:** 469
oil quenching **A4:** 98, 99, **M4:** 53
plasma (ion) nitriding **A4:** 420, 423
press forming dies, use for **M3:** 489, 490
properties, effect of mass on **M4:** 121
properties, various heat treating
conditions **M4:** 9–10
properties, various heat-treating
conditions **A4:** 37
proven applications for borided ferrous
materials **A4:** 445
tire tracks on fatigue fracture surface. . . . **A19:** 64–65, **A19:** 55
quench cracking **A4:** 610
recommended upsetting pressures for flash
welding **A6:** 843
residual stresses **A4:** 17
room-temperature fracture toughness . . . **A19:** 621
shafts, through hardened, fatigue life **M1:** 675
shear spinning tools, use for **M3:** 501
shielded metal arc welding **A6:** 669–670
stress-corrosion resistance and fracture
toughness **A19:** 646, 649, 650
temperatures and time cycles. **M4:** 19
tempering. **A4:** 122, 123, 132, 134, 135, 136
thermal properties **M4:** 511
through hardened, fatigue limits . . . **M1:** 676, 677
welding preheat and interpass
temperatures. **A6:** 672
work material for ion implantation **A18:** 858
4140, flash welding. **M6:** 557
4140, machining **A16:** 95, 144–148, 164, 176, 178, 179, 203, 204, 207–209, 225, 236, 246, 247, 251, 263, 269, 274, 282, 285, 315, 342, 343, 345–349, 360, 361, 364, 618, 640, 669, 674–676, 721

4140 mod
nitrided, hardness profile **M1:** 540
4140+S machining . . **A16:** 164, 246, 247, 251, 263, 364

4140H
composition **M1:** 130
hardenability **M1:** 488, 489, 493, 494
hardenability curve **M1:** 505
mechanical properties of castings **M1:** 399
4140H, austenitizing temperature **M4:** 29
4140H flame hardening. **A4:** 284
quench cracking **A4:** 610
4140Se, machining **A16:** 342, 345, 347, 349
4141 carbonitriding **A4:** 376
CCT diagram **A4:** 9
flame hardening **A4:** 283
plasma (ion) nitriding. **A4:** 423
quench cracking **A4:** 610
4142
austenitizing temperature **M4:** 29
composition **M1:** 127, 129, 163
fatigue resistance **A19:** 610, 611
hardness, annealed sheet and strip **M1:** 165
machinability rating **M1:** 582
minimum hardenability vs. **M1:** 491
monotonic and fatigue properties **A19:** 970
nitriding time **M4:** 193
normalizing temperatures **M4:** 7
tool wear for screw machining tellurium-
containing vs. standard grades **M1:** 576, 579
4142 applications **A4:** 394
austenitizing temperature. **A4:** 961
carbonitriding **A4:** 376
CCT diagram **A4:** 9
flame hardening **A4:** 283
gas nitriding. **A4:** 394
nitriding time **A4:** 388
normalizing temperatures **A4:** 36
plasma (ion) nitriding. **A4:** 423
quench cracking **A4:** 610
tempering curves **A4:** 11
4142, machining. **A16:** 144–147, 179, 207, 274, 343, 346, 348, 349, 669

4142H
composition **M1:** 130
hardenability curve **M1:** 506
4142Te, machining **A16:** 342, 345, 347, 349
4143
carbonitriding **A4:** 376
flame hardening **A4:** 283
plasma (ion) nitrocarburizing **A4:** 423
quench cracking **A4:** 610
4144
carbonitriding **A4:** 376
flame hardening **A4:** 283
plasma (ion) nitrocarburizing **A4:** 423
quench cracking **A4:** 610
4145
annealing temperatures **A4:** 46, **M4:** 18
austenitizing temperature **A4:** 961, **M4:** 29
carbonitriding **A4:** 376
composition **M1:** 127, 129, 163
flame hardening **A4:** 283
hardness, annealed sheet and strip **M1:** 165
hardness vs. tempering temperature **M1:** 468
machinability rating **M1:** 582
normalizing temperatures **A4:** 36, **M4:** 7
plasma (ion) nitriding. **A4:** 423
quench cracking **A4:** 610
4145, machining. **A16:** 144–147, 179, 207, 225, 274, 343, 346, 348, 349, 669

4145H
composition **M1:** 130
hardenability curve **M1:** 506
4145H, quench cracking **A4:** 610
4145Se, machining **A16:** 342, 345, 347, 349
4147
annealing temperatures **A4:** 46, **M4:** 18
austenitizing temperature **A4:** 961, **M4:** 29
carbonitriding **A4:** 376
composition **M1:** 127
flame hardening **A4:** 283
machinability rating **M1:** 582
normalizing temperatures **A4:** 36, **M4:** 7
plasma (ion) nitriding. **A4:** 423
quench cracking **A4:** 610
4147, machining. **A16:** 144–147, 179, 207, 209, 225, 274, 343, 346, 348, 349, 669

4147H
composition **M1:** 130
hardenability curve **M1:** 506
4147Te, machining. **A16:** 345, 347, 349
4148
carbonitriding **A4:** 376
flame hardening **A4:** 283
plasma (ion) nitriding. **A4:** 423
quench cracking **A4:** 610
4149
carbonitriding **A4:** 376
flame hardening **A4:** 283
plasma (ion) nitriding. **A4:** 423
quench cracking **A4:** 610
4150
annealing **A4:** 47
annealing temperatures **A4:** 46, **M4:** 18
applications **A4:** 394
austenitizing temperature **A4:** 961, **M4:** 29
boriding **A4:** 445
carbonitriding **A4:** 376
composition **A6:** 670, **M1:** 127, 163
critical temperatures **A4:** 43
critical temperatures, annealing. **M4:** 15
flame hardening. **A4:** 280, 282, 283
flash welding. **M6:** 557
for hot extrusion tools **A18:** 627
gas nitriding. **A4:** 394
hardness after tempering **M4:** 71
hardness, annealed sheet and strip **M1:** 165
hardness in a flash weld **M6:** 578
hot extrusion tools, use for **M3:** 538, 540
hot upset forging tools, use for **M3:** 534
laser transformation hardening. **A18:** 863
machinability rating **M1:** 582
machining data **M1:** 566–567, 580, 583
martempered to full hardness **A4:** 140
mass, effect on hardness **A4:** 39, **M4:** 11
nitriding time **M4:** 193
non-martensitic transformation products **A4:** 141
normalizing temperatures **A4:** 36, **M4:** 7
plasma (ion) nitriding. **A4:** 423
properties, various heat treating
conditions **M4:** 9–10
properties, various heat-treating
conditions **A4:** 37
proven applications for borided ferrous
materials **A4:** 445
quench cracking **A4:** 610
section size, austempered parts **A4:** 155, **M4:** 107
shielded metal arc welding **A6:** 670
temperatures and time cycles. **M4:** 19
tempering **A4:** 122, 134, 135
welding preheat and interpass
temperatures. **A6:** 672
4150, fatigue failure **A19:** 601–603
4150, machining **A16:** 207, 225, 274, 342, 343, 345–349, 429, 640, 641, 643, 669
4150 mod, recommendations for die-casting dies
and die inserts **A18:** 629
applications **A18:** 704
nominal compositions **A18:** 704, 725
tapered roller bearing material **A18:** 502

4150H
composition **M1:** 130
hardenability curve **M1:** 507
4150H, quench cracking **A4:** 610
4161
annealing temperatures **A4:** 46, **M4:** 18
austenitizing temperature **A4:** 961, **M4:** 29
carbonitriding **A4:** 376
composition **M1:** 127
machinability rating **M1:** 582
plasma (ion) nitriding. **A4:** 423
quench cracking **A4:** 610
springs, hot wound **M1:** 302
4161, machining **A16:** 207, 274, 343, 346, 348, 349, 669

4161H
composition **M1:** 130
hardenability curve **M1:** 507
4317
boriding **A4:** 445
normalizing temperatures **A4:** 38
plasma (ion) nitriding. **A4:** 423
proven applications for borided ferrous
materials **A4:** 445
4320
annealing **A4:** 47
austenitizing temperature . . **A4:** 142, 962, **M4:** 30, 92
carburized, fracture toughness **M1:** 536
carburized sealing rings wear of **M1:** 624–625
carburized steel bending fatigue . . . **A19:** 682, 683, 684, 685, 687, 688
composition. **A4:** 320, **A6:** 670, **M1:** 127
composition, for carburized bearings. . . . **A19:** 355
cutoff band sawing with bimetal blades **A6:** 1184
hardenability, selection for. **M1:** 493
machinability rating **M1:** 582

SUBJECTS OF THE INDEXED VOLUMES: **ASM Handbook** (designated by the letter "A"): **A1:** Properties and Selection: Irons, Steels, and High-Performance Alloys (1990); **A2:** Properties and Selection: Nonferrous Alloys and Special-Purpose Materials (1990); **A3:** Alloy Phase Diagrams (1992); **A4:** Heat Treating (1991); **A5:** Surface Engineering (1994); **A6:** Welding, Brazing, and Soldering (1993); **A7:** Powder Metal Technologies and Applications (1998); **A8:** Mechanical Testing (1985); **A9:** Metallography and Microstructures (1985); **A10:** Materials Characterization (1986); **A11:** Failure Analysis and Prevention (1986); **A12:** Fractography (1987); **A13:** Corrosion (1987); **A14:** Forming and Forging (1988); **A15:** Casting (1988); **A16:** Machining (1989); **A17:** Nondestructive Evaluation and Quality Control (1989); **A18:** Friction, Lubrication, and Wear Technology (1992); **A19:** Fatigue and Fracture (1996); **A20:** Materials Selection and Design (1997). **Metals Handbook, 9th Edition** (designated by the letter "M"): **M1:** Properties and Selection: Irons and Steels (1978); **M2:** Properties and Selection: Nonferrous Alloys and Pure Metals (1979); **M3:** Properties and Selection: Stainless Steels, Tool Materials, and Special-Purpose Materials (1980); **M4:** Heat Treating (1981); **M5:** Surface Cleaning, Finishing, and Coating (1982); **M6:** Welding, Brazing, and Soldering (1983); **M7:** Powder Metallurgy (1984). **Engineered Materials Handbook** (designated by the letters "EM"): **EM1:** Composites (1987); **EM2:** Engineering Plastics (1988); **EM3:** Adhesives and Sealants (1990); **EM4:** Ceramics and Glasses (1991). **Electronic Materials Handbook** (designated by the letters "EL"): **EL1:** Packaging (1989)

martempering, equipment **M4:** 100, 102
martempering temperature **A4:** 142, **M4:** 92
mass, effect on hardness **A4:** 39, **M4:** 11
normalizing temperatures **A4:** 36, 38, **M4:** 7
notch toughness vs. temperature **M1:** 536
plasma (ion) nitriding **A4:** 423
properties, various heat treating conditions **M4:** 9–10
properties, various heat-treating conditions **A4:** 37
shafts, carburized, fatigue life of **M1:** 675
shielded metal arc welding **A6:** 670
surface carbon variability **A4:** 596, 597
surface hardening **A4:** 262
temperatures and time cycles **M4:** 19
tempering **A4:** 133
welding preheat and interpass temperatures **A6:** 672
4320, machining **A16:** 144–148, 179, 207, 225, 274, 342, 346, 347, 349, 360, 361, 669
4320H
composition **M1:** 130
hardenability curve **M1:** 507
4322, gas carburizing **M4:** 163
4325, cast, plane-strain fracture toughness **A19:** 656, 662
4330
martempering applications, equipment requirements **A4:** 149, 150
room-temperature fracture toughness **A19:** 7, **A19:** 622
nil-ductility transition temperature and yield strengths after normalizing and tempering **A19:** 656
nil-ductility transition temperatures and yield strengths after quenching and tempering **A19:** 656
normalizing temperatures **A4:** 38
notch toughness **M1:** 706, 709
plasma (ion) nitriding **A4:** 423
4330, machining **A16:** 166, 247, 329, 360, 361
4330 mod
forgings, mechanical properties vs. orientation **M1:** 358
4330 Mod steel
composition **A4:** 207
heat treatment(s) **A4:** 209
heat-treatment temperatures **A4:** 208
properties after heat treatment **A4:** 210
4330V, turning **A16:** 144–147
4330V, yield strength **A4:** 208
4335
quenched and tempered, fatigue notch sensitivity **A19:** 657, **A19:** 656, 662, **A19:** 657
mechanical properties, normalized **A4:** 39, 40
normalized and tempered, fatigue notch sensitivity **A19:** 657
normalizing temperatures **A4:** 38
plasma (ion) nitriding **A4:** 423
4335, mechanical properties, normalized ... **M4:** 11
4335V, gas-tungsten arc welding **A6:** 671
4335V, yield strengths **A4:** 208
4337
annealing temperatures **A4:** 46, **M4:** 18
austenitizing temperature **A4:** 961, **M4:** 29
flame hardening **A4:** 283
gas nitriding **A4:** 392
normalizing temperatures **A4:** 36, 38, **M4:** 7
plasma (ion) nitriding **A4:** 423
4337, adhesive wear resistance **A18:** 721
4337, flash welding **M6:** 557
4338
flame hardening **A4:** 283
normalizing temperatures **A4:** 38
plasma (ion) nitriding **A4:** 423
4339
flame hardening **A4:** 283
normalizing temperatures **A4:** 38
plasma (ion) nitriding **A4:** 423
4340
abrasive wear data **A18:** 705, 706, 719
acoustic emission technique to monitor crack initiation **A19:** 216
activation energy for corrosion fatigue crack growth **A19:** 191
alloying element effects on stress-corrosion cracking resistance **A19:** 486
used in low-cycle fatigue study to position elastic and plastic strain-range lines **A19:** 967, **A19:** 967, **A19:** 964
annealing **A4:** 47
annealing temperatures **A4:** 46, **M4:** 18
applications, machinery and equipment .. **A6:** 391
austenitizing temperature .. **A4:** 142, 961, **M4:** 29, 92
blanking and piercing dies, use for **M3:** 486
cage material for rolling-element bearings **A18:** 503
carbonitriding **A4:** 376
cast, plane-strain fracture toughness **A19:** 662
cold extrusion tools, use for **M3:** 518
composition **A4:** 207, **A6:** 670, **A19:** 615, **M1:** 127, 129, 163, 422, **M4:** 120
composition and carbon content **A6:** 406
constant lifetime fatigue data .. **M1:** 667–669, 681
constant-life diagram **A19:** 19
correlation between wear resistance and toughness **A18:** 706–707
corrosion fatigue crack growth rates **A19:** 194
corrosive wear **A18:** 719
crack growth rate response resulting from changes in cyclic load frequency .. **A19:** 188
crankshafts, nitrided or shot peened fatigue behavior **M1:** 674
critical temperatures **A4:** 43
critical temperatures, annealing **M4:** 15
electron beam welding **M6:** 617–618
electron-beam welding **A6:** 866, 867
environment-dependent component of fatigue crack growth parameter **A19:** 188
fatigue behavior affected by inclusions **M1:** 672–674
fatigue crack growth **A19:** 648, 650
fatigue crack threshold **A19:** 145
fatigue life, effect of overstrain **M1:** 681
fatigue life vs. fatigue ductility **M1:** 671
fatigue life vs. fatigue strength **M1:** 672
fatigue life vs. total strain **M1:** 672
fatigue resistance **A19:** 608
fatigue test results and fatigue curves ... **A19:** 966
fatigue test results with fatigue curves constructed by the four-point method **A19:** 966
flame hardening **A4:** 280, 283
flash welding **M6:** 557
forging, mechanical properties vs. orientation **M1:** 358
fracture toughness **A4:** 211, **A19:** 13, 30, 621, 629, **M4:** 123
fracture toughness correlated to yield strength **A19:** 616
fracture toughness value for engineering alloy **A19:** 377
fracture toughness variability **A19:** 451
friction welding **A6:** 578
gas nitriding **A4:** 392
gas-tungsten arc welding **A6:** 866
gear materials, surface treatment, and minimum surface hardness **A18:** 261
used in low-cycle fatigue study to position elastic and plastic strain-range lines **A19:** 967, **A19:** 967, **A19:** 964
hardenability **M1:** 489, 495
hardness **A18:** 706
hardness after tempering **M4:** 71
hardness, annealed sheet and strip **M1:** 165
hardness gradients, nitriding **M4:** 256
hardness, variation with tempering temperature **M4:** 122
heat treatment **M1:** 424–425
heat treatments **A4:** 210, **M4:** 121
heat-treatment temperatures **A4:** 208
hot extrusion tools, use for **M3:** 538, 540
hot upset forging tools, use for **M3:** 534
hydrogen-induced cracking **A6:** 411
isothermal transformation diagram .. **A6:** 671, 672
Jominy depth of hardening **A4:** 26, 29
laser melt/particle injection **A18:** 869
laser surface transformation hardening .. **A4:** 265, 293
laser transformation hardening **A18:** 862
laser-beam welding **A6:** 263
liquid nitriding **A4:** 413
load ratio effect on fatigue cracking threshold **A19:** 57
M_{90} temperature **A6:** 676
machinability rating **M1:** 582
machining data **M1:** 569, 570, 580–582
martempered to full hardness **A4:** 140
martempering in salt, applications **A4:** 148, **M4:** 96
martempering temperature **A4:** 142, **M4:** 92
mass, effect on hardness **A4:** 39, **M4:** 11
mass, effect on mechanical properties **A4:** 210
mechanical properties **A4:** 123, 210, **M1:** 424–428, **M4:** 121–122, 123
mechanical properties, normalized **A4:** 39, **M4:** 11
mod Si, fracture toughness correlated to yield strength **A19:** 616
monotonic and fatigue properties **A19:** 970
monotonic and fatigue properties, steel bar at 23 °C **A19:** 974
monotonic and fatigue properties, tested at 23 °C **A19:** 972
nitrided, hardness profile **M1:** 540, 632
nitriding time **A4:** 388, **M4:** 193
no linear relationship for elastic or plastic strain-life **A19:** 234, 236
nominal compositions and applications **A18:** 703
noncorrelating Charpy V-notch and K_{Ic} toughness measurements **A19:** 12
non-martensitic transformation products **A4:** 141
normalizing **A4:** 39, 40
normalizing temperatures **A4:** 36, 38, **M4:** 7
notch toughness **A4:** 211, **M1:** 690, 703–707, **M4:** 123
oxyfuel gas welding **A6:** 286
plasma (ion) nitriding **A4:** 408, 423
positron lifetime versus number of fatigue cycles **A19:** 215
postweld heat treatment **A6:** 675–676
processing **M1:** 424
properties, effect of mass on **M4:** 122
properties, various heat treating conditions **M4:** 9–10
properties, various heat-treating conditions **A4:** 37
Q and T 350 HB, monotonic and cyclic stress-strain properties **A19:** 231
Q and T 410 HB, monotonic and cyclic stress-strain properties **A19:** 231
quenched and tempered, peak residual surface stress correlated to 10^7 cycles fatigue limit for grinding **A19:** 316
recommended upsetting pressures for flash welding **A6:** 843
residual stresses **A4:** 608
room-temperature fatigue crack growth kinetics **A19:** 187
room-temperature fracture toughness **A19:** 622
seizure resistance **M1:** 611
shafting, aircraft applications **M1:** 606
shear blades, service data **M3:** 480
shielded metal arc welding **A6:** 670
stress ratio effect, ripple loading **A19:** 190–191
stress-corrosion cracking **A19:** 488
stress-corrosion cracking operating stress map **A19:** 459, 460
temperatures and time cycles **M4:** 19
tempering **A4:** 122, 123, 134
testing parameters used for fatigue research of **A19:** 211
thermal expansion and contraction **A4:** 78, 80
through hardened, fatigue limits ... **M1:** 677, 678
time-temperature transformation diagram **M4:** 90
time-temperature transformation diagrams **A4:** 140, 141
toughness **A18:** 706
void sheet coalescence **A19:** 45–46, 50
welding preheat and interpass temperatures **A6:** 672
wrought plane-strain fracture toughness **A19:** 656
4340, machining **A16:** 44–45, 90–91, 144–147, 167, 177, 179, 183, 184, 203, 207, 209, 225, 230, 232, 233, 247, 274, 282, 314, 329, 343, 346, 348, 349, 360, 361, 423, 425, 534, 538, 567, 584, 598–601, 640, 669, 738
4340, machining effects on properties **A16:** 24, 25, 27, 29–31, 33–36

Steels, AISI-SAE specific types (continued)
4340H
composition **M1:** 130
hardenability curve **M1:** 508
4340H, flame hardening **A4:** 284
4340M, martempered to full hardness **A4:** 140
4340Si, turning **A16:** 144–147
4345, fracture toughness **A19:** 625
4347
flame hardening **A4:** 283
normalizing temperatures **A4:** 38
plasma (ion) nitriding **A4:** 423
4350
austenitizing temperature **A4:** 142, **M4:** 92
martempering in salt, applications **A4:** 148, **M4:** 96
martempering temperature **A4:** 142, **M4:** 92
normalizing temperatures **A4:** 38
plasma (ion) nitriding **A4:** 423
4350, for hot extrusion tools **A18:** 627
4350, machining **A16:** 186, 299
4350 mod, for hot extrusion tools **A18:** 627
4360, bainite **A16:** 667
4360, liquid nitriding **M4:** 256
4365
normalizing temperatures **A4:** 38
plasma (ion) nitriding **A4:** 423
section size, austempered parts **A4:** 155
4419
composition **M1:** 127
machinability rating **M1:** 582
notch toughness vs. temperature **M1:** 536
4419, machining **A16:** 144–147, 179, 207, 225, 274, 342, 346, 347, 349, 669
4419, mass, effect on hardness **A4:** 39, **M4:** 11
4419H
composition **M1:** 130
4422
composition **M1:** 127
gear cutting, comparison with 8620 steel **M1:** 579, 581
machinability rating **M1:** 582
4422, machining **A16:** 144–147, 179, 207, 225, 274, 342, 346, 347, 349, 669
4422, martempering **A4:** 141
4427
composition **M1:** 127
machinability rating **M1:** 582
4427, machining **A16:** 144–147, 207, 225, 274, 323–325, 343, 346, 347, 349, 669
4427, martempering **A4:** 141
4520
martempering **A4:** 141
normalizing temperatures **A4:** 36
4520, normalizing temperatures **M4:** 7
4600
carbonitriding **A4:** 376
hardenability **A4:** 232, 233
high-temperature sintering **A4:** 232
normalizing temperatures **A4:** 38
prealloyed powders similar **A4:** 231
4615
austenitizing temperature . . **A4:** 142, 962, **M4:** 30, 92
carbon gradient **M4:** 440
carbonitriding **A4:** 376
carburized steel bending fatigue **A19:** 686
carburizing temperature, effect on grain size **M4:** 158
composition **M1:** 127, 129
critical temperatures **A4:** 43
critical temperatures, annealing **M4:** 15
E-Polish, residual stress as a function of depth below the surface of direct-quenched, gas-carburized steel **A19:** 686
flame hardening **A4:** 283
liquid carburizing **A4:** 331, 334, 340–341
machinability rating **M1:** 582
martempering temperature **A4:** 142, **M4:** 92
normalizing temperatures **A4:** 38
residual stress as a function of depth below the surface of direct-quenched, gas-carburized steel **A19:** 686
4615, machining **A16:** 144–147, 179, 207, 225, 274, 342, 346, 347, 349, 669
4616
carbonitriding **A4:** 376
flame hardening **A4:** 283
normalizing temperatures **A4:** 38
4617
austenitizing temperature **A4:** 962, **M4:** 30
carbonitriding **A4:** 376
carburizing temperature, effect on grain size **M4:** 158
composition **M1:** 128, 129
flame hardening **A4:** 283
machinability rating **M1:** 582
normalizing temperatures **A4:** 38
pack carburizing applications **A4:** 326
4617, machining **A16:** 144–147, 179, 207, 225, 274, 342, 346, 347, 349, 669
4618
carbonitriding **A4:** 376
flame hardening **A4:** 283
normalizing temperatures **A4:** 38
4619
carbonitriding **A4:** 376
flame hardening **A4:** 283
normalizing temperatures **A4:** 38
4620
annealing **A4:** 47, 49
applications **A4:** 598
austenitizing temperature **M4:** 30
austenitizing temperatures **A4:** 962
carbonitriding **A4:** 376
carburized, fracture toughness **M1:** 536
carburizing **A4:** 367
composition **A4:** 320, **A6:** 670, **M1:** 128, 129
flame hardening **A4:** 283
gas carburizing **A4:** 321
hardenability, selection for **M1:** 492
liquid carburizing **A4:** 334
machinability rating **M1:** 582
martempered to full hardness **A4:** 140
martempering in oil, applications **M4:** 98
mass, effect on hardness **A4:** 39, **M4:** 11
nominal compositions **A18:** 725
normalizing temperatures **A4:** 36, 38, **M4:** 7
properties, various heat treating conditions **M4:** 9–10
properties, various heat-treating conditions **A4:** 37
roller chain pins, carburized wear compared to Nitralloy N **M1:** 628
shielded metal arc welding **A6:** 670
surface carbon content, variations **M4:** 446
surface carbon variability **A4:** 597, 598
surface hardening **A4:** 262
tapered roller bearing material **A18:** 502
temperatures and time cycles **M4:** 19
welding preheat and interpass temperatures **A6:** 672
4620, composition, for carburized bearings **A19:** 355
4620, machining **A16:** 144–147, 179, 207, 225, 274, 342, 346, 347, 349, 669
4620H
composition **M1:** 130
hardenability curve **M1:** 508
martempering **A4:** 146
martempering in oil, applications **A4:** 148
4620H, martempering in oil, applications . . **M4:** 98
4621
austenitizing temperature **A4:** 962, **M4:** 30
carbonitriding **A4:** 376
composition **M1:** 128
machinability rating **M1:** 582
normalizing temperatures **A4:** 36, 38, **M4:** 7
4621, machining **A16:** 144–147, 179, 207, 225, 274, 342, 346, 347, 349, 669
4621H
composition **M1:** 130
hardenability curve **M1:** 508
4626
austenitizing temperature **A4:** 962
carbonitriding **A4:** 376
composition **M1:** 128
machinability rating **M1:** 582
normalizing temperatures **A4:** 38
4626, austenitizing temperature **M4:** 30
4626, machining **A16:** 144–147, 207, 225, 274, 323–325, 343, 346, 348, 349, 669
4626H
composition **M1:** 130
hardenability curve **M1:** 509
4640
annealing **A4:** 47
carbonitriding **A4:** 376
flame hardening **A4:** 280, 283
hardness after tempering **M4:** 71
martempered to full hardness **A4:** 140
normalizing temperatures **A4:** 38
P/M, mechanical properties vs. density **M1:** 345–346
recommended upsetting pressures for flash welding **A6:** 843
shielded metal arc welding **A6:** 670
temperatures and time cycles **M4:** 19
tempering **A4:** 122, 134
welding preheat and interpass temperatures **A6:** 672
4650
P/M, densification **M1:** 346
4718
austenitizing temperature **A4:** 962, **M4:** 30
composition **M1:** 128
hardness, and oil quenching **A4:** 99
machinability rating **M1:** 582
normalizing temperatures **A4:** 36, **M4:** 7
4718, machining **A16:** 144–147, 179, 207, 274, 342, 346, 347, 349, 669
4718H
composition **M1:** 130
hardenability curve **M1:** 509
4720
austenitizing temperature . . **A4:** 142, 962, **M4:** 30, 92
composition **M1:** 128
machinability rating **M1:** 582
martempering temperature **A4:** 142, **M4:** 92
normalizing temperatures **A4:** 36, **M4:** 7
notch toughness vs. toughness **M1:** 536
4720, machining **A16:** 144–147, 179, 207, 274, 342, 346, 347, 349, 669
4720, nominal compositions and applications **A18:** 704
4720H
composition **M1:** 130
hardenability curve **M1:** 509
4815
austenitizing temperature **A4:** 962, **M4:** 30
carbon gradients after gas carburizing **A4:** 593–594, 596
carburizing and fabricability **A18:** 876
composition **A4:** 320, **M1:** 128
cutoff band sawing with bimetal blades **A6:** 1184
gas carburizing **M4:** 157
hardfacing **A6:** 807
hardness, and oil quenching **A4:** 99
laser cladding **A18:** 867, 868
liquid carburizing **A4:** 334
machinability rating **M1:** 582
martempering in salt, applications **A4:** 148, **M4:** 96
nominal compositions and applications **A18:** 704
normalizing temperatures **A4:** 36, **M4:** 7
oil quenching **M4:** 54

SUBJECTS OF THE INDEXED VOLUMES: ASM Handbook (designated by the letter "A"): **A1:** Properties and Selection: Irons, Steels, and High-Performance Alloys (1990); **A2:** Properties and Selection: Nonferrous Alloys and Special-Purpose Materials (1990); **A3:** Alloy Phase Diagrams (1992); **A4:** Heat Treating (1991); **A5:** Surface Engineering (1994); **A6:** Welding, Brazing, and Soldering (1993); **A7:** Powder Metal Technologies and Applications (1998); **A8:** Mechanical Testing (1985); **A9:** Metallography and Microstructures (1985); **A10:** Materials Characterization (1986); **A11:** Failure Analysis and Prevention (1986); **A12:** Fractography (1987); **A13:** Corrosion (1987); **A14:** Forming and Forging (1988); **A15:** Casting (1988); **A16:** Machining (1989); **A17:** Nondestructive Evaluation and Quality Control (1989); **A18:** Friction, Lubrication, and Wear Technology (1992); **A19:** Fatigue and Fracture (1996); **A20:** Materials Selection and Design (1997). **Metals Handbook, 9th Edition** (designated by the letter "M"): **M1:** Properties and Selection: Irons and Steels (1978); **M2:** Properties and Selection: Nonferrous Alloys and Pure Metals (1979); **M3:** Properties and Selection: Stainless Steels, Tool Materials, and Special-Purpose Materials (1980); **M4:** Heat Treating (1981); **M5:** Surface Cleaning, Finishing, and Coating (1982); **M6:** Welding, Brazing, and Soldering (1983); **M7:** Powder Metallurgy (1984). **Engineered Materials Handbook** (designated by the letters "EM"): **EM1:** Composites (1987); **EM2:** Engineering Plastics (1988); **EM3:** Adhesives and Sealants (1990); **EM4:** Ceramics and Glasses (1991). **Electronic Materials Handbook** (designated by the letters "EL"): **EL1:** Packaging (1989)

surface hardening A4: 262
4815, machining.....A16: 144–147, 179, 207, 274, 342, 346, 347, 360, 361, 669
4815H
composition M1: 130
hardenability curve M1: 510
4816, cutoff band sawing with bimetal blades A6: 1184
4817
austenitizing temperature A4: 962, M4: 30
composition M1: 128
hardenability, selection for.............M1: 493
machinability rating M1: 582
normalizing temperatures...............M4: 7
surface hardening A4: 262
4817, cutoff band sawing with bimetal blades A6: 1184
4817, machining.....A16: 144–147, 179, 207, 274, 342, 346, 347, 349, 360, 361, 669
4817H
composition M1: 130
hardenability curve M1: 510
4817H, martempering in oil, applications A4: 148, M4: 98
4818, cutoff band sawing with bimetal blades A6: 1184
4819, cutoff band sawing with bimetal blades A6: 1184
4820
annealing A4: 47
austenitizing temperature A4: 962, M4: 30
carbon profile determination using computer prediction A4: 652, 653
composition..................A4: 320, M1: 128
machinability rating M1: 582
martempering in oil, applications A4: 148, M4: 98
mass, effect on hardness A4: 39, M4: 11
normalizing temperatures...............M4: 7
notch toughness vs. temperature........M1: 536
properties, various heat treating conditions M4: 9–10
properties, various heat-treating conditions. A4: 37
surface carbon variability A4: 596, 597
temperatures and time cycles...........M4: 19
4820, cutoff band sawing with bimetal blades A6: 1184
4820, machining.....A16: 144–147, 156–157, 179, 207, 274, 342, 346, 347, 349, 360, 361, 669
4820H
composition M1: 130
hardenability curve M1: 510
5010, turning machinability rating A16: 669
5015
composition M1: 128
machinability rating M1: 582
5015, machining.....A16: 144–147, 179, 207, 274, 342, 346, 347, 349, 669
5015, martempering....................A4: 141
5040, martempering, equipment..........M4: 100
5040, martempering equipment requirements A4: 149
5045, annealing.......................A4: 47
5045, temperatures and time cycles.........M4: 19
5046
annealing temperatures A4: 46, M4: 18
austenitizing temperature A4: 961, M4: 29
composition M1: 128
critical temperatures...................A4: 43
critical temperatures, annealing..........M4: 15
machinability rating M1: 582
martempering.........................A4: 141
normalizing temperature................M4: 7
5046, cutoff band sawing with bimetal blades A6: 1184
5046, machining.....A16: 144–147, 179, 207, 274, 343, 346, 348, 349, 360, 361, 669
5046H
composition M1: 130
hardenability curve M1: 511
5060
composition M1: 128
machinability rating M1: 582
5060, machining A16: 207, 274, 343, 346, 348, 349, 669
5110, turning machinability rating A16: 669

5115
carbonitriding A4: 376
composition M1: 128
liquid nitriding A4: 412
machinability rating M1: 582
plasma (ion) nitriding..................A4: 423
proven applications for borided ferrous materials A4: 445
5115, machining.....A16: 144–147, 179, 207, 274, 342, 346, 347, 349, 669
5117
composition M1: 128
5120
annealing A4: 47
applications A18: 703
carbonitriding A4: 376
carburizing..........................A4: 262
carburizing and hardenability..........A18: 875
composition.........A4: 320, A6: 670, M1: 128
critical temperatures...................A4: 43
critical temperatures, annealing..........M4: 15
cutoff band sawing with bimetal blades A6: 1184
distortion in heat treatments A4: 614
gas carburizing M4: 163
machinability rating M1: 582
martempered to full hardness..........A4: 140
nominal compositions...........A18: 703, 725
normalizing temperatures...............M4: 7
plasma (ion) nitriding..................A4: 423
shielded metal arc welding A6: 670
surface hardening A4: 262
temperatures and time cycles............M4: 19
welding preheat and interpass temperatures......................A6: 672
5120, composition, for carburized bearings A19: 355
5120, cutoff band sawing with bimetal blades A6: 1184
5120, flash versus friction welding M6: 720
5120, machining.....A16: 144–148, 179, 200, 207, 225, 274, 342, 346, 347, 349, 669, 674
5120H
composition M1: 130
hardenability curve M1: 513
5121, cutoff band sawing with bimetal blades A6: 1184
5122, cutoff band sawing with bimetal blades A6: 1184
5123, cutoff band sawing with bimetal blades A6: 1184
5124, cutoff band sawing with bimetal blades A6: 1184
5125, cutoff band sawing with bimetal blades A6: 1184
5126, cutoff band sawing with bimetal blades A6: 1184
5127, cutoff band sawing with bimetal blades A6: 1184
5128, cutoff band sawing with bimetal blades A6: 1184
5129, cutoff band sawing with bimetal blades A6: 1184
5130
annealing temperatures A4: 46, M4: 18
austenitizing temperature A4: 961, M4: 29
carbonitriding A4: 376
composition...............A4: 320, M1: 128
hardness after tempering M4: 71
machinability rating M1: 582
normalizing temperatures...............M4: 7
plasma (ion) nitriding..................A4: 423
tempering A4: 122, 134
thermal properties....................M4: 511
5130, cutoff band sawing with bimetal blades A6: 1184
5130, machining.....A16: 144–147, 200, 207, 225, 274, 323, 346, 348, 349, 669
5130H
composition M1: 130
hardenability curve M1: 513
5131, cutoff band sawing with bimetal blades A6: 1184
5132
annealing A4: 47
annealing temperatures A4: 46, M4: 18
austenitizing temperature A4: 961, M4: 29
carbonitriding A4: 376

composition M1: 128
machinability rating M1: 582
normalizing temperatures...............M4: 7
plasma (ion) nitriding..................A4: 423
temperatures and time cycles...........M4: 19
5132, cutoff band sawing with bimetal blades A6: 1184
5132, machining.....A16: 144–147, 200, 207, 225, 274, 323–325, 343, 346, 348, 349, 669
5132, stress-strain behavior.........A19: 605, 606
5132H
composition M1: 130
hardenability curve M1: 513
5133, cutoff band sawing with bimetal blades A6: 1184
5134, cutoff band sawing with bimetal blades A6: 1184
5135
annealing temperatures A4: 46, M4: 18
austenitizing temperature A4: 961, M4: 29
carbonitriding A4: 376
composition M1: 128
machinability rating M1: 582
normalizing temperatures...............M4: 7
plasma (ion) nitriding..................A4: 423
5135, cutoff band sawing with bimetal blades A6: 1184
5135, machining.....A16: 144–147, 200, 207, 225, 274, 323, 346, 348, 349, 669
5135H
composition M1: 130
hardenability curve M1: 514
5136, cutoff band sawing with bimetal blades A6: 1184
5137, cutoff band sawing with bimetal blades A6: 1184
5138, cutoff band sawing with bimetal blades A6: 1184
5139, cutoff band sawing with bimetal blades A6: 1184
5140
annealing A4: 47
annealing temperatures A4: 46, M4: 18
austempering, suitability A4: 153, 154, M4: 106
austenitizing temperature A4: 961, M4: 29
carbonitriding. ...A4: 376, 378, 379, 381, M4: 183
carburizing and hardenability..........A18: 875
composition M1: 163
critical temperatures...................A4: 43
critical temperatures, annealing..........M4: 15
die material for sheet metal forming....A18: 628
hardenability M1: 489, 495
hardness, annealed sheet and strip......M1: 165
Jominy curves A4: 650
machinability rating M1: 582
martempered to full hardness..........A4: 140
mass, effect on hardness A4: 39, M4: 11
microstructural transformations determinations using computer simulation A4: 648, 649
nitrided, hardness profile M1: 633
normalizing temperatures...............M4: 7
plasma (ion) nitriding..................A4: 423
properties, various heat treating conditions M4: 9–10
properties, various heat-treating conditions.........................A4: 37
section size, austempered parts A4: 155, M4: 107
temperatures and time cycles...........M4: 19
tempering A4: 134
time-temperature transformation diagram M4: 90
time-temperature transformation diagrams......................A4: 140, 141
5140, cutoff band sawing with bimetal blades A6: 1184
5140, machining.....A16: 144–147, 179, 199, 200, 203, 204, 207, 209, 225, 274, 343, 346, 348, 349, 360, 361, 669
5140, room-temperature fracture toughness A19: 622
5140H
composition M1: 130
hardenability curve M1: 514
5140H, carbonitriding..................A4: 381
5141, cutoff band sawing with bimetal blades A6: 1184
5142, cutoff band sawing with bimetal blades A6: 1184

Steels, AISI-SAE specific types (continued)
5143, cutoff band sawing with bimetal blades . . . **A6:** 1184
5144, cutoff band sawing with bimetal blades . . . **A6:** 1184
5145
annealing temperatures . . . **A4:** 46, **M4:** 18
austenitizing temperature . . . **A4:** 961, **M4:** 29
carbonitriding . . . **A4:** 376
composition . . . **A6:** 670, **M1:** 128
cutoff band sawing with bimetal blades **A6:** 1184
hardness vs. tempering temperature . . . **M1:** 468
machinability rating . . . **M1:** 582
normalizing temperatures . . . **M4:** 7
plasma (ion) nitriding . . . **A4:** 423
shielded metal arc welding . . . **A6:** 670
welding preheat and interpass temperatures . . . **A6:** 672
5145, machining . . . **A16:** 144–147, 179, 200, 207, 225, 274, 343, 346, 348, 349, 360, 361, 669
5145H
composition . . . **M1:** 130
hardenability curve . . . **M1:** 514
5146, cutoff band sawing with bimetal blades . . . **A6:** 1184
5147
annealing temperatures . . . **A4:** 46, **M4:** 18
austenitizing temperature . . . **A4:** 961, **M4:** 29
carbonitriding . . . **A4:** 376
composition . . . **M1:** 128
machinability rating . . . **M1:** 582
normalizing temperatures . . . **M4:** 7
plasma (ion) nitriding . . . **A4:** 423
5147, cutoff band sawing with bimetal blades . . . **A6:** 1184
5147, machining . . . **A16:** 144–147, 179, 200, 207, 225, 274, 343, 346, 348, 349, 360, 361, 669
5147H
composition . . . **M1:** 130
hardenability curve . . . **M1:** 515
5148, cutoff band sawing with bimetal blades . . . **A6:** 1184
5149, cutoff band sawing with bimetal blades . . . **A6:** 1184
5150
annealing . . . **A4:** 47
annealing temperatures . . . **A4:** 46, **M4:** 18
austenitizing temperature . . . **A4:** 961, **M4:** 29
carbonitriding . . . **A4:** 376
composition . . . **M1:** 128, 163
hardenability equivalence . . . **M1:** 483–484
hardness after tempering . . . **M4:** 71
hardness, annealed sheet and strip . . . **M1:** 165
machinability rating . . . **M1:** 582
mass, effect on hardness . . . **A4:** 39, **M4:** 11
normalizing temperatures . . . **M4:** 7
plasma (ion) nitriding . . . **A4:** 423
properties, various heat treating conditions . . . **M4:** 9–10
properties, various heat-treating conditions . . . **A4:** 37
resistance to scuffing wear . . . **M1:** 25
temperatures and time cycles . . . **M4:** 19
tempering . . . **A4:** 122
5150, cutoff band sawing with bimetal blades . . . **A6:** 1184
5150, machining . . . **A16:** 200, 207, 225, 274, 343, 346, 348, 349, 360, 361, 669
5150, room-temperature fracture toughness . . . **A19:** 622
5150H
composition . . . **M1:** 130
hardenability curve . . . **M1:** 515
springs, hot wound . . . **M1:** 302
5151, cutoff band sawing with bimetal blades . . . **A6:** 1184
5152, cutoff band sawing with bimetal blades . . . **A6:** 1184
5153, cutoff band sawing with bimetal blades . . . **A6:** 1184
5154, cutoff band sawing with bimetal blades . . . **A6:** 1184
5155
annealing temperatures . . . **A4:** 46, **M4:** 18
austenitizing temperature . . . **A4:** 961, **M4:** 29
carbonitriding . . . **A4:** 376
composition . . . **M1:** 128
machinability rating . . . **M1:** 582
normalizing temperatures . . . **M4:** 7
plasma (ion) nitriding . . . **A4:** 423
5155, cutoff band sawing with bimetal blades . . . **A6:** 1184
5155, machining . . . **A16:** 200, 207, 225, 274, 343, 346, 348, 349, 360, 361, 669
5155H
composition . . . **M1:** 130
hardenability curve . . . **M1:** 515
5156, cutoff band sawing with bimetal blades . . . **A6:** 1184
5157, cutoff band sawing with bimetal blades . . . **A6:** 1184
5158, cutoff band sawing with bimetal blades . . . **A6:** 1184
5159, cutoff band sawing with bimetal blades . . . **A6:** 1184
5160
annealing . . . **A4:** 49, 50, 53
annealing temperatures . . . **A4:** 46, **M4:** 18
austenitizing temperature . . . **A4:** 961, **M4:** 29
carbonitriding . . . **A4:** 376
composition . . . **M1:** 128, 129, 163
core properties of carburized versus induction-hardened components . . . **A18:** 725
critical temperatures . . . **A4:** 43, **M4:** 15
deep-hardening steel . . . **A18:** 706
hardenability variation . . . **M1:** 479
hardness . . . **A4:** 155
hardness, annealed sheet and strip . . . **M1:** 165
machinability rating . . . **M1:** 582
machining . . . **M4:** 19
mass, effect on hardness . . . **A4:** 39, **M4:** 11
monotonic and fatigue properties . . . **A19:** 970
plasma (ion) nitriding . . . **A4:** 423
properties, various heat treating conditions . . . **M4:** 9–10
properties, various heat-treating conditions . . . **A4:** 37
Q and T 440 HB, monotonic and cyclic stress-strain properties . . . **A19:** 231
section size, austempered parts **A4:** 155, **M4:** 107
springs, wire for . . . **M1:** 305
stress-strain behavior . . . **A19:** 605, 606
5160, cutoff band sawing with bimetal blades . . . **A6:** 1184
5160, machining . . . **A16:** 200, 207, 225, 274, 343, 346, 348, 349, 360, 361, 669
5160H
composition . . . **M1:** 130
hardenability curve . . . **M1:** 516
springs, hot wound . . . **M1:** 302
torsion bars, fatigue life distribution . . . **M1:** 677
5210, spheroidal carbides dispersed . . **A16:** 675–676
5210, turning machinability rating . . . **A16:** 669
6118
carbonitriding . . . **A4:** 376
composition . . . **M1:** 128
machinability rating . . . **M1:** 582
martempering . . . **A4:** 141
plasma (ion) nitriding . . . **A4:** 423
6118, cutoff band sawing with bimetal blades . . . **A6:** 1184
6118, machining . . . **A16:** 144–147, 179, 200, 207, 225, 274, 342, 346, 347, 349, 360, 361, 669
6118, normalizing temperatures . . . **M4:** 7
6118H
composition . . . **M1:** 130
hardenability curve . . . **M1:** 516
hardenability equivalence . . . **M1:** 483, 486
6119, cutoff band sawing with bimetal blades . . . **A6:** 1184
6120
carbonitriding . . . **A4:** 376
carburizing . . . **A4:** 262, 266
martempering . . . **A4:** 141
plasma (ion) nitriding . . . **A4:** 423
6120, cutoff band sawing with bimetal blades . . . **A6:** 1184
6120, normalizing temperatures . . . **M4:** 7
6121, cutoff band sawing with bimetal blades . . . **A6:** 1184
6122, cutoff band sawing with bimetal blades . . . **A6:** 1184
6123, cutoff band sawing with bimetal blades . . . **A6:** 1184
6124, cutoff band sawing with bimetal blades . . . **A6:** 1184
6125, cutoff band sawing with bimetal blades . . . **A6:** 1184
6126, cutoff band sawing with bimetal blades . . . **A6:** 1184
6127, cutoff band sawing with bimetal blades . . . **A6:** 1184
6128, cutoff band sawing with bimetal blades . . . **A6:** 1184
6129, cutoff band sawing with bimetal blades . . . **A6:** 1184
6130, cutoff band sawing with bimetal blades . . . **A6:** 1184
6131, cutoff band sawing with bimetal blades . . . **A6:** 1184
6132, cutoff band sawing with bimetal blades . . . **A6:** 1184
6133, cutoff band sawing with bimetal blades . . . **A6:** 1184
6134, cutoff band sawing with bimetal blades . . . **A6:** 1184
6135, cutoff band sawing with bimetal blades . . . **A6:** 1184
6136, cutoff band sawing with bimetal blades . . . **A6:** 1184
6137, cutoff band sawing with bimetal blades . . . **A6:** 1184
6138, cutoff band sawing with bimetal blades . . . **A6:** 1184
6139, cutoff band sawing with bimetal blades . . . **A6:** 1184
6140, cutoff band sawing with bimetal blades . . . **A6:** 1184
6141, cutoff band sawing with bimetal blades . . . **A6:** 1184
6142, cutoff band sawing with bimetal blades . . . **A6:** 1184
6143, cutoff band sawing with bimetal blades . . . **A6:** 1184
6144, cutoff band sawing with bimetal blades . . . **A6:** 1184
6145
austempering, suitability . . . **A4:** 153
carbonitriding . . . **A4:** 376
plasma (ion) nitriding . . . **A4:** 423
6145, cutoff band sawing with bimetal blades . . . **A6:** 1184
6145, die casting of copper alloys and erosive wear of dies . . . **A18:** 629
6146, cutoff band sawing with bimetal blades . . . **A6:** 1184
6147, cutoff band sawing with bimetal blades . . . **A6:** 1184
6148, cutoff band sawing with bimetal blades . . . **A6:** 1184
6149, cutoff band sawing with bimetal blades . . . **A6:** 1184
6150
annealing . . . **A4:** 47
annealing temperatures . . . **A4:** 46, **M4:** 18
applications, austempered parts **A4:** 157, **M4:** 108

SUBJECTS OF THE INDEXED VOLUMES: ASM Handbook (designated by the letter "A"): **A1:** Properties and Selection: Irons, Steels, and High-Performance Alloys (1990); **A2:** Properties and Selection: Nonferrous Alloys and Special-Purpose Materials (1990); **A3:** Alloy Phase Diagrams (1992); **A4:** Heat Treating (1991); **A5:** Surface Engineering (1994); **A6:** Welding, Brazing, and Soldering (1993); **A7:** Powder Metal Technologies and Applications (1998); **A8:** Mechanical Testing (1985); **A9:** Metallography and Microstructures (1985); **A10:** Materials Characterization (1986); **A11:** Failure Analysis and Prevention (1986); **A12:** Fractography (1987); **A13:** Corrosion (1987); **A14:** Forming and Forging (1988); **A15:** Casting (1988); **A16:** Machining (1989); **A17:** Nondestructive Evaluation and Quality Control (1989); **A18:** Friction, Lubrication, and Wear Technology (1992); **A19:** Fatigue and Fracture (1996); **A20:** Materials Selection and Design (1997). **Metals Handbook, 9th Edition** (designated by the letter "M"): **M1:** Properties and Selection: Irons and Steels (1978); **M2:** Properties and Selection: Nonferrous Alloys and Pure Metals (1979); **M3:** Properties and Selection: Stainless Steels, Tool Materials, and Special-Purpose Materials (1980); **M4:** Heat Treating (1981); **M5:** Surface Cleaning, Finishing, and Coating (1982); **M6:** Welding, Brazing, and Soldering (1983); **M7:** Powder Metallurgy (1984). **Engineered Materials Handbook** (designated by the letters "EM"): **EM1:** Composites (1987); **EM2:** Engineering Plastics (1988); **EM3:** Adhesives and Sealants (1990); **EM4:** Ceramics and Glasses (1991). **Electronic Materials Handbook** (designated by the letters "EL"): **EL1:** Packaging (1989)

austenitizing temperature **A4:** 961, **M4:** 29
carbonitriding **A4:** 376
composition..... **A4:** 207, **A6:** 670, **M1:** 128, 129, 163, 422, **M4:** 120
critical temperatures.................... **A4:** 43
critical temperatures, annealing.......... **M4:** 15
cutoff band sawing with bimetal blades **A6:** 1184
deep drawing dies, use for............. **M3:** 499
die-casting dies, use in **M3:** 543
distortion in heat treatment **A4:** 614
electron beam hardening treatment (as 50 Cr V 4 steel) **A4:** 308
electron-beam welding **A6:** 867
flame hardening **A4:** 283
hardness after tempering **M4:** 71
hardness and impact energy **A4:** 213
hardness, annealed sheet and strip...... **M1:** 165
heat treatment **M1:** 431–432
heat treatments **A4:** 212–213, **M4:** 124
heat-treatment temperatures **A4:** 208
liquid nitriding.............. **A4:** 413, **M4:** 256
machinability rating **M1:** 582
martempered to full hardness........... **A4:** 140
martempering applications equipment requirements **A4:** 149, 150
martempering, equipment **M4:** 100, 101
martempering in salt, applications **A4:** 148, **M4:** 96
mass, effect on hardness......... **A4:** 39, **M4:** 11
mass effects on typical properties **A4:** 213
mechanical properties **M1:** 432
normalizing temperatures............... **M4:** 7
plasma (ion) nitriding.................. **A4:** 423
processing **M1:** 431
properties, effect of mass on **M4:** 126
properties, various heat treating conditions **M4:** 9–10
properties, various heat-treating conditions........................ **A4:** 37
shear blades, service data.............. **M3:** 481
springs, wire for...................... **M1:** 305
temperatures and time cycles........... **M4:** 19
tempering **A4:** 122, 134
tempering temperature **M4:** 125
tensile properties...................... **A4:** 213
tensile properties, heat treated **M4:** 124, 125
trimming tools, use for................ **M3:** 532
6150, for hot extrusion tools **A18:** 627
6150, machining **A16:** 200, 207, 225, 274, 343, 346, 348, 349, 358, 360, 361, 669

6150H
composition **M1:** 130
hardenability curve **M1:** 517
6150H, flame hardening................. **A4:** 284
6152, proven applications for borided ferrous materials **A4:** 445
6411, composition **A4:** 207
7140
austenitizing temperature **M4:** 191
case depth **A4:** 391
composition **M4:** 191
gas nitriding................ **A4:** 387, 390, 391
hardness gradients ... **A4:** 388, 390, 391, **M4:** 195
hardness gradients, nitriding **M4:** 256
liquid nitriding **A4:** 413
tempering temperature **M4:** 191
7140, interface considerations for die-casting die wear **A18:** 632
8115
austenitizing temperature **A4:** 962, **M4:** 30
composition **M1:** 128
critical temperatures................... **A4:** 43
critical temperatures, annealing.......... **M4:** 15
machinability rating **M1:** 582
8115, machining..... **A16:** 144–147, 179, 207, 225, 274, 285, 342, 346, 347, 349, 669
8219, carburized steel bending fatigue.... **A19:** 684
8615
austenitizing temperature.............. **A4:** 962
carbonitriding **A4:** 376
composition **M1:** 163
flame hardening **A4:** 283
liquid carburizing **A4:** 334
machinability rating **M1:** 582
plasma (ion) nitriding.................. **A4:** 423
quench cracking **A4:** 610
8615, austenitizing temperature **M4:** 30

8615, cutoff band sawing with bimetal blades **A6:** 1184
8615, sawing **A16:** 360, 361
8615, trepanning **A16:** 178
8615, turning machinability rating **A16:** 669
8615H, liquid carburizing................ **A4:** 340
8616
carbonitriding **A4:** 376
flame hardening **A4:** 283
plasma (ion) nitriding.................. **A4:** 423
quench cracking **A4:** 610
8617
austenitizing temperature .. **A4:** 142, 962, **M4:** 30, 92
carbonitriding **A4:** 376, 381
carburized, residual stress **M1:** 538
composition **A4:** 320, **M1:** 128, 129
flame hardening **A4:** 283
machinability rating **M1:** 582
martempering, equipment **M4:** 100
martempering equipment requirements... **A4:** 149
martempering temperature **A4:** 142, **M4:** 92
normalizing temperatures............... **M4:** 7
plasma (ion) nitriding.................. **A4:** 423
quench cracking **A4:** 610
tempering **A4:** 133
8617, machining..... **A16:** 144–147, 179, 203, 207, 225, 274, 342, 346, 347, 349, 360, 361, 669
8617H
carbonitriding **A4:** 381
composition **M1:** 130
hardenability curve **M1:** 517
martempering in oil, applications **A4:** 148
8617H, martempering in oil, applications .. **M4:** 98
8618
carbonitriding **A4:** 376
flame hardening **A4:** 283
plasma (ion) nitriding.................. **A4:** 423
quench cracking **A4:** 610
8619
carbonitriding **A4:** 376
flame hardening **A4:** 283
plasma (ion) nitriding.................. **A4:** 423
quench cracking **A4:** 610
8620
annealing........................ **A4:** 47, 53
applications **A4:** 397, **A18:** 704
applications, austempered parts **A4:** 157, **M4:** 108
austenitizing temperature .. **A4:** 142, 962, **M4:** 30, 92
carbon gradients **M4:** 271, 440
carbon gradients and surface carbon content **A4:** 592, 593
carbonitriding... **A4:** 376, 377, 381, 382, **M4:** 179
carburized, fracture toughness.......... **M1:** 536
carburized steel bending fatigue... **A19:** 680, 686, 687
carburizing..................... **A4:** 365–370
carburizing and fabricability........... **A18:** 876
carburizing and hardenability.......... **A18:** 875
carburizing effect on carbon concentration gradients and case hardness .. **A18:** 873–874
carburizing in a fluidized bed **A4:** 486, 487
carburizing temperature, effect on grain size....................... **M4:** 158
case depth variation **A4:** 591, 592, 593
case hardened, hardness profiles........ **M1:** 633
case-depth measurements........... **M4:** 438, 439
center-line hardness and microstructure of steel bar **A4:** 27
cold extrusion tools, use for........... **M3:** 518
composition **A4:** 29, 320, **A6:** 670, **M1:** 163
composition, for carburized bearings.... **A19:** 355
consecutive cuts analysis of carbon control.......................... **A4:** 588
contact fatigue....................... **A19:** 334
core properties of carburized versus induction-hardened components............ **A18:** 725
critical cooling rates and microstructure... **A4:** 24
critical temperatures................... **A4:** 43
critical temperatures, annealing.......... **M4:** 15
cutoff band sawing with bimetal blades **A6:** 1184
determination of case hardenability **M1:** 473
distortion, and oil quenching........ **A4:** 99, 100
electron-beam welding **A6:** 867

E-Polish, residual stress as a function of depth below the surface of direct-quenched gas-carburized steel **A19:** 686
fatigue life versus film thickness in bearing steels..................... **A18:** 727, 728
flame hardening **A4:** 282, 283
gages, use for **M3:** 555
gas carburizing.. **A4:** 315, 319, 363, 364, **M4:** 163
gas nitriding......................... **A4:** 397
gear cutting, comparison with 4422 steel **M1:** 579, 581
hardenability, selection for............. **M1:** 492
hardness................ **A4:** 99, 100, 486, 487
hardness after tempering **A4:** 31
hardness as a function of bar diameter ... **A4:** 23, 24
isothermal transformation diagram.. **A6:** 671, 672
Jominy curve......................... **A4:** 29
Jominy end-quench hardenability curves.. **A4:** 20, 27
laser transformation hardening......... **A18:** 862
liquid carburizing....... **A4:** 331, 334, 340, 345
M_{90} temperature **A6:** 672
machinability rating **M1:** 582
machining compared with 4620 steel ... **M1:** 568, 579
martempered to full hardness........... **A4:** 140
martempering in oil, applications **A4:** 148, **M4:** 98
martempering in salt, applications **A4:** 148, **M4:** 96
martempering temperature **A4:** 142, **M4:** 92
mass, effect on hardness........ **A4:** 39, **M4:** 11
M_s temperature.................... **A6:** 671, 672
nominal compositions........... **A18:** 704, 725
normalizing temperatures............... **M4:** 7
oil quenching **M4:** 54
pack carburizing applications **A4:** 326
plasma (ion) carburizing **A4:** 356
plasma (ion) nitriding.................. **A4:** 423
process variability (statistical process control) **A4:** 625
properties, various heat treating conditions **M4:** 9–10
properties, various heat-treating conditions........................ **A4:** 37
quench cracking **A4:** 610
recommended upsetting pressures for flash welding **A6:** 843
residual stress as a function of depth below the surface of direct-quenched, gas-carburized steel **A19:** 686
shielded metal arc welding **A6:** 670
surface carbon variability......... **A4:** 596, 597
surface hardening **A4:** 262
tapered roller bearing material......... **A18:** 502
temperatures and time cycles........... **M4:** 19
vacuum carburizing **A4:** 351
welding preheat and interpass temperatures........................ **A6:** 672
wrist pins, tool life for planing vs. 1019 steel................. **M1:** 572–573, 575
8620, flash welding schedule............. **M6:** 577
8620, machining **A16:** 58, 144–148, 179, 200, 203, 207, 208, 246, 247, 251, 263, 274, 282, 285, 326, 347, 349, 360, 361, 364, 640, 669, 672
8620H
carbonitriding **A4:** 382, 383
carburizing **A4:** 364, 365
case-depth values for a carbon-gradient plot.......... **A4:** 455, 456
composition **M1:** 130
consecutive cuts analysis of carbon control.......................... **A4:** 588
gas carburizing process parameters **A4:** 653
hardenability curve **M1:** 518
hardness **A4:** 454
martempering, dimensional changes **A4:** 144, 145
process variability (statistical process control).................... **A4:** 624–625
quench cracking **A4:** 611
8620H, dimensional control, martempering **M4:** 95
8620H, monotonic and fatigue properties, gear blank at 23 °C................... **A19:** 973
8621, cutoff band sawing with bimetal blades **A6:** 1184

Steels, AISI-SAE specific types (continued)
8622
austenitizing temperature **A4:** 962, **M4:** 30
carbonitriding **A4:** 376, 381
composition **M1:** 128, 129
hardenability variation **M1:** 479
machinability rating **M1:** 582
normalizing temperatures **M4:** 7
plasma (ion) nitriding **A4:** 423
quench cracking **A4:** 610
8622, cutoff band sawing with bimetal blades **A6:** 1184
8622, machining **A16:** 144–148, 157, 179, 207, 225, 274, 342, 346, 347, 349, 360, 361, 669
8622H
composition **M1:** 130
hardenability curve **M1:** 518
8623, cutoff band sawing with bimetal blades **A6:** 1184
8624, cutoff band sawing with bimetal blades **A6:** 1184
8625
austenitizing temperature **A4:** 962, **M4:** 30
carbonitriding **A4:** 376
composition **M1:** 128, 129
dimensional control, martempering **M4:** 94
machinability rating **M1:** 582
martempering in oil, applications **A4:** 148, **M4:** 98
martempering to reduce distortion. . **A4:** 144, 146, 147
normalizing temperatures **M4:** 7
plasma (ion) nitriding **A4:** 423
quench cracking **A4:** 610
8625, cutoff band sawing with bimetal blades **A6:** 1184
8625, machining **A16:** 144–147, 207, 225, 274, 323–325, 343, 346, 348, 349, 360, 361, 669
8625H
composition **M1:** 131
hardenability curve **M1:** 518
8625H, dimensional control, martempering **M4:** 95
8625H, martempering, dimensional changes **A4:** 144, 145
8626, cutoff band sawing with bimetal blades **A6:** 1184
8627
annealing temperatures **A4:** 46, **M4:** 18
austenitizing temperature **A4:** 962, **M4:** 30
carbonitriding **A4:** 376
composition **M1:** 128, 129
machinability rating **M1:** 582
normalizing temperatures **M4:** 7
plasma (ion) nitriding **A4:** 423
quench cracking **A4:** 610
8627, cutoff band sawing with bimetal blades **A6:** 1184
8627, machining **A16:** 144–147, 207, 225, 274, 323–325, 343, 346, 348, 349, 360, 361, 669
8627H
composition **M1:** 131
hardenability curve **M1:** 519
8628, cutoff band sawing with bimetal blades **A6:** 1184
8629, cutoff band sawing with bimetal blades **A6:** 1184
8630
annealing **A4:** 47
annealing temperatures **A4:** 46, **M4:** 18
austenitizing temperature **A4:** 961, **M4:** 29
axial fatigue limits **A19:** 661
carbonitriding **A4:** 376
quenched and tempered, fatigue notch sensitivity **A19:** 661, **A19:** 658, 659, **A19:** 663, **A19:** 658, **A19:** 664, **A19:** 661, **A19:** 662, **A19:** 979, **A19:** 657, **A19:** 657
Charpy V-notch impact toughness **A19:** 656
composition **A6:** 670, **M1:** 128, 129, 163
constant-amplitude fatigue crack growth constants **A19:** 663
constant-life diagram **A19:** 19
cooling rate and quenching **A4:** 80, 82
cutoff band sawing with bimetal blades **A6:** 1184
fatigue and fracture properties **A19:** 655, 660, 661, 663, 664
fatigue crack thresholds **A19:** 664
fatigue properties of castings **M1:** 389, 397
fatigue ratios **A19:** 661
flame hardening **A4:** 283
flash welding **M6:** 557
friction welding **M6:** 721
hardness after tempering **M4:** 71
hardness, annealed sheet and strip **M1:** 165
linear-elastic plane-strain parameters and fracture toughness values **A19:** 662
machinability rating **M1:** 582
martempered to full hardness **A4:** 140
mass, effect on hardness **A4:** 39, **M4:** 11
mechanical properties, cold finished bars **M1:** 222, 230–231
monotonic and fatigue properties **A19:** 970
monotonic and low-cycle fatigue properties **A19:** 660
non-martensitic transformation products **A4:** 141
normalizing temperatures **M4:** 7
NQT, Charpy V-notch impact toughness **A19:** 656
oxyfuel gas welding **A6:** 286
plasma (ion) nitriding **A4:** 423
properties, various heat treating conditions **M4:** 9–10
Q and T 254 HB, monotonic and cyclic stress-strain properties **A19:** 231
quench cracking **A4:** 610
recommended upsetting pressures for flash welding **A6:** 843
room-temperature fracture toughness, yield strength, and upper-shelf Charpy V-notch toughness correlated **A19:** 663
shielded metal arc welding **A6:** 669–670
temperature measurement by OSRLR . . . **A6:** 1150
temperatures and time cycles **M4:** 19
tempering **A4:** 122, 134
trace element impurity effect on GTA weld penetration **A6:** 20
welding preheat and interpass temperatures **A6:** 672
yield strengths **A4:** 208
8630, hot upset forging tools, use for **M3:** 535
8630, machining **A16:** 144–147, 207, 225, 274, 323–325, 343, 346, 348, 349, 360, 361, 669
8630 mod Charpy impact properties of castings **M1:** 392, 398
8630H
composition **M1:** 131
hardenability curve **M1:** 519
hardenability variation **M1:** 479
8631
carbonitriding **A4:** 376
flame hardening **A4:** 283
plasma (ion) nitriding **A4:** 423
quench cracking **A4:** 610
8631, cutoff band sawing with bimetal blades **A6:** 1184
8632
carbonitriding **A4:** 376
flame hardening **A4:** 283
plasma (ion) nitriding **A4:** 423
quench cracking **A4:** 610
tempering **A4:** 134
8632, cutoff band sawing with bimetal blades **A6:** 1184
8633
carbonitriding **A4:** 376
flame hardening **A4:** 283
plasma (ion) nitriding **A4:** 423
quench cracking **A4:** 610
8633, cutoff band sawing with bimetal blades **A6:** 1184
8634
carbonitriding **A4:** 376
flame hardening **A4:** 283
plasma (ion) nitriding **A4:** 423
quench cracking **A4:** 610
8634, cutoff band sawing with bimetal blades **A6:** 1184
8635
carbonitriding **A4:** 376
fatigue endurance ratio versus section size, after normalizing and tempering **A19:** 657
fatigue endurance ratio versus section size, after quenching and tempering **A19:** 657
flame hardening **A4:** 283
plasma (ion) nitriding **A4:** 423
quench cracking **A4:** 610
8635, cutoff band sawing with bimetal blades **A6:** 1184
8636
carbonitriding **A4:** 376
flame hardening **A4:** 283
plasma (ion) nitriding **A4:** 423
quench cracking **A4:** 610
8636, cutoff band sawing with bimetal blades **A6:** 1184
8637
annealing temperatures **A4:** 46, **M4:** 18
austenitizing temperature **A4:** 961, **M4:** 29
carbonitriding **A4:** 376
composition **M1:** 128, 129
flame hardening **A4:** 283
machinability rating **M1:** 582
normalizing temperatures **M4:** 7
plasma (ion) nitriding **A4:** 423
quench cracking **A4:** 610
8637, cutoff band sawing with bimetal blades **A6:** 1184
8637, machining **A16:** 144–147, 207, 225, 274, 323–325, 343, 346, 348, 349, 360, 361, 669
8637H
composition **M1:** 131
hardenability curve **M1:** 520
8638
carbonitriding **A4:** 376
flame hardening **A4:** 283
plasma (ion) nitriding **A4:** 423
quench cracking **A4:** 610
8638, cutoff band sawing with bimetal blades **A6:** 1184
8639
carbonitriding **A4:** 376
flame hardening **A4:** 283
plasma (ion) nitriding **A4:** 423
quench cracking **A4:** 610
8639, cutoff band sawing with bimetal blades **A6:** 1184
8640
annealing **A4:** 47
annealing temperatures **A4:** 46, **M4:** 18
applications, austempered parts **A4:** 157, **M4:** 108
austenitizing temperature **A4:** 961, **M4:** 29
carbonitriding **A4:** 376
carburizing and hardenability **A18:** 875
composition **A4:** 207, **A6:** 670, **M1:** 128, 129, 163, 422, **M4:** 120
critical temperatures **A4:** 43
critical temperatures, annealing **M4:** 15
cutoff band sawing with bimetal blades **A6:** 1184
die material for sheet metal forming **A18:** 628
fatigue properties **M1:** 389, 397
flame hardening **A4:** 283
gas nitriding **A4:** 392
hardenability equivalence **M1:** 483–484
hardness, annealed sheet and strip **M1:** 165
heat treatment **M1:** 433
heat treatments **A4:** 213–214, **M4:** 124
heat-treatment temperatures **A4:** 208

SUBJECTS OF THE INDEXED VOLUMES: ASM Handbook (designated by the letter "A"): **A1:** Properties and Selection: Irons, Steels, and High-Performance Alloys (1990); **A2:** Properties and Selection: Nonferrous Alloys and Special-Purpose Materials (1990); **A3:** Alloy Phase Diagrams (1992); **A4:** Heat Treating (1991); **A5:** Surface Engineering (1994); **A6:** Welding, Brazing, and Soldering (1993); **A7:** Powder Metal Technologies and Applications (1998); **A8:** Mechanical Testing (1985); **A9:** Metallography and Microstructures (1985); **A10:** Materials Characterization (1986); **A11:** Failure Analysis and Prevention (1986); **A12:** Fractography (1987); **A13:** Corrosion (1987); **A14:** Forming and Forging (1988); **A15:** Casting (1988); **A16:** Machining (1989); **A17:** Nondestructive Evaluation and Quality Control (1989); **A18:** Friction, Lubrication, and Wear Technology (1992); **A19:** Fatigue and Fracture (1996); **A20:** Materials Selection and Design (1997). **Metals Handbook, 9th Edition** (designated by the letter "M"): **M1:** Properties and Selection: Irons and Steels (1978); **M2:** Properties and Selection: Nonferrous Alloys and Pure Metals (1979); **M3:** Properties and Selection: Stainless Steels, Tool Materials, and Special-Purpose Materials (1980); **M4:** Heat Treating (1981); **M5:** Surface Cleaning, Finishing, and Coating (1982); **M6:** Welding, Brazing, and Soldering (1983); **M7:** Powder Metallurgy (1984). **Engineered Materials Handbook** (designated by the letters "EM"): **EM1:** Composites (1987); **EM2:** Engineering Plastics (1988); **EM3:** Adhesives and Sealants (1990); **EM4:** Ceramics and Glasses (1991). **Electronic Materials Handbook** (designated by the letters "EL"): **EL1:** Packaging (1989)

machinability rating **M1:** 582
martempered to full hardness........... **A4:** 140
mass, effects on typical properties....... **A4:** 214
mechanical properties **A4:** 214, **M1:** 433–435, **M4:** 126
monotonic and fatigue properties **A19:** 970
nitrided, hardness profile **M1:** 633
normalizing temperatures................ **M4:** 7
plasma (ion) nitriding.................. **A4:** 423
processing **M1:** 432
properties, effect of mass on **M4:** 126
quench cracking **A4:** 610
shielded metal arc welding **A6:** 670
temperatures and time cycles............ **M4:** 19
welding preheat and interpass temperatures..................... **A6:** 672
quenched and tempered, fatigue notch sensitivity **A19:** 657, **A19:** 657
8640, flash welding schedule............. **M6:** 577
8640, machining..... **A16:** 144–147, 179, 207, 225, 274, 343, 346, 348, 349, 360, 361, 669
8640H
composition **M1:** 131
hardenability curve **M1:** 520
hardenability variation **M1:** 479
8640H, flame hardening **A4:** 284
8641, cutoff band sawing with bimetal blades........................... **A6:** 1184
8642
annealing temperatures **A4:** 46, **M4:** 18
austenitizing temperature **A4:** 961, **M4:** 29
carbonitriding **A4:** 376
composition **M1:** 128
flame hardening **A4:** 283
hardenability equivalence.......... **M1:** 483–484
machinability rating **M1:** 582
normalizing temperatures................ **M4:** 7
plasma (ion) nitriding.................. **A4:** 423
quench cracking **A4:** 610
8642, cutoff band sawing with bimetal blades........................... **A6:** 1184
8642, machining..... **A16:** 144–147, 179, 207, 225, 274, 343, 346, 348, 349, 360, 361, 669
8642H
composition **M1:** 131
hardenability curve **M1:** 520
8642H, flame hardening **A4:** 284
8643
carbonitriding **A4:** 376
flame hardening **A4:** 283
plasma (ion) nitriding.................. **A4:** 423
quench cracking **A4:** 610
8643, cutoff band sawing with bimetal blades........................... **A6:** 1184
8644
carbonitriding **A4:** 376
flame hardening **A4:** 283
plasma (ion) nitriding.................. **A4:** 423
quench cracking **A4:** 610
8644, cutoff band sawing with bimetal blades........................... **A6:** 1184
8645
annealing temperatures **A4:** 46, **M4:** 18
austenitizing temperature **A4:** 961, **M4:** 29
carbonitriding **A4:** 376
composition..................... **M1:** 128, 163
flame hardening **A4:** 283
hardness, annealed sheet and strip **M1:** 165
machinability rating **M1:** 582
normalizing temperatures................ **M4:** 7
plasma (ion) nitriding.................. **A4:** 423
quench cracking **A4:** 610
8645, cutoff band sawing with bimetal blades........................... **A6:** 1184
8645, machining..... **A16:** 144–147, 179, 207, 225, 274, 343, 346, 348, 349, 360, 361, 669
8645H
composition **M1:** 131
hardenability curve **M1:** 521
hardenability variation **M1:** 479
8646
carbonitriding **A4:** 376
flame hardening **A4:** 283
plasma (ion) nitriding.................. **A4:** 423
quench cracking **A4:** 610
8647
carbonitriding **A4:** 376
flame hardening **A4:** 283
plasma (ion) nitriding.................. **A4:** 423
quench cracking **A4:** 610
8648
carbonitriding **A4:** 376
flame hardening **A4:** 283
plasma (ion) nitriding.................. **A4:** 423
quench cracking **A4:** 610
8649
carbonitriding **A4:** 376
flame hardening **A4:** 283
plasma (ion) nitriding.................. **A4:** 423
quench cracking **A4:** 610
8650
annealing **A4:** 47
annealing temperatures **A4:** 46, **M4:** 18
austenitizing temperature **A4:** 961, **M4:** 29
carbonitriding **A4:** 376
composition **M1:** 128
flame hardening **A4:** 283
hardenability **M1:** 471, 472
hardness after tempering **M4:** 71
machinability rating **M1:** 582
mass, effect on hardness **A4:** 39, **M4:** 11
normalizing temperatures................ **M4:** 7
plasma (ion) nitriding.................. **A4:** 423
properties, various heat treating conditions **M4:** 9–10
properties, various heat-treating conditions........................ **A4:** 37
quench cracking **A4:** 610
springs, hot wound **M1:** 304
temperatures and time cycles............ **M4:** 19
tempering **A4:** 122, 134
8650, machining **A16:** 207, 225, 274, 343, 346, 348, 349, 669
8650H
composition **M1:** 131
hardenability curve **M1:** 521
8651
carbonitriding **A4:** 376
flame hardening **A4:** 283
plasma (ion) nitriding.................. **A4:** 423
quench cracking **A4:** 610
8652
carbonitriding **A4:** 376
flame hardening **A4:** 283
plasma (ion) nitriding.................. **A4:** 423
quench cracking **A4:** 610
8653
carbonitriding **A4:** 376
flame hardening **A4:** 283
plasma (ion) nitriding.................. **A4:** 423
quench cracking **A4:** 610
8654
carbonitriding **A4:** 376
flame hardening **A4:** 283
plasma (ion) nitriding.................. **A4:** 423
quench cracking **A4:** 610
8655
annealing temperatures **A4:** 46, **M4:** 18
austenitizing temperature **A4:** 961, **M4:** 29
carbonitriding **A4:** 376
composition..................... **M1:** 128, 129
flame hardening **A4:** 283
machinability rating **M1:** 582
normalizing temperatures................ **M4:** 7
plasma (ion) nitriding.................. **A4:** 423
quench cracking **A4:** 610
8655, machining **A16:** 207, 225, 274, 343, 346, 348, 349, 669
8655H
composition **M1:** 131
hardenability curve **M1:** 522
springs, hot rolled **M1:** 303
8656
carbonitriding **A4:** 376
flame hardening **A4:** 283
plasma (ion) nitriding.................. **A4:** 423
quench cracking **A4:** 610
8657
carbonitriding **A4:** 376
flame hardening **A4:** 283
plasma (ion) nitriding.................. **A4:** 423
quench cracking **A4:** 610
8658
carbonitriding **A4:** 376
flame hardening **A4:** 283
plasma (ion) nitriding.................. **A4:** 423
quench cracking **A4:** 610
8659
carbonitriding **A4:** 376
flame hardening **A4:** 283
plasma (ion) nitriding.................. **A4:** 423
quench cracking **A4:** 610
8660
annealing **A4:** 47
annealing temperatures **A4:** 46, **M4:** 18
austenitizing temperature **A4:** 961, **M4:** 29
carbonitriding **A4:** 376
composition **M1:** 128
flame hardening **A4:** 283
machinability rating **M1:** 582
normalizing temperatures................ **M4:** 7
plasma (ion) nitriding.................. **A4:** 423
quench cracking **A4:** 610
springs, hot wound **M1:** 304
temperatures and time cycles............ **M4:** 19
8660, machining **A16:** 207, 225, 274, 343, 346, 348, 349, 669
8660H
composition **M1:** 131
hardenability curve **M1:** 522
8719
carbonitriding **A4:** 376
carburizing........................... **A4:** 372
gas carburizing........................ **A4:** 366
plasma (ion) nitriding.................. **A4:** 423
8719, carburized steel bending fatigue.... **A19:** 680
8720
annealing **A4:** 47, 53
austenitizing temperature **A4:** 962, **M4:** 30
carbonitriding **A4:** 376
composition.................. **A4:** 320, **M1:** 128
gas carburizing........................ **A4:** 319
hardenability variation **M1:** 479
machinability rating **M1:** 582
martempering in salt, applications **A4:** 148, **M4:** 96
normalizing temperatures................ **M4:** 7
notch toughness vs. temperature........ **M1:** 536
plasma (ion) nitriding.................. **A4:** 423
temperatures and time cycles............ **M4:** 19
8720, band sawing **A16:** 360, 361
8720, carburizing and hardenability...... **A18:** 875
8720 to 8740, cutoff band sawing with bimetal blades........................... **A6:** 1184
8720, turning machinability rating **A16:** 669
8720H
composition **M1:** 131
hardenability curve **M1:** 522
8735
austempering time, effect on hardness ... **A4:** 160
carbonitriding **A4:** 376
plasma (ion) nitriding.................. **A4:** 423
8735, austempering time, effect on hardness **M4:** 112
8740
annealing **A4:** 47
annealing temperatures **A4:** 46, **M4:** 18
austenitizing temperature .. **A4:** 142, 961, **M4:** 29, 92
carbonitriding **A4:** 376
composition **M1:** 128
fatigue limit variability **M1:** 676, 679
hardenability equivalence.......... **M1:** 483–484
hardness after tempering **M4:** 71
machinability rating **M1:** 582
martempered to full hardness........... **A4:** 140
martempering in salt, applications **A4:** 148, **M4:** 96
martempering temperature............. **M4:** 92
mass, effect on hardness **A4:** 39, **M4:** 11
plasma (ion) nitriding.................. **A4:** 423
properties, various heat treating conditions **M4:** 9–10
properties, various heat-treating conditions........................ **A4:** 37
temperatures and time cycles............ **M4:** 19
tempering **A4:** 122, 134
8740, carburizing and hardenability...... **A18:** 875
8740, flash welding..................... **M6:** 557
8740, machining..... **A16:** 144–147, 179, 207, 225, 274, 343, 346, 348, 349, 360, 361, 669

Steels, AISI-SAE specific types (continued)

8740H

composition **M1:** 131
hardenability curve **M1:** 523

8742

annealing temperatures **A4:** 46, **M4:** 18
austenitizing temperature **A4:** 961, **M4:** 29
carbonitriding **A4:** 376
composition **M1:** 129
flame hardening **A4:** 275
normalizing temperatures **M4:** 7
plasma (ion) nitriding...................**A4:** 423
8742, machining.....**A16:** 144–147, 179, 207, 225, 274, 343, 346, 348, 349

8745

carbonitriding **A4:** 376
martempered to full hardness..........**A4:** 140
plasma (ion) nitriding...................**A4:** 423

8750

annealing **A4:** 47
austempering time, effect on hardness...**A4:** 160, **M4:** 112
carbonitriding **A4:** 376
hardness after tempering **M4:** 71
plasma (ion) nitriding...................**A4:** 423
section size, austempered parts **A4:** 155, **M4:** 107
temperatures and time cycles...........**M4:** 19
tempering..............................**A4:** 122

8822

austenitizing temperature **A4:** 962, **M4:** 30
carbonitrided, effect of nitrogen on case hardenability...................**M1:** 536
composition..................**A4:** 320, **M1:** 129
machinability rating **M1:** 582
normalizing temperatures **M4:** 7
8822, machining.....**A16:** 144–147, 179, 207, 274, 342, 346, 347, 349, 669

8822H

composition **M1:** 131
hardenability curve **M1:** 523

9112, gas carburizing **M4:** 163

9254

composition **M1:** 129
machinability rating **M1:** 582
springs...........................**M1:** 285, 300
9254, austenitizing temperature ...**A4:** 961, **M4:** 29
9254, machining **A16:** 207, 274, 342, 346, 348, 349, 669

9255

austenitizing temperature **A4:** 961, **M4:** 29
composition **M1:** 129
machinability rating **M1:** 582
mass, effect on hardness.........**A4:** 39, **M4:** 11
normalizing temperatures **M4:** 7
properties, various heat treating conditions **M4:** 9–10
properties, various heat-treating conditions........................**A4:** 37
9255, machining **A16:** 207, 274, 343, 346, 348, 349, 669

9260

annealing **A4:** 47
annealing temperatures **A4:** 46, **M4:** 18
austenitizing temperature **A4:** 961, **M4:** 29
composition **M1:** 129
critical temperatures....................**A4:** 43
critical temperatures, annealing..........**M4:** 15
machinability rating **M1:** 582
martempering in salt, applications **A4:** 148, **M4:** 96
normalizing temperatures **M4:** 7
temperatures and time cycles...........**M4:** 19
9260, corrosion fatigue behavior above 10^7 cycles **A19:** 598
9260, machining **A16:** 207, 274, 343, 346, 349, 669

9260H

composition **M1:** 131
hardenability curve **M1:** 523

9261, austempering, suitability...**A4:** 154, **M4:** 106

9262, normalizing temperatures **M4:** 7

9262, monotonic and fatigue properties...**A19:** 970

9310

annealing **A4:** 47
austenitizing temperature ..**A4:** 142, 962, **M4:** 30, 92
carburized, toughness **M1:** 536
carburizing and fabricability...........**A18:** 876
carburizing and its effect on case hardness **A18:** 874
case-carburized consumable electrode vacuum arc remelted spur gears..............**A19:** 335
composition..................**A4:** 320, **M1:** 129
cutoff band sawing with bimetal blades **A6:** 1184
electron-beam welding **A6:** 867
flame hardening **A4:** 282
gas carburizing..............**A4:** 319, **M4:** 157
hardenability, selection for..............**M1:** 493
liquid carburizing **A4:** 345
machinability rating **M1:** 582
martempered to full hardness..........**A4:** 140
martempering in salt, applications **A4:** 148, **M4:** 96
martempering temperature **A4:** 142, **M4:** 92
mass effect on hardness **A4:** 39, **M4:** 11
nominal compositions and applications **A18:** 704
normalizing temperatures **M4:** 7
plasma (ion) nitriding...................**A4:** 423
properties, various heat treating conditions **M4:** 9–10
properties, various heat-treating conditions........................**A4:** 37
stress ratio effect on fatigue threshold stress-intensity factor range **A19:** 640
surface carbon content and shim stock analysis **A4:** 589
surface carbon content, variations **M4:** 444
surface carbon variability **A4:** 597
surface hardening **A4:** 262
temperatures and time cycles...........**M4:** 19
vacuum carburizing **A4:** 351
9310, machining.....**A16:** 144–147, 175, 179, 203, 204, 207, 209, 274, 342, 346, 347, 349, 360, 361, 669

9310H

composition **M1:** 131
hardenability curve **M1:** 524

9315, carburizing temperature, effect on grain size **M4:** 158

9400, quenching with molten salts **A4:** 105

9440, austempering, suitability **A4:** 153

9445

cooling rates **A4:** 95–96, 97
oil quenching **A4:** 95–96, 97
quenching temperature..................**A4:** 97

9535, cast, plane-strain fracture toughness........................**A19:** 662

9536, cast, plane-strain fracture toughness........................**A19:** 662

9620, gear shaping.....................**A16:** 348

9840

annealing **A4:** 47
annealing temperatures **A4:** 46, **M4:** 18
austenitizing temperature **A4:** 961, **M4:** 29
normalizing temperatures **M4:** 7
plasma (ion) nitriding...................**A4:** 423
temperatures and time cycles...........**M4:** 19
tempering..............................**A4:** 134
9840, broaching...................**A16:** 203, 209

9850

annealing **A4:** 47
hardness after tempering **M4:** 71
normalizing temperatures **M4:** 7
plasma (ion) nitriding...................**A4:** 423
temperatures and time cycles...........**M4:** 19
tempering **A4:** 122, 134

50100 *See also* following 50B60

annealing temperatures **A4:** 46, **M4:** 18
austenitizing temperature **A4:** 961, **M4:** 29
composition **M1:** 128, 609
machinability rating **M1:** 582
section size, austempered parts **A4:** 155, **M4:** 107
50100, machining....**A16:** 179, 207, 274, 360, 361
50100 to 52100, cutoff band sawing with bimetal blades..............................**A6:** 1184

51100 *See also* following 51B60

annealing temperatures **A4:** 46, **M4:** 18
austenitizing temperature **A4:** 961, **M4:** 29
composition **M1:** 128, 609
machinability rating **M1:** 582
surface finish, influence on wear of lubricated surfaces...................**M1:** 634, 636
51100, machining....**A16:** 179, 207, 274, 360, 361

52100 *See also* following 51100

abrasive wear.........................**A18:** 774
abrasive wear coefficient..............**A18:** 491
agitation effect on surface hardness......**A4:** 143
analysis...............................**A4:** 589
annealing **A4:** 47, 49, 53, 55
annealing temperatures **A4:** 46, **M4:** 18
application **A18:** 158
application in gas turbine mainshaft bearings.........................**A18:** 590
applications **A4:** 757
austenitizing temperature **A4:** 141, 142, 961, **M4:** 29, 92
bearing life versus specific film thickness in bearing steels...............**A18:** 727, 728
carburizing............................**A4:** 366
carburizing and effect on its microstructure..............**A18:** 873, 875
composition **M1:** 128, 609
contact fatigue.............**A19:** 332, 334, 335
contact fatigue in rolling-element bearings.........................**A18:** 260
core properties of carburized versus induction-hardened components...........**A18:** 725
critical temperatures....................**A4:** 43
critical temperatures, annealing..........**M4:** 15
cutoff band sawing with bimetal blades **A6:** 1184
damage by microstructural changes **A18:** 177–178
electron beam hardening treatment (as 100 Cr 6 hypereutectoid steel).....**A4:** 302, 303, 305
electron-beam welding...........**A6:** 867, 868
endurance lifetime with molybdenum disulfide coating.........................**A18:** 782
flame hardening..............**A4:** 275, 280, 283
flash welding.........................**M6:** 557
for bearings...................**A19:** 693, 694
friction coefficient data............**A18:** 71, 73
friction coefficient, tribotesting **A18:** 485
friction welding **A6:** 153, **M6:** 721
grain size, martempering **M4:** 91
grinding rod material **A18:** 654
hard, used in low-cycle fatigue study to position elastic and plastic strain-range tines..............................**A19:** 964
hardness after annealing...............**M4:** 26
hardness, and oil quenching **A4:** 99
heat treatment for use in bearings......**A18:** 702
high-resolution electron microscopy to study sliding wear **A18:** 389
ion implantation **A4:** 266
laser surface transformation hardening...**A4:** 293
laser transformation hardening **A4:** 265, **A18:** 862
machinability rating **M1:** 582
martempered in hot salt...............**M4:** 93
martempered to full hardness..........**A4:** 140
martempering applications, equipment requirements...........**A4:** 149, 150, 151
martempering, equipment **M4:** 100, 102
martempering for distortion control **A4:** 144, 146
martempering in oil, applications **A4:** 148, **M4:** 98
martempering in salt, applications **A4:** 148, **M4:** 96
martempering temperature **A4:** 142, **M4:** 92

SUBJECTS OF THE INDEXED VOLUMES: **ASM Handbook** (designated by the letter "A"): **A1:** Properties and Selection: Irons, Steels, and High-Performance Alloys (1990); **A2:** Properties and Selection: Nonferrous Alloys and Special-Purpose Materials (1990); **A3:** Alloy Phase Diagrams (1992); **A4:** Heat Treating (1991); **A5:** Surface Engineering (1994); **A6:** Welding, Brazing, and Soldering (1993); **A7:** Powder Metal Technologies and Applications (1998); **A8:** Mechanical Testing (1985); **A9:** Metallography and Microstructures (1985); **A10:** Materials Characterization (1986); **A11:** Failure Analysis and Prevention (1986); **A12:** Fractography (1987); **A13:** Corrosion (1987); **A14:** Forming and Forging (1988); **A15:** Casting (1988); **A16:** Machining (1989); **A17:** Nondestructive Evaluation and Quality Control (1989); **A18:** Friction, Lubrication, and Wear Technology (1992); **A19:** Fatigue and Fracture (1996); **A20:** Materials Selection and Design (1997). **Metals Handbook, 9th Edition** (designated by the letter "M"): **M1:** Properties and Selection: Irons and Steels (1978); **M2:** Properties and Selection: Nonferrous Alloys and Pure Metals (1979); **M3:** Properties and Selection: Stainless Steels, Tool Materials, and Special-Purpose Materials (1980); **M4:** Heat Treating (1981); **M5:** Surface Cleaning, Finishing, and Coating (1982); **M6:** Welding, Brazing, and Soldering (1983); **M7:** Powder Metallurgy (1984). **Engineered Materials Handbook** (designated by the letters "EM"): **EM1:** Composites (1987); **EM2:** Engineering Plastics (1988); **EM3:** Adhesives and Sealants (1990); **EM4:** Ceramics and Glasses (1991). **Electronic Materials Handbook** (designated by the letters "EL"): **EL1:** Packaging (1989)

microstructural changes from rolling contact fatigue . . . **A18:** 389
microstructure . . . **M1:** 612
monotonic and fatigue properties . . . **A19:** 970
monotonic and fatigue properties, blank at 23 °C . . . **A19:** 973
nominal compositions . . . **A18:** 725
non-martensitic transformation products **A4:** 141
normalizing . . . **A4:** 38
part material for ion implantation . . . **A18:** 858
promotes degradation of perfluoropolyalkylether (PFPE) . . . **A18:** 156
rolling contact fatigue . . . **A18:** 260, 389
rolling-contact component steel material for rolling-element bearings . . . **A18:** 502, 503
shafting for mining or off-road construction machinery . . . **M1:** 606
sliding wear . . . **A18:** 774
springs, helical . . . **M1:** 299
stress-strain behavior . . . **A19:** 605, 606, 612
temperatures and time cycles . . . **M4:** 19
tempering . . . **A4:** 134
tensile properties . . . **A19:** 967
total strain versus cyclic life . . . **A19:** 967
VAMAS round-robin sliding wear tests **A18:** 486
Vickers and Knoop microindentation hardness numbers . . . **A18:** 416
X-hard, used in low-cycle fatigue study to position elastic and plastic strain-range lines . . . **A19:** 964
52100, coining dies, use for . . . **M3:** 508–509
52100, machining . . . **A16:** 177, 179, 203, 207, 209, 225, 274, 360, 361, 422, 424–427, 462, 464–466, 498, 541, 608
A36
weld compositional analysis . . . **A6:** 101
weld macrostructure . . . **A6:** 99, 101
A537, weld macrostructure . . . **A6:** 99, 101
B1111, arc welding . . . **A6:** 646
B1112, arc welding . . . **A6:** 646
B1112, machinability . . . **A16:** 643
B1112, scatter in machinability rating . . . **M1:** 567
B1112, spade drilling . . . **A16:** 225
B1113, arc welding . . . **A6:** 646
B1113, broaching . . . **A16:** 203, 204
B1113, scatter in machinability rating . . . **M1:** 567
B1113, spade drilling . . . **A16:** 225
B1212, carbonitriding . . . **A4:** 385
C-45, applications, laser transformation hardening . . . **A18:** 863
C1008, roll welding . . . **A6:** 313
C1018
carbon penetration . . . **A4:** 231
case depth . . . **A4:** 232
composition similar to P/M steels . . . **A4:** 232
hardness . . . **A4:** 232
porosity effect on case depth . . . **A4:** 230
C-1080
composition similar to P/M steel . . . **A4:** 229
porosity and hardenability . . . **A4:** 229
C1095 (spring steel), impact wear . . . **A18:** 268
carbonitriding . . . **A4:** 376
Ck 45N, gas nitriding effect on compound layer concentration versus distance from surface . . . **A18:** 878, 879
Class 45010, flame hardening . . . **A4:** 283
Class 50007, flame hardening . . . **A4:** 283
Class 53004, flame hardening . . . **A4:** 283
Class 60003, flame hardening . . . **A4:** 283
Class 80002, flame hardening . . . **A4:** 283
D-6a, residual stresses . . . **A6:** 1097
D-6ac, electron-beam welding . . . **A6:** 867
E 7024, weld (horizontal) characterization . . **A6:** 99
E4340
composition . . . **M1:** 127, 129
machinability rating . . . **M1:** 582
E4340H
composition . . . **M1:** 130
E52100
composition . . . **A4:** 300
electron beam hardening treatment . . . **A4:** 300
proven applications for borided ferrous materials . . . **A4:** 445
En3l, oxidational wear . . . **A18:** 286, 287, 288
En8, oxidational wear . . . **A18:** 283, 286
EN40B, plasma nitrocarburizing . . . **A4:** 432, 433
EN40C, vacuum nitrocarburizing . . . **A4:** 407
EN41, vacuum nitrocarburizing . . . **A4:** 407
EX24-type steels, carburizing . . . **A4:** 368, 370
Fe-0.32C-1.2Si-1.1Mn-0.97Cr-0.22Ti, fatigue crack threshold . . . **A19:** 142
Fe-0.15C-4Mn, fatigue crack threshold . . . **A19:** 145–146
Fe-0.1C-9Ni, fatigue crack threshold **A19:** 145–146
Fe-4.0Si, fatigue crack threshold . . . **A19:** 145–146
Fe-12Cr-1Mo-0.33V-0.25C, stress-corrosion cracking . . . **A19:** 491
Fe-18Cr-2Mo-0.35Ti-0.015C-0.015N, stress-corrosion cracking . . . **A19:** 490
M1008
composition . . . **M1:** 126
M1010
composition . . . **M1:** 126
M1012
composition . . . **M1:** 126, 205
M1015
composition . . . **M1:** 126, 205, 1016
M1017
composition . . . **M1:** 126, 205
M1020
composition . . . **M1:** 126, 205
M1023
composition . . . **M1:** 126, 205
M1025
composition . . . **M1:** 126, 205
M1031
composition . . . **M1:** 126, 205
M1044
composition . . . **M1:** 126, 205
martempering . . . **A4:** 141
martempering, equipment requirements . . . **A4:** 148, 149

Steels, AMS, specific types *See also* Nonferrous alloys, AMS specific types
5010E . . . **M1:** 140
5020 . . . **M1:** 140
5022G . . . **M1:** 140
5024D . . . **M1:** 140
5032B . . . **M1:** 140
5040F . . . **M1:** 140
5041 . . . **M1:** 140
5042F . . . **M1:** 140
5044D . . . **M1:** 140
5045C . . . **M1:** 140
5047A . . . **M1:** 140
5050F . . . **M1:** 140
5053C . . . **M1:** 140
5060C . . . **M1:** 140
5061B . . . **M1:** 140
5062B . . . **M1:** 140
5069A . . . **M1:** 140
5070C . . . **M1:** 140
5075B . . . **M1:** 140
5077B . . . **M1:** 140
5080D . . . **M1:** 140
5082A . . . **M1:** 140
5085A . . . **M1:** 140
5110B . . . **M1:** 140
5112E . . . **M1:** 140
5115C . . . **M1:** 140
5120F . . . **M1:** 140
5121C . . . **M1:** 140
5122C . . . **M1:** 140
5132D . . . **M1:** 140
6242C . . . **M1:** 141
6250F . . . **M1:** 141
6260
applications . . . **A4:** 397
gas nitriding . . . **A4:** 397
6260G . . . **M1:** 141
6263D . . . **M1:** 141
6264D . . . **M1:** 141
6265C . . . **M1:** 141
6266C . . . **M1:** 141
6267A . . . **M1:** 141
6270G . . . **M1:** 141
6272E . . . **M1:** 141
6274G . . . **M1:** 141
6275B . . . **M1:** 141
6276C . . . **M1:** 141
6277A . . . **M1:** 141
6280E . . . **M1:** 141
6281C . . . **M1:** 141
6282D . . . **M1:** 141
6290C . . . **M1:** 141
6292C . . . **M1:** 141
6294C . . . **M1:** 141
6299A . . . **M1:** 141
6300 . . . **M1:** 141
6302, composition . . . **M1:** 649
6302B . . . **M1:** 141
6303, composition . . . **M1:** 649
6303A . . . **M1:** 141
6304, composition . . . **M1:** 649
6304, normalizing and tempering . . . **A4:** 39
6304C . . . **M1:** 141
6312A . . . **M1:** 141
6317B . . . **M1:** 141
6320F . . . **M1:** 141
6321A . . . **M1:** 141
6322F . . . **M1:** 141
6323D . . . **M1:** 141
6324C . . . **M1:** 141
6325D . . . **M1:** 141
6327D . . . **M1:** 141
6328E . . . **M1:** 141
6330A . . . **M1:** 141
6342D . . . **M1:** 141
6350D . . . **M1:** 141
6351A . . . **M1:** 141
6352B . . . **M1:** 141
6354 . . . **M1:** 141
6355G . . . **M1:** 141
6356A . . . **M1:** 141
6357D . . . **M1:** 141
6358B . . . **M1:** 141
6359B . . . **M1:** 141
6360F . . . **M1:** 141
6361 . . . **M1:** 141
6362 . . . **M1:** 141
6365E . . . **M1:** 141
6370F . . . **M1:** 141
6371D . . . **M1:** 141
6372D . . . **M1:** 141
6373A . . . **M1:** 141
6378 . . . **M1:** 142
6379 . . . **M1:** 142
6381B . . . **M1:** 142
6382, gas nitriding . . . **A4:** 392
6382G . . . **M1:** 142
6385, composition . . . **M1:** 649
6385B . . . **M1:** 142
6386A . . . **M1:** 142
6390A . . . **M1:** 142
6395 . . . **M1:** 142
6406A . . . **M1:** 142
6407B . . . **M1:** 142
6411 . . . **M1:** 142
6412, gas nitriding . . . **A4:** 392
6412F . . . **M1:** 142
6413D . . . **M1:** 142
6414A . . . **M1:** 142
6415G . . . **M1:** 142
6416 . . . **M1:** 142
6417 . . . **M1:** 142
6418C . . . **M1:** 142
6419 . . . **M1:** 142
6421A . . . **M1:** 142
6422C . . . **M1:** 142
6423A . . . **M1:** 142
6426A . . . **M1:** 142
6427D . . . **M1:** 142
6428A . . . **M1:** 142
6429A . . . **M1:** 142
6430A . . . **M1:** 142
6431A . . . **M1:** 142
6432 . . . **M1:** 142
6433A . . . **M1:** 142
6434 . . . **M1:** 421–422
6434A . . . **M1:** 142
6435A . . . **M1:** 142
6436, composition . . . **M1:** 649
6436A . . . **M1:** 142
6437, composition . . . **M1:** 649
6437A . . . **M1:** 142
6438A . . . **M1:** 142
6440E . . . **M1:** 142
6441D . . . **M1:** 142
6442C . . . **M1:** 142
6443B . . . **M1:** 142
6444B . . . **M1:** 142

Steels, AMS, specific types (continued)
6445A **M1:** 142
6446 . . . . . **M1:** 142
6447 . . . . . **M1:** 142
6448C **M1:** 142
6450C **M1:** 142
6455, springs, strip for **M1:** 285
6455C **M1:** 142
6458, composition **M1:** 649
6470
applications **A4:** 397
austenitizing temperature **A4:** 387, **M4:** 192
composition **A4:** 387, **M4:** 192
gas nitriding **A4:** 388, 390, 397
hardness gradients **A4:** 390
nitriding time **A4:** 388, **M4:** 193
tempering temperature **A4:** 387, **M4:** 192
6470, composition and heat treatment **M1:** 649
6470F **M1:** 142
6471 . . . . . **M1:** 142
6472 . . . . . **M1:** 142
6475
austenitizing temperature **M4:** 192
composition **M4:** 192
hardness gradient **M4:** 196
nitriding time **M4:** 193
tempering temperature **M4:** 192
6475, composition and heat treatment **M1:** 649
6475 (Nitralloy N)
applications **A4:** 395
austenitizing temperature **A4:** 387
composition **A4:** 387
gas nitriding **A4:** 388, 390, 395
hardness gradients **A4:** 388, 390
liquid nitriding **A4:** 413
nitriding time **A4:** 388
tempering temperature **A4:** 387
6475C **M1:** 142
6485, composition **M1:** 649
6485B **M1:** 143
6487, composition and heat treatment **M1:** 649
6487C **M1:** 143
6488 . . . . . **M1:** 143
6490B **M1:** 143
6512 . . . . . **M1:** 143
6514 . . . . . **M1:** 143
6520 . . . . . **M1:** 143
6521 . . . . . **M1:** 143
6526 . . . . . **M1:** 143
6530E **M1:** 143
6535D **M1:** 143
6540A **M1:** 143
6541A **M1:** 143
6542A **M1:** 143
6545A **M1:** 143
6546A **M1:** 143
6550E **M1:** 143
Steels, and sheet molding compounds
costs compared **EM2:** 334
Steels, ASME specific types *See also* Steels, ASTM specific types
SA106, grades A and B, composition and mechanical properties **M1:** 648
SA182, grade F22, mechanical properties . . **M1:** 654
SA199, grade T22, mechanical properties . . **M1:** 654
SA204, grade A, composition and mechanical properties **M1:** 648
SA213, grade T22, mechanical properties . . **M1:** 654
SA217
grade C12, composition and mechanical properties **M1:** 648
grade WC1, mechanical properties **M1:** 654
grade WC6, composition and mechanical properties **M1:** 648
SA285, grade A, composition and mechanical properties **M1:** 648
SA299, composition and mechanical properties **M1:** 648
SA302, grade A, composition and mechanical properties **M1:** 648
SA333, grade P22, mechanical properties . . **M1:** 654
SA335, grade P12, composition and mechanical properties **M1:** 648
SA336
class P22, mechanical properties **M1:** 654
class P22a, mechanical properties **M1:** 654
SA369, grade FP22, mechanical properties **M1:** 654
SA387
grade 5, class 2, mechanical properties . . **M1:** 648
grade 5, composition **M1:** 648
grade 22, class 1, composition and mechanical properties **M1:** 648, 654
grade 22, class 2, composition and mechanical properties **M1:** 648, 654
SA426, grade CP22, mechanical properties **M1:** 654
SA517, grade F, composition and mechanical properties **M1:** 648
SA533, type B, class 2, composition and mechanical properties **M1:** 648
SA542
class 1, mechanical properties **M1:** 654
class 2, mechanical properties **M1:** 654
Steels, ASTM specific types *See also* Nonferrous alloys, ASTM specific types; Steels, ASME specific types
A 553, grade II, composition **M3:** 754
A7, notch toughness **M1:** 417
A27, specification requirements **M1:** 378
A36
composition **M1:** 136, 185
seawater corrosion **M1:** 745
structural bars and shapes, composition and properties **M1:** 207
tensile properties **M1:** 190
A36, laser beam welding **M6:** 662
A53 . . . . . **M1:** 317
composition **M1:** 318
tensile properties **M1:** 320
A106 . . . . . **M1:** 317
composition **M1:** 318
tensile properties **M1:** 320
A109
characteristics **M1:** 154
composition **M1:** 135
mechanical properties **M1:** 155
standard sizes **M1:** 154
A113
composition **M1:** 185
properties **M1:** 207
tensile properties **M1:** 190
A120 . . . . . **M1:** 317
A131
composition **M1:** 185, 188
structural bars and shapes, composition and properties **M1:** 207, 210, 211
tensile properties **M1:** 190
A134 . . . . . **M1:** 317
A135 . . . . . **M1:** 317
composition **M1:** 318
tensile properties **M1:** 320
A139 . . . . . **M1:** 317
composition **M1:** 318
tensile properties **M1:** 320
A148, specification requirements **M1:** 378
A155 . . . . . **M1:** 317
A161
composition **M1:** 323, 324
tensile properties **M1:** 325
A178
composition **M1:** 323
tensile properties **M1:** 325
A179, composition **M1:** 323
A192
composition **M1:** 323
tensile properties **M1:** 325
A199 . . . . . **M1:** 323
composition **M1:** 324
tensile properties **M1:** 325
A200 . . . . . **M1:** 323
composition **M1:** 324
tensile properties **M1:** 325
A202
composition **M1:** 139, 186
tensile properties **M1:** 192
A203, composition **M1:** 139, 186
A203, grade E, fatigue-crack-growth rate . . **M3:** 755
A203, grades A thru D, compositions **M3:** 754
A204
composition **M1:** 139, 186
tensile properties **M1:** 192
A209 . . . . . **M1:** 323
composition **M1:** 324
tensile properties **M1:** 325
A210
composition **M1:** 323
tensile properties **M1:** 325
A211 . . . . . **M1:** 317
A213 . . . . . **M1:** 323
composition **M1:** 324
tensile properties **M1:** 325
A214, composition **M1:** 323
A216
grade WCB, machinability compared to ductile iron **M1:** 56
grades WCB and WC1, service life in steam systems **M1:** 747
A217 grades WC6 and WC9, service life in steam systems **M1:** 747
A225
composition **M1:** 139, 185
tensile properties **M1:** 192
A226
composition **M1:** 323
tensile properties **M1:** 325
A227 *See also* Hard drawn spring wire
springs, helical **M1:** 294, 298
springs, wire for **M1:** 284
A228 *See also* Music wire
springs, helical **M1:** 292–295, 298, 299, 300
springs, wire for **M1:** 284, 287, 296
A229 *See also* Oil-tempered wire
springs, helical **M1:** 292, 295, 297, 298
springs, wire for **M1:** 284, 287, 297
A230 *See also* Valve-spring wire
springs, helical **M1:** 300
springs, wire for **M1:** 284, 287, 289
A231 *See also* Chromium-vanadium spring steel
springs, helical **M1:** 298, 299
springs, wire for **M1:** 284
A232 *See also* Chromium-vanadium steel spring wire
springs, helical **M1:** 300
springs, wire for **M1:** 284, 287, 289
A242
atmospheric corrosion **M1:** 722, 723
composition **M1:** 136, 188, 407
description **M1:** 403, 405, 409
mechanical properties **M1:** 406
seawater corrosion **M1:** 740, 742, 745
structural bars and shapes, composition and properties **M1:** 210, 211
tensile properties **M1:** 191
A250 . . . . . **M1:** 323
composition **M1:** 324
tensile properties **M1:** 325
A252 . . . . . **M1:** 317
composition **M1:** 318
tensile properties **M1:** 320
A254 . . . . . **M1:** 321, 323
composition **M1:** 323
tensile properties **M1:** 325
A283
composition **M1:** 136, 185
tensile properties **M1:** 190

SUBJECTS OF THE INDEXED VOLUMES: ASM Handbook (designated by the letter "A"): **A1:** Properties and Selection: Irons, Steels, and High-Performance Alloys (1990); **A2:** Properties and Selection: Nonferrous Alloys and Special-Purpose Materials (1990); **A3:** Alloy Phase Diagrams (1992); **A4:** Heat Treating (1991); **A5:** Surface Engineering (1994); **A6:** Welding, Brazing, and Soldering (1993); **A7:** Powder Metal Technologies and Applications (1998); **A8:** Mechanical Testing (1985); **A9:** Metallography and Microstructures (1985); **A10:** Materials Characterization (1986); **A11:** Failure Analysis and Prevention (1986); **A12:** Fractography (1987); **A13:** Corrosion (1987); **A14:** Forming and Forging (1988); **A15:** Casting (1988); **A16:** Machining (1989); **A17:** Nondestructive Evaluation and Quality Control (1989); **A18:** Friction, Lubrication, and Wear Technology (1992); **A19:** Fatigue and Fracture (1996); **A20:** Materials Selection and Design (1997). **Metals Handbook, 9th Edition** (designated by the letter "M"): **M1:** Properties and Selection: Irons and Steels (1978); **M2:** Properties and Selection: Nonferrous Alloys and Pure Metals (1979); **M3:** Properties and Selection: Stainless Steels, Tool Materials, and Special-Purpose Materials (1980); **M4:** Heat Treating (1981); **M5:** Surface Cleaning, Finishing, and Coating (1982); **M6:** Welding, Brazing, and Soldering (1983); **M7:** Powder Metallurgy (1984). **Engineered Materials Handbook** (designated by the letters "EM"): **EM1:** Composites (1987); **EM2:** Engineering Plastics (1988); **EM3:** Adhesives and Sealants (1990); **EM4:** Ceramics and Glasses (1991). **Electronic Materials Handbook** (designated by the letters "EL"): **EL1:** Packaging (1989)

A284
composition **M1:** 136, 185
tensile properties **M1:** 190
A285
composition **M1:** 138, 185, 195, 196
tensile properties **M1:** 192
A288, composition **M1:** 138
A299
composition **M1:** 185
tensile properties **M1:** 192
A302
composition **M1:** 139, 187
tensile properties **M1:** 192
A313 *See also* Stainless steels specific types, 302
springs, helical **M1:** 294, 295
springs, wire for **M1:** 284
A333 . . . . . . **M1:** 317
composition **M1:** 318, 322
tensile properties **M1:** 320
A334
composition **M1:** 323, 324
tensile properties **M1:** 325
A335 . . . . . . **M1:** 317
composition **M1:** 324
tensile properties **M1:** 325
A336
composition **M1:** 135
standard sizes **M1:** 154
A352, Charpy impact properties **M1:** 381, 389, 392, 398
A353
composition **M1:** 139, 187, **M3:** 754
tensile properties **M1:** 192
tensile properties at subzero temperatures **M3:** 754
A381 . . . . . . **M1:** 317
composition **M1:** 318
tensile properties **M1:** 320
A387
composition **M1:** 139, 187
grade 22, seawater corrosion **M1:** 745
tensile properties **M1:** 192, 193
A387, laser cladding **M6:** 797–798
A401 *See also* Chromium-silicon spring steel
springs **M1:** 284, 289, 294, 297–299
A405 . . . . . . **M1:** 317
composition **M1:** 324
tensile properties **M1:** 325
A414, composition **M1:** 135
A423 . . . . . . **M1:** 323
composition **M1:** 324
tensile properties **M1:** 325
A434, composition and properties **M1:** 209
A440
composition and properties . . . **M1:** 136, 185, 207, 405, 407
fatigue life vs. total strain **M1:** 672
mechanical properties **M1:** 406
tensile properties **M1:** 190
A441, composition and properties . . . **M1:** 136, 188, 191, 210, 211, 405–407
A442, composition and properties . . . **M1:** 138, 185, 192
A455, composition and properties . . . **M1:** 138, 185, 192, 209
A487, specification requirements **M1:** 379
A500, composition and properties . . . **M1:** 325, 326
A501, composition and properties . . . **M1:** 325, 326
A512 . . . . . . **M1:** 325
A513 . . . . . . **M1:** 325
A514
atmospheric corrosion **M1:** 722, 723
composition and properties . . . **M1:** 136–137, 186, 190
A515, composition and properties . . . **M1:** 138, 185, 192, 195
A516, composition and properties . . . **M1:** 138, 185, 192, 195
A517, composition and properties . . . **M1:** 139, 187, 193
A519 . . . . . . **M1:** 325
A523, composition and properties . . . **M1:** 317, 318, 320
A524, composition and properties . . . **M1:** 317, 318, 320
A529, composition and properties . . . **M1:** 136, 185, 190, 207
A533, composition and properties . . . **M1:** 139, 187, 193, 209
A537, composition and properties . . . **M1:** 138, 185, 192
A538, composition and properties . . . **M1:** 140, 189, 193
A539, composition and properties . . . **M1:** 323, 325
A542, composition and properties . . . **M1:** 140, 187, 193
A543, composition and properties . . . **M1:** 140, 187, 193
A553, composition and properties . . . **M1:** 140, 187, 193
A553, grade I
composition **M3:** 754
fatigue-crack-growth rate **M3:** 755
tensile properties at subzero temperatures **M3:** 754
A556, composition and properties . . . **M1:** 323, 325
A557, composition and properties . . . **M1:** 323, 325
A562, composition and properties . . . **M1:** 140, 185, 192
A569
characteristics **M1:** 154
composition **M1:** 135
standard sizes **M1:** 154
A570
characteristics **M1:** 154
composition **M1:** 135
mechanical properties **M1:** 155
standard sizes **M1:** 154
A572
composition **M1:** 137, 188, 407
composition and properties, structural bars and shapes **M1:** 210, 211
description **M1:** 405
mechanical properties **M1:** 406
tensile properties **M1:** 191
A573
composition **M1:** 136, 185
tensile properties **M1:** 190
A587 . . . . . . **M1:** 317
composition **M1:** 318
tensile properties **M1:** 320
A588
atmospheric corrosion **M1:** 722, 723
composition **M1:** 137–138, 188, 407
composition and properties, structural bars and shapes **M1:** 210, 211
description **M1:** 405
mechanical properties **M1:** 406
tensile properties **M1:** 191
A589 . . . . . . **M1:** 317
composition **M1:** 318
tensile properties **M1:** 320
A590
composition **M1:** 140, 189
tensile properties **M1:** 193
A595 . . . . . . **M1:** 325
composition **M1:** 326
tensile properties **M1:** 326
A605
composition **M1:** 140, 189
tensile properties **M1:** 193
A606
composition **M1:** 135, 407
description **M1:** 405, 409
mechanical properties **M1:** 406
A607
composition **M1:** 135, 407
description **M1:** 405, 409
mechanical properties **M1:** 406
A611
characteristics **M1:** 154
composition **M1:** 135
mechanical properties **M1:** 155
standard sizes **M1:** 154
A612
composition **M1:** 138, 185
properties, concrete-reinforcing bars **M1:** 212
tensile properties **M1:** 192
A616 properties, concrete-reinforcing bars **M1:** 212
A617 properties, concrete-reinforcing bars **M1:** 212
A618 . . . . . . **M1:** 325
composition **M1:** 326, 407
description **M1:** 405
mechanical properties **M1:** 406
tensile properties **M1:** 326
A619
characteristics **M1:** 154
composition **M1:** 135
standard sizes **M1:** 154
A620
characteristics **M1:** 154
composition **M1:** 135
standard sizes **M1:** 154
A621
characteristics **M1:** 154
composition **M1:** 135
standard sizes **M1:** 154
A622
characteristics **M1:** 154
composition **M1:** 135
standard sizes **M1:** 154
A633
composition **M1:** 138, 189, 407
composition and properties, structural bars and shapes **M1:** 210, 211
description **M1:** 405
mechanical properties **M1:** 406
tensile properties **M1:** 191
A635
characteristics **M1:** 154
standard sizes **M1:** 154
A645
composition **M1:** 140, 187, **M3:** 754
fatigue-crack-growth rate **M3:** 755
tensile properties **M1:** 193
tensile properties at subzero temperatures **M3:** 754
A656
composition **M1:** 138, 189, 407
description **M1:** 405
mechanical properties **M1:** 406
tensile properties **M1:** 191
A658
composition **M1:** 187
tensile properties **M1:** 193
A659
characteristics **M1:** 154
standard sizes **M1:** 154
A662
composition **M1:** 138, 185
tensile properties **M1:** 192
A671 . . . . . . **M1:** 317
A672 . . . . . . **M1:** 317
A678
composition **M1:** 136, 185
tensile properties **M1:** 190
A679 *See also* High-tensile hard drawn wire
springs, wire for **M1:** 284
A682 springs, strip for **M1:** 285
A690
composition **M1:** 407
composition and properties, structural bars and shapes **M1:** 210–211
description **M1:** 406
mechanical properties **M1:** 406
A691 . . . . . . **M1:** 317
A699
composition **M1:** 138, 186
properties, concrete-reinforcing bars **M1:** 212
tensile properties **M1:** 190
A709
composition **M1:** 185, 186, 189
composition and properties, structural bars and shapes **M1:** 207, 210, 211
tensile properties **M1:** 190, 191
A710
composition **M1:** 138, 186
composition and properties, structural bars and shapes **M1:** 209
tensile properties **M1:** 191
A714 . . . . . . **M1:** 317
composition **M1:** 322
tensile properties **M1:** 321
A715
bend test radii **M1:** 419
composition **M1:** 135, 407
description **M1:** 406
mechanical properties **M1:** 406
A722, properties, concrete-reinforcing bars **M1:** 212

Steels, ASTM specific types (continued)
A724
composition **M1:** 138, 185
tensile properties **M1:** 192
A734
composition **M1:** 140, 187, 189
tensile properties **M1:** 193
A735
composition **M1:** 140, 187
tensile properties **M1:** 193
A736
composition **M1:** 140, 187
tensile properties **M1:** 193
A737
composition **M1:** 140, 189
tensile properties **M1:** 193
A738
composition **M1:** 185
tensile properties **M1:** 192
Steels, cleaning of **A5:** 704–706
cleaning prior to coating **A5:** 706
factors to be considered **A5:** 705
processes **A5:** 704–705
reasons for **A5:** 704
removal of chips and cutting fluids from parts **A5:** 705
removal of pigmented drawing compounds **A5:** 705
removal of polishing and buffing compounds **A5:** 705
removal of rust and scale **A5:** 705–706
removal of unpigmented oil and grease **A5:** 705
soil types **A5:** 705
Steels, composition, processing, and structure effects on properties **A20:** 357–382
austenite **A20:** 376–378
austenitic stainless steels, mechanical properties **A20:** 373–374
bainite **A20:** 368, 369–372
bake-hardening **A20:** 361
basis of material selection **A20:** 357–359
carbon steels, compositions **A20:** 359
carbon steels, mechanical properties **A20:** 357, 370, 371
cementite **A20:** 360, 364, 379–380, 381
compositions **A20:** 357, 359, 362, 363, 364
controlled rolling **A20:** 368
decarburized ferritic **A20:** 361
dual-phase steels **A20:** 378, 379
evolution of microstructural change in steel products **A20:** 380–381
ferrite **A20:** 358, 359–361, 364, 365, 372–373
ferrite stabilizers **A20:** 360, 361
ferrite-cementite **A20:** 378, 379
ferrite-martensite **A20:** 378, 379
ferrite-pearlite **A20:** 366–368
ferritic stainless steels, mechanical properties **A20:** 357, 372–373
graphite **A20:** 378–379, 380
Hall-Petch relationship **A20:** 360, 364
head hardening **A20:** 366
heat-resisting steels, compositions **A20:** 362
interstitial-free (IF) **A20:** 361
iron-chromium ferritic **A20:** 361
iron-silicon ferritic **A20:** 361
lamination **A20:** 361
low-alloy steels, compositions **A20:** 362
low-alloy steels, mechanical properties . . . **A20:** 357, 372
maraging steels **A20:** 375–376
compositions **A20:** 364
martensite **A20:** 372–376, 377, 378
martensitic stainless steels, mechanical properties **A20:** 373
mechanical properties **A20:** 357, 370, 371, 372, 373, 374
microalloying **A20:** 358, 368–369
microstructure **A20:** 357–358
role of **A20:** 359
motor lamination **A20:** 361
patenting **A20:** 366
pearlite **A20:** 360, 361–369
properties **A20:** 358
rail steels **A20:** 380–381
rephosphorized **A20:** 360
stainless steels, compositions **A20:** 362
steel sheet, evolution of **A20:** 381
structure-sensitive properties **A20:** 357
Steels, continuous annealing **A4:** 50, 51–54, 56–65
advantages **A4:** 63–64
antiaging **A4:** 56, 57, 58, 59, 61
automotive applications **A4:** 59–64
cooling **A4:** 57–59, 64
deep-drawing-quality special-killed (DQSK or DDQ) **A4:** 57
enameling applications **A4:** 65
metallurgical advantages **A4:** 56
overaging **A4:** 62, 63
process description **A4:** 56–59
temperatures **A4:** 56–58, 59, 60, 61, 63, 64
tinplate applications **A4:** 64–65
versus batch annealing **A4:** 56, 63, 65
Steels, DIN, specific types
16MnCr5 steel, shot peening effect on residual stresses **A4:** 371
20MnCr5, carburizing **A4:** 372
20MnCr5B, boron added to improve toughness **A4:** 366
22CrMo44, residual stresses **A4:** 606, 607
42CrMo4 steel (AISI-SAE 4140), electron beam hardening treatment **A4:** 308
42MnV7 steel (AISI-SAE 1340), electron beam hardening treatment **A4:** 308
50CrV4 steel (AISI-SAE 6150), electron beam hardening treatment **A4:** 308
55Crl steel, electron beam hardening treatment **A4:** 306
90MnV8 steel
austenite grain growth diagrams **A4:** 643
electron beam hardening treatment . . **A4:** 304, 307
St 37, boriding **A4:** 440, 444, 445
100Cr6 hypereutectoid steel (AISI-SAE 52100), electron beam hardening treatment . . **A4:** 302, 303, 305
C15 steel (AISI-SAE 1015), electron beam hardening treatment **A4:** 308
C45 steel (0.45% C), boriding . . . **A4:** 437, 438, 439
C45 steel (AISI-SAE 1045), electron beam hardening treatment . . . **A4:** 299, 300, 302–308
C100W1 steel (tool steel WI), electron beam hardening treatment **A4:** 306
Ck45, boriding **A4:** 445
Ck67 steel (AISI-SAE 1070), electron beam hardening treatment **A4:** 304, 308
Steels for case hardening
compositions of **A9:** 219
Steels, hardened
chilled cast iron **EM4:** 972
oxide-based ceramic inserts for cutting tools **EM4:** 967
turning and milling recommended ceramic grade inserts for cutting tools **EM4:** 972
Steels, magnet *See* Permanent magnet materials, specific types
Steels, microstructures of . . . . **A3:** 1•24
Steels; miscellaneous specific types
15B35, Chevron-notched specimen **A19:** 401
0030 . . . . **A19:** 660
axial fatigue limits **A19:** 661
constant-amplitude fatigue crack growth constants **A19:** 663
fatigue and fracture properties **A19:** 655, 660, 661, 663, 664
fatigue crack threshold behavior **A19:** 663
fatigue crack thresholds **A19:** 664
fatigue ratios **A19:** 661
linear-elastic plane-strain parameters and fracture toughness values **A19:** 662
monotonic and fatigue properties blocks at 23 °C **A19:** 979
monotonic and low-cycle fatigue properties **A19:** 660
room-temperature fracture toughness, yield strength, and upper-shelf Charpy V-notch toughness correlated **A19:** 663
950, monotonic and fatigue properties **A19:** 968
950X, monotonic and fatigue properties . . **A19:** 968
960X, monotonic and fatigue properties . . **A19:** 968
980X
monotonic and fatigue properties . . **A19:** 968–969
stress-strain behavior **A19:** 605, 609
AISI ELC, monotonic and fatigue properties, blank at 23 °C **A19:** 977
(Fe, Mn) Al_6, intermetallic compound in aluminum alloys **A19:** 385
Fe-0.3C-4Ni-1Al-1Cu, stress amplitude for various strain amplitudes **A19:** 65
Fe-4Si, fatigue crack threshold modeling . . **A19:** 146
Fe-Cr-Ni-Mn-Mo-N
fracture toughness of welds **A19:** 751
J_c versus yield strength at 269 °C for welds **A19:** 751
Fe-Cr-Ni-Mn-N
cryogenic temperature effect on J_c. **A19:** 748
fracture toughness of welds **A19:** 751
J_c as a function of yield strength at −269 °C **A19:** 750
J_c versus yield strength at −269 °C for welds **A19:** 751
GK-AlSi7Mg, monotonic and fatigue properties, structural parts at 23 °C **A19:** 979
GS 34 Mn5, monotonic and fatigue properties, blocks at 23 °C **A19:** 979
GS-22Mo4
monotonic and fatigue properties, plate at 23 °C **A19:** 979
monotonic and fatigue properties, plate at 530 °C **A19:** 979
GSMnNi6 3, monotonic and fatigue properties, plate at 23 °C **A19:** 979
G-X22CrMoV12 1, monotonic and fatigue properties, plate at 530 °C **A19:** 979
HI-Form 60, monotonic and fatigue properties for welds at 23 °C **A19:** 979
MPS Cast 8630, monotonic and fatigue properties, gear casting at 23 °C **A19:** 979
MS 4361, monotonic and fatigue properties for welds at 23 °C **A19:** 979
SAE 0030 NT, Charpy V-notch impact toughness **A19:** 656
SAE 0050 A
axial fatigue limits **A19:** 661
Charpy V-notch impact toughness **A19:** 656
constant amplitude fatigue crack growth constants **A19:** 663
fatigue and fracture properties **A19:** 655, 660, 664
fatigue crack thresholds **A19:** 664
fatigue ratios **A19:** 661
linear-elastic plane-strain parameters and fracture toughness values **A19:** 662
monotonic and fatigue properties, blocks at 23 °C **A19:** 979
monotonic and low-cycle fatigue properties **A19:** 660
SAE 450 XK, monotonic and fatigue properties **A19:** 969
SAE 950X, as-received 137 HB monotonic and cyclic stress-strain properties **A19:** 231
SAE 950X, as-received 146 HB monotonic and cyclic stress-strain properties **A19:** 231
SAE 980X, prestrained 225 HB monotonic and cyclic stress-strain properties **A19:** 231
SAE 1015, monotonic and fatigue properties **A19:** 969
SAE 1045, forged, monotonic and fatigue properties **A19:** 969

SUBJECTS OF THE INDEXED VOLUMES: ASM Handbook (designated by the letter "A"): **A1:** Properties and Selection: Irons, Steels, and High-Performance Alloys (1990); **A2:** Properties and Selection: Nonferrous Alloys and Special-Purpose Materials (1990); **A3:** Alloy Phase Diagrams (1992); **A4:** Heat Treating (1991); **A5:** Surface Engineering (1994); **A6:** Welding, Brazing, and Soldering (1993); **A7:** Powder Metal Technologies and Applications (1998); **A8:** Mechanical Testing (1985); **A9:** Metallography and Microstructures (1985); **A10:** Materials Characterization (1986); **A11:** Failure Analysis and Prevention (1986); **A12:** Fractography (1987); **A13:** Corrosion (1987); **A14:** Forming and Forging (1988); **A15:** Casting (1988); **A16:** Machining (1989); **A17:** Nondestructive Evaluation and Quality Control (1989); **A18:** Friction, Lubrication, and Wear Technology (1992); **A19:** Fatigue and Fracture (1996); **A20:** Materials Selection and Design (1997). **Metals Handbook, 9th Edition** (designated by the letter "M"): **M1:** Properties and Selection: Irons and Steels (1978); **M2:** Properties and Selection: Nonferrous Alloys and Pure Metals (1979); **M3:** Properties and Selection: Stainless Steels, Tool Materials, and Special-Purpose Materials (1980); **M4:** Heat Treating (1981); **M5:** Surface Cleaning, Finishing, and Coating (1982); **M6:** Welding, Brazing, and Soldering (1983); **M7:** Powder Metallurgy (1984). **Engineered Materials Handbook** (designated by the letters "EM"): **EM1:** Composites (1987); **EM2:** Engineering Plastics (1988); **EM3:** Adhesives and Sealants (1990); **EM4:** Ceramics and Glasses (1991). **Electronic Materials Handbook** (designated by the letters "EL"): **EL1:** Packaging (1989)

SM41A, fatigue crack threshold **A19:** 143
T-1 steels, cyclic yield strength **A19:** 232
Steels, MPIF specific types *See* P/M steels
Steels, SAE experimental
EX 9, composition **M1:** 131
EX 10, composition **M1:** 131
EX 11, composition **M1:** 131
EX 12, composition **M1:** 131
EX 13, composition **M1:** 131
EX 14, composition **M1:** 131
EX 15, composition **M1:** 131
EX 16, composition **M1:** 131
EX 17, composition **M1:** 131
EX 18, composition **M1:** 131
EX 19
composition **M1:** 131
hardenability of carburized bar **M1:** 473
EX 20, composition **M1:** 131
EX 21, composition **M1:** 131
EX 24, composition **M1:** 131
EX 27, composition **M1:** 131
EX 29, composition **M1:** 131
EX 30, composition **M1:** 131
EX 31, composition **M1:** 131
EX 32, composition **M1:** 131
EX 33, composition **M1:** 131
EX 34, composition **M1:** 131
EX 35, composition **M1:** 131
EX 36, composition **M1:** 131
EX 37, composition **M1:** 131
EX 38, composition **M1:** 132
EX 39, composition **M1:** 132
EX 40, composition **M1:** 132
EX 41, composition **M1:** 132
EX 42, composition **M1:** 132
EX 43, composition **M1:** 132
EX 44, composition **M1:** 132
EX 45, composition **M1:** 132
EX 46, composition **M1:** 132
EX 47, composition **M1:** 132
EX 48, composition **M1:** 132
EX 49, composition **M1:** 132
EX 50, composition **M1:** 132
EX 51, composition **M1:** 132
EX 52, composition **M1:** 132
EX 53, composition **M1:** 132
EX 54, composition **M1:** 132
EX 55, composition **M1:** 132
EX 56, composition **M1:** 132
EX1, composition **M1:** 131
Steels, silicon
photochemical machining etchant **A16:** 590
Steels, specific types *See also* ASP steels; Carbon steels; Low-carbon steel powders; Low-alloy steels; Steels; Tool steels; Tool steels, specific types
0.25% C, indigenous sulfide inclusions **A15:** 89
1.25Cr-0.5Mo reheater tube rupture **A11:** 610
1Cr-4Ni-0.2Mo high-strength cast, effect of stress-intensity rate on plane strain fracture toughness **A11:** 54
1.6Mn-5Cr forged gear and pinion, carburization failure of **A11:** 336
2.25Cr-1Mo superheater tube, creep failure **A11:** 610–612
3% Ni, gaseous hydrogen damage **A13:** 164
5B41 connecting rod, fatigue fracture **A11:** 328–329
15 B28 induction-hardened, replica fractographs of fatigue fracture, compared **A12:** 95, 100
15 B28, photo-illumination effects **A12:** 85
15-7PH Mo, and polybenzimidazoles **EM3:** 171
15B41 forged connecting-rod cap, fatigue fracture **A11:** 120
17-7PH, and polybenzimidazoles **EM3:** 170
21-2 valve stem, fracture surface **A11:** 288
300M failed flash-welded joint in **A11:** 442
300M jackscrew drive pins, SCC failure **A11:** 546–548
1008 drawn container, fatigue cracking **A11:** 307–308
1008 strip, photo effects of lighting **A12:** 87
1010, coining of **A14:** 185–186
1015 semi-killed forged hook **A11:** 524
1015 tube, wall reduction and mechanical properties **A14:** 678
1018 steel bars, magabsorption measurement **A17:** 155
1020 C-hook, design of **A11:** 523
1020 cold-worked, inelastic cycle buckling **A11:** 144
1020 crane hook, fatigue fracture **A11:** 523
1020, hydrogen blister **A11:** 247
1020 stop-block guide **A11:** 526–527
1025, flow stresses **A14:** 241
1025 tube post, fatigue failure **A11:** 424
1030 crane shaft **A11:** 524–525
1030, drive gears **M7:** 670
1030 pinion shaft, fatigue fracture surface **A11:** 524
1030 tube, erosion-corrosion of **A11:** 342
1035 automobile stub axle, slag inclusions in **A11:** 323
1035 cap screws, fatigue fracture **A11:** 533, 535
1039 fatigue specimen, photolighting effects **A12:** 84
1040, cleavage fractures **A12:** 175
1040, cleavage-crack nucleation **A11:** 23
1040 coil hook, fatigue fracture **A11:** 523–524
1040 crankshaft, fatigue cracking from nonmetallic inclusions **A11:** 477–478
1040 fan shaft, reversed-bending fatigue **A11:** 476
1040, fracture surface **A13:** 1053
1040 hot rolled bar, mechanical properties **A14:** 172
1040 hot-rolled, cleavage fracture **A11:** 22
1040 hot-rolled, shear dimples in shear-lip zone **A11:** 76
1040 main hoist shaft, fatigue cracking **A11:** 525
1040 main-bearing journal, fatigue failure **A11:** 478
1040 shaft for amusement ride, crack propagation and final fast fracture **A11:** 418
1040 splined shaft, fatigue fracture **A11:** 122–123
1040, tongues in cleavage **A11:** 22
1041, SMIE in **A11:** 243
1045 crane hook, magnetic particle inspection **A17:** 107
1045, fracture locus **A14:** 392
1045 U-bolts, fatigue fracture **A11:** 533–535
1048 diesel truck crankshaft, fatigue fracture **A11:** 78
1050 axle shaft, fracture surface **A11:** 21
1050 crankshaft, fatigue fracture **A11:** 324
1050, welded, acoustic emission inspection **A17:** 289
1055 crane-bridge wheel **A11:** 527–528
1055 stripper crane wheel, fatigue failure **A11:** 526
1055 wire strands, effects of heat-treatment conditions on tensile strength and elongation **A11:** 444
1065 oval wire, corrosion-fatigue cracking **A11:** 258
1070 hardened-and-tempered clamps, distortion in **A11:** 140
1085, stereo-pair photographs **A12:** 89
1095 nickel-plated pawl spring, fatigue fracture **A11:** 553
1095, occurrence of SMIE **A11:** 243
1095 yam eyelet, matrix hardness **A11:** 160
1113 worm, destructive wear **A11:** 598
1117, valve spool cylinder, distortion in **A11:** 141–142
1130, coining of **A14:** 186
1138 shotgun barrel, distortion in **A11:** 139
1151 induction-hardened, brittle fracture of **A11:** 478–479
3340, occurrence of SMIE **A11:** 243
4118 steel shaft, ultrasonic inspection **A17:** 508–509
4130 exciter shaft, fatigue failure **A11:** 425
4130, fretting fatigue **A13:** 140
4130 permanent mold, overheating failure of **A11:** 276
4130 rolled bar, seam in **A11:** 329, 331
4130 shaft, fatigue-fracture surface **A11:** 104
4130, tempering temperature effects on sulfide fracture toughness **A13:** 535
4135, yield strength effect, critical stress and sulfide fracture toughness **A13:** 534
4137, hydrogen-assisted SCC failure **A13:** 332
4137H, hardenability **M7:** 451, 452
4140, brittle cracks from liquid zinc embrittlement **A11:** 237
4140, cadmium-plated, arc striking hard spot in **A11:** 97
4140 cross-travel shaft, service failure **A11:** 525
4140, effect of temperature on embrittlement **A11:** 239
4140, embrittlement by liquid metals **A11:** 226
4140, embrittlement systems **A11:** 242, 244
4140, fibrous structure (flow lines) **A14:** 218
4140 forged crankshaft, fatigue fracture **A11:** 472–473
4140, forged, flow lines in **A14:** 367
4140 in indium, crack propagation **A11:** 244
4140, indium embrittlement **A13:** 186
4140, liquid zinc-induced cracking **A11:** 237
4140 locking collar, microstructural fibering or banding in **A11:** 320
4140, occurrence of SMIE **A11:** 243
4140, quenched-and-tempered, elongated dimples on **A11:** 25
4140 radar-antenna bearing, heat-treatment failure **A11:** 509–510
4140 slat track, distortion in **A11:** 140–141
4140, solid-metal embrittlement **A13:** 186
4140, tire tracks on **A11:** 27
4145, occurrence of SMIE **A11:** 243
4150 chuck jaw, brittle fracture from white-etching layer **A11:** 573, 576
4150 overhead crane drive axle, fatigue fracture **A11:** 117
4150 plunger shaft, fatigue fracture **A11:** 319
4150 pump shaft, bending-fatigue fracture **A11:** 109
4330 aircraft bracket, magnetic rubber inspection **A17:** 124
4330V part, fatigue-fracture surface **A11:** 105
4337 forging, rod fracture surface **A11:** 474
4337 master connecting rod, fatigue cracking **A11:** 477
4340, aircraft powerplant failure **A13:** 1041
4340 bars, magabsorption measurement **A17:** 155
4340 cadmium-plated, corrosion products **A13:** 1050
4340 cadmium-plated, embrittlement **A11:** 242
4340 cadmium-plated, solid-metal embrittlement **A13:** 186
4340, coercive force and hardness **A17:** 134
4340 compressor shaft, peeling-type fatigue cracking **A11:** 471
4340, copper-induced liquid-metal embrittlement **A11:** 232, 233
4340, corrosion fatigue **A13:** 1036
4340, delayed failure from hydrogen cathodic charging **A13:** 535, 536
4340 forged shaft, pulse-echo ultrasonic inspection **A17:** 508
4340, forging pressures **A14:** 217
4340, gaseous hydrogen damage **A13:** 164
4340 high-strength, hydrogen embrittlement **A13:** 289
4340, hydrogen embrittlement incubation **A13:** 286
4340, hydrogen embrittlement testing **A13:** 284
4340, influence of lead on fracture morphology of **A11:** 226
4340, intergranular corrosion-fatigue fracture **A11:** 260
4340, light fractographs **A12:** 83
4340, occurrence of SMIE **A11:** 243
4340, pitting corrosion/fatigue failure **A13:** 1026
4340 plate, effect of yield strength on crack growth **A13:** 169
4340 pressure vessel, liquid lead induced brittle fracture **A11:** 225
4340 rotor shaft, torsional fatigue in **A11:** 464
4340 steering knuckle, fracture surface **A11:** 342
4340, stress-corrosion cracking **A13:** 1030
4340 ultrahigh-strength, corrosion fatigue **A13:** 143
4340 wing-attachment bolt, cracked along seam **A11:** 530, 532
4520 wheel studs, fatigue fracture **A11:** 531–537
4600, effect of admixed lubricant on green strength **M7:** 303
4600, prealloyed, compactibility **M7:** 683
4615, chain link failure **A11:** 521–522
4620, axial fatigue for forging deformation **M7:** 416
4620, Izod impact testing **M7:** 410

Steels, specific types (continued)
4640, isothermal transformation diagram for **M7:** 686
4640, response to heat treatment **M7:** 686
4650, deformation of preforms during consolidation **M7:** 538
4650, properties, Ceracon process **M7:** 540
4680, shrinkage during sintering **M7:** 480
5046 crankshaft, magabsorption measurement **A17:** 155
6150 coal pulverizer shaft, fatigue failure **A11:** 468
6150 landing-gear spring, fracture during hard landing **A11:** 560
6260 gear, adhesive wear **A11:** 596
6263 impeller drive gear, pitting and wear **A11:** 598–599
6470 knuckle pins, fatigue fracture . . . **A11:** 128–129
7075-T6 landing gear trunnion, ultrasonic inspection **A17:** 509–510
8617 carbonitrided bushing, fatigue fracture **A11:** 121
8620, brittle fracture **A11:** 90–92
8620, for bearings **A11:** 490
8620 hot rolled bar, mechanical properties **A14:** 173
8620, photo-illumination effects **A12:** 86
8620 valve spool, seizing of **A11:** 141–142
8640 fuel shaft, fatigue fracture **A11:** 476
8740 cadmium-plated, burning failure from forging **A11:** 332–334
8740 cadmium-plated fasteners, hydrogen embrittlement **A11:** 541
8740 cadmium-plated, intergranular fracture **A11:** 29
8822 billet, ultrasonic inspection **A17:** 507–508
9310 gear, fracture surface, electron beam weld **A11:** 447
52100 bearing, hardness, grain size, and retained austenite variations in **A11:** 509
52100 bearing, microstructural alterations **A11:** 505
52100 bearing, overheating failure from misalignment **A11:** 507–508
52100, for bearings **A11:** 490
52100 steel rings, fretting failure of raceways on **A11:** 498
A-4, occurrence of SMIE **A11:** 243
A36 structural, fracture surface **A11:** 89
A186 double-flange trailer wheel, fatigue failure **A11:** 130
A293, fatigue-crack growth behavior **A11:** 108
A356 turbine casing, failed by cracking **A11:** 287–288
A514
microcrystalline conversion coatings . . . **EM3:** 273
phosphoric-acid-etched **EM3:** 271, 272
A516, inclusion shape modification in **A15:** 91
A533 type B, fracture-transition data **A11:** 67
A533 type B, transition temperatures **A11:** 67
A536, ductile iron, mechanical properties **A15:** 665
A606
microcrystalline conversion coatings . . . **EM3:** 273
phosphoric-acid-etched **EM3:** 271, 272
A633C, calcium treatment as inclusion control **A15:** 92
API grade X-60 line pipe, sinusoidal fracture path **A12:** 116
API-5LX grade X42 carbon-manganese on fatigue crack growth rate **A12:** 56
CA-15, mechanical properties **A15:** 727
CA-40, mechanical properties **A15:** 727
CB-30, mechanical properties **A15:** 727
CF-8 high-alloy, elevated temperature effects **A15:** 728
CF-8 high-alloy, ferrite effects **A15:** 725
D-6ac aircraft part, magnetic rubber inspection **A17:** 124
D-6ac alloy, brittle fracture from delayed quench cracking **A11:** 95–96
D6-AC, hydrogen embrittlement testing . . . **A13:** 286
D-6ac, occurrence of SMIE **A11:** 243
D-6ac structural member, fatigue fracture **A11:** 116
Grade X42 pipeline, effect of hydrogen on fatigue fracture appearance **A12:** 37, 51
Halmo bearing, hardness, grain size, and retained austenite variations in **A11:** 509
HK-40, creep rupture properties **A15:** 730
Hoeganaes 1000B, composition-depth profiles **M7:** 266
HP-50WZ, creep and stress rupture properties **A15:** 729–730
HY-130 bainitic, TTS fracture **A12:** 21, 28
HY-180, stress-corrosion fracture **A12:** 27, 34
Nitralloy, LAMMA analysis and spectra **A11:** 42–43
RQC-90 steel plate, cold cracks **A12:** 156
SAE 1010 cold-rolled
compared to FPL aluminum substrates **EM3:** 271
high-performance acrylic adhesive bonding when oiled **EM3:** 122
X38CrMoV51, hydrogen/nitrogen removal, VIM processed **A15:** 395–396
Steels, spring
photochemical machining etchant **A16:** 590
Steels, ultrahigh strength *See also* Ultrahigh-strength steels
300M, machining **A16:** 144–147, 320
D6ac, machining **A16:** 27, 33, 34, 144–147, 567
Steels, unalloyed
fatigue diagram **A19:** 304
Steels, wrought abrasive wear data **A18:** 706
hardness **A18:** 706
nominal compositions and applications . . . **A18:** 703
toughness **A18:** 706
Steepest descent algorithm **A20:** 211
Steering column tilt levers **A7:** 764, 767
Steering factors **A20:** 116
Steering gears, automotive
economy in manufacture **M3:** 850
Steering knuckle
fracture surface **A11:** 342
Steering potentiometer **A13:** 1121
Steering potentiometers
corrosion failure analysis **EL1:** 1111
Stefan-Boltzmann constant **A18:** 441, **A20:** 712, **EM4:** 615
Stefan-Boltzmann law **A18:** 441, **EM4:** 251
Steiner Tunnel Test
for burning rate/smoke generation **EM1:** 96
Stelco coil box **A1:** 118, 120
Stellite
applications, pump components **A18:** 598
broaching **A16:** 203
diagnostic condition monitoring by radionuclide methods **A18:** 322
electrical discharge machining **A16:** 560
electrochemical grinding **A16:** 545, 546
erosion **A18:** 200, 206
erosion in ceramics **A18:** 205
erosion resistance **A18:** 228
friction coefficient data **A18:** 71
furnace brazing **A6:** 920–921
galling resistance with various material combinations **A18:** 596
hardfacing **A6:** 807
honing **A16:** 476
laser cladding **A18:** 867, 868
laser cladding components and techniques **A18:** 869
liquid impingement erosion and hardness **A18:** 228
seal adhesive wear **A18:** 549
seal material **A18:** 551
Stellite 3
erosion test results **A18:** 200
properties, sand cast **A18:** 548
Stellite 6
composition **A18:** 806
friction surfacing **A6:** 322, 323
laser cladding **A18:** 867, 868
laser cladding components and techniques **A18:** 869
Stellite 6B
adhesive wear resistance **A18:** 721
as coating to protect against liquid impingement erosion **A18:** 221, 222
composition **A6:** 564, **M6:** 354
erosion mechanisms and embedding of particle fragments **A18:** 203
erosion test results **A18:** 200
explosion welding **M6:** 710
fatigue wear **A18:** 715
galling test use **A18:** 718
liquid impingement erosion **A18:** 225
relative erosion factor **A18:** 200, 201
replaced by stainless steels **A18:** 723
temperature effect on adhesive wear **A18:** 721
Stellite 6K
erosion test results **A18:** 200
Stellite 21 (stick)
cavitation erosion rate **A18:** 774
Stellite 31
broaching **A16:** 209
finish broaching **A5:** 86
Stellite alloy 31
composition **A4:** 795
Stellite alloys *See also* Cobalt alloys, specific types; Haynes Stellite; Superalloys, cobalt-base, specific types
as liquid-erosion shield **A11:** 170–171
effects of eutectic melting in **A11:** 122
friction surfacing **A6:** 321, 322, 323
liquid-erosion resistance **A11:** 167
Osprey process for **M7:** 530
Stellite P/M alloys **A7:** 974, 975–976
apparent density **A7:** 40
brazing **A7:** 976
cobalt-base, thermal spray forming **A7:** 411
grinding **A7:** 976
heat treatment **A7:** 976
injection molding **A7:** 314
joining **A7:** 976
machining **A7:** 976
mass median particle size of water-atomized powders **A7:** 40
Osprey process used **A7:** 75, 319
oxygen content **A7:** 40
properties **A7:** 975
standard deviation **A7:** 40
welding **A7:** 976
Stellite SF **A18:** 6
laser cladding **A18:** 867
laser cladding components and techniques **A18:** 869
Stellite SF6
hardfacing **A6:** 807
Stellite-6
volume steady-state erosion rates of weld-overlay coatings **A20:** 475
STEM *See* Scanning transmission electron microscopy; Shaped tube electrolytic machining
Stem radiation, x-ray tubes
radiography **A17:** 305
Stencil printing
application, solder pastes **EL1:** 653
as adhesive application method **EL1:** 672
equipment **EL1:** 732
for surface-mount components **EL1:** 732
in surface-mount soldering **EL1:** 699
Stencil printing dispensing technique
general solder paste parameters **A6:** 988
Step aging
defined **A9:** 17
Step and repeat cameras
achievable machining accuracy **A5:** 81
Step bearing *See also* Rayleigh step bearing; Stepped bearing
defined **A18:** 18

SUBJECTS OF THE INDEXED VOLUMES: ASM Handbook (designated by the letter "A"): **A1:** Properties and Selection: Irons, Steels, and High-Performance Alloys (1990); **A2:** Properties and Selection: Nonferrous Alloys and Special-Purpose Materials (1990); **A3:** Alloy Phase Diagrams (1992); **A4:** Heat Treating (1991); **A5:** Surface Engineering (1994); **A6:** Welding, Brazing, and Soldering (1993); **A7:** Powder Metal Technologies and Applications (1998); **A8:** Mechanical Testing (1985); **A9:** Metallography and Microstructures (1985); **A10:** Materials Characterization (1986); **A11:** Failure Analysis and Prevention (1986); **A12:** Fractography (1987); **A13:** Corrosion (1987); **A14:** Forming and Forging (1988); **A15:** Casting (1988); **A16:** Machining (1989); **A17:** Nondestructive Evaluation and Quality Control (1989); **A18:** Friction, Lubrication, and Wear Technology (1992); **A19:** Fatigue and Fracture (1996); **A20:** Materials Selection and Design (1997). **Metals Handbook, 9th Edition** (designated by the letter "M"): **M1:** Properties and Selection: Irons and Steels (1978); **M2:** Properties and Selection: Nonferrous Alloys and Pure Metals (1979); **M3:** Properties and Selection: Stainless Steels, Tool Materials, and Special-Purpose Materials (1980); **M4:** Heat Treating (1981); **M5:** Surface Cleaning, Finishing, and Coating (1982); **M6:** Welding, Brazing, and Soldering (1983); **M7:** Powder Metallurgy (1984). **Engineered Materials Handbook** (designated by the letters "EM"): **EM1:** Composites (1987); **EM2:** Engineering Plastics (1988); **EM3:** Adhesives and Sealants (1990); **EM4:** Ceramics and Glasses (1991). **Electronic Materials Handbook** (designated by the letters "EL"): **EL1:** Packaging (1989)

Step brazing
definition **M6:** 17
filler metals for resistance brazing........ **M6:** 981
production application.............. **M6:** 981–982
use in resistance brazing **M6:** 984

Step cooling
to evaluate temper embrittlement **M1:** 684–685

Step excitation test
methods......................... **EM2:** 549–551

Step fracture
definition............................. **EM4:** 633

Step shear rate
rheology **EL1:** 840, 845–846

STEP (simultaneous thickness and electrochemical potential) test. **A5:** 205, 210–211

Step soldering
definition **M6:** 17

STEP (standard for exchange of product model data).................. **A20:** 175, 208, 504

Step strain
rheology **EL1:** 840, 846

Step structures **A7:** 987

Step wedge penetrameters
radiographic inspection................. **A17:** 341

Step-down creep test **A8:** 324

Step-down tension testing **A8:** 324

Stepdown test
defined................................ **A9:** 17

STEPLAP computer procedure A6: 1041, 1042–1043, 1044

Step-loading curve
for modulus of elasticity................. **A8:** 315

Stepped bearing *See also* Step bearing
defined................................ **A18:** 18

Stepped compact **M7:** 12

Stepped pockets **A18:** 551

Stepped shafts
cold forming...................... **A14:** 305–306

Stepped-lap joints
design details......................... **EM3:** 493
maximum principal stresses **EM3:** 493
spacing distance......... **EM3:** 490, 491, 492, 494

Stepped-up joints
normal stress **EM3:** 487, 491, 492, 493

Stepper motors **A13:** 1121
electronic/electrical corrosion failure
analysis of...................... **EL1:** 1111

Steps
from rough machining.................. **A11:** 122
in ceramics **A11:** 745
in shafts.............................. **A11:** 467
multiple, on fracture surface **A11:** 398
shear, as fatigue indicators **A11:** 258, 259

Step-scan **M7:** 258

Step-stress analysis
screening stress levels by **EL1:** 879–880

Stepwise cracking *See also* Hydrogen-induced cracking (HIC)...................... **A19:** 479
from hydrogen damage **A13:** 332

Steradian, as SI supplementary unit
symbol for............................. **A10:** 685

Stereo angle
defined................................ **A9:** 17

Stereo imaging *See also* Imaging
fractographic........................ **A12:** 87–88
parallax determination **A12:** 197
SEM display systems.................. **A12:** 171

Stereo microscopy
defined............................ **EL1:** 1067

Stereo viewing
TEM and SEM fractographs **A12:** 192

Stereo vision *See also* Three-dimensional images
in machine vision process............... **A17:** 34

Stereo zoom optical microscope
fractographic **EM2:** 805

Stereochemistry **A5:** 669

Stereochemistry, and conformation
molecular.............................. **A10:** 109

Stereogrammetry *See* Stereophotogrammetry

Stereographic projection
by XRPD **A10:** 333
crystal axes using...................... **A10:** 359
preferred crystallographic
orientations in **A10:** 358–359

Stereoimaging **A6:** 145

Stereoisomer *See also* Isomer............ **EM3:** 27
as molecular structure **EM2:** 58

defined............................... **EM2:** 40
of polypropylene....................... **EM2:** 58

Stereolithograph format **A20:** 232

Stereolithography **A7:** 418, 433

Stereolithography (SLA) **A20:** 195, 232–233, 234–235

Stereological measurements
use of image analyzers in making......... **A9:** 83
use of semi-automatic tracing devices in
making **A9:** 83

Stereological shape parameters (factors) A7: 268, 269

Stereological techniques used for quantitative metallography of cemented carbides **A9:** 275

Stereology *See also* Quantitative
metallography **A7:** 268, **A10:** 310, 316
in quantitative fractography......... **A12:** 193–196
of particle shape.................. **M7:** 237–241
of shape **A7:** 268, 269

Stereometry **A7:** 268
for three-dimensional spatial analysis..... **A12:** 194

Stereomicroscopes *See also* Microscopes **A12:** 78–79

Stereomicroscopes used in
macrophotography **A9:** 86–88

Stereomicroscopy
fractographs by........................ **A11:** 56
scanning electron microscopy............. **A9:** 97

Stereo-pair photographs **A12:** 87–89

Stereo-pair viewer
effects................................ **A12:** 87

Stereophotogrammetry *See also* Photogrammetry
carpet plot, titanium alloy **A12:** 198
contour map and profiles by **A12:** 197
SEM **A12:** 171

Stereoscan
development of......................... **A12:** 8

Stereoscopes
Hilger-Watts **A12:** 171

Stereoscopic imaging
fracture examination **A12:** 92
in quantitative fractography........ **A12:** 196–198
methods............................. **A12:** 196–198

Stereoscopic micrographs
defined................................ **A9:** 17

Stereoscopic specimen holder
defined................................ **A9:** 17

Stereospecific plastics *See also* Plastics **EM3:** 27
defined............................... **EM2:** 40

Stereotype metal **A9:** 424

Stereoviewing
in fracture studies by scanning electron
microscopy.......................... **A9:** 99

Steric hindrance effects **A20:** 449

Steric repulsion **A7:** 220

Steric stabilization **A7:** 220, 236

Sterling, Lord
as early founder **A15:** 26

Sterling silver *See also* Silver; Silver-copper alloys
applications and properties.............. **A2:** 691
injection molding **A7:** 314
properties............................. **A2:** 700
rhodium plating of................. **M5:** 290–291

Sterling silver, coining of *See also* Silver... **A14:** 184

Stern potential **A7:** 421, 422

Stern-tube bearing
defined............................... **A18:** 18

Sterophotogrammetry
definition.............................. **A5:** 968

Stevenson clamp design
for torsional Kolsky bar **A8:** 221

S-Ti (Phase Diagram) .... **A3:** 2•358

Stibine
as antimony toxic gas **A2:** 1259

"Stick droopers" **A6:** 37

Stick electrode
definition.............................. **A6:** 1214

Stick electrode welding
definition.............................. **A6:** 1214

Stick electrodes **A7:** 1065–1069

Stick welding *See also* Shielded metal arc welding
for HIP containers..................... **A7:** 613

Sticker
as casting defect **A11:** 381

Sticking **A7:** 331
in squeeze casting **A15:** 326

Sticking coefficient **A5:** 540

Sticking efficiency...... **A7:** 400, 401–403, 404, 406

Sticking, platinum group metals
as electrical contact materials **A2:** 846

Stickout
definition.............................. **A6:** 1214

Stick-shift, automobile transmission
failure of **A11:** 763

Stick-slip *See also* Spragging.... **A18:** 47, 48, 56, 57
defined............................... **A18:** 18

Stiction **A18:** 576
defined............................... **A18:** 18

Stiff adherend test **EM3:** 443, 444

Stiff pastes
forming structural ceramics from **A2:** 1020

Stiffness *See also* Effective stiffness; Strength; Stress-strain.............. **A20:** 282, **EM3:** 27
and failure analysis **EM1:** 775
composite, and fiber direction........... **EM1:** 179
defined **A8:** 12, **EM1:** 22, **EM2:** 40
degradation, measured.................. **EM1:** 775
designing for..................... **A20:** 512–513
environmental effects, elasticity......... **EM1:** 188
in heat-exchanger tubing **A11:** 628, 640
in stress-corrosion cracking testing **A8:** 502
lamina **EM1:** 219–220
loading frame **A8:** 50
machine, experimental determination of **A8:** 44
moisture/temperature effects **EM1:** 226
nomenclature for hydrostatic bearings with orifice
or capillary restrictor............... **A18:** 92
of acetals **EM2:** 100
of fiber-reinforced polymers............ **EM1:** 36
of fibers **EM1:** 29
of multidirectional tape prepregs....... **EM1:** 146
of selected structural metals.............. **A2:** 478
of SiC fibers **EM1:** 58
of testing machine, effects on
strain rate.................. **A8:** 41–42, 45
polymer, as property **EM2:** 61
prediction **EM1:** 432
resin, and damage tolerance............ **EM1:** 262
testing machine, experimental values of **A8:** 42, 43
torsional, improved **EM1:** 36
-weight ratios, composites and metals
compared **EM1:** 178

Stiffness matrix **A20:** 180

Stiffness ratio **A19:** 289

Stiffness reduction (fatigue) model **EM1:** 246–247

Stiffness-to-weight ratio **A20:** 266

Stigmators
as SEM lens **A12:** 167

Still plating
process control used **A5:** 283

Still tank cadmium plating systems..... **M5:** 256–259

Still tank nickel plating *See* Nickel plating, still tank process

Stimulus file **A20:** 208

Stippled area
definition............................. **EM4:** 633

Stippled finish
definition.............................. **A5:** 968

Stir casting *See* Gircast process; Rheocasting; Semisolid metal casting and forging

Stircasting **A7:** 401–402

Stirring
argon **A15:** 368
as semisolid variable.............. **A15:** 327–331
effect in electrogravimetry......... **A10:** 197, 200
electromagnetic....................... **A15:** 369
in LF/V D-VAD....................... **A15:** 437
in stress-corrosion cracking **A13:** 147
ladle, inductive/inert gas injection **A15:** 432
microstructural effects.................. **A15:** 329
mode, VIM process **A15:** 398

Stitch
in joining processes classification scheme **A20:** 697

Stitch bonding *See* Thermocompression welding

Stitching **A20:** 661, **EM1:** 171, 529

Stitching, as flaw
defined............................... **A17:** 562

STN International, Chemical Abstracts Services
as data source for embodiment design.... **A20:** 250

STN International computer network
system **EM4:** 692

Stochastic search methods **A20:** 217
definition............................. **A20:** 841

Stock *See also* Forging stock; Stock preparation; Stock reels
defined . . . **A14:** 12
feed mechanism, multiple-slide forming . . . **A14:** 567
for slugs . . . **A14:** 309
forging, titanium alloy . . . **A14:** 277–278
slit, re-coiling of . . . **A14:** 710
straighteners, multiple-slide machines . . . **A14:** 567
thick, piercing of . . . **A14:** 467
thickness, electrical steel sheet . . . **A14:** 479–480
thin, confined explosive forming of . . . **A14:** 636
thin, piercing of . . . **A14:** 467–468
Stock piping
corrosion of . . . **A13:** 1186
Stock preparation
aluminum alloys . . . **A14:** 247
copper and copper alloy . . . **A14:** 256
heat-resistant alloys . . . **A14:** 235
titanium alloys . . . **A14:** 278
Stock reels
contour roll forming . . . **A14:** 627
for coil handling . . . **A14:** 501
Stock removal
and gear manufacture . . . **A16:** 335, 350
and gear shaving . . . **A16:** 341–343
gear-tooth honing . . . **A16:** 487
honing . . . **A16:** 482, 483, 484, 485
lapping . . . **A16:** 495, 496, 499, 503, 505
microhoning vs. honing . . . **A16:** 489
Stockholm convention
of electrode potentials . . . **A13:** 21–22
Stoddard solvent
properties . . . **A5:** 21
Stoichiometric
definition . . . **A20:** 841
Stoichiometric tungsten carbide . . . **M7:** 156–157
Stoichiometry . . . **A6:** 146
and adhesion . . . **A6:** 143, 144, 145
in basic chemical equilibria and analytical chemistry . . . **A10:** 162
Stoke (centistoke)
defined . . . **A18:** 18
Stokes diameter . . . **A7:** 211
Stoke's law . . . **EM4:** 66, 67, 68
for particle flotation . . . **A15:** 79
Stokes' lines . . . **EM4:** 561
Stokes radiation *See* Stokes scattering
Stokes Raman line
defined . . . **A10:** 682
Stokes scattering
energy-level diagram . . . **A10:** 127
in Raman spectroscopy . . . **A10:** 126–128
Stokes's law of fluid dynamics
definition . . . **A7:** 244
Stoking . . . **M7:** 12
Stomatitis
as gold toxic effect . . . **A2:** 1257
Stone
abrasive machining usage . . . **A5:** 91
carbides for machining . . . **A16:** 75
ground by diamond wheels . . . **A16:** 455
PCD tooling . . . **A16:** 110
strength vs. density . . . **A20:** 267–269
Young's modulus vs. density . . . **A20:** 289
Stone Age . . . **A20:** 333
Stone molds
Bronze Age . . . **A15:** 15–16
Stoneware . . . **A20:** 419, 421
absorption (%) and products . . . **A20:** 420
body compositions . . . **A20:** 420
definition . . . **EM4:** 3
subclassifications . . . **EM4:** 3
Stoney's formula
residual stress . . . **A5:** 648
Stoody Deloro HG1
cavitation erosion rate . . . **A18:** 774
Stop
defined . . . **A14:** 12
Stop blocks
and compression fixture, drop tower . . . **A8:** 197
with drop tower compression system . . . **A8:** 196
Stop buttons . . . **A20:** 143
Stop cock
use in electrogravimetry . . . **A10:** 200
Stop rods
for rotary swaging . . . **A14:** 134
Stop-block guide
brittle fracture of . . . **A11:** 526–527
Stopoff
definition . . . **A6:** 1214, **M6:** 17
furnace brazing of steels . . . **M6:** 938–939
Stop-off coating
lead wires in acidified chloride solutions . . . **A8:** 420
Stopper rod
defined . . . **A15:** 11
Stopping distance . . . **A18:** 583
PIXE analysis . . . **A10:** 103
Stopping off
defined . . . **A15:** 11
definition . . . **A5:** 968
Stopping-off *See also* Masking
cadmium plating . . . **M5:** 267–268
chromium plating, media for . . . **M5:** 187
decorative chromium plating processes . . . **M5:** 194
shot peening, masks for . . . **M5:** 144–145
Stops
defined . . . **EM1:** 22, **EM2:** 40
Storage
and materials selection . . . **A20:** 250
and mold life . . . **A15:** 281
automatic . . . **A15:** 570–571
energy, silicon metal-oxide semiconductor effect . . . **EL1:** 2
failure mechanisms during . . . **EL1:** 961
of aluminum/aluminum alloys . . . **A13:** 602–603
of beryllium . . . **A13:** 810
of patterns . . . **A15:** 196
of rammed graphite molds . . . **A15:** 274
of weathering steels . . . **A13:** 518
scrap and alloy, electric arc furnace . . . **A15:** 363
Storage and loss moduli . . . **EM3:** 318–319, 320
Storage containers for chemicals . . . **A9:** 69
Storage control (SC) . . . **EL1:** 128, 991
Storage environments
stress-corrosion cracking in . . . **A11:** 211–212
Storage life *See also* Shelf life . . . **EM3:** 27, 35
defined . . . **EM1:** 22, **EM2:** 40
Storage modulus . . . **EM3:** 27
defined . . . **EM2:** 40
for closed-loop cure . . . **EM1:** 761
Storage of adhesives and sealants . . . **EM3:** 683–686
aging effects . . . **EM3:** 683
facilities . . . **EM3:** 683–685
ambient- or room-temperature . . . **EM3:** 685
freezer . . . **EM3:** 684
refrigerated . . . **EM3:** 684–685
formulation constituents . . . **EM3:** 683
handling considerations . . . **EM3:** 685–686
inventory control mechanisms . . . **EM3:** 685
Storage of mounted specimens . . . **A9:** 32
Storage reservoirs
liquids from P/M porous parts . . . **M7:** 700
Storage stability
defined . . . **A18:** 18
Storage tank construction
codes governing . . . **M6:** 827
joining processes . . . **M6:** 56
Storage tanks
acoustic emission inspection . . . **A17:** 290
aluminum and aluminum alloys . . . **A2:** 9
fiberglass, acoustic emission inspection . . . **A17:** 291
Storage vessels
anodic protection of . . . **A13:** 465
Stored energy in crystals as a result of cold working . . . **A9:** 684
Stored energy welding
definition . . . **M6:** 17
Stored-energy resistance
welding machines . . . **M6:** 537–540, 545
Stored-torque torsional Kolsky bar . . . **A8:** 219–221
Stovetops
porcelain enameled sheet for . . . **M1:** 179
Stowell-Ohman-Hardrath Method . . . **A20:** 525
Straddle milling *See* Milling
Straight bevel gears
described . . . **A11:** 587
Straight bone plate, stainless steel
fatigue initiation . . . **A11:** 579, 684–686
Straight epoxy
coating hardness rankings in performance categories . . . **A5:** 729
Straight flanging . . . **A14:** 529
Straight Küntscher intramedullary femoral nail
as intemal fixation device . . . **A11:** 671
Straight lead
as lead formation . . . **EL1:** 733–734
Straight leaded devices
small-signal plastic bodied . . . **EL1:** 423–424
Straight notch with rounded adherends (SNRA) . . . **EM3:** 444
Straight notch with sharp adherends (SNSA) . . . **EM3:** 444
Straight polarity . . . **A6:** 30, 32
definition . . . **A6:** 1214, **M6:** 17
Straight WC-CO, uncoated
machining applications . . . **A2:** 967
Straight-beam contact-type ultrasonic search units . . . **A17:** 257
Straight-beam edge ultrasonic inspection
of rolled plate . . . **A17:** 269–270
Straight-beam top ultrasonic inspection
of rolled plate . . . **A17:** 268–269
Straighteners . . . **A14:** 502
parallel-roll . . . **A14:** 685–686
rotary . . . **A14:** 686–687
rotary-arbor . . . **A14:** 687
Straightening
automatic press roll . . . **A14:** 687–688
by heating . . . **A14:** 681–682
camber . . . **A14:** 680
cold . . . **A11:** 125–126
cold-finished bars . . . **M1:** 224, 235
tolerances . . . **M1:** 219
defined . . . **A14:** 12
effect on fatigue strength . . . **A11:** 125
epicyclic . . . **A14:** 689
equipment, contour roll forming . . . **A14:** 628
for multiple-slide forming . . . **A14:** 567
fracture from . . . **A11:** 88
growth during . . . **A14:** 687
hot-rolled bars and shapes . . . **M1:** 203
in continuous casting . . . **A15:** 312
in presses . . . **A14:** 682–684
manual . . . **A14:** 680–681
material displacement . . . **A14:** 680–681
moving-insert . . . **A14:** 688
of bars . . . **A14:** 680–689
of investment castings . . . **A15:** 264
of long parts . . . **A14:** 680–689
of nickel-base alloys . . . **A14:** 837
of shapes . . . **A14:** 680–689
of titanium alloy forgings . . . **A14:** 281–282
of tubing . . . **A14:** 690–693
parallel-rail . . . **A14:** 688–689
parallel-roll . . . **A14:** 684–686
rotary straighteners . . . **A14:** 686–687
rough . . . **A14:** 690
speed . . . **A14:** 687
stainless steel, for cold heading . . . **A14:** 687
total indicator reading . . . **A14:** 680
tube/pipe rolling . . . **A14:** 631
wrought titanium alloys . . . **A2:** 619
Straightening, shaft
acoustic emission inspection . . . **A17:** 289
Straight-flute chucking reamers . . . **A16:** 241, 242

SUBJECTS OF THE INDEXED VOLUMES: ASM Handbook (designated by the letter "A"): **A1:** Properties and Selection: Irons, Steels, and High-Performance Alloys (1990); **A2:** Properties and Selection: Nonferrous Alloys and Special-Purpose Materials (1990); **A3:** Alloy Phase Diagrams (1992); **A4:** Heat Treating (1991); **A5:** Surface Engineering (1994); **A6:** Welding, Brazing, and Soldering (1993); **A7:** Powder Metal Technologies and Applications (1998); **A8:** Mechanical Testing (1985); **A9:** Metallography and Microstructures (1985); **A10:** Materials Characterization (1986); **A11:** Failure Analysis and Prevention (1986); **A12:** Fractography (1987); **A13:** Corrosion (1987); **A14:** Forming and Forging (1988); **A15:** Casting (1988); **A16:** Machining (1989); **A17:** Nondestructive Evaluation and Quality Control (1989); **A18:** Friction, Lubrication, and Wear Technology (1992); **A19:** Fatigue and Fracture (1996); **A20:** Materials Selection and Design (1997). **Metals Handbook, 9th Edition** (designated by the letter "M"): **M1:** Properties and Selection: Irons and Steels (1978); **M2:** Properties and Selection: Nonferrous Alloys and Pure Metals (1979); **M3:** Properties and Selection: Stainless Steels, Tool Materials, and Special-Purpose Materials (1980); **M4:** Heat Treating (1981); **M5:** Surface Cleaning, Finishing, and Coating (1982); **M6:** Welding, Brazing, and Soldering (1983); **M7:** Powder Metallurgy (1984). **Engineered Materials Handbook** (designated by the letters "EM"): **EM1:** Composites (1987); **EM2:** Engineering Plastics (1988); **EM3:** Adhesives and Sealants (1990); **EM4:** Ceramics and Glasses (1991). **Electronic Materials Handbook** (designated by the letters "EL"): **EL1:** Packaging (1989)

Straight-knife shearing
accessory equipment **A14:** 703
accuracy............................... **A14:** 705
applicability............................ **A14:** 701
capacity **A14:** 702
knives **A14:** 703–705
machines......................... **A14:** 701–703
power requirements............... **A14:** 702–703
ram speed in........................... **A14:** 705
straight shear knives **A14:** 703–705

Straight-line depreciation method **A13:** 371–372

Straight-line polishing and buffing machines **M5:** 121–124

Straightness
in contour roll forming............ **A14:** 632–633
tolerances **A14:** 680–689

Straight-side presses................. **A14:** 464, 493

Straight-through attachments
flexible printed boards **EL1:** 590

Straight-through drawing machines......... **A14:** 334

Strain *See also* Axial strain; Critical strain; Effective strain; Engineering strain; Initial strain; Linear strain; Reduction; Residual strain; Shear strain; Strain aging; Strain distribution; Strain rate; Strain rate distribution; Stress; Stress-strain; Transverse strain; True strain **EM3:** 27
accumulation, in load-controlled continuous-cycling tests **A8:** 353, 355
-age embrittlement **A13:** 12
aging, defined **A13:** 12
along acoustic wave train **A8:** 244
amplitude, defined **EM2:** 40
amplitude, effect on material fatigue resistance...................... **A8:** 712–713
and CTE vs. temperature, copper-Invar-copper.............. **EL1:** 622
and displacement, in ultrasonic testing **A8:** 242
and workability......................... **A8:** 572
and workability, bulk forming processes **A14:** 388–389
antinode, in ultrasonic test specimen, cooling of......................... **A8:** 247
as controlling workability **A14:** 363, 367–368
asymmetrical, effect on dimple size.... **A12:** 12, 16
at failure, PAN precursor carbon fibers... **EM1:** 52
autographic recording of.................. **A8:** 58
axial **EM3:** 27
Barkhausen noise dependence **A17:** 160
calculation, three-dimensional grid for **A14:** 436–437
calculations for torsional Kolsky bar .. **A8:** 225–226
causes of nonuniform application **A9:** 686
compressive, to failure **A8:** 58
curvature, in bending **A8:** 118
cycles, in fatigue testing **A11:** 102
cycles, niobium-titanium (copper) superconducting materials **A2:** 1053–1054
cycling, creep relaxation during hold periods **A8:** 347
defined......... **A8:** 12, **A11:** 10, **A13:** 12, **A14:** 12, **EM1:** 22, **EM2:** 40, 433
definition **A20:** 841, **EM4:** 633
depth profiles..................... **A18:** 468, 469
distribution, by simple-beam theory... **A8:** 118–119
distribution, elastic plastic bending ... **A8:** 119, 121
drum camera for recording............... **A8:** 217
effect on deformation cell structure **A9:** 693
elastic, effect on fatigue **M1:** 668, 670, 672
elastic-plastic, as *J*-integral parameter **A8:** 261
energy **A11:** 49–50, 797
engineering bending................. **A8:** 118–119
fields, defined **EM1:** 186
fixed critical **A8:** 449
for engineering stress-strain curve **A8:** 20
for two-dimensional flow, computation of............... **A14:** 433–434
-hardening relief, mechanism of **A12:** 42
in 300 series stainless steels, effect on the formation of martensite.............. **A9:** 66
in bulk forming processes............... **A14:** 389
in composite structure analysis **EM1:** 459–460
in deformation process **A8:** 578–579
in flows and material functions.......... **EL1:** 838
increasing to fracture, malleable iron **A12:** 238
indicator, high-quality.................. **A17:** 450
-induced martensitic transformation and SCC.......................... **A12:** 26
initial **EM3:** 27
laminar............................... **EM1:** 218
levels, maximum, forming limit diagrams for **A8:** 555
limiting, determined by Marciniak biaxial stretching test **A8:** 558
local, in low-cycle torsional fatigue.... **A8:** 150–151
localization, zone of..................... **A12:** 42
localized................ **A14:** 389–390, **A19:** 4
maximum levels........................ **A14:** 880
measurement, of single fibers........... **EM1:** 732
measurements, constraining substrate..... **EL1:** 612
nondimensional profile **A8:** 209
nonlinear functions............... **EL1:** 848–849
nonuniform, effect in axial compression testing.......................... **A8:** 55–58
normalized, in a bar **A8:** 209
optical holographic measurement **A17:** 405
path, and fracture limit line, compared **A8:** 581
peak, effect of hold periods on fatigue life of René 95 .... **A8:** 352
plastic, determined, by speckle metrology **A17:** 435
plastic, effect on fatigue.... **M1:** 665, 668, 670–672
pure plastic bending **A8:** 120, 122
range.................................. **A11:** 103
rate, effect in liquid-metal embrittlement **A11:** 230
rate, effect on failure mode **EM2:** 684–687
representation in sheet metal forming **A8:** 549
representation of **A14:** 879
residual................................ **EM3:** 27
role in fatigue **M1:** 665, 668, 670–672
-sensing methods **A17:** 51
sensitivity, of A15 compounds **A2:** 1061
shear **EM3:** 27
shear, calculated **A17:** 449
shear stress and mean axial stress dependence on, fixed end high temperature torsion tests................................ **A8:** 157
softening, compressive flow stress curve with **A8:** 583
state.......................... **A14:** 389, 879
stress to produce in creep testing **A8:** 304
symbol for............................. **A8:** 726
-time equation, for creep analysis..... **A8:** 686–687
to failure, and strain rate, cross-linked rubber............................. **A8:** 43
to fracture, stress state influence......... **A14:** 369
to fracture, stress state influence on **A8:** 576
total, at aluminum alloy forging temperatures **A14:** 241
transducer, linear variable-differential transformer **A8:** 313
transverse.............................. **EM3:** 27
true................................... **EM3:** 27
true bending....................... **A8:** 118–119
true compressive hoop **A8:** 564
true local necking.................... **A8:** 24–25
true strain at fracture, selected steels **M1:** 680
ultimate, and expanding ring test **A8:** 210
values, relation to stress values **A17:** 51
vs. deflection........................... **A8:** 58
vs. interlaminar fracture toughness thermoplastics **EM1:** 100
waveform **A8:** 347–348
zero................................... **A11:** 57

Strain aging........... **A14:** 12, 547, **A20:** 527, 529
as embrittlement, examination/ interpretation **A12:** 129–130
defined **A8:** 12, **A9:** 17
effect of diffusion........................ **A8:** 35
embrittlement, in steels.................. **A11:** 98
in bcc materials **A8:** 256–257
in carbon steel sheet and strip **A1:** 204–205
in carbon steels at cold working temperatures **A8:** 179
Lüders bands from **A12:** 129, 148
of rimmed steel tube, brittle fracture after **A11:** 648
stretcher-strain formation by........ **A12:** 129, 148

Strain amplitude **A19:** 256, 259, **EM3:** 27

Strain analysis of sheet during forming M1: 545–546

Strain annealing **A1:** 259, 280

Strain approach to life prediction **A20:** 524

Strain bursts **A19:** 81, 84, 101

Strain concentration factor **A20:** 525

Strain contrast
described by dynamical diffraction in imperfect crystals **A9:** 112
in aluminum-copper due to precipitates.... **A9:** 117
in strong-beam images................... **A9:** 112
of second-phase precipitates.............. **A9:** 117
of stair-rod dislocations bounding stacking-fault tetrahedra.......................... **A9:** 117
structure-factor contrast **A9:** 113

Strain control cyclic torsional testing **A8:** 149
data, linear model dummy variable approach for **A8:** 712
test, for low-cycle fatigue testing.......... **A8:** 696

Strain control fatigue
aluminum alloys **A19:** 791–794, 795
crack initiation testing................... **A19:** 4

Strain controlled fatigue life testing **A19:** 196

Strain controlled tests **A19:** 303–304

Strain (dimension) measurement
life-assessment techniques and their limitations for creep-damage evaluation for crack initiation and crack propagation............. **A19:** 521

Strain distribution
as ALPID result **A14:** 427
homogeneous, in tubular specimen........ **A8:** 224
in cube................................. **A14:** 437
material properties determining **A14:** 879–880
nonhomogeneous, in tubular specimen **A8:** 222, 224
sheet formability testing **A8:** 550

Strain energy *See also* Elastic energy; Modulus of resilience; Resilience; Toughness
defined................... **A8:** 12–13, **A19:** 6

Strain energy density method.............. **A19:** 258

Strain energy density (*W*) **A20:** 178, 534

Strain energy of the critical nucleus
in precipitation hardening **A9:** 646

Strain energy per unit volume **A19:** 428

Strain energy release rate................. **A19:** 381

Strain energy remaining from working
effect on tin-antimony alloys **A9:** 450

Strain etching
defined................................ **A9:** 17
definition.............................. **A5:** 968

Strain, expression of **A9:** 117
microstructural deformation modes as a function of, for alpha-brass and copper **A9:** 686

Strain for matrix cracking **A20:** 660

Strain gage *See also* Rosette **A19:** 164, **EM3:** 27
and extensometers, sheet metal forming ... **A8:** 549
applications............................ **A8:** 617
bonded resistance, fatigue test specimen with...................... **A8:** 618
bridge, four-arm electric resistance........ **A8:** 220
defined **A8:** 13, **EM1:** 22, **EM2:** 40
electrical resistance, for strain measurement....................... **A8:** 209
extensometers using **A8:** 49, 50, 617
foil bonded resistance **A8:** 618
for amplitude detection, ultrasonic testing.. **A8:** 246
for creep testing **A8:** 303
for deformation measurement, sheet metal forming **A8:** 548–549
for drop tower specimen measurement **A8:** 197
for dynamic notched round bar testing **A8:** 277
for elevated temperatures **A8:** 36
for fatigue testing machines **A8:** 368
for high strain rate tests **A8:** 208
for measuring medium stress and strain rates **A8:** 191
for multiaxial testing.................... **A8:** 344
for torsional impact system **A8:** 216–217
for torsional Kolsky bar............ **A8:** 218–219
in torsional testing machine.............. **A8:** 220
installation on pressure bar **A8:** 202
lead wire attachment during testing **A8:** 202
load cell **A8:** 400, 613–614
measurements and stress-strain behavior related **A8:** 198–199
output voltages, from torsional Kolsky bar dynamic tests **A8:** 228
outputs, dynamic notched round bar testing............................. **A8:** 277
paperback **A8:** 201
records, dynamic toughness from **A8:** 274–275
surveys................................ **EM3:** 543
to measure strain in pressure bars **A8:** 201

Strain gage (continued)
types . . . A8: 618
typical . . . A8: 48
with single pressure bar . . . A8: 199
with split Hopkinson pressure bar . . . A8: 198–199, 201, 213
Strain gage amplifier . . . A8: 95
Strain gage method . . . A19: 211
Strain gages . . . A6: 1150, EL1: 445, 446, 612
and Barkhausen noise measurement . . . A17: 160
as strain-sensing method . . . A17: 51
for deformation measurement . . . A14: 879
for residual stress study . . . A11: 134
in stress analysis . . . A17: 448–450
Strain hardening *See also* Residual strain hardening; Work hardening
and compressibility in loose powder compaction . . . M7: 298
and limit analysis . . . A11: 136–137
and strain rate, in structural aluminum . . A8: 38, 40
annealing for removing . . . M7: 185
changes due to recovery . . . A9: 693
defined . . . A8: 13, A9: 17, A11: 10, A13: 12, A14: 12
definition . . . A20: 841
effect of deformation rate on . . . A8: 38, 39
effect of strain rate on . . . A8: 38, 39
effect of temperature on . . . A8: 38, 40
exponent, defined . . . A14: 12
exponent, symbol for . . . A11: 797
in multiaxial creep . . . A8: 343
mechanisms, effect on failure . . . A8: 34
parameter, defined . . . A8: 45
rate, effect of environment on . . . A11: 225
rate, in contour roll forming . . . A14: 624
rate of, and strain-hardening exponent . . . A8: 24
temper designations . . . A2: 21, 25
wrought aluminum alloy . . . A2: 38–39
Strain hardening exponent . . . A19: 29, 229, 429
formula . . . A19: 229
typical range of engineering metals . . . A19: 230
Strain history . . . A19: 127
Strain history prediction model . . . A19: 126–127
Strain impact
SIMA aluminum alloy microstructure . . . A15: 330
Strain increment . . . A6: 1138
Strain induced, melt activated process *See* SIMA process
Strain invariance principle . . . A19: 544
Strain life
curve . . . A8: 696–698
Langer equation . . . A8: 698
level, fatigue resistance of . . . A8: 712
material response, statistical characterization of . . . A8: 697–701
testing, replication and sample size . . . A8: 696–697
Strain life curve
plotting of . . . A19: 237–238
Strain localization . . . A19: 66
Strain markings . . . A9: 686–687
defined . . . A9: 17
in Fe-3.25SI alloy steel . . . A9: 687
Strain measurement *See also* Stress analysis A8: 208
and high-rate tensile testing . . . A8: 209–210
at medium rates . . . A8: 193
brittle-coating method . . . A17: 453
during increasing strain rate . . . A8: 191–192
during rupture tests . . . A8: 337
for stress analysis . . . A17: 448–453
grids on upset cylinders . . . A8: 579
in cold upset testing . . . A8: 579
in creep testing . . . A8: 303
in drop tower compression testing . . . A8: 197
in elevated/low temperature tension testing . . . A8: 35–36
machines/equipment . . . A8: 49–50, 191, 193, 211
photoelastic coating method . . . A17: 450–453
resistance strain gage method . . . A17: 448–450
Strain peening *See also* Stress peening . . . A5: 126, A19: 612, M5: 138
Strain point . . . EM4: 424
Strain point, glass fiber
viscosity at . . . EM1: 47
Strain range . . . A20: 529
Strain range (Δ∂) . . . A19: 74
Strain range partitioning . . . A19: 538
Strain rate *See also* Reduction rate; Strain . . . A6: 1138, A20: 344, 352, 447
analysis of . . . A8: 44–45
ASTM defined . . . A8: 39
and crack propagation rate . . . A13: 160
and stress . . . A8: 343
and temperature, and tensile fracture . . . A14: 363
and temperature, combined effect, process modeling . . . A14: 420
and temperature effect on alpha parameter A8: 172
and temperature, effect on flow stress . . . A14: 151
and temperature, effect on yield strength . . . A8: 38, 40
and temperature function, tensile fracture modes . . . A8: 571
and time relationship during constant-load creep test . . . A8: 331
and wave propagation . . . A8: 40
and workability . . . A8: 178, 572, 575
as controlling workability . . . A14: 363, 368
as deformation rate . . . A8: 44
as function of frequency and strain range, I ultrasonic fatigue testing . . . A8: 241
beryllium, formability effects . . . A14: 805
calculations for torsional Kolsky bar . . A8: 225–226
changes, stress-strain curves for tests with . . A8: 177
clastic and plastic . . . A8: 41–42
constant . . . A8: 171
control during deformation . . . A8: 178
critical . . . A13: 260–262
defined . . . A8: 13, 190, 575, A13: 12
deformation, as cause of shear bands . . . A8: 45
deformation mode change from . . . A8: 188
-dependent material, ultrasonic testing of . . . A8: 255–256
distribution, as ALPID result . . . A14: 427
effect in polymers . . . A8: 38, 43
effect in torsion testing . . . A8: 141–142
effect, liquid-metal embrittlement . . . A13: 175–177
effect of nonhomogenous deformation . . . A8: 44
effect on creep crack propagation, austenitic stainless steels . . . A12: 354
effect on dimple rupture . . . A12: 31–33
effect on ductility . . . A8: 19, 38, 42–43
effect on embrittlement . . . A12: 29
effect on fatigue life, stainless steels . . . A12: 59
effect on flow properties . . . A8: 38–45
effect on flow stress of alpha iron and copper . . . A8: 178, 179
effect on flow stress, titanium alloys . . . A14: 270
effect on forgeability, carbon/alloy steels . . . A14: 215–216
effect on fracture appearance, steel alloy . . A12: 31, 41
effect on intergranular creep rupture . . . A12: 19
effect on strength . . . A8: 19, A12: 121
effect on torsional ductility . . . A8: 166–168
effect on true yield stress . . . A8: 38, 39
effect on yield strength and deformation rate . . . A8: 38, 39
effect, SCC and hydrogen-induced cracking . . . A13: 261
effective, disk forging simulation . . . A14: 431
flow stress dependence on . . . A8: 236–238
flow stress relationships, process modeling . . . A14: 419
fracture strain as function of . . . A13: 330
high, compression testing . . . A8: 190–207
high, pressure-shear impact testing . . . A8: 231–232
high, shear testing . . . A8: 215–239
high, tension testing . . . A8: 208–214
history, effect on workability in torsion testing . . . A8: 178
in creep . . . A8: 301–302
in ultrasonic fatigue testing . . . A8: 240–241
increased at ultrasonic frequency . . . A8: 240, 241
increases, data acquisition during . . . A8: 191
increases, stress and strain measurement during . . . A8: 191–192
increasing or decreasing, effect on copper flow stress in torsion . . . A8: 177–178
inertia effects on . . . A8: 42–43
influence on deformation and failure mode high strain rate testing . . . A8: 188
limitations, torsional Kolsky bar . . . A8: 226–228
magnitude in slow strain rate testing . . . A8: 498
medium, conventional load frames for compression testing at . . . A8: 192–193
moderately high, effects . . . A12: 31
occurrences . . . A8: 208
or temperature change effect on flow stress cubic metals . . . A8: 223, 226
regimes . . . A8: 190–191
sensitivity parameter, determining . . . A14: 439–440
steady-state, effect in high-purity copper . . A12: 400
stress-corrosion crack growth and . . . A13: 160
stress-log, for titanium alloys . . . A8: 214
symbol for . . . A8: 726
testing at constant crosshead speeds . . . A8: 43–44
testing, incremental, with Kolsky bar . . A8: 223–224
testing machine stiffness and . . . A8: 41–42
tests at constant . . . A8: 42–43
to failure, average . . . A8: 693
twist reversal on aluminum after deformation and . . . A8: 174
very high, effects . . . A12: 31–33
very high, Kolsky bar apparatus for double-notch shear testing . . . A8: 229
very low, effects . . . A12: 31
vs. cycles to fracture . . . A8: 349–350
vs. flow stress, aluminum alloy forging . . . A14: 242
vs. specific energy, heat-resistant alloys . . . A14: 233
vs. time-to-fracture . . . A8: 349–350
with lower yield stress, double-notch shear testing . . . A8: 229
Strain rate and temperature
effect on plastic deformation . . . A9: 688–691
Strain rate as a function of mean free distance between particles in copper-aluminum
dispersion alloys . . . A9: 131
Strain rate at crack tip . . . A20: 568
Strain rate sensitivity *See also* m value . . . A19: 550
aluminum . . . A8: 230–231
defined . . . A8: 13, 45
in incremental testing . . . A8: 223
methods of determining, sheet metals . . . A8: 557
negative . . . A8: 38, 40
nickel-base superalloys . . . A19: 541
of ductile iron . . . A1: 47
of engineering alloys, verification . . . A8: 251
of explosive LX-04-M . . . A8: 38, 42
of sheet metals . . . A8: 555, 556
polycrystalline aluminum . . . A8: 237–238
role in strain distribution, sheet metal forming . . . A8: 550
vacuum arc remelted 4340 steel and 1100-O aluminum, compared . . . A8: 238
vs. percent elongation . . . A8: 42
Strain rate/stress relationship . . . A20: 352
Strain relaxation . . . EM3: 27
defined . . . EM1: 20, EM2: 40
Strain relieving . . . A1: 259
Strain tensor
defined . . . A19: 263
deviatoric . . . A19: 263
Strain, total . . . A7: 329
Strain wave form *See* Waveform
Strain/stress-enhanced dissolution *See* anodic dissolution
Strain-age cracking
nickel-base superalloys . . . A6: 83
nonferrous high-temperature materials A6: 566–567

SUBJECTS OF THE INDEXED VOLUMES: ASM Handbook (designated by the letter "A"): **A1:** Properties and Selection: Irons, Steels, and High-Performance Alloys (1990); **A2:** Properties and Selection: Nonferrous Alloys and Special-Purpose Materials (1990); **A3:** Alloy Phase Diagrams (1992); **A4:** Heat Treating (1991); **A5:** Surface Engineering (1994); **A6:** Welding, Brazing, and Soldering (1993); **A7:** Powder Metal Technologies and Applications (1998); **A8:** Mechanical Testing (1985); **A9:** Metallography and Microstructures (1985); **A10:** Materials Characterization (1986); **A11:** Failure Analysis and Prevention (1986); **A12:** Fractography (1987); **A13:** Corrosion (1987); **A14:** Forming and Forging (1988); **A15:** Casting (1988); **A16:** Machining (1989); **A17:** Nondestructive Evaluation and Quality Control (1989); **A18:** Friction, Lubrication, and Wear Technology (1992); **A19:** Fatigue and Fracture (1996); **A20:** Materials Selection and Design (1997). **Metals Handbook, 9th Edition** (designated by the letter "M"): **M1:** Properties and Selection: Irons and Steels (1978); **M2:** Properties and Selection: Nonferrous Alloys and Pure Metals (1979); **M3:** Properties and Selection: Stainless Steels, Tool Materials, and Special-Purpose Materials (1980); **M4:** Heat Treating (1981); **M5:** Surface Cleaning, Finishing, and Coating (1982); **M6:** Welding, Brazing, and Soldering (1983); **M7:** Powder Metallurgy (1984). **Engineered Materials Handbook** (designated by the letters "EM"): **EM1:** Composites (1987); **EM2:** Engineering Plastics (1988); **EM3:** Adhesives and Sealants (1990); **EM4:** Ceramics and Glasses (1991). **Electronic Materials Handbook** (designated by the letters "EL"): **EL1:** Packaging (1989)

Strain-age embrittlement **M1:** 683–684
defined **A8:** 12
dynamic strain aging **A1:** 694
in carbon and alloy steels **A1:** 693–694, 695
low-carbon steels **A1:** 693–694
Strain-aging **A19:** 531
low-carbon steel sheet and strip **M1:** 154, 157, 162
notch toughness, effect on **M1:** 701
thermomechanical fatigue **A19:** 535
weldments **A19:** 443, 444
Strain-anneal technique of growing single crystals **A9:** 696
Strain-based approach to estimating fatigue life **A19:** 256–260, 261
Strain-based approach to fatigue ... **A1:** 677–678, 679
Strain-based life prediction model **A19:** 127
Strain-concentration factor
symbol for key variable **A19:** 242, 243
Strain-controlled cycling **A19:** 232
Strain-controlled fatigue test **A8:** 346–347
Strain-displacement relationships **A20:** 707
Strained layer superlattice **A5:** 552
Strained-layer superlattices, RBS analysis of **A10:** 634
Strain-energy release rate **A18:** 403
Strain-energy release rate (G) ... **EM3:** 444, 446, 447, 449–450, 451
Strain-energy release rates **A6:** 147
Strainer core
defined **A15:** 11
in gating system **A15:** 596
Strain-fraction rule **A19:** 478
formula **A19:** 520
Strain-gage pressure transducer **A7:** 593
Strain-gauge pressure transducer **M7:** 423
Strain-hardening coefficient *See also* n value; Strain-hardening exponent; Work hardening **A20:** 574
role in strain distribution sheet metal forming **A8:** 550
Strain-hardening exponent **A1:** 575
correlation with seizure resistance **M1:** 611
Strain-hardening exponent defined **A8:** 13, 24
and rate of strain hardening **A8:** 24
range of values **A8:** 24
symbol for **A8:** 725
values for metals at room temperature **A8:** 24
Strain-hardening exponent (*n*) **A20:** 305, 524
Strain-hardening rate **A20:** 574
solid-state-welded interlayers **A6:** 169
Strain-induced cracking **A20:** 568, 569
Strain-induced martensite
in steel **A9:** 178
in wrought stainless steels, magnetic etching **A9:** 282
Straining
compression **A8:** 357
directions **A8:** 357
slow, as isothermal **A8:** 44
tension **A8:** 357
Strain-intensity factor **A19:** 146
Strain-life approach **A19:** 3, 4, 20, 21, 22
Strain-life design method **A19:** 15, 16
Strain-life method **A19:** 126–127
Strain-life relationship **A19:** 234
Strain-range partitioning methods **A20:** 530
Strain-rate sensitivity **A5:** 645
Strain-rate sensitivity (m value)
defined **A14:** 12
Strain-rate sensitivity (*m*-value) .. **A20:** 305, 344, 574, 700
definition **A20:** 841
Strains
ferromagnetic resonance analysis **A10:** 275
fields of **A10:** 365
frozen-in **A10:** 268
interfacial, evaluated by x-ray topography **A10:** 365
magnitude of **A10:** 325
measurement, in lattices **A10:** 633–635
measurement of **A10:** 275
relaxation of, stress measurement **A10:** 385
surface, and corrosion products **A10:** 607
Strain-sensing methods
types **A17:** 51
Strain-thinning behavior **A7:** 366
Strain-to-failure of interlayers **A6:** 167, 168, 170
Straits tin *See* Tin alloys, specific types, commercially pure tins
Strand *See also* Fiber(s); Filament(s); Sliver
defined **EM1:** 22, **EM2:** 40
integrity, defined **EM1:** 22
test methods **EM1:** 23, 732
Strand annealing **A1:** 280
Strand annealing of steel wire **M1:** 262
Strand cast billet **A20:** 337
Strand casting **M1:** 114
Strand count *See also* Count
defined **EM1:** 22, **EM2:** 40
Strand integrity
defined **EM2:** 40
Strand tensile test
defined **EM1:** 23
Strand wire
coating weight **M1:** 263
description **M1:** 264
Stranded copper conductors **M2:** 266, 268–273
Stranded electrode
definition **A6:** 1214, **M6:** 17
Stranded wire
production **A2:** 257–258
wrought copper and copper alloys **A2:** 252–253
Stranded-wire springs **M1:** 304
Stranski-Krastanov (S-K) mechanism **A5:** 542
Strapping wire **A1:** 282, **M1:** 264
Strap-type clamp
stress-corrosion failure **A11:** 309
Stratasys Fused Deposition Modeling process **A20:** 233
Strategic materials availability and supply **A1:** 1009–1022
COSAM program approach **A1:** 1013
advanced processing **A1:** 1018
alternate materials **A1:** 1018–1020
results **A1:** 1020–1021
substitution **A1:** 1014–1018
reserves and resources **A1:** 1009, 1010
strategic materials **A1:** 1009–1011
index method **A1:** 1010
survey method **A1:** 1011
superalloys **A1:** 1011–1013
Strategic missile systems
composite components **EM1:** 816
Stratification
of samples **A17:** 730
Stratified material
sampling **A10:** 14
Straub measurement method
shot peen coverage **M5:** 139
Straub method **A5:** 127
Straube-Pfeiffer test
for hydrogen measurement **A15:** 457–458
Strauss, B
as metallurgist **A15:** 32
Strauss coupling reaction
polyimides **EM3:** 157
Stray current
defined **A13:** 12
definition **A5:** 968
electrolysis **A13:** 87
in lead/lead alloys **A13:** 788–789
Stray current corrosion **M5:** 432
Stray radiation *See* Cross talk
Stray-current corrosion *See also* Corrosion .. **A13:** 87
and galvanic corrosion, compared **A13:** 87
defined **A11:** 10, **A13:** 12
definition **A5:** 968
designing for **A13:** 342
identifying **A13:** 87
in carbon and low-alloy steels **A11:** 199
in oil/gas production **A13:** 1234
in telephone cables **A13:** 1128
sources **A13:** 87
Stray-current effects **A20:** 563
Streak cameras
for ring displacement **A8:** 210
Streaking
alloy steels **A12:** 346
Stream atmospheres
processing considerations **M4:** 411
steam treating effects of **M4:** 411
Stream inoculation *See also* Inoculation
of gray iron **A15:** 638–639
Stream sampling
chemical analysis **M7:** 246
Stream sampling ladles **A7:** 208–209
Stream scanning methods
to analyze ceramic powder particle sizes .. **EM4:** 67
Stream tin
historical use **A15:** 16
Streaming potential **EM4:** 74
Street sweepers
cemented carbide skids for **A2:** 973
Strength *See also* Adhesive strength; Bearing ultimate strength; Bearing yield strength; Bond strength; Burst strength; Cohesive strength; Compressive strength; Compressive yield strength; Dielectric strength; Dry strength; Elongation; Fatigue strength; Flexural strength; Green strength; Impact strength; Offset yeild strength; Peel strength; Reduction in area; Residual strength; Shear strength; Shear ultimate strength; Strength analysis; Tensile strength; Tensile strengths; Tensile ultimate strength; Tensile yield strength; Ultimate compressive strength; Ultimate shear strength; Ultimate strength; Ultimate tensile strength; Wet strength; Yield strength **EM3:** 27
aluminum-lithium alloys **A2:** 185–186, 192
analysis **EM1:** 192–204
and corrosion resistance **A13:** 48
and damping **EM1:** 216
and ductility **M7:** 319, 414
and electrical conductivity, beryllium-copper alloys **A2:** 417
and hardness, carbon steels **A15:** 702
and hardness, low-alloy steels **A15:** 716
and stress distribution **A8:** 627
and toughness **A8:** 23
and tungsten content **M7:** 691
and weight **A11:** 325
and workability **A8:** 581
as decreasing with crack size **A11:** 55
as metallurgical variable affecting corrosion fatigue **A19:** 187, 193
assessment of **EM2:** 551–554
bearing **EM1:** 314–316
bending, tests for **A8:** 117, 132–136
beryllium-copper alloys **A2:** 409
compressive **EM3:** 27
compressive, to failure **A8:** 57–58
computer program for **EM1:** 276–277
copper and copper alloys **A2:** 216
corrosion-resistant high-alloy **A15:** 726
data, three-parameter Weibull distribution **A8:** 645
defined **A8:** 13
degradation model **A8:** 716–717
dielectric **EM2:** 62
dry **EM3:** 27
effect of grain size **A11:** 307
effect of SSC on **A11:** 298–299
effect of strain rate **A8:** 19
effect of temperature **A8:** 19, 34, 670, **A12:** 121
epoxy resin matrices **EM1:** 73
excessive, effect in AISI/SAE alloy steels .. **A12:** 318
fatigue **EM1:** 436–444
fatigue, bridge components **A11:** 707–708
fatigue surface, wrought aluminum alloys **A12:** 420
flexural **EM3:** 27
fracture and flow, related **A11:** 138
galvanizing effect, steels **A13:** 438
improvement, wrought aluminum alloy **A2:** 36, 37–41
in high strain rate testing **A8:** 188
lamina laminate **EM1:** 227, 230–235, 276–277, 432–434
lead and lead alloys **A2:** 545
long-term, polyether sulfones (PES PESV) **EM2:** 161
mean **A8:** 626
mechanical, polyamide-imides (PAI) **EM2:** 129
of aluminum P/M alloys **M7:** 747
of austempered ductile irons **A15:** 35
of boiler tubes **A11:** 603
of compact infiltrated copper alloys **M7:** 565
of ductile iron **A15:** 647
of fibers **EM1:** 29, 36, 46, 58, 193–194
of heat-exchanger tubes **A11:** 628
of mechanical fasteners **EM1:** 706
of plastics, design guidelines **EM2:** 709
of polymers **EM2:** 61
of work metal **A14:** 620
of woven fabric prepreg, float effect **EM1:** 150

Strength (continued)
ply **EM1:** 137–238
prediction **EM1:** 275, 432
pristine, glass fiber.................... **EM1:** 46
residual **A11:** 55–57, 731
shear **EM3:** 27
SiC fibers.............................. **EM1:** 58
static **EM1:** 432–435
static, effect of temperature on **A11:** 130
stress rupture,
tungsten-reinforced MMCs **EM1:** 880
stress-rupture, defined **A11:** 131
sustained stress, exposure testing........ **EM1:** 825
tensile **EM3:** 27
ultimate, defined **A13:** 13
under combined stress **EM1:** 198–201
universal testing machine for............. **A8:** 612
-weight ratios, composites and metals
compared **EM1:** 178
wet **EM3:** 27
yield **EM3:** 28
zinc alloys **A15:** 786

Strength analysis *See also* Strength
and damage accumulation **EM1:** 246–247
crack-closure scheme for........... **EM1:** 248–250
failure modes in.................. **EM1:** 240–244
fatigue failure in **EM1:** 244–246
finite-element procedure for........ **EM1:** 247–250
of laminates **EM1:** 236–251
ply failure criteria, point stress **EM1:** 238
ply strength properties **EM1:** 237–238
progressive ply failure in **EM1:** 238–239
stress approaches **EM1:** 236–237, 239–240
three-dimensional stress in......... **EM1:** 239–240

Strength and proof testing **EM4:** 585–596
high-temperature strength test methods for
isotropic ceramics **EM4:** 594–595
creep and stress rupture **EM4:** 594–595
fast fracture **EM4:** 594
proof testing **EM4:** 596
room-temperature strength test methods for
isotropic ceramics **EM4:** 588–593
Brazilian disk test.................. **EM4:** 589
compression tests.............. **EM4:** 593, 594
diametral compression test **EM4:** 589
elastic modulus **EM4:** 588, 590, 595
flaw size distributions **EM4:** 592
flexure testing **EM4:** 588–589, 590, 594, 595–596
fractography **EM4:** 592, 594
interpretation of uniaxial strength **EM4:** 590
maximum likelihood estimation
scheme....................... **EM4:** 592
multiaxial strength............. **EM4:** 593, 594
threshold stress................. **EM4:** 591, 592
uniaxial compression strength **EM4:** 592–593
uniaxial tensile strength...... **EM4:** 588–590
Weibull strength distribution **EM4:** 590, 592, 593
strength and fracture phenomena ... **EM4:** 585–588
crack growth **EM4:** 586–587
creep.......................... **EM4:** 586–587
defect management in ceramic
fabrication **EM4:** 587–588
dynamic fatigue..................... **EM4:** 587
Griffith and fracture mechanics
approaches....... **EM4:** 585, 586, 592, 593
R-curve behavior **EM4:** 586, 592
slow crack growth **EM4:** 587
static fatigue testing **EM4:** 587
stress corrosion **EM4:** 587
stress intensity factor........... **EM4:** 586, 587
strength of continuous fiber reinforced
composites.................. **EM4:** 595–596

Strength coefficient *See also* Strain-hardening
exponent **A19:** 229
formula **A19:** 230

Strength coefficient (*K*) **A20:** 344, 347, 732

Strength component test
ENSIP Task III, component and core engine
tests................................ **A19:** 585

Strength level
and fatigue resistance **A1:** 674, 678, 679, 681

Strength of inclusion/matrix interface constant
(σ*) **A19:** 30

Strength reduction factors (SRFs)
and fretting wear **A18:** 242

Strength summary
Task IV, USAF ASIP force management data
package........................... **A19:** 582

Strength testing
ENSIP Task W, ground and flight engine
tests.............................. **A19:** 585
MECSIP Task IV, component development and
system functional tests............ **A19:** 587

Strengthening mechanisms **A20:** 346
from second-phase constituents, wrought aluminum
alloy **A2:** 38
heat-resistant alloys **A14:** 779
heat-treatable wrought aluminum alloy **A2:** 36,
39–41
non-heat treatable wrought aluminum
alloy **A2:** 36–39

Strength-to-weight ratio **A20:** 266

Strescon *See also* Copper alloys, specific types,
C19500
applications and properties.............. **A2:** 294

Stress *See also* Applied stress; Effective stress;
Engineering stress; Mean stress; Nominal stress;
Normal stress; Residual stress; Stress
concentration; Stress-corrosion cracking; Stress
relaxation; Stress relief; Stress relieving; Stress
rupture; Stress-corrosion cracking (SCC);
Tensile stress; True stress **A19:** 18,
A20: 187–188, 305, **EM3:** 28
alternating **A20:** 517
analysis, software for................... **A14:** 412
analytical model................ **EM3:** 395–396
and creep rates.......... **A8:** 302, 308, 343, 345
and deformation........................ **A8:** 308
and density distribution in pressed powder
compacts **M7:** 300–302
and strain rate **A8:** 343
and strength distributions................ **A8:** 627
and surface tension, LaPlace equation for **M7:** 312
and temperature dependence, of creep
equations **A8:** 688–689
and workability............. **A14:** 363, 388–389
applied **A8:** 124, 363–364
applied, effect on embrittlement **A12:** 29
applied, examining..................... **A12:** 92
as dependent variable **A8:** 698
as not directly measurable **A10:** 381
as producing dynamic strain **A8:** 498
at equatorial surface of upset test
specimen **A8:** 580
average axial **M7:** 301
bar history............................. **A8:** 209
-based failure prediction theories **A8:** 343
biaxial, effect on dimple rupture **A12:** 31, 39
buckling, axial compression testing......... **A8:** 55
calculations for torsional Kolsky bar .. **A8:** 225–226
circumferential **A20:** 520
circumferential, during bending **A8:** 121, 123
combined, fatigue test specimens **A8:** 368
compressive **A20:** 517, 519
compressive, and workability............ **A8:** 576
conversion factors **A8:** 722–723
criteria, mixed and unmixed **A8:** 344
decreasing, effects in AISI/SAE alloy
steels............................ **A12:** 315
defined............ **A8:** 13, 308, **A13:** 12, **A14:** 12
definition **A20:** 841, **EM4:** 633
dependence of steady-state creep.......... **A8:** 309
direction, effects, aluminum SCC.... **A13:** 590–591
distribution, defined **A10:** 382
distribution, elastic plastic bending **A8:** 119, 121
distribution, elastic-perfect plastic
material **A8:** 120–121
effect, aluminum SCC.................. **A13:** 590
effect in dimple rupture **A12:** 30–31
effect in high-purity copper **A12:** 399–400
effect in visual examination.............. **A12:** 72
effect, liquid-metal embrittlement **A13:** 177
effect on cracking in elevated-temperature
water **A8:** 421–422
effect, produced fluids.................. **A13:** 479
effective **A20:** 521
effects, permanent magnet materials....... **A2:** 801
elastic-plastic, as *J* integral parameter **A8:** 261
end **EM3:** 34
engineering, defined in tension testing...... **A8:** 20
equilibration, in wave propagation **A8:** 191
fatigue caused by **M1:** 665, 668
fatigue-test stresses described **M1:** 666
field, control tendency of, effect in rapid
fracturing **A8:** 440
for fracture of particles **M7:** 59
force per unit area, conversion factors.... **A10:** 686
gradient, fatigue specimen size
effect from.................... **A8:** 372–373
gradients, subsurface, effects on
measurement.................. **A10:** 388–389
grain interaction, neutron diffraction
analysis.......................... **A10:** 424
in creep/creep-rupture analyses... **A8:** 302–304, 685
in electroplated hard chromium deposits.. **A13:** 871
in mechanical loads, residual stresses..... **A20:** 812
in oxide scales **A13:** 71
in plate rolling, prediction **A14:** 346
in SCC **A13:** 145, 247
in steam turbine SCC **A13:** 952
in substrates **A13:** 431
in torsional testing...................... **A8:** 146
initial **EM3:** 28
internal................................ **EM3:** 34
levels...................... **A8:** 679, 702–706
linear, beam distribution **A8:** 118–119
local **EM3:** 33–34
-log strain rate, for titanium alloys........ **A8:** 214
longitudinal........................... **A20:** 520
macroscopic, defined................... **A10:** 676
macroshear, effect in medium-carbon
steels............................ **A12:** 253
maximum **A20:** 517
mean..................... **A20:** 517, 519, 520
mean, effect on fatigue testing........... **A8:** 374
measurement, by x-ray diffraction **A10:** 381–382
measurement devices.................... **A8:** 191
measurement during increasing
strain rate **A8:** 191–192
methods, sustained service tension **A13:** 246
micro..................... **A10:** 380, 386–387
microscopic, defined **A10:** 676
minimum............................. **A20:** 517
-modified critical strain model, and RKR
compared **A8:** 467
Mohr's circle for, x-ray diffraction stress
measurement..................... **A10:** 381
-moment equations, in bending........... **A8:** 118
multiaxial, effect on creep and creep
rupture **A8:** 343–345
nominal **A20:** 520, **EM3:** 28
nonuniform, effects in axial compression
testing.......................... **A8:** 55–58
normal **A20:** 520, **EM3:** 28
notch-root longitudinal **A20:** 520
-particle velocity, normal **A8:** 232
peak **EM3:** 34
plane strain bending.............. **A8:** 121, 123
principal............................... **A10:** 382
principal, and creep/creep rupture **A8:** 343
principal, direction, and yield criteria **A14:** 370
principal, direction effects on dimple
shape............................. **A12:** 30
pulse, stress-intensity histories for cracks subjected
to................................. **A8:** 284
pure plastic bending **A8:** 120, 122
radial **A20:** 520

radial, in plate during bending **A8:** 121, 123
raisers **A8:** 13, 364, 371
raisers, defined **A13:** 12, **A14:** 12
range, vs. time-to-fracture **A8:** 349–350
rate, during elastic deformation. **A8:** 39
relaxed **EM3:** 28
-relief cracking **A12:** 139–140
residual, and springback **A8:** 122–124
residual stresses, effect on fatigue. . . . **M1:** 673–675, 682
reverse, medium-carbon steel fracture by **A12:** 262
scanning electron microscopy examination of specimens. **A9:** 97
schematic. **A13:** 247
shear **A20:** 520, 521, 525, **EM3:** 28
shear, constant maximum **A8:** 72
SI unit/symbol for **A8:** 721
sources, hydrogen embrittlement **A13:** 284
state, effect on dimple shape **A12:** 12
state, tensile specimen. **A12:** 104
states. **A14:** 368–369, 388–389
stress ratio, defined **M1:** 666
design of forgings **M1:** 359–360
stress-concentration factor, defined **M1:** 667
surface residual. **A13:** 295
symbol for **A10:** 692
system, compressive. **A8:** 576
tangential. **A8:** 121–122
-temperature plots, for isothermal high strain rate flow curves **A8:** 161
tensile **A20:** 517, 519, **EM3:** 28
test **A8:** 503
time-to-rupture as function of **A8:** 304
to produce strain, in creep testing **A8:** 304, 498
torsional **EM3:** 28
torsional, vs. life in high-cycle regime wrought aluminum alloy. **A8:** 150
total **A10:** 385
triaxial, from necking **A8:** 25
true **EM3:** 28
true, at maximum load **A8:** 24
uniformity of **M7:** 300
vs. cycles-to-failure, high-cycle fatigue testing. **A8:** 367

Stress alloying *See* Liquid-metal embrittlement; Solid-metal embrittlement

Stress amplitude . . . **A8:** 374, **A13:** 150, 295, **A20:** 517, **EM3:** 28
and sinusoidal loading, *S-N* curves for. . . . **A11:** 103
and stress-intensity factor range, effects on corrosion-fatigue. **A11:** 255
defined **A8:** 13, **A11:** 10, **EM2:** 41
effect of mean stress on **A11:** 112
effect on corrosion fatigue **A8:** 375
effect on fatigue resistance. **A8:** 712–713
effect on fatigue strength **A11:** 112
fatigue life as function of **A8:** 253
vs. time-to-fracture **A8:** 349–351

Stress amplitude ratio **A19:** 524

Stress amplitude (S_a) **A19:** 18, 111, 199, 256, 267

Stress amplitude sequence effects . . **A19:** 267–268, 271

Stress amplitude, versus N **A19:** 18

Stress analysis *See also* Stress modeling; Stress tests; Stress(es) **EM1:** 771–773
and damage tolerance design **A17:** 702
and die design **A14:** 414
applications **A17:** 448
brittle-coating method **A17:** 453
color images by **A17:** 488
computer program for **EM1:** 277
experimental **A11:** 18
laminate **EM1:** 236–237, 239–240
micro/mini/macro scales **EM1:** 432
nonlinear, of laminates **EM1:** 230
of composites **A11:** 741–742
of laminates **EM1:** 227–230
of temperature cycling **EL1:** 961
part rejection determined by **A17:** 49
photoelastic coating method **A17:** 450–453
resistance strain gage method **A17:** 448–450
strain measurement for. **A17:** 448–453
Task II, USAF ASIP design analysis and development tests. **A19:** 582
thermoplastic injection molding **EM2:** 312
three-dimensional. **EM1:** 239–240

Stress analytical variable **A19:** 339

Stress at which martensite forms (σ_m) **A19:** 31

Stress biaxiality ratios **A19:** 268

Stress buffers
polyimides. **EL1:** 770

Stress coefficients
measurement of **EM3:** 322, 323

Stress concentration **EM3:** 28
and residual stresses, castings **A11:** 362
and static strength **EM1:** 434–435
as fracture origin, shafts **A11:** 459
at cutouts. **EM1:** 462
by forming operations, wrought aluminum alloys **A12:** 414
cold shut as **A11:** 352–353
crack formation at **A12:** 111
deburring drum fatigue at **A11:** 346–348
defined **A11:** 10, **EM1:** 23
definition. **A20:** 841
effect of fillet radius size, in shafts. **A11:** 468
effect of stress raisers on **A11:** 113
effect on fatigue cracking . . **A11:** 102–103, **A12:** 322
effect on fatigue strength **A11:** 113–115
effect on fatigue-crack propagation. . . **A11:** 109–110
factor, defined **A11:** 10, **A13:** 12, **EM1:** 23
factors, laminate circular hole **EM1:** 234
failure of complex shapes **A20:** 510
fatigue fracture from **A11:** 122–123
from visual examination **A12:** 72
from welding defects, failures from **A11:** 400
in corrosion fatigue testing. **A13:** 293–294
in elevated-temperature failures **A11:** 265–266
in fatigue properties data **A19:** 16
in forgings **A11:** 318
in fracture analysis, laminates **EM1:** 252–253
in notched cylinder in tension **A11:** 318
local, design details for **A13:** 343
spring failure from. **A11:** 558

Stress concentration factor
and fatigue resistance **A1:** 675

Stress concentration factor (K_t) . . . **A20:** 509, 510, 525, 533–534
definition **A20:** 520, 841

Stress concentrators, microscopic **A19:** 96

Stress controlled (SN) fatigue life testing **A19:** 196

Stress corrosion A10: 380, **A16:** 21, **A19:** 42, **EM3:** 28
as cause of cracks. **A19:** 5–6
at sustained load **A11:** 53
cracks, branching and propagation of **A11:** 81
defined **EM1:** 23, **EM2:** 41
failure, heat-resistant alloys **A11:** 309
failure, high-strength aluminum alloy **A11:** 28
fracture mechanics and **A11:** 47
from cutting fluid traces **A16:** 35
improved by shot peening **A16:** 26
intergranular, in stainless steel bolts. . **A11:** 536–537
microwave measurement **A17:** 215–218
radiographic methods **A17:** 296
resistance of maraging steels to. **A1:** 799–800
retarding cracking. **A16:** 27
rock candy from **A11:** 28
test data. **A11:** 53–54
woody. **A11:** 27

Stress corrosion cracking *See also* Cracking; Stress(es)
acoustic emission inspection **A17:** 287
and low ductility. **M7:** 254
definition **M6:** 17
eddy current inspection. **A17:** 573
effect of boundary precipitation and solute segregation in **A10:** 549
fracture surfaces. **A10:** 562–564
near-crack tensile sample geometry for . . . **A10:** 563
propagation **A17:** 50, 54, 86
three brass alloy environment for. . . . **A10:** 563–564

Stress crack *See also* Crazing **EM3:** 28
defined **EM1:** 23, **EM2:** 41

Stress cracking *See also* Thermal stress cracking
corrosion **EL1:** 56–59, 1006–1007
defined **EM1:** 23, **EM2:** 67
environmental, high-impact polystyrenes (PS, HIPS) **EM2:** 197–198
environmental, of polymers **A11:** 761
failure, defined **EM2:** 41
in integrated circuits **A11:** 774
semiconductor chips **EL1:** 964–965
thermally induced **EL1:** 416

Stress crazing
and uniaxial tensile creep **EM2:** 667

environmental. **EM2:** 796–803

Stress creep, constant
experiments **EL1:** 840, 846–847

Stress cube **A20:** 537, 538

Stress cycle
defined. **A8:** 13

Stress cycle asymmetry **A19:** 107

Stress cycles
and fatigue life **A11:** 102
defined. **A11:** 10

Stress cycles endured n **A8:** 13, 725

Stress decay *See* Stress relaxation

Stress dependence
of Barkhausen noise. **A17:** 160
of magnetically induced velocity changes (MIVC). **A17:** 162
of nonlinear harmonics **A17:** 161

Stress determination for coatings **A5:** 647–653
applications **A5:** 647
biaxial stress **A5:** 650
calibration coefficients. **A5:** 652
cantilever beams, deflection of **A5:** 648
deflection method **A5:** 648–649
disk deflection **A5:** 648–649
hole-drilling method **A5:** 651–653
interference fringes **A5:** 648, 649
method comparison **A5:** 653
deflection and x-ray diffraction methods **A5:** 653
practical considerations. **A5:** 649
residual stresses **A5:** 647
hole-drilling method for measuring. . **A5:** 651–653
in a coating, equation **A5:** 648
origins of **A5:** 647–648
types of. **A5:** 647
stress-free interplanar spacing **A5:** 651
triaxial with shear stress **A5:** 650
triaxial without shear stress **A5:** 650
x-ray diffraction method. **A5:** 649–651

Stress distribution **M7:** 301–302
angle of forking as indicator of **A11:** 744
as ALPID result **A14:** 427
at neck. **A8:** 25–26
at time of fracture, and Wallner lines **A11:** 745
defined. **A10:** 382
effects of stress raisers on. **A11:** 113
from machine notch and tensile loading . . **A11:** 115
in contacting surfaces, from rolling, sliding. **A11:** 592
in rotating shafts with press-fitted elements **A11:** 470
in strip rolling **A14:** 344–346
schematic, of shaft surfaces **A11:** 123
specimen, rotating-beam mechanism . . **A8:** 392–393
torsion testing. **A8:** 140

Stress equalizing
nickel alloys **A4:** 907, 908, 911, **M4:** 755, 756, 758

Stress field analysis
crack front simplified for **A8:** 442
fracture mechanics. **A8:** 441–443

Stress for plastic collapse **A19:** 461

Stress fracture *See* Fracture stress

Stress fracture criteria
and center notch experimental data compared **EM1:** 256
and critical stress-intensity factor compared **EM1:** 256
and fracture toughness, compared. **EM1:** 256
average stress **EM1:** 254–255
point stress **EM1:** 254

Stress gradient **A19:** 314

Stress gradients **A20:** 178

Stress history, interpretation of
as error source in damage tolerance analysis. **A19:** 425

Stress in cladding **EM4:** 424

Stress intensification rate **A20:** 536–537

Stress intensity *See also* Stress-intensity factor **A19:** 23–24, **A20:** 271–272
and crack growth, by incremental polynomial method. **A8:** 678–679
and stress amplitude factor range, effect on corrosion-fatigue **A11:** 255
applied, and crack growth rate **A11:** 107
as error source in damage tolerance analysis. **A19:** 425
ASME Boiler and Pressure vessel calculations definition **A19:** 23

Stress intensity (continued)
at maximum load (K_{max}) **A19:** 56
at minimum load (K_{min}) **A19:** 56
at which closure occurs (K_{cl}) **A19:** 56
calibration, defined **A8:** 13
concepts, ultrasonic fatigue testing specimens **A8:** 251–252
crack tip **A13:** 147
crack velocity as function of **A13:** 170
effect in maraging steels **A11:** 218
effect of time, crack extension and load hydrogen embrittlement testing **A8:** 538
effect on fracture in wrought beryllium-copper alloys **A9:** 393
effects, SCC kinetics **A13:** 246
factor, defined **A13:** 12
for damage analyses **A8:** 681–682
of surface flaw **A11:** 52
Stress intensity, effective
and FSS **A12:** 205
Stress intensity factor (*K*)
defined **A12:** 15–16, 54, 56
effect on fracture modes **A12:** 441
Stress intensity factor range . . . **A13:** 12, 143, 297–299
defined **A12:** 54, 56
effect on fatigue **A12:** 54–58
effect on fatigue crack growth rate **A12:** 56–58
wrought aluminum alloys **A12:** 417, 418
Stress intensity factors *See also* Geometry factors **A19:** 6, 96, 140, 168, 187, 980–1000
and stress-corrosion cracking **A19:** 484
arbitrary body and coordinate systems under Mode 1 loading **A19:** 980
as LEFM concept **A19:** 461–462
axial cracks in cylinder **A19:** 994, 995–1000
calculation of **A19:** 159
coefficients of closed-form stress-intensity equations for threaded and unthreaded cylinders **A19:** 987
compact specimen **A19:** 983, 984–987
compounding of geometric factors . . . **A19:** 982–983
corner crack(s) at a circular hole **A19:** 987, 991–992
correction factors for stress intensity at shallow surface cracks in bending **A19:** 986
correction factors for stress intensity at shallow surface cracks under tension **A19:** 985
crack at pin hole in a lug **A19:** 992–993
crack emanating from a hole **A19:** 982, 984
crack in a solid cylinder **A19:** 993–995
crack in pressurized sphere **A19:** 994, 997
crack on bolt shank or thread **A19:** 995
crack on the circumferential plane of a hollow cylinder **A19:** 994, 995–996
crack-tip stress-intensity **A19:** 982
double crack configuration **A19:** 984, 991
edge crack **A19:** 983–984
elliptical cracks **A19:** 159–462
Farfield tensile loading **A19:** 981, 984, 987–988
fatigue crack closure **A19:** 56
F-factors for axial cracks in pressurized cylinder **A19:** 995–997
F-factors for internal thumbnail cracks on a circumferential plane of a hollow cylinder **A19:** 989
finite width effect **A19:** 984
Folias/Endogan elastic stress intensity factor **A19:** 996
for a through-the-thickness crack loaded in tension **A19:** 982
for an eccentrically cracked plate loaded in tension **A19:** 982
for cracks coming out from a circular hole **A19:** 982
fracture mechanics **A19:** 371
Isida solution **A19:** 983
LEFM geometry factors **A19:** 980–983
NASA/FLAGRO computer program **A19:** 988
partly-circular crack in a bolt **A19:** 994–995
part-through crack **A19:** 989, 990, 994, 996
part-through crack in a finite plate . . **A19:** 985, 986, 988–991
part-through crack in a plate **A19:** 983, 984, 987–991
point loading of a center crack **A19:** 983, 984
point loading of edge crack **A19:** 983, 984
polynomial coefficients for Eq. 27(b) in bending **A19:** 988
polynomial coefficients for Eq. 27(b) in tension **A19:** 988
pressurized cylinder and sphere **A19:** 996–1000
single corner crack . . **A19:** 987, 988, 989, 990, 991, 992
straight lug **A19:** 992, 993
stress distribution **A19:** 981
tapered lug **A19:** 992, 993
through-the-thickness crack **A19:** 994, 995–996
through-the-thickness crack in a plate **A19:** 983–987
transition phenomenon **A19:** 991
under the imposed loads **A19:** 23
uniform Farfield loading **A19:** 982, 983–984
Stress level
controlling, in fatigue crack growth rate testing **A8:** 679
increments in staircase method **A8:** 703–704
required to cause specimen failure **A8:** 702
selection **A8:** 705–706
Stress levels **A19:** 5, 16, 18, 20, **A20:** 77
Stress life
curve **A8:** 696–698
data, for two-point test **A8:** 705
data, tolerance limits on **A8:** 700
diagram, log normal life distribution stresses **A8:** 699
level, fatigue resistance of **A8:** 712
material response, statistical characterization of **A8:** 697–701
results, ultrasonic fatigue testing **A8:** 252
specimen design, ultrasonic fatigue testing **A8:** 249–250
testing, replication and sample size . . . **A8:** 696–697
Stress, local maximum **A19:** 257
Stress matrix **A20:** 521
Stress measurement
and acoustic emission inspection **A17:** 286
by strain **A17:** 448
in nonferromagnetic materials, by magabsorption **A17:** 155–156
magabsorption **A17:** 153–158
ultrasonic inspection **A17:** 276
Stress modeling *See also* Modeling; Stress(es)
as process control/selection tool **EL1:** 446
Stress multiplier **A20:** 534
Stress normal to the crack path **A19:** 12
Stress normal to the fracture plane **A19:** 381
Stress peening of leaf springs **M1:** 312
Stress perturbation
as failure origin **EM1:** 194
Stress raisers *See also* Stress concentration **A19:** 103, 104, 107, 118, 328, 367, **A20:** 517, 518, 526–527, 660
and design, iron castings **A11:** 346
arc-welded steel failures from **A11:** 417
as cause of shaft failures **A11:** 459
as service stress **A11:** 206
as stress source **A11:** 205
avoidance of **A19:** 328
corrosion pits as **A11:** 637
created during hot trimming, fatigue fracture from **A11:** 472
flow stress associated with **A11:** 113
for springs **A19:** 364
from corrosive environment **A11:** 134
from welding-produced surface defects **A11:** 127
in bearings **A19:** 355
in forging **A11:** 334
in gray iron bearing cap **A11:** 347–348
in pressure vessels, effect of **A11:** 647–648
in springs **A19:** 363
inclusions as **A15:** 88
keyways as **A11:** 115
mechanical, and shaft failure **A11:** 459
metallurgical, and shaft failure **A11:** 459
of bearings **A19:** 360, 361
produced by rough machining **A11:** 122
seams as **A11:** 478
stamp marks as **A11:** 130
types in shafts **A11:** 467–468
Stress range **A20:** 355, 517, 522, 529
Stress range (Δσ) **A19:** 18, 49, 74
Stress ratio *See also* Load ratio . . **A13:** 12, 143, 292, 298, **A19:** 113
A or *R*, defined **A8:** 13
and composite material age **A8:** 716
and corrosion fatigue behavior **A8:** 408
and fatigue crack growth rate **A8:** 415
and fatigue resistance **A1:** 674
defined **A11:** 10
effect on corrosion fatigue crack propagation **A8:** 406–407
fatigue crack initiation **A8:** 363
for aluminum alloys **A8:** 697
in fatigue-crack initiation **A11:** 102
increase effect **A8:** 406–407
symbol for **A8:** 724, 725
Stress ratio effects (or load ratio effects) *See* R ratio effects
Stress relaxation **EM3:** 28, 52
and creep **EM2:** 659–678
and creep, as time-dependent **A11:** 144
and viscoelasticity **EM2:** 414
compression testing **A8:** 325–328
copper and copper alloys **M2:** 484–490
defined **A8:** 13, **EL1:** 1158, **EM1:** 23, **EM2:** 41, 673
definition **A20:** 841
during strain-controlled fatigue cycle **A8:** 347
effect of stationary cracks on **A8:** 439
elastic strain **A8:** 323–324
failure analysis of **EM2:** 730
high-impact polystyrenes (PS, HIPS) **EM2:** 197
in ductile materials, effect on SCC **A8:** 502
in polymers **A11:** 758
in thermoplastic fluoropolymers **EM2:** 119
microstructural crystallinity **EM3:** 411
models **EM2:** 659–666
moisture effects **EM2:** 763–765
plastics **A20:** 641–642
polyether sulfones (PES, PESV) **EM2:** 161
rheology **EL1:** 846
step excitation test methods **EM2:** 549–551
stress-strain diagram for **A8:** 323
test **EM3:** 318, 319
test, defined **A8:** 307
tests **EM2:** 435
time-dependent compressive **EM2:** 673, 675
wrought copper and copper alloys **A2:** 260–263
Stress relief *See also* Stress relief anneal; Stress relieving
copper casting alloys **A2:** 348
cracking, defined **A13:** 12
defined **EL1:** 1158
definition **A20:** 841
electrical resistance alloys **A2:** 824
embrittlement, of steels **A11:** 98–99
for internal stresses, cast alloys **A11:** 345
for residual stress **A11:** 98
for steam generators **A13:** 944
heat treatment, of pressure vessels . . . **A11:** 664–666
oxide scales **A13:** 71–72
temperature, aluminum casting alloys **A2:** 169–170
treatments **A13:** 327, 942
uranium alloys **A2:** 675
wrought copper and copper alloys **A2:** 247
Stress relief annealing (SRA) **A6:** 411
Stress relief cracking *See also* Cracking
definition **A6:** 1214, **M6:** 17

SUBJECTS OF THE INDEXED VOLUMES: ASM Handbook (designated by the letter "A"): **A1:** Properties and Selection: Irons, Steels, and High-Performance Alloys (1990); **A2:** Properties and Selection: Nonferrous Alloys and Special-Purpose Materials (1990); **A3:** Alloy Phase Diagrams (1992); **A4:** Heat Treating (1991); **A5:** Surface Engineering (1994); **A6:** Welding, Brazing, and Soldering (1993); **A7:** Powder Metal Technologies and Applications (1998); **A8:** Mechanical Testing (1985); **A9:** Metallography and Microstructures (1985); **A10:** Materials Characterization (1986); **A11:** Failure Analysis and Prevention (1986); **A12:** Fractography (1987); **A13:** Corrosion (1987); **A14:** Forming and Forging (1988); **A15:** Casting (1988); **A16:** Machining (1989); **A17:** Nondestructive Evaluation and Quality Control (1989); **A18:** Friction, Lubrication, and Wear Technology (1992); **A19:** Fatigue and Fracture (1996); **A20:** Materials Selection and Design (1997). **Metals Handbook, 9th Edition** (designated by the letter "M"): **M1:** Properties and Selection: Irons and Steels (1978); **M2:** Properties and Selection: Nonferrous Alloys and Pure Metals (1979); **M3:** Properties and Selection: Stainless Steels, Tool Materials, and Special-Purpose Materials (1980); **M4:** Heat Treating (1981); **M5:** Surface Cleaning, Finishing, and Coating (1982); **M6:** Welding, Brazing, and Soldering (1983); **M7:** Powder Metallurgy (1984). **Engineered Materials Handbook** (designated by the letters "EM"): **EM1:** Composites (1987); **EM2:** Engineering Plastics (1988); **EM3:** Adhesives and Sealants (1990); **EM4:** Ceramics and Glasses (1991). **Electronic Materials Handbook** (designated by the letters "EL"): **EL1:** Packaging (1989)

Stress relief heat treatment *See also* heat treatment for specific processes
definition **A6:** 1214, **M6:** 17
Stress relieving *See also* Annealing; Heat Treatment; Stress relief
after heat treatment.....................**A4:** 616
annealing process **A4:** 53
austenitic ductile irons **A4:** 698–699, **A15:** 700
cast irons..................**A4:** 668, 669, **A6:** 714
cold finished bars **M1:** 223–233, 234, 239–240, 250–251
copper alloys.....................**M2:** 255–256
copper and copper alloys **A2:** 216
copper metals **M2:** 462–463
definition................................**A5:** 968
effects, aluminum SCC **A13:** 590
for ductile iron..........**A1:** 41, **A15:** 657, **M1:** 37
for hot-rolled steel bars..................**A1:** 241
for powder metallurgy high-speed tool steels...............................**A1:** 783
fretting fatigue and **A19:** 324
gray cast iron **M1:** 27, 28
gray iron **A15:** 643, **M4:** 540, 541–543
gray irons **A4:** 679–681
high-chromium white irons...............**A4:** 708
high-silicon irons **A4:** 700
in beryllium forming....................**A14:** 806
induction hardening heat treatment **A4:** 193
nickel alloys **A4:** 907, 908, 911, **M4:** 755, 756, 758
nonferrous high-temperature materials **A6:** 572–574
of magnesium alloys **A2:** 472–473, **A14:** 825
of steel plate.....................**A1:** 231–232
of tool and die steels....................**A14:** 54
parameters, copper alloys **A13:** 615
plain carbon steels.....................**A15:** 714
postweld, zirconium alloys **A15:** 838
refractory metals...............**A4:** 815, 816, 817
residual stress, methods for **A20:** 817–818
springs.........**A19:** 365, 368, **M1:** 290–291, 293
stainless steels ..**A4:** 772, 773, 774–776, **M3:** 47–48
steam atmospheres......................**A4:** 562
temperature, cast copper alloys **A2:** 356–391
times and temperatures, magnesium alloy arc welds...............................**A2:** 475
titanium...........................**M4:** 764, 765
tool steels...**A4:** 735, 737–738, 739–740, 743, 757, 758, 765
ultrahigh-strength steels....**A4:** 208, 210, 212, 214, 215, 217, **M1:** 425, 430, 435, 439, 441
vibratory **A20:** 818
welded cast steels..................**A15:** 534–535
weldments **A19:** 440
wrought titanium alloys **A2:** 618
Stress relieving, austenitic stainless steel **M4:** 647–649
annealing **M4:** 649
inadequate stress relief **M4:** 648, 649
intergranular corrosion...................**M4:** 649
metallurgical characteristics, influence on selection **M4:** 647–648
stress corrosion, prevention...............**M4:** 649
treatment selection **M4:** 647–648, 649
Stress residual **EM3:** 28
cure..................................**EM1:** 761
Stress risers **A19:** 63, **A20:** 522
Stress rupture *See also* Creep-rupture strength; Stress rupture fractures; Stress-relief cracking
and creep, determination of...............**A11:** 29
as solder joint failure mechanism.......**EL1:** 1031
crack, in welds of low-alloy steel pipe **A11:** 427
cracking...........................**A12:** 139–140
cracking, from defective material **A11:** 603
curves.................................**A11:** 265
data, cobalt-base superalloys **A2:** 452
defined..................................**A11:** 9
ductility **A11:** 265
external **A11:** 596–597
failure........................**A11:** 75, 590, 607
fracture **A11:** 264–265
in elevated-temperature failures **A11:** 264–266
in gears **A11:** 590, 596
in pressure vessels **A11:** 666
intemal.................................**A11:** 596
intergranular cracks in...................**A11:** 264
of carbon and low-alloy steels **A1:** 620, 622, 623–624, 629
of consolidated superalloys...........**M7:** 439, 472
of dispersion-strengthened copper **M7:** 717
of heat-resistant alloys.....**A11:** 290–292, **A15:** 729
of infiltrated graded bucket..............**M7:** 562
of metal borides and boride-based cermets **M7:** 812
of stainless steels **A1:** 932–933, 934, 937, 938, 939, 942, 945, 946
platinum dispersion-strengthened alloys ...**M7:** 721
polyamide-imides (PAI)..................**EM2:** 129
polyvinyl chlorides (PVC)..............**EM2:** 210
resistance, mechanically alloyed oxide alloys **A2:** 943–947
steam equipment failure by **A11:** 602
strength **A11:** 131, 603
stress, vs. rupture life **A11:** 265
superheater tube failure from **A11:** 609–610
tests, for high-temperature effects **A12:** 121
types of gear failures...................**A19:** 345
zirconium alloys **A2:** 668
Stress rupture fracture(s)
examination **A12:** 139–140
metal-matrix composites.................**A12:** 468
superalloys.............................**A12:** 391
Stress rupture strength
tungsten-reinforced MMCs **EM1:** 880
Stress screening
environmental.........................**EL1:** 944
levels, through step-stress analysis ...**EL1:** 879–880
nonuniversality (temperature) **EL1:** 876
sequence **EL1:** 880
temperature chamber **EL1:** 881
Stress shear
growth **EL1:** 846
Stress shock
UHMWPE resistance...................**EM2:** 168
Stress singularities in bonded dissimilar materials **EM3:** 497–500
Stress singularity methods **EM3:** 506
Stress state
and workability.........................**A8:** 572
at free-surface of compressed specimen **A8:** 580
classifying **A8:** 576
in forging, billet shape and enclosure effect on...........................**A8:** 588
influence on strain to fracture............**A8:** 576
yield criteria **A8:** 577
Stress tensor
deviatoric.............................**A19:** 263
Stress tests
burn-in **EL1:** 497–498
endurance life..........................**EL1:** 498
highly accelerated stress testing (HAST) **EL1:** 495–497
high-temperature storage life **EL1:** 498
humidity-induced **EL1:** 495–497
power-temperature cycling **EL1:** 499
stabilization bake.......................**EL1:** 499
steady-state life.........................**EL1:** 498
temperature cycling.....................**EL1:** 498
temperature-induced **EL1:** 497–499
with hot air knives **EL1:** 692
Stress triaxiality.........................**A19:** 105
Stress wave
deformation by **A8:** 40, 44
dynamic fracture by.....................**A8:** 287
gages, for short-pulse-duration tests **A8:** 283
propagation **A8:** 40–41, 190–191
velocity, generated by impacts............**A8:** 191
Stress wave form
and fatigue **A13:** 295
Stress wave propagation
liquid impact erosion **A18:** 224
Stress whitening
defined...............................**EM2:** 667
Stress, zero mean **A19:** 256–257
Stress/strain/fracture mechanics analysis **A19:** 3
Stress/strength analysis
MECSIP Task III, design analyses and development tests.................**A19:** 587
Stress-aided intergranular corrosion **A19:** 490
Stress-annealed pyrolytic graphite
Raman analysis **A10:** 132–133
Stress-based approach to fatigue **A1:** 675, 676, 677
Stress-based (*S-N* Curve) method **A19:** 250–253, 260–261
Stresscoating
for residual stress study **A11:** 134
Stress-concentration factor.....**A8:** 13, 364, 371–372, **A19:** 66, 67, 243, 246, **EM2:** 41, 709, **EM3:** 28
pinpoints **A19:** 291
symbol for key variable..................**A19:** 242
thread design on mechanical fasteners ...**A19:** 288, 289
Stress-concentration (K_t) **A19:** 96
Stress-controlled tests **A19:** 304
Stress-corrosion cracking *See also* Corrosion; Corrosion fatigue; Corrosive environment; Hydrogen embrittlement; Stress-corrosion cracking evaluation; Stress-corrosion fracture(s)....**A6:** 374, **A13:** 145–163, **A20:** 564, 568, 569, **M1:** 687
accelerated testing media **A13:** 194
aircraft **A13:** 1026, 1043
AISI/SAE alloy steels **A12:** 27, 299, 305, 320
alloy composition......................**A13:** 615
alloys with high/moderate/low resistance to **A13:** 1103–1104
aluminum alloys ..**A6:** 727, **M2:** 210–211, 212–218
aluminum-magnesium alloys **A6:** 622
and corrosion fatigue **A13:** 143–144
and corrosion fatigue cracking, compared **A13:** 291
and corrosion fatigue, unified theory **A12:** 42
and intergranular cracking...........**A13:** 123, 614
anodic **A13:** 245–246
as cold-working effect **A13:** 49
as environmentally induced cracking **A13:** 145–147
austenitic stainless steels.................**A6:** 466
behavior, criteria **A13:** 275–278
brass soldering **A6:** 130
brazing and **A6:** 117
cathodic...........................**A13:** 245–246
chloride, austenitic stainless steels **A12:** 354
chloride, prevention....................**A13:** 327
cleavage fracture, titanium alloys **A12:** 453
compressive-stress **A12:** 25
conditions leading to....................**A13:** 615
copper..............................**M2:** 239–240
copper alloys..........................**A12:** 403
copper metals...............**M2:** 459, 462–463
corrosion testing for....................**A13:** 194
crack initiation...................**A13:** 148–150
crack propagation process **A13:** 150–162
data, precision of......................**A13:** 278
decohesion fracture, aluminum alloy forging **A12:** 18, 25
decohesive rupture from...............**A12:** 18, 24
defined **A12:** 24, **A13:** 12, 145–146
dissimilar metal joining...................**A6:** 826
duplex stainless steels **A6:** 471, 477, 479
effect on dimple rupture...............**A12:** 24–29
electrochemical testing..................**A13:** 218
electrochemical/mechanical factors **A13:** 246
end grains, effect on resistance to **M1:** 355–356
environmental causes for selected metals and alloys **A6:** 1101
environment-alloy combinations for **A13:** 326
examination/interpretation...........**A12:** 133–134
external, prevention of **A13:** 1147
facets, austenitic stainless steels **A12:** 354, 357
failure analysis **A20:** 322, 323, 325–326
failures, space boosters **A13:** 1102
ferritic stainless steel weldments **A13:** 361
flutes and cleavage from.................**A12:** 28
fracture................................**A13:** 148
fracture mode change by **A12:** 26–27
grain-boundary separation by.............**A12:** 174
heat-treatable aluminum alloys **A6:** 534–535
hot cell.................................**A13:** 936
in aluminum/aluminum alloys.......**A13:** 590–594
in amorphous metals................**A13:** 868–869
in beryllium-copper alloys **A9:** 393
in boiling water reactors............**A13:** 927–936
in brazed joints **A13:** 878
in brewing piping......................**A13:** 1221
in cast irons **A13:** 568–569
in closed feedwater heaters **A13:** 989–990
in generators...................**A13:** 1006–1007
in manned spacecraft **A13:** 1082–1087
in nitrided stainless steel **A13:** 933
in petroleum refining and petrochemical operations **A13:** 1274–1277
in soil.................................**A13:** 210
in space boosters/satellites **A13:** 1103–1105
in space shuttle orbiter **A13:** 1060

Stress-corrosion cracking (continued)
in stainless steel casting alloys, role of ferrite in . . . **A9:** 297
in steam surface condensers . . . **A13:** 988–989
in steam turbine materials . . . **A13:** 952–959
in substrates . . . **A13:** 421
in superheaters/reheaters . . . **A13:** 992
in telephone cable . . . **A13:** 1130
initiation . . . **A13:** 245–246
inside surface (primary side) tube, steam generators . . . **A13:** 941
intergranular . . . **A12:** 357, 373
intergranular, austenitic stainless steels . . . **A13:** 124
interlayer/base-metal interfaces and solid-state welding . . . **A6:** 165, 171
iron-nickel alloy soldering . . . **A6:** 130
irradiation-assisted . . . **A13:** 935–936
kinetics . . . **A13:** 153–155
maraging steels . . . **M1:** 450–451
material selection to avoid/minimize **A13:** 325–329
materials exhibiting . . . **A13:** 145
mechanisms . . . **A13:** 145, 147, 614–615
mechanisms of . . . **A12:** 25–27
metal matrix composites . . . **A13:** 860–861
micromechanisms . . . **A13:** 145
nickel alloys . . . **A6:** 740, 749
nickel alloys, resistance to . . . **M3:** 171, 172, 174
of aluminum . . . **A12:** 28
of brass . . . **A12:** 28
of carbon steel weldments . . . **A13:** 365
of cobalt-base alloys . . . **A13:** 662
of copper/copper alloys . . . **A13:** 614–616
of copper-zinc-tin alloys, and dezincification . . . **A13:** 132
of corrosion-resistant cast steels . . . **A13:** 582
of manganese alloys . . . **A13:** 535
of nickel-base alloys . . . **A6:** 928, **A13:** 648–650
of radioactive waste containers . . . **A13:** 971
of stainless steels **A6:** 625, 626, **A13:** 554, 564, 933
of steels . . . **A12:** 27
of titanium/titanium alloys **A13:** 674–675, 686–690
of uranium/uranium alloys . . . **A13:** 817–818
of zinc/zinc alloys and coatings . . . **A13:** 763–764
of zirconium/zirconium alloys . . . **A13:** 718
parameters, controlling . . . **A13:** 147–148
phenomenon of . . . **A13:** 146–147
plateau crack velocities . . . **A13:** 268
precipitation-hardening stainless steels . . . **A12:** 372–373
precracked specimens, classification . . . **A13:** 257
premature fracture by . . . **A13:** 245
pressure vessels . . . **A6:** 379
propagation . . . **A13:** 245–246
rate-determining steps . . . **A13:** 147
ratings, aluminum alloys . . . **A13:** 591–592
ratings, wrought products, high-strength aluminum alloys . . . **A13:** 593
relationship to material properties . . . **A20:** 246
residual stresses . . . **A6:** 1102
resistance, costs of . . . **A13:** 327
revealed by differential interference contrast . . . **A9:** 152
schematic . . . **A13:** 151
stages of . . . **A13:** 146–147
stainless steel . . . **M3:** 63, 64
steel weldments . . . **A6:** 424–425
strain rate effect, schematic . . . **A13:** 261
stress sources . . . **A13:** 615
sulfide, alloy steels . . . **A12:** 299
summary . . . **A13:** 162
technique . . . **A6:** 1095, 1096
temperature effects, high-strength steels . . . **A13:** 533
testing, titanium/titanium alloys . . . **A13:** 675
thermal stress, in brazed joint . . . **A13:** 879
titanium . . . **M3:** 415–416
titanium alloys . . . **A12:** 28–29, 453
titanium-base corrosion-resistant alloys . . . **A6:** 599
under thermal insulation . . . **A13:** 1146–1147
velocity . . . **A13:** 277–278
welds . . . **A6:** 101, 104
wrought aluminum alloys . . . **A12:** 414, 433–436
zirconium . . . **M3:** 784

Stress-corrosion cracking evaluation . . . **A13:** 245–282
dynamic loading: slow strain rate testing . . . **A13:** 260–263
initiation and propagation . . . **A13:** 245–246
interpretation of results . . . **A13:** 275–279
of aluminum alloys . . . **A13:** 265–268
of copper alloys . . . **A13:** 268–270
of high-strength steels . . . **A13:** 270–272, 638–639
of nonheat-treatable stainless steels . . **A13:** 272–273
of precracked (fracture mechanics) specimens . . . **A13:** 146–147, 253–260
of titanium alloys . . . **A13:** 273–275
of weldments . . . **A13:** 275
selection of test environments . . . **A13:** 263–265
slow strain rate . . . **A13:** 147
standardized tests . . . **A13:** 246
static loading, smooth specimens . . . **A13:** 146, 246–253
surface preparation, smooth specimens . . . **A13:** 275
test coupons . . . **A13:** 198
test method selection . . . **A13:** 279
tests, magnesium/magnesium alloys . . **A13:** 273, 745

Stress-corrosion cracking (SCC) *See also* Corrosion . . . **A1:** 299–300, 723–728, **A11:** 203–224, **A19:** 5, 7, 185, 190, 203, 483–506
accelerated testing mediums for . . . **A8:** 522–532
accelerated testing of . . . **A8:** 496–501, 522–532
adsorption-enhanced plasticity model . . . **A19:** 485–486
adsorption-induced brittle fracture model **A19:** 485, 486
alloy/environment systems exhibiting stress-corrosion cracking . . . **A19:** 483
alloying additions and their effects . . . **A19:** 487–488
alloying effect within normal limits on stress-corrosion cracking resistance of martensitic low-alloy steels to chloride . . . **A19:** 486
alloys susceptible to . . . **A11:** 206–207
aluminum . . . **A19:** 483–484
aluminum alloy C-ring fracture by . . . **A11:** 78–79
aluminum alloys **A19:** 483–484, 494–495, 780–785
aluminum alloys and mechanical factors . . **A19:** 495
aluminum P/M alloys . . . **A2:** 204–206
aluminum-copper-lithium (2000 and 8000) series alloys . . . **A19:** 494
aluminum-copper-magnesium (2000) series alloys . . . **A19:** 494
aluminum-magnesium (5000) series alloys **A19:** 494
aluminum-magnesium-silicon (6000) series alloys . . . **A19:** 494
aluminum-zinc-magnesium-copper (7000) series alloys . . . **A19:** 494–495
ammonia . . . **A19:** 487
and alloying element additions . . . **A8:** 487, 489
and cleavage fracture . . . **A19:** 47
and corrosion fatigue . . . **A8:** 495, 499
and hydrogen embrittlement, compared . . . **A8:** 537
and hydrogen sulfide . . . **A19:** 487
and liquid-metal embrittlement, compared . . . **A11:** 718
and strength levels . . . **A19:** 487
and subcritical fracture mechanics . . . **A11:** 53
and sulfuric acid . . . **A19:** 487
anodic dissolution . . . **A19:** 497
anodic dissolution mechanisms . . . **A19:** 483, 484
anodic dissolution models . . . **A19:** 485
aqueous chlorides . . . **A19:** 487
as cause of premature cracking . . . **A8:** 496
as craze cracking . . . **A11:** 451
as distortion, in shafts . . . **A11:** 467
as failure mode for welded fabrications . . . **A19:** 435
as type of corrosion . . . **A19:** 561
atmospheric environments contributing to . . . **A11:** 208
bending vs. uniaxial tension . . . **A8:** 503
boundary decohesion and . . . **A19:** 29
brittle fracture from . . . **A11:** 85
carbides . . . **A19:** 486
carbon steels . . . **A19:** 486–487
carbonate/bicarbonate solutions . . . **A19:** 487
cast copper alloys . . . **A2:** 361–362
cathodic mechanisms . . . **A19:** 483
causes and conditions for . . . **A8:** 495–496
caustic solutions and . . . **A19:** 487
change in net section stress with onset of . . **A8:** 502
cold-work effect on alloy steels . . . **A19:** 646
conditions necessary . . . **A19:** 483
constant extension testing . . . **A19:** 499–500
constant load testing . . . **A19:** 500–501
constant strain rate testing . . . **A19:** 501
copper and copper alloys . . . **A2:** 216, **A11:** 220–223
copper-zinc alloy failed by . . . **A11:** 222
corrosion tunnel model . . . **A19:** 485, 486
crack growth rate and . . . **A11:** 53
crack initiation . . . **A11:** 203
defined . . . **A8:** 13, 495, **A11:** 10, **A19:** 483
definition . . . **A5:** 968
determined . . . **A11:** 27
ductile alloy/aqueous environment systems . . . **A19:** 485
duplex stainless steels . . . **A19:** 490–491, 764–766
effect of electrochemical factors . . . **A8:** 499–500
effect of high-purity zinc on . . . **A11:** 539
effect of *K* in . . . **A8:** 497–498
effects of temper embrittlement on . . . **A11:** 335
elastic strain specimens for . . . **A8:** 503–508
electrochemical tests for . . . **A8:** 533
environmental effects on . . . **A11:** 207–212
environmental factors **A8:** 499–500, **A19:** 483–484, 487
environmental factors in stainless steels . . . **A19:** 491–492
evaluation in stainless steels . . . **A1:** 724, 725–728, 873
evaluation of . . . **A19:** 498–499
failure analysis of . . . **A11:** 212–214
failure distribution according to mechanism . . . **A19:** 453
fatigue crack threshold . . . **A19:** 145
ferritic stainless steels . . . **A19:** 490
ferritic steels . . . **A19:** 718
ferritic-pearlitic steels . . . **A19:** 486
film-induced cleavage model . . . **A19:** 485, 486
film-rupture stress-corrosion cracking model . . . **A19:** 485
from caustic embrittlement by potassium hydroxide . . . **A11:** 659
from hot chlorides, in pressure vessels . . . **A11:** 660
general features of . . . **A11:** 27, 203–204
grain-boundary segregations . . . **A19:** 486
high-strength steels . . . **A19:** 487–489
hydrogen embrittlement model . . . **A19:** 485, 486
hydrogen gas . . . **A19:** 487
hydrogen sulfide . . . **A11:** 426
hydrogen-induced cracking . . . **A19:** 486
in aircraft aluminum . . . **A19:** 562, 564
in aluminum alloys . . . **A8:** 523–525, **A11:** 218–220
in austenitic stainless steels . . . **A11:** 215–217
in boilers and steam equipment . . . **A11:** 624–626
in brazed joints . . . **A11:** 451–453
in casting, with weld-metal deposits . . . **A11:** 404
in copper alloys . . . **A8:** 525–526
in ferritic stainless steels . . . **A11:** 217
in heat exchangers . . . **A11:** 635–636
in high-strength steels . . . **A8:** 526–527
in low-carbon steels . . . **A8:** 526
in magnesium alloys . . . **A8:** 529–530, **A11:** 223
in maraging steels . . . **A11:** 218
in marine-air environment . . . **A11:** 309–310
in martensitic stainless steels . . . **A11:** 217–218
in mixer paddle shafts . . . **A11:** 403–404
in neck liner,pulp digester vessel . . . **A11:** 403
in nickel and nickel alloys . . . **A11:** 223
in non-heat-treatable stainless steels . . . **A8:** 527–529

SUBJECTS OF THE INDEXED VOLUMES: ASM Handbook (designated by the letter "A"): **A1:** Properties and Selection: Irons, Steels, and High-Performance Alloys (1990); **A2:** Properties and Selection: Nonferrous Alloys and Special-Purpose Materials (1990); **A3:** Alloy Phase Diagrams (1992); **A4:** Heat Treating (1991); **A5:** Surface Engineering (1994); **A6:** Welding, Brazing, and Soldering (1993); **A7:** Powder Metal Technologies and Applications (1998); **A8:** Mechanical Testing (1985); **A9:** Metallography and Microstructures (1985); **A10:** Materials Characterization (1986); **A11:** Failure Analysis and Prevention (1986); **A12:** Fractography (1987); **A13:** Corrosion (1987); **A14:** Forming and Forging (1988); **A15:** Casting (1988); **A16:** Machining (1989); **A17:** Nondestructive Evaluation and Quality Control (1989); **A18:** Friction, Lubrication, and Wear Technology (1992); **A19:** Fatigue and Fracture (1996); **A20:** Materials Selection and Design (1997). **Metals Handbook, 9th Edition** (designated by the letter "M"): **M1:** Properties and Selection: Irons and Steels (1978); **M2:** Properties and Selection: Nonferrous Alloys and Pure Metals (1979); **M3:** Properties and Selection: Stainless Steels, Tool Materials, and Special-Purpose Materials (1980); **M4:** Heat Treating (1981); **M5:** Surface Cleaning, Finishing, and Coating (1982); **M6:** Welding, Brazing, and Soldering (1983); **M7:** Powder Metallurgy (1984). **Engineered Materials Handbook** (designated by the letters "EM"): **EM1:** Composites (1987); **EM2:** Engineering Plastics (1988); **EM3:** Adhesives and Sealants (1990); **EM4:** Ceramics and Glasses (1991). **Electronic Materials Handbook** (designated by the letters "EL"): **EL1:** Packaging (1989)

in precipitation-hardening stainless steels . . . A11: 217–218
in pressure vessels . . . A11: 656–661
in rivets . . . A11: 544–545
in shafts . . . A11: 467
in sour gas environments . . . A11: 299–300
in stainless steel, by chloride-contaminated steam condensate . . . A11: 625–626
in steel wire rope . . . A11: 521
in steels . . . A11: 101
in threaded fasteners . . . A11: 536
in titanium alloys . . . A8: 530–532
in titanium and titanium alloys . . . A11: 223–224
in wrought carbon and low-alloy steels . . . A11: 214–215
incubation period . . . A11: 718
initiation method . . . A8: 527
intergranular stress-corrosion cracking . . . A19: 483–488, 490, 491, 493, 495
intermetallic inclusions . . . A19: 487
ions and substances causing . . . A11: 207
J-integral . . . A19: 484
key factors . . . A19: 483
kinetic requirements . . . A19: 484
low-alloy steels . . . A19: 486–487
low-pH or nonclassical stress-corrosion cracking . . . A19: 487
magnesium alloys . . . A19: 877–880
maraging steels . . . A19: 487
martensitic PH steels . . . A19: 722
martensitic stainless steels . . . A19: 491
materials factors . . . A19: 483
mechanical factors . . . A19: 484
mechanical fracture models . . . A19: 485–486
mechanisms . . . A8: 496
mechanisms of . . . A11: 203, A19: 485–486
metal susceptibility to . . . A11: 206–207
nickel alloys . . . A2: 432–433, A8: 530
nickel-base alloys . . . A19: 492–494
of cast stainless steels . . . A1: 917
of cobalt-base corrosion-resistant alloys . . . A2: 453
of die-cast zinc alloy nut . . . A11: 538–539
of Inconel 600 safe-end on a reactor nozzle . . . A11: 660–661
of Inconel X-750 springs . . . A11: 559–560
of nuclear steam-generator vessel . . . A11: 656–657
of oil-well production tubing . . . A11: 298
of pipeline . . . A11: 701–703
of stainless steel bolts . . . A11: 536–537
of stainless steel eye terminal . . . A11: 521
of stainless steel integral-finned tube . . . A11: 635
of stainless steel pipe, by residual welding stress . . . A11: 624–625
of stainless steel T-bolt . . . A11: 538
of steel castings . . . A11: 402–403
of steel jackscrew drive pins . . . A11: 546–548
parameters affecting . . . A1: 724
pipelines . . . A19: 487
plastic deformation . . . A19: 487
plastic strain specimens for . . . A8: 508–509
Pourbaix (potential-pH) diagrams . . . A19: 484
precipitation-hardening stainless steels . . . A19: 491
precracked specimen testing . . . A19: 501–502
precracked specimens for . . . A8: 497–498, 510–519
propagation rate as function of *K* . . . A8: 497
properties and conditions producing . . A1: 723–724
quenched-and-tempered low-alloy . . . A19: 487
quenched-and-tempered steels . . . A19: 486
residual effects of finishing methods . . A5: 145–146
residual stress specimens . . . A8: 509–510
resistance, of nickel alloys . . . A8: 530
resistance ratings, wrought commercial aluminum alloys . . . A11: 220
sampling of test materials for . . . A8: 501
secondary . . . A8: 520
semiaustenitic PH steels . . . A19: 723
service environment and . . . A8: 522
shot peening improving resistance to . . A5: 130–131
slip dissolution/film-rupture model . . . A19: 491
slow strain rate testing of . . . A8: 496–499, 519–520
slow-strain-rate technique . . . A19: 484
smooth specimen testing . . . A19: 499–501
smooth test specimens for . . . A8: 503–510
sodium hydroxide . . . A19: 487
sources of stress . . . A11: 204–206
sources of sustained tension . . . A8: 501–502
stainless steels . . . A19: 483, 485, 486, 489–492
stainless steels and environmental factors A19: 489
static loading tests for . . . A8: 496–498, 501–503
steam equipment failure by . . . A11: 602
stress-relief heat treating to reduce . . . A4: 33, 34
striations . . . A11: 8
subcritical crack growth and operating stress maps . . . A19: 459–460
sulfides . . . A19: 487
sustained-load failure . . . A8: 486
tarnish rupture model . . . A19: 485, 486
test environment selection . . . A8: 521–522
testing specimens . . . A8: 514
tests for . . . A8: 495–536
thermodynamic requirement . . . A19: 484
threshold (S_{Iscc}) . . . A19: 379, 452
threshold stress intensity for . . . A19: 196
titanium alloys . . . A19: 484, 495–498, 831, 832, 834–835
titanium alloys and environmental factors . . . A19: 496–498
transgranular . . . A19: 484–487, 490, 491
tube sheet failed by . . . A11: 210
verification procedures . . . A1: 724–725
versus corrosion fatigue . . . A19: 193
versus hydrogen embrittlement . . . A19: 486
versus liquid metal embrittlement . . . A19: 486
versus stress-intensity factor . . . A19: 484
weldment testing . . . A8: 520–521
worst case for . . . A8: 499
wrought aluminum alloys . . . A2: 30–32
Stress-corrosion cracking test . . . A1: 611
Stress-corrosion cracking, zone 2
package exterior . . . EL1: 1007
Stress-corrosion failures
in magnesium alloys . . . A9: 426
Stress-corrosion fracture . . . A20: 345
Stress-corrosion fracture(s) *See also* Stress-corrosion cracking
austenitic stainless steel . . . A12: 34
in brass . . . A12: 36
in steel . . . A12: 34
path, effect of electrochemical potential . . . A12: 27, 35
Stress-corrosion phenomenon . . . A20: 633
Stress-corrosion threshold (K_{Iscc})
described . . . A11: 53
Stress-cracking failure . . . EM3: 28
Stressed volume size . . . A19: 11
Stresses *See also* Alternatitig stress; Applied stresses; Bearing stress; Compression; Compressive stress; Corrosion; Critical longitudinal stress; Glass stress; Hoop stress; Initial (instantaneous) stress; Initial stress; Nominal stress; Normal stress; Relaxed stress; Residual stress; Shear stress; Static stress; Strain; Stress analysis; Stress corrosion cracking; Stress cracking; Stress measurement; Stress modeling; Stress relaxation; Stress screening; Stress tests; Tensile stress; Tension; Testing; Torsional stress; True stress
allowable, for static service . . . A11: 136
alternating . . . A11: 461
amplitude, in corrosion-fatigue . . . A11: 255
and applied stress . . . A11: 48
and distortion ratios, from overloading . . . A11: 137
and magnetic properties, in electromagnetic techniques . . . A17: 159
and moment resultants, structural analysis . . . EM1: 460
and package cracking . . . EL1: 480
applied, in fatigue-crack initiation . . . A11: 102
at a point. theory of . . . EM1: 238
averaging nonuniform . . . EM1: 177
biaxial . . . A11: 124
butterflies, in steel bearing ring . . . A11: 505
by mechanical loads, laminate . . . EM1: 227–228
by quantitative fractography . . . A11: 56
casting . . . A11: 345–346, 362–365
combined, strength under . . . EM1: 198–201
complex . . . A11: 112–113
cooling . . . EM2: 751
crack-tip . . . A11: 47
critical longitudinal, defined *See* Critical longitudinal stress
cyclic, combined . . . EM1: 202–203
defined . . . A11: 10, EM1: 23, EM2: 41
direction, effect on SCC . . . A11: 220
distribution of . . . A11: 113
edge, laminate . . . EM1: 230–231
effect, magnetic domain orientation A17: 145, 153
effect on fatigue strength . . . A11: 110–112
effect on hysteresis loops, stainless steels . . A17: 161
effect on SSC resistance . . . A11: 299
fiber . . . A11: 137
fields, defined . . . EM1: 186
fields, torsional-fatigue cracks and . . . A11: 471
flow, and stress raisers . . . A11: 113
fluctuating . . . A11: 461
for interferometry . . . A17: 408–410
formulas for . . . EM2: 652–653
free-body system of . . . A11: 460–461
from encapsulation . . . EL1: 45
functions, nonlinear, of rheological behavior . . . EL1: 849
gear . . . A11: 589
heat-treating . . . A11: 98
high static tensile . . . A11: 537
imperfection-caused . . . A15: 88
in accelerated testing . . . EL1: 887
in chip metallization . . . EL1: 445
in chip metallization/passivation . . . EL1: 443–444
in composites . . . A11: 741–742
in damage tolerance design . . . A17: 702
in flows and material functions . . . EL1: 838
in polyimides . . . EL1: 768–769
in rolling-contact fatigue . . . A11: 133–134
in solidification, distortion from . . . A15: 615–616
-induced crystallization, defined . . . EM2: 41
-induced plastic-package failures, integrated circuits . . . A11: 789
intensity factor, effect in corrosion-fatigue . . . A11: 255
intensity, threshold . . . A11: 205
interlaminar . . . EM1: 229–230
internal, plastic encapsulants . . . EL1: 806–808
level, as environmental factor . . . EM2: 70
lowering, to prevent hydrogen damage . . . A11: 251
magabsorption amplitude signals as function of . . . A17: 155
maximum compressive . . . A11: 102
maximum contact, subsurface . . . A11: 340–341
maximum, criterion . . . EM1: 238
maximum, schematic stress distribution of . . . A11: 123
maximum tensile . . . A11: 102
mean . . . A11: 110–111, 255
measurements, quantitative . . . EL1: 444–446
mechanical, and chip failure, plastic packages . . . EL1: 480
minimum . . . A11: 102
modeling of . . . A17: 702
near-surface, Barkhausen noise measurement . . . A17: 160
negative tensile . . . A11: 102
nominal, in shafts . . . A11: 461
on conformal-coated components . . . EL1: 765
operating, and corrosion-fatigue . . . A11: 259
orientation . . . EM2: 751–752
plastic, minimization . . . EL1: 444
principal (normal), defined . . . A11: 8
quenching . . . EM2: 751
reduction of . . . A11: 115
residual . . . A11: 8, 97–98, 112, 473
reversed . . . A11: 102
reversed-bending . . . A11: 462
rupture, defined . . . A11: 9
shear, test structures for . . . EL1: 445
shock, UHMWPE resistance . . . EM2: 168
single cyclic . . . EM1: 201–202
sources in manufacture . . . A11: 205
subsurface, Barkhausen noise measurement . . . A17: 160
sustained, strength/modulus effects . . . EM1: 825
symbol for . . . A11: 797
system, terms describing . . . A11: 75
systems acting on shafts . . . A11: 460–461
systems, and fatigue . . . EM2: 701–702
temperature/moisture, in laminates EM1: 228–229
testing, zero-risk . . . EL1: 136
thermal, residual/induced . . . EL1: 45
threshold . . . A11: 204
values, relation to strain values . . . A17: 51
-wave shape . . . A11: 255
weldment, weld beads for . . . A15: 526

1010 / Stresses generated by subsequent welding fabrication

Stresses generated by subsequent welding fabrication **A19:** 282

Stresses, residual . . . . **A4:** 603–610 after surface hardening . . . . **A4:** 606–607 cast irons . . . . **A4:** 681 compressive . . . . **A4:** 604, 605, 606, 607–608 control in heat-treated parts . . . . **A4:** 609 development in processed parts . . . . . . **A4:** 604–609 effects . . . . **A4:** 603–604 in boriding . . . . **A4:** 607, 608 in carburizing . . . . **A4:** 606–607, 608, 611 in induction hardening . . . . **A4:** 607 in nitriding . . . . **A4:** 607, 611 in nitrocarburizing . . . . **A4:** 607 in nonferrous heat-treated alloys . . . . . . **A4:** 608–609 measurement . . . . **A4:** 609–610 quench cracking . . . . **A4:** 610–612 tensile . . . . **A4:** 604, 605, 606, 607–608 thermal contraction . . . . **A4:** 605 thermal evaluation for residual stress analysis (TERSA) . . . . **A4:** 610 vapor pressure, relation to temperature . . . . **A4:** 495 volumetric changes **A4:** 605

Stress-free oxidation tests **A19:** 527

Stress-free temperature **A20:** 660

Stress-induced atomic diffusion at elevated temperatures and low strain rates **A9:** 690

Stress-induced crystallization **EM3:** 28

Stress-induced martensite in titanium alloys . . **A9:** 461

Stressing frames SCC testing **A8:** 507

Stress-intensity factor **A6:** 143, 147

Stress-intensity factor at a point in crack front **A19:** 165, 166

Stress-intensity factor (*K*) *See also* Dynamic stress-intensity factor; Minimum stress-intensity factor . . . . **A20:** 533, 534, 535, 540, 542 and corrosion fatigue . . . . **A8:** 405 and corrosion fatigue in steel in hydrogen . . . . **A8:** 409–410 and crack extension, resistance curves from . . . . **A8:** 450 and crack growth rates . . . . . . **A8:** 242, 365, 403–404 and crack propagation rate . . . . **A8:** 678–682 and crack tip stress fields . . . . **A8:** 441–443 and fatigue crack growth rates . . . . . . **A8:** 403, 415 and fatigue striation spacing related . . **A8:** 482, 484 and frequency effect on corrosion fatigue . . . . **A8:** 405–406 and high loading rates . . . . **A8:** 259–260 and loading frequency effect on crack growth in ultrahigh-strength steel . . . . **A8:** 405–406 and residual stress . . . . **A11:** 57 and stress-corrosion cracking . . . . **A8:** 497–498 and toughness, compared . . . . **A11:** 49 as value for onset of cleavage, rapid-load testing . . . . **A8:** 453 by specimen geometry, ultrasonic testing . . . **A8:** 252 calculation, in crack growth propagation analysis . . . . **A8:** 680 closed form solutions for . . . . **A8:** 682 computations and estimates related to **A8:** 443–444 defined . . . . **A11:** 10, 708 definition . . . . **A20:** 841 -dominated singularity zone size . . . . . . **A8:** 450–451 dynamic critical, from dynamic notched round bar testing . . . . **A8:** 275 effect in rack driving tendency . . . . **A8:** 439 effect on cleavage . . . . **A8:** 485–486 effect on crack propagation of aluminum alloy 7079-T651 . . . . **A8:** 408 effect on crack-extension force . . . . **A8:** 439 effect on ductile rupture . . . . **A8:** 485–486 effect on intergranular fracture . . . . **A8:** 485–486 effect on mixed fracture modes . . . . **A8:** 485–486 effect on plane-strain fracture toughness . . . **A11:** 54 estimates for part-through surface cracks . . . **A8:** 444 for three-dimensional problems . . . . **A8:** 444 high, fatigue crack growth rate **A8:** 376–377

history, dependence on one-point bend test parameters . . . . **A8:** 272–273 history, for fracture test with long time-to-fracture . . . . **A8:** 275 hydrogen embrittlement crack growth rate as function of . . . . **A8:** 539 in dynamic notched round bar testing . . . . . **A8:** 282 in fatigue crack propagation . . . . **A11:** 103 in fracture mechanics . . . . **A11:** 48, 55 in fracture-toughness testing . . . . **A11:** 60–61 range . . . . **A8:** 13, 403, 405, 408–409, 485–486 range, symbol for . . . . **A11:** 797 rates, for dynamic fracture . . . . **A8:** 259 relation to crack opening, crack-extension force, *J*-integral . . . . **A8:** 440 relation to crack speed, semi-brittle material . . . . **A8:** 441 solution, range of application . . . . **A8:** 379–380 strength ratio correlation, hydrogen embrittlement testing . . . . **A8:** 541 subscripts, defined . . . . **A11:** 10 symbol for . . . . **A8:** 725, **A11:** 797 threshold, and hydrogen embrittlement . . . . **A8:** 537 threshold, and minimum crack growth rate . . . . **A8:** 254, 256 threshold, design significance . . . . **A8:** 538 threshold, short cracks . . . . **A8:** 379 with precracked specimens **A8:** 514

Stress-intensity factors **EM3:** 367, 483, 503, 504

Stress-intensity parameter . . **A19:** 27, 28, 29, 37, 374, 379

Stress-intensity parameter formula for a penny-shaped crack **A19:** 27

Stress-intensity parameter range **A19:** 27

Stress-intensity range **A19:** 17, 23, 24

Stress-intensity-factor range as mechanical variable affecting corrosion fatigue **A19:** 187, 193

Stress-life approach **A19:** 3, 4

Stress-life design method **A19:** 15, 16

Stress-life response **A19:** 18

Stress-life response diagram approach **A19:** 3

Stress-life technique **A19:** 20

Stress-oriented hydrogen-induced cracking (SOHIC) **A19:** 479, 480

Stress-range histograms for Yellow Mill Pond Bridge **A11:** 708

Stress-related failure mechanisms microelectronic devices **EL1:** 1052–1054

Stress-relaxation testing . . . . **A8:** 311, 322–328 applications . . . . **A8:** 322 bend . . . . **A8:** 326–328 clamp spring . . . . **A8:** 327 curve, defined . . . . **A8:** 13 curve for continuous tensile . . . . **A8:** 324–325 equipment . . . . **A8:** 311 helical compression spring . . . . **A8:** 328 system for step-down tension testing . . . . . **A8:** 324 tension . . . . **A8:** 323–325 torsion **A8:** 327

Stress-relaxation tests (SRT) **A20:** 585–586

Stress-relief anneal *See also* Annealing; Fabrication characteristics wrought aluminum and aluminum alloys **A2:** 110–111, 118

Stress-relief annealing *See* Annealing

Stress-relief cracking . . . . **A1:** 607 examination/interpretation . . . . **A12:** 139–140 metallographic example **A12:** 159

Stress-relief heat treating . . . . . . **A4:** 33–34, **M4:** 3–5 annealing aluminum alloys . . . . **A4:** 870–871 cold treating . . . . **A4:** 203–204 cooling . . . . **A4:** 33, 34, **M4:** 5 creep . . . . **A4:** 33–34, **M4:** 5 induction heating energy requirements . . . . . **A4:** 189 induction heating temperatures . . . . **A4:** 188 residual stress . . . . **A4:** 33–34, **M4:** 3–5 temperatures . . . . **A4:** 34, **M4:** 4 time-temperature relation **A4:** 33, 34, **M4:** 4

welding, effect on residual stress . . **A4:** 33, **M4:** 3, 4 yield strength, relation to temperature **A4:** 34, **M4:** 4–5

Stress-relief heat treatment mechanical property effects **A16:** 25

Stress-relieved high-carbon steel wire **M1:** 264

Stress-relieved uncoated high-carbon wire **A1:** 283

Stress-relieving before hard chromium plating **M5:** 185–186

Stress-rupture properties *See also* Creep behavior; Elevated temperature properties; specific material type constructional steels for elevated temperature use . . . . **M1:** 640, 642, 646, 649–652, 655–656, 658 D-6a steel . . . . **M1:** 432 ductile iron . . . . **M1:** 47, 49, 50, 51, 95 malleable iron **M1:** 65–66, 70–72

Stress-rupture strength *See* Creep rupture strength; Creep-rupture strength

Stress-rupture test **A20:** 344

Stress-rupture testing and ductility, influence of triaxiality factor on . . . . **A8:** 345 and tension-hold-only, compared . . . . . **A8:** 348, 349 constant-load . . . . **A8:** 313–318 constant-stress . . . . **A8:** 318–321 data presentation . . . . **A8:** 315 equipment . . . . **A8:** 311–313 method for master Larson-Miller curve in **A8:** 333, 335 notch effects . . . . **A8:** 315–316 of Inconel 718 . . . . **A8:** 333, 335 stress amplitude vs. time to fracture . . **A8:** 349–350 temperature control and measurement in furnace **A8:** 312–313

Stress-sorption theory and stress-corrosion cracking **A11:** 203

Stress-strain *See also* Stiffness . . . . **EM3:** 28 and strain gage measurements related **A8:** 198–199 beam distributions . . . . **A8:** 119, 121 behavior, as mechanical properties measurement . . . . **EM2:** 433–435 behavior, superplastic alloys . . . . **A14:** 855–857 curve . . . . **EM1:** 23, 296 curves, defined . . . . **EM2:** 41 curves, metal and plastic . . . . **EM2:** 74 defined . . . . **EM1:** 23, **EM2:** 41 diagram, defined . . . . **A14:** 13, 19 electronic applications . . . . **A20:** 619 field, effect on crack extension . . . . **A8:** 439 from wave propagation . . . . **A8:** 209 in lamina . . . . **EM1:** 218–220, 231 loop, for constant-strain cycling . . . . **A8:** 367 of fibers . . . . **EM1:** 175 of matrices . . . . **EM1:** 176 ply . . . . **EM1:** 146, 459 pure plastic bending . . . . **A8:** 118–124 rate behavior, superplastic alloys . . . . **A14:** 854 relations, forming, stainless steels . . . . **A14:** 760 relationships in bending . . . . **A8:** 118–124 relationships in cantilever beam bend test . . **A8:** 133 tensile test configuration schematic . . . . . . **A8:** 208 tests, compressive . . . . **A8:** 197 vs. life approach, in torsional fatigue testing **A8:** 149

Stress-strain behavior of materials **A19:** 228–230

Stress-strain curve *See also* Engineering stress-strain curve; Stress-strain diagram . . . **A19:** 6, **EM3:** 28 and rate changes . . . . **A8:** 177 cantilever bending normalized . . . . **A8:** 134 definition . . . . **A20:** 841 dynamic, of steel in shear . . . . **A8:** 236 engineering . . . . **A8:** 20–27 for aluminum . . . . **A8:** 236–237 for carbon steel . . . . **A8:** 174 for elastic plastic bending . . . . **A8:** 119, 121 for electrolytic tough pitch (ETP) copper in tension **A8:** 213–214

SUBJECTS OF THE INDEXED VOLUMES: ASM Handbook (designated by the letter "A"): **A1:** Properties and Selection: Irons, Steels, and High-Performance Alloys (1990); **A2:** Properties and Selection: Nonferrous Alloys and Special-Purpose Materials (1990); **A3:** Alloy Phase Diagrams (1992); **A4:** Heat Treating (1991); **A5:** Surface Engineering (1994); **A6:** Welding, Brazing, and Soldering (1993); **A7:** Powder Metal Technologies and Applications (1998); **A8:** Mechanical Testing (1985); **A9:** Metallography and Microstructures (1985); **A10:** Materials Characterization (1986); **A11:** Failure Analysis and Prevention (1986); **A12:** Fractography (1987); **A13:** Corrosion (1987); **A14:** Forming and Forging (1988); **A15:** Casting (1988); **A16:** Machining (1989); **A17:** Nondestructive Evaluation and Quality Control (1989); **A18:** Friction, Lubrication, and Wear Technology (1992); **A19:** Fatigue and Fracture (1996); **A20:** Materials Selection and Design (1997). Metals Handbook, 9th Edition (designated by the letter "M"): **M1:** Properties and Selection: Irons and Steels (1978); **M2:** Properties and Selection: Nonferrous Alloys and Pure Metals (1979); **M3:** Properties and Selection: Stainless Steels, Tool Materials, and Special-Purpose Materials (1980); **M4:** Heat Treating (1981); **M5:** Surface Cleaning, Finishing, and Coating (1982); **M6:** Welding, Brazing, and Soldering (1983); **M7:** Powder Metallurgy (1984). **Engineered Materials Handbook** (designated by the letters "EM"): **EM1:** Composites (1987); **EM2:** Engineering Plastics (1988); **EM3:** Adhesives and Sealants (1990); **EM4:** Ceramics and Glasses (1991). **Electronic Materials Handbook** (designated by the letters "EL"): **EL1:** Packaging (1989)

for iron . . . A8: 174
for nickel . . . A8: 174
for torsional Kolsky bar dynamic testing . . . A8: 228
for vacuum arc remelted steel . . . A8: 237–238
from high strain rate shear testing . . . A8: 215
from incremental strain rate testing . . . A8: 223
in bending . . . A8: 117, 133–134
in cantilever beam bend test . . . A8: 133
niobium, yield strength and deformation rate . . . A8: 38
pure plastic bending . . . A8: 120, 122
serrations in . . . A8: 35
shear, for copper . . . A8: 229, 231
shear, for OFHC copper . . . A8: 216–217
Stress-strain curves
cold-finished bars . . . M1: 221, 244, 245–249
gray cast iron . . . M1: 18, 20
malleable iron . . . M1: 65
Stress-strain diagram . . . A8: 13–14, 34–35, 124, 323
defined . . . A10: 682, A11: 10
nonlinear . . . A11: 47
Stress-strain hysteresis loop . . A19: 73, 232, 233, 257, 258, 259
Stress-strain relationships . . . EM3: 392–394
Stress-strain response
effect on surface condition . . . A19: 319
Stress-time curve *See also* Stress-relaxation curve
in stress-corrosion cracking . . . A13: 276
Stress-wave shape
effect on corrosion fatigue . . . A11: 255
Stretch
automotive chain wear . . . A18: 566
Stretch bending
of bar . . . A14: 661
Stretch draw forming
form-block method . . . A14: 593
lancing . . . A14: 593
mating-die method . . . A14: 593
Stretch drawing . . . A20: 694
in sheet metalworking processes classification scheme . . . A20: 691
Stretch factors, critical distance
RLC line . . . EL1: 360
Stretch forming . . . A14: 591–598, A20: 693–694
accuracy . . . A14: 596–597
advantages . . . A14: 591–592
aluminum alloys . . . A14: 798
applicability . . . A14: 591–592
compression forming . . . A14: 594–595
defined . . . A14: 13
definition . . . A20: 841
draw forming . . . A14: 593–594
equalizing . . . A14: 777
fundamentals . . . A14: 591
in sheet metalworking processes classification scheme . . . A20: 691
limitations . . . A14: 592
machines and accessories . . . A14: 592, 596
magnesium . . . M2: 543, 545–546
magnesium alloys . . . A2: 469–471, A14: 830
methods . . . A14: 591
of beryllium . . . A14: 807
of copper and copper alloys . . . A14: 814–818
of large parts . . . A14: 596
of titanium alloys . . . A14: 846
operating parameters . . . A14: 598
radial draw forming . . . A14: 595–596
stainless steels . . . A14: 776–777
stretch wrapping . . . A14: 594
surface finish . . . A14: 597–598
vs. alternative methods . . . A14: 598
Stretch forming machines and accessories . . A14: 593, 596
Stretch straightening . . . A14: 681
Stretch wrapping . . . A14: 594
Stretchability
measure of . . . A8: 561
Stretch-bending test . . . A8: 14, 560–561
Stretch-drawing tests, simulative
for sheet metals . . . A8: 563
Stretched zone
measured . . . A11: 56
Stretcher leveling
defined . . . A14: 13
of carbon steel sheet . . . A1: 206
Stretcher leveling of steel sheet . . . M1: 160
Stretcher straightening
defined . . . A14: 13
Stretcher strains *See also* Deformation bands; Lüders lines . . . A1: 574, A14: 13, 547, A20: 742
appearance . . . A9: 687
as formability problem . . . A8: 548
defined . . . A9: 17
definition . . . A5: 968
in carbon steel sheet and strip . . . A1: 204
in deep drawn low-carbon steel aerosol can . . . A9: 688
Stretcher strains, low-carbon sheet and strip *See also* Luders lines . . . M1: 157
Stretcher-strain formation
by strain aging . . . A12: 129, 148
Stretching
and bending, as springback . . . A8: 553
balanced biaxial . . . A8: 547
biaxial test . . . A8: 558–559
defined . . . A14: 13
effect on springback . . . A8: 553, 565
from creep, nickel-base alloy . . . A11: 283
m and *n* values for . . . A8: 550–551
of sheet metals . . . A14: 877
tests . . . A14: 890–891
tests, simulative, for sheet metals . . . A8: 561–562
titanium alloys . . . A12: 453
wrought aluminum alloys . . . A12: 434
zone, toughness calculated by size of . . . A11: 56
Stretching forming process
characteristics . . . A20: 693
Stria *See* Weld line
Striae *See* Flow line
Striation *See also* Beach marks . . . A13: 12, 937
defined . . . A8: 14
definition . . . EM4: 633
ductile intergranular . . . A8: 487
Striation formation, mechanism of . . . A19: 53
Striation spacing *See also* Fatigue striation spacings . . . A19: 146
Striations *See also* Fatigue striations . . . A19: 55
and Wallner lines, compared . . . A11: 26
as indicator of fatigue . . . A11: 258, 259
by high-cycle fatigue . . . A11: 78
by microscopy . . . A11: 105
concentric circular, in polymers . . . A11: 762
count, by quantitative fractography . . . A11: 56
defined . . . A11: 10
fatigue . . . A11: 75, 78, 105, 347, 657, 683, 688
fatigue-crack growth, in bridge components . . . A11: 708
in deburring drum SEM fractograph . . . A11: 347
in fatigue fractures . . . A11: 75
in nuclear steam-generator wall . . . A11: 657
in stainless steel implant . . . A11: 683, 687
-like rub marks . . . A11: 27
on springs . . . A19: 367
SCC, in stainless steel . . . A11: 28
stage II . . . A11: 22, 23
surface, from fatigue . . . A11: 80–81
types A or B . . . A19: 53
Stribeck curve . . . A18: 60, 66, 89
coefficient of friction of sliding bearings A18: 518, 519
defined . . . A18: 18
lubrication regimes of tribosystems . . . A18: 476
Stribeck-Hersey curve . . . A18: 48, 49
Strict liability . . . A20: 146
Strike
definition . . . A5: 968
Strike (gold) . . . A5: 249
"Strike" (selective plating) . . . A5: 280
Strike (silver) . . . A5: 245
Striker bar
for explosively loaded torsional Kolsky bar A8: 227
for incident wave generation . . . A8: 201
in split Hopkinson pressure bar . . . A8: 198–199
with single pressure bar . . . A8: 199
Strikes
as surface plating . . . EL1: 679
Striking
definition . . . A5: 968
Striking surface
defined . . . A14: 13
Stringer
definition . . . A5: 968
in ultrahigh-strength steel . . . A8: 477–478
Stringer bead
definition . . . A6: 1214, M6: 17
Stringer bead welding
cast irons . . . A6: 710
nickel-base corrosion-resistant alloys containing molybdenum . . . A6: 594
Stringers *See also* Sulfide stringers
as inclusion . . . A12: 65, 67
as linear element in quantitative metallography . . . A9: 126
deep shell crack from . . . A12: 288
defined . . . A9: 17, A11: 10, A12: 65
in magnesium alloys . . . A9: 429
inclusion, in failed extrusion press . . . A11: 38
nonmetallic, high-carbon steels . . . A12: 285
of slag, as woody fracture . . . A12: 224
slag . . . A11: 316
sulfide, AISI/SAE alloy steels . . . A12: 294
Stringiness . . . EM3: 28
Strip *See also* Carbon steel sheet and strip; Cobalt powder strip; Nickel powder strip; Roll compacted strip; Roll compacting M7: 12, 297, 401–409
bend testing . . . A8: 117, 132
bending moment-deflection data . . . A8: 134
bending, nickel-base alloys . . . A14: 835–836
beryllium-copper alloys . . . A2: 403, 413
brazing filler metals available in this form A6: 119
coiled, slitting and shearing of . . . A14: 708–713
cold rolled, net shipments (U.S.) for all grades, 1991 and 1992 . . . A5: 701
cold-rolled . . . A1: 846
defined . . . A14: 13
definition . . . A5: 968
flash welding . . . M6: 558
flatteners and levelers for . . . A14: 713
for blanking . . . A14: 449
heat treatment . . . A1: 846, 848
heated-roll rolling . . . A14: 356–357
heavy, silicon-iron, as magnetically soft materials . . . A2: 769
high-strength low-alloy steel strip
cold-forming strip . . . A1: 417
compositions . . . A1: 406, 417
forming properties . . . A1: 418, 420
specifications . . . A1: 399, 401
yield and tensile strengths . . . A1: 417
hot rolled, net shipments (U.S.) for all grades, 1991 and 1992 . . . A5: 701
hot-rolled . . . A1: 846
lamination, iron-cobalt alloy, properties . . . A2: 777
lockseaming/can seaming . . . A14: 572
stainless steel *See also* Stainless steel, strip . . . A1: 846, 848
steel *See* Steel, strip
steel, multiple-slide forming of . . . A14: 567–574
thickness for hardness testing . . . A8: 105
wrought copper . . . A2: 241–248
wrought high-strength beryllium-copper alloys . . . A2: 409
Strip chart recorder
for fatigue testing machines . . . A8: 368
Strip chart recorders
as eddy current inspection readout . . . A17: 179
Strip, continuous galvanized
chromating of . . . A13: 390
Strip, copper
temper designations . . . M2: 248–249
Strip, copper-nickel-tin . . . A7: 1104, 1105
Strip finishes . . . A1: 886
Strip layout
developing for the part . . . A20: 36
Strip line
defined . . . EL1: 1158
Strip liner cladding . . . M6: 804
Strip plastic zone model
fracture tests using . . . A8: 449
Strip rolling
theory . . . A14: 344–346
Strip yield model . . . A19: 58, 125, 130–131
as crack growth prediction model . . . A19: 128
Strip-back method . . . A6: 591
Stripline probes
microwave . . . A17: 219
Stripline properties
impedance models . . . EL1: 602
Stripped die method . . . M7: 12

Stripper . . . EM3: 28
defined . . . A14: 13
guided, for piercing . . . A14: 465
punch, defined . . . A14: 13
Stripper crane wheel
fatigue failure . . . A11: 526
Stripper plate *See* Hold-down plate
Stripper punch . . . M7: 12
Stripping
defined . . . A15: 11
force, in blanking . . . A14: 448
mechanism, multiple-slide forming . . . A14: 569
of carbon replicas . . . A12: 181
plate, contoured . . . A15: 28
solvent . . . EL1: 780
Stripping analysis, electrometric titration and
compared . . . A10: 202
Stripping, chemical
design limitations . . . A20: 821
Stripping, mechanical
design limitations . . . A20: 821
Stripping mechanism . . . A7: 152
Stripping methods
aluminum and aluminum alloys . . . M5: 3–19, 218
cadmium plating . . . M5: 267–268, 647
chrome pickle . . . M5: 648
chromium . . . M5: 218
chromium plating . . . M5: 184–185, 198, 646
coatings, various . . . M5: 3–19
copper alloys . . . M5: 218
copper plate . . . M5: 567–568, 646
dichromate coatings . . . M5: 648
gold plate . . . M5: 283, 647
iron-base alloys . . . M5: 218
lead deposits from steel . . . M5: 275
magnesium alloys, plated deposits on M5: 646–647
nickel plate . . . M5: 218, 567–568, 646–647
paint *See* Paint and painting, stripping methods
phosphate coating weight determination . . . M5: 451
primers . . . M5: 647–648
silver plate . . . M5: 647
steel . . . M5: 3–19
tin plate . . . M5: 647
vinyl-base enamels . . . M5: 648
zinc alloys . . . M5: 218
zinc plate . . . M5: 646
Stripping pressure . . . A7: 323–324, M7: 190–191
Stripping strength . . . A7: 324
Stripping, thermal
design limitations . . . A20: 821
Stripping voltammetry . . . A10: 192–193
Strips . . . A18: 569
Strip-type bearings . . . A18: 741
Strip-type wide face brushes . . . M5: 152–153
Stroh formalism . . . A6: 146
Stroke
defined . . . A14: 13
Stroke capacity, and press tonnage
rigid tool compaction . . . M7: 325–326
Stroke capacity of a press . . . A7: 344
Stroke-restricted machines . . . A14: 25, 37
Stromeyer, Wilhelm
as metallurgical physicist . . . A15: 29
Strong acid number . . . A18: 84
Strong base number . . . A18: 84
Strongbacks
electroslag welding . . . M6: 230
Strong-beam images . . . A9: 111
compared to weak-beam images . . . A9: 114
of curved dislocation segment . . . A9: 114
strain contrast in . . . A9: 112
Stronger second phases . . . A19: 49
Strontium
alloying, aluminum casting alloys . . . A2: 132
alloying, wrought aluminum alloy . . . A2: 55
and sodium, in aluminum-silicon alloys compared . . . A15: 167
as addition to aluminum-silicon alloys . . . A18: 788
as modifier addition . . . A15: 484
as silicon modifier . . . A15: 79, 161–165
epithermal neutron activation analysis . . . A10: 239
in aluminum alloys . . . A15: 746
pure . . . M2: 799
pure, properties . . . A2: 1159
species weighed in gravimetry . . . A10: 172
sulfate ion separation . . . A10: 169
sulfuric acid as dissolution medium . . . A10: 165
TNAA detection limits . . . A10: 237
vapor pressure . . . A6: 621
Strontium ferrite . . . A7: 1018
Strontium ferrites . . . A9: 539
thermal etching . . . EM4: 575
Strontium oxide
in binary phosphate glasses . . . A10: 131
Strontium oxide (SrO)
glass/metal seals . . . EM4: 494
glass-ceramic/metal seals . . . EM4: 499
in glaze composition for tableware . . . EM4: 1102
specific properties imparted in CTV tubes . . . EM4: 1039
tooling for pressed ware . . . EM4: 398
Strontium silicate glass . . . A20: 635
Strontium titanate . . . EM4: 60, 542
application . . . EM4: 542
Strontium titanium oxide ($SrTiO_3$)
dielectric properties . . . EM4: 877
gas pressure sintering for pressure densification . . . EM4: 299
Strontium, vapor pressure, relation
to temperature . . . M4: 310
Structural adhesive *See also* Adhesives
defined . . . EM1: 23, EM2: 41
Structural Adhesive Joints in Engineering . . . EM3: 70–71
Structural adhesives
addition of secondary phases to suppress viscoelasticity . . . EM3: 513
advantages and limitations . . . EM3: 75, 77
aerospace applications . . . EM3: 44
automotive, advantages . . . EM3: 555
characteristics . . . EM3: 74
chemical families . . . EM3: 77–80
for woodworking . . . EM3: 46
polyetheretherketone (PEEK), fracture toughness . . . EM3: 509, 510
properties . . . EM3: 78
selection . . . EM3: 76
shear properties . . . EM3: 321
suppliers . . . EM3: 510, 513
Structural Adhesives and Bonding . . . EM3: 69
Structural Adhesives Bonding . . . EM3: 68
Structural Adhesives: Developments in Resins and Primers . . . EM3: 71
Structural Adhesives—Chemistry and Technology . . . EM3: 69
Structural alloys
cyclic deformation . . . A19: 86–89
effect of temperature on fatigue life of . . . A11: 130
fatigue crack propagation in liquid metal environments . . . A8: 425–426
hard surfacing, wear applications . . . A20: 607
high-temperature sintering . . . A7: 832
overload failure mechanism . . . A12: 12
soft coatings, wear applications . . . A20: 607
surface treatments, wear applications . . . A20: 607
Structural alloys, fracture resistance of A19: 381–392
aluminum alloys . . . A19: 384–386, 387
basic fracture principles . . . A19: 381–382, 383
brittle matrix-ductile phase composites . . . A19: 388–389
composites . . . A19: 388–391
crack propagation mechanisms . . . A19: 382
fracture toughness values, estimated and measured . . . A19: 382
high-strength steels . . . A19: 382–384, 385
maraging steels . . . A19: 382–383
martensite-aging steels . . . A19: 382–383
metal-matrix composites . . . A19: 390–391
metastable austenite-based steels . . . A19: 383, 384
microstructural variable effects on fracture toughness of steels . . . A19: 383
quenched-and-tempered steels . . . A19: 383–384, 385
titanium alloys . . . A19: 386–388
transformation-induced plasticity steels (TRIP) . . . A19: 383, 384
tungsten carbide-Co cermets (WC-Co) . . . A19: 389–390
Structural alloys, thermal and thermomechanical fatigue of . . . A19: 527–556
aluminum alloy thermomechanical fatigue . . . A19: 536–537
carbon steel TF and thermomechanical fatigue . . . A19: 532–536
coating effects in superalloys . . . A19: 540–541
cobalt-base superalloys . . . A19: 542
constitutive equations suitable for thermomechanical fatigue . . . A19: 548–551
crack initiation in TF and thermo-mechanical fatigue . . . A19: 542–543
crack propagation in TF and thermomechanical fatigue . . . A19: 543
creep damage and creep fatigue models . . . A19: 547–548
creep-fatigue laws . . . A19: 548
cyclic straining . . . A19: 527
damage mechanisms for thermomechanical fatigue in-phase and thermomechanical fatigue out-of-phase loadings . . . A19: 541
environmental effects on steels . . . A19: 534
examples . . . A19: 527
experimental techniques in TF and thermomechanical fatigue . . . A19: 528–530
life prediction under TF and thermomechanical fatigue . . . A19: 545–548
low-alloy steel TF and thermomechanical fatigue . . . A19: 532–536
mechanical strain . . . A19: 528
microstructural changes in steels . . . A19: 535–536
microstructural damage mechanisms in steels . . . A19: 535
multiaxial effects in TF and thermomechanical fatigue . . . A19: 542
nickel-base alloy environmental effects . . . A19: 539–540
nickel-base alloy microstructural changes . . . A19: 541–542
nickel-base alloy strain rate and frequency effects . . . A19: 539
nickel-base high-temperature alloy thermomechanical fatigue . . . A19: 537–542
nonunified plasticity model . . . A19: 548
oxidation fatigue laws . . . A19: 546–547
oxide failure mechanisms and models . . . A19: 546
schematic of modern thermomechanical fatigue system . . . A19: 530
stainless steel TF and thermomechanical fatigue . . . A19: 532–536
strain rate and temperature effects on steels . . . A19: 534–535
strain-temperature variations in TF and thermomechanical fatigue . . . A19: 531
temperature-strain variations in service . . . A19: 543–544
TF and thermomechanical fatigue of structural alloys . . . A19: 532–536
thermal ratcheting . . . A19: 544–545
thermal shock . . . A19: 528, 545
thermal strain . . . A19: 528
thermomechanical fatigue, definition . . . A19: 527
thermomechanical fatigue IP versus thermomechanical fatigue OP . . A19: 530–531
tin-lead solder alloys . . . A19: 542
titanium alloys . . . A19: 542
two-step thermomechanical fatigue . . . A19: 533
unified creep plasticity models and their use in thermal loading . . . A19: 550–551

SUBJECTS OF THE INDEXED VOLUMES: ASM Handbook (designated by the letter "A"): **A1:** Properties and Selection: Irons, Steels, and High-Performance Alloys (1990); **A2:** Properties and Selection: Nonferrous Alloys and Special-Purpose Materials (1990); **A3:** Alloy Phase Diagrams (1992); **A4:** Heat Treating (1991); **A5:** Surface Engineering (1994); **A6:** Welding, Brazing, and Soldering (1993); **A7:** Powder Metal Technologies and Applications (1998); **A8:** Mechanical Testing (1985); **A9:** Metallography and Microstructures (1985); **A10:** Materials Characterization (1986); **A11:** Failure Analysis and Prevention (1986); **A12:** Fractography (1987); **A13:** Corrosion (1987); **A14:** Forming and Forging (1988); **A15:** Casting (1988); **A16:** Machining (1989); **A17:** Nondestructive Evaluation and Quality Control (1989); **A18:** Friction, Lubrication, and Wear Technology (1992); **A19:** Fatigue and Fracture (1996); **A20:** Materials Selection and Design (1997). **Metals Handbook, 9th Edition** (designated by the letter "M"): **M1:** Properties and Selection: Irons and Steels (1978); **M2:** Properties and Selection: Nonferrous Alloys and Pure Metals (1979); **M3:** Properties and Selection: Stainless Steels, Tool Materials, and Special-Purpose Materials (1980); **M4:** Heat Treating (1981); **M5:** Surface Cleaning, Finishing, and Coating (1982); **M6:** Welding, Brazing, and Soldering (1983); **M7:** Powder Metallurgy (1984). **Engineered Materials Handbook** (designated by the letters "EM"): **EM1:** Composites (1987); **EM2:** Engineering Plastics (1988); **EM3:** Adhesives and Sealants (1990); **EM4:** Ceramics and Glasses (1991). **Electronic Materials Handbook** (designated by the letters "EL"): **EL1:** Packaging (1989)

Structural aluminum alloys
cyclic stress-strain response **A19:** 89
R-curve measurements **A8:** 452
strain rate sensitivity of **A8:** 38, 40
Structural analysis *See also* Comosite structural analysis; Composite structures; Structural analysis and design; Structure; Structure determinations; Substructure; Surface structure
by CBED **A10:** 461–464
computer programs for **EM1:** 268–274
crystal, applicable analytical methods **A10:** 4
electronic **A10:** 60, 277
elemental, applicable analytical methods **A10:** 4
extended x-ray absorption fine structure **A10:** 407–419
in situ, of active sites in catalysts **A10:** 407
in solutions, voltammetric analysis **A10:** 188
in vivo, of active sites in metalloproteins . . **A10:** 407
inert gas fusion, in titanium **A10:** 231
molecular spectroscopy **EM2:** 825–828
molecular weight **EM2:** 828–830
of change, by neutron diffraction **A10:** 420
of defects, applicable analytical methods **A10:** 4
of inorganic solids, applicable analytical methods **A10:** 4–6
of milligram quantities **EM2:** 836–837
of polymers **EM2:** 835–836
phase distribution, applicable analytical methods **A10:** 4
phase identification, applicable analytical methods **A10:** 4
problem solving **EM2:** 824–825
substructure, due to cold **A10:** 468–469
substructure, due to hot deformation and restoration **A10:** 469–470
thermal, methods of **EM2:** 830–835
x-ray diffraction (XRD) analysis **EM2:** 835
Structural analysis and design *See also* Structural analysis; Structure
assembly methods **EM2:** 711–725
creep and stress relaxation **EM2:** 659–678
design guidelines, general **EM2:** 707–710
engineering formulas, use of **EM2:** 652–654
fatigue loading **EM2:** 701–706
impact loading **EM2:** 679–700
introduction **EM2:** 651
properties divergencies **EM2:** 655–658
Structural anomalies
as casting defects **A11:** 387–388, **A17:** 519–520
Structural anomalies, as casting defects
types **A15:** 552–553
Structural applications *See also* Honeycomb structures
aircraft components, eddy current inspection **A17:** 189–194
casting inspections **A17:** 530–531
characterization **A17:** 50–51
component assessment testing program . . . **A17:** 686
components, cemented carbide **A2:** 971–972
computed tomography (CT) **A17:** 364
ductile iron **M1:** 36
hot rolled bars and shapes **M1:** 207, 209, 211–213
lead and lead alloy **A2:** 555–556
magnetic paint inspection **A17:** 128
malleable iron **M1:** 9
nickel aluminides **A2:** 918
parts, copper-base **A2:** 396–398
plate **M1:** 181
steel, red lead rust inhibitors **A2:** 548
Structural applications for technical, engineering, and advanced ceramics **EM4:** 959–960
advantages gained by substituting ceramics for metals **EM4:** 959
application areas **EM4:** 959
automotive applications **EM4:** 960
ceramic heat exchangers **EM4:** 960
engineering ceramics market growth chart **EM4:** 959
Structural assessment
aluminum-silicon alloys **A15:** 166
Structural bond **EM3:** 28
defined **EM1:** 23, **EM2:** 41
Structural carbon steels **A1:** 389
high-strength **A1:** 390–391
hot-rolled carbon-manganese structural steels **A1:** 390, 391
mild steels **A1:** 390
Structural ceramic composites
carbon fiber reinforcement **EM1:** 929–930
ceramic fiber reinforcement **EM1:** 930–931
fabrication **EM1:** 926–927
metal reinforcement **EM1:** 927–929
Structural ceramics *See also* Ceramics **A20:** 426, 428–433, **EM4:** 18–20
alumina ceramics **A2:** 1021
aluminum titanate **A2:** 1021–1022
applications **A2:** 1019, 1021–1024, **EM4:** 18, 19
aerospace **EM4:** 1005
automotive components **EM4:** 19
biomedical applications **EM4:** 19
boron carbide **A2:** 1022
composite ceramics **A2:** 1023–1024
defined **A2:** 1019
design practices in automotive turbocharger wheels **EM4:** 722–726
fabrication processes **EM4:** 18, 19
finishing of **A2:** 1021
forming and fabrication **A2:** 1020
load-bearing applications **EM4:** 18
materials for tribological applications **EM4:** 19
materials selection **EM4:** 19–20
power generation systems **EM4:** 19
primary properties of interest **EM4:** 19
processing **A2:** 1019–1021
processing equipment **EM4:** 19
properties . . **A2:** 1019, 1021–1024, **EM4:** 18, 19, 29
properties needed in key design areas . . . **EM4:** 691
raw material preparation **A2:** 1019–1020
silicon carbide **A2:** 1022
silicon nitride **A2:** 1022
silicon-aluminum-oxynitride (SiAlON) **A2:** 1022
thermal treatment **A2:** 1020–1021
toughened ceramics **A2:** 1022–1023
uses **A2:** 1019
zirconia **A2:** 1022
Structural Ceramics Database (SCD) project
National Institute of Standards and Technology (NIST) **EM4:** 692
Structural ceramics, design practices in gas turbine engines *See* Design practices for structural ceramics in gas turbine engines
Structural ceramics in gasoline engines, design practices *See* Design practices for structural ceramics in gasoline engines
Structural clay products **A20:** 422, **EM4:** 943–951
aggregates **EM4:** 950
chemically resistant units **EM4:** 950–951
common properties **EM4:** 943
estimated worldwide sales **A20:** 781
facing materials **EM4:** 943–946
glazes **EM4:** 1061
load-bearing products **EM4:** 946–949
passive solar brick **EM4:** 951
paving units **EM4:** 949–950
product applications **EM4:** 943, 944
roofing tile **EM4:** 950
terra cotta **EM4:** 951
vitrified clay pipe **EM4:** 951
Structural components
use of tool materials for **M3:** 558–559
Structural composites *See also* Composites
cyanates **EM2:** 232–233
Structural compression molding **EM1:** 561–562
Structural configuration, effect
damage tolerance **EM1:** 262–264
Structural design
categories of **A11:** 115
corrosion protection by **A13:** 379
Structural design criteria
Task I USAF ASIP design information . . . **A19:** 582
Structural diagrams
Laplanche diagram **A15:** 68–70
Maurer diagram **A15:** 68–69
Structural element **A20:** 178, 179, 180
Structural evolution
EXAFS described **A10:** 407
Structural failure
predicting **A8:** 682
Structural fatigue response **A19:** 17
Structural film adhesives
aerospace applications **EM3:** 44
curing methods **EM3:** 44
resin system types **EM3:** 44
shelf life **EM3:** 44
Structural foam molding
compatiblity with various materials **A20:** 247
Structural foams *See also* Foams **EM3:** 28
defined **EM2:** 41
thermoplastic **EM2:** 508–513
Structural grades
beryllium **A2:** 686
Structural grades of beryllium **A9:** 390
Structural gradients **A9:** 602
Structural HSLA steels
applications **A1:** 399, 401, 420
compared with carbon steel **A1:** 389
compositions **A1:** 401, 406, 410, 420
normalized **A1:** 410
tensile properties
cold-rolled **A1:** 420
hot-rolled **A1:** 411
Structural liquid and paste adhesives
aerospace applications **EM3:** 44
shelf life **EM3:** 44
Structural maintenance records
Task V USAF ASIP force management . . . **A19:** 582
Structural metals **A19:** 7
Structural parts
bronze **A7:** 866, 867, 868
bronze and copper **M7:** 105
specifications **A7:** 1099
Structural plastics
chemistry **EM2:** 65–66
types **EM2:** 65–66
Structural quality
hot rolled bars **M1:** 204, 207–213
plate
ASTM specifications **M1:** 183
compositions **M1:** 185–189
mechanical properties **M1:** 190–191
sheet and strip **M1:** 154, 155
formability **M1:** 547
Structural quality carbon steels **A1:** 202
Structural reaction injection molding (SRIM) *See also* Injection molding; Reaction injection molding (RIM); Resin transfer molding (RTM) **A20:** 806
and resin transfer molding compared **EM2:** 344–351
defined **EM2:** 41
economic factors **EM2:** 349–350
for large parts **EM2:** 344
for polyurethanes (PUR) **EM2:** 262
in polymer-matrix composites processes classification scheme **A20:** 701
plastics **A20:** 799, 800
polymer-matrix composites **A20:** 701–702
process **EM2:** 344–346
surface finish **EM2:** 304
surface requirements **EM2:** 350
textured surfaces **EM2:** 305
urethane hybrids **EM2:** 269–270
Structural reaction injection molding (structural RIM) **EM1:** 564
Structural sections
computer-aided roll pass design **A14:** 349–350
Structural shapes *See* Shapes
Structural stability
mechanically alloyed oxide dispersion-strengthened (MA ODS) alloys **A2:** 947
Structural steel *See also* As-rolled structural steels; HSLA steels
atmospheric corrosion of **M1:** 723
dry blasting **A5:** 59
fatigue crack growth in **A1:** 663–664, 665, 666
fracture toughness characteristics of **A1:** 664, 666–667, 669
high-strength low-alloy steels for **A1:** 419
hot-rolled shapes **M1:** 207, 209, 212–213
low-temperature properties of **A1:** 662–672
notch toughness of **A1:** 412
specifications **A1:** 664–665, 667, 668
tubing **M1:** 323, 325, 326
Structural steel tubing **A1:** 334, 335
Structural steels
applications
offshore structures **A6:** 384
shipbuilding and offshore structures **A6:** 381–385
atmospheric corrosion **A13:** 532
capacitor discharge stud welding **A6:** 222
Charpy V-notch impact test for **A8:** 263

Structural steels (continued)
corrosion failures **A13:** 1308–1309
crack arrest testing of **A8:** 453–455
ductile-to-brittle transition temperature **A11:** 68–69
dynamic fracture toughness for **A8:** 269
electroslag welding **A6:** 277, **M6:** 226
for loaded thermal conductor, decision matrix **A20:** 293
for springs **A19:** 365, 366, 367
for toy train helical spring **A20:** 292
for wire for steel toy spring **A20:** 292
fracture properties **A19:** 615–620
fracture testing, effects of cleavage **A8:** 458
gas tungsten arc welding **M6:** 203–204
general biological corrosion **A13:** 87, 88
impact stress-intensity testing of **A8:** 453
marine corrosion **A13:** 540, 544
plane-strain fracture toughness **A8:** 450
properties compared, for cylindrical compression element **A20:** 514
resilience of **A8:** 23
ship/submarine **A13:** 546
submerged arc welding **M6:** 116
weldments **A19:** 442, 443, 444

Structural steels, ASTM, specific types
A36 . . . . **A19:** 616
coefficient of slip (friction) **A19:** 290
fracture toughness **A19:** 630, 631
monotonic and fatigue properties **A19:** 971
monotonic and fatigue properties for welds at 23 °C **A19:** 979
monotonic and fatigue properties, strip at 23 °C **A19:** 973
A36 HAZ
crack growth properties, weldment **A19:** 283
strain-controlled fatigue properties **A19:** 283
tensile properties **A19:** 283
A136, 150 HB, monotonic and cyclic stress-strain properties **A19:** 231
A136, as received, monotonic and cyclic stress-strain properties **A19:** 231
A-212, stress-corrosion cracking **A19:** 649
A212B
corrosion fatigue crack growth data **A19:** 643
elevated temperature effect on fatigue crack growth **A19:** 643
A216, plane-strain fracture toughness **A19:** 662
A227, class II, carbon steel spring wire . . . **A19:** 363
A227, stress conditions in wire springs . . . **A19:** 364, 365, 366
A238, grade D, Charpy V-notch toughness **A19:** 616
A247, fatigue analysis **A19:** 246
A285, stress-corrosion cracking **A19:** 649
A285C, operating stress map, weld discontinuity **A19:** 465, 466
A302B
corrosion fatigue crack growth data **A19:** 643
monotonic and fatigue properties plate at 23 °C **A19:** 972
A387, grade II, fracture resistance after heat treatment **A19:** 706
A440 (high-strength low-alloy), coefficient of slip (friction) **A19:** 290
A470 class 8, controlling parameters for creep crack growth analysis **A19:** 522
A508
fatigue crack growth **A19:** 728
high-temperature corrosion fatigue **A19:** 197
A508-2 (class 2)
corrosion fatigue crack growth rates **A19:** 200
stress ratio effect on fatigue threshold stress-intensity factor range **A19:** 640
A508-3
crack closure **A19:** 136
fatigue crack threshold **A19:** 143
A514
monotonic and fatigue properties for welds at 23 °C **A19:** 979
quenched and tempered, coefficient of slip (friction) **A19:** 290
A514, grade F
composition **A19:** 615
fatigue **A19:** 593
plate steel, type, yield strength, heat treatment, and microstructure **A19:** 591
A514 HAZ
crack growth properties, weldment **A19:** 283
strain-controlled fatigue properties **A19:** 283
tensile properties **A19:** 283
A514B, fatigue crack growth rate **A19:** 642
A516, monotonic and fatigue properties for welds at 23 °C **A19:** 979
A516-70 (grade 70)
fracture **A19:** 592, 593
hydrogen-induced cracking **A19:** 480
monotonic and fatigue properties, plate at 23 °C **A19:** 972
plate steel, type, yield strength, heat treatment, and microstructure **A19:** 591
A517, grade F
composition **A19:** 615
elevated temperature effect on fatigue crack growth **A19:** 643
stress ratio effect on fatigue threshold stress-intensity factor range **A19:** 640
A517H plate, chevron markings **A19:** 375, 376
A533
crack growth curve **A19:** 24
fatigue crack growth rate **A19:** 170
A533, grade B
composition **A19:** 615
corrosion fatigue crack growth rates **A19:** 197, 200
crack growth rate data **A19:** 421
fatigue crack growth **A19:** 639, 642, 644
fracture **A19:** 592
fracture toughness **A19:** 631
high-temperature corrosion fatigue **A19:** 197
stress ratio effect on fatigue threshold stress-intensity factor range **A19:** 640
testing temperature influence on fatigue crack propagation exponent **A19:** 645
A533B-1 (grade B, class 1)
fatigue **A19:** 593
fatigue crack growth **A19:** 639, 640
Paris data for fatigue crack propagation **A19:** 135, 136
plate steel, type, yield strength, heat treatment, and microstructure **A19:** 591
A542, fatigue crack monitoring **A19:** 213
A588A (grade A)
fatigue **A19:** 593
plate steel, type, yield strength, heat treatment, and microstructure **A19:** 591
A633C (grade C)
fracture **A19:** 592, 594
plate steel, type, yield strength, heat treatment, and microstructure **A19:** 591
A710, fatigue crack threshold **A19:** 145
A710 grade A, class 3, plate steel, type, yield strength, heat treatment, and microstructure **A19:** 591
A808, plate steel, type, yield strength, heat treatment, and microstructure **A19:** 591
AM1 single crystals, damage mechanisms for thermomechanical fatigue in-phase and thermomechanical fatigue out-of-phase loadings **A19:** 541
AM350
fatigue limits **A19:** 715
monotonic and fatigue properties, blank at 23 °C **A19:** 977
AM350, annealed
tensile properties **A19:** 967
total strain versus cyclic life **A19:** 967
used in low-cycle fatigue study to position elastic and plastic strain-range lines **A19:** 964
AM350, hard
tensile properties **A19:** 967
total strain versus cyclic life **A19:** 967
used in low-cycle fatigue study to position elastic and plastic strain-range lines **A19:** 964
AM363
fatigue limits **A19:** 716
tensile properties **A19:** 716
BS4360-50D, fatigue crack growth **A19:** 145
D-6ac **A19:** 377
brittle fracture in aircraft **A19:** 372
composition **A19:** 615
crack growth under program loading . . . **A19:** 122, 123
for aircraft wing boxes **A19:** 579–580
forging, room-temperature fracture **A19:** 622
fracture mechanics **A19:** 614
fracture toughness correlated to yield strength **A19:** 616
fracture toughness value for engineering alloy **A19:** 377
manufacturing defect **A19:** 561
plate, room-temperature fracture toughness **A19:** 622, 623
room-temperature fracture toughness . . . **A19:** 622, 623
stress-corrosion cracking **A19:** 488
D-979, used in low-cycle fatigue study to position elastic and plastic strain-range lines **A19:** 964
DP9, fatigue strength under pulsating tensile stresses **A19:** 762
E36, crack aspect ratio variation **A19:** 160
E60 S-3, monotonic and fatigue properties, at 23 °C butt-welded joint of A36 . . . . **A19:** 979
E70T-1, monotonic and fatigue properties, at 23 °C **A19:** 979
E110, monotonic and fatigue properties, at 23 °C butt-welded joint of A514 . . . . **A19:** 979
En24 steel, threshold level and *R* ratio . . . **A19:** 138
EN31, for bearings, compressive residual stresses **A19:** 356
Mn-Cr-Mo-V (1.5% Mn), room temperature fracture toughness **A19:** 621
Nb-HSLA 400 °C temper, measured values of plastic work of fatigue crack propagation, and A values **A19:** 69
Nb-HSLA 550 °C temper, measured values of plastic work of fatigue crack propagation, and A values **A19:** 69
Nb-HSLA hot rolled, measured values of plastic work of fatigue crack propagation, and A values **A19:** 69
SA 533B, fracture toughness **A19:** 632
X-2, fatigue failure, intergranular fracture **A19:** 601

Structural steels, fracture and fatigue properties of **A19:** 591–604
aqueous corrosion fatigue **A19:** 598–599
ASTM testing specifications used in fracture testing **A19:** 591
axial strain-life fatigue **A19:** 595–596
coiled tubing fatigue **A19:** 603–604
component design changes **A19:** 599
corrosion effects **A19:** 599
corrosion fatigue crack initiation **A19:** 597–599
corrosion fatigue prevention **A19:** 599
corrosion fatigue strength **A19:** 596–599
fatigue crack growth **A19:** 592–593, 594
fatigue failure examples **A19:** 599–602
fatigue life behavior **A19:** 593–596
fatigue of coiled tubing **A19:** 603–604
fracture mechanics toughness **A19:** 592, 593
fracture toughness **A19:** 591–592
gas environments **A19:** 598
intergranular fracture with continuous carbide network in steel transmission gear . . **A19:** 601
low-frequency loading effect on corrosion fatigue failure of rod **A19:** 599–600
material or heat treatment changes **A19:** 599
materials and testing **A19:** 591–592

SUBJECTS OF THE INDEXED VOLUMES: ASM Handbook (designated by the letter "A"): **A1:** Properties and Selection: Irons, Steels, and High-Performance Alloys (1990); **A2:** Properties and Selection: Nonferrous Alloys and Special-Purpose Materials (1990); **A3:** Alloy Phase Diagrams (1992); **A4:** Heat Treating (1991); **A5:** Surface Engineering (1994); **A6:** Welding, Brazing, and Soldering (1993); **A7:** Powder Metal Technologies and Applications (1998); **A8:** Mechanical Testing (1985); **A9:** Metallography and Microstructures (1985); **A10:** Materials Characterization (1986); **A11:** Failure Analysis and Prevention (1986); **A12:** Fractography (1987); **A13:** Corrosion (1987); **A14:** Forming and Forging (1988); **A15:** Casting (1988); **A16:** Machining (1989); **A17:** Nondestructive Evaluation and Quality Control (1989); **A18:** Friction, Lubrication, and Wear Technology (1992); **A19:** Fatigue and Fracture (1996); **A20:** Materials Selection and Design (1997). **Metals Handbook, 9th Edition** (designated by the letter "M"): **M1:** Properties and Selection: Irons and Steels (1978); **M2:** Properties and Selection: Nonferrous Alloys and Pure Metals (1979); **M3:** Properties and Selection: Stainless Steels, Tool Materials, and Special-Purpose Materials (1980); **M4:** Heat Treating (1981); **M5:** Surface Cleaning, Finishing, and Coating (1982); **M6:** Welding, Brazing, and Soldering (1983); **M7:** Powder Metallurgy (1984). **Engineered Materials Handbook** (designated by the letters "EM"): **EM1:** Composites (1987); **EM2:** Engineering Plastics (1988); **EM3:** Adhesives and Sealants (1990); **EM4:** Ceramics and Glasses (1991). **Electronic Materials Handbook** (designated by the letters "EL"): **EL1:** Packaging (1989)

notch effects **A19:** 594–595, 596
overhead crane drive shaft failure due to rotating bending fatigue................ **A19:** 601–602
plate steels used in structural applications **A19:** 591
thread design effect on corrosion fatigue failure of rod **A19:** 599–600
transmission shaft fatigue failure from straightening after heat treatment.................... **A19:** 600–601
unnotched fatigue limits........... **A19:** 594, 595

Structural steels, specific types *See also* Low-alloy steels, specific types

15B22M, electron-beam welding **A6:** 1077

A36

composition **A6:** 642
dissimilar metal joining................ **A6:** 825
electrogas welding **A6:** 656, 660
flux-cored arc welding **A6:** 187
mechanical properties.................. **A6:** 642
recommended preheat and interpass temperatures...................... **A6:** 644

A53, recommended preheat and interpass temperatures **A6:** 644

A106, recommended preheat and interpass temperatures **A6:** 644

A108, stud arc welding................. **A6:** 211

A131

composition **A6:** 642
electrogas welding..................... **A6:** 656
mechanical properties.................. **A6:** 642
recommended preheat and interpass temperatures...................... **A6:** 644

A131-C, electrogas welding.............. **A6:** 660

A139, recommended preheat and interpass temperatures **A6:** 644

A203

electrogas welding..................... **A6:** 660
flux-cored arc welding **A6:** 187

A204-A, electroslag welding **A6:** 660

A242

electrogas welding..................... **A6:** 656
recommended preheat and interpass temperatures...................... **A6:** 644

A283

composition **A6:** 642
electrogas welding..................... **A6:** 656
mechanical properties.................. **A6:** 642

A284

composition **A6:** 642
mechanical properties.................. **A6:** 642

A285

composition **A6:** 642
corrosion of weldments **A6:** 1066
electrogas welding..................... **A6:** 656
flux-cored arc welding **A6:** 187
mechanical properties.................. **A6:** 642

A302-B, electroslag welding **A6:** 660

A381, recommended preheat and interpass temperatures **A6:** 644

A387

flux-cored arc welding **A6:** 187
laser hardfacing....................... **A6:** 807

A387A, weld cladding................... **A6:** 818

A387-C, electroslag welding **A6:** 660

A387-D, electroslag welding.............. **A6:** 660

A441

electrogas welding..................... **A6:** 660
recommended preheat and interpass temperatures...................... **A6:** 644

A442

composition **A6:** 642
mechanical properties.................. **A6:** 642

A500, recommended preheat and interpass temperatures **A6:** 644

A501, recommended preheat and interpass temperatures **A6:** 644

A514

flux-cored arc welding **A6:** 188
recommended preheat and interpass temperatures...................... **A6:** 644

A515

composition **A6:** 642
electrogas welding..................... **A6:** 656
flux-cored arc welding **A6:** 187
mechanical properties.................. **A6:** 642

A515 GR70, electroslag welding **A6:** 660

A516

composition **A6:** 642
electrogas welding **A6:** 656, 660
flux-cored arc welding **A6:** 187
mechanical properties.................. **A6:** 642
recommended preheat and interpass temperatures...................... **A6:** 644

A517

flux-cored arc welding **A6:** 188
recommended preheat and interpass temperatures...................... **A6:** 644

A524, recommended preheat and interpass temperatures **A6:** 644

A529, recommended preheat and interpass temperatures **A6:** 644

A537

composition **A6:** 642
electrogas welding..................... **A6:** 656
mechanical properties.................. **A6:** 642
recommended preheat and interpass temperatures...................... **A6:** 644
weld compositional analysis **A6:** 101

A537-1, electrogas welding............... **A6:** 660

A570, recommended preheat and interpass temperatures **A6:** 644

A572

electrogas welding **A6:** 656, 660
recommended preheat and interpass temperatures...................... **A6:** 644

A572-50, electrogas welding.............. **A6:** 660

A573

composition **A6:** 642
electrogas welding..................... **A6:** 656
mechanical properties.................. **A6:** 642
recommended preheat and interpass temperatures...................... **A6:** 644

A588

electrogas welding **A6:** 656, 660
flux-cored arc welding **A6:** 187

A588, recommended preheat and interpass temperatures **A6:** 644

A595, recommended preheat and interpass temperatures **A6:** 644

A606, recommended preheat and interpass temperatures **A6:** 644

A607, recommended preheat and interpass temperatures **A6:** 644

A618, recommended preheat and interpass temperatures **A6:** 644

A633

electrogas welding..................... **A6:** 660
recommended preheat and interpass temperatures...................... **A6:** 644

A662

composition **A6:** 642
mechanical properties.................. **A6:** 642

A709, recommended preheat and interpass temperatures **A6:** 644

A710

flux-cored arc welding **A6:** 187
recommended preheat and interpass temperatures...................... **A6:** 644

A808, recommended preheat and interpass temperatures **A6:** 644

ABS, recommended preheat and interpass temperatures **A6:** 644

API 2H, recommended preheat and interpass temperatures **A6:** 644

API 5L, recommended preheat and interpass temperatures **A6:** 644

Structural test applications

acoustic emission inspection **A17:** 290–292

Structural testing

element and subcomponent **EM1:** 313–345

Structural tests

of VLSI/ULSI/WSI devices **EL1:** 377

Structural welding

joining processes **M6:** 56

Structural-element testing

data analysis and reporting **EM1:** 327–329
in-plane loaded................... **EM1:** 320–325
joint elements..................... **EM1:** 325–326
methodology **EM1:** 326–327
normal and bending loaded **EM1:** 325

Structurally reinforced carbon-carbon composites................... **EM1:** 922–924

Structural-rib bolt **A19:** 291

Structure *See also* Structural analysis; Structural analysis and design; Structure determinations; Substructure; Surface structure

actinide metals................... **A2:** 1189–1198
amorphous materials and metallic glasses **A2:** 809–812
and degradation, of plasma-polymerized hexamethyldisiloxane.......... **A10:** 285–286
as form of model definition............. **EL1:** 129
atomic-scale, FIM/AP for............... **A10:** 584
banded, defined **A11:** 1
benefits, aluminum P/M alloys **A2:** 200–201
beryllium-copper alloys.............. **A2:** 286–290
cartridge brass.......................... **A2:** 302
commercial bronze...................... **A2:** 297
crystal, of organic solids, analytic methods for....................... **A10:** 9
defined.................................. **A9:** 17
definition............................. **A20:** 336
design guidelines..................... **EM2:** 710
electrical resistance alloys........... **A2:** 836–839
fibrous, defined.......................... **A11:** 4
gilding metal **A2:** 295
layered, RBS analysis of............... **A10:** 628
low brass.......................... **A2:** 299–300
molecular, of organic solids, analytic methods for....................... **A10:** 9
molecular, of thermoplastic resins .. **EM2:** 619–621
of inorganic liquids and solutions, analytic methods **A10:** 7
of inorganic solids, analytic methods applicable.......................... **A10:** 6
of materials, and materials characterization **A10:** 1
of organic solids and liquids, techniques for **A10:** 10
of organic solids, methods for **A10:** 9
palladium-silver alloys.................. **A2:** 716
phase distribution/morphology, of organic solids, analytic methods for **A10:** 9
platinum **A2:** 709
platinum alloys..................... **A2:** 709–714
platinum-iridium alloys.................. **A2:** 710
polymer **EM2:** 571–572
polymer, and electrical properties... **EM2:** 462–464
polymer, and properties **EM2:** 57–59
polymer, thermoset resins.............. **EM2:** 626
-property relations, polyether-imides (PEI)........................ **EM2:** 156–157
pure metals...................... **A2:** 1099–1178
rare earth metals........... **A2:** 722, 1178–1189
SAS techniques for..................... **A10:** 405
static, aluminum and aluminum alloys ... **A2:** 9–10
sub-boundary *See* Grain boundary
ternary molybdenum chalcogenides (chevrel phases) **A2:** 1078
vs. resistance to attack **EM2:** 426
yellow brass **A2:** 303–304

Structure amplitude

effect on structure-factor contrast **A9:** 113

Structure and properties of glasses **EM4:** 564–568

glass characterization.............. **EM4:** 564–565
ASTM definition.................... **EM4:** 564
glass modifiers...................... **EM4:** 564
Pauling's rules **EM4:** 564
Zachariasen's rules **EM4:** 564
properties of glass **EM4:** 565–568
annealing of glass **EM4:** 567–568
chemical durability.................. **EM4:** 566
density **EM4:** 566
dielectric constant of glass........... **EM4:** 566
dispersion **EM4:** 565
elastic properties **EM4:** 566
electrical conductivity................ **EM4:** 566
index of refraction **EM4:** 565, 568
optical............................. **EM4:** 565
photoelasticity **EM4:** 565
static fatigue........................ **EM4:** 567
strength........................ **EM4:** 566–567
thermal expansion................... **EM4:** 568
transmission of light................. **EM4:** 565
viscosity **EM4:** 567

Structure control phases

heat-resistant alloys **A14:** 266

Structure determinations *See also* Structural analysis; Structure; Substructure; Surface structure

analytical transmission electron microscopy **A10:** 429–489

Structure determinations (continued)
crystallographic texture measurement and
analysis A10: 357–364
electron spin resonance..............A10: 253–266
extended x-ray absorption fine
structure.......................A10: 407–419
ferromagnetic resonance.............A10: 267–276
field ion microscopy A10: 583–602
infrared spectroscopy A10: 109–125
Mössbauer spectroscopy A10: 287–295
neutron diffraction A10: 420–426
nuclear magnetic resonance A10: 277–286
Raman spectroscopy A10: 126–138
single-crystal x-ray diffraction A10: 344–356
small-angle x-ray and neutron
scattering A10: 402–406
x-ray diffraction...................A10: 325–332
x-ray powder diffraction.............A10: 333–343
Structure factor
complete equation for A10: 352
defined A9: 17, A10: 349, 682–683
equation, cells, and diffraction in
unit cell A10: 329
F, derivation of A10: 350
Structure image
formed by transmission electron
microscopy.......................A9: 104
Structure maps
for ordered intermetallics............A2: 929–930
Structure prototypes ....A3: 1•16
Structure prototypes of crystals A9: 707–708,
711–718
Structure, secondary *See* Secondary structure
Structured light method
of object orientation A17: 34
Structured query language (SQL) EM4: 692
Structured reliability testing
oxide contamination effect ....ELI: 959–960
purple plague ....ELI: 960
temperature-cycling-sensitive designs .....ELI: 961
temperature-sensitive mechanisms ...ELI: 959–961
Structured-light
three-dimensional vision system A6: 1126
Structure-factor calculations for ordered
structures. A9: 109
Structure-factor contrast in imperfect
crystals A9: 112–113
Structure-insensitive electrical properties
defined.........................A2: 761–762
Structure-insensitive properties
definition...........................A20: 841
Structures *See also* Composite structures
corrosion in A13: 1299–1310
formation of..........................A9: 602
observation methods related to size of
structure..........................A9: 605
Structure-sensitive electrical properties
defined.........................A2: 761–762
Structure-sensitive properties
definition...........................A20: 841
Structure-zone model (SZM) A5: 544–546
Structuring, and restructuring
of defective circuitry ....ELI: 9
Strukturbericht designations ....A3: 1•16
Strukturbericht symbols A9: 706–707
conversion to Pearson symbols A9: 707
Strut, composite
design of ....EMI: 183–184
Stub
definition.............................A6: 1214
Stub axles
slag inclusions in A11: 322–323
Stub lathes A16: 153, 156, 157
Stud arc welding *See also* Stud welding
definition............................M6: 17
Stud arc welding of
alloy steels M6: 730
aluminum alloys.................M6: 730, 733
carbon steels......................M6: 730, 733

copper alloys M6: 730
galvanized steel.......................M6: 733
high-carbon steels M6: 733
high-strength low-alloy steels............M6: 733
low-carbon steel.......................M6: 733
stainless steel M6: 730, 733
Stud arc welding (SW) A6: 210–220
alloy steel.........A6: 210, 211, 212, 213, 214
aluminum.......A6: 210, 211, 212, 213, 214, 216,
218–219
applications A6: 210, 213, 214, 216
automotive.......................A6: 393–395
austenitic stainless steels.................A6: 213
base plate material and thickness....A6: 213–214
brass A6: 210, 218–219
carbon steel(s)....A6: 210, 211, 212, 213, 214, 216,
652, 653, 659–660
counterbore and countersink weld flash clearance
dimensions..........................A6: 215
definition.............................A6: 1214
equipment....A6: 210, 211, 212, 214, 217, 219–220
failure mode A6: 218
fixturing................A6: 215–216, 218, 219
"flash" A6: 210, 213, 217
gas-shielded arc welding A6: 214
inspection A6: 216–219
plating or contaminant removal A6: 218–219
power supplies A6: 210
power/control A6: 210, 211, 212
process overview A6: 210–215
process selection guidelines for arc
welding A6: 210, 653
process variations.......................A6: 214
qualification A6: 216–219
quality control A6: 216–219
recommended base metal thicknesses A6: 215
safety precautions A6: 219–220
short-cycle stud arc welding..............A6: 214
special equipment.......................A6: 214
stainless steel....A6: 210, 211, 212, 213, 214, 216,
218–219
stud strength A6: 214
testing methods.........................A6: 219
tooling A6: 215–216
types of A6: 210
typical settings A6: 214
vs. capacitor discharge stud welding......A6: 210
Stud steels-temperature...................A1: 292
Stud welding.......................M6: 729–738
applications......................M6: 729–730
capacitor discharge welding M6: 729, 734–738
automatic feed systems.................M6: 737
drawn arc method M6: 735
guns.............................M6: 736–737
initial contact method...................M6: 735
initial gap method.....................M6: 735
inspection and quality control...........M6: 738
metals welded.........................M6: 738
portable system M6: 734–735
power/control units M6: 737
studs.......................M6: 730, 735–736
weld current/weld time relationships M6: 737
comparison to percussion welding........M6: 739
definition A6: 1214, M6: 17
equipment...............M6: 732, 736–737
fillet dimensions M6: 730
in joining processes classification scheme A20: 697
inspection and quality control M6: 734
bend tests M6: 734
limitations..........................M6: 730
metals welded...................M6: 733, 738
of aluminum alloys....................M6: 399
process selection M6: 730
base metal..........................M6: 730
base-metal thickness M6: 730
weld-base diameter M6: 730
standard procedure qualification test
weldments A6: 1090

stud arc welding M6: 730–734
automatic feed systems................M6: 732
guns M6: 732
heat-affected zone M6: 733
metals welded........................M6: 733
power/control units M6: 732
studs and ferrules M6: 731–732
weld current/weld time relationships M6: 733
Student's *t* statistic
value, for confidence level A8: 699
values..................................A8: 711
Studies, fracture
history of..........................A12: 1–8
Stud-mount devices
three-terminal..........................ELI: 429
two-terminal....................ELI: 431–432
Studs *See also* Threaded fasteners M6: 731–732
alloy steel for.........................MI: 256
composition ....MI: 274
description ....MI: 274
designs..................M6: 730–732, 735–736
for capacitor-discharge stud welding.....M6: 730,
735–736
for stud arc welding.................M6: 730–732
materials................M6: 730–731, 735–736
measured by coordinate measuring
machines A17: 18
mechanical properties......MI: 274, 278–280
proof stress ....MI: 273, 274, 277–278
roll threading.......................MI: 274–276
selection of steel for.................MI: 274–276
strength grades and property classes...MI: 273–277
Stuffing box
fatigue fracture of A11: 346–347
Stulen equivalent stress parameter
Goodman diagram plot for................A8: 713
Stump-type lockbolts
materials and composite applications for...A11: 530
Sturtevant blower
as cyclone type A15: 27
Stylus profilometer
for plating thickness testing..............ELI: 943
Stylus profilometry A18: 396, 397, A19: 70
Styrenated and vinyl toluenated maleinized oil
for electrocoating A5: 430
Styrene
as diluent, sheet molding compounds.......EMI: 142
as polyester diluent ....EMI: 132–133
copolymerized with methyl methacrylate
(MMA) ....EMI: 94
deposition rates A5: 896
effect, flexural strength, glass-polyester
composite..........................EMI: 93
hazardous air pollutant regulated by the Clean Air
Amendments of 1990 ....A5: 913
oxidative degradation ....EMI: 94
polymerization of A10: 132
Styrene acrylonitrile (SAN) EM3: 28
surface preparation EM3: 279–280
Styrene block copolymer
advantages and disadvantages EM3: 675
Styrene copolymers *See also* Copolymer(s)
as engineering thermoplastics EM2: 446–447
environmental effects....................EM2: 427
Styrene oxide
hazardous air pollutant regulated by the Clean Air
Amendments of 1990 ....A5: 913
Styrene polyesters
prebond treatment EM3: 35
Styrene polymers
environmental effects....................EM2: 427
Styrene-acrylate
curing method..........................A5: 442
Styrene-acrylonitrile (SAN) A20: 446
Styrene-acrylonitrile (SAN) copolymers A20: 439
Styrene-acrylonitriles (SAN, OSA, ASA) *See also*
Thermoplastic resins
applications.........................EM2: 215
characteristics....................EM2: 215–216

SUBJECTS OF THE INDEXED VOLUMES: ASM Handbook (designated by the letter "A"): A1: Properties and Selection: Irons, Steels, and High-Performance Alloys (1990); A2: Properties and Selection: Nonferrous Alloys and Special-Purpose Materials (1990); A3: Alloy Phase Diagrams (1992); A4: Heat Treating (1991); A5: Surface Engineering (1994); A6: Welding, Brazing, and Soldering (1993); A7: Powder Metal Technologies and Applications (1998); A8: Mechanical Testing (1985); A9: Metallography and Microstructures (1985); A10: Materials Characterization (1986); A11: Failure Analysis and Prevention (1986); A12: Fractography (1987); A13: Corrosion (1987); A14: Forming and Forging (1988); A15: Casting (1988); A16: Machining (1989); A17: Nondestructive Evaluation and Quality Control (1989); A18: Friction, Lubrication, and Wear Technology (1992); A19: Fatigue and Fracture (1996); A20: Materials Selection and Design (1997). **Metals Handbook, 9th Edition** (designated by the letter "M"): M1: Properties and Selection: Irons and Steels (1978); M2: Properties and Selection: Nonferrous Alloys and Pure Metals (1979); M3: Properties and Selection: Stainless Steels, Tool Materials, and Special-Purpose Materials (1980); M4: Heat Treating (1981); M5: Surface Cleaning, Finishing, and Coating (1982); M6: Welding, Brazing, and Soldering (1983); M7: Powder Metallurgy (1984). **Engineered Materials Handbook** (designated by the letters "EM"): EM1: Composites (1987); EM2: Engineering Plastics (1988); EM3: Adhesives and Sealants (1990); EM4: Ceramics and Glasses (1991). **Electronic Materials Handbook** (designated by the letters "EL"): EL1: Packaging (1989)

commercial forms. EM2: 214
competitive materials. EM2: 215
copolymer compatibilities. EM2: 216
costs and production volume. EM2: 214
defined. EM2: 41
design considerations. EM2: 216
processing EM2: 216
properties. EM2: 215
suppliers. EM2: 216
Styrene-alkyl alcohol copolymer esters
for electrocoating. A5: 430
Styrene-butadiene. EM3: 51
applications. EM3: 56
curing method. A5: 442
properties. EM3: 677
properties, organic coatings on iron castings. A5: 699
Styrene-butadiene block copolymer
used as modifier. EM3: 121
Styrene-butadiene copolymers. EM3: 75
Styrene-butadiene rubber
wear index and test severity. A18: 580
Styrene-butadiene rubber (SBR) EM3: 76, 82–83, 86, 89
additives and modifiers. EM3: 148
characteristics EM3: 90
chemistry. EM3: 147
commerical forms. EM3: 147
cross-link density effect on tensile strength. EM3: 412
for auto body sealing. EM3: 57
for auto headliners. EM3: 147
for automotive padding and insulation . . EM3: 147
for body sealing and glazing materials EM3: 57
for book binding. EM3: 147
for ceramic and tile bonding compounds EM3: 147
for construction EM3: 147
for nonwoven goods binder EM3: 147–148
for orthopedic devices. EM3: 147
for packaging. EM3: 147
for tirecord coating EM3: 147
laminating bond EM3: 148
markets EM3: 147–148
properties. EM3: 143–144, 147
Styrene-butadiene rubber/polyethylene terephthalate (PET)
fracture energy versus debond rate. . EM3: 383, 385
Styrene-butadiene/styrene-acrylate
paint compatibility. A5: 441
Styrene-butadiene-styrene (SBS) A20: 446, EM3: 677
thermoplastic elastomers. EM3: 51
Styrene-diene polymers
as viscosity improvers A18: 109, 110
Styrene-ester polymers
hydrocarbon moiety of dispersants. A18: 99
Styrene-ethylene/butylene-styrene (SEBS) . . EM3: 677
Styrene-ethylene-butylene-styrene (SEBS) . . . A20: 446
Styrene-isoprene
infrared spectroscopy data A18: 301
Styrene-isoprene-styrene (SIS). EM3: 677
Styrene-maleic anhydride (SMA). EM3: 28
Styrene-maleic anhydrides (S/MA) *See also* Thermoplastic resins
alloys and blends EM2: 217
and polycarbonate alloy, properties. EM2: 221
applications. EM2: 217–219
characteristics. EM2: 219–221
commercial forms. EM2: 217
competitive materials EM2: 218–219
copolymer chemistry EM2: 66
costs and production volume. EM2: 217
defined. EM2: 41
design considerations. EM2: 219
extrusion EM2: 220
filled vs. unfilled EM2: 220–221
injection molding. EM2: 220
processing EM2: 220
properties EM2: 219–221
resin compound types. EM2: 220–221
Suppliers EM2: 221
Styrene-methyl methacrylate copolymer syrup
typical formulation. EM3: 121
Styrene-polyester (STPE) polymers
as dispersants A18: 111
as pour-point depressants. A18: 111
as viscosity improvers. A18: 109, 110, 111
Styrene-rubber plastics EM3: 28
defined. EM2: 41
Styrene-thinned polyesters
competing with anaerobics. EM3: 116
Styrofoam pattern
defined. A15: 11
Subassemblies. A20: 9
Subassembly
definition. A20: 841
Subassembly adhesives EM3: 37
Subboundaries
formation in pure, single-crystal metals. . . . A9: 607
in crystals. A9: 601, 719–720
in germanium A9: 608
in high-purity tin A9: 607
Subboundary structure
defined. A9: 17–18, A11: 10
Subcase fatigue
as fatigue mechanism A19: 696
as spalling A11: 134
bearing components. A11: 505
factors controlling occurrence A19: 699
hardened steels. A19: 698–699
Subcase fatigue fracture
alloy steel A12: 322–323
Subcomponent testing
bolted-joint. EM1: 336–337
bonded-joint. EM1: 337–339
combined in-plane/normal loaded. . . EM1: 334–336
experimental procedure/data/reports EM1: 339–340
in-plane loaded. EM1: 329–334
normal loaded EM1: 333–334
structural EM1: 313, 329–334
Subcomposites
fabricating process steps. EL1: 134
Subcritical annealing
defined. A9: 18
Subcritical assemblies
as neutron sources. A17: 389–390
Subcritical crack growth A13: 283, 1085
and stable crack growth, compared. A11: 63
curve. A11: 55
Subcritical crack growth model. A20: 633–634
Subcritical crack growth (SCG) A20: 631, 635
definition. A20: 841
Subcritical fracture mechanics (SCFM)
abbreviation for A11: 797
crack-propagation calculated by. A11: 55
defined. A11: 47
fatigue and A11: 52–53
in failure analyses A11: 52–53
stress-corrosion cracking (SCC) and A11: 53
Subcritical growth under sustained load. A19: 7
Subcritical heat treatment
white irons A15: 684
Subcritical quenching
of uranium alloys. A2: 673
Subcritically reheated grain-coarsened (SCGC) zone. A6: 80–81
Subcycles. A19: 533
Subfunction chains. A20: 23
Subfunctional groups A20: 41–42, 45
Subfunctions A20: 22, 23, 28
Subgrain
defined. A9: 18, A11: 10
Subgrain boundaries in titanium alloys
method of revealing. A9: 461
Subgrain boundary
effect on cleavage fracture A12: 17
Subgrain growth in annealed cold-worked specimens
as recovery mechanism. A9: 697
at grain boundaries A9: 696
observation of. A9: 694
Subgrains *See also* Grains
as result of deformation at elevated temperatures and high strain rates A9: 690
caused by dislocations in pure metals A9: 607
defined. A9: 18
formation. A9: 601
formation and growth during recovery. A9: 693–694
size and shape A10: 365
topographic methods for. A10: 368
Subgrid-scale model. A20: 189
Subgrid-scale turbulence models. A20: 189, 200
Subgrid-scale-averaging. A20: 189
Subgroup. EM3: 791
Subject contrast
radiography. A17: 298–299
Sublaminates
in laminate ranking method. EM1: 450–456
Sublattice ordering in intermetallic compounds
NMR analysis. A10: 283–284
Sublimation. A7: 314
Sublimation curves . . . . . . A3: 1•2
Sublimation energies
of rare earth metals. A2: 723–724
Sublimation for purifying metals M2: 710
Sublimation point
in reduction reactions. M7: 53
Submarine, and ship
corrosion A13: 543–544, 546
Submarine structures
composite. EM1: 838
Submerged arc (SAW) welding
hardfacing alloy consumable form. A5: 691
hardfacing applications, characteristics. A5: 736
Submerged arc welding
advantages M6: 115
arc starting. M6: 134–135
automatic welding. M6: 132
causing transverse cracking. A19: 480
cleaning, initial and interpass. M6: 134
comparison to flux cored arc welding. M6: 113
consumables M6: 119–127
cooling rate, effect of. M6: 117–118
cracking M6: 128–130
hydrogen induced M6: 129–130
solidification. M6: 128–129
weld bead profile effects. M6: 127
definition M6: 17
distortion M6: 130
effect of base-metal and electrode compositions M6: 117
effect of flux composition on
basicity M6: 125
control of element transfer. M6: 126
welding parameters. M6: 125–126
weld-metal composition. M6: 124–126
weld-metal oxygen content. M6: 125
electrical relationships M6: 135
oscillographic voltage traces. M6: 135
electrode wire M6: 119–122
composition M6: 119–121
current range M6: 121–122
melting rate. M6: 122
packaging M6: 119–120
wire surface. M6: 120
failure origins A11: 415
flux formulation and deposit M6: 117
fluxes M6: 122–127
agglomerated. M6: 123
bonded M6: 122–123
classification system M6: 122–123
composition M6: 122–124
composition, effect on weld hydrogen content. M6: 124–125
effect of flux composition on content. M6: 124–125
handling and storage. M6: 123
low-oxygen potential types. M6: 123
melting rate M6: 126–127
prefused. M6: 122
type of welding current. M6: 126
viscosity and conductivity M6: 127
hardfacing. M6: 784
heat flow calculations. M6: 31
heat input, effect of. M6: 117–119
heat-affected zone microstructure and toughness M6: 118–119
grain coarseness. M6: 118–119
relationship of heat input. M6: 119
jigs, fixtures, and booms M6: 134
design principles M6: 134
tack welds. M6: 134
joint design M6: 133–134
avoiding entrapment of slag M6: 141–142
backing rings or bars M6: 134, 143
horizontal edge-flange weld M6: 143–144
reducing cost and distortion M6: 142–143
use of an offset M6: 143
limitations M6: 115
metallurgical considerations M6: 116
heat-affected zone toughness M6: 116

Submerged arc welding (continued)
oxygen potential . . . M6: 116
weld-metal properties . . . M6: 116
multiple-electrode welding . . . M6: 132–133
electrode position . . . M6: 133
number of electrodes . . . M6: 132
of cast irons . . . A15: 523–524
operation, principles of . . . M6: 114–115
machines . . . M6: 114–115
setup . . . M6: 114
porosity in welds . . . M6: 127–128
arc blow . . . M6: 127–128
contaminants . . . M6: 127
insufficient flux coverage . . . M6: 127
prevention . . . M6: 128
postheating . . . M6: 135
powder metal joint fill . . . M6: 133
power supplies . . . M6: 130–132
alternating current . . . M6: 131
direct current . . . M6: 131
volt-ampere curves . . . M6: 131–132
preheating . . . M6: 135
production examples . . . M6: 137–152
meeting toughness and hardness specifications . . . M6: 138–139
service in corrosive environments . . M6: 140–141
weld-bead quality . . . M6: 140
recommended grooves . . . M6: 72
safety precautions . . . M6: 58, 137
semiautomatic welding . . . M6: 133
slag inclusions . . . M6: 130
slag removal . . . M6: 135
strip electrode welding . . . M6: 133
weld discontinuities . . . M6: 830
weld overlaying . . . M6: 807
weld size and shape, effects on . . . M6: 135–137
current . . . M6: 135–138
electrode-wire diameter . . . M6: 137
travel speed . . . M6: 136–138
voltage . . . M6: 136
weld-bead fusion area . . . M6: 137
weldability of steels . . . M6: 115–116
welding position . . . M6: 134
welding tabs . . . M6: 135
weld-metal microstructure . . . M6: 116–118
high-strength low-alloy steels . . . M6: 116–117
wire-feed systems . . . M6: 132
Submerged arc welding of
alloy steels . . . M6: 301–303
filler metals . . . M6: 301
fluxes . . . M6: 301–302
low-temperature applications . . . M6: 303
carbon steels, hardenable . . . M6: 266–268
carbon-manganese steels . . . M6: 119
cast irons . . . M6: 310
copper and copper alloys . . . M6: 426
heat-resistant alloys . . . M6: 367
high-strength low-alloy steels . . . M6: 115–116
low-carbon steels . . . M6: 115
malleable iron . . . M6: 316–317
medium-carbon steels . . . M6: 115–116
nickel alloys . . . M6: 442
stainless steels . . . M6: 1116
stainless steels, austenitic . . . M6: 326–329
circumferential welding . . . M6: 329
current . . . M6: 327
electrode wires . . . M6: 327–328
filler metals . . . M6: 327
flux . . . M6: 327
joint design . . . M6: 328
weld backing . . . M6: 327–328
weld quality . . . M6: 328
stainless steels, ferritic . . . M6: 347
stainless steels, martensitic . . . M6: 349
stainless steels, nitrogen-strengthened austenitic . . . M6: 345
structural steels . . . M6: 116
Submerged arc welding process . . . A18: 644, 653, M7: 821–822
Submerged arc welding (SAW) . . . A6: 202–209, A20: 473, 768–769, 770, 771, 772
additions to fluxes . . . A6: 61
advantages . . . A6: 202
alloy steels . . . A6: 202, 203
all-weld-metal chemical compositions for martensitic stainless steel filler metals . . . A6: 439
applications . . . A6: 62, 204
automatic welding . . . A6: 202, 205
carbon steels . . . A6: 202, 203, 204, 642, 643, 647, 648, 649, 650, 652, 653, 654, 658
cast irons . . . A6: 716, 720, 721
characteristics . . . A20: 696
chromium . . . A6: 206
cobalt . . . A6: 206
copper alloys . . . A6: 752, 755
cryogenic service . . . A6: 1017
definition . . . A6: 202, 1214
deposit thickness, deposition rate, dilution single layer (%) and uses . . . A20: 473
deposition rate . . . A6: 202, 206–207
discontinuities from . . . A17: 582
dissimilar metal joining . . . A6: 824
duplex stainless steels . . . A6: 477, 480
electrodes
electrode selection . . . A6: 202, 203, 204–205, 209
equipment . . . A6: 202, 203–205
for stainless steels . . . A6: 700, 702
ferritic stainless steels . . . A6: 448
filler metals . . . A6: 748
fluid flow phenomena . . . A6: 24
flux classification . . . A6: 203–204
relative to basicity index (BI) . . . A6: 204
relative to effect on alloy content of weld deposit . . . A6: 203–204
relative to production method . . . A6: 203
fluxes . . . A6: 202, 203, 224, 700–701
acid . . . A6: 204
active . . . A6: 204
alloy . . . A6: 204
basic . . . A6: 204
bonded . . . A6: 203
forms of . . . A6: 62
fused . . . A6: 203
neutral . . . A6: 204
types of . . . A6: 62
used for applications . . . A6: 62
flux-to-wire ratio . . . A6: 204, 206, 207
for repair of high-carbon steels . . . A6: 1105
for repair welding . . . A6: 1103, 1107
fume/consumable removal systems . . . A6: 1063
hardfacing alloy consumable form . . . A6: 796
hardfacing alloys A6: 796, 798, 799, 800, 801, 802
heat sources . . . A6: 1144
heat-affected zone . . . A6: 202–203
heat-treatable low-alloy steels . . . A6: 669, 670–671
heat-treated steels . . . A6: 202
high-strength low-alloy structural steels . . . A6: 663, 664
hydrogen cracking . . . A6: 209
in joining processes classification scheme A20: 697
insufficient fusion . . . A6: 207–208
joint configurations . . . A6: 203
limitations . . . A6: 202
low-alloy metals for pressure vessels and piping . . . A6: 668
low-alloy steels . . . A6: 204–205, 662, 663, 664, 668, 669, 670–671, 674, 676
for pressure vessels and piping . . . A6: 667
low-carbon steels . . . A6: 10
manganese . . . A6: 206
matching filler metal specifications . . . A6: 394
melting and solidification sequence . . . A6: 202, 203
metallurgical discontinuities . . . A6: 1073
mild steel . . . A6: 204
nickel . . . A6: 206
nickel alloys . . . A6: 740, 743, 748, 749
nickel-based electrodes . . . A6: 720
nonferrous alloys . . . A6: 203
not for HSLA Q&T structural steels . . . A6: 666
not recommended for nickel-base corrosion-resistant alloys containing molybdenum . . . A6: 594
oxygen content in weld metal effect on flux basicity index . . . A6: 59
parameters . . . A6: 206–209
electrical stickout . . . A6: 207
flux layer depth . . . A6: 207
travel speed . . . A6: 207
weld current . . . A6: 206–207
weld voltage . . . A6: 207
personnel considerations . . . A6: 205–206
personnel training . . . A6: 202
pipe inspection . . . A17: 578–579
porosity . . . A6: 209
postweld heat treatment . . . A6: 426
power source selected . . . A6: 36, 37
power sources . . . A6: 203
power supplies . . . A6: 203–205
precipitation-hardening stainless steels . . . A6: 489
pressure vessel manufacture . . . A6: 379
principles of operation . . . A6: 202
process applications . . . A6: 202–203
process selection guidelines for arc welding . . . A6: 653
railroad equipment . . . A6: 396
rating as a function of weld parameters and characteristics . . . A6: 1104
safety precautions . . . A6: 206, 1191, 1192–1193
semiautomatic welding . . . A6: 202, 205
shielding gases . . . A6: 58
shipbuilding . . . A6: 384
slag . . . A6: 202, 203
slag entrapment . . . A6: 207–208
slag viscosity . . . A6: 60
solidification cracking . . . A6: 208–209
stainless steel dissimilar welds . . . A6: 502
stainless steels . . . A6: 203, 680, 681–682, 688, 693, 694, 698, 699, 700–703
steel weldment soundness . . . A6: 409, 413, 414
titanium alloys . . . A6: 521, 783
twin arc process . . . A6: 202
vanadium . . . A6: 206
vs. flux-cored arc welding . . . A6: 186
vs. gas-metal arc welding . . . A6: 180
wear-resistant steel . . . A6: 203
weld cladding . . . A6: 816, 817, 820–821, 822
weld cladding of stainless steels . . . A6: 813
weldability of various base metals compared . . . A20: 306
welding conditions . . . A6: 425
Submerged cutting *See also* Submerged sectioning
as a sectioning method for tool steels . . . A9: 256
Submerged sectioning . . . A9: 24
Submerged wires
to measure mercury displacement . . . M7: 268
Submerged zone
marine structures . . . A13: 542–544
Submersibles
for commercial operations . . . EM1: 838–839
Submicron design . . . A20: 204
Submicron powder . . . M7: 12
definition . . . A5: 968
Submicron spatial resolution failure analysis
by SIMS . . . EL1: 1088
Submicron tungsten carbide-cobalt alloys
compositions and structure . . . A2: 952
machining . . . A7: 933–934
Submicroscopic
defined . . . A9: 18
Submonolayers
effect of oxygen adsorbed on metal surfaces . . . A10: 552
Suboptimization
definition . . . A20: 841
Subsample
defined . . . A10: 683

SUBJECTS OF THE INDEXED VOLUMES: ASM Handbook (designated by the letter "A"): **A1:** Properties and Selection: Irons, Steels, and High-Performance Alloys (1990); **A2:** Properties and Selection: Nonferrous Alloys and Special-Purpose Materials (1990); **A3:** Alloy Phase Diagrams (1992); **A4:** Heat Treating (1991); **A5:** Surface Engineering (1994); **A6:** Welding, Brazing, and Soldering (1993); **A7:** Powder Metal Technologies and Applications (1998); **A8:** Mechanical Testing (1985); **A9:** Metallography and Microstructures (1985); **A10:** Materials Characterization (1986); **A11:** Failure Analysis and Prevention (1986); **A12:** Fractography (1987); **A13:** Corrosion (1987); **A14:** Forming and Forging (1988); **A15:** Casting (1988); **A16:** Machining (1989); **A17:** Nondestructive Evaluation and Quality Control (1989); **A18:** Friction, Lubrication, and Wear Technology (1992); **A19:** Fatigue and Fracture (1996); **A20:** Materials Selection and Design (1997). **Metals Handbook, 9th Edition** (designated by the letter "M"): **M1:** Properties and Selection: Irons and Steels (1978); **M2:** Properties and Selection: Nonferrous Alloys and Pure Metals (1979); **M3:** Properties and Selection: Stainless Steels, Tool Materials, and Special-Purpose Materials (1980); **M4:** Heat Treating (1981); **M5:** Surface Cleaning, Finishing, and Coating (1982); **M6:** Welding, Brazing, and Soldering (1983); **M7:** Powder Metallurgy (1984). **Engineered Materials Handbook** (designated by the letters "EM"): **EM1:** Composites (1987); **EM2:** Engineering Plastics (1988); **EM3:** Adhesives and Sealants (1990); **EM4:** Ceramics and Glasses (1991). **Electronic Materials Handbook** (designated by the letters "EL"): **EL1:** Packaging (1989)

Subsampling **A10:** 13, 15–17
Sub-seabed sediments
high-level waste disposal in **A13:** 978–980
Subsidence **A20:** 423
Subsieve analysis *See also* Fisher sub-sieve analysis; Sieve analysis; Sieve(s)........ **A7:** 236, **M7:** 12
of granular metal powders by air classification, specifications.................... **A7:** 1098
Sub-sieve fraction *See also* Fisher sub-sieve analysis; Sieve fraction **M7:** 12
Sub-sieve size **M7:** 12
Subsoil zone
marine structures.................. **A13:** 542–544
Sub-sow block
defined................................ **A14:** 13
Substance, amount of
SI base unit and symbol for............ **A10:** 685
SI unit/symbol for **A8:** 721
Substitute steels
effect on economy in manufacture........ **M3:** 847
Substitution of elements in aluminum alloy phases **A9:** 359
Substitutional element
defined................................. **A9:** 18
Substitutional ions...................... **A20:** 340
Substitutional solid solution .... **A3:** 1•15, 1•17
defined......................... **A9:** 18, **A13:** 46
Substitutional solid-solution strengthening
ion implantation strengthening mechanisms **A18:** 855–856, 858
Substrate............................ **EM3:** 28, 39
defined **A9:** 18, **EM2:** 41
definition **A5:** 968, **A6:** 1214, **M6:** 17
effects of grain size on surface kinetics ... **A10:** 560
heavily TaC-coated WC + cobalt, XPS analysis of.................. **A10:** 576–577
high-resolution SIMS spectra for phosphorus-doped silicon.......................... **A10:** 623
high-surface-area, infrared-transparent, DRS for **A10:** 114
light, diffusion in...................... **A10:** 628
lighter elements, surface impurities of heavy elements on...................... **A10:** 628
perfection of **A10:** 375
platinum, extent of coverage, Ni-P film on **A10:** 608
platinum, LEISS spectra from Ni-P film on......................... **A10:** 609
rocking curve analyses of **A10:** 371
semiconductor, topographic methods for .. **A10:** 368
silicon, organometallic silicate film deposited on **A10:** 617
tin-nickel, composition vs. depth of passive i film on **A10:** 608–609
WC-Co tool, vapor-deposited multilayer structure, by AES......................... **A10:** 561
Substrate considerations
selection of cleaning process **M5:** 4–5, 7–10, 14
Substrate intensity attenuation method
for thin-film samples..................... **A10:** 95
Substrate interconnection technology
for HWSI systems **EL1:** 88
Substrate temperature
definition.............................. **A5:** 968
Substrate-integrated communication circuitry... **EL1:** 8
Substrates *See also* Passive substrates
adhesion promotion.................... **EL1:** 624
advanced ceramic and silicon **EL1:** 8
alternative electronic................... **EL1:** 306
and packages **EL1:** 203–212
available materials for **EL1:** 105–107
beryllium **A2:** 684
bonding, low-CTE metal planes **EL1:** 627
card edge............................ **EL1:** 624
ceramic, medical and military applications........................ **EL1:** 386
ceramic, thick-film hybrid technology.................. **EL1:** 206–208
ceramic, world market **EL1:** 460
cleaning, for conformal (urethane) coating..................... **EL1:** 776–778
compensation, layer artwork and **EL1:** 623–624
cooling.......................... **EL1:** 308–309
copper, multichip structures............ **EL1:** 307
corrosion of................. **A13:** 108, 420–422
costs................................ **EL1:** 612
CTE target for **EL1:** 612–613
defined............................. **EL1:** 1158
dielectric, flexible printed boards.... **EL1:** 582–583
double-sided rigid (DSR) **EL1:** 15
epitaxial effects **EL1:** 104
flexible/rigid **EL1:** 505
for ceramic packages............... **EL1:** 203–206
for SEM specimens **A12:** 172
for SiC fibers **EM1:** 858
for thick-film screening................. **EL1:** 207
for thin-film hybrids.............. **EL1:** 315–316
formability........................... **A14:** 560
glass **EL1:** 338
hard-wired, by rigid epoxies **EL1:** 810
high density **EL1:** 439, 441
low-expansion, characteristics **EL1:** 611–613
matched to silicon..................... **EL1:** 441
materials **EL1:** 318, 538–539
metal core.......................... **EL1:** 337–338
metallization, in eutectic bonding....... **EL1:** 214
multichip structures **EL1:** 304–307, 441
multilayer thin-film hybrid............. **EL1:** 323
of germanium and germanium compounds **A2:** 743
of superconducting thin-film materials.... **A2:** 1081
organic, aramids as **EL1:** 535
orientation........................... **EL1:** 444
passive **EL1:** 8
physical characteristics............ **EL1:** 104–106
plastic packages................... **EL1:** 209–212
plastic pin-grid arrays **EL1:** 476
polymeric **EL1:** 338–339
porcelain-coated steel **EL1:** 337
preparation...................... **EL1:** 195–197
programmable thin-film silicon.......... **EL1:** 301
properties **EL1:** 802–803
separate interconnection, with HWSI assemblies **EL1:** 76
silicon, epitaxial GaAs on **EL1:** 200
specific types **EL1:** 105–106
thermal-mechanical effects.......... **EL1:** 740–753
thermomechanical properties........... **EL1:** 612
thick-film hybrid technology **EL1:** 206–208, 334–339
Substrates, moving
tape casting **EM4:** 162
Substructure
due to cold deformation........... **A10:** 468–469
due to hot deformation and restoration.................. **A10:** 469–470
Substructure of metals..................... **A9:** 604
Subsurface
blowholes, as casting defects **A11:** 382
contact fatigue, cracking from **A11:** 134
defects...................... **A11:** 127, 330–331
defined............................. **A18:** 376
discontinuities **A11:** 120–121
inclusions, fatigue fracture from **A11:** 323
-initiated fatigue, in bearing components.. **A11:** 504
nonmetallic inclusions, rolling;contact fatigue from..................... **A11:** 504
residual stress and hardness distributions in induction-hardened steel shaft.. **A10:** 389–390
shear stresses, cylindrical roller...... **A11:** 500–501
Subsurface corrosion *See also* Subsurface flaws
aircraft, eddy current inspection **A17:** 193
defined............................... **A13:** 12
definition............................ **A5:** 968
Subsurface cracking
high-carbon steels..................... **A12:** 280
in cleavage, low-carbon steel **A12:** 117
medium-carbon steels **A12:** 261
Subsurface fatigue **A18:** 259
Subsurface flaws
by thermal inspection **A17:** 396
casting defects, inspection methods **A17:** 512
castings, by ultrasonic inspection **A17:** 530
cracks, electric current perturbation inspection of.................... **A17:** 136
cracks, microwave inspection............ **A17:** 203
cracks, phase-sensitive CRT instrumentation.................. **A17:** 194
from electron beam welding **A17:** 586–587
from plasma arc welding............... **A17:** 587
in weldments **A17:** 593–594
magnetic particle inspection............ **A17:** 105
ultrasonic inspection **A17:** 231
Subsurface residual stress distributions..... **A10:** 380, 388–390
Subsurface stress *See also* Subsurface cracks; Subsurface flaws
Barkhausen noise measurement.......... **A17:** 160
Subsurface stress gradients
effect on subsurface measurement........ **A10:** 388
Subsurface(s)
cracking **A12:** 117, 261, 280
fracture, ductile irons **A12:** 236
thermal-wave imaging of **A12:** 166, 169
Subtraction, image *See* Image subtraction
Subtraction techniques **A10:** 183
Subtractive processing
defined................................ **EL1:** 82
for printed wiring boards............... **EL1:** 505
for rigid printed wiring boards **EL1:** 539–540, 543–547
Suburban atmospheres
service life vs. thickness of zinc **A5:** 362
Suburban environments
galvanized coatings in.................. **A13:** 440
Subzero cooling
carburized steels...................... **A19:** 687
Subzero temperatures
alloys for structural applications **M3:** 721–772
Succinate electroless nickel plating process **M5:** 222–224
Succinonitrile-5.5 mole% acetone, directional
solidification in **A9:** 612
Sucker rod corrosion
oil/gas production **A13:** 1248
Suck-in **A20:** 742
as casting defect...................... **A11:** 384
Suction................................. **A7:** 148
Suction bell, cast iron
cavitation erosion of................... **A11:** 624
Suction roll corrosion
pulp and paper industry.......... **A13:** 1202–1208
Suction rolls
alloys......................... **A13:** 1203–1204
failures........................ **A13:** 1205–1206
shells, manufacturing methods **A13:** 1206–1207
Suction systems
dry blasting **M5:** 87–88
Suction-specific speed **A18:** 599
Sudden-death testing **A20:** 93
Suffix symbols
for welding electrodes............... **A6:** 176–177
Sugar
as reducing agents **A7:** 183
copper/copper alloy resistance........... **A13:** 631
Suh's delamination theory of wear **A18:** 260
SUJ 1
nominal compositions.................. **A18:** 725
Sulfamate bath
electrodeposited iron coating bath properties......................... **A5:** 214
iron electroforming solutions and operating conditions **A5:** 288
iron plating bath composition, pH, temperature and current density **A5:** 213
Sulfamate plating
lead............................. **M5:** 273–275
nickel........................ **M5:** 200–201, 216
rhodium **M5:** 290–291
Sulfamic acid
as chemical cleaning solution **A13:** 1140–1141
Sulfate bath **A5:** 214
iron electroforming solutions and operating conditions **A5:** 288
iron plating bath composition, pH, temperature and current density **A5:** 213
Sulfate baths............................ **A7:** 114
Sulfate electroplating bath
composition........................... **A5:** 233
Sulfate ions
as narrow-range precipitant **A10:** 169
Sulfate liquor, pickling process
killing of.............................. **M5:** 81
Sulfate plating
chromium, hard.............. **M5:** 171–176, 181
copper **M5:** 160, 165–167
nickel.................. **M5:** 200–204, 207–208
tin **M5:** 271–272
Sulfate solutions........................ **A19:** 491
Sulfate/chloride bath
composition and deposit properties... **A5:** 207, 208

Sulfate/chloride bath (continued)
electrodeposited iron coating bath
properties.......................... **A5:** 214
iron plating bath composition, pH, temperature
and current density **A5:** 213

Sulfate/chloride salt
creep-rupture behavior and **A20:** 579

Sulfate-reducing bacteria
corrosion by **A13:** 116–117, 482–483

Sulfates
anions, separation by ion
chromatography **A10:** 659
as fining agents........................ **EM4:** 380
as melting accelerators.................. **EM4:** 380
as salt precursors **EM4:** 113
calcination........................... **EM4:** 111
calibration curve for glass microballoons.. **A10:** 667
copper/copper alloy corrosion in......... **A13:** 636
ion chromatography analysis of geological waters
for............................ **A10:** 665–666
molten **A13:** 50, 91
titanium/titanium alloy resistance........ **A13:** 683
weighing as the, gravimetric analysis **A10:** 171

Sulfidation *See also* Hot corrosion; Sulfide
corrosion............................ **A20:** 600
aircraft powerplants **A13:** 1038–1040
defined **A11:** 10, **A13:** 12
definition............................. **A5:** 968
heat-resistant cast alloys................ **A13:** 576
high-temperature **A13:** 99–100
in steel castings at elevated temperatures **A11:** 405
metal-processing equipment............ **A13:** 1313
-oxidation, test for resistance to hot
corrosion by **A11:** 280
resistance, P/M superalloys............. **A13:** 839
superalloys failure by................... **A12:** 388
tests, metal-processing equipment **A13:** 1314

Sulfidation and elavated service. ... **A1:** 630–632, 636, 637

Sulfidation attack in heat-resistant casting alloys
effect of chromium on **A9:** 333–334
effect of nickel on **A9:** 333

Sulfidation resistance
cobalt-base high-temperature alloys........ **A2:** 452
mechanically alloyed oxide
alloys **A2:** 946–947

Sulfide
effect on workability of steels **A8:** 166
Stress cracking, of high-strength steels **A8:** 527

Sulfide concentrates
mineralogical and chemical
compositions **M7:** 138–139

Sulfide corrosion *See also* Hot corrosion; Sulfide
stress cracking; Sulfides **A13:** 1142–1143,
A19: 479
in petroleum refining and petrochemical
operations **A13:** 1270
steam surface condensers **A13:** 987

Sulfide films
deposited by color etching........... **A9:** 141–142
deposited by potentiostatic etching.... **A9:** 146–147

Sulfide group
chemical groups and bond dissociation energies
used in plastics.................... **A20:** 441

Sulfide inclusions
as nonmetallic in steels................. **A11:** 316
effect in locomotive axle failures......... **A11:** 723
effect on fracture toughness of steels **A19:** 383
fatigue cracking from **A11:** 477–478
in ductile dimple fracture................ **A11:** 83
in forging............................. **A11:** 322
in type 303 stainless steel................ **A9:** 127
low-carbon steels **A19:** 10, 11
microdiscontinuity affecting cast steel fatigue
behavior......................... **A19:** 612
sulfur printing......................... **A9:** 176

Sulfide inclusions in steel
effect on machinability......... **M1:** 573–575, 577

Sulfide ions
corrosion caused by **M1:** 726–727
elements precipitated by................ **A10:** 168
ion chromatography analysis of.......... **A10:** 661

Sulfide ores
nitric acid as dissolution medium for..... **A10:** 166

Sulfide spheroidization
defined............................... **A9:** 18

Sulfide stress cracking *See also* Environmental
cracking; Hydrogen embrittlement.... **A19:** 479,
480–481, 604, **M1:** 687
acceptability criteria development........ **A13:** 316
defined............................... **A13:** 12
from petroleum industry corrosion... **A13:** 533–538
in high-strength steels **A13:** 270–271
in low-alloy steel **A13:** 532

Sulfide stress cracking (SSC)
definition............................. **A5:** 968

Sulfide stress-corrosion cracking .. **A19:** 479, 480–481

Sulfide stringers in
manganese oxide **A9:** 184
Monel R-405.......................... **A9:** 437

Sulfide stringers, managanese
in wrought steel **A11:** 317

Sulfide treatment
as surface treatment in wrought tool steels **A1:** 779

Sulfides *See also* Inclusions.............. **A19:** 491
anaerobic, in aqueous corrosion **A13:** 43
as electrical conductor................... **A13:** 65
as electrode........................... **A10:** 185
as inclusions **A10:** 176, **A12:** 14, 65, 239
as inclusions in steel **A15:** 92
as indigenous inclusion.................. **A15:** 89
as seawater pollutant.............. **A13:** 898–899
combustion synthesis.................... **A7:** 534
effect, copper/copper alloys in seawater... **A13:** 625
effect in hydrogen embrittlement **A12:** 125
in alloy steels........... **A12:** 14, 291, 294, 299
in gray cast iron........................ **A15:** 94
in malleable iron **A12:** 239
in mating fracture, medium-carbon steels **A12:** 263
in particle metallurgy tool steels **A7:** 787
in silicon-iron electrical steels **A9:** 537
inclusions, effects...................... **A13:** 48
inclusions formed in fluxes................ **A6:** 56
intergranular cracking by **A12:** 123
Leforte aqua regia as dissolution medium **A10:** 166
microdiscontinuity affecting high hardness steel
fatigue behavior **A19:** 612
of iron and manganese, mixed............ **A9:** 184
particles, effect on ridge formation **A12:** 41, 53
plasma-assisted physical vapor deposition **A18:** 848
precipitation, on grain boundaries **A12:** 349
precipitation reaction.................... **A7:** 173
SCC by, alloy steels.................... **A12:** 299
sintering agents for **A10:** 166
solutions, copper/copper alloy
corrosion in...................... **A13:** 636
solutions, pure tin resistance **A13:** 772
stress-corrosion cracking and **A19:** 487
stringers, AISI/SAE alloy steels **A12:** 294
weighing as the, gravimetry analysis...... **A10:** 171

Sulfides in steel
control of, with additions................ **A9:** 628
formation of **A9:** 625

Sulfides in wrought stainless steels
microstructure in austenitic grades........ **A9:** 284
sulfur printing......................... **A9:** 279

Sulfides, precipitation of
in processing of solid steel........... **A1:** 115–116

Sulfide-stress cracking (SSC)
defined............................... **A11:** 10
in sour gas environments **A11:** 101, 298–300

Sulfide-type inclusions
defined............................... **A9:** 18

Sulfite gold industrial baths **A5:** 249

Sulfite pulping liquors **A13:** 1196–1198

Sulfites **A20:** 550

Sulfochlorinated lubricant
defined............................... **A18:** 18
definition............................. **A5:** 968

Sulfonate bath
electrodeposited iron coating bath
properties......................... **A5:** 214
iron plating bath composition, pH, temperature
and current density **A5:** 213

Sulfonate-base coatings
for oil/gas pipes **A13:** 1259

Sulfonated naphthalenes **A7:** 220

Sulfonates
as detergents **A18:** 111
as rust and coffosion inhibitors.......... **A18:** 111

Sulfonation products, stainless steels
corrosion resistance **M3:** 88, 89

Sulfone group
chemical groups and bond dissociation energies
used in plastics.................... **A20:** 441

Sulfonic acids
brightener for cyanide baths.............. **A5:** 216

Sulfonium metallic hexafluorides
cationic curing **EL1:** 862

Sulfur *See also* Desulfurizing **A7:** 673, 675, 676, 677
accumulated by slag **M6:** 443
addition improving machinability........ **A16:** 125
addition to Ni alloys for free-machining .. **A16:** 840
addition to P/M tool steels............... **A4:** 765
additive for copper alloys **M6:** 400
additive to aid milling of carbon and alloy
steels............................. **A16:** 676
alloying effect on nickel-base alloys **A6:** 590
alloying effect on stress-corrosion
cracking......................... **A19:** 487
alloying, wrought aluminum alloy......... **A2:** 55
and aluminum, ductility/impact strength
effects............................ **A15:** 93
and free-cutting grades of carbon or low-alloy
steels............................ **A16:** 149
and stress corrosion.................... **A16:** 35
as alloying element, effect on susceptibility to
stress-corrosion cracking of two low-alloy
steels............................ **A19:** 486
as an addition to tool steels.............. **A9:** 258
as chalcogen **A2:** 1077
as embrittler, and material selection...... **A13:** 335
as embrittler of fcc metals **A12:** 123
as Impurity, magnetic effects............. **A2:** 762
as inclusion, steels...................... **A15:** 92
as ion chromatography application .. **A10:** 658, 664
as minor element, gray iron............. **A15:** 630
as poison **A13:** 330
as solder impurity................ **EL1:** 638, 642
as solid lubricant inclusion for stainless
steels............................ **A18:** 716
as tin solder impurity.............. **A2:** 520–521
as tramp element....................... **A8:** 476
asphalt, fracture surface **A12:** 473
at elevated-temperature service **A1:** 640
atomic interactions and adhesion **A6:** 144
attack, effect on fatigue crack growth rate.. **A12:** 41
bacterial effects on..................... **A12:** 245
behavior in electroslag remelting......... **A15:** 403
cause of cracking in nickel alloy welds.... **M6:** 443
cause of hot cracks **A6:** 409
cement, bonding....................... **A12:** 472
chemistry at surfaces, AES analysis of.... **A10:** 553
composition, wt% (maximum), liquation
cracking................. **A6:** 568–569, 570
compounds, bacteria-transforming **A13:** 41–42
compounds, copper/copper alloy
resistance **A13:** 631
concentration, cupolas.................. **A15:** 390
concrete, fracture surfaces **A12:** 472–473
-containing atmospheres, ridges and
striations **A12:** 41, 53
contaminant of aluminum alloys **A4:** 848, 850
content effect, electron-beam welding...... **A6:** 851

content effect on alloy steels **A19:** 625–626
content effect on ferrous alloys fracture properties **A19:** 11, 12, 13
content effect on fracture **A19:** 5
content effect on gas-tungsten arc welding and fluid flow phenomena **A6:** 20, 21, 22
content effect on nickel alloy heat treating **A4:** 910
content effect on solidification cracking. **A6:** 90
content in carbon and alloy steels. . . **A16:** 669, 670, 671, 672
content in HSLA Q&T steels. **A6:** 665
content in P/M materials. . **A16:** 884, 885, 887, 888
content in stainless steels **A16:** 682–683, 684, 685, **M6:** 320, 322
content in *Titanic* plate. **A19:** 5
content in tool steels affecting grindability **A16:** 727, 728, 732
corrosion, oil/gas production **A13:** 1232–1233
cracking sensitivity in stainless steel casting alloys **A6:** 497
crystalline, in concrete. **A12:** 472
cycle, biological corrosion. **A13:** 41–42
determination by high-temperature combustion **A10:** 221–225
determination from iron x-radiation. **A10:** 94
determination in oil. **A10:** 101
determination in petroleum products, by XRS **A10:** 82
determined by iodimetric titrations **A10:** 174
detrimental effect in thermit welds . . . **M6:** 693–694
detrimental to welding of alloy systems **A6:** 89
distribution and morphology, in asphalt . . **A12:** 473
effect, gas dissociation. **A15:** 83
effect, nitrogen solubility **A15:** 83
effect of, on machinability of carbon steels. **A1:** 597–599
effect of, on notch toughness **A1:** 740, 741
effect of, on steel composition and formability. **A1:** 577
effect on Cu alloy machinability. **A16:** 805–808
effect on fracture toughness versus strength relationship of quenched-and-tempered steels **A19:** 384, 385
effect on hardenability. **A4:** 25
effect, ultimate tensile strength **A14:** 200
effects, electrolytic tough pitch copper **A2:** 269
effects, nickel-base alloys **A14:** 779
effects, silver-copper alloys **A2:** 700
electroslag welding reactions **A6:** 273, 274
elemental, stress-corrosion cracking and . . **A19:** 493
embrittlement caused by. **A20:** 580
embrittlement in nickel alloys **M6:** 437
embrittlement of iron by **A1:** 690–691
enrichment, crack tip region **A12:** 41
for curing butyl rubber **EM3:** 146
for curing styrene-butadiene rubber **EM3:** 147
forming lower melting point eutectics **A6:** 588
free-machining steel additive. **A16:** 672, 674
gas, solubility in copper alloys. **A15:** 465
glow discharge to determine. **A10:** 29
grain boundary adhesion. **A6:** 144
grain boundary segregates, effect on fracture toughness of aluminum alloys **A19:** 385
heat-affected zone fissuring in nickel-base alloys **A6:** 588, 589
hot/cold shortness effects **A15:** 29
ICP-determined in natural waters **A10:** 41
impurity in solders **M6:** 1072
in alloy cast irons. **A1:** 109
in Alnico alloys **A9:** 539
in austenitic manganese steel **A1:** 826
in austenitic stainless steels **A6:** 457, 458, 463, 468
in bearing steels, abrasive wear **A18:** 733
in commercial CPM tool steel compositions **A16:** 63
in copper alloys **A6:** 753
in ductile iron. **A15:** 648
in duplex stainless steels. **A6:** 472
in electrical steels. **A9:** 537
in electroplated nickel **A18:** 836
in endothermic atmospheres. **A7:** 460
in ferritic stainless steels. **A6:** 454
in free-machining metals. **A16:** 389
in free-machining powder metallurgy steels **A9:** 510
in free-machining steels **A7:** 727, 738
in high-speed tool steels **A16:** 53
in inorganic solids, applicable analytical methods **A10:** 4, 6
in most widely used EP additives . . . **A16:** 123, 124, 125, 126
in oil, EDS determination **A10:** 101
in overhead system **A19:** 473
in P/M alloys **A1:** 810
in polysulfides. **EM3:** 50
in steel **A1:** 144–145
in steel, effect on nonmetallic inclusions . . . **A9:** 179
in steel weldments **A6:** 418
in thread grinding oils. **A16:** 273
infrared detection, high-temperature combustion **A10:** 223
interaction coefficient, ternary iron-base alloys. **A15:** 62
lubricant indicators and range of sensitivities **A18:** 301
machinability additives **A16:** 685–686, 687, 688
maps **A12:** 349, 388
measured, in lubricants. **A14:** 516
microalloying of **A14:** 220
Miller numbers **A18:** 235
oil-ash corrosion with **A11:** 618
oxygen cutting, effect on **M6:** 898
primary curative of natural rubber **EM3:** 145
recovery unit **A13:** 365–366
relationship to hot cracking **M6:** 38, 833
removal, from ferrous melts **A15:** 74–78, 366
resistance spot welding of steels and content effect. **A6:** 228
segregation. **A12:** 349
segregation and solid friction. **A18:** 28
species weighed in gravimetry **A10:** 172
spectrometric metals analysis. **A18:** 300
submerged arc welding
effect on cracking **M6:** 128–129
influence on weld-metal toughness **M6:** 117
surface segregation during heating . . . **A10:** 564–565
tantalum resistance to **A13:** 727
tantalum sulfide formation in **A13:** 728
use in resistance spot welding. **M6:** 486
use of copper accelerators with **A10:** 222
vapor pressure **A6:** 621
volatilization losses in melting. **EM4:** 389
volumetric procedures for. **A10:** 175
Sulfur copper *See* Copper alloys, specific types, C14700
Sulfur corrosion
copper metals **M2:** 463, 464
Sulfur dioxide
as atmospheric contaminant. **A13:** 81
copper/copper alloy corrosion in **A13:** 632, 635–636
effect, carbon steel corrosion rate **A13:** 909
electrometric titration for **A10:** 205
oxidation, SERS analysis of **A10:** 136
for core curing **A15:** 240
formation, wood pulp superheaters. **A13:** 1200
furan resin binder process **A15:** 219–221
in marine atmospheres **A13:** 903–904
plain carbon steel corrosion in **A13:** 81
reduction with **M7:** 54
removal by manganese dioxide in high-temperature combustion **A10:** 222
service, pollution control **A13:** 1370
use, oil/gas production **A13:** 1245
use to determine sulfur in high-temperature combustion **A10:** 221–225
Sulfur dioxide, and ammonia reactions
as detection method. **A17:** 61
Sulfur dioxide reducing method
chromic acid wastes **M5:** 186–187
Sulfur dioxide test method
anodic coating sealing **M5:** 596
Sulfur embrittlement
brazing and **A6:** 117
Sulfur hexafluoride detectors
of gas/leaks **A17:** 62
Sulfur impurities
effect on fracture toughness of steels **A19:** 383
Sulfur in cast iron
alloy effect **M1:** 77, 78
ductile iron. **M1:** 37
malleable iron **M1:** 58
Sulfur in steel *See also* Resulfurized steel . . **M1:** 116
castings **M1:** 399
maraging steels **M1:** 447
notch toughness. **M1:** 692
P/M materials **M1:** 338
sheet, effect on formability **M1:** 554
Sulfur, nonsulfate
in Sherritt nickel powder production **M7:** 140
Sulfur oxides. **A20:** 262
covered by NAAQS requirements. **A20:** 133
effect on atmospheric corrosion **M1:** 717, 718
Sulfur print
defined **A9:** 18
Sulfur print technique, for revealing distribution of manganese sulfides in
wrought stainless steels **A9:** 279
Sulfur print test
used for macroexamination of tool steels . . **A9:** 256
Sulfur printing
carbon and alloy steels **A9:** 176
to reveal as-cast solidification structures in steel **A9:** 624–625
Sulfur removal *See* Desulfurization; Sulfur
Sulfur segregation
macroetching to reveal **A9:** 176
Sulfur trioxide **A19:** 474
formation. **A13:** 1200
removal of. **A10:** 222
Sulfur trioxide (SO_3)
composition by application **A20:** 417
Sulfur-bearing copper *See also* Copper alloys, specific types, C14700
applications and properties **A2:** 278–280
Sulfuric acid *See also* Sulfuric acid
corrosion **A19:** 475
acid pickling treatment conditions for magnesium alloys **A5:** 828
acid pickling treatments for magnesium alloys **A5:** 822
as an etchant for wrought stainless steels . . **A9:** 281
as chemical cleaning solution. **A13:** 1140
as sample dissolution medium. **A10:** 165
cemented carbides resistance to. **A13:** 852
chemical milling etchant. **A16:** 873
chemical pickling as surface preparation . . . **A5:** 336
composition. **A5:** 48
corrosion inhibitors used in **M1:** 755–756
effect on alloy steels **A19:** 646–647
electroless nickel coating corrosion **A5:** 298, **A20:** 479
electrolyte for ECM **A16:** 536
electrolyte for Ni alloy ECM **A16:** 843
for acid cleaning **A5:** 48, 49, 50, 51, 54
for pickling. . . **A5:** 67–68, 69, 70, 71–72, 74, 75–76
for stripping electrodeposited cadmium **A5:** 224
formation, by liquor decomposition **A13:** 1197
formation, by oxidation **A13:** 1197
in alcohol as an electrolyte for refractory metals. **A9:** 440
in organic solvent (Group IV electrolytes) **A9:** 52–54
in petroleum refining and petrochemical operations **A13:** 1269
in water (Group IV electrolytes) **A9:** 52–54
mounting materials for use with **A9:** 54
nickel alloys, corrosion **M3:** 172–173
photochemical machining etchant . . . **A16:** 591, 593
residue isolation using. **A10:** 176
safety hazards **A9:** 69
service, pollution control **A13:** 1370
stainless steels, corrosion resistance. **M3:** 88–91
stress-corrosion cracking and **A19:** 487
used in chemical treatment before disposal **A16:** 131
with inorganic acids as electrolyte. **A9:** 54
Sulfuric acid and hydrochloric acid
as an etchant for carbon and alloy steels. . . **A9:** 171
Sulfuric acid anodizing. . . **A5:** 485, 486, 488, 489–490
Sulfuric acid anodizing process
aluminum and aluminum alloys **M5:** 586–589, 592–595
voltage requirements **M5:** 588–589
Sulfuric acid bath
anodizing process properties **A5:** 482
commercial noncyanide cadmium plating bath concentration. **A5:** 216
Sulfuric acid cleaning process
iron and steel. **M5:** 60

Sulfuric acid corrosion *See also* Sulfuric acid **A13:** 1148–1154, **A19:** 475
alloy steels **A13:** 544
austenitic stainless steels **A13:** 1150–1151
brick linings **A13:** 1153
carbon steel **A13:** 1148–1149
cast iron resistance **A13:** 569
cast irons **A13:** 1149–1150
cast stainless steels **A13:** 1151
copper/copper-base alloys **A13:** 627, 1153
higher austenitic stainless steels . . . **A13:** 1151–1152
lead/lead alloys **A13:** 788, 1153
lined pipe **A13:** 1153–1154
mechanisms **A13:** 1148
nickel-base alloy resistance **A13:** 643–644, 1152
polyvinyl chloride **A13:** 1153
stainless steels **A13:** 557–558
tantalum resistance to **A13:** 725, 1153
titanium **A13:** 1153
zirconium/zirconium alloys **A13:** 709–710, 1152–1153
Sulfuric acid electropolishing solutions **M5:** 303–305, 308
Sulfuric acid etching bath **M5:** 180
Sulfuric acid, hydrochloric acid, and nitric acid, as an etchant for wrought heat-resistant alloys **A9:** 307
Sulfuric acid, hydrofluoric acid and nitric acid
as an etchant for beryllium **A9:** 390
Sulfuric acid, inhibited
in cathodic cleaning **A12:** 75
Sulfuric acid leaching
copper powder **A7:** 142
Sulfuric acid pickling . . **A5:** 67–68, 69, 70, 71–72, 74, 75–76
copper and copper alloys **M5:** 611–614
hot dip galvanized coating process . . . **M5:** 325–326, 328
iron **M5:** 68–82
magnesium alloys **M5:** 629, 640–641
process variables affecting scale removal **M5:** 72–77
solution compositions and operating conditions . . **M5:** 12, 68–70, 73–74, 611–614, 655
stainless steel **M5:** 553–554
steel **M5:** 68–82
titanium a titanium alloys **M5:** 654–655
waste recovery and treatment **M5:** 81–82
Sulfuric acid production
industrial processes and relevant catalysts . . **A5:** 883
Sulfuric acid/boric acid anodizing (SBAA)
as alternative to hard chromium plating . . . **A5:** 928
characteristics **A5:** 927
Sulfuric acid/potassium dichromate solution . . **EM3:** 35
Sulfuric acid/sodium dichromate solution **EM3:** 35
Sulfuric anodize **A13:** 396–397
Sulfuric anodizing
power requirements **A5:** 488
Sulfuric-oxalic anodizing process
aluminum and aluminum alloys **M5:** 592
Sulfuric-oxalic solution
composition and operating conditions for special anodizing processes **A5:** 487
Sulfuric-phosphoric acid as electrolyte
current-voltage relation **A9:** 48–49
Sulfuric-phosphoric-chromic acid electrolytic brightening
aluminum and aluminum alloys **M5:** 580–581
Sulfurized lubricant
defined **A18:** 18
definition **A5:** 968
Sulfurous acid
as reducing agent **A10:** 169
SCC by **A13:** 327, 558
Sulfurous acid, stainless steels
corrosion resistance **M3:** 89–91
Sum of squares for the regression **A20:** 84, 86
Sum peaks
and escape peaks **A10:** 520
defined **A10:** 92, 683
in energy-dispersive spectra **A10:** 520
Sumitomo top and bottom blowing (SFB) process **A1:** 111
Summing
in real-time radiography **A17:** 320
Sump lubrication **A18:** 132–133
Sunlight
effects in marine atmospheres **A13:** 905
Sunlight, as source
photolytic degradation **EM2:** 776–782
Sunshine open-flame carbon arc weatherometer **EM2:** 578
Super D-Gun process
materials, feed material, surface preparation, substrate temperature, particle velocity **A5:** 502
Super heterodyne detection
use for low-temperature ESR studies **A10:** 257
Super Kanthal **A20:** 599
Super Z300 *See* Superplastic zinc
Superabrasive grains *See also* Superabrasives
bonded-abrasive grains **A2:** 1013–1015
commercially available **A2:** 1011
loose abrasive grains **A2:** 1012–1013
Superabrasives *See also* Cubic boron nitride; Diamond; Grinding equipment and processes; Superabrasive grains **A5:** 92, 94, 96, 97, **A16:** 453–471
abrasive stick dressing method **A16:** 468
abrasive-jet dressing method **A16:** 469
and ultrahard tool materials . . **A2:** 1008, 1015–1017
applications **A16:** 454–456, **EM4:** 331
automation by multiaxis CNC machines, as a variable **A16:** 460
balancing, as operational factor **A16:** 465
batch production dressing methods **A16:** 469
batch production truing methods **A16:** 467
bond type **EM4:** 331
conditioning **A16:** 469–470
conditioning, as operational factor **A16:** 466
coolants **A16:** 463, 464, 465, 466, 467
cubic boron nitride (CBN), properties of **A2:** 1010–1011
cubic boron nitride (CBN), synthesis of **A2:** 1008–1009
definition **A5:** 968
diamond and CBN compared **A16:** 453–454
diamond, properties of **A2:** 1009–1010
diamond, synthesis of **A2:** 1008–1009
dressing, as operational factor **A16:** 465–466
dressing methods **A16:** 468–469
form truing methods for production grinding **A16:** 467
high-pressure waterjet dressing method . . . **A16:** 469
mechanical properties **EM4:** 331
metals ground/machined with **A2:** 1013
modulus of resilience **EM4:** 331
powered truing methods for production grinding **A16:** 467
properties **EM4:** 331, 332, 333
sintered polycrystalline cubic boron nitride, properties of **A2:** 1012
sintered polycrystalline diamond, properties of **A2:** 1011–1012
slurry dressing method **A16:** 469
stationary tool truing method for production grinding **A16:** 466–467
superabrasive grains **A2:** 1012–1015
superhard materials of commercial interest **A2:** 1008
thermal properties **EM4:** 331
truing, as operational factor **A16:** 466, 467
truing parameters **A16:** 468
wheel application and machine tool variables **A16:** 460
wheel applications **A16:** 458–471
wheel bond systems . . . **A16:** 457–458, 461, 462–463
wheel selection **A16:** 460–465
wheel truing objectives **A16:** 467
wheels **A16:** 456–471
Superalloy
defined **A7:** 887
Superalloy nickel eutectic **A9:** 619
Superalloy powders **A7:** 175, 176, 177, 887–902
alloying elements **A7:** 1001
applications **A7:** 887, 888–889, 891–895, 1031
applications, aerospace **A7:** 998, 999
atomization of **A7:** 37, 889
centrifugal atomization **A7:** 50, 175–176
characteristics **A7:** 887
coatings for ODS alloys **A7:** 1003
cold sintering **A7:** 577, 579, 581
compositions **A7:** 131, 887, 891–895, 1000
consolidation **A7:** 890–891
corrosion resistance **A7:** 998–1003
creep crack growth **A7:** 1002, 1003
extrusion **A7:** 626, 627, 628, 629
fatigue **A7:** 958, 1002, 1003
forging and hot pressing **A7:** 632
gas-atomization **A7:** 152
hot corrosion **A7:** 1001–1003
hot pressing **A7:** 636
infiltration **A7:** 544, 550–551
injection molding **A7:** 314
manufacturing **A7:** 998
mechanical alloying **A7:** 176–178
mechanical properties . . **A7:** 888, 889, 890, 891–895
melt drop (vibrating orifice) atomization **A7:** 50–51
ODS nickel- and iron-base properties **A7:** 85
Osprey process used **A7:** 75, 319
oxidation **A7:** 1000–1001
oxide-dispersion strengthened alloys **A7:** 1002, 1003
postconsolidation processing **A7:** 891
probabilistic lifing strategies **A7:** 889–890
processing **A7:** 888–891
production of **A7:** 131, 175, 176, 177
properties **A7:** 1000
rapid solidification rate (RSR) process **A7:** 48
soluble gas process **A7:** 175
specialized P/M superalloy processes . . **A7:** 895–898
spray forming **A7:** 398, 399
technical issues **A7:** 898–900
thermal spray forming **A7:** 411
vacuum sintering, liquid-phase **A7:** 570
vacuum-atomization of IN-100 . . . . **A7:** 37
yttria-dispersion-strengthened P/M **A7:** 131
Superalloy scrap, recycling of **A1:** 1027–1028
blending **A1:** 1032
by industry **A1:** 1028
collection **A1:** 1029
degreasing **A1:** 1032
demand **A1:** 1028
of metallurgical wastes **A1:** 1032
processing **A1:** 1028–1032
secondary nickel refining **A1:** 1032
separation and sorting **A1:** 1028, 1029–1032
size reduction and compaction **A1:** 1032
Superalloy-matrix composites
development and fabrication **A2:** 909
Superalloys *See also* Cobalt-base superalloys; Fiber-reinforced superalloys (FRS); Heat-resistant alloys; Heat-resistant castings; Nickel alloys, specific types; Nickel-base superalloys; Nickel-based superalloys; specific types; Superalloys, specific types; Wrought heat-resistant alloys **A18:** 623, **M3:** 207–268, 271
aerospace applications **EM4:** 1005
alloy segregation **M7:** 468
alloy stability **M3:** 208, 219–229
aluminum and chromium contents inversely correlated **A20:** 593
aluminum coating of **M5:** 335, 339, 342

SUBJECTS OF THE INDEXED VOLUMES: ASM Handbook (designated by the letter "A"): **A1:** Properties and Selection: Irons, Steels, and High-Performance Alloys (1990); **A2:** Properties and Selection: Nonferrous Alloys and Special-Purpose Materials (1990); **A3:** Alloy Phase Diagrams (1992); **A4:** Heat Treating (1991); **A5:** Surface Engineering (1994); **A6:** Welding, Brazing, and Soldering (1993); **A7:** Powder Metal Technologies and Applications (1998); **A8:** Mechanical Testing (1985); **A9:** Metallography and Microstructures (1985); **A10:** Materials Characterization (1986); **A11:** Failure Analysis and Prevention (1986); **A12:** Fractography (1987); **A13:** Corrosion (1987); **A14:** Forming and Forging (1988); **A15:** Casting (1988); **A16:** Machining (1989); **A17:** Nondestructive Evaluation and Quality Control (1989); **A18:** Friction, Lubrication, and Wear Technology (1992); **A19:** Fatigue and Fracture (1996); **A20:** Materials Selection and Design (1997). **Metals Handbook, 9th Edition** (designated by the letter "M"): **M1:** Properties and Selection: Irons and Steels (1978); **M2:** Properties and Selection: Nonferrous Alloys and Pure Metals (1979); **M3:** Properties and Selection: Stainless Steels, Tool Materials, and Special-Purpose Materials (1980); **M4:** Heat Treating (1981); **M5:** Surface Cleaning, Finishing, and Coating (1982); **M6:** Welding, Brazing, and Soldering (1983); **M7:** Powder Metallurgy (1984). **Engineered Materials Handbook** (designated by the letters "EM"): **EM1:** Composites (1987); **EM2:** Engineering Plastics (1988); **EM3:** Adhesives and Sealants (1990); **EM4:** Ceramics and Glasses (1991). **Electronic Materials Handbook** (designated by the letters "EL"): **EL1:** Packaging (1989)

application, gas turbine engine components . . . A18: 813
applications . . . M3: 207–208, 213–214
arc-welded, heat-resisting . . . A11: 433–434
argon oxygen decarburization . . . A15: 426
argon-atomized, Auger composition-depth profile . . . M7: 254
as P/M materials . . . A19: 338
ASP . . . A16: 61
atomization cooling rates . . . M7: 33, 36
boundary contamination in . . . M7: 428, 439
cast cobalt-base superalloys . . . A1: 983, 985–987
cast nickel-base superalloys . . A1: 981–985, 986–994
chemical compositions . . . A20: 396
chemical milling . . . A16: 579, 584, 586
coating concepts for . . . A20: 596–598
coating effects and thermomechanical fatigue . . . A19: 540–541
coatings . . . M3: 208
cobalt-base . . . M3: 208, 210–211, 213
  erosion resistance for pump components . . . A18: 598
  for hot-forging dies . . . A18: 626
  material for jet engine components . . . A18: 588
cobalt-base, phases . . . A15: 812
cobalt-enhanced high-temperature properties . . . M7: 144
commercial, oxygen levels . . . M7: 434
compositions . . . M3: 210–211, M7: 524, 647
consolidation by hot isostatic pressing . . . M7: 439–441
contaminant types . . . M7: 178
continuous flow electron beam melted . . . A15: 417
creep behavior . . . A8: 331
creep crack growth . . . A19: 521
creep damage . . . M3: 225–226
cyclic oxidation and composition makeup ranking . . . A20: 592
directionally solidified, development . . . A2: 429
directionally solidified superalloys . . . A1: 995, 996–998
dispersion-strengthened . . . M7: 722–723
dispersion-strengthened, development . . . A2: 429
effects of hot pressing . . . M7: 512
electron beam investment casting . . . A15: 417–418
electron-beam welding . . . A6: 851, 865–866
elements implanted to improve wear and friction properties . . . A18: 858
fatigue crack propagation . . . A8: 409, A19: 25
fatigue properties . . . M7: 439
for isothermal/hot-die forging . . . A14: 151–152
for notched-specimen testing . . . A8: 315
fractographs . . . A12: 388–395
fracture/failure causes illustrated . . . A12: 217
friction welding . . . A6: 154
ground/machines with superabrasives/ultrahard tool materials . . . A2: 1013
high-speed machining tool systems . . . A16: 602
high-speed tool steels used . . . A16: 59, 63
hot corrosion . . . A20: 600, M3: 207–209
hot extrusion plus forging . . . M7: 523–524
hot isostatic pressing plus forging . . . M7: 522–523
hot isostatically pressed . . . M7: 18
hot workability ratings for . . . A8: 586
hydrogen fluoride/hydrofluoric acid corrosion . . . A13: 1168
investment casting, fatigue properties . . . A19: 17
ion implantation applications . . . A20: 484
iron-base . . . M3: 209–213
iron-base, for hot-forging dies . . . A18: 626
iron-base superalloys . . . A1: 950, 958–962, 965
jet engine applications . . . M7: 646–652
laser alloying . . . A18: 866
Laves phase formation . . . A8: 479
low-cycle fatigue curves . . . A19: 23
material utilization through HIP . . . M7: 440, 443
materials for dies and molds . . . A18: 622, 625, 626
mechanical properties . . . M7: 441, 468, 473
melting methods . . . M3: 214
melting point . . . A16: 601
metal-matrix composites . . . A2: 909
microstructure and strength . . . A8: 408
microstructure in rapid solidification . . . M7: 47, 48
nickel alloy, P/M development . . . A2: 429
nickel-base . . . M3: 208–211, 213–214
  hot forging . . . A18: 625, 626
  material for jet engine components . . . A18: 588, 590
  resistance to plastic deformation . . . A18: 626
  service temperature of die materials in forging . . . A18: 625
nickel-base, eutectic joining . . . EM4: 526
nickel-base, for rolling . . . A14: 356
nickel-base, hot isostatic pressing effects . . A15: 539
nickel-based *See also* Nickel-based superalloys . . . M7: 33, 36, 47, 48, 134, 178, 439–441
nominal compositions . . . M7: 473
notch effects in stress rupture . . . M3: 230–234
Osprey process for . . . M7: 530
oxidation protection coatings for . . . M5: 375–379
oxide dispersion-strengthened . . . M7: 440
oxide stability . . . A11: 452
oxide-dispersion-strengthened alloys M3: 209, 212, 216
oxygen effect on rupture life . . . A15: 396
P/M . . . A13: 834–838
P/M processing . . . M3: 207, 214–216
performance characteristics . . . A20: 592–596
physical properties . . . M3: 217
plasma melting/casting . . . A15: 420
plasma rotating electrode particles . . . M7: 42, 44
powder metallurgy (P/M) cobalt-base alloys . . . A1: 977–980
powder metallurgy (P/M) superalloys . . A1: 972–976
processed from hot work CAP stock . . . M7: 536
processing . . . M3: 214–216
product forms . . . M3: 216, 218
rare earth alloy additives . . . A2: 727–728
roughing and finishing with whisker-reinforced alumina ceramic insert cutting tools . . . EM4: 972
rupture strengths/compositions . . . EM1: 881
salt bath descaling of . . . M5: 97, 101–102
selection . . . M3: 218–219
semisolid casting/forging of . . . A15: 327
short-time tensile properties . . . M3: 218–221, 223, 225
single-crystal, development . . . A2: 429
single-crystal superalloys . . . A1: 995–996, 998–1006
solidification structures of welded joints . . . A9: 580
specifications, aircraft gas turbine requirements . . . M3: 234
spherical powder, contaminant removal . . . M7: 178–179
strengthening mechanisms . . . M3: 209, 212
stress-rupture curves . . . M3: 277, 279
stress-rupture data . . . M3: 221–223, 227, 229–235, 237–241
superplastic . . . M7: 18
testing of . . . M3: 229–237
thermomechanical fatigue . . . A19: 537
tungsten-reinforced nickel-base . . . EM1: 885
upset welding . . . A6: 249
vacuum degassing . . . M7: 435
vacuum induction melting . . . A15: 393
versus ceramics for turbine nozzles . . . EM4: 995
workability . . . A8: 165, 575
wrought cobalt-base superalloys . . A1: 950, 962–968
wrought nickel-base superalloys . . . A1: 950–959, 968–972

Superalloys, cobalt-base, specific types *See also* Cobalt alloys, specific types
AiResist 13
  composition . . . M3: 257, 271
  property data . . . M3: 257
  stress-rupture curve . . . M3: 279
AiResist 213
  composition . . . M3: 211, 257, 271
  property data . . . M3: 257
AiResist 215
  composition . . . M3: 258, 271
  property data . . . M3: 258
  stress-rupture curve . . . M3: 279
FSX-414
  composition . . . M3: 258
  property data . . . M3: 258
Haynes 21 . . . M3: 278
  composition . . . M3: 271
  stress-rupture curve . . . M3: 279
Haynes 25 . . . M3: 590–591
  composition . . . M3: 210, 258, 271, 590
  hot corrosion . . . M3: 208
  incipient melting temperature . . . M3: 224
  mechanical properties . . . M3: 218, 223
  oxidation resistance . . . M3: 259
  physical properties . . . M3: 217
  property data . . . M3: 258–259
  stress-rupture curve . . . M3: 279
  wear data . . . M3: 590
Haynes 88, notch effects in stress rupture M3: 230, 231
Haynes 151
  composition . . . M3: 271
  stress-rupture curve . . . M3: 279
Haynes 188
  composition . . . M3: 210, 259
  hot corrosion . . . M3: 208
  incipient melting temperature . . . M3: 224
  mechanical properties . . . M3: 218
  microstructure . . . M3: 223, 226
  oxidation resistance . . . M3: 259
  physical properties . . . M3: 217
  property data . . . M3: 259–261
Haynes 263, hot corrosion . . . M3: 208
J-1650, composition . . . M3: 271
L-605 *See* Haynes
MAR-M 302
  composition . . . M3: 263, 271, 279
  property data . . . M3: 263
  stress-rupture data . . . M3: 263, 277
MAR-M 322
  composition . . . M3: 263, 279
  property data . . . M3: 263
  stress-rupture curve . . . M3: 279
MAR-M 509 . . . M3: 279
  composition . . . M3: 263, 271
  property data . . . M3: 263–364
  stress-rupture data . . . M3: 264, 279
MAR-M 918, composition . . . M3: 271
MP-35N, composition . . . M3: 211
MP-159, composition . . . M3: 211
S-816
  composition . . . M3: 210, 271
  mechanical properties . . . M3: 210
  notches, effect on fatigue and stress rupture . . . M3: 232, 233, 235
  stress-rupture curves . . . M3: 232, 233, 279
S816, cleaning and finishing processes . . . M5: 567
UMCo-50
  composition . . . M3: 210, 266
  physical properties . . . M3: 217
  property data . . . M3: 266–267
V-36, composition . . . M3: 271
X-40 . . . M3: 278
  composition . . . M3: 268, 271
  property data . . . M3: 267, 268
  stress-rupture data . . . M3: 268, 279
X-45
  composition . . . M3: 268
  property data . . . M3: 268

Superalloys, first-generation SX, specific types
AF56, composition . . . A19: 856
AM1, composition . . . A19: 856
AM3, composition . . . A19: 856
CMSX-2
  composition . . . A19: 856
  stress-rupture life versus Larson-Miller parameter . . . A19: 863
CMSX-3, composition . . . A19: 856
CMSX-6 (single crystals)
  composition . . . A19: 856
  damage mechanisms for thermomechanical fatigue in-phase and thermomechanical fatigue out-of-phase loadings . . . A19: 541
  thermomechanical fatigue . . . A19: 537, 538
DS 200 Hf, stress-rupture life versus Larson-Miller parameter . . . A19: 863
PWA 1480, composition . . . A19: 856
René N4, composition . . . A19: 856
RR 2000, composition . . . A19: 856
SRR 99, composition . . . A19: 856

Superalloys, heat treating *See also* Heat-resistant alloys, heat treating . . . A4: 793–813
aging . . . A4: 795–798, 799, 800, 808, 812, 813
aging cycles . . . A4: 799
aging precipitates . . . A4: 795–796
alloy depletion . . . A4: 798, 813
annealing . . . A4: 793, 808, 809–810
applications . . . A4: 807, 808, 812, 813

Superalloys, heat treating (continued)
atmosphere for aging . . . **A4:** 799
carbide precipitation . . . **A4:** 809–810, 811
carbon pickup . . . **A4:** 798
cast . . . **A4:** 812–813
cast, compositions . . . **A4:** 795
cold working effect on recrystallization and grain growth . . . **A4:** 808, 810
cold working effect on response . . . **A4:** 800–801
constituents observed . . . **A4:** 797
direct aging . . . **A4:** 804
double aging . . . **A4:** 796, 798, 801, 802
endothermic atmospheres for protection . . . **A4:** 799
exothermic atmospheres for protection . . . **A4:** 799
fixtures for support or restraint . . . **A4:** 799
furnace equipment . . . **A4:** 799
gas furnace quench (GFQ) . . . **A4:** 813
grain growth . . . **A4:** 799–800, 808, 810, 811
hardness . . . **A4:** 800–801
hot isostatic pressing (HIP) . . . **A4:** 812, 813
hydrogen for protection . . . **A4:** 799, 813
inert gas for protection . . . **A4:** 798, 813
mechanical properties . . . **A4:** 808
mill annealing . . . **A4:** 809–810, 811
miscellaneous contaminants . . . **A4:** 798
oxidation . . . **A4:** 798, 813
precipitation-strengthened nickel-base superalloys . . . **A4:** 805–809
precipitation-strengthened nickel-iron-base superalloys . . . **A4:** 799–805
quenching . . . **A4:** 793–795
reheating for hot working . . . **A4:** 793
solid-solution-strengthened iron-, nickel-, and cobalt-base . . . **A4:** 809–811
solid-solution-strengthened iron/nickel-, nickel-, and cobalt-base . . . **A4:** 813
solution annealing . . . **A4:** 810, 811
solution treating . . . **A4:** 793, 800, 808, 810, 811, 812–813
stabilization . . . **A4:** 804, 806, 813
stress relieving . . . **A4:** 793, 799, 809–810, 811, 812, 813
tensile properties . . . **A4:** 801
thermomechanical processing . . . **A4:** 798, 801
vacuum atmosphere for protection . . . **A4:** 798, 813
vacuum brazing . . . **A4:** 811
welding . . . **A4:** 812, 813
wrought . . . **A4:** 799–812
wrought, compositions . . . **A4:** 794
Superalloys, iron-base, specific types *See also* Iron-base alloys
16-25-6, composition . . . **M3:** 210
17-14CuMo, composition . . . **M3:** 210
19-9 DL, cleaning and finishing processes . . . **M5:** 567–568
19-9 DL, composition . . . **M3:** 210
A-286
composition . . . **M3:** 210, 538, 756
fasteners . . . **M3:** 185
fatigue at subzero temperatures . . . **M3:** 764, 765
fracture toughness . . . **M3:** 763
Poisson's ratio . . . **M3:** 755
tensile properties . . . **M3:** 761, 762
Young's modulus . . . **M3:** 751
A-286, cleaning and finishing processes . . . **M5:** 567
Discaloy
composition . . . **M3:** 210
hardness, effect on stress rupture . . . **M3:** 232–233
Haynes . . . **M3:** 556
composition . . . **M3:** 210, 261
physical properties . . . **M3:** 217
property data . . . **M3:** 261–262
Incoloy 800
composition . . . **M3:** 210
incipient melting temperature . . . **M3:** 224
oxidation resistance . . . **M3:** 196
physical properties . . . **M3:** 217
rupture strength . . . **M3:** 221
Incoloy 801
composition . . . **M3:** 210
physical properties . . . **M3:** 217
rupture strength . . . **M3:** 221
Incoloy 802
composition . . . **M3:** 210
rupture strength . . . **M3:** 221
Incoloy 825
corrosion resistance, pulp and paper industry . . . **M3:** 92
incipient melting temperature . . . **M3:** 224
physical properties . . . **M3:** 217
Incoloy 903, composition . . . **M3:** 210
Incoloy, creep-rupture properties . . . **M3:** 195
Incoloy MA 956, oxidation resistance . . . **M3:** 212
N-155
composition . . . **M3:** 210
hot corrosion . . . **M3:** 208
rupture strength . . . **M3:** 222
Pyromet CTX-1, composition . . . **M3:** 211
RA-330, composition . . . **M3:** 210
V-57
composition . . . **M3:** 211, 538
hot extrusion tools, use for . . . **M3:** 538, 540
W-545, composition . . . **M3:** 211
Superalloys, nickel-base *See* Nickel-base superalloys
Superalloys, nickel-base, specific types *See also* Nickel alloys, specific types
Astroloy
composition . . . **M3:** 211
mechanical properties . . . **M3:** 218
B-1900; B-1900 + Hf . . . **M3:** 278
composition . . . **M3:** 242, 271
property data . . . **M3:** 242–243
stress-rupture data . . . **M3:** 242, 277
D-979
composition . . . **M3:** 211
mechanical properties . . . **M3:** 218
D-979, cleaning and finishing processes . . . **M5:** 567–568
Hastelloy B, composition . . . **M3:** 210
Hastelloy B-2
composition . . . **M3:** 210
physical properties . . . **M3:** 217
Hastelloy C
composition . . . **M3:** 210
hot corrosion . . . **M3:** 208
Hastelloy C-4
composition . . . **M3:** 210
physical properties . . . **M3:** 217
Hastelloy C-276
composition . . . **M3:** 210
hot corrosion . . . **M3:** 208
physical properties . . . **M3:** 217
Hastelloy N
composition . . . **M3:** 210
physical properties . . . **M3:** 217
Hastelloy S
composition . . . **M3:** 210
hot corrosion . . . **M3:** 208
physical properties . . . **M3:** 217
Hastelloy W
composition . . . **M3:** 210
physical properties . . . **M3:** 217
Hastelloy X
composition . . . **M3:** 210, 271
exposure . . . **M3:** 222–223, 225
hot corrosion . . . **M3:** 208
incipient melting temperature . . . **M3:** 224
mechanical properties . . . **M3:** 218
microstructure . . . **M3:** 225, 227
physical properties . . . **M3:** 217
HDA 8077, oxidation resistance . . . **M3:** 212
IN-100 . . . **M3:** 278
composition . . . **M3:** 211, 243, 271
mechanical properties . . . **M3:** 216
property data . . . **M3:** 243
stress-rupture data . . . **M3:** 243, 277
IN-102
composition . . . **M3:** 211
mechanical properties . . . **M3:** 218
IN-162
composition . . . **M3:** 244
property data . . . **M3:** 243, 244
IN-731
composition . . . **M3:** 244
property data . . . **M3:** 244
IN-738 . . . **M3:** 278
composition . . . **M3:** 244, 271
hot tensile properties . . . **M3:** 216
property data . . . **M3:** 244–245
stress-rupture data . . . **M3:** 244, 277
IN-738 + Y_2O_3, oxidation resistance . . . **M3:** 212
IN-792 . . . **M3:** 278
composition . . . **M3:** 245, 271
property data . . . **M3:** 245
IN-939
composition . . . **M3:** 245
proper data . . . **M3:** 245–246
Incoloy 901, composition . . . **M3:** 211
Inconel
corrosion in sulfuric acid . . . **M3:** 88–89
creep-rupture properties . . . **M3:** 195
Inconel 617
composition . . . **M3:** 210
hot corrosion . . . **M3:** 208
incipient melting . . . **M3:** 224
physical properties . . . **M3:** 217
rupture strength . . . **M3:** 221
Inconel 713C . . . **M3:** 278
composition . . . **M3:** 246, 271
property data . . . **M3:** 246–247
Inconel 600
composition . . . **M3:** 210
hot corrosion . . . **M3:** 208
mechanical properties . . . **M3:** 218
physical properties . . . **M3:** 217
rupture strength . . . **M3:** 221
Inconel 601
composition . . . **M3:** 210
hot corrosion . . . **M3:** 208
mechanical properties . . . **M3:** 219
oxidation resistance . . . **M3:** 196
rupture strength . . . **M3:** 221
Inconel 604, composition . . . **M3:** 210
Inconel 625
composition . . . **M3:** 210
hot corrosion . . . **M3:** 208
incipient melting temperature . . . **M3:** 224
mechanical properties . . . **M3:** 219
rupture strength . . . **M3:** 222
Inconel 671, physical properties . . . **M3:** 217
Inconel 690, physical properties . . . **M3:** 217
Inconel 706
composition . . . **M3:** 211
mechanical properties . . . **M3:** 219
Inconel 713LC . . . **M3:** 278
composition . . . **M3:** 247, 271
property data . . . **M3:** 247–248
Inconel 718
composition . . . **M3:** 211, 271, 538
hot corrosion . . . **M3:** 208
hot extrusion tools, use for . . . **M3:** 538, 540
master Larson-Miller curve . . . **M3:** 239–240
mechanical properties . . . **M3:** 219
rupture strength . . . **M3:** 222
Inconel 751
composition . . . **M3:** 211
rupture strength . . . **M3:** 222
Inconel MA 754, oxidation resistance . . . **M3:** 212
Inconel MA 6000E, oxidation resistance . . . **M3:** 212
Inconel X750
composition . . . **M3:** 211, 271
hot corrosion . . . **M3:** 208
incipient melting temperature . . . **M3:** 224
mechanical properties . . . **M3:** 219
notch effects in stress rupture . . . **M3:** 231

SUBJECTS OF THE INDEXED VOLUMES: ASM Handbook (designated by the letter "A"): **A1:** Properties and Selection: Irons, Steels, and High-Performance Alloys (1990); **A2:** Properties and Selection: Nonferrous Alloys and Special-Purpose Materials (1990); **A3:** Alloy Phase Diagrams (1992); **A4:** Heat Treating (1991); **A5:** Surface Engineering (1994); **A6:** Welding, Brazing, and Soldering (1993); **A7:** Powder Metal Technologies and Applications (1998); **A8:** Mechanical Testing (1985); **A9:** Metallography and Microstructures (1985); **A10:** Materials Characterization (1986); **A11:** Failure Analysis and Prevention (1986); **A12:** Fractography (1987); **A13:** Corrosion (1987); **A14:** Forming and Forging (1988); **A15:** Casting (1988); **A16:** Machining (1989); **A17:** Nondestructive Evaluation and Quality Control (1989); **A18:** Friction, Lubrication, and Wear Technology (1992); **A19:** Fatigue and Fracture (1996); **A20:** Materials Selection and Design (1997). **Metals Handbook, 9th Edition** (designated by the letter "M"): **M1:** Properties and Selection: Irons and Steels (1978); **M2:** Properties and Selection: Nonferrous Alloys and Pure Metals (1979); **M3:** Properties and Selection: Stainless Steels, Tool Materials, and Special-Purpose Materials (1980); **M4:** Heat Treating (1981); **M5:** Surface Cleaning, Finishing, and Coating (1982); **M6:** Welding, Brazing, and Soldering (1983); **M7:** Powder Metallurgy (1984). **Engineered Materials Handbook** (designated by the letters "EM"): **EM1:** Composites (1987); **EM2:** Engineering Plastics (1988); **EM3:** Adhesives and Sealants (1990); **EM4:** Ceramics and Glasses (1991). **Electronic Materials Handbook** (designated by the letters "EL"): **EL1:** Packaging (1989)

physical properties M3: 217
rupture strength M3: 222
solution treatment M3: 224
tensile strength affected by rate of heating M3: 229, 230
M-22
composition M3: 248
property data M3: 248
M-252
composition M3: 211, 271
mechanical properties M3: 219
M-252, cleaning and finishing processes ... M5: 564
MAR-M 200; MAR-M 200 + Hf M3: 278
composition M3: 248, 271
property data M3: 248–249
stress-rupture data M3: 248–249, 277
MAR-M 246 .... M3: 278
composition M3: 249, 271
property data M3: 249–250
MAR-M 247 .... M3: 278
composition M3: 250, 271
property data M3: 250
MAR-M 421
composition M3: 250
property data M3: 250–251
MAR-M 432
composition M3: 251
property data M3: 251
MC-102
composition M3: 251
property data M3: 251–252
NA-224, composition M3: 210
Nimocast 75
composition M3: 252
property data M3: 252
Nimocast 80
composition M3: 252
property data M3: 252
Nimocast 90
composition M3: 252
property data M3: 252, 253
Nimocast 242
composition M3: 252
property data M3: 252–253
Nimocast 263
composition M3: 253
property data M3: 253
Nimocast 738, hot corrosion M3: 209
Nimocast 739, hot corrosion M3: 209
Nimonic 75
composition M3: 210
mechanical properties M3: 219
physical properties M3: 217
rupture strength M3: 222
Nimonic 80A
composition M3: 211
hot corrosion M3: 209
incipient melting temperature M3: 224
mechanical properties M3: 219
physical properties M3: 217
rupture strength M3: 222
stress-rupture curves M3: 233
Nimonic 81, hot corrosion M3: 209
Nimonic 90
composition M3: 211
hot corrosion M3: 209
incipient melting temperature M3: 224
mechanical properties M3: 220
physical properties M3: 217
rupture strength M3: 222
solution treatment M3: 224
Nimonic 91, hot corrosion M3: 209
Nimonic 95, composition M3: 211
Nimonic 100
composition M3: 211
physical properties M3: 217
Nimonic 101, hot corrosion M3: 209
Nimonic 105
composition M3: 211
hot corrosion M3: 209
incipient melting temperature M3: 224
mechanical properties M3: 220
physical properties M3: 217
reheat treatment, for healing creep damage M3: 225, 228
rupture strength M3: 222
solution treatment M3: 224
Nimonic 115
composition M3: 211
hot corrosion M3: 209
mechanical properties M3: 220
rupture strength M3: 222
Nimonic 263
composition M3: 211
rupture strength M3: 222
NX 188
composition M3: 253, 271
proper data M3: 253, 254
Pyromet 860
composition M3: 211
mechanical properties M3: 220
RA-333
composition M3: 210
hot corrosion M3: 208
Refractaloy 26
composition M3: 211
notch rupture strength M3: 231
rupture strength M3: 222
René 41
composition M3: 211
hot corrosion M3: 208
incipient melting temperature M3: 224
mechanical properties M3: 220
physical properties M3: 217
René 41, cleaning and finishing processes M5: 564–565
René 77
composition M3: 253, 271
property data M3: 253, 254
René 80 .... M3: 278
composition M3: 253, 271
property data M3: 253, 254
René 95
composition M3: 211
mechanical properties M3: 220
René 100
composition M3: 211, 254, 271
property data M3: 254
TAZ-8A
composition M3: 254
property data M3: 254, 255
TRW 1900, stress-rupture curve M3: 277
TRW-NASA VIA
composition M3: 254, 271
property data M3: 254–255
Udimet 500
composition M3: 211, 255, 271
hot corrosion M3: 209
incipient melting temperature M3: 224
mechanical properties M3: 220
physical properties M3: 217
property data M3: 255
solution treatment M3: 224
Udimet 520
composition M3: 211
mechanical properties M3: 220
Udimet 630, composition M3: 211
Udimet 700 .... M3: 278
composition M3: 211, 255, 271
incipient melting temperature M3: 224
mechanical properties M3: 216, 220
microstructure M3: 223, 226
physical properties M3: 217
property data M3: 255
solution treatment M3: 224
stress-rupture affected by sigma phase .. M3: 224, 227
stress-rupture data M3: 255, 277
Udimet 710
composition M3: 211, 256, 271
mechanical properties M3: 221
property data M3: 256
Unitemp AF2-1DA
composition M3: 211
mechanical properties M3: 221
Waspaloy
composition M3: 211, 271
hot corrosion M3: 208
incipient melting temperature M3: 224
mechanical properties M3: 221
physical properties M3: 217
solution treatment M3: 224
stress rupture M3: 232, 233
WAZ-20, composition M3: 271
WAZ-20 (DS)
composition M3: 256
property data M3: 256
Superalloys, second-generation SX, specific types
CMSX-4, composition A19: 856
MC2, composition A19: 856
PWA 1484, composition A19: 856
SC 180, composition A19: 856
Superalloys, special metallurgical welding considerations A6: 575–579
clad metals and overlays A6: 578–579
outside-diameter clad tubing A6: 579
overaging A6: 575
Superalloys, specific types *See also* Nickel-base superalloys; Superalloys
12 MoV
fatigue limits A19: 715
tensile properties A19: 15
713C, service failure A12: 390
713LC, service fracture A12: 391
718, trace element effects A15: 395
A-286 iron-nickel-base (UNS S66286) mode/toughness A12: 388
A-286 nickel-base in air and vacuum, fatigue crack growth rates A8: 413
A-286, notch sensitivity A8: 316
AF-115, composition M7: 524, 647
AF-115, nominal compositions and mechanical properties M7: 473
Ancorsteel 1000B, ultrasonic velocity and strength for M7: 484
Astroloy, Auger sputtering profiles M7: 255
Astroloy, controlling parameters for creep crack growth analysis A19: 522
Astroloy, impurities in hot isostatically pressed M7: 428
Astroloy, jet turbine disks in M7: 649–650
Astroloy, mechanical properties M7: 441
Astroloy, nominal compositions and mechanical properties M7: 473
Astroloy powder, particles produced by argon gas atomization M7: 428
crack growth analysis A19: 522
Discaloy, controlling parameters for creep crack growth analysis A19: 522
Discaloy, notch sensitivity A8: 316
Discaloy, rupture time variations A8: 316–317
Haynes 88, notch sensitivity A8: 315–316
IN 100, controlling parameters for creep crack growth analysis A19: 522
IN 738 LC (coated and uncoated), damage mechanisms for thermomechanical fatigue in-phase and thermomechanical fatigue out-of-phase loadings A19: 541
IN 738, threshold stress intensity determined by ultrasonic resonance test methods ... A19: 139
IN 792, threshold stress intensity determined by ultrasonic resonance test methods ... A19: 139
IN-100, composition M7: 647
IN-100, for turbine F-100 disks M7: 649
IN-100, mechanical properties M7: 650
IN-100, nominal compositions and mechanical properties M7: 473
IN718, hot isostatic pressing A15: 543
IN738 nickel-base, hot isostatic pressing .. A15: 539
Inco 718
controlling parameters for creep crack growth analysis A19: 522
crack growth analysis A19: 524, 525
Incoloy MA 956 .... M7: 726
Inconel 600, molten fluoride corrosion A13: 90
Inconel 706, liquid sodium corrosion A13: 91
Inconel 718, deformation twins in threshold regime A8: 488
Inconel 718, ductile striations A8: 482, 484
Inconel 718, mechanical properties M7: 536
Inconel 750, notch-rupture strength ratio vs. temperature A8: 316
Inconel 751, notch effect on rupture life A8: 316–318
Inconel MA 754 .... M7: 725–726
Inconel MA 754, turbine vanes M7: 650–651
Inconel MA 6000 .... M7: 726
Inconel MA 6000E, small aircraft gas turbine blades M7: 651
Inconel, molten salt corrosion resistance ... A13: 51

Superalloys, specific types (continued)
K66286 (A-286) 34% cold reduced and aged, used in low-cycle fatigue study to position elastic and plastic strain-range lines **A19:** 964
K66286 (A-286) aged, used in low-cycle fatigue study to position elastic and plastic strain-range lines **A19:** 964
low-carbon Astroloy **M7:** 524
low-carbon Astroloy, hot isostatic pressing compared with rapid omnidirectional compaction **M7:** 545
MA 754, composition **M7:** 524, 647
MA 956, composition **M7:** 524, 647
MA 6000, composition **M7:** 524, 647
MA754, creep fracture **A12:** 393
MA754, departure side pinning **A12:** 393
Mar-509, oxidation-fatigue laws summarized with equations **A19:** 547
Mar-M002, fatigue crack propagation **A19:** 37
Mar-M200
fatigue crack propagation **A19:** 37
thermomechanical fatigue.... **A19:** 537, 538, 539, 543
Mar-M200 DS, thermomechanical fatigue **A19:** 543
Mar-M246
oxidation-fatigue laws summarized with equations **A19:** 547
thermomechanical fatigue 537,539, ... **A19:** 543
Mar-M247
(coated and uncoated), damage mechanisms for thermomechanical fatigue in-phase and thermomechanical fatigue out-of-phase loadings **A19:** 541
constants for the unified model **A19:** 549
constants for the unified model for the back stress evolution term **A19:** 551
constants for the unified model for the drag stress term **A19:** 551
oxidation-fatigue laws summarized with equations **A19:** 547
thermomechanical fatigue.... **A19:** 537, 538, 539, 543, 551
MERL 76, composition **M7:** 524, 647
MERL 76, nominal compositions and mechanical properties **M7:** 473
MERL 76, turbine disks for Turbofan jet engines **M7:** 650
M-M247 (uncoated polycrystalline)
damage mechanisms for thermomechanical fatigue in-phase and thermomechanical fatigue out-of-phase loadings **A19:** 541
NASA IIB-7, elevated-temperature fatigue crack propagation **A8:** 405–406
Nimonic 80A, controlling parameters for creep crack growth analysis **A19:** 522
Nimonic 80A, notch effect on rupture life **A8:** 316–318
Nimonic 115, controlling parameters for creep crack growth analysis **A19:** 522
Nimonic 115, fatigue fracture **A12:** 394
PA-101, composition **M7:** 524, 647
PA-101, microstructure, compared with cast alloy C103 .... **M7:** 652
RA-330 iron-nickel-base (UNS N08330) sulfidation failure **A12:** 388
René **A19:** 80
constants for the unified model **A19:** 549
constants for the unified model for the back stress evolution term **A19:** 551
constants for the unified model for the drag stress term **A19:** 551
oxidation-fatigue laws summarized with equations **A19:** 547
thermomechanical fatigue.... **A19:** 537, 538, 543, 551
René 95, aerospace applications **M7:** 646–650
René 95, composition **M7:** 524, 647
René 95, controlling parameters for creep crack growth analysis **A19:** 522
René 95, nominal compositions and mechanical properties **M7:** 473
René 95, sphericity and surface quality **M7:** 42, 44
René 95, T-700 engine hardware **M7:** 648
S-816, grain size effect on notch-rupture strength **A8:** 316–317
S-816, notch effect on rupture life **A8:** 316–318
S-816, notched and unnotched, creep-rupture strength comparison **A8:** 317, 319
single-crystal PWA 1480, effects of thermal cycling **A12:** 394
Stellite 31, atomizing variables **M7:** 36
Stellite 31, composition **M7:** 524, 647
Stellite 31, turbine blade dampers **M7:** 651
Udimet 100, nominal compositions and mechanical properties **M7:** 473
Udimet 700, ductility in hot torsion tests **A8:** 165–166
Udimet 700, mechanical properties **M7:** 473
Udimet 700, microstructure, in torsion and extrusion **A8:** 176–178
Udimet 700, temperature effect on torsional ductility **A8:** 166–167
Udimet 700, tension and torsion effective fracture strains **A8:** 168
Vascojet 300 CVM, used in low-cycle fatigue study to position elastic and plastic strain-range lines **A19:** 964
Vascojet 1000, used in low-cycle fatigue study to position elastic and plastic strain-range lines **A19:** 964
Vascojet MA, used in low-cycle fatigue study to position elastic and plastic strain-range lines **A19:** 964
Waspaloy
controlling parameters for creep crack growth analysis **A19:** 522
fatigue crack propagation **A19:** 25, 35, 36
monotonic and fatigue properties, plate at 23 °C **A19:** 977
monotonic and fatigue properties, turbine wheel forging at 23 °C **A19:** 977
Waspaloy, ductility in hot torsion tests **A8:** 165–166
Waspaloy, flow curves for **A8:** 162–163
Waspaloy, for high-temperature grips **A8:** 159
Waspaloy, grain size effect on notch-rupture strength **A8:** 316–317
Waspaloy, heat treatment effects on rupture time **A8:** 316
Waspaloy, notch effect on rupture life **A8:** 316–318
X2CrNi18 9
monotonic and fatigue properties at 600 °C **A19:** 975
monotonic and fatigue properties for welds at 23 °C **A19:** 979
monotonic and fatigue properties, plate at 600 °C **A19:** 979
X5CrMnN18 18, initiation toughness values (J_c) at room temperature **A19:** 734
X6CrNi1811, monotonic and fatigue properties at 600 °C **A19:** 975
X10Cr13, threshold stress intensity determined by ultrasonic resonance test methods ... **A19:** 139
X10CrNiTi18 9, monotonic and fatigue properties at 23 °C **A19:** 975
Super-alpha titanium alloys **A9:** 458
SUPERB computer program for structural analysis **EM1:** 268, 273
Superbeta npn bipolar junction transistor ... **EL1:** 147
Supercomponent concept
microwave **A17:** 210
Superconducting alloy, multifilament
color etched **A9:** 157
Superconducting applications *See also* Superconducting materials
A15 superconductors **A2:** 1070–1074
high-energy physics (HEP) **A2:** 1055–1056
in power industry **A2:** 1057
magnetic confinement for thermonuclear fusion **A2:** 1056–1057
magnetic energy storage **A2:** 1057
magnetic resonance imaging (MRI) **A2:** 1054–1055
niobium-titanium superconductors **A2:** 1043–1044, 1054–1057
ternary molybdenum chalcogenides (chevrel phases) **A2:** 1079–1080
thin-film superconductors **A2:** 1083
Superconducting ceramics
properties **EM4:** 1
Superconducting compounds **A7:** 60
Superconducting magnetic energy storage (SMES)
materials for **A2:** 1057
Superconducting materials *See also* A15 superconductors; Conductor(s); High-temperature superconductors for wire and tape; Niobium-titanium superconductors; Superconducting applications; Superconductivity; Superconductors; Ternary molybdenum chalcogenides (chevrel phases); Thin-film materials **M7:** 636–638
A15 superconductors **A2:** 1060–1076
BSCCO, properties **A2:** 1082
high-temperature superconductors for wires and tape **A2:** 1085–1089
introduction **A2:** 1027–1029
low and high temperature **A2:** 1082–1083
niobium-titanium superconductors .. **A2:** 1043–1059
plasma-assisted physical vapor deposition **A18:** 848
principles of superconductivity **A2:** 1030–1042
TBCCO, properties **A2:** 1082–1083
ternary molybdenum chalcogenides (chevrel phases) **A2:** 1077–1080
thin-film **A2:** 1081–1084
thin-film materials **A2:** 1081–1084
YBCO, properties **A2:** 1082
Superconducting oxides
thermal spray forming **A7:** 416
Superconducting quantum interference devices (SQUID) **EM4:** 17
Superconducting quantum interference devices (SQUIDs) **A20:** 433
Superconducting supercollider (SSC) **A2:** 1027, 1044, 1056
Superconduction **M7:** 636–638
Superconductivity *See also* Superconducting applications; Superconducting materials; Superconductor composites; Superconductor filaments; Superconductors
30 K, discovery, and thin-film materials .. **A2:** 1081
alternating current losses **A2:** 1039–1040
as future trend **EL1:** 395
critical parameters **A2:** 1033–1034
cryogenic stability **A2:** 1037–1038
defined **A2:** 1030
double domain **A2:** 1077
dynamic stability **A2:** 1038–1039
eddy current losses **A2:** 1040
flux pinning **A2:** 1034–1035
high-temperature, thin-film materials **A2:** 1083
history **A2:** 1027–1028
hysteresis losses **A2:** 1039
Josephson effects **A2:** 1040–1041
low temperature **A2:** 1082–1083
magnetic properties **A2:** 1035–1036
of amorphous materials/metallic glasses ... **A2:** 806, 816–817
of wire filaments, ternary molybdenum chalcogenides **A2:** 1079
penetration losses **A2:** 1039–1040
principles of **A2:** 1030–1042
radio frequency effects **A2:** 1039, 1040
stabilization **A2:** 1036–1039
ternary molybdenum chalcogenides (chevrel phases) **A2:** 1077–1080
theoretical background **A2:** 1031–1034
weak link **A2:** 1088

SUBJECTS OF THE INDEXED VOLUMES: ASM Handbook (designated by the letter "A"): **A1:** Properties and Selection: Irons, Steels, and High-Performance Alloys (1990); **A2:** Properties and Selection: Nonferrous Alloys and Special-Purpose Materials (1990); **A3:** Alloy Phase Diagrams (1992); **A4:** Heat Treating (1991); **A5:** Surface Engineering (1994); **A6:** Welding, Brazing, and Soldering (1993); **A7:** Powder Metal Technologies and Applications (1998); **A8:** Mechanical Testing (1985); **A9:** Metallography and Microstructures (1985); **A10:** Materials Characterization (1986); **A11:** Failure Analysis and Prevention (1986); **A12:** Fractography (1987); **A13:** Corrosion (1987); **A14:** Forming and Forging (1988); **A15:** Casting (1988); **A16:** Machining (1989); **A17:** Nondestructive Evaluation and Quality Control (1989); **A18:** Friction, Lubrication, and Wear Technology (1992); **A19:** Fatigue and Fracture (1996); **A20:** Materials Selection and Design (1997). **Metals Handbook, 9th Edition** (designated by the letter "M"): **M1:** Properties and Selection: Irons and Steels (1978); **M2:** Properties and Selection: Nonferrous Alloys and Pure Metals (1979); **M3:** Properties and Selection: Stainless Steels, Tool Materials, and Special-Purpose Materials (1980); **M4:** Heat Treating (1981); **M5:** Surface Cleaning, Finishing, and Coating (1982); **M6:** Welding, Brazing, and Soldering (1983); **M7:** Powder Metallurgy (1984). **Engineered Materials Handbook** (designated by the letters "EM"): **EM1:** Composites (1987); **EM2:** Engineering Plastics (1988); **EM3:** Adhesives and Sealants (1990); **EM4:** Ceramics and Glasses (1991). **Electronic Materials Handbook** (designated by the letters "EL"): **EL1:** Packaging (1989)

Superconductor composites
assembly techniques **A2:** 1046–1049
billet cleanliness **A2:** 1046
cabling. **A2:** 1051–1052
extrusion **A2:** 1049–1050
isostatic compaction **A2:** 1049
monofilamentary conductors **A2:** 1046–1047
multifilamentary conductors **A2:** 1047–1049
stabilizing **A2:** 1051
twisting and final sizing **A2:** 1051
welding of **A2:** 1049
wire drawing **A2:** 1050

Superconductor filaments
geometric uniformity............. **A2:** 1052–1053
heat treatment **A2:** 1053–1054
properties **A2:** 1052–1054
strain cycles **A2:** 1053–1054

Superconductor rotor windings
niobium-titanium alloy **A2:** 1057

Superconductors *See also* A15 superconductors; Conductors; Drawing; High-temperature superconductors; Niobium-titanium superconductors; Superconducting materials; Superconductivity; Ternary molybdenum chalcogenides (chevrel phases); Thin-film materials **A20:** 433
A15, development, processing and applications................. **A2:** 1060–1074
amorphous materials................ **A2:** 816–817
and normal metals **M7:** 636
applications, niobium-titanium superconductors .. **A2:** 1043–1044, 1054–1057
billet stacking manufacture method .. **A14:** 338–341
commercial, manufacture of **A14:** 338–342
diffusion factors **A7:** 451
freeze drying **EM4:** 62
high-temperature, for wires and tapes......................... **A2:** 1085–1089
history **A2:** 1027–1028
modified jelly-roll manufacture method..................... **A14:** 341–342
niobium-titanium................. **A2:** 1043–1059
physical properties **A7:** 451
processing and properties, A15 types......................... **A2:** 1065–1070
Type I **A2:** 1032–1033
Type II **A2:** 1032–1033

Superconductors, ceramic
applications **EM4:** 1106

Superconductors (YBCO) **A7:** 586

Supercooling *See also* Constitutional supercooling; Undercooling **A6:** 45, 46–48, 49, 51, 52, 53
as driving mechanism, equiaxed nucleation **A15:** 130–131
constitutional **A9:** 611–612
defined.................... **A9:** 18, **A15:** 11, 101
diagram, constitutional **A15:** 115
effect on pure metal solidification structures..................... **A9:** 609–610
in planar interface growth **A15:** 114–116
influence, calculated.................... **A15:** 102

Supercritical drying **EM4:** 440, 446

Supercritical fluid chromatography **A10:** 116

Supercritically reheated grain-refined (SCGR) zone **A6:** 81

Superelastic applications
shape memory alloys............... **A2:** 900–901

Superelement (substructure) techniques **A20:** 181, 182, 184

Superelements **EM3:** 485

Superficial hardness test *See* Rockwell superficial hardness test

Superficial relative gas velocity through the bed of solids **A7:** 295

Superfine particle separator **M7:** 179

Superfines **M7:** 12
definition **A5:** 968

Superfinishing **A5:** 98, 99
definition.......................... **A5:** 968–969
process features.......................... **A5:** 99
roughness average....................... **A5:** 147

Superfinishing machines
achievable machining accuracy **A5:** 81

Superfund **A5:** 160, 401
chromate conversion coatings **A5:** 408

Superfund Amendment and Reauthorization Act (SARA) of 1986 .... **A5:** 408, 916, 930–931
affecting cadmium use, emission and waste disposal **A5:** 918
emulsion cleaning report.................. **A5:** 35

Superfund Amendments and Reauthorization Act (SARA) **A20:** 132–133
purpose of legislation................... **A20:** 132

Superhard coatings
low-pressure synthesis of................ **A2:** 1009

Superhard materials *See also* Superabrasives; Ultrahard tool materials
principal types **A2:** 1008

Superhard tool materials *See* Tool materials, superhard

Superheat **A7:** 144
big bang mechanism and **A15:** 131
defined **A15:** 11
effect, grain growth **A15:** 135
effect on grain size of austenitic manganese steel castings............................. **A9:** 237
effect on pure metal solidification structures.................... **A9:** 608–610
in equiaxed grain growth **A15:** 132
temperatures, effect, alloy additions.... **A15:** 71–72

Superheated tubes
ASTM specifications.................... **M1:** 323

Superheaters
abbreviation for **A11:** 797
ash deposits.......................... **A13:** 1201
corrosion of **A13:** 998–999
heat transfer in **A11:** 604, 605
outlet header, interligament cracking in... **A11:** 667
recovery boilers **A13:** 1200–1201
scaling in **A11:** 616
steam/water-side boilers **A13:** 992
thermal fatigue and stress rupture in **A11:** 626
tubes, circumferential corrosion-fatigue cracks **A11:** 79
tubes, coal ash corrosion of......... **A11:** 617–618
tubes, ruptured by overheating **A11:** 609
tubes, thick-lip stress rupture............ **A11:** 606

Superheating *See also* Heat treatment
defined **A9:** 18, **A15:** 11
for magnesium alloy grain refinement **A15:** 480
titanium alloys **A15:** 831–832
titanium and titanium alloy castings **A2:** 642

Super-high-speed steels **A7:** 789

Superiattice diffraction vectors
determination of........................ **A9:** 109

Superintendent of Documents (U.S. Government Printing Office)
source of standards **EM3:** 64

Super-Invar *See also* Low-expansion alloys
as low-expansion alloy................... **A2:** 889
composition, properties, applications.. **A2:** 894–895

Superlattice *See also* Ordered crystal structures
defined **A9:** 708
in ordered intermetallics............ **A2:** 913–914
long-period **A9:** 710, 719

Superlattice reflections in transmission electron microscopy diffraction patterns **A9:** 109

Superlattices *See also* Lattices; Ordered structure .... **A3:** 1•10
and interface studies............... **A10:** 634–635
as impeding determination of atomic structure **A10:** 344, 353
defined **A10:** 683
diffraction pattern from **A10:** 540
element location in planes of............ **A10:** 599
strain measurement **A10:** 628

Superpicral as an etchant for wrought stainless steels **A9:** 281

Superplastic alloys **M7:** 18
characterized..................... **A14:** 853–857

Superplastic behavior **A20:** 735

Superplastic duplex stainless steels **A9:** 286

Superplastic ferrous alloys
outlook for **A14:** 871

Superplastic formed titanium **EM1:** 35, 862

Superplastic forming
advanced aluminum metal-matrix composites **A7:** 850, 851, 852, 853
aluminum alloys....................... **A14:** 800
as new metalworking process............. **A14:** 18
blow-forming method, illustrated.......... **A14:** 18
of titanium alloys **A14:** 842–844
rating of characteristics................. **A20:** 299
titanium alloy **A15:** 824

Superplastic forming (SPF) *See also* Forming **EM1:** 23, 862
aluminum P/M alloys **A2:** 210
defined **EM2:** 41
titanium alloy sheet................. **A2:** 590–591
wrought titanium alloys **A2:** 616

Superplastic forming (SPF) technology **A20:** 709

Superplastic forming/diffusion bonding **A14:** 844, 857, 859–860

Superplastic forming/diffusion bonding (SPF/DB)
titanium alloys **A6:** 156

Superplastic forming/diffusion welding (SPF/DW)
techniques...................... **A6:** 884, 885

Superplastic metals
defined **A8:** 45

Superplastic properties in zinc alloys
effect of aluminum on................... **A9:** 489

Superplastic sheet forming **A14:** 852–873
cavitation.............................. **A14:** 867
forming equipment and tools **A14:** 860–861
hypereutectoid plain carbon steels **A14:** 869
hypoeutectoid/eutectoid plain carbon steels.............................. **A14:** 869
iron-base alloys, superplasticity in .. **A14:** 868–872
low-alloy steels **A14:** 871
manufacturing **A14:** 867–868
medium alloy steels.................... **A14:** 871
microduplex stainless steels **A14:** 871
processes **A14:** 857–860
superplastic alloys **A14:** 853–857
superplastic ferrous alloys **A14:** 871–872
superplasticity requirements......... **A14:** 852–853
thinning characteristics............. **A14:** 861–867
white cast irons **A14:** 869

Superplastic superalloys
development of.......................... **A7:** 3

Superplastic titanium alloys **A14:** 842–844

Superplastic zinc alloy
properties.............................. **A2:** 542

Superplasticity
as effect of temperature on formability **A8:** 553
defined **A14:** 13, 852
definition.............................. **A20:** 841
in aluminum alloys **A14:** 800
m values for metals in **A8:** 550
of extruded Alloy 100................... **A14:** 152
pressure densification **EM4:** 301
requirements, for superplastic sheet forming **A14:** 852–853

Superposition **A19:** 423, 431, 433
weldments............................. **A19:** 440

Super-purity aluminum
applications and properties **A2:** 64–65

Supersaturated
defined **A15:** 11

Supersaturated solid-solution alloys **A7:** 37

Supersaturation
and nucleation **A15:** 52–53

Supersolidus liquid-phase sintering (SLPS) .. **A7:** 565, 568–571
applications....................... **A7:** 570–571
atmosphere **A7:** 570–571
densification **A7:** 569–570, 571
fabrication concerns **A7:** 570–571
grain coarsening **A7:** 570
processing variables................ **A7:** 569–570
sintering cycles **A7:** 570
temperature **A7:** 569–570, 571
time **A7:** 569–570
vacuum sintering **A7:** 570

Supersolvus treatment **A7:** 892, 899

Supersonic vibrations
for compacting iron powders **M7:** 306

Superstone 40 *See* Cast copper alloys, specific types (C95700); Copper alloys, specific types, C95700

Superstructures of crystals **A9:** 708

Super-Z 300 *See* Zinc alloys, specific types, superplastic zinc alloy

Supplemental inspection documents (SIDs) .. **A19:** 562

Supplemental operation **M7:** 12

Supplementary SI units
guide for **A10:** 685

Supplementary units
Système International d'Unités (SI) **A11:** 793

Supplier data sheets *See also* Data sheets
interpreting ... **EM2:** 638–645
properties ... **EM2:** 638–645
structure ... **EM2:** 638
Supplier involvement ... **A20:** 59
Suppliers
engineering/development by ... **EM1:** 35
of acrylic acid and vinyl-acrylic polymer emulsion ... **EM3:** 211
of acrylic rubber phenolic adhesives ... **EM3:** 104
of acrylics ... **EM2:** 108, **EM3:** 124
of acrylonitrile-butadiene-styrenes (ABS) **EM2:** 114
of aircraft sealants ... **EM3:** 59
of allyls (DAP, DAIP) ... **EM2:** 229
of amino molding compounds ... **EM2:** 231
of anaerobics ... **EM3:** 79, 116
of asphalt ... **EM3:** 59
of butyls ... **EM3:** 199, 202
of conductive adhesives ... **EM3:** 76
of cresol novolacs ... **EM3:** 94
of cresol-base epoxy-novolac resins ... **EM3:** 104
of cyanates ... **EM2:** 238
of cyanoacrylates ... **EM3:** 79, 127–128, 129
of epoxidized phenols ... **EM3:** 94
of epoxies ... **EM2:** 241, **EM3:** 78, 98, 139
of etchants ... **EM3:** 802, 803
of EVA copolymers ... **EM3:** 82
of film adhesives ... **EM3:** 76
of fluoroelastomer sealants ... **EM3:** 227
of fluorosilicones ... **EM3:** 59
of glazing sealants ... **EM3:** 58
of high-density polyethylenes (HDPE) ... **EM2:** 166
of high-impact polystyrenes (PS, HIPS) .. **EM2:** 199
of high-temperature adhesives ... **EM3:** 80
of high-temperature structural adhesives **EM3:** 508
of homopolymer/copolymer acetals ... **EM2:** 102
of hot-melt adhesives ... **EM3:** 82
of insulated glass ... **EM3:** 58
of ionomers ... **EM2:** 123
of latex ... **EM3:** 211
of liquid crystal polymers (LCP) ... **EM2:** 182
of metal building sealant tapes ... **EM3:** 58
of mixing and dispensing equipment ... **EM3:** 604
of modified acrylics ... **EM3:** 78
of neoprene phenolics ... **EM3:** 104
of nitrile phenolics ... **EM3:** 104
of phenol ... **EM3:** 104
of phenolic silicones ... **EM3:** 105
of phenolics ... **EM2:** 245, **EM3:** 80, 104
of plastisol ... **EM3:** 59
of polyamides (PA) ... **EM2:** 127
of polyarylates (PAR) ... **EM2:** 141
of polybenzimidazoles ... **EM3:** 169
of polybenzimidazoles (PBI) ... **EM2:** 150
of polybutene ... **EM3:** 59, 82
of polybutylene terephthalates (PBT) ... **EM2:** 155
of polycarbonates (PC) ... **EM2:** 152
of polyether silicones ... **EM3:** 232–233
of polyether sulfones (PES, PESV) ... **EM2:** 162
of polyethylene ... **EM3:** 82
of polyethylene terephthalates (PET) ... **EM2:** 176
of polyimides ... **EM3:** 158–160, 161
of polyphenylene ether blends (PPE PPO) ... **EM2:** 185
of polyphenylene sulfides (PPS) ... **EM2:** 190
of polyphenylquinoxalines ... **EM3:** 164
of polypropylenes ... **EM3:** 59
of polysulfides ... **EM3:** 138, 193, 195
of polyurethanes ... **EM3:** 78, 111
of polyurethanes (PUR) ... **EM2:** 264
of polyvinyl acetal ... **EM3:** 82
of polyvinyl chlorides (PVC) ... **EM2:** 212–213
of pressure-sensitive adhesives ... **EM3:** 86
of primers ... **EM3:** 802
of Pyralin products ... **EM3:** 158
of sealants ... **EM3:** 57, 58, 60
of silicones ... **EM2:** 267, **EM3:** 59, 79, 134
of silicones (RTV) ... **EM3:** 220
of solvent acrylics ... **EM3:** 209
of structural adhesives ... **EM3:** 510, 513
of styrene-acrylonitriles (SAN, OSA ASA) ... **EM2:** 216
of styrene-maleic anhydrides (S/MA) ... **EM2:** 221
of thermoplastic fluoropolymers ... **EM2:** 119
of thermoplastic polyurethanes (TPUR) .. **EM2:** 207
of ultrahigh molecular weight polyethylenes (UHMWPE) ... **EM2:** 171
of urethane hybrids ... **EM2:** 271
of urethane sealants ... **EM3:** 204–205
of UV/EB-cured adhesives ... **EM3:** 92
of vinyl esters ... **EM2:** 275
of water-base adhesives ... **EM3:** 90
pricing of product ... **EM3:** 730
products, and material selection ... **EM1:** 38
testing of materials ... **EM3:** 735
testing of product for quality control ... **EM3:** 730, 733–734
Suppliers of Advanced Composite Materials Association (SACMA)
as information source ... **EM1:** 41
Suppliers on the team ... **A20:** 50–51
Supply pressure
nomenclature for hydrostatic bearings with orifice or capillary restrictor ... **A18:** 92
Support arm, front-end loader
brittle fracture of ... **A11:** 69
Support blocks
in spring-material test apparatus ... **A8:** 134–135
Support plate
defined ... **A14:** 13
Support wire ... **A1:** 283
Supported plumbum materials
applications ... **A2:** 555
Supporting electrode
defined ... **A10:** 683
Suppressed chromatography
anion, reaction of ... **A10:** 659
cation, reaction of ... **A10:** 659–660
Suppressors
columns ... **A10:** 660
fiber ... **A10:** 660
hollow fiber anion ... **A10:** 660
role in ion chromatography ... **A10:** 659
schematic, membrane-type ... **A10:** 660
SURF 11
as synchrotron radiation source ... **A10:** 413
Surface *See also* Surface analysis; Surface analysis and characterization; Surface composition; Surface contamination; Surface roughness; Surface segregation; Surface sensitivity; Surface structure; Surfacefilms; Surface-sensitive analytical techniques
adsorbates, identified on metal electrodes ... **A10:** 126, 134
adsorbed or chemisorbed species on ... **M7:** 258
adsorption ... **A10:** 109, 114, 126, 134, 407, 583
angle of test, Rockwell hardness testing ... **A8:** 80
anti-static ... **M7:** 610–611
catalysts ... **A10:** 114, 253
chemical analyses of ... **A10:** 177–178, 591
chemical bonding on ... **M7:** 257
coatings, effects on explosivity *See also* Coatings ... **M7:** 194
coatings, identified ... **A10:** 168
composition of atomized powders ... **M7:** 25
compressive residual stresses ... **A10:** 380
condition, effect on fatigue properties of steel ... **A8:** 373
condition, effect on powder compact ... **M7:** 211
condition, specimen, in cold upset testing .. **A8:** 579
contaminants *See also* Contaminants ... **M7:** 255
cracking ... **A8:** 591–594
crystallography of ... **A10:** 536–538
crystallography, vocabulary for ... **A10:** 537–538
curved, Rockwell hardness testing with .. **A8:** 81, 83
decarburization, tested by magnetic bridge sorting ... **M7:** 491
deeply etched, SEM analysis ... **A10:** 490
defects, detection by magnetic particle inspection ... **M7:** 575–579
defined ... **A18:** 376
depth profiling through ... **A10:** 583
dielectric properties ... **A10:** 136
diffraction from, principles ... **A10:** 538–539
diffusion ... **A10:** 583
discontinuities, detected by magnetic particle inspection ... **M7:** 576
dynamic processes of, LEED analysis of .. **A10:** 536
effects and fatigue ... **A8:** 373–374
effects of, determined ... **A10:** 273–274
electrode, XPS spectrum showing elements present in ... **A10:** 578
electroplating and fatigue limit ... **A8:** 373
elemental analysis by XPS ... **A10:** 568
enhancement ... **A10:** 136
etching ... **A10:** 575
fatigue ... **A7:** 965
mechanisms responsible for ... **A7:** 965
fatigue specimen, factors affecting ... **A8:** 373
finishing ... **A10:** 93
finishing, conventional compacted parts ... **A7:** 13
flat metal, IRRAS analysis ... **A10:** 114
forces, microcompact ... **M7:** 58
fracture ... **A10:** 490, 497
free-radical reactions, ESR studied ... **A10:** 253
friction-velocity curve with hydrodynamic lubrication ... **A8:** 605
grinding ... **A10:** 287, 390–391
hardening, microhardness testing for monitoring ... **A8:** 96
inhomogeneity ... **M7:** 260
inner, Rockwell hardness testing of ... **A8:** 81, 83
interaction of lubricants with, AES analysis ... **A10:** 565
layers of glass, analysis of ... **A10:** 624–625
LEISS segregation of lead to ... **A10:** 607–608
materials, resource evaluations by NAA .. **A10:** 233
mean diameter ... **A7:** 242
metal ... **A10:** 118, 583, 586
microstructure by LEED ... **A10:** 536
modification of frictional ... **A10:** 565
near-, effect of stress gradient correction on Measurement of ... **A10:** 388
of nontransparent samples characterized ... **A10:** 70–71
of sheet metals, effect on hardness ... **A8:** 560
of stainless steel, SIMS analysis of effects of laser treatment on ... **A10:** 622–623
oriented, structural information ... **A10:** 407
oxidation ... **A7:** 1086
-phase detection, Mössbauer effect ... **A10:** 287, 293
phase, qualitative XRPD analysis on silicon ... **A10:** 341
potential ... **A7:** 421
preparation ... **A8:** 80, 93, 96, **A10:** 93
quality, sheet metal forming ... **A8:** 553
reactions, FIM/AP study of ... **A10:** 583
reconstruction ... **A10:** 536, 583
residual stresses ... **A8:** 373–374
roughness ... **A8:** 373
sampling ... **A7:** 207
screening ... **M7:** 176–177
segregation **A10:** 544, 564–566, 583, 593, 607–608
shear, determined by quasi-static torsional testing ... **A8:** 145
shear stress ... **A8:** 142, 145
single-crystal ... **A10:** 407
solid ... **A10:** 198, 603
species ... **A10:** 133, 134
stains and corrosion, LEISS identified ... **A10:** 607
strains of ... **A10:** 607
stress-corrosion crack fracture, AES analysis ... **A10:** 562–564
tension ... **A7:** 219, 441–442
tension, and stress, LaPlace equation for .. **M7:** 312
tension, SI derived unit and symbol for .. **A10:** 685
test, Brinell hardness ... **A8:** 85, 88

SUBJECTS OF THE INDEXED VOLUMES: ASM Handbook (designated by the letter "A"): **A1:** Properties and Selection: Irons, Steels, and High-Performance Alloys (1990); **A2:** Properties and Selection: Nonferrous Alloys and Special-Purpose Materials (1990); **A3:** Alloy Phase Diagrams (1992); **A4:** Heat Treating (1991); **A5:** Surface Engineering (1994); **A6:** Welding, Brazing, and Soldering (1993); **A7:** Powder Metal Technologies and Applications (1998); **A8:** Mechanical Testing (1985); **A9:** Metallography and Microstructures (1985); **A10:** Materials Characterization (1986); **A11:** Failure Analysis and Prevention (1986); **A12:** Fractography (1987); **A13:** Corrosion (1987); **A14:** Forming and Forging (1988); **A15:** Casting (1988); **A16:** Machining (1989); **A17:** Nondestructive Evaluation and Quality Control (1989); **A18:** Friction, Lubrication, and Wear Technology (1992); **A19:** Fatigue and Fracture (1996); **A20:** Materials Selection and Design (1997). **Metals Handbook, 9th Edition** (designated by the letter "M"): **M1:** Properties and Selection: Irons and Steels (1978); **M2:** Properties and Selection: Nonferrous Alloys and Pure Metals (1979); **M3:** Properties and Selection: Stainless Steels, Tool Materials, and Special-Purpose Materials (1980); **M4:** Heat Treating (1981); **M5:** Surface Cleaning, Finishing, and Coating (1982); **M6:** Welding, Brazing, and Soldering (1983); **M7:** Powder Metallurgy (1984). **Engineered Materials Handbook** (designated by the letters "EM"): **EM1:** Composites (1987); **EM2:** Engineering Plastics (1988); **EM3:** Adhesives and Sealants (1990); **EM4:** Ceramics and Glasses (1991). **Electronic Materials Handbook** (designated by the letters "EL"): **EL1:** Packaging (1989)

texture, in milling of single particles **M7:** 59
texture, undesirable, as formability
problem **A8:** 548
topography. **A10:** 595
topography, tin powders **M7:** 124
treatment, effect on magnetic properties . . **A7:** 1017
UV/VIS characterizations of **A10:** 70–71
x-ray diffraction stress measurement
confined to **A10:** 382
Surface abrasion **EM3:** 35
Surface acoustic wave (SAW) **A18:** 408
Surface acoustic wave technique **A19:** 216
Surface activation **M7:** 174
copper alloys **M5:** 232–233
electroless nickel plating processes . . . **M5:** 232–233
magnesium alloys **M5:** 642, 644, 646
nickel plate **M5:** 198, 216
stainless steel **M5:** 232, 561
Surface active agent
definition **A5:** 969
Surface adsorption mechanism **A19:** 186
Surface adsorption theory
hydrogen damage **A13:** 164
of graphite growth **A15:** 178
Surface alloying
and fatigue resistance **A1:** 680
effect on fatigue performance of ferrous
components **A19:** 318
Surface alterations
definition **A5:** 969
Surface analysis *See also* Surface; Surface analysis
and characterization; Surface finish; Surface(s)
advanced failure analysis techniques **EL1:** 1107
amorphous solar cell formation . . . **EL1:** 1080–1081
and failure analysis **EL1:** 1074
Auger electron spectroscopy **EL1:** 1077–1080
Auger electron spectroscopy (AES). **EM2:** 811,
816–817
by EPMA electron beam **A10:** 517, 529–530
chemical, AES high lateral resolution for **A10:** 549,
556–566
electron spectroscopy **EL1:** 1074–1080
electron spectroscopy, applications. . . . .
EL1: 1080–1083
elemental, inorganic solids, analytical
methods **A10:** 4–6
elemental, of organic solids, methods for. . . . **A10:** 9
failure analysis case histories. **EM2:** 817–822
graphite, Raman spectroscopy **A10:** 132
imaging photoemission microscopy **EL1:** 1077
ion scattering techniques **EL1:** 1090–1092
laser microprobe mass
spectroscopy **EL1:** 1088–1090
methods, capabilities. **EL1:** 1074
molecular/compound, of inorganic solids methods
for **A10:** 4–6
molecular/compound, of organic solids
methods for **A10:** 9
of failures, types **EM2:** 811
of inorganic solids, applicable analytical
methods **A10:** 4–6
of organic solids, methods for **A10:** 9
photoemission spectroscopy
instrumentation **EL1:** 1076–1077
Raman spectroscopy. **A10:** 126, 133–137
secondary ion mass spectroscopy . . **EL1:** 1083–1088
smooth, Raman spectroscopy for **A10:** 135–136
static secondary ion mass spectroscopy
(SSIMS) **EM2:** 811, 817
techniques **EM2:** 811–817
x-ray photoelectron spectroscopy **EM2:** 811,
812–816

Surface analysis and characterization *See also*
Surface; Surface analysis
Auger electron spectroscopy. **A10:** 549–567
infrared spectroscopy **A10:** 109–125
low-energy electron diffraction **A10:** 536–545
low-energy ion-scattering
spectroscopy **A10:** 603–609
Mössbauer spectroscopy **A10:** 287–295
particle-induced x-ray emission. **A10:** 102–108
Raman spectroscopy **A10:** 126–138
Rutherford backscattering
spectrometry **A10:** 628–636
secondary ion mass spectroscopy **A10:** 610–627
x-ray photoelectron spectroscopy **A10:** 568–580

Surface analysis techniques *See also* Surface
chemical analysis **M7:** 250–261
compared **EM1:** 285
Surface analysis techniques and
applications **EM3:** 236–251
adsorption of hydration inhibitors . . **EM3:** 250–251
data analysis by chemical state
information **EM3:** 243–244
data analysis by depth distribution
ball cratering **EM3:** 245–246
inelastic scattering ratio **EM3:** 247
information **EM3:** 244, 247
ion sputtering **EM3:** 244–245, 246
multiple anodes/different transitions . . . **EM3:** 247
techniques. **EM3:** 247
variable take-off angle **EM3:** 246–247
data analysis by depth profiling. **EM3:** 249
data analysis by quantification **EM3:** 242–243
failure analysis application to adhesive
adhesive failure **EM3:** 248
bonding **EM3:** 248–249
cohesive failure **EM3:** 248
interfacial failure **EM3:** 248, 249
mixed-mode failure. **EM3:** 248
hydration of phosphoric-acid-anodized
aluminum **EM3:** 249–250
near-surface-sensitive techniques **EM3:** 237
surface behavior diagrams (SBDS) . . **EM3:** 247–248
surface-sensitive techniques **EM3:** 236–242
Surface analysis with laser ionization
(SALI) **EM3:** 237
Surface and interface analysis of coatings and thin
films **A5:** 669–677
Auger electron spectroscopy (AES). **A5:** 669,
670–673, 674–675, 676
chemical vapor deposition **A5:** 670
detection of sputtered particles **A5:** 674
electron probe microanalysis (EPMA) **A5:** 670
electron spectroscopy for chemical analysis
(ESCA) **A5:** 669, 670
energy analysis of scattered
primary ions **A5:** 673–674
field ion microscopy-atom probe
(FIM-AP) **A5:** 670
glow discharge mass spectroscopy
(GDMS) **A5:** 669, 673, 674
glow discharge optical emission spectroscopy
(GDOES) **A5:** 669, 670, 671, 673, 674
high-energy ion scattering (HEIS) **A5:** 673
infrared spectroscopy. **A5:** 669
interfaces, studied by fracture and/or
profiling **A5:** 669
ion scattering spectroscopy (ISS) **A5:** 669, 670,
671, 673, 674
ion spectroscopies **A5:** 673–674
low-energy ion scattering (LEIS) **A5:** 673
molecular beam epitaxy **A5:** 670
physical vapor deposition **A5:** 670
Raman spectroscopy **A5:** 669
Rutherford backscattering spectroscopy
(RBS) **A5:** 669, 670, 671, 673–674, 675
scanning Auger microscopy (SAM) . . . **A5:** 669, 670,
673, 676
scanning transmission electron microscopy
(STEM). **A5:** 670
scanning tunneling microscopy **A5:** 669
secondary ion mass spectroscopy (SIMS) . . **A5:** 669,
670, 671, 673, 674, 675, 676
secondary neutral mass spectroscopy
(SNMS). **A5:** 669, 670, 671, 673, 674
stereochemistry **A5:** 669
surface adsorbates and contamination **A5:** 673, 674
surface analysis applications **A5:** 674–676
surface, studied directly **A5:** 669
thin film and interface analysis. **A5:** 674–676
thin films, studied by depth profiling. **A5:** 669
total reflection x-ray fluorescence spectroscopy
(TRXF) **A5:** 669
transmission electron energy loss spectroscopy
(TEELS) **A5:** 670
transmission electron microscopy (TEM) . . **A5:** 669,
670, 676
ultrahigh vacuum (UHV) chamber. . . . **A5:** 670, 674
x-ray diffraction **A5:** 669
x-ray photoelectron spectroscopy (XPS,
ESCA). **A5:** 669, 670–673, 674, 675, 676

Surface area *See also* Projected area; Specific
surface area
and degree of pyrophoricity **M7:** 198–199
and explosivity **M7:** 195
and green strength **M7:** 288
and oxygen content, aluminum powder . . . **M7:** 130
and sintering behavior **M7:** 262
and steady-state flow conditions **M7:** 264–265
defined **A15:** 11
effect, clay-water bonds. **A15:** 212
methods to determine **M7:** 262–270
microcompact **M7:** 58
of atomized aluminum powder **M7:** 125, 129
of metal powders **M7:** 262
of tin powders **M7:** 124
sand, molding effects. **A15:** 208
volume-to-, ratio. **A15:** 611
Surface area fraction **A18:** 465
Surface area measurements **EM4:** 583–584
BET theory **EM4:** 583–584
dynamic (continuous flow) method. **EM4:** 584
experimental methods **EM4:** 584
single-point method **EM4:** 584
vacuum volumetric technique **EM4:** 584
Surface area of powders **A7:** 274, 277–278
Surface area per unit volume
equation for **A9:** 125–126
Surface ausrolling **A19:** 342, 343
for fracture resistance **A7:** 963
Surface behavior diagrams
adsorption of hydration inhibitors **EM3:** 250
Surface blackening
stainless steels. **A5:** 756–757
Surface blisters *See* Blistering
Surface blow
as semisolid alloy defect **A15:** 337
Surface carbon content control *See also* Carbon
control, evaluation. . **A4:** 573–586, **M4:** 417–431
carbon potential, control of **A4:** 573–574, 575,
576, 577, 583, **M4:** 417–419
control-system features **A4:** 575
gas carburizing, process control **A4:** 575–577,
M4: 420–422
gas reactions. **A4:** 573, **M4:** 417
gas-with-gas reactions **A4:** 574, **M4:** 419
gas-with-solid reactions. **A4:** 574, **M4:** 419
kinetics. **A4:** 574–575, **M4:** 419–420
Surface carbon content control,
analyzers **A4:** 577–586
atmosphere samples for **A4:** 577–579, **M4:** 422–424
dew point **A4:** 581–583, 584, **M4:** 426–428
gas chromatography **A4:** 585–586, **M4:** 430–431
hot-wire **A4:** 584–585, **M4:** 429–430
infrared **A4:** 579–581, 584, **M4:** 424–426
Orsat **A4:** 584, **M4:** 429
oxygen probes **A4:** 583–584, **M4:** 428–429
Surface carbons
carbide or graphitic identified **A10:** 568
contamination, effect on painted, cold-rolled
steel. **A10:** 556
determined **A10:** 223–224
effects on paint adherence on metal
cabinetry **A10:** 224
Surface charge **A7:** 421
density **A7:** 421
Surface chemical analysis *See also* Surface analysis
techniques **A18:** 445–461, **M7:** 250–261
Auger electron spectroscopy (AES). **A18:** 445,
446–447, 449, 450–456
applications **A18:** 454–455
data analysis **A18:** 452–453
effects of chemical environment on AES
spectrum **A18:** 454
electron escape depth. **A18:** 451–452
equipment **A18:** 452
fundamentals. **A18:** 450–451
ion etching (sputtering). **A18:** 453–454, 455
limitations **A18:** 455–456
platinized titania application. . **A18:** 449–450, 451
spectrum **A18:** 452–453
versus SIMS **A18:** 458, 459
by Auger electron spectroscopy **M7:** 250–255
by ion scattering spectroscopy **M7:** 259–260
by secondary ion mass spectroscopy . . **M7:** 257–259
by x-ray photoelectron spectroscopy . . **M7:** 255–257
electron-stimulated desorption (ESD) **A18:** 456–458
applications **A18:** 457–458

1030 / Surface chemical analysis

Surface chemical analysis (continued)
detection limit **A18:** 456
equipment **A18:** 456–457
fundamentals **A18:** 456
spectrum. **A18:** 457
infrared (IR) spectroscopy **A18:** 460–461
ion-scattering spectrometry (ISS). **A18:** 448–450
applications **A18:** 449–450
equipment **A18:** 449
fundamentals. **A18:** 448–449
neutralization of ions. **A18:** 449
resolution **A18:** 449
sensitivity **A18:** 449
spectrum. **A18:** 449
secondary ion mass spectrometry (SIMS) **A18:** 456, 458–460, 461
applications. **A18:** 458, 459–460
dynamic **A18:** 459
equipment **A18:** 459
fundamentals. **A18:** 459
spectrum. **A18:** 459
static **A18:** 459
versus AES and XPS. **A18:** 458, 459
techniques **M7:** 250–261
X-ray photoelectron spectroscopy
(XPS). **A18:** 445–448, 449, 452, 456
data analysis **A18:** 447–448
development. **A18:** 445
equipment **A18:** 446–447
fundamentals. **A18:** 445–446
spectrum **A18:** 447, 448
versus SIMS. **A18:** 458

Surface chemistry, powder. **M7:** 250–261
and bonding mechanisms **M7:** 260

Surface cleanliness
measurement of **EM3:** 322

Surface coating *See* Coatings, Fiber sizing; Sizing

Surface coatings *See also* Coatings; Metallic Coatings; Surface(s)
and sectioning. **A12:** 77
antireflective, for photography. **A12:** 83
effect in shaft failures **A11:** 480–482
effects, visual examination of. **A12:** 72
for fasteners **A11:** 530
for fracture preservation **A12:** 73
gas-lubricated bearings **A18:** 532
seals **A18:** 551
sputter and thermal evaporation **A12:** 173

Surface cold shuts
in copper alloy ingots **A9:** 642

Surface composition
analysis by SIMS **A10:** 610
effects during laser treatment of stainless
steel **A10:** 622–623
variation during heating **A10:** 564

Surface condition
forgings, effect on fatigue **M1:** 355
hot rolled bars. **M1:** 199–200

Surface conditioners
for polysulfides. **EM3:** 196–197

Surface conditions, effect on fatigue performance **A19:** 314–320
assessing fabrication and surface processing effects
on fatigue resistance. **A19:** 317, 318, 319
conceptual procedure for evaluating processing
effects on fatigue performance **A19:** 315
estimated fatigue life curves using derating
factors. **A19:** 320
fabrication effect on fatigue crack growth **A19:** 320
fabrication effect on fatigue performance of
components **A19:** 317
fatigue performance effects **A19:** 317, 318–320
finishing and surface modification
effect **A19:** 319–320
grain size influence on normalized fatigue
thresholds. **A19:** 317
material effects on processing **A19:** 317, 318
mechanical processing effect on fatigue
performance of components **A19:** 318

peak residual surface stress versus 10^7 cycles
fatigue limit. **A19:** 316
processing and fabrication effect **A19:** 316, 317–318, 319
residual stresses and processing. **A19:** 314–317
residual stresses effect on processing **A19:** 318
residual stresses influence on precracked
specimens. **A19:** 317
standard specimen fatigue data as a
benchmark. **A19:** 316–317
surface alteration effect on processing **A19:** 318
surface roughness and finish influence of smooth
specimens. **A19:** 316
surface treatment and modification effect on
fatigue performance of components **A19:** 319
thermal processing effect on fatigue performance of
components **A19:** 318

Surface conductivity test **A6:** 130

Surface considerations for joining ceramics and glasses **EM3:** 298–310
bonding fundamentals. **EM3:** 298–301
chemical bonding **EM3:** 300
mechanical bonding **EM3:** 300
physical bonding. **EM3:** 299–300
wetting by sessile drop method **EM3:** 299
ceramic and glass bonding **EM3:** 308–309
ceramic chemistry and microstructure . . . **EM3:** 298
ceramic-metal bond stresses, elastic modulus
effect. **EM3:** 301
ceramic-to-metal joints and seals . . . **EM3:** 304–308
ceramic films and coatings on
metals **EM3:** 306–308
ceramic metallization and joining **EM3:** 304–306
enamels, joining ceramics and
glasses. **EM3:** 301–304
glass chemistry and microstructure **EM3:** 298
glasses compared to ceramics. **EM3:** 298
glass-to-metal seals. **EM3:** 301–302
organic bonding, surface preparation of ceramics
and glasses. **EM3:** 309–310
stresses in ceramic-metal bonds. **EM3:** 300–301

Surface contact points **M7:** 12

Surface contact stress (S_c) **A19:** 347

Surface contamination
AES analysis **A10:** 549
anion determination **A10:** 658
FMR analysis **A10:** 268
identification. **A10:** 168
RBS analysis **A10:** 628

Surface contamination considerations . . **EM3:** 845–847
composite substrates **EM3:** 845–847
thermoplastics **EM3:** 845, 846–847
thermosets **EM3:** 845–846
contamination definition and
description **EM3:** 845
interlaminar failure **EM3:** 846
jet fuel (JP-4) contamination **EM3:** 846
metallic substrates **EM3:** 845
moisture presence. **EM3:** 846

Surface contour function **A7:** 449

Surface crack depth **A19:** 159

Surface crack length **A19:** 159

Surface cracks *See also* Cracks; Subsurface flaws; Surface(s)
casting **A17:** 512
in pipeline girth welds. **A17:** 581
laser-detected. **A17:** 17
microstructure and replica, compared **A17:** 54
microwave detection **A17:** 214–215
radiographic methods **A17:** 296
ultrasonic inspection **A17:** 250
visual inspection. **A17:** 3

Surface damage **A18:** 176–183, **A19:** 160
as failure mechanism. **A11:** 75
classes of **A18:** 176–177
cumulative, fatigue crack
development from. **A11:** 684, 688–689
defined **A18:** 18
definition. **A5:** 969

diagnosis **A18:** 177
effects of the surface damage **A18:** 177
properties of the surface layer **A18:** 177
relative importance of rival wear
mechanisms **A18:** 177
intensity, as dependent upon load **A11:** 685, 689
tribography as a tool **A18:** 183
tribological examples. **A18:** 177–182
damage by interaction between corrosion and
fracture **A18:** 181–182
damage dominated by brittle fracture. . . **A18:** 180
damage dominated by chip
formation **A18:** 179–180
damage dominated by contact-generated
corrosion **A18:** 182–183
damage dominated by dissolution or
diffusion **A18:** 181
damage dominated by extrusion. **A18:** 179
damage dominated by fatigue
fracture. **A18:** 180–181
damage dominated by microstructural
changes **A18:** 177–178
damage dominated by plastic
deformation **A18:** 178
damage dominated by shear
fracture. **A18:** 178–179
damage dominated by surface cracking. . **A18:** 178
damage dominated by tearing. **A18:** 180
wear failure from **A11:** 156

Surface damage contribution factor. **A18:** 266, 268

Surface decarburization **A19:** 288

Surface decarburization in martensitic stainless steels **A9:** 285

Surface defects *See also* Defect(s); Surface cracks; Surface flaws; Surface(s) **A20:** 341, 726–727
as factor influencing crack initiation life . . **A19:** 126
casting **A11:** 353–354
cold-formed parts. **A11:** 307
from welding. **A11:** 127
in tire-mold casting **A11:** 358
spring failure from. **A11:** 554–555

Surface delamination
by machining/drilling. **EM1:** 667

Surface diffusion. **A7:** 442, 449, 450, **M7:** 12, 313
controlled sintering **A7:** 450

Surface diffusivity
symbol **A7:** 449

Surface digitizers
noncontacting **A8:** 549

Surface discontinuities
effect on fatigue strength **A11:** 119
from burning. **A11:** 120
on iron castings **A11:** 352–353
on shafts **A11:** 459, 467, 472, 478

Surface distress
as fatigue mechanism **A19:** 696
defined. **A18:** 18

Surface electrochemical reactions **A19:** 157

Surface endurance model (rolling) **A20:** 606, 608
wear models for design **A20:** 606

Surface energy A6: 143, **A18:** 399–400, **A20:** 271–272, 273
parylene coatings **EL1:** 795–796
symbol **A7:** 449

Surface energy reduction by adsorption, and crack nucleation **A19:** 107

Surface energy theory **A19:** 488

Surface engineering **A19:** 364, 365, 366
definition **A20:** 470, 841

Surface engineering for chemical activity A5: 883–886
alumina **A5:** 884–885
carbon **A5:** 885
catalyst
defined **A5:** 883
powder processing **A5:** 885–886
catalyst preparation **A5:** 883–884
impregnation. **A5:** 884
industrial processes and relevant catalysts. . **A5:** 883
ion exchange **A5:** 884

SUBJECTS OF THE INDEXED VOLUMES: ASM Handbook (designated by the letter "A"): **A1:** Properties and Selection: Irons, Steels, and High-Performance Alloys (1990); **A2:** Properties and Selection: Nonferrous Alloys and Special-Purpose Materials (1990); **A3:** Alloy Phase Diagrams (1992); **A4:** Heat Treating (1991); **A5:** Surface Engineering (1994); **A6:** Welding, Brazing, and Soldering (1993); **A7:** Powder Metal Technologies and Applications (1998); **A8:** Mechanical Testing (1985); **A9:** Metallography and Microstructures (1985); **A10:** Materials Characterization (1986); **A11:** Failure Analysis and Prevention (1986); **A12:** Fractography (1987); **A13:** Corrosion (1987); **A14:** Forming and Forging (1988); **A15:** Casting (1988); **A16:** Machining (1989); **A17:** Nondestructive Evaluation and Quality Control (1989); **A18:** Friction, Lubrication, and Wear Technology (1992); **A19:** Fatigue and Fracture (1996); **A20:** Materials Selection and Design (1997). **Metals Handbook, 9th Edition** (designated by the letter "M"): **M1:** Properties and Selection: Irons and Steels (1978); **M2:** Properties and Selection: Nonferrous Alloys and Pure Metals (1979); **M3:** Properties and Selection: Stainless Steels, Tool Materials, and Special-Purpose Materials (1980); **M4:** Heat Treating (1981); **M5:** Surface Cleaning, Finishing, and Coating (1982); **M6:** Welding, Brazing, and Soldering (1983); **M7:** Powder Metallurgy (1984). **Engineered Materials Handbook** (designated by the letters "EM"): **EM1:** Composites (1987); **EM2:** Engineering Plastics (1988); **EM3:** Adhesives and Sealants (1990); **EM4:** Ceramics and Glasses (1991). **Electronic Materials Handbook** (designated by the letters "EL"): **EL1:** Packaging (1989)

other inorganic oxides used as carrier material . . . A5: 885
precipitation . . . A5: 884
preparation of common carriers used in supported catalysts . . . A5: 884–885
silica . . . A5: 885
titanium oxide . . . A5: 885
zeolites . . . A5: 885

Surface engineering of aluminum and aluminum alloys . . . A5: 784–804
abrasive blast cleaning . . . A5: 784–785
acid cleaning . . . A5: 789–790
acid etching . . . A5: 794–795
alkaline cleaning . . . A5: 789, 799, 802
alkaline etching . . . A5: 793–794
anodizing . . . A5: 784, 793, 795, 798, 801
applications . . . A5: 785, 791, 792, 798, 801
barrel burnishing . . . A5: 785–786
barrel finishing . . . A5: 785–786
buffing . . . A5: 786–787, 788, 792–793
chemical brightening (polishing) . . . A5: 790–791
chemical cleaning . . . A5: 788–790
chemical etching . . . A5: 793, 798
chromate coating process . . . A5: 796, 797
chromate conversion coating . . . A5: 793, 795–797
corrosion resistance . . . A5: 792–793, 797, 801, 804
deburring . . . A5: 785
designation system for aluminum finishes A5: 803, 804
electrocleaning . . . A5: 789
electroless plating . . . A5: 800
electrolytic brightening (electropolishing) . . A5: 791, 792
electroplating . . . A5: 797–800, 801
emulsifiable solvents . . . A5: 788–789
environmental concerns . . . A5: 789, 800
fluoboric acid electrobrightening . . . A5: 791, 792
immersion plating . . . A5: 800
oxide coating processes . . . A5: 796
painting . . . A5: 800–802
phosphate coating process . . . A5: 796
phosphoric and phosphoric-sulfuric acid baths . . . A5: 791
phosphoric-nitric acid baths . . . A5: 790
polishing . . . A5: 786
porcelain enameling . . . A5: 802–803
satin finishing . . . A5: 787–788
selection of chemical and electrolytic brightening processes . . . A5: 791–793
self-tumbling . . . A5: 786
shot peening . . . A5: 803–804
sodium carbonate electrobrightening . . A5: 791, 792
solvent cleaning . . . A5: 788, 799
sulfuric-phosphoric-chromic acid electrobrightening . . . A5: 791, 792
vapor degreasing . . . A5: 799
vibratory finishing . . . A5: 786
wet blasting . . . A5: 784–785
zincating . . . A5: 798–799, 800, 801

Surface engineering of carbide, cermet, and ceramic cutting tools . . . A5: 900–907
alumina-based ceramics . . . A5: 901
applicable methods for surface engineering of cutting tools . . . A5: 902–905
application of coated tools . . . A5: 906–907
builtup edge . . . A5: 901, 902
carbides . . . A5: 900, 902
cemented carbides . . . A5: 900, 901, 902, 903–904, 905
ceramics . . . A5: 901, 907
cermets . . . A5: 900–901, 907
chemical vapor deposited coatings . . . A5: 902–903, 904, 905, 906, 907
coatings for ceramic and cermet inserts . . . A5: 907
crater wear . . . A5: 901, 902
cubic boron nitrides (CBN), polycrystalline . . . A5: 900, 901, 907
CVD/PVD coatings . . . A5: 904, 907
depth-of-cut notching . . . A5: 901–902
diamond coatings . . . A5: 904, 905, 907
diamonds, polycrystalline (PCD) . . . A5: 900, 901
environmental concerns . . . A5: 907
flank wear . . . A5: 901, 902
future potential . . . A5: 907
high-speed tool steels . . . A5: 900
ion implantation . . . A5: 904–905
nose wear . . . A5: 902
physical vapor deposited coatings . . . A5: 903–904, 906, 907
plasma-assisted CVD coatings . . . A5: 904, 907
plasma-assisted PVD processes . . . A5: 906
polycrystalline superlattice coatings . . . A5: 907
properties of hard coatings . . . A5: 905–906
Si_3N_4/Sialon ceramics . . . A5: 901
superhard materials . . . A5: 901
thermal cracks . . . A5: 902
tool failure mechanisms . . . A5: 901–902
tool material classes . . . A5: 900–901

Surface engineering of carbon and alloy steels . . . A5: 701–739
abrasive-flow machining (AFM) . . . A5: 710
alloy steels . . . A5: 704
bearing steels . . . A5: 704, 705
blasting processes . . . A5: 707–708
cadmium plating . . . A5: 726–727
carbon steels . . . A5: 702
carbonitriding . . . A5: 738–739
carburizing . . . A5: 738
chemical cleaning methods compared . . . A5: 707
chromate conversion coatings . . . A5: 711–712
chromating bare steel . . . A5: 712
chromating galvanized steels . . . A5: 712
chromium plating . . . A5: 724–725, 726
chromium-molybdenum heat-resistant steels . . . A5: 704, 705
classification of steels . . . A5: 702
cleaning of . . . A5: 704–706
conversion coatings . . . A5: 711–712
corrosion resistance . . . A5: 714–716, 717–719, 719–720, 721
description . . . A5: 701
diffusion methods . . . A5: 738–739
electrogalvanizing . . . A5: 721–722
electroless nickel plating . . . A5: 723, 724, 725
electroplating . . . A5: 722–728
electropolishing . . . A5: 710–711
ferritic nitrocarburizing . . . A5: 739
finishing of steels . . . A5: 706–711
finishing processes, advantages and limitations . . . A5: 707
flame hardening . . . A5: 737
flame, induction, and high-energy beam methods . . . A5: 737–738
hardfacing . . . A5: 733–734, 735, 736
high-energy beam methods . . . A5: 737–738
high-strength low-alloy steels . . . A5: 702–704
honing . . . A5: 709
hot dip aluminum coatings . . . A5: 717–719
hot dip aluminum-zinc coatings . . . A5: 719–720
hot dip coating processes . . . A5: 712–721
hot dip galvanizing . . . A5: 713–717, 718
hot dip lead alloy (terne) coatings . . . A5: 720–721
induction heating . . . A5: 737
ion implantation . . . A5: 735
lapping . . . A5: 709–710
laser surface processing . . . A5: 735–737
low-carbon quenched and tempered steels A5: 704, 705
mass finishing . . . A5: 708
mass finishing processes, advantages and limitations . . . A5: 708
mechanical finishing . . . A5: 706–710
medium-carbon ultrahigh-strength steels . . . A5: 704, 705
metal cladding . . . A5: 728
methods . . . A5: 701
net shipments of U.S. steel mill products, all grades . . . A5: 701
nickel plating . . . A5: 722–724
nitriding . . . A5: 738
organic coatings . . . A5: 728–729
painting of galvanized steel . . . A5: 716–717
painting with zinc-rich paints . . . A5: 729–731
phosphate coatings . . . A5: 711, 712
polishing, buffing, and brushing . . . A5: 707
porcelain enameling . . . A5: 731–732
ranges of surface finish . . . A5: 709
shot peening . . . A5: 708–709
surface hardening . . . A5: 736–737
surface modification . . . A5: 735–739
surface preparation for electroplating . . . A5: 722
thermal and electrochemical finishing A5: 710–711
thermal deburring . . . A5: 710
thermal spray coatings . . . A5: 732–733, 734, 735
tinplate . . . A5: 727
vapor-deposited coatings . . . A5: 734–735
welding . . . A5: 733, 736
zinc dust/zinc oxide coatings . . . A5: 730
zinc dust/zinc oxide paint vs. zinc-rich coatings . . . A5: 731
zinc plating . . . A5: 725–726, 727
zinc-rich coatings . . . A5: 730–731

Surface engineering of cast irons . . . A5: 683–700
abrasive blast cleaning . . . A5: 685–686
abrasive waterjet cleaning . . . A5: 686
acid cleaning . . . A5: 687
acid pickling . . . A5: 687
alkaline cleaning . . . A5: 690
alkaline cyanide cadmium plating baths . . . A5: 689
aluminum coating (aluminizing) . . . A5: 690
anodic electroplates . . . A5: 689–690
applications . . . A5: 692–693
austempered ductile iron . . . A5: 683, 684
barrel finishing . . . A5: 686
blast cleaning . . . A5: 685–686
cadmium plating . . . A5: 689–690
chromate conversion coating . . . A5: 698
chromium plating . . . A5: 688
classification of cast irons . . . A5: 683–685
cleaning of castings . . . A5: 685–687
compact graphite (CG) . . . A5: 683–684
conversion coatings . . . A5: 697–698
copper plating . . . A5: 689
corrosion resistance . . . A5: 691
definition of "cast iron" . . . A5: 683
dimensional restorative coatings . . . A5: 691
ductile iron . . A5: 683, 684, 694, 696–697, 697–698
electric arc wire (EAW) spray . . . A5: 691
electroless nickel plating . . . A5: 688–689
electroless plating . . . A5: 687–690
electrolytic nickel plating . . . A5: 688
electroplating . . . A5: 687–690
emulsion cleaning . . . A5: 687
flame hardening of gray iron . . . A5: 695–696
fused dry-resin coatings . . . A5: 699–700
gray iron . . . A5: 683, 688, 694, 695–696, 697–698
hardfacing . . . A5: 690–691
high-alloy iron . . . A5: 684–685
high-velocity oxyfuel (HVOF) powder spray . . . A5: 691
hot dip coatings . . . A5: 690
hot dip lead coating . . . A5: 690
hot dip tin coating (hot tinning) . . . A5: 690
hot dip zinc coating (galvanizing) . . . A5: 690
induction hardening of gray iron . . . A5: 696
laser alloying . . . A5: 694–695
laser melting . . . A5: 693–694, 695
laser surface processing . . . A5: 691–695
laser transformation hardening . . . A5: 692–693, 694
malleable iron . . . A5: 683, 697–698
mechanical cleaning and finishing . . . A5: 685–686
molten salt baths . . . A5: 686
nitriding of ductile iron . . . A5: 697
nonmechanical cleaning . . . A5: 686–687
organic coatings . . . A5: 698–699
organic solvents . . . A5: 687
oxidation resistance . . . A5: 691
oxide coatings . . . A5: 698
oxyfuel powder (OFP) spray . . . A5: 691
oxyfuel wire (OFW) spray . . . A5: 691
phosphate coating . . . A5: 697–698
pickling . . . A5: 686–687
piston ring materials . . . A5: 688
plasma arc (PA) powder spray . . . A5: 691
porcelain enameling . . . A5: 698
ranges of alloy content . . . A5: 684
shot peening . . . A5: 686
surface hardening . . . A5: 695–697
of ductile iron . . . A5: 696–697
of pearlitic malleable iron . . . A5: 697
temporary coatings used for corrosion protection . . . A5: 687
thermal barrier coatings . . . A5: 691
thermal spraying . . . A5: 691, 692
vibratory finishing machine . . . A5: 686
wear resistance . . . A5: 691
weld cladding . . . A5: 691
white iron . . . A5: 683
zinc plating . . . A5: 689–690

1032 / Surface engineering of copper and copper alloys

Surface engineering of copper and copper alloys A5: 805–818
abrasive blast cleaning A5: 807–808
alkaline cleaning A5: 810, 811
alloys containing beryllium...............A5: 806
alloys containing silicon A5: 806
aluminum bronze A5: 806
applications..........................A5: 805
beryllium copper A5: 812
bright dipping.......................A5: 805–807
bright rolling.........................A5: 808
buffing A5: 809–810, 811, 812
cadmium plating.......................A5: 814
chemical cleaning.....................A5: 810–812
chemical or electrolytic polishing A5: 815
chromium plating.......................A5: 814
cleaning A5: 805
coating A5: 812–818
coloring A5: 816–817
corrosion resistance A5: 805
dry abrasive cleaning...................A5: 807
electrochemical cleaning A5: 810
electroless plating......................A5: 813
electrolytic alkaline cleaning..............A5: 811
electroplating A5: 814–815
electropolishing........................A5: 815
elements alloyed with A5: 805
emulsion cleaning A5: 810–811
environmental concerns A5: 811
finishing..............................A5: 805
gold plating A5: 814
group divisions........................A5: 805
immersion plating A5: 813–814
mass finishing.......................A5: 808–809
nickel plating A5: 814–815
nickel silvers and copper alloys...........A5: 806
organic coatings A5: 817–818
passivation A5: 815–817
pickling......................A5: 805–807, 808
plating A5: 812–815
polishing A5: 809–810
powder metallurgy parts..............A5: 812–813
properties.............................A5: 805
rhodium plating A5: 815
safety and health hazards............A5: 806, 807
scratch brushing.....................A5: 809–810
silver plating A5: 815
solvent cleaning A5: 810–811
standardization system of identification. ...A5: 805
tarnish protection.......................A5: 807
tarnish removal.........................A5: 806
tin plating A5: 815
tin-copper alloys........................A5: 815
tin-lead alloys.......................A5: 814, 815
ultrasonic cleaning A5: 808, 811–812
vapor degreasing A5: 810–811
vibratory finishing A5: 809
water rolling A5: 808
wet blasting...........................A5: 808

Surface engineering of heat-resistant alloys A5: 779–783
abrasive blasting..............A5: 779, 780, 781
abrasive cleaning A5: 779–780
acid etching...........................A5: 779
acid pickling.........................A5: 780–781
alkaline cleaning.......................A5: 779
ceramic coatings........................A5: 782
cleaning and finishing, problems and solutions A5: 782–783
coating processes A5: 781–782
diffusion coatings......................A5: 782
electroplating A5: 781–782
finishing processes....................A5: 781–782
immersion cleaning A5: 779
metallic contaminant removal A5: 779
nickel plating A5: 781–782
oxide and scale removal...............A5: 780–781
polishing..........................A5: 779, 781
procedure for stripping copper plate........A5: 782

procedure for stripping nickel plate A5: 782
salt-bath descaling...................A5: 780, 781
shot peening A5: 782
tarnish removal A5: 779–780
vapor degreasing.......................A5: 779
wet tumbling...................A5: 779, 780, 781
wire brushing A5: 781
Wood's plating A5: 782

Surface engineering of magnesium alloys A5: 819–834
abrasive blast cleaning...................A5: 820
acid pickling..........A5: 821, 822, 828, 829
alkaline cleaning A5: 820–821, 830
anodizing................A5: 823–826, 827–830
applications A5: 819, 821
barrel finishing A5: 821
barrel or bowl abrading..................A5: 820
buffing A5: 822–823, 834
chemical cleaning A5: 820–821, 828
chemical finishing treatments....A5: 823, 827–830
chemical treatments
No. 9..............A5: 823, 824, 825, 827, 828
No. 17.............A5: 823, 825, 826, 827, 828
No. 20...............................A5: 824
chrome pickling A5: 823, 829, 830
cleaning............................A5: 819–821
corrosion resistance.......A5: 819, 821, 827, 832
Cr-22 treatment..........A5: 823, 826, 827, 828
dichromate coatings....................A5: 829
difficulties with chemical and anodic treatments A5: 827–830
dry abrasive blast cleaning...............A5: 820
electroless nickel plating A5: 830
emulsion cleaning......................A5: 820
grinding A5: 820
HAE treatment A5: 823, 825–826, 827, 828
mass finishing.........................A5: 821
mechanical cleaning.....................A5: 820
mechanical finishing A5: 821–823
nickel plating A5: 830
organic finishing A5: 833–834
painting............................A5: 833–834
plating.............................A5: 830–833
polishing A5: 820, 822–823, 834
process control of chemical and anodic treatments A5: 826–827
repair of damaged anodic coatings A5: 826
safety and health hazards............A5: 823, 834
sealed chrome pickling...............A5: 823, 829
solvent cleaning A5: 820
vapor degreasing.......................A5: 820
vibratory finishing A5: 821
wet abrasive blast cleaning...............A5: 820
wire brushing......................A5: 820, 834

Surface engineering of nickel and nickel alloys A5: 864–869
alloy groups...........................A5: 865
applications...........................A5: 864
blasting...............................A5: 869
brushing..............................A5: 869
buffing A5: 869
cleaning for welding A5: 867–868
cleaning of springs A5: 867
copper flash prevention and removal A5: 867
corrosion resistance A5: 864
electrolytic pickling A5: 867
electropolishing........................A5: 867
embedded iron detection and removal......A5: 867
finishing............................A5: 868–869
grinding A5: 868
heat resistance A5: 864
high-nickel alloys A5: 866
microstructure..........................A5: 864
nickel-chromium alloys A5: 866
nickel-copper alloys...................A5: 865–866
nickel-iron-chromium alloys...............A5: 866
nondestructive inspection A5: 869
oxidized or scaled surfaces A5: 865, 866
pickling..............A5: 864–865, 867–868
polishing...........................A5: 868–869

reactive gas ion thermal processing........A5: 868
reduced-oxide surfaces A5: 865, 866
removal of lead and zinc A5: 867
salt baths...........................A5: 866–867
specialized pickling operations A5: 867–868
surface conditions A5: 865
tarnish A5: 865–866

Surface engineering of refractory metals and alloys A5: 856–863
abrasive blasting A5: 856, 860
acid cleaning A5: 857–858, 860
acid pickling.......................A5: 857, 860
alkaline cleaning A5: 857–858, 860
aluminide coatings A5: 859, 862
anodizing A5: 859, 861
applications...........................A5: 856
ceramic coatings A5: 859, 860
chemical cleaning.......................A5: 857
chromium carbide coating A5: 862
chromium plating.......................A5: 858
coating................................A5: 858
electrolytic cleaning A5: 857, 860–861
electroplating A5: 858, 861
electropolishing........................A5: 858
etching............................A5: 857, 858
finishing.......................A5: 856–857, 860
gold plating A5: 858
grinding A5: 856
high-temperature oxidation-resistant coatings for molybdenum A5: 859
high-temperature protective coatings for tungsten A5: 859–860
ion sputtering A5: 857
iridium plating A5: 859–860
mechanical cleaning A5: 856, 860
mechanical grinding A5: 856–857, 860
molten caustic process...................A5: 857
molybdenum surface engineering A5: 856–860
nickel plating A5: 858, 859
nickel-chromium coating..................A5: 862
niobium surface engineering A5: 860–863
noble metal coatings A5: 862
nonelectrolytic cleaning..................A5: 857
oxidation-resistant coatings for niobium.....................A5: 861–862
oxidation-resistant coatings for tantalum A5: 862–863
oxide coatings A5: 859, 860, 862
platinum plating........................A5: 859
polishing.................A5: 856, 857, 860
properties.............................A5: 856
refractory metals and alloys..........A5: 858, 861
rhodium plating A5: 859
silicide coatings..............A5: 859, 860, 862
solvent cleaning....................A5: 857, 860
surface preparation for coating and joining....................A5: 857–858, 861
tantalum surface engineering..........A5: 860–863
tungsten surface engineering A5: 856–860
zinc coating...........................A5: 862

Surface engineering of specialty steels *See also* Electrical steels; Ferrous powder metallurgy (P/M) alloys; Maraging steels; Tool steels A5: 762–774
electrical steels A5: 772–774
ferrous powder metallurgy alloys A5: 762–767
maraging steels A5: 771–772, 773
tool steels A5: 767–771, 772, 773

Surface engineering of stainless steels ...A5: 741–761
abrasive blast cleaning...................A5: 747
acid cleaning A5: 749, 755
acid descaling (pickling) A5: 747–748
alkaline cleaning.......................A5: 749
austenitic..........................A5: 741–743
bar finishes A5: 746
boriding A5: 760
buffing A5: 750, 752–753
carburizing............................A5: 760
chemical polishing A5: 754

SUBJECTS OF THE INDEXED VOLUMES: **ASM Handbook** (designated by the letter "A"): **A1:** Properties and Selection: Irons, Steels, and High-Performance Alloys (1990); **A2:** Properties and Selection: Nonferrous Alloys and Special-Purpose Materials (1990); **A3:** Alloy Phase Diagrams (1992); **A4:** Heat Treating (1991); **A5:** Surface Engineering (1994); **A6:** Welding, Brazing, and Soldering (1993); **A7:** Powder Metal Technologies and Applications (1998); **A8:** Mechanical Testing (1985); **A9:** Metallography and Microstructures (1985); **A10:** Materials Characterization (1986); **A11:** Failure Analysis and Prevention (1986); **A12:** Fractography (1987); **A13:** Corrosion (1987); **A14:** Forming and Forging (1988); **A15:** Casting (1988); **A16:** Machining (1989); **A17:** Nondestructive Evaluation and Quality Control (1989); **A18:** Friction, Lubrication, and Wear Technology (1992); **A19:** Fatigue and Fracture (1996); **A20:** Materials Selection and Design (1997). **Metals Handbook, 9th Edition** (designated by the letter "M"): **M1:** Properties and Selection: Irons and Steels (1978); **M2:** Properties and Selection: Nonferrous Alloys and Pure Metals (1979); **M3:** Properties and Selection: Stainless Steels, Tool Materials, and Special-Purpose Materials (1980); **M4:** Heat Treating (1981); **M5:** Surface Cleaning, Finishing, and Coating (1982); **M6:** Welding, Brazing, and Soldering (1983); **M7:** Powder Metallurgy (1984). **Engineered Materials Handbook** (designated by the letters "EM"): **EM1:** Composites (1987); **EM2:** Engineering Plastics (1988); **EM3:** Adhesives and Sealants (1990); **EM4:** Ceramics and Glasses (1991). **Electronic Materials Handbook** (designated by the letters "EL"): **EL1:** Packaging (1989)

classification of stainless steel product forms . . . A5: 744
classification of stainless steels . . . A5: 741–744
cleaning stainless steels . . . A5: 749, 753
coloring . . . A5: 757
compositional limits of stainless steels . . . A5: 741, 742–743
corrosion resistance . . . A5: 750, 752–753
designations of stainless steels . . . A5: 741
duplex . . . A5: 742–743, 744
electrocleaning . . . A5: 753–754
electroplating . . . A5: 755–756
electropolishing . . . A5: 753–754
element additions to improve characteristics . . . A5: 741
emulsion cleaning . . . A5: 749
ferritic . . . A5: 741, 742
finishing methods . . . A5: 749–750
flame hardening . . . A5: 760–761
gas nitriding . . . A5: 757–759
grinding . . . A5: 750–752
ion implantation . . . A5: 757
laser alloying . . . A5: 757
laser melt/particle injection . . . A5: 757
laser surface processing . . . A5: 757
liquid nitriding . . . A5: 759–760
martensitic . . . A5: 742, 743
mass finishing . . . A5: 749
matching mill finishes . . . A5: 753
mill finishes . . . A5: 744–746
mill finishes, preservation of . . . A5: 746–747
painting . . . A5: 756
passivation . . . A5: 753, 754–755
plasma (ion) nitriding . . . A5: 759
plate finishes . . . A5: 745–746
polishing . . . A5: 750, 752, 753
precipitation-hardenable . . . A5: 743–744
salt bath descaling . . . A5: 748
sequence of descaling methods . . . A5: 748
sheet finishes . . . A5: 744–745
solvent cleaning . . . A5: 749
strip finishes . . . A5: 745
surface blackening . . . A5: 756–757
surface hardening . . . A5: 757–761
surface modification . . . A5: 757
terne coatings . . . A5: 757
thermal spraying . . . A5: 757
tubing and pipe finishes . . . A5: 746
ultrasonic cleaning . . . A5: 749
vapor degreasing . . . A5: 749
wire finishes . . . A5: 746
Surface engineering of titanium and titanium alloys . . . A5: 835–849
abrasive blast cleaning . . . A5: 836–837
acid pickling . . . A5: 838–839
aluminizing of metallic elements . . . A5: 844
anodizing . . . A5: 848
applications . . . A5: 835
aqueous caustic descaling baths . . . A5: 838
barrel finishing . . . A5: 839
boronizing of nonmetallic elements . . . A5: 844
buffing . . . A5: 839–840
carburizing of nonmetallic elements . . . A5: 844
chemical conversion coatings . . . A5: 844–845, 846
chemical vapor deposition . . . A5: 848
cleaning . . . A5: 835–840
coatings . . . A5: 844–848
coatings for emissivity . . . A5: 846
coatings for wear resistance . . . A5: 846, 847, 849
copper diffusion of metallic elements . . . A5: 844
copper plating . . . A5: 845–846
corrosion resistance . . . A5: 835, 838, 841
descaling . . . A5: 835–836
detonation gun spraying . . . A5: 847–848
diffusion treatments . . . A5: 842–844
duplex treatments . . . A5: 849
electroplating . . . A5: 845–846
energy beam surface alloying . . . A5: 841–842
energy beam surface melting . . . A5: 841
finishing . . . A5: 835
galvanic effects and discontinuities . . . A5: 836
gas absorption . . . A5: 835–836
grinding . . . A5: 836, 837
high cycle fatigue . . . A5: 841
high-temperature salt baths . . . A5: 837–838
high-velocity oxyfuel (HVOF) spraying . . . A5: 847–848
ion implantation . . . A5: 840–841
laser and electron beam treatment . . . A5: 841–842
laser cladding . . . A5: 842
low-temperature baths . . . A5: 838
mass finishing . . . A5: 839
mechanical properties . . . A5: 835
metallic elements . . . A5: 844
metallurgical restrictions on descaling . . . A5: 836
molten salt descaling baths . . . A5: 837
nickel diffusion of metallic elements . . . A5: 844
nitriding of nonmetallic elements . . . A5: 843–844
oxidation resistance . . . A5: 835, 841
oxidizing nonmetallic elements . . . A5: 843
physical vapor deposition . . . A5: 847
pickling procedures following descaling . . . A5: 838
plasma immersion ion implantation . . . A5: 848–849
plasma source ion implantation . . . A5: 849
plasma spraying . . . A5: 847–848
platinum plating . . . A5: 846
polishing . . . A5: 839–840
protective coatings . . . A5: 836
removal of grease and other soils . . . A5: 840
removal of tarnish films . . . A5: 838–839
scale, removal of . . . A5: 836–838
siliconizing of nonmetallic elements . . . A5: 844
sol-gel coatings . . . A5: 848
sprayed coatings . . . A5: 847–848
surface modification . . . A5: 840–842
vacuum plasma spraying . . . A5: 847–848
vapor degreasing . . . A5: 840
variety of scale . . . A5: 836
wear resistance . . . A5: 835, 840–841, 846, 847, 849
wire brushing . . . A5: 840
Surface engineering of zinc alloys . . . A5: 870–873
acid dipping . . . A5: 872
alkaline cleaning (aqueous detergent cleaning) . . . A5: 871–872
anodizing . . . A5: 873
applications . . . A5: 870
brushing . . . A5: 871
buffing . . . A5: 871
conversion coating treatment . . . A5: 872–873
corrosion resistance . . . A5: 870
deburring . . . A5: 870
electrocleaning . . . A5: 872
electroplating . . . A5: 870
emulsion cleaning . . . A5: 871
hot dipped galvanized coatings . . . A5: 873
mechanical finishing . . . A5: 870
painting . . . A5: 872–873
phosphate coatings . . . A5: 872–873
polishing . . . A5: 870–871
product forms . . . A5: 870
shot peening, controlled . . . A5: 871
solvent cleaning . . . A5: 871
tumbling . . . A5: 870
vibratory finishing . . . A5: 870
Surface engineering of zirconium and hafnium alloys . . . A5: 852–854
alkaline cleaning . . . A5: 852
anodizing . . . A5: 852–853
autoclaving . . . A5: 852–853
blast cleaning . . . A5: 852
buffing . . . A5: 853
chemical descaling . . . A5: 852
electrolytic alkaline cleaning . . . A5: 852
electroplating . . . A5: 854
emulsion cleaning . . . A5: 852
etching . . . A5: 852
pickling . . . A5: 852
polishing . . . A5: 853
solvent cleaning . . . A5: 852
surface soil removal . . . A5: 852
ultrasonic cleaning . . . A5: 852
vapor degreasing . . . A5: 852
vapor phase nitriding . . . A5: 853
Surface EXAFS detection technique . . . A10: 418
Surface examination . . . A18: 290–292
analysis of data collected . . . A18: 292
first level visual inspection . . . A18: 290–291
matters of scale . . . A18: 292
planning . . . A18: 290
second level electron microscopy . . . A18: 291
selection of chemical analysis instruments . . . A18: 291–292
Surface exposure time (SET) . . . EM3: 277
Surface expulsion
by liquid penetrant inspection . . . A17: 86
definition . . . A6: 1214
Surface extended x-ray absorption fine structure (SEXAFS) . . . EM3: 237
Surface extension parameter . . . A6: 308
Surface factor . . . A7: 267–268
definition . . . A7: 271
Surface fatigue . . . A18: 259
nitrided surfaces . . . A18: 879, 880, 881–882
sliding bearings . . . A18: 742, 743
Surface fatigue wear, fretting: intended motion applications
thermal spray coatings for hardfacing applications . . . A5: 735
Surface fatigue wear, thermal spray coating applications . . . A18: 831, 833
performance factors . . . A18: 833
Surface film rupture/metal dissolution *See* Anodic dissolution
Surface films . . . M7: 12
AES in-depth compositional evaluation . . . A10: 549
heterogeneous, AES analysis of . . . A10: 565–566
magnesium-oxide-enriched . . . M7: 254
on electrical contacts, XRS analysis . . . A10: 578
oxidation states of metal atoms, determined in . . . A10: 568
Surface finger oxide penetration depth and presence of interparticle oxide networks in powder forged (P/F) steel parts, specifications . . . A7: 817, 1099
Surface finger oxides . . . A7: 820, A14: 205
definition . . . A7: 817, 820
Surface finish *See also* Coatings; Finish; Finishes; Finishing; Surface preparation; Surface(s) . . A16: 19–36, A19: 18, A20: 246, 248
abrasive flow machining . . . A16: 517, 518, 519
abrasive waterjet cutting . . . A14: 746–748
abrasives and grinding . . . A16: 431, 433, 434, 441, 446
after cold heading . . . A14: 296
Al alloys . . . A16: 761, 764–765, 768–769, 773–780, 784–785, 795–797
aluminum alloy . . . A15: 762–763
and adaptive control . . . A16: 618, 621, 623, 624
and burnishing . . . A16: 210
and drilling . . . A16: 222
and gear manufacture . . . A16: 344
and gear shaving . . . A16: 341–343
and grinding of gears . . . A16: 350, 354–355
and grit size in honing . . . A16: 483
and high-speed machining . . . A16: 601, 602
and hobbing of gears . . . A16: 340
and machinability . . . A16: 646–647
and NC programming . . . A16: 614
and press forming . . . A14: 547–548
and superabrasive grinding wheels . . . A16: 458, 460–461, 462
Be alloys . . . A16: 872
boring . . . A16: 162–164, 169
broaching . . . A16: 194, 197, 203, 206, 208, 209
by abrasives, compared . . . A15: 514
by CBN grinding wheels . . A16: 462–463, 464, 467, 469
by metal casting . . . A15: 40
by plaster molding . . . A15: 242
CAD/CAM analysis . . . A16: 628
carbon and alloy steels . . . A16: 670, 672, 673, 675
carbonaceous additions for . . . A15: 211
cast irons . . . A16: 657, 661, 662, 663, 664, 665
chemical milling . . . A16: 579, 581–586
classifications . . . A16: 22
copper and copper alloy forgings . . . A14: 258
Cu alloys . . . A16: 805, 808, 812, 815, 817, 819
definition . . . A5: 969, A20: 841
design for . . . A20: 246, 248
designations . . . A16: 20
dimensional tolerances . . . A16: 19
disk-pressure test for hydrogen embrittlement in . . . A8: 540–541
effect on fatigue life . . . A8: 711
effect, optical holographic interferometry A17: 412
electrical discharge grinding . . . A16: 565–566
electrical discharge machining . . . A16: 558, 561
electrochemical discharge grinding . . . A16: 550
electrochemical grinding . . . A16: 543, 545, 546
electrochemical machining . . . A16: 534–541
filament winding . . . EM2: 373–374

Surface finish (continued)
flaws A16: 19
for durometer testing A8: 106
for Scleroscope hardness testing A8: 105
gear-tooth honing A16: 486–487
gray cast iron M1: 12, 25, 26
grinding A16: 421–424, 426, 427
hafnium A16: 844, 856
heat-resistant alloys . . A16: 740, 744, 745, 755, 756
high removal rate machining A16: 608, 609
honing A16: 473, 476, 481, 482, 484
improved by distribution of cutting forces A16: 299
in coining A14: 186
in contour roll forming A14: 633–634
in HERF processing A14: 105
lapping A16: 492, 496, 503, 504
lay A16: 19, 20
machined surfaces M1: 566–567, 571–572, 574, 576–579
Mg alloys . . A16: 820, 821, 822, 823, 824, 825, 826, 827
microhoning A16: 472, 489
milling A16: 305, 316, 319–321, 326, 327, 329
Ni alloys A16: 835
of Brinell test workpiece A8: 86, 88
of forged heat-resistant alloys A14: 236
of powder forgings A14: 204
of wire A14: 694
P/M tool steels A16: 735
permanent mold casting A15: 284–285
photochemical machining A16: 587
plateau finish from honing A16: 487
precision, as interferometer application A17: 14–15
reaming A16: 240, 246
requirements, and process selection EM2: 302–207
roller burnishing A16: 253
rotary swaging A14: 140
roughness A16: 19–21
roughness, arithmetic averages A16: 26
roughness, maximum peak-to-valley A16: 26
RTM and SRIM EM2: 350
sawing A16: 356, 358, 359
shaping A16: 190, 191
slotting A16: 190, 191
stainless steels A16: 681
steel sheet M1: 557
substrate EL1: 104
symbols A16: 19
tapping A16: 263, 264
thread grinding A16: 271
thread rolling A16: 280, 291–292, 293, 294
titanium A16: 844, 851
titanium castings A15: 831
treatments, investment castings A15: 264
trepanning A16: 175
tube spinning A14: 678
turning A16: 152, 153
types EM2: 303–306
ultrasonic machining A16: 529
uranium alloys A16: 874, 875, 876–877
Verson hydroform process A14: 613
visual inspection A17: 3
waviness A16: 19
wear resistance, effect on M1: 636–637
with ceramic molding A15: 248
with Replicast process A15: 37, 271
with stretch drawing A14: 597–598
workpiece, and liquid penetrant inspection A17: 81
zirconium A16: 844, 854
Zn alloys A16: 831, 832, 834
Surface finishing
and fatigue strength A11: 122
as stress source A11: 205
definition A20: 841
improper, by carbon flotation A11: 358–359
in green machining EM4: 183
of stainless steel A1: 884–885
Surface finishing, design for *See* Design for surface finishing
Surface flaws *See also* Cracks; Flaws; Subsurface flaws; Surface cracks
electron beam welding A17: 585–586
forging A17: 494
from plasma arc welding A17: 587
in flat plate, electric current perturbation inspection A17: 137–138
in thread roots A17: 138–139
laser inspection A17: 17
magnetic particle inspection A17: 499
NDE detection methods A17: 50
on weldments A17: 593
shallow, in plate, eddy current inspection A17: 187
small, electric current perturbation for A17: 137
visual inspection A17: 3
Surface folds
as casting defects A11: 383
Surface force apparatus (SFA) A18: 400, 401, 402
Surface forces and adhesion, measurement of A18: 399–405
atomic force microscopy A18: 402
basic concepts A18: 399–400
interfacial energy A18: 399–400
surface energy and surface forces . . A18: 399–400
work of adhesion A18: 400, 403, 404, 405
measuring adhesion A18: 402–404
adhesion between curved surfaces A18: 403
fracture experiments A18: 403
fundamental adhesion measurements . . . A18: 403
history dependence and sample preparation A18: 403
modes of separation A18: 404
practical adhesion measurements . . . A18: 403–404
rate-dependent effects A18: 403
measuring surface forces A18: 400–402
Derjaguin approximation A18: 400, 401
environments A18: 402
instrumental requirements A18: 400
other measurements (adsorption, friction, refractive index, viscosity) A18: 402
preparation of surfaces and fluids A18: 402
pull-off force A18: 401, 403
substrate materials A18: 401
techniques A18: 400–401
state of the art A18: 404–405
Surface free energy change A6: 114–115
Surface grain boundary cracking A19: 80
Surface grinding *See also* Grinding
definition A5: 969
fatigue life performance in finished parts . . A5: 149
unalloyed molybdenum recommendations . . A5: 856
Surface hardening *See also* Hardening A11: 333, 395, A19: 161, 316, A20: 355, 485–487
alloy steels A5: 736–737
and fatigue resistance A1: 680–681
carbon steels A5: 736–737
cast irons A5: 695–697
definition A5: 969, A20: 841
ductile iron A5: 696–697
for hot-rolled steel bars A1: 241
malleable iron A5: 697, M1: 73
of ductile iron . . . A1: 42, A15: 659–660, M1: 37–38
of maraging steels A1: 797–798
rating of characteristics A20: 299
selective, pearlitic malleable iron A15: 697
stainless steels A5: 757–761
steels M1: 527–542
carburizing and carbonitriding M1: 528, 533–540
characteristics of M1: 528
fatigue resistance improvement M1: 665, 674, 675
hardened zone, effect of depth on wear . . M1: 607
material requirements M1: 529–532, 533, 535–538, 540–541
nitriding M1: 540–542
selective M1: 527–532
Surface impedance
modulation A17: 217
Surface imperfections
in porcelain enameled steel sheet M1: 179
Surface insulation resistance
adhesive EL1: 674
from flux residues EL1: 643
test boards EL1: 648
testing, as cleanliness measurement . . EL1: 667–668
Surface integrity A16: 19–36
abrasive processes A16: 31–33
and electrical, chemical, and thermal material processes A16: 30–31
and electrical, chemical, and thermal removal processes A16: 33
chip removal operations A16: 33
controls A16: 30
definition A5: 969, A20: 841
effects in material removal processes compared A16: 28
evaluation, testing techniques A5: 149
inspection practices to meet requirements A16: 35–36
measuring effects A16: 27
microstructural alterations detected A16: 28
postprocessing guidelines A16: 35
principal causes of surface alterations A16: 23
typical problems A16: 22
Surface inversion/mobile ions
in accelerated testing EL1: 892
Surface laser
effect on fatigue performance of aluminum components A19: 318
Surface layer activation (SLA) A18: 319
Surface methods
versus weighting factor EM4: 85
Surface models A20: 157
Surface modification A13: 498–505
defined/advantages and disadvantages A13: 498
definition A5: 969
ion implantation A13: 498–500
laser surface processing A13: 501–503
titanium and titanium alloys A5: 840–842
Surface Mount Council (SMC) EL1: 734
Surface Mount Equipment Manufacturers Association (SMENA) EL1: 734
Surface Mount Technology Association (SMTA) EL1: 734
Surface mounting
adhesives for EL1: 670–674
defined EL1: 1158
Surface nitriding
to improve abrasive wear resistance A18: 639
Surface oxidation M7: 252, 587
Surface oxidation of stored specimens
prevention A9: 32
Surface oxide films *See also* Oxide films; Surface oxides
annealing to remove M7: 182
effects on green strength M7: 302–303
Surface oxide layers
abrasion procedures for A9: 46
cleaning of specimens to be examined for . . . A9: 28
polishing procedures for A9: 46
Surface oxides
and pyrophoricity M7: 199
determined A10: 177
electron spectroscopy of M7: 252
enhancement by bombarding ion M7: 259
penetration, tested by magnetic bridge sorting M7: 491
stripped in sintering process M7: 340
Surface peak
RBS analysis for A10: 633
Surface phase
detection A10: 293
qualitative analysis, on silicon A10: 341–342
Surface pitting A11: 133–134

SUBJECTS OF THE INDEXED VOLUMES: ASM Handbook (designated by the letter "A"): **A1:** Properties and Selection: Irons, Steels, and High-Performance Alloys (1990); **A2:** Properties and Selection: Nonferrous Alloys and Special-Purpose Materials (1990); **A3:** Alloy Phase Diagrams (1992); **A4:** Heat Treating (1991); **A5:** Surface Engineering (1994); **A6:** Welding, Brazing, and Soldering (1993); **A7:** Powder Metal Technologies and Applications (1998); **A8:** Mechanical Testing (1985); **A9:** Metallography and Microstructures (1985); **A10:** Materials Characterization (1986); **A11:** Failure Analysis and Prevention (1986); **A12:** Fractography (1987); **A13:** Corrosion (1987); **A14:** Forming and Forging (1988); **A15:** Casting (1988); **A16:** Machining (1989); **A17:** Nondestructive Evaluation and Quality Control (1989); **A18:** Friction, Lubrication, and Wear Technology (1992); **A19:** Fatigue and Fracture (1996); **A20:** Materials Selection and Design (1997). **Metals Handbook, 9th Edition** (designated by the letter "M"): **M1:** Properties and Selection: Irons and Steels (1978); **M2:** Properties and Selection: Nonferrous Alloys and Pure Metals (1979); **M3:** Properties and Selection: Stainless Steels, Tool Materials, and Special-Purpose Materials (1980); **M4:** Heat Treating (1981); **M5:** Surface Cleaning, Finishing, and Coating (1982); **M6:** Welding, Brazing, and Soldering (1983); **M7:** Powder Metallurgy (1984). **Engineered Materials Handbook** (designated by the letters "EM"): **EM1:** Composites (1987); **EM2:** Engineering Plastics (1988); **EM3:** Adhesives and Sealants (1990); **EM4:** Ceramics and Glasses (1991). **Electronic Materials Handbook** (designated by the letters "EL"): **EL1:** Packaging (1989)

Surface plasmon effects
cathodoluminescence used to detect **A9:** 91
Surface porosity *See also* Porosity
effect of grinding. **M7:** 462
finishing operations affecting **M7:** 451
open or shut **M7:** 486, 487
Surface potentials
effect on voltage contrast **A9:** 94
Surface preparation *See also* Cleaning; Coatings; Film(s); Postcleaning; Precleaning; Solderability; specific processes; Surface(s).. **EL1:** 675–680, **EM3:** 28, 34–35, 42, 704
chemical cleaning. **EL1:** 678
chromic-acid-anodization, wet peel testing. **EM3:** 668
codeposited organics. **EL1:** 678–680
cold extrusion of copper/copper alloy parts. **A14:** 310–311
composites, adhesive-bonded repair **EM3:** 840–844
CSA process compared to FPL process (etching) **EM3:** 667
defined **EM1:** 23
definition **M6:** 17
drying laminates that contain absorbed moisture. **EM3:** 844
effect of surface treatment and modification on fatigue performance of components **A19:** 319
equipment and procedures prior to sealant **EM3:** 642
for adhesive bonding **EM1:** 681–682, 687
for automotive painting **A13:** 1015
for cold extrusion. **A14:** 309
for drawing **A14:** 332
for hot dip galvanizing **A13:** 436–437
for liquid penetrant inspection **A17:** 74
for magnetic rubber inspection **A17:** 122
for optical holography **A17:** 412
for optical testing. **EL1:** 571
for organic coatings and linings **A13:** 412–415, 912–913
for porcelain enameling. **A13:** 447
for replication microscopy **A17:** 643
for surface-mount soldering. **EL1:** 697–698
for thermal spray coatings **A13:** 460, 462
for zinc plating **A13:** 767
Forest Products Laboratory (FPL) etching process **EM3:** 259, 260, 261
adsorption of NTMP **EM3:** 250–251
aluminum adherends ... **EM3:** 242, 263–264, 267
compared to PAA process **EM3:** 625
processing quality control **EM3:** 738
wet peel testing **EM3:** 668
functions **EM3:** 235
fusible finish. **EL1:** 679
grit blasting **EM3:** 841, 842, 843
hot solder dipping (tinning). **EL1:** 678–679
materials and solderability. **EL1:** 676–677
methods **EL1:** 678–679
of billets. **A17:** 558
of carbon steels, for coatings **A13:** 522
of magnesium/magnesium alloys. **A13:** 749–750
organic coatings **EL1:** 680
peel plies **EM3:** 841–843
phosphoric acid nontank anodizing procedure evaluation **EM3:** 803–804, 805
plating for **EL1:** 679
pretreatment variations for wedge testing. **EM3:** 668
processing quality control. **EM3:** 737–738
pumice/abrasive cleaner scrubbing .. **EM3:** 841, 843
scuff-sand and solvent. **EM3:** 843–844
solderability mechanisms **EL1:** 675–676
solderability testing. **EL1:** 677–678
solvent wipe cleaning of surface contamination. **EM3:** 843–844
steel slugs. **A14:** 304
techniques. **A13:** 413–415
thermal inspection **A17:** 397
thin immersion plates **EL1:** 679
thin-film hybrids **EL1:** 326
to prevent weak bonds **EM3:** 521
Surface preparation methods
chemical cleaning. **EL1:** 678
hot solder dipping (tinning). **EL1:** 678–679
Surface preparation of composites **EM3:** 281–295
abrasion **EM3:** 292, 293, 294
acid etch **EM3:** 293, 294
adherend pretreatment **EM3:** 293
adhesive bonding of polymeric materials **EM3:** 290–292
argon treatment **EM3:** 291, 294
bonding of composites to composites. **EM3:** 292–295
chlorine exposure plus UV irradiation **EM3:** 290–291
chromic acid (dichromate/sulfuric acid) **EM3:** 290–291
corona discharge treatments. .. **EM3:** 290–291, 292, 293, 294
cross linking by activated species of inert gases (CASING) **EM3:** 290–291
electrical discharge treatment. **EM3:** 291
ESCA/XPS analysis **EM3:** 291, 292, 293, 294
fiber-matrix adhesion **EM3:** 281–290
flame **EM3:** 290–291, 294
gas plasma treatment. **EM3:** 285–286
hot chlorinated solvents **EM3:** 290–291
IR laser treatment (laser ablation). **EM3:** 294
mold release agents and/or release cloth components **EM3:** 294–295
nitrogen treatment **EM3:** 291
plasma treatment **EM3:** 291, 292–293, 294
solvent cleaning **EM3:** 292, 293, 294
surface treatments **EM3:** 294
UV irradiation only. **EM3:** 290–291
Surface preparation of metallographic specimens **A9:** 33–47
Surface preparation of metals **EM3:** 259–273
alkaline peroxide (AP solution), titanium adherends **EM3:** 265, 266
alkaline-chlorite etch, copper adherends **EM3:** 269–270
chromic acid anodization (CAA) ... **EM3:** 259–260, 261, 262, 264
processing steps **EM3:** 260
titanium adherends. **EM3:** 264–270
chromic-sulfuric acid etching procedures. **EM3:** 259, 260
copper adherends **EM3:** 269–270
Ebonol C etch, copper adherends ... **EM3:** 269–270
ferric chloride-nitric acid solution, copper adherends **EM3:** 269–270
Forest Products Laboratory (FPL) etching procedure **EM3:** 259, 260, 261
low-carbon steels **EM3:** 271
NaTES: etching procedure, titanium adherends **EM3:** 265, 266, 267, 269
nitric acid anodization, steel adherends .. **EM3:** 272
no surface preparation, steel adherends .. **EM3:** 273
P2 etching procedure. **EM3:** 259
phosphoric acid anodization (PAA) **EM3:** 259, 260, 261
processing steps **EM3:** 260
plasma spraying, titanium adherends. ... **EM3:** 265, 266, 267, 268, 269, 270
Russell's process, steel adherends **EM3:** 271
sodium hydroxide anodization (SHA), titanium adherends **EM3:** 265, 266, 267, 268, 270
steel adherends. **EM3:** 270–273
nitric-phosphoric acid etch **EM3:** 271
phosphoric acid-alcohol etch **EM3:** 271, 272
sulfuric acid/dichromate anodization, steel adherends. **EM3:** 272
tartaric acid-anodized (TAA) **EM3:** 261
titanium adherends
classification. **EM3:** 267
durability **EM3:** 266–269
Surface preparation of plastics **EM3:** 276–280
abrasion **EM3:** 278, 279, 280
cleaning procedures **EM3:** 276–277
chemical treatment **EM3:** 277
intermediate cleaning methods. **EM3:** 276–277
solvent cleaning methods. **EM3:** 277
evaluating preparation effectiveness
contact-angle test. **EM3:** 277
postbonding tests. **EM3:** 277
surface exposure time effect **EM3:** 277
water-break test **EM3:** 277
gas plasma treatment **EM3:** 278, 279, 280
oxidizing flame **EM3:** 279, 280
thermoplastic materials preparation **EM3:** 278–280
thermosetting materials. **EM3:** 277–278
Surface Preparation Techniques for Adhesive Bonding **EM3:** 70
Surface relief **A19:** 103
relationship to martensite. **A9:** 668
topographic methods for **A10:** 365, 368
Surface relief formation **A19:** 98, 101
Surface replicas *See also* Replicas
direct, single-stage **A17:** 53
indirect. **A17:** 53
plastic. **A17:** 53
Surface replication **A19:** 481
as nondestructive test technique **EM1:** 775
defined. **A17:** 52–53
techniques **A17:** 52–65
Surface resistance
defined **EM2:** 41, 461
Surface resistivity *See also* Resistivity
and electrical testing **EM2:** 585–586
and microwave inspection **A17:** 216
defined. **EL1:** 1158
electrical, defined. **EM2:** 41, 461
Surface rolling **A19:** 328
and fretting fatigue **A19:** 328
carbon steel surface compression stress and fatigue strength **A5:** 711
Surface roughening
definition **M6:** 17
electroplating pretreatment **M5:** 601
nickel alloys. **M5:** 674
thermal spray coating process **M5:** 367–368
Surface roughness *See also* Roughness; Surface(s). **A18:** 436
and apparent density **M7:** 273
and Auger spectra interpretation **M7:** 255
and film thickness **A11:** 152
and finish influence of smooth specimens **A19:** 316
and surface electronic structure,
SERS and. **A10:** 136
as casting defect **A15:** 549
as factor influencing crack initiation life .. **A19:** 126
bearings **A11:** 485
casting **A11:** 384
correction factors **A11:** 116
definition. **A5:** 969
determined, by speckle metrology. ... **A17:** 435–436
diffusion bonding. **A6:** 158
effect in AES analysis **A10:** 553
effect in x-ray diffraction residual stress techniques **A10:** 387
effect on cracking. **A11:** 57
effect on fatigue strength **A11:** 122
in moil point **A11:** 573, 578
interference microscope measurement **A17:** 17
monitoring, by optical sensors **A17:** 10
monitoring, line projection schematic. **A17:** 8
secondary ion mass spectroscopy **M7:** 258
standards, by visual inspection **A17:** 9
Surface roughness factor **A19:** 335
Surface roughness parameters **A12:** 212–215
and profile roughness parameter
calculated. **A12:** 212
defined. **A12:** 212
for fractal analysis **A12:** 212
surface roughness. **A12:** 200–201
surface volume **A12:** 201
topographic index. **A12:** 201
Surface scratches as a result of grinding ... **A9:** 37–39
Surface segregation
analysis of.. **A10:** 536, 564–566, 583, 593, 607–608
Surface selection rule **A10:** 119
Surface sensitivity *See also* Sensitivity; Surface; Surface-sensitive analytical techniques
dependence on takeoff angle **A10:** 574
ferromagnetic resonance **A10:** 268
LEISS analysis **A10:** 605
of x-ray photoelectron spectroscopy **A10:** 569–570, 573
Surface soil removal
zirconium and hafnium alloys **A5:** 852
Surface structure
analysis of. **A10:** 133–134
EXAFS electron detection studies
adsorbates **A10:** 418
peak, RBS analysis for **A10:** 633
study by channeling and blocking. **A10:** 633
Surface temperature measurement **A18:** 438–444
metallographic techniques **A18:** 438–439, 444

Surface temperature measurement (continued)
radiation detection techniques. **A18:** 441–444
infrared detectors **A18:** 442–443
optical and infrared (IR)
photography **A18:** 441–442, 443
photography. **A18:** 441
photon collection **A18:** 443
photon detection **A18:** 441
pyrometry **A18:** 441, 442
thermal imaging **A18:** 441
total emissivity of solid surfaces at 25°C,
representative values. **A18:** 441
thermocouples and thermistors **A18:** 439–441
contact thermocouples. **A18:** 439–440
dynamic thermocouples **A18:** 440
embedded subsurface thermocouples. . . . **A18:** 440
thin-film temperature sensors. **A18:** 440–441

Surface tension *See also* Surfactant . . . **EM3:** 28, 181
and fluidity **A15:** 766
balance, eutectic growth **A15:** 121
defined **EM2:** 41
defined, for component removal. **EL1:** 715
definition. **A5:** 969
gas porosity by **A15:** 82
in reflow **EL1:** 733
liquid **A18:** 400
SI derived unit and symbol for **A10:** 685
SI unit/symbol for **A8:** 721

Surface tension, effect
liquid penetrant inspection. **A17:** 71

Surface tension temperature coefficient A6: 20, 21, 22

Surface texture **A18:** 334–344
applications. **A18:** 341–344
automotive engine components surface roughness
specifications **A18:** 342
lip seals. **A18:** 344
magnetic storage **A18:** 343
metalworking. **A18:** 341–343
surface parameter effect on component
performance **A18:** 342
surface property effect on component failure
causes **A18:** 342
tribology and wear **A18:** 342–343
definition **A5:** 969, **A18:** 334
design **A18:** 336, 344
experimental issues for stylus
instruments **A18:** 336–341
bandwidth limits for surface
metrology **A18:** 338–339
examples of roughness measurement
results **A18:** 340–341
height resolution and range **A18:** 336–338
lateral resolution and range. **A18:** 338
other distortions **A18:** 339–340
stylus load and surface deformation **A18:** 339
instrument calibration **A18:** 341
comparison of roughness parameters. . . . **A18:** 341
comparison of surface profiles **A18:** 341
general calibration issues. **A18:** 341
lubrication role **A18:** 336, 342–343
profiling techniques **A18:** 334
profile methods **A18:** 334
raster area methods **A18:** 334
statistical functions **A18:** 335–336
amplitude density function **A18:** 335
autocorrelation function (ACF). . . . **A18:** 335–336, 337
autocovariance function **A18:** 335–336
bearing area curve **A18:** 335
height distribution **A18:** 335
power spectral density (PSD). **A18:** 335, 336
surface parameters. **A18:** 334–335
height parameters **A18:** 334
hybrid parameters **A18:** 334, 335
shape parameters **A18:** 334–335
wavelength parameters. **A18:** 334
surface statistics, introduction **A18:** 334
versus roughness. **A18:** 334

Surface tilting
relationship to martensitic structure. . . **A9:** 668–669

Surface topography **A16:** 21, **A20:** 700
and color metallography **A9:** 138
definition. **A20:** 841

Surface topography and image analysis (area) **A18:** 346–354
computing differences between two traces or
surfaces **A18:** 350–352
conventions. **A18:** 346–347
curvature **A18:** 352
Hough transforms **A18:** 352
pattern matching. **A18:** 352
definitions. **A18:** 346–347
estimation and combination of intensity and
topographic images **A18:** 347–348
rendering and combining images **A18:** 348
transforming an intensity image . . . **A18:** 347–348
fractals, trees, and future
investigations **A18:** 352–354
implementation on personal computers and data
bases. **A18:** 347
lessons from two-dimensional analysis. . . . **A18:** 349
point spacing and image compression **A18:** 347
potential pitfalls **A18:** 347
relating two- and three-dimensional
parameters. **A18:** 348–349
selecting an appropriate coordinate
system **A18:** 349–350

Surface treatment *See also* Finishes; Sizing. . **A19:** 18
and sizing, compared. **EM1:** 122
as factor influencing crack initiation life. . **A19:** 126
defined **EM1:** 23, 122
effect on fatigue performance of
components **A19:** 319
hot rolled bars. **M1:** 200
maraging steels **M1:** 448–451
of carbon fiber **EM1:** 112–113

Surface treatments
aluminum alloys. **A13:** 588
and coatings in copier powders **M7:** 585
cemented carbides **A13:** 857
electrical steels **A5:** 773–774
extra charges for. **A20:** 249
for beryllium **A13:** 811
identifying compositional changes from . . . **M7:** 260
maraging steels **A5:** 771–772, 773
protective, for powder stability. **M7:** 182
rating of characteristics. **A20:** 299
standardized **A13:** 194
tool steels **A5:** 769–771, **M3:** 446

Surface treatments, effects on materials performance **A20:** 470–490
aluminizing **A20:** 480, 481–482
aluminum coatings. **A20:** 472
aqueous solution electroplating **A20:** 477–478
boriding **A20:** 481, 482–483
boronizing **A20:** 481, 482–483
cadmium electroplating. **A20:** 478
carbonitriding. **A20:** 486, 488
carburizing **A20:** 486, 487
chemical vapor deposition and related
processes **A20:** 480–483
chromium electroplating **A20:** 478
chromizing. **A20:** 481
composite deposition plating. **A20:** 479, 480
deposition surface treatments **A20:** 476–485
diffusion coating. **A20:** 486, 487–488
electrochemical deposition **A20:** 476–480
electroless plating. **A20:** 479–480
electron beam/physical vapor deposition
(EB/PVD). **A20:** 484
electron-beam hardening. **A20:** 486–487
fused-salt electroplating. **A20:** 478
galvanized coatings **A20:** 471–472
galvanneal coatings **A20:** 472
heat treatment coatings. **A20:** 485–488
hot dip coatings **A20:** 470–472
laser-beam hardening **A20:** 486, 487
metalliding. **A20:** 478
multicomponent coatings **A20:** 482, 483
nickel plating **A20:** 477–478
nitriding **A20:** 486, 487–488
physical vapor deposition processes. . **A20:** 483–485
precious metal plating. **A20:** 478–479
siliconizing **A20:** 481, 482
solidification surface treatments **A20:** 470–476
surface hardening. **A20:** 485–487
thermal spray coatings **A20:** 474–476
tinplate. **A20:** 478
weld surfacing processes **A20:** 473
weld-overlay coatings **A20:** 472–474, 475
zinc electroplating **A20:** 478
Zn-5Al alloy coating (Galfan) **A20:** 472
Zn-55Al alloy coating **A20:** 472

Surface treatments for wrought tool steels **A1:** 779
carburizing. **A1:** 779
nitriding. **A1:** 779
oxide coatings **A1:** 779
plating **A1:** 779
sulfide treatment **A1:** 779
titanium nitride **A1:** 779

Surface veils *See also* Veil
for fiberglass mats **EM1:** 109
for resin transfer molding. **EM1:** 169

Surface void
definition **A5:** 969, **EM4:** 633

Surface wave angle-beam technique
ultrasonic inspection **A17:** 247

Surface wave velocity (v_R) **A18:** 408

Surface waves *See also* Rayleigh waves
for optical holographic interferometry **A17:** 409
ultrasonic. **A17:** 233–234

Surface wetting *See* Wetting

Surface wiring
materials and processes selection **EL1:** 113–115
methods, compared **EL1:** 115
wiring sources. **EL1:** 115

Surface-activated acrylics
performance of **EM3:** 124

Surface-active agents
in milling environment **M7:** 63

Surface-area-center test *See also*
Rockwell-inch test **M1:** 457

Surface-contact fatigue
in gears **A11:** 592–593

Surface-enhanced Raman scattering **A10:** 135–136

Surface-flaw technique **A20:** 625

Surface-hardened steels and irons
CBN for machining **A16:** 105

Surface-mount *See* Surface-mount assemblies; Surface-mount components (SMC); Surface-mount devices (SMD); Surface-mount joints; Surface-mount packages; Surface-mount soldering; Surface-mount technology (SMT)

Surface-mount assemblies
cleaning of **EL1:** 666–667
integrated semiconductor packages. . . **EL1:** 437–438

Surface-mount components (SMC)
construction **EL1:** 178
removal. **EL1:** 722–724
soldering methods **EL1:** 180

Surface-mount devices (SMD)
assembly **EL1:** 437–438
construction **EL1:** 178
failure mechanisms **EL1:** 1046–1047
schematic. **EL1:** 431
small-signal plastic-bodied
products as **EL1:** 423–424
solder masking **EL1:** 558
thermal expansion mismatch **EL1:** 611
two-terminal. **EL1:** 430–432
vs. plated-through hole designs **EL1:** 559

Surface-mount devices (SMDs) **EM3:** 569–571

Surface-mount joints
leaded and leadless **EL1:** 730–734
properties **EL1:** 641–642

SUBJECTS OF THE INDEXED VOLUMES: ASM Handbook (designated by the letter "A"): **A1:** Properties and Selection: Irons, Steels, and High-Performance Alloys (1990); **A2:** Properties and Selection: Nonferrous Alloys and Special-Purpose Materials (1990); **A3:** Alloy Phase Diagrams (1992); **A4:** Heat Treating (1991); **A5:** Surface Engineering (1994); **A6:** Welding, Brazing, and Soldering (1993); **A7:** Powder Metal Technologies and Applications (1998); **A8:** Mechanical Testing (1985); **A9:** Metallography and Microstructures (1985); **A10:** Materials Characterization (1986); **A11:** Failure Analysis and Prevention (1986); **A12:** Fractography (1987); **A13:** Corrosion (1987); **A14:** Forming and Forging (1988); **A15:** Casting (1988); **A16:** Machining (1989); **A17:** Nondestructive Evaluation and Quality Control (1989); **A18:** Friction, Lubrication, and Wear Technology (1992); **A19:** Fatigue and Fracture (1996); **A20:** Materials Selection and Design (1997). **Metals Handbook, 9th Edition** (designated by the letter "M"): **M1:** Properties and Selection: Irons and Steels (1978); **M2:** Properties and Selection: Nonferrous Alloys and Pure Metals (1979); **M3:** Properties and Selection: Stainless Steels, Tool Materials, and Special-Purpose Materials (1980); **M4:** Heat Treating (1981); **M5:** Surface Cleaning, Finishing, and Coating (1982); **M6:** Welding, Brazing, and Soldering (1983); **M7:** Powder Metallurgy (1984). **Engineered Materials Handbook** (designated by the letters "EM"): **EM1:** Composites (1987); **EM2:** Engineering Plastics (1988); **EM3:** Adhesives and Sealants (1990); **EM4:** Ceramics and Glasses (1991). **Electronic Materials Handbook** (designated by the letters "EL"): **EL1:** Packaging (1989)

Surface-mount soldering *See also* Joints; Solder joints; Soldering; Surface-mount technology (SMT)
adhesives . . . **EL1:** 700
component placement . . . **EL1:** 700–701
condensation (vapor phase) soldering . . . **EL1:** 702–704
conductive belt and hot platen soldering. . **EL1:** 706
conductive (hot bar) soldering . . . **EL1:** 705–706
defluxing . . . **EL1:** 707–708
development . . . **EL1:** 697
fluxes for . . . **EL1:** 647
hand-held iron/repair station soldering . . . **EL1:** 707
infrared (IR) soldering . . . **EL1:** 704–705
laser soldering . . . **EL1:** 706–707
process yields . . . **EL1:** 708
solder paste application . . . **EL1:** 698–700
solder processes . . . **EL1:** 701–707
surface preparation . . . **EL1:** 697–698
wave soldering . . . **EL1:** 701–702
Surface-mount technology (SMT) *See also* Mixed technology (MT); Plated-through hole (PTH); Through-hole soldering . . . **A6:** 133
adhesives . . . **EL1:** 671
advantages . . . **EL1:** 730
as emerging package option . . . **EL1:** 76–77
chip carriers with . . . **EL1:** 76
design guidelines, leaded and leadless surface-mount joints . . . **EL1:** 733–734
discrete semiconductor packages . . . **EL1:** 434–435
effect, passive component fabrication . . . **EL1:** 178
effect, soldering/mounting . . . **EL1:** 631–632
future trends . . . **EL1:** 391–392
hybrid vs. polymeric . . . **EL1:** 252
leaded and leadless surface-mount joints . . . **EL1:** 730–734
nonwetting, causes . . . **EL1:** 1033
packaging requirements . . . **EL1:** 15–16
removal techniques . . . **EL1:** 722–724
solder joint . . . **EL1:** 117
standards . . . **EL1:** 734
tape automated bonding (TAB) with . . . **EL1:** 274
thermal-mechanical effects . . . **EL1:** 740–753
with VHSIC, modeling/simulation requirements . . . **EL1:** 77–81
Surface-mount technology (SMT) adhesives . . . **EM3:** 569–571
application methods . . . **EM3:** 570–571
cure method . . . **EM3:** 570–571
pot life . . . **EM3:** 570
Surface-mounted packages
bottom-brazed flatpack solder joint failures . . . **EL1:** 992–993
failure mechanisms in . . . **EL1:** 892–993
first-level, failure mechanisms . . . **EL1:** 989–992
leaded package technology . . . **EL1:** 982–983
leadless packaging technology . . . **EL1:** 983–989
plastic, fabrication . . . **EL1:** 470–482
Surface-roughness-induced closure . . . **A19:** 57
Surface(s) *See also* Cleaning; Coatings; Cracks; Defects; Discontinuities; Film; Film thickness; Films; Finish; Flaws; Fracture surface(s); Oxides; Specimen(s); Subsurface cracking; Subsurface flaws; Subsurface(s); Sulfide modification; Surface analysis; Surface coatings; Surface cracks; Surface defects; Surface finish; Surface flaws; Surface modification; Surface preparation; Surface replicas; Surface replication; Surface resistance; Surface resistivity; Surface roughness; Surface roughness parameters; Surface tension; Surface treatment; Surface waves; Surface wiring; Surface-mount; Thick films; Thin films
abrasion, from mechanical damage . . . **A11:** 342
adhesive bonding preparation. . **EM1:** 681–682, 687
alloy . . . **A13:** 46
aluminum . . . **A2:** 3
analysis . . . **A13:** 1117–1118
blowholes, as casting defects . . . **A11:** 382
carbon fiber . . . **EM1:** 868
carburization . . . **A11:** 406
-charge accumulation, in silicon oxide interface failures . . . **A11:** 781
chemical analyses . . . **A11:** 30, 160
chemical tests for . . . **EM1:** 285
chemistry . . . **EL1:** 104
cleaning, before coating . . . **A15:** 561
cleaning, for conversion coatings . . . **A13:** 380–382
cleanliness . . . **A13:** 382, 417
coated, magnetic rubber inspection of . . . **A17:** 123–124
compression, effect on fatigue strength . . . **A11:** 125–126
condition, and atmospheric corrosion . . **A13:** 81–82
condition, effects in stainless steels . . . **A13:** 552
condition, for brazing . . . **A11:** 450–451
condition, for optical holographic interferometry . . . **A17:** 412
configuration . . . **A11:** 159–160
-contact fatigue, in gears . . . **A11:** 592–593
contamination . . . **A14:** 139, 785
contamination, and conformal coatings . . . **EL1:** 763
contamination of . . . **EM2:** 597–598
contouring, by acoustical holography . . . **A17:** 447
conversion, cleaning for . . . **A13:** 380–382
corroded, microscopic examination . . . **A11:** 173
cracks, flaw shape parameter curves for . . . **A11:** 108
crystal effects . . . **EL1:** 104
damage . . . **A11:** 75, 156, 684, 688, 689
debris, cleaning techniques for . . . **A12:** 73–76
decarburization . . . **A14:** 204
defective, castings . . . **A17:** 515–517
defects . . . **A11:** 127, 307, 353–354, 358, 554–555, **A13:** 150
defects, hot isostatic pressing effects . . . **A15:** 542
defects, on inclusions . . . **A12:** 220
defects, types . . . **A15:** 548–550
delamination, by cutting . . . **EM1:** 667
diffusion from . . . **A15:** 82
discontinuities in . . . **A11:** 119
discontinuity, crack initiation at . . . **A13:** 148–149
dislocation at . . . **A13:** 47
drilled hole, fatigue fracture . . . **A11:** 21
effect of lubrication on . . . **A11:** 154
effects, and fatigue . . . **A13:** 294
effects, surgical implants . . . **A13:** 1329
electrical leakage . . . **EL1:** 660
embrittlement, in polymers . . . **A11:** 761
energy, effects . . . **EM2:** 773
evaluation, by magnetic rubber inspection . . . **A17:** 125
faying, defined *See* Faying surface
fibrillations, liquid crystal polymers (LCP) . . . **EM2:** 181
film, stability, gaseous corrosion . . . **A13:** 17
films, passive, as SCC mechanism . . . **A12:** 25
finger oxides . . . **A14:** 204
finish . . . **A13:** 303, 344
finish, extrusions, aluminum and aluminum alloys . . . **A2:** 5–6
finishing, as stress source . . **A11:** 122, 205, 358–359
flaws, ceramics . . . **A11:** 750–751
fractal analysis of . . . **A12:** 211–215
fracture, features of . . . **EM2:** 807–810
fractured, photography of . . . **A12:** 78–90
hardening . . . **A11:** 333, 395
hardness, of bearing steels . . . **A11:** 490
-initiated fatigue, of bearing components . . . **A11:** 501–502
inside mold line (IML) . . . **EM1:** 168
internal, blast cleaning of . . . **A15:** 520
interpretation by machine vision . . . **A17:** 42
inversion in metal-oxide semiconductor (MOS) devices . . . **A11:** 766
irregular, fractal plots . . . **A12:** 211–215
irregular, RSC profiles . . . **A12:** 213
irregularities, radiographic appearance . . . **A17:** 349
irregularity, optical effects . . . **EM2:** 597–598
joint, heat exchangers . . . **A11:** 639
laser inspection . . . **A17:** 17
layers, as source, acoustic emissions . . . **A17:** 287
liquid penetrant inspection . . . **A17:** 71–88
measurement, specialized, by coordinate measuring machines . . . **A17:** 19
metal . . . **A13:** 45–46
microcracking . . . **A11:** 760, 761, 764
modification . . . **A13:** 498–505
moisture, header assembly . . . **EL1:** 958
mold . . . **EM2:** 614
mold, defined *See* Mold surface
nondestructive inspection effects . . . **A12:** 77
of beryllium . . . **A2:** 683
of castings, inspection methods . . . **A17:** 512
of failed bearing, cap . . . **A11:** 349
of flash welds . . . **A11:** 442
of preforms . . . **A14:** 160–161
outside mold line (OML) . . . **EM1:** 168
oxide growth . . . **A13:** 71
partially oriented, parametric relationships for . . . **A12:** 201
passivation, of rare earth metals . . . **A2:** 725
perfectly oriented, true area and length . . . **A12:** 204
phenomena . . . **EL1:** 103–104
pickling, titanium/titanium alloys . . . **A13:** 696
pinholes, as surface defects . . . **A11:** 382
pitting fatigue, in carburized steel . . . **A11:** 133–134
preparation *See* Surface preparation
preparation, to prevent hydrogen damage **A11:** 251
properties, change . . . **A13:** 294–295
prototype faceted, true profile length values . . . **A12:** 200
quality, and gating, die casting . . . **A15:** 289
quality, determining . . . **A15:** 544
quality of . . . **A14:** 882
randomly oriented, true area and length . . **A12:** 204
reactions, as SCC parameter . . . **A13:** 147
residual stresses, in shafts . . . **A11:** 473
residual stresses, x-ray diffraction for . . . **A17:** 51
resistivity (electrical), defined . . . **EM1:** 23
rolling, compressive residual stress by . . . **A11:** 133–134
rough, and swaging . . . **A14:** 143
roughness *See* Surface-roughness
roughness, and fatigue . . . **A13:** 294
ruled, true area and length . . . **A12:** 204
sensitivity, of AES . . . **A11:** 33
shape, and atmospheric corrosion . . . **A13:** 81–82
smooth . . . **EM2:** 303–304
smoothness, of ceramics . . . **EL1:** 336
-structure, gradients, in iron castings . . . **A11:** 359
substrate . . . **EL1:** 104
temperature, thermal inspection . . . **A17:** 396
tension, aluminum casting alloys . . . **A2:** 145–146
tension, effect, liquid penetrant inspection **A17:** 71
tension, effect on bearing lubrication . . . **A11:** 484
textured . . . **EM2:** 304–305
three-dimensional laser gaging . . . **A17:** 12, 16
topography, and microstructure . . . **A12:** 393
treatment, as multilayer inner layer process . . . **EL1:** 543
treatment, defined . . . **EM2:** 41
treatments, electrolytic and chemical . . . **A11:** 195
volume, as surface roughness parameter . . **A12:** 201
wetting on . . . **EL1:** 1031–1035
Surface-sensitive analytical techniques *See also* Surface; Surface sensitivity
Auger electron spectroscopy . . . **A10:** 549–567
secondary ion mass spectroscopy . . . **A10:** 610–627
x-ray photoelectron spectroscopy . . . **A10:** 568–580
Surface-to-volume ratio . . . **A20:** 246
Surface-to-volume ratio of discrete particles . . . **A9:** 124–125
Chalkley method . . . **A9:** 125
Saltykov method . . . **A9:** 125
Surfacing
cast irons . . . **A6:** 720–721
definition . . . **A5:** 969, **A6:** 1214, **M6:** 17
Surfacing mat *See also* Overlay sheet
defined . . . **EM1:** 23, **EM2:** 41
for resin transfer molding . . . **EM1:** 169
Surfacing material
definition . . . **A6:** 1214
Surfacing materials
cast irons . . . **A6:** 720–721
cast iron alloys . . . **A6:** 721
ceramic materials . . . **A6:** 721
copper alloys . . . **A6:** 720–721
hardfacing alloys . . . **A6:** 721
high-nickel alloys . . . **A6:** 721
stainless steels . . . **A6:** 721
Surfacing metal
definition . . . **A6:** 1214
Surfacing weld
definition . . . **A6:** 1214, **M6:** 17
Surfacing welding electrodes . . . **A6:** 176
Surfactant *See also* Rehbinder effect; Surface tension . . . **EM3:** 28, 674
defined . . . **A18:** 18, **EM2:** 41
for metalworking lubricants . . . **A18:** 141, 142, 143, 144

Surfactant molecules, in water
structural changes in **A10:** 118

Surfactants. ... **A7:** 135, 322, 541, **A13:** 12, 380, 1140
acid cleaning process **M5:** 59–60, 64
added chemical brightening aluminum and
aluminum alloys **A5:** 790
alkaline cleaners **M5:** 35
alkaline cleaning. **A5:** 18
as aqueous cleaners. **EL1:** 665–666
chemical brightening process **M5:** 579–580
definition. **A5:** 969
effect in blending and premixing **M7:** 188
effect on material flow **M7:** 188
for electrozone analysis **A7:** 248
for optical sensing analysis **A7:** 249
nickel plating process **M5:** 200, 206, 209
pickling process **M5:** 69, 71
suspension pairs for liquid powder
dispersion. **A7:** 237
types of **A5:** 18–19

Surge
current, failures **EL1:** 997
suppressors, failure mechanisms **EL1:** 974

Surgical gauzes and pins
powders used **M7:** 573

Surgical implants
metals/alloys used **A13:** 1325
powders used **M7:** 573
titanium and titanium alloy **A2:** 589

Surveillance applications
of beryllium. **A2:** 684
of germanium **A2:** 743

Suspended particulates
covered by NAAQS requirements **A20:** 133

Suspended solids
for metalworking lubricants **A18:** 141
in water **A13:** 489

Suspendible developer baths
liquid penetrant inspection. **A17:** 79

Suspending agents
for slurry in spray drying. **M7:** 75

Suspending liquids
for magnetic particles **A17:** 100–104

Suspension bridge piers
compression testing **A8:** 55

Suspension system
in core coatings **A15:** 240

Suspension systems
load prediction **A20:** 169

Suspension viscosity **A7:** 431

Suspensions
as lubricant form **A14:** 514

Sustained fluid flow
corrosivity. **A13:** 339–340

Sustained load
cracking, abbreviated. **A8:** 726
microscopic fracture mode **A8:** 477

Sustained-load failure. **A8:** 476, 486–488

Sustained-load test. **A19:** 524

Suutala diagram **A6:** 463

Swabbing
defined **A9:** 18

Swage
defined **A14:** 13

Swage dies **A14:** 43, 61, 132–133

Swageability
of tapers. **A14:** 137

Swagers
alternate-blow **A14:** 131
capacity **A14:** 131–132
creeping-spindle swaging **A14:** 131
die-closing **A14:** 131
standard rotary **A14:** 130
stationary-spindle. **A14:** 130–131

Swaging *See also* Rotary swaging. **A7:** 5, **A19:** 90,
A20: 693, **M1:** 316, **M7:** 12
alternate blow **A14:** 131
and drilling, combined **A14:** 141
and shrinkage in sintering **M7:** 310
and turning, combined **A14:** 141
by squeeze action **A14:** 131
cold work, in ordnance applications **M7:** 691
creeping-spindle **A14:** 131
dies **A14:** 43, 61, 132–133
ferule from tube stock **A14:** 140
hot **A14:** 142–143
in bulk deformation processes classification
scheme **A20:** 691
in hot upset forging **A14:** 83
in irons **A12:** 219
metal flow during **A14:** 128–129
of copper and copper alloys **A14:** 819
of unalloyed uranium **A2:** 671
of wire **A14:** 694
problems and solutions. **A14:** 143–144
tube types for **A14:** 135
tungsten heavy alloys. **A7:** 917
vs. press forming **A14:** 140
vs. spinning. **A14:** 140–141
vs. turning. **A14:** 141
wire fabrication **M1:** 593

Swaging assembly
furnace brazing of steels **M6:** 940

Swaging of rods and wires
preferred orientation during. **A10:** 359

Swaging, rotary *See* Rotary swaging

Swaging transfer machine
multistation automatic **A14:** 136

Swarf **M7:** 12
defined **A9:** 26

Sweat soldering
definition **A6:** 1214, **M6:** 17

Sweat, tin *See* Tin sweat

Sweating. **M7:** 12
defined **A18:** 18

Sweco vibratory grinding mills **M7:** 68

Sweco vibratory mills **A7:** 62, 64

Sweden, phosphating of metals
industrial standards and process
specifications. **A5:** 399

**Swedish Environmental Priority
Strategies** **A20:** 262–263

Swedish sponge iron process **A7:** 110, **M7:** 79–82

Swedish standards for steels **A1:** 159
compositions of **A1:** 193, 194
cross-referenced to SAE-AISI steels ... **A1:** 166–174

Sweep
defined **A15:** 11

Sweep blasting
before painting **M5:** 332

Sweep velocity
defined **A18:** 18

Sweeping
of molds. **A15:** 191

Sweet gas **A13:** 1256–1257

Swelling
and dissolution. **EM2:** 771–773
and kinetics. **EM2:** 771
coefficients of **EM1:** 188
in liquid phase sintering **M7:** 320
in liquid-phase sintering. **A7:** 448, 568
laminate. **EM1:** 226–227
moisture **EM1:** 188–190

Swells
as casting defect **A15:** 546
as casting defects **A11:** 381

Swept-frequency continuous-wave reflection
microwave inspection **A17:** 206

Swept-frequency continuous-wave transmission
microwave inspection **A17:** 205–206

SWIFT casting design software. **A15:** 611

Swift cup test **A1:** 576, **A8:** 14, 565
defined **A14:** 13

Swift flat-bottomed cup test
as drawing test **A8:** 563
for lubricant evaluation. **A8:** 568

Swift round-bottomed cup test
correlation with material properties **A8:** 565
for lubricant evaluation. **A8:** 568
for sheet metals **A8:** 563

Swift round-bottomed test. **A20:** 306

Swift-cup test **A20:** 306

Swift-moving water
corrosion in. **A11:** 188

Swimming
defined. **EL1:** 1158

Swiping **A7:** 664

Swirling tank reactor
for degassing **A15:** 461, 463

Switch failure rate **A20:** 91

Switches, electrical snap-action
contact materials **A2:** 864

Switching
energy, defined **EL1:** 2
failure mechanisms **EL1:** 980
false, avoidance of **EL1:** 34
intrinsic, silicon metal-oxide semiconductor
effect. **EL1:** 2
matrix, for electrical testing. **EL1:** 567
speeds **EL1:** 76, 128
systems, as hybrid telecommunications
application **EL1:** 382–383
time, performance range classifications **EL1:** 25

Syenite
purpose for use in glass manufacture **EM4:** 381

Symbols **A4:** 968–970
and abbreviations. **A8:** 724–726, **A11:** 796–798,
A12: 492–494, **A13:** 1375–1377, **A14:** 944–
945, **A15:** 896–897, **A17:** 758–760,
EL1: 1166–1168, **EM1:** 948–950, **EM2:** 850–
852, **EM3:** 852–853
Greek, for liquid metal processing terms. .. **A15:** 49
in geometric dimensioning and
tolerancing **A15:** 623
SI prefixes **A11:** 795

Symbols, abbreviations, and
tradenames **A1:** 1038–1041, **A2:** 1273–1277

Symbols and abbreviations **A10:** 689–692

Symbols for quantitative metallography **A9:** 123

Symmetric laminate
shape stability after cool-down from cure **A20:** 656

Symmetric rod impact test **A8:** 203–206

Symmetrical laminate *See also* Balanced laminate;
Laminate(s) **EM3:** 28
defined **EM1:** 23, **EM2:** 41
properties of **EM1:** 222–224

Symmetrical total-stress-controlled test. **A19:** 74

Symmetrical-hold-only test
and compression-hold-only test **A8:** 347
saturation effect **A8:** 348–349

Symmetry
axisymmetry. **A20:** 181, 182
bilateral **A20:** 181
center of **A10:** 346
dihedral **A20:** 181
rotational. **A20:** 181
translational **A20:** 181, 182
x-ray diffraction analysis and. **A10:** 325

Synchronous excitation spectroscopy **A10:** 78

Synchronous initiation
definition **M6:** 17

Synchronous loading device
SCC testing **A8:** 507

Synchronous system modules
data transfer between **EL1:** 7

Synchronous timing (resistance welding)
definition. **A6:** 1214

Synchrotron
defined **A10:** 683

Synchrotron radiation *See also* Radiation
and bremsstrahlung output, compared **A10:** 411
and x-ray topography. **A10:** 365, 374–376
as x-ray source for EXAFS **A10:** 407, 411–412
defined **A10:** 683
dynamic processes monitored **A10:** 375
effect on EXAFS as atomic probe. **A10:** 408
EXAFS scan of nickel using. **A10:** 408

SUBJECTS OF THE INDEXED VOLUMES: ASM Handbook (designated by the letter "A"): **A1:** Properties and Selection: Irons, Steels, and High-Performance Alloys (1990); **A2:** Properties and Selection: Nonferrous Alloys and Special-Purpose Materials (1990); **A3:** Alloy Phase Diagrams (1992); **A4:** Heat Treating (1991); **A5:** Surface Engineering (1994); **A6:** Welding, Brazing, and Soldering (1993); **A7:** Powder Metal Technologies and Applications (1998); **A8:** Mechanical Testing (1985); **A9:** Metallography and Microstructures (1985); **A10:** Materials Characterization (1986); **A11:** Failure Analysis and Prevention (1986); **A12:** Fractography (1987); **A13:** Corrosion (1987); **A14:** Forming and Forging (1988); **A15:** Casting (1988); **A16:** Machining (1989); **A17:** Nondestructive Evaluation and Quality Control (1989); **A18:** Friction, Lubrication, and Wear Technology (1992); **A19:** Fatigue and Fracture (1996); **A20:** Materials Selection and Design (1997). **Metals Handbook, 9th Edition** (designated by the letter "M"): **M1:** Properties and Selection: Irons and Steels (1978); **M2:** Properties and Selection: Nonferrous Alloys and Pure Metals (1979); **M3:** Properties and Selection: Stainless Steels, Tool Materials, and Special-Purpose Materials (1980); **M4:** Heat Treating (1981); **M5:** Surface Cleaning, Finishing, and Coating (1982); **M6:** Welding, Brazing, and Soldering (1983); **M7:** Powder Metallurgy (1984). **Engineered Materials Handbook** (designated by the letters "EM"): **EM1:** Composites (1987); **EM2:** Engineering Plastics (1988); **EM3:** Adhesives and Sealants (1990); **EM4:** Ceramics and Glasses (1991). **Electronic Materials Handbook** (designated by the letters "EL"): **EL1:** Packaging (1989)

from SPEAR, spectral distribution of.....A10: 411
radiation sources A10: 412
Syndiotactic stereoisomerism EM3: 28
defined..................................EM2: 41
Syndiotactic-polystyrene (s-PS)
properties...............................A20: 435
structure................................A20: 435
tacticity in polymers....................A20: 442
Synectics A20: 46–47
analogy development.....................A20: 47
definition...............................A20: 841
Syneresis.................................EM3: 28
defined..................................EM2: 41
Syneresis (of a grease) *See* Bleeding
Synergism
plastics.................................A20: 799
Synergistic component of damage from wear A18: 274
Synergy
in SCC crack propagation...............A13: 145
Synovial joints..........................A18: 656, 662
boundary lubrication A18: 656, 662
friction coefficients...............A18: 656, 662
schematic................................A18: 656
wear factors.............................A18: 656
Syntactic cellular plastics EM3: 28
defined..................................EM2: 41
Syntactic foams
defined..................................EM1: 23
Syntactics EM3: 176, 561, 566
for aerospace industry.................EM3: 176
physical properties....................EM3: 562
Syntetic reaction ....A3: 1•5
Synthesis
of cubic boron nitride (CBN) and
diamond A2: 1008–1009
Synthesis of caffeine
powder used.............................M7: 574
Synthesis of hydrocarbons
powder used.............................M7: 574
Synthesized stoneware......................EM4: 3
Synthetic abrasives A5: 92–94
Synthetic activated fluxes.................EL1: 647
Synthetic adhesives...........EM3: 86, 89–90
Synthetic cold rolled sheet
definition...............................A5: 969
Synthetic diamond *See also* Diamond;
Polycrystalline diamond; Superabrasives;
Ultrahard tool materials
as an abrasive for wire sawing..........A9: 26
as ultrahard material...................A2: 1008
cube-, cubooctahedron-,
octahedron-shaped..........A2: 1010–1011
metal impurities in A10: 417
synthesis of diamond grit..........A2: 1008–1009
synthesis of polycrystalline diamond A2: 1009
Synthetic equilibrium
defined A9: 18
Synthetic fiber(s)
and natural fibers, properties compared..EM1: 117
inorganic, forms........................EM1: 175
organic, forms..........................EM1: 175
reinforcement EM1: 117–118
Synthetic fluids
in lubricants A14: 514
Synthetic frits
functions in FCAW electrodes.............A6: 188
Synthetic hydrocarbon fluids (SHC)....A18: 132, 134
Synthetic hydroxylapatites
biomedical applications.................EM4: 19
Synthetic marble
PCD tooling A16: 110
Synthetic materials
analysis of new...................A10: 353–354
five-component, MFS analysis...........A10: 78
high-temperature combustion analysis of..A10: 224
Synthetic methanol
grades..................................A9: 67
Synthetic nitrogen-based atmospheres...M7: 345–346
Synthetic oil
as metalworking lubricants.....A18: 142, 144, 146
defined.................................A18: 18
Synthetic organic waxes....................M7: 192
Synthetic Polaroid filters A9: 76
Synthetic polyimide fiber
as thermocouple wire insulation A2: 882
Synthetic polymers
electrically conductive M7: 607

Synthetic random mass finishing media M5: 135
Synthetic resins
compatibility with steels................A18: 743
Synthetic rubbers...................EM3: 75, 86
Synthetic sands *See also* Sands; Silica sands
defined..................................A15: 29
development of..........................A15: 29
vs. natural sands A15: 209
Synthetic stone
PCD tooling A16: 110
Synthetic waxes M7: 190–193
Synthetics EM3: 86–87
Syphilis
bismuth as treatment for................A2: 1256
Syringe dispensing
as adhesive application..........EL1: 671–672
of flexible epoxy systems EL1: 817
Syrup, 25% polymer in methyl methacrylate
(carboxylated butadiene acrylonitrile)
formulation EM3: 122
Syrup, baumé
for rammed graphite molds........A15: 273–274
System architecture
definition..............................A20: 841–842
System cabling
as level 4 components....................EL1: 76
System clocks
and mounting technology................EL1: 143
System design.............................A20: 113
System hazard analysis.....................A20: 124
System noise
experimental study......................A17: 742
System reliability A20: 88
System verification test A20: 64
definition...............................A20: 842
Systematic error
in corrosion testing...............A13: 195–196
Systematic names
of polymers.............................EM2: 53
Systematic samples
defined...............................A10: 12–13
Système International d'Unités
abbreviation A8: 726
abbreviation for A11: 797
guide for A12: 489–491
metric and conversion data A8: 721–723
prefixes, names and symbols A11: 795
System-generated electromagnetic pulse....A13: 1109
System-level test issues..............EL1: 373–377
Systems..................................A3: 1•1–1•2
advanced, thermal issues EL1: 80
environmental stress screening EL1: 878
-level products, software impacts EL1: 12
macrofabrication, and device scaling EL1: 10
requirements, interconnection........EL1: 12–17
test, wafer-scale integration EL1: 374
Systems design stage
quality design A17: 722
Systems, disordered and ordered
EXAFS analysis of......................A10: 407
Systolic arrays............................EL1: 8, 9
The Science of Adhesive Joints..............EM3: 71

T

1,1,1-Trichloroethane solvent cleaners M5: 40–41,
44–48, 57
cold solvent cleaning, use in............M5: 40–41
flash point M5: 40
vapor degreasing, use in...........M5: 44–48, 57
1,1,1-Trichloroethane, surface tension.....EM3: 181
1,1,1-Trichloroethane (TCA) ..A5: 24, 25, 26, 31, 33,
46, 930, 932
properties.............................A5: 21, 27
reaction with aluminum A5: 25
vapor degreasing evaluation..............A5: 24
vapor degreasing properties A5: 24
wipe solvent cleaner A5: 940
1,1,2,2-Tetrachloroethane
hazardous air pollutant regulated by the Clean Air
Amendments of 1990 ....A5: 913
1,1,2-trichloro-1,2,2-trifluoroethane (CFC-113)
wipe solvent cleaner A5: 940
1,1,2-Trichloroethane
hazardous air pollutant regulated by the Clean Air
Amendments of 1990 ....A5: 913

1,2,4-Trichlorobenzene
hazardous air pollutant regulated by the Clean Air
Amendments of 1990 ....A5: 913
2,2,4-Trimethylpentane
hazardous air pollutant regulated by the Clean Air
Amendments of 1990 ....A5: 913
2,3,7,8-Tetrachlorodibenzo-p-dioxin
hazardous air pollutant regulated by the Clean Air
Amendments of 1990 ....A5: 913
2,4,5-Trichlorophenol
hazardous air pollutant regulated by the Clean Air
Amendments of 1990 ....A5: 913
maximum concentration for the toxicity
characteristics, hazardous waste......A5: 159
2,4,6-Trichlorophenol
hazardous air pollutant regulated by the Clean Air
Amendments of 1990 ....A5: 913
maximum concentration for the toxicity
characteristics, hazardous waste......A5: 159
2,4-Toluene diamine
hazardous air pollutant regulated by the Clean Air
Amendments of 1990 ....A5: 913
2,4-Toluene diisocyanate
hazardous air pollutant regulated by the Clean Air
Amendments of 1990 ....A5: 913
33/50 Program A20: 133
300M steel.............................A1: 435–436
heat treatments for......................A1: 435
properties of...........................A1: 435–436
μ-μ diffractometers............................A10: 337
o-Toluidine
hazardous air pollutant regulated by the Clean Air
Amendments of 1990 ....A5: 913
T See Temperature; Thickness; Time
t distribution...............................A8: 655
T grades, pressure tubes
composition M1: 324
tensile properties.......................M1: 325
T prime phase in zinc-copper alloys........A9: 489
t statistic
values A8: 709, 711
T temper
solution heat-treated temper, defined......A2: 21
T1 through T10 temper, defined.......A2: 26–27
variations, additional, defined.............A2: 27
T-1 structural steel
composition and mechanical properties ...M1: 621
T1, T2, T3, etc *See* Tool steels, specific types
T1 tool steel springs *See* High-speed tool steel
springs
T-3 lamps
for wave soldering preheating ..EL1: 684–685, 687
T-38 aircraft A19: 561, 582
T-50
brazing, composition.....................A6: 117
wettability indices on stainless steel base
metals.................................A6: 118
T-51
brazing, composition.....................A6: 117
wettability indices on stainless steel base
metals.................................A6: 118
T-52
brazing, composition.....................A6: 117
wettability indices on stainless steel base
metals.................................A6: 118
Tab bonding
as specimen exposure EM1: 295
Taber abrader A18: 670, 673
used for abrasion tests of dental
amalgam.............................A18: 669
weight loss resulting from abrasive wear on
electroplated coatings................A18: 835
Taber abraser test EM2: 642
Taber abrasion test
anodic coating resistance................M5: 596
paint abrasion resistance...........M5: 490–491
Tables
hardness conversion A8: 109–113
Table-type blast cleaning machines........A15: 508
Table-type dry blasting machine.............M5: 88
Tableware
coining practice A14: 183–189
glazes..........................EM4: 1061, 1063
relative productivity and product value...A20: 782
Tabor criterion A18: 195
Tabs *See also* Doubler A20: 156
defined EM1: 23, EM2: 41

Tabs (continued)
submerged arc welding. **M6:** 135

Tabular punch
effect of axial compressive force **M7:** 335, 336
tensile stresses **M7:** 336

TAC process
for alkali metal removal **A15:** 470

Tachometer
for fatigue testing machines **A8:** 368

Tack **A20:** 806, **EM3:** 28
as selection criterion **EM1:** 77
defined. **EM1:** 23, 139, **EM2:** 41
definition. **A20:** 842
life, defined **EM1:** 139
of prepregs **EM1:** 33, 58
of unidirectional tape prepreg **EM1:** 143–144
range, defined **EM1:** 23
testing. **EM1:** 737

Tack range **EM3:** 28
defined **EM2:** 42

Tack weld
definition. **A6:** 1214

Tack welds
arc welding of heat-resistant alloys **M6:** 366
definition **M6:** 17
electron beam welds **M6:** 630
furnace brazing of steels **M6:** 940
gas tungsten arc welding of titanium **M6:** 454–455
shielded metal arc welding **M6:** 90
submerged arc welding. **M6:** 135
use in welding of pipe **M6:** 591

Tacker
definition. **A6:** 1214

Tackifiers **EM3:** 85, 89–90
added to natural rubber latex. **EM3:** 88

Tacky-dry **EM3:** 28

Taconite rock
severe abrasion by **A11:** 375

Tactical missile system
composite components **EM1:** 816

Tacticity
cis/trans isomers and **EM2:** 64

Tafel
diagram, defined **A13:** 12–13
extrapolation, electrochemical corrosion
testing **A13:** 213–214
line, defined **A13:** 12–13
method, corrosion rate measurement . . . **A13:** 32–33
polarization plot. **A13:** 215
slope, defined **A13:** 12–13

Tafel coefficient for the anodic reaction **A20:** 546

Taft cokeless cupola **A15:** 392

Taguchi (experimental) designs **EM2:** 602

Taguchi experiments **A7:** 640

Taguchi methods *See also* Quality control; Robust
design **A20:** 106, 108, 174, 674
approach to quality evaluation. . . . **A20:** 11, 12, 104
definition. **A20:** 842
of orthogonal arrays **A17:** 748–750
of parameter design. **A17:** 750–751
parameter design approach. **A20:** 115
quality cost function **A20:** 104
quality engineering **A20:** 63, 64, 108
quality loss function **A20:** 110, 112, 113, 114

Taguchi techniques
of experimental design **A14:** 938–939

Taguchi's method **EM4:** 87

Tail stock
in torsional impact machine. **A8:** 217

Tail wire
aerial telephone cable clamp **A13:** 1132

Tailings (all types)
Miller numbers **A18:** 235

Tailoring
coefficient of thermal expansion (CTE) . . **EL1:** 611,
614–628, 684–685, 687

Taiwan
electrolytic tin- and chromium-coated steel for can
stock capacity in 1991 . . . . **A5:** 349
electrolytic zinc and zinc alloy (Zn-Ni, Zn-Fe)
coated steel strip capacity, primarily for
automotive body panels, 1991 . . . . **A5:** 349

Take-up device **EM1:** 108, 160

Talc **A6:** 60, **EM4:** 6, 32
as filler/extender material **EM2:** 192, 500
chemical composition **A6:** 60
composition. **EM4:** 932
hardness. **A18:** 433
in ceramic tiles **EM4:** 926
in typical ceramic body compositions. **EM4:** 5
on Mohs scale. **A8:** 108
properties. **A18:** 801
typical oxide compositions of raw
materials. **EM4:** 550

Talc, as refractory
core coatings **A15:** 240

Talc earthenware **EM4:** 3, 4

Talc (hydrated magnesium silicate) **EM3:** 175
as filler **EM3:** 177, 178
as filler for polysulfides. **EM3:** 139

Tall oil
as binder **A7:** 107

Tampico brushing
stainless steel **M5:** 559

Tampico-filled brushes. **M5:** 155–156

Tampon-type probe for local electropolishing. . . **A9:** 55

Tan delta *See also* Quality factor **EM3:** 28
defined **EM2:** 42
for closed-loop cure **EM1:** 761

Tandem arc equipment
for heavy structural steels **M7:** 821

Tandem die *See* Follow die

Tandem mill
defined **A14:** 13

Tandem scanning microscope (TSM) **A18:** 357
hardware configurations **A18:** 358

Tandem scanning reflected-light microscope (TSRLM)
hardware configurations **A18:** 358
image acquisition **A18:** 359
simplified optical diagram **A18:** 358

Tandem seal
defined **A18:** 19

Tangent bending *See also* Wiper forming
defined **A14:** 13

Tangent diameter **A7:** 268
as basic figure quantity **A12:** 194

Tangent modulus *See also* Modulus of elasticity;
Secant modulus **EM3:** 28
defined **A8:** 14, **A11:** 10, **A14:** 13, **EM1:** 23,
EM2: 42

Tangential driving force (W_t) **A19:** 347–348, 350

Tangential friction force **A18:** 432

Tangential stress *See also* Shear stress
and radial pure plastic bending **A8:** 124
and radial stress ratio during bending **A8:** 121–122

Tank cars
magnetic paint inspection. **A17:** 128

Tanks *See also* Storage tanks
asset loss risk as a function of
equipment type **A19:** 468
corrosion of **A13:** 1296, 1314–1315
electrogas welding **M6:** 243
failure, acoustic emission inspection. **A17:** 291
for quenching **M4:** 64–65

Tannate **EM4:** 113

Tannin and ammonium hydroxide
as precipitant **A10:** 169

Tantalite **A7:** 197, **M7:** 160

Tantalum *See also* Pure tantalum; Refractory
metals; Refractory metals and alloys;
Refractory metals and alloys, specific types;
Tantalum alloy; Tantalum alloys; Tantalum
alloys, specific types; Tantalum
powders **A13:** 725–739, **A20:** 410–411
acid cleaning **A5:** 54
acid effects **A13:** 729
alloy, high-cycle fatigue fracture **A12:** 464
alloying effect in titanium alloys **A6:** 508
alloying element increasing corrosion
resistance **A20:** 548
alloying, nickel-base alloys **A13:** 641
alloys, workability **A8:** 165, 575
and gamma double prime in wrought heat-resistant
alloys **A9:** 309
and niobium, production flowchart **M7:** 161
and tantalum alloys. **A2:** 571–574
annealing **M3:** 324
applications. **A2:** 557–559, 571–572, **A20:** 411,
M3: 323–324
arc welding *See* Arc welding of tantalum
as a beta stabilizer in titanium alloys. **A9:** 458
as an addition to cobalt-base heat-resistant casting
alloys **A9:** 334
as an addition to niobium alloys. **A9:** 441
as high-temperature material **M7:** 769–771
as implant material **A11:** 673
as pyrophoric. **M7:** 199
as refractory metal, commercial uses. **M7:** 17
atomic interaction descriptions **A6:** 144
boriding. **A4:** 437, 438
brazeability **A20:** 411
brazing **M6:** 1058–1059
filler metals and their properties. **M6:** 1058
precleaning and surface
preparation **M6:** 1057–1059
processes and equipment **M6:** 1059
brazing and soldering characteristics **A6:** 634
cans used for making material sample's of silicon
nitride and boron **EM4:** 196
capacitor powder anodes, green strength . . **M7:** 162,
163
capacitor, solid electrolyte metal case **M7:** 770
cathodic protection **A13:** 735–736
cladding for chromium plating coils **A5:** 183
cleaning. **A2:** 563, **M3:** 324
cleaning processes. **M5:** 662–663
coatings. **M3:** 324
coextrusion welding **A6:** 311
compositional range in nickel-base single-crystal
alloys **A20:** 596
compositions **M6:** 460
consumption **A2:** 557
corrosion **A2:** 573
corrosion, in specific media. **A13:** 725–735
corrosion resistance **M3:** 324
corrosion resistance mechanism. **A13:** 725
corrosive reagents effects **A13:** 734
creep rupture testing of. **A8:** 302
crystal structure **A20:** 409
cyclic oxidation **A20:** 594
differences in space-based (Skylab) and earth-based
weld samples. **A6:** 1024
diffraction pattern **A9:** 109
diffusion bonding **A2:** 564, **A6:** 156
diffusion welding. **M6:** 677
effect of hydrogen content on ductility . . . **A11:** 338
effect on anodic dissolution of phases in wrought
heat-resistant alloys **A9:** 308
effect on cyclic oxidation attack
parameter. **A20:** 594
effect on maraging steels. **A4:** 222
elastic modulus. **A20:** 409
electrical discharge machining **A2:** 561
electrical resistance applications **M3:** 641, 646,
647, 655
electrochemical machining **A5:** 111
electron beam drip melted **A15:** 413
electron beam welding **M6:** 641
electron-beam welding **A6:** 870, 871
electron-beam welding in a space
environment **A6:** 1023–1025
electronic applications **M3:** 314–315
electroplating of **M5:** 663–664
elemental sputtering yields for 500
eV ions. **A5:** 574
embrittled by mercury. **A11:** 234
embrittlement **A13:** 179

SUBJECTS OF THE INDEXED VOLUMES: **ASM Handbook** (designated by the letter "A"): **A1:** Properties and Selection: Irons, Steels, and High-Performance Alloys (1990); **A2:** Properties and Selection: Nonferrous Alloys and Special-Purpose Materials (1990); **A3:** Alloy Phase Diagrams (1992); **A4:** Heat Treating (1991); **A5:** Surface Engineering (1994); **A6:** Welding, Brazing, and Soldering (1993); **A7:** Powder Metal Technologies and Applications (1998); **A8:** Mechanical Testing (1985); **A9:** Metallography and Microstructures (1985); **A10:** Materials Characterization (1986); **A11:** Failure Analysis and Prevention (1986); **A12:** Fractography (1987); **A13:** Corrosion (1987); **A14:** Forming and Forging (1988); **A15:** Casting (1988); **A16:** Machining (1989); **A17:** Nondestructive Evaluation and Quality Control (1989); **A18:** Friction, Lubrication, and Wear Technology (1992); **A19:** Fatigue and Fracture (1996); **A20:** Materials Selection and Design (1997). **Metals Handbook, 9th Edition** (designated by the letter "M"): **M1:** Properties and Selection: Irons and Steels (1978); **M2:** Properties and Selection: Nonferrous Alloys and Pure Metals (1979); **M3:** Properties and Selection: Stainless Steels, Tool Materials, and Special-Purpose Materials (1980); **M4:** Heat Treating (1981); **M5:** Surface Cleaning, Finishing, and Coating (1982); **M6:** Welding, Brazing, and Soldering (1983); **M7:** Powder Metallurgy (1984). **Engineered Materials Handbook** (designated by the letters "EM"): **EM1:** Composites (1987); **EM2:** Engineering Plastics (1988); **EM3:** Adhesives and Sealants (1990); **EM4:** Ceramics and Glasses (1991). **Electronic Materials Handbook** (designated by the letters "EL"): **EL1:** Packaging (1989)

embrittlement, and formability **A14:** 785
epithermal neutron activation analysis.... **A10:** 232
equipment, applications for......... **A13:** 726–728
erosion rate dependent on static hardness **A18:** 201
evaporation fields for **A10:** 587
explosion welding **A6:** 303, 896, **M6:** 710, 713
explosively bonded to aluminum
alloy 5052 .... **A9:** 445
explosively bonded to Nickel 201 .... **A9:** 445
explosively bonded to phosphorus-deoxidized
copper............................... **A9:** 445
extrusion welding **M6:** 677
fabrication............................. **A2:** 573
filament, gas mass spectrometer **A10:** 152–153
filler metals for brazing of **A6:** 943
finishing processes **M5:** 663–666
for heating elements and hot furnace
structures **A4:** 497
for heating elements for electrically heated
furnaces **EM4:** 247, 248, 249
vapor pressure **EM4:** 249
for liners in acidic environments **A19:** 207
forging of **A14:** 237–238
forming................................ **M3:** 324
friction welding **A6:** 152, **M6:** 722
galvanic effects.................... **A13:** 735–736
gas-tungsten arc welding............ **A6:** 190, 193
glass-to-metal seals.................... **EM3:** 302
grains, striations..................... **A12:** 20–21
heat-exchanger, fatigued **A12:** 20
heating element, use in vacuum furnace... **A4:** 500,
M4: 316
high-purity, SSMS analysis.............. **A10:** 144
hydrochloric acid corrosion **A13:** 1164
hydrogen damage **A13:** 171
hydrogen embrittlement **A13:** 735
in amorphous metals.................... **A13:** 868
in austenitic stainless steels **A6:** 457
in cobalt-base alloys..................... **A1:** 985
in heat-resistant alloys................... **A4:** 512
in MAR-M 247 .... **A1:** 1016–1018
in nickel-base superalloys **A1:** 984
in sintered metal powder process **EM3:** 304
in sulfuric acid **A13:** 723
ion implantation into steel............... **A5:** 607
ion-beam-assisted deposition (IBAD) **A5:** 597
joining................................. **M3:** 325
lamp filaments.......................... **M7:** 16
linear expansion coefficient vs. thermal
conductivity........... **A20:** 267, 276, 277
liquid-metal embrittlement of **A11:** 234
machinability........................... **M3:** 324
mechanical and physical properties ... **A2:** 573–574
mechanical properties of plasma sprayed
coatings **A20:** 476
melting point **A20:** 409
microstructures..................... **A9:** 441–442
mill products: wire, sheet, foil **M7:** 770–771
molten metals effect on................. **A13:** 736
ores, fusion flux for..................... **A10:** 167
ores, hydrofluoric acid as dissolution
medium **A10:** 165
oxidation-resistant coating of **M5:** 665–666
percussion welding **M6:** 740
photometric analysis methods **A10:** 64
polish-etching **A9:** 440–441
polishing **A9:** 440
processing characteristics................ **M3:** 325
production......................... **A2:** 572–573
properties **A20:** 410–411
properties and compositions studied in M512
melting experiments............... **A6:** 1024
pure.............................. **M2:** 799–804
pure, properties **A2:** 1160
reactions with gases and carbon......... **M6:** 1055
recrystallization temperatures........... **M6:** 1055
room-temperature bend strength of silicon nitride
metal joints **EM4:** 526
salt effects........................ **A13:** 732–733
selective plating **A5:** 277
separation from niobium................. **M7:** 160
sheath, in ternary molybdenum chalcogenides
(chevrel phases) **A2:** 1079
sheathing for immersion heaters, chromium
plating **A5:** 183
sheet, forming................ **A2:** 562, **A14:** 787
shim for Ti-6Al-4V weld **A6:** 102, 104–106
sintering conditions **M4:** 796
solid-state bonding in joining non-oxide
ceramics **EM4:** 525
sources and applications **M7:** 206
species weighed in gravimetry **A10:** 172
specific gravity **A20:** 409
suitability for cladding combinations **M6:** 691
sulfuric acid corrosion................. **A13:** 1153
temperatures, mill processing **M3:** 317
thermal diffusivity from 20 to 100 °C **A6:** 4
thermal expansion coefficient............. **A6:** 907
thermal expansion coefficient at room
temperature **A20:** 409
thermal spray coating of **M5:** 362
TNAA detection limits **A10:** 238
to promote hardness **A4:** 124
toxicity and exposure limits......... **M7:** 206–207
transition temperatures **M6:** 1055
tubing, production techniques........ **A2:** 562–563
ultrapure, by chemical vapor deposition .. **A2:** 1094
ultrapure, by zone-refining technique..... **A2:** 1094
ultrasonic welding.................. **A6:** 326, 327
unalloyed powder metallurgy sheet
annealed............................ **A9:** 443
unalloyed sheet, cold reduced and
annealed............................ **A9:** 443
used as heating elements in vacuum
furnaces...................... **A4:** 499, 500
vacuum heat-treating support fixture
material **A4:** 503
vapor pressure, relation to temperature ... **A4:** 495,
M4: 310
weldability........................... **A20:** 411
weldments........................ **A13:** 345–347
welds, ductility **A2:** 564
wire, applications.................. **A2:** 558–559
Tantalum alloys *See also* Tantalum; Tantalum
alloys, specific types ... **A20:** 410–411, **M3:** 320,
324–325, **M7:** 771
annealing......................... **A4:** 817–819
anodizing............................. **A9:** 142
applications............ **A2:** 557–559, **A20:** 411
arc oscillations effect................... **A6:** 581
brazing............................... **A6:** 580
cleaning.............................. **A4:** 819
cleaning processes................. **M5:** 662–663
corrosion rates, concentrated sulfuric acid **A13:** 737
corrosion resistance of **A13:** 736–738
density and melting temperature **M5:** 380
diffusion welding **A6:** 886
doping of **A20:** 411
ductility **A6:** 580
electron-beam welding.............. **A6:** 580–581
electroplating of **M5:** 663–664
explosion bonding **A6:** 580
finishing processes **M5:** 663–666
forging of **A14:** 237–238
friction welding........................ **A6:** 580
FS61 (KBI-6), annealing **A4:** 816
FS63 (KBI-6), annealing **A4:** 816
furnaces.......................... **A4:** 817–819
fusion zones **A6:** 580, 581
gas-tungsten arc welding............ **A6:** 580, 581
heat-affected zone **A6:** 581
hydrogen damage **A13:** 171
interstitial impurities effect **A6:** 581
joint design....................... **A2:** 563–564
machining............................. **A2:** 560
microstructure effect **A6:** 580
oxidation protective coating of **M5:** 379–380
oxidation-resistant coating of **M5:** 665–666
physical properties...................... **A6:** 941
plasma arc welding **A6:** 197
preferential pitting................. **A13:** 345–346
processing **A20:** 411
properties............................ **A20:** 411
refractory metal brazing, filler metal **A6:** 942
resistance welding...................... **A6:** 580
roll welding............................ **A6:** 312
sintered, ultrasonic welding **A6:** 327
solid-state diffusion bonding **A6:** 580
substrate material cycles for application of silicide
and other oxidation-resistant ceramic coatings
by pack cementation **A5:** 477
T111, annealing **A4:** 816
T222, annealing **A4:** 816
Ta, annealing **A4:** 816
Ta-10W (FS60, KBI-10), annealing........ **A4:** 816
tantalum and **A2:** 571–574
tensile properties **A6:** 580
welding conditions effect **A6:** 581
weldments........................ **A13:** 345–347
Tantalum alloys, specific types *See also* Tantalum
"61" metal
composition **M3:** 343
property data **M3:** 343
"63" metal
composition **M3:** 316, 343
property data.............. **M3:** 326, 343–344
90Ta-10W
annealing........................... **M4:** 655
stress relieving **M4:** 655
Astar 811C............................ **M3:** 325
ASTAR 811C, machining........... **A16:** 858–869
commercially pure Ta **M3:** 326
Fansteel 60, corrosion resistance......... **A13:** 736
Fansteel 65, corrosion resistance......... **A13:** 736
FS60, annealing........................ **M4:** 788
FS61, annealing........................ **M4:** 788
FS63, annealing........................ **M4:** 788
T-111 .... **M3:** 325
annealing treatment, postweld......... **M3:** 319
composition **M3:** 316, 345
property data **M3:** 326, 345, 346
welding conditions................... **M3:** 326
T111, annealing........................ **M4:** 788
T-111, machining................. **A16:** 858–869
T-111 (Ta-8.0W-2.5Hf-0.003C), electron-beam
welding............................. **A6:** 871
T-222 .... **M3:** 325
annealing treatment, postweld......... **M3:** 319
composition **M3:** 316, 345
property data.............. **M3:** 326, 345–347
temperatures, mill processing.......... **M3:** 317
welding conditions................... **M3:** 319
T222, annealing........................ **M4:** 788
T-222, machining................. **A16:** 858–869
T-222 (Ta-9.64W-2.4Hf-0.01C), electron-beam
welding............................. **A6:** 871
Ta-2.5W, chemical composition and
applications **A2:** 573
Ta-2.5W-0.15Nb **M3:** 325
Ta-7.5W **M3:** 325–326
Ta-7.5W, compositional limits,
applications **A2:** 573
Ta-8W-2Hf, physical properties.......... **A6:** 941
Ta-10W............................... **M3:** 325
annealing treatment, postweld......... **M3:** 319
composition **M3:** 316, 344
electron-beam welding **A6:** 871
physical properties **A6:** 941
property data **M3:** 326, 344–345, 346
temperatures, mill processing.......... **M3:** 317
welding conditions................... **M3:** 319
Ta-10W, chemical composition,
applications **A2:** 573–574
Ta-10W, fully recrystallized structure and
banding **A9:** 444
Ta-10W, gas tungsten arc weld to Nb-10Hf-1Ti
plate **A9:** 155
Ta-10W, machining................ **A16:** 858–869
Ta-40Nb, sheet, forged, cold rolled and
annealed.......................... **A9:** 444
Ta63, machining **A16:** 858–869
Ta-Hf, machining.................. **A16:** 858–869
Tantaloy 63, corrosion resistance **A13:** 736
Tantaloy '63' welded tube **A9:** 444
Tantalum and tantalum alloys
addition to complex metal
carbonitrides.................. **A16:** 91–92
content in tools machining uranium **A16:** 875–876
electrochemical machining **A16:** 534
grinding.......................... **A16:** 868–869
in cast Co alloys....................... **A16:** 69
in cemented carbide coatings......... **A16:** 80–83
in cemented carbides **A16:** 73–74, 78–80
machining........................ **A16:** 858–868
niobium carbides used in cermets.. **A16:** 91, 92, 97
nontraditional machining **A16:** 868
photochemical machining............... **A16:** 588
thermal fatigue resistance **A16:** 76
thermal shock resistance................. **A16:** 74
W-Ti-Ta(Nb) carbides **A16:** 71

Tantalum borides in wrought heat-resistant alloys **A9:** 312
Tantalum capacitors *See also* Capacitors
chip, fabrication **EL1:** 187
electrolytic, types **EL1:** 179
failure mechanisms **EL1:** 972–973
hermetically sealed **EL1:** 995
hermetically sealed solid **EL1:** 995–997
wet-slug **EL1:** 997–998
Tantalum carbide **A13:** 846–847
in cemented carbides **A18:** 795
properties **A18:** 795
thermal expansion coefficient **A6:** 907
Tantalum carbide cermets
applications and properties **A2:** 1001–1002
Tantalum carbide in superalloy nickel matrix **A9:** 619
Tantalum carbide powder
as addition to tungsten carbide **A7:** 195
sintering **A7:** 493, 495–496
tap density **A7:** 295
Tantalum carbide powders **M7:** 158
production **M7:** 158
tap density **M7:** 277
Tantalum carbide (TaC)
adiabatic temperatures **EM4:** 229
mechanical properties **A20:** 427
pressure densification
pressure **EM4:** 301
technique **EM4:** 301
temperature **EM4:** 301
properties **A20:** 785
sprayed using IPS method with cryogenic cooling **EM4:** 207
synthesized by SHS process **EM4:** 229
thermal properties **A20:** 428
Young's modulus **EM4:** 30
Tantalum carbides *See also* Tantalum and tantalum alloys
melting point **A5:** 471
Tantalum carbides in wrought heat-resistant alloys **A9:** 311
Tantalum fluoride powder **A7:** 197
Tantalum nitride (TaN)
synthesized by SHS process **EM4:** 227
Tantalum oxide **EM3:** 592
reference material for ion etching with Auger electron spectroscopy **A18:** 453
sputter-induced reduction of oxides **EM3:** 245
Tantalum oxide (Ta_2O_3)
heats of reaction **A5:** 543
ion-beam-assisted deposition (IBAD) **A5:** 595
Tantalum pentoxide (Ta_2O_5)
breakdown field dependency on dielectric constant **A20:** 619
ion-beam-assisted deposition (IBAD) **A5:** 595
Tantalum powder *See also* Refractory metal powders **A7:** 903–913
applications **A7:** 5, 908–910
diffusion factors **A7:** 451
electron beam melted degassed-hydride **A7:** 199
electron beam melted, dehydrided **A7:** 198, 199
for incandescent lamp filaments **A7:** 5
microstructure **A7:** 728
physical properties **A7:** 451
production of **A7:** 197–199
properties **A7:** 908–910
sodium-reduced **A7:** 199
Tantalum powder metallurgy products, specific types
61' metal spring wire, warm rolled and cold drawn **A9:** 444
Ta-100 ppm V, capacitor foil **A9:** 444
Ta-150 ppm Si, capacitor wire, fully recrystallized **A9:** 443
Ta-250 ppm Y, effect of annealing on banding **A9:** 443
Tantalum powders *See also* Tantalum; Tantalum alloys
applications **M7:** 206–207
capacitance **M7:** 771
electron-beam melted
degassed-hydride **M7:** 161–162
feedstock **M7:** 160
manufacture **M7:** 160–162
particle shape **M7:** 160, 161
platelet particle shapes **M7:** 161
powder shape **M7:** 162
production **M7:** 160–162
sintering **M7:** 393
sodium-reduced **M7:** 161
Tantalum screens
radiography **A17:** 316
Tantalum silicide
plasma-enhanced chemical vapor deposition **A5:** 536
Tantalum silicide (proprietary)
silicide coatings for protection of refractory metals against oxidation **A5:** 472
Tantalum surface engineering **A5:** 860–863
Tantalum, tantalum alloys, heat treating
annealing **M4:** 788
cleaning **M4:** 788
furnaces **M4:** 788–789
Tantalum wire
mechanical properties **M7:** 476
Tantalum, zone refined
impurity concentration **M2:** 713
Tantalum/niobium
as dopant for tungsten carbide **A18:** 795
Tantalum/titanium/niobium carbides
in cemented carbides **A18:** 795
Tantalum-base corrosion-resistant alloys, selection of **A6:** 589, 599
applications **A6:** 599
cost effectiveness and cladding **A6:** 599
ductile-to-brittle transition temperature **A6:** 599
microstructure **A6:** 599
oxidation and reaction **A6:** 599
welding characteristics **A6:** 599
Tantalum-copper-niobium composite superconducting wire, electronic digital
scan image **A9:** 152, 161
Tantalum-molybdenum alloys
corrosion resistance **A13:** 738
Tantalum-niobium alloys
corrosion resistance **A13:** 738
Tantalum-titanium alloys
corrosion resistance **A13:** 738
Tantalum-tungsten alloys **A13:** 736–738
Tantalus I
as synchrotron radiation source **A10:** 413
Tantung 144 . . . . . **M3:** 461
Tantung 144 (Co) alloy **A16:** 69–70
Tantung G **M3:** 461, 462
Tantung G (Co) alloy **A16:** 69–70
Tap density **A7:** 287, 294, 295, **M7:** 12, 276–277
and apparent density **M7:** 297
as packed density **M7:** 297
change with differently shaped particles . . **M7:** 188, 189
definition **A7:** 294
equipment and test procedures **M7:** 276–277
of atomized aluminum powders **M7:** 129
of metal powders, specifications **A7:** 190, 294, 1098
Tap drill charts **M7:** 462
Tap hole
electric arc furnace **A15:** 359
Tap switches
resistance spot welding **M6:** 472–473
Tap test
for adhesive-bonded joints **A17:** 626–627
Tap testing **EM3:** 750, 751, 777
Tap tooth
showing hardness variations during grinding **A8:** 98, 101
Tap water
as corrosive **A12:** 24, 320
zinc corrosion in **A13:** 761
Tap-and-charge operation
induction furnaces **A15:** 374
Tape *See also* Prepregs; Tape prepregs
basic structures **EL1:** 228–229
defined **EM1:** 23, **EM2:** 42
fabrication process **EL1:** 278
for tape automated bonding **EL1:** 276, 477–478
high-temperature superconductors for **A2:** 1085–1089
types **EL1:** 275–276
Tape automated bonding (TAB) *See also* Tape automated bonding (TAB) technology . . **A6:** 133, **EM3:** 584, 585
as electrical connection **EL1:** 228–231
assembly, plastic packages **EL1:** 476–479
at level **EL1:** 76
chip bumping **EL1:** 477
defined **EL1:** 1158
development **EL1:** 274
encapsulation **EL1:** 479
failure mechanisms **EL1:** 977–978, 1047
inner lead bonding **EL1:** 228, 478–479
mounted package **EL1:** 984
outer lead bonding **EL1:** 228, 479
reliability **EL1:** 480
tape **EL1:** 276, 477–478
tape construction **EL1:** 477
thermal management **EL1:** 286–287
types of **EL1:** 274–275
with chip-on-board technology **EL1:** 452
Tape automated bonding (TAB) technology *See also* Tape automated bonding
advantages/disadvantages **EL1:** 274
bum-in on tape-on-chip **EL1:** 281–282
encapsulation **EL1:** 282–283
failure mechanisms **EL1:** 1047
inner lead bonding **EL1:** 278–281
outer lead bonding **EL1:** 283–286
overview of **EL1:** 274–296
recommendations **EL1:** 289–290
reliability **EL1:** 287–288
rework **EL1:** 288–289
TAB, types of **EL1:** 274–275
tape, types of **EL1:** 275–276
testing **EL1:** 281–282
thermal management, TAB **EL1:** 286–287
wafer bumping technology **EL1:** 276–278
Tape bonding
defined **EL1:** 1158
Tape cable
defined **EL1:** 1158
Tape casting . . **A7:** 163, 164, 314, **A19:** 337, **A20:** 788, 789, **EM4:** 33, 34–35, 123, 124, 161–164
advanced ceramics **EM4:** 49
alternate thin-sheet forming methods **EM4:** 164
aluminum nitride **EM4:** 819
applications **EM4:** 164
binders for **A7:** 314
binders used in powder shaping **A7:** 313–314
ceramic packages **EL1:** 462
characteristics **A7:** 313
comminution **EM4:** 161
compared to extrusion **EM4:** 164
compared to roll compaction **EM4:** 164
compared to slip casting **EM4:** 161
constituents of powder formulation **EM4:** 126
critical materials parameters **EM4:** 163
defined **EL1:** 1158
development **EM4:** 161
evaluation factors for ceramic forming methods **A20:** 790
factors influencing ceramic forming process selection **EM4:** 34
formulations used in oxidizing sintering atmospheres **EM4:** 163
in ceramics processing classification scheme **A20:** 698
material parameters **EM4:** 161
mechanical consolidation **EM4:** 125, 126, 127

SUBJECTS OF THE INDEXED VOLUMES: ASM Handbook (designated by the letter "A"): **A1:** Properties and Selection: Irons, Steels, and High-Performance Alloys (1990); **A2:** Properties and Selection: Nonferrous Alloys and Special-Purpose Materials (1990); **A3:** Alloy Phase Diagrams (1992); **A4:** Heat Treating (1991); **A5:** Surface Engineering (1994); **A6:** Welding, Brazing, and Soldering (1993); **A7:** Powder Metal Technologies and Applications (1998); **A8:** Mechanical Testing (1985); **A9:** Metallography and Microstructures (1985); **A10:** Materials Characterization (1986); **A11:** Failure Analysis and Prevention (1986); **A12:** Fractography (1987); **A13:** Corrosion (1987); **A14:** Forming and Forging (1988); **A15:** Casting (1988); **A16:** Machining (1989); **A17:** Nondestructive Evaluation and Quality Control (1989); **A18:** Friction, Lubrication, and Wear Technology (1992); **A19:** Fatigue and Fracture (1996); **A20:** Materials Selection and Design (1997). **Metals Handbook, 9th Edition** (designated by the letter "M"): **M1:** Properties and Selection: Irons and Steels (1978); **M2:** Properties and Selection: Nonferrous Alloys and Pure Metals (1979); **M3:** Properties and Selection: Stainless Steels, Tool Materials, and Special-Purpose Materials (1980); **M4:** Heat Treating (1981); **M5:** Surface Cleaning, Finishing, and Coating (1982); **M6:** Welding, Brazing, and Soldering (1983); **M7:** Powder Metallurgy (1984). **Engineered Materials Handbook** (designated by the letters "EM"): **EM1:** Composites (1987); **EM2:** Engineering Plastics (1988); **EM3:** Adhesives and Sealants (1990); **EM4:** Ceramics and Glasses (1991). **Electronic Materials Handbook** (designated by the letters "EL"): **EL1:** Packaging (1989)

process.......................... **EM4:** 161–163
actual tape forming **EM4:** 161–162
ball milling......................... **EM4:** 161
de-airing **EM4:** 161
deflocculation/dispersion......... **EM4:** 161, 163
filtering **EM4:** 161
inorganic powders................... **EM4:** 161
mixing............................... **EM4:** 161
tape-casting machines **EM4:** 162–163
processing variables **EM4:** 161
slurry drying **EM4:** 133
substrates, moving **EM4:** 162
tape applications **EM4:** 163–164
multilayer process.............. **EM4:** 163–164
viscoelastic properties required **EM4:** 116
Tape drapability *See* Drape
Tape laying
application, automotive industry.... **EM1:** 833–835
contoured **EM1:** 631–635
flat **EM1:** 624–630
machines, mechanically assisted
lay-up **EM1:** 605–606
of thermoplastic resin composite........ **EM1:** 549
Tape methods
selective cadmium plating............... **M5:** 268
selective chromium plating **M5:** 187
Tape prepregs *See also* Multidirectional tape prepregs; Prepregs
boron-copper, continuous reentrant fill .. **EM1:** 127
boron-epoxy preimpregnated **EM1:** 58
braiding **EM1:** 519
chemical tests for..................... **EM1:** 291
cross-plied, properties **EM1:** 147
dimensions........................... **EM1:** 143
fastener holes, techniques/tools for.. **EM1:** 713–714
form selection, factors affecting......... **EM1:** 145
graphite, properties **EM1:** 139
machine, typical **EM1:** 143
multidirectional **EM1:** 146–147
natural fiber **EM1:** 117
tape laying machines............. **EM1:** 631–635
thermoplastic matrix **EM1:** 546
unidirectional.................... **EM1:** 143–145
unidirectional, chemical tests for........ **EM1:** 291
unidirectional, for tubes **EM1:** 569–570
vs. fabric, cost........................ **EM1:** 105
vs. fabric, impact resistance **EM1:** 262
woven curved **EM1:** 127
Tape process
General Electric........................ **M7:** 636
Tape recorders, magnetic
for eddy current inspection **A17:** 179
Tape replica method
defined **A9:** 18
Tape replica method (faxfilm)
definition.............................. **A5:** 969
Tape test
for adhesion failures by thin-film
contaminants...................... **A11:** 43
Tape tests
cadmium plate adhesion **M5:** 269
Tape wrapped
defined **EM1:** 23, **EM2:** 42
Tape wrapping
application **EM1:** 355, 356
Tape-on-chip
bum-in.......................... **EL1:** 281–282
Taper *See also* Draft........ **A7:** 354, **A20:** 177, 183
bar specimen, ultrasonic fatigue testing **A8:** 250
upset test specimen, fracture loci **A8:** 580–581
Taper delay time
definition **M6:** 17
Taper pin
fatigue fracture of **A11:** 545–546
Taper reamers **A16:** 241, 245
Taper section
definition.............................. **A5:** 969
Taper sections
defined **A9:** 18
of fractures **A12:** 96
Taper sections of tinplate
components of **A9:** 450
steps in preparation.................... **A9:** 451
Taper sections used to examine porcelain enameled sheet steel **A9:** 198
Taper time
definition **M6:** 17
Tapered bolts **A19:** 290
Tapered bonded joints **EM3:** 475, 476
Tapered bores
effect in gears and gear trains **A11:** 589
Tapered dies
strains in compression between **M7:** 412
Tapered holes.......................... **A20:** 156
Tapered land bearing
defined **A18:** 19
Tapered roller bearing........... **A18:** 500, 501, 502
application in automotive manual
transmissions..................... **A18:** 565
basic load rating....................... **A18:** 505
defined **A18:** 19
f_1 factors **A18:** 511
f_v factors for lubrication methods **A18:** 511
Tapered roller bearing race
powder forged **A7:** 821, 822
Tapered section
defined **A18:** 19
Tapered sections
by metal casting **A15:** 40
Tapered-box structure, graphite-epoxy
compression fracture of **A11:** 742–743
Tapered-disk tests **A19:** 537
Tapered-roller bearings
burnup with plastic flow in **A11:** 500–501
cone, bulk damage by gross impact
loading **A11:** 506
described **A11:** 490
electrical pitting in **A11:** 494, 496
raceway deformation by **A11:** 510
Taper-point dies **A14:** 132, 139
Tapers
swaging of........................ **A14:** 136–139
Tapes
acetate, for plastic replicas **A17:** 53
electrical-resistance heating.............. **A17:** 409
indicator, as gas/leak detection devices **A17:** 61
Tap-out pits
electric arc furnace..................... **A15:** 359
Tap-Pak volumeter **M7:** 276
TAPPI *See* Technical Association of the Pulp and Paper Industry
Tapping................ **A7:** 684–685, **A16:** 255–267
accuracy and finish factors.............. **A16:** 261
adjustable taps **A16:** 265
Al alloys........ **A16:** 764, 766–767, 769, 787–791
apparatus **M7:** 276
automatic nut tappers.............. **A16:** 260, 264
automatic tapping machines............. **A16:** 257
carbon and alloy steels **A16:** 676
cast irons **A16:** 649, 651, 655, 660, 661
cold form tapping **A16:** 265–267
collapsible taps **A16:** 258–262, 265
compared to thread rolling.............. **A16:** 289
Cu alloys **A16:** 813–815, 816
cutting fluids used **A16:** 125, 262–264, 392
effect on loose powder density **M7:** 297
expansion taps **A16:** 258
gang machines......................... **A16:** 256
heat-resistant alloys................ **A16:** 751–753
in conjunction with boring.............. **A16:** 160
in conjunction with drilling.... **A16:** 212, 213, 214, 218, 221
in conjunction with turning **A16:** 135
in machining centers **A16:** 393
in metal removal processes classification
scheme **A20:** 695
inserted-chaser taps **A16:** 258
loose powder filling by.................. **M7:** 431
metal composition and hardness
factor **A16:** 260–261
Mg alloys **A16:** 822, 825–826
MMCs............................ **A16:** 896, 897
monitoring systems **A16:** 412, 414, 415, 416
multifunction machining.. **A16:** 366, 368, 370, 375, 380, 386
multifunction machining and vertical
machines.......................... **A16:** 379
multiple-spindle machines **A16:** 259
multiple-spindle tapping machines... **A16:** 256, 259
NC implemented **A16:** 614
Ni alloys **A16:** 835, 837, 839
of P/M parts, as machining process....... **M7:** 462
P/M high-speed tool steels applied..... **A16:** 65, 67
P/M materials **A16:** 880, 881, 889, 891
p-chart analysis for fraction defective **A7:** 701–702
refractory metals **A16:** 860, 862, 865–867
relative difficulty with respect to machinability of
the workpiece **A20:** 305
sectional taps **A16:** 258
selection of tap features **A16:** 259–260
self-reversing attachments............... **A16:** 255
shell taps **A16:** 258
single-spindle tapping machines.......... **A16:** 256
solid taps................ **A16:** 256–258, 259, 261
speed factor........................... **A16:** 262
stainless steels... **A16:** 694, 695, 696, 698–700, 701
standard taper pipe threads (NPT)....... **A16:** 265
surface alterations produced............. **A16:** 23
surface treatment of taps **A16:** 259
tap classification system **A16:** 256
tap life **A16:** 259, 260, 261, 262, 264, 266, 267
tap materials.......................... **A16:** 259
taper pipe thread tapping............... **A16:** 265
tapping of blind holes as a factor **A16:** 262
thread grinding of taps **A16:** 270
Ti alloys..................... **A16:** 846, 847, 851
TiN coating for taps................. **A16:** 57, 58
to fill flexible envelopes for isostatic
pressing.......................... **M7:** 297
tool steels............................. **A16:** 720
torque **A16:** 264–265
tungsten heavy alloys.................... **A7:** 920
two-spindle tapping machines **A16:** 261
uranium alloys **A16:** 875
vertical tapping machines............... **A16:** 261
workpiece size and shape factors......... **A16:** 261
zirconium **A16:** 854
Zn alloys **A16:** 833
Tapping, intermittent/continuous
cupolas............................... **A15:** 384
Taps *See also* Cutting tools
definition **M6:** 17
TAR
as metallochromic indicator............. **A10:** 174
for highway construction joints **EM3:** 57
Tar sand
Miller numbers........................ **A18:** 235
Tar sands
GC/MS analysis of volatile
compounds in **A10:** 639
Tare weight **A6:** 395–396
Target
defined............................... **A10:** 683
in divergent-beam topography **A10:** 370
Target load/life test method
for production designs.................. **A11:** 135
Target performance **A20:** 104
Target plate
in flyer plate impact test................. **A8:** 211
Target poisoning **A18:** 844
Target population
defined **A10:** 12
Target specifications **A20:** 111, 112, 113
Target value properties **A20:** 253
Target (x-ray)
defined **A9:** 18
Tarnish
and corrosion, compared **A13:** 1360
defined **A13:** 13, 97
definition.............................. **A5:** 969
lead.................................. **A9:** 416
microstructural effects **A13:** 1359–1360
of dental alloys **A13:** 1336–1366
Tarnish film removal
titanium and titanium alloys......... **A5:** 838–839
Tarnish removal
copper and copper alloys **M5:** 613, 619
heat-resisting alloys..................... **M5:** 472
nickel alloys...................... **M5:** 670–671
titanium and titanium alloys **M5:** 654
Tarnish rupture model
crack propagation **A13:** 160–161, 163
Tarnishing
defined............................... **A13:** 97
Tarnishing, of copper powder
effect on green strength............. **M7:** 109, 111
Tars/pitches applications.................. **EM4:** 47
composition........................... **EM4:** 47
supply sources **EM4:** 47
Tartaric acid
copper/copper alloy resistance **A13:** 629

Tartaric acid (continued)
for acid cleaning **A5:** 48
Tartaric acid solution and ammonium persulfate solution as an etchant for lead-
antimony-tin alloys **A9:** 417
Task listing **A20:** 21
Task lists for customer needs **A20:** 22, 23
TASS computer program for structural analysis **EM1:** 268, 273
Ta-Th (Phase Diagram) .... **A3:** 2•373
Ta-Ti (Phase Diagram) .... **A3:** 2•374
Ta-U (Phase Diagram) .... **A3:** 2•374
Ta-V (Phase Diagram) .... **A3:** 2•374
Ta-W (Phase Diagram) .... **A3:** 2•375
Taxiing loads **A19:** 115
Taxonomy
definition **A20:** 842
Taylor constant **A1:** 591
Taylor factor **A19:** 82
Taylor impact test **A8:** 187, 203
Taylor model for tool wear
application wear model **A20:** 607
Taylor series expansion **A10:** 414
for interaction coefficient **A15:** 55
P/M process simulation **A7:** 27
ternary iron-base alloys **A15:** 62
Taylor series expansion, second-order **A20:** 214
Taylor tool life equation **A20:** 306, 307
Taylor vertices
defined **A18:** 19
Taylor-Nabarro lattice **A19:** 81
Taylor's tool life equation **A16:** 42
Taylor-series expansion **A20:** 189, 190, 191
Taylor-von Karman theory **A8:** 200
Taylor-von Mises criterion **A11:** 26
Taylor-Wharton Iron and Steel Company (New Jersey) **A15:** 25, 32
Ta-Zr (Phase Diagram) .... **A3:** 2•375
TBCCO superconducting materials
properties **A2:** 1082
T-bolts
SCC of **A11:** 538
TBS-9
nominal composition **A18:** 725
Tb-Tl (Phase Diagram) .... **A3:** 2•375
TCARES program predicting time-independent reliability of whisker-toughened ceramic components **EM4:** 733
TCMP steels **A1:** 666
strength in **A1:** 666
TCP *See* Topologically close-packed
TCP phases **A1:** 956
TD nickel **A7:** 69
composition **A16:** 736
corrosion resistance **A7:** 1001
machining .. **A16:** 738, 741–743, 746–747, 749–757
upset welding **A6:** 249
TDI *See* Toluene diisocyanate
***t*-distribution** **A20:** 82–83
TEA *See* Thermogravimetric analysis
Teach-in system
automatic pouring **A15:** 501
Team **A20:** 49–50, 315
used for engineering design and CFD analysis **A20:** 198
Team leader **A20:** 50
Team members **A20:** 50
Teapot ladles *See also* Ladles
automatic **A15:** 497
defined **A15:** 11
for inclusion control **A15:** 90
for plain carbon steels **A15:** 710
Tear *See* Tear dimples; Tear fracture(s); Tearing
Tear burr
definition **A5:** 969
Tear dimples **A12:** 12, 15
alloy steels **A12:** 304
maraging steels **A12:** 387
titanium alloys **A12:** 452
Tear dropping
as casting defect **A11:** 385
Tear fractures
effect of striations **A12:** 16
elongated dimples **A12:** 12, 15
surface (Mode 1), dimple shape **A12:** 12, 14
Tear resistance
flexible printed boards **EL1:** 589
Tear ridges *See also* Ridges; Tearing **A19:** 55
AISI/SAE alloy steels **A12:** 304
and fluting **A12:** 20–21
as fatigue indicators **A11:** 258, 259
in aluminum alloy **A12:** 19, 20
in Armco iron **A12:** 224
in iron **A12:** 26
in TTS fractures **A12:** 21, 28
maraging steels **A12:** 387
titanium alloys **A12:** 453
wrought aluminum alloys **A12:** 417
Tear strength
measurement of **EM3:** 189
Tear test
defined **EL1:** 1159
Tearing *See also* Hot tearing; Microtearing; Ridges; Tear dimples; Tear ridges
as casting defect **A15:** 548
by decohesion, in welds **A12:** 139
by machining, AISI/SAE alloy steels **A12:** 296
cold, as casting defect **A11:** 383
complex **A12:** 28
definition **A5:** 969
ductile fracture as **A11:** 82
historical study **A12:** 2
hot, in aluminum alloy castings **A17:** 535
in ductile fracture **A12:** 173
in ductile irons **A12:** 230–236
lamellar **A12:** 138–139, 158
lamellar, carbon-manganese steel **A11:** 92
lamellar, in weldments **A17:** 582, 585
polymers **A12:** 479, 480
rapid, AISI/SAE alloy steels **A12:** 327
resin-matrix composites **A12:** 474
shear fractures **A11:** 697
tensile, elongated dimples by **A11:** 76
transgranular **A12:** 305
Tearing index **A19:** 947, 949
Tearing instability
analysis, *J-R* measurement for **A8:** 457
conditions for **A8:** 452, 457
elastic-plastic analysis for **A8:** 446
Tearing topography surface fracture
appearance **A12:** 28–29
defined **A12:** 21–22
Tear-out, edge
as fastened sheet failure **A11:** 531
Tears
brittle fracture from **A11:** 85
pull-through, as fastener failure **A11:** 531
radiographic inspection **A17:** 297, 349
Teart disease (cattle and sheep)
from molybdenum toxicity **A2:** 1253
Tear-test toughness of steel plate **M1:** 701
Technetium
determined **A10:** 209
pure **M2:** 804–806
Technetium, pure
properties **A2:** 1163
Technical Association of the Pulp and Paper Industry (TAPPI) **EM3:** 61
standards **EM3:** 62
Technical ceramics **A20:** 416, 421–422, 427, 782, **EM4:** 16
applications **EM4:** 16
estimated worldwide sales **A20:** 781
materials included **EM4:** 16
properties **EM4:** 16
relative productivity and product value ... **A20:** 782
Technical Committees (TC) of ISO **A20:** 68
Technical cost modeling **A20:** 256–257, 258, 264–265
Technical meetings
on nondestructive evaluation **A17:** 51
Technical questioning **A20:** 16
Technical whiteware ceramics **EM4:** 4
absorption **EM4:** 4
applications **EM4:** 4
compositions **EM4:** 4
glazing **EM4:** 4
products **EM4:** 4
Technical whitewares **A20:** 784
Technically vitreous stoneware **EM4:** 3, 4
Techniques, nondestructive evaluation *See* Nondestructive evaluation methods; Nondestructive evaluation techniques; specific techniques
Techno-economic issues in materials selection **A20:** 255–265
accounting methods of cost analysis. . **A20:** 255–256
activity-based costing **A20:** 256
analytical methods of cost estimation **A20:** 256
automobile recycling infrastructure **A20:** 259
automotive shredder residue
mechanical separation/selective precipitation cost breakdown **A20:** 261
mechanical separation/selective precipitation process **A20:** 261
pyrolysis cost breakdown **A20:** 261
pyrolysis process **A20:** 260–261
treatment **A20:** 260–261
building costs **A20:** 257
capital costs for machines **A20:** 256–257
conclusions **A20:** 264–265
cost analysis **A20:** 255–257
cost estimation for the automotive body-in-white **A20:** 257–261
cost estimation, rules of thumb **A20:** 255
cost-performance (X-Y) plots of cost estimation **A20:** 255
costs, direct economic and indirect social **A20:** 255
cycle time for plastic injection molding estimation **A20:** 257
emissions throughout the entire product life cycle, steel vs. aluminum auto bodies **A20:** 262
environmental and social costs **A20:** 261–264
environmental load of materials, method for estimating **A20:** 262–263
fixed costs **A20:** 256–257
life cycle analysis **A20:** 262–264
life cycle cost analysis of the body-in-white **A20:** 258–259
life cycle costs estimated by life phase automobile fenders **A20:** 263
maintenance costs **A20:** 257
multiplicative factor of cost **A20:** 255
overhead labor costs **A20:** 257
plastic injection molding cycle **A20:** 257
process engineering variables **A20:** 257
production cost comparisons for alternative vehicle designs **A20:** 258
recyclate revenues **A20:** 261
recycling cost estimation **A20:** 260–261
recycling economics of the body-in-white **A20:** 259–261
selective precipitation process **A20:** 260–261
technical cost modeling **A20:** 256–257
technical cost modeling of the body-in-white **A20:** 258
throughput implications in alternative recycling processes **A20:** 261
tooling cost **A20:** 257
variable costs **A20:** 256, 257
Technological fatigue limit **A19:** 304
Technological greatest number of cycles **A19:** 304
Technologist's problem **A20:** 17
Technology
cost effectiveness curves **EL1:** 390
dilemma of **EL1:** 390
integrated circuits, trends **EL1:** 399–401
selection, in computer-aided design **EL1:** 128

SUBJECTS OF THE INDEXED VOLUMES: ASM Handbook (designated by the letter "A"): **A1:** Properties and Selection: Irons, Steels, and High-Performance Alloys (1990); **A2:** Properties and Selection: Nonferrous Alloys and Special-Purpose Materials (1990); **A3:** Alloy Phase Diagrams (1992); **A4:** Heat Treating (1991); **A5:** Surface Engineering (1994); **A6:** Welding, Brazing, and Soldering (1993); **A7:** Powder Metal Technologies and Applications (1998); **A8:** Mechanical Testing (1985); **A9:** Metallography and Microstructures (1985); **A10:** Materials Characterization (1986); **A11:** Failure Analysis and Prevention (1986); **A12:** Fractography (1987); **A13:** Corrosion (1987); **A14:** Forming and Forging (1988); **A15:** Casting (1988); **A16:** Machining (1989); **A17:** Nondestructive Evaluation and Quality Control (1989); **A18:** Friction, Lubrication, and Wear Technology (1992); **A19:** Fatigue and Fracture (1996); **A20:** Materials Selection and Design (1997). **Metals Handbook, 9th Edition** (designated by the letter "M"): **M1:** Properties and Selection: Irons and Steels (1978); **M2:** Properties and Selection: Nonferrous Alloys and Pure Metals (1979); **M3:** Properties and Selection: Stainless Steels, Tool Materials, and Special-Purpose Materials (1980); **M4:** Heat Treating (1981); **M5:** Surface Cleaning, Finishing, and Coating (1982); **M6:** Welding, Brazing, and Soldering (1983); **M7:** Powder Metallurgy (1984). **Engineered Materials Handbook** (designated by the letters "EM"): **EM1:** Composites (1987); **EM2:** Engineering Plastics (1988); **EM3:** Adhesives and Sealants (1990); **EM4:** Ceramics and Glasses (1991). **Electronic Materials Handbook** (designated by the letters "EL"): **EL1:** Packaging (1989)

Technology, adhesives and sealants
failure analysis ... **EM3:** 1–2
fundamentals ... **EM3:** 1–2
systems approach ... **EM3:** 1
Technology, embedded *See* Embedded technology
Technology rules
of engineering design system ... **EL1:** 128
Technology Transfer Society (TTS)
as seminar information source ... **EM1:** 42
Technology-push approach ... **A20:** 17
Technora HM-50 fabric
as reinforcement ... **EL1:** 535
Tectyl 506 surface coating ... **A12:** 73
Teeth ... **EM3:** 28
discoloration of ... **A13:** 1337
lead toxicity ... **A2:** 1246
Teflon ... **A18:** 144, 152, **M7:** 606
as additive for liquid sealants in construction industry ... **EM3:** 608
as bearing material ... **A18:** 754
as coating for bonding fixture ... **EM3:** 707
as thermocouple wire insulation ... **A2:** 882
bearings, for stored-torque Kolsky bar **A8:** 219–220
coating, business machine parts ... **M7:** 669
coating, lead wires in acidified, chloride solutions ... **A8:** 420
development of ... **EM3:** 223
for liners in acidic environments ... **A19:** 207
for low temperature tension testing ... **A8:** 36
friction coefficient data ... **A18:** 73, 74
heating coils for copper plating ... **A5:** 175
material for surface force apparatus ... **A18:** 402
porous, abradable seal material ... **A18:** 589
sheet, for friction in axial compression testing ... **A8:** 56–57
surface pores trapping oils ... **EM3:** 264
thermal properties ... **A18:** 42
use in metal-on-polyer total hip replacements ... **A18:** 657
Teflon in sleeve bearings ... **A9:** 567
Teflon-based materials *See also* Polytetrafluoroethylene (PTFE)
for base material/insulators ... **EL1:** 114
for printed wiring boards ... **EL1:** 607
Tefzel
lap shear strength of untreated and plasma-treated surfaces ... **A5:** 896
Tekken test
comparison of fields of use, controllable variables, data type, equipment, and cost ... **A20:** 307
Telecommunication applications *See also* Communications applications
acrylonitrile-butadiene-styrenes (ABS) ... **EM2:** 111
high-density polyethylenes (HDPE) ... **EM2:** 163
liquid crystal polymers (LCP) ... **EM2:** 180
polybutylene terephthalates (PBT) ... **EM2:** 153
Telecommunications and related uses ... **EM4:** 1050–1054
applications of high-silica fibers for communications ... **EM4:** 1050–1054
cost ... **EM4:** 1053
dispersion ... **EM4:** 1050–1051, 1052
erbium-doped fiber amplifiers ... **EM4:** 1054
fatigue ... **EM4:** 1052–1053
fiber amplifiers and lasers ... **EM4:** 1054
fiber design ... **EM4:** 1050–1051, 1052
fiber processing ... **EM4:** 1053
glass couplers, splitters, and components ... **EM4:** 1053–1054
graded refractive index cores ... **EM4:** 1051
lasers ... **EM4:** 1050, 1051
light guidance ... **EM4:** 1050–1051
light-emitting diode ... **EM4:** 1050, 1051
mechanical strength ... **EM4:** 1052–1053
numerical aperture ... **EM4:** 1050, 1051
optical fiber types ... **EM4:** 1051
optical transmission loss ... **EM4:** 1051–1052
polarization-maintaining fibers ... **EM4:** 1053
Rayleigh scattering ... **EM4:** 1052
refractive index ... **EM4:** 1051
future directions/summary ... **EM4:** 1054
Telecommunications applications
copper and copper alloys ... **A2:** 239
equipment, recommended contact materials ... **A2:** 864–865
of commercial hybrids ... **EL1:** 382–385
Telegas instrument
for hydrogen measurement ... **A15:** 458–459
Telegraph and telephone wire ... **M1:** 255, 264–265
Telegrapher's equation ... **EL1:** 29
Telegraphing ... **EM3:** 28
Telephone and telegraph wire ... **A1:** 283
Telephone cable plants ... **A13:** 1127–1133
and environment ... **A13:** 1127–1128
case histories ... **A13:** 1132–1133
corrosion causes ... **A13:** 1128–1130
corrosion prevention ... **A13:** 1130–1131
metallic components ... **A13:** 1127
Telephone components
powders used ... **M7:** 573
Telephony communication networks ... **EL1:** 8–9
Television
thick-film hybrid applications ... **EL1:** 385
Television applications
high-impact polystyrenes (PS, HIPS) ... **EM2:** 195
Polyphenylene ether blends (PPE, PPO) **EM2:** 183
polyurethanes (PUR) ... **EM2:** 259
Television cameras *See also* Cameras
in pulsed video thermography ... **A17:** 512
radiographic inspection ... **A17:** 318–319
real-time radiography ... **A17:** 319
use, neutron radiography ... **A17:** 391
with vidicon tubes ... **A17:** 10
Television monitors used in optical microscopy ... **A9:** 83–84
Television scanners, conventional
with image analyzers ... **A10:** 310
Television set, voltage tolerances ... **A20:** 112
Television (TV) glasses
material to which crystallizing solder glass seal is applied ... **EM4:** 1070
material to which vitreous solder glass seal is applied ... **EM4:** 1070
Tellurites
toxicity of ... **A2:** 1260
Tellurium
additive for copper alloys ... **M6:** 400
additive for enhanced machinability of carbon and alloy steels ... **A16:** 673, 674, 675, 676
alloying, copper and copper alloys ... **A2:** 236
applications ... **A2:** 1260
as chalcogen ... **A2:** 1077
as embrittler in steels ... **A11:** 226–227
as inoculant ... **A15:** 105
as minor toxic metal, biologic effects ... **A2:** 1260
as trace element ... **A15:** 394
as tramp element ... **A8:** 476
content additions to P/M materials ... **A16:** 885
Cu-Ni-Te alloys, microdrilling ... **A16:** 238
determined by 14-MeV FNAA ... **A10:** 239
-doped gamma-ray detectors ... **A10:** 235
effect, gas dissociation ... **A15:** 83
effect in copper ... **A12:** 401
effect, iron-base alloy ... **A15:** 83
effect of, on machinability of carbon steels **A1:** 599
effect on Cu alloy machinability ... **A16:** 805–808
effects, electrolytic tough pitch copper ... **A2:** 270
embrittlement by ... **A13:** 183
embrittlement of ... **A11:** 236
embrittlement of iron by ... **A1:** 691
gaseous hydride, for ICP sample introduction ... **A10:** 36
gravimetric finishes ... **A10:** 171
HAZ fissuring in nickel-base alloys ... **A6:** 588
in alloy cast irons ... **A1:** 112
in Alnico alloys ... **A9:** 539
in cast iron ... **A1:** 8
in copper alloys ... **A6:** 753
in flake graphite composition ... **A18:** 699
in free-machining metals ... **A16:** 389
in malleable iron ... **A1:** 10
in semiconductor alloys, electrometric titration for ... **A10:** 206
machinability additive ... **A16:** 685, 687
pure ... **M2:** 806
pure, properties ... **A2:** 1165
quartz tube atomizers with ... **A10:** 49
radiochemical, destructive TNAA for ... **A10:** 238
tantalum corrosion in ... **A13:** 728, 735
toxicity, during retrograde pyelorgraphy . . **A2:** 1260
vapor pressure ... **A6:** 621
volatilization losses in melting ... **EM4:** 389
Tellurium in cast iron
carbide-inducing effect ... **M1:** 80
malleable cast irons ... **M1:** 58
Tellurium in copper ... **M2:** 242–243
Tellurium oxide ... **A7:** 69
Tellurium-copper alloy
as electrode for EDM ... **A16:** 559
Telomer ... **EM3:** 28
defined ... **EM2:** 42
TEM *See* Transmission electron microscope(s); Transmission electron microscopy
TEM direct carbon replicas
iron ... **A12:** 224
TEM p-c replicas
iron ... **A12:** 224
Temper *See also* Alloy designation systems; Green sand; T temper; Temper designation system; Tempering; Thermal conductivity ... **A1:** 281
aluminum/aluminum alloys, corrosion resistance ratings ... **A13:** 586–588
as measure of hardness ... **A2:** 219
beryllium-copper alloys ... **A2:** 409–411
color, defined ... **A13:** 13
color, of tools and dies ... **A11:** 563
defined ... **A13:** 13, **A15:** 11
definition ... **A5:** 969, **A20:** 842, **EM4:** 633
designations, copper and copper alloys ... **A2:** 223
effect on fatigue performance of ferrous components ... **A19:** 318
effects, AISI/SAE alloy steels ... **A12:** 341
embrittlement ... **A12:** 134–135
embrittlement, defined ... **A13:** 13
for aluminum and aluminum alloys ... **A2:** 8
of nickel-base alloys ... **A14:** 831
over-, AISI/SAE alloy steels ... **A12:** 301
snap ... **A11:** 95–96
straightening ... **A14:** 682
T1 through T10, defined ... **A2:** 26–27
temperature, effects on sulfide fracture toughness ... **A13:** 535
temperature vs. yield strength, low-alloy steels ... **A13:** 954
transition-temperature shift from ... **A11:** 69
Temper annealing
ferrous alloys ... **M7:** 185
Temper brittleness ... **A1:** 698
defined ... **A8:** 14, **A11:** 10
Temper carbon *See also* Nodular graphite **A20:** 379, 380, 381, **M1:** 6, 9, 57–61, 63–64, 67
defined ... **A9:** 18
Temper color
definition ... **A5:** 969
Temper designation system *See also* Alloy designation systems; specific tempers
additional tempers ... **A2:** 25–26
aluminum and aluminum alloys ... **A2:** 16, 21–22, 25–27
basic designations ... **A2:** 16, 21
copper and copper alloys ... **A2:** 223
F, as fabricated, defined ... **A2:** 21
for annealed products ... **A2:** 27
for heat-treatable alloys ... **A2:** 26–27
for strain-hardened products ... **A2:** 21, 25
H, strain-hardened (wrought products only) defined ... **A2:** 21
magnesium and magnesium alloys ... **A2:** 456
O, annealed, defined ... **A2:** 21
of foreign tempers ... **A2:** 27
of unregistered tempers ... **A2:** 27
T, solution heat-treated, defined ... **A2:** 21
W, solution heat-treated, defined ... **A2:** 21
Temper designations
aluminum and aluminum alloys ... **M2:** 24–27
Temper embrittlement *See also* Embrittlenient ... **M1:** 468–469, 684–685, 701–704
alloy steels ... **A19:** 618–620
composition role on alloy steels ... **A19:** 620
definition ... **A5:** 970
deterioration by ... **A11:** 69
in forging ... **A11:** 335
intergranular, in brittle fracture ... **A11:** 75
low-alloy steels ... **A15:** 721
martensitic steels ... **A20:** 374
of shafts ... **A11:** 479–480
of steels ... **A11:** 99

Temper embrittlement (continued)
transition-temperature shift from tempering range of **A11:** 69
weldments **A19:** 443, 444–445
Temper embrittlement in alloy steels *See also* Tempered martensite embrittlement **A1:** 698–703
composition, effect of **A1:** 699–700
grain size, effect of **A1:** 700–702
microstructure, effect of **A1:** 702
Temper mill scale breaking
use in pickling operations **M5:** 74–76, 78
Temper point
in clay-water bonds **A15:** 212
Temper rolling **A1:** 693
defined **A9:** 18
definition **A5:** 970
effect on formability on steel sheet . . . **M1:** 548, 556
effect on Lüders lines **A8:** 553
galvanized steel sheet **M1:** 170
of carbon steel sheet **A1:** 205–206
Temper straightening **A14:** 682
Temper time
definition **M6:** 17
Temper water
defined **A15:** 212
Temperate marine atmospheres
service life vs. thickness of zinc **A5:** 362
Temperature *See also* Ambient temperature; Elevated temperature; Elevated temperatures; Elevated-temperature failures; Heat treating; Heat treatments; High temperature; Hot pressing; Low temperature; Room temperature; Sintering; Sintering temperatures; Temperature control; Transient temperature; Transition temperature
abbreviation for **A10:** 691
abnormal increase, in bearing failures **A11:** 494
activated sintering **M7:** 318
ambient, symmetric rod impact test at **A8:** 204–205
and alloying effect on torsional ductility **A8:** 164–166
and chevron patterns in low-alloy steel **A11:** 77
and corrosion **A11:** 156, 199, 255–256
and corrosion rates **A11:** 175–176, 199
and distortion failure **A11:** 138
and flow localization **A8:** 170–171
and liquid-metal embrittlement **A11:** 230
and lubrication, rolling-element bearings **A11:** 510–511
and median time-to-failure of aluminum and aluminum alloys **A11:** 772
and oxidation **A12:** 35
and SSC resistance **A11:** 298
and strain rate effect on alpha parameter . . **A8:** 172
and strain rate, effects on yield strength **A8:** 38, 40
and strain rate function, tensile fracture modes **A8:** 571
and strength **A8:** 670
and stress dependence, creep equations **A8:** 688–689
and time for sintering tungsten and molybdenum **M7:** 389
and workability **A8:** 572, 574–575
as fatigue environment **A12:** 35
austenitizing, effect in tool steels **A11:** 571
axial force dependence on **A8:** 181
brittle-to-ductile transition **A11:** 28
bulk, effects on chemical-reaction rates . . . **A11:** 160
changes during creep-rupture testing . . **A8:** 337–339
conducive to SCC in titanium alloys **A11:** 223
control, in ion selective electrode measurement **A10:** 185–186
-control, tool and die failure and **A11:** 573
conversion factors **A8:** 723, **A10:** 686
copper oxide reduction **M7:** 108, 109
cryogenic, effect on fatigue **A12:** 52–53
Curie, abbreviation for **A10:** 691
cycling, shape distortions from **A11:** 266
dependence of copper texture on **A8:** 182
dependence, of polycrystalline materials . . **A11:** 138
dependence of steady-state creep **A8:** 309
dependence of toughness **A8:** 262
differential-, cells **A11:** 184–185
dry-bulb **EM3:** 28
ductile-to-brittle transition, defined **A12:** 34
-ductility behavior variability **A8:** 34, 36
ductility transition, defined **A11:** 59
during creep-rupture tests **A8:** 330
effect, austenitic stainless steel **A12:** 50–52
effect, dimple rupture **A12:** 33–35
effect, dimple size **A12:** 34, 46
effect, ductile iron fracture **A12:** 231
effect, embrittlement rate **A12:** 29
effect, high-purity copper **A12:** 399–400
effect in AAS emission signals **A10:** 44
effect in changing failure mode of metal . . . **A8:** 188
effect in emission sources **A10:** 24
effect in MFS analysis **A10:** 77
effect in Rietveld method **A10:** 423
effect in tension testing **A8:** 49
effect in ultrasonic testing **A8:** 247
effect, intergranular creep rupture **A12:** 19
effect, medium-carbon steels **A12:** 254
effect of chemical composition **M7:** 246
effect of high, on corrosion-resistant cast steel **A1:** 917–918
effect of, on austenitic manganese steel **A1:** 836–837
effect of, on steel springs . . . **A1:** 303–304, 312, 313, 314–315
effect of, on stress-corrosion cracking **A1:** 724–725
effect on abrasive wear **A18:** 188
effect on cast heat-resistant alloy **A11:** 407
effect on corrosion of carbon and low-alloy steels **A11:** 199
effect on corrosion-fatigue **A11:** 255–256
effect on crack growth and toughness . . **A11:** 54, 75
effect on crack growth rate **A11:** 75
effect on creep rate **A8:** 301, 308
effect on ductility **A8:** 19, 34, 262
effect on dynamic friction coefficient in silicon and gallium arsenide **A18:** 688–689
effect on embrittlement in steels **A11:** 239
effect on eutectoid transformation parameters **A9:** 661
effect on fatigue crack growth **A8:** 411
effect on fatigue strength and static strength **A11:** 130
effect on flow stress of alpha iron and copper **A8:** 178
effect on formability of sheet metals **A8:** 553
effect on homogenization kinetics **M7:** 315
effect on interlamellar spacing in pearlite . . **A9:** 660
effect on magnetic saturation **A9:** 534
effect on pearlite growth **A9:** 660
effect on rates of phase transformations, in metals **A10:** 318
effect on reactive sputtering of interference films **A9:** 149–150
effect on SCC in aluminum alloys **A11:** 220
effect on SCC in titanium and titanium alloys **A11:** 223–224
effect on sintered iron-graphite powders . . . **M7:** 364
effect on slip **A8:** 34
effect on strength **A8:** 19, 34
effect on the amount of martensite **A9:** 669
effect on torsional ductility of U-700. . **A8:** 166–167
effect on torsional fatigue testing **A8:** 152
effect on torsional flow curve of carbon pearlitic alloy **A8:** 176
effect on toughness, schematic **A11:** 66
effect on upper bainite **A9:** 663
effect, slip **A12:** 33
effect, strength **A12:** 121
effects in electrogravimetry **A10:** 198
electron **A10:** 24
equicohesive **A12:** 121
equilibrium transformation, steel, symbol for **A11:** 796
eutectic melting **A11:** 122
exceeding normal operating effects of **A11:** 282, 374–376
explosion characteristics **M7:** 133, 196
for austenite relationships, symbols for . . . **A11:** 796
fracture-strain dependence on **A8:** 167–168
gas kinetic, and kinetic energies of heavy particles **A10:** 24
hazardous ignition, magnesium powder . . . **M7:** 133
high, effect on dimple rupture **A12:** 34–35
high, FMR probe for **A10:** 270
high-purity oxygenated water **A8:** 420
history, effect on workability, torsion testing **A8:** 178
homologous, defined **A8:** 34
impact fracture toughness as function of . . . **A11:** 54
in creep/creep-rupture analyses **A8:** 685
in hot pressing **M7:** 504
in iron castings, effects of **A11:** 374
in liquid-phase sintering **M7:** 320
influence in deformation **A8:** 188
influence in stress-corrosion cracking **A8:** 499
interval, conversion factors **A8:** 723
low- and elevated, design properties for **A8:** 670–671
low, effect on dimple rupture **A12:** 33–34
low, probe for FMR measurement at **A10:** 270
maximum, for operation of wrought stainless steels **A11:** 271
melting, symbol for **A8:** 726
minimum metal, for flue-gas corrosion . . . **A11:** 619
modulus of elasticity values at different **A8:** 23
of austenite formation, symbol for **A8:** 724
of austenite to pearlite, symbol for **A11:** 796
of brittle cracking, by Robertson test . . . **A11:** 59–60
of cementite precipitation from austenite on cooling **A8:** 724
of ferrite transformation to austenite, symbol for **A8:** 724
of lubricant breakdown, effect on bearings **A11:** 490
of nonuniform forging, effects **A11:** 317
of premix flames **A10:** 29
of specimen during deformation **A8:** 191
of transformation to ferrite or ferrite and cementite, symbol for **A8:** 724
operating, of gas-turbine engine **A11:** 283
or strain rate change effect on flow stress . . **A8:** 226
oxide reduction **M7:** 52, 108, 109
plane-strain fracture toughness as function of **A8:** 450
room, corrosion in heat-resisting alloys . . . **A11:** 201
room variations **A10:** 172
-sensitive paint, for ultrasonic testing **A8:** 247
structural changes as function of **A10:** 420
symbol for **A8:** 726, **A11:** 798
tempering **A8:** 27, **M7:** 374, 453, 454
tempering, effect on microstructural failure **A11:** 325
test **A8:** 586–587
thermodynamic **A8:** 721
thermodynamic, SI base unit and symbol for **A10:** 685
-time parameters, for creep-rupture analysis **A8:** 690
-time plot, pearlite decomposition **A11:** 613
transition **A11:** 66–68, 154, **M7:** 12
variable, ESR spectrometers **A10:** 257
variation of field-evaporation rate with . . . **A10:** 594
various, for stress-corrosion cracking **A11:** 207
vs. notch-rupture strength ratio, Inconel X-750 . . . . **A8:** 316
wear failure from corrosion and **A11:** 156
Temperature and high strain rate
effect on plastic deformation **A9:** 688–691
Temperature at the tool surface **A20:** 257

SUBJECTS OF THE INDEXED VOLUMES: ASM Handbook (designated by the letter "A"): **A1:** Properties and Selection: Irons, Steels, and High-Performance Alloys (1990); **A2:** Properties and Selection: Nonferrous Alloys and Special-Purpose Materials (1990); **A3:** Alloy Phase Diagrams (1992); **A4:** Heat Treating (1991); **A5:** Surface Engineering (1994); **A6:** Welding, Brazing, and Soldering (1993); **A7:** Powder Metal Technologies and Applications (1998); **A8:** Mechanical Testing (1985); **A9:** Metallography and Microstructures (1985); **A10:** Materials Characterization (1986); **A11:** Failure Analysis and Prevention (1986); **A12:** Fractography (1987); **A13:** Corrosion (1987); **A14:** Forming and Forging (1988); **A15:** Casting (1988); **A16:** Machining (1989); **A17:** Nondestructive Evaluation and Quality Control (1989); **A18:** Friction, Lubrication, and Wear Technology (1992); **A19:** Fatigue and Fracture (1996); **A20:** Materials Selection and Design (1997). **Metals Handbook, 9th Edition** (designated by the letter "M"): **M1:** Properties and Selection: Irons and Steels (1978); **M2:** Properties and Selection: Nonferrous Alloys and Pure Metals (1979); **M3:** Properties and Selection: Stainless Steels, Tool Materials, and Special-Purpose Materials (1980); **M4:** Heat Treating (1981); **M5:** Surface Cleaning, Finishing, and Coating (1982); **M6:** Welding, Brazing, and Soldering (1983); **M7:** Powder Metallurgy (1984). **Engineered Materials Handbook** (designated by the letters "EM"): **EM1:** Composites (1987); **EM2:** Engineering Plastics (1988); **EM3:** Adhesives and Sealants (1990); **EM4:** Ceramics and Glasses (1991). **Electronic Materials Handbook** (designated by the letters "EL"): **EL1:** Packaging (1989)

Temperature coefficient
defined **EL1:** 1159
Temperature coefficient of resistance (TCR) . . **A5:** 541
electrical resistance alloys **A2:** 822
nonmetallic materials **A2:** 829
resistance alloys **A2:** 824–826
wrought aluminum and aluminum alloys. . . **A2:** 122
Temperature control **A4:** 529–541, **M4:** 345–360
and measurement in creep furnace. . . . **A8:** 312–313
and specimen heating in vacuum and oxidizing environments **A8:** 414
basic control loop **A4:** 529, 530, 538, 540, **M4:** 345–346
control instruments. . . . **A4:** 529, 537–541, **M4:** 354, 355–359
distributed control systems (DCSs). . . . **A4:** 540–541
effect on coating thickness in thermoreactive deposition/diffusion process **A4:** 449
elevated/low temperature tension testing **A8:** 36
emissivity values for materials at 0.65 μm wavelengths **A4:** 538
for step-down tension testing **A8:** 324
in creep-rupture testing **A8:** 330
in steam or boiling water with contaminants **A8:** 427
measurement instruments. **A4:** 529, 537–541, **M4:** 354–355
noncontact sensors **A4:** 534–537, **M4:** 350–355
of constant-load test specimen **A8:** 314–315
precautions **A4:** 530, 531
process characteristics **A4:** 537, 538, 539–540, 541, **M4:** 359–360
product characteristics **A4:** 537, 539, 540, 541, **M4:** 360
resistance temperature detectors **M4:** 350
resistance temperature detectors (RTDs) **A4:** 533–534
set-point programmers **A4:** 538, 539, 540, **M4:** 356, 357, 358–359
temperature scales **A4:** 529
thermocouples **A4:** 529–532, 535, 536, **M4:** 346–350, 351, 352
Temperature cycling *See also* Thermal cycling
aluminum bonding pad **EL1:** 893
and power cycling, compared **EL1:** 961
as component- and board-level physical testing **EL1:** 944
as intermittent failure test **EL1:** 1060
as stress test **EL1:** 498–499
beam-lead/bump-contact designs **EL1:** 961
environmental stress screening parameters **EL1:** 880–884
in semiconductor chips **EL1:** 964
package-level testing **EL1:** 937
profiles **EL1:** 881
-sensitive designs, new **EL1:** 960–961
test conditions **EL1:** 498
tests **EL1:** 494, 498–499
wear-out modes **EL1:** 287
Temperature, effect on alloy steels **A19:** 629–632, 641, 642, 643, 644, 650–651
as environmental factor of stress-corrosion cracking **A19:** 483
as environmental variable affecting corrosion fatigue **A19:** 188, 193
effect on
building equipment for St. Lawrence seaway **A19:** 5
corrosion fatigue crack growth rate **A19:** 191–192
fatigue crack growth rate **A19:** 523
fatigue crack thresholds **A19:** 145–146
fretting fatigue **A19:** 327
stainless steel fatigue crack growth **A19:** 726–727
titanium alloys **A19:** 849–850, 851
elevated, fatigue properties **A19:** 22, 23
in fatigue properties data **A19:** 16
isothermal fatigue of solders **A19:** 886
Temperature effects **A19:** 4, **EM3:** 420–427
Eyring formulation **EM3:** 421–422
governing equations **EM3:** 425–526
kinetics of cure **EM3:** 423–425
physical aging **EM3:** 422
relaxation time concept **EM3:** 421
Struik concept **EM3:** 422
thermoset adhesive processing **EM3:** 422–425
time-temperature relations in polymers **EM3:** 420–422
Temperature, ejection **A20:** 257
Temperature gradient
ahead of interface **A15:** 144
and solutal convection **A15:** 148
and thermal convection **A15:** 147–148
during forging **A14:** 161
effect, scaled ingots **A14:** 66
Temperature gradients **A6:** 46–50, 51, 52, 53
Temperature overshoot **EM3:** 701
Temperature profiles
infrared (IR) soldering **EL1:** 705
of PWAs **EL1:** 685
Temperature resistance *See also* Temperature(s); Thermal analysis
and polymer composition **EM2:** 566–567
glass transition temperature, determined **EM2:** 564–565
high-performance polymers **EM2:** 559
quality assessment method **EM2:** 564–565
silicones (SI) **EM2:** 267
techniques and parameters **EM2:** 559–564
thermal analysis **EM2:** 566–567
thermogravimetric analysis, as screening **EM2:** 565–566
thermoplastic polyurethanes (TPUR) **EM2:** 206
Temperature scales
in thermocouple calibration **A2:** 878–879
Temperature sensing **A20:** 143
Temperature sensors
use in temperature control **A4:** 529–537, 540, **M4:** 346–355
Temperature-composition phase diagrams . . . . . **A3:** 1•2
Temperature-humidity-bias (THB) test **EM3:** 434
Temperature-induced phase transformations
XRPD analysis **A10:** 333
Temperature(s) *See also* Aging temperature; Casting temperatures; Cooling; Dry bulb temperature; Elevated temperature; Elevated temperatures; Equilibrium temperatures; Finishing temperature; Glass transition temperature; Heat treatment; Heating; High temperature; High-temperature; High-temperature service; Liquidus temperature; Low temperature; Low temperature flexibility; Melting temperature; Microwave thermography; Mold temperature; Pouring temperature; Room temperature; Service temperature; Solidus temperature; Solution temperature; Temper; Temperature coefficient of resistance (TCR); Temperature gradient; Temperature resistance; Tempering; Thermal; Thermal analysis; Thermal conductivity; Thermal inspection; Thermal mismatching; Thermal neutrons; Thermal wave imaging; Thermalization; Thermocouple materials; Thermography; Transformation temperature; Transition temperature
accurate measurement of **A2:** 869–871
aging **EM2:** 569, 751
aging, effects, uranium alloys **A2:** 680
aging, uranium alloys **A2:** 680
and aluminum alloy forgeability **A14:** 241–242, 247
and conductivity **EL1:** 98
and die life **A14:** 57
and emf relationship **A2:** 878
and flexural strength, unsaturated polyesters **EM2:** 248
and furnace life, reverberatory furnaces **A15:** 378–379
and gating, die casting **A15:** 289
and gradient mass transfer **A13:** 51
and heat transfer, aqueous corrosion . . . **A13:** 39–40
and molecular structure, properties **EM2:** 436
and permeability, magnetically soft materials **A2:** 773
and permittivity **EL1:** 600
and power requirements, three-roll forming **A14:** 621
and strain rate, and tensile fracture **A14:** 363
and strain rate, combined effect, process modeling **A14:** 420
and strain rate, effect on flow stress **A14:** 151
and strain rate, uranium alloys **A2:** 678
and tensile properties, CG/SG irons **A15:** 674
and time of cure, viscosity effects **EM1:** 649
and toughness **A14:** 162
and tracer-gas concentrations **A17:** 67
and workability, alloy systems **A14:** 367
annealing, beryllium-copper alloys **A2:** 405
annealing, cast copper alloys **A2:** 367
application, creep at **EM2:** 1
as controlling workability **A14:** 363, 368
as design parameter **EM2:** 670–671
as manufacturing factor **EL1:** 82
beryllium, formability effects **A14:** 805
beta transus, wrought titanium alloys **A2:** 623
billet, for hot extrusion **A14:** 315
bonding **EL1:** 224
brazing **A13:** 881–883
calibration source, thermal inspection **A17:** 400
casting, lead and lead alloys **A2:** 547–548
coefficient of resistance, electrical resistance alloys **A2:** 822
compensation, magnetic, alloys for. . . . **A2:** 773–774
composition, and free energy composition. . **A15:** 53
constant, and time effects, permanent magnet materials **A2:** 798
control, in sand reclamation **A15:** 352–353
control, in SiC fiber production **EM1:** 858
control, radiographic film processing **A17:** 352
control, wave soldering **EL1:** 690–691
control, zinc casting **A15:** 790
copper/copper alloy, blanking/piercing effects **A14:** 812
crack growth rate and **A13:** 164
critical, for A15 superconducting compounds **A2:** 1061
critical ordering, ordered intermetallic compounds **A2:** 913–914
critical pitting **A13:** 347, 646
cure, filament winding **EM1:** 135
curing, epoxy resins classified by **EM1:** 654
data, from hot compression testing **A14:** 439
defined, thermal inspection **A17:** 396
deflection, under load *See* Deflection temperature under load
deformation effects, titanium alloys . . **A14:** 268–269
deformation, of iron powder preforms **A14:** 194
dependence, and glass transition **EM2:** 452
dependence, nickel aluminide yield strength **A2:** 915–916
dependence, of coefficient of linear thermal expansion **EL1:** 814
dependence, of modulus **EM2:** 453
dependence, of resistivity **EL1:** 95–99, 139
dependence, of viscoelastic properties . . . **EM1:** 191
-dependent corrosion, in accelerated testing **EL1:** 891
die, control of **A14:** 81–82
die, in die casting **A15:** 289
die, zinc alloy casting **A15:** 790
differential, distortion and stress effects . . **A15:** 616
display, color image **A17:** 488
drop, for boiling cooling **EL1:** 364
drying, Antioch process **A15:** 246–247
dynamic viscosity and **A15:** 110
effect, adhesives **EL1:** 673
effect, atmospheric corrosion **A13:** 81–82
effect, copper alloys in seawater **A13:** 624
effect, corrosion rates of iron, zinc, copper **A13:** 910
effect, diffused germanium/silicon . . . **EL1:** 958–959
effect, erosion/cavitation testing **A13:** 313
effect, flexible epoxies **EL1:** 820
effect, high-impact polystyrenes (PS, HIPS) **EM2:** 197
effect, hydrogen absorption, low-carbon steel **A13:** 330
effect, in fretting **A13:** 140
effect, kinetics gaseous corrosion **A13:** 70
effect, laminate strength **EM1:** 227
effect, liquid penetrant inspection **A17:** 71–74
effect, liquid-metal embrittlement. . . . **A13:** 175–177
effect, marine atmospheres **A13:** 905
effect, nuclear reactor erosion-corrosion. . . **A13:** 965
effect, on damping **EM1:** 215–216
effect on formability **A14:** 882–883
effect on pressure, magnesium alloys **A14:** 260
effect on pressure, titanium alloys . . . **A14:** 269–270
effect on strength properties, aluminum oxide-chromium cermets **A2:** 994
effect, pitting resistance **A13:** 114
effect, pollution control **A13:** 1367

Temperature(s) (continued)
effect, polyether sulfones (PES, PESV) . . **EM2:** 160, 161
effect, produced fluids. **A13:** 479
effect, pulp bleach plants **A13:** 1193
effect, SCC in steam generators. **A13:** 942
effect, SCC of high-strength steels. **A13:** 533
effect, seawater corrosivity **A13:** 894–895, 899–900
effect, tensile strength, platinum wire. **A13:** 800
effect, water quality **A13:** 489
effect, zinc alloy castings **A2:** 533
effect, zinc corrosion in distilled water **A13:** 760–761
effects, coordinate measuring machines **A17:** 27
effects, permanent magnet materials . . **A2:** 797–799
effects, polyurethanes (PUR) **EM2:** 260
electrical breakdown from **EM2:** 465–466
electrical effects **EM2:** 584
embrittler-melting. **A13:** 186
equilibrium, in ternary iron-base systems. **A15:** 65–67
equilibrium liquidus, and nucleation **A15:** 101
extrusion **A14:** 317–319
failure mode effects. **EM2:** 684–687
failures, thermal analysis techniques for **EM1:** 779–780
fiber/matrix CTEs as function of. **EM1:** 189
finishing, for steels. **A14:** 620
firing, rammed graphite molds **A15:** 273–274
flow stress and workability as function of **A14:** 166–170
-flow stress relations, process modeling **A14:** 419–420
flux. **EL1:** 682
for adhesives, structural **EM1:** 684
for alloy steel forgings. **A14:** 81, 215–216, 367
for carbon steel working **A14:** 81, 215–216
for crevice corrosion **A13:** 305
for heat-resistant alloys **A14:** 232–234, 266
for high-temperature alloys. **A14:** 224
for magnesium alloys **A14:** 259, 825
for nickel-base alloys **A14:** 263
for SCC in titanium alloys **A13:** 274
for stainless steel heat treatment **A14:** 229
for steel working. **A14:** 81, 119, 216, 620
for superconductivity **A2:** 1030, 1033–1034
for thermal shock testing **EL1:** 500
for titanium alloy working **A14:** 268–270, 278
for tool steel forgings. **A14:** 81
forging, for wrought aluminum alloy **A2:** 34
forging, of various alloys. **A14:** 75
Gibbs energy of formation, oxides **A13:** 63
glass transition, defined *See* Glass transition temperature
gradient, effect, insoluble particles **A15:** 144
heat-deflection. **EM2:** 68
high, as inclusion-forming **A15:** 90, 488
high, ceramic resistance **EL1:** 335
histories, during thermal cycling. **EL1:** 881–882
homogeneity, with circulation pump **A15:** 455
horizontal centrifugal casting **A15:** 297
hot forming, for steel. **A14:** 620
hot/wet in-service, organic matrix materials. **EM1:** 33
hot-working, beryllium-copper alloys **A2:** 415
-humidity-bias testing **EL1:** 1050
hydrogen solubility and **A15:** 82, 86
ideal scale for **A2:** 878
in chemical cleaning **A13:** 1142
in forming of magnesium alloys **A14:** 825
in full-scale static tests **EM1:** 348
in iron corrosion **A13:** 37–38
in leakage measurement **A17:** 57–59
in phase diagrams **A15:** 57
in reliability testing **EL1:** 742
in squeeze casting **A15:** 324
in stress-corrosion cracking **A13:** 147
indexes, supplier data sheets **EM2:** 642
-induced stress testing. **EL1:** 497–499

interpass, cast iron arc welding. **A15:** 525–526
junction, thermal conductivity effects **EL1:** 814
liquation, defined *See* Liquation temperature
liquidus, by thermal analysis **A15:** 184–185
liquidus, cast copper alloys **A2:** 356–391
liquidus, glass fiber **EM1:** 107
long-term resistance **EM2:** 68
low, as degradation factor. **EM2:** 576
low, for semisolid casting/forging **A15:** 328
magnetic, rare earth metals **A2:** 724
maximum upper use, as composite property **EM1:** 43
measurement, by thermocouple **A2:** 870
melt, effect on alloy addition. **A15:** 72
melting, nickel-base alloys **A14:** 265
melting, of indium and bismuth **A2:** 750
metal, of pours **A15:** 498
of air, maximum service, for stainless steels. **A13:** 558
of carbon solubility in austenite **A15:** 66
of intermittent solution tests **A13:** 223
of peritectic reaction **A15:** 127
of porcelain enameling **A13:** 448
of solution, total immersion tests **A13:** 221
operating, closed-die forging. **A14:** 82
operating, failure rate dependence **EL1:** 23
polyimides categorized by **EM1:** 78
postcure, of polyimide resins **EM1:** 663
pouring **A15:** 94, 281–283, 639, 651
pouring, of lead and lead alloys **A2:** 545
precision forging **A14:** 171–172
preheating, cast steel welding. **A15:** 535
properties effects, epoxy resin system composites. **EM1:** 401–415
properties effects, high-temperature thermoset matrix composites **EM1:** 373–380
properties effects, low-temperature thermoset matrix composites **EM1:** 394–398
properties effects, medium-temperature thermoset matrix composites **EM1:** 383–392
properties effects, thermoplastic matrix composites. **EM1:** 365–372
range, silicone conformal coatings **EL1:** 822
ranges, resin systems **EM2:** 439–444
recrystallization, defined *See* Recrystallization temperature
refractory metals, and formability **A14:** 786–787
resistance, structural ceramics **A2:** 1019
rolling, vs. deformation resistance, in steels **A14:** 119
sand, and sand/casting recovery **A15:** 348–349
scales, thermocouple calibration **A2:** 878–879
scaling as function of **A14:** 162, 174
seasonal changes, chemical processing effects **A13:** 1136
sensors, contact. **A17:** 399
sensors, noncontact, thermal inspection **A17:** 398–399
sintering, effects in P/M stainless steels. . . **A13:** 825
soldering **EL1:** 590, 676, 678, 688
solidification, onset/offset. **A15:** 101
solidification (undercooling), low-gravity . . **A15:** 150
solidus, by thermal analysis **A15:** 184–185
solidus, cast copper alloys **A2:** 356–391
solubility **EM2:** 496
solubility as function of **A15:** 61
specific, coatings for **A13:** 461
specific damping capacity variation with **EM1:** 214–215
spinning, refractory metals and alloys **A2:** 562
stability, and unbalanced bridge eddy current inspection. **A17:** 177
stress, defined. **EL1:** 1159
stresses, in laminates. **EM1:** 228–229
surface, in thermal inspection **A17:** 396
tempering. **A14:** 55, 198, 682
tensile effect, polysulfones (PSU) **EM2:** 200
thermal management, by design **EL1:** 45–55
-time development, radiographic film. **A17:** 351

-time relation, wave soldering **EL1:** 685
tooling **A15:** 324
tooling, precision forming. **A14:** 162
transition, defined **A13:** 13
transition, refractory metals **A14:** 786
uranium, effect on mechanical properties . . **A2:** 671
vs. deformation resistance, carbon/alloy steels. **A14:** 216
vs. ductility, heat-resistant alloys. **A14:** 234
vs. dynamic hot hardness, as forgeability **A14:** 226
vs. formability, drop hammer forming. . . . **A14:** 657
vs. hardness, lead frame materials **EL1:** 492
vs. mechanical properties **EM2:** 752
vs. modulus, polyvinyl chlorides (PVC) . . **EM2:** 210
vs. modulus, reinforcement effects . . **EM2:** 281–282
vs. pressure, heat-resistant alloys. **A14:** 233
vs. pressure, steels **A14:** 216
vs. strain/CTE, copper-Invar-copper. **EL1:** 622
vs. tensile strength **EM1:** 362
vs. volume resistivity, allyls (DAP, DAIP). **EM2:** 227
warm forging **A14:** 168, 171–172
work metal, variables affecting **A14:** 36
workpiece, as forging factor **A14:** 231
yield, fusible alloys **A2:** 756

Temperature-sensitive failure mechanisms **EL1:** 959–961

Temperature-time curves for thermal analysis. **A15:** 182–185

"Temper-bead" procedures **A6:** 81

Tempered borosilicate glass coefficient of thermal expansion **EM4:** 1103
composition. **EM4:** 1103

Tempered glass *See* Annealed and tempered glass

Tempered layer defined **A9:** 18
definition **A5:** 969

Tempered martensite **A20:** 350, 373, 376
defined **A9:** 18
definition **A5:** 969

Tempered martensite embrittlement **A1:** 703–706
activating mechanism **A1:** 704–706
alloy steels. **A19:** 618–619
defined **A13:** 13
definition. **A5:** 969–970

Tempered martensitic embrittlement. . . . **A12:** 135–136

Tempered soda-lime glass coefficient of thermal expansion **EM4:** 1103
composition. **EM4:** 1103

Tempered steels abrasion artifacts examples. **A5:** 140
microhardness **M7:** 489
shielded metal arc welding **A6:** 176

Tempered zone in ferrous alloy welded joints **A9:** 581

Tempered-martensite embrittlement *See also* Embrittlement, 500 °F embrittlement . . **M1:** 685
of steels **A11:** 99

Temper-embrittled steel microscopic models for **A8:** 466

Tempering *See also* Heat treatment; Self-tempering; Temper. **A20:** 350, **M1:** 182
after quenching **M7:** 453
alloy steel sheet and strip **M1:** 165
aluminum alloys, designations/practices. . . **A15:** 758
and tumbling or deburring **M7:** 454
as secondary operation. **M7:** 453
carburized and carbonitrided parts . . . **M1:** 536, 539
cast steels. . . **M1:** 379, 382, 383, 384, 385, 386–389
definition **A5:** 970, **A20:** 842
effect on fatigue crack threshold **A19:** 142
effect on machining marks. **A11:** 89–90
effect on martensite in steel **A9:** 178
effects of alloys on. **A1:** 393–394, 395, 396
effects of chromium on **A1:** 641
ferrous alloys. **A7:** 650
ferrous P/M alloys **A5:** 766
for delayed cracking, alloy steels **A11:** 122
for ductile iron. **A1:** 41–42, **A15:** 658–659
for hardened steels **A1:** 458–459, 462

SUBJECTS OF THE INDEXED VOLUMES: ASM Handbook (designated by the letter "A"): **A1:** Properties and Selection: Irons, Steels, and High-Performance Alloys (1990); **A2:** Properties and Selection: Nonferrous Alloys and Special-Purpose Materials (1990); **A3:** Alloy Phase Diagrams (1992); **A4:** Heat Treating (1991); **A5:** Surface Engineering (1994); **A6:** Welding, Brazing, and Soldering (1993); **A7:** Powder Metal Technologies and Applications (1998); **A8:** Mechanical Testing (1985); **A9:** Metallography and Microstructures (1985); **A10:** Materials Characterization (1986); **A11:** Failure Analysis and Prevention (1986); **A12:** Fractography (1987); **A13:** Corrosion (1987); **A14:** Forming and Forging (1988); **A15:** Casting (1988); **A16:** Machining (1989); **A17:** Nondestructive Evaluation and Quality Control (1989); **A18:** Friction, Lubrication, and Wear Technology (1992); **A19:** Fatigue and Fracture (1996); **A20:** Materials Selection and Design (1997). **Metals Handbook, 9th Edition** (designated by the letter "M"): **M1:** Properties and Selection: Irons and Steels (1978); **M2:** Properties and Selection: Nonferrous Alloys and Pure Metals (1979); **M3:** Properties and Selection: Stainless Steels, Tool Materials, and Special-Purpose Materials (1980); **M4:** Heat Treating (1981); **M5:** Surface Cleaning, Finishing, and Coating (1982); **M6:** Welding, Brazing, and Soldering (1983); **M7:** Powder Metallurgy (1984). **Engineered Materials Handbook** (designated by the letters "EM"): **EM1:** Composites (1987); **EM2:** Engineering Plastics (1988); **EM3:** Adhesives and Sealants (1990); **EM4:** Ceramics and Glasses (1991). **Electronic Materials Handbook** (designated by the letters "EL"): **EL1:** Packaging (1989)

for hydrogen-damage control **A11:** 251
forced air convection-type furnaces for. . . . **M7:** 453
from grinding, macroetching to reveal **A9:** 176
gear materials **A18:** 261
grinding cracks prevented by. **A11:** 567–568
hardenable steels **M1:** 463, 466–469
heat checking of die surfaces **A18:** 631
malleable cast iron **M1:** 60–63, 68–71
martensitic stainless steels **A19:** 491
medium and temperatures. **M7:** 453
nitrided parts, prior to nitriding **M1:** 540, 542
notch toughness of steels, effect on . . **M1:** 701–703, 706, 709
of carbonitriding parts **M7:** 454
of dual-phase steels **A1:** 427–428
of high-chromium white irons **A15:** 684
of high-strength structural carbon steels . . . **A1:** 389, 391
of hot-rolled steel bars. **A1:** 241
of low-alloy steel sheet/strip. **A1:** 209
of martensite. **A1:** 134–136, 137, **M1:** 564
of martensitic stainless steels **A9:** 285
of powder metallurgy high-speed tool
steels. **A1:** 783
of steel plate **A1:** 231
of tool and die steels. **A14:** 55
plain carbon steels. **A15:** 713–714
response, powder forging **A14:** 202
scale, quench cracking from. **A11:** 94–95
selective tempering. **M1:** 527, 529
selectively hardened parts **M1:** 529
springs, steel. **M1:** 287–288, 301
steam. **M7:** 453
steel wire **M1:** 262
temperature and carbon content, hardness
effects **A14:** 198
temperature, effect on microstructural
failure **A11:** 325
temperature, hardness effects **A14:** 55
temperature, heating below, for
straightening **A14:** 682
temperature, property variations in P/M steels F-
0005-T and FN-0205-T **M1:** 344
temperatures for carbonitrided parts **M7:** 454
temperatures of high-speed steels. **M7:** 374
ultrahigh-strength steels . . . **M1:** 423–427, 430, 431, 433, 435, 438, 441

Tempering artifacts in carbon steel **A9:** 38
Tempering, gray iron **M4:** 535–537
Tempering of steel *See also* Tempering of steel,
equipment **A4:** 121–136, **M4:** 70–84
alloy content, effect of. **A4:** 121, 124, 128–129, **M4:** 72–75, 77
autotempering. **A4:** 121
blue brittleness **A4:** 135
bulk processing **A4:** 125, 133
carbon content, effect of **M4:** 72, 74–75, 76, 77
carbon content, effect on . . . **A4:** 121, 123–124, 127
carburized components. **A4:** 130, **M4:** 81
computer simulation **A4:** 645–646
cooling rate. **A4:** 121, 122–123, **M4:** 71–72
cracking in processing **A4:** 134–135, **M4:** 83–84
cyclic heating and cooling. **A4:** 125
dimensional changes **A4:** 121
embrittlement . . **A4:** 122–123, 124, 134, **M4:** 83–84
examples **A4:** 121, 123, 133–134
flame tempering. **A4:** 125, 126
frequency for various applications **A4:** 189
furnace atmosphere **A4:** 548
hardenability **A4:** 124, 127–132, 134, 135
hydrogen embrittlement **A4:** 136, **M4:** 84
induction heating energy requirements. **A4:** 189
induction heating temperatures **A4:** 188
induction tempering . . **A4:** 125, 126, 130–132, 134, **M4:** 81–83
multiple tempering. **A4:** 125, 133, **M4:** 82–83
nonmartensitic structures . . **A4:** 130, **M4:** 81, 82, 83
power density. **A4:** 131, 132
power source selection. **A4:** 189
procedures **A4:** 124–125, **M4:** 75–76
process control . . **A4:** 129, 131, 132, **M4:** 79, 80–81
quench tempering. **A4:** 121
residual elements, effect on **A4:** 121, 124
safety precautions **A4:** 128, 129
secondary hardening. **A4:** 121, 124
selective tempering **A4:** 125, 129, 132–133, **M4:** 81–82, 83

snap draw treatment **A4:** 134
stages of tempering **A4:** 121
steam atmosphere. **A4:** 562
temper embrittlement **A4:** 135
temperature **A4:** 121–122, 124, 125–126, 127, 129, 130, **M4:** 70–71, 72–73, 77
tempered martensite embrittlement
(TME). **A4:** 122, 135–136
time **A4:** 121, 122, 124, 127, **M4:** 71, 73
toughness. **A4:** 122–123
ultrahigh-strength steels **A4:** 209–216

Tempering of steel, equipment **A4:** 125–129, 130
convection furnaces **A4:** 125, 126, **M4:** 76–78
molten metal baths **A4:** 125, 126, 128–129, **M4:** 80
oil baths **A4:** 125, 126, 128, **M4:** 79–80
salt bath compositions. **A4:** 127
salt bath furnaces **A4:** 125, 127, 128
salt-bath compositions **M4:** 78–79
salt-bath furnaces **M4:** 78
selection **A4:** 129, **M4:** 80
temperature control **A4:** 126–127, 128, 129, **M4:** 80
vapor pressure, relation to temperature **A4:** 495

Tempering of steels
as manufacturing process **A20:** 247

Tempering of tool steels
effects on microstructure **A9:** 259

Tempering times. **A1:** 80

Tempers
galvanized wire **M1:** 263
steel sheet, bend limitations **M1:** 555
steel strip, mechanical properties for
various **M1:** 155

Tempers of aluminum alloys **A9:** 358
Template. **EM1:** 23, 144
defined **A14:** 13, **EM2:** 42

Template matching
in machine vision process. **A17:** 36

Templates
for part shape measurement. **A8:** 549

Templet *See* Template

Temporary coatings
stripping methods **M5:** 19

Temporary solder masks
application **EL1:** 559

Temporary viscosity loss **A18:** 84, 109–110

Temporary weld
definition **M6:** 17

Tenacity
defined **EM1:** 23, **EM2:** 42

Tennis racquets **EM1:** 31, 845

Tensile
and torsion fracture strains correlated **A8:** 168–169
-compressive systems. **A8:** 576
data, reliability and utility of. **A8:** 19
ductility, volume fraction second-phase particle
effect on. **A8:** 571–572
elongation **A8:** 36
fracture **A8:** 156, 571
hysteresis energy, for creep fatigue interaction
analysis. **A8:** 358
load, and compliance **A8:** 383–386
normal stress, in delamination. **A8:** 714
plastic flow stress **A8:** 452
residual surface stresses, and fatigue
strength **A8:** 374
strain **A8:** 353, 355
stress systems **A8:** 576
stress-relaxation curve. **A8:** 324–325
waves, flyer plate impact test. **A8:** 211

Tensile and hardness tests **A1:** 242

Tensile burr
definition **A5:** 970

Tensile compliance, defined *See* under Compliance

Tensile creep *See also* Creep
high-impact polystyrenes (PS, HIPS) **EM2:** 197
of polyarylates (PAR) **EM2:** 139
polyether sulfones (PES, PESV). **EM2:** 160
polyether-imides (PEI). **EM2:** 157
thermoplastics **EM2:** 113

Tensile deformation **A19:** 90

Tensile ductility
effect of second-phase particles **A14:** 364
loss by hydrogen damage **A13:** 164

Tensile ductility, loss of
and hydrogen-stress cracking **A1:** 712–717

Tensile elastic modulus
glass fiber reinforced epoxy resin **EM1:** 405
high-temperature thermoset matrix
composites **EM1:** 375

Tensile elongation
carbon fiber/fabric reinforced epoxy
resin **EM1:** 405, 410, 412
medium-temperature thermoset matrix
composites **EM1:** 383, 386
percent, epoxy resin system composites . . **EM1:** 401
thermoplastic matrix composites . . . **EM1:** 365, 368, 371

Tensile failure/fracture
continuous fiber composites **EM1:** 787–789, 791–792
discontinuous fiber composites **EM1:** 795–796
fiber mode **EM1:** 200, 202
matrix mode **EM1:** 200

Tensile failures
in magnesium alloys **A9:** 426

Tensile fatigue
pure **A12:** 342

Tensile fracture
as fatigue fracture plane-strain mode **A11:** 105
flat-face **A11:** 76
from shrinkage porosity, cast low-alloy steel
connector. **A11:** 389–390
in graphite-epoxy lay-ups **A11:** 734
shear-face. **A11:** 76

Tensile fracture modes
and temperature/strain rate **A14:** 363

Tensile fracture surfaces of beryllium-copper
alloys **A9:** 393

Tensile fractures *See also* Tensile-test fracture
cup-and-cone, studies. **A12:** 3
shear, elongated dimple formation **A12:** 13
shear, martensitic stainless steels **A12:** 368–369

Tensile fractures of austenitic manganese steel
castings **A9:** 237

Tensile hydrostatic threshold flow stress **A20:** 632

Tensile impact
and yield point **EM2:** 556

Tensile linear strain *See* Linear strain

Tensile load **A20:** 282–283
deformation bands as a result of. **A9:** 684
vs. elongation curves for yielding **A9:** 684

Tensile loading **A19:** 9
pure **A11:** 746

Tensile mean stress **A19:** 107, 238, 241

Tensile modulus *See also* Modulus of elasticity;
Young's modulus **EM3:** 28
carbon-epoxy laminates. **EM1:** 147
fiber reinforcements, compared **EM1:** 113
glass addition effect **EM2:** 72
glass fabric reinforced epoxy resin **EM1:** 404
glass fibers. **EM1:** 107
of engineering thermoplastics. **EM2:** 98
para-aramid fibers **EM1:** 54
polyester resins. **EM1:** 91, 92
RTM materials, E-glass reinforcement . . . **EM1:** 567
sheet molding compounds **EM1:** 158
thermoplastics **EM1:** 544
vs. bulk resistivity, graphite fiber **EM1:** 113
vs. temperature, Kevlar aramid fiber **EM1:** 362

Tensile opening mode
determining **EM1:** 264

Tensile oxide fracture **A19:** 534

Tensile Poisson's ratio *See also* Poisson's ratio
carbon fiber/fabric reinforced epoxy
resin **EM1:** 410
glass fiber reinforced epoxy resin **EM1:** 406
graphite fiber reinforced epoxy resin **EM1:** 413
Kevlar 49 fiber/fabric reinforced epoxy
resin **EM1:** 407
low-temperature thermoset matrix
composites **EM1:** 395
medium-temperature thermoset matrix
composites **EM1:** 386

Tensile properties *See also* Mechanical properties;
specific material type; Tensile strength
aluminum casting alloys **A2:** 143–144, 152–177
aluminum-silicon castings. **A15:** 160
cast copper alloys. **A2:** 356–391
CG iron **A15:** 672, 673
correlation with simulative tests, sheet
metals. **A8:** 565
corrosion-resistant cast irons. **M1:** 89

Tensile properties (continued)
density effects A14: 202–203
design stresses, ductile iron A15: 662
ductile iron M1: 35–38, 41, 47, 52
effect of density in P/M copper M7: 736
elevated temperature, alloy cast irons M1: 94
fatigue strength related to M1: 665
heat-resistant cast irons M1: 92–94
high-impact polystyrenes (PS, HIPS) EM2: 196
lead alloys A2: 550
low-expansion alloys A2: 892
malleable iron M1: 64–66, 68–71
measurement EM2: 433–434
mechanically alloyed oxide alloys A2: 946
of sheet metals A8: 555
of titanium-based powders, HIP, rotating electrode processed M7: 41, 42
palladium A2: 715
powder forgings A14: 202–203
prealloyed titanium P/M compacts A2: 651–652
pure tin A2: 519
stainless steel powders M7: 729, 730
tension testing of A8: 19
titanium and titanium alloy castings . . A2: 637, 641
uranium alloys A2: 672, 677
urethane hybrids EM2: 269
vinyl esters EM2: 274
white cast irons M1: 86–87
wrought aluminum and aluminum alloys A2: 62–122
wrought titanium alloys A2: 621–623, 630

Tensile pull-through
for fastener/joint evaluation EM1: 710

Tensile residual stresses A19: 315
and fatigue resistance A1: 681

Tensile residual surface stress
effect on fatigue strength A11: 112

Tensile shearing A12: 13, 368–369

Tensile strain A19: 383

Tensile strength *See also* Strength; Tensile properties; Ultimate strength; Ultimate tensile strength; Yield strength A20: 277–279, EM3: 51, 400–401
aligned short fibers EM1: 154, 155
aluminum and aluminum alloys A2: 8
aluminum-lithium alloys A2: 184
and deformation A8: 168–169
and hydrogen porosity A15: 747
and material selection EM1: 38
and modified Goodman law A8: 374
and notch sensitivity A8: 372
as engineering stress-strain parameter . . . A8: 20–21
axial, analysis EM1: 192–194
boron fiber EM1: 58
composites vs. metals EM1: 259–260
copper and copper alloys A2: 219
copper casting alloys A2: 348–350
defined A8: 14, 20, A11: 10, A13: 13, A14: 13, EM1: 23, EM2: 42
definition A20: 842
ductile iron A15: 654, 660, 662
effect, fiber orientation EM1: 120
effect, hydrogen embrittlement, nickel-base alloys A13: 651–652
epoxy resin matrices EM1: 73
ferrite effect, high-alloy steels A15: 725
fiber EM1: 113, 193–194
fiber, measurement techniques EM1: 286
fiber reinforcements, compared EM1: 113
glass addition effect EM2: 72
graphite-epoxy laminates EM1: 233
gray iron A15: 643
heat-treated copper casting alloys A2: 355
hot/wet conditions, p-aramid fibers EM1: 55
in aluminum-killed steels A10: 231
in spinning A14: 604
in uniaxial tensile testing A8: 555
Kevlar aramid fiber EM1: 55
laminate, test method effect EM1: 286
loss, as function of time A13: 911
loss, by atmospheric corrosion . . A13: 600–602, 775
low-temperature thermoset matrix composites EM1: 394
magnesium alloys A2: 460
measurement of EM3: 189
metals vs. ceramics and polymers A20: 245
notch, high-strength steel A13: 169
of composites A20: 351
of engineering thermoplastics EM2: 98, 618
of filament, test method effect EM1: 286
of flexible epoxies EL1: 821
of glass fibers EM1: 46, 107, 192, 362, 566
of laminates EM1: 286, 311
of sheet metals A8: 555
of steel wire strands, effect of heat treatment A11: 444
palladium wire, temperature effects A13: 804
p-aramid fibers EM1: 54–55
pearlitic malleable iron A15: 695
plane-strain fracture toughness varies with A11: 54
platinum wire, temperature effect A13: 800
polyaryl sulfones (PAS) EM2: 146
polyaryletherketones (PAEK, PEK PEEK, PEKK) EM2: 143
polybenzimidazoles (PBI) EM2: 148
polyester resins EM1: 91, 92
polyether-imides (PEI) EM2: 157
polysulfones (PSU) EM2: 200
RTM materials, E-glass reinforcement . . . EM1: 566
sheet molding compounds EM1: 158
SiC fibers EM1: 59
single-filament, glass EM1: 192
sintering temperature effects A13: 825
tape prepregs EM1: 143, 144
tests EM1: 286, 298
thermoplastic polyurethanes (TPUR) EM2: 206
thermoplastics EM1: 544
tow, test method effect EM1: 286
ultimate EM3: 29
vs. material form, multidirectional tape prepreg EM1: 146
vs. temperature, glass fiber EM1: 362
welded gray iron A15: 527
with PAN precursor EM1: 112
wrought aluminum alloy A2: 57, 58
wrought magnesium alloys A2: 483, 485
zinc alloys A2: 532

Tensile strength, ultimate *See* Ultimate tensile strength

Tensile strength(s) *See also* Strength; Ultimate tensile strength
effect of sintering temperature M7: 369
effect of sintering time M7: 370
electrolytic copper powder M7: 115, 116
of aluminum alloys M7: 474
of aluminum oxide-containing cermets M7: 804
of consolidated superalloys M7: 430
of copper-based P/M materials M7: 470
of ferrous P/M materials M7: 465, 466
of injection molded materials M7: 471, 499
of metal borides and boride-based cermets M7: 812
of molybdenum and molybdenum alloys . . M7: 476
of nickel-based, cobalt-based alloys M7: 472
of P/M and wrought titanium and alloys . . M7: 475
of P/M forged low-alloy steel powders M7: 470
of P/M stainless steels M7: 468
of porous uninfiltrated and silver-infiltrated M7: 562
of rhenium and rhenium-containing alloys M7: 477
of superalloys M7: 430, 473
of tantalum wire M7: 478
of titanium carbide-based cermets M7: 808
ratio in composite/matrix M7: 612
testing, and mechanical testing M7: 489–491
titanium P/M parts M7: 752

Tensile stress *See also* Compressive stress . . A13: 13, 145, 929–931, 941, A20: 517, 519, EM3: 29
criterion, as fracture model A14: 395–396
defined A8: 14, A11: 10, A14: 13, EM1: 23, EM2: 42–43
high, static, in threaded fasteners A11: 537
in fatigue testing A11: 102
initial, effect on time-to-fracture by SCC . . A11: 220
negative A11: 102
pulse, for dynamic notched round bar testing A8: 276–277
sustained, for stress-corrosion cracking A8: 495
systems A8: 576
systems, as controlling workability A14: 369

Tensile stresses
uniaxial A19: 52

Tensile stress-strain curve
as design requirement EM2: 407

Tensile tearing
elongated dimples by A11: 76

Tensile test *See also* Tension testing A20: 342
for hot-rolled steel bars A1: 242, 243
of bars prestrained in torsion A8: 155
resistance spot welds M6: 487–488
schematic A8: 208
validity, and wave propagation effects A8: 209

Tensile test bar
machined and unmachined M7: 490

Tensile test, strand *See* Strand tensile test

Tensile testing *See also* Tension testing . . EM3: 315, 387–388
limitations of A11: 18–19
of ductile-to-brittle fracture transition, in ferritic steel A11: 66
plane-strain A14: 887
uniaxial A14: 883–887
uniaxial, superplastic metals A14: 861–862

Tensile testing used for fracturing A9: 23

Tensile tests A19: 11–12
modulus-directed EM2: 546–547
strength-directed EM2: 547
toughness-directed EM2: 547–548
wrought martensitic stainless steels A6: 441

Tensile ultimate strength
computation of derived A8: 667
direct computation of design allowables for A8: 663
examples of computational procedures A8: 672–676
symbols and unit A8: 662

Tensile uniaxial threshold stress A20: 632

Tensile yield strength
and compressive yield strength A14: 20
from pin bearing testing A8: 61
histogram, with probability density functions A8: 628
typical range of engineering metals A19: 230

Tensile-compressive stress states
as controlling workability A14: 368–369

Tensile-impact failures
in magnesium alloys A9: 426

Tensile-mode crack A19: 120

Tensile-plus-compressive
definition A5: 970

Tensile-tensile fiber failure mode EM1: 202

Tensile-test fracture *See also* Tensile fracture
carbon steel casting A12: 105
ductile and brittle A12: 102
interpretation of A12: 98–105
iron ingot A12: 219
low-carbon, high oxygen iron A12: 223
maraging steels A12: 384
titanium alloys A12: 454
types, fcc metals A12: 100

Tension *See also* Stress; Surface tension; Tension testing A12: 3, 13, A13: 13, 246, 250–251
and magnetic field, resistivity effects A17: 144
and torsion flow curves at room temperature for copper A8: 162–164

SUBJECTS OF THE INDEXED VOLUMES: ASM Handbook (designated by the letter "A"): **A1:** Properties and Selection: Irons, Steels, and High-Performance Alloys (1990); **A2:** Properties and Selection: Nonferrous Alloys and Special-Purpose Materials (1990); **A3:** Alloy Phase Diagrams (1992); **A4:** Heat Treating (1991); **A5:** Surface Engineering (1994); **A6:** Welding, Brazing, and Soldering (1993); **A7:** Powder Metal Technologies and Applications (1998); **A8:** Mechanical Testing (1985); **A9:** Metallography and Microstructures (1985); **A10:** Materials Characterization (1986); **A11:** Failure Analysis and Prevention (1986); **A12:** Fractography (1987); **A13:** Corrosion (1987); **A14:** Forming and Forging (1988); **A15:** Casting (1988); **A16:** Machining (1989); **A17:** Nondestructive Evaluation and Quality Control (1989); **A18:** Friction, Lubrication, and Wear Technology (1992); **A19:** Fatigue and Fracture (1996); **A20:** Materials Selection and Design (1997). **Metals Handbook, 9th Edition** (designated by the letter "M"): **M1:** Properties and Selection: Irons and Steels (1978); **M2:** Properties and Selection: Nonferrous Alloys and Pure Metals (1979); **M3:** Properties and Selection: Stainless Steels, Tool Materials, and Special-Purpose Materials (1980); **M4:** Heat Treating (1981); **M5:** Surface Cleaning, Finishing, and Coating (1982); **M6:** Welding, Brazing, and Soldering (1983); **M7:** Powder Metallurgy (1984). **Engineered Materials Handbook** (designated by the letters "EM"): **EM1:** Composites (1987); **EM2:** Engineering Plastics (1988); **EM3:** Adhesives and Sealants (1990); **EM4:** Ceramics and Glasses (1991). **Electronic Materials Handbook** (designated by the letters "EL"): **EL1:** Packaging (1989)

as in-plane failure mode **EM1:** 781, 782–783
as stress, on shafts **A11:** 460
band fixation **A11:** 676, 681
-compression hold period **A8:** 353
-creep curve, with creep stages **A8:** 331
defined **A8:** 14, **A11:** 10, **A14:** 13
effect, magabsorption measurement **A17:** 154
effect on resistance, domain
interpretation **A17:** 145
effective fracture strain **A8:** 168
effective stress-strain curves for stainless
steel **A8:** 162, 164
failures, in fasteners **A11:** 531
far-field **A8:** 442
forced-vibration system **A8:** 392
-hold-only test **A8:** 347–352
horizontal, deformation under **A14:** 38
in forced-displacement system **A8:** 392
instability in **A8:** 25
interlaminar **EM1:** 787–789
load cell, in electrohydraulic testing
machine **A8:** 160
-loaded elements **EM1:** 321–323
loaded subcomponents **EM1:** 331
-loading techniques, for split Hopkinson bar in
tension test **A8:** 212–213
longitudinal, and damping **EM1:** 207–208
measurement, by Barkhausen noise **A17:** 160
mechanical behavior of materials under **A8:** 19, 20–27
mode I fractures in composites **A11:** 735–736
monotonic, failure in **A11:** 20
repeated, test results **A8:** 353–354
resonance system **A8:** 392
rotational bending system **A8:** 392
servomechanical system **A8:** 392
simple, in shafts **A11:** 460–461
stress-relaxation curve in **A8:** 323–324
stress-relaxation test in **A8:** 323
-tension failure cycles **A8:** 715–716
test, for workability **A14:** 37
testing, aluminum alloys **A14:** 79
translaminar **EM1:** 791–792
transverse, ply **EM1:** 237–238
types, in fatigue fracture **A11:** 75
uniaxial, ply **EM1:** 237
universal testing machines for **A8:** 612
Tension effective fracture strain **A8:** 168
Tension knuckle-drive forging **A14:** 173–174
Tension lap-shear tests **EM3:** 646–649
Tension leveling
of carbon steel sheet **A1:** 206
steel sheet **M1:** 160
Tension loading type
testing parameter adopted for fatigue
research **A19:** 211
Tension overload fractures
AISI/SAE alloy steels...... **A12:** 304, 311–315, 334
copper alloys **A12:** 402
equiaxed dimples, precipitation-hardening stainless
steels **A12:** 372
free-machining copper **A12:** 401
iron-base alloy **A12:** 460
martensitic stainless steels **A12:** 367
precipitation-hardening stainless steels ... **A12:** 370, 372
titanium alloys **A12:** 449
tool steels **A12:** 379
wrought aluminum alloys **A12:** 423, 425, 437
Tension restraint cracking test
comparison of fields of use, controllable variables,
data type, equipment, and cost **A20:** 307
Tension specimens
method to decrease SCC susceptibility **A8:** 508
ring-stressed **A8:** 507
SCC testing **A8:** 506–508
transverse, effective fracture strain **A8:** 168
Tension, surface
SI derived unit and symbol for **A10:** 685
Tension test **A1:** 581–582
evaluation of workability parameter β ... **A20:** 304, 305
for gray iron **A1:** 16
for hot-rolled steel bars **A1:** 242, 243
Tension test specimens for pressed and sintered metal powders, specifications **A7:** 714, 813, 1099
Tension testing *See also* Tension; Testing Test(s)
advantages **A8:** 19, 34
and torsion testing **A8:** 163, 165
and upset test fracture strains, compared .. **A8:** 581
correlation of cold rolling reduction with reduction
in area **A8:** 595–596
defined **A8:** 14, 19, 20, **A11:** 10
ductility measurement in **A8:** 26–27
elevated temperature **A8:** 34–37
equipment **A8:** 19
explosion-bulge test, drop-weight test and
compared **A11:** 58
for bulk workability assessment **A8:** 577–578
for full-size parts **A8:** 19
fracture regimes determined by **A8:** 154
fully reversed, ultrasonics **A8:** 248
high strain rate **A8:** 208–214
high-temperature hydrodynamic **A11:** 281
Hopkinson bar **A8:** 198
hot **A8:** 586–587
instrumentation **A8:** 47–51
interpretation and limitations **A8:** 19
low temperature **A8:** 34–37
machine **A8:** 45, 47–51, 472
mechanical behavior of materials under **A8:** 20–27
necking in **A8:** 578
rationalizing strain distribution in **A8:** 26
specimen, and upset test specimen
orientation **A8:** 581
speed of **A8:** 39, 47
speed of deformation in **A8:** 38
step-down **A8:** 324
tensile strength from **A8:** 20
Tension testing machine **A8:** 45, 47–51, 472
Tension testing of cemented carbides, specifications **A7:** 1100
Tension-hold-only test **A8:** 347–352
Tension-shear testing
explosion welds **M6:** 711
Tension-tension ($R > 0$) testing **A19:** 173
Tensors **A20:** 183
Tent lighting
for reflective parts **A12:** 88
Tenth-scale vessel
defined **EM1:** 23
Tenting
defined **EL1:** 1159
Teratogenicity
of arsenic **A2:** 1238
Terbium
pure **M2:** 806–807
TNAA detection limits for **A10:** 238
Terbium, as rare earth metal
properties **A2:** 720, 1187
Terbium basic carbonate
sol-gel processing **EM4:** 447
Terbium in garnets **A9:** 538
Terephthalic polyester resin *See also* Unsaturated polyesters
properties **EM2:** 246
Terfenol
as rare earth magnetic application **A2:** 730
Termed pressing and sintering **A19:** 337
Terminal creep
defined **A12:** 19
Terminal erosion rate **A18:** 228
defined **A18:** 19
Terminal period
defined **A18:** 19
Terminal phases .... **A3:** 1•3, 1•18
Terminal pins, and solder
elemental mapping of **A10:** 532
Terminal solid solution
defined **A9:** 18
Terminal(s) **A14:** 82, 142
desoldering **EL1:** 721
number, in IC packages **EL1:** 251
three-, discrete semiconductor **EL1:** 422–429
Terminals (electrical)
powder used **M7:** 573
Termination fatigue crack initiation site
notch **A19:** 282
relevant material condition **A19:** 282
residual stresses **A19:** 282
Termination(s)
density, comparisons **EL1:** 730
design **EL1:** 521–522
failures, ceramic capacitors **EL1:** 994
failures, passive devices **EL1:** 994
lead, common methods **EL1:** 713
mechanical crimp **EL1:** 590–591
parallel and series **EL1:** 170–172, 522
pressure **EL1:** 591
resistance, and local physical performance .. **EL1:** 5
Terminations in eutectic microstructures **A9:** 620
Terminology *See also* Categorization; Classification; Glossary; Nomenclature; Notation
electrical **EM2:** 461–462, 590–593
of composite materials **EM1:** 176–177
Terms *See also* Categorization; Classification; Nomenclature; Terminology
and definitions **A8:** 1–15
experimental design **A8:** 640
for liquid metal processing **A15:** 49
glossary of **A15:** 1–12, **EL1:** 1133–1162, **EM2:** 2–47
Terms related to phase diagrams .... **A3:** 1•2
Terms used in powder metallurgy, specifications **A7:** 1100
Ternary
alloys, tantalum, corrosion resistance **A13:** 738
phase diagram, defined **A13:** 46
Ternary alloy (copper-tin) plating **M5:** 288
Ternary alloys
implantation in **A10:** 486
Ternary iron-base alloys *See also* Iron-base alloys
carbon solubility **A15:** 66–68
equilibrium temperatures **A15:** 65–67
Fe-C-Mn system, thermodynamics **A15:** 65
Fe-C-P system, thermodynamics **A15:** 65
Fe-C-Si system, thermodynamics **A15:** 64–65
interaction coefficients for alloying
elements **A15:** 62
multicomponent **A15:** 68–69
solubility factors **A15:** 66
thermodynamics of **A15:** 62–64
third element effects **A15:** 67–68
Ternary iron-cobalt-chromium alloys
FIM/AP analysis **A10:** 598–599
Ternary molybdenum chalcogenides (chevrel phases) *See also* Superconducting materials
applications, potential **A2:** 1079–1080
cold processing (niobium/tantalum
sheaths) **A2:** 1079
development **A2:** 1077
fabrication technology **A2:** 1077–1079
hot processing (molybdenum
sheath) **A2:** 1077–1079
properties **A2:** 1077
structure and bonding **A2:** 1078
wire filaments, superconducting
properties **A2:** 1079
Ternary mullite
maximum use temperature **EM4:** 875
Ternary system
defined **A9:** 18
Ternary system or diagram .... **A3:** 1•2, 1•4–1•5
Ternary-alloy phase diagrams .... **A3:** 3•5–3•58
Terne
defined **A13:** 13
definition **A5:** 970
Terne coating *See also* Tin-lead
plating **M5:** 358–360
air-knife system **M5:** 359–360
cleaning processes **M5:** 358–359
continuous system **M5:** 359–360
long **M5:** 358–359
semicontinuous system **M5:** 359
short **M5:** 358
specifications **M5:** 358–359
spot tests, single and triple **M5:** 359
steel **M5:** 358–360
formed **M5:** 358
sheet **M5:** 358–359
strip **M5:** 359
thickness **M5:** 358–359
Terne coatings **A1:** 221–222, **M1:** 171, 173–174
applications **M1:** 173–174
coating weights **M1:** 174
corrosion resistance **M1:** 174
designations **M1:** 174
formability **M1:** 173–174
handling and storage **M1:** 174
lead and lead alloys **A2:** 554–555
mechanical properties **M1:** 171, 174

Terne coatings (continued)
painting of **M1:** 174
specifications for **M1:** 174
toxicity, precautions when welding **M1:** 174
weldability **M1:** 174
Terne, long and short
defined **A2:** 555
Terne metal **M2:** 497–498
micrograph **A9:** 422
Terne-coated steels
press forming of **A14:** 562–563
Terne-metal-coated steels
resistance spot welding **M6:** 479–480, 491
Terne-metal-plated steel
coating for resistance seam welding **M6:** 502
resistance spot welding **M6:** 480
Terneplate **A1:** 221
relative weldability ratings, resistance spot welding **A6:** 834
resistance seam welding **A6:** 244
vapor degreasing applications by vapor-spray-vapor systems **A5:** 30
Terpenes
as cleaning solvents **EL1:** 663
Terpineol (80%) (terpine alcohol)/20% styrene resin
as vehicle for solder glass powder **EM4:** 1070
Terpolymer *See also* Polymers **EM1:** 23, 78, **EM3:** 29
defined **EM2:** 42
Terrace cracks
by ductile shearing **A12:** 139
"Tertiarium" mixtures **A6:** 126
Tertiary amide polymer
application or function optimizing powder treatment and green forming **EM4:** 49
Tertiary amines **EM3:** 96, 99, 100
for accelerating epoxy curing reactions **EM3:** 95
for core curing **A15:** 240
Tertiary butylarsenic
physical properties **A5:** 525
Tertiary butylphosphine
physical properties **A5:** 525
Tertiary creep **A20:** 573, 574
defined **A8:** 308, **A12:** 19
in elevated-temperature failures **A11:** 263–264
onset **A8:** 693
time to **A8:** 690
Tertiary creep zone **A19:** 508
Tesla **A7:** 1006
abbreviation for **A10:** 691
as SI derived unit, symbol for **A10:** 685
charge **A10:** 32
Test *See also* Testing
bending strength **A8:** 132–136
chamber, fatigue **A8:** 412–413
dry-sand rubber wheel **A8:** 605
environment, effect on fatigue and creep-fatigue results **A8:** 354
equipment, for fracture toughness testing . . . **A8:** 19, 470
flat plate impact **A8:** 210
interval **A8:** 374
light, in spring-material test apparatus **A8:** 134–135
limitations, split Hopkinson pressure bar tests **A8:** 202–203
matrix, for creep testing **A8:** 686
nonstandard torsional **A8:** 147
selection of quasi-static torsional **A8:** 145
stand **A8:** 311–313
standard methods for torsional testing **A8:** 147
stress, SCC testing **A8:** 503
surface, Brinell test **A8:** 85, 88
temperature **A8:** 586–587
torsional creep **A8:** 147
validity **A8:** 190–191
Test and maintenance (TM) **EL1:** 376
Test bar properties
in gray iron **A1:** 16–19
Test bars **M7:** 489–491
Test block **A8:** 374
Brinell standardized **A8:** 85
verification by **A8:** 88
Test blocks *See also* Reference standards; Standard reference blocks
acoustical holography **A17:** 444–445
for ultrasonic inspection standards . . . **A17:** 261–265
reference **A17:** 262–265
with artificial flaws **A17:** 262
with natural flaws **A17:** 262
Test board
defined **EL1:** 1159
Test chips, as design tools **EL1:** 419
Test coupon *See also* Coupon
defined **EL1:** 1159
printed board, metallographic evaluation **EL1:** 572–577
Test coupons
closed-die steel forgings **M1:** 351–352
Test equipment
fixture for pin bearing testing **A8:** 60–61
Test exposures
fractographic **A12:** 86–87
Test frequencies *See also* Frequencies
and flaw size, eddy current inspection **A17:** 194
Test frequency
magnetically soft materials **A2:** 763
Test geometry evaluation **EM3:** 441–454
impact performance of bonded joints **EM3:** 447–449
in situ testing of bonded joints **EM3:** 442–444, 445
mixed-mode bond line fracture characterization **EM3:** 444–447
tools for assessing specimen performance **EM3:** 449–454
Test grids used in quantitative metallography **A9:** 124–125
Test lines used in quantitative metallography **A9:** 124
Test loop
gas/oil production monitoring **A13:** 1251
Test methods *See also* Analytical methods; Life tests
for germanium and germanium compounds **A2:** 736
magnetic, magnetically soft materials . . **A2:** 763–778
mechanical, aluminum casting alloys . . **A2:** 147–148
Test module
zero risk stress testing **EL1:** 136, 140
Test Monitoring Center (TMC)
performance testing of engine oils **A18:** 170
Test object *See also* Object(s); Specimen(s); Workpieces
thermal active, thermal inspection **A17:** 397
Test phantom *See* Phantom
Test program design *See also* Statistical analysis; Testing; Test(s)
data analysis **EM2:** 602–606
data analysis software **EM2:** 607–608
economic factors **EM2:** 606–607
experimental **EM2:** 599–602
for variability sources **EM2:** 606
selection **EM2:** 599
terminology **EM2:** 599–600
Test sample **A7:** 206
Test solution
for acidified chloride environments **A8:** 419
Test specimen *See also* Specimen
fatigue crack propagation **A8:** 379–382, 678
for pin bearing testing **A8:** 59–60
for ultrasonic fatigue testing **A8:** 248–252
Test specimen(s) *See also* Fracture specimens; Specimens
fracture sources illustrated **A12:** 217
preparation/preservation **A12:** 72–77
Test structures
quantitative stress measurement using **EL1:** 444–446
Test vectors **A20:** 205, 206
Testability *See also* Testing
design for **EL1:** 374
of level 1 packages **EL1:** 403
Test-bar properties
gray cast iron **M1:** 16–19
Test-bus standardization **EL1:** 376
Tester friction
effect on microhardness readings **A8:** 96
Testicular tumors
from zinc toxicity **A2:** 1255–1256
Testing *See also* Accelerated testing; Board-level physical test methods; Chemical analysis; Component-level physical test methods; Corrosion testing; Electrical performance testing; Environmental testing; Evaluation; Fiber properties analysis; Formability testing; In-process testing; In-service monitoring; Inspection; Instrumentation; Laminate properties analysis; Life cycle testing; Material properties; Material properties analysis; Mechanical testing; Modeling; Model(s); Monitoring; Nondestructive evaluation; Performance; Physical test methods; Reliability; Reliability prediction; Reliability testing; Simulated service testing; Specific testing techniques; Statistical analysis; Test; Test program design; Testing and characterization; Test(s); Ultrasonic nondestructive analysis; Visual inspection; Workability tests **EM1:** 283–351, **EM4:** 547–548
accelerated **EL1:** 887–894, **EM2:** 789–790
ad hoc optical **EM2:** 598
Alnico alloys **A15:** 738–739
aluminum coatings **M1:** 172
aluminum stamping alloys **M2:** 180–182
and burn-in tape-on-chip **EL1:** 281–282
and instrumentation **EL1:** 365–380
and prototyping, plastic parts **EM2:** 80–81
ASTM test methods **EM2:** 334
at elevated temperatures **A8:** 202
atmospheric corrosion **M1:** 717–720
axial compression **A8:** 55–58
Brinell hardness **A8:** 84–89
bulk workability **A8:** 571–597
cam plastometer **A8:** 195–196
cast steels **M1:** 378–381, 400–402
chemical, reinforcement fibers **EM1:** 285
closed-loop system **A8:** 151
complete WSI modules **EL1:** 363
constant tensile load **EM2:** 802
constant-load vs. constant-strain **EM2:** 801
constant-strain **EM2:** 802
constructional steels for elevated temperature use **M1:** 639–643, 657–659
control, for cupolas **A15:** 390
copper-base infiltration powders, specifications **A7:** 1099
corrosion, graphite-to-aluminum joints **EM1:** 717–718
cost drivers in **EM1:** 421
creep **A8:** 311–328
cyclic torsional **A8:** 149–153
cyclic-stress **A11:** 102
digital signal processing (DSP) **EL1:** 378
direction, primary **A8:** 667
documentation **EM1:** 300
ductile iron pipe **M1:** 98
dynamic tests **EM2:** 418–419
electrical **EL1:** 372–378, 565–571, 946–972, **EM2:** 581–593
electrical properties . . . **EM2:** 78, 461–462, 475–478
electrical resistivity **EM2:** 475
electromagnetic interference (EMI) shielding **EM2:** 476–478
electronic materials, special procedures **EL1:** 953–955
environmental **EL1:** 493–503
environmental attack on polymers . . **EM2:** 425–426
environmental exposure **EM1:** 295–301
environments, stress-corrosion cracking in **A11:** 211

SUBJECTS OF THE INDEXED VOLUMES: ASM Handbook (designated by the letter "A"): **A1:** Properties and Selection: Irons, Steels, and High-Performance Alloys (1990); **A2:** Properties and Selection: Nonferrous Alloys and Special-Purpose Materials (1990); **A3:** Alloy Phase Diagrams (1992); **A4:** Heat Treating (1991); **A5:** Surface Engineering (1994); **A6:** Welding, Brazing, and Soldering (1993); **A7:** Powder Metal Technologies and Applications (1998); **A8:** Mechanical Testing (1985); **A9:** Metallography and Microstructures (1985); **A10:** Materials Characterization (1986); **A11:** Failure Analysis and Prevention (1986); **A12:** Fractography (1987); **A13:** Corrosion (1987); **A14:** Forming and Forging (1988); **A15:** Casting (1988); **A16:** Machining (1989); **A17:** Nondestructive Evaluation and Quality Control (1989); **A18:** Friction, Lubrication, and Wear Technology (1992); **A19:** Fatigue and Fracture (1996); **A20:** Materials Selection and Design (1997). **Metals Handbook, 9th Edition** (designated by the letter "M"): **M1:** Properties and Selection: Irons and Steels (1978); **M2:** Properties and Selection: Nonferrous Alloys and Pure Metals (1979); **M3:** Properties and Selection: Stainless Steels, Tool Materials, and Special-Purpose Materials (1980); **M4:** Heat Treating (1981); **M5:** Surface Cleaning, Finishing, and Coating (1982); **M6:** Welding, Brazing, and Soldering (1983); **M7:** Powder Metallurgy (1984). **Engineered Materials Handbook** (designated by the letters "EM"): **EM1:** Composites (1987); **EM2:** Engineering Plastics (1988); **EM3:** Adhesives and Sealants (1990); **EM4:** Ceramics and Glasses (1991). **Electronic Materials Handbook** (designated by the letters "EL"): **EL1:** Packaging (1989)

fabric strength EM1: 732–733
fatigue crack propagation A8: 376–378
fatigue loading EM2: 703
fatigue, standards and practices for A8: 375
ferrous P/M materials M1: 327–330
fluidity A15: 767–768
for damage tolerances EM1: 264
for design allowables EM1: 308–312
for environmental stress crazing EM2: 801–803
for hydrogen, aluminum alloys A15: 457–459
for life cycle EL1: 135–140
for oxidation resistance A20: 601
for oxides, in aluminum A15: 749
fracture toughness EM2: 739–740
frames A8: 192–193
full-scale EM1: 346–351
hardenability M1: 457, 471–479
hardness A8: 71–73
hermeticity EL1: 1062–1063
high strain rate A8: 215–239
high strain rate tension A8: 208–214
hot rolled bars and shapes M1: 201–202
hypotheses A8: 626
information sources for EM2: 92–95
introduction EM1: 283
leadless packaging EL1: 988–989
machine capability A8: 58
mechanical EM2: 544–558
medium strain rate compression A8: 192–193
mediums, accelerated, for SCC testing A8: 522–523
metallization integrity EL1: 953
methods, ASTM standard, plastics EM2: 90
methods, for hydrogen embrittlement A8: 537–541
methylene chloride, for chemical
resistance EL1: 536
microhardness A8: 90–103
monocrystal casting A15: 322–323
multifilament yarns EM1: 732
natural environmental EM2: 578
nondestructive A11: 16–18
of adhesives, specifications EM1: 696–699
of casting defects A15: 544–561
of ductile iron A15: 652–654, M1: 37, 54–56
of elements and subcomponents EM1: 313–345
of flexible epoxies EL1: 820
of gases, copper alloys A15: 465–466
of glass-to-metal seals EL1: 458–459
of honeycomb EM1: 724–726
of investment castings A15: 264
of lubricants A14: 896–897
of matrix resin properties EM1: 289–294
of mechanical properties ... EM1: 95–307, 731–735
of metal powder structural parts,
specifications A7: 1099
of reinforcement fibers EM1: 285–288
optical EM2: 594–598
physical test methods EL1: 365–372
pin bearing A8: 59–61
plain carbon steels A15: 702
plane-strain fracture toughness EM2: 739–740
pressure-shear plate impact A8: 230–238
printed board coupons EL1: 574
quantitative stress, using test
structures EL1: 444–446
quasi-static torsional A8: 145–148
reclaimed sands A15: 355
reliability, ceramic multilayer packages ... EL1: 468
rigid printed wiring boards EL1: 542–543, 547
solder pastes EL1: 655–656
spalling (splitting) strength, of green
sands A15: 345
standard mechanical, for strain rate regime
compression testing A8: 190
static elimination EM2: 475–476
statistical analysis, of mechanical
properties EM1: 302–307
steel forgings M1: 351–359
steel sheet for formability M1: 547–554
stress-relaxation A8: 311–328
structural. element and
subcomponent EM1: 313–345
subcomponent EM1: 313, 329–334
substrates, ceramic packages EL1: 467
surface insulation resistance EL1: 667–668
tensile EM2: 546–548
ten-year worldwide ground-based
exposure EM1: 823–825
tin coatings M1: 173
torsion, for workability A8: 154–184
torsional impact A8: 216–218
transient tests EM2: 417–418
uniaxial tensile creep EM2: 666–667
vs. screening EL1: 875
wafer-scale integration EL1: 362–363
water absorption test, for chemical
resistance EL1: 536–537
wear A8: 601–608
weight A15: 363, 545
wire bonds EL1: 226–228
zinc coatings M1: 168–169
Testing and analysis EM3: 313–314
Testing and certification standards A20: 68
Testing and characterization *See also* Testing; Tests; Ultrasonic-nondestructive analysis
chemical analysis, thermoplastic
resins EM2: 533–543
chemical analysis, thermoset resins .. EM2: 517–532
chemical susceptibility EM2: 571–574
electrical testing EM2: 581–593
introduction EM2: 515–516
mechanical testing EM2: 544–558
optical testing EM2: 594–598
physical analysis, thermoplastic
resins EM2: 533–543
physical analysis, thermoset resins .. EM2: 517–532
temperature resistance EM2: 559–567
test program design and statistical
analysis EM2: 599–609
thermal analysis, thermoplastic
resins EM2: 533–543
thermal analysis, thermoset resins .. EM2: 517–532
thermal degradation, and service
temperatures EM2: 568–570
weather aging and radiation
susceptibility EM2: 575–580
Testing and evaluation of powder metallurgy parts A7: 710–718
apparent hardness A7: 713–714
crack detection A7: 714–717
density measurement A7: 713
dimensional evaluation A7: 710–712
mechanical testing/tensile testing A7: 714
microhardness A7: 713–714
Testing direction
primary A8: 667
Testing equipment axial fatigue A8: 369
bending fatigue A8: 369
calibration of A8: 611–619
constant-load A8: 311
constant-stress A8: 311
creep A8: 311–313
for Brinell hardness test A8: 86–88
for Rockwell hardness testing A8: 77–78
for shear testing A8: 67–68
maintenance A8: 88
multiaxial fatigue A8: 370
special-purpose fatigue A8: 369–370
stand A8: 311–313
stiffness, experimental values A8: 42–43
stress-relaxation A8: 311
stress-rupture A8: 311–312
torsional fatigue A8: 369
universal A8: 612–614
verification of A8: 611–612
Testing machine *See also* Testing equipment
defined A8: 14
Testing methods nondestructive M7: 491–492, 575–579
Testing of adhesive joints EM3: 37
Testing of wrought tool steels A1: 771–778
fabrication A1: 774–778
distortion and safety in hardening A1: 777
grindability A1: 775
hardenability A1: 775–777
machinability A1: 774–775
resistance to decarburization A1: 778
weldability A1: 775
performance in service A1: 771–774
Testing programs
critical aspects of A19: 16
economy A19: 16
efficacy A19: 16
efficiency A19: 16
Testpiece *See* Specimens; Workpiece(s)
Testpieces for examination
carbonitrided steels A9: 217
carburized steels A9: 217
nitrided steels, preparation of A9: 217–218
Test(s) *See also* Mechanical testing; Nondestructive evaluation (NDE); Nondestructive testing (NDT); Statistical analysis; Test program design; Testing; Testing and characterization; Ultrasonic nondestructive analysis
accelerated, for corrosion A11: 174
and data, fracture toughness A11: 53–55
carousel-type thermal fatigue A11: 278–279
cascade A11: 280–281
Charpy V-notch impact .. A11: 2, 57–60, 67–69, 76, 84–88, 705–706, 796
correlations and comparisons between A11: 60
crack-opening displacement A11: 62
differential scanning calorimetry
(DSC) EM2: 523–525, 540
drop-weight (DWT) A11: 57–58
dynamic mechanical analysis
(DMA) EM2: 526–527
dynamic tear (DT) A11: 61–62
electrical properties EM2: 461–462, 475–478, 581–587
electrochemical A11: 174
Esso (Feely) A11: 60
explosion-bulge A11: 58–59
fatigue loading EM2: 703–706
ferris-wheel disk A11: 279
flexed-beam impact, and notch
sensitivity EM2: 556–557
flexed-plate impact EM2: 557
fluidized-bed thermal fatigue A11: 278
for cannon tubes A11: 281
for elevated-temperature failures A11: 278–281
for environmental attack, polymers EM2: 425–426
for gas-turbine components A11: 278–281
for protective coatings EM2: 425
for radiation degradation EM2: 576–580
for weather aging EM2: 576–580
high-temperature hydrodynamic tension .. A11: 281
impact EM2: 554–556, 687–688
instrumented-impact A11: 64
Izod A11: 57
J testing A11: 62–64
laboratory cracking A11: 250
Lehigh bend A11: 59
mechanical A11: 18–19
methods, for magnesium alloys A11: 223
Navy tear A11: 60
notched slow-bend A11: 59
oxidation-corrosion A11: 279–280
peel A11: 43
plane-strain fracture-toughness A11: 60–61
preservice, of pipeline A11: 697–699
ratio-analysis diagram (RAD) A11: 62
R-curve analysis A11: 64
resistance to hot corrosion by
sulfidation-oxidation A11: 280
rheological analysis EM2: 527
Robertson A11: 59–60
Schnadt specimen A11: 57
simulated-bolthole A11: 279
simulated-service A11: 31, 174, 214
spectroscopic evaluation EM2: 426
spin A11: 279
spot, chemical analysis A11: 30–31
static fatigue EM2: 703–704
tape A11: 43
tensile, limitations of A11: 18–19
thermal-shock A11: 281
thermomechanical analysis (TMA) .. EM2: 525–526, 540–541
thermomechanical fatigue A11: 278
Tests of significance A20: 82–83
Te-Tl (Phase Diagram) .... A3: 2•376
Tetrabromethane
separation medium for heavy mineral analysis of
glass-quality sand EM4: 378
Tetrabromobisphenol A
in epoxy resin manufacture EM1: 66
Tetracalcium aluminoferrite
in composition of portland cement EM4: 11
Tetracapped pentagonal prism A7: 168

Tetrachloroethylene
as toxic chemical targeted by 33/50 Program . . . **A20:** 133
Tetrachloroethylene (perchloroethylene)
hazardous air pollutant regulated by the Clean Air Amendments of 1990 . . . **A5:** 913
maximum concentration for the toxicity characteristic, hazardous waste . . . **A5:** 159
wipe solvent cleaner . . . **A5:** 940
Tetrachloromethane (carbon tetrachloride)
wipe solvent cleaner . . . **A5:** 940
Tetraethylorthosilicate (TEOS)
hydrolysis stages . . . **EM4:** 209, 211
polymerization stages . . . **EM4:** 210
sol-gel processing . . . **EM4:** 445, 448, 449
sol-gel transition . . . **EM4:** 209, 211
Tetraethyltin
physical properties . . . **A5:** 525
Tetrafluoroethylene oxide phenylquinoxaline elastomer (FEX) . . . **EM3:** 677
Tetraglycidyl methylene dianiline (TGMDA) . . . **EM2:** 240–241
Tetraglycidylmethylenedianiline (TGMDA)
epoxy resin . . . **EM1:** 67, 69
Tetragonal
defined . . . **A9:** 18
Tetragonal crystal system . . . **A3:** 1•10, 1•15, **A9:** 706
Tetragonal crystals under polarized light . . . **A9:** 77
Tetragonal forms
in uranium . . . **A9:** 476
Tetragonal unit cells . . . **A10:** 346–348
Tetragonal zircona polycrystal (TZP) . . . **EM4:** 756
joining oxide ceramics . . . **EM4:** 512
properties . . . **EM4:** 512, 756
Tetrahedral-mesh generation, fully automatic . . . **A20:** 195–196
Tetrahydrofuran . . . **EM3:** 35
Tetrahydrofuran (C_4H_8O)
as solvent used in ceramics processing . . . **EM4:** 117
Tetramethyl butane diamine (TMBDA)
catalyst . . . **EM3:** 590
Tetramethylammonium hydroxide (TMAH) **EM4:** 57, 59
Tetramethyldisiloxane
deposition rates . . . **A5:** 896
Tetramethylgermanium
physical properties . . . **A5:** 525
Tetramethylorthosilicate (TMOS)
sol-gel processing . . . **EM4:** 449, 450
sol-gel transition . . . **EM4:** 209
Tetramethyltin
physical properties . . . **A5:** 525
Tetrasodium pyrophosphate
mill additions for wet-process enamel frits for sheet steel and cast iron . . . **A5:** 456
Tetrathiofulvalenium tetracyanoquinodimethane (TTF-TCNQ) . . . **EM3:** 436
Tetrathionic acid . . . **A19:** 491
Tetronics plasma process
for EAF dust zinc recycling . . . **A2:** 1225
Te-U (Phase Diagram) . . . **A3:** 2•376
Tevatron
as largest superconducting device . . . **A2:** 1027
Tex
defined . . . **EM1:** 23, **EM2:** 42
Texas Instrument process . . . **EL1:** 621
TEXGAP84 2nd-3d texcap for contact computer program for structural analysis . . **EM1:** 268, 273
TEXLESP (Texas Large Elas Stn Pg) computer program for structural analysis . . **EM1:** 268, 273
Textile applications
silicones (SI) . . . **EM2:** 266
ultrahigh molecular weight polyethylenes (UHMWPE) . . . **EM2:** 168
Textile equipment
creel warp supply spools . . . **EM1:** 128
fly-shuttle loom, unidirectional fabric . . . **EM1:** 127
for unidirectional/two-directional fabrics . . . **EM1:** 127–128
rapier loom, plain-weave carbon fabric . . **EM1:** 127
Textile fiberglas
defect inclusion levels . . . **EM4:** 392
defects and cost of losses . . . **EM4:** 392
Textile fibers *See also* Fabric; Fiber(s); Yarns
defined . . . **EM1:** 23, **EM2:** 42
Textile industry applications
aluminum and aluminum alloy equipment . . . **A2:** 13–14
cobalt-base wear-resistant alloys . . . **A2:** 451
Textile machine
spiral power spring distortion in . . . **A11:** 140
Textile machine wear plate
material selection . . . **M1:** 612, 630
Textile oil
defined . . . **A18:** 19
Textile yarn *See also* Yarns
fiberglass . . . **EM1:** 110–111
Textural boundary fractal . . . **A7:** 265, 266, 269
Textural fractal dimension . . . **A18:** 353
Texture *See also* Crystallographic information; Crystallographic texture measurement and analysis; Fiber; Texturing
analysis . . . **A10:** 357–364
and material behaviors, correlated . . . **A10:** 357–358
and texture gradients . . . **A10:** 420
as metallurgical variable affecting corrosion fatigue . . . **A19:** 187, 193
by x-ray topography . . . **A10:** 365
copper, dependence on temperature . . . **A8:** 181–182
crystallographic, as measure of average grain orientation . . . **A10:** 358
crystallographic, measurement and analysis of . . . **A10:** 357–364
crystallographic, superplastic titanium alloys . . . **A14:** 84
defined . . . **A9:** 18, **A10:** 683, **A11:** 11
definition . . . **A20:** 842
determined by neutron diffraction . . . **A10:** 420, 423–424, 425
development, in torsion . . . **A8:** 180–181
dimples as . . . **A12:** 399–400
fiber, defined . . . **A10:** 359
for degradation detection . . . **EM2:** 574
fracture, photographing . . . **A12:** 82–85
high-purity copper, temperature and stress effects . . . **A12:** 399
in copper twisted at high temperature . . . **A8:** 181
magnetic measurement of . . . **A17:** 129
nondestructive measurement . . . **A10:** 423
of body-centered cubic metals in torsion . . **A8:** 181, 183
of composite fractures . . . **A11:** 735
of ductile fractures . . . **A11:** 82–83
of face-centered cubic metals . . . **A8:** 181–182
of fracture surfaces . . . **A11:** 20, 75
of oxides . . . **A13:** 66
orientation distribution function as measurement of . . . **A10:** 360–361
preferred orientation . . . **A10:** 358–361
rolling, in fcc material . . . **A10:** 363–364
surface . . . **A14:** 87
symmetrical variations . . . **A10:** 363
true volume-averaged, by neutron diffraction . . . **A10:** 357
Texture, crystallographic . . . **A9:** 700–706
changes due to high-angle boundary migration . . . **A9:** 694
characterization of . . . **A9:** 701–706
control of . . . **A9:** 701
defined . . . **A9:** 700
development of . . . **A9:** 700–701
during normal grain growth . . . **A9:** 689
during secondary recrystallization . . . **A9:** 690
effect on anisotropic properties . . . **A9:** 700
in specimens deformed to large strains . . . **A9:** 693
pole figures used to describe . . . **A9:** 703–706
types . . . **A9:** 701
Textured aramid
process . . . **EM1:** 115
Textured surfaces
processes for . . . **EM2:** 304–305
Textures
metal, developed by various processing operations . . . **A9:** 706
relationship of lattice orientation to grain structure . . . **A9:** 602
Texturing . . . **A19:** 39–40
glass yarn . . . **EM1:** 111
radial, carbon fibers . . . **EM1:** 51
Texturing, defined
in forging . . . **A11:** 319
Te-Yb (Phase Diagram) . . . **A3:** 2•376
Te-Zn (Phase Diagram) . . . **A3:** 2•377
T-fittings
pipe welding . . . **M6:** 591
TFX (F-111) aircraft . . . **A19:** 577
T_g *See* Glass transition temperature; Glass-transition temperature
TGA *See* Thermogravimetric analysis
Thailand
bronze casting in . . . **A15:** 22
Thallium
adhesion and solid friction . . . **A18:** 33
anode composition complying with Federal Specification QQ-A-671 . . . **A5:** 217
as minor toxic metal, biologic effects . . . **A2:** 1260–1261
determined by controlled-potential coulometry . . . **A10:** 209
effect in embrittlement . . . **A11:** 236
embrittlement by . . . **A13:** 183
photometric analysis methods . . . **A10:** 64
pure . . . **M2:** 807
pure, properties . . . **A2:** 1165
radionuclide methods, use in . . . **A18:** 325
species weighed in gravimetry . . . **A10:** 172
toxicity, biologic effects . . . **A2:** 1260–1261
vapor pressure . . . **A6:** 621
weighed as the chromate . . . **A10:** 171
Thallium in fusible alloys . . . **M3:** 799
Thallium, vapor pressure
relation to temperature . . . **M4:** 310
Thallium-base 125 K oxide superconductor
processing of . . . **A2:** 1085–1086
Thallium-doped sodium iodide crystal
in scintillation detectors . . . **A10:** 89
Theorem of Le Châtelier . . . **A3:** 1•7
Theorems of limit analysis of plasticity . . . **EM1:** 198
Theoretical calibration curve . . . **A8:** 585
Theoretical density . . . **M7:** 12
symbol . . . **A7:** 449
Theoretical (elastic) stress-concentration factor
symbol for key variable . . . **A19:** 242
Theoretical mean density . . . **A7:** 1031
Theoretical minimum part count . . . **A20:** 47
Theoretical properties
graphite and diamond . . . **EM1:** 49
Theoretical stress concentration factor
symbol for . . . **A8:** 725
Theoretical stress-concentration factor *See* Stress concentration
Theoretical throat
definition . . . **A6:** 1214
Theory
elastic, Hertz . . . **A8:** 72
of elasticity . . . **A8:** 71–72
of plasticity . . . **A8:** 71–72
of slip-line field solution . . . **A8:** 71–72
Theory of elasticity
and fracture mechanics . . . **A11:** 47
Theory of inventive problem solving (TIPS or TRIZ) . . . **A20:** 61

Thermal *See also* Thermal aging; Thermal analysis; Thermal conductivity; Thermal cycling; Thermal design considerations; Thermal design methodologies; Thermal environment; Thermal expansion; Thermal expansion properties; Thermal fatigue; Thermal humidity and cycling test; Thermal management; Thermal mechanical effects; Thermal mismatching; Thermal performance; Thermal properties; Thermal resistance; Thermal shock; Thermal stress; Thermal vias
degradation, from moisture and carbon dioxide **EL1:** 1066
design considerations **EL1:** 52–55
effects, rheological behavior **EL1:** 849–850
electromotive forces **A8:** 389
endurance, parylene coatings **EL1:** 794
expansion, conversion factors **A8:** 723
failures, in wire bonds **EL1:** 62
fatigue, defined **A8:** 14
history, cooling **A8:** 178
inspection systems, for solder joints **EL1:** 737–738
issues, of advanced systems **EL1:** 80
linkage, desoldering **EL1:** 714
load, and mounting technology **EL1:** 143
properties, and flow localization **A8:** 169
recovery, and creep **A8:** 309
sensors, noncontact **EL1:** 687
stability, of flexible epoxies **EL1:** 821
Thermal agglomeration *See also* Agglomeration
of niobium powder **M7:** 163
of powder blends **M7:** 173
of tantalum powder **M7:** 162
Thermal aging *See also* Aging; Heat aging
austenitic weldments **A19:** 740–744
defined **EL1:** 1159
of polyphenylene sulfides (PPS) **EM2:** 188
Thermal analysis *See also* Coefficient of thermal expansion (CTE); Cooling curve analysis; Cooling curves; Modeling; Temperature resistance; Temperature(s); Testing; Thermal analysis (thermoplastic resins); Thermal analysis (thermoset resins); Thermal expansion; Thermal expansion properties; Thermal image analysis; Thermal inspection; Thermal properties; Thermal shock; Thermal stress; Thermogravimetric; Thermogravimetric analysis (TGA); Thermomechanical
color images by **A17:** 488
deviation from equilibrium **A15:** 183
differential **A15:** 183–184
expansion analysis **EM1:** 188–190
for composition effects **EM2:** 566–567
for degree of modification **A15:** 482–483
liquidus and solidus temperature determined **A15:** 184–185
model **EL1:** 14
modeling **EL1:** 50–52
of high-performance polymers **EM2:** 559
of laminates **EM1:** 226–227
of residues **A10:** 177
on-line, aluminum-silicon alloys **A15:** 166
oriented plastic **EM2:** 70
quantitative **A15:** 182–183
software ADINAT **EL1:** 446
structural, methods of **EM2:** 830–835
techniques, master alloy processing **A15:** 108
thermography **EM1:** 777
thermoplastic polyurethanes (TPUR) **EM2:** 206
Thermal analysis (thermoplastic resins) ... **EM2:** 533, 540–541
Thermal analysis (thermoset resins) **EM2:** 517, 523–527
differential scanning calorimetry (DSC) **EM2:** 523–525
dynamic mechanical analysis (DMA) **EM2:** 526–527
rheological analysis **EM2:** 527
thermomechanical analysis (TMA) .. **EM2:** 525–526
Thermal and environment survey
MECSIP Task IV, component development and system functional tests **A19:** 587
Thermal and humidity cycling test
as environmental failure analysis **EL1:** 1102
Thermal annealing
as failure mechanism **EL1:** 1012
Thermal aspects of surface finishing processes **A5:** 152–157
abrasive grain temperatures calculation **A5:** 153–154
"burn limit" **A5:** 156
coolant and grinding temperatures **A5:** 155
grinding **A5:** 152–156
grinding temperatures, measurements of ... **A5:** 154
lapping **A5:** 156–157
moving heat source **A5:** 152–153
polishing **A5:** 156–157
surface damage **A5:** 155–156
workpiece burn **A5:** 152, 156
Thermal barrier ceramic coatings **M5:** 541–542
Thermal barrier coating (TBC) **A20:** 484
definition **A20:** 842
for helicopter turbine airfoils **A20:** 600–601
for superalloys **A20:** 597–598
metal-matrix composites **A20:** 658
Thermal barrier coatings **A7:** 412, **A19:** 540–541
Thermal barrier coatings (TBCs), testing of stability and thermal properties of **A5:** 654–658
application of coatings **A5:** 655, 656, 657
bond coat oxidation **A5:** 656
cast irons **A5:** 691
chemical effects on phase stability **A5:** 657
coefficient of thermal expansion **A5:** 657
description **A5:** 654
environmental stability **A5:** 656–657
magnesia-stabilized zirconia (MSZ) **A5:** 654
selection of system **A5:** 654
specific heat **A5:** 657–658
thermal fatigue testing **A5:** 654–656
thermal property measurements **A5:** 657–658
thermal transport properties **A5:** 658
thermomechanical stability **A5:** 654–656
yttria-stabilized zirconia (YSZ) **A5:** 654, 655, 656–657
zirconium oxide phase stability **A5:** 656–657
Thermal chemical vapor deposition **A5:** 510, 511, **A18:** 841, **A20:** 480–481
Thermal cleaning **A13:** 1143
Thermal coefficient of resistance (TCR) **EM4:** 543
Thermal coefficient of resistivity (TCR) **A20:** 615
Thermal color images
examples **A17:** 488
Thermal conductivity *See also* Conduction; Conductivity; Thermal; Thermal properties **A1:** 58, 64, 66–68, 69, **A5:** 658, **A7:** 30, 602, **A20:** 257, 275–276, 277, 616–617, 620, **EM3:** 29, 33
alloy cast irons **M1:** 88
aluminum and aluminum alloys **A2:** 3, 9
aluminum casting alloys **A2:** 153–177
analysis **A7:** 475
and average flash temperature **A18:** 41
and diffusivity **EM2:** 451
and fatigue strength, beryllium-copper alloys **A2:** 419
and forging cracks **A11:** 317
and material selection **EM1:** 38
and maximum flash temperature **A18:** 40
and mean free path **A17:** 59
as detector for C and S in high-temperature combustion **A10:** 221–222
ASTM test methods **EM2:** 334
at cryogenic temperatures, beryllium-copper alloys **A2:** 420
beryllium **A2:** 683–684
beryllium-copper alloys **A2:** 409
carbon determined **A10:** 221–225
carbon fiber/fabric reinforced epoxy resin **EM1:** 412
carbon fibers **EM1:** 52, 412, 924
carbon-carbon composites **EM1:** 924
cast copper alloys **A2:** 356–391
ceramic multilayer packages **EL1:** 468
CG irons **A15:** 675
constructional steels for elevated temperature use **M1:** 652, 653
conversion factors **A8:** 723, **A10:** 686
copper and copper alloys **A2:** 216, 219
defined **EM1:** 23, **EM2:** 42
defined, thermal inspection **A17:** 396
definition **A20:** 842
detector **A7:** 578
ductile iron **M1:** 53
effect, insoluble particles **A15:** 143
effect, thermal performance **EL1:** 411
electrical contact materials **A2:** 840
epoxy resin system composites **EM1:** 402, 405, 408, 412, 414
equivalent physical quantities **EM1:** 191
for various materials **EL1:** 52
gages, as gas/leak detection **A17:** 62–63, 68
gages, for vacuum testing **A17:** 62–63, 68
glass addition effect **EM2:** 70
glass fabric reinforced epoxy resin **EM1:** 405
graphite fiber reinforced epoxy resin **EM1:** 414
high-temperature thermoset matrix composites **EM1:** 376
impact, junction temperature **EL1:** 814
in heat exchangers **A11:** 628
in laminates **EM1:** 226
Kevlar 49 fiber/fabric reinforced epoxy resin **EM1:** 408
lead frame materials **EL1:** 489
low-temperature thermoset matrix composites **EM1:** 397
maraging steels **M1:** 451
materials, compared **EM2:** 452
medium-temperature thermoset matrix composites **EM1:** 384, 388, 390, 391
metal-matrix composites **EL1:** 1124–1125
metals vs. ceramics and polymers **A20:** 245
of aluminum oxide-containing cermets **M7:** 804
of aluminum P/M parts **M7:** 742
of ceramics **EL1:** 335
of cermets **A2:** 978
of chromium carbide-based cermets **M7:** 806
of common packaging materials **EL1:** 454
of compacted graphite iron **A1:** 64, 66–67
of copper casting alloys **A2:** 355
of copper/copper alloys **A13:** 610
of copper-filled epoxy **M7:** 608, 610
of cubic boron nitride (CBN) **A2:** 1010
of diamond **A2:** 1010
of dispersion-strengthened copper **M7:** 712
of engineering plastics **EM2:** 68–69
of gases **A10:** 223, 230
of glass fibers **EM1:** 47
of gray iron **A1:** 31, **A15:** 644–645, **M1:** 31, 53
of internal scale deposits **A11:** 604
of lead frame alloys **EL1:** 490
of metal borides and boride-based cermets **M7:** 812
of plastic encapsulants **EL1:** 808
of polyester resins **EM1:** 92
of polyesters/polymers **EM2:** 452
of specialty polymers **M7:** 606
of substrates **EL1:** 104, 317
of tungsten-reinforced composites **EM1:** 884
polymer, as property **EM2:** 60
polymer die attach **EL1:** 218
polyurethanes (PUR) **EM2:** 262
relationship between electrical conductivity and, of ductile iron **A1:** 50–51, 52
selected steel grades **M1:** 148
sheet molding, compounds **EM1:** 158
SI derived unit and symbol for **A10:** 685
SI unit/symbol for **A8:** 721
silver contact alloys **A2:** 843
thermophysical tests **A7:** 30
thermoplastic matrix composites ... **EM1:** 366, 369, 371
tungsten **A2:** 562
values, for two bare surfaces **EL1:** 414
wrought aluminum and aluminum alloys **A2:** 62–122
wrought magnesium alloys **A2:** 483
Thermal conductivity gages **A4:** 507–508
Thermal contact coefficients **A18:** 40–41, 540
symbol and units **A18:** 544
Thermal contact coefficients ratio **A18:** 44
Thermal contraction **M7:** 480
in precision forging **A14:** 16
in spiral bevel gear forging **A14:** 17
Thermal contraction overload
brittle fracture of ductile iron brake drum by **A11:** 370–371
Thermal control plate
radioanalysis **A10:** 248
Thermal convection
and temperature gradient **A15:** 147–148

Thermal convection loop
molten salts **A13:** 51
Thermal cracks
as forging defects **A11:** 317
Thermal curing **EM3:** 554
Thermal cutting **A14:** 720–734
air carbon arc cutting **A14:** 73
air carbon arc cutting and gouging ... **M6:** 918–920
and mechanical cutting, compared **A14:** 72
arc cutting **A14:** 720, 729–73
chemical flux cutting **A14:** 728–729
definition **M6:** 17
exo-process **A14:** 73
gouging **A14:** 732–734
metal powder cutting **A14:** 72
oxyfuel gas cutting **A14:** 720–728, **M6:** 896–915
oxyfuel gas gouging **M6:** 913–914
oxygen arc cutting **A14:** 73, **M6:** 920
oxygen cutting **A14:** 720–729
plasma arc cutting **M6:** 915–918
Thermal cutting (TC)
definition **A6:** 1214
Thermal cycle simulator (TCS) **A6:** 70
Thermal cycles
steel **M4:** 14
Thermal cycling *See also* Temperature; Temperature cycling; Thermal **A19:** 228, **A20:** 591, **EM1:** 296, 886
as screening environment **EL1:** 875
defined **EL1:** 1159
prediction **EL1:** 883
refractory metals and alloys **A2:** 563
superalloys **A12:** 394
temperature histories **EL1:** 881–882
Thermal cycling test **A13:** 1113
Thermal debinding
cermets **A7:** 928
Thermal deburring
alloy steels **A5:** 710
carbon steels **A5:** 710
Thermal decomposition **M7:** 12, 52, 54–55
in nickel carbonyl formation **M7:** 136, 137
of cobalt oxide **M7:** 145–146
polymer **EM2:** 60
Thermal decomposition of cobalt oxide **A7:** 69
for cobalt-base powders **A7:** 180
Thermal deformation
of cemented carbides **M7:** 779
Thermal degradation *See also* Degradation **EM1:** 33, 153
and chemical susceptibility **EM2:** 573
mechanisms **EM2:** 423
polyolefins **EM2:** 423
processes, kinetic curves **A13:** 96
service temperature determined by.. **EM2:** 568–570
Thermal design considerations *See also* Design; Temperature(s); Thermal
cooling techniques **EL1:** 413–414
die attach **EL1:** 411–412
enhancing thermal performance **EL1:** 410–411
key-parameter trends **EL1:** 409
package thermal resistance, defined **EL1:** 409
spreading and interface thermal resistances **EL1:** 412–413
thermal performance **EL1:** 409–410
Thermal design methodologies
introduction **EL1:** 45–46
modeling **EL1:** 50–52
of level 1 packages **EL1:** 402
state-of-the-art technologies **EL1:** 47–50
thermal control **EL1:** 46
thermal design considerations **EL1:** 52–55
thermal management, components and systems **EL1:** 46–55
Thermal desorption mass spectroscopy **EM1:** 285
Thermal diffusion *See also* Diffusion **EM4:** 131
and surface modification, compared **A13:** 498
effect on dendritic growth in pure metals .. **A9:** 610
tool steel powders **A7:** 788
Thermal diffusivity **A5:** 658, **A6:** 3–4, **A7:** 525, **A20:** 275–276
ceramics **A18:** 814–815
defined **A17:** 396, **EM2:** 752
Thermal diffusivity, constructional steels for elevated temperature use **M1:** 643, 652, 653
Thermal effects on adhesive joints **EM3:** 616–621
interfacial effects **EM3:** 616–617
chemical bonding theory **EM3:** 616
differential thermal expansion **EM3:** 617
diffusion theory **EM3:** 616
electrostatic theory **EM3:** 616
interfacial tension **EM3:** 17
mechanical interlocking theory **EM3:** 616
physical absorption theory **EM3:** 616
weak boundary layer theory **EM3:** 616
temperature limits of adhesives **EM3:** 621
thermal conductivity of adhesives **EM3:** 620
thermal degradation of adhesives ... **EM3:** 619–620
depolymerization **EM3:** 619–620
oxidative degradation **EM3:** 620
thermal transitions in adhesives **EM3:** 617–619
glass transition **EM3:** 617–618
melting of semicrystalline polymers **EM3:** 618
temperature effects **EM3:** 618–619
viscoelastic properties of adhesives **EM3:** 618
Thermal (electrical) breakdown
defined **EM2:** 464–465
Thermal electromotive force
defined **A13:** 13
Thermal embrittlement *See also* Embrittlement
defined **A13:** 13
definition **A5:** 970
examination/interpretation **A12:** 136
of maraging steels **A1:** 697–698
Thermal emf *See* Electromotive force; Thermocouple materials
Thermal endurance **EM3:** 29
defined **EM1:** 23–24, **EM2:** 42
Thermal energy method (TEM) **A5:** 710
Thermal energy method (TEM) of deburring **A16:** 509, 577–578
Thermal energy process
advantages and limitations **A5:** 707
Thermal environment
leadless packaging **EL1:** 985–986
stress screening **EL1:** 882–884
Thermal equilibrium model
local (ion calculation) **M7:** 258
Thermal etching **A9:** 61–62
defined **A9:** 18
definition **A5:** 970
iron-nickel alloys **A9:** 532
Thermal evaporation **A20:** 483, 484
of amorphous materials and metallic glasses **A2:** 806
Thermal evaporation films
SEM specimens **A12:** 172–173
Thermal excitation
in optical emission spectroscopy **A10:** 24
thermal inspection **A17:** 397–398
Thermal expansion *See also* Coefficient of linear thermal expansion; Coefficient of thermal expansion (CTE); Thermal stress ... **A1:** 67, 68, **A20:** 276, 277, **EM3:** 37, 300–301
alloy cast irons **M1:** 88
analysis, of fiber composites **EM1:** 188–190
and density, in P/M steels **M7:** 466
and density, low-alloy ferrous parts **M7:** 463
ASTM test methods **EM2:** 334
beryllium-copper alloys **A2:** 408
CG irons **A15:** 675
coated carbide tools **A2:** 960
coefficient, ductile iron **A15:** 663
coefficient of **EM2:** 69
coefficient of, defined *See* Coefficient of thermal expansion
coefficients, aniosotropic, XRPD determined **A10:** 333
coefficients, for ferritic and austenitic steels **A11:** 620
coefficients, tooling materials **EM1:** 428
constructional steels for elevated temperature use **M1:** 653
conversion factors **A10:** 686
correction, for composite tooling ... **EM1:** 580–581
cyclic differential, as solder joint failure mechanism **EL1:** 740
defined **A15:** 11, **EL1:** 1159, **EM2:** 752
distortion, steam equipment failure by ... **A11:** 602
ductile iron **A15:** 663, **M1:** 53
epoxies and **EM3:** 101
fiber volume fraction effects **EM1:** 190
friction welding affected by **A6:** 154
glasses versus ceramics **EM3:** 300
in impact extrusion **A14:** 31
in laminates **EM1:** 224–226
in magnesium alloys **A14:** 82
in tungsten-copper contact materials **M7:** 560
lead and lead alloys **A2:** 545, 547
leadless packaging **EL1:** 983–984
linear **A13:** 71
linear coefficient of **EL1:** 217
linear, investment casting refractories **A15:** 259
malleable irons **M1:** 67
maraging steels **M1:** 451
metals vs. ceramics and polymers **A20:** 245
mismatch problem ... **EL1:** 611, 742–743, 747, 957
mold spalling from **A15:** 208
molding methods **EM1:** 590–591
nickel alloys **A2:** 433–435
of aluminum oxide-containing cermets **M7:** 804
of aluminum silicates **A15:** 209
of carbon-carbon composites **EM1:** 913
of ceramics **EL1:** 336
of chromium carbide-based cermets **M7:** 806
of composite materials **A11:** 732
of composites **EM1:** 36
of ferritic steels **A1:** 647, 651, 652
of fibers, testing for **EM1:** 286
of gray iron **A15:** 645, **M1:** 31
of metal borides and boride-based cermets **M7:** 812
of polymers **EM2:** 60
of thermoplastics **EM1:** 294
of titanium carbide-based cermets **M7:** 808
of titanium carbide-steel cermets **M7:** 810
olivine **A15:** 209
P/M materials **M1:** 344
properties **EL1:** 611–629
sand, cellulose for **A15:** 211
selected steel grades **M1:** 146–147
silica sand **A15:** 208, 224
volumetric, filler material effects investment casting **A15:** 255
white cast iron **M1:** 83
zircon **A15:** 209
Thermal expansion coefficient **A6:** 113, **A20:** 277–279
solid-state-welded interlayers **A6:** 170, 171
Thermal expansion coefficient (CTE)
thermal barrier coatings **A5:** 657
Thermal expansion coefficient mismatch **A20:** 599, 619, 629, 630, 657, 812, 813
Thermal expansion coefficients **A18:** 575
hardfacing deposition **A18:** 653–654
heat checking **A18:** 630
mismatch a factor in composite restorative materials (dental) **A18:** 672
Thermal expansion, differential
in soldered joints **A17:** 608
Thermal expansion molding **EM1:** 24, 590–591, **EM3:** 29
defined **EM2:** 42
Thermal expansion properties
CTE tailoring, structures available for **EL1:** 700–704
dielectric materials, constraining **EL1:** 614

SUBJECTS OF THE INDEXED VOLUMES: ASM Handbook (designated by the letter "A"): **A1:** Properties and Selection: Irons, Steels, and High-Performance Alloys (1990); **A2:** Properties and Selection: Nonferrous Alloys and Special-Purpose Materials (1990); **A3:** Alloy Phase Diagrams (1992); **A4:** Heat Treating (1991); **A5:** Surface Engineering (1994); **A6:** Welding, Brazing, and Soldering (1993); **A7:** Powder Metal Technologies and Applications (1998); **A8:** Mechanical Testing (1985); **A9:** Metallography and Microstructures (1985); **A10:** Materials Characterization (1986); **A11:** Failure Analysis and Prevention (1986); **A12:** Fractography (1987); **A13:** Corrosion (1987); **A14:** Forming and Forging (1988); **A15:** Casting (1988); **A16:** Machining (1989); **A17:** Nondestructive Evaluation and Quality Control (1989); **A18:** Friction, Lubrication, and Wear Technology (1992); **A19:** Fatigue and Fracture (1996); **A20:** Materials Selection and Design (1997). **Metals Handbook, 9th Edition** (designated by the letter "M"): **M1:** Properties and Selection: Irons and Steels (1978); **M2:** Properties and Selection: Nonferrous Alloys and Pure Metals (1979); **M3:** Properties and Selection: Stainless Steels, Tool Materials, and Special-Purpose Materials (1980); **M4:** Heat Treating (1981); **M5:** Surface Cleaning, Finishing, and Coating (1982); **M6:** Welding, Brazing, and Soldering (1983); **M7:** Powder Metallurgy (1984). **Engineered Materials Handbook** (designated by the letters "EM"): **EM1:** Composites (1987); **EM2:** Engineering Plastics (1988); **EM3:** Adhesives and Sealants (1990); **EM4:** Ceramics and Glasses (1991). **Electronic Materials Handbook** (designated by the letters "EL"): **EL1:** Packaging (1989)

dielectric reinforcements,
constraining **EL1:** 615–619
low-CTE metal planes, constraining.. **EL1:** 625–628
low-expansion substrate
characteristics................ **EL1:** 611–613
metal cores, constraining **EL1:** 619–625
plated-through hole reliability....... **EL1:** 699–700
thick-film ceramic multilayer interconnect
boards **EL1:** 15
wiring density........................ **EL1:** 613

Thermal exposure and aging
at elevated-temperature service....... **A1:** 638, 641

Thermal exposure, effect
thermoplastics........................ **EM1:** 100

Thermal failure
as fatigue failure mechanism **EM2:** 743–744

Thermal fatigue *See also* Fatigue; Fatigue failure **A11:** 133, **A20:** 526–527
and coal-ash corrosion, circumferential grooves
from **A11:** 618
and elevated-temperature service.......... **A1:** 626
and oxidation, in cast ductile iron rotor .. **A11:** 376
and oxygen's embrittling effects on combustion
turbines **A20:** 580
as cemented carbide tool wear
mechanism **A2:** 954–955
as die failure cause...................... **A14:** 4
cast irons **A19:** 669–670, 671
control, in precision forging.............. **A14:** 16
cracking, crazed pattern **A11:** 623
cracking, in spur gear **A11:** 594
cracks, nickel-base alloy **A11:** 284
defined **A11:** 11, 133
definition.................... **A5:** 970, **A20:** 842
effect of section size on resistance to..... **A11:** 273
failure distribution according to
mechanism....................... **A19:** 453
failure of main steam line by **A11:** 668–669
fracture, in elevated-temperature failures.. **A11:** 266
fracture, steam equipment failure by **A11:** 602
in boilers and steam equipment **A11:** 623
in cast low-alloy steel ingot tub.......... **A11:** 408
in elevated-temperature failures.......... **A11:** 266
in engine valves **A11:** 289
in gears **A11:** 594–595
in heat-resistant alloys **A1:** 927–928
in iron castings....................... **A11:** 371
in microelectronics **EL1:** 58–59
in superheater tube **A11:** 626
in tungsten-reinforced composites... **EM1:** 881–882
of compacted graphite iron....... **A1:** 66, 67, 6344
of solder joints.......................... **EL1:** 1
of steel castings at elevated
temperatures **A11:** 407–408
relationship to material properties **A20:** 246
resistance, mechanically alloyed oxide dispersion-
strengthened (MA ODS) alloys....... **A2:** 945
resistance, of low-melting temperature indium-base
solders **A2:** 752
testing, carousel-type rig for............. **A11:** 279
turbine vane, failure by **A11:** 285–286
valve guttering as...................... **A11:** 289

Thermal fatigue resistance
of heat resistant alloys.................. **A15:** 729

Thermal fatigue testing
explosion welds........................ **M6:** 711

Thermal fatigue under bending
thermal fatigue test **A19:** 529

Thermal gradient
effect on control and size of eutectic
structures.......................... **A9:** 618
effect on grain growth in weldments....... **A9:** 579
effect on twinned columnar growth in aluminum
alloy ingots **A9:** 631
in tooling................................ **A14:** 16

Thermal gradient mass transfer
liquid-metal circuit..................... **A13:** 57

Thermal gradients
and gating **A15:** 589
for tungsten and molybdenum
sintering **M7:** 390–391

Thermal gravimetric analyzer unit **M7:** 197

Thermal (hot) plasma melting and
casting **A15:** 419–425

Thermal image analysis *See also* Thermal analysis
for instrumentation/testing.......... **EL1:** 368–369

Thermal imaging **A7:** 406
color **A17:** 488

Thermal inspection *See also* High temperature;
Microwave thermography; Temperature(s);
Temperature sensors; Thermal wave imaging;
Thermography; Thermalization; Thermal
neutrons **A17:** 396–404
applications...................... **A17:** 402–403
color images by **A17:** 488
defined................................ **A17:** 396
equipment...................... **A17:** 398–400
heat flow, establishing............. **A17:** 397–398
inspection methods **A17:** 399
noncontact temperature sensors **A17:** 398–399
of adhesive-bonded joints........... **A17:** 628–630
of castings **A17:** 512
of powder metallurgy parts.............. **A17:** 541
principles.............................. **A17:** 396
quantitative methods.............. **A17:** 400–402
recording equipment **A17:** 399–400
surface preparation **A17:** 397

Thermal insulation
as application **EM2:** 1
corrosion under........ **A11:** 184, **A13:** 1144–1147,
1230–1231

Thermal joining process
in joining processes classification scheme **A20:** 697

Thermal management
analysis **EL1:** 286–287
defined................................. **EL1:** 45
design................................. **EL1:** 287
for digital integrated circuits....... **EL1:** 174–176
heat sinks as **EL1:** 1129–1131
tape automated bonding (TAB) **EL1:** 286–287
thermal model **EL1:** 174–175

Thermal mismatching *See also* Coefficient of
thermal expansion (CTE); CTE-matched
materials
as failure mechanism **EL1:** 957
encapsulant effects...................... **EL1:** 67

Thermal model
digital integrated circuits **EL1:** 174–175

Thermal molding
for replicas **A12:** 181

Thermal motion, atomic
to determine crystal structure **A10:** 352

Thermal neutron activation analysis
automated systems...................... **A10:** 238
calibration for.......................... **A10:** 236
detection limits......................... **A10:** 238
detection limits, rock and soil....... **A10:** 237–238
nondestructive **A10:** 234–238
radiochemical, destructive **A10:** 238–239
sample handling........................ **A10:** 236
of zirconium **A10:** 234

Thermal neutron capture
for radioisotope production **A10:** 234

Thermal neutron cross section
various metals.......................... **A2:** 664

Thermal neutron irradiation
and epithermal irradiation, compared **A10:** 234
neutron sources for **A10:** 234

Thermal neutron radiography **EM3:** 753
defect detection.............. **EM3:** 749, 750, 751

Thermal neutron(s) *See also* Neutron radiography;
Neutron(s)
capture cross section **A17:** 390
defined................................ **A17:** 387
for neutron radiography **A17:** 387–390
sources................................ **A17:** 388

Thermal noise *See also* Noise; Signal-to-noise ratio
and flaw detection, thermal inspection.... **A17:** 400
defined................................ **A10:** 683

Thermal oxidation *See also* Oxidation..... **A13:** 499,
694, 696
and additives.......................... **EM2:** 494
degradation, and chemical susceptibility **EM2:** 573

Thermal oxide *See also* Oxide contamination
effect, structured reliability testing... **EL1:** 959–960

Thermal performance **EL1:** 409–411

Thermal pollution **A20:** 140

Thermal polymerization of styrene
Raman analysis......................... **A10:** 131

Thermal processing *See also* Heat treatment
and homogenization **M7:** 308
applications, of structural ceramics....... **A2:** 1019
as stress source........................ **A11:** 205

effect on fatigue performance of
components **A19:** 318
of structural ceramics **A2:** 1020

Thermal properties *See also* Coefficient of linear
thermal expansion; Electrical properties; Fiber
properties analysis; Laminate properties
analysis; Liquidus temperature; Material
properties; Material properties analysis;
Mechanical properties; specific materials;
specific properties by name; Temperature(s);
Thermal analysis; Thermal conductivity;
Thermal degradation; Thermal expansion;
Thermal stability; Thermal
stress **EM3:** 420–427
acrylonitrile-butadiene-styrenes
(ABS) **EM2:** 111–113
actinide metals.................. **A2:** 1189–1198
aluminum casting alloys............. **A2:** 153–177
aluminum-silicon alloys.................. **A15:** 57
and activities, aluminum and copper
alloys **A15:** 55–60
as material performance characteristics ... **A20:** 246
ASTM test methods................... **EM2:** 334
cast copper alloys.................. **A2:** 356–391
cast magnesium alloys.............. **A2:** 492–516
ceramics **EL1:** 335–336
coefficient of thermal expansion **EM2:** 69
commercially pure tin.............. **A2:** 518–519
constructional steels for elevated
temperature use **M1:** 643, 647, 649, 652–653
copper-aluminum alloys **A15:** 58
copper-clad E-glass laminates............ **EL1:** 536
copper-zinc alloys....................... **A15:** 59
data sheet, typical **EM2:** 409
effect, optical properties........... **EM2:** 481–482
electrical resistance alloys........... **A2:** 836–839
engineering plastics **EM2:** 68–69
engineering thermoset resins compared .. **EM2:** 444
gold and gold alloys..................... **A2:** 705
heat-deflection temperature **EM2:** 68
high-impact polystyrenes (PS, HIPS) **EM2:** 196
high-temperature resin systems **EM2:** 443–444
integral, aluminum-magnesium alloys...... **A15:** 57
intrinsic **EM2:** 451–456
lead frame materials **EL1:** 488
liquid copper-nickel alloys **A15:** 58
liquid copper-tin alloys **A15:** 59
liquid crystal polymers (LCP) **EM2:** 181
long-term temperature resistance......... **EM2:** 68
low-temperature resin systems...... **EM2:** 439–440
medium-temperature resin systems.. **EM2:** 441–443
niobium alloys **A2:** 567–571
of ductile iron **A1:** 49, 50
of engineering thermoplastics...... **EM2:** 445–459
of engineering thermosets........... **EM2:** 439–444
of germanium **A2:** 734
of glass fibers **EM1:** 47
of make-break arcing contacts........... **A2:** 841
of plastics.............................. **EM2:** 69
of polyimides **EL1:** 768–769
of polymers......................... **EM2:** 59–60
of reinforcements...................... **EL1:** 1120
of selected oxides....................... **A13:** 64
of zinc alloys **A2:** 532–542
on supplier data sheets **EM2:** 642
packaging materials..................... **EL1:** 454
palladium and palladium alloys **A2:** 573–576
para-aramid fibers **EM1:** 56
parameters............................. **EM2:** 613
parylene coatings **EL1:** 794
performance data sources............... **A20:** 501
phenolics **EM2:** 245
platinum and platinum alloys **A2:** 708
polyamide-imides (PAI)................ **EM2:** 133
polyaryl sulfones (PAS)................ **EM2:** 145
polyarylates (PAR)................ **EM2:** 138–139
polyether sulfones (PES, PESV)........ **EM2:** 160
polyether-imides (PEI)................. **EM2:** 158
polymeric substrates **EL1:** 338
polysulfones (PSU).................... **EM2:** 201
pure metals........... **A2:** 1099–1178, **A13:** 62–63
rare earth metals **A2:** 1178–1189
refractory metal fiber reinforced
composites......................... **A2:** 583
silicone conformal coatings **EL1:** 822
silver and silver alloys **A2:** 699–704
specialty HIPS **EM2:** 199

1058 / Thermal properties

Thermal properties (continued)
structural ceramics **A2:** 1019, 1021–1024
styrene-acrylonitriles (SAN, OSA ASA) . . **EM2:** 215
thermal conductivity **EM2:** 68–69
thermal expansion effects **EM3:** 420
thermoplastic polyurethanes (TPUR) **EM2:** 207
tin solders **A2:** 522
ultrahigh molecular weight polyethylenes (UHMWPE). **EM2:** 169
unsaturated polyesters **EM2:** 247
wrought aluminum and aluminum alloys **A2:** 62–122
wrought copper and copper alloys **A2:** 265–345
wrought magnesium alloys **A2:** 480–491

Thermal radiation *See also* Thermal analysis; Thermal image analysis
factors **EL1:** 368

Thermal ramp rate
wave soldering **EL1:** 685

Thermal ratcheting **A19:** 528, 544–545
defined **A11:** 144

Thermal reclamation
of sands **A15:** 353–354

Thermal reduction
silver powders **A7:** 184, **M7:** 148

Thermal relaxation failure
microelectronic **EL1:** 56

Thermal resistance
and thermal conductivity, lead frame materials **EL1:** 489
defined **EL1:** 409, 1159
effect of thermal via area **EL1:** 54
epoxies **EM3:** 98
of packages **EL1:** 409, 412–413
package, schematic **EL1:** 409
resin systems **EL1:** 534–535
silicone-base coatings **EL1:** 773
spreading and interface **EL1:** 412–413

Thermal resistivity
defined. **EL1:** 1159

"Thermal runaway" **A6:** 239

Thermal sampling
and Grimm emission source **A10:** 27

Thermal Severity Number (TSN) **A6:** 94, 606

Thermal shape
changing **A15:** 606–610

Thermal shock *See also* Thermal shock failures
failures **A19:** 528, 542
as environmental test **EL1:** 494, 499
as physical testing **EL1:** 944
ceramic design process overview **EM4:** 686
coating effect. **A15:** 281
defined **A11:** 11, **EL1:** 741, 1159
definition **EM4:** 633
failure. **EL1:** 56–59, 740–742
failure, pharmaceutical production **A13:** 1229
glass-to-metal seals. **EL1:** 459
in ceramics **A11:** 751–753
resistance, heat-resistant alloys **A15:** 729–730
resistance, of aluminum silicates **A15:** 209
resistance, porcelain enamels **A13:** 451
testing **EL1:** 468, 944
tests, for gas turbine components **A11:** 281

Thermal shock failures
fracture, lack of crack branching in **A11:** 744
fracture surface **A11:** 744, 752
initiation at material flaw. **A11:** 753
testing machine. **A11:** 281
turbine blade crack by. **A11:** 279

Thermal shock resistance **A20:** 277–279
aluminum oxide-containing cermets **M7:** 804
cemented carbides **A2:** 958
in heat-resistant alloys. **A1:** 928
metals vs. ceramics and polymers. **A20:** 245
package-level testing **EL1:** 937

Thermal shock tests **A8:** 285–286, 454
constructional steels for elevated temperature use **M1:** 643

Thermal signature
as preheating process control. **EL1:** 687

Thermal spray **A7:** 972–975
definition **A7:** 408

Thermal spray coating **M5:** 361–374
aluminum on steel **M5:** 343–346
applications **M5:** 343–346, 361–363, 379
bonding of **M5:** 361–362, 372
testing **M5:** 372
burnishing and polishing process **M5:** 370–371
cleaning and degreasing **M5:** 367
corrosion resistance **M5:** 361
electric arc process **M5:** 365–366, 368
equipment **M5:** 363–368
finishing treatments *See also* specific processes by name **M5:** 368–370
surface **M5:** 369
flame-spraying process **M5:** 365–368
grinding process **M5:** 371
grit blasting process **M5:** 367–368
hardness testing **M5:** 371
inert atmosphere chamber process. . . . **M5:** 364–365
machining process **M5:** 369–370
mechanism of action **M5:** 361–362
metallographic examination and evaluation of coatings. **M5:** 371–372
oxidation protective coatings **M5:** 362, 379
plasma-arc process *See* Plasma-arc thermal spray coating
processes *See also* specific processes
by name. **M5:** 361, 363–368
quality assurance **M5:** 370–372
repair, coating **M5:** 370
rough threading process **M5:** 367
safety precautions **M5:** 372
sealing process. **M5:** 369
sectioning and mounting process **M5:** 371
surface preparation. **M5:** 366–368
surface roughening process **M5:** 367
tantalum **M5:** 362
terminology, glossary of. **M5:** 373–374
thickness. **M5:** 367–368
wear resistance **M5:** 363

Thermal spray coatings *See also* Flame spraying; Plasma spraying . . . **A5:** 497–508, **A13:** 459–462, **A18:** 644, 829–833, **A20:** 474–476
abrasive cutting guidelines **A5:** 505
abrasive wear data **A20:** 477
advantages. **A5:** 497
alloy steels. **A5:** 732–733, 734, 735
ancillary equipment **A5:** 502
application method for jet engine component coatings **A18:** 590, 591
application processes. **A5:** 498–502
applications. **A5:** 497, 508, **A13:** 462, **A18:** 832
bond strength testing **A5:** 506
carbon steels **A5:** 732–733, 734, 735
cast irons **A5:** 691, 692
coating microstructures **A5:** 498, 506, 507
coating selection. **A13:** 460–461
coatings for friction and wear
applications **A18:** 831–833
abrasive wear **A18:** 831, 832–833
adhesive wear **A18:** 831, 832, 833
cavitation. **A18:** 832, 833
corrosive wear **A18:** 832, 833
suitability criteria **A18:** 831
surface fatigue **A18:** 831, 832, 833
corrosion resistance **A5:** 508
deposition methods **A13:** 459–460
description. **A5:** 497
detonation gun process **A5:** 501, 502, 508
disadvantages **A5:** 497
electric-arc (wire-arc) spray process . . . **A5:** 499–500
environmental concerns **A5:** 506–507
finishing treatment **A5:** 503–504
flame spray and fuse process **A5:** 499
flame spray process **A5:** 498–499
for atmospheric/immersion
environments **A13:** 460–461
for carbon steel. **A13:** 523
for high-temperature environments. **A13:** 461
for marine corrosion **A13:** 907–909
formation. **A5:** 497
grit size recommended for preparation of surfaces. **A5:** 503
hardfacing cobalt-base alloys by **A13:** 664–665
hardfacing deposition in mining and mineral industries **A18:** 653
hardness testing **A5:** 506
high-velocity oxyfuel process. **A5:** 501–502, 508
history **A5:** 497
inspection and quality control **A13:** 462
lubrication **A18:** 832
machining **A5:** 503–504
material groups. **A18:** 829
maximum temperature of heat sources **A5:** 498
mechanical properties **A5:** 507–508
metallographic examination **A5:** 504–506
metallographic preparation. **A5:** 505–506
microstructure, lamellar nature. **A5:** 497, 498
microstructure of **A5:** 660–661
plasma spray process. **A5:** 499, 500–501, 508
process application area categories **A18:** 829
process comparison **A5:** 502
process definition **A18:** 829
process fundamentals. **A13:** 459
process operational mechanisms **A18:** 829
process parameters **A18:** 830–831
bond coat materials **A18:** 831
coating finishing method **A18:** 831
coating thickness limitations. **A18:** 831
deposition rate. **A18:** 831
surface preparation. **A18:** 830–831
quality assurance **A5:** 504–506
repair of coatings **A5:** 504
safety and health hazards **A5:** 506–507
sealing of **A13:** 461, 907–909
speeds and feeds ranges used in
machining of **A5:** 503
stainless steels. **A5:** 757
surface preparation **A5:** 502–503, **A13:** 460
thermal spray methods commercially
available **A18:** 829–830, 832
electric arc wire (EAW) spray **A18:** 829–830, 832
high-velocity oxyfuel (HVOF) powder spray **A18:** 829, 830, 831, 832
oxyfuel powder (OFP) spray . . **A18:** 829, 830, 832
oxyfuel wire (OFW) spray **A18:** 829, 830, 832
plasma arc (PA) powder spray **A18:** 829, 830, 831, 832
transferred plasma-arc process **A5:** 501
uses **A5:** 497, 508
wear resistance, abrasive and erosive wear **A5:** 508
zinc **A13:** 767–768

Thermal spray coatings (TSC) **A6:** 1004–1009
advantages. **A6:** 1003
aluminum and zinc
corrosion protection **A6:** 1004, 1006, 1008
service life information. **A6:** 1006, 1007
aluminum metal-matrix service life **A6:** 1006
aluminum, service life **A6:** 1006, 1007
applications **A6:** 1004, 1007–1008
classification of processes relative to method of heat generation and feedstock form **A6:** 1004
corrosion protection . . . **A6:** 1004, 1005–1006, 1007
deposition rates **A6:** 1008–1009
description of spraying processes **A6:** 1004
galvanic properties **A6:** 1006
industrial process instruction for applications on steel **A6:** 1008
parameters of selected processes **A6:** 1005
porosity **A6:** 1006
process parameters (typical) **A6:** 1008
processes **A6:** 1004–1005
arc spraying **A6:** 1005, 1008–1009
flame spraying **A6:** 1004, 1008–1009

SUBJECTS OF THE INDEXED VOLUMES: ASM Handbook (designated by the letter "A"): **A1:** Properties and Selection: Irons, Steels, and High-Performance Alloys (1990); **A2:** Properties and Selection: Nonferrous Alloys and Special-Purpose Materials (1990); **A3:** Alloy Phase Diagrams (1992); **A4:** Heat Treating (1991); **A5:** Surface Engineering (1994); **A6:** Welding, Brazing, and Soldering (1993); **A7:** Powder Metal Technologies and Applications (1998); **A8:** Mechanical Testing (1985); **A9:** Metallography and Microstructures (1985); **A10:** Materials Characterization (1986); **A11:** Failure Analysis and Prevention (1986); **A12:** Fractography (1987); **A13:** Corrosion (1987); **A14:** Forming and Forging (1988); **A15:** Casting (1988); **A16:** Machining (1989); **A17:** Nondestructive Evaluation and Quality Control (1989); **A18:** Friction, Lubrication, and Wear Technology (1992); **A19:** Fatigue and Fracture (1996); **A20:** Materials Selection and Design (1997). **Metals Handbook, 9th Edition** (designated by the letter "M"): **M1:** Properties and Selection: Irons and Steels (1978); **M2:** Properties and Selection: Nonferrous Alloys and Pure Metals (1979); **M3:** Properties and Selection: Stainless Steels, Tool Materials, and Special-Purpose Materials (1980); **M4:** Heat Treating (1981); **M5:** Surface Cleaning, Finishing, and Coating (1982); **M6:** Welding, Brazing, and Soldering (1983); **M7:** Powder Metallurgy (1984). **Engineered Materials Handbook** (designated by the letters "EM"): **EM1:** Composites (1987); **EM2:** Engineering Plastics (1988); **EM3:** Adhesives and Sealants (1990); **EM4:** Ceramics and Glasses (1991). **Electronic Materials Handbook** (designated by the letters "EL"): **EL1:** Packaging (1989)

plasma spraying ... A6: 1005
properties ... A6: 1004
safety precautions ... A6: 1008
sealants, role of ... A6: 1006–1008
selection to preserve integrity of steels ... A6: 1005–1008
testing, evaluation and analysis of service and life cycle cost (LCC) ... A6: 1008
thermite sparking hazard ... A6: 1006
topcoats, role of ... A6: 1006–1008
zinc ... A6: 1007, 1008
Thermal spray forming of materials ... **A7:** 408–419
ultrafine and nanophase powders applications ... **A7:** 76
Thermal spray powder
definition ... **A5:** 970
Thermal spray powders ... **M7:** 12
as composite powder application ... **M7:** 174–175
nickel-chromium/chromium carbide as ... **M7:** 174
spray drying applications ... **M7:** 77
Thermal spray processes ... **A6:** 789, 796, 797, 798, 799, 803
air-cooled continuous combustion HVOF process ... **A6:** 806
applications ... **A6:** 808, 809, 810, 811, 814–816
buildup ... **A6:** 803
coating material ... **A6:** 808
coating selection criteria ... **A6:** 814
coatings used for elevated-temperature service ... **A6:** 808
coatings used for hardfacing applications ... **A6:** 808
comparison of processes ... **A6:** 804
definition ... **A6:** 807–808
detonation gun (D-gun) HVOF process ... **A6:** 804, 806
electric arc wire (EAW) process **A6:** 804, 805, 808, 809, 810
finishing treatment ... **A6:** 813–814
high-velocity oxyfuel powder spray (HVOF) process ... **A6:** 806, 807, 808, 812–813
continuous-combustion ... **A6:** 806, 812–813
pulsed-combination ... **A6:** 812
materials ... **A6:** 814–816
corrosion resistance ... **A6:** 815
dimensional restorative coatings ... **A6:** 816
electrically conductive coatings ... **A6:** 816
medically compatible coatings ... **A6:** 816
oxidation protection ... **A6:** 815–816
thermal barrier coatings ... **A6:** 816
thermal insulation ... **A6:** 816
wear coatings ... **A6:** 815
method selection criteria ... **A6:** 808–809
methods ... **A6:** 808–813
oxyfuel powder spray (OFP) process ... **A6:** 804, 805, 808, 810, 811
applications ... **A6:** 810
flame spray and fuse ... **A6:** 810
oxyfuel wire spray (OFW) process ... **A6:** 804, 805, 808, 809–810, 811
advantages ... **A6:** 809
applications ... **A6:** 809, 811
equipment ... **A6:** 809
fuel gases ... **A6:** 809
materials ... **A6:** 809
percentage of market captured ... **A6:** 808
plasma arc spray (PA) process **A6:** 804, 805, 808, 809, 810–812
safety precautions ... **A6:** 1204
surface preparation ... **A6:** 813
tungsten carbide-cobalt coating compared to ... **A6:** 807
tungsten carbide-cobalt coating particle velocity compared to ... **A6:** 807
water-cooled continuous combustion HVOF process ... **A6:** 806
Thermal spraying *See also* Flume spraying; Plasma spraying; Thermat spray coatings ... **A20:** 475, 826, **M6:** 804
cast irons ... **A6:** 720
defined ... **A13:** 13
definition ... **A5:** 970, **A6:** 1214, **M6:** 17
design limitations for inorganic finishing processes ... **A20:** 824
weld overlaying ... **M6:** 807–808
Thermal spraying gun
definition ... **A6:** 1214, **M6:** 18
Thermal sprays
as coatings ... **A15:** 563
Thermal stability *See also* Stability; Thermal properties ... **A18:** 84
and process selection ... **EM2:** 277
beryllium-copper alloys ... **A2:** 416–417
initial, and thermo-oxidative stability ... **EM2:** 565–566
of composite tooling ... **EM1:** 587
of composites ... **EM2:** 372
of glass-polyester composites ... **EM1:** 93
of molding materials ... **A15:** 208
of polyester resins ... **EM1:** 93
of polyimide resins ... **EM1:** 43
para-aramid fibers ... **EM1:** 56
phenolics ... **EM2:** 242, 244
polyphenylene sulfides (PPS) ... **EM2:** 186
polysulfones (PSU) ... **EM2:** 200
S-glass ... **EM1:** 107
SiC ceramic fibers ... **EM1:** 64
structural foams ... **EM2:** 509
unsaturated polyesters/fiberglass composites ... **EM2:** 249
wrought titanium alloys ... **A2:** 627–628
Thermal strain ... **A20:** 777
Thermal strain rate
equation ... **A19:** 548
Thermal straining
low-cycle fatigue cracking from ... **A11:** 284
Thermal stress *See also* Aging; Stress relief; Stress relieving; Stress(es); Thermal properties ... **A20:** 775
alloy steels ... **A12:** 291
and fracture mechanics ... **A11:** 57
and physical aging ... **EM2:** 751–760
defined ... **A11:** 11, **EL1:** 55–56
definition ... **A6:** 1214, **EM4:** 633
distribution ... **EM2:** 753
effect on SCC of T-bolt ... **A11:** 538
effect, transistor junction ... **EL1:** 56–57
evaluation ... **EM2:** 754
failure, pharmaceutical production ... **A13:** 1229
failures ... **EL1:** 55–62
failures, in microelectronics ... **EL1:** 55–62
heat sinks for ... **EL1:** 1129
in adhesively bonded joints ... **EL1:** 57
in electronic packaging ... **EL1:** 56–59
in heat exchangers ... **A11:** 636
in PWBs ... **EL1:** 62
in TAB assemblies ... **EL1:** 287–288
measurement ... **EM2:** 754
mismatch ... **EM2:** 753–754
overload, in iron castings ... **A11:** 370
oxide scales ... **A13:** 71
relief, for SCC, plain carbon/low-alloy steels ... **A13:** 328
Thermal stress cracking *See also* Stress cracking; Stress-cracking failure ... **EM3:** 29
defined ... **EM1:** 24, **EM2:** 42
Thermal stresses *See also* residual stresses
causes ... **M6:** 856–858
definition ... **M6:** 18
during welding ... **M6:** 858–859
metal movement ... **M6:** 858–859
Thermal stressing
for optical holographic interferometry ... **A17:** 409–410
Thermal striping ... **A19:** 545
Thermal survey
ENSIP Task III, component and core engine tests ... **A19:** 585
Thermal survey test
ENSIP Task IV, ground and flight engine tests ... **A19:** 585
Thermal taper *See* Thermal wedge
Thermal tempering
laminated glass ... **EM4:** 423
Thermal transfer inspection
brazed joints ... **A6:** 1119–1120
Thermal transition temperature ... **A20:** 451
Thermal transport *See also* Heat transport
amorphous materials and metallic glasses ... **A2:** 813
Thermal treatment *See also* Heat treatment **A19:** 17, **M6:** 889–892
code requirements ... **M6:** 889–890
postweld ... **M6:** 890–891
preheating ... **M6:** 890
reduction of residual stresses ... **M6:** 887
low-temperature stress relieving ... **M6:** 891
peening ... **M6:** 891–892
Thermal treatments ... **A20:** 349
effect on phase structure in aluminum alloys ... **A9:** 360
extra charges for ... **A20:** 249
for steel wire ... **A1:** 280–281
ion-implanted alloys ... **A10:** 486
Thermal treatments, of aluminum P/M alloys *See also* Heat treating; Heat treatment ... **M7:** 381
Thermal vias *See also* Via(s)
area, effect on thermal resistance ... **EL1:** 54
effect on multichip modules ... **EL1:** 53–54
Thermal vibration
analysis of ... **A10:** 536
Thermal voltage ... **A19:** 178, 514
Thermal volumetric strain rate ... **A6:** 1137
Thermal wave imaging ... **A7:** 702, 714
of powder metallurgy parts ... **A17:** 541
Thermal wave interferometer systems
thermal inspection ... **A17:** 399
Thermal wear
defined ... **A18:** 19
definition ... **A5:** 970
Thermal wedge
defined ... **A18:** 19
Thermal welding ... **A20:** 698
Thermal/environment analysis
MECSIP Task III, design analyses and development tests ... **A19:** 587
Thermal-activation energy
in integrated circuits ... **A11:** 766, 767
Thermal-calcining
for sand reclamation ... **A15:** 227
Thermal-conductive detection
cell ... **A10:** 230
inert gas fusion ... **A10:** 229–230
of carbon and sulfur ... **A10:** 223
Thermal-dry scrubbing
for sand reclamation ... **A15:** 227
Thermal-energy dissipation ... **A18:** 611
Thermalization, and collimation
in neutron radiography ... **A17:** 389
Thermal-laser chemical vapor deposition **A5:** 511, 512
Thermalloy 40B
weld repair ... **M6:** 367
Thermally activated dislocation glide ... **A8:** 34, 169
Thermally activated growth
and isothermal phase transformations ... **A10:** 317
Thermally active/passive test objects
thermal inspection ... **A17:** 397
Thermally aged adhesion
defined ... **EL1:** 1159
Thermally conductive adhesives ... **EM3:** 571–572
application methods ... **EM3:** 571–572
pot life ... **EM3:** 571
Thermally induced embrittlement
of steels ... **A11:** 98–100
Thermally induced failures
passive devices ... **EL1:** 1000–1001
Thermally induced porosity ... **M7:** 181
Thermally labile species
Raman analysis of ... **A10:** 129
Thermally quenched phosphors
brazed joint inspection ... **A17:** 604–605
in thermal inspection ... **A17:** 399
Thermally-induced radiation
in thermal inspection ... **A17:** 396
Thermal-mechanical analysis (TMA)
of flexible epoxies ... **EL1:** 821
Thermal-mechanical effects
accelerated fatigue reliability testing **EL1:** 748–751
design for reliability ... **EL1:** 746–748
prediction, of SM solder joint reliability ... **EL1:** 751–752
reliability overview ... **EL1:** 740–742
solder shear fatigue, analytical model ... **EL1:** 743–746
thermal expansion mismatch problem ... **EL1:** 742–743
Thermal-mechanical processing ... **A14:** 19, 26
Thermal-mechanical-controlled processing steels, specific types
A841, composition and carbon content ... **A6:** 406

1060 / Thermal-mechanical-controlled processing (TMCP) steels

Thermal-mechanical-controlled processing (TMCP) steels
classification and group description .. **A6:** 405, 406, 407

Thermal-neutron radiographs
examples **A17:** 391–395

Thermal-stress cracking
in copper alloy ingots **A9:** 642

Thermal-wave imaging. **A9:** 91
SEM **A12:** 169

Thermid 600 resins **EM1:** 83, 84, 89

Thermid IP-600 resins **EM1:** 83, 89

Thermid MC-600 resins **EM1:** 83, 84, 89

Thermionic cathode gun
defined **A9:** 18

Thermionic emission. **A6:** 30, 44
defined **A9:** 18

Thermistors
for thermal inspection. **A17:** 399
microwave detection by **A17:** 208

Thermistors and related sensors **EM4:** 1145–1149
applications **EM4:** 1145
barrier layers **EM4:** 1145–1146
common features linking oxide thermistors and gas
sensors **EM4:** 1145
electrical contacts. **EM4:** 1145
gas sensors **EM4:** 1147–1148
humidity sensors **EM4:** 1148–1149
negative temperature coefficient
thermistors **EM4:** 1145, 1146
positive temperature coefficient
resistors **EM4:** 1145, 1146, 1147

Thermit crucible
definition **A6:** 1214, **M6:** 18

Thermit mixture
definition **A6:** 1214, **M6:** 18

Thermit mold
definition **A6:** 1214, **M6:** 18

Thermit reaction
definition **A6:** 1214, **M6:** 18

Thermit reactions. **M7:** 52, 55

Thermit welding **M6:** 692–704
electrical connections. **M6:** 703–704
fusion welding **M6:** 694
metallurgical parameters **M6:** 693–694
metallurgical principles **M6:** 692
free energy of oxide formation **M6:** 692
powder used. **M7:** 573
pressure welding **M6:** 694
principles of welding **M6:** 692–693
aluminothermic compounds **M6:** 692–694
oxide reactions. **M6:** 692
variables affecting reductants **M6:** 692–693
rail welding. **M6:** 695–698
grain structure **M6:** 697
metallurgical aspects of welds **M6:** 697
testing of welds **M6:** 697–699
welding with preheat **M6:** 695–696
welding without preheat **M6:** 696
reinforcement bar welding **M6:** 702–703
repair welding. **M6:** 698–702
applications **M6:** 701–702
applying the mold. **M6:** 699–700
changing the crucible **M6:** 701
joint preparation **M6:** 699
molding sand characteristics **M6:** 700–701
preheating **M6:** 701
safety precautions **M6:** 58

Thermit welding (TW)
definition. **A6:** 1214

Thermite
flame AAS analysis of **A10:** 56, 57

Thermite reaction. **A7:** 70
aluminum powder **A7:** 148

Thermite reactions **M7:** 194

Thermite welding (TW) **A6:** 291–293
applications. **A6:** 291–293
railroad equipment **A6:** 397
definition. **A6:** 291
heat-affected zone (HAZ). **A6:** 291, 292
metallurgy **A6:** 291
principles. **A6:** 291
rail welding **A6:** 291
safety precautions. **A6:** 293, 1203–1204
vs. exothermic brazing **A6:** 345

Thermochemical conversion surface treatments
titanium alloys **A18:** 779, 780–781

Thermochemical processing (TCP) *See also* Thermal processing
prealloyed titanium P/M compacts. **A2:** 654
titanium alloy powders **A7:** 878, 879, 880

Thermochemistry *See also* Physical chemistry; Thermodynamics
gas-metal. **M7:** 295
of inclusion-forming reactions **A15:** 89

Thermochromic coatings
for adhesive-bonded joints **A17:** 629

Thermocompression ball bonds
defect between gold wire/vacuum-deposited
aluminum. **A12:** 484
intermetallic formation effects. **A12:** 485

Thermocompression bonding *See also*
Thermocompression welding. ... **EM3:** 584, 586
as electrical interconnection **EL1:** 224–225
as inner lead process. **EL1:** 278–279
defined. **EL1:** 1159
definition. **A6:** 1214
failure mechanisms **EL1:** 62, 1042–1043
leaded and leadless surface-mount joints. . **EL1:** 734
of leads, low-temperature cofired ceramic **EL1:** 467
thermal failures **EL1:** 62

Thermocompression welding **M6:** 674–675
applications. **M6:** 674, 686
equipment **M6:** 675
metals joined. **M6:** 675
procedures **M6:** 675
resistance heating **M6:** 675

Thermocouple
as transducer in creep testing **A8:** 312–313
classifications and comparisons. **A8:** 414
defined **A8:** 14, **A9:** 18, **A13:** 13
in temperature control of tension testing. ... **A8:** 36
-type temperature controller. **A8:** 414
-type vacuum gage **A8:** 414
use in ultrasonic testing **A8:** 247

Thermocouple alloys
percussion welding **M6:** 740

Thermocouple calibration *See also* Thermocouple materials
comparison method. **A2:** 880–881
direct emf measurement vs. platinum **A2:** 880
freezing-point calibration **A2:** 879–880
International Temperature Scale of 1990
(ITS-90) **A2:** 879
methods. **A2:** 879
temperature scales **A2:** 878–879

Thermocouple effect. **A19:** 177

Thermocouple extension wires *See also*
Thermocouple materials
circuitry. **A2:** 876–877
color coding **A2:** 878
error analysis **A2:** 877–878
properties. **A2:** 878
selection criteria. **A2:** 876

Thermocouple materials *See also* Thermocouple calibration; Thermocouple extension wires; Thermocouple materials, specific types; Thermocouple thermometers; Thermocouple wires
calibration, change during service. **A2:** 881–882
color coding of thermocouple wires/extension
wires **A2:** 878
industrial applications, selection criteria **A2:** 885
insulation and protection **A2:** 882–884
nonstandard thermocouples, types **A2:** 874–876
selection criteria. **A2:** 885
standard thermocouples, types. **A2:** 871–873
thermocouple assemblies **A2:** 884–885
thermocouple calibration **A2:** 878–881
thermocouple extension wires **A2:** 876–878
thermocouple maintenance. **A2:** 886–887
thermocouple materials, types. **A2:** 871–876
thermocouple practice. **A2:** 885–886
thermocouple thermometers,
principles. **A2:** 869–871

Thermocouple materials, specific types *See also*
Thermocouple materials
19 alloy/20 alloy, for elevated
temperatures **A2:** 874
iridium-rhodium thermocouples **A2:** 874
nonstandard thermocouples. **A2:** 874–876
Platinel, types and application **A2:** 875–876
platinum 67, as reference standard. **A2:** 870
platinum-molybdenum, under neutron
radiation **A2:** 874–875
standard thermocouples **A2:** 871–873
tungsten-rhenium, types and application ... **A2:** 876
type B, still air/inert atmospheres. **A2:** 873
type E, thermoelectric power **A2:** 873
type J, versatility and cost. **A2:** 871–872
type K, industrial applications. **A2:** 872
type N, Nicrosil/Nisil thermocouple **A2:** 873
type R, stability of. **A2:** 873
type S, as calibration standard. **A2:** 873
type T, cryogenic applications. **A2:** 872–873

Thermocouple temperature controllers. **A19:** 206

Thermocouple thermometers
measurement of temperature by **A2:** 870
preparation of measuring junction **A2:** 870–871

Thermocouple wires *See also* Thermocouple extension wires; Thermocouple materials
color coding **A2:** 878
wire insulation, types **A2:** 882–883

Thermocouples *See also* Thermocouple calibration; Thermocouple extension wires; Thermocouple materials; Thermocouple materials, specific types. .. **A11:** 296–297, **A19:** 182, 514, 515, 529, **M3:** 696–720
assemblies, conventional. **M3:** 715, 716
assemblies, metal-sheathed **M3:** 715–716
calibration. **M3:** 701, 708–714
change of during service **M3:** 712–714
methods of **M3:** 709–712
tolerances, initial. **M3:** 701, 712
color coding of thermocouple wires and extension
wires **M3:** 708, 709
conventional, assemblies. **A2:** 885
cryogenic applications **M3:** 717
defined. **A2:** 869
extension wires. **M3:** 706–708, 709
for a practical temperature measurement **EM4:** 251
for temperature control with surface carbon
content control. **A4:** 576, 579
for thermal inspection. **A17:** 399
furnace brazing. **A6:** 330
in magnesium melting. **A15:** 801
insulation and protection **M3:** 714–715, 716
maintenance **M3:** 718–719
manganese cast alloy for. **A15:** 32
materials, nonstandard **M3:** 702–706
composition **M3:** 702–704
mechanical properties. ... **M3:** 703, 704, 707, 708
physical properties **M3:** 702, 703, 704, 705, 707, 708
temperature limits. **M3:** 702–704, 707, 708
materials, standard. **M3:** 699–702
composition **M3:** 699–702
physical properties **M3:** 699, 700
temperature limits. **M3:** 699–702
metal-sheathed, assemblies. **A2:** 884–885
powders used **M7:** 573
reference tables **M3:** 712
reference tables/calibration. **A2:** 881
selection, criteria for **M3:** 716–717
thermocouple thermometers **M3:** 696–699
to measure temperature in HIP gas system **A7:** 593

use in temperature control **A4:** 506–508, 529–532, **M4:** 346–350, 351, 352
Thermocouples, types K and S **A19:** 206
Thermodynamic effect
in liquid erosion **A11:** 164
Thermodynamic equilibrium
and physical aging **EM2:** 755–756
Thermodynamic modeling of phase diagrams **A3:** 1•18
Thermodynamic pressure **A20:** 188
Thermodynamic principles **A3:** 1•5–1•7
Thermodynamic properties *See also* Thermodynamics
activities and thermal properties **A15:** 55
aluminum-base alloys **A15:** 55–60
amorphous materials and metallic glasses **A2:** 812–813
copper-base alloys **A15:** 55–60
interaction coefficients **A15:** 55–56
of binary iron-base systems **A15:** 61–62
of iron-base alloys **A15:** 61–70
of multicomponent Fe-C systems **A15:** 68–69
of ternary iron-base alloys **A15:** 62–64
structural diagrams **A15:** 69–70
ternary iron-carbon systems **A15:** 64–68
thermal properties, hypothetical standard state **A15:** 56–57
Thermodynamic scale
as ideal temperature scale **A2:** 878
Thermodynamic stability of cold-worked metals **A9:** 692
Thermodynamic surface energy **A19:** 47
Thermodynamic temperature **A8:** 721
SI base unit and symbol for **A10:** 685
Thermodynamic values
types of invariant point **EM4:** 883
Thermodynamics *See also* Thermodynamic properties
chemical **A15:** 50–52
corrosion protection by **A13:** 377
first principle, half-cell potentials from **A10:** 164
of aqueous corrosion **A13:** 18–28, 32
of argon oxygen decarburization **A15:** 426
of high-temperature corrosion in gases **A13:** 61–64
of hydrogen removal **A15:** 457
of multicomponent Fe-C systems **A15:** 68–69
of particle behavior, interfacial **A15:** 142–143
of solidification **A15:** 101–103
of stress-corrosion cracking **A13:** 151
of superconducting to normal transition **A2:** 1028
of surface or grain-boundary segregation LEED analysis **A10:** 544
of ternary FE-C-X systems **A15:** 64–68
principles, of corrosion **A13:** 17
Thermoelastic coefficient
of Invar **A2:** 891
Thermoelastic deformation
and mechanical durability **EL1:** 55
Thermoelastic instability (TEI)
ceramics **A18:** 814, 815
defined **A18:** 19
Thermoelastic martensite
in shape memory alloys **A2:** 897
Thermoelasticity, laminate
computer program for **EM1:** 276
Thermoelectric devices
for thermal inspection **A17:** 399
Thermoelectric effect **A6:** 42
Thermoelectric potential versus copper
electrical resistance alloys **A2:** 822
Thermoelectric power
defined **A2:** 870
Thermoelectric testing **A1:** 1031
Thermoelement, negative and positive
defined **A2:** 869–871
Thermoformers
types **EM2:** 401–403
Thermoforming *See also* Air-assist vacuum forming; Bubble forming; Drop forming; Forming; Matched-mold forming; Plug-and-ring forming; Plug-assist forming; Ridge forming; Scrapless thermoforming; Slip forming; Twin-sheet thermoforming; Vacuum forming **A20:** 793, 797, **EM2:** 399–403
acrylics **EM2:** 107
air-slip **EM2:** 401
as superplastic forming **A14:** 857–859
compatibility with various materials **A20:** 247
defined **EM1:** 24, **EM2:** 42, 303
definition **A20:** 842
economic factors **EM2:** 301, 403
high-impact polystyrenes (PS, HIPS) **EM2:** 198
in polymer processing classification scheme **A20:** 699
machines **EM2:** 401–403
matched-mold **EM2:** 400
molded-in color **EM2:** 306
polymer melt characteristics **A20:** 304
pressure bubble plug-assist vacuum **EM2:** 401
process **EM2:** 399–400
processing characteristics, closed-mold **A20:** 459
properties effects **EM2:** 285
rating of characteristics **A20:** 299
sheet, reinforced polypropylenes (PP) **EM2:** 193
size and shape effects **EM2:** 290–291
surface finish **EM2:** 304
techniques **EM2:** 400–401
textured surfaces **EM2:** 305
thermoplastics **A20:** 453
thermoplastics processing comparison **A20:** 794
trapped-sheet, contact heat, pressure **EM2:** 401
vacuum snapback **EM2:** 401
Thermogalvanic corrosion *See also* Galvanic corrosion
defined **A13:** 13
definition **A5:** 970
Thermographs
microwave holography **A17:** 225
Thermography *See also* Microwave thermography
as inspection or measurement technique for corrosion control **A19:** 469
as nondestructive test technique **EM1:** 777
high-resolution **EL1:** 954–955
microstructure effect **A17:** 51
pulsed video **A17:** 512
Thermogravimetric analysis (TGA) *See also* Thermal analysis **A20:** 590, **EM2:** 525, 540, 834–835, **EM3:** 29
defined **EM1:** 24, **EM2:** 42
for phase analysis **EM4:** 561, 562
for temperature resistance **EM2:** 559–566
of epoxy resin system composites **EM1:** 403
of high-temperature polymers **EM1:** 810
of leaded and leadless surface-mount joints **EL1:** 733
of medium-temperature thermoset matrix composites **EM1:** 384
polysiloxane preceramic polymer **EM4:** 223
thin-film hybrids **EL1:** 324
to study evaporation of low-boiling point organics during spray drying **EM4:** 107
Thermogravimetry **A7:** 614
for outgassing **M7:** 434
Thermogravimetry (TG) **EM4:** 52, 53
to measure relative or time differential weight change **EM4:** 27
Thermohydrogen processing (THP) **A7:** 20
Thermoluminescent coatings
for adhesive-bonded joints **A17:** 629
Thermomagnetometry (TM) **EM4:** 52, 54
Thermomechanical
cracking, creep-fatigue laws summarized **A19:** 548
design considerations **EL1:** 414–416
intergranular, creep-fatigue laws summarized **A19:** 548
performance, rigid epoxies **EL1:** 814
properties, of substrates **EL1:** 612
simulation, design tools for **EL1:** 419
Thermomechanical analysis
abbreviation for **A11:** 798
Thermomechanical analysis, sequential **A20:** 814
Thermomechanical analysis (TMA) **EM1:** 779–780, **EM2:** 525–526, 540–541, **EM3:** 420
defined **EM2:** 832–833
for temperature resistance **EM2:** 559–564
Thermomechanical analyzer (TMA)
for substrates **EL1:** 612
Thermomechanical effects
aluminum-lithium alloys **A2:** 180
shape memory alloys **A2:** 898
Thermomechanical fatigue
definition **A19:** 527
fiber-reinforced metal-matrix composites **A19:** 915
Thermomechanical fatigue crack growth **A19:** 181–182
Thermomechanical fatigue in-phase (IP) testing **A19:** 533–534
Thermomechanical fatigue out-of-phase (OP) testing **A19:** 533–534
Thermomechanical fatigue tests **A19:** 540
for gas-turbine components **A11:** 278–281
Thermomechanical fatigue (TMF) life model
creep-fatigue laws summarized **A19:** 548
Thermomechanical fatigue (TMF) tests **A1:** 626
Thermomechanical processing *See also* Controlled rolling **A7:** 605
accelerated cooling of high-strength low-alloy steels **A1:** 398
aluminum alloys **A19:** 799–800
as strengthening mechanism for fatigue resistance **A19:** 605
interpass cooling **A1:** 409
of microalloyed steels **A1:** 585–589
temperature-time schedules **A1:** 130, 131
Thermomechanical processing (TMP)
titanium alloys **A6:** 84, 85
Thermomechanical processing (TMP), in mechanical alloying **M7:** 725
oxide reduction by **M7:** 256
Thermomechanical properties
polymer composition effects **EM2:** 566–567
Thermomechanical pulping equipment **A13:** 1217–1218
Thermomechanical treatments
ultrahigh-strength steels **M1:** 421
Thermomechanical working
defined **A14:** 13
definition **A5:** 970, **A20:** 842
Thermomechanically controlled process (TMCP) steels
weldability **A6:** 419, 420
Thermomechanically processed cobalt-chromium-molybdenum alloy
for orthopedic implants **M7:** 658
Thermometers *See also* Thermocouple materials
resistance, of electrical resistance alloys **A2:** 822–823
thermocouple, principles of **A2:** 869–871
types **A2:** 869
Thermometrical techniques **A19:** 138
Thermonuclear fusion
magnetic containment of **A2:** 1056–1057
Thermo-oxidative stability
and thermal stability **EM2:** 565–566
Thermophysical properties **EM4:** 610–616
emissivity **EM4:** 615–616
calorimetric determinations **EM4:** 616
direct measure of emitted radiant flux **EM4:** 616
reflectivity measurements **EM4:** 616
heat capacity **EM4:** 614–615
calorimetry **EM4:** 614
differential scanning calorimetry **EM4:** 614
differential thermal analysis **EM4:** 615
specific heat **EM4:** 614, 615
performance data sources **A20:** 501
thermal conductivity **EM4:** 612–614
guarded hot plate technique **EM4:** 613
laser flash method **EM4:** 613–614
radial heat flow method **EM4:** 613
thermal diffusivity **EM4:** 612–614
thermal expansion **EM4:** 610–612
ASTM standards **EM4:** 611
coatings **EM4:** 612
coefficient of thermal expansion **EM4:** 610
dilatometry **EM4:** 610–611
films **EM4:** 612
interferometry **EM4:** 611
measuring microscopy **EM4:** 611–612
x-ray diffraction **EM4:** 611
Thermophysical properties data base
die/workpiece **A14:** 41
Thermopiles
for thermal inspection **A17:** 399
Thermoplastic
buffing **A5:** 105
defined **EL1:** 1159, **EM1:** 24
definition **A5:** 970
Thermoplastic acrylic **A13:** 405
Thermoplastic coal-tar-based coating **M1:** 176
Thermoplastic composites, friction and wear of **A18:** 820–826
abrasive wear **A18:** 821

Thermoplastic composites, friction and wear of (continued)
adhesive wear **A18:** 821
advantages **A18:** 820
coefficients of friction **A18:** 820, 821, 822, 824, 825, 826
composition of injection-moldable thermoplastic composites **A18:** 821
conclusions **A18:** 826
corrosive wear **A18:** 820
lubricant effect on friction **A18:** 825–826
lubricant effect on wear factor **A18:** 822–825
lubrication **A18:** 820, 822–826
material selection **A18:** 822–826
PEEK composites, friction and wear properties **A18:** 821
properties **A18:** 820
sliding wear **A18:** 820–822
wear tests **A18:** 822
coefficient of friction **A18:** 822
volume wear **A18:** 822
wear factor **A18:** 822
Thermoplastic compression molding . . . **EM1:** 562–563
Thermoplastic, defined *See also* Thermoplastics **EM2:** 42
Thermoplastic elastomer
as thermocouple wire insulation **A2:** 882
Thermoplastic elastomers (TEs) *See also* Elastomers
chemistry **EM2:** 66
thermal properties **EM2:** 450
Thermoplastic extrusion *See also* Extrusion; Thermoplastic processes **EM2:** 378–388
competing processes **EM2:** 387
defined **EM2:** 303
extruder parameters **EM2:** 378–383
multiple-screw extruders **EM2:** 383
process/product parameters additional **EM2:** 386–387
products, types of **EM2:** 383–386
proving the system **EM2:** 387
size and shape effects **EM2:** 290
Thermoplastic fluoropolymers *See also* Fluoroplastics; Thermoplastic resins **EM2:** 115–119
applications **EM2:** 117–118
characteristics **EM2:** 118–119
chlorotrifluoroethylene **EM2:** 116
commercial forms **EM2:** 115–117
ethylene chlorotrifluoroethylene **EM2:** 115–118
ethylene-tetrafluoroethylene **EM2:** 115–118
fluorinated perfluoroethylene-propylene . . **EM2:** 116
perfluoro alkoxy alkane **EM2:** 116
polytetrafluoroethylene **EM2:** 115–116
polyvinylidene fluoride **EM2:** 115–119
suppliers **EM2:** 119
thermal properties **EM2:** 448
Thermoplastic injection molding *See also* Injection molding **EM2:** 308–318
defined **EM2:** 42
economic analysis **EM2:** 308–310
injection molds and process **EM1:** 556–557
materials **EM2:** 310–311
mechanical properties **EM2:** 311–312
mold construction **EM2:** 313–317
quality assurance **EM2:** 317–318
reciprocating screw injection molding machine for **EM1:** 555–557
technical analysis **EM2:** 312
tolerance capability **EM2:** 312–313
two-stage injection/accumulator machine **EM1:** 557
variants **EM1:** 557
Thermoplastic matrix composites *See also* Thermoplastic matrix processing; Thermoplastic resins . . . **A9:** 592, **EM1:** 363–372
discontinuous fiber **EM1:** 121
interlaminar fracture toughness **EM1:** 100
polyester resin and fiber-resin **EM1:** 363
polysulfone resin and fiber-resin **EM1:** 363
properties **EM1:** 363–372
testing **EM1:** 97–98
Thermoplastic matrix processing **EM1:** 544–553
comparative assessment **EM1:** 142
economics of **EM1:** 552–553
fabrication **EM1:** 547–552
product forms **EM1:** 546–547
thermoplastic resin systems **EM1:** 544–546
Thermoplastic media
for decorating **EM4:** 475
Thermoplastic molding compounds **EM1:** 164–166
Thermoplastic polyesters *See also* Polybutylene terephthalate (PBT); Polyesters; Polyethylene terephthalate (PET); Thermosetting polyesters; Unsaturated polyesters
as engineering plastic **EM2:** 429
defined **EM1:** 24, **EM2:** 42
Thermoplastic polyimides **EM1:** 78–79
Thermoplastic polyimides (TPI) *See also* Polyimides (PI); Thermoplastic resins
applications **EM2:** 177
chemistry and properties **EM2:** 177
defined **EM2:** 42
processibility **EM2:** 177
processing **EM2:** 177–178
vs. thermoset polyimides **EM2:** 177
Thermoplastic polymers *See also* Polymer(s); Thermoplastic resins; Thermoplastics **A20:** 700
chemical structures **EM2:** 54
glass transition temperatures **EM2:** 54
heterochain, glass transition temperature . . **EM2:** 53
hydrocarbon **EM2:** 50
in sheet molding compounds **EM1:** 158
minimum web thickness **A20:** 689
nonhydrocarbon carbon-chain **EM2:** 51–52
Thermoplastic polyolefin (TPO) **A5:** 452
Thermoplastic polyurethanes (TPUR) *See also* Polyurethanes (PUR); Thermoplastic resins
alloys, elastomeric alloys **EM2:** 204
applications **EM2:** 205–206
as PUR commercial form **EM2:** 258
chain extenders **EM2:** 203
characteristics **EM2:** 206–207
chemistry **EM2:** 203
commercial forms **EM2:** 203–204
competitive materials **EM2:** 206
costs and production volume **EM2:** 204–205
defined **EM2:** 42
design considerations **EM2:** 206–207
diisocyanates **EM2:** 203
glass-reinforced **EM2:** 205
Polyols **EM2:** 203
processing **EM2:** 207
properties **EM2:** 203, 205
special compounds **EM2:** 207
suppliers **EM2:** 207
Thermoplastic prepreg
fabrication with **EM1:** 103–104
potential of **EM1:** 99–100
Thermoplastic processes *See also* Thermoplastic resins; Thermoplastics
and thermoset processes, compared **EM2:** 289
blow molding, size and shape effects **EM2:** 290
compression molding, properties effects . . **EM2:** 285
compression molding, size and shape effects **EM2:** 290
conventional blow molding, properties effects **EM2:** 285
effects, on properties **EM2:** 282–286
extrusion, size and shape effects **EM2:** 290
filament winding, properties effects **EM2:** 285–286
filament winding, size and shape effects **EM2:** 291
foam injection molding, properties effects **EM2:** 284
foam injection molding, size and shape effects **EM2:** 290
hollow injection molding, properties effects **EM2:** 284
hollow injection molding, size and shape effects **EM2:** 290
injection blow molding, properties effects **EM2:** 285
injection compression molding properties effects **EM2:** 283–284
injection molding, properties effects **EM2:** 282–284
injection molding, size and shape effects **EM2:** 288–289
injection-compression molding, size and shape effects **EM2:** 289–290
rotational casting, properties effects **EM2:** 286
rotational casting, size and shape effects **EM2:** 291
sandwich molding, properties effects **EM2:** 284–285
sandwich molding, size and shape effects **EM2:** 290
shrinkage from **EM2:** 280
size and shape effects **EM2:** 288–291
stamping, size and shape effects **EM2:** 290
thermoforming, properties effects **EM2:** 285
thermoforming, size and shape effects **EM2:** 290–291
twin-sheet forming, size and shape effects **EM2:** 290
twin-sheet stamping, size and shape effects **EM2:** 290
Thermoplastic processing
in superalloys **M7:** 440
Thermoplastic resin bonds
bonded-abrasive grains **A2:** 1014
Thermoplastic resins *See also* Compression-mounting materials; Engineering plastics; Engineering thermoplastics; Resins; Thermoplastic matrix composites; Thermoplastics . . . **A13:** 329, 403–406, **A20:** 445, **EM1:** 97–104, **EM2:** 98–221, 618–625
acrylics **EM2:** 103–108
acrylonitrile-butadiene-styrenes (ABS) **EM2:** 109–114
advanced composites **EM2:** 621–622
amorphous **EM2:** 620–621
and cyanates, compatibility **EM2:** 234
and thermosetting resins compared **EM2:** 222, 225
application, automotive industry **EM1:** 834
applications **EM2:** 623–625
as fully reacted **EM1:** 142
carbon fiber treatment for **EM1:** 52
characterization tests **EM1:** 294
chopped fiber reinforced grades **EM1:** 43
commodity, elevated-temperature behavior **EM1:** 32
cost considerations **EM2:** 622
cost elements **EM1:** 97
creep **EM1:** 293
creep data **EM2:** 621
crystalline, injection molding screws for **EM1:** 166
damage tolerance **EM1:** 97–98, 293
electrical applications **EM2:** 591
electrical properties **EM2:** 589
engineering-grade, for resin transfer molding **EM1:** 169
environmental resistance **EM1:** 293
fabrication with thermoplastic prepreg **EM1:** 103–104
for aerospace application **EM1:** 32–33
for filament winding **EM1:** 138
for high-modulus composites suitability **EM1:** 98–100
for pultrusion matrices **EM2:** 394–395
future trends **EM1:** 142
grades of **EM2:** 98
high-density polyethylenes (HDPE) . . **EM2:** 163–166
high-impact polystyrenes (PS HIPS) **EM2:** 194–199
high-performance **EM1:** 43, 100–101
high-temperature **EM1:** 138, 142
homopolymer and copolymer acetals (AC) **EM2:** 100–102
impact strength, tests **EM1:** 292–293
impregnation problems **EM1:** 101–103
in space and missile applications **EM1:** 817

SUBJECTS OF THE INDEXED VOLUMES: ASM Handbook (designated by the letter "A"): **A1:** Properties and Selection: Irons, Steels, and High-Performance Alloys (1990); **A2:** Properties and Selection: Nonferrous Alloys and Special-Purpose Materials (1990); **A3:** Alloy Phase Diagrams (1992); **A4:** Heat Treating (1991); **A5:** Surface Engineering (1994); **A6:** Welding, Brazing, and Soldering (1993); **A7:** Powder Metal Technologies and Applications (1998); **A8:** Mechanical Testing (1985); **A9:** Metallography and Microstructures (1985); **A10:** Materials Characterization (1986); **A11:** Failure Analysis and Prevention (1986); **A12:** Fractography (1987); **A13:** Corrosion (1987); **A14:** Forming and Forging (1988); **A15:** Casting (1988); **A16:** Machining (1989); **A17:** Nondestructive Evaluation and Quality Control (1989); **A18:** Friction, Lubrication, and Wear Technology (1992); **A19:** Fatigue and Fracture (1996); **A20:** Materials Selection and Design (1997). **Metals Handbook, 9th Edition** (designated by the letter "M"): **M1:** Properties and Selection: Irons and Steels (1978); **M2:** Properties and Selection: Nonferrous Alloys and Pure Metals (1979); **M3:** Properties and Selection: Stainless Steels, Tool Materials, and Special-Purpose Materials (1980); **M4:** Heat Treating (1981); **M5:** Surface Cleaning, Finishing, and Coating (1982); **M6:** Welding, Brazing, and Soldering (1983); **M7:** Powder Metallurgy (1984). **Engineered Materials Handbook** (designated by the letters "EM"): **EM1:** Composites (1987); **EM2:** Engineering Plastics (1988); **EM3:** Adhesives and Sealants (1990); **EM4:** Ceramics and Glasses (1991). **Electronic Materials Handbook** (designated by the letters "EL"): **EL1:** Packaging (1989)

introduction **EM2:** 98–99
ionomers **EM2:** 120–123
linearity/reprocessability **EM1:** 100
liquid crystal polymers (LCP) **EM2:** 179–182
low-performance, for resin transfer molding **EM1:** 169
melt impregnation **EM1:** 101–102
melt values **EM1:** 294
melt viscosity **EM1:** 102
military specifications **EM2:** 90
moisture effects **EM2:** 767–768
molecular structure **EM2:** 619–621
molecular weights **EM1:** 101
neat form **EM2:** 98
physical, chemical, thermal analysis **EM2:** 533–543
polyamide-imides (PAI) **EM2:** 128–137
polyamides (PA) **EM2:** 124–127
polyaryl sulfones (PAS) **EM2:** 145–146
polyarylates (PAR) **EM2:** 138–141
polyaryletherketones (PAEK, PEK PEEK, PEKK) **EM2:** 142–144
polybenzimidazoles (PBI) **EM2:** 147–150
polybutylene terephthalates (PBT) . . **EM2:** 153–155
polycarbonates (PC) **EM2:** 151–152
polyether sulfones (PES, PESV) **EM2:** 159–162
polyether-imides (PEI) **EM2:** 156–158
polyethylene terephthalates (PET) . . . **EM2:** 172–176
polyphenylene ether blends (PPE PPO) **EM2:** 183–185
polyphenylene sulfides (PPS) **EM2:** 186–191
polysulfones (PSU) **EM2:** 200–202
polyvinyl chlorides (PVC) **EM2:** 209–213
problems **A9:** 30
product design **EM2:** 622–623
programs, government-funded **EM1:** 103
properties **A9:** 29, **EM1:** 101, 292, 364, **EM2:** 618–619
reinforced polypropylenes (PP) **EM2:** 192–193
solvent/chemical resistance **EM1:** 293–294
styrene-acrylonitriles (SAN, OSA ASA) **EM2:** 214–216
styrene-maleic anhydrides (S/MA) . . **EM2:** 217–221
target properties **EM1:** 544
tensile modulus **EM1:** 544
tensile strengths **EM1:** 544
tests for **EM1:** 292–294
thermal expansion **EM1:** 294
thermoplastic fluoropolymer **EM2:** 115–119
thermoplastic polyimides (TPI) **EM2:** 177–178
thermoplastic polyurethanes (TPUR) **EM2:** 203–208
thermoset resins, trade-offs for commercial aircraft composites **EM1:** 100
toughness tests **EM1:** 293
ultrahigh molecular weight polyethylenes (UHMWPE) **EM2:** 167–171
viscoelasticity **EM2:** 625
viscosity **EM1:** 294
Thermoplastic stamping **EM1:** 562–563
molded-in color **EM2:** 306
surface finish **EM2:** 303
textured surfaces **EM2:** 305
Thermoplastic structural foam injection molding **EM1:** 557
Thermoplastic structural foams *See also* Foams; Injection molding
aesthetic concerns **EM2:** 512–513
blow agents **EM2:** 510–512
foam cell effects **EM2:** 508–509
part performance **EM2:** 508–510
properties **EM2:** 508–513
Thermoplastics *See also* Thermoplastic matrix composites; Thermoplastic resins **EM3:** 29, 35, 74, 151
100% solid **EM3:** 75
abrasive wear resistance **A18:** 490
aromatic polyarylates (PARS) **EM2:** 66
aromatic polysulfones (PSU) **EM2:** 66
as composites **A11:** 731
as toughener **EM3:** 185
blow molding **A20:** 453
calendering **A20:** 453
compared to epoxies **EM3:** 98
compatibility with various manufacturing processes **A20:** 247
crystalline structure of **A20:** 339
cycle time estimation **A20:** 644
definition **A20:** 842
design for composite manufacture . . . **A20:** 805, 806, 807
design for mechanical part performance . . **A20:** 639, 640
elastomers **EM3:** 85
additives **EM3:** 85
bonding substrates and applications **EM3:** 85
for tapes and labels **EM3:** 85
properties **EM3:** 82, 85
elastomers, chemistry **EM2:** 66
engineered material classes included in material property charts **A20:** 267
epoxy bonding **EM3:** 96
extrusion **A20:** 452–453
fabrication of **A20:** 337
fillers for epoxies **EM3:** 99
film adhesives **EM3:** 35
fluoroplastics **EM2:** 66
fluoropolymers **EM3:** 29
for adhesive bonding of aircraft canopies and windshields **EM3:** 563
for die attach in device packaging **EM3:** 584
for die attachment and interconnection . . **EM3:** 580
for electronic packaging applications **EM3:** 601
for industrial sealants **EM3:** 58
for insulated double-pane window construction **EM3:** 46
fracture toughnesses **A20:** 354
friction welding **A6:** 317
glass-reinforced **A20:** 640–641
glassy, stress crazing **EM2:** 797–800
hot melts **EM3:** 44
for electronic general component bonding **EM3:** 573
for surface-mount technology bonding **EM3:** 570
headliner adhesives **EM3:** 552
hydrocarbon resins as tackifiers **EM3:** 182
hydrochloric acid corrosion **A13:** 1164
in oil/gas production **A13:** 1243–1244
in polymer-matrix composites processes classification scheme **A20:** 701
injection molding **A20:** 453
inorganic polymers **EM2:** 66
liquid crystal polymers **EM2:** 66
melt processing **A20:** 700
military specifications **EM2:** 90
molecular architecture of **A20:** 337
nondestructive testing **A6:** 1087
nonreactive **EM3:** 97
part strength and impact resistance **A20:** 641
permanent deformation **A20:** 343–344
polyesters **EM3:** 29, 576
surface preparation **EM3:** 291
polyetheretherketone (PEEK), fracture analysis **EM3:** 345
polyetherketone **EM2:** 66
polyimides (TPI) **EM3:** 29, 152–153
polyimidesulfone **EM3:** 355–359, 513
mechanical properties **EM3:** 360
overlap edge stress concentration for single-lap joints **EM3:** 360–361
polymer chemistry of **EM2:** 63–67
polymer, prebond treatment **EM3:** 35
polymers as **EM2:** 48
polyphenylene sulfide (PPS) **EM2:** 66
polyurethanes (TPUR) **EM3:** 29, 121
powder processing **A20:** 700
properties **EM3:** 74, 601
rotational molding **A20:** 453
rubbery-state processing **A20:** 700–701
strengthening of **A20:** 351
styrene-maleic anhydride (SMA) **EM2:** 66
surface preparation **EM3:** 278–280
abrasion **EM3:** 278–279
chromic acid etching **EM3:** 278–279
satinizing **EM3:** 278
tensile creep **EM2:** 113
thermoforming **A20:** 453
vs. thermosets, properties **EM2:** 437
Thermoplastics and Thermosets
Plastics (9th) (D.A.T.A) **EM2:** 94
Thermoplastics: Materials Engineering (Mascia) **EM2:** 94
Thermoreactive deposition/diffusion process (TRD) **A4:** 448–453
carbide coatings **A4:** 451–453
chromium effects **A4:** 449, 451
compared to chemical vapor deposition **A4:** 448
definition **A5:** 970
niobium effects **A4:** 451
process characteristics **A4:** 448–451
temperature effect on coating thickness **A4:** 449
time effect on coating thickness **A4:** 449
tooling applications **A4:** 451–452
Thermoset
defined **EL1:** 1159, **EM1:** 24, **EM2:** 42
epoxies, hardness **EL1:** 817
materials, for base/insulators **EL1:** 113
Thermoset acrylic
coating hardness rankings in performance categories **A5:** 729
Thermoset composites **A20:** 351
Thermoset engineering plastics *See also* Thermosetting resins
types, volumes, costs **EM2:** 222
Thermoset injection molding *See also* Injection molding **EM1:** 558
defined **EM2:** 42, 319
injection-moldable thermoset resins **EM2:** 321–322
molding methods **EM2:** 319–321
reaction injection molding, reinforced (RRIM) **EM2:** 320–321
reciprocating-screw molding **EM2:** 319–320
thermoset selection **EM2:** 322–323
transfer molding **EM2:** 319–320
Thermoset matrix composites
high-temperature, properties **EM1:** 373–380
low-temperature, properties **EM1:** 392–398
medium-temperature **EM1:** 399–415
medium-temperature, properties **EM1:** 381–391
process modeling of **EM1:** 500–501
Thermoset molding compounds *See also* Bulk molding compounds (BMC)
bulk properties **EM1:** 161–162
curing **EM1:** 167
for injection **EM1:** 165
shear/heat effects **EM1:** 164
specific gravity **EM2:** 84
Thermoset plastic
surface preparation **EM3:** 291
Thermoset plastics **A20:** 445
as difficult-to-recycle materials **A20:** 138
compatibility with various manufacturing processes **A20:** 247
Thermoset polyester
for bonded auto lens assembly **EM3:** 575
Thermoset polymers **A20:** 700
minimum web thickness **A20:** 689
prebond treatment **EM3:** 35
Thermoset polyurethanes **A20:** 445, 450
Thermoset resins
and thermoplastic resins, trade-offs for commercial aircraft composites **EM1:** 100
bismaleimide **EM1:** 32, 289
cyanate esters **EM1:** 290
epoxies **EM1:** 32, 289
phenolic **EM1:** 32, 289–290
polyesters **EM1:** 290
polyimides **EM1:** 32, 290
properties and tests for **EM1:** 289–290
rheological behavior, dynamic mechanical spectroscopy for **EM1:** 654–656
Thermoset stamping *See also* Compression stamping; Stamping
properties effects **EM2:** 287
size and shape effects **EM2:** 292
Thermoset (TS) processing
comparative assessment **EM1:** 142
Thermoset-based resin systems
for filament winding **EM1:** 138
Thermosets *See also* Thermosetting . . . **EM3:** 29, 74, 76–78, 151, 182–183
as composite materials **A11:** 731
bismaleimides (BMIs) **EM3:** 154–156
bisnadimides (BNIs) **EM3:** 154
chemical cross-linking reaction **EM3:** 151–157
cross-linking **A20:** 445
cross-linking reactions **EM3:** 423
curing methods **EM3:** 74
definition **A20:** 842
engineered material classes included in material property charts **A20:** 267
epoxy bonding **EM3:** 96

Thermosets (continued)
for die attach in device packaging....... **EM3:** 584
for die attachment and interconnection . . **EM3:** 580
in polymer-matrix composites processes
classification scheme **A20:** 701
microstructure **EM3:** 406–407
molecular architecture.................. **A20:** 351
polymers as **EM2:** 48
processing and temperature effects . . **EM3:** 422–425
properties............................. **EM3:** 74
reactive oligomer end groups........... **EM3:** 154
starting materials **EM2:** 55
surface preparation **EM3:** 277–278
toughening methods................... **EM3:** 185
used in composites..................... **A20:** 457
vs. thermoplastics, properties........... **EM2:** 437
Thermosetting **EM3:** 29, 35
definition.............................. **A5:** 970
polyesters............................. **EM3:** 29
polyimides....................... **EM3:** 153–158
polyurethanes **EM3:** 278
Thermosetting acrylics **A13:** 405
resistance to mechanical or chemical
action **A5:** 423
Thermosetting coatings
cross-linked....................... **A13:** 406–410
epoxies............................... **A13:** 407
urethane **A13:** 408–410
Thermosetting diallyl phthalate
as a mounting for hafnium............... **A9:** 497
as a mounting for zirconium and zirconium
alloys **A9:** 497
Thermosetting epoxy resins as mounting materials for
carbon and alloy steels **A9:** 166–167
carbonitrided steels **A9:** 217
carburized steels........................ **A9:** 217
Thermosetting lacquers
use of **M5:** 626–627
Thermosetting molding materials
electrical properties **EM2:** 590
Thermosetting plastics
buffing **A5:** 105
Thermosetting polyamide resins........... **EM2:** 124
Thermosetting polyesters *See also* Liquid resins; Polyesters; Solid resins; Unsaturated polyesters
as low-temperature Fesin system........ **EM2:** 440
defined **EM1:** 24, **EM2:** 42–43
Thermosetting processes
and thermoplastic processes, compared . . **EM2:** 289
cold press molding, properties effects.... **EM2:** 287
combinations of **EM2:** 287
compression molding, properties
effects...................... **EM2:** 286–287
effects, on properties............. **EM2:** 286–287
filament winding, properties effects **EM2:** 287
hand lay-up, properties effects.......... **EM2:** 287
high-speed resin injection, properties
effects.......................... **EM2:** 287
injection molding, properties effects..... **EM2:** 287
powder compression molding, size and shape
effects.......................... **EM2:** 291
properties effects **EM2:** 286–287
reaction injection molding (RIM), properties
effects.......................... **EM2:** 287
resin transfer molding (RTM), properties
effects.......................... **EM2:** 287
sheet molding compound (SMC), size and shape
effects.......................... **EM2:** 291
shrinkage from **EM2:** 280
spray lay-up, properties effects.......... **EM2:** 287
Thermosetting pultrusion *See also* Pultrusion
defined............................. **EM2:** 303
Thermosetting resins *See also* Chemical analysis (thermoset resins); Compression-mounting materials; Engineering plastics; Engineering plastics families; Polymer families; Polymer(s); Resins...... **A13:** 329, **EM2:** 222–225, 626–631
allyls (DAP, DAIP) **EM2:** 226–229
aminos......................... **EM2:** 230–231
and cross-linked thermoplastics......... **EM2:** 631
and thermoplastic resins compared **EM2:** 222, 225
applications...................... **EM2:** 223–224
bismaleimides (BMI)............. **EM2:** 252–256
characteristics.................... **EM2:** 222–223
chemical structures..................... **EM2:** 55
classification **EM2:** 626
cross linking/characteristics **EM2:** 626–627
cure monitoring **EM2:** 528
cyanates........................ **EM2:** 232–239
defined **EM2:** 222
electrical applications **EM2:** 589
electrical properties **EM2:** 589
epoxies (EP) **EM2:** 240–241
for elevated temperature service **EM2:** 319
future trends..................... **EM2:** 224–225
injection-moldable **EM2:** 321–322
introduction **EM2:** 222–225
material development **EM2:** 626
materials selection **EM2:** 627–631
matrix properties **EM2:** 235
military specifications **EM2:** 90
moisture effects, mechanical
properties.................. **EM2:** 766–767
phenolics........................ **EM2:** 242–245
physical, chemical, thermal analysis **EM2:** 517–532
polymer chemistry of................ **EM2:** 63–64
polyurethanes (PUR)............. **EM2:** 257–264
problems **A9:** 30
processing **EM2:** 223–224
properties.............................. **A9:** 29
research and development of........... **EM2:** 631
selection, for injection molding..... **EM2:** 322–323
silicones (SI)..................... **EM2:** 265–267
thermal properties **EM2:** 439–444
unsaturated polyesters............ **EM2:** 246–251
urethane hybrids **EM2:** 268–271
vinyl esters **EM2:** 272–275
Thermosetting silicone and polyester styrene resins **M5:** 621
Thermosonic bonding **A6:** 325, **EM3:** 584–585
as electrical interconnection **EL1:** 225–226
defined............................. **EL1:** 1159
wire, thermal failures **EL1:** 62
Thermostat bi-metal **A6:** 962
Thermostat metals **M3:** 640, 645, 646
electrical resistance alloys............ **A2:** 826–827
Thermotropic liquid crystal................ **EM3:** 29
defined **EM2:** 43
Thiazoline derivatives
as biocides........................... **A18:** 110
Thiazolyazoresorcinol
as metallochromic indicator............ **A10:** 154
Thick film circuits................ **EM4:** 1140–1144
applications **EM4:** 1140, 1144
compositions and processes
for dielectrics **EM4:** 1143–1144
for thick film conductors **EM4:** 1141–1142
for thick film resistors......... **EM4:** 1142–1143
general compositions for thick
films.................... **EM4:** 1140–1141
metallo-organic deposition **EM4:** 1141
thick film tape **EM4:** 1141
Thick film printing
viscoelastic properties required **EM4:** 116
Thick film vacuum coatings for high-temperature protection.... **M5:** 395, 397, 399–400, 402–403, 409
Thick films *See also* Films; Thick-film circuits; Thick-film hybrids; Thick-film pastes; Thick-film technology; Thin films
analysis of........................... **A10:** 561
ceramic wiring boards, thermal
expansion **EL1:** 614–615
chip inductors, fabrication.......... **EL1:** 187–188
LEISS analyses for..................... **A10:** 603
metallization, ceramic packages **EL1:** 462–463
properties/advantages **EL1:** 321–322
RBS analysis for....................... **A10:** 631
resistors.......................... **EL1:** 343–345
vs. thin films, for hybrids **EL1:** 321–322
Thick, infinitely
XRS samples........................... **A10:** 93
Thick samples
and light absorption..................... **A10:** 61
PIXE analysis **A10:** 102
Thick single-stage plastic replicas
formation **A12:** 180–181
Thick stock
piercing of............................. **A14:** 46
Thickener
defined................................ **A18:** 19
Thickeners
as lubricant additives.................... **A14:** 51
for sheet metal compounds............. **EM1:** 158
Thick-film applications
gold powders...................... **M7:** 149–150
nonprecious metals in **M7:** 151
precious metal powders **M7:** 151
Thick-film circuit
definition.............................. **A5:** 970
Thick-film circuits
hybrid microcircuit packages, types . . **EL1:** 451–454
in hybrid IC systems................... **EL1:** 249
phases **EL1:** 249
screen printing **EL1:** 206
Thick-film dielectrics
physical characteristics............. **EL1:** 108–109
Thick-film hybrids
ceramic substrates.... **EL1:** 206–208, 334–338, 386
cermet paste systems **EL1:** 339–345
circuitry.............................. **EL1:** 206
component attachment technology... **EL1:** 347–351
development **EL1:** 332
industrial, defined **EL1:** 381
medical and military applications ... **EL1:** 386–389
multilayer, as VLSI packaging
approach **EL1:** 269–270
polymeric paste systems........... **EL1:** 345–347
polymeric substrates **EL1:** 338–339
substrates **EL1:** 334–339
thick-film multilayer interconnects...... **EL1:** 347
thick-film pastes **EL1:** 339–347
thick-film process **EL1:** 332–334
Thick-film inks
for hybrid microcircuits **EL1:** 207
Thick-film lubrication *See also* Thin-film lubrication **A18:** 89–94
defined................................ **A18:** 19
definition.............................. **A5:** 970
for sheet metal forming.................. **A14:** 51
Thick-film market
commercial applications................ **EL1:** 381
Thick-film multilayer interconnects
hybrid **EL1:** 347
Thick-film pastes
cermet systems.................... **EL1:** 339–345
for ceramic multilayer packages **EL1:** 460, 462–463
polymeric systems................. **EL1:** 345–347
Thick-film printing process **EL1:** 332
Thick-film resistors
properties **EL1:** 343–345
Thick-film technology
Hybrid microcircuits **EL1:** 255–256, 258
of hybrids........... **EL1:** 255–256, 258, 332–353
vs. thin-film **EL1:** 255–257
Thick-lip ruptures
in steam-generator tubes............ **A11:** 605–606
Thickness *See also* Casting section thickness; Section thickness; Thickness gaging; Thickness measurement; Wall thickness
abbreviation for **A10:** 691
aluminum-zinc alloy coatings............ **A13:** 436
and NDE method selection **A17:** 51
case, for Scleroscope hardness testing...... **A8:** 105
castings with various............... **A15:** 581–582
center-cracked tension specimen **A8:** 381
compact-type specimen **A8:** 381

SUBJECTS OF THE INDEXED VOLUMES: ASM Handbook (designated by the letter "A"): **A1:** Properties and Selection: Irons, Steels, and High-Performance Alloys (1990); **A2:** Properties and Selection: Nonferrous Alloys and Special-Purpose Materials (1990); **A3:** Alloy Phase Diagrams (1992); **A4:** Heat Treating (1991); **A5:** Surface Engineering (1994); **A6:** Welding, Brazing, and Soldering (1993); **A7:** Powder Metal Technologies and Applications (1998); **A8:** Mechanical Testing (1985); **A9:** Metallography and Microstructures (1985); **A10:** Materials Characterization (1986); **A11:** Failure Analysis and Prevention (1986); **A12:** Fractography (1987); **A13:** Corrosion (1987); **A14:** Forming and Forging (1988); **A15:** Casting (1988); **A16:** Machining (1989); **A17:** Nondestructive Evaluation and Quality Control (1989); **A18:** Friction, Lubrication, and Wear Technology (1992); **A19:** Fatigue and Fracture (1996); **A20:** Materials Selection and Design (1997). **Metals Handbook, 9th Edition** (designated by the letter "M"): **M1:** Properties and Selection: Irons and Steels (1978); **M2:** Properties and Selection: Nonferrous Alloys and Pure Metals (1979); **M3:** Properties and Selection: Stainless Steels, Tool Materials, and Special-Purpose Materials (1980); **M4:** Heat Treating (1981); **M5:** Surface Cleaning, Finishing, and Coating (1982); **M6:** Welding, Brazing, and Soldering (1983); **M7:** Powder Metallurgy (1984). **Engineered Materials Handbook** (designated by the letters "EM"): **EM1:** Composites (1987); **EM2:** Engineering Plastics (1988); **EM3:** Adhesives and Sealants (1990); **EM4:** Ceramics and Glasses (1991). **Electronic Materials Handbook** (designated by the letters "EL"): **EL1:** Packaging (1989)

conductor, design effects EL1: 517
conformal coating EL1: 761
distribution, interlaminar shear stress. . . . EM1: 240
dry-film A13: 417
effect in polycarbonate sheet A11: 762
effect in rocking curve profile for epitaxial films A10: 375
effect in wrinkling A8: 551
effect on crack growth. A11: 54
effect on critical stress-intensity factor. A11: 54
effect on plane-strain. A8: 551
effect on plastic buckling by overloading. . A11: 137
effect on toughness A11: 51, 54
effect on x-ray energy in crystals A10: 367–370
effect, radiographic inspection A17: 295
effects, abrasive waterjet cutting. A14: 748–749
electroplated hard chromium. A13: 871–872
fiber calculation for filament winding . . . EM1: 508
for durometer testing. A8: 106
for electrodeposited bright nickel-chromium coatings A13: 428
for metal powder cutting A14: 72
for ultrasonic ply cutting. EM1: 616
gaging, microwave inspection A17: 211–212
galvanized steel/aluminized steel coatings A13: 435
intermetallic compounds. EL1: 635
limit, oxyfuel gas cutting. A14: 72
loci, by eddy current inspection A17: 172
loss, marine corrosion A13: 542
measurements A14: 879, 929–93
measurements, sheet metal forming . . . A8: 548–549
measurements, uniaxial tensile testing A8: 554–555
metal, and press bending A14: 52
metal, for three-roll forming. A14: 61
metal, with ultrasonic thickness data analysis. A13: 202
nonconductive coatings, eddy current inspection. A17: 164
nonmagnetic metal coating on magnetic material A17: 164
of anodized coatings A13: 397
of blanking work metal. A14: 45
of chromate conversion coatings. A13: 392
of corrosion product, gas-dryer piping A11: 631
of crack growth specimen. A8: 381
of electrolyte layer A13: 82
of plated coatings. A13: 425
of pultruded product, compared EM1: 541
of selected structural metals. A2: 478
of shapes, wrought aluminum alloy. A2: 35
of specimens EM1: 297
of thin films, determined A10: 100, 631–632
of tube scale vs. temperature, for values of heat flux A11: 609
of walls, in heat exchangers A11: 628
of workpiece, Brinell test. A8: 85–86, 88
oxide scales A13: 70
plating, inspection of EL1: 942–943
porcelain enamel A13: 448, 451
printed board coupon. EL1: 575–576
radiographic methods A17: 296
radomes, microwave inspection. A17: 202
reduction, atmospheric corrosion A13: 518
reduction, in rolling. A14: 34
sample, and light absorption A10: 61
sheet, for press forming. A14: 50
sheet, in deep drawing. A14: 58
specimen, for EELS analysis A10: 450
steel, for drop hammer forming. A14: 65
stress and strain, true A8: 559
symbol for. A8: 724, A11: 797
through-, cracks as. A11: 51
tin/tin alloy coatings. A13: 775–776
-to-width ratio, fatigue cracked specimens. . A8: 377
ultrasonic inspection A17: 240
ultrasonic measurement. A13: 200
vs. theoretical intensity, single-element x-ray spectrometry A10: 100
wall, flaw detection through. A17: 139
wall, for tube spinning A14: 67
weathering steel curtain walls A13: 520
wet-film A13: 417
work metal, for press forming. A14: 548–549
workpiece, in deep drawing A14: 57
zinc coating A13: 756, 759
Thickness blocks
ultrasonic inspection A17: 263
Thickness, dielectric plastic
and breakdown EM2: 466
Thickness gaging *See also* Thickness; Thickness measurement
microwave inspection A17: 211–212
ultrasonic inspection A17: 273
ultrasonic welding inspection. A17: 597
Thickness measurement *See also* Thickness; Thickness gaging
blocks, ultrasonic inspection. A17: 263
boilers/pressure vessels, by ultrasonic inspection A17: 649–650
neutron radiography A17: 390
ultrasonic inspection A17: 232, 240, 273–274
Thickness measurements *See also* Thickness
optical metallography A10: 299–308
Rutherford backscattering spectrometry A10: 628–636
scanning electron microscopy A10: 490–515
x-ray spectrometry. A10: 82–101
Thickness, steel plate, effect on mechanical properties. M1: 188–189, 194, 196
Thickness-to-diameter ratio (t/d)
soft interlayer for solid-state welding. . A6: 166, 167
Thick-plate equation A6: 14
Thick-sample reflection technique
pole figures determined by. A10: 360
Thief. M7: 12
defined. EL1: 1159
definition. A5: 970
Thief probes A7: 103
Thieves
as sampling devices A10: 16
Thin film
analyses. A11: 36, 41
contaminants, adhesion failures caused by A11: 43
lubrication, friction and wear in A11: 150
lubrication, of rolling-element bearings . . . A11: 510
Thin film diffractometers
XRPD analysis A10: 337
Thin film, theories of *See also* Film A13: 67
Thin films *See also* Films; Thick films; Thin samples; Thin-film capacitors; Thin-film chip resistors; Thin-film circuits; Thin-film conductors; Thin-film hybrids; Thin-film inductors; Ultrathin films. A20: 616
as samples, x-ray spectrometry A10: 95, 100
carbon A12: 173
changes in nickel on silicon. A10: 631, 632
characterization of. A10: 559–561
composition and layer thickness of . . A10: 631–632
composition profiles by XPS A10: 568
compositional AES analysis A10: 549, 559–561
conformal coatings as EL1: 759
defects revealed by differential interference contrast. A9: 59
dielectrics, physical characteristics . . EL1: 108–109, 323–324
diffractometer A10: 337
FIM/AP study of local composition variation. A10: 583
impurity analysis in LPCVD A10: 624
metallization, as new multichip technology EL1: 299
molecular structure and orientation in. . . . A10: 109
multichip modules, as future trend. EL1: 391
nucleation and growth. A10: 583
package, defined EL1: 1159
passive. A10: 557–558
rocking curve analyses of A10: 371
Rutherford backscattering spectrometry analysis. A10: 628
sample preparation for ATEM. A10: 452
SIMS analysis of surface layers A10: 610
solvent evaporation for infrared analysis. . A10: 112
technology, hybrid microcircuits EL1: 257
thickness determined. A10: 100
transmission electron microscopy used to study A9: 103–122
vs. thick films. EL1: 255–257, 321–322
with columnar growth morphology A10: 544
x-ray intensity vs. thickness, single element analysis. A10: 100
Thin foil
microhardness testing of. A8: 96
Thin foil electron microscopy. A19: 9
Thin foil transmission electron microscopy. . . A7: 267, A19: 8
Thin foils
used in scanning electron microscopy. A9: 95
Thin immersion plates
as surface preparation. EL1: 679
Thin, infinitely
XRS samples. A10: 93
Thin layer activation
as inspection or measurement technique for corrosion control A19: 469
Thin plastic components
design/analysis of. EM2: 691–700
Thin plate
microporosity effect on fatigue A19: 791
Thin samples
PIXE analysis of A10: 102
Thin sections *See also* Section thickness
by ceramic molding. A15: 248
by plaster molding. A15: 242
Thin sheet specimens
buckling in axial compression A8: 56
Thin sheet tin and tin alloy coated specimens
preparation of. A9: 450–451
Thin single-stage plastic replicas
formation A12: 179–180
Thin slab casting. A1: 211
Thin small outline package (TSOP) technology. A19: 888
Thin stock
confined explosive forming of. A14: 63
electrical sheet, blanking and piercing A14: 479–480
piercing of. A14: 467–468
Thin strip casting A1: 210, 211
Thin wire
diffraction pattern techniques for A17: 13
Thin-film capacitors
for hybrids EL1: 320–321
Thin-film chip resistors
chromium, corrosion failure analysis EL1: 1114–1115
defined. EL1: 178
fabrication. EL1: 185
failure mechanisms EL1: 1003
Thin-film circuit
definition. A5: 970
Thin-film circuits
defined. EL1: 1159
hybrid microcircuits, package types. . EL1: 451–454
in hybrid integrated circuitry. EL1: 249
Thin-film conductors
films EL1: 318–320
multilevel, hybrid structures EL1: 324
Thin-film hybrids EL1: 313–331
dielectrics, multilayer EL1: 323–324
fabrication. EL1: 313–316, 326–330
film preparation. EL1: 313–316
generic microcircuit. EL1: 313
multilayer, as VLSI packaging approach . . EL1: 270
multilevel hybrid structures. EL1: 322–324
polyimide chemistry and properties. . EL1: 324–326
processing thin-film hybrid structures. EL1: 326–330
substrate-conductor/resistor system. EL1: 315
thin films vs. thick films EL1: 321–322
thin-film capacitors/inductors EL1: 320–321
thin-film resistor/conductor design. . . EL1: 316–320
Thin-film inductors
for hybrids EL1: 320–321
types. EL1: 323
Thin-film lubrication *See also* Thick-film lubrication A18: 89, 94–96
asperity lubrication modes A18: 94–96
micro-EHL and friction polymer films A18: 94–95
oxide film A18: 94, 96
physically adsorbed and other surface films A18: 94, 95–96
defined. A18: 19
definition. A5: 970
for sheet metal forming. A14: 51
Thin-film materials *See also* Superconducting materials
applications. A2: 1083
electron-beam coevaporation A2: 1081
future outlook. A2: 1083

Thin-film materials (continued)
in situ film growth **A2:** 1082
sputtering techniques **A2:** 1081–1082
substrates and buffer layers **A2:** 1081
superconducting materials **A2:** 1081
superconducting properties **A2:** 1082–1083
thin-film deposition techniques **A2:** 1081–1083
Thin-film resistors
design **EL1:** 316–318
nichrome, light microscope photograph . . **EL1:** 1099
Thin-film resistors (electrical)
powders used **M7:** 573
Thin-film resistors (electronic)
powders used **M7:** 573
Thin-film scratch test **A18:** 421
Thin-film thermocouples (TFTCS) **A18:** 440–441
Thin-foil specimens
direct observation **A12:** 179
electropolishing of magnetic materials **A9:** 534
Lorentz microscopy **A9:** 536
stainless steel electropolishing **A9:** 283
wrought heat-resistant alloys **A9:** 307–308
Thin-foil specimens, sectioning of **A9:** 25
used to observe cell structure development **A9:** 693–694
Thin-foil transmission electron microscopy
observation of $AuCu_3$ Structures using **A9:** 682
used to monitor Lüders front **A9:** 685
Thin-foil transmission microscopy
and surface replication **A17:** 52
Thin-layer chromatography
of epoxies **EL1:** 834
Thin-layer chromatography (TIC)
defined **EM1:** 24
Thin-layer chromatography (TLC) **EM2:** 43, 520–521, **EM3:** 29
Thin-lip ruptures, as transgranular
tensile fractures **A11:** 606
Thin-metal holding devices
for microhardness test specimens **A8:** 96
Thinner **EM3:** 29
"Thinnest outer sheet" (TOS) **A6:** 240
Thinning **A19:** 476
as sample preparation technique **A10:** 450–452
carbon steel **A17:** 200–201
corrosion **A17:** 50, 195
electrochemical vs. electrojet **A10:** 451
in polymers **A12:** 479
of corrosion coupons **A19:** 471
of tube walls **A11:** 606–607, 617
r value as measure of resistance to **A8:** 553
radiographic methods **A17:** 296
with superplastic metals **A14:** 861–867
Thinning of transmission electron microscopy specimens **A9:** 105–108
Thin-plate equation **A6:** 13–14, 15
Thin-plate theory
for laminates **EM1:** 220
Thin-section polarized light microscopy
of fiber composites **A9:** 592
Thin-sheet specimens
mounting **A9:** 31
Thin-shell molding
processing characteristics, closed-mold **A20:** 459
Thin-wall casting
by FM process **A15:** 38
defined **A15:** 11
Thin-wall cylinder under internal pressure **A20:** 91–92
Thin-wall tube
inspection **A17:** 169–170, 172
mechanically alloyed oxide dispersion-strengthened (MA ODS) alloys **A2:** 949
Thin-wall tubes
bending of **A14:** 671–672
Thiobacillus bacteria
low-carbon steel fracture from **A12:** 245
Thiobacillus thiooxidans
biological corrosion by **A13:** 119
Thiokol liquid polymer **EM3:** 96
Thiols
reaction with epoxies **EM3:** 96
Thiosulfate pitting corrosion **A13:** 349, 352, 1190, 1205
Thiosulfates **A19:** 491, 493
Thiourea
to inhibit oxalic acid solutions **A5:** 49
Third Law of Thermodynamics . . . . . **A3:** 1•7
Third-body film **A20:** 604
Third-level package
materials/process selection **EL1:** 116–117
Third-particle abrasive wear
in bearings **A11:** 494–495
Thixocasting *See also* Rheocasting; Semisolid metal casting and forging
and rheocasting, compared **A15:** 328
defined **A15:** 328
Thixotrope
sheet metal compounds **EM1:** 141
Thixotropic
agent, paste print resolution effect **EL1:** 732
defined **EL1:** 1159, **EM1:** 24, **EM2:** 43
loop, rheological characterization . . . **EL1:** 840–842, 847
Thixotropic additives
for sealants **EM3:** 674
Thixotropic paste adhesives **EM3:** 35
Thixotropic properties
of semisolid metals **A15:** 327–328
Thixotropy *See also* Rheopectic material . . . **EM3:** 29
defined **A18:** 19
definition **A20:** 842
of fillers **EM3:** 177, 178
Thoma number **A18:** 599
Thomas Register **EM3:** 70
Thomas Register of Companies **A20:** 25
Thomson effect **A6:** 31
Thomson, William . . . . . **A3:** 1•7
Thoria **A7:** 85
diffusion factors **A7:** 451
physical properties **A7:** 451
property data **EM4:** 863
safety precaution **A6:** 191
thermal expansion coefficient **A6:** 907
thermionic emission production **A6:** 30
Thoriam insulation
for thermocouples **A2:** 883
Thoriated tungsten **A9:** 442
Thoriated tungsten wire **M7:** 153
annealed **A9:** 446
Thorium
as actinide metal, properties **A2:** 1195
as pyrophoric **M7:** 199
classification in tungsten alloy electrodes for GTAW **A6:** 191
content in magnesium alloys **M6:** 427
detector mounting in radionuclide methods **A18:** 326
developed by P/M method **A7:** 5
diffusion factors **A7:** 451
elemental sputtering yields for 500 eV ions **A5:** 574
epithermal neutron activation analysis **A10:** 239
in magnesium alloys **A9:** 427–428
M lines for **A10:** 86
physical properties **A7:** 451
plutonium diffused into **A10:** 249
powder metallurgy **M7:** 18
pure **M2:** 807–810, 823–833
species weighed in gravimetry **A10:** 172
thermal expansion coefficient **A6:** 907
TNAA detection limits **A10:** 238
ultrapure, by chemical vapor deposition . . **A2:** 1094
vacuum heat-treating support fixture material **A4:** 503
vapor pressure, relation to temperature **A4:** 495
weighed as the fluoride **A10:** 171
Thorium dioxide
dispersion-strengthened nickel (TD nickel) . . **M7:** 55
effect in volatile tungsten compounds **M7:** 154
in tungsten powders for welding electrodes **M7:** 153
Thorium dioxide dispersion-strengthened nickel (TD nickel) **A7:** 69
Thorium fluoride (ThF_4)
ion-beam-assisted deposition (IBAD) **A5:** 596
Thorium fluoride-based glasses
electrical properties **EM4:** 853
Thorium nitrate
doping of tungsten oxide **M7:** 153
Thorium oxide
melting point **A5:** 471
Thorium oxide cermets
applications and properties **A2:** 993
Thorium oxide-containing cermets **M7:** 803–804
Thorium, vapor pressure
relation to temperature **M4:** 310
Thorium-magnesium eutectic
effect on tantalum **A13:** 735
Thornel 50
properties **A18:** 803
Thornel 300
properties **A18:** 803
Thread *See* Fiber(s)
Thread chasers **A16:** 290–299
circular **A16:** 302
dovetail **A16:** 726
for Cu alloys **A16:** 814–815
for Zn alloys **A16:** 834
nitrided high speed steel used **A16:** 302
operating details **A16:** 300
radial **A16:** 302
stainless steels **A16:** 697, 700–701
standard high-speed steel used **A16:** 299
tangential **A16:** 302
tapping **A16:** 258–259
thread grinding application **A16:** 278
tool life **A16:** 299, 300, 302
WC used **A16:** 302
Thread count *See also* Count
defined **EM1:** 24, **EM2:** 43
Thread cutting
in metal removal processes classification scheme **A20:** 695
Thread cutting dies
thread grinding application **A16:** 278
Thread defects
AISI/SAE alloy steels **A12:** 318
Thread grinding **A16:** 270–279, 296
applications **A16:** 270
centerless grinding of threads **A16:** 276–277
compared to thread rolling **A16:** 295
crush dressing of wheels . . . **A16:** 273, 275, 276, 277
cylindrical grinding of threads . . **A16:** 273–276, 277
definition **A5:** 970
diamond dressing of wheels **A16:** 272–273, 275, 276, 277
grinding fluids **A16:** 273
grinding speed **A16:** 273
high-volume applications **A16:** 277–279
multirib wheel grinding **A16:** 275–276
production practice **A16:** 277–279
thread cutting taps **A16:** 278
thread gaging **A16:** 266, 267, 270, 278
thread grinding machine categories **A16:** 279
tolerances **A16:** 270–271
truing grinding wheels **A16:** 272–273
wheel selection **A16:** 271–272
Thread inspection
automated/magnetic **A17:** 133
Thread joining
furnace brazing **M6:** 940
Thread milling **A16:** 268–269
carbide metal cutting tools **A2:** 965
compared to thread grinding **A16:** 277, 279
compared to thread rolling **A16:** 295
heat-resistant alloys **A16:** 751–754
machines, product-on thread mills **A16:** 268

SUBJECTS OF THE INDEXED VOLUMES: ASM Handbook (designated by the letter "A"): **A1:** Properties and Selection: Irons, Steels, and High-Performance Alloys (1990); **A2:** Properties and Selection: Nonferrous Alloys and Special-Purpose Materials (1990); **A3:** Alloy Phase Diagrams (1992); **A4:** Heat Treating (1991); **A5:** Surface Engineering (1994); **A6:** Welding, Brazing, and Soldering (1993); **A7:** Powder Metal Technologies and Applications (1998); **A8:** Mechanical Testing (1985); **A9:** Metallography and Microstructures (1985); **A10:** Materials Characterization (1986); **A11:** Failure Analysis and Prevention (1986); **A12:** Fractography (1987); **A13:** Corrosion (1987); **A14:** Forming and Forging (1988); **A15:** Casting (1988); **A16:** Machining (1989); **A17:** Nondestructive Evaluation and Quality Control (1989); **A18:** Friction, Lubrication, and Wear Technology (1992); **A19:** Fatigue and Fracture (1996); **A20:** Materials Selection and Design (1997). **Metals Handbook, 9th Edition** (designated by the letter "M"): **M1:** Properties and Selection: Irons and Steels (1978); **M2:** Properties and Selection: Nonferrous Alloys and Pure Metals (1979); **M3:** Properties and Selection: Stainless Steels, Tool Materials, and Special-Purpose Materials (1980); **M4:** Heat Treating (1981); **M5:** Surface Cleaning, Finishing, and Coating (1982); **M6:** Welding, Brazing, and Soldering (1983); **M7:** Powder Metallurgy (1984). **Engineered Materials Handbook** (designated by the letters "EM"): **EM1:** Composites (1987); **EM2:** Engineering Plastics (1988); **EM3:** Adhesives and Sealants (1990); **EM4:** Ceramics and Glasses (1991). **Electronic Materials Handbook** (designated by the letters "EL"): **EL1:** Packaging (1989)

multiple form thread milling cutter . . **A16:** 268, 269
NC machines **A16:** 269
planetary thread mills **A16:** 268
refractory metals. **A16:** 867
single-form thread milling cutter **A16:** 268, 269
universal thread mills **A16:** 268

Thread milling cutters
thread grinding application **A16:** 278

Thread rolling **A16:** 280–295, 296
capacities and limitations **A16:** 280
compared to tapping. **A16:** 265, 267
continuous rolling **A16:** 288
die life **A16:** 280–282, 284, 285, 287–291, 293, 294
end-feed rolling **A16:** 286–287, 289, 292
factors affecting die life **A16:** 289–291
flaking **A16:** 281
flat traversing die rolling. . **A16:** 283, 289, 290, 292, 293
fluids **A16:** 294–295
internal thread rolling. **A16:** 288–289
load requirements and penetration rate . . . **A16:** 292
MMCs **A16:** 896
planetary thread rolling. . . . **A16:** 287–288, 289, 293
preparation and feeding of work
blanks. **A16:** 281–283
radial-infeed rolling (cylindrical die) **A16:** 283–286, 288, 290–292, 294, 295
selection of rolling method. **A16:** 289
stainless steels. **A16:** 701–703
surface speed. **A16:** 292
tangential rolling. **A16:** 285–286, 292
thin-wall parts threading. **A16:** 293
thread form effect on processing. **A16:** 291
through-feed rolling . . **A16:** 286–287, 289, 290, 292, 293, 294
vs. alternative processes **A16:** 295
warm rolling. **A16:** 292–293
work-hardening materials threading **A16:** 293

Thread rolling dies
as tool steels application **M7:** 792

Thread roots
surface flaws by ECP detection. **A17:** 138–139

Threaded end closures
hot isostatic pressure vessels **M7:** 420

Threaded fasteners *See also* specific types by name
case hardening **M1:** 276, 279
clamping forces. **M1:** 280–282
compositions. **M1:** 275, 277
corrosion in **A11:** 535–541
defined **A11:** 529
elimination of. **EL1:** 123
fabrication **M1:** 274, 277, 280
failure types and origins. **A11:** 529–531
fatigue in **A11:** 531–534
fatigue strength **M1:** 275–276, 279–280, 282
forging to prevent failure **A11:** 532, 534
grade markings and identification code . . **A11:** 529, 531
hardness **M1:** 278–281
heat treatment. **M1:** 276–277
ISO property classes **M1:** 274, 275, 277
mechanical properties **M1:** 274, 278–282
proof testing **M1:** 277–278
roll threading. **M1:** 274–276
SAE strength grades **M1:** 274–275, 277
selection of steel for. **M1:** 273–277
steels for, cost comparison **M1:** 276
steels for, hardenability comparisons. **M1:** 276
testing of **M1:** 277–278

Threaded grip ends
for torsion specimens **A8:** 156–157

Threaded joints
design **EM3:** 53

Threaded steel fasteners **A1:** 289–301
clamping forces of **A1:** 300–301
corrosion protection for **A1:** 291
aluminum coatings **A1:** 295
cadmium coatings. **A1:** 295
zinc coating **A1:** 295
fabrication **A1:** 300
platings and coatings **A1:** 300
fastener performance at elevated
temperatures **A1:** 295
bolt steels for elevated temperatures **A1:** 296, 620
coatings for elevated temperatures. **A1:** 296
effect of thread design on relaxation **A1:** 296
relaxation strengths. **A1:** 631
time- and temperature-related
factors **A1:** 295–296
fastener tests **A1:** 296
proof stress of a bolt or stud **A1:** 296–297
proof stress of nut **A1:** 297
wedge tensile test of bolts **A1:** 296
mechanical properties **A1:** 291, 297–300, 301
fatigue failures. **A1:** 297–299, 300, 301
hardness versus tensile strength **A1:** 297
strengths with static loads **A1:** 297
stress-corrosion cracking (SCC) **A1:** 299–300
specifications and selection **A1:** 289, 290
steels for **A1:** 290–291, 292, 293
bolt steels **A1:** 290–291, 294
nut steels **A1:** 291, 292–294, 295
selection of steel for bolts and studs **A1:** 292
stud steels. **A1:** 292
strength grades and property classes. . . **A1:** 289–290

Threading
Al alloys. **A16:** 766–767, 769–791
and turning **A16:** 158
carbide metal cutting tools **A2:** 965
cemented carbides used **A16:** 75, 85, 87, 95
cermet tools applied **A16:** 92, 95, 96, 97
coated carbides used **A16:** 95
Cu alloys **A16:** 813–815
cutting fluids used **A16:** 125
in conjunction with turning. **A16:** 135, 154
in conjunction with ultrasonic machining **A16:** 530
in machining centers **A16:** 393
MMCs **A16:** 896
multifunction machining. **A16:** 366, 376, 379
Ni alloys **A16:** 835, 839
of wire **A14:** 69
PCBN cutting tools used. **A16:** 114, 115, 116
single-point **A16:** 296
stainless steels **A16:** 154, 155, 695
Ti alloys. **A16:** 851
tool life **A16:** 302
uranium alloys **A16:** 875

Threading and knurling
definition **A5:** 970, **M6:** 18

Threading, rough *See* Rough threading

Thread-rolling **A19:** 288

Thread-rolling dies
circular dies **M3:** 551, 552, 553
die life. **M3:** 551, 552, 553
flat dies. **M3:** 551, 552, 553
grinding **M3:** 552
hardness **M3:** 551, 552, 553
materials for **M3:** 551–553

Threads *See also* Fiber(s)
as notches or stress concentrator **A11:** 85, 318
internal/external, design of **EM2:** 616
molded-in, mechanical fastening **EM2:** 711
polyamide-imides (PAI). **EM2:** 131

Three-blow headers
for cold heading **A14:** 29

Three-body abrasion **A18:** 537

Three-dimensional circuits **EL1:** 8, 10

Three-dimensional defect analysis
ATEM **A10:** 466

Three-dimensional grains and particles
equations for particle-size distribution **A9:** 132

Three-dimensional images
by coordinate measuring machines **A17:** 18
color **A17:** 486
holograms as **A17:** 405
interpretation **A17:** 42
pseudo, digital image enhancement. **A17:** 463
reformation, computed tomography (CT) **A17:** 378
surface gaging, holographic **A17:** 12, 16

Three-dimensional packaging . . **EL1:** 79, 441, 444–445

Three-dimensional preforms **EM1:** 129–130

Three-dimensional printing process **A20:** 236

Three-dimensional reinforcements **EM1:** 129–131

Three-dimensional scanning electron microscopy
images **A9:** 96–97

Three-dimensional shape
classification **A20:** 297

Three-dimensional stress analysis
laminates **EM1:** 239–240

Three-dimensional wireframe design **A20:** 156

Three-dimensional wireframe geometry **A20:** 156, 157

Three-element system, reliability calculations **A20:** 89

Three-flute taps **M7:** 462

Three-high rolling mills **A14:** 35

Three-leaded power devices
discrete semiconductor **EL1:** 424–428

Three-parameter point stress criterion **EM1:** 255

Three-phase ac plasma ladle furnace
heating/degassing **A15:** 440–442

Three-phase direct-energy resistance welding
machines. **M6:** 537, 540, 545

Three-phase equilibrium . . . . **A3:** 1•3

Three-phase power supplies
flash welding **M6:** 559

Three-phase rectifiers
gas tungsten arc welding **M6:** 187–188

Three-point bend bars
for hydrogen embrittlement testing. . . . **A8:** 539–540

Three-point bend specimens **A19:** 499

Three-point bend test **A8:** 132–135, 505, **A14:** 37

Three-point bending *See also* V-bend die
defined **A14:** 13
nickel alloys **A12:** 396

Three-roll bending
of beryllium. **A14:** 80

Three-roll forming **A14:** 616–623
alternative processes **A14:** 62
and contour-roll forming. **A14:** 623
and deep drawing. **A14:** 623
blank preparation **A14:** 61
cold vs. hot forming **A14:** 619–620
diameter and width **A14:** 616
hot-forming temperatures, steel **A14:** 620
machines **A14:** 616–618
metal thicknesses **A14:** 616
metals formed. **A14:** 616
of beryllium. **A14:** 80
of large cylinders **A14:** 621
of small cylinders. **A14:** 621
of titanium alloys. **A14:** 846
of truncated cones **A14:** 621
of two halves **A14:** 623
power requirements. **A14:** 620–621
roll deflection **A14:** 623
rolls **A14:** 618–619
safety **A14:** 623
shapes produced **A14:** 616
speed of **A14:** 623
stainless steels. **A14:** 774–775

Three-roll forming machines
conventional pinch-type **A14:** 616–617
pyramid-type **A14:** 617–618
shoe-type pinch-roll **A14:** 617

Three-sector journal bearing **A18:** 527–528

Three-terminal devices *See also* Multiple terminals; Two-terminal devices
discrete semiconductors **EL1:** 422–429
performance **EL1:** 423
power. **EL1:** 427–428
radio-frequency (RF) packages. **EL1:** 29
stud-mount **EL1:** 429

Three-way automotive catalyst
industrial processes and relevant catalysts. . **A5:** 883

Three-zone furnace
for step-down tension testing **A8:** 324

Threshold
regime, cyclic crack growth rate
testing in **A8:** 378–379
regime, ultrasonic fatigue testing. **A8:** 241
stress-corrosion, correlation of smooth/precracked
specimens. **A8:** 498
stresses **A8:** 14, 499

Threshold crack tip stress intensity factor
effect on SCC **A12:** 24–25

Threshold energy
EXAFS analysis **A10:** 409

Threshold flow stress **A20:** 632

Threshold function **A20:** 632

Threshold galling stress (TGS) **A18:** 718, 722

Threshold parameter **A20:** 79, 625, 628

Threshold stress **A13:** 13, 276, **A20:** 628
effects of composition and SCC on **A11:** 204
intensity **A13:** 12, 276–277

Threshold stress amplitudes **A19:** 106

Threshold stress intensity *See also* Stress-intensity, factor (K)
and minimum crack growth rate **A8:** 254, 256
conventional vs. ultrasonic resonance test
methods **A8:** 256
for hydrogen stress cracking. **A8:** 537–541

Threshold stress intensity (continued)
for stress-corrosion cracking. **A8:** 537–541
in hydrogen embrittlement testing **A8:** 537
range, vs. sodium chloride for stainless steel and
titanium alloys. **A8:** 427, 429
symbol for. **A8:** 725

Threshold stress intensity factor for stress-corrosion cracking
definition/symbol **A20:** 841

Threshold stress intensity (K_{th})
and stress-corrosion cracking . . . **A11:** 204–205, 797
defined. **A11:** 10
factor, symbol for. **A11:** 797

Threshold stress intensity range **A19:** 142, 378

Threshold temperature for deformation-induced transformation (M_d) **A19:** 86

Threshold-crossing pulses
in acoustic emission inspection. **A17:** 281–283

Thresholding
gray-level, as feature detection mode, image
analyzers **A10:** 311
use in image analysis **A10:** 311–312
with digital image enhancement **A17:** 457

Throat clearance
machine size selection by **A14:** 8

Throat depth **A6:** 41
definition **M6:** 18

Throat gap **A6:** 41

Throat height
definition **M6:** 18

Throat of a fillet weld
definition **A6:** 1214, **M6:** 18

Throat size of fillet welds **M6:** 63, 66–67

Throttle control linkage
hydrogen embrittlement of bolts in . . **A11:** 540–541

Through connection
defined. **EL1:** 1159

Through features **A20:** 160

Through hardening *See* Induction hardening; Through hardening

Through holes **A20:** 156, 160

Through transmission system
eddy current inspection. **A17:** 178

Through-cracks **A19:** 143, 159

Through-die design
precision forging. **A14:** 17

Through-hardened materials
for bearings **A11:** 490

Through-hardened steel
welding factor **A18:** 541

Through-hardened steels
versus carburized steels. **A19:** 693

Through-hardening *See also* Hardening
bearings **A19:** 356
gear materials **A18:** 261
gears **A19:** 352, 353
in powder forging. **A14:** 202

Through-hardening alloy steels
machinability of. **A1:** 600–601

Through-hole circuit boards
design steps for **EL1:** 515–518

Through-hole drilling, mechanical
computer-aided. **EL1:** 131

Through-hole mounting
defined. **EL1:** 1159

Through-hole packages
capacitors **EL1:** 971–973
crystals. **EL1:** 979
diodes **EL1:** 973–974
electromechanical components **EL1:** 979–981
failure mechanisms **EL1:** 969–981
integrated circuits (ICs) **EL1:** 975–979
integrated semiconductor packages. . . **EL1:** 437–438
mounted plastic **EL1:** 210
resistors. **EL1:** 970–971
transistors **EL1:** 974–975

Through-hole soldering
as wave soldering. **EL1:** 681
combined processes. **EL1:** 694–695

computer control and data logging. . . **EL1:** 695–696
debridging hot air knives **EL1:** 691–693
evolution **EL1:** 507
fluxing process **EL1:** 681–684
joint inspection **EL1:** 735
preheating process **EL1:** 684–688
reflow soldering techniques **EL1:** 693–694
solder waves **EL1:** 91

Throughput **M7:** 12

Throughput rate
and clock skew **EL1:** 7

Through-substrate electrical connections
optical **EL1:** 10

Through-substrate plated-through holes (TSPTH)
thermal expansion **EL1:** 624

Through-thickness center cracks *See* Center crack

Through-thickness cracks **A19:** 457
fracture mechanics of **A11:** 51

Through-transmission ultrasonics
abbreviation for **A11:** 798

Through-transmission ultrasonics (TTU) . . . **EM1:** 770

Through-wall cracking
austenitic stainless steels. **A12:** 354

Through-wall cracks
stress-oriented hydrogen-induced cracking **A19:** 480

Through-wall examination
by electric current perturbation **A17:** 139
by remote-field eddy current inspection. . . **A17:** 195

Throw
defined **A14:** 13

Throw-away product
definition. **A20:** 842

Throwing power *See also* Covering power
defined **A13:** 13
definition **A5:** 970

Thrust ball bearings **A18:** 500, 505, 506, 507, 508
applicable load **A18:** 511
basic load rating. **A18:** 505
carburizing. **A18:** 875
f_v factors for lubrication method **A18:** 511
static equivalent axial load. **A18:** 510
X and *Y* factors **A18:** 509
z and *y* factors **A18:** 511

Thrust bearing **A18:** 741
defined **A18:** 19
for centrifugal compressors. **A18:** 607

Thrust bearings
applications **A11:** 490
electrical wear. **A11:** 487

Thrust cylindrical roller bearings . . **A18:** 502, 503, 505
f_1 factors **A18:** 511
f_v factors for lubrication method **A18:** 511

Thrust loading
in bearings. **A11:** 492

Thrust needle roller bearings **A18:** 502
basic load rating. **A18:** 505
f_v factors for lubrication method **A18:** 511

Thrust roller bearings **A18:** 502, 503, 505, 507
applicable load **A18:** 511
static equivalent axial load. **A18:** 510

Thrust spherical roller bearings
f_1 factors **A18:** 511
f_v factors for lubrication method **A18:** 511

Thrust tapered roller bearings **A18:** 502
basic load rating. **A18:** 505

Th-Ti (Phase Diagram) . . . . **A3:** 2•377

Th-Tl (Phase Diagram) . . . . **A3:** 2•377

Thulium *See also* Rare earth metals
as rare earth metal, properties **A2:** 720, 1188
pure. **M2:** 810–811

Thulium in garnets **A9:** 538

Thumbnail cracks **A19:** 197

Thumping **A7:** 614

Thymol blue
as acid-base indicator **A10:** 172

Thymolphthalein
as acid-base indicator **A10:** 172

Thyratron tubes
resistance spot welding. **M6:** 470

Thyristors **A6:** 37, 38–39, 40

Thyristors, silicon
acoustic microscopy of **A17:** 481

Th-Zn (Phase Diagram) . . . . **A3:** 2•378

Th-Zr (Phase Diagram) . . . . **A3:** 2•378

Ti Code 12 *See* Titanium alloys, specific types, Ti-0.3Mo-0.8Ni

Ti Tech 0.2 Pd *See* Titanium alloys, specific types, Ti-Pd alloys

Ti-0.2Pd *See* Titanium alloys, specific types, Ti-Pd alloys

Ti-3-2$^1/_2$ *See* Titanium alloys, specific types, Ti-3Al-2.5V

Ti-6-2-4-2 *See* Titanium alloys, specific types, Ti-6Al-2Sn-4Zr-2Mo

Ti-6-2-4-6 *See* Titanium alloys, specific types, Ti-6Al-2Sn-4Zr-6Mo

Ti-6-6-2 *See* Titanium alloys, specific types, Ti-6Al-6V-2Sn

Ti-6-22-22-S *See* Titanium alloys, specific types, Ti-6Al-2Sn-2Zr-2Cr-2Mo-0.25Si

Ti-6Al-4V *See* Titanium alloys, specific types; Titanium casting alloys, specific types; Titanium P/M products

Ti-8-1-1 *See* Titanium alloys, specific types, Ti-8Al-1Mo-1V

Ti-10-2-3 *See* Titanium alloys, specific types, Ti-10V-2Fe-3Al

Ti-17 *See* Titanium alloys, specific types, Ti-5Al-2Sn-2Zr-4Mo-4Cr

Ti-35A *See* Titanium alloys, specific types, Ti grade 1

Ti-50A *See* Titanium alloys, specific types, Ti grade 2

Ti-65A *See* Titanium alloys, specific types, Ti grade 3

Ti-75A *See* Titanium alloys, specific types, Ti grade 4

Ti-621/0.8 *See* Titanium alloys, specific types, Ti-6Al-2Nb-1Ta-0.8Mo

Ti-679 *See* Titanium alloys, specific types, Ti-2.25Al-11Sn-5Zr-1Mo

Ti-811 *See* Titanium alloys, specific types, Ti-8Al-1Mo-1V

Ti-5522S *See* Titanium alloys, specific types, Ti-5Al-5Sn-2Zr-2Mo-0.25Si

Ti-6242 *See* Titanium alloys, specific types, Ti-6Al-2Sn-4Zr-2Mo

Ti-6246 *See* Titanium alloys, specific types, Ti-6Al-2Sn-4Zr-6Mo

TiAl alloy
as brittle material, possible ductile phases **A19:** 389

TiAl+Nb
correlation between measured and calculated
fracture toughness levels **A19:** 389

Ticusil
brazing, composition **A6:** 117
wettability indices on stainless steel base
metals. **A6:** 118
wetting behavior and joining **EM4:** 492

Tidal zone
marine structures. **A13:** 542–544

Tide marks *See* Beach marks

Tie bar
defined **A15:** 11

Tie lines . . . . **A3:** 1•8

Tie triangles . . . . **A3:** 1•8

Tied-arch floor beams
bridge **A11:** 714

Tier charts **EM3:** 791, 792

Ties, and anchors
in masonry walls **A13:** 1306–1310

Tifran **A18:** 781, 782

Tifran process **A5:** 843

TIG welding *See also* Gas tungsten arc welding
definition **A6:** 1214

TIGER (multilayer electron transport program)
energy deposition per incident electron . . **EM3:** 646

SUBJECTS OF THE INDEXED VOLUMES: ASM Handbook (designated by the letter "A"): **A1:** Properties and Selection: Irons, Steels, and High-Performance Alloys (1990); **A2:** Properties and Selection: Nonferrous Alloys and Special-Purpose Materials (1990); **A3:** Alloy Phase Diagrams (1992); **A4:** Heat Treating (1991); **A5:** Surface Engineering (1994); **A6:** Welding, Brazing, and Soldering (1993); **A7:** Powder Metal Technologies and Applications (1998); **A8:** Mechanical Testing (1985); **A9:** Metallography and Microstructures (1985); **A10:** Materials Characterization (1986); **A11:** Failure Analysis and Prevention (1986); **A12:** Fractography (1987); **A13:** Corrosion (1987); **A14:** Forming and Forging (1988); **A15:** Casting (1988); **A16:** Machining (1989); **A17:** Nondestructive Evaluation and Quality Control (1989); **A18:** Friction, Lubrication, and Wear Technology (1992); **A19:** Fatigue and Fracture (1996); **A20:** Materials Selection and Design (1997). **Metals Handbook, 9th Edition** (designated by the letter "M"): **M1:** Properties and Selection: Irons and Steels (1978); **M2:** Properties and Selection: Nonferrous Alloys and Pure Metals (1979); **M3:** Properties and Selection: Stainless Steels, Tool Materials, and Special-Purpose Materials (1980); **M4:** Heat Treating (1981); **M5:** Surface Cleaning, Finishing, and Coating (1982); **M6:** Welding, Brazing, and Soldering (1983); **M7:** Powder Metallurgy (1984). **Engineered Materials Handbook** (designated by the letters "EM"): **EM1:** Composites (1987); **EM2:** Engineering Plastics (1988); **EM3:** Adhesives and Sealants (1990); **EM4:** Ceramics and Glasses (1991). **Electronic Materials Handbook** (designated by the letters "EL"): **EL1:** Packaging (1989)

Tiger stripes
definition A5: 970

Tight binding method A6: 143

Tight flasks
green sand molding A15: 341

Tile
estimated worldwide sales..............A20: 781
relative productivity and product value...A20: 782

Tile whiteware
alternative/competitive materials.......EM4: 929
applications....................EM4: 927–928
ceramic tile types used for building in the United States EM4: 926
characteristics of ceramic tile..........EM4: 926
classification of ceramic tiles......EM4: 925–926
common shapes and sizes for floor and wall applications EM4: 928
definitions EM4: 925
ceramic mosaic tile....................EM4: 925
decorative wall tile EM4: 925
individual tile whiteware grades.......EM4: 925
paver tile EM4: 925
porcelain tile EM4: 925
quarry tile............................EM4: 925
wall tile..............................EM4: 925
development of the industry EM4: 925
disadvantages of tile EM4: 929
emerging materials.....................EM4: 929
flat ceramic mosaic tile................EM4: 972
flat glazed wall tile....................EM4: 927
flat paver tile EM4: 927
flat quarry tile........................EM4: 927
floor tiles EM4: 928
glazes...................EM4: 926–927, 1061
porcelain tiles EM4: 928–929
processing steps EM4: 926
properties.............................EM4: 926
tile types EM4: 927
cottoforte......................EM4: 927, 929
decorated wall tiles...................EM4: 927
exterior wall tiles EM4: 927, 928
faience tiles EM4: 927
porous single-fired ("Monoporosa") tiles.......................EM4: 927, 929
stove tiles (majolica, earthenware) ...EM4: 927, 929
water absorption characteristics..........EM4: 928

Tilghman, R.E.
as early founder A15: 33

Tilt *See also* Tilt boundary; Tilt-twist boundary
angles across subgrain boundaries, evaluated by x-ray topography A10: 365
casting, as permanent mold method..A15: 275–276
control, electric arc furnace A15: 358–359
controlled, for phase/particle confirmation A10: 458–459
defined................................A10: 683
effect in determining orientation relationships A10: 453–454
effect in XPS depth analysis A10: 573
experiment, for unknown phase or particle confirmation A10: 458
in area measurement....................A12: 208
method, stereo SEM A12: 171
spectrum, effect in SEM imaging A12: 168

Tilt boundaries
defined.................................A9: 719
direct imaging by high resolution electron microscopy.......................A9: 121
schematic...............................A9: 720

Tilt boundary
defined................................A12: 13
in Armco iron..........................A12: 18
schematic..............................A12: 17

Tilt boundary in gold.....................A9: 609

Tilt furnace M7: 12

Tilt method
stereo SEM 1866 ....A12: 171

Tilt pin
copper A8: 233–234

Tilting
furnaces, crucible.....................A15: 382
ladle..................................A15: 498

Tilting stages
photographic A12: 88

Tilting stages for microscopes A9: 82

Tilting table method A7: 299
angle of repose measurement M7: 282

Tilting-pad bearing A18: 527
defined................................A18: 19
for centrifugal compressors.............A18: 607

Tilting-pad journal bearing A18: 527, 528
pivot circle clearance..................A18: 527
pivot design A18: 527
yaw stability..........................A18: 527

Tilting-pad thrust bearing A18: 523, 525

Tilt-pour (Cosworth) process A20: 712

Tilt-twist boundary
defined................................A12: 13
in iron A12: 17

Time *See also* Assembly time; Curing time; Duration; Gelation time; Get time; Heat treatment; Heating; Heating time; Relaxation time; Rise time; Temperature time curves; Time-temperature equivalency principle; Time-temperature super-position; Zero time
abbreviation for A10: 691
and creep or strain rate A11: 264
and effective modulus, plastics EM2: 412
and electrical breakdown EM2: 466
and money, engineering economy.........A13: 369
and oxide breakdown ....ELI: 965
and strain rate relationship.....A8: 331, 686–687
and temperature for sintering tungsten and molybdenum M7: 389
and tensile strength loss A13: 911
as creep/creep-rupture variable A8: 303
assembly, defined *See* Assembly time
at reflow temperatures, wave soldering ...ELI: 694
(at) temperature maximums, for magnesium alloys A2: 473
base, calibration, ultrasonic inspection....A17: 266
-based measurement, multiple, thermal inspection..........................A17: 401
-based thermal inspection methods......A17: 400
board, in solder wave..................ELI: 688
charge-up *See* Charge-up time
compression, in ultrasonic fatigue testing A8: 240–241
control, radiographic film processing A17: 352
corrosion rate changes as function of A13: 911
curing, in coremaking A15: 240
cycle, reduction, and costs ....ELI: 448
dead, live, and real, in x-ray spectrometry A10: 92
delay, squeeze casting A15: 324
dependence, polymer EM2: 405, 657–658
-dependent characteristics, mechanical presses A14: 39
-dependent characteristics, screw presses ...A14: 41
-dependent corrosion fatigue cracking A8: 405–406
-dependent deformation, in pressure vessels A11: 666–668
-dependent factors, galvanic corrosion A11: 187
-dependent failures ....ELI: 887
-dependent failures, in semiconductor devices A11: 767
-dependent strain, distortion failure by ...A11: 138
-dependent variables, affecting crack growth rate A8: 412
developing, liquid penetrant inspection A17: 83
dwell, of penetrants A17: 82
effect, in marine atmospheres A13: 906
effect in stress-corrosion cracking A8: 495
effect on liquid-erosion rate............A11: 165
effect on thermodynamics and kinetics A15: 50
effect, weight loss, polyphenylene sulfides (PPS).............................EM2: 187
effects, at constant temperate, permanent magnet materials A2: 798
emulsification A17: 83
fail, data on ....ELI: 903
failures as function of..................A8: 635
for injection molds....................EM2: 296
for machine flat tape lay-up............EMI: 629
for microanalytical techniques..........A11: 36
for silicone conformal coatings ....ELI: 824
freezing, compared.....................A15: 243
-function, for determining dynamic fracture toughness A8: 271
gamma-ray spectrum changes as function of.........................A10: 236
hardening, in multiaxial creep..........A8: 343
immersion, effects A15: 72

in hot pressing.........................M7: 504
local relative, and clock skew ....ELI: 7
LS unit/symbol for......................A8: 721
melting.............................A15: 72–74
of pour, and flow rate..................A15: 500
of transit, ultrasonic waves.............A17: 231
of wetness/relative humidity, effect on atmospheric corrosion A13: 82
order, of production, and quality control.......................A17: 723–724
out, defined *See* Out time, defined
power dissipation, and, chip.............ELI: 46
processing, with machine vision A17: 42
profile, defined EM2: 43
propagation, interconnection effect ....ELI: 20–21
related characteristics, forming machines...A14: 16
rinse, liquid penetrant inspection A17: 83
rise, defined in acoustic emission inspection..........................A17: 283
set, match plate patterns................A15: 245
SI base unit and symbol for.............A10: 685
sintering, effects, in P/M stainless steel ...A13: 826
solid phase fraction as function of A15: 183
solidification, Chvorinov's rule A15: 601
stainless steel crack growth A19: 729–730
symbol for.............................A11: 797
-temperature development, radiographic film A17: 351
-temperature plot, of pearlite decomposition....................A11: 613
-temperature relation, in wave soldering..ELI: 685
-temperature superposition, shift factors ..ELI: 850
temperature-atmosphere, requirements for consolidation M7: 295
to complete ultrasonic fatigue tests at differing frequencies..........................A8: 241
to failure, multiaxial testing..............A8: 344
to perforation, as
atmospheric-exposure data A13: 510
-to-blister, as laminate thermal property..ELI: 536
-to-failure, data for......................A11: 56
-to-failure, polyethylene pipes A11: 760
-to-fracture, fracture mechanics of A11: 53
-to-market cycle reduction ....ELI: 448–449
total computation (settling), defined.......ELI: 7
total cycle, vertical centrifugal casting A15: 304
-varying deflection control, fatigue tests...A8: 368
-varying force control, fatigue tests.......A8: 368
vs. boric acid concentrations for pressurized water reactor A8: 423
vs. creep deformation curve, creep stages ..A8: 331
vs. flow rate, gating system A15: 597
vs. potential, potentiometric membrane electrodes.........................A10: 186

Time dependence
of polymer mechanical behavior....EM2: 657–658
properties effects EM2: 405

Time dependence of current density during interference film formation A9: 145

Time derivative...........................A20: 191

Time derivatives..........................A19: 508

Time of flight (TOF)
as propagation time.....................ELI: 25

Time profile EM3: 29

Time quenching...........................M4: 31

Time series A18: 294

Time to Crack Initiation (TTCI)
distribution A19: 560

Time to failure
effect in stress-corrosion cracking........A8: 497
in stress-corrosion cracking A13: 275–276
measured in multiaxial testing...........A8: 344

Time to failure of the device A20: 87

Time to fracture A20: 344

Time to market A20: 13

Time to rupture A20: 344

Time-average interferometry *See also* Optical holography
as optical holographic interferometry A17: 408, 416

Time-averaging...........................A20: 189

Time-compressed flight simulation A19: 115

Time-cycle fraction rule...................A19: 547

Timed solder rise test
for solderability ....ELI: 677
test standards used to evaluate solderability............................A6: 136

Time-delay refractometry
for impedance **EL1:** 522
Time-delayed embrittlement *See* Hydrogen embrittlement
Time-delayed stress
as testing factor **EL1:** 893
Time-dependent dielectric breakdown (TDDB) **EL1:** 965
Time-dependent fatigue behavior
methods for predicting **A1:** 629
Time-dependent fracture mechanics (TDFM) **A19:** 507–511
C (t) parameter **A19:** 510
*C**-integral **A19:** 510
*c**(t) -integral **A19:** 510
conditions with growing cracks c_t parameter **A19:** 511
cracked body deforming under steady-state creep conditions **A19:** 509
elastic plus secondary **A19:** 511
creep conditions **A19:** 510
primary creep in cracktip parameters **A19:** 510–511
stationary-crack-tip parameters **A19:** 507–509
Time-domain subtraction functions
thermal inspection **A17:** 400
Time-hardening law **A20:** 582
Time-independent reliability algorithms **A20:** 629–630
Time-independent reliability analyses . . **A20:** 622–623, 634
Time-of-arrival pins
for flyer impact test **A8:** 210–211
Time-of-flight **A7:** 256–258
aerosol spectrometer **A7:** 257
method **A7:** 256, 257
Time-of-flight mass spectrometer **A11:** 35–36
Time-of-flight measurement
atom probe analysis **A10:** 591
field ion microscopy **A10:** 584
imaging atom probe analysis **A10:** 596
spark source mass spectrometry **A10:** 142
Time-of-flight powder diffractometer
neutron diffraction **A10:** 422
Time-of-flight single-crystal diffractometer
at pulsed neutron source **A10:** 424
Time-of-flight spectrometers **A10:** 142, 591
Time-of-transit method **A7:** 256, 257
Timer
for creep test stand **A8:** 312
for fatigue testing machines **A8:** 368
Time-temperature curve
defined **A9:** 18
Time-temperature equivalency principle **EM2:** 412, 415, 454
Time-temperature parameters **A8:** 333–335, 690, **M3:** 237–241
Time-temperature shift factor **EM3:** 421
Time-temperature superposition principle (TTSP) **EM3:** 354, 355
Time-temperature transformation **A8:** 726
Time-temperature transformation diagrams **M6:** 25
Time-temperature-precipitation (TTP) curves
austenitic stainless steels **A6:** 466, 467
Time-temperature-stress-moisture-superposition (TTSMSP) procedures **EM2:** 788
Time-temperature-superposition principle (TTSP) **EM2:** 788
for deformation prediction **EM2:** 676–677
Time-temperature-transformation diagrams
isothermal solidification **A15:** 172
Time-temperature-transformation (TTT) diagram **EM3:** 414, 423
definition **A20:** 842
Time-temperature-transformation (TTT) isothermal cure diagram
for phase-separating epoxy system **EM3:** 514
Time-to-failure *See also* Accelerated testing
modeling **EL1:** 887–888
statistics **EL1:** 888–889
Time-to-fracture *See also* Fracture energy
and stress corrosion cracking **A8:** 499
in tension-hold-only low-cycle fatigue tests **A8:** 351–352
long/short, one-point bend test **A8:** 275
measured, dynamic fracture toughness low-alloy steel **A8:** 272
measurement, impact response curves **A8:** 270
measurement, precracked Charpy specimen **A8:** 270
vs. hold period in tension **A8:** 350–351
vs. strain rate **A8:** 349–350
vs. stress range or stress amplitude . . . **A8:** 349–350
vs. tension-hold-only test **A8:** 350
Time-to-fracture tests **A19:** 406, 407
Time-to-rupture
in creep **A8:** 302–304, 306
Time-varying stress **A20:** 355
Timing controls
ultrasonic inspection **A17:** 254
Timing gear, aluminum alloy **A7:** 1104, 1105
Timing marks **EM4:** 638
Timken 16-25-6
finish broaching **A5:** 86
Timken 17-22AS
for opposing surfaces of steel aircraft brakes **A18:** 584
Timken tests
metalworking fluids **A18:** 101
Timoshenko beam **A20:** 179
Tin *See also* Tin alloys; Tin brass; Tin bronzes; Tin coatings; Tin powders; Tin recycling; Tin silver; Tin solders; Tin-base bearing alloys **M2:** 613–616
addition to aluminum-base bearing alloys **A18:** 752
addition to lead alloys providing corrosive resistance **A18:** 744
adhesion and solid friction **A18:** 33
alloying, aluminum casting alloys **A2:** 132
alloying effect in titanium alloys **A6:** 508, 509
alloying, in wrought titanium alloys **A2:** 599
alloying, wrought aluminum alloy **A2:** 55
alloys, for soft metal bearings **A11:** 483
aluminum-silicon-tin alloys, mixed bearing microstructure **A18:** 744
and stress-corrosion cracking **A19:** 486–487
anode composition complying with Federal Specification QQ-A-671 . . . . **A5:** 217
as addition to aluminum alloys **A4:** 843
as addition to brazing filler metals **A6:** 904
as alloying element **A15:** 16
as an addition to titanium alloys **A9:** 458
as an addition to zinc alloys **A9:** 490
as an addition to zirconium **A9:** 497
as gray iron alloying element **A15:** 639
as impurity affecting temper embrittlement of steels **A19:** 620
as lead additive **A2:** 519
as low-melting embrittler **A12:** 29
as minor element, ductile iron **A15:** 648
as minor toxic metal, biologic effects **A2:** 1261
as solder impurity **EL1:** 638–639
as thermal spray coating for hardfacing applications **A5:** 735
as trace element, cupolas **A15:** 388
as tramp element **A8:** 476
bearing alloys **A2:** 522–525
boiling point **M5:** 270
bright ac-d **EL1:** 679
bronze plating bath content **M5:** 288–289
-cadmium induced LME failure, of nose landing gear socket **A11:** 226, 229
cans as work material for ion implantation **A18:** 858
catalyst for sealants **EM3:** 674
catalyst for urethane sealants **EM3:** 204
causing embrittlement **A4:** 124, 135
chemical analysis and sampling **M7:** 248
chemical compositions per ASTM specifications **A6:** 787
chemical resistance **M5:** 8
chip combustion accelerators **A10:** 222
coating for valve train assembly components **A18:** 559
compatibility in bearing materials **A18:** 743
conformability and embeddability **A18:** 743
content effect on alloy steels **A19:** 620
content in solders **M6:** 1069–1073
continuous electrodeposited coatings for steel, process classification and key features **A5:** 354
corrosion of **A13:** 770–783
deposit hardness attainable with selective plating versus bath plating **A5:** 277
determined by controlled-potential coulometry **A10:** 209
diffusion in sleeve bearing liners **A9:** 567
distillation **A10:** 169
effect, gas dissociation **A15:** 83
effect of number of grains on elongation . . . **A9:** 125
effect of number of grains on ultimate tensile strength **A9:** 125
effect on cast iron machinability **A16:** 652, 654
effect on Cu alloy machinability **A16:** 808
effect on dealloying **A13:** 132, 614
effect on macrosegregation in copper alloys **A9:** 639
effects of, on notch toughness **A1:** 742
effects on SCC of copper **A11:** 221
electrochemical grinding **A16:** 543
electrochemical potential **A5:** 635
electrolytic alkaline cleaning **A5:** 7
electrolytic potential **A5:** 797
electroplated coatings for bearings **A18:** 838
electroplated metal coatings **A5:** 687
electroplating **A2:** 518
electroplating on zincated aluminum surfaces **A5:** 801
electropolishing with alkali hydroxides **A9:** 54
embrittlement by **A11:** 236, **A13:** 183–184
evaporation fields for **A10:** 587
fiber for reinforcement **A18:** 803
friction coefficient data **A18:** 71
galvanic corrosion **A13:** 85
gas-atomized **M7:** 32
gaseous hydride, for ICP sample introduction **A10:** 36
gold-tin eutectic **EM3:** 584
gold-tin, for solder sealing **EM3:** 585
heat-affected zone fissuring in nickel-base alloys **A6:** 588
hone forming **A16:** 488
hot dip coatings **A2:** 518
hot extrusion of **A14:** 321
in aluminum alloy bearing material systems **A18:** 746
in aluminum alloys **A15:** 746
in cast iron **A1:** 6
in chemicals **A2:** 520
in coatings **A2:** 517–518
in compacted graphite iron **A1:** 57, 59
in composition, effect on ductile iron **A4:** 686
in composition, effect on gray irons **A4:** 671
in compounds providing flame retardance and smoke suppression **EM3:** 179
in copper alloys **A6:** 752
in copper-base alloys **A18:** 750
in dental amalgam **A18:** 669
in enamel cover coats **EM3:** 304
in enameling ground coat **EM3:** 304
in filler metal used for direct brazing **EM4:** 517–518, 519
in hydrogen peroxide, GFAAS analysis of **A10:** 57–58
in intermetallic compounds **A6:** 127
in iron-base alloys, flame AAS analysis of. . **A10:** 56
in lead-base alloys **A18:** 750

SUBJECTS OF THE INDEXED VOLUMES: ASM Handbook (designated by the letter "A"): **A1:** Properties and Selection: Irons, Steels, and High-Performance Alloys (1990); **A2:** Properties and Selection: Nonferrous Alloys and Special-Purpose Materials (1990); **A3:** Alloy Phase Diagrams (1992); **A4:** Heat Treating (1991); **A5:** Surface Engineering (1994); **A6:** Welding, Brazing, and Soldering (1993); **A7:** Powder Metal Technologies and Applications (1998); **A8:** Mechanical Testing (1985); **A9:** Metallography and Microstructures (1985); **A10:** Materials Characterization (1986); **A11:** Failure Analysis and Prevention (1986); **A12:** Fractography (1987); **A13:** Corrosion (1987); **A14:** Forming and Forging (1988); **A15:** Casting (1988); **A16:** Machining (1989); **A17:** Nondestructive Evaluation and Quality Control (1989); **A18:** Friction, Lubrication, and Wear Technology (1992); **A19:** Fatigue and Fracture (1996); **A20:** Materials Selection and Design (1997). **Metals Handbook, 9th Edition** (designated by the letter "M"): **M1:** Properties and Selection: Irons and Steels (1978); **M2:** Properties and Selection: Nonferrous Alloys and Pure Metals (1979); **M3:** Properties and Selection: Stainless Steels, Tool Materials, and Special-Purpose Materials (1980); **M4:** Heat Treating (1981); **M5:** Surface Cleaning, Finishing, and Coating (1982); **M6:** Welding, Brazing, and Soldering (1983); **M7:** Powder Metallurgy (1984). **Engineered Materials Handbook** (designated by the letters "EM"): **EM1:** Composites (1987); **EM2:** Engineering Plastics (1988); **EM3:** Adhesives and Sealants (1990); **EM4:** Ceramics and Glasses (1991). **Electronic Materials Handbook** (designated by the letters "EL"): **EL1:** Packaging (1989)

in steel weldments . . . A6: 420
in zinc alloys . . . A15: 788
ingot, grades . . . M5: 354
iodimetric titration for . . . A10: 174
lubricant indicators and range of sensitivities . . . A18: 301
melting point . . . M5: 270
mill products, annealing . . . A4: 52
moderate explosivity class . . . M7: 196
-modified stainless steel . . . M7: 253
ores, dissolution of inorganic materials in A10: 167
penetration, x-ray elemental dot map of . . A11: 720
pewter . . . A2: 522
photochemical machining etchant . . . A16: 590
photometric analysis methods . . . A10: 64
plain carbon steel resistance to . . . A13: 515
plate . . . A13: 778–780
plating, uses . . . EL1: 679
powders . . . A2: 519–520
precoating . . . A6: 131
price per pound . . . A6: 964
processing technique . . . A18: 803
production and consumption . . . A2: 517
properties . . . A18: 803
PSG as diffusion barrier . . . EM3: 583
pulverized, specifications . . . A7: 1098
pure A2: 518–520, A13: 770–772, M2: 811–814
pure, properties . . . A2: 1166
pure, thermal properties . . . A18: 42
quartz tube atomizers with . . . A10: 49
recovery from brass . . . A10: 200
recycling . . . A2: 1218–1220
relative solderability as a function of flux type . . . A6: 129
resistance of, to liquid-metal corrosion A1: 636
resistance to corroding agents . . . A2: 520
safety standards for soldering . . . M6: 1098
segregation and solid friction . . . A18: 28
shielded metal arc welding . . . M6: 75
shrinkage allowance . . . A15: 303
soft solders . . . A13: 772–774
solder characteristics . . . M6: 1070–1071
solderability . . . A6: 978
solders . . . A2: 520–522
solid lubricant inclusion for stainless steels . . . A18: 716
solution potential . . . M2: 207
solvent extractant for . . . A10: 170
species weighed in gravimetry . . . A10: 172
spectrometric metals analysis . . . A18: 300
stream . . . A15: 16
subboundaries in high-purity . . . A9: 607
suitability for cladding combinations M6: 691
tap density . . . M7: 277
thermal diffusivity from 20 to 100 °C . . . A6: 4
thermal expansion coefficient . . . A6: 907
thermal spray coating material . . . A18: 832
thermal spray coatings . . . A5: 503
tinplate . . . A2: 517–518
tinplate applications, continuous annealing . . . A4: 64–65
toxicity and exposure limits . . . M7: 206
trace, analysis in hydrogen peroxide by GFAAS . . . A10: 57–58
trace levels in H20-1, GFAAS determined . . . A10: 57–58
TWA limits for particulates . . . A6: 984
ultrapure, by zone-refining technique A2: 1094
ultrasonic cleaning . . . A5: 47
unalloyed . . . M2: 614
unalloyed, applications . . . A2: 519
usage, PWB manufacturing . . . EL1: 510
vapor pressure, relation to temperature A4: 495
volatilizing . . . A10: 166
volumetric procedures for . . . A10: 175
zinc and galvanized steel corrosion as result of contact with . . . A5: 363

Tin alloy powders
air-atomization . . . A7: 44

Tin alloys *See also* Tin; Tin coatings
and copper alloys . . . A2: 526
and titanium alloys . . . A2: 526
and zirconium alloys . . . A2: 526
battery grid alloys . . . A2: 526
battery-grid . . . M2: 615
bearing . . . A13: 774
bearing alloys . . . A2: 522–525
bearing materials . . . M2: 614–615
cast iron, addition to . . . M2: 615
cast irons . . . A2: 526
cast tin bronze, flux effect . . . A15: 448
casting alloys . . . A2: 525
chemical analysis and sampling . . . M7: 248
collapsible tubes and tin foil . . . A2: 525
copper-tin bronzes . . . M2: 615
corrosion of . . . A13: 770–783
dental alloys . . . A2: 526, M2: 615
effect of number of grains on elongation . . . A9: 125
effect of number of grains on ultimate tensile strength . . . A9: 125
electroplating . . . A2: 518
for organ pipes . . . A2: 525
fusible alloys . . . A2: 525
hard tin, applications . . . A2: 525
hot dip coating . . . A2: 518
in coatings . . . A2: 517–518, A13: 775–778
melting heat for . . . A15: 376
pewter . . . A2: 522, A13: 774, M2: 614
powders . . . A2: 519–520
production and consumption . . . A2: 517
sample dissolution medium . . . A10: 166
Sn-0.2Pb, LEISS spectra . . . A10: 608
solder . . . A13: 772–774
soldering . . . A6: 631
solders . . . A2: 520–522, M2: 614
solid-state phase transformations in welded joints . . . A9: 581
thermal expansion coefficient . . . A6: 907
tin foil . . . A2: 525–526
tin-copper . . . A13: 774–775
tinplate . . . A2: 517
tin-silver . . . A13: 775
titanium, addition to . . . M2: 615
type metals . . . M2: 615
use in organ pipes . . . M2: 614
wetting behavior and joining . . . EM4: 491
zirconium, addition to . . . M2: 615–616

Tin alloys, specific types *See also* Sleeve bearing materials, specific types
40Sn-60Pb . . . A6: 351
63Sn-37Pb solder . . . A6: 113
phase diagram . . . A6: 128
63Sn-37Pb solder, embrittlement in A11: 45–46
90Sn-10Pb solder plating, peeling of . . . A11: 43–45
95Sn-5Sb . . . A6: 351
96.5Sn-3.5Ag . . . A6: 351
antimonial tin solder . . . M2: 619
bearing alloy . . . M2: 617, 623
casting alloy . . . M2: 617, 623
commercially pure tins . . . M2: 617, 618–619
hard tin . . . M2: 619
pewter . . . M2: 617, 624–625
Sn-0.6Cd, directionally solidified . . . A9: 612
Sn-0.05Pb, liquid-solid interface structures A9: 613
Sn-15Pb, semisolid viscosity/shear stress . . A15: 328
Sn-17Co, peritectic and peritectoid structures . . . A9: 679
Sn-20Pb, cell formation, intercellular eutectic . . . A15: 116
Sn-44Pb, directionally solidified dendritic structure . . . A9: 613
soft solder, 60Sn-40Pb . . . M2: 620–621
soft solder, 63Sn-37Pb . . . M2: 620
soft solder, 70Sn-30Pb . . . M2: 620
Ti-6Al-2Sn-4Zr-2Mo, electron-beam welding . . . A6: 865
tin babbitt alloy 1 . . . M2: 617, 621–622
tin babbitt alloy 2 . . . M2: 617, 622
tin babbitt alloy 3 . . . M2: 617, 622, 623
tin die-casting alloy . . . M2: 623
tin foil . . . M2: 623–624
tin-silver solder . . . M2: 619
white metal . . . M2: 624

Tin alloys, use for bearings *See also* Bearings, sliding . . . M3: 813–814

Tin and tin alloy coatings *See also* Tin and tin alloys; Tinplate . . . A9: 450–457
electrical terminal coating . . . A9: 457
etching . . . A9: 451
grinding . . . A9: 450
intermetallic layer formed beneath . . . A9: 456
mounting . . . A9: 450
polishing . . . A9: 450–451
removal of, for electron microscopy . . . A9: 451
specimen preparation . . . A9: 450–451

Tin and tin alloys *See also* Tin and tin alloy coatings . . . A9: 449–457
abrasives . . . A9: 449
cost per unit mass . . . A20: 302
cost per unit volume . . . A20: 302
electrodeposited on copper substrate . . . A9: 456
engineered material classes included in material property charts . . . A20: 267
etchants . . . A9: 450
etching . . . A9: 450
eutectics . . . A9: 452
galvanic series for seawater . . . A20: 551
grinding . . . A9: 449
high-purity tin . . . A9: 453
microstructures . . . A9: 452
polishing . . . A9: 449
pure tin with twinned grains and recrystallized grains . . . A9: 453
range and effect as titanium alloying element . . . A20: 400
sectioning . . . A9: 449
specific modulus vs. specific strength A20: 267, 271, 272
specimen preparation . . . A9: 450
Young's modulus vs.
density . . . A20: 266, 267, 268, 289
elastic limit . . . A20: 287
strength . . . A20: 267, 269–271

Tin and tin alloys, specific types
50Sn-50In, structure . . . A9: 455
63Sn-37Pb, soldered joint . . . A9: 457
Sn-0.4Cu, structure . . . A9: 453
Sn-3lPb-18Cd, structure . . . A9: 455
Sn-4.5Sb-4.5Cu, structure . . . A9: 454
Sn-5Ag, structure . . . A9: 455
Sn-5Sb, effect of cooling rate . . . A9: 454
Sn-6Sb-2Cu, cold-rolled . . . A9: 456
Sn-6Sb-2Cu, structure . . . A9: 454
Sn-7Sb-3.5Cu, structure . . . A9: 454
Sn-8Sb-8Cu, structure . . . A9: 454
Sn-9Sb-4Cu, structure . . . A9: 454
Sn-12Sb-10Pb-3Cu, structure . . . A9: 454
Sn-13Sb-5Cu, structure . . . A9: 454
Sn-15Sb-18Pb-2Cu, structure . . . A9: 454
Sn-18Ag-15Cu, coated with a platinum oxide layer . . . A9: 61
Sn-28Zn-2Cu, structure . . . A9: 455
Sn-30Pb, different magnifications compared . . . A9: 453
Sn-30Sb, structure . . . A9: 454
Sn-30Zn, structure . . . A9: 455
Sn-37Pb, effect of cooling rate . . . A9: 453
Sn-40Pb, structure . . . A9: 453
Sn-40Pb, wave-soldered circuit board joint . . . A9: 455–456
Sn-48Pb-2Sb, cast, contraction cavity . . . A9: 456
Sn-50Pb, lamellar eutectic . . . A9: 453
Sn-57Bi, chill cast . . . A9: 456

Tin babbitt
bearing material microstructure . . . A18: 743, 744
casting processes . . . A18: 754–755
in bearing alloys . . . A18: 748
in bimetal bearing material systems . . . A18: 747
in trimetal bearing material systems . . . A18: 748

Tin brass
applications and properties . . . A2: 315

Tin brasses
corrosion resistance . . . A13: 610–611
gas-metal arc butt welding . . . A6: 760
gas-metal arc welding . . . A6: 763
to high-carbon steel . . . A6: 828
to low-alloy steel . . . A6: 828
to low-carbon steel . . . A6: 828
to medium-carbon steel . . . A6: 828
to stainless steels . . . A6: 828
thermal expansion coefficient . . . A6: 907
weldability . . . A6: 753

Tin bronze
bearing material systems . . . A18: 746–747
applications . . . A18: 746
bearing performance characteristics . . . A18: 746
load capacity rating . . . A18: 746
galvanic series for seawater . . . A20: 551
inverse segregation . . . A9: 644

Tin bronze filters . . . M7: 736

Tin bronzes *See also* Cast copper alloys
applications and properties . . . A2: 226
as general-purpose copper casting alloys . . . A2: 352
composition/melt treatment . . . A15: 772, 776
corrosion ratings . . . A2: 353–354
development of . . . A15: 16
foundry properties for sand casting . . . A2: 348
freezing range . . . A2: 348
microstructural wear . . . A11: 161
nominal compositions . . . A2: 347
occurrence of SMIE in . . . A11: 243
properties and applications . . . A2: 374
shrinkage allowances . . . A15: 303
zinc and galvanized steel corrosion as result of contact with . . . A5: 363
Tin bronzes (cast)
thermal expansion coefficient . . . A6: 907
Tin cans . . . A13: 778–779
Tin chemicals
applications . . . M2: 616
as metallic tin application . . . A2: 520
Tin chip combustion accelerators . . . A10: 222
Tin coating, hot dip *See* Hot dip tin coating
Tin coatings . . . A1: 221, A13: 775–778
cast irons . . . M1: 102, 103
copper/copper alloys . . . A13: 636
corrosion protection . . . M1: 752–754
electrodeposited . . . A13: 427
electroplating . . . M2: 614
hot dip . . . M2: 614
immersion . . . A13: 776
nails . . . M1: 271
on nonferrous metals . . . A13: 776
on steel . . . A13: 775–776
steel sheet . . . M1: 173
applications . . . M1: 173
coating weights . . . M1: 173
designations . . . M1: 173
specifications for . . . M1: 173
surface finish and texture . . . M1: 173
testing . . . M1: 173
steel wire . . . M1: 1–63
thicknesses for . . . A13: 426
tin-cadmium alloy . . . A13: 776
tin-cobalt . . . A13: 776–777
tin-copper . . . A13: 777
tin-lead . . . A13: 777
tin-nickel . . . A13: 777
tinplate . . . M2: 613–614
tin-zinc . . . A13: 777–778
Tin foil
tin-base alloy . . . A2: 525–526
Tin grain size test
for tinplate . . . A13: 782
Tin hydrated salt coating
alternative conversion coat technology, status of . . . A5: 928
Tin in copper . . . M2: 242
Tin in fusible alloys . . . M3: 799
Tin in steel . . . M1: 116
Tin in titanium . . . M3: 356
Tin, matte, continuous electrodeposited coatings for steel strip
applications . . . A5: 350
Tin mechanical coating . . . M5: 300–302
Tin melt stock . . . M7: 124
Tin metal
in composition of stannate (alkaline) tin plating electrolytes . . . A5: 240
Tin oxide
ESDIED spectrum . . . A18: 457, 458
Tin oxide as an interference film . . . A9: 147
Tin oxides (SnO and SnO_2) purpose for use in glass manufacture . . . EM4: 381
Tin pest . . . A5: 262
Tin plate
acid-bath plated . . . A9: 200
alkaline-bath plated . . . A9: 200
specimen preparation . . . A9: 198
Tin plating . . . A5: 239–241, M5: 270–272
acid electrolytes . . . A5: 241
acid process . . . M5: 271–272
advantages . . . A5: 239
alkaline electrolytes . . . A5: 239–241
anode-cathode motion and current density . . . A5: 279
selective plating solution . . . A5: 281
alkaline process . . . M5: 270–271
aluminum and aluminum alloys . . . M5: 604–605
anodes . . . M5: 270–272
filming . . . M5: 270–271
applications . . . A5: 239, M5: 270
characteristics . . . A5: 239
copper and copper alloys . . . A5: 239, 815, M5: 581–584
copper-tin plating, magnesium alloys . . . M5: 646–647
stripping of . . . M5: 647
current density . . . M5: 271–272
electrodeposits . . . A5: 239
electroless process . . . M5: 621
electrolytes . . . A5: 239–241
fluoborate process . . . M5: 272
fluoborate tin (acidic) plating electrolyte . . A5: 240, 241
melting point to boiling point range . . . A5: 239
nickel . . . A5: 239
physical properties . . . A5: 239
rinsewater recovery . . . M5: 318
solution compositions and
acid electrolytes . . . M5: 271–272
alkaline electrolytes . . . M5: 270–271
operating conditions . . . M5: 270–272
stannate (alkaline) tin plating electrolytes . . A5: 240, 241
stannate process . . . M5: 270–272
steel . . . A5: 239, M5: 270
stripping of . . . M5: 647
sulfate (acidic) tin plating electrolyte . . A5: 240, 241
sulfate process . . . M5: 271–272
temperature . . . M5: 271–272
throwing power . . . M5: 272
vapor degreasing applications by vapor-spray-vapor systems . . . A5: 30
Tin powders *See also* Tin; Tin alloys; Tin powders, production of
annular nozzle atomization . . . A7: 146
apparent density . . . A7: 40
applications . . . A7: 146, M2: 616, M7: 123
atomizing apparatus . . . M7: 123
commercially available . . . M7: 123
cross-jet atomization . . . A7: 146
diffusion factors . . . A7: 451
electrodeposition . . . A7: 70
mass median particle size of water-atomized powders . . . A7: 40
microstructure . . . A7: 727
North American metal powder shipments (1992–1996) . . . A7: 16
oxygen content . . . A7: 40
particles, air-atomized . . . M7: 124
physical properties . . . A7: 451
production and properties . . . M7: 123–124
properties . . . A7: 146–147
shipment tonnage . . . M7: 24
sieving . . . A7: 146, 147
standard deviation . . . A7: 40
tap density . . . A7: 295
water-atomized powders . . . A7: 42
Tin powders, production of . . . A7: 146–147
air-atomization . . . A7: 146
atomization . . . A7: 146, 147
chemical precipitation . . . A7: 146
electrodeposition . . . A7: 146
melting . . . A7: 146
properties of tin powder . . . A7: 146–147
Tin recycling
facts and figures . . . A2: 1219
recycled metal behavior . . . A2: 1220
scrap tin materials, types . . . A2: 1218–1219
technology . . . A2: 1219–1220
trends and future . . . A2: 1220
Tin, reflowed, continuous electrodeposited coatings for steel strip
applications . . . A5: 350
Tin salts
additive to silicones . . . EM3: 598
Tin smelting
byproduct slags as tantalum feedstock . . . A7: 197
Tin soap
condensation catalyst for silicones . . EM3: 216, 218
Tin solders
applications, specifications, compositions . . A2: 521
general purpose . . . A2: 520
impurities . . . A2: 520–521
tin-zinc solders . . . A2: 520
Tin sweat
from inverse segregation . . . A15: 16
Tin tetraiodide
dissolution to . . . A10: 167
Tin, vapor pressure
relation to temperature . . . M4: 310
Tin whiskers *See also* Whiskers . . . A13: 770, 1110, 1126
as reinforcement . . . EL1: 1119–1121
corrosion failure analysis . . . EL1: 1116
growth, and dendrite formation . . . EL1: 969–970
growth, from code posted organics . . . EL1: 679
Tin/lead alloys
ferrographic application to identify wear particles . . . A18: 305
strain-rate behaviors (Sn-38% Pb) . . . A18: 426
Tin-alloy microstructures
tin-indium (50-50) . . . A3: 1•19
tin-lead . . . A3: 1•20
Tin-alloy plating . . . A5: 258–263
7Sn-93Pb solution . . . A5: 260
60Sn-40Pb high-speed solution . . . A5: 260
60Sn-40Pb solution . . . A5: 260, 261
80Sn-20Pb high-speed MSA solution . . . A5: 259
80Sn-20Pb MSA solution . . . A5: 259
80Sn-20Zn solution . . . A5: 262
addition agents . . . A5: 260
anodes . . . A5: 262
applications . . . A5: 259
automation of processes . . . A5: 258–259
boric acid addition . . . A5: 261
corrosion . . . A5: 258
current densities . . . A5: 261, 262
deposition rates, MSA solution on 80Sn-20Pb plating . . . A5: 259
electrolytes . . . A5: 258–262
electrolytes for tin-lead plating . . . A5: 258
environmental considerations for tin-nickel plating . . . A5: 263
equipment . . . A5: 259
fluoborate plating solutions for tin-lead . . . A5: 259–262
free fluoboric acid . . . A5: 261
$HBF_4$60Sn-40Pb solution . . . A5: 260–261
history . . . A5: 258
lead disposal . . . A5: 262
materials of construction for equipment . . . A5: 262
metallic impurities . . . A5: 262
MSA plating solutions for . . . A5: 258–259, 260
MSA solutions . . . A5: 262
peptone addition . . . A5: 261–262
safety and health hazards . . . A5: 259, 263
stannous valence state . . . A5: 258
temperature considerations . . . A5: 260, 261, 262
tin-bismuth plating . . . A5: 258, 262
tin-lead plating . . . A5: 258–262
tin-nickel plating . . . A5: 258, 262–263
tin-zinc plating . . . A5: 258, 262
troubleshooting guide for plating with MSA solution . . . A5: 260

SUBJECTS OF THE INDEXED VOLUMES: **ASM Handbook** (designated by the letter "A"): **A1:** Properties and Selection: Irons, Steels, and High-Performance Alloys (1990); **A2:** Properties and Selection: Nonferrous Alloys and Special-Purpose Materials (1990); **A3:** Alloy Phase Diagrams (1992); **A4:** Heat Treating (1991); **A5:** Surface Engineering (1994); **A6:** Welding, Brazing, and Soldering (1993); **A7:** Powder Metal Technologies and Applications (1998); **A8:** Mechanical Testing (1985); **A9:** Metallography and Microstructures (1985); **A10:** Materials Characterization (1986); **A11:** Failure Analysis and Prevention (1986); **A12:** Fractography (1987); **A13:** Corrosion (1987); **A14:** Forming and Forging (1988); **A15:** Casting (1988); **A16:** Machining (1989); **A17:** Nondestructive Evaluation and Quality Control (1989); **A18:** Friction, Lubrication, and Wear Technology (1992); **A19:** Fatigue and Fracture (1996); **A20:** Materials Selection and Design (1997). **Metals Handbook, 9th Edition** (designated by the letter "M"): **M1:** Properties and Selection: Irons and Steels (1978); **M2:** Properties and Selection: Nonferrous Alloys and Pure Metals (1979); **M3:** Properties and Selection: Stainless Steels, Tool Materials, and Special-Purpose Materials (1980); **M4:** Heat Treating (1981); **M5:** Surface Cleaning, Finishing, and Coating (1982); **M6:** Welding, Brazing, and Soldering (1983); **M7:** Powder Metallurgy (1984). **Engineered Materials Handbook** (designated by the letters "EM"): **EM1:** Composites (1987); **EM2:** Engineering Plastics (1988); **EM3:** Adhesives and Sealants (1990); **EM4:** Ceramics and Glasses (1991). **Electronic Materials Handbook** (designated by the letters "EL"): **EL1:** Packaging (1989)

troubleshooting guide for tin-nickel plating solutions.......... A5: 263
uses.......... A5: 258
Tin-aluminum
aluminum coatings for molybdenum A5: 859
Tin-aluminum alloys
not directly roll bonded to steel A18: 756
Tin-antimony
filler metal for torch soldering.......... A6: 352
heat treating.......... M4: 775
Tin-antimony alloys
microstructures.......... A9: 452
strength of.......... EL1: 636
Tin-antimony gray cassiterite
inorganic pigment to impart color to ceramic coatings A5: 881
Tin-antimony-copper alloys
microstructures.......... A9: 452
Tin-antimony-copper-lead alloys
microstructures.......... A9: 452
Tin-base alloys
as bearing alloys.......... A18: 748–749
composition.......... A18: 749
designations.......... A18: 749
mechanical properties.......... A18: 749
microstructure.......... A18: 749
bonding providing corrosion resistance A18: 744
heat and temperature effects on strength retention.......... A18: 745
in bimetal bearing material systems.......... A18: 747
Tin-base babbitts
ASTM B 23 alloy No. 1, compositions and physical properties.......... A5: 372
ASTM B 23 alloy No. 2
compositions and physical properties A5: 372
for low- or medium-carbon steel A5: 373
ASTM B 23 alloy No. 3, compositions and physical properties.......... A5: 372
Tin-base bearing alloys *See also* Tin; Tin alloys
compositions.......... A2: 523–524
lead-base (lead-base babbitts).......... A2: 523–524
material selection.......... A2: 522–523
properties.......... A2: 524
Tin-base casting alloys
types and applications.......... A2: 525
Tin-bismuth
heat treating.......... M4: 775
Tin-bismuth alloys (eutectic)
for solders.......... EL1: 637
Tin-bismuth plating A5: 258, 262
Tin-bronze alloys
preferential corrosion.......... A12: 403
Tin-cadmium
energy factors for selective plating A5: 277
Tin-cadmium alloy coatings A13: 776
Tin-cadmium alloys
peritectic structures A9: 679
Tin-coated copper
surface damage by corrosion and plastic deformation.......... A18: 183
Tin-coated sheets
net shipments (U.S.) for all grades, 1991 and 1992 .... A5: 701
Tin-coated steel
sheet metal forming with liquid lubrication for tool steels.......... A18: 738
soldering A6: 631
Tin-coated steels
press forming of.......... A14: 562–563
resistance spot welding.......... M6: 479–480, 491–493
Tin-coated wire
wrought copper and copper alloys.......... A2: 253
Tin-containing brasses
brazing.......... A6: 629–630
Tin-copper alloy plating
copper and copper alloys.......... M5: 623
Tin-copper alloys
microstructures.......... A9: 452
types.......... A13: 774
Tin-free aluminum alloys.......... A18: 752–753, 756
Tin-free steel A5: 350
net shipments (U.S.) for all grades, 1991 and 1992 .... A5: 701
Tin-free steel line.......... A5: 354
Tin-gold alloys
strength of.......... EL1: 636
Tin-gold eutectic.......... EM3: 584
Tin-indium
energy factors for selective plating A5: 277
selective plating solution for alloys.......... A5: 281
Tin-indium alloys
microstructures.......... A9: 452
Tin-lead
heat treating.......... M4: 775
precoating A6: 131
Tin-lead alloy coatings *See* Terne coating
Tin-lead alloys *See also* Solder; Tin-lead alloys, specific types
as solders EL1: 633–634
development EL1: 631
equilibrium diagram EL1: 634
for plating rigid wiring boards.......... EL1: 546
for solder sealing EM3: 585
microstructures.......... A9: 452
usage, PWB manufacturing EL1: 510
Tin-lead alloys, specific types
60Sn-40Pb eutectic, for machine soldering EL1: 633
60Sn-40Pb, intermetallic compound layer growth EL1: 635
63Sn-37Pb eutectic, for machine soldering EL1: 633
Tin-lead coatings
microstructures.......... A9: 456
Tin-lead phase diagram.......... A2: 552
Tin-lead plating *See also* Terne coatings A5: 258–262, M5: 276–278
60-40, energy factors for selective plating .. A5: 277
90-10, energy factors for selective plating .. A5: 277
addition agents used in.......... M5: 276–277
agitation.......... M5: 277–278
anodes, composition of.......... M5: 277–278
applications M5: 276
boric acid used in.......... M5: 276–278
carbon treatment.......... M5: 278
copper and copper alloys M5: 623–624
current densities.......... M5: 277–278
equipment, construction materials for.......... M5: 278
filtration process.......... M5: 278
metallic impurity removal.......... M5: 278
peptone used in M5: 277–278
solderability.......... A5: 326
solution compositions and operating conditions.......... M5: 276–278
temperature effects.......... M5: 277
Tin-lead solder
LEISS segregation of lead to surface of.......... A10: 607–608
Tin-lead solder alloys
thermal and thermomechanical fatigue of A19: 542
Tin-lead soldering powders.......... A7: 74
Tin-lead solders EM3: 584
dip soldering.......... A6: 356
electronic packaging applications.......... A6: 618
wave soldering A6: 367
wetting of steel.......... A6: 114
Tin-lead solders, specific types
40Sn-60Pb, torch soldering composition A6: 351
60Sn-40Pb, properties.......... A6: 992
63Sn-37Pb A6: 113, 351
furnace soldering.......... A6: 354
phase diagram A6: 128
Tin-lead-antimony alloys
for solders.......... EL1: 636
Tin-lead-cadmium alloys *See also* Solder
microstructures.......... A9: 452
Tin-lead-copper alloys
for solders.......... EL1: 636
Tin-lead-gold alloys
equilibrium diagram EL1: 636
Tin-lead-nickel
selective plating solution for alloys.......... A5: 281
Tin-lead-silver alloys
for solders.......... EL1: 636
Tinned wire.......... A1: 282
Tin-nickel
relative solderability A6: 134
Tin-nickel base metal
solderability EL1: 677
Tin-nickel plating.......... A5: 258, 262–263
energy factors for selective plating A5: 277
Tin-nickel substrate
composition vs. depth of passive film on.......... A10: 608–609
Tinning *See also* Hot solder dipping
defined.......... A13: 13, EL1: 1159
definition.......... A6: 1214
for solderability.......... EL1: 678–679
of surface-mount components EL1: 731
Tinning oils
in wave soldering EL1: 689–690
Tinplate.. A5: 349, 352, 357, A13: 778–782, A20: 478
alloy steels.......... A5: 727
carbon steels A5: 727
components of a taper section.......... A9: 450
intermetallic layer A9: 456
net shipments (U.S.) for all grades, 1991 and 1992 .... A5: 701
recycling.......... A2: 1218
steel-tin interface A9: 455
Tinplate, relative weldability ratings
resistance spot welding A6: 834
Tin-plated nickel
intermetallic compound A9: 456
Tin-plated steel
resistance seam welding A6: 245
resistance spot welding.......... M6: 480
Tin-rich alloys A4: 924
aging.......... A4: 924
annealing A4: 924
binary alloys.......... A4: 924, M4: 775
heat treating.......... A4: 924, M4: 775–776
pewter.......... A4: 924, M4: 776
solution-treating A4: 924
tempering.......... A4: 924
ternary alloys.......... A4: 924, M4: 775–776
tin-antimony.......... A4: 924, M4: 775
tin-bismuth.......... A4: 924, M4: 775
tin-lead A4: 924, M4: 775
tin-silver A4: 924, M4: 775
Tin-rich alloys, specific types
Sn-3Cd-7Sb, tensile strength.......... A4: 924
Sn-9Sb-1.5Cd, tensile strength A4: 924
Tin-silver
filler metal for torch soldering.......... A6: 352
heat treating.......... M4: 775
Tin-silver alloys
atmospheric corrosion.......... A13: 775
microstructures.......... A9: 452
Tin-silver eutectic alloy solders
applications and composition.......... A2: 521
Tin-silver solders
applications and compositions.......... A2: 521
Tin-silver-lead alloys *See also* Lead; Lead alloys
as solder.......... A2: 553
Tint etchants *See also* Color etchants
enhancement of colors using polarized light A9: 78
for heat-resistant casting alloys.......... A9: 330–332
used with carbon and alloy steels A9: 70
Tint etching *See also* Color etching
definition.......... A5: 970
of austenitic manganese steel casting specimens.......... A9: 239
wrought stainless steels.......... A9: 281
Tinting *See* Heat tinting
Tin-vanadium yellow cassiterite
inorganic pigment to impart color to ceramic coatings A5: 881
Tin-zinc alloys
microstructures.......... A9: 452
Tin-zinc coating
corrosion rates for coatings, neutral salt spray test A5: 265
Tin-zinc plating A5: 258, 262, 265
cadmium replacement identification matrix.......... A5: 920
Tin-zinc solders
applications.......... A2: 520
Tin-zinc-copper
microstructures.......... A9: 452
Tipping fees.......... A20: 260, 261
Tipping solder
micrograph A9: 422
Tire bead wire.......... A1: 286, M1: 269
Tire rolling radius A18: 566
Tire studs
of cemented carbides.......... A2: 974
powder used.......... M7: 572
Tire tracks A19: 51, 55
AISI/SAE alloy steels.......... A12: 298
and striations, compared.......... A12: 119

Tire tracks (continued)
as fatigue indicators **A11:** 258, 259
defined **A12:** 18
on fatigue fracture surface **A12:** 23
on quenched-and-tempered steel **A12:** 23
on steel **A11:** 27
polymer **A12:** 479

Tire-mold casting
internal discontinuities in **A11:** 358

Tires, friction and wear of **A18:** 578–581
abrasion and wear **A18:** 578
basic mechanism **A18:** 578
technology related to tire wear and their definitions **A18:** 578
tire axis system **A18:** 578, 579
effects of various factors, experimental design study **A18:** 580
tire-related factors, effect on tire wear rate **A18:** 580
fleet testing **A18:** 579, 580
future outlook **A18:** 581
load and velocity effects **A18:** 579–580
resilience **A18:** 579
standard wear rate **A18:** 579
test severity **A18:** 580
pavement surface severity **A18:** 580
tire force severity **A18:** 580
weather severity **A18:** 580
tire conceptual model **A18:** 580–581
carcass foundation stiffness **A18:** 580
coefficient of friction of rubber **A18:** 580–581
flexural rigidity **A18:** 580
tire wear models **A18:** 579
empirical **A18:** 579
theoretical **A18:** 579
trailer testing **A18:** 579–580

Tissues, body
tantalum resistance to **A13:** 728

Titanate ceramics
mechanical properties **A20:** 420
physical properties **A20:** 421

Titanate phases
ceramic nuclear waste forms **A10:** 532–535

Titanates **EM3:** 674, **EM4:** 47
applications **EM4:** 47
as coupling agents **EM3:** 181, 182

Titanates, alternative conversion coat technology
status of **A5:** 928

Titania
acid-resistant enamel, fineness as a cover coat for sheet steel **A5:** 456
chemical composition **A6:** 60
consolidation of nanocrystalline powder **A7:** 508–509
content effect in fluxes **A6:** 57, 58
definition **A5:** 970
diffusion factors **A7:** 451
flux composition, CO_2 shielded FCAW electrodes **A6:** 61
in composition of unmelted frit batches for high-temperature service silicate-based coatings **A5:** 470
in opaque cover coat enamels **EM4:** 953
injection molding **A7:** 314
mechanical properties **A20:** 420
physical properties **A7:** 451, **A20:** 421
pressureless sintering **A7:** 506
reactive plasma spray forming **A7:** 416
semiconductor sensors **EM4:** 1137–1138

Titania opacified enamels
melted oxide compositions of frits for cast iron **A5:** 455

Titania porcelain enamels
composition of **M5:** 510

Titania slag **M7:** 86

Titania white enamel
frit melted oxide composition for cover coat for sheet steel **A5:** 732

melted oxide compositions of frits for cover coat enamels for sheet steel **A5:** 455

Titania/silica (TiO_2/SiO_2) gel
compositions **EM4:** 446–447

Titania-doped silica glass
aerospace applications **EM4:** 1016

Titanium *See also* Advanced titanium materials; Introduction to titanium and titanium alloys; Niobium-titanium superconductors; Pure titanium; Reactive metals; Titanium alloy castings; Titanium alloy precision forgings; Titanium alloys; Titanium alloys, specific types; Titanium carbides; Titanium castings; Titanium P/M products; Titanium powders; Titanium recycling; Titanium sponge; Titanium-aluminum-vanadium alloys; Wrought titanium; Wrought titanium alloys; Wrought titanium alloys, specific types ... **A13:** 669–706, **A20:** 399
700 °C in vacuum, critical stress required to cause a crack to grow **A19:** 135
abrasive blasting of **M5:** 652–653
abrasive wear **A18:** 189
active brazing process in ceramic/metal seals **EM4:** 504–505, 506
added to nuclear waste, EPMA analysis **A10:** 532–535
addition to
ferritic stainless steels **A6:** 444, 445
filler metals for ceramic materials ... **A6:** 951, 954
fluxes affecting ionization process **A6:** 57–58
molybdenum for electron-beam welding **A6:** 870–871
precipitation-hardenable nickel alloys **A6:** 575, 576
underwater welds, microstructural development **A6:** 1011
adhesion and solid friction **A18:** 32, 33
aging **A4:** 913, 914, 916–919, 921, 922–923
aging furnaces **A4:** 921, **M4:** 772
air-carbon arc cutting **A6:** 1176
allotropic transformations **A20:** 338
alloy compositions **M3:** 357
alloy systems **M3:** 355–357
alloy types **A4:** 913, **M3:** 359–360
alloying, aluminum casting alloys **A2:** 132
alloying effect on nickel-base alloys **A6:** 589
alloying elements' effects on (X-p transformation **A4:** 913
alloying for corrosion resistance **M3:** 414–415
alloying, of cast irons **A13:** 567
alloying, of nickel-base alloys **A13:** 641
alloying, of uranium/uranium alloys **A13:** 814
alpha case removal **A15:** 264
alpha structure **A9:** 156
aluminum pretreatment process **M5:** 457
and boron, as inoculants **A15:** 105
and niobium welds, neutron radiography of **A17:** 393
and polybenzimidazoles **EM3:** 170
and titanium alloys **A15:** 824–835
annealing **A4:** 913, 914, 915–916, 917, 920, **M4:** 765–766
anode basket material for nickel plating ... **A5:** 211
anodized **EM3:** 416–417
anodizing **A5:** 492
applications **A2:** 587–590, 1261, **A20:** 399, **M3:** 353–355
applications, sheet metals **A6:** 400
arc deposition **A5:** 603
arc welding *See* Arc welding of titanium and titanium alloys
arc-welded **A11:** 437–439
as alloying element, effect on susceptibility to stress-corrosion cracking of two low-alloy steels **A19:** 486
as an addition to austenitic manganese steel castings **A9:** 239
as an addition to beryllium-nickel alloys ... **A9:** 395
as an addition to cobalt-base heat-resistant casting alloys **A9:** 334
as an addition to niobium alloys **A9:** 441
as an alloying addition to austenitic stainless steels **A9:** 283–284
as an alloying addition to wrought heat-resistant alloys **A9:** 309–311
as carbide-stabilizing element **A13:** 325
as ductile phase of ceramics **A19:** 389
as ductile phase of intermetallics **A19:** 389
as fastener material **A11:** 530
as ferrite stabilizer **A13:** 47
as inoculant **A15:** 105
as major structural metal **A2:** 647
as minor element, ductile iron **A15:** 648
as minor toxic metal, biologic effects **A2:** 1260
as nitride-forming **A15:** 93
as pyrophoric **M7:** 199
as reactive material, properties **M7:** 597
as surgical implants **A13:** 1327–1328
as trace element, cupolas **A15:** 388
as unknown particle **A10:** 457
atmospheres **A4:** 920, 921, **M4:** 771
atomic interaction descriptions **A6:** 144
back reflection intensity **A17:** 238
bainitic-like microstructures **A9:** 665–666
basis for organometallic coupling agents **EM3:** 182
Bauschinger effect **A4:** 914
belt grinding of **M5:** 652
beta transus temperatures **A4:** 913
bonding preparations necessary **EM3:** 703
bonding with advanced composites using polyphenylquinoxalines **EM3:** 163
bone screw head, wear and fretting at plate hole **A11:** 689, 692
boriding **A4:** 437, 438
boron-implanted, nanoindentation **A18:** 426
brazing **M6:** 1049–1051
applications **M6:** 1053
brazeability **M6:** 1049–1050
filler metals **M6:** 1050–1051
preparation **M6:** 1052–1053
brazing and soldering characteristics .. **A6:** 633–634
brazing to aluminum **M6:** 1031
brazing with clad brazing materials **A6:** 347
cadmium plating **A5:** 224
capacitor discharge stud welding **M6:** 738
carbonitride blocky inclusions, microanalysis **A11:** 38
carburizing affected by content in steels .. **A18:** 875
castings **M3:** 354, 355, 360, 407–412
cathodic attack of **A11:** 202
cavitation resistance **A18:** 600
chemical conversion coating of **M5:** 656–658
chemical integrity of seals **EM4:** 540–541
chemical resistance **M5:** 4
chrome plating, hard **M5:** 180–181
chromium plating **A5:** 186
cleaning processes **M5:** 650–656
coatings, bonded-abrasive grains **A2:** 1015
cobalt laser cladding materials not used **A18:** 866–867
coextrusion welding **A6:** 311
commercial grades **M3:** 357–360
commercially pure *See also* Titanium alloys, specific types **A2:** 592–597, **A12:** 16, 20, 48–49, 57, 65, 171, **A14:** 129, 838–83
commercially pure, bone screw with shear fracture **A11:** 677, 682
commercially pure, corrosion resistance **A6:** 585
commercially pure, ductile fracture surface **A11:** 685, 689
commercially pure, for encapsulation **M7:** 428
commercially pure, hex nuts **M7:** 682
commercially pure implant, fracture surface with mixed morphology **A11:** 686, 689
compatibility with various manufacturing processes **A20:** 247

SUBJECTS OF THE INDEXED VOLUMES: ASM Handbook (designated by the letter "A"): **A1:** Properties and Selection: Irons, Steels, and High-Performance Alloys (1990); **A2:** Properties and Selection: Nonferrous Alloys and Special-Purpose Materials (1990); **A3:** Alloy Phase Diagrams (1992); **A4:** Heat Treating (1991); **A5:** Surface Engineering (1994); **A6:** Welding, Brazing, and Soldering (1993); **A7:** Powder Metal Technologies and Applications (1998); **A8:** Mechanical Testing (1985); **A9:** Metallography and Microstructures (1985); **A10:** Materials Characterization (1986); **A11:** Failure Analysis and Prevention (1986); **A12:** Fractography (1987); **A13:** Corrosion (1987); **A14:** Forming and Forging (1988); **A15:** Casting (1988); **A16:** Machining (1989); **A17:** Nondestructive Evaluation and Quality Control (1989); **A18:** Friction, Lubrication, and Wear Technology (1992); **A19:** Fatigue and Fracture (1996); **A20:** Materials Selection and Design (1997). **Metals Handbook, 9th Edition** (designated by the letter "M"): **M1:** Properties and Selection: Irons and Steels (1978); **M2:** Properties and Selection: Nonferrous Alloys and Pure Metals (1979); **M3:** Properties and Selection: Stainless Steels, Tool Materials, and Special-Purpose Materials (1980); **M4:** Heat Treating (1981); **M5:** Surface Cleaning, Finishing, and Coating (1982); **M6:** Welding, Brazing, and Soldering (1983); **M7:** Powder Metallurgy (1984). **Engineered Materials Handbook** (designated by the letters "EM"): **EM1:** Composites (1987); **EM2:** Engineering Plastics (1988); **EM3:** Adhesives and Sealants (1990); **EM4:** Ceramics and Glasses (1991). **Electronic Materials Handbook** (designated by the letters "EL"): **EL1:** Packaging (1989)

compositional range in nickel-base single-crystal alloys . . . **A20:** 596
concentration effect on shear strength . . . **A6:** 116
concentration effect on wettability . . . **A6:** 116
consolidation . . . **M7:** 748–749
content effect on interstitial-free steels . . . **A4:** 61
content in stainless steels . . . **M6:** 320
content of military airframes . . . **M7:** 748
continuous flow electron beam melted . . . **A15:** 416–417
copper plating of . . . **M5:** 658
corrosion . . . **M3:** 354, 413–417
corrosion of . . . **A13:** 669–706
cost per unit mass . . . **A20:** 302
cost per unit volume . . . **A20:** 302
cracking in seawater . . . **M3:** 416
crevice corrosion . . . **A13:** 323, 671–672, 681–683
crevice corrosion and pitting in . . . **A11:** 202
current technology . . . **A2:** 586
cutting tool material selection based on machining operation . . . **A18:** 617
cutting tool materials and cutting speed relationship . . . **A18:** 616
cyclic oxidation . . . **A20:** 594
debris effect on wear . . . **A18:** 249
deoxidation, low-alloy steels . . . **A15:** 715
descaling process . . . **M5:** 650–654
  problems . . . **M5:** 650–651
  procedures . . . **M5:** 651–654
determination in paint, enhancement and absorption effects . . . **A10:** 98
determination of ΔK_{th} at elevated temperature . . . **A19:** 138
determined by controlled-potential coulometry . . . **A10:** 209
diffusion bonding . . . **A6:** 145
diffusion brazing . . . **A6:** 343
diffusion welding **A6:** 884, 885, 886, **M6:** 677, 682
effect, amorphous metals . . . **A13:** 868
effect of stress intensity factor range on fatigue crack growth rate . . . **A12:** 57
effect of vacuum on fatigue . . . **A12:** 48–49
effect on brake lining friction . . . **A18:** 592
effect on carbon fiber . . . **EM1:** 52
effect on case depth in carbonitriding . . . **A4:** 376
effect on cyclic oxidation attack parameter . . . **A20:** 594
electrochemical machining . . . **A5:** 111
electroless nickel plating applications . . . **A5:** 306
electron beam investment casting . . . **A15:** 418
electron-beam welding . . . **A6:** 854
electroplating of . . . **M5:** 658–659
electroslag welding . . . **A6:** 278
electroslag welding, reactions . . . **A6:** 273, 274
elemental sputtering yields for 500 eV ions . . . **A5:** 574
elongated dimples on shear fracture surface . . . **A12:** 16
embrittlement . . . **A13:** 179
EPD voltages as measured on a standard compact-type specimen . . . **A19:** 177
evaporation fields for . . . **A10:** 587
explosion welding . . . **A6:** 162–163, 303–304, 896, **M6:** 707, 710, 713
explosive-bonded to zirconium . . . **A9:** 157
extra-low-interstitial (ELI) grades . . . **A20:** 399
extrusion welding . . . **M6:** 677
FASIL adhesion excellent . . . **EM3:** 678
fasteners, use in . . . **M3:** 184, 185
fatigue levels . . . **EM3:** 504
fatigue striations . . . **A12:** 20
ferrite formation . . . **M6:** 346
finishing processes . . . **M5:** 656–659
fixtures . . . **A4:** 916, 921, 922, **M4:** 772
fluoroborate bath effect . . . **A5:** 207
foil and film adhesive, to repair advanced composite structures . . . **EM3:** 821
for cutting tools . . . **A18:** 612
for grain refinement, aluminum alloys . . . **A15:** 95
for industrial (hard) chromium plating coils . . . **A5:** 183
for rolling . . . **A14:** 35
for screws and plate nuts to repair Gr-Ep laminates . . . **EM3:** 835
forged, microstructure . . . **A14:** 271
forgings . . . **M3:** 358, 360
fracture toughness estimated from interfacial energies and measured alloy fracture toughness values . . . **A19:** 382
fretting fatigue . . . **A19:** 327
fretting in . . . **A13:** 140
fretting wear . . . **A18:** 250
friction coefficient . . . **A18:** 71, 72
friction welding . . . **A6:** 152, 153, **M6:** 722
friction-welded to zirconium . . . **A9:** 157
functions in FCAW electrodes . . . **A6:** 188
furnace atmospheres . . . **A4:** 920, **M4:** 771
furnaces . . . **A4:** 920–921
galvanic corrosion with magnesium . . . **M2:** 607
galvanic effects and discontinuities . . . **M5:** 651
galvanic series for seawater . . . **A20:** 551
gas absorption by . . . **M5:** 651
gas metal arc welding . . . **M6:** 753
gas-metal arc welding, shielding gases . . . **A6:** 66
gas-tungsten arc welding . . . **A6:** 190, 193
glass coatings referred to as enamels . . . **EM3:** 301–302
glass-to-metal seals . . . **EM3:** 302
gold plating of . . . **M5:** 659
grindability . . . **A5:** 162
Hall-Petch coefficient value . . . **A20:** 348
harmful alloying elements and corrosive substances . . . **A11:** 202
heat treating . . . **M4:** 763–774
heat treating practices . . . **M4:** 772
heat treatment . . . **M3:** 359–360
heater tube, embrittleinent of . . . **A11:** 640–642
heating coils for copper plating . . . **A5:** 175
heat-treating . . . **A4:** 913–923
heat-treating principles . . . **A4:** 921
high frequency resistance welding . . . **M6:** 760
high-frequency welding . . . **A6:** 252, 253
history . . . **A2:** 586
hot isostatic pressing effects . . . **A15:** 539–540
hydride mechanism . . . **A19:** 186
hydrochloric acid corrosion . . . **A13:** 1164
hydrogen embrittlement . . . **A12:** 23
impurity concentrations . . . **A2:** 1097
in active metal process . . . **EM3:** 305
in Alnico alloys . . . **A9:** 539
in aluminum alloys . . . **A15:** 95, 105, 746
in ambient seawater . . . **A13:** 677
in aqueous oxalate solutions as a function of pH . . . **EM4:** 59
in austenitic stainless steels . . . **A6:** 457
in ferritic stainless steels . . . **A6:** 451, 454
in filler metals used for active metal brazing . . . **EM4:** 523–524, 526, 529
in filler metals used for direct brazing . . . **EM4:** 517–518, 519
in heat-resistant alloys . . . **A4:** 512
in iron-base alloys, flame AAS analysis of . . **A10:** 56
in maraging steels . . . **A4:** 220, 222, 223, 224
in metal powder-glass frit method . . . **EM3:** 305
in pharmaceutical production facilities . . **A13:** 1227
in precipitation-hardening steels . . . **M6:** 350
in sintered metal powder process . . . **EM3:** 304
in skins for which NDT methods used . . **EM3:** 767
in stainless steels . . . **A18:** 710, 712, 713
in steel weldments . . . **A6:** 417, 418
in superalloys, solution-treating . . . **A4:** 799
in titanium oxide, determined by controlled-potential coulometry . . . **A10:** 207
in vapor-phase metallizing . . . **EM3:** 306
in wet chlorine . . . **A13:** 1173
in zinc alloys . . . **A9:** 489
in zinc/zinc alloys and coatings . . . **A13:** 759
incident-ion energy . . . **A18:** 851, 852, 854
indirect brazing of PSZ for joining oxide ceramics . . . **EM4:** 517
induction heating energy requirements for metalworking . . . **A4:** 189
induction heating temperatures for metalworking processes . . . **A4:** 188
ingot characteristics . . . **M3:** 362–364
inoculant for aluminum . . . **A6:** 53
intensity of K lines in . . . **A10:** 97
intergranular corrosion of . . . **A11:** 182
interlayer material . . . **M6:** 681
interstitial-element content, effect on properties . . . **M3:** 361
investment casting, by vacuum arc skull melting . . . **A15:** 409–410
investment-cast, hot isostatic pressing of . . **A15:** 263
ion implantation . . . **A5:** 606, 608
ion implantation applications . . . **A20:** 484
ion plating of . . . **M5:** 425–426
ion removal from . . . **A10:** 200
ion sputtering of adherend surfaces . . . **EM3:** 244
iron levels . . . **A4:** 913, 921
joined to aluminum alloys . . . **A6:** 739
Jones reductor for . . . **A10:** 176
lap welding . . . **M6:** 673
lap-shear coupon and finite-element analysis . . . **EM3:** 485
laser beam welding . . . **M6:** 647, 662–663
  weld properties . . . **M6:** 662–663
laser cladding . . . **A18:** 867
laser-beam welding . . . **A6:** 263–264
liquid-metal embrittlement . . . **M3:** 416
lubricant indicators and range of sensitivities . . . **A18:** 301
market data . . . **M3:** 355
market development . . . **A2:** 587
martensitic structures . . . **A9:** 673–674
mass finishing of . . . **M5:** 655–656
materials, types . . . **A14:** 838–839
matrix composites, acoustic emission inspection . . . **A17:** 288
matrix, ultrasonic inspection . . . **A17:** 250
mechanical properties . . **A4:** 913, **M7:** 468–469, 475
mechanical properties of plasma sprayed coatings . . . **A20:** 476
metal characteristics, general . . . **A2:** 586
metalworking fluid selection guide for finishing operations . . . **A5:** 158
microalloying of . . . **A14:** 22
neutron and x-ray scattering, and absorption compared . . . **A10:** 421
new developments . . . **A2:** 590–591
nitric acid corrosion . . . **A13:** 1156
nitride-forming element . . . **A18:** 878
nonimplanted, nanoindentation . . . **A18:** 426
non-oxide ceramic joining . . . **EM4:** 480
optical micrograph . . . **A8:** 476–477
ores, commercial, fusion with acidic fluxes . . . **A10:** 167
oxidation potentials and bonding . . . **EM4:** 482
oxidational wear . . . **A18:** 287
oxygen determined in . . . **A10:** 231
oxygen levels . . . **A4:** 913, 921
P/M technology . . . **M7:** 748–755
passivation and corrosion inhibition . . **M3:** 413–414
petroleum refining and petrochemical operations . . . **A13:** 1263
photometric analysis methods . . . **A10:** 64
physical properties related to thermal stresses . . . **A4:** 605
pickling of . . . **M5:** 654–655
pin bearing testing of . . . **A8:** 59
plasma and shielding gas compositions . . . **A6:** 197
plasma arc cutting . . . **M6:** 916
platinized titania ISS and AES applications . . . **A18:** 449–450, 451
platinum plating of . . . **M5:** 658–659
polishing and buffing . . . **M5:** 655–656
polyimidesulfone (thermoplastic) adhesive . . . **EM3:** 358
polyphenylquinoxaline bonding . . . **EM3:** 166, 167
polysulfides as sealants . . . **EM3:** 196
Pourbaix diagram . . . **A13:** 1330
powder metallurgy materials, etching . . . **A9:** 509
powder metallurgy materials microstructures . . . **A9:** 511
powder metallurgy, Soviet . . . **M7:** 693–694
precipitate stability and grain boundary pinning . . . **A6:** 73
precleaning embrittlement . . . **A17:** 81
processing, effect on properties . . . **M3:** 361–371
product forms . . . **M3:** 354, 355, 358
product life cycle . . . **A2:** 587
production examples, heat treating processes . . . **M4:** 772–774
production examples, heat-treating processes . . . **A4:** 921–923
production, for niobium-titanium superconductors . . . **A2:** 1044
properties . . . **A20:** 399
protective coatings, effects on descaling . . . **M5:** 651
pure . . . **M2:** 814–816

Titanium (continued)
pure, effect of strain rate on ductility in **A8:** 42
pure, furrow-type fatigue fracture...... **A12:** 44, 54
pure, hydrogen entry **A13:** 329
pure, optical micrograph **A8:** 476–477
pure, properties **A2:** 1169
pure, sponge fines **M7:** 165
quenching media **A4:** 917, 921, **M4:** 772
radiographic absorption **A17:** 311
rare earth alloy additives **A2:** 729
raw materials **M3:** 362
recommended shielding gas selection for gas-metal arc welding **A6:** 66
recovery from selected electrode coverings .. **A6:** 60
recrystallized implant, fatigue fracture surfaces **A11:** 685, 689
recycling **A2:** 1226–1228
relative solderability **A6:** 134
relative solderability as a function of flux type **A6:** 129
repair welding **A6:** 1107
resistance spot welding.................. **M6:** 478
resistance spot welding of steels and content effect **A6:** 228
resistance welding **A6:** 847
Rockwell scale for **A8:** 76
roll welding **A6:** 312
salt bath descaling of............ **M5:** 97–98, 102
scrap, plasma melting/casting............ **A15:** 420
seal adhesive wear **A18:** 549
seal materials **A18:** 550
seawater exposure effect on adhesives ... **EM3:** 632
selection factors **M3:** 353–355
selective plating **A5:** 277
sheathing for immersion heaters, chromium plating **A5:** 183
sheet, preparation for forming....... **A14:** 839–840
shielding gas purity **A6:** 65
shot peening **A5:** 128
S-N curve............................ **A11:** 103
solution-treating. . **A4:** 913, 914, 915–919, 920, 921, 922–923
species weighed in gravimetry **A10:** 172
specific strength (strength/density) for structural applications **A20:** 649
specifications **M3:** 354, 357–358, 360
spectrometric metals analysis............ **A18:** 300
sponge...................... **M3:** 353, 361, 362
stereo pair dimples **A12:** 171
strain-age cracking in precipitation-strengthened alloys **A6:** 573
strength of ultrasonic welds............. **M6:** 752
stress corrosion, microwave inspection.... **A17:** 215
stress relieving..................... **M4:** 764–765
stress-corrosion cracking **M3:** 415–416
stress-corrosion cracking in **A11:** 223–224
stress-relieving **A4:** 913, 914–915, 920, 923
structural bonding with aluminum, primers **EM3:** 254
structural problems analyzed by inert gas fusion **A10:** 231
submerged arc welding
 additions to restrict grain growth **M6:** 116
 content in fluxes **M6:** 124
 influence on heat-affected zone toughness.................. **M6:** 119–120
substrate considerations in cleaning process selection **A5:** 4
substrate for polyimides **EM3:** 161
suitability for cladding combinations **M6:** 691
sulfuric acid corrosion................. **A13:** 1153
superplasticity of **A8:** 553
surface preparation........... **EM3:** 264–269, 799
susceptibility to hydrogen damage ... **A11:** 249–250
tantalum/titanium/niobium carbides in cemented carbides **A18:** 795
tarnish removal.................... **M5:** 654–655
thermal diffusivity from 20 to 100 °C **A6:** 4
thermal expansion coefficient............. **A6:** 907
Ti 387 eV, Auger electron spectroscopy... **A18:** 454
TNAA detection limits **A10:** 237
to enhance case hardness **A4:** 263
to promote hardness **A4:** 124
to reduce electromigration......... **EM3:** 581, 582
trace amounts affecting induction hardening......................... **A4:** 185
twin bands in plastically deformed........ **A9:** 689
ultrapure, by external gettering **A2:** 1094
ultrapure, by iodide/chemical vapor deposition **A2:** 1094
ultrapure, by zone refining.............. **A2:** 1094
ultrasonic welding **A6:** 326, 327, **M6:** 746
unalloyed **A19:** 837, 838
unalloyed, as implant material........... **A11:** 672
unalloyed, general corrosion data **A13:** 701–705
unalloyed grades, composition........... **A20:** 399
unalloyed grades, corrosion resistance **A13:** 328
unalloyed, hydrided **A13:** 674
upset welding **A6:** 249
use in flame atomizers **A10:** 48
use in flux cored electrodes.............. **M6:** 103
use in resistance spot welding............ **M6:** 486
vacuum deposition of interference films ... **A9:** 148
vacuum heat-treating support fixture material **A4:** 503
vapor degreasing.......................... **A5:** 7
vapor degreasing applications by vapor-spray-vapor systems **A5:** 30
vapor degreasing of....................... **M5:** 8
vapor pressure, relation to temperature ... **A4:** 495, **M4:** 309–310
Vickers and Knoop microindentation hardness numbers **A18:** 416
volumetric procedures for............... **A10:** 175
weld fracture from incomplete fusion...... **A12:** 65
weldability rating by various processes ... **A20:** 306
wire, brushing of....................... **M5:** 656
wire, copper plated **M5:** 658
wrought **A2:** 592–633
yield strength vs. fracture toughness...... **A6:** 1017
zinc and galvanized steel corrosion as result of contact with....................... **A5:** 363
Titanium alloy castings *See also* Titanium; Titanium alloys; Titanium castings
alloy properties **A2:** 636
and titanium castings **A2:** 634–646
as-cast and cast + HIP microstructures **A2:** 638
cast microstructure **A2:** 637–638
casting design **A2:** 640–642
chemical milling......................... **A2:** 643
compared **A2:** 637
fatigue and fatigue crack growth rate **A2:** 640
heat treatment **A2:** 643–644
hot isostatic pressing................ **A2:** 401, 638
introduction **A2:** 634
lost-wax investment molding.......... **A2:** 635–636
mechanical properties **A2:** 639–640
melting and pouring practice **A2:** 642
microstructure **A2:** 637–639
microstructure modification............. **A2:** 639
molding methods................... **A2:** 635–636
new alloys **A2:** 636–637
oxygen influence........................ **A2:** 639
porosity **A2:** 638–639
product applications **A2:** 644–645
rammed graphite molding................ **A2:** 635
specifications **A2:** 636
superheating **A2:** 642
technology, history.................. **A2:** 634–635
tolerances **A2:** 641–642
vacuum consumable electrode melting..... **A2:** 642
weld repair **A2:** 643
Titanium alloy powders
applications **A7:** 590
close-coupled gas-atomization **A7:** 101
cold sintering **A7:** 577, 581
diffusion factors **A7:** 451
fatigue **A7:** 958, 960, 962
hot isostatic pressing....... **A7:** 590, 602, 603, 605
hot isostatically pressed, rotating electrode process **A7:** 99, 100
hot pressing **A7:** 636
laser sintering **A7:** 428
laser-based direct fabrication **A7:** 434–435
mechanical properties **A7:** 21
metal-matrix composites **A7:** 21
microexamination........................ **A7:** 726
microstructure **A7:** 728, 742
nanostructured materials.................. **A7:** 21
physical properties **A7:** 451
pneumatic isostatic forging............... **A7:** 639
polishing **A7:** 723
rapid solidification rate process............ **A7:** 48
rotating electrode process **A7:** 49, 98–99, 100
tensile properties of compacts made from blended sponge fines and Al-V master alloy powder **A7:** 160
thermohydrogen processing................ **A7:** 20
vapor deposition.......................... **A7:** 20
Titanium alloy precision forgings **A14:** 283–287
design criteria **A14:** 28
forging processing **A14:** 285–286
technology development effectiveness **A14:** 286–287
tooling and design **A14:** 284–285
Titanium alloy structural components
powder metallurgy (P/M), specifications .. **A7:** 1099
Titanium alloys *See also* Advanced titanium materials; Advanced titanium-base allloys; Alpha-beta alloys and Beta alloys; specific types; Reactive metals; Titanium; Titanium alloy castings; Titanium alloy precision forging; Titanium alloys; Titanium alloys, specific types; Titanium carbides; Titanium sponge; Titanium-aluminum-vanadium powders; Wrought titanium; Wrought titanium alloys; Wrought titanium alloys, specific types............ **A6:** 507–523, **A13:** 669–706, **A14:** 267–287
abrasive blasting of **M5:** 652–653
advanced materials, forging......... **A14:** 282–283
aerospace applications............... **A2:** 587–588
aged, general corrosion **A13:** 682
aging **A4:** 913, 914, 916–919, 921, 922–923, **A6:** 509, 510, 512, 515, 518, **M4:** 767
allotropic forms **A14:** 26
alloy composition effects................ **A13:** 670
alloy development **A15:** 824–827
alloy powders **A20:** 404
alloy strength versus alloy microstructure .. **A19:** 13
alloy types................ **A2:** 586–587, **A4:** 913
alloy/environment systems exhibiting stress-corrosion cracking **A19:** 483
alloying element effects.................. **A6:** 508
alloying elements effects............ **A20:** 399–400
alloying elements' effects on α-βtransformation.................. **A4:** 913
alpha + beta alloys **A2:** 586, **A19:** 13, 495–496, 497
alpha alloys. . **A2:** 586, **A6:** 508, 509, 518, 783, 786, **A19:** 495–496, **A20:** 399, 400, 403
 properties **A20:** 399
alpha case removal..................... **A15:** 264
alpha microstructure **A19:** 13
alpha-beta alloys.......... **A20:** 400–401, 402, 403
 properties **A20:** 399
alpha-beta forging....................... **A14:** 271
and LEFM............................ **A19:** 376
annealing **A4:** 913, 914, 915–916, 917, 920, **M4:** 765–766
 stability **A4:** 913, 914, 916, **M4:** 766
 strength during............... **A4:** 915, **M4:** 766
anodic dissolution **A19:** 189
anodic pitting..................... **A13:** 683–685
anodizing **A9:** 142
applications ... **A2:** 587–590, **A6:** 84, 507, 522, 944, **A15:** 833–834

SUBJECTS OF THE INDEXED VOLUMES: ASM Handbook (designated by the letter "A"): **A1:** Properties and Selection: Irons, Steels, and High-Performance Alloys (1990); **A2:** Properties and Selection: Nonferrous Alloys and Special-Purpose Materials (1990); **A3:** Alloy Phase Diagrams (1992); **A4:** Heat Treating (1991); **A5:** Surface Engineering (1994); **A6:** Welding, Brazing, and Soldering (1993); **A7:** Powder Metal Technologies and Applications (1998); **A8:** Mechanical Testing (1985); **A9:** Metallography and Microstructures (1985); **A10:** Materials Characterization (1986); **A11:** Failure Analysis and Prevention (1986); **A12:** Fractography (1987); **A13:** Corrosion (1987); **A14:** Forming and Forging (1988); **A15:** Casting (1988); **A16:** Machining (1989); **A17:** Nondestructive Evaluation and Quality Control (1989); **A18:** Friction, Lubrication, and Wear Technology (1992); **A19:** Fatigue and Fracture (1996); **A20:** Materials Selection and Design (1997). **Metals Handbook, 9th Edition** (designated by the letter "M"): **M1:** Properties and Selection: Irons and Steels (1978); **M2:** Properties and Selection: Nonferrous Alloys and Pure Metals (1979); **M3:** Properties and Selection: Stainless Steels, Tool Materials, and Special-Purpose Materials (1980); **M4:** Heat Treating (1981); **M5:** Surface Cleaning, Finishing, and Coating (1982); **M6:** Welding, Brazing, and Soldering (1983); **M7:** Powder Metallurgy (1984). **Engineered Materials Handbook** (designated by the letters "EM"): **EM1:** Composites (1987); **EM2:** Engineering Plastics (1988); **EM3:** Adhesives and Sealants (1990); **EM4:** Ceramics and Glasses (1991). **Electronic Materials Handbook** (designated by the letters "EL"): **EL1:** Packaging (1989)

aqueous environments and stress-corrosion cracking . . . **A19:** 496–497
arc welding *See* Arc welding of titanium and titanium alloys
architecture applications . . . **A2:** 589–590
arc-welded . . . **A11:** 437–439
as P/M materials . . . **A19:** 338
as surgical implants . . . **A13:** 1327–1328
atmospheres, oxidizing heat treating . . **A4:** 920, 921, **M4:** 769
Auger spectra . . . **M7:** 254
automotive components . . . **A2:** 589
bar and tube, die materials for drawing . . . **M3:** 525
Bauschinger effect . . . **A4:** 914, **A14:** 83
belt grinding of . . . **M5:** 652
beta alloys . . . **A2:** 586–587, **A19:** 495
beta alloys, properties . . . **A20:** 399
beta forging, example . . . **A14:** 271–272
beta phase . . . **A20:** 399, 400, 401–402, 403
beta transus temperatures . . . **A4:** 913
beta-processed, crack shape variations . . . **A19:** 163
blank preparation . . . **A14:** 840–841
blended elementalP/M, ductility . . . **M7:** 254
brazed with an aluminum-silicon brazing alloy . . . **A9:** 158
brazing . . . **M6:** 1033–1035
brazing and soldering characteristics . . **A6:** 633–634
calculated weighted property index . . . **A20:** 253
capacitor discharge stud welding . . . **M6:** 738
carbon dioxide . . . **A4:** 920
carbon monoxide . . . **A4:** 920
casting alloys . . . **A20:** 403–404
casting design . . . **A15:** 829–831
cathodic charging . . . **A13:** 673
chemical conversion coating of . . . **M5:** 656–658
chemical milling . . . **A15:** 832
chemical resistance . . . **EM3:** 639
chlorides contamination . . . **A4:** 920, **M4:** 770
chrome plating, hard . . . **M5:** 180–181
chromium plating . . . **A5:** 186
classes . . . **A14:** 26
classification of . . . **A6:** 508–512
classifications according to phase . . . **A6:** 84
cleaning . . . **A6:** 784–785
cleaning prior to heat treating . . . **A4:** 919–920, **M4:** 770
cleaning processes . . . **M5:** 650–656
cold forming . . . **A14:** 841
commercially pure (CP) (unalloyed) titanium . . . **A6:** 508–509
compatibility with various manufacturing processes . . . **A20:** 247
composition . . . **M3:** 357, 755–756, 766
composition and impurity limits . . . **M6:** 1049
consumer goods . . . **A2:** 590
containing tin . . . **A2:** 526
containment autoclaves . . . **A8:** 420
contamination cracking . . . **A6:** 516
continuous cooling transformation (CCT) diagrams . . . **A6:** 84
continuous-drive welding . . . **A6:** 522
contour roll forming . . . **A14:** 84
conventional forging process . . . **A14:** 27, 271
cooling in ultrasonic testing . . . **A8:** 247
corrosion . . . **A6:** 509
corrosion applications . . . **A2:** 588–589
corrosion fatigue . . . **A13:** 676
corrosion forms . . . **A13:** 671
corrosion resistance enhancement . . . **A13:** 670, 693–696
corrosion resistance mechanism . . . **A13:** 669–670
crack depth as function of exposure time to solid cadmium in . . . **A11:** 239–241
creep forming . . . **A14:** 846–847
crevice corrosion . . . **A13:** 671–672, 681–683
cryogenic service . . . **A6:** 1017
deep drawing . . . **A14:** 844–845
deformation differences . . . **A8:** 583–584
dental . . . **A13:** 1352, 1361
descaling process . . . **M5:** 650–654
problems . . . **M5:** 650–651
procedures . . . **M5:** 651–654
designations/nominal compositions . . . **A13:** 669
designed using LEFM concepts . . . **A20:** 534
die specifications . . . **A14:** 274–277
diffraction techniques, elastic constants, and bulk values for . . . **A10:** 382
diffusion bonding . . . **A6:** 156, 157–158, 159
diffusion welding **A6:** 522, 884, 885, 886, **M6:** 682
dimpling . . . **A14:** 84
disk-forming process, simulation of . . . **A14:** 43
distortion . . . **A6:** 522
drop hammer forming . . . **A14:** 84, 657
ductile-to-brittle temperature . . . **A6:** 633
effect of hot pressing . . . **M7:** 512–513
effect of milling time on density and flowability . . . **M7:** 59
effect of strain rate on ductility in . . . **A8:** 38, 42
effect of vacuum . . . **A12:** 47–48
electric current perturbation inspection . . . **A17:** 136, 138–139
electrochemical machining . . . **A5:** 112
electrochemical polarization . . . **A8:** 531
electron beam welding . . . **M6:** 643
electron-beam welding **A6:** 85, 512, 513, 514, 516, 517, 518, 519, 520, 521, 522, 865, 872
electroplating of . . . **M5:** 658–659
electroslag welding . . . **A6:** 783
elevated-temperature . . . **A2:** 625–626
embrittled by mercury . . . **A11:** 234
embrittled by zinc . . . **A11:** 234
embrittlement by low-melting alloys . . . **A12:** 29
energy per unit volume requirements for machining . . . **A20:** 306
engineered material classes included in material property charts . . . **A20:** 267
environment effects . . . **A19:** 33
environments that cause stress-corrosion cracking . . . **A6:** 1101
equipment for gas-tungsten arc welding . . . **A6:** 785–786
erosion-corrosion . . . **A13:** 676, 692–693
evaluation/certification . . . **A15:** 833
explosive forming . . . **A14:** 84
explosive welding . . . **A6:** 522
extra-low interstitial (ELI) grades . . . **A6:** 520
extrusion . . . **M3:** 368–369, 537
fatigue at subzero temperatures **M3:** 763, 764, 765, 769, 770
fatigue crack growth . . . **A19:** 50, 54
fatigue crack growth testing . . . **A19:** 172–173
fatigue crack growth thresholds . . . **A19:** 143–144
fatigue crack propagation . . . **A19:** 39–40
fatigue crack threshold . . . **A19:** 145–146
fatigue diagram . . . **A19:** 305
fatigue striations in . . . **A12:** 176
figure of merit . . . **A20:** 253
filler metals . . . **A6:** 510, 783, 784
FIM sample preparation of . . . **A10:** 586
finishing processes . . . **M5:** 656–659
fixtures . . . **A4:** 921, 922
flash-butt welding . . . **A6:** 522
flow stress and workability as function of temperature . . . **A14:** 17
flux-cored arc welding . . . **A6:** 783
fluxes . . . **A6:** 521
for efficient compact springs . . . **A20:** 288
for isothermal/hot-die forging . . . **A14:** 152
for rolling . . . **A14:** 356, **M3:** 365–366
for springs . . . **A20:** 287
for wire-drawing dies . . . **A14:** 336
forge welding . . . **A6:** 306
forgeability . . . **A14:** 267–270
forging . . . **M3:** 366–369
forging equipment . . . **A14:** 273–274
forging methods . . . **A14:** 270–273, 277–278
forging temperature ranges . . . **A14:** 26
forgings, flaws and inspection methods . . . **A17:** 497–498
forming . . . **M3:** 369
forming, lubricants for . . . **A14:** 52
fractographs . . . **A12:** 441–455
fracture and structure . . . **A19:** 13
fracture resistance of . . . **A19:** 386–388
fracture topography . . . **A12:** 441–443
fracture toughness **A19:** 32–34, **A20:** 537, **M3:** 763, 769
fracture toughness vs.
density . . . **A20:** 267, 269, 279
strength . . . **A20:** 267, 272–273, 274
Young's modulus . . . **A20:** 267, 271–272, 273
fracture/failure causes illustrated . . . **A12:** 217
fretting fatigue . . . **A19:** 327, 328
friction welding . . . **A6:** 152, 153, 783, 784, **M6:** 722
fully dense . . . **M7:** 435
furnaces . . . **A4:** 920–921
fusion zone . . . **A6:** 513–514, 515, 516, 521
galvanic corrosion . . . **A13:** 675–676, 690–692
galvanic couples . . . **A13:** 673
gas metal arc welding . . . **M6:** 153
gas porosity in electron beam welds of . . . **A11:** 445
gas tungsten arc welding . . . **M6:** 182, 203, 206
gaseous environments . . . **A19:** 498
gas-metal arc welding . . . **A6:** 512, 513, 521, 522
gas-tungsten arc welding . . . **A6:** 192, 513, 514, 515, 516, 518, 520, 521, 522
general corrosion . . . **A13:** 671, 705–706
general welding considerations . . . **A6:** 512
grain orientations in wrought forms **A19:** 498, 499
growth during heat treatment . . . **A4:** 920, **M4:** 771
heat treating . . . **A4:** 913–923
heat treatment . . . **A15:** 833
heat treatments . . . **A20:** 403
heat-affected zone **A6:** 85, 509, 510, 513, 514, 516, 519, 521, 783, 784, 786
heat-treating principles . . . **A4:** 921
HERF forgeability . . . **A14:** 10
high-temperature alkaline conditions . . . **A13:** 673
HIP temperatures . . . **M7:** 437
historical perspective . . . **A15:** 825
history . . . **A2:** 586
hot chloride salt environment . . . **A19:** 497
hot forming . . . **A14:** 841–842
hot isostatic pressing . . . **A15:** 832, **A20:** 403, 404
hot isostatically pressed, gas precipitation **A19:** 342
hot sizing of . . . **A14:** 84
hot wire welding . . . **A6:** 786
hot working operations . . . **A19:** 33
hydrogen damage . . . **A13:** 170–171, 673–674, 685–686
hydrogen damage in . . . **A11:** 338
hydrogen embrittlement **A6:** 516–517, **A12:** 23, 32, 124
hydrogen entry . . . **A13:** 329
hydrogen pickup . . . **A4:** 919, 920, 921, **M4:** 770
hydrogen pickup, composition affecting . . . **M5:** 655
hydrogen testing . . . **A13:** 673–674
implants . . . **M7:** 657
induction heating for . . . **A8:** 159
inertia friction welding . . . **A6:** 522
influence of oxygen content . . . **A8:** 480–481
investment casting, by vacuum arc skull melting . . . **A15:** 409–410
ion implantation . . . **A5:** 608
ion implantation applications . . . **A20:** 484
iron levels . . . **A4:** 913, 923
joggling . . . **A14:** 847
joining . . . **M3:** 368, 369–370
joint preparation . . . **A6:** 784
laser beam welding . . . **M6:** 662–663
weld properties . . . **M6:** 662–663
laser melt/particle inspection . . . **M6:** 801
laser-beam welding . . . **A6:** 85, 263–264, 512, 513, 514, 516, 517, 518, 519, 520, 521, 783, 784
linear expansion coefficient vs. thermal conductivity . . . **A20:** 267, 276, 277
liquid and solid metals environments . . . **A19:** 498
liquid-metal embrittlement of . . . **A11:** 234
loss coefficient vs. Young's modulus . . . **A20:** 267, 273–275
low-cycle fatigue, eddy current inspection **A17:** 190
low-temperature applications . . . **M3:** 755
machinability . . . **A20:** 756
machining . . . **A2:** 966
macrosegregation . . . **A6:** 515–516
market development . . . **A2:** 587
mass finishing of . . . **M5:** 655–656
material effects on flow stress and workability in forging chart . . . **A20:** 740
maximum stress to fracture . . . **A19:** 27
mechanical deformation from shearing . . . **A9:** 159
mechanical factors . . . **A19:** 498
mechanical properties . . . **A4:** 913, **A15:** 828–829, **M7:** 468–469
mechanical properties of metal-matrix composites . . . **A20:** 464
melting and pouring practice . . . **A15:** 831–832
metal removal after thermal exposure . . . **A4:** 919
metalworking fluid selection guide for finishing operations . . . **A5:** 158

Titanium alloys (continued)
metastable beta alloys **A6:** 508, 509, 511–512, 514–515, 516, 518–519, 783, **A19:** 13
methanol and stress-corrosion cracking ... **A19:** 497
microsegregation. **A6:** 516
microstructural effects. **A8:** 476–477
microstructure **A6:** 507–508, 509, 512–519, 520, 943–944, **A15:** 827–828, **A20:** 400, 401, 402
microstructure effect on fracture toughness. **A19:** 13, 33
microstructure/property relationships **A20:** 400–402
modulus of elasticity at different temperatures **A8:** 23
molding methods **A15:** 825–826
molten salt bath descaling of **M5:** 653–654
molten salt environments **A19:** 498
monotonic and fatigue properties **A19:** 978
monotonic fracture. **A19:** 28
near-alpha alloys. **A6:** 508, 509, 515, 517, **A19:** 495–496
near-alpha alloys, properties. **A20:** 399
new developments **A2:** 590
nitric acid cleaning. **A12:** 75
nitrogen contamination **A4:** 920, **M4:** 770
nitrogen-implanted. **A10:** 485
nondestructive testing **A6:** 1086
nonisothermally upset, axial cross sections **A8:** 589
nonmetallic inclusions in **A11:** 316
normalized tensile strength vs. coefficient of linear thermal expansion. **A20:** 267, 277–279
occurrence of SMIE. **A11:** 243
optical micrograph. **A8:** 476–477
organic solvent environments. **A19:** 497
oxidation rates **A4:** 919, 920, **M4:** 770
oxidizing nitrogen-oxide compounds environments. **A19:** 498
oxygen content and embrittlement **A19:** 13
oxygen content effect on near-threshold fatigue crack growth rate. **A8:** 427, 430
oxygen levels **A4:** 913, 921
oxygen pickup **A4:** 919, **M4:** 770
oxygen rates **A4:** 919–920, **M4:** 769, 770
phase transformations. **A6:** 84, 514
physical metallurgy **A6:** 507–508
pickling **A6:** 785
pickling of **M5:** 654–655
pitting **A13:** 672–673
plasma arc welding **A6:** 197, 198, 512, 513, 514, 516, 519, 520, 521, 522, **M6:** 214
polishing and buffing. **M5:** 655–656
polishing powder metallurgy materials **A9:** 507
postweld heat treatments **A6:** 85–86, 508, 509, 510, 512, 514, 515, 517, 518–519, 786
powder metallurgy **M3:** 370–371
powder metallurgy alloys **A2:** 590
powder metallurgy materials microstructures **A9:** 511
powder production techniques **M7:** 438
power spinning. **A14:** 845
precautions **A6:** 522
precision forgings. **A14:** 283–287
press-brake forming **A14:** 844
pressed, DGV percentage for **A8:** 590
press-formed parts, materials for forming tools **M3:** 492, 493
pressure vessel, brittle tensile fracture in ... **A11:** 77
primary testing direction. **A8:** 667
principal ASTM specifications for weldable nonferrous sheet metals. **A6:** 400
processing **A20:** 400
processing, effect on properties **M3:** 361–371
production examples, heat-treating processes **A4:** 921–923
projection welding **A6:** 233
properties. **A6:** 507, 510, 519, **A20:** 399
properties, compared **A15:** 826
properties of candidate materials for cryogenic tank. **A20:** 253
quenching **A4:** 917, 921, **M4:** 766–767, 768, 769

rammed graphite molds of **A15:** 273
ranking of materials for cryogenic tank ... **A20:** 253
ratio-analysis diagram **A19:** 405
ratio-analysis diagrams **A11:** 62–63
reaction with molybdenum hearths in vacuum heat treating. **A4:** 503
relative cost. **A20:** 253
repair welding. **A6:** 786
requirements **A6:** 522
residual stresses **A4:** 608, **A6:** 50, 518
resistance welding **A6:** 514, 521–522, 783, 784, 847
roll welding **A6:** 312
rubber-pad forming **A14:** 845–846
scaled values of properties **A20:** 253
SCC, data representations. **A13:** 676
SCC environments/temperatures **A13:** 274
SCC of. **A12:** 28–29
SCC testing of **A8:** 530–532
SCC-conducive environments and temperatures **A11:** 223
scrap, recycling of **A2:** 755
secondary phases and martensitic transformations. **A6:** 508
selection, forging method **A14:** 282
semisolid casting/forging of **A15:** 327
sheet, crevice corrosion testing **A13:** 674
sheet, preparation for forming. **A14:** 839–840
sheet, roll compacted **M7:** 408
shielding gases **A6:** 784, 786
solidification cracking **A6:** 516
solidification structures of welded joints ... **A9:** 579
solid-state phase transformations in welded joints. **A9:** 581
solid-state transformations in weldments **A6:** 84–86
solution treating. **M4:** 766–767, 768
solution-treating. . **A4:** 913, 914, 916–919, 920, 921, 922–923
specific modulus vs. specific strength **A20:** 267, 271, 272
specific types **M7:** 475
springs, surface fracture **A11:** 551
stiffness **A20:** 515
strength vs. density **A20:** 267–269
stress intensity factor range effect on fracture. **A8:** 486
stress relieving. **A6:** 786, **M4:** 764–765
stress-corrosion cracking. .. **A13:** 273–275, 674–676, 686–690, **A19:** 484, 495–498
stress-corrosion cracking in **A11:** 223–224
stress-log strain rate data for **A8:** 214
stress-relieving **A4:** 913, 914–915, 920, 923
stretch forming **A14:** 846
striation spacing **A19:** 51
submerged arc welding. **A6:** 521, 783
subsolidus cracking **A6:** 517
super-alpha alloys. **A6:** 509
superplastic forming **A14:** 842–844
superplastic forming and diffusion bonding **A2:** 590–591
superplastic forming/diffusion bonding (SPF/DB) **A6:** 156
surface preparation. **EM3:** 522
susceptibility to hydrogen damage ... **A11:** 249–250
sustained-load cracking in inert environments. **A8:** 531
tarnish removal. **M5:** 654–655
tensile properties at subzero temperatures **M3:** 758, 762–763, 767
tensile strength **A20:** 513
tension and torsion effective fracture. **A8:** 168
test methods **A13:** 273–275, 671–676
testing in water and aqueous solutions. **A8:** 531
tests on notched specimens and joints **A19:** 117
texture effects **A19:** 33
thermal and thermomechanical fatigue of **A19:** 542
thermal conductivity vs. thermal diffusivity **A20:** 267, 275–276
thermal expansion coefficient. **A6:** 907

thermal properties **A6:** 17
thermal treatments, special **A4:** 918–919, **M4:** 768–769
thermomechanical processing **A6:** 84, 85
three regimes of behavior **A19:** 39
three-roll forming. **A14:** 846
Ti-6Al-4V
aerospace applications **EM3:** 264
anodization procedures **EM3:** 265, 266
bonded with polyphenylquinoxalines .. **EM3:** 166, 167
chromic acid anodization ... **EM3:** 266, 267, 269, 270
wedge-crack propagation test **EM3:** 268, 269
tin addition **M2:** 615
titanium weldment structure/property relationships **A6:** 519–520
titanium-base intermetallic compounds **A2:** 590
titanium-matrix composites **A2:** 590
tool materials/lubricants for forming **A14:** 840
transformation characteristics **A19:** 17
transformation temperatures **A4:** 919, **M4:** 766, 768
ultrasonic welding **A6:** 522, 894
unalloyed. **A6:** 508–509
unalloyed titanium **A6:** 783, 784, 786
Unicast process for **A15:** 251
used as grain refiners in aluminum alloys .. **A9:** 630
used in composites. **A20:** 457
vacuum forming **A14:** 847
weld design criteria **A6:** 522
weld design limitations **A6:** 522
weld metal porosity **A6:** 517–518
weld repair **A15:** 833
weldability **A6:** 507, 509, 510
welding defects. **A6:** 515–518
welding process application **A6:** 520–523
welding specifications **A6:** 522–523
weldments, stress relieving. . **A4:** 914–915, 921–922, **M4:** 764, 765
wide-beam Auger spectrum **M7:** 251
Widmanstätten structure **A6:** 85, 86
wire brushing of **M5:** 656
wire, die materials for drawing. **M3:** 522
with Widmanstatten structure **A8:** 476–477
wrought **A2:** 592–633, **A20:** 402–403
yield strength **A20:** 537
Young's modulus vs.
density **A20:** 266, 267, 268, 289
elastic limit **A20:** 287
strength **A20:** 267, 269–271
zinc and galvanized steel corrosion as result of contact with. **A5:** 363
Titanium alloys, fatigue and fracture resistance of **A19:** 829–853
alpha alloys. **A19:** 833–835
alpha-beta alloys. **A19:** 830–833, 838–841
beta alloys. **A19:** 835–836, 840–841, 842
commercially pure and modified titanium grades **A19:** 829
deformation modes **A19:** 831
designations. **A19:** 830
environmental effects **A19:** 848–849
fatigue crack growth **A19:** 845–851
fatigue fracture modes **A19:** 846–847
fatigue life behavior **A19:** 837–845
fracture toughness versus yield strength. .. **A19:** 832
fracture-toughness variations in alpha-beta titanium alloys **A19:** 833
full alpha experimental alloy **A19:** 837–838
halide solutions effect **A19:** 835
heat treatments for alpha-beta titanium alloys **A19:** 832
high-cycle fatigue strength **A19:** 842–843
high-strength alpha-beta alloys. **A19:** 831–833
high-strength, fracture toughness **A19:** 831
hot-salt stress-corrosion cracking behavior of Ti-6242 .... **A19:** 834
hydrogen effects **A19:** 837
hydrogen embrittlement **A19:** 831, 832

SUBJECTS OF THE INDEXED VOLUMES: ASM Handbook (designated by the letter "A"): **A1:** Properties and Selection: Irons, Steels, and High-Performance Alloys (1990); **A2:** Properties and Selection: Nonferrous Alloys and Special-Purpose Materials (1990); **A3:** Alloy Phase Diagrams (1992); **A4:** Heat Treating (1991); **A5:** Surface Engineering (1994); **A6:** Welding, Brazing, and Soldering (1993); **A7:** Powder Metal Technologies and Applications (1998); **A8:** Mechanical Testing (1985); **A9:** Metallography and Microstructures (1985); **A10:** Materials Characterization (1986); **A11:** Failure Analysis and Prevention (1986); **A12:** Fractography (1987); **A13:** Corrosion (1987); **A14:** Forming and Forging (1988); **A15:** Casting (1988); **A16:** Machining (1989); **A17:** Nondestructive Evaluation and Quality Control (1989); **A18:** Friction, Lubrication, and Wear Technology (1992); **A19:** Fatigue and Fracture (1996); **A20:** Materials Selection and Design (1997). **Metals Handbook, 9th Edition** (designated by the letter "M"): **M1:** Properties and Selection: Irons and Steels (1978); **M2:** Properties and Selection: Nonferrous Alloys and Pure Metals (1979); **M3:** Properties and Selection: Stainless Steels, Tool Materials, and Special-Purpose Materials (1980); **M4:** Heat Treating (1981); **M5:** Surface Cleaning, Finishing, and Coating (1982); **M6:** Welding, Brazing, and Soldering (1983); **M7:** Powder Metallurgy (1984). **Engineered Materials Handbook** (designated by the letters "EM"): **EM1:** Composites (1987); **EM2:** Engineering Plastics (1988); **EM3:** Adhesives and Sealants (1990); **EM4:** Ceramics and Glasses (1991). **Electronic Materials Handbook** (designated by the letters "EL"): **EL1:** Packaging (1989)

mean stress effect on fatigue life..... **A19:** 842–843
metallurgical effects on fatigue crack growth..... **A19:** 845–846
metallurgical effects on threshold..... **A19:** 847
microstructure effect..... **A19:** 837–842
near-alpha alloys..... **A19:** 838–841
notch effects..... **A19:** 842, 843
potential effect..... **A19:** 835
processing effect..... **A19:** 834
residual stress effect..... **A19:** 842, 843
small/short cracks..... **A19:** 847–848
solute-lean beta alloys..... **A19:** 836
solute-rich beta alloys..... **A19:** 836–837
strength and toughening..... **A19:** 829–837
stress ratio influence..... **A19:** 847
stress-corrosion cracking... **A19:** 831, 832, 834–835
stress-corrosion cracking threshold behavior..... **A19:** 835
surface properties effects on titanium fatigue life..... **A19:** 844
surface treatment effects..... **A19:** 843–845
surface treatment of alpha-alloys..... **A19:** 844–845
temperature effects..... **A19:** 849–850, 851
tensile strengths..... **A19:** 830
texture effect on fatigue life..... **A19:** 841–842
thermomechanical surface treatments..... **A19:** 844
toughness directionality in textured Ti alloys..... **A19:** 833
unalloyed titanium..... **A19:** 837, 838
weldments..... **A19:** 850–851

Titanium alloys, friction and wear of..... **A18:** 693, 778–783
advantages of..... **A18:** 778
applications..... **A18:** 780, 781
femoral components of hip and knee replacements..... **A18:** 657, 658
carbonitriding..... **A18:** 866
carburizing..... **A18:** 866
disadvantages..... **A18:** 778
elements implanted to improve wear and friction properties..... **A18:** 858
for laser alloying..... **A18:** 866
fretting wear..... **A18:** 248, 251, 252
friction coefficient... **A18:** 778, 779, 780, 781, 782
galling..... **A18:** 715
hot forging..... **A18:** 625, 626
laser melt/particle injection..... **A18:** 869, 870–871
laser melting..... **A18:** 864
lubrication..... **A18:** 778, 780, 781–783
of tool steels..... **A18:** 738
machined by high-speed steel cutting tools..... **A18:** 615
material for jet engine components.. **A18:** 588, 590, 591
metal forming lubricants..... **A18:** 147
nitriding..... **A18:** 866
part material for ion implantation..... **A18:** 858
protection against liquid impingement erosion..... **A18:** 222
surface modification treatments..... **A18:** 778–783
activated reactive evaporation (ARE)... **A18:** 779, 780
surface modification treatments, advantages and limitations..... **A18:** 779
boriding..... **A18:** 779, 780–781
carburizing..... **A18:** 779, 780–781
erosive wear..... **A18:** 781
evaporation..... **A18:** 779, 780
fatigue life..... **A18:** 779
ion implantation..... **A18:** 778–780
laser surface treatment..... **A18:** 781
nitriding..... **A18:** 779, 780–781
physical vapor deposition (PVD)... **A18:** 778–780
plasma spray coatings..... **A18:** 778, 780
plating..... **A18:** 778, 779
solid lubrication..... **A18:** 778–783
sputtering..... **A18:** 778, 779, 782
thermochemical conversion surface treatments..... **A18:** 779, 780–781
versus S44004 (AISI 440C) steel when disk modified by evaporation..... **A18:** 780

Titanium alloys, specific powder metallurgy products
Ti-6Al-4V, compact, hot isostatically pressed fatigue specimen..... **A9:** 471
Ti-6Al-4V, pressed and sintered..... **A9:** 525

Titanium alloys, specific types *See also* Advanced titanium-base alloys, specific types; Titanium; Titanium alloy castings; Titanium alloys; Titanium castings
99%, contour band sawing..... **A16:** 363
99%, electrochemical machining..... **A16:** 537
230, flash welding..... **M6:** 558
317, flash welding..... **M6:** 558
318A, flash welding..... **M6:** 558
662 with D6AC tool steel layer, M7 workpiece material, tool life increased by PVD coating..... **A5:** 771
684, flash welding..... **M6:** 558
7075-T6, low-melting metal embrittlement fracture..... **A12:** 30, 38
AMS 4984, forgings, fracture toughness... **A19:** 836
AMS 4986, forgings, fracture toughness... **A19:** 836
AMS 4987, forgings, fracture toughness... **A19:** 836
Beta C
fracture toughness, solution treated and aged billet..... **A19:** 837
mechanical properties..... **A19:** 34
tensile properties..... **A19:** 840
Beta III, composition and alloy type..... **A19:** 495
Beta-CEZ
ΔK at 10^{-9} m/cycle for fatigue crack growth in air..... **A19:** 847
fracture toughness..... **A19:** 33
mechanical properties..... **A19:** 34
BS 19-24t/in.^{2}, tensile properties..... **A19:** 829
BS 19-27t/in.^{2}, impurity limits..... **A19:** 829
BS 25-35t/in.^{2}
impurity limits..... **A19:** 829
tensile properties..... **A19:** 829
CermeTi, as blended elemental titanium compacts..... **A2:** 650
commercially pure *See also* Ti grades 1 to 4
castings, applications..... **M3:** 407
tensile properties of castings..... **M3:** 409
commercially pure, diffraction techniques elastic constants, and bulk values for..... **A10:** 382
commercially pure, machining.. **A16:** 847, 849–852, 854
commercially pure Ti, 0.25 max O_2, brazing..... **A6:** 634
commercially pure titanium
annealing..... **A4:** 916, **M4:** 765
beta transformation temperatures..... **A4:** 914
oxide, thickness..... **M4:** 771
stress relief treatments..... **M4:** 764
stress-relief treatments..... **A4:** 915
contact angles on beryllium at various test temperatures in argon and vacuum atmospheres..... **A6:** 116
CORONA 5
electron-beam welding..... **A6:** 516, 520
gas-tungsten arc welding..... **A6:** 519
plasma arc welding..... **A6:** 516, 520
postweld heat treatment..... **A6:** 516
properties..... **A6:** 516
toughness vs. yield strength plotted..... **A6:** 85
DIN 3.7035
impurity limits..... **A19:** 829
tensile properties..... **A19:** 829
extra-low-interstitial (ELI) grade..... **A6:** 783
GOST BT1-00
impurity limits..... **A19:** 829
tensile properties..... **A19:** 829
Hylite 50, flash welding..... **M6:** 558
IMI 155 (British commercially pure), effect of stress intensity factor range on fatigue crack growth rate..... **A12:** 57
IMI 550, fretting wear..... **A18:** 251
IMI115, fatigue crack thresholds..... **A19:** 145
IMI130, fatigue crack thresholds..... **A19:** 145
IMI155, fatigue crack thresholds..... **A19:** 145
IMI318, fatigue crack growth rates..... **A19:** 848
IMI-685, effect of frequency and wave form on fatigue properties..... **A12:** 60–62
IMI685, fatigue crack growth rates..... **A19:** 848
IMI834, ΔK at 10^{-9} m/cycle for fatigue crack growth in air..... **A19:** 847
JIS class 1
impurity limits..... **A19:** 829
tensile properties..... **A19:** 829
JIS class 2
impurity limits..... **A19:** 829
tensile properties..... **A19:** 829
JIS class 3
impurity limits..... **A19:** 829
tensile properties..... **A19:** 829
T1-6Al-6V-2Sn, fracture surface of a tension test bar..... **A9:** 472
Ti 115, ΔK at 10^{-9} m/cycle for fatigue crack growth in air..... **A19:** 847
Ti 130, ΔK at 10^{-9} m/cycle for fatigue crack growth in air..... **A19:** 847
Ti 155, ΔK at 10^{-9} m/cycle for fatigue crack growth in air..... **A19:** 847
Ti 1100
fatigue crack growth..... **A19:** 849
fatigue crack growth rates..... **A19:** 850
K at 10^{-9} m/cycle for fatigue crack growth in air..... **A19:** 847
Ti Code 12
composition..... **M3:** 357
mechanical properties..... **M3:** 357
Ti, grade 1
fasteners..... **M3:** 184
forging temperatures..... **M3:** 364
property data..... **M3:** 368, 372–374
rolling temperatures..... **M3:** 365
tensile properties, sheet..... **M3:** 362
Ti, grade 2
fasteners..... **M3:** 184
forging temperatures..... **M3:** 364
property data..... **M3:** 362, 368, 374–375
rolling temperatures..... **M3:** 365
Ti, grade 3
forging temperatures..... **M3:** 364
property data..... **M3:** 362, 368, 376–377
rolling temperatures..... **M3:** 365
Ti, grade 4
fasteners..... **M3:** 184
forging temperatures..... **M3:** 364
property data..... **M3:** 362, 368, 377–379
rolling temperatures..... **M3:** 365
Ti, grade 5 *See* Ti-6Al-4V
Ti, grade 7 *See* Ti-0.2Pd
Ti-0.350, fluting and cleavage..... **A12:** 27
Ti-0.4Mn, monotonic and fatigue properties, forged, extruded, swaged to 20.8 mmd. at 23 °C..... **A19:** 978
Ti-0.3Mo-0.8Ni
compositions..... **A6:** 510
properties..... **A6:** 510
stress-relieving..... **A6:** 515
Ti-0.3Mo-0.8Ni, property data..... **M3:** 380–382
Ti-0.3Mo-0.8Ni, stress-relief treatments... **M4:** 764
Ti-0.3Mo-0.8Ni (Ti code 12)
beta transformation temperatures..... **A4:** 914
stress-relief treatments..... **A4:** 915
Ti-0.8Ni-0.3Mo, brazing..... **A6:** 634
Ti-0.2Pd
fasteners..... **M3:** 184
property data..... **M3:** 379–380
Ti-0.2Pd, sheet, hot rolled, annealed..... **A9:** 462
Ti-0.15Pd, stress relieving..... **M6:** 456
Ti-1.5Fe-2.5Cr, cutoff band sawing..... **A16:** 361
Ti-1.5Fe-2.5Cr, cutoff band sawing with bimetal blades..... **A6:** 1184
Ti-2.25Al-11Sn-5Zr-1Mo
composition..... **M3:** 357
compositions..... **A6:** 510
impurity limits..... **A19:** 830
mechanical properties..... **M3:** 357
properties..... **A6:** 510
property data..... **M3:** 387
tensile strength..... **A19:** 830
yield strength..... **A19:** 830
Ti-2.5Al-Mo-11Sn-5Zr-0.2Si (IMI-679), susceptibility to stress-corrosion cracking..... **A19:** 496
Ti-2.5Cu, ΔK at 10^{-9} m/cycle for fatigue crack growth in air..... **A19:** 847
Ti-2.5Cu (IMI 230)
aging..... **A4:** 917
annealing..... **A4:** 916
beta transformation temperatures..... **A4:** 914
solution-treating..... **A4:** 917
stress-relief treatments..... **A4:** 915
weldability..... **A4:** 913
Ti-2.5Cu (IMI 230), stress relieving..... **A6:** 515
Ti-2Fe-2Cr-2Mo, band sawing..... **A16:** 361, 363

Titanium alloys, specific types (continued)
Ti-2Fe-2Cr-2Mo, cutoff band sawing with bimetal blades . . . **A6:** 1184
Ti-3-2.5, composition and alloy type . . . **A19:** 495
Ti-3-8-6-4-4, composition and alloy type . . **A19:** 495
Ti-3Al-2.5V
annealing . . . **A4:** 916, **M4:** 765
beta transformation temperatures . . . **A4:** 914
brazing . . . **A6:** 634
classification . . . **A6:** 633
composition . . . **M3:** 357
compositions . . . **A6:** 510
impurity limits . . . **A19:** 830
mechanical properties . . . **M3:** 357, 368
properties . . . **A6:** 510
property data . . . **M3:** 399–400
stress-relief treatments . . . **A4:** 915, **M4:** 764
stress-relieving . . . **A6:** 515
stress-relieving times and temperatures . . . **A6:** 786
tensile strength . . . **A19:** 830
yield strength . . . **A19:** 830
Ti-3Al-2.5V, tube, cold drawn, stress relieved . . . **A9:** 473
Ti-3Al-2.5V, tube, vacuum annealed . . . **A9:** 473
Ti-3Al-8V-6Cr-2Zr-4Mo, capabilities . . . **A15:** 827
Ti-3Al-8V-6Cr-4Mo
physical properties . . . **A6:** 941
stress relieving . . . **A6:** 515
weldability . . . **A6:** 783
Ti-3Al-8V-6Cr-4Mo-4Zr . . . **M3:** 357
brazing . . . **A6:** 634
compositions . . . **A6:** 510
da/dn-Δ*K* curves of microcracks . . . **A19:** 841
Δ*K* at 10^{-9} m/cycle for fatigue crack growth in air . . . **A19:** 847
fatigue crack growth rates . . . **A19:** 846
fatigue crack nucleation . . . **A19:** 841
impurity limits . . . **A19:** 830
mechanical properties . . . **M3:** 357
microstructures . . . **A19:** 840
properties . . . **A6:** 510
property data . . . **M3:** 404–405
S-N curves . . . **A19:** 841, 845
Ti-3Al-8V-6Cr-4Mo-4Zr (Beta C)
aging . . . **A4:** 917
annealing . . . **A4:** 916
beta transformation temperatures . . . **A4:** 914
solution-treating . . . **A4:** 917
stress-relief treatments . . . **A4:** 915
tensile strength, relation to size . . . **A4:** 918
Ti-3Al-8V-6Cr-4Mo-4Zr (β-C)
fracture toughness . . . **A19:** 33, 34
susceptibility to stress-corrosion cracking . . . **A19:** 496
tensile strength . . . **A19:** 830
yield strength . . . **A19:** 830
Ti-3Al-8V-6Cr-4Mo-4Zr, machining . . . **A16:** 847, 849–852
Ti-3Al-8V-6Cr-4Zr-4Mo
aging . . . **M4:** 767, 769
annealing . . . **M4:** 765
solution treating . . . **M4:** 766–767
stress-relief treatments . . . **M4:** 764
tensile strength, relation to size . . . **M4:** 769
Ti-3Al-8V-6Cr-4Zr-4Mo, composition and properties . . . **A2:** 637
Ti-3Al-8V-6Cr-4Zr-4Mo, rod, cold drawn solution treated, aged . . . **A9:** 473
Ti-3Al-8V-6Cr-4Zr-4Mo weldability . . . **M6:** 446
Ti-3Al-10V-2Fe, classification . . . **A6:** 633
Ti-3Al-11Cr-13V, susceptibility to stress-corrosion cracking . . . **A19:** 496
Ti-3Al-13V-11Cr, solid cadmium induced crack morphology for . . . **A11:** 241
Ti-3Al-13V-11Cr, weldability . . . **A6:** 783, **M6:** 446
Ti-3.9Mn, tensile fracture . . . **A12:** 454
Ti-3.9Mn, voids with particles . . . **A12:** 455
Ti-4-3-1, composition and alloy type . . . **A19:** 495
Ti-4Al-3Mo-1V, rolling temperatures . . . **M3:** 365
Ti-4Al-3Mo-1V, susceptibility to stress-corrosion cracking . . . **A19:** 496
Ti-4Al-4Mn, band sawing . . . **A16:** 361, 363
Ti-4Al-4Mn, cutoff band sawing with bimetal blades . . . **A6:** 1184
Ti-4Al-4Mo-2Sn-0.5Si (IMI 550)
aging . . . **A4:** 917
annealing . . . **A4:** 916
beta transformation temperatures . . . **A4:** 914
quenching . . . **A4:** 917
solution-treating . . . **A4:** 917
stress-relief treatments . . . **A4:** 915
Ti-4Al-4Mo-2Sn-0.5Si (IMI 550), stress relieving . . . **A6:** 515
Ti-4Al-4Mo-2Sn-0.5Si (IMI 551)
aging . . . **A4:** 917
annealing . . . **A4:** 916
beta transformation temperatures . . . **A4:** 914
solution-treating . . . **A4:** 917
stress-relief treatments . . . **A4:** 915
Ti-4Al-4Mo-4Sn-0.5Si (IMI 551), stress relieving . . . **A6:** 515
Ti-4.5Al-5Mo-1.5Cr, as blended elemental compacts . . . **A2:** 650
Ti-4.5Al-5Mo-1.5Cr (CORONA 5)
compositions . . . **A6:** 510
gas-tungsten arc welding . . . **A6:** 515
properties . . . **A6:** 510
Ti-4Mo-8V-6Cr-4Zr-3Al, classification . . . **A6:** 633
Ti-4Ni, bainitic-like microstructures . . . **A9:** 665–666
Ti-5-2.5, composition and alloy type . . . **A19:** 495
Ti-5Al-2Cr-1Fe, as blended elemental compacts . . . **A2:** 650
Ti-5Al-2.5Sn
air cooled standard grade, fracture toughness . . . **A19:** 834
annealing . . . **A4:** 916, **M4:** 765
beta transformation temperatures . . . **A4:** 914
brazing . . . **A6:** 634
casting applications . . . **M3:** 407
classification . . . **A6:** 633
composition . . . **M3:** 357, 766
compositions . . . **A6:** 510
fatigue and fracture properties . . . **A19:** 832, 833
fatigue at subzero temperatures . . . **M3:** 765, 769, 770
fatigue crack growth . . . **A19:** 851
filler metals for . . . **A6:** 784
flash welding . . . **M6:** 558
forging temperature . . . **M3:** 364
fracture toughness . . . **A19:** 834, **M3:** 769
furnace cooled standard grade, fracture toughness variations . . . **A19:** 833
gas metal arc welding conditions . . . **M6:** 455
heat treating . . . **A4:** 921, 922
impurity limits . . . **A19:** 830
mechanical properties . . . **M3:** 357, 362, 368, 370, 409, 758, 763, 767
physical properties . . . **A6:** 941
properties . . . **A6:** 510
property data . . . **M3:** 382–384
rolling temperatures . . . **M3:** 365
stress relieving . . . **M6:** 456
stress-corrosion cracking . . . **A19:** 834
stress-relief treatments . . . **M4:** 764
stress-relieving . . . **A4:** 915, 922, **A6:** 515
stress-relieving times and temperatures . . . **A6:** 786
susceptibility to stress-corrosion cracking . . . **A19:** 496
tensile strength . . . **A19:** 830
thermal diffusivity from 20 to 100 °C . . . **A6:** 4
ultrasonic welding . . . **A6:** 326
used in low-cycle fatigue study to position elastic and plastic strain-range lines . . . **A19:** 964
weldability . . . **A4:** 913, **M6:** 446
yield strength . . . **A19:** 830
Ti-5Al-2.5Sn, composition and applications . . . **A2:** 637
Ti-5Al-2.5Sn, composition effect on hydrogen pickup in acid pickling . . . **A5:** 839
Ti-5Al-2.5Sn, effect of cooling rate on . . . **A9:** 460
Ti-5Al-2.5Sn, effect of frequency and wave form on fatigue properties . . . **A12:** 60–62
Ti-5Al-2.5Sn, forged, annealed, air cooled . . **A9:** 463
Ti-5Al-2.5Sn, forged, lap or fold, alpha case . . . **A9:** 463
Ti-5Al-2.5Sn gas-turbine fan duct, repair weld contamination failure . . . **A11:** 439
Ti-5Al-2.5Sn, hot worked, annealed different cooling rates compared . . . **A9:** 463
Ti-5Al-2.5Sn, hydrogen-embrittled . . . **A12:** 23, 32
Ti-5Al-2.5Sn, machining . . . **A16:** 847, 849–852
Ti-5Al-2.5Sn, relative hydrogen susceptibility . . . **A8:** 542
Ti-5Al-2.5Sn, strain-induced porosity . . . **A9:** 463
Ti-5Al-2.5Sn, stress-corrosion cracks . . . **A9:** 463
Ti-5Al-2Sn, turning . . . **A16:** 845
Ti-5Al-2Sn-2Zr-4Cr-4Mo, beta-process forging . . . **A9:** 473
Ti-5Al-2Sn-2Zr-4Mo-4Cr
composition . . . **M3:** 357
impurity limits . . . **A19:** 830
mechanical properties . . . **M3:** 357
property data . . . **M3:** 396–397
tensile strength . . . **A19:** 830
yield strength . . . **A19:** 830
Ti-5Al-2Sn-2Zr-4Mo-4Cr (Ti 17)
aging . . . **A4:** 917
annealing . . . **A4:** 916
beta transformation temperatures . . . **A4:** 914
designed for strength in heavy sections . . . **A4:** 913
quenching . . . **A4:** 917
solution-treating . . . **A4:** 917
stress-relief treatments . . . **A4:** 915
tensile strength, relation to size . . . **A4:** 918
Ti-5Al-2Sn-4Cr-4Mo-2Zr
classification . . . **A6:** 633
compositions . . . **A6:** 510
properties . . . **A6:** 510
stress-relieving . . . **A6:** 515
Ti-5Al-2Sn-4Mo-2Zr-4Cr
aging . . . **M4:** 767
annealing . . . **M4:** 765
solution treating . . . **M4:** 767, 769
stress-relief treatments . . . **M4:** 764
tensile strength, relation to size . . . **M4:** 769
Ti-5Al-2Sn-4Zr-4Mo-2Cr (Beta CEZ), fracture toughness . . . **A19:** 836
Ti-5Al-2.5Sn-ELI
air cooled, fracture-toughness variations furnace cooled, fracture-toughness variations . . . **A19:** 833
compositions . . . **A6:** 510
impurity limits . . . **A19:** 830
properties . . . **A6:** 510
tensile strength . . . **A19:** 830
yield strength . . . **A19:** 830
Ti-5Al-2.5Sn-ELI, machining . . . **A16:** 847, 849–852
Ti-5.5Al-3.5Sn-3Zr-1Nb-0.3Mo-0.3Si
aging . . . **A4:** 917
annealing . . . **A4:** 916
beta transformation temperatures . . . **A4:** 914
solution-treating . . . **A4:** 917
stress-relief treatments . . . **A4:** 915
Ti-5.5Al-3.5Sn-3Zr-1Nb-0.3Mo-0.3Si (IMI 829), stress-relieving . . . **A6:** 515
Ti-5.8Al-4Sn-3.5Zr-0.7Nb-0.5Mo-0.3Si
aging . . . **A4:** 917
annealing . . . **A4:** 916
beta transformation temperatures . . . **A4:** 914
solution-treating . . . **A4:** 917, 918–919
stress-relief treatments . . . **A4:** 915
Ti-5.8Al-4Sn-3.5Zr-0.7Nb-0.5Mo-0.3Si (IMI 834), stress-relieving . . . **A6:** 515
Ti-5Al-4V, chemical machining . . . **A16:** 25
Ti-5Al-5Sn, turning . . . **A16:** 845

SUBJECTS OF THE INDEXED VOLUMES: ASM Handbook (designated by the letter "A"): **A1:** Properties and Selection: Irons, Steels, and High-Performance Alloys (1990); **A2:** Properties and Selection: Nonferrous Alloys and Special-Purpose Materials (1990); **A3:** Alloy Phase Diagrams (1992); **A4:** Heat Treating (1991); **A5:** Surface Engineering (1994); **A6:** Welding, Brazing, and Soldering (1993); **A7:** Powder Metal Technologies and Applications (1998); **A8:** Mechanical Testing (1985); **A9:** Metallography and Microstructures (1985); **A10:** Materials Characterization (1986); **A11:** Failure Analysis and Prevention (1986); **A12:** Fractography (1987); **A13:** Corrosion (1987); **A14:** Forming and Forging (1988); **A15:** Casting (1988); **A16:** Machining (1989); **A17:** Nondestructive Evaluation and Quality Control (1989); **A18:** Friction, Lubrication, and Wear Technology (1992); **A19:** Fatigue and Fracture (1996); **A20:** Materials Selection and Design (1997). **Metals Handbook, 9th Edition** (designated by the letter "M"): **M1:** Properties and Selection: Irons and Steels (1978); **M2:** Properties and Selection: Nonferrous Alloys and Pure Metals (1979); **M3:** Properties and Selection: Stainless Steels, Tool Materials, and Special-Purpose Materials (1980); **M4:** Heat Treating (1981); **M5:** Surface Cleaning, Finishing, and Coating (1982); **M6:** Welding, Brazing, and Soldering (1983); **M7:** Powder Metallurgy (1984). **Engineered Materials Handbook** (designated by the letters "EM"): **EM1:** Composites (1987); **EM2:** Engineering Plastics (1988); **EM3:** Adhesives and Sealants (1990); **EM4:** Ceramics and Glasses (1991). **Electronic Materials Handbook** (designated by the letters "EL"): **EL1:** Packaging (1989)

Ti-5Al-5Sn-2Zr-2Mo
- composition **M3:** 357
- compositions **A6:** 510
- impurity limits **A19:** 830
- mechanical properties **M3:** 357
- properties **A6:** 510
- tensile strength **A19:** 830
- transition fatigue life and tensile data . . . **A19:** 967
- weldability **A6:** 783
- yield strength **A19:** 830

Ti-5Al-5Sn-2Zr-2Mo, weldability **M6:** 446
Ti-5Al-5Sn-2Zr-2Mo-0.25Si, property data **M3:** 388
Ti-5Al-5Sn-5Zr, stress relieving **M6:** 456
Ti-5.2Al-5.5V-1Fe-0.5Cu
- β grain size effect on fracture toughness **A19:** 387, 388
- grain boundary α phase thickness effect on fracture toughness **A19:** 387, 388

Ti-5Al-6Sn-2Zr-1Mo-2.5Si, reduced 75% by temperatures **A9:** 465
Ti-5Mn, monotonic and fatigue properties, forged, extruded, swaged to 20.8 mmd. at 23 °C **A19:** 978
Ti-5.8Mn, tensile brittle fracture **A12:** 454
Ti-5Mo-4.5Al-1.5Cr, tensile ductile fracture **A12:** 455
Ti-6-2-1-8, composition and alloy type . . . **A19:** 495
Ti-6-2-4-2, composition and alloy type . . . **A19:** 495
Ti-6-2-4-6, composition and alloy type . . . **A19:** 495
Ti-6-4, composition and alloy type **A19:** 495
Ti-6-6-2, composition and alloy type **A19:** 495
Ti-6A-4V, effect of heat treatment and microstructure on fracture appearance **A12:** 32
Ti-6A-4V, hydrogen embrittled **A12:** 32
Ti-6AI-6V-2Sn, electrochemical machining **A16:** 852
Ti-6Al-2Cb-1Ta-0.8Mo
- annealing **M4:** 765
- stress-relief treatments **M4:** 764

Ti-6Al-2Cb-1Ta-1Mo, weldability **M6:** 446
Ti-6Al-2Nb-1Ta, physical properties **A6:** 941
Ti-6Al-2Nb-1Ta-0.8Mo
- annealing **A4:** 916
- beta transformation temperatures **A4:** 914
- brazing **A6:** 634
- composition **A6:** 510
- impurity limits **A19:** 830
- properties **A6:** 510
- stress-relief treatments **A4:** 915
- stress-relieving **A6:** 515
- subsolidus cracking **A6:** 517
- tensile strength **A19:** 830
- yield strength **A19:** 830

Ti-6Al-2Nb-1Ta-0.8Mo, effect of temperature on ductility **A12:** 35, 48
Ti-6Al-2Nb-1Ta-0.80Mo machining **A16:** 847, 849–852
Ti-6Al-2Nb-1Ta-0.8Mo, plate, hot rolled . . . **A9:** 463
Ti-6Al-2Nb-1Ta-1Mo
- gas-tungsten arc welding **A6:** 520
- weldability **A6:** 783

Ti-6Al-2Nb-1Ta-1Mo laser beam weld, ductile fracture **A12:** 443
Ti-6Al-2Nb-1Ta-1Mo plate, gas metal arc weld **A9:** 584–585
Ti-6Al-2Nb-1Ta-1Mo plate, gas tungsten arc weld **A9:** 584–585
Ti-6Al-2Nb-1Ta-IMo
- high fracture toughness **A4:** 913
- stress corrosion resistant **A4:** 913

Ti-6Al-2.5Sn bracket-brace assembly, fatigue failure **A11:** 439
Ti-6Al-2Sn, properties, after postweld heat treatment **M3:** 369
Ti-6Al-2Sn-2Zr-2Cr-2Mo
- composition **M3:** 357
- mechanical properties **M3:** 357

Ti-6Al-2Sn-2Zr-2Cr-2Mo-0.25Si, property data **M3:** 397
Ti-6Al-2Sn-2Zr-2Mo-2Cr
- compositions **A6:** 510
- impurity limits **A19:** 830
- properties **A6:** 510
- tensile strength **A19:** 830
- yield strength **A19:** 830

Ti-6Al-2Sn-2Zr-2Mo-2Cr-0.25 Si
- aging **M4:** 767
- annealing **M4:** 765
- solution treating **M4:** 767
- stress-relief treatments **M4:** 764

Ti-6Al-2Sn-2Zr-2Mo-2Cr-0.25Si
- aging **A4:** 917
- annealing **A4:** 916
- beta transformation temperatures **A4:** 914
- solution-treating **A4:** 917
- stress-relief treatments **A4:** 915

Ti-6Al-2Sn-2Zr-2Mo-2Cr-0.25Si, stress-relieving **A6:** 515
Ti-6Al-2Sn-4Zr-2Mo
- aging **A4:** 917, **M4:** 767
- annealing **A4:** 916, **M4:** 765
- beta annealing **A4:** 918
- beta transformation temperatures **A4:** 914
- classification **A6:** 633
- compositions **A6:** 510
- designed for creep resistance **A4:** 913
- electron-beam welding **A6:** 865
- forging, fracture toughness **A19:** 834
- impurity limits **A19:** 830
- mechanical properties **M3:** 357, 369, 409, 410
- properties **A6:** 510
- property data **M3:** 385–386
- rolling temperatures **M3:** 365
- solution treating **M4:** 767
- solution-treating **A4:** 917
- stress-relief treatments **A4:** 915, **M4:** 764
- stress-relieving **A6:** 515
- tensile strength **A19:** 830
- thermal treatment **M4:** 768
- toughness in air and stress-corrosion threshold in 3.5% NaCl solution at 25 °C **A19:** 835
- weldability **A6:** 783
- yield strength **A19:** 830

Ti-6Al-2Sn-4Zr-2Mo, application **A15:** 826
Ti-6Al-2Sn-4Zr-2Mo, application in jet engine nozzle assemblies **A18:** 591
Ti-6Al-2Sn-4Zr-2Mo, composition and applications **A2:** 637
Ti-6Al-2Sn-4Zr-2Mo, diffraction techniques elastic constants, and bulk values for **A10:** 382
Ti-6Al-2Sn-4Zr-2Mo, disk-forming process simulated **A14:** 430–431
Ti-6Al-2Sn-4Zr-2Mo, effect of forging deformation on **A9:** 460
Ti-6Al-2Sn-4Zr-2Mo, forged ingot, air cooled, reduced 15% by upset forging **A9:** 465
Ti-6Al-2Sn-4Zr-2Mo, forgings, reheated to different temperatures, air cooled **A9:** 465
Ti-6Al-2Sn-4Zr-2Mo, hot isostatic pressing **A15:** 542
Ti-6Al-2Sn-4Zr-2Mo, initial microstructures **A14:** 418
Ti-6Al-2Sn-4Zr-2Mo, machining **A16:** 323, 324, 326, 586, 602–603, 846, 847, 850–852
Ti-6Al-2Sn-4Zr-2Mo, processing map for **A14:** 424
Ti-6Al-2Sn-4Zr-2Mo, tree rings in macroslice **A9:** 465
Ti-6Al-2Sn-4Zr-2Mo, weldability **M6:** 446
Ti-6Al-2Sn-4Zr-2Mo-0.08Si
- casting applications **M3:** 407
- forging temperatures **M3:** 364
- tensile properties, variation with section size **M3:** 365

Ti-6Al-2Sn-4Zr-2Mo-0.1Si, fatigue crack growth fracture topography **A12:** 441–443
Ti-6Al-2Sn-4Zr-2Mo-0.1Si, gas-tungsten arc welding **A6:** 515, 519
Ti-6Al-2Sn-4Zr-2Mo-0.25Si machining . . . **A16:** 323, 324, 326, 847, 849–852
Ti-6Al-2Sn-4Zr-4Mo, composition and applications **A2:** 637
Ti-6Al-2Sn-4Zr-6Mo
- aging **A4:** 917, **M4:** 767, 769
- annealing **A4:** 916, **M4:** 765
- beta transformation temperatures **A4:** 914
- classification **A6:** 633
- composition **M3:** 357
- compositions **A6:** 510
- designed for strength in heavy sections . . . **A4:** 913
- mechanical properties **M3:** 357
- properties **A6:** 510, 519
- property data **M3:** 395–396
- quenching **A4:** 917
- solution treating **M4:** 767, 769
- solution-treating **A4:** 917
- stress-relief treatments **A4:** 915, **M4:** 764
- stress-relieving **A6:** 515
- tensile strength, relation to size **A4:** 918, **M4:** 769
- weldability **A6:** 511

Ti-6Al-2Sn-4Zr-6Mo, application **A15:** 826–827
Ti-6Al-2Sn-4Zr-6Mo, as blended elemental compacts **A2:** 650
Ti-6Al-2Sn-4Zr-6Mo, effect of frequency and wave form on fatigue properties **A12:** 62
Ti-6Al-2Sn-4Zr-6Mo, flash welding **M6:** 558
Ti-6Al-2Sn-4Zr-6Mo, forged bar, solution treated, water quenched **A9:** 471
Ti-6Al-2Sn-4Zr-6Mo, forged billet annealed **A9:** 471
Ti-6Al-2Sn-4Zr-6Mo, forged, solution compared **A9:** 471
Ti-6Al-2Sn-4Zr-6Mo, forging, solution in water **A9:** 471
Ti-6Al-2Sn-4Zr-6Mo, high-temperature effect overload fracture **A12:** 35, 49
Ti-6Al-2Sn-4Zr-6Mo machining **A16:** 323, 324, 326, 847, 849–852
Ti-6Al-2Sn-4Zr-6Mo (plate)
- effects of direction on mechanical properties such as toughness **A19:** 33, 34
- fracture toughness **A19:** 33, 831, 834
- impurity limits **A19:** 830
- susceptibility to stress-corrosion cracking **A19:** 496
- tensile strength **A19:** 830
- texture effect on fracture toughness **A19:** 388
- toughness directionality in textured alloys **A19:** 833
- toughness in air and stress-corrosion threshold in 3.5% NaCl solution at 25 °C **A19:** 835
- yield strength **A19:** 830

Ti-6Al-2Sn-6V, classification **A6:** 633
Ti-6Al-4V **A6:** 511
- aging **A4:** 917, **M4:** 767, 769
- α + β processed (equiaxed α in aged β matrix) **A19:** 386
- annealed, yield strength vs. temperature **A6:** 1016
- annealing **A4:** 916, **A18:** 780–781, **M4:** 765
- applications **A18:** 781, 782
- applications, femoral components of hip and knee replacements **A18:** 657
- belt grinding of **M5:** 652
- beta annealing **A4:** 918
- beta transformation temperatures **A4:** 914
- β-processed (aligned lamellar α) blended elemental HIP mechanical property comparison **A19:** 338
- blended elemental *P* + *S*, mechanical property comparison **A19:** 338
- boriding **A4:** 445
- brazing **A6:** 634
- butt weld, characterization example **A6:** 102, 104–106
- carbon ion implantation effect on resistance to polishing wear **A18:** 424
- carburizing **A18:** 780
- casting applications **M3:** 407
- classification **A6:** 633
- composition **M3:** 357, 766
- composition and microstructure effect on fracture toughness **A19:** 13
- composition effect on hydrogen pickup in acid pickling **A5:** 839
- compositions **A6:** 510
- constant-life diagram **A19:** 19, 20
- contact corrosive wear with UHMWPE improved by ion implantation **A18:** 779
- crack aspect ratio variation **A19:** 160
- crack plane orientation effect on fracture toughness **A19:** 387, 388
- cryogenic service **A6:** 1017
- cutoff band sawing with bimetal blades **A6:** 1184
- da/dN-ΔK curves of microcracks **A19:** 839
- ΔK at 10^{-9} m/cycle for fatigue crack growth in air **A19:** 847
- descaling **A5:** 835, 836, 837, 838
- diffusion welding **A6:** 522, 885
- duplex microstructure, tensile properties (after 24 h aging at 500 °C) **A19:** 838

Titanium alloys, specific types (continued)
electron beam welding **M6:** 643
electron-beam welding **A6:** 257, 518, 865, 872
endurance limit versus residual stress **A19:** 843
erosion test results **A18:** 200
fasteners **M3:** 184
fatigue and fracture properties **A19:** 830–831
fatigue at subzero temperatures **M3:** 765, 767, 769, 770
fatigue crack growth in laser beam weldments **A19:** 851
fatigue crack growth rates **A19:** 846, 849
fatigue crack nucleation sites **A19:** 838
fatigue crack propagation **A19:** 39, 40
fatigue crack threshold **A19:** 143–144
fatigue life **A19:** 342
filler metals for **A6:** 784
finish broaching **A5:** 86
flash welding **M6:** 558, 579
flash welding schedule **M6:** 577
forging **M3:** 366, 367
forging, grade, fracture toughness **A19:** 834
fracture toughness **A19:** 32, 33, 831, **M3:** 410, 769
fracture toughness and yield strength **A19:** 831
fracture toughness value for engineering alloy **A19:** 377
fracture toughness versus fraction of transformed structure **A19:** 33
frequency influence on fatigue crack growth **A19:** 188, 189
fretting fatigue **A19:** 327
friction coefficient data **A18:** 71, 73
friction coefficient with no lubricant in air environment **A18:** 778
friction coefficient with PFPE lubricant **A18:** 778
friction surfacing **A6:** 323
friction welding **A6:** 153
fully equiaxed microstructure, tensile properties (after 24 h aging at 500 °C **A19:** 838
gas metal arc welding conditions **M6:** 455
gas-metal arc welding **A6:** 521
gas-tungsten arc welding **A6:** 512, 514, 516, 521
growth during heat treatment **A4:** 920, **M4:** 771
hardness profile **A5:** 841, 842, 844
heat treating **A4:** 922
heat treatment effect on fatigue crack growth rate **A19:** 40
high strength at low-to-moderate temperatures **A4:** 913
hydrazine effect on fatigue crack growth rates **A19:** 208
hydrogen contamination **A4:** 921
hydrogen content effect on fracture toughness **A19:** 33
hydrogen content effect on room-temperature K_{Ic} **A19:** 831
hydrogen level effect on fracture toughness **A19:** 388
impurity limits **A19:** 830
in acidic environments **A19:** 207
ion implantation **A5:** 609, 840, 841
laser alloying **A18:** 866
laser cladding **A18:** 868
laser melt/particle injection **A18:** 868–869, 870, 871
laser melting **A18:** 864
laser nitriding **A18:** 781
laser-beam welding **A6:** 263, 264, 511, 517, 521, 876
low oxygen effect and yield strength **A19:** 842
low-temperature salt bath and acid bath conditions for cleaning **A5:** 838
mechanical properties **M3:** 357, 362, 365, 366, 368, 370, 409, 410, 758, 763
microcrack growth **A19:** 839, 844
microstructure **A6:** 509, 512, 514
microstructure variations effect on fracture toughness properties **A19:** 13
molybdenum disulfide coating effect on endurance lifetimes **A18:** 781, 782–783
monotonic and fatigue properties, at 23 °C **A19:** 978
monotonic and fatigue properties, centerless ground at 23 °C **A19:** 978
nitriding **A18:** 780–781
nitrogen ion implantation versus carbon ion implantation **A18:** 779
notch effects **A19:** 843
notch fatigue strength of castings **M3:** 411
notched and unnotched fatigue limit **A19:** 843
operating stress map of through-thickness crack in plate **A19:** 457, 458
oxygen level effect on fracture toughness **A19:** 388
peak residual surface stress correlated to 10^7 cycles fatigue limit for grinding, milling, and turning **A19:** 316
pH effect on near-threshold fatigue crack growth rates **A19:** 208
plasma arc welding **A6:** 520, 521
plasma nitriding **A5:** 844
plate, fracture-toughness variations **A19:** 833
polymethyl methacrylate abrasion tests following 10^6 wear cycles **A5:** 847
postweld heat treatment **A6:** 510
prealloy HIP, mechanical property comparison **A19:** 338
properties **A6:** 510, 511, 941
property data **M3:** 388–391
pulse plating deposition **A18:** 781
quench delay effect **A4:** 917, 918
quenching, effect on tensile properties **M4:** 768, 769
range of K_{Ic} and K_{Iscc} in aqueous NaCl solution **A19:** 496
recrystallization annealed extra-low interstitial (ELI) **A19:** 33
recrystallization annealing **A4:** 918
recrystallized (fully equiaxed α) **A19:** 386
relation between fracture toughness and fraction of transformed structure **A19:** 13
relationship between K_{Ic} and fraction of transformed structure **A19:** 831
relative erosion factor **A18:** 200
resistance spot welding **A6:** 522
rolling temperatures **M3:** 365
scale removal **A5:** 835, 836, 837, **M5:** 651, 653, 660
S-N curves **A19:** 838, 842, 844
solidification cracking **A6:** 516
solid-state cracking **A6:** 511
solid-state-welded interlayers **A6:** 169
solution treating **M4:** 767, 769
solution treating and overaging **A4:** 918
solution-treating **A4:** 917, 921, 922, 923
stress relieving **M6:** 456
stress-corrosion cracking **A19:** 831
stress-intensity stress-corrosion cracking thresholds in various media **A19:** 832
stress-relief treatments **M4:** 764
stress-relieving **A4:** 914, 915, **A6:** 515
stress-relieving times and temperatures **A6:** 786
surface treatments **A18:** 780–782
susceptibility to stress-corrosion cracking **A19:** 496
tensile properties **A4:** 917, 918, **A19:** 838, 967
tensile properties at subzero temperatures **M3:** 768
tensile strength **A19:** 830
tensile strength, relation to size **A4:** 918, **M4:** 769
texture influence on fatigue crack growth **A19:** 846
thermal diffusivity from 20 to 100 °C **A6:** 4
thermal treatment **M4:** 768–769
total strain versus cyclic life **A19:** 967
toughness directionality in textured alloys **A19:** 833
toughness vs. yield strength plotted **A6:** 85
transition fatigue life and tensile data **A19:** 967
ultrasonic welding **A6:** 326, 327
unimplanted versus carbon ion-implanted and fatigue **A18:** 780
untreated versus nitrogen-implanted wear volume loss **A18:** 779
used in low-cycle fatigue study to position elastic and plastic strain-range lines **A19:** 964
wear tests **A5:** 842, 847, 849
weldability **A6:** 518, 519, 520, 783, **M6:** 446
yield strength **A19:** 830
Ti-6Al-4V aircraft component, fracture surface **A11:** 260
Ti-6Al-4V, alpha-beta billet, high aluminum defect **A9:** 470
Ti-6Al-4V, alpha-beta billet, high interstitial defect **A9:** 470
Ti-6Al-4V, alpha-beta, different illumination modes compared **A9:** 160
Ti-6Al-4V, as implant material **A11:** 672
Ti-6Al-4V, as-cast **A9:** 466
Ti-6Al-4V, as-forged **A9:** 468
Ti-6Al-4V, bar, annealed and air cooled **A9:** 467
Ti-6Al-4V, bar, held above the beta transus different cooling methods compared **A9:** 467
Ti-6Al-4V, bar, held below the beta transus different cooling methods compared **A9:** 467
Ti-6Al-4V, beta-annealed fatigued plate **A9:** 470
Ti-6Al-4V, brittle fracture surface **A12:** 448
Ti-6Al-4V, chip formation (high-speed machining) **A16:** 598, 600
Ti-6Al-4V, cleavage facets **A9:** 470
Ti-6Al-4V, closed-die forging techniques **A14:** 273
Ti-6Al-4V, compositional and microstructural effects on toughness **A8:** 480–481
Ti-6Al-4V, corrosion fatigue **A8:** 253–254, **A13:** 142
Ti-6Al-4V, cost comparisons for conventional vs. hot-die forging **A14:** 154
Ti-6Al-4V, crack morphology **A11:** 240, 241
Ti-6Al-4V, cup-and-cone fracture **A12:** 451
Ti-6Al-4V, die temperature effects on forging pressure **A14:** 153
Ti-6Al-4V, different forging temperatures compared **A9:** 468
Ti-6Al-4V, diffraction techniques, elastic constants, and bulk values for **A10:** 382
Ti-6Al-4V, diffusion bonded to boron-aluminum composite **A9:** 595
Ti-6Al-4V, dimple size and secondary cracking **A12:** 451
Ti-6Al-4V, effect of beta flecks on **A9:** 459
Ti-6Al-4V, effect of biaxial tension on dimple rupture **A12:** 31, 39
Ti-6Al-4V, effect of cooling rate on **A9:** 460
Ti-6Al-4V, effect of frequency and wave form on fatigue properties **A12:** 62
Ti-6Al-4V, effect of stress intensity factor range on fatigue crack growth rate **A12:** 57
Ti-6Al-4V, effect of temperature on strength and ductility **A8:** 36
Ti-6Al-4V, electron beam welds in **A11:** 446
Ti-6Al-4V ELI, composition and applications **A2:** 637
Ti-6Al-4V ELI, ductile overload fracture **A12:** 443
Ti-6Al-4V ELI, fretting wear **A18:** 250
Ti-6Al-4V, extrusion, heated and air cooled **A9:** 467
Ti-6Al-4V, fatigue performance **A8:** 253–254
Ti-6Al-4V, fatigue strength (machining effects) **A16:** 26, 31, 35
Ti-6Al-4V, feathery fracture surface **A12:** 450
Ti-6Al-4V, forged above the beta transus **A9:** 468
Ti-6Al-4V, forging, different cooling methods compared **A9:** 468
Ti-6Al-4V, forging, gas tungsten arc weld titanium hydride **A9:** 469
Ti-6Al-4V, forging, oxide inclusion **A9:** 469

SUBJECTS OF THE INDEXED VOLUMES: ASM Handbook (designated by the letter "A"): **A1:** Properties and Selection: Irons, Steels, and High-Performance Alloys (1990); **A2:** Properties and Selection: Nonferrous Alloys and Special-Purpose Materials (1990); **A3:** Alloy Phase Diagrams (1992); **A4:** Heat Treating (1991); **A5:** Surface Engineering (1994); **A6:** Welding, Brazing, and Soldering (1993); **A7:** Powder Metal Technologies and Applications (1998); **A8:** Mechanical Testing (1985); **A9:** Metallography and Microstructures (1985); **A10:** Materials Characterization (1986); **A11:** Failure Analysis and Prevention (1986); **A12:** Fractography (1987); **A13:** Corrosion (1987); **A14:** Forming and Forging (1988); **A15:** Casting (1988); **A16:** Machining (1989); **A17:** Nondestructive Evaluation and Quality Control (1989); **A18:** Friction, Lubrication, and Wear Technology (1992); **A19:** Fatigue and Fracture (1996); **A20:** Materials Selection and Design (1997). **Metals Handbook, 9th Edition** (designated by the letter "M"): **M1:** Properties and Selection: Irons and Steels (1978); **M2:** Properties and Selection: Nonferrous Alloys and Pure Metals (1979); **M3:** Properties and Selection: Stainless Steels, Tool Materials, and Special-Purpose Materials (1980); **M4:** Heat Treating (1981); **M5:** Surface Cleaning, Finishing, and Coating (1982); **M6:** Welding, Brazing, and Soldering (1983); **M7:** Powder Metallurgy (1984). **Engineered Materials Handbook** (designated by the letters "EM"): **EM1:** Composites (1987); **EM2:** Engineering Plastics (1988); **EM3:** Adhesives and Sealants (1990); **EM4:** Ceramics and Glasses (1991). **Electronic Materials Handbook** (designated by the letters "EL"): **EL1:** Packaging (1989)

Ti-6Al-4V, forging, transgranular stress-corrosion cracks **A9:** 469
Ti-6Al-4V, forgings, gas tungsten arc welds different sections **A9:** 469
Ti-6Al-4V, fracture toughness and fraction of transformed structure **A8:** 480, 482
Ti-6Al-4V, grain-boundary cracking **A12:** 449
Ti-6Al-4V ground, diffraction peak location methods compared **A10:** 386
Ti-6Al-4V, high-cycle fatigue fracture **A12:** 452
Ti-6Al-4V, hot isostatic pressing **A15:** 540
Ti-6Al-4V, hydrazine effect on near-threshold fatigue crack propagation **A8:** 427, 429
Ti-6Al-4V, hydrogen embrittlement, manned spacecraft **A13:** 1086
Ti-6Al-4V, laser surface alloying of molybdenum into **A13:** 504
Ti-6Al-4V, low-cycle fatigue fracture **A12:** 452
Ti-6Al-4V, machining . . **A16:** 65, 67, 209, 323, 324, 326, 361, 363, 540, 580, 598, 600, 603, 608, 844–853, 858
Ti-6Al-4V, martensite needles, color etched **A9:** 157
Ti-6Al-4V, material savings by hot-die/isothermal forging **A14:** 151
Ti-6Al-4V, mechanical properties **A2:** 639–640, **A15:** 828–829
Ti-6Al-4V, microstructure **A2:** 637–639, **A15:** 827–828
Ti-6Al-4V, nitrogen-implanted **A10:** 485
TI-6Al-4V, pH effect on near-threshold fatigue crack growth rate **A8:** 427, 429
Ti-6Al-4V, plate, diffusion-bonded joint with bond-line contamination **A9:** 467
Ti-6Al-4V, plate, gas tungsten arc weld **A9:** 584–585
Ti-6Al-4V, plate, rolled, annealed, air cooled **A9:** 466
Ti-6Al-4V plate, toughness directionality in textured alloys **A19:** 833
Ti-6Al-4V, prealloyed compacts, microstructure **A2:** 652
Ti-6Al-4V, prealloyed compacts, tensile/fracture toughness properties **A2:** 653
Ti-6Al-4V, press forging, different reductions and forging temperatures compared **A9:** 468
Ti-6Al-4V, radial fractures **A12:** 446
Ti-6Al-4V, recrystallized, creep rupture tested **A9:** 156
Ti-6Al-4V, recrystallized-annealed **A9:** 466
Ti-6Al-4V, relative hydrogen susceptibility **A8:** 542
Ti-6Al-4V, secondary cracks **A12:** 448–449
Ti-6Al-4V, second-phase cleavage **A8:** 485, 488
Ti-6Al-4V, shear band fracture **A12:** 444–445
Ti-6Al-4V shear fastener, LME failed **A11:** 228
Ti-6Al-4V, sheet, rolled, annealed, furnace cooled **A9:** 466
Ti-6Al-4V STA alloy rocket motor, adiabatic shear bands **A12:** 43
Ti-6Al-4V (standard grade), toughness in air and stress-corrosion threshold in 3.5% NaCl solution at 25 °C **A19:** 835
Ti-6Al-4V, stress-corrosion cracking **A12:** 452
Ti-6Al-4V, surface alterations **A16:** 22, 27
Ti-6Al-4V, temperature and strain rate effects on flow stress **A14:** 151
Ti-6Al-4V, tensile overload fracture. . **A12:** 449, 450
Ti-6Al-4V, tensile properties and fracture toughness **A2:** 641
Ti-6Al-4V, tensile properties/fracture toughness **A15:** 830
Ti-6Al-4V, tool mark fracture **A12:** 447
Ti-6Al-4V, TTS fracture **A12:** 29
Ti-6Al-4V-ELI
beta annealing **A4:** 918
compositions **A6:** 510
high fracture toughness **A4:** 913
impurity limits **A19:** 830
recrystallization annealing **A4:** 918
stress corrosion resistant **A4:** 913
tensile strength **A19:** 830
toughness directionality in textured alloys **A19:** 833
yield strength **A19:** 830
Ti-6Al-4V-ELI machining **A16:** 323, 324, 326, 847, 849–852
Ti-6Al-4V-ELI, thermal treatment **M4:** 768–769
Ti-6Al-4Zr-2Mo-2Sn, brazing **A6:** 634
Ti-6Al-5Zr-0.5Mo-0.5Si, forged, solution treated, oil quenched, aged and air cooled **A9:** 464
Ti-6Al-5Zr-0.5Mo-0.2Si (IMI 685)
aging **A4:** 917
annealing **A4:** 916
beta transformation temperatures **A4:** 914
designed for creep resistance **A4:** 913
solution-treating **A4:** 917
stress-relief treatments **A4:** 915
Ti-6Al-5Zr-0.5Mo-0.2Si (IMI 685), stress-relieving **A6:** 515
Ti-6Al-5Zr-0.5Mo-0.25Si, striation spacing **A12:** 60, 61
Ti-6Al-5Zr-4Mo-1Cu-0.2Si, as-cast, and solution treated in argon **A9:** 466
Ti-6Al-5Zr-4Mo-1Cu-0.2Si, forging annealed **A9:** 466
Ti-6Al-6Mo-4Zr-2Sm, brazing **A6:** 634
Ti-6Al-6Mo-4Zr-2Sn, fatigue crack threshold **A19:** 143
Ti-6Al-6Sn-4Zr-2Mo, peripheral end milling **A16:** 846, 849
Ti-6Al-6V-2Sn **A6:** 510
aging **M4:** 767, 769
annealing **A4:** 916, **M4:** 765
brazing **A6:** 634
casting applications **M3:** 407
composition **M3:** 357
compositions **A6:** 510
forging **M3:** 364, 369
fracture toughness **A19:** 33, 831, 833
gas-tungsten arc welding **A6:** 514
high strength at low-to-moderate temperatures **A4:** 913
impurity limits **A19:** 830
mechanical properties **M3:** 357, 365, 368, 370
properties **A6:** 510, 519, 941
property data **M3:** 391–392
rolling temperatures **M3:** 365
solidification cracking **A6:** 516
solution treating **M4:** 767, 769
stress-relief treatments **M4:** 764
susceptibility to stress-corrosion cracking **A19:** 496
tensile strength **A19:** 830
tensile strength, relation to size **M4:** 769
weldability **A6:** 511, 520
yield strength **A19:** 830
Ti-6Al-6V-2Sn, alpha-beta forged billet macroscopic appearance of beta flecks **A9:** 472
Ti-6Al-6V-2Sn, as-extruded **A9:** 471
Ti-6Al-6V-2Sn, billet forged below the beta transus **A9:** 471
Ti-6Al-6V-2Sn, cleaved alpha grains **A8:** 490
Ti-6Al-6V-2Sn (Cu + Fe)
aging **A4:** 917
annealing **A4:** 916
beta transformation temperatures **A4:** 914
solution-treating **A4:** 917
stress-relief treatments **A4:** 915
tensile strength, relation to size **A4:** 918
Ti-6Al-6V-2Sn (Cu + Fe), stress-relieving . . **A6:** 515
Ti-6Al-6V-2Sn, effect of beta flecks on **A9:** 459
Ti-6Al-6V-2Sn, effect of elevated temperature on overload fracture **A12:** 35, 50
Ti-6Al-6V-2Sn, effect of stress intensity factor range on fatigue crack growth rate . . . **A12:** 57
Ti-6Al-6V-2Sn, forging, solution treated quenched, aged **A9:** 472
Ti-6Al-6V-2Sn, fracture surface **A11:** 105
Ti-6Al-6V-2Sn, hand forging, solution treated, water quenched, aged, air cooled **A9:** 472
Ti-6Al-7Nb (IMI 367)
annealing **A4:** 916
beta transformation temperatures **A4:** 914
stress-relief treatments **A4:** 915
Ti-6Al-7Nb (IMI 367), stress-relieving **A6:** 515
Ti-6Al-25N-4Zr-2Mo, flash welding **M6:** 558
Ti-6Al-Nb-1Ta-0.8Mo
composition **M3:** 357
mechanical properties **M3:** 357, 368
property data **M3:** 386
Ti-6Be
spreading coefficients **A6:** 115
test conditions effect on interfacial energies **A6:** 117
wetting of beryllium **A6:** 115
Ti-6V-4Al, near threshold fatigue crack growth **A19:** 58
Ti-7-4, composition and alloy type **A19:** 495
Ti-7Al-2Mo-1V, plate, solution treated **A9:** 466
Ti-7Al-2Nb 1Ta, stress-corrosion cracking **A12:** 453
Ti-7Al-2Nb-1Ta, cleavage fracture **A12:** 453
Ti-7Al-2Nb-1Ta, staining and large dimples **A12:** 453
Ti-7Al-2Nb-1Ta, susceptibility to stress-corrosion cracking **A19:** 496
Ti-7Al-4Mo
annealing **A4:** 916, **M4:** 765
beta transformation temperatures **A4:** 914
brazing **A6:** 634
composition **M3:** 357
compositions **A6:** 510
forging temperatures **M3:** 364, 369
impurity limits **A19:** 830
mechanical proper-ties **M3:** 357
properties **A6:** 510
property data **M3:** 393–394
rolling temperatures **M3:** 365
stress-relief treatments **A4:** 915, **M4:** 764
stress-relieving **A6:** 515
susceptibility to stress-corrosion cracking **A19:** 496
tensile strength **A19:** 830
yield strength **A19:** 830
Ti-7Al-4Mo, aircraft powerplant, cracking **A13:** 1041
Ti-7Al-12Zr, stress relieving **M6:** 456
Ti-7Al-IMo-IV, fracture surface with tear ridge **A12:** 453
Ti-8-1-1, composition and alloy type **A19:** 495
Ti-8-8-2-3, composition and alloy type . . . **A19:** 495
Ti-8Al
crack aspect ratio variations **A19:** 162
ΔK contribution to closure for small cracks **A19:** 848
fatigue crack threshold **A19:** 143
grain size effect on fatigue crack growth **A19:** 189
Ti-8.5Al, *S-N* curves **A19:** 845
Ti-8Al with 1800 ppm O_2, sheet, aged **A9:** 462
Ti-8Al-1Mo, flutes and cleavage **A12:** 27
Ti-8Al-1Mo-1V
aging **A4:** 917, **M4:** 767
annealing **A4:** 916, **M4:** 765
beta transformation temperatures **A4:** 914
brazing **A6:** 634
casting applications **M3:** 407
classification **A6:** 633
composition **M3:** 357
compositions **A6:** 510
descaling **A5:** 838
electron-beam welding **A6:** 865
fatigue and fracture properties **A19:** 834–835
fatigue crack threshold **A19:** 144
flash welding **M6:** 558
forging temperatures **M3:** 364, 369
impurity limits **A19:** 830
low-temperature salt bath and acid bath conditions for cleaning **A5:** 838
mechanical properties **M3:** 357, 365, 368
monotonic and fatigue properties, rod at 23 °C **A19:** 978
no linear relationship for elastic or plastic strain-life **A19:** 234
properties **A6:** 510, 941
property data **M3:** 384–385
rolling temperatures **M3:** 365
room temperature toughness of various plates after heat treatment **A19:** 835
solution treating **M4:** 767
solution-treating **A4:** 917
stress relieving **M6:** 456
stress-corrosion cracking **A19:** 497, 498
stress-relief treatments **A4:** 915, **M4:** 764
stress-relieving **A6:** 515
stress-relieving times and temperatures . . . **A6:** 786
susceptibility to stress-corrosion cracking **A19:** 496
tensile strength **A19:** 830

Titanium alloys, specific types (continued)
toughness in air and stress-corrosion threshold in 3.5% NaCl solution at 25 °C...... **A19:** 835
weldability........................... **M6:** 446
yield strength......................... **A19:** 830
Ti-8Al-1Mo-1V, as-forged, ingot void...... **A9:** 464
Ti-8Al-1Mo-1V, effect of forging temperature........................ **A9:** 460
Ti-8Al-1Mo-1V, electrical discharge grinding.......................... **A16:** 567
Ti-8Al-1Mo-1V, example of alpha-beta alloy.............................. **A9:** 458
Ti-8Al-1Mo-1V, fluting............... **A12:** 27, 28
Ti-8Al-1Mo-1V, forged at different starting temperatures....................... **A9:** 464
Ti-8Al-1Mo-1V, forging, solution treated... **A9:** 464
Ti-8Al-1Mo-1V, hydrogen-embrittled... **A12:** 23, 32
Ti-8Al-1Mo-1V, martensitic structures..... **A9:** 674
Ti-8Al-1Mo-1V, pulse plating deposition.. **A18:** 781
Ti-8Al-1Mo-1V, SEM and TEM fractographs compared.................... **A12:** 189–191
Ti-8Al-1Mo-1V, sheet, annealed.......... **A9:** 464
Ti-8Al-1Mo-1V, sheet, duplex annealed.... **A9:** 464
Ti-8Al-1Mo-1V, sheet, solution treated.... **A9:** 464
Ti-8Al-2.8Sn-5.4Hf-3.6Ta-1Y-0.2Si, laser-beam welding...................... **A6:** 514, 516
Ti-8Al-IMo-IV, effect, sustained-load cracking and SCC............................ **A13:** 275
TI-8Al-IMo-IV, electrochemical polarization cracking.......................... **A8:** 531
Ti-8Al-IMo-IV, SCC crack initiation..... **A13:** 274
Ti-8Mn
annealing.................... **A4:** 916, **M4:** 765
beta transformation temperatures....... **A4:** 914
brazing.............................. **A6:** 634
composition......................... **M3:** 357
composition and alloy type............ **A19:** 495
compositions......................... **A6:** 510
forging temperatures.................. **M3:** 364
impurity limits...................... **A19:** 830
mechanical properties................. **M3:** 357
monotonic and fatigue properties, forged, extruded, swaged to 20.8 mmd. at 23 °C.......................... **A19:** 978
properties........................... **A6:** 510
property data........................ **M3:** 393
rolling temperatures.................. **M3:** 365
stress-relief treatments......... **A4:** 915, **M4:** 764
stress-relieving........................ **A6:** 515
susceptibility to stress-corrosion cracking........................ **A19:** 496
tensile strength...................... **A19:** 830
ultrasonic welding................ **A6:** 316, 327
yield strength........................ **A19:** 830
Ti-8Mn, chemical milling............... **A16:** 585
Ti-8.5Mo-0.5Si, twinned athermal alpha double-prime martensite.................. **A9:** 474
Ti-8Mo-8V-2Fe-3Al
classification......................... **A6:** 633
composition......................... **M3:** 357
compositions......................... **A6:** 510
impurity limits...................... **A19:** 830
mechanical properties................. **M3:** 357
properties........................... **A6:** 510
property data.................... **M3:** 403–404
tensile strength...................... **A19:** 830
weldability...................... **A6:** 512, 783
yield strength........................ **A19:** 830
Ti-8Mo-8V-2Fe-3Al, machining.......... **A16:** 52
Ti-8Mo-8V-2Fe-3Al, weldability.......... **M6:** 446
Ti-9Mo, martensitic structure............ **A9:** 674
Ti-10-2-3 (high strength), mechanical properties......................... **A19:** 34
Ti-10-2-3 (low strength), mechanical properties......................... **A19:** 34
Ti-10-2-3 (medium strength), mechanical properties......................... **A19:** 34
Ti-10-2-3, tensile properties............ **A19:** 841
Ti-10Mn, monotonic and fatigue properties, forged, extruded, swaged to 20.8 mmd. at 23 °C........................... **A19:** 978
Ti-10V-2Fe-3Al
aging................... **A4:** 917, **M4:** 767, 769
annealing.................... **A4:** 916, **M4:** 765
beta transformation temperatures....... **A4:** 914
composition......................... **M3:** 357
compositions......................... **A6:** 510
conventional forgings, high strength fracture toughness...................... **A19:** 836
ΔK at 10^{-9} m/cycle for fatigue crack growth in air............................ **A19:** 847
extrusions, high strength fracture toughness...................... **A19:** 836
extrusions, reduced strength fracture toughness...................... **A19:** 836
fatigue crack growth rates............ **A19:** 846
fatigue crack nucleation sites.......... **A19:** 842
fatigue crack threshold........... **A19:** 143, 145
fracture toughness............. **A19:** 32, 33, 836
heat treatment and fracture toughness... **A19:** 33
high strength at low-to-moderate temperatures..................... **A4:** 913
impurity limits...................... **A19:** 830
isothermal forgings, high strength condition, fracture toughness............... **A19:** 836
isothermal forgings, reduced strength, fracture toughness...................... **A19:** 836
laser melting........................ **A18:** 864
lubrication bearing test results after plasma spray coating......................... **A18:** 780
mechanical properties................. **M3:** 357
microstructure....................... **A19:** 841
notch effects........................ **A19:** 843
pancake forgings, high strength fracture toughness...................... **A19:** 836
pancake forgings, reduced strength fracture toughness...................... **A19:** 836
plasma spray coating applications...... **A18:** 780
properties........................... **A6:** 510
property data.................... **M3:** 397–399
S-N curves.......................... **A19:** 841
solution treating................. **M4:** 767, 769
solution-treating...................... **A4:** 917
stress-relief treatments......... **A4:** 915, **M4:** 764
stress-relieving........................ **A6:** 515
tensile strength...................... **A19:** 830
tensile strength, relation to size **A4:** 918, **M4:** 769
with 30% α_p......................... **A19:** 841
yield strength........................ **A19:** 830
Ti-10V-2Fe-3Al, beta solution treated, water induced alpha double prime............ **A9:** 475
Ti-10V-2Fe-3Al, carpet plot by stereophotogrammetry............ **A12:** 198
Ti-10V-2Fe-3Al, deformed and recrystallized, thermally etched.................. **A9:** 474
Ti-10V-2Fe-3Al, fractured, SEM stereo pair carpet plot, and contour plot............ **A12:** 172
Ti-10V-2Fe-3Al, machining..... **A16:** 847, 849–852
Ti-10V-2Fe-3Al, near-beta alloy........... **A9:** 458
Ti-10V-2Fe-3Al, pancake forging.......... **A9:** 474
Ti-11Cr-13V-3Al, brazing................ **A6:** 943
Ti-11.5Mo-6Zr-4.5Sn
aging........................... **M4:** 767, 769
annealing............................ **M4:** 765
brazing.............................. **A6:** 634
classification......................... **A6:** 633
composition......................... **M3:** 357
compositions......................... **A6:** 510
impurity limits...................... **A19:** 830
mechanical properties................. **M3:** 357
properties........................... **A6:** 510
property data.................... **M3:** 408–409
solution treating................. **M4:** 767, 769
stress-relief treatments................ **M4:** 764
stress-relieving........................ **A6:** 515
susceptibility to stress-corrosion cracking........................ **A19:** 496
tensile strength...................... **A19:** 830
tensile strength, relation to size......... **M4:** 769
weldability........................... **A6:** 783
yield strength........................ **A19:** 830
Ti-11.5Mo-6Zr-4.5Sn (Beta III)
aging................................ **A4:** 917
annealing............................ **A4:** 916
beta transformation temperatures....... **A4:** 914
solution-treating...................... **A4:** 917
stress-relief treatments................ **A4:** 915
tensile strength, relation to size......... **A4:** 918
Ti-11.5Mo-6Zr-4.5Sn, machining........ **A16:** 847, 849–852
Ti-11.5Mo-6Zr-4.5Sn, sheet, solution treated and water quenched, aged............... **A9:** 473
Ti-11.5Mo-6Zr-4.5Sn, weldability......... **M6:** 446
Ti-13-11-3, composition and alloy type... **A19:** 495
Ti-13V-11Cr-3Al
aging................... **A4:** 917, **M4:** 767, 769
annealing.................... **A4:** 916, **M4:** 765
beta transformation temperatures....... **A4:** 914
brazing.............................. **A6:** 634
classification......................... **A6:** 633
composition......................... **M3:** 357
compositions......................... **A6:** 510
forging temperatures.............. **M3:** 364, 369
impurity limits...................... **A19:** 830
mechanical properties............. **M3:** 357, 368
postweld heat treatment................ **A6:** 786
properties........................... **A6:** 510
property data.................... **M3:** 400–403
rolling temperatures.................. **M3:** 365
solution treating................. **M4:** 767, 769
solution-treating...................... **A4:** 917
stress-relief treatments......... **A4:** 915, **M4:** 764
stress-relieving........................ **A6:** 515
stress-relieving times and temperatures... **A6:** 786
susceptibility to stress-corrosion cracking........................ **A19:** 496
tensile strength...................... **A19:** 830
tensile strength, relation to size **A4:** 918, **M4:** 769
weldability........................... **A6:** 512
yield strength........................ **A19:** 830
Ti-13V-11Cr-3Al, beta rich alloy.......... **A9:** 458
Ti-13V-11Cr-3Al, composition effect on hydrogen pickup in acid pickling............ **A5:** 839
Ti-13V-11Cr-3Al, machining.... **A16:** 847, 849–852
Ti-13V-11Cr-3Al, sheet, rolled, solution treated, air cooled, aged....................... **A9:** 473
Ti-13V-11Cr-3Al, stress relieving......... **M6:** 456
Ti-15-3
crack growth rate.................... **A19:** 917
fracture toughness, solution treated and aged plate.......................... **A19:** 837
mechanical properties.................. **A19:** 34
Ti-15-5-3, composition and alloy type.... **A19:** 495
Ti-15Cu-15Ni, reactive metal brazing, filler metal............................. **A6:** 945
Ti-15Mo
laser alloying........................ **A18:** 866
laser melting........................ **A18:** 864
Ti-15Mo-2.7Nb-3Al-0.2Si
compositions......................... **A6:** 510
properties........................... **A6:** 510
Ti-15Ni-15Cu, reactive metal brazing, filler metal............................. **A6:** 945
Ti-15V-3Al-3Cr-3Sn
aging........................ **A4:** 917, **M4:** 767
annealing.................... **A4:** 916, **M4:** 765
beta transformation temperatures....... **A4:** 914
solution treating...................... **M4:** 767
solution-treating...................... **A4:** 917
stress-relief treatments......... **A4:** 915, **M4:** 764
Ti-15V-3Al-3Cr-3Sn, capabilities......... **A15:** 827
Ti-15V-3Al-3Cr-3Sn, composition and properties......................... **A2:** 637
Ti-15V-3Cr-3Al-3Sn
classification......................... **A6:** 633
compositions......................... **A6:** 510

SUBJECTS OF THE INDEXED VOLUMES: ASM Handbook (designated by the letter "A"): **A1:** Properties and Selection: Irons, Steels, and High-Performance Alloys (1990); **A2:** Properties and Selection: Nonferrous Alloys and Special-Purpose Materials (1990); **A3:** Alloy Phase Diagrams (1992); **A4:** Heat Treating (1991); **A5:** Surface Engineering (1994); **A6:** Welding, Brazing, and Soldering (1993); **A7:** Powder Metal Technologies and Applications (1998); **A8:** Mechanical Testing (1985); **A9:** Metallography and Microstructures (1985); **A10:** Materials Characterization (1986); **A11:** Failure Analysis and Prevention (1986); **A12:** Fractography (1987); **A13:** Corrosion (1987); **A14:** Forming and Forging (1988); **A15:** Casting (1988); **A16:** Machining (1989); **A17:** Nondestructive Evaluation and Quality Control (1989); **A18:** Friction, Lubrication, and Wear Technology (1992); **A19:** Fatigue and Fracture (1996); **A20:** Materials Selection and Design (1997). **Metals Handbook, 9th Edition** (designated by the letter "M"): **M1:** Properties and Selection: Irons and Steels (1978); **M2:** Properties and Selection: Nonferrous Alloys and Pure Metals (1979); **M3:** Properties and Selection: Stainless Steels, Tool Materials, and Special-Purpose Materials (1980); **M4:** Heat Treating (1981); **M5:** Surface Cleaning, Finishing, and Coating (1982); **M6:** Welding, Brazing, and Soldering (1983); **M7:** Powder Metallurgy (1984). **Engineered Materials Handbook** (designated by the letters "EM"): **EM1:** Composites (1987); **EM2:** Engineering Plastics (1988); **EM3:** Adhesives and Sealants (1990); **EM4:** Ceramics and Glasses (1991). **Electronic Materials Handbook** (designated by the letters "EL"): **EL1:** Packaging (1989)

electron-beam welding **A6:** 520
gas-tungsten arc welding .. **A6:** 513, 515, 520, 521
laser-beam welding **A6:** 520
properties **A6:** 510
stress-relieving **A6:** 515
weldability **A6:** 512, 518, 519, 783
Ti-15V-3Cr-3Al-3Sn, cold-rolled strip decorative aging **A9:** 475
Ti-15V-3Cr-3Al-3Sn, cold-rolled strip progression of aging **A9:** 475
Ti-15V-3Cr-3Al-3Sn, fracture toughness **A19:** 33
Ti-15V-3Cr-3Al-3Sn, weldability **M6:** 446
Ti-17, fracture toughness **A19:** 33
Ti-17Al, aged and plastically deformed **A9:** 689
Ti-24Al-11Nb, crack shapes at end of fatigue tests **A19:** 165
Ti-24V, true profile length values **A12:** 200
Ti-25Cr-3Be, refractory metal brazing, filler metal **A6:** 942
Ti-25Cr-13Ni, brazing **A6:** 943
Ti-25Cr-21V
brazing **A6:** 943
refractory metal brazing, filler metal **A6:** 942
Ti-28V, true profile length values **A12:** 200
Ti-28V-4Be, brazing **A6:** 943
Ti-28Zr-8Ge, brazing **A6:** 943
Ti-30Mo
fatigue crack growth **A19:** 851
fatigue crack threshold **A19:** 145–146
Ti-30V, brazing **A6:** 943
Ti-30V-4Be, brazing **A6:** 943
Ti-40 at.% Nb, beta solution heat treated water quenched, aged, with beta prime **A9:** 475
Ti-48Zr-4Be
brazing **A6:** 943, 945
reactive metal brazing, filler metal **A6:** 945
Ti-75A
composition **M3:** 766
tensile properties at subzero temperatures **M3:** 767
Ti-550, composition and alloy type **A19:** 495
Ti-1100
compositions **A6:** 510
properties **A6:** 510
Ti-1100, composition and properties **A2:** 637
Ti-6242
creep crack growth **A19:** 517
creep-brittle material **A19:** 512
fracture toughness, various thermomechanical processing (TMP) routes **A19:** 834
S-N curves **A19:** 845
stress-corrosion cracking **A19:** 834
Ti-6242S, fatigue and fracture properties **A19:** 832, 833–834

$TiAl_3$ constituent, in aluminum-silicon alloys **A15:** 160
Ti-β21S
constants for the unified model **A19:** 549
constants for the unified model for the back stress evolution term **A19:** 551
constants for the unified model for the drag stress term **A19:** 551
laminates, fatigue crack growth **A19:** 850
mechanical properties **A19:** 34
oxidation-fatigue laws summarized with equations **A19:** 547
Ti-commercially pure, flash welding **M6:** 558
Ti-Cr-V, brazing **A6:** 943, 944
Timetal 21s, thermomechanical fatigue ... **A19:** 542
Timetal 1100
da/dN-Δ*K* curves of microcracks **A19:** 840
duplex microstructure, tensile properties **A19:** 839
fully lamellar microstructure, tensile properties **A19:** 839
Smith diagram of **A19:** 843
S-N curves **A19:** 839
Ti-Mo-Zr-Sn, orthodontic wires **A18:** 666
Ti-Ni-Cu, brazing **A6:** 944
Ti-O-N, surface treatment material for titanium alloys **A18:** 779
Ti-Pd, composition and alloy type **A19:** 495
titanium (Ti) and Ti (unalloyed)
monotonic and fatigue properties, at 23 °C **A19:** 978
susceptibility to stress-corrosion cracking **A19:** 496

unalloyed Ti *See* Ti, grades 1 to 4
Titanium alloys, welding of **A6:** 783–786
electron-beam welding **A6:** 783, 784
gas-metal arc welding **A6:** 783, 784, 786
gas-tungsten arc welding **A6:** 783–784, 785–786
plasma arc welding **A6:** 783, 784, 786
process selection **A6:** 783–784
weldability **A6:** 783
Titanium alloys, wrought
composition **A18:** 658
physical and mechanical properties **A18:** 659
Titanium aluminide alloy
crack shapes observed **A19:** 164, 165
Titanium aluminide alloys **A7:** 532, 877, 880, 881, 883
cold sintering **A7:** 579
developments **A7:** 160
diffusion factors **A7:** 451
direct production **A7:** 161
field-activated sintering **A7:** 588
gas-atomization process **A7:** 162, 163–164
hot isostatic pressing **A7:** 165, 602
mechanically alloyed **A7:** 165
physical properties **A7:** 451
reactive hot isostatic pressing **A7:** 520, 521
reactive hot pressing **A7:** 520
reactive sintering **A7:** 520, 521
Titanium aluminide intermetallics
addition to rapid solidification alloys **A7:** 20
mechanical alloyed **A7:** 20
rapid solidified **A7:** 20
Titanium aluminide/silicon carbide **A7:** 165
Titanium aluminide/titanium silicide **A7:** 165
Titanium aluminides *See also* Ordered intermetallics
alpha-2 alloys **A2:** 926–927
application **A2:** 925
forging of **A14:** 283
gamma alloys **A2:** 927–929
performance characteristics of **A20:** 598, 599
Titanium aluminum alloys
mechanical alloying **A7:** 89–90
Titanium aluminum nitride (TiAlN)
physical vapor deposited coatings for cutting tools **A5:** 903–904, 905
Titanium and titanium alloys *See also* Reactive metals; Titanium alloys, specific
types **A9:** 458–475, **A16:** 844–857
abrasive waterjet machining **A16:** 527
aged structures **A9:** 461
alloy classes **A9:** 458
alloyed with uranium for hardness **A16:** 874
alpha microstructures **A9:** 460
alpha stabilizers **A9:** 458
beta flecks **A9:** 459
beta flecks, macroscopic appearance **A9:** 472
beta microstructures **A9:** 461
beta stabilizers **A9:** 458
broaching **A16:** 200, 203, 206
chemical milling **A16:** 579–583, 584, 586
commercial-purity, bar, annealed, and water quenched **A9:** 462
commercial-purity, different levels of hydrogenation compared **A9:** 462
commercial-purity, sheet, different anneals compared **A9:** 462
content in stainless steels .. **A16:** 682–683, 684, 689
contour band sawing **A16:** 364
cutoff band sawing **A16:** 360, 361
cutting fluids used **A16:** 125
drilling **A16:** 222, 227, 229, 230
drilling/countersinking **A16:** 899
edge retention **A16:** 29
electrochemical grinding **A16:** 543, 547
electrochemical machining **A16:** 534, 535
electron beam machining **A16:** 570
end milling **A16:** 326
grinding **A9:** 458–459, **A16:** 437, 547
high aluminum defects **A9:** 459
high aluminum defects, appearance **A9:** 470
high interstitial defects **A9:** 459
high interstitial defects, appearance **A9:** 470
high-purity sheet, cold-rolled and annealed **A9:** 462
high-speed machining **A16:** 597, 598, 600, 602–605
high-speed tool steels used **A16:** 58, 59
honing **A16:** 476, 477
laser beam machining **A16:** 575
low-stress grinding procedures **A16:** 28, 31

machinability **A16:** 1, 645
macroexamination **A9:** 459–460
martensite microstructures **A9:** 460–461
melting point **A16:** 601
milling **A16:** 307, 312, 313, 314, 317, 321, 547
mounting **A9:** 458
omega phase **A9:** 461, 474
peck drilling **A16:** 899
phase transformation temperature **A9:** 458
photochemical machining **A16:** 588, 590
polishing **A9:** 459
sectioning **A9:** 458
shear stresses and HPs **A16:** 15
slab milling **A16:** 324
spade drilling **A16:** 225
specimen preparation **A9:** 458–459
surface integrity **A16:** 22
thread grinding **A16:** 271
thread rolling **A16:** 282
tool life **A16:** 844–848
Titanium (argon/nitrogen)
ion-beam-assisted deposition (IBAD) **A5:** 595
Titanium, ASTM specific types
grade 1
composition **M3:** 357
mechanical properties **M3:** 357, 360
grade 2
composition **M3:** 357
mechanical properties **M3:** 357, 360
grade 3
composition **M3:** 357
mechanical properties **M3:** 357, 360
grade 4
composition **M3:** 357
mechanical properties **M3:** 357, 360
grade 5, yield strength **M3:** 360
grade 6, yield strength **M3:** 360
grade 7
composition **M3:** 357
mechanical properties **M3:** 357, 360
grade 8, yield strength **M3:** 360
grade 9, yield strength **M3:** 360
grade 10, yield strength **M3:** 360
grade 11, yield strength **M3:** 360
Titanium, binary systems with .... **A3:** 1•23
Titanium boride **A7:** 21
direct evaporation **A18:** 844
to improve cladding microhardness **A18:** 868
Titanium boride cermets
application and properties **A2:** 1004
Titanium boride (TiB_2)
adiabatic temperatures **EM4:** 229
applications **EM4:** 230, 801
binary phase diagram **EM4:** 792
Hall-Petch relationship **EM4:** 800
hardness **EM4:** 799
mechanical properties **A20:** 427
properties **A20:** 785, **EM4:** 794–796, 798, 799
strength **EM4:** 800
synthesized by SHS process **EM4:** 229, 230
thermal properties **A20:** 428
Young's modulus **EM4:** 799
Titanium boride-based cermets **M7:** 811–812
Titanium (C, N) particle
dimple fractures in steels **A19:** 31
Titanium carbide **A13:** 846–847
and hard-phase Ni alloys **A16:** 835
and stainless steels **A16:** 688
carbide coatings **A16:** 80, 81–82, 83, 87–88
cemented carbides **A16:** 73, 74, 78–80
characteristics of pack cementation processes **A20:** 481
chemical vapor deposition process **M5:** 382–384
coating for ceramic tools **A16:** 101
coating for high-speed tool steels **A16:** 51, 57
deposition temperature for thermal and plasma CVD **A20:** 479
grain refiner in steels **A6:** 53
ground by diamond wheels **A16:** 462
honing stone selection **A16:** 476
in ceramics **A16:** 98, 101
in cermets **A16:** 90–94
inclusions affecting tool wear in stainless steels **A16:** 690
inserts, drilling **A16:** 237
ion plating process **M5:** 421
laser hardfacing **A6:** 806

Titanium carbide (continued)
mechanical properties **A20:** 427
powder production **M7:** 158
properties **A6:** 629, **A20:** 785
tap density **M7:** 277
thermal expansion coefficient **A6:** 907
thermal properties **A20:** 428
wear and corrosion properties of CVD coating materials **A20:** 480
Titanium carbide cermet
scuffing temperatures and coefficients of friction between ring and cylinder liner materials **EM4:** 991
thermal expansion coefficient **A6:** 907
Titanium carbide cermets **M7:** 802
as engineering materials **A2:** 978
gas turbine components **M7:** 807
hardening of **A2:** 997
hardness **A2:** 996
hardness, with ferrous metal binder **M7:** 810
impact and stress-rupture properties **M7:** 809
jet engine, turbine components **M7:** 563
manufacturing, hardening, machining, and grinding **A2:** 997–998
microstructure **A2:** 991
nickel-bonded, applications and properties **A2:** 995
sintered, effect of temperature on mechanical properties **M7:** 809
steel-bonded **A2:** 996–998
steel-bonded, and other wear-resistant materials, compared **A2:** 997
Titanium carbide coating, on steel
fatigue crack **A9:** 96
Titanium carbide coatings **A20:** 481
Titanium carbide particulate-reinforced silicon nitride
fracture toughness **EM4:** 586
Titanium carbide powder
as addition to tungsten carbide **A7:** 195
diffusion factors **A7:** 451
infiltration **A7:** 550–551, 552
physical properties **A7:** 451
sintering **A7:** 493, 495–496
tap density **A7:** 295
Titanium carbide (TiC)
activated reactive evaporation process **A18:** 844
adiabatic temperatures **EM4:** 229
applications **EM4:** 230
chemical vapor deposited coating for cutting tools **A5:** 902–903, 905
chemical vapor deposition **A5:** 514
coatings
for cutting tool materials **A18:** 614
for dies **A18:** 643, 646
for jet engine components **A18:** 592
for titanium alloys **A18:** 779, 780
for tool steels **A18:** 739
for valve train assembly components . . . **A18:** 559
definition **A5:** 970
for gas-lubricated bearings **A18:** 532
for hot-forging dies **A18:** 627
for laser melt/particle injection **A18:** 869, 870–871
friction coefficient data (on 440C stainless steel) **A18:** 74
in cemented carbides **A18:** 795
in joining non-oxide ceramics **EM4:** 529
ion-beam-assisted deposition (IBAD) **A5:** 597
liquid impingement erosion **A18:** 227
melting point **A5:** 471
methods used for synthesis **A18:** 802
pressure densification **EM4:** 298
properties **A18:** 812, 813
properties, adiabatic engine use **EM4:** 990
properties of chemical vapor deposited coating materials **A5:** 905
properties of refractory materials deposited on carbon-carbon deposits **A5:** 889
synthesized by SHS process **EM4:** 229, 230
thermal and plasma chemical vapor deposition, deposition temperatures **A5:** 511
thermal properties **A18:** 42
Vickers and Knoop microindentation hardness numbers **A18:** 416
Titanium carbide/nickel system **A7:** 545
Titanium carbide/nitride
applications **A18:** 812
Titanium carbide-alumina (TiC-Al_2O_3)
erosion test results **A18:** 200
Titanium carbide-based cermets *See also* Titanium carbide cermets; Titanium carbide-based cermets, specific types **M7:** 806–810
composition and properties **M7:** 808
impact resistance of **M7:** 808
Titanium carbide-based cermets, specific types *See also* Titanium carbide cermets; Titanium carbide-based cermets
aluminum, composition **M7:** 808
chromium, composition **M7:** 808
cobalt, composition **M7:** 808
iron, composition **M7:** 808
molybdenum, composition **M7:** 808
nickel, composition **M7:** 808
titanium carbide, composition **M7:** 808
tungsten, composition **M7:** 808
Titanium carbide-nickel alloys
corrosion resistance **A18:** 800
Titanium carbides
in austenitic stainless steels **A9:** 284
in gray iron **A15:** 633
in wrought heat-resistant alloys **A9:** 311
Titanium carbide-steel cermets *See also* Titanium carbide-steel cermets, specific types . . . **M7:** 810
Titanium carbide-steel cermets, specific types
aluminum, composition **M7:** 810
carbon, composition **M7:** 810
chromium, composition **M7:** 810
cobalt, composition **M7:** 810
iron, composition **M7:** 810
molybdenum, composition **M7:** 810
nickel, composition **M7:** 810
steel matrix, composition **M7:** 810
titanium carbide, composition **M7:** 810
titanium, composition **M7:** 810
Titanium carbide-titanium boride composite ceramics
combustion synthesis **A7:** 531
Titanium carbohydride (TiC_xH_y)
synthesized by SHS process **EM4:** 227
Titanium carbonitride
chemical vapor deposition process . . . **M5:** 383–384
wear and corrosion properties of CVD coating materials **A20:** 480
Titanium carbonitride cermets
as engineering materials **A2:** 978
Titanium carbonitride (TiCN)
chemical vapor deposited coating for cutting tools **A5:** 902–903
chemical vapor deposition **A5:** 514
physical vapor deposited coating for cutting tools **A5:** 903–904
Titanium carbonitrides
in austenitic manganese steel castings **A9:** 239
in austenitic stainless steels **A9:** 284
Titanium castings *See also* Titanium; Titanium alloy castings; Titanium alloys
alloys **A2:** 636–637
and titanium alloy castings **A2:** 634–646
applications **M3:** 407, 408
casting design **A2:** 640–642
chemical milling **A2:** 643
cost comparisons **M3:** 411, 412
electrode composition **A2:** 642
fatigue properties **M3:** 409, 411
final evaluation and certification **A2:** 644
fracture toughness **M3:** 409, 410
heat treatment **A2:** 643–644
hot isostatic pressing **A2:** 643
hot isostatic processing **M3:** 410–412
impact strength **M3:** 409
introduction **A2:** 634
lost-wax investment molding **A2:** 635–636
melting and pouring practice **A2:** 642
molding methods **A2:** 635–636
product applications **A2:** 644–645
production **M3:** 408
rammed graphite molding **A2:** 635
specifications **A2:** 637
superheating **A2:** 642
technology, historical perspective **A2:** 634–635
technology, history **A2:** 634–635
tensile properties **M3:** 409, 410
tolerances **A2:** 641–642
vacuum consumable electrode melting **A2:** 642
weld repair **A2:** 643, **M3:** 409–410
Titanium, commercially pure (unalloyed) *See* Titanium alloys, specific types; Unalloyed Titanium
Titanium compounds
combustion synthesis **A7:** 532, 533
Titanium diboride **A20:** 660
chemical vapor deposition **A5:** 513–514
in composition of melted silicate frits for high-temperature service ceramic coatings **A5:** 470
mill additions for wet-process enamel frits for sheet steel and cast iron **A5:** 456
thermal properties **A18:** 42
wear and corrosion properties of CVD coating materials **A20:** 480
Titanium diboride (TiB_2)
as tooling for uniaxial hot pressing **EM4:** 298
erosion by thermal spalling in electrical discharge machining **EM4:** 375
grinding **EM4:** 334–335
pressure densification **EM4:** 298
synthesized by SHS process **EM4:** 227
Titanium dioxide
as pigment **EM3:** 179
biologic effects **A2:** 1261
filler for elastomeric adhesives **EM3:** 150
function and composition for mild steel SMAW electrode coatings **A6:** 60
Titanium dioxide as an interference film **A9:** 147–148
Titanium dioxide (TiO_2)
breakdown field dependency on dielectric constant **A20:** 619
mechanical properties **A20:** 427
medical applications **EM4:** 1009
properties **A18:** 801, **A20:** 785
thermal properties **A20:** 428
Vickers and Knoop microindentation hardness numbers **A18:** 416
Titanium dioxide/magnesium oxide (TiO_2/MgO)
methods used for synthesis **A18:** 802
Titanium gas-atomization process (TGA) **A7:** 162, 163–164
Titanium hydrated salt coating
status of **A5:** 928
Titanium hydrides **A19:** 387
Titanium in austenitic manganese steel **A1:** 826
effect of, on hardenability **A1:** 395, 413, 470
effect of, on notch toughness **A1:** 741–742
in cast iron **A1:** 8
in cobalt-base alloys **A1:** 985
in compacted graphite iron **A1:** 56
in ferrite **A1:** 404, 408
in malleable iron **A1:** 10
in maraging steels **A1:** 794–795
in microalloy steel **A1:** 359
in nickel-base superalloys **A1:** 983–984
in steel **A1:** 146, 577
Titanium in steel **M1:** 115, 411, 417
400 to 500 °C embrittlement, effect on susceptibility of high-chromium ferritic stainless steels **M1:** 686
maraging steels **M1:** 446, 447
notch toughness, effect on **M1:** 694
steel sheet, effect on formability **M1:** 555
temper embrittlement reduced by **M1:** 685

Titanium metal-matrix composites
forging of . . . A14: 283
Titanium nitride . . . A16: 95, 98
activated reactive evaporation process . . . A18: 844
and tapping . . . A16: 266
and tertiary wear mechanisms . . . A16: 40, 41
as surface treatment in wrought tool steels A1: 779
cermets . . . A16: 91
chemical vapor deposited coating for cutting tools . . . A5: 902–903, 905, 906
chemical vapor deposition . . . A5: 514
chemical vapor deposition process . . . M5: 383–384
coated tool steel, ion implantation in metalforming and cutting applications . . . A5: 771
coating for broaches for improved tool life A16: 59
coating for carbide tools for machining uranium alloys . . . A16: 876
coating for carbide tools machining carbon steels . . . A16: 673
coating for carbides . . . A16: 639, 646, 656
coating for drills . . . A16: 58, 710
coating for high-speed tool steels . . . A16: 51, 57, 58
coating for milling cutters . . . A16: 58, 59, 314
coating for saw bands . . . A16: 358
coating for stainless steels, disk deflection evaluation method . . . A5: 649
coating for taps . . . A16: 259
coating of stainless steel . . . A5: 663, 664
coatings
for cutting tool materials . . . A18: 613, 614
for dies . . . A18: 643
for jet engine components . . . A18: 592
for sintered carbide tools to improve endurance . . . A18: 812
for titanium alloys . . . A18: 779, 780, 783
for tool steels . . . A18: 739
for valve train assembly components . . . A18: 559
definition . . . A5: 970
drilling inserts . . . A16: 236
friction coefficient data (on 440C stainless steel) . . . A18: 74
grain refiner in steels . . . A6: 53
HAZ microstructure and toughness . . . A6: 79
ion implantation . . . A5: 608
ion plating process . . . M5: 421
ion-beam-assisted deposition (IBAD) . . . A5: 596
magnagold, friction coefficient data . . . A18: 73, 74
maximum stability . . . A6: 74
microstructure . . . A5: 661–662
physical vapor deposition . . . A5: 639, 640, A18: 645
properties . . . A18: 801
properties of chemical vapor deposited coating materials . . . A5: 905
stress measurement of coating . . . A5: 650, 651
thermal and plasma chemical vapor deposition, deposition temperatures . . . A5: 511
to improve cladding microhardness . . . A18: 868
Vickers and Knoop microindentation hardness numbers . . . A18: 416
Titanium nitride coating
on high-speed steel . . . A9: 99
Titanium nitride in plate steels
examination for . . . A9: 203
Titanium nitride (TiN) . . . EM4: 20
applications . . . EM4: 230
as abrasive grains or cutting tool tips for grinding or machining . . . EM4: 329
as inclusion, appearance and frequency of butterflies . . . A19: 695
deposition temperatures for thermal and plasma CVD . . . A20: 479
in joining non-oxide ceramics . . . EM4: 529
mechanical properties . . . A20: 427
non-oxide ceramic joining . . . EM4: 480
properties . . . A20: 785
synthesized by SHS process . . . EM4: 229
thermal properties . . . A20: 428
wear and corrosion properties of CVD coating materials . . . A20: 480
Titanium nitride (TiN) coatings . . . A20: 481, 483, 485
ion implantation applications . . . A20: 484
Titanium nitride-coated carbides
cutting speed and work material relationship . . . A18: 616
Titanium nitride-coated HSS (roughing grade)
cutting speed and work material relationship . . . A18: 616
Titanium nitride-coated tool steel
part material for ion implantation . . . A18: 858
Titanium nitride-coated WC
part material for ion implantation . . . A18: 858
Titanium nitrides
combustion synthesis . . . A7: 534
in austenitic stainless steels . . . A9: 284
in wrought heat-resistant alloys . . . A9: 312
production of . . . A7: 81
sintering . . . A7: 510
Titanium (nitrogen/nitrogen)
ion-beam-assisted deposition (IBAD) . . . A5: 595
Titanium oxide *See also* Engineering properties of single oxides . . . EM3: 592
alloyed with aluminum oxide for tough abrasives . . . EM4: 332
as thixotrope . . . EM3: 178
carrier material used in supported catalysts . . . A5: 885
coating formation in molten particle deposition . . . EM4: 206
component in photochromic ophthalmic and flat glass composition . . . EM4: 442
controlling reflectivity of coated architectural glass . . . EM4: 450
depth profiles . . . EM3: 249
effect on color of ceramics . . . EM4: 5
HAZ microstructure and toughness . . . A6: 79
heats of reaction . . . A5: 543
hydration of oxide layers . . . EM3: 625
ion implantation work material in metalforming and cutting applications . . . A5: 771
ion-beam-assisted deposition (IBAD) . . . A5: 596
melting point . . . A5: 471
metal brazing . . . EM4: 490
solid-state sintering . . . EM4: 272, 273, 280–281
specific properties imparted in CTV tubes . . . EM4: 1039, 1042
sputter-induced reduction of oxides EM3: 245, 246
surface preparation . . . EM3: 235, 259
thermal etching . . . EM4: 575
to improve thermal conductivity . . . EM3: 178
Titanium oxide and rubber
work material for ion implantation . . . A18: 858
Titanium oxide steels
microstructure . . . A6: 79
Titanium oxide (TiO_2)
Knotek-Feibelman (KF) model for ESD . . A18: 456, 457
material transfer from Ti-6Al-4V to UHMWPE . . . A18: 779
Titanium P/M products
applications . . . A2: 647, 654–655
blended elemental (BE) products . . . A2: 654–655
blended elemental compacts (BE P/M) . . . A2: 647–651
blended elemental Ti-6Al-4V . . . A2: 648–649
broken-up structure (BUS) heat treatment . . . A2: 653–654
crack propagation . . . A2: 650–653
fatigue strength . . . A2: 650, 652–653
fracture toughness . . . A2: 648–649, 651–653
future technology trends . . . A2: 655–656
introduction . . . A2: 647
mechanical properties . . . A2: 647–654
postcompaction treatments . . . A2: 653–654
prealloyed compacts (PA P/M) . . . A2: 651–653
prealloyed (PA) products . . . A2: 655
tensile properties . . . A2: 648–652
thermochemical processing (TCP) . . . A2: 654
Ti-6Al-4V, as most commonly used alloy . . . A2: 647–653
Titanium powder metallurgy alloys and composites . . . A7: 874–886
applications . . . A7: 874, 879–880
blended elemental compacts . . . A7: 874–876, 877, 878, 880, 882
categories . . . A7: 874
future trends in powder metallurgy technology . . . A7: 880–882
heat treatment . . . A7: 878–879
mechanical alloying . . . A7: 880, 881–882
mechanical properties . . . A7: 874–879
particulate reinforced titanium . . . A7: 881, 882–883
postcompaction treatments . . . A7: 879–879
prealloyed compacts . . A7: 876–878, 879, 880, 881, 882
rapid solidification . . . A7: 880, 881
thermochemical processing (TCP) . . . A7: 878, 879, 880
titanium aluminides . . . A7: 877, 880, 881, 883
Titanium powder metallurgy materials
forging of . . . A14: 283
Titanium powders *See also* Titanium; Titanium alloys; Titanium carbides; Titanium powders, production of; Titanium sponge; Titanium-aluminum-vanadium alloys; Wrought titanium . . . M7: 748–755
addition to rapid solidification alloys . . . A7: 20
aerospace applications . . . M7: 653–655
applications . . . M7: 164, 206, 653–655, 680–682, 752–755
as fuel source . . . A7: 1090
as pyrophoric . . . M7: 199
as reactive material, properties . . . M7: 597
blended elemental production . . . M7: 164–165
carbidization . . . A7: 523
chemical analysis and sampling . . . M7: 249
cold isostatic pressing . . . A7: 385, 387, 388, M7: 449–450
commercially pure . . . A7: 160, 161
compacts, properties of electric spark-activated hot pressed elemental . . . M7: 512
compacts, sintering . . . M7: 393
corrosion resistance . . . A7: 978
cost reduction . . . M7: 164
developed by P/M method . . . A7: 5
developing processes . . . M7: 167
diffusion factors . . . A7: 451
effects of hot pressing . . . M7: 512–513
encapsulation of refractory metals . . . M7: 428
extrusion . . . A7: 626, 627
for ordnance applications . . . M7: 680–682
hot pressing . . . A7: 636
hydride decomposition . . . A7: 70
hydrogenated . . . A7: 162
injection molding . . . A7: 314
keel splice . . . M7: 682
mechanical properties . . . M7: 468–469, 475, 752
microstructure . . . A7: 728
milling . . . A7: 59
nitridation . . . A7: 523
P/M parts *See also* Titanium powders, applications . . . M7: 507, 680–682, 752–755
particle size distribution for CP titanium . . A7: 161
physical properties . . . A7: 451
pneumatic isostatic forging . . . A7: 639
practical vacuum degassing cycle . . . M7: 435
prealloyed . . . A7: 160–161
precipitation from a gas . . . A7: 70
production . . . M7: 164–168
reaction with PCAs . . . A7: 81
roll compacting . . . A7: 394
sintering . . . A7: 449–501, M7: 393–395
Soviet . . . M7: 693–694
specific types . . . M7: 475
static properties of pressed-and-sintered . . . M7: 395
toxicity and exposure limits . . . M7: 206
vacuum degassing . . . M7: 435
vacuum hot pressing . . . M7: 507
vacuum sintering atmospheres for . . . M7: 345
Titanium powders, production of . . . A7: 160–166
chemical reduction . . . A7: 160–162
gas-atomization . . . A7: 160, 162, 163–164
hydride/dehydride (HDH) process . . . A7: 160, 162–163
mechanical alloying . . . A7: 160, 164–165
plasma-rotating electrode process (PREP) . . A7: 160, 164, 165
rotating-electrode process . . . A7: 164
Titanium production reactor vessels
corrosion and corrodents, temperature range . . . A20: 562
Titanium recycling
development . . . A2: 1226–1227
fire hazards . . . A2: 1227
melters . . . A2: 1227
sacrificial uses . . . A2: 1228
scrap . . . A2: 639
trends . . . A2: 1228
Titanium scrap
recycling of . . . A2: 639

Titanium silicide
plasma-enhanced chemical vapor deposition **A5:** 536

Titanium silicides **A7:** 531

Titanium specific types
commercial-purity, in acidic environments. **A19:** 207
composition and alloy type **A19:** 495
impurity limits **A19:** 829
susceptibility to stress-corrosion cracking **A19:** 496
tensile properties **A19:** 829

Titanium sponge *See also* Titanium; Titanium alloys. **A7:** 160, **M7:** 164
bulk chemical analysis **M7:** 254
fines, screen analysis and composition.... **M7:** 165, 393
for commercially pure titanium **A2:** 594–595
plasma melting/casting **A15:** 420
production............................... **A2:** 590

Titanium sponge fines *See also* Powder(s); Titanium sponge
for blended elemental compacts **A2:** 647–648

Titanium sulfides
in austenitic stainless steels **A9:** 284
in wrought heat-resistant alloys........... **A9:** 312

Titanium tetrachloride **A7:** 160
chemical vapor deposition process........ **M5:** 383
hazardous air pollutant regulated by the Clean Air Amendments of 1990 .... **A5:** 913

Titanium tungsten
to form chemical bonds with alumina substrate in metallizing **EM4:** 545

Titanium vacuum arc skull melting furnaces **A15:** 409–410

Titanium zirconium nitride (TiZrN)
physical vapor deposited coating for cutting tools **A5:** 903–904

Titanium-alloy phase diagrams
titanium-aluminum .... **A3:** 1•24
titanium-chromium .... **A3:** 1•24
titanium-vanadium .... **A3:** 1•24

Titanium-aluminum alloys
types and usage **A2:** 586

Titanium-aluminum phase diagram **A6:** 525

Titanium-aluminum-vanadium alloy, wrought
composition............................. **A18:** 658
physical and mechanical properties....... **A18:** 659

Titanium-aluminum-vanadium alloys **M7:** 164, 165
aerospace applications **M7:** 654
by rotating electrode process.............. **M7:** 41
compacts, composition................... **M7:** 165
compacts, properties of electric spark activated hot pressed **M7:** 513
compacts, tensile properties **M7:** 752
complex shape from near-net shape **M7:** 41, 44
effect of milling time on particle shape change **M7:** 60
fatigue behavior **M7:** 41, 44
for encapsulation........................ **M7:** 428
from mixed chlorides.................... **M7:** 167
impeller of blended elemental powder **M7:** 749
in cold isostatic pressing............ **M7:** 435, 449
keel splice preforms **M7:** 439
martensitic microstructure................ **M7:** 749
microstructure during sintering **M7:** 394
pores in................................. **M7:** 165
processing conditions................ **M7:** 438–439
roll compacted.......................... **M7:** 408
shape reproducibility **M7:** 755
specific types **M7:** 475
tensile properties **M7:** 41, 42, 752

Titanium-base alloy powders
corrosion resistance **A7:** 978
hot isostatic pressing **A7:** 594, 616, 617

Titanium-base corrosion-resistant alloys, selection of **A6:** 598, 599
corrosion resistance **A6:** 599
heat-affected zone **A6:** 599
iron contamination **A6:** 599
mechanical properties **A6:** 599
microstructure........................... **A6:** 599
postweld heat treatment **A6:** 599
stress-corrosion cracking **A6:** 599
weldability characteristics................ **A6:** 599

Titanium-base intermetallic compounds
as new technology **A2:** 590

Titanium-carbon refractory compound
synthesized by SHS process **EM4:** 228

Titanium-coated carbides
cutting speed and work material relationships **A18:** 616

Titanium-iron alloys, hydrided
phase analysis of **A10:** 293–294

Titanium-iron binary alloy
with omega phase........................ **A9:** 474

Titanium-iron intermetallic compounds
phase analysis of **A10:** 293–294

Titanium-magnesium alloys **A7:** 20

Titanium-matrix composites
development and production......... **A2:** 589, 908

Titanium-matrix composites with boron fibers
grinding **A9:** 588
polishing **A9:** 591

Titanium-matrix composites with silicon-carbide fibers
grinding **A9:** 591
polishing **A9:** 591

Titanium-microalloyed steels **A1:** 403–404

Titanium-nickel (Ti-Ni) shape-memory alloys **A19:** 143

Titanium-niobium microalloyed steels **A1:** 404

Titanium-palladium alloys
nitric acid corrosion in **A13:** 1156

Titanium-platinum-gold
interconnect and contact system **EL1:** 961

Titanium-reinforced metal-matrix compositions, specific types
Ti-6A-4V-TiCp reinforced P/M, fatigue crack threshold **A19:** 144

Titanium-stabilized steel
porcelain enameling of **M5:** 512–513

Titanium-stabilized steels
composition, for porcelain enameling...... **A5:** 732
flat-rolled carbon steel product available for porcelain enameling **A5:** 456

Titanium-stabilized wrought stainless steels
etching **A9:** 282

Titanium-vanadium-antimony gray rutile
inorganic pigment to impart color to ceramic coatings **A5:** 881

Titanium-zirconium-molybdenum (TZM)
alloy **A7:** 906

Titanocene
biologic/toxic effects **A2:** 1261

Titer
in volumetric work **A10:** 162

Titer technique
for analyte determination **A10:** 172

Titrants
common standardizations................ **A10:** 172
unstable **A10:** 202

Titration
acid-base **A10:** 172–173
amperometric **A10:** 204
analytical, by potentiometric membrane electrodes.......................... **A10:** 181
automated, biamperometry or bipotentiometry use with.............................. **A10:** 204
back **A10:** 173
biamperometnc......................... **A10:** 204
bipotentiometric........................ **A10:** 204
buret.................................. **A10:** 205
chelometric **A10:** 164
complexometric **A10:** 164, 201
conductometric......................... **A10:** 203
coulometric **A10:** 197, 202–205
dead-stop end-point **A10:** 204
defined................................ **A10:** 683
EDTA.................................. **A10:** 173
electrochemical **A10:** 202
electrometric **A10:** 202–206, 672
for emulsion concentration............... **A14:** 516
iodimetric **A10:** 174
Karl Fischer, for surface oxides.......... **A10:** 177
methods, with ion-selective membrane electrodes.......................... **A10:** 183
microwave inspection **A17:** 215
Mohr, defined.......................... **A10:** 164
of chloride in silver nitrate solution...... **A10:** 164
oscillometric (high-frequency) **A10:** 203–204
permanganate, for chromium and vanadium.......................... **A10:** 176
potentiometric.......................... **A10:** 204
precipitation **A10:** 173
redox, miscellaneous **A10:** 174–176
spectrophotometric...................... **A10:** 70
vessel, oscillometric (high-frequency) **A10:** 203
Vohhard, defined **A10:** 164

Titrimetric potentiometry
and ion-selection electrodes **A10:** 204

Titrimetry
acid-base **A10:** 172–173
amperometric **A10:** 204
buret.................................. **A10:** 205
classical **A10:** 205
complexation........................... **A10:** 173
described **A10:** 162
iodimetric **A10:** 174
of metal alloys, by potentiometric membrane electrodes.......................... **A10:** 181
precipitation **A10:** 173
redox **A10:** 174–176

Ti-U (Phase Diagram) .... **A3:** 2•378

Ti-V (Phase Diagram) .... **A3:** 2•379

Ti-W (Phase Diagram) .... **A3:** 2•379

Ti-Y (Phase Diagram) .... **A3:** 2•379

Ti-Yb (Phase Diagram) .... **A3:** 2•380

Ti-Zn (Phase Diagram) .... **A3:** 2•380

Ti-Zr (Phase Diagram) .... **A3:** 2•380

T-joint weld
magnetic particle inspection.............. **A17:** 109
nonrelevant indications in **A17:** 106–108

T-joints
arc welding of
cobalt-based alloys..................... **M6:** 368
heat-resistant alloys **M6:** 356–357, 360, 363, 368
nickel alloys **M6:** 437
nickel-based alloys **M6:** 360, 363
stainless steels, austenitic **M6:** 334
definition.............................. **A6:** 1214
definition, illustration.............. **M6:** 18, 60, 61
electron beam welds............... **M6:** 616–618
electron-beam welding................... **A6:** 260
electroslag welding **M6:** 225
flux cored arc welding.............. **M6:** 112–113
gas metal arc welding of aluminum alloys **M6:** 384
gas tungsten arc welding **M6:** 202
of aluminum alloys **M6:** 396
of commercial coppers **M6:** 403
of heat-resistant alloys........ **M6:** 356–357, 360
of magnesium alloys.............. **M6:** 431–432
hydrogen-induced cracking............... **A6:** 436
lamellar tearing.......................... **A6:** 95
laser beam welding...................... **M6:** 664
laser brazing........................... **M6:** 1065
laser-beam welding.......... **A6:** 264, 879, 880
magnetic particle inspection.............. **A17:** 114
oxyfuel gas welding **A6:** 286, 287, **M6:** 589–590
radiographic inspection **A17:** 334
shielded metal arc welding of nickel-based heat-resistant alloys **M6:** 356, 363
submerged arc welds.................... **M6:** 127

TL600 three-dimensional weaving machine **EM1:** 130–131

TL1000 three-dimensional weaving machines **EM1:** 130–131

TL1250 three-dimensional weaving machine **EM1:** 130–131

SUBJECTS OF THE INDEXED VOLUMES: ASM Handbook (designated by the letter "A"): **A1:** Properties and Selection: Irons, Steels, and High-Performance Alloys (1990); **A2:** Properties and Selection: Nonferrous Alloys and Special-Purpose Materials (1990); **A3:** Alloy Phase Diagrams (1992); **A4:** Heat Treating (1991); **A5:** Surface Engineering (1994); **A6:** Welding, Brazing, and Soldering (1993); **A7:** Powder Metal Technologies and Applications (1998); **A8:** Mechanical Testing (1985); **A9:** Metallography and Microstructures (1985); **A10:** Materials Characterization (1986); **A11:** Failure Analysis and Prevention (1986); **A12:** Fractography (1987); **A13:** Corrosion (1987); **A14:** Forming and Forging (1988); **A15:** Casting (1988); **A16:** Machining (1989); **A17:** Nondestructive Evaluation and Quality Control (1989); **A18:** Friction, Lubrication, and Wear Technology (1992); **A19:** Fatigue and Fracture (1996); **A20:** Materials Selection and Design (1997). **Metals Handbook, 9th Edition** (designated by the letter "M"): **M1:** Properties and Selection: Irons and Steels (1978); **M2:** Properties and Selection: Nonferrous Alloys and Pure Metals (1979); **M3:** Properties and Selection: Stainless Steels, Tool Materials, and Special-Purpose Materials (1980); **M4:** Heat Treating (1981); **M5:** Surface Cleaning, Finishing, and Coating (1982); **M6:** Welding, Brazing, and Soldering (1983); **M7:** Powder Metallurgy (1984). **Engineered Materials Handbook** (designated by the letters "EM"): **EM1:** Composites (1987); **EM2:** Engineering Plastics (1988); **EM3:** Adhesives and Sealants (1990); **EM4:** Ceramics and Glasses (1991). **Electronic Materials Handbook** (designated by the letters "EL"): **EL1:** Packaging (1989)

TLC *See* Thin-layer chromatography; Thin-layer chromatography (TLC)

TLW **M2:** 3–833, **M3:** 1–882, **M4:** 1–800, **M5:** 1–715, **M6:** 1–1112

t-n **diagram**

for creep-fatigue interaction analysis **A8:** 358

TNAA *See* Thermal neutron activation analysis

TNT

aluminum additives **M7:** 600

TO packages *See also* Packages

3, discrete semiconductor............... **EL1:** 435

3, steel header **EL1:** 426

39, discrete semiconductor, header....... **EL1:** 423

92, discrete semiconductor.............. **EL1:** 435

220, discrete semiconductor............. **EL1:** 435

220, lead frame assembly............... **EL1:** 427

220, metal body part................... **EL1:** 426

resistance projection welding............ **EL1:** 239

sealing of............................. **EL1:** 237

Tobermorite gel **EM4:** 12

Tobin bronze

as thermal spray coating for hardfacing applications **A5:** 735

thermal spray coating material **A18:** 832

Toe and root cracks

in weldments.......................... **A17:** 585

Toe crack *See also* Cracking

definition **A6:** 1214, **M6:** 18

Toe fatigue crack initiation site

notch **A19:** 282

relevant material condition **A19:** 282

residual stresses **A19:** 282

Toe of weld

definition **M6:** 18

Toepler pumps **A10:** 152

Toggle mechanisms

in mechanical presses **A14:** 494–495

Toggle press **M7:** 12

defined............................... **A14:** 13

horizontal **M7:** 15

used for making platinum powder compacts.. **A7:** 4

Toggle-switch springs

fatigue failure **A11:** 557

Tokamak fusion test reactor.............. **A6:** 618

Tokamaks

as fusion-containment machines **A2:** 1056–1057

fusion-containment devices.............. **A6:** 433

Tokamax (whisker)

properties............................. **A18:** 803

Tokyo tungsten.......................... **A7:** 193

Tolansky multiple-beam interferometer........ **A9:** 80

Tolerance *See also* Damage tolerance; Permissible variation **A20:** 248, **EM3:** 29

calibration accuracy..................... **A8:** 612

close, of composites.................... **EM1:** 36

damage, evaluating...................... **A8:** 683

defined.......... **A8:** 14, **A20:** 246, 842, **EM1:** 24

definition.............................. **A5:** 970

extra charge for tighter than normal...... **A20:** 249

interval................................ **A8:** 626

relative design guidelines **A20:** 37–38

specimen, in axial compression testing...... **A8:** 55

Tolerance analysis.................. **A20:** 219–221

definition **A20:** 842

one-or two-dimensional................. **A20:** 219

simulation packages.................... **A20:** 221

three-dimensional...................... **A20:** 219

traditional **A20:** 221

Tolerance design **A20:** 113, 114

definition **A20:** 842

Tolerance design stage

quality design **A17:** 722

Tolerance influence feature................ **A20:** 37

Tolerance limits **A20:** 76

defined................................ **A8:** 14

on fatigue data **A8:** 700

on stress-life data...................... **A8:** 700

one-sided **A8:** 664–665, 700

Tolerance model, statistical

and process control **A17:** 739–740

Tolerance stackup.............. **A20:** 110–111, 113

Tolerance, to yielding

in limit analysis................... **A11:** 136–138

Tolerance(s) *See also* Accuracy; Allowances; Damage tolerance; Dimensional accuracy; Dimensional tolerances; NDE reliability; Statistical tolerancing; Tolerance model..... **A7:** 695, 696, **A14:** 6

alloy steel sheet and strip **M1:** 163

aluminum alloy closed-die forging **A14:** 243

analysis, flexible printed boards **EL1:** 595–596

and control limits, in process capability assessment **A17:** 739

and dimensions **EL1:** 595

and process capability.................. **A15:** 615

as-cast dimensions, die castings.......... **A15:** 289

assignment, hot upset forging **A14:** 93–94

blanking and piercing high-carbon steels........................ **A14:** 557–558

calculations, high-speed PWBs **EL1:** 609

calibration, thermocouples **A2:** 881

close, in cold extrusion **A14:** 307

cold finished bars.................. **M1:** 217–219

contour roll forming **A14:** 632–634

defined **A14:** 73, **A15:** 11, **EM2:** 43

definition.............................. **A7:** 695

design stage, quality design **A17:** 722

die casting........................ **A15:** 619–620

dimensional **A15:** 614–623

dimensional, in coining................. **A14:** 186

dimensional, of investment casting....... **A15:** 265

dimensional, of P/M materials and parts.. **M7:** 482

dimensioning and tolerancing **A15:** 622–623

effect on cost, hot upset forging **A14:** 94–95

evaporative foam castings............... **A15:** 622

explosive plate forming................. **A14:** 641

explosive tube forming **A14:** 641

fault, wafer-scale integration **EL1:** 9

flexible printed boards **EL1:** 592–595

for aluminum alloy precision forgings **A14:** 251–252

for drop hammer forming............... **A14:** 657

for explosive sheet forming **A14:** 640–641

for precision forging.............. **A14:** 160, 165

for seamless rolled rings........... **A14:** 126–127

for swaging bar and tubing.............. **A14:** 140

forging of steel **M1:** 362, 364–368, 370, 371, 373–375

high-temperature sintering............... **M7:** 482

hot rolled bars and shapes **M1:** 199

in open-die forging **A14:** 71–73

in straightening........................ **A14:** 680

investment castings **A15:** 621–622

loose **A14:** 307

magnesium alloy die casting............. **A15:** 809

manufacturing/production, optical .. **EM2:** 482–483

medium **A14:** 307

no-bake molds **A15:** 619

noncritical, steels **A15:** 619

of heat-resistant castings........... **M3:** 280, 283

of impurities, casting vs. wrought copper alloys **A2:** 346

of powder forged parts........ **A14:** 204, **M7:** 416

on slug volume, cold extrusion **A14:** 309

open **A14:** 307

parting line, die casting................. **A15:** 289

permanent mold castings **A15:** 620–621

plaster mold castings................... **A15:** 622

press bending **A14:** 552

requirements, process variables...... **A15:** 614–615

rolled ring........................ **A14:** 125–127

sand castings...................... **A15:** 617–619

shell molded castings................... **A15:** 622

springs, steel................ **M1:** 288, 303, 304

thermoplastic injection molding **EM2:** 312–313

titanium alloy castings **A15:** 830–831

titanium alloy forged aircraft part........ **A14:** 274

titanium alloy precision forging.......... **A14:** 284

titanium and titanium alloy castings .. **A2:** 641–642

upsetting pipe and tubing............. **A14:** 91–92

variations............................. **A14:** 307

Tolerancing **A20:** 5

and dimensioning **A15:** 622–623

Tolerancing schemes **A20:** 219

Toluene **A7:** 81

as organic cleaning solvent............... **A12:** 74

as toxic chemical targeted by 33/50 Program **A20:** 133

hazardous air pollutant regulated by the Clean Air Amendments of 1990 .... **A5:** 913

surface tension **EM3:** 181

wipe solvent cleaner **A5:** 940

Toluene ($C_6H_5CH_3$)

as solvent used in ceramics processing... **EM4:** 117

Toluene diisocyanate (TDI) **EM3:** 108, 203

in polyurethanes....................... **EM2:** 257

Toluhydroquinone

typical formulation..................... **EM3:** 121

Toluol

properties.............................. **A5:** 21

Toluol/hexane

solvent used to help apply ferrography to grease-lubricated bearings **A18:** 307

Tolyltriazole **A18:** 141

Tombasil *See also* Cast copper alloys; Copper alloys, specific types, C87500 and C87800

properties and applications **A2:** 372–373

Tombstoning **A6:** 994, 995, **EL1:** 694, 704

Tomkeieff equations

for three-dimensional grains and particles.. **A9:** 132

for two-dimensional planar figures **A9:** 131

Tomographic plane

defined................................ **A17:** 385

Tomography

defined................................ **A17:** 385

Toner

for electrostatic copying machine powder used **M7:** 573, 582

in copier powders.................. **M7:** 573, 582

Tong hold...........................**A14:** 13, 87

Tongue and groove bonding **EM3:** 561

Tongue design

for press-brake forming................. **A14:** 536

Tongues................................ **A19:** 42

AISI/SAE alloy steels.................. **A12:** 341

and cleavage facets, compared........... **A12:** 424

and hairline indications **A11:** 79

formation............................. **A12:** 13

iron........................ **A12:** 219, 224, 457

low-carbon steels **A12:** 252

medium-carbon steels **A12:** 267

micro-, in ductile irons................. **A12:** 232

on cleavage fracture surface......... **A12:** 13, 252

on steel weld metal **A12:** 17

pyramid-shaped, nickel alloys **A12:** 397

steel, in cleavage....................... **A11:** 22

Tonnages

metal casting shipments **A15:** 41–42

Tool and die materials *See also* Die materials; Tool materials

for hot forging **A14:** 43

Tool and die steels........... **A6:** 662, 674–676

composition **A6:** 674, 675

cracking **A6:** 675

description of steels.................... **A6:** 674

filler metals........................ **A6:** 674–675

flux-cored arc welding **A6:** 674, 676

gas-metal arc welding **A6:** 674, 676

gas-tungsten arc welding............ **A6:** 674, 676

heat-affected zones..................... **A6:** 675

plasma arc welding **A6:** 674

postweld heat treatment **A6:** 675–676

preheating........................ **A6:** 675, 676

repair practices **A6:** 675, 676

shielded metal arc welding **A6:** 674, 676

welding applications **A6:** 674

welding procedures and practices **A6:** 675–676

welding processes **A6:** 674

Tool and die(s)

powders used.......................... **M7:** 574

steels, cobalt powders in **M7:** 144

Tool bits

high-speed tool steels................... **A16:** 57

Tool cavity expansion factor............... **A7:** 357

Tool center point (TCP) velocity (robot).... **EM3:** 718

Tool chips

as stress concentrator................... **A11:** 89

Tool condition monitoring systems **A16:** 411–417

bearing transducers................ **A16:** 412, 414

design consideration **A16:** 414

feed force transducers **A16:** 412

force transducers **A16:** 415

future developments **A16:** 417

load-sensitive transducers............... **A16:** 414

measuring plate transducers............. **A16:** 412

microprocessing................... **A16:** 412, 415

NC machines..................... **A16:** 411, 412

Tool condition monitoring systems (continued)
signal amplification **A16:** 412
tapping transducers **A16:** 412
tension-measuring transducers....... **A16:** 412, 413
torque transducers **A16:** 415
variable monitored **A16:** 411–414
Tool cutting process
in metal removal processes classification scheme **A20:** 695
Tool design................ **A14:** 197, 474, **A20:** 164
Tool designer
information for......................... **EM2:** 1
Tool dulling
effect in piercing **A14:** 461
Tool failures *See also* Tools; Tools and dies, failures
analytical approach **A11:** 563
causes of......................... **A11:** 564–577
heat treatment, influence of **A11:** 564, 567–574
influence of design **A11:** 564–566
machining and................ **A11:** 564, 566–567
service conditions and **A11:** 575–577
steel grade and quality, influence of **A11:** 564, 566, 574–575
types of **A11:** 564
Tool inserts, carbide
vapor forming..................... **M5:** 382–383
Tool joints
by radial forging....................... **A14:** 145
Tool life...... **A1:** 591–592, **A14:** 139, 463, **A18:** 617, **A20:** 297
ductile cast iron, machining of **M1:** 54, 55
in machining aluminum **M2:** 187–189
steel, machining of... **M1:** 566, 571, 572, 574, 581, 583
Tool life tests............................ **A1:** 591
Tool magazine management **A20:** 759
Tool marks.......................... **A14:** 13, 840
AISI/SAE alloy steels................... **A12:** 296
as fracture origin, medium-carbon steels .. **A12:** 258
as stress concentrators.................. **A11:** 318
cobalt alloy **A12:** 398
effect on cold-formed part failures **A11:** 308
magnetic rubber inspection **A17:** 125
spring failures from................ **A11:** 555–557
titanium alloys.................... **A12:** 446–447
wrought aluminum alloys **A12:** 419
Tool materials *See also* Cemented carbides; Material selection; Tool Steels; Ultrahard tool materials
blanking and piercing dies.......... **A14:** 484–485
cold extrusion.......................... **A14:** 309
for blanking/piercing high-carbon steels... **A14:** 556
for cold heading....................... **A14:** 293
for conventional blanking dies........... **A14:** 453
for drawing **A14:** 336
for drop hammer forming, steels......... **A14:** 656
for hot extrusion **A14:** 320–321
for hot upset forging **A14:** 86
for hydrostatic extrusion................ **A14:** 329
for piercing **A14:** 465
for press forming dies.............. **A14:** 504–505
for press-brake forming............. **A14:** 539–540
for titanium alloy forming **A14:** 840
for trimming stainless steels............. **A14:** 230
Tool materials, structural components
use for **M3:** 558–559
Tool materials, superhard *See also* Cemented carbides **M3:** 448–465
abrasion resistance ... **M3:** 453, 455, 456, 457–458, 461, 464
applications......... **M3:** 449, 450, 451, 452, 460, 461–462, 463–464
cast Co-Cr-W-Nb-C alloys........... **M3:** 461–462
cemented carbides **M3:** 449–461
ceramics **M3:** 462–463, 464
classification **M3:** 448–449, 450, 451
composition....................... **M3:** 460, 461
corrosion resistance **M3:** 456, 461
cubic boron nitride................. **M3:** 463–464
diamond **M3:** 464
hardness ... **M3:** 453, 455, 456, 457–458, 459, 460, 461, 463, 464
microstructure .. **M3:** 452–453, 454, 459, 460, 462, 463
Tool path generation process **A20:** 237
Tool set **M7:** 12
Tool side
defined **EM1:** 24
Tool steel
borided, for tape casting, blanking, and hole fabrication **EM4:** 164
hardened, for shear testing **A8:** 68
hardness conversion tables for............ **A8:** 109
ion implantation of...................... **M5:** 425
Knoop indentations in microconstituents of **A8:** 97, 101
parameters for machining with HIP metal-oxide composite grade ceramic insert cutting tools **EM4:** 968
properties **EM4:** 316, 974
Tool steel alloys, specific types *See also* ASP steels; High-speed tool steels; Tool steels **M7:** 471, 472
01, chemical composition **M7:** 525
A2, chemical composition............... **M7:** 525
ASP 23, chemical composition........... **M7:** 525
ASP 23, mechanical properties and compositions **M7:** 471
ASP 30, chemical composition........... **M7:** 525
ASP 30, mechanical properties and compositions **M7:** 471
ASP 60, chemical composition........... **M7:** 525
ASP 60, mechanical properties and compositions **M7:** 471
CPM Rex 20, chemical composition...... **M7:** 525
CPM Rex 20, mechanical properties and compositions **M7:** 471
CPM Rex 25, mechanical properties and compositions **M7:** 471
CPM Rex 76, chemical composition...... **M7:** 525
CPM Rex 76, mechanical properties and compositions **M7:** 471
CPM-10V, chemical composition......... **M7:** 525
CPM-10V, mechanical properties and compositions **M7:** 471
D2, as-sintered and wrought............. **M7:** 378
D2, chemical composition............... **M7:** 525
D2, mechanical properties and compositions **M7:** 472
D6, chemical composition............... **M7:** 525
FC-0200, tensile strengths............... **M7:** 499
FC-0400, tensile strengths............... **M7:** 499
FC-0600, tensile strengths............... **M7:** 499
FC-0800, tensile strengths............... **M7:** 499
FN-0200, tensile strengths............... **M7:** 499
FN-0405 MPIF, tensile strengths......... **M7:** 499
FN-0500, tensile strengths............... **M7:** 499
FN-0600, tensile strengths............... **M7:** 499
FN-0605 MPIF, tensile strengths......... **M7:** 499
FN-0800, tensile strengths............... **M7:** 499
M2, chemical composition **M7:** 525
M2 CPM, mechanical properties and compositions **M7:** 471
M2, mechanical properties and compositions................. **M7:** 103, 472
M2, microstructure as-sintered........... **M7:** 378
M2, sintering data **M7:** 373
M2, water-atomized **M7:** 32
M3, composition and properties **M7:** 103
M4 CPM, mechanical properties and compositions **M7:** 471
M4, mechanical properties and compositions **M7:** 472
M42, chemical composition **M7:** 525
M42 CPM, mechanical properties and compositions **M7:** 471
M42 CPM Rex, chemical composition **M7:** 525
M42, mechanical properties and compositions................. **M7:** 103, 472
M42, replacing......................... **M7:** 144
S7, chemical composition **M7:** 525
T15, chemical composition............... **M7:** 525
T15 CPM, mechanical properties and compositions **M7:** 471
T15 CPM, microstructures **M7:** 788
T15, mechanical properties and compositions................. **M7:** 103, 472
T15, microstructures ... **M7:** 38, 39, 103, 104, 535, 788
T15, particles, carbide enlargement....... **M7:** 184
T15, replacing **M7:** 144
T15, sintered microstructure............. **M7:** 371
Tool steel atomization................. **A7:** 130–131
Tool steel for case hardening
composition of **A9:** 219
Tool steel powders
annealing **A7:** 322
as core rod material...................... **A7:** 353
as die inserts............................ **A7:** 353
as die material **A7:** 353
atomization **A7:** 969
cold sintering **A7:** 577, 578, 579, 581
compositions **A7:** 969, 970
diffusion factors **A7:** 451
direct laser sintering **A7:** 428
extrusion **A7:** 626, 628, 630
fatigue **A7:** 958, 960
for punches **A7:** 351
forging and hot pressing **A7:** 632
gas atomization................ **A7:** 127, 130–131
gas-atomized, compositions.......... **A7:** 126, 127
gelcasting **A7:** 432
green strength **A7:** 346
grinding **A7:** 686
high-speed......................... **A7:** 126, 127
high-temperature sintering **A7:** 831–832
hot isostatic pressing **A7:** 593, 605, 615
injection molding....................... **A7:** 314
laser-based direct fabrication......... **A7:** 434, 435
liquid-phase sintering.................... **A7:** 570
machining **A7:** 686–687
microexamination....................... **A7:** 726
microstructures **A7:** 727, 741, 746
milling **A7:** 64
operating conditions and properties of water-atomized powders................... **A7:** 36
physical properties...................... **A7:** 451
production methods..................... **A7:** 126
sintering **A7:** 482–487, 969
spray forming **A7:** 398
sprayed onto iron rolls **A7:** 403
transient liquid-phase sintering **A7:** 317
water-atomized.......... **A7:** 35, 37, 126–127, 130
wear resistance... **A7:** 966, 969, 970, 971, 972, 973
Tool steels *See also* ASP steels; High speed tool steels; Tool failures; Tool steel alloys, specific types; Tool steels; Tool steels, high-speed; Tool steels, specific types; Tools; Ultrahard tool materials **A5:** 767–771, 772, 773, **A9:** 256–272, **A16:** 708–732, **A19:** 382, **M3:** 421–447, **M7:** 784–793
abrasion resistance **M3:** 583
abrasive flow machining................ **A16:** 519
abrasive waterjet machining............. **A16:** 527
air-hardened, die failure from severe wear.................. **A11:** 575, 582
air-hardening, composition of weld deposits **A6:** 675
air-hardening medium-alloy cold work.... **M3:** 425, 427
annealing **A4:** 35
anti-segregation process............. **M7:** 784–787
antiwear applications **M7:** 621
applications **M7:** 789–793
arc welding **M6:** 294–297
filler metals **M6:** 295–296
postweld heat treating................. **M6:** 296
preheating **M6:** 296

SUBJECTS OF THE INDEXED VOLUMES: **ASM Handbook** (designated by the letter "A"): **A1:** Properties and Selection: Irons, Steels, and High-Performance Alloys (1990); **A2:** Properties and Selection: Nonferrous Alloys and Special-Purpose Materials (1990); **A3:** Alloy Phase Diagrams (1992); **A4:** Heat Treating (1991); **A5:** Surface Engineering (1994); **A6:** Welding, Brazing, and Soldering (1993); **A7:** Powder Metal Technologies and Applications (1998); **A8:** Mechanical Testing (1985); **A9:** Metallography and Microstructures (1985); **A10:** Materials Characterization (1986); **A11:** Failure Analysis and Prevention (1986); **A12:** Fractography (1987); **A13:** Corrosion (1987); **A14:** Forming and Forging (1988); **A15:** Casting (1988); **A16:** Machining (1989); **A17:** Nondestructive Evaluation and Quality Control (1989); **A18:** Friction, Lubrication, and Wear Technology (1992); **A19:** Fatigue and Fracture (1996); **A20:** Materials Selection and Design (1997). **Metals Handbook, 9th Edition** (designated by the letter "M"): **M1:** Properties and Selection: Irons and Steels (1978); **M2:** Properties and Selection: Nonferrous Alloys and Pure Metals (1979); **M3:** Properties and Selection: Stainless Steels, Tool Materials, and Special-Purpose Materials (1980); **M4:** Heat Treating (1981); **M5:** Surface Cleaning, Finishing, and Coating (1982); **M6:** Welding, Brazing, and Soldering (1983); **M7:** Powder Metallurgy (1984). **Engineered Materials Handbook** (designated by the letters "EM"): **EM1:** Composites (1987); **EM2:** Engineering Plastics (1988); **EM3:** Adhesives and Sealants (1990); **EM4:** Ceramics and Glasses (1991). **Electronic Materials Handbook** (designated by the letters "EL"): **EL1:** Packaging (1989)

repair welding **M6:** 296–297
welding conditions. **M6:** 295
welding processes. **M6:** 295
argon oxygen decarburization **A15:** 426
as P/M materials **A19:** 339
boriding **A4:** 264, 437, 445, **A5:** 769–770
boring. **A16:** 716
brazing. **A6:** 908
brazing and soldering characteristics . . **A6:** 624–625
bright finish. **A5:** 770
by STAMP process **M7:** 548
CAP-produced. **M7:** 535–536
carbide coating by Toyota Diffusion
Process **A5:** 770
carbon, hydrogen flaking in **A11:** 574
carburizing. **A5:** 769
causes of distortion **M3:** 466–467
CBN for machining **A16:** 105
centerless grinding **A16:** 730
ceramic molding of **A15:** 248
cermet tools applied. **A16:** 92
chemical compositions **M7:** 525
chemical vapor deposition **A5:** 770
chromium hot work **M3:** 426–427
circular sawing **A16:** 725
classification. **M4:** 561, 562–564
classification for grindability **A16:** 726
classifications of. **A5:** 767–769
cleanliness **M7:** 104
CNC grinding **A16:** 730
Co content. **A16:** 57
coating materials for **A20:** 481
cobalt enhanced cutting ability. **M7:** 144
cold compacted **M7:** 467
cold reduction swaging effects **A14:** 129
cold work. **M3:** 427–428
cold-work, steel type and composition **A6:** 674
cold-work steels **A5:** 768, 769
composition **M3:** 422–423, 424, **M4:** 561, 562–564
composition effect on cost **A16:** 728
composition effect on grindability . . . **A16:** 727–728
composition limits. **A16:** 709–710
consolidated by atmospheric pressure
(CAP) **M7:** 535–536
contour band sawing. **A16:** 362, 364
conventionally wrought and ASP tool,
compared **M7:** 785
crucible particle metallurgy process
(CPM) for **M7:** 787–788
cryogenic treatment **A4:** 204–205
cutoff band sawing. **A16:** 360
cutting fluids **A16:** 125, 710, 716, 717, 726
cylindrical grinding **A16:** 730
decarburization resistance **M3:** 443
definition. **A5:** 767
distortion. **M3:** 443, 466–469
drilling **A16:** 229–231, 237, 710–711, 715–716, 718, 721, 727
early fractographs **A12:** 5
EDM procedures for **A11:** 91–92
effect of composition on microstructure . . . **A9:** 258
electrical discharge machining. . **A16:** 527, 539, 557, 558, 560, 708
electrochemical discharge grinding . . **A16:** 548, 549, 550
electrochemical grinding **A16:** 547
electrochemical machining. **A16:** 535, 539
electron beam welding **M6:** 638
preheating **M6:** 613
electron-beam welding **A6:** 258–259, 867
end milling. **A16:** 722, 726
etchants for. **A9:** 257
fabrication **M3:** 442–443
face milling. **A16:** 715, 716
flame hardening **A4:** 284
flash welding **M6:** 558
flute grinding **A16:** 730–731
for coining. **A14:** 182
for drawing dies. **A14:** 336–337
for hot forging **A14:** 43, 46, 54–56
for hot upsetting dies **A14:** 86
for ironing punches and dies **A14:** 511
for precision aluminum forgings **A14:** 253
for tooling in thermoreactive deposition/diffusion
process **A4:** 449
forging temperatures **A14:** 81
fractographs **A12:** 375–382
fracture tests for **A12:** 141, 162
fracture/failure causes illustrated. **A12:** 217
friction welding **A6:** 152, 153
FULDENS process. **M7:** 788–789
gas atomized, compositions. **M7:** 103
gas nitriding **A4:** 392–393
gear machining **A16:** 723
grindability **M3:** 442, 443
grinding. **A16:** 547, 722, 723–732
grinding conditions **A16:** 729–730
grinding fluids **A16:** 730–731
grinding ratios . . **A16:** 724, 726–727, 728, 730, 731, 732
grinding wheel selection **A16:** 728–730
grooving with cermets **A16:** 95
ground by CBN wheels **A16:** 455, 461
hard chromium plating, selected
applications **A5:** 177
hardenability **M3:** 443
hardened, electrochemical machining **A5:** 112
hardening by a molten salt bath
treatment **A4:** 475–476
hardening by quenching. **A4:** 77, 78, 79
hardfacing **A6:** 798
hardness effect on grindability **A16:** 727–728
hardness effect on surface finish **A16:** 728, 729
hardness scale, relation of Vickers and
Rockwell **M3:** 440
heat treating of. **A14:** 53–55
heat treatment. **M3:** 425, 433–437, 438–440
high speed **M3:** 424–426
high-carbon. **A12:** 141, 162
high-carbon, high-chromium cold work. . . . **M3:** 427
high-speed
composition of weld deposits **A6:** 675
steel type and composition **A6:** 674
high-speed molybdenum, for bearings **A11:** 490
high-speed steels **A5:** 767, 768
high-speed, wear resistance influenced by
carbides. **M1:** 612
high-strength materials of limited
ductility **A19:** 375
history. **M7:** 18
hot isostatically pressed gas-atomized **M7:** 467
hot work. **M3:** 426–427
composition of weld deposits **A6:** 675
steel type and composition **A6:** 674
hot-work, hot hardnesses. **A14:** 46
hot-work, runner block wear from . . . **A11:** 576, 583
hot-work steels **A5:** 767, 768, 769
hydrogen-stress cracking and loss of tensile
ductility **A1:** 715
injection molded, tensile strengths. **M7:** 499
internal grinding. **A16:** 730
ion implantation. **A4:** 266, **A5:** 771
ion or plasma nitriding. **A5:** 769
lapping **A16:** 492, 494, 499
laser surface processing methods **A5:** 771, 772
laser surface transformation hardening. **A4:** 293
laser transformation hardening **A4:** 265
liquid nitrocarburizing **A4:** 418, 419
liquid-erosion resistance **A11:** 167
low-alloy, quench cracking fracture. **A12:** 375
low-alloy, special-purpose **M3:** 430–431
low-alloy special-purpose (group L). **A5:** 769
low-stress grinding guidelines (LSG). **A16:** 731
machinability. **M3:** 442–443
machining allowances **M3:** 443–444
macroetching. **A9:** 256
macroetching to reveal hardened zones **A9:** 175
macroexamination **A9:** 256
maraging steels, use for. **M3:** 446–447
material effects on flow stress and workability in
forging chart **A20:** 740
mechanical properties **M7:** 467–468, 471
mechanical testing of. **A11:** 564
microetching. **A9:** 257–258
microexamination **A9:** 256–258
microstructure. **A16:** 708, 711, 715
microstructure of as-sintered. **M7:** 377
microstructures. **A9:** 258–259
mill products, ingot metallurgy vs. CAP
production **M7:** 535
milling. **A16:** 312–313, 547, 715–716, 718–719, 721, 723, 726–727
milling with PCBN tools. **A16:** 112
Mn content **A16:** 52
mold steels. **M3:** 430–431
mold steels (group P). **A5:** 769
mold steels, steel type and composition. . . . **A6:** 674
molybdenum high speed **M3:** 424–425
molybdenum hot work. **M3:** 427
mounting. **A9:** 256–257
net shipments (U.S.) for all grades, 1991
and 1992 . . . . **A5:** 701
nitriding **A5:** 769, 773
nominal compositions of. **A9:** 259
oil hardening, composition of weld
deposits **A6:** 675
oil-hardening cold work **M3:** 427–428, 429–430
oxidation **A5:** 770
parts, effects of overaustenizing. **A11:** 570
PCBN tooling used. **A16:** 111, 112
peripheral milling. **A16:** 721
phosphorus content **A16:** 52
photochemical machining. **A16:** 590
physical and mechanical properties. **A5:** 163
physical properties **M3:** 434, 441, 442
physical vapor deposition. **A5:** 770–771
plasma (ion) nitrocarburizing. **A4:** 423
plating **A5:** 770
powder metallurgy **M3:** 441, 442, 443, 444–445
advantages over conventional tool steels **A1:** 780
applications of high-speed tool
steels **A1:** 785–786
classification **A1:** 781–792
cold-work tool steels **A1:** 786–789
heat treatment of high-speed tool
steels **A1:** 782–783
high-speed tool steels. **A1:** 781–786
hot-work tool steels **A1:** 789–790
powder metallurgy materials, etching **A9:** 509
powder metallurgy materials
microstructures **A9:** 511
power band sawing **A16:** 714
power hacksawing **A16:** 724
precision-cast hot work tools **M3:** 446
preparation of specimens **A9:** 256–258
production of **M7:** 100, 103–104
quench cracking in. **A12:** 130
reaming **A16:** 719
residual stresses. **M3:** 467
resistance welding. **A6:** 84
rigid tool compaction of **M7:** 322
SAE grades. **M3:** 432
sawing. **A16:** 358–360, 363–364
sectioning. **A9:** 256
selection **A16:** 708, 712
service performance **M3:** 425, 434–442
shape distortion **M3:** 467, 468
shaping **A16:** 191, 714
Shepherd P-F test for. **A12:** 141, 162
shock-resisting **M3:** 428–430, 431
shock-resisting (group S) steels. **A5:** 769
shock-resisting, steel type and composition **A6:** 674
sintering **M7:** 370–376
size distortion **M3:** 467–468
soldering **A6:** 625
spade drilling **A16:** 225
special classes **A4:** 734–760, **M4:** 581–613
special purpose, steel type and
composition. **A6:** 674
specifications **M3:** 424
stabilization **M3:** 469
sulfurization effect on grindability . . . **A16:** 728, 729
surface finish caused **A16:** 708, 721, 724, 728, 732
surface grinding **A16:** 730
surface hardening. **A4:** 259
surface treatments **A5:** 769–771
tapping. **A16:** 720
tempering **A4:** 124, 134
testing **M3:** 434
thermoreactive deposition/diffusion
process **A4:** 448
thermoreactive deposition/diffusion process,
applications. **A4:** 451–452
thread grinding. **A16:** 730
threading with cermets **A16:** 95
tool life. **A16:** 708, 710, 720, 721, 726
tungsten high speed **M3:** 425–426
tungsten hot work. **M3:** 427
turning **A16:** 150, 708–710, 711, 713, 714, 715, 718, 726
turning with cermets **A16:** 93

Tool steels (continued)
ultrasonic inspection . . . **A17:** 232
Unicast process for . . . **A15:** 251
vacuum sintering atmospheres for. . . **M7:** 345, 467
water-atomized, composition and properties. . . **M7:** 103, 467
water-hardening . . . **M3:** 431–434
composition of weld deposits . . . **A6:** 675
steel type and composition . . . **A6:** 674
water-hardening (group W). . . **A5:** 769
wear applications . . . **A20:** 607
weldability. . . **M1:** 563, **M3:** 442
weldability rating by various processes . . . **A20:** 306
wrought . . . **A1:** 757–779
classification and characteristics . . . **A1:** 757–771
cold-work steels. . . **A1:** 763–766
fabrication of. . . **A1:** 774–778
high-speed steels . . . **A1:** 759–762
hot-work steels . . . **A1:** 762–763
low-alloy special-purpose steels. . . **A1:** 767
machining allowances . . . **A1:** 778–779
mold steels. . . **A1:** 767–768
precision cast hot-work . . . **A1:** 779
shock resisting steels . . . **A1:** 766–767
surface treatments. . . **A1:** 779
testing of . . . **A1:** 771–778
typical heat treatments and properties . . . **A1:** 771
water-hardening steels . . . **A1:** 768–771
Tool steels, carbon-tungsten special purpose . . . **A4:** 757–758
annealing . . . **A4:** 758, **M4:** 609, 610
austenitizing . . . **A4:** 758, **M4:** 609, 610
composition . . . **A4:** 758, **M4:** 562–563
normalizing . . . **A4:** 758, **M4:** 609, 610
quenching . . . **A4:** 758, **M4:** 610
stress relieving . . . **M4:** 610
stress-relieving. . . **A4:** 758
tempering. . . **A4:** 758, **M4:** 610, 611
Tool steels, defects and distortion in heat-treated parts. . . **A4:** 601–618
burning, detection and effects . . . **A4:** 602
control of distortion . . . **A4:** 616–617
distortion after heat treatment. . . **A4:** 617
distortion and its control in heat-treated aluminum alloys . . . **A4:** 617
distortion in heat treatment. . . **A4:** 612–616
examples of . . . **A4:** 613–615
methods of preventing. . . **A4:** 615–616
precautions. . . **A4:** 615
types of . . . **A4:** 612–613
etching characteristics. . . **A4:** 602, 603
importance of design. . . **A4:** 617–618
overheating and burning of low-alloy steels. . . **A4:** 601–603
overheating detection . . . **A4:** 601–602
overheating, factors affecting. . . **A4:** 602–603
overheating, prevention. . . **A4:** 603
quench cracking. . . **A4:** 610–612
reclamation of overheated steel. . . **A4:** 603
residual stresses . . . **A4:** 603–610
Tool steels, distortion . . . **A4:** 761–766
causes. . . **A4:** 761–762, **M4:** 614–616
control. . . **A4:** 761–762, 764–765, **M4:** 618
fixtures. . . **A4:** 765
irreversible changes. . . **A4:** 765, **M4:** 614
maraging steels . . . **A4:** 765–766, **M4:** 620
metallurgical structure . . **A4:** 761–762, **M4:** 615–616
powder metallurgy steels. . . **A4:** 765, 766, **M4:** 619
reversible changes . . . **A4:** 761, **M4:** 614
shape . . . **A4:** 761, 762–764, **M4:** 614, 615, 616
shape distortion control. . . **A4:** 764–765, **M4:** 618
size . . . **A4:** 761, 762, **M4:** 614, 615, 616
tempering. . . **A4:** 762
Tool steels, friction and wear of. . . **A18:** 693, 734–739
applications . . . **A18:** 734, 736
as shield against liquid impingement erosion . . . **A18:** 222
boriding . . . **A18:** 739
classification system . . . **A18:** 734, 735–736
cold work (A, O, D) tool steels . . . **A18:** 734, 735, 739
high-speed (M, T) tool steels. . **A18:** 734–736, 739
hot-work (H) tool steels . . . **A18:** 734, 735, 739
low-alloy special purpose (L) tool steels **A18:** 736
low-carbon (P) mold steels . . . **A18:** 736
shock-resisting (S) tool steels. . **A18:** 734, 735, 739
water-hardening (W) tool steels. . . **A18:** 734, 736
compositions . . . **A18:** 726, 734, 735–736, 737
extension of tool life via ion implantation, examples . . . **A18:** 643
friction coefficient . . . **A18:** 737, 738, 739
galling . . . **A18:** 737, 739
heat treatments. . . **A18:** 734
high-speed, erosion rate and resistance . . . **A18:** 204
ion plating. . . **A18:** 849
laser cladding . . . **A18:** 868
laser melt/particle injection . . . **A18:** 869
laser melting. . . **A18:** 864, 865
lubrication . . . **A18:** 736, 737–739
cutting . . . **A18:** 738–739
hot extrusion . . . **A18:** 738
hot forging . . . **A18:** 738
sheet metal forming. . . **A18:** 737–738
magnetron sputtering. . . **A18:** 849
manufacturing methods. . . **A18:** 734
mass loss study by National Institute of Standards and Technology (NIST). . . **A18:** 363
metallurgical aspects of wear. . . **A18:** 736–737
abrasive wear . . . **A18:** 190, 736–737, 738, 805
adhesive wear . . . **A18:** 237–238, 736, 737–738
contact fatigue wear. . . **A18:** 736, 737
corrosive wear . . . **A18:** 736, 737
nitriding . . . **A18:** 642, 739
part material for ion implantation . . . **A18:** 858
properties. . . **A18:** 734, 737, 739
surface treatments . . . **A18:** 739
Tool steels, heat treating **A4:** 711–725, **M4:** 561–574
annealing. . . **A4:** 711, 714–717, 721, **M4:** 563–564, 565–566
applications. . . **A4:** 711
austenitizing **A4:** 717, 720–721, 722, **M4:** 566–569
carburizing . . . **A4:** 714, 723–724, **M4:** 574
chromium plating. . . **A4:** 724
cold working . . . **A4:** 723–725, **M4:** 574
electroless nickel plating . . . **A4:** 724
equipment. . . **A4:** 721, 723
full annealing. . . **A4:** 714–717, **M4:** 574
grain growth . . . **A4:** 714
hardening. . . **A4:** 711, 717, 720–721, 722, **M4:** 567–569, 570–572
isothermal annealing. . . **A4:** 717, **M4:** 564
lead baths . . . **A4:** 721
martempering . . . **A4:** 721–722, **M4:** 572
material selection . . . **A4:** 711, **M4:** 561
nitriding . . . **A4:** 724, **M4:** 574
normalizing. . . **A4:** 714, **M4:** 563, 565–566
oxide coatings. . . **A4:** 724
physical properties . . . **A4:** 711, 714, 720, 721, **M4:** 563, 573, 574
preheating before austenitizing. . . **A4:** 721, **M4:** 569–572
processing . . . **A4:** 711, 714, 715–717, 718–719, **M4:** 562–563, 565–566, 567–569, 570–572
quenching. . . **A4:** 721–722, **M4:** 572
salt baths. . . **A4:** 721
service characteristics. . . **A4:** 711, 714, 715–717, 718–719, **M4:** 562–563, 565–566, 567–569, 570–572
stress relieving. . . **M4:** 561–566
stress-relieving. . . **A4:** 717
sulfide treatment . . . **A4:** 724
surface treatment. . . **A4:** 723–725
tempering . . . **A4:** 722–723, **M4:** 567–569, 572–574
titanium nitride coatings. . . **A4:** 724
Tool steels, heat treating equipment
atmospheres. . . **M4:** 579–580
austenitizing . . . **M4:** 566–569
immersed-electrode furnaces . . . **M4:** 576, 577
submerged-electrode furnaces. . . **M4:** 576–578
tempering. . . **M4:** 572–574
Tool steels, heat treating processes
automatic . . . **M4:** 578–579, 580
molten salts. . . **M4:** 575, 576
rectification of salt baths . . . **M4:** 576, 579
Tool steels, heat-treating equipment . . . **A4:** 726–733
atmospheres . . . **A4:** 728–729
austenitizing . . . **A4:** 726–728
fluidized-bed furnaces. . . **A4:** 732–733
immersed-electrode furnaces . . . **A4:** 727
submerged-electrode furnaces. . . **A4:** 727
tempering. . . **A4:** 732
vacuum furnaces . . . **A4:** 729–732
Tool steels, heat-treating processes. . . **A4:** 726–728
automatic . . . **A4:** 727, 728
molten salts. . . **A4:** 726–727
rectification of salt baths . . . **A4:** 727–728
Tool steels, high performance
vacuum sintering, liquid-phase . . . **A7:** 570
Tool steels, high speed. . . **A4:** 749–757
annealing. . . **A4:** 750, **M4:** 600
austenitizing **A4:** 750–751, 752, 754, **M4:** 599, 601
bainitic hardening. . . **A4:** 751, **M4:** 602
boriding . . . **A4:** 438
carburizing . . . **A4:** 755, **M4:** 607
fracture toughness . . . **A4:** 751
furnaces. . . **A4:** 751, 752
heat treating practices. . . **M4:** 582, 599–600
heat-treating practices. . . **A4:** 749–757
machinability, partial hardening to improve. . . **A4:** 751, **M4:** 602
martempering. . . **A4:** 756, 757
nitriding. . . **A4:** 752–754, **M4:** 604–606
pack annealing . . . **A4:** 750
preheating. . . **A4:** 750, **M4:** 600–601
quenching. . . **A4:** 751, **M4:** 601–602
refrigeration treatment . . . **A4:** 752, **M4:** 604
shape distortion control . . . **A4:** 764
specific tools, hardening. . . **A4:** 755–757
bearing components . . **A4:** 756, **M4:** 607, 609–610
broaches. . . **A4:** 755, **M4:** 607
chasers . . . **A4:** 751, 755–756, **M4:** 607
drills. . . **A4:** 756, **M4:** 607
form tools . . . **A4:** 756, **M4:** 608
hobs . . . **A4:** 756, **M4:** 608
milling cutters. . . **A4:** 756, **M4:** 607
reamers . . . **A4:** 756, **M4:** 608
taps . . . **A4:** 751, 755, 756, **M4:** 607–608
thread rolling dies . . . **A4:** 756, **M4:** 608
threading dies. . . **A4:** 756, **M4:** 608
tool bits. . . **A4:** 756, **M4:** 608–609
steam treating. . . **A4:** 754–755, **M4:** 606–607
tempering . . . **A4:** 751–752, 753, 754, 756, **M4:** 602–604, 605, 606
Tool steels, high-carbon high-chromium cold work *See* Tool steels, medium-alloy air hardening cold work
Tool steels, high-speed *See also* Steels . . **A16:** 51–59, 60–68, 717–720
and gear cutting . . . **A16:** 343
applications . . . **A16:** 57–59, 639
band sawing, Ti alloys. . . **A16:** 851
boring . . . **A16:** 163, 716
boring, Al alloys . . . **A16:** 771, 777, 778
boring, heat-resistant alloys . . . **A16:** 742
boring, refractory metals. . . **A16:** 859
broaching . . . **A16:** 202, 203, 206, 207, 208
broaching, Al alloys . . . **A16:** 774, 779
broaching, heat-resistant alloys . . . **A16:** 743
broaching, stainless steels . . . **A16:** 700, 701, 704
broaching, tool steels. . . **A16:** 717
carbon content . . . **A16:** 57
circular sawing . . . **A16:** 725
circular sawing, Al alloys. . . **A16:** 794, 800
circular sawing, refractory metals . . . **A16:** 868
Co content . . . **A16:** 52–53
coating to increase tool life . . . **A16:** 58, 59

SUBJECTS OF THE INDEXED VOLUMES: ASM Handbook (designated by the letter "A"): **A1:** Properties and Selection: Irons, Steels, and High-Performance Alloys (1990); **A2:** Properties and Selection: Nonferrous Alloys and Special-Purpose Materials (1990); **A3:** Alloy Phase Diagrams (1992); **A4:** Heat Treating (1991); **A5:** Surface Engineering (1994); **A6:** Welding, Brazing, and Soldering (1993); **A7:** Powder Metal Technologies and Applications (1998); **A8:** Mechanical Testing (1985); **A9:** Metallography and Microstructures (1985); **A10:** Materials Characterization (1986); **A11:** Failure Analysis and Prevention (1986); **A12:** Fractography (1987); **A13:** Corrosion (1987); **A14:** Forming and Forging (1988); **A15:** Casting (1988); **A16:** Machining (1989); **A17:** Nondestructive Evaluation and Quality Control (1989); **A18:** Friction, Lubrication, and Wear Technology (1992); **A19:** Fatigue and Fracture (1996); **A20:** Materials Selection and Design (1997). **Metals Handbook, 9th Edition** (designated by the letter "M"): **M1:** Properties and Selection: Irons and Steels (1978); **M2:** Properties and Selection: Nonferrous Alloys and Pure Metals (1979); **M3:** Properties and Selection: Stainless Steels, Tool Materials, and Special-Purpose Materials (1980); **M4:** Heat Treating (1981); **M5:** Surface Cleaning, Finishing, and Coating (1982); **M6:** Welding, Brazing, and Soldering (1983); **M7:** Powder Metallurgy (1984). **Engineered Materials Handbook** (designated by the letters "EM"): **EM1:** Composites (1987); **EM2:** Engineering Plastics (1988); **EM3:** Adhesives and Sealants (1990); **EM4:** Ceramics and Glasses (1991). **Electronic Materials Handbook** (designated by the letters "EL"): **EL1:** Packaging (1989)

compared to cast Co alloy tools **A16:** 70
compared to P/M processed materials **A16:** 60, 61, 64
composition **A16:** 52
contour sawing, Al alloys **A16:** 800
counterboring, cast iron **A16:** 660
counterboring, refractory metals **A16:** 860
drilling **A16:** 217, 219, 230, 233–234
drilling, Al alloys **A16:** 769, 775, 776, 781, 783, 784
drilling, cast iron **A16:** 657
drilling, heat-resistant alloys **A16:** 748
drilling, P/M materials **A16:** 887, 890
drilling, refractory metals **A16:** 860, 861, 863
drilling, Ti alloys **A16:** 850
drilling, tool steels **A16:** 718
effect of alloying elements **A16:** 51
end milling, Al alloys **A16:** 786–787, 790
end milling, cast irons **A16:** 663
end milling, heat-resistant alloys **A16:** 754
end milling, tool steels **A16:** 722
end milling-slotting, refractory metals **A16:** 866
face milling, Al alloys **A16:** 788–789, 794
face milling, cast iron **A16:** 662
face milling, refractory metals **A16:** 859
face milling, Ti alloys **A16:** 850
flank wear scars **A16:** 44
for Al alloys **A16:** 765, 766, 767
for cast iron **A16:** 650, 651, 652, 653, 654–655, 656
for Cu alloys . . . **A16:** 809, 810, 811, 812, 813, 814, 816, 817, 818
for dressing EDG wheels **A16:** 565
for hafnium **A16:** 855
for honeycomb structures **A16:** 900
for Mg alloys **A16:** 821, 823, 825, 827, 828
for Ni alloys **A16:** 837, 838, 839, 841
for P/M materials **A16:** 881
for planing tools **A16:** 183
for stainless steels **A16:** 691
for titanium **A16:** 844
for uranium alloys **A16:** 875
for zirconium **A16:** 853
for Zn alloys **A16:** 831, 832, 833, 834
grinding **A16:** 428
grinding ratios **A16:** 732
hacksawing, Ti alloys **A16:** 851
hardness property **A16:** 53, 54, 55
heat treatment **A16:** 55–57
hobbing **A16:** 345–346
hollow milling, refractory metals **A16:** 862
honing **A16:** 476, 477
hot hardness property **A16:** 53, 54, 57, 58, 59
machinability ratings **A16:** 643, 644
milling **A16:** 311–315, 317–318, 320–326, 329
milling, Al alloys **A16:** 793
milling, cast iron **A16:** 660–661
milling, refractory metals **A16:** 864, 867
milling, stainless steels **A16:** 703
milling, Ti alloys **A16:** 846
milling, tool steels **A16:** 718–719, 723, 728
multifunction machining . . **A16:** 380, 381, 384, 388
multipoint cutting tools **A16:** 58
peripheral end milling, refractory metals . . **A16:** 866
peripheral end milling, Ti alloys **A16:** 849
peripheral milling, tool steels **A16:** 721
planing **A16:** 185–186
planing, Al alloys **A16:** 773, 778
planing, cast irons **A16:** 657, 660
planing, heat-resistant alloys **A16:** 743
powder metallurgy (P/M) **A16:** 53, 60–68
power band sawing, Al alloys **A16:** 795, 801
power band sawing, heat-resistant alloys . . **A16:** 755
power band sawing, tool steels **A16:** 723
power band sawing, Zr **A16:** 855
power hacksawing, Al alloys **A16:** 796, 800
power hacksawing, heat-resistant alloys . . . **A16:** 757
power hacksawing, MMCs **A16:** 895
power hacksawing, tool steels **A16:** 724
power hacksawing, Zr **A16:** 855
reaming **A16:** 245–246
reaming, Al alloys **A16:** 781
reaming, cast iron **A16:** 659, 660
reaming, heat-resistant alloys **A16:** 750
reaming, refractory metals **A16:** 862, 865–867
reaming, stainless steels **A16:** 702–703, 705
reaming, Ti alloys **A16:** 847, 852
reaming, tool steels **A16:** 719
rough and finish cutting, bevel gears **A16:** 349
sawing **A16:** 357, 358, 360, 362, 364
sawing, stainless steels **A16:** 705
selection factors **A16:** 59
shaping, Al alloys **A16:** 778
slotting, Al alloys **A16:** 790
softening point **A16:** 601
spade drilling, Al alloys **A16:** 777
spotfacing, cast iron **A16:** 660
spotfacing, refractory metals **A16:** 860
sulfur content **A16:** 53
surface treatment **A16:** 57
tapping **A16:** 256, 258, 259
tapping, Al alloys **A16:** 782, 783, 791
tapping, cast irons **A16:** 661
tapping, refractory metals **A16:** 862, 864
tapping, Ti alloys **A16:** 847, 851
tapping, tool steels **A16:** 720
thread chasers **A16:** 299
thread grinding **A16:** 270, 274
thread milling **A16:** 269
thread milling, refractory metals **A16:** 867
threading chasers, stainless steel die heads **A16:** 700
tool grinding **A16:** 450
tool life **A16:** 57
toughness properties **A16:** 53, 54, 55
trepanning, refractory metals **A16:** 860
turning **A16:** 144, 147, 150, 151, 428
turning, Al alloys **A16:** 770, 774, 775
turning, carbon and alloy steels **A16:** 668
turning, heat-resistant alloys **A16:** 739, 740, 741
turning, Ni alloys **A16:** 837
turning, refractory metals **A16:** 858
turning, stainless steels **A16:** 692, 693
turning, Ti alloys **A16:** 846, 847
turning, tool steels **A16:** 708–710, 715, 718
turning, with PCBN tools **A16:** 112
wear resistance property . . . **A16:** 53, 54, 57, 58, 59, 108

Tool steels, high-speed, coatings for contrast enhancement under scanning electron microscopy **A9:** 98–99
heat tinting **A9:** 136

Tool steels, hot work **A4:** 742–749
annealing **A4:** 743, **M4:** 593, 594
austenitizing **A4:** 743–744, **M4:** 593–595
heat treating procedures **M4:** 597–599
heat-treating procedures **A4:** 742–749
normalizing **A4:** 742–743, **M4:** 593, 594
preheating **A4:** 743, **M4:** 593, 594
quenching **A4:** 744–745, **M4:** 594, 595
salt baths **A4:** 745
stress relieving **M4:** 593
stress-relieving **A4:** 743
surface hardening **A4:** 745, **M4:** 595–597
tempering **A4:** 745, **M4:** 595, 596

Tool steels, low-alloy special purpose
annealing **A4:** 757, **M4:** 608, 610
austenitizing **A4:** 757, **M4:** 608, 610
defects and distortion **A4:** 601–603
normalizing **A4:** 757, **M4:** 582, 608, 610
quenching **A4:** 757, **M4:** 610
stress relieving **M4:** 610
stress-relieving **A4:** 757
tempering **A4:** 757, **M4:** 610

Tool steels, medium-alloy air-hardening cold work **A4:** 739–742
annealing **A4:** 739, **M4:** 589
atmospheres **A4:** 741
austenitizing **A4:** 740–741, **M4:** 590–591
nitriding **A4:** 742, **M4:** 592, 593
normalizing **A4:** 739, **M4:** 589
preheating **A4:** 740, **M4:** 589–590
quenching **A4:** 741–742, **M4:** 590, 591
salt baths **A4:** 741
secondary hardening **A4:** 742
stress relieving **M4:** 589
stress-relieving **A4:** 739–740
tempering **A4:** 742, **M4:** 591–593

Tool steels, mold steels **A4:** 758–760
annealing **A4:** 759, **M4:** 611
applications **A4:** 758
composition **A4:** 758, **M4:** 562–563, 610
heat treatments, variations for specific steels . . . **A4:** 758, 759–760, **M4:** 582, 611–613
pack annealing **A4:** 759
tempering **A4:** 760

Tool steels, oil-hardening cold work **A4:** 737–739
annealing **A4:** 737, **M4:** 585–586, 589
austenitizing **A4:** 738–739, **M4:** 586
cycle annealing **A4:** 737
martempering **A4:** 739, **M4:** 587, 590
normalizing **A4:** 737, 739, **M4:** 585
pack annealing **A4:** 737
preheating **A4:** 738, 739, **M4:** 586
quenching **A4:** 739, **M4:** 586–587
salt baths **A4:** 739
stress relieving **M4:** 586
stress-relieving **A4:** 737–738
tempering **A4:** 739, 740, **M4:** 587, 591

Tool steels, shock-resisting **A4:** 736–737
annealing **A4:** 736, **M4:** 584, 585
austenitizing temperatures **A4:** 737, **M4:** 585
normalizing **A4:** 736, **M4:** 584
pack annealing **A4:** 736–737, **M4:** 584
proprietary paints **A4:** 737, **M4:** 584
quenching **A4:** 739
salt baths **A4:** 737
stress relieving **M4:** 584–585
stress-relieving **A4:** 737
surface treatments **A4:** 737, **M4:** 585
tempering . . . **A4:** 737, 738, 739, **M4:** 585, 586, 587

Tool steels, specific type
H-11
ausformed, strain-life curves **A19:** 607
crack aspect ratio variation **A19:** 160
fatigue crack growth **A19:** 645, 648
fracture toughness correlated to yield strength **A19:** 616
strain-life behavior **A19:** 608, 609
stress-corrosion cracking **A19:** 488
stress-strain behavior **A19:** 605, 606, 608

Tool steels, specific types
6F, for hot-forging dies **A18:** 622–623
6F2
annealing **A4:** 743, 744, **M4:** 594
auxiliary tools, hot upset forging, use for **M3:** 535
composition **A4:** 713, **M3:** 526, 533, **M4:** 562–564
die blocks and inserts, use for **M3:** 529, 530
die steel ratings **A18:** 624
for hammer forging **A18:** 625
for hot-forging dies **A18:** 623, 624, 625, 635
for press forging **A18:** 625
hardening **A4:** 744, **M4:** 594
heat treatments **A4:** 749
preheating not require **A4:** 743
tempering **A4:** 745
trimming tool materials, use for **M3:** 532
wear resistance **A18:** 637
6F3
annealing **A4:** 743, 744, **M4:** 594
catastrophic die failure/plastic deformation **A18:** 641
composition **A4:** 713, **M4:** 562–564
die steel ratings **A18:** 624
for hammer forging carbon steels **A18:** 625
for hot-forging dies **A18:** 623, 624
for press forging **A18:** 625
hardening **A4:** 744, **M4:** 594
heat treatments **A4:** 749
preheating not required **A4:** 743
tempering **A4:** 745
thermal fatigue in dies **A18:** 639
6F3 auxiliary tools, hot upset forging
composition **M3:** 526, 533
die blocks and inserts, use for **M3:** 529, 530
use for **M3:** 535
6F4
annealing **A4:** 743, 744, **M4:** 594
austenitizing **A4:** 743
composition **A4:** 713, **M4:** 562–564
die steel ratings **A18:** 624
for hot-forging dies **A18:** 622–623, 624
hardening **A4:** 744, **M4:** 594
heat treatments **A4:** 749
tempering **A4:** 745
6F4, composition **M3:** 533
6F5
annealing **A4:** 744, **M4:** 594
cold extrusion tools, use for **M3:** 518

Tool steels, specific types (continued)
composition **A4:** 713, **M4:** 562–564
die steel ratings **A18:** 624
for hot-forging dies **A18:** 623, 625
hardening **A4:** 744, **M4:** 594
molds for plastics and rubber, use for . . . **M3:** 548
preheating not required **A4:** 743
6F6
annealing **A4:** 744, **M4:** 594
composition **A4:** 713, **M4:** 562–564
hardening **A4:** 744, **M4:** 594
6F6, molds for plastics and rubber, use for **M3:** 548
6F7
annealing **A4:** 743, 744, **M4:** 594
catastrophic die failure/plastic deformation **A18:** 641
composition **A4:** 713, **M4:** 562–564
die steel ratings **A18:** 624
for hot-forging dies **A18:** 623, 625
hardening **A4:** 744, **M4:** 594
normalizing **A4:** 742–743
normalizing temperature **M4:** 594
6G
annealing **A4:** 744, **M4:** 594
auxiliary tools, hot upset forging, use for **M3:** 535
composition **A4:** 713, **M3:** 526, 533, **M4:** 562–564
die blocks and inserts, use for **M3:** 529, 530
die steel ratings **A18:** 624
for hammer forging **A18:** 625
for hot-forging dies **A18:** 622–623, 625, 635
for press forging **A18:** 625
hardening **A4:** 744, **M4:** 594
hot upset forging tools, use for **M3:** 534
preheating not required **A4:** 743
tempering **A4:** 745
6H, for hot-forging dies **A18:** 622–623
6H1
annealing **A4:** 743, 744, **M4:** 594
composition **A4:** 713, **M3:** 533, **M4:** 562–564
die steel ratings **A18:** 624
for hot-forging dies **A18:** 635
hardening **A4:** 744, **M4:** 594
hot upset forging tools, use for **M3:** 534
6H2
annealing **A4:** 744, **M4:** 594
composition **A4:** 713, **M3:** 533, **M4:** 562–564
hardening **A4:** 744, **M4:** 594
hot upset forging tools, use for **M3:** 534
6H2, die steel ratings **A18:** 624
234, quasi-cleavage fracture **A12:** 26
234 saw disk, dimple rupture **A12:** 14
A group, grinding of **A16:** 729, 731
A group, machining **A16:** 710, 714–716
A1, gear materials, surface treatment and minimum surface hardness **A18:** 261
A2
annealing **A4:** 715, 741, **M4:** 565–566, 589
annealing temperatures **M3:** 433–434
applications **A4:** 756, **A6:** 930
austenitizing **A4:** 720–721, 722
blades, cold shearing, use for **M3:** 478
blades, rotary slitting, use for **M3:** 479
blanking and piercing dies, use for **M3:** 485, 486, 487
boriding **A4:** 438, 445
coining dies, use for **M3:** 509, 510
cold extrusion tools, use for . . **M3:** 515, 516, 517, 518, 519
composition **A4:** 712, **M3:** 422–423, 490, **M4:** 562–564
composition limits **A5:** 768
composition of weld deposits **A6:** 675
cutoff band sawing with bimetal blades **A6:** 1184
cycle annealing **A4:** 740
deep drawing dies, use for **M3:** 496, 498, 499
density **A4:** 720, 763, **M3:** 441, **M4:** 617
description **A6:** 930
die steel ratings **A18:** 624
die-casting dies, use in **M3:** 543
dimensional changes **M4:** 616
distortion, linear dimensions **M3:** 468
for cold extrusion **A18:** 627
for deep-drawing dies **A18:** 634
for hot-forging dies **A18:** 623
for shallow forming dies **A18:** 633
gages, use for **M3:** 555, 556
gas nitriding **A4:** 387
gas quenching **A4:** 105–106, **M4:** 59
gear materials, surface treatment, and minimum surface hardness **A18:** 261
hardening **A4:** 613, 716, 741, 742, 762, **M4:** 567–569, 570–572, 589, 590
hardening and tempering **M3:** 425, 435–440
machinability rating **M3:** 443
molds for plastics and rubber, use for . . **M3:** 547, 548
nitriding **A4:** 742
normalizing **A4:** 715
preheating **A4:** 740
press forming dies, use for . . . **M3:** 489, 491, 492, 493
processing **A4:** 719
recommended for backward extrusion of two parts **A18:** 628
secondary hardening **A4:** 745
service characteristics **A4:** 719, **M3:** 438–440, **M4:** 570–572
shear blades, service data **M3:** 480
shear spinning tools, use for **M3:** 501
stress-relieving **A4:** 740
structural components, use for **M3:** 558, 559
Taber abraser resistance **A5:** 308
tempering **A4:** 613, 716, 742, 762, **M4:** 567–569, 570–572
thermal expansion **A4:** 720, 763, **M3:** 441, **M4:** 617
thread-rolling dies, use for **M3:** 551, 552, 553
welding preheat and interpass temperatures **A6:** 675
working hardness **M3:** 510
A2 chromium-plated blanking,, die, carburization effects **A11:** 572–573, 575
A2, composition **A16:** 709
A2, decarburization cracking **A13:** 132, 134
A2, for thread rolling tools **A16:** 290, 291
A2, machining . . **A16:** 274, 360, 362, 708, 711–725, 728
A2 rolling tool mandrel, fatigue fracture . . **A11:** 474
A2 scoring die spalled from carbide bands **A11:** 575, 582
A3
annealing **A4:** 715, 741, **M4:** 565–566, 589
annealing temperatures **M3:** 433–434
composition **A4:** 712, **M3:** 422–423, **M4:** 562–564
hardening **A4:** 716, 741, **M4:** 567–569, 570, 572, 589
hardening and tempering **M3:** 435–440
machinability rating **M3:** 443
normalizing **A4:** 715
preheating **A4:** 740
processing **A4:** 719
service characteristics **A4:** 719, **M3:** 438–440, **M4:** 570–572
tempering **A4:** 716, **M4:** 567–569, 570–572
A3, composition **A16:** 709
A3, composition limits **A5:** 768
A3, composition of weld deposits **A6:** 675
A3, gear materials, surface treatment and minimum surface hardness **A18:** 261
A3, machining **A16:** 274, 713–725, 728
A4
annealing **A4:** 715, 741, **M4:** 565–566, 589
annealing temperatures **M3:** 433–434
austenitizing **A4:** 740–741
composition **A4:** 712, **M3:** 422–423, 490, **M4:** 562–564
hardening **A4:** 716, 741, 742, **M4:** 567–569, 570–572, 589, 590
hardening and tempering **M3:** 435–440
machinability rating **M3:** 443
normalizing **A4:** 715
press forming dies, use for **M3:** 491
processing **A4:** 719
service characteristics **A4:** 719, **M3:** 438–440, **M4:** 570–572
stress-relieving **A4:** 740
tempering . . **A4:** 716, 742, **M4:** 567–569, 570–572
A4, composition **A16:** 709
A4, composition limits **A5:** 768
A4, gear materials, surface treatment and minimum surface hardness **A18:** 261
A4, machining **A16:** 274, 713–725, 728
A4, spalling, from EDM hole **A11:** 566
A5
annealing **A4:** 741, **M4:** 589
applications **A6:** 930
austenitizing **A4:** 740–741
composition **A4:** 712, **M4:** 562–564
description **A6:** 930
hardening **A4:** 741, 742, **M4:** 589, 590
stress-relieving **A4:** 740
tempering **A4:** 742
A5, composition **M3:** 424
A5, gear materials, surface treatment and minimum surface hardness **A18:** 261
A6
annealing **A4:** 715, 741, **M4:** 565–566, 589
annealing temperatures **M3:** 433–434
applications and machining tool life improvements due to steam oxidation **A5:** 770
austenitizing **A4:** 740–741
boriding **A4:** 445
boriding of dies **A18:** 642
coining dies, use for **M3:** 509
composition **A4:** 712, **M3:** 422–423, **M4:** 562–564
composition limits **A5:** 768
cycle annealing **A4:** 740
density **A4:** 720, 763, **M3:** 441, **M4:** 617
die steel ratings **A18:** 624
gas nitriding **A4:** 387
hardening **A4:** 6, 741, 742, **M4:** 567–569, 570–572, 589, 590
hardening and tempering **M3:** 435–440
machinability rating **M3:** 443
normalizing **A4:** 715
processing **A4:** 719
service characteristics **A4:** 719, **M3:** 438–440, **M4:** 570–572
stress-relieving **A4:** 740
tempering . . **A4:** 716, 742, **M4:** 567–569, 570–572
thermal expansion **A4:** 720, 763, **M3:** 441, **M4:** 617
A6, composition **A16:** 709
A6, machining **A16:** 274, 712–726
A6 shaft, unidirectional-bending fatigue failure **A11:** 462
A6, shattered during finish grinding **A11:** 569
A7
annealing **A4:** 715, 741, **M4:** 565–566, 589
annealing temperatures **M3:** 433–434
composition **A4:** 712, **M3:** 422–423, **M4:** 562–564
density **A4:** 720, 763, **M3:** 441, **M4:** 617
hardening . . **A4:** 716, 741, **M4:** 567–569, 570–572, 589
hardening and tempering **M3:** 435–440
machinability rating **M3:** 443
nitriding **A4:** 742
normalizing **A4:** 715
preheating **A4:** 740
press forming dies, use for **M3:** 492
processing **A4:** 719

SUBJECTS OF THE INDEXED VOLUMES: ASM Handbook (designated by the letter "A"): **A1:** Properties and Selection: Irons, Steels, and High-Performance Alloys (1990); **A2:** Properties and Selection: Nonferrous Alloys and Special-Purpose Materials (1990); **A3:** Alloy Phase Diagrams (1992); **A4:** Heat Treating (1991); **A5:** Surface Engineering (1994); **A6:** Welding, Brazing, and Soldering (1993); **A7:** Powder Metal Technologies and Applications (1998); **A8:** Mechanical Testing (1985); **A9:** Metallography and Microstructures (1985); **A10:** Materials Characterization (1986); **A11:** Failure Analysis and Prevention (1986); **A12:** Fractography (1987); **A13:** Corrosion (1987); **A14:** Forming and Forging (1988); **A15:** Casting (1988); **A16:** Machining (1989); **A17:** Nondestructive Evaluation and Quality Control (1989); **A18:** Friction, Lubrication, and Wear Technology (1992); **A19:** Fatigue and Fracture (1996); **A20:** Materials Selection and Design (1997). **Metals Handbook, 9th Edition** (designated by the letter "M"): **M1:** Properties and Selection: Irons and Steels (1978); **M2:** Properties and Selection: Nonferrous Alloys and Pure Metals (1979); **M3:** Properties and Selection: Stainless Steels, Tool Materials, and Special-Purpose Materials (1980); **M4:** Heat Treating (1981); **M5:** Surface Cleaning, Finishing, and Coating (1982); **M6:** Welding, Brazing, and Soldering (1983); **M7:** Powder Metallurgy (1984). **Engineered Materials Handbook** (designated by the letters "EM"): **EM1:** Composites (1987); **EM2:** Engineering Plastics (1988); **EM3:** Adhesives and Sealants (1990); **EM4:** Ceramics and Glasses (1991). **Electronic Materials Handbook** (designated by the letters "EL"): **EL1:** Packaging (1989)

service characteristics..... **A4:** 719, **M3:** 438–440, **M4:** 570–572
stress-relieving..... **A4:** 740
structural components, use for..... **M3:** 559
tempering .. **A4:** 716, 742, **M4:** 567–569, 570–572
thermal expansion **A4:** 720, 763, **M3:** 441, **M4:** 617
A7, composition..... **A16:** 709
A7, composition limits..... **A5:** 768
A7, for hot-forging dies..... **A18:** 623
A7, machining..... **A16:** 713–728, 731
A8
annealing....... **A4:** 715, 741, **M4:** 565–566, 589
annealing temperatures..... **M3:** 433–434
composition **A4:** 712, **M3:** 422–423, **M4:** 562–564
density......... **A4:** 720, 763, **M3:** 441, **M4:** 617
die steel ratings..... **A18:** 624
for hot-forging dies..... **A18:** 623
hardening.. **A4:** 716, 741, **M4:** 567–569, 570–572, 589
hardening and tempering..... **M3:** 435–440
machinability rating..... **M3:** 443
normalizing..... **A4:** 715
preheating..... **A4:** 740
processing..... **A4:** 719
service characteristics..... **A4:** 719, **M3:** 438–440, **M4:** 570–572
tempering....... **A4:** 716, **M4:** 567–569, 570–572
thermal expansion **A4:** 720, 763, **M3:** 441, **M4:** 617
A8, composition..... **A16:** 709
A8, composition limits..... **A5:** 768
A8, machining..... **A16:** 274, 713–725, 728
A8 ring forging cracked after forging and annealing..... **A11:** 574, 580
A9
annealing....... **A4:** 715, 741, **M4:** 565–566, 589
annealing temperatures..... **M3:** 433–434
blades, cold shearing, use for..... **M3:** 478
blades, rotary, use for..... **M3:** 479
composition **A4:** 712, **M3:** 422–423, **M4:** 562–564
density......... **A4:** 720, 763, **M3:** 441, **M4:** 617
die steel ratings..... **A18:** 624
for hot-forging dies..... **A18:** 623
hardening.. **A4:** 716, 741, **M4:** 567–569, 570–572, 589
hardening and tempering..... **M3:** 435–440
machinability rating..... **M3:** 443
normalizing..... **A4:** 715
preheating..... **A4:** 740
processing..... **A4:** 719
service characteristics..... **A4:** 719, **M3:** 438–440, **M4:** 570–572
tempering....... **A4:** 716, **M4:** 567–569, 570–572
thermal expansion **A4:** 720, 763, **M3:** 441, **M4:** 617
A9, composition..... **A16:** 709
A9, composition limits..... **A5:** 768
A9, machining..... **A16:** 274, 713–725, 728
A10
annealing....... **A4:** 715, 741, **M4:** 565–566, 589
annealing temperatures..... **M3:** 433–434
austenitizing..... **A4:** 740–741
blanking and piercing dies, use for..... **M3:** 487
composition **A4:** 712, **M3:** 422–423, **M4:** 562–564
density..... **A4:** 720
dimensional changes..... **M4:** 616
distortion in heat treatment..... **A4:** 612
distortion, linear dimensions..... **M3:** 468
hardening **A4:** 613, 716, 741, 762, **M4:** 567–569, 570–572, 589
hardening and tempering..... **M3:** 435–440
machinability rating..... **M3:** 443
normalizing..... **A4:** 714, 715, 739
normalizing temperature..... **M4:** 589
normalizing temperatures..... **M3:** 433–434
processing..... **A4:** 719
service characteristics..... **A4:** 719, **M3:** 438–440, **M4:** 570–572
size distortion in heat treatment..... **A4:** 613
tempering...... **A4:** 613, 716, 762, **M4:** 567–569, 570–572
thermal expansion..... **A4:** 720
A10, composition..... **A16:** 709
A10, composition limits..... **A5:** 768
A10, machining..... **A16:** 728
AISI 01, as-rolled..... **A9:** 260
AISI 01, influence of austenitizing temperature..... **A9:** 266
AISI 01, influence of tempering temperature..... **A9:** 268
AISI 02, oil quenched and tempered..... **A9:** 269
AISI 06, effect of carbon on hardening..... **A9:** 258
AISI 06, spheroidize annealed..... **A9:** 262
AISI A2, as-rolled..... **A9:** 260
AISI A2, influence of austenitizing temperature..... **A9:** 266
AISI A4N mating fracture surface, fibrous zones..... **A12:** 376
AISI A5, partially spheroidized..... **A9:** 263
AISI A6, air quenched and tempered..... **A9:** 271
AISI A6, spheroidize annealed..... **A9:** 263
AISI A7, as received..... **A9:** 261
AISI A7, box annealed..... **A9:** 263
AISI A10, as received..... **A9:** 263
AISI AHT, use of vapor-deposited zinc selenide to accentuate features..... **A9:** 265
AISI D2, air quenched and tempered..... **A9:** 271
AISI D2, brittle in-service failure..... **A12:** 376
AISI D2, influence of etchant on revealed martensite..... **A9:** 265
AISI D2, quenched and tempered..... **A9:** 265
AISI D3, oil quenched and tempered..... **A9:** 271
AISI F2, water quenched and tempered..... **A9:** 269
AISI H11, air quenched and double tempered..... **A9:** 271
AISI H11, high-cycle fatigue fracture..... **A12:** 381
AISI H11, hydrogen embrittlement .. **A12:** 381–382
AISI H11, low-cycle fatigue fracture..... **A12:** 380
AISI H11, tension overload fracture..... **A12:** 379
AISI H13, air quenched and double tempered..... **A9:** 271
AISI H13, gas nitrided..... **A9:** 228
AISI H13, spheroidize annealed..... **A9:** 263
AISI H21, oil quenched and tempered..... **A9:** 271
AISI H23, annealed by austenitizing..... **A9:** 263
AISI H26, annealed by austenitizing..... **A9:** 263
AISI L6, as-rolled..... **A9:** 260
AISI L6 high-nickel, fracture surfaces..... **A12:** 377
AISI L6, impact fracture..... **A12:** 377
AISI L6 low-carbon, cup-and-cone fracture..... **A12:** 377
AISI L6, oil quenched and tempered..... **A9:** 269
AISI LI, as-rolled..... **A9:** 260
AISI LI, spheroidize annealed..... **A9:** 262
AISI M2, carbide segregation..... **A9:** 264
AISI M2, cracking from improper rebuilding..... **A12:** 375
AISI M2, directionally solidified, peritectic austenite..... **A9:** 680
AISI M2, heat treated and oil quenched... **A9:** 266
AISI M2, heat treated, oil quenched and double tempered..... **A9:** 266
AISI M2, oil quenched and double tempered..... **A9:** 271
AISI M2, oil quenched and triple tempered..... **A9:** 271
AISI M2, quenched and tempered..... **A9:** 266
AISI M2, spheroidize annealed..... **A9:** 263
AISI M2, water-atomized, vacuum annealed..... **A9:** 529
AISI M3, impact fracture..... **A12:** 378
AISI M4, oil quenched and double tempered..... **A9:** 271
AISI M7, cracking from improper rebuilding..... **A12:** 375
AISI MI, oil quenched and triple tempered..... **A9:** 271
AISI P2, used for hobbing..... **A9:** 258
AISI P5, heat treated..... **A9:** 270
AISI P20, hardness of..... **A9:** 258
AISI P20, water quenched and tempered .. **A9:** 270
AISI S1, effect of carbides..... **A9:** 259
AISI S1, low-cycle fatigue fracture..... **A12:** 377
AISI S1, oil quenched and tempered..... **A9:** 269
AISI S2, spheroidize annealed..... **A9:** 262
AISI S2, water quenched and tempered..... **A9:** 269
AISI S4, as-rolled..... **A9:** 260
AISI S5, as-rolled..... **A9:** 260
AISI S5, austenitized and isothermally transformed..... **A9:** 267
AISI S5, effect of carbides..... **A9:** 259
AISI S5, oil quenched and tempered..... **A9:** 270
AISI S5, spheroidize annealed..... **A9:** 262
AISI S5, used for hobbing..... **A9:** 258
AISI S7, air quenched and tempered..... **A9:** 270
AISI S7, continuous cooling transformations..... **A9:** 267
AISI S7, effect of carbides..... **A9:** 259
AISI S7, influence of austenitizing temperature..... **A9:** 265
AISI S7, spheroidize annealed..... **A9:** 263
AISI T1, carbide segregation..... **A9:** 264
AISI T1, directionally solidified, peritectic envelopes..... **A9:** 680
AISI T1, hammer-burst fracture..... **A12:** 378
AISI T1, impact fracture..... **A12:** 378
AISI T2 high-speed, TEM and SEM fractographs, compared..... **A12:** 186
AISI T15, powder made..... **A9:** 272
AISI T15, powdered..... **A9:** 511
AISI T15, pressed and sintered..... **A9:** 524
AISI T15, wrought..... **A9:** 524
AISI W1, as received..... **A9:** 262
AISI W1, as-rolled..... **A9:** 260
AISI W1, austenitized, brine quenched and tempered..... **A9:** 268
AISI W1, brine quenched..... **A9:** 268
AISI W1, case hardness..... **A9:** 176
AISI W1, fatigue fracture surfaces..... **A12:** 376
AISI W1, hardened zone..... **A9:** 177
AISI W1, influence of etchant on revealing as-quenched martensite..... **A9:** 264
AISI W1, influence of starting structure on spheroidization..... **A9:** 262
AISI W1, simulated service fractures..... **A12:** 376
AISI W2, catastrophic failure surface..... **A12:** 377
AISI W2, spheroidize annealed..... **A9:** 261
AISI W4, as received..... **A9:** 261
BM42, boriding..... **A4:** 438
C2, proven applications for borided ferrous materials..... **A4:** 445
CBM Rex 60, refrigeration treatment..... **A4:** 752
CBS-600, composition..... **A4:** 320
CBS-1000M
composition..... **A4:** 320
gas carburizing..... **A4:** 319
CPM 10V
blades, cold shearing, use for..... **M3:** 478
blades, rotary slitting, use for..... **M3:** 479
blanking for piercing dies, use for **M3:** 485, 486, 487, 488
coining dies, use for..... **M3:** 511
cold heading tools, use in..... **M3:** 512
press forming dies, use for..... **M3:** 492, 493
CPM 10V, machinability..... **A16:** 734, 735
CPM M..... **A16:** 65
CPM M42, temper resistance..... **A16:** 65
CPM Rex..... **A16:** 60, 63
CPM Rex 20, temper resistance..... **A16:** 65
CPM Rex 45 HS..... **A16:** 63
CPM Rex 76 HS..... **A16:** 63
CPM Rex M..... **A16:** 63
CPM Rex M2HCHS..... **A16:** 63
CPM Rex M3HCHS..... **A16:** 63
CPM Rex M4 HS..... **A16:** 63
CPM Rex M35HCHS..... **A16:** 63
CPM Rex T..... **A16:** 63
CPM Rex T15 HS..... **A16:** 63
CPM T..... **A16:** 63
D group, grindability..... **A16:** 728
D group machining .. **A16:** 710, 713–716, 721, 722, 729, 731
D1
annealing..... **A4:** 741, **M4:** 589
composition..... **A4:** 712, **M3:** 424, **M4:** 562–564
damage dominated by fatigue fracture.. **A18:** 180, 181
damage dominated by shear fracture typical of adhesive wear..... **A18:** 179
hardening **A4:** 717, 741, 742, **M4:** 567–569, 589, 590
hardening and tempering..... **M3:** 435–437
nitriding..... **A4:** 742
preheating..... **A4:** 740
stress-relieving..... **A4:** 740
tempering........... **A4:** 717, 742, **M4:** 567–569
D2
abrasive wear........... **A18:** 718–719, 767, 797
adhesive wear resistance..... **A18:** 721
annealed hardness..... **A18:** 768

Tool steels, specific types (continued)
annealing. **A4:** 715, 741, **M4:** 565–566, 589
annealing temperatures. **M3:** 433–434
applications **A4:** 756, **A6:** 930
austenitizing. **A4:** 741
austenitizing procedure **M4:** 590
auxiliary tools, hot upset forging,
use for **M3:** 535
blades, cold shearing, use for. **M3:** 478
blades, rotary slitting, use for **M3:** 479
blanking and piercing dies, use for **M3:** 485, 486, 487
boriding **A4:** 45
coining dies, use for. **M3:** 509, 510
cold extrusion tools, use for . . **M3:** 515, 516, 517, 518
cold heading tools, use in. **M3:** 512
composition **A4:** 712, **M3:** 422–423, 490, **M4:** 562–564
composition limits **A5:** 768
composition of weld deposits **A6:** 675
cutoff band sawing with bimetal blades **A6:** 1184
cycle annealing **A4:** 740
deep drawing dies, use for **M3:** 496, 498, 499
density **A4:** 720, 763, **M3:** 441, **M4:** 617
description **A6:** 930
die materials for sheet metal forming . . . **A18:** 628
die wear and die life **A18:** 633
dimensional changes **M4:** 616
distortion, linear dimensions **M3:** 468
electron-beam welding **A6:** 867
endothermic-atmosphere dew point for
hardening. **A4:** 729, **M4:** 579
extension of tool life via ion implantation,
examples **A18:** 643
for cold extrusion tools **A18:** 627
for deep-drawing dies. **A18:** 634
for shallow forming dies **A18:** 633
friction surfacing. **A6:** 323
gages, use for **M3:** 555, 556
gas nitriding **A4:** 387, 392
hardening. **A4:** 613, 741, 742, 762, 763, **M4:** 570–572, 589, 590
hardening and tempering **M3:** 438–440
ion implantation in metalforming and cutting
applications **A5:** 771
laser cladding. **A18:** 868
liquid nitriding **A4:** 411, 413, **M4:** 252
machinability rating **M3:** 443
microconstituents **A4:** 613, **M4:** 615
microconstituents after hardening. **A4:** 762, **M3:** 468
molds for plastics and rubber, use for . . **M3:** 547, 548
nitrided, for shallow forming dies **A18:** 633
nitriding **A4:** 742
normalizing **A4:** 715
part material for ion implantation. **A18:** 858
preheating. **A4:** 740
press forming dies, use for **M3:** 489–493
processing. **A4:** 719
proven applications for borided ferrous
materials **A4:** 445
recommended for backward extrusion of two
parts **A18:** 628
secondary hardening. **A4:** 745
service characteristics. **A4:** 719, **M3:** 438–440, **M4:** 570–572
shear, blades, service data **M3:** 480
shear spinning tools, use for **M3:** 501
stress-relieving **A4:** 740
structural components, use for **M3:** 558
tempering **A4:** 613, 742, 743, 762, **M4:** 570–572, 592
test duration of dry sand/rubber
wheel test **A18:** 716
thermal expansion **A4:** 720, 763, **M3:** 441, **M4:** 617

thermoreactive deposition/diffusion
process **A4:** 450, 451
thread-rolling dies, use for **M3:** 551, 552, 553
trimming tool materials, use for **M3:** 532
wear, cold shearing blades. **M3:** 479, 481
wear resistance and cost effectiveness . . . **A18:** 706
welding preheat and interpass
temperatures. **A6:** 675
wet outside diameter grinding **A5:** 162
working hardness **M3:** 510
D2, composition. **A16:** 709
D2, CVD titanium carbide coating of. **M5:** 384
D2, electron beam welding **M6:** 638
D2 flange edge, poor carbide
morphology. **A11:** 575, 582
D2, for thread rolling dies. **A16:** 290, 291
D2, grinding cracks from failure to
temper **A11:** 568
D2, machining **A16:** 191, 192, 360, 362, 563, 712–725, 728
D2, microstructure **M1:** 612
D2, surface alterations produced **A16:** 27
D3
annealing. **A4:** 715, 741, **M4:** 565–566, 589
annealing temperatures. **M3:** 433–434
applications **A6:** 930
coining dies, use for **M3:** 509
cold extrusion tools, use for. **M3:** 518
composition **A4:** 712, **M3:** 422–423, 490, **M4:** 562–564
cutoff band sawing with bimetal blades **A6:** 1184
decarburization bands when held in a fluidized
bed. **A4:** 486
deep drawing dies, use for **M3:** 496, 499
density **A4:** 720, 763, **M3:** 441, **M4:** 617
description **A6:** 930
dimensional changes **M4:** 616
distortion, linear dimensions **M3:** 468
endothermic-atmosphere dew point for
hardening. **A4:** 729, **M4:** 579
for deep-drawing dies. **A18:** 634
gas nitriding. **A4:** 387
hardening **A4:** 486, 487, 613, 717, 741, 762, **M4:** 567–569, 570–572, 589
hardening and tempering **M3:** 435–440
heat transfer in fluidized beds. **M4:** 301
isothermal quenching. **A4:** 486, 487
machinability rating **M3:** 443
nitriding **A4:** 742
normalizing **A4:** 715
preheating. **A4:** 740
press forming dies, use for. **M3:** 490
processing. **A4:** 719
proven applications for borided ferrous
materials **A4:** 445
service characteristics. **A4:** 719, **M3:** 438–440, **M4:** 570–572
shear spinning tools, use for **M3:** 501
stress-relieving **A4:** 740
tempering **M4:** 567–569, 570–572, 592
thermal expansion **A4:** 720, 763, **M3:** 441, **M4:** 617

TiN coating by physical vapor
deposition. **A18:** 739
D3, composition. **A16:** 709
D3, composition limits **A5:** 768
D3, machining **A16:** 115, 116, 360, 362, 479, 712, 717–720, 723, 724, 726, 728

D4
annealing. **A4:** 715, 741, **M4:** 565–566, 589
annealing temperatures. **M3:** 433–434
applications **A6:** 930
blanking and piercing dies, use for **M3:** 485, 486, 487
coining dies, use for **M3:** 509
cold extrusion tools, use for. **M3:** 518
composition **A4:** 712, **M3:** 422–423, **M4:** 562–564
density **A4:** 720, 763, **M3:** 441, **M4:** 617
description **A6:** 930

dimensional changes **M4:** 616
distortion, linear dimensions **M3:** 468
endothermic-atmosphere dew point for
hardening. **A4:** 729, **M4:** 579
hardening **A4:** 613, 717, 741, 762, **M4:** 567–569, 570–572, 589
hardening and tempering **M3:** 435–440
machinability rating **M3:** 443
nitriding **A4:** 742
normalizing **A4:** 715
preheating. **A4:** 740
press forming dies, use for **M3:** 493
processing. **A4:** 719
service characteristics. **A4:** 719, **M3:** 438–440, **M4:** 570–572
stress-relieving **A4:** 740
tempering **A4:** 613, 717, 742, 762, **M4:** 567–569, 570–572
thermal expansion **A4:** 720, 763, **M3:** 441, **M4:** 617
D4, composition. **A16:** 709
D4, composition limits **A5:** 768
D4, for deep-drawing dies **A18:** 634
D4, machining **A16:** 717–720, 723–725, 728
D5
annealing. **A4:** 715, 741, **M4:** 565–566, 589
annealing temperatures. **M3:** 433–434
composition **A4:** 712, **M3:** 422–423, 490, **M4:** 562–564
density **A4:** 720, 763, **M3:** 441, **M4:** 617
dimensional changes **M4:** 616
distortion, linear dimensions **M3:** 468
hardening. **A4:** 613, 717, 741, 742, 762, **M4:** 567–569, 570–572, 589, 590
hardening and tempering **M3:** 435–440
machinability rating **M3:** 443
nitriding **A4:** 742
normalizing **A4:** 715
preheating. **A4:** 740
press forming dies, use for **M3:** 490, 491
processing. **A4:** 719
service characteristics. **A4:** 719, **M3:** 438–440, **M4:** 570–572
stress-relieving **A4:** 740
tempering **A4:** 613, 717, 742, 762, **M4:** 567–569, 570–572
thermal expansion **A4:** 720, 763, **M3:** 441, **M4:** 616
D5, composition. **A16:** 709
D5, composition limits **A5:** 768
D5 cross-recessed die, segregation
fracture **A11:** 324–326
D5, machining **A16:** 717–720, 723–725, 728
D6
boriding **A4:** 445
composition **A4:** 712, **M4:** 562–564
endothermic-atmosphere dew point for
hardening. **A4:** 729, **M4:** 579
nitriding **A4:** 742
preheating. **A4:** 740
proven applications for borided ferrous
materials **A4:** 445
stress-relieving **A4:** 740
tempering **A4:** 742
D6, composition **M3:** 424
D6, gas-tungsten arc welding **A6:** 671
D6, ion implantation in metalforming and cutting
applications **A5:** 771
D6, part material for ion implantation . . . **A18:** 858
D7
annealing. **A4:** 715, 741, **M4:** 565–566, 589
annealing temperatures. **M3:** 433–434
composition **A4:** 712, **M3:** 422–423, 490, **M4:** 562–564
hardening. . **A4:** 717, 741, **M4:** 567–569, 570–572, 589
hardening and tempering **M3:** 435–440
machinability rating **M3:** 443
nitriding **A4:** 742

SUBJECTS OF THE INDEXED VOLUMES: ASM Handbook (designated by the letter "A"): **A1:** Properties and Selection: Irons, Steels, and High-Performance Alloys (1990); **A2:** Properties and Selection: Nonferrous Alloys and Special-Purpose Materials (1990); **A3:** Alloy Phase Diagrams (1992); **A4:** Heat Treating (1991); **A5:** Surface Engineering (1994); **A6:** Welding, Brazing, and Soldering (1993); **A7:** Powder Metal Technologies and Applications (1998); **A8:** Mechanical Testing (1985); **A9:** Metallography and Microstructures (1985); **A10:** Materials Characterization (1986); **A11:** Failure Analysis and Prevention (1986); **A12:** Fractography (1987); **A13:** Corrosion (1987); **A14:** Forming and Forging (1988); **A15:** Casting (1988); **A16:** Machining (1989); **A17:** Nondestructive Evaluation and Quality Control (1989); **A18:** Friction, Lubrication, and Wear Technology (1992); **A19:** Fatigue and Fracture (1996); **A20:** Materials Selection and Design (1997). **Metals Handbook, 9th Edition** (designated by the letter "M"): **M1:** Properties and Selection: Irons and Steels (1978); **M2:** Properties and Selection: Nonferrous Alloys and Pure Metals (1979); **M3:** Properties and Selection: Stainless Steels, Tool Materials, and Special-Purpose Materials (1980); **M4:** Heat Treating (1981); **M5:** Surface Cleaning, Finishing, and Coating (1982); **M6:** Welding, Brazing, and Soldering (1983); **M7:** Powder Metallurgy (1984). **Engineered Materials Handbook** (designated by the letters "EM"): **EM1:** Composites (1987); **EM2:** Engineering Plastics (1988); **EM3:** Adhesives and Sealants (1990); **EM4:** Ceramics and Glasses (1991). **Electronic Materials Handbook** (designated by the letters "EL"): **EL1:** Packaging (1989)

preheating . . . A4: 740
press forming dies, use for . . . M3: 490, 491
processing . . . A4: 719
service characteristics . . . A4: 719, M3: 438–440, M4: 570–572
stress-relieving . . . A4: 740
tempering . . A4: 717, 742, M4: 567–569, 570–572
D7, composition . . . A16: 709
D7, composition limits . . . A5: 768
D7, cutoff band sawing with bimetal blades . . . A6: 1184
D7, die wear and die life . . . A18: 633
D7, machining . . A16: 360, 362, 479, 714, 717–720, 723–725, 727, 728, 731
F group, grindability . . . A16: 728, 729, 732
F group, machining . . A16: 710, 713–716, 721, 722
F1
annealing . . . A4: 715, 758, M4: 565–566, 609
annealing temperatures . . . M3: 433–434
composition . . . A4: 713, M3: 424, M4: 562–564
hardening . . . A4: 717, 758, M4: 567–569, 609
hardening and tempering . . . M3: 435–437
normalizing . . . A4: 715
normalizing temperature . . . M4: 565–566, 609
normalizing temperatures . . . M3: 433–434
tempering . . . A4: 717, M4: 567–569
F1, machining . . . A16: 717–721, 723–725
F2
annealing . . . A4: 715, 758, M4: 565–566, 609
annealing temperature . . . M3: 433–434
composition . . . A4: 713, M3: 424, M4: 562–564
endothermic-atmosphere dew point for hardening . . . A4: 729, M4: 579
hardening . . . A4: 717, 758, M4: 567–569, 609
hardening and tempering . . . M3: 435–437
normalizing . . . A4: 715
normalizing temperature . . . M4: 565–566, 609
normalizing temperatures . . . M3: 433–434
tempering . . . A4: 717, M4: 567–569
F2, machining . . . A16: 238, 717–721, 723–725
F3
annealing . . . A4: 758, M4: 609
composition . . . A4: 713, M4: 562–564
endothermic-atmosphere dew point for hardening . . . A4: 729, M4: 579
hardening . . . A4: 757, 758, M4: 609
normalizing temperature . . . M4: 609
F3, composition . . . M3: 424
F3, for drills . . . A16: 238
F3, machinability . . . A16: 721
H group, grindability . . . A16: 728, 731, 732
H group, machinability . . . A16: 717
H10
annealing . . . A4: 715, 744, M4: 565–566, 594
annealing temperatures . . . M3: 433–434
austenitizing . . . A4: 743
boriding . . . A4: 445
composition A4: 712, M3: 422–423, M4: 562–564
density . . . A4: 720, 763, M3: 441, M4: 617
die steel ratings . . . A18: 624
for hot-forging dies . . . A18: 623, 624
hardening . . A4: 716, 744, M4: 567–569, 570–572, 594
hardening and tempering . . . M3: 435–440
machinability rating . . . M3: 443
normalizing . . . A4: 715
processing . . . A4: 718
proven applications for borided ferrous materials . . . A4: 445
service characteristics . . . A4: 718, M3: 438–440
tempering . . . A4: 716, M4: 567–569, 570–572
thermal expansion . . . A4: 720, 763, M3: 441, M4: 617
thermal fatigue in dies . . . A18: 639
H10, composition . . . A16: 709
H10, composition limits . . . A5: 768
H10, machining A16: 274, 710, 712–725, 731, 797
H11
annealing . . . A4: 715, 744, M4: 565–566, 594
annealing temperatures . . . M3: 433–434
applications . . . A4: 397
austenitizing . . . A4: 743
auxiliary tools, hot upset forging, use for . . . M3: 535
blanking and piercing dies, use for . . . M3: 486
boriding . . . A4: 445
catastrophic die failure/plastic deformation . . . A18: 641
clamping dies . . . M6: 562
coining dies, use for . . . M3: 509, 510
composition A4: 712, M3: 422–423, M4: 562–564
composition of weld deposits . . . A6: 675
cutoff band sawing with bimetal blades A6: 1184
density . . . A4: 720, 763, M3: 441, M4: 617
die blocks and inserts, use for . . . M3: 529, 530
die steel ratings . . . A18: 624
dimensional changes . . . M4: 616
distortion, linear dimensions . . . M3: 468
electron beam welding . . . M6: 624–625, 638
electron-beam welding . . . A6: 867, 868
endothermic-atmosphere dew point for hardening . . . A4: 729, M4: 579
for die casting . . . A18: 632
for hammer forging . . . A18: 625
for hot extrusion tools . . . A18: 627
for hot-forging dies . . . A18: 623, 624, 626
for press forging . . . A18: 625
gas nitriding . . . A4: 387, 392, 397
hardening A4: 613, 716, 744, 762, M4: 567–569, 570–572, 594
hardening and tempering . . . M3: 435–440, 442
hardness gradients, nitriding . . . M4: 256
heat treatments . . . A4: 745–747
hot extrusion tools, mandrel life . . . M3: 538, 540
hot extrusion tools, use for . . . M3: 538, 540
hot upset forging tools, use for . . . M3: 534
interface considerations for die-casting die wear . . . A18: 632
liquid nitriding . . . A4: 413
machinability rating . . . M3: 443
martempering, forming after . . . A4: 145
normalizing . . . A4: 715
press forming dies, use for . . . M3: 490
processing . . . A4: 718
proven applications for borided ferrous materials . . . A4: 445
recommended for die-casting dies and die inserts . . . A18: 629
recommended machining conditions . . . M1: 569
resistance to plastic deformation . . . A18: 626
service characteristics . . . A4: 718, M3: 438–440, M4: 570–572
shear, blades, service data . . . M3: 480
structural components, use for . . . M3: 559
tempering . . . A4: 124, 130, 613, 716, 762, M4: 567–569, 570–572
thermal conductivity . . A4: 721, M3: 442, M4: 573
thermal expansion . . . A4: 720, 763, M1: 653, M3: 441, M4: 617
thermal fatigue of dies . . . A18: 640
wear resistance relation to toughness . . . A18: 707
wear vs. toughness . . . M1: 607
welding preheat and interpass temperatures . . . A6: 675
H11, composition . . . A16: 709
H11, composition limits . . . A5: 768
H11, for thread rolling totals . . . A16: 293
H11, machining . . . A16: 274, 321, 710, 712–725
H11 Mod
composition . . . A4: 207, M1: 422, 649, M4: 120
ductility . . . M4: 127
heat treatment . . . M1: 434–436
heat treatments . . . A4: 214, 215, M4: 126–127
longitudinal mechanical properties . . . A4: 215
mechanical properties . . . M1: 435–437, M4: 126
processing . . . M1: 434
tempering temperature . . . M4: 127
tensile strength . . . M4: 127
transverse strength and ductility . . . A4: 215
H11 Mod, structural components, use for M3: 559
H-11, pitting corrosion . . . A13: 1054
H12
annealing . . . A4: 715, 744, M4: 565–566, 594
annealing temperatures . . . M3: 433–434
applications . . . A6: 930
austenitizing . . . A4: 743
ceramic coatings of dies . . . A18: 643
coining dies, use for . . . M3: 509, 510
composition A4: 712, M3: 422–423, M4: 562–564
composition of weld deposits . . . A6: 675
cutoff band sawing with bimetal blades A6: 1184
description . . . A6: 930
die blocks and inserts, use for . . . M3: 529, 530
die steel ratings . . . A18: 624
endothermic-atmosphere dew point for hardening . . . A4: 729, M4: 579
for die casting . . . A18: 632
for hammer forging . . . A18: 625
for hot extrusion tools . . . A18: 627
for hot-forging dies . . . A18: 623, 624, 626
for press forging . . . A18: 625
gas nitriding . . . A4: 387, 392
hardening . . . A4: 712, 716, 744, M4: 567–569, 570–572, 594
hardening and tempering . . . M3: 435–440
heat treatments . . . A4: 749
hot extrusion tools, use for . . . M3: 538, 540
hot upset forging tools, use for . . . M3: 534
liquid nitriding . . . A4: 413, M4: 256
normalizing . . . A4: 715
processing . . . A4: 718
service characteristics . . . A4: 718, M3: 438–440, M4: 570–572
structural components, use for . . . M3: 559
surface hardening . . . A4: 745
tempering . . . A4: 716, M4: 567–569, 570–572
thermal fatigue in dies . . . A18: 639
Toyota Diffusion (TD) process . . . A18: 643
wear, hot shearing blades . . . M3: 481
wear resistance . . . A18: 636
welding preheat and interpass temperatures . . . A6: 675
H12 coil spring, cracked from seam during heat treatment . . . A11: 574, 579
H12, composition . . . A16: 709
H12, composition limits . . . A5: 768
H12, machining A16: 274, 360, 362, 710, 712–725
H12, nitrided, hardness profile . . . M1: 633
H13
annealing . . . A4: 715, 744, M4: 565–566, 594
annealing temperatures . . . M3: 433–434
applications . . . A6: 930
austenitizing . . . A4: 743
boriding . . . A4: 438
coining dies, use for . . . M3: 509, 510
cold heading tools, use in . . . M3: 512
composition . . . A4: 207, 712, M1: 422, M3: 422–423, M4: 562–564
composition of weld deposits . . . A6: 675
cutoff band sawing with bimetal blades A6: 1184
density . . . A4: 720, 763, M3: 441, M4: 617
description . . . A6: 930
die steel ratings . . . A18: 624
die-casting dies, use in . . . M3: 542, 543
dimensional changes . . . M4: 616
distortion, linear dimensions . . . M3: 468
elevated temperatures, resistance to softening . . . M3: 426
endothermic-atmosphere dew point for hardening . . . A4: 729, M4: 579
for die casting . . . A18: 632
for hammer forging . . . A18: 625
for hot extrusion tools . . . A18: 627
for hot-forging dies . . . A18: 623, 624, 626, 635
for press forging . . . A18: 625
fracture toughness . . . A4: 748, 749
friction surfacing . . . A6: 323
gas nitriding . . . A4: 387, 392
hardening A4: 613, 716, 744, 762, M4: 567–569, 570–572, 594
hardening and tempering . . . M3: 435–440
heat treatment . . . M1: 438–439
heat treatments . . . A4: 214–215, 747–749, M4: 127–128
hot extrusion tools, mandrel life . . . M3: 538, 540
hot extrusion tools, use for . . . M3: 538, 540
hot hardness, comparison for cast and wrought . . . M3: 446
interface considerations for die-casting die wear . . . A18: 632
longitudinal mechanical properties . . . A4: 216
machinability rating . . . M3: 443
mechanical properties . . . M1: 437–441, M4: 127
molds for plastics and rubber, use for . . M3: 547, 548
normalizing . . . A4: 715
part material for ion implantation . . . A18: 858
press forming dies, use for . . . M3: 490
processing . . . A4: 718, M1: 437–438

Tool steels, specific types (continued)
proven applications for borided ferrous
materials **A4:** 445
recommended for die-casting dies and die
inserts **A18:** 629
refractory-metal coatings **A18:** 644
residual stresses **A6:** 1097
service characteristics. **A4:** 718, **M3:** 438–440,
M4: 570–572
structural components, use for **M3:** 559
tempering. **A4:** 613, 716, 762, **M4:** 567–569,
570–572
thermal conductivity. . **A4:** 721, **M3:** 442, **M4:** 573
thermal expansion **A4:** 720, 763, **M3:** 441
TiN coating for surface treatments **A18:** 739
Toyota Diffusion (TD) process. **A18:** 643
welding preheat and interpass
temperatures. **A6:** 675
H13, composition. **A16:** 709
H13, ion implantation in metalforming and cutting
applications **A5:** 771
H13, machining. **A16:** 362, 479, 710, 712–726
H13 mandrel, surface chemistry changes **A11:** 576,
583
H13 nozzle, erosion failure **A11:** 576, 584
H13 shear knives, service condition
failures **A11:** 575, 582–583
H14
annealing. **A4:** 715, 744, **M4:** 565–566, 594
annealing temperatures. **M3:** 433–434
austenitizing. **A4:** 743
composition **A4:** 712, **M3:** 422–423, **M4:** 562–564
density **A4:** 720, 763, **M3:** 441, **M4:** 617
die steel ratings **A18:** 624
for hot extrusion tools **A18:** 627
for hot-forging dies **A18:** 623, 624
hardening. . **A4:** 716, 744, **M4:** 567–569, 570–572,
594
hardening and tempering. **M3:** 435–440
hot extrusion tools, use for **M3:** 538, 540
machinability rating **M3:** 443
normalizing **A4:** 715
processing. **A4:** 718
service characteristics. **A4:** 718, **M3:** 438–440,
M4: 570–572
tempering. **A4:** 716, **M4:** 567–569, 570–572
thermal expansion **A4:** 720, 763, **M3:** 441,
M4: 617
H14, composition. **A16:** 709
H14, composition limits **A5:** 768
H14, machining **A16:** 274, 710, 712–725
H15
composition **A4:** 712, **M4:** 562–564
hardness gradients, nitriding **M4:** 256
liquid nitriding **A4:** 413
H15, composition **M3:** 424
H15, for hot-forging dies **A18:** 623, 624
H16
annealing **A4:** 744, **M4:** 594
austenitizing. **A4:** 743
composition **A4:** 712, **M4:** 562–564
hardening. **A4:** 744, **M4:** 594
H16, composition **M3:** 424
H16, description **A6:** 930
H16, for hot-forging dies **A18:** 623, 624
H16, machining. **A16:** 710, 712–716, 721, 722
H17, for hot-forging dies **A18:** 623
H18, for hot-forging dies **A18:** 623
H19
annealing **A4:** 715, 744, **M4:** 565–566
annealing temperatures. **M3:** 433–434
austenitizing. **A4:** 743
composition **A4:** 712, **M3:** 422–423, **M4:** 562–564
density **A4:** 720, 763, **M3:** 441, **M4:** 617
hardening . . **A4:** 716, 744, **M4:** 567–569, 570–572
hardening and tempering. **M3:** 435–440
hot extrusion tools, use for **M3:** 538, 540
machinability rating **M3:** 443
normalizing **A4:** 715

processing. **A4:** 718
service characteristics. **A4:** 718, **M3:** 438–440,
M4: 570–572
tempering. **A4:** 716, **M4:** 567–569, 570–572
thermal expansion **A4:** 720, 763, **M3:** 441,
M4: 617

H19 catastrophic die failure/plastic
deformation **A18:** 641
die steel ratings **A18:** 624
for hot-forging dies **A18:** 623, 626
wear resistance **A18:** 636
H19, composition. **A16:** 709
H19, composition limits **A5:** 768
H19, machining. **A16:** 274, 712–725
H20
annealing **A4:** 744, **M4:** 594
austenitizing. **A4:** 743
coining dies, use for **M3:** 510
composition **A4:** 712, **M3:** 424, **M4:** 562–564
die-casting dies, use in **M3:** 542
for hot-forging dies **A18:** 623
hardening. **A4:** 744, **M4:** 594
recommended for die-casting dies and die
inserts **A18:** 629
H20, machining. **A16:** 710, 712–716, 721, 722
H21
annealing. **A4:** 715, 744, **M4:** 565–566, 594
annealing temperatures. **M3:** 433–434
applications **A6:** 930
austenitizing. **A4:** 743
auxiliary tools, hot upset forging,
use for **M3:** 535
coining dies, use for **M3:** 510
composition **A4:** 712, **M3:** 422–423, **M4:** 562–564
cutoff band sawing with bimetal blades **A6:** 1184
density **A4:** 720, 763, **M3:** 441, **M4:** 617
description **A6:** 930
die-casting dies, use in **M3:** 542
elevated temperatures, resistance to
softening **M3:** 426
hardening. . **A4:** 716, 744, **M4:** 567–569, 570–572,
594
hardening and tempering. **M3:** 435–440
heat treatments **A4:** 745
hot extrusion tools, die life **M3:** 538–540
hot extrusion tools, use for **M3:** 538, 540
machinability rating **M3:** 443
normalizing **A4:** 715
processing. **A4:** 718
service characteristics. **A4:** 718, **M3:** 438–440,
M4: 570–572
shear blades, service life. **M3:** 481
tempering. **A4:** 716, **M4:** 567–569, 570–572
thermal conductivity. . **A4:** 721, **M3:** 442, **M4:** 573
thermal expansion **A4:** 720, 763, **M3:** 441,
M4: 617

H21 catastrophic die failure/plastic
deformation **A18:** 641
die steel ratings **A18:** 624
for hot-forging dies **A18:** 623, 626
hot extrusion tools **A18:** 627
recommended for die-casting dies and die
inserts **A18:** 629
thermal fatigue of dies **A18:** 640
H21, composition. **A16:** 709
H21, composition limits **A5:** 768
H21, machining **A16:** 274, 360, 362, 710, 712–725
H21 safety valve spring, corrosion fatigue fracture
from moist air. **A11:** 261
H22
annealing. **A4:** 715, 744, **M4:** 565–566, 594
annealing temperatures. **M3:** 422–423
austenitizing. **A4:** 743
composition **A4:** 712, **M4:** 562–564
density **A4:** 720, 763, **M3:** 441, **M4:** 617
die-casting dies, use in **M3:** 542
for hot-forging dies **A18:** 623
hardening. . **A4:** 716, 744, **M4:** 567–569, 570–572,
594

hardening and tempering. **M3:** 435–440
machinability rating **M3:** 443
normalizing **A4:** 715
processing. **A4:** 718
recommended for die-casting dies and die
inserts **A18:** 629
service characteristics. **A4:** 718, **M3:** 438–440,
M4: 570–572
tempering. **A4:** 716, **M4:** 567–569, 570–572
thermal expansion **A4:** 720, 763, **M3:** 441,
M4: 617
H22, composition. **A16:** 709
H22, composition limits **A5:** 768
H22, machining **A16:** 274, 710, 712–725
H23
annealing. **A4:** 715, 744, **M4:** 565–566, 594
annealing temperatures. **M3:** 433–434
applications **A6:** 930
austenitizing. **A4:** 743
composition **A4:** 712, **M3:** 422–423, **M4:** 562–564
cutoff band sawing with bimetal blades **A6:** 1184
description **A6:** 930
die steel ratings **A18:** 624
elevated temperatures, resistance to
softening **M3:** 426
for hot-forging dies **A18:** 623
hardening. **A4:** 716, 744, 745, **M4:** 567–569,
570–572, 594
hardening and tempering. **M3:** 435–440
hot extrusion tools **A18:** 627
normalizing **A4:** 715
processing. **A4:** 718
quenching. **A4:** 745
recommended for die-casting dies and die
inserts **A18:** 629
secondary hardening. **A4:** 745
service characteristics. **A4:** 718, **M3:** 438–440,
M4: 570–572
tempering. **A4:** 716, **M4:** 567–569, 570–572
H23, composition. **A16:** 709
H23, composition limits **A5:** 768
H23, machining **A16:** 274, 710, 712–725
H24
annealing. **A4:** 715, 744, **M4:** 565–566, 594
annealing temperatures. **M3:** 433–434
austenitizing. **A4:** 743
composition **A4:** 712, **M3:** 422–423, **M4:** 562–564
die steel ratings. **A18:** 624
for hot-forging dies **A18:** 623
hardening. . **A4:** 716, 744, **M4:** 567–569, 570–572,
594
hardening and tempering. **M3:** 435–440
machinability rating **M3:** 443
normalizing **A4:** 715
processing. **A4:** 718
service characteristics. **A4:** 718, **M3:** 438–440,
M4: 570–572
tempering. **A4:** 716, **M4:** 567–569, 570–572
H24, composition. **A16:** 709
H24, composition limits **A5:** 768
H24, machining **A16:** 274, 710, 712–725
H25
annealing. **A4:** 715, 744, **M4:** 565–566, 594
annealing temperatures. **M3:** 433–434
austenitizing. **A4:** 743
composition **A4:** 712, **M3:** 422–423, **M4:** 562–564
hardening. . **A4:** 716, 744, **M4:** 567–569, 570–572,
594
hardening and tempering. **M3:** 435–440
machinability rating **M3:** 443
normalizing **A4:** 715
processing. **A4:** 719
service characteristics. **A4:** 719, **M3:** 438–440,
M4: 570–572
shear blades, service data. **M3:** 480
tempering **A4:** 716, **M4:** 567–569
H25, composition. **A16:** 709
H25, composition limits **A5:** 768
H25, for hot-forging dies **A18:** 623

SUBJECTS OF THE INDEXED VOLUMES: ASM Handbook (designated by the letter "A"): **A1:** Properties and Selection: Irons, Steels, and High-Performance Alloys (1990); **A2:** Properties and Selection: Nonferrous Alloys and Special-Purpose Materials (1990); **A3:** Alloy Phase Diagrams (1992); **A4:** Heat Treating (1991); **A5:** Surface Engineering (1994); **A6:** Welding, Brazing, and Soldering (1993); **A7:** Powder Metal Technologies and Applications (1998); **A8:** Mechanical Testing (1985); **A9:** Metallography and Microstructures (1985); **A10:** Materials Characterization (1986); **A11:** Failure Analysis and Prevention (1986); **A12:** Fractography (1987); **A13:** Corrosion (1987); **A14:** Forming and Forging (1988); **A15:** Casting (1988); **A16:** Machining (1989); **A17:** Nondestructive Evaluation and Quality Control (1989); **A18:** Friction, Lubrication, and Wear Technology (1992); **A19:** Fatigue and Fracture (1996); **A20:** Materials Selection and Design (1997). **Metals Handbook, 9th Edition** (designated by the letter "M"): **M1:** Properties and Selection: Irons and Steels (1978); **M2:** Properties and Selection: Nonferrous Alloys and Pure Metals (1979); **M3:** Properties and Selection: Stainless Steels, Tool Materials, and Special-Purpose Materials (1980); **M4:** Heat Treating (1981); **M5:** Surface Cleaning, Finishing, and Coating (1982); **M6:** Welding, Brazing, and Soldering (1983); **M7:** Powder Metallurgy (1984). **Engineered Materials Handbook** (designated by the letters "EM"): **EM1:** Composites (1987); **EM2:** Engineering Plastics (1988); **EM3:** Adhesives and Sealants (1990); **EM4:** Ceramics and Glasses (1991). **Electronic Materials Handbook** (designated by the letters "EL"): **EL1:** Packaging (1989)

H25, machining **A16:** 274, 710, 712–725
H26
annealing. **A4:** 715, 744, **M4:** 565–566, 594
annealing temperatures. **M3:** 433–434
austenitizing. **A4:** 743
ceramic coatings of dies. **A18:** 643
composition **A4:** 712, **M3:** 422–423, **M4:** 562–564
density **A4:** 720, 763, **M3:** 441, **M4:** 617
die blocks and inserts, use for **M3:** 529, 530
die steel ratings **A18:** 624
elevated temperatures, resistance to
softening **M3:** 426
for hammer forging alloy and stainless
steel **A18:** 625
for hot extrusion tools **A18:** 627
for hot-forging dies **A18:** 623, 625, 626, 635
for press forging heat-resistant alloys, nickel-base
alloys **A18:** 625
hardening. . **A4:** 716, 744, **M4:** 567–569, 570–572, 594
hardening and tempering **M3:** 435–440
machinability rating **M3:** 443
normalizing **A4:** 715
processing. **A4:** 718
service characteristics. **A4:** 718, **M3:** 438–440, **M4:** 570–572
tempering. **A4:** 716, **M4:** 567–569, 570–572
thermal expansion **A4:** 720, 763, **M3:** 441, **M4:** 617
H26, composition. **A16:** 709
H26, composition limits **A5:** 768
H26 exhaust-valve punch, fatigue failure **A11:** 576, 585
H26, machining **A16:** 274, 710, 712, 717–720, 723–725, 731
H41
annealing. **A4:** 715, 744, **M4:** 565–566, 594
annealing temperatures. **M3:** 433–434
austenitizing. **A4:** 743
composition **A4:** 712, **M3:** 424, **M4:** 562–564
for hot-forging dies **A18:** 623
hardening **A4:** 716, 744, **M4:** 567–569, 594
hardening and tempering **M3:** 435–437
normalizing **A4:** 715
preheating. **A4:** 743
resistance to thermal fatigue **A18:** 640
tempering **A4:** 717, **M4:** 567–569
H41, machining. **A16:** 710, 713–716, 721, 722
H42
annealing. **A4:** 715, 744, **M4:** 565–566, 594
annealing temperatures. **M3:** 433–434
austenitizing. **A4:** 743
composition **A4:** 712, **M3:** 422–423, **M4:** 562–564
density **A4:** 720, 763, **M3:** 441, **M4:** 617
for hot-forging dies **A18:** 623, 626
hardening. . **A4:** 716, 744, **M4:** 567–569, 570–572, 594
hardening and tempering **M3:** 435–440
machinability rating **M3:** 443
normalizing **A4:** 715
processing. **A4:** 719
resistance to thermal fatigue **A18:** 640
service characteristics. **A4:** 719, **M3:** 438–440, **M4:** 570–572
tempering. **A4:** 716, **M4:** 567–569, 570–572
thermal expansion **A4:** 720, 763, **M3:** 441, **M4:** 617
H42, composition. **A16:** 709
H42, composition limits **A5:** 768
H42, machining. **A16:** 710, 721–725
H43
annealing. **A4:** 715, 744, **M4:** 565–566, 594
annealing temperatures. **M3:** 433–434
austenitizing. **A4:** 743
composition **A4:** 712, **M3:** 424, **M4:** 562–564
for hot-forging dies **A18:** 623
hardening **A4:** 716, 744, **M4:** 567–569, 594
hardening and tempering **M3:** 435–437
normalizing **A4:** 715
resistance to thermal fatigue **A18:** 640
tempering **A4:** 716, **M4:** 567–569
H43, machining. **A16:** 710, 712–716, 721, 722
L group, grindability. **A16:** 728, 732
L group, machinability **A16:** 721
L group, machinability rating **A16:** 710
L1
annealing **A4:** 757, **M4:** 608
composition **A4:** 713, **M4:** 562–564
hardening. **A4:** 757, **M4:** 608
normalizing temperature. **M4:** 608
wear resistance **A4:** 757
L1, composition **M3:** 424
L2
annealing. **A4:** 715, 757, **M4:** 565–566, 608
annealing temperatures. **M3:** 433–434
composition **A4:** 713, **M3:** 422–423, **M4:** 562–564
density **A4:** 720, 763, **M3:** 441, **M4:** 617
hardening. . **A4:** 717, 757, **M4:** 567–569, 570–572, 608
hardening and tempering **M3:** 435–440
machinability rating **M3:** 443
mechanical properties **M3:** 431
normalizing **A4:** 715
normalizing temperature **M4:** 565–566, 608
normalizing temperatures. **M3:** 433–434
processing. **A4:** 719
service characteristics. **A4:** 720, **M3:** 438–440, **M4:** 570–572
structural components, use for **M3:** 559
tempering. **A4:** 717, **M4:** 567–569, 570–572
thermal expansion **A4:** 720, 763, **M3:** 441, **M4:** 617
L2, composition **A16:** 710
L2, composition limits **A5:** 769
L2, machining. **A16:** 717–720, 723–725
L3
annealing. **A4:** 715, 757, **M4:** 565–566, 608
annealing temperatures. **M3:** 433–434
composition **A4:** 713, **M3:** 424, **M4:** 562–564
hardening **A4:** 717, 757, **M4:** 567–569, 608
hardening and tempering **M3:** 435–437
microconstituents **A4:** 613, **M4:** 615
microconstituents after hardening. **A4:** 762, **M3:** 468
normalizing **A4:** 715
normalizing temperature **M4:** 565–566, 608
normalizing temperatures. **M3:** 433–434
tempering **A4:** 717, **M4:** 567–569
wear resistance **A4:** 757
L4
composition **A4:** 713
hardenability **A4:** 757
wear resistance **A4:** 757
L4, composition **M3:** 424, **M4:** 562–564
L5, composition . . . **A4:** 713, **M3:** 424, **M4:** 562–564
L6
annealing. **A4:** 715, 757, **M4:** 565–566, 608
annealing temperatures. **M3:** 433–434
coining dies, use for. **M3:** 509, 510
composition **A4:** 713, **M3:** 422–423, **M4:** 562–564
density **A4:** 720, 763, **M3:** 441, **M4:** 617
hardening. . **A4:** 717, 757, **M4:** 567–569, 570–572, 608
hardening and tempering **M3:** 435–440
machinability rating **M3:** 443
mechanical properties **M3:** 431
normalizing **A4:** 715
normalizing temperature **M4:** 565–566, 608
normalizing temperatures. **M3:** 433–434
processing. **A4:** 719
proven applications for borided ferrous
materials **A4:** 445
service characteristics. **A4:** 719, **M3:** 438–440, **M4:** 570–572
shear blades, service data. **M3:** 480
structural components, use for **M3:** 559
tempering. **A4:** 717, **M4:** 567–569, 570–572
thermal expansion **A4:** 720, 763, **M3:** 441, **M4:** 617
L6, clamping dies **M6:** 562
L6, composition **A16:** 710
L6, composition limits **A5:** 769
L6, cutoff band sawing with bimetal
blades **A6:** 1184
L6, machining **A16:** 274, 717–721, 723–725
L6, tool steel selection. **A16:** 712
L7
annealing **A4:** 757, **M4:** 608
applications **A4:** 757
composition **A4:** 713, **M3:** 424, **M4:** 562–564
gages, use for. **M3:** 555, 556
hardening. **A4:** 757, **M4:** 608
normalizing temperature. **M4:** 608
wear resistance **A4:** 757
L7, machining **A16:** 274, 717–721, 723–725
M group, grindability **A16:** 729, 732
M1
annealing. **A4:** 715, 750, **M4:** 565–566, 600
annealing temperatures. **M3:** 433–434
applications **A6:** 930
applications and machining tool life
improvements due to steam
oxidation. **A5:** 770
case depth effect on spline size
distortion **A4:** 628
cold heading tools, use in. **M3:** 512
composition **A4:** 713, **M3:** 422–423, **M4:** 562–564
composition limits **A5:** 768
composition of weld deposits **A6:** 675
cutting tools, use for. **M3:** 472, 473, 474, 476
density **A4:** 720, 763, **M3:** 441, **M4:** 617
description **A6:** 930
distortion after heat treatment **A4:** 617
endothermic-atmosphere dew point for
hardening. **A4:** 729, **M4:** 579
grinding ratio **M3:** 443
hardening. . **A4:** 716, 750, **M4:** 567–569, 570–572, 600
hardening and tempering **M3:** 435–440
normalizing **A4:** 715
processing. **A4:** 718
service characteristics. **A4:** 718, **M3:** 438–440, **M4:** 570–572
tempering. **A4:** 716, **M4:** 567–569, 570–572
thermal expansion **A4:** 720, 763, **M3:** 441, **M4:** 617
thread-rolling dies, use for **M3:** 551, 552
welding preheat and interpass
temperatures. **A6:** 675
M1, composition **A16:** 52, 709, **M1:** 609
M1, contact fatigue in rolling-element
bearings **A18:** 260
M1, for die threading dies. **A16:** 698
M1, for drills **A16:** 58, 218, 219, 658, 718, 747–749, 776, 781, 850, 863
M1, for end mills. **A16:** 58
M1, for milling cutters **A16:** 314
M1, for reamers **A16:** 58, 246, 659, 719, 750, 751, 781, 785, 852, 862
M1, for taps . . . **A16:** 259, 260, 261, 263, 661, 696, 720, 753, 782, 787, 813, 825, 851, 862, 867
M1, grindability. **A16:** 728, 732
M1, grinding ratios **A16:** 732
M1, hot hardness **A16:** 53
M1, machining. **A16:** 716–725
M1, tool bit applications **A16:** 51, 52, 53, 57
M1, tool steel selection **A16:** 712
M2
annealing. **A4:** 715, 750, **M4:** 565–566, 600
annealing temperatures. **M3:** 433–434
anvil tip for ultrasonic welding **A6:** 326
applications **A6:** 930
austenitizing **A4:** 751, 755
auxiliary tools, hot upset forging,
use for **M3:** 535
blades, rotary slitting, use for **M3:** 479
blanking and piercing dies, use for **M3:** 486, 487
case depth effect on spline size
distortion **A4:** 628
cold extrusion tools, use for . . **M3:** 515, 516, 517, 518, 519
cold heading tools, use in. **M3:** 512
composition **A4:** 713, **M3:** 422–423, 490, **M4:** 562–564
composition limits **A5:** 768
contact fatigue in rolling-element
bearings. **A18:** 260
cutoff band sawing with bimetal blades **A6:** 1184
cutting tools, use for **M3:** 471, 472, 473, 474, 476, 477
density **A4:** 720, 763, **M3:** 441, **M4:** 617
description **A6:** 930
dimensional changes **M4:** 616
distortion after heat treatment **A4:** 617
distortion, linear dimensions **M3:** 468
electron-beam welding **A6:** 867
extension of tool life via ion implantation,
examples **A18:** 643
finish broaching. **A5:** 86
fracture toughness **A4:** 751
friction welding **A6:** 153

Tool steels, specific types (continued)
gages, use for **M3:** 555
gas nitriding.......... **A4:** 387
gas pressure effect on cooling **A4:** 731, 732
grinding ratio **M3:** 443
hardening **A4:** 613, 716, 750, 751, 752, 762, **M4:** 567–569, 570–572, 599, 600, 601, 602, 606
hardening and tempering **M3:** 425, 426, 435–440
hardening, furnace atmosphere.......... **A4:** 565
hot extrusion tools, use for........ **M3:** 538, 540
impact strength **M4:** 601
increased tool life atttained with PVD coated cutting tools **A5:** 771
ion implantation in metalforming and cutting applications **A5:** 771
ion-nitriding atmospheres **A4:** 565–566
laser melting.......... **A5:** 772, **A18:** 865
machinability rating **M3:** 443
mechanical properties.......... **M3:** 445
microconstituents.......... **A4:** 613, **M4:** 615
microconstituents after hardening....... **A4:** 762, **M3:** 468
normalizing **A4:** 715
out-of-roundness distortion in bars **A4:** 766
part material for ion implantation...... **A18:** 858
plasma nitriding.......... **A4:** 404, 405
press forming dies, use for **M3:** 490, 492
processing.......... **A4:** 718
recommended for backward extrusion of two parts **A18:** 628
service characteristics..... **A4:** 718, **M3:** 438–440, **M4:** 570–572
shear spinning tools, use for **M3:** 501
steam oxidation effect on tool life in forming various carbon steel nuts and bolts **A5:** 770
structural components, use for..... **M3:** 558, 559
tempering **A4:** 613, 716, 751–752, 755, 762, **M4:** 567–569, 570–572
tempering resistance.......... **A4:** 749
thermal conductivity.. **A4:** 721, **M3:** 442, **M4:** 573
thermal expansion........ **A4:** 720, 763, **M3:** 441
thread-rolling dies, use for **M3:** 551, 552
welding preheat and interpass temperatures.......... **A6:** 675
M2 bearing, hardness, grain size, and retained austenite variations in.......... **A11:** 509
M2, composition.. **A16:** 52, 359, 709, 733, **M1:** 609
M2, CPM compositions **A16:** 63
M2, cutting edge wear of tools **A16:** 61
M2, electron beam welding.......... **M6:** 638
M2, for boring tools **A16:** 164, 716, 742, 771, 813, 859
M2, for broaches **A16:** 59, 201, 203, 207–209, 700, 743, 746, 774, 779, 823
M2, for circular sawing ... **A16:** 725, 794, 817, 868
M2, for counterbores **A16:** 251, 660, 752, 860
M2, for cutoff tools, for plunge test...... **A16:** 678
M2, for drills.......... **A16:** 218, 224, 232, 811
M2, for end mills **A16:** 58, 325, 326, 663, 664, 722, 790
M2, for face mills **A16:** 323, 662, 788–789
M2, for gear cutting tools **A16:** 342, 343
M2, for hobs **A16:** 345, 346
M2, for milling cutters **A16:** 59, 699, 718, 727, 792, 840
M2, for multipoint cutting tools....... **A16:** 58, 59
M2, for peripheral end mills ... **A16:** 721, 786–787, 846, 849, 866
M2, for planing tools **A16:** 183, 657, 743, 773
M2, for reamers **A16:** 58, 240, 242–243, 246, 659, 719, 751, 781, 785, 839, 852, 862
M2, for sawing.......... **A16:** 358, 359, 360
M2, for shaping tools **A16:** 190, 347, 348
M2, for slab mills **A16:** 324
M2, for spotfacing tools... **A16:** 251, 660, 752, 860
M2, for taps.......... **A16:** 259, 261, 695, 700
M2, for thread milling cutters....... **A16:** 752, 867
M2, for trepanning tools **A16:** 179, 742
M2, for turning tools..... **A16:** 144, 147, 653, 715, 726, 740, 741, 771, 811, 846
M2, grindability.......... **A16:** 728, 732
M2 high-speed, brittle fracture of rehardened **A11:** 574, 579
M2, honing with cubic boron nitride..... **A16:** 479
M2, hot hardness.......... **A16:** 53
M2, localized surface melting....... **A11:** 573, 579
M2, machining **A16:** 713–721, 723–727
M2, microstructure.......... **A16:** 708, 711
M2, powdered.......... **A9:** 511
M2, pressed and sintered **A9:** 524
M2 roughing tool, cracked from heat treatment.......... **A11:** 571
M2, tool bit applications... **A16:** 51, 53, 56, 57, 58
M2, tool steel selection.......... **A16:** 712
M3
annealing....... **A4:** 715, 750, **M4:** 565–566, 600
annealing temperatures.......... **M3:** 433–434
applications **A6:** 930
case depth effect on spline size distortion **A4:** 628
class 1, composition limits **A5:** 768
class 2, composition limits **A5:** 768
composition **A4:** 713, **M3:** 422–423, **M4:** 562–564
cutoff band sawing with bimetal blades **A6:** 1184
cutting tools, use for **M3:** 473, 476
density **A4:** 720, 763, **M3:** 441, **M4:** 617
description **A6:** 930
hardening.. **A4:** 716, 750, **M4:** 567–569, 570–572, 600
hardening and tempering **M3:** 426, 435–440
increased tool life attained with PVD coated cutting tools **A5:** 771
machinability rating **M3:** 443
normalizing **A4:** 715
processing.......... **A4:** 718
refrigeration treatment.......... **A4:** 752
service characteristics..... **A4:** 718, **M3:** 438–440, **M4:** 570–572
size distortion in heat treatment **A4:** 613
tempering....... **A4:** 716, **M4:** 567–569, 570–572
thermal expansion **A4:** 720, 763, **M3:** 441, **M4:** 617
M3 class 1, composition **A16:** 52, 709
M3 class 1, machining......... **A16:** 710, 713–725
M3 class 2, composition **A16:** 52, 709
M3 class 2, for multipoint cutting tools.... **A16:** 59
M3 class 2, grindability.......... **A16:** 728
M3 class 2, machining **A16:** 716–725
M3 class 2, wear resistance **A16:** 54, 57
M3, composition.......... **A16:** 52, 709, 733
M3, CPM composition **A16:** 63
M3, for boring tools...... **A16:** 742, 771, 813, 859
M3, for broaches **A16:** 203, 743–745, 823
M3, for counterbores.......... **A16:** 660, 752, 860
M3, for drills **A16:** 218, 224, 836
M3, for end mills ... **A16:** 325, 326, 663, 664, 754, 790, 866
M3, for gear cutters **A16:** 342, 343
M3, for hobs **A16:** 345, 346
M3, for milling cutters.......... **A16:** 320, 755
M3, for multipoint cutting tools....... **A16:** 58, 59
M3, for peripheral end mills... **A16:** 786–787, 849, 866
M3, for planing tools **A16:** 657, 773
M3, for reamers **A16:** 240
M3, for shaping tools **A16:** 192, 347, 348
M3, for spotfacing tools **A16:** 660, 752, 860
M3, for taps **A16:** 259, 261, 263
M3, for thread chasers.......... **A16:** 299, 720
M3, for trepanning tools.......... **A16:** 179
M3, for turning tools **A16:** 144, 147, 653, 740–741, 811
M3, grindability **A16:** 729
M3, microstructure **A16:** 734
M3, tool steel selection.......... **A16:** 712
M4
annealing....... **A4:** 715, 750, **M4:** 565–566, 600
annealing temperatures.......... **M3:** 433–434
coining dies, use for **M3:** 510–511
cold extrusion tools, use for .. **M3:** 515, 516, 517, 518, 519
composition **A4:** 713, **M3:** 422–423, 492, **M4:** 562–564
cutting tools, use for **M3:** 471, 476, 477
density **A4:** 720, 763, **M3:** 441, **M4:** 617
dimensional changes **M4:** 616
gas nitriding.......... **A4:** 387
hardening.. **A4:** 716, 750, **M4:** 567–569, 570–572, 600
hardening and tempering.......... **M3:** 435–440
normalizing **A4:** 715
press forming dies, use or......... **M3:** 491, 492
processing.......... **A4:** 718
service characteristics..... **A4:** 719, **M3:** 438–440, **M4:** 570–572
shear spinning tools, use for **M3:** 150
tempering....... **A4:** 716, **M4:** 567–569, 570–572
thermal expansion **A4:** 720, 763, **M3:** 441, **M4:** 617
M4, composition.......... **A16:** 52, 709, 733
M4, composition limits.......... **A5:** 768
M4, CPM composition **A16:** 63
M4, cutoff band sawing with bimetal blades.......... **A6:** 1184
M4, die wear and die life.......... **A18:** 633
M4, for broaches **A16:** 203
M4, for drills.......... **A16:** 218, 224
M4, for multipoint cutting tools....... **A16:** 58, 59
M4, for reamers.......... **A16:** 240, 248
M4, for taps.......... **A16:** 259, 753
M4, for thread chasers **A16:** 299
M4, grindability **A16:** 728
M4, honing with cubic boron nitride..... **A16:** 479
M4, hot hardness.......... **A16:** 53
M4, machining.......... **A16:** 360, 362, 713–725
M4, sulfur content effect on machinability.......... **A16:** 734
M4, tool steel selection.......... **A16:** 712
M4, wear resistance **A16:** 52, 54, 57
M6
annealing....... **A4:** 715, 750, **M4:** 565–566, 600
annealing temperatures.......... **M3:** 433–434
composition **A4:** 713, **M3:** 422–423, **M4:** 562–564
hardening.. **A4:** 716, 750, **M4:** 567–569, 570–572, 600
hardening and tempering.......... **M3:** 435–440
normalizing **A4:** 715
processing.......... **A4:** 718
service characteristics..... **A4:** 718, **M3:** 438–440, **M4:** 570–572
tempering....... **A4:** 716, **M4:** 567–569, 570–572
M6, composition.......... **A16:** 52, 53, 709
M6, composition limits.......... **A5:** 768
M6, for drills **A16:** 218
M6, for planing tools.......... **A16:** 183
M6, for shaping tools **A16:** 190
M6, machining....... **A16:** 710, 713–715, 718–724
M7
annealing....... **A4:** 715, 750, **M4:** 565–566, 600
applications and machining tool life improvements due to steam oxidation.......... **A5:** 770
composition **A4:** 713, **M3:** 422–423, **M4:** 562–564
composition limits **A5:** 768
cutting tools, use for..... **M3:** 472, 473, 474, 476
density **A4:** 720, 763, **M3:** 441, **M4:** 617
hardening.. **A4:** 716, 750, **M4:** 567–569, 570–572, 600
hardening and tempering.......... **M3:** 435–440
increased tool life attained with PVD coated cutting tools.......... **A5:** 771
ion implantation in metalforming and cutting applications **A5:** 771
magnetron sputtering **A18:** 849
normalizing **A4:** 715
part material for ion implantation...... **A18:** 858

SUBJECTS OF THE INDEXED VOLUMES: ASM Handbook (designated by the letter "A"): **A1:** Properties and Selection: Irons, Steels, and High-Performance Alloys (1990); **A2:** Properties and Selection: Nonferrous Alloys and Special-Purpose Materials (1990); **A3:** Alloy Phase Diagrams (1992); **A4:** Heat Treating (1991); **A5:** Surface Engineering (1994); **A6:** Welding, Brazing, and Soldering (1993); **A7:** Powder Metal Technologies and Applications (1998); **A8:** Mechanical Testing (1985); **A9:** Metallography and Microstructures (1985); **A10:** Materials Characterization (1986); **A11:** Failure Analysis and Prevention (1986); **A12:** Fractography (1987); **A13:** Corrosion (1987); **A14:** Forming and Forging (1988); **A15:** Casting (1988); **A16:** Machining (1989); **A17:** Nondestructive Evaluation and Quality Control (1989); **A18:** Friction, Lubrication, and Wear Technology (1992); **A19:** Fatigue and Fracture (1996); **A20:** Materials Selection and Design (1997). **Metals Handbook, 9th Edition** (designated by the letter "M"): **M1:** Properties and Selection: Irons and Steels (1978); **M2:** Properties and Selection: Nonferrous Alloys and Pure Metals (1979); **M3:** Properties and Selection: Stainless Steels, Tool Materials, and Special-Purpose Materials (1980); **M4:** Heat Treating (1981); **M5:** Surface Cleaning, Finishing, and Coating (1982); **M6:** Welding, Brazing, and Soldering (1983); **M7:** Powder Metallurgy (1984). **Engineered Materials Handbook** (designated by the letters "EM"): **EM1:** Composites (1987); **EM2:** Engineering Plastics (1988); **EM3:** Adhesives and Sealants (1990); **EM4:** Ceramics and Glasses (1991). **Electronic Materials Handbook** (designated by the letters "EL"): **EL1:** Packaging (1989)

processing . . . A4: 718
service characteristics . . . A4: 718, M3: 438–440, M4: 570–572
tempering . . . A4: 716, M4: 567–569, 570–572
thermal expansion . . . A4: 720, 763, M3: 441, M4: 617
wet outside diameter grinding . . . A5: 162
M7, composition . . . A16: 52, 53, 709
M7, for broaches . . . A16: 207, 219, 700, 743, 774
M7, for circular sawing . . . A16: 725, 756, 794, 817, 868
M7, for drill force testing . . . A16: 678–679
M7, for drills . . . A16: 58, 658, 677, 718, 726, 747, 749, 776, 781, 850, 851
M7, for end mills . . . A16: 58, 325, 326, 663, 664, 722, 754, 790, 866
M7, for face mills . . . A16: 323, 662, 788–789
M7, for gear cutting . . . A16: 343
M7, for hobs . . . A16: 345, 346
M7, for milling cutters . . . A16: 314, 699
M7, for peripheral end mills . . . A16: 721, 786–787, 849, 866
M7, for reamers A16: 58, 240, 246, 659, 702, 719, 750, 751, 781, 785, 852, 862
M7, for shaping tools . . . A16: 347
M7, for slab milling cutters . . . A16: 324
M7, for taps . . . A16: 259, 261, 263, 661, 696, 720, 782, 787, 813, 825, 851, 862, 867
M7, for thread milling cutters . . . A16: 752, 867
M7, grindability . . . A16: 728
M7, hot hardness . . . A16: 53
M7, machining . . . A16: 713–721, 723–725
M8, composition . . A4: 713, M3: 424, M4: 562–564
M10
activated reactive evaporation . . . A18: 849
annealing . . . A4: 715, 750, M4: 565–566, 600
annealing temperatures . . . M3: 433–434
applications . . . A6: 930
auxiliary tools, hot upset forging, use for . . . M3: 535
composition A4: 713, M3: 422–423, M4: 562–564
composition of weld deposits . . . A6: 675
contact fatigue in rolling-element bearings . . . A18: 260
cutoff band sawing with bimetal blades A6: 1184
cutting tools, use for . . . M3: 472, 473, 474, 476
density . . . A4: 720, 763, M3: 441, M4: 617
description . . . A6: 930
hardening . . A4: 716, 750, M4: 567–569, 570–572, 600
hardening and tempering . . . M3: 435–437
hot upset forging tools, use for . . . M3: 534
normalizing . . . A4: 715
processing . . . A4: 718
service characteristics . . . A4: 718, M3: 438–440, M4: 570–572
tempering . . . A4: 716, M4: 567–569, 570–572
thermal expansion . . . A4: 720, 763, M3: 441, M4: 617
welding preheat and interpass temperatures . . . A6: 675
M10 bearing, hardness, grain size, and retained austenite variations in . . . A11: 509
M10, composition . . . A16: 51, 52, 709, M1: 609
M10, composition limits . . . A5: 768
M10, flash welding schedule . . . M6: 577
M10, for boring tools . . . A16: 742, 771, 813
M10, for drills . . . A16: 58, 218, 658, 718, 747, 749, 776, 781, 850, 863
M10, for end mills . . . A16: 58, 664
M10, for milling cutters . . . A16: 314, 714, 840
M10, for planing tools . . . A16: 657, 773
M10, for reamers . . . A16: 58, 239, 240, 839
M10, for taps . . A16: 259, 260, 261, 263, 661, 696, 720, 782, 787, 813, 825, 851, 862, 867
M10, for turning tools . . . A16: 145, 653, 718, 726, 741, 811
M10, grindability . . . A16: 728
M10, machining . . . A16: 713–725
M10, tool steel selection . . . A16: 712
M15
applications . . . A6: 930
composition . . . M3: 424
cutoff band sawing with bimetal blades A6: 1184
description . . . A6: 930
machinability rating . . . M3: 443
M15, composition . . . A4: 713, A16: 52, 54, M4: 562–564
M15, for taps . . . A16: 259
M15, grindability . . . A16: 728
M15, hardness . . . A16: 708
M15, ion plating . . . A18: 849
M15, machining . . . A16: 715, 718, 722
M15, wear resistance . . . A16: 52, 54
M25
distortion . . . M4: 619
hardening, comparison between powder metallurgy and conventional . . . M4: 619
M25, distortion . . . M3: 444
M25, hardness . . . A4: 766
M30
annealing . . . A4: 715, 750, M4: 565–566, 600
annealing temperatures . . . M3: 433–434
composition A4: 713, M3: 422–423, M4: 562–564
density . . . A4: 720, 763, M3: 441, M4: 617
hardening . . A4: 716, 750, M4: 567–569, 570–572, 600
hardening and tempering . . . M3: 435–440
normalizing . . . A4: 715
processing . . . A4: 718
service characteristics . . . A4: 718, M3: 438–440, M4: 570–572
tempering . . . A4: 716, M4: 567–569, 570–572
thermal expansion . . . A4: 720, 763, M3: 441, M4: 617
M30, composition . . . A16: 51, 52, 54, 709
M30, composition limits . . . A5: 768
M30, for face mills . . . A16: 323, 662, 753, 788–789
M30, for gear cutters . . . A16: 343
M30, for planing tools . . . A16: 657, 773
M30, for shaping tools . . . A16: 192
M30, for turning tools . . . A16: 145, 653, 741
M30, hardness . . . A16: 54
M30, machining . . . A16: 713–725
M33
annealing . . . A4: 715, 750, M4: 565–566, 600
annealing temperatures . . . M3: 433–434
composition A4: 713, M3: 422–423, M4: 562–564
cutting tools, use for . . . M3: 472, 473, 474
density . . . A4: 720, 763, M3: 441, M4: 617
hardening . . A4: 716, 750, M4: 567–569, 570–572, 600
hardening and tempering . . . M3: 435–440
normalizing . . . A4: 715
processing . . . A4: 718
service characteristics . . . A4: 719, M3: 438–440, M4: 570–572
tempering . . . A4: 716, M4: 567–569, 570–572
thermal expansion . . . A4: 720, 763, M3: 441, M4: 617
M33, composition . . . A16: 52, 53, 709
M33, composition limits . . . A5: 768
M33, for broaches . . . A16: 207, 743
M33, for broaches, for heat-resistant alloys . . . A16: 743
M33, for counterbores . . . A16: 752, 860
M33, for drills . . . A16: 58, 218, 233, 718, 747, 749, 860
M33, for end mills . . . A16: 58, 325, 326, 722, 754
M33, for face mills . . . A16: 323, 863
M33, for peripheral end mills . . . A16: 721, 866
M33, for slab milling cutters . . . A16: 324
M33, for spotfacing tools . . . A16: 752, 860
M33, for taps . . . A16: 261
M33, for trepanning tools . . . A16: 179, 860
M33, for turning tools . . . A16: 144, 741, 858
M33, hot hardness . . . A16: 53
M33, machining . . . A16: 713–725
M34
annealing . . . A4: 715, 750, M4: 565–566, 600
annealing temperatures . . . M3: 433–434
composition A4: 713, M3: 422–423, M4: 562–564
hardening . . A4: 716, 750, M4: 567–569, 570–572, 600
hardening and tempering . . . M3: 435–440
normalizing . . . A4: 715
processing . . . A4: 718
service characteristics . . . A4: 718, M3: 438–440, M4: 570–572
tempering . . . A4: 716, M4: 567–569, 570–572
M34, composition . . . A16: 52, 709
M34, composition limits . . . A5: 768
M34, for drills, for heat-resistant alloys . . . A16: 747–748
M34, for shaping tools . . . A16: 192, 233
M34, machining . . . A16: 713–724
M34, specimens used in metallographic techniques . . . A18: 438
M35
ion implantation in metalforming and cutting applications . . . A5: 771
laser melting . . . A5: 772, A18: 865
part material for ion implantation . . . A18: 858
M35, and gear manufacturing . . . A16: 66, 67
M35, composition . . . A16: 52, 733, M3: 424, M4: 562–564
M35, CPM composition . . . A16: 63
M35, machining . . . A16: 713–717, 721, 722, 725
M36
annealing . . . A4: 715, 750, M4: 565–566, 600
annealing temperatures . . . M3: 433–434
composition A4: 713, M3: 422–423, M4: 562–564
density . . . A4: 720, 763, M3: 441, M4: 617
hardening . . A4: 716, 750, M4: 567–569, 570–572, 600
hardening and tempering . . . M3: 435–440
normalizing . . . A4: 715
processing . . . A4: 718
service characteristics . . . A4: 718, M3: 438–440
tempering . . . A4: 716, M4: 567–569, 570–572
thermal expansion . . . A4: 720, 763, M3: 441, M4: 617
M36, composition . . . A16: 52, 53, 709
M36, composition limits . . . A5: 768
M36, for machining heat-resistant alloys A16: 740, 741, 748
M36, for shaping tools . . . A16: 190, 233
M36, hot hardness . . . A16: 53
M36, machining . . . A16: 710, 713–725
M41
annealing . . . A4: 715, 750, M4: 565–566, 600
annealing temperatures . . . M3: 433–434
composition A4: 713, M3: 422–423, M4: 562–564
density . . . A4: 720, 763, M3: 441, M4: 617
dimensional changes . . . M4: 616
distortion, linear dimensions . . . M3: 468
grinding ratio . . . M3: 443
hardening A4: 613, 716, 750, 762, M4: 567–569, 570–572, 600
hardening and tempering . . . M3: 435–440
normalizing . . . A4: 715
processing . . . A4: 718
service characteristics . . . A4: 718, M3: 438–440, M4: 570–572
size distortion in heat treatment . . . A4: 613
tempering . . . A4: 613, 716, 762, M4: 567–569, 570–572
thermal expansion . . . A4: 720, 763, M3: 441, M4: 617
M41, composition . . . A16: 51, 52, 709
M41, composition limits . . . A5: 768
M41, for boring tools . . . A16: 164, 716, 742
M41, for broaches . . . A16: 207, 743
M41, for counterbores . . . A16: 752, 860
M41, for drills . . . A16: 718, 749, 860
M41, for end mills . . . A16: 325, 326, 722, 754, 866
M41, for face mills . . . A16: 323, 863
M41, for slab milling cutters . . . A16: 324
M41, for spotfacing tools . . . A16: 752, 860
M41, for trepanning tools . . . A16: 179, 860
M41, for turning tools . . . A16: 144, 715, 741, 858
M41, grindability . . . A16: 732
M41, machining . . . A16: 713–724
M42
annealing . . . A4: 715, 750, M4: 565–566, 600
annealing temperatures . . . M3: 433–434
composition . . . A4: 713, 722, M3: 422–423, M4: 562–564
cutting tools, use for . . . M3: 471, 472, 474, 476, 477
density . . . A4: 720, 763, M3: 441, M4: 617
grinding ratio . . . M3: 443
hardening . . A4: 716, 750, M4: 567–569, 570–572, 600
hardening and tempering . . . M3: 435–440
normalizing . . . A4: 715
processing . . . A4: 718
refrigeration treatment . . . A4: 752

Tool steels, specific types (continued)
service characteristics..... **A4:** 718, **M3:** 438–440, **M4:** 570–572
structural components, use for **M3:** 559
tempering....... **A4:** 716, **M4:** 567–569, 570–572
thermal expansion **A4:** 720, 763, **M3:** 441, **M4:** 617
thread-rolling dies, use for............. **M3:** 552
M42, activated reactive evaporation...... **A18:** 849
M42 bearing, hardness, grain size, and retained austenite variations in............. **A11:** 509
M42, composition **A16:** 51, 52, 653, 659, 709, 733
M42, composition limits................. **A5:** 768
M42, CPM composition.............. **A16:** 63, 64
M42, for boring tools **A16:** 164, 716, 742
M42, for broaches........ **A16:** 207, 700, 717, 743
M42, for counterbores......... **A16:** 251, 752, 860
M42, for drills....... **A16:** 658, 718, 749, 850, 860
M42, for end mills.... **A16:** 58, 325, 326, 722, 754
M42, for face mills **A16:** 323, 753, 863
M42, for hobs **A16:** 345, 346
M42, for multipoint cutting tools **A16:** 59
M42, for peripheral end mills....... **A16:** 848, 866
M42, for reamers **A16:** 702–703, 750, 751, 852
M42, for sawing.......... **A16:** 358, 359, 360, 362
M42, for shaping tools **A16:** 347
M42, for slab milling cutters **A16:** 324
M42, for spotfacing tools **A16:** 251, 752, 860
M42, for taps..................... **A16:** 259, 261
M42, for tools for single-point turning test **A16:** 679
M42, for trepanning tools **A16:** 179, 860
M42, for tSubhead chasers.............. **A16:** 299
M42, for turning tools.... **A16:** 144, 653, 715, 741, 858
M42, grindability **A16:** 732
M42, machining.......... **A16:** 713–721, 723–725
M42, tool steel selection................ **A16:** 712
M43
annealing....... **A4:** 715, 750, **M4:** 565–566, 600
composition **A4:** 713, **M4:** 562–564
hardening .. **A4:** 716, 750, **M4:** 567–569, 570–572
normalizing **A4:** 715
processing............................ **A4:** 718
service characteristics **A4:** 718, **M4:** 570–572
tempering....... **A4:** 717, **M4:** 567–569, 570–572
M43 annealing temperatures **M3:** 433–434
composition **M3:** 422–423
grinding ratio **M3:** 443
hardening and tempering.......... **M3:** 435–440
service characteristics **M3:** 438–440
M43, composition **A16:** 709
M43, composition limits................. **A5:** 768
M43, for boring tools **A16:** 164, 716, 742
M43, for broaches................. **A16:** 207, 743
M43, for broaches, for heat-resistant alloys **A16:** 743
M43, for counterbores **A16:** 752, 860
M43, for drills **A16:** 718, 749, 860
M43, for end mills **A16:** 325, 326, 722, 754
M43, for face mills............... **A16:** 323, 863
M43, for slab milling cutters **A16:** 324
M43, for spotfacing tools........... **A16:** 752, 860
M43, for trepanning tools **A16:** 179, 860
M43, for turning tools **A16:** 144, 715, 744, 858
M43, grindability **A16:** 726, 728, 732
M43, machining.......... **A16:** 713–721, 723, 724
M44
annealing....... **A4:** 715, 750, **M4:** 565–566, 600
composition **A4:** 713, **M4:** 562–564
hardening.. **A4:** 716, 750, **M4:** 567–569, 570–572, 600
normalizing **A4:** 715
processing............................ **A4:** 718
service characteristics **A4:** 718, **M4:** 570–572
tempering....... **A4:** 716, **M4:** 567–569, 570–572
M44 annealing temperatures **M3:** 433–434
composition **M3:** 422–423
grinding ratio **M3:** 443
hardening and tempering.......... **M3:** 435–440
service characteristics **M3:** 438–440
M44, composition **A16:** 709
M44, composition limits................. **A5:** 768
M44, for boring tools **A16:** 164, 716, 742
M44, for broaches................. **A16:** 207, 743
M44, for counterbores **A16:** 752, 860
M44, for drilling............. **A16:** 718, 749, 860
M44, for end mills **A16:** 325, 326, 722, 754
M44, for face mills................ **A16:** 323, 863
M44, for planing tools **A16:** 183
M44, for slab milling cutters **A16:** 324
M44, for spotfacing tools........... **A16:** 752, 860
M44, for trepanning tools **A16:** 179, 860
M44, for turning tools.... **A16:** 144, 715, 740, 741, 858
M44, grindability **A16:** 726, 728, 732
M44, machining.......... **A16:** 713–721, 723–725
M44, tool steel selection................ **A16:** 712
M45, composition...................... **M3:** 424
M45, composition limits................. **A5:** 768
M45, for broaches................. **A16:** 207, 743
M45, for counterbores **A16:** 752, 860
M45, for drills **A16:** 718, 749, 860
M45, for end mills............ **A16:** 325, 326, 754
M45, for face mills................ **A16:** 323, 863
M45, for slab milling cutters **A16:** 324
M45, for spotfacing tools........... **A16:** 752, 860
M45, for trepanning tools **A16:** 179, 860
M45, for turning tools......... **A16:** 144, 741, 858
M46
annealing....... **A4:** 715, 750, **M4:** 565–566, 600
composition **A4:** 713, **M4:** 562–564
density.................. **A4:** 720, 763, **M4:** 617
hardening.. **A4:** 716, 750, **M4:** 567–569, 570–572, 600
normalizing **A4:** 715
processing............................ **A4:** 718
service characteristics **A4:** 719, **M4:** 570–572
tempering....... **A4:** 716, **M4:** 567–569, 570–572
thermal expansion........ **A4:** 720, 763, **M4:** 617
M46 annealing temperatures **M3:** 433–434
composition **M3:** 422–423
density............................... **M3:** 441
hardening and tempering.......... **M3:** 435–440
service characteristics **M3:** 438–440
thermal expansion **M3:** 441
M46, composition.................. **A16:** 52, 709
M46, for broaches................. **A16:** 207, 743
M46, for counterbores **A16:** 752, 860
M46, for drills **A16:** 718, 749, 860
M46, for end mills............ **A16:** 325, 326, 754
M46, for face mills................ **A16:** 323, 863
M46, for slab milling cutters **A16:** 324
M46, for spotfacing tools........... **A16:** 752, 860
M46, for trepanning tools **A16:** 179, 860
M46, for turning tools......... **A16:** 144, 741, 858
M46, machining.......... **A16:** 717–720, 723–725
M47
annealing....... **A4:** 715, 750, **M4:** 565–566, 600
annealing temperatures............ **M3:** 433–434
composition **A4:** 713, **M3:** 422–423, **M4:** 562–564
density **A4:** 720, 763, **M3:** 441, **M4:** 617
hardening.. **A4:** 716, 750, **M4:** 567–569, 570–572, 600
hardening and tempering.......... **M3:** 435–440
normalizing **A4:** 715
processing............................ **A4:** 718
service characteristics..... **A4:** 718, **M3:** 438–440, **M4:** 570–572
tempering....... **A4:** 716, **M4:** 567–569, 570–572
thermal expansion **A4:** 720, 763, **M3:** 441, **M4:** 617
M47, composition **A16:** 709
M47, composition limits................. **A5:** 768
M47, for broaches................. **A16:** 207, 743
M47, for counterbores **A16:** 752, 860
M47, for drills **A16:** 718, 749, 760
M47, for end mills............ **A16:** 325, 326, 754
M47, for face mills................ **A16:** 323, 863
M47, for slab milling cutters **A16:** 324
M47, for spotfacing tools........... **A16:** 752, 860
M47, for trepanning tools **A16:** 179, 860
M47, for turning tools......... **A16:** 144, 741, 858
M47, machining **A16:** 717–720, 723–725
M48, composition **A16:** 52, 733
M48, CPM composition **A16:** 63
M50
annealing.................... **A4:** 750, **M4:** 600
application in gas turbine mainshaft bearings........................ **A18:** 590
applications.................. **A4:** 749–750, 756
bath temperatures and cycle times....... **A4:** 757
composition......... **A4:** 713, 756, **M4:** 562–564
contact fatigue in rolling-element bearings........................ **A18:** 260
friction coefficient data............. **A18:** 71, 72
hardening.................... **A4:** 750, **M4:** 600
heat treatments.................... **A4:** 756–757
liquid nitriding............... **A4:** 413, **M4:** 256
nominal compositions **A18:** 726
rolling-contact component steels........ **A18:** 503
tempering **A4:** 757
TT-F diagram........................ **M4:** 607
TTT diagram.......................... **A4:** 756
M50 bearing,, hardness, grain size, and retained austenite variations in............. **A11:** 509
M50, composition **A16:** 52, **M1:** 609
M50, for drills **A16:** 58
M50NiL
application in gas turbine mainshaft bearings........................ **A18:** 590
contact fatigue in rolling-element bearings........................ **A18:** 260
rolling-contact component steels........ **A18:** 503
M52
annealing.................... **A4:** 750, **M4:** 600
applications...................... **A4:** 749–750
composition **A4:** 713, **M4:** 562–564
hardening.................... **A4:** 750, **M4:** 600
M52, composition **A16:** 52
M52, for drills **A16:** 58
M62, composition.................. **A16:** 52, 733
M62, CPM composition **A16:** 63
O group machining .. **A16:** 710, 713–716, 721, 722, 728
O1
annealing....... **A4:** 715, 739, **M4:** 565–566, 600
annealing temperatures............ **M3:** 433–434
applications **A6:** 930
austenitizing.......................... **A4:** 739
blanking and piercing dies, use for **M3:** 485, 486, 487
coining dies, use for.............. **M3:** 509, 510
cold extrusion tools, use for... **M3:** 515, 516, 518
composition **A4:** 712, **M3:** 422–423, 490, **M4:** 562–564
composition of weld deposits **A6:** 675
cutoff band sawing with bimetal blades **A6:** 1184
cycle annealing................... **A4:** 737, 740
decarburization bands when held in a fluidized bed............................ **A4:** 486
deep drawing dies, use for **M3:** 496, 498, 499
density **A4:** 720, 763, **M3:** 441, **M4:** 617
description **A6:** 930
dimensional changes.............. **M4:** 590, 616
distortion, linear dimensions........... **M3:** 468
endothermic-atmosphere dew point for hardening............... **A4:** 729, **M4:** 579
erosion resistance versus hardness...... **A18:** 204
for cold extrusion tools **A18:** 627
gages, use for **M3:** 554, 555, 556
hardenability bands................... **M3:** 428
hardening **A4:** 613, 716, 739, 762, **M4:** 567–569, 570–572, 586
hardening and tempering **M3:** 429–430, 435–440
machinability rating **M3:** 443
martempering **A4:** 739, 740

SUBJECTS OF THE INDEXED VOLUMES: ASM Handbook (designated by the letter "A"): **A1:** Properties and Selection: Irons, Steels, and High-Performance Alloys (1990); **A2:** Properties and Selection: Nonferrous Alloys and Special-Purpose Materials (1990); **A3:** Alloy Phase Diagrams (1992); **A4:** Heat Treating (1991); **A5:** Surface Engineering (1994); **A6:** Welding, Brazing, and Soldering (1993); **A7:** Powder Metal Technologies and Applications (1998); **A8:** Mechanical Testing (1985); **A9:** Metallography and Microstructures (1985); **A10:** Materials Characterization (1986); **A11:** Failure Analysis and Prevention (1986); **A12:** Fractography (1987); **A13:** Corrosion (1987); **A14:** Forming and Forging (1988); **A15:** Casting (1988); **A16:** Machining (1989); **A17:** Nondestructive Evaluation and Quality Control (1989); **A18:** Friction, Lubrication, and Wear Technology (1992); **A19:** Fatigue and Fracture (1996); **A20:** Materials Selection and Design (1997). **Metals Handbook, 9th Edition** (designated by the letter "M"): **M1:** Properties and Selection: Irons and Steels (1978); **M2:** Properties and Selection: Nonferrous Alloys and Pure Metals (1979); **M3:** Properties and Selection: Stainless Steels, Tool Materials, and Special-Purpose Materials (1980); **M4:** Heat Treating (1981); **M5:** Surface Cleaning, Finishing, and Coating (1982); **M6:** Welding, Brazing, and Soldering (1983); **M7:** Powder Metallurgy (1984). **Engineered Materials Handbook** (designated by the letters "EM"): **EM1:** Composites (1987); **EM2:** Engineering Plastics (1988); **EM3:** Adhesives and Sealants (1990); **EM4:** Ceramics and Glasses (1991). **Electronic Materials Handbook** (designated by the letters "EL"): **EL1:** Packaging (1989)

molds for plastics and rubber, use for .. **M3:** 347, 548
normalizing **A4:** 715
normalizing temperature **M4:** 565–566, 586
normalizing temperatures **M3:** 433–434
press forming dies, use for **M3:** 489, 492
processing **A4:** 719
recommended for backward extrusion of two parts **A18:** 628
service characteristics **A4:** 719, **M3:** 438–440, **M4:** 570–572
structural components, use for **M3:** 558
tempering **A4:** 121, 123, 613, 716, 740, 763, **M4:** 567–569, 570–572
thermal expansion **A4:** 720, 763, **M3:** 441, **M4:** 617
trimming tool materials, use for **M3:** 531
welding preheat and interpass temperatures **A6:** 675
working hardness **M3:** 510
O1, clamping dies **M6:** 562
O1, composition **A16:** 709
O1, composition limits **A5:** 768
O1 die, hydrogen flaking after heat treatment **A11:** 574, 581
O1 fixture, oil quench cracking **A11:** 565
O1, for hand reamers **A16:** 246
O1, machining .. **A16:** 274, 360, 362, 710, 714, 717, 719, 723–725
O1 ring forging, quench cracked **A11:** 570
O1 tool steel die, oil quenching failure **A11:** 565
O1, tool steel selection **A16:** 712
O2
annealing **A4:** 715, 739, **M4:** 565–566, 586
annealing temperatures **M3:** 433–434
applications **A6:** 930
austenitizing **A4:** 739
boriding **A4:** 445
composition **A4:** 300, 712, **M3:** 422–423, **M4:** 562–564
cutoff band sawing with bimetal blades **A6:** 1184
density **A4:** 720, 763, **M3:** 441, **M4:** 617
description **A6:** 930
electron beam hardening treatment **A4:** 300
endothermic-atmosphere dew point for hardening **A4:** 729, **M4:** 579
hardenability bands **M3:** 428
hardening .. **A4:** 716, 739, **M4:** 567–569, 570–572, 586
hardening and tempering **M3:** 429–430, 435–440
machinability rating **M3:** 443
normalizing **A4:** 715
normalizing temperature **M4:** 565–566, 586
normalizing temperatures **M3:** 433–434
processing **A4:** 719
proven applications for borided ferrous materials **A4:** 445
service characteristics **A4:** 719, **M3:** 438–440, **M4:** 570–572
structural components, use for **M3:** 559
tempering .. **A4:** 717, 740, **M4:** 567–569, 570–572
thermal expansion **A4:** 720, 763, **M3:** 441, **M4:** 617
use for **M3:** 555
O2, composition **A16:** 709
O2, composition limits **A5:** 768
O2, grindability **A16:** 726, 728
O4, tool steel selection **A16:** 712
O6
annealing **A4:** 715, 739, **M4:** 565–566, 586
annealing temperatures **M3:** 433–434
blanking and piercing dies, use for **M3:** 487
composition **A4:** 712, **M3:** 422–423, **M4:** 562–564
composition of weld deposits **A6:** 675
density **A4:** 720
dimensional changes **M4:** 616
distortion, linear dimensions **M3:** 468
gages, use for **M3:** 554, 555, 556
hardenability bands **M3:** 428
hardening **A4:** 613, 716, 739, 762, **M4:** 567–569, 570–572, 586
hardening and tempering **M3:** 435–440
machinability rating **M3:** 443
normalizing **A4:** 715
normalizing temperature **M4:** 565–566, 586
normalizing temperatures **M3:** 433–434
processing **A4:** 719
service characteristics **A4:** 719, **M3:** 438–440, **M4:** 570–572
structural components, use for **M3:** 559
tempering **A4:** 613, 716, 740, 762, **M4:** 567–569, 570–572
thermal expansion **A4:** 720
welding preheat and interpass temperatures **A6:** 675
O6, composition **A16:** 709
O6, composition limits **A5:** 768
O6, extension of tool life via ion implantation, examples **A18:** 643
O6 graphitic punch, service failure **A11:** 571
O6, machining .. **A16:** 274, 714, 717, 718, 720, 723, 724
O7
annealing **A4:** 715, 739, **M4:** 565–566, 586
annealing temperatures **M3:** 433–434
composition **A4:** 712, **M3:** 422–423, **M4:** 562–564
density **A4:** 720, 763, **M3:** 441, **M4:** 617
endothermic-atmosphere dew point for hardening **A4:** 729, **M4:** 579
hardening .. **A4:** 716, 739, **M4:** 567–569, 570–572, 586
hardening and tempering **M3:** 435–440
machinability rating **M3:** 443
normalizing **A4:** 715
normalizing temperature **M4:** 565–566, 586
normalizing temperatures **M3:** 433–434
processing **A4:** 719
service characteristics **A4:** 719, **M3:** 438–440, **M4:** 570–572
tempering .. **A4:** 716, 740, **M4:** 567–569, 570–572
thermal expansion **A4:** 720, 763, **M3:** 441, **M4:** 617
O7, composition **A16:** 709
O7, composition limits **A5:** 768
O7, machining **A16:** 274, 714, 717, 718, 720, 723–725
P group, grindability **A16:** 732
P group, machinability **A16:** 722
P1
annealing **A4:** 759, **M4:** 611
applications **A4:** 759
composition **A4:** 713, **M3:** 424, **M4:** 562–564
hardening **A4:** 759, **M4:** 611
heat treatments **A4:** 759
molds for plastics and rubber, use for **M3:** 548
P1, grindability **A16:** 728, 732
P1, machining **A16:** 710, 713–716, 721, 722
P2
annealing **A4:** 715, 759, **M4:** 565–566, 611
annealing temperatures **M3:** 433–434
composition **A4:** 713, **M3:** 422–423, **M4:** 562–564
density **A4:** 720, 763, **M3:** 441, **M4:** 617
hardening .. **A4:** 716, 759, **M4:** 567–569, 570–572, 611
hardening and tempering **M3:** 435–440
heat treatment **A4:** 759
machinability rating **M3:** 443
normalizing **A4:** 715
processing **A4:** 719
service characteristics **A4:** 719, **M3:** 438–440, **M4:** 570–572
tempering **A4:** 716, **M4:** 567–569, 570–572
thermal expansion **A4:** 720, 763, **M3:** 441, **M4:** 617
P2, composition **A16:** 709
P2, composition limits **A5:** 769
P2, grindability **A16:** 728, 732
P2, machining **A16:** 274, 710, 713–725
P2, tool steel selection **A16:** 712
P3
annealing **A4:** 715, 759, **M4:** 565–566, 611
annealing temperatures **M3:** 433–434
composition **A4:** 713, **M3:** 422–423, **M4:** 562–564
hardening .. **A4:** 716, 759, **M4:** 567–569, 570–572, 611
hardening and tempering **M3:** 435–440
heat treatment **A4:** 759
machinability rating **M3:** 443
molds for plastic and rubber, use for **M3:** 548
normalizing **A4:** 715
processing **A4:** 719
service characteristics **A4:** 719, **M3:** 438–440, **M4:** 570–572
tempering .. **A4:** 716, 759, **M4:** 567–569, 570–572
P3, composition **A16:** 710
P3, composition limits **A5:** 769
P3, grindability **A16:** 728, 732
P3, machining **A16:** 710, 713–716, 721, 722
P3, tool steel selection **A16:** 712
P4
annealing **A4:** 715, 759, **M4:** 565–566, 611
annealing temperatures **M3:** 433–434
applications **A4:** 758, 759
composition **A4:** 713, **M3:** 422–423, **M4:** 562–564
hardening .. **A4:** 716, 759, **M4:** 567–569, 570–572, 611
hardening and tempering **M3:** 435–440
heat treatments **A4:** 759
machinability rating **M3:** 443
molds for plastics and rubber, use for .. **M3:** 547, 548
normalizing **A4:** 715
processing **A4:** 719
service characteristics **A4:** 719, **M3:** 438–440, **M4:** 570–572
tempering .. **A4:** 716, 759, **M4:** 567–569, 570–572
P4, composition **A16:** 710
P4, composition limits **A5:** 769
P4, grindability **A16:** 732
P4, machining **A16:** 710, 713–725
P4, tool steel selection **A16:** 712
P5
annealing **A4:** 715, 759, **M4:** 565–566, 611
annealing temperatures **M3:** 433–434
composition **A4:** 713, **M4:** 562–564
density **A4:** 720, 763, **M3:** 441, **M4:** 617
hardening .. **A4:** 716, 759, **M4:** 567–569, 570–572, 611
hardening and tempering **M3:** 435–440
heat treatments **A4:** 759
machinability rating **M3:** 443
molds for plastics and rubber, use for **M3:** 548
normalizing **A4:** 715
processing **A4:** 719
service characteristics **A4:** 719, **M3:** 438–440, **M4:** 570–572
tempering **A4:** 716, **M4:** 567–569, 570–572
thermal expansion **A4:** 720, 763, **M3:** 441, **M4:** 617
P5, composition **A16:** 710
P5, composition limits **A5:** 769
P5, grindability **A16:** 728, 732
P5, machining **A16:** 274, 710, 713–725
P6
annealing **A4:** 715, 759, **M4:** 565–566, 611
annealing temperatures **M3:** 433–434
composition **A4:** 713, **M3:** 422–423, **M4:** 562–564
density **A4:** 720, 763, **M3:** 441, **M4:** 617
hardening .. **A4:** 716, 759, **M4:** 567–569, 570–572, 611
hardening and tempering **M3:** 435–440
heat treatments **A4:** 759, 760
machinability rating **M3:** 443
molds for plastic and rubber, use for **M3:** 547
normalizing **A4:** 715
processing **A4:** 719
service characteristics **A4:** 719, **M3:** 438–440, **M4:** 570–572
tempering **A4:** 716, 759, 760, **M4:** 567–569, 570–572
thermal expansion **A4:** 720, 763, **M3:** 441, **M4:** 617
P6, composition **A16:** 710
P6, composition limits **A5:** 769
P6, grindability **A16:** 728, 732
P6, machining **A16:** 274, 710, 713–725
P10, grindability **A16:** 728
P20
annealing **A4:** 715, 759, **M4:** 565–566, 611
annealing temperature **M3:** 433–434
applications **A4:** 758, 760
composition **A4:** 713, **M3:** 422–423, **M4:** 562–564
density **A4:** 720, 763, **M3:** 441, **M4:** 617
die-casting dies, use in **M3:** 542
extension of tool life via ion implantation, examples **A18:** 643
hardening .. **A4:** 716, 759, **M4:** 567–569, 570–572, 611
hardening and tempering **M3:** 435–440
heat treatments **A4:** 760
machinability rating **M3:** 443

Tool steels, specific types (continued)
molds for plastics and rubber, use for . . . **M3:** 547
normalizing . . . **A4:** 715
normalizing temperature . . . **M4:** 565–566, 611
normalizing temperatures . . . **M3:** 433–434
processing . . . **A4:** 719
recommended for die-casting dies and die inserts . . . **A18:** 629
service characteristics . . . **A4:** 719, **M3:** 438–440, **M4:** 570–572
tempering . . **A4:** 716, 760, **M4:** 567–569, 570–572
thermal expansion . . . **A4:** 720, 763, **M3:** 441, **M4:** 617
P20, composition . . . **A16:** 710
P20, composition limits . . . **A5:** 769
P20, grindability . . . **A16:** 728, 732
P20, machining . . . **A16:** 710, 713–725
P20 mold, effects of carburization . . . **A11:** 571–572
P20, tool steel selection . . . **A16:** 712
P21
annealing . . . **A4:** 715, 759, **M4:** 565–566, 611
annealing temperatures . . . **M3:** 433–434
applications . . . **A4:** 758
composition **A4:** 713, **M3:** 422–423, **M4:** 562–564
hardening . . **A4:** 716, 759, **M4:** 567–569, 570–572, 611
hardening and tempering . . . **M3:** 435–440
machinability rating . . . **M3:** 443
molds for plastics and rubber, use for . . . **M3:** 547
normalizing . . . **A4:** 715
normalizing temperature . . . **M4:** 565–566, 611
normalizing temperatures . . . **M3:** 433–434
processing . . . **A4:** 719
service characteristics . . . **A4:** 719, **M3:** 438–440, **M4:** 570–572
tempering . . . **A4:** 716, **M4:** 567–569, 570–572
P21, composition . . . **A16:** 710
P21, composition limits . . . **A5:** 769
P21, grindability . . . **A16:** 728, 732
P21, machining . . . **A16:** 274, 710, 713–725
P30, grindability . . . **A16:** 728
P40, grindability . . . **A16:** 728
S group machining . . . **A16:** 710, 713–716, 721, 722, 728, 731
S1
annealing . . . **A4:** 715, 736, **M4:** 565–566, 585
annealing temperatures . . . **M3:** 433–434
applications . . . **A6:** 930
austenitizing . . . **A4:** 737
boriding . . . **A4:** 445
carbonitriding . . . **A4:** 737
coining dies, use for . . . **M3:** 509–510
cold extrusion tools, use for . . . **M3:** 518
composition . . . **A4:** 712, 736, **M3:** 422–423, 490, **M4:** 562–564, 587–588
composition of weld deposits . . . **A6:** 675
deep drawing dies, use for . . . **M3:** 498
density . . . **A4:** 720, 763, **M3:** 441, **M4:** 617
description . . . **A6:** 930
endothermic-atmosphere dew point for hardening . . . **A4:** 729, **M4:** 579
hardening . . **A4:** 716, 736, **M4:** 567–569, 570–572, 585
hardening and tempering . . . **M3:** 435–440
machinability rating . . . **M3:** 443
mechanical properties . . . **M3:** 431
normalizing . . . **A4:** 715
pack annealing . . . **A4:** 737
press forming dies, use for . . . **M3:** 492
processing . . . **A4:** 719
proven applications for borided ferrous materials . . . **A4:** 445
quenching temperature . . . **M4:** 587–588
service characteristics . . . **A4:** 719, **M3:** 438–400, **M4:** 570–572
shear blades, service data . . . **M3:** 480
tempering . . . **A4:** 716, 738, 739, **M4:** 567–569, 570–572
thermal expansion . . . **A4:** 720, 763, **M3:** 441, **M4:** 617
time allowable between quenching and tempering . . . **M4:** 586
welding preheat and interpass temperatures . . . **A6:** 675
S1, composition . . . **A16:** 709
S1, composition limits . . . **A5:** 769
S1, cracking and spalling after regrinding **A11:** 569
S1, machining . . . **A16:** 274, 712, 717–720, 723, 724
S2
annealing . . . **A4:** 715, 736, **M4:** 565–566, 585
annealing temperatures . . . **M3:** 433–434
austenitizing . . . **A4:** 737
blades, cold shearing, use for . . . **M3:** 478
coining dies, use for . . . **M3:** 510
composition . . . **A4:** 712, **M3:** 422–423, **M4:** 562–564, 587–588
density . . . **A4:** 720, 763, **M3:** 441, **M4:** 617
endothermic-atmosphere dew point for hardening . . . **A4:** 729, **M4:** 579
hardening . . **A4:** 716, 736, **M4:** 567–569, 570–572, 585
hardening and tempering . . . **M3:** 425, 435–440
machinability rating . . . **M3:** 443
normalizing . . . **A4:** 715
pack annealing . . . **A4:** 737
processing . . . **A4:** 719
quenching temperature . . . **M4:** 587–588
service characteristics . . . **A4:** 719, **M3:** 438–440, **M4:** 570–572
tempering . . . **A4:** 716, 738, 739, **M4:** 567–569, 570–572
thermal expansion . . . **A4:** 720, 763, **M3:** 441, **M4:** 617
time allowable between quenching and tempering . . . **M4:** 586
wear, cold shearing blades . . . **M3:** 479
S2, composition . . . **A16:** 709
S2, composition limits . . . **A5:** 769
S2, cutoff band sawing with bimetal blades . . . **A6:** 1184
S2, for band sawing . . . **A16:** 360, 362
S2, for broaches . . . **A16:** 207, 717, 743, 774
S2, for circular sawing . . . **A16:** 725, 756, 794, 868
S2, for drills . . . **A16:** 658, 718, 746, 749, 776
S2, for end mills . . . **A16:** 325, 326, 663, 664, 790, 866
S2, for face mills . . . **A16:** 323, 662, 788
S2, for gear shaving . . . **A16:** 342, 343
S2, for hobs . . . **A16:** 345, 346
S2, for peripheral end mills . . . **A16:** 786–787, 866
S2, for reamers . . **A16:** 659, 719, 750, 751, 781, 862
S2, for shaping tools . . . **A16:** 347, 348
S2, for slab milling cutters . . . **A16:** 324
S2, for taps . . . **A16:** 661, 720, 782, 862
S2, for thread grinding tools . . . **A16:** 274
S2, for thread milling cutters . . . **A16:** 752, 867
S2, for trepanning tools . . . **A16:** 179
S2, machining . . . **A16:** 719, 720, 723, 724
S3
composition . . . **A4:** 712, **M4:** 562–564, 587–588
quenching temperature . . . **M4:** 587–588
tempering . . . **A4:** 738, 739
time allowable between quenching and tempering . . . **M4:** 586
S3, composition . . . **M3:** 424
S3, for drills . . . **A16:** 658, 718, 747, 749, 776, 777
S3, for reamers . . **A16:** 659, 719, 750, 751, 781, 862
S3, for taps . . . **A16:** 661, 720, 782, 862
S4
annealing . . . **A4:** 736, **M4:** 585
austenitizing . . . **A4:** 737
cold extrusion tools, use for . . . **M3:** 518
composition . . . **A4:** 712, **M3:** 424, **M4:** 562–564, 587–588
hardening . . . **A4:** 736, **M4:** 585
pack annealing . . . **A4:** 737
quenching temperature . . . **M4:** 587–588
tempering . . . **A4:** 738, 739
time allowable between quenching and tempering . . . **M4:** 586
wear, cold shearing blades . . . **M3:** 479
S4, for boring tools . . . **A16:** 771, 813, 859
S4, for broaches . . . **A16:** 207, 717, 743, 774
S4, for circular sawing . . . **A16:** 725, 756, 794, 868
S4, for counterbores . . . **A16:** 660, 752, 860
S4, for end mills . . . **A16:** 325, 326, 663, 790, 866
S4, for face mills . . . **A16:** 323, 662, 788–789
S4, for gear shaving . . . **A16:** 342, 343
S4, for hobs . . . **A16:** 345, 346
S4, for peripheral end mills . . . **A16:** 786–787, 866
S4, for planing tools . . . **A16:** 657, 773
S4, for reamers . . . **A16:** 575, 659, 719, 781, 862
S4, for shaping tools . . . **A16:** 347, 348
S4, for slab milling cutters . . . **A16:** 324
S4, for spotfacing tools . . . **A16:** 6, 752, 860
S4, for thread milling cutters . . . **A16:** 752, 867
S4, for trepanning tools . . . **A16:** 179
S4, for turning tools . . **A16:** 144, 147, 653, 741, 811
S5
annealing . . . **A4:** 715, 736, **M4:** 565–566, 585
annealing temperatures . . . **M3:** 433–434
applications . . . **A6:** 930
austenitizing . . . **A4:** 737
blades, cold shearing, use for . . . **M3:** 478
blades, rotary, use for . . . **M3:** 479
coining dies, use for . . . **M3:** 509–510
cold extrusion tools, use for . . . **M3:** 518
composition . . . **A4:** 712, **M3:** 422–423, **M4:** 562–564, 587–588
composition of weld deposits . . . **A6:** 675
cutoff band sawing with bimetal blades **A6:** 1184
density . . . **A4:** 720, 763, **M3:** 441, **M4:** 617
description . . . **A6:** 930
hardening . . **A4:** 717, 736, **M4:** 567–569, 570–572, 585
hardening and tempering . . . **M3:** 435–440
machinability rating . . . **M3:** 443
mechanical properties . . . **M3:** 431
normalizing . . . **A4:** 715
pack annealing . . . **A4:** 737
press forming dies, use for . . . **M3:** 492
processing . . . **A4:** 719
quenching temperature . . . **M4:** 587–588
service characteristics . . . **A4:** 719, **M3:** 438–440, **M4:** 570–572
shear blades, service data . . . **M3:** 480
structural components, use for . . . **M3:** 559
tempering . . . **A4:** 715, 738, 739, **M4:** 567–569, 570–572
thermal expansion . . . **A4:** 720, 763, **M3:** 441, **M4:** 617
time allowable between quenching and tempering . . . **M4:** 586
welding preheat and interpass temperatures . . . **A6:** 675
S5, composition . . . **A16:** 709
S5, composition limits . . . **A5:** 769
S5, cracked during heat treatment . . . **A11:** 570
S5, for boring tools . . . **A16:** 771, 813, 859
S5, for contour band sawing . . . **A16:** 362
S5, for counterbores . . . **A16:** 660, 752, 860
S5, for cutoff band sawing . . . **A16:** 360
S5, for end mills . . . **A16:** 325, 326, 663, 664, 790, 866
S5, for gear shaving . . . **A16:** 342, 343
S5, for hobs . . . **A16:** 345, 346
S5, for peripheral end mills . . . **A16:** 786–787, 866
S5, for planing tools . . . **A16:** 657–773
S5, for shaping tools . . . **A16:** 347, 348
S5, for spotfacing tools . . . **A16:** 660, 752, 860
S5, for trepanning tools . . . **A16:** 179
S5, for turning tools . . **A16:** 144, 147, 653, 741, 811
S5, fractured pin and gripping cani . . **A11:** 573, 576
S5, machining . . . **A16:** 718–720, 723, 724, 861
S6
annealing . . . **A4:** 736, **M4:** 585

SUBJECTS OF THE INDEXED VOLUMES: ASM Handbook (designated by the letter "A"): **A1:** Properties and Selection: Irons, Steels, and High-Performance Alloys (1990); **A2:** Properties and Selection: Nonferrous Alloys and Special-Purpose Materials (1990); **A3:** Alloy Phase Diagrams (1992); **A4:** Heat Treating (1991); **A5:** Surface Engineering (1994); **A6:** Welding, Brazing, and Soldering (1993); **A7:** Powder Metal Technologies and Applications (1998); **A8:** Mechanical Testing (1985); **A9:** Metallography and Microstructures (1985); **A10:** Materials Characterization (1986); **A11:** Failure Analysis and Prevention (1986); **A12:** Fractography (1987); **A13:** Corrosion (1987); **A14:** Forming and Forging (1988); **A15:** Casting (1988); **A16:** Machining (1989); **A17:** Nondestructive Evaluation and Quality Control (1989); **A18:** Friction, Lubrication, and Wear Technology (1992); **A19:** Fatigue and Fracture (1996); **A20:** Materials Selection and Design (1997). **Metals Handbook, 9th Edition** (designated by the letter "M"): **M1:** Properties and Selection: Irons and Steels (1978); **M2:** Properties and Selection: Nonferrous Alloys and Pure Metals (1979); **M3:** Properties and Selection: Stainless Steels, Tool Materials, and Special-Purpose Materials (1980); **M4:** Heat Treating (1981); **M5:** Surface Cleaning, Finishing, and Coating (1982); **M6:** Welding, Brazing, and Soldering (1983); **M7:** Powder Metallurgy (1984). **Engineered Materials Handbook** (designated by the letters "EM"): **EM1:** Composites (1987); **EM2:** Engineering Plastics (1988); **EM3:** Adhesives and Sealants (1990); **EM4:** Ceramics and Glasses (1991). **Electronic Materials Handbook** (designated by the letters "EL"): **EL1:** Packaging (1989)

blades, cold shearing, use for **M3:** 478
blades, rotary, use for **M3:** 479
coining dies, use for **M3:** 509–510
composition **A4:** 712, **M3:** 422–423, **M4:** 562–564
density **A4:** 720, 763, **M3:** 441, **M4:** 617
hardening **A4:** 736, **M4:** 570–572, 585
hardening and tempering **M3:** 438–440
machinability rating **M3:** 443
processing **A4:** 719
service characteristics **A4:** 719, **M3:** 438–440, **M4:** 570–572
tempering **M4:** 570–572
thermal expansion **A4:** 720, 763, **M3:** 441, **M4:** 617
S6, composition **A16:** 709
S6, composition limits **A5:** 769
S6, machining **A16:** 274, 717–720, 723–725
S7
annealing **A4:** 715, 736, **M4:** 565–566, 585
annealing temperatures **M3:** 433–434
austenitizing **A4:** 737
blades, cold shearing, use for **M3:** 478
blades, rotary, use for **M3:** 479
cold extrusion tools, use for **M3:** 518
composition **A4:** 712, **M3:** 422–423, **M4:** 562–564
composition of weld deposits **A6:** 675
density **A4:** 720, 763, **M3:** 441, **M4:** 617
gas nitriding **A4:** 387
hardening **A4:** 716, 736, **M4:** 567–569, 570–572, 585
hardening and tempering **M3:** 435–440
machinability rating **M3:** 443
mechanical properties **M3:** 431
molds for plastics and rubber, use for **M3:** 547
normalizing **A4:** 715
press forming dies, use for **M3:** 492
processing **A4:** 719
service characteristics **A4:** 719, **M3:** 438–440, **M4:** 570–572
structural components, use for **M3:** 559
tempering **A4:** 716, **M4:** 567–569, 570–572
thermal expansion **A4:** 720, 763, **M3:** 441, **M4:** 617
welding preheat and interpass temperatures **A6:** 675
S7, composition **A16:** 709
S7, composition limits **A5:** 769
S7, cracked plastic mold die **A11:** 568
S7, ductile fracture, torsional overload **A11:** 85, 90
S7 jewelry striking die, effects of excessive carburization **A11:** 571–572
S7, machining **A16:** 274, 712, 717–720, 723–725
S7 punch, excessive carburization of **A11:** 572–574
S7, quench cracked **A11:** 566
S7, quench cracking from stamp mark **A11:** 570
S9, for broaches **A16:** 207, 743
S9, for counterbores **A16:** 752, 860
S9, for drills **A16:** 658, 718, 749
S9, for end mills **A16:** 325, 326, 866
S9, for face mills **A16:** 323, 753, 863
S9, for slab milling cutters **A16:** 324
S9, for spotfacing tools **A16:** 752, 860
S9, for trepanning tools **A16:** 179, 860
S9, for turning tools **A16:** 144, 653, 741, 858
S9, machining **A16:** 717, 719
S10, for counterbores **A16:** 752, 860
S10, for drills **A16:** 718, 749, 860
S10, for end mills **A16:** 325, 326
S10, for face mills **A16:** 323, 863
S10, for slab milling cutters **A16:** 324
S10, for spotfacing tools **A16:** 752, 860
S10, for trepanning tools **A16:** 179, 860
S10, for turning tools **A16:** 144, 741, 858
S10, machining **A16:** 718–719
S11, for broaches **A16:** 207, 717, 743
S11, for counterbores **A16:** 752, 860
S11, for drills **A16:** 658, 749, 860
S11, for end mills **A16:** 325, 326
S11, for face mills **A16:** 323, 753, 863
S11, for hobs **A16:** 345, 346
S11, for spotfacing tools **A16:** 752, 860
S11, for trepanning tools **A16:** 179, 860
S11, for turning tools **A16:** 144, 653, 741, 858
S11, machining **A16:** 717, 719
S11, shot peening **A5:** 130, 131
S12, for counterbores **A16:** 752, 860
S12, for drills **A16:** 718, 749, 860
S12, for end mills **A16:** 325, 326
S12, for face mills **A16:** 323, 863
S12, for slab milling cutters **A16:** 324
S12, for spotfacing tools **A16:** 752, 860
S12, for trepanning tools **A16:** 179, 860
S12, for turning tools **A16:** 144, 741, 858
S12, machining **A16:** 717, 719
SAE J438b: type W108, composition **A16:** 710
SAE J438b: type W108, machining **A16:** 274, 717–720, 723–725
SAE J438b: type W109, composition **A16:** 710
SAE J438b: type W109, machining **A16:** 274, 717–720, 723–725
SAE J438b: type W110, composition **A16:** 710
SAE J438b: type W110 machining **A16:** 274, 717–720, 723–725
SAE J438b: type W112, composition **A16:** 710
SAE J438b: type W112 machining **A16:** 274, 717–720, 722–725
SAE J438b: type W209, composition **A16:** 710
SAE J438b: type W209 machining **A16:** 274, 717–720, 723–725
SAE J438b: type W210, composition **A16:** 710
SAE J438b: type W210 machining **A16:** 274, 717–720, 723–725
SAE J438b: type W310, composition **A16:** 710
SAE J438b: type W310 machining **A16:** 274, 717–720, 723–725
T group, grindability **A16:** 729, 732
T1
annealing **A4:** 715, 750, **M4:** 565–566, 600
annealing temperatures **M3:** 433–434
applications **A6:** 930
carbon content after nitriding **A4:** 753
carbon content, nitrided **M4:** 604
composition **A4:** 712, **M3:** 422–423, **M4:** 562–564
composition of weld deposits **A6:** 675
cutoff band sawing with bimetal blades **A6:** 1184
cutting tools, use for **M3:** 473, 476, 477
density **A4:** 720, 763, **M3:** 441, **M4:** 617
description **A6:** 930
distortion after heat treatment **A4:** 617
endothermic-atmosphere dew point for hardening **A4:** 729, **M4:** 579
gas quenching **A4:** 105, 106, **M4:** 59
hardening **A4:** 716, 750, 753, 755, **M4:** 567–569, 570–572, 600
hardening and tempering **M3:** 435–440
hardness gradients **M4:** 606
hot extrusion tools, use for **M3:** 538, 540
liquid nitriding **A4:** 752–753
machinability rating **M3:** 443
mechanical properties **A4:** 752
nitriding time, effect on nitrogen content **M4:** 604
normalizing **A4:** 715
processing **A4:** 718
service characteristics **A4:** 718, **M3:** 438–440, **M4:** 570–572
tempering **A4:** 716, 752, **M4:** 567–569, 570–572
tempering, effect on mechanical properties **M4:** 602
thermal conductivity **A4:** 721, **M3:** 442, **M4:** 573
thermal expansion **A4:** 720, 763, **M3:** 441, **M4:** 617
welding preheat and interpass temperatures **A6:** 675
T1 bearing, hardness, grain size, and retained austenite variations in **A11:** 509
T1, composition **A16:** 52, 709
T1, composition limits **A5:** 768
T1, for cutoff band sawing **A16:** 360
T1, for drills **A16:** 218
T1, for planing tools **A16:** 183
T1, for reamers **A16:** 58, 240
T1, for shaping tools **A16:** 190
T1, for taps **A16:** 261
T1, for turning tools **A16:** 148, 150, 740
T1, for-milling cutters **A16:** 314
T1, grinding **A16:** 727, 728
T1, hot hardness **A16:** 53
T1, machining **A16:** 710, 716–718, 721, 723–725
T1, tool bit applications **A16:** 57, 59
T1, tool steel selection **A16:** 712
T1, wear resistance **A16:** 57
T2
annealing **A4:** 715, 750, **M4:** 565–566, 600
annealing temperatures **M3:** 433–434
composition **A4:** 712, **M3:** 422–423, **M4:** 562–564
composition of weld deposits **A6:** 675
cutoff band sawing with bimetal blades **A6:** 1184
density **A4:** 720, 763, **M3:** 441, **M4:** 617
hardening **A4:** 716, 750, **M4:** 567–569, 570–572, 600
hardening and tempering **M3:** 435–440
normalizing **A4:** 715
processing **A4:** 718
service characteristics **A4:** 718, **M3:** 438–440, **M4:** 570–572
tempering **A4:** 716, **M4:** 567–569, 570–572
thermal expansion **A4:** 720, 763, **M3:** 441, **M4:** 617
welding preheat and interpass temperatures **A6:** 675
T2, composition **A16:** 709
T2, composition limits **A5:** 768
T2, for broaches **A16:** 203
T2, for cutoff band sawing **A16:** 360
T2, machining **A16:** 713–718, 720–725
T3, composition **A4:** 712, **M3:** 424, **M4:** 562–564
T3, grindability **A16:** 728
T4
annealing **A4:** 715, 750, **M4:** 565–566, 600
annealing temperatures **M3:** 433–434
composition **A4:** 712, **M3:** 422–423, **M4:** 562–564
composition of weld deposits **A6:** 675
cutting tools, use for **M3:** 471
density **A4:** 720, 763, **M3:** 441, **M4:** 617
hardening **A4:** 716, 750, **M4:** 567–569, 570–572, 600
hardening and tempering **M3:** 435–440
machinability rating **M3:** 443
normalizing **A4:** 715
processing **A4:** 718
service characteristics **A4:** 718, **M3:** 438–440, **M4:** 570–572
tempering **A4:** 716, **M4:** 567–569, 570–572
thermal expansion **A4:** 720, 763, **M3:** 441, **M4:** 617
welding preheat and interpass temperatures **A6:** 675
T4, composition **A16:** 51, 52, 709
T4, composition limits **A5:** 768
T4, for broaches, for heat-resistant alloys **A16:** 743
T4, grindability **A16:** 728
T4, hot hardness **A16:** 57–58
T4, machining **A16:** 710, 713–721, 723
T4, wear resistance **A16:** 57–58
T5
annealing **A4:** 715, 750, **M4:** 565–566, 600
composition **A4:** 713, **M3:** 422–423, **M4:** 562–564
cutting tools, use for **M3:** 471
density **A4:** 720, 763, **M3:** 441, **M4:** 617
hardening **A4:** 716, 750, **M4:** 567–569, 570–572, 600
hardening and tempering **M3:** 435–440
normalizing **A4:** 715
processing **A4:** 718
service characteristics **A4:** 718, **M3:** 438–440, **M4:** 570–572
tempering **A4:** 716, **M4:** 567–569, 570–572
thermal expansion **A4:** 720, 763, **M3:** 441, **M4:** 617
T5, composition **A16:** 52, 709
T5, composition limits **A5:** 768
T5, for boring tools **A16:** 164, 716
T5, for broaches **A16:** 203, 743, 744
T5, for turning tools **A16:** 715, 770, 838
T5, hot hardness **A16:** 57–58
T5, machining **A16:** 710, 713–725, 727
T5, tool steel selection **A16:** 712
T5, wear resistance **A16:** 57–58
T6
annealing **A4:** 715, 750, **M4:** 565–566, 600
annealing temperatures **M3:** 433–434
composition **A4:** 713, **M3:** 422–423, **M4:** 562–564
density **A4:** 720, 763, **M3:** 441, **M4:** 617
hardening **A4:** 716, 750, **M4:** 567–569, 570–572, 600
hardening and tempering **M3:** 435–440
normalizing **A4:** 715
processing **A4:** 719
service characteristics **A4:** 719, **M3:** 438–440, **M4:** 570–572

Tool steels, specific types (continued)
tempering....... **A4:** 716, **M4:** 567–569, 570–572
thermal expansion **A4:** 720, 763, **M3:** 441, **M4:** 617
T6, composition.................... **A16:** 52, 709
T6, composition limits **A5:** 768
T6, cutoff band sawing with bimetal blades........................... **A6:** 1184
T6, for contour band sawing **A16:** 362
T6, for cutoff band sawing.............. **A16:** 360
T6, for planing tools **A16:** 183
T6, machining **A16:** 713–725
T7, composition... **A4:** 713, **M3:** 424, **M4:** 562–564
T7, machining **A16:** 713–716, 721, 722
T8
annealing....... **A4:** 715, 750, **M4:** 565–566, 600
annealing temperatures............ **M3:** 433–434
composition **A4:** 713, **M3:** 422–423, **M4:** 562–564
density......... **A4:** 720, 763, **M3:** 441, **M4:** 617
hardening. . **A4:** 716, 750, **M4:** 567–569, 570–572, 600
hardening and tempering.......... **M3:** 435–440
normalizing **A4:** 715
processing............................ **A4:** 718
service characteristics..... **A4:** 718, **M3:** 438–440, **M4:** 570–572
tempering....... **A4:** 716, **M4:** 567–569, 570–572
thermal expansion **A4:** 720, 763, **M3:** 441, **M4:** 617
T8, composition.................... **A16:** 52, 709
T8, composition limits **A5:** 768
T8, cutoff band sawing with bimetal blades........................... **A6:** 1184
T8, for contour band sawing **A16:** 362
T8, for cutoff band sawing.............. **A16:** 360
T8, hot hardness **A16:** 57–58
T8, machining **A16:** 713–725
T8, wear resistance **A16:** 57–58
T9, composition... **A4:** 713, **M3:** 424, **M4:** 562–564
T9, grindability........................ **A16:** 728
T9, machining **A16:** 713–715, 718, 721
T15
annealing....... **A4:** 715, 750, **M4:** 565–566, 600
annealing temperatures............ **M3:** 433–434
applications **A6:** 930
blades, cold shearing, use for........... **M3:** 478
cold extrusion tools, use for **M3:** 516, 519
composition **A4:** 713, **M3:** 422–423, **M4:** 562–564
composition limits **A5:** 768
cutoff band sawing with bimetal blades **A6:** 1184
cutting tools, use for.... **M3:** 471, 472, 473, 474, 475, 476
density......... **A4:** 720, 763, **M3:** 441, **M4:** 617
description **A6:** 930
gardening and tempering...... **M3:** 435–440, 442
grinding ratio **M3:** 443
hardening. . **A4:** 716, 750, **M4:** 567–569, 570–572, 600
increased tool life attained with PVD coated cutting tools..................... **A5:** 771
machinability rating **M3:** 443
mechanical properties................. **M3:** 445
normalizing **A4:** 715
press forming dies, use for............. **M3:** 492
processing............................ **A4:** 718
service characteristics..... **A4:** 718, **M3:** 438–440, **M4:** 570–572
structural components, use for **M3:** 558
tempering....... **A4:** 716, **M4:** 567–569, 570–572
thermal conductivity. . **A4:** 721, **M3:** 442, **M4:** 573
thermal expansion **A4:** 720, 763, **M3:** 441, **M4:** 617
T15, composition... **A16:** 51, 52, 54, 709, 726, 733
T15, CPM composition **A16:** 63, 64
T15, for boring tools.......... **A16:** 164, 716, 742
T15, for broaches......... **A16:** 207, 700, 743–746
T15, for counterbores **A16:** 251, 752, 860
T15, for cutoff band sawing............ **A16:** 360
T15, for deep-drawing dies............. **A18:** 634
T15, for drills ... **A16:** 58, 218, 224, 232, 658, 718, 746, 747, 850, 860
T15, for end mills... **A16:** 325, 326, 722, 726, 754, 866
T15, for face mills............ **A16:** 323, 753, 863
T15, for gear cutters **A16:** 343
T15, for milling cutters........ **A16:** 314, 721, 864
T15, for multipoint cutting tools **A16:** 58, 59
T15, for peripheral end mills... **A16:** 721, 849, 866
T15, for planing tools **A16:** 183
T15, for reamers......... **A16:** 240, 246, 702–703, 750–751, 852
T15, for shaping tools.................. **A16:** 190
T15, for slab milling cutters............ **A16:** 324
T15, for spotfacing tools....... **A16:** 251, 752, 860
T15, for taps........ **A16:** 259, 261, 753, 825, 867
T15, for thread chasers................. **A16:** 299
T15, for trepanning tools........... **A16:** 179, 860
T15, for turning tools **A16:** 144, 653, 740–741, 846, 847, 858
T15, grindability **A16:** 726, 732
T15, grinding ratios.................... **A16:** 732
T15, hardness...................... **A16:** 54, 708
T15, hot hardness **A16:** 53
T15, machining...... **A16:** 710, 713–715, 717–721, 723–725
T15, tool steel selection **A16:** 712
T15, wear resistance **A16:** 52, 54
W group, grindability **A16:** 728, 732
W group, machinability................. **A16:** 710
W1
annealing................ **A4:** 715, **M4:** 565–566
annealing temperatures............ **M3:** 433–434
applications **A6:** 930
blanking and piercing dies, use for **M3:** 485, 486, 487
coining dies, use for............. **M3:** 509, 510
cold extrusion tools, use for . . **M3:** 515, 516, 517, 518
cold heading tools, use in............. **M3:** 512
composition **A4:** 300, 712, **M3:** 422–423, **M4:** 562–564
composition of weld deposits **A6:** 674
cutoff band sawing with bimetal blades **A6:** 1184
deep drawing dies, use for.... **M3:** 496, 498, 499
density......... **A4:** 720, 763, **M3:** 441, **M4:** 617
description **A6:** 930
electron beam hardening treatment **A4:** 300
electron beam hardening treatment (as C 100 W1 steel) **A4:** 306
extension of tool life via ion implantation, examples....................... **A18:** 643
for cold heading dies **A18:** 627
for deep-drawing dies................. **A18:** 634
gages, use for.................. **M3:** 555, 556
hardening........... **A4:** 717, 764, **M4:** 567–569
hardening and tempering **M3:** 426, 435–440
hardening atmospheres................. **A4:** 735
hot upset forging tools, use for......... **M3:** 534
machinability rating **M3:** 443
microconstituents............ **A4:** 613, **M4:** 615
microconstituents after hardening....... **A4:** 762, **M3:** 468
normalizing **A4:** 715
normalizing temperature **M4:** 565–566
normalizing temperatures.......... **M3:** 433–434
press forming dies, use for............. **M3:** 490
processing............................ **A4:** 719
proven applications for borided ferrous materials....................... **A4:** 445
recommended for backward extrusion of two parts **A18:** 628
service characteristics..... **A4:** 719, **M3:** 438–440, **M4:** 570–572
structural components, use for **M3:** 558
tempering . . **A4:** 134, 717, **M4:** 567–569, 570–572
thermal conductivity. . **A4:** 721, **M3:** 442, **M4:** 573
thermal deposition/diffusion process..... **A4:** 449
thermal expansion **A4:** 720, 763, **M3:** 441, **M4:** 617
welding preheat and interpass temperatures..................... **A6:** 675
working hardness..................... **M3:** 510
W1, composition **A16:** 710
W1, composition limits.................. **A5:** 769
W1, for contour band sawing............ **A16:** 362
W1, for cutoff band sawing **A16:** 360
W1, for hand reamers.................. **A16:** 240
W1 header die, failure from improper quenching **A11:** 577–578
W1, machining **A16:** 717–719, 720–725
W1, microstructure................ **A16:** 708, 711
W1 rough scaled surface after heat treatment.................... **A11:** 573, 578
W1, seizure resistance **M1:** 611
W1 tool steel concrete roughers, failed ... **A11:** 565
W1, tool steel selection................. **A16:** 712
W2
annealing................ **A4:** 715, **M4:** 565–566
annealing temperatures............ **M3:** 433–434
applications **A6:** 930
cold extrusion tools, use for............ **M3:** 518
cold heading tools, use in............. **M3:** 512
composition **A4:** 712, **M3:** 422–423, **M4:** 562–564
composition of weld deposits **A6:** 675
density......... **A4:** 720, 763, **M3:** 441, **M4:** 617
description **A6:** 930
endothermic-atmosphere dew point for hardening............... **A4:** 729, **M4:** 579
furnace atmosphere, effect on carbon content................. **A4:** 735, **M4:** 583
hardening . . **A4:** 714, 764, **M4:** 567–569, 570–572
hardening and tempering.......... **M3:** 435–440
hardening atmospheres................. **A4:** 735
machinability rating **M3:** 443
normalizing **A4:** 715
normalizing temperature **M4:** 565–566
normalizing temperatures.......... **M3:** 433–434
processing............................ **A4:** 719
service characteristics..... **A4:** 719, **M3:** 438–440, **M4:** 570–572
shear blades, service data.............. **M3:** 480
stress relieving **A4:** 735
tempering....... **A4:** 717, **M4:** 567–569, 570–572
thermal expansion **A4:** 720, 763, **M3:** 441, **M4:** 617
wear, cold shearing blades **M3:** 479
welding preheat and interpass temperatures..................... **A6:** 675
W2 carbon steel, quench cracked from soft spots **A11:** 570
W2, composition **A16:** 710
W2, composition limits.................. **A5:** 769
W2 die insert, fracture from rehardening **A11:** 575, 581
W2, for cold heading dies **A18:** 627
W2, for drills **A16:** 726
W2, for shaping tools **A16:** 192
W2, machining **A16:** 712, 714–720, 723, 724
W2, quench crack at base of threads **A11:** 566
W2 threaded parts, cracked during, quenching....................... **A11:** 566
W2, tool steel selection................. **A16:** 712
W3
composition..... **A4:** 712, **M3:** 424, **M4:** 562–564
endothermic-atmosphere dew point for hardening............... **A4:** 729, **M4:** 579
hardening **A4:** 717, **M4:** 567–569
hardening and tempering.......... **M3:** 435–437
tempering **A4:** 717, **M4:** 567–569
W4, composition . . **A4:** 712, **M3:** 424, **M4:** 562–564
W5
annealing................ **A4:** 715, **M4:** 565–566
annealing temperatures............ **M3:** 433–434
composition **A4:** 712, **M3:** 422–423, **M4:** 562–564
hardening.............. **M4:** 567–569, 570–572
machinability rating **M3:** 443

SUBJECTS OF THE INDEXED VOLUMES: ASM Handbook (designated by the letter "A"): **A1:** Properties and Selection: Irons, Steels, and High-Performance Alloys (1990); **A2:** Properties and Selection: Nonferrous Alloys and Special-Purpose Materials (1990); **A3:** Alloy Phase Diagrams (1992); **A4:** Heat Treating (1991); **A5:** Surface Engineering (1994); **A6:** Welding, Brazing, and Soldering (1993); **A7:** Powder Metal Technologies and Applications (1998); **A8:** Mechanical Testing (1985); **A9:** Metallography and Microstructures (1985); **A10:** Materials Characterization (1986); **A11:** Failure Analysis and Prevention (1986); **A12:** Fractography (1987); **A13:** Corrosion (1987); **A14:** Forming and Forging (1988); **A15:** Casting (1988); **A16:** Machining (1989); **A17:** Nondestructive Evaluation and Quality Control (1989); **A18:** Friction, Lubrication, and Wear Technology (1992); **A19:** Fatigue and Fracture (1996); **A20:** Materials Selection and Design (1997). **Metals Handbook, 9th Edition** (designated by the letter "M"): **M1:** Properties and Selection: Irons and Steels (1978); **M2:** Properties and Selection: Nonferrous Alloys and Pure Metals (1979); **M3:** Properties and Selection: Stainless Steels, Tool Materials, and Special-Purpose Materials (1980); **M4:** Heat Treating (1981); **M5:** Surface Cleaning, Finishing, and Coating (1982); **M6:** Welding, Brazing, and Soldering (1983); **M7:** Powder Metallurgy (1984). **Engineered Materials Handbook** (designated by the letters "EM"): **EM1:** Composites (1987); **EM2:** Engineering Plastics (1988); **EM3:** Adhesives and Sealants (1990); **EM4:** Ceramics and Glasses (1991). **Electronic Materials Handbook** (designated by the letters "EL"): **EL1:** Packaging (1989)

normalizing **A4:** 715
normalizing temperature **M4:** 565–566
normalizing temperatures. **M3:** 433–434
processing. **A4:** 719
service characteristics. **A4:** 719, **M3:** 438–440, **M4:** 570–572
tempering **M4:** 567–569, 570–572
W5, composition **A16:** 710
W5, composition limits. **A5:** 769
W5, for cold heading dies **A18:** 627
W5, machining **A16:** 717, 719, 720, 723–725
W6, composition .. **A4:** 712, **M3:** 424, **M4:** 562–564
W7, composition .. **A4:** 712, **M3:** 424, **M4:** 562–564

Tool steels, surface treatment
carburizing **M4:** 619
nitriding **M4:** 619
oxide coatings **M4:** 619
plating **M4:** 619
sulfide treatment **M4:** 619

Tool steels, surface treatments
carburizing **M3:** 446
nitriding **M3:** 446
oxide coatings **M3:** 446
plating **M3:** 446
sulfide **M3:** 446

Tool steels, W1
case-hardened layer as OM macrograph. .. **A10:** 303

Tool steels, water hardening **A4:** 734–736
annealing. **A4:** 734, 735
atmospheres **A4:** 735, 736
austenitizing temperatures **A4:** 734, 735, 736
embrittlement **A4:** 736
fluidized-bed furnaces **A4:** 735
hardening **A4:** 734, 736
lead baths **A4:** 735
normalizing. **A4:** 734–735
quenching **A4:** 735–736
salt baths. **A4:** 735
stress relieving **A4:** 735
tempering. **A4:** 736

Tool steels, water-hardening
annealing **M4:** 582
atmospheres. **M4:** 583
austenitizing temperatures **M4:** 582, 583
hardening. **M4:** 581, 582
lead baths. **M4:** 583
normalizing **M4:** 581–582
quenching **M4:** 582, 583
salt baths. **M4:** 583, 585
stress relieving. **M4:** 582–583
tempering. **M4:** 583–584

Tool wear
and cutting fluids **A16:** 392
and cutting speed relationship **A16:** 645, 646
and machinability. ... **A16:** 640, 642, 643, 644, 645
chip motion strain **A16:** 38
chip velocity **A16:** 38–39
coatings improving high-speed tool steels .. **A16:** 51
cutting fluids and wear zone temperatures **A16:** 39
cutting velocity. **A16:** 38–39
machine, cutting tool, and tool wear interactions **A16:** 41–42
monitoring systems **A16:** 411–417
primary shear zone **A16:** 39
secondary shear zone. **A16:** 38
shear velocity **A16:** 38–39
surface shear stresses. **A16:** 38
Taylor's tool life tests **A16:** 644
temperatures in the wear zones. **A16:** 39
tool life equation **A16:** 45–46
tool life testing **A16:** 43–47
variations in cross section affecting **A16:** 390
volumetric chip removal rate. **A16:** 38
wear environment. **A16:** 38–39, 41–42
wear mechanisms **A16:** 39–40, 45

Tool wear in cold/hot compacting. **M7:** 480
and lubrication **M7:** 190

Tool wear mechanisms
attrition wear/built-up edge **A2:** 954
cemented carbides **A2:** 954–955
crater wear **A2:** 954
depth-of-cut notching. **A2:** 955
flank/abrasive wear **A2:** 954
thermal fatigue. **A2:** 954–955

Tool-chip interface mean temperature **A18:** 612

Toolholding
carbide metal cutting tools. **A2:** 962–965
chipbreaking **A2:** 963–964
cutoff **A2:** 965
drills. **A2:** 964–965
edge preparation. **A2:** 964
end mills **A2:** 964–965
indexable carbide inserts. **A2:** 963
threading **A2:** 965

Tooling *See also* Equipment; Tools **A5:** 568, **M7:** 12
adapters **M7:** 336, 337
alignment. **A14:** 160
and process selection **EM2:** 278
blow molding, costs **EM2:** 299
clearance and finish materials. **M7:** 337
cold extruded copper/copper alloy parts .. **A14:** 310
composite, properties. **EM1:** 703
compression molding, costs **EM2:** 298
configuration, radial forging. **A14:** 17
contoured, tape prepreg machine. **EM1:** 145
costs **EM2:** 82
data base **A14:** 413
deflection analysis. **M7:** 336
design. **M7:** 335–337, 668
design effects. **EM1:** 430
diamond. **EM1:** 295
effects on design process **EM1:** 428–431
ejection, dimensional changes. **M7:** 480
elastic deflection. **A14:** 161
elastomeric **EM1:** 590–601
elastomeric, defined *See* Elastomeric tooling
electroformed nickel **EM1:** 582–585
feature, defined **EL1:** 1159
fiberglass-epoxy-laminated **EM1:** 582–585
filament winding **EM2:** 374–377
flat, tape prepreg machine **EM1:** 145
for aluminum alloy extrusion **A14:** 308–309
for aluminum alloy precision forgings **A14:** 252–253
for autoclave molding. **EM1:** 578–581
for beryllium forming **A14:** 805–806
for cold extrusion **A14:** 302–303, 310
for cold isostatic pressing **M7:** 445–447
for composite fastener holes **EM1:** 712–715
for compression molding/stamping .. **EM2:** 331–333
for contour roll forming. **A14:** 628–630
for dimensional change **M7:** 480
for drop hammer forming **A14:** 654–655
for efficiency. **A14:** 556
for electromagnetic forming **A14:** 646
for explosive plate forming. **A14:** 641
for explosive sheet forming **A14:** 640
for explosive tube forming **A14:** 641
for fabrication with rapid omnidirectional compaction **M7:** 546
for hemispherical dome tests **A8:** 561
for hot upset forging **A14:** 88–94
for multiple-slide rotary forming machines **A14:** 574
for powder forging **A14:** 207
for precision aluminum forgings **A14:** 252
for preform **A14:** 175
for redrawing **A14:** 585
for Replicast process **A15:** 270–271
for round tube reshaping **A14:** 632
for superplastic forming **A14:** 860
for Swift-flat-bottomed cup test. **A8:** 563
for transverse-rupture test **M7:** 290
graphite-epoxy **EM1:** 586–589
hand lay-up, spray-up, prepreg molding **EM2:** 341–343
heat transfer to. **A14:** 161
holes, defined. **EL1:** 1159
hot extrusion **A14:** 320–321
hydrostatic extrusion **A14:** 329
impact extrusion. **A14:** 311
in curing process **EM1:** 702–703
in hot isostatic pressing unit. **M7:** 423
injection molding, costs **EM2:** 295–296
layout **M7:** 335
manufacturing effects. **EM1:** 430
master models **EM1:** 738–739
materials. **M7:** 337
materials, coefficients of thermal expansion **EM1:** 428
materials, performance **EM1:** 586
materials, thermal characteristics. **EM1:** 578
multiple-station. **A14:** 303
of epoxy resin matrices. **EM1:** 76, 77
pattern, investment casting **A15:** 256–257
personnel, interfaces with design/manufacturing personnel **EM1:** 428–431
precision, tolerance bands. **A14:** 160
prepregs, properties **EM1:** 587
production **M7:** 329, 332–337
prototype and temporary, investment casting **A15:** 265
pultrusion. **EM1:** 536, **EM2:** 392
quality control **EM1:** 738–739
resin transfer molding. **EM1:** 169, 566
resin transfer molding, costs. **EM2:** 301
rotational molding **EM2:** 367
setup, physical modeling. **A14:** 435
setups, cold extrusion **A14:** 303
support adapters **M7:** 337
systems, of high-production P/M compacting presses. **M7:** 332–334
temperature, precision forging. **A14:** 162
temperatures **A15:** 324
thermal gradient. **A14:** 162
thermoforming, costs **EM2:** 301
thermoplastic injection molding, costs ... **EM2:** 309
wear, precision forging **A14:** 159
with aluminum honeycomb structure **EM1:** 728

Tooling cost **A20:** 257

Tooling data base. **A14:** 413

Tooling layout. **A7:** 350

Tooling marks **A14:** 13, 840

Tooling quality control
composite tools. **EM1:** 739
hand-faired master models **EM1:** 738
machined master models. **EM1:** 738
second-generation patterns **EM1:** 738–739

Tooling resin *See also* Epoxy plastic; Resins; Silicone plastics
defined **EM1:** 24, **EM2:** 43

Tooling support adapters. **A7:** 353

Tooling systems **A7:** 347–348

Toolmakers' microscope
described **A17:** 10

Toolroom lathes **A16:** 153

Tools *See also* Auxiliary equipment; Closed-die forging tools; Equipment; Gages; specific types: reamers, drills, etc; Tool and die(s); Tool failures; Tool steel alloys; Tool steels; Tool steels, types; Tooling; Tools and dies, failures of; Wiredrawing dies
and dies, failures of. **A11:** 563–585
applications, cutting, cermets for. **A2:** 978
applications, microcrystalline alloys for ... **M7:** 796
assembly components, cold extrusion. **A14:** 302
carbide metal cutting **A2:** 962–965
characteristics **A11:** 563
chemical vapor deposition coating of **M5:** 382–384
coal mining, cemented carbide **A2:** 975–976
components, rigid, lubrication and **M7:** 190
cutoff **A2:** 965
design **A14:** 197, 474, **EL1:** 419
diamond cutting. **A2:** 976
ditching, cemented carbide. **A2:** 974
drilling, cemented carbide **A2:** 974
drills, carbide metal cutting. **A2:** 964–965
dulling, piercing effects **A14:** 461
edge preparation. **A2:** 964
end mills **A2:** 964–965
for bar bending. **A14:** 663
for bending **A14:** 663, 665–666
for cold heading. **A14:** 292–293
for component removal **EL1:** 724–727
for fine-edge blanking and piercing .. **A14:** 474–475
for Guerin process. **A14:** 605–606
for heat-resistant alloy forming **A14:** 781
for infiltration **M7:** 563
for liquid penetrant inspection **A17:** 86
for manual spinning. **A14:** 600
for nickel-base alloy forming **A14:** 832
for piercing **A14:** 464–465
for power spinning of cones. **A14:** 602
for rotary swaging **A14:** 133–134
for tube piercing. **A14:** 470
for tube spinning **A14:** 676
forestry, cemented carbide **A2:** 974
geometry, polycrystalline cubic boron nitride (PCBN) tools **A2:** 1016–1017
grooving. **A2:** 965
hard chromium plating of **M5:** 170–171, 177

Tools (continued)
hot extrusion, materials and hardnesses of **A14:** 320
indexable carbide inserts **A2:** 963
infiltration **A7:** 551
lead frame stamping **EL1:** 486
life **A14:** 139, 463
life, coated carbide tools **A2:** 960
machining, for refractory metals and alloys **A2:** 560–562
motions, advanced **M7:** 327–328
multiple-slide forming **A14:** 571
nose deformation versus vanadium carbide content, cutting tool materials **A2:** 999
of cermets **A2:** 978
operation, and failure **A11:** 564
performance, of CAP material **M7:** 535
process control, stress modeling as **EL1:** 446
rehardened high-speed steel **A11:** 574
rolling **A14:** 121
rust-preventive compounds for **M5:** 465
setup, and failure **A11:** 564
shape, cold worked **A14:** 38
size, and clearance, in piercing **A14:** 462–463
steel cutter die, grinding damage **A11:** 567, 569
thread milling **A2:** 965
threading **A2:** 965
trenching, cemented carbide **A2:** 973
upsetter heading, types **A14:** 85–86
Verson-hydroform process **A14:** 612
warm heading **A14:** 297
Tools and dies, failures of- *See also* Dies; Tools **A11:** 563–585
Tools, farm
testing of **A8:** 605
Tooth and bone implants
porous materials for **M7:** 700
Tooth (gear)
adapter, overload failure of **A11:** 398
-bending fatigue **A11:** 590–592
-bending impact, gear failures from **A11:** 595
chipping, gear failure from **A11:** 595
shear, gear failure from **A11:** 595
Tooth involute form (TIF) **A18:** 565
Tooth tissues
thermal expansion rate **M7:** 611
Tooth-spur gear
military vehicular equipment **M7:** 687
TOP event **A20:** 120, 121
Top gating
permanent mold casting **A15:** 279
"Top hat" tensile test **A6:** 163
Top inspection *See* Ultrasonic inspection
Topaz
hardness **A18:** 433
on Mohs scale **A8:** 108
TOPAZ forging process analysis tool **A14:** 412
Top-braze flatpack/quadpack
as surface mount option **EL1:** 77
Topcoat
definition **A5:** 970
Top-cooling heat sink
multichip structures **EL1:** 309
Top-down mesh **A20:** 182
Top-hat tensile test apparatus
and punch-die tooling components **A6:** 162
Topical search engines **A20:** 26
Topogically close-packed phases . . **M3:** 209, 223–229, 278
Topographic contrast
scanning electron microscopy **A9:** 93, 99
wrought stainless steels phase identification **A9:** 282
Topographic details revealed under interference-contrast illumination **A9:** 79
Topographic image **A18:** 346, 348, 351–352
Topographic index
as surface roughness parameter **A12:** 201
Topographiner **A19:** 70
Topographs
effect of surface relief in **A10:** 369
Lang, of dislocations **A10:** 370
projection or traverse **A10:** 369
Topography *See also* Microtopography
defined **A10:** 366
definition **A5:** 970
Lang section **A10:** 368
neutron, capabilities **A10:** 365
projection **A10:** 369
reflection **A10:** 368–369
single-crystal and x-ray **A10:** 330–331
surface, by magnetic rubber inspection . . . **A17:** 125
transmission **A10:** 369–370
x-ray **A10:** 365–379
Topography of surfaces **A5:** 136–138
core roughness depth **A5:** 138
focus-follow method **A5:** 137
material ratio parameter **A5:** 138
measuring of **A5:** 136–137
multiple-beam interferometer **A5:** 137
noncontact techniques **A5:** 136–137
parameters **A5:** 137–138
peak count parameters **A5:** 138
plateau honed and lapped surfaces **A5:** 138
"primary profile" **A5:** 136
profile shape **A5:** 137
reasons to measure **A5:** 136
reduced peak height **A5:** 138
reduced valley depth **A5:** 138
"reference profile" **A5:** 136
reflective, painted, elastic, and wear-resistant surfaces **A5:** 138
roughness average **A5:** 138
surface components **A5:** 136
surface texture recorder **A5:** 136, 137
"total profile" **A5:** 136
"traced profile" **A5:** 136
Topologically close-packed
abbreviation for **A10:** 691
Topologically close-packed phases in wrought heat-resistant alloys
anodic dissolution to extract **A9:** 308
electrolytic extraction and x-ray diffraction **A9:** 308
Topologically close-packed (TCP) phases **A6:** 572
Topologically close-packed (TCP)-type phases **A1:** 952
Topology **A20:** 157, 158
Topology optimization **A20:** 215, 216
definition **A20:** 842
Topothesy **A18:** 352, 353
Topper-Sandor equivalent stress parameter
Goodman diagram for **A8:** 713
Toppets
materials for **M1:** 630
Top-ring-land crevice **A20:** 200
Topside coating systems
marine corrosion **A13:** 913–914
Torch
cutting, for sampling **A10:** 16
Fassel, for analytic ICP systems **A10:** 36–37
inductively coupled plasma **A10:** 34, 36–37
mini-, for the ICP **A10:** 37
Torch brazing
definition **M6:** 18
of aluminum alloys **M6:** 1029–1030
of copper and copper alloys **M6:** 1037–1042
of stainless steels **M6:** 1010–1012
of steels *See* Torch brazing of steels
Torch brazing of steels **M6:** 950–964
comparison to braze welding **M6:** 952
equipment for automatic torch brazing **M6:** 958–960
paste feeders **M6:** 959
production examples **M6:** 959–960
wire feeders **M6:** 959
equipment for machine torch brazing **M6:** 955–958
conveyor belts **M6:** 955
production examples **M6:** 955–958
turntables **M6:** 955
equipment for manual torch brazing . . **M6:** 952–954
gas savers **M6:** 954
gas-fluxing equipment **M6:** 954
mixing-chamber design **M6:** 952–953
multiple-flame tips **M6:** 953
torch tips **M6:** 953
torches **M6:** 952
feeding filler metal **M6:** 951
filler metals **M6:** 950, 961
copper-zinc **M6:** 961
silver alloy **M6:** 961
fixtures for manual torch brazing **M6:** 954–955
flux removal after brazing **M6:** 963–964
boric acid **M6:** 963
fluoride fluxes **M6:** 963–964
mixed borax and boric acid fluxes **M6:** 963
preparation for plating **M6:** 964
fluxes **M6:** 961–963
flux constituents **M6:** 962
gas fluxing **M6:** 962–963
types **M6:** 962
fluxing **M6:** 950–951
fuel gases **M6:** 950
heating **M6:** 951
inspection **M6:** 951–952
joint design **M6:** 950
prebraze cleaning **M6:** 950
principles and techniques **M6:** 950–952
quality control **M6:** 951–952
Torch brazing (TB) **A6:** 328–329
advantages **A6:** 328
aluminum **A6:** 328
aluminum alloys **A6:** 939
applications **A6:** 328
brass **A6:** 328
carbides **A6:** 328
copper **A6:** 328
copper alloys **A6:** 328
copper and copper alloys **A6:** 933–934
definition **A6:** 328, 1214
equipment **A6:** 328–329
filler metals **A6:** 328, 329
fluxes **A6:** 328
fuel gases **A6:** 328
heat-resistant alloys **A6:** 328
limitations **A6:** 328
manual **A6:** 121, 122
precious metals **A6:** 936
safety precautions **A6:** 329, 1191
stainless steel **A6:** 328
steel **A6:** 328
suggested viewing filter plates **A6:** 1191
techniques **A6:** 329
Torch (flame)
relative rating of brazing process heating method **A6:** 120
Torch nozzle
swaging of **A14:** 136
Torch, plasma *See* Plasma torch
Torch soldering
definition **M6:** 18
Torch soldering (TS) **A6:** 351–352
advantages **A6:** 351
aluminum **A6:** 351
applications **A6:** 351
brass **A6:** 351
common solders for **A6:** 351
copper **A6:** 351
copper alloys **A6:** 351, 352
definition **A6:** 1214
description **A6:** 351
equipment **A6:** 351
filler metals **A6:** 352
fluxes required **A6:** 351
fuel gases **A6:** 351–352
gold **A6:** 351
heating techniques, basic **A6:** 352
limitations **A6:** 351

SUBJECTS OF THE INDEXED VOLUMES: ASM Handbook (designated by the letter "A"): **A1:** Properties and Selection: Irons, Steels, and High-Performance Alloys (1990); **A2:** Properties and Selection: Nonferrous Alloys and Special-Purpose Materials (1990); **A3:** Alloy Phase Diagrams (1992); **A4:** Heat Treating (1991); **A5:** Surface Engineering (1994); **A6:** Welding, Brazing, and Soldering (1993); **A7:** Powder Metal Technologies and Applications (1998); **A8:** Mechanical Testing (1985); **A9:** Metallography and Microstructures (1985); **A10:** Materials Characterization (1986); **A11:** Failure Analysis and Prevention (1986); **A12:** Fractography (1987); **A13:** Corrosion (1987); **A14:** Forming and Forging (1988); **A15:** Casting (1988); **A16:** Machining (1989); **A17:** Nondestructive Evaluation and Quality Control (1989); **A18:** Friction, Lubrication, and Wear Technology (1992); **A19:** Fatigue and Fracture (1996); **A20:** Materials Selection and Design (1997). **Metals Handbook, 9th Edition** (designated by the letter "M"): **M1:** Properties and Selection: Irons and Steels (1978); **M2:** Properties and Selection: Nonferrous Alloys and Pure Metals (1979); **M3:** Properties and Selection: Stainless Steels, Tool Materials, and Special-Purpose Materials (1980); **M4:** Heat Treating (1981); **M5:** Surface Cleaning, Finishing, and Coating (1982); **M6:** Welding, Brazing, and Soldering (1983); **M7:** Powder Metallurgy (1984). **Engineered Materials Handbook** (designated by the letters "EM"): **EM1:** Composites (1987); **EM2:** Engineering Plastics (1988); **EM3:** Adhesives and Sealants (1990); **EM4:** Ceramics and Glasses (1991). **Electronic Materials Handbook** (designated by the letters "EL"): **EL1:** Packaging (1989)

stainless steel ... **A6:** 351, 352
steel ... **A6:** 351, 352
suggested viewing filter plates ... **A6:** 1191
Torch tip
definition ... **A6:** 1214
Torch velocity ... **A6:** 49, 50
Torch weaving ... **A6:** 54
Torches for
gas tungsten arc welding ... **M6:** 188–190
manual brazing ... **M6:** 952
oxyfuel gas welding ... **M6:** 585–586
plasma arc welding ... **M6:** 216–217
Tornberg relationship
centrifugal atomization ... **A7:** 50
Toroid test of magnetic response ... **A7:** 1006
Toroidal-sector electrostatic lens
Poschenrieder analyzer as ... **A10:** 597
Toroids
defined ... **EL1:** 1160
Torpedoes
powders used ... **M7:** 573
Torpex explosives
aluminum powder containing ... **M7:** 601
Torque ... **A20:** 282, 284
and roll-separating force ... **A14:** 345
balance equation ... **A8:** 226
calibration, Wheatstone-bridge circuit ... **A8:** 158
cell adapter ... **A8:** 160
conversion factors ... **A8:** 722, **A10:** 686
defined ... **A18:** 19
effect of twist rate on ... **A8:** 141–142
elastic springback method ... **A8:** 327
in slider-crank mechanism ... **A14:** 39
in torsional testing ... **A8:** 146
per unit length, conversion factors ... **A8:** 722
pulley ... **A8:** 219–220
-radius, of electrolytic tough pitch copper ... **A8:** 183–184
sensor ... **A8:** 158
transducer ... **A8:** 158
-twist reduction, torsion testing ... **A8:** 160
Torque arm assembly, aircraft landing gear
fatigue fracture of ... **A11:** 114
Torque coefficient ... **A19:** 289
Torque converter stall ratio ... **A18:** 566
Torque joints
by electromagnetic forming ... **A14:** 648
Torque rheometry
for molecular weight ... **EM2:** 534
Torque testing ... **EL1:** 954, 1160
Torque-bolt tension relation ... **A19:** 289
Torque-coil magnetometer
defined ... **A10:** 683
Torque-twist curve ... **A8:** 141
for hot torsion tests, Ti alloy ... **A8:** 169–171
in torsion, annealed ETP copper ... **A8:** 183
to measure flow localization ... **A8:** 169
Torque-type gears ... **A7:** 1063
Torsion *See also* Torsional fatigue; Torsional loading; Torsional stress; Torsional vibration ... **A19:** 261, **EM3:** 29
and bending endurance ratios ... **A19:** 659
and extrusion, microstructure of Udimet 700 in ... **A8:** 176–178
and tensile fracture strains correlated **A8:** 168–169
and tension flow curves, for copper ... **A8:** 162–164
applied to determine workability ... **A8:** 154–184
as stress, fatigue fracture from ... **A11:** 75
as stress, on shafts ... **A11:** 460–461
circular columns, formulas for ... **EM2:** 654
defined ... **A8:** 14, **A11:** 11, **A13:** 13, **A14:** 13, **EM1:** 24, **EM2:** 43
definition ... **A20:** 842
deformation, alloy steels ... **A12:** 304
ductility at various temperatures ... **A8:** 164–166
effective stress-strain curves for stainless steel in ... **A8:** 162, 164
equipment ... **A8:** 157–160, 179–180
flow ... **A8:** 162–164
flow localization in ... **A8:** 169
flow softening measured in ... **A8:** 117
high-cycle fatigue, AISI/SAE alloy steels .. **A12:** 296
historical studies ... **A12:** 3
modulus of rupture in ... **A11:** 7
of round bar, inclusions ... **A8:** 155
of solid circular prismatic bar ... **A8:** 139
of thin-walled tube, and simple shear ... **A8:** 155
overload fractures failed in ... **A11:** 399
plastic, anisotropy in ... **A8:** 143
pure, elastic-stress distribution ... **A11:** 461
shear strain from ... **A8:** 327
specimen *See* Torsion specimen
study, of Widmanstatten alpha microstructure ... **A8:** 178
tensile tests on bars prestrained in ... **A8:** 155
test, for workability ... **A14:** 373–374
ultimate shear stress in ... **A8:** 148
Torsion bars ... **M1:** 301, 303
fatigue life distribution ... **M1:** 677
Torsion effective fracture strain
for various materials ... **A8:** 168
Torsion equipment ... **A8:** 157–160, 179–180
to assess workability ... **A8:** 157–160, 179–180
Torsion flow ... **A8:** 162–164
Torsion fractures
brittle, medium-carbon steels ... **A12:** 273
elongated dimples ... **A12:** 16
fatigue, alloy steels ... **A12:** 323
fatigue, high-carbon steels ... **A12:** 282
fatigue, medium-carbon steels ... **A12:** 253
low-carbon steel ... **A12:** 250
medium-carbon steels ... **A12:** 253, 268
overload, alloy steels ... **A12:** 330
overload, austenitic stainless steels ... **A12:** 359
overload, high-carbon steels ... **A12:** 278
Torsion, modulus of rupture in *See* Modulus of rupture, in torsion
Torsion snap joints ... **EM2:** 718–719
Torsion specimen
buckling avoidance ... **A8:** 156
designs ... **A8:** 155–156
experimental and theoretical torque-twist curves for ... **A8:** 170
geometries for workability ... **A8:** 156
grip design ... **A8:** 155–157
solid, effective fracture strain ... **A8:** 168
stainless steel, flow localization in torsion .. **A8:** 169
tubular, effective fracture strain ... **A8:** 168
with inclusions before and after twisting ... **A8:** 156
Torsion springs ... **A1:** 302, **A19:** 363, **M1:** 290, 291, 293
wire for ... **M1:** 289
Torsion test ... **A1:** 582
evaluation of workability parameter **A20:** 304, 305
resistance spot welds ... **M6:** 487–488
Torsion testing *See also* Fixed-end torsion testing; Free-end torsion testing; High-temperature torsion testing; Torsion; Torsional; Torsional fatigue testing ... **A8:** 139–144, **EM3:** 315
and fracture-controlled failures ... **A8:** 154
and temperature ... **A8:** 176, 178
and tension testing ... **A8:** 163, 165
and texture ... **A8:** 180–183
application of axial line on gage section surface ... **A8:** 157
applied to determine workability ... **A8:** 154–184
assumptions ... **A8:** 139
axial effects and alternate analysis methods in ... **A8:** 180–184
buckling in ... **A8:** 156
control and data acquisition system for ... **A8:** 158
defined ... **A8:** 14
deformation heating in ... **A8:** 161
deformation-temperature-time of microalloyed steels during ... **A8:** 179
effect of strain rate ... **A8:** 141–142
effective stress-strain curves using Tresca criterion ... **A8:** 163
equipment ... **A8:** 155, 157–160
equipment, to access workability ... **A8:** 157–160
fixed end ... **A8:** 157, 180
flow curves ... **A8:** 161–162, 175
flow curves for stainless steel ... **A8:** 161–162
flow localization, stainless steel specimen .. **A8:** 169
flow stress data ... **A8:** 160–163, 172
flow-localization-controlled failures ... **A8:** 154–155
for bulk workability assessment ... **A8:** 577–578
for flow softening in two-phase alloys ... **A8:** 177
for flow stress ... **A8:** 154, 160–163
for fracture limits ... **A8:** 154, 163
for recovery/recrystallization in single-phase materials ... **A8:** 176
for simulation die chilling effect on workability, multiphase alloys ... **A8:** 180
fracture data, interpreted ... **A8:** 163–169
fracture-strain data, stainless steel ... **A8:** 167–168
free-end vs. fixed-end ... **A8:** 181–182
gage length-to-radius ratio, effect on effective strain to failure ... **A8:** 165
hot, manganese sulfide content and ductility in ... **A8:** 166
hot, torque-twist behavior for Ti alloy ... **A8:** 169
hot, with stainless steel and aluminum ... **A8:** 163
load-train design ... **A8:** 159–160
of iron ... **A8:** 171
of prismatic bars ... **A8:** 139–141
of stainless steel ... **A8:** 175
processing history ... **A8:** 178–180
reduction of shear stress/shear strain to effective stress and strain ... **A8:** 161
shear stress derivations for arbitrary flow laws ... **A8:** 182–184
specimen design ... **A8:** 155–157
stress distributions ... **A8:** 140
stress-relaxation ... **A8:** 327
study of multiphase alloy microstructures .. **A8:** 178
torque and ... **A8:** 158, 160, 183–184
torsional rotation rates in metalworking ... **A8:** 157–158
with Kolsky bar ... **A8:** 224–225
Torsional braid analysis (TBA) .. **EM3:** 319–320, 321, 423
Torsional deformation ... **A8:** 139
Torsional ductility ... **A8:** 164–169
Torsional fatigue *See also* Torsion ... **A19:** 267–268
cracks, stress fields and ... **A11:** 471
fracture, steel valve spring ... **A11:** 120
in shafts ... **A11:** 464
steel rotor shaft failure by ... **A11:** 464
Torsional fatigue testing ... **A8:** 149–152, 371
Torsional flow
curve ... **A8:** 175, 176
stress data, correlation for carbon steel with Zener-Holloman parameter ... **A8:** 162–163
Torsional fracture
data interpretation ... **A8:** 163–169
strain ... **A8:** 155
Torsional hydraulic actuator ... **A8:** 216–217
Torsional impact
for high strain rate shear testing ... **A8:** 187
loading ... **A8:** 215
machine ... **A8:** 216–217
testing ... **A8:** 216–218
Torsional impact testing ... **A8:** 216–218
Torsional indicator
deflections in torsional testing ... **A8:** 147
Torsional Kolsky bar ... **A8:** 218–229
Torsional loading *See also* Torsion ... **A19:** 264, 267–268
and axial loading, testing machine for ... **A8:** 160
and fatigue-crack propagation ... **A11:** 109
complications ... **A8:** 151
control, in low-cycle torsional fatigue ... **A8:** 150
designing for ... **A20:** 512
dimensional changes ... **A8:** 143
effect of strain rate ... **A8:** 141–142
fundamentals of ... **A8:** 139–144
Hopkinson bar ... **A8:** 198
overload, tool steel, ductile fracture by **A11:** 85, 90
reversed, of shafts ... **A11:** 525
Torsional modulus *See* Modulus of rigidity
Torsional moment of area ... **A20:** 284
Torsional pendulum ... **EM3:** 29, 319–320
defined ... **EM2:** 43
Torsional properties
gray iron ... **A15:** 644, **M1:** 18, 19
malleable iron ... **M1:** 70
malleable irons ... **A15:** 697
of ductile iron ... **A1:** 42, 45, **A15:** 660, **M1:** 38, 41
steel springs ... **M1:** 290
Torsional pulse
in Kolsky bar ... **A8:** 219
smoother ... **A8:** 224–225, 227
Torsional rotation rates ... **A8:** 157–158
Torsional shear strength
of gray iron ... **A1:** 18, 20
Torsional stiffness *See also* Stiffness, of high-modulus fiber-reinforced composites .. **EM1:** 36
Torsional straining
anisotropy theory applied to ... **A8:** 143

Torsional stress *See also* Stress(es), defined; Torsion. **EM1:** 24, **EM3:** 29
defined **A8:** 14, **A11:** 11, **A13:** 13, **A14:** 13, **EM2:** 43
in shafts **A11:** 115
Torsional testing
cyclic *See* Cyclic torsional testing
fixturing examples in **A8:** 146
machine **A8:** 146
Poisson's ratio effect **A8:** 218
quasi-static *See* Quasi-static torsional testing
Torsional testing machines
high-speed hydraulic **A8:** 215–216
Torsional vibration
retainer spring failure from **A11:** 561–562
Torsion-dynamometer measurement
hard chromium plate thickness. **M5:** 181
Torsion-shear test
for shear yield strength and modulus of rigidity **A8:** 64–65
specimen **A8:** 65
Torts **A20:** 69
Tortuosity
crack path **A12:** 38, 206
Tortuosity factor **EM4:** 70
Total *a* vs. *N* curve method
crack propagation rate **A8:** 680
Total absorption
attenuation of electromagnetic radiation **A17:** 309–310
Total acid number (TAN) **A18:** 84, 300
lubricant indicators and range of sensitivities **A18:** 301
Total acid value tests
phosphate coating solutions **M5:** 442–443
Total alkalinity **A5:** 20
Total base number (TBN) **A18:** 84, 100, 165, 166
corrosive wear and lubricant analysis **A18:** 310
Total capital equipment cost **A20:** 256
Total carbon
defined **A13:** 13
Total carbon content
abbreviation for **A11:** 798
Total combustion **A10:** 223–224
Total constraint **A19:** 528
Total consumption burners **A10:** 28
Total contact temperature
gears **A18:** 538, 539
Total crack-tip stress **A19:** 423
Total cyanide
definition **A5:** 971
Total dissolved gas
pressurized water reactor specification **A8:** 423
Total elbow joint prosthesis **A11:** 670
Total elongation *See also* Elongation; Percent elongation
components of **A8:** 26
defined **A8:** 14, **A14:** 13
of sheet metals **A8:** 555–556
to failure, analysis of **A8:** 693
Total energy equation **A20:** 187
Total enthalpy
defined **A15:** 50
Total friction coefficient **A18:** 35
Total frictional force
rubber **A18:** 580
Total hip and knee replacements **M7:** 657
Total hip joint prostheses
fractures of **A11:** 692–693
Total immersion tests *See also* Immersion tests **A13:** 221–222, 231
Total indicator reading
abbreviation for **A11:** 798
Total ion chromatogram
typical **A10:** 644
Total life cycle costs **A20:** 259
Total luminescence spectroscopy **A10:** 78
Total material loss **A18:** 274, 275, 276
Total nuclear magnetization
defined **A10:** 280
Total potential energy **A20:** 178
Total quality concept **EM3:** 785
Total quality control (TQC)
in tape automated bonding (TAB) **EL1:** 288
Total quality management (TQM) **A20:** 27, 131
definition **A20:** 842
improvement analysis **A20:** 98
to manage quality **A20:** 105
vs. value analysis **A20:** 315
Total quantity of heat (Q)
resistance welding **A6:** 40, 41
Total reflection x-ray fluorescence spectroscopy (TRXF) **A5:** 669
Total ringer joint prosthesis **A11:** 670
Total sampling error **A7:** 235
Total shoulder joint prosthesis **A11:** 670
Total strain **A19:** 229
Total strain = elastic strain + plastic strain
formula **A19:** 230
Total strain amplitude ($\Delta\partial/2$) **A19:** 20, 21, 22
Total strain increment **A20:** 814
Total strain range **A19:** 20, 232
Total strain-energy release rate theory **EM4:** 700, 701
Total stress intensity **A19:** 423
Total stress range **A19:** 232
Total stress-intensity factor range **A19:** 340
Total system architecture (TSA) **A20:** 62
Total toxic organics
effluent limits for phosphate coating processes per U.S. code of Federal Regulations **A5:** 401
Total transfer of heat **A6:** 25
Total transmittance
defined **A10:** 683
Total unsharpness, defined
radiography **A17:** 300
Total volumetric shrinkage **A7:** 596
Total wear rate **A18:** 275
Total-extension-under-load yield strength *See* Yield strength
Total-strain-life **A19:** 126–127
Touch scanners
coordinate measuring machines **A17:** 25
Touch up
cost/efficacy of **EL1:** 695
Touchdown development
of copier powders **M7:** 583
Touch-trigger probes
coordinate measuring machines **A17:** 25
Tough pitch copper *See also* Electrolytic tough pitch copper
alloy types **A2:** 223, 230, 234
applications and properties **A2:** 269–276
SCC resistance **A13:** 615
Tough pitch copper with silver *See* Copper alloys, specific types, C11300, C11400, C11500 and C11600
Tough pitch coppers
brazing **A6:** 623, 628–629
no brazing **A6:** 931, 934
Tough-brittle transition
and impact tests **EM2:** 554–556
Toughened ceramics *See also* Ceramics; Structural ceramics
transformation-toughened zirconia **A2:** 1023
zirconia-toughened alumina (ZTA) . . **A2:** 1022–1023
Toughness *See also* Crack arrest toughness; Elastic energy; Fracture toughness; Fracture toughness of steel; Interlaminar fracture toughness; Modulus of toughness; notch toughness of steel; Plane-stress fracture toughness; Resilience; Strain energy **EM3:** 29
aluminum-lithium alloys **A2:** 185–186, 192–193
and crack growth, parameters for **A11:** 54
and crack-tip stresses **A11:** 48
and CTOD, correlated **A11:** 56
and damage tolerances **EM1:** 62
and degree of crystallinity **EM1:** 101
and ductility **EM2:** 554
and engineering stress-strain curve **A8:** 22
and gloss, high-impact polystyrenes (PS, HIPS) **EM2:** 195
and process selection **EM2:** 277, 279–280
and strength, carbon steels **A15:** 702
and stress-intensity factor (*K*), compared . . . **A11:** 49
and temperature **A14:** 162
and weight **A11:** 325
as metallurgical variable affecting corrosion fatigue **A19:** 187, 193
ASP steels **M7:** 784–785
assessment of **EM2:** 554–557
calculated, by stretched zone size **A11:** 56
correlation with impact properties **A11:** 54–55
correlation with wear resistance **M1:** 607
corrosion-resistant high-alloy **A15:** 728
crack arrest, testing of **A8:** 453–455
crazing effects on **EM2:** 737
curves, as J_r curves **A11:** 64
cyanates **EM2:** 234
defined **A8:** 14, 22, **A13:** 13, **EM1:** 24, **EM2:** 43
definition **A5:** 971
effect of temperature, schematic on **A11:** 66
effect of thickness **A11:** 51
elastic-plastic fracture, test for **A8:** 455–456
estimates from crack extension behavior . . . **A8:** 439
evaluation, use of *J*-concept for **A8:** 457–458
fracture, evaluation of **A8:** 450
high, fracture energy of **A11:** 51
high-impact polystyrenes (PS, HIPS) **EM2:** 195
HSLA steels **M1:** 403, 409–410, 414–415, 417–418
impact fracture **A11:** 54
in *J*-integral terms **A8:** 261
inadequate, ASTM/ASME alloy steels **A12:** 347
influence of loading rate, ductile materials **A8:** 261
low-, fracture energy of **A11:** 51
low-alloy steels **A15:** 717
maraging steels **A12:** 385
material, defined **A11:** 60
notch testing and evaluation **A11:** 57–60
of acetals **EM2:** 100
of cermets **A2:** 978
of die materials **A14:** 46–47
of epoxy resin matrices **EM1:** 77
of fracture materials **A8:** 466–467
of implant wrought cobalt alloy **A11:** 685, 689
of polymers **EM2:** 61
of shafts **A11:** 478–479
of sintered polycrystalline diamond **A2:** 1011
of thermoplastics **EM1:** 97–98, 293
opening mode, in high strain rate testing . . **A8:** 188
para-aramid fibers **EM1:** 55
plane stress/plane strain and **A11:** 51
polyphenylene ether blends (PPE PPO) . . **EM2:** 184
polyvinyl chlorides (PVC) **EM2:** 209
requirements, bridge steels **A8:** 265
resin, effect impact damage residual strength **EM1:** 62
shear lips as indicator of **A11:** 396
temperature dependence **A8:** 262
test, and Charpy test, compared **A11:** 55
ultrahigh molecular weight polyethylenes (UHMWPE) **EM2:** 167
wrought aluminum alloy **A2:** 42
Toughness and impact resistance
comparison of mild steel, HSLA steel, and heat-treated low-alloy steel **A1:** 389
of austenitic stainless steel after aging **A1:** 947
of nickel-chromium-molybdenum steel **A1:** 396–397
of steel castings **A1:** 365, 367–369
Toughness, fracture
conversion factors **A10:** 686
Toughness (G_{Ic}) **A20:** 345
definition **A20:** 842
Tow *See also* Prepreg tow; Towpreg
braiding **EM1:** 519
carbon fiber **EM1:** 51, 113
defined **EM1:** 24, **EM2:** 43
definition **A20:** 842

SUBJECTS OF THE INDEXED VOLUMES: ASM Handbook (designated by the letter "A"): **A1:** Properties and Selection: Irons, Steels, and High-Performance Alloys (1990); **A2:** Properties and Selection: Nonferrous Alloys and Special-Purpose Materials (1990); **A3:** Alloy Phase Diagrams (1992); **A4:** Heat Treating (1991); **A5:** Surface Engineering (1994); **A6:** Welding, Brazing, and Soldering (1993); **A7:** Powder Metal Technologies and Applications (1998); **A8:** Mechanical Testing (1985); **A9:** Metallography and Microstructures (1985); **A10:** Materials Characterization (1986); **A11:** Failure Analysis and Prevention (1986); **A12:** Fractography (1987); **A13:** Corrosion (1987); **A14:** Forming and Forging (1988); **A15:** Casting (1988); **A16:** Machining (1989); **A17:** Nondestructive Evaluation and Quality Control (1989); **A18:** Friction, Lubrication, and Wear Technology (1992); **A19:** Fatigue and Fracture (1996); **A20:** Materials Selection and Design (1997). **Metals Handbook, 9th Edition** (designated by the letter "M"): **M1:** Properties and Selection: Irons and Steels (1978); **M2:** Properties and Selection: Nonferrous Alloys and Pure Metals (1979); **M3:** Properties and Selection: Stainless Steels, Tool Materials, and Special-Purpose Materials (1980); **M4:** Heat Treating (1981); **M5:** Surface Cleaning, Finishing, and Coating (1982); **M6:** Welding, Brazing, and Soldering (1983); **M7:** Powder Metallurgy (1984). **Engineered Materials Handbook** (designated by the letters "EM"): **EM1:** Composites (1987); **EM2:** Engineering Plastics (1988); **EM3:** Adhesives and Sealants (1990); **EM4:** Ceramics and Glasses (1991). **Electronic Materials Handbook** (designated by the letters "EL"): **EL1:** Packaging (1989)

prepreg EM1: 151–152
size, determining EM1: 105
tensile testing EM1: 286–287
thermoplastic matrix EM1: 546
Towbar, trailer
fatigue fracture surface of A11: 77, 78
Towers
aluminum and aluminum alloys A2: 9
Towpreg EM1: 151–152
Toxaphene (chlorinated camphene)
hazardous air pollutant regulated by the Clean Air Amendments of 1990 . . . . A5: 913
maximum concentration for the toxicity characteristic, hazardous waste A5: 159
Toxic chemicals A20: 133
Toxic chemicals atmospheric constituents (carbon monoxide, ammonia, and methanol) M7: 349
Toxic elements
pollution studies by NAA for. A10: 233
SSMS analysis of natural waters for A10: 141
Toxic metals
carcinogenesis A2: 1235
chelation A2: 1235–1237
chromium A2: 1242
defined A2: 1233–1234
dose-effect relationships A2: 1234
essential metals with potential for toxicity. A2: 1250–1256
factors influencing. A2: 1234–1235
ligands preferred for removal of A2: 1236
mercury. A2: 1247–1250
metals with toxicity related to medical therapy. A2: 1256–1258
minor toxic metals A2: 1258–1262
sources and standards A2: 1233
toxic metals with multiple effects. . . A2: 1237–1250
Toxic Release Inventory (TRI) A20: 132–133
Toxic Substances Control Act, 1976 (TSCA)
purpose of legislation. A20: 132
Toxic Substances Control Act (TSCA) . . A5: 160, 917
chromate conversion coatings A5: 408
Toxic waste reduction bills. A5: 408
Toxicity *See also* Health; Occupational metal toxicity; Precautions; Safety; Safety precautions; Toxic metals; Toxicology M7: 24, 201–208, 211
antimony. A2: 1258–1259
arsenic. A2: 1237–1239
barium A2: 1259
beryllium A2: 687, 1238–1239
bismuth A2: 1256–1257
cadmium A2: 1240
chromium A2: 1242
cobalt A2: 1251
copper A2: 1251–1252
exposure limits M7: 201–208
gallium. A2: 1257
germanium and germanium compounds . . . A2: 736
gold. A2: 1257
indium A2: 1259
iron. A2: 1252
lead A2: 1242–1247
lithium. A2: 1257–1258
magnesium A2: 1259
manganese. A2: 1252–1253
mercury. A2: 1247–1250
molybdenum. A2: 1253–1254
of additives EM2: 494
of aluminum, types A2: 1256
of lubricants A14: 517
of metallic wires. EM1: 118
of nickel tetracarbonyl vapor M7: 136–137
particulate behavior in. M7: 201
platinum A2: 1258
regulatory agencies and standards for M7: 202
selenium A2: 1254–1255
silver A2: 1259–1260
tellurium A2: 1260
thallium A2: 1260
tin. A2: 1261
titanium. A2: 1261
uranium A2: 670–671, 1261–1262
vanadium. A2: 1263
water-base versus organic-solvent-base adhesives properties EM3: 86
zinc A2: 1255–1256
Toxicity of metals A2: 1233–1269
Toxicology
of arsenic A2: 1237–1238
of chromium A2: 1242
of germanium and germanium compounds A2: 736
of nickel. A2: 1250
of thallium A2: 1260–1261
of tin A2: 1261
of titanium A2: 1261
PIXE analysis in A10: 102
Toy train helical spring
Pugh method for redesign. A20: 292
Toyota Diffusion (TD) coating process A4: 448, A5: 695–770
tool steels, carbide coating of. A5: 770
Toyota Diffusion (TD) process A18: 642–643
Toys *See* Recreation applications
T-peel strength EM3: 29
definition. A5: 971
T-peel testing
polybenzimidazoles EM3: 170
TPI *See* Thermoplastic polyimides; Thermoplastics (polyimides)
T-plate for the humeral and tibial head
as internal fixation device A11: 671
TPUR *See* Thermoplastic polyurethanes; Thermoplastics (polyurethanes)
Trabon grease test. A18: 128
Trace analysis *See also* Trace analysis, methods of; Ultratrace analysis
14-MeV fast neutron activation analysis . . A10: 239
dc arc excitation for impurities in $CaWO_4$ A10: 29
habit plane determination as. A10: 453–455
inductively coupled plasma atomic emission
of inorganic gases, analytic methods for . . . A10: 8
spectroscopy. A10: 31–42
of alkali metals. A10: 29
of inorganic liquids and solutions, applicable methods A10: 7
of inorganic solids, applicable analytical methods A10: 4–6
of metals. A10: 44, 46
of organic solids and liquids, techniques for A10: 10
of organic solids, methods for A10: 9
of toxic elements in ground water . . . A10: 148–149
sampling quality assurance for. A10: 17
Trace analysis, methods of *See also* Trace analysis; Ultratrace analysis
atomic absorption spectrometry A10: 43–59
classical wet analytical chemistry A10: 161–180
controlled-potential coulometry. A10: 207–211
electrochemical analysis A10: 181–211
electrogravimetry A10: 197–201
electrometric titration. A10: 202–206
electron probe x-ray microanalysis . . . A10: 516–535
electron spin resonance. A10: 253–266
gas analysis by mass spectrometry . . . A10: 151–157
gas chromatography/mass spectrometry A10: 639–648
inductively coupled plasma atomic emission spectroscopy A10: 31–42
infrared spectroscopy A10: 109–125
ion chromatography A10: 658–667
liquid chromatography A10: 649–659
molecular fluorescence spectrometry . . . A10: 72–81
neutron activation analysis A10: 233–242
particle-induced x-ray emission. A10: 102–108
potentiometric membrane electrodes A10: 181–187
Raman spectroscopy A10: 126–138
Rutherford backscattering spectrometry A10: 628–636
secondary ion mass spectroscopy A10: 610–627
spark source mass spectrometry A10: 141–150
ultraviolet/visible absorption spectroscopy A10: 60–71
voltammetry A10: 188–196
Trace element analysis *See also* Pure metals
applications. A2: 1093
techniques. A2: 1095–1096
Trace elements
and microvoid coalescence. A19: 45
and steel casting failure. A11: 392
chemical analysis in pure metals M2: 711
control, cupolas A15: 388
effect, superalloys. A15: 395
environmental routes. A2: 1233
gas-tungsten arc welding affected. A6: 20
in gray iron. A15: 630–631
removal, vacuum induction furnace. . A15: 394–395
Trace routing, automatic
types EL1: 529–533
Traceability, of processing
materials EM1: 741
Trace-element analysis for pure metals M2: 711
Tracer
and shaping. A16: 193
defined). EM1: 4, EM2: 43
fibers, in woven fabric prepregs. EM1: 150
radioanalysis for. A10: 243
yarns, in woven fabric prepregs. EM1: 149
Tracer gases
as detectors, in leak testing systems A17: 61–65
detection techniques A17: 64
diffusion rate, and system response A17: 69
diffusion rates, compared A17: 67
for leak testing, pressure systems A17: 61–65
helium, in vacuum systems A17: 7
in detector probe accumulation method. . . . A17: 65
leak testing without A17: 1
Tracer lathes A16: 1, 155
boring. A16: 167
turning A16: 154, 156, 157
Tracer stripe
defined. EL1: 1160
Tracer testing
curve EL1: 1059–1060
Tracers for cutting machines
magnetic. M6: 907–908
manual M6: 907–908
Tracers with metal fuels M7: 600, 603
powders used M7: 573
Tracing devices, semi-automatic
used for quantitative metallography A9: 83
Track
defined. A18: 19
Tracking
defined. EM2: 593
Tracking pattern
defined. A18: 19
Tracking resistance
defined. EM2: 593
Traction
defined. A18: 19
Traction vector range. A19: 169
Tractive force
defined. A18: 19
Tractor fitting
fatigue fracture of U-bolts on A11: 533–535
Tractor fluids
pour-point depressants A18: 108
Tractor hydraulic fluids
additives in formulation A18: 111
antisquawk additives. A18: 104
antiwear agents used A18: 101
detergents used. A18: 101
friction modifiers. A18: 104
Tractors
as casting market A15: 34
Tractors P/M parts for M7: 671–673
two-wheel drive row crop M7: 671
Tractor-trailer steel drawbar
fatigue fracture. A11: 127–128
Trade associations
powder metallurgy. M7: 19
Trade codes. A20: 67
Trade magazines
as information source EM2: 92–93
Trade studies
MECSIP Task I, preliminary planning and evaluation A19: 587
Tradenames A4: 970–971
Tradenames, abbreviations, and symbols. A1: 1038–1041, A2: 1273–1277
Trade-off
definition. A20: 842
Trade-off analyses, for steels
Al and Ti alloys. A11: 62–63
Trade-off studies
procedure for EM1: 426–427
Trade-offs (design)
and driving forces, in design EL1: 408
in level 1 packages EL1: 403
leadless packaging EL1: 985–986

Traditional ceramics **A20:** 416, 419–420, **EM4:** 3–14, 893–894
characterization ... **EM4:** 4–5
color ... **EM4:** 5
compositions ... **EM4:** 5
etymology of ceramics ... **EM4:** 3
fine ceramics ... **EM4:** 3–4
china ... **EM4:** 3–4
cookware ... **EM4:** 4
earthenware ... **EM4:** 4
fine china ... **EM4:** 4
hotelware ... **EM4:** 4
porcelain ... **EM4:** 4
pottery ... **EM4:** 3
stoneware ... **EM4:** 3, 4
technical whiteware ceramics ... **EM4:** 4
vitreous china ... **EM4:** 4
whiteware ... **EM4:** 3, 4
forming processes ... **EM4:** 7–9
fabrication processes ... **EM4:** 8
moisture content ... **EM4:** 8
pressing ... **EM4:** 8, 9
pressure ranges ... **EM4:** 8
slip casting ... **EM4:** 8, 9
soft plastic forming ... **EM4:** 8
stiff plastic forming ... **EM4:** 8–9
glazes ... **EM4:** 9–10
application process ... **EM4:** 9
applications ... **EM4:** 10
Bristol ... **EM4:** 10
crystalline ... **EM4:** 10
definition ... **EM4:** 9
fritted ... **EM4:** 10
leadless ... **EM4:** 10
luster ... **EM4:** 10
porcelain ... **EM4:** 10
raw ... **EM4:** 10
raw lead ... **EM4:** 10
salt ... **EM4:** 10
slip ... **EM4:** 10
special ... **EM4:** 10
zinc-containing ... **EM4:** 10
mineralogy ... **EM4:** 5–7
clay minerals ... **EM4:** 5
commercial clays ... **EM4:** 6
heat effects ... **EM4:** 6–7
nonclay minerals ... **EM4:** 6
particle size distribution alterations ... **EM4:** 5
portland cement ... **EM4:** 12
air-entraining ... **EM4:** 12
applications ... **EM4:** 12
ASTM specifications ... **EM4:** 12
blast-furnace slag ... **EM4:** 12
cement chemistry ... **EM4:** 11
color ... **EM4:** 11, 12
composition ... **EM4:** 11
definition ... **EM4:** 12
development ... **EM4:** 10
expanding cement ... **EM4:** 12
hydration ... **EM4:** 11–12
manufacturing process ... **EM4:** 10–11
masonry cement ... **EM4:** 12
microstructure ... **EM4:** 11
oil well cement ... **EM4:** 12
properties ... **EM4:** 12
types ... **EM4:** 11, 12
white ... **EM4:** 12
properties ... **EM4:** 5
raw materials ... **EM4:** 32
raw materials and formulations ... **A20:** 787
refractory materials ... **EM4:** 12–14
applications ... **EM4:** 14
basic ... **EM4:** 13–14
chrome magnesite ... **EM4:** 13, 14
chromite ... **EM4:** 13, 14
classes ... **EM4:** 13
composition ... **EM4:** 14
fireclay ... **EM4:** 13, 14
high alumina ... **EM4:** 13, 14
high-duty oxides ... **EM4:** 13, 14
magnesite ... **EM4:** 13, 14
mullite ... **EM4:** 13, 14
properties ... **EM4:** 12–13, 14
silica brick ... **EM4:** 13, 14
spalling ... **EM4:** 13
rheological behavior ... **EM4:** 5
shaping and finishing ... **EM4:** 313
structural clay products ... **EM4:** 9
applications ... **EM4:** 9, 10
classification ... **EM4:** 9
colors ... **EM4:** 9
compositions ... **EM4:** 9
materials ... **EM4:** 9
properties ... **EM4:** 9, 10
types ... **EM4:** 9
testing ... **EM4:** 547
Traditional glasses ... **A20:** 417–418, **EM4:** 1, 21
applications ... **EM4:** 21
fusing of glass objects ... **EM4:** 21
history ... **EM4:** 21
Traditional prototyping ... **A7:** 426
T-rail ... **A6:** 397
Trailer towbar
fatigue fracture surface of ... **A11:** 77, 78
Trailing crack fronts ... **A19:** 125
Training *See also* Certification; Information sources; Management; Operators; Personnel
of coordinate measuring machine personnel ... **A17:** 28
of liquid penetrant inspection personnel ... **A17:** 85–86
Tramp element *See also* Trace elements
defined ... **A15:** 11
Tramp elements
and hydrogen ... **A8:** 487
segregation ... **A8:** 476
Tramp metal
separation and screening of ... **A15:** 350
Tram-rail assembly
fracture of ... **A11:** 526
Trans isomers
chemistry ... **EM2:** 64
Trans stereoisomer ... **EM3:** 29
defined ... **EM2:** 43
Transcrystalline *See* Intracrystalline
Transcrystalline cleavage, and intergranular rupture
iron ... **A12:** 222
Transcrystalline cracking *See also* Transgranular cracking
defined ... **A9:** 18
definition ... **A5:** 971
Transcrystalline fractures
in magnesium alloys ... **A9:** 426
Transcrystalline layer (TCL) ... **EM3:** 417–418
Transducer
conditioner ... **A8:** 158
crack-opening displacement ... **A8:** 384
in drop tower compression test ... **A8:** 197
magnetostrictive ... **A8:** 240, 243–245
optical encoder ... **A8:** 158
piezoelectric ... **A8:** 240, 243–245
rheostat ... **A8:** 158
rotary capacitance ... **A8:** 216
rotary variable-differential transformer ... **A8:** 158
torque, for torsion testing ... **A8:** 158
Transducer elements
bandwidth ... **A17:** 255
barium titanate ... **A17:** 255
electromagnetic-acoustic (EMA) ... **A17:** 255–256
lead metaniobate ... **A17:** 255
lithium sulfate ... **A17:** 255
magnetostriction ... **A17:** 256
piezoelectric ... **A17:** 254–255
polarized ceramics ... **A17:** 255
quartz ... **A17:** 254–255
ultrasonic inspection ... **A17:** 254–256
Transducer(s) *See also* Transducer elements
electronic, in leak detection ... **A17:** 60
paintbrush ... **A17:** 258
to induce vibrations in powder specimen ... **A7:** 25
ultrasonic inspection ... **A17:** 231
Transfer *See also* Selective transfer
defined ... **A18:** 19
definition ... **A5:** 971
feeds, of blanks ... **A14:** 500
headers, for cold heading ... **A14:** 292
in multiple-slide forming ... **A14:** 570
presses ... **A14:** 303, 502, 545
Transfer dies
for blanking ... **A14:** 455
for piercing ... **A14:** 466
for press bending ... **A14:** 528
for press forming ... **A14:** 546
Transfer efficiency
definition ... **A5:** 971
Transfer equipment
types ... **A14:** 292, 500–501, 570
Transfer film ... **A18:** 237
Transfer films ... **A8:** 604
in fabric prepreg ... **EM1:** 150
Transfer gear
single-piece ... **M7:** 668
Transfer ladle *See also* Ladles
defined ... **A15:** 11
permanent mold casting ... **A15:** 283
Transfer layer ... **A18:** 29
Transfer lines ... **A16:** 309
Transfer lines, flexible *See* Flexible transfer lines
Transfer machines **A16:** 395–397, **A20:** 754–755, 758
Transfer, material
AES analysis of sliding during ... **A10:** 566
Transfer method
of neutron detection ... **A17:** 391, 625–626
Transfer mold
processing characteristics, closed-mold ... **A20:** 459
Transfer molding ... **EM2:** 43, 319–320
characteristics of polymer manufacturing process ... **A20:** 700
defined ... **EM1:** 24
encapsulation by ... **EL1:** 473
for coating/encapsulation ... **EL1:** 240
in polymer processing classification scheme ... **A20:** 699
of bulk molding compounds ... **EM1:** 161
plastics ... **A20:** 788, 793, 799
polymer melt characteristics ... **A20:** 304
polymers ... **A20:** 701
qualitative DFM guidelines for ... **A20:** 35–36
rigid epoxies ... **EL1:** 815–816
Transfer pattern, and metallization
thin-film hybrids ... **EL1:** 329–330
Transfer presses ... **A14:** 303, 502, 545
Transfer printing with sublimable dyes ... **EM4:** 475
Transfer (xerography) and plain paper electrostatic copying ... **M7:** 582
Transference
defined ... **A13:** 13
Transferred arc
definition ... **A5:** 971, **M6:** 18
Transferred arc plasma ... **A18:** 644
Transferred arc (plasma arc welding)
definition ... **A6:** 1214
Transferred arc plasma process
materials feed material, surface preparation, substrate temperature, particle velocity ... **A5:** 502
Transferred bump tape automated bonding ... **EL1:** 276
Transferred plasma-arc process
thermal spray coatings ... **A5:** 501
Transferred plasma-arc thermal spray coating ... **M5:** 363–364
Transform reconstruction algorithm
computed tomography (CT) ... **A17:** 359, 380–382
Transformation behavior
of the heat-affected zone in ferrous alloys ... **A9:** 580–581
of the reheat zone in ferrous alloys ... **A9:** 580–581

SUBJECTS OF THE INDEXED VOLUMES: ASM Handbook (designated by the letter "A"): **A1:** Properties and Selection: Irons, Steels, and High-Performance Alloys (1990); **A2:** Properties and Selection: Nonferrous Alloys and Special-Purpose Materials (1990); **A3:** Alloy Phase Diagrams (1992); **A4:** Heat Treating (1991); **A5:** Surface Engineering (1994); **A6:** Welding, Brazing, and Soldering (1993); **A7:** Powder Metal Technologies and Applications (1998); **A8:** Mechanical Testing (1985); **A9:** Metallography and Microstructures (1985); **A10:** Materials Characterization (1986); **A11:** Failure Analysis and Prevention (1986); **A12:** Fractography (1987); **A13:** Corrosion (1987); **A14:** Forming and Forging (1988); **A15:** Casting (1988); **A16:** Machining (1989); **A17:** Nondestructive Evaluation and Quality Control (1989); **A18:** Friction, Lubrication, and Wear Technology (1992); **A19:** Fatigue and Fracture (1996); **A20:** Materials Selection and Design (1997). **Metals Handbook, 9th Edition** (designated by the letter "M"): **M1:** Properties and Selection: Irons and Steels (1978); **M2:** Properties and Selection: Nonferrous Alloys and Pure Metals (1979); **M3:** Properties and Selection: Stainless Steels, Tool Materials, and Special-Purpose Materials (1980); **M4:** Heat Treating (1981); **M5:** Surface Cleaning, Finishing, and Coating (1982); **M6:** Welding, Brazing, and Soldering (1983); **M7:** Powder Metallurgy (1984). **Engineered Materials Handbook** (designated by the letters "EM"): **EM1:** Composites (1987); **EM2:** Engineering Plastics (1988); **EM3:** Adhesives and Sealants (1990); **EM4:** Ceramics and Glasses (1991). **Electronic Materials Handbook** (designated by the letters "EL"): **EL1:** Packaging (1989)

Transformation coefficient (*m*) **A19:** 383
Transformation function **A19:** 305
Transformation hardening
quantitative prediction **A4:** 20–31
Transformation of tetragonal zirconia
specialty zirconia refractories **EM4:** 907
Transformation phase diagram
engineering **EM1:** 750
Transformation plasticity **A20:** 813
Transformation ranges
defined **A9:** 18
Transformation, steel
cold treating **M4:** 117–118
Transformation strengthening
as strengthening mechanism for fatigue resistance **A19:** 605
Transformation stress cracks
service fracture by **A12:** 65
Transformation stresses
oxide scales **A13:** 71
Transformation stresses in tool steels **A9:** 259
Transformation temperature *See also* Melting temperature
2½Cr-1 Mo steel **M1:** 654
defined **A9:** 18
definition **A20:** 842
of rare earth metals **A2:** 723
Transformation temperatures
definitions **A4:** 4
Transformation-induced closure **A19:** 56
Transformation-induced plasticity
ductile/cleavage mixed modes **A8:** 481
Transformation-induced plasticity steels
effects of plastic deformation on **A9:** 686
Transformation-induced plasticity (TRIP) **A20:** 779
definition **A20:** 842
Transformation-induced plasticity (TRIP) steels **A19:** 28, 33, 383, 384
deformation-induced transformations **A19:** 86
fracture resistance of **A19:** 383, 384
phase changes during deformation **A19:** 29–30
Transformations
allotropic, in pure metals **A9:** 655
amorphous to crystalline, EXAFS determined **A10:** 407
bainitic **A9:** 655
duplex growth **A9:** 656
equilibrium decomposition **A9:** 655
in cold-worked metals during annealing **A9:** 692–699
in situ, studied by x-ray topography and synchrotron radiation **A10:** 365
material, and crystal kinetics **A10:** 376
scanning electron microscopy used to study **A9:** 101
Widmanstatten precipitate growth **A9:** 655
Transformations in steel
bainite **M4:** 33, 34
martensite **M4:** 33, 34–35
pearlite **M4:** 33, 34
Transformation-toughened zirconia
as structural ceramic **A2:** 1023
Transformation-toughened zirconia (TTZ) **A20:** 430–431, 432
Transformation-toughened zirconias (TTZ) **A6:** 949
Transformation-toughened zirconium oxide (TTZ)
applications **EM4:** 959, 960, 976, 977
characteristics **EM4:** 976
direct brazing with joining oxide ceramics **EM4:** 517
fabrication processes **EM4:** 512
properties **EM4:** 976
wear resistance **EM4:** 959
Weibull modulus increase **EM4:** 698
Transformed beta
defined **A9:** 18–19
Transformed microstructure fraction
and fracture toughness **A8:** 480, 482
Transformer
direct-current differential **A8:** 223
linear variable-differential transformer **A8:** 191
Transformer cores
analysis of **A10:** 224
Transformer rectifiers
gas tungsten arc welding **M6:** 187
of titanium **M6:** 453
shielded metal arc welding **M6:** 77–78
stud arc welding **M6:** 732
submerged arc welding **M6:** 131
Transformer sheet
effect of texture on anisotropic properties **A9:** 700
Transformer windings
resistance spot welding **M6:** 472
Transformers **A20:** 620
aluminum and aluminum alloys **A2:** 13
as magnetically soft material application **A2:** 779–780
flash welding **M6:** 560
gas tungsten arc welding **M6:** 188
high frequency welding **M6:** 764
passive devices **EL1:** 1005
percussion welding **M6:** 740
shielded metal arc welding **M6:** 77–78
submerged arc welding **M6:** 131
through-hole packages, failure mechanism **EL1:** 979–980
with niobium-titanium superconducting materials **A2:** 1057
Transfusional siderosis
from iron toxicity **A2:** 1252
Transgranular *See also* Intergranular; Intracrystalline
cracking, defined **A13:** 13
defined **A11:** 11, **A13:** 13
fracture, defined **A13:** 13
Transgranular acicular carbides
precipitation of **A1:** 829
Transgranular cleavage **A19:** 42, 47
acoustic emission inspection **A17:** 287
fracture, in ferritic steel **A8:** 465
fracture surfaces **A8:** 487
micro-fracture mechanics morphology **A8:** 465
Transgranular cleavage fracture(s) *See also* Cleavage fracture(s); Transgranular fracture(s) **A12:** 175
AISI/SAE alloy steels **A12:** 301
cemented carbides **A12:** 470
high-carbon steel **A12:** 290
low-carbon steel **A12:** 240, 243
molybdenum alloy **A12:** 464
nickel alloys **A12:** 396
titanium alloys **A12:** 453
Transgranular cracking
brittle fracture by **A11:** 82
defined **A11:** 11
definition **A5:** 971
in stainless steel **A11:** 28
Transgranular cracking (or fracture)
due to creep deformation **A8:** 306, 486
Transgranular fracture
brittle, cleavage facets of **A11:** 22
brittle determined **A11:** 25
brittle, fractography of **A11:** 25
cleavage, hairline indications in **A11:** 79
corrosion-fatigue cracking to **A11:** 467
defined **A11:** 11
definition **A5:** 971, **EM4:** 633
in beryllium-copper alloys **A9:** 393
in stainless steel pressure tube **A11:** 453
Transgranular fracture(s)
at low temperatures **A12:** 121
austenitic stainless steels **A12:** 355
austenitizing effects **A12:** 339
chloride SCC in austenitic stainless steels **A12:** 357
copper alloys **A12:** 403
engineering alloys **A12:** 12
fatigue **A12:** 175–176
high-purity copper **A12:** 399–400
radial marks, SEM fractographs **A12:** 169
stress-corrosion, cleavage steps **A12:** 18
superalloys **A12:** 389
thumbprint, superalloys **A12:** 395
Transgranular slip-band cracking **A19:** 189
Transgranular stress corrosion
cleavage fracture by **A12:** 18
Transgranular stress-corrosion cracking **A13:** 148, 151–152, 157–158, **A19:** 484, 485, 486, 487, 490, 491
Transgranular stress-corrosion cracking (TGSCC) **A6:** 379
Transgranular-intergranular fracture transition
and elevated-temperature failures **A11:** 266
Transient crack growth **A19:** 195
Transient creep **A8:** 308
Transient cyclic deformation behavior **A19:** 74, 75
Transient film analysis **A18:** 91
Transient flow measurements **M7:** 264–265
Transient liquid-phase bonding *See also* Diffusion brazing
aluminum metal-matrix composites **A6:** 555, 557–558
titanium-matrix composites **A6:** 527
Transient liquid-phase sintering **M7:** 319, 320
Transient liquid-phase sintering (TLPS) **A7:** 317, 445, 447, 565, 571, 629
Transient (load-sequence) effects **A19:** 173
Transient recorder **A8:** 197, 228
Transient state flow measurements **M7:** 264–265
Transient stress/displacement analysis **A20:** 814
Transient testing **EM3:** 316–318
Transient thermal impedance
defined **EL1:** 1160
Transistor board testers **EL1:** 873–874
Transistor outline metal can package **EL1:** 404, 1160
Transistor(s) *See also* Field effect transistors (FETs); Junction field effect transistors; MOS transistors
alloy-junction, development **EL1:** 958
application, ultrapure germanium for **A2:** 1093
as IC modification **EL1:** 249
ballistic **A2:** 747
bipolar junction transistor technology **EL1:** 195–196
chip Junction failure, microelectronic **EL1:** 56
defined **EL1:** 1160
double-diffused pnp **EL1:** 147
failure mechanisms **EL1:** 974–975
future trends **EL1:** 390
heterojunction bipolar (HBT) **A2:** 747
high-electron-mobility (HEMT) **A2:** 747
junction, thermal stress effect **EL1:** 56
n-type, development **EL1:** 958
pnp **EL1:** 146–147, 958
radio frequency discrete, electrical performance testing **EL1:** 946–951
surfaces, atmosphere for **EL1:** 958
Transistors, field-effect
microwave inspection **A17:** 209
Transistor-transistor logic (TTL)
and ECL, CMOS, compared **EL1:** 165–166
as circuit interface **EL1:** 160
defined **EL1:** 1160
development **EL1:** 160–161
for digital ICs **EL1:** 161–162
for digital system implementation **EL1:** 76
parts, in design layout **EL1:** 513
Transition **A19:** 305–306, 308, 310
first-order **EM3:** 29
Transition alumina **EM4:** 111, 112
Transition band
defined **A9:** 685
Transition band nucleation **A9:** 694
Transition behavior *See* Nil ductility transition temperature; Notch toughness
"Transition current" **A6:** 181
Transition diagram
defined **A18:** 19
definition **A5:** 971
Transition elements compound analysis of **A10:** 262
as system favorable for ESR **A10:** 262
on periodic table **A10:** 688
Transition fatigue **A19:** 265
Transition fatigue life **A8:** 712, **A19:** 234, 607
Transition, first order *See* First-order transition
Transition, first-order *See* First-order transition
Transition fracture toughness standard (1997-1998) **A19:** 399, 400
Transition, glass *See* Glass transition
Transition group metals
ESR analysis of hyperfine splitting in **A10:** 260
Transition ion content, ESR analysis for **A10:** 253
content, of fossil fuels **A10:** 253
in solids, local crystal environments around **A10:** 253–266
Transition load **A18:** 715
Transition metal
defined **A13:** 13
for galvanic corrosion **A13:** 87
-metal binary alloys, corrosion resistance **A13:** 866
-metalloid alloys, corrosion resistance **A13:** 866–867
systems, for cladding **A13:** 888–889

Transition metals
as source of background fluorescence in vibrational spectroscopy **A10:** 130
d-valence bond character and adhesive friction **A18:** 32
ion chromatography separation and detection of **A10:** 660–661
susceptibility to hydrogen damage **A11:** 250
Transition phases
defined **A9:** 19
in titanium alloys **A9:** 461
Transition point
in reduction reactions **M7:** 53
Transition, range of **A19:** 312
Transition scarp
definition **EM4:** 633
Transition structure
defined **A9:** 19
Transition temperature *See also* Glass transition temperature; Temperature; Temperature(s) **A19:** 84–85, **A20:** 537, **EM3:** 29, **M1:** 696, 699, **M7:** 12
aging, effect of **M1:** 704
Charpy test measure of **A8:** 262
cold finished bars **M1:** 228–231
correlations of tests for **A11:** 60
criteria for defining **M1:** 691–692
defined **A8:** 14, **A11:** 66, **A13:** 13, **EM1:** 24, **EM2:** 43
definition **A20:** 842
ductile iron **M1:** 40–41
ductile-to-brittle **A8:** 262, **A11:** 68–69, **A12:** 34
for structural steels **A11:** 68–69
from Charpy V-notch impact tests, in steels **A11:** 67
grain size, effect of **M1:** 695
in shafts **A11:** 478–479
lubricant failure from **A11:** 154
nil-ductility *See* Nil-ductility transition
pearlitic steel **A20:** 365
refractory metals **A14:** 786
regimes, for Charpy/fracture toughness correlations **A8:** 265
shift, from tempering **A11:** 69
Transitional flow
in leaks **A17:** 58
Transitional region **A7:** 278
Transition-element ions
ESR identification of valence states of **A10:** 253–266
Transition-metal ions
ESR analysis of **A10:** 254
Transitions
Auger electron via $KL_{2,3}$ and $L_{2,3}$ **A10:** 550
identification of elements in **A10:** 253–266
interband, effect on Auger electron **A10:** 551
Translaminar fracture **EM1:** 786, 790–792
compression **EM1:** 792
tension **EM1:** 791–792
Translaminar fractures
compression **A11:** 739–740
in composites **A11:** 738–739
schematic **A11:** 734
tension **A11:** 738–739
Translaminar-tension fractures
graphite-epoxy composite **A11:** 738
Translation interfaces
transmission electron microscopy **A9:** 118–119
Translation, of images
digital image enhancement **A17:** 458
Translation vector **A9:** 118–119
Translational symmetry **A20:** 181, 182
Transmission
as electronic function **EL1:** 89
media, explosive forming **A14:** 639–640
optical testing of **EM2:** 594
shock-wave, explosive forming **A14:** 640
Transmission anomalous
in x-ray topography **A10:** 367
topography **A10:** 369–370
Transmission cable
defined **EL1:** 1160
Transmission density
x-ray film **A17:** 323
Transmission electron energy loss spectroscopy (TEELS) **A5:** 670
Transmission electron fractography
for failure mode **A8:** 476
Transmission electron micrographs **A8:** 481–484
Transmission electron microscope **A18:** 376–377
basic configuration **A18:** 379
Transmission electron microscopes **A9:** 103–104
as input device for image analyzers **A10:** 310
components **A9:** 103
defined **A9:** 19
electron column **A10:** 431
history **A12:** 5–6
literature **A12:** 7
modes of operation **A9:** 103–104
replication techniques **A12:** 7
resolution **A9:** 103
specimens for **A12:** 6–7
Transmission electron microscopes (TEM)
for plastic replicas **A17:** 53
Transmission electron microscopy *See also* Analytical transmission microscopy; Thin-foil transmission electron microscopy **A9:** 103–122, **A12:** 179–192, **A13:** 1117, **A19:** 5, 7–8, 77, 101, 219–220, **A20:** 334
and color enhancement by electronic imaging **A9:** 153
and FIM images, IN 939 nickel-base superalloy **A10:** 598
and Raman analysis, for intercalated graphites **A10:** 133
and SEM fractographs, compared **A12:** 185–192
application for detecting fatigue cracks . . . **A19:** 210
artifacts in replicas **A12:** 184–185
capabilities, and FIM/AP **A10:** 583
changes of beam amplitude after passing through a crystal **A9:** 118–119
cleaning fracture surfaces **A12:** 179–183
crack detection sensitivity **A19:** 210
defect analysis by **A10:** 464–468
defined **A10:** 683
deformation, recovery, and recrystallization analysis by **A10:** 468–470
diffract on patterns **A9:** 109
diffraction contrast theory **A9:** 110–113
diffraction studies of grain boundaries **A9:** 119–120
dislocations and crack-tip blunting **A19:** 53
effect of abrasion damage on samples for . . . **A9:** 39
fractographs, and SEM fractographs compared **A12:** 185–192
fractographs, for stereo viewing **A12:** 192
fractographs, method of preparation **A12:** 185, 192
magnetic material specimens, preparation of **A9:** 534
material types **A12:** 216
of dislocations **A9:** 113–116
of fiber composites **A9:** 592
of inorganic solids, types of information from **A10:** 4–6
of microstructure and magnetic properties, ductile permanent magnets **A10:** 599
of organic solids, information from **A10:** 9
of permanent magnet alloys **A9:** 533
of tin and tin alloy coatings **A9:** 451
of wrought heat-resistant alloys . . **A9:** 307–308, 311
point defect agglomerates **A9:** 116–117
radiation damage **A9:** 116–117
replicas **A9:** 108–109
replication, fracture surface preparation **A12:** 179–183
replication procedures **A12:** 94–95
resolution **A9:** 103
second-phase precipitates **A9:** 117
sectioning **A9:** 104
shadowing of replicas **A12:** 183–184
sodium environment fracture faces of metals **A19:** 208
specimen preparation **A9:** 104–108, **A12:** 179
specimen thickness **A9:** 103
(TEM) **A8:** 477
tempering of steels shown **A19:** 65
to study solid-state transformations in weldments **A6:** 77
transmitted wave amplitudes **A9:** 119
used to examine case hardened steels **A9:** 217
used to examine plate steels **A9:** 203
used to examine tin plate **A9:** 198
weld characterization **A6:** 104–105
Transmission electron microscopy replica
crack detection method used for fatigue research **A19:** 211
Transmission electron microscopy, specimens for *See also* Thin-foil specimens. preparation by electric discharge machining **A9:** 26
Transmission electron microscopy (TEM) **A5:** 669, 670, 676, **A7:** 222, 223, **EM1:** 771, **EM3:** 237, **EM4:** 87
advanced aluminum MMCs **A7:** 849
and SEM, contrasted **EL1:** 1101
and ultrahigh vacuum TEM, to determine nucleation density **A5:** 541
as advanced failure analysis technique . . **EL1:** 1106
as wafer-level physical test method . . **EL1:** 920–922
definition **A5:** 971
embedding of erodent fragments in nickel observed **A18:** 203
erosion of ceramics **A18:** 205
field-activated sintering **A7:** 586
for microchemical analysis **EM4:** 25
for microstructural analysis **EM4:** 26, 570
for microstructural analysis of coatings **A5:** 662
for particle image analysis **A7:** 261
for particle sizing **M7:** 227–228
for phase analysis **EM4:** 560
for surface examination **A18:** 291
imaging and analysis **A18:** 385–391
amplitude contrast **A18:** 387
basic imaging and diffraction modes **A18:** 385
diffraction contrast **A18:** 387–389
EDS analysis in the TEM **A18:** 387, 389–390
electron diffraction **A18:** 385–387
electron energy loss spectrometry **A18:** 390
image contrast **A18:** 387
mode of operation **A18:** 379
phase contrast **A18:** 387
phase contrast imaging **A18:** 389
scanning transmission electron microscopy **A18:** 390–391
microstructure of coatings **A5:** 666–667
of composites **A11:** 741
of fracture surfaces **A11:** 20–22
ofshafts **A11:** 460
plus image analysis, for microstructural analysis of coatings **A5:** 662
specimen preparation **A18:** 381–382
debris specimens **A18:** 382
specimens from worn surfaces **A18:** 381
surface replicas **A18:** 381–382
stripped oxides **EM3:** 242
summary and future outlook **A18:** 391
surface analysis **EM3:** 261
to analyze ceramic powder particle size **EM4:** 66–67
Transmission electron microscopy/scanning transmission electron microscopy (TEM/STEM) **A20:** 591
Transmission flex plates
economy in manufacture **M3:** 851
Transmission fluids **A18:** 98
additives in formulation **A18:** 111
antisquawk additives **A18:** 104
antiwear agents used **A18:** 101

SUBJECTS OF THE INDEXED VOLUMES: ASM Handbook (designated by the letter "A"): **A1:** Properties and Selection: Irons, Steels, and High-Performance Alloys (1990); **A2:** Properties and Selection: Nonferrous Alloys and Special-Purpose Materials (1990); **A3:** Alloy Phase Diagrams (1992); **A4:** Heat Treating (1991); **A5:** Surface Engineering (1994); **A6:** Welding, Brazing, and Soldering (1993); **A7:** Powder Metal Technologies and Applications (1998); **A8:** Mechanical Testing (1985); **A9:** Metallography and Microstructures (1985); **A10:** Materials Characterization (1986); **A11:** Failure Analysis and Prevention (1986); **A12:** Fractography (1987); **A13:** Corrosion (1987); **A14:** Forming and Forging (1988); **A15:** Casting (1988); **A16:** Machining (1989); **A17:** Nondestructive Evaluation and Quality Control (1989); **A18:** Friction, Lubrication, and Wear Technology (1992); **A19:** Fatigue and Fracture (1996); **A20:** Materials Selection and Design (1997). **Metals Handbook, 9th Edition** (designated by the letter "M"): **M1:** Properties and Selection: Irons and Steels (1978); **M2:** Properties and Selection: Nonferrous Alloys and Pure Metals (1979); **M3:** Properties and Selection: Stainless Steels, Tool Materials, and Special-Purpose Materials (1980); **M4:** Heat Treating (1981); **M5:** Surface Cleaning, Finishing, and Coating (1982); **M6:** Welding, Brazing, and Soldering (1983); **M7:** Powder Metallurgy (1984). **Engineered Materials Handbook** (designated by the letters "EM"): **EM1:** Composites (1987); **EM2:** Engineering Plastics (1988); **EM3:** Adhesives and Sealants (1990); **EM4:** Ceramics and Glasses (1991). **Electronic Materials Handbook** (designated by the letters "EL"): **EL1:** Packaging (1989)

demulsifiers **A18:** 107
detergents used **A18:** 101
dispersants used **A18:** 100
dyes **A18:** 110
extreme-pressure agents used **A18:** 101
friction modifiers **A18:** 104
oxidation inhibitors **A18:** 105
pour-point depressants **A18:** 108
seal-swell agents **A18:** 110
viscosity improvers used **A18:** 110
Transmission grating
defined **A10:** 683
Transmission line *See also* Line(s); Signal transmission line
abbreviation for **A11:** 798
analysis **EL1:** 25, 32
approximation **EL1:** 31–32
coupled, signal cross talk **EL1:** 34–37
defined **EL1:** 1160
design, WSI **EL1:** 354, 357–362
environments **EL1:** 601
fundamentals **EL1:** 28–30
lossy single, analytical solution **EL1:** 41–42
structures **EL1:** 419
Transmission method
defined **A9:** 19
Transmission, off-highway
cam plastometer **A8:** 194–195
Transmission oil
defined **A18:** 19
Transmission oil pump gears
farm tractors **M7:** 672
Transmission or line pipe **A1:** 331
Transmission parts
powders used **M7:** 572
Transmission pinhole camera
schematic **A10:** 334
Transmission pinhole photographs of iron-nickel alloy wires **A9:** 702
Transmission pipe **M1:** 319
Transmission pipelines **A13:** 1292
high-pressure long-distance **A11:** 695
Transmission shaft
by radial forging **A14:** 147
fatigue failure in structural steels from straightening after heat treatment **A19:** 600–601
Transmission shafting
ASTM code of recommended practice for **A20:** 512
Transmission shafts
economy in manufacture **M3:** 851, 852
fatigue life of **M1:** 675
Transmission sprockets **A7:** 1105, 1107
Transmission stick-shift, automobile
failure of **A11:** 763
Transmission techniques *See also* Transmission ultrasonic inspection
eddy current inspection **A17:** 183–184
fixed-frequency continuous-wave **A17:** 205
microwave inspection **A17:** 205–206
pulse-modulated **A17:** 206
swept-frequency continuous-wave **A17:** 205–206
ultrasonic inspection **A17:** 240, 248–252
Transmission topography
Berg-Barrett transmission arrangement **A10:** 369
configurations for **A10:** 369
defect imaging with **A10:** 370
Transmission tower legs
weathering steel **A13:** 520
Transmission ultrasonic inspection *See also* Transmission techniques
applications **A17:** 249–250
continuous-beam testing **A17:** 249
displays **A17:** 249
examples **A17:** 249–250
Lamb wave testing **A17:** 250–251
pitch-catch testing **A17:** 249
ultrasonic inspection **A17:** 240, 248–252
Transmissive radiography
as x-ray solder joint inspection **EL1:** 738
Transmittance **A10:** 62–63, 683
Transmitted gage
for stored-torque Kolsky bar **A8:** 220
Transmitted light
defined **EL1:** 1067
Transmitted power
symbol and units **A18:** 544
Transmitted pulse
in torsional Kolsky bar dynamic tests **A8:** 228–229
Transmitted specimen current density
scanning electron microscopy **A9:** 90
Transmitted wave, and reflected wave
timing between **A8:** 203
Transmitted-beam images
used for quantitative metallography **A9:** 134
Transmitter bar
in torsional Kolsky bar dynamic test **A8:** 228
Transparency, electronic *See* Electronic transparency
Transparent electronic graticule **A7:** 262, **M7:** 229
Transparent frits and glazes
typical oxide compositions **EM4:** 550
Transparent layers
interference films used to improve contrast **A9:** 59
Transparent mounting materials **A9:** 29–30
Transpassive
dissolution, and corrosion resistance **A13:** 48
region, defined **A13:** 13
state, defined **A13:** 13
Transpassive anodic potential ranges **A9:** 144–145
Transpassivity **A20:** 546
Transpiration cooling
porous parts **M7:** 700
Transplutonium actinide metals *See also* Americium; Berkelium; Californium; Curium; Einsteinium; Fermium
properties **A2:** 1198–1201
Transport *See* Interphase mass transport; Mass transport; Transference
Transport aircraft components
flight service evaluation **EM1:** 826–831
Transport coefficients **A20:** 188
Transport limited model **A19:** 189
Transport theory **A20:** 257
Transportation applications *See also* Aerospace applications; Aircraft applications; Automotive applications
acrylonitrile-butadiene-styrenes (ABS) **EM2:** 111
blow molding **EM2:** 359
critical properties **EM2:** 458
liquid crystal polymers (LCP) **EM2:** 180
polyamides (PA) **EM2:** 125
polybenzimidazoles (PBI) **EM2:** 147
polycarbonates (PC) **EM2:** 151
unsaturated polyesters **EM2:** 246
Transportation engine project
Japan **EM4:** 717
Transportation equipment
use of stainless steels **M3:** 68–70
Transportation glass **EM4:** 1021–1024
aircraft window glazings **EM4:** 1023–1024
automotive glass **EM4:** 1021–1023
Transportation industry applications
aluminum and aluminum alloys **A2:** 10–12
aluminum-lithium alloys **A2:** 182
cemented carbides **A2:** 973–974
copper and copper alloys **A2:** 239–240
magnetic particle inspection **A17:** 89
of magnetic painting **A17:** 128
Transportation, mold
green sand molding **A15:** 347
Transportation vessels
anodic protection of **A13:** 465
Transporting, and placement
outer lead bonding **EL1:** 285
Transverse
compression **EM1:** 198, 238
cracks, in weldments **A17:** 585
defined **A8:** 14
flaws, in steel bar and wire **A17:** 550
properties, carbon fibers **EM1:** 52
strain, defined **EM1:** 24
tension, ply **EM1:** 198, 237–238
waves, ultrasonic inspection **A17:** 233
Transverse bend test **A7:** 306
for green strength **M7:** 288
Transverse breaking load
corrosion-resistant cast irons **M1:** 89
gray iron **M1:** 16–19
heat-resistant cast irons **M1:** 92
white cast irons **M1:** 78, 80, 87
Transverse connection plate
bridge girder web crack **A11:** 713
Transverse crack
definition **A6:** 1214
Transverse cutters **A7:** 208, 209
Transverse defects in copper alloy ingots **A9:** 642
Transverse direction
defined **A9:** 19, **A11:** 11
of a sheet, abbreviation for **A11:** 798
Transverse displacement interferometer .. **A8:** 233–235
Transverse distribution of solute
in ingots **A11:** 324–325
Transverse electric (TE) mode
microwave holography **A17:** 207–211
Transverse electric (TE) modes **A10:** 256, 691
Transverse electromagnetic (TEM) wave ... **EM3:** 429
Transverse fractures
cast aluminum alloys **A12:** 411–413
in steel railroad rail **A11:** 79
martensitic stainless steels **A12:** 369
of crankshaft **A11:** 472–473
shear, high-strength steel, fractograph **A12:** 174
Transverse Kerr effect **A9:** 535
Transverse magnetic field
overall critical current density as function of **M7:** 638
Transverse magnetic (TM) mode
microwave holography **A17:** 207
Transverse metallographic sections
titanium alloy bars **A8:** 173
Transverse properties
gray iron **A15:** 643
joint, ductile iron weldments **A15:** 528
Tread and flange, chilled iron **A15:** 30
Transverse radius of curvature of gear
symbol and units **A18:** 544
Transverse radius of curvature of pinion
symbol and units **A18:** 544
Transverse resistance seam welding
definition **M6:** 18
Transverse rolling
characteristics **A20:** 692
Transverse rupture or bending strength
of cemented carbides, specifications **A7:** 1100
of sintered metal friction materials, specifications **A7:** 1099
of sintered metal powder test specimens, determination of, specifications **A7:** 441, 1099
warm compaction **A7:** 377, 378
Transverse rupture strength
cemented carbides **A2:** 956
cemented carbides, compared **A2:** 989
Transverse rupture stress **A7:** 677
Transverse rupture test **A7:** 714, 938
three-point loading **A7:** 983
Transverse sectioning
for TEM **A12:** 179
Transverse shrinkage
butt welds **M6:** 861, 870–875, 880
effect of restraint **M6:** 870–871, 873–875
effect of welding sequence **M6:** 875–876
mechanisms **M6:** 871–872
multipass welding **M6:** 872–874
rotational distortion **M6:** 870–873
fillet welds **M6:** 875
Transverse speed
definition **A5:** 971
Transverse strain **A19:** 500, **EM3:** 29
defined **A8:** 14, **EM2:** 43
Transverse strain-measuring extensometers **A8:** 49
Transverse stretch-forming machines **A14:** 596
Transverse tension specimen
effective fracture strain in **A8:** 168
Transverse tension test **A6:** 101, 103
Transverse test
for gray iron **A1:** 16
Transverse thermal expansion coefficient **A20:** 652
Transverse velocity
at free surface of anvil **A8:** 235–236
Transverse wire defect
spring failure from **A11:** 554
Transverse yield strength
mortar tube alloys **A11:** 295
Transverse-flow (carbon dioxide) laser **A14:** 736
Transversely isotropic **EM3:** 29
defined **EM1:** 24, **EM2:** 43
Transverse-rupture strength **M7:** 12, 311
and green strength **M7:** 288
effect of sintering temperature **M7:** 367
of aluminum oxide-containing cermets **M7:** 804

Transverse-rupture strength (continued)
of chromium carbide-based cermets **M7:** 806
of iron, copper and graphite powder
compacts. **M7:** 266
of metal borides and boride-based
cermets **M7:** 812
of sintered steel, combined carbon effect . . **M7:** 362
of titanium carbide-based cermets **M7:** 808
of titanium carbide-steel cermets **M7:** 810
of tungsten carbide/cobalt **M7:** 775–776
of water-atomized nickel **M7:** 397
testing. **M7:** 288, 290, 312, 490

Tranverse strength
of abrasion-resistant cast iron **A1:** 96
of gray iron **A1:** 18

Trap die concept. **A7:** 634

Trapezoidal load test **A19:** 524

Trapezoidal loading theory **EM3:** 607

Trapped rubber forming
drop hammer **A14:** 654–655

Trapped-sheet, contact heat
pressure thermoforming **EM2:** 401

Trapping **A7:** 54, **A19:** 58
in impact milling. **M7:** 57

Trapping, charge
in silicon oxide failures **A11:** 780–781

Trapping off **EM3:** 740

Traps
lead and lead alloy **A2:** 536–537

Traps, cold/weld
molding **EM2:** 615

Traptometer
for deflections in torsional testing. **A8:** 147

Trasca criterion **A20:** 521

Travel angle
definition **M6:** 18

Travel speed
effect on weld attributes **A6:** 182

Travel start delay time
definition **M6:** 18

Travel stop delay time
definition **M6:** 18

Travel trailers
aluminum and aluminum alloys **A2:** 11

Traveling acoustic waves
for optical holographic interferometry **A17:** 409

Traveling laser welds. **A6:** 20

Traveling wave tube magnets
powders used **M7:** 573

Traveling wave tube (TWT)
microwave inspection **A17:** 209

Tray set, modular
for multiple small parts **M7:** 423

Trays, heat-resistant alloys
applications. **M4:** 329, 330–331
life expectancy **M4:** 327–328, 330–331
materials recommended. **M4:** 328

Tread life **A18:** 579

Tread loss **A18:** 578

Tread rubber abradability **A18:** 579

Tread wear index **A18:** 578, 580

Treatise on Adhesion and Adhesives. **EM3:** 70

Treatment *See also* Ligands; Toxic metals; Toxicity;
Toxicology
combination, defined for factorial
experiments **A8:** 641
effects, analyzing **A8:** 656–660
experimental, defined **A8:** 640
levels, defining for fatigue
experiments. **A8:** 695–696
of arsenic toxicity **A2:** 1238
of bismuth toxicity **A2:** 1257
of cadmium toxicity **A2:** 1241–1242
of iron toxicity. **A2:** 1252
of lead toxicity. **A2:** 1246–1247
of lithium toxicity **A2:** 1257–1258
of manganese toxicity **A2:** 1253
of mercury toxicity **A2:** 1249–1250
of tellurium toxicity. **A2:** 1260

Treatment, storage, and disposal (TSD)
sites **A5:** 915–916

Treatment transfer
defined. **EL1:** 1160

Treatment, waste *See* Waste recovery and treatment

Tree ring pattern, as defect
vacuum arc remelting **A15:** 407

Tree rings in titanium alloys **A9:** 460
in Ti-6Al-2Sn-4Zr-2Mo forged billet. **A9:** 465

Treeing. **A5:** 243, 288–289

Trees
definition. **A5:** 971

Trenching tools
cemented carbide **A2:** 973

Trend identification
as quality control method **A17:** 731–732

Trend removal
digital image enhancement **A17:** 460

Trend test **A7:** 694

Trends *See also* Future trends
casting market **A15:** 43–45
finer lead pitch. **EL1:** 438
in electrical design. **EL1:** 416
in level 1 packages **EL1:** 405
interconnection system requirements
modeling **EL1:** 12–17
key-parameter, in thermal design **EL1:** 409
lead frame materials **EL1:** 491–492

Trepanning **A16:** 175–180, **A20:** 815
abrasive wear and material property
effects **A18:** 186
by ND-YAG laser **A14:** 737
cutting fluid flow recommendations **A16:** 127
deep holes. **A16:** 176–180
hot **A14:** 63
in conjunction with drilling **A16:** 216
in conjunction with milling **A16:** 308
in metal removal processes classification
scheme **A20:** 695
of fracture surfaces. **A11:** 19
refractory metals. **A16:** 863
tool life **A16:** 175, 176, 180

Trepanning methods
used with ultrasonic machining. **EM4:** 361

Tresca criterion **A8:** 163, 343–344, 576, **A18:** 476

Tresca's criterion **A19:** 692

TRI *See* The Refractories Institute

Trial
defined for factorial experiments. **A8:** 641

Trialuminides *See also* Ordered intermetallics
and cleavage fracture **A2:** 930–931
Co_3Ti, types and properties. **A2:** 929–930
Co_3V, types and properties. **A2:** 929
$L1_2$-ordered. **A2:** 929–930
Ni_3X alloys, properties **A2:** 931–932
Zr_3Al, properties. **A2:** 932

Triangular elements
for fracture surface area **A12:** 201–202

Triangular grip ends
for torsion specimen **A8:** 157

Triangularity. **A7:** 272
of particle shape **M7:** 242

Triangulation *See also* Laser triangulation
defined **A17:** 34
sensors, laser **A17:** 13

Triaxial compaction testing **A7:** 25, 331

Triaxial compression **M7:** 304
by simultaneous isostatic and uniaxial
compression. **A7:** 318

Triaxial consolidation test **A7:** 336

Triaxial phase diagrams. **A20:** 787, 789

Triaxial stress *See also* Principal stress **A8:** 25, 576
effect on fracture mode. **A12:** 30–31
in stainless steel. **A12:** 31, 40

Triaxial stresses. **A19:** 45

Triaxial tensile stress **A19:** 49

Triaxial tension
in fatigue fracture. **A11:** 75

Triaxial test **A7:** 327, 328, 335–336
unloading. **A7:** 330

Triaxiality factor **A19:** 264–265
correlation based on **A19:** 264–265
(TF) **A8:** 344–345

Triazine resins *See* Cyanates

Triazines
as biocides. **A18:** 110

Tribaloy 800
coating compositions for LPT blade
interlocks **A18:** 590
material for jet engine components. **A18:** 591

Tribaloy alloy
hardfacing **A6:** 807

Tribaloy alloys *See also* Cobalt alloys, specific types,
Tribaloy alloy **A20:** 397

Tribaloy PWA 694
laser cladding components and
techniques **A18:** 869

Tribaloy T-400
laser cladding **A18:** 868

Tribaloy T-800
laser cladding **A18:** 867
laser hardfacing **A6:** 807

Tribaloys, cobalt/nickel-base
thermal spray forming. **A7:** 411

Tribo-
defined **A18:** 19

Tribochemical reactions **A7:** 965

Tribochemistry
defined **A18:** 19

Tribocontact parameter **A18:** 476, 477, 480

Tribocracks **A18:** 178

Triboelectric charging **M7:** 584, 585

Triboelement
defined **A18:** 19

Tribofilms **A20:** 604–605, 606

Tribography **A18:** 176

Tribolite alloys
thermal spray forming. **A7:** 411

Tribological components
finishing methods using multipoint or random
cutting edges **A5:** 108

Tribological parameters, basic **A18:** 473–479
data sheet, basic tribological
parameters. **A18:** 478–479
functional purpose of tribosystems,
categories **A18:** 473
interaction parameters **A18:** 474–477
contact area/wear-track ratio. **A18:** 476
contact deformation modes **A18:** 475–476
contact stresses **A18:** 476
interface forces and energies. **A18:** 475
lubrication modes of tribosystems. . **A18:** 476–477
operational parameters **A18:** 474
kinematics **A18:** 474
type of motion of components of tribosystem for
sliding and sliding and rolling **A18:** 475
velocities of tribosystem components for sliding
and sliding and rolling. **A18:** 475
structural parameters. **A18:** 473–474
examples (components) of common
tribosystems **A18:** 474
tribometric characteristics **A18:** 477–478
friction parameters **A18:** 478
wear parameters **A18:** 478

Tribology **A8:** 14, 601
AES analyses in **A10:** 566
defined **A11:** 11, **A18:** 20
definition **A5:** 971, **A7:** 965
hardened steel contact effect. **A19:** 699, 700–701
residual effects of finishing methods **A5:** 149
surface finish/waviness **A5:** 146

Tribometer
defined **A18:** 20

Tribo-oxidation
nitrides surfaces **A18:** 879, 880, 881

Tribophysics
defined **A18:** 20

SUBJECTS OF THE INDEXED VOLUMES: ASM Handbook (designated by the letter "A"): **A1:** Properties and Selection: Irons, Steels, and High-Performance Alloys (1990); **A2:** Properties and Selection: Nonferrous Alloys and Special-Purpose Materials (1990); **A3:** Alloy Phase Diagrams (1992); **A4:** Heat Treating (1991); **A5:** Surface Engineering (1994); **A6:** Welding, Brazing, and Soldering (1993); **A7:** Powder Metal Technologies and Applications (1998); **A8:** Mechanical Testing (1985); **A9:** Metallography and Microstructures (1985); **A10:** Materials Characterization (1986); **A11:** Failure Analysis and Prevention (1986); **A12:** Fractography (1987); **A13:** Corrosion (1987); **A14:** Forming and Forging (1988); **A15:** Casting (1988); **A16:** Machining (1989); **A17:** Nondestructive Evaluation and Quality Control (1989); **A18:** Friction, Lubrication, and Wear Technology (1992); **A19:** Fatigue and Fracture (1996); **A20:** Materials Selection and Design (1997). **Metals Handbook, 9th Edition** (designated by the letter "M"): **M1:** Properties and Selection: Irons and Steels (1978); **M2:** Properties and Selection: Nonferrous Alloys and Pure Metals (1979); **M3:** Properties and Selection: Stainless Steels, Tool Materials, and Special-Purpose Materials (1980); **M4:** Heat Treating (1981); **M5:** Surface Cleaning, Finishing, and Coating (1982); **M6:** Welding, Brazing, and Soldering (1983); **M7:** Powder Metallurgy (1984). **Engineered Materials Handbook** (designated by the letters "EM"): **EM1:** Composites (1987); **EM2:** Engineering Plastics (1988); **EM3:** Adhesives and Sealants (1990); **EM4:** Ceramics and Glasses (1991). **Electronic Materials Handbook** (designated by the letters "EL"): **EL1:** Packaging (1989)

Tribopolymers A18: 29
Triboscience
defined A18: 20
Tribosurface
defined A18: 20
definition A5: 971
Tribosystem A20: 603, 605–606
basis for model selection A20: 611
defined A18: 20
design parameters A20: 603, 605
Tribosystem empirical coefficient
symbol for A20: 606
Tribosystem empirical coefficient (erosion model)
symbol for A20: 606
Tribotechnology
defined A18: 20
Tribotesting A18: 480–485
categories A18: 480–481
chi-square (χ^2) distribution A18: 482, 485
conditions A18: 480–481
evaluation A18: 481–482
simulative A18: 481
Tributyl phosphate
surface tension EM3: 181
Tricalcium aluminate
in composition of portland cement EM4: 11, 12
Tricalcium phosphate
dentifrice abrasive A18: 665
Tricalcium phosphate (TCP)
resorbable biomaterial EM4: 1007
Tricalcium silicate
in composition of portland cement EM4: 11
Trichloroethane
as toxic chemical targeted by 33/50 Program A20: 133
Trichloroethane (TCE)
solvent resistance/repairability EL1: 822
Trichloroethylene A6: 119
as carcinogenic cleaning agent A12: 74
as toxic chemical targeted by 33/50 Program A20: 133
environments known to promote stress-corrosion cracking of commercial titanium alloys A19: 496
for SCC of titanium alloys A8: 531
Trichloroethylene (C_2HCl_3)
as solvent used in ceramics processing EM4: 117
Trichloroethylene solvent cleaners M5: 40, 44–48
cold solvent cleaning process, use in M5: 40
flash point M5: 40
magnesium alloy cleaning M5: 629
vapor degreasing, use in M5: 44–48
Trichloroethylene (TCE) A5: 24, 25, 26, 28, 930
applicability of key regulations A5: 25
hazardous air pollutant regulated by the Clean Air Amendments of 1990 A5: 913
maximum concentration for the toxicity characteristics, hazardous waste A5: 159
properties A5: 21, 27
vapor degreasing evaluation A5: 24
vapor degreasing properties A5: 24
Trichlorofluoroethane
environments known to promote stress-corrosion cracking of commercial titanium alloys A19: 496
for SCC of titanium alloys A8: 531
Trichlorofluoroethane solvent cleaner M5: 40–41
flash point M5: 40
Trichlorotrifluoroethane A5: 24, 25–26, 28, 31, A7: 81
applicability of key regulations A5: 25
properties A5: 21
vapor degreasing properties A5: 24
Trichromatic printing EM4: 473
Triclinic
defined A9: 19
Triclinic crystal system A3: 1•10, 1•15, A9: 706
Triclinic crystal systems
unit cells as A10: 346–348
Tricobalt tetroxide
in composition of slips for high-temperature service silicate-based ceramic coatings A5: 470
in composition of unmelted frit batches for high-temperature service silicate-based coatings A5: 470
Tricresyl phosphate
surface tension EM3: 181
Tricresylphosphate (TCP)
lubrication of adiabatic engines EM4: 991
Tridymite EM4: 754
as quartz transition A15: 208
crystal structure EM4: 879
framework structure EM4: 759
thermal expansion coefficients EM4: 499
Triethanolamine (TEA)
and chemical milling of Al alloys A16: 583, 584
Triethylamine
hazardous air pollutant regulated by the Clean Air Amendments of 1990 A5: 913
Triethylantimony
physical properties A5: 525
Triethylarsenic
physical properties A5: 525
Triethylgallium
physical properties A5: 525
Triethylindium
physical properties A5: 525
Triethylphosphorus
physical properties A5: 525
Trifluralin
hazardous air pollutant regulated by the Clean Air Amendments of 1990 A5: 913
Trigged capacitor discharge
defined A10: 683
Trigger guard A7: 1104, 1105
Trigger pulse mode
eddy current inspection A17: 190
Trigger rod
for torsional impact system A8: 216–217
Triglycidyl ether of triphenyl methane (TGETPM)
epoxy resin EM1: 67, 69
Triglycidyl *p*-amino phenol (MY 0500) EM3: 94, 97
Triglycidyl *p*-aminophenol (TGAP), for epoxy adhesives EM1: 67
Trigonal crystal system A3: 1•10, A9: 706
Trigonal unit cells A10: 346–348
Triiron dodecacarbonyl A7: 167
Triisobutylgallium
physical properties A5: 525
Trilinear basis functions A20: 192
Trim EL1: 448, 1160
lines, defined EL1: 1160
patterns, thin-film EL1: 321
Trim and wipe-down
of blanks A14: 447
Trim tabs
as test coupons EM1: 744
Trimerized fatty acids
epoxidized EL1: 818
Trimetal bearing
defined A18: 20
Trimetal bearings A9: 567
Trimethylaluminum
physical properties A5: 525
Trimethylantimony
physical properties A5: 525
Trimethylarsenic
physical properties A5: 525
Trimethylgallium
physical properties A5: 525
Trimethylindium
physical properties A5: 525
Trimethylindium-trimethyl nitrogen
physical properties A5: 525
Trimethylindium-trimethyl phosphorus
physical properties A5: 525
Trimethylindium-trimethylarsenic
physical properties A5: 525
Trimethylindium-trimethylphosphorus
physical properties A5: 525
Trimethylphosphorus
physical properties A5: 525
Trimmer
defined A14: 13
Trimmer blade
defined A14: 13
Trimmer die
defined A14: 13
Trimmer punch
defined A14: 13
Trimming
and upsetting, tooling setup for A14: 88
defined A14: 14, 55
definition A5: 971
dies, material for A14: 257
for closed-die forging A14: 82
fracture in A8: 548
hot A14: 8, 230, 257
in coining A14: 180
in deep drawing operations A14: 588–589
in die casting A15: 287
in hot upset forging A14: 83
in sheet metalworking processes classification scheme A20: 691
in thermoforming EM2: 400
magnesium alloy forgings A14: 260
multiple-slide forming A14: 567
of aluminum alloy forgings A14: 248
of blanks A14: 446–447
of copper and copper alloy forgings A14: 257
of stainless steel forgings A14: 229–230
of titanium alloy forgings A14: 279–280
pinch A14: 446
shimmy A14: 446–447
trim and wipe-down A14: 447
vs. developed blanks, deep drawing A14: 589
Trimming dies A14: 55–56, 257
Trimming, of composites EM1: 668
Trimming press
defined A14: 14
Trimming tolerance
forgings M1: 366, 367
Trimming tools
closed-die forgings, materials for M3: 531–532
hot upset forging, materials for M3: 535–536
TrimRite *See* Stainless steels, specific types, S42010
Tri-N-butyl phosphate
solvent extractions with A10: 169
Tri-N-octylphosphine oxide
as solvent extractant A10: 170
Triode sputtering A5: 577
Triode-style electron guns A6: 254, 260–261
TRIP steels *See* Transformation-induced
Trip wire A20: 143
Tri-phase steels A20: 381
Triple action press M7: 12
Triple curve A3: 1•2
defined A9: 19
Triple monochromators
stray light rejection for A10: 129
Triple point A3: 1•2
defined A9: 19
Triple point crack A8: 572, 574
Triple point of water
in thermocouple calibration A2: 879
Triple-action press *See also* Hydraulic press; Mechanical press; Slide
defined A14: 14
slides in A14: 495
Triple-coated carbides ($TiC/Al_2O_3/TiN$)
cutting speed and work material relationship A18: 616
Triplemate
use in Raman spectroscopy A10: 129
Triple-point cracking *See also* Cracking; Fracture; Wedge cracks A14: 19, 364
austenitic stainless steels A12: 364
in fatigue A12: 119
intergranular creep rupture by A12: 19, 25
Triplet states
ESR analysis of A10: 254
Triplex annealing
wrought titanium alloys A2: 619
Tripod
photographic A12: 89
Tripoli buffing compound M5: 117
Tripoli compound
definition A5: 971
Tripoly cleaner *See* Sodium tripolyphosphate cleaner
Trisodium phosphate A6: 119
Tristelle TS-1
composition A18: 806
Tristelle TS-2
composition A18: 806
Tristelle TS-3
composition A18: 806
Trithermal weld A6: 606
Tritium, molten
applications A13: 56

Triton
as surfactant, and adhesion of polymers on silver . . . **A10:** 136
defined . . . **A10:** 683
-X-100, as maximum suppressor voltammetry . . . **A10:** 191
Tritonal explosives
aluminum powder containing . . . **M7:** 601
Trivalent chromium
formation and oxidation to hexavalent chromium . . . **M5:** 191
hard chromium plating baths contaminated by . . . **M5:** 174–175
hexavalent chromium reduced to . . . **M5:** 302, 311
Trivalent chromium conversion coatings
alternative conversion coat technology, status of . . . **A5:** 928
Trivalent chromium plating . . . **M5:** 196–198
solution compositions and operating conditions . . . **M5:** 196–197
Trodaloy
resistance welding . . . **A6:** 833–834
Troiano's theory . . . **A19:** 488
Trommels . . . **M7:** 177
Trona . . . **EM4:** 380
Trona mining tools
cemented carbide . . . **A2:** 976
Troostite
defined . . . **A9:** 19
Tropenas converter
development of . . . **A15:** 32–33
Tropical marine atmosphere
service life vs. thickness of zinc . . . **A5:** 362
Trowel coating process
ceramic coating . . . **M5:** 535, 545
Truck and truck trailers
aluminum and aluminum alloys . . . **A2:** 11
Truck engine
connecting rod fatigue fracture from forging lap . . . **A11:** 328–329
Truck signal flares
powder used . . . **M7:** 573
Truck-gear forging
simulation . . . **A14:** 429
Trucks *See also* Bucket trucks
as casting market . . . **A15:** 34
jumbo tube, acoustic emission inspection **A17:** 291
Trucks, diesel
beach marks on crankshaft fracture . . . **A11:** 76, 77
True area *See also* Area
of fracture surface, importance . . . **A12:** 211
True brinelling
and false brinelling, compared in bearings . . . **A11:** 499–500
indentations, spalling initiated at . . . **A11:** 500
rolling-contact fatigue from . . . **A11:** 503–504
True centrifugal casting
vertical . . . **A15:** 300
True centrifugal (outer mold casting)
in shape-casting process classification scheme . . . **A20:** 690
True density
by pycnometry . . . **M7:** 265–266
True elastic limit *See also* Elastic limit
defined . . . **A8:** 21
True fracture ductility . . . **A19:** 229
formula . . . **A19:** 230
typical range of engineering metals . . . **A19:** 230
True fracture strain
defined . . . **A8:** 24
True fracture strain (ϵ_f) . . . **A20:** 353
True fracture strength
formula . . . **A19:** 230
typical range of engineering metals . . . **A19:** 230
True length *See also* Length
defined . . . **A12:** 199–200
fractal analysis . . . **A12:** 212
True local necking strain
defined . . . **A8:** 24–25
True rake angle
milling . . . **A16:** 317, 318, 319, 328, 329
True reliability . . . **A20:** 88
True spacing equation for lamellar structures **A9:** 128
True strain *See also* Engineering strain; Linear strain; Strain; True stress/true strain curve . . . **A19:** 228, 229, **A20:** 305, 343, **EM3:** 29
and area reduction . . . **A8:** 575
compression tests, cam plastometer . . . **A8:** 194
curves, uniaxial tensile testing . . . **A8:** 554
defined . . . **A8:** 14, 194, **EM1:** 24, **EM2:** 43
definition . . . **A20:** 842
determining . . . **A8:** 23
engineering strain, area reduction and . . . **A14:** 368
-flow stress, equations . . . **A14:** 418
formula . . . **A19:** 229
in bending . . . **A8:** 118–119
in forming refractory metal sheet . . . **A14:** 786
in SCC testing . . . **A13:** 254
in sheet metal forming . . . **A8:** 549
rate compression, cam plastometer . . . **A8:** 194
rate, in hot compression testing . . . **A8:** 582
rate-flow stress, equations . . . **A14:** 419
vs. engineering strain, in creep testing . . . **A8:** 305
True stress *See also* Engineering stress; Mean stress; Nominal stress; Normal stress; Residual stress; Stress(es); True stress/true strain curve . . . **A19:** 228, 229, **A20:** 305, 343, **EM3:** 29
and engineering stress . . . **A8:** 23
at maximum load, as true stress/true strain curve parameter . . . **A8:** 24
at maximum load, as true tensile strength . . . **A8:** 24
curves, uniaxial tensile testing . . . **A8:** 554
defined . . . **A8:** 14, **EM1:** 24
definition . . . **A20:** 843
determining . . . **A8:** 23
in SCC testing . . . **A13:** 254
symbol for . . . **A8:** 726
values, for metals at room temperature . . . **A8:** 24
True stress amplitude . . . **A19:** 233
True stress/true strain curve . . . **A8:** 23–25
True tensile strain
relationship to Bridgman correction factor . . **A8:** 26
True uniform strain
defined . . . **A8:** 24
True yield
in indentation tests . . . **A8:** 71
stress, at various strains . . . **A8:** 38–39
Truing
definition . . . **A5:** 971
Truncated cones
forming . . . **A14:** 621–622
indentation test, for forgeability . . . **A14:** 384
Truncated fatigue life
by static proof test . . . **A8:** 718
Truncated octahedron
properties . . . **A7:** 268
Truncated octohedron
properties of . . . **A9:** 133
Truncated Weibull distribution . . . **A8:** 717
Truncated-cone indentation test . . . **A1:** 584
Truncation errors . . . **A20:** 190
Truncation level . . . **A19:** 122
effect on crack initiation period . . . **A19:** 122
Truncation of high load amplitudes . . . **A19:** 122
Trunk
definition . . . **A5:** 971
Trunnion bearing
defined . . . **A18:** 20
Trunnions
materials for . . . **A11:** 515
Truss . . . **A20:** 9
Truss member stresses . . . **A20:** 209
TRW-NASA VIA
composition . . . **A16:** 737
machining . . . **A16:** 738, 741–743, 746–758
Tryout
defined . . . **A14:** 14
TSAAS computer program for structural analysis . . . **EM1:** 268, 273
Tsai-Wu criterion . . . **EM1:** 200, 433
T-sections
as basic casting shape . . . **A15:** 599–604, 607, 609
T-shaped individual . . . **A20:** 50
***t*-test** . . . **A20:** 82–83
TTL *See* Transistor-transistor logic
TTS fractures *See* Tearing topography surface fracture(s)
Tub vibratory finishing . . . **M5:** 130
Tuballoy *See* Uranium
Tube *See also* Tubing; Tubular products
alloys, feedwater heaters . . . **A13:** 990
aluminum and aluminum alloys . . . **A2:** 5
beryllium-copper alloys . . . **A2:** 403
beryllium-copper alloys, properties . . . **A2:** 411
collapsible, tin-base alloy . . . **A2:** 525
crevice corrosion . . . **A13:** 110
cylindrical . . . **EM1:** 569–570, 572
explosion welding . . . **M6:** 709, 715
filament winding for . . . **EM1:** 135
finished, production of . . . **A2:** 250
flash welding . . . **M6:** 558, 577
for gas/oil production . . . **A13:** 1236–1237, 1258
friction welding . . . **M6:** 720–721, 726
fully reversed loading in ultrasonic testing **A8:** 242
gas metal arc welding of copper-nickel . . . **M6:** 421–422
gas tungsten arc welding . . . **M6:** 338–340
graphite fiber MMC pultruded . . . **EM1:** 870–871
high frequency resistance welding . . . **M6:** 759, 760, 762
in ceramics processing classification scheme . . . **A20:** 698
oxyfuel gas welding . . . **M6:** 592
plasma arc welding . . . **M6:** 220–221, 342–343
polyamides (PA) . . . **EM2:** 125
primary testing direction, various alloys . . . **A8:** 667
projection welding . . . **M6:** 516–517
properties . . . **A2:** 249
quasi-static torsional testing of . . . **A8:** 145
recovery boiler . . . **A13:** 1199
reducing, wrought copper and copper alloys . . . **A2:** 250
Rockwell hardness testing of . . . **A8:** 81
-sheet interface, crevice corrosion . . . **A13:** 110
shells, production of . . . **A2:** 249–250
soldering . . . **M6:** 1093–1095
specimens . . . **A8:** 168, 221–224
support, in torsional impact machine . . . **A8:** 217
tapered . . . **EM1:** 570–572
test specimens . . . **EM1:** 326–327
testing . . . **A8:** 250
thermoplastic polyurethanes (TPUR) . . . **EM2:** 205
thick-walled, in torsional fatigue testing . . . **A8:** 152
thin-walled for workability . . . **A8:** 156
thin-walled, torsion and simple shear . . . **A8:** 155
wastage, steam generators . . . **A13:** 939
wrought aluminum alloy . . . **A2:** 33
wrought beryllium-copper alloys . . . **A2:** 409
wrought copper and copper alloys . . . **A2:** 248–250
Tube bending *See also* Tube(s); Tubing
lubrication . . . **A14:** 672–673
machines . . . **A14:** 668–669
of nickel-base alloys . . . **A14:** 834–835
of titanium alloys . . . **A14:** 848
of zirconium . . . **A2:** 664–665
tools . . . **A14:** 665–666
with mandrel . . . **A14:** 666–668
without mandrel . . . **A14:** 668
Tube brass
applications and properties . . . **A2:** 306
Tube, copper
temper designations . . . **M2:** 249–251
Tube designs
borescopes . . . **A17:** 3–4
Tube drawing *See also* Tube(s); Tubing
dies . . . **A14:** 337

SUBJECTS OF THE INDEXED VOLUMES: ASM Handbook (designated by the letter "A"): **A1:** Properties and Selection: Irons, Steels, and High-Performance Alloys (1990); **A2:** Properties and Selection: Nonferrous Alloys and Special-Purpose Materials (1990); **A3:** Alloy Phase Diagrams (1992); **A4:** Heat Treating (1991); **A5:** Surface Engineering (1994); **A6:** Welding, Brazing, and Soldering (1993); **A7:** Powder Metal Technologies and Applications (1998); **A8:** Mechanical Testing (1985); **A9:** Metallography and Microstructures (1985); **A10:** Materials Characterization (1986); **A11:** Failure Analysis and Prevention (1986); **A12:** Fractography (1987); **A13:** Corrosion (1987); **A14:** Forming and Forging (1988); **A15:** Casting (1988); **A16:** Machining (1989); **A17:** Nondestructive Evaluation and Quality Control (1989); **A18:** Friction, Lubrication, and Wear Technology (1992); **A19:** Fatigue and Fracture (1996); **A20:** Materials Selection and Design (1997). **Metals Handbook, 9th Edition** (designated by the letter "M"): **M1:** Properties and Selection: Irons and Steels (1978); **M2:** Properties and Selection: Nonferrous Alloys and Pure Metals (1979); **M3:** Properties and Selection: Stainless Steels, Tool Materials, and Special-Purpose Materials (1980); **M4:** Heat Treating (1981); **M5:** Surface Cleaning, Finishing, and Coating (1982); **M6:** Welding, Brazing, and Soldering (1983); **M7:** Powder Metallurgy (1984). **Engineered Materials Handbook** (designated by the letters "EM"): **EM1:** Composites (1987); **EM2:** Engineering Plastics (1988); **EM3:** Adhesives and Sealants (1990); **EM4:** Ceramics and Glasses (1991). **Electronic Materials Handbook** (designated by the letters "EL"): **EL1:** Packaging (1989)

ironing operation in **A14:** 334–336
schematic. **A14:** 330
without mandrel (tube sinking) **A14:** 330

Tube drawing dies
cemented carbide **M3:** 523–525
chromium plating **M3:** 525
diamond **M3:** 521, 523, 525
mandrels **M3:** 521, 524–525
polishing. **M3:** 525
sectional, adjustable **M3:** 524
tool breakage **M3:** 525
tool steels **M3:** 523, 524, 525

Tube extensometers
for elevated/low temperature tension testing **A8:** 32

Tube extrusion
process **EM2:** 385

Tube forming *See also* Tube(s); Tubing
contour roll forming **A14:** 673
dies, for press brake forming **A14:** 537
nosing. **A14:** 673
press methods **A14:** 673
spinning. **A14:** 673

Tube furnace **M7:** 12

Tube length
effect on objective lenses **A9:** 72

Tube mills
vibratory. **M7:** 66–68

Tube multihole
in bulk deformation processes classification
scheme **A20:** 691

Tube piercing **A14:** 470
in bulk deformation processes classification
scheme **A20:** 691

Tube rating, x-ray tubes
radiography. **A17:** 305–306

Tube reducing. **M1:** 316, **M2:** 264

Tube reducing and swaging
for steel tubular products **A1:** 328

Tube rolling *See also* Tube(s);
Tubing. **EM1:** 569–574
contour roll forming **A14:** 630–632
convolute wrapping, cylindrical
tubes. **EM1:** 569–570
convolute wrapping, tapered tube . . . **EM1:** 570–571
in polymer-matrix composites processes
classification scheme **A20:** 701
material forms **EM1:** 569
production methods. **EM1:** 572–574
roll design **A14:** 631
spiral wrapping. **EM1:** 571–572

Tube shear test **EM3:** 732, 733

Tube shells
extrusion **A2:** 249
rotary piercing **A2:** 249–250

Tube sinking *See* Tube drawing

Tube spinning *See also* Tube(s); Tubing . . . **A14:** 673,
675–679
applicability. **A14:** 675
backward **A14:** 675–676
defined. **A14:** 675
finish, of tube-spun parts **A14:** 678
forward **A14:** 676
lubricants. **A14:** 678
machines **A14:** 676–678
methods. **A14:** 675–676
preform requirements **A14:** 675
speeds and feeds **A14:** 678–679
tools **A14:** 676–677
tube spinnability. **A14:** 679
tube wall thickness, limitations **A14:** 677
work metal properties, effects **A14:** 679

Tube steels
AISI compositions **A9:** 211
ASTM compositions **A9:** 211

Tube stock
defined **A14:** 14

Tube straightening *See also* Tube(s);
Tubing. **A14:** 690–693
multiple-roll rotary **A14:** 691–693
ovalizing, in rotary straighteners **A14:** 693
parallel-roll straightening. **A14:** 691
press straightening **A14:** 690–691
pressure, control of **A14:** 690
tube material effects **A14:** 690
two-roll rotary. **A14:** 691

Tube swaging **A14:** 128–144

Tubelets
flexible printed boards **EL1:** 590

Tuberculation **M1:** 734, 736
defined **A11:** 11, **A13:** 13
definition. **A5:** 971
electrochemical/microbial processes **A13:** 122
localized biological corrosion. **A13:** 119–120
tubercule formation **A13:** 43

Tubes *See also* Cylindrical parts; Heat exchangers, failures of; Holes; Photomultiplier tubes; Steel tubing; Tube bending; Tube drawing; Tube forming; Tube piercing; Tube rolling; Tube spinning; Tube straightening; Tube swaging; Tubing; Tubular products
and cups, drawing with moving
mandrel **A14:** 335–336
and fin assembly, from economizer **A11:** 432
bending, nickel-base alloys **A14:** 834–835
blockage, in boilers **A11:** 606
boiler, corrosion-fatigue cracks **A11:** 79
boiler/pressure vessel, inspection. **A17:** 644–645
by radial forging. **A14:** 145
calandria, remote-field eddy current
inspection **A17:** 199–200
computing ovality in **A14:** 133
connector, aluminum alloy, blowout
failure. **A11:** 312–313
copper alloys **M2:** 472
deflection. **A14:** 692
dimension, as test variable **A17:** 175
drawing of. **A14:** 335–336
eddy current inspection of **A17:** 179–184
effect of exceeding service
temperatures in. **A11:** 290
electromagnetic forming of. **A14:** 646
erosion-corrosion of. **A11:** 342
examination by electropolishing. **A9:** 55
-expanding tool, fatigue fracture of . . **A11:** 474–475
explosive forming of **A14:** 641–642
extruding, by Hydrafilm process **A14:** 329
for image analyzer scanners **A10:** 310
function in heat exchangers **A11:** 628
heat exchanger, eddy current
inspection **A17:** 181–182
heat-flow path through **A11:** 603
horizontal centrifugal casting of **A15:** 299–300
integral-finned, SCC in **A11:** 635
internal shapes in. **A14:** 138
leaks in **A11:** 606
mortar **A11:** 294–296
mounting. **A9:** 31
Nessler, color comparison. **A10:** 66
outside diameter over 75 mm (3 in.) eddy current
inspection **A17:** 182–183
outside diameter under 75 mm (3 in.) eddy current
inspection **A17:** 179–182
overrolling of **A11:** 629
piercing, and slotting. **A14:** 470
pressure, SCC of brazed joint in **A11:** 453
pure quartz sample, ESR spectrometer . . . **A10:** 256
quench crack failure of. **A11:** 334–335
radiographic methods **A17:** 296
rotary swaging of. **A14:** 128–144
ruptures, by overheating and
embrittlement **A11:** 604–614
seamless, quench crack failure. **A11:** 334–335
seamless, ultrasonic inspection. **A17:** 272
spinnability **A14:** 679
spinning. **A14:** 675–679
stainless steel, after carburizing and
oxidizing **A11:** 272
steam, corroded inner surface **A11:** 176
steam-coated, internal scale thickness. **A11:** 604
steam-generator, thick-lip ruptures in **A11:** 605–606
steam-generator, thin-lip ruptures in. **A11:** 606
steel boiler **A11:** 603–614
steel macroscopic examination. **A11:** 21
stock, for bending **A14:** 671
sudden rupture in **A11:** 603
superheater, circumferential corrosion fatigue
cracks **A11:** 79
swaging **A14:** 128–144
swaging, with mandrel **A14:** 137–139
swaging, without mandrel. **A14:** 134–137
types, for swaging. **A14:** 135
uniform corrosion in **A11:** 175
u-shaped, eddy current inspection . . . **A17:** 184–185

wall thickness **A14:** 135–136
wall-thinning in **A11:** 606
Waspaloy spray-manifold, fatigue
fracture in **A11:** 454–455
wastage, creep failure from. **A11:** 612
with bends, remote-field eddy current
inspection. **A17:** 195
with diameter changes, remote-field eddy current
inspection. **A17:** 195
x-ray, and Z element determination
by XRS **A10:** 101
x-ray, for x-ray spectrometry **A10:** 87–90
x-ray, molybdenum **A10:** 88
Zircaloy, liquid-metal embrittlement in . . . **A11:** 234

Tubes, protection
for thermocouples **A2:** 883–884

Tubesheet interface
crevice corrosion **A13:** 110

Tubesheet rolled joints
eddy current inspection **A17:** 180–181

Tubing *See also* Heat exchangers, failures of; Hole(s); Tube; Tube(s); Tubular products
bending, titanium alloy **A14:** 848
bending, with mandrel **A14:** 666–668
bending, without mandrel. **A14:** 668
beryllium **A2:** 683
boxing, of **A11:** 630
brass *See* Brass, tubing
carbon steel, remote-field eddy current
inspection **A17:** 200–201
characteristics of. **A11:** 628
conducting, remote-field eddy current
inspection **A17:** 195–201
copper, (111) pole figures from **A10:** 363
copper, ODF using Euler plots method . . . **A10:** 361
cupro-nickel, pickling of **M5:** 612
dies and die materials for drawing **A14:** 337
distortion **A14:** 690
eddy current inspection of **A17:** 166, 179–184
extended surface (finned) **A11:** 628
ferromagnetic, flux leakage method **A17:** 132
fluorescent magnetic particle inspection. . . **A17:** 105
impedance of **A17:** 169–170
inconel 600, residual stress and percent cold work
distributions **A10:** 390
inside surface measured **A10:** 384
magnetic rubber inspection of **A17:** 123
magnetizing **A17:** 94
material, straightening effects. **A14:** 690
midwall, pole figures from **A10:** 362
nickel-base alloy, expanding of **A14:** 836
nonferrous, inspection of **A17:** 572–574
nonuniformity of texture in. **A10:** 363–364
oil well, magnetic particle
inspection of. **A17:** 111–112
oil-well production, SCC of **A11:** 298
oval, bending of **A14:** 667
radiographic inspection. **A17:** 335–337
refractory metals and alloys. **A2:** 562–563
round, reshaping of **A14:** 631–632
round, straightening. **A14:** 691
SCC in. **A11:** 624–626
square and rectangular, straightening of. . . **A14:** 691
stainless steel *See* Stainless steel, tubing
stainless steel, eddy current inspection. . . . **A17:** 182
stainless steel, precipitate
identification in **A10:** 459–461
steel *See* Steel, tubing
steel, magnetic flaw characterization. **A17:** 131
straightening of **A14:** 690–693
surface stress measurement in **A10:** 390
thickness, by eddy current inspection. **A17:** 172
tool materials for drawing **A14:** 336
upsetting of. **A14:** 91–93
welded, eddy current weld inspection. **A17:** 186
zirconium, extrusion **A2:** 663

"Tubing" alloy *See* Titanium alloys, specific types, Ti-3Al-2.5V

Tubular adapters **A7:** 352

Tubular electrodes for arc welding
powders used **M7:** 573

Tubular heat exchangers
applications **A11:** 628

Tubular joint stresses **EM3:** 490

Tubular parts
cold extruded **A14:** 305

Tubular porous filters. **M7:** 698

1120 / Tubular products

Tubular products *See also* Holes; Tube; Tube(s); Tubing; Wrought copper tubular products **A17:** 561–581
aluminum and aluminum alloys, as furniture **A2:** 13
arc-welded nonmagnetic ferrous **A17:** 566–567
characteristics **A17:** 561
classified **A17:** 561
continuous butt-welded steel pipe **A17:** 567
copper. **M2:** 261–264
double submerged arc welded steel pipe **A17:** 565–566
duplex tubing **A17:** 572
eddy current inspection **A17:** 562–563
finned tubing **A17:** 571–572
flux leakage inspection **A17:** 563–564
in commercial applications **A17:** 574–575
in oil and gas distribution ustry **A17:** 577–578
in-service inspection **A17:** 574–581
inspection method, selection **A17:** 561–562
liquid penetrant inspection.............. **A17:** 565
magnetic particle inspection............. **A17:** 565
nondestructive evaluation........... **A17:** 561–565
nonferrous tubing **A17:** 572–574
pipeline girth welds................. **A17:** 579–581
radiographic inspection **A17:** 565
resistance-welded steel **A17:** 562–565
seamless steel **A17:** 567–571
sections, radiographic inspection..... **A17:** 335–337
spiral-weld steel pipe **A17:** 567
steel, annealing **A4:** 39
steel, normalizing..................... **A4:** 39–40
steel pipelines...................... **A17:** 578–579
ultrasonic inspection **A17:** 564–565
wrought aluminum alloy **A2:** 33
wrought copper **A2:** 248–250

Tubular steel product *See* Steel tubular products

Tubular woven fabric
by fly-shuttle loom **EM1:** 128

Tuff
high-level waste disposal in **A13:** 975–976

Tuffriding
for valve train assembly components **A18:** 559

Tukon tester
for microhardness testing **A8:** 91

Tumbaga
as historic gold-silver-copper alloy **A15:** 19

Tumble barrel finishing
advantages and disadvantages **A5:** 123

Tumble coating........................... **A5:** 430
paint **M5:** 483

Tumble grinding
definition **A5:** 971

Tumbler ball mills **A7:** 60–61, 62, **M7:** 66

Tumbler mills **A7:** 61, **M7:** 66

Tumble-type blenders **A7:** 105, **M7:** 189

Tumbling *See also* Barrel finishing....... **EM4:** 100
abrasive blasting systems **M5:** 88–89, 93, 95
barrel finishing *See* Barrel finishing
defined **A15:** 11, **EM2:** 43
definition **A5:** 971
dry *See* Dry barrel finishing
dry or wet, for removing rust and scale..... **A5:** 10
finish for nails......................... **M1:** 271
mass finishing *See* Mass finishing
mechanical coating *See* Mechanical coating
mill, development of **A15:** 33
rust and scale removed by **M5:** 12–13
safety and health hazards **A5:** 17
safety precautions **M5:** 21
self- *See* Self-tumbling
stainless steel powders................... **A7:** 997
wet *See* Wet barrel finishing; Wet tumbling
zinc alloys **A2:** 530, **A5:** 870

Tumbling, abrasive
for liquid penetrant inspection **A17:** 81–82

Tumbling, aircraft engine components
surface finish requirements.............. **A16:** 22

Tumor resections
as prosthetic devices **A11:** 670–671

Tumorgenisis
and dental alloys **A13:** 1339

Tunable infrared lasers
applications........................... **A10:** 112

Tundish
in atomization process **M7:** 25
in ferrous continuous casting **A15:** 310–311, 313

Tungstate oxyanion analogs, alternative conversion coat technology
status of **A5:** 928

Tungstate solutions
copper/copper alloy corrosion in **A13:** 636

Tungsten *See also* Pure tungsten; Refractory metals; Refractory metals and alloys; Refractory metals and alloys, specific types; Specific tungsten materials; Tungsten alloys; Tungsten alloys, specific types; Tungsten carbide; Tungsten carbide powders; Tungsten fibers; Tungsten heavy metals; Tungsten oxide; Tungsten powders; Tungsten wire
acid cleaning **A5:** 54
additions to martensitic stainless steels.... **M6:** 348
adhesion and solid friction............... **A18:** 32
adhesion measurements.................. **A6:** 144
AKS-doped **A2:** 578
alloying, nickel-base alloys **A13:** 641
alloys, workability of **A8:** 165, 575
-aluminum metal-matrix composites, splitting fracture............................. **A12:** 467
and tungsten alloys **A2:** 577–581
annealing, effect on electrical resistivity .. **M3:** 327, 328
applications...................... **A2:** 557–560
arc welding *See* Arc welding of molybdenum and tungsten
as an addition to cobalt-base heat-resistant casting alloys **A9:** 334
as an addition to copper-base powder metallurgy electrical contacts **A9:** 551
as an addition to nickel-base heat-resistant casting alloys **A9:** 334
as an addition to niobium alloys.......... **A9:** 441
as an addition to permanent magnet alloys **A9:** 538
as an addition to silver-base switchgear materials **A9:** 552
as an addition to tantalum alloys **A9:** 442
as electrical contact materials **A2:** 848–849
at elevated-temperature service **A1:** 641
atomic interaction descriptions **A6:** 144
back reflection intensity **A17:** 238
brazing **M6:** 1059–1060
applications **M6:** 1059–1060
filler metals and their properties....... **M6:** 1059
fluxes and atmospheres............... **M6:** 1059
precleaning and surface preparation **M6:** 1057, 1059
process and equipment............... **M6:** 1059
brazing and soldering characteristics .. **A6:** 634–635
characteristics and weldability **M6:** 462–463
chemical vapor deposition **A5:** 513
chemical vapor deposition of **M5:** 382–383, 385
chromium plating of..................... **M5:** 660
cleaning processes.................. **M5:** 659–660
codeposited with nickel in electroplating.. **A18:** 836
combustion accelerators **A10:** 222
commercial grade/undoped P/M **A2:** 577–578
commercially pure, infiltrated with copper **A9:** 446
commercially pure, pressed from powder .. **A9:** 446
composition similar to ceramics and glasses **EM3:** 300
consumption **A2:** 557
content in nickel-base and cobalt-base high-temperature alloys **A6:** 573
content in tool and die steels............. **A6:** 674
content of weld deposits **A6:** 675
creep rupture testing of.................. **A8:** 302
crystal, cleavage planes **A12:** 462
dichalcogenides........................ **A18:** 113
diffusion bonding....................... **A6:** 156
effect, amorphous metals **A13:** 868
effect of, on hardenability **A1:** 395, 413
effect of temperature on strength and ductility of **A8:** 34, 36
effect on anodic dissolution of phases in wrought heat-resistant alloys **A9:** 308
effect on borided steels.................. **A4:** 441
effect on diffusion coating **A5:** 615
effect on maraging steels................ **A4:** 222
effect, Stellite alloys................... **A13:** 658
electrical contacts, use in .. **M3:** 671–672, 673, 674, 675
electrical discharge machining **A2:** 561
electrical properties **A2:** 580–581
electrical resistance applications..... **M3:** 641, 646, 647, 655
electrochemical machining........... **A5:** 111, 112
electrochemical polishing of.............. **A9:** 45
electrodes for gas welding.......... **M6:** 190–195
electrolytes for **A9:** 440
electrolytic etching...................... **A9:** 440
electromechanical polishing **A9:** 441
electron beam drip melted **A15:** 413
electron beam welding............. **M6:** 639–640
electron-beam welding................... **A6:** 870
electroplating of **M5:** 660–661
electropolishing with alkali hydroxides...... **A9:** 54
elemental sputtering yields for 500 eV ions............................ **A5:** 574
embrittlement sources **A12:** 123
epithermal neutron activation analysis.... **A10:** 239
erosion resistance...................... **A18:** 201
erosion test results..................... **A18:** 200
etch-attack on **A9:** 45
fabrication..................... **M3:** 314, 326
fabrication techniques **A2:** 562
field evaporation of **A10:** 586, 587
filament, gas mass spectrometer **A10:** 152–153
filler metals for **M3:** 320
filler metals for brazing of **A6:** 943
FIM sample preparation of **A10:** 586
finishing processes **M5:** 659–662
for base metal conductors............. **EM4:** 1142
for cofiring the metallization with the alumina **EM4:** 544
for heating elements and hot furnace structures **A4:** 497
for heating elements for electrically heated furnaces **EM4:** 247, 248, 249
vapor pressure..................... **EM4:** 249
forge welding **A6:** 306, **M6:** 676
forging of **A14:** 237–238
friction coefficient data.................. **A18:** 71
friction welding **M6:** 722
glass/metal seals **EM4:** 1037
glass-to-metal seals................... **EM3:** 302
grain boundary, FIM image **A10:** 589
gravimetric finishes **A10:** 171
grinding **A9:** 441
heating element, use in vacuum furnace... **A4:** 500, **M4:** 316
high-resolution spectrum by ECAP analysis........................... **A10:** 597
high-temperature solid-state welding...... **A6:** 298
hot swaging of **A14:** 142
hydrogen damage in **A11:** 338
in cast iron **A1:** 6
in cobalt-base alloys........... **A1:** 985, **A18:** 766
in composition, effect on ductile iron **A4:** 686
in heat-resistant alloys................... **A4:** 512
in nickel-base superalloys **A1:** 984
in sintered metal powder process **EM3:** 304
in thermal spray coating materials **A18:** 832
in tool steels **A18:** 734, 735–736
in wrought heat-resistant alloys.......... **A9:** 311
inclusions................. **A17:** 50, 582, 584
ion-beam-assisted deposition (IBAD) **A5:** 597

SUBJECTS OF THE INDEXED VOLUMES: ASM Handbook (designated by the letter "A"): **A1:** Properties and Selection: Irons, Steels, and High-Performance Alloys (1990); **A2:** Properties and Selection: Nonferrous Alloys and Special-Purpose Materials (1990); **A3:** Alloy Phase Diagrams (1992); **A4:** Heat Treating (1991); **A5:** Surface Engineering (1994); **A6:** Welding, Brazing, and Soldering (1993); **A7:** Powder Metal Technologies and Applications (1998); **A8:** Mechanical Testing (1985); **A9:** Metallography and Microstructures (1985); **A10:** Materials Characterization (1986); **A11:** Failure Analysis and Prevention (1986); **A12:** Fractography (1987); **A13:** Corrosion (1987); **A14:** Forming and Forging (1988); **A15:** Casting (1988); **A16:** Machining (1989); **A17:** Nondestructive Evaluation and Quality Control (1989); **A18:** Friction, Lubrication, and Wear Technology (1992); **A19:** Fatigue and Fracture (1996); **A20:** Materials Selection and Design (1997). **Metals Handbook, 9th Edition** (designated by the letter "M"): **M1:** Properties and Selection: Irons and Steels (1978); **M2:** Properties and Selection: Nonferrous Alloys and Pure Metals (1979); **M3:** Properties and Selection: Stainless Steels, Tool Materials, and Special-Purpose Materials (1980); **M4:** Heat Treating (1981); **M5:** Surface Cleaning, Finishing, and Coating (1982); **M6:** Welding, Brazing, and Soldering (1983); **M7:** Powder Metallurgy (1984). **Engineered Materials Handbook** (designated by the letters "EM"): **EM1:** Composites (1987); **EM2:** Engineering Plastics (1988); **EM3:** Adhesives and Sealants (1990); **EM4:** Ceramics and Glasses (1991). **Electronic Materials Handbook** (designated by the letters "EL"): **EL1:** Packaging (1989)

joining A2: 564
material to which crystallizing solder glass seal is applied EM4: 1070
mechanical properties M3: 328–329
melted and resolidified A9: 561
methods for metallizing alumina ceramics EM4: 542
microstructure of wire M3: 327
microstructures A9: 442
Monte Carlo electron trajectories in A12: 167
mounting A9: 441
neutron and x-ray scattering, and absorption compared A10: 421
nickel plating of M5: 660
on silicon single-wavelength ellipsometry . . A5: 631, 632
ore, flowchart of chemical processing M7: 152
oxidation-resistant coatings high-temperature M5: 662
oxygen cutting, effect on M6: 898
photometric analysis methods A10: 64
physical properties A6: 941
plasma-enhanced chemical vapor deposition A5: 536
plasma-MIG welding A6: 224
plasma-sprayed coatings A5: 660
polish-etching A9: 441
polishing of A9: 550
powder metallurgy M3: 326
powder metallurgy materials, polishing A9: 507
production A2: 577–578
properties A6: 629
pure M2: 816–821
pure, properties A2: 1170
purity M3: 326, 327
reactions with gases and carbon M6: 1055
recommended glass/metal seal combinations EM4: 497
recrystallization M3: 328–329
recrystallization and thermal conductivity . . A2: 562
recrystallization temperatures M6: 1055
relative erosion factor A18: 200
rolling A2: 562
selective plating A5: 277
sheet, blanking characteristics M3: 318
sheet forming A14: 787–788
single crystals uniformly hard, as control specimen A18: 424
sintered, intergranular fracture A12: 462
sintering M7: 389–392
sintering, time and temperature M4: 796
sintering/hot pressing A2: 579
solderability A6: 978
solid-state bonding in joining non-oxide ceramics EM4: 525
solubility of rhenium in, during etching A9: 447
-steel metal-matrix composites, splitting fractures A12: 467
stereographic projection A10: 585
temperatures, mill processing M3: 317
thermal diffusivity from 20 to 100 °C A6: 4
thermal expansion coefficient A6: 907
thermal properties A18: 42
TNAA detection limits A10: 237
to collimate or shield sources for storage and shipment A18: 325
to promote hardness A4: 124
tongs for manual resistance brazing A6: 340
toxicity and exposure limits M7: 206
transition temperatures M6: 1055
tubing A2: 563
typical field ion micrograph A10: 585
ultrapure, by zone-refining technique A2: 1094
undoped A2: 579–580
upset welding A6: 249
used as heating elements in vacuum furnaces A4: 499
vacuum heat-treating support fixture material A4: 503
vapor pressure, relation to temperature . . . A4: 495, M4: 310
wear resistance of die material A18: 635–636
welds, ductility A2: 564
wire, die materials for drawing M3: 522
wire, x-ray tubes A17: 302
x-ray characterization of surface wear results for various microstructures A18: 469

Tungsten alloy powders
applications A7: 1092
binder-assisted extrusion A7: 374
milling A7: 64
thermal spray forming A7: 417

Tungsten alloys *See also* Tungsten
alloy production technique effect A6: 582
annealing A4: 816–817
applications A2: 557–560, M7: 469
as high temperature materials M7: 766–767
brazing A6: 581
cleaning A4: 817
cleaning processes M5: 659–660
DBTT A6: 582
density and melting temperature M5: 380
diffusion bonding A6: 581
electrical properties A2: 580–581
electron-beam welding A6: 581, 582
electroplating of M5: 660–661
finishing processes M5: 659–662
for wire-drawing dies A14: 336
forging of A14: 238
furnaces A4: 816–817
gas-tungsten arc welding A6: 580, 581
heat-affected zone A6: 582
heavy-metal, classes A2: 578–579
heavy-metal, manufacturing processes A2: 578–579
interstitial impurities effect A6: 582
machinability M3: 330–332
main types A2: 578
mechanical properties M7: 469–476
microstructure effect A6: 582
oxidation protective coating of M5: 379–380
oxidation-resistant coatings high-temperature M5: 662
penetrators, flowchart of fabrication M7: 689
production A2: 578–581
property data M3: 348–349
stress-relieving A4: 817
structure M3: 326–327
substrate material cycles for application of silicide and other oxidation-resistant ceramic coatings by pack cementation A5: 477
tensile strength A6: 580
tool steels A14: 43, 54, 56, 81
tungsten and A2: 577–581

Tungsten alloys electrolytes for A9: 440
mounting A9: 441

Tungsten alloys, for STM tips A19: 71

Tungsten alloys, specific types
2 thoria, boring A16: 859
2 thoria, end milling-slotting A16: 866
2 thoria, internal grinding A16: 869
2 thoria, spade drilling A16: 861
2 thoria, turning A16: 858
85% density, abrasive cutoff sawing A16: 868
85% density, boring A16: 859
85% density, counterboring A16: 860
85% density, drilling A16: 860
85% density, end milling-slotting A16: 866
85% density, face milling A16: 863
85% density, internal grinding A16: 869
85% density, oil hole or pressurized-coolant drilling A16: 861
85% density, reaming A16: 862
85% density, spade drilling A16: 861
85% density, spotfacing A16: 860
85% density, turning A16: 858
93% density, abrasive cutoff sawing A16: 868
93% density, boring A16: 859
93% density, counterboring A16: 860
93% density, drilling A16: 860
93% density, end milling-slotting A16: 866
93% density, internal grinding A16: 869
93% density, oil hole or pressurized-coolant drilling A16: 861
93% density, reaming A16: 862
93% density, spade drilling A16: 861
93% density, spotfacing A16: 860
93% density, turning A16: 858
96% and 100% density, abrasive cutoff sawing A16: 868
96% and 100% density, boring A16: 859
96% and 100% density, drilling A16: 860
96% and 100% density, end milling-slotting A16: 866
96% and 100% density, internal grinding A16: 869
96% and 100% density, oil hole or pressurized-coolant drilling A16: 861
96% and 100% density, reaming A16: 862
96% and 100% density, spade drilling A16: 861
96% and 100% density, turning A16: 858
Anviloy 1100, circular sawing A16: 868
Anviloy 1150, circular sawing A16: 868
Anviloy 1200, circular sawing A16: 868
Doped W
composition M3: 316
wire, microstructure M3: 327
T-111, electron-beam welding A6: 871
T-222, electron-beam welding A6: 871
Ta-10W, electron-beam welding A6: 871
W-25Re, liquid-metal embrittlement of . . . A11: 234
W-25Re, physical properties A6: 941
W-$25O_s$, refractory metal brazing filler metal A6: 942
WC-3Co cemented carbide, brittle fracture A11: 26
W-Mo M3: 326
composition M3: 316
W-Ni-Cu, class 1
composition M3: 330–331
mechanical properties M3: 330–332
W-Ni-Fe, class 1
composition M3: 330–331
mechanical properties M3: 330–332
W-Ni-Fe, class 3
composition M3: 330, 331
mechanical properties M3: 330–332
W-Ni-Fe class 4
composition M3: 330, 331
mechanical properties M3: 330–332
W-Re M3: 326
composition M3: 316
W-ThO_2 . . . . M3: 326
composition M3: 316

Tungsten alloys, specific types W-3Re, wire, non-sag, doped lamp grade A9: 446
W-10Ni, selected-area electron-channeling pattern A9: 94
WC-15Ti, micrograph A9: 46

Tungsten and tungsten alloys A20: 412–413
alloying elements A20: 413
applications A20: 412, 413
boring A16: 859
coatings for A20: 413
compositional range in nickel-base single-crystal alloys A20: 596
crystal structure A20: 409
doped (AKS) A20: 413
effect on cyclic oxidation attack parameter A20: 594
elastic modulus A20: 409
electrical discharge machining A16: 558, 560
electrochemical grinding A16: 543, 545, 547
electrochemical machining A16: 533–535, 536, 537, 541
electrode material for EDM A16: 559
electron beam machining A16: 570
engineered material classes included in material property charts A20: 267
fracture toughness vs.
density A20: 267, 269, 270
strength A20: 267, 272–273, 274
Young's modulus A20: 267, 271–272, 273
heavy-metal (composite) A20: 413
in cast Co alloys A16: 69
in high-speed tool steels A16: 52
in P/M high-speed tool steels A16: 61
linear expansion coefficient vs. thermal conductivity A20: 267, 276, 277
linear expansion coefficient vs. Young's modulus A20: 267, 276–277, 278
loss coefficient vs. Young's modulus A20: 267, 273–275
mechanical properties of plasma sprayed coatings A20: 476
melting point A20: 409
metal-matrix reinforcements: metallic wires A20: 458
microstructure A20: 412, 413
photochemical machining A16: 588, 590
processing A20: 412
properties A20: 412–413
solution softening A20: 413
specific gravity A20: 409

Tungsten and tungsten alloys (continued)
specific modulus vs. specific strength **A20:** 267, 271, 272
strength vs. density **A20:** 267–269
surface alterations **A16:** 27
tensile strengths **A20:** 351
thermal conductivity vs. thermal diffusivity **A20:** 267, 275–276
thermal expansion coefficient at room temperature **A20:** 409
weldability rating by various processes . . . **A20:** 306
Young's modulus vs.
density **A20:** 266, 267, 268, 289
elastic limit **A20:** 287
strength **A20:** 267, 269–271

Tungsten and tungsten carbide powders
production of. **A7:** 5, 188–197
recycling. **A7:** 193
tungsten carbide powder. **A7:** 193–197
tungsten metal powder **A7:** 189–191

Tungsten arc welding *See* Gas-tungsten arc welding

Tungsten bar
wrought. **M7:** 627

Tungsten carbide *See also* Carbide tools; Carbides; Cemented carbides **A16:** 71, **A18:** 758, 760–761, **A20:** 413
abrasive wear **A18:** 760–761
alloyed grades. **A2:** 953–954
applications **A16:** 87, 88, **A18:** 758, 761
as an addition to silver-base switchgear materials **A9:** 552
as plasma-spray coating for titanium alloys **A18:** 780
ball indenters **A8:** 84
bearing blocks, in axial compression testing **A8:** 57
cemented for die inserts for compaction . . . **A7:** 352
cermets, steel-bonded **A2:** 1000
classification **A16:** 75
coarse granular tube rod, advantages and applications of materials for surfacing build-up, and hardfacing. **A18:** 650
coating for jet engine components **A18:** 592
coatings for **A16:** 79–82
cobalt-bonded, and heat-treatable steel-bonded carbides, compared. **A2:** 996
CO-bonded carbides **A16:** 70–71, 73–75, 77–79
compared with cermets **A16:** 93
composition **A18:** 758, 761
composition in laser cladding **M6:** 798, 800
compositions **A16:** 72, 73
crystalline, specifications. **A7:** 1100
cutting speed and work material relationship **A18:** 616
deposition temperatures for thermal and plasma CVD **A20:** 479
diamond for machining. **A16:** 105
electrical discharge grinding **A16:** 566
electrical discharge machining . . **A16:** 558, 559, 560
electrochemical grinding. **A16:** 542, 547
fine-grain tubular rods, advantages and applications of materials for surfacing build-up, and hardfacing **A18:** 650
for gas-lubricated bearings **A18:** 532
for hot-forging dies **A18:** 627
for laser melt/particle injection **A18:** 869, 870–871
friction coefficient data **A18:** 72
granules or inserts, advantages and applications of materials for surfacing, build-up and hardfacing **A18:** 650
ground by diamond wheels. **A16:** 107
highly alloyed grades **A2:** 953
in 75W-25Ag powder metallurgy material . . **A9:** 561
in cemented carbides **A18:** 795, 796
in diamond cutting tools **A2:** 976–977
ion implantation applications **A20:** 484
manufacture **A18:** 760, 761
material yield strength. **A16:** 39
mechanical properties **A20:** 427
methods used for synthesis. **A18:** 802

microstructure **A18:** 760–761, 799
microstructures. **A16:** 72–75
nozzle tips for abrasive jet machining **A16:** 511–512
part material for ion implantation **A18:** 858
PCD tooling **A16:** 110
polishing of **A9:** 550
powder, preparation of **A2:** 950
properties **A8:** 234, **A16:** 72, 77–79, **A18:** 761, 795, 796, 801, 812, 813
Rockwell scale for **A8:** 77
seal material **A18:** 551
service temperature of die materials in forging **A18:** 625
skeletons, composites with **A2:** 855
softening point **A16:** 601
straight grades. **A2:** 954
submicron WC-CO alloys. **A16:** 73, 74
substrate and diamonds **A16:** 106
support shims for PCBN inserts **A16:** 111
thermal properties **A18:** 42
thermal spray coating material **A18:** 832
thermal spray coating recommended **A18:** 832
tool wear mechanisms. **A16:** 5–7
use in laser melt/particle inspection **M6:** 798
used to cut hydroxyapatite blocks. **A18:** 668
Vickers and Knoop microindentation hardness numbers **A18:** 416
Young's modulus vs. elastic limit **A20:** 287
Young's modulus vs. strength. . . **A20:** 267, 269–271

Tungsten carbide + alumina (WC + Al_2O_3)
adiabatic temperatures. **EM4:** 229
synthesized by SHS process **EM4:** 229

Tungsten carbide + 8% cobalt
hardness of ceramic coating deposited by three processes **A5:** 480

Tungsten carbide + 12% cobalt
hardness of ceramic coating deposited by three processes **A5:** 480

Tungsten carbide cermet
thermal expansion coefficient. **A6:** 907

Tungsten carbide metal-cutting insert
wear mark **A9:** 99

Tungsten carbide phase in cemented carbides **A9:** 274–275

Tungsten carbide powders **A7:** 70, 193–197, 932, **M7:** 156–158
additions to. **A7:** 195
alloyed **M7:** 773
applications. **A7:** 195–196
as core rod material. **A7:** 353
as vial materials for SPEX mills **A7:** 82
as wear-resistant coating. **A7:** 974–975
cemented, liquid-phase sintering **M7:** 320
chemical properties **A7:** 195–196
cobalt-covered **M7:** 173
cold isostatic pressing dwell pressures. **M7:** 449
compaction. **M7:** 774
contact angle with mercury. **M7:** 269
crack detection **A7:** 715
die inserts. **M7:** 337
fine and coarse, tap densities **M7:** 277
for core rods **A7:** 315
for planetary ball mill parts **A7:** 82
for powder metallurgy tooling dies **A7:** 350
for SPEX mills **A7:** 82
for wear resistance in powder materials. **A7:** 19
grades. **M7:** 776, 777
green strength **A7:** 346
high-energy milling **M7:** 69
hot pressing. **A7:** 636
ink-jet technology tooling **A7:** 427
metal injection molding **A7:** 14
milling. **A7:** 63, 64
North American metal powder shipments (1992–1996). **A7:** 16
particles, ball milled with cobalt powder . . **M7:** 145
physical properties **A7:** 195
pneumatic isostatic forging. **A7:** 639

production of. . **A7:** 81, **M7:** 152, 156–158, 773–774
properties **A7:** 195–196
recycling **A7:** 196–197
shipment tonnage **M7:** 24
sinter plus HIP **A7:** 606
sintering and preforming **M7:** 774
spray-dried, rigid tool compaction of **M7:** 322
stoichiometric pure **A7:** 195
tantalum carbides in. **M7:** 158
tap density. **A7:** 295

Tungsten carbide precipitates in 99W-1Ni powder metallurgy material **A9:** 562

Tungsten carbide, sintering
time and temperature. **M4:** 796

Tungsten carbide tricone drill bits. **A2:** 976

Tungsten carbide (WC). **EM4:** 808–810
abrasive machining **EM4:** 325, 326
abrasive machining hardness of work materials. **A5:** 92
applications **EM4:** 810, 977
wear. **EM4:** 975
as thermal spray coating for hardfacing applications **A5:** 735
cemented carbides **EM4:** 808–810
crystal properties **EM4:** 810
ditungsten carbide **EM4:** 810
for banding wheels used in decorating method **EM4:** 472
ion implantation. **A5:** 608
melting point **A5:** 471
pressure densification
pressure. **EM4:** 301
technique **EM4:** 301
temperature **EM4:** 301
properties **EM4:** 326, 806, 810, 974
Taber abraser resistance **A5:** 308
thermal and plasma chemical vapor deposition, deposition temperatures **A5:** 511

Tungsten carbide/cobalt powders
atmosphere conditions for neutral carburizing potentials **M7:** 388
canning limitations **A7:** 611
cold isostatic pressing applications **M7:** 450
consolidation. **A7:** 511
density-temperature relationship. **M7:** 388
effect of sintering on grain growth. **M7:** 389
grades **M7:** 774–776
high-energy milling **M7:** 69
hot isostatic pressing. **A7:** 590, 617
ink-jet technology tooling **A7:** 427
liquid-phase sintering. **A7:** 447, **M7:** 319, 320
machining **A7:** 933, 934
microstructure after liquid-phase sintering **M7:** 320
microstructure during sintering **M7:** 388
sintering **A7:** 494, 495
spray dried **M7:** 76, 77
spray drying **A7:** 95
tools, by containerless hot isostatic pressing. **M7:** 441

Tungsten carbide/cobalt system **A7:** 545

Tungsten carbide/cobalt (WC-Co)
engineered material classes included in material property charts **A20:** 267
fracture toughness vs. density . . **A20:** 267, 269, 270
fracture toughness vs. Young's modulus. . **A20:** 267, 271–272, 273
loss coefficient vs. Young's modulus. **A20:** 267, 273–275
mechanical properties of plasma sprayed coatings **A20:** 476
property variations of reinforcement **A20:** 460
Young's modulus vs. density. . . **A20:** 266, 267, 268, 289

Tungsten carbide/Ni-Cr-B-SiC (fused)
as thermal spray coating for hardfacing applications **A5:** 735

Tungsten carbide/Ni-Cr-B-SiC (unfused)
as thermal spray coating for hardfacing applications **A5:** 735

SUBJECTS OF THE INDEXED VOLUMES: ASM Handbook (designated by the letter "A"): **A1:** Properties and Selection: Irons, Steels, and High-Performance Alloys (1990); **A2:** Properties and Selection: Nonferrous Alloys and Special-Purpose Materials (1990); **A3:** Alloy Phase Diagrams (1992); **A4:** Heat Treating (1991); **A5:** Surface Engineering (1994); **A6:** Welding, Brazing, and Soldering (1993); **A7:** Powder Metal Technologies and Applications (1998); **A8:** Mechanical Testing (1985); **A9:** Metallography and Microstructures (1985); **A10:** Materials Characterization (1986); **A11:** Failure Analysis and Prevention (1986); **A12:** Fractography (1987); **A13:** Corrosion (1987); **A14:** Forming and Forging (1988); **A15:** Casting (1988); **A16:** Machining (1989); **A17:** Nondestructive Evaluation and Quality Control (1989); **A18:** Friction, Lubrication, and Wear Technology (1992); **A19:** Fatigue and Fracture (1996); **A20:** Materials Selection and Design (1997). **Metals Handbook, 9th Edition** (designated by the letter "M"): **M1:** Properties and Selection: Irons and Steels (1978); **M2:** Properties and Selection: Nonferrous Alloys and Pure Metals (1979); **M3:** Properties and Selection: Stainless Steels, Tool Materials, and Special-Purpose Materials (1980); **M4:** Heat Treating (1981); **M5:** Surface Cleaning, Finishing, and Coating (1982); **M6:** Welding, Brazing, and Soldering (1983); **M7:** Powder Metallurgy (1984). **Engineered Materials Handbook** (designated by the letters "EM"): **EM1:** Composites (1987); **EM2:** Engineering Plastics (1988); **EM3:** Adhesives and Sealants (1990); **EM4:** Ceramics and Glasses (1991). **Electronic Materials Handbook** (designated by the letters "EL"): **EL1:** Packaging (1989)

Tungsten carbide/tantalum carbide/cobalt grades
properties **M7:** 776
Tungsten carbide/titanium carbide/cobalt grades
properties **M7:** 776
Tungsten carbide-based cermets **M7:** 804–805
Tungsten carbide-cobalt alloys
coatings for titanium alloy jet engine components **A18:** 590, 591
compositions and microstructures **A2:** 951–952
corrosion resistance **A18:** 796
for cold heading dies **A18:** 627
laser cladding components and techniques **A18:** 869
mechanical and physical properties **A18:** 813
microstructures **A18:** 797, 799
plasma-spray coating for pistons **A18:** 556
properties **A18:** 796–797
relative erosion factor **A18:** 200
Tungsten carbide-cobalt coatings
abrasive wear data **A5:** 508
erosive wear data **A5:** 508
for steel, stress measurement **A5:** 652, 653
mechanical properties of thermal spray coating **A5:** 508
physical characteristics of high-velocity oxyfuel spray deposited coatings **A5:** 927
Tungsten carbide-cobalt thermal spray coating
abrasive wear data **A20:** 477
Tungsten carbide-cobalt (WC-Co)
sintering **EM4:** 268
Tungsten carbide-cobalt (WC-Co) cemented carbides **A13:** 846–848
Tungsten carbide-cobalt (WC-Co) cermets
fracture resistance of **A19:** 389–390
fracture toughness **A19:** 389
Tungsten carbide-cobalt (WC-Co) composites
electrical discharge machining **EM4:** 374, 375
Tungsten carbide-copper composites, properties
for electrical make-break contacts **A2:** 853
Tungsten carbide-copper electrical contacts
properties **A7:** 1025
Tungsten carbide-iron powder
laser cladding **A18:** 867
Tungsten carbide-nickel alloys
corrosion resistance **A18:** 800
in cemented carbides **A18:** 795
Tungsten carbide(s)
advantages **A6:** 797
applications **A6:** 797
overlayed on cast irons **A6:** 721
properties **A6:** 629
Tungsten carbide-silver composites, properties
for electrical make-break contacts **A2:** 853
Tungsten carbide-silver electrical contacts
properties **A7:** 1024
Tungsten carbonyl
chemical vapor deposition process . . . **M5:** 382–383
Tungsten combustion accelerators **A10:** 222
Tungsten composites
polishing of **A9:** 550
Tungsten disulfide **A18:** 114
coating for gears, lubrication **A18:** 541
effect of testing parameters **A18:** 806
high-vacuum lubricant applications . . **A18:** 154, 159
rolling-element bearing lubricant **A18:** 138
Tungsten disulfide, powdered
for compression testing **A8:** 195
Tungsten electrical contacts **A7:** 1021–1025
Tungsten electrode *See also* Electrodes and Gas tungsten arc welding
definition **M6:** 18
Tungsten equivalency **A7:** 789, 790–791
Tungsten fibers *See also* Continuous tungsten fiber MMCs; Fibers; Tungsten; Tungsten wire reinforced composites
brittle transgranular failure **A12:** 466
ductile-to-brittle transition effects **A12:** 467
embrittlement **A12:** 466
metal-matrix composites **A12:** 466
microstructures **EM1:** 878
splitting fracture **A12:** 467
Tungsten filament precursors for boron fibers **A9:** 592, 595
Tungsten hairpin filament electron gun **A10:** 492
Tungsten heavy alloy powders **A7:** 914–921
injection molding **A7:** 314
Tungsten heavy alloys, specific types
74W-16Mo-8Ni-2Fe, mechanical properties after sintering at 1500 °C to 100% density **A19:** 338
82W-8Mo-8Ni-2Fe, mechanical properties after sintering at 1500 °C to 100% density **A19:** 338
86W-4Mo-7Ni-3Fe, mechanical properties after sintering at 1500 °C to 100% density **A19:** 338
90W-7Ni-3Fe, mechanical properties after sintering at 1500 °C to 100% density **A19:** 338
93W-5Ni-2Fe, mechanical properties after sintering at 1500 °C to 100% density **A19:** 338
97W-2Ni-1Fe, mechanical properties after sintering at 1500 °C to 100% density **A19:** 338
Tungsten heavy metals **A7:** 908, **M7:** 17–18, 469
as high-temperature materials **M7:** 767
mechanical properties during sintering **M7:** 393
sintering **M7:** 392–393
Tungsten hexacarbonyl **A7:** 167
Tungsten hexachloride
chemical vapor deposition process . . . **M5:** 382–383
Tungsten hexafluoride
chemical vapor deposition process . . . **M5:** 382–383
Tungsten high-speed steel
infiltration **A7:** 551
Tungsten high-speed steels
composition limits **A5:** 768, **A18:** 735
Tungsten high-speed tool steels
forging temperatures **A14:** 81
Tungsten hot-work steels
catastrophic die failure/plastic deformation **A18:** 641
composition limits **A5:** 768, **A18:** 735
for hot-forging dies **A18:** 623, 625
resistance to heat checking **A18:** 639
service temperature of die materials in forging **A18:** 625
Tungsten inclusions **A6:** 1073, **M6:** 839
Tungsten inert as welding
porous materials **A7:** 1035
Tungsten inert gas (TIG) welding
application method for interlock coatings **A18:** 590
Tungsten inert gas welding **A19:** 439, 441
Tungsten inert gas welding (TIG) *See* Gas-tungsten arc welding
Tungsten machinable alloys, manufacturing
finishing **M3:** 332
hot pressing **M3:** 331–332
machining **M3:** 332
metal powders **M3:** 331
sintering **M3:** 331
Tungsten monocarbide powders **A7:** 70
Tungsten nitride
coating for jet engine components **A18:** 592
Tungsten oxide **A7:** 189, 190
as lubricant **A14:** 238
direct carburization **A7:** 193
heats of reaction **A5:** 543
reduction **A7:** 189–190
Tungsten oxide reduction **M7:** 52–53, 153
Tungsten oxides **M7:** 153, 273, 623
Tungsten powder *See also* Nickel-tungsten powder; Refractory metal powders **A7:** 5, 903–913
activated sintering **A7:** 446
annual consumption **A7:** 188–189
apparent and tap densities **A7:** 104, 292
applications . . **A7:** 5, 6, 188–189, 191–193, 907–908
as fuel source **A7:** 1089, 1090
chemical properties **A7:** 190, 192
composite materials **A7:** 192–193
consolidation **A7:** 507
density **A7:** 190
diffusion factors **A7:** 451
direct laser sintering **A7:** 428
electrochemical recovery **A7:** 193
extrusion **A7:** 629
field-activated sintering **A7:** 587
for incandescent lamp filaments **A7:** 5
injection molding **A7:** 314
ink-jet technology tooling **A7:** 427
liquid-phase sintering **A7:** 438
microstructure **A7:** 727
nonsag tungsten **A7:** 191
North American metal powder shipments (1992–1996) **A7:** 16
oxide reduction **A7:** 67
physical properties **A7:** 190, 191, 192, 451
pneumatic isostatic forging **A7:** 639
polishing **A7:** 724
powder forging **A7:** 635
properties **A7:** 190–191, 194, 907–908
pure tungsten materials **A7:** 191
recycling **A7:** 193
sintering **A7:** 439, 496–498
special products **A7:** 191–193
specifications **A7:** 1098
tap density **A7:** 295
thermal spray forming **A7:** 411
thoriated **A7:** 908
ultrahigh purity powders **A7:** 191
with oxide dispersions **A7:** 191–192
with thorium-containing compounds . . **A7:** 191–192
Tungsten powder spheres
wetting by liquid copper during sintering . . **A9:** 100
Tungsten powders *See also* Tungsten; Tungsten alloys; Tungsten carbide powders; Tungsten carbide/cobalt powders; Tungsten heavy metals; Tungsten oxides; Tungsten wire, specific tungsten materials
activated sintering **M7:** 318
aluminum oxide, potassium, and silicon dioxide doping **M7:** 153
apparent tap density and particle shape . . . **M7:** 189
as high-temperature material **M7:** 765–767
as refractory metal, commercial uses **M7:** 17
chemical analysis **M7:** 154–155, 249
cold isostatic pressing dwell pressures **M7:** 449
compacts **M7:** 318, 389–390
contact angle with mercury **M7:** 269
electrode **M7:** 26
explosive isostatic compaction of **M7:** 305
filaments, as electrical/magnetic application **M7:** 16, 629–630
fine and coarse, tap densities **M7:** 277
finishing **M7:** 154
hydrogen reduced, shipment tonnage **M7:** 24
lamp filaments **M7:** 16
melting point and density **M7:** 152
mesh heating and induction **M7:** 389
microstructures **M7:** 155, 318, 555
particle size distribution **M7:** 153, 154, 602
particle sizes **M7:** 153, 154
pressure and green density **M7:** 298
processing sequence flowchart **M7:** 767
production **M7:** 152–158
properties **M7:** 153–154
purity **M7:** 153–154, 389–390
pyrotechnics **M7:** 597, 601
reduced **M7:** 632
relative density vs. sintering time **M7:** 390
sampling **M7:** 249
sintering **M7:** 389–392
toxicity and exposure limits **M7:** 206
with selenium and molybdenum **M7:** 206
Tungsten selenide
high-vacuum lubricant applications **A18:** 154
Tungsten silicide
ion-beam-assisted deposition (IBAD) **A5:** 597
plasma-enhanced chemical vapor deposition **A5:** 536
Tungsten silver powder
liquid-phase sintering **A7:** 447
Tungsten steel
thermal properties **A18:** 42
Tungsten steels
composition of tool and die steel groups . . . **A6:** 674
Tungsten surface engineering **A5:** 856–860
Tungsten tip plasma torch **A15:** 419–420
Tungsten tool steels
high-speed steels **A1:** 759–762
hot-work steels **A1:** 762–763
Tungsten trioxide
analysis of calcination and activation of . . **A10:** 133
Tungsten wire **M7:** 630, 767
annealed **A9:** 446
applications **A2:** 558, 582–584
non-sag doped lamp grade **A9:** 446
Tungsten wire reinforced composites . . **EM1:** 879, 880, 882, 886
Tungsten wires
mounting **A9:** 441

Tungsten, zone refined
impurity concentration. **M2:** 713

Tungsten/titanium carbide powders **M7:** 158, 273

Tungsten-base electrical contact materials
microstructures of **A9:** 552

Tungsten-base, high-density metal, sintered or hot-pressed, specifications **A7:** 1099

Tungsten-base hot-work tool steels
composition. **A14:** 43
forging temperatures **A14:** 81
heat treating **A14:** 54
tempering temperature effects **A14:** 56

Tungsten-base powder metallurgy materials, specific types
51W-49Ag **A9:** 562
55W-45Cu. **A9:** 560
65W-35Ag. **A9:** 561–562
68W-32Cu **A9:** 560
70W-30Cu **A9:** 561
72W-28Ag **A9:** 562
75W-25Ag **A9:** 561
75W-25Cu. **A9:** 560
80W-20Cu **A9:** 560
81W-19Ag **A9:** 561
87W-13Cu **A9:** 560
90W-6Ni-4Cu, as sintered. **A9:** 446
90W-10Ag **A9:** 561
90W-10Cu. **A9:** 560
$98W-2ThO_2$, pressed and sintered. **A9:** 446
99W-1Ni **A9:** 562

Tungsten-bearing scrap **A7:** 189

Tungsten-chromium steel
SAE-AISI system of designations for carbon and alloy steels **A5:** 704

Tungsten-copper composites
metal injection molding **A7:** 14

Tungsten-copper composites, properties
for electrical make-break contacts **A2:** 853

Tungsten-copper contact materials. **M7:** 560, 561

Tungsten-copper electrical contacts
properties. **A7:** 1025

Tungsten-copper powder **A7:** 37
liquid-phase sintering. **A7:** 447

Tungsten-copper powders **M7:** 319, 555

Tungsten-copper system **A7:** 544

Tungsten-copper-nickel
heavy metal compositions **M7:** 17–18

Tungsten-copper-nickel heavy metal compositions
development of **A7:** 6

Tungsten-graphite-silver composites, properties
for electrical make-break contacts **A2:** 853

Tungsten-graphite-silver electrical contacts
properties. **A7:** 1025

Tungsten-halogen filament lamps for microscopes **A9:** 72

Tungsten-inert gas weld
weld microstructure **A6:** 53

Tungsten-iodide lamp
for continuum source background correction **A10:** 51

Tungsten-lead system **A7:** 545

Tungsten-nickel powder
ink-jet technology tooling **A7:** 427

Tungsten-nickel system **A7:** 544

Tungsten-nickel-copper, sintering
time and temperature. **M4:** 796

Tungsten-nickel-copper-iron powders **M7:** 690

Tungsten-nickel-iron powder
liquid-phase sintering. **A7:** 447

Tungsten-nickel-iron systems **M7:** 319, 320

Tungsten-rhenium
annealing practices for microexamination **A9:** 447–448
for thermocouples used in vacuum heat treating **A4:** 506, 507
metallographic techniques for **A9:** 447–448

Tungsten-rhenium alloy
mechanical properties. **M7:** 477

Tungsten-rhenium thermocouples
insulation. **A2:** 883
types/properties/application **A2:** 876

Tungsten-silicon carbide composite shell
vapor forming of **M5:** 382–383

Tungsten-silver composites, properties
for electrical make-break contacts **A2:** 853

Tungsten-silver electrical contacts
properties. **A7:** 1025

Tungsten-silver powders **M7:** 319, 555, 561

Tungsten-silver system **A7:** 544

Tungsten-titanium carbide powder (WC-Ti-C)
tap density. **A7:** 295

Tungsten-titanium composites **A7:** 510–511

Tungsten-titanium-tantalum (niobium)
carbides **A7:** 932
manufacture of. **A2:** 950–951

Tungstic acid **A7:** 189

Tuning
in ultrasonic testing. **A8:** 242–243

Tuning fork specimens
SCC testing. **A13:** 251–252

Tunnel boring
with cemented carbide tools. **A2:** 1002

Tunnel junction structures
metal/solid surface analysis by SERS **A10:** 136
study of molecules by SERS in **A10:** 137

Tunneling **A6:** 1078
crack-front **A11:** 20
electron, rate in field ionization **A10:** 585
field ionization as quantum mechanical process of. **A10:** 584

Tunneling current **A19:** 70, 71, 220

Tup impact test *See also* Impact test
defined **EM2:** 43

Turbidimeter **A7:** 244
schematic **M7:** 219

Turbidimetry. **A7:** 244–245
light and X-ray **M7:** 219

Turbine
blades **A11:** 29, 285
deposition in **A11:** 616
spacer **A11:** 285
vane **A11:** 285

Turbine alloys
alloying element partitioning **A10:** 583
phase stability and transformations FIM/AP **A10:** 583

Turbine blades *See also* Turbine(s) **M7:** 651
holographic inspection. **A17:** 16
integrated, as NDE reliability case study **A17:** 686–687
optical holography of **A17:** 405, 424–425
residual core detection, by neutron radiography **A17:** 393–394
scanning laser gages for. **A17:** 12

Turbine blades and vanes, superalloy
aluminum coating process **M5:** 335, 339

Turbine casing
for elevated-temperature service **A1:** 621

Turbine disks. **M7:** 522–523, 646–650

Turbine engine parts
vacuum coating of. . . . **M5:** 395, 404, 406, 409, 411

Turbine hub
warm-compacted **A7:** 1106, 1108

Turbine oil
applications **A18:** 541
defined **A18:** 20
lubricant classification **A18:** 86
oxidation inhibitors **A18:** 105

Turbine rotor
open-die forging of. **A14:** 669

Turbine rotor steels **A1:** 619, 620–621, 937, 938

Turbine shaft preform
by radial forging. **A14:** 147

Turbine wheel forging
contour. **A14:** 71

Turbine wheels
fir-tree or dovetail slots. **A16:** 196

Turbines
blades, hot corrosion of **A13:** 1000–1001
borescope inspection **A17:** 9
combustion, corrosion of **A13:** 999–1001
flaws, through flexible fiberscope. **A17:** 7
forgings, ultrasonic inspection **A17:** 232
fretting wear **A18:** 243
gas engines, as NDE reliability case study **A17:** 681–684
steam **A13:** 993–995

Turbines, superalloy
oxidation protective coatings for **M5:** 375–377

TURBISTAN, cold
standardized service simulation load history **A19:** 116

TURBISTAN, hot
standardized service simulation load history **A19:** 116

Turbocharger turbine wheels
design practices for structural ceramics. **EM4:** 722–726

Turbochargers **A18:** 567, 568

Turbomolecular pumps
for SEM vacuum system. **A12:** 171

Turbostratic graphite
defined **EM1:** 49

Turbo-supercharger, for aircraft engines
and nickel alloy development. **A2:** 429

Turbulence (gust loads) **A19:** 115

Turbulence in the melt to effect grain refinement in aluminum alloy ingots **A9:** 629

Turbulence kinetic energy dissipation rate. . . **A20:** 189

Turbulence modeling **A20:** 200

Turbulent flow
in leaks. **A17:** 58

Turbulent fluid flow **A6:** 162

Turbulent kinetic energy **A20:** 189

Turbulent viscosity **A20:** 189

Turbulent waves
in wave soldering. **EL1:** 689

Turk's head machine
for wire rolling **A14:** 694

Turk's head shaping
steel mechanical tubing **M1:** 325–326

Turnbull, William
as early founder **A15:** 26

Turndown volume. **A7:** 461

Turner equation
thermal expansion behavior of composite bodies **EM4:** 858

Turner, Joseph
as early founder **A15:** 25

Turning . . **A7:** 671, 682–684, **A16:** 139–159, **A19:** 315, 316
adaptive control implemented **A16:** 620, 622, 623–624, 625
after cold heading **A14:** 294
aircraft engine components, surface finish requirements **A16:** 22
Al alloys **A16:** 766–768, 769, 770
and arithmetic roughness average **A16:** 26
and chip formation **A16:** 8, 17
and chip removal for surface integrity **A16:** 33
and ledge wear **A16:** 603
and swaging, combined **A14:** 141
and transfer machines **A16:** 394, 397
as manufacturing process **A20:** 247
automatic bar machines **A16:** 141–142
automatic turning machines **A16:** 137, 140–141
axial **A16:** 383
bar-type machines **A16:** 138
basic lathe components. **A16:** 136–137
Be alloys **A16:** 872
bench lathes **A16:** 137–138
carbon and alloy steels **A16:** 668–673, 675, 676
cast irons **A16:** 112, 648, 651, 652, 653, 654, 656–658
cemented carbides used. **A16:** 75
ceramic tools **A16:** 101, 146

SUBJECTS OF THE INDEXED VOLUMES: ASM Handbook (designated by the letter "A"): **A1:** Properties and Selection: Irons, Steels, and High-Performance Alloys (1990); **A2:** Properties and Selection: Nonferrous Alloys and Special-Purpose Materials (1990); **A3:** Alloy Phase Diagrams (1992); **A4:** Heat Treating (1991); **A5:** Surface Engineering (1994); **A6:** Welding, Brazing, and Soldering (1993); **A7:** Powder Metal Technologies and Applications (1998); **A8:** Mechanical Testing (1985); **A9:** Metallography and Microstructures (1985); **A10:** Materials Characterization (1986); **A11:** Failure Analysis and Prevention (1986); **A12:** Fractography (1987); **A13:** Corrosion (1987); **A14:** Forming and Forging (1988); **A15:** Casting (1988); **A16:** Machining (1989); **A17:** Nondestructive Evaluation and Quality Control (1989); **A18:** Friction, Lubrication, and Wear Technology (1992); **A19:** Fatigue and Fracture (1996); **A20:** Materials Selection and Design (1997). **Metals Handbook, 9th Edition** (designated by the letter "M"): **M1:** Properties and Selection: Irons and Steels (1978); **M2:** Properties and Selection: Nonferrous Alloys and Pure Metals (1979); **M3:** Properties and Selection: Stainless Steels, Tool Materials, and Special-Purpose Materials (1980); **M4:** Heat Treating (1981); **M5:** Surface Cleaning, Finishing, and Coating (1982); **M6:** Welding, Brazing, and Soldering (1983); **M7:** Powder Metallurgy (1984). **Engineered Materials Handbook** (designated by the letters "EM"): **EM1:** Composites (1987); **EM2:** Engineering Plastics (1988); **EM3:** Adhesives and Sealants (1990); **EM4:** Ceramics and Glasses (1991). **Electronic Materials Handbook** (designated by the letters "EL"): **EL1:** Packaging (1989)

cermet tools **A16:** 90, 92, 93, 95–97
compared to broaching **A16:** 205
compared to drilling **A16:** 234
compared to grinding **A16:** 426, 427, 428–429
compared to milling **A16:** 316
compared to thread grinding **A16:** 270
Cu alloys **A16:** 809–810, 811, 812
cutting fluid flow recommendations **A16:** 127
cutting fluids used. **A16:** 125, 159
definition. **A5:** 971
diamond (PCD) tooling. **A16:** 110
dimensional accuracy **A16:** 155–157
dimensional tolerance achievable as function of
feature size **A20:** 755
duplicating lathes. **A16:** 138
effect on performance of cemented carbide tool
materials **A5:** 906
engine lathes. **A16:** 136–138, 140, 142
equipment capacity **A16:** 154
fatigue life performance in finished parts . . **A5:** 149
flow, refractory metals and alloys **A2:** 562
gap-frame (gap-bed) lathes **A16:** 138
hafnium **A16:** 856
hand-screw machine. **A16:** 139
heat-resistant alloys. **A16:** 739–742
high-speed steel, carbide cutoff and form
tools **A16:** 147
high-speed steel flank wear limits **A16:** 43
hollow-spindle (oil-country) lathes. **A16:** 138
in conjunction with boring **A16:** 160, 164, 165,
168, 174
in conjunction with EDM. **A16:** 560
in conjunction with tapping. **A16:** 263
in machining centers **A16:** 393
in metal removal processes classification
scheme **A20:** 695
lathe classification system. **A16:** 137
maximum peak-to-valley roughness
(height). **A16:** 26
Mg alloys **A16:** 820, 822–823
MMCs. **A16:** 894, 896–898
multifunction machining. . **A16:** 366, 367, 368, 369,
370, 375, 376, 379, 384
multispindle automatic lathes **A16:** 141
NC implemented. **A16:** 613, 614
Ni alloys. **A16:** 837, 838, 839, 840, 841
P/M materials. . . **A16:** 880, 881, 882, 884, 886, 889
PCBN cutting tools **A16:** 112
power consumption **A16:** 17
process capabilities **A16:** 135–159
radial tangential **A16:** 380
refractory metals **A16:** 858–859, 861, 862–863
residual stress distributions **A10:** 392
resin impregnation effect **A7:** 691, 692
roughness average. **A5:** 147
samples, for chemical surface studies **A10:** 177
screw machine **A16:** 139, 141
single-point cutting tools **A16:** 141, 142–148
speed lathes. **A16:** 137
stainless steels . . **A16:** 155, 681, 690, 691, 692, 693,
696–697
surface alterations produced. **A16:** 23
surface finish **A16:** 157, 158–159
surface finish achievable. **A20:** 755
surface finish requirements. **A16:** 21
surface integrity effects **A16:** 28
surface roughness and tolerance values on
dimensions. **A20:** 248
surface roughness arithmetic average
extremes. **A18:** 340
Swiss-type automatic screw machines. **A16:** 141
theoretical surfaces produced **A16:** 22, 23
Ti alloys **A16:** 845, 846
tool geometries **A16:** 136
tool life **A16:** 143, 148–153, 158, 159
tool monitoring systems. **A16:** 414, 416
tool theoretical surface roughness **A16:** 24
toolroom lathes **A16:** 137, 138
tracer lathes. **A16:** 143
tungsten and tungsten alloys **A2:** 560
tungsten heavy alloys. **A7:** 920
turret lathes **A16:** 136, 138–139, 141, 142
uranium alloys **A16:** 874
vertical turret lathes **A16:** 139–140
vs. swaging **A14:** 141
wheel lathes **A16:** 137, 138
workpiece configuration **A16:** 153–154
zirconium. **A16:** 852, 853, 856
Zn alloys **A16:** 831–832
Turning and facing
effect on performance of ceramic tool
materials **A5:** 906
effect on performance of cermet tool
materials **A5:** 906
Turning machines
achievable machining accuracy **A5:** 81
Turning, or boring
as machining processes **M7:** 461
Turning speed, steel machining *See* Cutting speed
Turning with single-point tools
relative difficulty with respect to machinability of
the workpiece **A20:** 305
Turn-of-nut method **A19:** 291
Turnover/turnaround devices
between presses **A14:** 501
Turns per inch (TPI) *See also* Twist
defined **EM1:** 4, **EM2:** 43
Turnstile hanger blast cleaning machine **A15:** 508
Turntable vise
for microhardness test specimens **A8:** 93, 96
Turntables
for permanent mold casting **A15:** 276
Turquoise and metatorbernite
ESR analysis of **A10:** 265
Turret lathes **A16:** 1, 367, 368
and drilling. **A16:** 220, 229
automatic, tapping **A16:** 256, 259
boring **A16:** 160, 164, 168, 169, 170
Cu alloys machined **A16:** 815
die threading, dimensional control **A16:** 300
horizontal **A16:** 168, 169
machine selection **A16:** 384, 385–386
manual. **A16:** 369–371
mounting of tools. **A16:** 383
reaming **A16:** 239–240, 242–245
selection of operations. **A16:** 386
tapping. **A16:** 256
trepanning. **A16:** 176, 177
turning **A16:** 154, 155
workpiece fragility and shape. **A16:** 383
Turret punch press
for piercing **A14:** 464
Tuyeres
adjustable. **A15:** 30
cupolas. **A15:** 385
defined **A15:** 11
double rows. **A15:** 30
TV picture tubes *See* CRTs and TV picture tubes
Twaron aramid fibers **EM1:** 54
T-wave **A6:** 367
Twill weave *See also* Fabric(s); Weaves. . . **EM1:** 111,
148
defined **EM2:** 43
Twin
defined **A9:** 19, **A11:** 11
Twin bands
defined **A9:** 19, **A11:** 11
in iron deformed 5%. **A9:** 690
in plastically deformed titanium **A9:** 689
Twin boundaries **A19:** 49, 105, **A20:** 341
austenitic stainless steels **A12:** 351, 356
effect on magnetic domains **A9:** 535
in wrought stainless steels, etching to
reveal **A9:** 281
Twin boundary energies **A6:** 143
Twin carbon arc brazing
definition **A6:** 1214, **M6:** 18
Twin carbon arc welding
definition **M6:** 18
Twin enclosed carbon arc
weatherometer. **EM2:** 577–578
Twin martensite **A6:** 76
Twin roll casting
continuous. **A15:** 315
Twin shell blenders **M7:** 189
Twin-fluid atomization
copper powders. **A2:** 392
Twin-matrix interface
iron cleavage fracture along **A12:** 224
Twinned columnar growth *See also* Columnar growth
in aluminum alloy 1100 . . . . **A9:** 631
in aluminum alloy 3003 . . . . **A9:** 631
in aluminum alloy ingots **A9:** 630
Twinned martensite **A9:** 673–674
effect of crystal structure on **A9:** 684
in magnesium alloys **A9:** 427
in metals with medium to high stacking fault
energies **A9:** 685
in molybdenum alloys. **A9:** 127
in rhenium and rhenium-bearing alloys **A9:** 447
lattice rotation by. **A9:** 700
Twinned martensite, and stress-corrosion cracking **A19:** 486
Twinning *See also* Mechanical twinning; Twinning,
characterization of. **A18:** 224
analytic methods for **A10:** 3
as metallurgical variable affecting corrosion
fatigue. **A19:** 7, 187, 193
austenitic stainless steels. **A12:** 355
deformation-induced, effect on diffraction
pattern **A10:** 440
effect on reorienting slip systems **A8:** 35
effect on texturing **A10:** 358
effect, unalloyed uranium. **A2:** 671
formation, low-carbon steel **A12:** 252
imaged by x-ray topography. **A10:** 366
in cobalt-base alloys. **A18:** 766
in master alloy processing **A15:** 108
in rutile, bright- and dark-field images of
annealing **A10:** 443
in shape memory alloys **A2:** 897
light microscopy for. **A12:** 106
liquid impingement erosion **A18:** 228
mechanical, and cleavage **A12:** 4
parting, austenitic stainless steels **A12:** 356
subtle, as impeding determination of atomic
structure **A10:** 344, 352–353
Twinning, as source
acoustic emissions **A17:** 287
Twinning, characterization of *See also* Twinning
analytical transmission electron
microscopy **A10:** 429–489
optical metallography **A10:** 299–308
x-ray diffraction. **A10:** 380–392
Twinning dislocations **A19:** 105
Twin-on voltage instability
MOSFET **EL1:** 159
Twin-pack casting silicone rubber **A19:** 206
Twins *See also* Deformation twins
examination by phase contrast etching. **A9:** 59
in austenitic manganese steel castings **A9:** 239
in cadmium copper **A9:** 553
in crystals **A9:** 719
in hafnium. **A9:** 497, 499, 502
in pure metals. **A9:** 610
in silver **A9:** 556
in silver-cadmium alloy. **A9:** 556
in zirconium and zirconium alloys. . . . **A9:** 497, 499
quantitative metallography **A9:** 126
transmission electron microscopy **A9:** 118–119
Twins as a result of electric discharge machining **A9:** 27
Twin-screw extruders. **A7:** 368
Twin-sheet
forming, size and shape effects **EM2:** 290
stamping, size and shape effects **EM2:** 290
thermoforming, defined. **EM2:** 43
Twin-sheet forming
thermoplastics processing comparison **A20:** 794
Twin-sheet stamping
thermoplastics processing comparison **A20:** 794
Twin-trace length as a function of angle for Mo-35Re single crystal. **A9:** 128
Twist *See also* Balanced twist; Bend; Defect; Lay;
Turns per inch (tpi)
and flow localization. **A8:** 170–171
defined **EL1:** 1160, **EM1:** 24, **EM2:** 43
drills, torsion tests for. **A8:** 139
glass textile yarns **EM1:** 110
in contour roll forming. **A14:** 633
measurement, in torsion testing. **A8:** 158
number, determined. **EM1:** 286
per unit length, in torsion, testing. **A8:** 139
rate **A8:** 169–171, 726
reversal, effect on super-purity aluminum after
deformation and strain **A8:** 174
standardized service simulation load
history **A19:** 116
symbol for **A8:** 726
Twist, balanced *See* Balanced twist

Twist boundaries **A9:** 719
diffraction studies **A9:** 121
Twist boundary........................... **A19:** 51
cleavage steps from **A12:** 319
defined................................ **A12:** 13
low-carbon steel **A12:** 252
molybdenum alloy **A12:** 464
schematic.............................. **A12:** 17
Twist boundary in gold.................... **A9:** 609
Twist drills
of high-speed tool steels **A16:** 58
Twist hackle
definition............................ **EM4:** 633
in ceramics **A11:** 745
TWIST spectrum........................ **A19:** 122
Twist-compression bonding method
modifications **A6:** 144
Twistdrill, high-speed steel **A20:** 147–149
Twisting, multifilamentary wire
NbTi superconductors **A2:** 1043, 1051
Twist-off failures
in locomotive axles **A11:** 715
Two-angle technique
plane-stress elastic model **A10:** 384
Two-bar model.......................... **A19:** 540
Two-body abrasion...................... **A18:** 537
Two-body collision process................ **A18:** 448
Two-body wear.......................... **A18:** 263
Two-color infrared controllers **A19:** 206
Two-component adhesive **EM3:** 29, 51
Two-component dynamic hip screw plate
as internal fixation device **A11:** 671
Two-cycle oils
lubricant classification................... **A18:** 85
Two-dimensional defect analysis **A10:** 466
Two-dimensional images *See also* Three-dimensional images
human vs. machine vision **A17:** 30
Two-dimensional metal flow
strain computation for **A14:** 433–434
Two-dimensional planar figures
equations for particle-size distribution..... **A9:** 131
Two-dimensional shape
classification **A20:** 297
Two-dimensional wireframe system......... **A20:** 156
Two-directional fabrics **EM1:** 125–128
design.............................. **EM1:** 125–127
textile equipment for............. **EM1:** 127–128
Two-equation turbulence models **A20:** 189
Two-fluid atomization.............. **M7:** 25, 75, 76
designs **M7:** 29
metal buildup.......................... **M7:** 29
Two-fluid atomization theory **A7:** 50
Two-frequency laser interferometer....... **A17:** 14–15
schematic.............................. **A17:** 15
Two-group rank test **A8:** 707
Two-hammer radial forging machines....... **A14:** 149
Two-high mill *See also* Cluster mill; Four-high mill
defined................................ **A14:** 14
Two-high rolling mills.................... **A14:** 351
Two-level fractional factorial designs ... **A17:** 746–750
Two-parameter Weibull distribution **A8:** 716–718
Two-part acrylic
performance of....................... **EM3:** 124
Two-part adhesives
pot life.............................. **EM3:** 741
Two-part epoxy
performance of....................... **EM3:** 124
Two-part urethane
performance of....................... **EM3:** 124
Two-pattern size castings
uniform mold hardness for............... **A15:** 29
Two-phase alloys..................... **A8:** 177–178
Two-phase field
relationship to massive transformations.... **A9:** 655
Two-phase instability
dendritic/eutectic.................. **A15:** 122–123
Two-phase materials
atomic number contrast in analysis of.... **A10:** 508
FIM images of.................... **A10:** 589, 590
Two-phase microstructures, coarse
erosion of **A18:** 206–207
Two-phase mixtures
formed by spinodal decomposition.... **A9:** 652–653
Two-phase non-Newtonian flow **A7:** 27
Two-plane curvature
by compression forming **A14:** 595
Two-point loaded specimens
SCC testing........................ **A8:** 503–505
Two-point strategy
for defining fatigue strength.......... **A8:** 704–705
Two-post loading frame
cam plastometer......................... **A8:** 194
Two-pot tinning
cast iron and steel **M5:** 353–354
Two-ram HERF machines............. **A14:** 29, 101
Two-roll rotary straighteners.......... **A14:** 686, 691
Two-shaft regenerative gas turbine engine .. **EM4:** 717
Two-sided alternative hypotheses............ **A8:** 626
Two-sphere model........................ **M7:** 313
Two-stage plastic-carbon replicas **A9:** 108
Two-stage replicas
technique **A12:** 7, 182
Two-stage welding........................ **A6:** 316
Two-step plastic-carbon technique
TEM replication.......................... **A12:** 7
Two-step temper embrittlement **A1:** 698
Two-terminal devices *See also* Discrete semiconductor packages; Multiple-terminal devices; Three-terminal devices
as diodes........................ **EL1:** 429–432
compression mount.................... **EL1:** 432
custom assemblies **EL1:** 432
lead mount....................... **EL1:** 429–430
opto devices **EL1:** 432
performance **EL1:** 423
stud mount....................... **EL1:** 431–432
surface-mount **EL1:** 430–431
Two-unit standby system................... **A20:** 91
Two-way shape memory
shape memory alloys................ **A2:** 897–989
Two-wire electric-arc process
materials, feed materials, surface preparation, substrate temperature, particle velocity........................... **A5:** 502
T-X diagram
defined................................. **A9:** 19
Tx51 temper
defined................................. **A2:** 27
Tx52 temper
defined................................. **A2:** 27
Tx54 temper
defined................................. **A2:** 27
Tx510 temper
defined................................. **A2:** 27
Tx511 temper
defined................................. **A2:** 27
Tying wire.............................. **A1:** 282
Type 6 nylon *See* Caprolactam
Type B thermocouples
properties and applications **A2:** 871, 873
Type E thermocouples
properties and applications **A2:** 871, 873
Type I magnetic contrast **A9:** 536
Type II magnetic contrast **A9:** 536–537
Type J thermocouples
properties and applications **A2:** 871–872
Type K thermocouples
properties and applications **A2:** 871–872
Type metals............................. **M2:** 496
lead and lead alloy **A2:** 549–550
Type N thermocouples
Nicrosil/Nisil........................... **A2:** 873
Type R thermocouples
properties and application........... **A2:** 871, 873
Type S thermocouples
properties and application........... **A2:** 871, 873
Type T thermocouples
properties and cryogenic application .. **A2:** 871, 873
Type wear in impact printers
application wear model................. **A20:** 607
Types I and II embrittlement
zinc.................................. **A13:** 184
Types of adhesives....................... **EM3:** 35
Typical basis *See also* A-basis; B-basis; Design allowables; S-basis **EM3:** 29
defined.............................. **EM1:** 24
Typical-basis
defined.............................. **EM2:** 43
Tyranno............................... **EM4:** 223
composition.......................... **EM4:** 225
mechanical properties, room-temperature................ **EM4:** 225
Tyranno fibers **EM1:** 63
TZC *See also* Molybdenum alloys, specific types................. **A16:** 858–864, 866–869
TZM *See also* Molybdenum alloys, specific types................. **A16:** 858–864, 866–869
annealing **M4:** 655
composition....................... **M4:** 651–652
electron-beam welding................... **A6:** 581
stress relieving......................... **M4:** 655
TZM alloy *See also* Molybdenum alloys, specific types, TZM........................ **A5:** 859
TZM alloys **A7:** 911–912
TZM molybdenum
for hot-forging dies **A18:** 627
materials for dies and molds........ **A18:** 622, 625
service temperature of die materials in forging **A18:** 625
TZM molybdenum alloy **M7:** 768–769
as tooling for uniaxial hot pressing...... **EM4:** 298
cold seal pressure vessel................. **M7:** 769
strength-to-density ratio, compared **M7:** 769
UNS R03630, properties............... **EM4:** 503
TZP (Y_2O_3, CeO_2)
properties.............................. **A6:** 949
properties.............................. **A6:** 949

U

u chart **EM3:** 796, 797
U.S. Air Force requirement
damage tolerance **A19:** 415
U.S. Army
applications of ceramics in portable power pack **EM4:** 716
U.S. Code **A20:** 68
U.S. Department of Commerce, National Institute of Standards and Technology **A20:** 25
U.S. Department of Energy Office of Industrial Technology **A20:** 635
U.S. Environmental Protection Agency (EPA) **A20:** 96, 131
regulatory framework................... **A20:** 132
U.S. Government specifications
ductile iron............................. **M1:** 35
QQ-N-286
springs, strip for...................... **M1:** 286
springs, wire for...................... **M1:** 284
QQ-S-681 specification requirements **M1:** 377–378
QQ-W-390, springs, wire for............ **M1:** 285
zinc chromate primers for steel sheet **M1:** 175
U.S. government standards................ **EM3:** 61
U.S. military and government specifications
liquid penetrant inspection............... **A17:** 87
U.S. Military and original equipment manufacturers (OEM)
performance specifications of engine lubricants......................... **A18:** 98
performance specifications of nonengine lubricants......................... **A18:** 99
U.S. Navy
DFMA implementation................. **A20:** 683
Garrett axial flow turbine engine demonstration **EM4:** 716

SUBJECTS OF THE INDEXED VOLUMES: ASM Handbook (designated by the letter "A"): **A1:** Properties and Selection: Irons, Steels, and High-Performance Alloys (1990); **A2:** Properties and Selection: Nonferrous Alloys and Special-Purpose Materials (1990); **A3:** Alloy Phase Diagrams (1992); **A4:** Heat Treating (1991); **A5:** Surface Engineering (1994); **A6:** Welding, Brazing, and Soldering (1993); **A7:** Powder Metal Technologies and Applications (1998); **A8:** Mechanical Testing (1985); **A9:** Metallography and Microstructures (1985); **A10:** Materials Characterization (1986); **A11:** Failure Analysis and Prevention (1986); **A12:** Fractography (1987); **A13:** Corrosion (1987); **A14:** Forming and Forging (1988); **A15:** Casting (1988); **A16:** Machining (1989); **A17:** Nondestructive Evaluation and Quality Control (1989); **A18:** Friction, Lubrication, and Wear Technology (1992); **A19:** Fatigue and Fracture (1996); **A20:** Materials Selection and Design (1997). **Metals Handbook, 9th Edition** (designated by the letter "M"): **M1:** Properties and Selection: Irons and Steels (1978); **M2:** Properties and Selection: Nonferrous Alloys and Pure Metals (1979); **M3:** Properties and Selection: Stainless Steels, Tool Materials, and Special-Purpose Materials (1980); **M4:** Heat Treating (1981); **M5:** Surface Cleaning, Finishing, and Coating (1982); **M6:** Welding, Brazing, and Soldering (1983); **M7:** Powder Metallurgy (1984). **Engineered Materials Handbook** (designated by the letters "EM"): **EM1:** Composites (1987); **EM2:** Engineering Plastics (1988); **EM3:** Adhesives and Sealants (1990); **EM4:** Ceramics and Glasses (1991). **Electronic Materials Handbook** (designated by the letters "EL"): **EL1:** Packaging (1989)

U.S. Navy producibility tool No. 2 .... **A20:** 107
U.S.S. Schenectady
fracture of **A19:** 371–372
U.S.S. W.G. system *See* United States Steel Wire Gage system
U.S. Steel
grease mobility testing. **A18:** 127
U-500
contour band sawing **A16:** 363
electrochemical machining **A5:** 111
electrochemical machining removal rates.. **A16:** 534
flash welding **M6:** 557
grinding **A16:** 759
milling **A16:** 314
U-700
electrochemical machining **A5:** 111
electrostream drilling................... **A16:** 539
UBE SNE-10 (high-purity silicon nitride powder)
processed by glass-encapsulated HIP **EM4:** 199
U-bend heat-exchanger tubes
corrosion fatigue. **A11:** 637
U-bend specimens **A19:** 499, 500
for SCC testing **A8:** 508–509, **A13:** 252–253
single-stage stressing method **A8:** 512
true stress/true strain................... **A8:** 511
typical **A8:** 510
U-bend testing
to verify stress-corrosion cracking......... **A1:** 725
U-bending dies **A14:** 14, 526
U-bends
press-brake forming of **A14:** 540–541
U-bolts *See also* Studs
fatigue fracture of **A11:** 533–535
roll threading...................... **M1:** 274–276
selection of steel for................. **M1:** 274–276
strength grades and property classes.. **M1:** 273–277
u-chart *See also* Control charts
for number of defects per unit **A17:** 737
Udel thermoplastic. **EM1:** 99
Udimet **A7:** 700, 720, 887, 891, 893, 897, 899
spray formed.......................... **A7:** 398
Udimet 400
composition........................... **A6:** 573
Udimet 500
aging.................................. **A4:** 796
aging cycle **A4:** 812, **M4:** 656
aging cycles **A6:** 574
annealing **M4:** 655
composition **A4:** 794, 795, **A6:** 573, **A16:** 736, 737, **M4:** 651–652
creep strength **A4:** 807
current densities....................... **A16:** 543
double aging **A4:** 798
electrochemical grinding **A16:** 547
for hot-forging dies **A18:** 626
grinding **A16:** 547, 759, 760
intermediate aging, effect of elimination on properties **M4:** 668
machining......... **A16:** 738, 741–743, 746–758
mechanical properties **A4:** 809
milling **A16:** 547
solution treating **M4:** 656
solution treatment **A6:** 574
solution-treating.................. **A4:** 793, 796
stress relieving........................ **M4:** 655
tensile properties **A4:** 807
thread grinding........................ **A16:** 275
Udimet 520
composition.................. **A4:** 794, **A6:** 573
Udimet 630
composition **A4:** 794, **A6:** 573, **A16:** 736
machining .. **A16:** 738, 741–743, 746–747, 749–758
Udimet 700
aging.................................. **A4:** 796
aging cycle **A4:** 812, **M4:** 656
aging precipitates **A4:** 796
annealing **M4:** 655
applications........................... **A4:** 807
composition **A4:** 794, 795, **A6:** 564, 573, **A16:** 736, 737, **M4:** 651–652, 653, **M6:** 354
diffusion coatings...................... **A5:** 614
electrochemical grinding **A16:** 547
electrochemical machining removal rates.. **A16:** 534
electron-beam welding (wrought)......... **A6:** 869
for hot-forging dies **A18:** 626
grinding **A16:** 547
heat treatments.................... **A4:** 807–808
machinability **A16:** 737
machining.......... **A16:** 738, 741–743, 746–758
milling **A16:** 547
solution treating **M4:** 656
solution-treating.................. **A4:** 793, 796
stress relieving........................ **M4:** 655
thread grinding........................ **A16:** 275
Udimet 710
aging precipitates **A4:** 796
applications........................... **A4:** 807
composition **A4:** 794, 795, **A6:** 573, **A16:** 736
heat treatments.................... **A4:** 807–808
machining .. **A16:** 738, 741–743, 746–747, 749–757
thread grinding........................ **A16:** 275
Udimet 720
composition........................... **A6:** 573
Udimet alloys *See also* Nickel alloys, specific types, Udimet
photochemical machining **A16:** 588
U-groove joints
radiographic inspection................. **A17:** 334
U-groove weld
definition............................. **A6:** 1214
U-groove welds
arc welding of heat-resistant alloys... **M6:** 356–357, 360, 367–368
cobalt-based alloys **M6:** 367–368
nickel-based alloys..................... **M6:** 360
arc welding of nickel alloys **M6:** 437, 440, 442–443
definition, illustration **M6:** 60–61
gas metal arc welding of aluminum alloys....................... **M6:** 384–385
gas tungsten arc welding of heat-resistant alloys **M6:** 356–357, 360
preparation.......................... **M6:** 66–68
Uhlenwinkel and Bauckhage **A7:** 399
Uhlig (thin-film) theory **A13:** 67
UHMWPE *See* Ultrahigh molecular weight polyethylene
UHV **EM3:** 238
UKAEA Refel 1 (RBSC)
properties............................. **EM4:** 240
UL 94 flame classes **EM2:** 77
UL flammability ratings *See* Flammability
Ulexite.................................. **EM4:** 380
Ultem 1000
lap shear strength of untreated and plasma-treated surfaces............................. **A5:** 896
Ultem thermoplastic. **EM1:** 99
Ultimate bearing strength, calculated
pin bearing testing **A8:** 61
Ultimate compressive strength *See also* Compressive strength
carbon fiber/fabric reinforced epoxy resin **EM1:** 411
epoxy resin system composites..... **EM1:** 401, 404, 406, 408, 413
glass fabric reinforced epoxy resin **EM1:** 404
glass fiber reinforced epoxy resin **EM1:** 406
graphite fiber reinforced epoxy resin **EM1:** 413
high-temperature thermoset matrix composites **EM1:** 375, 379
Kevlar 49 fiber/fabric reinforced epoxy resin **EM1:** 408
low-temperature thermoset matrix composites **EM1:** 393, 395–396
medium-temperature thermoset matrix composites........ **EM1:** 383, 386, 389, 390
quartz fabric reinforced epoxy resin **EM1:** 414
thermoplastic matrix composites ... **EM1:** 365, 368, 371
Ultimate elongation *See also* Elongation **EM3:** 29
defined **EM1:** 24, **EM2:** 43
Ultimate resilience...................... **A18:** 228
Ultimate shear strength *See also* Shear strength
carbon fiber/fabric reinforced epoxy resin **EM1:** 411
epoxy resin system composites......... **EM1:** 402
glass fiber reinforced epoxy resin **EM1:** 406
high-temperature thermoset matrix composites **EM1:** 376, 380
influence of shear plane and loading direction............................. **A8:** 64
Kevlar 49 fiber/fabric reinforced epoxy resin **EM1:** 408
low-temperature thermoset matrix composites **EM1:** 393, 396
medium-temperature thermoset matrix composites **EM1:** 387, 389, 391
single-shear test for **A8:** 63–64
thermoplastic matrix composites ... **EM1:** 366, 369, 371
torsion tests for **A8:** 139
variables affecting....................... **A8:** 68
Ultimate shear stress **A8:** 148
Ultimate static strength
graphite-epoxy composite **A8:** 715
Ultimate strain
and expanding ring test.................. **A8:** 210
Ultimate strength *See also* Yield **A8:** 14, **A19:** 19
defined **A11:** 11, **A13:** 13, **A14:** 14, **EM2:** 434
definition.............................. **A20:** 843
effect on toughness and crack growth...... **A11:** 54
from pin bearing testing **A8:** 61
Ultimate strength in tension **A19:** 253
Ultimate tensile strength *See also* Rupture; Tensile properties; Tensile strength; Tensile stress **A18:** 810, **EM3:** 29, **M7:** 312
as engineering stress-strain parameter **A8:** 20–21
by constant crosshead speed testing **A8:** 43
carbon fiber/fabric reinforced epoxy resin **EM1:** 410
defined **A8:** 20, **EM1:** 24, **EM2:** 43
epoxy resin system composites **EM1:** 401, 404–405, 407, 412, 414
from results of two heats **A8:** 623
glass fabric reinforced epoxy resin **EM1:** 404
glass fiber reinforced epoxy resin **EM1:** 405
graphite fiber reinforced epoxy resin **EM1:** 412
high-temperature thermoset matrix composites **EM1:** 375, 378
Kevlar 49 fiber/fabric reinforced epoxy resin **EM1:** 407
low-temperature thermoset matrix composites **EM1:** 394
medium-temperature thermoset matrix composites......... **EM1:** 383, 385, 388, 391
of crack growth specimen................ **A8:** 381
quartz fabric reinforced epoxy resin **EM1:** 414
sulfur/carbon effects................... **A14:** 200
symbol for............................. **A11:** 798
tension testing machines for............... **A8:** 47
thermoplastic matrix composites ... **EM1:** 365, 370
titanium PA P/M alloy compacts **A2:** 654
vs. temperature, Kevlar aramid fiber **EM1:** 362
Ultimate tensile strength, effect of number of grains on
in tin and tin alloys..................... **A9:** 125
Ultimate tensile strength (UTS) **A6:** 389, **A19:** 19, 283, 428
solid-state-welded interlayers **A6:** 165–167
typical range of engineering metals....... **A19:** 230
Ultimet
composition........................... **A6:** 598
gas-metal arc welding **A6:** 598
microstructure......................... **A6:** 598
tensile properties relative to wrought and cast products **A6:** 599
volume steady-state erosion rates of weld-overlay coatings **A20:** 475
Ultraclean powders
by rotating electrode process............. **M7:** 36
generation and clean-room processing .. **M7:** 41–42, 44
Ultradry hydrogen atmospheres, for brazing **A11:** 450
Ultrafine and nanophase powders **A7:** 72–79
Ultrafine grinding
of brittle and hard materials.............. **M7:** 59
Ultrafine powder technology (U.S.) **A7:** 72, 74
Ultrafine powders
by high-energy milling **M7:** 70
Ultrahard tool materials *See also* Cubic boron nitride; Diamond; Superhard materials; Tool(s)
and superabrasives **A2:** 1008, 1015–1017
applications.......................... **A2:** 1015
cubic boron nitride (CBN), properties of................ **A2:** 1010–1011
cubic boron nitride (CBN), synthesis of.................. **A2:** 1008–1009
definition.............................. **A5:** 971
diamond, properties of........... **A2:** 1009–1010
diamond, synthesis of............. **A2:** 1008–1009
for cutting tool materials **A18:** 617
metals ground/machines with............ **A2:** 1013

Ultrahard tool materials (continued)
polycrystalline cubic boron nitride (PCBN) tool blanks **A2:** 1016–1017
polycrystalline diamond tool blanks **A2:** 1015–1016
sintered polycrystalline cubic boron nitride
properties of **A2:** 1012
sintered polycrystalline diamond,
properties of **A2:** 1011–1012
superabrasive grains **A2:** 1012–1015
Ultrahigh molecular weight polyethylene **M7:** 607
Ultrahigh molecular weight polyethylene (UHMWPE) **EM3:** 29
contact corrosive wear with ion-implanted Ti-6Al-4V **A18:** 779
interfacial zone shear and solid friction **A18:** 36
tensile properties at selected strain rates . . **A18:** 659
tribological characteristics **A18:** 658–662
friction coefficients **A18:** 662
in vivo assessment of total joint replacement performance **A18:** 661–662
joint simulators **A18:** 660–661
pin-on-disk experiments **A18:** 659, 660, 661
pin-on-plate (reciprocating)
experiments **A18:** 659–660
use in metal-on-polymer total hip
replacements **A18:** 657, 658–662
wear equation **A18:** 661
wear factors **A18:** 659, 661
wear properties **A18:** 241
wear rate **A18:** 662
Ultrahigh molecular weight polyethylenes (UHMWPE) *See also* Polyethylenes
abrasion resistance **EM2:** 167
applications **EM2:** 167–168
characteristics **EM2:** 168–171
chemistry **EM2:** 167
costs **EM2:** 167
defined **EM2:** 43
processing **EM2:** 169–170
properties **EM2:** 169
resin compound types, properties . . . **EM2:** 170–171
suppliers **EM2:** 171
Ultrahigh purity (UHP) powders **A7:** 191
Ultra-high strain rate (dynamic) compaction
aluminum and aluminum alloys **A2:** 7
Ultrahigh strength steels
fatigue crack growth behavior **A19:** 608
Ultrahigh vacuum
abbreviation for **A10:** 691
atom probe microanalysis **A10:** 591
EXAFS surface structure detection in **A10:** 418
in Auger electron spectroscopy **M7:** 251
Ultrahigh vacuum (UHV) environment **A7:** 226
Ultrahigh vacuum (UHV) technique **A5:** 518, 670, 674
Ultrahigh-carbon steels *See also* Carbon steel
definition of **A1:** 148
Ultrahigh-modules pitch-base carbon fibers
properties **EL1:** 1122
Ultrahigh-molecular-weight polyethylene (UHMWPE) **A20:** 453, 455
Ultrahigh-purity metals
mass spectroscopy trace element analysis **A2:** 1095
Ultrahigh-speed photography
with symmetric rod impact test **A8:** 204
Ultrahigh-strength low-alloy steels **A6:** 662, 673–674
filler metals **A6:** 673
gas-metal arc welding **A6:** 673
gas-tungsten arc welding **A6:** 673, 674
heat-affected zones **A6:** 673–674
microstructure **A6:** 673–674
plasma arc welding **A6:** 673
postweld heat treatment **A6:** 674
preheating **A6:** 673–674
properties **A6:** 673
specifications **A6:** 673
thermal expansion coefficient **A6:** 907
welding procedures and practices **A6:** 673
welding processes **A6:** 673
Ultrahigh-strength low-alloy steels, specific types
300M
composition **A6:** 673
welding preheat and interpass
temperatures **A6:** 673
AF1410
composition **A6:** 673
postweld heat treatments **A6:** 674
welding preheat and interpass
temperatures **A6:** 673
AMS 6434
composition **A6:** 673
welding preheat and interpass
temperatures **A6:** 673
D-6a
composition **A6:** 673
welding preheat and interpass
temperatures **A6:** 673
H11 mod
composition **A6:** 673
M_s temperature **A6:** 673
welding preheat and interpass
temperatures **A6:** 673
H13
composition **A6:** 673
M_s temperature **A6:** 673
welding preheat and interpass
temperatures **A6:** 673
HP9-4-20
composition **A6:** 673
postweld heat treatments **A6:** 674
welding preheat and interpass
temperatures **A6:** 673
HP9-4-30
composition **A6:** 673
postweld heat treatments **A6:** 674
welding preheat and interpass
temperatures **A6:** 673
HY-180
composition **A6:** 673
oxygen content and welding **A6:** 673
postweld heat treatments **A6:** 674
welding preheat and interpass
temperatures **A6:** 673
Ultrahigh-strength steel
Ault-Wald-Bertolo Charpy/fracture toughness
correlation for **A8:** 265
stress-intensity range and loading frequency
effects **A8:** 405–406
Ultrahigh-strength steels *See also* Maraging steels; specific types **A1:** 430–448, **M1:** 421–443
applications **M1:** 423, 424, 427, 429, 431–434, 437, 441
compositions **A4:** 207
corrosion fatigue crack growth **A13:** 299
environmental hydrogen cracks in **A11:** 410
fatigue data **M1:** 428, 432, 439–441
forging of . . **M1:** 422–424, 427, 429, 431, 432, 434, 437–438, 441
fracture toughness **M1:** 426–431, 437, 439, 441, 442
heat treating **A4:** 207–218, **M4:** 119–129
heat treatment **M1:** 423–425, 427, 429–430, 431–432, 433, 434–436, 438–439, 441
heat-treatment temperatures **A4:** 208
high fracture toughness steels **A1:** 444
AF1410 steel **A1:** 431, 445, 446–447
HP-9-4-30 steel **A1:** 431, 444–446
machining and machinability
ratings . . . **M1:** 422, 424, 427, 429, 431, 432, 434, 438, 441
mechanical properties **M1:** 422–442
medium-alloy air-hardening **A4:** 214–215, **M4:** 125–129
medium-alloy air-hardening steels **A1:** 431, 439
H11 modified **A1:** 439–441
medium-carbon low-alloy **A4:** 208–214, **M4:** 119–125
medium-carbon low-alloy steels **A1:** 430–431
300M steel **A1:** 434–436
4130 steel **A1:** 431–432
4140 steel **A1:** 432
4340 steel **A1:** 432–434
6150 steel **A1:** 437–438, 439
8640 steel **A1:** 438–439
D-6a and D-6ac steel **A1:** 436–437, 438
H13 steel **A1:** 431, 441–444
plate **M1:** 189, 193
processing . . **M1:** 422–424, 426–427, 429, 431, 432, 434, 437–438, 441
stress relief **A4:** 208, 210, 212, 214, 215, 217
thermomechanical treatments **M1:** 421
types **A4:** 207–208
welding of **M1:** 422, 423, 424, 427, 429, 431, 432, 434, 438, 441
Ultrahigh-strength steels, specific types
9Ni-4Co steels **A4:** 215–217
9Ni-4Co-25, room-temperature fracture
toughness **A19:** 623
9Ni-4Co-45, room-temperature fracture
toughness **A19:** 623
10Ni-Cr-Mo-Co, composition **A19:** 615
10Ni-Cr-Mo-Co (VIM-double VAR), composition effect on corrosion fatigue crack growth
rates **A19:** 647
10Ni-Cr-Mo-Co (VIM-VAR), composition effect on corrosion fatigue crack growth rates **A19:** 647
12Cr-Mo-V, composition **A19:** 615
12Ni-5Cr-3Mo, composition **A19:** 615
18Ni, grade 200, composition **A19:** 615
18Ni, grade 250, composition **A19:** 615
18Ni, grade 300, composition **A19:** 615
18Ni, grade 350, composition **A19:** 615
35GS steel, room-temperature fracture
toughness **A19:** 623
40KhN steel, room-temperature fracture
toughness **A19:** 623
AF 1410
composition **A19:** 615
room-temperature fracture toughness . . . **A19:** 623
AF1410 . . . . . **A4:** 217–218
composition **A4:** 207
heat treatments **A4:** 216, 217–218
heat treatments, effect on impact energy **A4:** 218
mechanical properties, heat-treatment
effects **A4:** 217
temperatures **A4:** 216
tensile strength **A4:** 217, 218
yield strength **A4:** 217
AGCX-7, room-temperature fracture
toughness **A19:** 623
AM 355, room-temperature fracture
toughness **A19:** 623
AMS 6434, room-temperature fracture
toughness **A19:** 623
H-11, composition **A19:** 615
HP9-4-20, composition **A19:** 615
HP9-4-25, composition **A19:** 615
HP9-4-45, composition **A19:** 615
HY 140, room-temperature fracture
toughness **A19:** 622
HY TUF, room-temperature fracture
toughness **A19:** 622
super Hy Tuf, room-temperature fracture
toughness **A19:** 622
U8 high-carbon steel, room-temperature fracture
toughness **A19:** 623
VKS-1 steel, room-temperature fracture
toughness **A19:** 623
VL-1D steel, room-temperature fracture
toughness **A19:** 623
Ultralarge-scale integration (ULSI) . . **EL1:** 2, 377–378
Ultralong depth-of-field optical microscope . . **EL1:** 954
Ultralow carbon bainite steels
low-temperature toughness **A4:** 252
Ultralow-carbon steel
temperature effect on fracture mode . . . **A12:** 34, 46

SUBJECTS OF THE INDEXED VOLUMES: ASM Handbook (designated by the letter "A"): **A1:** Properties and Selection: Irons, Steels, and High-Performance Alloys (1990); **A2:** Properties and Selection: Nonferrous Alloys and Special-Purpose Materials (1990); **A3:** Alloy Phase Diagrams (1992); **A4:** Heat Treating (1991); **A5:** Surface Engineering (1994); **A6:** Welding, Brazing, and Soldering (1993); **A7:** Powder Metal Technologies and Applications (1998); **A8:** Mechanical Testing (1985); **A9:** Metallography and Microstructures (1985); **A10:** Materials Characterization (1986); **A11:** Failure Analysis and Prevention (1986); **A12:** Fractography (1987); **A13:** Corrosion (1987); **A14:** Forming and Forging (1988); **A15:** Casting (1988); **A16:** Machining (1989); **A17:** Nondestructive Evaluation and Quality Control (1989); **A18:** Friction, Lubrication, and Wear Technology (1992); **A19:** Fatigue and Fracture (1996); **A20:** Materials Selection and Design (1997). **Metals Handbook, 9th Edition** (designated by the letter "M"): **M1:** Properties and Selection: Irons and Steels (1978); **M2:** Properties and Selection: Nonferrous Alloys and Pure Metals (1979); **M3:** Properties and Selection: Stainless Steels, Tool Materials, and Special-Purpose Materials (1980); **M4:** Heat Treating (1981); **M5:** Surface Cleaning, Finishing, and Coating (1982); **M6:** Welding, Brazing, and Soldering (1983); **M7:** Powder Metallurgy (1984). **Engineered Materials Handbook** (designated by the letters "EM"): **EM1:** Composites (1987); **EM2:** Engineering Plastics (1988); **EM3:** Adhesives and Sealants (1990); **EM4:** Ceramics and Glasses (1991). **Electronic Materials Handbook** (designated by the letters "EL"): **EL1:** Packaging (1989)

Ultramicroscopic *See* Submicroscopic
Ultramicrotome
replica cutting by **A12:** 199
Ultramicrotomy
diamond knife **A12:** 179
Ultraprecision diamond turning
achievable machining accuracy **A5:** 81
Ultraprecision finishing
definition **A5:** 971
Ultrapure metals *See also* Metal(s); Pure metals
applications **A2:** 1093
characterization **A2:** 1095–1097
purity, six nines purity **A2:** 1096
Ultrapure water
GFAAS trace metal analysis for **A10:** 57–58
Ultrapurification techniques
of metals **A2:** 1093–1095
Ultrarapid solidification **A7:** 7
Ultrarapid solidification processes **M7:** 18, 47–49
Ultrasonic
bonding, defined **EM2:** 43
C-scans **EM2:** 838–845
spot welding **EM2:** 722
staking **EM2:** 721–722
testing, defined **EM2:** 43
welding **EM2:** 721
Ultrasonic abrasive machining (UAM) *See* Ultrasonic machining
Ultrasonic agitation
emulsion cleaning **A5:** 35
in Osprey system **A7:** 75
organic solvents **A12:** 74
part handling in ultrasonic cleaning **A5:** 47
with solvent cold cleaning **A5:** 21
Ultrasonic amplitude calibration methods . . . **A19:** 216
Ultrasonic and sonic techniques
defect detection **EM3:** 746
Ultrasonic assembly
types **EM2:** 721–722
Ultrasonic atomization **A7:** 36, **M7:** 25, 26, 48
aluminum and aluminum-alloy powders . . . **A7:** 148
Ultrasonic attenuation
to analyze ceramic powder particle size . . . **EM4:** 67
Ultrasonic attenuation technique **A6:** 1095, 1096, **A19:** 216
Ultrasonic beams *See also* Ultrasonic inspection; Ultrasonic waves
absorption **A17:** 238
acoustic impedance **A17:** 238
attenuation, overall **A17:** 240
beam diameter/spreading **A17:** 240
diffraction **A17:** 239
near-field and far-field effects **A17:** 239
scattering of **A17:** 238–239
Ultrasonic bond testers
Bondascope **A17:** 622–623
Fokker **A17:** 619–620
for adhesive-bonded joints **A17:** 619–624
NDT **A17:** 620
NovaScope **A17:** 623
Shurtronics Mark I harmonic **A17:** 621
Ultrasonic bonding **EL1:** 225, 350, **EM3:** 29, 584, 585, 587
Ultrasonic bonds
defined **EL1:** 1160
Ultrasonic "capillary wave" atomization
process method **A7:** 35
Ultrasonic cavitation **A5:** 32
Ultrasonic cleaning **A5:** 4, 44–47, 338, 374, **A20:** 825
after grinding **M7:** 462
applications **A5:** 44
attributes compared **A5:** 4
automatic ultrasonic cleaning system **A5:** 46
copper and copper alloys **A5:** 808, 811–812, **M5:** 619
definition **A5:** 971
equipment **A5:** 45–46
extraction replica **A12:** 183
fiber composites **A9:** 588
for grinding, honing, and lapping compound removal **A5:** 12, 13
for surface coating removal **A12:** 73
fracture surfaces **A11:** 19
mechanism of action **M5:** 4, 15–17
Montreal protocol **A5:** 46
of corroded surface **A12:** 74
of fatigue precrack region **A12:** 75
of specimens to be mounted **A9:** 28
organic solvents **A12:** 74
part handling **A5:** 47
process description **A5:** 44–45
solutions used **A5:** 46, 47
stainless steels **A5:** 749
system design **A5:** 46–47
ultrasound generation **A5:** 44–45
with acid cleaning **A5:** 52
zirconium and hafnium alloys **A5:** 852
Ultrasonic coupler
definition **M6:** 18
Ultrasonic coupler (ultrasonic soldering and ultrasonic welding)
definition **A6:** 1214
Ultrasonic C-scan **EM1:** 8, 262, 776
Ultrasonic C-scan inspection
definition **A5:** 971
Ultrasonic C-scan techniques
defect detection **EM3:** 746–749, 750
tooling verification **EM3:** 739
Ultrasonic data recording and processing system (UDRPS) **A17:** 654
Ultrasonic degreasing **A5:** 26, 27
ferrous P/M alloys **A5:** 763–764
Ultrasonic degreasing, as secondary
cleaning operation **M7:** 459
Ultrasonic fatigue testing **A8:** 240–258, **A19:** 138
amplitude detection **A8:** 245–246
application **A8:** 240, 252–255
construction **A8:** 243–249
cooling systems **A8:** 246–248
effect of frequency **A8:** 255–256
electrochemical potential during **A8:** 254
environmental **A8:** 241, 248
for high strain rate fatigue testing **A8:** 187
frequency in **A8:** 240–241
infrared specimen thermogram **A8:** 247
machine, schematic **A8:** 244
strain rates **A8:** 240–241
test specimens **A8:** 249–252
testing equipment and methods **A8:** 243–249
time compression and **A8:** 240–241
uniform resonant bar **A8:** 242
Ultrasonic fractography
to assess local crack velocity **EM4:** 654
to observe crack propagation in brittle composites **EM4:** 863
Ultrasonic gas atomization **A7:** 35, 43, 47
aluminum powder **A7:** 151
Ultrasonic generator **A5:** 45
Ultrasonic hardness testing **A8:** 90–103
test and tester for **A8:** 99–102
Ultrasonic imaging
C-scan **A7:** 702, 714
C-scan, of powder metallurgy parts **A17:** 540
scanning acoustic microscopy **A17:** 540
scanning laser acoustic microscopy **A17:** 540
SLAM **A7:** 702, 714
to evaluate gas turbine ceramic components **EM4:** 718
Ultrasonic immersion *See also* Immersion ultrasonic inspection
with solvents **A17:** 81
Ultrasonic impact grinding *See also* Ultrasonic machining **A16:** 528, 529, 530, 531–532
definition **A5:** 971
Ultrasonic impedance analysis principle **EM3:** 757
Ultrasonic inspection *See also* Immersion ultrasonic inspection; Longitudinal wave ultrasonic inspection; NDE reliability; Nondestructive evaluation; Nondestructive testing; Shear wave ultrasonic inspection; Ultrasonic waves; Ultrasound transmission **A11:** 17, **A17:** 231–277
acoustic, of powder metallurgy parts **A17:** 539–541
advantages/disadvantages **A17:** 231–232
and acoustic emission inspection **A17:** 286
and eddy current inspection simultaneous **A17:** 272
and microwave inspection, compared **A17:** 202
applicability **A17:** 232
applications **M6:** 827
area-amplitude curves, determined **A17:** 266
as nondestructive fatigue testing **A11:** 134
attenuation, ultrasonic beams **A17:** 238–240
beam models of **A17:** 705
brazed joints **A6:** 1119, 1122
calibration **A17:** 266–267
carbon steels, cracking **A6:** 643
codes, boilers/pressure vessels **A17:** 642
codes, standards, and specifications **M6:** 827
color images by **A17:** 484–486, 488
control systems **A17:** 254
corrosion monitoring by **A17:** 275–276
couplants **A17:** 256
crack monitoring by **A17:** 273
defined **A17:** 231
definition **A5:** 971
detection of
lack of fusion **A6:** 1078
subsurface porosity **A6:** 1074
subsurface slag inclusions **A6:** 1074
tungsten inclusions **A6:** 1074
weld discontinuities, electroslag welding **A6:** 1078
weld discontinuities, friction welding . . . **A6:** 1078
weld metal and base metal cracks **A6:** 1075
detection of subsurface cracking **A18:** 369
dimension-measurement by **A17:** 273–274
distance-amplitude curves determined **A17:** 265–266
electrogas welds **M6:** 244
electronic equipment **A17:** 252–254
electroslag welds **M6:** 234
equipment **A17:** 231, 252–254, 261
examples **A17:** 249–250
explosion welds **M6:** 710–711
flaw detection **A17:** 267
for in-service inspection, tubular products **A17:** 574
for residual stresses **A17:** 51
immersion, of nonferrous tubing **A17:** 574
in brazing **A11:** 451
in leak testing **A17:** 59–60
inspection methods **A17:** 240–252
inspection standards **A17:** 261–263
manual, of pressure vessels **A17:** 649
measurement model of **A17:** 704
microstructure effect **A17:** 51
models, applications **A17:** 706–707, 712–713
NDE reliability models of **A17:** 703–707
of adhesive-bonded joints **A17:** 617–624
of aluminum alloy castings **A17:** 534
of arc-welded nonmagnetic ferrous tubular products **A17:** 567
of boilers and pressure vessels **A17:** 642
of bonded joints **A17:** 272–273
of brazed assemblies **A17:** 604
of castings **A17:** 267, 529–531
of closed-die and upset forgings **A17:** 495
of double submerged arc welded steel pipe **A17:** 566
of duplex tubing **A17:** 572
of extrusions **A17:** 270–272
of flat-rolled products **A17:** 268–270
of forgings **A17:** 268, 504–510
of internal discontinuities, castings **A17:** 512
of journal bearings **A11:** 717
of microstructure **A17:** 274–275
of niobium-titanium superconducting materials **A2:** 1044
of open-die forgings **A17:** 495
of pipeline girth welds **A17:** 580–581
of powder metallurgy parts **A17:** 539
of pressure vessels **A17:** 649–653
of primary-mill products **A17:** 267–268
of resistance-welded steel tubing **A17:** 564–565
of ring-rolled forgings **A17:** 495
of rolled shapes **A17:** 270–272
of seamless pipe **A17:** 579
of seamless steel tubular products . . . **A17:** 568–570
of spiral-weld steel pipe **A17:** 567
of steel bar and wire **A17:** 551–552
of surface cracks/delamination, metal matrix **A17:** 250
of titanium-matrix composite panels **A17:** 250
of welded joints **A17:** 272
of weldments **A17:** 272, 594–598
orifice diameter effects **A17:** 60
plasma arc welding **A6:** 198
plasma-MIG welding **A6:** 224
principles, applications, and notes for cracks **A20:** 539
probability of detection (POD) models . . . **A17:** 706
process qualification **A17:** 678
pulse-echo methods **A17:** 241–248

Ultrasonic inspection (continued)
scanning equipment **A17:** 261
search units **A17:** 256–261
soldered joints **A6:** 981
standard reference blocks **A17:** 263–265
stress measurement **A17:** 276
transducer elements **A17:** 254–256
transmission methods **A17:** 240, 248–252
ultrasonic waves, characteristics **A17:** 232–234
underwater welds **M6:** 924
variables, major **A17:** 234–238
with CAD system **A17:** 712–713
Ultrasonic machining **A5:** 92, 106
definition **A5:** 971
in metal removal processes classification
scheme **A20:** 695
Ultrasonic machining (USM) **A16:** 509, 528–532, **EM4:** 313, 314, 359–362
abrasive grit size effect on surface finish **EM4:** 360
advantages **EM4:** 361
CNC of all axes **A16:** 529, 531
coolants **A16:** 528
equipment **A16:** 528, **EM4:** 361–362
impact grinders **EM4:** 361–362
rotary ultrasonic machining **EM4:** 362
key components for USM installation ... **EM4:** 359
machined materials **EM4:** 359
material removal rates **EM4:** 361
process **EM4:** 359
process capabilities **EM4:** 361
properties compared for selected ceramics after
processing **EM4:** 360
rotary ultrasonic machining **A16:** 528–529, 530, 531–532
selection of abrasives **EM4:** 360–361
tooling requirements **EM4:** 359
versus laser beam machining **EM4:** 361
Ultrasonic methods **A19:** 138, 174, 204, 216–217, 218
application for detecting fatigue cracks ... **A19:** 210
as inspection or measurement technique for
corrosion control **A19:** 469
capabilities of **A10:** 380
crack detection sensitivity **A19:** 210
cumulative probability of crack detection as
function of length of inspection
interval **A19:** 415
for determining aircraft in-service
flaw size **A19:** 581
fracture control **A19:** 414
of thickness measurement **A8:** 549
to detect blisters **A19:** 480
to measure size of small fatigue cracks ... **A19:** 157
to monitor corrosion rates **A19:** 472
Ultrasonic microhardness testing **A8:** 98–103
applications **A8:** 99, 102–103
piezoelectric converter **A8:** 101
Ultrasonic nebulizers
for atomic absorption spectrometry **A10:** 55
for ICP sample introduction **A10:** 36
Ultrasonic nondestructive analysis **EM2:** 838–846
complex geometry inspection **EM2:** 845
C-scans, gating techniques for **EM2:** 840–845
future trends **EM2:** 845–846
system description **EM2:** 838–840
Ultrasonic piezoelectric probe **A19:** 216, 217
Ultrasonic ply cutting **EM1:** 615–618
cutting medium **EM1:** 615–616
cutting system features **EM1:** 617–618
cutting variables **EM1:** 616–617
reliability and safety **EM1:** 618
theory/operation principles **EM1:** 615
Ultrasonic probe
LA-920 pumping system **A7:** 253
Ultrasonic resonance test
for threshold stress intensity **A8:** 256
Ultrasonic resonance test methods
to determine threshold stress intensity **A19:** 139
Ultrasonic scanning of fiber composites **A9:** 591
Ultrasonic soldering
aluminum alloys **A6:** 628
definition **A6:** 1214, **M6:** 18
Ultrasonic tanks **A5:** 45–46
Ultrasonic techniques **A6:** 1095
Ultrasonic testing **A6:** 1081, 1083–1084, 1085–1086, 1087, 1088, **A7:** 700, 702, 714–715, 716–717, **EM1:** 24, 776, **EM3:** 29
fitness for service evaluation **A6:** 376
flaws in electron-beam welding **A6:** 860
for casting defects **A15:** 555, 557
for inclusions **A15:** 493
for weld characterization .. **A6:** 97, 98–99, 100, 102
green compacts **A7:** 716, 717
of investment castings **A15:** 264
resistance seam welds **A6:** 245
sintered parts **A7:** 716, 717, 718
to detect weld discontinuities in diffusion
welding **A6:** 1080
weld microstructures **A6:** 54
Ultrasonic thickness measurement and data analysis **A13:** 200, 202, 323
Ultrasonic transducer
in cleaning techniques **M7:** 459
Ultrasonic vapor degreasing system **M5:** 47
Ultrasonic velocity
and mechanical properties **M7:** 484
and strength **M7:** 484
measurement **A15:** 664
Ultrasonic vibration
copper plating baths **M5:** 162
solvent cleaning processes **M5:** 40, 44
Ultrasonic (vibrational) atomization **A7:** 50
Ultrasonic vibratory energy
theory and principles **EM1:** 615
Ultrasonic waves *See also* Ultrasonic inspection; Ultrasound transmission
characteristics **A17:** 232–234
defined **A17:** 231
in acoustical holography **A17:** 405
interference effects, adhesive-bonded
joints **A17:** 637–638
Lamb **A17:** 234
longitudinal **A17:** 233
magnetically induced velocity changes
(MICV) for **A17:** 161–162
surface (Rayleigh) **A17:** 233–234
transverse **A17:** 233
wave propagation **A17:** 233
Ultrasonic welding **EM2:** 721, **M6:** 746–756
applications **M6:** 747, 753–756
electrical and electronic assemblies **M6:** 754–755
foil and sheet splicing **M6:** 755
packaging **M6:** 755
solar energy systems **M6:** 755
structural applications **M6:** 755–756
definition **M6:** 18
equipment for welding **M6:** 747–750
anvils **M6:** 748
automated production equipment ... **M6:** 749–750
coupling systems **M6:** 747–748
force applications systems **M6:** 748
frequency converters **M6:** 747
machines for welding **M6:** 749
transducers **M6:** 747
welding tips **M6:** 748
in joining processes classification scheme **A20:** 697
metal combinations **M6:** 746
procedures for welding **M6:** 750–751
interaction of welding variables **M6:** 750–751
operating variables **M6:** 750
sur-face preparation **M6:** 751
workpiece resonance control **M6:** 751
safety precautions **M6:** 59
seam welding, continuous **M6:** 746
spot welding **M6:** 746
weld properties **M6:** 751–753
surface characteristics **M6:** 751–752
weld microstructure **M6:** 752–753
weld strength **M6:** 752
Ultrasonic welding of
aluminum alloys **M6:** 746
copper alloys **M6:** 746
gold **M6:** 746
iron **M6:** 746
nickel **M6:** 746
palladium **M6:** 746
platinum **M6:** 746
refractory metals **M6:** 746
silver **M6:** 746
titanium **M6:** 746
zirconium **M6:** 746
Ultrasonic welding (USW) **A6:** 324–327
advantages **A6:** 324
aluminum **A6:** 324, 326, 327
aluminum alloys **A6:** 739
anvils **A6:** 326
applications **A6:** 324
brass **A6:** 326
continuous seam welds **A6:** 325
copper **A6:** 324, 326
definition **A6:** 324, 893, 1214
dissimilar metal joining **A6:** 822
equipment **A6:** 324–325, 326
heat-affected zone **A6:** 327
limitations **A6:** 324–325
line welds **A6:** 325
mechanical properties **A6:** 327
microelectronic welds **A6:** 325
molybdenum **A6:** 327
nickel **A6:** 327
noise level **A6:** 325
parameters **A6:** 324–325
personnel **A6:** 325
procedures **A6:** 325–327
process mechanism **A6:** 324
process variations **A6:** 324–325
ring welds **A6:** 325, 327
safety precautions **A6:** 1203
sheet metals **A6:** 399
special atmospheres **A6:** 326
special considerations **A6:** 326
spot welds **A6:** 324–325
steel **A6:** 324
tantalum **A6:** 327
tips **A6:** 326
titanium **A6:** 326, 327
titanium alloys **A6:** 522
to solve problems in joining thin sections by
oxyfuel gas welding **A6:** 288
tooling **A6:** 326
weld quality **A6:** 326–327
weldable materials **A6:** 894
Ultrasonic welding (USW), procedure development and practice considerations **A6:** 893–895
aluminum alloys **A6:** 894, 895
applications **A6:** 893, 894, 895
carbon steels **A6:** 893
copper alloys **A6:** 894–895
difficult-to-weld alloys **A6:** 893–894
dissimilar metal (nonferrous-to-nonferrous)
combination **A6:** 895
heat-affected zone **A6:** 895
high-strength steels **A6:** 893
Inconel X **A6:** 895
Kovar **A6:** 895
low-alloy steels **A6:** 893
molybdenum alloys **A6:** 894
nickel-base alloys **A6:** 895
precious metals **A6:** 895
reactive metals **A6:** 894
refractory base metals **A6:** 894
stainless steels **A6:** 327, 893, 894
titanium alloys **A6:** 894
weld strength **A6:** 893
Ultrasonically installed inserts **EM2:** 722
Ultrasonication with a probe **A7:** 235–236

SUBJECTS OF THE INDEXED VOLUMES: ASM Handbook (designated by the letter "A"): **A1:** Properties and Selection: Irons, Steels, and High-Performance Alloys (1990); **A2:** Properties and Selection: Nonferrous Alloys and Special-Purpose Materials (1990); **A3:** Alloy Phase Diagrams (1992); **A4:** Heat Treating (1991); **A5:** Surface Engineering (1994); **A6:** Welding, Brazing, and Soldering (1993); **A7:** Powder Metal Technologies and Applications (1998); **A8:** Mechanical Testing (1985); **A9:** Metallography and Microstructures (1985); **A10:** Materials Characterization (1986); **A11:** Failure Analysis and Prevention (1986); **A12:** Fractography (1987); **A13:** Corrosion (1987); **A14:** Forming and Forging (1988); **A15:** Casting (1988); **A16:** Machining (1989); **A17:** Nondestructive Evaluation and Quality Control (1989); **A18:** Friction, Lubrication, and Wear Technology (1992); **A19:** Fatigue and Fracture (1996); **A20:** Materials Selection and Design (1997). **Metals Handbook, 9th Edition** (designated by the letter "M"): **M1:** Properties and Selection: Irons and Steels (1978); **M2:** Properties and Selection: Nonferrous Alloys and Pure Metals (1979); **M3:** Properties and Selection: Stainless Steels, Tool Materials, and Special-Purpose Materials (1980); **M4:** Heat Treating (1981); **M5:** Surface Cleaning, Finishing, and Coating (1982); **M6:** Welding, Brazing, and Soldering (1983); **M7:** Powder Metallurgy (1984). **Engineered Materials Handbook** (designated by the letters "EM"): **EM1:** Composites (1987); **EM2:** Engineering Plastics (1988); **EM3:** Adhesives and Sealants (1990); **EM4:** Ceramics and Glasses (1991). **Electronic Materials Handbook** (designated by the letters "EL"): **EL1:** Packaging (1989)

Ultrasonics
measured by acoustic ESR **A10:** 258

Ultrasonics, detection of cracks
electron-beam welding **A6:** 1077–1078

Ultrasound **A7:** 330, 331
in acoustic microscopy **EL1:** 369

Ultrasound transmission *See also* Ultrasound inspection
in green compacts **A17:** 539
in sintered parts. **A17:** 539–540

Ultrathin films
LEISS coverage analysis **A10:** 603

Ultrathin window
abbreviation for **A10:** 691
-EDS light-element analysis **A10:** 459–461
energy-dispersive spectrometer. **A10:** 519

Ultratrace analysis
graphite furnace atomic absorption spectrometry **A10:** 57
of inorganic gases, applicable methods for. . . **A10:** 8
of inorganic liquids and solutions, applicable methods for **A10:** 7
of inorganic solids, applicable methods for. **A10:** 4–6
of organic solids and liquids, applicable methods for. **A10:** 9, 10
uranium, determined by laser-induced fluorescence spectroscopy **A10:** 80

Ultraviolet binders
for multicolor screening applications **EM4:** 475

Ultraviolet degradation **EM3:** 554–555
defined. **EL1:** 1160

Ultraviolet illumination
effects. **A12:** 84–85

Ultraviolet laser treatment **EM3:** 35

Ultraviolet light
for cold shut detection **A17:** 101
for magnetic particle inspection **A17:** 102–103
in fluorescent magnetic particle inspection. **M7:** 578–579
in liquid penetrant inspection **A17:** 73

Ultraviolet light, as source
photolytic degradation **EM2:** 776–782

Ultraviolet light exposure
for curing. **EM3:** 35

Ultraviolet photoelectron spectroscopy
of molybdena catalysts **A10:** 134

Ultraviolet photoelectron spectroscopy (UPS) **A18:** 445, 447, **EM3:** 237

Ultraviolet radiation
cross-linking effect on polyimides **EM3:** 157
defined. **A10:** 683
definition **A5:** 971
effect on modified silicones **EM3:** 191
effect on two-part manually mixed polysulfide sealants. **EM3:** 190
effect on urethanes **EM3:** 190–191

Ultraviolet radiation resistance
as degradation factor. **EM2:** 575–576
of engineering plastics **EM2:** 1
polyether-imides (PEI). **EM2:** 157
ultrahigh molecular weight polyethylenes (UHMWPE) **EM2:** 169, 171

Ultraviolet resistance **EM3:** 52

Ultraviolet spectra
DRS and ATR analysis. **A10:** 114

Ultraviolet spectroscopy tests **EM2:** 426

Ultraviolet stability
polyamide-imides (PAI). **EM2:** 129

Ultraviolet stabilizer **EM3:** 30

Ultraviolet stabilizers
as additive, effects **EM2:** 425
as polymer additives **EM2:** 67
defined **EM2:** 44
effect, chemical susceptibility. **EM2:** 572
in engineering thermoplastics. **EM2:** 98

Ultraviolet (UV) **EM3:** 29
absorbers, in sheet molding compounds. . **EM1:** 158
defined **EM1:** 24, **EM2:** 43–44
degradation, long-ten-n exposure testing. **EM1:** 823–825
resistance, of polyester resins. **EM1:** 94–95
stabilizer, defined **EM1:** 24

Ultraviolet (UV) conformal coatings
advantages. **EL1:** 788
development **EL1:** 785
equipment **EL1:** 787
future of **EL1:** 788
masking **EL1:** 787
materials **EL1:** 785–786
performance data. **EL1:** 787–788
processing techniques **EL1:** 786–787

Ultraviolet (UV) curing **EL1:** 773, 785–788, 854, 864
acrylates. **EL1:** 555
of adhesives **EL1:** 672
of coatings **EL1:** 773, 785–788, 854, 864
of conformal coatings **EL1:** 765
silicone coatings **EL1:** 824

Ultraviolet (UV) fluorescence
for optical imaging **EL1:** 1068

Ultraviolet (UV) radiation resistance **EL1:** 773

Ultraviolet (UV) spectra
parylene coatings **EL1:** 795

Ultraviolet (UV) spectroscopy **EL1:** 1103

Ultraviolet (UV) technology
future of **EL1:** 788
process flexibility **EL1:** 786
UV curing. **EL1:** 785–788

Ultraviolet (UV)/visible spectrophotometry
for chemical analysis. **EM4:** 553–554

Ultraviolet wave energy curing. **EM3:** 567–568

Ultraviolet/electron beam cured adhesives **EM3:** 90–92
advantages and limitations **EM3:** 75
applications **EM3:** 91
automotive applications **EM3:** 91
characteristics **EM3:** 74, 91
chemistry **EM3:** 91
components **EM3:** 91
cross-linking **EM3:** 90, 91
curing methods. **EM3:** 90–91
electronics applications **EM3:** 91
for fiber optics **EM3:** 91
for magnetic media **EM3:** 91
for metal finishing **EM3:** 91
for package laminations **EM3:** 91
for release coatings. **EM3:** 91
laminating adhesives **EM3:** 91
limitations **EM3:** 91
markets. **EM3:** 91
medical adhesives. **EM3:** 91
pressure-sensitive adhesives (PSA). **EM3:** 91
suppliers. **EM3:** 92
UV-curable structural adhesives. **EM3:** 91

Ultraviolet/visible absorption spectroscopy *See also* Optical and x-ray spectroscopy. **A10:** 60–71
absorbance. **A10:** 62
adapted for inorganic solids. **A10:** 4–6
advantages **A10:** 60
applications **A10:** 60, 70–71
Beer's law **A10:** 61–63
capabilities. **A10:** 181
capabilities, MFS compared **A10:** 72
color comparison kits **A10:** 66–67
defined **A10:** 683
effect of complexing agent **A10:** 64
estimated analysis time **A10:** 60
experimental parameters. **A10:** 68–70
filter photometers. **A10:** 67
for inorganic liquids and solutions **A10:** 7
general uses **A10:** 60
instrumentation **A10:** 66–68
introduction and principles **A10:** 61–63
limitations **A10:** 60
molecular fluorescence **A10:** 61–62
monochromators. **A10:** 66
NMR, ESR, and IR compared with **A10:** 265
of organic liquids and solutions, information from **A10:** 10
of organic solids, information from **A10:** 9
Planck's constant **A10:** 61
quantitative analysis **A10:** 63–66
related techniques. **A10:** 60
samples **A10:** 60, 70–71
sensitivity **A10:** 63–65
spectral region of interest **A10:** 61
terms and symbols used in. **A10:** 62

Ultraviolet/visible solution spectrophotometry
AAS spectrometers and **A10:** 51

Ultraviolet-curable acrylates
for lighting subcomponent bonding. **EM3:** 552

Ultraviolet-curable acrylics
for circuit protection **EM3:** 592

Ultraviolet-curable epoxies
liquid crystal display potting and sealing **EM3:** 612

Ultraviolet-curable resins
wire tacking on motor assemblies **EM3:** 612

Ultraviolet-curing adhesives **EM3:** 74
for electronic general component bonding **EM3:** 573
for wire-winding operation **EM3:** 573, 574
medical applications **EM3:** 576
surface-mount technology adhesives **EM3:** 570–571

Ultraviolet-curing methacrylates
for medical bonding (class IV approval) **EM3:** 576
medical applications **EM3:** 576

Ultraviolet-curing urethane-acrylates
for medical bonding (class IV approval) **EM3:** 576

Ultraviolet-visible radiation
contamination by **EL1:** 45

Umbra
defined for radiographic definition **A17:** 313

UMCo-50
composition **A6:** 564, 573

Umpire analysis
gravimetry for. **A10:** 170
of stainless steel alloy **A10:** 178–179

Unalloyed aluminum *See also* Aluminum; Pure aluminum; Pure metals
compositions. **A2:** 22–25

Unalloyed cast irons **A13:** 567

Unalloyed Ti-0.15Pd
stress-relieving times and temperatures **A6:** 786

Unalloyed tin *See also* Pure metals; Pure tin; Tin
applications **A2:** 519

Unalloyed titanium *See* Titanium alloys, specific types, Ti grades 1 to 4

Unalloyed uranium *See* Natural uranium; Pure uranium; Uranium

Unaltered grain-coarsened (UAGC) zone **A6:** 81

Unary system
defined **A9:** 19

Unary system or diagram. . . . . **A3:** 1•2

Unbalanced magnetron sputter deposition
process **A18:** 841, 849

Unbalanced magnetron sputtering . . **A5:** 573, 578–579

Unbalanced magnetrons **A5:** 578–579

Unbalanced rotor vibration test
ENSIP Task IV, ground and flight engine tests. **A19:** 585

Unbiased autoclave test
for humidity-induced stress **EL1:** 495

Unbond **EM3:** 30
defined **EM1:** 24–25, **EM2:** 44

Unbonded sand molds *See also* Bonded sand molding; Sand molding **A15:** 230–237
lost foam casting **A15:** 230–234
magnetic molding **A15:** 234–235
vacuum molding **A15:** 235–236

Unbonds
holographic inspection. **A17:** 423
in adhesive-bonded joints. **A17:** 612
optical holography of. **A17:** 405

Unbreakable Metal *See* Zinc alloys, specific types, zinc-base slush-casting alloys

Uncensored data. **A20:** 627

Uncertainties
sampling **A10:** 12, 15, 17

Uncertainty **A20:** 76
defined **A8:** 14, **A10:** 683
definition **A20:** 843

Unclinching leads
conditions and methods **EL1:** 722

Uncoated alloyed carbide grades
machining applications **A2:** 967

Uncoated straight WC-CO grades
machining applications **A2:** 967

Uncoilers
as coil-handling equipment. **A14:** 501

Unconsolidated interiors
tool and die failures from **A11:** 574–575

Unconstrained interconnection methods
surface-mounted. **EL1:** 985

Unconstrained sketching. **A20:** 159

Unconventional metallurgy **M7:** 570

Uncoupled transient nonlinear small deformation thermomechanical analysis **A20:** 816

Uncracked ligament length. **A19:** 397

Unctuous
defined **A18:** 20

Underage treatment
beryllium-copper alloys **A2:** 407
Underaging
beryllium coppers...................... **A19:** 873
effect on fracture toughness of aluminum alloys **A19:** 385
Underbead cold cracking
steel weldments **A6:** 423, 425
Underbead crack
definition **M6:** 18
weld metal............................ **A12:** 155
Underbead cracking *See also* Hydrogen-induced cracking............. **A6:** 410, 1068, **M6:** 830
carbon steels **A6:** 642
definition **A6:** 12, 14
in austenitic stainless steels **A1:** 898
in shielded metal arc welds........... **M6:** 92–93
in submerged arc welds **M6:** 130
pressure vessels......................... **A6:** 379
sources **M6:** 44
underwater welding............... **A6:** 1011, 1012
Underbead cracking, welded steel
estimating risk of **M1:** 561
Underbead cracks
in girth weld **A11:** 699
in pipeline girth welds, inspection **A17:** 581
in weldments.......................... **A17:** 585
Undercoat
definition **A5:** 971
Undercoating, soft
for circuit encapsulation................ **EL1:** 241
Undercooling *See also* Cooling; Supercooling **A6:** 45, 52, **A20:** 350
and lattice disregistry **A15:** 105
and microsegregation................... **A15:** 138
data, low gravity........................ **A15:** 150
defined................................ **A15:** 101
effect on cast iron bearing caps.......... **A11:** 350
effect on eutectic structures **A9:** 619
effect on pure metal solidification structures **A9:** 610
evolution, low gravity **A15:** 150
Gibbs-Thomson **A15:** 110–111
gray-to-white transition by **A15:** 180
in peritectic reactions **A9:** 676
in solidification modeling.......... **A15:** 884–890
of dendritic structures............. **A15:** 118–119
required to activate solidification **A15:** 105
total growth, eutectic interface........... **A15:** 124
transcrystalline layer **EM3:** 418
Undercure *See also* Cure................. **EM3:** 30
defined **EM1:** 25, **EM2:** 44
Undercut **A6:** 1073, 1075, 1164, 1215, **A20:** 297, 767, **M6:** 836–837, 844
avoidance of........................... **A20:** 36
by metal casting **A15:** 40
defined **A15:** 11, **EM1:** 25, **EM2:** 44
definition **A20:** 843, **M6:** 18
external **A20:** 36
in gas metal arc welds **M6:** 172
in permanent molds.................... **A15:** 277
in shielded metal arc welds........... **M6:** 92–93
internal................................ **A20:** 36
polyamide-imides (PAI)................ **EM2:** 131
reduction by beam oscillation............ **M6:** 634
weld overlays.......................... **M6:** 817
Undercut shape
definition............................ **A20:** 843
Undercuts
in arc-welded aluminum alloys **A11:** 435
Undercutting
defined............................. **EL1:** 1160
during etching, effects.................. **EL1:** 82
in conjunction with turning......... **A16:** 138, 158
printed board coupons **EL1:** 577
weld............................ **A17:** 350, 582
Under-deposit corrosion *See* Crevice corrosion
Underdesigning........................... **A19:** 6
Underfill *See also* Nonfill.......... **A6:** 1073, 1215, **A20:** 741–742, **M6:** 837
as weldment defect **A17:** 582
defined................................ **A14:** 14
definition **M6:** 18
reduction by beam oscillation............ **M6:** 634
Underfilm corrosion
defined................................ **A13:** 13
definition **A5:** 972
Underfiring
definition.............................. **A5:** 972
Underground ducts
lead/lead alloys corrosion in **A13:** 787–789
Underground installations
ductile iron pipe **M1:** 99
Underground mining, metallic ores
with cemented carbide tools.............. **A2:** 975
Underground plant
telephone cables................. **A13:** 1127–1128
Underground zinc anodes **A13:** 765
Underhardening treatments **A7:** 791
Underlayer, exposed *See* Exposed underlayer
Underpotential deposition phenomenon (UPD) **A5:** 276
Underpouring
ladle............................. **A15:** 497, 500
Under-relaxation **A20:** 193
Under-relaxation factor **A20:** 193
Undersintered powder metallurgy materials ... **A9:** 512
Undersintering **A7:** 728, 729, 746
Undersize powder **M7:** 12
Undervoltage relay
defined............................. **EL1:** 1160
Underwater applications **A6:** 374
Underwater cutting **M6:** 914, 921–925
depth limitations........................ **M6:** 922
environmental effects on processes **M6:** 923
processes............................... **M6:** 922
arc cutting............................ **M6:** 922
gas cutting............................ **M6:** 922
mechanical cutting..................... **M6:** 922
remote cutting **M6:** 922
welder/diver qualification **M6:** 924
Underwater installations
ductile iron pipe.................... **M1:** 99–100
Underwater welding.... **A6:** 1010–1014, **M6:** 921–925
applications, maintenance and repair examples **A6:** 1014
carbon monoxide reaction.... **A6:** 1010–1011, 1012
depth limitations........................ **M6:** 922
environmental effects.............. **M6:** 922–923
on design............................ **M6:** 923
on processes **M6:** 923
on welder **M6:** 923
on welds **M6:** 922–923
fatigue as a function of porosity **A6:** 1013
flux-cored arc welding **A6:** 1010, 1012
gas-metal arc welding **A6:** 1010
gas-tungsten arc welding **A6:** 1010, 1014
heat flow in fusion welding **A6:** 9
heat sources **A6:** 1013–1014
heat-affected zone........... **A6:** 1010, 1011–1012
hydrogen content in weld-metals ... **A6:** 1011–1012
hydrogen cracking **A6:** 1010, 1011–1012, 1014
hydrogen mitigation **A6:** 1011–1012
hyperbaric welding.......... **A6:** 1010, 1011, 1014
inspection **M6:** 924
isotopic radiography **M6:** 924
ultrasonic............................ **M6:** 924
visual **M6:** 924
microstructural development of underwater welds.......................... **A6:** 1011
procedure qualification **M6:** 924
process selection **M6:** 924
processes **M6:** 921–922
chamber............................. **M6:** 921
dry-box **M6:** 921
dry-spot **M6:** 921
habitat **M6:** 921
remote **M6:** 921
wet or open-water **M6:** 921
pyrometallurgy................... **A6:** 1010–1011
residual stress reduction practices........ **A6:** 1012
shielded metal arc welding **A6:** 1010, 1012
specifications **A6:** 1012, 1014
temper bead practice................... **A6:** 1012
time to cool value **A6:** 1010
underbead cracking............... **A6:** 1011, 1012
water pressure effect **A6:** 1013
welder/diver qualification **M6:** 924
welding parameter space................ **A6:** 1011
weld-metal carbon **A6:** 1010, 1011, 1012
weld-metal manganese **A6:** 1010–1011
weld-metal oxygen content......... **A6:** 1010–1011
weld-metal porosity............... **A6:** 1012–1013
weld-metal silicon **A6:** 1010–1011
wet welding **A6:** 1010, 1011
Underwriters' Laboratories (UL)......... **A20:** 67, 69
standards **A20:** 67
Underwriters' Laboratories (UL) standards.. **EM2:** 91, 461
Undiluted weld metal
plasma-MIG welding.................... **A6:** 225
Undisturbed substrate limit **A18:** 465
Unfavorable grain flow *See* Grain flow
Unfilled resins
acrylic, friction as described by various properties........................ **A18:** 669
diacrylate, friction as described by various properties........................ **A18:** 669
Unfused chapiet
as casting defect **A11:** 383
Unfused chaplets
radiographic appearance **A17:** 349
UNI (Italian) standards for steels........... **A1:** 159
compositions of **A1:** 190–193
cross-referenced to SAE-AISI steels ... **A1:** 166–174
UNI programmable calculator program
for composite material analysis..... **EM1:** 277–279
Uniaxial
compression, ply...................... **EM1:** 237
load, defined.......................... **EM1:** 25
orientation, defined *See* Oriented materials, defined
tension......................... **EM1:** 237, 239
Uniaxial compacting....................... **M7:** 12
Uniaxial compaction in a rigid die **A7:** 315–316
Uniaxial compression..................... **M7:** 304
Uniaxial compression in dies
carbon-graphite materials **A18:** 816
Uniaxial compression testing
creep specimens for..................... **A8:** 302
flow localization........................ **A8:** 171
Uniaxial compression tests........ **A7:** 599, **A20:** 736
Uniaxial compressive stress **A20:** 342
Uniaxial dry pressing **EM4:** 123
constituents of powder formulation **EM4:** 126
mechanical consolidation.......... **EM4:** 125, 126
Uniaxial extension
and compression.............. **EL1:** 839, 844–845
Uniaxial flow
in indentation tests **A8:** 71
Uniaxial hot pressing .. **EM4:** 186–190, **M7:** 309, 501
additives **EM4:** 187, 188
brazing for joining non-oxide ceramics .. **EM4:** 528
comminution.......................... **EM4:** 188
constituents of powder formulation **EM4:** 126
die assembly **EM4:** 187
hot press densification.................. **EM4:** 189
hot pressed product properties **EM4:** 189–190
hot pressing
environments **EM4:** 186
furnace **EM4:** 186–187
temperatures **EM4:** 186
mechanical consolidation.......... **EM4:** 125, 126
powder loading.................. **EM4:** 188–189
powder selection **EM4:** 187–188

pressure densification **EM4:** 297–299
conditions. **EM4:** 298
parameters **EM4:** 298
pressure. **EM4:** 301
temperature **EM4:** 301
Uniaxial load **EM3:** 30
defined **EM2:** 44
to failure **A8:** 19
Uniaxial loading **A19:** 264, 267–268
Uniaxial pressing **EM4:** 9, 126, 127
borides. **A7:** 530–531
Uniaxial strain *See also* Axial strain
defined. **A8:** 210
Uniaxial stress *See also* Principal stress
designing for axial loading **A20:** 512
effect on fracture mode. **A12:** 30–31
Uniaxial stress system **A8:** 576
Uniaxial tensile creep
testing of **EM2:** 666–667
Uniaxial tensile stress **A20:** 623–624, 628
Uniaxial tensile stresses **A19:** 52
Uniaxial tensile test
for welds **A6:** 101
Uniaxial tensile testing **A14:** 861–862, 883–887
as intrinsic formability test **A8:** 553–557
determining n and r values **A8:** 556–557
engineering and true stress/strain curves **A8:** 554
material properties. **A8:** 555–556
of sheet metals. **A8:** 553–557
rate of **A8:** 554–555
specimens for **A8:** 302
test procedure. **A8:** 554–555
Uniaxial tensile tests. **A7:** 333
Uniaxial tension **A8:** 22, 503
in fatigue fracture. **A11:** 75
Uniaxial tension test **A20:** 323
Uniaxial tension tests
SCC evaluation **A13:** 247–248
Uniaxial tension-biaxial compression system. . **A8:** 576
Uniaxial tension-uniaxial compression system A8: 576
Uniaxial threshold flow stress in
compression. **A20:** 632
Uniaxial vacuum hot pressing
beryllium powders **A7:** 203
Uniaxially cold pressed beryllium powder **M7:** 171
Uniaxis assembly
design for **EL1:** 121–122
Unibody designs. **A20:** 258
Unicast process **A15:** 250–252
alloys cast **A15:** 251
and Shaw process, compared. **A15:** 250–251
Unidirectional associativity **A20:** 160
Unidirectional bending
and fatigue-crack propagation **A11:** 108
fatigue, in shafts **A11:** 461–462
Unidirectional compacting **M7:** 12
Unidirectional composites (UDCS)
anisotropy of. **EM1:** 218
aramid fiber reinforced, strength of **EM1:** 35
carbon fiber reinforced, strength of. **EM1:** 35
damping analysis of. **EM1:** 207–209
longitudinal shear, and damping in. **EM1:** 207
longitudinal tension/compression and
damping in **EM1:** 207–208
moisture effects **EM1:** 188–190
physical properties. **EM1:** 185–192
properties. **EM1:** 185
Unidirectional fabrics **EM1:** 125–128
design. **EM1:** 125–127
maximum directional properties for minimum
thickness. **EM1:** 126
textile equipment for. **EM1:** 127–128
Unidirectional flux **M7:** 315
Unidirectional laminate *See also* Bidirectional
laminate; Laminate(s); Unidirectional
composites (UDCs)
defined **EM1:** 25, **EM2:** 44
Unidirectional lubrication theory **EM4:** 176
Unidirectional Material Properties (UNI)
programmable calculator program
for composite materials analysis **EM1:** 277–279
Unidirectional radial loads
ball bearings **A11:** 491–492
Unidirectional tape prepregs **EM1:** 143–145
applications. **EM1:** 144–145
automatic machine lay-up. **EM1:** 145
chemical tests for **EM1:** 291
dimensions. **EM1:** 143
drape **EM1:** 144
fiber bundle dimensions **EM1:** 143
flow. **EM1:** 144
future trends **EM1:** 145
gel time **EM1:** 144
hand lay-up. **EM1:** 144
machine-cut patterns **EM1:** 145
manufacture/product forms **EM1:** 143
mechanical properties **EM1:** 143
properties **EM1:** 143–144
tack **EM1:** 143–144
vs. multidirectional tape prepregs **EM1:** 146
Unidirectional waves
in wave soldering. **EL1:** 688
Unidirectionally solidified eutectics, quantitative metallography of parallel
rods in **A9:** 127
Unified life cycle engineering
and NDE reliability models **A17:** 702
Unified models. **A19:** 550–551
Unified Numbering System (UNS)
cross-referencing system **A2:** 16, 17–25
for copper-base castings **A2:** 346–347
Unified Numbering System (UNS) designations *See also* SAE/AISI designation **A1:** 151, 153, 842
Unified-shapes checking (USC) **EL1:** 127–129
Uniform axial strain ($\bar{\partial}$) **A19:** 74
Uniform Building Code **A20:** 69
Uniform corrosion *See also* Corrosion; General corrosion
and localized corrosion **A13:** 48
as type of corrosion. **A19:** 561
automotive industry. **A13:** 1011
defined. **A13:** 13
definition. **A5:** 972
electrochemical testing methods **A13:** 213–215
evaluation of. **A13:** 229–230
exposure tests. **A13:** 229–230
in carbon steel pipe **A11:** 300
in mining/mill applications **A13:** 1294–1295
in soil, measurement **A13:** 209
material selection to avoid/minimize **A13:** 323
of cobalt-base corrosion-resistant alloys **A2:** 453
of metals. **A11:** 174–176
of steel castings **A11:** 402
of steel tubes. **A11:** 175
rates, measurement **A13:** 229–230
stainless steels. **A13:** 553
test coupons **A13:** 198
Uniform elongation *See also* Elongation. **EM3:** 30
correlation with stretch-forming. **A8:** 22
defined **A8:** 14, **EM2:** 44
effect on percent elongation **A8:** 27
in uniaxial tens-le testing **A8:** 555–556
n value defined in region of. **A8:** 550
of sheet metals. **A8:** 555–556
Uniform extension
in ductility measurement **A8:** 26
Uniform loading
effect on cracking. **A12:** 176
Uniform quasi-static torsional testing **A8:** 145
Uniform quenching
in forging. **A11:** 325
Uniform solidification
of copper alloy castings. **A15:** 782
Uniform strain
defined. **A8:** 14
true. **A8:** 24
Uniformity
of blending and premixing **M7:** 186–189
Uniformity coefficients **EM3:** 444
Uniformity, product
with isothermal/hot-die forging **A14:** 150
Uniformly distributed impact test *See* Distributed impact test
Unilay stranded copper conductors. **M2:** 266
Unimeric **EM3:** 30
defined **EM2:** 44
Uninhibited leaded Muntz metal
applications and properties. **A2:** 311
Uninhibited naval brass
applications and properties **A2:** 319–320
Uninhibited pickling solutions
use of **M5:** 70
Uninspectable structure. **A19:** 582
Union Furnace *See* Taylor-Wharton Iron and Steel Company
Uniply
fracture toughness vs. density .. **A20:** 267, 269, 270
strength vs. density **A20:** 267–269
Young's modulus vs. density **A20:** 289
Young's modulus vs. elastic limit **A20:** 287
Uniply carbon-fiber-reinforced polymer
fracture toughness vs. strength **A20:** 267, 272–273, 274
fracture toughness vs. Young's modulus .. **A20:** 267, 271–272, 273
linear expansion coefficient vs. Young's
modulus. **A20:** 267, 276–277, 278
Uniply glass-fiber-reinforced polymer (GFRP)
specific modulus vs. specific strength **A20:** 267, 271, 272
Unipolarity operation
definition **M6:** 18
Unit axis vectors **A7:** 449
Unit cell **A20:** 337
defined. **A13:** 45
Unit cell (crystallographic)
defined. **EL1:** 93
Unit cell of a crystal *See also* Crystal
structure. .... **A3:** 1•10
defined **A9:** 19, 706
Unit cells
arrangement of atoms within. **A10:** 345
copper tetrahedra and molybdenum
octahedra in **A10:** 354
cubic **A10:** 346–348
defined. **A10:** 683
described. **A10:** 346–347
diffraction, and structure factor
equation for. **A10:** 329
dimensions, for defining crystal structure **A10:** 348
geometry of. **A10:** 326–327
hexagonal **A10:** 346–348
identification, by single-crystal x-ray
diffraction **A10:** 344, 346–347, 351
monoclinic **A10:** 346–348
orthorhombic **A10:** 346–348
tetragonal **A10:** 346–348
triclinic **A10:** 346–348
trigonal (rhombohedral) **A10:** 346–348
use to identify unknown crystalline phase **A10:** 353
Unit cost of part equation. **A20:** 248
Unit effects **A20:** 263, 264
Unit level, of interconnections
defined. **EL1:** 13
Unit load. **A19:** 350
Unit load index **A19:** 351
Unit mesh size and shape
LEED analysis **A10:** 544
Unit propagation energy (UPE) **A19:** 775, 777
Unit reliability **A20:** 89
United Kingdom
inspection frequencies of regulations and standards
on life assessment. **A19:** 478
nondestructive evaluation requirements of
regulations and standards on life
assessment **A19:** 477
phosphate coatings, solid and liquid waste
disposal **A5:** 403
phosphating of metals, industrial standards and
process specifications. **A5:** 399
regulations and standards on life
assessment **A19:** 477
United Kingdom Atomic Energy Authority (UKAEA)
development of RBSC. **EM4:** 293
United States
foundry history of **A15:** 24–36
phosphating of metals, industrial standards and
process specifications. **A5:** 399
regulations and standards on life
assessment **A19:** 477
rejection criteria of regulations and standards on
life assessment. **A19:** 478
telecommunication industry structure **EL1:** 384
United States Bureau of Mines
explosion probability rankings for
materials **A7:** 157
United States Public Health Service (USPHS)
criteria for classifying loss of anatomical form of
posterior restorations (dental) **A18:** 671
United States Standard Sieve Series. **A7:** 214

United States steel wire gage system **M1:** 259
United States steel wire gage (USSWG) **A1:** 277
Unitemp 1753
thread grinding **A16:** 275
Unitemp AF2-1DA
composition **A4:** 794, **A6:** 573
Unitemp AF2-1DA6
composition **A6:** 573
Units
environmental stress screening **EL1:** 878
of analysis, part tolerances **A17:** 18
of measure **A10:** 691
radiation **A17:** 300–301
SI standardized **A10:** 685
Units and measures
metric and conversion data for **A8:** 721–723
Uni-type fill
fly-shuttle loom selvage with **EM1:** 128
Univariant equilibrium .... **A3:** 1•2
defined **A9:** 19
Univariate testing **A20:** 93
Universal clamp and leveling vise
for microhardness specimens **A8:** 96
Universal fluxes
various **A10:** 167
Universal lead frame
defined **EL1:** 1160
Universal measuring machines *See also* Coordinate measuring machines (CMMs)
column coordinate **A17:** 21
Universal open-front holder
for axial fatigue testing **A8:** 369
Universal pinion
by precision forging **A14:** 163
Universal repair
techniques **EL1:** 711
Universal rolling **A14:** 347–348
Universal Slopes equation
for creep-fatigue predictions **A8:** 354
Universal straight-line polishing and buffing machines **M5:** 122
Universal Strip Cote **EM4:** 464
Universal testing machine **A8:** 612–616
calibration **A8:** 612–616
flat-face tensile fracture **A11:** 76
Fracjack test system and **A8:** 470
hydraulic **A8:** 612–613
load application systems **A8:** 612
screw-driven **A8:** 613
with LVDT extensometer **A8:** 616
Universal tilting stages for microscopes **A9:** 82
Universal unit
immersion ultrasonic scanning **A17:** 261
Universe *See* Population
University of Illinois (UIUC) fatigue databank **A19:** 283, 284
Unkilled steel
hot dip galvanized coatings **A5:** 365
Unknown crystalline phase identification
by single-crystal diffraction **A10:** 353
Unknown distribution
direct computation for **A8:** 666–667
example of computational procedures **A8:** 676
ranks of observations for **A8:** 666
Unknown phase identification, by electron diffraction/ EDS
analysis of metallized ceramic **A10:** 457–458
assessment, experimental/reference data **A10:** 455–456
confirming **A10:** 457
data base use **A10:** 456
diffraction patterns obtained **A10:** 458
strategy of analysis **A10:** 456–457
Unleaded tin bronzes
applications **A18:** 750, 751
composition **A18:** 751
designations **A18:** 751
mechanical properties **A18:** 750, 752
product form **A18:** 751, 752
Unloading
of presses **A14:** 500–501
Unloading compliance technique
for crack closure evaluation **A8:** 391
Unlubricated sliding
defined **A18:** 20
definition **A5:** 972
Unmelted electrodes, ingot
as forging defect **A17:** 492
Unmelts **A7:** 408
Unmixed stress criteria **A8:** 344
Unmixed zone **A6:** 749
nickel alloys **A6:** 588, 589
nickel-chromium alloys **A6:** 588, 589
nickel-chromium-iron alloys **A6:** 588, 589
nickel-copper alloys **A6:** 588, 589
Unmixed zones
in welded stainless steels **A13:** 344, 353
Unnotched axial specimen
for fatigue testing **A8:** 696
Unnotched Charpy impact strength
testing **M7:** 490
testing for **A7:** 714
Unnotched fatigue limits
of tempered pearlitic malleable irons **A1:** 83
Unpaired electrons
ESR analysis of **A10:** 254
Unpigmented drawing compounds
removal of **M5:** 5–6, 8–9
Unreactive rubber
as toughener **EM3:** 185
Unreasonably dangerous **A20:** 147
Unrecrystallized structures
effect on fatigue resistance of alloys **A19:** 89
effect on fatigue resistance of alloys containing shearable precipitates and PFZs **A19:** 796
Unrepaired service usage **A19:** 581
Unresolved doublets
Kα aluminum and magnesium lines as ... **A10:** 570
UNS *See* Unified Numbering System
UNS designations **M1:** 140, 143
constructional steels for elevated temperature use **M1:** 648, 649
Unsaturated anhydrides
for polyesters **EM1:** 132
Unsaturated compounds **EM3:** 30
defined **EM1:** 25, **EM2:** 44
Unsaturated esters
suppliers of **EM1:** 133
Unsaturated polyester **A20:** 445, 450
representative polymer structure **A20:** 445
Unsaturated polyester resins *See also* Polyester resins; Resins
for filament winding **EM1:** 137–138
for pultrusion **EM1:** 538
Unsaturated polyesters *See also* Polyesters; Thermosetting polyesters; Thermosetting resins **EM3:** 30
applications **EM2:** 246–247
as structural plastic **EM2:** 65
characteristics **EM2:** 247–251
chemistry **EM2:** 65
compression molding **EM2:** 249–250
costs and production volume **EM2:** 246
filament winding **EM2:** 251
filled/unfilled **EM2:** 250–251
for porosity sealing in castings **EM3:** 51
forms of **EM2:** 246
hand lay-up/spray-up **EM2:** 249
mechanical properties **EM2:** 247
processing **EM2:** 249–251
pultrusion **EM2:** 251, 394
resin transfer molding **EM2:** 250–251
Unsaturated polymers *See also* Polymers; Unsaturated polyesters
defined **EM2:** 44
Unsaturation
determined **A10:** 219
EFG determination in polymers **A10:** 212
Unsharpness
film, defined **A17:** 300
geometric, in shadow formation **A17:** 311–314
image, from stem radiation **A17:** 305
in-motion radiography **A17:** 338
screen, radiography **A17:** 300
total, radiography **A17:** 300
Unstable emulsion cleaners
use of **M5:** 33–35
Unstable equilibrium .... **A3:** 1•1
Unstable fast fracture
as fatigue stage **A12:** 175
Unstable fracture
as failure mode for welded fabrications ... **A19:** 435
Unsupported hole
defined **EL1:** 1160
Unsymmetric laminate *See also* Laminate(s) **EM3:** 30
defined **EM2:** 44
Unsymmetrical bending
of straight beams **A8:** 119
Unsymmetrical holding
in tests with hold period in tension **A8:** 349
Unsymmetrical laminate *See also* Laminate(s)
defined **EM1:** 25
Untapered bonded joints **EM3:** 475, 476
Untempered martensite (UTM) **A16:** 25–29
"Unzipping" **A6:** 240, **A20:** 455
Up stroke *See* Stroke
Up-and-down procedure *See* Staircase method
Updated analyses
ENSIP Task V, engine life management .. **A19:** 585
Updraught **A7:** 148
Updraw process **EM4:** 400, 1038
Upgradability **A20:** 104
Upgraded cast iron *See* Compacted graphite iron
Upgrading
of castings **A6:** 495
Upholstery construction wire
description **M1:** 266, 268
tensile strength requirements **M1:** 268
Upholstery spring construction wire **A1:** 285
Uploading **A19:** 111
Upper bainite **A9:** 663–664, **A20:** 368, 369–372
defined **A9:** 179
Upper bound method
analytical modeling **A14:** 394–395, 425
Upper control limit (UCL) **A7:** 694, 695
in control chart method **A17:** 726
Upper critical temperature
definition **A5:** 972
Upper limit, design
and distortion **A11:** 136–138
Upper limit properties **A20:** 253
Upper Newtonian plateau **A20:** 448
Upper punch **M7:** 12
Upper ram **M7:** 12
Upper shelf energies
inclusion shape effects **A15:** 91
Upper shelf energy **A20:** 325
Upper shelf impact energy, HSLA steel
effect of cerium content **M1:** 418
Upper yield point
defined **A8:** 21–22
Upper-bound method **A7:** 624
Upper-bound parameter estimates **A20:** 72
Upper-shelf energy (USE)
structural steels **A19:** 592, 593
Upright bench microscope **A9:** 72
Upright incident-light microscopes **A9:** 72
light path **A9:** 71
Upright research-quality optical microscopes ... **A9:** 73
UPS *See* Ultraviolet photoelectron spectroscopy
Upset
cavities, location of **A14:** 87–88
defined **A14:** 14
definition **A6:** 1215, **M6:** 18
test, for forgeability **A14:** 215

SUBJECTS OF THE INDEXED VOLUMES: ASM Handbook (designated by the letter "A"): **A1:** Properties and Selection: Irons, Steels, and High-Performance Alloys (1990); **A2:** Properties and Selection: Nonferrous Alloys and Special-Purpose Materials (1990); **A3:** Alloy Phase Diagrams (1992); **A4:** Heat Treating (1991); **A5:** Surface Engineering (1994); **A6:** Welding, Brazing, and Soldering (1993); **A7:** Powder Metal Technologies and Applications (1998); **A8:** Mechanical Testing (1985); **A9:** Metallography and Microstructures (1985); **A10:** Materials Characterization (1986); **A11:** Failure Analysis and Prevention (1986); **A12:** Fractography (1987); **A13:** Corrosion (1987); **A14:** Forming and Forging (1988); **A15:** Casting (1988); **A16:** Machining (1989); **A17:** Nondestructive Evaluation and Quality Control (1989); **A18:** Friction, Lubrication, and Wear Technology (1992); **A19:** Fatigue and Fracture (1996); **A20:** Materials Selection and Design (1997). **Metals Handbook, 9th Edition** (designated by the letter "M"): **M1:** Properties and Selection: Irons and Steels (1978); **M2:** Properties and Selection: Nonferrous Alloys and Pure Metals (1979); **M3:** Properties and Selection: Stainless Steels, Tool Materials, and Special-Purpose Materials (1980); **M4:** Heat Treating (1981); **M5:** Surface Cleaning, Finishing, and Coating (1982); **M6:** Welding, Brazing, and Soldering (1983); **M7:** Powder Metallurgy (1984). **Engineered Materials Handbook** (designated by the letters "EM"): **EM1:** Composites (1987); **EM2:** Engineering Plastics (1988); **EM3:** Adhesives and Sealants (1990); **EM4:** Ceramics and Glasses (1991). **Electronic Materials Handbook** (designated by the letters "EL"): **EL1:** Packaging (1989)

Upset butt weld
failure origins A11: 443–444
steel wire, burrs on A11: 443
wire-end preparation for A11: 443
Upset butt welding
definition A6: 1215
Upset compression testing A7: 633–634
Upset cylinder grids for strain
measurement on A8: 579
tensile and axial compressive stresses at
equator A8: 578
Upset cylinders M7: 410
Upset distance
definition A6: 1215
Upset force A6: 888
Upset forging A7: 316
and cold working M7: 690
defined A14: 14
forging modes and stress conditions on
pores M7: 414
load vs. displacement curve A14: 37
of aluminum alloys A14: 244
of copper and copper alloys A14: 255
of heat-resistant alloys..................A14: 231
of stainless steels A14: 222
of titanium alloys......................A14: 272
Upset forging, hot *See* Hot upset forging
Upset forgings
inspection techniques A17: 495
Upset reduction
effect on forging load, heat-resistant
alloys A14: 232
vs. forging pressure, stainless steels .. A14: 223–224
Upset resistance butt welding
failure origins A11: 443–444
Upset test M7: 410
and tension test fracture strains compared A8: 581
fracture limits....................A8: 580–581
specimens, fracture loci in A8: 580–581
Upset test, standard
for material defects A11: 307
Upset welding *See also* Forge welding .. A6: 249–251
advantages A6: 249–250
alternative energy supply A6: 250–251
applications A6: 250
definition A6: 249, 1215, M6: 19
deformation............................A6: 249
difficult-to-weld materials joined..........A6: 249
equipment A6: 249
fixturing arrangement for cylindrical parts A6: 250
fixturing of parts A6: 250
homopolar generator.................A6: 250–251
limitations A6: 250
plug welds A6: 250
safety precautions M6: 59
types of welds..........................A6: 250
Upsetter heading tools and dies
types...............................A14: 85–86
Upsetters *See also* Forging machines; Headers;
Horizontal forging machines; Upset forging;
Upsetting; Upsetting and piercing
defined A14: 14
die and die materials for A14: 43
for cold extrusion......................A14: 303
rated sizes for.......................A14: 83, 85
Upsetting *See also* Cold heading; Forging; Heading;
Upset forging; Upsetters
and piercing A14: 88–89
and trimming, tooling setup for.........A14: 88
center A14: 295
defined A14: 14
double-end..............................A14: 90
effect on flash weld strength M6: 578
fracture in M7: 411
in header A14: 311
in open-die forging......................A14: 64
lubricant films used A18: 146
mechanisms for flash welding M6: 561–562
offset..................................A14: 90
pipe and tubing A14: 91–93
plane-strain, and rolling, compared .. A14: 344–345
powder forging modes. A14: 190
sequence in flash welding M6: 569–571
severity, stainless steels.................A14: 223
simple A14: 87–88
strain distribution in cube after..........A14: 437
tungsten heavy alloys....................A7: 917

with sliding dies......................A14: 90–91
wrought aluminum alloy A2: 34
Upsetting and piercing A14: 88–89
double A14: 89
production examples of...............A14: 88–89
vs. cold extrusion.......................A14: 95
Upsetting force
definition M6: 19
Upsetting in fabricating steel wire products.. M1: 589,
590
Upsetting stresses
toot steel fracture by A12: 377
Upsetting time
definition M6: 19
Upslope time
definition M6: 19
Uptake delay
in concentric nebulizers A10: 35
Upturned-fiber flaws
defined A17: 562
Upward inflection
ferritic steels A8: 332
Upwind approximation A20: 190
Urania A7: 451
Urania-beryllia EM4: 191
Uranium *See also* Depleted uranium; Depleted
uranium, heat treating; Optically anisotropic
metals; Pure uranium; Uranium alloys;
Uranium alloys, specific types
AFS analysis of.........................A10: 46
airborne particle standard for A9: 477
alloy concentration, effects on structure and
properties of quenched alloys..........A9: 476
alloys, relative hydrogen susceptibility......A8: 542
and uranium alloys A2: 670–682
as actinide metal, properties A2: 1197
as minor toxic metal, biologic
effects.....................A2: 1261–1262
assay by delayed-neutron counting A10: 238
beta-ray dose rate of depleted uranium A9: 477
chemical toxicity of A9: 477
corrosion of A13: 813–822
cutting induced deformation in A9: 478
density of................................A2: 670
determined by controlled-potential
coulometry A10: 209, 211
effect of heat during sectioning on hardness and
microstructures.................A9: 477–478
effect of working temperature on phases .. A9: 481
electroplating A13: 819–820
electropolishing solutions for A9: 478
elemental sputtering yields for 500
eV ions............................A5: 574
epithermal neutron activation analysis....A10: 239
etchants for A9: 480
etching of A9: 479–480
fissionable isotope U-235 and U-238 .....A2: 670
flow diagram for quantification of A10: 80
galvanic reactions during polishing........A9: 478
gamma-radiation dose rate of depleted
uranium A9: 477
grinding of..............................A9: 478
health and safety in handling.............A9: 477
hot and cold fabrication techniques... A2: 671–672
identification of inclusions...............A9: 479
ignition temperature of...................A9: 477
in molten salts A13: 52–53
induction melting and molding............A2: 671
ion plating.............................A13: 821
isotopes of..............................A9: 476
Jones reductor for A10: 176
low-temperature solid-state welding A6: 300
M lines used for........................A10: 86
macroetching procedures for A9: 479
macroexamination A9: 479
microalloyed A2: 677
microetching of A9: 479–480
microexamination A9: 479–480
microstructures....................A9: 480–481
mounting of samples A9: 478
nickel-plated, moist nitrogen corrosion ...A13: 820
nuclear fuel application...................A2: 1261
oxidation.........................A13: 813–815
phases A9: 476–487
pitting during polishing...................A9: 478
plate and sheet, cam plastometer A8: 194
polishing of A9: 478

polymorphism in A9: 476
preparation for bright-field
microexamination....................A9: 480
preparation for polarized light
microexamination....................A9: 480
preparation of metallographic samples A9: 477–480
processing and properties.............A2: 670–672
protective coatings for A13: 818–821
pure...................M2: 821–822, 832–833
pyrophoricity of.....................A2: 670–671
radioactivity of..........................A2: 670
recrystallization of A9: 476, 481, 483
roll welding.............................A6: 314
safety and health considerations A2: 670–671
sectioning of......................A9: 477–478
solid-state-welded interlayers.........A6: 169, 171
solubilities of alloying elements in A9: 476
species weighed in gravimetry A10: 172
suitability for cladding combinations M6: 691
thermal diffusivity from 20 to 100 °C A6: 4
TNAA detection limits A10: 237
toxicity of A2: 670
ultratrace, determination by laser-induced
fluorescence spectroscopy A10: 80–81
unalloyed A2: 671–672, 674
volumetric procedures for................A10: 175
x-ray absorption curve as function of
wavelength.........................A10: 85
Uranium alloys *See also* Uranium; Uranium alloys,
specific types
age hardening....................A2: 674–675
alloying A2: 672
alloying and hydrogen generation A13: 815
alloying effects on oxidation A13: 814–815
alloys, classes of....................A2: 677–681
and uranium.......................A2: 670–682
annealed, mechanical properties A2: 673
anodizing...............................A9: 142
bainitic-like microstructures..........A9: 665–666
cooling..............................A2: 672–674
corrosion behavior.................A13: 815–816
corrosion of A13: 813–822
couples, galvanic corrosion..............A13: 818
delayed cracking...................A2: 675–676
density of................................A2: 670
diffusion welding A6: 886
effects of impurities on...................A9: 477
effects of quenching on...................A9: 477
electroplating A13: 820–821
environmental considerations A2: 670–671
galvanic behavior.................A13: 816–817
health and safety in handling..............A9: 477
heat tinting A9: 136
heat treatment A2: 672–674
image analysis of cellular decomposition of
martensite in A10: 316
ion plating.............................A13: 821
kinetics of cellular decomposition of
martensite in.................A10: 316–318
microalloyed A2: 677
microstructure effect on corrosion
properties..........................A13: 816
microstructures, of quenched alloys.......A2: 674
phases..................................A9: 476
polynary, SCC thresholds A13: 819
preparation of metallographic samples A9: 477–480
properties, of quenched alloys A2: 674
protective coatings for A13: 818–821
pyrophoricity A2: 670–671
quenched and aged, applications..........A2: 673
quenching A2: 673–674
radioactivity of..........................A2: 670
residual stresses and stress relief A2: 675
rest potential vs. alloy content..........A13: 815
safety and health considerations.....A2: 670–671
solid-state phase transformations in welded
joints................................A9: 581
solution heat treatment...............A2: 673–674
specific alloys A2: 677–681
stress-corrosion cracking..........A13: 817–818
tantalum corrosion in A13: 735
ternary, quaternary, higher-order
alloys A2: 680–681
toxicity of A2: 670
Unicast process for A15: 251
uranium-molybdenum alloys A2: 680
uranium-niobium alloys A2: 679–680

Uranium alloys (continued)
uranium-titanium alloys **A2:** 677
welding **A2:** 676–677
Uranium alloys, specific types
U-0.3Mo **A9:** 481, 485
U-0.75Ti **A9:** 478, 481, 485–486, **A16:** 874, 876–877
applications **M3:** 774
heat treatment **M3:** 775, 776–777
tensile properties **M3:** 775
U-0.75Ti aged, microstructure **A10:** 318
U-0.75Ti, aging temperature and time effects on hardness **A2:** 676
U-0.75Ti, aging temperature effect on tensile properties **A2:** 676
U-0.75Ti, annealed, mechanical properties **A2:** 673
U-0.75Ti, bainitic-like microstructure **A9:** 665–666
U-0.75Ti, cellular decomposition kinetics **A10:** 316
U-0.75Ti, coating protection **A13:** 820
U-0.75Ti, corrosion rate as function of porosity **A13:** 821
U-0.75Ti, effect of temperature on decomposition time **A10:** 319
U-0.75Ti, effect of time on cellular decomposition **A10:** 319
U-0.75Ti, fracture toughness **A2:** 678
U-0.75Ti, heat-treated, properties and applications **A2:** 674
U-0.75Ti, hydrogen content and strain rate effects on ductility **A2:** 678
U-0.75Ti, microstructure effect on corrosion properties **A13:** 816
U-0.75Ti, oxidation rate vs. water vapor pressure **A13:** 814
U-0.75Ti, plane-strain threshold for SCC **A13:** 818
U-0.75Ti, porosity in electroplated nickel on **A13:** 821
U-0.75Ti, quench rate effects on properties **A2:** 679
U-0.75Ti, SCC thresholds, air/aqueous environments **A13:** 818
U-0.75Ti, surface morphology after chemical etching **A13:** 820
U-2Mo **A9:** 481–482, 486–487
aging **M3:** 777
applications **M3:** 774
heat treatment **M3:** 775, 776–777
tensile properties **M3:** 775
U-2.0Mo, annealed, mechanical properties **A2:** 673
U-2.0Mo, heat-treated, properties and applications **A2:** 674
U-2.3Nb, annealed, mechanical properties **A2:** 673
U-2.3Nb heat-treated, properties and applications **A2:** 674
U-4.5Nb, crack velocity v s SCC threshold, oxygen pressure **A13:** 818
U-4.5Nb, heat-treated, properties and applications **A2:** 674
U-6Nb **A9:** 478, 482, 487, **A16:** 874, 876–877
U-6.3Nb, aging temperature effects on tensile properties **A2:** 680
U-6.0Nb, cooling rate effect on tensile properties **A2:** 675
U-6.0Nb, heat-treated, properties and applications **A2:** 674
U-6Nb, microstructure effect on corrosion properties **A13:** 816–817
U-7.5Nb-2.5Zr **A9:** 482, 487
U-7.5Nb-2.5Zr, heat-treated, properties and applications **A2:** 674
U-7.5Nb-2.5Zr (mulberry), SCC threshold stress **A13:** 818
U-10Mo heat-treated, properties and applications **A2:** 674
U-14Zr, heat tinting **A9:** 136
U-33Al-25Co, two-phase structure **A9:** 80
U-075Ti, corrosion kinetics **A13:** 821
U_{235} (enriched uranium) **A16:** 877
Uranium and uranium alloys **A16:** 874–878
biological effects, health hazard **A16:** 877
chip formation **A16:** 874, 875, 876
common uses **A16:** 874
cutting fluids **A16:** 874, 875, 876, 877
drilling **A16:** 875
electrochemical grinding **A16:** 543
external radiation exposure, health hazard **A16:** 877
facing **A16:** 875
fire hazard **A16:** 874–875, 876, 877
grinding **A16:** 874
health effects and required precautions **A16:** 877–878
heat treating **A16:** 874
internal radiation exposure health hazard **A16:** 877
machines used **A16:** 875
machining parameters **A16:** 874–875
metallurgical considerations **A16:** 874
milling **A16:** 875
problems associated with machining **A16:** 874
pyrophoric nature **A16:** 877
surface finish **A16:** 874, 875, 876
tapping **A16:** 875
threading **A16:** 875
tool life **A16:** 875–876
tools **A16:** 875–876, 877
turning **A16:** 874, 875
unique characteristics **A16:** 874
Uranium carbide
nuclear applications **M7:** 664
Uranium carbide cermets
application and properties **A2:** 978, 1002
Uranium carbides
heat tinting **A9:** 136
Uranium, depleted **M3:** 773–780
applications **M3:** 773–774
as radiographic screen **A17:** 316
availability **M3:** 775
casting **M3:** 775–776
corrosion **M3:** 778
extrusions **M3:** 776
forging **M3:** 776
health hazards **M3:** 778
heat treating **M3:** 775, 776, 777
licensing **M3:** 779
machining **M3:** 777–778
mechanical properties **M3:** 774–775
melting **M3:** 775–776
physical properties **M3:** 774–775
pyrophoricity **M3:** 778
rolling **M3:** 776
swaging **M3:** 776
Uranium dioxide
analysis of impurities **A10:** 149–150
fuel, hydrogen content **M7:** 664
fuel rod **M7:** 664, 665
nuclear applications **M7:** 664
nuclear fuel pellets **M7:** 664
stoichiometric **M7:** 665
Uranium dioxide cermets
application and properties **A2:** 978, 994
Uranium dioxide dust
biologic effects **A2:** 1261–1262
Uranium dioxide powders **A7:** 69
thermit reactions **A7:** 70
Uranium dioxide-aluminum fuel
blending of **M7:** 664
Uranium hexafluoride
gaseous lubricant for pumping equipment bearings **A18:** 522
Uranium nitride
nuclear applications **M7:** 664
Uranium oxide
melting point **A5:** 471
Uranium oxide cermets
applications and properties **A2:** 993–994
Uranium oxide powders
applications, nuclear power plants **A7:** 6
packed density **M7:** 297
Uranium oxide-containing cermets **M7:** 804
Uranium powders
diffusion factors **A7:** 451
dissociation in atomizers **A7:** 231
nuclear applications **M7:** 664
physical properties **A7:** 451
powder metallurgy **M7:** 18
production with magnesium **M7:** 131
pyrophoricity **M7:** 199
scrap recovery and reprocessing **M7:** 666
vacuum sintering atmospheres for **M7:** 345
virgin, for pellet fabrication **M7:** 665
Uranium, vapor pressure
relation to temperature **M4:** 309, 310
Uranium-molybdenum alloys
properties and processing **A2:** 680
stress-corrosion cracking in **A13:** 817
Uranium-niobium alloys
galvanic behavior **A13:** 816–817
properties and processing **A2:** 679–680
stress-corrosion cracking **A13:** 817–818
Uranium-niobium-zirconium alloys
corrosion resistance **A13:** 815
Uranium-titanium alloys
equilibrium phase diagrams **A2:** 673
properties and processing **A2:** 677–679
stress-corrosion cracking in **A13:** 817
Uranium-vanadium alloys, cast
tensile properties **A2:** 677
Uranium-zirconium alloys
heat tinting **A9:** 136
Uranyl
defined **A10:** 683
Uranyl ion
toxicity effects **A2:** 1261
Urban atmospheres
galvanized coatings in **A13:** 440
lead corrosion **A13:** 82
magnesium/magnesium alloys in **A13:** 743
simulated service testing **A13:** 204
Urban environment
effect on tin-bronze alloys **A12:** 403
Urban environments *See* Environment; Urban atmospheres
Urea
as difficult-to-recycle materials **A20:** 138
as organic binder **A15:** 35
-based patterns, investment casting **A15:** 255
cast iron sensitivity to **A15:** 238
formaldehyde, as amino **EM2:** 230
formaldehyde resins, as injection moldable **EM2:** 321
formation of **EM3:** 203, 204
mill additions for wet-process enamel frits for sheet steel and cast iron **A5:** 456
molding compounds, applications **EM2:** 230
properties, organic coatings on iron castings **A5:** 699
Urea group
chemical groups and bond dissociation energies used in plastics **A20:** 441
Urea-formaldehyde
representative polymer structure **A20:** 445
Urea-formaldehyde adhesive **EM3:** 30, 104
surface preparation **EM3:** 278
Urea-free resins
as organic binders **A15:** 35
Urethane
applications demonstrating corrosion resistance **A5:** 423
curing method **A5:** 442
minimum surface preparation requirements **A5:** 444
paint compatibility **A5:** 441
properties, organic coatings on iron castings **A5:** 699
waterjet machinery **A16:** 522
Urethane acrylic polymers **EM2:** 268–271

SUBJECTS OF THE INDEXED VOLUMES: ASM Handbook (designated by the letter "A"): **A1:** Properties and Selection: Irons, Steels, and High-Performance Alloys (1990); **A2:** Properties and Selection: Nonferrous Alloys and Special-Purpose Materials (1990); **A3:** Alloy Phase Diagrams (1992); **A4:** Heat Treating (1991); **A5:** Surface Engineering (1994); **A6:** Welding, Brazing, and Soldering (1993); **A7:** Powder Metal Technologies and Applications (1998); **A8:** Mechanical Testing (1985); **A9:** Metallography and Microstructures (1985); **A10:** Materials Characterization (1986); **A11:** Failure Analysis and Prevention (1986); **A12:** Fractography (1987); **A13:** Corrosion (1987); **A14:** Forming and Forging (1988); **A15:** Casting (1988); **A16:** Machining (1989); **A17:** Nondestructive Evaluation and Quality Control (1989); **A18:** Friction, Lubrication, and Wear Technology (1992); **A19:** Fatigue and Fracture (1996); **A20:** Materials Selection and Design (1997). **Metals Handbook, 9th Edition** (designated by the letter "M"): **M1:** Properties and Selection: Irons and Steels (1978); **M2:** Properties and Selection: Nonferrous Alloys and Pure Metals (1979); **M3:** Properties and Selection: Stainless Steels, Tool Materials, and Special-Purpose Materials (1980); **M4:** Heat Treating (1981); **M5:** Surface Cleaning, Finishing, and Coating (1982); **M6:** Welding, Brazing, and Soldering (1983); **M7:** Powder Metallurgy (1984). **Engineered Materials Handbook** (designated by the letters "EM"): **EM1:** Composites (1987); **EM2:** Engineering Plastics (1988); **EM3:** Adhesives and Sealants (1990); **EM4:** Ceramics and Glasses (1991). **Electronic Materials Handbook** (designated by the letters "EL"): **EL1:** Packaging (1989)

Urethane coatings *See also* Coatings; Conformal coatings; Polyurethanes; Urethanes **A13:** 408–410
acrylic, as UV-curable **EL1:** 785
advantages/disadvantages **EL1:** 775–777
and acrylic, silicone, epoxy, compared **EL1:** 775
application methods **EL1:** 775, 778–779
brush coating **EL1:** 779
curing reaction **A13:** 410
dip coating **EL1:** 778–779
equipment **EL1:** 779–780
flow coating **EL1:** 779
isocyanates **A13:** 409
markets **EL1:** 775
polyesters **A13:** 410
polyethers **A13:** 410
properties/characteristics **EL1:** 776
removal **EL1:** 780
repair, of coated components **EL1:** 780
safety precautions **EL1:** 779–780
spray coating **EL1:** 778
substrate cleaning **EL1:** 776–778
Urethane coatings paint
roller selection guide **A5:** 443
Urethane group
chemical groups and bond dissociation energies used in plastics **A20:** 441
Urethane hybrids *See also* Hybrid; Thermosetting resins **EM3:** 30
applications **EM2:** 268
characteristics **EM2:** 268–271
costs **EM2:** 268
defined **EM2:** 44
physical properties **EM2:** 269
prepreg, forming **EM2:** 271
processing **EM2:** 268–271
properties **EM2:** 268
RIM processing **EM2:** 269
SRIM processing **EM2:** 270
suppliers **EM2:** 271
Urethane plastics *See also* Isocyanate plastics; Plastics; Polyurethane; Polyurethanes; Urethane hybrids **EM3:** 30
defined **EM1:** 25, **EM2:** 44
Urethane resins and coatings **M5:** 474–475, 498, 502–503, 505
Urethane rubber **EM3:** 203
Urethane rubbers
loss coefficient vs. Young's modulus **A20:** 267, 273–275
Urethane-acrylates
compared with epoxy-acrylates **EM3:** 92
cure mechanism **EM3:** 567
for motor magnet bonding **EM3:** 574, 575
for surface-mount technology bonding . . . **EM3:** 570
Urethane-aliphatic diacrylate
properties **EM3:** 92
Urethane-aliphatic triacrylate
properties **EM3:** 92
Urethane-aromatic multiacrylate
properties **EM3:** 92
Urethane-epoxy paint system **A5:** 444
Urethanes *See also* Coatings; Conformal (coatings; Polyurethanes; Urethane coatings **EM3:** 44, 108–112, 594
acrylate, structure **EL1:** 858
acrylated, for solder masking **EL1:** 555
advantages **EM3:** 600
aerospace industry applications **EM3:** 558, 559
aliphatic compared to aromatic **EM3:** 111
applications **EM3:** 205
as body assembly sealants **EM3:** 554, 608, 609
automotive electronic tacking and sealing **EM3:** 610
chemical structure **EL1:** 244
chemistry **EM3:** 108–110
colorants **EM3:** 111
compared to acrylics **EM3:** 119, 120, 121, 124
compared to polyether silicones **EM3:** 231
competing adhesives **EM3:** 111
component terminal sealant **EM3:** 612
cost factors **EM3:** 111
cross-linking **EM3:** 108–110
cure mechanism **EM3:** 112, 323, 554, 600
dielectric sealants **EM3:** 611
electrical contact assemblies **EM3:** 611
engineering adhesives family **EM3:** 567
fillers **EM3:** 111, 181
for automotive circuit devices **EM3:** 610
for automotive electronics bonding **EM3:** 553
for automotive filter element bonding . . . **EM3:** 110
for automotive structural bonding . . **EM3:** 111, 554
for automotive windshield bonding **EM3:** 723–724
for caulking **EM3:** 607–608
for coating and encapsulation **EM3:** 580
for coating/encapsulation **EL1:** 242
for construction sealing **EM3:** 606, 607
for contour pattern flocking **EM3:** 110
for electrically conductive bonding **EM3:** 572
for electronic insulation **EM3:** 110
for electronic packaging applications **EM3:** 600
for electrostatic flocking of plastics, textiles, or rubbers **EM3:** 110, 111
for flexible packaging **EM3:** 110
for foam and fabric laminations **EM3:** 110
for foam sponge bonding **EM3:** 110
for highway construction joints **EM3:** 57
for interior seals in window systems **EM3:** 57
for laminated film packaging **EM3:** 110
for laminating furniture during construction **EM3:** 110
for lamination of building panels **EM3:** 110
for leather goods bonding **EM3:** 110
for lighting subcomponent bonding **EM3:** 552
for packaging film **EM3:** 110
for plastic film lamination **EM3:** 110
for protecting electronic components **EM3:** 59
for rubber athletic flooring **EM3:** 110
for shoe/boot manufacturing **EM3:** 110
for sporting goods manufacturing . . . **EM3:** 576–577
for trim bonding **EM3:** 110
for vinyl repair **EM3:** 110
for wall construction **EM3:** 56
for windshield bonding **EM3:** 53, 554
for windshield glazing **EM3:** 57
for windshield sealing **EM3:** 46
formation of **EM3:** 203
functional types **EM3:** 110
gas tank seam sealant **EM3:** 610
handling **EM3:** 108
health hazard **EM3:** 108
heating and air conditioning duct sealing and bonding **EM3:** 610
lap shear strength **EM3:** 294
market area **EM3:** 110
market size **EM3:** 111
methacrylate-capped and anaerobics **EM3:** 113
modifiers **EM3:** 111
polymers used **EM3:** 112
polyurethane foam, bond breaker **EM3:** 549
polyurethane varnish, coating for aramid fibers **EM3:** 285
polyurethanes (PUR) **EM3:** 22, 74, 75, 594
advantages and disadvantages **EM3:** 675
advantages and limitations **EM3:** 77, 78
antimony oxide as flame retardant filler **EM3:** 179
applications **EM3:** 50, 53, 56
as conductive adhesive **EM3:** 76
as top coat **EM3:** 640, 641
automotive market applications **EM3:** 608
characteristics **EM3:** 53, 675–676
chemical properties **EM3:** 52
chemical resistance properties **EM3:** 2
chemistry **EM3:** 50, 78
compared to epoxies **EM3:** 98
compared to polysulfides **EM3:** 195
conformal overcoat **EM3:** 592
cure properties **EM3:** 51
curing method **EM3:** 78
degradation **EM3:** 679
electrical/electronics applications, polyurethanes **EM3:** 44
epoxidized, modifier for epoxies **EM3:** 99
flexibility **EM3:** 98
for back light (rear window) installation **EM3:** 554
for body sealing and glazing material . . . **EM3:** 57
for bonding metal to metal **EM3:** 46
for cabin pressure sealing **EM3:** 58, 59
for curtain wall construction **EM3:** 549
for expansion joint sealing **EM3:** 204
for faying surfaces **EM3:** 604
for fillets **EM3:** 604
for granite construction **EM3:** 607
for handle assemblies bonding **EM3:** 45
for housing assemblies bonding **EM3:** 45
for insulated double-pane window construction **EM3:** 46
for insulated glass construction **EM3:** 58
for lens bonding **EM3:** 575
for paving joint sealing **EM3:** 204
for potting **EM3:** 585
for rivets **EM3:** 604
for sealing construction **EM3:** 606
for sheet molding compound (SMC) bonding **EM3:** 46
for taillight and headlight bonding **EM3:** 46
for truck trailer joints **EM3:** 58
for windshield glazing **EM3:** 57
for windshield installation **EM3:** 554
for windshield sealing **EM3:** 608
glass adherend showing interference separation **EM3:** 452
IPN polymers **EM3:** 602
modified hot-melt **EM3:** 50
no adverse effect by water-displacing corrosion inhibitors **EM3:** 641
performance **EM3:** 674
predicted 1992 sales **EM3:** 77
properties **EM3:** 50, 78, 82, 677
reacting with acrylonitrile-butadiene rubber **EM3:** 148
resistant to many aggressive materials . . **EM3:** 637
sealants **EM3:** 675–676
silane coupling agents **EM3:** 182
steel-to-polycarbonate shear strength . . **EM3:** 663, 664
suppliers **EM3:** 58, 78
thermal properties **EM3:** 52
thermoplastic **EM3:** 22
to fill unitized steel shells **EM3:** 577
typical properties **EM3:** 83
viscosity and degree of cure **EM3:** 323
volume resistivity and conductivity **EM3:** 45
zinc oxide as filler **EM3:** 179
pot life **EM3:** 111–112
primers **EM3:** 112
product design considerations **EM3:** 111–112
properties **EM3:** 109, 111, 600
recreational vehicle modifications . . **EM3:** 610, 611
recycling of solvent emissions **EM3:** 112
sealants **EM3:** 57, 188, 190–191, 203–207
additives and modifiers **EM3:** 205–206
application methods **EM3:** 205
application parameters **EM3:** 205
blocking agents **EM3:** 205
catalysts **EM3:** 204
characteristics **EM3:** 205
chemistry **EM3:** 203–204
commercial forms **EM3:** 204
competing with silicones and polysulfides **EM3:** 205
cost factors **EM3:** 204–205
cure rates **EM3:** 204
curing mechanism **EM3:** 203, 207
flammability **EM3:** 205
for automobile repair **EM3:** 204
for automobile windshield sealing **EM3:** 204
for drip rail steel molding sealing **EM3:** 204
for gutter repair **EM3:** 204
for horizontal joints **EM3:** 204
for liquid membranes or sheet goods between concrete slabs **EM3:** 204
for opera window sealing **EM3:** 204
for parking deck sealing **EM3:** 204, 206
for sidewalk repair **EM3:** 204
for taillight sealing **EM3:** 204
for T-top roof sealing **EM3:** 204
for tub perimeter repair **EM3:** 204
for vertical joints **EM3:** 204
for window repair **EM3:** 204
functional types **EM3:** 204
isocyanates, use in manufacture **EM3:** 203
joint failure **EM3:** 205
markets **EM3:** 204
plasticizers **EM3:** 205
pot life **EM3:** 205, 206–207
primers **EM3:** 206, 207
processing parameters **EM3:** 206–207
product design considerations **EM3:** 206

Urethanes (continued)
properties **EM3:** 204
sag control materials. **EM3:** 206
service life **EM3:** 204
shelf life **EM3:** 206–207
silane adhesion promoters **EM3:** 206
suppliers. **EM3:** 204–205
UV stabilizers and antioxidants **EM3:** 206
secondary seal for polyisobutylene **EM3:** 190
storage life **EM3:** 111
storage requirements **EM3:** 112
suppliers **EM3:** 111, 204–205
surface preparation. **EM3:** 112
tackifiers for **EM3:** 182–183
UV-curing **EM3:** 568

Urinary cadmium concentration
and renal dysfunction **A2:** 1241

Usable intrinsic device speed
maximum defined **EL1:** 2

USAF/General Dynamics F-16 vertical stabilizer substructure
component test for aluminum alloy
castings. **A19:** 821

Use failures, integrated circuits *See* Service failures

Useful life **A20:** 88, 91, 92

Useful life phase
reliability life cycle **EL1:** 897

User acceptance
of corrosion test results. **A13:** 316

User friendliness **A20:** 104

User-requested functions
rules for. **EL1:** 128

U-shaped heat exchanger tubes
eddy current inspection **A17:** 184–185

UTA8DV *See* Titanium alloys, specific types, Ti-8Al-1Mo-1V

Utility boiler drum, failure during
hydrotesting. **A11:** 647

Utilization
of cooling curves (thermal analysis) . . **A15:** 182–185
of induction furnaces. **A15:** 374

Utilization, corrosion test data
and computers **A13:** 317

UTW *See* Ultrathin window

UV *See* Ultraviolet

UV stabilizers
definition **A5:** 972

UV technology *See* Ultraviolet (UV) technology

UV/VIS *See* Ultraviolet/visible absorption spectroscopy

UV/VIS spectrophotometry
instrumentation of **A10:** 61

UV-curable silicone coatings **EL1:** 824

UVSOR
as synchrotron radiation source. **A10:** 413

U-Zr (Phase Diagram). . . . . **A3:** 2•381

V

v

See Electron velocity; Poisson's ratio

V-36
composition. **A4:** 795, **A6:** 929

V-50Mo, refractory metal brazing
filler metal. **A6:** 942

V-57
composition. **A4:** 794, **A16:** 736
machining . . **A16:** 738, 741–743, 746–747, 749–757

Vacancies *See also* Interstitials; Point
defects. **A19:** 101, **A20:** 340, 352
as crack initiation sites **A17:** 216
as point defects. **A10:** 588
cation and anion **A13:** 65–66
condensation of **A19:** 105
diffusion. **A13:** 68
double **A20:** 340
effect, resistance-ratio test **A2:** 1096
formed by irradiation of crystals. **A9:** 116
immobile **A19:** 101
in iridium **A10:** 588
point-defect agglomerates **A9:** 116
supersaturation, and zone formation, wrought
aluminum alloy **A2:** 39

Vacancy
defined **A9:** 19

Vacancy coalescence
alloy steels. **A12:** 349

Vacancy concentration **A7:** 442

Vacancy precipitation
in germanium **A9:** 608
in pure metals. **A9:** 608

Vacuum *See also* Vacuum leak testing systems
absence of stress-corrosion cracking in. **A8:** 499
and air, fatigue fractures compared **A12:** 48, 55
and gaseous fatigue testing. **A8:** 410–415
and oxidizing gases, at elevated
temperatures **A8:** 412–415
as fatigue environment **A12:** 35
atmospheres, for brazing. **A11:** 450
brazing atmosphere sources **A6:** 628
chamber **A8:** 196, 412–415
chamber, scanning Auger microscope **A11:** 35
creep testing in **A8:** 303
effect, aluminum alloys **A12:** 46
effect, Astroloy **A12:** 48
effect, fatigue **A12:** 36, 46–49, 120
effect, Inconel X-750 . . . . **A12:** 48
effect, stainless steel. **A12:** 48
effect, titanium alloys **A12:** 47–48
electromagnetic radiation in. **A10:** 83
electron beam welds **A11:** 444
environment, at ambient and elevated
temperatures **A8:** 410–412
fatigue crack growth rate of nickel-base superalloy
in **A8:** 412–413
fatigue test system **A8:** 412–413
gas mass spectroscopy in **A10:** 151
hard, for testing fracture surface **A8:** 37
induction melting, irons **A12:** 219
levels, as absolute pressure. **A17:** 59
melted, abbreviation for **A10:** 691
-melted iron, continuous heating and cooling effect
on flow stress **A8:** 177
-metal interfaces, SERS for **A10:** 136
nickel alloy cracking in **A12:** 396
pumping system, SEM microscope **A10:** 491
requirement for XPS instruments **A10:** 571
stress to 1.0% strain, tantalum alloys in . . . **A8:** 306
stressing, for optical holographic
interferometry **A17:** 410
system, SEM imaging **A12:** 171
systems, LEISS analysis **A10:** 607
technology, unit of pressure **A17:** 59
test chamber, Auger spectrometer **A10:** 554
ultrahigh, abbreviation for **A10:** 691
ultrahigh, EXAFS electron detection for surface
structure in **A10:** 418
ultrahigh, for atom probe microanalysis . . **A10:** 591
use in microanalytical techniques **A11:** 36
valve, bakeable, for environmental test
chamber **A8:** 411
vapor deposition, for replica shadowing . . **A12:** 180
x-ray spectrometer detectors in **A10:** 91

Vacuum aluminizing
zinc alloys **A2:** 530

Vacuum and plasma carburizing **A18:** 873

Vacuum annealing
after laser forming **A7:** 428
tungsten heavy alloys. **A7:** 916
water-atomized tool steel powders **M7:** 104

Vacuum arc degassing
ladle furnace and **A15:** 435–438

Vacuum arc double electrode remelting. **A15:** 408

Vacuum arc melting, and electron beam melting
compared. **A15:** 410

Vacuum arc remelted (VAR) steels
bearing steels. **A18:** 726, 727, 731
factors influencing wear and failure in die-casting
dies **A18:** 632

Vacuum arc remelting *See also* Consumable-electrode remelting
advantages. **A15:** 406–407
atmosphere **A15:** 407
defined **A15:** 11
ingot defects **A15:** 407
melt rate **A15:** 407
of stainless steels **A14:** 222
vacuum arc double electrode remelting . . . **A15:** 408

Vacuum arc remelting (VAR) **A1:** 930, 968, 970
effect on inclusions **A11:** 340
filler metals for ultrahigh-strength low-alloy
steels. **A6:** 673
of bearing steels **A11:** 490
ultrahigh-strength steels **A4:** 207, 217

Vacuum arc remelting (VAR) consumable electrode
NbTi superconductors. **A2:** 1044

Vacuum arc skull melting
and casting **A15:** 409–410
of nickel and nickel alloys **A2:** 429
of zirconium alloys **A15:** 837

Vacuum assisted resin transfer molding (VARTM). **A20:** 806, 850

Vacuum atmosphere **A7:** 462–463
atmospheric pressure sintering. **A7:** 487
for tungsten heavy alloys **A7:** 499

Vacuum atmospheres. **M7:** 341, 345
in heat treating **M7:** 453

Vacuum atomization **M7:** 25, 26, 37–39
equipment **M7:** 43–45
powder applications **M7:** 45
powder properties. **M7:** 44–45

Vacuum atomization process **A7:** 35, 47

Vacuum bag *See also* Pressure bags . . . **EM3:** 30, 799
for cure processing. **EM1:** 644
for epoxy composites. **EM1:** 71
for polyimide resin curing **EM1:** 662
in polymer-matrix composites processes
classification scheme **A20:** 701
lay-up sequence. **EM1:** 703
thermoset plastics processing comparison **A20:** 794

Vacuum bag molding *See also* Pressure bag molding. **EM1:** 25, 549
defined **EM2:** 44
process. **EM2:** 338, 340
size and shape effects **EM2:** 291

Vacuum bell jar
for carbon thin films **A12:** 173

Vacuum blasting. **A13:** 414

Vacuum blending **A7:** 104

Vacuum brazing
definition **A6:** 1215, **M6:** 19
dispersion-strengthened aluminum alloys. . . **A6:** 543

Vacuum brazing of
aluminum alloys **M6:** 1029
heat-resistant steels. **M6:** 1017
stainless steels **M6:** 1009–1010
steels **M6:** 935
tungsten sheet **M6:** 1060

Vacuum capacitance **EM3:** 428, 429

Vacuum capillary infiltration. **M7:** 552

Vacuum carburized 8620H steel **A9:** 225

Vacuum carburizing. **A4:** 262, 348–351, **A20:** 487,
M4: 270–274
advantages **A4:** 351, **M4:** 273
carbon gradient control. **A4:** 349–350, **M4:** 272,
273, 274
carbon gradient profile **A20:** 487
carbon gradients **A4:** 348, **M4:** 271, 272
carbon potential, control of **A4:** 348
carbon profile, effect on. **A4:** 350, **M4:** 273
carbon uniformity. **A4:** 350–351, **M4:** 274
case depth prediction **A4:** 349–350
characteristics compared. **A20:** 486
characteristics of diffusion treatments **A5:** 738
costs **M4:** 272–273
definition. **A5:** 972

SUBJECTS OF THE INDEXED VOLUMES: ASM Handbook (designated by the letter "A"): **A1:** Properties and Selection: Irons, Steels, and High-Performance Alloys (1990); **A2:** Properties and Selection: Nonferrous Alloys and Special-Purpose Materials (1990); **A3:** Alloy Phase Diagrams (1992); **A4:** Heat Treating (1991); **A5:** Surface Engineering (1994); **A6:** Welding, Brazing, and Soldering (1993); **A7:** Powder Metal Technologies and Applications (1998); **A8:** Mechanical Testing (1985); **A9:** Metallography and Microstructures (1985); **A10:** Materials Characterization (1986); **A11:** Failure Analysis and Prevention (1986); **A12:** Fractography (1987); **A13:** Corrosion (1987); **A14:** Forming and Forging (1988); **A15:** Casting (1988); **A16:** Machining (1989); **A17:** Nondestructive Evaluation and Quality Control (1989); **A18:** Friction, Lubrication, and Wear Technology (1992); **A19:** Fatigue and Fracture (1996); **A20:** Materials Selection and Design (1997). **Metals Handbook, 9th Edition** (designated by the letter "M"): **M1:** Properties and Selection: Irons and Steels (1978); **M2:** Properties and Selection: Nonferrous Alloys and Pure Metals (1979); **M3:** Properties and Selection: Stainless Steels, Tool Materials, and Special-Purpose Materials (1980); **M4:** Heat Treating (1981); **M5:** Surface Cleaning, Finishing, and Coating (1982); **M6:** Welding, Brazing, and Soldering (1983); **M7:** Powder Metallurgy (1984). **Engineered Materials Handbook** (designated by the letters "EM"): **EM1:** Composites (1987); **EM2:** Engineering Plastics (1988); **EM3:** Adhesives and Sealants (1990); **EM4:** Ceramics and Glasses (1991). **Electronic Materials Handbook** (designated by the letters "EL"): **EL1:** Packaging (1989)

diffusion time, effect on surface carbon . . . **A4:** 348, 350, **M4:** 271
furnace design . . . **A4:** 349
high-temperature . . . **A4:** 351
operating cost comparison . . . **A4:** 357
process cycles . . . **A4:** 348–349, **M4:** 270, 271–272
pulse/pump method . . . **A4:** 350–351
single cycle . . . **M4:** 270
time versus diffusion time . . . **A4:** 350, **M4:** 272
Vacuum casting
as permanent mold method . . . **A15:** 276
defined . . . **A15:** 11
Vacuum cathodic etching
for optical metallography samples . . . **A10:** 301
Vacuum coating . . . **M5:** 387–411
adhesion . . . **M5:** 410–411
aluminum coatings . . . **M5:** 388, 390–395, 399–400, 408
applications . . . **M5:** 392–393
batch process . . . **M5:** 397–398
carriage mechanism . . . **M5:** 406
chromium coatings . . . **M5:** 389–390, 392
conductor films, deposition of . . . **M5:** 408
continuous processes . . . **M5:** 392, 397, 404–405
corrosion protection . . . **M5:** 395, 397, 402
cost factors . . . **M5:** 410–411
crucible sources . . . **M5:** 389–392
decorative coatings . . . **M5:** 392–394, 396–403, 407–408
deposition rate . . . **M5:** 388
dielectric films, deposition of . . . **M5:** 408–409
electrical coatings **M5:** 394–399, 402–403, 408–409
electron beam heating coatings **M5:** 390, 404–405, 410
electronic coatings . . . **M5:** 395, 398–399
electroplating in conjunction with . . . **M5:** 394
encapsulation process . . . **M5:** 397
equipment . . . **M5:** 403–407, 410
maintenance . . . **M5:** 405
evaporation of compounds mixtures, and alloys . . . **M5:** 390–391
evaporation process . . . **M5:** 387–393
flash . . . **M5:** 391–392
multiple-source . . . **M5:** 391, 393
reactive . . . **M5:** 391
evaporation rates . . . **M5:** 387
evaporation sources . . . **M5:** 388–391
functional coatings . . . **M5:** 392
gas analysis . . . **M5:** 410
gas evolution in . . . **M5:** 396
glass . . . **M5:** 394, 396–397, 401–402
gold coatings . . . **M5:** 388, 395, 400
heat treatment process . . . **M5:** 409
high-temperature protection, thick films for . . . **M5:** 395, 397, 399–400, 402–403, 409
ion plating process . . . **M5:** 387
iron-nickel alloy films . . . **M5:** 395
lacquering . . . **M5:** 400
masking processes . . . **M5:** 407–408
material compatability . . . **M5:** 397
metal and metal compound coatings . . . **M5:** 399–401
microprocessor-controlled system . . . **M5:** 410
monitoring . . . **M5:** 409–410
nickel-chromium alloy coatings . . . **M5:** 402–403
noble metal coatings . . . **M5:** 388, 395, 400
optical coatings . . . **M5:** 395–396, 399–403
plastic . . . **M5:** 394, 400–401
platinum alloy coatings . . . **M5:** 388, 390–391, 394
post-treatment processes . . . **M5:** 402–403, 408–409
powder feeder . . . **M5:** 391, 393
pretreatment processes . . . **M5:** 400–402, 408–409
process . . . **M5:** 387–392, 397–400, 403–411
control . . . **M5:** 409
examples of . . . **M5:** 407–411
protective coatings applied over **M5:** 402, 408–409
pumping equipment . . . **M5:** 404–406
quality control . . . **M5:** 409–411
racks . . . **M5:** 406–407
refractory oxide and metal coatings . . . **M5:** 388–392, 400–401
resistance sources . . . **M5:** 389–391
resistor films, deposition of . . . **M5:** 408
rotating shafts . . . **M5:** 405
semicontinuous process . . . **M5:** 397–398, 403–404
silicon oxide coatings . . . **M5:** 390–391, 394–395, 401
sputtering process . . . **M5:** 387
sublimation sources . . . **M5:** 389–392
substrate requirements . . . **M5:** 396–397
temperature . . . **M5:** 388, 390–391, 400
tests and testing . . . **M5:** 402, 410
thermal stability . . . **M5:** 396
thick films for high-temperature protection . . . **M5:** 395, 397, 399–400, 402–403, 409
thickness . . . **M5:** 394, 400–401, 410
traps and baffles . . . **M5:** 404
vacuum seals . . . **M5:** 404–405
vapor sources . . . **M5:** 399–400
wear resistance . . . **M5:** 395
Vacuum consumable electrode melting
titanium and titanium alloy castings . . . **A2:** 642
Vacuum control . . . **EM3:** 741
Vacuum deaeration
gas/oil production . . . **A13:** 1244
Vacuum degassed steels, applications
rolling-element bearings . . . **A18:** 260
Vacuum degassing *See also* Degassing **A1:** 228, 930, **M1:** 181, **M7:** 434–435
aluminum P/M alloys . . . **A2:** 203
copper alloys . . . **A15:** 467
cycle . . . **M7:** 435
defined . . . **A15:** 1084
for neutron embrittlement . . . **A11:** 100
thermally conductive adhesives . . . **EM3:** 571, 572
Vacuum degassing in a reusable chamber
aluminum alloy powders . . . **A7:** 838–839
Vacuum deoxidation
of water-atomized tool steel powders . . . **M7:** 104
Vacuum deposition . . . **A5:** 556–569, **A12:** 180, 484–487
advantages . . . **A5:** 556, 566–567
applications . . . **A5:** 567
condensation fundamentals . . . **A5:** 558–560
defined . . . **A13:** 13, **EL1:** 1160
definition . . . **A5:** 556, 972
deposition of materials . . . **A5:** 560
electron-beam heating sources . . . **A5:** 561–562, 563
equilibrium vapor pressure . . . **A5:** 556
evaporation process equipment . . . **A5:** 567–569
evaporation sources . . . **A5:** 562–564
field evaporation . . . **A5:** 565
history . . . **A5:** 556
inductive heating . . . **A5:** 562
ion-beam sputter deposition . . . **A5:** 566
ionized cluster beam deposition . . . **A5:** 566
jet vapor deposition . . . **A5:** 566
laser vaporization (laser ablation deposition) . . . **A5:** 565
limitations . . . **A5:** 556, 566–567
materials for vaporization . . . **A5:** 565
molecular beam epitaxy . . . **A5:** 566
nucleation and nucleation density . . . **A5:** 558–560
polymer evaporation . . . **A5:** 565
pressure and temperature requirements . . . **A5:** 556
process monitoring and control . . . **A5:** 569
radiant heating from the source . . . **A5:** 564
resistive heating . . . **A5:** 561, 562
source degradation . . . **A5:** 564
spits and comets . . . **A5:** 564
sublimation sources . . . **A5:** 564
surface coverage . . . **A5:** 560
thermal vaporization fundamentals . . . **A5:** 556–557
vacuum arc vaporization . . . **A5:** 564–565
vapor flux distribution on vaporization . . . **A5:** 557
vaporization of materials . . . **A5:** 557–558
vaporization rate . . . **A5:** 556–557
vaporization sources . . . **A5:** 560–564
Vacuum deposition, carbon
for extraction replicas . . . **A17:** 54
Vacuum deposition of interference films . . . **A9:** 147–148
Vacuum desiccation . . . **EM3:** 711
Vacuum diffusion bonding
mechanically alloyed oxide dispersion-strengthened (MA ODS) alloys . . . **A2:** 949
Vacuum distillation
titanium powder . . . **A7:** 160
Vacuum evaporation . . . **A7:** 314
characteristics of PVD processes compared . . . **A20:** 483
for thin-film hybrids . . . **EL1:** 313
plating waste recovery process . . . **M5:** 316
Vacuum extractor
for component removal . . . **EL1:** 726
Vacuum fluxing
for hydrogen removal . . . **A15:** 460
Vacuum forming *See also* Forming; Thermoforming . . . **A14:** 847, 857
defined . . . **EM2:** 44
Vacuum furnace
furnace brazing . . . **A6:** 121
Vacuum furnaces *See also* Vacuum heat treating, furnaces . . . **A7:** 456–457, **M7:** 356–359, 381–382, 515
sintering of stainless steel . . . **A7:** 478, 480
Vacuum fusion
capabilities . . . **A10:** 226
of inorganic solids, types of information from . . . **A10:** 4–6
Vacuum gages
Phillips/Penning types . . . **A17:** 64
Vacuum heat treating . . . **A16:** 55–56, 871
atmospheric, compared to . . . **A4:** 492–493, **M4:** 308
measurements . . . **M4:** 307–308
gas ballasting . . . **A4:** 504
measurements . . . **A4:** 492, 506–509
pressure control . . . **A4:** 492–494, 497, 501–502, 507–509, **M4:** 322, 323–324
process control instrumentation . . . **A4:** 507–509
quenching, gas . . . **A4:** 497, 498, 501–502, **M4:** 317–318
quenching, liquid **A4:** 498, 499, 500, 502, **M4:** 318
temperature control . . . **A4:** 499, 506–507, **M4:** 322–323
uses . . . **A4:** 492, 494, **M4:** 307
vapor pressure . . . **A4:** 493–495, **M4:** 308–311
Vacuum heat treating, furnaces . . . **A4:** 492, 494–501
advantages . . . **A4:** 492, 493, 497
aluminum brazing, fluxless . . . **A4:** 497
applications . . . **A4:** 492
backfilling, gases for . . . **A4:** 493, 497, 501–502, 504, **M4:** 318–319
carbon-bonded carbon fiber . . . **A4:** 501
cold wall . . . **A4:** 494, 496–498, 501, **M4:** 312–313
cold wall, types . . . **A4:** 496–498, **M4:** 313–315
disadvantages . . . **A4:** 497, 501
graphite cloth heaters . . . **A4:** 499, 500, **M4:** 316
heat insulation . . . **A4:** 496, 500–501, **M4:** 316–317
heating elements . . . **A4:** 494, 496, 498–499, 500, **M4:** 315–316
hot wall . . . **A4:** 494, 495–496, 501, **M4:** 311
hot wall, types . . . **A4:** 495–496, **M4:** 311–312
insulation maintenance . . . **A4:** 496, 501, **M4:** 317
metallic shielding . . . **A4:** 498, 500–501, **M4:** 316–317
multilayer graphite . . . **A4:** 497, 501, **M4:** 317
power supplies . . . **A4:** 499, 500
refractory metals . . . **A4:** 499–500, **M4:** 316
sandwich construction . . . **A4:** 501
solid graphite heaters . . . **A4:** 500, **M4:** 316
vacuum chambers . . . **A4:** 492, 494, 497, 499, 500, 503–504, **M4:** 319–320
workload support . . . **A4:** 492, 496, 497, 498, 499, 502–503, **M4:** 319
Vacuum heat treating, pumping systems **A4:** 503–506
cryogenic . . . **A4:** 505, **M4:** 322
diffusion . . . **A4:** 504–505, **M4:** 321–322
liquid ring . . . **A4:** 505
mechanical . . . **A4:** 504, 505, **M4:** 320–321
oil booster . . . **A4:** 505, **M4:** 322
steam ejector . . . **A4:** 505, **M4:** 322
turbomolecular . . . **A4:** 505
valves . . . **A4:** 505–506, **M4:** 322
Vacuum hot pressing . . . **M7:** 507–509
adapted for diffusion bonding . . . **M7:** 517
Be . . . **A16:** 870
beryllium powders . . . **M7:** 171, 172, 758
of prealloyed P/M aluminum alloys . . . **A14:** 250–251
sintering furnace . . . **M7:** 515
system, all purpose . . . **M7:** 515
temperatures . . . **M7:** 172
to high density . . . **M7:** 522
uniaxial . . . **M7:** 170
Vacuum hot pressing (VHP) . . . **EM1:** 25
beryllium powder . . . **A2:** 685, **A7:** 202, 204, 943
defined . . . **EM2:** 44
production scale . . . **A2:** 987
titanium alloy powders . . . **A7:** 877
Vacuum impregnation . . . **A7:** 721
for incorporating lead-based alloys . . . **M7:** 559
of powder metallurgy specimens . . . **A9:** 505

1140 / Vacuum impregnation

Vacuum impregnation (continued)
of wrought stainless steel specimens with surface
cracks A9: 279
Vacuum impregnation as a mounting method .. A9: 31
for aluminum alloys. A9: 352
Vacuum impregnation process
sealant application method. EM3: 609
Vacuum impregnation sealing method M5: 369
Vacuum induction degassing
ladles A15: 438–440
Vacuum induction degassing and pouring
as furnace design A15: 396
Vacuum induction furnace
crucible materials......................A15: 394
degassing A15: 395
design. A15: 396–397
plasma melting and casting A15: 419–425
melts, cleanliness A15: 396
metallurgy of A15: 393–396
trace element removal.................A15: 394–395
Vacuum induction melted/vacuum arc remelted (VIM/
VAR) steels
applications, rolling-element bearings.....A18: 260
bearing steels. A18: 726, 727, 731
Vacuum induction melting M1: 110–111, M7: 25
applications. A15: 396
as metal ultrapurification technique A2: 1094
casting technologies.................A15: 396–397
cobalt and cobalt alloy powders..........M7: 146
commercially pure iron, as magnetically soft
materials A2: 764
defined.................................A15: 11
effect on inclusions A11: 340
furnace design A15: 396–397
furnace, metallurgy of..............A15: 393–396
nonferrous materials, production..........A15: 396
of nickel and nickel alloys A2: 429
of nickel-titanium shape memory effect (SME)
alloys A2: 899
of zirconium alloys A15: 837
process control system....................A15: 398
process technology and automation ..A15: 397–399
Vacuum induction melting vacuum-arc remelting
(VIMVAR) A19: 359
Vacuum induction melting (VIM).....A1: 970, 981
ferritic stainless steels................A6: 443, 444
filler metals for ultrahigh-strength low-alloy
steels...............................A6: 673
of superalloys A1: 986–988
alternative melt techniques A1: 988
filters..................................A1: 988
melt process...........................A1: 988
primary purification reaction A1: 986–987
refractory materials A1: 987–988
ultrahigh-strength steels A4: 207, 217
Vacuum induction precision casting
furnaces. A15: 399–401
Vacuum induction remelting
automation A15: 399–400
DS and SC furnaces A15: 400–401
furnaces A15: 399
processes A15: 399–400
products...............................A15: 399
Vacuum induction shape casting A15: 399–401
DS and SC furnaces A15: 400–401
furnaces A15: 399
process automation A15: 399–400
products...............................A15: 399
Vacuum induction skull melting A7: 616, 617
Vacuum (inert) gas fusion
as trace element analysis.................A2: 1095
Vacuum infiltration.......................M7: 554
of composites A15: 847
Vacuum infiltration experiments A19: 113
Vacuum injection molding *See also* Injection
molding
defined. EM2: 44
Vacuum ion plating EM4: 218
Vacuum ladle degassing
argon injection, effect on A15: 432

procedures A15: 433
Vacuum leak testing systems
maintenance A17: 67
methods.............................A17: 66–68
of brazed assemblies A17: 604
of soldered joints.......................A17: 606
Vacuum melted
abbreviation for A10: 691
Vacuum melting
beryllium powders A7: 203
defined..................................A15: 11
nickel alloys A15: 820
Vacuum melting and remelting processes
electron beam melting and casting....A15: 410–419
electroslag remelting A15: 401–406
plasma melting and casting A15: 419–425
vacuum arc remelting A15: 406–408
vacuum arc skull melting and
casting A15: 409–410
vacuum induction melting..........A15: 393–399
vacuum induction remelting and shape
casting A15: 399–401
Vacuum metallizing
defined EM2: 44
definition...............................A5: 972
of zinc alloy castings A15: 797
shielding alternatives M7: 612
Vacuum metallizing application
refractory metals and alloys........A2: 559–560
Vacuum metallizing coatings
powders used M7: 573
Vacuum molding *See also* V process
as special process A15: 37
defined.............................A15: 235–236
plastic film characteristics A15: 236
sequence of operations A15: 236
Vacuum nitrocarburizing............M4: 215, 218
definition...............................A5: 972
Vacuum out-gassing and impregnation as a mounting
technique for resin-matrix
composites A9: 588
Vacuum oxygen decarburization
in ladles..............A15: 429–431, 434–435
Vacuum oxygen decarburization (VOD)
ferritic stainless steels.................A6: 443, 444
Vacuum pack oxidation-resistant
coating M5: 664–666
Vacuum plasma spray forming (VPS) ...A7: 410–411,
413, 415
Vacuum plasma spray (VPS) process A20: 475
design characteristics....................A20: 475
Vacuum plasma spraying
titanium and titanium alloys......A5: 847–848
Vacuum plasma spraying (VPS)
molten particle deposition EM4: 204, 205, 206,
207, 208
Vacuum plasma structural deposition
aluminum P/M alloys A2: 204
Vacuum precision casting furnaces A15: 399–401
Vacuum pressing
with thermal spray forming..............A7: 412
Vacuum processing
titanium and tantalum carbides M7: 158
Vacuum pulse method
of component removal.............EL1: 716–717
Vacuum pump
for explosive forming A14: 637
Vacuum pumping
leakage measurement by A17: 61
Vacuum pumping system A8: 413–414
Vacuum refining *See also* Refining
defined..................................A15: 11
Vacuum residue
defined.................................A18: 20
Vacuum sintering A7: 456, A16: 65, 72, A19: 342,
M7: 12, 172
atmosphere............M7: 341, 345, 368–369
beryllium powders A7: 204
cemented carbides A7: 492, 493, 495, 496

ferrous alloys. A7: 473
for fracture resistance A7: 963
furnace M7: 12
micrograin high-speed steels.............A18: 616
molybdenum A7: 497
nickel and nickel alloys...................A7: 502
of aluminum M7: 384, 743
of cemented carbides M7: 386
of stainless steels M7: 368–369
of titanium powder and compacts....M7: 393–394
stainless steel powders....................A7: 780
time-temperature cycle, cemented
carbides.............................M7: 386
titanium powder.........................A7: 500
to full density M7: 373–37
tungsten A7: 497
tungsten heavy alloys A7: 499, 916
Vacuum sintering furnaces A7: 462
for cemented carbides....................A7: 493
Vacuum snapback thermoforming EM2: 401
Vacuum (soluble gas) atomization
process method..........................A7: 35
Vacuum spectrometers
application of A10: 41
for vacuum ultraviolet....................A10: 29
polychromator A10: 37, 38
Vacuum system
LEISS analysis A10: 607
Vacuum systems
autoclave EM1: 646–647
Vacuum thermal agglomeration
tantalum powder........................M7: 162
Vacuum thermoforming
characteristics of polymer manufacturing
process A20: 700
Vacuum tubes............................A13: 1120
corrosion failure analysis EL1: 1110
microwave.............................A17: 209
Vacuum tumble dryer
for lacquer coating M7: 588
Vacuum, ultrahigh
contamination prevention by M7: 251
Vacuum ultraviolet
as spectral region A10: 61
Vacuum vapor deposition
oxidation- resistant coatings........M5: 664–666
Vacuum vapor deposition of interference contrast
layers A9: 60
Vacuum-and-helium testing
of brazed assemblies A17: 604
Vacuum-arc remelting M1: 111, 113
ultrahigh-strength steels ...M1: 422, 426–429, 437,
439, 441
Vacuum-arc remelting, (VAR).......A19: 48–49, 359
Cr-Mo steels, fracture resistance.....A19: 705, 706
Vacuum-assisted resin injection EM1: 564
Vacuum-carbon deoxidation M1: 112, 114
Vacuum-coating methods
to apply interlayers for solid-state welding A6: 165
Vacuum-deoxidized steels M1: 124
Vacuum-deposited aluminum
as electronic material defects ...A12: 484, 486–487
Vacuum-melted alloys
counter-gravity low-pressure casting..A15: 317, 318
Vacuum-oil impregnation
bearings A7: 13
Vacuum-tube power units
induction brazing M6: 967
VADER *See* Vacuum arc double electrode remelting
Valdez principles A20: 131
Valence
defined...................................A13: 13
Valence states
of transition-element ions................A10: 253
Valence-site symmetry, effect on XANES
spectrum A10: 415
Valentine measurement method
shot peen coverage M5: 139
Valentine method..........................A5: 127

SUBJECTS OF THE INDEXED VOLUMES: ASM Handbook (designated by the letter "A"): A1: Properties and Selection: Irons, Steels, and High-Performance Alloys (1990); A2: Properties and Selection: Nonferrous Alloys and Special-Purpose Materials (1990); A3: Alloy Phase Diagrams (1992); A4: Heat Treating (1991); A5: Surface Engineering (1994); A6: Welding, Brazing, and Soldering (1993); A7: Powder Metal Technologies and Applications (1998); A8: Mechanical Testing (1985); A9: Metallography and Microstructures (1985); A10: Materials Characterization (1986); A11: Failure Analysis and Prevention (1986); A12: Fractography (1987); A13: Corrosion (1987); A14: Forming and Forging (1988); A15: Casting (1988); A16: Machining (1989); A17: Nondestructive Evaluation and Quality Control (1989); A18: Friction, Lubrication, and Wear Technology (1992); A19: Fatigue and Fracture (1996); A20: Materials Selection and Design (1997). **Metals Handbook, 9th Edition** (designated by the letter "M"): M1: Properties and Selection: Irons and Steels (1978); M2: Properties and Selection: Nonferrous Alloys and Pure Metals (1979); M3: Properties and Selection: Stainless Steels, Tool Materials, and Special-Purpose Materials (1980); M4: Heat Treating (1981); M5: Surface Cleaning, Finishing, and Coating (1982); M6: Welding, Brazing, and Soldering (1983); M7: Powder Metallurgy (1984). **Engineered Materials Handbook** (designated by the letters "EM"): EM1: Composites (1987); EM2: Engineering Plastics (1988); EM3: Adhesives and Sealants (1990); EM4: Ceramics and Glasses (1991). **Electronic Materials Handbook** (designated by the letters "EL"): EL1: Packaging (1989)

Validation
definition A20: 843
Validity of data in data base A20: 250
Valley Forge Company
as early foundry A15: 25–26
Valley Forge Foundry
crucible steel from A15: 31
Value A20: 28
definition A20: 843
Value analysis
definition A20: 843
Value analysis in materials selection and design A20: 315–321
analysis phase (identification of value targets) A20: 315, 317, 318
applications A20: 315
background A20: 315–316
creation phase A20: 317–319, 321
development phase A20: 319, 321
example: coolant sensor probe A20: 319–321
example: helicopter gearbox A20: 319, 321
examples A20: 319–321
follow-up phase A20: 319
function analysis system technique (FAST) diagram A20: 316–317, 319, 321
function cost A20: 315, 317
function worth A20: 315, 317
general concepts A20: 315–316
implementation A20: 319
information phase A20: 316–317
objective A20: 315
ownership in the synthesis phase A20: 319
popularity of VA process A20: 321
preparation phase A20: 316
presentation and report phase A20: 319
synthesis phase A20: 319, 321
value analysis process A20: 316–319
value analysis vs. total quality management A20: 315
Value Engineering Change Proposal (VECP) A20: 315–316
value engineering in construction industry A20: 316
value engineering in U.S. Government contracts A20: 315–316
value formula A20: 316
Value engineering A20: 244, 315, 319, 320, 321, 675
definition A20: 843
Value Engineering Change Proposal (VECP) A20: 315–316
Value engineering function A20: 4
Value engineering (VE)
for assembly and manufacture design EL1: 120–121
Value, expected
statistical A8: 624
Value formula A20: 316
Value management A20: 315
Value targeting A20: 315, 317, 318
Valve
servo A8: 216
solenoid A8: 216
Valve alloys, specific types
21-4N, aluminum coating process M5: 345–346
Silcrome, aluminum coating process M5: 345–346
Valve bodies
cadmium plating M5: 260–261
magnetizing A17: 94
Valve bronze *See also* Copper casting alloys; Leaded tin bronzes; Valve metal
nominal composition A2: 347
Valve caps, threaded
economy in manufacture M3: 851
Valve guttering
as thermal fatigue mode A11: 289
"Valve hammer" A18: 600
Valve handle assembly
316 stainless steel A7: 1104, 1105
Valve inserts
powders used M7: 572
Valve metal *See also* Cast copper alloys; Copper alloys, specific types, C84400; Valve bronze
properties and applications A2: 365
Valve seats
cemented carbide A2: 973
Valve spring retainer
by precision forging A14: 163
Valve springs *See also* Valves
distortion failure in A11: 138–139
failure due to residual shrinkage pipe A11: 533
failure from seam A12: 64
fatigue failure A11: 553
transverse failure origin A11: 554
Valve stems
cemented carbide A2: 973
Valves *See also* Valve springs
cast iron, coatings for M1: 103
in internal-combustion engines, elevated-temperature failures in A11: 288–289
poppet, thermal fatigue failure A11: 289
rotary, expansion and distortion failure in A11: 374–376
safety, pressure vessels , failures of A11: 644
spool-type hydraulic, seizing in A11: 141
steel castings M1: 388
stem failure, fracture surface of A11: 288
Valves, steel
aluminum coating M5: 335, 339–341, 345–346
Valve-seat retainer spring
designs for A11: 561
Valve-spring quality (VSQ) wire
characteristics of A1: 307
Valve-spring wire *See also* Steels, ASTM specific types, A230, A232
carbon steel for M1: 255
cost M1: 305
load-loss curves for springs M1: 300
seams in M1: 290
stress limit for springs M1: 296
stress relieving M1: 291
temperature limit for springs M1: 296
testing of A1: 309
Van de Graaff accelerators
as neutron sources A17: 388–389
Van de Graaff principle
and neutron radiography A17: 389
Van de Merive mechanism A5: 542
Van der Waals attraction forces A7: 236
precious metal powders A7: 182
Van der Waals bond
as chemical bonding EL1: 93
definition M6: 19
Van der Waals bonds A20: 267, 268, 276
van der Waals forces
agglomeration by M7: 62
Vanadate oxyanion analogs, alternative conversion coat technology
status of A5: 928
Vanadates
as tube corrosive A11: 618
Vanadium
addition to low-alloy steels for pressure vessels and piping A6: 667
addition to strengthen chromium equivalent A6: 100
additions to martensitic stainless steels M6: 348
alloying effect in titanium alloys A6: 508
alloying, in cast irons A13: 567
alloying, in microalloyed uranium A2: 677
alloying, magnetic property effect A2: 762
alloying, wrought aluminum alloy A2: 55
and crack growth A8: 487
and WC powder preparation A16: 71
as a beta stabilizer in titanium alloys A9: 358
as alloying element affecting temper embrittlement of steels A19: 620
as alloying element, effect on susceptibility to stress-corrosion cracking of two low-alloy steels A19: 486
as an addition to austenitic manganese steel castings A9: 239
as dopant for tungsten carbide A18: 795
as gray iron alloying element A15: 639
as minor toxic metal, biologic effects A2: 1262
as nitride-forming A15: 93
at elevated-temperature service A1: 640–641
content in heat-treatable low-alloy (HTLA) steels A6: 670
content in high-strength low-alloy (HSLA) steels and postweld heat treatments A6: 664
content in stainless steels A16: 682–683
content in tool and die steels A6: 674
content in ultrahigh-strength low-alloy steels A6: 673
content of weld deposits A6: 675
determined by controlled-potential coulometry A10: 209
diffusion bonding with A2: 564
early lamp filaments M7: 16
effect of, on hardenability A1: 395, 413, 419
effect of, on notch toughness A1: 741–742
effect of, on steel composition and formability A1: 577
effect on borided steels A4: 441
effect on cast iron microstructure A18: 701
effect on cyclic oxidation attack parameter A20: 594
effect on equilibrium temperature, cast irons A15: 65
effect on maraging steels A4: 222
effect on tool steel grindability A16: 726–727, 728, 729, 731, 732
effects of thermoreactive deposition/diffusion process A4: 449, 451
electron beam drip melted A15: 413
electron channeling pattern A10: 504, 508
electroslag welding, reactions A6: 274
elemental sputtering yields for 500 eV ions A5: 574
evaporation fields for A10: 587
ferritic stainless steels without A1: 936–937
for grain refinement, inclusion-forming A15: 95
formation of intermetallic phases in austenitic stainless steels A9: 284
friction welding A6: 154
hydride mechanism A19: 186
hydrogen damage A13: 171
in alloy cast irons A1: 89–90
in austenitic manganese steel A1: 825
in cast iron A1: 6, 28
in cobalt-base alloys A1: 985
in commercial CPM tool steel compositions A16: 63
in compacted graphite iron A1: 59
in composition, effect on ductile iron A4: 686
in composition, effect on gray irons A4: 671
in compounds, determined by coulometric titration A10: 206
in ductile iron A15: 649
in ferrite A1: 408
in hardfacing alloys A18: 759
in high-speed tool steels A16: 52, 54, 59
in iron-base alloys, flame AAS analysis A10: 56
in microalloy steel A1: 358
in multipoint cutting tools A16: 59
in nickel-base superalloys A1: 984
in P/M high-speed tool steels A16: 61
in tool steels A16: 53
in steel weldments A6: 417, 418, 420
in tool steels A18: 734, 735–736, 739
interlayer material M6: 681
intermetallic compounds, for A15 superconductors A2: 1060
ion removal from A10: 200
K-edge XANES spectra A10: 415
lubricant indicators and range of sensitivities A18: 301
microalloying of A14: 220
neutron and x-ray scattering, and absorption compared A10: 421
nitride-forming element A18: 878
oil-ash corrosion with A11: 618
oxygen cutting, effect on M6: 898
permanganate titration for A10: 176
precipitate stability and grain-boundary pinning A6: 73
pure M2: 822–823
pure, properties A2: 1172
range and effect as titanium alloying element A20: 400
recovery from selected electrode coverings . . A6: 60
redox titrations A10: 175
resistance spot welding M6: 478
spectrometric metals analysis A18: 300
submerged arc welding A6: 206
effect on cracking M6: 127
effect on microstructure toughness M6: 119
thermal diffusivity from 20 to 100 °C A6: 4
thermal expansion coefficient A6: 907
TNAA detection limits A10: 237
to aid milling of carbon and alloy steels . . A16: 676

Vanadium (continued)
to form simple and complex carbides **A16:** 667
to promote hardness............ **A4:** 124, 128–129
toxicity **A6:** 1195, 1196
trace amounts affecting induction
hardening.......................... **A4:** 185
ultrapure, by chemical vapor deposition .. **A2:** 1094
ultrapure, by zone-refining technique..... **A2:** 1094
use in flux cored electrodes.............. **M6:** 103
vapor pressure, relation to temperature.... **A4:** 495
volumetric procedures for............... **A10:** 175
wear resistance of die material **A18:** 635–636
x-ray characterization of surface wear results for
various microstructures............ **A18:** 469
Vanadium alloys
diffusion welding **A6:** 886
electron-beam welding................... **A6:** 581
Vanadium alloys, Ti-6Al-4V
aerospace applications................. **EM3:** 264
anodization procedures............ **EM3:** 265, 266
bonded with polyphenylquinoxaline **EM3:** 166, 167
chromic acid anodization **EM3:** 266, 267, 269, 270
wedge-crack propagation test....... **EM3:** 268, 269
Vanadium borides in wrought heat-resistant alloys **A9:** 312
Vanadium carbide **A16:** 72–74
abrasive machining hardness of work
materials........................... **A5:** 92
coating applied to die-casting dies **A18:** 632
properties **A18:** 795, 801
tap density **M7:** 277
Toyota Diffusion process **A18:** 645
Vanadium carbide (VC) powder
as wear-resistant coating................. **A7:** 974
cold sintering **A7:** 580
in particle metallurgy cold-work tool
steels.................... **A7:** 793, 794, 796
in particle metallurgy high-speed
steels **A7:** 789–790, 791
in tool steel powders................ **A7:** 727, 741
in tool steels for powder injection molding **A7:** 359
sintering of cemented carbides **A7:** 495–196
tap density............................. **A7:** 295
Vanadium carbides....................... **A20:** 739
Vanadium carbides in austenitic manganese steel castings **A9:** 239
Vanadium in cast iron
carbide stabilizer........................ **M1:** 80
gray iron.............................. **M1:** 28
Vanadium in steel. . **M1:** 115, 183, 188–189, 411, 417
castings............................... **M1:** 388
nitriding, effect.................... **M1:** 540–541
notch toughness........................ **M1:** 694
steel sheet, effect on formability **M1:** 554
Vanadium nitride in plate steels
examination for **A9:** 203
Vanadium nitride powder
liquid-phase sintering.................... **A7:** 570
Vanadium oxide
catalysts, Raman analysis............... **A10:** 133
heats of reaction......................... **A5:** 543
ion-beam-assisted deposition (IBAD) **A5:** 596
vanadium K-edge XANES spectra of..... **A10:** 415
Vanadium pentoxide
applications/biologic effects **A2:** 1262
as tube corrosive **A11:** 618
effect on fatigue strength **A11:** 131
in composition of melted silicate frits for high-
temperature service ceramic coatings **A5:** 470
in composition of unmelted frit batches for high-
temperature service
silicate-basedcoatings............... **A5:** 470
Vanadium powder
diffusion factors........................ **A7:** 451
for incandescent lamp filaments **A7:** 5
physical properties...................... **A7:** 451
Vanadium, vapor pressure
relation to temperature............ **M4:** 309, 310
Vanadium, zone refined
impurity concentration.................. **M2:** 713
Vanadium-aluminum master alloy powder
laser sintering **A7:** 428
Vanadium-niobium alloy
overheating **A12:** 145
Vanadium-niobium microalloyed steels **A1:** 403
Vanadium-nitrogen microalloyed steels **A1:** 403
Vanadium-rich carbides.................... **A7:** 486
Vanadizing
comparison of coatings for cold upsetting **A18:** 645
tool steels............................ **A18:** 645
Vanadylyanadates
as tube corrosives...................... **A11:** 618
Vander Lugt filter
holographic **A17:** 228
Vane
fixed **A8:** 216
rotary **A8:** 216
Vaneaxial fans
pressure-air flow characteristics........... **EL1:** 55
Vanes
hydraulic dynamometer stator, liquid
erosion on.................. **A11:** 169–170
turbine, failure of...................... **A11:** 285
Vanes, turbine
hot corrosion of................. **A13:** 1000–1001
Vant'Hoff relation
liquid-solid equilibrium................. **A15:** 102
Vapogels
alkoxide-derived gels............. **EM4:** 210, 211
Vapometallurgy
of nickel and nickel alloys **A2:** 429
Vapor................................. **EM3:** 30
application, of parylene coatings......... **EL1:** 762
bubbles **A12:** 180–181
defined **EM2:** 44
deposition, aluminum **A12:** 484–487
pressures, embrittler.................... **A13:** 186
released through epoxy **EL1:** 961
water *See also* Steam **A12:** 40, 52
Vapor blasting **A19:** 329
electrochemical machining **A16:** 539
Vapor degrease **EM3:** 34, 42
Vapor degreasing *See also* Grease, removal of;
Solvent cleaning **A5:** 21, 24–32, **M5:** 40, 44–57
1,1,1-trichloroethane **A5:** 24, 25, 26, 31
1,1,1-trichloroethane process **M5:** 44–48, 57
aluminum **M5:** 45–46, 53–55
aluminum and aluminum alloys **A5:** 799
applications.................. **M5:** 44–45, 53–57
as cleaning **EL1:** 777
baskets and racks **M5:** 50
before painting **A5:** 424
boiling liquid/warm liquid-vapor system **A5:** 26
boiling liquid-warm liquid- vapor
system.............. **M5:** 46–47, 51, 54–55
brass........................... **M5:** 45, 53–54
cast iron **M5:** 54
castings........................... **M5:** 54, 56
chips and cutting fluids removed by **M5:** 10
cleanness, degree obtainable **M5:** 55–56
confined space entry **A5:** 31
conservation of solvent **A5:** 27
control of solvent contamination........... **A5:** 27
conveyor systems **M5:** 49, 55
copper and copper alloys **A5:** 810–811, **M5:** 45, 617–618
definition **A5:** 21, 24, 972
degreasing systems and procedures...... **A5:** 26–27
disposal of solvent wastes................. **A5:** 32
distillation, solvent **M5:** 48
effect on fatigue strength **A11:** 126
equipment **A5:** 28–29, **M5:** 47–53
installation **M5:** 49–50
maintenance of......................... **M5:** 53
operation-startup to shutdown **M5:** 50–53
for liquid penetrant inspection **A17:** 81–82
fume emission, solvent, ozone
formation by **M5:** 57
heat-resistant alloys **A5:** 779
iron............................... **M5:** 45, 54
key regulation applicability to solvents **A5:** 25
limitations of........................ **M5:** 55–56
magnesium alloys....................... **A5:** 820
magnesium and magnesium alloys. . **M5:** 45–46, 55, 629
magnetic particles removed by......... **M5:** 53–54
methylene chloride............. **A5:** 24, 25, 26, 28
methylene chloride process......... **M5:** 44–49, 57
mineral oil-in-solvent mixtures, properties... **A5:** 27
operating and maintaining the degreaser **A5:** 29–31
operation of systems-startup to
shutdown **M5:** 50–53
perchloroethylene.............. **A5:** 24, 25, 26, 29
perchloroethylene process....... **M5:** 44–45, 47–48
pigmented drawing compounds removed by **M5:** 8
procedure for removing scale from heat-resistant
alloys **A5:** 780
process........................... **M5:** 5, 8, 10
process applications................... **A5:** 30, 31
process limitations.................... **A5:** 31–32
radioactive soils removed by **M5:** 54–55
recovery of solvent **A5:** 27–28
removal of difficult soils.................. **A5:** 32
rustproofing............................ **A5:** 26
rustproofing step **M5:** 47
safety and health hazards.............. **A5:** 17, 32
safety precautions **M5:** 21, 45–46, 49, 53, 57
time-weighted average (TWA) exposure
standards **M5:** 57
small, medium, and large units
requirements..................... **M5:** 49–51
soils, difficult, removal of............. **M5:** 56–57
solvent characteristics **A5:** 24–25
solvent compositions and operating
conditions....................... **M5:** 44–46
solvent conservation, reclamation and waste
disposal **M5:** 48–49, 57
solvent contamination
control of **M5:** 47–48
mineral oil in, percentage **M5:** 47–48
solvent stability.......................... **A5:** 26
solvents **A5:** 24–26
stainless steel........................ **M5:** 54–55
stainless steels.......................... **A5:** 749
steel **M5:** 45, 53–55
still, solvent **M5:** 48–49
systems and procedures *See also* specific systems
by name................ **M5:** 46–47, 50–51
titanium and titanium alloys . . **A5:** 840, **M5:** 8, 656
to remove chips and cutting fluids from steel
parts **A5:** 8
to remove pigmented drawing compounds ... **A5:** 7
to remove unpigmented oil and grease....... **A5:** 7
trichloroethylene............... **A5:** 24, 25, 26, 28
trichloroethylene process **M5:** 44–48
trichlorofluoroethane........ **A5:** 24, 25–26, 28, 31
ultrasonic degreasing.................. **A5:** 26, 27
ultrasonic system......................... **M5:** 47
unpigmented oils and greases removed by ... **M5:** 8
vapor phase only system ... **A5:** 26, **M5:** 46–47, 50, 56
vapor-spray-vapor system.......... **A5:** 26, 27, 30, **M5:** 46–48, 50, 53, 55–56
vs. cold solvent cleaning.................. **A5:** 24
warm liquid-vapor system . . **A5:** 26, **M5:** 46–47, 51, 54–55
water separator **M5:** 48–49
workpiece size, shape, placement and quantity,
effects of............ **M5:** 47, 50, 52, 55–56
zinc and zinc alloys **M5:** 45–46, 54, 676–677
zirconium and hafnium alloys............ **A5:** 852
Vapor degreasing alternatives **A5:** 930–934
advanced vapor degreasing systems ... **A5:** 933–934
aqueous systems.................... **A5:** 931–933
chemicals traditionally used for process.... **A5:** 930

SUBJECTS OF THE INDEXED VOLUMES: ASM Handbook (designated by the letter "A"): **A1:** Properties and Selection: Irons, Steels, and High-Performance Alloys (1990); **A2:** Properties and Selection: Nonferrous Alloys and Special-Purpose Materials (1990); **A3:** Alloy Phase Diagrams (1992); **A4:** Heat Treating (1991); **A5:** Surface Engineering (1994); **A6:** Welding, Brazing, and Soldering (1993); **A7:** Powder Metal Technologies and Applications (1998); **A8:** Mechanical Testing (1985); **A9:** Metallography and Microstructures (1985); **A10:** Materials Characterization (1986); **A11:** Failure Analysis and Prevention (1986); **A12:** Fractography (1987); **A13:** Corrosion (1987); **A14:** Forming and Forging (1988); **A15:** Casting (1988); **A16:** Machining (1989); **A17:** Nondestructive Evaluation and Quality Control (1989); **A18:** Friction, Lubrication, and Wear Technology (1992); **A19:** Fatigue and Fracture (1996); **A20:** Materials Selection and Design (1997). **Metals Handbook, 9th Edition** (designated by the letter "M"): **M1:** Properties and Selection: Irons and Steels (1978); **M2:** Properties and Selection: Nonferrous Alloys and Pure Metals (1979); **M3:** Properties and Selection: Stainless Steels, Tool Materials, and Special-Purpose Materials (1980); **M4:** Heat Treating (1981); **M5:** Surface Cleaning, Finishing, and Coating (1982); **M6:** Welding, Brazing, and Soldering (1983); **M7:** Powder Metallurgy (1984). **Engineered Materials Handbook** (designated by the letters "EM"): **EM1:** Composites (1987); **EM2:** Engineering Plastics (1988); **EM3:** Adhesives and Sealants (1990); **EM4:** Ceramics and Glasses (1991). **Electronic Materials Handbook** (designated by the letters "EL"): **EL1:** Packaging (1989)

Clean Air Act **A5:** 930
Clean Water Act **A5:** 930
converting an existing vapor degreaser **A5:** 933
dip tank systems **A5:** 932–933
environmental concerns **A5:** 930–931
Environmental Protection Agency (EPA) regulations **A5:** 930
hot tank systems **A5:** 931–932
National Emission Standard for Hazardous Air Pollutants (NESHAP) **A5:** 930
Occupational Health and Safety Administration **A5:** 930
ozone-depleting chemicals (ODC) **A5:** 930, 931
regulatory constraints **A5:** 930–931
Resource Conservation and Recovery Act (RCRA) **A5:** 931
safety and health hazards **A5:** 930
spray washer methods **A5:** 932
Superfund Amendments and Reauthorization Act **A5:** 930–931
ultrasonic dip tank methods **A5:** 932
volatile organic compounds (VOCs) **A5:** 930, 931
Vapor degreasing of specimens before mounting **A9:** 28
Vapor degreasing techniques **M7:** 458
Vapor deposition *See also* Chemical vapor deposition; Physical vapor deposition; Sputtering; Vacuum deposition; Vapor-deposited coatings **A7:** 20, **EM4:** 124, 215–220
adherence **EM4:** 219
chemical vapor deposition **EM4:** 215–218
advantages/disadvantages **EM4:** 216
applications **EM4:** 215, 216–217
ceramic materials produced by **EM4:** 216
conventional process **EM4:** 215
plasma-assisted **EM4:** 217–218
fiber-reinforced composites **EM4:** 219–220
for thin-film semiconductors **A10:** 601, 602
of interference films **A9:** 137–138
physical vapor deposition **EM4:** 215, 218–219
applications **EM4:** 219
evaporation **EM4:** 218
ion plating **EM4:** 218
sputtering **EM4:** 218–219
Raman microprobe, TEM analysis, in graphites **A10:** 133
to make ferrite films **EM4:** 1163
to make gamet films **EM4:** 1163
Vapor deposition, chemical
for thin-film hybrids **EL1:** 313
Vapor deposition coating
aluminum coatings **M5:** 346–347
chemical *See* Chemical vapor deposition
physical, oxidation protective coatings **M5:** 379
silicide ceramics **M5:** 535
vacuum *See* Vacuum vapor deposition
Vapor deposition processes
microstructure of coatings **A5:** 661–662
Vapor deposition processing
high-temperature superconductors **A2:** 1087
Vapor phase cleaning
as vapor degreasing technique **M7:** 458
Vapor phase corrosion
in pulp bleach plants **A13:** 1193
Vapor phase nitriding
zirconium and hafnium alloys **A5:** 853
Vapor phase only vapor degreasing system **M5:** 46–47, 50, 56
Vapor phase organic cleaning **A13:** 1139
Vapor phase processes **EM4:** 22
Vapor phase soldering
as mass soldering technique **EL1:** 694
as surface-mount soldering **EL1:** 702–704
of interconnections **EL1:** 117
of passive components **EL1:** 180
outer lead bonding **EL1:** 286
Vapor plating *See also* Vacuum deposition
defined **A13:** 13–14
definition **A5:** 972
Vapor pressure
aluminum **A15:** 80
as selection criterion, electrical contact materials **A2:** 840
calculated, in aluminum melts **A15:** 79
for AES samples **A10:** 556
in silicon modification **A15:** 163
of rare earths **A2:** 720
symbol **A7:** 449
Vapor quenching *See also* Quenching
of amorphous materials/metallic glasses **A2:** 806–807
Vapor recompression process
plating waste recovery **M5:** 316
Vapor transport mechanism
in tungsten powder production **M7:** 154
Vapor-deposited coatings
alloy steels **A5:** 734–735
carbon steels **A5:** 734–735
chemical vapor deposition **A13:** 457
deposition processes **A13:** 456–457
evaporation **A13:** 456–457
for carbon steel **A13:** 523
ion plating **A13:** 457
materials/applications **A13:** 457–458
sputtering **A13:** 456
types **A13:** 456–458
Vapor-deposited interference contrast layers **A9:** 59–60
Vapor-deposited replica, defined **A9:** 19
Vapor-deposited replica
definition **A5:** 972
Vapor-deposited specimen
test interpretation **A8:** 237
Vapor-derived glasses **A20:** 417
Vapor-grown carbon fibers
for polymer matrix composites **EL1:** 1117–1118
Vaporization
-atomization interferences **A10:** 33, 34
interferences, in flame spectroscopy **A10:** 29, 47
liquid-erosion bubbles formation by **A11:** 163
selective **A10:** 25
Vaporization curves **A3:** 1•2
Vaporization processes
ion plating **M5:** 418
Vaporization reduction deposition process
tungsten powder production **M7:** 153
Vapor-liquid-solid (VLS) process **EM1:** 25
Vapormetallurgy processing
carbonyl **M7:** 92–93
Vapor-phase deposition
chromium codeposited in electroplating **A18:** 838
Vapor-phase deposition techniques
in active metal process **EM3:** 305
Vapor-phase epitaxy (PV)
for gallium arsenide (GaAs) **A2:** 745
Vapor-phase epitaxy (VPE) **A5:** 517, 566
Vapor-phase lubrication
defined **A18:** 20
definition **A5:** 972
Vapor-phase purification process
for ultrapure metals **A2:** 1094
Vapor-phase reflow
defined **EL1:** 1160
Vapor-phase soldering **A6:** 369–370
applications **A6:** 369
definition **A6:** 369
equipment **A6:** 369, 370
parameters **A6:** 370
pelletized vapor-phase batch system **A6:** 369
personnel **A6:** 369
Vaporproofing
pharmaceutical production equipment **A13:** 1231
Vapor(s)
heat transfer to **A11:** 628
pressures, embrittler **A11:** 243
water, corrosive effects **A11:** 618, 630, 634–635
Vapors from castable resins **A9:** 30–31
Vapor-spray-vapor cleaning techniques **M7:** 459
Vapor-spray-vapor degreasing system **M5:** 46–48, 50, 53, 55–56
Vapor-streaming cementation process
ceramic coating **M5:** 545
VAR *See* Consumable electrode vacuum arc remelting; Vacuum arc remelting; Vacuum-arc remelting
Varestraint test **A1:** 612, **A6:** 89, 90, 497
comparison of fields of use, controllable variables, data type, equipment, and cost **A20:** 307
Variability
as material assumption **EM1:** 309
defined **A9:** 19
increase with increasing mean life **A8:** 699
measures of **A8:** 625
of material properties **A8:** 623
of population characteristics, in sampling **A10:** 13
relative **A8:** 625
sample, and measurement **A10:** 12
Variability coefficient **A7:** 104, 321–322
Variability of data **A20:** 76
definition **A20:** 843
Variability (statistical)
sources of **EM2:** 606
Variable
background **A8:** 639
experimental, defined **A8:** 639
independent, in fatigue testing **A8:** 698
random **A8:** 624
Variable 2θ geometry
in RDF analysis **A10:** 396
Variable amplitude service simulation tests **A19:** 291
Variable burden **A20:** 256
Variable costs **A20:** 256, 257, 261
definition **A20:** 843
Variable effects (statistical)
average main effects, calculated **A17:** 744
variable interactions, meaning **A17:** 745
Variable load amplitude fatigue tests **A1:** 370, 372
Variable mesh simulator (VMS) **EL1:** 129
Variable metric algorithm **A20:** 211
Variable penetration **A6:** 19
Variable polarity **A6:** 39
Variable polarity plasma arc (VPPA) welding **A6:** 195, 197, 199
of aluminum-lithium alloys **A2:** 184
Variable *R* test **A19:** 179
Variable resistors
contamination **EL1:** 1001–1002
defined **EL1:** 1160
interconnect defects **EL1:** 1002
mechanical defects **EL1:** 1002
Variable takeoff angle method
for thin-film sample preparation **A10:** 95
Variable wavelength geometry
RDF analysis **A10:** 396
Variable-amplitude load histories for fatigue tests **A19:** 115
Variable-amplitude load sequences **A19:** 114
Variable-amplitude loading
predicted fatigue resistance in **A8:** 712
Variable-amplitude tests **A19:** 114
Variable-amplitude (VA) loading **A19:** 15, 20, 22, 253–256, 304
description **A19:** 110
in fatigue properties data **A19:** 16
Variable-frequency drive (VFD)
pump motor **A18:** 594–595
Variables
continuous and discrete **A17:** 746
Variable-temperature ESR investigations **A10:** 257
Variable-throw crank
for crank and lever testing machine **A8:** 369–370
Variable-volume method
thermal expansion molding **EM1:** 590
Varian 9-Ghz cavity
insert for FMR high- temperature studies **A10:** 271
Variance **A18:** 481
as second moment of population **A8:** 628
binomial distribution **A8:** 636
defined **A8:** 14
equality of **EM1:** 305
exponential distribution **A8:** 635
normal distribution **A8:** 630, 631
of statistical distributions **A8:** 629
Poisson distribution **A8:** 637
Weibull distribution **A8:** 633
Variation (statistical)
countermeasures **A17:** 722–730
factors producing **A17:** 693
of NDE process **A17:** 689
process behavior, over time **A17:** 723–724
R control charts, construction interpretation **A17:** 725
rational sampling, importance **A17:** 728–730
reduction, and quality loss function **A17:** 721
sample means control chart construction/ interpretation **A17:** 725
Shewhart control chart model **A17:** 725–728
sources of **A17:** 722–730
system, experimental study **A17:** 742
Variational constraint modeler **A20:** 158
Variational constraint system **A20:** 158, 159

Variational modeling **A20:** 156

Variational noise
defined **A17:** 723

Varistors **EM4:** 1150–1154
application of zinc oxide varistors, critical parameters **EM4:** 1152
applications **EM4:** 1150
electrical characteristics of zinc oxide varistors **EM4:** 1150, 1151
fabrication of zinc oxide varistors **EM4:** 1153–1154
microstructures of zinc oxide varistors **EM4:** 1150–1152
properties **EM4:** 1150
reliability of zinc oxide varistors **EM4:** 1152–1153

Varnish **M5:** 497–499, 503
defined **A18:** 20
definition **A5:** 972
roller selection guide **A5:** 443

Varnish overprint
coating for **EL1:** 863

Varnishing
zinc alloys **A2:** 530

Vasco X2-M
nominal compositions **A18:** 726

Vat, galvanizing
failure of **A11:** 273–274

Vat leaching **A7:** 141

Vaulting
elimination in isostatic pressing **EM4:** 129

VAW electrolytic brightening
aluminum and aluminum alloys **M5:** 582

V-bend die *See also* Three-point bending; V-dies
defined **A14:** 14

V-block and knife-edge support
in constant-stress testing **A8:** 320–321

V-block bending **A8:** 125–127

VCA *See* Titanium alloys, specific types, Ti-13V-11Cr-3Al

VCD *See* Vibrational circular dichroism

V-cone blender **M7:** 12

VDA 260
standard for marking and identification of plastics **A20:** 136

V-dies
for hot forging **A14:** 43
for open-die forging **A14:** 61
for press bending **A14:** 525
press brake forming by **A11:** 308

Vector network analysis
application **A17:** 216
FMR eddy current probes **A17:** 221
microwave inspection **A17:** 206, 222
schematic diagram **A17:** 223

Vectors **A20:** 183

Vectra A625
lap shear strength of untreated and plasma-treated surfaces **A5:** 896

Vegard's law **A6:** 545

Vegetable oils, unsaturated
epoxidization of **EL1:** 818

Vegetable oils, unsaturation
determined by electrometric titration **A10:** 205

Vegetables
nickel toxins in **M7:** 203

Vehicle
defined **EL1:** 1160
definition **A5:** 972
organic , for substrate screen printing **EL1:** 249

Vehicle assembly model **A20:** 258

Vehicle lightweighting **A20:** 258–259

Vehicle solids test **A5:** 435

Vehicle structural design
full-scale tests for **EM1:** 346–351

Vehicle suspension
leaf springs for **A1:** 322, 325

Vehicles
military **M7:** 687–688

Veil *See also* Surfacing veil **EM3:** 30
defined **EM1:** 25, **EM2:** 44

Veining
as casting defect **A11:** 381
coating for **A15:** 240
definition **A5:** 972

Veining in grains **A9:** 604
defined **A9:** 19

Veins **A19:** 78, 80, 82, 85
critical value of the dislocation density **A19:** 81

Vello process **EM4:** 400, 1033, 1038

Velocity *See also* Angular velocity; Magnetically induced velocity changes (MIVC); Velocity measurement
abrasive **A15:** 511
-affected corrosion, in water **A11:** 188–190
analyzers **A10:** 570–571
angular, SI derived unit and symbol for . . **A10:** 685
as interference, microwave inspection **A17:** 204
clastic wave **A8:** 209
conversion factors **A8:** 723, **A10:** 686
crack, as function of stress intensity **A13:** 170
critical, single-phase alloys **A15:** 114–119
dependence of propagating crack toughness **A8:** 284
distribution, as ALPID result **A14:** 427
effect on cellular and dendrite spacing **A15:** 117
effect on corrosion in seawater **M1:** 740–742
effect on corrosion inhibitors **A11:** 198
effect, produced fluids **A13:** 479
effects, copper/copper alloys **A13:** 623, 625
electron, abbreviation for **A10:** 691
flow, effect on erosion damage **A11:** 165–166
flow path **A13:** 966
fluid, aqueous corrosion **A13:** 40
free surface, during spalling **A8:** 212
gradients, effect on powder segregation **M7:** 187–189
hackle **A11:** 745
high, impact, of drop of liquid **A11:** 164
high, impact response curves for testing **A8:** 271
in blast cleaning **A15:** 506
in erosion/cavitation testing **A13:** 312–313
in slider-crank mechanism **A14:** 39
interface, single-phase alloys **A15:** 114–119
interferometer **A8:** 211, 231
intergranular crack **A13:** 160
maximum signal propagation **EL1:** 5
maximum tubular, copper alloys **A13:** 624
normal stress-particle **A8:** 232
of leaks **A17:** 58
of propagation, defined **EL1:** 1160
of propagation, wave theory of **A10:** 83
of ram, in high-energy-rate forging **A14:** 100
of solution, total immersion tests **A13:** 222
plastic wave **A8:** 209
plateau, for stress-corrosion cracking **A8:** 497
plots, disk-forging simulation **A14:** 430
porosity effects **A17:** 212
relation to electromagnetic radiation **A10:** 83
SCC plateau crack **A13:** 268
seawater, corrosion effect . . **A13:** 333, 516, 623, 625
shear stress/transverse particle **A8:** 232
SI derived unit and symbol for **A10:** 685
SI unit for **A8:** 721
slide, drawing presses **A14:** 578
speed of light, abbreviation **A10:** 689
stress-corrosion cracking **A13:** 277–278
symbol for **A8:** 721, 726
transducers, for strain measurement **A8:** 193
ultrasonic **A17:** 162, 232–233, 597
ultrasonic, and powder mechanical properties **M7:** 484
vane tip, abrasive wheel **A15:** 512

Velocity hackle **EM4:** 636

Velocity interferometer **A8:** 211, 231

Velocity measurement *See also* Velocity
as ultrasonic test technique **EM1:** 776
bulk-sound **A17:** 274–275
by laser inspection **A17:** 16–17
ultrasonic inspection **A17:** 274–275

Velocity of drops or particles (erosion model)
symbol for **A20:** 606

Velocity of impact (import model)
symbol for **A20:** 606

Velocity of jet
symbol for **A20:** 606

Velocity of propagation **A20:** 618

Vending machine parts **A7:** 1105, 1106

Vendor-neutral file formats **A20:** 208

Venn diagram, for stress corrosion
corrosion fatigue, and hydrogen embrittlement **A13:** 291

Vent
broken casting at **A11:** 386
defined **A14:** 14, **A15:** 11, **EM1:** 25, **EM2:** 44
in permanent molds **A15:** 278

Vent cloth **EM3:** 30
defined **EM1:** 25, **EM2:** 44

Vent forming
analysis of **A14:** 924

Vent mark
defined **A14:** 14

Venting *See also* Air venting **EM1:** 5, 166–167, **EM3:** 30
air, die casting **A15:** 291
and carbon monoxide poisoning **M7:** 349
blow molding **EM2:** 354–355
coating effect **A15:** 281
defined **EM2:** 44
die **A15:** 289
gas displacement **A15:** 291
of core **A15:** 241
of molds **EM2:** 614
surface finish effects **A15:** 285
systems, for explosion suppression **M7:** 198

Venturi-type air cooler
for ultrasonic testing **A8:** 247

VEPP-2M
as synchrotron radiation source **A10:** 413

VEPP-3
as synchrotron radiation source **A10:** 413

VEPP-4
as synchrotron radiation source **A10:** 413

Verde antique copper coloring solution **M5:** 625

Verdet coefficient **EM4:** 854–855

Verification **A8:** 14, 88, 611–612
by nondestructive evaluation **A17:** 671–672
engineering **EL1:** 992–993
mechanical **EL1:** 941
of alloys **A10:** 118
of fracture control policy **A17:** 669–673
of heat treatment **A14:** 249, 282
of logic design **EL1:** 129
physical **EL1:** 941
procedure, fatigue testing **EL1:** 742

Verification, heat treatment
wrought titanium alloys **A2:** 620–622

Verification, of pattern/casting dimensions
automated **A15:** 199

Verified loading range
defined **A8:** 14

Verifilm **EM3:** 736–737, 767
and visual inspection nondestructive testing **EM3:** 751

Vermicular cast iron *See* Compacted graphite cast iron

Vermicular graphite *See also* Compacted graphite irons
eutectic compacted, growth of **A15:** 178–179
irons, welding metallurgy **A15:** 521–522

Vermicular graphite cast iron *See* Compacted graphite iron

Vermicular iron *See* Compacted graphite iron

Vermicularity, of graphite
fatigue fracture from **A11:** 360–361

Vermiculite
defined **EM1:** 25, **EM2:** 44

SUBJECTS OF THE INDEXED VOLUMES: ASM Handbook (designated by the letter "A"): **A1:** Properties and Selection: Irons, Steels, and High-Performance Alloys (1990); **A2:** Properties and Selection: Nonferrous Alloys and Special-Purpose Materials (1990); **A3:** Alloy Phase Diagrams (1992); **A4:** Heat Treating (1991); **A5:** Surface Engineering (1994); **A6:** Welding, Brazing, and Soldering (1993); **A7:** Powder Metal Technologies and Applications (1998); **A8:** Mechanical Testing (1985); **A9:** Metallography and Microstructures (1985); **A10:** Materials Characterization (1986); **A11:** Failure Analysis and Prevention (1986); **A12:** Fractography (1987); **A13:** Corrosion (1987); **A14:** Forming and Forging (1988); **A15:** Casting (1988); **A16:** Machining (1989); **A17:** Nondestructive Evaluation and Quality Control (1989); **A18:** Friction, Lubrication, and Wear Technology (1992); **A19:** Fatigue and Fracture (1996); **A20:** Materials Selection and Design (1997). **Metals Handbook, 9th Edition** (designated by the letter "M"): **M1:** Properties and Selection: Irons and Steels (1978); **M2:** Properties and Selection: Nonferrous Alloys and Pure Metals (1979); **M3:** Properties and Selection: Stainless Steels, Tool Materials, and Special-Purpose Materials (1980); **M4:** Heat Treating (1981); **M5:** Surface Cleaning, Finishing, and Coating (1982); **M6:** Welding, Brazing, and Soldering (1983); **M7:** Powder Metallurgy (1984). **Engineered Materials Handbook** (designated by the letters "EM"): **EM1:** Composites (1987); **EM2:** Engineering Plastics (1988); **EM3:** Adhesives and Sealants (1990); **EM4:** Ceramics and Glasses (1991). **Electronic Materials Handbook** (designated by the letters "EL"): **EL1:** Packaging (1989)

Vernier *See also* Least count
defined **A8:** 14
Versailles Project on Advanced Materials and Standards (VAMAS)
round-robin sliding wear tests **A18:** 486
Versatility
of rigid epoxies **EL1:** 810
Verson hydroform process
lubricants **A14:** 612–613
presses **A14:** 612
procedure **A14:** 612
single-draw operation **A14:** 613–614
surface finish **A14:** 613
tools **A14:** 612
Verson-Wheelon process *See also* Guerin process; Rubber-pad forming
as rubber-pad forming **A14:** 609
presses **A14:** 609
procedure **A14:** 609–610
secondary operations **A14:** 610
tools **A14:** 609
Vertical boring mills **A16:** 160, 164–165
Vertical centrifugal casting
as permanent mold process **A15:** 34
defects in **A15:** 306–307
equipment **A15:** 307
mold design **A15:** 300–304
process details **A15:** 304–306
processes **A15:** 300
Vertical centrifugal casting machines . . . **A15:** 306–307
Vertical coordinate measuring machines . . . **A17:** 20–21
Vertical core knockout machine **A15:** 504
Vertical counterblow hammer **A14:** 25, 28
Vertical direct-chill casting **A15:** 313–314
Vertical drill presses
trepanning **A16:** 176
Vertical drilling
with cemented carbide tools **A2:** 974
Vertical illumination
defined **A9:** 19
Vertical lighting
and oblique lighting, compared **A12:** 87
photomacrographic **A12:** 83
Vertical load train
in modified test machines **A8:** 159
Vertical multiple-spindle automatic chucking machines **A16:** 378–379
Vertical or short take-off and landing (V/STOL) aircraft
fatigue **EM3:** 501
Vertical position
definition **A6:** 1215, **M6:** 19
Vertical position (pipe welding)
definition **A6:** 1215
Vertical ring rolling machines **A14:** 109, 112–113
Vertical roughness parameter
defined **A12:** 200
Vertical sectioning
for true fracture surface area **A12:** 198–199, 211–212
Vertical sections of a ternary diagram . . . . . **A3:** 1•5
Vertical semicontinuous casting
wrought copper and copper alloys **A2:** 243
Vertical shaft furnace
for sand reclamation **A15:** 227–228
Vertical stress distribution **M7:** 301
Vertical thinking **A20:** 39–40
definition **A20:** 843
Vertical turbine pumps (VTPS) **A18:** 595
Vertical turret lathes
boring **A16:** 160
Vertical welding
arc welding of coppers **M6:** 402
flux cored arc welding **M6:** 107
gas tungsten arc welding of aluminum alloys **M6:** 391–392
indication by electrode classification **M6:** 84
oxyfuel, gas welding **M6:** 589
of pipe **M6:** 591–592
shielded metal arc welding **M6:** 76, 85, 441
of nickel alloys **M6:** 441
Vertically parted molding machines
green sand molding **A15:** 344
Vertical-plane machines
for press forming **A14:** 559
Verwey transition **EM4:** 751
Very high strain rates
in compression testing **A8:** 190–191
Very large scale integrated circuits (VLSIC) **EM3:** 579
Very large scale integration (microcircuit) products
gas mass spectroscopy in **A10:** 156–157
Very large scale integration (VLSI) generation **EM3:** 581, 584, 586
Very-high-impact polystyrenes *See also* High-impact polystyrenes (PS, HIPS)
grades of **EM2:** 199
Very-high-speed integrated chip
defined **EL1:** 1160
Very-high-speed integrated circuits (VHSICs) *See also* High-frequency digital systems
clock frequencies **EL1:** 76
cross talk noise **EL1:** 76
failure mechanisms **EL1:** 982–983
interconnects, line impedance **EL1:** 388
interconnects, signal line density **EL1:** 389
modeling/simulation requirements **EL1:** 77–81
test and maintenance **EL1:** 376
Very-large-scale integration (VLSI)
accelerated testing **EL1:** 887
and wafer-scale integration, compared . . . **EL1:** 263, 269–270
as primary technology for electronic packaging **EL1:** 12
capability **EL1:** 13
chip, assumptions **EL1:** 270
CMOS, as future trend **EL1:** 390
defined **EL1:** 1160
development **EL1:** 160
direct chip interconnect **EL1:** 231–232
effect, passive component fabrication **EL1:** 178
instrumentation and testing **EL1:** 365
manufacturing test coverage **EL1:** 374
mechanisms, failure kinetics for **EL1:** 889–893
-optimized architectures **EL1:** 2
packaging approaches **EL1:** 269–270
packaging, development **EL1:** 961
processing yield, WSI vs. VLSI **EL1:** 266–268
silicon -metal oxide semiconductors, effect on **EL1:** 2
tape automated bonding (TAB) with **EL1:** 274
testing phases **EL1:** 377–378
VESPEL (DuPont)
polyimide resin for thrust washer material **A18:** 567
Vessels *See also* Pressure vessels
argon oxygen decarburization, schematic . . **A15:** 427
for sample dissolution treatments **A10:** 165–167
for sinters/fusions **A10:** 166–167
for sodium peroxide fusions **A10:** 166
ladle furnace and vacuum arc degassing . . **A15:** 436
pouring, direct heating **A15:** 498–499
vacuum, ladle degassing **A15:** 432
Vezin sampler **A7:** 209
Vezin-type splitter **A7:** 207
VF *See* Vacuum fusion
V-grip
for axial fatigue testing **A8:** 369
V-groove joints
radiographic inspection **A17:** 334
V-groove weld
definition **A6:** 1215
V-groove welds
arc welding of heat-resistant alloys . . . **M6:** 356–357
cobalt-based alloys **M6:** 367–368
nickel-based alloys **M6:** 360
arc welding of nickel alloys **M6:** 437, 442–443
definition, illustration **M6:** 60–61
double, applications of **M6:** 61
electron beam welding **M6:** 614
flux cored arc welding **M6:** 105–106
gas tungsten arc welding **M6:** 201
of heat-resistant alloys **M6:** 356–357, 360
oxyacetylene braze welding **M6:** 597
oxyfuel gas welding **M6:** 590–591
preparation **M6:** 67–68
single, applications of **M6:** 61
V-guides **A16:** 111
VHP *See* Vacuum hot pressing; Vacuum hot pressing (VHP)
VHSICs *See* Very-high-speed integrated circuits (VHSICs)
VI improver
defined **A18:** 20
definition **A5:** 972
Via hole
defined **EL1:** 1160
formation **EL1:** 326–328
plating, thin-film hybrids **EL1:** 329
Via holes **A20:** 619
Via(s) *See also* Buried vias; Semiburied vias; Thermal vias; Via hole . . **A6:** 992, 994, **A20:** 619
blind, selection **EL1:** 112
buried inner layer **EL1:** 543
defined **EL1:** 13
density **EL1:** 613, 620–621
filling, and conductor resistor printing **EL1:** 463–464
formation, ceramic packages **EL1:** 463
interlayer, electrical effects **EL1:** 76
materials and processes selection **EL1:** 113–115
nested **EL1:** 304
placement **EL1:** 517
registration **EL1:** 464
signal, parallel with option for **EL1:** 112
thermal, effect of multichip module **EL1:** 53–54
Vibrated vacuum gas test
for hydrogen measurement **A15:** 459
Vibrating beams
theory of **EM1:** 209
Vibrating conveyor
as shakeout equipment **A15:** 503
Vibrating drum shakeout equipment **A15:** 348, 503
Vibrating electrode atomization **A7:** 50
Vibrating frame mills **A7:** 83
Vibrating media core knockout system **A15:** 506
Vibrating powders *See* Tap density
Vibrating sample magnetometer **A10:** 268
Vibrating string technique
for stress-relaxation tension test **A8:** 325
tensile stress-relaxation curve **A8:** 325
Vibrating tub
for lacquer coating **M7:** 588
Vibrating-reed relay
defined **EL1:** 1160
Vibration *See also* Damping properties analysis
affecting microhardness testing **A8:** 96
analysis, by optical holographic interferometry **A17:** 424–425
and cavitation damage **A11:** 378
and shock durability **EL1:** 62–65
applied **M7:** 297
as centrifugal casting defect **A15:** 307
as screening environment **EL1:** 875
as solder joint attachment failure mechanism **EL1:** 740
-caused fatigue fracture, stainless steel lever **A11:** 114
damping **EM1:** 190
distortion from **A11:** 138
effect, crack growth **A12:** 109
effect in creep and stress-rupture testing . . . **A8:** 312
effect, low-carbon steel **A12:** 245
effect on density **M7:** 296
effect on mean coordination number **M7:** 296
effects, coordinate measuring machines **A17:** 26–27
effects, optical holographic interferometry **A17:** 412, 413
failures **EL1:** 64–65
fatigue failures by **A11:** 308–309, 518, 621
flexible printed boards **EL1:** 589
fuel pump failed by **A11:** 465
high-frequency, fatigue-fracture surface from **A11:** 112
holographic measurement **A17:** 405
in ultrasonic hardness tester **A8:** 101
of composites **EM1:** 35
package-level testing **EL1:** 937–938
pattern, holographic detection **A17:** 16
properties, defined **EM1:** 206
shaft fatigue fracture from **A11:** 476
testing, as failure verification **EL1:** 944, 1061
to fill flexible envelopes for isostatic pressing **M7:** 297
torsional **A11:** 561–562
ultrasonic **A17:** 232–234
with dirt and moisture, bearing damage by **A11:** 494, 496

Vibration analysis **A18:** 293–297
analysis methods and problems. **A18:** 294–295
averaging. **A18:** 295–296
leakage and windowing **A18:** 295
relationship between friction and vibration **A18:** 296–297
contact between two flat plates **A18:** 297
free vibration frequency. **A18:** 297
true area of contact **A18:** 297
wear rate **A18:** 297
statistical analysis approach **A18:** 296
surfaces in contact. **A18:** 293–294
instrumentation. **A18:** 293–294
Task II, USAF ASIP design analysis and development tests. **A19:** 582
Vibration as a method to control grain size in aluminum alloy ingots **A9:** 630
Vibration compaction
defined **M7:** 12
Vibration component test
ENSIP Task III, component and core engine tests. **A19:** 585
Vibration damping function **EM3:** 33, 36
Vibration density
defined **M7:** 12
Vibration, free *See* Free vibration
Vibration frequency **A7:** 275
Vibration radiusing
refractory metals and alloys **A2:** 562
Vibration strain test
ENSIP Task III, component and core engine tests. **A19:** 585
Vibration welding **EM2:** 724–725
Vibration/dynamics/acoustic testing
MECSIP Task IV, design analyses and development tests. **A19:** 587
Vibration/dynamics/acoustics analysis
MECSIP Task III, design analyses and development tests. **A19:** 587
Vibrational analysis
Fourier-transform infrared spectroscopy . . **A10:** 126
high-resolution electron energy loss spectroscopy **A10:** 126
Raman and infrared as **A10:** 126, 127
Vibrational behavior
of atoms, and determination of crystal structure. **A10:** 352
of surfaces, SERS analysis **A10:** 136
pyridine, model environments for. **A10:** 134
Raman, in intercalated graphite species. . . **A10:** 133
ring-breathing, of pyridine **A10:** 134
surface, surface-enhanced Raman scattering for. **A10:** 136
Vibrational bending tests **A7:** 1045
Vibrational false brinelling *See* Fretting
Vibrational frequencies, infrared
calculation of **A10:** 110
Vibrational specific heat **A20:** 275
Vibration-induced cavitation model (erosion)
wear models for design **A20:** 606
Vibration-induced heating
for thermal inspection. **A17:** 398
Vibrations **A20:** 140
information, by Raman analysis **A10:** 126–138
metal-ligand, Raman spectroscopy for **A10:** 126
molecular, effect in infrared spectroscopy **A10:** 109
molecular, in infrared spectroscopy **A10:** 111
molecular, in Raman spectroscopy **A10:** 127
weld microstructures and **A6:** 53–54
Vibrators *See also* Air vibrators
early practice. **A15:** 28
recommended contact materials **A2:** 863
Vibratory ball mill. **A7:** 57, 61–62, 63
rate of processing **A7:** 62
Vibratory ball milling. **M7:** 23
Vibratory ball mills **M7:** 66–68
Vibratory bowl finishing
advantages and disadvantages. **A5:** 123, 708
Vibratory cavitation
defined. **A18:** 20
definition. **A5:** 972
Vibratory compacting of powders **A7:** 318–219
Vibratory compaction
defined. **M7:** 12, 306
Vibratory deburring **M7:** 458, 669
Vibratory devices
erosion/cavitation testing **A13:** 313
Vibratory energy
ultrasonic. **EM1:** 615
Vibratory finishing **A5:** 118–121
advantages **A5:** 119, 120
aluminum and aluminum alloys. . **A5:** 786, **M5:** 573
bowl process **M5:** 130–131
bowl vibrators. **A5:** 120, 123, 708
copper and copper alloys. . . . **A5:** 809, **M5:** 615–616
definition. **A5:** 972
description **A5:** 118–119
equipment **A5:** 118–120
magnesium alloys **A5:** 821, **M5:** 631
problems, causes of. **A5:** 120–121
tub process. **M5:** 130
tub vibrator **A5:** 119–120
variables for operation **A5:** 119
zinc alloys. **A5:** 870, **M5:** 676
Vibratory finishing machine
cast irons, cleaning of **A5:** 686
Vibratory mill **M7:** 12
Vibratory milling
silver powders **M7:** 148
temperature versus milling time curves **M7:** 61, 62
time, and x-ray line broadening **M7:** 61
time, effect on apparent density and Hall flowability. **M7:** 59
Vibratory mills
for precious metal powders **A7:** 182
Vibratory polishing
copper and copper alloys **A9:** 400
defined. **A9:** 19
definition. **A5:** 972
of aluminum-coated sheet steel **A9:** 197
of iron-nickel and iron-cobalt alloys. **A9:** 532
of tin plate **A9:** 198
powder metallurgy materials **A9:** 507
tin and tin alloys **A9:** 449
titanium and titanium alloys **A9:** 459
wrought heat-resistant alloys **A9:** 307
Vibratory polishing methods. **A9:** 42
effect of load on. **A9:** 44
effect of suspending liquid on low carbon steel. **A9:** 43
for alpha-beta brass **A9:** 44
Vibratory polishing of
beryllium **A9:** 389
electrical contact materials **A9:** 550
refractory metals. **A9:** 439
uranium and uranium alloys **A9:** 478
Vibratory powder dispensers
for flame cutting **M7:** 843
Vibratory processing
advantages and limitations. **A5:** 707
ferrous P/M alloys **A5:** 763
Vibratory rotary machine finishing **M5:** 133
Vibratory stress relief **A20:** 818
Vibratory stress relieving. **M6:** 892
Vibratory tub finishing
advantages and disadvantages. **A5:** 123, 708
Vibratory tube mill. **M7:** 66–68
Vibratory tube mills **A7:** 61–62, 63
Vibrosomic sieve **A7:** 218
Vibrothermography
as nondestructive test technique **EM1:** 777
Vicalloy *See* Iron-base alloys; Permanent magnet materials, specific types
Vicalloy alloys *See also* Magnetic materials. **A9:** 538–539
Vicat softening point **EM3:** 30
defined **EM2:** 44
Vickers diamond pyramid indentation test. . . . **A7:** 938
Vickers hardness
abbreviation for **A11:** 797
carbides **A16:** 81
ceramics. **A16:** 101
cermets. **A16:** 91
number (HV), defined. **A11:** 11
test, defined. **A11:** 11
Vickers hardness number, (HV) *See also* Diamond pyramid hardness numbers **A5:** 142–143
Brinell hardness conversions **A8:** 111
defined **A8:** 15, 90–91
equivalent hardness numbers. **A8:** 112–113
equivalent Rockwell B numbers **A8:** 109–110
for indentations with same test load **A8:** 91, 97–99
Rockwell C hardness conversions **A8:** 110
vs. load **A8:** 94–96
Vickers hardness test. **A8:** 71, 102, 725
definition. **A5:** 972
Vickers hardness testing
of castings **A17:** 521
Vickers indentation
compared with Knoop. **A8:** 90
elastic recovery. **A8:** 95
filar units for measuring **A8:** 91
surface preparation. **A8:** 93
Vickers indentation hardness. **A18:** 433
Vickers indenter **A5:** 644, **A8:** 90–91, 95–96, 100, 102
Vickers microhardness testing *See also* Knoop mirohardness testing
and Knoop **A8:** 90–98
and Rockwell C scale test. **A8:** 91
applications. **A8:** 96–98
determining hardness number **A8:** 91
diamond pyramid indenter. **A8:** 91
hardness number vs. load. **A8:** 94–96
hardness value determined **A8:** 90
indentation measuring. **A8:** 91
indentation spacing **A8:** 94
indentations compared with Knoop **A8:** 90
indenter selection. **A8:** 90–91
load vs. indentation size **A8:** 94
surface preparation. **A8:** 93
test considerations **A8:** 94–96
testers. **A8:** 91–93
Vickers (microindentation) hardness number
defined. **A18:** 20
Vickers microindentation tests . . . **A18:** 415, 416, 417, 418
Victoria green garnet. **A5:** 881
VID *See* Vacuum induction degassing
Video cassette recorders
thick-film hybrid application. **EL1:** 385
Video crack growth measuring systems **A8:** 246
Videorecording, used in conjunction with
scanning electron microscopy. **A9:** 97
Videoscopes *See also* Cameras; Television cameras
images **A17:** 5–6
with CCD probes, as borescopes. **A17:** 5–8
working length **A17:** 7
Videotape/videodisk
digital image enhancement. **A17:** 463
Vidicon
and diode array detectors, use in Raman spectroscopy **A10:** 128–129
defined. **A10:** 683
Vidicon camera
as image sensors, optical. **A17:** 10
dynamic range, radiography **A17:** 318
secondary electron-coupled (SEC) **A17:** 10
vision machine **A17:** 31–32
VIDP *See* Vacuum induction degassing and pouring
Vienna lime buffing compounds **M5:** 117
View
defined. **A17:** 385
identification **A17:** 338–341
of radiographs. **A17:** 347
radiographic, selection of. **A17:** 330–338

SUBJECTS OF THE INDEXED VOLUMES: ASM Handbook (designated by the letter "A"): **A1:** Properties and Selection: Irons, Steels, and High-Performance Alloys (1990); **A2:** Properties and Selection: Nonferrous Alloys and Special-Purpose Materials (1990); **A3:** Alloy Phase Diagrams (1992); **A4:** Heat Treating (1991); **A5:** Surface Engineering (1994); **A6:** Welding, Brazing, and Soldering (1993); **A7:** Powder Metal Technologies and Applications (1998); **A8:** Mechanical Testing (1985); **A9:** Metallography and Microstructures (1985); **A10:** Materials Characterization (1986); **A11:** Failure Analysis and Prevention (1986); **A12:** Fractography (1987); **A13:** Corrosion (1987); **A14:** Forming and Forging (1988); **A15:** Casting (1988); **A16:** Machining (1989); **A17:** Nondestructive Evaluation and Quality Control (1989); **A18:** Friction, Lubrication, and Wear Technology (1992); **A19:** Fatigue and Fracture (1996); **A20:** Materials Selection and Design (1997). **Metals Handbook, 9th Edition** (designated by the letter "M"): **M1:** Properties and Selection: Irons and Steels (1978); **M2:** Properties and Selection: Nonferrous Alloys and Pure Metals (1979); **M3:** Properties and Selection: Stainless Steels, Tool Materials, and Special-Purpose Materials (1980); **M4:** Heat Treating (1981); **M5:** Surface Cleaning, Finishing, and Coating (1982); **M6:** Welding, Brazing, and Soldering (1983); **M7:** Powder Metallurgy (1984). **Engineered Materials Handbook** (designated by the letters "EM"): **EM1:** Composites (1987); **EM2:** Engineering Plastics (1988); **EM3:** Adhesives and Sealants (1990); **EM4:** Ceramics and Glasses (1991). **Electronic Materials Handbook** (designated by the letters "EL"): **EL1:** Packaging (1989)

selection, radiographic inspection.... **A17:** 330–338
View aliasing
computed tomography (CT)............. **A17:** 376
View camera
fractographic..................... **A12:** 78–79, 85
with scanning light photomacrography system............................ **A12:** 82
Viewlogic's Viewdraw.................... **A20:** 205
Vilella's reagent
composition of.......................... **A9:** 211
for etching stainless steel............... **A10:** 311
Vilella's reagent as an etchant for
alloy steel.............................. **A9:** 211
austenitic manganese steel casting specimens......................... **A9:** 239
iron-chromium-nickel heat-resistant casting alloys......................... **A9:** 330–333
wrought stainless steels.............. **A9:** 281–282
Villard-circuit equipment
radiography........................... **A17:** 305
VIM *See* Vacuum induction melting
Vinyl
applications demonstrating corrosion resistance.......................... **A5:** 423
effectiveness of fusion-bonding resin coatings........................... **A5:** 699
minimum surface preparation requirements...................... **A5:** 444
organic coating classifications and characteristics.................... **A20:** 550
paint compatibility...................... **A5:** 441
resistance to mechanical or chemical action............................ **A5:** 423
Vinyl acetate
hazardous air pollutant regulated by the Clean Air Amendments of 1990.............. **A5:** 913
properties, organic coatings on iron castings........................... **A5:** 699
Vinyl acetate plastics..................... **EM3:** 30
defined............................... **EM2:** 44
Vinyl acrylic
chemistry............................. **EM3:** 50
Vinyl adhesives.......................... **EM3:** 75
film, surface parameter................. **EM3:** 41
for hemmed flange bonding........ **EM3:** 553–554
latex characteristics.................... **EM3:** 53
preformed, for window glazing.......... **EM3:** 56
silane coupling agents................. **EM3:** 182
Vinyl alkyd
applications demonstrating corrosion resistance......................... **A5:** 423
coating hardness rankings in performance categories......................... **A5:** 729
Vinyl bromide
hazardous air pollutant regulated by the Clean Air Amendments of 1990.............. **A5:** 913
Vinyl butyral
properties, organic coatings on iron castings........................... **A5:** 699
Vinyl chloride
chemisorption and solid friction.......... **A18:** 29
hazardous air pollutant regulated by the Clean Air Amendments of 1990.............. **A5:** 913
maximum concentration for the toxicity characteristic, hazardous waste...... **A5:** 159
properties, organic coatings on iron castings........................... **A5:** 699
toxic chemicals included under NESHAPS....................... **A20:** 133
Vinyl chloride crackers
corrosion and corrodents, temperature range............................ **A20:** 562
Vinyl chloride, in vinyl chloride and vinylidene chloride copolymer
Raman analysis........................ **A10:** 132
Vinyl chloride plastics.................... **EM3:** 30
defined............................... **EM2:** 44
environmental effects.................. **EM2:** 427
Vinyl coating
steel sheet............................ **M1:** 176
Vinyl copolymers
adhesion to selected hot dip galvanized steel surfaces........................... **A5:** 363
Vinyl degradation
polyvinyl chlorides (PVC)............. **EM2:** 212
Vinyl ester resins *See also* Polyester resins
clear casting mechanical properties....... **EM1:** 91
defined.............................. **EM1:** 25
delayed gel times..................... **EM1:** 133
for commercial application........... **EM1:** 31–32
for filament winding............. **EM1:** 137–138
for pultrusion.................... **EM1:** 538–539
for resin transfer molding............. **EM1:** 169
for sheet molding compounds...... **EM1:** 141–142
for wet lay-up.................... **EM1:** 133–134
formulation................ **EM1:** 133, 137, 141
glass content effect.................... **EM1:** 91
in fiberglass-polyester resin composites... **EM1:** 91
preparation/application................ **EM1:** 90
suppliers............................ **EM1:** 133
Vinyl esters *See also* Thermosetting resins **EM3:** 30
applications...................... **EM2:** 272–273
characteristics.................... **EM2:** 273–275
commercial forms..................... **EM2:** 272
costs and production volume........... **EM2:** 272
defined.............................. **EM2:** 44
for pultrusion........................ **EM2:** 394
mechanical properties............ **EM2:** 273–274
polymerization....................... **EM2:** 275
processing....................... **EM2:** 274–275
properties....................... **EM2:** 273–275
suppliers............................ **EM2:** 275
Vinyl esters, room-temperature curing
in composites......................... **A11:** 731
Vinyl films
identification of polymer and plasticizer materials in.......................... **A10:** 123–124
Vinyl groups in silicone
Raman analysis........................ **A10:** 132
Vinyl paint system
estimated life of paint systems in years.... **A5:** 444
Vinyl plastisols.......................... **EM3:** 48
chemistry......................... **EM3:** 50, 51
for automotive bonding and sealing..... **EM3:** 609
for body seam sealing................. **EM3:** 51
properties............................ **EM3:** 50
Vinyl polymers
thermal degradation.................. **EM2:** 423
thermal properties.................... **EM2:** 447
Vinyl, polyvinyl chloride-acetate
curing method.......................... **A5:** 442
Vinyl resin
coating characteristics for structural steel.. **A5:** 440
properties and applications............... **A5:** 422
Vinyl resins and coatings.... **M5:** 474–475, 497–498, 505
Vinyl sheet
target specifications.................. **A20:** 111
Vinyl toluene
as polyester diluent................... **EM1:** 132
Vinyl topcoats
as marine corrosion coating............ **A13:** 914
Vinyl urethanes........................ **A13:** 410
Vinyl-base enamels
stripping of........................... **M5:** 648
Vinylic polysilane
used in silicon-base ceramics........... **EM4:** 223
Vinylidene chloride (1,1-dichloroethylene)
hazardous air pollutant regulated by the Clean Air Amendments of 1990............. **A5:** 913
Vinylidene chloride plastics............... **EM3:** 30
defined.............................. **EM2:** 44
Vinylidene fluoride, group
and polymer naming................... **EM2:** 57
Vinyl-lined steel
filters for copper plating................. **A5:** 175
Vinyl-phenolics..................... **EM3:** 76, 105
advantages and limitations............. **EM3:** 79
compared to nylon-epoxies............. **EM3:** 78
properties........................... **EM3:** 106
typical film adhesive properties.......... **EM3:** 78
Virgin filament
defined.................... **EM1:** 25, **EM2:** 45
Virgin glass fibers...................... **A20:** 354
Virgin material
defined.............................. **EM2:** 45
Virgin materials........................ **EM3:** 30
Virginia
early American foundries................ **A15:** 25
Virtual leaks
defined.............................. **A17:** 57
Virtual manufacturer
definition............................ **A20:** 843
Virtual work, principle of................ **A20:** 178
Viscoelastic deformation.................. **A19:** 54
Viscoelastic fluid flow.................... **A7:** 366
Viscoelastic recovery.................... **A20:** 575
Viscoelastic structural adhesives
for auto tire tread cracking............. **EM3:** 513
Viscoelasticity *See also* Elasticity......... **A20:** 304, **EM2:** 412–422, **EM3:** 30, 382
analyses of.......................... **EM2:** 533
analysis, of fiber composites....... **EM1:** 190–191
as relaxation modulus and creep compliance with time....................... **EM1:** 190–191
dashpot model....................... **EM2:** 414
defined.............. **A18:** 20, **EM1:** 25, **EM2:** 45
definition............................ **A20:** 843
experimental analysis............ **EM2:** 417–419
material parameters.............. **EM2:** 419–422
of plastics........................... **EM2:** 659
of polymers.......................... **A11:** 758
of thermoplastic resins................ **EM2:** 625
polyethylene terephthalates (PET)....... **EM2:** 174
spring model......................... **EM2:** 414
viscoelastic behavior............. **EM2:** 412–417
Viscometers..................... **EM3:** 322–323
Viscoplastic constitutive model............ **A20:** 632
Viscoplastic model (Duffy)............ **A20:** 631–632
Viscoplastic potential function
macroscopic............................ **A7:** 29
Viscosimeter
defined........................ **EL1:** 1160–1161
Viscosity *See also* Absolute viscosity; Intrinsic viscosity; Relative viscosity; Specific viscosity; Viscoelasticity.. **A18:** 60, 65, 67, **A20:** 188, 304, 447, **EM3:** 30, 426
absolute, symbol and units............. **A18:** 544
aluminum casting alloys................. **A2:** 145
and fluidity.......................... **A15:** 766
and mean free path..................... **A17:** 59
and shear stress, semisolid alloy......... **A15:** 328
and spin coating....................... **EL1:** 326
Brookfield..................... **EM2:** 533–534
coefficient, defined..................... **EM2:** 45
complex.............................. **EM1:** 761
conversion factors............. **A8:** 723, **A10:** 686
defined.... **A18:** 20, **EL1:** 1161, **EM1:** 25, **EM2:** 45
definition.............................. **A5:** 972
during cure..................... **EM1:** 649, 702
dynamic, as function of temperature..... **A15:** 110
dynamic, SI derived unit and symbol for **A10:** 685
dynamic, SI unit/symbol for.............. **A8:** 721
effect, magabsorption powder measurement....................... **A17:** 153
effect of temperature control....... **EM3:** 712, 713
effect on dispensing system.... **EM3:** 696–700, 701
effect on friction torque loss of internal combustion engine parts........... **A18:** 560
effect, solder paste print resolution...... **EL1:** 732
fillers.......................... **EM3:** 177, 178
for filament winding.................. **EM1:** 135
gear lubricants........................ **A18:** 542
grades, comparison of classifications...... **A18:** 85
heat effect........................... **EM3:** 729
hold steps, effect...................... **EM1:** 141
-index improvers...................... **A11:** 154
iron-carbon alloys..................... **A15:** 168
kinematic, SI derived unit and symbol for.......................... **A10:** 685
kinematic, SI unit/symbol for............ **A8:** 721
loss, permanent or temporary............ **A18:** 84
lubricant failure from............. **A11:** 153–154
lubricant indicators and range of sensitivities...................... **A18:** 301
lubricants for rolling-element bearings... **A18:** 134, 135
measurement of................. **EM3:** 322–323
melt, ionomers.................. **EM2:** 122–123
melt, of thermoplastics................ **EM1:** 102
melt, polyvinyl chlorides (PVC)......... **EM2:** 210
models................................ **A7:** 27
modifiers, in nonengine lubricant formulations..................... **A18:** 111
nomenclature for hydrostatic bearings with orifice or capillary restrictor.............. **A18:** 92
of epoxy resin.................. **EM1:** 77, 736
of flexible epoxies..................... **EL1:** 821
of fluxes............................. **EL1:** 644
of fossil fuels, ESR determination of..... **A10:** 253
of glass fibers......................... **EM1:** 47

Viscosity (continued)
of lubricants **A14:** 516
of lubricants for ball and roller bearings .. **A11:** 511
of mixed resin systems, testing **EM1:** 737
of semisolid metals **A15:** 327
of slag/dross, inclusion-forming effects **A15:** 91
of solution, in flame spectroscopy **A10:** 29
of thermoplastics **EM1:** 294
of urethanes for windshield bonding **EM3:** 724
oil, for magnetic particles **A17:** 101
plastisol sealants to effect **EM3:** 720–721
resin, during cure **EM1:** 655–656
rigid epoxies **EL1:** 810
solution **EM2:** 533
steady shear, and normal stresses **EL1:** 842–843
symbol **A7:** 449
symbol and units (at 40 °C, or 105 °F) ... **A18:** 544
units of **A18:** 20, 140
urethane coatings **EL1:** 775
Viscosity coefficient **EM3:** 30
Viscosity improvers **A18:** 99, 108–110
applications **A18:** 110
dispersants **A18:** 109
formation **A18:** 109
functions **A18:** 108
in engine lubricant formulations **A18:** 111
in nonengine lubricant formulations **A18:** 111
multifunctional nature **A18:** 111
permanent viscosity loss **A18:** 110
shear stability **A18:** 109
temporary viscosity loss **A18:** 109–110
thickening efficiency **A18:** 109
Viscosity index character **A18:** 107
Viscosity index improvers (VIIS) **A18:** 84
grease additives **A18:** 125
Viscosity index (VI) **A18:** 83, 108, 134, 135, 140
defined **A18:** 20
engine oils **A18:** 168
Viscosity of the environment
as environmental variable affecting corrosion fatigue **A19:** 188, 193
Viscosity, solution
effect on stress-corrosion cracking **A13:** 147
Viscosity test
Brookfield **A5:** 435
Ford cup **A5:** 435
Gardner Holt tubes **A5:** 435
Stormer **A5:** 435
Zahn **A5:** 435
Viscous
defined **A18:** 20
Viscous composite sintering (VCS) **EM4:** 285, 287
Viscous damping matrix **A20:** 180
Viscous deformation *See also* Anelastic deformation; Elastic deformation **EM3:** 30
defined **EM2:** 45
Viscous dislocation glide
creep by **A8:** 308
Viscous flow **A7:** 449
GMS analysis **A10:** 152
in leaks **A17:** 58
Viscous friction *See* Fluid friction
Viscous friction torque **A18:** 511
Viscous glass sintering (VGS) **EM4:** 285, 287
Viscous oils
for room-temperature compression testing .. **A8:** 195
Viscous-fluid induced closure **A19:** 56
Visibility
limited, magnetic rubber inspection methods **A17:** 123
of magnetic particles **A17:** 100
Visible **A10:** 683, 691
Visible emission
defined **EL1:** 1161
Visible light
emitting diode, defined **EL1:** 161
for polymerization of compounds **EL1:** 854
spectroscopy **EL1:** 1103
Visible light waves
in optical holography **A17:** 405
inspection advantages **A17:** 10
Visible penetrants
sensitivity level **A17:** 75, 77
Visible radiation
defined **A10:** 683
Visible spectra
DRS and FT-IR analysis **A10:** 114
Vision
human vs. machine capabilities **A17:** 30
Vision pouring system
automatic **A15:** 500–501
Vision probes
coordinate measuring machines **A17:** 25
Vision systems
classifications, machine vision process **A17:** 33
computers for **A17:** 44
hard-wired **A17:** 44
with component assembly equipment **EL1:** 732
Vision/laser inspection systems
robotic **EM2:** 845
Visual examination *See also* Nondestructive evaluation (NDE)
and light microscopy **A12:** 91–165
defined **EL1:** 1161
definition **A5:** 972
embrittlement phenomena **A12:** 123–137
fractographic **A12:** 78
fracture identification chart for **A11:** 80
in failure verification/fault isolation **EL1:** 1058
interpretation of fractures **A12:** 96–123
of failed parts **A11:** 16, 173
of heat-exchanger failed parts **A11:** 628–629
preliminary, of specimen **A12:** 72–73
quality control applications **A12:** 140–143
sequence for fractured components **A12:** 92
techniques **A12:** 91–93
weld cracking **A12:** 137–140
Visual examination/inspection
of anodized coatings **A13:** 397
of exfoliation corrosion **A13:** 244
of marine corrosion **A13:** 920
pitting corrosion **A13:** 231
Visual fit
model for *da/dN* vs. stress intensity **A8:** 681
Visual image analysis
stages **EL1:** 366
Visual inspection *See also* Inspection; Machine vision; NDE reliability; Optical inspection; Testing; Vision systems .. **A6:** 1081–1082, 1085, **A17:** 3–11, **A19:** 174, **M6:** 847
and automated equipment **A17:** 116
as defect verification **EL1:** 872–873
as inspection or measurement technique for corrosion control **A19:** 469
automatic **EL1:** 941–942
borescopes **A17:** 3–10
brazed joints **A6:** 1118–1119
computer aided **A15:** 572
cumulative probability of crack detection as function of length of inspection interval **A19:** 415
defined **A17:** 3
electron-beam welding **A6:** 866
equipment **A17:** 3
fitness for service evaluation **A6:** 376
flexible borescopes **A17:** 5–10
fracture control **A19:** 414
magnifying systems **A17:** 10–11
method used for fracture mode identification **A19:** 44
methods **EL1:** 365–368
of adhesive-bonded joints **A17:** 616–617
of brazed assemblies **A17:** 603–604
of casting defects **A15:** 545, **A17:** 520
of casting surfaces **A17:** 512
of forgings **A17:** 498–499
of investment castings **A15:** 264
of powder metallurgy parts **A17:** 545–547
of pressure vessels **A17:** 646–647
of solder joints **EL1:** 735
of soldered joints **A6:** 981, **M6:** 1089–1090
of weldments **A17:** 590–591
optical sensors **A17:** 10
plasma-MIG welding **A6:** 224
principles, applications, and notes for cracks **A20:** 539
printed board coupons **EL1:** 574
rigid borescopes **A17:** 4–5
to evaluate gas turbine ceramic components **EM4:** 718
with machine vision **A17:** 38–40
Visual leak testing
of pressure systems **A17:** 66
Visual reference gaging
magnifying systems for **A17:** 10–11
Visualization, of airport runways
by microwave holography **A17:** 226–227
Vitallium (Co-Cr-Mo alloy)
use in interposition arthroplasty **A18:** 656
use in metal-on-metal total hip replacements **A18:** 657
Vitamins
powder used **M7:** 574
Viton dampers **A19:** 71
Vitreous
defined **EL1:** 1161
Vitreous bond systems
bonded-abrasive grains **A2:** 1014–1015
Vitreous bonded grinding wheels
mixing operations **EM4:** 98
ordered mixture formed **EM4:** 98
Vitreous carbon
Raman analysis **A10:** 132
Vitreous china **EM4:** 4
absorption **EM4:** 4
absorption (%) and products **A20:** 420
applications **EM4:** 4
body compositions **A20:** 420
characterization **EM4:** 6
composition **EM4:** 5
products **EM4:** 4, 5
Vitreous coatings
aluminum and aluminum alloys **M5:** 609–610
Vitreous dielectric compositions
applications **EL1:** 109
Vitreous dinnerware glaze
composition based on mole ratio (Seger formula) **A5:** 879
composition based on weight percent **A5:** 879
Vitreous enameling
magnesium alloys **A19:** 880
Vitreous floor tile
body compositions **A20:** 420
composition **EM4:** 5
Vitreous fractures
studies **A12:** 2
Vitreous sanitaryware
characterization **EM4:** 6
composition **EM4:** 5
properties **EM4:** 6
Vitreous silica glass
fatigue resistance parameter obtained from universal fatigue curve or *V-K* curve **A19:** 958
pH of crack growth **A19:** 958
*V-K*curve in low-velocity regime **A19:** 959
Vitreous silica, properties
non-CRT applications **EM4:** 1048–1049
Vitreous solder glass, properties
non-CRT applications **EM4:** 1048–1049
Vitrification **EM4:** 3, 35
ceramics **A20:** 791
definition **A20:** 843, **EM4:** 3
of structural ceramics **A2:** 1020–1021
properties **EM4:** 3
purpose **EM4:** 3

Vitrified bond
thread grinding wheels. **A16:** 271–272, 273

Vitrified bonds
characteristics of bond types used in abrasive products **A5:** 95

Vitrified silica fibers
as thermocouple wire insulation **A2:** 882

VLS process *See* Vapor-liquid-solid process

VM-1
composition. **A18:** 821
mechanical properties **A18:** 823
wear and friction properties. **A18:** 822

VM-2
composition. **A18:** 821
mechanical properties **A18:** 823
wear and friction properties. **A18:** 822

V-mixer **M7:** 12
for metal-filled plastics. **M7:** 606

V-notch bend bars
fracture stress measured in. **A8:** 466

Vocabulary *See* Glossary of terms

VOD *See* Vacuum oxygen decarburization

Void *See also* Pores; Porosity . . . **A20:** 354, **EM3:** 30, **M7:** 12
behavior during welding **M7:** 456
coalescence **EM3:** 507
defined **EM2:** 45
definition. **A5:** 972
growth, ductile fracture. **A8:** 571–572
growth, fracture mechanics of **A8:** 439
initiation, ductile fracture. **A8:** 571
linking, ductile fracture. **A8:** 571–572
nucleation, dimpled rupture. **A8:** 479
nucleation rate, average **A8:** 288
particle nucleated ductile intergranular **A8:** 487
sheet **A8:** 479

Void coalescence. **A19:** 11

Void content **EM3:** 30
defined **EM2:** 45

Void formation. **A19:** 9, 12

Void growth **A19:** 45–46

Void growth (McClintock) model
of fracture **A14:** 393

Void impingement **A19:** 45

Void initiation **A19:** 45–46, 48

Void nucleation **A20:** 354

Void ratio **A6:** 147

Void sheet **A19:** 30

Void sheet coalescence **A19:** 45–46, 50

"Void sheet" formation
aluminum alloys. **A19:** 31

Void sheet nucleation **A19:** 30, 31

Voiding
adhesive **EL1:** 1046–1047
electromigration-induced **EL1:** 890
in integrated circuits **A11:** 774
semiconductor chips **EL1:** 964

Voids *See also* Cavities; Defect(s); Inclusion; Microvoid coalescence; Porosity; Shrinkage; Voiding **A7:** 26, **A19:** 49
adhesive **EL1:** 1046–1047
air-bubble. **EM1:** 3–4
alloy steels **A12:** 339
along grain boundaries, steam-generator tubes. **A11:** 606–607
alpha-stabilized, titanium forgings . . . **A17:** 497–498
as internal defect **A10:** 587
as source, nonrelevant indications. **A17:** 106
as squeeze casting defect. **A15:** 325
as volumetric flaw **A17:** 50
black, at grain boundaries **A12:** 346
by incomplete fusion **A11:** 93
cast aluminum alloys. **A12:** 408
computed tomography (CT) **A17:** 361
content, defined **EM1:** 25
creep. **A17:** 55
defined **A13:** 14, **A15:** 11, **EL1:** 1161, **EM1:** 25
dendritic **A15:** 119
determined, microwave inspection **A17:** 202
dimple formation along. **A12:** 338
distribution, bonding layer. **EL1:** 214
eddy current inspection of **A17:** 164
effect, eutectic die attach **EL1:** 214–215
effect on bond testing **A17:** 638
effect, polymer die attach **EL1:** 218–219
electromigration **EL1:** 1014
elimination, by curing **EM1:** 655
formation, as quality-control variable. . . . **EM1:** 730
formation, during bonding **EM1:** 687
formation, in BMI curing. **EM1:** 660–661
from dewetting. **EL1:** 676
from fluxes **EL1:** 684
in cured epoxy systems. **EL1:** 818
in fatigue fractures **A11:** 128, 454
in filament winding **EM1:** 135
in foam adhesive joints. **A17:** 614
in integrated circuits **A11:** 774
in leaded and leadless surface-mount joints **EL1:** 732
in polymers **A11:** 759, 761
in radomes **A17:** 202
in semiconductors, radiographic appearance. **A17:** 350
in solidification shrinkage. **A15:** 109
initiation, titanium alloys **A12:** 445
irradiated materials **A12:** 365
Kirkendall **A11:** 776, **EL1:** 680, 1148
linked **A11:** 667
magnetic field testing detection **A17:** 129
maraging steels **A12:** 383
metal-to-metal, in adhesive-bonded joints **A17:** 610
microwave inspection **A17:** 202, 212
nodule-nucleated, ductile irons **A12:** 236, 237
noninterconnecting, sulfur concrete **A12:** 472
-nucleating sites, sulfide inclusions as. **A12:** 14
precipitation-hardening stainless steels **A12:** 370
printed board coupons **EL1:** 575
quantitative metallography of **A9:** 129
radiographic methods **A17:** 296
rounded **A12:** 445
r-type cavities as **A12:** 122, 140
shrinkage **A12:** 67
solder, inspection of **EL1:** 942
thermal inspection **A17:** 396, 402–403
time-to-failure in gold-aluminum wire bonds effects of. **A11:** 776
titanium alloys **A12:** 445, 452, 455
toot steels **A12:** 379
ultrasonic inspection of. **A17:** 232
welding arc **A11:** 93
with particles, titanium alloys **A12:** 455

Voids in
aluminum alloys. **A9:** 358
arc welds of heat-resistant alloys **M6:** 364
copper-base powder metallurgy materials. . . **A9:** 554
flash welds **M6:** 580
in uranium alloys **A9:** 477, 480, 483, 485–486
si -base powder metallurgy materials . . **A9:** 558–560
tungsten-base powder metallurgy materials **A9:** 561

Voids in fiber composites
mounting to prevent **A9:** 588
resulting from manufacture **A9:** 591

Voight mechanical model **A20:** 449

Voigt elastic constants combination. **A6:** 146

Voigt element
as viscoelasticity model. **EM2:** 414

Voigt-Kelvin element
as model **EM2:** 661

Volatile compounds. **M7:** 154
complex mixtures analysis in **A10:** 639

Volatile content **EM3:** 30, 37
defined **EM1:** 25, **EM2:** 45

Volatile inhibitors
carbon steels **A13:** 525

Volatile liquids
analytical methods for **A10:** 7, 10

Volatile materials
removal for XPS analysis **A10:** 575

Volatile organic compound (VOC)-based techniques **A7:** 413

Volatile organic compound (VOCs) **A5:** 912, 914, 930, 931, 935, 936, 937, 938
definition. **A5:** 972
destruction, industrial processes and relevant catalysts **A5:** 883
emulsion cleaning **A5:** 34, 36

Volatiles *See also* Fire; Flammability. **EM3:** 30
defined **EM1:** 25, **EM2:** 45
definition. **A5:** 972
effect in curing. **EL1:** 733
effect in sands. **A15:** 208

Volatility **A18:** 84
of flux **EL1:** 644
of nitric acid reactions **A10:** 166

Volatilization
and atomization, in graphite furnace atomizers **A10:** 53
and changes in mass through sintering **M7:** 309
of nitric acid reactions **A10:** 166
of residues, gravimetric analysis **A10:** 163
spark, for solid-sample analysis **A10:** 36

Volatilize
defined **M7:** 13

Volatilized silica
applications **EM4:** 47
composition. **EM4:** 47
supply source. **EM4:** 47

Volhard titration
defined. **A10:** 164
for arsenic **A10:** 173
indirect, for zinc. **A10:** 173
of silver **A10:** 173

Volmer-Weber (V-W) mechanism **A5:** 542

Volt
defined. **EL1:** 1161

Voltage *See also* Amperage; Circuit voltage
applied, and electrolysis **A10:** 197
applied, in field ion microscope **A10:** 588
bipolar technology. **EL1:** 156–157
bucking, in thermocouple thermometers **A2:** 869–870
capacitance variation with **EL1:** 158
constant increases, in electrogravimetry. . . **A10:** 198
dendritic growth under application of **EL1:** 660
design effect **EL1:** 521
distribution, WSI. **EL1:** 355–356
drop, in thermocouple thermometers **A2:** 869
effect on weld attributes **A6:** 182
in electrical testing. **EM2:** 584
increases, effect in constant current methods electrogravimetry **A10:** 198
instability, twin-on, MOSFET **EL1:** 159
-pulsed and laser-pulsed atom probes compared **A10:** 597
regulators, recommended contact materials **A2:** 863
transfer, WSI **EL1:** 358
value, as decomposition potential **A10:** 199

Voltage, accelerating
in SEM. **A12:** 167

Voltage alignment
defined. **A9:** 19

Voltage breakdown test. **EL1:** 561

Voltage contrast
and electron beam induced current (EBIC) **EL1:** 1094, 1100–1101
as SEM special technique **A10:** 506–507, 683
defined. **EL1:** 1100
electron beam **A11:** 768
mechanism, schematic. **EL1:** 372
phase-dependent **A11:** 768
scanning electron microscopy. **A9:** 90
SEM micrograph **A11:** 768, **EL1:** 1101

Voltage diagram, inspection/reference coils
eddy current inspection. **A17:** 177

Voltage pulse
electrozone analysis **A7:** 247

Voltage regulation
defined. **EL1:** 1161

Voltage regulator
definition **M6:** 19

Voltage (sensing) relay
defined. **EL1:** 1161

Voltage standing-wave ratio
defined. **EL1:** 1161

Voltage stressing
zero-risk groups **EL1:** 139

Voltages
for in situ electropolishing **A9:** 55

Voltage-specific corrosion
of aluminum **A11:** 771

Voltammetry *See also* Classical electrochemical and radiochemical analysis **A10:** 188–196
applications **A10:** 188, 194–195
capabilities. **A10:** 181
cyclic **A10:** 192
defined. **A10:** 683
electrometric titration and, compared **A10:** 202
estimated analysis time. **A10:** 188
general uses. **A10:** 188
improvements and developments **A10:** 193

Voltammetry (continued)
information obtainable from **A10:** 188, 189, 193–194
introduction and principles **A10:** 189–191
limitations **A10:** 188
linear sweep **A10:** 191–192
mass transfer processes in **A10:** 189
polarography with DME as **A10:** 189
principle of differential pulse stripping ... **A10:** 193
related techniques **A10:** 188
samples **A10:** 188
solid-electrode, capabilities.............. **A10:** 207
stripping.............................. **A10:** 192
with other electrodes............... **A10:** 191–193
Voltammogram, single-sweep peaked
with carbon-base electrode **A10:** 192
Volt-ampere curves
submerged arc welding **M6:** 131–132
Voltmeter
for electrogravimetry................... **A10:** 200
Voltmeter circuit
thermocouple in......................... **A2:** 869
Volume *See also* Volumetric
and electrical testing.............. **EM2:** 585–586
casting, defined *See* Casting volume
CBED patterns to analyze **A10:** 439
changes, quench cracks from **A11:** 122
conservation, in creep rupture testing **A8:** 305
constant, as material behavior............ **A8:** 343
control, precision forging **A14:** 160
conversion factors **A8:** 723, **A10:** 686
diffusion, compared to grain-boundary
diffusion.......................... **A10:** 478
electron scattering **A10:** 434
expansion, cyanates **EM2:** 234
expansion, hydrogen-caused **A11:** 46
feed metal, in riser design **A15:** 577–578
fraction, effect, tensile ductility, steel..... **A14:** 364
fraction measurement, image analysis.... **A10:** 313, 314
loss, from erosion...................... **A11:** 155
loss measurement, of wear **A8:** 606
of metal casting shipments............ **A15:** 41–42
of signals produced by
electron beam **A10:** 498–500
of solution, total immersion tests **A13:** 222
partial effect **A17:** 374
per unit time, conversion factors **A10:** 686
relation to x-ray spatial resolution **A10:** 448
resistivity.................... **EM2:** 45, 227, 460
sample, production of inelastically backscattered
electrons by...................... **A10:** 499
SI derived unit and symbol for.......... **A10:** 685
SI unit/symbol for **A8:** 721
small, AEM-EDS microanalytical
techniques for.................... **A10:** 446
specific, SI derived unit and symbol for .. **A10:** 685
system, leak detection effects............ **A17:** 70
water, effects, gas/oil wells **A13:** 480
Volume change on freezing
cast copper alloys.................. **A2:** 356–391
Volume defects...................... **A20:** 341–342
Volume diffusion **A7:** 442, 449, **M7:** 13, 313
Volume diffusion controlled sintering **A7:** 450
Volume diffusivity
symbol **A7:** 449
Volume discount, of parts
defined **EM2:** 84
Volume filling
defined **M7:** 13
Volume fraction *See also* Fiber volume
fraction...... **A3:** 1•29, **EM2:** 45, 506, **EM3:** 30
and ductility, relationship of dispersions in
copper............................ **A9:** 125
cermets and metal-matrix composites...... **A2:** 978
defined **EM1:** 25
equality to areal ratio, linear ratio and point
ratio **A9:** 125
of carbide, in cermets **A2:** 991
of particles, at interface **A15:** 144
phase, peritectics **A15:** 125
Volume fraction measurements
image analysis **A10:** 313, 314
Volume fraction of martensite formed....... **A19:** 383
Volume fraction of martensite in the plastic zone (V_{fM}) **A19:** 31
Volume fraction of PSBs (f_{PSM})........... **A19:** 79
Volume fraction porosity.................. **A7:** 719
Volume of plastic zone (V_{pz}).............. **A19:** 31
Volume of wear
symbol for........................... **A20:** 606
Volume per unit time
conversion factors **A8:** 723
Volume resistance *See also* Volume
resistivity **EM2:** 45, 227, 460, **EM3:** 31
defined **EM1:** 25
Volume resistivity........................ **EM3:** 31
and material selection **EM1:** 38
carbon fiber/fabric reinforced epoxy
resin **EM1:** 412
defined.................... **EL1:** 1161, **EM1:** 359
epoxy resin system composites..... **EM1:** 403, 405, 407, 409, 414
glass fabric reinforced epoxy resin **EM1:** 405
glass fiber reinforced epoxy resin **EM1:** 407
graphite fiber reinforced epoxy resin **EM1:** 414
high-temperature thermoset matrix
composites...................... **EM1:** 377
Kevlar 49 fiber/fabric reinforced epoxy
resin **EM1:** 409
low-temperature thermoset matrix
composites...................... **EM1:** 398
medium-temperature thermoset matrix
composites...................... **EM1:** 385
thermoplastic matrix composites... **EM1:** 367, 370, 372
Volume specific surface
definition.............................. **A7:** 271
Volume strain increment.................... **A7:** 24
Volume, surface
as roughness parameter................. **A12:** 201
Volume surface mean particle size........... **A7:** 242
Volume wear
thermoplastic composites **A18:** 822
Volume/area ratio.................... **M1:** 15–16
Volume/area ratios
of gray iron......................... **A1:** 15–16
Volume-fraction measurements, application to establish phase boundaries in a two-phase
field **A9:** 125
Volume-fraction rule for the tensile strength of a fiber-reinforced composite........ **A20:** 351–352
Volume-of-fluid equation.................. **A20:** 711
Volume-of-fluid technique................. **A20:** 706
Volume(s)
flaws, particle.......................... **M7:** 59
fraction **M7:** 13
measuring displaced............... **M7:** 267–268
pore.................................. **M7:** 265
ratio.................................. **M7:** 13
shrinkage **M7:** 13, 322
specific **M7:** 265
specific surface, particle shape **M7:** 239
Volumeter
Scott, for determining apparent density... **M7:** 274, 275
Tap-Pak **M7:** 276
Volume-to-surface area ratios
bars/plates, gray iron................... **A15:** 635
in design **A15:** 611
Volumetric
accuracy, coordinate measuring machines .. **A17:** 26
flaws, defined **A17:** 50
scanning, ultrasonic inspection **A17:** 231–232
Volumetric analysis
as redox titrations **A10:** 174–176
commonly used........................ **A10:** 175
defined.............................. **A10:** 683
elastomeric tooling................ **EM1:** 591–595
electrometric titration as................ **A10:** 202
equilibrium in......................... **A10:** 163
molarity and normality in **A10:** 162
oxidation-reduction **A10:** 163–164
precipitation titrations as **A10:** 164
redox reaction......................... **A10:** 163
vs. gravimetric analysis................. **A10:** 172
Volumetric changes
in steel castings **A1:** 374, 376
Volumetric coefficient of thermal expansion *See also* Thermal properties
wrought aluminum and aluminum
alloys **A2:** 62–122
Volumetric component of the strain increment at yield.............................. **A7:** 329
Volumetric components................ **A7:** 329, 336
Volumetric feedstock flow rate.............. **A7:** 359
Volumetric flow rate................ **A7:** 1037, 1038
Volumetric modulus of elasticity *See* Bulk modulus of elasticity; Bulk modulus of elasticity *(K)*
Volumetric specific heat **A20:** 275–276
Volumetric-displacement meter
for flow detection.................... **A17:** 60–61
Voluntary Standards Program **A20:** 68
Volute springs **A1:** 302
von Mises
criterion, in multiaxial creep theories...... **A8:** 343
effective strain increment................ **A7:** 332
effective strain, triaxiality factor
effect on...................... **A8:** 344–345
effective stress................. **A7:** 327, 331, 333
effective stress-strain, torsion flow stress and
compared........................ **A8:** 162, 164
ellipse................................. **A7:** 329
relation, multiaxial and uniaxial stress
states............................ **A8:** 343
strain rate **A8:** 158
yield criterion **A7:** 24, **A8:** 576
yield ellipse **A7:** 24
Von Mises criterion *See also* Yield criterion, von Mises............................ **A20:** 521
Von Mises effective stresses **A20:** 184, 215
Von Mises equivalent strain range **A19:** 542
von Mises stress **EM3:** 491–492, 493, 494, 495, 496, 497
Von Mises stress and strain criteria
solid-state-welded interlayers **A6:** 166, 169, 170
Von Mises theory **A19:** 263
Von Mussin-Puschkin method **A7:** 4
Vortex stabilization technique
Reed's................................ **A10:** 32
Vought A-7 cast spoiler
component test for aluminum alloy
castings.......................... **A19:** 821
Voxel................................. **A20:** 238
defined.............................. **A17:** 385
reconstruction, color images............. **A17:** 486
Voxel sequential volume addition........... **A20:** 238
***Voyager* aircraft**
graphite fibers in.................. **EM1:** 29, 30
V-pores *See* Interparticle porosity
V-process *See also* Vacuum molding
defined............................... **A15:** 11
V-ring seal
defined............................... **A18:** 20
VSA-11
properties............................ **A18:** 803
V-sections
suited to planing **A16:** 186
V-shape work guides
for rotary swaging **A14:** 134
VSMF Data Control Services
source of standards **EM3:** 64
VSR
ensip Task II, design analysis material
characterization and development
tests............................ **A19:** 585
V-trough precipitators **A7:** 141

SUBJECTS OF THE INDEXED VOLUMES: ASM Handbook (designated by the letter "A"): **A1:** Properties and Selection: Irons, Steels, and High-Performance Alloys (1990); **A2:** Properties and Selection: Nonferrous Alloys and Special-Purpose Materials (1990); **A3:** Alloy Phase Diagrams (1992); **A4:** Heat Treating (1991); **A5:** Surface Engineering (1994); **A6:** Welding, Brazing, and Soldering (1993); **A7:** Powder Metal Technologies and Applications (1998); **A8:** Mechanical Testing (1985); **A9:** Metallography and Microstructures (1985); **A10:** Materials Characterization (1986); **A11:** Failure Analysis and Prevention (1986); **A12:** Fractography (1987); **A13:** Corrosion (1987); **A14:** Forming and Forging (1988); **A15:** Casting (1988); **A16:** Machining (1989); **A17:** Nondestructive Evaluation and Quality Control (1989); **A18:** Friction, Lubrication, and Wear Technology (1992); **A19:** Fatigue and Fracture (1996); **A20:** Materials Selection and Design (1997). **Metals Handbook, 9th Edition** (designated by the letter "M"): **M1:** Properties and Selection: Irons and Steels (1978); **M2:** Properties and Selection: Nonferrous Alloys and Pure Metals (1979); **M3:** Properties and Selection: Stainless Steels, Tool Materials, and Special-Purpose Materials (1980); **M4:** Heat Treating (1981); **M5:** Surface Cleaning, Finishing, and Coating (1982); **M6:** Welding, Brazing, and Soldering (1983); **M7:** Powder Metallurgy (1984). **Engineered Materials Handbook** (designated by the letters "EM"): **EM1:** Composites (1987); **EM2:** Engineering Plastics (1988); **EM3:** Adhesives and Sealants (1990); **EM4:** Ceramics and Glasses (1991). **Electronic Materials Handbook** (designated by the letters "EL"): **EL1:** Packaging (1989)

Vulcanization *See also* Room-temperature vulcanizing (R7-V) . . . **EM3:** 31
defined . . . **EM1:** 25, **EM2:** 45
microwave inspection . . . **A17:** 202
Vulcanization of polymers
Raman analysis . . . **A10:** 132
Vulcanize . . . **EM3:** 31
V-W (Phase Diagram) . . . **A3:** 2•381
V-X diagram
defined . . . **A9:** 19
Vycor . . . **EM4:** 427
applications
laboratory and process . . . **EM4:** 1089
laboratory glassware . . . **EM4:** 1088
lighting . . . **EM4:** 1032, 1034
composition when used in lamps . . . **EM4:** 1033
maximum operating temperatures . . . **EM4:** 1035
properties . . . **EM4:** 1033
laboratory glassware . . . **EM4:** 1088
vessels for ion-exchange done in molten nitrate melts . . . **EM4:** 461
Vycor crucibles
for fusions with acidic fluxes . . . **A10:** 167
Vycor glass
encapsulation in HIP conforming to body configuration . . . **EM4:** 197
***V(z)* curve** . . . **A18:** 407, 408
V-Zr (Phase Diagram) . . . **A3:** 2•381

W

W
See Cycle
W temper, solution heat-treated
defined . . . **A2:** 21
W.W. Sly company (Cleveland)
tumbling mill of . . . **A15:** 33
W1 52
composition . . . **M4:** 653
W1, W2, W5 *See* Tool steels, specific types
W-545
composition . . . **A4:** 794, **A16:** 736
machining . . **A16:** 738, 741–743, 746–747, 749–757
WAD 7823A
broaching . . . **A16:** 209
finish broaching . . . **A5:** 86
Wadell shape factors . . . **M7:** 239
definition . . . **A7:** 271
Waelz kiln process
zinc recycling . . . **A2:** 1224–1225
Wafer
defined . . . **EL1:** 1161, **EM1:** 25
fabrication, failure mechanisms . . . **EL1:** 978
initial probing . . . **EL1:** 192
map . . . **EL1:** 948
preparation . . . **EL1:** 191–92
-surface cleanliness . . . **EL1:** 192
windows in . . . **EL1:** 198
Wafer bumping . . . **EL1:** 276–277, 477
Wafer fabrication
of polyimides . . . **EL1:** 769–779
Wafer probe
defined . . . **EL1:** 1161
Wafer processing
GaAs crystal fabrication . . . **A2:** 744–745
Wafering . . . **A18:** 685–686
Wafering blades . . . **A9:** 25
solution-annealed and aged, different illuminations compared . . . **A9:** 81
Wafer-level physical test methods
analytical methods . . . **EL1:** 918–926
Auger electron microscopy . . . **EL1:** 922–924
materials analysis . . . **EL1:** 917–918
Rutherford backscattering spectroscopy . . . **EL1:** 926
scanning electron microscopy . . . **EL1:** 918–920
secondary ion mass spectrometry . . . **EL1:** 924–926
transmission electron microscopy . . . **EL1:** 920–922
x-ray fluorescence spectroscopy . . . **EL1:** 920
x-ray microprobe spectroscopy . . . **EL1:** 920
Wafers, silicon
IR determination of oxygen and carbon determined in . . . **A10:** 122–123
Wafer-scale assemblies . . . **EL1:** 250, 258
Wafer-scale integration technology
and alternatives, compared . . . **EL1:** 269–270
monolithic like WSI approaches . . . **EL1:** 271–272
multichip hybrids, advantages . . . **EL1:** 270–271
overview of . . . **EL1:** 263–273
packaging . . . **EL1:** 272–273
present status, summary . . . **EL1:** 264–266
processing yield, WSI vs. VLSI . . . **EL1:** 266–268
redundancy in . . . **EL1:** 268
rerouting technologies . . . **EL1:** 268–269
technology review . . . **EL1:** 263–264
Wafer-scale integration (WSI) *See also* Hybrid wafer-scale integration; Silicon circuit boards (SCB); Wafer; Wafer-scale assemblies; Wafer-scale integration technology . . . **EL1:** 354–364
advantages/limitations . . . **EL1:** 258
as hybrids . . . **EL1:** 250
as new technology . . . **EL1:** 249
circuits, monolith . . . **EL1:** 8–9
complete modules testing . . . **EL1:** 363
cooling . . . **EL1:** 363–364
disadvantages . . . **EL1:** 7
instrumentation/testing . . . **EL1:** 365
limitations . . . **EL1:** 297–298
major problems . . . **EL1:** 354
monolithic . . . **EL1:** 8
of arrays . . . **EL1:** 8
optical clocks . . . **EL1:** 9–10
optical interconnections . . . **EL1:** 10
power distribution . . . **EL1:** 355–357
present status, summary . . . **EL1:** 264–266
problem solving . . . **EL1:** 354
self-test . . . **EL1:** 376–377
signal transmission lines . . . **EL1:** 357–362
system test interface . . . **EL1:** 376
test procedures . . . **EL1:** 373
test/restructure test process . . . **EL1:** 377
testing and programming . . . **EL1:** 362–363
testing phases . . . **EL1:** 377–378
viability of . . . **EL1:** 258
Waffles, master alloy
forms of . . . **A15:** 164
Wagner, E.B
as inventor . . . **A15:** 35
Wagner theory
of oxidation . . . **A13:** 69–70
Wah Chang WC-1Zr *See* Niobium alloys, specific types
Wahl correction factor
steel springs . . . **M1:** 303–304
Wahl corrections
for steel springs . . . **A1:** 318–319, 320, 321
Wake effects . . . **A19:** 56
Wake hackle
definition . . . **EM4:** 633
Walker equation . . . **A11:** 53, **A19:** 421, 423, 452, 524, 570, **A20:** 633, 634, 635
Walker equivalent stress parameter
Goodman diagram plot for . . . **A8:** 713
Walker model
crack growth rate . . . **A8:** 681
Walking
estimation of load cycles for one leg during . . . **A11:** 672
Walking-beam furnaces . . . **A7:** 453, 456, 469, **M7:** 354–358
defined . . . **M7:** 13
for sintering uranium dioxide pellets . . . **M7:** 665
sintering of stainless steel . . . **A7:** 478, 479–480
Wall
-cleaning fluxes, aluminum alloys . . . **A15:** 446
mold, inspection of . . . **A15:** 555–556
Wall effects
corrosion testing . . . **A13:** 207
Wall friction angle . . . **A7:** 290, 291, 299
Wall friction test . . . **A7:** 294
Wall neutrality number method . . . **A6:** 658
Wall neutrality number (N) . . . **A6:** 204
Wall plastics
powders used . . . **M7:** 572
Wall thickness *See also* Casting section thickness; Mold walls; Section thickness; Thickness; Through-wall examination . . . **A20:** 257
and mold temperature, permanent molds **A15:** 282
and riser location . . . **A15:** 580–581
as error source, remote-field eddy current inspection . . . **A17:** 200
as function of mold inside diameter . . . **A15:** 303
defined . . . **EL1:** 1161
design guidelines for . . . **EM2:** 709
in parts design . . . **EM2:** 615
metal molds, vertical centrifugal casting . . . **A15:** 302–303
of tubes, and bending . . . **A14:** 665
polyamide-imides (PAI) . . . **EM2:** 130
spindle, flaw detection through . . . **A17:** 139
straightening effect . . . **A14:** 690
testing of . . . **A15:** 264
tube, for tube spinning . . . **A14:** 677
Wall tile glaze
composition based on mole ratio (Seger formula) . . . **A5:** 879
composition based on weight percent . . . **A5:** 879
Wall transition
polyamide-imides (PAI) . . . **EM2:** 130
Wall yield locus . . . **A7:** 291
Wall/floor tiles
composition . . . **EM4:** 45
properties of fired ware . . . **EM4:** 45
Wallner line
definition . . . **EM4:** 633–634
Wallner lines
and fatigue striations, compared . . . **A11:** 26
and stress distribution at time of fracture **A11:** 746
and striations, compared . . . **A12:** 119
as fracture surface feature . . . **EM2:** 810
cemented carbides . . . **A12:** 470
defined . . . **A8:** 15, **A11:** 11
definition . . . **A5:** 972
formation . . . **A12:** 13–14
in ceramic fracture . . . **A11:** 747
on WC-CO fracture surface . . . **A12:** 18
tool steels . . . **A12:** 378
Walls . . . **A20:** 10
Wall-thinning
of tubes . . . **A11:** 606
Walnut shells
blasting with . . . **M5:** 84, 93–94
Walsh transforms . . . **A18:** 347
WALZ
standardized service simulation load history . . . **A19:** 116
War of 1812
foundry history in . . . **A15:** 27
Warburg impedance . . . **EM3:** 435
Warm box
binders . . . **A15:** 218
catalysts . . . **A15:** 218
Warm compaction . . . **A7:** 17, 124, 304, 316, 376–381, 769, 949–950
advantages . . . **A7:** 376–377
applications . . . **A7:** 378
potential . . . **A7:** 379–380
commercial powder heating and delivery systems . . . **A7:** 378–379
commercialization of . . . **A7:** 7
definition . . . **A7:** 376
development of . . . **A7:** 3
effect on properties of P/M parts . . . **A7:** 11
effects on green and sintered properties . . . **A7:** 377–378
green strength enhancement . . . **A7:** 378
magnetic applications . . . **A7:** 378
part processing considerations . . . **A7:** 379
process characteristics . . . **A7:** 313
process illustration . . . **A7:** 376
sintering . . . **A7:** 377
specific density as measured by pycnometry . . . **A7:** 376
steel powders, mechanical properties . . . **A7:** 380
tooling design for . . . **A7:** 379
versus cold compaction . . . **A7:** 380
Warm compaction and sinter
cost . . . **A7:** 13
Warm components
gas-turbine . . . **A11:** 284
Warm extrusion *See also* Extrusion
cermet powder mixtures . . . **A7:** 926
of cermet powder mixtures . . . **A2:** 981–983
Warm forging
by HERF processing . . . **A14:** 105
precision . . . **A14:** 168, 171–172
steel phase transformation at . . . **A14:** 162
Warm formed
costs per pound for production of steel P/M parts . . . **A7:** 9

Warm forming, temperatures
for steel **A14:** 620
Warm heading **A14:** 297–298
applications **A14:** 297
machines and heating devices **A14:** 297
tools **A14:** 297
Warm heading machines **A14:** 297
Warm liquid-vapor cleaning techniques **M7:** 459
Warm liquid-vapor degreasing system **M5:** 46–47, 51, 54–55
Warm rolling
in processing solid steel **A1:** 120, 124
Warm rotary forging **A14:** 177–179
Warm workability *See also* Warm forging; Warm heading; Warm working; Workability
of alloy and carbon steels **A14:** 174
Warm working *See also* Cold working; Hot working; Warm forging; Warm heading
defined **A14:** 14
Warm working temperature
ductile fracture **A8:** 572–574
Warm-runner molding
as thermoset **EM2:** 323
Warm-setting adhesive **EM3:** 31
Warning labels **A20:** 143–144
Warnings **A20:** 129, 143–144
auditory **A20:** 143
directions vs. **A20:** 143
indices **A20:** 144
olfactory **A20:** 143
products liability **A20:** 149–150
signal words and color combinations **A20:** 144
tactile **A20:** 143
testable **A20:** 143
types of **A20:** 143
visual **A20:** 143
written **A20:** 143–144
Warp **A20:** 177, **EM3:** 31
defined **EM1:** 25, **EM2:** 45
Warp yarns *See also* Yarns
fabric direction **EM1:** 148
heavy, in unidirectional fabrics **EM1:** 148
in fabric pattern **EM1:** 125
in rapier looms **EM1:** 127–128
Warpage **EM3:** 31
and pouring temperature **A15:** 283
defined **A15:** 11, **EM2:** 45, **M7:** 13
definition **A5:** 972
of wood patterns **A15:** 194
part, liquid crystal polymers (LCP) **EM2:** 181
thermoplastic injection molding **EM2:** 313
Warped casting
as casting defect **A11:** 387
Warping **A20:** 183, 652–653, 656
as distortion **A11:** 141
in aluminum alloy forming **A14:** 797
silicon wafer **EL1:** 1053
Warranties **A20:** 149
Warranty costs **A20:** 72
Warranty requirements
damage analyses for **A8:** 683
Warwick Furnace, Pennsylvania
as early foundry **A15:** 25
Wash
defined **A15:** 11
mold, horizontal centrifugal casting **A15:** 296
permanent molds **A15:** 304
standardized service simulation load history **A19:** 116
Wash primer
defined **A13:** 14
Wash primers **M5:** 477
Wash scab
as casting defect **A11:** 385
Washburn equation **A7:** 280, 281, 282, 1037
mercury porosimetry and equation of forces **EM4:** 71
to determine open porosity **EM4:** 580, 581
Washer and screw assemblies
economy in manufacture **M3:** 847–848
Washers
interpretation by windowing **A17:** 36
mechanical fastening of **EM2:** 711
Washing
of radiographic film **A17:** 353
Washing machine P/M parts **M7:** 623
Washington, Augustine
as early founder **A15:** 25
Waspaloy *See also* Nickel alloys, specific types; Superalloys; Superalloys, specific types **A7:** 898, **A14:** 152, 236, 265, 374
aging **A4:** 796
aging cycle **A4:** 812, **M4:** 656
aging cycles **A6:** 574
annealing **M4:** 655
applications **A2:** 441, **A4:** 807
arc welding **M6:** 354
broaching **A16:** 203
chemical milling **A16:** 584
cobalt in **A1:** 1014–1016
composition **A4:** 794, 795, **A6:** 564, **A16:** 736, **M4:** 651–652, **M6:** 354
different heat treatments compared . . . **A9:** 325–326
electrochemical grinding **A16:** 542, 547
electrochemical machining **A16:** 539, 541
electron-beam welding **A6:** 865, 869
end milling **A16:** 539
fatigue fracture by embrittlement **A11:** 454–455
flash welding **M6:** 557
for hot-forging dies **A18:** 626
forging, grain-boundary carbide films **A11:** 267
grinding **A16:** 547
machining . . **A16:** 738, 741–743, 746–747, 749–758
mechanical properties **A4:** 807
microstructure **A9:** 309–311
milling **A16:** 547, 752, 755
postweld heat treatment **M6:** 357
sawing **A16:** 360
solution treating **M4:** 656
solution treatment **A6:** 574
solution-treating **A4:** 796, 807
stress relieving **M4:** 651–652
surface characteristics produced by electrochemical machining **A16:** 32
tensile properties **A4:** 808
thread grinding **A16:** 275
turning **A16:** 740
Waspaloy alloy
composition **A6:** 573
Waste *See also* Material waste
blow molding, costs **EM2:** 299
coal, Miller numbers **A18:** 235
nickel, Miller numbers **A18:** 235
containers, nuclear, ultrasonic inspection **A17:** 275–276
in injection molding, and cost **EM2:** 294
incineration **A13:** 1368–1369
industrial chemical **A13:** 1368
municipal solid **A13:** 997–998, 1368
nuclear, acoustic emission inspection **A17:** 281
sewage sludge **A13:** 1368–1369
thermoforming, costs **EM2:** 301
treatment **A13:** 382, 395, 455
Waste disposal
metalworking lubricants . . . **A18:** 142, 144, 145–146
Waste incinerators-superheaters
corrosion and corrodents, temperature range **A20:** 562
Waste products
chemical, assay for toxic elements **A10:** 233
industrial, sampling of **A10:** 12–18
Waste recovery and treatment
acid cleaning processes **M5:** 65
alkaline etching process **M5:** 583–584
aluminum and aluminum alloy processing wastes **M5:** 583–584
cleaning processes **M5:** 20
copper plating process **M5:** 166–167
emulsion cleaning processes **M5:** 39
gold plating processes **M5:** 284
hard chromium plating process . . **M5:** 184, 186–187
mass finishing processes **M5:** 136–137
mechanical coating process **M5:** 302
phosphate coating processes **M5:** 448, 454–456
pickling processes **M5:** 81–82
plating wastes *See* Plating waste disposal and recovery
salt bath descaling, sludge removal **M5:** 98
solvent cleaners **M5:** 41
vapor degreasing solvents **M5:** 48–49, 57
Wastewater streams
UV/VIS analysis **A10:** 60
Wastewater treatment systems
with monolithic linings **A13:** 455
Watanabe number (J) **A6:** 278
Watchmaker's lathes **A16:** 153
Water *See also* Moisture; Rainwater; Rinse waters; Seawater; Water absorption; Water atomization; Water cooling; Water spraying; Water vapor
absorbed, and permittivity **EL1:** 600–601
acid mine (3.3 pH), electroless nickel coating corrosion **A5:** 298
adsorption, molding materials **A15:** 208–210
analysis **A10:** 7, 31, 41, 43, 60, 102, 141, 152, 212
analysis by biamperometric titration **A10:** 204
and gas atomization **M7:** 25–34
and ultrasonic waves **A17:** 232–233
and wastewater streams, UV/VIS analysis of **A10:** 60
applications, nickel-base alloys **A13:** 653–654
as a lubricant for diamond-impregnated wire sawing **A9:** 26
as aqueous cleaner **EL1:** 663–664
as crude oil contaminant **A13:** 1266
as inappropriate fire extinguisher **M7:** 200
as injection molding binder **M7:** 498
as plasticizer **EM1:** 141
as sample in gas analysis by mass spectroscopy **A10:** 152
as solvent used in ceramics processing . . . **EM4:** 117
assay for toxic elements . . . **A10:** 141, 148–149, 233
atomization process, electrical composite contacts **A2:** 857
batching, and microbiological corrosion . . . **A13:** 314
behavior, in clay-water bonds **A15:** 212
bellows, effect on foundries **A15:** 27
cast steel corrosion in **A13:** 575
cationic, anionic, gaseous concentrations determined **A10:** 181
characteristics, prediction **A13:** 490
chemistry, LWR corrosion **A13:** 946
cleaning **A13:** 1143
cleaning, high pressure **A17:** 81, 82
composition **A5:** 33, 48
-containing fuels, corrosion in **A11:** 191
content, as function of dewpoint in sintering atmospheres **M7:** 341
content, ideal, in silica-base bonds **A15:** 212
coolant, for ultrasonic testing **A8:** 247–248
-cooled aluminum combustion chamber cavitation damage **A11:** 168
-cooled grips **A8:** 158–160
-cooled locomotive diesel engine, corrosion-fatigue cracking in **A11:** 371–372
cooling **A13:** 1134–1135
-cooling system, blowout of connector tubes from **A11:** 312
corrosion, aluminum/aluminum alloys **A13:** 597–598
corrosion, cast irons **A13:** 570
corrosion, copper/copper alloys **A13:** 621–627, 636
corrosion, precipitation-hardening stainless steels **A12:** 373
corrosion testing in **A13:** 207–208
corrosion, titanium/titanium alloys . . . **A13:** 676–677

SUBJECTS OF THE INDEXED VOLUMES: ASM Handbook (designated by the letter "A"): **A1:** Properties and Selection: Irons, Steels, and High-Performance Alloys (1990); **A2:** Properties and Selection: Nonferrous Alloys and Special-Purpose Materials (1990); **A3:** Alloy Phase Diagrams (1992); **A4:** Heat Treating (1991); **A5:** Surface Engineering (1994); **A6:** Welding, Brazing, and Soldering (1993); **A7:** Powder Metal Technologies and Applications (1998); **A8:** Mechanical Testing (1985); **A9:** Metallography and Microstructures (1985); **A10:** Materials Characterization (1986); **A11:** Failure Analysis and Prevention (1986); **A12:** Fractography (1987); **A13:** Corrosion (1987); **A14:** Forming and Forging (1988); **A15:** Casting (1988); **A16:** Machining (1989); **A17:** Nondestructive Evaluation and Quality Control (1989); **A18:** Friction, Lubrication, and Wear Technology (1992); **A19:** Fatigue and Fracture (1996); **A20:** Materials Selection and Design (1997). **Metals Handbook, 9th Edition** (designated by the letter "M"): **M1:** Properties and Selection: Irons and Steels (1978); **M2:** Properties and Selection: Nonferrous Alloys and Pure Metals (1979); **M3:** Properties and Selection: Stainless Steels, Tool Materials, and Special-Purpose Materials (1980); **M4:** Heat Treating (1981); **M5:** Surface Cleaning, Finishing, and Coating (1982); **M6:** Welding, Brazing, and Soldering (1983); **M7:** Powder Metallurgy (1984). **Engineered Materials Handbook** (designated by the letters "EM"): **EM1:** Composites (1987); **EM2:** Engineering Plastics (1988); **EM3:** Adhesives and Sealants (1990); **EM4:** Ceramics and Glasses (1991). **Electronic Materials Handbook** (designated by the letters "EL"): **EL1:** Packaging (1989)

degree of hardness, symbol for **A11:** 798
dissolved gases in **A13:** 489
dissolved salts in **A13:** 490
distilled **A13:** 689, 760–761
distilled, as corrosive **A12:** 24, 430
distilled (N_2 deaerated), electroless nickel coating corrosion **A5:** 298
distilled (O_2 saturated), electroless nickel coating corrosion **A5:** 298
distilled, titanium/titanium alloy SCC in . . **A13:** 689
domestic supply, effect on dezincification of cartridge brass water pipe **A11:** 178
effect, chemical processing corrosion **A13:** 1136–1137
effect, epoxy resin matrices **EM1:** 76
effects on powder metallurgy material specimens **A9:** 503
effects on silicon-iron electrical steels **A9:** 531
electroless nickel coating corrosion **A20:** 479
elemental analysis **A10:** 102
E-pH diagram **A13:** 27
evaluation, for microbiological corrosion . . **A13:** 314
explosions, aluminum-lithium alloys **A2:** 182
explosive reactivity of powders in **M7:** 194–198
exposure, of high-temperature epoxy resins **EM1:** 141
filtration of particles from **A10:** 94
flush, effects on tubes **A11:** 630
fresh, magnesium/magnesium alloys in . . . **A13:** 742
glass-forming ability **EM4:** 494
ground, SSMS analysis **A10:** 148–149
heat transfer from **A11:** 628
heat-exchanger crevice corrosion in . . **A11:** 631–632
high-purity, aluminum/aluminum alloys in **A13:** 597
high-purity deaerated **A12:** 438
high-purity, stainless steel SCC in **A11:** 218
high-temperature, light water reactor corrosion in **A13:** 946
high-temperature, nickel-base alloy SCC in **A13:** 649–650
hot, resistance, of porcelain enamels **A13:** 451–452
in composition of slips for high-temperature service silicate-based ceramic coatings **A5:** 470
in core cells, adhesive-bonded joints **A17:** 613
in lubricants **A14:** 514
industrial waste **A13:** 570
jets, high pressure, for descaling **A14:** 87
Karl Fischer method to determine **A10:** 219
lead/lead alloys in **A13:** 784–787
lubricant indicators and range of sensitivities **A18:** 301
mean free path **A17:** 59
melting point **EM4:** 494
mine **A13:** 1293–1294
molecules, in electrode process **A13:** 18–19
natural **A13:** 433, 435, 597
natural, analyses of **A10:** 41, 141
neutral, galvanic series in **A13:** 1288
nickel SCC testing in **A8:** 531
niobium corrosion in **A13:** 723
operation temperature **A5:** 33
oxygen plus, loss on reduction (LOR) **M7:** 155
oxygenated, pitting corrosion by **A11:** 615
pH effect, steel corrosion rate in **A13:** 991
pressure, effect, in liquid penetrant inspection **A17:** 71–74
pressure-temperature diagram **EL1:** 244
pressurized reactor **A8:** 423
pure tin in **A13:** 771
purest, conductance of **A10:** 203
purification **A8:** 421–424
quality, effects, water-recirculating systems **A13:** 489
quench, low-alloy steel **A11:** 393
rain, water drop impingement corrosion . . **A13:** 142
Raman scattering of **A10:** 133
resistance, of porcelain enamels **A13:** 449
rinsing, in cold extrusion **A14:** 304
SCC testing **A13:** 274
SCC testing of titanium alloys in **A8:** 531
sea (3½% salt), electroless nickel coating corrosion **A5:** 298
-side corrosion, in boiler and steam equipment **A11:** 614–616
-side scale, removal of **A11:** 616
simulation in pressurized water reactor **A8:** 423–424
soft **A13:** 207
sour **A13:** 1267
stainless steel corrosion in **A13:** 555–556
Standard Reference Materials for environmental/industrial **A10:** 95
steaming or boiling with contaminants, and corrosion fatigue testing **A19:** 208
structural changes in surfactant molecules determined **A10:** 118
surface tension **EM3:** 181
suspended solids in **A13:** 489
swift-moving, corrosion in **A11:** 188
tank, for explosive forming **A14:** 636–637
tantalum resistance to **A13:** 725
tap **A13:** 761
tap, as corrosive **A12:** 24, 320
temper, defined **A15:** 212
temperature/pH effects **A13:** 489–490
testing methods **A13:** 208
trace analyses of **A10:** 57–58, 60, 204
treated vs. natural **A13:** 207
treatment, in steam power plants **A11:** 603
ultrapure, trace metal analysis for **A10:** 57–58
uranium alloys in **A13:** 814–815
vapor **A13:** 143
vapor, condensed, as corrosive in boiler tubes **A11:** 618
vapor content, and dew point of sintering atmospheres **M7:** 361
vapor, effect of pH on copper alloy tubing **A11:** 634–635
vapor, effect on fatigue fracture appearance **A12:** 40, 52
vapor solubility, in copper alloys **A15:** 465
variables **A13:** 207
velocity-affected corrosion in **A11:** 188–190
very pure **A13:** 207
viscosity at melting point **EM4:** 494
voltammetric monitoring of pollutant metals and nonmetals in **A10:** 188
volume, effects gas/oil wells **A13:** 480
walls, heat-transfer factors **A11:** 604
well, as ion chromatography solution **A10:** 658
well, graphitic corrosion from **A11:** 372–373
white, from paper-machines **A13:** 1188–1189
zinc corrosion in **A13:** 443, 759–762
zirconium/zirconium alloy corrosion in . . . **A13:** 708
Water absorption *See also* Absorption; Moisture; Moisture absorption **EM3:** 31
defined **EM1:** 25, **EM2:** 45
electrical effects **EM2:** 466
epoxy resin matrices **EM1:** 74
in low-temperature thermoset matrix composites **EM1:** 393
of selected polymers **EM2:** 761
on supplier data sheets **EM2:** 642
polyamide-imides (PAI) **EM2:** 133
polyaryl sulfones (PAS) **EM2:** 146
thermoplastic resins **EM2:** 619
Water absorption soldering
flexible printed boards **EL1:** 590
Water absorption test **EL1:** 536–537, 1161
Water atomization *See also* Atomization; Explosivity; Moisture; Pyrophoricity; specific water-atomized powders; Water . . **A7:** 36, 37–39
aluminum powder, not practiced **A7:** 148
and gas atomization **M7:** 25–34
apex angle effect **A7:** 40–41
asymmetrical **A7:** 38, 39
bronze **A7:** 144, 145
configuration **A7:** 38, 39
copper **A7:** 139–140, 141
factors influencing particle size **A7:** 39–40
for hardfacing powders **M7:** 823
for nickel powder production **M7:** 134
high pressure, fine metal powders **A7:** 74
high-speed tool steel powders **A7:** 305
iron powder **A7:** 110, 117–122
iron powder compressibility and green strength **A7:** 302, 303
lubricant effect on green strength of steel powder **A7:** 307
mechanism of **A7:** 38–39
nickel-base powders **A7:** 174–176
of copier powders **M7:** 587
of iron **M7:** 84, 85
of low-carbon iron **M7:** 83–86
of nonspherical copier powders **M7:** 587
operating conditions and properties of powders **A7:** 36, 38
oxidation **A7:** 42
oxygen contents of water atomized metal powder **A7:** 42
parameter effect on **A7:** 42
particle shape **A7:** 42
particle size **A7:** 39–41
particle size distribution **A7:** 41, 42
powder characteristics **A7:** 42–43
process method **A7:** 35
process variables **A7:** 38–39
production, schematic **M7:** 26
properties **A7:** 42
properties of powders **A7:** 40, 42
silicon effects in **M7:** 256
solidification times **A7:** 42
stainless steel powders **A7:** 128, 129, 781–785
steel powder green strength and density . . . **A7:** 308, 309
superheat effect **A7:** 40
system schematic flow sheet **A7:** 38
tank atmosphere effect **A7:** 41, 42
tool steel powders **A7:** 130
ultrafine and nanophase powders **A7:** 77
versus gas atomization, powder comparison **A7:** 75–76
water-jet nozzles **A7:** 38
Water baths
for magnetic particle inspection **M7:** 578
Water blasting (SP10)
equipment, materials, and remarks **A5:** 441
Water break test **A5:** 16–17, **EM3:** 31, 743, 840–841, 843–844
definition **A5:** 972
for presence of oily contaminants **EM3:** 40
vapor degreasing **A5:** 32
Water chemistry **A8:** 416, 422–423
Water cleaning **A13:** 1143
Water content of alcohols **A9:** 67
Water cooling
cupolas **A15:** 384, 386
electric arc furnace **A15:** 359
induction furnaces **A15:** 371–372
of chills, DS/SC furnaces **A15:** 400
of hot semiconductors **EL1:** 310
permanent steel molds **A15:** 304
Water corrosion **M5:** 430, 457–458
Water, corrosion in
nickel alloys **M3:** 172
zirconium **M3:** 786–787
Water, distilled
surface tension **EM3:** 181
Water drop impingement
and cavitation erosion, compared **A13:** 142
and design **A13:** 339
in carbon steels **A13:** 519
rain **A13:** 142
Water elutriation **M7:** 179
diagram **M7:** 180
René 95, superalloy **M7:** 180
Water filter housing, PVC
failure of **A11:** 763
Water flow-to-metal flow ratios **A7:** 40
Water for etchants **A9:** 67
Water granulation **A7:** 92
Water immersion
organic coatings selected for corrosion resistance **A5:** 423
Water injection plasma cutting **A14:** 730
Water injection systems
oil/gas wells **A13:** 479
Water insolubles test
to isolate impurities in soda ash **EM4:** 380
Water jet
defined **EM1:** 25, **EM2:** 45
Water jet configurations
atomization **M7:** 29
Water jet cutting **A20:** 807, 808
Water jet erosion, modifying weld toe geometry **A19:** 826
Water jet noncutting process
in metal removal processes classification scheme **A20:** 695

Water leaching
titanium powder ... **A7:** 160
Water line attack
copper/copper alloys ... **A13:** 613
Water main pipe ... **A1:** 331–332
Water marks
definition ... **A5:** 972
Water of hydration
in solid salts and acids ... **A9:** 68
Water pipe
graphitic corrosion in ... **A11:** 372–374
Water plasma spraying
ceramic coatings for adiabatic diesel engines ... **EM4:** 992
Water pressure ... **A7:** 39, 40
Water pump impeller
cavitation damage ... **A11:** 167–168
Water quench Jominy tests ... **A7:** 645
Water quenching
agitation ... **M4:** 40–41
and infiltration ... **M7:** 558
contamination ... **M4:** 41
system ... **M4:** 58, 63
Water resistance
water-base versus organic-solvent-base adhesives properties ... **EM3:** 86
Water rolling process
copper and copper alloys ... **M5:** 615
Water shield plasma cutting ... **A14:** 730
Water softener
ion exchange in ... **A10:** 658–659
Water spraying
conventional vs. air-water mist spray **A15:** 312–313
in continuous casting ... **A15:** 311–312
systems, compared ... **A15:** 312
Water vapor *See also* Steam ... **A13:** 143, 813–814
and dewetting ... **EL1:** 676
and hydrogen content, forgings ... **A17:** 491–492
internal, content measurement ... **EL1:** 1064
sigma values for ionization ... **A17:** 68
Water vapor embrittlement ... **A19:** 140
Water velocity ... **A7:** 39
Water walls
steam/water-side boilers ... **A13:** 991
Water wash
definition ... **M6:** 19
Water/gas-atomization system ... **A7:** 72
Water-atomized copper powders *See also* Copper powders ... **M7:** 106, 107
lithium-containing ... **M7:** 118
particle size measurement ... **M7:** 223, 224
properties ... **M7:** 119
Water-atomized high-carbon iron powders
annealing ... **M7:** 183
effect of residual carbon ... **M7:** 183
Water-atomized high-speed tool steel powders
annealing ... **M7:** 185
Water-atomized iron powders ... **A7:** 110, **M7:** 23
Water-atomized low-alloy steel powders **M7:** 101–103
Water-atomized low-carbon iron
annealing ... **M7:** 182
Water-atomized metal powders
green strengths of ... **M7:** 303
microstructural characteristics ... **M7:** 33–34
oxygen contents ... **M7:** 37
Water-atomized nickel
transverse-rupture strength ... **M7:** 397
Water-atomized particles
silicon surface ... **M7:** 252
Water-atomized powders ... **A13:** 833
Water-atomized steel powders
composition-depth profiles ... **M7:** 256
Water-atomized tin-based powders
membraneous shape formation ... **M7:** 28, 32
Water-atomized tool steel powders
composition and properties ... **M7:** 103, 104
Water-atomized welding powders ... **M7:** 818
Water-base adhesives ... **EM3:** 74, 86–90
advantages ... **EM3:** 75, 86
animal glues ... **EM3:** 89
bonding applications ... **EM3:** 87–90
bonding factors ... **EM3:** 87
casein ... **EM3:** 88
cellulosics ... **EM3:** 88
characteristics ... **EM3:** 74, 86–87
dextrin ... **EM3:** 88–89
for appliance market ... **EM3:** 87
for bonding electronics ... **EM3:** 87
for bonding machinery ... **EM3:** 87
for construction applications ... **EM3:** 87, 88
for consumer goods ... **EM3:** 88
for housewares applications ... **EM3:** 87
for nonrigid bonding ... **EM3:** 87, 88
for rigid bonding ... **EM3:** 88
for tapes ... **EM3:** 88
for transportation applications ... **EM3:** 88
for woodworking ... **EM3:** 46
foundry industry applications ... **EM3:** 47
limitations ... **EM3:** 75, 86
markets ... **EM3:** 87
melamine formaldehyde ... **EM3:** 89
natural rubber latex ... **EM3:** 88
neoprene (polychloroprene) ... **EM3:** 89
phenol formaldehyde ... **EM3:** 89
polyvinyl acetate ... **EM3:** 89
polyvinyl alcohol ... **EM3:** 89
polyvinyl methyl ether ... **EM3:** 90
properties ... **EM3:** 87
reclaimed rubber ... **EM3:** 89
rosin ... **EM3:** 11, 188
sodium silicate water solution ... **EM3:** 89
starch adhesives ... **EM3:** 88
styrene-butadiene rubber ... **EM3:** 89
suppliers ... **EM3:** 90
synthetics ... **EM3:** 90
urea formaldehyde ... **EM3:** 89
wood bonding applications ... **EM3:** 89
Water-base contact cements
automotive applications ... **EM3:** 46
Water-base detergent cleaning
of fractures ... **A12:** 74
Water-base miscible oils
lubricant for tool steels ... **A18:** 738
Water-based rust preventives
safety precautions ... **M5:** 470
Water-bench test techniques ... **A7:** 43
Waterblasting ... **A13:** 414, 912
Water-blocked cable
defined ... **EL1:** 1161
Water-borne paints ... **M5:** 472, 500–502
Water-break test
cleaning process effectiveness ... **M5:** 37, 576
Water-break-free surface ... **A5:** 33
Waterbury's reagent
as etchant for copper ingot ... **A10:** 302
Water-column
designs, immersion-type ultrasonic search unit ... **A17:** 258–259
techniques, ultrasonic inspection ... **A17:** 248
Water-cooled tools ... **A18:** 627
Water-dispersible aluminum flake pastes ... **M7:** 594
Water-displacing polar rust-preventive compounds ... **M5:** 459–464, 467
applying, methods of ... **M5:** 467
Water-extended polyester ... **EM3:** 31
defined ... **EM2:** 45
Waterfalling ... **A20:** 726
Water-hardening steels ... **A1:** 768–771
Water-hardening tool steels *See also* Tool steels, water-hardening
composition limits ... **A5:** 769, **A18:** 736
Water-hardening tools steels
forging temperatures ... **A14:** 81
Water-jacketed cooling sections ... **M7:** 354
Water-jacketed milling chambers ... **M7:** 62
Water-jet cutting *See also* Abrasive waterjet cutting ... **EM1:** 673–675
applications ... **EM1:** 674–675
benefits/problems ... **EM1:** 673–674
equipment/tools ... **EM1:** 675
future trends ... **EM1:** 675
materials cut by ... **EM1:** 675
Waterjet/abrasive waterjet machining ... **EM4:** 313
Waterjet/abrasive waterjet machining (WJM) ... **A16:** 509, 520–527
abrasive waterjet applications ... **A16:** 527
advantages and disadvantages ... **A16:** 523–524
equipment ... **A16:** 520–522
flow rates ... **A16:** 521, 522–523
fluid additives ... **A16:** 522
MMCs ... **A16:** 894
pressure ... **A16:** 522, 523, 524
process characteristics ... **A16:** 522–523
waterjet applications ... **A16:** 524–526
Water-main pipe ... **M1:** 319
Water-recirculating systems
cooling system ... **A13:** 487
corrosion control ... **A13:** 494–497
corrosion processes ... **A13:** 487–489
environmental variables control in ... **A13:** 487–497
water quality influences ... **A13:** 489–494
Water-resistant adhesives ... **EM3:** 263
Water-resistant coatings
cast irons ... **M1:** 105, 106
Water-resistant enamel
frit melted-oxide composition for ground coat for sheet steel ... **A5:** 731
melted oxide compositions of frits for ground-coat enamels for sheet steel ... **A5:** 454
Water-resistant porcelain enamel
composition of ... **M5:** 510
Water-side boilers
corrosion of ... **A13:** 990–993
Water-soluble alkali silicate coatings ... **M5:** 533–534
Water-soluble corrosion inhibitors ... **M5:** 432
Water-soluble developers (form B)
for liquid penetrant inspection ... **A17:** 77, 83
Water-soluble flux
corrosion effects ... **EL1:** 1110
Water-soluble oils
phosphate coatings supplemented with ... **M5:** 453, 455
Water-soluble organic fluxes ... **EL1:** 646–647
Water-soluble paper
leak detection with ... **A17:** 66
Water-suspendible developers (form C)
liquid penetrant inspection ... **A17:** 77, 83
Water-washable (method A) penetrants ... **A17:** 75, 77–78, 84
Water-washable visible penetrant method
of liquid penetrant inspection ... **A17:** 78
Water-well pipe ... **M1:** 315, 320–321
Water-wicking adhesives ... **EM3:** 263
Watson/Wert two surface Drucker-Prager model ... **A7:** 333
Watt
defined ... **EL1:** 1161
Watts bath ... **A5:** 202
Watts nickel
nickel electroforming solutions and selected properties of deposits ... **A5:** 286
nickel electroplating solutions ... **A5:** 202
Taber abraser resistance ... **A5:** 297
Watts nickel plating bath ... **M5:** 199, 208–209, 212, 217
Watts process ... **A5:** 206–207, 208
Watts solution ... **A18:** 836
Waukesha ... **A18:** 88
galling threshold load ... **A18:** 595
properties ... **A18:** 716
Wave
function, EXAFS analysis ... **A10:** 409
polarographic, defined ... **A10:** 190
speed ... **A8:** 197, 445
theory, as applied to electromagnetic radiation ... **A10:** 83
train *See* Acoustic wave train

SUBJECTS OF THE INDEXED VOLUMES: ASM Handbook (designated by the letter "A"): **A1:** Properties and Selection: Irons, Steels, and High-Performance Alloys (1990); **A2:** Properties and Selection: Nonferrous Alloys and Special-Purpose Materials (1990); **A3:** Alloy Phase Diagrams (1992); **A4:** Heat Treating (1991); **A5:** Surface Engineering (1994); **A6:** Welding, Brazing, and Soldering (1993); **A7:** Powder Metal Technologies and Applications (1998); **A8:** Mechanical Testing (1985); **A9:** Metallography and Microstructures (1985); **A10:** Materials Characterization (1986); **A11:** Failure Analysis and Prevention (1986); **A12:** Fractography (1987); **A13:** Corrosion (1987); **A14:** Forming and Forging (1988); **A15:** Casting (1988); **A16:** Machining (1989); **A17:** Nondestructive Evaluation and Quality Control (1989); **A18:** Friction, Lubrication, and Wear Technology (1992); **A19:** Fatigue and Fracture (1996); **A20:** Materials Selection and Design (1997). **Metals Handbook, 9th Edition** (designated by the letter "M"): **M1:** Properties and Selection: Irons and Steels (1978); **M2:** Properties and Selection: Nonferrous Alloys and Pure Metals (1979); **M3:** Properties and Selection: Stainless Steels, Tool Materials, and Special-Purpose Materials (1980); **M4:** Heat Treating (1981); **M5:** Surface Cleaning, Finishing, and Coating (1982); **M6:** Welding, Brazing, and Soldering (1983); **M7:** Powder Metallurgy (1984). **Engineered Materials Handbook** (designated by the letters "EM"): **EM1:** Composites (1987); **EM2:** Engineering Plastics (1988); **EM3:** Adhesives and Sealants (1990); **EM4:** Ceramics and Glasses (1991). **Electronic Materials Handbook** (designated by the letters "EL"): **EL1:** Packaging (1989)

Wave diagram
for stored-torque Kolsky bar **A8:** 220
Wave fluxers
through-hole soldering................. **EL1:** 682
Wave fluxing **EL1:** 648
Wave form
and frequency...................... **A12:** 58–63
defined **A12:** 59
effect on fatigue **A12:** 58–63
strain, in fatigue testing **A12:** 62
Wave machines
specialized........................... **EL1:** 632
Wave path
ultrasonic inspection **A17:** 597
Wave propagation
acoustic emission................. **A17:** 279–280
analysis, for measuring strain............ **A8:** 208
computer codes......................... **A8:** 283
during split Hopkinson pressure bar test... **A8:** 199
effects, and tensile test validity **A8:** 209
effects, impact bar tests with, strain rate ranges **A8:** 40
effects on high strain rate tension tests **A8:** 208–209
for high strain rate generation **A8:** 190
importance in strain rate regimes in compression testing **A8:** 190–191
in elastic pressure bars **A8:** 199–200
in high strain rate testing **A8:** 188
ring-up time **A8:** 209
straight-line, of x-rays/gamma-rays **A17:** 311
stress, effect on strain rate **A8:** 40–41
ultrasonic............................. **A17:** 233
Wave solder *See also* Solder waves; Wave soldering
for surface-mount joints **EL1:** 732
Wave soldering *See also* Dual-wave soldering..... **A6:** 366–368, **M6:** 19, 1087–1089
and design............................ **EL1:** 520
as mass soldering system **EL1:** 681–696
as surface-mount soldering **EL1:** 701–702
atmospheres............................ **A6:** 367
defects **A6:** 366, 367, 368
defined............................. **EL1:** 1161
definition **A6:** 366, 1215
design considerations **A6:** 366–367
dross formation **A6:** 367
dual-in-line package (DIP) **A6:** 366
dwell times........................ **A6:** 367, 368
equipment **A6:** 367
equipment, methods **EL1:** 681–682
equipment modifications to produce different wave geometries **A6:** 367
flexible printed boards **EL1:** 590
flux application methods **A6:** 366, 367
fluxes............................. **A6:** 366, 367
fluxing operation **A6:** 367
problem analysis **EL1:** 1029–1030
process parameters **A6:** 366–367, 368
process schedule **A6:** 367
schematic of process **A6:** 366
sequence of processes **A6:** 366
small-out-line integrated circuit (SOIC) (surface-mount) **A6:** 366–367
Wave velocity, as measurement
microwave inspection **A17:** 205
Waveform
in fatigue properties data **A19:** 16
Waveform effect **A19:** 191
Waveform, electrical
effect in radiography.............. **A17:** 304–305
Waveform, pressure
electromagnetic forming **A14:** 652
Waveform strain
and hold period effect on stainless steel ... **A8:** 348
Waveforms
distortion, in signal transmission **EL1:** 170–173
plating **EL1:** 511
RLC line **EL1:** 358
Wavefront.......................... **A20:** 180, 182
Waveguides *See also* Electrical waveguides
microwave inspection **A17:** 202
pattern, transverse mode................ **A17:** 207
Wavelength
absorbance (UV/VIS) as function of....... **A10:** 63
and ultrasonic fatigue testing specimens ... **A8:** 249
calibration, for MFS analysis............. **A10:** 77
characteristic x-ray, and atomic number Mosely's relationship between **A10:** 433
Compton, defined **A10:** 84
conversion factors **A8:** 723, **A10:** 686
defined.............................. **EL1:** 1161
defined and symbol for **A10:** 683, 692
in electromagnetic radiation.............. **A10:** 83
infrared spectral **A10:** 110
selectors, MFS.......................... **A10:** 76
sorters................................. **A10:** 23
variable, geometry of.................... **A10:** 396
x-ray absorption curve for uranium as function of........................ **A10:** 85
Wavelength dispersion XRFS (WXRFS)
for chemical analysis............. **EM4:** 550–551
Wavelength dispersive analysis of x-rays (WDS)
for microstructural analysis **EM4:** 570
Wavelength dispersive detectors
electron microscopy of wrought stainless steels............................. **A9:** 282
Wavelength dispersive spectroscopy (WDS) **EM3:** 237
depth profiling **EM3:** 247
Wavelength dispersive x-ray spectroscopy (WDS) **EL1:** 1043, 1094, 1098–1100
Wavelength x-ray analysis
compositional analysis of welds........... **A6:** 100
Wavelength (x-rays)
defined................................ **A9:** 19
Wavelength-dispersive spectrometers
artifacts **A10:** 521
direct defocusing map **A10:** 527
for x-ray spectrometry......... **A10:** 83, 87, 89–93
Wavelength-dispersive spectrometers (WDS) **A7:** 223, 224, 225
Wavelength-dispersive spectrometry **A10:** 520–524
analysis of cartridge brass............... **A10:** 530
and energy-dispersive spectrometry compared.................... **A10:** 521–522
defined.......................... **A10:** 683–684
detection limits........................ **A10:** 522
dot map for minor constituent **A10:** 527
dot mapping...................... **A10:** 525–529
effect of bremsstrahlung sensitivity....... **A10:** 528
instrument selection.................... **A10:** 522
light-element analysis................... **A10:** 522
qualitative....................... **A10:** 522–525
spectral resolution **A10:** 521–522
stainless steel **A10:** 87–88
used to analyze x-ray line spectrum **A9:** 92
Wavelength-dispersive x-ray spectrometer
development and schematic of **A11:** 32–33
Wavelength-dispersive x-ray spectroscopy ... **A12:** 168
Wavelengths
as interference, microwave inspection **A17:** 204
electromagnetic spectrum **A17:** 202
ultrasonic........................ **A17:** 232–233
Wavelengths of light
role in color metallography...... **A9:** 136, 143, 151
Wavenumber
and depth of wave penetration, infrared spectroscopy **A10:** 113
defined................................ **A10:** 684
infrared spectra, as frequency **A10:** 110
SI derived unit and symbol for.......... **A10:** 685
SI unit/symbol for **A8:** 721
Wave(s) *See also* specific wave types; Standing wave; Ultrasonic waves; Wave propagation; Wave velocity; Waveform; Waveguides; Wavelengths
acoustic emission.................. **A17:** 279–280
analysis package, acoustic emission inspection......................... **A17:** 286
for optical holographic interferometry................ **A17:** 408–410
Waviness
definition............................. **A5:** 972
Wavy slip **A19:** 82–83
defined................................ **A9:** 687
in a single crystal of aluminum........... **A9:** 689
Wavy slip character **A19:** 77, 78
Wavy-slip materials
cyclic deformation **A19:** 86
history dependence...................... **A19:** 91
nucleation at grain boundaries............ **A19:** 97
Wavy-slip metals **A19:** 103
Wax
additives, investment casting **A15:** 254
as expendable pattern material **A15:** 196
as investment casting pattern materials **A15:** 253–255
as physical modeling material **A14:** 432
components, in pattern assembly investment casting **A15:** 257
fillers, investment casting **A15:** 254
for tool steel lubrication **A18:** 738
formulating materials.................... **A15:** 197
pattern, defined **A15:** 11
phosphate coatings supplemented with **M5:** 435
selection, investment casting **A15:** 254–255
selective cadmium plating using **M5:** 267, 268
stop-off medium, chrome plating......... **M5:** 187
stripping of............................. **M5:** 19
Wax binders
in rigid tool compaction **M7:** 322
Wax impregnation of powder metallurgy material specimens **A9:** 504
Wax pattern
definition **M6:** 19
Wax pattern (thermit welding)
definition............................. **A6:** 1215
Wax technique
for TEM replicas **A12:** 185
WAX-20 (DS)
composition............................ **A4:** 795
Waxes *See also* Lubricant(s); Lubrication... **M7:** 13, 190–193
Wax-stearate binders
in rigid tool compaction **M7:** 322
Waywind
glass roving winder as................. **EM1:** 109
WC-1Zr *See* Niobium alloys, specific types, Nb-1Zr
WC-103 *See* Niobium alloys, specific types, C-103
WC-129Y *See* Niobium alloys, specific types, C-129Y
Weak beam imaging **A18:** 388
"Weak knee" **A6:** 994
Weak link superconducting
high-temperature superconductors........ **A2:** 1088
Weak-beam images **A9:** 111
compared to strong-beam images **A9:** 114
Weak-beam microscopy
bright-field image of dislocation tangle aluminum alloy **A10:** 467
for defect analysis **A10:** 466–467
for high-resolution diffraction contrast images **A10:** 446
showing dislocations in molybdenum-implanted aluminum........................... **A10:** 484
Weak-beam technique
used for dislocations **A9:** 113
Weakest link **A19:** 112
Weakest-link failure **EM1:** 193–194
Weakest-link failure theory
definition............................. **A20:** 843
Weakest-link reliability theories....... **A20:** 623, 625
Wear *See also* Abrasive wear; Adhesive wear; Fatigue; Lubricated wear; Oxidation; Wear failures; Wear resistance; Wear testing; Wear-resistant materials... **A8:** 15, 601–608, **A20:** 612
abrasive **A11:** 1, 146–148, 158–159, 494–495, 595, **M1:** 599–605
adhesive.......... **A11:** 1, 145–146, 158, 466, 596
AES analysis of........................ **A10:** 566
analysis, procedures.................... **A11:** 156
and erosion, electrical contact materials, life tests............................. **A2:** 860
applications, cemented carbides for .. **M7:** 777–780
as fallure mode in gears **A11:** 590
catastrophic, defined **A11:** 1
checking, of solid graphite molds **A15:** 285
classification **M1:** 597, 599
coefficients **A11:** 146
combined, mechanisms of **A11:** 159
corrosive, defined........................ **A11:** 2
data, cobalt-base alloys............... **A2:** 449–451
data for cobalt- and nickel-based hardfacing alloys........................... **M7:** 828
debris, SEM analysis **A10:** 490
defined **A11:** 11, **A18:** 20
definition **A5:** 972, **A7:** 965, **A20:** 843
delamination theory of **A11:** 148
diffusion, coated carbide tools............ **A2:** 960
dry.............................. **M1:** 605–606
effect of material properties on...... **A11:** 158–159

Wear (continued)
effects, produced fluids **A13:** 479
electrical, on thrust bearing **A11:** 487
elements, determined in petroleum products by XRS **A10:** 82
embeddability of soft metals **M1:** 609–610
fatigue, defined **A11:** 4
fractures, identification chart for **A11:** 80
from retained austenite in iron casting **A11:** 367–368
hardfacing to reduce **M7:** 823
in forging **A11:** 340
in gear teeth **A11:** 595
in gray iron **A1:** 24, 25–26
in polymers, due to friction **A11:** 764
in shafts **A11:** 465
in sliding bearings **A11:** 486
introduction **A18:** 175
method(s) for removing material from a solid surface **A18:** 175
iron castings failure from **A11:** 375
laboratory tests for **A11:** 161–162
lubricated **A11:** 150–154, 361, **M1:** 604–606
maximum admissible level **A18:** 493
metals, OES analysis in oils **A10:** 21
methods for fracture mode identification . . **A19:** 44
nonlubricated **A11:** 154–155
of antifriction bearing **A11:** 764–765
of cast iron pump parts **A11:** 365–367
of cobalt-base alloys . . . **A2:** 447–448, **A13:** 663–664
of continuous aluminum oxide fiber MMCs **EM1:** 875–876
of copper casting alloys **A2:** 352, 354–355
of implants **A11:** 672
of labyrinth seals, bearing failure by **A11:** 511–512
of nickel aluminide alloys **A18:** 772–777
of press forming dies **A14:** 505–507
of refiner plates, pulping systems . . **A13:** 1215–1217
of steel pinions **A11:** 597
of telephone plugs, as life test example **A2:** 858
of tooling, precision forging **A14:** 159
on titanium bone screw head **A11:** 689, 692
oxidative, defined **A11:** 7
properties, of carbon fiber reinforced polymers **EM1:** 36
rapid, from severe abrasion in shell liner **A11:** 375–377
rate, defined **A11:** 11
rate, Keller's equation for **A13:** 968–969
rate transitions **M1:** 598
rates, effect on dimensional accuracy **A15:** 284
relationship to material properties **A20:** 246
resistance, of die materials **A14:** 45–46
rolling-element bearings failure by . . . **A11:** 493–496
simulative testing **A18:** 175
specific types **M6:** 805–806
surface, AES analysis for **A10:** 549
surface chemical analysis for **M7:** 250
surface property effect **A18:** 342
testing **M1:** 598, 599–604
tests, laboratory **A11:** 161–162
tip and notch, in turbine shroud **A11:** 283
types of **A11:** 145–148
types of gear failures **A19:** 345
volume loss measurement **A8:** 606
weight-loss measurement **A8:** 606
weld overlays to overcome **M6:** 805–806
wire wooling **M1:** 606
Wear and erosion testing, overview **A5:** 679–680
Wear debris, definition **A5:** 972
Wear applications
copper alloy castings **M2:** 392–393
Wear coefficient **A18:** 478, 491
defined **A18:** 20
sliding and adhesive wear **A18:** 237
Wear constant
defined **A18:** 20–21
Wear corrosion *See* Fretting
Wear curve
definition **A20:** 609
Wear damage **A18:** 274
Wear debris
defined **A18:** 21
dispersion in milling **M7:** 63
Wear depth **A18:** 267
Wear design **A20:** 603, 606, 609–612
bracketing **A20:** 606, 611, 612
data gathering **A20:** 610–611
design modifications **A20:** 611–612
designing for preferred modes of wear **A20:** 611
modeling **A20:** 610
system analysis **A20:** 609–610
theoretical vs. empirical wear design approaches **A20:** 611
verification **A20:** 611
Wear design methodology **A20:** 603
Wear factor *See also* Specific wear rate
defined **A18:** 21
synovial joints, major load-bearing natural **A18:** 656
thermoplastic composites . . **A18:** 821, 822, 823–824
Wear failures *See also* Wear **A11:** 145–162
analysis **A11:** 156
by erosion **A11:** 155–156
by fretting **A11:** 148
by friction **A11:** 148–150
by hydrogen-assisted cracking **A11:** 399
combined mechanisms of **A11:** 159
delamination theory **A11:** 148
effect of material properties **A11:** 158–159
environmental effects **A11:** 159–160
laboratory tests for **A11:** 161–162
lubricated wear **A11:** 150–154
microstructure effects **A11:** 160–161
nonlubricated wear **A11:** 154–155
of parts, laboratory examination **A11:** 156–158
service history and **A11:** 158
surface configuration and **A11:** 159–160
wear, types of **A11:** 145–148
Wear fractures
identification chart for **A11:** 80
Wear index **A18:** 637
Wear lands
replacing **M7:** 462
Wear measurement **A18:** 362–369
and lubrication **A18:** 365, 367, 369
applications **A18:** 363
area measures **A18:** 364–366
geometric wear volume calculation **A18:** 369
linear measures **A18:** 363–364
mass loss measures of wear **A18:** 362–363
abrasive wear **A18:** 362
material transfer **A18:** 369
subsurface damage effect **A18:** 368–369
surface deformation effect **A18:** 367–369
volume measures **A18:** 366–367, 368
Wear of ceramics **EM4:** 605–608, 973–977
applications **EM4:** 605, 973–977
example **EM4:** 974–977
parameters affecting wear **EM4:** 973–974
conventional laboratory tests **EM4:** 605
critical parameters for wear testing **EM4:** 606
dynamic behavior of the test apparatus . . **EM4:** 607
guidelines **EM4:** 608
Hertzian contact stresses **EM4:** 606
laboratory test/field test correlation **EM4:** 606
material/specimen history **EM4:** 607
postmeasurement handling **EM4:** 608
presentation of wear data **EM4:** 608
rolling contact fatigue test **EM4:** 605–606
simulated field tests **EM4:** 605
sliding motion **EM4:** 607
sliding wear test geometry **EM4:** 606–607
specimen fabrication costs **EM4:** 607
standard reference samples **EM4:** 607–608
step loading versus constant applied load testing **EM4:** 607
surface cleanliness **EM4:** 607
tests **EM4:** 605–606
wear maps **EM4:** 607
Wear of jet engine components *See* Jet engine components, wear of
Wear of pumps *See* Pumps, wear of
Wear or failure models
friction during metal forming **A18:** 60, 67
Wear particle concentration (WPC) . . . **A18:** 302, 308, 309
Wear parts
refractory metals applications **M7:** 765
Wear plates, fifth-wheel mechanism
economy in manufacture **M3:** 854
Wear rate
defined **A11:** 11, **A18:** 21
definition **A20:** 843
ways to reduce **A20:** 603
Wear rate (of seals)
defined **A18:** 21
Wear rate per unit distance **A18:** 579
Wear resistance *See also* Wear **A18:** 185, 708, **M1:** 597–638
abrasive cloth wear tests **M1:** 603
aluminum-silicon alloys **A15:** 167
ASP steels **M7:** 784
ASTM test methods **EM2:** 334
austenitic manganese steels **M1:** 618, 620
by ion implantation **A13:** 500
cast irons **A5:** 691
ceramic coatings **M5:** 547
chemical conversion coatings **M5:** 657–658
chemical vapor deposition coatings . . . **M5:** 382–383
composite powders for **M7:** 175
correlation with hardness **M1:** 603
correlation with toughness **M1:** 607
defined **A18:** 21
electroplated chromium for **A13:** 875
flank, of cermets **A2:** 979
hard chromium plating **M5:** 170, 184
ion implantation coatings **M5:** 425
ion implantation to improve **M1:** 629
laser heat treatment to improve **M1:** 628–629
malleable iron **M1:** 71
microstructure, effect of **M1:** 611–615, 618, 620–621
nickel plating **M3:** 181
nickel plating, electroless . . . **M5:** 225–228, 237–240
of anodized coatings **A13:** 397
of austenitic manganese steel **A1:** 834
of cast steels **A1:** 376, **M1:** 400, 618
of cobalt-base alloys **A15:** 811
of gray iron **A1:** 25–26, **M1:** 24–26, 30
of magnesium alloys **A2:** 461
of nickel alloys **A2:** 429
of pearlitic and martensitic malleable iron **A1:** 83–84
of polyamide-imides (PAI) **EM2:** 137
pearlitic/martensitic malleable iron **A15:** 696
phosphate coatings **M5:** 436–437
rubber wheel wear tests **M1:** 600–601
seizure-resistance tests **M1:** 611–612
selection of wear-resistant metals **M1:** 603–604, 606–611
steels, against hard and soft abrasives **M1:** 601–603
structural ceramics **A2:** 1019, 1021–1024
surface heat treatments to develop . . **M1:** 527, 533, 540, 625–631
thermal spray coating **M5:** 377
titanium alloys . . . **A5:** 835, 840–841, 846, 847, 849
tool steels **M1:** 618
type of precipitate, effect of **M1:** 613
vacuum coatings **M5:** 395
versus hardness **A18:** 707–708
white cast irons **M1:** 619–622
zinc alloys **A15:** 786
Wear resistance, design for *See* Design for wear resistance

SUBJECTS OF THE INDEXED VOLUMES: ASM Handbook (designated by the letter "A"): **A1:** Properties and Selection: Irons, Steels, and High-Performance Alloys (1990); **A2:** Properties and Selection: Nonferrous Alloys and Special-Purpose Materials (1990); **A3:** Alloy Phase Diagrams (1992); **A4:** Heat Treating (1991); **A5:** Surface Engineering (1994); **A6:** Welding, Brazing, and Soldering (1993); **A7:** Powder Metal Technologies and Applications (1998); **A8:** Mechanical Testing (1985); **A9:** Metallography and Microstructures (1985); **A10:** Materials Characterization (1986); **A11:** Failure Analysis and Prevention (1986); **A12:** Fractography (1987); **A13:** Corrosion (1987); **A14:** Forming and Forging (1988); **A15:** Casting (1988); **A16:** Machining (1989); **A17:** Nondestructive Evaluation and Quality Control (1989); **A18:** Friction, Lubrication, and Wear Technology (1992); **A19:** Fatigue and Fracture (1996); **A20:** Materials Selection and Design (1997). **Metals Handbook, 9th Edition** (designated by the letter "M"): **M1:** Properties and Selection: Irons and Steels (1978); **M2:** Properties and Selection: Nonferrous Alloys and Pure Metals (1979); **M3:** Properties and Selection: Stainless Steels, Tool Materials, and Special-Purpose Materials (1980); **M4:** Heat Treating (1981); **M5:** Surface Cleaning, Finishing, and Coating (1982); **M6:** Welding, Brazing, and Soldering (1983); **M7:** Powder Metallurgy (1984). **Engineered Materials Handbook** (designated by the letters "EM"): **EM1:** Composites (1987); **EM2:** Engineering Plastics (1988); **EM3:** Adhesives and Sealants (1990); **EM4:** Ceramics and Glasses (1991). **Electronic Materials Handbook** (designated by the letters "EL"): **EL1:** Packaging (1989)

Wear resistance of powder metallurgy alloys **A7:** 965–977
Wear scar
defined **A18:** 21
definition **A5:** 972
Wear severity factor (*C*) **A18:** 268
Wear simulation testing **A8:** 604–606
Wear surfaces
scanning electron microscopy used to study **A9:** 99
Wear testing **A8:** 601–608
acceleration **A8:** 604, 606
and friction **A8:** 604
and tribology **A8:** 601
ball-plane, stress and strokes combined **A8:** 603
case histories **A8:** 607
configurations **A8:** 601–602
control **A8:** 603–604, 606
dry sand low-stress rubber wheel abrasive . . **A8:** 605
elements **A8:** 604–607
equipment **A8:** 601
lubrication **A8:** 604
measurement **A8:** 604, 606
metal band/metal platen, for high-speed printer **A8:** 607
reporting **A8:** 604, 606–607
scatter reduction in **A8:** 606
simulation **A8:** 604–606
sliding **A8:** 601–602
sliding contact **A8:** 605–606
specimen preparation **A8:** 604, 606
wear curve **A8:** 606
wear-in cycle **A8:** 604
Wear tracks **A18:** 476
Wear transition
defined **A18:** 21
Wear volume **A18:** 185
Wear/corrosion-resistant particle metallurgy tool steels **A7:** 796–799
applications **A7:** 796, 797, 799
compositions **A7:** 797, 798
corrosion testing **A7:** 797
heat treatment **A7:** 797, 798
primary carbides **A7:** 797, 798, 799
Wear-in **A8:** 604, **A20:** 605
Wear-in period **A20:** 605
Wearite 4-13 *See* Copper alloys, specific types, C62500
Wearout *See also* Failure rate
as reliability curve phase **EL1:** 740
coating/passivation **EL1:** 245
failure rate, and attachment rigidity **EL1:** 740
mechanisms, leadless packaging **EL1:** 987–988
modes, temperature cycling **EL1:** 287
phase, life cycle **EL1:** 897
Wear-resistant alloys, nonferrous
aluminum bronzes **M3:** 591–592
beryllium copper **M3:** 592–594
cobalt-base **M3:** 589–591
Wear-resistant manganese steels
weldability **A15:** 535
Wear-resistant materials, and steel-bonded titanium carbide cermets
compared **A2:** 997
Wear-resistant steel
submerged arc welding **A6:** 203
Wear-resistant steel powders **A7:** 729, 747
Wear-resistant tool steels
as die inserts **A7:** 353
as punch material **A7:** 353
die materials for sheet metal forming **A18:** 628
Weather aging *See also* Aging; Weather resistance
and radiation susceptibility **EM2:** 575–580
degradation factors **EM2:** 575–576
test methods **EM2:** 576–580
weatherometers **EM2:** 577–578
Weather resistance
effect, electrical testing **EM2:** 584–585
polyarylates (PAR) **EM2:** 139–140
polyether sulfones (PES, PESV) **EM2:** 161
polyvinyl chlorides (PVC) **EM2:** 210
styrene-acrylonitriles (SAN, OSA ASA) . . **EM2:** 215
thermoplastic polyurethanes (TPUR) **EM2:** 206
thermoplastic resins **EM2:** 619
Weatherability *See also* Aging; Weather aging; Weather resistance
of acrylics **EM2:** 105
of composites **EM1:** 36
Weathering **EM3:** 31
artificial **EM3:** 31
defined **EM1:** 25
of building materials, simulated service testing **A13:** 204
resistance, of porcelain enamels **A13:** 446, 451
steels **A13:** 515–521
Weathering and aging effect on adhesive joints **EM3:** 656–662
comparison of short- and long-term testing **EM3:** 661–662
environment, defined **EM3:** 656–657
long-term testing **EM3:** 658–661
short-term testing **EM3:** 657–658
Weathering, artificial *See* Artificial weathering
Weathering, defined *See also* Artificial weathering **EM2:** 45
Weathering of Polymers (Davis/Sims) **EM2:** 94
Weathering (SP9)
equipment, materials, and remarks **A5:** 441
Weathering steel **A6:** 376
flux-cored arc welding, designator **A6:** 189
Weathering steels *See also* Low-alloy steels **A1:** 148, 399, 400, **A13:** 515–521
alloying additions and properties as category of HSLA steel **A19:** 618
and fire-retardant wood panels **A13:** 519
buried, corrosion protection **A13:** 519
copper-bearing steel **A13:** 516
corrosion behavior, different exposures **A13:** 516–517
corrosion resistance of **A1:** 400
definition **A5:** 972
design considerations **A13:** 518–520
examples **A13:** 518–520
for art casting **A15:** 22
for structural corrosion protection **A13:** 1305–1306
galvanic corrosion **A13:** 518–519
high-strength low-alloy steels **A13:** 516
low-alloy steels as **A13:** 82
packout rust formation, bolting and sealing **A13:** 519
painted **A13:** 519–520
protective oxide film, characteristics **A13:** 517–518
specifications of **A1:** 399
stadium, corrosion in **A13:** 1308–1309
storage and stacking of **A13:** 518
tower legs and lighting standards, protection of **A13:** 520
Weatherometers
types **EM2:** 577–578
Weatherproofing
of pharmaceutical insulation systems **A13:** 1231
Weave *See also* specific weave patterns; Weaves
defined **EM1:** 25, **EM2:** 45
Weave bead
definition **A6:** 1215, **M6:** 19
Weave exposure
defined **EL1:** 1161
Weave pattern **EM1:** 148–150
Weaves *See also* Angle interlock; Basket weave; Fabric(s); Orthogonal weave; Plain weave; Polar weave; Rovings; Satin (crowfoot) weave; Twill weave
fiberglass fabric **EM1:** 110–111
for woven fabric prepregs **EM1:** 148
for woven roving **EM1:** 109
geometry, for multidirectionally reinforced fabrics/prefon-ns **EM1:** 129–130
locking leno **EM1:** 125–127
low-temperature thermoset matrix composites **EM1:** 393
physical properties measured **EM1:** 286
radial and circumferential **EM1:** 131
styles of, as fabric parameter **EM1:** 125
three-dimensional **EM1:** 127
typical **EM1:** 355, 356
unidirectional/two-directional fabrics **EM1:** 125
Weaving machines **EM1:** 129–131
Weaving wire **A1:** 851
Web
defined **A14:** 14, **EM2:** 45
Web materials
waterjet machining **A16:** 525, 526
Web plate, bridge
fracture surface **A11:** 710–711
Web thickness
steel forgings **M1:** 363–364
Web thickness-to-depth ratio **A20:** 246
Webbing **EM3:** 31
Webbing, solder *See* Icicles
Weber number **A7:** 46, 152
Weber total hip prosthesis **A11:** 670
Wedge bond
defined **EL1:** 1161
Wedge bonding *See* Thermocompression welding
Wedge cracking **A8:** 154, 572
Wedge cracks *See also* Triple-point cracking **A20:** 578
as intergranular **A12:** 121–123
austenitic stainless steels **A12:** 364
formation, in decohesive rupture . . . **A12:** 19, 25–26
Wedge deformation, three-dimensional
simulation of **A14:** 429
Wedge drive mechanism
in mechanical presses **A14:** 31
Wedge effect *See also* Wedge formation
defined **A18:** 21
definition **A5:** 972
Wedge forging test **A20:** 305
Wedge formation *See also* Wedge effect
defined **A18:** 21
definition **A5:** 972–973
gold electroplating **A18:** 838
Wedge half-angle **A18:** 34
Wedge presses
load **A14:** 40
Wedge tensile test of bolts **A1:** 296
Wedge test
threaded fasteners **M1:** 277, 279
Wedge testing . . . **EM3:** 386, 389, 657, 662, 804, 808
durability assessment **EM3:** 666–668, 669
for chemical processing quality **EM3:** 738
to evaluate service durability of surface preparation/adhesive combination **EM3:** 802, 803
Wedge tests
application **A12:** 141, 161
Wedge wire sectors
screening **M7:** 176
Wedgecut
for plating thickness inspection **EL1:** 943
Wedge-forging test **A1:** 583, 584, **A8:** 587
for forgeability **A14:** 215, 382–384
Wedge-gripped specimen **A19:** 171, 172
Wedge-loaded compact specimen
for crack arrest testing **A8:** 453
R-curve measurement method with **A8:** 452
Wedgelock fasteners **EM1:** 711
Wedge-opening load
abbreviated **A8:** 726
Wedge-opening load specimens **A19:** 203
Wedge-opening load test **A8:** 538–539, **A13:** 284–285
and cantilever beam test compared . . . **A8:** 538, 539
and contoured double-cantilever beam test compared **A8:** 538
Wedge-opening load (WOL) fracture-toughness specimen **A19:** 216–217
Wedge-opening loading (WOL) **A11:** 64, 798
Wedge-type grips **A8:** 51, 371
Wedge-wedge bonding *See also* Ultrasonic bonding
as component attachment **EL1:** 350
cycle **EL1:** 227
Wedgewood pyrometer **A7:** 5
Wedging, mechanical
for sputtering problems **A10:** 556
Weepage
defined **A18:** 21
Weeping **EM3:** 31
defined **EM1:** 26, **EM2:** 45
Weertman general theory **A19:** 68
Weft *See also* Fill; Filling; Filling yarn; Yarns
defined **EM1:** 26, **EM2:** 45
in unidirectional/two-directional fabrics . . **EM1:** 125
Weibull analysis **A20:** 784–786
Weibull analysis with size scaling **A20:** 624
Weibull characteristic strength **A20:** 624
Weibull cumulative distribution function **A20:** 623, 635
Weibull dispersion parameter **A19:** 357

Weibull distribution **A8:** 628–629, 632–634, 714–717, **A19:** 296–297, 298, 300, 334, 335, 400, 557, **A20:** 78–79, 80–81, 92
definition **A20:** 843
estimated failure factors **EL1:** 902–903
failure density **EL1:** 897
for composite laminates **A19:** 909–910
fracture toughness evaluation **A19:** 451
scaling, failure plot **EL1:** 889
three-parameter . . **A20:** 625, 626, 627, 628–629, 634
two-parameter formulation **A20:** 623–625, 626, 627, 628, 634
Weibull distribution density function
three-parameter **A20:** 78–79
two-parameter formulation **A20:** 79
Weibull failure probability function **EM4:** 513
Weibull function
strength of glass relationship **EM4:** 567
Weibull material scale parameter **A20:** 624, 625, 628, 634
Weibull modulus . . **A20:** 624, 625, 627, 661, 724, 784, 785, 786
Weibull normal stress averaging method . . . **EM4:** 700, 701, 703, 704, 705, 706, 707
Weibull parameter **A20:** 662
Weibull plots **A14:** 206
Weibull probability distribution (density function) **A16:** 45, 46, 47
Weibull probability paper **A20:** 75, 79, 80
Weibull scale parameter **A20:** 624, 625, 628, 631, 634
Weibull shape parameter **A19:** 949, **A20:** 79
Weibull slope **A19:** 358–359, **A20:** 79, 92
Weibull statistical distribution
and parameters estimation **EM1:** 441
for fiber strength **EM1:** 193, 194
for mechanical properties testing . . . **EM1:** 302–304
in fiber properties analysis **EM1:** 733–734
Weibull statistics **A20:** 724
Weibull weakest link theory (WLT)
prediction of fast-fracture reliability of ceramics **EM4:** 700, 703
Weighing errors
and density errors **M7:** 483
Weighing, feature *See* Feature weighing
Weight *See also* Areal weight; Average molecular weight; Molecular weight
aluminum **A2:** 3
areal, fabric **EM1:** 125
as selection parameter **EM1:** 38–39
casting, mold life effect **A15:** 281
control, in coining **A14:** 186
distribution, polymer **EM2:** 58, 62
ladle pouring by **A15:** 501
molecular, and melt properties **EM2:** 62
molecular, and polymers **EM2:** 58
of magnesium castings **A15:** 808
of match plate patterns **A15:** 245
of open-die forgings **A14:** 61
of permanent mold castings **A15:** 275
of plaster mold castings **A15:** 242
of precision forgings **A14:** 158
of selected structural metals **A2:** 478
per length, test **EM1:** 286
precision, electric arc furnaces **A15:** 363
reduction, in magnesium and magnesium alloy parts **A2:** 476–479
reduction, thermoplastic structural foam parts **EM2:** 509
testing, for casting defects **A15:** 545
workpiece, in hot upset forging **A14:** 83
Weight, equivalent
defined **A10:** 162
Weight fraction of crystalline phases
XRPD determined **A10:** 333
Weight function **A19:** 165, 423
Weight function technique in fracture mechanics **A19:** 165
Weight functions **A20:** 192
Weight loss *See also* Coatings; Weight
and pitting depth, aluminum alloy plate . . **A13:** 603
as corrosion test **A13:** 195
by intergranular corrosion, stainless steel **A13:** 123
corrosion, in sour gas environments **A11:** 300
data, as nonlinear **A13:** 510
from molten lithium corrosion **A13:** 52–54
of cemented carbides in acids **A13:** 856
of galvanized coatings **A13:** 441
platinum-group metals, in air **A13:** 804
steel, from atmospheric corrosion **A11:** 193
Weight loss coupons
as inspection or measurement technique for corrosion control **A19:** 469
Weight loss tests
pickling process **M5:** 70, 73–77
Weight, of coatings *See also* Coatings; Weight loss **A13:** 385, 391, 397
Weight of residual soil **A5:** 17
Weight pan knife edge
constant-stress testing **A8:** 321–322
Weight per gallon test **A5:** 435
Weight percent
abbreviated **A8:** 726
Weight reduction
in aluminum P/M parts **M7:** 741
magnesium **M2:** 551–552
Weight testing
of castings **A17:** 521
Weight-and-lever system
for verification of Brinell test **A8:** 88
Weighted properties index **A20:** 251, 252
Weighted property index **A20:** 295
definition **A20:** 843
Weighted property index method **A20:** 251–253
cryogenic storage tank materials selection **A20:** 252–253
Weighted rating formula **A20:** 295
Weighting coefficients **A20:** 210
Weighting factors **A20:** 252, 253, 293–294, 295
for cryogenic tank example **A20:** 253
global **A20:** 294
local **A20:** 294
Weighting of fiber composites to aid mounting **A9:** 588
Weight-loss measurement
limitations **A8:** 606
Weight-loss measurements **A7:** 979–980
Weights
of substrates **EL1:** 105
Wei-Landes superposition principle **A19:** 524
Weiner's expression
porosity and dielectric properties of ceramic-matrix composites **EM4:** 859–860
Weissenberg cameras
for diffraction patterns **A10:** 346
Weissenberg pattern
single-crystal diffraction **A10:** 330
Weld *See also* Weld(s)
defined **A9:** 577
definition **A6:** 1215, **M6:** 19
effect on fatigue performance of components **A19:** 317
fatigue crack thresholds **A19:** 146
Weld axis
definition **A6:** 1215
Weld backing rings
associated corrosion **A13:** 350–351
Weld bead
definition **A6:** 1215, **M6:** 19
stringer bead **M6:** 313
weave bead **M6:** 313
Weld bead morphology **A9:** 578
Weld bead terminology **A9:** 578
Weld beads
short weld sequence **A15:** 526
Weld beads, out-of-line
in steel pipe **A17:** 565
Weld bonding **A6:** 326
definition **A6:** 1215, **M6:** 19
Weld brazing
definition **A6:** 1215, **M6:** 19
Weld button spot testing **A6:** 453
Weld cladding **A6:** 789, 810, 811, 816–822
application considerations **A6:** 817
applications **A6:** 814, 816, 818, 822
bulkwelding process using metal powder joint fill **A6:** 816
carbon percentage and dilution factors **A6:** 810
cast irons **A5:** 691
composition control of stainless steel weld overlays **A6:** 817–820
definition **A6:** 816
dilution calculation **A6:** 812
dilution control **A6:** 819–820
dilution, penetration, and bead thickness . . **A6:** 815
electrodes **A6:** 813, 816, 819, 821
electroslag welding **A6:** 816, 819, 822
filler metals **A6:** 809, 816, 817, 818, 819, 820, 821
flux-cored arc welding **A6:** 816
overlays other than stainless steels **A6:** 822
plasma arc hot wire cladding process **A6:** 818
plasma arc welding **A6:** 816, 818, 819
series-arc deposits, chemical composition variations **A6:** 816
shielded metal arc welding **A6:** 819
stainless steel filler metals **A6:** 809
stainless steel, welding parameters **A6:** 817
stainless steels **A6:** 814
stainless steels by submerged arc welding . . **A6:** 813
stainless steels, procedures **A6:** 816, 820–822
alloying elements **A6:** 820
bulk welding **A6:** 820
electroslag overlays **A6:** 822
fluxes **A6:** 820
plasma arc hot wire process . . . **A6:** 818, 819, 821
self-shielded flux-cored wire **A6:** 821
shingling **A6:** 820
submerged arc welding **A6:** 820–821
submerged arc welding **A6:** 816, 817, 820–821, 822
three-wire welding head for applications . . . **A6:** 817
Weld contours *See also* Weld(s)
of arc welds **A11:** 413
of electrogas welds **A11:** 440
of electron beam welds **A11:** 446
of electroslag welds **A11:** 440
of flash welds **A11:** 442–443
Weld crack
definition **A6:** 1215, **M6:** 19
Weld cracking *See also* Cold cracking; Hot cracking; Lamellar tearing; Stress-relief cracking; Weld(s) **A1:** 606–608
cold cracking **A12:** 137–138
defined **A13:** 14
examination/interpretation **A12:** 72, 137–140
hot **A1:** 608
hot cracking **A12:** 138
hydrogen-induced **A1:** 606–607
inclusion **A1:** 608
lamellar **A1:** 607–608
lamellar tearing **A12:** 138–139
stress-relief **A1:** 607
stress-relief cracking **A12:** 139–140
Weld decay *See also* Sensitization **A6:** 1066, **A13:** 14, 125, 342, 349–351, 929, **A20:** 562
definition **A5:** 973
Weld defects *See also* Defects; Weld discontinuities and specific types; Welds
brittle fracture from **A11:** 93–94
chain link failure from **A11:** 521–522
fatigue failure from **A11:** 127–128
from HAZ hot-cracking **A11:** 401
from stress concentrations **A11:** 400
in bridge components **A11:** 708
in heat-exchanger tubing **A11:** 639–640
with incomplete fusion **A11:** 603

SUBJECTS OF THE INDEXED VOLUMES: ASM Handbook (designated by the letter "A"): **A1:** Properties and Selection: Irons, Steels, and High-Performance Alloys (1990); **A2:** Properties and Selection: Nonferrous Alloys and Special-Purpose Materials (1990); **A3:** Alloy Phase Diagrams (1992); **A4:** Heat Treating (1991); **A5:** Surface Engineering (1994); **A6:** Welding, Brazing, and Soldering (1993); **A7:** Powder Metal Technologies and Applications (1998); **A8:** Mechanical Testing (1985); **A9:** Metallography and Microstructures (1985); **A10:** Materials Characterization (1986); **A11:** Failure Analysis and Prevention (1986); **A12:** Fractography (1987); **A13:** Corrosion (1987); **A14:** Forming and Forging (1988); **A15:** Casting (1988); **A16:** Machining (1989); **A17:** Nondestructive Evaluation and Quality Control (1989); **A18:** Friction, Lubrication, and Wear Technology (1992); **A19:** Fatigue and Fracture (1996); **A20:** Materials Selection and Design (1997). **Metals Handbook, 9th Edition** (designated by the letter "M"): **M1:** Properties and Selection: Irons and Steels (1978); **M2:** Properties and Selection: Nonferrous Alloys and Pure Metals (1979); **M3:** Properties and Selection: Stainless Steels, Tool Materials, and Special-Purpose Materials (1980); **M4:** Heat Treating (1981); **M5:** Surface Cleaning, Finishing, and Coating (1982); **M6:** Welding, Brazing, and Soldering (1983); **M7:** Powder Metallurgy (1984). **Engineered Materials Handbook** (designated by the letters "EM"): **EM1:** Composites (1987); **EM2:** Engineering Plastics (1988); **EM3:** Adhesives and Sealants (1990); **EM4:** Ceramics and Glasses (1991). **Electronic Materials Handbook** (designated by the letters "EL"): **EL1:** Packaging (1989)

Weld defects in
arc welds of magnesium alloys M6: 435
arc welds of nickel alloys M6: 442-443
electroslag welds M6: 233
resistance welds of aluminum alloys .. M6: 543-544
resistance welds of stainless steels M6: 533-534
shielded metal arc welds M6: 92-94
solid-state welds M6: 681-682
Weld deposit quality
as electrode coating function M7: 816
Weld deposits
to improve abrasive wear resistance A18: 639
Weld discontinuities. A19: 281, M6: 829-855
classification and definitions M6: 829-830
crack or crack-like M6: 830-835
causes and prevention M6: 834-835
fisheyes M6: 831-832, 834-835
graphitization M6: 834
hot cracking M6: 832-833
hydrogen-induced cold cracking M6: 830-832
lamellar tearing M6: 832
microfissures M6: 832
stress corrosion cracking M6: 833
definition M6: 829
effect of residual stresses M6: 840-841
brittle fracture M6: 840-841
fatigue failure M6: 841
fatigue and fracture control M6: 852
corrective actions M6: 852
examples of application M6: 852-853
geometric discontinuities M6: 835-837
melt-through M6: 837
overlapping M6: 837
undercut M6: 836-837
underfill M6: 837
lack of fusion and penetration .. M6: 837, 841-842
leak-before-break conditions A19: 465
modes of failure M6: 842-843
brittle fracture M6: 842-843
comparison of modes M6: 843
fatigue failure M6: 843
nondestructive examination M6: 846-851
accuracy M6: 851
inspection methods M6: 847-850
reliability M6: 851
selection of technique M6: 850-851
sensitivity M6: 851
occurrence M6: 830
oxide inclusions M6: 838-839
porosity M6: 839-840, 845-846
repair M6: 840
significance M6: 841-846
slag inclusions M6: 837-838
tungsten inclusions M6: 839
types M6: 843-846
cracks M6: 843-844
lack of fusion and penetration M6: 844
porosity M6: 846, 850-851
slag inclusions M6: 845-846
weld undercut M6: 844
weld repair M6: 840
Weld discontinuities, overview of A6: 1073-1080
associated with specialized welding
processes A6: 1076
classification of weld
discontinuities A6: 1073-1076
cracks A6: 1075-1076
gas porosity A6: 1073-1074
geometric weld discontinuities A6: 1075
lack of fusion and lack of penetration .. A6: 1075
metallurgical discontinuities A6: 1073
process-related discontinuities A6: 1073
slag inclusions A6: 1074
tungsten inclusions A6: 1074-1075
Weld face
definition A6: 1215
Weld failure origins *See also* Weld(s)
electron beam welds A11: 444-447
friction welds A11: 444
in arc welds A11: 412-415
in electrogas welds A11: 440
in electroslag welds A11: 439-440
in flash welds A11: 442-443
in high-frequency induction welds A11: 449
in laser beam welds A11: 447-449
in upset butt welds A11: 443-444

Weld filler metals
corrosivity A13: 344
effect, critical pitting temperature A13: 348
electrochemical properties A13: 49
high-alloy A13: 361
Weld gage
definition M6: 19
Weld heat-affected zone (HAZ)
lower-shelf and transition region, fracture
toughness variability A19: 451
Weld interface
definition A6: 1215, M6: 20
Weld interval
definition M6: 20
Weld interval timer
definition M6: 20
Weld joint
definition M6: 60
design M6: 61
Weld leakage *See also* Welding M7: 431
Weld line *See also* Flow line
and meld lines EM2: 616
defined EM1: 26, EM2: 45
definition A6: 1215
integrity, thermoplastic injection
molding EM2: 311
strength, liquid crystal polymers (LCP) .. EM2: 181
Weld lines A7: 26
Weld mark *See* Flow line; Weld line
Weld metal
definition A6: 1215, M6: 20
microstructure A10: 478-480
stainless steel, measurement of
δ-ferrite in A10: 287
Weld metal area
definition M6: 20
Weld metal microstructural analysis
by AEM A10: 478-481
elemental composition examined A10: 479
experimental method A10: 479-480
Weld metal microstructure, effect of
on weldability A1: 604-605, 607
Weld microstructures
effect of temperature on M1: 561
Weld nugget *See* Fusion zone
Weld overlay A13: 652, 931
Weld overlays M6: 804-819
applicability M6: 805
application considerations M6: 808-809
composition control of
dilution M6: 807-808
parameters affecting dilution M6: 810-811
stainless steel M6: 809-811
stainless steel weld overlays M6: 811-814
use of Schaeffler diagram M6: 810
economics M6: 818-819
inspection M6: 817-818
in-service performance M6: 818
inspection during fabrication M6: 818
qualification tests M6: 817-818
types of discontinuities M6: 817
non-stainless steel materials M6: 816-817
procedures for
electroslag overlays M6: 815-816
plasma arc processes M6: 814-815
self-shielded flux cored wire M6: 813-814
stainless steel overlays M6: 811-816
submerged arc welding M6: 811-814
tubular wire for filler metal M6: 813
use of agglomerated fluxes M6: 812
use of powdered alloys M6: 812-813
processes M6: 807-809
electroslag welding M6: 807-808
flux cored arc welding M6: 807
gas metal arc welding M6: 807
gas tungsten arc welding M6: 807
plasma arc welding M6: 807-808
shielded metal arc welding M6: 807
submerged arc welding M6: 807
thermal spray M6: 808
processes for composite structures M6: 804-805
processes for special applications M6: 816
purposes M6: 805-806
corrosion M6: 805
high-temperature service M6: 806
wear M6: 805-806

types of materials M6: 806-807
alloy steels M6: 807
ceramics M6: 807
copper alloys M6: 806
irons M6: 806-807
manganese alloys M6: 807
nickel and cobalt alloys M6: 806
stainless steels M6: 806
Weld pass
definition A6: 1215, M6: 20
Weld pass sequence
definition A6: 1215
Weld penetration
definition A6: 1215
Weld pool
definition A6: 1215
Weld procedure qualification A6: 1089-1093
codes, standards, and specifications A6: 1089
documentation A6: 1093
limitations on procedure
qualification A6: 1092-1093
purpose of qualification A6: 1089
responsibility for the task A6: 1089
types of tests A6: 1089-1092
bend tests A6: 1090, 1092
butt-joint pipe test A6: 1090
fillet weld tests A6: 1091-1092
for full-penetration groove welds A6: 1090
fracture tests A6: 1092
hardness tests A6: 1092
notch toughness tests A6: 1090-1091
partial-penetration groove weld
tests A6: 1091-1092
peel tests A6: 1092
procedure qualification tests A6: 1092
shear tests A6: 1092
spot and plug weld tests A6: 1091-1092
standards A6: 1089-1092
stud weld tests A6: 1092
surfacing tests A6: 1092
tension tests A6: 1090
tension-shear tests A6: 1091, 1092
torsion tests A6: 1092
toughness tests A6: 1090
transverse tension tests A6: 1090
weld cladding tests A6: 1092
weld-break tests A6: 1091, 1092
Weld puddle
definition A6: 1215
Weld reinforcement
definition A6: 1215
Weld repair *See also* Repair
of titanium castings A15: 833
of zirconium castings A15: 838
titanium and titanium alloy castings A2: 643
Weld ripple A19: 279, 280, 281, 282
Weld root
definition A6: 1215
Weld set number (WSN) A6: 1061
Weld size
definition A6: 1215
Weld solidification fundamentals A6: 45-54
composition of casting and welding
solidification A6: 46
constitutional supercooling .. A6: 46-48, 49, 51, 52, 53
nonequilibrium effects: high-rate weld solidification
and composition banding A6: 51-54
solidification of alloy welds (constitutional
supercooling) A6: 46-48, 49, 51
weld microstructures, development of ... A6: 48-49
welding rate effect on weld pool shape and
microstructure A6: 49-51
Weld spatter *See also* Spatter A20: 767
liquid penetrant inspection A17: 86
spring failure from A11: 559
Weld structure
defined A9: 19
Weld tab
definition A6: 1215, M6: 20
Weld tension test A1: 610
Weld termination A19: 279
Weld throat
definition A6: 1215
Weld time
definition M6: 20

Weld timer
definition M6: 20
Weld toe A19: 279, 280, 281, 282
bridge, cracked A11: 707–708, 712
definition A6: 1215
hydrogen-induced cracking (HIC) in A11: 251
Weld toe stress concentration factor (K_t) A19: 437
Weld twist *See also* Weld(s)
eddy current inspection A17: 563
flux leakage inspection A17: 564
ultrasonic inspection A17: 564–565
Weld wire
nonrelevant indications from A17: 106
Weld wires
chemical compositions A9: 577–578
Weld zone M7: 456
Weldability *See also* Fabrication; Fabrication characteristics; Joining; specific welding techniques; Welding A1: 603–613, A20: 306, 307
alloy steel M1: 561–564
aluminum alloys A15: 766
aluminum casting alloys A2: 150, 153–177
aluminum coated steel sheet M1: 173
aluminum-lithium alloys A2: 184, 190, 197
aluminum-silicon alloys A15: 159, 167
and microstructure, cast irons A15: 522
austenitic manganese steels A15: 735
carbon steel M1: 561–564
cast copper alloys A2: 357–391
cast iron M1: 563–564
cast steel M1: 400–401, 563
defined A15: 532
definition A20: 843, M1: 561, M6: 19
heat treatable steels M1: 562–563
high-alloy steels A15: 730
HSLA steels M1: 563
low-alloy steels A15: 719–720
low-carbon low-alloy steels M1: 563
maraging steels M1: 563
medium-carbon low-alloy steels M1: 561–563
metallurgical factors affecting A1: 603–606, 607
chemical composition effect A1: 606, 609
hardenability and weldability . . A1: 603–604, 606
heat-affected zone microstructure . . . A1: 605–606, 608
preweld and postweld heat treatments . . . A1: 606
weld metal microstructure A1: 604–605, 607
of aluminum coatings A1: 220
of cast steels A15: 532
of cast vs. wrought steels A15: 535
of cobalt-base alloys A13: 662–665
of heat-treatable low-alloy steels A1: 609
of high-carbon steels . . . A1: 609, M1: 561, 562–563
of high-strength low-alloy steel A1: 609
of low-carbon steels A1: 608, M1: 562, 563
of magnesium alloys A2: 474
of medium-carbon steels A1: 608–609, M1: 561, 562, 563
of nickel-base alloys A13: 652
of precoated steels A1: 609–610
of quenched and tempered steels A1: 609
of stainless steels A1: 897–905
of steel castings A1: 378
of steel plate A1: 238–239
of steels A1: 603
of wrought tool steels A1: 775
plain carbon steels A15: 705
plate M1: 197–198
platinum alloys A2: 712
rephosphorized steels M1: 563
resulfurized steels M1: 563
terne coated sheet M1: 174
tool steels M1: 563
weld cracking A1: 606–608
hot cracking A1: 608
hydrogen-induced cracking A1: 606–607
inclusions A1: 608
lamellar cracking A1: 607–608, 609
stress-relief cracking A1: 607–608
wrought aluminum and aluminum alloys A2: 30–32, 104, 111
wrought steels M1: 563
Weldability testing A6: 603–612
Charpy V-notch impact toughness tests A6: 603
circular groove test A6: 604
circular patch test (cold and hot crack test) A6: 605, 606
cold cracking (hydrogen-induced cracking) A6: 604
controlled-thermal-severity test . . A6: 604, 605–606, 607
Cranfield test A6: 604
Cruciform test A6: 604, 606, 607
definition A6: 1215
drop weight notch toughness tests A6: 603
externally loaded tests A6: 606–608
fillet weld break, shear, or fracture tests . . . A6: 603
for evaluating cracking susceptibility . . A6: 603–608
for evaluating weld pool shape, fluid flow, and weld penetration A6: 608–609
general characteristics of tests A6: 603
Gleeble testing A6: 603, 609–612
guided bend tests A6: 603
hot cracking A6: 603–604
alternate names A6: 604
hot ductility testing A6: 611–612
Houldcroft crack susceptibility test (hot crack test) A6: 605
implant test A6: 604, 606, 607
impulse decanting test A6: 609, 610
keyhole restraint cracking test (hot and cold cracks) A6: 604–605
keyhole slotted-plate restraint test (hot crack test) A6: 605
Lehigh cantilever test A6: 604
Lehigh restraint test A6: 604
liquid penetrant inspection A6: 603, 605
longitudinal, bead-on-plate test A6: 604
macroetch tests A6: 603
macroexamination tests A6: 603
magnetic particle inspection A6: 603
microexamination tests A6: 603
Navy circular patch test (cold and hot crack test) A6: 605, 606
nick bend test A6: 604
radiographic inspection A6: 603, 605
rigid restraint (RRC) test A6: 604
self-restraint tests A6: 604–606
Sigmajig test (hot crack test) A6: 608, 609
slot test A6: 604
spot Varestraint test (hot crack test) . . A6: 607–608
stud weld/bend or torque tests A6: 603
subscale Varestraint test A6: 607, 608
Tekken test A6: 604, 605
tensile tests A6: 603
tension restraint cracking (TRC) test A6: 604
TIG-A-MA-JIG test A6: 607–608
trans Varestraint test A6: 607
Varestraint tests . . A6: 603, 604, 606–607, 608, 611
visual inspection A6: 603, 605
weld penetration tests A6: 608–609, 610
weld pool shape tests A6: 609
Weldability tests A1: 610–613
bend test A1: 610
Charpy V-notch test A1: 610–611
crack tip opening displacement test A1: 611
drop-weight test A1: 610
fabrication A1: 611–613
controlled thermal severity test A1: 612–613
Lehigh restraint test A1: 612
Varestraint test A1: 612
stress-corrosion cracking test A1: 611
weld tension test A1: 610
Weldalite 049 *See also* Aluminum-lithium alloys, specific types
precipitation heat treatment A4: 843
Weld-area cracks
as flaw A17: 562, 565
WELDBEAD neural network system A6: 1060
Weldbonding
aluminum M2: 202
Weld-delay time
definition M6: 19
Weld-deposited hardfacing
as shield against liquid impingement against erosion A18: 222
Welded
2½Cr-1Mo steel, strength of M1: 658–659
ductile iron M1: 56
HSLA steels M1: 409, 415, 419–420
HSLA steels, suitability of submerged-arc welding M1: 419–420
hydrogen embrittlement of steel M1: 687
malleable iron M1: 66–67, 71
maraging steels M1: 445, 446, 449
steel tubular products, production by M1: 316
steel wire coils M1: 261
steel wire fabrication M1: 588–589
steel wire rod coils M1: 253
ultrahigh-strength steels . . . M1: 422, 424, 427, 429, 431, 432, 434, 438, 441
wire, steel wire rod for M1: 256
Welded blanks A14: 450–451
Welded chains
alloy steel wire for A1: 287, M1: 270
Welded coupons
corrosion testing A13: 198
Welded cover plates, bridge
fatigue cracks forming at A11: 707
Welded joint regions A9: 577
Welded joint sections A9: 579
Welded joints *See also* Joints; Welding; Weldments; Weld(s)
bead morphology A9: 578
defects A9: 581
dissimilar metal A9: 582
etchants for A9: 580
in plate steels, examination A9: 202–203
sample preparation A9: 578
sections used in metallographic examination A9: 578
solidification structures A9: 578–580
solid-state transformation structures . . . A9: 580–581
ultrasonic inspection A17: 272
Welded joints in steel tubulars
examination of A9: 211
Welded mechanical tubing A1: 334–335, M1: 324
Welded power take-off (PTO) handle M7: 677
Welded sheet metal preforms
explosive forming of A14: 642–643
Welded structures
brittle fracture A19: 372
fracture toughness of . . A1: 667–669, 670, 671, 672
Welded tubing
eddy current weld inspection A17: 186
Welder
definition A6: 1189, 1215, M6: 19
Welder certification
definition M6: 19
Welder performance qualification
definition A6: 1215, M6: 19
Welder registration
definition M6: 19
WELDEXCELL system A6: 1057–1064
backward chaining A6: 1059
blackboard A6: 1060
data base systems A6: 1058–1059
expert systems A6: 1059
FERRITEPREDICTOR expert system A6: 1059
forward chaining A6: 1059
frames A6: 1059
HEATFLOW neural network system A6: 1060
knowledge sources A6: 1058
neural network system (NNS) A6: 1059–1060, 1063
path planner A6: 1057, 1058
production rules A6: 1059

SUBJECTS OF THE INDEXED VOLUMES: ASM Handbook (designated by the letter "A"): **A1:** Properties and Selection: Irons, Steels, and High-Performance Alloys (1990); **A2:** Properties and Selection: Nonferrous Alloys and Special-Purpose Materials (1990); **A3:** Alloy Phase Diagrams (1992); **A4:** Heat Treating (1991); **A5:** Surface Engineering (1994); **A6:** Welding, Brazing, and Soldering (1993); **A7:** Powder Metal Technologies and Applications (1998); **A8:** Mechanical Testing (1985); **A9:** Metallography and Microstructures (1985); **A10:** Materials Characterization (1986); **A11:** Failure Analysis and Prevention (1986); **A12:** Fractography (1987); **A13:** Corrosion (1987); **A14:** Forming and Forging (1988); **A15:** Casting (1988); **A16:** Machining (1989); **A17:** Nondestructive Evaluation and Quality Control (1989); **A18:** Friction, Lubrication, and Wear Technology (1992); **A19:** Fatigue and Fracture (1996); **A20:** Materials Selection and Design (1997). **Metals Handbook, 9th Edition** (designated by the letter "M"): **M1:** Properties and Selection: Irons and Steels (1978); **M2:** Properties and Selection: Nonferrous Alloys and Pure Metals (1979); **M3:** Properties and Selection: Stainless Steels, Tool Materials, and Special-Purpose Materials (1980); **M4:** Heat Treating (1981); **M5:** Surface Cleaning, Finishing, and Coating (1982); **M6:** Welding, Brazing, and Soldering (1983); **M7:** Powder Metallurgy (1984). **Engineered Materials Handbook** (designated by the letters "EM"): **EM1:** Composites (1987); **EM2:** Engineering Plastics (1988); **EM3:** Adhesives and Sealants (1990); **EM4:** Ceramics and Glasses (1991). **Electronic Materials Handbook** (designated by the letters "EL"): **EL1:** Packaging (1989)

system integrator **A6:** 1057, 1060–1061
WELDBEAD neural network system **A6:** 1060
WELDHEAT expert system **A6:** 1059, 1060
welding schedule developer. . . **A6:** 1057, 1058–1060
WELDPROSPEC expert system **A6:** 1059
WELDSELECTOR expert system **A6:** 1059
WELDHEAT expert system **A6:** 1059, 1060
Weld-heat time
definition **M6:** 19
Welding *See also* Arc welding; Fabrication characteristics; Joining; specific processes; specific welding techniques; Weldability; Weld(s). **A7:** 728, **A19:** 17, 27, **A20:** 763, 765–766, 767
abrasive blasting of weldments **M5:** 91
advanced aluminum MMCs **A7:** 852
alloy steels **A5:** 733, 736
aluminum **M2:** 191–199
aluminum alloy oil-line elbow, fractures by **A11:** 437
aluminum alloys **A15:** 763
aluminum-lithium alloys **A2:** 197
and fit-up, inspection techniques **A17:** 645–646
and melt-spray deposition **A7:** 319
arc, of cast irons **A15:** 520–529
as manufacturing process **A20:** 247
as secondary operation **M7:** 456–457
as tension source for stress-corrosion cracking **A8:** 502
(atomic bonding) as milling process **M7:** 62
beryllium-copper alloys **A2:** 414
cable, for input leads **A8:** 389
carbon steels **A5:** 733, 736
cold, and nonlubricated wear **A11:** 154–155
conditions, GMAW/FCAW of cast iron . . . **A15:** 524
control of parameters by electrode coatings **M7:** 816
conventional die compacted parts **A7:** 13
copper metals **M2:** 453–456
cost, in magnesium and magnesium alloys **A2:** 473–474
cracks, as planar flaws **A17:** 50
current ranges, cast irons **A15:** 524
defined **A8:** 15, **A18:** 21, **EL1:** 1161
definition **A6:** 1215, **A20:** 843, **M6:** 19
design/materials selection in **A13:** 321, 344
ductile and brittle fractures from **A11:** 92–94
ductile iron castings **A15:** 664
ductile iron, joint properties **A15:** 528
effect, corrosion resistance **A13:** 49
effect of composition **A11:** 315
effects of surface-active agents and lubricants in milling **M7:** 63
electrical resistance alloys **A2:** 822
electrodes, improving production of . . **M7:** 818–820
electrodes, oxide dispersion-strengthened copper **A2:** 401
electrogas **A11:** 440
electromagnetic **A14:** 649, **EM2:** 724
electron beam **A11:** 444–447
electroslag **A11:** 439–440
equipment, contour roll forming **A14:** 627–628
fabrication effects on toughness **A19:** 28
failure mechanisms **EL1:** 1041–1046
flash **A11:** 442–443
for steel tubular products **A1:** 327–328
friction **A11:** 444
-grade iron powders **M7:** 89, 818
hard facing, processes used in **M3:** 567
heat, and sealing **EM2:** 724–725
heat, effect on corrosion potential **A13:** 345
heat sink **A13:** 931
high-frequency **A11:** 448
high-frequency induction **A11:** 449
high-purity uranium **A2:** 672
imperfections **A11:** 92–93
in outer lead bonding **EL1:** 285
in sintering process **M7:** 340
in tube/pipe rolling **A14:** 631
inertia, bending-fatigue fracture after **A11:** 469
iron powder for **M7:** 817–818
iron powder shipments for **M7:** 23
last pass heat sink **A13:** 932
leakages in **M7:** 431
LME by copper during **A11:** 721
local cold, from fretting **A13:** 138
machine **M7:** 506
magnesium **M2:** 546–547
metallurgy, cast irons **A15:** 520–522
methods, for blanks **A14:** 450–451
modeling of **A20:** 713–714
monitoring, acoustic emission inspection . . **A17:** 289
neutron radiography of **A17:** 393
nickel alloys, cleaning for **M5:** 673
nonrelevant indications from **A17:** 106–108
of austenitic manganese steel **A1:** 837–838, **M3:** 586
of beryllium **A2:** 683
of cast carbon/low-alloy steels **A15:** 532–534
of cast irons **A15:** 520–531
of cast steels **A15:** 520, 531–537
of classical sculpture **A15:** 20
of composite materials, pressure vessels **A11:** 654–656
of containers, in containerized hot isostatic pressing **M7:** 431
of containers, in encapsulation techniques **M7:** 431
of corrosion-resistant composites **A13:** 652
of corrosion-resistant steel castings . . . **A1:** 919, 928, 929
of discontinuous ceramic fiber MMCs . . . **EM1:** 909
of dissimilar materials, neutron radiography **A17:** 393
of ductile iron **A1:** 53–55
of electrical contact materials **A2:** 841
of ferritic malleable iron **A1:** 76, **A15:** 693
of galvanized members **A13:** 441
of gray iron **A15:** 530–531
of heat exchangers,effects of **A11:** 639–640
of HSLA steels **A1:** 414–415
of Invar **A2:** 892–893
of investment castings **A15:** 264
of magnesium alloys **A2:** 471–472
of maraging steels **A1:** 798
of nickel alloys **A15:** 822
of niobium-titanium superconducting materials **A2:** 1049
of pearlitic-martensitic malleable irons . . **A1:** 83, 84
of PH martensitic stainless steels **A1:** 946
of PH semiaustenitic stainless steels . . **A1:** 943–944
of pressure vessels **A11:** 644–645, 655
of quenched and tempered martensitic stainless steels **A1:** 942
of railroad rail, longitudinal residual stress distribution in **A10:** 391–392
of shafts **A11:** 459, 480–481
of stainless steels **A13:** 551–552
of thermocouple junctions **A2:** 871
of wear-resistant manganese steels **A15:** 535
oxyacetylene, of cast irons **A15:** 529–531
particle effects in milling **M7:** 61
pearlitic/martensitic malleable iron . . **A15:** 696–697
porous materials **A7:** 1035
post-, ductile and brittle fractures from **A11:** 94
postforging defects from **A11:** 333
postweld heat treatment, cast steels . . **A15:** 534–535
practice/sequence, and corrosion **A13:** 344
practices, effect on fatigue strength **A11:** 127
process, discontinuities from **A17:** 582
processes, for electronic fabrication **EL1:** 1041
refractory metals **A7:** 905–906
refractory metals and alloys **A2:** 563–564
relay weld integrity, gas mass spectroscopy for **A10:** 156
repair, distortion from **A11:** 141–142
residual stress measurement, by Barkhausen noise **A17:** 160
residual stress, SCC testing **A13:** 256
residual stresses **A20:** 817
resistance **A11:** 440–442
resistance alloys **A2:** 831
resistance, electrodes for **M7:** 624–629
selective attack during pickling of welds . . . **M5:** 565
selective plating compared to **M5:** 292–293
soundness, analyzed **A10:** 478–481
specifications, steel and alloy castings **A15:** 532
specimens **A8:** 510, 513, 520–521
spin **EM2:** 725
spot **M7:** 506, 624
spot, ultrasonic **EM2:** 722
steel, aluminum coating of welds **M5:** 334–335
steel casting failure from **A11:** 399–401
stresses, residual **A11:** 97–98
stress-relief, cast steels **A15:** 534–535
techniques, cast irons **A15:** 526
techniques, processes, applications **EL1:** 238
tests **M7:** 625
to seal metal packages **EL1:** 237–238
ultrasonic **EM2:** 721
upset resistance butt **A11:** 443–444
uranium alloys **A2:** 676–677
variable polarity plasma arc (VPPA) **A2:** 184
vibration **EM2:** 724–725
vs. selective plating **A5:** 278
weld beads, stainless steel, grinding of **M5:** 555
with wire **A14:** 694
wrought titanium alloys **A2:** 617–618
zinc alloys **A15:** 795
zone, chromium depletion in **A10:** 179
zones, cast iron **A15:** 522
Welding alloys
nickel-base **A2:** 444–445
Welding and hardfacing powders **A7:** 1065–1082
Welding arc **A6:** 64
Welding arc, gas metal
copper deposition with **A11:** 721
Welding blowpipe
definition **A6:** 1215
Welding codes **A20:** 766
Welding current
definition **A6:** 1215, **M6:** 19
Welding cycle
definition **A6:** 1215, **M6:** 19
Welding dies
projection welding **M6:** 509–510
Welding electrode
definition **A6:** 1215
Welding factor
symbol and units **A18:** 544
Welding force **A6:** 888
Welding generator
definition **M6:** 19
Welding ground
definition **A6:** 1215
Welding head
definition **M6:** 19
Welding heat efficiency **A6:** 9
Welding in space and low-gravity environments **A6:** 1020–1025
adhesive bonding **A6:** 1023
automation need **A6:** 1025
brazing **A6:** 1023
categories of space welding applications . . **A6:** 1020
electron-beam welding **A6:** 1021–1022, 1023
examples of application **A6:** 1020–1021
extra-vehicular activity (EVA) welding **A6:** 1025
future of space welding **A6:** 1025
gas-tungsten arc welding **A6:** 1021, 1022
intelligent engineering/planning systems . . . **A6:** 1025
laser-beam welding **A6:** 1021, 1022
mechanical fastening **A6:** 1023
metallurgy of low-gravity welds **A6:** 1023–1025
microgravity influences **A6:** 1023
Russian welding program **A6:** 1023
solar heat welding **A6:** 1022–1023
solid-state bonding **A6:** 1023
space welding environment, challenges and problems **A6:** 1021
United States M512 experiments . . . **A6:** 1023–1025
welding processes **A6:** 1021–1023
Welding Institute CTOD design curve **A20:** 542
Welding leads
definition **A6:** 1215, **M6:** 19
Welding machine *See also* specific processes
definition **A6:** 1215, **M6:** 19
Welding operator
definition **A6:** 1215, **M6:** 19
Welding position
definition **A6:** 1215
Welding pressure
definition **M6:** 19
Welding procedure *See also* specific process
definition **A6:** 1215, **M6:** 19
Welding procedure specification
definition **M6:** 19
Welding procedure specification (WPS)
definition **A6:** 1215
Welding process *See also* specific processes
definition **M6:** 19
Welding processes **A7:** 656–662
aluminum **M2:** 196–199

Welding quality steel wire rod **M1:** 255, 256
Welding rectifier *See also* Rectifiers
definition **M6:** 19
Welding residual stresses **A19:** 282
Welding rod
definition.............................. **A6:** 1215
Welding rod grade powders
Domfer process **M7:** 91
Welding rods
definition **M6:** 19
for cast irons.......................... **A15:** 530
for oxyfuel gas welding **M6:** 588–589
low-hydrogen.......................... **A11:** 251
Welding rods, specific types
class RG45, oxyfuel gas welding **M6:** 588–589
class RG60, oxyfuel gas welding **M6:** 588–589
class RG65, oxyfuel gas welding **M6:** 588–589
Welding sequence *See also* specific processes
definition **A6:** 1215, **M6:** 19
Welding speed **A6:** 25
Welding technique
definition **M6:** 19
Welding tip
definition **A6:** 1215, **M6:** 19
types for oxyfuel gas welding **M6:** 586
Welding torch *See also* Torches
definition **M6:** 19–20
Welding torch (arc)
definition.............................. **A6:** 1215
Welding torch (oxyfuel gas)
definition.............................. **A6:** 1215
Welding transformer *See also* Transformers
definition **M6:** 20
Welding, use of phase diagrams in technique development .... **A3:** 1•26–1•27
Welding wheel
definition.............................. **A6:** 1215
Welding wire
definition.............................. **A6:** 1215
Welding-quality rod **A1:** 273–274, 275
Weld-interface carbides
in friction welds....................... **A11:** 444
Weld-machine-sound specimen
normalized and tempered, endurance ratios in bending and torsion............... **A19:** 659
quenched and tempered, endurance ratios in bending and torsion............... **A19:** 659
Weldment
definition **A6:** 1215, **M6:** 20
Weldment corrosion *See also* Weldments; Welds
aluminum alloy **A13:** 344–345
austenitic stainless steel **A13:** 347–355
carbon steel........................ **A13:** 362–367
duplex stainless steel............... **A13:** 358–361
factors affecting **A13:** 344
ferritic stainless steel............... **A13:** 355–358
material selection for **A13:** 323–324
metallurgical factors.................... **A13:** 344
nickel/high-nickel alloy **A13:** 361–362
tantalum/tantalum alloy **A13:** 345–347
Weldment fatigue, factors influencing **A19:** 5, 274–286
base metal strength effect **A19:** 283–284, 285
classifying weldment geometry on the basis of the site of fatigue crack initiation.. **A19:** 278–280, 281, 282
combined effect of weldment size and fabrication stresses on "nominal" and "ideal" weldments................... **A19:** 284, 285
comparison of predictions of initiation-propagation model....................... **A19:** 283, 284
conditions favoring crack nucleation and early crack growth **A19:** 275
conditions leading to the dominance of long crack growth **A19:** 275
data for AISC category C weld details.... **A19:** 280
definition of K_f and the role of weldment mean strength and standard deviation **A19:** 280
essential differences between fatigue crack initiation sites.................... **A19:** 282
failure locations in weldments........... **A19:** 280
fatigue behavior of 53 structural details **A19:** 275–277, 278
frequency versus the log of the standard deviation in fatigue strength **A19:** 278, 280
initiation-propagation model, diagram of **A19:** 282
I-P model **A19:** 282–283
main factors **A19:** 274
material properties used in estimating weldment fatigue life **A19:** 283
"maverick" joint.................. **A19:** 279, 280
metallic fatigue in weldments **A19:** 274–275
modeling the uncertainty in weldment fatigue strength **A19:** 284–286
post-weld-processing procedures **A19:** 284, 285
predicted effect of various fatigue strength improvement treatments........... **A19:** 285
predicted fatigue life and data comparison.................. **A19:** 283, 284
predicted fatigue strength of a cruciform weld model for mild steel and quenched-and-tempered steel.................... **A19:** 285
residual stresses effect **A19:** 283, 284
residual stresses effect on fatigue behavior of mild steel plates....................... **A19:** 284
role of analytical models **A19:** 281–282
scatter of structural detail fatigue data resulting from classification systems **A19:** 276, 277–278
schematic diagram of a non-load-carrying cruciform weldment............... **A19:** 282
structural detail geometry influence on fatigue strength................. **A19:** 277–278, 279
summary of weld fatigue variables **A19:** 286
two radically dissimilar patterns of Stage II crack growth **A19:** 275
uncertainty estimated sources in weldment fatigue strength data..................... **A19:** 284
variables of weldment fatigue **A19:** 280–286
welded details and standardized fatigue strengths........................ **A19:** 281
welding applications categories **A19:** 284
weldment geometry effects **A19:** 275–280, 281, 282
weldment size effect **A19:** 283, 284
weldment size effect for "nominal" and "ideal" mild steels...................... **A19:** 284
Weldments *See also* Joints; specific welding methods; Welding; Weldment corrosion; Weldments, failures of; Welds; Weld(s)
acoustic emission inspection **A17:** 598–602
acoustical holography inspection..... **A17:** 445–446
arc welds, discontinuities in......... **A17:** 582–585
bend testing............................. **A8:** 117
cast aluminum alloys **A19:** 813–814
clapper, brittle fracture of **A11:** 645–646
corrosion of **A11:** 400–401, **A13:** 344–368
critical crack sizes **A19:** 477
design, and corrosion **A13:** 344
destructive evaluation **A17:** 582
diffusion bonding.................. **A17:** 588–589
discontinuity signals **A17:** 596–598
dry blasting **A5:** 59
duplex stainless steels.............. **A19:** 763, 764
eddy current inspection................. **A17:** 602
electric current perturbation inspection ... **A17:** 602
electron beam welding **A17:** 585–587
electroslag welding................. **A17:** 587–588
fatigue life............................ **A19:** 277
fatigue life, estimating of **A19:** 262
fracture testing of **A19:** 399, 400
girder, magnetic particle inspection **A17:** 115
half-wave current, magnetic particle inspection........................... **A17:** 91
heat-resistant (Cr-Mo) ferritic steels.. **A19:** 710–711
hydrogen embrittlement in................ **A8:** 539
hydrogen-induced cracking in **A11:** 92, 93
in-service monitoring **A17:** 600–601
leak testing **A17:** 602
lower-shelf and transition region fracture toughness variability......................... **A19:** 451
magnetic particle inspection **A17:** 114–115, 591–592
monotonic and fatigue properties **A19:** 979
nondestructive inspection functions .. **A17:** 589–590
plasma arc welding **A17:** 587
postweld inspection **A17:** 599
preferential pitting................. **A13:** 345–346
radiographic appearance............ **A17:** 349–350
radiographic inspection **A17:** 334–335, 592–594
radiographic inspection of **A11:** 17
resistance welding **A17:** 588
SCC testing **A13:** 275
specialized processes, discontinuities **A17:** 585
structural steel fracture toughness variability......................... **A19:** 451
suction roll **A13:** 1206
testing of................. **A8:** 510, 513, 520–521
titanium alloys.................... **A19:** 850–851
to pipe, failures of...................... **A11:** 704
ultrasonic inspection **A17:** 232, 594–598
unmixed zones **A13:** 344
visual inspection **A17:** 590–591
Weldments, aluminum alloys, fatigue strength of **A19:** 823–828
axial fatigue test results of as-welded butt joints............................ **A19:** 824
endurance limit values **A19:** 823
fatigue crack propagation rates of wrought alloys **A19:** 824
fatigue performance improvement... **A19:** 826–827, 828
fatigue performance of **A19:** 823
joint configuration **A19:** 825, 826
parent alloy effects **A19:** 824–825
reinforcement effect on weldment fatigue **A19:** 823, 824
residual stress effects...... **A19:** 825–826, 827, 828
size effects on fatigue performance .. **A19:** 827, 828
Weldments, austenitic stainless steels, fracture properties of.................. **A19:** 733–756
aged base metal **A19:** 740–741
aged stainless steel fracture toughness/Charpy energy correlation **A19:** 741, 743–744
aged welds........................ **A19:** 741–743
aging-induced microstructural changes.... **A19:** 740
ambient temperature fracture toughness.................... **A19:** 736–737
base metal cryogenic fracture toughness.................... **A19:** 747–750
Charpy impact energy/fracture toughness correlations at −269°C............ **A19:** 752
cold-worked stainless steels **A19:** 740
crack orientation effect on base metal **A19:** 738–739
crack orientation effect on weld toughness.................... **A19:** 738–739
cryogenic fracture toughness **A19:** 747–750
elevated-temperature fracture toughness... **A19:** 737
fracture mechanisms in base metals.. **A19:** 735–736
fracture mechanisms in welds **A19:** 737–738
fracture properties at ambient temperatures................. **A19:** 734–735
fracture properties at elevated temperatures................. **A19:** 734–735
fracture toughness determination **A19:** 733–734
fracture toughness of base metal..... **A19:** 734–736
fracture toughness of welds **A19:** 736–738
intermediate temperature irradiation of base metal **A19:** 744–745
intermediate temperature irradiation of welds **A19:** 745–746
irradiation-induced microstructure **A19:** 744
low-temperature irradiations **A19:** 746, 747
neutron irradiation effect on base metal **A19:** 744–747

SUBJECTS OF THE INDEXED VOLUMES: ASM Handbook (designated by the letter "A"): **A1:** Properties and Selection: Irons, Steels, and High-Performance Alloys (1990); **A2:** Properties and Selection: Nonferrous Alloys and Special-Purpose Materials (1990); **A3:** Alloy Phase Diagrams (1992); **A4:** Heat Treating (1991); **A5:** Surface Engineering (1994); **A6:** Welding, Brazing, and Soldering (1993); **A7:** Powder Metal Technologies and Applications (1998); **A8:** Mechanical Testing (1985); **A9:** Metallography and Microstructures (1985); **A10:** Materials Characterization (1986); **A11:** Failure Analysis and Prevention (1986); **A12:** Fractography (1987); **A13:** Corrosion (1987); **A14:** Forming and Forging (1988); **A15:** Casting (1988); **A16:** Machining (1989); **A17:** Nondestructive Evaluation and Quality Control (1989); **A18:** Friction, Lubrication, and Wear Technology (1992); **A19:** Fatigue and Fracture (1996); **A20:** Materials Selection and Design (1997). **Metals Handbook, 9th Edition** (designated by the letter "M"): **M1:** Properties and Selection: Irons and Steels (1978); **M2:** Properties and Selection: Nonferrous Alloys and Pure Metals (1979); **M3:** Properties and Selection: Stainless Steels, Tool Materials, and Special-Purpose Materials (1980); **M4:** Heat Treating (1981); **M5:** Surface Cleaning, Finishing, and Coating (1982); **M6:** Welding, Brazing, and Soldering (1983); **M7:** Powder Metallurgy (1984). **Engineered Materials Handbook** (designated by the letters "EM"): **EM1:** Composites (1987); **EM2:** Engineering Plastics (1988); **EM3:** Adhesives and Sealants (1990); **EM4:** Ceramics and Glasses (1991). **Electronic Materials Handbook** (designated by the letters "EL"): **EL1:** Packaging (1989)

neutron irradiation effect on weld toughness **A19:** 744–747
postirradiation of cold-worked material **A19:** 746–747
stain rate effect on base metal **A19:** 740
strain rate effect on weld toughness **A19:** 740
thermal aging effect on base metal . . . **A19:** 740–744
thermal aging effect on weld toughness **A19:** 740–744
welding-induced heat-affected zones **A19:** 738
welds at cryogenic temperatures **A19:** 751–752
Weldments, failures of *See also* Arc welding; Weld(s) **A11:** 411–449
analysis procedures **A11:** 411–412
arc welds, failure origins in **A11:** 412–415
arc-welded alloy steel **A11:** 423–426
arc-welded aluminum alloys **A11:** 434–437
arc-welded hardenable carbon steel . . **A11:** 422–423
arc-welded heat-resisting alloys **A11:** 433–434
arc-welded low-carbon steel **A11:** 415–422
arc-welded stainless steel **A11:** 426–433
arc-welded titanium and titanium alloys **A11:** 437–439
electrogas welds, origins **A11:** 440
electron beam welds, origins **A11:** 444–447
electroslag welds, origins **A11:** 439–440
flash welds, origins **A11:** 442–443
friction welds, origins **A11:** 444
high-frequency induction welds, origins . . . **A11:** 449
laser beam welds, origins **A11:** 447–449
resistance welds **A11:** 440–442
upset butt welds, origins **A11:** 443–444
Weldments, fatigue and fracture control of **A19:** 434–449
approaches to crack arrest **A19:** 436
bimodal fracture behavior **A19:** 443
brittle fracture **A19:** 436
codes and standards **A19:** 445–446
design classification approaches **A19:** 447
design guidelines **A19:** 15
ductile-to-brittle transition curves . . . **A19:** 442, 443
embrittlement mechanisms **A19:** 443–445
factors affecting fracture toughness . . **A19:** 441–442, 443
failure modes **A19:** 435
fatigue control method **A19:** 447
fatigue in welded joints **A19:** 436–440, 441
fatigue limit **A19:** 436
fatigue strength **A19:** 436
fitness-for-service codes **A19:** 446
fitness-for-service codes and standards for fatigue and fracture control **A19:** 445–446
fracture control in welded structures **A19:** 440–445
fracture control methods **A19:** 435
fracture control plans for welded steel structures **A19:** 434–436
fracture mechanics **A19:** 446–447, 448
fracture mechanics methods for fracture control **A19:** 446–447
fracture mechanics toughness tests **A19:** 442
geometrical imperfections **A19:** 434–435
hydrogen cracks **A19:** 434
lack of fusion **A19:** 434
lamellar tears **A19:** 434
material properties effect **A19:** 438–439, 440
methods for improving fatigue life of welded joints **A19:** 439–440, 441
multipass welds **A19:** 443
parameters affecting material toughness . . . **A19:** 442
Pellini's fracture analysis diagram . . . **A19:** 441, 442
planar imperfections **A19:** 434
planar weld imperfections **A19:** 437
"pop-in" fractures **A19:** 441
process simulation tools **A19:** 434
reasons for in-service failures **A19:** 434
reheat cracks **A19:** 434
S-N curve approach **A19:** 447, 448
solidification cracks **A19:** 434
stress concentration due to weld discontinuities **A19:** 436, 437, 439
stress concentration due to weld shape and joint geometry **A19:** 436–437, 438
stress relieving **A19:** 440
tolerable flaw size plots **A19:** 447
toughness requirements for avoidance of brittle fracture **A19:** 445
volumetric imperfections **A19:** 434, 437, 439
weld imperfections **A19:** 434–435
weld toe intrusions **A19:** 434
welding residual stresses **A19:** 437–438, 440
Weldments in carbon and alloy steels
macroetching to reveal **A9:** 175–176
Weld-metal quench effect **A6:** 178
Weldnuts
measured by coordinate measuring machines **A17:** 18
Weld-overlay coatings **A20:** 472–474
definition **A20:** 843
WELDPROSPEC expert system **A6:** 1059
Weld(s) *See also* Arc welding; Arc welds; Boilers; Pressure vessels; specific weld types; Weld contours; Weld defects; Weld failure origins; Welding; Weldment corrosion; Weldments; Weldments, failures of
acoustic emission inspection **A17:** 289–290
arc, failure origins **A11:** 412–415
carbon steel discharge line failed at **A11:** 639
carbon-molybdenum desulfurizer, cracking in **A11:** 663
cleanup, poor **A11:** 444
corrosion failure of **A11:** 400–401
corrosion in pulp bleach plants **A13:** 1194–1195
corrosion of **A13:** 652–653
corrosion potential **A13:** 344
cracking, in arc-welded aluminum alloys . . **A11:** 435
cracking-tests, specimens for **A11:** 415
defect, effect in medium-carbon steel **A12:** 258
definition **M6:** 26–28
deposit, as crack origin **A12:** 254, 268
deposit, chemical analysis **A13:** 366
discontinuities **M6:** 829–855
dissimilar-metal **A11:** 620–621, 796
double-submerged arc **A11:** 698
effect of martensite zone in **A11:** 426
electric-resistance, in pipe **A11:** 698
electrogas, failure origins **A11:** 440
electron beam **A11:** 444–447
electroslag, failure origins **A11:** 439–440
field girth, in pipe **A11:** 699
flange, fractured medium-carbon steel **A12:** 256
flash **A11:** 442–443, 698
fracture of brine-heater shell at **A11:** 637–638
fracture, titanium, from incomplete fusion **A12:** 65
friction **A11:** 444
girth **A11:** 422, 438, 648, 699
HAZ cracks, pressure vessel failure from **A11:** 650–652
HAZ, striations **A12:** 21
in boiler tubes, fatigue fractures at . . . **A11:** 620–621
in carbon steel pipe, inspection **A17:** 112
in chain links, magnetic particle inspection **A17:** 116
in stainless steel piping, SCC failure at . . . **A11:** 216
in welded tubing and pipe, eddy current inspection **A17:** 186
intergranular cracks and brittle fracture in **A11:** 653
joint, grain-boundary embrittlement . . **A11:** 131–132
joint properties **M6:** 57
lap, in pipe **A11:** 698
laser beam **A11:** 447–449
laser beam, ductile fracture **A12:** 422
longitudinal, eddy current inspection **A17:** 186
longitudinal, fatigue cracking **A11:** 698
longitudinal, in pipe **A11:** 698–699, 704
magnetic paint inspected **A17:** 128
magnetizing **A17:** 94
metal, brittle fracture by corrosion products **A11:** 653
microstructure **M6:** 35–37
overlay repair **A13:** 931
penetration, inadequate, as discontinuity . . . **A12:** 65
penetration, incomplete **A13:** 344
penetration, incomplete, steam accumulator failure from **A11:** 647–648
photo effects of lighting on **A12:** 87–88
pipeline girth, inspection **A17:** 579–581
plug, cracking in **A11:** 655–656
pressure vessel **A13:** 1089
properties, in resistance welds **A11:** 441
quality **A11:** 441, 448–449, 708
radiographic methods **A17:** 296
repair and cladding, nuclear reactors **A13:** 970–971
resistance, failures in **A11:** 440–442
resistance spot, fatigue fracture **A12:** 66, 67
robotic **A12:** 375
root, lamellar tearing at **A11:** 665
root, magnetic particle inspection **A17:** 111
root penetration, steam preheater shell failure from **A11:** 420
shape, in resistance welds **A11:** 441
shielded metal-arc, magnetic particle inspection **A17:** 114–115
slag/spatter, corrosivity **A13:** 344
solidification **M6:** 28–31
specimens, SCC testing **A13:** 253
spot **A11:** 310, 441, 495, 497
stainless steel, shaft ductile fracture at **A11:** 481–482
stress in, galvanizing effects **A13:** 438
submerged arc impact properties **A11:** 69
surfaces, in resistance welds **A11:** 441
termination, bridge, fatigue cracking at . . . **A11:** 707
toe, hardness, fractured medium-carbon steel **A12:** 256
ultrasonic inspection **A17:** 272–273
under cyclic loading **A11:** 117
underbead crack **A12:** 155
upset butt **A11:** 443–444
videoscope monitoring **A17:** 8
Welds, characteristic features of . . . **A1:** 603, 604, 605
multipass weldments **A1:** 603, 605
single-pass weldments **A1:** 603, 604
Welds, characterization of **A6:** 97–106
compositional analysis **A6:** 99, 100–105
defects found by macrostructural characterization **A6:** 97–98
description of ferrite/carbide microconstituents in low-carbon steel welds **A6:** 101
examples of weld characterization **A6:** 102–106
goals **A6:** 97
guidelines for selecting techniques **A6:** 100
internal characterization requiring destructive procedures **A6:** 99–100
composition **A6:** 99–100
macrostructure **A6:** 99
microstructure **A6:** 99
mechanical testing **A6:** 100–102, 103–104, 105, 106
nomenclature for fillet, lap, butt, and groove welds **A6:** 98
nondestructive characterization techniques **A6:** 97–99, 100, 102
Welds made with backing plates
preparation for examination **A9:** 578
WELDSELECTOR expert system **A6:** 1059
Weld-slag specimen
normalized and tempered, endurance ratios in bending and torsion **A19:** 659
quenched and tempered, endurance ratios in bending and torsion **A19:** 659
Weld-undercut specimen
normalized and tempered, endurance ratios in bending and torsion **A19:** 659
quenched and tempered, endurance ratios in bending and torsion **A19:** 659
Well water
graphitic corrosion of gray iron pump bowl from **A11:** 372–373
Wellheads
oil/gas production **A13:** 1237
Wells, oil/gas production
corrosion of **A13:** 478–480, 1247–1258
Wells, protection
for thermocouples **A2:** 884
Wertime pyrotechnology
in casting history **A15:** 15
Western bentonite
as molding clay **A15:** 210, 341
Western Europe
electrolytic tin- and chromium-coated steel for canstock capacity in 1991 . . . . **A5:** 349
telecommunication industry structure **EL1:** 384
Wet
defined **M7:** 13
Wet abrasive blast cleaning
magnesium alloys **A5:** 820
Wet abrasive blasting *See also* Abrasive blasting **M5:** 93–96
abrasives used **M5:** 93–95
liquid carriers **M5:** 94–95

Wet abrasive blasting (continued)
aluminum and aluminum alloys **M5:** 572
applications **M5:** 93
copper and copper alloys **M5:** 614
equipment **M5:** 95–96
maintenance **M5:** 96
nozzles, design and operation **M5:** 95–96
heat-resistant alloys **M5:** 563, 565
magnesium alloys **M5:** 629
precleaning process **M5:** 93–94
refractory and reactive metals **M5:** 653
stainless steel **M5:** 553
titanium and titanium alloys **M5:** 652–653
Wet analytical chemistry
for inorganic liquids and solutions **A10:** 7
for inorganic solids **A10:** 4–6
for organic liquids and solids **A10:** 10
Wet bag isostatic pressing **EM4:** 126, 127
Wet ball milling
aluminum pigments by **M7:** 593
Wet barrel finishing
aluminum and aluminum alloys **M5:** 572–574
magnesium alloys **M5:** 631
Wet baths
for wet-method magnetic particle inspection **M7:** 578
Wet blasting
aluminum and aluminum alloys **A5:** 784–785
copper and copper alloys **A5:** 808
definition **A5:** 973
for liquid penetrant inspection **A17:** 81–82
Wet blending
of uranium dioxide pellets **M7:** 665
Wet bottom ash systems
corrosion in **A13:** 1007–1008
Wet chemical etching
polyimides **EL1:** 326–327
Wet chemical methods
to analyze limestone **EM4:** 378
to analyze silica sand **EM4:** 378
to analyze soda ash **EM4:** 380
Wet chemistry
as advanced failure analysis technique **EL1:** 1106
Wet chemistry analysis **A13:** 1116–1117
Wet chlorine gas
titanium/titanium alloy resistance **A13:** 677
Wet cleaning **A5:** 335–336
rust prevention after **A15:** 561
Wet corrosion **A13:** 80–82, 499–500
Wet cutting
for optical metallography specimen preparation **A10:** 300
Wet cutting abrasive wheels **A9:** 24
Wet developers
stations for **A17:** 79
Wet drawing *See also* Drawing
for steel wire **A1:** 279
lubrication for **A14:** 338
Wet etching
defined **A9:** 19
definition **A5:** 973
stainless steel **M5:** 560–561
Wet filament winding
cost **EM2:** 368
epoxies for **EM2:** 371
of epoxy composites **EM1:** 71
Wet fly ash systems **A13:** 1007
Wet forming
evaluation factors for ceramic forming methods **A20:** 790
Wet friction applications **M7:** 702, 703
Wet glass bead shot peening **M5:** 144–145
Wet glass transition temperature (T_g) **EM1:** 32
Wet horizontal magnetizing equipment
head and tailstock type **M7:** 576
Wet horizontal-type magnetic particle inspection unit **M7:** 577
Wet hot dip galvanized coating **M5:** 326–328
Wet installation **EM3:** 31
defined **EM1:** 26, **EM2:** 45
Wet, laminar
defined **EM1:** 226
Wet lay-up *See also* Lay-up
defined **EM1:** 26, **EM2:** 45
laminating, of epoxy composites **EM1:** 71–73, 75
of heat-exchanger tubing **A11:** 628
resins **EM1:** 132–134
Wet lay-up method
of lamination **EL1:** 832
Wet lay-up resins **EM1:** 132–134
epoxies **EM1:** 134
future trends **EM1:** 134
polyesters **EM1:** 132–133
vinyl esters **EM1:** 133–134
Wet magnetic compaction **A7:** 350, 351, **M7:** 327–328
Wet milling
definition **A5:** 973
Wet nitrogen
in zoned sintering atmospheres **M7:** 347
Wet particles *See also* Particles; Powder metallurgy parts
magnetic **A17:** 100
Wet peel test **EM3:** 657, 662
durability assessment **EM3:** 668–669
Wet power brush cleaning **M5:** 152
Wet process
defined **EL1:** 1161
Wet process acids
corrosion rates **A13:** 645, 647
Wet process enameling
definition **A5:** 973
Wet reclamation systems
for sands **A15:** 213, 351
Wet scrubbers **M7:** 73
Wet sieving **M7:** 216
Wet storage stain inhibitors
hot dip galvanized products **M5:** 331
Wet strength **EM3:** 31
defined **EM1:** 26, **EM2:** 45
Wet tumbling
heat-resistant alloys **A5:** 779, 781, **M5:** 563, 565–566
Wet washing
for sand reclamation **A15:** 227
liquid fire method **A10:** 166
Wet welding
underwater welding **A6:** 1010, 1011
Wet winding *See also* Dry winding; Winding
defined **EM1:** 26, **EM2:** 45
Wet-assembly technique **EM3:** 36
Wetbag isostatic pressing **M7:** 444–445, 447–448
Wet-bag method
for cermets **A2:** 982
Wetbag tooling
defined **M7:** 13
Wet-film thickness
measurement **A13:** 417
Wet-method particles **M7:** 578
fluorescent **M7:** 579
of magnetic particle inspection **M7:** 577, 578
Wet-out
defined **EM1:** 26, **EM2:** 45
Wet-powder magnetic particles
suspending liquids for **M7:** 578
Wet-sand abrasion test **A7:** 939
Wet-slug tantalum capacitors
failure mechanisms **EL1:** 997–998
Wettability
defined **M7:** 13
fluoropolymer coatings **EL1:** 782–783
of graphite **A10:** 543
of MMC fiber metals **A15:** 840–842
Wettability index (WI) **A6:** 116
Wetting *See also* Impregnation **EM3:** 31
agent, defined **A13:** 14
agents, and emulsifiers, for lubricant failure **A11:** 154
agents, ceramic shell molds, investment molding **A15:** 259
and sizing **EM1:** 123
as solderability mechanism **EL1:** 675–676, 1032–1034
brazing **A6:** 114–115
cermet **M7:** 801
defects, from fluxes **EL1:** 684
defined **A13:** 14, **EL1:** 1161, **EM1:** 26, **EM2:** 45
definition **A5:** 973, **A6:** 115, 1215, **M6:** 20
in heterogeneous nucleation **A15:** 104
in inoculation **A15:** 105
in wet lay-up techniques **EM1:** 132
metal, by glass **EL1:** 455
of carbon fibers **EM1:** 52
of cermets **A2:** 991
of locomotive axle surface **A11:** 716
of polymers **A11:** 761
of sands **A15:** 208
of thermoplastics **EM1:** 101–103
of tin solders **A2:** 520
rate of **A6:** 128
solder, SIMS analysis **EL1:** 1085–1086
vs. dewetting **EL1:** 990
Wetting agent
definition **A5:** 973
Wetting agents *See also* Surfactants **M7:** 13
for slurry in spray drying **M7:** 75
torch brazing **M6:** 962
use with precious metal powders **M7:** 149
Wetting balance test **A6:** 136, **EL1:** 643, 677
test standards used to evaluate solderability **A6:** 136
Wetting characteristics
liquid penetrant inspection **A17:** 71–72
Wetting growth **A5:** 542
Wetting liquid **A7:** 219
Wetting, surface energies, adhesion, and interface reaction thermodynamics **EM4:** 482–492
basic factors in bonding **EM4:** 482–483
chemical reactions leading to equilibrium **EM4:** 485–489
glass/metal seals **EM4:** 496
metal brazing **EM4:** 489–490
Mo-Mn metallizing process **EM4:** 490–491
non-oxide ceramics joining **EM4:** 491–492
nonwetting and spreading **EM4:** 483–485
Wetting time tests
for solderability **EL1:** 677
WF-11
composition **A6:** 929
WF-31
composition **A6:** 929
Wheatstone bridge
circuit, for torque calibration **A8:** 158
in quasi-static testing **A8:** 223
in torsional Kolsky bar dynamic tests **A8:** 228
strain gage instruments **A17:** 450
Wheel abrasive blasting systems **M5:** 86–87, 90, 92–93
Wheel buffing
copper and copper alloys **M5:** 616
process **M5:** 108–109, 118–119, 124–125
stainless steel **M5:** 552, 557
titanium and titanium alloys **M5:** 656
wheel speeds **M5:** 108–109, 119
wheel types **M5:** 118–119
wheels, problems with **M5:** 124–125
Wheel grinding
molybdenum **M5:** 659–660
stainless steel **M5:** 555–556, 559
tungsten **M5:** 659–660
Wheel loading
minimized in grinding **M7:** 462
Wheel polishing
adhesives used **M5:** 108
aluminum and aluminum alloys **M5:** 573
grit sizes **M5:** 108–109
lubricants used **M5:** 115

SUBJECTS OF THE INDEXED VOLUMES: ASM Handbook (designated by the letter "A"): **A1:** Properties and Selection: Irons, Steels, and High-Performance Alloys (1990); **A2:** Properties and Selection: Nonferrous Alloys and Special-Purpose Materials (1990); **A3:** Alloy Phase Diagrams (1992); **A4:** Heat Treating (1991); **A5:** Surface Engineering (1994); **A6:** Welding, Brazing, and Soldering (1993); **A7:** Powder Metal Technologies and Applications (1998); **A8:** Mechanical Testing (1985); **A9:** Metallography and Microstructures (1985); **A10:** Materials Characterization (1986); **A11:** Failure Analysis and Prevention (1986); **A12:** Fractography (1987); **A13:** Corrosion (1987); **A14:** Forming and Forging (1988); **A15:** Casting (1988); **A16:** Machining (1989); **A17:** Nondestructive Evaluation and Quality Control (1989); **A18:** Friction, Lubrication, and Wear Technology (1992); **A19:** Fatigue and Fracture (1996); **A20:** Materials Selection and Design (1997). **Metals Handbook, 9th Edition** (designated by the letter "M"): **M1:** Properties and Selection: Irons and Steels (1978); **M2:** Properties and Selection: Nonferrous Alloys and Pure Metals (1979); **M3:** Properties and Selection: Stainless Steels, Tool Materials, and Special-Purpose Materials (1980); **M4:** Heat Treating (1981); **M5:** Surface Cleaning, Finishing, and Coating (1982); **M6:** Welding, Brazing, and Soldering (1983); **M7:** Powder Metallurgy (1984). **Engineered Materials Handbook** (designated by the letters "EM"): **EM1:** Composites (1987); **EM2:** Engineering Plastics (1988); **EM3:** Adhesives and Sealants (1990); **EM4:** Ceramics and Glasses (1991). **Electronic Materials Handbook** (designated by the letters "EL"): **EL1:** Packaging (1989)

magnesium alloys **M5:** 632
process **M5:** 108, 111–114
stainless steel **M5:** 557–559
wheel speeds **M5:** 108–109
wheel types used **M5:** 109, 111–114
zinc alloys **M5:** 676
Wheel spindles, front-end loaders
economy in manufacture **M3:** 853
Wheel studs, steel
fatigue fracture **A11:** 531–537
Wheel test
of corrosion inhibitors **A13:** 483
Wheelabrating
defined **EM2:** 45
Wheelabrator-Frye Company (Mishawaka IN) **A15:** 33
Wheel-and-band machines
continuous casting **A15:** 314–315
Wheeler model **A19:** 128, 129, 571
Wheel(s)
ultrasonic inspection **A17:** 232
wire **A17:** 52
Wheels, centrifugal *See* Centrifugal wheels
Wheels, coke-oven car
fatigue fracture in **A11:** 130
Wheel-type immersion ultrasonic search units **A17:** 259
Whirl
in carbon aircraft brakes **A18:** 586
Whirl gates
for inclusion control **A15:** 91
Whirl (oil)
defined **A18:** 21
Whisker **EM3:** 31
defined **EM1:** 26, 64
definition **EM4:** 634
discontinuous silicon carbide **EM1:** 64
properties **EM1:** 62–63, 119
silicon carbide (SiC) **EM1:** 889–902, 941–944
silicon nitride **EM1:** 64
Whisker formation in an electronic circuit **A9:** 101
Whisker reinforcement
SiC **A16:** 99, 101–103
Whisker reinforcements **EM4:** 19
Whisker-lance mist hackle **EM4:** 639–640
Whisker-reinforced alumina
applications **A18:** 812
Whisker-reinforced ceramic-matrix composites
erosion of ceramics **A18:** 206
Whisker-reinforced ceramics **EM1:** 941–944
cutting speed and work material relationship **A18:** 616
Whisker-reinforced composites **EM4:** 1
Whisker-reinforced metal matrix composites **EM1:** 889–902
applications **EM1:** 901–902
engineering properties **EM1:** 900–901
manufacturing methods **EM1:** 897–898
materials **EM1:** 897, 901
matrix metals **EM1:** 896–897
secondary processing **EM1:** 898–900
surface treatments **EM1:** 900
whisker reinforcement **EM1:** 896
Whiskers *See also* Electromigration; Tin whiskers
as reinforcement **EL1:** 1119–1121
defined **A11:** 11, **EL1:** 1161, **EM2:** 45, **M7:** 13
definition **A5:** 973
in discontinuous aluminum metal-matrix composites **A2:** 7, 906
silicon carbide **A15:** 88, 840
silicon carbide whisker-reinforced alumina **A2:** 1023–1024
zone 2, package interior **EL1:** 1009–1010
Whiskers, tin *See* Tin whiskers
Whisker-toughened ceramic components
design practices **EM4:** 733–740
White bands
hardened steel contact fatigue **A19:** 694–695
White bronze *See* Cast zinc
White cast iron *See also* Abrasion-resistant castirons **M1:** 3–5
abrasion resistance **M1:** 619–622
abrasion-resistant, compositions **M1:** 616–617
carbon content, effect of **M1:** 77, 78
continuous cooling transformation diagram **M1:** 84
conversion to malleable cast iron **M1:** 57–59
damping capacity **M1:** 32
density **M1:** 31
effect of alloying elements on structure . . . **M1:** 4–5
hardenability **M1:** 80
hardness conversions **M1:** 87
hardness of microconstituents **M1:** 77, 89
magnetic properties **M1:** 31
martensitic
chemical composition **M1:** 82
mechanical properties **M1:** 86
transverse strength and relative toughness **M1:** 87
mechanical properties **M1:** 87–88, 619–620
microstructure **M1:** 4–5
patternmakers' rules for **M1:** 31, 33
pearlitic, transverse strengths and relative toughness **M1:** 87
physical properties **M1:** 87–88
rubber wheel abrasion tests **M1:** 622
structure **M1:** 84, 85
wear vs. carbon content **M1:** 608
White cast irons *See also* Austenitic nodular irons; Nickel-chromium white irons **A1:** 107–108, **A20:** 379–380
abrasive wear materials **A18:** 186, 187, 189–190
alloy compositions and abrasion resistance **A18:** 189
applications **A20:** 303, 380
castability rating **A20:** 303
corrosive wear **A18:** 276
decarburization **A20:** 381
design for casting **A20:** 724
erosion **A18:** 200, 206
erosion resistance for pump components . . **A18:** 598
machinability rating **A20:** 303
mechanical properties **A20:** 380
microfracture **A18:** 186
microstructural alterations **A20:** 381
microstructure **A20:** 358, 379, 381
superplasticity **A14:** 869–871
unalloyed **A13:** 567
wear applications **A20:** 607
weldability rating **A20:** 303
White ceramics
replicas useful in failure analysis **EM4:** 630
White copper
as early nickel alloy **A2:** 428
White crown optical lens grade of glass
ceramic machining guidelines **EM4:** 333
White etching layer
definition **A5:** 973
White etching wings **A19:** 332–334
White finish buffing compound **M5:** 117
White flare material **M7:** 602
White glass
iron content **EM4:** 378
White gold *See* Gold-nickel-copper alloys
White hexachloroethane smoke **M7:** 602
White iron *See also* Cast iron; High-alloy white irons **A1:** 3, **A5:** 683, **A9:** 245
abrasion-resistant, as-cast against a chill . . . **A9:** 254
arc welding **M6:** 316
arc welding of **A15:** 528–529
as compound **A15:** 29
as-cast **A9:** 255
bells cast in **A15:** 19
bells, Chinese **A15:** 19
classification by commercial designation, microstructure, and fracture **A5:** 683
composition limits **M6:** 309
constitutional liquation **A6:** 75
defined **A15:** 11
electrochemical machining **A5:** 112
fatigue and fracture properties of **A19:** 677–678
high-alloy **A15:** 678–685
metal-to-earth abrasion alloys **A6:** 790, 791
microstructure, lamellar spacing **A15:** 120
oxyacetylene welding **M6:** 604–605
oxyacetylene welding of **A15:** 531
polished, minimum structural relief **A9:** 244
shrinkage allowances **A15:** 303
unalloyed white
fatigue endurance **A19:** 666
impact strength **A19:** 672
welded microstructure **A15:** 521
welding metallurgy **A15:** 520–521, **M6:** 307–308
White iron cast iron briquet roll
grinding cracks in **A11:** 362
White iron shell liners
mechanical abuse and wear of **A11:** 375–377
White irons **A18:** 649, 651, 652, 653
abrasive wear **A18:** 188
applications **A18:** 695, 701
chromium-molybdenum **A18:** 651
composition **A18:** 698, 806
fractographs **A12:** 238–239
fracture/failure causes illustrated **A12:** 216
hardness specification **A18:** 696, 698
high-chromium **A18:** 651, 654
abrasion resistance **A18:** 758
high-chromium, shear/tensile stress cracking **A12:** 239
ledeburite formation **A18:** 697
martensitic grinding media composition and hardness **A18:** 654
microstructure **A18:** 695, 697, 698, 700–701
mounting materials for **A9:** 243
nickel-chromium **A18:** 651
pearlitic **A18:** 651, 654
wear resistance relation to toughness **A18:** 707
White jewelry plating
flash formulations for decorative gold plating **A5:** 248
White layer *See also* Beilby layer; Highly deformed layer
defined **A18:** 21
definition **A5:** 973
in gaseous nitrocarburizing **M7:** 455
nitrided surfaces **M1:** 540, 630–631
nitriding for **A11:** 121
worn surfaces **M1:** 598–599
White layer of nitrided steels **A9:** 217
preservation of, for examination **A9:** 218
White light
in liquid penetrant inspection **A17:** 73
method, speckle metrology **A17:** 434–435
White liquor
defined **A13:** 14
White manganese brass *See also* Cast copper alloys
properties and applications **A2:** 390
White manganese bronze *See also* Copper casting alloys
melt treatment **A15:** 775
nominal composition **A2:** 347
White martensite
metallographic sectioning **A11:** 24
White metal *See also* Pewter; Tin; Tin alloys **A5:** 372
creep-rupture characteristics **A2:** 525
jewelry **A2:** 525
mechanical properties **A2:** 525
White metal blast (SP5)
equipment, materials, and remarks **A5:** 441
White metal (whitemetal)
defined **A18:** 21
White metals
for soft metal bearings **A11:** 483
White pine
as pattern material **A15:** 194
White radiation *See also* Continuum **EM4:** 558
defined **A10:** 325–326
sources, UV/VIS **A10:** 66
White rust *See also* Wet storage stain
definition **A5:** 973
White spots, and shrinkage cavity
iron **A12:** 220
White spots, as defect
vacuum arc remelting **A15:** 407
White Tombasil *See also* Copper alloys, specific types, C99700
properties and applications **A2:** 390
White water
from paper machines **A13:** 1188–1189
White wires
defined **EL1:** 7
White zone
high-carbon steel **A12:** 288
White-etching
brittle martensite as **A11:** 867–868
nitride surface layer, tool steel fracture from **A11:** 573, 576
White-etching layer
defined **A9:** 19
Whiteheart malleable iron **A1:** 74
fatigue and fracture properties of **A19:** 676, 677

1166 / Whiteheart malleable irons, specific types

Whiteheart malleable irons, specific types
grade W340/4, minimum tensile and fatigue properties **A19:** 677
grade W410/4, minimum tensile and fatigue properties **A19:** 677

Whitening, stress *See* Stress whitening

Whitewares **A20:** 419, 420–422, **EM4:** 930–936
absorption **EM4:** 4
annual sales **EM4:** 936
applications **EM4:** 1, 4, 935
batching **EM4:** 95
body materials **EM4:** 930–931
competitive materials **EM4:** 936
composition **EM4:** 5, 45
definition **A20:** 843
development of the industry **EM4:** 936
estimated worldwide sales **A20:** 781
fired properties **EM4:** 932
firing process **EM4:** 258
glaze materials **EM4:** 931
glazes **EM4:** 1061
manufacturing **EM4:** 931–932
market in U.S. **EM4:** 1061
mixing operations **EM4:** 98
physical properties **EM4:** 45, 934, 935–936
physical properties of **A20:** 787
production flowchart **EM4:** 933
products **EM4:** 4
raw materials **EM4:** 44
sanitaryware **EM4:** 932–934
strength measurement test method **EM4:** 567
tableware **EM4:** 934–935
testing **EM4:** 547
types **EM4:** 4
uniaxial strength **EM4:** 591

Whiting
in composition of unmelted frit batches for high-temperature service silicate-based coatings **A5:** 470
in typical ceramic body compositions **EM4:** 5

Whiting, John H
as inventor **A15:** 30

Whitney, Asa
as inventor **A15:** 30

Whitworth or British Standard thread form **A19:** 288

Whole-body motion, effect
optical holography **A17:** 412–413

WI-52
composition **A4:** 795, **A6:** 929, **A16:** 737
machining **A16:** 738, 741–743, 746–758

Wick lubrication
defined **A18:** 21

Wick test
for SCC evaluation **A13:** 273

Wicking **A6:** 369, **EM3:** 31
condensation (vapor phase) soldering **EL1:** 704
defined **EL1:** 1161
in carbon steels **A13:** 519, 521
method, of component removal **EL1:** 716
solder **EL1:** 694

Wicking (capillary action) **EM4:** 135, 136, 138

Wicking process
defined **A8:** 529

Wide face brushes **M5:** 152, 153

Wideband transformer
defined **EL1:** 1161

Wide-beam Auger electron spectroscopy
spectrum **M7:** 254

Widmanstätten α **packet size** **A19:** 40

Widmanstätten colony microstructure **A19:** 143

Widmanstätten ferrite **A6:** 76, 77, 78, 1011
HSLA steels **A6:** 418

Widmanstätten matrix, alpha + beta **A19:** 13

Widmanstatten patterns in wrought heat-resistant alloys **A9:** 311–312

Widmanstatten precipitates in aluminum alloys **A9:** 359

Widmanstätten structure **A19:** 495
austenitic stainless steels **A6:** 459, 461, 462, 463

defined **A8:** 15
in Ti alloy isothermal hot compression test specimen **A8:** 172
micro, breakup and flow softening process **A8:** 172
titanium alloys **A6:** 85, 86, 514, 517, 518, 519, 520
zirconium **A2:** 663

Widmanstatten structures
defined **A9:** 19
formation **A9:** 647
in titanium and titanium alloys **A9:** 460

Widmanstiitten structures
titanium alloys **A12:** 23, 443

Width **EM3:** 31
defined **EM2:** 45
measurement, uniaxial tensile testing .. **A8:** 554–555
of three-roll forming **A14:** 616
strip, contour roll forming **A14:** 629
symbol for **A8:** 724

Width constraint method
plane-strain tensile testing **A8:** 557–558

Width, of dimples
measurement **A12:** 207

Width reduction
as near defect **EL1:** 568

Width to hole diameter ratio (W/D)
in pin bearing testing **A8:** 59

Wiedemann-Franz relationship **A20:** 389

Wiedemann-Franz theory **A20:** 633

Wiederhorn theory
erosion rate of ceramics **A18:** 205

Wieland (Germany)
spray forming **A7:** 398

Wigner-Seitz radius **A6:** 144

Wilhelmy plate method **A7:** 282

Wilkinson cupola
development of **A15:** 29

Wilks' ATR attachment
effects in analysis **A10:** 120–121

Willemite **EM4:** 10
chemical system **EM4:** 870–871
island structure **EM4:** 758
primary phase Zn_2SiO_4, and other zinc-containing phases of noncommercial glass-ceramics **EM4:** 873

Willenborg model **A19:** 128, 129, 571

William Butcher Steel Works *See* Midvale Company

William/Warnke model **A20:** 632
three-parameter flow criterion **A20:** 632

William/Warnke threshold parameters **A20:** 632

Williams-Landel-Ferry (WLF) equation **EM3:** 40, 354, 422
for rubbery material relationship between time and temperature **EM3:** 383

Williams-Landel-Ferry (WLF) temperature dependence **A20:** 644

Wilson and Walowit's formula
inlet film thickness **A18:** 94

Wilson's disease
as copper toxicity **A2:** 1251

Winch drum
transverse cracking in **A11:** 395

Winches
ladle movement by **A15:** 27

Wind
effect in marine atmospheres **A13:** 905–906

Wind angle
defined **EM1:** 26, **EM2:** 45

Windage loss
Charpy impact tests **A8:** 262

Winder **EM1:** 45, 109

Winding *See also* Axial winding; Biaxial winding; Circumferential winding; Dry winding; Filament winding; Helical winding; Multicircuit winding; Planar helix winding; Planar winding; Reverse helical winding; Single-circuit winding; Spooling; Wetwinding
and fusion **EM1:** 138
filament **EM1:** 135–138, 503–518

machine, six-axis **EM1:** 152
machines, filament winding **EM2:** 375
of towpregs **EM1:** 152
pattern, defined **EM2:** 45–46
patterns **EM1:** 26, 508–509
preparation **EM1:** 507
resins for **EM1:** 135–138
tension, defined **EM1:** 26, **EM2:** 46

Winding defects
power inductors **EL1:** 1004

Windings
compact, heat removal from **A2:** 1028
of A15 conductors **A2:** 1069–1070
rotor generator, superconducting materials for **A2:** 1057

Window *See also* Fish-eye
beryllium **A17:** 306
defined **EM2:** 46
display, defined **A17:** 385
function, EXAFS data analysis **A10:** 413, 414
spectrometer, ultrathin beryllium **A10:** 519

Window fracture
from hydrogen damage in boiler tubes **A11:** 612

Window functions **A18:** 295

Window, process
for microstructure control **A14:** 412–413

Window, processing *See* Processing window

Window technique
for ATEM sample preparation **A10:** 451

Window technique of preparing transmission electron microscopy specimens **A9:** 105–107

Windowbelt panels, aircraft
eddy current inspection **A17:** 193

Windowing **A18:** 295
in machine vision process **A17:** 33

Windowless detector
EPMA spectra from **A11:** 38, 39

Windows
in wafer **EL1:** 198–199

Windsurfer **A20:** 288

Winer coefficients **A10:** 290

Wing dies
for press bending **A14:** 527

Wing nut, aircraft
intergranular fracture **A11:** 29

Wing slat track, aircraft
bending distortion in **A11:** 140–141

Wing-attachment bolt, aircraft
seam cracking **A11:** 530, 532

Winter's rule of mixtures **A19:** 79

Wipe acid cleaning **M5:** 60–65

Wipe bending test devices **A8:** 125

Wipe etching *See* Swabbing

Wipe solvent cleaning
definition **A5:** 973

Wipe tinning **M5:** 354

Wiped coat
definition **A5:** 973

Wiped joint
definition **A6:** 1215, **M6:** 20

Wipe-in *See* Fill-and-wipe

Wipe-on paint stripping method **M5:** 19

Wiper
defined **A18:** 21, **EL1:** 1161

Wiper dies
for bending **A14:** 666

Wiper forming *See also* Tangent bending
defined **A14:** 14

Wiper spring
failure of **A11:** 558–559

Wiping *See also* Wiper forming **A5:** 17
defined **A18:** 21
definition **A5:** 973

Wiping action
defined **EL1:** 1161

Wiping dies
for press bending **A14:** 525–527

Wiping test method
cleaning process efficiency **M5:** 20

Wire *See also* High-temperature superconductors for wires and tape; Wire drawing; Wire rod; Wire stranding; Wireforming
aluminum, EPMA analysis of connection failure **A10:** 531–532
and cable, wrought copper and copper alloys **A2:** 250–260
annealed, in open resistance heaters **A2:** 830
as tantalum mill product **M7:** 770–771
beryllium-copper alloys **A2:** 403, 411
biological corrosion of **A13:** 116
boron fibers as **EM1:** 31
brazing filler metals available in this form **A6:** 119
broken **EL1:** 1012
cerclage, of sensitized stainless steel intercrystalline corrosion on **A11:** 676, 681
chip and, assembly **EL1:** 110
classifications, wrought copper and copper alloys **A2:** 251–253
coated, as samples, x-ray spectrometry **A10:** 95
coating, wrought copper and copper alloys **A2:** 256–257
coiled **A14:** 567
copper **M2:** 265–274
copper and copper alloys **A2:** 239, 250–260
defect, spring failure from **A11:** 554
defect, spring, fracture at **A11:** 554
defined **A14:** 14
dental, wrought alloy **A13:** 1356–1357
drawing of **A14:** 333–334
drawn high-carbon steel, distortion in **A11:** 139
electrical, amino molding compounds . . . **EM2:** 230
electrical resistance alloys **A2:** 822
Elgiloy **A13:** 1356
extruded **EM2:** 385
fiber texture in **A9:** 701
fiber textures in **A10:** 245
filaments, ternary molybdenum chalcogenides (chevrel phases) **A2:** 1079
fine, mechanically alloyed oxide alloys **A2:** 949
flat or rectangular, production **A2:** 256
forming of **A14:** 694–697
friction welding **M6:** 720–721
fully reversed loading in ultrasonic testing **A8:** 242
gage, as strain gage **A8:** 618
graphite-reinforced, properties **EM1:** 869
heavily drawn body-centered cubic, curly grain structure in **A9:** 687
high-temperature superconductors for **A2:** 1085–1089
iron, 98% reduction, cell structure **A9:** 688
iron, curly grain structure in **A9:** 688
laser beam welding **M6:** 664–665
lead, attached to strain gages **A8:** 202
lead-tin solder, to reduce load cell ringing . . **A8:** 193
manufacturing, structural ceramic **A2:** 1019
mesh heaters, for elevated/low temperature tension testing **A8:** 36
metal, as reinforcement **EL1:** 1119–1121
metallic **EM1:** 118
microhardness testing for **A8:** 96
microstripline properties **EL1:** 602
mounting **A9:** 31
mounting with thermosetting epoxy **A9:** 167
multiple-slide forming of **A14:** 567
platinum, temperature effect on tensile strength **A13:** 800
preferred orientation in **A10:** 359
property limits, wrought aluminum and aluminum alloys **A2:** 106
refractory metal, as reinforcement, fiber-reinforced composites **A2:** 582
refractory metals and alloys **A2:** 558, 582–584
-related failures, package interior . . **EL1:** 1011–1013
rod, defined **A14:** 14
rolling, Turk's head machine **A14:** 694–695
rope **A13:** 141, 1294
special commodities **A1:** 851–852
specimen, for ultrasonic fatigue testing **A8:** 250
split, spring failure from **A11:** 555
stainless steel *See also* Stainless steel, wire **A1:** 849–852, **M3:** 13–15
steel *See* Steel, wire
steel, curly lamellar structure **A9:** 688
steel rope, failures of **A11:** 515–521
steel, with coating **A14:** 697
superconducting multifilamentary **A14:** 341
tempers of **A1:** 850
testing grips for **A8:** 50
thermocouple, insulation **A2:** 882–883
thermoplastic polyurethanes (TPUR) **EM2:** 205
titanium *See* Titanium, wire
tungsten and non-sag, comparison **M7:** 767
wrought aluminum alloy **A2:** 33
wrought beryllium-copper alloys **A2:** 409
wrought copper **A2:** 250–260
wrought orthodontic **A13:** 1362
zinc-coated, atmospheric corrosion rates . . **A13:** 527
zirconium **A2:** 663
Wire arc spray forming . . **A7:** 409–410, 411, 412, 418
Wire bond
defined **EL1:** 1161
degradation, as environmental failure mechanism **EL1:** 494
failures, electron spectroscopy applications **EL1:** 1081–1083
lead frame assembly **EL1:** 487
positioning, as vitreous dielectric application **EL1:** 109
Wire bond strength tests
package-level **EL1:** 934–935
Wire bonding
as chip interconnection method **EL1:** 224–236
as component attachment **EL1:** 349–350
at level 1 . . . . . **EL1:** 76
automated **EL1:** 226
cyanoacrylates **EM3:** 131
defined **EL1:** 1161
density limitation factors **EL1:** 228
destructive tests **EL1:** 229
failure mechanisms **EL1:** 977–978
failures, plastic packages **EL1:** 480
interconnects, molded plastic packages . . . **EL1:** 472
methods **EL1:** 1042
pull strength **EL1:** 231
schematic **EL1:** 230
shear strength **EL1:** 231
thermal failures **EL1:** 62
thermocompression bonding **EL1:** 224–225
ultrasonic **EL1:** 225
Wire brushing
brushes, types used **M5:** 151–156
for liquid penetrant inspection **A17:** 81, 82
heat-resistant alloys **A5:** 781
heat-resisting alloys **M5:** 566
magnesium alloys **A5:** 820, 834, **M5:** 629, 649
nickel and nickel alloys **M5:** 674–675
of stainless steel forgings **A14:** 230
painting process, abrasive blasting compared to **M5:** 476
rust and scale removal by **M5:** 12
satin finishing, aluminum and aluminum alloys **M5:** 574–575
stainless steel **M5:** 559
titanium and titanium alloys **A5:** 840, **M5:** 656
Wire cloth screens **M7:** 176
Wire, copper
temper designations **M2:** 248
Wire diameter
effect on weld attributes **A6:** 182
Wire drawing *See also* Drawing; Wire **A18:** 223
accumulating-type continuous machine for **A14:** 333, 334
as shape memory effect (SME) alloy application **A2:** 899
central burst prediction **A14:** 395
defined **A14:** 14
dies **A14:** 331, 336–337
in bulk deformation processes classification scheme **A20:** 691
of niobium-titanium superconducting materials **A2:** 1050
of wrought copper and copper alloys . . **A2:** 255–258
products, zinc and zinc alloy **A2:** 531
schematic **A18:** 59, 61, 62
steel, from rods **A14:** 332
steel wire **M1:** 260–261
surface shear strain rate in torsion **A8:** 158
torsion testing **A14:** 373
torsional rotation rates **A8:** 158
von Mises effective strain rate **A8:** 158
Wire drawn
net shipments (U.S.) for all grades, 1991 and 1992 . . . . . **A5:** 701
Wire electrical discharge machining **A7:** 426, 427
in conjunction with EDM **A16:** 560
MMCs **A16:** 895–896, 897
refractory metals **A16:** 859
Wire electrical discharge machining (EDM)
compatibility with various materials **A20:** 247
Wire electrodischarge machining (WEDM) . . **A5:** 114, 115
Wire flame guns
thermal spray coating **M5:** 365–366
Wire flame spraying *See also* Oxyfuel wire spray process **A13:** 45
definition **A5:** 973
materials, feed material, surface preparation, substrate temperature, particle velocity **A5:** 502
Wire flattening rolls
cemented carbide **A2:** 970
Wire forming *See also* Wire **A14:** 694–697
accuracy **A14:** 695
in multiple-slide machines **A14:** 696
lubrication **A14:** 696–697
manual and power bending **A14:** 695–696
material condition, effects **A14:** 694
operations **A14:** 694
production problems/solutions **A14:** 696
rolling, in Turk's head machine **A14:** 694–695
speed **A14:** 694
spring coiling **A14:** 695
Wire forms **A1:** 302
applications **A14:** 694
steels for **M1:** 284
Wire gage systems **M1:** 259–260
Wire harness design **A20:** 164
Wire injection
plain carbon steels **A15:** 709–710
Wire jacketing
polyamide (PA) **EM2:** 125
Wire lead
defined **EL1:** 1161
Wire lines
scanning laser gages for **A17:** 12
Wire, noncutting process
in metal removal processes classification scheme **A20:** 695
Wire, nonferrous
spring materials **M1:** 283, 284, 285, 286
Wire products *See* Fasteners; Fence; Rope; Springs
Wire rod
continuous casting **A2:** 254
copper **M2:** 266–271
fabrication **A2:** 253–255
GE dip-form process **A2:** 255
Hazelett process **A2:** 255
Outokumpu process **A2:** 255
Properzi system **A2:** 255
rolling **A2:** 253–254
southwire continuous rod system **A2:** 254–255
Wire rod, steel *See* Alloy steel wire rod; Carbon steel wire rod 253-257; Steel wire rod
Wire rods
net shipments (U.S.) for all grades, 1991 and 1992 . . . . . **A5:** 701
Wire saws for sectioning **A9:** 25–26
Wire spring relay
defined **EL1:** 1161
Wire springs
failures in **A11:** 555
Wire, steel
annealing **M4:** 4, 7, 25
cleaning **M1:** 262
coatings **M1:** 262–265
container applications **M1:** 264
fasteners **M1:** 265–266
fence **M1:** 269
fine wire **M1:** 269
finishes **M1:** 261–262
gage systems **M1:** 259–260
heat treatment **M1:** 262
metal-coated wire **M1:** 263
packaging applications **M1:** 264
prestressed concrete applications **M1:** 264
quality descriptors and commodities . . **M1:** 263–264
rope **M1:** 265

Wire, steel (continued)
shapes of wire **M1:** 259
sizes of wire **M1:** 259–260
specification wire **M1:** 262–263
spring materials **M1:** 266–268, 270, 283–285, 287–290, 296, 297, 301, 303, 305
standard size tolerances **M1:** 261
structural applications **M1:** 263, 264
tire beads **M1:** 269
upholstery construction **M1:** 266, 268
Wire straightener
definition **M6:** 20
Wire stranding
of wrought copper and copper alloys . . **A2:** 255–258
Wire stripping
waterjet machining **A16:** 525
Wire sweep
from encapsulation **EL1:** 809
Wire wheels
for surface preparation **A17:** 52
Wire wooling **M1:** 606
shaft wear by **A11:** 466
Wire wound hot isostatic pressure vessels . . . **M7:** 420
Wireability, effect
interconnections **EL1:** 18–20
Wirebar
copper **M2:** 266
Wirebars, copper alloy
grain structures **A9:** 641–642
Wire-cloth sieves for testing purposes
specification for **A7:** 239, 241, 1078, 1100
Wiredrawing **A1:** 277–279
copper **M2:** 271–273
Wiredrawing dies **A14:** 331, 336–337
abrasion **M3:** 521, 522
cemented tungsten carbide **M3:** 522–523, 524
diamond **M3:** 521–522, 524
die breakage **M3:** 523
die life **M3:** 521, 522, 523, 524
tool steel **M3:** 523
Wire-feed speed
definition **M6:** 20
Wire-feed systems
automatic torch brazing **M6:** 959
electrogas welding **M6:** 240
electroslag welding, drive systems **M6:** 228
flux cored arc welding **M6:** 97–99
gas metal arc welding **M6:** 159–161
stoppages **M6:** 172
submerged arc welding **M6:** 132
Wireframe
as geometric modeler **A15:** 858
Wireframe and surface design, three-dimensional **A20:** 155
Wiremaking practices **M1:** 260–262
Wire-on-bolt test
galvanic corrosion **A13:** 238
Wire(s) *See also* Bar; Steel bar; Steel wire
eddy current inspection **A17:** 553–555
electromagnetic inspection methods . . **A17:** 552–555
flaw detection **A17:** 557
flaws, types of **A17:** 549–550
inspection methods **A17:** 550–555
inspection of **A17:** 549–556
liquid penetrant inspection **A17:** 550–551
magabsorption measurements on **A17:** 154–155
magnetic particle inspection **A17:** 550
magnetic permeability systems **A17:** 555–557
NDE equipment requirements **A17:** 557
quality control **A17:** 736–737
reversible permeability curves **A17:** 146
sorting procedures **A17:** 557
thin, measured by diffraction pattern technique **A17:** 13
ultrasonic inspection **A17:** 551–552
Wire-tacking adhesives **EM3:** 569, 572
Wire-type penetrameters
radiographic inspection **A17:** 340–341
Wire-wound chip inductor **EL1:** 179, 187
Wire-wound metallic resistors *See also* Resistors
construction **EL1:** 178
failure mechanisms **EL1:** 971
Wire-wrapped circuit boards
custom **EL1:** 7
Wiring *See also* Wire
demand, performance modeling **EL1:** 13–14
density, and thermal expansion **EL1:** 613
density, metal cores **EL1:** 620–621
design, flexible printed boards **EL1:** 581
failures, zone 2, package interior . . **EL1:** 1011–1013
in metal-processing equipment **A13:** 1315–1316
sources, for surfaces **EL1:** 115
surface, materials and processes selection **EL1:** 113–115
yield, WSI **EL1:** 354
Wiring boards, printed
as cyanate application **EM2:** 232, 237
WISPER/WISPERX
standardized service simulation load history **A19:** 116
Withdrawal force
defined **EL1:** 1161
Withdrawal press cycle
cermet forming **A2:** 982
Withdrawal tooling systems **M7:** 334
Witness marks
in copper alloy ingots **A9:** 642
Wobbulator
for FMR measurement **A17:** 222
Wöhler curves **A19:** 73, 111
Wohler's simple axle test unit **A20:** 6
Wolf ball **A20:** 168, 169
Wolfram
evaporation fields for **A10:** 587
Wolframite **A7:** 189
as tungsten-bearing ore **M7:** 152
Wolfs ear
planes of weakness **A8:** 155
Wolfsburger Model **A19:** 305
Wollaston prism
in fatigue study **A12:** 121
role in differential interference contrast **A9:** 150–151
Wollaston process **A7:** 3, 4–5, **M7:** 15–16
steps of **A7:** 4
Wollastonite **A18:** 569, **EM4:** 1010
chain structure **EM4:** 759
chemical system **EM4:** 872, 873
composition **EM4:** 932
crystal structure **EM4:** 881
in ceramic tiles **EM4:** 926
Wollastonite (calcium metasilicate) **EM3:** 175
as filler **EM3:** 177
Wood
abrasive machining usage **A5:** 91
as pattern material **A15:** 194, 243
brewery use **A13:** 1221
substrate cure rate and bond strength for cyanoacrylates **EM3:** 129
surface parameter **EM3:** 41
thermal expansion rate **M7:** 611
versus tile whiteware **EM4:** 929
Wood Adhesives—Chemistry and Technology **EM3:** 69
Wood and Wood Products Redbook **EM3:** 71
Wood and wood-base products
PCD tooling **A16:** 110
Wood (clean)
friction coefficient data **A18:** 75
Wood, compressed
carbides for machining **A16:** 75
Wood failure **EM3:** 31
Wood flour **EM3:** 175
as extender **EM3:** 176
as sand addition **A15:** 211
Wood laminate **EM3:** 31
Wood laminates
as pattern material **A15:** 194
Wood, particle board
PCD tooling **A16:** 110
Wood products
analytic methods for **A10:** 9
engineered material classes included in material property charts **A20:** 267
fracture toughness vs. strength **A20:** 267, 272–273, 274
fracture toughness vs. Young's modulus . . **A20:** 267, 271–272, 273
linear expansion coefficient vs. Young's modulus **A20:** 267, 276–277, 278
loss coefficient vs. Young's modulus **A20:** 267, 273–275
strength vs. density **A20:** 267–269
Young's modulus vs. density . . . **A20:** 266, 267, 268, 289
Young's modulus vs. strength . . . **A20:** 267, 269–271
Wood screw quality carbon steel wire rod **M1:** 254
Wood screw quality rod **A1:** 273
Wood veneer **EM3:** 31
Wood/acrylonitrile-butadiene-styrene
acrylic properties **EM3:** 122
Wood/wood
acrylic properties **EM3:** 122
Woods
drilling **A16:** 226, 229
engineered material classes included in material property charts **A20:** 267
for windsurfer masts **A20:** 290
fracture toughness vs.
density **A20:** 267, 269, 270
strength **A20:** 267, 272–273, 274
Young's modulus **A20:** 267, 271–272, 273
grinding (sanding) **A16:** 435
linear expansion coefficient vs. thermal conductivity **A20:** 267, 276, 277
linear expansion coefficient vs. Young's modulus **A20:** 267, 276–277, 278
loss coefficient vs. Young's modulus **A20:** 267, 273–275
normalized tensile strength vs. coefficient of linear thermal expansion **A20:** 267, 277–279
sources of materials data **A20:** 499
specific modulus vs. specific strength **A20:** 267, 271, 272
thermal conductivity vs. thermal diffusivity **A20:** 267, 275–276
Young's modulus vs.
density **A20:** 266, 267, 268, 289
elastic limit **A20:** 287
strength **A20:** 267, 269–271
Wood's Nickel
strikes as plating for **EL1:** 679
Wood's plating **A5:** 782
Woodworking
market **EM3:** 46
Woody fractures
alloy steels **A12:** 319, 333
appearance, in tensile fractures **A12:** 104
high-carbon steels **A12:** 281
in iron **A12:** 224
in wrought iron **A12:** 224
studies **A12:** 1–3
surface, tool steels **A12:** 375
Woof *See* Weft
Wool fiberglas
defect inclusion levels **EM4:** 392
Wool wire **A1:** 852
Worcra process **EM4:** 903
Word processors
P/M parts for **M7:** 667
Word stimulators **A20:** 43–44
Work
SI unit/symbol for **A8:** 721
Work angle
definition **M6:** 20
Work coil
definition **M6:** 20

SUBJECTS OF THE INDEXED VOLUMES: ASM Handbook (designated by the letter "A"): **A1:** Properties and Selection: Irons, Steels, and High-Performance Alloys (1990); **A2:** Properties and Selection: Nonferrous Alloys and Special-Purpose Materials (1990); **A3:** Alloy Phase Diagrams (1992); **A4:** Heat Treating (1991); **A5:** Surface Engineering (1994); **A6:** Welding, Brazing, and Soldering (1993); **A7:** Powder Metal Technologies and Applications (1998); **A8:** Mechanical Testing (1985); **A9:** Metallography and Microstructures (1985); **A10:** Materials Characterization (1986); **A11:** Failure Analysis and Prevention (1986); **A12:** Fractography (1987); **A13:** Corrosion (1987); **A14:** Forming and Forging (1988); **A15:** Casting (1988); **A16:** Machining (1989); **A17:** Nondestructive Evaluation and Quality Control (1989); **A18:** Friction, Lubrication, and Wear Technology (1992); **A19:** Fatigue and Fracture (1996); **A20:** Materials Selection and Design (1997). **Metals Handbook, 9th Edition** (designated by the letter "M"): **M1:** Properties and Selection: Irons and Steels (1978); **M2:** Properties and Selection: Nonferrous Alloys and Pure Metals (1979); **M3:** Properties and Selection: Stainless Steels, Tool Materials, and Special-Purpose Materials (1980); **M4:** Heat Treating (1981); **M5:** Surface Cleaning, Finishing, and Coating (1982); **M6:** Welding, Brazing, and Soldering (1983); **M7:** Powder Metallurgy (1984). **Engineered Materials Handbook** (designated by the letters "EM"): **EM1:** Composites (1987); **EM2:** Engineering Plastics (1988); **EM3:** Adhesives and Sealants (1990); **EM4:** Ceramics and Glasses (1991). **Electronic Materials Handbook** (designated by the letters "EL"): **EL1:** Packaging (1989)

Work connection
definition **A6:** 1215, **M6:** 20
Work envelope
coordinate measuring machines **A17:** 19
Work factor **A20:** 677
defined **A18:** 21
Work flow
in computer-aided design (CAD) **EL1:** 528–529
Work function change as a function of mass deposited
to determine nucleation density **A5:** 541
Work hardening *See also* Strain hardening . . . **A20:** 341, 342, 343, 346–347, 732, 733, **EM3:** 31
and creep **A8:** 305, 309
and flow stress **M7:** 300
and green strength **M7:** 302
and recovery, in creep **A8:** 301–302
by abrasive waterjet cutting **A14:** 752
defined **A8:** 301, **A13:** 14, **EM1:** 26, **EM2:** 46
definition **A20:** 843
effect on fatigue strength **A11:** 119
effect on microstructure during creep **A8:** 305
for embrittlement, in loose powder compaction **M7:** 298
in austenitic manganese steel **A1:** 831–832
in cold-formed parts **A11:** 308
in dual-phase steels **A1:** 424, 426
in early casting **A15:** 16
in hardness testing **A8:** 71
in three-roll forming **A14:** 620
material, stress distribution in torsion testing of **A8:** 140
of heat-resistant alloys **A14:** 779
of metals **A14:** 299–300
of platinum dispersion-strengthened alloys **M7:** 722
rate, and fatigue **A11:** 102
vs. extrusion ratio **A14:** 300
Work hardening coefficient *See also* n value; Strain hardening coefficient
of sheet metals **A8:** 555, 556
Work hardening coefficient (n) **A20:** 347
Work hardening exponent *See* n value; Work hardening coefficient
Work lead
definition **A6:** 1215, **M6:** 20
Work materials *See* Work metal
Work metal *See also* Die materials; Tool materials; Workpiece(s)
aluminum alloy, for drop hammer forming **A14:** 656
and die life **A14:** 57
composition, effect, contour roll forming . . **A14:** 624
contour roll forming **A14:** 624–635
finish, and press-brake forming **A14:** 540
for blanking **A14:** 449
for fine-edge blanking and piercing . . **A14:** 472–473
for hot upset forging **A14:** 83
for press forming **A14:** 504
hardness, piercing effects **A14:** 462
HERF processing **A14:** 105
magnesium alloy, for drop hammer forming **A14:** 656–657
preparation, cold heading **A14:** 293
press-brake forming **A14:** 533
properties, spinning effects **A14:** 604
thickness, blanking effects **A14:** 456
thickness, press forming **A14:** 548–549
three-roll forming **A14:** 616
variables, in tube spinning **A14:** 678
Work of adhesion **A18:** 435, **EM3:** 623–624
Work of cohesion **A18:** 399, 400, 403
Work of fracture **EM4:** 36
Work of pullout **A20:** 661
Work rolls
for ring rolling **A14:** 124–125
in roll compacting **M7:** 406
Work softening **A20:** 343
Workability *See also* Bulk formability of steels; Bulk workability; Bulk workability testing; Ductility; Forgeability; Formability; Intrinsic workability; Plastic deformation; Workability tests; Workability theory **A20:** 731, 734, 735–736, 737, 739–740
alloys containing elements forming insoluble compounds **A8:** 575
alloys forming ductile second phase on cooling **A8:** 165, 575
alloys forming low-melting second phase on heating **A8:** 165, 575
alloys with elements forming soluble compounds **A8:** 575
and compressive stress **A8:** 576
and failure **A8:** 154
and flow stress as function of temperature **A14:** 166–170
and fracture **A8:** 154, 571–573, 577
and reduction in area rating scale **A8:** 586
and strain **A8:** 166–168, 572, 574–575
and stress state **A8:** 572, 576
and temperature **A8:** 165, 178, 572, 574–575
and torsion testing **A8:** 155–160
application, bulk forming processes . . **A14:** 388–404
application of torsion test to determine **A8:** 154–184
as material factor **A20:** 297
assessment of bulk **A8:** 577–578
behaviors of alloy systems **A8:** 165
bulk **A8:** 571–597
common specimen shapes for **A8:** 156
computer-aided finite element analysis of plastic deformation and heat flow **A8:** 577
criteria for centerbursting in aluminum alloy **A8:** 577–578
data, for forging process design **A14:** 439–441
defined **A8:** 154, 571, **A14:** 19, 159, 363
definition **A20:** 843
diagram, for free surface fracture **A14:** 19–20
die chilling simulation effects, multiphase alloys **A8:** 180
dynamic material modeling of **A14:** 370–371
evaluating **A8:** 571–578
flow localization analyses **A8:** 169–173, 573
fracture criteria **A14:** 370
fracture mechanisms **A14:** 363–364
friction **A8:** 575–576
gage length and failure **A8:** 156
grain size and structure **A8:** 573–574
in closed-die forging **A8:** 590–591
in drawing **A8:** 592–593
in extrusion and drawing **A8:** 591–593
in rolling **A8:** 593–596
insoluble compound alloys **A8:** 165
introduction **A14:** 363–372
limits, cold rolling **A8:** 594
material factors affecting **A8:** 155, 571–574, **A14:** 363–367
measurement and prediction of deformation limits before fracture **A8:** 571
measuring flow-localization-controlled **A8:** 169
metallurgical considerations **A8:** 573–574
microstructure development during deformation **A8:** 173–178
nonisothermal upset test **A8:** 588
of alloy systems, various **A8:** 575
of alloys forming brittle second phase on cooling **A8:** 165, 575
of alloys forming ductile second phase on heating **A8:** 165, 575
of cast and wrought metals at varied temperatures **A8:** 574
of heat-resistant alloys **A14:** 232
of porous preforms **A14:** 193
of titanium alloys **A14:** 838
platinum **A2:** 709
platinum-rhodium alloys **A2:** 710
prediction *See* Workability tests
process variables controlling **A8:** 574–577, **A14:** 367–370
pure metal **A8:** 165, 574–575
single-phase alloy **A8:** 165, 474–475
soluble compound alloys **A8:** 165
stainless steel **A8:** 166
temperature dependence for alloys **A8:** 165
tests **A14:** 373–387
tests for forging **A8:** 587–591
theory, bulk forming processes **A14:** 388–404
thin-walled tubular specimen **A8:** 156
warm, carbon content effects **A14:** 174
wrought aluminum and aluminum alloys **A2:** 30–32, 111
yielding **A8:** 576–577
ZGS platinum **A2:** 714
Workability line **A7:** 809
Workability parameter
β **A20:** 304–305
Workability test
Lee-Kuhn **M7:** 410, 411
Workability tests
bend test **A14:** 377
compression process analysis **A14:** 376–377
compression test **A14:** 374–375
ductility testing **A14:** 376
for flow localization **A14:** 384–385
forgeability **A14:** 382–384
forging defects **A14:** 385–386
hot tension testing **A14:** 381–382
plain-strain compression test **A14:** 377–379
plastic instability in compression **A14:** 376–377
primary **A14:** 373–377
ring compression test **A14:** 379–381
secondary-tension test **A14:** 379
specialized **A14:** 377–382
tension test **A14:** 373
torsion test **A14:** 373–374
Workability theory
and applications **A14:** 396–403
empirical criterion of fracture **A14:** 389–393
fracture models and criteria **A14:** 393–396
in bulk forming processes **A14:** 388
stress and strain states **A14:** 388–389
Work-hardened aluminum alloys
identification of temper **A9:** 358
Workhardening *See also* Strain hardening
in plastic deformation **A9:** 685
Work-hardening coefficient in the shear stress/shear strain flow equation **A18:** 34
Work-hardening exponent **A7:** 808, **A20:** 732, 733
Working
fluids, as corrosive **A11:** 209
mechanical, banding from **A11:** 315
of platinum group metals **A14:** 849–851
superficial, brittle fracture from **A11:** 327
Working channels
in borescopes/fiberscopes **A17:** 8
Working curves
low- and elevated- temperature design properties **A8:** 670–671
Working distance **A18:** 378
Working distance of objective lenses **A9:** 73
defined **A9:** 19
Working distance (WD)
secondary electron imaging (SEI) . . **EL1:** 1096–1097
Working electrode *See also* Electrodes; Reference electrodes
defined **A13:** 14
Working gas **A5:** 575
Working hardness
for coining **A14:** 182
Working length
of borescopes **A17:** 9
of videoscopes **A17:** 7
Working life *See also* Gelation time; Pot; Pot life **EM3:** 31
defined **EM1:** 26, **EM2:** 46
Working stress
polyaryl sulfones (PAS) **EM2:** 145
Workpiece *See also* Specimen
cylindrical, Rockwell correction factors for . . **A8:** 82
for Brinell testing **A8:** 84
for Scleroscope hardness testing **A8:** 105
mounting, Rockwell hardness testing **A8:** 80
primary and secondary deformation processes **M7:** 522
surface finish, for Scleroscope hardness testing **A8:** 105
thermocouple installation for hot isostatic pressing cycles **M7:** 438
thickness, in Brinell test **A8:** 85, 88
with curved surfaces, Rockwell hardness testing of **A8:** 81, 83
Workpiece flow strength
nomenclature for lubrication regimes **A18:** 90
Workpiece lead
definition **A6:** 1215
Workpiece(s) *See also* Die materials; Shapes; Tool materials; Work metal
asymmetrical, drawing of **A14:** 586
complex, for cold heading **A14:** 294
configuration, radial forging **A14:** 17
configuration, rotary forging **A14:** 176–177

Workpiece(s) (continued)
constitutive response, data base **A14:** 412
deformation, schematic **A14:** 178
design, and die life **A14:** 57
detail, in coining **A14:** 180
drawn, expanding of **A14:** 586–587
ejection, deep drawing **A14:** 587
electromagnetic forming **A14:** 645
feeding, in rotary swaging **A14:** 134
for multiple-slide forming **A14:** 567
handling equipment for **A14:** 63
hardness, electric current effects **A17:** 110
heated, for beryllium forming **A14:** 806
large, hot upset forging of **A14:** 93
long, rotary swaging tools for **A14:** 134
magnesium alloy, heating of **A14:** 826
multicolored, for physical modeling **A14:** 437
precleaning, for liquid penetrant
inspection **A17:** 80–82
preparation, for coining **A14:** 180
rotation, rotary swaging **A14:** 129
shape, for press forming **A14:** 549
size, for coining **A14:** 180
swaged **A14:** 128, 141
tapered aluminum, swaged **A14:** 141
temperature, as critical forging factor **A14:** 231
temperature, precision forging **A14:** 161–162
thermophysical properties, data base **A14:** 412
tolerance, and die life **A14:** 57
unacceptable, by liquid penetrant
inspection **A17:** 86
with flanges, drawing of **A14:** 585–586
workability, in precision forging **A14:** 159
World Materials Congress **EM3:** 71
World War II liberty ships **A19:** 371
World Wide Web (WWW) **A20:** 25, 26, 312
Worm gears
and worm gear sets **A11:** 586–589
Worm holes **A6:** 408
Wormhole porosity
in weldments **A17:** 583
Worn parts
laboratory examination **A11:** 156–158
Worth **A20:** 263
Woven broad goods **EM1:** 125–127
Woven fabric
damping in **EM1:** 213
defined **EM1:** 26, **EM2:** 46
prepregs **EM1:** 148–150
tests for **EM1:** 291
Woven fabric prepregs **EM1:** 148–150
fabric construction **EM1:** 148–149
fabric mechanical properties **EM1:** 150
fabric prepreg forms **EM1:** 149
fabrication techniques **EM1:** 150
hybrids **EM1:** 149–150
resin application **EM1:** 149
Woven fabric properties
aramid fibers **EL1:** 615
Woven fibrous composites
damping analysis of **EM1:** 213
Woven preforms
multidirectional carbon/carbon
composite **EM1:** 915–917
Woven roving *See also* Roving; Rovings . . **EM1:** 114
and fiberglass mat **EM1:** 109
defined **EM1:** 26, **EM2:** 46
fiberglass, production process **EM1:** 109
Woven-wire fence
steel **M1:** 271
Wrap bending test devices **A8:** 125
Wrap dies
for precision forging **A14:** 52
Wrap forming *See* Stretch forming
Wrap seam
defined **EM2:** 46
Wrap-around bend
defined **EM2:** 46
Wrapped bush (bearing)
defined **A18:** 21
Wrapping
for composite tube **EM1:** 569–572
stretch **A14:** 594
WRC-1988 diagram **A6:** 457, 501, 678, 680, 686, 687, 688, 693, 703, 818–819, 825
WRC-1992 diagram . . **A6:** 82, 83, 457, 459, 460–461, 462, 463, 471, 473, 501, 678, 679, 680, 681, 685, 811, 812, 819, 823, 825
Wrinkle
defined **EM1:** 26, **EM2:** 46
Wrinkle depression
defined **EM2:** 46
Wrinkles
in adhesive-bonded joints **A17:** 613
in pipe **A11:** 704
Wrinkling **A20:** 743
and fracture limits, conical cup drawing . . . **A8:** 564
and material properties **A8:** 552, **A14:** 881
and true compressive hoop strain **A8:** 564
as formability problem **A8:** 548
defined **A8:** 15, **A14:** 14
effect of *n* value in **A8:** 551
in sheet metal forming **A8:** 548
sheet metal **A14:** 878
strains, on forming limit diagram **A8:** 564
tests **A14:** 892–893
tests for **A8:** 563–564
Wrist pin bearing
defined **A18:** 21
Written material
products liability **A20:** 150
Wrought
aluminum, torsional stress vs. life in high-cycle
regime **A8:** 150
grain structure, at varied temperatures **A8:** 574
iron, ultimate shear stress for **A8:** 148
metal, and cast metal workability at varied
temperatures **A8:** 574
nonferrous metals, Brinell test application . . . **A8:** 89
steel, strain-life curve for **A8:** 573–574
Wrought alloys
aluminum **M2:** 44–62
anisotropy of **A14:** 367
corrosion testing **A13:** 193–194
for wires **A13:** 1356
grain refining of **A15:** 479–480
intergranular corrosion evaluation **A13:** 240
prehistoric **A15:** 15
weldability **A15:** 535
zinc **M2:** 635–637
Wrought aluminum *See also* Aluminum; Aluminum alloys; Aluminum alloys, specific types; Wrought aluminum alloys; Wrought aluminum alloys, specific types
designation system **A2:** 15
properties **A2:** 62–122
Wrought aluminum alloy series, 1*xxx* through 7*xxx*
characteristics **A2:** 29, 32–33
Wrought aluminum alloys *See also* Aluminum; Aluminum alloys; Aluminum alloys, specific types; Cast aluminum; Cast aluminum alloys; Wrought aluminum; Wrought aluminum alloys, specific types **M7:** 525–527
alloy designation series **A2:** 29, 32–33
alloying, general effects **A2:** 44–46
antimony alloying **A2:** 46
applications **A2:** 29–32
arsenic alloying **A2:** 46
atmospheric corrosion **A13:** 596, 600
bend properties **A2:** 58
beryllium alloying **A2:** 46
bismuth alloying **A2:** 46
boron alloying **A2:** 46–47
cadmium alloying **A2:** 47
calcium alloying **A2:** 47
carbon alloying **A2:** 47
chromium alloying **A2:** 47
cliffs **A12:** 418
cobalt alloying **A2:** 47
composition and microstructure corrosion
effects **A13:** 585–587
compositions **A2:** 17–21
compositions of **A9:** 359, **M7:** 526
copper alloying **A2:** 47–51
copper-magnesium alloying **A2:** 48
corrosion characteristics **A2:** 30–32
design of shapes **A2:** 34–36
designation system **A2:** 15
electrical and thermal conductivity **M7:** 742
elevated-temperature properties **A2:** 59
extrusions, fibrous interior structure **A12:** 416
fabrication characteristics **A2:** 30–32
fatigue behavior **A2:** 59
fatigue crack growth **A2:** 59
flowchart of processing techniques **M7:** 527
formability **A2:** 41–42
fractographs **A12:** 414–439
fracture toughness **A2:** 42–44, 58–60
fracture/failure causes illustrated **A12:** 217
gallium alloying **A2:** 51
general corrosion resistance ratings **A13:** 586
heat-treatable commercial, solution
potentials **A13:** 584
heat-treatable, strengthening **A2:** 39–41
hydrogen alloying **A2:** 51
indium alloying **A2:** 51–52
iron alloying **A2:** 52
lead alloying **A2:** 52
lithium alloying **A2:** 52
low-temperature properties **A2:** 59–60
magnesium alloying **A2:** 52–53
magnesium-manganese alloying **A2:** 52
magnesium-silicide alloying **A2:** 52–53
manganese alloying **A2:** 53–54
mechanical property limits **A2:** 57
mercury alloying **A2:** 54
mill products, types **A2:** 33–34
molybdenum alloying **A2:** 54
niobium alloying **A2:** 54
nomenclatures **A2:** 4
nonheat-treatable commercial, solution
potentials **A13:** 584
non-heat-treatable, strengthening **A2:** 37–39
phases in aluminum alloys **A2:** 36–37
phosphorus alloying **A2:** 54
physical metallurgy **A2:** 36–57
physical properties **A2:** 45–46
processing of **M7:** 525–527
properties of **A2:** 57–60, 62–122
SCC ratings **A13:** 593
silicon alloying **A2:** 54–55
silver alloying **A2:** 55
specific alloying elements and
impurities **A2:** 46–57
strengthening mechanisms **A2:** 37–41
strontium alloying **A2:** 55
sulfur alloying **A2:** 55
superelastic eutectic, tensile-overload
fracture **A12:** 437
tin alloying **A2:** 55
values, typical **A2:** 57
vanadium alloying **A2:** 55
zinc-magnesium alloying **A2:** 55–56
zinc-magnesium-copper alloying **A2:** 56
zirconium alloying **A2:** 56–57
Wrought aluminum alloys, specific types *See also* Aluminum; Aluminum alloys; Wrought aluminum; Wrought aluminum alloys; Wrought aluminum, specific types
67Al-33Cu, tensile overload fracture **A12:** 437
1100, fractured by gas explosion **A12:** 414
2011, applications and properties **A2:** 66–67
2014 Alclad, applications and properties **A2:** 67–68
2014, applications and properties **A2:** 67–68
2014-T6, fatigue fracture **A12:** 415–416

SUBJECTS OF THE INDEXED VOLUMES: ASM Handbook (designated by the letter "A"): **A1:** Properties and Selection: Irons, Steels, and High-Performance Alloys (1990); **A2:** Properties and Selection: Nonferrous Alloys and Special-Purpose Materials (1990); **A3:** Alloy Phase Diagrams (1992); **A4:** Heat Treating (1991); **A5:** Surface Engineering (1994); **A6:** Welding, Brazing, and Soldering (1993); **A7:** Powder Metal Technologies and Applications (1998); **A8:** Mechanical Testing (1985); **A9:** Metallography and Microstructures (1985); **A10:** Materials Characterization (1986); **A11:** Failure Analysis and Prevention (1986); **A12:** Fractography (1987); **A13:** Corrosion (1987); **A14:** Forming and Forging (1988); **A15:** Casting (1988); **A16:** Machining (1989); **A17:** Nondestructive Evaluation and Quality Control (1989); **A18:** Friction, Lubrication, and Wear Technology (1992); **A19:** Fatigue and Fracture (1996); **A20:** Materials Selection and Design (1997). **Metals Handbook, 9th Edition** (designated by the letter "M"): **M1:** Properties and Selection: Irons and Steels (1978); **M2:** Properties and Selection: Nonferrous Alloys and Pure Metals (1979); **M3:** Properties and Selection: Stainless Steels, Tool Materials, and Special-Purpose Materials (1980); **M4:** Heat Treating (1981); **M5:** Surface Cleaning, Finishing, and Coating (1982); **M6:** Welding, Brazing, and Soldering (1983); **M7:** Powder Metallurgy (1984). **Engineered Materials Handbook** (designated by the letters "EM"): **EM1:** Composites (1987); **EM2:** Engineering Plastics (1988); **EM3:** Adhesives and Sealants (1990); **EM4:** Ceramics and Glasses (1991). **Electronic Materials Handbook** (designated by the letters "EL"): **EL1:** Packaging (1989)

2014-T6 heat-treated forging, fatigue fracture . . . A12: 417
2017, applications and properties . . . A2: 68, 70
2024 Alclad, applications and properties A2: 70–71
2024, applications and properties . . . A2: 70–71
2024-T3, dimple rupture . . . A12: 417
2024-T3, fatigue fracture . . . A12: 418
2025-T6, corrosion pit and tool mark fracture . . . A12: 419
2025-T6, fatigue failure by inadequate shot peening . . . A12: 420
2036, applications and properties . . . A2: 71–72
2048, applications and properties . . . A2: 74
2124, applications and properties . . . A2: 74–75
2218, applications and properties . . . A2: 75, 77–78
2219 Alclad, applications and properties A2: 79–80
2219, applications and properties . . . A2: 79–80
2319, applications and properties . . . A2: 80–81
2618, applications and properties . . . A2: 81–82
3003 Alclad, applications and properties A2: 82–84
3003, applications and properties . . . A2: 82–84
3105, applications and properties . . . A2: 87
4032, applications and properties . . . A2: 87–88
4043, applications and properties . . . A2: 88–89
5005, applications and properties . . . A2: 89
5050, applications and properties . . . A2: 89–90
5052, applications and properties . . . A2: 90–91
5056 Alclad, applications and properties A2: 91–92
5056, applications and properties . . . A2: 91–92
5083, applications and properties . . . A2: 92–93
5086 Alclad, applications and properties A2: 93–94
5086, applications and properties . . . A2: 93–94
5154, applications and properties . . . A2: 94–95
5182, applications and properties . . . A2: 95
5252, applications and properties . . . A2: 95–96
5254, applications and properties . . . A2: 96–97
5356, applications and properties . . . A2: 97
5454, applications and properties . . . A2: 97–98
5456, applications and properties . . . A2: 98–99
5456, laser beam weld, ductile fracture . . . A12: 422
5457, applications and properties . . . A2: 99–100
5652, applications and properties . . . A2: 100
5657, applications and properties . . . A2: 100
6005, applications and properties . . . A2: 100–101
6009, applications and properties . . . A2: 101
6010, applications and properties . . . A2: 101–102
6061 Alclad, applications and properties . . . A2: 102–103
6061, applications and properties . . . A2: 102–103
6063, applications and properties . . . A2: 103–104
6066, applications and properties . . . A2: 104–105
6080, applications and properties . . . A2: 105
6101, applications and properties . . . A2: 105–106
6151, applications and properties . . . A2: 106
6201, applications and properties . . . A2: 106–107
6205, applications and properties . . . A2: 107
6262, applications and properties . . . A2: 107
6351, applications and properties . . . A2: 107–108
6463, applications and properties . . . A2: 108
7005, applications and properties . . . A2: 108–109
7039, applications and properties . . . A2: 109–111
7049, applications and properties . . . A2: 111–113
7050, applications and properties . . . A2: 113–114
7050-T7, fatigue fracture from cyclic stress . . . A12: 421
7072, applications and properties . . . A2: 114–115
7075 Alclad, applications and properties . . . A2: 115–116
7075, applications and properties . . . A2: 115–116
7075-T6, brittle fracture . . . A12: 424
7075-T6, cleavage fracture . . . A12: 424, 430
7075-T6, cold shut fracture . . . A12: 435
7075-T6, cone-shaped fracture surface . . . A12: 426
7075-T6, corrosion and leaves . . . A12: 433
7075-T6, corrosion fatigue fracture, ductile striations . . . A12: 431, 432
7075-T6, corrosion fatigue with brittle striations . . . A12: 430, 432
7075-T6, corrosion-fatigue fracture . . . A12: 430–433
7075-T6, fatigue fracture . . . A12: 427, 429
7075-T6, fatigue fracture by cyclic stress . . A12: 430
7075-T6, high-cycle fatigue fracture . . . A12: 426
7075-T6, intergranular and stress-corrosion cracking . . . A12: 434
7075-T6, intergranular fracture . . . A12: 431
7075-T6, solidification porosity . . . A12: 431
7075-T6, stress-corrosion cracking . . . A12: 433–436
7075-T6, stretching and serpentine glide . . A12: 434
7075-T6, tension-overload fracture . . . A12: 423–425
7075-T6, tension-overload plane-strain fracture . . . A12: 423
7075-T736 forging, effect of peening on dross inclusion . . . A12: 422
7076, applications and properties . . . A2: 116–118
7090, composition . . . M7: 526
7091, composition . . . M7: 526
7175, applications and properties . . . A2: 118
7175-T736 forging, fatigue fracture by dross inclusion . . . A12: 422
7178 Alclad, applications and properties . . . A2: 119
7178, applications and properties . . . A2: 119
7475, applications and properties . . . A2: 119, 121–122
7475-T6, corrosion fatigue fracture . . . A12: 432
9052, composition . . . M7: 526
Al-5.6Zn-1.9Mg, corrosion-fatigue fracture . . . A12: 438
Al-5.6Zn-1.9Mg, fatigue crack propagation . . . A12: 439
Al-5.6Zn-1.9Mg, fatigue crack tip deformation . . . A12: 438
Al-5.6Zn-1.9Mg, transgranular corrosion fatigue crack propagation . . . A12: 438
Al-C, composition . . . M7: 526
Al-Cu-C, composition . . . M7: 526
Al-Fe-Ce, composition . . . M7: 526
Al-Fe-Co, composition . . . M7: 526
Al-Fe-Cr, composition . . . M7: 526
Al-Li, composition . . . M7: 526
Al-Mg-C, composition . . . M7: 526
IN-9021, composition . . . M7: 526
IN-9051, composition . . . M7: 526

Wrought aluminum and aluminum alloys
cleaning and finishing . . . M5: 574, 576, 583, 588, 597, 603–604, 606

Wrought aluminum, specific types
1050, applications and properties . . . A2: 62
1060, applications and properties . . . A2: 62–63
1100, applications and properties . . . A2: 63–64
1145, applications and properties . . . A2: 64
1199, applications and properties . . . A2: 64–65
1350, applications and properties . . . A2: 65–66

Wrought beryllium-copper alloys *See also* Beryllium-copper alloys
age hardening . . . A2: 236
composition . . . A2: 403
high-conductivity, age hardening . . . A2: 406–407
high-strength, age hardening . . . A2: 406
high-strength, composition . . . A2: 403–404
high-strength, mechanical properties . . . A2: 409
mechanical properties . . . A2: 409
stamped, cold formed . . . A2: 403

Wrought beryllium-nickel alloys *See also* Beryllium-nickel alloys
fabrication characteristics . . . A2: 424
mechanical and physical properties . . . A2: 423–424

Wrought carbon steels
stress-corrosion cracking in . . . A11: 214–215

Wrought cobalt-base alloys
as implant materials . . . A11: 672

Wrought cobalt-base superalloys
alloying elements, effect of . . . A1: 951
applications for . . . A1: 950, 967–968
compositions of . . . A1: 965
mechanical properties
  stress-rupture properties . . . A1: 957, 962, 967
  tensile properties . . . A1: 958–959, 960–961
melting (incipient) temperatures . . . A1: 956
microstructure . . . A1: 965–967
oxidation and hot corrosion . . . A1: 968
physical properties . . . A1: 963–964

Wrought commercial purity titanium
specific types . . . M7: 475

Wrought copper alloys . . . A13: 617–618, 629

Wrought copper products *See also* Copper; Copper alloys; Copper alloys, specific types; Wrought copper alloys; Wrought copper alloys, specific types; Wrought coppers; Wrought coppers, specific types
applications . . . A2: 241
sheet and strip . . . A2: 241–248
stress-relaxation characteristics . . . A2: 260–263
tubular products . . . A2: 248–250
wire and cable . . . A2: 250–260

Wrought copper sheet and strip
annealing . . . A2: 245–247
casting in book molds . . . A2: 242
cleaning . . . A2: 247
cold rolling to final thickness . . . A2: 244–245
horizontal continuous casting . . . A2: 243
hot rolling . . . A2: 243
melting . . . A2: 242
milling or scalping . . . A2: 243–244
raw materials . . . A2: 241–242
semicontinuous and continuous casting . . . A2: 243
slitting, cutting and leveling . . . A2: 247–248
stress relief . . . A2: 247
vertical direct-chill (DC) semicontinuous casting . . . A2: 243
vertical semicontinuous casting . . . A2: 243

Wrought copper tubular products
applications . . . A2: 248
cold drawing . . . A2: 250
extrusion . . . A2: 249
joints in . . . A2: 249
product specifications . . . A2: 250
production of finished tubes . . . A2: 250
production of tube shells . . . A2: 249–250
tube properties . . . A2: 249
tube reducing . . . A2: 250

Wrought copper wire and cable
copper classifications, for conductors . . . A2: 251
history . . . A2: 250
  insulation and jacketing . . . A2: 258–260
round wire . . . A2: 251–252
square and rectangular wire . . . A2: 252
stranded wire . . . A2: 252–253
tin-coated wire . . . A2: 253
wire and cable classifications . . . A2: 251–253
wire rod, fabrication of . . . A2: 253–255
wiredrawing and wire stranding . . . A2: 255–258

Wrought coppers
applications . . . A2: 220–223
availability . . . A2: 216
properties . . . A2: 217–219

Wrought coppers and copper alloys
alloy systems . . . A2: 238
aluminum bronze, applications and properties . . . A2: 325–333
availability . . . A2: 216
beryllium-copper, applications and properties . . . A2: 284–290
brasses, applications and properties . . . A2: 298–321
bronzes, applications and properties . . A2: 296–298, 312–321
color-controlled . . . A2: 234
copper-nickel, applications and properties . . . A2: 338–341
corrosion ratings . . . A2: 229–230
free-machining, applications and properties . . . A2: 277–280, 291–292
nickel-silver alloys, applications and properties . . . A2: 342–345
oxygen free, applications and properties . . . A2: 265–269
phosphor bronze, applications and properties . . . A2: 322–325
properties . . . A2: 217–219, 265–345
silicon bronze, applications and properties . . . A2: 334–336
temper designations . . . A2: 234
tough pitch, applications and properties . . . A2: 269–276

Wrought coppers and copper alloys, specific types
See also Wrought coppers and copper alloys
C10100, applications and properties . . . A2: 265
C10200, applications and properties . . . A2: 265
C10300, applications and properties . . A2: 265, 267
C10400, applications and properties . . A2: 267–268
C10500, applications and properties . . A2: 267–268
C10700, applications and properties . . A2: 267–268
C10800, applications and properties . . A2: 268–269
C11000, applications and properties . . A2: 269–272
C11100, applications and properties . . A2: 272–274
C11300, applications and properties . . A2: 274–275
C11400, applications and properties . . A2: 274–275
C11600, applications and properties . . A2: 274–275
C12500, applications and properties . . A2: 275–277
C12700, applications and properties . . A2: 275–277
C12800, applications and properties . . A2: 275–277
C12900, applications and properties . . A2: 275–277

Wrought coppers and copper alloys, specific types

Wrought coppers and copper alloys, specific types (continued)

C14300, applications and properties. **A2:** 277
C14500, applications and properties . . **A2:** 277–278
C14700, applications and properties . . **A2:** 278–280
C15000, applications and properties . . **A2:** 280–281
C15100, applications and properties. **A2:** 281
C15500, applications and properties . . **A2:** 281–282
C15710, applications and properties. **A2:** 282
C15720, applications and properties . . **A2:** 282–283
C15735, applications and properties. **A2:** 283
C16200, applications and properties . . **A2:** 283–284
C17000, applications and properties . . **A2:** 284–285
C17200, applications and properties . . **A2:** 285–287
C17300, applications and properties . . **A2:** 285–287
C17410, applications and properties . . **A2:** 287–288
C17500, applications and properties . . **A2:** 288–289
C17600, applications and properties . . **A2:** 289–290
C18100, applications and properties. **A2:** 290
C18200, applications and properties . . **A2:** 290–291
C18400, applications and properties . . **A2:** 290–291
C18500, applications and properties . . **A2:** 290–291
C18700, applications and properties . . **A2:** 291–292
C19200, applications and properties. **A2:** 292
C19210, applications and properties . . **A2:** 292–293
C19400, applications and properties . . **A2:** 293–294
C19500, applications and properties. **A2:** 294
C19520, applications and properties . . **A2:** 294–295
C19700, applications and properties. **A2:** 295
C21000, applications and properties . . **A2:** 295–296
C22000, applications and properties . . **A2:** 296–297
C22600, applications and properties . . **A2:** 297–298
C23000, applications and properties . . **A2:** 298–299
C24000, applications and properties . . **A2:** 299–300
C26000, applications and properties . . **A2:** 300–302
C26800, applications and properties . . **A2:** 302–304
C27000, applications and properties . . **A2:** 302–304
C28000, applications and properties . . **A2:** 302–305
C31400, applications and properties. **A2:** 305
C31600, applications and properties . . **A2:** 305–306
C33000, applications and properties. **A2:** 306
C33200, applications and properties . . **A2:** 306–307
C33500, applications and properties. **A2:** 307
C34000, applications and properties . . **A2:** 307–308
C34200, applications and properties . . **A2:** 308–309
C34900, applications and properties. **A2:** 309
C35000, applications and properties. **A2:** 309
C35300, applications and properties . . **A2:** 308–309
C35600, applications and properties. **A2:** 310
C36000, applications and properties . . **A2:** 310–311
C36500, applications and properties. **A2:** 311
C36600, applications and properties. **A2:** 311
C36700, applications and properties. **A2:** 311
C36800, applications and properties. **A2:** 311
C37000, applications and properties. **A2:** 311
C37700, applications and properties. **A2:** 312
C38500, applications and properties . . **A2:** 312–313
C40500, applications and properties. **A2:** 313
C40800, applications and properties . . **A2:** 313–314
C41100, applications and properties . . **A2:** 314–315
C41500, applications and properties. **A2:** 315
C41900, applications and properties. **A2:** 315
C42200, applications and properties . . **A2:** 315–316
C42500, applications and properties. **A2:** 316
C43000, applications and properties . . **A2:** 316–317
C43400, applications and properties. **A2:** 317
C43500, applications and properties . . **A2:** 317–318
C44300, applications and properties . . **A2:** 318–319
C44400, applications and properties . . **A2:** 318–319
C44500, applications and properties . . **A2:** 318–319
C46400, applications and properties . . **A2:** 319–320
C46600, applications and properties . . **A2:** 319–320
C46700, applications and properties . . **A2:** 319–320
C48200, applications and properties . . **A2:** 320–321
C48500, applications and properties. **A2:** 321
C50500, applications and properties . . **A2:** 321–322
C50710, applications and properties. **A2:** 322
C51000, applications and properties . . **A2:** 322–323
C51100, applications and properties. **A2:** 323
C52100, applications and properties. **A2:** 324
C52400, applications and properties . . **A2:** 324–325
C54400, applications and properties. **A2:** 325
C60600, applications and properties. **A2:** 325
C60800, applications and properties . . **A2:** 325–326
C61000, applications and properties. **A2:** 326
C61300, applications and properties . . **A2:** 326–327
C61400, applications and properties . . **A2:** 327–329
C61500, applications and properties. **A2:** 329
C62300, applications and properties . . **A2:** 329–330
C62400, applications and properties . . **A2:** 330–331
C62500, applications and properties. **A2:** 331
C63000, applications and properties . . **A2:** 331–332
C63200, applications and properties . . **A2:** 332–333
C63600, applications and properties. **A2:** 333
C63800, applications and properties . . **A2:** 333–334
C65100, applications and properties. **A2:** 334
C65400, applications and properties . . **A2:** 334–335
C65500, applications and properties. **A2:** 335
C66400, applications and properties . . **A2:** 335–336
C68800, applications and properties . . **A2:** 336–337
C69000, applications and properties. **A2:** 337
C69400, applications and properties. **A2:** 337
C70250, applications and properties . . **A2:** 337–338
C70400, applications and properties. **A2:** 338
C70600, applications and properties . . **A2:** 338–339
C71000, applications and properties. **A2:** 339
C71500, applications and properties . . **A2:** 339–340
C71900, applications and properties . . **A2:** 340–341
C72200, applications and properties. **A2:** 341
C72500, applications and properties. **A2:** 342
C74500, applications and properties . . **A2:** 342–343
C75200, applications and properties. **A2:** 343
C75400, applications and properties . . **A2:** 343–344
C75700, applications and properties. **A2:** 344
C77000, applications and properties . . **A2:** 344–345
C78200, applications and properties. **A2:** 345

Wrought duplex stainless steels *See also* Duplex stainless steels
intergranular corrosion **A13:** 127

Wrought extra-low interstitial titanium alloys for orthopedic implants. **M7:** 658

Wrought heat-resistant alloys **A9:** 305–329, **A14:** 236, 779–784
compositions **A9:** 306
etchants **A9:** 308
grinding **A9:** 305–306
macroetchants **A9:** 306
macroetching. **A9:** 305
microexamination **A9:** 307–309
microstructures. **A9:** 308–312
mounting **A9:** 305
phases **A9:** 309–312
role of alloying elements. **A9:** 309
sectioning. **A9:** 305
specimen preparation **A9:** 305–307

Wrought heat-resistant alloys, specific types
16-25-6, after forging and stress relieving. **A9:** 316–317
50Cr-50Ni, hot rolled, annealed **A9:** 324
50Cr-50Ni, sheet, annealed **A9:** 324
A-286, eta phase. **A9:** 315
A-286, microstructure **A9:** 309
A-286, solution annealed and aged. **A9:** 315
A-286, solution annealed and oil quenched **A9:** 314
AISI 650, after forging and stress relieving. **A9:** 316–317
AISI 660, eta phase **A9:** 315
AISI 660, solution annealed and aged **A9:** 315
AISI 660, solution annealed and oil quenched **A9:** 314
AISI 661, different heat treatments compared **A9:** 316
AISI 662, solution annealed, effects of different aging processes **A9:** 315
AISI 680, different heat treatments compared **A9:** 317
Alloy 600, as-forged. **A9:** 321
Alloy 625, solution annealed and air cooled. **A9:** 321
Alloy 718, different heat treatments compared. **A9:** 318–320
Astroloy, forgings, different heat treatments compared. **A9:** 320–321
Discaloy, solution annealed, effects of different aging processes **A9:** 315
Elgiloy, cold drawn, and annealed **A9:** 326
Fe-18Cr-12Ni-1Nb, Z phase in **A9:** 312
Hastelloy X, different heat treatments compared **A9:** 317
Hastelloy X, microstructure **A9:** 309
Haynes 25, different heat treatments compared. **A9:** 327–328
Haynes 25, heat treated and cold worked **A9:** 327–328
Haynes 188, cold rolled and heat treated . . **A9:** 328
Haynes 188, solution annealed and aged at different temperatures **A9:** 328
Incoloy 800, strip, mill-annealed condition **A9:** 316
Incoloy 901, heat treated, and creep tested to rupture **A9:** 316
Inconel 706, gamma double prime in. **A9:** 311
Inconel 718, gamma double prime in. **A9:** 311
Inconel 718, Laves phase in. **A9:** 312
Inconel 718, microstructure **A9:** 309
Inconel X-750, different etchants compared **A9:** 322
Inconel X-750, solution annealed and aged **A9:** 321–322
MP35N, solution annealed, air cooled, cold worked **A9:** 329
MP35N, solution annealed and aged **A9:** 329
N-155, different heat treatments compared **A9:** 316
Nimonic 80, different heat treatments compared **A9:** 322
Nimonic 80A, carbides in. **A9:** 311
Nimonic 80A, gamma prime in **A9:** 310–311
Pyromet 31, heat treated to form eta. . **A9:** 317–318
Pyromet, solution annealed and aged. **A9:** 318
René 41, different heat treatments compared **A9:** 322–323
René 95, hot isostatically pressed, different illumination modes compared **A9:** 323
S-816, as-forged bar. **A9:** 326
S-816, creep-rupture tested. **A9:** 327
S-816, different heat treatments compared **A9:** 326
Stellite 6B, solution annealed and aged at different temperatures **A9:** 328
U-700, as-forged. **A9:** 323
U-700, different heat treatments compared. **A9:** 323–324
U-710, bar, different heat treatments compared **A9:** 324
Udimet 500, gamma prime in. **A9:** 311
Udimet 630, gamma double prime in **A9:** 311
Udimet 700, borides in. **A9:** 312
Udimet 700, gamma prime in. **A9:** 311

Wrought heat-resisting alloys
intergranular corrosion and chromium depletion in **A11:** 277

Wrought ingot metallurgy **M7:** 717

Wrought iron
chemical analysis and sampling **M7:** 249
nonmetallic inclusion in. **A9:** 39, 42
ocean corrosion rates for **A13:** 898
phosphorus segregation, macroetching to reveal **A9:** 176
rotating-bending fatigue strength versus tensile strength **A19:** 667
wear rates for test plates in drag conveyor bottoms **A18:** 720
weldability rating by various processes . . . **A20:** 306
woody impact fracture **A12:** 224

Wrought irons
thermal expansion coefficient. **A6:** 907

SUBJECTS OF THE INDEXED VOLUMES: ASM Handbook (designated by the letter "A"): **A1:** Properties and Selection: Irons, Steels, and High-Performance Alloys (1990); **A2:** Properties and Selection: Nonferrous Alloys and Special-Purpose Materials (1990); **A3:** Alloy Phase Diagrams (1992); **A4:** Heat Treating (1991); **A5:** Surface Engineering (1994); **A6:** Welding, Brazing, and Soldering (1993); **A7:** Powder Metal Technologies and Applications (1998); **A8:** Mechanical Testing (1985); **A9:** Metallography and Microstructures (1985); **A10:** Materials Characterization (1986); **A11:** Failure Analysis and Prevention (1986); **A12:** Fractography (1987); **A13:** Corrosion (1987); **A14:** Forming and Forging (1988); **A15:** Casting (1988); **A16:** Machining (1989); **A17:** Nondestructive Evaluation and Quality Control (1989); **A18:** Friction, Lubrication, and Wear Technology (1992); **A19:** Fatigue and Fracture (1996); **A20:** Materials Selection and Design (1997). **Metals Handbook, 9th Edition** (designated by the letter "M"): **M1:** Properties and Selection: Irons and Steels (1978); **M2:** Properties and Selection: Nonferrous Alloys and Pure Metals (1979); **M3:** Properties and Selection: Stainless Steels, Tool Materials, and Special-Purpose Materials (1980); **M4:** Heat Treating (1981); **M5:** Surface Cleaning, Finishing, and Coating (1982); **M6:** Welding, Brazing, and Soldering (1983); **M7:** Powder Metallurgy (1984). **Engineered Materials Handbook** (designated by the letters "EM"): **EM1:** Composites (1987); **EM2:** Engineering Plastics (1988); **EM3:** Adhesives and Sealants (1990); **EM4:** Ceramics and Glasses (1991). **Electronic Materials Handbook** (designated by the letters "EL"): **EL1:** Packaging (1989)

Wrought magnesium alloys *See also* Magnesium; Magnesium alloys; Wrought magnesium alloys, specific types
cleaning and finishing **M5:** 629, 646
extruded bars and shapes **A2:** 459
forgings **A2:** 459
metal-matrix composites **A2:** 460
properties of **A2:** 480–491
sheet and plate **A2:** 459–460
Wrought magnesium alloys, specific types *See also* Wrought magnesium alloys
AS41A, properties **A2:** 492–493
AZ10A, properties **A2:** 480
AZ21X1, properties **A2:** 480
AZ31B, properties **A2:** 480–481
AZ31C, properties **A2:** 480–481
AZ61A, properties **A2:** 481–482
AZ80A, properties **A2:** 482–483
AZ91B, properties **A2:** 496–497
HK31A, properties **A2:** 483
HM21A, properties **A2:** 483–484
HM31A, properties **A2:** 484–485
MIA, properties **A2:** 485–487
PE, properties **A2:** 487–488
ZC71, properties **A2:** 488–489
ZK21A, properties **A2:** 489–490
ZK40A, properties **A2:** 490
ZK60A, properties **A2:** 490–491
Wrought martensitic stainless steel selection **A6:** 432–441
all-weld-metal chemical compositions for filler metals **A6:** 439
carbon content **A6:** 432, 433, 437, 438, 441
chemical compositions **A6:** 432
chromium content **A6:** 432, 433
electron-beam welding **A6:** 441
filler-metal selection **A6:** 438–439
flash welding **A6:** 441
friction welding **A6:** 441
general welding characteristics **A6:** 433
hardness **A6:** 433, 435
heat treatment **A6:** 438
heat-affected zone **A6:** 433, 435, 436, 438, 440, 441
hydrogen-induced cold cracking **A6:** 436–437, 438–439
laser-beam welding **A6:** 440–441
material composition and selection of preheat temperature **A6:** 437–438
mechanical properties in various conditions **A6:** 433, 434
microstructure **A6:** 432
molybdenum content **A6:** 432
nickel content **A6:** 432
non-arc welding processes **A6:** 440–441
physical properties in the annealed condition **A6:** 433, 435
resistance welding **A6:** 441
specific welding recommendations **A6:** 439–440
weld microstructure **A6:** 433–436
weldability **A6:** 436–438
Wrought molybdenum *See also* Molybdenum; Refractory metals and alloys
joining **A2:** 563
Wrought nickel
electrical resistivity **M7:** 403
Wrought nickel-base superalloys
alloying elements, effect of **A1:** 951
alloying for corrosion resistance **A1:** 956–957
applications for **A1:** 950
coatings for oxidation and corrosion resistance **A1:** 957, 959
compositions of **A1:** 950–951
forming of **A1:** 971
hot forming temperatures **A1:** 969
heat treatment **A1:** 956
low-temperature corrosion **A1:** 956
mechanical properties
stress-rupture properties **A1:** 954, 955, 956, 957, 959, 962, 966
tensile properties **A1:** 958–959, 960–961
melting (incipient) temperatures **A1:** 856
melting processes
alloy type versus melting process **A1:** 971
electroslag remelting **A1:** 970
vacuum arc remelting **A1:** 970
vacuum double electrode remelting **A1:** 970
vacuum induction melting **A1:** 970
microstructure **A1:** 951–956
borides **A1:** 955–956
carbides **A1:** 954–955
gamma double prime **A1:** 953–954
gamma matrix **A1:** 952–953
gamma prime **A1:** 952–953
grain-boundary chemistry **A1:** 954
topologically close-packed phases **A1:** 956
physical properties **A1:** 963–964
thermomechanical processing **A1:** 963–964
Wrought orthodontic wires
of precious metals **A2:** 696
Wrought oxide-dispersion strengthened P/M superalloys **M7:** 527–528
Wrought P/M processing **M7:** 522–529
Wrought P/M stainless steels **A13:** 826
Wrought permalloy
from powder **M7:** 641
Wrought products *See also* Aluminum mill and engineered wrought products; Cast products; Wrought copper products **A20:** 337, **M7:** 522–529
aluminum **A2:** 29–61
beryllium **A2:** 687, **M7:** 758–759
in P/M history **M7:** 18
liquid penetrant inspection of **A17:** 71
modern developments **M7:** 18
quality control tests **A12:** 141–142
tubular **A17:** 561–581
Wrought recrystallized metals
workabilities **A14:** 366
Wrought semisolid metalworking processes **A15:** 332–333
Wrought stainless steels **A1:** 841–907, **A9:** 279–296
classification of **A1:** 841–842
nonstandard types **A1:** 842, 847–848
standard types **A1:** 842, 843, 844, 845, 846
compositions **A9:** 280
compositions of **A1:** 843, 847–848
corrosion in specific environments **A1:** 873
architectural **A1:** 882
atmospheric corrosion **A1:** 873–874
corrosion in chemical environments **A1:** 875–878
corrosion in various applications **A1:** 878–882
corrosion in water **A1:** 874–875, 876
food and beverage industries **A1:** 878
oil and gas industry **A1:** 879–880
pharmaceutical industry **A1:** 879
power industry **A1:** 879–880
pulp and paper industry **A1:** 880–881
transportation industry **A1:** 881–882
corrosion properties **A1:** 869–884
corrosion testing **A1:** 882–883
pitting and crevice corrosion **A1:** 883–884
creep rupture of 304 stainless steel **A1:** 622
effect of composition on corrosion **A1:** 871–872
carbon content **A1:** 872
chromium content **A1:** 871
manganese content **A1:** 872
molybdenum content **A1:** 872
nickel content **A1:** 871–872
nitrogen content **A1:** 872
elevated-temperature properties **A1:** 861–863, 930–949
corrosion **A1:** 935–936
creep and stress rupture **A1:** 932–933
creep-fatigue interaction **A1:** 934–935
of austenitic stainless steels **A1:** 944–949
of ferritic stainless steels **A1:** 936–937
of martensitic stainless steels **A1:** 939–942
of precipitation-hardening alloys **A1:** 942–944
rupture ductility **A1:** 933–934
embrittlement (475 °C) **A1:** 708
etching **A9:** 281–282
fabrication characteristics **A1:** 887–895
factors in selection **A1:** 842
corrosion resistance **A1:** 842, 844–845, 849, 850
fabrication and cleaning **A1:** 845
mechanical properties **A1:** 845
surface finish **A1:** 845
fatigue strength **A1:** 861, 863
for orthopedic implants **M7:** 658
forgeability of **A1:** 889–894
austenitic stainless steels **A1:** 891–893
closed-die forgeability **A1:** 890–891
duplex stainless steels **A1:** 894
ferritic stainless steels **A1:** 893
ingot breakdown **A1:** 890
martensitic stainless steels **A1:** 892, 893
precipitation-hardening stainless steels **A1:** 893–894
formability of **A1:** 888–889
austenitic stainless steels **A1:** 888–889
duplex stainless steels **A1:** 889
ferritic stainless steels **A1:** 889
forms of corrosion **A1:** 869–873
crevice **A1:** 873
erosion-corrosion **A1:** 873
galvanic **A1:** 872
general **A1:** 872
intergranular **A1:** 873
oxidation **A1:** 873
pitting **A1:** 872–873
stress-corrosion cracking **A1:** 873
grinding **A9:** 279
hydrogen damage **A1:** 715
influence of product form on
cast structures **A1:** 867–868
cold reduced products **A1:** 868, 869
hot processing **A1:** 868
properties **A1:** 865, 867
in-service care **A1:** 887
interim surface protection **A1:** 886–887
machinability of **A1:** 894–897
austenitic stainless steels **A1:** 894–896
duplex stainless steels **A1:** 896
ferritic and martensitic stainless steels **A1:** 894
precipitation-hardening alloys **A1:** 896–897
macroetching **A9:** 279
macroexamination **A9:** 279
mechanism of corrosion resistance **A1:** 870–871
microexamination **A9:** 279–283
microstructures **A9:** 283–286
mill finishes **A1:** 885–886
plate finishes **A1:** 886
sheet finishes **A1:** 885–886
strip finishes **A1:** 886
wire finishes **A1:** 886
mounting **A9:** 279
notch toughness and transition temperature **A1:** 859–861, 865
physical properties **A1:** 868–869, 871
polishing **A9:** 279–281
product forms **A1:** 845–853, 930, 932
bar **A1:** 848–849
foil **A1:** 848
pipe, tubes, and tubing **A1:** 852–853
plate **A1:** 843, 845–846
semifinished products **A1:** 852
sheet **A1:** 843, 846
strip **A1:** 846, 848
wire **A1:** 849–852
production tonnage **A1:** 841
recycling **A1:** 1027–1028
blending **A1:** 1032
by industry **A1:** 1028
collection **A1:** 1029
degreasing **A1:** 1032
demand **A1:** 1028
processing **A1:** 1028–1032
secondary nickel refining **A1:** 1032
separation and sorting **A1:** 1028, 1029–1032
size reduction and compaction **A1:** 1032
recycling of metallurgical wastes **A1:** 1032
sectioning **A9:** 279
sensitization **A1:** 706–708
of austenitic stainless steels **A1:** 706–707
of duplex stainless steels **A1:** 707–708
sheet formability **A1:** 888–889
power requirements **A1:** 889
stress-strain relationships **A1:** 889
shipments of **A1:** 841, 842
sigma-phase embrittlement **A1:** 708–711
of austenitic stainless steels **A1:** 708–711
of duplex stainless steels **A1:** 711
of ferritic stainless steels **A1:** 709–711
specimen preparation **A9:** 279–283
stress-corrosion cracking **A1:** 725–728, 873
of austenitic stainless steels **A1:** 725–726
of duplex stainless steels **A1:** 727
subzero-temperature properties **A1:** 847–848, 863–865
fatigue strength **A1:** 865

Wrought stainless steels (continued)
fracture crack growth rates **A1:** 865, 869, 870
fracture toughness **A1:** 865, 867
tensile properties.... **A1:** 865, 866, 867, 868, 869
surface finishing of **A1:** 884–885
electropolishing **A1:** 885
grinding, polishing, and buffing..... **A1:** 884–885
tensile properties **A1:** 853
austenitic types.................... **A1:** 853–858
duplex (austenite/ferrite) types...... **A1:** 856, 858
ferritic types **A1:** 856, 860
martensitic types **A1:** 858, 862–863
precipitation-hardening types **A1:** 858–859, 864–865
weldability of **A1:** 897–905
austenitic stainless steels........... **A1:** 898–901
duplex stainless steels **A1:** 904–905
ferritic stainless steels **A1:** 901–902
martensitic stainless steels.............. **A1:** 902
precipitation-hardening steels....... **A1:** 902–904
Wrought stainless steels, specific types
7-Mo PLUS............................ **A9:** 286
15-5PH, martensitic...................... **A9:** 285
15-5PH, solution annealed and aged **A9:** 295
17-4PH, different etchants compared.. **A9:** 295–296
17-4PH, martensitic...................... **A9:** 285
17-4PH, solution annealed and aged **A9:** 294
17-7PH, semiaustenitic.................. **A9:** 285
18Cr-12Ni-1Nb, Z phase found in **A9:** 284
20Cb-3, solution annealed, different illumination modes compared.................... **A9:** 290
22-13-5, solution annealed and cold drawn **A9:** 290
26Ni-15Cr, G phase found in **A9:** 284
44LN **A9:** 286
182-FM, resulfurized.................... **A9:** 292
440A, different heat treatments compared.. **A9:** 293
A-286, austenitic **A9:** 285
A-286, G phase found in **A9:** 284
AISI 201, strip, annealed and rapidly cooled............................ **A9:** 287
AISI 301, mill annealed and cold worked.. **A9:** 287
AISI 301, sheet, cold rolled, 10% and 40% reduction **A9:** 287
AISI 302, microstructure **A9:** 283
AISI 302, strip, annealed and rapidly cooled............................ **A9:** 287
AISI 302B, microstructure **A9:** 283
AISI 303, manganese sulfide and manganese selenide inclusions **A9:** 291
AISI 303, resulfurized................... **A9:** 291
AISI 304, microstructure **A9:** 283
AISI 304, strip, annealed and air cooled... **A9:** 287
AISI 304L, microstructure **A9:** 283
AISI 308, solution annealed and cold worked............................ **A9:** 290
AISI 310, microstructure **A9:** 283
AISI 310, plate, hot rolled and annealed... **A9:** 288
AISI 312, solution annealed and aged **A9:** 296
AISI 316, annealed, exposed to high temperature........................ **A9:** 288
AISI 316, microstructure **A9:** 283–284
AISI 316, solution annealed and water quenched, different etches compared........... **A9:** 288
AISI 316, tubing, packed with boron nitride powder **A9:** 288
AISI 316L, cold drawn, different illumination modes compared.................. **A9:** 290
AISI 316L, microstructure **A9:** 283
AISI 317, microstructure **A9:** 283
AISI 317L, microstructure **A9:** 283
AISI 321, annealed furnace part **A9:** 288
AISI 321, microstructure **A9:** 283–284
AISI 329 .... **A9:** 286
AISI 330, microstructure **A9:** 283
AISI 347, microstructure **A9:** 283–284
AISI 403, quenched and tempered **A9:** 292
AISI 403, sulfur added **A9:** 292
AISI 409, strip, annealed and air cooled... **A9:** 291
AISI 410, tempering **A9:** 285
AISI 416, free-machining, annealed ... **A9:** 292–293
AISI 420, quenched and tempered **A9:** 292
AISI 420, sulfur added **A9:** 292
AISI 430, strip, annealed and air cooled... **A9:** 291
AISI 430F, manganese sulfide stringers.... **A9:** 292
AISI 431, quenched and tempered **A9:** 293
AISI 434, modified **A9:** 292
AISI 440B, effects of polishing **A9:** 293
AISI 440C, different heat treatments compared......................... **A9:** 293
AISI 440C, difficulties in preparation **A9:** 279
Alloy 2205............................. **A9:** 286
AM-350........................... **A9:** 285, 293
AM-355 .... **A9:** 285
AM-355, heat treated, different illumination modes compared......................... **A9:** 294
Custom 450............................ **A9:** 285
Custom 450, solution annealed and aged .. **A9:** 294
Custom 455............................ **A9:** 285
Custom 455, solution annealed and aged .. **A9:** 294
E-Brite, plate........................... **A9:** 292
Fe-12Cr-Co-Mo, R phase found in........ **A9:** 284
Ferralium Alloy 255 .... **A9:** 286
IN-744, sigma formation in **A9:** 286
PH13-8Mo............................. **A9:** 285
PH13-8Mo, solution annealed and aged ... **A9:** 294
PH14-8Mo............................. **A9:** 285
PH15-7Mo............................. **A9:** 285
Stainless W **A9:** 285
Stainless W, solution annealed and aged... **A9:** 296
Wrought steel
nonmetallic inclusions in **A11:** 317
Wrought steels *See also* Steels, wrought and powder forgings, compared.......... **A14:** 196
anisotropy **A14:** 367
decarburization **A1:** 745, 746
dendritic structure revealed by Macroetching...................... **A9:** 173
deoxidation practice........... **A1:** 741, 742–743
effects of surface condition on notch toughness in **A1:** 745
electroplating........................... **A1:** 746
hot deformation temperature......... **A1:** 743–744
mechanical properties **A14:** 196
notched, fatigue endurance limit versus tensile strength **A19:** 657
section and part size **A1:** 745
toughness anisotropy................ **A1:** 744–745
unnotched, fatigue endurance limit versus tensile strength **A19:** 657
weldability **M1:** 563
Wrought structure and ductility
in closed-die forgings.................... **A1:** 340
Wrought superalloys *See* Wrought cobalt-base superalloys; Wrought heat-resistant alloys; Wrought nickel-base superalloys
Wrought titanium *See also* Titanium; Titanium alloys; Wrought titanium alloys; Wrought titanium alloys, specific types
alloys **A2:** 597–608
commercially pure, applications **A2:** 603
commercially pure titanium.......... **A2:** 592–597
comparative properties of P/M and....... **M7:** 395
mechanical properties................... **M7:** 475
specific types **M7:** 475
specifications........................... **A2:** 593
tensile properties **A2:** 630
Wrought titanium alloys *See also* Wrought titanium alloys, specific types
aged microstructures **A2:** 608
aging and overaging..................... **A2:** 619
alloy classes........................ **A2:** 600–605
alpha alloys........................ **A2:** 600–601
alpha alloys, applications **A2:** 603
alpha double prime (orthorhombic martensite)........................ **A2:** 606
alpha prime (hexagonal martensite) **A2:** 606
alpha stabilizers **A2:** 599
alpha structures **A2:** 606
alpha-beta alloys........................ **A2:** 602
alpha-beta alloys, applications **A2:** 604
annealing **A2:** 619
applications........................ **A2:** 603–604
beta alloys......................... **A2:** 602, 605
beta alloys, applications **A2:** 604
beta microstructure **A2:** 607–608
beta transus temperatures................ **A2:** 623
compositions, alpha-beta alloys **A2:** 601
compositions, beta alloys **A2:** 602
effects, of alloy elements **A2:** 598–600
elevated-temperature mechanical properties...................... **A2:** 624–627
eutectoid-forming group **A2:** 599
extrusion **A2:** 614
fatigue crack-growth rates................ **A2:** 631
fatigue properties.................... **A2:** 623–624
forging **A2:** 611–614
forming **A2:** 614–616
fracture toughness **A2:** 623
heat treatment **A2:** 618–622
hydrogen contamination **A2:** 620
isomorphous group **A2:** 599
joining **A2:** 616–618
low-temperature properties........... **A2:** 628–631
mechanical properties **A2:** 621–622, **M7:** 475
microstructural elements................. **A2:** 606
near-alpha alloys, applications........ **A2:** 603–604
omega phase....................... **A2:** 606–607
primary fabrication **A2:** 609–611
properties **A2:** 622–631
reduction to billet **A2:** 610
rolling (bar, plate, sheet)............. **A2:** 610–611
solution treating **A2:** 619
specifications........................... **A2:** 593
stress relieving **A2:** 618
tensile properties **A2:** 630
tensile properties, room temperature .. **A2:** 621–623
thermal stability.................... **A2:** 627–628
welding **A2:** 617–618
widely used types................... **A2:** 597–598
wrought alloy processing............. **A2:** 608–622
Wrought titanium alloys, specific types *See also* Wrought titanium; Wrought titanium alloys
IMI 829, for creep resistance............. **A2:** 598
Ti-5Al-2.5Sn, for weldability **A2:** 598
Ti-5Al-2Sn-2Zr-4Mo-4Cr *See* Ti-17
Ti-6Al-2Nb-1Ta-1Mo, characteristics **A2:** 598
Ti-6Al-2Sn-4Zr-2Mo *See* Ti-6242
Ti-6Al-2Sn-4Zr-2Mo, beta annealing....... **A2:** 620
Ti-6Al-2Sn-4Zr-6Mo, applications......... **A2:** 598
Ti-6Al-4V, as most widely used........... **A2:** 598
Ti-6Al-4V, beta annealing................ **A2:** 620
Ti-6Al-4V, characteristics **A2:** 598
Ti-6Al-4V, recrystallization annealing...... **A2:** 620
Ti-6Al-4V, solution treating and overaging..................... **A2:** 619–620
Ti-6Al-4V-ELI, beta annealing............ **A2:** 620
Ti-6Al-4V-ELI, characteristics **A2:** 598
Ti-6Al-4V-ELI, recrystallization annealing.. **A2:** 620
Ti-6Al-6V-2Sn, characteristics **A2:** 598
TI-10V-2Fe-3Al, characteristics **A2:** 598
TI-17, applications...................... **A2:** 598
Ti-6242, for creep resistance **A2:** 598
Ti-6242S, for creep resistance **A2:** 598
Wrought tool steels *See also* specific types **A1:** 757–779
applications, selection guide.............. **A1:** 763
classification and characteristics **A1:** 757–771
cold-work steels.................... **A1:** 763–766
cross-reference of United States and foreign designations **A1:** 760
high-speed steels................... **A1:** 759–762
hot-work steels **A1:** 762–763
low-alloy special-purpose steels.......... **A1:** 767
mold steels........................ **A1:** 767–768
shock-resisting steels **A1:** 766–767
water-hardening steels **A1:** 768–771

SUBJECTS OF THE INDEXED VOLUMES: ASM Handbook (designated by the letter "A"): **A1:** Properties and Selection: Irons, Steels, and High-Performance Alloys (1990); **A2:** Properties and Selection: Nonferrous Alloys and Special-Purpose Materials (1990); **A3:** Alloy Phase Diagrams (1992); **A4:** Heat Treating (1991); **A5:** Surface Engineering (1994); **A6:** Welding, Brazing, and Soldering (1993); **A7:** Powder Metal Technologies and Applications (1998); **A8:** Mechanical Testing (1985); **A9:** Metallography and Microstructures (1985); **A10:** Materials Characterization (1986); **A11:** Failure Analysis and Prevention (1986); **A12:** Fractography (1987); **A13:** Corrosion (1987); **A14:** Forming and Forging (1988); **A15:** Casting (1988); **A16:** Machining (1989); **A17:** Nondestructive Evaluation and Quality Control (1989); **A18:** Friction, Lubrication, and Wear Technology (1992); **A19:** Fatigue and Fracture (1996); **A20:** Materials Selection and Design (1997). **Metals Handbook, 9th Edition** (designated by the letter "M"): **M1:** Properties and Selection: Irons and Steels (1978); **M2:** Properties and Selection: Nonferrous Alloys and Pure Metals (1979); **M3:** Properties and Selection: Stainless Steels, Tool Materials, and Special-Purpose Materials (1980); **M4:** Heat Treating (1981); **M5:** Surface Cleaning, Finishing, and Coating (1982); **M6:** Welding, Brazing, and Soldering (1983); **M7:** Powder Metallurgy (1984). **Engineered Materials Handbook** (designated by the letters "EM"): **EM1:** Composites (1987); **EM2:** Engineering Plastics (1988); **EM3:** Adhesives and Sealants (1990); **EM4:** Ceramics and Glasses (1991). **Electronic Materials Handbook** (designated by the letters "EL"): **EL1:** Packaging (1989)

cold-work steels A1: 763–766
air-hardening, medium alloy........ A1: 763–765
high-carbon, high-chromium A1: 765
oil-hardening A1: 765–766
composition of nonstandard steels A1: 762
distortion and safety in hardening A1: 777
fabrication of A1: 774–778
grindability A1: 775
hardenability A1: 775–777
machinability A1: 774–775
of standard steels A1: 758–759
resistance to decarburization A1: 778
weldability A1: 775
general properties factors in tool selection A1: 776–777
characteristics A1: 772–773
heat treating hardening and tempering A1: 770
temperatures A1: 769
high-speed steels A1: 759–762
molybdenum A1: 759
tungsten A1: 759–762
hot-work steels A1: 762–763
chromium A1: 762
molybdenum A1: 763
tungsten A1: 762–763
low-alloy special-purpose steels A1: 767
machinability
grindability index A1: 778
of annealed tool steels A1: 777
machining allowances A1: 778–779
hot-rolled square and flat bars A1: 778
mechanical properties
hot hardness of die steels A1: 777
hot hardness of high-speed steels A1: 787
of low-alloy special-purpose steels at room temperature A1: 767
of shock-resisting steels at room temperature A1: 767
mold steels A1: 767–768
precision cast hot-work A1: 779
shock-resisting steels A1: 766–767
surface treatments A1: 779
carburizing A1: 779
nitriding A1: 779
oxide coatings A1: 779
plating A1: 779
sulfide treatment A1: 779
titanium nitride A1: 779
testing of A1: 771–778
performance in service A1: 771–774
thermal properties
resistance to softening of hot-work steels at elevated temperatures A1: 765
thermal conductivity A1: 775
thermal expansion A1: 774
typical heat treatments and properties A1: 771
water-hardening steels A1: 768–771
Wrought tungsten *See also* Refractory metals and alloys; Tungsten; Tungsten alloys
joining A2: 563
Wrought tungsten bar
microstructure M7: 627
Wrought unalloyed aluminum
compositions A2: 17–21
Wrought zinc and zinc alloy products
types A2: 531–532
WSI *See* Wafer-scale integration; Wafer-scale integration technology
W-type cracks *See* Triple-point cracking; Wedge cracks
Wu/FPI algorithm A19: 300
Wullaert-Server Charpy/fracture toughness correlation A8: 265
Wullaert-Server correlation
Charpy/K_{Ic} correlations for steels, and transition temperature regime A19: 405
Wunsch-Bell model
integrated circuits A11: 786
Wurtzite structure
silicon carbide EM4: 806
W-Zr (Phase Diagram) .... A3: 2•382

X

m-Xylenes
hazardous air pollutant regulated by the Clean Air Amendments of 1990 .... A5: 913
o-Xylenes
hazardous air pollutant regulated by the Clean Air Amendments of 1990 .... A5: 913
p-Xylenes
hazardous air pollutant regulated by the Clean Air Amendments of 1990 .... A5: 913
x control charts *See also* Control charts
and moving-range control charts A17: 732–733
X factor A6: 278
***x, y, z* part coordinate system**
coordinate measuring machines A17: 19
X zeolites
Raman analysis of pyridine on A10: 134
X-40
broaching A16: 744
composition A4: 795, A6: 1215, A16: 737
X-45
composition A6: 1215
machining A16: 757, 758
X-80 Arctic pipeline steel
laser-beam welding A6: 263
XANES *See* X-ray absorption near-edge structure
***x*-axis** *See also* y-axis; z-axis
defined EM1: 26, EM2: 46
fill yams as EM1: 125
X-band microwave frequency
use in ESR A10: 255
X-bar chart A7: 694, 695, 696, 701
XCLB *See* X-ray compositional line broadening
XD intermetallic-matrix composites
development A2: 911
Xenon
ionization potentials and imaging fields for A10: 586
Xenon arc
effects on polyether-imides (PEI) EM2: 157
Xenon arc lamp
for weatherometers EM2: 578–579
Xenon as an ion bombardment etchant for fiber composites A9: 591
Xenon chloride ($Xe-Cl_2$) gas/halogen mixture
excimer laser wavelengths A5: 623
Xenon flash tube
for symmetric rod impact test A8: 204
Xenon fluoride ($Xe-F_2$) gas/halogen mixture
excimer laser wavelengths A5: 623
Xenon ionization detectors
computed tomography (CT) A17: 370
Xenon lamps
arc AAS/AFS A10: 52
sources, spectral output A10: 76
Xenon lamps, pulsed
for radiation curing EL1: 864
Xenon-arc light source for microscopes A9: 72
Xerogel A20: 418
Xerogels
alkoxide-derived gels EM4: 210, 211, 212, 213
Xerography M7: 580
Xeroradiography
as image conversion medium A17: 315
powder loud development M7: 582
XLPE *See* Cross-linked polyethylene
XMC compression molded sheet
composition/properties EM1: 560
XPS *See* X-ray photoelectron spectroscopy
X-radiation
defined A9: 19
X-radiography
detection of subsurface cracking A18: 369
X-ray absorption *See also* Absorption; X-ray absorption near-edge structure
and fluorescence, effect in A10: 448
and scatter A10: 84
effect of absorption-edge energy A10: 85
in x-ray spectrometry A10: 84
mass absorption A10: 84
photoelectric effect A10: 84
to analyze ceramic powder particle sizes .. EM4: 67
X-ray absorption near-edge spectroscopy (XANES) EM3: 237
X-ray absorption near-edge structure
in EXAFS analysis A10: 415–416
multiple scattering effects A10: 410
X-ray analysis, characteristic *See* Characteristic, x-ray analysis
X-ray analytical electron microscopy capabilities
and FIM/AP A10: 583
X-ray and nuclear applications
beryllium powders in M7: 761
X-ray and optical spectroscopy *See* Optical and x-ray spectroscopy; X-ray spectrometry
X-ray anomalous scattering
capabilities A10: 407
X-ray area scans
across pure-element standard, map of defocusing A10: 527
limit of spatial resolution A10: 527
of dental alloy A10: 525–526
X-ray "browning" EM4: 339
X-ray characterization of surface wear .. A18: 463–470
analysis of debris particles A18: 468–469, 470
future trends and conclusions A18: 469–470
near-surface gradients A18: 465–468
differential gradient A18: 467–468
integral gradients A18: 465–467
x-ray diffraction and fluorescence from flat surfaces A18: 463–464
x-ray diffraction and fluorescence from rough surfaces A18: 464–465
x-ray diffraction (XRD) ... A18: 463–465, 466, 468, 469–470
x-ray fluorescence (XRF) A18: 463–465, 469
X-ray compositional line broadening (XCLB) A7: 444, 445, M7: 61, 316
X-ray computed tomography
to evaluate gas turbine ceramic components EM4: 718
X-ray density A7: 246
X-ray detectable pigment
in tracer yarns EM1: 149
X-ray detectors *See also* Detectors; X-ray(s) A7: 223, 224
beryllium windows A2: 684
computed tomography (CT) A17: 369–371
detector linearity A17: 369
dynamic range A17: 369
effect with SEM A10: 498
response time A17: 369
scintillation A17: 370–371
X-ray diffraction *See also* Diffraction .. A5: 649–651, 669, A7: 222, 223, A10: 325–332, A13: 1115, EM4: 52, 53, 56, 59, M7: 316
analysis, types of A10: 325
and crystallographic texture measurement and analysis, compared A10: 358
and extended x-ray absorption fine structure compared A10: 417
application for detecting fatigue cracks ... A19: 210, 221
as advanced failure analysis technique .. EL1: 1104
as residue analysis A10: 177
Bragg's law A10: 327, 329
capabilities A10: 277, 287, 402, 407, 420, 429, 490
defined A10: 684
detection methods, XRPD A10: 331
diffraction experiments, types of A10: 329–332
for chemical analysis of polymer fibers .. EM4: 223
for microstructural analysis of coatings A5: 662
for residual stress measurement A17: 51
geometry of powder diffraction A10: 331
introduction A10: 325, 332
line profile, factors controlling A10: 331, 332
liquid-phase sintering A7: 568
microstructure and magnetic properties relationship between A10: 599
microstructure of coatings A5: 664–665
of inorganic solids, types of information from A10: 4–6
of organic solids, information from A10: 9
pattern, for silica glass A10: 398–399
residual stresses evaluated by ... A11: 125–126, 134
samples A10: 325
single crystal or polycrystalline A10: 325
spectral peaks A10: 520
stress measurement, principles of A10: 381–382
studies A12: 4
studies, of rocket-motor case fracture A11: 96
theory A10: 325–329

X-ray diffraction (continued)
to analyze JK method coatings from molten particle deposition **EM4:** 204
to analyze Tyranno fiber.............. **EM4:** 223
used to identify deformation twins........ **A9:** 688
used to identify sigma phase in heat-resistant casting alloys..................... **A9:** 332
used to investigate crystallographic texture **A9:** 701–702
volume percent of theoretical density of ceramic powders **EM4:** 71

X-ray diffraction analysis
Si_3N_4 product surfaces................. **EM4:** 238
weld characterization **A6:** 104–105, 106

X-ray diffraction analysis (XRD).. **A20:** 334, 591, 815

X-ray diffraction examination
mounts for.............................. **A9:** 28

X-ray diffraction profile analysis **A18:** 468

X-ray diffraction residual stress techniques *See also* Diffraction methods **A10:** 380–392
and proton microprobe................. **A10:** 107
applications **A10:** 380, 389–392
as confined to surfaces **A10:** 382
basic procedure **A10:** 384–387
defined................................ **A10:** 684
effect of Bragg's law **A10:** 381
estimated analysis time **A10:** 380, 385
general uses............................ **A10:** 380
instrumental and positioning errors **A10:** 387
introduction and principles **A10:** 381–382
limitations **A10:** 380
macrostress measurement by **A10:** 380
microstress measurement by............. **A10:** 380
plane-stress elastic model of **A10:** 382–384
related techniques **A10:** 380
samples..................... **A10:** 380, 384–385
sources of error **A10:** 387
stress measurement, principles of.... **A10:** 381–382
subsurface measurement and required corrections.................. **A10:** 388–389

X-ray diffraction stress measurement *See also* X-ray diffraction residual stress
techniques..................... **A10:** 381–382

X-ray diffraction studies
of wrought heat-resistant alloys........... **A9:** 308

X-ray diffraction (XRD)..... **A18:** 463–465, 466, 468, 469–470

X-ray diffraction (XRD) analysis **EM2:** 179, 835

X-ray diffractometer **A7:** 444, **M7:** 316

X-ray diffractometer technique **A6:** 1095, 1096

X-ray dot map of silver diffusion in an electronic circuit.............................. **A9:** 101

X-ray dot maps
used to study powder metallurgy materials **A9:** 508

X-ray elastic constants
determination for Inconel **A10:** 388, 718
in X-ray diffraction residual stress techniques **A10:** 387
recommended for ferrous and nonferrous alloys **A10:** 382

X-ray element analysis **A9:** 153

X-ray emission
as radioactive decay mode.............. **A10:** 245
characteristic........................... **A10:** 84
continuum.......................... **A10:** 83–84
in x-ray spectrometry **A10:** 83–84
ratio to Compton scatter peak, in x-ray spectrometry **A10:** 99

X-ray emission spectroscopy
defined................................ **A10:** 684

X-ray emission spectroscopy (XES)........ **EM3:** 237

X-ray energy
abbreviation for **A10:** 690

X-ray energy dispersive diffractometry used to determine crystallographic texture...... **A9:** 703

X-ray film *See also* Radiographic film; X-ray(s)
as recording media..................... **A17:** 314
characteristic curves **A17:** 324–325
density **A17:** 323–324
development, effects on film characteristics **A17:** 327
exposure.............................. **A17:** 324
film gradient....................... **A17:** 325–326
film radiography **A17:** 323–327
graininess............................. **A17:** 326
methods, modeling of.............. **A17:** 711–713
spectral sensitivity................. **A17:** 326–327
speed **A17:** 325

X-ray film technique............... **A6:** 1095, 1096

X-ray fluorescence *See also* X-ray spectrometry...... **A7:** 222, 225, **EL1:** 942–943, **M7:** 250
and optical emission spectroscopy compared **A10:** 21
and PIXE, detection limits **A10:** 105–106
capabilities................. **A10:** 102, 197, 233
defined................................ **A10:** 684
for coating weight measurement **A13:** 391–392
neutron activation analysis and compared **A10:** 233

X-ray fluorescence spectrometry (XRFS) **EM4:** 550–552, 553, 554, 555
for microstructural analysis **EM4:** 26
to analyze the bulk chemical composition of starting powders **EM4:** 72

X-ray fluorescence spectroscopy (XRF)...... **EL1:** 920

X-ray fluorescence techniques
compositional analysis of welds........... **A6:** 100

X-ray fluorescence (XRF) **A18:** 463–465, 469
spectrometric metals analysis............. **A18:** 300

X-ray fluorescent analysis
low-carbon steel **A12:** 249

X-ray fluorescent analysis (XRS)
for microchemical analysis **EM4:** 25
for phase analysis...................... **EM4:** 25

X-ray fractography
determined failure modes in refractory materials **A10:** 376
of molybdenum crystal, fracture surface **A10:** 376–377

X-ray gages
for chemical surface studies............. **A10:** 177

X-ray induced Auger electron spectroscopy (XAES) **EM3:** 237

X-ray industry
refractory metals in..................... **M7:** 17

X-ray inspection
cumulative probability of crack detection as function of length of inspection interval........................... **A19:** 415
electron-beam welding................... **A6:** 866
for weld characterization.......... **A6:** 97, 98, 100
of solder joints **EL1:** 738, 942
principles, applications and notes for cracks **A20:** 539

X-ray inspection, real time system
schematic............................. **A15:** 554

X-ray interferometry
as x-ray topographical.................. **A10:** 371

X-ray laminography..................... **A6:** 1126

X-ray line broadening **A7:** 57
changes due to recovery **A9:** 693

X-ray line broadening applications **A10:** 374

X-ray maps *See also* Dot mapping; Elemental mapping; Mapping
analog and digitally filtered, of iron in aluminum matrix............................ **A10:** 448
and superimposed quantitative data, results of **A10:** 529
by EMPA analog mapping.......... **A10:** 525–529
defined................................ **A10:** 684
of copper and tin penetration of bearing elements......................... **A11:** 720
of copper penetration in axles........... **A11:** 725
or scan, of dental alloy................. **A10:** 526
section of failed melting pot **A11:** 39

X-ray maps of iron-base alloys.............. **A9:** 162

X-ray microanalysis
by energy-dispersive spectrometry **A10:** 461–464
in analytical electron microscopy **A10:** 446–449
of diffusion-induced grain-boundary migration **A10:** 462

X-ray microbeam method
for polycrystalline microstructure **A10:** 374

X-ray microfocus techniques
to detect weld discontinuities in diffusion welding........................... **A6:** 1080

X-ray microprobe spectroscopy **EL1:** 920

X-ray microradiography
to examine crack paths in polycrystalline materials.......................... **EM4:** 656

X-ray monochromators
germanium single crystals as **A2:** 743

X-ray photoelectron microscopy
failure analysis **EM3:** 248–249

X-ray photoelectron spectroscopy *See also* Electron or x-ray spectroscopic methods.. **A10:** 568–580, **A20:** 591, **M7:** 250, 251, 255–257
applications **A10:** 568, 576–579
as compared with x-ray analysis and AES **A10:** 569
Auger parameter....................... **A10:** 572
capabilities **A10:** 549, 603
capabilities, and FIM/AP **A10:** 583
capabilities, compared with classical wet analytical chemistry **A10:** 161
capabilities, compared with infrared spectroscopy **A10:** 109
chemical shifts measured **A10:** 572
defined................................ **A10:** 684
depth analysis..................... **A10:** 573–574
electron spectroscopy for chemical analysis........................... **A10:** 568
electronic transitions **A10:** 569
general uses............................ **A10:** 568
instrumentation **A10:** 570–571
introduction and principles **A10:** 568–569
kinetic energy measurement as basis of.... **A10:** 85
multiplet splitting...................... **A10:** 572
nomenclature **A10:** 569
of chromate conversion coatings..... **A13:** 391–392
of inorganic solids, types of information from **A10:** 4–6
of organic solids, information from **A10:** 9
preparing and mounting samples **A10:** 574–576
qualitative analysis **A10:** 571–572
quantitative analysis **A10:** 572–573
related techniques **A10:** 568
samples.................... **A10:** 568, 574–576
shake-up satellites...................... **A10:** 572
spectrum, carbon 1*s* lines in ethyl trifluoracetate **A10:** 572
surface sensitivity **A10:** 569–570
use with Auger electron spectroscopy..... **A10:** 554

X-ray photoelectron spectroscopy (XPS) A7: 222, 225, 226, 227, **A18:** 445–448, 449, 452, 456, **EL1:** 1075, 1107, **EM1:** 285, **EM3:** 237–238
advantages and limitations.............. **EM3:** 239
chemical state information......... **EM3:** 243–244
compared to secondary ion mass spectrometry (SIMS) **EM3:** 237
data analysis..................... **A18:** 447–448
development........................... **A18:** 445
equipment **A18:** 446–447
fundamentals...................... **A18:** 445–446
depth distribution effect on background of spectra **EM3:** 247
depth profiling by inelastic scattering ratio **EM3:** 247
depth profiling by multiple anodes/different transitions **EM3:** 247
development of......................... **A11:** 35
for examining adsorption of NTMP **EM3:** 250
ion oxide sputtering of titanium oxide.... **EM3:** 246
of bimetal foil laminates................. **A11:** 44
of integrated circuit leadframe............ **A11:** 45
of plating peeling **A11:** 43–45
phosphoric acid anodized surfaces **EM3:** 249
process.......................... **EM3:** 237–238

quantification **EM3:** 242–243
small-area, combined with ion sputtering **EM3:** 244
spectrum **A18:** 447, 448
surface analysis **EM3:** 259, **EM4:** 25
surface behavior diagrams **EM3:** 247
survey spectrum **EM3:** 237, 238
to analyze the surface composition of ceramic powders **EM4:** 73
verifying CuO resulting from copper etching **EM3:** 269
versus SIMS **A18:** 458
X-ray photoelectron spectroscopy (XPS, ESCA) **A5:** 669, 670–673, 674, 675, 676
X-ray photoelectron spectroscopy (XPS/ESCA) **EM2:** 811, 812–816
X-ray photon emission
and fluorescent yield **A10:** 86
and secondary electron ejection **A10:** 86
inner-shell ionization and de-excitation by **A10:** 433
X-ray photons *See also* Photons
for Auger electron emission **M7:** 250
X-ray powder diffraction *See also* Diffraction methods **A7:** 222, 227–229, **A10:** 333–343
applications **A10:** 333, 341–342
automated **A10:** 338
Bragg's law **A10:** 337
Debye-Scherrer camera **A10:** 335
direct comparison method **A10:** 340
estimated analysis time **A10:** 333
Gandolfi camera **A10:** 335
general uses **A10:** 333
geometry of **A10:** 331
$I/I_{corundum}$ method, XRPD analysis **A10:** 340
instrumentation **A10:** 334–338
internal/external standard methods **A10:** 340
introduction **A10:** 333–334
lattice-parameter method **A10:** 339
Laue camera **A10:** 334–335
limitations **A10:** 333
qualitative analysis **A10:** 338–339
quantitative analysis **A10:** 339–340
related techniques **A10:** 333
Rietveld refinement, capabilities of **A10:** 344
samples **A10:** 333
sources of error in **A10:** 340–341
spiking method **A10:** 340
standardless method **A10:** 340
X-ray powder diffraction (XRD)
for phase analysis **EM4:** 25
to analyze the phase composition of ceramic powders **EM4:** 73
X-ray powder diffractometry **EM4:** 558–559
X-ray radiography *See also* Radiography; X-rays(s) **A7:** 700, 702, 714–715, **A19:** 219, **EM1:** 775–776
and microwave inspection, compared **A17:** 202
defect detection **EM3:** 748, 749, 750, 751
for adhesive-bonded joints **A17:** 624
for instrumentation/testing **EL1:** 369
microstructure effect **A17:** 51
of investment castings **A15:** 264
of powder metallurgy parts **A17:** 537–538
of soldered joints **A17:** 607–608
X-ray radiography, of compacts
for density distribution **M7:** 301
X-ray radiography of fiber composites **A9:** 591–592
X-ray satellites **A18:** 447
X-ray sedimentation **A7:** 246
to analyze the ceramic powder particle size **EM4:** 68
X-ray spectrometers
EDS/WDS **A10:** 518–522
types of **A11:** 32
X-ray spectrometry *See also* Energy-dispersive x-ray spectrometry; Optical and x-ray spectroscopy; X-rays **A10:** 82–101
absorption edges **A10:** 85
advantages **A10:** 82
analysis time, qualitative **A10:** 82
applications **A10:** 82, 94, 99–101
basis for qualitative analysis **A10:** 96
boron and fluorine determined in borosilicate glass **A10:** 179
Bragg's law **A10:** 87
calculation of LLD **A10:** 96
capabilities **A10:** 197, 212, 243, 333
capabilities, compared with classical wet analytical chemistry **A10:** 161
capabilities, compared with infrared spectroscopy **A10:** 109
characteristic x-rays **A10:** 82, 83–84
continuum **A10:** 83
defined **A10:** 684
electromagnetic radiation **A10:** 83
elements and x-rays, relationships between **A10:** 84–85
emission **A10:** 85–87
energy-dispersive x-ray spectrometers **A10:** 89–93
general use **A10:** 82
instrumentation **A10:** 87–93
interelement effects **A10:** 87
introduction **A10:** 82–83
limitations **A10:** 82
mass absorption coefficient **A10:** 84
neutron activation analysis and compared **A10:** 233
of coal **A10:** 100
of inorganic liquids and solutions, information from **A10:** 7
of inorganic solids, types of information from **A10:** 4–6
of organic liquids and solutions, information from **A10:** 10
of organic solids, information from **A10:** 9
of stainless alloy **A10:** 178
operation **A10:** 89
photoelectric effect **A10:** 84
Planck's constant **A10:** 83
qualitative analysis **A10:** 95–96
quantitative analysis **A10:** 96–99
related techniques **A10:** 82
sample preparation **A10:** 93–95
samples **A10:** 82, 88, 93–95, 99–101
scatter of x-rays **A10:** 84
selectivity of **A10:** 96
wavelength-dispersive x-ray spectrometers **A10:** 87
x-ray emission and absorption **A10:** 84
X-ray spectroscopy *See also* X-ray spectrometry **A1:** 1030–1031, 1032, **A9:** 91–93
applied to fracture studies **A9:** 99
conductive coatings used in **A9:** 98
for bulk chemistry analyses **EM4:** 24
spectra **A9:** 92
X-ray spectrum *See also* Radiography
defined **A17:** 303–304
R-output **A17:** 304
X-ray target
composite **A2:** 559
X-ray tomography
definition **A5:** 973
X-ray topography *See also* Diffraction methods; Reflection topography **A7:** 268, **A10:** 365–379
applications **A10:** 365, 375–379
definition **A5:** 973
estimated analysis time **A10:** 365
general uses **A10:** 365
introduction **A10:** 366–368
limitations **A10:** 365
methods and instrumentation **A10:** 368–375
related techniques **A10:** 365
samples **A10:** 365
types of **A10:** 368–375
X-ray transparency
of lithium-oxide-based glass **EM1:** 107
X-ray tube
defined **A9:** 19
X-ray tubes *See also* X-ray(s)
anode materials **A10:** 89–90
beryllium windows **A2:** 684
classified **A17:** 302
conventional **A17:** 302
Coolidge **A10:** 88
design and materials **A17:** 302–303
electrical characteristics **A17:** 303
electrical waveform, effects **A17:** 304–305
excitation vs. secondary-target excitation, x-ray spectrometers **A10:** 89
for x-ray spectrometry **A10:** 87–90
heel effect **A17:** 305
inherent filtration **A17:** 306–307
microfocus **A17:** 302–303
minifocus **A17:** 302
molybdenum, in wavelength-dispersive x-ray spectrometer **A10:** 88
operating characteristics **A17:** 303–307
radiographic inspection **A17:** 302–307
reciprocity law **A17:** 304
R-output **A17:** 304
stem radiation **A17:** 305
tube rating **A17:** 305–306
voltage/current, effects **A17:** 304
x-ray spectrum **A17:** 303–304
X-ray turbidimetry **M7:** 219
X-ray wavelength and atomic number
Mosely's relationship between **A10:** 433
X-ray window assembly
brazed beryllium **M7:** 761
X-ray(s) *See also* Electron or x-ray spectroscopic methods; Optical and x-ray spectroscopy; X-ray detectors; X-ray film; X-ray radiography; X-ray tubes
absorption **A10:** 84–85
absorption curve for uranium, as function of wavelength **A10:** 85
absorption edges **A10:** 85
and elements, relationship in x-ray spectrometry **A10:** 84
and gamma-rays, in neutron radiography **A17:** 387–388
and neutrons, attenuation compared **A17:** 387
as computed tomography (CT) radiation source **A17:** 368–371
as continuum radiation **A10:** 83
beams, in x-ray spectrometry **A10:** 82
characteristic **A10:** 82–84, 326, 435
characteristic, defined **A12:** 168
collimating, basic methods **A10:** 403
collimators, computed tomography (CT) **A17:** 368
continuum, as inelastic scattering process **A10:** 433
defined **A9:** 19
detection of **A10:** 326
diffraction **A17:** 51
diffraction of **A10:** 326–327
effective absorption **A17:** 310–311
emission, as radioactive decay mode **A10:** 245
energies, in radiography **A17:** 303–304
energy, vs. mass absorption, in copper **A10:** 85, 87
family lines of **A10:** 522–523
fluorescent yield and, defined **A10:** 86, 87
hard **A10:** 83
high-energy, as neutron sources **A17:** 388–389
history of development **A10:** 82–83
image, real-time filmless **EL1:** 369
maps **A12:** 168, 473
mass absorption coefficients **A10:** 85
nature and generation of **A10:** 325–326
origin, in Bohr atom model **A12:** 168
photographic film detection **A10:** 334
primary, defined **A10:** 679
production of **A17:** 298
production, vs. mass, PIXE analysis **A10:** 104
radiographs **A17:** 393
Rayleigh and Compton scatter of **A10:** 85
secondary, defined **A10:** 681
sequential or simultaneous detection **A10:** 87
showing electron beam/sample interaction **EL1:** 1095
signals, SEM **A12:** 168
soft **A10:** 83
sources **A10:** 395, 570
sources, radiographic inspection **A17:** 297
sources, real-time radiography **A17:** 321–322
spatial resolution, effect in microanalysis **A10:** 448
spectra, measuring **A10:** 518–522
spectrograph, defined **A10:** 684
spectrometers, EDS/WDS **A10:** 518–522
spectrum **A17:** 303–304
studied by scanning transmission electron microscopy **A9:** 104
units for **A17:** 301
XRD *See* X-ray diffraction
XRPD *See* X-ray powder diffraction
XRS *See* X-ray spectrometry
X-sections
as basic casting shape **A15:** 599, 604, 606–607, 609–610
solidification sequence **A15:** 604
***x-t* diagram**
of shear and longitudinal impact waves **A8:** 232

1178 / *x-y* plotter

***x-y* plotter**
for fatigue testing machines **A8:** 368
for torsional tests **A8:** 147

X-*y* plotters
as eddy current inspection readout . . **A17:** 179, 190

***x-y* recorder**
for quasi-static testing **A8:** 223
traces during fatigue crack
growth test **A8:** 383–384

***X-Y* stages**
error characterization by interferometer. . . . **A17:** 15

***x-y* storage oscillators**
as eddy current inspection readout. **A17:** 179

Xydar *See* Liquid crystal, resins

Xylene
as organic cleaning solvent. **A12:** 74
as toxic chemical targeted by 33/50
Program **A20:** 133
solvent resistance/repairability. **EL1:** 822
surface tension **EM3:** 181

Xylene (solvent)
batch weight of formulation when used in
oxidizing sintering atmospheres **EM4:** 163

Xylenes
hazardous air pollutant regulated by the Clean Air
Amendments of 1990 . . . . **A5:** 913
wipe solvent cleaner **A5:** 940

Xylenol orange
as metallochromic indicator. **A10:** 174

Xylenols. **EM3:** 103
2,3-Xylenol, physical properties. **EM3:** 104
2,4-Xylenol, physical properties. **EM3:** 104
2,5-Xylenol, physical properties. **EM3:** 104
2,6-Xylenol, physical properties. **EM3:** 104
3,4-Xylenol, physical properties. **EM3:** 104
3,5-Xylenol, physical properties. **EM3:** 104

***xy*-plane** *See also* z-axis
defined **EM1:** 26, **EM2:** 46

XYZ transition
as x-ray notation **A10:** 569

Y

Y lens
gas mass spectrometer. **A10:** 153

Y zeolites
Raman analysis of pyridine on **A10:** 134

Yachts
composite structures for **EM1:** 840–842

Yarn
defined **EM2:** 46

Yarn bundle *See* Bundle; Plied yarn; Yarn

Yarn count **EM1:** 125, 149

Yarn eyelet, steel
matrix hardness of. **A11:** 160

Yarns *See also* Bundle; Continuous filament yarn;
Filling yarn; Multifilament yarn; Plied yarn;
Weft; Yarn bundle
aramid fiber **EM1:** 114
braiding **EM1:** 519
carbon fiber. **EM1:** 51
defined **EM1:** 26
glass fibers. **EM1:** 110–111
glass textile, production **EM1:** 110–111
graphite, modulus, and dry bundle tensile
strength. **EM1:** 362
in lamina cross section **EM1:** 176
Kevlar, sizes **EM1:** 114
spacing, in multidirectionally reinforced fabrics
preforms. **EM1:** 130
stuffer, angle-interlock fabric with. **EM1:** 130
tracer **EM1:** 149
x, y coordinate system for **EM1:** 125–127

Yates method of analysis
applied **A8:** 654, 657
for factorial experiments **A8:** 653–654
for fractional factorial plans. **A8:** 644

Yaw
defined **A17:** 18

y-axis *See also* x-axis **EM1:** 26, 125
defined **EM2:** 46

YBCO superconducting materials *See also* High-temperature superconductors
properties. **A2:** 1082

Y-block *See* Keel block

Y-blocks *See* Keel block

Y-branch fittings
pipe welding. **M6:** 591

Yb-Zn (Phase Diagram) . . . . **A3:** 2•383

Yellow brass *See also* Copper alloys, specific types
brazing **A6:** 629
galvanic series for seawater **A20:** 551
gas-metal arc welding **A6:** 763
resistance spot welding **A6:** 850
tensile strength, reduction in thickness by
rolling **A20:** 392
weldability. **A6:** 753

Yellow brass, 65%, microstructure of. . . . . . **A3:** 1•22

Yellow brass plating **M5:** 285

Yellow brasses *See also* Brasses; Copper casting alloys; Leaded yellow brasses; Wrought coppers and copper alloys
Antioch process for **A15:** 247
applications and properties **A2:** 225, 302–304, 306, 348
as electrical contact materials **A2:** 843
foundry properties for sand casting **A2:** 348
high strength, intermetallic inclusions in . . . **A15:** 96
melt treatment **A15:** 774
nominal compositions **A2:** 347
recycling. **A2:** 1214
shrinkage allowances **A15:** 303

Yellow chromate conversion coating
cadmium plate. **M5:** 269

Yellow golds *See* Gold-silver-copper alloys

Yellow (K2) photographic lens filter
with ultraviolet illumination. **A12:** 84

Yellow Mill Pond Bridge
fatigue cracking in **A11:** 707–708

Yellow-green light filters. **A9:** 72

Yellowness
optical testing for. **EM2:** 594–595

Yield *See also* Creep; Flow; Plastic deformation; Plastic flow; Ultimate strength; Yield point; Yield point elongation; Yield strength; Yield stress; Yielding
casting, defined *See* Casting yield
casting, gating design and. **A15:** 589
Charpy V-notch as screening test for **A8:** 263
chip, in WSI **EL1:** 354
compressive, in polystyrene **A11:** 759
condition for **A11:** 49
considerations, active-component
fabrication. **EL1:** 198–199
criteria. **A8:** 576–577, **A14:** 369–370
curves, experimental, with interaction **A8:** 641–642
defined **A8:** 15, **A11:** 11, **A13:** 14, **A14:** 14, **A15:** 11,
EL1: 1161
effect on crack growth and toughness. **A11:** 54
experimental. **A8:** 640, 650
failure analysis of. **EM2:** 730–731
fracture toughness **A8:** 268
high strain rate effect on **A8:** 208
in dynamic notched round bar testing **A8:** 282
in wafer-scale integration **EL1:** 9
in workability **A8:** 576–577
measures of **A8:** 21
of secondary and backscattered electrons. . **A10:** 502
point, defined **A11:** 11, **A13:** 14, **A14:** 14
process, surface-mount soldering. **EL1:** 708
processing, WSI vs. VLSI **EL1:** 266–268
silicon defect density effects **EL1:** 88
size of plastic zone. **A8:** 281
solder joint **EL1:** 691
stress, defined **A13:** 14
stress, dependence on grain size **A11:** 68
tensile load vs. elongation **A9:** 684
types **A9:** 684
wiring, WSI. **EL1:** 354

Yield criteria
equation. **A19:** 548

Yield criteria and flow rule. **A20:** 631

Yield criterion. **A7:** 599

Yield criterion, von Mises **A19:** 549, 692

Yield elongation
plastic deformation **A9:** 684

Yield function **A7:** 29, 331, 334
from micromechanical models. **A7:** 331–333

Yield locus **A7:** 289–290

Yield point **EM3:** 31
and Lüders bands. **A8:** 22
defined **A8:** 15, 21–22, **EM1:** 26, **EM2:** 46, 433
diffusion processes and **A8:** 35
effect of low deformation rate on. **A8:** 38, 39
elongation, defined **A8:** 15, 21–22
in torsional testing. **A8:** 148
point elongation, defined **EM2:** 46
tensile impact and **EM2:** 556

Yield point elongation **A1:** 574–575, **EM3:** 31
defined **A8:** 15, 21–22
Lüders bands in **A8:** 548

Yield point in shear
symbol for **A20:** 606

Yield point in tension
symbol for **A20:** 606

Yield point, stainless steels
and magabsorption measurement **A17:** 152

Yield shear strength **A8:** 139

Yield shear stress **A8:** 141

Yield strength *See also* compressive yield strength; Mechanical properties; Microyield strength; Offset; Shear yield strength; Tensile properties; Tensile strength; Yield; Yield stretch;
Yielding. . . . **A6:** 389, **A19:** 5, 29, **A20:** 336, 339, 341, 346, 353, **EM3:** 31, **M7:** 312
aluminum and aluminum alloys **A2:** 8
amorphous materials and metallic
glasses **A2:** 813–814
and corrosion fatigue crack propagation . . . **A8:** 405, 408
as function of die temperature. **A14:** 153
as material factor **A20:** 297
basis for classifying high-strength steels . . . **M1:** 403, 409–410
beryllium-copper alloys **A2:** 418
by constant crosshead speed tests **A8:** 43
compressive **A8:** 662, 667
copper alloy, lead frame materials . . . **EL1:** 488–490
copper and copper alloys **A2:** 219, 223
copper casting alloys **A2:** 348–350, 355
defined **A8:** 15, 21, **A11:** 11, **A13:** 14, **A14:** 14,
EL1: 1161, **EM1:** 26, **EM2:** 46, 433–434
definition. **A20:** 843
deformation rate effect, in niobium **A8:** 38–39
effect, contour roll forming **A14:** 624
effect, critical stress and sulfide fracture
toughness **A13:** 534
effect, hydrogen damage **A13:** 169
effects of sintering temperature **M7:** 369
effects of sintering time **M7:** 370
effects of strain rate and temperature on . . . **A8:** 38, 40
ferrite effect, high-alloy steels **A15:** 725
for superalloys, high-pressure hydrogen gas **A8:** 408
from uniaxial tensile testing. **A8:** 555
gas content effect, aluminum alloy **A15:** 457
hold time effect on **A8:** 36–37
in bending, for copper alloy strip **A8:** 134
in cantilever beam bend test. **A8:** 132, 134
in heat-exchanger tubes. **A11:** 628
in hydrostatic compression. **A7:** 331
in press-brake forming. **A14:** 541
in spinning **A14:** 604
of aluminum alloys. **M7:** 474
of copper-based P/M materials. **M7:** 470
of ferrous P/M materials. **M7:** 465, 466
of injection molded P/M materials **M7:** 471

SUBJECTS OF THE INDEXED VOLUMES: **ASM Handbook** (designated by the letter "A"): **A1:** Properties and Selection: Irons, Steels, and High-Performance Alloys (1990); **A2:** Properties and Selection: Nonferrous Alloys and Special-Purpose Materials (1990); **A3:** Alloy Phase Diagrams (1992); **A4:** Heat Treating (1991); **A5:** Surface Engineering (1994); **A6:** Welding, Brazing, and Soldering (1993); **A7:** Powder Metal Technologies and Applications (1998); **A8:** Mechanical Testing (1985); **A9:** Metallography and Microstructures (1985); **A10:** Materials Characterization (1986); **A11:** Failure Analysis and Prevention (1986); **A12:** Fractography (1987); **A13:** Corrosion (1987); **A14:** Forming and Forging (1988); **A15:** Casting (1988); **A16:** Machining (1989); **A17:** Nondestructive Evaluation and Quality Control (1989); **A18:** Friction, Lubrication, and Wear Technology (1992); **A19:** Fatigue and Fracture (1996); **A20:** Materials Selection and Design (1997). **Metals Handbook, 9th Edition** (designated by the letter "M"): **M1:** Properties and Selection: Irons and Steels (1978); **M2:** Properties and Selection: Nonferrous Alloys and Pure Metals (1979); **M3:** Properties and Selection: Stainless Steels, Tool Materials, and Special-Purpose Materials (1980); **M4:** Heat Treating (1981); **M5:** Surface Cleaning, Finishing, and Coating (1982); **M6:** Welding, Brazing, and Soldering (1983); **M7:** Powder Metallurgy (1984). **Engineered Materials Handbook** (designated by the letters "EM"): **EM1:** Composites (1987); **EM2:** Engineering Plastics (1988); **EM3:** Adhesives and Sealants (1990); **EM4:** Ceramics and Glasses (1991). **Electronic Materials Handbook** (designated by the letters "EL"): **EL1:** Packaging (1989)

of material in uniaxial tension. **A7:** 329
of molybdenum and molybdenum alloys . . **M7:** 476
of P/M and ingot metallurgy tool steels. . . **M7:** 471, 472
of P/M and wrought titanium and alloys. . **M7:** 475
of P/M forged low-alloy steel powders **M7:** 470
of rhenium and rhenium-containing alloys **M7:** 477
of stainless steels. **M7:** 468
of superalloys. **M7:** 473
of tantalum wire **M7:** 478
offset *See also* Offset yield strength . . . **A8:** 21, 132
ordered intermetallics **A2:** 913–914
overloading and **A11:** 136–138
shear. **A8:** 139
sintering temperature effects **A13:** 825
solid-state-welded interlayers **A6:** 169
static, and fatigue. **A11:** 102
static design based on **A8:** 20
temperature dependence, nickel aluminides. **A2:** 915–916
testing machines for **A8:** 547, 565
thermoplastic fluoropolymers. **EM2:** 117
titanium PA P/M alloy compacts **A2:** 654
vs. tempering temperature, low-alloy steels. **A13:** 954
Young and Dupré equation **A6:** 114–115, 128, 129, 619

Yield strength absent work hardening **A20:** 346

Yield strength, aluminum-killed steels
inert gas fusion analysis **A10:** 231

Yield strength, of dual-phase steels **A1:** 426–427
of steel castings. **A1:** 365

Yield strength of steels as a function of the mean free distance between cementite
particles **A9:** 130

Yield strength plotted against complexity index **A9:** 130
for beryllium-aluminum alloys. **A9:** 131

Yield stress *See also* Yield **A7:** 25, 366, 369, **A20:** 286, 534
and residual stress **A11:** 57
and strain rate **A8:** 38–39, 41, 229
decreasing, in swaging. **A14:** 143
defined **A8:** 15, **A11:** 11, **A14:** 14
effect of environment on **A11:** 225
effect on ferrite grain diameter, steels **A11:** 68
elastic bending below. **A14:** 881
elastic bending below, as springback. **A8:** 552
fluid models with. **EL1:** 848
in double-notch shear testing. **A8:** 229
in torsional Kolsky bar dynamic test **A8:** 228
models, of rheological behavior. **EL1:** 848
on flow curve **A8:** 23
room temperature **A7:** 578, 579
shear. **A8:** 141

Yield stresses **A19:** 46, 57
cleavage fracture. **A19:** 46

Yield stretch *See also* Mechanical properties; Yield
wrought aluminum and aluminum alloys. . . **A2:** 101

Yield surface in stress space **A7:** 331

Yield surfaces **A7:** 327, 328, 332, 333, 336

Yield value **EM3:** 31

Yield zone models **A19:** 128–129
as crack growth prediction model. **A19:** 128

Yielding *See also* Yield
cross, as distortion. **A11:** 138
discontinuous **A11:** 25
in polymers. **A11:** 760–761
limiting pressure for **A7:** 597
localized, from residual stress **A11:** 97
overloading and **A11:** 136
reverse **A11:** 57
studied by x-ray topography and synchrotron radiation **A10:** 365
tolerance to, in limit analysis **A11:** 136–138

Yielding, anomalous
ordered intermetallics **A2:** 913–914

Yielding dislocations
as acoustic emission source **A17:** 287

Yielding under static loading **A20:** 515

Yields
with copier powders **M7:** 586

YIG *See* Yttrium-iron garnet

Yin-yang cells
of superconducting materials **A2:** 1057

Y-joint *See* Knuckle area

y-modulation
roused for image modification in scanning electron microscopy. **A9:** 95

Yoke frame closures
hot isostatic pressure vessels **M7:** 420, 421

Yoke, main landing gear deflection
SCC failure in. **A11:** 23

Yokes
applications **A17:** 94
as magnetizers **A17:** 93–95, 130
electromagnetic. **A17:** 93–95
for demagnetization. **A17:** 121–122
for subsurface discontinuities. **A17:** 114
permanent-magnet **A17:** 93

Yoloy (Ni-Cu alloy steel), applications
protection tubes and wells **A4:** 533

Yoshida buckling test
for sheet metals **A8:** 563–564

Youden square experimental plan . . **A8:** 647, 650, 651
for two sources of inhomogeneity **A8:** 643

Young-Laplace equation **A7:** 280

Young's creep modulus **EM1:** 191

Young's equation **A6:** 128, 129
non-reacting steady-state sessile drop . . . **EM4:** 484, 485

Young's modulus *See also* Coefficient of elasticity; Complex Young's modulus; Elasticity; Initial modulus; Modulus of elasticity; Modulus of Elasticity (E). **A7:** 331, 338, **A19:** 6, 29, **A20:** 178, 251, 267, **EM3:** 31, **EM4:** 424
and density of low-alloy ferrous parts. **M7:** 463
at room temperature for cemented carbides, determination of, specifications. **A7:** 1100
cemented carbide properties testing **A16:** 77
cemented carbides **A16:** 79
ceramics. **A16:** 101
defined. **A8:** 15, **A14:** 14, **EM1:** 26, **EM2:** 46
definition. **A20:** 843
effect, shape memory alloys **A2:** 898
in uniaxial tensile testing **A8:** 555
longitudinal, vs. fiber volume fraction . . . **EM1:** 208
material property charts **A20:** 267, 269–273
metals vs. ceramics and polymers. **A20:** 245
of elasticity, fatigue striation spacing and stress-intensity with **A8:** 482, 484
of glass fibers **EM1:** 46
of molybdenum and molybdenum alloys . . **M7:** 476
rule-of-mixture, metal-matrix composites. . . **A2:** 903
specifications. **A7:** 1099

Young's modulus, electrical contacts
friction and wear of. **A18:** 683

Young's modulus of the beam material (*E*) . . **A20:** 512

Young's relaxation modulus **EM1:** 191

Y-shaped parts
magnetic particle inspection **A17:** 113–114

Ytterbium *See also* Rare earth metals
as divalent. **A2:** 720
as rare earth metal, properties **A2:** 720, 1188
pure. **M2:** 823
TNAA detection limits **A10:** 237

Ytterbium in garnets **A9:** 538

Ytterbium-169
for radiographic inspection. **A17:** 308

Yttria **A7:** 85, **A16:** 98, 100, 101
in mechanically alloyed oxide dispersion-strengthened (MA ODS) alloys . . **A2:** 943–944
injection molding. **A7:** 314

Yttria partially stabilized zirconia (YSZ) **A20:** 597

Yttria (Y_2O_3)
heat-treatable ceramic **A18:** 812

Yttria-alumina doped silicon nitride
cladless HIP process **EM4:** 196, 197

Yttria-partially stabilized zirconia (Y-PSZ) **EM4:** 1136, 1138
chemical integrity of seals. **EM4:** 540
fracture toughness **EM4:** 602

Yttria-stabilized transformation-toughened zirconia
See also Ceramics; Structural ceramics; Toughened ceramics
as structural ceramic, applications and properties. **A2:** 1023

Yttria-stabilized zirconia
abradable seal material **A18:** 589
ceramic coatings for dies **A18:** 644
cold isostatic pressing **A7:** 510
friction coefficient **A18:** 815
pressureless sintering. **A7:** 509–510
properties. **A18:** 814
thermal spray forming. **A7:** 412

Yttria-stabilized ZrO_2
automotive electrical/electronic applications **EM4:** 1106

Yttrium *See also* Rare earth metals
added to form stable yttrium-sulfur sulfides. **A20:** 591
addition to magnesium alloys **A7:** 19–20
aluminates **A7:** 177
as rare earth metal, properties **A2:** 720, 1189
elemental sputtering yields for 500 eV ions. **A5:** 574
fluoride separation **A10:** 169
heat-affected zone cracks **A6:** 91
in high-temperature YBCO system superconductors **A2:** 1085
ion implantation and oxidation resistance **A18:** 856
oxide, tool materials used for cast iron . . . **A16:** 656
pure. **M2:** 823–824
segregation, at grain boundaries **A10:** 483
SiAlYON **A16:** 100
solidification cracking **A6:** 90
species weighed in gravimetry **A10:** 172
ultrapure, by external gettering **A2:** 1094
weighed as the fluoride **A10:** 171
YAG (yttrium-aluminum-garnet). **A16:** 101

Yttrium aluminum garnet laser
characteristics and advantages **M6:** 656
characteristics of chemical composition . . . **M6:** 651
high-production welding **M6:** 647–648
mounting **M6:** 667

Yttrium barium copper oxide (YBaCuO)
ion-beam-assisted deposition (IBAD) **A5:** 597
pulsed-laser deposition **A5:** 624, 625

Yttrium in garnets. **A9:** 538

Yttrium iron garnet (YIG)
ferromagnetic resonance **A17:** 220

Yttrium oxide
melting point **A5:** 471
Vickers and Knoop microindentation hardness numbers. **A18:** 416

Yttrium oxide (Y_2O_3). **EM4:** 18
additive to Si_3N_4 . . . . **EM4:** 226
as additive for pressure densification. **EM4:** 298–299, 300
effect on glass hardness. **EM4:** 851
grain-growth inhibitor **EM4:** 188
hot pressing. **EM4:** 191
sintering aid **EM4:** 188

Yttrium oxide-stabilized tetragonal polycrystal ceramic (Y-TZP)
ceramic ceramic joints. **EM4:** 516

Yttrium, vapor pressure
relation to temperature **M4:** 310

Yttrium (Y)
in heat-resistant alloys. **A4:** 512
vapor pressure, relation to temperature **A4:** 495

Yttrium-aluminum-garnet (YAG) . . **A20:** 660, **EM4:** 18
laser transformation hardening . . **A4:** 287, 290, 291
solidification cracking **A6:** 88

Yttrium-aluminum-garnet (YAG) laser pulse
for solder joints **EL1:** 942

Yttrium-cobalt intermetallic compound
mechanical alloying **A7:** 80

Yttrium-indium-garnet (YIG) **EM4:** 18

Yttrium-iron garnet **A9:** 53

Yttrium-iron-garnet **EM4:** 60, 61
permeability **EM4:** 1162
resistivity. **EM4:** 1162
saturation flux density. **EM4:** 1162

Y-Zn (Phase Diagram) . . . . **A3:** 2•382

Y-Zr (Phase Diagram) . . . . **A3:** 2•382

Z

Z
See also Atomic number
as standard normal distribution (statistical). **A17:** 738

Z elements
x-ray tubes for **A10:** 101

Z lens
gas mass spectrometer. **A10:** 153

Z mills
for wrought copper and copper alloys **A2:** 244

Z phase
in austenitic stainless steels **A9:** 284
in wrought heat-resistant alloys **A9:** 312
Z voltage **A19:** 71
ZA-8 zinc alloy
die castings **A2:** 529
gravity castings......................... **A2:** 530
properties **A2:** 535–536
ZA-12 *See* Zinc alloys, specific types, zinc foundry alloy ZA-12
ZA-12 zinc alloy
die castings **A2:** 529, 536–537
gravity casting.......................... **A2:** 530
ZA-27 zinc alloy
die castings **A2:** 529, 537–538
gravity castings......................... **A2:** 530
Zachariasen model...................... **EM4:** 493
ZAF corrections
in EDS mapping........................ **A10:** 528
Zamak 3
properties **A2:** 532–533
Zamak die casting alloy
development of......................... **A15:** 35
Zamak-3 (die casting) *See* Zinc alloys, specific types, AG40A
Zamak-5 (die casting and sand casting) *See* Zinc alloys, specific types, AC41A
z-axis *See also* xy-plane
defined **EM1:** 26, **EM2:** 46
z-axis strains
epoxy-aramid/epoxy-glass............... **EL1:** 987
Zeeman effect
background correction for **A10:** 51–52
defined **A10:** 264, 684
Zener criterion
grain boundaries pinned according to.... **EM4:** 242
Zener-Hollomon parameter.................. **A7:** 30
for flow stress...................... **A8:** 162–163
for grain size........................... **A8:** 175
mean free path between spheroidite particles...................... **A8:** 176, 178
Zeolite
carrier material used in supported catalysts **A5:** 885
Zeolites **EM3:** 111
crystal structure **EM4:** 882
transition metals as source of fluorescence on.................. **A10:** 130
X and Y, Raman spectroscopy of pyridine on **A10:** 134
Zephiran chloride
description.............................. **A9:** 68
Zephiran chloride as an etchant additive **A9:** 169
Zero bleed
defined **EM1:** 26, **EM2:** 46
Zero convention
of electrode potentials.................. **A13:** 21
Zero crack growth transducer location **A19:** 217
Zero draft
powder forged parts...................... **A7:** 15
Zero energy............................ **A20:** 141
Zero energy state........................ **A20:** 140
Zero gravity casting
effect on dendritic structures in copper alloy ingots **A9:** 638
Zero line dimensioning............... **A20:** 228, 229
Zero mean stress..................... **A6:** 967, 968
Zero mean stress, life from the strain-life equation...................... **A19:** 256–257
Zero resistance ammetry
as inspection or measurement technique for corrosion control **A19:** 469
Zero strain
fracture mechanics of **A11:** 57
Zero time............................. **EM3:** 31
defined **A8:** 15, **EM2:** 46
Zero wear.......................... **A20:** 612, 613
definition............................ **A20:** 612
Zero wear life (impacts)
symbol for........................... **A20:** 606
Zero wear model (impact) **A20:** 606, 608
wear models for design................ **A20:** 606
Zero wear model (sliding)........ **A20:** 606, 608, 613
wear models for design................ **A20:** 606
Zero-CTE metal matrix composites
carbon fiber.......................... **EM1:** 52
Zero-dispersion double spectrometer
with Triplemate device **A10:** 129
Zero-draft forgings
from copper alloys.................... **A14:** 258
Zerodur
composition.......................... **EM4:** 872
elastic constant **EM4:** 875
hardness............................. **EM4:** 876
maximum use temperature............ **EM4:** 875
polishing **EM4:** 469
properties........................... **EM4:** 872
seals to metals....................... **EM4:** 499
thermal properties **EM4:** 876
Zero-field splitting
in ESR spectra **A10:** 261
Zero-growth part **A7:** 1009
Zeroing adjustments
for tension testing force measurement **A8:** 48
Zero-insertion-force connector
defined............................. **EL1:** 1161
Zerol bevel gears
described **A11:** 587
Zero-loss peak **A18:** 390
Zero-mean constant amplitude test **A19:** 233
Zero-mean-strain controlled test **A19:** 234
Zero-order Laue zone
abbreviation for **A10:** 691
-CBED patterns................... **A10:** 439, 441
Zero-order reaction **A7:** 525
Zero-resistance ammeter
for galvanic corrosion............. **A13:** 236, 238
Zero-risk analysis
for life cycle testing........... **EL1:** 135–136, 139
Zero-risk stress testing
life cycle **EL1:** 136
Zero-wear limit (N_0)............ **A18:** 265–266, 268
Zeta potential *See also* Electrokinetic potential **A7:** 220, 421, **EM4:** 74
ZGS platinum *See* Zirconia grain-stabilized platinum and platinum alloys
ZHC copper
applications and properties.............. **A2:** 281
Zhurkov's equation............ **EM3:** 354, 357–358
ZIA IRRS process
for zinc recycling **A2:** 1225
Ziegler rules........................... **A19:** 549
Ziegler-Natta catalysts *See also* Coordination catalysis
defined.............................. **EM2:** 46
Zielgler-Natta catalysts................... **EM3:** 31
Zig-zag classifiers.................. **A7:** 211, 212
Zig-zag in-line packages (ZIP) **EL1:** 443
Zilloy-15 *See* Zinc alloys, specific types, rolled zinc alloy
Zilloy-40 *See* Zinc alloys, specific types, copper-hardened rolled zinc
Zinc *See also* Pure metals; Pure zinc; Zinc alloy castings; Zinc alloys; Zinc alloys, specific types; Zinc coatings; Zinc recycling; Zinc-alloys
abrasion artifacts examples.............. **A5:** 140
abrasion artifacts in **A9:** 34, 37–38
acid, selective plating solution for ferrous and nonferrous metals................. **A5:** 281
addition to aluminum-base bearing alloys **A18:** 752
adhesion layer for polyimides **EM3:** 158
alkaline, anode-cathode motion and current density **A5:** 279
alkaline cleaning formulas for **A5:** 18
alkaline cleaning of **M5:** 33, 35–36
alkaline, selective plating solution for ferrous and nonferrous metals................. **A5:** 281
alloy castings **A2:** 528–532
alloying addition to heat-treatable aluminum alloys **A6:** 528, 530
alloying effect on copper alloys **M6:** 400
alloying effects **A13:** 759
alloying in aluminum alloys **M6:** 373
alloys, suitability for journal bearings **M1:** 610–611
and copper specification........... **A2:** 1057–1058
and zinc alloys.................... **A15:** 786–797
and zinc primers, for filiform corrosion .. **A13:** 108
anodes **A13:** 470, 764–765, 921
anodes showing electrochemical and corrosion effects on adhesives **EM3:** 629–631, 632
anodized **EM3:** 417
anodizing.............................. **A5:** 492
applications **M2:** 629–637
aqueous corrosion, as function of pH ... **A13:** 1304
arc deposition **A5:** 603
Arrhenius plots of delayed steel failure in.................... **A11:** 240, 244
as addition to aluminum alloys........... **A4:** 842
as addition to brazing filler metals........ **A6:** 904
as aluminum alloying element **A2:** 16, 132–133
as embrittlement source........ **A11:** 234, 237–238
as essential metal **A2:** 1250, 1255–1256
as gold alloy **A2:** 690
as inclusion-forming, aluminum alloys..... **A15:** 95
as solder impurity **EL1:** 639
as thermal spray coating............ **A13:** 460–461
as tin solder impurity **A2:** 521
as trace element, cupolas **A15:** 388
atmospheric corrosion...... **A13:** 82, 205, 756–758
austenitic stainless steel embrittlement by............ **A11:** 236–237
austenitic steels embrittlement by........ **A13:** 184
-bearing paints **A13:** 768–769
biologic effects and toxicity........ **A2:** 1255–1256
bracelet anode......................... **A13:** 470
brass plating bath content........... **M5:** 285–286
bright, selective plating solution for ferrous and nonferrous metals................. **A5:** 281
buffing *See also* Zinc, polishing and buffing of......................... **A5:** 104
cadmium plating........................ **A5:** 224
cadmium replacement identification matrix........................... **A5:** 920
capacitor discharge stud welding **M6:** 738
cast, historical use **A15:** 22
cast product applications **A2:** 530
cathodic protection of iron............. **A13:** 467
cavitation erosion...................... **A18:** 216
chemical corrosion of **A13:** 762–763
chemical resistance **M5:** 4, 7, 10
chromate conversion coatings **A5:** 405
chromating process sequence **A13:** 390
chromium plating of....... **M5:** 189–191, 194–195
removal of........................... **M5:** 173
coated onto aluminum alloy sleeve bearing liners............................. **A9:** 567
-coated steels, spangles formation **A8:** 548
coating for resistance seam welding....... **M6:** 502
coating, of metal fasteners **A11:** 542
coatings **A2:** 527–528, **A13:** 426, 460–461, 526–527, 756, 765–768, 911–912, **EM3:** 53
coatings, hydrogen embrittlement testing for **A8:** 542
color or coloring compounds for.......... **A5:** 105
composition range for cadmium anodes ... **A5:** 217
concentration, in phosphate baths........ **A13:** 384
constant-current electrolysis **A10:** 200
-containing copper, digital composition map **A10:** 528
contamination **M6:** 321
content effect, electron-beam welding...... **A6:** 872
content, effect in copper alloys **A15:** 468
content in magnesium alloys............ **M6:** 427
continuous electrodeposited coatings for steel, process classifications and key features.......................... **A5:** 354

SUBJECTS OF THE INDEXED VOLUMES: ASM Handbook (designated by the letter "A"): **A1:** Properties and Selection: Irons, Steels, and High-Performance Alloys (1990); **A2:** Properties and Selection: Nonferrous Alloys and Special-Purpose Materials (1990); **A3:** Alloy Phase Diagrams (1992); **A4:** Heat Treating (1991); **A5:** Surface Engineering (1994); **A6:** Welding, Brazing, and Soldering (1993); **A7:** Powder Metal Technologies and Applications (1998); **A8:** Mechanical Testing (1985); **A9:** Metallography and Microstructures (1985); **A10:** Materials Characterization (1986); **A11:** Failure Analysis and Prevention (1986); **A12:** Fractography (1987); **A13:** Corrosion (1987); **A14:** Forming and Forging (1988); **A15:** Casting (1988); **A16:** Machining (1989); **A17:** Nondestructive Evaluation and Quality Control (1989); **A18:** Friction, Lubrication, and Wear Technology (1992); **A19:** Fatigue and Fracture (1996); **A20:** Materials Selection and Design (1997). **Metals Handbook, 9th Edition** (designated by the letter "M"): **M1:** Properties and Selection: Irons and Steels (1978); **M2:** Properties and Selection: Nonferrous Alloys and Pure Metals (1979); **M3:** Properties and Selection: Stainless Steels, Tool Materials, and Special-Purpose Materials (1980); **M4:** Heat Treating (1981); **M5:** Surface Cleaning, Finishing, and Coating (1982); **M6:** Welding, Brazing, and Soldering (1983); **M7:** Powder Metallurgy (1984). **Engineered Materials Handbook** (designated by the letters "EM"): **EM1:** Composites (1987); **EM2:** Engineering Plastics (1988); **EM3:** Adhesives and Sealants (1990); **EM4:** Ceramics and Glasses (1991). **Electronic Materials Handbook** (designated by the letters "EL"): **EL1:** Packaging (1989)

continuous electrodeposited coatings for steel strip, applications A5: 350
continuous hot dip coatings, minimum coating mass and thickness ranges on steel wire A5: 339
continuous hot dip coatings, on steel sheet A5: 339
continuous hot-dip-coated steel sheet, wire, and tubing applications A5: 340
corrosion A5: 715
corrosion at 45 locations of continuous hot dip coatings A5: 344
corrosion fatigue A13: 763–764
corrosion, in different waters A13: 443
corrosion, in neutral chloride solution A13: 378
corrosion of A13: 755–769
corrosion protection abilities A13: 755
corrosion resistance, in soils A13: 762
corrosion service M2: 646–655
critical relative humidity A13: 82
cut wire for metallic abrasive media A5: 61
cyanide-to-zinc ratio, brass plating . . . M5: 285–286
decorative chromium plating A5: 192, 194
deoxidizing, copper and copper alloys A2: 236
deposit hardness attainable with selective plating versus bath plating A5: 277
determined by controlled-potential coulometry A10: 209
die-cast, sputter deposition A5: 579
dietary, and lead toxicity A2: 1246
diffusion EL1: 679
direct on zincate, electroplating on zincated aluminum surfaces A5: 801
dot map, diffusion-induced grain-boundary migration in A10: 527
double kink band produced by axial compression A9: 689
EDTA titration A10: 173
effect, in commercial bronze A2: 296–297
effect, in red brass A2: 298
effect on adhesive wear of brass versus tool steel A18: 237
effect on glass substrate bonding EM3: 283
effect on tin-base alloys A18: 748
effects, cartridge brass A2: 296, 300
effects on SCC in copper A11: 221
effluent limits for phosphate coating processes per U.S. Code of Federal Regulations A5: 401
electrochemical potential A5: 635
electrodeposited coatings A13: 426, 911–912
electrodeposited on cast iron A5: 690
electrodeposited, recommended minimum thicknesses and applications on iron and steel A5: 727
electrolytic alkaline cleaning A5: 7
electrolytic potential A5: 797
electroplated metal coatings A5: 687
-electroplated steel fastener, hydrogen embrittlement failure A11: 548–549
electroplating on zincated aluminum surfaces A5: 801
electropolishing with alkali hydroxides A9: 54
embrittlement A13: 178
embrittlement of ferritic steels A11: 237–238
emulsion cleaning A5: 34
emulsion cleaning of M5: 7
erosive attack of melt on die surface A18: 630
etching by polarized light A9: 59
evaporation fields for A10: 587
ferritic steels embrittlement by A13: 184
friction coefficient data A18: 71
galvanic corrosion of A13: 85
galvanic corrosion with magnesium M2: 607
galvanized coatings *See* Hot dip galvanized coating
galvanizing A2: 527–528
gas tungsten arc welding M6: 183
general biological corrosion of A13: 87
gravimetric finishes A10: 171
heat-affected zone fissuring in nickel-base alloys A6: 588
heavy phosphate coating A5: 384
high-purity, and SCC A11: 539
hot dip coating effects A5: 344, 345
hot dip galvanizing of A13: 765–767
hot extrusion of A14: 322
hydrochloric acid corrosion A13: 467
ICP-determined in plant tissues A10: 41
ICP-determined in silver scrap metal A10: 41
impurity in solders M6: 1072
in alloys A6: 1165
in aluminum alloys A15: 746
in copper alloys A6: 752
in dental amalgam A18: 669
in dissolved salts, acids, and bases A13: 763
in enamel cover coats EM3: 304
in magnesium alloys A9: 426–428
in thermal spray coatings A6: 1004–1009
in water A13: 443, 759–762
indirect Volhard titration A10: 173
intergranular corrosion, prevention A13: 765
interlayer for aluminum-base alloys being diffusion welded A6: 885
intermetallic inclusions in copper A15: 96
ions, as cathodic inhibitors A13: 495
lap welding M6: 673
lead, Rockwell scale for A8: 76
lifetimes of hot dip coatings A5: 347
liquid, as embrittler of steels A11: 237
liquid-metal embrittlement, and material selection A13: 334
liquid-metal embrittlement of A11: 28, 233
lubricant indicators and range of sensitivities A18: 301
major Asian electrogalvanizing lines since 1976 . . . . A5: 351
major European electrogalvanizing lines since 1980 . . . . A5: 351
major U.S. electrogalvanizing lines and their capabilities A5: 350
maximum limits for impurity in nickel plating baths A5: 209
medium, phosphate coating A5: 384
molten A11: 273
neutral, selective plating solution for ferrous and nonferrous metals A5: 281
nickel alloy surface, removal from M5: 672
nonaqueous corrosion A13: 763
on cast iron, fretting corrosion A19: 329
ores, indium occurrence in A2: 750
oxyfuel gas welding M6: 583
paint stripping A5: 15–16
phosphate coating solution contaminated by M5: 455–456
phosphate coatings A5: 382
phosphate-bonded ceramic coating characteristics A5: 472
plain carbon steel resistance to A13: 515
plating A13: 767
polishing and buffing M5: 108, 112–114
products A2: 527–532
PSG as diffusion barrier EM3: 583
pure M2: 824–826
pure, properties A2: 1174
pure, thermal properties A18: 42
radiographic absorption A17: 311
recommended impurity limits of solders . . . A6: 986
recommended neutralization pH values A5: 402
recrystallization in A9: 34
recycling A2: 1223–1226
relative solderability as a function of flux type A6: 129
relative weldability ratings, resistance spot welding A6: 834
removal, from lead alloys A15: 476
resistance welding A6: 833
-rich coatings, for corrosion control A11: 194
rolled, compositions A13: 760
sacrificial anodes A13: 469
safety precautions A6: 1196
safety standards for soldering M6: 1098
selective plating A5: 277
shielded metal arc welding A6: 179, M6: 75
shrinkage allowance A15: 303
slab, grades and compositions A2: 527
slip planes A9: 684
soil corrosion A13: 762
solderability A6: 978
solubility in aluminum A2: 36–37
solubility in magnesium M2: 525
solution potential M2: 207
species weighed in gravimetry A10: 172
spectrometric metals analysis A18: 300
spray material for oxyfuel wire spray process A18: 829
steel embrittled by M1: 686, 688
strain bursts in A19: 81
stress-corrosion cracking of A13: 763–764
substrate considerations in cleaning process selection A5: 4
superplasticity of A8: 553
tantalum corrosion in A13: 735
temperature effect, corrosion rate A13: 910
thermal diffusivity from 20 to 100 °C A6: 4
thermal expansion coefficient A6: 907
thermal spray coatings A5: 503
TNAA detection limits A10: 238
TWA limits for particulates A6: 984
ultrapure, by zone-refining technique A2: 1094
ultrasonic cleaning A5: 47
undercoating for magnesium alloys . . . A5: 831–832
untreated, material compatibility A13: 764
vapor degreasing A5: 26
vapor degreasing of M5: 45–46, 54
vapor pressure A4: 493, A6: 621
vapor pressure, relation to temperature A4: 495
Vickers and Knoop microindentation hardness numbers A18: 416
volatilization losses in melting EM4: 389
volumetric procedures for A10: 175
weighed as the phosphate A10: 171
weighed as the sulfide A10: 171
weight loss A13: 441
wetness, and corrosion rate A13: 908
Zinc acid chloride plating M5: 245, 250–253
advantages and limitations M5: 250–251
agitation M5: 252
anodes M5: 252
bleedout M5: 251
cathode current efficiency M5: 250, 252
iron contamination M5: 253
pH control M5: 252–253
solution composition and operating conditions M5: 250–253
temperature control M5: 252
Zinc alkaline noncyanide plating M5: 246–248
anodes M5: 250
bright plating range M5: 250
cathode current densities M5: 250
cathode current efficiency M5: 246–248, 250
efficiency M5: 246, 248
filtration M5: 250
metal content, effects of M5: 246–248
solution composition and operating conditions M5: 246–248, 250
sodium hydroxide content M5: 246, 248
temperature control M5: 250
voltages M5: 250
Zinc alloy castings
gravity castings A2: 529–530
pressure die castings A2: 528–529
properties A2: 531
temperature effects A2: 533
Zinc alloy coated steels A1: 217–218
Zinc alloy plating A5: 264–265
advantages A5: 264, 265
applications A5: 264
corrosion resistance A5: 265
neutral salt spray test results A5: 265
processes in use A5: 264
tin-zinc plating A5: 265
zinc-cobalt plating A5: 264
zinc-iron plating A5: 264
zinc-nickel plating A5: 264–265
Zinc alloy powders
air atomization A7: 43, 44
gas atomization A7: 37, 47
spinning-cup atomization A7: 48
Zinc alloys *See also* High-zinc alloys; Zinc; Zinc alloys, specific types; Zinc alloy castings, specific types A16: 831–834
55% aluminum-zinc alloy coating, steel sheet and wire M5: 348–350
acid dipping M5: 677
alkaline soak and electrocleaning M5: 677
applications A15: 797, M2: 630–637
as cast in plaster molds A15: 243
as die casting alloy A15: 35, 286, 786
as draw tooling A14: 511
blanking and piercing dies, use for . . . M3: 485, 487
boring A16: 831–832
broaching A16: 204

Zinc alloys (continued)
cadmium plating **A5:** 224
casting removal **A15:** 790–792
castings **A2:** 528–532
chip formation **A16:** 831, 832, 834
chromating process sequence **A13:** 390
chrome plating, hard, removal of **M5:** 185
cleaning and finishing processes **M5:** 676–677
climb milling **A16:** 834
coatings **A2:** 527–528
cold form tapping **A16:** 266
composition control **A15:** 787–788
conveyors **A15:** 792
copper strike **M5:** 677
cutting fluids **A16:** 831, 832, 833, 834
deep drawing dies, materials for **M3:** 499
deep-hole drilling **A16:** 832
degreasing **M5:** 676–677
design advantages **A15:** 792–797
dichromated, thermal energy method of deburring **A16:** 577–578
die casting advantages **A15:** 792–794
die casting, intergranular corrosion evaluation **A13:** 241
die casting machines **A15:** 789
die cutting speeds **A16:** 301
die lubrication system **A15:** 790
die temperature **A15:** 790
die threading **A16:** 833–834
die(s) **A15:** 780–790
diphase cleaning of **M5:** 677
drilling **A16:** 832, 833
effect on Cu alloy machinability **A16:** 808
electrochemical grinding **A16:** 543
electron-beam welding **A6:** 872
end milling **A16:** 834
finishing **A15:** 795–796
finishing and secondary operations **A2:** 530–531
fluxing of **A15:** 451–452
for thermal spray coatings **A13:** 460–461
form tapping **A16:** 833
furnaces **A15:** 788
galvanizing **A2:** 527–528
gravity castings **A2:** 529–530
grinding **A16:** 833, 834
hard spots from intermetallics **A16:** 831
hot extrusion of **A14:** 322
inclusions in **A15:** 488–489
inoculant for **A15:** 105
launder system **A15:** 788
machinability **A16:** 831
machining **A15:** 794
major Asian electrogalvanizing lines since 1976 .... **A5:** 351
markets for **A15:** 42
melting heat for **A15:** 376
milling **A16:** 312, 313, 314, 834
nickel plating **A5:** 211
nickel plating of **M5:** 144–200, 203–204, 210, 215–216, 218
contamination effects **M5:** 210
nuts, SCC of **A11:** 538–539
oxyfuel gas welding **A6:** 281
permanent mold casting **A15:** 275
photochemical machining **A16:** 588, 590
plating, preparation for **M5:** 676–677
polishing and buffing **M5:** 676
press forming dies, use for **M3:** 490, 491, 493
pressure die castings **A2:** 528–529
properties of **A2:** 532–542
reaming **A16:** 832–833
resistance welding **A6:** 833, 847
sawing **A16:** 834
scrap return **A15:** 788–789
semisolid forging/casting of **A15:** 327
slush casting, properties **A2:** 538–539
spade drilling **A16:** 225, 230
spotfacing **A16:** 833
strengths of **A15:** 786
stripping of **M5:** 218
surface finish of die castings **A16:** 831, 832, 834
tapping **A16:** 258, 833
temperature control **A15:** 790
temperature effect **A2:** 533
thermal expansion coefficient **A6:** 907
tool life **A16:** 831, 832, 833
tools **A16:** 831, 832
turning **A16:** 94, 831–832
Unicast process for **A15:** 251
use of high-purity zinc in **A11:** 539

Zinc alloys, gravity casting
applications **M2:** 635

Zinc alloys, specific types *See also* Zinc; Zinc alloys
12%-Al applications **M2:** 635–636
27%-Al applications **M2:** 635–636
98Zn-2Al **A6:** 351
AC40A, as die casting, composition **A15:** 286
AC41A alloy **M2:** 639
composition **M2:** 630–631
creep data **M2:** 634–635
designations **M2:** 630–632
mechanical properties **M2:** 633
physical properties **M2:** 633
AG40A alloy **M2:** 638
composition **M2:** 631
creep data **M2:** 634–635
designations **M2:** 630–631
mechanical properties **M2:** 633
AG41A, as die casting, composition **A15:** 286
alloy 3 .... **A16:** 831
alloy 3, composition and use **A15:** 786
alloy 5 .... **A16:** 831
alloy 5, for tensile strength **A15:** 786
alloy 7 .... **A16:** 831
composition **M2:** 630–631
designations **M2:** 630–631
mechanical properties **M2:** 633
physical properties **M2:** 633
alloy 7, as die casting, composition **A15:** 286
alloy 7, composition and use **A15:** 786
Alloy No. 2, die castings **A2:** 529, 535
Alloy No. 3, die castings **A2:** 529, 532–533
Alloy No. 5, die castings **A2:** 529, 533–534
Alloy No. 7, die castings **A2:** 529, 534–535
Alloy ZA-8, die castings **A2:** 529, 535–536
Alloy ZA-12, die castings **A2:** 529, 536–537
commercial rolled zincs **M2:** 641–643
copper-hardened rolled zinc **M2:** 643
Cu-5Zn
annealing time and temperature effect on hardness **A4:** 828
annealing time and temperature effect on microstructure **A4:** 829
annealing time effect on annealing process **A4:** 830
microstructure showing deformation and bent annealing twins **A4:** 828
recrystallization **A4:** 829
Cu-40Zn
heat-treatment effect on hardness **A4:** 837, 838
microstructure after quenching **A4:** 838
two-phase structure development **A4:** 837, 838
Cu-42Zn, two-phase structure development **A4:** 838, 839
Cu-43Zn, two-phase structure development **A4:** 838, 839
Cu-Zn, plastic deformation **A4:** 827
ILZRO 16 .... **M2:** 640–641
composition **M2:** 632
designations **M2:** 631–632
mechanical properties **M2:** 633
physical properties **M2:** 633
ILZRO 16, as die casting, composition **A15:** 286
ILZRO 16, die castings **A2:** 529
Kirksite alloy, gravity casting **A2:** 530
rolled zinc alloy **M2:** 643–644
superplastic zinc alloy **M2:** 644–645
Z35631
casting method **A18:** 754
composition **A18:** 753
designations **A18:** 753
mechanical properties **A18:** 754
Z35831
composition **A18:** 753
designations **A18:** 753
Z35840
casting method **A18:** 754
mechanical properties **A18:** 754
ZA-8 .... **A16:** 831
ZA-8, composition **A15:** 786
ZA-8, for permanent mold casting **A15:** 786
ZA-8, gravity castings **A2:** 530
ZA-12 .... **A16:** 831
ZA-12, as general-purpose alloy **A15:** 786
ZA-12, composition **A15:** 786
ZA-12, for sand casting **A15:** 797
ZA-12, gravity castings **A2:** 530
ZA-27 .... **A16:** 831, 833
ZA-27, composition **A15:** 786
ZA-27, die castings **A2:** 529, 537–538
ZA-27, for sand casting **A15:** 797
ZA-27, gravity castings **A2:** 530
ZA-27, ultrahigh performance **A15:** 786
zinc foundry alloy ZA-12 .... **M2:** 640
zinc-base slush-casting alloys **M2:** 639–640
Zn-0.8Cu-0.15Ti, properties **A2:** 541–542
Zn-0.08Pb (commercial rolled zinc) properties **A2:** 539
Zn-0.3Pb-0.03Cd (commercial rolled zinc) properties **A2:** 539–540, 540
Zn-1.0Cu, properties **A2:** 540–541
Zn-1.0Cu-0.010Mg (rolled-zinc alloy) properties **A2:** 541
Zn-1.25Cu-0.2Ti 0.15Cr (ILZRO 16) properties **A2:** 538
Zn-4Al, erosive attack of zinc melt on the die surface **A18:** 630
Zn-4Al, lifetimes of hot dip coatings **A5:** 347
Zn-4Al-0.04Mg (AG40A), properties **A2:** 532–533
Zn-4Al-0.015Mg (AG40B), properties **A2:** 534–535
Zn-4Al-1Cu-0.05Mg (AC41A), properties **A2:** 533–534
Zn-4Al-2.5Cu-0.04Mg (AC43A), properties **A2:** 535
Zn-5Al
continuous hot dip coatings, minimum coating mass and thickness ranges on steel wire **A5:** 339
continuous hot dip coatings, on steel sheet **A5:** 339
continuous hot-dip-coated steel sheet, wire, and tubing applications **A5:** 340
Zn-5Al-MM, hot dip coatings **A2:** 528
Zn-7Al, lifetimes of hot dip coatings **A5:** 347
Zn-8Al-1Cu-0.02Mg (ZA-8) properties **A2:** 535–536
Zn-11Al-1Cu-0.025 Mg (ZA-12) properties **A2:** 536–537
Zn-22Al (superplastic zinc), properties **A2:** 542
Zn-27Al **M2:** 641
Zn-27Al-2Cu-0.015Mg (ZA-27) properties **A2:** 537–538
Zn-55Al
continuous hot dip coatings, on steel sheet **A5:** 339
continuous hot-dip-coated steel sheet, wire, and tubing applications **A5:** 340
hot dip coating effects **A5:** 344, 345
lifetimes of hot dip coatings **A5:** 347
Zn-Cu-Ti alloy **M2:** 644

Zinc alloys, wrought
characteristics **M2:** 636
classification **M2:** 636

Zinc ammonium chloride
boiling point **M5:** 327

Zinc and zinc alloy die castings
chromium plating, decorative **M5:** 189, 191, 194–195

cleaning and finishing processes M5: 33, 35–36
copper plating of M5: 160–163, 168
electrolytic cleaning of M5: 33, 35–36, 677
emulsion cleaning of M5: 35, 676–677
nickel plating of M5: 203, 205, 207–208
polishing and buffing of ... M5: 112–114, 123, 676
compounds, removal of M5: 10–11
properties of M5: 676
vapor degreasing of M5: 54, 676–677
Zinc and zinc alloys A9: 488–496, A20: 404–406
alloying elements effects A20: 405
applications A20: 303, 404
as alloying element in aluminum alloys ... A20: 385
castability rating A20: 303
casting alloys A20: 404, 405–406
compatibility with various manufacturing processes A20: 247
composition A20: 404
corrosion protection A20: 404
cost per unit mass A20: 302
cost per unit volume A20: 302
die casting alloys
composition A20: 404
properties A20: 404
etchants for A9: 488
for epicyclic gear of screwdriver, decision matrix A20: 295
galvanic series for seawater A20: 551
grinding A9: 488
hot dip coatings effect on threshold voltages for cratering of cathodic electrophoretic primer A20: 471
linear expansion coefficient vs. thermal conductivity A20: 267, 276, 277
linear expansion coefficient vs. Young's modulus A20: 267, 276–277, 278
loss coefficient vs. Young's modulus A20: 267, 273–275
machinability rating A20: 303
macroetching A9: 488
microetching A9: 488–489
microstructure A20: 405, 406
microstructures A9: 489–490
minimum thicknesses and applications ... A20: 478
mounting A9: 488
normalized tensile strength vs. coefficient of linear thermal expansion A20: 267, 277–279
polishing A9: 488
properties A20: 404
property directionality A20: 406
sectioning A9: 488
specific modulus vs. specific strength A20: 267, 271, 272
specimen preparation A9: 488–489
strength vs. density A20: 267–269
thermal conductivity vs. thermal diffusivity A20: 267, 275–276
toxic chemicals included under NESHAPS A20: 133
unalloyed grades available A20: 404
weldability rating A20: 303
weldability rating by various processes ... A20: 306
wrought A20: 405–406
wrought alloys
composition A20: 404
properties A20: 404
Young's modulus vs.
density A20: 266, 267, 268, 289
elastic limit A20: 287
strength A20: 267, 269–271
Zinc and zinc alloys, specific types
1% Cu, hot rolled A9: 495
Alloy 3, as die cast, and aged A9: 493
Alloy 3, exposed to wet steam A9: 495
Alloy 3, fracture surface of tension test bar A9: 495
Alloy 3, gravity cast in a permanent mold A9: 494
Alloy 5, as die cast A9: 493
Alloy 5, die cast and aged A9: 494
Alloy 5, different casting methods compared A9: 494
ASTM AC41A, as die cast A9: 493
ASTM AC41A, die cast and aged A9: 494
ASTM AC41A, different casting methods compared A9: 494
ASTM AG40A, as die cast, and aged A9: 493
ASTM AG40A, exposed to wet steam A9: 495
ASTM AG40A, fracture sufrace of tension test bar A9: 495
ASTM AG40A, gravity cast in a permanent molds A9: 494
brass special zinc, cold rolled A9: 495
brass special zinc, hot-rolled A9: 495
cast zinc, 0.6% Cu and 0.14% Ti A9: 493
Galfan coated on steel A9: 496
prime western Zinc, as-cast A9: 493
special high-grade zinc, as-cast A9: 493
ZA-8, different casting methods compared A9: 490
ZA-8, eta phase in A9: 489
ZA-8, magnesium additions A9: 490
ZA-12, different casting methods compared A9: 491
ZA-12, eta phase in A9: 489
ZA-12, magnesium additions A9: 490
ZA-27, different casting methods compared A9: 491–492
ZA-27, eta and alpha phases in A9: 489
ZA-27, magnesium additions A9: 490
ZA-27 with 0.13% Fe, as sand cast ... A9: 492, 493
Zn-0.55Cu-0.12Ti, as die cast in a cold chamber A9: 494
Zn-0.6Cu-0.14Ti, titanium-zinc stringers ... A9: 495
Zn-1Cu, cold-rolled A9: 495
Zn-7Ni, peritectic structures A9: 676
Zn-12Al-0.75Cu-0.02Mg, as die cast in a cold chamber A9: 494
Zn-12Al-0.75Cu-0.02Mg, gravity cast in a permanent mold A9: 494
Zn-22Al, superplastic structure A9: 496
Zinc anodes A13: 470, 764–765, 921
cathodic protection M2: 654
Zinc arc spray
electromagnetic interference shielding A5: 315
Zinc borate
for flame retardance EM3: 179
Zinc calcium phosphate
tube and wire drawing applications ... A5: 396, 397
Zinc chloride phase diagram A5: 365
Zinc chromate
as cathodic inhibitor A13: 496
as multicomponent cathodic inhibitor A13: 495–496
paints A13: 769
Zinc chromate primers A1: 222, M1: 175
Zinc chromates A20: 551
Zinc coating
chromate passivation A1: 214–215
coating tests and designations A1: 212–214, 215
corrosion rates for coatings, neutral salt spray test A5: 265
corrosion resistance A1: 581, 584
electrogalvanizing A1: 217
for threaded steel fasteners A1: 295
hot dip galvanizing A1: 216–217, 218
inorganic M5: 501–505
mechanical coating M5: 300–302
organic M5: 502, 505
oxidation-resistant types M5: 665–666
packaging and storage A1: 215–216
painting A1: 215
refractory metals and alloys A5: 862
zinc spraying A1: 218
Zincrometal A1: 217
Zinc coatings *See also* Electrogalvanizing; Hot dip galvanizing; Zinc-rich primers A19: 328, A20: 471
atmospheric corrosion resistance M1: 722
atmospheric exposure tests A13: 757–758
bridge wire M1: 272
cast irons M1: 102–104
corrosion protection afforded by M1: 752–754
effect, corrosion of structures A13: 1304
electrodeposited, and fretting fatigue A19: 324
electrogalvanizing A2: 528
hot dip galvanizing A2: 527–528
mechanical galvanizing A2: 528
of steels A13: 432–434, 1011–1014
paints A13: 768–769
processes A13: 765–768
protection A13: 755–756
seawater corrosion resistance M1: 745
sheet M1: 167–171
anodizing of M1: 169
chromate passivation of M1: 168–169
coating tests M1: 168, 169
corrosion resistance M1: 167–168, 170
designations M1: 168
electrogalvanizing M1: 170–171
heat reflection M1: 172–173
hot dip galvanizing M1: 169–170
packaging and storage M1: 169
painting of M1: 169, 170
service life M1: 168
spraying M1: 171
temper rolling of coated sheet M1: 170
springs M1: 291
threaded fasteners M1: 279
wire M1: 264
wire fence M1: 271
zinc-iron alloy in M1: 170
Zinc, corrosion environments
acids M2: 648
aqueous M2: 647–648
atmospheric M2: 649–650
gases M2: 649
indoor exposure M2: 649–650
inhibitors, use of M2: 648–649
nonaqueous liquids M2: 649
oxygen in water, effect of M2: 648–649
salts M2: 648
seacoast M2: 649–650
soils M2: 649
Zinc, corrosion resistance
anodic coatings, effect of M2: 646–647
composition, effect of M2: 646–647
electrochemical corrosion M2: 650, 652
fatigue M2: 650–652
rate, compared to iron M2: 646
Zinc cyanide plating M5: 244–250, 252–254
advantages and limitations M5: 244–245
agitation M5: 249, 252
anodes M5: 246–247
bright throwing and covering power M5: 244, 249–250
brighteners, use of M5: 246, 250
current densities M5: 248–249
current efficiency M5: 248–249
cyanide-to-zinc ratio M5: 248–249
efficiency M5: 245–246, 249–250
filtration M5: 249
grades of zinc used for M5: 247
hydrogen, embrittlement caused by M5: 253
low-cyanide system M5: 244–246, 249–250
microcyanide system M5: 245
midcyanide system M5: 244–249
solution compositions and operating conditions M5: 244–250
sodium carbonate content M5: 248
sodium cyanide concentration M5: 249–250
zinc content M5: 247–249
solution preparation M5: 246
standard system M5: 244–249
temperature effects M5: 247–250
thickness, control of M5: 253–254
Zinc deficiencies
biologic effects A2: 1255
Zinc dialkyl dithiophosphates (ZDDP) A18: 141
Zinc die casting
surface roughness and tolerance values on dimensions A20: 248
Zinc die castings
aging M2: 631
alloys M2: 630–633
applications M2: 632–633
assembly M2: 631
finishing M2: 631–632
heat treatment M2: 631–632
nickel-iron decorative plating A5: 206
relative solderability as a function of flux type A6: 129
Zinc, die castings engineering
casting design M2: 634
die design M2: 633–634
Zinc die-casting alloys *See* Zinc and zinc alloys
Zinc di-*n*-octyldithiophosphate A18: 253
Zinc dithiophosphates
as antiwear agents A18: 111
as corrosion inhibitors A18: 111
as oxidation inhibitors A18: 111
lubricant analysis A18: 300, 301

Zinc dust
applications **M2:** 629–630
for use in pyrotechnics, specifications **A7:** 1098
metallic zinc powder; dry (paint pigment),
specifications. **A7:** 1098

Zinc dust/zinc oxide paints and coatings. . . . **A13:** 443, 768–769

Zinc electroplated
mechanical plating, corrosion resistance . . . **A5:** 331

Zinc electroplating **A20:** 478

Zinc evaporation
in shape memory effect (SME) alloys. **A2:** 900

Zinc ferrites **A9:** 538

Zinc flake powders **M7:** 596

Zinc flaring
in copper-zinc alloys **A15:** 466

Zinc fluoborate plating systems **M5:** 252–253

Zinc foundry alloy ZA-12 *See* Zinc alloys, specific types, zinc foundry alloy ZA-12

Zinc foundry alloy ZA-27 *See* Zinc alloys, specific types, Zn-27Al

Zinc foundry alloys
properties **A2:** 535–538

Zinc furnaces, historic
in Africa **A15:** 19

Zinc, galvanized
alloys layer **M2:** 652
coating thickness. **M2:** 652–653
coating uniformity **M2:** 652–653
life of coating **M2:** 653
mechanical plating, corrosion resistance . . . **A5:** 331
sheet **M2:** 651, 653
steel wire **M2:** 652–654

Zinc in copper **M2:** 242–243

Zinc in fusible alloys **M3:** 799

Zinc inorganic
curing method. **A5:** 442

Zinc manganese phosphate
paint bonding applications **A5:** 396, 397

Zinc matte glaze
composition based on mole ratio (Seger
formula) **A5:** 879
composition based on weight percent. **A5:** 879

Zinc ores
as gallium source **A2:** 742–743

Zinc oxide
applications **M2:** 630
filler for polyurethanes **EM3:** 179
for curing butyl rubber **EM3:** 146
in binary phosphate glasses **A10:** 131
lattice image of. **A10:** 446
LEISS spectra **A10:** 604
metal-to-metal oxide equilibria. **M7:** 340
quantitative XRPD analysis in calcite **A10:** 342

Zinc oxide fumes
metal fume fever from **A2:** 1255

Zinc oxide solubility
for cleaning **A13:** 381

Zinc oxide thin films
characteristics **EM4:** 1119
used for surface acoustic wave devices. . **EM4:** 1119

Zinc oxide (ZnO) *See also* Engineering properties of single oxides
composition by application **A20:** 417
in composition of melted silicate frits for high-
temperature service ceramic coatings **A5:** 470
in composition of unmelted frit batches for high-
temperature service silicate-based
coatings **A5:** 470
mill additions for wet-process enamel frits for
sheet steel and cast iron **A5:** 456
powders, gas phase reactions **EM4:** 62
role in glazes **A5:** 878, **EM4:** 1062
toxic chemicals included under
NESHAPS **A20:** 133

Zinc oxide-eugenol
for dental ceramics **A18:** 666, 673

Zinc phosphate
application **A13:** 386–387
as conversion coating **A13:** 387
as shaft conversion coating. **A11:** 482
coating process **A13:** 383
for dental cements. **A18:** 666, 673
for wire coating **A14:** 697
types. **A13:** 386–387

Zinc phosphate coating **M5:** 434–438, 441–444, 448–451, 454–455
characteristics of **M5:** 434
crystal structure **M5:** 449–451, 455
equipment **M5:** 445, 449–450, 452, 454
immersion systems. . . . **M5:** 434–437, 440–442, 450
iron concentration. **M5:** 442
solution composition and operating
conditions **M5:** 435, 444–445, 449–450, 452, 454
spray system **M5:** 435–438, 440–442, 449, 452, 454
weight, coating . . **M5:** 434, 436–437, 442, 448–449, 452, 454

Zinc phosphate coatings. . **A1:** 222, **A5:** 378, 379, 383, 384, 385, 386, 387, 388, 389–390, 391, 392, 393, 394, **M1:** 174
applications **A5:** 380
atmospheric corrosion resistance
enhanced by **M1:** 722
characteristics **A5:** 712
cold extrusion applications **A5:** 396, 397
cold-forming aluminum applications . . **A5:** 396, 397
corrosion protection afforded by **M1:** 754
corrosion resistance of selected metal
finishes **A5:** 398
galvanized steel applications **A5:** 396, 397
hot rolled bars **M1:** 200
paint bonding applications **A5:** 396, 397
tube and wire drawing applications . . . **A5:** 396, 397
wire **M1:** 266
wire drawing applications **A5:** 396, 397

Zinc phosphate prepaint treatment **M5:** 476–478

Zinc phosphate treatment **EM3:** 42

Zinc phosphonates
as cathodic inhibitors **A13:** 496

Zinc plating. . . . **A5:** 227–235, **A13:** 767, **M5:** 244–255
acid *See* Zinc acid chloride plating
acid baths **A5:** 232–233
acid chloride zinc baths, operating
parameters of **A5:** 233–234
alkaline *See* Zinc alkaline noncyanide plating
alkaline noncyanide baths **A5:** 229, 231–232
alkaline noncyanide zinc baths, operating
parameters of **A5:** 231–232
alloy steels **A5:** 725–726, 727
aluminum and aluminum alloys **M5:** 601–606
ammonium chloride system **M5:** 251–252
anodes. . **A5:** 229, 231, 233, **M5:** 246–247, 250, 252
appearance **A5:** 235, **M5:** 255
applications **A5:** 235, **M5:** 254–255
cadmium plating compared to . . **M5:** 253–254, 264, 266
cadmium replacement identification
matrix. **A5:** 920
carbon steels **A5:** 725–726, 727
cast irons. **A5:** 689–690
cathode current densities **A5:** 230
cathode current efficiencies **A5:** 230, 231, 232, 233
chloride process *See* Zinc acid chloride plating
chromate conversion coating of **M5:** 254–255
chromate conversion coatings **A5:** 405
corrosion protection **A5:** 227, **M5:** 253–255
current densities **M5:** 248–250
current efficiency. **M5:** 246–250, 252
cyanide *See* Zinc cyanide plating
cyanide zinc baths **A5:** 227–228, 229–231
cyanide zinc plating brighteners **A5:** 228–229
equipment. **A5:** 234, **M5:** 253
filtration process. **M5:** 249–250
fluoborate process. **M5:** 252–253
high-grade zinc composition. **A5:** 229
hydrogen embrittlement caused by . . . **M5:** 251, 253
hydrogen embrittlement of steels **A5:** 234–235
iron. **A5:** 227
iron contamination **A5:** 233–234
lacquering. **M5:** 255
limitations **A5:** 235
limitations of **M5:** 244–245, 250–251, 253–255
low-cyanide zinc baths. **A5:** 227–228, 231
low-cyanide zinc systems, operating
parameters of **A5:** 231
magnesium alloys **M5:** 638–639, 642, 644–647
solution composition and operating
conditions **M5:** 644–645, 647
stripping of **M5:** 668
microcyanide zinc baths **A5:** 228
midcyanide zinc baths. **A5:** 227, 228, 229–231
noncyanide *See* Zinc alkaline noncyanide plating
operating parameters of standard cyanide and
midcyanide zinc solutions **A5:** 229–231
pH control. **A5:** 233
plate thickness control. **A5:** 234
plating baths. **A5:** 227–228
potassium chloride process **M5:** 251–252
preparation of cyanide zinc baths **A5:** 228
processing steps. **M5:** 253–254
rinsewater recovery. **M5:** 318
similarities to cadmium plating. **A5:** 234–235
sodium carbonate. **A5:** 230–231
sodium-ammonium chloride system . . **M5:** 251–252
steel **A5:** 227, 234–235, **M5:** 254–255
stripping of. **M5:** 646
sulfate process **M5:** 252–253
supplementary coating **M5:** 254–255
temperature control **A5:** 229–230, 231, 233
thickness. **M5:** 253–255
types, general discussion **M5:** 244
vs. cadmium **A5:** 223–224
zinc metal content control **A5:** 229

Zinc plating of specimens for edge retention . . . **A9:** 32

Zinc polyacrylate
for dental cements. **A18:** 666, 673

Zinc polyphosphate
as cathodic inhibitor **A13:** 496

Zinc powder
apparent density **A7:** 40
centrifugally atomized, particle size distributions of
atomized powders. **A7:** 35
diffusion factors **A7:** 451
electrodeposition. **A7:** 70
gas-atomized, particle size distributions of
atomized powders. **A7:** 35
in feed solution for nickel reduction **A7:** 173
mass median particle size of water-atomized
powders **A7:** 40
oxygen content **A7:** 40
physical properties **A7:** 451
standard deviation **A7:** 40
thermal spray forming. **A7:** 411
water-atomized. **A7:** 37, 42
particle size distributions of atomized
powders. **A7:** 35

Zinc powder(s)
alloys. **M7:** 249
as plating material **M7:** 459
chemical analysis and sampling **M7:** 249
contact angle with mercury. **M7:** 269
electrolytic **M7:** 72
explosive reaction with moisture **M7:** 194–195
metal-to-metal oxide equilibria. **M7:** 340
moderate explosivity class. **M7:** 196
pressure-density relationships **M7:** 299

Zinc primers
for filiform corrosion. **A13:** 108

Zinc process **A7:** 196, 197

Zinc recycling
from electric arc furnace
(EAF) dust **A2:** 1224–1225
scrap sources **A2:** 1223–1224
technology **A2:** 1224

SUBJECTS OF THE INDEXED VOLUMES: **ASM Handbook** (designated by the letter "A"): **A1:** Properties and Selection: Irons, Steels, and High-Performance Alloys (1990); **A2:** Properties and Selection: Nonferrous Alloys and Special-Purpose Materials (1990); **A3:** Alloy Phase Diagrams (1992); **A4:** Heat Treating (1991); **A5:** Surface Engineering (1994); **A6:** Welding, Brazing, and Soldering (1993); **A7:** Powder Metal Technologies and Applications (1998); **A8:** Mechanical Testing (1985); **A9:** Metallography and Microstructures (1985); **A10:** Materials Characterization (1986); **A11:** Failure Analysis and Prevention (1986); **A12:** Fractography (1987); **A13:** Corrosion (1987); **A14:** Forming and Forging (1988); **A15:** Casting (1988); **A16:** Machining (1989); **A17:** Nondestructive Evaluation and Quality Control (1989); **A18:** Friction, Lubrication, and Wear Technology (1992); **A19:** Fatigue and Fracture (1996); **A20:** Materials Selection and Design (1997). **Metals Handbook, 9th Edition** (designated by the letter "M"): **M1:** Properties and Selection: Irons and Steels (1978); **M2:** Properties and Selection: Nonferrous Alloys and Pure Metals (1979); **M3:** Properties and Selection: Stainless Steels, Tool Materials, and Special-Purpose Materials (1980); **M4:** Heat Treating (1981); **M5:** Surface Cleaning, Finishing, and Coating (1982); **M6:** Welding, Brazing, and Soldering (1983); **M7:** Powder Metallurgy (1984). **Engineered Materials Handbook** (designated by the letters "EM"): **EM1:** Composites (1987); **EM2:** Engineering Plastics (1988); **EM3:** Adhesives and Sealants (1990); **EM4:** Ceramics and Glasses (1991). **Electronic Materials Handbook** (designated by the letters "EL"): **EL1:** Packaging (1989)

Zinc, resistance of
to liquid-metal corrosion **A1:** 635

Zinc, rolled
atmospheric corrosion, tests..........**M2:** 647, 650

Zinc selenide
as internal reflection element.............**A10:** 113
as internal reflection element, in surfactant study..............................**A10:** 118

Zinc selenide as an evaporated interference layer material **A9:** 60

Zinc silicate
as filler for solder glass................**EM4:** 1072

Zinc, slab
composition **M2:** 629
grades **M2:** 629
production **M2:** 629–630
superplastic **M2:** 629

Zinc, specific types
Prime Western, use in hot dip galvanized coating..............................**M5:** 324

Zinc spraying.........................**A1:** 212, 218

Zinc stearate.......**A7:** 322, 323–324, 325, 453–454
as mold release agent..................**EM1:** 158
for brasses and nickel silvers.............**A7:** 490
mixing and mixer selection for spray-dried powders **EM4:** 98
used with copper-alloy powders **A7:** 143–144

Zinc stearate lubricant.................**M7:** 190–193
burn-off **M7:** 351, 352
effect of mixing time and compacting pressure...........................**M7:** 191
effect on green strength **M7:** 302
in Ancor MH-100......................**M7:** 192
mix flow and bulk density...............**M7:** 190
stripping pressure and bulk density ..**M7:** 190, 191

Zinc stearate soaps
for tool steel lubrication **A18:** 737

Zinc stearate/stearic acid **A7:** 325

Zinc sulfate plating systems **M5:** 252–253

Zinc sulfide
applications **M2:** 629
crystals, for neutron radiography.........**A17:** 390
liquid impingement erosion **A18:** 226
rain erosion effects on coated surface **A18:** 222
screens, radiography....................**A17:** 319
sol-gel processing **EM4:** 447

Zinc sulfide as an evaporated interference layer material **A9:** 60

Zinc sulfide as an interference film..........**A9:** 147

Zinc sulfides..............................**A7:** 173

Zinc telluride as an evaporated interference layer material **A9:** 60

Zinc thermal spraying................**A13:** 767–768

Zinc titania cover glass, laboratory glassware
composition and properties **EM4:** 1088

Zinc, vapor pressure
relation to temperature.............**M4:** 309, 310

Zinc with various post-treatments (chromate, phosphate, organic)
continuous electro-deposited coatings for steel strip, applications...................**A5:** 350

Zinc worms
definition..............................**A5:** 973

Zinc, wrought
classification **M2:** 636–637
extrusions............................**M2:** 636
fabrication **M2:** 636–637
finishing..............................**M2:** 637
machining............................**M2:** 637
mechanical properties **M2:** 636–637
rolled products **M2:** 636
soldering.............................**M2:** 637
welding..............................**M2:** 637
wire drawing **M2:** 636

Zinc-5Al alloy coating...................**A20:** 472

Zinc-55Al alloy coating..................**A20:** 472

Zinc-alloy coated steels
automotive industry....................**A13:** 1014

Zinc-alloy die castings
acid plating baths **A5:** 168, 170

Zincalume **A20:** 471

Zinc-aluminum
filler metal for torch soldering............**A6:** 352
mechanical plating, corrosion resistance **A5:** 331

Zinc-aluminum alloys **A9:** 489–490
for thermal spray coatings **A13:** 460–461

Zinc-aluminum solder
dip soldering..........................**A6:** 356

Zincate
precoating **A6:** 131

Zincated aluminum
copper plating.........................**A5:** 173

Zincating
aluminum and aluminum alloys **A5:** 798, 799, 800, 801, **M5:** 601–606
double-immersion process **M5:** 603–604, 606
solution composition and operating conditions...................**M5:** 603–604

Zinc-base alloys **A18:** 693
as bearing alloys **A18:** 748, 753–754
applications.....................**A18:** 753, 754
casting method **A18:** 754
composition **A18:** 753
designations **A18:** 753
mechanical properties................**A18:** 754
microstructures **A18:** 754
bearing material systems **A18:** 745, 746
applications **A18:** 746
bearing performance characteristics.....**A18:** 746
load capacity rating **A18:** 746
die material for sheet metal forming **A18:** 628
erosive attack on die surfaces **A18:** 630
heat and temperature effects on strength retention...........................**A18:** 745
life-limiting factors for die-casting dies ...**A18:** 629
vapor degreasing applications by vapor-spray-vapor systems...........................**A5:** 30

Zinc-base die cast alloys
atmospheric corrosion **A13:** 760

Zinc-base die castings
chromium plating......................**A5:** 198
copper plating...............**A5:** 170, 171, 173
decorative chromium plating **A5:** 193

Zinc-bearing dispersoids **A19:** 139

Zinc-bearing paints **A13:** 768–769

Zinc-coated fence wire.....................**A1:** 285

Zinc-coated sheet steel
preparation of samples **A9:** 197

Zinc-coated steel
as difficult-to-recycle materials **A20:** 138
soldering **A6:** 631

Zinc-coated steels **A13:** 432–434, 1011–1014
resistance spot welding.....**M6:** 479–480, 491–492

Zinc-coated strand wire...................**A1:** 282

Zinc-cobalt
cadmium replacement identification matrix...........................**A5:** 920

Zinc-cobalt coating
corrosion rates for coatings, neutral salt spray test **A5:** 265

Zinc-cobalt plating......................**A5:** 264

Zinc-copper alloys
electrolytic etching to reveal phases **A9:** 489

Zinc-copper alloys powder
expansion behavior **A7:** 1044

Zinc-copper-titanium alloy
properties **A2:** 541–542

Zinc-ferrite brown spinel
inorganic pigment to impart color to ceramic coatings **A5:** 881

Zinc-iron
continuous electrodeposited coatings for steel, process classification and key features...........................**A5:** 354
continuous hot dip coatings, on steel sheet **A5:** 339
continuous hot-dip-coated steel sheet, wire, and tubing applications.................**A5:** 340
hot dip coating effects **A5:** 344, 345
hot dip coatings effect on threshold voltages for cratering of cathodic electrophoretic primer...........................**A20:** 471
major Asian electrogalvanizing lines since 1976 ....**A5:** 351
major U.S. electrogalvanizing lines and their capabilities.........................**A5:** 350

Zinc-iron (10-20 wt% Fe) alloy with or without a flash of Zn-Fe (>80% Fe)
continuous electrodeposited coatings for steel strip, applications **A5:** 350

Zinc-iron alloy coatings **A5:** 351–352

Zinc-iron coating
corrosion rates for coatings, neutral salt spray test **A5:** 265

Zinc-iron phosphate
paint bonding applications **A5:** 396, 397
rustproofing applications **A5:** 296, 397

Zinc-iron plating **A5:** 264

Zinc-iron-chromite brown spinel
inorganic pigment to impart color to ceramic coatings **A5:** 881

Zinc-magnesium alloying
wrought aluminum alloy...............**A2:** 55–56

Zinc-magnesium-copper alloying
wrought aluminum alloy.................**A2:** 56

Zinc-nickel
cadmium replacement identification matrix...........................**A5:** 920
continuous electrodeposited coatings for steel, process classification and key features...........................**A5:** 354
major Asian electrogalvanizing lines since 1976 ....**A5:** 351
major European electrogalvanizing lines since 1980 ....**A5:** 351
major U.S. electrogalvanizing lines and their capabilities.........................**A5:** 350

Zinc-nickel (10-14 wt% Ni) alloy
continuous electrodeposited coatings for steel strip, applications **A5:** 350

Zinc-nickel alloy coatings **A5:** 351, 352

Zinc-nickel coating
corrosion rates for coatings, neutral salt spray test **A5:** 265

Zinc-nickel + organic
major Asian electrogalvanizing lines since 1976 ....**A5:** 351
major U.S. electrogalvanizing lines and their capabilities.........................**A5:** 350

Zinc-nickel plating **A5:** 264–265, 266

Zinc-nickel with thin, weldable organic coating
continuous electrodeposited coatings for steel strip, applications **A5:** 350

Zinc-nickel with various post-treatment (chromate, phosphate, organic)
continuous electrodeposited coatings for steel strip, applications **A5:** 350

Zinc-phosphate coating
Auger imaging of.................**A10:** 556, 558

Zinc-plated steel
resistance spot welding..................**M6:** 480

Zinc-rich coatings **A13:** 410–412
for corrosion control **A11:** 194
inorganic **A13:** 411–412
organic..............................**A13:** 410

Zinc-rich epoxy
paint compatibility.....................**A5:** 441

Zinc-rich primers..........**A1:** 222–223, **A13:** 913
corrosion prevention with..........**M5:** 432–433

Zincrometal **A1:** 217, 223
definition..............................**A5:** 973
for automobiles **A13:** 1014
press forming **A14:** 564

Zincrometal priming system **M1:** 175

Zincrometal, with black paint
mounting of **A9:** 167–168

Zinc-selenide **A20:** 629, 630

Zinc-titanium **A7:** 37

Zircaloy
claddings, embrittled by liquid cesium....**A11:** 230
effect of strain rate on ductility in......**A8:** 38, 42
fuel cladding, cesium-cadmium LME cleavage fracture...........................**A11:** 235
occurrence of SMIE in **A11:** 24

Zircaloy-2
contour band sawing **A16:** 363

Zircaloy-2 plate
eddy current inspection **A17:** 186–187

Zircaloy-2 (R60802)
chemical composition per ASTM specification B 351-92 ....**A6:** 787
trace element impurity effect on GTA weld penetration.........................**A6:** 20
ultrasonic welding **A6:** 326

Zircaloy-4 (R60804)
chemical composition per ASTM Specification B 351-92 ....**A6:** 787

Zircaloy-boron carbide
nuclear applications **M7:** 666

Zircaloy-clad LWR fuel rods
corrosion of **A13:** 945–948

Zircaloys **A5:** 852, 853, 854
Zircar fiber **EM1:** 63
Zircon *See also* Mold(s); Sand(s). **A20:** 423
applications **EM4:** 46
refractory **EM4:** 901, 902, 905, 906
as mold refractory, investment casting. . . . **A15:** 258
as molding sand, characteristics **A15:** 209
composition. **EM4:** 46
defined **A15:** 11
fusion flux for. **A10:** 167
in ceramic tiles **EM4:** 926
island structure **EM4:** 758
melting point **A5:** 471
physical properties of fired refractory brick **A20:** 424
refractory composition. **EM4:** 896
refractory physical properties . . **EM4:** 897, 898, 899
sand molds, in Cosworth process **A15:** 38
slurries, formulations and properties **A15:** 260
supply sources **EM4:** 46
thermal expansion coefficient. **A6:** 907
typical oxide compositions of raw materials. **EM4:** 550
Zirconates **EM4:** 60
Zirconia. **A16:** 98
abrasive wear **A18:** 186, 189
alumina abrasive **A16:** 432, 434, 436, 440
applications **A18:** 812
as structural ceramic, applications and properties **A2:** 1022
as vial materials for SPEX mills **A7:** 82
ceramic coatings of dies. **A18:** 643, 644
chemical composition **A6:** 60
crystal structures. **A18:** 814
field-activated sintering. **A7:** 588
flame-sprayed from rod, ceramic coatings **A5:** 471, 475, 476
for planetary ball mill parts **A7:** 82
fretting wear. **A18:** 248, 250
friction surfacing inclusion **A6:** 323
ground by diamond wheels. **A16:** 462
hot isostatic pressing **A7:** 507
in composition of unmelted frit batches for high-temperature service silicate-based coatings **A5:** 470
injection molding **A7:** 314
nanocrystalline particulate powder. . . . **A7:** 504, 505
physical properties when flame sprayed from rod **A5:** 471
pressureless sintering **A7:** 509
properties. **A18:** 192, 813, 814
reactive plasma spray forming. **A7:** 416
role in glazes. **A5:** 878
scanning acoustic microscopy wear studies **A18:** 409, 410
single-point grinding temperatures **A5:** 155
thermal expansion coefficient. **A6:** 907
thermionic emission production **A6:** 30
toughened, as structural ceramics . . . **A2:** 1022–1023
ultrasonic machining **A16:** 530
volume change during deformation. **A19:** 30
Zirconia alumina
applications **EM4:** 331
bond type. **EM4:** 331
Zirconia ceramic coatings **M5:** 534–536, 540–542
Zirconia ceramics
chemical etching. **EM4:** 575
solid-state sintering **EM4:** 277
Zirconia electrode
to monitor pH **A8:** 422
Zirconia grain-stabilized platinum and platinum alloys **A2:** 713–714
Zirconia mullite
applications **EM4:** 46
composition. **EM4:** 46
supply sources. **EM4:** 46
Zirconia porcelain
mechanical properties **A20:** 420
physical properties **A20:** 421
Zirconia powder
as nucleating agent in brazing with glasses. **EM4:** 520
Zirconia with 3% MgO
partially stabilized **A9:** 94
Zirconia (YZ-110)
properties of work materials **A5:** 154
Zirconia (ZrO_2) *See also* Zirconium oxide
applications
aerospace **EM4:** 1005
wear **EM4:** 975, 977
as basis for solid-electrolyte sensors **EM4:** 1136–1137
ceramic coatings for adiabatic diesel engines **EM4:** 992
effect on chemical properties of glass. . . . **EM4:** 857
effects of adding a second phase in ceramic-matrix composites. **EM4:** 862–863
engineered material classes included in material property charts **A20:** 267
engineering properties *See* Engineering properties of zirconia
flexural strength **EM4:** 974
fracture toughness **A20:** 357, **EM4:** 974, 983
fracture toughness vs.
density. **A20:** 267, 269, 270
strength. **A20:** 267, 272–273, 274
Young's modulus **A20:** 267, 271–272, 273
fully stabilized (FSZ)
mechanical properties. **A20:** 427
thermal properties. **A20:** 428
heated sensors **EM4:** 1137, 1138
linear expansion coefficient vs. thermal conductivity. **A20:** 267, 276, 277
linear expansion coefficient vs. Young's modulus **A20:** 267, 276–277, 278
matrix material for ceramic-matrix composites **EM4:** 840
mechanical properties of plasma sprayed coatings **A20:** 476
normalized tensile strength vs. coefficient of linear thermal expansion. **A20:** 267, 277–279
partially stabilized (PSZ)
mechanical properties. **A20:** 427
thermal properties. **A20:** 428
plasma-sprayed
mechanical properties. **A20:** 427
thermal properties. **A20:** 428
plasma-sprayed, thermal properties when used as engine wall insulator lining. **EM4:** 992
properties, adiabatic engine use. **EM4:** 990
property data of composite components **EM4:** 863
refractory materials **EM4:** 907
role in glazes. **EM4:** 1062
scuffing temperatures and coefficients of friction between ring and cylinder liner materials. **EM4:** 991
specific modulus vs. specific strength **A20:** 267, 271, 272
stabilized, for potentiometric sensors . . . **EM4:** 1131
strength vs. density **A20:** 267–269
thermal barrier coatings. **A20:** 482, 484
thermal conductivity **EM4:** 974
thermal conductivity vs. thermal diffusivity. **A20:** 267, 275–276
thermal expansion **EM4:** 974
unit cell **A20:** 338
Vickers hardness. **EM4:** 974
Young's modulus vs. density . . . **A20:** 266, 267, 268
Young's modulus vs. strength. . . **A20:** 267, 269–271
Zirconia/aluminosilicate
melting/fining **EM4:** 391
Zirconia-alumina **A5:** 92
Zirconia-silica fibers **EM1:** 61
Zirconia-toughened alumina
consolidation. **A7:** 508
Zirconia-toughened alumina (ZTA)
applications **EM4:** 976
as structural ceramic. **A2:** 1022–1023
fracture toughness **EM4:** 973
mineral processing **EM4:** 961
property, comparison, mineral processing. **EM4:** 962
Zirconia-yttria
diffusion factors **A7:** 451
physical properties. **A7:** 451
Zirconia-yttria phase diagram **A5:** 656–657
Zirconium *See also* Hafnium; Optically anisotropic metals; Reactive metals; Zirconium alloys; Zirconium alloys, specific types. . **A13:** 707–721, **M3:** 781–783
absorptivity **A6:** 265
acid attack from polishing slurry. **A9:** 498
added to form stable sulfides **A20:** 591–592
addition effects on aluminum alloy fracture toughness **A19:** 385, 386
addition to fluxes affecting ionization process **A6:** 57
addition to high-temperature alloys **A6:** 563
addition to molybdenum for electron-beam welding. **A6:** 870–871
additions, for magnesium alloy grain refinement **A15:** 480
AFS analysis of. **A10:** 46
air-carbon arc cutting **A6:** 1176
allotropic transformation. **A2:** 665–666, **M3:** 781–782
allotropic transformations. **A20:** 338
alloying additions. **A9:** 497
alloying effect in titanium alloys **A6:** 508, 509
alloying effect on nickel-base alloys **A6:** 590
alloying, in wrought titanium alloys **A2:** 599
alloying, wrought aluminum alloys **A2:** 56–57
alloys, effect of strain rate on ductility . . **A8:** 38, 42
alloys, hydrogen damage in **A11:** 338
aluminum pretreatment process **M5:** 458
and crack growth **A8:** 487
and hafnium. **A2:** 661–669
and zirconium alloys. **A15:** 836–839
anisotropy and preferred orientation **A2:** 667
annealing **A2:** 663
anodizing procedure for **A9:** 498–499
applications **A2:** 667–669, **A13:** 718–719, **M6:** 1051
applications, sheet metals **A6:** 400
arc welding *See* Arc welding of zirconium and hafnium
as addition to aluminum alloys **A4:** 843
as alloying element, effect on susceptibility to stress-corrosion cracking of two low-alloy steels. **A19:** 486
as alloying element in aluminum alloys . . . **A20:** 385
as an addition to austenitic manganese steel castings. **A9:** 239
as an addition to cobalt-base heat-resistant casting alloys **A9:** 334
as an addition to niobium alloys. **A9:** 441
as an addition to tantalum alloys **A9:** 442
as an alloying element in titanium alloys . . **A9:** 458
as grain refiner, copper alloys **A15:** 96
as inoculant. **A15:** 105
as nitride-forming. **A15:** 93
as trace element, cupolas **A15:** 388
as-cast, with niobium-base and tantalum-base inclusions. **A9:** 157
atomic interaction descriptions **A6:** 144
basis for organometer coupling agents . . . **EM3:** 182
brazing **M6:** 1051–1052
applications **M6:** 1053–1054
filler metals **M6:** 1051–1052
preparation **M6:** 1053
procedure **M6:** 1051
cadmium-induced LME in **A11:** 234
casting **A2:** 663–664
characteristics **M6:** 1051
chemical compositions **M6:** 457
chemical corrosion attack in **A9:** 499
chemical resistance **M5:** 4
chemical-mechanical polishing of **A9:** 497–498

SUBJECTS OF THE INDEXED VOLUMES: ASM Handbook (designated by the letter "A"): **A1:** Properties and Selection: Irons, Steels, and High-Performance Alloys (1990); **A2:** Properties and Selection: Nonferrous Alloys and Special-Purpose Materials (1990); **A3:** Alloy Phase Diagrams (1992); **A4:** Heat Treating (1991); **A5:** Surface Engineering (1994); **A6:** Welding, Brazing, and Soldering (1993); **A7:** Powder Metal Technologies and Applications (1998); **A8:** Mechanical Testing (1985); **A9:** Metallography and Microstructures (1985); **A10:** Materials Characterization (1986); **A11:** Failure Analysis and Prevention (1986); **A12:** Fractography (1987); **A13:** Corrosion (1987); **A14:** Forming and Forging (1988); **A15:** Casting (1988); **A16:** Machining (1989); **A17:** Nondestructive Evaluation and Quality Control (1989); **A18:** Friction, Lubrication, and Wear Technology (1992); **A19:** Fatigue and Fracture (1996); **A20:** Materials Selection and Design (1997). **Metals Handbook, 9th Edition** (designated by the letter "M"): **M1:** Properties and Selection: Irons and Steels (1978); **M2:** Properties and Selection: Nonferrous Alloys and Pure Metals (1979); **M3:** Properties and Selection: Stainless Steels, Tool Materials, and Special-Purpose Materials (1980); **M4:** Heat Treating (1981); **M5:** Surface Cleaning, Finishing, and Coating (1982); **M6:** Welding, Brazing, and Soldering (1983); **M7:** Powder Metallurgy (1984). **Engineered Materials Handbook** (designated by the letters "EM"): **EM1:** Composites (1987); **EM2:** Engineering Plastics (1988); **EM3:** Adhesives and Sealants (1990); **EM4:** Ceramics and Glasses (1991). **Electronic Materials Handbook** (designated by the letters "EL"): **EL1:** Packaging (1989)

classification in tungsten alloy electrodes for GTAW **A6:** 191
coextrusion welding **A6:** 311
cold rolling **A2:** 663
cold work and recrystallization **A2:** 666
cold working **M3:** 782
compositions of nuclear-grade alloys **M6:** 1052
contained in platelets in ZrC matrix for directed metal oxidation **EM4:** 234–235
corrosion **M3:** 784–791
corrosion forms **A13:** 717–718
corrosion protection **A13:** 718
corrosion resistance **A13:** 707–717
crystal bar liner, cleavage fracture **A11:** 235
crystal structure **M3:** 781
cyclic oxidation **A20:** 594
deoxidation, low-alloy steels **A15:** 715
diffusion bonding **A6:** 156
diffusion welding **M6:** 677
distillation separation process **A2:** 661–662
drawing and spinning **A2:** 665
effect, hydrogen solubility in magnesium . . **A15:** 462
effect of, on hardenability of steel **A1:** 413, 470
effect on maraging steels **A4:** 222
effects of, on notch toughness **A1:** 742
electrochemical machining **A5:** 112
electron-beam welding **A6:** 854
elemental sputtering yields for 500 eV ions **A5:** 574
epithermal neutron activation analysis **A10:** 239
etchants for **A9:** 498
evaporation fields for **A10:** 587
explosion welding **A6:** 304, 896, **M6:** 710
explosive-bonded to carbon steel plate **A9:** 155
explosive-bonded to titanium **A9:** 157
extrusion of tubing **A2:** 663
extrusion welding **M6:** 677
forging **A2:** 662
friction coefficient data **A18:** 71
friction welding **M6:** 722
friction-welded to titanium **A9:** 157
galvanic corrosion of **A13:** 717
gas tungsten arc welding **M6:** 182
grain-refining effect on magnesium-zirconium alloys **A4:** 899
gravimetric finishes **A10:** 171
grinding **A2:** 664
grinding of **A9:** 497
heat tinting **A9:** 136
heat-affected zone fissuring in nickel-base alloys **A6:** 588
high frequency resistance welding **M6:** 760
high-energy neutron irradiation of **A10:** 234
history **A2:** 661
hot rolling **A2:** 663
hydride mechanism **A19:** 186
hydride platelets in **A9:** 499–500
hydrochloric acid corrosion of **A13:** 1163
in active metal process **EM3:** 305
in cast iron **A1:** 8
in cobalt-base alloys **A1:** 985
in enamel cover coats **EM3:** 304
in enameling ground coat **EM3:** 304
in ferrite **A1:** 408
in filler metals for active metal brazing . . **EM4:** 523
in filler metals for direct brazing . . . **EM4:** 518–519
in limestone **EM4:** 379
in magnesium alloys **A9:** 427–428
in malleable iron **A1:** 10
in metal powder-glass frit method **EM3:** 305
in nickel-base superalloys **A1:** 984
in pharmaceutical production facilities . . **A13:** 1227
in steel **A1:** 147
in superalloys **A1:** 954, 989
in vapor-phase metallizing **EM3:** 306
in wrought heat-resistant alloys **A9:** 311
inoculant for aluminum **A6:** 53
intergranular attack in **A9:** 499
interlayer material **M6:** 681
liquid-liquid separation process **A2:** 661
machining **A2:** 664
macroexamination of **A9:** 498
melting **A2:** 662
metal processing **A2:** 661–662
metallurgy **A2:** 665–667
microexamination of **A9:** 498–499
mounting of **A9:** 497
nitric acid corrosion of **A13:** 1156
nuclear grades, compositions and tensile properties **A2:** 665
on zirconium
fretting corrosion **A19:** 329
organic precipitant for **A10:** 169
oxidation potentials and bonding **EM4:** 482
oxidized, single crystal sphere **A9:** 137
oxygen, effect of **M3:** 783
oxygen, role of **A2:** 667
phosphate-bonded ceramic coating characteristics **A5:** 472
photometric analysis methods **A10:** 64
physical properties **A6:** 941
physical/mechanical properties **A13:** 707
plasma arc welding **A6:** 197
polycrystalline, different illuminations compared **A9:** 80
polymethyl methacrylate abrasion tests following 10^6 wear cycles **A5:** 847
preferred orientation **M3:** 783
primary fabrication **A2:** 662–664
principal ASTM specifications for weldable nonferrous sheet metals **A6:** 400
properties **A6:** 629
pure **M2:** 826–831
pure, properties **A2:** 1175
range and effect as titanium alloying element **A20:** 400
recrystallization **M3:** 782
recrystallization in **A9:** 501
rod and wire **A2:** 663
SCC resistance **A13:** 328
secondary fabrication **A2:** 664–665
sectioning of **A9:** 497
shielding gas purity **A6:** 65
solid-state bonding in joining non-oxide ceramics **EM4:** 525, 528
solvent extractant for **A10:** 170
species weighed in gravimetry **A10:** 172
substrate considerations in cleaning process selection **A5:** 4
suitability for cladding combinations **M6:** 691
sulfuric acid corrosion of **A13:** 1152–1153
thermal diffusivity from 20 to 100 °C **A6:** 4
thermal expansion coefficient **A6:** 907
TNAA analysis for **A10:** 234
tube bending **A2:** 664–665
ultrapure, by electrotransport purification **A2:** 1094–1095
ultrapure, by external gettering **A2:** 1094
ultrapure, by iodide/chemical vapor deposition **A2:** 1094
ultrapure, by zone-refining technique **A2:** 1094
ultrasonic machining **EM4:** 359
ultrasonic welding **M6:** 746
strengths of welds **M6:** 752
use in flux cored electrodes **M6:** 103
vapor pressure, relation to temperature **A4:** 495
weighed as the phosphate **A10:** 171
welding **A2:** 665

Zirconium alloys *See also* Reactive metals; Zirconium; Zirconium alloys, specific types **A6:** 787–788, **A9:** 497–501, **A13:** 707–721, **A16:** 844–857, **M3:** 783
abrasive grit/shot blasting **A15:** 838
alloy/environment systems exhibiting stress-corrosion cracking **A19:** 483
analysis for manganese by periodate method **A10:** 69
anodizing **A9:** 142–143
applications **A2:** 667–669, **A6:** 787
brazed, corrosion testing **A13:** 885
casting technology development **A15:** 836
categories **A6:** 787
commercial grade **A6:** 787
reactor grade **A6:** 787
chemical compositions **A13:** 709
cleaning processes **M5:** 667
composition **A6:** 787
compositions and mechanical properties . . . **A2:** 666
containing tin **A2:** 526
contour band sawing **A16:** 363
corrosion resistance, in various media **A13:** 711–715
delayed hydride cracking **A6:** 788
densities **A13:** 709
diffusion welding **A6:** 885, 886
electrochemical machining **A16:** 535
electrodes **A6:** 788
electrolyte for anodizing **A9:** 143
electron-beam welding **A6:** 581, 787
electroplating of **M5:** 668
elements implanted to improve wear and friction properties **A18:** 858
filler metals **A6:** 788
finishing processes **M5:** 667–668
fretting wear **A18:** 248
grades **A2:** 667–669
heat-affected zones **A6:** 787
hot isostatic pressing **A15:** 838
hydride platelets in **A9:** 499–500
hydrogen damage **A13:** 171
hydrogen entry **A13:** 329
iron-chromium phase in **A9:** 500
machining **A15:** 838
mechanical properties **A13:** 709
melting **A15:** 837
melting point **A16:** 601
metallurgy of **A2:** 665–667
molds **A15:** 836–837
nuclear applications **A2:** 667–668
nuclear grades, compositions and tensile properties **A2:** 665
patterns **A15:** 836
photochemical machining **A16:** 588, 590
plasma arc welding **A6:** 198
postweld heat treatment **A6:** 788
process procedures **A6:** 788
cleaning before welding **A6:** 788
heat treatment **A6:** 788
preheating **A6:** 788
process selection **A6:** 787
processing **A15:** 837–838
rammed graphite molding **A15:** 273
recrystallization in **A9:** 500
resistance seam welding **A6:** 787
roll welding **A6:** 312
room temperature properties **A15:** 838
sand systems **A15:** 836–837
shell molds **A15:** 837
shielding gases **A6:** 787–788
shrink cavity in **A9:** 501
solid-state phase transformations in welded joints **A9:** 581
specifications **A2:** 669
structure/properties **A15:** 838–839
thermal expansion coefficient **A6:** 907
tin addition **M2:** 615–616
vacuum arc skull melting **A15:** 837
vacuum induction melting **A15:** 837
weld repair **A15:** 838
zirconium phosphide intermetallic particles in **A9:** 500

Zirconium alloys, specific types *See also* zirconium; Zirconium alloys
alloy 702, chemical analysis/mechanical properties **A15:** 838
alloy 702, microstructure **A15:** 837
alloy 702, tensile properties **A15:** 837
Grade 702, commercial pure zirconium **A2:** 668
Grade 704, characteristics **A2:** 668
Grade 705, characteristics **A2:** 668
Grade 706, characteristics **A2:** 668–669
R60702, in acidic environments **A19:** 207
reactor grade **A2:** 667–668
zinc-niobium, pickling **M5:** 667
Zircaloy 2 . . . . . **A9:** 500
Zircaloy 4 . . . . . **A9:** 500–501
Zircaloy 4, as-cast ingot, heat tinted **A9:** 155
Zircaloy alloys **A9:** 498
Zircaloy, as-cast, differential interference contrast **A9:** 159
Zircaloy, cleaning and finishing **M5:** 667–668
Zircaloy, corrosion resistance **A13:** 946
Zircaloy, embrittlement **A13:** 179
Zircaloy, forging, differential interference contrast **A9:** 159
Zircaloy-2 . . . . . **M3:** 782, 783
hydrogen pickup in aqueous environments **M3:** 788, 789
organic coolants, corrosion in **M3:** 785, 790
steam, corrosion in **M3:** 786
water, corrosion in **M3:** 786

Zirconium alloys, specific types (continued)
Zircaloy-2, hydrogen pickup vs. hydrogen overpressure **A13:** 708
Zircaloy-2, metallurgy **A2:** 667
Zircaloy-2, pressurized water and steam corrosion **A13:** 708
Zircaloy-2 sheet, brazing corrosion data................ **A13:** 881–883
Zircaloy-4............................ **M3:** 783
hydrogen pickup in aqueous environments **M3:** 789
organic coolants, corrosion in **M3:** 790
water, corrosion in **M3:** 786–789
Zircaloy-4, hydrogen pickup vs. hydrogen overpressure **A13:** 708
Zircaloy-4, metallurgy **A2:** 667
Zircaloy-4, pressurized water/steam corrosion **A13:** 708
Zr-1.5Sn, as grade 704 .... **A2:** 668
Zr-1.5Sn, brazing **A6:** 945
Zr-1.5Sn-0.2Fe-0.1Cr, physical properties .. **A6:** 941
Zr-2.5Nb
heat treatment, effect on corrosion **M3:** 789–790
hydrogen pickup in aqueous environments **M3:** 789–790
organic coolants, corrosion in **M3:** 790
Zr-2.5Nb, as grade 705 .... **A2:** 668
Zr-2.5Nb, corrosion resistance **A2:** 668
Zr-2.5Nb, plate, element contamination.... **A9:** 157
Zr-5Be
brazing **A6:** 945
in argon and vacuum atmospheres **A6:** 116
reactive metal brazing, filler metal **A6:** 945
test conditions effect on interfacial energies **A6:** 117
wetting of beryllium **A6:** 115
Zr7O2, corrosion rates **A13:** 716
Zr7O2, hydrochloric acid corrosion **A13:** 719
Zr7O2, mechanical requirements, pressure vessels.......................... **A13:** 710
Zr7O2, welded, in hydrochloric acid solution **A13:** 719
Zr7O5, mechanical requirements, pressure vessels.......................... **A13:** 710
Zr-8Cr-8Ni, reactive metal brazing, filler metal............................ **A6:** 945
Zr-29Mn, brazing **A6:** 945
Zr-34Ti-33V, brazing **A6:** 943
Zr-50Ag, brazing **A6:** 945
Zr702 .... **A9:** 499
Zr705 .... **A9:** 499
Zirconium alloys, welding of
friction welding......................... **A6:** 787
gas-metal arc welding **A6:** 787
gas-tungsten arc welding **A6:** 787
laser-beam welding...................... **A6:** 787
plasma arc welding **A6:** 787
resistance spot welding **A6:** 787
resistance welding....................... **A6:** 787
Zirconium boride cermets
application and properties.......... **A2:** 978, 1003
Zirconium boride (ZrB_2)
adiabatic temperatures................. **EM4:** 229
binary phase diagram **EM4:** 792
hardness.............................. **EM4:** 799
properties **EM4:** 793, 796, 797, 799
strength **EM4:** 800
synthesized by SHS process **EM4:** 229
Zirconium boride-based cermets **M7:** 811, 812
Zirconium carbide
diffusion factors **A7:** 451
in niobium alloys **A9:** 441
melting point **A5:** 471
physical properties...................... **A7:** 451
properties............................ **A18:** 795
thermal expansion coefficient............. **A6:** 907
Zirconium carbide cermets **M7:** 810–811
applications and properties **A2:** 1001–1002
Zirconium carbonitrides
in austenitic manganese steel castings **A9:** 239
Zirconium, commercially pure
corrosion resistance **A6:** 585
Zirconium copper *See also* Copper alloys, specific types, C15000; Copper and copper alloys
examination of oxides.................. **A9:** 400
heat treating **M2:** 258–259
Zirconium dioxide as an interference film................. **A9:** 147–148
Zirconium dioxide (ZrO_2)
properties............................ **A18:** 801
x-ray characterization of surface wear results for various microstructures **A18:** 469
Zirconium dioxide (ZrO_2)(Y_2O_3)
properties............................. **A6:** 629
Zirconium dioxide/zirconium silicon oxide (ZrO_2/$ZrSiO_4$)
methods used for synthesis............. **A18:** 802
Zirconium in steel.............. **M1:** 115, 411, 417
notch toughness, effect on.............. **M1:** 694
Zirconium nitride
synthesized by SHS process **EM4:** 229
Zirconium nitride in plate steels
examination for **A9:** 203
Zirconium nitride (ZrN)
ion-beam-assisted deposition (IBAD) **A5:** 597
Zirconium nitrides
combustion synthesis.................... **A7:** 534
Zirconium opacified enamels
melted oxide compositions of frits for cast iron **A5:** 455
Zirconium oxide
as core coating refractory **A15:** 240
diffusion welding **A6:** 886
in niobium alloys **A9:** 441
vacuum heat-treating support fixture material **A4:** 503
Young's modulus vs. density... **A20:** 266, 267, 268, 289
Young's modulus vs. elastic limit **A20:** 287
Zirconium oxide cermets
applications and properties............... **A2:** 993
Zirconium oxide coating
molybdenum **M5:** 662
Zirconium oxide, partially stabilized **EM4:** 19
material selection for structural ceramics.. **EM4:** 29
Zirconium oxide (ZrO_2) *See also* Zirconia.. **EM4:** 32
abrasive machining.. **EM4:** 318, 320, 321, 322, 326
abrasive machining hardness of work materials.......................... **A5:** 92
additive to improve chemical durability and enhance translucency **EM4:** 1085
additives **EM4:** 50–51
alloyed with aluminum oxide for tough abrasives....................... **EM4:** 332
applications...... **EM4:** 20, 46, 47, 48, 50, 51, 586
as additive for pressure densification **EM4:** 298–299
ceramic/metal joints.................. **EM4:** 515
ceramic/metal seals **EM4:** 502
chloride removed after successive washes of powder **EM4:** 93
coating formation in molten particle deposition **EM4:** 206
commercially spray-dried granules **EM4:** 103
component in photochromic ophthalmic and flat glass composition **EM4:** 442
composition.......................... **EM4:** 46
corrosion resistance of refractories **EM4:** 391
fused **EM4:** 50, 51
hardness............................ **EM4:** 351
high-purity stabilized.................. **EM4:** 47
hot isostatic pressing **EM4:** 197
in alkali-resistant enamels............. **EM4:** 953
in composition of melted silicate frits for high-temperature service ceramic coatings **A5:** 470
ion-beam-assisted deposition (IBAD) **A5:** 596
key products **EM4:** 48
Knoop hardness **EM4:** 30
mechanical properties **EM4:** 316
melting point **A5:** 471
melting/fining.................... **EM4:** 391, 392
metastable phase...................... **EM4:** 25
non-oxide ceramic joining **EM4:** 480
oxide coatings for molybdenum........... **A5:** 860
partially stabilized **EM4:** 758
phase analysis **EM4:** 25
physical and mechanical properties........ **A5:** 163
physical properties.................... **EM4:** 316
Poisson's ratio......................... **EM4:** 30
polymethyl methacrylate abrasion tests following 10^6 wear cycles **A5:** 847
properties............................ **EM4:** 30
radioactivity **EM4:** 50
raw materials......................... **EM4:** 48
sintering............................ **EM4:** 266
specific properties impared in CTV tubes.......................... **EM4:** 1039
spherical media composition for wet-milling....................... **EM4:** 78
strength and fracture toughness......... **EM4:** 586
superplasticity **EM4:** 301
supply sources........................ **EM4:** 46
ultrasonic machining **EM4:** 360
world production **EM4:** 50
Zirconium oxide/yttrium oxide in aqueous polymeric solution
alternative conversion coat technology, status of.......................... **A5:** 928
Zirconium oxide-based cermets............. **M7:** 803
Zirconium oxide-glass
oxide coatings for molybdenum........... **A5:** 860
Zirconium powder
as fuel source **A7:** 1089–1090, 1091
diffusion factors **A7:** 451
dissociation in atomizers (AFS)........... **A7:** 231
for incandescent lamp filaments **A7:** 5
for use in ammunition, specifications **A7:** 1098
hydride decomposition **A7:** 70
milling **A7:** 59
physical properties...................... **A7:** 451
precipitation from a gas **A7:** 70
reaction with PCAs **A7:** 81
special labeling and marking requirements **A7:** 1090
tap density............................. **A7:** 295
uses for **A9:** 497
Zirconium powders and powder alloys
as reactive material, properties........... **M7:** 597
chemical analysis and sampling **M7:** 249
early lamp filaments..................... **M7:** 16
flammability in dust clouds.............. **M7:** 195
high explosivity........................ **M7:** 196
in uranium dioxide fuel rods **M7:** 664
particle size requirements **M7:** 603
pellets, fragmentation device using **M7:** 691
powder metallurgy....................... **M7:** 18
pyrophoricity **M7:** 199
pyrotechnic chemical requirements **M7:** 603
pyrotechnic requirements **M7:** 601–602
tap density............................ **M7:** 277
toxicity and exposure limits **M7:** 207
vacuum sintering atmospheres for **M7:** 345
Zirconium silicate
abrasive in commercial prophylactic paste **A18:** 666, 669
as filler............................. **EM3:** 179
as filler for solder glass............... **EM4:** 1072
as molding sand, characteristics **A15:** 209
as refractory, core coatings.............. **A15:** 240
as refractory filler.................... **EM4:** 1072
melting/fining.................... **EM4:** 391, 392
Zirconium silicide ($ZrSi_2$)
heats of reaction........................ **A5:** 543
Zirconium silicon oxide ($ZrSiO_4$)
properties............................ **A18:** 801

SUBJECTS OF THE INDEXED VOLUMES: ASM Handbook (designated by the letter "A"): **A1:** Properties and Selection: Irons, Steels, and High-Performance Alloys (1990); **A2:** Properties and Selection: Nonferrous Alloys and Special-Purpose Materials (1990); **A3:** Alloy Phase Diagrams (1992); **A4:** Heat Treating (1991); **A5:** Surface Engineering (1994); **A6:** Welding, Brazing, and Soldering (1993); **A7:** Powder Metal Technologies and Applications (1998); **A8:** Mechanical Testing (1985); **A9:** Metallography and Microstructures (1985); **A10:** Materials Characterization (1986); **A11:** Failure Analysis and Prevention (1986); **A12:** Fractography (1987); **A13:** Corrosion (1987); **A14:** Forming and Forging (1988); **A15:** Casting (1988); **A16:** Machining (1989); **A17:** Nondestructive Evaluation and Quality Control (1989); **A18:** Friction, Lubrication, and Wear Technology (1992); **A19:** Fatigue and Fracture (1996); **A20:** Materials Selection and Design (1997). **Metals Handbook, 9th Edition** (designated by the letter "M"): **M1:** Properties and Selection: Irons and Steels (1978); **M2:** Properties and Selection: Nonferrous Alloys and Pure Metals (1979); **M3:** Properties and Selection: Stainless Steels, Tool Materials, and Special-Purpose Materials (1980); **M4:** Heat Treating (1981); **M5:** Surface Cleaning, Finishing, and Coating (1982); **M6:** Welding, Brazing, and Soldering (1983); **M7:** Powder Metallurgy (1984). **Engineered Materials Handbook** (designated by the letters "EM"): **EM1:** Composites (1987); **EM2:** Engineering Plastics (1988); **EM3:** Adhesives and Sealants (1990); **EM4:** Ceramics and Glasses (1991). **Electronic Materials Handbook** (designated by the letters "EL"): **EL1:** Packaging (1989)

Zirconium titanium stannate (ZTS)
applications **EM4:** 48
key product properties. **EM4:** 48
raw materials. **EM4:** 48

Zirconium, vapor pressure
relation to temperature **M4:** 309, 310

Zirconium, zirconium alloys, heat treating
annealing **M4:** 787
processing. **M4:** 787

Zirconium, zone refined
impurity concentration. **M2:** 713

Zirconium-aluminum alloys
peritectic and peritectoid reactions. **A9:** 678

Zirconium-arc light sources for microscopes . . . **A9:** 72

Zirconium-barium lanthanum-aluminum fluoride (ZBLA) glasses
optical properties **EM4:** 854

Zirconium-base corrosion-resistant alloys, selection of **A6:** 598, 599
applications **A6:** 599
microstructure. **A6:** 599
thermal expansion coefficient. **A6:** 599
welding characteristics. **A6:** 599

Zirconium-copper alloys
age hardenable **A2:** 236
applications and properties **A2:** 280–281
work hardening. **A2:** 230

Zirconium-hafnium alloys
corrosion resistance **A13:** 720

Zirconium-iron pink zircon
inorganic pigment to impart color to ceramic coatings **A5:** 881

Zirconium-nickel alloy powder
for use in delay compositions, specifications. **A7:** 1098

Zirconium-niobium alloys
anodizing of **A9:** 498
weldment in **A9:** 499

Zirconium-opacified porcelain enamel
composition of. **M5:** 510

Zirconium-oxide, commercial
powder washing effect on sintered microstructure **EM4:** 92

Zirconium-oxide materials
decomposition control **EM4:** 194

Zirconium-oxide-based ceramics
for oxygen sensors **EM4:** 17

Zirconium-praseodymium yellow zircon
inorganic pigment to impart color to ceramic coatings **A5:** 881

Zirconium-titanium alloy
anodizing **A9:** 143

Zirconium-vanadium blue zircon
inorganic pigment to impart color to ceramic coatings **A5:** 881

Zirconium-vanadium yellow baddeleyite
inorganic pigment to impart color to ceramic coatings **A5:** 881

ZMC
as thermosetting process **EM2:** 287

Zn-55Al
hot dip coatings effect on threshold voltages for cratering of cathodic electrophoretic primer. **A20:** 471

ZOLZ *See* Zero-order Laue zone

ZOLZ-CBEDPs *See* Zero-order Laue zone

Zone **EL1:** 2
cupola. **A15:** 389
defined **A9:** 19
melting, defined **A15:** 12
of strain localization, medium-carbon steel **A12:** 42
package exterior, failure mechanisms **EL1:** 1006–1008
package interior, failure mechanisms **EL1:** 1008–1013
transformed, medium-carbon steel **A12:** 42
welding, cast irons **A15:** 522

Zone annealing
mechanically alloyed oxide dispersion-strengthened (MA ODS) alloys **A2:** 947

Zone axes of crystals. **A9:** 710

Zone axis patterns
use in identifying unknown phases/particles. **A10:** 456–457

Zone axis patterns (ZAPS) **A18:** 387

Zone definition
zero-risk analysis **EL1:** 139

Zone diagram, coupled
aluminum-silicon alloys **A15:** 162, 164

Zone formation
wrought aluminum alloy **A2:** 39

Zone, heat-affected
abbreviation **A8:** 724

Zone heaters
directional solidification/single-crystal furnaces **A15:** 400

Zone location, vs. point location
acoustic emission inspection **A17:** 292

Zone plates
microwave holography. **A17:** 224

Zone refining
as ultrapurification technique **A2:** 1093–1094

Zone refining for purifying metals **M2:** 710

Zone rules *See also* Control charts
for control chart analysis **A17:** 730–732

Zone sintering **M7:** 13, 346–348
furnace **M7:** 346–348

Zone temperatures
wave soldering preheaters **EL1:** 686–688

Zone theory *See also* Band theory
and band theory. **EL1:** 97
applications **EL1:** 98

Zoned atmospheres **M7:** 346–348
nitrogen-based. **M7:** 346, 347

Zone-refined
abbreviation for **A10:** 691
nickel rod, sulfur segregation in **A10:** 562

Zone-refined lead
composition. **A2:** 544

Zone(s)
brittle reaction, composites, acoustic emission inspection. **A17:** 288
dead, calibration for ultrasonic inspection **A17:** 267
fatigue-fracture **A11:** 109–110
final-fracture **A11:** 104–105
heat-affected (HAZ), defined **A11:** 5
of high deformation. **A11:** 102
plastic, at crack tip **A17:** 287
remote-field vs. exciter coil/coupling **A17:** 195

Zoomscope sight
for leaded brass reticle mount **M7:** 738–739

Zr_3Al **trialuminides**
properties. **A2:** 932

ZRBSC-D
erosion test results **A18:** 200

ZRBSC-M
erosion test results **A18:** 200

ZrO_2
as brittle material, possible ductile phases **A19:** 389

ZTA *See* Zirconia-toughened alumina

ZTA *See* Zirconia-toughened alumina